NATURAL HISTORY
UNIVERSAL LIBRARY

西方博物学大系

主编：江晓原

HISTORIA ANIMALIUM
ICONES ANIMALIUM

动物志
动物图志

[瑞士] 康拉德·葛斯纳 著

华东师范大学出版社

图书在版编目(CIP)数据

动物志 · 动物图志 = Historia animalium · Icones animalium : 英文 / (瑞士) 康拉德 · 葛斯纳 (Conrad Gessner)著. — 上海 : 华东师范大学出版社, 2018
(寰宇文献)
ISBN 978-7-5675-7987-3

Ⅰ. ①动… Ⅱ. ①康… Ⅲ. ①动物志-图集 Ⅳ. ①Q958.2-64

中国版本图书馆CIP数据核字(2018)第156661号

动物志 · 动物图志
Historia animalium · Icones animalium
(瑞士) 康拉德 · 葛斯纳 (Conrad Gessner)

特约策划　黄曙辉　徐　辰
责任编辑　庞　坚
特约编辑　许　倩
装帧设计　刘怡霖

出版发行　华东师范大学出版社
社　　址　上海市中山北路3663号　邮编 200062
网　　址　www.ecnupress.com.cn
电　　话　021-60821666　行政传真　021-62572105
客服电话　021-62865537
门市（邮购）电话　021-62869887
地　　址　上海市中山北路3663号华东师范大学校内先锋路口
网　　店　http://hdsdcbs.tmall.com/

印 刷 者　虎彩印艺股份有限公司
开　　本　787 × 1092　16开
印　　张　259.75
版　　次　2018年8月第1版
印　　次　2018年8月第1次
书　　号　ISBN 978-7-5675-7987-3
定　　价　4200.00元（精装全四册）

出 版 人　王　焰

总　目

《西方博物学大系》总序

江晓原

《西方博物学大系》收录博物学著作超过一百种，时间跨度为15世纪至1919年，作者分布于16个国家，写作语种有英语、法语、拉丁语、德语、弗莱芒语等，涉及对象包括植物、昆虫、软体动物、两栖动物、爬行动物、哺乳动物、鸟类和人类等，西方博物学史上的经典著作大备于此编。

中西方"博物"传统及观念之异同

今天中文里的"博物学"一词，学者们认为对应的英语词汇是Natural History，考其本义，在中国传统文化中并无现成对应词汇。在中国传统文化中原有"博物"一词，与"自然史"当然并不精确相同，甚至还有着相当大的区别，但是在"搜集自然界的物品"这种最原始的意义上，两者确实也大有相通之处，故以"博物学"对译Natural History一词，大体仍属可取，而且已被广泛接受。

已故科学史前辈刘祖慰教授尝言：古代中国人处理知识，如开中药铺，有数十上百小抽屉，将百药分门别类放入其中，即心安矣。刘教授言此，其辞若有憾焉——认为中国人不致力于寻求世界"所以然之理"，故不如西方之分析传统优越。然而古代中国人这种处理知识的风格，正与西方的博物学相通。

与此相对，西方的分析传统致力于探求各种现象和物体之间的相互关系，试图以此解释宇宙运行的原因。自古希腊开始，西方哲人即孜孜不倦建构各种几何模型，欲用以说明宇宙如何运行，其中最典型的代表，即为托勒密（Ptolemy）的宇宙体系。

比较两者，差别即在于：古代中国人主要关心外部世界"如何"运行，而以希腊为源头的西方知识传统（西方并非没有别的知识传统，只是未能光大而已）更关心世界"为何"如此运行。在线性发展无限进步的科学主义观念体系中，我们习惯于认为“为何”是在解决了“如何”之后的更高境界，故西方的分析传统比中国的传统更高明。

然而考之古代实际情形，如此简单的优劣结论未必能够成立。例如以天文学言之，古代东西方世界天文学的终极问题是共同的：给定任意地点和时刻，计算出太阳、月亮和五大行星（七政）的位置。古代中国人虽不致力于建立几何模型去解释七政“为何”如此运行，但他们用抽象的周期叠加（古代巴比伦也使用类似方法），同样能在足够高的精度上计算并预报任意给定地点和时刻的七政位置。而通过持续观察天象变化以统计、收集各种天象周期，同样可视之为富有博物学色彩的活动。

还有一点需要注意：虽然我们已经接受了用“博物学”来对译 Natural History，但中国的博物传统，确实和西方的博物学有一个重大差别——即中国的博物传统是可以容纳怪力乱神的，而西方的博物学基本上没有怪力乱神的位置。

古代中国人的博物传统不限于“多识于鸟兽草木之名”。体现此种传统的典型著作，首推晋代张华《博物志》一书。书名“博物”，其义尽显。此书从内容到分类，无不充分体现它作为中国博物传统的代表资格。

《博物志》中内容，大致可分为五类：一、山川地理知识；二、奇禽异兽描述；三、古代神话材料；四、历史人物传说；五、神仙方伎故事。这五大类，完全符合中国文化中的博物传统，深合中国古代博物传统之旨。第一类，其中涉及宇宙学说，甚至还有“地动”思想，故为科学史家所重视。第二类，其中甚至出现了中国古代长期流传的“守宫砂”传说的早期文献：相传守宫砂点在处女胳膊上，永不褪色，只有性交之后才会自动消失。第三类，古代神话传说，其中甚至包括可猜想为现代“连体人”的记载。第四类，各种著名历史人物，比如三位著名刺客的传说，此三名刺客及所刺对象，历史上皆实有其人。第五类，包括各种古代方术传说，比如中国古代房中养生学说，房中术史上的传说人物之一“青牛道士封君达”等等。前两类与西方的博物学较为接近，但每一类都会带怪力乱神色彩。

“所有的科学不是物理学就是集邮”

在许多人心目中，画画花草图案，做做昆虫标本，拍拍植物照片，这类博物学活动，和精密的数理科学，比如天文学、物理学等等，那是无法同日而语的。博物学显得那么的初级、简单，甚至幼稚。这种观念，实际上是将“数理程度”作为唯一的标尺，用来衡量一切知识。但凡能够使用数学工具来描述的，或能够进行物理实验的，那就是“硬”科学。使用的数学工具越高深越复杂，似乎就越“硬”；物理实验设备越庞大，花费的金钱越多，似乎就越“高端”、越“先进”……

这样的观念，当然带着浓厚的“物理学沙文主义”色彩，在很多情况下是不正确的。而实际上，即使我们暂且同意上述“物理学沙文主义”的观念，博物学的“科学地位”也仍然可以保住。作为一个学天体物理专业出身，因而经常徜徉在“物理学沙文主义”幻影之下的人，我很乐意指出这样一个事实：现代天文学家们的研究工作中，仍然有绘制星图，编制星表，以及为此进行的巡天观测等等活动，这些活动和博物学家“寻花问柳”，绘制植物或昆虫图谱，本质上是完全一致的。

这里我们不妨重温物理学家卢瑟福（Ernest Rutherford）的金句：“所有的科学不是物理学就是集邮（All science is either physics or stamp collecting）。”卢瑟福的这个金句堪称“物理学沙文主义”的极致，连天文学也没被他放在眼里。不过，按照中国传统的“博物”理念，集邮毫无疑问应该是博物学的一部分——尽管古代并没有邮票。卢瑟福的金句也可以从另一个角度来解读：既然在卢瑟福眼里天文学和博物学都只是“集邮”，那岂不就可以将博物学和天文学相提并论了？

如果我们摆脱了科学主义的语境，则西方模式的优越性将进一步被消解。例如，按照霍金（Stephen Hawking）在《大设计》（*The Grand Design*）中的意见，他所认同的是一种“依赖模型的实在论（model-dependent realism）”，即“不存在与图像或理论无关的实在性概念（There is no picture- or theory-independent concept of reality）”。在这样的认识中，我们以前所坚信的外部世界的客观性，已经不复存在。既然几何模型只不过是对外部世界图像的人为建构，则古代中国人干脆放弃这种建构直奔应用（毕竟在实际应用中我们只需要知道七政“如何”运行），又有何不可？

传说中的“神农尝百草”故事，也可以在类似意义下得到新的解读：“尝百草”当然是富有博物学色彩的活动，神农通过这一活动，得知哪些草能够治病，哪些不能，然而在这个传说中，神农显然没有致力于解释“为何”某些草能够治病而另一些则不能，更不会去建立“模型”以说明之。

“帝国科学”的原罪

今日学者有倡言“博物学复兴”者，用意可有多种，诸如缓解压力、亲近自然、保护环境、绿色生活、可持续发展、科学主义解毒剂等等，皆属美善。编印《西方博物学大系》也是意欲为“博物学复兴”添一助力。

然而，对于这些博物学著作，有一点似乎从未见学者指出过，而鄙意以为，当我们披阅把玩欣赏这些著作时，意识到这一点是必须的。

这百余种著作的时间跨度为15世纪至1919年，注意这个时间跨度，正是西方列强“帝国科学”大行其道的时代。遥想当年，帝国的科学家们乘上帝国的军舰——达尔文在皇家海军“小猎犬号”上就是这样的场景之一，前往那些已经成为帝国的殖民地或还未成为殖民地的“未开化”的遥远地方，通常都是踌躇满志、充满优越感的。

作为一个典型的例子，英国学者法拉在（Patricia Fara）《性、植物学与帝国：林奈与班克斯》（*Sex, Botany and Empire, The Story of Carl Linnaeus and Joseph Banks*）一书中讲述了英国植物学家班克斯（Joseph Banks）的故事。1768年8月15日，班克斯告别未婚妻，登上了澳大利亚军舰“奋进号”。此次“奋进号”的远航是受英国海军部和皇家学会资助，目的是前往南太平洋的塔希提岛（Tahiti，法属海外自治领，另一个常见的译名是“大溪地”）观测一次比较罕见的金星凌日。舰长库克（James Cook）是西方殖民史上最著名的舰长之一，多次远航探险，开拓海外殖民地。他还被认为是澳大利亚和夏威夷群岛的“发现”者，如今以他命名的群岛、海峡、山峰等不胜枚举。

当“奋进号”停靠塔希提岛时，班克斯一下就被当地美丽的土著女性迷昏了，他在她们的温柔乡里纵情狂欢，连库克舰长都看不下去了，“道德愤怒情绪偷偷溜进了他的日志当中，他发现自己根本不可能不去批评所见到的滥交行为”，而班克斯纵欲到了“连嫖妓都毫无激情”的地步——这是别人讽刺班克斯的说法，因为对于那时常年航行于茫茫大海上的男性来说，上岸嫖妓通常是一项能够唤起“激情”的活动。

而在“帝国科学”的宏大叙事中，科学家的私德是无关紧要的，人们关注的是科学家做出的科学发现。所以，尽管一面是班克斯在塔希提岛纵欲滥交，一面是他留在故乡的未婚妻正泪眼婆娑地“为远去的心上人绣织背心”，这样典型的“渣男”行径要是放在今天，非被互联网上的口水淹死不可，但是“班克斯很快从他们的分离之苦中走了出来，在外近三年，他活得倒十分滋润”。

法拉不无讽刺地指出了“帝国科学”的实质：“班克斯接管了当地的女性和植物，而库克则保护了大英帝国在太平洋上的殖民地。”甚至对班克斯的植物学本身也调侃了一番：“即使是植物学方面的科学术语也充满了性指涉。……这个体系主要依靠花朵之中雌雄生殖器官的数量来进行分类。”据说“要保护年轻妇女不受植物学教育的浸染，他们严令禁止各种各样的植物采集探险活动。”这简直就是将植物学看成一种“涉黄”的淫秽色情活动了。

在意识形态强烈影响着我们学术话语的时代，上面的故事通常是这样被描述的：库克舰长的“奋进号”军舰对殖民地和尚未成为殖民地的那些地方的所谓“访问”，其实是殖民者耀武扬威的侵略，搭载着达尔文的“小猎犬号”军舰也是同样行径；班克斯和当地女性的纵欲狂欢，当然是殖民者对土著妇女令人发指的蹂躏；即使是他采集当地植物标本的“科学考察”，也可以视为殖民者“窃取当地经济情报”的罪恶行为。

后来改革开放，上面那种意识形态话语被抛弃了，但似乎又走向了另一个极端，完全忘记或有意回避殖民者和帝国主义这个层面，只歌颂这些军舰上的科学家的伟大发现和成就，例如达尔文随着“小猎犬号”的航行，早已成为一曲祥和优美的科学颂歌。

其实达尔文也未能免俗，他在远航中也乐意与土著女性打打交道，当然他没有像班克斯那样滥情纵欲。在达尔文为“小猎犬号”远航写的《环球游记》中，我们读到：“回程途中我们遇到一群黑人姑娘在聚会，……我们笑着看了很久，还给了她们一些钱，这着实令她们欣喜一番，拿着钱尖声大笑起来，很远还能听到那愉悦的笑声。”

有趣的是，在班克斯在塔希提岛纵欲六十多年后，达尔文随着“小猎犬号”也来到了塔希提岛，岛上的土著女性同样引起了达尔文的注意，在《环球游记》中他写道：“我对这里妇女的外貌感到有些失望，然而她们却很爱美，把一朵白花或者红花戴在脑后的髮髻上……”接着他以居高临下的笔调描述了当地女性的几种发饰。

用今天的眼光来看，这些在别的民族土地上采集植物动物标本、测量地质水文数据等等的“科学考察”行为，有没有合法性问题？有没有侵犯主权的问题？这些行为得到当地人的同意了吗？当地人知道这些行为的性质和意义吗？他们有知情权吗？……这些问题，在今天的国际交往中，确实都是存在的。

也许有人会为这些帝国科学家辩解说：那时当地土著尚在未开化或半开化状态中，他们哪有“国家主权”的意识啊？他们也没有制止帝国科学家的考察活动啊？但是，这样的辩解是无法成立的。

姑不论当地土著当时究竟有没有试图制止帝国科学家的“科学考察”行为，现在早已不得而知，只要殖民者没有记录下来，我们通常就无法知道。况且殖民者有军舰有枪炮，土著就是想制止也无能为力。正如法拉所描述的：“在几个塔希提人被杀之后，一套行之有效的易货贸易体制建立了起来。”

即使土著因为无知而没有制止帝国科学家的“科学考察”行为，这事也很像一个成年人闯进别人的家，难道因为那家只有不懂事的小孩子，闯入者就可以随便打探那家的隐私、拿走那家的东西、甚至将那家的房屋土地据为己有吗？事实上，很多情况下殖民者就是这样干的。所以，所谓的“帝国科学”，其实是有着原罪的。

如果沿用上述比喻，现在的局面是，家家户户都不会只有不懂事的孩子了，所以任何外来者要想进行“科学探索”，他也得和这家主人达成共识，得到这家主人的允许才能够进行。即使这种共识的达成依赖于利益的交换，至少也不能单方面强加于人。

博物学在今日中国

博物学在今日中国之复兴，北京大学刘华杰教授提倡之功殊不可没。自刘教授大力提倡之后，各界人士纷纷跟进，仿佛昔日蔡锷在云南起兵反袁之“滇黔首义，薄海同钦，一檄遥传，景从恐后”光景，这当然是和博物学本身特点密切相关的。

无论在西方还是在中国，无论在过去还是在当下，为何博物学在它繁荣时尚的阶段，就会应者云集？深究起来，恐怕和博物学本身的特点有关。博物学没有复杂的理论结构，它的专业训练也相对容易，至少没有天文学、物理学那样的数理“门槛”，所以和一些数理学科相比，博物学可以有更多的自学成才者。这次编印的《西方博物学大系》，卷帙浩繁，蔚为大观，同样说明了这一点。

最后，还有一点明显的差别必须在此处强调指出：用刘华杰教授喜欢的术语来说，《西方博物学大系》所收入的百余种著作，绝大部分属于“一阶”性质的工作，即直接对博物学作出了贡献的著作。事实上，这也是它们被收入《西方博物学大系》的主要理由之一。而在中国国内目前已经相当热的博物学时尚潮流中，绝大部分已经出版的书籍，不是属于“二阶”性质（比如介绍西方的博物学成就），就是文学性的吟风咏月野草闲花。

要寻找中国当代学者在博物学方面的“一阶”著作，如果有之，以笔者之孤陋寡闻，唯有刘华杰教授的《檀岛花事——夏威夷植物日记》三卷，可以当之。这是刘教授在夏威夷群岛实地考察当地植物的成果，不仅属于直接对博物学作出贡献之作，而且至少在形式上将昔日“帝国科学”的逻辑反其道而用之，岂不快哉！

2018年6月5日

于上海交通大学

科学史与科学文化研究院

出版说明

《动物志》是瑞士学者康拉德 · 葛斯纳（Conrad Gessner，1516-1565）的一部博物学著作。葛斯纳是一位有传奇色彩的文艺复兴时期的大师，生在苏黎世一个皮匠家中，出身卑微。1531 年第二次卡佩尔战争期间，父亲去世，令他陷入极度贫困。得教会师长之助，乃得进入斯特拉斯堡大学和布尔日大学学习。1535 年，法国掀起迫害新教徒的浪潮，他回苏黎世避祸，翌年又赴巴塞尔留学。1537 年，他在洛桑出任希腊语教授，有闲暇时间可以研究自己感兴趣的博物学。任教三年后，他又辞去教职，到蒙彼利埃大学学医。1541 年在巴塞尔获得医学博士学位，随后返乡，在苏黎世大学教授哲学、数学、自然科学和伦理学。1564 年，腺鼠疫肆虐苏黎世，他赶赴医疗第一线救治民众，最终自己也感染不治。为了纪念他，1978 年发行的 50 瑞士法郎面值纸币印上了他的头像。

作为一位知识渊博、学术领域广泛的学者，葛斯纳不但是一位卓有建树的植物学家，也是现代动物学的奠基人之一。这部《动物志》，是他自 1551 年起耗费八年时间在苏黎世出版的，被后人认为是现代动物学的奠基之作。全书共五卷，总页数超过 4100 页，以名称字母为动物排序，有细致入微的动物习性记录，并配以数百幅精细的版画插图。有趣的是，其中也有一部分想象力发挥过分的插图，甚至还有一些并不存在的幻想生物也收录其中，如独角兽等。但总的来说，这部巨著站在了从想象到实践的分界线上，具有很高的学术价值，有助于人们了解那个年代学者的探索精神。1553 年，葛斯纳又单独刊行一册《动物图志》，作为对《动物志》的补足。本次影印拉丁文原版，亦将《动物图志》附于卷末。

CONRADI GESNERI medici Tigurini Historiæ Animalium Lib. I. de Quadrupedibus uiuiparis.

OPVS Philosophis, Medicis, Grammaticis, Philologis, Poëtis, & omnibus rerum linguarumq́ue uariarum studiosis, utilissimum simul iucundissimumq́ue futurum.

AD LECTOREM.

HABEBIS *in hoc Volumine, optime Lector, non solum simplicem animalium historiam, sed etiam ueluti commentarios copiosos, & castigationes plurimas in ueterum ac recentiorum de animalibus scripta quæ uidere hactenus nobis licuit omnia: præcipuè uerò in Aristotelis, Plinij, Aeliani, Oppiani, authorum rei rusticæ, Alberti Magni, &c. de animalibus lucubrationes. Tuum erit, candide Lector, diligentißimum & laboriosißimum Opus, quod non minori tempore quàm quidam de elephantis fabulantur, conceptum efformatumq́; nobis, diuino auxilio nunc tandem in lucem ædimus, non modo boni consulere, sed etiam tantis conatibus (ut alterum quoq; Tomum citius & alacrius absoluamus) ex animo fauere ac bene precari: & Domino Deo bonorum omnium authori seruatoriq́;, qui tot tantasq́; res ad Vniuersi ornatum, & uarios hominum usus creauit, ac nobis ut ea contemplaremur uitam, ualetudinem, otium & ingenium donauit, gratias agere maximas.*

TIGVRI APVD CHRIST. FROSCHOVERVM,
ANNO M. D. LI.

AMPLISSIMIS ET MAGNIFICIS VIRIS, PIETATE, PRVDENTIA,

omniq́ue uirtutum genere spectatissimis, Consulibus & Senatoribus Reipub. Tigurinæ, Dominis suis uenerandis, Conradus Gesnerus Tigurinus S. D. P.

NIVERSA quidē Philosophia, Amplissimi uiri, undiquaq; optima & pulcherrima, omnibus sui partibus amore cultuq́ue mortalium, ceu clientum & amatorum, dignissima est, ut optimi & sapientissimi quique omnibus seculis iudicarunt. Sed quoniam ingenia hominum dissident, & multas in nobis opinionum uarietates, educatio, conuersatio, consuetudo, & uitæ uictusq́ue commoditas, & aliæ forsitan complures causæ, efficiunt, quæ suis plerunq; præiudicijs mentes humanas, non in literis tantum & religione, sed ferè nusquam nō occupant: hinc adeò fit ut alij aliam partem literarum sequantur, quam scilicet uel omnino, uel pro occasione & statu rerum præsenti commodiorem sibi statuerint. Sic factum est ut ipse à puero, à cognato rei medicæ studioso educatus, professionis istius amorē ab adolescentia imbiberim. Et quanquam progressu ætatis uariarum rerum cognitionem degustarem, nonnullis etiam immoratus rem medicam plus quàm par erat relinquerem, redij tamen postea, requirente id etiam rei domesticæ cura, ad medicinæ studiū. Cum uerò maximam huius scientiæ cum naturali philosophia cognationem animaduerterem, nec ullum egregium aut certe doctum medicum haberi, qui non altius prima methodi medendi rudimenta ex libris de natura tanquam fonte hausisset, cœpi & ipse philosophorum qui de rebus naturalibus commentati sunt scripta cognoscere: In quibus illa semper in primis me delectabant, quæ de metallis, plantis & animalibus tractata reperiebam. Idq́ue duplici nomine: Primum, quia certior de istis scientia haberi potest, quàm de meteoris, & alijs quibusdam, uel nimium subtilibus & argutis, ac procul à sensu remotis, uel eiusmodi ut firmam eorum cognitionem nec ratione nec sensu satis sperare liceat. Deinde quòd non solum ad medicinam, sed rem familiarem quoq; administrandam & alias artes, multò utilior & propemodum necessaria, mediocris saltem istarum rerum contemplatio uideretur. Itaq; plurimum hoc in studio temporis posui, ita ut succisiuis horis (quibus uulgus hominū, & literati etiam multi, otiosè abutuntur, deambulant, ludunt, cōpotant) & quotiescunq; ab alijs studijs aut negotijs recreari desiderabam, ad istos tanquam amores meos cupidè multis iam annis deflexerim. Et quanquā de plantis permulta obseruarim, alijs ante me non animaduersa, certe in lucem à nemine me priore prodita, (indicio fuerit Catalogus plantarum noster quatuor linguis, ueluti rudimentum quoddam & progymnasma iusti aliquando uoluminis parandi, ante decennium editus: & passim hoc ipso in Opere digressiones) minus tamen necessarium uidebatur in præsentia de eis conscribere, cum multi hodie eruditè & utiliter de plantis scripserint & etiamnum scribant, ut de metallis etiā doctissimè utilissimeq́ue Ge. Agricola, uir uel eo nomine multa laude dignissimus. Quamobrem ad animalium historiam perpaucis nostri seculi, & ferè per partes tantum tractatam, animum adieci. Hîc cum uiderem parum me præstiturum, nisi domesticis studijs & lectionibus peregrinationes quoque adiungerem, aliquot Germaniæ loca (non multa quidem illa) primum adij, mox etiam Italiæ pauca, non hoc tantum nomine, sed insuper Bibliothecæ nostræ, quam tum in manibus habebam, ut omne scriptorum genus enumerarem, locupletandæ. Quòd si Mecœnas aliquis contigisset, uel maior fortuna mea fuisset, multa profectò maris terræq́ue remotissima loca, animalium in primis historiæ, deinde plantarum pariter aliarumq́ue rerū cognitionis posteritati tradendæ gra-

Occasio & incrementum Operis.

α 2

tia,etſi non firmæ ualetudinis homo,Deo ſecundante,iam peragraſſem. Id quoniam nõ licebat,feci quod potui, aliquot in diuerſis Europæ regionibus mihi comparaui amicos, qui benigne,candide,liberaliter,multas animantiũ omne genus effigies ad uiuum repræſentatas,quarundã etiam nomina in diuerſis linguis & hiſtorias, mecum cõmunicarunt. Ego interim non ſolum à uulgo,& quibuſuis peregrinis,qui ex uarijs nationibus ad nos uentitabant,aut hac fortè tranſibant,plurima ſubinde quæſita annotaui : & ſimul omnia ueterum ac recentiorum,quæcunq; de animalibus multis & diuerſis linguis, ſiue ex profeſſo, ſiue etiam obiter edita poteram nanciſci, conferebam diligenter & in unum quaſi corpus componebam. Ita paulatim creuit opus, magno quidem & diuturno labore meo, nec paruo pro meis fortunis ſumptu. Hoc cum ad iuſtam magnitudinem tandem aliquando perueniſſe iam uideretur (quamuis opus propè infinitũ appareret,& cui ſemper accedere multa poſſent) excolere tandem quicquid haberem & publicare decreui; ne ſi diutius differrem, plura potius inquirendo quàm quæ adeptus eſſem perficiendo occupatus,humanitus aliquid mihi accideret,ac tot tantiq; labores noſtri perirent. Volui autem primo loco Librum de quadrupedibus uiuiparis (quæ non ouum,ſed perfectum animal & concipiunt & in lucem edunt) emittere : qui ſimul maximus, ſimul cæterorum utiliſſimus uidetur,poſtulante id etiam ipſorum animalium dignitate. ſunt enim hæc cæteris ſine dubio digniora, perfectiora, & homini tũ corporis partibus & affectibus, tum animi facultatibus ac moribus propinquiora. De reliquis omnibus (hoc eſt quadrupedibus ouiparis,auibus,piſcibus,ſerpentibus & inſectis) alterum Tomum huic,ut conijcio, magnitudine parem futurum, ſi diuina fauerint, breui dabo. materiam enim omnem in promptu iam habeo. Hæc de Operis prima occaſione,incremẽto editioneq; dixerim.

Fructus & operæpretium.

¶ Sed mirabitur fortè non nemo,& quos fructus,quantum operæpretium, tantũ uolumen,tanti labores ſecum ferant,inquiret. Cui reſponderim:Primum hanc naturalis

Ad rem medicã.

philoſophię partem plurimum prodeſſe medicinæ,idq; uarijs modis. Vno, in genere ferè circa pleraſq; animantes, quoniam plurimæ uel integræ, uel ex parte aliqua in cibo ſumuntur,aut ad medicamenta intra extràue corpus humanum requiruntur. altero, priuatim circa quadrupedes uiuiparas, quæ propter ſimilitudinem temperamenti & corporis humani multos eoſdem cum homine morbos patiuntur, quos in pecoribus armentis iumentisq; paſtores ac ueterinarij curant, ſed & animalium quædã ſeipſa. multa enim morborũ auxilia ab eis inuenta conſtat. hinc multa ad hominis quoq; ſalutem medicus non indoctus transferre poteſt. Iam ſerpentium & lacertorũ ferè genus, & inſecta quædã, & quadrupedes etiam nonnullæ,præſertim in rabie,nec non piſces,morſu ſuo ictúue, aut ſi in cibo ſumantur, ſeu quauis, ſeu certa aliqua parte ſui, hominẽ aut uehementer lædunt, aut interimunt. hic maxima medicorum diligentia opus eſt. neq; enim par omniũ curandi ratio. Præterea circa cibum,potũ,ſomnũ,uigiliam, motum, quietem & animi affectus, aliasq; res naturales, quarũ uſu decente ſanitas conſeruatur, ſecus corrumpitur, plurima paſſim à brutorum exemplis in uſum hominis eſt deriuare. Ego certe maximã medicinæ partẽ inter prima huius artis rudimenta à brutis tranſumpta uideo,tum ab ijs rebus quas illa per naturam faciebant,aut fortuitò patiebantur, tum illis quas homines in ipſis experiebantur. Nam tuto & citra impietatẽ periculum remedij noui dubijue in beſtia facere conceditur, in homine non item. Poſtremò cum uaria medicamenta ex pleriſq; (ut dixi) animalibus habeantur,quæ nos in ſingulorum hiſtorijs uno in loco ordine recenſemus, hac cõmoditate fruetur medicus, ut cum aliquod animal ad manus eius peruenerit, quasnam eius partes præcipuè ad uſum medicũ reſeruare debeat, inſpecta illa ex partibus ſin-

Ad apparatum ciborum.

gulis remediorũ enumeratione, intelligat. Idem & coquus in uniuſcuiuſq; hiſtoria leget, quę nam ad cibũ & quomodo, quo apparatu, & quàm ſalubriter ueniant. Quod

Ad uarias artes illiteratas.

ſi ſingulatim conſiderare libet,permultæ ſe offerent ad uitam homini ſuſtinendã neceſſariæ artes, quæ omnes circa animalia earúmue partes occupantur. Nempe cibi gratia piſcatores omne aquatiliũ genus uenãtur,partim ſibi,partim ut uẽdant. Rei pecuarię ſtudioſi, omne pecorũ genus emunt,alunt,diuendunt: & qui Lactarij uocantur,caſeos,butyrũ,&

alia

alia ex lacte pecorũ opera cõficiunt, qui maximus montanæ Helvetiæ imò necessarius uictus & quæstus est. hic scientia de curandis bobus, ouibus & capris requiritur. in alijs qui
dem regionibus aliæ etiam animantes, equi, asini, alces, rangiferi, cameli, lactis & qui inde
fiunt ciborum gratia nutriuntur. Venatores feras capiunt diuersas. Sunt qui corpus mu
niendi causa coria & pelles elaborant, alutarij, pelliones, cõriarij, calceolarij, & qui thora
ces aliasq; pelliceas uestes, & qui ephippia, marsupia, & huiusmodi cõficiunt. Quidam u-
nà cum pilis diuersarum quadrupedũ pelles ad uestimenta hyberna parant. Alij lanas &
pilos tondent curantq;, similiter ad uestes & stragula, ut ouium, caprarũ, camelorũ. Bobus & iumentis agricolæ utuntur. Iumentorũ quidem usus, præsertim equorũ, latissime
patet, necessarius agricolis, ut dixi, ad arandũ: ijsdem & alijs hominibus ad uecturas, ad
itinera in pace belloq; cõficienda. Est enim equitatus res in pace ciuitatibus & principibus decora, in bello necessaria, terribilis, & ubi camporũ planicies patet, planè magni mo
menti. Sunt & in ædificijs, & alijs operibus multa, ubi nisi iumenta uehendi aliosq; labores obirent, (equos dico, mulos, asinos, camelos, elephantos, alces & rangiferos,) nónne
hominũ opera, nec satisfactura tamen, pro bestijs requireretur? Iam canum q̃ multiplex
sit utilitas quis nescit? Domos, pecora, homines, custodiunt, defendunt, amãt. Venantur
ijdem, & feras aut fugant, aut retinent, aut occidunt. Sed quid in singulis hæreo, in re minime obscura? Sat fuerit in summa affirmasse, ad multas & diuersas artes multorũ anima
lium magnũ imò necessarium usum esse, & posse tractari unumquodq; melius, & ad u-
sum felicius conuerti, ab eo qui naturã eius tum alijs in rebus, tum ijs quas naturales (ut di
xi) medici appellant, plenè perspectã habuerit. Sed in ipso Opere qui nam è singulis
animantibus homini usus contingere possint, ad remedia, ad cibum, ad uestes, ad uecturam, ad prognostica tempestatũ, ad uoluptatẽ & ludos, ad alia diuersa, satis in singulorũ
historia explicatur, nec opus est minutatim in præsentia persequi omnia, & quasi obtrudere Lectori. Quinetiã mores ac uirtutes in homine formandi exempla & documenta
ab animalibus abunde suppetunt, quod quidem cum alij quidã eruditi, tum longè doctis
simus ille Theodorus Gaza ubi in Aristotelis de animalibus libros à se conuersos præfa
tur, copiose & eloquenter declarat. Vnde nos eius uerba præfationi nostræ ad Lectorem
subijciemus. Cæterum ad œconomicã institutionẽ, quantum conferat animalium historia, si pluribus demonstrarem, meritò prolixus & uerbosus existimarer. nam cum iam
antea agriculturæ, rei rusticæ, pecuariæ & coquinariæ, ut ita uocem, quibus res familiaris
cõseruatur simul & augetur, longè utilissimam hanc cognitionem esse docuerim, eadem
opera œconomiæ utilem esse ostendi.

Ad philosophiã de moribus.

Ad œconomicã.

¶ Porrò quanquam non magnæ nec multæ utilitates ab animalibus ad hominẽ redi-
rent, eæq; tanto maiores, quanto qui utitur eis naturæ ipsorum peritior est: non parua ta
men in eorũ contemplatione uoluptas, homini bene ac liberaliter instituto, tam uaria &
mira animaliũ discrimina inter se consideranti oboritur: siue ea in corpore, siue animo &
utriusq; actionibus spectes. Quid admirandũ magis quarundam auicularũ extempora-
neo cantu? cuius suauitatẽ ne numerosissimus quidẽ Musicorum hominũ uocibus simul
& instrumẽtis quibusuis summa arte utentiũ chorus ne longo quidẽ interuallo attigerit.
Quantus est in unius lusciniæ admiratione summus ille & exquisitæ in huiusmodi rebus
doctrinæ uir Plinius? Quis formicularũ mirifica & apicularũ corpuscula, ingenia, opera,
& in tantillis membris tantas animas, satis digne uel admiretur uel prædicet? Atqui nullũ
est animal in quo non aliquid suũ, illustre, rarũ: imò non aliquid, ut ita dicam, diuinitatis
spectetur. Quamobrẽ ineptus sim, si pluribus in præfatione eã tractẽ, quæ passim in ipso
opere copiosissime refero. Aristoteles ille philosophorũ princeps, inter cætera generosi
& liberalis animi argumenta, hoc etiã ponit, animalibus, præcipue rari, iucundi aut admi-
randi quippiã præferentibus, oblectari. Illiberalis hercle & sordidus est animus, quisquis
ubiq; utilitatẽ & lucrũ spectat. Quàm plurima enim & pulcherrima nullum de se emolu-
mentũ afferunt possidenti, sed ipsa sui pulchritudine sola placent, & animos sibi deuinciunt. Sic gemmæ pretiosissimæ, adamantes, topazij, hyacinthi, smaragdi, chrysolithi, &

Dignitas & nobilitas animaliũ historiæ ad contemplationem & admirationẽ operum Dei.

a 3

aliæ innumeræ, non quòd morbos geſtatæ aut alia quędam pericula auertant, (quod qui dam ſuperſtitioſe ne dicã impie credũt,) ſed ſola illa ſplendoris & luminis in quocũq; colore puriſſima pulchritudine, quã in minimo eodẽq; ſolidiſſimo corpore illibatã ꝑpetuò ſeruare uidentur, tanq; cœleſtis materiæ quædã particulæ aut ſtellæ quędã terrenæ, in hominum theſauros ueniunt, & ipſæ ſibi pretium ſunt, nec alium de ſe fructũ præbent. Interim ſaxa uulgaria ædificijs, molares piſtrinis, cotes ferro acuendo, quãuis non utilem tantum ſed neceſſariũ uitæ uſum pręſtent, ſtupidiſſimus tamen habeatur & gallo Aeſopi ſimilis, qui ea gemmis nobilitate aut prætulerit aut etiã æquârit. Atqui hęc inanimata ſunt corpora, immobilia, ignaua, inertia. Longe plus admirationis animalibus debetur: & inter animalia plurimũ illis, quæ in anguſtiſſimo corpore tam multiplex organorum genus, quæ ad motus & actiones corporis requiruntur, concluſum habent. Nam & præclari artifices ingenij uim in exigua magis quàm ampla materia oſtentant. Alexander Magnus (ut Solinus refert) Iliadem ita ſubtiliter in membranis ſcriptam habuit, ut teſta nucis clauderetur. Myrmecidæ Mileſij & Callicratis Lacedæmonij opera (ut ſcribit Aelianus) propter nimiã exilitatem in admiratione habentur. quadrigas enim fecerũt quæ ſub muſca poſſent abſcondi, & in ſeſamo diſtichon elegeîum literis aureis inſcripſerunt. Solinus Callicratẽ formicas ex ebore ita ſcalpſiſſe ſcribit, ut portio earũ à cæteris ſecerni nequiuerit. Sic natura in paruis quibuſdam & inutilibus (ut uidetur) animalculis, maiori niſu & cõtentione quantũ præſtare poſſit, & experiri ipſa & nobis oſtẽtare uidetur. Nam in omni re quæ ex materia et forma cõponitur, præſtãtior huius, uilior illius dignitas eſt. At corpus materiæ rationẽ habet: anima uerò eiuſq; ſentiendi, mouendi, & agendi facultas, formæ. quare ubi eædẽ omnes ſecundũ formã & animã facultates, motus, actionesq; fuerint in minimo & propè nullo corpore, quale formicarũ, apicularum & ſimiliũ eſt, naturam ſe quantũ fieri potuit à materia abſtrahere uoluiſſe, & ueluti nudã oſtentando formam, ſi nõ utile opus, dignũ tamen admiratione cõtemplationeq; efficere, omnino uerisimile eſt. Hi tanquã ludi quidam naturæ nõ cõtemnendi nobis ſed ſpectandi proponuntur. Quòd ſi hominẽ miramur, qui paruo corpore omniũ in natura rerũ imaginẽ gerat, animo uerò patris & opificis Dei, ꝓximo certe poſt hominẽ loco in admirationẽ animalia uenient, quæ & corporis partibus & animæ facultatibus hominẽ imitantur. Certè natura rerũ omnium parens, (ut inquit Plinius, non rectè naturã pro Deo nominans) nullũ animal ad hoc tantũ ut paſceretur, aut alia ſatiaret, naſci uoluit, arteſq; ſalutares inſeruit & uiſceribus, quippe cum ſurdis etiã rebus inſeruerit. Iam ſi quæ animaliũ homini utilia ſunt, ut pecora, iumenta, & alia multa, in illis non tantũ cõtemplabimur naturæ imò Dei ſapientiã ac potentiã, ſed inſuper gratias agemus benignitati eius qui tam uarias animantes in uſus humanos produxerit, earũq; ſpecies perpetuò conſeruet. Si quæ uero inutilia uidebuntur, in illis tantũ admirationi accedere, quantũ utilitati decedit, exiſtimare debemus. Non enim cõmunes ſolum animi corporiſq; motus, uires & ſenſus, in minutis illis animalculis habẽtur omnibus, nõ minus q̃ in boue aut elephanto, quod ipſum per ſe ſatis magnã admirationẽ mereretur: ſed inſuper in quibuſdã eorũ longe excellentiora ingenij opera, q̃ in ullis magnis reperiãtur beſtijs. Vide q̃ mirifice domicilia ſua parent apes et ſimilia eis genera, et formicæ. quantũ induſtriæ, quantũ artis in illa cõferunt? Quæ obſecro eloquentia ſatis inſectorũ iſtorum aſſiduitatẽ, prouidentiam, & ciuilẽ illam ac perpetuò concordẽ unius operis adminiſtrationẽ, aliaſq; uirtutes, ſiue à ratione aliqua profectas, ſiue naturales potius, ediſſerat? Nõ eſt autẽ quod ideo minus aliquis admirationi habenda hæc animalcula putet, ſi uirtutes iſtæ non propriæ, hoc eſt, non ex ratione & uoluntate ipſorum oriri uideãtur: neq; enim ideo minus mirabimur opera Dei, quibus per naturam indidit, ut illius ſponte eadem multa prrficiãt, quæ homines uix longo tempore docti exercitatiq; præſtare poſſunt. Luculẽta certe hæc omnia diuinitatis nihil non ubiq; replentis teſtimonia ſunt: & mirabilis eſt Dominus Deus in operibus ſuis, ſiue per naturam, ſiue per rationẽ aut uoluntatem, (quæ utraq; etiam ab ipſo pendent,) ſiue nullo intercedente medio moueat. Quomodo uerò uſquam abeſſent potentia, ſapientia & bonitas ditas diuina, uel quomodo uſquam in mundo ceſſarent, nedum in homine, quæ in contemptiſſimis iſtis & minimis corpuſculis, ſæpe tantillis ut uiſum fallãt, nec abſunt, nec ceſſant, ſed illuſtria præſentiæ ſuæ indicia edunt? Nam quòd mouentur & agunt, potentiæ eſt: quod ſenſibus utuntur, & inde utilia ſibi cognita ſequuntur, contraria uitant, quod domicilia ſtruunt, quod prouident de uictu, ſapientiæ eſt: quòd fœtus fouent & alunt, quòd ſe inuicem amant aut amare uidentur, dũm degunt gregatim, dum omnes ad unũ opus conſentiunt, dum hoſtes aut fures cõiunctis uiribus repellunt, bonitatis. Harum uirtutũ, aut quomodocunq; appelles, primũ & perfectiſſimum exemplum, aut ut philoſophi loquuntur, prima idea, cauſa & origo in Deo eſt. Hæc igitur tam miranda in uiliſſimis etiã & ſæpe ex putredine naſcentibus animalculis Deum opt. max. non fortuito aut temere nobis exhibuiſſe credemus, ſed ut hoc argumẽto nobis conſtaret, omnia diuinitatis eſſe plena, (cum ne paſſerculus quidẽ ullus ſit cuius non meminerit, aut qui citra uoluntatem ipſius in humum cadat,) & uerè quamuis ethnicũ poëtam Aratum ſcripſiſſe, Μεστὴ δὲ Διὸς πᾶσαι μὲν ἀγυιαί, πᾶσαι δ' ἀνθρώπων ἀγοραί, μεστὴ δὲ θάλασσα. Non poſſum hîc mihi temperare, quin Ariſtotelis uerba ex primo de partibus anim. libro, quoniã optime huc faciunt, adſcribam: neq; uitio mihi dabit aliquis, ſi quid rectè quanquam alienis uerbis protulerim. non enim tam ſpectãdum eſt quis dicat, quàm quid dicatur, quamq; cõmode & opportune. Sic igitur ſcribit: In ijs etiam quæ in animantium genere minus grata noſtro occurrunt ſenſui, „ natura parens & author omniũ miras excitat uoluptates hominibus, qui intelligunt cau„ ſas, atq; ingenue philoſophantur. abſurdum enim, nullaq; ratione probandum eſt, ſi ima„ gines quidem rerum naturaliũ, non ſine delectatione propterea inſpectamus, quod inge„ nium unà contemplamur quod illas condiderit, id eſt, artẽ pingendi aut fingendi. Rerũ „ autẽ ipſarũ naturæ ingenio, miraq; ſolertia conſtitutarũ contemplationẽ non magis per„ ſequamur atq; exoſculemur, modo cauſas perſpicere ualeamus. Quã ob rem uiliorũ ani„ malium diſputationẽ perpenſionemq; faſtidio puerili quodã ſpreuiſſe, moleſteq; tuliſſe „ dignũ nequaq; eſt, cum nulla res ſit naturę, in qua non mirandũ aliquid inditũ habeatur. „ Et quod Heraclitũ dixiſſe ferunt ad eos, qui cum alloqui eum uellent, quod fortè in caſa „ furnaria quadã caloris gratia ſedentẽ uidiſſent, accedere temperarunt, ingredi enim eos „ fidenter iuſſit, quoniam, inquit, ne huic quidem loco dij deſunt immortales. Hoc idem in „ indaganda quoq; natura animantiũ faciendũ eſt. Aggredi enim quæq; ſine ullo pudore „ debemus, cũ in omnibus naturæ numen, & honeſtũ, pulchrumq; inſit ingeniũ. Quippe „ cum naturæ operibus iunctũ illud præcipue ſit, ubi nihil temere, uiceq; fortuita cõmitta„ tur, ſed alicuius gratia omnia agantur. finis autẽ, cuius gratia quicq; uel conſtat, uel condi„ ditũ eſt, boni, honeſtiq; obtinet rationem. At uero ſi quis cæterorũ animalium cõtempla„ tionem ignobilẽ, abiectamq; putat, iam hic de ſe quoq; idem arbitrari debet. Non enim „ fieri poteſt, ut ea ſine magna abominatione inſpiciamus, ex quibus corpus conſtat huma„ num, ut ſanguinẽ, carnẽ, oſſa, uenas, reliqua generis eiuſdẽ. Omnino ita cenſendũ, ut qui „ de quauis corporis parte, aut de uaſe aliquo diſputat, nõ de materia, aut eius materiæ gra„ tia doceat, ſed formæ totius ratione, ſicut & cum de ædibus agitur, nõ de lateribus, nõ de „ luto, nõ de lignis, ſed de forma ipſarũ ædium docemus. Pari ratione, qui de natura agit, „ de cõpoſitione, totaq; ſubſtantia tractet, nõ de ijs, quæ nunquã eueniunt ut à ſubſtãtia ſepa„ rentur, Hæc ex Ariſtotele, prolixè quidẽ, ſed non præter inſtitutũ noſtrum, qui omnia illius de animalibus ſcripta in hoc Opus cõgerenda ꝓpoſui. quamobrẽ ea etiam quæ præfationis loco ad cõmendationem totius Hiſtoriæ pertinebant, nequaq; omittenda duxi. Hæc cũ ita ſe habeãt, ſingulas animaliũ hiſtorias, ſingulos quaſi hymnos æſtimabimus diuinæ ſapientiæ & bonitatis, à qua tanquã perenni & puriſſimo ſcaturigine, quicqd uſquã bene, pulchre, & ſapiẽter fit emanat, per mentes primũ cœleſtes & ſpirituũ angelorũq; ordines, deinde hominũ animos, à præſtãtiſſimis ad infimos progrediendo, (nam in hominibus etiã donorũ Dei & excellentiæ non una ratio eſt,) & ab homine deſcẽdendo per diuerſos animaliũ gradus ad zoophyta & plantas ad inanimata uſq; corpora, ita ut inferiora ſemper ad imitationẽ ſuperiorũ tanquam umbræ quædã quodãmodo componantur.

* 4

Epistola

Sic quidē diuinitas in res tum supra naturā sitas tum naturales descendit: nos uerò ad eius contemplationē uice uersa per eosdem gradus cōscendimus. Ipsa interim diuinitas perpetuò una eademq; & sibi nunquā non similis perseuerat, nec in seipsa decrescit: sed in corporibus tanq; speculis, p materiæ formarūq; diuersitate magis minúsue lucidis aliter atq; aliter refulget. Sic in corporibus nostris anima, licet tota toti insit corpori, nec ulla pars ea careat, illustrius tamen facultates alias in aliis exercet partibus. Verū anima ita cōnexa est corpori, idq; mouet ac perficit, ut aliquid ab eo uicissim patiatur, & damna eius nōnulla sentiat, & corpore suo ceu loco & domicilio circūscribatur, quorū nihil in Deū cadit: qui ita omnibus se cōmunicat, ut neq; substantia neq; pars eorum ulla sit, nec afficiatur ab eis quicquā, neq; includatur, sed ita sit ubiq; & omnia in omnibus ut extra omnia emineat, et mundū uniuersum ac cœlos omnes superior ipse terminet ac cōcludat. Verū hęc neq; uerbis neq; cogitatione humana, satis exprimi aut cogitari possunt. nō ideo tamen ab omni cōtemplatiōe absterreri & abstinere nos cōuenit. Quin potius aliquousq; cōtemplando progressos, potentiā eius humiliter agnoscere, infirmitatē nostram boni consulendo: sapientiā eius admirari, nostram inscitiam emendando: deniq; bonitati eius gratias agere, malitiā nostram deprecando oportet. Quod si ita affecti, circa inferiora ista & ueluti posteriora Dei, pio & simplici animo uersemur, omnia hæc diuinitus nobis producta cum gratiarū actione agnoscentes, nec immoremur tamen, sed subinde ad ipsum opificē erigamur, & rebus aliis omnibus occasionis tantū & admonitionis loco aut tanq; stimulis & calcaribus de authore ipsarū cogitandi utamur, qm̄iam tales sumus in hoc mundi theatro ut admoneri & incitari ad cōtemplationē rerum diuinarum semper indigeamus: relictis paulò post aut certe post hanc mortalē uitam externis istis & inferioribus & posterioribus, per gratiā Dei patris duce domino nostro Iesu Christo, qui primus & unus hanc uiā nobis morte sua præparauit & ostendit, ad ineffabilis illius intimi, summi & primi boni consortiū admittemur. Atq; hic est finis & scopus tum rerum omniū naturaliū considerationis, tum uniuersæ hominū uitæ. Sed ne fortassis quisquā arbitretur, nostra hæc tantū aut philosophorū gentilium dicta esse, nec ullis Sacræ scripturæ testimoniis defendi, pauca quædam ex sacris literis mihi adferenda sunt. Primum igitur in ipso mundi exordio, Deus hominem creaturus, qui in hoc mundo quasi theatro quodam spectaret omnia, omnibus uteretur, omne prius animalium genus produxit, ut in domicilium undiquaq; instructum & absolutū homo ingrederetur. Deinde omnibus animalibus ad eum adductis, nomina singulis ab eo imponi uoluit. & quanquam credimus nō animalia tantum sed reliqua etiam omnia ab homine, suo quodq; nomine duraturo in posterum, appellata, Scriptura tamen per excellentiam quandam de solis animalibus hoc prædicat. Exprimit etiam diserte, omne animalium genus, pisces, aues, pecora siue quadrupedes, & reptilia, in eum finem productum esse, ut hominis imperio, (non frustra scilicet, nec inutili,) subiiceretur. Idem mox in benedictione, quam Deus in hominem confert, repetitur. Et iterum post diluuium in benedictione Noæ & filiorūm eius: Timore (inquit Deus) & metu uestri afficietur omne animal, terrenum & uolucre, & quodcunq; terra producit, & ut in mari degit. Omnia iuris uestri sunt. Quicquid mouetur & uiuit, ad cibum uobis permittitur. Etiam instante diluuio iussus est Noas omne animalium genus, quod in aqua uitam degere non potest, in arcam inducere, de auibus quidem & animalibus puris, septena singulorum coniugia, de impuris uerò singula, nimirū ut species eorum conseruarentur; quas hominis causa Deus produxerat. Vbi illud animaduertendum impura etiam animalia, non contempta fuisse. Porrò in historia Regum de Salomone legimus, contulisse ei Deum tantam sapientiæ facultatem, ut doctissimos quosq; & celeberrimos uiros longo à se interuallo relinqueret. mox inter fructus & opera sapientiæ illius commemorantur Parabolarum tria millia, Carmina quinque supra mille, Historia plantarum à cedro usq; ad hyssopum, postremò Historia animalium, auium, reptilium & piscium. Quid est homo (inquit Dauid Psalmo 8.) ut memoriam eius habeas? Præfecisti illum operibus manuum tuarum, & omnia subiecisti pedibus eius: oues & boues & animalia

Testimonia sacra.

animalia ruris, uolucres quoque & piſces maris, & quicquid per æquor tranſit. Et rurſus Pſalmo 148. Laudate Dominum de terra, dracones & omnes abyſſi, feræ & cuncta pecora, reptilia & aues alatæ, &c. Atqui beſtiæ Deum agnoſcere uel laudare non poſſunt: nos igitur admonemur, Deum propter illas laudare, & gratias ei agere, bonitatẽ & ſapientiam eius in omnibus iſtis rebus quas ad uniuerſi ornatum, noſtrumꝗ uſum produxit agnoſcentes. Hinc eſt quod D. Paulus ad Romanos ſcribit, ethnicos etiam inexcuſabiles eſſe, quòd cum Deum agnouerint ex operibus eius, quantum inde ſcilicet homini cognoſcere datur, non tamen ut Deum coluerint, neꝗ grati fuerint. Siquidem quæ ſunt inuiſibilia Dei (inquit) ex creatione mundi, dum per opera intelliguntur, peruidentur, ipſaꝗ æterna eius potentia ac diuinitas. Poſtremò locus extat copioſiſſimus & luculentus de prouidentia Dei, qua animalia bruta dignatur ac proſequitur, hiſtoriæ Iobi capite 38. & 39. quem ne ſim prolixior hoc in loco omittam. Hæc hactenus de dignitate & excellentia hiſtoriæ animalium: quibus ubi ſubiecero clariſſimorũ uirorum circa eandem ſtudij exempla, ut non modo homine liberali, ſed principe etiam dignam, imò regiam hanc cognitionem eſſe appareat, finem præfandi faciam.

Integrum hunc locum poſt præfationem ad Lectorem ponemus.

¶ Alexandro Magno rege inflammato cupidine animalium naturas noſcendi, delegataꝗ hac cõmentatione Ariſtoteli, ſummo in omni doctrina uiro, aliquot millia hominum in totius Aſiæ Græciæꝗ tractu parêre iuſſa, omnium quos uenatus, aucupia, piſcatusꝗ alebant: quibusꝗ uiuaria, armenta, aluearia, piſcinæ, auiaria in cura erant: ne quid uſquam genitum (aliâs, gentium) ignoraretur ab eo: quos percontando, quinquaginta fermè uolumina illa præclara de animalibus condidit: quæ à me collecta (inquit Plinius) in arctum cum ijs quæ ignorauerat, quæſo ut legentes boni cõſulant, in uniuerſis rerum naturæ operibus, medioꝗ clariſſimi regũ omniũ deſiderio cura noſtra breuiter peregrinantes, Hæc ille. Alexander Macedo Ariſtoteli hiſtoriam animalium ei offerenti ſeptingenta, uel ut inquit Athenæus (libro nono Dipnoſophiſt. πολυτάλαντον πραγματείαν hoc Ariſtotelis opus appellans) octingenta talenta rependit. Regium enim munus eam ideo exiſtimauit, quòd inter plurima regia quæ hîc traduntur, pręcipuè colligi poſſint, & equitandi, & uenandi, & aucupandi rationes, quæ ſunt regiæ exercitationes, Niphus. Alexander Magnus dono dedit Ariſtoteli octoginta, (Viues etiam octoginta legit. malim octingenta cum Nipho, ex nono Athenæi ubi ὀκτακόσια legitur: ſed apparet ex pretij æſtimatione, quæ mox ſubijcitur, erratum eſſe librarij non authoris, quòd octoginta hoc loco legitur) talenta (auri,) quadringentis octoginta coronatorum millibus æſtimanda. Hæc autem æſtimatio ita colligitur: Centum enim talenta Attica ex abaco ualent ſexaginta coronatorum millia: quæ multiplicata ogdoade, numerum conſtituunt hoc loco repoſitum, Robertus Cenalis. Eadem Guil. Budæi æſtimatio eſt libro ſecundo de Aſſe. Quod ſi hodie uiueret Alexander, intelligeret profectò & miraretur inter innumera eius regia opera, nullius merito tantam ad poſteros gloriam & famam ipſius tranſmiſſam, quantam ex hoc uno apud uulgus hominum contempto opere. Orbem ferè terrarum uicit, ampliſſima regna ſubegit, urbes ingentes condidit. ſed regnum eius in multas partes eo defuncto diuiſum, in poteſtatem Romanorum, aliorumꝗ regum uenit. urbes aut deletæ, aut mutatis nominibus, aut barbaris incolis habitatæ literarum & hiſtoriarum omnium imperitis, conditorem ſuum non agnoſcunt. Interciderunt etiam quàm plurimi ſcriptores, qui geſta eius literis mandarunt, ut uix unus aut alter ex poſtremis extet. At animalium hiſtoria, cura & ſumptu eius perſcripta, conſeruata tot hactenus ſeculis, annis ferè mille nongentis, maximo ſemper apud omnes bonos & eruditos in pretio fuit, & magnæ ſemper gloriæ cum ipſi regi tum conditori eius Ariſtoteli. Non ſolum uero gloria maior ex hac in philoſophum regis liberalitate ad poſteritatem manauit, ſed etiam fructus longè uberior, quàm ex multis illis uictorijs & regnis ab eo partis. quid enim inde adiuuari poſteri potuiſſent, quod illius etiam ſeculi homines uehemẽter ſibi damnoſum experiebantur. Multa hominum millia ut ſuum pro libidine imperium unus Alexander propagaret ſubinde occidebantur, reſpublicæ mutabantur, uaſtabantur regiones, &

Exempla clariſſimorum uirorũ qui animalium hiſtoriam coluerunt.

alia multa publica priuataq; mala, ut ſolent in bellis, multis magniſq; regnis obueniebãt. Nihil igitur tam honeſtum & glorioſum, nihil tam utile quod ad noſtram durârit memoriam, rex ille regum perfecit, quàm quòd elegantiſſimos illos de animalibus libros conſcribendi liberaliſſimus author Ariſtoteli fuit. Omnem ferè animaliũ hiſtoriam (inquit Petrus Gillius) uel à regibus ſtudioſe animaduerſam, uel ab ijs qui hanc ipſam conſcripſiſſent, ijſdem religioſe dicatam & conſecratam uideo. Nam ut omittam alios nobiliſſimos reges, non optimos ſolum & diligentiſſimos pecuarios habitos, uerum etiam curioſos in exquirendis animalium naturis fuiſſe: Iuba, Hieron, Attalus, Philometor, Archelaus reges de ui naturaq; animalium diligenter perſcripſerunt, Hæc ille. Quæ uerò noſtra ſuper regum iſtorum ſcriptis ſententia ſit, exponam in fine Catalogi ueterum nõ extantium, qui de animalibus ſcripſerunt. Oppianus Anazarbenſis poëta longè doctiſſimus, cum ſua de animalibus poëmata Antonino imperatori Seueri filio Romę obtuliſſet, poſtulare iuſſus quod uellet, non reditum modo patris exulantis, quem ſolum petebat, facile impetrauit, ſed etiam pro ſingulis uerſibus ſingulos numos aureos accepit, quo dono exhilaratus poëmata ſua aureis literis exarauit, ut meritò aurea appellentur. Sunt autem duorum eius poëmatum, de piſcibus & de uenatione, quorum utrũq; ad Antoninum ſcripſit, circiter quinquies mille & octingenti uerſus. C. Plinius Secundus Hiſtoriam mundi, in qua cætera breuiter, plantas & animalia copioſiſſime tractat, Veſpaſiano imperatori dedicauit, cui chariſſimus & familiaris erat. Auicenna uir in re medica & omni ſcientiarum genere excellens Vziro Perſarum regi à conſilijs fuit, à qua dignitate pleriq; eum principem nominarunt, non dubitauit tamen aliquot de animalibus libros edere, & multa de ijſdem Ariſtotelis ſcripta interpretari. Non mirum autem maius olim cognitionis animalium ac totius eorum naturæ ſtudium fuiſſe: ſiquidem (ut Varro ſcribit lib. 2. de re ruſt.) de antiquis illuſtriſſimus quiſque paſtor erat, ut oſtendit Græca & Latina lingua, & ueteres poëtę, qui alios uocant πολύαρνας, alios πολυμήλους, alios πολυβότας, qui ipſas pecudes propter caritatem aureas habuiſſe pelles tradiderunt, ut Argis Atreus, ut in Colchide Aeetes, &c. Romanorum uerò populum à paſtoribus eſſe ortum quis non dicit? quis Fauſtulum neſcit paſtorem fuiſſe nutricium, qui Romulum & Remum educauit? non ipſos quoque fuiſſe paſtores obtinebit, quod Parilibus potiſſimum condidêre urbem? non idem, quod mulcta etiamnum ex uetere inſtituto bubus & ouibus dicitur: & quòd æs, antiquiſſimum quod conflatum, pecore eſt notatum? Et quòd nomina multa habemus ab utroq; pecore? à maiore, & à minore, ut ſunt, Porcius, Ouinius, Caprilius, Equitius, Taurus: item cognomina, ut Annij Capræ, Statilij Tauri, Pomponij Vituli, Hæc ille. In ſacris quidem literis Abrahamum pecoris ditiſſimum fuiſſe legimus, & Dauidem patris ſui greges pauiſſe. Huc pertinet etiam quod proditum eſt, ſummos olim uiros anatomes, hoc eſt diſſectionis partium corporis humani perquam ſtudioſos fuiſſe, & pueros etiamnum inter prima mathemata literarum in ea exercuiſſe. Petebant autem cognitionem illam partium corporis noſtri, non ex ipſis ſtatim humanis corporibus, ſed aliarum animantium, ut ſimiarum, porcorum, canum, & aliarum quadrupedum inſpectis, ut his rudimentis imbuti, promptius deinde ac certius in diſſecando humano corpore uerſarentur. In primis autem Marcus Romanorum imperator, corporum conſectionis, & ſingularum partium naturæ peritus fuiſſe memoratur. Aegyptij reges ſuis ipſi manibus anatomen adminiſtrare non dubitarunt. Iam Boëthus & Paulus Sergius Romanorum conſules, & alij quidam principes uiri, Galeno animalia diſſecanti ſæpe adfuiſſe leguntur.

¶ Hoc igitur & huiuſmodi Opus, & tantorum uirorum ſtudijs nobilitatum, Hiſtoriam inquam animalium cum elaborarem, & primam eius partem de quadrupedibus uiuiparis hoc tempore in publicum darem, Excellentiæ ueſtræ clariſſimi & prudentiſſimi uiri, omnino multis de cauſis conſecrandum exiſtimaui. Primum publico nomine, quòd omnes bonas literas fauore ueſtro dignemini, & ſtudia tum ſacra, tum quæ illis ſubſeruiunt linguarum & philoſophiæ, liberaliter in repub. ueſtra iuuetis atque promoueatis.

Deinde

Deinde meo priuatim, quòd ciuis sum uester, quòd Academiæ uestræ à puero alumnus, & nunc in eadē philosophiæ naturalis professor, quòd hæc omnia in ciuitate uestra multis subinde beneficijs per uos affectus, conscripsi & ædenda curaui. Has omnes ob causas æquissimum uidebatur, ut Opus meorum operum, nisi fallor, præstantissimum, sub nominis uestri auspicio in lucem ueniret. Vos pro beneuolentia uestra & humanitate, ita accipietis hanc dedicationem, (quæ ut uobis honesta & gloriosa esset, quantum ingenio & labore efficere potui, nihil ferè intermisi) ut externi etiam homines qui pietatem, prudentiam & fortitudinem uestram mirantur, propensum animum uestrum in bonas literas quoque earumq́ cultores patrocinium non uulgare intelligant. Quod si feceritis, & me amplitudini uestræ commendatum habebitis, ad reliquos etiam animalium historiæ libros maiore animo & alacritate absoluendos accedam. Valete. Tiguri anno Salutis M. D. LI. Mense Augusto.

TYPOGRAPHVS LECTORI, DE Epitome huius Operis.

DABIMVS breui, si deo placuerit, Epitomen huius Operis, omissis scilicet ijs quæ ad Philologiam & Linguas pertinent, ut illis etiam quorum tenuior est fortuna, ac ijs qui occupatiores sunt alijs grauioribus studijs, quàm ut in istis oblectari eis liceat aut libeat, per nos consulatur. Et, ut hoc obiter dicam, dedissemus forte etiam primi Tomi Bibliothecæ ex officina nostra superioribus annis publicatæ Epitomen, nisi iam à nescio quo inscijs nobis id fieri audiremus. qui nostris in compendium redactis, aut potius plurimis quæ in uolumine nostro erant, (ut sunt præfationes, censuræ, argumenta, &c.) omissis, aliquot authorum nomina adiecit, quę quidem per se ædi & paucis folijs comprehendi potuerant. Verum nos eadem omnia seorsim cum alijs quamplurimis ueterum recentiorumq́ scriptorum nominibus, primo quoq́ tempore in lucem dabimus, quod ad hoc usq́ tempus distulimus ut eò copiosiorem Appendicem istam colligeremus. Vale, & faue illis potius qui magnis sumptibus primi in publicum alicuius operis ædendi authores extiterunt, quàm qui lucri spe belluino more aliena inuolant, pręter hominis Christiani officium, (quo quidem inter nos, si boni uiri essemus, uel citra leges & priuilegia sponte nos uti oportebat:) quasi in tanta rerum & literarum copia omnis alia honesti lucri ratio & occasio desit, nisi quæ cum iniuria & damno aliorum suscipitur. Iterum Vale.

QVAE ANTE OPERIS INGRESSVM TRACTANTVR.

IN OPERIS FINE.

CONRADVS GESNERVS
CANDIDIS LECTORIBVS S.

IN epiſtola nuncupatoria, qua occaſiõne ad hoc Opus acceſſerim, quantum in eo elaboraueriM, qui inde fructus ſperari poſſint, & quanto ſtudio tum reges & principes, tum multi magni & doctiſſimi uiri animalium hiſtoriam excoluerint, ſatis mihi iam explicatum eſt. Hîc reliqua de quibus admonendum Lectorem in Operis ingreſſu duxi, ſeparatim proponam. neq; enim in dedicatione ad Reip. noſtræ uiros principes facta, prolixiorem me eſſe decebat.

Prolixitas excuſatur.

Et quoniam ipſa libri magnitudo, antequam legatur quicquam, de prolixitate apud multos me accuſatura uidetur, hæc ante omnia mihi excuſanda fuerit. Primum igitur non mirum eſt magnum euaſiſſe Volumen, in quod omnia omnium, quotquot habere potui ante nos de animalibus ſcripta ſummo ſtudio referre conatus ſim: ueterum inquam & recentiorum, philoſophorum, medicorum, grammaticorum, poëtarum, hiſtoricorum, & cuiuſuis omnino authorũ generis: nec eorum duntaxat qui Latinè aut Græcè, ſed quorundam etiam qui Germanicè, Gallicè aut Italicè lucubrationes ſuas æddiderunt: Et diligentiſſimè quidem illorum, qui de animalibus ex profeſſo aliquid ſcripſere, minori uero cura aliorum qui obiter tantum, ut hiſtorici & poëtæ, nõnunquam de iiſdem meminerunt. His plurimas obſeruationes proprias adieci, cum nullo pudore à quibuſuis, doctis, indoctis, ciuibus, peregrinis, uenatoribus, piſcatoribus, aucupibus, paſtoribus, & omni hominũ genere, multa ſubinde interrogando colligerem. Per literas etiam ab hominibus doctis, quas illi ex diuerſis regionibus ad me dederunt non pauca cognoui. Imagines quoq; animantium, operis molem auxerunt. Præcipuè uerò primus liber, quem nunc damus, de quadrupedibus uiuiparis, excreuit immodicè. quoniam hoc animaliũ genus, ut homini familiarius, ita notius (præcipuè noſtro orbi) & utilius. & multi de ſingulis libellos aut etiam libros iuſtos ſcripſerunt, ut de equis Hippiatri Græcè, Latinè, & aliis in linguis recentiores, &c. De canibus etiam multi multa prodiderunt: de pecoribus & armentis, bubus, capris, ouibus, ſuibus, plurima rei ruſticæ conditores Græcè Latineq;. Dicat aliquis non fuiſſe ex omnibus ſed ex optimis tantum libris conſcribendam hiſtoriam. Ego uerò nullius ſcripta contemnere uolui, cum nullus tam malus ſit liber, ex quo non aliquid haurire boni liceat, ſi quis iudicium adhibeat: quod potiſſimum fit, collatis melioris notæ ſcriptoribus, Græcis cum Latinis, ueteribus cum nouis. Itaq; licet nullum genus ſcriptorum præterierim, & à barbaris etiam & obſcuris in diuerſis linguis non pauca excerpſerim, non temere tamen id feci: ita ut neque negligentior iudicari poſſim, qui temere fidem quibuſuis habuerim: neq; arrogans aut parum modeſtus, qui ullius lucubrationes contempſerim. Ea ſanè quæ falſa aut quouis modo abſurda occurrebant, uel prorſus omiſi, uel ita poſui ut arguerem: aut ſi quando id non feci, ſiue per ignorãtiam, ſiue aliam ob cauſam, quod tamen rarius commiſſum puto, (præterquàm in iis quę ad medicinã pertinent, ubi ſæpe multa tum falſa tum ſuperſtitioſa retulimus, ut amuleta forte & alia, quæ eiuſmodi ſunt, ut à mediocriter etiam eruditis uiris bonis facile agnoſcantur) ex ipſo authoris nomine quantum quidq; fidei mereatur ferè iudicabit Lector. neq; enim ego fidem meam ubiq; aſtringo, contentus aliorum uerba & ſententias recitaſſe. Quamobrem diligẽter & religioſè caui, ne uſquam nomen authoris omitterẽ, quanquam in paruis etiam & uulgò notis rebus: ut licet dubitationis nihil rebus ineſſet, de uerbis tamen & locutionibus conſtaret, à quo proficiſcerentur authore, ſi quis imitari uellet. Itaq; copioſior ſæpè fui, ut non ſolum rerũ cognitione prodeſſem: ſed iis etiam qui ſoluta aut numeroſa oratione Græcè Latineue diſſerere aut ſcribere uellent, ſyluam uocabulorum locutionumq; ſuppeditarem. Ceterum ut omnia Latinè & purè ſcriberẽtur fieri ſatis cõmodè non potuit, cum quædã ex barbaris deſumpta iiſdẽ penè uerbis recitârim, præſertim ſi quæ obſcura uel dubia erant: reliqua uerò ab illis deſcripta, ad mediocrem linguæ Latinæ uſum deflexi, non quod melius non poſſem, ſed quod tales authores talis elocutio magis decere uideretur. Quæ uero ex bonis & Latinis authoribus tranſcripſi, illorum nihil mutaui. De meo quidem ſtilo, non aliud dicam, quàm hoc præcipuè mihi curæ fuiſſe, ut ſi non eleganter & grauiter, nec ad ueteris alicuius imitationem, mediocriter tamẽ Latinè & clarè dicerem. Nam neq; otium erat ſtilum excolendi, cum in rebus ipſis tam uariis tam innumeris occupatiſſimus eſſem: & ferè ad prælum deſcriberem ea quæ annis aliquot prius congeſta repoſueram, ut ſi excudi contingeret, non res amplius inquirendæ admodum, ſed ſcriptio ferè tantũ, & ordo, & cura ne quid fruſtra repeteretur, me detinerent. Quin & argumentum operis non grauem & ornatum ſtilum, ſed perſpicuum & mediocrem requirebat, & plerunq; grammaticum, hoc eſt interpretationi aptũ. Non enim recitare tantum uerba authorum uolui, ſed plerũq; etiam, ubi opus uidebatur, explicationem adieci, ita ut hoc Volumen nõ tantum Hiſtoria ſit animalium, ſed etiam expoſitionis loco in pleroſq; omnes qui de animalibus aliquid prodiderunt, futurum. Nam qui librum aliquem explicandum ſuſcipiunt, duo præcipue curant, ut uerba & ſenſus authoris declarent, & aliorum ſimiles locos conferãt. quorum poſterius quoniam in hoc opere ſummo ſtudio perfeci, collatis tum aliorum tum unius authoris eadem de re diuerſis in locis dicta, minus operæpretium fuit pluribus declarari authorum uerba, cum ipſi inter ſe loci tam diligenter collati mutuam lucem afferant. Sicubi tamen opus uide-

β

Præfatio

batur, uerba etiam & sententias pro mediocritate mea, tum aliàs, tum per parentheses, ut uocant, exposui. Accedit præterea quod natura à nimio stili cultu & omni affectatione sim alienus, hac cura illis relicta quibus uerba magis quàm res sunt cordi. Sed ut copiosius dicta paucis repetam, prolixum hunc librum fieri oportuit, primum quod ex innumeris authoribus confectus est: deinde quod sæpe multa de meo declarandi causa adieci. Poterat tamen sic quoq; multò breuior esse, si Philologiam non attigissem, in qua me nimium fuisse fateor: sed hanc quoq; diligentiam, si nõ admodum utilem, iucundam tamen grammaticis & alijs quibusdam fore spero. mihi certe magno labore, multis uigilijs constitit. Philologiam autem appello, quicquid ad grammaticam, & linguas diuersas, prouerbia, similia, apologos, poëtarum dicta, deniq; ad uerba magis quàm res ipsas pertinet. Hæc & huiusmodi magna ex parte ad octauum siue ultimum de unoquoq; animante caput reieci: aliquoties tamen in priora etiam capita irrepserunt, partim quod ego uoluptate quadam ad digressiones eiusmodi leui occasione inuitabar, partim quod lucis nonnihil authorum locis commode illic recitatis afferre uiderentur: ut cum alibi tum secundo capite, ubi de partibus animalium scribebam, ex grammaticis, medicis & alijs sæpe pluscula attuli. In tertio, ubi de cibis animalium & morbis agendum erat, sæpe ad plantas (quibus illa uel nutriuntur salubriter, uel fortuito gustatis læduntur aut etiam necantur) copiosius describendas diuerti: & similiter in quinto capite, si quæ tales erant stirpes, ut ijs per uenatores cum aliqua esca obiectis animalia perirent. Ex professo uerò in ipsa philologia, plantas illas nominare & interdum multis describerẽ solitus sum, quæ quouis modo nomen suum ab aliquo animali traxerunt. Iam capite septimo, quod est de remedijs ex animalibus, & noxis quas morsu ictúue aut in cibo sumpta inferre solent curandis, non raro multa altius repeto, rei medicæ illustrãdæ studio. Est ubi loca authorum deprauata & restituenda, digrediendi occasionẽ præbuerunt. Breuiter, ubicunq; rarum aliquid, aut alijs indictum, se offerebat, quod explicatum communes literas illustrare uideretur, facilius ad id enarrandum ab instituto decessi. Nam cum à puero in grammaticæ & philologiæ studijs Græcis Latinisq; educatus sim, & adolescens adhuc eadem profiteri cœperim: donec adultus ad maturiorem philosophiæ præsertim naturalis & rei medicæ professionem accessi, quanquam ex illis quoq; philologiam non parum auxi ac solidiorem effeci: & auidissimè semper uarijs lectionibus me exercuerim, posse me aliquid amplius in rerum & dictionum uariarum explicationibus quàm uulgus studiosorum præsertim ætate inferiorum, & alijs occupatorum studijs, mihi persuaseram. Quamobrem liberius sæpe & copiosius multa scripsi, ueteres ac recentiores reprehendi, nullo profecto uel obtrectandi aliena, uel mea ostentandi animo, sed candidè & simpliciter, ut quantum in me esset publica studia promouerem. Quòd si nemo improbat illorum libros, qui nullo ordine ut quidq; in mentem uenerit, uariorum authorum uerba & locutiones in utraq; lingua enucleant, ut apud ueteres Macrobius, Gellius, Cassiodorus, & quicunq; uaria scripserunt, quorum plurimos in secunda Bibliothecæ nostræ parte recensui: & apud recentiores cum alij multi, tum præcipuè Guil. Budæus, Cælius Rhodiginus & Calcagninus, Politianus, Erasmus Rot. &c. sed tanquam optimè meritis quicunq; uir bonus & uel mediocriter doctus, magnas agit gratias: non uideo quo iure uituperetur noster hic labor, in quo multa quidem ab alijs dicta, sed confuse, multa à me primum prodita, ita digessi & disposui, ut propemodum nihil non suo loco redditum sit. Siquidem omnium non solum sua sunt capita, sed capitũ etiam partes, & certi ordines, priores, posteriores, mediæ, uno ferè & perpetuo per uniuersum Opus ordine seruato. Et quoniam non rarenter incidebat, ut aliquid diuersos in locos ex illis quos institueram referri posse uideretur, ne nimius essem repetendo, ferè ab uno loco ad alterum lectorem remisi, nisi res tota paucis repeti posset. Hæc & alia quædam (ut diuersorum authorũ uerba, & stili uarietas) inæquale, interruptum, & salebrosum ut ita dicam Opus, & (ut aliquis forte obijciet) scopis simile dissolutis reddiderũt: quod uitium ego etsi animaduerterem, committere tamẽ non recusaui, dum ita prodessem Erit autem hoc quicquid est uitij multò minus, si quis secum reputet, me ista omnia non eo instituto composuisse, ut continua lectionis serie cognoscerentur à studiosis: sed ita temperasse, ut quicquid aliquis super quouis animante nosse desyderârit, id suo statim loco repertum, per se etiam legere & clarè intelligere possit. Itaq; si quis tantum ad inquirendum per interualla hoc Opere uti uoluerit, qui Dictionariorum & aliorum huiusmodi communium librorum usus est, hoc rectè facere poterit. quod si perpetuò ferè nobis obseruati ordinis non meminerit, indicem alphabeticum consulat, quem in totius Operis, id est fine secundi Tomi, utriq; Tomo communem ædemus, si nihil interim aliud, ut homines sumus, acciderit. Idem ferè Plinius in Naturæ historia cauit: nam in præfatione ad Vespasianum, Quia occupationibus tuis (inquit) publico bono parcendum erat, quid singulis contineatur libris huic epistolæ subiunxi, summaq; cura ne perlegendos hos libros haberes operam dedi. Tu per hoc & alijs præstabis ne perlegant: sed ut quisq; desiderauerit aliquid, id tantum quærat, & sciat quo loco inueniat. Hoc ante me fecit in literis Valerius Soranus in libris quos Ἐποπτίδων inscripsit, Hæc Plinius. Qui in arte grammatica proficere cupiunt, & alicuius linguæ usum sibi comparare, illi ab optimis grammaticis qui methodo compositiua (ut uocant) artem tradunt, à literis & syllabis ad dictiones & octo sermonis partes, & postremo sermonem ipsum, & syntaxin progressi, artis notitiam petunt, interim tamen Lexicorum (in quibus singulæ dictiones locutionesq; enumerantur longe aliter quàm in præceptis artis, ubi nec omnia singillatim nec eodem ordine recensebantur) utilitatem non negligit, non ut à principio ad finem perlegat, quod opero-

operosius quàm utilius fieret, sed ut consulat ea per interualla. Ita qui animalium historiam cognitu-rus est, & continua serie perlecturus, petat illam ab Aristotele, & si qui similiter scripserunt: nostro uero Volumine tanquam Onomastico aut Lexico utatur. Non enim me latet quod Aristoteles docet de partibus animalium 1. 4. multo præstare (ad philosophicam descriptionem) & eruditius esse, de animalibus ita scribere, ut tum partes tum affectus pluribus communes simul tractentur, per locos quosdam communes explicata eorum historia, primum ea persequendo quæ communissima sunt, ac paulatim ad minus communia, postremo ad ea quæ certis tantum generibus ac speciebus infimis propria fuerint, descendendo. nam si in singulis animalibus partes & affectus aliquis singulatim consideret, multa subinde repetenda erunt, quod perabsurdum (inquit) & prolixum fuerit. Hoc ego discrimen quamuis (ut dixi) animaduerterem, uolui tamē animalium historiam singulatim persequi, quod id nostro tempore, quo nomina plurimorum non amplius intelliguntur, multo utilius futurum iudicarem: & nonnulla frequentius repeti minus absurdum putarem, propter ordinem eiusmodi institutum, ut inquisitioni magis quàm continuæ lectioni seruiat hoc Opus. nō tamen omnia quæ communiter alicui generi insunt, in singulis etiam animalibus posui, tum quod quædam nulli non nota sint, ut communissimæ quadrupedū partes: tum quod in quibusdam si quis dubitauerit, facile ad Aristotelis locos, in quibus generatim illa tractantur, recurrere possit. & fortassis nos etiam aliquando de animalibus secundum genera & species nōnihil commentabimur. Adde quod commodius erat per singula animalia historiam à nobis condi eo etiam nomine, quod non physicè aut philosophicè tantum, sed medicè etiam & grammaticè de unoquoq; tractare statueram. Nec caret tractatio ista exemplis eruditorum. de plantis enim uix unus aut alter, ut Theophrastus, Ruellius, iuxta methodum illam quæ cōmunibus partibus & affectibus plantas singulas subijcit, aliquid prodidit: singulas uero separatim plurimi descripserunt & olim & nostro seculo, præcipuè medici. Vnus Ruellius ferè in utroq; elaborauit, ut Galenus quoq;, sed in facultatibus tantum describēdis. Fateor equidem potuisse me quamuis instituto meo manente, in multis multò breuiorem esse, nisi præter cætera exquisitum etiam istud diligentiæ meæ studium me oblectasset. Vbi in mentem uenit Liuij illud quodam uolumine sic orsi: Iam sibi satis gloriæ quæsitum, & potuisse se desinere, nisi animus inquies pasceretur opere. Quanquam, ut inquit Plinius, maius meritū esset, operis amore (quod ipsum non suæ sed Romani nominis gloriæ composuisse decuit) nō animi causa perseuerasse: & hoc populo Romano præstitisse non sibi. Ego quamuis Liuium non solum uel animi gratia uel quærendæ sibi gloriæ, sed magis etiam historiæ ueritatis & populi Rom. illustrandi causa, scribendi labores sustinuisse existimo: modestius tamen dixisse iudico, ita ut dixit: ne si eo modo quem Plinius requirit dixisset, arrogantior uideri potuisset, ut qui clarissimo totius orbis populo & gentium uictori ornamenti quippiam suis scriptis accessurum de se prædicasset. Ego similiter etsi totum hoc Opus qualecunq; est, non mihi sed Reip. & Academiæ nostræ moderatoribus (qui me à puero sua liberalitate fouerunt, fouentq; etiamnū, et ad ea quę cœpi alacriter perficienda hortantur) uniuersum deberi uolo, ac si quid inde gloriæ nasci potest, ad illos potissimum recidere: modestius tamen, ni fallor, hæc reticeo, & aliorum relinquo iudicijs, an laudis & gloriosæ famæ ex opere quanquam non illaudabili, Senatui & Academiæ multo iam tempore multis nominibus pietatis, doctrinæ & uariarū uirtutum clarissimis, accedere quicquam possit.

¶ Sed nimium forte hîc etiam prolixus sum, dum Operis prolixitatem excuso, quanquam obiter simul alia quędam egi, ut commoditates quasdam eius ostenderem, ac stylum nostrum qualemcunq; excusarem. Pergo ad reliqua. Et quanquam de immenso labore nostro ex antedictis satis cōstare possit, ac ipsa Voluminis tum magnitudo, tum uarietas & difficultas explicatarum in eo rerum pro me loquatur, addam tamen nonnulla, si ita fortassis æquiores ac benigniores mihi censores contingant homines docti, (nam de indoctis parum curæ,) sicubi me offendisse animaduerterint. Magni enim & ardui conatus, etsi non per omnia respondeant, ueniam merentur: & (ut ille ait) opere in magno fas est obrepere somnum. Plinius se naturalem historiam suam confecisse scribit ex exquisitis authoribus centum, adiectis rebus plurimis, quas aut ignorauerūt, aut postea inuenerat uita: nec dubitamus (inquit) multa esse quę & nos præterierint. Eadem de hoc nostro uolumine accipi uelim: quamuis non solum ex authoribus centum, sed multò pluribus id mihi concinnatum sit, ut facile est computare ex catalogo eorum quem infra posui. Erat autem primò perquam laboriosum omnia diligenter & cum iudicio legere, deinde excerpere, & ad suos redigere ordines: ac rursus inter Opus scribendū conferre, cum permulti eadem dicerent, alij ab alijs mutuati expressis authorum nominibus, alij suffurati suppressis. Quàm uero & difficile & tædio plenum sit authorum scripta sic inter se conferre, ut omnia in unum quasi corpus redigantur, nihil omittatur, nihil repetatur temere, nemo facile intelligit nisi expertus. hoc quidem ita contingit, uel duos aut tres tantum libros conferendo, multò maximè uero complures ut nos fecimus: idq; tam diligenter, ut ad alios authores super ijsdem rebus minimè posthac sit recurrendum, sed qui Volumen nostrum habuerit, omnia de ijsdem scripta habere se persuasus esse debeat, unum scilicet pro bibliotheca, unum πολλῶν ἀντάξιον ἄλλων. Hoc cum ante nos Petrus Gillius fecisset, sed in paucis authoribus, Græcos, inquit, qui de animalibus scripserunt, non modo Latinos fecimus, quod facillimum fuisset: sed Dionysium etiam Cassium, qui Magonem conuertit, imitati, ordinem & iudicium adhibuimus. Sed hæc ego multo iustius de nostris dixe-

β 2

rim, qui & ordinem multò commodiorem sequutus sim, & longè plura contulerim inter authorum scripta, tum alia (ut supra dixi) tum pleraque ex Græcis translata, & ab alijs & ab ipso Gillio. Itaque sæpius Græca apposui, ubi uel interpretes lapsi uidebantur: aut uocabula loquutionésue rarium aliquid aut pulchrum, aut rei præsenti peculiare continebant. Multa etiam ipse conuerti, uel quod translata hactenus non essent, uel quod obuium in Græcis locum ipse potius transferre, quàm apud interpretem diutius inquirere uolebam. Ex Germanicis etiam, Gallicis, & Italicis quædam Latina feci. Hos lucubrandi labores, legendo, colligendo, conferendo, transcribendo, multis annis sustinui: qui certe quales & quanti fuerint, non facile credi potest, nisi ab expertis. etsi an quisquam rem similem tentârit, ut omnia omnium, quotquot haberi possent unius argumenti scriptores, in unum corpus redigeret, non facile dixerim. nam qui ex multis quædam conscripserint quosdam noui, qui ex omnibus neminem. Quamobrem possum illud de laboribus meis dicere, quod Aristides de elegantia Smyrnæ urbis, quam nemo nisi qui uiderit cogitatione possit assequi: Δοκεῖ δ' ἄν μοί τις καὶ δῆγμα περὶ αὐτῶν ποιήσασθαι, ὥσπερ τὸν ὑπὸ τῆς ἐχίδνης φασὶ πληγέντα μὴ ἐθέλειν ἑτέρῳ λέγειν ἀλλ' ἢ ὅστις πεπείραται· οὕτω περὶ τῶν τῆς πόλεως καλῶν ἰδόντι μόνῳ κοινοῦσθαι, ἢ μέλλοντί γε αὐτίκα.

¶ Quod ad stilum attinet, etsi in præcedentibus quædam dixerim, obiter digressus, hic priuatim quædam adijciam. Vsus sum igitur dictione humili & minimè affectata, ob causas superius enumeratas. Nam in his scriptis in quibus rerum cognitio quæritur (ut Massarius inquit in simili argumento,) non luculentæ orationis lepos, sed incorrupta ueritas exprimenda est. Certe huiusmodi lucubrationes (ut cum Plinio dicam) nec ingenij sunt capaces, quod alioqui nobis perquàm mediocre erat: nec admittunt excessus aut orationes, sermonésue, aut casus mirabiles, uel euentus uarios, aut alia iucunda dictu, aut legentibus blanda. Sterili materia rerum natura, hoc est uita narratur, & hæc sordidissima quoque sui parte, ut plurimarum rerum aut rusticis uocabulis aut externis, imò barbaris, etiam cum honoris præfatione ponendis, Hæc Plinius. Quod si ille homo doctissimus idemque omnium iudicio eloquentissimus, quique castitatem linguæ Latinæ cum lacte hauserat, & alijs commoditatibus usus, & unde plurimum excitari feruor ingenij poterat Mecœnate adiutus imperatore Vespasiano, de stili angustia & ruditate, in simili ferè argumento excusationem instituere uoluit: multò cautius ipse hoc facerem multas ob causas, quas ne sim prolixior non enumero. Cur quædam passim in hoc Opere diuersis in locis repetantur, rationem reddidi iam ante, nempe quod ita postularet institutus à nobis ordo, & capitum partiumque in singulis diuisio: ut non negligentiæ nostræ, sed accuratæ potius curiosæque interdum diligentiæ id adscribendum sit. Sed repetuntur quædam aliquando eodem in loco, quæ uideri eadem possunt obiter cognoscenti: si quis uerò pressius consideret, nonnihil (quantulumcunque) interesse intelliget, uel in re, uel in uerbis. nam loquutio quandoque peculiaris, aut elegantia uerborum, ut id facerem, inuitabat: ut haberet etiam quod dicendo imitaretur, si quis eadem de re aliquid quouis modo dicere aut scribere conaretur. Parentheses quoque (ut uocant grammatici) ad stilum pertinent, quæ passim in toto Opere plurimæ sunt, idque plures ob causas. aut quia uaria erat lectio, aut scribendi modus dissidebat, aut nostra aliorúmue castigatio addebatur, aut ut interpretarer, aut ut de meo explerem, si quid deesset: aut ut Græca adderem, siue quod elegantia sua placerent, aut peculiariter ad rem præsentem facerent, siue quod Latina ex eis non satis bene reddita uiderentur: denique simpliciter ad clariorem intellectum illorum quibus interseruntur. Quantum ad orthographiam, non semper eadem uocabula eodem modo scripsi, sed secundum authores quorum uerba recitabam nonnunquam uariaui.

¶ Hæc de stilo & elocutione. Quod ad res ipsas, earumque ueritatem & certitudinem, fidem meam in plurimis non astringo, authorum (penes quos ea esto) nomina posuisse contentus. Ea certe magna ex parte fidem merentur, quæ multorum & eruditorum multis iam seculis consensu muniuntur, ut hac etiam gratia authores à nobis complures nominatos, & quædam fortassis non magno alioqui fructu repetita non sit pœnitendum. A multis enim testibus res una si uerbis ijsdem dicatur, eò fide dignior est. Fateor nonnulla leuicula esse, (ut Gillius etiam in Aeliano suo, quem nos in nostrum Opus transtulimus,) sed ea non multa sunt, & cum alijs infinitis grauibus & doctis compensantur: ac tanquam næui in articulo pueri delectabunt Alcæos, hoc est non stultos alieni operis æstimatores. Ego uitilitigatores non curo. tales enim potissimum sunt, ut Cato pronunciat, homines ueræ laudis expertes. Quod si non ad plenum satisfecerim, (utor ijsdem uerbis, quibus in sua de piscibus scripta Massarius) non erit culpa desiderij mei, quod sanè ardentissimum est, sed quod plus facere hoc tempore non potui. Aequi lectores boni cōsulent tam diffusæ materiæ quam suscepimus maximam partem à nobis traditam esse. neque enim tantæ rei satisfacturū me unquam speraui. Quin prius quantum nos in iuuandis bonis artibus fecimus, alij tantum quoque faciant, ac deinde blaterent. Nec enim animo feremus, iniquo, si ad hanc immensam difficillimamque à nobis susceptam prouinciam in auxilium peritiores aduenerint, nosque etiam superauerint. Pædaretum ferūt egregium illum uirum, qui quum in trecentorum numero lectus non esset, qui ordo apud Lacedæmonios honore præstabat, abiret que hilaris ac subridens, reuocatur ab Ephoris: interrogatusque quid rideret, respōdit: Quoniam equidem ciuitati gratulor, quæ ciues trecentos habeat meipso meliores. Iam etsi professus sum omnia ferè omnium hactenus quæ ad manus meas peruenerunt de animalibus scripta, in nostris lucubrationibus comprehendi: nō tamen idcirco superfluos aut inutiles posthac aliorum libros haberi uelim,

uelim, neq; enim id ut efficerem unquam cogitaui. Quin omnibus ſuum locum, ſuum honorem manere & æquum eſt, cum prodeſſe omnes uoluerint, & ipſe omnino cupio. Merẽtur enim alij propter antiquitatem, religioſe ut obſeruentur: alij etiam propter methodum philoſophicam & dialecticam, aut aliam à noſtra diuerſam. alij propter elocutionem, quidam propter hæc omnia. Græcos ſanè imprimis linguæ ipſorum fauentes obſeruabimus. Sunt qui Ariſtotelem, Plinium, & alios ueteres (inquit Gillius) omnem animalium naturam ſcriptis comprehendiſſe prædicabunt, à quibus adeò diſſentio, ut ab eis prę̨clarè inchoatam multam animalium uim, non planè perfectam audeam dicere. Cur enim tot tantisq; religioſiſſimis authoribus de ui & natura animalium extinctis, non amplum locum hominibus minimè inertibus ad nouam commentationem relictum eſſe arbitremur: cum ſexcentis apium ſcriptoribus nondum perditis, Ariſtarchum Solenſem conſtet duodequadraginta annos nihil aliud egiſſe, quàm earum mores tum obſeruaſſe, tum ſcriptis mandaſſe.

¶ Res ardua (cum Plinio loquor) uetuſtis nouitatem dare, nouis authoritatem, obſoletis nitorem, obſcuris lucem, faſtiditis gratiam, dubijs fidem: omnibus uerò naturam, & naturæ ſuæ omnia. *Epilogus.* Itaq; etiam non aſſecutis, uoluiſſe, abunde pulchrum atq; magnificum eſt. Certe peculiaris in ſtudijs causa eorum eſt, qui difficultatibus uictis, utilitatem iuuandi prætulerunt gratiæ placẽdi. Quid uerò laudabilius ex omni humanitatis ſtudio quàm ſuſcipere tam liberale tamq; laudabile munus renouandæ uetuſtatis, uel ab interitu potius uendicandæ, & nomina rebus, & res nominibus reddendi? Magna debetur gratia ijs qui uias publicas curant, ſternunt, muniunt, repurgant, aperiunt, complanant, explent, dirigunt, ut faciles uiatoribus, iumentis & curribus ſint, ac ſine impedimentis ſine periculo peragantur: etſi non omnia illi impedimenta, ſed maiora tantum ſuſtulerint. Nec parum in re literaria merentur, qui Opus aliquod publicę utilitatis ergò ſuſceptum ita excolunt, ut reliquis in eodem argumento nihil aut minimum difficultatis in poſterum ſit futurum. Quod ego ſi circa inſtitutum meum, ut uolebam ſum conſequutus, ualde gaudeo: ſin minus, aliquid eſt magnam me partem præſtitiſſe, ut non magno negotio excitati à nobis homines docti quod reliquum eſt aliquando abſoluant. Fauete igitur optimi & æquiſſimi Lectores Operi laborioſo, honeſto, iucundo, utili, uario: & Deo opt. max. gratias agite, & orate ut ſi diutius in hac mortali uita degendũ ſit, quoniam otiari non prodeſt, in naturæ potius indagatione & operum Dei ac patris noſtri grata celebratione, quàm alijs quibuſuis quæ uel ambitio uel auaritia dictat ſtudijs, ſancte pieq; uerſemur, & multo conquiſita labore poſteritati communicemus. Interim obſecro bonos & ſtudioſos omnes, ſi qui habuerint quicquam quod ad huius Operis perfectionem momenti aliquid afferre poſſit, ut ſunt, cuiuſuis generis animalium imagines, aut hiſtoriæ, hoc eſt quicquid ad earum naturam plenius cognoſcendam facit: aut reprę̨henſiones eorum in quibus nos hallucinati ſumus, quæ certe multa eſſe, qui homo ſim, non dubito, ingenuè & candidè nobiſcum ut communicent, & tanquam publicum Opus ac in medio poſitum illuſtrent: quæ res & ipſisglorioſa, & mihi iucunda, & hominibus ſtudioſis perpetuo utilis eſt futura. Certe Operis egregij, quantulumcunq; iuueris, participem fuiſſe, in gloria ducetur. Ego etſi in pauciſſimis uel una tantum in re, aut admonitus de errore, fuero, candide mox emendabo: aut aliquid noui edoctus, adijciam, ſiue ad ſecũdum de reliquis animalibus Tomum, ſiue ſeorſim in Appendice: Et ne ingratus in illos uidear qui aliquid contulerint, præter amorem quo illos perpetuò proſequar, ſi aliud nihil (ut tenuis eſt fortuna noſtra) beneficij in eos referre dabitur, candida ſaltem commemoratione nominibus ipſorum in catalogo illorum per quos profeci enumeratis, animum meum declarabo. Quòd ſi qui uel deſtituti occaſione ad nos ſcribendi mittendiue aliquid, aut alia cauſa affectúue impulſi, publicè etiam errata aliqua noſtra caſtigare uoluerint, quod ſcio multos facere poſſe grauiter ſimul & doctè, atq; ut faciant opto, illis quoq; gratias habebo. hoc unum oro, ut candidè & modeſte ſcribant, quicquid aduerſum me ſcribere uiſum fuerit, atq; ita ut rempub. literariam promouendi magis, quàm uel ſuam ambiendi gloriam, uel nos reprehendendi cauſa id feciſſe, ut uiros decet magnanimos, uerè uideantur. Ego omnino ex quorumuis iuſtis caſtigationibus mea emendare, nec ſua laude quenquam priuare paratus ſum. Spero enim, abſit inuidia, ad omnem poſteritatem duraturum hunc laborem noſtrum, non quidem doctrinæ noſtræ, quæ exigua eſt, ſed diligentiæ merito, quæ tot tantasq; lucubrationes ex innumeris authoribus in unum quaſi theſaurum accuratiſſimè coniunxit. Valete.

A 3

DE CVRA ET PROVIDENTIA QVA

DEVS BESTIAS RATIONIS EXPERTES dignatur & prosequitur, locus lectu dignissimus ex Iobi capitibus 38. & 39.

Cap. 38.

NVm tu uenaberis LEONI prædam, & pastum catulis eius suppeditabis? Quis CORVO de cibo prospicit, cum pulli eius famelici ad Deum clamantes oberrant?

Cap. 39.

Nostine tempus quo CAPRAE FERAE in rupibus pariunt? An obseruasti partum CERVARVM, aut numerum mensium quos implent, & parturiendi tempus? Submittunt se illæ, incuruatæq; fœtum magnis doloribus ædunt. Tum hinnuli adolescunt, & pabulo iam confirmati relicta matre non redeunt. Quis ASINVM syluestrem (pere) liberum dimisit, aut quis ONAGRI (arud, Hebræi tum pere tum arud asinum ferum interpretantur) uincula soluit? Ego domicilium eius in solitudine posui, & cubile in loco sterili. Itaq; ridet turbam oppidanam, nec audit clamores agasonis. Pascua sibi in montibus disquirit, & stirpes omne genus uirentes sectatur. Voletne MONOCEROS tibi seruire, aut morari ad præsepe tuū? An loro ipsum uincies, ut sequendo te sulcos aratro imprimere, aut glebas frangere uelit? Ausisne illi credere, tantoq; robore præstanti tuum permittere laborem? Sperabisne messem tuam ab eo conuehendā, ut condatur in horreum? En pulcherrimas STRVTHIONIS (pauonis secundum alios, aut galli syluestris) alas, quantū superant pennas, & alas CICONIAE? (Quidam uertit: An [dedisti] alas plausibiles pauonibus, aut pennas ciconiæ & plumas?) Sed deserit in terra oua sua, ut in puluere foueantur: nec cogitat pedibus ea dissipari, & à bestijs conculcari posse. Ita immitis est in pullos suos, ac si sui non essent: & ita pro eis solicita nō est, ut peperisse frustra uideatur. Nullam enim mentem aut intellectum diuinitus accepit. Quo tempore uerò sublimis euolat, ridet equū simul & equitem. Túne EQVO dabis ut generosus & bellator sit? ut alta ceruice ferociat, & hinnitum ædat? An speres te illum excitare aut terrere posse instar locustæ? Atqui nares eius ferociam spirant: calcibus solum fodicat, & fortitudine sua superbus armatis occurrit. Metum omnem contemnit, nō frangitur animo, non expauescit micantem gladium. Non pharetræ sonitum, non hastam uibratam, non lanceam aut cuspidem curat. Dumq; fremitus & tumultus cietur, terram fodit, nec tubæ sono mouetur. Classico tubæ signo animosè adhinnit, ac eminus prælium, & ducum clamorem tumultumq; tanquam odorans percipit. Num per tuam sapientiam fit, ut ACCIPITER uolans alas suas uentis committat? Tuóne iussu sublimis AQVILA fertur, & nidum in alto struit? Incolit illa (Vultur incolit petras, &c. LXX. Sed cadaueribus pasci Matthæi etiam cap. 14. aquilæ non uulturi adscribitur) petras, & inaccessas rupium ueluti arces: inde sibi de esca prouidet, longe lateq; perspicacissima circumspectans. Pulli eius sanguinem sorbent: ipsa cadaueribus ubicunq; fuerint, aduolat.

DE FRVCTV EX ANIMALIVM HISTORIA

PERCIPIENDO, EX THEODORI GAZAE præfatione in conuersionem suam Aristotelis de animalibus librorum.

Physicus quomodo uersetur in historia animalium, & in quem finem.

OMnis philosophandi ratio naturalis, ubi à primis illis naturæ initijs, materiam dico, formam, finem, agens, & motum (ut ita loquar) emerserit, hic uersatur, ac diutissime immoratur, hic suas uires exercet, atq; multiplicem, uariam, & admirabilem rerum constitutionem amplissime explicat. Persequitur ordine discrimina omnia, quibus natura suas animantes differre inter se uoluit: colligit summa genera, reliqua sigillatim exponit: partitur in species genera: & singula, quæ circiter quingenta numero in his continentur libris, describit: pergit quæq; explanans, quemadmodum oriatur, siue terrestria, siue aquatica: quibus nam constent membris, quibus uescantur alimentis, quibus afficiantur rebus, quibus moribus prædita sint, quantum uiuendi spacium datum cuiq; est, quanta corporis magnitudo, quod maximum, quod minimum est: quæ forma, quis color, quæ uox, quæ ingenia, quæ officia: deniq; nihil omittit, quod in animalium genere natura gignat, alat, augeat, & tueatur. Quæ omnia eò spectant, ut, quod sanctissimus quoq; author ille, quem deus sibi ueluti suppellectilem quandam preciosam elegerat, admonet, ex ijs, quæ à natura proueniunt, deum immortalem, ex quo ipsa pendet natura, intelligamus, admiremur, atq; colamus: qua re nihil pulchrius, nihil grauius, nihil dignius homini esse potest.

Minutorum animalium contemplatio non spernenda.

Tantus fructus horum librorum est. Nec audiendi sunt, qui inquiūt: Multa Aristoteles de musca, de apicula, de uermiculo, pauca de deo. Permulta enim de deo is tractat, qui doctrina rerū conditarū exquisitissima, conditorē ipsum declarat: nec uero musca, nec uermiculus omittēdus est, ubi de naturæ mira solertia agitur. Vt enim artificis cuiusuis, sic naturę ingenium in minutissimis potius contemplandū est.

Causarū cognitio quàm nobilis.

Quinetiam cum rerū causas cognoscere pulcherrimū sit (hac enim una cognitione, homo perfici, absoluiq; potest, ut deo immortali similis, quoad eius fieri potest, euadat) his sanè libris plene docemur, cur quæq; res in animalium genere ita sit: planeq; felicitatem assequimur illam nobiliorem, quæ in actione animi consistit, quam sapiens quoq; poëta

poëta prædicans : Felix, inquit, qui rerum potuit cognoſcere cauſas. Quid de anima loquar, de qua toties publice, priuatimq; diſputatur? Nuſquam ſuorum librorum, tam aperte philoſophus hic ſuam opinionem exponit, quàm in his libris, quid anima ſit, undeq; in corpus recipitur. Ad hæc mores illi, & uirtutum officia, quibus uirum appellamus bonum, laudeq; proſequimur, longe melius hinc accipi poſſunt, ꝙ uel à rhetore, quem Græci ſophiſtam uocant, uel à prædicatore, nomine iam trito Latinis auribus. Iis enim ſæpenumero uita diſcrepat à præceptis, & melius hortantur alios, quàm ipſi officio fungantur: ut interdũ fruſtra illa uirtutis egregia laus recitata ſit, prolixaq; eorum præceptio uacet, & iaceat, cum exempla deſiderentur uitæ præceptoris & authoritas, quam qui reſpicit, facilius & mouetur ad uirtutem, & in officio tenetur. At uero in contemplandis animalium moribus exempla ſuppetunt omnium officiorum, & effigies offeruntur uirtutum ſumma cum authoritate naturæ omnium parentis, non ſimulatæ, non commentitiæ, non inconſtantes & labiles: ſed uere ingenuæ atq; perpetuæ. Quis enim tam peruerſa natura hoſtis ſui generis eſt, quin emendetur, & mitigetur, cum nullum animal occidi à ſui generis beſtia uideatur? Quis tam in parentes impius, ne cum ciconiæ auis, aut meropis pietatem erga parentes intelligat, pientior efficiatur? Quis adeò inhumanus, illiberaliſq; eſt, quem oſſifragæ benignitas in pullos aquilæ non faciat benigniorem? Quis tam piger, iners, & ſegnis eſt, quin excitetur ad uitæ munera, cum formicarum, aut apum labores, atque induſtriam intuetur? Quem non pudeat per metum peccare, cum non ſolum leonis animum inuictum cogitat, ſed etiam reguli auiculæ, quæ cum aquila pugnat, certatq; de imperio? Quis principem bonum non colat atq; obſeruet, cum ſi rex apũ in itinere aberrauerit, omnes eum inquirere, odoratuq; ſagaci perſequi, donec inuenerint, cognitum habeat geſtari: etiam regem à plebe, cum uolare non poteſt, & ſi perierit, omnes diſcedere? Nunquid parum exempli ad boni principis ſiue deſiderium, ſiue obſeruantiam datur? Quis princeps non ad clemẽtiam facile inuitetur, cum reges apum armari quidem aculeo, ſed eo nũquam uti intelligat? Quæ fides, quis amor in canibus? Quanta in elephantis manſuetudo? Quæ in anſere uerecundia? Quantum ſtudium ornatus, ac polituræ in pauone? Quanta opera uocis amœnæ, ſuauiſq; in luſcinia? Quid de iuſtitia apum dicam, quæ colligunt quidem ex ijs, quibus aliquid dulcedinis ineſt, ſed ſine ullo fructuũ detrimento? Quid de caſtitate elephantis, qui quam impleuerit coitu, eam rurſus non tangit? Aut columbæ, quæ neq; coire cum pluribus patitur, neq; coniugium iam inde à primo ortu initum deſerit, niſi uidua, aut cœlebs? Diſciplina autem & eruditio elephanti, quem non faciat ſtudioſiorem? Omnino nulla pars uitæ humanæ eſt, quæ non ſuorum officiorum exempla commodiſſime hinc accipiat. Nam, ut omittam artes illiberales, quæ & ipſæ ingenijs animaliũ non parum iuuantur, ualetudinis exempla quæſo unde commodius peti, quàm ex animalibus poſſint? Loca pro temporis conditione ſolent illa mutare: non plus edunt, aut bibunt, quàm ſibi ſalubre ſit: non diutius dormiunt, quàm ratio ualetudinis poſtulat: modũ mouendi, quieſcendiq; ſeruant: nouit ſua quodq; medicamenta: uiuit ſua quodq; ſorte contentum, & gaudet. hæc late à medicis præcipiuntur. At uero exempla, in quibus uis maior, quàm in præceptis eſt, ab animalibus certiora præbẽtur. Addo utilitatem, quæ in dicendi facultate ex hac animalium ratione afferri poteſt. Comparationes enim, aſſimilationeſq; illæ, quas Græci parabolas uocant, quæ plurimum orationem exornant, auditoremq; tenent, hinc uarie, copioſe, aptiſſimeq; accipi poſſunt: ut ſiue oras, ſiue cõmunem partiris cum alijs ſermonem, eloquens, aptus, ſuauiſq; eſſe poſſis. Poëta uero unde nam pulchrius ſua illa rara & mira accipiat, quàm ex his libris, qui naturæ arcana rimantur, enarrant, aperiunt? Medicus autem, quod fatetur, ſe ſua inde ordiri, ubi philoſophus deſinit, nuſquam plenius, quàm hic uiderit: quodq; à Galeno medicorum principe traditur, Ariſtotelem primum anatomen, hoc eſt, membrorum diſſectionem ſcripſiſſe, hic agnoſcet: & quod idem & primus, & optimus fuerit author, percipiet. Iam & philoſophi noſtræ ætatis, qui quadrifariam rerum cauſam ex prima illa librorum naturalis auſcultationis inſtitutione, accipiunt quidem communi quadam ratione: ſed quemadmodum his natura utatur, in conſtitutione, generationeq; animalium, parum, authore Ariſtotele, uident, inopia ſcilicet exemplaris Ariſtotelici quod legere poſſint, hic uidiſſe aliquando gaudebunt, & Phyſici, quos ſe appellant, dignius de cætero profitebuntur. Rationes enim ideo quærimus uniuerſales, ut demum res particulares, & ſenſiles teneamus. Accedit ad hæc uoluptas, qua iuuari, ac perfici quamuis actionem Ariſtoteles ait, quam in contemplandis rebus naturæ auidiſſime capimus. Nam ſi pictor nos uehementer oblectat, cum animal ſcite pinxerit: quanto uehementius natura ipſa afficiet uoluptate, cum eius tam multa & uaria animalia, mira membrorum conuenientia, inauditaq; moderatione & elegantia facta cernamus? Cum hos legimus libros, cõtemplamur profectò quàm uarius, ac pulcherrimus fructus horum librorum, & utilitas amplior, quàm ut uerbis exprimi poſſit, Hæc Theodorus Gaza.

Vtilitas hiſtoriæ animaliũ ad mores & uirtutum officia.

Ad ualetudinem tuendam.

Ad dicendi facultatem.

Ad poëticam.

Ad rem medicã, propter anatomen.

Ad primã phyſicæ partem de cauſis.

Voluptas.

e 4

CATALOGVS VETERVM NON EXTANTIVM, QVI de animalibus scripserunt.

ARISTOTELIS librum ζωϊκὸν ἢ περὶ ἰχθύων, Athenæus alicubi citat, non peculiarem ullum puto librũ quo careamus intelligens, sed partem aliquam historiæ animalium, in qua de piscibus tractatur. Nam & libro septimo Aristotelis uerba de pisce anthia citat ex libro περὶ ζώων ἠθῶν, quæ tamen apud Aristotelem leguntur historiæ animalium libro 9. cap. 37. quod caput Gaza aut alius Latine inscripsit de ingenio marinorum & fluuiatilium piscium pro ratione commodioris uitæ. Circa finem quidem libri septimi Athenæus, ex Aristotelis libro quinto historiæ animalium uerba hæc recitat, ὁμοίως δὲ καὶ τῶν ἰχθυδίων οἱ πλεῖστοι ἅπαξ τίκτουσιν, οἷον οἱ χυτοὶ, οἱ τῷ δικτύῳ περιεχόμενοι, χρόμις, ψῆττα, θύννος, &c. quæ uerba eo in libro, capite nono apud Aristotelem inuenio. Alibi tamẽ eodem in libro Athenæus citat Aristotelis uerba quæ legantur ἐν τῷ περὶ ζώων alphesten piscem esse μονάκανθον καὶ κιῤῥόν, quæ nos apud Aristotelem nusquã reperimus, ut suspicemur quædã ipsius de animalibus scripta, præsertim de piscibus, nobis amissa. Plinius libro octauo Aristotelem quinquaginta præclara uolumina de animalibus condidisse affirmat. atqui Theodorus Gaza libros de animalibus octodecim esse ait, nouem scilicet de historia animalium, quatuor de partibus, quinque de generatione. his Plinium libros etiam de anima, & parua naturalia (ut uocant) adnumerasse apparet. sic enim omnes erũt quinquaginta, Niphus. Nicandri Scholiastes in Alexipharmacis in aconiti mẽtione, Aristotelis ex libro decimonono de animalibus uerba citat de panthera, quod sumpto aconito ad excrementum humanum in arbore suspensum à uenatoribus assultando tanquam ad remedium exhausta tandem extinguatur. Quod Aristoteles nõ alibi quàm nono libro cap. 6. historię animalium refert, quamuis etiam in Mirabilibus meminerit. Diogenes Laërtius author est scripsisse Aristotelem, etiam de compositis animalibus librũ unum, item de fabulosis animalibus librum 1. & Anatomicos octo, & Selectum anatomicum unum. hi omnes nobis interciderunt. Cæterum cõposita animalia intellexerim, quę ex parentibus genere aut specie diuersis nascuntur.

¶ Alexandri Myndij liber de animalibus, & historia iumentorũ, memorantur ab Athenæo.

¶ Antipatri librum de animalibus citat Plutarchus in libro de causis nat. probl. 38.

Antipho rhetor scripsit de pauonib. Athenęus.

¶ Archestratus de uarijs animalibus ad cibum aptis, eorumque ad gulam & uoluptatem apparatu carminibus scripsit, quæ persæpe recitat Athenæus.

Cæcius Argiuus de piscibus scripsit carmine, Athenæus.

¶ Callisthenis librum tertium de uenatione citat Plutarchus in libro de fluuijs.

¶ Epicharmus Syracusanus pecudum medicinas diligentissimè conscripsit, Columella.

¶ Leonides Byzantius scripsit de piscibus oratione soluta, Athenæus.

¶ Numenij librum Theriacum citant Scholia in Nicandrum.

¶ Numenius Heracleotes de piscibus poëma cõdidit, Athenæus.

¶ Petrichi Ophiaca adducit Scholiastes Nicandri.

¶ Pancratius Arcas Halieutica reliquit carmine: item Posidonius Corinthius, Athenæus.

Seleucus Tarsensis Halieutica ædidit prosa, Athenæus.

¶ Sostratus scripsit de natura animaliũ, ut Athenæus & Nicandri Scholiastes citat. Eiusdem secundum de uenatione librũ citat Stobæus in Sermone quo Venus uituperatur.

¶ Strato Lampsacenus physicus scripsit de generatione animaliũ. item de animalibus, de quibus dubitatur, & de fabulosis animalibus, Laërtius.

¶ Theophrastus Eressius (Laërtio teste) scripsit de diuersitate uocis animalium eiusdem generis lib. 1. De animalibus quæ sapere dicuntur, unum. De his quæ in sicco morantur, duos. De animalibus, septem. De his quæ colores immutant, unum. De his quæ latibula faciunt, unum. De automatis (sic puto uocat, quæ non ex coitu, sed ex putredine nascuntur) animalibus, unum. Compendij ex Aristotele de animalibus libros 6. De animalium prudentia & moribus, unũ. De fructibus & animalibus uersus mille centum & octogintaduos. Horum nonnullos etiã Athenæus citat, nempe τὸ περὶ ζώων, περὶ τῶν ἐν τῷ ξηρῷ διατριβόντων ζώων, περὶ τῶν φωλευόντων, περὶ τῶν μεταβαλλόντων τὰς χρόας. item περὶ τῶν δακέτων καὶ βλητικῶν.

¶ Xenocratis librum de utilitate quæ ab animalibus capitur citat Galenus libro 10. cap. 4. de simplicibus.

¶ Augustinus Niphus in pręfatione commentariorum quos in Aristotelis de animalibus libros ędidit, complures alios authores ueteres, quorum libri de animalibus scripti non extẽt, enumerat, mutuatus ex Indice Plinij qui loco primi libri habetur. Authores enim aliquot quos octauo præcipuè libro Plinius nominat, tanquam omnes de animalibus simpliciter scripserint à Nipho numerantur, cum illi obiter tantum in operibus suis uel res gestas uel rem rusticam continentibus, animalium quorundam meminerint. Iuba, Hieron, Attalus, Philometor & Archelaus reges de ui naturaque animalium diligenter perscripserunt, Gillius. Ego regum istorum nomina citari quidem apud Plinium reperio, de animalibus uerò ex professo eos scripsisse nusquam legere memini. Hiero quidem, Philometor, Attalus & Archelaus de cultura agri scripse.

scripserunt, ut refert Plinius 18. 3. Iuba uero tum alia, tum de Arabia siue Arabica expeditione, eodem teste 6. 27. & 12. 14. in quibus libris multa eos de animalibus scripsisse conijcio, ex professo nusquam.

CATALOGVS AVTHORVM EXTANTIVM, QVORUM scriptis ad hoc Opus usi sumus.

C. Plinius Secundus in suo de natura Volumine authorum quos sequitur nomina, & passim adijcere, & in fronte Operis ad finem capitum cuiusq; libri prætexere uoluit. Est enim benignum (inquit) ut arbitror, & plenum ingenui pudoris, fateri per quos profeceris. nō ut plerięq ex ijs, quos attigi, fecerūt. Scito enim conferentē me authores, deprehendisse à iuratissimis et proximis ueteres transcriptos ad uerbum, neq; nominatos. Obnoxij profecto animi, & infelicis ingenij est, deprehendi in furto malle, quàm mutuum reddere, cum præsertim sors fiat ex usura: Hæc Plinius, quem nos etiam secuti authorū per quos profecimus catalogum adscribemus. Enumerabuntur autem illi tantum quorum scripta extant. nam si illos etiam nominare uellem, qui ab alijs, præsertim ueteribus citantur, etsi non sine exemplo id facerem, tamen catalogum nimis augerem, & hominis ambitiosi ac ostentantis suspicionem de me relinquerem. * Asterisco notauimus illos, ex quibus omnia quæ de animalibus habebāt desumpsimus, siue quòd toti de animalium historia conscripti essent, siue multa passim ex instituto, aut etiam obiter de animalibus pauca continebant: ita ut nihil amplius ad particulares animantium singulorum historias ab ijs petendum sit. Nam ex historicis, poëtis & alijs authoribus, non omnia quæcunq; de animalibus apud eos haberentur excerpsi, quòd id prolixius quàm utilius futurum uideretur, (cum nihil ferè noui in rebus ipsis apud illos tradatur, sed elocutio tantum uariet,) sed ea tantum quæ fortuitò siue in ipsorum libris, siue apud grammaticos citantes occurrebant. Si quæ tamen ad res ipsas facere iudicabam, ex omni genere authorum sedulo transcripsi.

LIBRI HEBRAICI.

1. ¶ Vetus Testamentum cum annotationibus Seb. Munsteri.
2. Eiusdē Munsteri Dictionaria, Hebraicolatinum, & quadrilingue.
3. Epistola presbyteri Ioannis, ut uocant, hoc est Aethiopię regis ad Pontificem Rom. de rebus Aethiopicis.

¶ ARABICOS, hoc est ex Arabica lingua translatos, nominabo inferius inter obscuros.

GRAECI.

4. * Actuarij liber de Serpentibus & uenenis, breuiter ex Dioscoride contractus est.
5. * Adamantij Physiognomica.
6. Aeschyli tragœdiæ.
7. Aëtij non omnia sed pleraq; euolui & excerpsi: integrum uero librum 13. qui est de uenenis & uenenatis animalibus.
8. * Aeliani historia animalium, Petro Gillio interprete, cum eiusdem additionibus ex Oppiano, Plutarcho, Porphyrio & Heliodoro, ut libri titulus habet. Sic autem Aeliani omnia adiecta sunt, ut nihil ad rem pertinens omitteretur. nam si quandò stilus luxuriari uidebatur, & leuiter euagari, aut hominem cum brutis conferendo reprehendere, (quod sępius facit, ut qui professione rhetor fuerit) plerūq; contraximus.
   - * Eiusdem uariæ historiæ libri 14.
   - * Eiusdem de instruendis aciebus liber.
9. * Alexandri Magni epistola ad Aristotelem de rebus Indicis Cornelio Nepote interprete.
10. * Alexandri Aphrodisiensis problematum libri 2.
11. Alexander Trallianus medicus.
12. Ammonius de differentijs uocum.
13. * Annonis Periplus.
14. Apollonij Argonautica, cum Scholijs.
15. Apostolij Byzantij parœmiæ.
16. Appianus historicus.
17. Aratus, cum Scholijs.
18. Aristides rhetor.
19. Aristophanis comœdiæ, cum Scholijs.
20. Aristotelis libri integri, quod particulares historias attinet, * De historia, de generatione & de partibus animalium. Physiognomica. De mirabilibus. De coloribus. Parua naturalia, ut uocant. Problemata. In cæteris libris, aut nullum aut rarissimum ullius animantis nomen occurret.
21. Michaëlis Ephesij Scholia in libros de generatione, quæ Ioannis Philoponi nomine publicata sunt. Niphus scribit Michaëlis Ephesij Scholia in libros de generatione extare, expositionem non extare.
22. * Arriani Periplus Euxini Ponti.
   - * Eiusdem Periplus rubri maris.
   - Eiusdem de rebus gestis Alexandri historię.
   - * Eiusdem Indica.
23. * Athenæi Dipnosophistæ.
24. Biblia sacra, hoc est Vetus & Nouum Testamentum Græce.
25. Callimachi poëmata quædam.
26. Cl. Galeni libri: alij quidem multi sparsim à nobis cogniti: integri uerò propter animalium historiam, qui sequuntur.
   - * Libri de simpliciū facultatibus. De antidotis. De theriaca ad Pisonem. De cibis boni & mali succi. De alimentorū facultatibus tertius. De parabilibus libri tres, quorū primus incipit, Cum ars

medica circa nullas unquam urbes. Secundus, ad Solonem, acephalus. Tertius Galeno adscriptus, incipit: De gurgulionis uitijs.
27. Diodorus Siculus historicus.
28. Diogenes Laërtius de uitis philosophorū.
29. Dion historicus.
30. Dionysius Afer de situ orbis, et Eustathius interpres.
31. * Dioscorides.
32. Epigrammatum Græcorum authores diuersi.
33. Epistolarum Græcarum authores diuersi, quos Aldus olim uno uolumine coniunxit.
34. Etymologicon.
35. Euripidis tragœdiæ.
36. Eustathius in priores quinq; Iliadis libros.
37. * Geoponicorum, id est de re rustica ad Constantinum Cæsarem librorum authores diuersi.
38. * Heliodori Aethiopicæ historię libri decem.
39. * Heraclidis descriptiones rerumpub.
40. Herodoti historiæ.
41. Hesiodi poëmata, cum Scholijs.
42. * Hesychij Lexicon.
43. * Hippiatri Græci, Absyrtus, Hierocles, Pelagonius & alij uno uolumine coniūcti.
44. Hippocrates. præcipuè libri de natura muliebri, de morbis muliebribus, de internis affectionibus.
45. Homerus, cum Scholijs.
46. Iosephus.
47. Ioannis Tzetzæ uaria historia.
48. *Iulius Pollux.
49. Lucianus.
50. Lycophron cum Scholiaste.
51. * Nicādri Theriaca & Alexipharmaca, cum Scholijs.
52. Nicolai Myrepsi medicamenta composita secundum genera, Leonharto Fuchsio interprete.
53. * Oppiani libri de piscibus, & de uenatione.
 * In eiusdem libros de aucupio paraphrasis.
54. *Orpheus.
55. * Ori uel Hori Hieroglyphica.
56. * Palæphatus de fabulis.
57. Paulus Aegineta medicus.
 * Succidanea cum eiusdem, & cum Galeni operibus coniungi solita.
58. Pausaniæ libri de regionibus Græciæ.
59. Philes qui de animalibus senarios iambicos condidit, omnia ab Aeliano mutuatus.
60. Philostrati Icones.
 *Eiusdem libri de uita Apollonij.
61. *Phurnutus de dijs.
62. Pindarus, cum Scholijs.
63. Plato.
64. Plutarchi uitę, et alij uarij libelli: integri uerò,
 * Vtrum terrestria aut aquatilia animalia sint sapientiora.
 *Gryllus, uel quod bruta ratione utantur.
 *Liber de Iside & Osiride.
 *Causæ naturales.
65. Polyæni strategemata.
66. Polybius historicus.
67. Procopius Gazæus sophista in octateuchum ueteris Testamenti.
68. Q. Calaber poëta.
69. Theophrasti opera.
70. Theocritus.
71. Xenophontis opera diuersa.
 *De uenatione.
 * De re equestri.
 * Hipparchicus.

LATINI AVTHORES Veteres.

72. Ael. Lampridus.
73. Ael. Spartianus.
74. Alb. Tibullus.
75. Ammianus Marcellinus.
76. Aulus Gellius.
77. Aulus Persius.
78. Aur. Cornelius Celsus.
79. *Cæl. Apicius de re culinaria.
80. C. Iul. Cæsar.
81. C. Iulius Solinus.
82. *C. Plinij Secundi Historia mundi.
83. C. Suetonius Tranquillus.
84. C. Val. Catullus.
85. Decius Ausonius.
86. Fl. Vegetius Renatus de re militari.
 * Eiusdem Mulomedicina.
87. Fl. Vopiscus historicus.
88. Gratij liber de uenatione.
89. Iul. Capitolinus historicus.
90. Iunius Iuuenalis poëta Satyricus.
91. L. Annæus Seneca.
92. L. Apuleius.
93. L. Iunius Moderatus Columella de re rust. & hortensi.
94. Macrobius Ambrosius Aur.
95. * Marcellus medicus Empiricus, quem simpliciter Marcelli nomine citato inter remedia ex animalibus intelligi uolo, non Marcellum Vergilium illum nostri seculi qui Dioscoridem transtulit, & annotamentis illustrauit.
96. M. Actius Plautus Comicus.
97. M. Annei Lucani Pharsalia.
98. M. Aurelij Olympij Nemesiani poëtæ de uenatione liber.
99. M. Cato de re rust.
100. M. Manilij Astronomicōn libri.
101. * M. Terentius Varro de re rust.
 * Idem de lingua Lat.
102. M. Valerij Martialis epigrammata.
103. M. Vitruuius de architectura.
104. Nonius Marcellus de lingua Lat.
105. Palladius de re rust.
106. Pomponius Mela.
107. P. Vergilij Maronis Bucolica & Aeneis.

*Eius

* Eiusdem Georgica.
108. P.Ouidij opera.
* Eidem falsò adscripta, Philomela de uocibus animalium, & Pulex.
* Eiusdem Halieutica.
109. Quintus Horatius Flaccus.
110.*Q. Serenus Samonicus.
111. Seruius in Vergilium.
112.* Sextus Platonicus de remedijs ex animalib.
113. Sexti Aurelij Propertij Elegiæ.
114. Sextus Pompeius Festus de lingua Lat.
115. Sexti Iulij Frontini Strategemata.
116. Silius Italicus poëta.
117. Statius Papinius Neapol. poëta.
118. Titi Calphurnij Siculi Bucolica.
119. T.Liuius historicus.
120. Valerius Maximus.

LIBRI LATINE QVIDEM EDITI, sed admodum impurè, ut ex Arabica lingua conuersi plerique superioribus seculis, & illorum qui tales authores imitantur: in quibus frequentissima etiam circa res ipsas errata sunt, partim authorum, partim interpretum imperitia.

121. Aesculapius nescio quis, ex animalibus remedia descripsit, quę pleraque eadē apud Sextum Platonicum reperio.
122.*Alberti Magni de animalib. libri, innumeris errorib. inquinati, ita ut Niphus totidē ferè errores inesse scribat quot uerba.
123. Alexander quidā author obscurus, ab alijs eiusdem farinæ authoribus citatur, ipse non uidi: ut & Rodolphus in Leuiticū.
124. Arnoldus de Villa noua, in ijs quæ de animalibus scribit, ut in libro de theriaca, Arabum eorúmue interpretum tum nomina tum errores sequitur.
125.*Bartolemæi Anglici de proprietatibus rerū libri 19.
126. Auerrois libros Aristotelis de generatione & de partibus paraphrastice reddidit, licet meo iudicio perperā interpretetū, Niphus. Ego cum ex his scriptis nihil egregij sperarem, neque apud nos reperirem, accersere nolui, ut neque Auicennæ de animalibus libros, in quibus pleraque omnia Aristotelis esse puto: & si quid præter illa adiectū est, in Alberti lucubrationibus, (quibus nos usi sumus,) cōtineri.
127.*Auicennæ opera medica. De eiusdem libris animalium in Alberti Magni mentione iam dixi.
128.*Elluchasem Elimithar medici de Baldath Tacuini.
129.*Ferdinandus à Ponzeto cardinalis, de uenenis.
130.*Iacobus Dondus Patauinus, quem uulgò Aggregatorem uocant.
131. Iorachi cuiusdā liber de animalib. ab Alberto Magno sæpe citatur, (& ab alijs obscuris.) ait autē eū frequenter falsa scribere.
132. Kiranides etiam nescio quis ab Aggregatore & alijs recentioribus, in remedijs præcipue ex animalibus subinde citatur.
133.* Matthæi Syluatici Pandectæ medicinales.
134. R. Moses.
135.* Petrus Aponensis de uenenis.
136.*Rasis in libro de sexaginta animalibus.
137. Semeryon uel Haren Semeryon, ab Alberto Magno in historia animaliū frequenter citatur.
138. Serapio.
139.* Vincentij Belluacensis de animalibus libri 7, nempe decimusseptimus Speculi naturalis cum sex sequentibus. Speculi doctrinalis etiam libro decimosexto rursus de ijsdem breuiter agit.
140. Liber de natura rerum authoris innominati, passim apud recentiores illos quorum impurus sermo Latinus est citatur, Vincentium, Albertum: ex quibus nos omnia quæ non prorsus absurda erant mutuati sumus.
141.* Andreæ Bellunensis Glossemata in Auicennam, utilia sanè & erudita, quāuis dictionis nō admodū puræ. fuit enim linguæ Arabicę peritus, ita ut orthographię etiā scriptarum ab eo dictionum maior sit habenda fides, quàm ab alijs quorum plerique miserè illam corruperunt.
142. Laurentius Rusius Hippiatrica peritissime scripsit, quanquam stilo nō satis Latino.
143. Isidorus Etymologici sui libro 12. de animalibus quædam scripsit non inutilia. meretur autem medium ferè locum, ni fallor, inter classicos & barbaros authores.
144. ut & Monachi illi quorum commentarij in Mesuen ante annos circiter octo Venetijs excusi sunt.
145.*Eiusdem ordinis fuerint & Petri Crescentiensis de re rust. libri.

LIBRI RECENTIORVM MEDIOcri aut etiam egregio stilo Latine editi, quorum authores aut nostra memoria uixerunt uel etiam num uiuunt, aut paucis ante nostram memoriam annis è uita excesserunt.

146.* Aeneæ Syluij Asiæ & Europæ descriptio.
147.* Alexandri ab Alexādris I.C. Neapol. Dies geniales.
148. Alexandri Benedicti Veroneū. de morbis curandis opus.
149.*Aloisij Cadamusti nauigatio.
150.*Aloisij Mundellæ epistolæ medicinales.
151.* Americi Vesputij nauigationes.
152.* Andreæ Alciati Emblemata.
153.* Andreæ Vesalij opus Anatomicum.
154.*Angeli Politiani opera.
155.* Antonij Musæ Brasauoli libri de medicamentis usitatis simplicibus & cōpositis.
156. Antonius Thylesius.

157.* Auguſtini Niphi commentarij in libros Ariſtotelis de animalium hiſtoria, generatione, & partibus.

* Eiuſdem de augurijs liber.

158.* Baptiſtæ Fieræ Mantuani cœna.

159. Baptiſtæ Platinæ Cremonenſis de honeſta uoluptate & ualetudine libri.

160. Baſſianus Landus Placentinus de humana hiſtoria.

161.* Beliſarius Aquitiuus Aragoneus Neritinorum dux de uenatione, ex Oppiano (ferè.

* Eiuſdem de aucupio liber.

162.* Brocardus monachus de Terra ſancta.

163.* Cælij Calcagnini opera.

164.* Cælij Rhodigini Antiquarum lectionum uolumen: quod frequentiſſimè in Opere noſtro Cælij ſimpliciter nomine citatur.

165. Cælius Aurelianus Siccenſis, (hic pertinet ad ordinem ueterum.)

166.* Cælij Secundi Curionis Araneus.

167.* Caroli Figuli dialogi, alter de muſtelis, alter de piſcibus in Moſella Auſonij.

168.* Caroli Stephani ſcripta de uocabulis rei hortenſis, Seminarij & Vineti.

169.* Chriſtophori Columbi Nauigatio.

170.* Chriſtophori Oroſcij Hiſpani Annotationes in Aëtium & eius interpretes.

171.* Deſiderij Eraſmi Rot. opera.

* Eiuſdem Chiliades adagiorum.

172.* Eraſmus Stella de Boruſſiæ antiquitatibus.

173.* Franciſci Marij Grapaldi Parmenſis de partibus ædium libri 2. Tractat autem de animalibus libri primi capitibus. 6.7.8.9

174.* Franciſci Maſſarij Veneti in nonum Plinij de naturali hiſtoria Caſtigationes & Annotationes.

175. Franciſci Nigri Baſſianatis Rhætia.

176. Franciſcus Robortellus Vtinenſis.

177. Gabrielis Humelbergij commentarij in Samonicum, in Sextum de medicinis animalium, & in Apicium.

178. Gaſparis Heldelini ciconiæ encomium.

179.* Georgij Agricolæ libri de metallis. De ponderibus & menſuris.

* Eiuſdem liber de animãtibus ſubterraneis.

180.* Georgij Alexandrini priſcarum apud authores rei ruſticæ enarratio.

181. Guilielmi Budæi Commentarij linguæ Græcæ.

* Eiuſdem Philologia.

182.* Gul. Philandri Caſtilionij Galli in Vitruuium annotationes.

183.* Guilielmi Turneri Angli liber de auibus.

184.* Gyberti Longolij dialogus de auibus.

185.* Hermolai Barbari Caſtigationes in Pliniũ.

* Corollarium in Dioſcoridem. * Phyſica.

186.* Hieronymi Cardani de ſubtilitate libri.

187.* Hieronymi Vidæ poëma de bombycibus.

188.* Iacobi Syluij libri de medicamentis ſimplicibus deligendis & præparandis.

189.* Iani Cornarij Annotationes in Galenũ de comp. pharm. ſecundum locos.

190.* Ioachimi Camerarij Hippocomus, Rhetorica.

191.* Ioachimi Vadiani Commẽtarij in Melam.

192.* Io. Agricolæ Ammonij de ſimplicibus medicamentis libri 2.

193.* Io. Boëmus Aubanus de moribus omnium gentium.

194. Io. Brodæi annotationes in epigrammata Græca.

195.* Io. Fernelius Ambianus de abditis rerum cauſis.

196. Io. Kufnerus medicus Germanus.

197. Io. Iouinianus Pontanus.

198.* Io. Manardi Ferrarienſis epiſtolæ medicinales.

199.* Io. Rauiſij Textoris Officina.

200.* Io. Ruellij hiſtoria plantarum.

201. Io. Vrſini proſopopœia animalium carmine, cum annotationibus Iac. Oliuarij.

202.* Iodoci Vuillichij Annotationes in Georgica Vergilij.

203.* Iulianus Aurelius Leſſignienſis de cognominibus deorum gentilium.

204.* Lazarus Bayſius de re ueſtiaria, de re nautica, de uaſculis.

205. Leonelli Fauentini de Victorijs, de medendis morbis liber.

206.* Lilij Gregorij Gyraldi Syntagmata de dijs.

207.* Ludouici Vartomãni Romani patritij Nauigationum libri VII.

208.* Marcelli Vergilij in Dioſcoridem Annotationes.

209.* Marci Pauli Veneti de regionibus Orientis libri 3.

210.* Matthias à Michou de Sarmatia Aſiana atque Europæa.

211. Medicorum recẽtiorum cum aliorum tum qui parum Latinè de curãdis morbis ſingulatim ſcripſerunt libri diuerſi.

212.* Michaël Angelus Blondus de canibus & uenatione.

213.* Nicolai Erythræi Index in Vergilium.

214. Nicolai Leoniceni opera.

215.* Nicolai Leonici Thomæi Varia hiſtoria.

216. Nicolai Perotti Sipontini Cornucopiæ.

217. Othõnis Brunfelſij Pandectæ medicinales.

218.* Paulus Iouius de piſcibus.

219.* Idem de Moſchouitarum legatione.

220.* Petrus Crinitus.

221.* Petri Galliſſardi Araquæi pulicis Encomium.

222.* Petri Gyllij Galli Additiones ad Aeliani libros de animalibus à ſe tranſlatos.

* Eiuſdem liber de Gallicis nominibus piſcium.

223.* Petri Martyris Oceaneæ decades, de nauigationibus noui Orbis.

224.* Philippi Beroaldi Annotationes in Columellam.

225. Pinzoni nauigationes: & Magellani ad inſulas Moluchas.

226.* Polydorus Vergilius de Anglia.

* Idem

*Idem de rerum inuentoribus.

227. *Raph. Volaterranus.

228. *Robertus Cenalis de ponderibus & mensuris.

229. *Roberti Stephani Appendix ad Dictionarium Gallicolatinum.

230. *Scribonius Largus.

231. * Sebastiani Munsteri Cosmographia uniuersalis.

232. *Sebastiani Sigmarij cicadæ Encomium.

233. Strozij poëtæ, pater & filius.

234. Theodosius Trebellius Foroiuliensis, concinnator Dictionarij quod Promptuarium inscripsit.

235. * Valerius Cordus de medicamentis compositis apud Pharmacopolas usitatis.

GERMANICI.

236. Balthasaris Steindel Dillingensis Opsartytica.

237. Eberhardus Tappius Lunēsis de accipitrib.
* Eiusdem prouerbia Germanica cum Latinis & Græcis collata.

238. *Hieronymi Tragi historia plantarum.

239. Ioannis Eliæ scripta de uocabulis uenatorijs in libro eius de scientia scribarum publicorum.

240. *Io. Stumpfij Chronica Heluetiæ.

241. *Michaël Herus de quadrupedibus.

242. Olai Magni tabula & libellus de insulis & regionibus Oceani Septentrionalis Europæi.

243. Varij libelli Hippiatrici, Medicinales, et alij, partim excusi, partim manuscripti.

ITALICI.

244. Francisci Alunni (nō Arlunni, ut sæpe scripsimus in hoc Opere) Ferrariensis Fabrica mundi.

245. Petri Andreæ Matthæoli Senensis cōmentarij in Dioscoridem.

246. Terræ sanctæ descriptio authoris innominati.

GALLICI.

247. Gulielmus Tardiuus de accipitribus & canibus uenaticis.

248. Andreæ Furnerij liber de decoratione humanæ naturæ.

249. Io. Goeurotus, de Conseruatione uitæ.

250. ¶ Thomæ Eliotæ Dictionarium Anglicolatinum.

251. Sigismundi Gelenij Lexicon symphonū Latinæ, Græcæ, Germanicæ & Illyricæ linguarum.

CATALOGVS DOCTORVM VIRORVM, QVI VT OPVS hoc nostrum & rempub. literariam illustrarent, uel aliunde imagines animalium, aut nomina & descriptiones miserunt: uel præsentes communicarunt. Horū nonnulli superius quoq; nominati sunt, quòd insuper scriptis eorum publicatis adiutus sim.

Achilles P. Gassarus medicus Germanus.
Alexander Peijer Scaphusianus.
Aloisius Mundella Brixiensis medicus.
Andreas Martinus Rostochiensis.
Antonius Eparchus Corcyræus, Græcæ linguæ professor Venetijs.
Antonius Musa Brasauolus illustrissimi Ferrariæ ducis Herculis Estensis archiatros.
Antonius Stuppa Rhætus.
Arnoldus Peraxylus Arlenius Germanus.
Bartolemæus à Castromuro canonicus Curiensis in Rhætia.
Cælius Secundus Curio Italus.
Cælius Sozinus Senensis.
Caspar Hedio ecclesiastes Argentinensis.
Christophorus Clauserus Tigurinus archiatros.
Cornelius Sittardus medicus Germanus.
Dominicus Monthesaurus medicus Veronēsis.
Florianus Susz Rolitz à Varshauia, Polonus.
Franciscus Belinchettus mercator Bergomensis.
Ge. Agricola consul Kempnicij.
Ge. Fabricius poëta, Scholæ rector Misenæ.
Gisbertus Horstius Amsterodamꝰ medicus Romæ.
Gregorius Mangolt Constantiensis.
Guilielmus Grataroluis Bergomensis, medicus.
Guilielmus Turnerus Anglus medicus.
Henricus Stephanus Roberti filius, Parisiensis.
Hieronymus Fracastorius Veronensis medicus.
Hieronymus Frobenius Basiliēsis typographus.
Hieronymus Tragus Germanus.
Io. Altus Hessus.
Io. Culmannus Goppingensis.
Io. Dernschwam̄ Germanus.
Io. Estwycus Anglus.
Io. Falconerus medicus Anglus.
Io. Kentmannus Dresdensis medicus.
Io. Oporinus Basiliensis typographus.
Io. Ribittus sacrarum literarum interpres Lausannæ.
Iustinus Goblerus I. C. & principi Nassauiensi à consilijs.
Lucas Gynus medicus Italus.
Michaël Alysius Gallus Trecensis medicus.
Nicolaus Gerbelius Phorcensis I. C.
Petrus Dasypodius Græcarum literarum professor Argentorati, præceptor meus.
Petrus Gyllius Gallus.
Petrus Merbelius Germanus, Carolo V. à consilijs Mediolani.
Petrus de Mesnil Gallus.
Petrus Paulus Vergerius, olim episcopus Iustinopolitanus.

γ

Sebastianus Munsterus Hebraicæ linguæ professor Basileæ.
Sigismundus Gelenius Bohemus.
Simon Lithonius Valesius.
Theodorus Bibliander sacrarum literarum apud nos professor.
Thomas Gybson Anglus, medicus.
Valentinus Grauius uir doctus & senator Misenæ.
Vincentius Valgrisius Germanus, typographus Venetijs.

¶ Lucas Schân pictor Argentoratensis aues plurimas ad uiuum nobis expressit, & quasdam historias quoq; addidit, uir picturæ simul & aucupij peritus.

¶ Hi ferè sunt quorum diligentiæ beneuolentiæq; erga me pariter & bonas literas, tū ipse plurimum debeo, tum omnis studiosorū posteritas debitura est. Quòd si forte alicuius per quē profeci nomen in præsentia præterij, id ille obliuioni potius & ex temporaneæ scriptioni, quàm ingratitudini ut adscribat etiam atq; etiam oro.

ORDINIS RATIO, QVEM PER SINGVLAS FERE ANIMALIVM HISTORIAS SECUTI SUMUS.

DE PICTVRIS ANIMALIVM in hoc Opere.

ROMANI imperij principes olim adhuc maximæ orbis terrarum partis domini, multa peregrina subinde animalia populo spectanda offerebant, ut ita illius animos sibi deuincirent. Atqui illa non nisi breui tempore, quo scilicet durabant spectacula, inspici et considerari poterant. Nostræ uero icones, quas omnes ad uiuum fieri aut ipse curaui, aut ab amicis fide dignis ita factas accepi, (nisi aliter admonuerim, quod rarum est,) quouis tempore & perpetuò se spectandas uolentibus, absq; labore, absq; periculo, offerēt. Nam animalia quædam uiua, propter periculum ex crudelitate ipsorum aut ui ueneni, quis comminus inspicere sustineat? ut sæuos leones, ursos immanes, crudelissimas tigres, rabidas pantheras, infestissimos crocodilos, & in mari canes, siluros, lamias, cete: deniq; uenenata uiperarum, aspidum, chelydrorum, et alia serpentium ferarumq; genera, quæ uel solo aspectu, cornibus, rictu, dentibus, unguibus, calcibus, aut aliter uulnera & mortes minitantia, protinus homini se inimica declarant. Atqui eadem picta non modo sine terrore, uerum & iucundè spectamus: & tanto maiori quàm innoxias animantes uoluptate, quanto minus uiua accuratè & de proximo inspicere sustinemus: Cuius rei causam Aristoteles etiam in problematis inquirit. Optassem equidem cum suis coloribus excudi potuisse effigies: quod quoniam fieri non potuit, typographus pro ijs qui sumptum facere aliquanto maiorem non recusabunt, exemplaria aliquot pictoris manu coloribus illustranda ad archetypum nostrum curauit. Minora animalia, inter aues, pisces, & insecta præcipuè, ea qua uiuunt magnitudine plerunq; expressa sunt, si libri uel chartæ spatium admittebat. Maiora uerò necessariò imminuta sunt: quod si non satis certa proportione inter ea seruata ubiq; facta est imminutio illa, excusare me poterit, partim pictorum diuersitas quibus usi sumus, idq; diuersis temporibus & locis: partim occupationes plurimæ, quæ me tum libro conscribendo tum aliâs intricabant, ut picturis operam dare satis non possem, eamq; curam ferè in typographos reijcerem. Sed de magnitudine, & magnitudinum inter se proportione nō admodum refert, dum cætera bene habeant, in quo quidem curando pro mea parte diligentiæ nihil intermisi.

DE PRIMO CAPITE A.

SINGVLORVM ferè animalium historiam, (perpaucis exceptis ubi id commodè fieri non poterat, ut ab initio statim in Alce, propter multas diuersasq; authorum de ea sententias) per octo capita, octo prioribus Alphabeti Latini literis maiusculis insignita partiti sumus, ut A. sit primum caput, B. secundum, & sic deinceps. Vltimum uerò caput H. rursus in totidem partes per minores literas diuisi, ut Philologia quoq; eodem ordine tractaretur, per a. b. c. d. e. f. g. & h. literas. quanquā g. quæ pars de medicamentis est, perrarò in Philologiam uenit, cum aliquod forte G. maioris id est septimi capitis paralipomenon se offerebat. Sed singulorum capitū argumenta ordine prosequamur.

A. igitur quamuis cæteris collatum capitibus breuissimum sit, plurimum tamen plerunq; in eo laborandum erat. continet enim nomina diuersarum gentium, Hebraica ferè primum & Hebraicis finitima, (ut Arabica, Chaldaica, Saracenica:) deinde Persica, Græca, Italica, Hispanica, Gallica, Germanica, Anglica, Illyrica, ubi hæc omnia habere potui, quod in quadrupedibus facilius fuit. In auibus sanè multis, & piscibus, serpentibus, ac insectis, aliquando unius tantum aut alterius linguæ nomina reperi, & forte aliquando nullius, ut uel innominatum fuerit relinquendum animal, uel nomen ei fingendum. Initio quidem statim de Latino nomine constituendo laborandum erat, id quod per perdifficile est hoc seculo. Neque mirũ hoc uidebitur hominibus doctis, cum Plinius uir tantus & in ipso literarũ linguarũque flore natus, similiter conqueratur, in hæc uerba: Illud satis mirari non queo, intercidisse quarundam arborum memoriam, atque etiam nominum, quæ authores prodidêre, notitiam. Quis enim non communicato orbe terrarum maiestate Romani imperij, profecisse uitam putet cõmercio rerum ac societate festæ pacis, omniaque etiam quæ occulta ante fuerant, in promiscuo usu facta? At hercule non reperiuntur qui norint multa ab antiquis prodita, desidia rerum internitione memoriæ inducta. Huius quidem ignorantiæ præcipua uideri causa debet linguarum mutatio, neque enim Italia iam Latinè loquitur, Gothorum & Langobardorum ut bellis oppressa, & colonijs occupata, sic uocabulis inquinata. Græcia Turcarum seruitio premitur, nec amplius Græcè sed barbare loquitur, adeò ut non rerum modo, sed etiam locorum illustrium nomina sint nouata. Quam obrem nemo nobis uitio dabit, si aliquando uocabulis destituti noua finxerimus, tum in uernacula lingua, tum Latina, aut Græca, quod tamen nisi admonito lectore, ut par est, nusquam fiet, in auium, piscium, serpentium & insectorum duntaxat historijs, & in illis quoque raro: in quadrupedibus nunquam aut rarissimè.

Hebraica uocabula, cum suis interpretationibus præceptor noster Theodorus Bibliander sacrarum literarum in gymnasio nostro professor, magnæ doctrinæ & incredibilis diligentiæ uir, pleraque nobis suppeditauit. Inquisiui autem & ipse nonnulla, cum aliunde, tum ex Arabum libris qui in re medica extant, & multa animalium nomina continent, quæ ex Græcis transtulerunt, quamuis Græca nomina persæpe retineant ita plerunque detorta & deprauata ut uix agnoscantur, qualia plurima ex Aristotele Auicenna transtulit, ut apud Albertum legimus: quod indicium illius etiam seculi inscitiæ est, ut non sit mirum doctissimos etiam Iudæorum hodie nihil certi de rerum nominibus, ut animalium, plantarum, metallorum, uestium, instrumentorum, &c. docere posse. Certe R. Abraham aben Ezra, qui claruit anno Salutis 1217. huiusmodi rerum nomina Hebraica prorsus obscura esse alicubi scribit, quòd in rebus naturalibus diuersæ regiones diuersa proferant, in ijs uerò quæ artes faciunt longinquitas temporis plurimum immutet. Reliquarum linguarũ uocabula partim ipse usu cognoui, Gallica enim & Italica mediocriter intelligo, partim ex dictionarijs, partim ex amicis diuersis didici.

DE B. LITERA.

CAPUT secundum docet quibus in regionibus animalia quæque reperiãtur, & quomodo secundum illas differant, & si species eius diuersæ reperiuntur, aut aliæ quædam differentiæ, ut in equis secundum gressum & celeritatem, &c. illas etiam explicat. Præcipuè uerò corpus describit, & primũ corporis magnitudinem: deinde partes singulas, simplices primum, externas internasque, solidas & liquidas, ut sunt, pellis, pili, (& qui accidit eis color,) sanguis, adeps, medulla, ossa, uenæ, nerui, &c. deinde compositas à capite ad pedes, ut caput, cornua, cerebrum, oculos, aures, nasum, os, linguã, dentes, pectus, dorsum, cor, pulmones, uentriculum, hepar, fel, liený, intestina, genitalia, crura, pedes, ungues uel ungulas, &c. (quanquam cornua & ungues, & alia quædam ex prædictis simplices esse partes non ignoro. hoc ordine tamen collocaui propter situm) In quibusdam quæ ab hominibus aluntur, ut pecoribus, iumentis, canibus, electionis etiam notas in hoc caput inserui.

DE C. LITERA.

TERTIO capite comprehenduntur naturales corporis actiones, quæ uel ad uitæ conseruationem, uel speciei propagationem pertinent, singulatim uero, Animantis cuiusque, Vox, Sensus, Cibus, Potus, Somnus, Somnia: Excrementa alui, uesicæ, genitalium, sudor, menses, lac: Loci in quibus uersantur, ut montes, syluæ, paludes, frigidi, calidi, &c. latibula: Actiones corporis quod ad motum & quietem, ingressus, cursus, uolatus, serptio, natatio, cubatio: Sanitas, & eius signa, & conseruatio, præcipuè circa pecora, & ea quæ ab homine aluntur animalia, (quanquam hanc tuendæ sanitatis partem quæ sita est in hominis cura, ad quintum ferè caput reieci.) Libido, Coitus, Conceptus, Gestatio & prægnantium cura, Abortus, Partus, Fœtarum cura, Fœtus eiusque educatio. Aetas, & eius dignotio. Vitæ spatium. Morbi, eorũque causæ, signa, præcautiones, remedia. Et ex illis cõmunes primum toti corpori, siue quòd uniuersum occupent, ut febres, pestis, uenena, siue quòd in quauis eius parte fieri possint, ut uulnera, ulcera, scabies, abscessus: deinde particulares à capite ad pedes. Quæ ad ornatum magis quàm sanitatem pertinent, ferè ad quintum caput differuntur.

DE LITERA D.

CAPITE quarto de animi affectibus, moribus & ingenijs agitur. quæ singulorum animi bona aut uirtutes, quæ mala aut uitia sint, tum inter se, tum erga fœtus suos, erga hominem. Sympathiæ & antipathiæ, hoc est naturales quædam concordiæ & dissensiones singulorum, primum ad alias animantes, deinde ad res inanimatas.

DE LITERA E.

CAPUT quintum est de usu ex animalibus percipiendo, extra cibum tamen ac remedia. De

γ 2

Ordo

uenatione animalium, & quomodo capiantur. Quomodo domentur uel cicurentur. Quomodo tractentur siue curentur, & nutriantur, & sanitatis tuendæ præcepta: & in pecoribus quæ ad pastores greges & stabula pertinent. De instrumentis quibus ad usum eorum homini præstandum opus est, ut in boue de aratro, in equo de re curuli, quamuis illam in Equo ad e. id est quintam partem Philologiæ retulimus. Exhibitio eorum in ludis & spectaculis. Precium & pecunia quæ ex ipsis eorúmue partibus uendendis habetur. Vsus diuersi hominibus utiles ex singulis partibus, ut pellium ad uestes, cornuum aut ungularum suffitus ad fugandos serpentes, excrementorum ad stercorandam terram, &c. Prognostica tempestatum, & alia si quæ ex ipsis habentur commoda.

DE F. LITERA.

SEXTO capite tractatur de alimẽto ex animalibus, tum integris, tum per singulas partes: simpliciter primum quæ in cibum admittantur, aut non. deinde medicè quàm salubriter id fiat, & quale alimentum ex singulis corpori accedat, & si quid aliud huiusmodi medici scriptum reliquerunt. Tertio de apparatu & condimentis singulorum, ex Apicio, Platina, Athenæo, uulgo, &c. Opsartytica, id est cibos & obsonia parandi condiendiq; artẽ apud ueteres Græcos scripserũt, Acesias quidam, Mithæcus, duo Heraclidæ Syracusani, Glaucus Locrus, Dionysius, Agis, Epænetus, Hegesippus, Erasistratus, Euthydemus, Criton, Stephanus, Archytas, Acestius, Diocles, & Philistion, enumerati ab Athenæo libro 12. Idẽ sæpissimè multos Archestrati uersus recitat, ex poëmate eius quod Gastrologiam uel Dipnologiam uel Opsopœiam inscribunt, de uarijs cibis ad uoluptatem & gulam parandis condito. Melesermus etiam, Suida teste, scripsit Μαγειρικῶν ἐπιστολῶν, id est de re culinaria epistolarum librum unum. Sed hos omnes intercidisse non est quod magnopere doleamus. plus satis enim huius uoluptuariæ artis, & multorum tum animi tum corporis uitiorum causæ, non locupletes solum sed pleriq; etiam è uulgo periti sunt: & extant passim huius argumenti libelli in uulgaribus linguis, Italicè, Gallicè, Germanicè, quos ipse uidi, nec dubito quin aliæ etiam omnes linguæ hodie usitatæ similes habeant, cum pleriq; non edant ut uiuant, sed uice uersa. De alimẽtis ex animalibus multa quidem diligenter, sed parum Latinè, conscripsit Antonius Gazius medicus, in Corona sua florida, ut inscribit, sed magna ex parte ueterum tantum testimonia affert, quæ nos ex ipsis fontibus petere maluimus.

DE LITERA G.

SEPTIMVM caput remedia ex animalibus homini utilia comprehendit, idq; ordine, primum ex integris animalibus, deinde ipsorum partibus tum simplicibus tum compositis, eadem ferè serie quam in partibus enumerandis capite secundo sequor. Et quoniam sæpe ab una parte multa uariaq; medicamenta sumuntur, in morbis etiam quibus resistunt percensendis, ordine certo utor, ut prius communes morbi, deinde particulares à capite ad pedes progressu facto commemorentur. Authores fermè citantur isti, Plinius, Marcellus, Sextus, Rasis de sexaginta animalibus, Galenus & secuti eum medici tum Græci tum Arabes, &c. Scripsit & Xenocrates olim librum περὶ τῆς ἀπὸ ζώων ὠφελείας, ut citat Galenus de simplicibus 10. 4. Cæterum quod superstitiosa non rarò posuerim, cum alibi sæpe, præsertim in Philologia, tum hoc in capite imprimis, excusatione utar, si quis reprehendat, partim communi, omnia omnium congerere me uoluisse: partim quod cum quædã eiusmodi sint, ut non omnibus, etiam eruditis forte, superstitiosa uideantur, simpliciter omnia mihi recitanda, iudicium lectori relinquiendum existimarim. Ego quidem amuleta omnia & huiusmodi superstitiosa in uniuersum damno, ita ut reijciendo potius modum excedere uelim, ac simul etiam non inutilia quædam sed superstitiosis similia excludere, quàm ex reuera superstitiosis (qualia certe innumera sunt, quæ uulgus eiusmodi esse non putat) uel unum aut alterum duntaxat admittere. Secundo post remedia ex animalibus loco, de morsibus uel ictibus animalium in homine curandis tracto: & methodum medendi primum in genere præscribo, deinde per singula medicamenta diligentissimè apud authores obseruata.

DE H. LITERA, HOC EST DE PHILOlogia eiusq; partibus.

OCTAVVM caput, quod totum philologicum & grammaticum est, (nisi forte cum paralipomena quædam præcedentium capitum inseruntur, quod rarò fit,) ex Græcis Latinisq; dictionarijs inter se collatis, & alijs lectionibus uarijs confectum, similiter in totidem partes dissecui, minoribus notatas literis, a. b. c. d. e. f. g. h. a. id est prima pars Philologiæ, in sectiones septem plerunq; distrahitur. Prima nomina habet, Latina & Græca præcipuè, quæ scilicet minus usitata sunt, ut poëtis aut alicui dialecto peculiaria, aut etiam ficta & ridicula, & nominum etymologias, ex Græcis Latinisq; dictionarijs magna ex parte. Item propria animalium nomina, ut Persa canis, &c. Secunda est de epithetis, primum Latinis, deinde Græcis. Tertia, de metaphorico nominum usu, deq; deriua-

Capitum.

deriuatis Latinis, & Græcis ſeparatim, ſubſtantiuis etiam & adiectiuis ferè ſeiunctis. Quarta, de imaginibus animalium alicubi pictis, ſculptis, fuſis, aut aliter expreſſis. Poterant huc etiam emblemata quædam Alciati referri, quæ ad finem Philologiæ differre placuit. Quinta, de lapidibus, ſed potiſſimum de plantis, quæ ab aliquo animali denominantur. Sexta, de animalibus alijs, quæ nomen à præſenti deducunt: aut aliqua ex parte ei conferuntur, quod poſterius tamen aliquando ad b. retulimus. Septima, de nominibus proprijs ab animalis præſentis nomine ſumptis, aut certe ita ſimilibus, ut inde ſumpta uideri poſſint, hominum primo, uirorum & mulierum in utraqꝫ lingua ſeorſim, deinde regionum, oppidorum, fluuiorum, &c.

b. c. d. e. f. g. eiuſdem argumenti ſunt, quibus eiſdem literis notata, ſed maioribus, præcedentia capita: hoc tantum intereſt, quòd hic grammatica ſolum, philologica & poëtica, in e. uero & g. etiam ſuperſtitioſa quædam attigimus: & aliquando præcedentium paralipomena. Pars quidem g. hoc eſt de medicamentis, rarò inuenitur, quod omnia huius argumenti ferè ſemper ad ſeptimum caput relata ſint.

h. hoc eſt ultima pars Philologiæ, uaria continet, ea maximè quæ ad nullam partem præcedentem commodè referri poterant. Diuiditur autem ferè in quinqꝫ ſectiones. Prima habet hiſtorias tum ueras tum fabuloſas. Secunda ad prædictiones pertinet, de prodigijs, oſtentis, portentis, monſtris, (quanquam in c. etiam ubi de partu, aliquando monſtra poſuimus,) ominibus, auſpicijs, augurijs. Tertia ad religionem: De animalium quorundam ſepulturis, quæ quibus dijs ſacra ſint. de ſacrificijs ex eis, & ſi quid huiuſmodi eſt, cum aliunde, tum ex Gyraldi Opere de dijs, & obſeruationibus proprijs. Quarta enumerat prouerbia ab eis ſumpta, ordine literarum ferè: ubi ſæpe quædam adiecimus ab Eraſmo non animaduerſa, quædam prolixius, quædam breuius quàm ille reddimus, quædam caſtigamus. His ſubijciuntur quandoqꝫ prouerbia quędam aut eis affinia, ex uulgaribus linguis aut Sacris deſumpta literis. Quinta & ultima complectitur interdum paucas ſimilitudines, Alciati emblemata, & apologos ſi qui apud authores alios occurriſſent. Illos enim qui Aeſopi nomine circunferuntur, ne prolixior eſſem, omiſi.

Hactenus enumeraui ſingula capita, eorumqꝫ partes & ſectiones triginta aut amplius ſi minutius diuidas, quæ in magnis & communibus animalibus, ut quadrupedibus ferè, pleræqꝫ reperiuntur: quibuſdam plures, alijs pauciores deſunt, ubi nihil ad eas referendum occurrebat. ſunt quibus integra deſint capita. quædam fortaſſis unum duntaxat & alterum, ut de nominibus, & corporis deſcriptione caput habebunt, ſi modo nomina mihi ulla cognita ſint. nam corporis deſcriptio ſemper aliqua futura eſt. Huius uarietatis gratia literis ut capita eorumqꝫ partes deſignarem uti uolui potius quàm numeris. abſurdum enim uidebatur, quartum caput nominare ubi tertium deeſſet, nec placebat quod in una hiſtoria tertium fuiſſet de corporis actionibus, id in alia de ingenio & moribus aut alio diſſimili argumento ſub eodem numero proponere: cum ſtatuiſſem ſub eadem litera aut eodem numero, idem ſemper argumentum afferre. Sed neque capitum partiumqꝫ ſingularum inſcriptiones integras apponere libuit, ut uerbis parcerem in opere alioqui ſatis uerboſo. In literis uerò aliquam ponere, præcedente omiſſa, minus abſurdum quàm in numeris uidebatur. Quòd ſi non ubiqꝫ propoſitam hîc partitionem exactè ſecutus ſum, quod fortè in prioribus quibuſdam quadrupedibus, antequam prorſus hunc ordinem mihi confirmaſſem, non multis tamen commiſſum eſt: in nonnullis uerò propter uarias & confuſas ſcriptorum opiniones, ut ab initio ſtatim in Alce, ſeruari recte non potuit: eſt quando uoluptas ſtudiorum me quaſi oblitum mei ad digreſſiones & philologiam, non ſuo loco, ut prioribus ſeptem capitibus, admiſcendam inuitauit: in omnibus tamen aliquam ordinis rationem ſecutus ſum, ut facile à bonis & eruditis Lectoribus, qui operis molem & materiam adeò copioſam recte diſponendi difficultatem æſtimauerint, ueniam mihi benigne datum iri perſuaſus acquieſcam.

y 3

Nomina

ENVMERATIO QVADRVPEDVM VIVIPARORVM, EO ORDINE QVO IN HOC VOLVMINE describuntur. Numerus adiectus paginam designat.

Neades

Latina.

¶ Paralipomena, in quibus cōtinentur,

SVMMA historiarum, centum quadraginta.

INDEX EORVNDEM ANIMALIVM ALphabeticus, & copiosior, insertis etiam alijs parum Latinis nominibus, quæ recentiores quidam usurpant.

γ 4

IN-

Hebraica.

INDICES alphabetici nominum quibus animalia in diuersis linguis appellantur. Numerus pagi-nam designat, qua quæq; hoc in Opere reperiuntur. Non est autem ullus tam copiosus aut perfe-ctus animalium catalogus & index, quàm Latinus iam prius à nobis positus. in Græcis enim uoca-bulis quanquam æquè copiosus esse poterat, nõ uisum est tamen necessarium eum adeò extendere, cum rariora ut poëtica & dialectis peculiaria, ad Indicem toti Operi communem differre liberet. In cæteris linguis, partim inscitia mea, partim earum inopia, quòd multis præsertim peregrinis anima-libus nomina desint, indices nominum imperfectos facit. Germanicus etiam, ut uernaculus, cæteris præsertim barbaris, copiosior à me confici potuit. In reliquis externi homines sui quisq; patrij sermo-nis uocabula, si quæ omisimus adijciet, & in ijs quæ posuimus orthographiæ errata emendabit. Hoc etiam quisq; secum æstimabit, multas cuiusq; linguæ dialectos esse: & in eadem etiam dialecto, bar-baros præcipuè homines, hoc est, alia quàm Græca aut Latina lingua utentes, alios aliter scribere: ideoq; facilius mereri me ueniam, qui à diuersis & maxime peregrinis hominibus diuersa nomina conquisiui, si non per omnia satisfecerim.

INDEX NOMINVM HEBRAICAE LINGVAE

ET AFFINIVM, CHALDAICAE, ARABICAE, SARACENICAE:

quæ sæpe articulo tantum, (al. articulum Arabes præponere solent) aut terminatione so-la, (Chaldæi ferè aleph in fine adijciunt) aliáue exigua mutatione uariant. Apponemus autem discernendi gratia Chaldaicis Ch. & Arabicis Ar. Saracenica pauca tan-tùm & Latinis literis scripta habemus, (puto aũt eadem Arabica esse.) Cætera Hebraica sunt. Syriacã quoq; linguam à Chal-daica in paucis differre audio.

Hebraica.

643 Ar. שבל
873 שח
344 שונרא
1081 שועל
25 & 104 שור
642 & 768 & 636 שחל
643 Ch. שחצאי
Shymel Saracen. 164
Alshali 767
Samada, id est simia, Syluaticus. (Ar. puto.) 957
957 שממית
409 שן
344 שנר
23 & 271 & 301 & 974 שעיר
271 שעירים עים
681 שפן
778 Ch. ששגונא
alij initium per duplex samech scribunt.

ת

140 & 870 תאו
967 תוך
26 Ch. תור
26 תורא Ch. apud recentiores, masculin. & torata fœmin.
778 תחש
140 תיא
301 תיוס
301 & 873 תיש
301 Ch. תישיא
26 תכש
1055 תנשמת
1081 Ch. תעל
Thealaia Ch. 1081
1081 Ar. תעלב
Tharnegul Ch. 19
3 תרתק

VOCES ALIQVOT QVAS Rabini aut Iudæi recẽtiores, ex alijs linguis, (ut Latina, Gallica, Græca,) mutuati sunt, tum aliâs, tum Hebraicas interpretandi gratia.

בבריא 336 pro fibro.
חריצון 400. Gallica uox est: herisson, ꝑ hericio uel echino.
טגריס 1060. tigris.
טלפא 1055 talpa.
טרטוגא 400 tartuga, id est testudo, Italicum & Gallicum est.
לקוס 717 pro Græco lycos, id est lupus.
מושתילא 851 mustela.
מיימון 967 pro uulgri uoce Italica maimon, id est simia caudata.
מרטורו 851 marturo, pro marte mustela, uox Italica.
פאון 967 pauo.
פירון aut פורון 851 furo, mustela.
ציאיטא 400 Gallica uox ciueta, id est noctua.
תיישון 778 pro Gallica uoce tesson, quæ taxum, id est melem significat.

PERSICA.

PRAEPONVNT autem Persæ sæpius an articulum, ut Arabes al.

324 אחו
301 אסתבן
443 אסבחא
778 אסתך
Astir 164
271 בוז
271 בוז גליי
330 בוז פיחי
Bus kahale busan 314
271 בוזן
3 בורת חא
409 בחו
395 בונגרת
Beruet 766. Auicẽnæ thos, Persica uel Arabica uox uidet.
783 ברך
642 גחו
354 גוזן
872 גוספנד
851 גורבה
1055 אן גורבה ריח
His & hyrzus, uoces Persicæ uel Arabicæ pro mustela apud Auicennam.
160 זרפה
872 חומישן
ט. Tigris 1060. uox Persica. alij Armenicam, Indicã aut Medicam faciunt.
681 ברגוש
3 ברי
983 מר אן בור
620 & 808 אן מוש
Nadgaueha 26. aliâs Madagaueha.
912 גרמיש
173 סג
301 & 912 פרבחן
19 & 140 & 331 קוץ ביחי
642 שר
162 שתר
¶ Guzden, irbea, habeniũ, pelagoz, colty, koky, 1055. Persicæ uidentur aut Arabicæ uoces.

VOCES aliquot in diuersis peregrinis & barbaris linguis.

AEGYPTII canem anubin uocant: felem bubastum 344
AETHIOPICÈ nabis camelopardalin sonat 160
Tigris uocabulum est linguæ Persicæ: uel Armenicæ, uel Indicæ, uel Medicæ 1060
INDIS cartazonus est monoceros 781 & sandabenamet, rhinoceros 952
MEDI canem spaca uocant 173
PARTHIS σίμωξ est genus quoddam muris syl.
PHRYGŨ lingua exis uel exin erinaceus dicitur.
PVNICA lingua mures quidam ζυγίθαι dicti 828
SCYTHICÈ πτιγάιν canis est 174

Nomina

GRAECA.

SI quæ rariora, poëtica, & alicui dialecto peculiaria erãt, exclusimus ab hoc catalogo.

VOCES aliquot quibus Græci hodie utuntur.

Μιμάν,

ITALICA.

HISPANICA.

GALLICA.

GERMANICA.

Looß

ANGLICA.

ILLYRICA.

Extenditur autem hæc lingua hodie per innumeras gẽtes. Bohemi, Poloni & Moſcouitæ peculiaria quædam habent nomina in hac lingua, ut plerunq; notauimus.

FINIS.

CONRADI GESNERI TIGVRINI HISTORIAE ANIMALIVM LIBER I. DE QVADRVPEDIBVS VIVIPARIS.

DE ALCE.

Picturam hanc à pictore quodam accepi, quam ueram esse testantur oculati testes: ut etiam cornua, quæ gemina habet. Nos unum hic seorsim pinximus.

LCES, alcis: uel alce, alces: ἄλκη, paroxytonum potius quàm oxytonum: Germanice Elch uel Ellend, aliqui l geminant, alij aspirationem præponunt, ut apud Latinos etiam nonnulli, quod non probo. Illyrice Los, Polonice similiter, & apud alios Pouuod, ut ex indigena quodam nuper accepi. Illyrij etiam ceruum Gelen uocant, & fieri potest ut inde nomen huius animantis ad Germanos translatũ sit, propter similitudinem eius cum genere ceruino. Nullum huius animalis nomen aliæ gentes habent, cum peregrinum omnibus sit præterquam Scandinauiæ, quod sciam: proinde 10 non assentior Iudæis illis, qui Deuteronomij cap. 14. זמר zamer alcen interpretãtur: quãquam alij pro eadem rupicapram, alij camelopardalin reddunt: mihi ad postremam animus magis inclinat. In tam rara igitur & longinqui soli fera authores inter se uariare, minus mirabimur. Ego singulorum uerba apponam seorsim, cum alioqui satis commode conciliari non possint. Inter Græcos solus Pausanias (qui Antonini tempore claruit) in Eliacis differens de elephanti uulgo creditis dentibus, quod cornua sint nõ dentes, haud omnibus enim eodem loco cornua nasci: argumento sunt, inquit, Aethiopici tauri, & alcæ feræ Celticæ, ex quibus mares cornua in supercilijs habent, fœmina caret. Sed forte hoc loco Pausanias alcen confundit cum quadrupede illa quam hodie rangiferum uocant, cui cornu è media fronte procedit, ut suo loco dicemus. Eiusdem in Bœoticis uerba hæc sunt: Alce nominata fera, specie inter ceruum & camelum est, nascitur apud Celtas, explo- 20 rari inuestigarique ab hominibus animalium sola non potest: sed obiter aliquando, dum alias uenantur feras, hæc etiam incidit. Sagacissimam esse aiunt, & hominis odore per longinquum interuallum percepto, in foueas & profundissimos specus sese abdere. Venatores montem uel campum ad mille stadia circundant, & contracto subinde ambitu, nisi intra illum fera delitescat, non alia ratione eam capere possunt. Hæc Pausanias, qui ut plerique ueteres Germaniam totam & Septentrionales finitimas regiones uno Celticæ nomine comprehendit.

¶ Cæsar lib. 6. Commentariorum de bello Gallico: Sunt item in Hercynia sylua quæ appellantur Alces, harum est consimilis capris figura, & uarietas pellium: sed magnitudine paulò antecedunt, mutilæque sunt cornibus: & crura sine nodis articulisque habẽt: neque quietis causa procumbunt:

neq; ſi quo afflictæ caſu conciderunt, erigere ſeſe aut ſubleuare poſſunt. His ſunt arbores pro cubilibus, ad eas ſe applicant: atq; ita paulum modo reclinatæ quietem capiunt, quarū ex ueſtigijs cum eſt animaduerſum à uenatoribus, quò ſe recipere conſueuerint, omnes eo loco, aut à radicibus ſubruunt, aut abſcindunt arbores tantum, ut ſumma ſpecies earum ſtantium relinquatur: huc cum ſe conſuetudine reclinauerint, infirmas arbores pondere affligunt, atq; unà ipſæ concidunt. Sub Gordiano Romæ fuerunt Alces decem, Iulio Capitolino teſte: qui totidem quoque fuiſſe ſcribit in Gordiani ſylua memorabili picta in domo roſtrata Cn. Pompeij. C. Plinius natural. hiſtoriæ li. 8. cap. 15. Septentrio fert Alcen, ni proceritas auriū & ceruicis diſtinguat, iumento ſimilem. Item notam in Scandinauia inſula, nec unquam uiſam in hoc orbe, multis tamen narratam, machlin, haud diſſimilem illi, ſed nullo ſuffraginum flexu: ideoq; non cubātem, ſed accliuem arbori in ſomno, eaq; inciſa ad inſidias capitur, aliàs uelocitatis memoratæ. Labrum ei ſuperius prægrande: ob id retrograditur in paſcendo, ne in priora tendens inuoluatur. Hæc Plinius, & apparet eum de alce & machli tanquam diuerſis animalibus ſcripſiſſe ea, quæ Cæſar in unam Alcen coniunxit. Sunt qui conijciant machlin feram illam eſſe, quæ uulgo **reiner** appellatur: de qua in Rangifero dicemus: alij uero tarandum. In figura quam damus alcis etiam labrum ſuperius perquam craſſum apparet: & Olaus Magnus Gotthus uir propter eruditionē ac regionis uicinitatē fide dignus, uelociſſimas eſſe alces teſtatur, ut paulo poſt dicam. Quamobrē cum ſolus quod ſciam Plinius machlin feram nominauerit, nec de ea quicquam ſcripſerit, quod alij authores alcibus non attribuant, animus mihi inclinat non animalis ſed nominis tantum differentiam eſſe: niſi forte lectio corrupta eſt, quod potius crediderim: in quibuſdam enim codicibus non machlin ſed iterum alcen legitur: quanquam propter præcedentia uerba ſic legi non poſſit. Ioannes Ammonius Agricola legit, multis tamē narratam alcen, haud diſſimilem bubus ſylueſtribus, & nullo ſuffraginum flexu. Solinus ſimia Plinij ſic ſcribit cap. 23. Sunt & alces mulis comparandæ, adeò propenſo labro ſuperiore, ut niſi recedentes in poſteriora ueſtigia paſci non queant. Scandinauia inſula è regione Germaniæ mittit animal quale Alces, ſed cui ſuffragines, ut elephantis, flecti nequeunt: propterea non cubat cum dormiendum eſt. Tamen ſomnolentum arbor ſuſtinet, quæ propè caſura ſecatur, ut fera, dum aſſuetis fulcimentis innititur, faciat ruinam. Ita capitur: alioqui difficile eſt eam manu capi. Nam in illo rigore poplitum incomprehenſibili fuga pollet.

¶ Nunc ueterum ſcriptis ſubdam recentiora. Matthæus Michauanus in deſcriptione Sarmatiarum: Apud Moſchos Biſontes ſunt & Alces, quarum crura abſq; articulis prælonga. Moſchi appellant Lozzos, & Germani **Hellend**. Eraſmus Stella in libro de Origine Bruſſorum: Ibidem inquit ſunt Alcę, non tamen ex aſinorum agreſtium genere: nam illi tantum in Africa & Aſia reperiuntur. Alce autem quaſi medium genus inter equos & ceruos, cornua quotannis amittit, & propter timiditatem gregarium eſt. Apud Albertum Magnum, uirum in rerum cognitione non infeliciter uerſatum, nominibus uero imperitiſſimè abutentem, libro hiſtoriæ animalium 22. ubi quadrupedum hiſtoriam ordine literarum exponit, pro alce primum Alches ſcribitur, deinde Aloy, poſtea in E litera, Equiceruum duorum generum facit, unum quem Germani uocitant **Elent**, cuius tamen nomenclaturæ teſtem nullum producit: & alterū à Solino deſcriptum, de quo infra dicemus. Cæterum libro 2. eiuſdem operis de Alce in hanc ſententiam ſcribit, & uerè ut ego iudico: Equiceruus nobis cognitus equo ſimilis eſt, ſed altior, uulgo **Elent**, & ad equitandi uſum cicuratur: tantundem enim uno die ſpacij, quantum equus triduo perficit. Cornua eius ſolida & ramoſa ſunt,

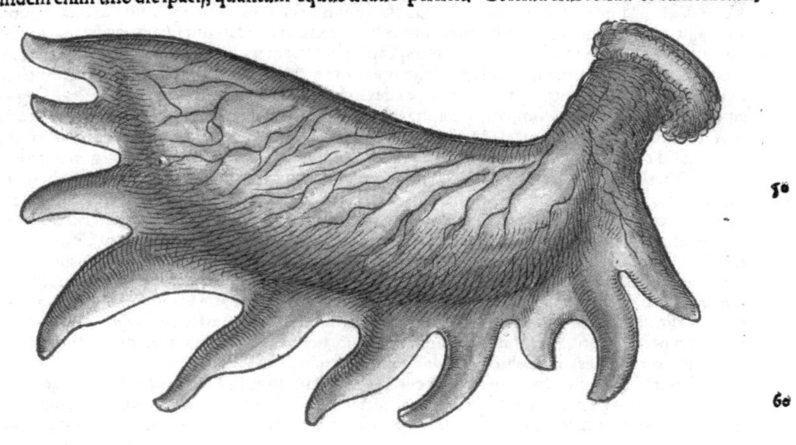

colore

colore quo cerui. Ab initio ubi enaſcuntur ad tres uel quatuor digitos rotunda ſunt, deinceps lata & tenuia aſſeris inſtar, & circa finem multos producunt ramos. Facit hæc latitudo ut ſcabellis idonea ſint. Pondus cornuum ingens. Magnus horum animalium numerus eſt in ſyluis Pruſſiæ, Vngariæ, & Illyriæ. Maiora ſunt ceruis & hirſutiora, ſimili tamen pilo, in cæteris cauda ſolum ceruis ſimilia. Frontis latitudo ad duos palmos. Hæc Albert. Videtur aũt palmũ pro dodrante dicere.

¶ Nunc reliqua addam, quæ uulgo apud nos feruntur. Cornua ſingula libras circiter duodecim appendunt, longitudine ferè duorum pedum, non ramoſa ut ceruorum, mucronibus tamen aliquot diuiſa, dodrantem lata, armi potius quàm cornu figura, aduehuntur ex Lituania. Germanicum nomen miſeriam ſignificat: & uerè miſerum eſt animal, ſi credendum eſt quod ſæpe audiuimus, quotidianum ei morbum comitialem ingruere, à quo non prius leuetur quàm dextri (ſi benè memini) poſterioris pedis ungulam auriculæ ſiniſtræ immiſerit: quod ego ſi fit fortuito fieri ſuſpicor, conuulſis & diſtortis morbi magnitudine membris. Vngulam habet ut bos biſulcam. Illam, uel partem eius, aut annulum inde factum, eiuſdem morbi amuletum geſtant: unde fit ut maximo pretio ueneat. Scio id non raro profuiſſe, ſæpius tamen fruſtra tentatum: cauſam alij in morbi diſcrimen reijciant, ego animi perſuaſionem ſuperſtitioſis rebus magis minúsue aut nullo modo confiſam effectus rerum maxime uariare crediderim. Capta uel modico uulnere læſa, expirat ſtatim, præ timiditate nimirum. Pro ungula eius argyrtæ nonnulli bouinam uendunt, probatur odore, raditur enim & bene olet, ut fertur, bouis fœtet. Alutarij pellem eius ad thoraces piſcium adipe (ad hunc uſum alumini præferendo) præparant, ut imbres arceat. Veneunt ſingulæ, ut audio, tribus aut quatuor denarijs aureis. A ceruina, cui ſimilis eſt, inſpirata diſcernitur, fertur enim tranſmittere ſpiritum ut ab oppoſita manu percipiatur, cum ſit plena meatibus & pili in ea concaui. Ego ungulam integram cum ima tibiæ parte piloſa uidi, nec ullam in pilis cauitatem reperi: quamuis fieri poteſt ut meatus quidam qui in uiuis erant, mortuis collabantur, præſertim longo poſt tempore. Denſa & ſolida eſt adeò, ut uehementes etiam ictus punctim cæſimq; factos auertat, & ferrei thoracis inſtar hodie expetatur: quod Aelianus Tarando etiam attribuit, qui ex boum ſylueſtriũ genere eſt: quanquam & Alces medici quidam & ſeplaſiarij hodie tarandulos uocitent, ut Ioannes Agricola Ammonius ſcribit: qui etiam de ungulis huius feræ prodidit: ſuſpenſas ita ut nudã cutem attingãt, epilepſiam curare, & ab acceſſione eius liberare hominem, quamuis iam ore ſpumantem. Audio præterea ramenta uel ſcobem ungulæ aduerſus eandem noxam in Polonia propinari. In Scandinauia, ut dixi, plurimæ ſunt Alces, quæ gregatim degunt, & ſupra aquas gelu aſtrictas, irruentes in eas montanos lupos excipiunt: hanc pugnam uenatores obſeruant, & partem uictam perſequuntur. Trahuntur à cicuratis homines in uehiculis per niues & glaciem in Suedia: quod in Gotthia non licet, ne tanta uelocitate exploratores frui poſſint. Alces uiuæ captæ principibus aliquãdo inter munera mittuntur. Elegans & argutum eſt Andreæ Alciati epigramma, ideoq; huc adſcribendum:

Alciatæ gentis inſignia ſuſtinet alce, Vnguibus & μηδ' ἓν fert ἀναβαλλόμενος.
Conſtat Alexandrum ſic reſpondiſſe roganti, Qui tot obiuiſſet tempore geſta breui.
Nunq; (inquit) differre uolẽs, quod & indicat alce. Fortior hæc dubites, ocyor an ne ſiet.

ALCIDA FERA FABVLOSA.

DIODORVS Siculus lib. 4. de fabuloſis antiquorum geſtis: Mineruã ferũt alcidam peremiſſe feram ſtupendam, ex terra natam, & antea, ut quæ natura plurimum ignis ex ore euomeret, inſuperabilem pugna. Ea primum in Phrygia apparuit, regionem quandam comburens, quæ hucuſq; exuſta Phrygia dicta eſt. Deinde ad montem Taurum trãſcendens, ſyluas continuas uſq; ad Indos incendio uaſtauit. Poſtmodum per mare in Phœniciam reuerſa, ſyluas Libani incendit: perq; Aegyptum in Libyam profecta, ad loca peruenit occidua. Poſtremò ſyluis circa Ceraunia deſtructis, omniq; incenſa regione, cum homines partim flamma abſumpti eſſent, partim timore patriam linquentes ad remotiora diffugerent loca, Mineruam ferunt eam ferã necaſſe, pellem pectori circundediſſe. At uero alcidæ morte terra commota, deorum hoſtis, gigantes peperit. Hæc ille. Liuius lib. 2. Decadis 5. Mineruam Alciden cognominatam ſcribit.

DE ASINO.

A.

ASINVS, Græcis ὄνος & κιλλός, Hebræis חמור chamor Deut. 5. Perſis כרי care. Interpres Græcus fermè ὑποζύγιον uertit. Cæterum אתונות atonot aſinæ, in multitudinis numero ubiq; ponitur. Nõ placet quod LXX. ἡμιόνους, id eſt mulos uertunt, et Hieronymus aſinos genere maſculino. Inuenio & à poſterioribus Iudæis pro aſino poni tria hæc uocabula, גיידור gaiedor, תרתק tartak & כאר caar. Eſt & עיר air aſini pullus uel aſellus, Geneſ. 32. ubi tranſlatio Chaldaica עילי ili habet, Perſica כורה הא borah ha, Arabica אתאן atan, LXX. πώλους ſimpliciter uertunt: & Iudicum 10. aliqui pullos equorum etiam exponunt. Italis laſino, Hiſpanis aſno, Gallis ung aſne, Germanis Eſel, Mul, Müllereſel, Illyrice oſel, Anglice an aſſe. Aſellus, ὀνίδιον, ὀνάριον (ὀνίσκος enim inſectum eſt) ab aſino forma diminutiua: quanquam ſimpliciter etiam pro aſino

a a

per contemptum ponatur. Nascuntur aūt parui, uel uteri uitio, uel aliam ob causam præter naturam, uel propter loci frigiditatem. Columella ab initio lib. 7. Principiū (inquit) tenebit minor Arcadiæ, uilis hic, uulgarisq́; asellus. Minor Arcadiæ, id est Arcadico asino, qui & maior & pretiosus est.

B.

Asinus animal gerulum, plagarum & penuriæ inter iumenta tolerantissimus, tardius reliquis armentis deficit, laboris & famis maxime patiens, corpore macilēto & deformi. Frigoris impatiens est: quapropter Pontica & Scythica terra & finitimæ asinis carent, ut etiam Celtica (Gallia supra Hispaniam sita) propter immodicū frigus. Parui sunt in Illyria, Thracia, & Epiro, cum cæteras quadrupedes Epirotica terra magnas ferat. ¶ In mulis etiam, asinis communia quædam dicemus. Asini speciosi & mularum generi seminando commodissimi forma, in mulis infra describetur. Ab aspectu (inquit) non aliter probari debet, quàm ut sit amplissimi corporis, ceruice ualida, robustis ac latis costis, pectore musculoso & uasto, feminibus lacertosis, cruribus compactis, coloris nigri uel maculosi, aut etiam rubei, secundum Palladium. Nam murinus cum sit in asino uulgaris, tum etiam non optime respondet in mula. Murius apud Varronem: Ego, inquit, de asinis potissimum dicam, quod sum Reatinus, ubi optimi & maximi fiunt, è quo seminio ego hic procuraui pullos, & ipsis Arcadibus uendidi aliquoties. Igitur asinorum gregem qui facere uult bonū, primum uidendum ut mares, fœminasq́; bona ętate sumat, utiq; ut quàm diutissime fructum ferre possint, firmos, omnibus partibus honestos, corpore amplo, seminio bono, ex his locis, unde optimi exeunt: quod faciunt Peloponnenses, cum potissimum eos ex Arcadia emebant, in Italia ex agro Reatino. Non enim si murenæ optimæ flutæ sunt in Sicilia & helops in Rhodo, continuo hi pisces omni mari similes nascuntur. Et alibi apud Varronem: Quòd similes parentum gignantur, eligendi, & mas & fœmina cum dignitate ut sint. In mercando item (ut cæteræ pecudes) emptionibus, & traditionibus dominium mutant, & de sanitate ac noxa solet caueri. ¶ Asino & tauro inter ea quæ animal generant crassissimus & nigerrimus sanguis est. Plinius asinis pinguissimum, homini tenuissimum esse scribit. Caput grāde (quanquam Aristoteles in Physiognomonicis paruū id facit:) aures longę latæq́;. Tum mas, tum fœmina trigesimo mense dentes mittit priores: secundos autem sexto mense, atque etiam tertios quartosq́; eodem: gnomonas hos quartos à dijudicanda ætate nuncupant. Quo dsinō prius peperēre quàm decidant postremi, sterilitas certa. Cor ei pro portione maximum, ut omnibus timidis, aut propter metum maleficis. Venter unicus, ut & reliquis quæ solidas habent ungulas. Felle caret, ut solipeda omnia. Mammas binas gerit inter femora, in anteriore dorsi parte circa scapulas debilior, ubi & crucis figura in eo apparet: posterius & circa lumbos ualidior. Caudam habet quàm equus longiorem. Cur pili è cicatrice nascantur eis, ij q; candidi, Aristoteles quærit Problemate 29. & 31. sectionis 10. Corpore asinorum exanimato scarabeos gigni putant. ¶ Stygis aqua ex petra proflues insigni frigiditate est, dissilientibus uasis omnibus, asini modo ungula excepta, aut mulæ, sicuti alij prodidere, ni mendosa sunt Græcorum exemplaria. Certe in libro de primo frigido Plutarchus

tarchus de asini ungula intellexit, quod facit in historijs item Ioānes monachus in Alexandri mentione. At libro tricesimo Plinius, mularum ungulis contineri modo Stygis aquam prodit, facilis lapsus: nam Græce ὄνος asinus est: mulus autem uel mula, ἡμίονος. Aut utrunq; est, aut forsan labitur Plinius. Nam in Alexandro Plutarchus ὄνου χηλὴν dicit: quanquam interpres equi ungulam reddidit, Cœlius Rhodig. Vitruuius etiam libro 8. mulina tantum ungula Stygis aquam conseruari posse dicit: Iustinus lib. 17. seu Trogus, equi. Curtius autem lib. 10. dum iumenti ait, in mediū relinquit. Aelianus non ungulis sed cornibus asinorum Scythicorum contineri scribit.

C.

Tardus & piger incessu asinus, eoq; uerberibus promouendus, inter quæ durissimus est. Rudissima & absona uoce rudit, de qua plura mox in Philologia. ¶ Ferulę asinis gratissimę sunt in pabulo, cæteris uero iumētis præsentaneo ueneno: qua de causa id animal Libero patri assignatur, cui & ferula. Ocimum Venerē stimulat, ideo etiā equis asinisq; admissurę tempore ingeritur. Spinis quoq; adhuc teneris uescitur asinus, & fructibus arborū. Quin & eo rure (Columella teste) quod pascuo caret, cōtineri potest exiguo, & qualicunq; pabulo cōtentus. Quippe uel folijs spinisq;, uel perticis salignis alitur, uel obiecto fasce sarmentorū. Paleis uero, quibus fere omnes regiones abundant, etiā gliscit. Q. Hortensius maiorē curam sibi habet ne eius esuriant mulli in piscinis; quā ego habeo ne mei in Rosea esuriant asini, &c. Ego enim uno seruulo, ordeo, non multa aqua domestica, meos multinumos alo asinos, Varro: & alibi, Commode (ait) pascuntur farre & furfuribus ordeaceis. Eadem ferè in pastu obseruantur quæ in equis. Aquæ potu pinguescere eos ferunt, & ex cibo eò magis proficere quo plus biberint. Pullum asinæ à partu recētem subijciunt equæ, cuius lacte amplior fit, & hippothelas uocatur: præterea educant eum paleis, fœno, hordeo. Non nisi assuetos potant fontes, qui sunt in pecuarijs, atq; ita ut sicco tramite ad potum eant. Nec pontes transeūt per raritatem eorum translucentibus fluuijs. (Hic pro eorum aliás legitur plancarū in Plinio: quæ uox etiam Gallica est, & pontium tabulas significat: ut non approbemus illos qui placarum, aut ut Hermolaus phalangarum legere malunt.) Mirumq; dictu, sitiunt: & si immutetur aquæ, ut bibant, cogendę exonerandæue sunt, Plinius. Apud Afros pastorales asini reperiuntur impoti, id est, qui nunquam bibunt, Herodotus lib. 4. De asini pastu & potu uide etiam in equis. ¶ Non nisi spaciosa incubitant laxitate. Varia nanq; somnio uisa concipiunt, ictu pedum crebro: qui nisi per inane emicuerit, repulsu durioris materiæ clauditatē illico affert. Asini cur plus excrementi sicci egerant quàm humidi Aristoteles inquirit Problemate 38. sectionis 10. Asinæ tenuiorem reddunt urinam quàm mares. Purgantur mensibus, amplius quidem quàm oues & capræ, sed multò ex proportione minus. ¶ Anna socer Esau primus equis asinos copulauit, ut Iudæi asserunt. Isiodorus, Multus est in coitu asinus, minus tamē quàm equus. Tam mas quàm fœmina mense tricesimo coit: sed magna ex parte nequeunt generare: uerum in bimatu, aut trimatu & semisse. Sed iam uel anniculā uentrem gessisse asellam aiunt, ita ut quod pepererat, educari ac perfici potuerit, Aristoteles. Et Plinius similiter, Partus (inquit) à tricesimo mense ocyssimus, sed à trimatu legitimus: totidē quot equę & eisdem mensibus, & simili modo. De asinis ad coitum idoneis lege Constantinum lib. 16. cap. 20. item cur equæ in Elide ex asinis concipere non potuerint, Leonicenum 1. 62. Asinus nisi à prima dentium mutatione generare incipiat, nunquam post generat, sed sterilis omnino perdurat, Aristot. Superstitiosè à quibusdam proditum est, asinas non concipere tot annis, quot grana hordei muliebris purgationis sanguine contacta ederint. Non equinoctio uerno, ut equæ & cætera pecua, admissarijs iunguntur asinæ: sed æstiuo solstitio, propter naturæ frigiditatem, ut tempore calido pulli nascantur, eodē enim tempore parit, quo coierit, Aristot. Admittuntur ante solstitium, ut eodem tempore alternis annis pariant, duodecimo enim mense conceptum semen reddunt, Varro. Mares in remissione operis deteriores ad generationem sunt, quamobrem ab opere non disiungunt. Asinus equam superueniens citius implet quàm equus. Si equus superuenerit asinam, quam inierit asinus, non peruertet asini initum: sed si asinus superuenerit equam, quam equus inierit, peruertet (ita ut abortus sequatur, Plin.) propter seminis sui frigiditatem, Aristot. Et alibi, Asinus quidem equi genituram corrumpit, sed equus asini minimè, cum equa iam asini initu conceperit. Cum uel equus cum asina, uel asinus cum equa inierit, multo magis abortus consequitur, quàm cum unigenæ inter se iungantur: uerbi gratia, equa cum equo, aut asina cum asino. Euenit etiam tempus gerendi uteri, cum equus cum asino coierit, maris norma: id est, ut quanto spacio temporis mas perficitur suo in genere, tāto etiam fœtus, quem ipse procreat, absoluatur. At magnitudine corporis, specie, & uiribus, magis fœminę, quàm mari simile euadit quod nascitur: si frequenter coeant, neq; ullo interposito tempore cessent, quæ ita iunguntur, breui fœmina sterilescit: qua de causa non frequenter ita coniungunt, qui curam huic adhibent rei, sed tempus aliquod interponunt. Non asinum equa, ut asina equum recipit, nisi asinus sit, qui equam suxerit. Admittunt de industria quos hippothelas uocant, ac si equimulgos cognomines, qui in pascuis modo equorum uiribus bonis superantes coeant. Reijcit asina semen à coitu nisi interpelletur: quamobrem statim à coitu uerberāt insectanturq;, Aristot. Plinius rem eandem his uerbis exprimit, Incontinens uterus urinam genitalem reddit, ni cogatur in cursum uerberibus à coitu. Parit duodecimo mense (annū uterum fert & asina & equa) singulatim magna ex parte procreat prolem; ea nanq; natura est, ut unum pariat, sed nōnunquam geniellos etiam

a 3

ædit, rarissime tamen. Mulus ex asina & onagro genitus omnes antecellit. Parere uel in conspectu hominis, uel in luce nolit, sed tenebras quærit (aliâs in tenebras ducitur) cum parturit. A partu die se ptimo mari iungitur, eoq; die iuncta maxime recipit initum, sed postmodum etiam patitur. Solet hæc, nisi priusquam gnomonem amittat, peperit, nunquam postea initum recipere: sin antea pepererit, parere tota sua ætate potest. Gignit tota uita (teste Plinio) quæ est ei ad trigesimum annum. Ad mularum maximè partus, aurium referre in his & palpebrarum pilos aiunt: quamuis enim unicolor reliquo corpore, totidem tamen colores quot ibi fuêre, reddit. Prægnantes opere leuant. Venter enim labore nationem reddit deteriorem. Marem non disiungunt ab opere, quod remissione laboris fit deterior. Secundum partum pullos anno non remouent à matre. Proximo anno noctibus patiuntur esse cum his, & leuiter capistris, aliaue qua re habēt uinctos. Admittuntur ante solstitium, ut eodem tempore alternis annis pariant: duodecimo enim mense conceptum semen reddunt. In pastu eadem ferè obseruant quæ in equis. Partus charitas summa, sed aquarum tædium maius, per ignes ad fœtus tendunt. Eædem, si riuus minimus intersit, horrent, ita ut pedes omnino caueant tingere. Dolent eis à fœtu mammæ: ideo sexto mense arcent partus, cum equæ anno propè toto præbeant. Lac grauidæ habent mense decimo, uel ut Plinius scribit, prægnantes continuo lactescunt. Pullis earum, ubi pingue pabulum, biduo à partu maternum lac gustasse letale est. Genus mali uocatur colostratio. Crassissimum asinæ lac est, ut quo coaguli uice utantur: tenuius equæ, tenuissimum cameli. Hæc Plinius, quomodo autem crassissimum sit asinæ lac paulò post differemus. Vita asinis ad trigesimũ annum (aliâs amplior annis triginta) fœmina uiuacior mare est. ¶ Vno maxime morbo laborant, quem malida uocant, quod uitium in capite oritur, facitq; ut per nares pituita multa, rufaq; effluat, quæ si ad pulmonem descenderit, moriuntur: sed si in capite solum est, non infert interitum. Soli inter animalia pilosa, non à pediculo tantum, uerum etiam rediuo immunes sunt. Plinius oues etiam à pediculis infestari negat. ¶ Asino moriente uiso celerrime deficiũt: rarò alioqui morbis afficiuntur. Grammatici Græci maliasmon esse dicunt catarrhum per nares in asinis: & tormina etiam eis accidere: à neutro morbo eos euadere. Malie, μαλίη, apud eosdem, affectus iumentorũ cum tussiunt: & malis, aphtha, id est, oris ulcus, inflammatio. Absyrtus de morbis equorum cap. 2. Maxima (inquit) ægritudo est, à quo equi non facile conualescunt, quam plerìq; malin, alij catarrhum, Romani sumperium uocant, est autem reuera articularis morbus, deinde eius signa & curationem subijcit. Nos plura de hoc morbi genere in Boue dicemus. Si oues utantur stabulo, in quo mulæ, aut equi, aut asini steterunt, facile incidunt scabiem, Columella. Circa Abderam & limitem qui Diomedis uocatur, equi nascentibus illic herbis pasti, inflammantur rabie, circa Potnias uero asini, Plinius. Asini in Thuscia depasti cicutam, tam graui somno premuntur, ut stupidi sensuq; priuati, cadauera uideantur. Et sæpe accidit, ut dum à rusticis propter pellem excoriarentur, iam dimidia parte detracta, tum primum expergiscerentur, excoriantibus inde uehementer cõsternatis, Petrus Andreas Matthæolus. Ad urinæ difficultatem asini, ut Suidas scribit, superstitiosi quidam hæc uerba immurmurabant, Gallus bibit & non meijt, myxus non bibit & meijt. Ego pro myxo hîc myoxum id est bufonem accipio, ut suo loco repetam copiosius. Ad morbos particulares in equis, asinis, & mulis, sanguinis detractione utendum est, Hippocrates in Geoponicis. Eidem ferè morbi asinis & equis infesti sunt, & similiter curantur: proinde asinos curaturus ad equos transibit.

D

Asinus ineptissimis est moribus, & degenere animo, in primis mansuetus, ingenij placidi, stolidus, nec ulla utcunq; magna & iniqua onera detrectat. Obuijs in uia cedere nescit. Vocē hominis consuetam intelligit, & meminit iter quod aliquoties ingressus est. Maurusij asini primum ut se in uiam dederunt, incredibiliter incitata celeritate iter conficiunt, ut euolare, non excurrere uideantur. Deinde eos cito fessos de uia, & pedes & spiritus deficiunt, ac pedũ tarditate ad currendũ constricti insistunt, & acerrimas profundunt lachrymas, non tantopere, meo iudicio, ob futuram mortem, quàm ob pedum infirmitatem, quare ut captiui ad equos alligati trahuntur, Aelian. ¶ Asino & tauro coruus aduersatur, quippe qui aduolans feriat, & eorum oculos laceret. Cum salo etiam auicula prælium ei est: Spinetis enim se scabendi causa atterens, nidos eius dissipat: item cum spino, cui uictus à uepribus, quas asinus tenellas adhuc pascit. Sunt & lupi eis inimici, ut qui carne alantur, itaq; ab illis circumueniuntur. Cum lupum asinus præsentem uiderit, caput in latus uertit, ne aspiciat, & uisu auerso inuaditur. Præterea colotæ hostis est: dormit enim colota in præsepibus, & narem subiens asini, ne comedat, impedit. Plura de colota lib. 2. in Stellione docebo. Quærunt asini asplenon herbam, ut minuant atram bilem. ¶ Ammonianus Syriano cognatus, poetarum interpretationi & Græcæ linguæ elegantiæ deditus erat, atq; asinum sapientiæ auditorem possidebat, Suidas. Quod asini etiam discernant genus, speciem ac indiuiduum, Galenus cõfirmat lib. 2. Methodi, his uerbis: Adeoq; (inquit) est euidens, ac omnibus natura insitum, tum hominibus, tum brutis, ut aliud quid ceu in substantia subiectum, aliud ceu specie unum intelligãt: ut uel asinorum (qui tamē omnium brutorum stupidissimi uidentur) aliud esse specie unum, aliud numero, notitiam non fugiat. Conspecta nanq; camelo, asinus se retrahit, & fugit, ac timet, si nunquam ante camelum conspexit: sin autē uidere iam assueuit, quamuis aliam aliamq; illi demonstres, tamen propter consuetudinem non amplius timet, sed ueluti unam speciem intuetur, & illam cui insueuit, & hanc quæ nunc primum

primum apparet. Ad eundem modum nec homines timet propter consuetudinem: sed hos quoque uelut unam speciem uidet. Verum si curatorem inspexit, nō solum ut hominem, sed etiam ut hunc hominem agnoscit, & micat auribus, & caudam quatit, & rudit, & lasciuit, cum eum aspexit, utiq; indicans se familiarem agnoscere. Hunc itaq; tum ut hominem, tum ut familiarem noscit. Eum autem quem primum iam uidet, ut hominem similiter, ut familiarem non similiter. Et paulo post. Eodem modo uiā norunt, non tantū absolute ut uiam, sed etiā ut hanc aliquam uiam. Nam in ingressu uiæ quam non nouit, asinum statue, attendeq; ut illam perambulet, ac totam peragat, in neutram partem declinans, nisi sicubi in diuersa scinditur, utiq; declarans se speciem ipsam uiæ meminisse & clarè agnoscere. Quippe inambulat eam, quæ trita est: quatenus autem ignorat, fallitur. Neq; enim 10 ex recordatione eius, quæ insectilis unaq; numero est, hanc quam nō nouit, peragere potest: & quæ sequuntur reliqua. ¶ Huius loci sunt etiam quæ in Physiognomonicis Aristotelis legimus, ubi ex aliqua hominis & partium eius ad asinum similitudine de ingenio pronunciat. Asinis, inquit, & suibus communis est intemperantia circa Venerē: Asinis propriū, cura & solicitudine carere. Qui asinos referūt capite paruo, ferè sunt stupidi: Qui facie carnosa, timidi: eadē magna, tardi: Qui fronte rotūda, stupidi: Qui eminentib. oculis, simplices: magnis, asinini: Qui labijs crassis, & superioribus magis eminentibus, stulti: deniq; uoce magna & graui, cōtumeliosi, uel (si Græce mauis) ὑβρισταί. Adamantius etiam illos quorum oculi sicut asinis prominent, dementes & contumeliosos esse conijcit.

E.

Tertio anno domare incipiūt ad eas res, ad quas quisq; eos uult habere in usu. Greges eorum 20 non sanè fiunt, nisi ij, qui onera portent, ideo quod pleriq; deducuntur ad molas, aut ad agriculturam, ubi quid uehendum est, aut etiam ad arādum, ubi leuis est terra, ut in Campania. Greges fiunt ferè mercatorum, ut eorum qui è Brundusio aut Apulia asellis dossuarijs comportant ad mare oleū, aut uinum, itemq; frumentū, aut quid aliud, Varro. Cæterum Columella lib. 7. initio: Principium (inquit) tenebit minor Arcadiæ, uilis hic uulgarisq; asellus, cuius pleriq; rusticarum rerum autores in emendis tuendisq; iumentis præcipuam rationē uolunt esse: nec iniuria: nam absq; ullo ferè sumptu alitur (ut supra explicauimus) & imprudentis custodis negligentiam fortissimè sustinet. Huius animalis tam exiguæ tutelæ plurima & necessaria opera supra portionem respondent: cum & facilem terram, qualis in Bætica totaq; Libye sit, leuibus aratris proscindat. In Byzacio Africæ illū centena & quinquagena fruge fertilem campum, nullis cum siccus est arabilem tauris, post imbres uili 30 asello, & à parte altera iugi anu uomerem trahente, uidimus scindi, Plinius. Ad hæc uehicula non nimio pondere trahit. Sæpe etiam ut celeberrimus poeta memorat, Tardi costas agitator aselli, Vilibus aut onerat pomis, lapidemq; reuertens Incusum, aut atræ massam picis urbe reportat. Iam uerò molarum & conficiendi frumenti penè solennis est huius pecoris labor. Quare omne rus tanquam maximè necessariū desyderat asellum: qui, ut dixi, pleraq; utensilia, & uehere in urbem, & reportare collo, uel dorso commodè potest, Columella. Apud nos molitores maximè asellis utuntur, & rustici ad lignationem, & rebus suis uehendis mendici. Quicquid per asellum fieri potest uilissimè constat, Plin. Mulis, equis, asinis feriæ nullæ, nisi si in familia sunt, Cato. Quot iuga boū, mulorum, asinorum habebis, totidem plostra esse oportet, Idem. Alibi quoq; asinos plostrarios, & asinum molarium: & iugum asinarium apud Catonem nominari reperio. Asinum 400. nummūm em- 40 ptum Q. Axio Senatori, autor est M. Varro, haud scio an omnium pretio animalium uicto, Plin. Quæstus ex ijs opima prædia exuperat. Notum est in Celtiberia singulas quadragenis milibus nummorū enixas (aliàs emi) Plin. Asini Arcadici in Græcia nobilitati, in Italia Reatini, usq; eò ut mea memoria asinus uenierit sestertijs millibus sexaginta, & unæ quadrigæ Romæ constiterint quadringentis millibus, Varro. Et alibi, Optimum est (inquit) Reatinum seminium, ubi tricenis ac quadragenis millibus HS. admissarij aliquot uenierunt. Quadraginta sestertia ualent ære Gallico bis mille libras Turonicas, hoc est mille solatos bilibres. Tanti comparatā referunt asinam Reatinam gerulam, aratricem & prolificam. Quo fit ut sexaginta milia sestertiorum nummorū, quibus asinum sua memoria emptum Varro miratur, solatorum mille quingentorum compleant æstimationem, ut Robertus Cenalis calculauit. Et quoniam asini propter mulorum generationem præcipuè utiles ac pre- 50 tiosi sunt, multa hic quæ ad eam & asinos admissarios pertinent, dici poterant, nisi commodius uideretur in mulorum usq; mentionem ea differri. Ex onagro & asina genitus omnes antecellit, Plinius. Carmani propter equorum inopiam asinis in bello plurimum utūtur: & asinum Marti sacrificant, quem solum Persæ ex omnibus dijs colunt, & bellicosi sunt, Strabo lib. 15. ¶ Asininum lac miscent ad Phrygium caseum conficiendum, Aristot. ¶ Stercus asinorum primum est maximè hortis: deinde ouillum, & caprinum, & iumentorum, Palladius. Brassicis fimum asininum maxime conuenit, Plin. Quidam bubulo iumentorum fimum præferunt, ouillumq; caprino: omnibus uero asininum, quoniam lentissimè mandant: è contrario usus aduersus utrunq; pronunciat, Idem. ¶ Tibiæ ludicræ nunc è loto ossibusq; asini & argento fiunt, Plinius: & alibi, Asinorum (inquit) ossa ad tibias canora sunt. Tibiarum artifices ceruinis ossibus, quorum olim usus erat, asinina præponunt, tanquam 60 argutiora: & Aesopus apud Plutarchum in sapientum conuiuio miratur tam crassum & à Musis alienum animal ossa maxime tenuia & musica habere. Niloxenus etiam eodem in libro: Busiritæ inquit Naucratitas nos accusant, quod ex asinis ossa tibijs adhibere cœpimus, cum ipsis uel tubam

a 4

audire nefas sit, quod asini uocem assimilet, qui propter Typhonem eis exosus est. Colysanemas cognominatus est Empedocles Laertio teste: Nam cum Agrigentini uento infestarentur, illum auertisse dicitur circumpositis urbi pellibus asinorum innumeris. Apud Cumanos mulier in adulterio deprehensa ducebatur in forum, ut illic lapidi insistens omnibus esset conspicua. Deinde impositam asino, atque ita per totam ciuitatem circumductam, reducebant ad lapidem, ut ibi rursus esset omnibus spectaculo. His actis habebatur infamis per omnem uitam, & ignominiæ gratia ὀνοβάτις dicebatur, quod asinum equitasset. Lapis autem nefastus ac detestabilis habebatur in quo steterat mulier, Plutarchus in Problematis. Quadrabit hæc nomenclatura adagii instar in quamuis prostitutæ famæ. In Varini Camertis Lexico onobostides & onobatides eodem sensu legimus. Oneabates, Stephano ὀνεαβάτης, Aegypti urbs est. Maxima etiã apud Parthos ignominia ducebatur, nudum asino inuehi, Suid. ¶ Mesha Arabice nominatur pannus contextus ex pilis asinorum & caprarum, uel caprinis tantum: unde Arabes solitudinum incolæ tentoria & saccos sibi conficiunt, Andreas Bellunen. Equæ caluaria, sed non uirginis, intra hortum ponenda est, uel etiam asinæ. Creduntur enim sua præsentia fœcundare quæ spectant, Palladius. Columella lib. 10. inter rusticorum remedia aduersus tempestates, sic scribit; Hinc caput Arcadici nudum cute fertur aselli Tyrrhenus fixisse Tages in limite ruris.

F.

Pullos asinarum epulari Mecœnas instituit, multum eo tempore prælatos onagris: post eum interiit autoritas saporis, Plin. Aristophanis interpres in Vespis scribit asinos Athenis in cibum uenisse, super his uerbis poetæ: ὅταν φάγῃς ὑπογάστριον γέροντος ἡλιαστικοῦ, ἀντὶ τοῦ εἰπεῖν ὑπογάστριον ὄνου ἢ βοός. ¶ Sunt qui asinorum domesticorum, etiam cum senuerunt, carnes mandãt: quæ pessimi sunt succi, ac concoctu difficillimæ, stomachumque lædunt, & præterea inter edendum sunt insuaues: quemadmodum equorum ac camelorum carnes, quibus etiam ipsis homines, animo & corpore asinini ac camelini, uescuntur, Galenus lib. 3. de alimẽtorum facultatibus. ¶ Lac muliebre temperatissimum est, mox caprillum, hinc asininum, ouillumque, postremo uaccinum, Aegineta. Archigenes & Philagrius omne lac incommodum esse calculosis pronunciãt, præter asininum, quod substantia tenuissimum est, & facultatis facillimè dissoluentis. Igitur mirabiliter articulorum tumores & nodos (quos ad callosæ duritiei modum ex uitiosi lactis usu pueri sustinere cogũtur) leuigat & delet: unde admonendum duxi ut ipsum calculosis assiduè heminæ mensura exhibeatur, post matutinas deambulationes, atque id præseruandi à lapidis generatione gratia, præ omnibus aliis fiat. Meminit horum Aetius in curatione lapidis uesicæ. Idem scriptor alibi de suppuratis renibus tractans, his uerbis utitur: Lac itaque cum melle post puris eruptionem eis præbendum: & primum quidem asininum aut equinum, ad ulcera enim repurganda conducit: quum uero repurgatione amplius opus non habent, & morsus fiunt obtusiores, indigetque æger nutrimento, tunc etiam bubulum lac eis exhibendum duarum aut trium heminarum mensura. Bubulum, asininum, & equinum lac, uentri magis idonea sunt, sed ipsum turbant, Dioscorides. Maximè perpurgat lac equinum, tum asininum, deinde bubulum, tum caprinum, Varro. Pullum asininum à partu recentem subiiciunt equæ, cuius lacte ampliores fiunt: quod id lac quàm asininum, ac alia omnia dicũt esse melius, Idem. Dulcissimum ab hominis lacte camelinum, efficacissimum ex asinis, Plin. Bubulum lac pinguissimũ est, ouinum & caprinum multo minus, asinarum minimum pingue habet. Quamobrem perraro alicui in uentre coagulatur, si recens mulsum & calidum adhuc bibatur: quod si sal & mel adiiciantur, fieri non poterit ut amplius coaguletur in uentre. Eandem ob causam aluum magis subducit, quòd serum ei copiosius insit, minus autem de casei natura, cuius ratione lac aluum sistit, Galenus lib. 3. de alimentorum facultat. Et alibi, Equinum lac ocyus descendit, similique modo asininum. Quæritur apud recentiores medicos, an asininum lac sit omni alio tenuius: quoniam Galenus secum etiam in hoc pugnare uidetur, lib. 6. de sanitate tuenda inter omnia lactis genera tenuissimum dicens: tertio autem de alimentorum facultat. paulò ante citatum iam locum camelinum & equinum ei in tenuitate præferens, Aristotelem tertio de animalium historia secutus. Hos locos Ioan. Manardus in epistolis ita conciliat: Sexto de sanitate tuenda, inquit, Galenus asininum lac leptomerestaton, id est, maximè tenuium partium affirmat: in tertio uero de alimentis, camelinum asinino, non in tenuitate sed in humiditate præfert, hygrotaton enim dicit. Quare nisi fateri uoluerimus Aristotelẽ aliud sensisse quàm Galenum, dicere oportebit, quod per tenuissimum non intellexerit tenuissimarum partium, sed maxime humidarum, Hæc ille. Ego Galeni uerba sic accipio, asininum lac tenuissimum recte dici, si comparetur animalium lacti quæ apud nos & plærasque gentes mulgeri solent, uaccarum nempe, ouium, & caprarum: simpliciter uero, & comparatione ad animalia quorum inusitatum ferè ad cibum & potum in Europa lac est, ut cameli & equi non tenuissimum, sed crassius. Sic etiam Plinius tenuissimum lac camelis esse scribit, mox equabus, crassissimum asinæ, ut coaguli uice utantur. Crassissimum dixisse uidetur, pro crassius quàm cameli & equæ. Leptomeres, id est, tenuiũ partium uocatur, quod non crassis neque uiscosis partibus constat, & cito ac facile corporum meatus subit: id quod lacti eò magis conuenit, quò liquidius est, minusque caseosæ substantiæ habet, ut Galenus ipse exponit. Sed ne sim longior, & si plura hoc in loco contra Manardum dicenda haberem, ad remedia transeo quæ ex asino & diuersis eius partibus apud scriptores celebrantur.

G.

G.

Ex eadem aqua, de qua bos aut asinus biberit paululum sumptum & potatum, tollit efficaciter capitis dolorem, Marcellus & Plin. Ad comitialem prodest asini cerebrum ex aqua mulsa, infumatum prius in folijs, semuncia per dies potum, Plinius lib. 28. cap. 16. Numerus dierum in exemplaribus uulgatis non est expressus: ex sequentibus tamen constat non pauciores esse quàm 30. Ridiculum est quod apud eundem legitur: Si quis asino (inquit) in aurem percussum à scorpione se dicat, transire malum protinus tradunt. Est genus febrium quod amphemerinum uocāt, hoc liberari tradunt, si quis è uena auris asini tres guttas sanguinis in duabus heminis aquæ hauserit: item uenenata omnia accenso asini pulmone fugere, Plin. Idem si tritus bibatur ad anhelitum & tussim commendatur ab Haly Arabe. Sunt qui ex asino mare nigroque cor edendum cum pane sub dio prima aut secunda luna præcipiant contra morbum comitialem, Plin. Iecur inassatum esu comitialibus prodest, sed ieiunis edendum præcipitur, Dioscorides. Alij admixta modice panace, ori instillandũ docent, idque diebus quadraginta: sic à comitialibus morbis & alijs infantes tueri, Plin. Aridum tritum cum petroselini partibus duabus, & nucibus iuglãdibus tribus purgatis ac melle illitis (aliâs ac melle tritum) in cibo datum hepatico ieiuno mirabile est, Plinius & Marcellus. Cinis ex eo cum oleo ad scrophulas utilis est: item ex hepate & carne eius cinis ad fissuras frigore cōtractas, ut Auicenna scribit: ego Dioscoridem magis approbo, qui utraque hæc remedia ungularum cineri attribuit, ut etiam Rasis. Ad lienis uitium efficacissimè datur inueteratus lien asini, ita ut in triduo sentiatur utilitas, Plin. Si lienosus de splene asini arefacto quotidie ieiunus pauxillum manducet, ita potenter sanabitur, ut intra triduum utilitas remedij huius appareat, Marcel. Splen contritus & ex aqua impositus mamillis lac prouocat, Sextus. Lien inueteratus ex aqua illitus, mammis abundantiam facit, uuluas suffitu corrigit, Plin. Splenis asinini leuissimus puluis, cum seuo ursino & oleo ad mellis crassitiem redactus, & illitus, supercilijs pilos restituit, Rasis. Renes inueterati tritique, & in uino mero dati, uesicæ medentur, & urinæ incontinentiam cohibent, Plin. Eidem arefacti atque exusti tritique, id est in puluerem tenuissimum redacti, & ex mensura conchulæ unius cum uini meri cyathis duobus stranguriosо potui dati efficaciter medentur, Marcellus. Cinere genitalis asini spissari capillũ putant, & è canicie uindicari si rasis illinatur, plumboque tritis cum oleo, Plinius. Coitus stimulat dexter asini testis in uino potus pro portione, uel adalligatus brachiali: nec non eiusdem à coitu spuma collecta roseo panno, & inclusa argento, ut Osthanes tradit. Salpe genitale (asini) in oleum feruens mergi iubet septies, coque perungi pertinentes partes: Bialcon cinerem ex eodem bibi. Testes sale asseruati, & aspersi potioni, in asinarum maxime lacte uel ex aqua, ad comitialem prosunt, Plinius. Fel tauri uel asini utrumque per sese aqua infractum, maculas in facie tollit, euitatis solibus ac uentis post detractam cutem. Sanguis asini sedat fluxum sanguinis ex uelamine (id est, cerebri tunica, ni fallor) Barbarus quidam: (Dioscorides hanc uim cerebro gallinaceorum attribuit) Eiusdem tres uel quatuor guttæ cum uino haustæ, febres quotidianas sanant, Aesculapius quidam. Plinius, ut paulò ante retuli, idem scribit de tribus guttis sanguinis ex uena auris, in duabus heminis aquæ haustis. Sanguis asinini pulli ex uino, regio morbo medetur, Plin. Adipem tradunt cicatrices corpori concolores reddere, Dioscorides: uel ut alij, uestigia cutis abolet: ut Plinius, cicatrices nigras reducit ad colorem. Sanat & uuluarum exulcerationes idem inueteratus, & in uellere appositus duriciem uuluarum emollit: per se uero recens & inueteratus ex aqua illitus, psilothri uim obtinet, Plin. Si medulla asini aut seuo, is qui comitialem patitur, loco calido inungatur plurimum iuuabitur, Rasis. Scabiem hominis asininæ medullæ maxime abolent, Plin. Seuo cicatricibus ac licheni leprisque maximè color redditur: Sole adusta eodem aptissime curantur, Plin. Coitus stimulat anseris masculi adipe permixto illitum, Plin. Sextus similiter, qui non seuum sed adipem rectius uocat, & ad anum hoc medicamentum apponi iubet. Pellis iniecta impauidos infantes facit, Plin. Ossa confracta & decocta contra leporis marini uenenum dantur. Vngularum asini cinis per dies multos (toto mense, Plinius) binis cochlearibus (uel ut Rasis habet, pondere trium aureorum & dimidij) potus, proditur comitiales adiuuare: eædem oleo subactæ strumas discutiunt: & illitæ (puluis siccus illitus) pernionibus medentur, Dioscorid. & Galenus lib. 11. de simplicibus pharmacis. Perniones Græci chimetla uocant, aliqui in iam citato Galeni loco non rectè phygetla legunt. Strumas discutit ungula asini uel equi cinis, ex oleo aqua illitus, & urina calefacta, Plin. Curat etiam ea quæ serpunt ulcera, inspersus, Idem. Vngulæ asininæ suffitæ partum maturant, ut uel abortus euocetur: nec aliter adhibetur, quoniam uiuentem partum necant, Plin. Cinis ex eisdem cum asinæ lacte inunctus, cicatrices oculorum & albugines tollit. Vt leucomata oculorum efficaciter discutias, ungulas asini uiuentis lima, & scobe earum quàm tenuissimo, qui leuitate sua oculos non offendat, cum lacte muliebri mixto, frequenter inungito, Marcellus. Annulum ex ungula asini, in quo nigri nihil sit, ab epileptico gestatum, prohibere aiunt ne concidat. Hodie idem pollicentur de annulo ex ungula alces. Capilli & barbæ nascentur etiam glabro, si lichenem asini, id est collectionem duram quæ est circa crura eius, comburas, & teras, & puluerem illum ex oleo uetere imponas: hoc ita ualidum est, ut si mulieri inde maxillam unxeris, barbas ei nasci scias, Idem. Lethargicos excitat illitus ex aceto, Plin. Ex quacunque causa grauedinem capitis exortam, quæ intempestiuum concitet somnum, sine dolore discutit, si quis impetigines in asini cruribus naturaliter natas detrahat, easque in scobē delimatas,

immixto aceto naribus penitus obſtiper, Marcell. Carnes ex iure ſumptæ phthiſicis medentur. Hoc
genere maximè in Achaia curant id malum, Plinius. Simile quid apud Auicennam legitur. Sunt qui
carnem aſini, ſanguinem alij aceto dilutum, per dies 40. bibendum contra morbum comitialem præci
piunt, Plin. ¶ Aſininum lac cum melle potui datum, uentrem facile & ſine periculo ſoluit, Marcel.
Dioſcorides & alij ſimpliciter aluum mollire ſcribunt. Bubulum, aſininum, & equinum lac, uentri ma
gis idonea ſunt, ſed ipſum turbant, Dioſcorid. Aſininum peculiariter collutos dentes gingiuasq; ſta-
bilit, Idem. Eodem lacte percuſſu uexatos dentes, aut dentium eiuſdem cinere, confirmari notum eſt,
Plin. Non ſolum enim dentibus innoxium eſt, ſed ob tenuitatem etiam abſtergendo conducit. Comitialibus morbis utiles tradūt teſticulos arietinos inueteratos tritosq; dimidio denarij pondere in aqua,
uel lactis aſinini hemina. Interdicitur uini potus quinis diebus ante & poſtea, Plin. Ad comitiales (ut di
ximus) coagulum uituli marini bibunt, cum lacte equino aſinino'ue, aut cum punici ſucco: quidam ex
aceto mulſo: nec non aliqui per ſe pilulas deuorant, Idem. Lac aſininum melle mixtum Galenus iuueni, qui ferè cōtabuerat, à balneo ſtatim exhibuit. Suſpirioſis ante omnia efficax eſt potus equiferorum
ſanguis: proxime lactis aſinini tepidi cum bulbis decocti, ita ut ſerum ex eo bibatur, addito in tres heminas cyatho naſturtij albi, perfuſi aqua, deinde melle diluti, Plin. Si dolent ubera, lactis aſinini potu
mulcentur: quod addito melle ſumptum & purgationes mulierum adiuuat, Idem. Stomachum exulce
ratum lactis eiuſdem potus reficit, item bubuli, Plin. Ariſtolochia uel agaricum, obolis ternis ex aqua
calida, aut lacte aſini pota, ſtomachi uitia ſanat, Idē. Heraclides orthopnoicis dedit aniſi ſeminis, quod
ternis digitis prehenderit, tantundem hyoſcyami cum lacte aſinino, Plin. Cōmendatur etiam ad tuſſim, extenuationem, ſputum ſanguinis, hydropem & duritiem ſplenis. Capiti tamen infirmo, & uertigine aut tinnitu laboranti non conuenit. Priuatim prodeſt contra gypſum, & ceruſam, & ſulphur, &
argentum uiuum: Item duræ aluo in febri. Gargarizatur quoq; faucibus exulceratis utiliſſime: & bibitur ab imbecillitate uires recolligentibus, quos atrophos uocant. In febri etiam quæ careat dolore capitis. Pueris ante cibum lactis aſinini heminam dari, aut ſi in exitu cibi roſionem ſentirent, antiqui in arcanis habuerunt: ſi hoc non eſſet, habuerunt è caprino, Plin. Eiuſdem potus utilis eſt cœliacis & dyſen
tericis, addito melle, Plin. Teneſmus (id eſt crebra & inanis uoluntas egerendi) tollitur poto lacte aſinino, item bubulo, Idem. Sunt inter exempla qui lac aſininū bibendo liberati ſunt podagra chiragra'ue:
Alij uero ſeri aſinini potu eoſdem morbos prorſus euaſere, Plin. Aqua mulſa contra hyoſcyamum ſalutaris eſt cum lacte, maxime aſinino, Idem. Aſinino lacte poto uenena reſtinguuntur. Peculiariter ſi
hyoſcyamum potum ſit, aut uiſcum (chamæleon ixias potius) aut cicuta, aut lepus marinus, aut opocar
pathum, aut pharicon, aut dorycnium: & ſi coagulum alicui nocuerit: nam id quoq; uenenum eſt in
prima lactis coagulatione. Sed meminiſſe oportet recenti utendum, aut non multò poſtea tepefacto.
Nullum enim celerius euaneſcit, Plin. Cancri fluuiatiles triti potiq; ex aqua recentes, ſeu cinere adſer
uato, contra uenena omnia proſunt, priuatim cōtra ſcorpionum ictus cum lacte aſinino: uel ſi non ſit,
caprino, uel quocunq;: Addi & uinum oportet, Idem. Rupta, conuulſa, cancri fluuiatiles triti in aſinino lacte maxime ſanant, Idem. Aſininum lac conferre aliquid candori in mulierum cute exiſtimatur.
Poppea certe Domitij Neronis coniunx, quingentas per omnia ſecum fœtas trahens, balnearū etiam
ſolio totum corpus illo lacte macerabat, extendi quoq; cutem credens, Plinius: & rurſus alibi, Cutem
(inquit) in facie erugari & tenereſcere, & candorem cuſtodire lacte aſinino putāt. Notumq; eſt quaſdam quotidie quingentarum cuſtodito numero fouere: Poppea hoc Neronis principis inſtituit, bali-
nearum quoq; ſic ſolio temperato, aſinarum gregibus ob hoc eam comitantibus. ¶ Vrina aſini attritus calciamentorum cum luto ſuo illita ſanat: item ſcabiem hominis, & ungues ſcabros, Plin. Lepras ac
furfures tollit tauri, uel addito nitro urina aſini circa canis ortum, Plin. Aſini urina traditur nephriticis
ſiue renum uitijs mederi in potu, Dioſcorides. Eadem cum melanthio prodeſt contra omnes impetus
& ſuppurationes ſiue panos & apoſtemata, Plin. Alij ulceribus exedentibus & humidis utilem prædicant. Sideratis urina pulli aſinini nardo admixto perunctione prodeſſe dicitur, Plinius. Eadem capillum denſari putant, admiſcentq; nardum faſtidij gratia, Idem. Vrina muli uel mulæ uel aſini cum
ſuo luto illita, & clauos abolet, & callis medetur, Marcel. ¶ Fimum aſini recens cum roſaceo in graui
tate aurium tepidum inſtillatur, Plin. Vlcera capitis ſubito nata ſanantur, ſi aſini ſtercoris ſucco, & ſcil
læ contritæ quantum ſatis uidebitur, & bubulæ adipis tantundem miſcueris, atq; ad capitis ulcera ueluti ceroto uſus fueris, Marcel. Tam aſinorum quàm equorum fimum, ſiue crudum, ſiue crematum,
addito aceto, ſanguinis eruptiones cohibet, Dioſcorid. Stercus aſinæ aridum naribus infrictum ſangui
nem ſine intermiſſione fluentem cito compeſcit, Plin. Idem ſi recens imponatur, profluuia ſanguinis
mire ſedare dicitur: item cinis ex eo. Qui uuluæ etiam prodeſt impoſitus, Plin. Ad ſanguinem un-
decunq; fluentem adhibetur: ſi è naribus profluat, ſuccus expreſſus inſtillatur ac retinetur. Si obſtru-
antur eo uenarum uel arteriarum aperta oſcula, ſanguis continetur. Fimus aſini calidus uino miſcetur, cui intincta ut affatim ſuccum combibant linamenta goſſampina, ad fluxum ſanguinis coercen-
dum locis affectis immittūtur, Raſis. Emplaſtrum ex eodem fronti impoſitum fluxionem auertit, Ra
ſis. Armentarij equi uel aſini, qui herba paſcitur, ſiccum fimum liquatum in uino, mox potum, contra
ſcorpionum ictus magnopere auxiliatur, Dioſcorid. Aſinini fimi cinis ex uino cœliacis & dyſentericis
confert, Plin. Fimum aſinini pulli, quod primum ædidit à partu, polean uocant Syri, dant in aceto mul
ſo contra lienis uitium; Idem cœliacis & dyſentericis confert; In ſapa decoctum, colo magnopere prodeſt;

desit: Datum fabæ magnitudine è uino medetur morbo regio intra diem tertium: Eadem et ex equino pullo similiterq; uis est, Plinius. Eruptionibus pituitæ asinini fimi cinis illinitur cum butyro, Plinius. Equarũ uirus à coitu Anaxilaus ,pdidit in lychnis accensum equinorum capitum uisus repræsentare monstrifice: similiter ex asinis , Plin. Membrana partus earum, præcipue si marem pepererint, olfacta, accedente morbo comitialium resistit, Plinius.

H. Philologia de asino.

¶ a. Asinus Græcis ὄνος dicitur παρὰ τὴν ὄνησιν, quod hominum opera iuuet, unde & iumenta Latinis dicta. Ἀστράβη ὄνος, mulus est. Cyrenenses asinum βρικὸν uocitant: Cretenses κάλιον: quidam βόταλον, quidam κιλλὸν, alij μεγάμυκον à nimia uocis absurditate. ὀνάριον, ὀνίδιον, et κανθὶς, diminutiua sunt. Asel 10 la pro ala quoq; siue axilla reperitur, unde illud in sacris, Prouer. 19. & 26. Abscondit piger manũ sub asella: sic à qualo quasillum dicimus. Κωθύλους Varinus asinos interpretatur , quæ uox ad canthelios accedit. Inueniuntur & hæc nomina apud Græcos, κάνθων, unde uocatus cantharus , id est scarabeus, qui ex asini fimo sobolem sibi parat: κίλλα , quod talum quoq; significat: μίμνον apud Varinum ; haud scio quàm rectè scriptum. Μονιὸς, ut D. Cyrillus in Osee propheta exponit, alij uerò magnam belluam, quæ propter feritatem solitaria pascatur, proprie tamen aprum significat, qui solitarius degit. Suidas etiam lupum solitarium interpretatur. Πελίας, asinus fuscus, Etymologicon. Πατρόθεν ποσείκασαι, ὅτι πατέρων εἰσὶν ὄνων ἡμίονοι, apud Varinum. Τρύνης, asinus labore & senio cõfectus: accipitur etiam pro homine sene & ætate exhausto. ὀκρίβας, asinus, uel aries agrestis, Suid. ὀκρίβαντες etiam pulpita dicuntur, ἐφ᾽ ὧν ἄκρων ἱστάσιν οἱ ὑποκριταὶ, οἱονεὶ ἀκρίβαντες, Camers. Aristophanes in Vespis, ὡς ἐμοιγ᾽ ἰνδάλλεται 20 ὁμοιότατος κλητῆρος εἶναι πωλίῳ. Κλητῆρες dicuntur ministri publici qui homines ad iudicia uocant, item testes qui uocantur: sed poëta κλητῆρος hic dixit παρ᾽ ὑπόνοιαν ἀντὶ τοῦ ὄνου ἢ ἡμιόνου. Et alibi in eadem comœdia, Ἔοικας ὦ πρεσβῦτα νεοπλούτῳ τρυγὶ Κλητῆρί τ᾽ εἰς ἀχυρῶνας ἀποδεδρακότι. Hic item κλητῆρα dixit pro asino, est autem scomma in senem φιλοδικαστήν. Γρωθώνη, anus putida, uel asina uetula: φορωνεὺς, asinus regius, Varinus. Μυχλὸς, libidinosus, mœchus, ut μάχλος: Phocẽses asinos quoq; admissarios mychlos nominant. ¶ Asini epitheta apud poëtas leguntur, tardus, onerarius, dossuarius, uilis, plaustrarius, molarius, piger, pandus, uulgaris, Arcadicus, Mænalius, ignauus, lentè gradiens, auritus, iners, rudens, segnis, horripilus, turpis, clitellarius, lentipes, quadrupes, insulsus, miserandæ sortis. Et apud Græcos νωθὴς, παλιντριβὴς, ὀγκηστὴς, βραδύπους: λέπαργος, πολύσκαρθμος: ῥινηλάτην ὄνον interpretantur Grammatici τὸν καθικνούμενον τῇ ὀσμῇ, quod epitheton cani sagaci aptius est. Extat egregium Palladæ epi 30 gramma in asinum segnem, non indignum hîc legi.

> Ἀντίπατρος μοί τις ὄνον μακρόθυμον ἐπώλεεν, Τῶν βασαζομένων θρέμμ᾽ ὀδοιποΐης.
> Υἱὸν τῆς βραδυτῆτος, ὄνον, πόνον, ὄκνον, ὄνειρον, Τῶν ἀνακαμπτόντων ὕστατον, πρότερον.

¶ De asello insecto multipede, & eiusdem nominis pisce, suis locis dicetur: utrumq; etiam Græci onõ uel oniscon uocant: utriq; à cinereo (quem Germani etiam asininum uocant) colore nomen. Asinius & Asellius nomina propria uirorum leguntur. Heratia insula est, quæ antea dicebatur Onus, Plin. Asinc, Ἀσίνη, Peloponnesi uel Achaiæ urbs iuxta Messeniam, unde sinus Asinæus: Lucanus, Quas Asinc cautes, & quas Chios asperat undas. Est & Laconica urbs dicta ab Asine filia Lacedæmonis, item Cypri & Ciliciæ. Præterea uasis genus est ὄνος apud Aristotelicos inter exempla homonymiæ, quod à figura sic dictum coniicio, ut orcham à bellua marina. In signo cancri duæ sunt stellæ par- 40 uæ Aselli appellatæ, Plinius libro 18. Exiguum inter illas spatium obtinet nubecula, quod præsepe dicitur, Lactantius. In cancri deformationis parte, ut Hyginus scribit, sunt quidam qui asini appellantur, à Libero in testa cancri duabus stellis figurati. Liber enim à Iunone furore obiecto, dicitur mente captus fugisse per Thesprotiam, cogitãs ad Iouis Dodonæi templum peruenire, unde peteret responsum, quo facilius ad pristinum statum mentis rediret: sed cum uenisset ad quandam paludem magnã quam transire non posset, de quibusdam duobus asellis obuijs factis dicitur unum deprehendisse eorum, & ita esse transuectum, ut omnino aquam non tetigerit. Itaq; cum uenisset ad templũ Iouis Dodonæi, statim dicitur à furore liberatus, & asellis gratiam retulisse, & inter astra eos collocasse. Nonnulli etiam dixerũt asino illi quo fuerat uectus, uocem humanam dedisse. Itaq; postea eum cum Priapo de natura contendisse, & uictum ab eo interfectum. Pro quo Liberum eius misertũ, in sideribus 50 annumerasse. Et ut sciretur id pro deo, non pro homine timido (quia Iunonem fugerit) fecisse, supra cancrum constituit, qui deæ beneficio fuerat affixus astris. Dicitur etiam alia historia de asellis, ut ait Eratosthenes: Quo tempore Iupiter bello gigantibus indicto, ad eos oppugnandos omnes deos conuocauit, uenisse Liberum patrem, Vulcanum, Satyros, Silenos, asellis uectos: qui cum non longe ab hostibus abessent, dicuntur aselli pertimuisse, & ita pro se quisq; magnum clamorem & inauditum gigantibus fecisse, ut omnes hostes eorum clamore in fugam se cõiecerint, & ita sint superati. Hæc Hyginus. Postremam fabulam Varinus etiam in Lexico suo in asini mentione affert: & hanc ob caussam asinis hunc honorem habitum inquit, ut in cancri sydere occasum uersus collocaretur. Acharnici asini, de magnis asinis dicebatur, Varinus. ὀνεύειν uerbum apud Thucydidem Aelius Dionysius mouere & circumagere exponit: et apud Hippocratem ὀνεύεσθαι est τὸ ἐξ ὄνων ἐπιστροφῆς τείνειν. Ὄνοι enim 60 sunt funes ductarij ex cãnabi stuppa aut lino, nimirum ad machinas uel ergatas idonei, uel alioqui ad trahendum aliquid. Nam & cameli funes magni uocantur, à quibus anchoræ suspendũtur. Ἄξονες etiam, id est uectes machinarum, ὄνοι nominantur. Latini suculas uocant tractorij generis machinas;

quæ constant tereti ligno duobus aut pluribus uectibus traiecto,utrinq; æqua extantibus longitudine: quæ dum uersantur funis ductarius circa eas obuoluitur. Galli turnos dicũt,Germani haspel,
genus illud earũ quo ex hypogeis cupæ subuehũtur, uel in ea demittũtur. ὀνοσύππαξ scomma in cras
si & rudis ingenij hominem apud Aristophanem,nimirum à funibus iam dictis tractum. Apud Suidam ὄνος σύππαξ legitur diuisis dictionibus per π simplex,cum tamen apud eundem in Σ. per π geminum styppax(quod magis placet)sine interpretatione habeatur. Cæterum ergata machina tracto-
ria uel hoc à sucula differt quod axe est recto. Nam etiam uectibus sicut sucula uersatur, non id quidem brachiorum ductu,sed obnitentibus & ambientibus uectiarijs: Itali arganum uocãt, ut Guliel.
Philander scribit in Vitruuium: Germani ein winden. Ad hęc ὄνος unitas est in cubis uel tesseris, Pol
luce teste(ut canis in talis)quæ etiam cubus dicebatur, eodem nomine quo integra ipsa tessera: &
eo sensu accipitur in prouerbio ἢ τρεῖς ἓξ ἢ τρεῖς κύβοι, hoc est uel maxima uel minima summa. Merito
autem aliquis per iocum miretur in ijsdem Midam, cui auriculæ asininæ, felicissimum fuisse iactum,
cum asinus ipse infelicissimus fuerit. ὀνίσκος, serra fabrilis, Varinus. τὸν δὲ νῦν μυλοκόπον, ὀνοκόπον Ἄλεξις
εἴρηκεν ἐν Ἀμφώτιδι, Pollux. Superior molæ lapis qui circumuertitur, Latine catillus, Græce ὄνος: infe
rior Latinis meta. Xenophon libro 1. de expeditione Cyri: οἱ δ' ἐνοικοῦντες ὄνους ἀλέτας ὀρύττουσι: apud Pollucem etiam ὄνος ἀλέτων legitur similiter pro lapide molari. Cato molarium asinum, & Paulus Iurecon
sultus asinum molendinarium appellat, nõ lapidem, sed ipsum iumentum. Asinaria mola, quæ ab asi
no circumagitur: ut Matt. 18. Qui offenderit unum de pusillis istis, qui in me credunt, præstaret ei su
spendi molam asinariam à collo eius, ac demergi in profundum maris. Græce est μύλος ὀνικός. Hippocrati chirurgicum est instrumentum oniscus, luxatorum curationi accommodum. Asini nomen in
ludis literarijs illi imponitur, qui in studijs uel moribus deliquerit: is enim protensis indice & auricu
lari digitis asinum uendere iubetur: hoc est tantisper hac ignominia notari, donec in alium propter
simile peccatum eam transferat. Sunt qui è collo stipitem, asini uel nomine tantum, uel etiam figura
onocephalum, eandem ob causam pueris appendant. Similiter et alij quandoq; derisuri quempiam,
digitis ut dixi protensis auriculas asini imitantur, & sibilum addunt. Hinc Persius:

O Iane, à tergo quem nulla ciconia pinsit, Nec manus auriculas imitata est mobilis albas.

ἐπίνητρον ἢ ὄνος, ἐφ' οὗ νήθουσι, Pollux: rotulam nendi instrumẽtum intelligo. Licebit etiam ὄνον uocitare,
quem girgillum Latini, instrumentum quo fila reuoluuntur. Ἀπόῤῥαξις apud Pollucem ludi genus
est, in quo pila ad pauimentum uel parietem ui illidebatur, & repercussa manu ludentis subinde reijciebatur, cui plures continui pilæ saltus successissent, rex appellabatur, & imperabat: uictus autem
asinus, & imperata quęuis exequebatur. Alius apud eundem ludus puerilis ostracinda describitur,
in quo deprehẽsus in fuga similiter asinus dicebatur. Testa erat ab interiori parte pice illita: eã aliqs
ad lineam in terra ductã eminus proijciebat, simul pronunciãs, nox, dies, propter colores testæ diuer
sos, quorum alterum altera sibi factio eligebat: persequebatur illa fugientem alteram, cuius in proie
cta testa color eminebat. Plato in Theæteto: ὁ δὲ ἁμαρτὼν καθεδεῖται, ὥσπερ φασὶν οἱ σφαιρίζοντες, ὄνος: ὃς δ'
ἂν περιγένηται ἀναμάρτητος, βασιλεύς ἡμῶν. Commodus Cæsar(ut Lampridius refert) habuit hominẽ
cuius prominebat penis ultra modum animalium, quem onon appellabat, id est asinum, sibi charissi
mum, quem & ditauit, & sacerdotio Herculis rustici proposuit. Hinc etiam onobelos dici coniectãt:
sunt autem hi qui uiriliores uidentur, ut in Heliogabalo sentit Lampridius, uelut asini telum præfe-
rentes, Cælius. Euclio ille Plautinus paupertatem simulans ad Megadorum diuitem filiam eius am
bientẽ in Aulularia sic loquitur: Nunc si filiam locassim meã tibi, in mentẽ uenit, Te bouẽ esse, &
me esse asellũ, ubi tecum cõiunctus siem, Vbi onus nequeam ferre pariter, iaceã ego asinus in luto.
Tu bos me haud magis respicias, gnatus quàm si nunq; siem: Et te utar iniquiore, & me meus ordo
irrideat: Neutrobi habeã stabile stabulũ: si quid diuortij fuat, Asini mordicib. scindãt, boues incur
sent cornibus. Hoc magnũ est periculũ me ab asinis ad boues transcẽdere. Christiani cur asinarij
per ignominiã nominati sint, & Christus onochelus, mox in onagris docebimus. De Aristone Ephe
sio & Onoscelide eius filia absurdior est historia in Plutarchi Parallelis, q; ut hîc referri debeat. A ba-
sino descendisse mihi uidentur Græcorum uocabula, ὄνειδος, ὀνόσαι, ὀνοσὸς, ὀνοτάζειν, & alia huiusmodi.
Lapis specularis in quibusdam Italiæ locis uulgo speculum asini dicitur. ¶ Onopordon herbam si
comederint asini, crepitus reddere dicuntur. Trahit urinas & menses, aluum sistit, suppurationes &
collectiones discutit, Plinius: nec alibi aliud, ut ignota sit hodie, sicut etiam onocichla, cui flos diutur
nior per partes florenti apud eundem. Inter uuas damnantur uisu cinerea, & rabuscula & asinisca à
colore nimirum dicta: cui eadem forte fuerit ὀνίγολη Varino memorata. Asinastræ, si bene memini, inter ficorum genera nominantur. Pruna seriora maioraq;, asinina cognominata à uilitate, eodem colore sunt quo hordearia, Plin. Auriculam asini Galli quidam uulgo uocant symphytum alterũ: Sabaudi lotũ pratensem, panem asini. Inter stirpium nomenclaturas Dioscoridi attributas, onomordõ
helxine est: asini sanguis Aegyptijs, filix: asinus ichrei Magis, sampsuchum. Onitis etiam herba ex o-
rigani generibus, asinum nomine præ se fert: Nicander ὄνου πετάλειον uocat, quod folium eius asinis
pabulo gratum sit. Onobletum herba linguæ similis Hippocrati contra fœminarum profluuia in uel
lere apponitur. Onopyxus folio & caule spinosus est, Plin. Anonin quidã ononida malunt uocare,
Idem. Grammatici ὀνώνιν exponunt τὴν τοὺς ὄνους ὠφελοῦσαν. Huic nomine similis onuris est, aliâs œnothe
ra dicta, quę in potu data feras quoq; mitigat, Plin. Onogyrus planta est male olida, quã alij anagyrũ
uocãt,

uocant, prouerbio etiam celebris: item uiri nomẽ. A bubus Athenis Buzyges nobilitatus, Argis Onogyrus, Varro. Onophyllon eadem anchusæ est, quæ Arabicæ linguæ autoribus etiam asini lactuca uocatur. Anchusam ipsam quoq; Græci onocleam uocant, & folijs lactucæ describũt: Lycopsis etiam à nonnullis anchusa uocatur, lactucæ folijs: quæ et onosmati herbæ apud Dioscoridem tribuitur. Anchusæ genus alterum apud Dioscoridem onochiles appellatur, alij onochilõ uel onochelim scribunt. Eadem est Alcibiadion Dioscoridis contra serpentes, præcipuè uiperas, efficax: nec aliud Alcibion Plinij lib. 25. cap. 5. quamuis ille qualis ea herba esset apud authores sibi repertum neget. Barbara & Arabica quæ anchusæ siue lactucæ asininæ & generibus eiusdem tribuuntur nomina, quæ in Arabicorum nominum interpretatione in Auicenam Andreæ Bellunensis, & antiquioris cuiusdam innominati reperiũtur, hæc sunt: Achatini, hearphilus, fesula, almiphar, ansadius, senuat, senchar, sengiar, alsangiar: simarem uel sincarem genus anchusæ cæteris maius: abugilise, lactucella maior: abugilesa, argialesus, abuchalesa, achasiinas. Cęterũ onocardiõ, dipsacus intelligitur (quasi asininus carduus, ille nimirũ qui in prouerbiũ abijt, Similes habẽt labra lactucas:) à quo lõgè distat ana cardium fructus arboris Indicæ. Dipsacum nonnulli etiam uirgã pastoris uocãt, & lactucam asini cũ ea confundũt. Onobrychis folia habet lentis, &c. Dioscorides. Onocecidas Galenus à rusticis scribit appellari gallas eas, quæ grandescunt fungosæ, quasi asininas, quod ignauæ sint & minus efficaces. Asinaria festum erat Syracusis mẽse Maio, ab Asinaro fluuio appellatione ducta, apud quem Atheniensium imperatores Nicias & Demosthenes capti. Eiusdem nominis comœdia extat Plautina, in qua mercator pro asinis emptis pretium numerare introducitur Leonidæ seruo, qui Sauriam atriensem, cui numerari debuerat, se fingebat: De hac poëta in prologo scribit, à Demophilo prius Græcè editam onagri nomine. Onosander philosophus fuit Platonicus, cuius librum de optimo imperatore habemus. ¶ b. ὄνεια κρέα, asininæ carnes, Varinus. Δορὰς cutis uel pellis asini: ὀνεία, ἡ, paroxytonum, idem, uel forma asini, Varinus. ὄνις καὶ ὄνθος, fimus asini: posterius etiam de bubulo Homerus dixit, Pollux. ὀνιαῖα καὶ ὀνίδια, excremẽta equi, ut ὀνίδες asini, Varinus. Μύκλαι, lineæ nigræ in asinorũ collis & pedibus nascentes, Idem. Μύκλος, reduplicatio quædam in asinorum & boum collo, Idem. Asini colorem refert tarandus, cum ei libuit sui coloris esse: quem sæpe immutat. Cercopithecus pilo est asinino. Leucrocuta asini ferè magnitudine est, Plin. pleriq; legunt asini feri, id est onagri. Ad Cadaram rubri maris peninsulam belluæ exeunt quædam asinorũ capitibus, aliæ alijs, & depascuntur sata, Plin. ¶ c. Vox asino apprime rudis, ut merito rudere Latinis dicantur: hinc & Grecorum onomatopœiæ, βρώμησις, βρωμᾶσθαι (quod de mulis etiam dicitur) & ὀγκᾶσθαι: poetæ quidam asinos ὀγκηστὰς cognominant. ὀγκηθμὸς asini clamor. Βρωμᾶσθαι Grammatici exponũt de asinis maribus, cum præ fame exclamant, παρὰ τὸ βρώμης ἤγουν τροφῆς δεῖσθαι, Varinus citans Pausaniam. Βρώμησις καὶ βρῶμα ἡ φωνὴ τοῦ ὄνου. ὄνος βρωμώμενος, ἢ βρωμηστὴς, asinus rudens per esuriem, aut pabulum edens uel auenam, quam Græci brõmon appellant. Persius Sat. 3. Findor, ut Arcadiæ pecuaria rudere credas. Ouid. lib. 3. de Arte: Vt rudit à scabra turpis asella mola. Abusiue etiam de leonibus & de hominibus dicitur apud Vergilium. In Philomela poemate obscuri authoris hic uersus legitur, Quirritat uerres: tardus rudit, oncat asellus. Oncare uocem Græcam esse dixi, nec apud ullum Latinorum legisse memini. Nullus in terra Scythica neq; asinus neq; mulus gignitur, ac ne ullus quidem uisitur propter frigora. Itaq; rudẽtes asini perturbabant Scytharũ equos: & cum Scythę sæpenumero Persas adorirentur, eorum equi exaudita asinorum uoce, cõsternati auertebantur, arrectis auribus stupefacti, utpote insolentia tum uocis, quã prius non audissent: tũ formæ, quam nunquã inspexissent, Herodotus lib. 4. Onocrotali aues ab asinino clamore nominãtur. ὀνοβατεῖν de asinis proprie dicitur cum equas inscendunt, Pollux. Homerus ut asini tardum & ne per uim quidem celeritatis capacem incessum significaret, uel ut Græce dicam βραδεῖαν καὶ ἀπλήκτον πορείαν ἐν τῷ καρτερεῖν, hoc uersu usus est, ὡς δ᾽ ὅτ᾽ ὄνος παρ᾽ ἄρουραν ἰὼν ἐβιήσατο παῖδας. ¶ d. ὀνώδης, asininus, asini instar stupidus. ¶ e. Μονοφόρους, μονοφόρους, ὄνους, Varinus: dossuarios asinos intelligo, quos νωτοφόρους, νωτεῖς, & σκευοφόρους, Græcis uocitare usitatius est. Clitellæ sunt quibus sarcinæ colligatæ mulis uel asinis portantur. Hinc clitellarium & clitellatum iumentum dicunt. Cato cap. 10. Asinos instratos, clitellarios, qui stercus uectent, tres. Et Plautus in Mostell. Nam muliones mulos clitellarios Habent: ego homines habeo clitellarios: Magni sunt oneris, quicquid imponas, uehunt. Sed quas homines baiuli gerunt clitellæ, muli Mariani potius dicuntur: furculæ scilicet, quibus religatas sarcinas uiatores gestant, Frõtinus libro 4. Strategematum: C. Marius recidendorum impedimentorum gratia, quibus maximè exercitus agmen oneratur, uasa & cibaria militum in fasciculos aptata furcis imposuit, sub quibus & habile onus & facilis requies esset. Græci hæc aut similia instrumẽta ἀναφορα, ἀλλαντα, & ἀμφίκυρτα nuncupãt. Aliqui iumentorum clitellas etiam ἐπισάγματα, σαθμάρια, & ἀστράβας. Varinus ἀστράβην σαγμοστάλιον interpretatur, cum dubitatione tamen an totum potius iumentum, non solæ clitellæ, hoc nomine accipiendum sit apud Demosthenem contra Midiam: cum alioqui mulum semper significet. Mulorum, equorum, asinorumq; genus sub sellis aut sagmis solo tergore præstat officium, Vegetius 2. 59. Κανθήλια, σάγματα τῶν ὄνων, & quæ eis imponuntur ex uimine contexta: & ligna incurua in puppi nauis ad instruendas attegias: & montes Bithynię, Varinus. Sagma, sagmæ: uel sagma sagmatis, sella quam uulgus (apud Italos & Gallos) bastum uocat, super quo componuntur sarcinæ: uel instratum, quo mollior fiat sessio: sed et pro sarcina quandoq; ponitur, Cælius libro 11. Forte hinc etiam patrio sermone equos & asi-

b

nos clitellarios uocant **soumrossz** & **soumesel**: ut Græci Latiniq; sagmarios: & sarcinam iumenti **ein soum** (ut Itali somam: Græci puto etiam γόμον) & sellam ipsam **ein soumsattel**. Palmæ in Babylone ad iugeri spatium extenduntur, & pondere depressæ superius curuantur ueluti asini canthelij, Xenophon. Varinus canthelios magnos asinos interpretatur: & prouerbialiter canthelium pro stupido tardiq; ingenij homine. Polybius, ἐν γὰρ τοῖς ἐπισεσαγμένοις φορτίοις τὰ κανθήλια λαβόντας ἐκ τῶν ὄπισθεν προβιβάσαι πρὸ αὐτῶν ἐκέλευσε τοὺς πεζούς, οὗ γενομένου συνέβη παρὰ πάντας χάρακας ἀσφαλέστατον γενέσθαι πρόβλημα. Per canthelia clitellas intelligo. φυσίον, τὸ κανθήλιον, Varinus. ὄνον ἐπισάξαι, asinum ad iter parare sella uel sarcina imposita, Herodotus: Xenophon de equo etiam hoc uerbum usurpauit, Pollux. ἐπισάξαι, ἐπικαβήναι ἐπὶ τὸν ἵππον, Varinus. ὀνεῖον, stabulum asinorum, Varinus. Asinarius qui pascit uel ducit asinos, ut agaso qui equos curat: apud Græcos ὀνηλάτης, ὀνηγήσιος, ὀναγρός, ὀνοφορβός, ὀνοκίνδυνος, ut Varinus habet: uel Dorice ὀνοκίνδιος, ut Suidas & Pollux: pro eodem κιλλακτὴρ similiter Dorice apud Varinum legitur, quod probo, nam κιλλὸν & κίλλαν suprà asinum esse diximus: apud Pollucem κυνακτὴς, quod non placet in hac significatione: pro uenatore tamen, qui & κυνηγός, rectè dici puto: ut Varinus quoq; errauerit κιλλακτῆρα tum asinarium tum uenatorem exponens. ὀνηλατεῖν uerbum Polluci, asinum agere. κλωγμός, ὁ διὰ τῆς γλώττης περὶ τὸν οὐρανίσκον ψόφος, ὃν λάκησιν τινὲς φασιν, οἷον οἱ ὀνηλάται ποιοῦνται κυρίως, id est sonus qui ore editur ab asinarijs ad fistulæ imitationem. κλώζεσθαι καὶ ἀποσυρίττεσθαι λέγονται οἱ ἐν θεάτροις νικώμενοι, καὶ κλωγμὸν πάσχειν, Varinus. ¶f. Lityersas rex Celænarum fuit, uir uoracissimus, de quo Sositheus Tragicus apud Athenæum, ἔσθει μὲν αὐτὸς τρεῖς ὅλους (forte ὄνους) κανθηλίους, τρὶς τῆς βραχείας ἡμέρας. ¶h. Simonides poeta perquàm festiuus pro diuersis mulierum ingenijs alias ex alijs animalibus natas fingit, & inter cæteras ex cinere & asino natam his senarijs depingit: Τὴν δ' ἔκ τε σποδιῆς καὶ παλιντριβέος ὄνου, Ἣ σύν τ' ἀνάγκῃ, σύν τ' ἐνιπῇσιν μόγις, Ἔρεξεν ὧν ἅπαντα, καὶ πονήσατο, Ἀρεστά. τόφρα δ' ἐσθίει μὲν ἐν μυχῷ, Προνὺξ, προῆμαρ, ἐσθίει δ' ἐπ' ἐσχάρῃ. Ὁμῶς δὲ καὶ πρὸς ἔργον ἀφροδίσιον Ἐλθόντ' ἑταῖρον ὄντινοῦν ἐδέξατο. Alexandro Macedoni quum reddita sors esset: Eum qui primus occurrisset, interimeret: ubi quendam præ se agentem asellum uidit, arripi hominem ex oraculo confestim imperauit. At is iam iam iugulandus, intellecta mortis ratione, proclamauit: Anteambulonem suum nõ se peti ex responso, quando is obuiam latus esset prior. Perquàm lepida apud Nicandrum de asino fabula legitur, qui iuuentutem à Ioue hominibus donatam, & sibi impositã, cum ualde sitiret, dipsadi ad fontem moranti, ut ad potum innoxius admitteretur, tradidit. Hinc est quod dipsas senectute exuta iuuenescit, & propter asini deriuatum in se sitim, eandem hominibus morsu infligit. Sed ipsos poetæ uersus propter elegantiã non omittemus. Ἄφρονες, οἱ μὲν τοῖο κακοφραδίης ἀπόναντο. Νωθεῖ γὰρ κάμνοντες ἀμορβεύοντο λεπάργῳ Δῶρα. πολύσκαρθμος δὲ κεκαυμένος αὐχένα δίψῃ Ῥώετο, καὶ τὰ λοιπά. λέπαργον interpretes exponunt ὄνον, παρὰ τὸ τὴν λαγόνα ἔχειν λευκήν. Et paulo post. Νοῦσον δ' ἀργαλέην βρωμήτορος οὐλομένη θὴρ Δέξατο. Asinum Coptitæ apud Aegyptios præcipitem agunt, & homines rufos iniurijs afficiunt in contumeliam Typhonis, quem rufi & asinini coloris fuisse ferunt. Busiritæ & Lycopolitæ tubas nõ admittunt, ut quæ sonum rudentis instar asini edant. In summa, asinum impurum & dæmonicum animal esse credunt propter similitudinem cum Typhone, tum colore tum animi stultitia & improbitate: & cum placentas faciunt in sacrificijs Payni & Phaophi mensium, insigniunt eas nota asini ligati. Persarum etiam regem Ochum uehementer eis inuisum, asini cognomine notauerunt (aliâs, Artaxerxæ cognomen fuit Ochi) unde commotus ille, Atqui asinus iste (dixit) bouem uestrum uorabit & Apin mactauit. Illi uero qui dicunt Typhonem super asino ex pugna euasisse, & cum septem dierum itinere aufugisset, filios procreasse Hierosolymum & Iudæum, res Iudaicas manifestis fabulis implicant, Hæc Plutarchus, ut nos transtulimus ex libro de Iside: paulò aliter Aelianus, qui Petro Gyllio interprete ita scribit: Busiritæ, Abydus, Lycopolis, idcirco tubæ sonitum ab auditione sua detestantur, atq; execrantur, quòd ab asino rudente eius clangor dissimilitudinem non habet: & simul eis qui Serapidis religionem obseruãt, odio est asinus, atq; acerbitati. Cuius rei non ignarus Ochus Perses, Apim quidem interfecit, asinum autem & consecrauit, & sanctissima religione coli iussit, Aegyptios ut molestia afficeret. Sed is sanè tanti sceleris sacro boui persoluit pœnas, nec iniustas, neq; minus graueis, quàm Cambyses dedisset, qui primus bello sacrilego religionibus indicto eiusmodi impietatem commiserat, Hactenus Aelianus. Cur in Consualibus festis equos & asinos coronant & otiari sinunt? An quia Neptuno equestri festum hoc peragunt, & asinus cum equo libertate communi fruitur? Aut quies ista iumentis concessa est, quod mare tranquillum & nauigationi commodum se præbuisset? Plutarchus in quæstionibus Romanis cap. 47. Onosceli dæmones sunt in aquosa & arida corporibus arescentibus frequentantes, asininis cruribus. Hi sese mares plurimum exhibent, interdum quoq; leonem & canem induere uidentur, Cælius. Lectum in historia est ab Hyperboreis item Apollini asinum immolari, cui sententiæ astipuletur Callimachus, τέρπουσι λιπαραὶ φοῖβον ὀνοσφαγίαι, id est pingues Apollinem oblectant asinorum iugulationes. Sed & de Hyperboreis Pindarus in Pythijs, παρ' οἷς ποτε Περσεὺς ἐδαίσατο λαγέτας Δώματ' ἐσελθὼν κλειτὰς ὄνων ἑκατόμβας. Lactantius lib. 1. de falsa religione cap. 21. ait Lampsacenos Priapo asinum in ultionem et ludibrium mactare consueuisse: quod quum is deus Vestæ dormientis pudicitiæ insidiaretur, illa intempestiuo aselli clamore sit excitata, & detecta insidiatoris libido. Ouidius Fastorum 6. prolixius hanc fabulam persequitur, & asinum in deæ Vacunæ festo feriari, & è pane monilibus floribusq; coronari solitum testatur in Vestæ gratiam. Idem Fastorum 1. simillimam de Sileno eiusq; asello et Lotide nympha fabellã recitat:

recitat: & lib. 1. de Arte, Silenum asino delabentē inducit, cum Bacchū in Ariadnes raptu comitare
tur. Asinos à Scythis Marti immolari, Apollodorus & alij prodiderunt, teste Arnobio. Phornutus
scribit propter bellicum clamorē uociferationemq́ asinos Marti immolatos. Gentes quædā olim, ut
ait D. Athanasius, in dijs suis humana cum brutis miscebant, & quæ in natura dissimilia erant, deos
suos fecerunt, cynocephalos, ophiocephalos, onocephalos, criocephalos: hoc est, qui canis, serpētis,
asini, & arietis essent capitibus. Non est hic silentio prætereunda mirabilis illa Bileami asina in sa
cris libris Numerorum cap. 22. celebrata, cui & angelum Dei uidere, & dominum insidentem alloqui diuinitus datum est. An non etiam ipse rerum dominus Christus, dum suum ipse ingenium ab
omni fastu alienissimum ostendit, & indomito adhuc asello uehitur, ut diuus Zacharias olim futu-
10 rum prædixerat, maximam huic quadrupedi gloriam adiecit? Extat Luciani liber Lucij uel Asini
titulo, & L. Apuleij libri undecim Asini aurei: idem utrisq́ argumentum, sed Apuleius omnia copiosius tractat & multa intermiscet. Institutum est naturā mortalium & mores humanos obiter designare, ut admoneremur ex hominibus asinos fieri, quando uoluptatibus belluinis immersi asinali
stoliditate brutescunt, nec ulla rationis uirtutisq́ scintilla in eis elucescit. Sic enim homo, ut docet
Origenes in libris peri archôn, fit equus & mulus: sic transmutatur humanum corpus in corpora pe
cuina. Rursus ex asino in hominem reformatio significat calcatis uoluptatibus exutisq́ corporalibus delicijs rationem resipiscere, & hominem interiorem, qui uerus est homo, ex ergastulo illo cœnoso ad lucidum habitaculum uirtutibus & religione ducibus remigrasse, ita ut dicere possimus iu
uenes illicio uoluptatum possessos in asinos transmutari: mox senescentes, oculo mentis uigente, cū
20 uirtutes iam maturescunt, exuta bruti effigie humanam resumere. Proclus nobilis Platonicus monet multos esse in uita lupos, multos porcos, plurimos alia quadam bruti specie circumfusos. Quod
minimè mirari nos oportet, cum terrenus locus Circes ipsius sit diuersorium, in quo animæ aut unguentis delibutæ, aut pharmacis epotis inebriatę, transfigurentur in brutas animātes. Pharmaca au
tem sunt obliuio, error, inscitia: Quibus anima consopita brutescit, donec gustatis rosis, hoc est scien
tia (quæ mentis illustratio est, cuiusq́ odor suauissimus) auidè hausta in humanā formam, hoc est ra-
tionalē intelligentiā, reuertatur: Hæc Beroaldus in Apuleij Asinum. Asini encomium scripsit Hen.
Cornelius Agrippa, in postrema parte libri de uanitate scientiarum. Aegyptij in Hieroglyphicis
onocephalum pingunt, hominem rudem & nunquam peregrinatum significātes, ut qui nec histori
as cognouerit, neq́ ea quæ alibi fiūt persentiscat, Horus. Appion Posidonij & Apollonij Molonis
30 mendacia secutus, ut Iosephus secūdo aduersus ipsum libro redarguit, Iudæos Hierosolymis in templo aureum asini caput ingentis pretij coluisse scribit: idq́ deprehensum esse ab Antiocho Epiphane
cum templum spoliaret. Atqui cum uarij casus (inquit Iosephus) nostram ciuitatem uexauerint, &
Theos ac Pompeius magnus ac Licinius Crassus, & postremo Titus Cæsar ciuitatem ceperint, nihil huiusmodi illic inuenêre, sed purissimam pietatem. Antiochus uero pecuniarum inops, cum non
esset hostis, sed fœdere iunctus, socios & amicos nos aggressus est, nec aliquid in templo derisione di
gnum inuenit, ut multi & fide digni scriptores testantur, Polybius Megalopolitanus, Strabo Cappa
dox, Nicolaus Damascenus, Timagenes, Castor Chronographus & Apollodorus: qui omnes Antiochum pecunijs indigentem & fœdera uiolasse, & templum auro argentoq́ plenum spoliasse scribunt. Hæc Aegyptius Appion cōsyderare debuerat, nisi cor asini ipse potius habuisset, & impuden-
40 tiam canis, qui in Aegypto assolet coli, Hæc Iosephus. Meminit historiæ huius Nic. Leonicenus eti
am lib. 3. cap. 30. Plutarchus Symposiacorum lib. 4. problemate 5. Probabile uidetur (inquit) Iudęos
suem colere, utpote seminandi & arandi magistram, ut asinum quoq́ colunt, quod aquæ fontem eis
aperuerit. Huc facit Petri Criniti ex primo libro de honesta disciplina caput 9. Verba sunt (inquit)
Cornelij Taciti, quo loco historiā de Iudæorum origine & moribus scribit. Assensere Iudæi Mosi du
ci, atq́ omnium ignari fortuitum iter incipiunt: sed nihil æque quàm inopia aquæ fatigabat: Iamq́
haud procul exitio totis campis procubuerant, cum grex asinorum agrestium, è pastu rupem nemo
re opacam conscendit. Secutus Moses, coniectura herbidi soli, largas aquarum uenas aperit. Hic uul
gatissimi codices deprauati sunt: sed ita legendum esse constat ex Apologetico Tertulliani, ubi ille,
Refert (inquit) Tacitus Iudæos Aegypto expeditos, siue (ut putauit) extorres, uastis Arabiæ aquarū
50 locis egentissimos, cum siti macerarentur, onagris, qui forte de pastu potum petituri existimabantur, indicibus fontium usos, ob eamq́ gratiam consimilis bestiæ superficiem consecrasse. Sed hæc me
ra mendacia sunt. Nos in sacris legimus Geneseos 36. quòd Ana socer Esau dum pascit asinos patris
sui in deserto, inuenerit ימים iemim, mulos interpretantur rabini Saadias & Salomon, ut etiā Steuchus & Sanctes ex nostris. Hieronymus aquas calidas, secutus quorundam Iudæorum opinionem.
Sic enim scribit in Quæstionibus: Alij putant iamim maria appellata, & uolunt illum aquarum con-
gregationes reperisse, quæ iuxta idioma linguæ Hebraicæ maria nuncupantur. Et paulò post: Nonnulli putant aquas calidas iuxta Punicæ linguæ uiciniam, quæ Hebręæ contermina est, hoc uocabu
lo signari. Sunt qui arbitrentur onagros ab hoc admissos esse ad asinas, & ipsum istiusmodi reperisse concubitum: ut uelocissimi ex his asini nascerentur, qui uocantur iamim. Plerıq́ putant quod e-
60 quarum greges ab asinis in deserto ipse curauerit primus inscendi, ut mulorum inde noua contra
naturam animalia nascerentur. Aquila, Symmachus, Theodotion & LXX. uocem Ebraicam reliquerunt, quæ tamen à librarijs uitiata est, dū alij scribunt ἰαμείν, alij σιμείν. Chaldaica translatio habet

b 2

גבריא gibaraia, id est fortes. Arabica בגאל kegal: Persica Mar an astarta. R. Dauid Kimhi in libro Radicum mulos exponit, quem doctiores hodie sequuntur. Cæterum Romani ueteres pari causa & Christianos æque ac Iudæos asinarios uocarunt, obstinato uidelicet in Christi nomen odio, quem per ignominiam etiam Chrestum per e literã appellabant. Sed et figuris picturisq́ Christianis illudebant, quando infando etiam picturæ genere Deum nostrum sic depictum spectanti populo proposuerunt, ut is foret auribus asininis, pede altero inungulatus, librum gestans & togatus. Cui flagitio ut scelus adderent, tali titulo Christi effigiem dedecorarunt: Deus Christianorum ὀνόχηλος: qua in re uel ipse quidem Tertullianus ægrè à risu abstinuit, cum nomen ipsum & formam conspiceret, Hæc Crinitus. Non omittenda est hoc loco Simsonis historia, quæ in sacris Biblijs libro Iudicum cap. 15. proponitur. Simson uir apud Iudæos omnium fortissimus, cum in ipsum inermen Philistæi irruerent, maxilla asini arrepta quamuis iam marcida hostes mille prostrauit: inde cum nimia siti laboraret, proiecta maxilla, preces ad Deum fudit, & aquæ ex dente molari profluentis scaturiginem impetrauit. Sunt qui uocem Hebraicam המכתש hamactesch, non uerum dentem molarem, sed saxum dentis specie interpretentur, quod fuerit in loco illo tum recẽs à re gesta Lehi, id est maxilla, appellato. Notum est lapides quosdam molares uocitari, non solum qui iam in usu molæ sunt, sed quoniam illius sunt generis, ex quo præstantiores fiunt molares siue catilli, quos asinos etiam Græci nominant.

Andreæ Alciati Emblema in auaros.

Septitius populos inter ditissimus omnes, Arua senex nullus quo magis ampla tenet,
Defraudans geniumq́ suũ, mensasq́ paratas, Nil præter betas, duraq́ rapa uorat.
Cui similẽ dicã hunc, inopẽ quẽ copia reddit? An' ne asino? Sic est: instar hic eius habet.
Nanq́ asinus dorso pretiosa obsonia gestat, Seq́ rubo aut dura carice pauper alit.

Σεκούνδου, ὄνος λαλεῖ.

Τίπ]ε τ ὀγκηςὴν βραδύπτυν ὄνον ἄμμιγ᾽ ἐν ἵπποις, Γυρὸν ἀλωεινᾶις ἐξελάατε δρόμον;
Οὐχ ἅλις ὅττι μύλοιο περίδρομον ἄχθος ἀνάγκης, Σπειρηδὸν σκοτόεις κυκλοδίωκτος ἔχω,
Ἀλλ᾽ ἔτι καὶ πώλοισιν ἐρίζομεν; ἦ ῥ᾽ ἔτι λοιπὸν Ἦν μοι τὴν σκολιὴν αὐχένι γαῖαν ἀρῶν.

PROVERBIA.

Asinus Aegyptius, pro eo qui derisui sit omnibus, quemq́ omnes insectentur, conuellant, lacerẽt, Cælius Rhod. Asellam agas. Asinus alia portat, alia Lacon. Antronius asinus. Asinus inter apes, de ijs qui in mala inciderunt, Erasmus & Suidas. Sus sui pulcher, asinus asino. Asinus auis, Eras. & Suid. Asinus auriculas mouens, Erasmus & Suid. ἠλίθιός τε γὰρ ὑπερφυῶς ἦν, καὶ νωθὴς, ὄνῳ ἐμφερὴς μάλιστα, καὶ οἷος τῷ χαλινὸν ἕλκοντι πιθέσθαι, συχνὰ δὲ σειομένων τῶν ὤτων: Verba hæc apud Varinum ex authore innominato citantur. Auriculis demissis, prouerbiũ à iumentis ductum, cui aduersari uidetur illud, Auribus arrectis. Horatius Serm. 1. Demitto auriculas, ut iniquæ mẽtis asellus Quum grauius dorso subijt onus. Nos etiam aures illum demittere dicimus, qui spe sua frustratur, **Er laßt die oren hangen**. Asini aures, uide paulò inferius in Mida. Asinus balneatoris, in eos qui ex suis laboribus ipsi nihil fructus capiunt: sic Germani, **Ein karger reycher ists Salomons esel**. Ab asinis ad boues transcendere, est ex humiliore conditione ad ditiorum partes transire, apud Plautum in Aul. ut supra recitauimus. Asini homines pro stupidis & stolidis apud eundem in Pseud. Camelus uel scabiosa complurium asinorum gestat onera, Erasmus. Ἡ κάμηλος ψωριῶσα (aliâs καὶ ψωριῶσα) πολλῶν ὄνων ἀνατίθεται φορτία, εἰς ἀγλαΐην ἐν χθονὶ κατθεμένη, περὶ Λαΐδος ἑταίρας, Suidas & Varinus. De Laide meretrice dictum puto, quæ iam uetula speculum Veneri cõsecrauit, ut Alciatus Emblemate perquàm lepido expressit. Si uel asinus canem mordeat, litem mouebit. Canthelius, tardus ingenio, rudis, uel magnus asinus, Suidas. Κανθήλως, ὠμὸς, μωρός, Varinus: forte legendum, κανθήλιος ὄνος, μωρός. Asini caput ne laues nitro. Similia nobis sunt, **Es ist nit not das man die sauw schirt/man pfluckt oder sengt sy doch wol.** &, **Man sol die seck nitt mit seiden nehen.** Asini cauda. Asinus compluitur: Cephisodorus apud Suidam, Σκώπτεις μ᾽, ἐγὼ δὲ τοῖς λόγοις ὄνος ὕομαι: in eos qui maledictis nihil omnino cõmouerentur. Nam asinus ob cutis duritiem adeò pluuia nihil offenditur, ut uix etiam fustem sentiat. Huic affinia sunt apud nos, **Ich bin so nasß als ich werden mag:** &, **Wenn ich den rock schüttel/so fallet es alles ab.** Asinus Cumanus, uel apud Cumanos, ὄνος εἰς Κυμαίων, Erasmus & Tzetzes in uaria historia 4. 10. & 11. de rebus raris & inopinatis dicitur, Apostolius. Asinos non curo. Ab asino delapsus. Ab equis ad asinos. Equus ex asino. Asinus esuriens fustẽ negligit: Huic respõdet Germanicũ, **Hungerige fliegen oder mucken beissend scharpff.** Fabulam narrare surdo asello, Horatius 2. epist. Suidas etiã refert in prouerbio, ὄνος τὰ ὦτα κινῶν. Asinum sub frẽno currere doces, hoc est indocilẽ doces. Nam equus ad cursum idoneus, asinus ad equestrem cursum inutilis. Horatius, Infelix operam perdas, ut si quis asellum In campum doceat parentem currere freno. Vtere curru tuo de asinis nihil laborans, Ἀπονέμου τῆς σῆς ἁμάξης, τῶν δ᾽ ὄνων οὐδέν σοι μελέτω: hoc est, Cura res tuas hisq́ fruere, nihil inquirens de alienis. Nam cui plaustrum est domi, non opus habet deportandis oneribus asinos aliunde conducere. Asini lana, Ab asino lanam, & Asinum tondes, ὄνου πόκος uel πόκαι, ὄνον κείρειν, de inutili uel impossibili labore. Asinus in pelle leonis: Notus est Aesopi apologus. Asinus ad lyrã: ὄνος λύρας, scilicet ἀκροατής. ὄνος λύρας ἀκούων κινεῖ τὰ ὦτα: in imperitos & laude digna non approbantes, uel ea laudantes quæ non intelligunt, secundum illud, Asinus auriculas mouens. Apud Menandrũ sic effertur, ὄνος λύρας ἤκουε, καὶ σάλπιγγος ὗς. Pythagorei de animalibus solum asinum

asinum asserunt ad harmoniam non factum esse, proinde absurdam bestiam nullo sensu ad lyræ sonitum affici, Aelianus. Miretur sanè aliquis cum natura auriculas longiores illis addiderit animantibus, quas auditu præcellere oportebat, & sonos promptissime apprehendere, cur non eædem sonos simul argutius discernant: ceruus enim discernit & afficitur, asinus non item. An non tam ad cognitionem & uoluptatem aurita sunt animalia quædam, quàm ad corporis incolumitatem tuendam? præsertim cum timida ea omnia sint. Proinde in stupidum & ea quæ non intelligit se intelligere simulantem prouerbiũ hoc conuenient: πῶς γὰρ ἂν γένοιτο πάντα ἐγνωκέναι καὶ πρὸ τοῦ λαληθῆναι αὐτῷ, κἂν ὦτα μεγάλα ἔχῃ καθάπερ ὄνος; Suidas. Eiusdem argumenti sunt apud Suidam, Asinus ad tibiam, Asinus tubam audit, ὄνος πρὸς αὐλόν, ὄνος ἀκροᾶται σάλπιγγος. Malo asino uehitur, ἐπ' ὄνου πονηρᾶς ὀχούμενος, in eum cui res sunt parum secundæ; felices enim eximijs equis insidere gaudent: nec inscite iacietur in hominem parum feliciter coniugatum. Simile est illud Vuestphalorum, **He rytt eyn geck perdt.** Nos uulgo hominem ira temere commotum asino inequitare dicimus. Asini maxilla uel mandibula, ὄνου γνάθος, iocus in hominem uoracem apud Eupolidem. Eiusdẽ nominis Laconiæ promontorium est, quod stadijs ab Asopo ducentis distat, Pausania teste, à figura forsitan appellatũ. Midas auriculas asini, Suidas & Varinus in Midæ mentione: in stolidos & crassis auribus pinguiq́ iudicio homines: uel cõtra, qui aliquid eminus audiunt, quibus uulgo aures tenues esse dicimus: tyrannos præsertim, qui corycæos & auscultatores quasi oblongas aures habent, qua prouerbij figura longæ etiam regum manus dicuntur. Nullum aliud animal acrius asino audire ferũt, mure tantum excepto. Lucianus in libello cui titulus, non esse facile credendum delatoribus, Calumniæ depingens imaginem, Midæ aures illi tribuit. Argo poëtæ complures oculos attribuunt, quod homo solers ac perspicax & πολυπράγμων fuerit: sic auditioni præcipue intentum asini aures habere dictitamus. Midæ aures quomodo abierint in asininas Ouidius libro 11. Metamorphoseon graphice depingit. Asini mortes, ὄνου θανάτους, de ijs qui narrarent absurda ridiculaq́ dictu, ut Apuleius in Asino suo. Muli asinis quantum præstant. Asinus mysteria portans, ὄνος ἄγων μυστήρια, in eum qui præter dignitatem in munere quopiam uersatur: ut si quis ignarus literarum bibliothecæ præficiatur. Athenis olim res quibus ad peragenda sacra Eleusinia opus erat, asino impositæ deportabãtur. Huc pertinet apologus ille, quem Alciatus inter Emblemata uersibus illustrauit, sub titulo, Non tibi, sed religioni.

Isidis effigiem tardus gestabat asellus, Pando uerenda dorso habens mysteria.
Obuius ergo deam quisquis reuerenter adorat, Piasq́ genibus concipit flexis preces.
Ast asinus tantum præstari credit honorem Sibi, & intumescit admodum superbiens:
Donec eum flagris compescens dixit agaso, Non es deus tu (aselle) sed deum uehis.

In Mysia rari reperiuntur asini quibus recta sint ilia: inde nato adagio ut ὀσφὺν κατεαγώς, ἤγουν κατεαγώς, id est ile fractum habens, dicatur ex Mysia asellus, Cælius Rhod. Asino ossa das, cani paleas. Asinus in paleas, ὄνος εἰς ἄχυρα, in eos qui præter spem in bona quędam incidunt, ijsq́ fruuntur abunde. De asini prospectu, ὄνου παρακύψεως, in eos qui ridendo titulo quempiam calumniantur, aut de friuolis rebus aliquem in ius uocant. Prouerbij occasionem alij aliam referunt, ut Erasmus recenset, ego ne nimius sim, ad reliqua pergo. Rex aut asinus: id est uictor aut uictus: Tractum est adagium à sphæræ ludo, de quo supra diximus. Eodem sensu nostri quidam, **Er wil küng oder dräck sin.** Prouerbium olet quod scribit Horatius in Epistolis:

Qui male parentem in rupes protrusit asellum, Et merito: quis enim inuitũ seruare laboret?

Quadrabit in quosdam peruerso natos ingenio, qui cum ipsi non sapiant, nolint tamen bene consulentium monitis obtemperare. Asinus inter simias, ubi stolidus aliquis incidit in homines nasutos & contumeliosos. Simile habent Germani, **Ein eule vnder einem huffen kräyen.** Asinus stramen mauult quàm aurum. De asini umbra, περὶ ὄνου σκιᾶς: in illos qui temere quamuis ob causam sine fructu contendunt, quod nostri dicunt, **Vmb ein tubendräck haderen.** Ridiculam historiam ex qua ortum est prouerbium parœmiographi referunt. Archippus comœdiam scripsit titulo Vmbræ asini. Asinus in unguento, ὄνος ἐν μύρῳ, Erasmus & Suidas. ¶ Συνάγει ὄκνος τὴν θώμιγγα, Torquet piger funiculum, prouerbium apud Ionas celebratum, ut Pausanias scribit in Phocicis, cuius uerba paulò aliter quàm ab Erasmo translata subscribam. Ex Polygnoti picturis (inquit) hęc etiam est. Vir quidam (apud inferos) sedet, quem titulus Ocnon esse indicat. Factus est autem ad hunc modum, ut ipse funiculũ torqueat, astante asella, quæ quod tortum fuerit assidue abrodat. Hunc Ocnum aiunt hominem fuisse industrium operiq́ intentum, sed uxorem habuisse sumptuosam & prodigam, quæ omnia illius labore corrasa mox absumpserit. Cognitum autem est mihi etiam ab Ionibus dici solere, si quem conspexissent in re quapiam elaborantem, quæ nihil adferret emolumenti, Hic homo funiculum Ocni contorquet. Picturæ hoc genus Delphis consecratum fuit. Plinius inter Socratis pictoris argumenta, Et piger, inquit, qui appellatur Ocnos, spartum torquens quod asellus arrodit. Errat Varro qui desidem & ignauum hac pictura significari putauit, cum laboriosus potius & industrius, sed cui uxor prodiga sit, designetur, quamobrem asina, non asinus, in pictura est: quod Pausanias de industria annotauit, authores reliqui neglexerunt. Idem argumentum marmore cælatum, Romæ duobus uisitari locis, nẽpe in Capitolio & in hortis Vaticanis Hermolaus Barbarus testis est. Hoc interim admirandum, non solum cur Plinius, ut Erasmus putat, sed Pausanias etiam & alij, ipsum ho-

b 3

minem Ocnon, id est pigrum appellauerint potius quàm asinum, cui conuenit tum res ipsa nempe pigritia, tum nomen, cum onos & ocnos una tantum litera differant: & Propertius non Ocnon torquere funem, sed illum ipsi toqueri his uersibus confirmet: Dignior obliquo funem qui torqueat Ocno, Aeternusq; tuam pascat aselle famem. Plutarchus in libro de animi tranquillitate: ἀλλ' ὥσπερ ὁ ἐν ᾅδου ζωγραφούμενος σχοινοπλόκος, ὄνῳ τινὶ παρίησιν ἐπιβοσκομένῳ καταναλίσκειν τὸ πλεκόμενον, &c. Hoc est, Quemodmodum apud inferos depictus is qui funem torquet, permittit asino ut depascens absumat id quod tortum fuerit: ita plerique rudes obliuiosi & stupidi homines, nulla præteritorum ratione habita, futura semper expectant, & præsentia abolent. Hæc prolixius adiicio ut quæ Erasmus nec Græce recte legit, nec apte Latine reddidit, emendentur. Sunt qui ex hoc figmento (referente Suida, Erasmus enim præterijt) prouerbium ὄνου πόκαι de rebus nullo fine perficiendis interpretentur, ut πόκαι non ipsa asini uellera sint, sed funiculi quos abrodere & quasi tondere fingitur. Quinetiam prouerbium τὰ ἐν ᾅδου, id est, Quæ apud inferos, Aristophanis interpres ad eandem fabulã refert: quasi nõ in genere ad omnia pertineat, quæ de inferis poëtæ nugantur, ut omnia inania somnijsq; similia apte sic nominemus. Mihi sanè qui primi hæc confinxerunt, Cratinus & Aristophanes, ueterum poetarum & Homeri maxime fabulas imitati uidẽtur, qui alias quoq; apud inferos pœnas similiter perpetuas & infinitas celebrarunt, ut cribra Danaidum, Sisyphi saxum, & Tityi iecur, & in Caucaso Promethei: ut hic ipse perpetuus in torquendis funibus labor, pœna illius fuerit, qui uiuus uel in uxorem luxuriosam, uel in meretricem prodigus fuisset. Extat Alciati Emblema hoc titulo: Ocni effigies: De his qui meretricibus donant, quod in bonos usus uerti debeat.

Impiger haud cessat funem contexere sparto, Humidaq; artifici iungere fila manu.
Sed quantũ multis uix torquet strenuus horis, Protinus ignaui uentris asella uorat.
Fœmina iners animal, facili congesta marito Lucra rapit, mundum prodigit inq; suum.

Sed desino tandem Ocni funẽ torquere, si prius monuero ocnon etiã dici Græcis auem ex ardearum genere maximam & pulcherrimam, teste Pausania, quam Aristoteles stellarem uocat, & olim è seruo in auem transijsse fabulam narrari scribit, quoniam ut cognomen sonat iners otiosaq; sit. Empusa mutabilior, prouerbij loco ab Erasmo refertur. Aristophanes enim meminit in uarias eã formas mutari, ut bouis, muli, canis, & rursus mulieris formosæ. Interpres scribit spectrum quoddam esse quod ab Hecate soleat emitti uidendum miseris & calamitosis. Quidam existimant meridianis horis apparere solitum ijs qui parentant manibus. Fit autem in sacris etiam Psalmis mentio meridiani dæmonij. Sunt qui hanc ipsam Hecaten affirmant esse: narrant autem uno uideri pede, unde & nomen additũ putant ἔμπουσαν οἱονεὶ ἑνίποδα: Hæc Erasmus. In Etymologico legimus Empusam esse dictam παρὰ τὸ ἐμποδίζειν, ἢ ἀπὸ τοῦ τὸν ἕτερον πόδα χαλκοῦν ἔχειν, ἢ ὅτι ἀπὸ σκοτεινῶν τόπων ἐφαίνετο τοῖς μυουμένοις. ἐκαλεῖτο δ' αὕτη καὶ ὀνόπολη. Suidas habet sic dictam παρὰ τὸ ἑνὶ ποδίζειν ἤγουν τὸν ἕτερον πόδα χαλκοῦν ἔχειν: quæ lectio similiter in Etymologico restituenda est. Vocabatur etiam ὀνοκώλη ab asinino pede, quem βολίτινον uocant: βόλιτος enim proprie asinorum fimus est. Cæterum dæmones quosdam onoscelos dictos supra annotauimus. ¶Nunc Germanica quędam adagia, in quibus asini mentio fit subnectemus, & quæ eis respondent Latina, nulla tamen eiusdem animãtis mentione. **Ein esel heisset den anderen sacktrager**, id est, Asinus asinum saccigerulum uocat: quo sensu illud usurpatur, Loripedem rectus deridet. **Disteln sind des esels salat kreüter**/id est, Cardui asino acetarij loco sunt: cui conuenit, Similes habent labra lactucas. **Vil seck sind des esels todt**/id est, Multi sacci asinum opprimũt uel enecant: Huiusmodi est, Cedendum multitudini. **Man rüfft den esel nit zů hofe/er sol dann secke tragen**, id est, Asinus non uocatur ad aulam nisi pro saccis portandis: Latini similiter monent, Porrò à Ioue atq; fulmine. **Wenn dem esel zů wol ist/so geht er auff das eyß tantzen/vnd bricht ein bein entzwey**, id est, Cum asinus lasciuit, in glaciem saltaturus progreditur, & crus perfringit. Eiusdem argumẽti est illud, Viro Lydo negotium non erat, sed ipse egressus emit.

DE HINNO, INNO, ET GINNO.

HINNVS, innus, & ginnus, animalia nobis per Germaniam ignota sunt (nisi, quis uiles & paruos asellos etiam sic nominare uelit, uteri uitio nanos) quanquam ne aliarum quidem gentium nomina præter Græca reperio, à quibus Latini quoq; mutuati sunt. Nam Itali qui nanos & bastardos asinos uocant, circumloquuntur. Qui ex equo & asina concepti generantur, quamuis à patre nomẽ traxerint quod hinni uocãtur, matri per omnia magis similes sunt, Columel. Equo & asina genitos mares, hinnulos antiqui uocabant: cõtraq; mulos quos asini & equæ generarent, Plin. Hinnulus, fœtura capreolorũ, caprarum, damarũ, leporum, similiumq;: itẽ ex equo & asina genitus, Idem. Inulos accipiunt nõnulli ceruinos pullos: hinnos aũt & hinnulos cũ flatili ac duplici cõsonante, ex asina cõceptos mares equi seminio, Cælius Rhod. Muli & hinni bigeneri atq; insitij, nõ suopte genere ab radicibus: ex equa enim & asino, fit mulus: cõtrà ex equo & asina hinnus, uterq; eorũ ad usum utilis, partu, fructu, uentre. Et paulò post: Hinnus minor est quàm mulus corpore, plerunq; rubicundior, auribus ut equi, iubam & caudã similem asini habet. Item in uentre est, ut equus, menses duodecim. Hosce itẽ ut equulos & educant & alunt, & ætatẽ eorũ ex dentibus cognoscunt, Varro. Himus, hima, & himulus, & himula uocãtur, qui ex equo & asina nascunt, quos quidã burdones appellant, Perot. Ego in quatuor his dictionibus librariorum culpa factũ puto, ut m pro dupli-

duplici n legatur. Burdo autem dictus uidetur ἀπὸ τῶν φόρτων, id est, oneribus: nam & Græce apud quosdam recentiores ὁ φόρτων legitur: uel quod bardum, id est stupidum & fatuum sit animal: aut forsan ab Hebraica uoce pered quæ mulum significat, ut pirdah mulam. Sunt enim hinni etiam muli quidam, cum ἡμίονοι, id est, ex altero parente asini sint. Latini grammatici hominem bardum dici putant à Græco βραδὺς, qui tardus ingenio sit. Manni seu mannuli equi dicebantur, haud ita magni, ac præmites, uulgus (uti scribit Porphyrio) burdos uocabat: Burdones dici uidentur quoque ab Iureconsulto, Digestorum tricesimosecundo, ac De legatis tertio, Cælius Rhodig. Peculiare quoddã mulorum genus in Gallia circa Gratianopolin haberi audire aliquando memini, quod ex asina & tauro natum uernacula lingua iumar appellant. In Heluetiæ alpibus supra Curiam ad pagũ Spelugam ex equa & tauro natum equum ex uiris fide dignis accepi. Hoc tempore in aula regis Galliarũ animal nutriri aiunt ab anteriore parte asini, posteriore ouis specie. Sed præter institutum est bigenera hic omnia persequi. Ferrariæ in aula principis inter peregrina animalia aselli etiam pumili aluntur. De mulis pomilijs Martialis distichon extat:

His tibi de mulis non est metuenda ruina, Altius in terra penè sedere soles.

¶ Mulus cum equa coniunctus innum procreauit: post deinde superuenire nõ solet, Aristoteles interprete Gaza: Græci codices γίννον habent cum gamma & hic, & mox de equo nano. Plinius 8.44. hæc ita reddit: In plurium Græcorum est monumentis, cum equa muli coitu natum, quem uocauerint hinum, id est paruum mulum. Hinum scribit per n simplex. Prodeunt quos ginnos uocant ex equa, cum in gerendo utero ægrotauit, more pumilionum in ordine hominum, aut porcorum quos posthumos uocant: & quidem ut pumilio, sic ginnus modum suo genitali excedit. Aristot. 6.24. historiæ animalium. Et alibi in libris de partibus animalium: Ex equo & asino ginni proueniunt, cum conceptus in utero ægrotauit. Aliqui non ginnum sed ἴννον scribunt pro manno uel equo pumilo. Ginni apud Aristotelem deminuta forma equi dicuntur: quos & gygenios ab Strabone nuncupari, putant nonnulli: quanquam & mulorũ genus sic in Liguria uocetur, Cælius Rhod. ἶνις apud Græcos filiũ uel nepotẽ significat: & fieri potest ut ab hac uoce iumenta nana quæuis Græce ἴννοι & γίννοι dicantur, quod pullorum magnitudinem nunquã excedant: & apud Latinos hinni & hinnuli, & forte ginni quoque. Quanquam apud eos complurium quadrupedum fœtus, similiter, ut supra diximus, sic appellentur. Etymologiam literatores afferunt quod hinniant & uocem reddant equinę similem, quam ego nõ probo: neque enim in ceruis & leporibus, & alijs huiusmodi talem percipimus uocem: & Græcæ magis quàm Latinæ originis uocabulum apparet. Vt mulus sic & burdo sterilis est. Hic equum magis refert, & uocem edit equi: ille asinum, Albertus Mag.

DE ONAGRO SIVE ASINO SYLVESTRI.

ONAGRVS apud Varronem, imitatione Greca, ὄναγρος: Latinis usitatius onager dicitur, asinus est ferus aut syluestris: regionibus nostris ignotus, dici tamen potest uernacula lingua ein Waldesel. Historiæ Iob capite 6. פרא pere exponunt onagrũ Latini & Grȩci: item Hieremiæ cap. 14. Pered uero in eadem lingua mulus est. Prophetæ Oseæ cap. 8. legitur פרא בודד לו, pere bored lo, Latini transferunt Onager solitarius apud se. Septuaginta omnino nullum hic animal nominant. Varinus meminit Cyrillum in huius prophetæ interpretatione μονιὸν asinum exponere: alios uero magnam belluam, quæ ob ferocitatem sola pascatur. Μονιὸς alioqui aprum solitarium significat. Ego hanc uocem in translatione LXX. interpretum siue uulgata Græca non reperio: si in aliqua alia reperitur, ad hunc omnino locum capitis 8. pertinere puto. Non cõuenit autem onagrum gregarium animal solitarium uocari: nisi quis ita accipiat, quod licet gregatim in solitudine tamen degat. Et fortè diuersa onagri genera sunt. Ego præter hoc genus monocerotem onagrum legi, de quo paulò post dicemus. Dictio פרא pere, ponitur etiam adiectiue pro syluestri, ut פרא אדם pere adam, id est syluestris homo, Geneseos cap. 6. זיז שדי, ziz schadai, Psalmo 80. Græcus interpres transtulit μονιὸς ἄγριος. Chaldæus tharnegul, id est gallus syluestris. Ebræorum alij auem omniũ maximam interpretantur, alij ferarum omnium commune nomen. יחמור, iachmur Deut. 14. animal est simile magnæ capræ, teste R. Iona, cui etiam apud Arabes nomen idem. Chaldaica translatio habet iachmura, Persica kutz cohi. Septuaginta & Iosephus, bubalus. Est autem bubalus etiam de caprearum genere. Sunt ex nostris qui suspicentur asinum ferũ significari. ערוד arod cõstanter omnes onagrum uertunt: & ערא ere etiam Iob 39. De uoce iemim, quam in Genesi quidam mulos ex onagris & asinabus natos interpretantur, supra diximus. מרודא meroda & ערדא arda quoque à Seb. Munstero onagri nomine redduntur. Martialis libro 3.

Dum tener est onager, solaque lalisio matre Pascitur, hoc infans, sed breue nomen habet.

Nostra memoria rex Saracenorum, qui apud Tunim in Africa imperitat, Ferdinando regi Neapolitano asinum ingentem, forma conspicua ac uaria dono misit, Raph. Volaterranus. Onagri in Phrygia & Lycaonia præcipui sunt, sed pullis eorum tanquam sapore præstantibus Africa gloriatur: hos lalisiones appellant, Plin. Onagrorum in Phrygia & Lycaonia sunt greges multi, Varro. Angermanniæ ducatus, tenet septentrionalia ad confinia Laponiæ: eius tractus est totus syluosus, & ibi in præcipuis feris uenantur uros & bisontes, quos patria lingua dicunt elg, id est asinos syluestres, Iacobus Zieglerus in Schondia. Alces feras quosdam inepte onagros interpretari reprehensum est supra.

b 4

Fuerunt sub Gordiano Romæ præter alias feras onagri uiginti: & triginta in Sylua Gordiani primi (depicti tantum puto) Iulius Capitolinus. Asinorum greges ferorum Asia fert & Africa, Plin. In Lycia onagri non transeunt montem qui Cappadociam à Lycia diuidit. Amant locos excelsos & rupes. Hiere. 14. Onagri (peraim Heb.) steterunt in locis excelsis, & attraxerunt auram sicut dracones, defecerunt oculi eorum quod non esset herba. Septuaginta uertunt, ὄναγροι ἔστησαν ἐπὶ νάπας. Hinc sumpta occasione obscuri quidam authores onagrum beneficio uentorum absque aquis uiuere scribunt, tanquam propheta per naturam id ipsum facere dicat, non potius necessitate & inopia aquæ: hoc enim multis animalibus per sitim commune est, ut ore hiante frigidum captent aerem. Isidorus & Iorath quidam scribunt onagrum æquinoctio uerno, uel 25. die Martij, per singulas noctis & diei horas semel rugire, & inde æquinoctium cognosci: item terram pedibus terere & fodere, atque inde ad sitim & fugam prouocari. Apparet autem istos orygem uel cynocephalum pro onagro somniare. Errant & alij recentiores qui scribunt domari non posse hoc animal, & hominum consuetudinem ei intolerabilem esse. Nam, ut M. Varro testatur, onagrus ad seminationem idoneus est, quod è fero fit mansuetus facile, & è mansueto ferus nunquam. Sed illi forsan Indicum & unicornē onagrum cum uulgari confundunt. Epitheta onagri reperiuntur asininus, timidus (Verg. lib. 3. Georg. ubi canes alendos consulit, Sæpe etiam cursu timidos agitabis onagros) & segnis. At fide digni authores, minimè segnem, sed uelocissimum faciunt: ut claret his Oppiani uersibus, quos libentius propter alia etiam epitheta adscribo,

> Ἑξείης γνάμπτωμεν ἐΰσφυρον, ἠερόεντα,
> Ὅς τε πέλει φαιδρός, δέμας ἄρκιος, εὐρὺς ἰδέσθαι,
> Κραιπνόν, ἀελλοπόδην, κρατερώνυχον, αἰπὺν ὄναγρον,
> Ἀργύρεος χροιήν, δολιχούατος, ὀξύτατος θεῖν.

In his carminibus attribuuntur ei ungulæ bonæ & robustæ, uelocitas uento comparanda, corpus satis amplum, latum, & pulchrum aspectu, aures longæ, color argenti: ego cinereum splendidum intelligo, ut ἠερόεντα eodem pertineat: nisi quis ita accipiat ut Vergilij aeripedem ceruam, quod minus probo: neq; enim quenquā hoc sensu usurpasse memini. Grāmatici apud Græcos poetas aereū exponunt obscurum, nigrum, nebulosum. Nebulæ color utpote cinereus asino conuenit: uidetur autem idem asini & onagri color esse, ut conijcio ex Polluce, cuius hæc uerba sunt, Κίλλον color est uestium, quem nunc onagrium uocant. Dores enim asinum cillon uocant. Quod autem onager non totus sit albus, quamuis ἀργύρεος χροιήν à poeta dictus, apparet ex sequentibus, Ταινίη δὲ μέλαινα μέσσην ῥάχιν ἀμφιβέβηκε Χιονέης ἑκάτερθε ποδηγομένη στεφάνησι, id est, uitta nigra medium occupat dorsum, quam ambiunt lineæ utrinq; niueæ. Nam si totum corpus album esset dorso excepto, frustra candidæ illæ lineæ memorarentur. Magnus tamen ille & unicornis Indicus onager, ut Philes testatur, toto corpore albet, capite tantum rubet. Sed adijciam reliqua etiam ex Oppiano, ita ferè ut à Petro Gyllio Latine expressa sunt. Onagri pastu aluntur herbarum, quas abunde fundit terra, fortibus feris opima præda sæpe fiunt, magna fœminarum multitudine gaudent, quoquò maritus ducit, fœminæ sequuntur, siue is ad pastiones, siue ad fontes proficiscitur, atq; ad uesperam unà cum ipso ad domesticam sedem redeunt. Ex æmulatione & riualitate tantopere laborat, ut sui pulli de matre sint ei suspecti. Itaq; fœminæ parienti proximus assidēs, partum expectat, ac si fœmina editur, amat partum, & lambens ipsum lingua conformat: Sin autem editum marem uidet, tum sanè animo incitatur, & ex ægritudine laborare incipit, quòd alter mas natus sit, qui matre aliquando potiri possit. quamobrem furenti animo & prompto pullorum testiculos aggreditur abscindere: Mater etsi pariendi doloribus debilitata, suo tamen infelici filio cōtra patrem auxiliari molitur: & quemadmodum in bello cum hostes filio interfecto matrem retrahunt, quæ gnatum adhuc cæde palpitātem amplexa magno gemitu plorat, genasq; lacerans infra mamillas sanguinem effundit: Sic illa uidens pullum uicinum ad moriendum, miserabiliter lamentatur, & lugenti persimilis est. Diceres miseram suum partum circumeuntem suaui & supplici locutione dicere: Marite, cur tuus aspectus tam truculētus? Cur oculi tui, qui ante lucidi essent, sanguinei apparent? An'ne Medusæ faciem uides, quæ homines in saxa conuertit? an immanis draconis uirulentum fœtum? an leænæ catulum montiuagæ? Itá ne filium communi susceptum uoto castrabis? O me miseram quæ partū edidi infelicem ob scelus paternum. O filium hoc miseriorem, quod non unguibus leonum, sed plus quàm hostilibus patris dentibus ob riualem inuidiam castraris. Post hæc elegantissima est epiphonesis poetæ in æmulationis & zelotypiæ uim, cuius partem quin subscribam temperare mihi non possum:

> Ζεῦ πάτερ ὅσσον ἔφυ ζήλοιο πανάγριον ἦτορ.
> Θῆκας ἄναξ, δῶκας δὲ πυρὸς δριμεῖαν ὀρωήν.
> Οὐ παῖδας τήρησε φίλους γλυκεροῖσι τοκεῦσιν,
> Ὁππόταν ἀργαλέος τε καὶ ἄσπετος ἀντιβολήσῃ.
> Κεῖνον καὶ φύσιος κρατερώτερον εἰσοράασθαι
> Δεξιτερῇ δὲ φορεῖν ἀδαμάντινον ὤπασας ἄορ.
> Οὐχ ἑτάρους, παῖς τι μολών, οὐκ οἶδεν ὁμαίμους,

Sitis impatientem esse hanc feram, constat ex Psalmo C I I I I. Dominus, inquit psaltes, fontes immittit fluuijs, ut inter montes prætermeent: bibūt inde animalia cuncta, & sitim suam extinguunt פראים peraim, id est onagri. Nam cum in regionibus calidis siccisq; tantum reperiatur, & ob timiditatem subinde locum mutet magna cum celeritate, præsertim cum natura corpore sicco sit, asinini nempe temperamenti (sunt enim syluestria eadem qua urbana temperie, sed sicciora ferè calidioraq;) necesse est sæpe sitim pati. Videndum est tamen ne oryx, quem physiologi ueteres & boni authores perpetua siti ardere scribunt, non item onagrum, à recentioribus & imperitis cum onagro hac in re confundatur. Vtrunq; sanè Africæ siticulosæ regionis penis peculiare animal est, sed magis oryx. Metuit & fugit feras omnes carniuoras, ideoq;, ut pleraq; timida, uelocitate ualet. Venatio leonis onager in solitudine, & pascua diuitum pauperes, Sirach cap. 13. & Oppianus, κρατεροῖς ἀγαθὴ βόσις ἔπλετο θηρσί. Addunt recentiores aquam purissimã tantum ab onagro bibi, nec facile aliam: & cum urgetur à canibus, excrementũ alui odoratum reddere, circa quod illis detentis ipsum effugere: Fœminam nimis libidinosam esse, eoq; nomine mari sæpe molestam: Mares libidine accensos, si fœminæ desint, montes scandere, uentum naribus haurire, & uoce terribili rugire: Cor onagri pinguissimum esse: Feram ipsam quanto magis capta mansuescit, tanto efferatiorem esse antequam capiatur. Sed horum omnium grauem authorem habeo neminem: nisi quod Plinius testatur fœminas gaudere copia libidinis. In hoc genere singuli imperitant gregibus fœminarum. Aemulos libidinis suæ metuunt. Inde est quod grauidas suas seruant, ut in editis maribus, si qua facultas fuerit, generandi spem morsu detruncent: quod cauentes fœminæ, in secessibus partus occulunt, & parere furto cupiunt, Solinus & Plinius. Asini feri gregatim pascunt: qui uenantur eos, equites persequuntur, ac defessos tandem anhelosq;, & plurimo puluere excitato impeditos, partim iaculis conficiunt, partim uiuos capiunt & catenis uinciunt: partim nimia persecutione perculsos attonitosq; equis alligant, quos illi præcurrentes sequuntur, Pollux. Martialis libro 11.

Pulcher adest onager, mitti uenatio debet, Dentis Erythræi iam remouete sinus.

Aelianus scribit onagros in Mauritania cursu pernices esse, citoq; desistentes & anhelos à uenatoribus capi, Raph. Volaterranus. Generantur ex equa & onagris mansuefactis mulæ ueloces in cursu, duricia eximia pedum, uerum strigoso corpore, indomito animo, sed generoso, Plinius 8. 44. Hi fortè sunt muli quos Aristoteles Syriæ peculiares scribit, celeritate præstantes, nec steriles ut proprie dicti muli: quibus tamen commune nomen sortiti sunt propter formæ similitudinem: ut asini feri urbanorum nomen accepere, quibus tamen longe præstant celeritate. Onagro & asina genitus mulus omnes antecellit, Plin. ¶ Pullos asinorum epulari Mecœnas instituit, multum eo tempore prælatos onagris: post eum interijt autoritas saporis, Plin. Galenus libro 3. de alimentorum facultatibus, Ceruina caro, inquit, non minus quàm bubula & ouilla, succum uitiosum generat ac cõcoctu difficilem: His syluestrium asinorum, bono habitu præditorũ ac iuuenum, caro est propinqua. ¶ Plinius cum ex asinino lacte & ossibus remedia contra uenena quædam recensuisset: omnia eadem onagris efficaciora esse subiungit. Ad panos & apostemata in quacunq; parte præcipuum remedium traditur in calculo onagri: quem dicitur cum interficiatur reddere, urinam liquidiore initio, sed in terra spissantem se. Hic adalligatus femini, omnes impetus discutit, omniq; suppuratione liberat. Est autem rarus inuentu, nec ex omni onagro, sed celebri remedio, Plinius 28. 15. Fel eius extirpat morum, & super abscessuum uestigia utiliter illinitur: Admiscetur etiam emplastris contra ignes sacros, quos curare dicitur: priuatim ad elephantiasin & uarices adhibetur: Adeps cum oleo costino cõmendatur ad renum & dorsi dolorem, quem crassi flatus produxerint: illinitur quoq; ad panos salubriter, Auicenna. Caro contra dolorem spinæ dorsi & coxendicum iuuat, Rasis. Caro dorsi asini syluestris cum oleo cataplasmatis instar articulis dolentibus applicatur, Auicenna. Vrina eius lapidem in uesica frangit, Galeno teste, ut Auicenna citat. Vngulæ crematæ cinis comitialibus prodest: idẽ oleo admixtus strumas dissoluit, & alopeciam emendat si cataplasmatis instar adhibeatur, Vincentius Bell. Medulla inuncta, podagras curat, & dolorem extinguit: Fimum uitello oui permixtum fronti illinitur, ut sanguis erumpens sistatur: Idem crispat capillos cum felle bouino inunctum: Aridum cum uino haustũ contra scorpionis ictum maxime celebratur, Rasis. ¶ ὄζαι uocantur pelles onagrorum, Suid. Asini feri magnitudine Leucrocuta est, Plin. alij codices non feri, sed ferè habent. Fabulam apud Corn. Tacitum Iudæos onagris indicibus fontium usos cum in desertis Arabiæ siti macerarentur, in Philologia de asino supra retulimus. Onagrum fabulam inscripsit Demophilus, quam Plautus transtulit Asinariæ nomine, ut supra diximus. Onagri item machinæ sunt quæ & harpages uocantur, quibus iniectis accedentes quosuis arripere & attrahere licebat, Suidas. Harpagem alioqui uocant & λύκον & κρεάγραν, instrumentum coquinarium, quod quidam fuscinam interpretantur. Ἅρπαξ uel ἁρπάγη paroxytonum, Latinè harpago instrumentum est quo situlas & alia è puteis extrahimus: item quod nauibus in bello naiuali inijcitur, sicut coruus & manus ferrea. Licebit & uncum à figura nominare. Vegetius 4. 23. lupum instrumentum quoddam describit in modum forficis dentatum, quo contra arietes in oppugnationibus oppidani funibus alligato utantur. Onagri nomen, sicut & creagræ & podagræ pedicæ, ἀπὸ τοῦ ἀγρεύειν inditum apparet, quod uerbum comprehendere significat. Quamuis ὄνος etiam uectem sonat, non quemuis tamen, sed quo machinæ uersantur: & fieri potest ut improprie pertica etiam cui uncus inseritur ὄναγρος nuncupetur, quasi ὄνος ἀγρεύων, id est uectis ad comprehendendum aptus: sed nostra hæc coniectura sit. Nos huiusmodi onagros certis locis per ciuitatem publice expositos habemus, ut cum incendiorum calamitas postulauerit, omnibus ad manum sint. Nunc de alio eiusdem nominis instrumento dicendum. Flauius Vegetius libro 4. de re militari capite 22. post descriptionem balistæ, quæ funibus, neruis, chordisq; tenditur, & quanto maior fuerit, tanto spicula longius mittit: Onager autem, inquit, dirigit lapides: sed pro neruorum crassitudine & magnitudine, saxorum pondera iaculatur. Nam quanto amplior fuerit, tanto maiora saxa fulminis more contorquet. His duobus generibus nulla tormentorum species uehementior inuenitur. Saxis enim grauioribus per onagrum destinatis, nõ solum equi eliduntur & homines, sed etiam hostium machinamenta franguntur. Cæterum ſcorpiones dicebantur, quas nunc manubaliſtas uocant, ideo ſic nuncupati, quod paruis ſubtilibusq́ʒ ſpiculis inferant mortem, Hæc Vegetius. Ammianus Marcellinus libro 23. diligentiſſime hæc & alia bellica inſtrumenta deſcribit: onagrum tamen à ſcorpione non diſtinguit. Idem enim inſtrumentum, tormentum (inquit) appellatur, quod ex eo omnis explicatio torquetur: ſcorpio autem, quoniam aculeum deſuper habet erectum: cui etiam onagri uocabulũ indidit ætas nouella, ea re, quod aſini feri cum uenatibus agitantur, ita eminus lapides poſt terga calcitrando emittunt, ut perforent pectora ſequentiũ, aut perfractis oſſibus capita ipſa diſplodant, Hæc Marcellinus: Formam qui quærit ex ipſo petat: ego hoc tantum adferam ſummitati eius uncos ferreos copulari, è quibus pendet ſtupea uel ferrea funda: & quoniam uncos, ut ex Suida docuimus, onagros aliqui uocant, inde aliquis potius quàm à lapidum reiectione nomen inſtrumento factũ coniecerit. ὀναγρὸς oxytonũ, pro aſinario exponitur: & ὀναγρόβοτα, loca paſcendis aſinis apta.

DE ASINIS SCYTHICIS, ET AFRICANIS.

IN SCYTHIA aſini cornibus præditi naſcuntur, quorum cornua Arcadiæ fluminis Stygis aquam continent, quæ tranſmittit uaſa omnia, etiam ſi ſint ex ferro. Hæc cornua à Sopatro apportata fuiſſe aiunt Alexandro Macedoni, & illum admiratum miſiſſe Delphos, ut dedicarentur Pythiæ, Aelianus. Vide ſupra in B. de aſino. Proprie dictos aſinos ſupra ex Ariſtotele in Scythia reperiri negauimus. Apud Afros, qui Aratores cognominantur, aſinos cornutos reperiri, Herodotus author eſt libro 4.

DE ASINIS, VEL ONAGRIS POTIVS, INDICIS.

SYLVESTRES aſinos equis magnitudine non inferiores apud Indos naſci accepi, eosq́ʒ reliquo corpore albos, capite uero purpureo, oculisq́ʒ nigris (cæruleis uertit Raph. Volat.) eſſe, cornuq́ʒ in fronte gerere unicum: (Volaterranus addit ſeſquicubitale) cuius ſuperius puniceum, inferius autem album, medium uero nigrum ſit: atq́ʒ nõ omnes quidem Indos, ſed potentiores, cum tanquam armillis quibuſdam brachia, ſic cornua auro, certis ſpatijs ornarunt, ex his ipſis bibere ſolere. Ex hoc cornu bibentem ab inſanabilibus morbis tutum fieri, neque eum ipſum cõuulſionibus corripi, necq́ʒ ſacro morbo tentari, necq́ʒ uenenis ullis ferunt. Quinetiam ſi quid prius peſtilens biberit, tum id euomere, tumq́ʒ ad ſanitatem redire. Cum autem cæteri aſini, quibuſcunq́ʒ in terris ſint, tam domeſtici, quàm ſylueſtres, tum ſolipeda animalia, non talos habeant, aſinos Indicos cornigeros Cteſias inquit, talis primum, ijsq́ʒ nigris, præditos eſſe. Deinde ſi quis eos confregerit, interiora quoque nigra deprehenſurum eſſe: necq́ʒ modo corporis uelocitate longe multumq́ʒ cæteros aſinos ſuperare, ſed & uelocitate eadem multo equis & elephantis præſtare. Cum autem in uiam ſe dederunt, tardius primo ingrediuntur, deinde paulatim tantum confirmantur ad contendendum iter, eos quidem ut ſequi operoſum ſit, eorum uero curſum tranſcurrere nulli concedatur. Poſtea autem quàm fœminæ pepererunt, patres circum pullos à partu recentes ſumma cuſtodia uerſantur, eorũq́ʒ commorationes locis Indiæ deſertiſſimis ſunt. Cum à uenatoribus Indis inuaduntur, pullos ſuos adhuc ætate infirmos à tergo ſuo paſcentes habent, atq́ʒ pro eis propugnant: contra equites audent uenire, eosq́ʒ ferire. Tanto ſanè hi robore exiſtunt, nihil eis ut obſiſtere queat, quin ſtatim & concidat, & perdatur, equorumq́ʒ incurſu latera diſcerpunt, ac lacerant, & uiſcera diſrumpunt: ex quo fit, ut ad eos equi appropinquare ualde metuant, appropinquatio enim capitalem utriſq́ʒ mulctam miſerabiliter infert. Ex eo nancq́ʒ cõflictu non equi modò, ſed & aſini pereũt: pergrauiter calcibus pugnant: eorum morſus eatenus acerbiores exiſtunt, ut quicquid comprehenderint, funditus diripiant: ex his uero qui ſunt confirmata ætate incomprehenſibiles ſunt. Carnes eorum quod amariſſimæ ſint, haudquaquam eſculentæ: Hæc Aelianus Petro Gyllio interprete. Raph. Volaterranus male tranſtulit hanc feram felle carere: & potionem ex hoc poculo ad ignem ſacrum conferre. Nam & fellis ueſicam habet, & potio illa contra morbum ſacrum, id eſt, comitialem, non ignem ſacrum prædicatur: ut in Græco Philæ codice legimus: à quo ſimiliter, ut Aeliano, ſed breuius deſcribitur: ὄναγρος ἡμῖν ἐστί φησί τις μέγας. Facit autem ille Indorum regem ex cratêre de huius animalis cornu confecto bibentem, quem ſplendidum (δῖαυγῆ) & cubitalem eſſe dicit: Feram ipſam inter ſolipedes ſolam & talum & bilis ueſicam habere. Aſinus Indicus licet ſolipes corniger tamen eſt, ſed ſingulare cornu gerit, & ſolus in ſolipedum genere talum poſſidet, Ariſtoteles, & Plinius. Cornigera ferè biſulca. Solida ungula & bicorne nullum: Vnicorne aſinus tantum Indicus. Vnicorne biſulcum, oryx. Talos aſinus Indicus unus ſolidipedum habet, Plinius: & alibi, Cornua ſolidipedum nulli, excepto aſino Indico qui uno armatus eſt cornu. Recentiores quidam obſcuri, onagrum Indicum, magnam & crudelem feram deſcribunt, cornu unico, duro, acuto & longo: Robur ei tantum eſſe, ut ingentia ſaxa de rupibus euellat, idq́ʒ tantũ uim ſuam experiundi gratia. Monoceros alius eſt ſimpliciter dictus, quem Indi Cartazonũ uocant, niſi authores errauerint, quod in rebus adeò peregrinis facile fit: alius item rhinoceros, quem ſæpe cum monocerote quidam confundunt: alius deniq́ʒ oryx, omnes unicornes. Cornu quod tanto pretio hodie contra morbos quoſdam & uenena celebratur, plærique hodie rhinocerotis eſſe aiunt, alij monocerotis ſimpliciter: Aelianus & illũ ſecutus Philes, ſcriptores Græci, non alterius unicornis quàm aſini Indici, ut diximus, dotibus iſtis prędicant: in hiſtorijs ſanè horũ trium, aſini

asini Indici, monocerotis, & rhinocerotis, plurima communia reperio: pauca diuersa: ut suspicetur aliquis duo tantum diuersa animalia esse, unum rhinocerotem, & aliud monoceros ex media fronte, quod alij aliter nominauerint, & cum rhinocerote imperiti quidam confuderint. Plura uide infra in Monocerote. Magnus Indorum rex quotannis diem unum proponit, tum hominum tum bestiarum certaminibus: committuntur autem pugnaturæ inter se bestiæ, feri tauri, arietes mansueti, asini uno armati cornu, hyænæ, postremo elephanti, Aelianus.

DE ONOCENTAVRO.

ONOCENTAVRVM quisquis uidit, non incredibile ducet, quod fama peruagatũ est, Centauros fuisse, neq; fictores atq; pictores in eorum descriptione errasse. Verum siue reuera fuerint, siue omni cera flexibilior, & ad fingendum habilior, fama illos finxerit, prætereo. Quæ uero de onocentauro fama accepi, hæc sunt. Eum homini ore & promissa barba similem esse, simul & collum, & pectus, humanam speciem gerere: mammas distantes tanquam mulieris ex pectore pendere: humeros, brachia, digitos, humanam figuram habere: dorsum, uentrem, latera, posteriores pedes, asino persimiles: & quemadmodum asinum, sic cinereo colore esse: imum uentrem leuiter exalbescere: duplicem usum ei manus præstare: nam celeritate ubi sit opus eæ manus præcurrunt ante posteriores pedes: ex quo fit ut non cæterorum quadrupedum cursu superetur: Ac ubi rursus habet necesse, uel cibum capere, uel aliud quiddam tollere, qui antea pedes essent, manus efficiuntur: tumq; non graditur, sed in sessione quiescit. Animal est graui animi acerbitate, nam si capiatur, non ferens seruitutem, libertatis desyderio ab omni cibo abhorret, & fame sibi mortẽ consciscit, licet pullus adhuc fuerit. Hæc de onocentauro Pythagoram narrare testatur Crates ex Mysio Pergamo profectus, Aelianus & Philes. Raph. Volaterranus scribit quod anticam corporis partem similẽ humanæ habeat, posticam asininæ, colore sit albo, idq; ex Aeliano se transtulisse: ex quo nos iam interprete P. Gyllio cinereum colorem ei tribuimus, imo uentri tantummodo albicantem. Ignobiles quidam authores onocentaurum aiunt monstrosum animal esse, quod non cum cæteris ab initio creatum, sed postea temere ex adulterina commixtione prognatum sit: uocem articulatam aliquatenus sonare, non tamen humanam: in persecutores ligna uel lapides reijcere: sed nihil horum authoritate muniunt. Lapidum certe reiectio onagris conuenit, ut supra docuimus. ὀνοκένταυροι, apud Aquilam trichiones, id est, pilosi dicti, dæmones quidam corporei, superficie obscura, σέιρ quidã ex Hebraica uoce transtulerunt, Varinus. Esaiæ capite 34. Hebraica uerba ופגשו עיים את איים ושעיר על רעהו יקרא אך שם הרגיעה לילית Seb. Munsterus reddit, Occurrent sibi (bestiæ) syluestres & insulares, & satyrus uociferabitur ad socium suum: quin & lamia ibi quiescet. Vulgata translatio, Et occurrent dæmonia onocentauris, & pilosus clamabit alter ad alterum: ibi cubauit lamia. Septuaginta, καὶ συναντήσουσι δαιμόνια ὀνοκενταύροις, καὶ βοήσονται ἕτερος πρὸς τὸν ἕτερον. ἐκεῖ ἀναπαύσονται ὀνοκένταυροι. Munsterus in annotationibus, שעירים (inquit) fauni pilosi sunt, & monstra quædam deserti: Hebræi communiter interpretantur שדים dæmones: sicut & per לילית lilit, infaustum quoddam nocturnum intelligunt monstrum, puerperis maxime infestum: & multa stultissime de eo sibi persuaserunt. Porrò per איים ijm Ionathan intelligit חתולין, catos ferales: Hæc Munsterus, per ferales puto feros & syluestres accipiens. ציה tziah solitudinẽ significat, unde ציים tzijm incolæ deserti, qui sunt Aethiopes: & animalia in locis desertis quæ נמיות nemiot uocant: ego lamias interpretor: alij dæmonia, dracones, catos marinos, Idẽ in Dictionario suo. De lamijs laruis, ex illarũ genere quas Empusas & Mormolycias uocãt, mirabilem historiam recenset Cælius Rhodiginus libro 29. cap. 5. ferunt eas in amorẽ & Venerem procliues esse, & humanas carnes uehementer expetere, Venereorũq; cupidine allicere multos, quos deglutiant mox. Dicuntur & Libycæ feræ quædam esse eiusdem nominis, de quibus in litera L. Onoscelos dæmonum quoddam genus supra nominauimus: & Empusam quoq; asinino pede fingi diximus: ex quorum genere forsan & onocentauri fuerint. Credibile est enim stultos & superstitiosos quondam homines, uarias apparitiones & dæmonum species naturali animalium generi temere adnumerasse. Quod si qui in rerum natura onocentauri, satyri, lamiæ & similes feræ extant, ex simiarum genere eas omnes esse crediderim: ut suo loco copiosius exequemur. Vlulæ, in Esaia cap. 13. ab omni translatione, nomine ipso Hebræo ijm appellantur: pro his Septuaginta tantũ onocentauros in translatione posuerunt, Eucherius. Eruditi quidam per אי ij bubonem intelligunt, à uoce querula dictum: nam & dolentis interiectio est. Dauid Kimhi etiam איה aia, id est, uulturem uel miluum esse suspicatur. Vlulæ sanè apud Hebræos etiam aliud nomen habent. Idem R. Dauid lilit exponit animal solitarium & noctu clamosum. Sunt qui auem magnam interpretentur, quæ uento uictitet, & alio nomine גמלין uocetur. Quidam denique Iudæorum furiam esse suspicantur.

DE AXI.

CTESIAS in India nasci scribit feram nomine axin, hinnuli pelle, pluribus candidioribusq; maculis, sacram Liberi patris, Plinius.

BORYES.

BORYES, pantheræ, thóes, & aliæ feræ diuersæ in Africa apud Pastorales populos Orientem uersus gignuntur, Herodot. libro 4.

DE BOVE SIMVL IN GENERE ET VACCA PRIVATIM.

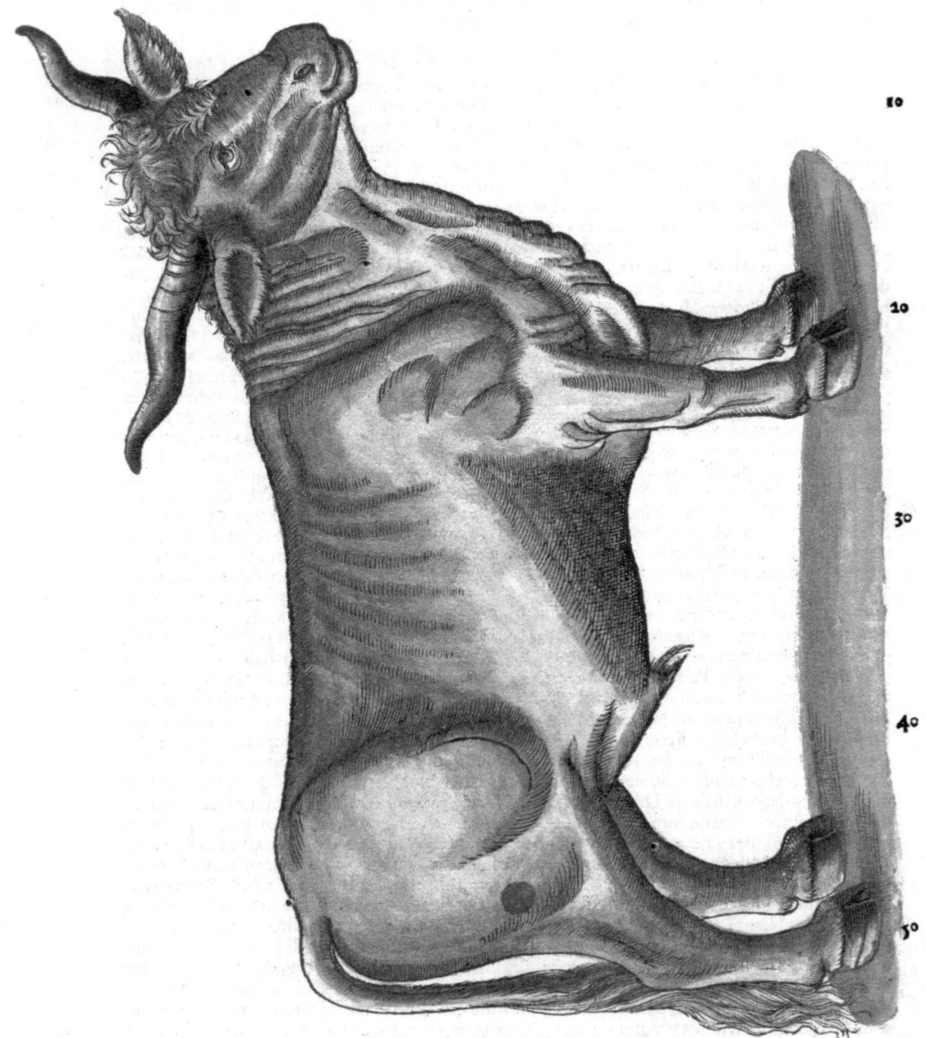

BOS proprie dicitur qui castratus est ut aptior aratro fiat, aut ut saginetur: sed præter suum proprium significatum, taurum quoq; uaccamq; comprehendit, Valla lib. 4. ¶In bubulo genere (ut scribit Varro) ætatis gradus dicuntur quatuor: Prima uitulorũ, secunda iuuencorum, tertia boum nouellorum, quarta uetulorum. Discernuntur in prima uitulus, & uitula: in secunda iuuencus & iuuenca: in tertia & quarta, taurus & uacca. Quæ sterilis est uacca, taura appellatur: quæ prægnans, horda. Ab eo in fastis dies hordicalia nominantur, quod tunc hordæ boues immolantur. Iuuencus (& iuuenca) qui iam (ut ait Varro) ad agrum colendũ iuuare posset. Plautus

Plautus Truc. Vidi equidem iuuencum ex indomito domitum Fieri, atq; alias belluas. Plinius lib. 8. Optime cum domito iuuencus imbuitur.

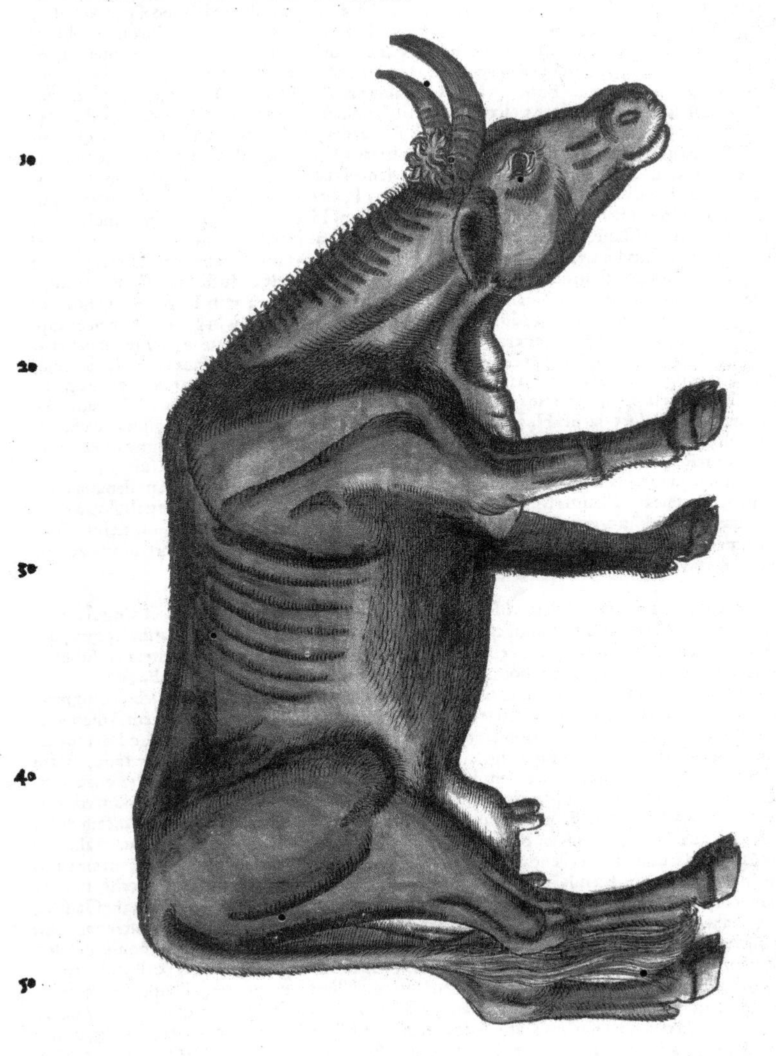

Vaccula, diminit. Verg. Vaccula nonnunquã ſecreta cubilia captans. Bucula, diminut. Βοΐδιον. Verg. 1. Georg. Aut bucula cœlum Suſpiciens patulis captauit naribus auras. Plinius lib. 34. cap. 8. Myronem Eleutheris natum, & ipſum Ageladis diſcipulum, bucula maxime nobilitauit, &c. Et Cicero 6. Verr. Aut ex ære Myronis buculam? Idem 1. de Diuinat. Itaq; ex eo auro quod exterebratum eſſet, buculam curaſſe faciendam, & eam in ſumma columna collocauiſſe. Verg. 1. Georg. Aut errans bucula campo. Buculus (aliâs bucolus) nouellus bos & tyrunculus. Columell. lib. 6. Quum deinde buculos comprehenderis, extra ſtabulum producito. ¶Hebraice ſchor nominatur, שור, Deut. 14. in maſculino tantum genere, bos uel taurus exponitur: bakar uero בקר, bos, armentum, aut uacca. Thor Chaldaice, idem quod ſchor Hebręis, Danielis 4. inde nimirum Græci et Latini taurum dixerunt. Inuenitur & tora apud recentiores, תוריא maſculini generis, ut torata fœminini. Aleph etiam אלף à docilitate & aſſuefactione ad labores dictus uidetur. Pſalmo 8. pro alaphim, id eſt boues, Chaldæus reddit tore, id eſt tauri, Græcus βόες, Latinus armenta: Arabs bakar. Alpha etiam Græci grammatici caput bouis exponunt. Sacræ literæ diſtinguunt pecus in duo genera, ut oues & capræ dicantur צאן tzon, id eſt greges: armenta uero & iumenta, בקר bakar. מריא meria, genus boum magnorum, bubalus. Sunt qui bene ſaginatas pecudes, ut boues & oues, intelligant: nam uox מרח marah ſaginare ſignificat, ut ſcribunt rabini Kimhi & Salomon in commentarijs Amos 5. Hieronymus pinguia uertit. Abraham ex ſententia R. Saadiæ, animal eſſe dicit maius boue, quod in hiſce regionibus non extet: Arabica translatio habet גאמוס. Eruditi apud nos meria pro nomine adiectiuo accipiunt, quod altile & ſaginatum ſonet, ut etiam baria. תחש tachaſch Exodi 25. animalis nomen uarijs coloribus diſtinctum. Onkelus uertit ſaſgona. R. Salomon Ezechiæ cap. 16. taxum exponit, quod eruditi ferè noſtri temporis approbant: quanquam Hebræi quidam bouem expoſuerint. Cæterum egela עגלה Gene. 15. & Ierem. 46. iuuencam potius quàm uaccam uerterim, cum עגל egel uitulum ſignificet. Exodi ca. 32. pro egel Hebraico Chaldæus & Arabs habent egela: Perſa goſalai: Septuaginta μοσχάριον, id eſt uitulum. Vaccæ etiam nomen ab Hebræis deductum non dubito qui bouem bakar uocant, ut uaccam Saraceni hodie baccara, quæ & para פרה Hebraice dicitur, ut par פר iuuencus, aut uitulus, cum additur ben bakar: ſimpliciter autem bos in genere. Geneſeos cap. 32. pro Hebraico parim, Chaldæus uertit tore: Arabs bakera, Perſa nadgaueha, uel madagaueha, aut bos in genere. Βοῦς apud Græcos communis generis habetur, ut apud Latinos etiam. Italice bue, Gallice beuf, Hiſpanice buey, Germanice ochß & rind in maſculino genere tantum: Anglice ope, Illyrice wul. Baulbulis pro urina bouis apud Syluaticum legi, ceu Arabicam uocem. ¶ Vacca, Italice etiamnum uacca, Gallice uache, Hiſpanice uaca, Germanice Ků uel Kůhe, Anglice cow. Simili uoce in Italia quondam Altinæ regionis incolæ uaccas humilis ſtaturæ & lactis abundantes ceuas appellabant, teſte Columella. Iunix, iunicis, teneræ ætatis bos fœmina, quæ iam ceſſauit uitula eſſe, necdum tamen ad ſummam magnitudinem peruenit. Perſius Sat. 2. Tot tibi quum in flamma iunicum omenta liqueſcãt. Plautus Milite, Quam mox ad ſtabulum iunix recipiat ſeſe pabulo. πόρτιες uitulæ, quæ paulo adultiores factæ δαμάλεις, & poëtis δαμάλαι dicuntur: neutræ iugum, neutræ Venerem expertæ; adultæ demum βόες, id eſt uaccæ dicuntur, Varinus. Vaccam Florentinus author Græcus θηλείαν aut damalin reddit.

B.

Bos in lege Moſaica animal eſt ſacrificijs & cibo conceſſum, quoniam ruminat & ungulam habet bifidam. De antiquis illuſtriſſimus quiſque paſtor erat, ut oſtendit Græca & Latina lingua, qui πολυβότας cognominant aliquos. Bos certe in pecuaria maxima debet eſſe authoritate: nec dubium, quin (ut ait Varro) cæteras pecudes honore ſuperare debeat, præſertim autem in Italia, quæ ab hoc nuncupationem traxiſſe creditur, quod olim Græci tauros ιταλὸς uocarent: & in ea urbe, cuius mœnibus condendis mas & fœmina aratro terminum ſignauerunt: uelut pecus, quod item Athenis Ceteris & Triptolemi fertur miniſter: quod inter fulgentiſſima ſydera particeps cœli, quod deinde laborioſiſſimus adhuc hominis ſocius in agricultura: cuius tanta fuit apud antiquos ueneratio, ut tam capitale eſſet bouem necaſſe, quàm ciuem, Hæc Varro. Hoc animal, tantæ apud priores curæ fuit, ut ſit inter exempla damnatus à populo Ro. die dicta, qui concubino procaci rure omaſum ediſſe ſe negante, occiderit bouem, actuſq; in exilium tanquam colono ſuo interempto. Quare dicam de bubulo pecore, quam acceperim ſcientiam, ut ſi quis quid ignorat, diſcat: ſi quis ſcit, ubi nunc labar obſeruet. Quod ad laudes & excellentiam boum, alia etiam quædam infra dicemus. Quæ in emendis bubus ſequenda, quæq; uitanda ſint, non ex facili dixerim, cum pecudes pro regionis cœliq; ſtatu, et habitum corporis, & ingenium animi, & pili colorem gerant: aliæ formæ ſunt Aſiaticis, alię Gallicis, Epiroticis aliæ: nec tantum diuerſitas prouinciarũ, ſed ipſa quoq; Italia partibus ſuis diſcrepat. Campania plerunq; boues progenerat albos & exiles, labori tamen & culturæ patrij ſoli non inhabiles. Vmbria uaſtos, et albos, eademq; rubros: nec minus probabiles animis, quàm corporibus. Hetruria & Latium compactos, ſed ad opera fortes. Apenninus duriſſimos, omnemq; difficultatem tolerantes, nec ab aſpectu decoros. Quæ cum tam uaria & diuerſa ſint, tamen quædam quaſi communia, & certa præcepta in emendis iuuẽcis arator ſequi debet, eaq; Mago Carthaginenſis ita prodidit, ut nos deinceps memorabimus. Martio menſe comparandi ſunt boues, qui tamen ſiue de noſtris capiantur armentis, ſiue emantur, idcirco nunc comparabuntur utilius, quia necdum ſagina temporis pleni, aut cælare poſſunt fallaciam uenditoris, & uitia ſua, aut repugnando domituræ contumacem pleni roboris exercere fiduciam. Hæc ſigna ſpectanda ſunt in bobus, ſeu de noſtro ſeu de alieno grege fuerint comparandi, ut ſint boues nouelli, quadratis & grandibus membris, & ſolido corpore, denſo breuiq;: muſculis, ac toris ubiq; ſurgẽtibus, colore rubeo, uel fuſco, tactu corporis molliſſimo: cornibus proceris ac nigrantibus & robuſtis, ac ſine curuaturæ prauitate lunatis (camuris, Vergil.) fronte lata & criſpa, magnis & hirtis auribus: oculis & labijs nigris (ſubnigris, nigrantibus) naribus reſimis patuliſq;, ceruice longa, toroſa & compacta (cui plurima ceruix, Verg.) palearibus amplis & penè ad genua promiſſis (circa genua fluentibus) pectore magno, armis uaſtis; capaci et tanquam implente

plente utero(uentre non paruo)lateribus porrectis,lumbis latis, dorso recto planoq;,uel etiam subsidente,clunibus rotundis:cruribus neruosis,solidis, cōpactis ac rectis, sed breuioribus potius quàm longis:nec genibus improbis, ungulis magnis, caudis longissimis & setosis pilosisq;. Magni interest cuiusmodi quæq; pecus sit ad fructum:Itaq; potius bouem emunt cornibus nigrantibus quàm albis, Varro. Nec mihi displiceat maculis insignis & albo: Aut iuga detrectans,interdumq; aspera cornu: Et faciem tauro propior, quæq; ardua tota, Verg. Optima toruæ Forma bouis, cui turpe caput,Idem. ¶ Vaccas etiam mense Martio maxime parabimus : & quanquā eadem fere in ipsis desyderentur quæ & in maribus, priuatim tamen earum signa referemus,ut ueterum etiam aliqui fecerunt. Ergo qui uaccas aut gregem armentorum emere uult, obseruare debet primum, ut sint hæ
10 pecudes ætate nouellæ, & potius ad fructus ferendōs integræ quàm iam expertæ: ut sint bene compositæ(corpore bene compactæ)ut integris membris,oblongæ, amplæ,magnitudine commoderata, forma altissima, ætatis maxime trimæ,saltem non minores anniculis; quia usq; ad decenniū fœtura ex his procedet utilior: bima aut trima fructum ferre incipit: corium attactu non sit asperum ac durum:colore potissimum nigro,deinde rubeo,tertio heluo, quarto albo.Mollissimus enim hic, ut durissimus primus. De medijs duobus prior quàm posterior melior, utriq; pluris quàm nigri & albi. Probantur item uaccæ ceu maxime generosæ, flauescentes colore, nigrisq; cruribus. Ad hæc per singulas partes commendantur,si fuerint cornibus nigrantibus uenustis & leuibus; latis (latissimis uel altis)frontibus: oculis magnis, patentibus & nigris: pilosis uel setosis auribus: compressis malis subsimisúe,gibberi spina leuiter remissa (λαμαλεις ἐκλεκτέον γνάθους συνεσταλμένας ἐχούσας, σιμὰς, μὴ κυρ-
20 τάς)apertis naribus,labris subnigris, ceruicibus crassis ac longis: amplissimis à collo palearibus demissis:bene costatæ (βαθύπλευροι) maximis & capacibus uteris, latis humeris, lato tergo:bonis clunibus : coda amplissima & profusa usq; ad calces, ut habeat inferiorem partem frequentibus pilis subcrispam: compactis cruribus (βραχίοσι) hirsutis, nigris & modicis, potius breuioribus quàm longis: rectis genibus(σκέλεσι)& eminulis,distantibus inter se,pedibus non latis, neq; ingredientibus qui displodantur,(ἐν τῷ βαδίζειν μὴ πλατυνομένοις ἄγαν καὶ μὴ παρατριβομένοις:)ungulis modicis(breuibus) quę non diuaricent,& quarum ungues sint læues ac pares. Pulchrum sane fuerit decorari signis omnibus naturalibus:sin minus, at certe pluribus. Omnis bos indigena longe melior est quàm peregrinus:nam neq; aquæ,nec pabuli,nec cœli mutatione tentatur, neq; infestatur conditione regionis, sicut ille, qui ex planis,& campestribus locis, in montana & aspera perductus est, uel ex montanis in
30 campestria: itaq; etiam, cum cogimur ex longinquo boues accersere,curandum est,ut ex similibus patrijs locis traducantur. Illud ante uniuersa curandum est, ut uiribus ad trahendum comparentur æquales, ne ualentioris robur alteri procuret exitium. Dentes bimus emittit bos, nec uniuersos, ut equus.Nerui bubus præ cæteris animalibus duri: tauro duriores quàm boui castrato. Caro eis sicca & atribiliaria. Cornua tauris robustiora quàm uaccis, Aristot.circa finem libri 4.de histor. animalium:quo in loco Albertus Magnus contrarium habet,his uerbis: Cornua uaccarum fortiora & maiora & longiora sunt cornibus taurorum: deceptus forte Plinij uerbis, qui tauris minora quàm bubus tenuioraq; esse cornua scribit, cum Plinius boum nomine non uaccas, sed boues exectos intelligat. Similiter & Rasis errat cornu robustius uaccis attribuens. Gerunt autem boues ectomiæ, id est castrati,cornua maiora, eadem ratione qua spadones calui effici nequeūt. Nam coitus cerebrum ma-
40 xime debilitat & imminuit. Bubulo pecori castrato Democritus ait tortuosa, gracilia, longa nasci cornua.Contrà testibus prædito enasci secundum radicem,crassa,recta, multoq; minus prolixa, eosdemq; latiori,quàm alteros fronte esse: Nam hic ibidem cum multæ uenæ sunt, ab ijs ossa dilatantur, simul & cornuum eruptio quoniam crassior existat, frontem huic in latitudinem proferunt. Castrato uero quod sedes cornuum & initium enascendi perparuum habeat circulum, minus dilatantur. Pars caua cornuum in bubus,ut alijs etiam fere omnibus,ex cute potius oritur, quam solidum quiddam osse enascens subit, impletq; totam.Cornua uaccæ calefacta facile in quamuis partem flectuntur.Cornua iuniorum tepefacta in cera flectuntur, ducunturq; facile quò uolueris, Aristotel.Boum attritis ungulis,cornua unguendo aruina,medentur agricolæ: Adeoq; sequax natura est,ut in ipsis uiuentium corporibus feruenti cera flectantur, atq; incisa nascentium in diuersas partes torquean-
50 tur,ut singulis capitibus quaterna fiant, Plinius. Plura de cornuum natura, uide paulò post in bubus Nomadibus. Mutili dicuntur boues qui cornibus carent, Columella lib.7.cap.3. Lapillum habent in capite,ut fertur,quem expuunt si necem timeant. Dentes eis continui,& bis mutantur.Ruminant, nam superiore dentium ordine carent, id est, primoribus quatuor, ut oues etiam & omnia quæ ruminant.Oculi boum nigri sunt, Aristoteles: item lati planiq;. Cor sine osse omnium, quæ nos nouerimus,præterquam equi,& generis boum cuiusdam, quod in corde ossiculum continere aiunt, Aristot.In equorum corde & boum ossa reperiuntur interdum, Plinius. Neruosam uero cordis bubuli esse naturam,significatur uel eo osse quod in nonnullis gignitur:maxime uero taurorū cor eiusmodi est. Palearia à pelle dicuntur, quæ cum laxa prolixaq; à collo dependet, generositatis signum in boue est.Seneca in Hippolyto,Musco tenaci pectus ac palear uiret. Ouidius Metamorph.7.Pen-
60 dula palearia dixit.Palearium uero locus est ubi conditur palea. Vaccę mammas binas inter femora habent:capra etiam & ceruа & reliqua generis eiusdem mammas parte eadem gerunt:Cuius rei causa est, φ hæc sursum uersus capiāt sui corporis incremēta. Itaq; ubi confluuiū & copia excremēti san-

c 2

guinis, qui locus sanè infra est, & circa effluentis materiæ ostia, ibi mammæ à natura positæ sunt. Qua enim parte motus agitur alimenti, inde etiã capi alimentũ potest, Arist. Boues in feminibus mãmas habent quaternas, Plin. Vaccis papillæ quaternæ sunt, Arist. De uentribus eorũ dicendi locus erit alius, ubi de ruminantibus in genere agetur. Lapidem etiam qui reperitur in felle bouis, ad tauri fel differemus. Vmbilicum uenæ contentæ in putamine complent, plures in maioribus animalibus, ut boue, cæterisq; generis eiusdem: binæ in mediocribus: singulæ in minimis, Aristot. Suum pili crassiores sunt quàm bubus & elephantis: quamuis tenuiorem quàm boues & elephanti cutem habeant, Idem. Vaccinum lac crassum est, unde facile coagulatur, Albertus. Animalia quædam colore uaria sunt: idq; uel genere, ut pauo: uel non genere toto, sed parte, ut boues & capræ interdum uariæ generantur, Aristot. Boum caudæ tenor longus, pili sunt breues: equis contra, Aristot. Horum caudis est longissimus caulis, atq; in una parte hirtus, Plin. Et paulo mox, Leoni infima parte setosus, ut bubus & sorici. Huic tantum animali omnium quibus procerior cauda non statim nato consummatæ, ut cæteris, mensuræ: crescit uni, donec ad uestigia ima perueniat. Camelopardalis pedibus & cruribus boui similis est. Boum pro sua magnitudine auctior in longitudinem lien est: cæteris omnibus bisulcis cornigeris rotundus. Bubulis similes sunt renes uituli marini, sed solidi non caui: Item hominum renes, quippe qui tanquam compositi ex multis renibus exiguis constent, neq; æquabiles sunt quomodo renes ouium cæterarumq; quadrupedum, Aristot. ¹⁰

¶ Boum multa sunt genera, & uarij mores: Aegyptij qui accolunt Nilum, & colore niuei sunt, & magnitudine omnium præstantissimi. Veruntamen mites, & ad hominum genus mansueti, facile imperio audientes sunt, Aelianus. Aristoteles etiam boues in Aegypto maiores quàm in Græcia nasci scripsit. Aoniorum uarijs coloribus distinctorum perpetuæ indiuisæq; ungulæ sunt, eorundemq; unicum cornu, quod ex media fronte existit, Aelianus. Plurimum lactis est uaccis Alpinis, quibus minimum corporis, plurimum laboris, capite non ceruice iunctis, Plinius. Columella idem scribit de Altinis per t, quas incolæ eius regionis ceuas appellent: id quod magis probo. Altinum enim urbs olim in littore Venetiæ florentissima fuit iuxta Aquileiam, à qua Altinates populi dicti. Vaccæ Arabicæ propter alentium humorum confluxum, qui permultum generosę propagationis nutrimentum cornibus præstat, eisdem excellunt: quæ uero cornibus carent, os humorem capere solitum, solidius habent, & haudquaquam hunc ipsum sibi humorem recipere potest. Quare incrementi causa cornibus existit influentia, quam sanè plurimæ et crassissimæ uenæ humore, quantum ferre possunt, grauidatæ infundunt, Aelianus. Armenijs duplex cornu sic erraticis flexionibus tanquam hedera retorquetur: Ac si mucrone appetitur, ob corneam duritatem, non sine damno ferrum retunditur, Aelianus. Inquirendum est an genus hoc monocerotis sit (ut etiam Aonij boues) propter cornua in se reuoluta & mucronem eorum durissimum. Circa Bœotiæ urbem Pœmandriam, quæ & Tanagra dicitur, optimi boues nascuntur, Varinus: Apparet inde factum Pœmandriæ nomen. Carici in parte Asiæ fœdi uisu, tubere super armos à ceruicibus eminente, luxatis cornibus, excellentes in opere narrantur: cæteri nigri coloris candidiue, ad laborem damnantur, Plin. (Similia uide mox in Scythicis.) Boues præcipue magnos fert Epirotica terra: quas incolæ Pyrrhicas uocant: pastum enim abunde præbet, & loca singulis anni temporibus accommodata habet, Aristot. In nostro orbe (inquit Plinius) Epiroticis laus magna, à Pyrrhi (ut ferunt) iam inde regis cura. Id cõsecutus est, nõ ante quadrimatum ad partus uocando. Prægrandes itaq; fuere, & hodieq; reliquiæ stirpium durant. At nunc anniculæ ad fœcunditatem poscũtur, tolerantius tamen bimæ, Plinius. Theodorus ex Aristotele transtulit Pyrrhicas uaccas ab incolis per annos nouem intactas Venere seruari: ego cum Plinio annos quatuor potius quàm nouem legerim: facilis lapsus ex δ in θ. Has numero quadringentas esse, et proprias regis accipimus, nec posse uiuere locis alijs, quanquam tentatum ab aliquibus est, Aristot. Fuere in Epiro Pyrrhicæ boues, quas atauros uocabant, intactas Venere, ut incrementum ampliter caperent, quasi setauras dicas. Sic uero creduntur dictæ ab ignea mobilitate, aut à colore: sunt qui diminutiuum putent ex forma Aeolica. Alij Pyrrhicas intelligunt Epiroticas, de regis Pyrrhi nomine, Cælius. Scribunt Græci Epiroticos boues Larinos dici ab Larino pastore, cuius meminit Athenęus quoq;, qui ab Hercule redeunte ab Geryonis nece, exceperit educaueritq;: unde Epirotica mox armenta sint celebrata. Etiamsi sunt qui ab narium magnitudine dici larinos uelint, ut est ab interprete Aristophanis adnotatum, si quidem λα particula intendendi uim habeat, ῥῖνες uero nares sint. Cæterum Cestrini quoq; uocãtur, qui Larini, Cælius. Athenæus libro 9. Larini boues (inquit) dicti sunt à λαρινεύεσθαι, quod est, σιτίζεσθαι, id est saginari. Sophron, βόες δὲ λαρινεύονται: uel à Larine Epirotico uico: uel à Larino pastore. Hinc aliqui abusiue sues etiam larinos dixêre, altiles nimirum & pingues. Epiroticæ uaccæ præ sua præcipua magnitudine, amphoras singulas singulæ implent lactis, mensuræq; eius dimidium mammis duabus præstant. Erectus qui mulget, aut paululum se inclinat: quoniam sedendo ubera contingere nequeat. Cæteras etiam quadrupedes magnas terra eadem Epirus gignit, excepto asino: sed præcipue boues & canes, atq; etiam oues Pyrrhicas, à Pyrrho rege cognominatas, Aristot. Erythræi boues mobilia similiter cornua ut aures habent, Aelianus: idem alij de Phrygijs scribunt. Argiuum Herculem missum esse ad Geryonem ut boues abigeret, Hecatæus scribit, non quidem ad terram Hispaniam, nec ad Erythiam ullam insulam: sed loca circa Ambraciam atq; Amphilochos Geryonem imperio tenuisse: indeq; abactas boues, quæ mira specie in illis comperiantur

tur locis, herbida regione & pascuis admodum læta, Cælius. Vaccæ in Frisia, Hollandia & Selandia, propter abundantiam pabuli in regionibus illis magna corpora habent: & omnes ferè quarum maculosæ sunt pelles, lacte abundant, teste Alberto Magno. Boues quidam carniuori sunt instar luporum, Rasis. In India boues solidis ungulis unicornes Ctesias nasci scribit, Plinius. Aliqui etiam tricornes. Bubus Indicis camelorum altitudo traditur, cornua in latitudinem quaternorum pedum, Plin. Ptolemæo secundo ex India cornu allatum ferunt, quod tres amphoras caperet. Vnde conijcere possumus, bouem illum, à quo eiusmodi tantum cornu extitisset, maximum fuisse, Aelianus. In bubulo pecore, quod incitato cursu ualet, curam Indi ponunt: & simul de eorum uelocitate rex & permulti principes decertãt, neq; turpe ducũt pro huiuscemodi animaliũ genere auro argen-
10 tóue sponsionem facere. Currendi meta bobus hæc constituitur, ut inter se nexi & iugati triginta stadia currãt. Aequales et pares boues equis currũt, neq; uelocitate boues ab equis internoscas: Ac si quando rex de suis bobus cum quopiam sponsionem fecerit, in tantum contentionis studium procedit, ut is ipse in curru sequatur, atque adeò aurigam incitet. Is sanè quidem equos stimulis cruentat, à bubus uero manus abstinet, siquidem ij nullis admotis stimulis incitatissimo cursu feruntur: Ac nimirum tam ambitiosa est bubuli certaminis contentio, ut non diuites modò, sed inferioris status homines in eiusmodi concertaminibus permultum uersentur. Sunt item apud Indos alij boues, qui maximos hircos magnitudine non superare uidentur. Ii uel coniugati uelocissime currunt, nec minus strenue quàm Getici equi cursum conficiunt, Aelianus. Aristoteles ait Leucricorum boum cornua atq; aures, ex una stirpe cognata & simul contexta esse, Aelian. Garamantum armenta ob
20 liquis ceruicibus pabulantur. Nam si reiecta (recta forte) ad pastum ora dirigant, officiunt prona in humum cornua & obnixa, Solinus: Vide in Troglodyticis mox. In Africa regio est (Garamantum aut uicina quædam) ubi boues præposterè pascuntur, quod cornua inflexa anterius habent, et ob id cessim euntes pascuntur. Nam offensantibus in terra cornibus, progrediendo pasci nequeunt, alioqui nihil differentes à cæteris bobus, præter crassitudinem pellis atq; duritiam, Herodotus lib. 4. In Libya Indis finitima retrouersus pascentium boum esse armenta auditione accepi. Causa cur sic pascantur est, quòd ante oculos cornua habent, & quæ ante pedes sunt, uidere non queant. Ex quo fit ut ingressionem ad caudam retorquentes, herbam depascantur, Aelianus: ante quem primus & solus opinor Herodotus in Libya boues istos opisthonomos reperiri scripsit, id exprimẽtibus cornibus quæ adnuunt proclinantur q; in ima: eius historiam conuellit Athenæus sub aliena persona, quoniã
30 à nullo præterea historicorum sit cõprobata, Cęlius. Apud Mysios, boues cornuum expertes sunt, non item in Scythia, ubi minime cornibus boues mutili sunt. Nec mihi molestus quispiam esse debebit, quòd contrà scribam atque Herodotus, cum ait bubulo generi non esse in Scythia cornua: Iccirco q; cornibus mutilum est, quòd uniuersum caluariæ os nullas commissuras habeat, nihilq; humorum confluentium propter duritiem resistentem capiat, & uero uenæ per hoc ipsum os pertinentes, propterea graciliores & debiliores, quia minus alantur: Itemq; eorundem qui à cornibus nudi sunt, eò sicciorem ceruicem, ac minus fortem esse necesse est, quòd ipsorum pertenues uenę sint. In Nomadibus, qui ad Męoticas paludes hyemant, & dies æstiuos in camporum ęquoribus uiuunt, ex bobus partim sine cornibus nascuntur, partim serrula ideo exsecantur, quod hæc pars uim frigoris sufferre non queat, Aelian. Pusillæ buculæ quas Phasiana regio fert, singulæ abunde beneficio pabu-
40 li mulgentur, Aristot. Phœnicum libri testantur, indigenas uaccas ea esse magnitudine, ut uel procerissimi pastores cum mulgent stare, atque adeo in scabellum ascendere habeant necesse, ubera ut possint pertingere, Aelianus: idem Aristoteles de Epiroticis. Boues in Phrygia et alibi sunt qui cornua perinde ut auriculas moueãt, Aristoteles & Plin. Aelianus idẽ de Erythręis tradit. Boues Phrygij rubro colore & flammeo, altaq; & torosa ceruice præstant. Eorum ab alijs cornua longe diuersa sunt: neque enim consistunt, sed flexibilia huc illuc flectuntur, Aelianus. Scythici in quorum dorso gibber est, & procerissimi & ex omni parte albi, perparuis cornibus sunt, & minime acutis: similiterq; ut cameli eminenti dorso existunt: simul & cum dorso clitellæ imponuntur, perinde ut cameli genu flectunt, rursumq; suscepto onere surgunt, quod ipsum hominum, qui ijs ad grauissimorum onerum uectiones utuntur, disciplina facere solent. Quærendum num quid differant à Caricis, de qui
50 bus paulo ante diximus ex Plinio: nec dissimilia de Syriacis nunc adferemus, ut suspicari quis posset authores confudisse. Syriacis non sunt palearia, sed gibber in dorso, Plin. Nodos scapularum flectunt ut cameli. Aelianus absq; ulla gibberis mentione, hæc scribit: Syrij bellicosi sunt, magno robore, & lata fronte, cornibus robustis, aspectu truculento, non obeso corpore, neque rursus macilento, ad cursum & pugnam præstant, Aelian. Troglodytarum armentis cornua in terram directa sunt, qua de causa obliqua ceruice pascuntur, Plin. Idem Solinus de bubus Garamantum prodit.

C.

Boues dentibus superficiem tantum herbarum carpunt, radices non lædunt. Animalium soli & retro ambulantes pascuntur, apud Garamantas quidem haud aliter. Laudantur multi cibi edaces, uerũ in eo conficiendo lenti: nam hi melius cõcoquunt: ideoq; robora corporũ citra maciẽ cõser
60 uant, qui ex cõmodo, q; qui festinanter mandunt. Sed tam uitiũ est bubulci pinguẽ, quã exilẽ bouẽ reddere: humilis enim, & modica corporatura pecoris operarij debet esse, neruisq; et musculis robusta: non adipibus obesa, ut nec sui tergoris mole, nec labore operis degrauet. Vaccas pasci oportet in

c 3

locis uiridibus & aquoſis: amant enim paſcua locorum irriguorum. Quamuis butyrum, ut audio, colore saporeꝗ præſtantius ſit ex paſcuis ſiccioribus, quàm paluſtribus. Si regionis ratio patitur, nullus
melior cibus eſt quàm uiride pabulum. Vbi uero deeſt, eo ordine miniſtretur, quo pabuli copia & laborum coget acceſſio. Maritima & aprica hyberna hoc armentum deſyderat, quia melius frutetis &
his herba internaſcente ſaturatur: æſtate in opaciſſimis nemorum commonde paſcetur, ubi uirgulta
& frons multa: & in montium altis frondoſisꝗ magis quàm planis paſcuis. Nam melius nemoribus
herbidis & frutetis & careƈtis, quàm lapidoſis locis durantur ungulæ. Nec tam fluuios riuosꝗ deſy-
derant quàm lacus manu faƈtos: quoniam fluuialis aqua, quæ fere frigidior eſt, partum abigit, & cœleſtis iucundior eſt, Columella. Quamuis circa fluuios recte propter amœna loca paſcantur: fœtura
tamen aquis tepidioribus adiuuatur, unde magis utilius habentur, ubi pluuialis aqua tepentes for-
mat lacunas, Palladius. Omnis extremi frigoris tolerantior equino armento uacca eſt, ideoꝗ facile
ſub dio hybernat. Boues autem recte paſcendi non una ratio eſt: nam ſi ubertas regionis uiride pabulum ſumminiſtrat, nemo dubitat, quin id genus cibi cæteris præponendum ſit: quod tamen niſi ri
guis, aut roſcidis locis non contingit: itaꝗ in ijs ipſis uel maximum commodum eſt, quod ſufficit una
opera duobus iugis, quæ eodem die alterna temporũ uice uel arant, uel paſcuntur: ſiccioribus agris
ad præſepia boues alendi ſunt, quibus pro conditione regionum cibi præbentur, Columella. Boues
& fruge & herba ueſcuntur: pingueſcunt ijs, quæ flatum cient, ut eruo, & faba freſa, atꝗ etiam ipſa
fabarum herba. Et ſeniores, ſi cute inciſa ſpiritum adigas, deinde præbeas pabulum, pingues facies.
Ad hæc hordeo uel integro, uel pinſito, & à gluma ſeparato pingueſcunt, & dulcibus, ut ficu, & paſſa: uino etiam & frondibus ulmi: ſed præcipue ſole, & lotione calidæ aquæ, Ariſtot.

¶ Cytiſum in agro eſſe quàm plurimum maxime refert, quod bubus & omni generi pecudum uti
liſſimus eſt, quod ex eo cito pingueſcit, & lactis plurimũ præbet ouibus: tum etiam quòd octo menſibus uiridi eo pabulo uti, & poſtea arido poſſis: præterea in quolibet agro, quamuis macerrimo cele
riter comprehendit: omnem iniuriam ſine noxa patitur. Satio autem cytiſi uel autumno circa idus
Octob. uel uere fieri poteſt. Cum terram bene ſubegeris, areolas facito, ibiꝗ uelut ocymi ſemen cytiſi autumno ſerito. Plantas deinde uere diſponito, ita ut inter ſe quoquouerſus quatuor pedum ſpa
tia diſtent. Si ſemen non habueris, cacumina cytiſorum uere deponito, & ſtercoratam terram circum
aggerato. Si pluuia non inceſſerit, rigato quindecim proximis diebus ſimulatꝗ nouam frondem age
re cœperit, ſarrito, & poſt triennium deinde cædito & pecori præbeto. Equo abunde eſt uiridis pondo x v. bubus pondo uicena, cæterisꝗ pecoribus pro portione uirium. Poteſt etiam ante Septembrem ſatis commode ramis cytiſus ſeri, quoniam facile comprehendit, & iniuriam ſuſtinet. Aridum ſi
dabis, parcius præbeto, quoniã uires maiores habet, priusꝗ aqua macerato, & exemptum paleis permiſceto. cytiſum cum aridum facere uoles, circa menſem Septembrem, ubi ſemen eius grandeſcere
incipiet, cædito, paucisꝗ horis, dum flacceſcat, in ſole habeto: deinde in umbra exſiccato, & ita condito, Columella. Serenda in tenuiore terra quæ non multo indigent ſucco, ut cytiſus & cicer, Plinius.

¶ Quoniam uero tam ſalutarem non omni ſolum pecudum generi, ſed etiam homini fruticem, &
non medicis modo, ſed poëtis quoꝗ Græcis Latinisꝗ celebratum, quinam hodie & ubi eſſet, nemo
adhuc ex eruditis, quorum ego ſcripta legerim, nos docuit: cõmodum hinc digreſſus ea de re ſtudioſis candide quod habeo communicabo: recitabo autem primum aliorum opiniones. Primum igitur
Marcellus Vergilius (qui Florentiæ in Italia uixit) in commentarijs ſuis in Dioſcoridem, cytiſum hodie in Italia nuſquam apparere, & in antiquum ac natale ſibi ſolum reuerſum, non paruum antiqua
amantibus deſiderium ſui reliquiſſe: aut ſi ſit, incognitum ſine honore iacere conqueritur. Poſt hunc
Ioan. Ruellius Gallus cytiſum hodie in ſegetibus præcipue hordeaceis inueniri ſcribit, fruticem albi
cantem, cui omnes ex deſcriptione Dioſcoridis notæ conueniant: Sed alio in loco hunc cytiſum ſuum meliloto tam ſimilem facit, ut difficillimè diſcernatur: diſtinguit autem hoc modo, Cytiſi (inquit)
folia digitis friata ſubolent erucam, melilotus magis crocũ iucundo ſequitur odore. Guſtus quoꝗ di
ſcrimẽ facile prodet: nanꝗ cytiſus manſu cicer reſipit. Hieronymus Tragus Germanus trifolium pra
tenſe maius, aſperiusꝗ, folijs durioribus, oblongis, & mucronatis (in Italia nonnulli trifolium lunatũ
uocant) pro cytiſo accipit. Poſtremo Petrus Andreas Matthęolus Senenſis, in Italicis ſuis ad Dioſcori
dem commentarijs, ſic ſcribit, ut nos tranſtulimus: Cytiſus hoc tempore copioſiſſimus per omnem Ita
liam prouenit, Dioſcoridis ac Plinij deſcriptionibus undiquaꝗ reſpondens. Sunt qui uernacula lin
gua trifolium caballinum uocant, alij tribolum. Ramos primum cubitales producit, ac ſæpe maiores, qui folijs ueri trifolij ueſtiuntur, cum coſta è medio ſatis prominente. Frondes eius albicant, &
ſi manu fricentur, acrem ceu erucæ odorem ſpirant: ſi mandas ciceris recentis guſtum repręſentãt.
Flores muſcoſi racematim hærent, aliâs flaui, aliâs candidi. Hæ notæ cytiſum adeò exprimunt, ut
quin ipſiſſimus ſit negare poſſit nemo. Caballinum autem trifolium uocãt, eò quod plurimum eius
pabulo delectentur equi, qui liberi ęſtatę paſcuntur: id quod ſententiæ noſtrę confirmandæ accedit:
nam (ut Plinius inquit) cytiſus equis tam gratus eſt, ut præ eo hordeum negligant. Fuchſius & Monachi qui commentarios in Meſuen ediderunt, cum hanc ſtirpem uerum cytiſum eſſe neſcirent, trifolij odorati ſpeciem fecerunt, Hactenus Pet. Matthęolus. Præter illos qui noſtra tempeſtate ullam
cytiſi mentionem faciat, reperio neminem. Eſt autem communis hic Ruellij, Tragi & Matthæoli error, quòd cytiſum arboreſcere non animaduerterunt, idꝗ non modo proceritate, ſed materia quoꝗ
lignoſa

lignosa, imò ossea. Sic enim Plinius scribit, Tota ossea est ilex, cornus, robur, cytisus, morus, ebenus, lotus, & quæ sine medulla esse diximus. Et quanquam alibi fruticem appellet, arbustis tamen potius adnumerare debuerat. Ruellius quidem cytisum suum fruticem nominat, sed cum laboret in distinguendo eo à meliloto herba, fruticis nomine eum abusum, ut sæpe fit, non est dubium. Ebeni duo genera facit Plinius, unum arboreum, alterum fruticosum cytisi modo, & tota India dispersum. Agit autem de cytiso inter peregrinas arbores: Frutex est, inquit, inuentus in Cythno insula, inde translatus in omnes Cycladas, mox in urbes Gręcas, magnô casei prouentu: ꝑpter quod maxime miror rarum esse in Italia. Quid est igitur quod Matthęolus per omnem Italiam copiosissimum esse scribit? Ego cũ anno Salutis Christianæ 1 5 4 2. Italiam ingressus Patauium uenissem, in horto Pętri Bembi Cardinalis arbusculam nunquam prius à me uisam, & omnibus qui mecum aderant ignotam, ut primum uidi gustauiq;, mox uerum cytisum esse intellexi. Procera erat, si bene memini, sex circiter cubitos, folia (quæ adhuc seruo) ubiq; terna, omnino loti siue trifolij pratensis, minora tantum: gustu dulcia & glutinosa, maluę propemodum instar: id quod de cytiso Galenus (& post eum Aegineta) prodidit: Cytisi (inquit) folia uim habẽt discutiendi, sed aquoso tepidoq; succo dilutam, quemadmodum etiam maluæ. Deinde cum per alpes in Germaniam redirem, non procul Tridento, idem omnino genus syluestre reperi, longe minus & fruticosius satiuo. Io. Quintinus, qui de insula Melite libellum ædidit, cytisum in ea abundare testatus nullam eius descriptionem adiũxit. Nos, ut à studiosis diligentius posthac animaduertatur, plura quæ tum formam tum facultates eius attinent, ex ueteribus repetemus, & primum ex Dioscoride. Cytisus frutex est albus in totum, ut rhamnus, ramos spargens cubitales, maioresq; interdum, in quibus folia fœnigręci, aut loti trifoliæ, minora tantum, dorso medio prominente: ea digitis trita erucam olent, gustataq; cicer (aliâs cicer uiride) sapiunt. Folia refrigerant, tumores inter initia discutiunt, si cum pane trita illinãtur: decoctum eorum potu urinam ciet. Nonnulli, quòd apes alliciat, propè aluearia serunt. Hæc Dioscorides: in cuius etiam codicibus nonnullis nomenclaturæ cytiso istæ attribuuntur, teline, lotus grandis, trifolium, & apud Romanos trifolium maius: omnes scilicet à foliorum similitudine ductæ; nam telis fœnumgręcum est. Columella cytisum & zeas, & carnicin, & trifarin uocari scribit: & esse geminam, hoc est satiuam, & alteram suæ spontis. Paulus Aegineta comam cytisi iubet præcordijs prægnantium contra uomitiones ex uetere uino imponi. Plinius libro 13. cap. 14. Frutex est (inquit) & cytisus, ab Aristomacho Atheniensi miris laudibus prędicatus pabulo ouium, aridus uero etiam suum: spondetq; iugero eius annua H S. M M, uel mediocri solo reditus. Vtilitas quæ eruo, sed ocyor satietas, perquàm modico pinguescente quadrupede, ita ut iumenta hordeum spernant. Non ex alio pabulo lactis maior copia, aut melior, super omnia pecorum medicina à morbis omni usu pręstante. Quin & nutricibus in defectu lactis aridum, atq; in aqua decoctum, potui cum uino dari iubet: firmiores celsioresq; infantes fore. Viridem etiam gallinis, aut si aruerit madefactum. Apes quoq; nunquam defore cytisi pabulo contingente, promittunt Democritus & Aristomachus. Nec aliud minoris impendij est. Seritur cum hordeo, aut uere semine ut porrum, uel caule autumno ante brumam. Si semine, madidum. Et si desint imbres, satum spargitur. Plantæ cubitales seruntur scrobe pedali. Seritur post æquinoctia tenero frutice. Perficitur triennio. Demetitur uerno æquinoctio cum florere desinit, uel pueri, uel anus utilissima (forte uilissima) opera. Canus aspectu, breuiterq; si quis exprimere similitudinem uelit, angustioris trifolij frutex. Datur animalibus post biduum semper: Hyeme uero quod inaruit, madidum. Satiant equos denæ libræ, & ex portione minora animalia, obiterq; inter ordines allium & cepe seri fertile est. Non ęstuum, nõ frigorum, nõ grandinum, aut niuis iniuriam expauescit. Adijcit Hyginus, ne hostium quidem, propter nullam gratiam ligni. Hucusq; Plinius. Idem alibi: Glaux cytiso & lenticulæ folijs similis (quod Dioscorides quoq; scribit) &c. coquitur in sorbitione similaginis, ad excitandum ubertatem lactis, eamq; qui hauserint, balineis uti conuenit. Et alio in loco: Glaucio quoq; (inquit) lactis ubertas intermissa restituitur: sumitur eius rei causa ex aqua. Hîc ego nõ glaucio, sed glauce legerim. Glaucij enim usus est extra corpus tantũ applicati (cum sit odore tetro, & gustu amara) ad ophthalmiam maxime à principio, & ignes sacros nõ ualidos, Dioscoride & Aegineta testibus. Folia ramulosa sunt ulmo & cytiso, Plinius. Quid autem hîc sibi uelit uox ramulosa non satis mihi constat: nec uideo quid ulmus cum cytiso circa folia cõmune habeat: digeruntur enim ulmi folia singula alternis ad ramulorum latera. Cornelius Celsus lib. 4. cap. 9. in curatione lienis: inter ea quæ urinam mouent & lieni prosunt, ut trifolij semen, cuminum, apium, serpyllum, portulacam, & reliqua, cytisum quoq; connumerat. A cytiso dulce & pingue lac producitur. Mulieres quidem, si lactis inopia premuntur, cytisum aridum in aquam macerari oportet, & cum tota nocte permaduerit, postero die expressi succi ternas heminas permisceri modico uino, atq; ita potandum dari: sic & ipsæ ualebunt, & pueri abundantia lactis confirmabuntur, Columella 5. 11. Fimum ad agros lætificandos alij aliud pręferunt: quidam cuiuscunq; quadrupedis ex cytiso. Molesta arboribus est & hedera adnascens, & uinciens: molestus & cytisus, nam omnia ferme necat: sed eo ualentior auro (alimõ frutex) est: hic enim uel cytisum ipsum interimit, Theophrastus interprete Gaza. Et alibi, Spissa & roboris medulla, quod atrum cognominant: atq; etiam magis cytisi, quippe cum hæc proxima ad ebenum accedere uideatur. Principatus quidem ei in pabulis datur, propter lactis inde copiam bonitatemq;: incommodum tamen tantisper dum floret, ut inquit Aristoteles, apium examina eliciuntur: quanquam Democritus prædicet, nunquam de flore cytisi pabulum contingere. Hederæ modo uincit & strangulat, Ruellius. Apparet eum erroris huius occasionem ex Theophrasto sumpsisse, qui loco iam citato libri 4. cap. ultimo sic scribit: φθοραὶ δὲ καὶ ὑπ' ἀλλήλων εἰσὶ τῷ παραιρεῖσθαι τὰς τροφάς, καὶ ἐν τοῖς ἄλλοις ἐμποδίζειν. χαλεπὸς δὲ καὶ ὁ κιττὸς παραφυόμενος. χαλεπὸς δὲ καὶ ὁ κύτισος. ἀπολέσει (lego ἀπόλλυσι) γὰρ πάνθ' ὡς εἰπεῖν. ἰσχυρότερον δὲ τούτου τὸ ἅλιμον. ἀπόλλυσι γὰρ τὸ κύτισον. Hic παραφυόμενος uox homonyma est: nam & innasci uel circumnasci significare potest, id quod hederæ conuenit; uel iuxta nasci, quod cytiso, cuius materia cum durissima & ossea sit, adeò ut uel hebenum prouocet, minimè apta est flecti & uincire. Sed iuxta nascens radicibus suis alimentum arboribus præripit, gustanti enim ut malua succi plenus apparet, ut plurimum attrahere opus sit. Sic orobanche uicina strangulat, nō superficie circumuoluta, ut sciunt qui herbam nouerunt (quanquam Theophrastus alicubi per imperitiam proximis herbis cōuolui eam scribat, ut etiam Pet. Andreas Matthęolus rectè obseruauit) sed radicibus, siue succum duntaxat terræ omnem attrahentibus illis, siue etiam circumuolutis. Sic & alimon frutex propinquum necat cytisum, non aliter quàm salsugine sua, cuius ui præsens cæteris affertur calamitas. Nam proxima inuadere & inuolui alimon, ex bonis authoribus nemo tradidit. Theodorus in hoc Theophrasti loco, de hedera pro παραφυόμενος, id est adnascens, addidit, & uinciens: quod licet in hedera congruat, errãdi tamen ansam Ruellio dedit, ut idem uerbum ad cytisum transferret. Quod si quis contendat Theophrastum omnino sensisse cytisum arbores iuxta se ramis suis amplecti, errasse etiam in cytiso eum dicam similiter ut in orobanche. In Mysia, qua parte nostræ prouinciæ finitima est, tractus occurrit, quem Britum nominant, in quo mel Attico simile penitus magna cum admiratione conspexi: quanquam deteriora planè mella ibi quoq; proueniant. Extabat autem ibi monticulus quidam non magnus, saxosus totus, thymo & origano plenus, ad cuius radices agri cytiso quamplurimo abundabãt: ex eo collis dominus mel usq; adeò colligebat, ut hac in parte Atticum etiam superaret, acre tamen ut Atticum nō erat, statimq; iccirco se gustantes auertebat, & nauseam cito commouebat, si paulò liberalius comestum fuisset. Hoc siquidem de cytiso scriptores uno ore tradunt, apes ex cytisi floribus plurimum mellis excerpere. Fruticosa uero planta cytisus est, eam altitudinem attingens, ad quam myrtus crescit: Hæc Galenus libro 1. de Antidotis, ubi optimi mellis indicia recenset. Necant inuicem inter sese umbra, uel densitate, atq; alimenti rapina. Necat & edera uinciens. Nec uiscum prodest & cytisus, Plinius libro 17. cap. 24. circa finem, de morbis arborum loquens: transtulit autem ad uerbum penè Græca Theophrasti uerba quæ paulo ante posuimus, hoc tantum interest, quod uisci mentionem addit: ut non immerito aliquis coniiciat diuersam huius loci Theophrasti lectionem fuisse, eamq; ab aliquo in margine uel uersuum interstitio annotatam, in textum ascitam. Ego certe Theophrasti Græca sic legerim: Χαλεπὸς δὲ καὶ ὁ ἰξὸς παραφυόμενος. χαλεπὸς δὲ καὶ ὁ κιττός. ἀπόλλυσι γὰρ πάντ' ὡς εἰπεῖν. ἰσχυρότερον δὲ τούτου τὸ ἅλιμον. ἀπόλλυσι γὰρ τὸν κιττόν. Hoc est, Nocet etiam uiscus si adnascatur: nocet item hedera, quæ in uniuersum ferè omnia necat: alimon solum ea ualidius est: nam hederam quoq; necat. Facilis transitus fuit ab ἰξὸς in κιττός, & à κιττός in κύτισος: nam in Græcis quoq; exemplaribus Dioscoridis aliquot, ubi glaucis herbæ folia cytiso comparantur, uti Plinius etiam exponit, κιττῷ pro κυτίσῳ legitur. Huic lectioni confirmandæ accedunt Theophrasti uerba, quibus eiusdem rei causam enucleat lib. 5. de causis plantarum capite 22. quæ ex Theodori translatione huc apponam: conferendo enim rectè conuersa animaduerti. Quæ autem (inquit) uicinitate iuxta satorum, aut contagione sponte se associantium, corruptiones cōferuntur, has alimenti prorsus rapina solet committere: eoq; celerius, quò ualidiora pluraq; sint quæ infestant, ceu quæ syluestria sunt, quæ radice numerosa cohærent, quę multo indigent alimento, quæ abscindere, amplecti, strangulare atq; irrepere apta sunt, ut edera. Nam uiscum quoq;, & omnino quæ aliquam plantam pro sede capiunt, interimere possunt. Edera & auro, nimio pabuli desiderio, salsugineq; sibi ingenita, arbores necant: sed auro perniciosior est, quòd plus habet salsuginis, Hæc ille. Nulla hîc cytisi mentio, ut uel cæco appareat, rectè à nobis emendatum esse tum Plinij locum, tum Theophrasti superiorem. Obtinuimus itaq; rectam nō inuolutam plantam esse cytisum. Hoc uel corollarij loco addam, non cytison, sed citton, id est hederam, omnia corrumpere, à Theophrasto hic scriptum esse. Nam libro 3. histor. cap. ultimo, ijsdem uerbis de hedera scribit: Ἀπόλλυσι γὰρ πάντα καὶ ἀφαυαίνει, παραιρούμενος τὴν τροφήν. Notandus est insuper Marcelli Vergilij error, qui non modo cytisum cum Plinio & Theodoro & Herm. Barbaro apud Theophrastum inepte legit, quod tantis authoribus eum facere tolerandum erat: sed insuper ita uertit: Theophrastus (ait) testatur hederam alias arbores, hederam uero cytisum, cytisum tandem halimum enecare. Ridiculus iste κλῖμαξ planè falsus est, & nusquam in Theophrasti neq; integris neq; corruptis codicibus reperitur. Sed forte Vergilij ex Bucolicis uersus in mentem ei uenerunt,

Torua leæna lupum sequitur, lupus ipse capellam, Florentē cytisum sequitur lasciua capella: Et Theocritus, Ἁ αἲξ τὸν κύτισον, ὁ λύκος τὰν αἶγα διώκει. Quare cum & ipse de cytiso scriberet, eandem figurã est imitatus. Sed quoniam cōmodum hos de cytiso Vergilij uersus recitaui, subijciã & reliquos eiusdem, in quibus cytisi mentionem facit. Aeglo. 1. Non me pascente capellæ, Florentem cytisum, & salices carpetis amaras. Seruius super hoc loco cytisum genus fruticis uel herbam esse meminit, quæ nascatur inter campos & syluas in Cytiza ciuitate: sic enim scribitur, siue per authoris imperitiam, siue librariorum uitio: nos ex Plinio supra docuimus in Cythno insula una Cycladum primum inuentum hunc fruticem. Scribitur autem Cythnus rectè per τ aspiratum, Κύθνος apud Steph.

Steph. cuius etiam Ouidius meminit libro 7. Metamorphos. Florentemq; Syron, Cythnon, planamq; Seripho. Cytisum uero Græcè omnes per τ scribunt, non th: Latinè uero indocti quidam per th. Et Aegl. 9. Sic cytiso pastæ distentent ubera uaccæ. Aegl. 10. Nec cytiso saturantur apes, nec fronde capellæ. Et Georg. 2. Tondentur cytisi, tædas sylua alta ministrat. Postremo Georg. 3.

At cui lactis amor, cytisum lotosq; frequentes Ipse manu, salsasq; ferat præsepibus herbas.

Cytisi epitheta apud poetas leguntur, florens, uiridis, agrestis, tenuis, ut Ioan. Rauisius obseruauit. Eupolis poeta in fabula quæ inscribitur Aeges, inducit capras de cibis suis & alia quædam iactantes, Καὶ πρὸς τούτοισιν ἔτ᾽ ἄλλ᾽, οἷον κύτισόν τε, ἠδὲ φάσκον εὐώδη, &c. ut Macrobius citat. Satis iam multus in cytiso fuisse mihi uiderer, nisi ex prædictis occasionem pauca quædam adiungendi haberem.
10 Nam quod supra diximus Democritum prædicare nunquam de flore cytisi pabulum contingere apes: admonet me laburni de qua Plinius lib. 16. cap. 18. Laburnum (inquit) aquas odit: Alpina & hæc arbor, nec uulgò nota, dura ac candida materie, cuius florem cubitalem longitudine apes non attingunt. Hæc Plinius: nec alibi apud ullum authorem laburni mentionem reperias. Nos arborem uidimus dependente flore luteo pedem longiore, forma qua pisorum flores: nam & siliquæ subnascũtur. Florem autẽ appellamus oblongam ex multis floribus pendulam congeriem. Folia ei terna, sicut in loto pratensi aut cytiso, sed maiora. Rustici prope Orthodorum inter ortum Rhodani & Lemannum lacum leuit, aut lebit, sua lingua indigetant: & florem testantur apibus infestum, quo uel aluearibus imposito diffugiant, similiter clauo ex arboris materia impacto. Materiam ne sub terra quidem in ædificijs putredinem sentire. Reperitur etiam in montibus circa Toggenburgum Heluetiæ
20 regionem: nec procul Bononia in Apennino. Hanc arborem si quis Alpinum cytisum nominet, propter foliorum materiæq; similitudinem, & eundem aduersus apes effectum (si modo uerè scribit Democritus) meo quidem iudicio non errauerit. Cytisus auget lac, ut eruum: sed dum floret incommodus est, urit enim tantisper & extinguit lac, Aristot. lib. 3. hist. animal. cap. 21. Non mirum igitur si eo tantisper abstineant apes. Albertus Mag. eo in loco, ut solet inepte omnia, pro cytiso cocturem legit, & adhuc ineptius uiciam interpretatur. Præter cytisum & laburnum, arborem quæ folia similia, similiterq; digesta, hoc est terna habeat, anagyrin solam in monasterij cuiusdam horto Venetijs uidi. Hæc etiam fruticosa est arboris instar, & semen in corniculis gignit oblongis: sed graui tetroq; odore à laburno ac cytiso facile distinguetur. Fruticosum illud arbustum, quod Galli uocant bagenaulde, Germani alicubi (Basileæ enim in hortis uidi) **verbrünte küchle**: sic autem proprie nominant
30 placentarum genus turgidum & rotundum, spongiosum intus & imagine fauacea. Istis enim placentulis siue globulis figura & inanitate fruticis huius folliculi bellè respondent. Folia tamen ei non terna, sed bina, è regione, qualia in cicere, pisis, & alijs multis: neq; facultas ulla quæ in gustu maluæ comparari possit. Quanquam autem Dioscorides glaucis folia tam cytiso quàm lenticulæ comparat: lenticulæ autem bina esse non terna constat, non tamen necesse est cytisi quoq; bina esse, figuram enim singulorum foliorum, non quo digeruntur ordinem, Dioscorides in ista comparatione respexit. At Plinius trifolio tam similem fecit cytisum, ut abiq; similitudinis nota ipsum trifolij nomen ei tribuerit: breuiter enim (inquit) si quis exprimere similitudinẽ uelit, angustioris trifolij frutex est. Hoc est, finge trifoliũ (angustiorib. tantũ folijs) lignescere et adolescere in fruticẽ, cytisum habes. Sic alibi de ligustro: Eadẽ (inquit) arbor est quæ in oriente cypros, cum non eandem reuera, sed undiqua
40 que simillimam indicaturus esset. Sed redeo ad bagenauldam Gallorum, quæ hic & propter generis cum cytiso affinitatem, & usum ad pecora, si modo colutea Theophrasti est, omitti nõ debuit. Colutea (inquit Theophrastus libro 3. historiæ plantarum cap. 17.) Liparæ propria traditur, arbos magnitudine præstans, fructum in siliqua ferens, magnitudine lentis, qui oues mirum in modum pinguefacit. Nascitur semine, & fimo præcipuè ouillo. Tempus serendi, cum Arcturus occidit: serendũ semine præmadefacto, cum iam in aqua pullulare incœperit. Habet folium non absimile fœnogræco: germinat primo unicaulis, triennio maxime: quo quidem tempore baculos decidunt. Elegantes enim illos proferre uidetur: & si ita quis (Ruellius nõ recte legit, si quis nimis, quasi ad baculos tantum referret, non ad cacumen) decurtauerit, mox arbor emorietur: haud enim latere plantigera cõstat. Spargit deinde in ramos, quartoq; anno arborescit. Hæc Theophrastus. Colutea (inquit Ruelli
50 us) iam etiam in Gallia prouenit, omnibus nota bagenaulde nomine. Nanq; frutex est quadriennio se in arborem efferens, ramis exilibus, folio fœnogræci, membraneo folliculo, pellucente, prætumido, & ueluti quodam spiritu distendente turgido, ita ut digitis si prematur, crepitans dissiliat: in quo semen atrum, durum, latũ, lentis magnitudine, pisi gustu. Mauritani sermone suo uernaculo sene nominant, duoq; eius faciunt genera, suæ spontis, & hortense. Nam & semine nascitur, in fimo præcipuè ouillo. Addunt ubiq; siliquas oblongas, quibus semina in ordinem utrinq; digesta clauduntur, tenui pendere pediculo. Ob id facile uentorum impetu deturbari, hærentesq; pertinacius perticis decuti. Caducas opiliones legunt, saginandis ouibus perquam utiles. Hæc Ruellius: cuius sententiam Leonardus Fuchsius etiã sequitur, nempe coluteam Theophrasti & sene Arabum eandem esse plantam. Manifestum autem illis est qui utranq; inspexerunt, stirpes toto genere diuer-
60 sas esse. Nam colutea frutex est anno quarto arborescens: sena uero herba cubitalis tantum & annua: folliculis etiam multum discrepant. Folijs forte aliquo modo conueniunt, & ut quidam scribũt purgandi uiribus. Describitur sena à Serapione, quod autem siliquæ tenacius hærentes perticis de-

cutiantur, ut Ruellius tanquam ex Mauritanis scribit, nusquam reperio. Petrus Andr. Matthæolus Senensis in commentarijs Italicis super Delphinio Dioscoridis, senam diligentissime describit, & Ruellij errorem refellit. Quamobrem non immorabor hîc prolixius: sat fuerit hoc indicasse in præsentia, senam Græcis Latinisq; ueteribus fuisse incognitam: bagenauldam uerò coluteam esse etiã ipse sentio, & nisi fallor Matthæolus quoq; eiusdem opinionis uidetur. Illud postremo circa cytisum adijciemus, uideri nobis Matthæolum errare, cum herbam illam quam pro trifolio odorato in prima editione Fuchsius pinxit, eandem esse putat cum illa planta quam ipse pro uero cytiso accipit, flauis aut albis floribus. Nam trifolium illud Fuchsij (quod ille à me admonitus trifolium Dioscoridis non esse sed lotum syluestrem potius, in secunda editione quæ solas imagines habet, in lotum urbanam uertit) flauis floribus nunq; apparet, imò ne albis quidem, sed canis, aut ex albo subcœruleis. Frequentissimum autem apud nos seritur propter quoddam casei secundarij genus, Claronensem uocant, quod nostri hac potissimum herba condire solent: De qua egi in Libello nostro de operibus lactarijs: & agam forsitan aliâs copiosius. Hactenus de cytiso & alijs quibusdã cytisi occasione herbis, prolixius quidem scripsi, non tamen præter institutũ, quod ad animalium historiam. Non enim bubus solum, sed omni pecori, præcipuè autem ouibus, capris, equis, apibus, gallinis, & ipsi etiam homini, maximus cytisi usus à maximæ authoritatis scriptoribus promittitur: & quæ hîc uerbosius dicta sunt, in animalibus cæteris repeti nihil opus erit. Non difficile autem fuerit cytisum aliunde accersitam plantare, cum nullam regionem aspernetur: interim loco eius frondibus ulmeis potissimũ utemur. Nam & Columella illam cæteris præfert frondibus, ut mox ex eius uerbis patebit: Et Aristoteles ulmum apibus gratam, & frondibus eius boues pinguescere testatur. Iucundissimum bubus pabulum adfert ulmus: capræ etiam & oues id appetunt. Varijs generibus soli prouenit: quamobrem à plerisq; seritur. Maxime autem commendatur Attinia, quæ procerior lætiorq; quàm nostras est.

¶ Cytiso aut Medica herba nutrimus boues lactantes: sic enim plus continebunt lactis, Sotion in Geoponicis Græcis. Aristoteles contra, lib. 9. histor. anim. cap. 21. Pabuli genus (inquit) aliud copiã lactis extinguit, ut Medica herba, & præcipue ruminantibus: aliud auget, ut cytisus & eruum. Idem libro 8. cap. 8. Herbæ Medicæ prima falx uitio datur, & cum fœtida aqua rigatur, incommoda est. Et libro 9. cap. 40. Expedit conseuisse apud aluearia, piros, fabas, Medicam herbam, suriam, &c. Dioscorides, pratensi trifolio (inquit) similis Medica recens nata est: crescenti deinde contrahitur & angustius fit folium, profertq; similes trifolio caules, in quibus semen lenticulæ simile, inflexumq; corniculorum modo: quod siccatum suauitatis gratia condimentario sali miscetur. Id uiride emplastri modo impositum, prodest his quæ refrigeranda sunt. Tota autem herba pro gramine utuntur, qui quadrupedes & iumenta pascunt. Hæc ille ex translatione Marcelli Vergilij, qui mutilum corruptumq; hunc de siliquis & seminibus locum suspicatur. Ruellius & Matthæolus ita transtulerunt: Medica siliquas habet corniculorum modo intortas, in quibus semen lentis magnitudine dependet. Ex Hispania (scribit Marcellus in Annotationibus) integros herbę quam illi Medicam censent, cum suo semine caules afferri nobis curauimus. Est autem illius in Hispania quotidianus in iumentorũ pabulo usus: caules cubitales geniculatosq; profert, trifolio undiq; similes. Audiuimusq; ab ijs qui in Hispania rem obseruarunt, quod de ea ab antiquis fertur, quicquid in caule assurgit, in folijs contrahi: nullo cibo prius magisq; lætari & pinguescere iumenta pecusq; omne: parcius dari, quoniam inflet & multum creet sanguinem, quem ducere postea necesse sit: deniq; nihil non ab antiquis traditum de ea nunc etiam inueniri. Quod non conuenit scriptori huic, semen est: quod hic lentis magnitudine indicat, & intortum: in illa uero exiguum, panici minus, papaueris uero semine nõ adeò maius, cum rotunditate oblongum, colore flauescente uidetur: quorum nihil in Dioscoridis Medicę semine est. Siliquam non licuit uidere, sed ut conijcere ex seminis quantitate facile est, gracilem & uitiæ siliqua graciliorem credere oportet, &c. Verba illa, ἐφʼ οἷς τὸ σπέρμα προσπέφυκε φακῷ τὸ μέγεθος, non eodem modo in cunctis leguntur, arguitq; uarietas uitium, Hactenus Marcellus. Ruellius pro ἐφʼ οἷς legit λοβοῖς, id est siliquis. Nunc Petri Matthæoli ex commentarijs in Dioscoridem uerba subijciam: Medica (inquit) quanquam olim uulgaris fuerit, & per totam sata Italiam pro pecore, nostro tamen tempore prorsus nos deseruisse uidetur. Abundat hodie (ut quidam scribunt, in Hispania, & summa diligentia propter pecora colitur: uernacula lingua alfalsa uocant, quæ quidem uox originis est Arabicæ. Nam apud Auicennam in capite Cot, alfasafat (aliâs, al afelet: aliâs, alistiscat) nominatur. Hæc Matthæolus. Ego his diebus ab Hispano accepi patrio sermone alfalses uocari hanc herbã, ad duos aut tres ad summum cubitos excrescere, folia terna loti pratensis instar proferre. Io. Rodericus Lusitanus, qui annotationes quasdam in Dioscoridem reliquit, Medicam Hispanice melguas uocitari author est. Alassest authore Ebenbitar, uox Persica, idem significat quod fassafa, quæ est species trifolij, quod datur equis saginandis, & in Syria pabulum est pecorum omnium: siccum appellant cot, recens alrathbe, Andreas Bellun. Nunc Plinij uerba apponemus ex lib. 18. cap. 16. Medica (inquit) externa, etiam Græciæ, ut à Medis aduecta per bella Persarum, quæ Darius intulit, sed uel in primis dicenda: Tanta dos eius est, cum uno satu amplius quàm tricenis annis duret. Similis est trifolio caule folijsq;, geniculata: quicquid in caule assurgit, folia contrahuntur. Vnum de ea & cytiso uolumen Amphilochus fecit confusim. Solum in quo seratur, elapidatum purgatumq; subigitur

tur autumno: mox aratum & occatum integitur crate iterum & tertium, quinis diebus interpositis, & fimo addito. Poscit autem siccum succosumque, uel riguum. Ita præparato seritur mense Maio, aliâs pruinis obnoxia. Opus est densitate seminis omnia occupari, internascentesque herbas excludi: id præstant in iugera modia uicena. Cauendum ne aduratur, terraque protinus integi debet. Si sit humidum solum herbosumue, uincitur, & desciscit in pratum. Ideo protinus altitudine unciali herbis omnibus liberanda est manu potius quàm sarculo. Secatur incipiens florere, & quotiens refloruit. Id sexies euenit per annos, cum minimum quater. In semen maturescere prohibendum est, quia pabulum utilius est usque ad trimatum. Verno seri debet, liberarique cæteris herbis: ad trimatum marris ad solum radi. Itaque reliquæ herbæ intereunt sine ipsius damno, propter altitudinem radicum. Si e-
10 uicerint herbæ, remedium unicum est aratro, sæpius uertendo, donec omnes aliæ radices intereant. Dari non ad satietatem debet, ne repellere sanguinem necesse sit: & uiridis utilior est. Arescit surculose, ac postremo in puluerem inutilem extenuatur. De cytiso cui & ipsi principatus datur in pabulis, affatim diximus inter frutices, Hactenus Plinius. Medica herba stercoris & urinæ causa perit, ut quidam dixere, Theophrastus. Et alibi: Herbæ quædam diminutæ tonsæque meliores euadunt, ceu porrum, brassica, Medica, &c. tollitur enim acredo & siccitas, & radices ualidiores redduntur. Multis regionibus Medica natu satis morosa, alijs cumulatim emergit: cum seritur decem annis durat: per annum deinde quater rectè, interdum sexies demetitur: agrum stercorat, omne emaciatum armentum ex ea pinguescit: ægrotanti pecori remedium est. Ad maciem equorum, ut Columella prodidit, nulla res tantū quantum Medica potest. Flos in purpureum colorē spectat. Hac herba (Ruellij
20 uerbis utor) pleri que tractus Galliæ uirent, quam uernacula consuetudine grande treflon, quasi trifolium uocant. Alij quod allatum sit à Burgundionibus semen auorum nostrorum memoria, Burgundiense fœnum agricolæ nominant. Rura quædam etiam apud nos fœnaciam sermone patrio dicunt. Ruris disciplinæ prudentes Medicam iactato semine serunt, adiecta nostratis auenæ portiuncula: eam siquidem radiculis fundamenta iacere putant, quibus comprehendens firmius nitatur. Sed & pleraque prata scatent apud nos Medica, quæ uel naturę sponte, uel cœli conditione nata est: nisi quædam olim illic satæ reliquiarum uestigia restent, quę herboso (uti solet) cespite uicta, desciuit in pratum. Hanc Marcellus Vergilius dum in lucem reuocare conatur, magis eius obliterauit cognitionem. Vereor sanè ne cytisum ille pro Medica uiderit: nam hac ferè facie, quam explicat, repręsentatur, & Hispanijs etiam frequens. Fieri oleum ex Medica tradunt ad neruorum tremores effi-
30 cax, Hactenus Ruellius. Quod autem oleum alcot ad tremorem maxime commendetur, author est Auicenna. Ego liquorem ex alfalfes Hispanorum ui ignis elicitum per instrumenta, egregiam aduersus calculum opem ferre audio. Medicæ herbę genus esse crediderim quam in Heluetia nostra quidam trifolium maius uocant, **groſſen klee**, Hieronymus Tragus fœnograecum syluestre: folia ei loti pratensis, sed bina: ternis aut quaternis per singulos ramulos binorum foliorū ordinibus: quorum in gustu dulcedo tanta, ut uel glycyrrhizam prouocent. Coliculi cubitales, & aliquando bicubitales, ab una radice plures exeunt, transuersi ferè per terram sparsi, subruffi, geniculati, multis alarum cauis. Flores candicant. Siliquæ modice incuruæ & lunatę in mucronem exeunt, triangulæ, eminente ab una parte angulo per longitudinem quæ duorum digitorum est, ab altera carinatæ: in quibus semina fœnograeco minora paulò, angulosa, specie renum, colore lutea, sapore uiciæ. Radix
40 alba, cubiti aut sesquicubiti etiam altitudine descendit, crassitudine pollicari, lenta & tenax, uetustate ruffescit: minus dulcis quàm superficies, imò subamara ferè. Nascitur iuxta uias, & locis siccis, ut montanis uel arenosis interdum. Herba omnino in multos annos uiuacissima. Hieronymus Tragus lotum syluestrem siue Libycam esse suspicatur: sed sapor medicatus abest. Ego iam olim & nostro sæculo primus syluestrem lotum illam esse ostendi, quam nostri uocant **ſtundkraut**. Rustici quidam apud nos folia trifolij maioris sui ad uomitum prouocandum edunt, aduersus crapulam præsertim: nimia enim sui dulcedine & nescio qua indicibili qualitate nauseam ciet. Medica (inquit Hermolaus Barbarus) imperitia uulgi melica uocari cœpit. Hac quondam plena erat Venetia, sed pridem perijt: nunc in eandem prouinciam reuerti eam quasi postliminio curauimus, ab annis multis ferè non uisam in Italia, sed ne intellectam quidem magnopere qualis esset, allatam ex Africa in
50 Campaniam. Semen eius sub dente phaseoli recentis saporem præsentat, Hæc Hermolaus. Impulit eum opinor in hunc errorem Albertus Magnus, qui circa finem libri 3. de animalibus, Quædam pascua (inquit) lac minuunt, ut granum quod melega uocatur, & à nonnullis surigum. Aristoteles hoc Medicæ attribuerat: Alberto nominis uicinitas imposuit. Culmos melega (uel sorgi, ut Fuchsius appellat: cuius hæc uerba sunt) quatuor aut quinque habet, altos, crassos, geniculatos, rubicundos, folijs uestitos longis, latis & in summitate acuminatis, harundini non dissimilibus: spicam quàm panicum maiorem ac densiorem, rufam & barbatam, in qua semen rufum, rotundum, lentis magnitudine, & acuminatum. Florem luteum. Radicem multis fibris capillatam. Semen dulce est, & gustu planè panicum refert, Hæc Fuchsius. Ex iubis eius scopæ uestiariæ fiunt. Errat Ruellius cum scribit panicum in Italia melegam uocitari. Melega enim Longobardorum, non alia est quàm sorgo
60 alibi dicta, & in Hetruria sagina (nimirum à saginando pecore) Panicum uero per omnem Italiam priscum nomen Latinum retinuit. Μηδικὴ πόα, ἡ τρίφυλλος, οἱ δὲ λωτὸν ἥμερον ἀρμόζοντα, Varinus: sed in huiusmodi rebus grammatici fide digni nō sunt. In Græcia tempore Eustathij archiepiscopi Thes

ſalonicæ Medica herba nomen uetus adhuc ſeruabat, ut ipſe ſcribit in commentarijs in Dionyſium: nec dubito quin hodieq; ſeruet. Hæc hactenus de Medica. ¶Bubus frondem populneam, ulmeam, querneam, ficulneamq; uſq; dum habebis, dato, Cato. Folia populnea quernaq; animalibus Cato iubet dari non perarida: bubus quidem & ficulnea, ilignaq; & ederacea: Dantur & ex harundine & lauro, Plinius: qui alibi etiam eruum bubus iumentisq; utiliſſimum eſſe ſcribit. Ex cibis nemo dubitat, quin optimi ſint, uicia in faſcem ligata, & cicercula, itemq; pratenſe fœnum. Minus commode tuemur armentum paleis, quæ ubiq; & quibuſdam regionibus ſolæ præſidio ſunt, eæ probantur maxime ex milio, tum ex ordeo, mox etiam ex tritico: ſed iumẽtis iuſtam operam reddentibus, ordeum præter has præbetur. Quibus alimentis potiſſimum quæque pecudum paſcatur habenda ratio: nec ſolum quod fœno ſatura ſit equa, aut bos, cum ſues hoc uitent, & quærant glandem: ſed quod ordeum, & faba interdum ſit quibuſdam obijciendum, & dandum bubus lupinum, & lactarijs Medica, & cytiſum, Varro. Fabę largius datæ copiam efficiunt lactis, Ariſtot. Miratus ſum aliquando cicuta etiam non abſtinere boues, nec uiridi, nec arida. uidi enim magnos cicutæ faſces ex pratis collectos pro cibo uaccis offerri. Noſtri hanc herbam uocant **roſſkümich**, id eſt, carum equinum, alij **katbenglen/zigerkrut/wutſcherling**, & alij aliter. Hæc aſinis quàm noxia ſit ſupra retulimus. Ranunculo ſimilem herbam, quam coronopodem aliqui putant, floribus aureis, inter uerna olera uulgarem, butyri colorem commendare credunt ſi à uaccis depaſta fuerit: eam ob cauſam Germani inferiores nominant **butterblůmen**, noſtri à ſplendore **glyßblůmen**, & **alpblůmen**, quòd in alpibus uaccis pergrata ſit. Eſt & alia in paluſtribus naſcens flore ſimili maiore, folio rotundo, crenato, radicibus albis capillatis, ſapore ferè betæ: noſtri uocant **maßblůmen**, id eſt, flores paluſtres, alij **dotterblůmen**, à colore uitelli, alij **ſchmårblůmen**, quod tanquam uncti niteant: Galli pratenſes bacinos: Nos idem genus in hortis daſypodion, id eſt denſis confertisq; florum folijs, almus. Ruellius chamæleucen interpretatur: cui ego non aſſenſerim, Chamæleuce enim uerius eadem quæ tuſſilago eſt. Butomon planta ſimilis eſt arundini, quã boues edunt, Suidas: de quo plura mox in H. dicemus. Galion herba eſt cubitalis, foliolis anguſtis & per genicula radiatis ſimul pluribus: flore flauo, conferto, muſcoſo, odorato, abſtinent eo boues: ut et urticæ ſimili herba fœtida, & marrubij quodam genere fœtido, quod in aruis & noualibus naſcitur, aliud quàm ballote, longioribus & in acutum exeuntibus folijs, crenatis. De alijs quibuſdam herbis quæ bubus noxiæ aut uenenoſæ ſunt, mox in morbis eorum dicemus. Bobus (inquit Columella) pro tẽporibus anni pabula diſpenſantur. Ianuario menſe ſingulis freſi, & aqua macerati erui quaternos ſextarios miſtos paleis dare conuenit, uel lupini macerati modios, uel cicerculæ maceratæ ſemodium, & ſuper hæc affatim paleas: licet etiam, ſi ſit leguminum inopia, & elata, & ſiccata uinacea, quę de lora eximuntur, cum paleis miſcere. Nec dubium eſt, quin ea longe melius cum ſuis folliculis antequam eluantur, præberi poſſint: nam & cibi, & uini uires habent, nitidumq;, & hilare, & corpulentum pecus faciunt: grano abſtinemus. Frondis aridæ corbis pabulatoria modiorum uiginti ſufficit, uel fœni pondo triginta, uel ſi non, modius uiridis laureæ, & iligneæ frondis: ſed his, ſi regionis copia permittat, glans adijcitur, quæ niſi ad ſatietatem detur, ſcabiem parit: poteſt etiam ſi prouentus utilitatẽ facit, ſemodius fabæ freſæ pręberi. Mẽſe Februario plerunque eadem cibaria ſufficiunt. Martio, & Aprili debet ad fœni pondus adijci, quia terra proſcinditur: ſat autem erit pondo quadragena ſingulis dari: ab Idibus tamen menſis Aprilis uſq; in Idus Iunias uiride pabulum recte ſecatur: poteſt etiã in Calen. Iulias frigidioribus locis idem præſtari: à quo tempore in Calen. Nouemb. tota æſtate, & deinde autumno ſatientur fronde, quæ tamen nõ ante eſt utilis, quàm cum maturuerit uel imbribus, uel aſſiduis roribus: probaturq; maxime ulmea, poſt fraxinea, & ab hac populnea: ultimæ ſunt iligna, & quernea, & laurea, ſed poſt æſtatem neceſſarie deficientibus cæteris, poſſunt etiam & folia ficulnea probe dari, ſi ſit eorũ copia, aut ſtringere arbores expediat: iligna tamen uel melior eſt quernea, ſed eius generis, quod ſpinas nõ habet: nam id quoque uti iuniperus reſpuitur à pecore propter aculeos. Nouemb. menſe ac Decembri, per ſementem, quantum appetit bos, tantum præbendum eſt: plerunq; tamen ſufficiunt ſingulis modij glandis, & paleæ ad ſatietatem datæ, uel lupini macerati modij, uel erui aqua conſperſi ſextarij VII. permiſti paleis, uel cicerculæ ſimiliter conſperſæ ſextarij XII. miſti paleis, uel ſinguli modij uinaceorum, ſi ijs, ut ſupra dixi, large paleæ adijciantur, uel ſi nihil horũ eſt, per ſe fœni pondo quadraginta, Hæc Columella. Fœnum alibi bis tantum, alibi ter aut quater etiam anno ſecatur. Armentorum id cura, iumentorumq; progeneratio ſuum cuiq; conſilium dabit optimum, maximè quadrigarum quæſtus, Plinius. Sufficiunt ſingulis boum iugis erui modij quini ſati. Martio menſe ſatum, noxium eſſe bubus aiunt: item autumno grauedinoſum: innoxium autem fieri primo uere ſatum, Idem. Bubus glandem circa brumam aſpergi conuenit, in iuga ſingula modios 240. Largior ualetudinem infeſtat: & quocunq; tempore detur, ſi minus triginta diebus continuis data ſit, narrant uerna ſcabie pœnitere, Plinius. Lupini modij ſinguli bouem unum ſatiant, ualidumq; præſtant, Idem. Palea plures gentium pro fœno utuntur: Melior ea quæ tenuior minutiorq;, & pulueri propior: ideo optima è milio, proxima hordeo, peſſima ex tritico, præterquam iumentis opere laborantibus. Culmum ſaxoſis locis cum inaruit, baculo frangunt ſubſtratu animalium. Si palea defecit, & culmus teritur. Ratio hæc, maturius deſectus muria diu reſperſus, dehinc ſiccatus in manipulos conuoluitur, atque ita pro fœno bubus datur, Plin. Vinaceos per autumnũ quotidie recentes ſuccernito: Lectos exſiccato, reſtibus

restibus subtentis, cribro illi rei parato, siccos conculcato in dolia picata, uel in lacum uinarium picatum, id bene operito, iubetoq; oblini, uti habeas quod des bubus per hyemem, Cato. Hordei stipulam bubus gratissimam seruant, Plin. Maxime studendum est ut competentibus redũdantibusq; saturi semper habeantur & pingues. Omnis enim ægritudo exordium sumit ex macie. Exhaustum animal celerius labor frangit, æstus uexat, frigus penetrat. Non solum enim æstiuis mensibus pascuum sufficit, ubi frondes diuersi generis addantur, & minuat uarietas ipsa fastidium. Hyeme non tantum paleis, sed fœno quoq; & hordeo, & sæpius eruo saginandi sunt boues. Nullus autem uberiores ciborum repudiabit expensas, qui considerare uoluerit boum per inopiam pereuntium quàm cariora sunt pretia, Vegetius 3.1.M. Varro turdorum fimo ex auiarijs ad agros lętificandos principatum
10 dat: quod etiam pabulo boum suumq; magnificat, neq; alio cibo celerius pinguescere asseuerat, Pli. Boues quidam luporũ instar carniuori sunt, Rasis. Theophrastus prodidit boues quoq; pisce uesci, sed non nisi uiuente. Apud Pæones qui Prasiadem paludem habitant, equis & subiugalibus pisces pro pabulo præbent, Herodotus. In Narbonensi prouincia nobilis fons Orge nomine est: in eo herbę nascuntur in tantum expetitæ bubus, ut mersis capitibus totis eas quærant. In remotissimis ad Septentrionem Oceani Germanici insulis boues adeo pinguescunt, ut periculum eis sit ne moriatur præ pinguitudine. Facile saginantur, si labore abstineant. Augentur iuuencæ amplius cum plus temporis expertes Veneris degunt, ut iam in Epiroticis diximus, Aristot.

¶Boues & equi sorbendo bibunt, ut & reliqua animalia quorum dentes continui sunt, Aristot. & Plinius. Bos contra quàm equus nisi aqua sit clara, frigida atq; limpida, bibere nolit, Aristot. A-
20 quam quidem istius generis animal non requirit nitidissimam, nec usq; adeò læditur si sordidam biberit: Sed tamen bubulci diligentis est procurare, ut mundam semper & optimam bibat, Vegetius. Per æstatem boues aquam bonam & liquidam bibant, semper curato, ut ualeant refert, Cato. Theophrastus in Thurijs Crathin, candorem facere tradit, Sybarin nigritiam bobus ac pecoribus, Plin. Aestate ad aquam appellendum bis, hyeme semel, Varro.

¶Bubus tantum fœminis uox grauior, in alio omni genere exilior (tenuior & acutior) quàm maribus, quod maxime in homine patet, Aristot. & Plin. Vitulis etiam uox grauior quàm adultis, perfectisq;: quamobrem his castratis uox è contrario mutatur: transeunt enim quæ castrantur in fœminã. In cæteris animalibus uox maribus grauior, fœminis acutior est, Aristot. Albertus Magnus uaccam ait eò quod corpore atribiliario, id est frigidæ & crassæ cõstitutionis sit, grauius sonare: tauros autem
30 beneficio sexus magis ad temperamentum accedere, eiusq; gratia uocem habere acutiorem. Cætera omnia (inquit Aristot.) cum natu minora sunt, uocem mittunt acutiorem: uituli autem bubuli grauiorem, ut & uaccæ quàm tauri. Vituli enim & uaccæ partem quam mouent non habent ualidam, alteri propter ætatem, alterę propter fœminei sexus naturam. Vas nempe per quod primum spiritus fertur, amplum in ijs est, multumq; aëris mouere cogitur: multum autem, præsertim si tardè moueat, graue sonat. Cæteris animalibus uas illud angustius est.

¶Boues grauidas negant præterq; dextero uuluæ sinu ferre, etiam cum geminos ferant, Plin. Taurus quidam cum statim à castratione inijsset, impleuit: quoniam nondum execti essent meatus, Arist.

Boues etiam somniare palàm est: ut omnia ferè quæ animal pariunt. Impendentem pestem, & terræ motum, & cœli salubritatem, & frugum fertilitatem prǽsentiunt: Neq;, tametsi ratione carent, ab
40 eorum quæ sibi aut salutem, aut perniciem afferre queunt, intelligentia aberrant, Aelianus. Vita fœminis quindecim annis longissima: maribus uiginti: robur in quimatu, Plinius. Viuunt magna ex parte fœminæ annos quindecim, atq; etiam mares excisi: nonnullis ætas, uel ad uiginti annos, atq; etiam plures, si corpore bene habito sint: nam excisos assuefaciunt, & duces constituunt boum, ut ouium, qui plus temporis quàm cæteri uiuunt usu exercitij, & copia pabuli. Vigent quinquennes maxime: quocirca Homerum quidam recte dixisse aiunt, Quinquennem taurum, & bouis lustro florẽtis. Idem nanq; significari arbitrantur, Aristotel. Aetas boum dignoscitur ex dentibus: mutãt enim anteriores anno euoluto & decem uel octo mensibus: deinde post sex menses paulatim amittunt proximos, donec intra triennium omnes mutauerint. Quo quidem tempore optimè habiti sunt, & in uigore ad decem usq; uel duodecim annos perseuerant. Viuunt ad quatuordecim usq; uel quindecim
50 annos. In statu dentes habent pulchros, longos & æquales: qui per senectutem eis imminuuntur, nigrescunt, & corroduntur, Pet. Crescentiensis. Nostri ex circulis quibusdam qui circa uaccarum cornua nascuntur supernè ferè, de ætate iudicant: illi in quimatu ferè terni sunt, postea plures. Sunt qui quoties fœta fuerit, toties singulos adnasci circulos existiment. Bubulum lac fertilius caseo est, quàm caprinum. Cum enim ex amphora lactis caprini formagines obolæ undeuiginti conficiantur, bubulum eadem mensura triginta facit, ut pastores confirmant, Aristot. Bouis lac crassissimum est: cur autem paucius proportione sui corporis sit, in caprini mentione infra dicemus ex Aristotele. Pusillæ buculæ quas Phasiana regio fert, singulæ abunde beneficio pabuli mulgentur: & Epiroticæ uaccæ præ sua præcipua magnitudine, amphoras singulas singulæ implent lactis, mensurę; eius dimidium mammis duabus præstant. Quantum lactis prouenerit primum concrescens, perinde ut lapis dure-
60 scit: quod ita accidit, nisi aqua admisceatur. Lac à partu utile est: antequam peperit, caret lacte, Arist.

Vaccæ purgantur menstruis mensura quidem amplius quàm oues & capræ: proportione autem multò minus, Aristot. In uaccis interdum purgatio menstrua quinto quoq; mense apparet in regio-

d

nibus ualde calidis, reliquo tempore cum urina excernitur: cuius rei indicium est, quod urina fœminarum omnium animaliũ tenuior est cum grauida sunt quàm aliâs, Aristot. Vaccæ acriorem quàm tauri reddunt urinam, Idem. Menses & uaccis fiunt, ut equabus, sed minus, Idem. Bos fœmina cum coitum affectat, leuiter purgatur mensibus, quantum heminæ dimidium, aut paulò plus. Tempus autem coëundi tunc potissimum est cum purgatur, Aristot. Adferemus & infra nonnihil de libidine & coitu taurorum præter ea quæ hic dicuntur. In Aegypti uico Schussa nuncupato, non magno quidẽ, sed certè eleganti, qui in Hermopolitæ præfecturam censetur, Venerem religiose & sanctissime colunt, quam Vraniam appellant: Atq; uaccam etiam ideo uenerantur, quia affinitatem & conuenientiam cum dea ipsa habere existimetur. Etenim huiuscemodi bestia tãtopere ad Venerem incitata est, ut cum maris mugitum audit, ad coitum uehemẽtissime exardescat. Atq; adeò, sicut harum rerum experientes confirmant, taurum à trigintã stadijs ipso mugitu amatoriam significationem, quasi tesserã Veneris dantem, exaudiat. Itemq; Isim bubulis cornibus Aegyptij & fingunt, & pingunt, Aelianus. Vacca cum appetit coitum (appetit autem non diutius quàm tres horas) tum quàm maximum potest, mugitum edit. Ac nisi hoc trium horarum spatio taurus accurrerit, in aliud certum tempus, quod per raro accidit, naturam claudit. Taurus autem uel longo loci interuallo, ex clamore illius appetitionem auribus concipiens, celerrime ad coitum accurrere festinat, Aelianus. Vaccæ ex fœminis potissimũ, post equas, libidine incenduntur. Tauriunt enim & efferantur adeò, ut bubulci eas tenere aut capere nequeant. Indicium tum equæ tum uaccæ suæ libidinis præstant, genitalis specie prominẽtiore. Vaccæ etiam mingunt crebrius more equarum. Ad hæc, uaccæ tauros superueniunt, & sequuntur sedulò, & assistunt. Turgent ad coitum prius minores natu, quàm maiores, tum in equorum genere, tum in boum, Aristot. Mensem unum uel triginta dies ante admissuram obseruari solet, ne fœminæ cibo & potione se impleant: quamobrem pabuli pars eis subtrahenda est: quòd existimatur facilius graciliores & macræ (macescentes) concipere, ac semen attrahere: nimia uerò corporis obesitas steriles reddit. Contrà tauros, duobus mensibus ante admissuram herba & palea ac fœno pleniores facere conuenit, & à fœminis secernere, ut uires habeant & fortius ineant. Hoc et armentarij & opiliones obseruant. Vnum marem quindecim uaccis sufficere abunde est, Columel. Varro habere se tauros totidẽ scribit, quot Atticus, ad matrices septuaginta, duos, unum anniculum, alterum bimũ. Hoc secundũ astri exortum se facere, quod Græci uocant lyram, fidem Latini tum deniq; tauros in gregem redigere. Iuuenca aliquando annicula peperit, ut educari augeriq;, quantum genus exigeret, licuerit. Recentior uerò quàm annicula non patitur Venerem, nisi ostento. Iam enim uel quarto ætatis mense coisse perspectum est, Aristot. Non minores oportet iniri quàm bimas, ut trimę pariant, eo melius si quadrimæ. Pleræq; pariunt in decem annos, quædam etiam in plures, Varro. Cum excesserint annos decem fœtibus inutiles sunt. Si tamẽ ante bimatum conceperint, partum earum remoueri placet, ac per triduum, ne laborent, ubera exprimi, postea mulctra prohiberi. Nec ante ætatem trimam tauros his oportet admitti. Sed erit studium diligentis, amotis senioribus, nouellas subinde conducere, & steriles aratro ac laboribus deputare, Pallad. Coitus à delphini exortu ad pridie nonas Ianuarij diebus triginta, aliquibus & autumno: gentibus quidem quæ lacte uiuunt ita dispensatus, ut omni tempore anni supersit id alimentum, Plin. Maximè idoneum tempus ad concipiendum à delphini exortu usque ad dies quadraginta aut paulò plus. Quæ enim ita conceperint, temperatissimo anni tempore pariunt, Varro. Tempus admissuræ optimum, secundum alios, medium ueris existit. Initium coitus plurimis quidem mense Aprili & Maio: sed nõnullæ etiam ad autumnum usq; tempus coëundi deducũt, Aristot. Mense Iulio fœminæ maribus plerunq; (maximè) permittendę, (submittendæ) ut eo tempore conceptos proximo uere adultis iam pabulis edant: quia decem mensium partus sic poterit maturo uere concludi. Nam decem mensibus uentrem perferunt, neq; ex imperio magistri, sed sua sponte marem patiuntur. Atq; in id ferè, quod dixi, tempus, naturalia congruunt desyderia, quoniam post uernam pinguedinẽ gestientes, & pabuli nimietate exhilaratæ lasciuiunt, Columel. & Pallad. Quod si aut fœmina recusat, aut non appetit taurus (eadem ratione qua fastidiẽtibus equis mox præcipiemus) elicitur cupiditas odore genitalium admoto naribus, Columel. Si autem uaccæ non exceperint tauros, præcordium squillæ, hoc est tenerrimæ squillæ partes, atq; (ut quispiam dixerit) pingue ipsum aqua tundendum est, ex eoq;, ubi fuerint abstersi, uaccarum sinus ungendi, Quintilij. De tauris ad libidinem excitandis seorsim etiam infra dicemus. In uaccis equabusq; maximè conceptus indicium fit, cum menses cessãrunt, spacio temporis bimestri, trimestri, quadrimestri, semestri: sed id percipere difficile est, nisi quis iandudum secutus, assuetusq; admodum sit: quamobrẽ non desunt, qui menses in his animalibus negent, Aristot. Hoc admirandum, quod fertur, ex boue castrato etiam, si statim admiseris, uaccam concipere. Si abundantia pabuli est in regione, qua pascimus, potest annis omnibus in fœturam uacca submitti. Si uero indigetur hoc genere, alternis temporibus onerandæ sunt, maximeq;, si eædem uaccæ alicui operi seruire consueuerunt, Palladius. Sed non dubium est, ubi pabuli sit lætitia, posse omnibus annis partum educari: at ubi penuria est, alternis summitti: quod maxime in operarijs fieri placet, ut & uituli annui temporis spatio lacte satientur, nec forda simul operis, & uteri grauetur onere. Vacca cum partum edidit, nisi cibis fulta est, quamuis bona nutrix labore fatigata nato subtrahit alimentum. Itaq; & fœtæ cytisus uiridis, & torrefactum ordeum, maceratumq; eruum præbetur, uel tenero olere commisto, torrido, molitoq; milio, & per unam noctem lacte

cte macerato saliuatur. Melius etiam in hos usus Altinæ uaccæ probantur, quas eius regionis incolæ ceuas appellant: eæ sunt humilis staturæ, lactis abundantes, propter quod remotis earum fœtibus, generosum pecus alienis educatur uberibus: uel si hoc præsidium non adest, faba fresa, & uinum recte tolerat, idque præcipue in magnis gregibus fieri oportet, Columella. Boues fœtæ pinguescunt dū gerunt uterum, eduntque amplius, ut etiam aliæ quadrupedes. Boues circa Toronam, paucis ante partum diebus, lacte carent: reliquo tempore habent perpetuo. Ventrem ferunt decem menses, Varro. Pariunt mense decimo: quicquid ante genitum, inutile est, & non uitale. Sunt authores, ipso complēte decimum mensem die, parere, Plinius. Quandiu uiuunt & coire solent & parere. Pariunt singulos, geminos raro, Aristot. Ferunt uterum mēses nouem, decimo pariunt. Sunt qui decem totos men 10 ses, exceptis paucis diebus, affirment. Quod autem in lucem præcurrerit hæc tempora, id abortiuum est, uitaleque minime, etiamsi paulò maturauerit partum: præmolli nanque, imperfectaque ungula prodit, Aristot. Mas ubi iuuencam superuenit, certis signis comprehendere licet, quem sexum generauerit, quoniam si parte dextra desiluit, marem seminasse manifestum est: si læua, fœminam: id tamen uerum esse non aliter apparet quàm ubi post unum coitum forda non admittit taurum: quod & ipsum raro accidit. Nam quamuis plena fœtu nō expletur libidine, adeo ultra naturæ terminos etiam in pecudibus plurimum pollent blandæ uoluptatis illecebræ, Columella, Varro, & Africanus. Cæterum si desyderes ut id quod orietur sit masculus, quo tempore coëundum est, uinculo sinistrum testem excipito. Sin autem fœmina, dextrum similiter deligato. At nonnulli id ipsum naturaliter faciūt: qui quidem si masculum nasci uolunt, spirante Borea congressus præparant: sin contra, fœminam, 20 aëre existente Austrino, Africanus. Aprili mense uituli nasci solent, quorum matres abundantia pabuli iuuentur, ut sufficere possint tributo laboris, & lactis. Ipsis autem uitulis tostum molitumque milium cum lacte misceatur, saliuati more præbendum, Palladius. Cum parere cœperint, secundum stabula pabulum seruari oportet integrum, quod egredientes degustare possint, fastidiosæ enim fiunt, Varro. Vaccæ per æstatem fœcundiores pluuiosam instare hyemem indicāt. Aliâs, Cum uaccæ plures grauidæ sunt, & facile initum patiuntur, nimirum pro signo hyemis & imbrium id accipitur, Aristot. Neque enim fieri posset, ut Alberto placet, animal siccum fœcūdo & genitali humore abundare, nisi iam à cœlesti influxu stellarum, quæ annum regūt, humor in eis commoueretur. Tolerat frigus hoc armenti genus, et potest facile hybernare sub dio: prouidendum tamen quo recipiunt se frigidus locus ne sit: algor enim eas & fames macrescere cogit. Calore igitur sub dio, frigoribus intra tectum 30 manere oportet. Sed laxo spatio consepta facienda sunt, ne in angustijs stent, aut feriantur, aut concurrant, & ut inualida fortioris ictus effugiat, nec iniuria fiat grauidarum, & conceptum altera alterius elidat. Propter tabanos etiam & bestiolas quasdam minutas, aliqui solent includere septis ne cōcitentur. Octo pedes ad spatium standi singulis boum paribus abundant, & in porrectione quindecim. Stabula equorum uel boum meridianas plagas respiciant, non tamen egeant septentrionis luminibus, quæ per hyemem clausa nihil noceant, per æstatem patefacta refrigerent. Optima sunt saxo aut glarea (glareis) strata, non incommoda tamen etiam sabulosa: (arenis strata) illa, quod imbres respuant: hæc, quod celeriter sorbeant transmittantque. Sed utraque deuexa sint (propter ungulas animalium ab omni humore suspensa) ut humorem effundant, spectentque ad meridiem, ut facile siccentur, & frigidis uentis non sint obnoxia (uel, propter flatus glaciales, quibus aliquis resistere debet ob 40 iectus.) Substerni oportet frondem aliudúe quid in cubilia, quo mollius conquiescāt. Boues nitidiores fient, si focum proxime habeant, & ignis lumen intendant. Præsepium oportet extructum esse diligenter, ne quid pabuli inter pedes animalium pereat. Bubilia bona beneque ædificata, bonas præsepes, faliscas habeāt clatratas. Clatros inter se oportet pede distare. Si ita feceris, pabulum boues nō eijcient, Cato. In incendijs si fimi aliquid egeratur è stabulis, facilius extrahi, nec recurrere oues bouesque fertur, Plinius. Hybernæ stabulationi boum præparanda sunt stramenta, quæ mense Augusto intra dies triginta sublatæ messis præcisa, in aceruum extrui debent: horum desectio cum pecori, tum agro est utilis: liberantur arua sentibus, qui æstiuo tempore per caniculæ ortum recisi, pleraque radicitus intereunt, & stramentis pecoris subiecti plurimum stercoris efficiunt. Hæc cum ita curauerimus, tum & omne genus pabuli præparabimus, dabimusque operam, ne penuria cibi macrescat pe- 50 cus. Leuis autem cura pascui est: nam ut lætior herba consurgat, ferè ultimo tempore æstatis incenditur: ea res & teneriora pabula recreat, & sentibus ustis fruticem surrecturum in altitudinem compescit. Ipsis uero corporibus affert salubritatem, iuxta conseptum saxis & canalibus sal superiectus, ad quem saturę pabulo libenter recurrunt, cum pastorali signo quasi receptui canitur: nam id quoque semper crepusculo fieri debet, ut ad sonum buccinæ pecus, si quod in syluis substiterit, septa repetere consuescat: sic enim recognosci grex poterit, numerusque censeri, si ueluti ex militari disciplina intra stabularij castra manserint, Columella.

¶ De boum sanitate tuenda complura sunt, quæ exscripta ex Magonis libris, armentarius suus crebro ut legeret M. Varro curabat. Laborant armenta uehementius pruina solicitata quàm niue. Quocunque autem tempore, sed maxime æstate, si boues concitentur ad cursum, aut aluus eorum ad 60 perniciem soluitur, aut febriculæ commouentur. Natura enim pigrum animal bos, & labori potius quàm uelocitati accommodum, uehementer læditur si ad opus cogatur insuetum, Colum. & Vegetius. Plantæ oliuarum primo surculari debent, ita ut simplex stylus altitudinem maximi scrobis

d 2

excedat: deinde arando ne coxã bos aliamúe partem corporis offendat, optimum est etiã constitutas plantas circũmunire caueis, Columella. Cauendũ pręcipuè est, ne aut cursu nimio, aut longò itinere fatigentur, uel ullis grauioribus certe oneribus affligantur: nimiam enim lassitudinem sequitur ęgritudo, & omne animal est debile si rumpitur, Veget. Vt longæui & sani sint boues, bubulcũ cõuenit prouidere uel dominum, ut à frigoribus calidissimo cubili muniantur, & si fieri potest, semper foco uicini sint boues. Quodam em̃ beneficio naturali eiusmodi animalibus semper ignis commodũ est: siue ꝙ inutilis & pestifer humor exudat, siue cõceptũ ex pastu uel opere frigus expellit, siue in flammarũ halitu interna curant. Bouile loco sicco statuendũ est, assiduecꝫ mundandũ, ita ꝙ quotidie pabulũ ad edendũ inutile substernat, ut boues siccius & mollius cubẽt. Parũ quocꝫ fastidij est cũ boues reuocant ex opere, ut colla eorũ ex uino tepido perfundant, & diutissime perfricẽtur. Cũ uero de uia uel pastu redeũt luculentia adhibita, priuscꝫ deducant ad bouile, aqua diluendi pedes, ne inhærẽtes corpori sordes ulcera generent, uel ungulas faciant molliores, uel certe molestiam manducantibus, uel inquietudinẽ afferant dormituris. Sed hyeme omni solertia frigus est prohibendũ, uelut æstiuis mensibus pura aura quærenda. Per diem igitur sub umbra, per noctem sub diuo boues stare conuenit. Non enim pauciores si æstuauerint, quàm si alserint, colligunt morbos, Veget. Omnes ferè incerti sunt obscuricꝫ animaliũ affectus. Quí enim discere aliquis possit, aut à quo percontari, quonã affectu aut morbo ipsum animal cõflictet? Si igit̃ silphiũ cõtusum ex uino meraco et nigro in nares illis infundas, omnẽ obscurũ affectũ facile ꝑsanabis. Democritus aũt cõsulit ut uere ipso incipiẽte, squillę atcꝫ rhamni radicẽ boũ poculo permisceamus, quatuordecim dierũ spatio. Si uero manifesto morbo laborent, elelisphacũ (id est saluiã) montano ex loco collectũ, prasiumcꝫ, in aqua, quã bibituri sunt boues, pari dierũ numero infundẽs offerẽscꝫ illos restitues. Id q̃d nõ solũ bubus, sed etiã alijs pecoribus opitulat̃. Sal præterea nutrimẽtis cõfusum, cõducit mire. (Multi largo sale miscẽt pabula, Columel.) Iuuat et Medica herba, Paxamus. Inter exordia tædiãti boui aduersus omnes morbos potio ista succurrit: Tres semuncias squillæ minutatim cõcisas, præterea radices teneræ popinũ (uox ut apparet corrupta) effossas & diligenter lotas, cõtundes in pila, et tria ex eis pondera (forte pondo) addito sextario salis, in uini septẽ sextarios mittes, et per septẽ dies ꝑ os bobus singulos sextarios digeres. Quod si toto anno aduersus omnes ægritudines desperatas, boues stagnare (lego seruare, uel saluiare, uel saliuare) uolueris incipiẽte uere, id est ab idib. Februarij quindecim diebus cõtinuis hanc potionẽ dabis, quæ uscꝫ adeò salutaris est, ut approbatũ sit integro anno boues sic curatos nullius morbi cõtagione tentari, Veget. in cap. de malide & morbis cõtagiosis boũ. Non ꝓderit cibis satiari pecora, nisi omni adiuuent̃ diligentia, ut salubri sint corpore, uirescꝫ cõseruent: quæ utracꝫ custodiunt̃ large dato per triduũ medicamento, q̃d cõponitur pari pondere triti lupini, cupressicꝫ & cum aqua nocte una sub diuo habito: idcꝫ quater anno fieri debet ultimis temporibus ueris, æstatis, autumni, hyemis, Columel. Idem fermè remedium Vegetius sic describit: Foliorũ lupini (sic enim lego, non caprina) foliorũ myrti syluestris, foliorum cypressi, singulorum uncias tres diligentissime deteres, & infundes in congium aquæ, & una nocte sub diuo manere patieris, & inde unicuicꝫ tepefactos per triduum singulos sextarios dabis, idcꝫ quater in anno, ut prædictum est. Sæpe etiam langor & nausea discutitur, si integrum gallinaceum crudum ouum ieiunis faucibus inseras, ac postero die spicas ulpici uel allij cum uino conteras & in naribus infundas, Columel. Ouum crudum cum hemina salis & sextario uini per singula capita (septimo) diffundi percommodum est, Vegetius. Bos si ægrotare cœperit, dato continuo ei ouum unum gallinaceum crudum, integrũ facito: postridie caput unum ulpici conterito, & id uase ligneo terito, & cum hemina uini facito bibat sublimiter: Boscꝫ ipsus, & qui dabit, sublimiter stet. Ieiunus ieiuno boui dato, Cato. Iuuat etiam si allium tunsum hircino misceas sepo, herbam quocꝫ uerbenam additam deteras, rutam herbam, etiam pollinem iniungas, & cum uino per os digeras, Vegetius. Boum morbis commendatur seuum, sulphur uiuum, allium syluestre, ouum coctum: omnia hæc trita in uino danda, aut uulpis adipem, Plinius. Quidam marrubium dederunt cum oleo & uino, Vegetius idmane infundendum ait. Quidam porri fibras, alij grana thuris, alij sabinam herbam rutamcꝫ cum mero diluunt: eacꝫ medicamenta potanda præbent, Columella. Thuris puluerem cum mero siue per nares inieceris, siue per os dederis prodest, Veget. Nec minores medicinæ bobus horum copia (malim, per illorum inopiã) subministrant̃. Nam porros, rutam, apium, & herbam sauinam, si quis large deterat et misceat uino, ternascꝫ heminas prębeat ad potandũ, ægrotanti subuenit, Idem. Multi caulibus uitis albæ & ualuulis erui bubus medentur, Columella. Plurimi caulem uitis albæ concisum, atcꝫ serpyllũ & squillæ partẽ in aqua macerant, ternascꝫ heminas per triduũ digerũt, quæ potio uentrẽ purgat, uires quocꝫ cõfirmat, Veget. Ne boues debilitent̃, orobũ (id est eruũ) cõminutum aqua distemperans, propina singulis mẽsibus, Cõstantinus. Bubus si morbum metues, sanis dato salis micas tres, laurea folia tria, porri fibras tres, ulpici spicas tres, allij spicas tres, thuris grana tria, herbæ sabinæ plantas tres, rutæ folia tria, uitis albæ caules tres, uini sextarios tres. Hæc omnia sublimiter legi, teri, daricꝫ oportet. Ieiunus siet, qui dabit. Per triduum de ea potione unicuique boui dato. Ita diuidito, cum ter unicuique dederis, omnem absumas: Boscꝫ ipsus, & qui dabit, facito ut uterque sublimiter stent: uase ligneo dato, Cato. Nonnulli pellem serpentis obtritam cum uino miscent, Columella. Anguina pelle & sale

sale & farre cum serpyllo contritis uno die, deiectisq́ cum uino in fauces boum uua maturascente, toto anno eos ualere quidam scripserunt: Vel si hirundinum pulli tres tribus offis dentur, Plinius. Similiter Cato, sed alijs uerbis: Vbi uuæ(inquit)uariæ cœperint fieri, bubus medicamentum dato quotannis, uti ualeant. Pellem anguinam ubi uideris, tollito, & condito, ne quæras cum opus siet. Eam pellem, & far, & salem, & serpyllum, hæc omnia unà conterito, cum uino dato bubus omnibus ut bibant. Est etiam remedio cum dulci uino tritum serpyllum, & concisa & in aqua macerata scilla. Quæ omnes prædictę potiones trium heminarum (mensura) singulis diebus per triduum datæ, aluum purgant, depulsisq́ uitijs, recreant uires. Maxime tamen habetur salutaris amurca, si tantundem aquæ misceas, & ea pecus insuescas: quia protinus dari non potest, sed primo cibi aspergun 10 tur: deinde exigua portione medicatur aqua, mox pari mensura mista datur ad satietatem, Columella, Vegetius, Paxamus. De eadem Cato sic scribit: Boues uti ualeant, & curati bene sient: & qui fastidient cibum, uti magis cupide appetant: pabulum, quod dabis, amurca spargito, primò paulum, dum consuescant, postea magis: & dato rarenter bibere, commistam cum aqua æquabiliter quarto quintoq́ die: hoc si feceris, ita boues & corpore curatiores erunt, & morbus aberit. Votum pro bubus, ut ualeant, sic facito. Marti Syluano in sylua interdius, in capita singula boum uotum facito: farris adorei libras tres, & lardi pondo quatuor, pulpæ pondo quatuor semis, uini sextarios tres semis. Id in urnas liceto conijcere, & uinum idem in unum uas liceto conijcere. Eam rem diuinam uel seruus, uel liber licebit faciat. Vbi res diuina facta erit, statim ibidem consumito. Mulier ad eam rem diuinam ne adsit, ne ue uideat quomodo fiat. Hoc uotum in annos singulos, si uoles, licebit uouere, 20 Cato. Idem alibi, Dapem(inquit) pro bubus pyro florente facito. Eam hoc modo fieri oportet: Ioui dapali culignam uini quantum uis polluceto. Eo die feriæ bubus & bubulcis, & qui dapem facient. Cum pollucere oportebit, sic facies. Iupiter dapalis, quod tibi fieri oportet, in domo familiaq́ mea culignam uini dapi eius rei ergò. Macte uino inferiori esto. Macte hac illace dape pollucenda esto. Manus interluito: postea uinum sumito. Iupiter dapalis, macte istace dape pollucenda esto. Macte uino inferiori esto. Vestæ si uoles dato: daps Ioui assaria pecuina urnæ uini Ioui caste. Profanato sine contagione. Postea dape facta serito milium, panicum, lentim, allium. Hæc ex M. Catone utcunq́ superstitiosa transcripsi: qui uolet obeliscum inducat. Non omittendum est etiam illud ex Vegetio remedium, quod diapente uocari potest, quoniam uno tantum pharmaco, betonica nempe, theriacam diatessaron apud ueteres antidotum excedit: Tres uncias baccarum lauri, gentianæ, aristolo- 30 chiæ longæ, myrrhæ, & betonicæ, diligentissime detere & misce cum mero, ex quo trinas heminas triduo iugiter iumento per os dabis: Morbos ægritudinesq́ depellit. Auris uulneratur, & sanguis eius in os datur ægrotanti boui. Sili uel seseli Creticum quadrupedum quoq́ aluum sistit, siue tritum potui infusum, siue mandendo commanducatum è sale: Boum morbis tritum infunditur, Plin.

Druidæ Gallorum samolum herbam nominauere nascentem in humidis: & hanc sinistra manu legi à ieiunis contra morbos suum boumq́ iussere, nec respicere legentem, nec alibi quàm in canali deponere, ibiq́ conterere poturis, Plinius lib. 24. cap. 11. nec alibi usquam hoc nomen hactenus reperi. Hoc etiam Lectorem hic admonere operæ pretium uidetur, Flauium Vegetium, qui boum remedia tradidit libro tertio Veterinariæ per quatuor capita, omnia ferè ad uerbum & eodem ordine (paucis ab initio exceptis) transcripsisse ex libro sexto Columellæ, à capite quarto illius libri usq́ ad 40 uicesimum, copiosius tamen sæpe quàm apud Columellam legantur. Codex Vegetij Basileæ olim excusus multis modis deprauatus est. Curantur & sanguinis detractione quandoq́ boues, incisis iuxta caudam & in rostro uenis. Nostratium quidam aridas iuniperi baccas & urticarum folia terunt, & pabulo aut fœno intermiscẽt, ad uiscerum incolumitatem, pulmonis & iecinoris præcipue, conducere persuasi. Sunt qui pueri impubis urinam infundant. Abluuntur aliquando boues decocto ueratri albi in aqua cum sauina & axungia uetere, ut cum alijs sordibus ac molestijs tum pediculis liberentur: Iuuencas tamen hoc decocto tanquam uehementiore contingi uetant. Porrò ne infestentur à muscis, lauri fructum contundens oleoq́ incoquens, ex eo boues inungito: aut bubula etiam saliua illine, Africanus. Bubus multæ ægritudines accidunt, tum occultæ, tum manifestæ: & lassitudines, quæ proueniunt ex nimio labore atq́ calore, quæ cognoscuntur ex fastidio cibi, uel 50 modo edendi mutato, & frequenti decubitu, & lingua ob calorem exerta, alijsq́ mutationibus, quæ facile animaduertũt illi qui sanos & incolumes eos prius cognouerint. Cæterum boues sani, fortes, & agiles noscuntur, si facile se moueant cum tanguntur aut punguntur: membra eisdem plena, & auriculæ erectæ. Pulchros simul & ualidos iudicabis, quibus membra tum plena fuerint, tum proportione inuicẽ bene respõderint, Pet. Crescent. Apud antiquos erat pabuli genus, quod Cato ocymum uocat, quo sistebant(lego citabant)aluum bubus. Id erat è pabulis segete uiridi desecta antequ gelaret. Sura Manilius id aliter interpretatur, & tradit fabæ modios decem, uiciæ duos, tantundem & eruiliæ in iugero autumno misceri & seri solitos: Melius & auena Græca, cui non cadit semẽ, admixta. Hoc uocitatum ocymum, boumq́ causa seri solitum. Varro appellatum à celeritate prouenendi, à Græco quod ὠκὺς dicunt(Plinius)quod ualet cito: similiter quoque ocymum (lego ocimum) 60 in horto. Hoc amplius dictum ocymum, quod citat aluum bubus, Varro: nimirum intelligens de ocymo Suræ Manilij. Ocimum per iota herba illa odorata est, quam uulgo nomine Græco basilicum, id est olus regium, etiam Germani appellãt: & hoc dictũ uideri potest à uerbo ὄζειν quasi ozimũ, ꝓpter odoris in eo suauitatẽ. Ocymũ uero per y, uel ꝙ cito ꝓueniat dictũ, uel ꝙ citet aluũ bobus, quibus purgãdi gratia datur, farraginis uel pabuli genus est, nempe segetes sectæ uirides antequã siliquẽtur. Cõtrà, ex segete, ubi sata admista, hordeũ, & uicia, & legumina, pabuli causa sunt: Inde quod far ferro cæsum, farrago dictũ: aut quod primum in farracea segete seri cœptum. Ea equi, iumenta, uerno tempore purgantur, ac etiam saginantur, Varro. Plinius ocymum antiquos appellasse tradit pabulum, umbræ patiens, quod celerrimè (tertiò statim à satu die) proueniat. Cato in uinea uetere seri iubet, nisi macra sit. Quod secale atq; farrago appellatur (Gallis segle, Germanis **roggen**) occari tantum desiderat. Taurini sub alpibus asiam uocant, deterrimum, & tantum ad arcendam famem utile. Duplici ratione apud nos (inquit Ruellius) secale seritur, aut simplex, uel triticum aut far miscetur æquis ferè partibus. Miscellaneam hanc segetem Galli mistellam quasi miscellam nominãt: Conditiuamq; excussis etiam granis, farraginem rustici nostrates appellant: quemadmodum & fasces & manipulos inde compositos, farreum. Ea per hyemem iumentorũ pecudumq; pabulo cedit, quibus etiam pro lætamine est: id causæ fuit cur secale Plinio farraginis genus fuerit. Farrago ex recrementis farris prædensa seritur, admista aliquando & uicia. Eadẽ in Africa fit ex hordeo, unde hordeacea farrago dicitur. Farragini quæ ex hordeo est, Columella pabulorum secundas partes tribuit: eam in restibili stercoratissimo loco & altero sulco serere cõuenit. Fit optima cum cantherini hordei decem modijs iugerum obseritur circa æquinoctium autumnale, sed impendentibus pluuijs, ut cõsita rigataq; imbribus celeriter prodeat, & confirmetur ante hyemis uiolentiã. Nam frigoribus cum alia pabula defecerunt, ea bubus cæterisq; pecudibus optimè dissecta præbetur, & si depascere sæpius uoles, usq; in mensem Maium sufficit. Quòd si etiam semen ex ea uoles percipere, à Calendis Martijs pecora depellenda, & ab omni noxa defendenda est, ut sit idonea frugibus: Hactenus Ruellius. Hinc colligimus farraginis uocabulum ad diuersa tum pabula, tum remedia, tum simplicia, quàm composita pertinere. Farrago simplex est, ut secale, hordeum, ocymum, far aut farris recrementa potius: mixta, cum triticum, uel auena, uel quæuis legumina alicui iam dictorum miscentur in satione. Græci mixtam farraginem ad equos purgandos grastin uocant: sed quæ circa farraginem ad equos priuatim spectant, in illis dicemus suo loco: Hic enim communia quædam libet de farragine adferre, quòd ea non bubus solum, sed omni pecudi conueniat. Sementim facito ita, ocymum, uiciam, fœnum græcum, fabam, eruum, pabulum bubus serito, Cato cap. 27. Plinius lib. 17. cap. 22. circa finem, ocymum ipsum à ueteribus pabulum appellatum scribit, cum Cato & hîc distinguat, & rursus cap. 54. his uerbis, Per uer cum arabitur antequam ocymum nascatur, des quod edant bubus pabulum. Id hoc modo parari, dariq; oportet. Vbi sementim patraueris, glandẽ parari, legiq; conuenit, & in aquã conijci. Inde semodios, singulis bubus indies dari oportet, aut modium uinaceorum, quos in dolium condideris. At si non laborabunt, pascantur, satius erit. Interdiu pascito, noctu fœni pondo XXV. uni boui dato. Si fœnum non erit, frondem iligneam & ederaceam dato. Paleas triticeas, & ordeaceas, uiciam, acus fabaginum, uel de lupino, item de cæteris frugibus omnia condito. Cum stramenta condes, quæ herbosissima erunt in tecto condito, & sale superspargito. Deinde ea pro fœno dato. Vbi uerno dare cœperis, modium glandis aut uinaceorum dato, aut modium lupini macerati, & fœni pondo XV. Vbi ocymum tempestiuum erit, dato primum. Manibus carpito, id renascetur: quod falcula secueris, non renascetur. Vsq; ocymum dato, donec arescat, ita temperato, post uiciam dato, postea panicum dato, secundum panicum frondem ulmeam dato. Si populneã habueris, admisceto, ut ulmea satis fiet. Vbi ulmeam non habebis, querneam & ficulneam dato. Nihil est quod magis expediat, quàm boues bene curare. Boues nisi per hyemem cum non arabunt, pasci nõ oportet. Nam uiride cum edunt, semper id expectant: Et fiscellas habere oportet, ne herbam sectentur cum arabũt, Hæc Cato: & alibi capite 60. Bubus cibaria annua in iuga singula lupini modios CXX. ac glandis modio CCXL. fœni pondo LXXI. ocymi tantundem: fabæ modios XX. uiciæ modios XXX. Præterea peneratim uideto uti satis uiciæ seras. Pabulum cum seres, multas sationes facito. Omne pabulum primum, ocymum, farraginem, uiciam, nouissime fœnum secari oportet, Varro 1. 31. Eodem in loco Varronis erratum esse puto, quòd ocymum in horto, hoc est basilicum, ut ego interpretor, similiter per ypsilon scribat, & ab eodem uocabulũ ὠκὺς, quod ualet cito, deducat: Quod etsi admittam, per iôta tamen differentiæ causa scribi debuit, ut ueteres Græci omnes scribunt. Existimo certe ocymum sui generis plantam esse: deinde etiam quasuis segetes siue unius siue diuersorum generũ quæ uirides secabantur pecudum uel pabuli uel purgationis causa eodem nomine dictas apud Varronẽ. Tertio etiam farraginem proprie dictam, hoc est seminum & leguminum diuersorum miscelam: postremo basilicum olus, quod recentiorum quidam cum ocymo pabulo cõfundit: et ocymum interpretatus genus illud frumenti, quod uulgo **heidenkorn**, id est paganicum frumentum appellatur, (non alia ratione motus, quàm quod pecudibus saginandis utile sit, in eumq; usum in nonnullis Germaniæ locis seratur) eadem ei attribuit quæ scriptores ocimo oleri & herbæ odoratæ, à qua id prorsus non distinguit, ac per imperitiam illos reprehendit qui basilicon ocimum Dioscoridis faciunt. Sed nimis operosum foret omnes omnium præsertim nostri temporis errores reprehendere. Io. Ruellius idem frumentum paganicum, ueterum erysimon cereale uel irionem Plinij esse contendit: sed improbatur à Matthæolo Senensi, inde quod irione uirente nullum animal uescatur, & folia ei sanguinea tribuantur: frumenti uero Turcici non folia sed caulis rubeat: nec eo abstineant pecudes, imò auidè

uescantur:

uescātur: deniq; quod nihil sesamo commune aut simile habeat. Idem ab Italis circa Tridentum Formentone, & alibi Saracinum uocari scribit. Ruellius apud Gallos uelarum quondam; nunc ireon, & frumentum Turcicum, quod auorum ætate è Græcia uel Asia uenerit. Folium ei hederacium, scapus grandis per fastigium paniculas exerit, triangulis rariuscule coaceruatis granis, quæ foliaceis membranis concepta detinētur. Ea pecudem omnem cæteraq; ueterina quàm optime saginant: & in candidissimam teruntur moluntur'ue farinam, quæ cum annonæ premit inopia in panificia subinde cogitur. Cum ematuruit granum suis apludis explicitū saginæ glandis nucleo simile noscitur, quod incoquunt rustici, ut bubus, iumentis pecudibusq; cedat in pabulum, cuius usu uehementer gliscit sagina: mire enim ab eisdem expetitur. Iam agri pleriq; in Gallia hac fruge rubent. Trionum constat ubiq; non irionem à Theodoro uerti, forsitan quod ei semen triangulum. Plinius herbæ oleraceæ, quæ erysimon quoq; Græcis nuncupatur à cereali longe dissidēs, uires permistim assignauit, Hæc Ruellius. Et quanquam hæc ad superiorem locum de pabulo quadrare uideantur, irrepserunt tamē huc nobis ocymi & farraginis ratione, quibus ueteres ad medicādos boues & iumēta utebant.

¶ Limeum herba appellatur à Gallis, qua sagittas in uenatu tingunt medicamento quod uenenum ceruarium uocant. Ex hac in tres modios saliuati additur, quantum in una sagitta addi solet: ita offa demittitur in boum faucibus in morbis. Alligari postea ad præsepia oportet, donec purgentur. Insanire enim solent. Si sudor insequitur, aqua frigida perfundi, Plinius. Herbæ limei mentionē nusquam alibi ullam reperi: existimo autem de generibus aconiti esse, quod Aristoteles in Miris narrationibus xenicum appellet. Nam id quoq; uenenum esse scribit quo Celtæ sagittas inficiant, ceruos aliasq; feras uenaturi. Toram hodie uocant, ut in Lupis occasione aconiti docebimus. In Gallia sanè ante non multos annos aconiti cœrulei radicibus ad purgationes etiam hominum periculosa & capitali inscitia utebantur: quod & Io. Syluius in Gallis suis reprehendit, & ipse in Sabaudia fieri obseruaui. ¶ In Galeni libello de medicinis parabilibus cap. 100. superstitiosam curam ut ne boues ægrotēt huiusmodi legimus: Cerui cornu super Panis dei sacellum ponito, candelamq; desuper accendito, & ne interdiu accensam obliuione demittito: & in tempore sanctum Demusarim inuocato ac tollito: armenta tua & uitam custodient. Nostrates quidam ualetudinis gratia bubus conseruandæ pridie diui Martini, hoc est quarto idus Nouembris cepas præbent aut ingerunt. Sunt qui ad omnes occultos morbos, uiscerum præsertim, ut pulmonis & iecoris, tam hominum quàm pecorum, edendas offerant radiculas rubiæ syluaticæ, quam uulgò uocamus **waldmeister** ab excellentia, & **läberkraut**, id est iecorariam. Nascitur in syluis tantum & umbrosis locis: alia quàm uulgaris rubia agrestis, congener tamen: breuior ea, caulibus rectis, folijs maioribus, similiter per genicula radiatis, candidis flosculorum corymbis, de qua plura in Cane rabido dicemus, ubi alyssi mentio incidet. Peritiores quidam nostratium, septimo quoq; die, si domi sit pecus: sin absit in montibus, per singulos menses semel remedium hoc cum linctu (salem sic uocāt) uorandum exhibent: quod ex hedera terrestri uulgo dicta, baccis iuniperi, uisco de pyro arbore, & pulmonaria arboribus adnascente conficiunt: præseruat à morbis uiscerum. Ingeritur eis etiam contra omnes morbosas suspiciones gentianæ quædam species, flore cœruleo, radicibus albis amarissimis, & quasi de industria decussatim incisis, unde aliqui uernacula lingua radicē cruciatā uocitant, alij **modelgeer**. Nascitur in siccis, asperis, & saxosis collibus. Celebratur eius præconiū, **modelgeer, ist aller kreuter ein eer.** Priuatim uero aduersus lumbricos & pestilentiæ luem laudatur. Tempore uerno, & apud nos mense Maio potissimum, ros mellitus interdum cadit, Græci aëromeli & drosomeli uocant, Ebræi mannam, nostri **das himmelhung**, id est mel cœleste, hoc rore madidas herbas si pecora pascant, multi pestem sequi persuasi sunt. Chamæleontis nigri succus iuuencas necat anginæ modo: quare à quibusdam ulophonon uocatur, Plinius. Helleboro nigro equi, boues, sues necantur: itaq; cauent id, cum candido uescantur, Idem. Circa Scytharum & Medorum dictam Thraciæ regionem, locum esse aiūt uiginti ferè stadiorum spacio, qui hordeum producit, quo homines uescuntur, equi uerò & boues cæteraq; animalia abstinent, Aristoteles in Mirabilibus. Gramen quod nascitur in Cilicia, ab incolis cinna dictum, inflammat boues quæ id frequenter comedunt dum est uiride, Dioscorides. Forsan & hæc aconiti aliqua species est: nā Theophrastus aconitū describit herbā breuē quæ nihil super uacui habeat, frumento similem, semine tamen non spiceo. Quod si ita est, nihil impedit quin etiam gramini simile, aut quædā eius species dicatur. Nam (ut obiter moneā) aconiti nomen ad uarias formisq; plurimum differentes herbas uagum uidetur, cum aliud cyclamini, aliud platani, aliud seridis aut iridis potius folijs aconitum ab antiquis commemoretur. Sola inexpugnabilis ueneni uis tabifica omnibus illis, ut uideo, communis est. ¶ Prouenit apud nos noxia quædā herba, qua non ipsa solum boues abstinent, sed etiā gramine circumcirca nascente, licet eodem equi uescantur. Rustici quidā apud nos malum florem, alij malum Henricum appellāt: ut atriplicis quoddā syluestre genus bonum Henricum. Caulis ei albus, pedalis, solidus, & substantia quadam humida molliq; infarctus. Flores hirsuti, purpurascentes, in spicā congesti ut in testiculo canis ferè, semina rotunda instar milij. Gustu subastringit. Radice albissima, nodis quibusdā exasperata & ueluti squamata (ut saxifraga alpina, cui folia quina sunt similia fraxini folijs: & ut sanicula alba Hessorum) longissima, ad quinque uel sex cubitos descendente: quāmuis raro integra effodiatur: recens planè frigida humidaq; tactu percipitur. Vites uicinas corrumpit & frigore suo lædit. Quamobrem diligenter à uinitoribus

d 4

effoſſa in aquam reÿcitur, ne in terra denuo comprehendere poſſit. Plurimum circa eam graminis
abundat. Foliÿs caret. Vis enaſcenti tanta, ut uel per pauimentum, ſi quod obſiſtat, eluctetur. Vere
tantum prodit. Flos ſolis impatiens, craſſus, aquoſus, intra triduum ui ſolis marceſcit. Natales ei tri
neæ collinę, & prata ſyluis proxima. Autumno, ut audio, rurſus erumpit. Eadē, niſi fallor, ęgolethros
Pliniÿ fuerit, de qua ille lib. 21. cap. 13. Herba eſt (inquit) ab exitio & iumentorū quidē, ſed præcipue
caprarū, appellata ęgolethros. Huius flores concipiunt noxium uirus aquoſo uere marceſcentes. Ita
fit ut non omnibus annis ſentiatur hoc malum: Ex hiis floribus apes Heracleæ in Ponto mel uenenatum conficiunt, Hęc Plinius: Nec alibi quicquam de ea aliud proditum legi. Mel Heracleoticum (ut
ſcribit Ruellius lib. 3. cap. 21.) ex herba fieri candida commemorant, quæ ægolethros uocetur: Simili
ter etiam Hermolaus Barbarus legit, tanq̃ ex Plinio. Quanquam autem illius noſtræ ſuperficies ex
albo palleat, radix albiſſima ſit: ex Plinio tamen de colore eius nihil cognoui: ſed alia Pliniÿ libro 18.
ca. 17. herba alba uidet, panico ſimilis, occupās arua, pecori quoq; mortifera. Forſan & hæc aconito
Theophraſti, quod frumento ſimile facit, congener fuerit. Hieronymus Tragus lib. 2. cap. 35. inter
uitia frugum ſexto loco deſcribit herbam panico culmis nodiſq; ac foliorum uaginis ſimilem, prorſus inutilem & uitioſam, inter milium & panicum naſcentem. Et mox aliam ſuperiori non diſſimilem, ſed longè maiorem: cuius folia ab initio planè milium referant, longis & aſperis ariſtis armatā,
quæ lapparum inſtar ueſtibus hæreant: in aruis milio & hordeo conſitis frequentem. Hanc ait ualde
noxiam eſſe, & euitari à bubus. Harum altera proculdubio erit illa Pliniÿ herba alba panico ſimilis.
Hieronymus ipſe alteram phalaridem Dioſcoridis eſſe conÿcit, quod ne ſim prolixior in præſentia
non refutabo: alteram miliariam Pliniÿ, quā ille milium implicando enecare ſcribit, cum ex duabus
illis ab Hieronymo deſcriptis neutra implicet. Forſitan autem illa poſterior non aliam ob cauſam
bubus noxia eſt, quàm quod interiora partium ſuarum aſperitate lædat. ¶ Herbæ iam dictæ, quā
ægolethron reor, perquàm ſimilis orobanche eſt, niſi radice differret: & caule magis purpuraſcente:
& quoniam ea quoq; ad boues & alia quædam animalia pertinet, diligentius eam deſcribemus.
Orobāche (inquit Dioſcorides) cauliculus eſt ſeſquipedalis, & interdum maior, ſubruber, hirſutus,
tener, ſine folio, pinguis, flore ſubalbido, & (aliâs uel) in luteū uergente, radice digiti craſſitudine, &
cum ariditate flacceſcit caulis, fiſtuloſa (cum radix ariditate flacceſcit ſcapus dehiſcens in rimas diſſi
lit, Ruellius.) Hanc inter quædam legumina naſci conſtat, & ea ſtrangulare, unde orobāchæ ſibi co
gnomētum uſurpauit. Eſtur, ut olus, cruda, & in patinis, aſparagi modo (dum tenera eſt, Plinius) de
cocta: legumentis addita, coctionem accelerare creditur, Hæc Dioſcorides, & Plinius ſimiliter ferè.
In quibuſdam codicibus adduntur & iſtę nomenclaturæ: Sunt qui cynomorion, qui leonem appellent, Cypriÿ thyrſinen, lingua communis lupum. Plinius etiā libro 22. ca. ultimo ait à ſimilitudine canini genitalis cynomorion ab aliquibus nominari: non mala neq; inconcinna ſimilitudine, ſi plantā
contempletur aliquis: quæ à radice ſurgens, nudo, glabro ſingularíq; caule, in ſummo folia aliquot
conferta, & inter ea emergentes habet flores ſimul, & quaſi in glomerem collecta omnia: qua forma
caninum genitale in ſummo eſt, craſſius & quaſi galeritum. Vidimus nos eruianginā, nec quicquā
inter ſegetes & legumina per æſtatem frequentius inuenitur, Marcellus Vergilius. Miror autem q̃
cum orobanchen ſibi notam profiteatur, nihil interim dicat in Theophraſtum, cuius uerba citat, qui
non recte de orobanche ſcribit quod circumligādo ſe herbas adnatas ſtrāgulet (Marcellus etiā ineptius effert, cirris quibuſdā circumligādo ſe, ſcribens) id quod Plinius quoq; Theophraſtum, ut ſolet,
imitatus, libro 18. cap. 17. his uerbis ſcribit, Eſt herba quæ cicer enecat & eruum circumligādo ſe, uo
catur orobāche. Quāuis Matthæolus ſe aliquid huiuſmodi apud Plinium legiſſe neget: qui & ipſe ſu
per hoc errore Theophraſtum non immerito arguit. Nam Theophraſtus libro 5. de Cauſis, cap. 22.
ſic ſcribit: Ἡ ὀροβάγχη καλουμένη τὸν ὄροβον τῷ περιπλέκεσθαι καὶ καταλαμβάνειν, καὶ τὸ λειμόδωρον τὸ βόκερας εὐθὺς
τῇ ῥίζῃ παραφυόμενον. Hæc Græce apponere malui, ne quis non authorem, ſed interpretem erroris in-
cuſaret. Orobanche certe, ut ſciunt oculati teſtes, nequaq; amplexicaulis eſt: ſed ſola præſentia ſua
non attactas etiā necat, ut Matthæolus ſentit: ego radicis hoc maleficium eſſe putauerim, aut quia ali
mentum omne uicinis ſubtrahit, ut apparet ex eo quod ſucci pleniſſima eſt. Naſcitur autem non inter legumina ſolum, ſed etiā in aruis frumento et cannabi conſitis. Flores etiā ut caulis ad rubicundū
colorem uergunt, minus tamen, magiſq; albicāt. Cynomorion apte uocatur, quod ſummitate quæ
flores continet craſſiore, & infra eā caule tenuiore, genitale caninum referat, ut Matthæolus obſeruauit: qui hæc etiā addit, à ruſticis in Italia hanc herbā uocari lupā, eo quod plantas uicinas deuorare uideatur: alibi caudā leonis: alibi torā, quoniā certò conſtet ut primum uaccæ hanc herbā guſtaue
rint, tauros ab eis requiri. Alias herbas toræ nominæ in Lupo infra demonſtrabo in mentione aconiti. Orobāchen frigidā & ſiccā eſſe in primo ordine Galenus & Aegineta ſcribunt. A recenti Græcia oſprioleon, quaſi legumen leoninum, aut leonteos botane (aliâs leontobotanon) quod eſt herba
leonina dicitur. In Pariſienſi agro tenia, à tenendo, ut arbitror (inquit Ruellius) quod tenaci noxa
fabā, cicer, eruum & uiciā obuoluat: cincinniſq; uel cirris tanq; brachÿs ſtrictim amplexetur, ut ea
penitus obſtrāgulet: uel quod peſtis hæc pertinacius hæreat, ut manantia capitis ulcera, quæ uulgus
appellat tineas, in pueris. In aruis (ut aiunt) non prodibit, ſi in quatuor eorum angulis, & medio, rho
dodaphnæ ramuli pangātur: hoc eodem remedio putāt legumen omne à noxa uindicari. Qui uolūt
hanc frugum peſtem prorſus aboleri, quinque teſtas creta depingunt, Herculis effigiem leonem
ſtrangu-

strangulantis referentes, & in quatuor agrorum angulis atque in medio collocant. Sunt qui delineatã eo modo testam in area tantum media, ut hanc amoliantur perniciem, iubeat obrui. Democritus affirmat orobanchen herbã confestim abigi, si mulier quæ in menstruis est, solutis crinibus & nudo corpore, gallum in manibus tenens, aream circumeat. Ita ualidiora coalescere legumina testantur, qui hac superstitione sunt imbuti: quippe cum herba gallinaceum uerens gallum delitescat, Hæc Ruellius. Apparet autem non recte cognitã ei orobanchen fuisse, cum leguminibus eam obuolui, suisque ea brachijs amplexari, Plinium & Theophrastũ secutus, scribat: quod aut falsum est, aut alia Dioscoridis, alia Theophrasti orobanche fuerit, quod mihi uerisimile non fit: ferè enim una unius rei eadem ubique noxa est. Idem Ruellius libro 1. cap. 8. orobanchę folia pinguia tribuit, cum Dioscorides
10 eam sine folijs faciat: sed excusari potest quod omnino breuissima cauliq; hærẽtia & alternis digesta habeat, ut nulla uideri possint nisi quis de proximo intueatur: quod autem in summo caule folia aliquot ei conferta sint, ut Marcellus testatur, nusquam uidi. Hoc insuper obseruaui gustu subdulcem esse, ut non sit mirum in cibis recipi solitam: floribus suauiter odoratis, cauis, oblongis, in cacumine spicatim hærentibus, sicut in cynosorchi: eundem radici thyrso ac floribus colorẽ esse è luteo candidum: radicem crassam, nodosam, plurimis capillatam fibris. Cyprios thyrsinen appellasse suspicor, quod tota ferè thyrsus sit, id est scapus planè rectus. Ab imperitis quibusdam falso hypocisthidis nomine appellatam olim audire memini. Qui picturam eius desiderat, in Germanico de plantis libro Hieronymi Tragi reperiet, inter satyria (ut uocat) nono loco: in quo mireris cur flores ei neget, cum eosdem imago adiecta depictos exhibeat: Nascitur (inquit) in humidis & umbrosis syluis mẽse Maio,
20 caule pingui satyrio simili, colore ligni aut fungorum in syluis nascentium, radice multis intricata fibris, ut in Phu & elleboro nigro: Vitium omnino inter herbas, ut apparet: Hæc Tragus. ¶ Aconito nullum pecus, nullum animal pascitur: etsi fructum & folium nil nocere prædicent, uim mortiferam in radice tantum haberi. Boues, oues, iumenta, omnemque quadrupedem necat, imposita uerendis fœminei sexus radice, folio quidem intra eundem diem, Ruellius. Ego in mõtibus circa ipsa uaccarum stabula & tuguria pastorum magnam sæpe cœrulei præcipue aconiti copiam uidi, nam cum à bubus non attingatur, copiosissimum prouenit. Quemadmodum & alia quædam herba mire frequens circa eadem uiret, qua similiter boues abstinent, bonam uel **bõne** Germanice uocãt, cubitali aut altiore caule, erecto: folijs incanis lapathi quodammodo (si bene memini) figura, floribus luteis, odoratis, sed parum grato odore, calendulæ similibus, minoribus tamen & angustioribus in capituli
30 circuitu folijs. Herbam lixiuio iniiciunt, ut flauo colore id commendet: Hanc calthã alpinam uocare licebit, donec alius aliud nomen adferat. Est & alia qua boues abhorrent, amplexicaulis, annua, conuoluolo similis natura folijsque, quæ etiam proxime ad paganicum frumentũ hederę folijs supra descriptum accedunt, acutiora tantum nigrioraque sunt: cuius & semen refert figura triangula, sed minus eo ac nigrius est: Hinc quoque lingua uernacula **schwartz winden**, id est uolucrum nigrum appellatur: ab alijs **spin**, eò quod coliculis suis tanquam filis tenuibus proxima quæque intricet, & irretita in solum deprimat. Radix palmi longitudinem non excedit, simplex, rotũda. Luxuria omnis in coliculos abit, quibus color spadiceus, genicula ut in polygono. Flores plurimi, albi, exigui, inodori, insipidi. Nascitur cum alibi, tum inter cannabin, eamque inuadit. Hanc Hieronymus Tragus libro 2. cap. 33. orobanchen propter simile maleficium esse suspicatur, non affirmat tamen cum descri
40 ptio ueterum longe dissideat. Postremo quædam **blatten** Germanis dicta, ut audio (personatam esse coniicio) folijs latis, cum rore madida à bubus depascitur, inflat eas adeò, ut aliquando rumpantur, nisi cursu agitati incalescant, & per aluum reijciant. In Burgundia frequentius hoc malum euenire aiunt, quod maior eius herbæ illic copia sit. Cum rore non madet, obesse negant, & appeti alioqui ab ipsis. ¶ Conuenit huic loco etiam machinæ descriptio, quãquam communis omnium maiorum quadrupedum, qua clausa iumenta bouesque curentur. Machina igitur (inquit Columella) fabricanda est, ut & propior tutusque accessus ad pecudem medentibus sit, nec in ipsa curatione quadrupes reluctando remedia respuat. Est autem talis machinæ forma: Roboreis axibus (assibus) compingitur solum, quod habet in longitudinem pedes nouem, & in latitudinem pars prior dupondium semissem (pedes duos & semis, Vegetius) pars posterior quatuor pedes. Huic solo septenum pedum stipites re
50 cti ab utroque latere quaterni applicantur: ij autem quatuor angulis affixi sunt, omnesque transuersis sex temonibus quasi uacerræ inter se ligantur, ita ut à posteriore parte, quę latior est, uelut in caueam quadrupes possit induci, nec exire alia parte prohibentibus aduersis axiculis: primis autem duobus statuminibus imponitur firmum iugum (transuersum tigillum ad modum iugi, ad quod equorum capita uel boum cornua religantur, Vegetius) ad quod iumenta capistrantur, uel boum cornua religantur: ubi possunt etiam numelli fabricari, ut inserto capite descendentibus per foramina regulis ceruix teneatur: cæterum corpus laqueatum, & distentum temonibus obligatur, sicque immotum animal medentis arbitrio est expositum. Hæc hactenus.

¶ Deinceps de morbis singillatim dicemus, generalibus primum & contagiosis, postea reliquis. Morbus qui appellatur malis (de quo etiam in Asino iam diximus) diuerso genere passionum emi
60 grans, equini generis perplures contagione consumit, boues quoque idem interficit, sed à diuersis diuerso nomine uocatur. Si quando bouem tentauerit, istis agnoscitur signis: Erit bos pilo horridus & tristis, stupentibus oculis, ceruice deiecta, saliuis assidue per os fluentibus, incessus pigrior, spina ri

gidior, faſtidium maximum, pauca ruminatio: cui ſi inter initia ſubuenire tentaueris, diſcrimen euadet: ſi per negligentiam adhibeatur tardior cura, uetuſtioris morbi non poteſt ſuperari pernicies roborata. Inter exordia igitur adhibebis remedia quæ ſupra deſcripſimus tanquam aduerſus omnes morbos, quæ parantur ex ſcilla, uel lupino & cupreſſo, uel allio, uel marrubio, uel amurca: uel theriacam diapente, &c. Si porcinum ſtercus, præſertim ſuis ægræ, bos deuorauerit, ſtatim peſtilentiam contagionis ſolius mallei (malidis) ſuſtinet morbi. Qui cum ſemel in gregem uel armentorum uel domitorum inceſſerit iumentorum, ſtatim omnia animalia quæ leuem ſuſpitionem habuerint, de poſſeſſione tollenda ſunt, & diſtribuenda illis locis, ubi nullum pecus paſcitur, ut nec ſibi inuicem nec alijs noceant. Confeſtim (inquit Columella) mutandus eſt cœli ſtatus & in plures diſtributo pecore lõginquæ regiones petẽdæ ſunt, atq; ita ſegregãdi à ſanis morbidi, ne quis interueniat qui cõtagione cæteros labefaciat. Nã paſcendo herbas inficiunt, bibendo fontes, ſtabulo præſepia: et quamuis ſani boues odore morbidorum afflante depereunt. Vſq; eò etiam mortua cadauera ultra fines uillæ proijcienda ſunt, & altiſſime obruenda ſub terris, ne forte ipſorum corporum (halitu) interna ſanorum contingantur & pereant.

¶ Vno quidem uocabulo peſtilentia appellatur, ſed habet plurimas ſpecies quas enumerare nõ licet: facilius ipſa principia à diligentibus intelligi poſſint. Eſt itaq; humidus humor (humida malis) quoties per os & nares humor effluit bobus, & faſtidium ægritudoq; conſequitur. Eſt ſiccus, quoties nullus humor apparet, ſed animal quotidie maceſcit & fit deterius, nec iuxta conſuetudinem appetit cibos. Eſt articularis, quoties interdum de prioribus, interdum de poſterioribus pedibus claudicant boues, cum habeant ungulas ſanas. Eſt & ſubrenalis, quoties à poſterioribus debilitas apparet, & lumbi dolere creduntur. Eſt farciminoſus, quoties per totum corpus bobus tubercula exeunt, aperiunt ſe, & quaſi ſanantur, & iterum in alijs locis exeunt. Eſt & ſubtercutaneus, quoties humor peſſimus in diuerſis partibus corporis bobus erumpit & decurrit. Eſt elephantiaſis quoties uelut ſcabies minutæ cicatrices exeunt extra corium, & ad ſimilitudinẽ lenticulæ. Eſt mania, quæ infectis bobus eripit ſenſum, ut nec audiant more ſolito, nec uideant: ex qua paſſione celerrime moriuntur, quamuis hilares pinguesq; uideantur. Hi omnes morbi contagione ſunt pleni, & ſi unum animal apprehenderint, celeriter ad omnia tranſeunt, & ſic interdum aut integris armentis, aut omnibus domitis afferunt interitus. Sed de malide morbo, eiusq; nominibus, differentijs & remedijs plura dicemus in Equis, nunc ex Vegetio & Columella boum contra hanc peſtem remedia ſubiungamus. Euincendi ſunt igitur quamuis peſtiferi morbi, & exquiſitis remedijs propulſandi. Panacis & eryngij radices fœniculi ſeminibus miſcendæ, & cum defruti ac moliti tritici farina, candentiq; aqua conſpergendæ, eoq; medicamine ſaliuandum ægrotum pecus, Columella. Panacem à ſeplaſiarijs compara. Eryngion autem herba dicitur, quæ in littore naſcitur prope undam maris, florem habet quaſi aureum uel galbineum, folia eius ſunt quaſi folia cardui ſyluestris, inter arenas littorum largiſſimè ſpargitur: has effodies, & in umbra ſiccatas ſeruabis, aduerſus morbum tam equorum quàm boum plurimum proſunt. Potio ex eis componitur iſta: Radicum panacis & eryngij & ſeminis fœniculi, ſingulorum uncias ternas pariter deteras diligenter, addasq; farinæ triticeæ ſextarium, ita ut prius frumentum frangas & molas: quæ omnia de calida feruente conſperges, & cum melle uel ſapa nouenas offas ſingulis diebus digeres, Vegetius. Tum paribus caſiæ myrrhæq; & thuris ponderibus, ac tantundem ſanguinis marinæ teſtudinis miſcetur potio, cum uini ueteris ſextarijs tribus, & ita parua res infunditur. Sed ipſum medicamentum pondere ſex unciarum diuiſum, portione æqua per triduum cum uino dediſſe ſat erit, Columella. Sanguinẽ marinæ teſtudinis colliges, & cum uino per os dabis: quã quia inuenire difficile eſt, uulgarium teſtudinum prodeſſe æſtimant: Quod utrum bene opinẽtur, uſus uiderit. Nam auctores de terreſtri (marina legendum puto) teſtudine tractauerunt. Puluerem etiã caſiæ fiſtulæ, nec non etiam thuris pro æqua parte admiſcebis, ex eo unã ſemunciã cum ſextario uini ueteris in die per nares bouis infundes: Quod medicamentum per triduum facies. Morbi quoq; quos ſuperius nominauimus amari ſunt, & nõ niſi amaris potionibus ſuperantur. Nam contraria contrarijs potionibus curantur ratione medicinæ, ideoq; puluerem herbæ abſinthij & crudorum lupinorum, herbę quoq; centaureæ uel peucedani æquis ponderibus diligenter miſceto, & in ſextario uini ueteris trina cochlearia ſingulis diebus, additis uncijs tribus olei, per os dato, Veget. Noſtri etiam paſtores & opiliones abſinthij flores aridos contritos ſaliq; permiſtos, ouibus ac bubus prębent, quotidiana experientia edocti, omne genus interiores morbos abſinthio curari, dolores ſedari, & excrementa purgari, Hieron. Tragus. Præſens aduerſus peſtem remedium cognouimus radiculæ, quam paſtores cõſiliginem uocant (alij pulmonariã, alij tantundem radiculam, Vegetius.) Ea in Marſis montibus plurimum naſcitur, omniq; pecori maximè eſt ſalutaris. Læua manu effoditur ante ſolis ortum: ſic enim lecta maiorem uim creditur habere. Vſus eius traditur talis: Aenea ſubula (acu uel acuto cuprino) pars auriculę latiſſima circumſcribitur (quaſi in circulo ſignatur) ita ut manante ſanguine tanquã o literæ ductus appareat orbiculus. Hoc & intrinſecus & ex ſuperiore parte auriculæ cum factum eſt, media pars deſcripti orbiculi eadẽ ſubula tranſuitur, & facto foramini prædicta radicula inſeritur: quam cum recens plaga comprehendit, ita continet, ut elabi non poſſit. In eam deinde auricula omnis uis morbi, peſtilensq; uirus elicitur, donec pars quæ ſubula circumſcripta eſt, demortua excidat, & minimæ partis iactura caput conſeruatur.

Eſt

Est autem consiligo herba illa quam Germani **leußkrut**, id est pediculariam uocant (nam hac quoq;
ut ueratro albo contra pediculos pecorum utuntur) aliqui **schlangenwurtzel**: Galli pedem leonis, uel
pomeleam, id est pulmonariam, Sabaudi Marsicam herbam: Græci recẽtiores ueterinarij diapyron;
id est feruidam & igneæ facultatis herbam. Est enim temperamẽto calidissimo, per omnia ferè ijsdem
quibus ueratrum nigrum uiribus prædita. Plinius à Marsis repertam scribit, & inde Sabaudicum
nomen factum uidetur. Cum siligine nihil planè commune habet, ut suspicer Latinos cum Græcam
uocem diapyron imitari uellent, ἀπὸ τοῦ πυροῦ, id est tritico, cuius species siligo est, uocem compositam
credidisse: cum ab igne potius descenderit, ut iam ostẽdi. Inest autem feruor ille radici & semini præcipuè. Non aliud uidetur enneaphyllon Plinij: conueniunt enim numerus foliorũ & uis caustica. Li-
10 quore eius qui per ignem elicitur in uitreis uasis, in nonnullis Sabaudiæ locis aduersus pestem homi
nibus quoq; propinant, ut sudores moueat. Cætera quæ de hac herba cognoui, quia nihil ad animalium historiam pertinent, in aliud tempus differo. Consiligo si desit, ellebori nigri radicibus eodẽ successu, non bubus solum, sed equis etiam & suibus medicandis utemur. In equis tamen cuti pectoris
foratæ radicem inserunt, non auriculæ ut in bubus & suibus. Cornelius Celsus etiam uisci folia cum
uino trita per nares infundere iubet, Columella. Suffimenta quoq; plurimum iuuant; sulphur, bitumen, allium, origanum, semen coriandri, carbonibus insperge, & cooperta boum (capita) supra uas,
in quo suffimenta incenderis, diutissimè continebis, ut fumus eorum capiat, ac nares impleat, atq; ita
ad cerebrum & interna salutari remedio penetret. Sed & totum suffire percommodum est, ut ab eodem morbo pernicies expellatur, & cætera pestilentiæ contagio non coinquinet. Vergilius in Ge-
20 orgicis boum pestem his carminibus describit:

Ecce autem duro fumans sub uomere taurus
Concidit: & mistum spumis uomit ore cruorem:
Extremosq; ciet gemitus: it tristis arator
Mœrentem abiungens fraterna morte iuuencum:
Atq; opere in medio defixa relinquit aratrã.
Non umbræ altorum nemorũ, non mollia possunt
Prata mouere animũ: non qui per saxa uolutus
Purior electro campum petit amnis: at ima
Soluunt latera, atq; oculos stupor urget inerteis:
Ad terramq; fluit deuexo pondere ceruix.

In Rhætia Heluetica prope thermas Fabarias pagus est **Vättis** appellatus, ubi cum pestilentia pecori ingruit, schedas quasdam magicis characteribus descriptas & funiculo alligatas supra uiam extendunt, & pecudes ut subtus transeant impellunt: Sic pestem illico finiri aiunt. Schedas illas à mago
quodam ante annos centum dono se accepisse testantur, ut reconciliarentur, cum ille à uicino monte
30 deducto dracone herbas & fruges qua duxerat prostrauisset. Pestilentem in quadrupedibus luem
rustici uarijs nominibus uocant, **Das sterben / das gäch / der schelm.** Est quando conquerantur
pecora noxio uento afflata esse, **das vihe sye in ein gfolter oder bösen wind kommen**, quod ex insolito tremore apparet: Huic malo medentur astrantiæ siue imperatoriæ herbæ radice, quæ luna crescente effossa sit. ¶ De œstro quo boues infestantur, & in furorem aguntur nonnunquam, inter insecta tractabimus. ¶ Generalia igitur remedia aduersus morbos generales cõtagiososq; retulimus,
nunc aduersus ualetudines, quę singulis animalibus accidunt, nec in alia transeunt, remedia subiun-
gemus, Vegetius. ¶ Hactenus ex Vegetio & Columella de malide & pestilẽtibus morbis diximus:
quibus adhuc addẽdum uidetur malum quod Aristoteles κραῦρον uocauit, quam Theodorus Gaza,
nescio qua ratione strumam transtulit: Euenit struma (inquit) ut calidius frequẽtiusq; spiretur: quod
40 deniq; in homine febris, idem in boue struma est: indicium morbi, ut demissæ aures flacceant, & ut
comedere nequeant: breui moriuntur, adapertisq; pulmo inspicitur putris, Hæc Gaza ex Aristotele, libro 8. cap. 23. Grammatici κραῦρον exponunt siccum, aridum, & friabile: & κραυρώδη morbum al-
uearium, cum uermes & aranei innascuntur. In suibus etiam Aristoteles paulò ante de eodem morbo κραυρᾷν dixerat (si rectè habent codices excusi) capitis dolorem & grauitatem definiens, qui plures simul inuadat, & tribus uel quatuor diebus perimat, interdum tamen uino per nares infuso curetur. Ventris etiam profluuium incurabile eodem nomine uocari scribit. Branchum etiam (Gaza rau-
cedinem reddit) in suibus morbum esse Aristoteles ibidem prodit, in quo maxillæ præcipuè & partes circa branchias inflammentur: eumq; in alijs quoq; corporis partibus fieri, ut pede uel aure interdum: putrescere protinus membrum & ulcus serpere, donec ad pulmonem deueniat, quo tacto, mor-
50 tem sequi: crescere hoc uitium celeriter, nec posse suem quicquam edere cum ita ęgrotat: curari à porcarijs cum malum adhuc modicum senserint, haud alio modo quàm tota parte abscissa qua cœperit.
Albertus Magnus Græca uoce corrupta crocharon inepte nominauit, ineptior etiam cum uocem
Arabicam esse ait: rectè uerò, ut iudico, mali originẽ facit à defluxu capitis: addit experimento constare, heptaphyllon (uel ut uulgus uocat, tormentillam) tum bubus tum equis saluberrime contra hanc
luem in potu pastúue dari. Hæc omnia hoc loco referre placuit: quoniam κραῦρος Aristoteli dictus
morbus, tum in bubus tum suibus, non alius mihi uidetur quàm malis humida à Vegetio & recentioribus Græcis appellatus; quibus cum etiam branchus propter periculum, eiusq; celeritatem & pulmonis noxam cõuenit, differt autem quod in quibusuis etiam extremis partibus incipiat, ijsq; sectis
curetur. Non alius etiam quàm malis humida uidetur morbus ille boum, quem Itali uulgo, ut Pe-
60 trus Crescentiensis scribit, guttam robeam uocant. Is inuadit ex pabulo potúue nimio, pręcipue post
humidas depastas herbas, & propter otium & aëris humiditatem. Vultus & oculi inflantur: &, nisi
curetur, bos moritur. Curatur aũt detracto sanguine sub lingua, hoc modo; Duę glandulę sub lingua

cultri acuti mucrone pluribus in locis secantur, & sanguis copiose demitur. Fit etiam suffitus cum thure ad nares bouis. ¶ Nullo autem tempore, & minime æstate, utile est boues in cursum concitari: nam ea res aut cit aluum, aut mouet febrem. Sunt autem febricitantis bouis signa, calor totius corporis, maximè circa os, linguam, & aures, manantes lachrymæ, caput grauatum, & nutans, oculi lippi, compressi (semiclausi) et introrsum ceu in foueam recōditi: fluidum saliuis os: calidus, longior, & cum quodam impedimento tractus spiritus, interdum & cum gemitu: uenarum inquietudo, cibi fastidium. Causæ sunt, immoderatus labor aut calor. Ferè enim ægrotant boues cum laborauerint propter æstus, aut propter frigora, aut propter nimium laborem, aut otium diuturnum, aut si cum exercueris statim sine interuallo cibum potumúe dederis. Conuenit autem febricitanti abstineri cibo uno die: Postero deinde exiguum sanguinem ieiuno sub cauda emitti, atque interposita hora modicæ magnitudinis coctos brassicæ coliculos triginta ex oleo & garo (liquamine) saluiati more demitti (digeri:) eamque escam per quinque dies ieiuno dari. Præterea cacumina lentisci aut oleæ, uel tenerrimam quanque frondem, aut pampinos uitis obijci, tum etiam spongia labra detergeri, & aquam frigidam ter die præberi potandam: Quæ medicina sub tecto fieri debet, nec ante sanitatē bos emitti, Columella. Ex umbrosis locis accipiens gramen & lauans, febrienti boui uorandum porrigito: aut uitis similiter folia. Aqua autem illi frigidissima danda est, eaque in loco maximè umbratili, sed ex posito sub dio. Quinetiam spongia perfusa aqua, tum aures tum nares ipsæ perfrigerandæ sunt. Alij faciem bouis, easque partes quæ sub oculis collocantur, stigmate inurunt: quas postea spongia lotio calido & ueteri madidata, bis fouent singulis diebus, donec decidant ipsæ escharæ, ulceribusque cicatrix inducta fuerit. Aures etiam exasperantur, donec sanguis uideatur effluere. Sunt qui læuigantes farinam uino, eam comedendam apponant. Alij ubi lauerunt muria, bouem amiculis tegunt & calefaciunt. Alij cytisum ex uino porrigunt, Didymus. Conducit eis uictus ratio frigida: quamobrē à labore cessent, & in loco frigido contineātur salicum frondibus & pampinis obtecti. In cibo etiam salicum frondes conueniunt, & quæ refrigerent herbæ, & hordeum infrigidatum. Si pleniores uidebuntur, detrahatur sanguis. Aquam bibāt de malis acidis & prunis, ipsaque mala & pruna comedāt, Petr. Crescentiensis. Bos febricitans perfunditur aqua, & perungitur oleo & uino tepefacto. Sitienti datur frigida. Si hâc non proficitur, demitur sanguis maximè à capite, Varro ut Petrus Crescent. citat: Ego hæc nusquam apud Varronem reperi: neque in his qui publicati sunt libris Varronis ulla pecoris remedia leguntur, neque in Geoponicis Græcis ex eo quicquam inter remedia profertur.

¶ Bubus perfrigeratis uinum nigrum infundendum est, Florentinus. ¶ Bos ossa non deuorabit, si lupi caudam ad præsepe suspenderis, Paxamus. Suis fimum si forte deuoretur à bubus, lædit mirum in modum. Præcipuè autē quod egerit sus ægra pestilentiam facere ualet, ut suprà diximus: procul igitur à præsepibus sues arceantur: nec minus gallinæ. Nam bos cum gallinæ fimum inter pabula sumpserit, statim nimio uentris dolore torquetur, inflatusque moritur: Cui hac ratione succurri conuenit. Apij seminis uncias tres, cumini sextarium semis, & duas libras mellis commisce, & tepidum per os infunde, ac tam diu ambulare compelle, & confricandum cura manibus plurimorum, donec uentrem potio moueat. Gisni (uox corrupta uidetur) quoque cum uino deterere, & per os dare creditur salutare remedium. Lixiuium quoque ex arbore ulmi uel cuiuscunque generis ligni cinerem, dummodo bene coctum, cum oleo miscere, & liquidum ac tepidum diffundere per fauces, aduersus stercus (gallinæ) plurimum prodest, Vegetius. Pro Gisni forte legendum folia fici, nam Absyrtus equis hoc ueneno periclitantibus folia caprifici triduo ex aqua tepida bibenda præbet. Alia etiam cōtra hoc malum remedia equis adhiberi solita apud Veterinarios leges. Miretur autem aliquis cum adeò noxium sit stercus suillum, iumento tamen cui natura exciderit loco remedij in potu dari à Vegetio libro 3. cap. 9. ¶ Buprestin insectum si bubulum pecus deuorauerit, tantopere inflammationibus torquetur, ut & rumpatur, & non ita multò post efflet halitum extremum, Aelianus. In Græcis Geoponicis libro 17. cap. 17. Paxami uerba inscripta περὶ βουπρήστεως duo Latini interpretes de bupresti uertunt, ego potius de uentris boum inflatione uertendum iudico: ut nihil referat an βου particula hîc intensiua sit, an ad boues proprie pertineat. Quanquam enim ex bupresti insecto uorato turgeat & infletur uenter, idem tamen affectus alias quoque ob causas interdum inuadit: Mulomedici in equis κωόπρησιν uocant, id est τοῦ κοινοῦ καὶ λαγόνος πρῆσιν ἤτοι ἐμφύσησιν: fit autem talis inflatio aliâs in uentriculo, aliâs in intestinis. Accedit quod in Geoponicis caput iam citatum περὶ βουπρήσεως inscribitur per σ non per s in penultima: Et Columella tria in Geoponicis capita, de cruditate, bupresti, & torminibus inscripta, sub uno de cruditate comprehendit, nulla buprestis mentione facta, sonitum autem uentris & inflationem tanquam signa & symptomata cruditatis non omittit. Sed idem fortassis remedium utrique malo conueniet, quod Paxamus ita præscribit: Aduersus hanc noxā quidam oleum in nares infundunt bubus: alij caprifici grossos aqua diluunt & naribus infundunt. Dioscorides certe post uomitiones & clysteres, caricas in cibo prodesse docet, & cum uino potum earum decoctum aduersus buprestin insectum: Cæterum oleum bubus per nares infundi donec ructent ad inflationem sedandam, in Plinio legitur: Nec tamen negauerim oleum contra omnia uenena bibi cum aliâs, tum ad uomitum proritandum. Buprestim herbam magna inconstantia Græci in laudibus ciborum etiam habuere. Iidemque remedium tanquam contra uenenum prodiderunt: Et ipsum nomen indicio est, boum certe uenenum esse, quos dissilire degustata fatentur: Quapropter

nec

nec de hac plura dicemus, Hæc Plinius. Videtur autem animal bupreſtin, quod bubus uenenoſum eſt, cum herba eiuſdem nominis confundere, ideoq; Græcorum inconſtantiam reprehendere. Legitur ſanè apud Hippocratem bupreſtis nomen oleris ſylueſtris: & grammatici quidam ſinapi ſimile faciunt. Rarum in Italia (inquit Plinius) animal bupreſtis eſt, longipedi ſcarabeo ſimillimum. Fallit inter herbas bouem maxime, unde & nomen inuenit: deuoratumq; tacto felle ita inflammat, ut rumpat. Nouerunt nunc etiam (ut in commentarijs in Dioſcoridis librum 2. ſcribit Marcellus Vergilius) Italiæ rura hoc malum: uidimusq; nos peremptum aliquando eo ueneno bouem. Non ſatis tamen oſtendunt ruſtici eius animalis formam, diuerſisq; appellationibus diuerſis locis & diuerſa forma deſcribitur & appellatur, Hæc ille. Et rurſus in librum 6. Bupreſtis (inquit) nunc frequentior Italiæ eſt, quàm agreſtis fortuna & res patiatur, interempto quotidie boue inueniri agricolæ lamentantur. Sed de bupreſti ſuo loco plura. ¶ Eſt etiam parua rana in arundinetis & herbis maxime uiuens, muta ac ſine uoce, uiridis, ſi forte hauriatur, uentres boum diſtendens, Plinius. ¶ Magnam etiam perniciem ſæpe affert hirudo hauſta cum aqua: ea adhærens faucibus ſanguinem ducit (trahit) & incremento ſuo tranſitum cibis præcludit: ſi tam difficili loco eſt (interius) ut manu detrahi non poſſit, fiſtulam, uel arundinem inſerito, & ita calidum oleum infundito: nam eo contactu animal cõfeſtim decidit. Poteſt etiam per fiſtulam deuſti cimicis nidor immitti, qui ubi ſuperponitur igni, fumum emittit, & conceptum nidorem fiſtula uſq; ad hirudinem perfert, isq; nidor depellit hęrentem. Si tamen uel ſtomachum, uel inteſtinum tenet, calido aceto per cornu infuſo necatur. Has medicinas quamuis bubus adhiberi præceperimus, poſſe tamen ex his plurima etiam omni maiori pecori conuenire, nihil dubium eſt, Columella. Aduerſus hirudinem ab equis hauſtã plura uide apud Hippiatros, & infra in Hirudine inter aquatica animalia. Incauti quoq; uorant interdum araneos, & reuomunt. Eſt etiam mortifer ijs ſerpentis ictus, eſt & magnorum animalium noxium uirus, nam & uipera, & cæcilia ſæpe cum in paſcua bos improuide ſupercubuit, laceſſita onere morſum imprimit: Musq; araneus, quem Græci μυγάλην appellant, quamuis exiguis dentibus (parui quidem corporis Veget.) non exiguam peſtem molitur. Venena uiperæ depellit ſuper ſcarificationem ferro factã herba, quam uocant perſonatam, trita & cum ſale impoſita: plus etiam eiuſdem radix contuſa prodeſt: Vel Symonianum trifolium (caret eo Germania) quod inuenitur confragoſis locis, efficaciſſimum, traditur, odoris grauis, neq; abſimilis bitumini, & idcirco Græci eam ἀσφάλτιον appellant, noſtri autem propter figuram uocant acutum trifolium: nam longis, & hirſutis folijs uiret, caulemq; robuſtiorem facit, quàm pratenſe. Huius herbæ ſuccus uino miſtus infunditur faucibus, atq; ipſa folijs, cum ſale trita malagmatis more, ſcarificationi intenditur (ipſa folia cum ſale trita imponuntur, Veget.) uel ſi hanc herbam uiridem tempus anni negat, ſemina eius collecta, & leuigata cum uino dantur potanda, radicesq; cum ſuo caule tritæ, & farina (cum ſucco caulis & farina hordeacea, Veget.) & ſale commiſtæ ex aqua mulſa ſcarificationi ſuperponuntur. Eſt etiam præſens remedium, ſi conteras fraxini tenera cacumina quinq; librarum cum totidẽ uini, & duobus ſextarijs olei, expreſſumq; ſuccum faucibus infundas: itemq; cacumina eiuſdem arboris cum ſale trita læſæ parti ſuperponas. Cæciliæ morſus tumorẽ, ſuppurationemq; molitur. Idem facit etiam muris aranei. Sed illius ſanatur noxa ſubula ænea, ſi locum læſum compungas, cretaq; cimolia ex aceto linas. Mus perniciem, quam intulit, ſuo corpore luit: nam animal ipſum oleo merſum necatur, et cum imputruit, conteritur, eoq; medicamine morſus muris aranei linitur (confricatur.) Vel ſi id non adeſt, humorq; oſtendit iniuriam dentium, cuminum conteritur, eiq; adijcitur exiguum picis liquidæ, et axungiæ, ut lentorem malagmatis habeat. Id impoſitum perniciem ſubmouet. Vel ſi antequam tumor diſcutiatur, in ſuppurationem conuertitur, optimum eſt ignea lamina (uel cauterio collectionem aperire, Veget.) reſecare, & quicquid uitioſi eſt inurere, atq; ita liquida pice cum oleo linire: ſolet etiam ipſum animal uiuum creta figulari circundari: quæ cum ſiccata eſt, collo boum ſuſpenditur: ea res innoxium pecus â morſu muris aranei præbet, Columella. Mures aranei, ut à ruſticis noſtris audio, apud nos quidem minus uenenoſi ſunt morſu: ſed aliud malum inferunt, ungulas boum in ſtabulis erodentes. Quod ad morſum, magis conquerũtur de muſtelis: à quibus uulneratas partes, pelle muſtelina eum in uſum reſeruata demulcent. Viperæ & colubri iniurias Vergilius in Georgicis exprimit, hiſce uerſibus:

Sæpe ſub immotis præſepibus, aut mala tactu
Vipera delituit: cœlumq; exterrita fugit:
Aut tecto aſſuetus coluber ſuccedere, et umbrę,
Peſtis acerba boum, pecoriq; aſpergere uirus,
Fouit humũ: cape ſaxa manu, cape robora paſtor,
Tollentemq; minas, & ſibila colla tumentem
Deijce: iamq; fuga timidum caput abdidit alte,
Cum medij nexus, extremæq; agmina caudæ
Soluuntur, tardosq; trahit ſinus ultimus orbes.

Si bouẽ aut aliam quamuis quadrupedẽ ſerpens momorderit, melanthij acetabulũ, & quod medici uocant ſmyrnium, conterito in uini ueteris hemina. Id per nares indito, & ad ipſum morſum ſtercus ſuillum apponito: Et idem hoc (ſi uſus euenerit) homini facito, Cato. Non deſunt hodie qui allium cum butyro coctum in aqua pecori â ſerpentibus morſo exhibeant. Infeſtant boues tum rediuis, et pediculis, Ariſt. Ricinus nunq; in iumentis gignit, in bubus frequens, Plin. ¶ Eſt & infeſta peſtis bubulo pecori, coriaginem ruſtici appellant, cum pellis ita tergori (dorſo) adhæret, ut apprehenſa manibus deduci à coſtis non poſſit. Ea res non aliter accidit: quàm ſi bos aut ex languore aliquo ad maciem perductus eſt, aut ſudans in opere faciendo refrixit, aut ſi ſub onere pluuia madefactus eſt. Quæ quoniam pernicioſa ſunt, cuſtodiendum eſt, ut

c

cum ab opere boues redierint, adhuc æstuantes anhelantesque uino aspergantur, & offæ adipis (offula panis uino infusa, Veget.) faucibus eorum inserantur. Quod si prædictum uitium inhæserit, proderit decoquere laurũ, & ea calda (& cum calida, Veget.) fouere terga, multoque oleo & uino confestim subigere, ac per omnes partes apprehendere, & attrahere pellem (et uelut à costis separare, Vegetius.) Idque optime fit sub dio sole feruente, (aut in loco calidissimo, Veget.) Quidam fraces uino, & adipe (axungia, Veget.) commiscent, eoque medicamento (tepido, Vegetius) post fomenta prædicta utuntur. ¶ Scabies extenuatur trito allio defricto: eodemque remedio curatur rabiosæ canis, uel lupi morsus, qui tamen & ipse imposito uulneri uetere salsamento, æque bene sanatur. Et ad scabiem præsentior alia medicina est, cunila bubula, & sulfur conterunt, admistaque amurca cum oleo, aqua (aliàs atque) aceto incoquuntur. Deinde tepefactis scissum alumen tritum spargitur. Id medicamentum candente sole illitum maxime prodest, Columella. Glans largior ualetudinem infestat, & uernã ferè scabiem efficit, ut supra diximus: nostri lumbricos etiam inde generari autumant. Scabies atque exanthemata boum, urina ueteri atque butyro illita curantur. Alij ex resina & humida pice uino simul unitis ungunt, ac sic medentur, Florentinus. Sal pecorum scabiem & boum illitus tollit: daturque lingendus, & oculis iumentorum inspuitur, Plinius. Corchoro Alexandrini cibi herba boum scabiem celerrime sanari inuenio, Idem. ¶ Vulnera boum curabis maluam arborescentem contundens admouensque, Democritus. Frutex quidam periclymeno non dissimilis tum folijs tum floribus, in sæpibus locisque asperis & saxosis nascitur, ramulis albicantibus. Floribus acini rotundi omnes gemini subnascuntur, colore rubro: hunc gemellum appellemus licet: folia eius contusa boum ulceribus, ut audio, rustici imponunt. ¶ Vlceribus gallæ tritæ remedio sunt, nec minus succus marrubij cum fuligine, Columella. Si in ulcere sit pus collectum, ulcus ipsum est abstergendum, urinaque calida prouecti bouis lauandum, lanaque molli fouendum, ac denique ex tenui sale & pice humida imponendum emplastrum, Didymus. Suppuratio melius ferro rescindit, quã medicamento. Expressus deinde sinus ipse, qui eam continebat, calida bubula urina eluitur, atque linamentis pice liquida, & oleo imbutis colligatur. Vel si colluui (colligari, Vegetius) ea pars non potest, lamina candenti seuum caprinum aut bubulum instillatur. Quidam, cum uitiosam partem inusserunt, urina uetere (humana Veget.) eluunt, atque ita æquis ponderibus incocta pice liquida cum uetere axungia linunt, Columella. Malis farciminosa, quoties per totum corpus bobus tubercula exeunt, aperiunt se, & quasi sanantur, & iterum in alijs locis exeunt, dicta superius, ut etiam Elephantiasis. ¶ Solent etiam neglecta ulcera scatere uermibus, qui si mane perfunduntur aqua frigida, rigore contracti decidunt: uel si hac ratione non possunt eximi, marrubium, aut porrum conteritur, & admisto sale imponitur: id celerrime necat prædicta animalia: (uel calcis uiuæ puluis inspergitur, aut cucurbitę uiridis succus cum aceto mittitur, Vegetius.) Sed expurgatis ulceribus, confestim adhibenda sunt linamenta cum pice, & oleo ueterique axungia: & extra uulnera eodem medicamento circumlinienda, ne infestentur à muscis, quæ ubi ulceribus insederunt, uermes creant, Columella. In Geoponicis Græcis rectè legitur σκώληκας pro uermibus ulcerum, ut Cornarius etiam reddidit: Andreas à Lacuna inepte legit, & transfert οὐλάς, id est cicatrices. Puluis ueratri intritus suppurationibus cum oleo uel butyro, aut per se etiã necat uermes. Sunt qui hyoscyamum imponant ut excidant uermes. Commendatur & chelidonium eodem usu, & persicaria: Aliqui absinthij, marrubij, & phu decocto uerminantia loca abluũt. Sunt qui folia Persici contusa cum suo succo uulneribus indant: Alij castrangulam herbam urticæ similem (Germani **braunwurtz** uocant) fœtidam, nodosis radicibus, pecori uerminanti appendunt. Aliud item genus mali nostri uulgò uermem uocant, **Der wurm vnd der vngnampt**: est autem genus ulceris maligni, & contumacissimi, quod artus præcipue extremos infestat, sed & alias partes, & ossa quoque uitiat: cuius plurimas differentias faciunt. Id in Equo etiam memorabitur: hic satis sit monuisse in bubus contra hoc uitium herbas cõtusas imponi, chelidoniam: uel clymenum, cui uulgo nomen **grüne nachtschatt**: uel gentianæ illam speciem quam paulo ante cruciatam à radicis incisæ figura nominaui. Alij aliter medentur: quidam incantationes adhibent, ut ad paronychias etiam hominũ, quas uulgus eodem uocabulo appellat. ¶ Ferè omnis dolor corporis, si sine uulnere est, recens melius fomentis discutitur: uetus uritur, & supra ustum, butyrum, uel caprinus instillatur adeps, Columella. ¶ Si pecori sanguis per anum, aut uterum aut nares profluat, farinam triticeam cum ouo & butyro & lotio ex equili hausto permisce, & massam inde coactam in cineribus calidis coques ac pecori dabis. Sunt qui herbam, quam Germani columbæ ingluuiem uocant in aqua decoquunt, ac infundunt. De sanguine sistendo, qui cum urina aut lacte profluit, inferius dicam. ¶ Si qui boum artus luxati fuerint, in aqua natare compelluntur, ut commotione illa restituantur. ¶ Sæpe etiam uel grauitate longioris (uel ab asperitate itineris, Veget.) uel cum in proscindendo, aut duriori solo, aut obuiæ radici obluctatur conuellit armos. Quod cum accidit, è prioribus cruribus sanguis mittendus est: si dextrũ armum læsit, in sinistro: si læuum, in dextro: si uehementius utrunque uitiauit, item (etiam Veg.) in posterioribus cruribus uenæ soluent. ¶ Pręfractis (Perfractis, Vege.) cornibus linteola sale, atque aceto, & oleo imbuta superponuntur, ligatisque per triduum eadem infunduntur. Quarto demum axungia pari pondere cum pice liquida (arida, Veget.) & cortice pineo, leuigatoque imponitur: Et ad ultimum cum iam cicatricem ducunt, fuligo infricatur, Columella. ¶ Si in opere collum contusum erit, præsentissimum est remedium sanguis de aure emissus: aut si id factũ non erit, herba, quæ uocatur auia, cum

cum sale trita, & imposita. Si ceruix mota & deiecta est, consyderabimus quam in partem declinet, & ex diuersa auricula sanguinem detrahemus. Ea porrò uena, quæ in aure uidetur esse amplissima, sarmento prius uerberatur: deinde cum ad ictum intumuit, cultello soluitur, & postero die iterū ex eodem loco sanguis emittitur; ac biduo ab opere datur uacatio. Tertio deinde die leuis iniungitur labor, & paulatim ad iusta perducit. Quod si ceruix in neutram partem deiecta est, mediaq; intumuit, ex utraq; auricula sanguis emittitur, qui cum intra biduum (triduū, Veget.) quàm bos uitiū cœpit, emissus non est, intumescit collū, neruiq; tendunt, & inde nata duricies iugū non patitur. Tali uitio comperimus aureum esse medicamentū ex pice liquida, & bubula medulla & hircino seuo, & ueteré oleo (Vegetius axungiam quoq; ueterem addit) æquis ponderibus compositū, atq; incoctū. Hac compositione sic utendū est, cū disiungit ab opere, in ea piscina, ex qua bibit, tumor ceruicis aqua madefactus subsiccatur (lauatur, Veget.) prædictoq; medicamēto defricatur, & illinitur. Si ex toto propter ceruicis tumorem iugum recuset, paucis diebus requies ab opere danda est. Tum ceruix aqua frigida defricanda, & spuma argenti illinienda est. Celsus quidem tumenti ceruici herbam, quæ uocatur auia (ama, Veget. aliâs amati & amaticum, Veget.) ut supra dixi, contundi, & imponi iubet.

¶ Clauorum, qui ferè ceruicem infestant, minor molestia est: nam facile operanti lucerna instillatur. (nam facile sanantur per ardentem lucernam oleo instillato, Veget.) Potior tamen ratio est custodiendi, ne nascantur: Neue colla caluescant, quæ non aliter glabra fiunt, nisi cum sudore, aut pluuia ceruix in opere madefacta est: itaque cum id accidit, ueteri lateri later conteritur, eoq; intrito prius quàm disiungantur (puluere lateritio trito priusquam deiugantur, Veget. id est à iugo soluunt,) colla conspergi oportet: deinde cum id siccum erit, subinde oleo imbui, Columella. Læditur collū nimio iugi pondere, & maximè si pluuia accesserit. Interdum etiam collectis humoribus exulceratur locus affectus, pharmacis quæ consolident cutimq; generēt curandus, qualia in equis etiam usitata sunt: quamuis & peculiaria quædam habent qui bubus medentur, qualia ferè sunt ex quibus ungentum Agrippæ dictum componitur, Petrus Crescentiensis.

¶ Cum bos aures demittens non comedit, cephalalgia torquetur. Quare thymo uino commacerato, alliisq; & sale, ipsa lingua fricanda est. Hordeum etiam crudum ex uino sumptum opitulatur. Quinetiam foliorum lauri quantum manu apprehendi possit, in os inserens, aut tantundem corticis mali Punici, mirè contuleris. Myrrham præterea ad magnitudinem fabæ cum duabus similiter heminis uini distemperans, infundensq; per nares, dolorem exterminabis, Paxamus. ¶ Mania bobus eripit sensum, ut nec audiant more solito, nec uideant, dicta superius inter species malidis. Nostrates insaniæ quoddam genus uocant **hirnmütig**, à cerebri uitio, cui uertigo siue in orbem discursus adiungatur. Iuniores frequentius hoc morbo uexari putant, præsertim si inter cornua sæpius aut uehementius feriantur: uel cornua nondum confirmata nimium contrectentur. Sic affectos si mactauerint lanii, carnem uendere non licet. Plures moriūtur, nonnulli uero curantur terebello iuxta cornua frontem uersus ad craneum usq; adacto, ita ut sanguis effluat: sunt qui uermē etiam uiuum aliquando ex uulnere illo egredi asseuerent, ut ex paronychiis hominum: Mihi quidem neutrum ueri simile fit. ¶ Oestra siue asili pungendo resonandoq; boues in furorem adigunt: minime autem accedent eis, si quis contusas lauri baccas & aqua incoctas, per loca in quibus pascuntur boues eas dispersérit: mox enim diffugient nescio qua naturæ ui. Quod si adhuc infestare non desinant, cerusam bubus aqua leuigatam inungunt, Sotion. Plura de œstris inter insecta. ¶ Malis humida uocatur quoties per os & nares humor effluit, & fastidium ægritudoq; consequitur, de qua supra dictum est copiosius inter reliquas malidis differentias. Pituita pecoris curatur surculo hellebori nigri per aurem maturè traiecto, & postridie eadem hora exempto. ¶ Oculorum uitia plerunq; melle sanantur: nam siue intumuerunt, aqua mulsa triticeæ farinæ conspergitur, & imponitur: siue album in oculo est, montanus (fossilis Veget.) sal, Hispanus, uel Ammoniacus, uel etiam Cappadocus minute tritus, & immistus melli uitium extenuat: facit idem trita sepiæ testa, & per fistulam ter die oculo inspirata: facit & radix, quam Græci σίλφιον uocant, uulgus autem nostra consuetudine laserpitium appellat: huius quantocunq; ponderi decem partes salis Ammoniaci adiiciuntur, eaq; pariter trita oculo similiter infunduntur (cum fistula insufflātur, Veget.) uel eadem radix contusa, & cum oleo lentisci inuncta uitium expurgat: epiphoram (si genæ humorem profundunt, lachrymisq; uisus confunditur, Veget.) supprimit polenta (ex hordeo, Veget.) conspersa mulsa aqua, & in supercilia genasq; imposita: pastinacæq; agrestis semina, & succus armoraceæ, cum melle collinita oculorum sedant dolorem (pastinaca quoq; agrestis, quam armoraceam uocāt, cum melle trita oculorum sedat dolorem, Veget.) sed quotiescunq; mel, aliusue succus remediis adhibetur, circumliniendus erit oculus pice liquida cum oleo, ne à muscis infestetur: nam & ad dulcedinem mellis, aliorumq; medicamentorum non hæ solę, sed & apes aduolant (& uespæ, Veget.) Columella. Iumentorum et boum oculis Tragasæum & Bæticum salem antiqui laudabant, Plinius. Interdum & tumore palati cibos respuit, crebrumq; suspirium facit, & hanc speciem præbet, ut bos in latus pendere uideatur: ferro palatum opus est sauciare, ut sanguis profluat, & exemptum ualuulis eruum maceratum, uiridemq; frondē, uel aliud molle pabulum, dum sanetur præbere, Columella. Hunc morbum recentiores hippiatri lampascum, ut coniicio, in equis uocauerunt. Interdum duriusculus tumor, qui postea suppuratur, rustici apud nos uocant **die liechte**, maxillis adnascitur, & mandentes impedit adeò ut emacien-

c 2

tur:proinde hanc ob causam nonnunquam mactantur, aut lanijs ad cultrum uenduntur.

¶ Solent etiam (periculosa addit Veget.) fastidia cibi afferre uitiosa incrementa linguæ quas ranas ueterinarij uocant. Hæc ferro reciduntur, & sale cum allio pariter trito uulnera defricantur, donec lacessita pituita decidit. Tum uino perluitur os, (melius creditur si ad acutam cannam execes ranulam, post uino os lauatur, &c. Veget.) & interposito unius horæ spatio uirides herbæ, uel frondes dantur, dum facta ulcera cicatrices ducant. Si neq; ranæ fuerint, neq; aluus citata, & nihilo minus cibos non appetet, proderit allium pinsitum cum oleo per nares infundere, uel sale, uel cunila defricare fauces, uel eandem partem allio tonso (tunso) & halecula linire. Sed hæc his solum fastidiũ est, Columella. Ranæ uitiũ (ut à nostris accipio) instar lati ulceris linguam occupat, subnigrũ, & nono die nisi cures interimit: signum est saliua defluens. Curatur cuspide lignea, qua rana rubeta transfixa sit, melius uero si in eadem aruerit. Sanatur etiam stercore canino candido, sale, ruta, fuligine, & saluia pariter contritis, & exertæ linguæ infricatis. Cæterum linguæ pustulis ita medeberis: Bouẽ oportet collocare supinum, & capite reclinato linguam, an pustulas habeat, inspicere: quas quidem candenti ferro acutoq; exurere conuenit. Dein uerò agrestis oleæ folijs contusis, saleq; etiam, ulcera inungenda sunt: aut sale tenuissimo & oleo: aut butyro & sale: Aut cucumeris agrestis radix sicca contusa unà cum ficubus in pastum est apponenda: Aut etiam farinæ hordeaceæ, triticiq; torrefacti pollinis, singulorum heminas duas uino madidatas offerto, Florentinus. ¶ Putrida oris ulcera, **die mundfüle**, in quibus & uenæ sub lingua inflatæ apparẽt, aceto & induratis uini fecibus aliquoties colluunt; uide paulò ante in linguæ ulceribus. ¶ Abscessus quidam seu pustulæ in faucibus nascuntur, unde locus multò angustior fit, quidam nostra lingua uocant **das träet blůt**: illas uel digitis uel ligno inserto comprimunt, repurgantq; locum affectũ: sanguis & humor fœtidus effluit, nisi curarentur interituris: Quidam ad incantationes confugiunt. Haud scio an idem malum sit, uel coniunctum superiori, uel omnino diuersum, quod aliqui nominant **das gäch blůt**, hoc est subitum sanguinem: & de pecude sic affecta dicunt, **das blůt hats angestossen**, uidetur autem nihil aliud esse quàm inflatio subita, & cruditatis species (de qua nõnihil supra in bupresti dixi, & dicam etiam plura paulò post) quamuis imperitia uulgi nescio quem sanguinis impetum causetur. Huic morbo ut medeantur manum aliqui in aluum adigũt, uel statim, uel uirga præmissa, & sicca excrementa proruunt, interdum & grumos quosdam tanquam sanguinis, ut audio. Alij culinariç colluuiei aquam eis infundunt, & ad cursum propellunt, quo calefactæ stercus liquidum emittunt, & alleuantur. ¶ Pecori pulmonario nostratium quidam, agarico, gentiana, & rhapontico permixtis medentur. Asari contritæ radices cum sale tum ouibus ad pulmonis uitia & tussim dantur, tum bubus ut purgentur, Hieron. Tragus. Tussim & anhelitus angustiam nonnulli uinaceis aut iuniperi baccis sali admixtis in hoc animali curant. Alij aduersus easdem causas & lentam pulmonum pituitam beronicæ herbæ, cui uulgo nomen **eerenpreyß**, pollinem sali immiscent, Hieron. Tragus: Qui eandẽ herbam Teucrion ueterum Græcorum esse conijcit, partim alijs rationibus id ut crederet adductus, partim quòd mira eius uis ad remedium lienis explorata sit, si quis uinum in quo maceretur per dies aliquot bibat. Ego quanq; ueronicam nostram rectè pro Teucrio usurpari posse admitto, nec admodũ repugnauerim iudicio Tragi: magis tamen animus mihi inclinat ad illam herbam quam Leonardus Fuchsius primus sic appellauit, cuius hic uerba subscribam: Teucriũ (inquit) officinis ignotũ Germanis **groß bathengel** (id est betonica maior, quod nomen puto ipse confinxit) dicitur. À Dioscoride chamædrys etiam nominatur, utpote chamædryi simillima, adeò ut uicissim etiam chamædrys hoc nomine dicta sit Teucrion. Maius tamen quàm chamædrys Teucrion est, ut merito Germanis betonica maior nuncupari queat. Nusq; quod sciam sponte in Germania prouenit. In Cilicia, Dioscoride teste, abundat. Ego id ante annos aliquot in hortis quibusdam Italiæ uidi, nec unq; alibi. Iunio ac Iulio mensibus floret. Incidendi & tenuium partium facultatis est, quare lienes sanat, & ordine secundo calida, tertio sicca existimari potest, ut Galenus scribit. Herba est, inquit Dioscorides, uirgæ referens effigiem, chamędryi similis, tenui folio, non multũ ciceri dissimile. Apud Pliniũ hemionitis quoq; Teucrium cognominatur, nimirũ quòd similiter lienosis medeatur. Inuenit & Teucer eadem ætate (qua Achilleon Achilles) Teucrion, quam quidam hermion uocãt, spargentem iuncos tenues, folia parua, asperis locis nascentem, austero sapore, nunq; florentem: Neq; semen gignit. Medetur lienibus. Constatq; sic inuentam: Cum exta super eam proiecta essent, adhæsisse lieni, eumq; exinanisse. Ob id à quibusdam splenion uocatur. Narrant sues, qui radicem eius edunt, sine splene inueniri. Quidam ramis hyssopi surculosam, folio fabæ, eodem nomine appellant, & colligi florentem adhuc iubent, adeò florere non dubitant, maximeq; ex Cilicijs & Pisidiæ montibus laudant, Hæc Plinius 25. 5. Apparet autem Teucrion illud quod priore loco descripsit, & hermion à quibusdam uocari prodidit (codices quidam impressi non hermion, sed hermemon habent, Hermolaus recte restituit hemionion: hermion uero inter eryngij nomenclaturas apud Dioscoridem legimus, non etiam aspleni quod Hermolaus in Plinium scribit) omnino Dioscoridis hemionitin esse (utcunq; refragetur Massarius) quam & ipse splenion cognominat: & similiter sine flore, ac sine semine describit, petrosis nascentem locis, gustu astringẽte: cum aceto ad minuendos lienes bibi. In folijs solum non cõuenit eis, quæ Plinius parua esse scribit: Dioscorides dracunculo similia & μηνοειδῆ, id est lunata: uel, ut Marcellus Vergilius transfert, lunæ nondum tumentis in globum figura. Sed uidetur Plinius cũ

diuersa

diuerſa Teucrij genera non diſcerneret, alterius quod Dioſcorides Teucrion uocat, folia, tenuia &
ciceri ſimilia, huic attribuiſſe. Aut error potius librariorum eſt, ut Hermolaus ſentit, & legẽdum ari
uel curua: à Maſſario enim nõ recte ſuper hac caſtigatione reprehenditur. Porrò alterum Plinij Teu
crion ramis hyſſopi ſurculoſum, omnino cum Hermolao Dioſcoridis Teucrium eſſe crediderim:
nam id ſimile chamædryi ſcribitur, quam inſtar hyſſopi ramis ſurculoſam eſſe conſtat: Accedunt &
natales eidem ex Ciliciæ & Piſidiæ montibus: nec obſtiterit quòd fabæ folium Plinius ei tribuat,
Dioſcorides ciceris. Nam ubi uno excepto omnia conueniunt, facilis excuſatio eſt: præſertim in illis
rebus quæ ex aliorum dictis pendent, ut hæc duo Plinij Teucria, quorũ neutrũ ab ipſo cognitũ uerba eius ſatis declarant. Quamobrem non probauerim illos qui fabam inuerſam uulgo dictam alterũ
10 hoc Plinij Teucrion eſſe ſuſpicantur: refrigerat enim illa humectatq; (licet modicè ſimul aſtringat)
ac portulacæ propemodum per omnia uires habet: tantũ abeſt ut lienem obſtructione liberare poſſit. Eadem ratio eſt cur non probem Antonium Braſauolam, cui Teucrion Dioſcoridis pimpinella
uulgò dicta uidetur, cum illi plurimum aſtrictionis inſit: Teucrion uero ſecundũ Galenũ incidat ac
attenuet. Noui quidem aſtringentia plurima lieni prodeſſe, ſed illis opus eſt acrimonia aliqua uel a-
maritudine coniuncta, ut ad locum tam remotum penetrare ualeant. Horum uero neutrũ in pimpi
nella deprehendas. Proinde cum prius illud Plinij Teucrion, nõ aliud ꝙ Dioſcoridis hemionitis ſit,
aut Plinius errauit: aut Fuchſius, qui lienis exinaniti hiſtoriam non hemionio Dioſcoridis ut Plinius, ſed eius Teucrio attribuit. Hemionion (inquit Hermolaus) aſpleno ſimilis eſt in tantum, ut diffici
le ſit internoſcere: eadem ferè Marcelli Vergilij ſententia eſt. Ego & foliorum figura (ut ſciunt qui
20 ueram aſplenon uulgo ceterach apud Arabes et Italos adhuc dictum norunt) & aliâs permultum in
tereſſe uideo. Quanq; Plinius aſplenon etiam hemionion uocari ſcribat, lib. 27. cap. 5. Aſplenum (in
quit) ſunt qui hemionion uocant, folijs trientalibus, multis: radice limoſa, cauernoſa, ſicut filicis, candida, hirſuta: nec caulem, nec florem, nec ſemen habet. Naſcitur in petris, parietibus opacis, humidis, laudatiſſima in Creta. Huius foliorum iure in aceto decocto, per dies quadraginta poto lienem
abſumi aiunt: quæ & illinuntur eadem ui (ſic enim legendum, ex Dioſcoride.) Sedant ſingultus. Nõ
danda fœminis, quoniam ſterilitatem facit. Hæc Plin. Et libro 26. cap. 7. Singultus (inquit) hermio-
nium ſedat, legendum hemioniũ. Hoc etiam philologis annotatu non indignum uidebitur, ubi Dio
ſcoridis interpretes ſcribunt Teucrion naſci in Cilicia eiusq; partibus quas Gentiadem & Ciſſadẽ
uocant, in Græco codice impreſſo legi, ἐν Κιλικίᾳ τῇ περὶ Γεντιάδα καὶ Κηπίδα καλουμένῃ: apud Plinium ue
30 ro in Ciliciæ & Piſidiæ montibus: unde apparet Dioſcoridis locum eſſe corruptum: ego Plinij lectio
nem prætulerim. Nam neq; Ciſſadis neq; Cepidis ullius loci nomen uſquam hactenus legere memi
ni. De aſpleno Dioſcorides eadem omnia quæ Plinius ſcribit: ac inſuper, folia ei eſſe ſcolopendræ in
ſecto ſimilia, polypodij herbæ modo inciſuris diuiſa, inferne aſpera & ſubflaua, ſupernè uiridia: Folia ueſicæ ſtillicidio, & fellis ſuffuſionibus ſubueniunt. Calculos ueſicæ frangunt. Creditur ſterilitatem facere aſplenos per ſe, & ſi cum muli liene corpori adalligetur: iubentq; in hunc uſum nocte
effodi ſilente luna. Hæc Dioſcorides. Theophraſtus lib. 9. cap. 19. hemionon ſic uocari ſcribit, ꝙ mu
li libenter ea ueſcuntur: amare eam loca montana & petroſa: Radice tenui eſſe, & ad faciendam hominis ſterilitatem dari, additis mulina ungula & corio: uel ut Gaza uertit, ſemine: nam δέρμα & σπέρ
μα Græcis finitima ſunt. Scolopendrion herba (inquit Franc. Maſſarius) quam Dioſcorides etiam
40 aſplenon appellauit, gignitur in petris, & umbroſis etiam montium, & circa fontium riuulos maiore
ex parte prouenit. Aſplenon uocatum eſt, quod animalibus lienem abſumat, hoc modo inuentum
teſtante Vitruuio circa Potereum flumen, quod eſt Cretæ inter duas ciuitates Gnoſon et Gortynã:
dextra enim & ſiniſtra eius fluminis paſcebantur pecora, ſed ex ijs quæ paſcebantur proxime Gnoſon ſplenem habebant: quæ autem ex altera parte proxime Gortynam, non habebant apparentem
ſplenem: unde etiam medici quærentes de ea re, inuenerunt in ijs locis herbam, quam pecora roden
do imminuerant lienes: ita enim herbam colligendo curabant lienoſos hoc medicamento: quam ob
cauſam aſplenon & ſplenion uocauere: non autem, ut ridiculè expoſuit Marcellus, quòd longitudine
latitudineq; ſua faſciolæ & emplaſtelli formam haberet. Pleriq; omnes medici hactenus pro ſcolopen
drio aliam omnino plantam acceperunt, (quam & alij uulgo & Germani linguam ceruinam uocant)
50 quæ prouenit folijs lapathi, longioribus duntaxat adultioribusq;, modo ſenis, modo ſeptenis, interius
leuior, auerſis annexos exiles ceu uermiculos præferens: in opacis hortisq; naſcitur, auſteri guſtus,
caule, flore, ſemine deficitur. Sed phyllitis hæc non ſcolopendrion uocatur à Dioſcoride, quæ rectius
& magis proprie quàm quæ ſcolopendrion appellatur, lingua ceruina à Latinis interpretaretur, ut
Theodorum omnino taxem, qui ſcolopendrion in Theophraſto linguam ceruinam impropriè conuerterit. Non deſunt qui & hemionion (ſcilicet Theophraſti) eſſe ſcolopendrion affirment. Hæc Fr.
Maſſarius. Ego in iam citato Theophraſti loco, ubi de hemiono, id eſt aſpleno Dioſcoridis ſcribit,
ὅμοιον δὲ τὸ φύλλον σκολοπενδρείῳ, id eſt folium ſcolopendrio ſimile (eſſe uel habere aiunt: neq; enim ipſe
herbam inſpexit, ut ex uerbis eius apparet) uel librariorum erratum eſſe puto, ut ſcribendum ſit σκολο
πένδρᾳ, id eſt ſcolopendræ animali multipedi, ut rectè apud Dioſcoridem legitur his uerbis, σκολοπέν-
60 δρᾳ τῷ θηρίῳ, & res ipſa declarat: uel ipſius Theophraſti, quod facile fieri potuit, qui rem ſibi non uiſam, & ab alijs tantum auditam deſcribat: uel ſcolopendrion uocem diminutiuæ formæ eodem ſenſu
quo primitiua ſcolopendra, animal ſcilicet, accipiendã eſſe. Nullus certe ueterũ uſquam ſcolopẽdrij

e 3

herbæ seorsim tanquam ab aspleno diuersæ meminit. Quamobrem nouam Fr. Massarij opinionē nequaq; probauerim, qui in cōmentarijs suis in nonū Plinij ad herbas digressus, dū hemionon Theophrasti ab aspleno siue scolopendrio Dioscoridis diuersam esse contendit, Theophrasti uerba, non Græca, sed ex translatione Theodori suis confirmandis adducit: ubi Theodorus hemionon radice numerosa & tenui constare transtulit, cum Græcus codex impressus ῥίζας λεπτὰς, id est radices tenues solum commemoret, non etiam numerosas. Deinde Dioscoridis uerba, cum ait aspleno multa esse folia ab una radice, πλείονα ἀπὸ μιᾶς ῥίζης περιεχόμενα, huc torquet ut simplicem & singularem radicem aspleno à Dioscoride tribui existimet, cum Dioscorides non id sentiat, sed ab una radice, id est uno radicis summo principio (quod in plærisq; plantis unum & singulare reperitur, licet inferiora in diuersas abeant partes) plura statim enasci folia, quod & in filice fœmina fieri uidemus. Sed hemionios, inquit, quam modo citherach recentiores appellant, ut res ipsa monstrat, radice est nigra, numerosa, tenui, ut capillamenti speciem referat: aspleno uero (quæ in omnibus ferè cum hemionio præterquam in radice conuenit) limosa, cauernosa, sicut filicis, candida, hirsuta (quæ omnia Plinius ei tribuit) itaq; diuersam esse necesse est. Addimus etiam (inquit) quod Dioscorides ipse myosotida radicem unam digiti crassitudinis multis capillamentis fibratam habentem, in totum scolopendrio comparauerit. Hęc duo postrema Massarij argumenta non difficile est refellere: nam quod colorē attinet, uariant aliquando authores, & colores ipsi pro natalibus ac ætate uariant: & cum superficies tantum unius coloris, interior uero pars tota alterius est, nil mirum si dissideant authores, præsertim cum sæpe contingat radices non recēter effossas, sed purgatas intueri. Postremo quod hemionon tenues radices habere scribit Theophrastus, de capillamentis quibus fibrata est accipi potest, præsertim cum eæ tam numerosæ sint, ut maior siue una siue plures, ijs inuoluta occultetur. Obtinuimus igitur nisi fallor hemionon Theophrasti non esse aliam quam Dioscoridis asplenon. Hemionitin uero Dioscoridis aliam quam hemionon esse, Massarius rectè fatetur. In Theodori translatione hoc etiam mihi displicet, quod hemionon montanas planicies amare conuertit. In Græco legimus ὀρεινὰ χωρία καὶ πετρώδη, id est loca montana & saxosa: neq; enim ut plana sint requiritur. Adeò difficile est hominem in rebus ipsis non exercitatum, utcunq; linguarum peritia polleat, boni interpretis officio satisfacere. Sic proximè ante citatum locū, cratei reddidit pro cratæogoni, idq; lini modo ruffum nasci: in Græco est φύεται δὲ τοῦτο ὥσπερ λίνου πύρινου, hoc est melampyro herbæ simile nascitur. Cæterum quomodo accipiendum sit lunatum hemionitidis folium, non facile dixerim: intelligi enim potest uel folio ad totum latus alterutrum in dimidiatum circulum contracto: uel qua latissimum est folium circa primum à pede ortum, ut in aro conspicitur & anaxyride ob eandem figuram sic dicto rumicis genere, eminentibus utrinq; tanquam cornibus. Alio modo lunata sunt dracunculi maioris folia, ratione caulis cui hærent incuruati. Linguam ceruinam uulgo dictam quamuis aliquādo hemionitin esse credidi, (enascentia enim primum folia lunata sunt) nunc phyllitin potius esse persuasus sum, partim doctissimorum hominum Euricij Cordi, Petri Matthæoli, & Franc. Massarij sententiam secutus (quanquam Leonicenus, Manardus, Ruellius & Fuchsius aliter sentiāt) partim uerbis Galeni commotus, qui phyllitidi acerbitatē, id est, uehementem astrictionem tribuit, ut optima ratione diarrhœa & dysenteria eius potu iuuentur: hemionitidi uero, quam nulli hodie cognitam puto, astrictionem unà cum amaritudine, ideoq; cum aceto potam splenicis prodesse. Atqui in lingua ceruina nostra amaritudinis nihil percipimus. Quamobrem non subscribam Hieronymo Trago phyllitin & hemionitin unam & eandem herbam à Dioscoride pro diuersis descriptas asserenti, eamq; linguam ceruinam nostram esse. Idem cum genus quoddam montanæ filicis polypodio simile longioribus folijs & acutioribus, ac pluribus circa unam radicem (quæ forte altera lonchitis Dioscoridis fuerit) uerum scolopendrion esse asseruisset, mox ceterac etiam Italis dictum, herbā longè diuersam similiter scolopendrion uerum facit. Matthęolus scribit se à quibusdam rei herbariæ peritis & fide dignis hominibus accepisse, hemionitin ueram abunde prouenire in agro Romano, unde ipsi erutam in hortis plantauerint. Hemionitidi connumeranda uidetur filicula illa quam Hieronymus Tragus describit libro 2. ca. 184. rara inuentu, in syluis aliquando inter saxa prominet, radice capillata, ex qua plurimi iunci setarum instar tenues enascuntur, trientales ferè, singuli singula folia in cacumine erigunt, angusta, breuia, & ab altera parte friabili quodam puluere, ut filicum genus solet, obsita: horum quædam modicè lunata sunt, alia corniculorum instar finduntur. ¶ Obijciet aliquis, Quid hæc ad boum remedia? Respondeo. Quoniam ueronicam uulgò dictam, celeberrimi in medicandis bubus experimenti herbam, nonnulli ueterum Teucrion esse credunt, & Plinius Teucrion à Dioscoridis hemionitide non satis distinguit, & alij hemionitin cum phyllitide et scolopendrio uel aspleno confundunt, de omnibus una eadēq; opera dicendi occasionē me nactū existimasse, præsertim cum omnes ad animalia quędā pertinerent. Proinde quæ hic de scolopendrio herba attulimus, in scolopendra insecto non repetentur: neq; in mulo, quæ de hemiono & hemionitide: neq; in ceruo, quæ de lingua ceruina. Adde quòd asplenos ad animalium omnium, non suum & pecorum duntaxat lienem ægrum, uim habet maximā bubulo etiam pecori proculdubio profuturam. Sed redeo ad ueronicam nostram et Teucrion. In Italia quidam circa Tridentum abrotono etiam ueronicæ nomen attribuunt. Sed nostræ ueronicæ à uetonicæ (alij per u, alij per b scribunt: Latini per t simplex, Græci per duplex) quadam similitudine nomen factum suspicor: neq; enim una solum uetonica est, quæ uulgo apud omnes ferè gentes nomen

men retinuit:ſed etiam altera Pauli Aeginetæ,quam ille his uerbis deſcribit:Bettonica ramulos pulegij ſpargit,tenuiores,guſtu ferè inſipido,naſcitur maximè in petroſis. Vſus eſt eius inter nephritica medicamenta. Βετ[τ]ονικὴ λεπτόκλωνός ἐστι πόα,Herm.Barbarus legit μονόκαυλος & unicaulem reddit.
Hanc noſtro tempore quæ eſſet hactenus nemo indicauit:neq; ſanè ex breuibus adeò deſcriptionibus ſatis certum aliquid indicari poteſt.Orit̃ apud nos in parietibus,et in aſperis montanis locis her
bula odorata pulegio ſimilis adeò,ut pulegium petræũ appellari poſſit:minor,tenuior, floſculis ſub
cœrulei coloris,guſtu ferè fatua.Hæc ſanè uideri poſſet Aeginetæ bettonica,licet in nullo apud nos
uſu & anonymos negligatur.Proxima quidem Aeginetę deſcriptioni etiam pſeudochamædrys eſt,
qua multi hactenus falſo pro chamædrye uſi ſunt:ſimilis enim eſt, flore cœruleæ anagallidis: unde
10 cœruleam aut fatuam aut inodoram chamædryn nuncupare licebit.Germani uocant **blaumender lin/vergiß mein nit/helfft/frauwenbiß** & **ſchaffkraut**:quod nomen poſtremum ab ouibus ei indi
tum eſt,quibus ægris,in tuſſi præſertim,hac herba medentur. Mirum in ea quod ad latera tantũ flo
res aperiat,nunquam in medij caulis cacumine.Caule eſt recto,ſed altera ſpecies eius in ſyluis repe
ritur & ſaxis,quod pulegij inſtar per humum ſe extendit. Quemadmodum & ueronica,una recta,al
tera ſupina eſt;quæ & ipſa fortaſſis alicui ad Aeginetæ bettonicam proxime accedere uidebitur.
Ego ex tribus iſtis generibus ad nominis huius authoritatem primo loco à me deſcriptum præ cæte
ris admiſerim.Chamædryn fatuam ſiue cœruleam Hieronymus Tragus à Teucrio Dioſcoridis non
excludit:in qua ſententia Matthæolus etiam fuiſſe uidetur,cum ſcribit uulgarem quandam & ubiq;
naſcentem herbam,chamædryi tam ſimilem ut eam mentiri poſſit homini parum exercitato,ſæpius
20 ſe cogitaſſe Dioſcoridis Teucrion eſſe.Sed dę nominibus ueterum quæ quibus noſtris plantis accommodari debeant,non ego cuiquam ualde contenderim:& uoluptatis gratia magis quæ ex iſto
ſtudiorum genere mihi accedit , quàm ſeriò uel tanquam contentioſus in eis immorari ſoleo . Duo
tantum neceſſaria ſunt,primum ut qua de rę ſermo ſit nobis conſtet , quacunq; tandem illa uetere
aut nouo aut inter nos ficto nomine ueniat:alterum ut certam de uniuſcuiuſq; facultate iudicandi
methodum ex ſaporum,odorum,ac cæteris qualitatum formis calleamus.Nam plurimi prorſus ame
thodi,imperiti & audaciſſimi homines de plantarum nominibus prolixe ac impudenter contendũt.
Quippe ut aliud nihil nunc adferam,tales omnino ſunt qui fatuam chamædryn,non ſolum nomine
ſed authoritate ac uiribus cum uera coniungunt.

¶ Redeo tandem ad boum circa thoracem morbos, additurus primũ reliqua de tuſſi & aſthmate
30 ut incœperam. Recens tuſſis optime ſaluiato farinæ ordeaceæ diſcutitur.(Si recens fuerit, ſextarius farinæ hordeaceæ cum uno ouo crudo & hemina paſſi per os datur ieiuno, Veget.)Interdum ma
gis proſunt gramina conciſa(tunſaq;, Veget.)& his admiſta freſa faba:Lentes quoq; ualuulis exem
ptæ, & minutè molitæ:miſcẽtur aquæ calidæ ſextarij duo,factaq; ſorbitio per cornu infunditur. Ve
terem tuſſim ſanant duæ libræ hyſſopi macerati ſextarijs aquæ tribus. Nam id medicamentum teritur, & cum lentis minutè,ut dixi,molitæ ſextarijs quatuor more ſaluiati datur,ac poſtea aqua hyſſo
pi per cornu infunditur.Porri etiam ſuccus cum oleo,uel ipſa fibra cum ordeacea farina contrita re
medio eſt.Eiuſdem radices diligenter lotæ,& cum farre triticeo pinſitæ, ieiunoq; datæ uetuſtiſſimã
tuſſim diſcutiunt.Facit idem pari menſura eruum ſine ualuulis cum torrefacto ordeo molitum, &
ſaluiati more in fauces demiſſum,Columella.Hordeum redactum in pollinem madefaciens,atq; pa
40 learum partes tenerrimas optimè repurgatas , cum illiſq; farinæ orobi miſcens heminas treis,diui-
denſq; totum in partes ternas,bubus tuſſientibus tribus uicibus edendum dato. Quidam Artemi-
ſiam herbam purgantes,macerenteſq; aqua,ex ea exprimunt ſuccum,quem quidem ante aliud pabulum ſpatio ſeptem dierum infundunt,Didymus. Pulmonariam quæ arboribus adnaſcitur, cum
ſale edendam bubus anheloſis & tuſſientibus uulgus noſtrum commendat,maximè cum pulmo tur
gidior excreuerit,& ut ipſi loquuntur collum ſubiuerit.Nullam huius herbæ apud ueteres mentionem reperimus:pulmoni exulcerato & ſanguinis ſputo conferre creditur;ſiccat enim & aſtringit,
ut Matthæolus teſtatur.Sunt qui inſuper facultatem ei adſcribant uulnera ſanandi,& ulcera genitalium:& fluxiones uteri tum pituitoſas tum cruentas,nec non dyſenteriã & uomitus bilioſos ſiſten
di. Eſt & altera eiuſdem nominis,folijs ferè borraginis,hirſutis & aſperis , ſed acutioribus figura,
50 maculis paſſim albis,guſtu etiam borraginis. Natales ei ſyluæ & montes,lociq; opaci. Primo uere
cauliculi dodrantales ſubcœruleos flores in corymbis proferunt ,cynogloſſæ floribus ſpecie ſimiles.
Radices ei plures,nigræ,& glutinoſæ.Hanc etiam ad explenda pulmonis ulcera eruditi celebrant.
In Italiæ hortis maculoſa uidi folia,apud nos uero ſemper abſq; maculis: cætero nihil diſtabant. Eadem aut eiuſdem generis proculdubio eſt Plinij pulmonaria,quam aliqui(inquit)pepanum uocant,
bugloſſi folio,ſed promiſſo magis atq; læuiori,colore inſuper dilutiore,albicantibus maculis notato,
inſtar pulmonis,inde nomen: naſcitur in humidis. Volunt aduerſus morbos uiſceris ſui nominis pe
culiari eſſe remedio,in cibo ſumptam,uel potam,Hæc Plinius.In Heſſia, ut audio, quidam Germanice uocant **blawen augentroſt**,id eſt euphraſiam cœruleam . In Gallia quidam ſecundum genus
auriculæ muris apud Dioſcoridem eſſe putant: Videntur autem falli : nam folia oblonga & angu-
60 ſta non habet,quanquam quæ ſuperius cauli adnaſcuntur talia fere ſint:inferiora oblonga quidem,
ſed palmi plerunq; latitudine, circa extremitatem demum anguſta in mucronem exeunt, ſubtus albicant, plurima ab una radice , pediculis oblongis, per quos neruus tranſit, diſtractis etiam ipſis in-

e 4

teger, ut in pimpinella uulgo dicta. Ego ex omnium partium inſpectione, & qualitatibus omnibus, collatis, certò aſſerere poſſum, hanc ſtirpem ſymphyti ſpeciem eſſe, non petręi, ſed alterius, nec aliud ab eo diſtare, niſi quod undequaq; minor eſt: ideoq; non erraturum qui in medendo alteram in alterius locum ſubſtituerit. Huc etiã referri debet herba in Hiſpanijs frequens, pręcipue in Galitia & circa Compoſtellam, cui folia ſunt aſpera, uerbaſci communis uel ſymphyti potius folijs ſimillima, longiora quàm borraginis, floribus & radicibus bugloſſo noſtræ ſimilibus: bubus gratiſſimam eſſe aiunt. Monachi qui in Italia commentarios in Dioſcoridem nuper ediderunt, hanc ueram bugloſſum eſſe contendunt: licet borraginem quoq; eiuſdem nominis commercio non excludant, cum & ſapor & herbæ ſpecies conueniant. Vernacula lingua marrubium quoq; pulmonis herbam uocat. Eſt præterea ex lactucæ ſeu ſonchi ſylueſtris genere herba cubitalis, lacte manans, florum corymbis luteis, 10 quorum calyces nigricant, folijs hirſutis, anguloſis maculoſisq;: aſperis & ſaxoſis locis & in parietibus emicat: eam quoq; docti in Gallia pulmonariam uocitant. Mirifica eius præconia ſæpe audiui circa uulnera glutinanda, & reduuiam hominum curandam. ¶ Perdicium, id eſt parietariam uulgarẽ ueteres tum iumentis tum bubus ad tuſſim & anhelandi difficultatem dederũt, Hieron. Tragus. Mulieres quæ bubus medentur, parthenij, id eſt matricariæ uulgo dictæ, pollinem ſali admiſcent ueſperi ut lingant: Eo medicamento boues purgantur, reſpirandiq; difficultate & inflatione liberantur, Idẽ. Lienem quoq; obſtructum & turgidum tuſſis comitatur, præcipuè cum ad curſum adiguntur pecudes. ¶ Aſthma Græci uocant anguſtiam & difficultatem reſpirationis, quam ferè ſonitus quidam comitatur: Germani in quadrupedibus, ut equo & boue, **die hynſch**, per onomatopœian fortaſſis: Inde & herbis quibuſdam, quæ remedium aduerſus hanc noxam præſtare creduntur, impoſitum no- 20 men **hynſch kraut**, ut ariſtolochię longæ: & ſolano perpetuo, quod boum ceruicibus aduerſus hoc malum paſtores appendunt. Perpetuum autem à recentioribus genus hoc ſolani uocatum conijcio, inde quòd licet folia amittat, non tamen etiam caules ut reliqua ſolani genera, ſed toto anno uirides uegetosq; conſeruet. Vbiq; illã à noſtris appellari audio **ye lenger ye lieber**: quanquam & chamæpityi nuper quidam nomen idem communicauerint, quod minimè probo: neq; enim ratio nominis eadem ei conuenit. Quippe ſolani perpetui corticem aut radicem quò quis mandit diutius, eò dulciorẽ ſubinde ſentit, unde nomen ei impoſitum: chamæpitys uero ut ab initio amara & inſuauis eſt guſtu, ita nihilo ſuauior fit quantumcunq; immoreris mandendo. Audio etiam mortale à quibuſdam cognominari, cum ueneni minus quàm ullum ſolani genus habeat, ut ipſe perſuaſus ſum, nec unquam ab eius uſu incommodi quicquam uel homini uel quadrupedi natum audiui. Et cum cætera ſolani ge- 30 nera, quæ Gręci ueteres nobis deſcripſere (hortenſe, ueſſicarium, ſomniferum & inſanum, ex quibus duo priora tantum nobis cognita ſunt) omnia, teſte Galeno, refrigerent, ideoq; noxia ſint, præſertim copioſius ſumpta, ut frigida uenena ſolent: illud de quo hic agimus, cum dulciſſimum ſit, & pulmonis iecorisq; obſtructiones expediat, ac pituitæ lentorem incidat, quod multis experimentis certum eſt, nequaquam refrigerare dicemus. Succum uero acinorum refrigerare, cum ſubacidus ſit, & diſſecare, ut Matthæolus refert, non negauerim: Addit idem ad maligna & contumacia ulcera, ac uulnerum inflammationes, egregiam huius ſucci uim ſeſe expertum. Damnauerunt in eo fortaſſis odoris grauitatem, quæ in folijs & baccis percipitur, qui primi mortalis cognomen addiderunt. Acini quidem omnibus ſolani generibus communes ſunt, & foliorum ferè figura. Quod olim hortenſe fuit, in hortis iam coli deſijt, ſponte uero natum paſſim circa hortos ſatis copioſum habetur. Neq; enim aſ- 40 ſentior Hieronymo Trago, qui ſolanum illud ſylueſtre, radice maxima, acinis halicaccabi, ſed nigris & nudis, quod inter cognita nobis ſolani genera nocentiſſimum eſt (in Italia ſolanum maius uel bella donna uocant, nos **ſchlaaffbeere**) pro hortenſi capiendum docet: de quo plura inter ſuum remedia dicemus. Cæterum ſolani noſtri perpetui nomen apud ueteres, niſi malacociſſus Plinij fuerit, nullum agnoſco. Malacociſſus (inquit Plinius) Democritus aquilex mollibus hederæ folijs depingit, caule tenero, ſeſe cuicunq; quod fuerit nactus inuoluente. Subeſſe aquam ubi reperitur affirmat. Hæc deſcriptio quamuis etiam conuoluolo conueniat, qui aquas & ipſe amat, & hederæ folijs ſimilior uidetur, malo tamen ſolanum noſtrũ antiquo iſto nomine interim donare, donec aliunde certiora diſcamus. Nam Ruellij ſententiam de frutice illo amplexicaule, quem ſigillum D. Mariæ aliqui uocant, & ipſe alibi malacociſſum, alibi cyclaminon alterum facit, Matthæolus iam reprehendit, cui nos libenter ſub- 50 ſcribimus. Præterea ueratri nigri ſpeciem, abrotoni folijs, quam Hieronymus Tragus deſcribit lib. 1. cap. 135. itidem à ſimili effectu contra aſthma quidam uocant **hynſch kraut**: nec non gnaphalium herbam, quam aliqui **rürkraut**: quoniam torminibus medeatur: deſcribitur autem ab eodem Trago lib. 1. cap. 109. ubi id polium alterum Dioſcoridis eſſe conijcit, ſed falſò. ¶ Iudæi hodie cum propter diuerſos alios affectus carnem non ſani bouis abominantur, de quibus in libris eorum Thalmudicis permulta præcipi audio, tum ſi pulmones coſtis adhæſerint, uel omentum peritonæo: quos quidem adhæſus partium exulcerationem interdum ſequi crediderim. Eſt autem & illa grauis pernicies, cum pulmones exulcerantur: inde tuſſis & macies, & ad ultimum phthiſis inuadit. Quæ ne mortem afferant, radix coryli inuſta ita, ut ſupra docuimus, perforatæ auriculæ inſeritur, tum porri ſuccus inſtar heminæ pari olei menſuræ miſcetur, & cum uini ſextario potandus datur diebus compluribus, Colu- 60 mella. Apud Vegetium uero ſic legitur: radix conſiliginis, ſuccus porri, omnium hemina pari menſuræ olei miſcetur, &c. Ego Columellę lectionem prętulerim. De crauro ſiue ſtruma (ut Theod. Gaza reddidit)

reddidit) affectu ut uidetur pestilente, cum tabe pulmonis coniuncto, in praecedentibus dictum est.

¶ Cruditatis signa sunt crebri ructus, ac uentris sonitus, fastidia cibi, neruorum intentio, hebetes oculi: Propter quae bos neque ruminat, neque lingua se deterget. Remedio erunt aquae calidae duo congij, & mox triginta brassicae caules modice cocti, & ex aceto dati. Sed uno die abstinendum est alio cibo. Quidam clausum intra tecta continent, ne pasci possit: Tum lentisci, oleastrique cacuminum pondo IIII. & libra mellis una trita permiscent aquae congio, quam nocte una sub dio habent, atque ita faucibus infundunt. Deinde interposita hora macerati erui quatuor libras obijciūt, aliaque potione (alio cibo uel potione, Veget.) prohibent. Hoc per triduum fieri, dum omnis causa languoris discutiatur. Nam si neglecta cruditas est, & inflatio uentris & intestinorum maior dolor insequitur, qui nec capere cibos sinit, gemitus exprimit, locoque stare non patitur, saepe decumbere, & agitare caput (Vegetius non agitare caput habet, sed uolutare cogit,) caudamque crebrius agere (commouere, Veget.) Manifestum remedium est proximam clunibus partem caudae uinculo (resticula uel lino, Vegetius) uehementer obstringere, uinique sextarium cum olei hemina faucibus infundere, atque ita citatum per mille & quingentos passus agere (bouem currentem trahere, Veget.) Si dolor permanet, ungulas circumsecare, & uncta manu per anum inserta fimum extrahere, rursusque agere currentē. Si nec hęc profuit res, caprifici aridae conteruntur, & cum dodrante aquae calidae datur, Columella. (Vegetius sic legit, Si tardius proficit, tres partes lauri diu conteruntur, & cū duplici aquae calidae dantur.) Vbi nec medicina processit, myrti syluestris foliorum duae librae deligantur (tunduntur in pila, Veget.) totidemque sextarij (librae, Veg.) calidae aquae misti per uas ligneum faucibus infunduntur: Atque ita sub cauda sanguis emittitur (quatuor digitis ab ano percussa uena) qui cum satis profluxit, inhibetur papyri ligamine. Tum concitate agitur pecus eousque, dum anhelet. Sunt & ante detractionem sanguinis illa remedia: tribus heminis uini, tres (quatuor, Veget.) unciae pinsiti allij permiscentur, & post eam potionem currere cogitur. Vel salis sextans, cum cepis decem (decem uncijs ceparum, Vegetius) conteritur, & admisto melle decocto collyria (longiora, ut uentrem resoluant, Veget.) immittuntur aluo, atque ita citatus bos agitur, Columella. Eadem fermè remedia ad strophos, id est tormina, Paxamus praescripsit, ut paulò post referemus, etsi idem prius de cruditate seorsim agat. Bubus cruditate laborantibus (inquit Paxamus) medebimur aquam calidam propinātes, brassicaeque aceto perfusae apponentes fasciculum unum. Aliqui partes teneriores brassicae elixantes & contundentes, ex oleo eas illis per cornu infundunt: stragulisque simul bouem laborantem calefacientes, lenta illum exercent deambulatione: Id quod non solum boues, sed omnia pecora iuuat. Alij rursus agrestis oleae folia, aut coliculos aliarum arborum teneros contundentes, aquamque inspergentes distemperant, ac tandem una & altera die sex heminas infundunt, Haec Paxamus. Si cruditas & uentris distentio male habeant bouem, caudam eius deorsum magna ui trahito & extendito. Plura de inflatione diximus retro in mētione buprestis, & rursus statim post pustulas faucium. Matricariam quoque herbam, ut uocant, contra hoc malum cum sale misceri iam ante dictum est. Bos cum gallinae fimum deuorauerit, statim nimio uentris dolore torquetur, & inflatus moritur: huius etiam ueneni remedia supra requires: Hoc tamen hic adijciemus, nostrates non tam de fimo quàm plumis gallinaceis conqueri, si boues fortè uorauerint. Inflantur boues (ut scribit Petrus Crescent.) uentribus ipsorum ob structis aut flatu repletis, si manu uel digito feriantur partes circa ilia & coxas, tympani modo resonant: uisu etiam inflati apparent & dolore torquentur, & quandoque in terram se prosternunt, ac libenter procumbunt. Curantur clystere uel cannula, ut equi etiam: aut manu pueri oleo illita extrahuntur stercora: aut uena caudae acuto cultello inciditur, quae parte inferiore quatuor ab ano digitis distat. Periculum & hoc uitij affert, quo uulgus interdum queritur, boues ruminandi facultatem amisisse. Ruminantibus enim omnis ferè cibus ore elabitur, unde totius corporis macies statim consequitur. Curandum est igitur, ut manu inserta in fauces ingeratur, siue illud ipsum quod boui aegro exciderat, siue quod alteri ruminanti ex ore subtractum fuerit: ita tamen ne nimium uel omne alimentum illi subtrahatur, ac idem qui in aegro curatur affectus, in sano creetur. Absurdo rustici quidam pharmaco ruminationem restitui putant, sordibus uaginarum excussis & buccellae panis ori inserendae inspersis. Si bos cibum fastidiat, pabulum eius amurcae sufficienti portione inspergito: Olei etiam, resinae aut terebinthinae, singulorum aequis partibus mistis, ad radicem usque cornua bouis deungito, Florentinus. Plaerosque sanè affectus fastidij symptoma comitatur, ut malidem humidam, capitis dolorem, cruditatem, tumorem palati, alui profluuium, tormina & uētris dolorē, &c. Vide etiam supra ubi de rana sub lingua diximus. Nullo autem tempore, & minimè aestate, utile est boues in cursum concitari: nam ea res aut cit aluum, aut mouet febrem. Cholera affectis crura cauterio usque ad ungulas exurenda sunt, posteaque lauacro calidae aquae assiduè fouenda, contegendaque stragulis, Florentinus. Ventris & intestinorum dolor sedatur uisu nantium (anseris, Veget.) et maxime anatis, quam si conspexerit, cui intestinum dolet, celeriter tormento liberatur. Eadem anas maiore profectu mulos, & equinum genus conspectu suo (celeriter) sanat. Sed interdum nulla prodest medicina. Sequitur torminum uitium: quorum signum est cruenta & mucosa uentris proluuies. Remedia sunt cupressini quindecim coni, totidemque gallae, & utrorumque ponderum uetustissimus caseus, quibus in unum tunsis admiscentur austeri uini quatuor sextarij, qui pari mensura per quatriduum dispensati dantur: nec desinit lentisci, myrtique, & oleastri cacumina uiridis (ita ut lentisci myrtique & oleastri

cacumina præbeantur, Veget.)Aluus corpus, ac uires carpit, operiꝗ inutilem reddit: quæ cum acci
dent, prohibendus erit bos potione per triduum, primoꝗ die cibo abſtinendus. Sed mox (ſecundo
die)cacumina oleaſtri, & arundinis(cannæ ſylueſtris, Veg.)item baccæ lentiſci, & myrti dandæ, nec
poteſtas aquæ(poſt triduum etiam, Veg.)niſi quàm parciſſime facienda eſt. Sunt qui teneræ laurus
caulium libram, cum abrotani macerati(aliâs hortenſis, Veg.)pari portione dent, cum aquæ calidæ
duobus ſextarijs, atꝗ ita faucibus infundant, eademꝗ pabula, ut ſupra diximus, obijciant. Quidam
uinaceorum duas libras torrefaciunt, & ita conterunt, & cum totidem ſextarijs uini auſteri, potandum medicamentum præbent, omniꝗ alio humore prohibent, nec minus cacumina prædictarum
arborum obijciunt. Quod ſi neꝗ uentris reſtiterit citata proluuies, neꝗ inteſtinorum ac uentris do
lor, ciboſꝗ reſpuet: & prægrauato capite, ſi ſæpius, quàm conſueuit, lachrymæ ab oculis, & pituita
à naribus profluent: uſꝗ ad oſſa frons media urat, auresꝗ ferro ſcindantur. Sed uulnera facta igne,
dum ſaneſcunt, defricare bubula urina cõuenit. At ferro reſciſſa melius pice & oleo curantur, Colu
mella. Qui bos torminibus diſcruciatur(inquit Paxamus: loquitur autem de illis quos Græci στρόφους
uocant)minime in uno loco conſiſtit, nec cibum tangit, ſed mugit. Parum igitur nutrimenti illi offerendum eſt, caroꝗ circa ungulas uſꝗ ad ſanguinem perpungenda. Alij circa caudam ſolutionem fa
cientes, donec effluat ſanguis, poſtea linteolo deligant. Alij cepas cum ſale tundentes admouentesꝗ
ſedi quàm penitiſſimè fieri poſſit, poſtea boues impellunt, eosꝗ cogunt ad curſum. Alij terentes nitrum perfundentesꝗ(λύοντες, ſubaudio ὕδατι, id eſt aqua reſoluentes)per os inijciũt, Hæc Paxamus:
pleraꝗ autem eadem remedia ſuperius ex Columella ad cruditatem deſcripſimus. Boues in Cypro contra tormina hominum excrementis ſibi mederi ferunt, Plin. Aduerſus diarrhœam, rhamni
folia contundens, aſphaltoꝗ miſcens, da comedenda. Quidam folia mali Punicæ macerata farinæꝗ
miſta offerunt. Alij farinæ hordei cotylas duas, & farinæ tritici torrefacti mediam cotylæ partem mi
ſcentes aqua, porrigunt, Paxamus. Hodie quidam ex noſtris ſerpyllum contra uentris profluuium
commendant: alij burſam paſtoris. Quidam boues foriolos & ſtercore liquido laborantes noſtra lin
gua uocant **rennig**. ¶Lien boum etiam quandoꝗ lentis craſſisꝗ humoribus infarcitur, unde nõ
liberantur, & diuturnus fit affectus: dignoſcuntur ex tuſſi, cum aliâs infeſtante, tum maxime quan
do ad curſum aguntur, Petrus Creſcent. ¶Malis ſubrenalis uocatur quoties à poſterioribus debi
litas apparet, & lumbi dolere credũtur, ſuperius inter ſpecies malidis memorata. Eiuſdem, ni fallor,
loci affectus eſt, quem noſtrates uocant **die blatern vnder dem krüz**, & neſcio quid concreti ſanguinis illic reperiri aiunt, foris nihil apparere: remedio eſſe urticæ faſciculum cum radicibus, quem
puto faucibus eorum ingerunt, ut rumpatur abſceſſus. ¶Cum ſanguinem mingunt boues, rarò
euadunt. Aiunt autem cum prata paſcuis aperiuntur, propter nimiam pabuli pinguitudinem ſolere aliquando hunc morbum ſequi, aucto nimirum ſanguine ex alimenti copia: inde nomen etiam ei
apud Germanos **graßſiech**, id eſt morbus ex gramine: ferè enim oborit̃ cum à montibus uel macris
paſcuis ad lætiora migrauerint. Remedia tentantur huiuſmodi; hordeum in aqua decoquitur, ſi-
mulꝗ lardum & panis: decoctum iſtud infundunt. Aliqui blitum (quod circa fimeta & ſolo pingui
prouenire ſolet, nomine ſanguinariæ, caulibus & folijs rubris) tuſum ſalitumꝗ præbent. Naſcitur
& herbula quædam in collium montiumꝗ humidis & glareoſis locis, herba ipſa ſeſſilis eſt, ſine caule, folijs ex uiridi pallidis, trium digitorum(ſi bene memini)pinguibus ac ſi oleo illita eſſent, floſculis
colore & figura ferè uiolarum, quas Martias dicimus, per ſingulos pediculos ſingulis: hanc aliqui
noſtrorum à loco natali uocant **moßigele**, & ad ſanguinis mictum commendant: & mulierum quo
que menſibus ſiſtendis. Alij ſecreto experimento iuglandiũ nucamẽta in ouo exhibẽda celebrant.
Sunt qui ipſam cruentam urinam dum redditur excipiunt, ac rurſus ſtatim per os infundunt. Mulierculæ quædam ſuperſtitioſæ ſpinæ appendicis(quam Galli ſpinam albam uocãt, nos **hagendorn**)
ſpinam unam in terra defigunt eo in loco, in quem lotium cruentum defluxerit, ſi cum primum cru
enta eſſe incipit id fecerint, malum deſiturũ perſuaſæ. Præterea ad ſiſtendũ ſanguinis mictum uix
quicquam efficacius eſſe aiunt herba Roperti uel gratia Dei uulgo dicta, quam eam ob cauſam paſtores in montibus noſtris uocant **harnkraut**, id eſt urinalem. Quamuis enim uerbum **harnen** ſimpliciter urinam reddere ſignificet: ruſtici tamen apud nos aliquando priuatim de cruenta urina eo
utuntur. Inſerunt autem herbæ Roperti manipulos aliquot contuſos. Alij tormẽtillæ herbam ſimul
& radicem terunt ac ſali miſcent. Alij muſcum de nuce arbore in cibo præbent: & niſi profuerit, butyrum crudum admiſcent. Alij(ſi bene memini)oxylapathi folia contuſa ſalitaꝗ ori immittunt. Opor
tet autem hoc morbo periclitantes boues, in ſtabulo quieſcere, ne ſubitaneus(ut uocant)ſanguis ſuperueniat: & fœno tum alio tum cordo ſalubri paſci. Si membrum coxendicis uitio, alimentum
non ſentiat, & contabeſcat, ſæpe diuꝗ illines hoc unguento, quod recipit ceram iuglandis magnitudine, axungiam de ruffo maiali, medullam ſabuci arboris, bubulam medullam ac ſeuum & ſalem,
quæ omnia ad ignem bullire & miſceri debent. Alij de opima bubula carne, poſtquam diu bullierit, innatantem pinguedinem auferunt, mox iure quod reliquum eſt, locum affectum lauant, deinde pinguedinem perfricando illinunt ad ſolem: aut ſi ſolis copia non ſit, aſſerem igne calefactũ mem
bro admouẽt. Alij inungi iubent, allio, axungia, herba ſabina & fuligine tritis mixtisꝗ, bobus ſimul
& equis utili medicamento.

¶Eſt quando lac etiam cruentum excernitur: quo animaduerſo, mulierculæ lac omne emulſum
aquæ

aquæ fluenti infundunt:aliæ mulctrali inuerſo id eſt fundo immulgent,& ſigno crucis notant.Hęc
ſcribo ut aniles ſuperſtitiones iſtæ proditæ improbentur. Vaccam fuiſſe Pirinthi accepimus, cui
cibi excrementum extenuatum per ueſicam tranſmittebatur,diſſectusq; anus denuo propere coale-
ſcebat,nec reſecando euincere uitium poterant,Ariſtoteles. Boues gregales(ut Ariſtoteles ſcribit)
morbis duobus tentantur,ſtruma,de qua ſupra dictum eſt:& podagra affectu ęgre curabili:facit hęc
ut pedibus intumeſcant:& quamuis non intereant, tamen ungulas amittant: ualent melius cornibus pice illitis calida,Hæc Ariſtot.Et alibi,Vngulas cum dolore articulorum laborat bos non amittit,ſed pedes tantummodo intumeſcunt uehementer.Et rurſus alibi,Nec pedum dolores ſentiũt boues,ſi eorũ cornua illinantur cera,aut oleo, aut pice.Boũ attritis ungulis cornua ungẽdo aruina me
10 dentur agricolæ,Plinius.Non ſubteri pedes boum ſi prius cornua pice liquida perungantur, reperi
mus,Idem.Boues pedes ne ſubterant,priuſquam in uiam quoquam agas,pice liquida cornua infima unguito,Cato. Per cornua hic ungularum ſubſtantiam intelligo,ut etiam uernacula lingua ap-
pellamus:licet Plinius non ita accepiſſe uideatur.Subtriti pedes eluuntur calefacta bubula urina:de
inde faſce ſarmentorum incenſo,cum iam ignis in fauillam recidit,feruentibus cineribus cogitur in
ſiſtere,ac pice liquida cum oleo,uel axungia cornua eius linuntur, Columella. Sanguis dimiſſus in
pedes claudicationem affert:quod cum accidit,ſtatim ungula inſpicitur:tactus autem feruorem de-
monſtrat:nec bos uitiatam partem uehementius premi patitur. Sed ſi ſanguis adhuc ſupra ungulas
in cruribus eſt,fricatione aſſidua(ad triduum triti ſalis perfricatione, Veget.) diſcutitur: uel cum ea
nihil profuit,ſcarificatione demitur.At ſi iam in ungulis eſt,inter duos ungues cultello leuiter (leni-
20 ter)aperies.(& mundabis intus, Veget.)Poſtea linamenta(ſtuppa) ſale atq; aceto imbuta applicantur,ac ſolea ſpartea pes induitur,maximeq; datur opera,ne in aquam pedem mittat,& ut ſicce ſtabu
letur.Hic idem ſanguis niſi emiſſus fuerit,ſaniem creabit,qui ſi ſuppurauerit,tarde procurabitur:ac
primo ferro circunciſus,& expurgatus(expurgatur ad uiuum, Veget.)deinde pannis aceto & ſale
& oleo madentibus inculcatis(aliâs impletur, Veg.)mox axungia uetere, & ſeuo hircino pari pondere decoctis(aliâs ferro candenti ſtillantibus, Veget.)ad ſanitatem perducitur.Si ſanguis in inferiore parte ungulæ eſt(Veget.addit,nec aperturam facit,& tantum claudicat animal,) extrema pars ip
ſius unguis ad uiuum reſecatur,& ita emittitur,ac lineamentis(ſtuppa uel linteolis cum ſale & oleo
& aceto infuſis, Veget.)pes inuolutus ſpartea munitur.Mediam ungulam ab inferiore parte non ex
pedit aperire,niſi eo loco iam ſuppuratio facta eſt.Si dolore neruorum claudicat, oleo & ſale genua,
30 poplitesq;,& crura confricanda ſunt,donec ſanetur. Si genua intumuerunt, calido aceto fouenda
ſunt,& lini ſemen,aut milium detritum,conſperſumq;(infuſumq;, Veget.)aqua mulſa imponendũ:
ſpongiæ quoq; feruenti aqua imbutæ,& expreſſæ, atq; melle litæ recte genibus applicantur, ac fa-
ſcijs circundantur.Quod ſi tumori ſubeſt aliquis humor,fermentum, uel farina ordeacea ex paſſo,
aut aqua mulſa decocta imponitur:& cum maturuerit ſuppuratio, reſcinditur ferro:eaq; emiſſa, ut
ſupra docuimus,linamentis curatur.Poſſunt etiam(ut Cornelius Celſus præcipit)lilij radix,aut ſcyl-
la cum ſale:uel ſanguinalis herba,quam πολύγονον Græci appellant, uel marrubium ferro recluſa ſa-
nare.Ferè autem omnis dolor corporis,ſi ſine uulnere eſt,recens fomentis melius diſcutitur:uetus au
tem uritur,& ſupra uulnus butyrum uel caprinus inſtillatur adeps, Columella.Si ob partis frigidita
tem(inquit Florentinus)bos claudicet,pedem abluere conuenit,locumq; affectum (ubi ſcalpello fue
40 rit manifeſtatus)fouere ueteri urina.Dein uero ſale cõſpergere,atq; ex ſpongia peniculóue alio mun
dare.His factis,adeps hircina,aut bubula,probe contuſa,parti dolenti ex ferro calido inſtillanda eſt.
Sin autem, ꝗ calcârit erectum palum,aut aliquid ſimile,bos claudicare uideatur,cætera quidem om
nia ſimiliter facienda ſunt,ceram aũt cum oleo ueteri,melle, & orobi farina, ſolutam refrigeratamq;
ulceri imponere debes.Poſtea uerò,accipiens incretam teſtulam, ficusq; aut mala Punica tundens
atq; permiſcens,ulceri circumponito:ac linteo aliquo deligato adeò curioſè,ut externarum rerũ nihil ſubingrediatur,donec bos ipſe firmiter poſſit ſtare.Sic ſiquidem percurabitur:tertia autem die ſimili medendi ratione ſuccurrito.Si claudicet ob materiæ influxum,oleo & paſſo concoctis, pars ipſa
calefacienda eſt,ac dein calida polenta hordeacea illi imponenda. Cæterum ubi pars ipſa tenera &
mollis eſt reddita,aperienda eſt,extergendaq;.Poſtea uerò folia liliorum,aut ſquillam ex ſale,aut po
50 lygonon,aut deniq; praſium contuſum imponere expedit,Hactenus Florentinus. Si quid pedem a-
liámue partem bouis penetrauerit,curandum eſt ut extrahatur cum radicibus arundinis tritis,uel ra
dicibus dictamni ſuperpoſitis & faſcia alligatis, uel alijs medicamentis quæ ſpinis extrahendis adhi
bentur in equis,ut in illorum hiſtoria docuimus,Petrus Creſcent. Si talum,aut ungulam uomer læ
ſerit,picem duram,& axungiam cum ſulfure,& lana ſuccida inuolutam candente ferro ſupra uulnus inurito.(aliâs inuoluito,& candente ferro ſupra uulnus imponito,& ungito, Veget.) Quod idẽ
remedium optime facit exempta ſtirpe,ſi forte ſurculum calcauerit,aut acuta teſta,uel lapide ungulam pertuderit,quæ tamen ſi altius uulnerata eſt,latius ferro circunciditur,& ita inurit̃ ut ſupra prę
cepi:deinde ſpartea calceata per triduũ ſuffuſo aceto curat̃. Item ſi uomer crus ſauciarit, marina lactuca quam Græci τιθύμαλλον uocant,admiſto ſale imponit̃. Minus claudicabunt armenta, ſi opere
60 diſiunctis multa frigida lauent̃ pedes:& deinde ſuffragines,coronæ,ac diſcrimen ipſum,quo diuiſa
eſt bouis ungula,uetere axungia defricet̃, Columella. Cũ fiſſuræ in pedibus dehiſcũt, **pilußen oder
ſchrunden**,ſanguinem detrahi iubent. Hetruria myriophyllon(Hermolaus legit millefoliã)appellat

herbam in pratis tenuem, à lateribus capillamenti modo foliosam, eximij usus ad uulnera: boum neruos abscisos uomere solidari ea rursusq́ iungi addita axungia affirmans, Plin.

¶ His iam perscriptis cum à remedijs ad reliqua de bubulo pecore dicenda transiturus essem, in libellum quendam qui diuersa remedia manuscripta Germanicè continebat, incidi: quæ & ipsa corollarij uice præcedentibus adnectere operæpretium duxi. Sunt autem ista. Si pestilentia bubus ingruerit, radices asari in aqua decoquito & in potu exhibeto: uel ipsas contritas aquę inspergito & sau cibus infundito: uel testas limacum, sufficiunt autem singulis bubus singulæ. Alij herbam cruciatam gentianæ speciem, ut supra dixi, pariter cum limacum testis terunt, & per os infundunt. Alij uirgam auream (sic Itali uocant, nos **heidnisch wundkraut**) contritam pani imponunt et ori inserunt. Forsan hæc Dioscoridis Panaces Chironium est, flore aureo, folio non amaraci, ut in Dioscoride legitur, sed lapathi, ut in Plinio, maiore & hirsutiore: radix parua non altè demittitur, gustu acri: nascitur in montanis, siccis & asperis. Dioscorides serpentium ueneno potam radicem, uel illitam comam, resistere docet. Asclepion panaces et Chironion Heracleo calidiora sunt, (ego cum Galeno potius minus calida legerim) hinc floribus ipsorum & semine ad malefica ulcera & phymata utuntur, Paulus & Galenus. Arnoldus de Villa noua uirgam auream apprime laudat à uiribus urinæ ciendæ & calculi renum frangendi: Italorum quidam herbam Iudaicam uel paganam uocant. Auicenna per herbam Iudaicam eruum intelligit: recentiores etiam unam sideritidis speciem eodem nomine uocitant, quam alij tetrahit. Nostrates costum hortensem quoq nominãt **heidnisch wundkraut**, Tragus **frauwen kraut**. Sic fit ut cum uel una res diuersis nominibus appellatur, uel rursus diuersæ uno, magna apud plerosq rerum inscitia & confusio nascatur. ¶ Boues si intumuerint, calendulæ succum cum aqua potandum eis misceto. Sanicula & eupatorium (quod uulgus agrimoniam uocat) in uino decocta, boum uulneribus imponuntur. Si bos à serpente morsus fuerit, butyrum de mẽse Martio cum sale ad focum permisce, & illine: uel pelle mustelina locum demulce. Si ulcus malignũ, quod uulgo uermem appellamus, infestat, carduos edendos apponito, tum bubus, tum equis præcipue: aut radicem Valerianæ ore commansam superilligato, quod & hominibus prodest. Boui pulmonario herbam pulmonariam arboribus adnascentem, contritã, panisq́ cum sale inspersam in fauces demittito. Aduersus malum, quod nostrates sanguinem subitaneum uocant, (de quo supra, ubi de inflatione diximus) urticarum radices ex tribus plantis collectæ, in cibo medentur. Cum sanguinem ex uesica reddunt boues, quieti in stabulo permittendi sunt, ne fortè sanguine subitaneo corripiantur. Si boui aut uitulo aluus nimium fluat, tostam auenæ farinam faucibus immittes, & panem tostum insperso sale: oxylapathi quoq semen in cibo iuuare certum est. Contrà, si excrementa alui retineantur, muscerdam & cannabis semen in fauces inserito: uel uaccinum lac calidum, uel coquinariam colluuiem ueterem infundito. Boum & uitulorum lumbricos expelles infuso succo quem expresseris è folijs & radicibus betæ rubeæ: Idem medicamentum pueris etiam conducit. Alij pollinem bursæ pastoris dictę aduersus eosdem commendant: quos ego errare iudico: alia enim herba est, quam uulgo Germani **wurmkraut** appellant, nasturtij syluestris genus, cui simillima seminum conceptacula bursę pastoris sunt, ad lumbricos maximè commendata. Cum uacca fœtauerit, ex auena fomentum statim admouetor, ut prorsus liberetur. Si post fœturam uiribus exhausta erit, adeò ut consistere uix queat, flores fœni sacco salario infarcti & in aqua decocti, dorso lumbisq́ bene calidi imponantur: bis die sal offeratur, & in solem progredi permittatur, ac cibus ibidem præbeatur. Si uaccam taurire uoles, salsam bouis carnem iuglandis magnitudine in os ei ingerito. Vel, Cum uitulus mensis unius ætatem attigerit, salem uaccæ lingendum tam calefacito, quàm ferre calidissimum manu potes, & quater aut quinquies uaccæ offerto, mox taurum desyderabit. Pediculos boum & uitulorum hoc ungento amolieris, quod constat cremæ lactis sesquisextario, butyri mensura quæ duas iuglandes æquet, & resinæ pari, salem abunde addes, & pariter feruefacies: cum opus erit illines. ¶ Si quid noxij aut uenenosi boues deuorasse uidebuntur, quod cum ex alijs signis, tũ inflato corpore, facile est conijcere: præstantissimam antidotum & omnibus theriacis uulgaribus (nam alias quoq pecori uenenato quidam infundunt) longè præferendam, & multis experimentis celebrem, ab amico quodam, dum hæc scriberem, excepi huiusmodi: Gentianæ radix in pollinem redacta, & stillatitio liquori ex fecibus uini (aquam ardentem uocant) permixta infunditur in fauces bouis: Aut si gentiana defuerit, liquor etiam solus. Idem pecori uehementer noxium esse aiebat genus illud glutinis aërei (sic enim appello, cum nomen aliud ignorem) quod colore subflauo, molle, & coagulatum in muris interdum & herbis adhærens inuenitur. Rustici quidam traijcientibus in aëre stellis id nasci aiunt: & gramen etiam cui hæserit, licet aquis pluuijs ablutum, uenenosam uim retinere asserunt. Non desunt qui ius in quo hordeum diutissimè coctum fuerit, unà cum cremore siue ipso hordeo, bubus contra quemuis ignotum morbum infundant.

D

Non probat Plinius illos qui subtilitatẽ animi constare non tenuitate sanguinis putant, sed cute operimentisq́ corporum magis aut minus bruta esse: boum tergora, setas suum obstare tenuitati immeantis spiritus, nec purum liquidumq́ transmitti. Sunt sanè boues ingenio miti, remissæ, & minimè peruicaces, Aristot. Agnoscunt uocem bubulci, uocatiq́ nominibus proprijs intelligunt, iussisq́ armentarij aut præfecti parent & obsecundant, Florentinus. Mores in operario boue quales proben tur,

tur, infrà dicemus. Boues cœlum olfactantes, ſeq; lambentes contra pilum, tempeſtatem præſagiunt, Plinius. Suſias boues numerandi ſcientiam tenere Cteſias Gnidius ſcribit. Nā Suſis regi ſinguIæ quotidie centum cados ad irrigandos hortos hauriunt. Quem quidem laborem, ſiue quod ſit eis certus & conſtitutus, ſiue etiam quia diu multumq; in eo ſe exercuerint, promptiſſime obeunt: Nullam enim earum ad opus remolleſcere uideres, neq; ad alterum ſupra quàm diximus cadum exhauriendum, nec uerberibus, nec blanditijs inducere poſſes, Aelianus. Plutarchus etiam in libro terreſtriáne an aquatica animalia plus ſapiant, idem ſcribit in hæc uerba: Boues Suſis hortos regios uerſatili machina & modiolis hauſtorijs numero certis rigant: centenos modiolos in dies ſingulos ſinguli boum ducunt. E natura etiam bouis eſt, cum ex feritate ad manſuetudinem traductus eſt, ut ad pa-
10 rendum facilis ſit. Enimuero ad feretrum portandum ſub iugum miſſus quietus manet, ſiue uelis eum erecto capite quieſcere, ſiue ad terram inclinato abijci, tum in ceruice & dorſo puerum puellámue geſtari patitur. Equidem ipſe uidi, qui ſupra nihil ſe commouentes tauros ſaltarent. Item boues inſtituti ſeſe in theatris inclinant, & erigunt, & motus uel homini ipſi difficiles ſaltant, Aelianus. Bouem licet manſuetū, nō facile tamē illius qui ſibi ſtimulos admouet obliuio capit: at iniuriā animo ac memoria uel longiſſimo interuallo cōtinens, pœnas pro maleficio ſibi illato ſumit. Nam cū eſt ſub iugum miſſus, loriſq; conſtrictus, quodammodo ſimilis eſt homini in uincula coniecto, & ſe quidē trahi quò impellitur, acquieſcit. Vt uero ſolutus eſt, aliâs ad bubulcū uerſus pedem ſuum laxans, aliqd illius membrum contriuit: aliâs ſæpe in cornua incitatus, in curſu illum interfecit: Cum tamen in cæteros ſubito manſuetus exiſtat, ac quietus in ſtabulum ingrediaī: neq; enim ferus in eos exiſtit, qui
20 iram ſibi non mouent, Aelian. Boues & paſcunt per ſocietates atq; conſuetudines: & ſi unus aberrarit, reliqui ſequuntur: quapropter boarij niſi præuenerint, totum armentum requirant, neceſſe eſt, Ariſtoteles. Eximia boum aratorum in ſocios pietas animaduerſa eſt: nam alter alterum, quo cum arare conſueuit, ſi forte deſit, requirit, & frequente mugitu deſyderium teſtatur. Quanto fœtus ſuos amore proſequantur uaccæ Oppianus his uerſibus prædicauit,

Οἷον δ᾽ ἑλκομένας πέρι πόρτιας ἀσχαλόωσαι Μητέρες, οὐκ ἀπάτερθε γυναικείων στενάχουσι
Κωκυτῶν, αὐτοὺς δὲ συναλγύνουσι νομῆας. Rubram ueſtem non ferunt qui ad boues accedunt, neque ſplendidam qui ad elephantos, quòd eiuſmodi colore eas beſtias conſtet efferari, Gyllius. Apud nos cum exacta hyeme uaccæ primum in paſcua emittuntur, quæuis proximam cornibus adoritur: quæ tum uicta fuerit, totam deinceps æſtatem alteri cedit. Sunt qui allium cum ſale uaccis ſuis pri-
30 mum emittendis in cibo præbeant, ut reliquæ omnes propter odorem eas auerſentur: ſed minus placidæ inde fieri exiſtimantur. Sunt qui neſcio an allium an aliud quidpiam bubus edendum ingerāt, ut à cæteris uitentur, & ipſi herbis abunde fruantur. Boues lupus inuadit: alitur enim carne, Ariſtoteles. Si bos ferus fune laneo ligetur, manſueſcet, Raſis. Βοὶ ἐπιφαίνεται σεμνότης καὶ ἀκακία: hoc eſt, bos grauitatem quandam & ſimplicitatem uultu ac moribus præ ſe fert, Adamantius. Ariſtoteles in phyſiognomonicis illos quibus facies carnoſa eſt, remiſſi & negligentis animi eſſe cōijcit: quibus magna, ignauos ſeu tardos: quibus oculi magni, ſimiliter: quibus admodum caui, mites: & illos etiā ignauos, quibus frons magna ſit: poſtremò querulos & indignabūdos, quibus uox primum grauis, in fine acuta fuerit: quod eadem omnia in bubus ſimiliter ſe habeant.

E.

40 Multiplicem ex bubus utilitatem capi Philes poëta recentior iſtis uerſibus complexus eſt:

Πάγχρηστον ἡ βοῦς, καὶ κομίζει φορτία, Καὶ τοὺς γεωργοὺς ὠφελεῖ πρὸς τοὺς πόνους,
Καὶ γάλα ποιεῖ, καὶ τραπέζας ἀρτύει, Μετὰ τελευτὴν καὶ μελίσσας ἐξάγει.

Hoc eſt, Boum uſus extenditur ad uecturam, agri culturam, lac & opera lactaria, deniq; ad apum reſtaurandam ſobolem. Quid, inquit Cicero, de bobus loquar? quorum ipſa terga declarant non eſſe ad onus accipiendum figurata: ceruices autem natæ ad iugum, tum uires humerorum & latitudines ad aratra extrahenda, quibus quū terræ ſubigerentur fiſſione glebarū, ab illo aureo genere, ut poëtæ loquuntur, uis nulla unquam afferebatur. Ferrea tum proles exorta repentè eſt, Auſaq; funeſtum prima fabricarier enſem, Et guſtare manu uinctum domitumq; iuuencum. Tanta putabatur utilitas percipi ex bobus, ut eorum uiſceribus ueſci ſcelus haberetur.
50 ¶ Curandum eſt omnibus annis in hoc æquè atq; in reliquis gregibus pecoris, ut delectus habeatur: nam & enixæ & uetuſtæ, quæ gignere deſierunt, ſummouendæ ſunt, & utiq; tauræ, quæ locum fœcundarum occupant, ablegandæ, uel aratro domandæ, quoniam laboris, & operis non minus quàm iuuenci propter uteri ſterilitatem patientes ſunt, Columella. Iuuencus caſtratus aptior fit iugo, & manſuetior tractabiliorq;, & laboris ſocium mirificè diligit, ut ſupra diximus. Boum uulgarium quidam ſunt maiores, quorū uſus eſt in locis planis: alij minores, qui ferè ad montes remittūtur: mediocres utriſq; conueniunt locis: Oportet autem adultos boues non iuniores laboribus deſtinare, Petrus Creſcent. ¶ Quæ in emendis bubus ſequendā, quæq; uitanda ſint, nō ex facili dixerim (inquit Columella) cum pecudes pro regionis cœliq; ſtatu & habitum corporis, & ingenium animi, & pili colorem gerant: aliæ formæ ſunt Aſiaticis, aliæ Gallicis, Epiroticis aliæ: nec tantum diuerſitas
60 prouinciarum, ſed ipſa quoq; Italia partibus ſuis diſcrepat. Campania plerunq; boues progenerat albos & exiles, labori tamen & culturæ patrij ſoli non inhabiles. Vmbria uaſtos & albos, eademq; rubros: nec minus probabiles animis quàm corporibus. Hetruria & Latium compactos, ſed ad opera

f

fortes. Apenninus durissimos, omnemq; difficultatem tolerantes, nec ab aspectu decoros: Quę cum tam uaria & diuersa sint, tamen quædam quasi communia & certa præcepta in emendis iuuencis arator sequi debet: eaq; Mago Carthaginensis ita prodidit, ut nos deinceps memorabimus. Parandi sunt boues nouelli, quadrati (uiribus magnis) grandibus membris, cornibus proceris (amplis) nigrantibus & robustis, fronte lata et crispa, hirtis auribus, oculis & labijs nigris, naribus resimis patulisq;, ceruice longa & torosa, palearibus amplis, & pene ad genua promissis, pectore magno (lato) armis uastis, capaci & tanquam implente utero, lateribus porrectis, lumbis latis (crassis coxendicibus) dorso recto planoq;, uel etiam subsidente, clunibus rotundis, cruribus compactis ac rectis, sed breuioribus potius q̃ longis, nec genibus improbis, ungulis magnis, caudis longissimis & setosis pilosisq;, corpore denso breuiq;, colore rubeo uel fusco, tactu corporis mollissimo. Hactenus Columella de bouis aratoris electione. Bouem rubeum ab aratoribus probari discimus: qualis fortasse est, quem hodie Veneti agricolæ lorum suo uocabulo appellitant: Nec enim idem prorsus color est rubeus, qui ruber à nobis, à Græcis ἐρυθρὸς dicitur, Nic. Erythræus. Talis notæ uitulos, id est iuuencos uel boues indomitos & rudes (inquit rursus Columella) oportet cum adhuc teneri sunt, consuescere manu frequenter tractari, ad præsepia religari, ut exiguus in domitura labor eorum, & minus sit periculi. Verum neq; ante tertium, neq; post quintum (quartum, Varro) annum iuuencos domari placet: quoniam illa ætas adhuc tenera est, hæc iam prædura, Columella & Pallad. Domitura boum in trimatu, postea sera, ante præmatura, Plinius. Eos autem, qui de grege feri comprehenduntur, sic subigi conuenit. Primum omnium spatiosum stabulum præparetur, ubi domitor facile uersari, & unde digredi sine periculo possit. Ante stabulum nullæ angustiæ sint, sed aut campus, aut uia late patens, ut cum producentur iuuenci, liberum habeant excursum, ne pauidi aut arboribus, aut obiacenti cuilibet rei se implicent, noxamq; capiant. In stabulo sint ampla pręsepia, supraq; transuersi asseres in modum iugorum à terra septem pedibus elati configantur, ad quos religari possint iuuenci (boues indomiti.) Diem deinde, quo domiturã auspiceris, liberum à tempestatibus, & à religionibus (impedimentis omnibus) matutinum eligito: (quo capti perducantur ad stabulum) canabinisq; funibus cornua iuuencorum ligato: sed iaculi, quibus copulantur, lanatis pellibus inuoluti sint, ne tenera fronte sub cornua lædantur: cum deinde bucolos comprehenderis, extra stabulum producito, & ad stipites religato ita, ut exiguum laxamenti habeant, distentq; inter se aliquanto spacio, ne in colluctatione alter alteri noceat. Si nimis asperi erunt, patere unum diem noctemq; desæuiant (inter uincula mitigentur ieiunijs) simul atq; iras contuderint, manu producantur, ita ut & aliquis ante, & à tergo complures, qui sequantur, retinaculis eos cõtineant: & unus cum claua salignea procedens modicis ictibus subinde impetus eorum coërceat. Sin autem placidi & quieti boues erunt, uel eodem die, quo alligaueris, ante uesperum licebit producere, & docere per mille passus composite, ac sine pauore ambulare: cum domum perduxeris, arctè ad stipites religato, ita ne capite moueri possint: tum demum ad alligatos boues, neq; à posteriore parte, neq; à latere, sed aduersus placide, & cum quadam uocis adulatione (appellationibus blandis, & illecebris oblatorum ciborum) uenito (bubulcus admulceat) ut accedentem consuescant aspicere: deinde nares perfricato, ut hominem discant odorari. Mox etiam cõuenit tota tergora & tractare, & respergere mero, quo familiariores bubulco fiant: uentri quoque, & sub femina manum subijcere, ne ad eiusmodi tactum postmodum pauescant: & ut ricini, qui plærunq; feminibus inhærent, eximantur: idq; cum fit à latere domitor stare debet, ne calce (aut cornu) cõtingi possit (quod uitium si in primordijs effectui sibi cessisse senserit, obtinebit.) Post hęc diductis malis, educito linguam, totumq; eorum palatum sale defricato, libralesq; offas in præsulsæ adipis liquamine tinctas, lingula (in gulam, Pallad.) demittito, ac uini singulos sextarios per cornu faucibus infundito. Nam per hæc blandimenta triduo ferè mansuescunt, iugumq; quarto die accipiunt, cui ramus illigatur, & temonis uice trahitur: interdum & pondus aliquod (leue) iniungitur, ut maiore nisu laboris exploretur patientia, post eiusmodi experimenta uacuo plostro subiungendi, & paulatim longius cum oneribus producendi sunt. Sic perdomiti mox ad aratrum instituantur, sed in subacto agro, ne statim difficultatem operis reformident, neue adhuc tenera colla, dura proscissione terræ contundant. Quemadmodum autem bubulcus in arando bouem instituat, primo (inquit Columella) præcepi uolumine: curandum ne in domitura bos calce, aut cornu quenquam contingat: nam nisi hæc caueantur, nunquam eiusmodi uitia, quamuis subacta, eximi poterunt. Verum ista sic agenda pręcipimus, si ueteranum pecus non aderit: Nam si aderit, expeditior, tutiorq; ratio domandi est, quam nos in nostris agris sequimur: nam ubi plaustro, aut aratro iuuencum consuescimus, ex domitis bubus ualentissimum, eundemq; placidissimum cum indomito iungimus, qui & procurrentem retrahat, & cunctantem producat. Si uero non pigeat iugum fabricare, quo tres iungantur, hac machinatione consequemur, ut etiam contumaces boues grauissima opera non recusent: nam ubi piger iuuencus medius inter duos ueteranos iungitur, aratroq; iniuncto terram moliri cogitur, nulla est imperium respuendi facultas: siue enim efferatus prosilit, duorum arbitrio inhibetur: seu consistit, duobus gradientibus etiam obsequitur: seu conatur decumbere, à ualentioribus subleuatus trahitur: propter quæ undiq; necessitate contumaciam deponit, & ad patientiam laboris paucissimis uerberibus perducitur. Est etiam post domituram mollioris generis bos, qui decumbit in sulco: eũ non sæuitia, sed ratione censeo emendandum: nam qui stimulis, aut ignibus, alijsq; tormentis id uitium

tium eximi melius iudicant, ueræ rationis ignari sunt, quoniam peruicax contumacia plerunq; sæuientem fatigat. Propter quod utilius est citra corporis uexationem fame potius & siti cubitorem bouem emendare: nam eum uehementius afficiunt naturalia desyderia, quàm plagæ. Itaq; si bos decubuit, utilissimum est sic pedes eius uinculis obligari, ne aut insistere, aut progredi, aut pasci possit: quo facto inedia, & siti compulsus deponit ignauiam, quæ tamen rarissima est in pecore uernaculo: longeq; omnis bos indigena melior est quàm peregrinus: nam neq; aquæ, nec pabuli, nec cœli mutatione tentatur, neq; infestatur conditione regionis, sicut ille, qui ex planis, & campestribus locis, in montana & aspera perductus est, uel ex montanis in campestria: itaq; etiam, cum cogimur ex longinquo boues arcessere, curandum est, ut ex similibus patrijs locis traducantur: item custodiendum
10 est, ne in corporatione (aliâs comparatione) uel statura, uel uiribus impar cum ualentiore iungatur: nam utraq; res inferiori celeriter affert exitium. Mores huius pecoris (bouis operarij) probabiles habentur, qui sunt propiores placidis quàm concitatis, sed non inertes (arguti, mansueti, Pallad.) qui sunt uerentes plagarum, & acclamationum, sed fiducia uirium, nec auditu, nec uisu pauidi, nec ad ingredienda flumina, aut pontes formidolosi: multi cibi edaces, uerum in eo conficiendo lenti: nam hi melius concoquunt, ideoq; robora corporum citra maciem conseruant: qui ex commodo, quàm qui festinanter mandunt. Sed tam uitium est bubulci pinguem, quàm exilem bouem reddere: humilis enim & modica corporatura pecoris operarij debet esse, neruisq; & musculis robusta: non adipibus obesa, ut nec sui tergoris mole, nec labore operis degrauetur, Hactenus Columella. Nouellos cum quis emerit iuuencos, si eorum colla in furcas destinata incluserit, ac dederit cibum, diebus pau
20 cis erunt mansueti, & ad domandum proni. Tum ita subigendum ut minutatim assuefaciant, & tironem cum ueterano adiungant: imitando enim facilius domantur. Et primum eos æquo in loco, & sine aratro, tum eo leui simul arare faciant, & principio per arenam, aut molliorem terram dum consuescant. Quos ad uecturas alimus item instituendum, ut inania primum ducant plaustra, & si possis, per uicum, aut per oppidum, ubi creber crepitus sit, ac uarietas rerum cõsuetudine celeberrima, ad utilitatem adducito. Neq; pertinaciter quem feceris dexterum in eo manendum. Quod si alternis fit sinister, fit laboranti in alterutra parte requies. Vbi terra leuis, ut in Campania, ibi non bubus grauibus, sed uaccis aut asinis quòd arant, eò facilius ad aratrum leue adduci possunt, & ad molas, & ad ea, si qua sunt, quæ in fundo conuehunt. In qua re alij asellis, alij uaccis ac mulis utuntur, exinde ut pabuli facultas est. Nã facilius asellus q̃ uacca alitur, sed fructuosior hæc. Cauto agricolæ hoc spectã
30 dum, quo fastigio sit fundus: in confragoso enim ac difficili hæc ualentiora parandum, & potius ea, quæ plus fructum reddere possunt, cum idem operis faciunt, Varro. Araturos boues quàm arctissimè iungi oportet, ut capitibus sublatis arent: sic minime colla contundunt: Si inter arbores uitesq; aretur, fiscellis capistrari, ne germinum tenera præcerpant: Securiculam insitiuam pendere, qua intercidãtur radices. Hoc melius quàm conuelli aratro, bouesq; luctari, Hæc Plin. apud quem plura ad arandi disciplinam lege libro 18. cap. 18. & deinceps: & apud Columellam libro 2. ca. 2. 3. & 4. Bubulcus siue arator nunq; stimulo lacessat iuuencum, quod detrectantem calcitrosumq; eum reddit: nonnunq; tamen admoneat flagello, Columella. Fortissima bouis pars caput est, ideoq; cornibus prędita, quæ iugo alligãtur. Ceruix etiam ei firmæ robustæq; carnis est, quamobrem non desunt qui iugum ceruici committant. Syria tenui sulco arat, cum multifariam in Italia octoni boues ad singulos
40 uomeres anhelent, Plinius. Vno boum iugo censeri anno facilis soli quadragena iugera: difficilis tricena, iustum est, Idem. Saserna apud Varronem ad iugera ducenta arui, boũ iuga duo satis esse scribit: Cato in oliuetis ducentorum quadraginta iugerum boues ternos, ita fit ut Saserna dicat uerum, ad centum iugera, iugum opus esse, si Cato ad octogena. Sed ego neutrum horum, inquit Varro, ad omnem agrum conuenire puto, & utrũq; ad aliquem. Alia enim terra facilior aut difficilior est alia. Terram duram proscindere nisi boues magnis uiribus non possunt, & sæpe fracta bura relinquunt uomeres in aruo. Ne boues operantes lassentur, oleũ & terebinthinam concoquens, ungito cornua, Democritus. Boues ferijs coniungere licet: Hoc licet facere, trahant ligna, fabalia, frumentũ quod non daturus eris, Cato. Tribula uel tribulũ est tabula saxo uel ferro asperata, qua frumenta terenẽt: in frequenti etiam nunc Italiæ usu, Varro. E spicis in aream excuti grana oportet, quod fit apud ali-
50 os iumentis iunctis & tribulo, &c. Varro 1. 52.

¶ Ne boues in area ad trituram accommodata spicas interim edant, dum proculcant, eorum bubulo fimo nares illinendæ sunt: Quæ astuta machinatio perficit, ab illarum ut sese esu abstineant. Hoc nimirũ animal huiusmodi tetri odoris aspersione deterritum, nihil, ne si fame quidem acerrima premeretur, unquam ederet, Aelianus. ¶ Vaccarum aliæ sunt magnæ & mediocres, quæ sobolis gratia nutriri solent, ut uituli mactandi, ac boues plaustris & aratris necessarij, ex eis generenẽ. Harũ lac, licet ad cibum & conficiendum caseũ utile sit, tolli tamen eis non debet, sed pro nutrimento uitulis relinqui. Aliæ minores sunt, quæ lactis tantũ & casei gratia nutriunẽ: ideoq; uituli quindecim à partu diebus elapsis occidendi sunt. Eligendæ sunt non nimiũ paruæ, & uberibus magnis (& caudis longis, ut aliqui addunt) Petr. Crescent. Non degeneres existimandi etiam minus laudato aspectu:
60 plurimum lactis Alpinis, quibus minimũ corporis, plurimũ laboris, Plinius: Altinas apud Columellam non Alpinas legimus. Boues dicuntur matrices Varroni, quas & fructuarias rectè appellâris. Cenomani & Orobij quidã quotidiano sermone Bergaminos appellitãt, quos Vaccarios alij dicũt:

f 2

Germani ſennen: & bergaminas ipſas uaccas quæ gregatim in montibus paſcuntur: bergū enim Germani montem uocant: unde & Bergomum dictum quod in montibus ſitum ſit: uidentur & Orobij populi illius regionis inde dicti etymo Græco, quod uitā in montibus agant: & forte Cenomani Germanico, quaſi ſennmannen, id eſt uiri uaccarij: uel ceuomani, à ceua, id eſt uacca, ut Germani hodie & olim in Italia Altini uocabant.

¶ Numerus de tauris, & uaccis ſic habēdus, ut in ſexaginta unus ſit anniculus, alter bimus. Quidam habent aut maiorem, aut minorem numerum gregum. Nam apud eum duo tauri in ſeptuaginta matribus ſunt. Numerum gregum alius alium facit. Quidam centenarium modicum putant eſſe, ut ego, Atticus centumuiginti habet, ut Lucienus, Varro. Noſtri Lactarij uaccas circiter triginta aut quadraginta ut plurimum in uno grege habent. Vt reliquis gregibus pecuarijs, ſic & uaccis delectus quotannis habendus, & reijculæ reijciundæ, quòd locum occupant earum, quæ ferre poſſunt fructus, Varro. Vaccæ cum uel ſterileſcunt, uel aratrum & plauſtrum renuunt, mactantur: & cum uetulæ iam dentibus amiſſis non amplius bene aluntur. Boues euadent habitiores, ſi calida ſubinde lauentur: & ſi quis inciſa cute ſpiritum in uiſcera harundine adigat, Plinius. Poſt laborem pingueſcunt, at ſi ante laborem uictu & otio abundent, citius moriuntur. Noſtri prægnantes etiam uaccas ad mactandum ſaginant, idq; optimè fieri aiunt circa medium geſtationis tempus. Pinguefacies boues (ut Sotion docuit) ſi prima die ubi redierint à paſtu, comminuens braſſicas, acetoq; acri perfundens, eas illis porrexeris: & poſtea paleis cribro tranſmiſſis furfur triticeum permiſcens, id in dies quinq; ſimiliter appoſueris. Cæterum ſexta die hordei redacti in pollinem heminas quatuor apponens, paulatim curriculo dierum ſex nutrimentum augebis. Sed tempus exhibendi alimenti bobus, hyeme erit, primò quidem, dum galli occinunt: ſecundò autem, circa matutinum crepuſculum: quo tempore etiam dandus eſt potus: ac reliquum alimenti quod ſupereſt; id ueſperi exhibendum eſt. At æſtate, primo quidem, diluculo nutriendi ſunt boues: ſecundo autem, poſt id, hoc eſt meridie, ac ſubinde potus eſt dandus. Quo quidem modo, circa horam nonam iam tertio cibans, denuo aquam adminiſtrabis. Verum hyeme quidem potus ſit illis calidior aqua: tepida autem æſtate. Lotio etiam ipſorum buccas colluito, extrahens adnatam pituitam: linguamq; à uermibus repurgato, uolſella auferens (gignuntur ſiquidem uermes in linguis boum) ac ſale deniq; linguam ipſam inſpergito, Hæc Sotion. Varro memorat iuuencam quandam pinguitudine carnis adeò auctam eſſe, ut in eius corpore ſorex exeſa carne nidum fecerit, & mures pepererit: Quod in ſue etiam in Arcadia ſpectatum ſit. Eruum boues impinguat, Dioſcorides. Eruum uerū Lugduni uidi, ubi à ruſticis ſeritur, ut Claudius Milletus medicus illic mihi retulit: id ſi ſues nimium uorauerint, ſanguinem per urinam eis moueri aiunt, quod ueteres etiam eruo attribuunt in hominibus: accedit & color, qui cortice exteriori detracto intus rubet, quod in Lugdunenſi illo legumine ipſe obſeruaui, & Actuarius de eruo ſcribit: Hypoſtaſis orobea (inquit) à leguminis ſimilitudine nomen habet in urina, cuius inſtar eſt globoſa, ac eiuſdem excorticati colorem refert, qui rubeus eſt, uitello oui rubeo ſimilis. In Germania hactenus legumen hoc non uidi. Ciceris etiam genus alterum orobiæum uocant, ab erui ſimilitudine, & quod ſimiliter ſubamarum ſit. Ciceram Columella non tam leguminibus quàm pabuli generibus annumerat, quæ bubus erui loco detur freſa in Betica, nec hominibus inutilis, ſapore nihil differens à cicercula: colore tantū diſcernitur, quo ſordet, obſoletior uidelicet & nigro propior, Hermolaus Barbarus. Idem in Corollario ad Dioſcoridis caput de lino, ſic ſcribit: Oleo ſeminibus lini expreſſo fraces & retrimenta quoq; ipſa reponuntur, ſaginando iumentorum generi, præcipuè bubus, obeſitate ſola inſignibus futuris: Quales ad nos Mediolano coronati ueniunt, principibus quotannis officij gratia donantibus: uiſceratione hinc ſolenni orta, magiſtratibus diuiſa carne globulis: quos quia ferè pares ſunt, ſociolos conſuetudo appellat: quidam non ſociolos, ſed ſuccidulos à ſuilla uiſceratione uocare malunt, quæ ſingulis annis ante curiam uenationis die agitur, Hæc Hermolaus. Quidam braſſicæ capitatæ folia, etiam ea quæ tanquam inutilia ſeparantur, bubus plurimum alimenti conferre putant. Genus graminis in Cilicia naſcitur, quod indigenæ cinnam appellant, quod uiride obiectum boues inflammat. Sunt tamen qui boues inde pingueſcere contendant, nato alterutris errore, quòd alij πίμπρησιν, alij πίμπλησι legant, ſenſu longè diuerſo, Ruellius. De cibis boum copioſius egi ſupra, & de ocymo ac farraginis generibus ſeorſim, quibus non purgantur ſolum ſed etiam ſaginantur boues.

¶ Verres, iuuencos, arietes, hœdos decreſcente luna caſtrato, Plinius. Menſe Maio caſtrandi ſunt uituli, ſicut Mago dicit, tenera ætate, ut fiſſa ferula teſticuli comprimantur, & paulatim confracta reſoluantur. Sed hoc luna decreſcente uerno, uel autumno fieri debere præcipit. Alij ligato ad machinam uitulo, duabus anguſtis regulis ſtagneis, ſicut forcipibus ipſos neruos apprehendūt, qui Græce κρεμαστῆρες dicuntur. His comprehenſis tentos teſticulos ferro reſecant, & ita recidūt, ut aliquid de his capitibus neruorum ſuorum dimittatur hærere, quæ res & ſanguinis nimietatem prohibet, & non omnino iuuencos ſubducto robore uirilitatis effœminat. Nec admittendum eſt, quod pleriq; faciūt, ut ſtatim caſtratos coire compellant, nam certum eſt ab eis generari, ſed ipſos fluxu ſanguinis interire. Vulnera uero caſtraturæ, cinere farmentorum & ſpuma linentur argenti. Caſtratus abſtineatur à potu, & cibis paſcatur exiguis, & ſequenti triduo præbeantur ei teneræ arborum ſummitates, & fruteta mollia, & herbæ uiridis coma: dulciora ſagina roris, aut fluminis. Pice etiam liquida miſto cinere, & modico oleo poſt triduum uulnera diligenter unguenda ſunt, Sed melius genus caſtrationis

ſequens

ſequens uſus inuenit. Alligato enim iuuenco, atq; deiecto, teſticuli ſtricta pelle clauduntur, atq; ibi li
gnea regula premente, deciduntur ignitis ſecuribus, uel dolabris, uel, quod eſt melius, formato ad
hoc ferramento, ut gladij ſimilitudinem teneat. Ita enim circa ipſam regulam ferri acies ardentis im-
primitur, unoq; ictu & moram doloris beneficio celeritatis abſumit, & uſtis uenis, ac pellibus à fluxu ſanguinis ſtrictis, plagam cicatrix quodammodo cum ipſo uulnere nata defendit, Palladius. Ad
copiam lactis melius Altinæ uaccæ probantur, quas eius regionis incolæ ceuas appellant: eæ ſunt
humilis ſtaturæ, lactis abũdantes, Columella. Apud nos etiam humiles & breuioribus cruribus uaccas tanq; lacte fœcundiores magis probant. Ouillum lac caprinumq;, mox bubulum, commodũ eſt
ad conficiendum reponendumq; caſeũ, Ariſtot. Bubulũ lac caſeo fertilius ꝗ caprinũ ex eadem men-
10 ſura penè altero tanto, Plin. Ex Ariſtotele tamen non duplam, ſed ſeſquialteram ferè proportionem
colligimus. Caſei bubuli maximi ſunt cibi, & difficillimè tranſeunt ſumpti, Varro. Bos ante partum
lac non habet, quo tempore à noſtris dicitur **zeguſt gaan**, per dies circiter decem, ſub quod tempus
lac denſius redditur, & grauius olet: quas ob cauſas, & ne fœtui iam grandiori alimentũ ſubtrahat,
mulgere deſinunt. Ex primo ſemper à partu coloſtra fiunt, ni admiſceat aqua, in pumicis modũ coë
unt duritia, Plin. Coloſtrũ, id eſt primum à partu lac, Germani uocant **bienſt**, ruſtici quidam **ein
pfaffen**. Improbari audio quod omniũ primum eſt, illud uero quod ſtatim ſequit inter delicias cenſeri, utpote pinguius. Machid uaccinũ (apud Arabes) eſt lac uaccinũ, à quo propter multam eius in
utre aut alio uaſe concuſſionem extractũ eſt butyrum, Andreas Bellunenſis. Bubulci quidam ſiue
Vaccarij apud nos, uaccas à medio Aprilis plerunq; ad autumnũ uſq; conducũt, pro quo tempore
20 ſex circiter menſiũ butyri libras ferè ſeptuaginta quinq; (libram dico duodecim unciarũ) locatoribus
pendunt. Vaccas nonnulli emũt, & iiſdem rurſus aut alijs locant nutriendas, propter ſpem ſobolis,
quæ ad dominũ & conductorem ex æquo pertinet. Quod ſi ſoboles quotannis non prouenit, certa
pecunia à conductore numeratur. Si quid damni nulla conductoris negligentia inciderit, hoc etiam
ex æquo ad utroſq; ſpectat. Pecudes armentaq; & iumenta, ſale maxime ſolicitant ad paſtum, multo largiore lacte, multoq; gratiore etiam in caſeo dote, Plin. βούτυρος aut βούτυρον, ſiue maris, ſiue neutro genere pronunciet, nihil refert: è pinguiſſima & oleoſa lactis parte fit, interdũ unà cum caſeis relinquitur, ſeiuncto ſolum ſero: unde caſei quandoq; tam opimi, ut adipoſum humorem deſtillent. Bu
tyrum à boue nominatur, è cuius lacte copioſiſſimũ conſit, ut miret Dioſcoridem Galenus ꝙ ex caprino & ouillo confici lacte dixerit. Ex caprino tamen fieri ſolere teſtis eſt Plinius, Hermolaus. Ego
30 butyri nomen quoties abſolute ponitur, de bubulo ſemper acceperim: quod & nominis ratio & pecudis huius excellentia poſtulant: optimũ enim plurimumq; ex uaccino lacte fit. Authores ſi aliarũ
pecudum butyrũ intelligant, nomen illarũ, ut caprinum aut ouillũ, adijciunt: Inula in oleo diſcocta
(inquit Marcellus Empiricus) & contrita, & cũ butyro ouillo & melle impoſita, cacoëthe maligna e-
mendat. Sed quanq; butyri nomen ſimpliciter poſitũ de bubulo ſemper accipiendũ mihi uideatur,
non aliter tamen in hoc Opere de butyro agam, niſi per ſingula animalia ubi ſingulorũ nomen addi
tur: ut etiam de lacte, ſero, & caſeo. Nam quæ de iſtis in uniuerſum & communi quadam ratione dici poſſunt, ea explicant in Libello noſtro, quem de lacte & operibus lactarijs priuatim ædidimus, &
ſi uita ſuperſit, aliquando dabimus auctiorem.

¶ Boum cornua, magna præcipue & ſeniorũ, apta ſunt pectinibus: oſſa teſſeris & cultellorũ ma-
40 nubrijs, Petrus Creſcent. Boũ cornibus ueteres pro poculis utebant, ut in Philologia dicemus. Cornua dicebantur olim, quæ nunc tubæ, eò ꝙ ea quæ iam ſunt ex ære, tunc fiebant ex bubulo cornu,
Varro de Lingua Lat. Rauco ſtrepuerũt cornua cantu, Vergil. Aeneid. 8. Hinc cornicines dicti. V-
titur hodieq; cornu in bello, mugitu terribili, Heluetiorum pagus Vria. Qui bombardas, ut uocant,
gerunt milites, puluerem accendendũ in cornibus pulchrè adornatis reconditũ habent. ¶ Boũ corijs glutinũ excoquitur, taurorũq; præcipuum, Plinius: id Græci taurocollam uocant, ut in Tauro
dicemus. Tergo bubulo lentor quidam mucoſus abunde ineſt, ex quo glutinum facere ſolent, Ariſt.
Gummi albelat (ut Alchuinus & Ebenbitar ſcribũt) res eſt compoſita ex glutine (quod è pellibus uac
carum fit) & marmore trito. Sunt qui interpretẽtur pharmacum quoddam ſimplex quod ex India
afferatur: ſed prima opinio uerior eſt, Andreas Bellunenſis. Confectos caſiæ ſurculos corio bubulo
50 præſuunt, ut eo putreſcente enati uermes lignum erodant, Theophraſt. Coria boum adultorum ſo-
leis calceamentorum conueniunt, Petrus Creſcent. Carbatinas Græci uocant, ut Xenophon, calceos factos ex rudi corio bubulo, ἐκ τῶν νεοδάρτων βοῶν, Varinus. Itali hodie calandrellos nominant.
Pollux calceamentum ruſticum exponit, cui nomen à Caribus inditum ſit. Hermolaus Barbarus in
Corollario ad ſaxifragam Dioſcoridis, Carbatinis (inquit) legendũ in ſecundo hiſtoriæ animalium
uolumine Ariſtotelis cap. 1. (ubi camelos quæ per exercitum longiore itinere fatiſcunt, carbatinis
calceari ſcribit) non carbaſinis eſt. Sunt autem carbatinæ, quas Catullus ad Victium carpatinas cre
pidas uocauit, calceamenti genus è Caria translatum, quod hodieq; uulgò ſic uocatur, detractis uti
que poſterioribus ſyllabis, & ſ litera principio adiecta, ut aſſolet. Nam & carpiſculus calceamenti
genus eſt, ut Fl. Vopiſcus ait in Aureliani Cæſaris uita. Quidam tamen carbaſa etiamnum uocant
60 boum coria, quæ Cæſar alutas appellauit: nã, ut Suidas ait, ubi defeciſſent calcei, carbatinis uteban
tur, ex crudis boum tergoribus recens detractis, ut illud Vergilianum: Veſtigia nuda ſiniſtri Inſti
tuêre pedis, nudus tegit altera pero. Noſtri hodie tergoribus bubulis utuntur etiam ad conficien-

f 3

dum puluerem tormentorum bellicorum. Nauigant Britanni uimineis alueis, quos circumdant ambitione tergorum bubulorũ (aliâs bubalorũ) Solinus. Malthæ frigidariæ compositio talis est: sanguinem bubulũ, florem calcis, scoriam ferri, pilo uniuersa contundes, & ceroti instar efficies, & curabis adlinire, sicubi frigida balnei inter rimas labetur, Palladius: qui etiam paulò ante ad maltham calidariam sanguinem taurinum requisiuerat. Est & luxuriosa ratio uites serendi, ut quatuor malleoli uehementi uinculo colligentur in parte luxuriosa: atq; ita uel per ossa bubuli cruris, uel per colla fictilia traiecti, obruant binis eminentibus gemmis, &c. Plin. 17. 21. Scabritia chartarũ leuigatur dente cõchàute, sed caducæ literæ fiunt, Plin. Nostri boũ præcipuè dentibus ad chartã poliendã utuntur. βούκρανον Grammatici exponunt galeam factam ex capite bouis. ¶ Aduersus mures agrestes Apuleius asserit semina bubulo felle maceranda anteq; spargas. Mures abiguntur cinere mustelæ, uel felis diluto, & semine sparso, uel decoctarũ aqua. Sed redolet (frumentum) uirus animaliũ eorũ, etiã in pane: ob id felle bubulo semina attingi utilius putant, Plin. Si radici arboris fel uaccinũ illinatur, non accedent ad eam formicæ, Rasis. Lycium adulteratur etiam amurca ac felle bubulo, Plin. Et alibi: Lycium Indicũ aliqui felle bubulo adulterant. Extinguuntur cimices amurca & felle bubulo, lectis aut locis perunctis, Pallad. Boues ne infestentur à muscis bubulam saliuam illine, Africanus. Corni arboris flore degustato, aluo concita moriuntur apes, remedium præbere eis urinam hominũ uel boum. ¶ Circumlini alueos apum fimo bubulo, utilissimum. Aluearia hyeme stramento operiri conducit, & crebro suffiri, maxime fimo bubulo. Cognatũ hoc ijs innascentes bestiolas necat, araneos, papiliones, teredines: apesq; ipsas excitat, Plinius. Per uernos dies, ut Higinius ait (circa calendas Apriles, Palladius:) curandæ sunt apes adapertis alueis, ut omnia purgamenta quæ sunt hyberno tempore congesta, eximantur, & araneis qui fauos corrumpunt detractis, fumus immittatur, factus incenso (& sicco, Pallad.) bubulo fimo. Is enim quasi quadam cognatione generis, maxime est apibus (apium saluti) aptus, Columella. Tineæ & papiliones plerunq; fauis adhærentes decidunt, si fimo medullam bubulam misceas, & his incensis nidorem admoueas, Idem. Castrandis aluearibus fumus admouetur ex arido fimo bubulo, quem in pultario factis carbonibus conuenit excitare, Palladius. Quidam ægris examinibus apum, ne intereant, bubulam uel hominis urinam (sicut Higinius affirmat) alueis apponunt. Campas nonnulli ficulneo cinere persequuntur: si permanserint, urina bubula & amurca æqualiter mista conferueant, & ubi refrixerint, olera omnia hoc imbre consperge, Pallad. Apes quomodo ex iuuenco perempto, uel (ut alij uolunt) ex uentribus bubulis, uel (ut alij) ossibus procreentur, explicabimus in historia Apum. Fimus bubulus stercorandis agris & arboribus ac uineis utilis est, Petrus Crescent. Acerrimus hominis fimus est, ut & Chartodras, omnium optimum eum esse asseuerat: secundum suillum, tertium caprarum, quartum ouiũ, quintum boum, sextum iumentorum, Theophrastus: & Plinius ferè similiter: qui tamẽ his omnibus à Varrone præferri scribit turdorũ fimum ex auiarijs: cui proximũ (inquit) Columella è columbarijs facit, mox gallinarijs, &c. Et alibi, Quidam etiam bubulo iumentorũ fimum præferunt, ouillumq; caprino. Ne quod animal pastu melefico decerpat frondem, fimo boum diluto aspergi folia iubent, quoties imber interueniat, quoniam ita abluatur uirus medicaminis, Plin. Area ad messem creta præparatur, Catonis sententia amurca temperata, Vergilij operosius. Maiore ex parte æquant tantum, & fimo bubulo dilutiore illinunt: Id satis ad pulueris remedium uidetur, Plin. Cato argillæ uel cretæ harenam fimumq; bubulum admisceri, atq; ita usq; ad lentorem subigi iubet, idq; interponi & circumlini, Plin. 17. 14. de insitione scribens.

F.

Bubula caro multum nutrit, & qui ab ea gignitur sanguis supra mensuram crassior est, propterea his qui temperamento sunt melancholico, diuersos & melancholicos morbos infert. Difficulter etiã concoquitur & redditur. Sed si concoquatur, abunde (& probe) nutrit: & si cum ouilla carne comparetur, frigida est, sanguinẽq; melancholicũ gignit. Si quis uero eam comedere expetat, uel cogat, eius læsionem quæ futura timet, sic moderetur: cum aceto allijs & ruta intingat. Solis hæc calidos (et ualentes) uentriculos habentibus cõfert, & his insuper qui ualde & cõtinenter exercentur, Symeon Sethi. Hirci & boues carnem quidem habent minimum humidam, pituitosam ac lentam: nocent tamen admodum ob duritiem, & in alterando difficultatem, Galenus de attenuante uictu. Idem libro 3. de alimentorum facultatibus cap. 1. Carnes bubulæ (inquit) alimentum corpori suggerunt non mediocre, neq; dissipatu facile: sanguinem tamen generant, q̃ conueniat, crassiorem. Quod si quis temperamento naturali melancholicus magis fuerit, affectu aliquo melancholico prehendetur, si largius his uescatur. Affectus autem melancholici sunt, cancer, elephas, scabies, lepra, febris quartana, & quæ peculiari nomine melancholia nominatur. Lien item quibusdam à tali succo intumuit: quãrem cachexia, id est prauus habitus, & hydropes sæpenumero sunt consecuti. Cæterũ quantũ carnes bubulæ totius suæ substantiæ crassitie suillã superant, tanto suillæ bubulas lentore antecedunt. Porrò quemadmodũ ex suibus, qui ætate sunt florẽti, ijs iuuenib. qui bono corporis sunt habitu, cõueniũt: sic & boũ, qui nondũ florentem ætatẽ attigerũt. Bos enim temperamento est q̃ sus, multò sicciore: quemadmodum & uir ætate florens, q̃ puer. Iure igit ijs animalibus, quæ natura temperamento sunt sicciore, adolescens ætas ad mediocritatẽ ipsam confert: humidiorũ uerò natura, quod sibi ad probam ac conuenientem temperiem deest, ab ætate florenti adsumit. Non modo itaq; uituli carnes

habent

habent ad conficiendum perfectis bubus præſtantiores, ſed etiam hœdi captis. Et paulo poſt, Animalia quæ herbas è terra emergentes, aut arborũ ſurculos, aut germina depaſcuntur: ea omnia, cum his
abundant, habitiora ſunt, ac pinguia, nobiſq; alendis accommodatiora: Quamobrem illa, quibus her
bas denſiores paſci eſt naturale, hyeme, uere primo ac medio fiunt gracilia, ac praui ſucci: ut boues,
qui procedente tempore manifeſto fiunt obeſiores, ſucciq; melioris, cum herbæ augentur ac denſe-
ſcunt, & ad ſemen producendum feſtinant. Quæ uero exigua & gracili herba nutriri queunt, ea primo ac medio uere præſtant, ut oues: æſtate prima ac media capræ, cum fruticũ germina ſunt frequen
tiſſima. Et rurſus eodem libro, Caro leporum ſanguinem quidem gignit craſſiorem, ſed melioris ſucci
quàm bubula & ouilla. Itẽ in aphoriſmos 2.18. Caro bubula tardius & paulatim alit. Frigidæ & ſiccæ
naturæ hæc caro eſt, impurum & atribiliarium præſtat alimentum, & morbos eiuſdẽ humoris alum-
nos creat, quartanas, ſcabiem, lepram, ſplenis uitia & hydropem, in illis præſertim quorũ temperiem
iſtis affectibus aptam inuenerit: tardè à uentriculo deſcendit, & aluum ſiſtit, Iſaac & Platina. Præcipuè autem boum adultorum carnes uitioſum ſuccum generant, & contumaces ſunt coctioni, idq; eò
magis quo ſeniores fuerint: Iuniorum enim temperatæ ſunt, corpus bene alũt, roburq; & ſanitatem
eius tuentur, Petrus Creſcent. Elixa eſſe debet bubula & uaccina caro, Platina. Caules caprifici ſi ad
dantur magno ligni compendio eam percoquunt, Plin. Quam ob cauſam plerique cibos craſſos atque
difficiles concoquere facilius poſſunt, ut carnes bubulas; faciles & ſucci compotes laudabilis, ut piſces ſaxatiles, ęgrè concoquunt: Rationem alij ad conſuetudinem referunt, alij ad habitum quendam
naturalem ingenio humano inexplicabilem: alij uentris calore immodico cibos cõcoctu faciles ultra
modum pro ſua facilitate concoqui, itaq; perfringi corrumpiq; (ſubito corripi, deuri & fumigari, ut
cruditatem penè quod accidit imitetur) cenſent: difficile uero & quod modice immutatur, concoqui
tantum, non prætera quicquam uitiari: Nam & paleæ quoniam perquam facile afficiuntur, in cinerem uertuntur ab igne largo & rapido: quod ligno querno accidere non poteſt. Materiam enim patientem cauſæ reſpondere efficienti conuenit: aliter fieri non poteſt ut effectus is prodeat, quem uel
natura, uel hominis ingeniũ ſpectat, Alexãder Aphrodiſ. 1.52. & 2.17. Bubula caro ualida eſt, ſiſtitq;,
& difficulter concoquitur, quoniam craſſi & multi ſanguinis eſt hoc animal, caroq; & ſanguis & lac
graue eſt: Quorum lac tenue eſt, ſic & ſanguis & caro, ut Hippocrates libro 2. de ratione uictus teſta
tur. Celſus ex domeſticis animalibus bubulam plurimi alimenti & ſtomacho aptiſſimam eſſe dicit, &
inter ea connumerat quæ minimè intus corrumpantur. In uitulinam ſiue bubulam cum porris ſucci
daneis, uel cepis, uel colocaſijs: liquamen, piper, laſer & olei modicum, Apicius. Charis albachar Arã
bice, ab Andrea Bellunenſi exponitur cibarium ex carne bouina. ¶ Genus farciminis eſt, quod no
ſtri uocant **hirnwurſt**, id eſt cerebri farcimen, & hoc ferè modo parant: Inteſtinum rectum bouis aut
uituli cum bona parte ſalis in aqua bullit, mox pulmo, lardum & aromata minutatim conciduntur,
& includuntur inteſtino, unà cum cerebro, & ouis quatuor, & lactis ſextario & apio: Sic paratum
farcimen & feruefactum in craticula torretur, unde uel ſiccum, uel cum dulci & aromatibus condito
iuſculo apponitur. ¶ Pinguiſſimum eſt lac bubulum: ouillum uero ac caprinum, habent quidem
& ipſa pinguedinis quidpiam, ſed multò minus, Galenus. Bubulum, aſininum equinumq; lac, magis
aluum emolliunt quàm ouillum, quod dulce, craſſum & pingue eſt. Bubulum, aſininum, & equinum
lac uentri magis idonea ſunt, ſed ipſum turbant, Dioſcorides. Lac & caſeus ex uaccis non tam conueniunt hominis nutrimento quàm ex ouibus, Petrus Creſcent. Lac quod maximè perpurget eſt
equinum, tum aſininum, deinde bubulum, tum caprinum, Varro. Quod præſtat? Capræ. Poſt?
Ouis. Inde? Bouis, Bapt. Fiera Mantuanus de lacte. Lac muliebre temperatiſſimum eſt, mox caprillum, hinc aſininum, ouillumq;, poſtremò uaccinum, Aegineta. Caprinum lac ſubſtantia temperatũ,
purgando quidem bubulo imbecillius: ad reliqua uero ſatis idoneum. Lac bubulum pinguiſſimum,
craſſiſſimumq;, nutriendo & moderate penetrando idoneum. Quædam exiguo guſtu famem ac ſitim ſedant, conſeruantq; uires, ut butyrum, hippace, glycyrrhizon. Caſeorum maximi cibi ſunt bu
buli, & qui difficillimè tranſeant ſumpti, Varro. Equinus caſeus multum nutrit, & bubulo quodammodo ſimilis eſt.

G.

Ex cornu bubuli ſummis partibus cinis, tuſſim ſanat, Plinius. Bubuli cornus mucronem exu-
ſtum duorum cochleariorum menſura, addito melle, pilulis deuoratis, phthiſicis prodeſſe tradunt,
Idem. Cinis de cornu uaccæ cum aceto illitus, impetiginem (morpheam ſoli contrapoſitam) curat: &
naribus immiſſus ſanguinem profluentem ſiſtit, Raſis. Cornum bouis combures ex ea parte, qua ca
piti adhæret, & in puluerem tenuiſſimum redige, atq; ex eo puluere cochlearia duo, cum aquæ calidæ cyathis tribus, & paululo aceti, ieiuno ſplenitico per triduum da bibendum, Marcellus. ¶ Bouis ungulæ cinis ex aqua (illitus) ſtrumas diſcutit, Plinius. Vngula uaccæ uſta & pota à muliere cui
lac defecerit, reſtituit lac, & corpus lactantis corroborat, Raſis. ¶ Coxæ boum uruntur bibunturq;
ut ſanguinem fluentem & menſes cohibeant, Raſis: Galenus tauri femora uſta ſanguinem ſiſtere ſcri
bit. Vaccarum femora cremata, ſanguinis & alui quoq; profluuium compeſcunt, Auicenna: Galenus de ſcobe taurini cornu idem refert. ¶ Scobs de TALO bouis uino excepta & dentibus mobi-
libus appoſita eos confirmat, Galenus: alij non ſcobem tali, ſed cremati cinerem, & dẽtes gingiuasq;
laxas eo confricari iubent (ut Plinius; & Raſis & Haly, quorum interpretes pro talo calcaneum & os

bouile imperite uerterunt)dentes ita firmandos & mitigandum dolorem polliciti. Eiusdem cinis cũ myrrha dentifricium est, Plin. Cum cera etiam et medulla ceruina ambustis medetur. Scobs eius cum melle pota lumbricum rotundum educit, Galenus: Cum uino & melle perimit lumbricos cucurbitæ granis similes, Rasis. Cum aceto mulso scobs eadem(aliàs Os bouis in cinerem redactum) splenẽ minuit turgidulum, Galenus, Rasis, Haly. Tollit præterea leucas, id est impetiginem albam, Galen. Lepræ prodest, Haly. Venerem mediocriter excitat, Galen. & Haly. Friuolum licet uideatur, non tamen omittendum propter desyderia mulierum: Talum candidi iuuenci quadraginta diebus noctibusq;, donec resoluatur in liquorem, decoctum, & illitum linteolo, candorem cutisq; erugationem præstare, Plin. ¶ Aristolochia oblonga in summa gloria est, si modo à conceptu admota uuluis in carne bubula, mares figurat, ut traditur, Plin. Ius carnis bubulæ præpinguis coxendici boũ & equorum alimentum non sentiẽti quomodo conferat, supra in morbis explicaui. Ad hominis morsus carnem bubulam decoctam imponi iubent: efficacius uituli, si non ante quintum diem soluatur, Plin. Bubula caro imposita tumorem sanat, Idem. Calida imposita panos & apostemata discutit, ut sanguis etiam & fel eiusdem pecudis, Plin. Caro uaccina(bubula, Plin.)recens ueretro imposita, ulcera eius & epiphoras mirè persanat, Marcellus. Eadem rancorem(rosiones, Plin.)stomachi temperat ex uini & aceti æqua portione discocta & cibo sumpta, Idem. Bubulæ carnis ius uentris fluxus ex flaua bile compescit, Symeon Sethi. Ius è carne uaccina, ut medulla etiam, ulcera oris & rimas sanãt, Plin.

¶ Corij bubuli cinis cum melle phagedænas in ulcerum genere adrodit, Plin. Veteris soleæ crematæ cinis calceamentorũ attritus sanat, Plin. & Dioscorides, qui ambustis etiam & intertriginibus hunc cinerem mederi ait, si illinatur: Hermol. Barbarus ex lini oleo illinendum transtulit. Perniones sanat corium combustũ, melius si ex uetere calceamẽto, Plin. De glutine ex corio bubulo eiusq; usu medicinali, uide infra in Tauro: nam Græci taurocollam uocant. ¶ Boum medulla & seuum neruis commotis conferunt, & molliunt si inungantur, Rasis. Medulla bubula ex dextro crure priore trita cum fuligine, pilis, & palpebrarum uitijs, angulorũq; occurrit: calliphlebariq; modo fuligo in hoc usu temperatur: optime ellychnio papyraceo, oleoq; sesamino, fuligine in nouo uase pennis detersa. Efficacissime tamen euulsos ibi pilos coërcet, Plin. Lucernam fictilẽ de papyro & medulla uaccina concinnato, atq; eius fumo siue fuligine, pro calliphlebaro utere, quo palpebras exesas & glabras sæpius inungendo, decentissimas facies, Marcellus. Medulla bubulina(forte bubula aut bubalina à bubalo legendum)uel taurina liquefacta, tepensq; infusa auribus, plurimum prodest, Marcel. Vlcera oris emendat ceruina uel uaccina medulla cum resina, Plin. Ceruix boum si media intumuit comperimus aureum esse medicamentum ex pice liquida & bubula medulla & hircino seuo, & uetere oleo æquis ponderibus compositum atq; incoctum, &c. Columella. Medulla uaccina cum farina tenui subacta, & uelut excoctus panis cibatui data, mirè dysentericũ sanat, maximè si & caseus bubulus recens manducetur, Marcellus. Vituli aut bouis medullæ excoquũtur cum farina & cera, exiguoq; oleo, ut sorberi possint, pro cœliacis & dysentericis. Medulla etiam in pane subigitur, Plin. Plura de medullis in genere ex Galeno dicemus infra in Vitulina.

¶ Seuum uitulinum seu bubulum contra uenena quæ exulceratione enecant, auxiliatur, Plin. Clauos seuum bubulum sanat cum thuris polline, Plin. Lepras, furunculos, lichenes & psoras sal emendat cum passa uua exempto eius ligno, & seuo bubulo atq; origano ac fermento uel pane, maximè Thebaicus, Plinius. Et alibi, In furunculis(inquit)illinitur seuum bubulũ cum sale, similiq; modo caprinum. Sole adusta seuo bubulo cũ rosaceo aptissime curanẽ, Idem. Suppuratio in bubus ferro rescinditur, expressus deinde sinus ipse, qui eam continebat, calida bubula urina eluit: uel si collui ea pars non potest, lamina candenti seuũ caprinum aut bubulũ instillatur, Columella. Boum medulla & seuum neruis commotis conferunt, & inuncta molliunt, Rasis. Sanguis bubulus concoquit abscessus, si cum seuo ad ignem emplastrum fiat: emollit etiam tumores duros, Rasis. Vlcera capitis subito nata sanantur, si asini stercoris succo, & scillæ contritæ quantũ satis uidebitur, & bubulæ adipis tantundem miscueris, atq; ad capitis ulcera ueluti ceroto usus fueris, Marcellus. Oculorum epiphoras bubulo seuo cum oleo cocto illinunt, Plin. Seuũ bubulum cum adipe anserino tepefactum in auriũ grauitate infundunt, Idem. Seuũ uituli uel bouis, cum adipe anserino impositum, rimas scissurasq; oris optimè iungit, Marcell. Vlcera oris ac rimas seuum uituli uel bouis cum adipe anseris et ocimi succo emendat, Plin. Rigores ceruicum bubulo seuo(quod & strumis prodest cũ oleo) optimè perfricantur: nam continuo mollescunt & dolor omnis abscedit, Plinius & Marcellus. Datur & seuum uitulinũ aut bubulum cœliacis & dysentericis, Plin. Adeps bouis efficax est uitijs sedis, Plin. Taurinus adeps, bubulus, & uitulinus aliquantum adstringunt, Dioscorides: Reprehenditur autẽ à Galeno libro undecimo de simplicium pharm. facultatibus cap. 4. quòd adstringendi uocabulo abutatur, ut cum caprinum adipem suillo magis adstringere scribit, cum acriorem esse scribere debuisset: quæ tamen interpretatio iam citato Dioscoridis loco de tauri, bouis, & uituli adipe non conuenire uidetur. Porrò bubulum seuum, renibus maxime detractum, exemptis membranis, aqua marina ex alto petita eluendum est: mox in pila tundendum diligenter, affusa maris aqua. Cum uerò dissolutum fuerit, in fictilem ollam conijciendum, & marina aqua, quæ non minus dodrante superemineat, proluendum: decoquendum donec omnis aboleatur odor, additis ad singulas seui Atticas minas, quaternis Tyrrhenicæ ceræ drachmis: excolatumq;, detractis quæ pessum ierant sordibus, in nouo fictili

fictili reponendum, opertumque soli interdiu credendum, ut ad candorem reducatur, & odoris uirus euanescat, Dioscorides: Ex quo infra etiam quomodo taurorum pingue priuatim curari debeat, præscribemus. ¶ Si sanguis reijciatur, efficacem tradunt bubulum sanguinem, modicè & cum aceto sumptum. Nam de taurino credere temerarium est, Plin. Sanguis uaccinus uulneri infusus, emanantem sistit sanguinem, Haly. Bubulus sanguis abscessus concoquit, si cum seuo ad ignem emplastrum fiat: emollit etiam tumores duros, Rasis. Panos idem & apostemata discutit, ut fel quoque & caro bouis si calida imponatur, Plinius. Canum scabies sanantur bubulo sanguine recenti, iterumque cum inarescat illito, & postero die abluto cinere lixiuio, Plin. ¶ Tradunt Arcades quidem non medicaminibus uti, sed lacte circa uer, quoniam tunc maxime succis herbæ turgeant, medicenturque ubera pascuis. Bibunt autem uaccinum, quoniam omniuoræ ferè sunt in herbis, Plin. Vt in Arcadia bubulum biberent phthisici, syntectici, & cachectæ, diximus in ratione herbarum, Idem. Stomacho accommodatissimum caprinum, bubulum medicatius, quo & aluus maxime soluitur, Plin. Bubulum lac priuatim prodest his qui colchicon biberint, aut cicutam, aut dorycnium, aut leporem marinum, Idem. Cuncta uenena expugnari eo tradunt Græci, maxime supra dicta (id est quæ rosiones ustionesque inferunt) & si ephemerum impactum sit, aut si cantharides datæ, uomitione omnia egeri, Plinius & Dioscorides. Cortex glandis (arboris, non fructus) decoctus lacte uaccino serpentis plagæ illinitur, Plin. Nitrum in facie exulcerationes sanat cum melle & lacte bubulo, Plin. Lac bubulum oris uulnera recentia ad sanitatem reducit, ut quidam citat ex Dioscoride. Lacte bubulo aut caprino tonsillæ & arteriæ exulceratæ leuantur: gargarizatur tepidum, ut est expressum, aut calefactum: caprinum utilius cum malua decoctum & sale exiguo, Plinius. Lac caprinum uel bubulum uel ouillum recens mulsum, dum calet, uel etiam calefactum gargarizatum, tonsillarum dolores & tumores cito sedat, Marcellus. Lac bubulum recens mulsum & lento igne calefactum gargarisatumque arteriam constrictam infuso catarrho, & fauces exasperatas, pristinæ sanitati restituta persanat, Marcellus. Picem præcoquam, siue quam uiscosam uocant, & rubricam Scythicam, quam alij pissasphaltum uocant, cum seui ceruini remissi cyatho uno, & lactis bubuli, uel ouilli pari mensura, si quis iam periclitanti phthisico in potu uel in cibo quotidie dederit, mirè ei subuenit, Marcellus. Lac bubulũ tepidum incoctum subinde sumptum, exulceratum quoque stomachum sanabit, Marcellus. Stomachum exulceratum lactis asinini potus reficit, item bubuli, Plinius. Alui exulceratos fluores & tenesmos, ouillum bubulúmue aut caprinum lac sistit ignitis calculis (interpres addit, marinis) decoctum, Dioscorides. Laborantibus tenesmo, id est qui de perfrictione assidue sedere cupiunt, & nihil deijciunt, lac bubulum decoctum frequenter potum, maxime prodest, Marcellus. Tenesmus, id est crebra & inanis uoluntas egerendi, tollitur poto lacte asinino, item bubulo, Plin. In biliosis fluxionibus lac bubulum aut caprinum tepidum recens mulctum auxiliatur in potu: aut ad ignem decoctũ, assiduéque agitatum, donec ad tertias sit reductum: quod ipsum & per fluuiales silices (κάχληκας Græci uocant) ferrique laminas igni candefactas ac in lacte extinctas, fieri potest. Cæterum in decoquendo superstantem concretionem siue spumam cochleari aut penna auferre oportet. Hoc enim nullum compendiosius remedium ad fluxiones biliosas reperire possis. Quandoquidem autem febricitantibus lac ipsum in nidorem aut etiam acorem conuerti consueuit, maiusque nocumentum quàm commoditatem inferre: tunc sanè in præsens, ipsum exhibere uitabimus: aquæ uero quarta parte ad lac ipsum affusa, decoctionem faciemus, donec dimidium eius cõsumatur, atque hoc modo exhibebimus, Aëtius: Qui eadem ferè etiam in cœliacorum diæta tradit, ita exhibitum simul sistere ac temperare fluxiones inquiens. Bubulum lac potum dysentericos iuuat, Galenus. Bubuli lactis decocti potus inter cœliacorum & dysentericorum remedia numeratur: dysentericis addi mellis exiguum præcipiunt: & si tormina sint, cornus ceruini cinerem, aut fel taurinum cumino mixtum, & cucurbitæ carnes umbilico imponere, Plin. Contra rosiones intestinorum à medicamentis factas lac infunditur: Et si urat dysenteria, decoctum cum marinis lapillis, aut cum ptisana hordeacea. Item ad rosiones intestinorum bubulum aut ouillum utilius, Plin. Nostri ut dysenteriæ occurrant in uaccino lacte tepido stomoma siue aciem ferri optimam nouies candefactam extinguunt, idque calidum propinant ægro. Nonnulli in aqua etiam ægro bibenda aciem similiter extinguunt. Alij lac uaccinum in olla ad ignem ponunt, & duos lapides nigros fluuiatiles simul & aciem candefaciunt, & lacti imponunt, ac ne exundet ebulliendo cauent: Lac ita medicatũ quàm calidissimũ bibi præcipiunt. Aëtius de suppuratis renibus tractans, Lac (inquit) cum melle post puris eruptionem eis præbendum: & primum quidem asininum aut equinum: ad ulcera enim repurganda conducit: quum uero repurgatione amplius opus non habent, & morsus fiunt obtusiores, indigetque æger nutrimento, tunc etiã bubulũ lac eis exhibendum duarum aut trium heminarum mensura. Conceptus adiuuari aiunt uaccini lactis potu, Plinius. Vulnerato intestino respiratio prodit infernè incõspicua iuxta uulnus, & euacuantur pectora: Dato igitur lac & uinum, pari aquæ mensura ammixta, Hippocrates libro 2. Epidemiorum sectione 6. Et alibi eodem libro, Capitis os (inquit) si doleat fractumue sit, lac uinumque pari modo propinato. Nostro tempore aliqui aduersus quartanam remedium prædicant, si ex uino & lacte confusis liquor in balneo Mariæ (ut uocant) extractus per aliquot dies bibatur. Præterea Hippocrates in libro de natura muliebri, Cum fluxus albus obortus fuerit, qui uel uentris mouet profluuium, uel ad uterum uertitur, &c. pharmacum bibi iubet, à quo superna purgentur, & lac asininum,

Postquam autem (inquit) infra purgata fuerit, bubulum lac bibat ad dies quadraginta, si poterit, meracum (ut Cornarius transfert, in Græco est, ἄκρητον οἴνῳ) sub dio per noctem expositum, quarta aquę parte ammixta, & quæ sequuntur: iubet autem aquam paulatim imminui, & eius loco plus lactis te pidi recens emulsi admisceri, donec rursus ferè merum lac fiat. Nam ἄκρητον non de uino solum dici tur, sed de quouis mero & non mixto. Totus sanè ille apud Hippocratem locus, difficilis mihi & obscurus uidetur. Hoc saltem nobis si non ex isto loco, ex superioribus tamen constat, uinum lacti per mixtum inter remedia quondam fuisse. Sanos uero in cibo idem facere nostrates metris huic argumento accommodatis reprehendunt, quorum hic sensus est, Lac non Lyæo de iecore Est abluendum, sed liquidis Argenteisq; nymphis Ei, qui diu frui uolet Dextra ualetudine: Nimirum q facile lac uino mixtum acescat, & simul in uentriculo corrumpantur: aut etiam forte coagulandi in eo lactis periculum sit. Auicenna certe Empiricos Indos aliosq; docere scribit, lac cum acidis uel acetosis edendum non esse, quoniam diuturni morbi inde oriatur, ut lepra, & alij. Aëtius de cura melancholiæ, Vtile est (inquit) lactis sero uentrem subducere: ueruntamen id non sit quod ex caseo fuerit expressum: melius est enim id, quod per decoctionem ex lacte separatur, præsertim equino uel bubulo, &c. Serum de lacte bubulo, adiecto melle & sale, quantum satis sit, potui sumptum, morantem aluum impellit, Marcellus. Idem ante omnia orthopnoicis prodest cum nasturtio, Plin. Medulla uaccina cum farina tenui subacta, & uelut excoctus panis cibatui data, mirè dysentericum sanat, maximè si & caseus bubulus recens manducetur, Marcellus. Ad omnes epiphoras uentris, caseum uaccinum mollem calidum imponi oportet, quo tempore dysentericis potiones ferro candenti calefactas dari conuenit, Idem. Caseus recens uaccinus cœliacis & dysentericis immittitur: Item butyrum heminis quatuor, cum resinæ terebinthinæ sextante, aut cum malua decocta, aut rosaceo. Sextius eosdem effectus caseo equino quos bubulo tradit, Plin.

¶ Bouis capiti lapillum tradunt inesse, quem ab eo expui si necem timeat: inopinatis præciso capite exemptum adalligatumq; mirè prodesse dentitioni: Item cerebrum eiusdem ad eundem usum adalligari iubent, Plin. Ex eadem aqua de qua bos aut asinus biberit paululum sumptum & potatũ, tollit efficaciter capitis dolorem, Marcellus. In iuuencarum secundo uentre pilæ rotunditate nigricans tophus reperitur, nullo pondere: singulare (ut putant) remedium ægre parientibus, si tellurem non attigerit, Plin. Et alibi lapillum memorans qui in ceruis reperiatur, subdit: Nam de pumice, qui in uaccarum utero simili modo inuenitur, diximus in natura boum: non aliũ quàm citatum iam locum significans. Linguæ exulcerationi & arteriarum prodest ius omasi gargarizatum, Plin. bubuli accipiendum puto, de illo enim lacte proxime dixerat, quanq; simul etiam de caprino. Iecur uaccinum cœliacis & dysentericis medetur, Plin. Iecur bouis ustum potumq;, uentris & sanguinis profluuium inhibet, Haly. ¶ Lyciũ Indicum aliqui felle bubulo adulterant, Plin. Vaccinũ fel ualidius est quàm aliarũ quadrupedũ: Miscetur emplastris ad ulcera quæ erysipelati & dolori uehementi iungunẽ, Auicenna. Fel tauri calidius est magisq; desiccat q boũ castratorũ, Galenus. Fel boum melli admixtũ, ferrum infixum uel spinam extrahit. Bdellium in eo dissolutũ iuncto aceto, & fistulæ infusum, iuuat, Rasis. Permixto alumine & myrrha fel bubulũ ad crassitudinem mellis subactũ & illitum, ea quæ ueretris serpunt, mira celeritate persanat: supra etiam beta uino cocta rectè imponiẽ, Marcellus: apud Plinium uero li. 28. cap. 15. sic legitur, Vitia quæ in uerendis serpunt, fel bubulũ sanat, cũ alumine Aegyptio ac muria ad crassitudinẽ mellis subactũ, insuper beta ex uino cocta imposita, ut caro quoq; bubula. Panos & apostemata in quacunq; parte fel bubulũ discutit, ut sanguis etiã & caro bouis calida imposita, Plin. Strumas discutit fel aprinum, uel bubulũ tepidum illitũ, Plin. Marcellus non aprinũ sed caprinũ ad strumas commendat, his uerbis: Fel bubulũ uel caprinũ ad incipientes strumas optimè facere experimenta docuerũt, Nam penitus crescere non sinẽtur, si eo assiduè tanganẽ. Cicatrices nigras reducit ad candorem, cum felle bubulo erucæ semen, Plin. Bubulũ fel cũ nitro & cimolia furfures amolitur, si caput inde laueẽ, Auicenna. In usu est etiam ad collyria contra ungues oculorũ. Fel uaccæ nigræ, si eo illinanẽ oculi debiles, scripturam amilli non percipientes, prodest, Rasis: quid sibi uelit uox amilli non assequor: sensus forsitan est, iuuari eos qui scripta remotiora legere non possunt, quos Græci μύωπας uocant, lusciosos uel luscitiosos Latini: Plinius tamen nyctalopas lusciosos interpretatur, eorũq; oculos felle capræ à quibusdam inungi scribit. In felle boum inueniẽ aliquid lapidi simile, figura annuli, quod philosophi uocant alcheron, quod tritũ & naribus attractum, aciem oculorũ promouet, & prohibet ne quis humor descendens in oculis colligaẽ: Item si magnitudine lentis inde capiaẽ cum succo betæ, & hauriatur naribus, comitialibus prodest. Quod si desit alcheron, substituaẽ ei sesquidenarius de felle tauri nigri, Rasis. Hunc lapidem in felle bouis repertum, aliqui etiam guers & massatũ uocant, ut Matthæus Syluaticus scribit, Arabica nimirum dialecto: Vide in felle tauri infra. Fel bouis tinnitui & sonis auriũ intestinis medeẽ, si cum gossipio imponatur: & si cũ oleo instilleẽ, contractũ ex frigiditate dolorem auriũ lenit, Haly. Aduersus grauitatem audiendi fel bubulũ cũ urina hirci, auriculæ quæ molestiam surdiginis patitur, instillabis statimq; subuenies, Marcel. Si grauitas sit audiendi, fel bubulũ cum urina capræ uel hirci medeẽ, uel si pus sit, Plin. Fel testudinũ cum uernatione anguiũ aceto admixto, unicè purulentis auribus prodest: Quidam bubulũ fel admiscent, decoctarũq; carniũ testudinis succũ, addita æque uernatione anguiũ: sed diu in uino testudinem excoquũt, Plin. Senectus serpentium (quæ non uetustior anno sit) feruente

feruente testa usta instillatur auribus rosaceo admixto, contra omnia quidem uitia efficax, sed cõtra graueolentiam præcipue: aut si purulentæ sunt ex aceto, melius cum felle caprino uel bubulo aut testudinis marinæ: Idem alibi, Aurium dolori & uitijs medetur fel apri uel suis uel bubulũ, cum oleo cicino & rosaceo æquis portionibus: præcipuè uero taurinũ, cum porri succo tepidum, uel cum mel le si suppurent: contraq; odorem grauem per se tepefactũ in mali corio, Plin. Bouis felle palatum illinitur ad prouocationem, Auicenna: forte apophlegmatismum, id est pituitæ à capite detractionem prouocationis uocabulo accipere conuenit. Sunt qui morbum regiũ pelli credãt fascia linea in bubulo felle calido tincta, & corpori sub costis incincta: quod triduo faciendum aiunt, ita ut quotidie renouetur medicamentũ. Si mulier diu non concepit, mensibus apparentibus tertia aut quarta die, alumen tritum unguento dilutum, lana exceptum apponat, & per tres dies appositum habeat: tertia uero die fel bouis radito, & ramentum oleo dilutum ac subactum, linteo exceptum apponito, & tres dies appositum habeat: sequenti uero cũ uiro concumbat, Hippocrates in libro de natura muliebri. Induratam uuluam aperit fel bubulum rosaceo admixto, foris uellere cũ resina terebinthina imposita, Plin. Fel bouis mixtũ uino & medullæ colocynthidis ac melli, ano illito, aluum proritat, Rasis. Hęmorrhoides aperit, Auicenna: in quem usum Galenus & alij taurino præcipue utunt. Mariscæ autem fici, ut quidam scribunt, si felle bubulo linantur, indubitanter abolentur. Genus maligni & depascentis ulceris, in tibijs præcipuè, quod nostri lupum uocant, sanari quidam promittunt, imposito cataplasmate, ex succo carlinæ (qui radice contusa expressus sit) & chelidonij maioris & felle bubulo, ita ut partes singulorũ æquales misceantur. ¶ Lien bubulus in melle editur, & illinitur ad lienis dolores: ad ulcera manantia cum melle, Plin. Inueteratus ex uino datur ad lienem sedandum: recens aũt assus uel elixus in cibo, Plin. ¶ Vlcera in facie tolluntur membrana è partu bouis madida. ¶ In uesica bouis allij capita uiginti tusa cum aceti sextario imponuntur ad lienis dolorem, Plin. Aeris florem tritum bene cum sinapi, aut etiam solũ, mittes in acetũ, simulq; in bucculari decoques: ita ut aliquandiu illic bulliant, & ad similitudinem pulticulę spissentur: postea in uaccinam uessicam calida ea transferes, ita ut duobus digitis liquori huic uessica maior sit, tum spleni satis calidũ medicamen adpones, ligabis fascia, tertia die solues, mirabili gratulaberis remedio, Marcellus. Ad colicam remediũ usu persæpe comprobatum ab amico quodam nuper accepi huiusmodi: Later ignitus & fascia madente inuolutus, pedibus ægri in lecto bene cooperti applicetur: Mox lac caprinum prius feruefactum in uesicam bubulam infundes et umbilico impones quàm calidissimũ. Hinc sudor copiosus manabit: proinde ne aluus sistatur, simul etiam parum olei ægro propinetur: quod et ipsum aliqui calidum bibi uolunt. ¶ Boues ne infestentur à muscis, bubulam saliuam illine, Africanus. ¶ Aiunt si bouis castrati urinæ cinis arboris myricæ immisceatur, uel in potu, uel in cibo, Venerem finiri: Carboq; ex eo genere urina ea restinctus in umbra conditur: idem cum libeat accedere, resoluitur, Plin. Si quis se infundat in urina bouis, stomacho ob frigiditatem ægro conducit: item ad hæmorrhoides, Haly. Nostro tempore quidam militibus quos dira oris ulcera populari lue per exercitum grassata uexabant (nostri uocant **die bräune**) uaccarum lotium gargarisandũ dedit, ac plerosq; magno lucro suo curauit. Vulnera facta igne, dum sanescunt, defricare bubula urina conuenit, Columella ubi agit de cauterijs boum ad epiphoras oculorũ. Suppuratio boum melius ferro rescinditur quàm medicamento: Expressus deinde sinus ipse, qui eam continebat, calida bubula urina eluitur, &c. Columella. Corni arboris flore degustato, aluo concita moriuntur apes, remedium præbere eis urinam hominum, uel boũ, Plinius.

¶ Stercus animalium uim habet maximè digerentem. Verum stercus humanũ ob fœtorem abominandum est. At bubulũ, caprinũ, & ex alijs quibusdam animalibus, neq; grauiter olet, & multa experientia non tantum nobis, sed & alijs medicis me natu maioribus comprobatum est, Galenus de simpl. medic. facultatibus libro 10. cap. 17. Et mox cap. 23. Stercus bubulum (inquit) pro pastu uario exiguam habet differentiam, estq; & ipsum facultatis exiccatoriæ. Verum attractoriam etiam obtinet, ut monstrat dum apum uesparumq; morsus iuuat. Quanquam hæc ut à proprietate substantiæ totius iuuentur fieri potest. Cæterum medicus quidam medicamentorum peritus, in Mysia quæ in Hellesponto est, aqua inter cutem laborantes bubulo stercore oblinens, in solem exponebat. Atque hic ipse imposuit & partibus rusticorum phlegmone obsessis, humidum illud uere collectum, cum herbam boues pascuntur. Manifestum autem est hoc esse alio moderatioribus multò uiribus: dico autem aliud cum paleis uescuntur. Nam hoc medium est inter id quod modo diximus, & quod prouenit ab erui pastu. Liquet ergo, quemadmodum id quod ex pascuo herbaceo prouenit, ad phlegmonas accommodatur, sic istud aqua infestatis esse idoneum. Scire tamen oportet, omnia id genus medicamenta duris agrestium hominum corporibus aptari, nempe fossoribus & messoribus, & qui opus obeunt tam ualidum: in quibus utiq; Mysius ille medicus & ad chœrades adhibeat, & ad tumores omnes scirrhosos, ex aceto in cataplasmatis formam compositum imponens, Hæc Galenus. Illinitur in his quæ rumpere opus est, fimum bubulum in cinere calefactum, aut caprinum in uino uel aceto decoctum, Plin. Medetur aduersus apum & uesparum ictus, Rasis: & Galenus, ut supra recitauimus. Omnes tumores & abscessus calidos cum aceto impositum sedat, Auicenna: & Galenus, ut paulò ante dictum est. Igni sacro ustulinum fimum recens illinitur, uel bubulum, Plin. Armentariæ bouis fimum si recens admoueatur, uulnerum inflammationes mitigat: Folijs autem inuoluitur, &

calfactum cinere feruenti superponitur, Dioscorides. Illitum ex aceto duritias, panos, & strumas discutit, Idem. Abscessus crassos dissoluit, Haly. Fimum bubulum cum melle recentia uulnera non patitur intumescere, Plin. Quemuis tumorem sedari aiunt farina hordei cum stercore bubulo uel caprino cocta, Author obscurus. Ad ulcera antiqua tibiarum quidam hoc arido medicamento utuntur: testæ ouorum, ueteres calceamentorum soleæ, & bubulū fimum de mense Maio, arida teruntur, & inspergūtur ulceri: superinditur etiam typha palustris: sic ulcus exiccari aiunt. Fimum bubulū naribus inflatum, sanguinis profluuiū cohibet, Rasis. Aliqui ad eundem usum acetum addunt: Alij non ipsum, sed eius cinerem inflari iubent, ut Haly. Fimus bouis folio inuolutus & calefactus in cinere uaricibus applicatur, Rasis. Conuenit etiam abscessibus qui post aures fiunt, Auicenna. Bubulū fimum seruens ex aceto decoctū, strumas discutit, Plin. strumas & alios scirrhosos tumores, ut supra ex Galeno relatum est. Magi fimi bubuli cinere consperso puerorum urina illinūt digitos pedū, manibusq; leporis cor adalligant, contra quartanam, Plin. Fimo bubulo usto succū betæ admisceri, atq; inde caput porriginosum lauari oportet, Marcel. Phthisicis prodesse tradunt, fimi aridi sed pabulo uiridi pasto boue fumū harundine haustū, Plin. Stercus uaccinū est ex medicamentis, quibus pulmoni, eiusq; tabi, & similibus noxis medemur, Auicenna. Potum uel clystere infusum, uentri ob intestinorū ulcera fluenti salubre est, Rasis. Morbum arquatum pelli ferunt recentiores quidam, si è bubulo fimo recente (aut uiridi, utrūq; enim ex lingua nostra transferri potest) liquor in chymistico instrumento separatus potetur. Ad coli dolorem: stercus bubulū recens exprime per linteum mundum, & succum eius in qualibet potione colico da bibendum, statim subuenies: quod remediū efficacissimū esse multa experimenta docuerunt, Marcellus. Germani (præsertim nostri) colicam etiam matricis uocabulo nominant, & q̃d absurdius est in uiris quoq;: celebratur aūt etiam apud nos medicamentū illud Marcelli iam dictum: Fimum uaccinū nempe uino permiscent, succumq; linteo percolatum, ægroto calidum propinant. Alij hoc fimū magnitudine oui dimidiati quinq; uncijs uini permixtum colant, & minutim incisa addunt aromata, zingiber, caryophyllos, macis, & cinnamum: Hoc ægrū, ubi primū noxam senserit, una potione haurire, & insuper sudare præcipiunt. Bouis stercus aridum ustū, tribus cochlearijs potum hydropicos iuuat, Galenus ad Pisonem cap. 12. & Rasis. Hydropicis auxiliat fimi ceruini, maximè subulonis, sed & bubuli (de armentinis loquor) quod bolbiton uocant, cinis cochleariorū trium in mulsi hemina: bouis fœminæ in mulieribus, & ex altero sexu in uiris, quod ueluti mysterium occultarunt magi, Plin. Hydropicus illitus fimo bubulo iuuatur, si diutius ad solem deficcetur, Antiquus quidam, & Galenus ut supra ex eo citaui. Hydropico plurimū prodest fimo bubulo inungi ad solē et confricari corpus totū, Rasis. Ex eodem arido, aceto optimo & aqua in mortario diligenter admixtis, cataplasma toti uentri calidū contra aquam citrinam (id est, hydropem) utilissimè imponitur, Rasis. Prodest & utuli fimū, ut infra docebimus. Bouis fimum coxendicis cruciatus fotu compescit, Dioscorides. Ischiadicis fimum bubulū imponunt, calfactum in folijs cinere feruenti, Plin. Fimum bubulū feruentem, quem in cinere ardēti calefeceris, coxarum dolori imponito, plurimū prodest, Marcell. Emplastrum ex eo fit ischiadi, Auicenna. Recens calidus podagram lenit, Marcel. Recens cataplasmatis instar podagram impositus leuat, Rasis. Priuatim suffitu fimi, quod à masculo boue redditum est, procidentes uuluæ reprimuntur, Dioscorides. Maximum beneficium pręstat fimus masculi bouis, hystericis mulierū fumigatus propendentibus, Antiquus quidam. Aiūt & suffitu fimi è mare boue, procidentes uuluas reprimi, partus adiuuari, Plin. Hippocrates in libro de natura muliebri, ubi medicamenta refert mensibus & secundis detrahendis idonea, cum odoramenta quædam, (crocū, calamū, rosas, styracem, cneorū pauco melle subigenda) recensuisset, Hæc (inquit) suffiantur stercore bubulo: id uelut acetabulū oleariū formetur, habeatq; fundū tenue, & sit siccū. Ignis autem sit sarmentitius, in quo stercus iaceat, & ex illo mulier insidens (περιβᾶσα) contecta suffiatur. Et paulo post, Stercus bubulū, cedri ramenta, & bitumen suffito. Et rursus, Stercus bubulū contusum ac cribratū, aceti dimidia mensura, & decocti erui dimidię adiecta, leniter pro fomēto adhibeto, &c. Et paulò post initium eiusdem libri, aduersus aquam intercutem uteri, pharmacum (inquit) deorsum purgans bibendum dare oportet: post pharmacū uero, uteros bubuli stercoris fomento souere. ¶ Aquā pota, quæ de bouis aut asini potu relicta est, capitis dolores sanat, Plinius.

H.

Bos, ô bos, & datiuus pluralis bobus, uel secundū ueteres bubus, primam syllabam producunt: reliqui casus omnes corripiunt, Seruius. πόρτις & πόρταξ (inuenio & πόρις) pro iuuenca dicitur à Græcis: item δαμάλη Dorice uel δάμαλις, quam nos iunicem uocamus. δαμάλης uero iuuencū significat, quem in Alexandri Cæsaris uita Lampridius damalionem uocauit. Vterq; sexus in moscho continetur. Photion damalin uocari omne animal existimat in iuuenta, Hermolaus Barb. & Aristophanes grammaticus: qui iuuencā etiam à Sophocle γηγενῆ βούβαλιν dictam testatur, & λεοντοχόρταν βούβαλιν apud Aeschylū legi. Videntur sanè authores non semper uituli & iuuenci discrimen obseruare, quod ab ætate est, cum hic illo natu maior sit (ut diximus supra in A. circa principiū, & rursus circa finem.) Aristophanes iam citatus, τὰ δὲ νέα, δαμάλαι, δαμάλεις, μόσχοι, πόρτις, &c. Vnum nobis uocabulum est, das rinduihe, id est bubulū pecus, quo omnes eius secundum sexū & ætatem differentias comprehendimus. Iuuencū uocamus ein zeytochß, iuuencam ein zeytkū, reliquæ gentes circumloquuntur. Καδμῖνοι boues sunt εὐπλευροι, ἰσχυροί, εὐίσχιοι, id est robusti, quadrati, costisq; & coxis plenis, Varinus.

Varinus. ἱερεῖον, quoduis animal quod immolatur: per excellentiam autem bos, Idem. Dionysius Siculus bouem nuncupabat garotan, Cælius. Βοῦς genitiuū facit βοὸς, uel βῶ poetice: accusatiuū βόα uel βοῦν. Iones & Attici in fœminino genere proferunt, ut etiam ὄϊς, ἵππους, ἡμιόνους, & κύνας. Significat autē non singulos tantum, sed etiam gregem aut armentum boum, Varinus. Græci βοῦς nominari aiunt commissuras futurarum in tunicis, Pollux. Βοῦν etiam appellare licebit chytropodem, qui anthracium aliâs, & λάσανα τά, et ἐσχάρα, ἐσχάριον, & χυτρόποδιον uocatur, Idē. De boue pisce plano cartilagineo alius est dicendi locus. Salpam quoqꝫ piscem aliqui βοῦν uocabant. Plinius libro 8. tradit elephantes Italiā uidisse primum Pyrrhi bello, & boues Lucas appellasse, in Lucanis uisos. De boue placenta mox inter prouerbia dicemus. Βοῦς pro corio bubulo, totum pro parte, ut elephas etiam Græcis pro dente, solo, Eustathius. Βοῦς etiam, apud poetas præcipue, pro βοῦς ponitur, & à grammaticis exponitur, scutū, pelta, ὅπλον, corium, piscis quidam. Βοῦν ἀζαλέην apud Homerum, ut alibi βόας αὔας; & alibi χαλκῷ τε ῥινοῖσι βοῶν ὠμοβοείων, ad differentiam τῶν ὠμοβοείων, id est crudi corij bubuli, Varinus. Γηρύναιος, βοῦς exponitur apud Suidam & Varinum. Mensem principis diei ratione Orpheus μονοκέρωτα μόσχον, id est unicornem uitulum nuncupauit: cuius rei meminit super Iliados primum Eustathius. Siquidem mensis simpliciter, ut generationis effector, bos appellatur. Quòd uero habeat tunc primam substantiæ domesticæ ἐκφανσιν, moschos, id est uitulus, uel (ut inquit Eustathius) διὰ τὸ νεάζειν ἀεὶ ἐφ' οἷς ποιεῖ, Cælius. Armenti descriptio inter Claudiani poëmata extat.

¶ Bubulus, idem quod bouinus, ut lac bubulum, Plin. libro 28. Stomachum exulceratum lactis asinini potus reficit: item bubuli. Sic bubulum pecus, Varro 2. de Re rust. Bubulū monumentū ioco dixit Plaut. Sticho. Sunt qui & bouillū rectè dici putant, & citant Plinij locū, Bouillæ carnis iure facile curatur, quem nos in Plinio nusqꝫ reperimus. Βοΐδιον bucula est, trisyllabum pro tetrasyllabo βοΐδιον. Ceruus est animal adeò simplex, ut equo aut bucula accedēte propius, hominem iuxta uenantem nō cernat: aut si cernat, arcū ipsum sagittasqꝫ miret, Plin. Vaccinus adiectiuū nomē à uacca, lac uaccinū apud Pliniū. Quod scorta passim uacchas nuncupamus, ex antiquitate profluxit, in comœdijs quippe Aristophanis comperitur fuisse Athenis celebres meretriculas Cynnam & Salauacchā, Cælius. Πετάλαι βοῦς, καὶ πέταλοι μόσχοι, apud Varinum: & βοῦς πιτνός, qui cornua habet ἀναπεπταμένα, reflexa. Tauras uaccas steriles dici existimant, hac de causa, quòd non magis quàm tauri pariant, Festus. Columella lib. 6. Et utiqꝫ tauræ quæ locū occupant fœcundarum ablegandæ. Varro libro 2. de Re rustica, Quæ sterilis est uacca, taura appellatur. ¶ Bouis & uaccæ epitheta hæc reperimus: Arator, armosus, agrestis, agricola. Aeripes Ouidio, qui habeat pedes tanqꝫ ex ære solidos. Albus, Horatius in carmine Seculari, Quiqꝫ uos bobus uenerañ albis. Cerebrosus, Columella 2. 11. Contumax. Crud. Horat. Epod. Candens. Corniger. Cornupeta. Decori ab aspectu, Colum. Durus. Durissimi, Colum. Formosæ, Ouid. 1. de Arte. Ferus. Hirsutus. Immunis aratri, Ouid. Metam. 3. Incustoditæ, idem Fast. 1. Indigena, Ouid. Amor. 3. Indomita, Valer. lib. 4. Argo. & Porphyr. Intacta, id est iugū non passa, Horat. Epod. 9. Lectus, Ouid. Metam. 6. Minaces, idem Metam. 11. Nitida & niuea, Ouid. Omniuoræ in herbis, Plin. 25. 8. Opimi, Varro de Re rust. 2. 1. Otiosus, Horat. Carm. 3. Passa iugum, Ouid. Metam. 3. Pasti, Verg. Aeg. 5. Patuli, quorū cornua in diuersum supra modum patent, Plautus. Pauidi, Claudian. Panegyr. 3. Perdomiti, Colum. 6. 2. Piger, Horat. Epist. 1. Tolerantes laborū, Colum. Ruricolæ, Ouid. Fast. 1. Boues perpetuo epitheto toruos poetæ uocant, quòd præcipua frontis asperitas in hoc pecore apparet: Claudianus, Vitulam non blandius ambit Torua parens, id est uacca. Vnde Toruitas, ut Pompeio placet, quasi taurorū acerbitas ducta. Tardi, Ouid. Amor. 1. Trux. Tumidus. Tutus, Horat. Carm. 4. Validus. Vetulus, Iuuenalis Sat. 10. Armenti epitheta, bucerū, ualidū, montanum, toruum, spumans, lanigerū, discolor. Buceriæ, boum greges, Lucret. lib. 2. Buceriæqꝫ greges, Nonius. Bucerus, a, um, ut Ouid. 6. Metam. Armētaqꝫ bucera pauit, id est boues ipsos ualde cornutos. Lucret. lib. 5. Lanigeræqꝫ simul pecudes, & bucera secla, hoc est boues. Iuuenci & iuuencæ epitheta, cornigeræ, formosæ, fortes, laborifer, lunati fronte, petulans, torua fronte, pulcher, rudes operum, toruus, ualidus. Iuuencus de homine quoqꝫ iuuene, Horat. lib. 2. Carm. Te suis matres metuunt iuuencis, Te senes proci, miseræqꝫ nuper Virgines nuptæ. Porphyrion, Iuuenci ergo nō tantum boues dicunt, sed homines: quamuis in usu sit, ut non nisi per diminutionem iuuenculos dicamus. Catullus ad puerum, Epigr. Qui flosculus es iuuenculorum. Ouid. Epist. 5. Graia iuuenca uenit. Plin. libro 10. Ex ijs iuuencæ plura quàm ueteres, sed minora oua pariunt: de auibus. Ἀργοὶ βόες apud Homerum, non albi, cum nigri mortuis immolarent: neqꝫ ueloces, hos enim εἰλίποδας uocare solet poeta: sed qui iam excoriati propter pinguitudinem albi apparent. Οἴνοπες, qui uini colorem referunt, nigri: quo sensu etiam οἴνοπα πόντον poeta cognominat. Βόες ὀρθόκραιραι, quibus erecta sunt capita: nam κραῖρα Attice caput est. Εἰλίποδες βόες, qui pedes inter ambulandum conuoluunt, Pausanias mulieres etiam εἰλίποδας uocat. Ἕλικες, eodem sensu quo εἰλίποδες, uel quorum suffragines commode uoluuntur aut flectunt: uel nigri (ut & ἑλικὸν ὕδωρ aquam nigram interpretantur:) uel qui cornua habent ἑλικοειδῆ, hoc est intorta. Hæc omnia in Varini Lexico legimus. Pharos aratio est, & bouis etiam epitheton, Cælius ex eodem. ¶ Boarium, quod ad bouem pertinet. Arua boaria, in quibus boarium forum Romæ fuit. Propert. lib. 4. Eleg. Aruaqꝫ mugitu sancite boaria longo. Festus tamen boarium forum Romæ dictum ait, quòd ibi uenderentur boues: & Plinius bouem æreum ex Aegina captum in eo conspici scribit, & Herculis cognominati Triumphalis statuam. ¶ Lappæ boariæ

g

radix è uino pota articulis medetur, Plin. Ego hanc Dioſcoridis Arcion eſſe iudico, quam à Romanis perſonatiam & lappam uocari ſcribit. Accedunt etiam uires ſimiles: Radix enim eius (eodem teſte) conciſa & emplaſtri modo impoſita, obortos membrorũ fractis oſſibus circa articulos dolores ſedat. Vulgo lappam maiorẽ & bardanã appellant. Boariæ nomen ei factum crediderim, quod cũ procera ſit, bubus facile adhæreat: ut lappa canaria canibus, quæ à reliquis eiuſdem nominis (Plinij uerbis utor) ſola humilitate differt. Cunilam bubulam origanum ſylueſtre Græcorũ eſſe Io. Ruellius libro 3. ca. 25. de ſtirpibus ualidiſſimis argumentis conuincit. Ego bubulam appellatam conijcio, ꝙ inter boum remedia forte olim in uſu fuerit, quanꝗ apud ſcriptores in Hippiatrica ſolum mentionem eius inueniam: ſic enim ſcribit Columella lib. 6. cap. 30. Si bilis moleſta iumento eſt, uenter intumeſcit, nec emittit uentos. Manus uncta inſeritur aluo, & obſeſſi naturales exitus adaperiuntur, exemptoꝗ ſtercore poſita cunila bubula, & herba pedicularis cum ſale trita, & decocta, melli miſcentur, atꝗ ita facta collyria ſubijciuntur, quæ uentrem mouent, bilemꝗ omnem deducunt, Hæc ille. Eſt & butes origanum apud Cydoniatas, idem nimirum bubulo, ut uel nomine proditur. Crateuas apud Græcos Liguſticũ falſo cunilã appellat: cæteri ferè conizoides, cunilaginẽ, Plin. Nicander ſylueſtre origanum cunilam (κονίλην) & panaces Heracleũ uocat. Paronychiam herbam Romani bouinalem uocabant. Femur bubulũ appellatur herba, neruis utilis, recens in aceto & ſale trita, Pli. Videndum an eadem ſit, quam alibi ſcribit myriophyllon dici, in Hetruria, qua boum nerui abſciſſi addita axungia ſolidentur. ¶ Βόεια ῥήματα, id eſt, bouina uerba, grandia, ſublimia, ſuperba, & ſoni plena apud Ariſtophanem interpretantur. Βοέας, coria, ſcuta, & lora bubula exponunt: Βοῶνα, ὀδὸν, ἀγροικίαν. Cretenſes Βοωνίαν uocant ueſtibuli ianuam, id eſt primam à uia ingredienti. ¶ Fœnogræcũ aliqui buceras uocant, quoniam corniculis ſemen eſt ſimile, Plin. Alibi apud eundem buceros legitᷣ, nimirum βούκερως ut rhinoceros: ſunt qui buceron ſcribant. Apud Varinũ pro eodem ſemine βουκέρας legitur: Buceraõ appellari etiam anagallidem herbam Menetheus teſtis eſt, Galenus in Gloſſis. Βουκεραΐς fons eſt Plateãrũ: item Βούκερα lacus ſic olim dictus, nunc uero genus herbæ. Vitem nigram aliqui bucranion uocitant: idem nomen aliqui antirrhino tribuũt. Bugloſſos boum linguæ ſimilis, Plin. Ego ſimilitudinem iſtam ad figuram pariter & aſperitatem refero: utrunꝗ borragini noſtræ cõuenit: quanꝗ & aliæ quædam herbæ ad bugloſſi deſcriptionem accedant, omnes ferè uiribus eiſdem præditæ, ut ſupra oſtendi. Cato cap. 4. de inſitione loquens: Inſuper (inquit) lingua bubula obtegito, ſi pluat, ne aqua in librũ permeet: eam linguam inſuper librum alligato, ne cadat. Citat hunc locũ etiam Plin. 17. 14. & herbæ genus interpretatᷣ. Arabica & Perſica nomina huius herbæ & generũ eius inuenio, marmacor, marmues, ſumuſe, ſcalue, alſafrens ſumuſe, meiſidaf, keuzauguen. Syluaticus betonicæ quoꝗ tribuit linguæ bubulæ uel equinæ nomen. Cirſio folia bouis linguæ ſimilia, minora, ſubcandida, Plin. Aliqui bugloſſum magnam pro cirſio dixerunt. Βουμανὶς & βούπασον, genera ſunt herbarum, Varinus. Buphthalmus ſimilis boum oculis, Plin. Romani olim boariam uocauerunt. Herba hæc apud nos in cibũ uenit, Varin. Arabice chiaugeſem nominatᷣ. Ebenſis in lib. de ſimplicibus medic. albehar buphthalmũ facit: cum alij ocimi genus eſſe ſcribant. Aizoon maius alij buphthalmõ uocãt, alij zoophthalmõ, Plin. Apud Dioſcoridẽ bubophthalmos inter eiuſdẽ herbæ nomenclaturas legitᷣ. Boëphthalmõ Oſthani ſideritis. Boanthemõ Galenus in Gloſſis buphthalmõ exponit, q̃d & chryſanthemõ uocetᷣ. Bupleurũ, genus oleris, Varin. Deſcribitᷣ à Plinio herba ſponte naſcens, caule cubitali folijs multis longisꝗ, capite anethi: laudata in cibis Hippocrati, et Nicandro in medicina. Meo quidẽ iudicio inter paſtinacas erraticas cenſeri debet, quibus et deſcriptione & facultatibus fauet. Bupleurum, bouis coſta, & eſt dulbub, Syluaticus. Dulbub autem quid ſit nondum reperi. Βούπρασις uel βούπρησις potius, genus oleris ſylueſtris ſimile ſinapi, Varinus. De hoc pluribus in bupreſti inſecto. Βούπτινον, trifolium herba, Varinus. Butomo Theophraſtus folium reddit arundinaceum, angulare: caulem inoffenſiſſimum, qui malũ magnitudine ſidæ proximum in lacu producat: fœminam ſterilem eſſe, ad nexus utilẽ, &c. Democritus in Geoponicis eſt author butomum in paludibus naſci, folia ferre irinis proxima, quibus boues iucundè ueſcantur, unde nomen ei datum: ubicunꝗ prodierit, ſolum excauandis aquilegijs idoneum fatetur. Herbarij & officinæ, ut Ruellio placet, uocant hodie iuncum cabacinum, quòd folijs eius tegetes & ſportulæ, ſicut & ſparto texuntur: nanque corbulas quibus ficus & uuas paſſas recondunt, corbas uel potius cabas ſolent appellare.

¶ Βου particula in compoſitone ſæpenumero nihil aliud ꝗ magnitudinem innuit, Græci ἐπιτατικὸν μόριον uocant: ſic etiam equi nomen propter corporis magnitudinem in compoſitis uſurpatur, ut hippoſelinon, hippolapathon, hippognomon. Tauri nomine apud ueteres omnia magna & uiolenta ſignificabantur, unde & Βου particula, ut quibuſdam uidetur, à boue ducta eſt, Euſtathius. Lapathorum generibus Solon bulapathon adiecit, radicis tantum altitudine differens, & erga dyſentericos effectu, potù ex uino, Plin. Mihi quidẽ uerisimile fit eandẽ eſſe hippolapathon à Dioſcoride dictam, quæ rumicum maxima locis prodit paluſtribus, nec uiribus à cæteris diſſidet. Pro eadem hydrolapathum quoꝗ acceperim, cuius loci natales nomine produntur. Dioſcorides trium rumicum, agreſtis oxylapathi, & oxalidis, ſemina in aqua uinóue contra inteſtinorũ tormina utiliter bibi author eſt. Oxylapathum quanꝗ paſſim naſcitur, lætius tamen copioſiusꝗ in montibus, præſertim circa boũ ſtabula, ipſis intactũ. Bumaſti uuæ tument mammarum modo, in pergulis ſeruntur albæ nigræꝗ, Plin. Varro bumammas uertit, Macrobius bumammias circa finem libri 3. Huius generis eſſe puto quas

quas Arabes & uulgus hodie cibibas uel zibibas uocant. Fraxinum amplissimam lentissimamq; bumeliam uocant in Macedonia, Plinius. Gaza apud Theophrastum bubulam fraxinum reddidit. Illam esse puto ex qua mensæ elegantiores conficiuntur. Buselinon prodidere quidam differre breuitate caulis à satiuo & radicis colore ruffo, eiusdem effectus, præualere contra serpentes potum & litum, Plin. Menas apud Varronem, Noui (inquit) maiestatem boum, & ab his dici pleraq; magna, ut βούσυκον, βούπαιδα, βούλιμον, βοῶπιν. Sunt autem busyca grandiores & fatuæ fici authore Festo: uulgo mariscas ficus nominant, Ruellius. Ego quasdam ficos mariscas coniunctis uocibus in Plinij, Catonis, & aliorum libris nominari inuenio.

¶Βοηλασίαν apud Homerum exponunt ἀπέλασιν, id est abactum, non boum solum, sed quorumuis pecorum: Alibi pluribus uocabulis rem eandem exprimit poëta, ὅν γὰρ ἐμὰς βοῦς ἤλασαν: & alibi abigeum uel abactorem ἐλατῆρα βοῶν appellat. Βούδορα ἤματα ab Hesiodo dicuntur frigidissimi dies, in quibus flante Aquilone tum boues tum aliæ quadrupedes excoriantur: Boreas enim inquit, Καὶ τε διὰ ῥινοῦ βοὸς ἔρχεται, οὐδέ μιν ἴσχει. Βουδόρων νόμων, de ijs qui boum instar excoriari mererentur, Suid. Βούδιος, stolidus. Βοΐδης, mansuetus, simplex, apud Menandrum. Βουβάδρας, magnus & stupidus, ἀναίσθητος, superbus, à nimia corporis mole dictus uidetur, &c. uide Etymologicon. Βουβὼν glandula in inguine tumida, à bu particula intendẽte, & βῶ τὸ βαίνω, τὸ πάθος τὸ εἰς ὕψος βαῖνον, Etymolog. Bubones antiquis fuêre tumores uniuersi præter naturam: mox ita priuatim nuncupati, qui in fœmoribus, alis protuberarent ac collo, Cælius. Βουλιμία, βούπεινα, βούβρωσις, diuersa uocabula rem eandem significant, famem scilicet ingentem, & uniuersam: Indoctiores superiore sæculo medici bolismum & famem uaccinam uocarunt. Lud. Cælius libro 26. ab initio, multa scitè de bulimo scribit, tum alia, tum quid ab appetitu canino differat. Gellius transtulit uim famis non tolerabilem. Sunt qui καρδιωγμὸν quoq;, id est oris uentriculi morsum & famem intempestiuam, bulimon uocitent, Cæl. Dores καρδιώττειν dicũt, quod Xenophon βουλιμιᾶν, Pollux. Reperitur & βούβοσις, & βούβρωσις: siue à bu uocula intendẽte, siue ab ipsa quadrupede, quòd ita affecti boues integros esurire uideãtur (uel boues mactare cogantur) ut de Herculis uoracitate legimus. Sũt qui bubrostin dolorẽ aut tristitiã ingentem aut misericordiã accipiant, unde cor & animus consumatur, apud Home. Iliados ω. Ἐ κακὴ βούβρωστις ἐλαύνει. Eiusdem præterea nominis deam quandam uel dæmonem Ionum legimus, templo ei in Smyrna dedicato, apud quam hostes deuouebant. Βουλιμιᾶν ἢ βουλιμώττειν, uehementer esurire. De bulimo plura Suidas: De buphago mox inter prouerbia. Βουλιμεῖς, οἱ καὶ Βουλινεῖς καὶ Βουλινοί, populi prope Liburnidas insulas, Dionysius poëta. Βουδρομεῖν accelerare exponunt, ut sit idem quod βοηδρομεῖν aut βοηθεῖν, cum clamore accurrere: nisi malis à bu particula ob uehementem cursum. Βουδῦται aues quædam sunt in Ixeuticis Oppiani. Dedit & nostra lingua auibus nonnullis nomen à bubus: nam sturnos uocat **rinderstaren**, regulos **ochsenöugle**, & ardearum quoddam genus **moßků** uel **urrind**. Βουγενεῖς apes à poëtis uocari dixi: Aristoteles etiam centauros uocat βουγενῆ & ἀνδρόπρωρα τέρατα. Βουκόρυζα, pituita uel grauedo immoderata: & βουκόρυζος, stupidus, nimis imperitus: quem & κριόμυξον eadem ratione dicimus, ut cui cerebrum muco ac pituita occupatum sit. Βούπαις est grandis puer, adolescens (qui ex pueritia in pubertatẽ transit, quẽ & ἀντίπαιδα & πάλληκα uocãt: Germanica uox eius ætatis **ein bůb**, proxima Græcæ est) & piscis quidam, Varinus: item apicula, sic dicta quod ex bubus nascatur. Βούπαλος, asinus. Βουπαλίδες, periscelides, femoralia. Βούρυτος, amnis rapidus & ualde fluens, Varinus. Βουπρίωνες, magna præcipitia & colles, Idem. Βουθώνης, βούχειλος, Varinus: uox nusquam alibi mihi comperta. Βουφόρτων κοίρανοι εἰκοσόρων, nauium ualde oneratarum principes, Suidas. Βουχανδέα, capacissima: ut βουχανδὴς λέβης, qui uel bouem caperet, in Epigrãmate. Βούχιλος, fertilis, εὔτροφος, ut in carmine, Γᾶνες βουχίλου κραίντορες Ἀρκαδίης. Βούχυλον autem nomen est loci, apud Suidam tamen similiter per iôta scribit. Βούτορος (μακρόσιοι ἔχουσι δόρατα βουτόροις ὀβελοῖς ἶσα, Suidas) boues feriens: βούτορον, ψάκαστρον, δόρυ, ἀστραπόν, Varinus. Βούταρος, ὁ παχὺς ἢ παχύς, Idem. Βουτάνη, pars nauis (longæ) cui clauus alligatur: uel flagrum, ἢ τάνασις τῆς βοείας: ἢ μάχη αἰδία: sic enim lego apud Varinum: nimirum ἀπὸ τοῦ σφόδρα τείνεσθαι, quod prædictis omnibus conuenit. Alexandri equum bucephalan uocarunt, siue ab aspectu toruo, siue ab insigni taurini capitis armo impressi, Plinius. De hoc plura dicemus in Equo. Bucephalum etiam inter tribuli nomenclaturas apud Dioscoridem legimus. Buphagus, uorax, helluo, & leonis epitheton, siue per hyperbolen, tanquam qui boues integros uoret, ut de Hercule fama est: siue à bu simpliciter intendente particula. Nam & in alijs quibusdam compositis apud Græcos dubitari potest, ab ipsis ne bubus, an qua diximus uocula, nominentur. Buprestis siue scarabei genus boues inflantis, siue alia uentris inflatio accipiatur, æque ad ipsos boues ac morbi magnitudinem, uocabuli etymon referri potest. Sic & buryncho pisci cetaceo apud Varinũ, figuráne rostri an amplitudo nominis causa fuerit, dubites. Βουγάϊον Iliadis lib. 13. Grãmatici exponũt, bouẽ operarium, uel tardum & crasso corpore hominẽ: uel imperitũ & stupidum (qualem Galli quoq; sua lingua appellant grand ueau, id est grandem uitulum) uel deniq; arrogantem & iactabundum, & simpliciter βοώδη, Varinus. Samij lacte uictitantem & imbecillũ βουγάϊον uocant. Apud Herodotum historiarum secunda obelisci bupori nominãtur: quos Rhodopis quæstu ditata meretricio Delphis dicauit. Nec ambigitur apud Græcos, quin magnos intelligere oporteat, etiamsi assandis bobus aptos Valla buporos accipit, ridiculè, ni fallor, Cælius. Busiris Aegypti rex (à quo ciuitati quoq; nomen) ab auia Io in uaccam mutata hoc nomen forte inditũ habet: uel παρὰ τὸ βοῦς ἔρδειν, ut Etymologici

g 2

author conijcit, id est à conserendis et iungendis bobus, ut qui uel solus duos boues sub iugū include re posset: uel παρὰ τὸ βοῦς καὶ τὴν σειρὰν, utpote adeò robustus ut bouem catena uinctum ducere uale ret, sicuti de Laërte fertur. Perpauca sunt quæ primam syllabam bu purum habent, nec tamen cū superioribus, ut uidet, quicquid commune, ex quibus censeo quæ sequūtur. Βουκανῆ, ἄνεμον ἢ τὸ ἄνθος, κύπειροι. Βούπρωσ, ἀδύνεια. Βούχωμα, φρόνημα. Βυφάρας, γεφύρας. Βυλεψίαν, Varinus uidetur αὐτοχειρίαν exponere: uocabulum rarum, nec alibi mihi repertum, apparet autem excoriationem sonare. Βουχοῦς τις, ἰσχυρὸς, ἢ ὁ ξηρὸς, Varinus: forte à magnitudine corporis. χρὼς enim corpus est: & Βούχωμα, forte à βου & αὔχημα. Budini, Βούδινοι, Sarmatiæ populi sunt, apud quos tarandus fera nascitur, Gelonis adnumerati, Eustathius in Dionysium. Pannonij, secundum aliquos Βούγαροι, Idem: Bulgari nimirum.

¶ Σύβρα ἐπὶ βοῶν, σημαίνει δὲ τὰς ῥυπαρόν τι ἐχούσας, Varinus. Boæ in Italia appellatæ serpentes, in tantam magnitudinem exeunt, ut diuo Claudio principe, occisæ in Vaticano solidus in aluo spectatus sit infans. Aluntur primo bubuli lactis succo, unde nomen traxêre, Plin. Apud eundem boa appellatur morbus papularum, cum rubent corpora: is sambuci ramo uerberatur: sanatur etiam ebuli folijs contritis & è uino uetere impositis.

¶ b. Homerus regiam & eximiæ authoritatis in homine formam hoc uersu depingit, ἠΰτε βοῦς ἀγέληφι μέγ᾽ ἔξοχος ἔπλετο πάντων. Tarādus fera apud Budinos in Sarmatia nascitur, magnitudine bo uis, Eustathius. γυῖα βοὸς μέλλοντες, Callimachus dixit, membra bouis elixantes. Ἄλφα Varinus exponit caput bouis: quod & βουκρανον una uoce dicitur. Bucephalus appellatur equus cuius coxis inustū est βουκρανον (aliâs βουκράνιον) id est bouis caput, Etymolog. ¶ Si oculi plani & lati fuerint, boum oculis similes existimato, Adamantius. In Indico mari arbusculas nasci ferunt colore bubuli cornus, ramosas, &c. Plin. Plutarchus in Symposiacis Decade 7. Problem. 2. docet homines præfractos & asperis moribus, & intractabiles κερασβόλους uocari solitos, quam uocem haud satis commode uerteris Latine. Sumptam autem metaphoram ab agricolis, apud quos semina quæ priusquam in terram decidāt, incidant in cornua boum, κερασβόλα dicantur. (Hermolaus Barb. legumina inobsequiosa & contumacia uocat.) Hæc aiunt prouenire cæteris multò duriora, unde & ἀτεράμονα uocantur. Qui scripsit Etymologicon indicat hanc uocē semel duntaxat usurpatam à Platone, sumptamque à leguminibus, quæ nec igni nec aqua mollescant: cuiusmodi quædam uidemus admixta leguminibus minuta nigraque. Locus est apud Platonem libro de Legi. 9. ubi interpres inepte uertit fulminis tactu prædura, quasi κεραυνοβόλα dictum esset. Porrò cur id accidat, ut semina quæ in cornua boum impegerint, aut non proueniant, aut proueniant sicciora duriorаque, Plutarchus hanc adfert causam: quod ea quæ à manu calida statim excepta terra fouetur, magis adiuuant calore, qui seminibus est amicus. At quæ in cornua incidant, proiecta magis uidentur quàm seminata, & mora frigus colligunt. Theophrastus dubitat, num friuolum sit, quod de cerasbolis iactant agricolæ, Hæc Erasmus Roterod. in Chiliad. Homerus ἀτέραμνον κῆρ appellat τὸ ἀτειρὲς, καὶ σκληρὸν, καὶ μὴ τέρεν. Τέραμνον est tener et mollis, cui cōtrarius ἀτεράμων: neque enim ἀτέραμνος in masculino genere profertur. Gaza apud Theophrastum ateramnon incoctibile uertit. Ὕδωρ ἀτέραμνον, aqua cruda. Μηδ᾽ ἀπηνὴς ἄγαν γ᾽, ἀτεράμων τ᾽ ἀνήρ, Aristoph. in Vespis, pro uiro inexorabili, duro, & corneæ fibræ. Circa Philippos ateramon nominant in pingui solo herbam, qua faba necatur: teramon, qua in macro, cum udam quidam uentus afflauit, Plin. Semina quæ dum sparguntur boum cornibus attacta fuerint, non euadunt in bonam frugem, & grana producunt exigua, Rasis. Mihi quidem uerisimile fit ortam hanc persuasionem de seminum duritate, quòd quæ dura & incoctilia sunt, cornu duritiem ac tenacitatem & insuper colorem præ se ferant, tanquam uitio per contagium nato. Similiter falsam illorum credulitatem reor, qui satis ramentis de cornu arietis asparagos nasci tradiderunt: Nam illorum quoque semina cornu substantiam repræsentant. Hermolaus Barbarus in Corollario ad fabam Dioscoridis, Plinius (inquit) Theophrastum intelligit, nonnunquam fieri ut teramos in ateramon transeat, cum uapore atque halitu terræ madidam, indigena quidā uentus afflauerit. Aliter Theodorus, qui duo illa, teramō & ateramon siue ateramnō pro coctibili & incoctibili, non pro herbis ita nuncupatis accipit. Theophrastus certe alio loco facile significat ueriorem Theodori quàm Plinij sensum fuisse: Tantum Hermolaus, apud quem pro his Plinij uerbis, teramon qua in macro solo, librarij supposuerunt, de qua in Macrobio. Macrobius certe quod sciam nullam huius rei mentionem fecit: non alienum tamen ab istorum uocabulorum etymo est, quod idem ex Faborino scribit terenum Sabinorum ligua molle significare, unde Terentios quoque dictos putat Varro: Hinc & Horatium molle Tarentum dixisse: & Tarentinas oues nucesque uocari, quæ sint terentinæ, id est molles. Apparet sanè Grecorum τέρεν Sabinos retinuisse, Romanos autem transpositis literis tenerum dixisse. τέραμνον grammatici etiam tectum domus exponunt, &c. Boum cornua cur in Auentino suspendantur, cum in cæteris Dianæ templis ceruorum tantummodo cornua affigantur, lege apud Plutarchum Problem. Roman. 4. Βοὸς κέρας apud Homerum esse aiunt cornu quod lineæ piscatoriæ iuxta hamum circumponitur, alij pilum, Varinus. Coronius appellatur bos, cui cornua sunt μηνοειδῆ, id est lunata, Cælius. Κίλλιξ, bos qui cornu alterum peruersum habet, Varinus. In Scythia maximum frigus mihi uidetur esse causa, cur omnino cornua bouino generi non succrescant, astipulante sententiæ meę Homeri carmine Odysseæ quarto, quod ita habet: Et Libyen, ubi sunt cornuti protinus agni. Quod recte dicunt in locis calidis mature cornua existere. Nam in uehementibus frigoribus, aut non oriuntur statim pecoribus cornua: aut si oriuntur, uix oriuntur,

oriuntur, Herodotus libro 4. Vergilius sanè in Georgicis meminit boues in Scythia nimio frigore
perire, cum non in stabulis sed campis niuosis hyemem agant: Intereunt pecudes, stant circumfusa
pruinis Corpora magna boum. Cornu uox etiam ad ungulas propter substantiæ similitudinem
transfertur, ut in uernacula lingua circa boues & equos, sic apud Latinos, Solido grauiter sonat un
gula cornu, Verg. Georg. 3. Hinc & equi cornipedes poëtis dicti. Hoc non animaduerso deceptus
uidetur Plinius cum scribit: Boum attritis ungulis cornua unguendo arùina medētur agricolæ: a-
deoq; sequax natura est ut in ipsis uiuentium corporibus feruenti cera flectantur, &c. ut singulis capitibus quaterna fiant. Apparet eum ex diuersis authorum locis, quæ alibi de proprie dictis in capite
cornibus legerat, & alibi de cornu, id est cornea substantia ungularum, sine iudicio coniunxisse.
10 Quid enim ungulis cum cornibus capitis ita commune, ut hæc illis attritis ungi debeant? In simili er
rore Græcos quosdam Grammaticos deprehendo: nam ubi Dionysius Afer πᾶνα κερώνυχα cognominat, Eustathius exponit, non cornipedem (sicut etiam Latini poetæ capripedem & semicaprum Pā-
na uocitant) sed ὀξύκερων, id est qui acuta capitis habeat cornua, ὡς τοῦ ὄνυχος ἐνταῦθα (hæc eius uerba
sunt) ὀξύτητα δηλοῦντος, καθὰ καὶ ὅτι ἀκρωνυχίαν ὄρους φαμέν. Sed quid opus est longius interpretationē quę
rere, ubi non deest proximior, ut ὄνυξ (id est unguis qui de multifidis pedibus proprie dicitur, uti de
solidis ὁπλὴ id est simplex ungula) pro chela id est ungula bisulca accipiatur. Miretur autem aliquis
φ animal bisulcum, quale bos est, Græci δίχηλον uocent, cum illo numeri aduerbio nihil opus fuisset:
nam χηλὴ per se de dionychis, id est bisulcis tātum dicitur, cuiusmodi pedem in crustatis forcipem ap
pellamus. ¶ Μύκλος est reduplicatio quædam in asinorum & boum collo, Varinus. Βοὸς βοείη, pleo-
20 nasmus est apud Homerum pro corio bouis, quod & βουλέψιον uocatur, Varinus. Κόλλα est glutinum
uel corium dorsi bubuli unde glutinum excoquitur, de quo plura mox in Tauro, taurocollæ uocis
occasione. Collopas uocant Græci coria duriora circa ceruicem suum & boum, ex quibus fiunt κόλ
λαβοι dicti, id est clauiculi quibus intenduntur & remittuntur fides in cithara, Varinus. Dionysius
in Periegesi de Iberia, Ἤπειρον κείνην ἰκέλην φῆν ἔπασι βοείη, id est Ibericam terram siue Hispaniam, corio
bubulo assimilant: figura nimirum. Hyda mensura terræ apud Anglos. authore Polydoro Vrbi-
nate in Historia Anglicana, uiginti iugera Anglicana comprehendens, nomen sortita à corio bubulo
(id Germani ferè hydam aut hutam appellant) quòd in tenuissimas laminas sectum hydæ quantitatem circumscribere posse uideatur: quod si uerum est, longè abesset hyda à uiginti iugerum dimensione. Verum nihil prohibet eam dictionem ab una significatione in aliam fuisse translatam, ut cen-
30 turiæ etiam. Verùm authorem habeo Henricum archidiaconum Hintendunensem, qui asseuerat
hydam tot in se capere iugera, quot uni aratro annuo cultu sufficere possent. Quod si uerum est, idē
foret hyda apud Anglos, quod mansum apud Iureconsultos, Robertus Cenalis. Dido soror Pyg-
malionis, Agenoris filia, cum Synchæo marito Tyrum habitabat: Illum Pygmalion ut pecunias eius
obtineret in peregrinatione clam occidit. Occisus ille uxorem in somnis monet ut fuga sibi caueret à
fratre impio, qui maioris pecunias quàm naturæ leges faceret. Itaq; is in Libyam fugit, assumptis aliquot Tyrijs & pecuniarum copia. Et cum Iarbas Nomadum rex non admitteret eam, tantum loci
quantum bouis corium occuparet sibi uendendum petijt. Hoc impetrato, corium discidit in lorum
angustum & oblongum, eoq; loci quantum potuit longè lateq; inclusit, ita ut maximam in eo ciuitatem conderet, quæ primum noua ciuitas, deinde Carthago dicta est: & arx eius Byrsa, id est corium,
40 Eustathius in Dionysium. Cicero libro 2. de Natura deorum, ciuitatem hanc à Carthagine Herculis
filia dictam scribit, cum Byrsa prius diceretur. Reperitur & alia historia ab Eustathio ibidem prodita, quod cum Elisæ siue Didonis comites urbem condituri terram foderent, capite bouis inuento, cœ
ptum reliquerint, perpetuos sibi labores et seruitutem illic futurā, quales boum sunt, inde augurati:
Postea cum alio loco effosso equinum caput inuenissent, bonum omen interpretati, tanquam & otium & uictus aliunde suppeditandus defutura non essent, Carthaginem illic extruxerunt, quæ eam
ob causam uernacula lingua caccabe (κακκάβη) dicta uidetur, hoc est equi caput. Λωγάλιον, τῶν βοῶν τὸ
ὑπὸ τὸν τράχηλον χάλασμα, Varinus: forte palearia. Item λωγάνιον μέρος τοῦ σώματος, Idem. Κάταρον, τῶν ὀπισθίων τοῦ βοός, ἡ σὰρξ ὑπὲρ τὰ ἄρθρα, Idem: Forte sine distinctione legendum τοῦ βοὸς ἡ σὰρξ: Nusquā alibi
hanc uocem inuenio: conijcio autem esse partem illam carnosam, quam Latini lumbos, Græci ὀσφῦν
50 proprie uocant, **der schluchbraten.** Nostri bubulum uentrem multiplicem ruminationi destinatum
nominant **menigfalt**: quo nomine puto comprehendunt, omnes illos uentres numero tres, in quibus ruminando alimentum præparatur, quorum singulos Græci suis nominibus efferunt. Eorum
primus (inquit Aristoteles de partib. animalium 3. 14.) cibum recipit inconfectum, secundus aliquan
tulum confectum, tertius plenius, quartus perquam plenè confectum. Nomina hęc Græcè indita
sunt, κοιλία, καὶ κεκρύφαλος, καὶ ἐχῖνος, καὶ ἤνυστρον: quæ Latine, interprete Gaza, sic reddi possunt, uenter, arsineum siue reticulum, omasum, abomasum. Sed de his alibi agendum erat, ubi de animalibus
in genere tractabitur. Qui Germanica eorum nomina desyderat, si quæ sunt à bubularijs cognoscet:
sic illos uoco qui intestina diuendunt. Nam Grunnius Porcellus in testamento ludicro bubularijs
intestina sua donat. Græci ἀλλαντοπώλας eosdem uocant, non illos solum qui farcimina uendunt, ut
60 uel ex hoc Aristophanis in Equitibus loco patet, τί μ᾽ ὦ γαθ᾽ οὐ πλύνειν ἐᾷς τὰς κοιλίας, πωλεῖν τε τοὺς ἀλ
λᾶντας; Echinum Eustathius exponit interna uentris seu uentriculum, Nicandri scholiastes bouis
uentriculum proprie hac uoce signari ait: coniecerit autem aliquis eminentium partium asperitatē

g 3

causam huius nominis fuisse. Omasum grammatici exponunt pinguius atq; crassius intestinum,
quod nonnulli bubulum esse credunt, Horatius Serm. 2. Seu pingui tentus omaso. Et rursus 1. epist.
Patinas cœnabat omasi Vilis, & agnini, tribus ursis quod satis esset. De illo qui concubino procaci
rure omasum edisse se negãti, bouem occidit, supra diximus ex Plinio. Abomasi uocabulum à Gaza
fictum existimo, à situ: Reticulũ uero imitatione uocis Græcæ à figura eum dixisse. ¶ Cæterũ mem
branas cum alias, tum diaphragma & peritonæum privatim nostri appellant **lysten**: alij diaphragma
priuatim **die kräe**, id est cornicem, nescio quam ob causam. Alia nomina uernacula partium illarum
quæ in laniena seorsim uenire solent, paulo post adferam in f. litera.

¶ Pulmo elephanti quadruplo maior bubulo, Plinius. Bucardia gemma bubulo cordi similis Babylone tantum nascitur, Idem. Homini renes bubulis similes, uelut è multis renibus compositi, Idem.
Camelo tali similes bubulis, sed minores paulò, Idem. βοὸς πόδα Attici bouis uiuentis pedem nominant, mortui autem βόειον πόδα, Varinus & Ammonius. Hippopotami ungulæ binæ, quales bubus,
Plinius. ¶ βόλβιτον & βόλουνθον, uel βόλιτον, & βόλιτος, bouis fimus propriè à Grammaticis exponitur (impropriè autem quorumuis animalium, Etymolog.) item ὄνθος apud Homerum, quæ uox ad
asinum magis pertinere uidetur, ut ὄνις etiam, author Pollux. Boliton asellorum proprie dici retrimen
ta putant: sed & boum superfluitates ita uocantur. Quod uerò boliton pronunciant Attici, reliqua
Græcia (præsertim Iones, Etymologus) bolbiton, Cælius Rhod. ex Aristophanis interprete in Batrachos, ubi de Empusa legitur quod pedem alterum habeat βολβίτινον, id est asininum. Agnoscunt uocem Latini quoque: siquidem Pompeius Festus inde inflexum uerbum bulbitare putat, quod signet
puerili stercore inquinare, Cælius. Aristophanes in Acharnensibus: ἐντριφέντην ἐν πᾶσι βολίτοις: scholia
stes exponit, in omnibus delicijs & bonis, siue παρ' ὑπόνοιαν, nam sermo de bobus erat: siue quod ster
corata quæ plantantur aut seruntur omnia lætiora uegetioraq; proueniunt. Idem in Equitibus,
κἀγωγ' ὅτ' ἔγνων τοῖς βολίτοις ἠπημένος, hic βολίτοις interpretatur βοιδίοις, uel ταῖς τῶν βοῶν ἐπαγγελίαις: ubi
& hæc uerba leguntur, ἡ τοῦ βοὸς κοιλία βόλιτον ἔχει: item, βόλιτοι γὰρ οἱ ἀπέλεθοι τῶν βοῶν, id est boum stercora. De Empusæ pede bolitino, id est asinino, supra dixi. βολίτου δίκην, prouerbium in eos qui ob mi
nima delicta puniuntur: extabat enim Solonis lex etiam aduersus fimi bubuli fures, Suidas, Aristophanis interpres, & Erasmus in prouerbio Boliti pœnam, ubi βολίτινον σκέλος ineptè exponit crus ueluti è bubulo stercore conflatum. βόλιτον appellatur, quasi βοὸς λιτόν: quod liquidiora sint bouis excrementa quàm cæterorum animalium, Etymolog. Citat autem & Hipponactem, qui βολίτου κασιγνή
την dixerit, fœminam opinor extremè contemptam. In Phrysiorum agris uidere est domos bolitinis
parietibus: in alijs bubulum stercus ad ignis materiam (propter ligni inopiam) siccari: Quin & hodie nostrates quem insigniter contemnunt, βόλιτον appellant, Erasmus Rot. βολεών, fimetum uel ster
quilinium est, κοπρών, ubi boum & iumentorum stercus reponitur: Significat etiam locum in portu
ubi alligatæ sunt anchoræ. Bœotia regio nomen habet à rege loci Bœoto, quem Arne mater mulier
Aeolis enixa, ut patrem lateret, abiecit εἰς βοῶνα (id est stabulũ, ut ego interpretor: Cyrillo βοών, ὄνος,
custodia est apud Alexandreos) unde nomen Bœoti illi impositum. Ouidius, Metamorpho. libro 6.
Te quoq; mutatum toruo Neptune iuuenco Virgine in Aeolia posuit, Pallas scilicet in tela sua.
Euphorion, τόν ῥα Ποσειδάωνι δαμασσαμένη τέκε μήτηρ, Βοιωτὸν δ' ὀνόμηνε, τὸ γὰρ καλέουσι βοτῆρες, ὅττι
ῥα πατρώοισι βοῶν ἀπεθήκατο κόπροις. Alij Bœotiam dictam malunt à boue, quam ex Apollinis oraculo
Cadmus secutus est, & quo in loco illa moribunda procubuit, Thebas condidit: cum regio illa Aonia
prius diceretur, Etymologicon. Huic fabulæ qui prolixius immorari uoluerit, legat Ouidium libro
tertio Metamorph. Bolbitinum & Bucolicum, duo sunt ex hostijs Nili, non genuina, sed effossa,
Eustathius in Dionys.

¶ c. βούνομοι, loci palustres uel alij bubus pascendis apti: apud Suidam legimus βουνόμον ἀκτήν, id est
littus pascuum, & βουνόμους ἐπιστροφάς, loca in quibus boues pascũtur. μηλόβοτος κεῖμαι καὶ βούνομος, in Epi
grammate de Mycenis dirutis. βουβόσιον, τὸ, pascuum: Strabo, χώραν ἀρίστην βουβοσίοις. βουθερές, ἐν ᾧ τόπῳ
βόες θέρους νέμονται, Etymologicon. βούτροκτον, eruum, Varinus, malim per ω. in penultima: est enim eruũ
in boum cibo laudatum. βουσία, βοσκητήριον, καὶ γογγυλίδι ὅμοιον, Idem: pro posteriore significato legen
dum uidetur βουνίας. Lotus pratensis apud Dioscoridem, doctorum omnium consensu uulgare trifolium est, quo in quibusdam Italiæ locis, ut Brixiæ & alibi, etiam agri conseruntur: cum pecori, bubus
præsertim, plurimum optimumq; præstet alimentum: est enim subdulce; & semel satum restibili per
aliquot annos fœcunditate germinat. Lotum arborem (ut obiter dicam) alij alia facie describunt,
quam ego in Prouincia Galliæ sic priuatim nominata uidi circa montem Pessulanum. folijs referebat urticam maiorem ferè, baccis nigricantibus rotundis, paulo minoribus quàm cerasorum, exigua
carne, dulcissimis: arbor est satis magna, uulgus illic ledonnier appellat. Gramen passim cognoscitur, geniculatis ramulis serpens, radicesq; ab ijs geniculatas & dulces spargens. Folia eius in tenuitatem cacuminata & dura, ut arundinis paruæ lata, bubus iumentisq; pabularium. Nec ulla iumentis
herba gratior, siue uiridis, siue in fœno siccata, Ruellius. Vulgus nostrum graminis nomine plures
usu facieq; consimiles herbas appellat, & Plinius quoq; tria facit genera, in quibus discernendis nostri temporis medici contendunt: Dioscoridis autem & ueterum medicorum gramẽ, unum & unius
generis est, quod cum alijs notis, tum denticulatis præcipue radicibus, siue radicum mucronatis germinibus discernitur, & loca amat arenosa, Petrus Matthæolus reprehẽdit Ruellium & Leonicenum,
qui

qui graminis genus aculeatum à Plinio descriptum, coronopodem Dioscoridis esse arbitrantur. Gramen in officinis (inquit Ruellius) nomen seruauit, rura dentem canis & olitores appellant. Vulgaris est herba, nunquam se ab humo attollens, flagellis teretibus articulatis, exilibus folijs, & in cacumen fastigiatis, radice etiam geniculata, gustu non ingratæ dulcedinis. Gramen aculeatum rura nostra etiam canarium dentem appellant: aliqui è uulgo capriolam, quod capris grato sit pabulo: multi ab effectu sanguinariam, quòd aculei foliorum quini seniue in echinatum fastigium unà conuoluti nares farciunt, eliciendi sanguinis gratia cum extrahuntur. Crus galli etiam Latini appellauere, quòd stylus è medijs folijs exurgens in pedem galli conformatus articuletur, reliquam exhibens cruris effigiem. Eadem ratione Græcis & Dioscoridi coronopus, id est cornicis pes ab eadem figura nominatur.
10 Nanque gramen aculeatum, crus galli, sanguinaria hæc, una & eadem est herba, quæ coronopus dicitur Dioscoridi, Tantum Ruellius. Plura uide in Cornice infra libro 3. De cunila bubula supra dixi: cuius mentionem hîc repeto, ut Georgium Alexandrinũ reprehendam, qui eandem esse quæ nunc cotula & bouis oculus appellet imperitissime scribit. Polygoni siue sanguinariæ maris genus quoddam est pusillum, cui Germanicum nomen **knawel**, & frequentius reperitur æstatibus pluuijs per arua, præcipuè rapis consita. Herbula dodrantalis, fruticosa, pluribus ab una radicula alba inutili recta descendente cauliculis, quorum geniculis folia adnascuntur angusta, incana, & in omnibus alarum cauis flosculi minimi numerosi subuirides stellatique prodeunt. In pabulo mire expetitur bubus, quamobrem multis in locis fasces eis collectos offerunt. In uino cocta & pota calculos imminuit, & urinæ stillicidium emendat. Describitur ab Hieronymo Trago li. 1. cap. 129. Quemadmodum & alia
20 ei similis ferè sed per omnia minor, semine plenissima botryos instar breuissimis foliolis, à quibusdam herba cancri dicta (alia tamen ab heliotropio) eiusdem ferè facultatis cuius superior, eodem libro capite 128. Germani uocant **harnkraut**, id est urinalem, in Gallia aliqui centigraniam uel millegraniam: sapore est ferè betæ, uinoso, linguam & os uellicante. Licebit hanc polygonon minimam, illam minorem uel mediam appellare. Inter uitia frugum est, quod triticum uaccinum uulgò uocatur, **küweyssen**, nostri **blauw klaffen**, nescio qua nominis ratione: herba est caule pedali uel altiore, folijs nigricantibus, binis, mucronatis: spicam florum purpureã ædit, folijs etiam insertis eiusdem ferè coloris, aspersis maculis quibusdam flauis: radice breui inutili, messis tempore postquam defloruit, in singulis conceptaculis bina ternáue semina, tritici simillima, colore tamen puniceo producit. Eodem colore panis, si forte immisceatur, infici solet. Prouenit in agris qui triticum uel zeam alunt. Descri-
30 bit eam Hieronymus Tragus libro 2. cap. 32. usu nullo.

¶ Βυκάπη, præsepe boum: κάπτειν enim est edere. Τρώξανα sunt reliquiæ & quisquiliæ, quæ à præsepibus equorum, boum, & aliorum pecorum uel iumentorum decidunt, Varinus. ¶ Vaccam fœtam Vergilius dixit: est autem fœta & grauida, & partu liberata, Seruius. Antiqui etiam fordam dixerunt bouem prægnantem, Ouidius li. 4. Fast. Forda ferens bos est fœcundaque dicta ferendo. Et rursus, Pontifices forda sacra litate boue. Eandem hordam appellabant, unde hordicalia Romæ festa, quo die hordæ boues immolabantur, Hermolaus. Φορβὰς βῦς, ἡ νομὰς καὶ θυπρεφὴς, Varin. id est uacca quæ alitur & pinguescit. Forbeam antiqui omne genus cibi appellabant, quam Græci φορβὴν: His uocabulis propinquum est Germanicum **füter**, & Gallicum fourrage, nisi quis à farragine potius deducat. De caprifico, quo ita boues (uel tauri) edomentur, ut propè immobiles consistant,
40 res perquisita etiam Plutarcho in Symposiacis, iniuria temporum desideratur: Si quis curiosior rationes aut coniecturas requirat, adeat Cælij Calcagnini epistolicarum quęstionum libri 2. epistolam 15. Mugio, fictitium uerbum à uoce boum. Ad Herenn. li. 4. Imitationis hoc modo: Vt maiores rudere, uagire & mugire, & murmurare & sibilare appellauerunt. Litera mugiens, Quintil. li. 12. Inde cum actæ boues quædam, ad desiderium (ut fit) relictarum mugissent, &c. Liuius 1. ab Vrbe. Prœtides implerunt falsis mugitibus agros, Verg. Aegloga 6. Dicitur etiam de alijs animalibus, ut monocerote apud Plinium: Et de inanimatis, Terram mugire uidebis, Verg. Aeneid. 4. Malus mugit Africis procellis, Horat. 3. Carm. Equidem & montium sonitus, nemorumque mugitus prædicunt, Plin. li. 18. Crebris mugitibus sonant amnes, Verg. Georg. 3. Mugitus boum fumifici, luctisoni, rauci, & terrifici à poetis nominantur. Diros uictima mugitus edidit, Ouid. Metam. 7. Et uox assensu nemorum
50 ingeminata remugit, Verg. Geor. 3. & in Aeneide, Sequitur clamor cœlumque remugit. Est auis quę boum mugitus imitetur in Arelatensi agro taurus appellata, alioqui parua, Plinius. Greges mugientium, pro boum, Horatius. Boare, boum uidetur proprium, etiam ab ipsa uoce, quemadmodum baubare canum: boire Pacuuio, Clamore & sonitu resonantes bount, sed hoc antiquum & inusitatum est. Bouare dicuntur boues, cum uocem emittunt, teste Varrone li. 6. de lingua Latina: boare tamẽ magis est in usu. Græci de boum uoce μύκημα dicunt, μυκηθμὸς, μυκᾶσθαι, μυκώμενος, Pollux: omnia per υ. μηκᾶσθαι enim per η. caprarum est. μυκηθμοῦ δ' ἤκουσε βοῶν, Homerus: Idem Iliados ε. Ἀμφὶ δὲ πύλαι μύκον οὐρανοῦ, portæ cœli resonuerunt, id est apertæ sunt, Etymolog. Dicuntur & βομυκαὶ boum mugitus, Varin. Μυκᾶται βῦς καὶ μυκᾶται, καὶ ἀπὸ τούτου τὸ διὰ ταύτης τῆς φωνῆς χλευάζειν καὶ καταμωκᾶσθαι, τὸ καταγελᾶν, Varinus. Hanc uocem irridendi significatione etiam sermo Gallicus habet. Περιβοίας, παρὰ τῆς βοῆς,
60 ὁ ὑψίλαλος, ἢ παρὰ τὴν βοῦν, Varinus. Mycalessus, μυκαλησσός, urbs mediterranea est Bœotię, Thucyd. lib. 6. sic dicta, quòd uacca, quæ Cadmum cũ exercitu Thebas duxit, mugitum illic ediderit. Est & alia Cariæ: item mons è regione Sami, Stephanus. Mycale, mons quidam Didymo: Herodoto pro-

g 4

montorium in continenti ſitum: Stephano urbs Cariæ. Nomen inde natum, quod reliquæ Gorgones μυκώμεναι, id eſt mugientes eo in loco reuocarint. Aliqui Mychalen nominant, quòd ſita ſit τῷ μυχῷ τ̃ Καρικῆς ἁλὸς, id eſt in receſſu Carici maris, Stephanus.

¶ d. Narratur Pythagoras, bouem ubi prope Tarentum conſpexiſſet fabaciam ſegetem morſicatim corrumpentem, tum etiam proterentem pedibus, bubulco inſinuaſſe, Bouem moneret, frugibus parceret. Ridens buſequa: Ego (inquit) bouatim nõn didici, tu qui uidêre ſcholarum id genus experiens, obeas uicem meam. Eueſtigio Pythagoras auribus ſeſe admouens, ſui artificij quæpiam immurmurauit. Res additur mira: Obedientiſſimus bos, ut ab eo qui amplius ſaperet, edoctus, lacerare mox ſegetem deſtitit: quin etiam in futurum eiuſmodi pabulo abſtinuit: ſed & bubulum deſijt obſequium, factusq; de rureſtri colono ambulator urbanus, Tarenti placide conſenuit, de manibus hominum uictitans, Cælius.

¶ e. Cuncta legumina ſiue frumenta bobus merito aratrisq; debentur: uinearum ipſarum uſus periret niſi eorum adminiculis ſubuehendis carpenta ſudarent. Quid de diuerſorum onerum comparatione referamus, dum inter mobilia & quicquid grauius eſt, abſq; uehiculis penè reddatur immobile? Reliqua quoq; animalia, ipſæq; cohortales aues, ex eorum capiunt labore ſubſtantiam. Vnde enim equis hordeum, unde cibum canibus, unde porcis pabulum dominorum ſolertia miniſtraret, ni pararentur boum labore frumenta? Et ne longum faciam, bobus debet alimenta quicquid ali poteſt. Apud alios genus mulorum, apud alios camelorum, apud paucos elephantorum licet exiguus uſus eſt, nulla poteſt natio eſſe ſine bobus, Hæc Vegetius in prologo in librum 3. Veterinariæ. Multatio olim non niſi ouium boumq; impendio dicebatur, non omittenda priſcarum legum beneuolentia. Cautum quippe eſt, ne bouem priusq; ouem nominaret qui indiceret multam, Plin. Multa etiamnum ex uetere inſtituto bubus & ouibus dicitur, Varro. Aes quod antiquiſſimum conflatum eſt, pecore eſt notatum, Idem. Seruius rex ouium boumq; effigie primus æs ſignauit, Plin. Ἀλφεσίβοιαι apud Homerũ mulieres bene dotatę, quę boues multos pro dote acciperẽt: nã ἀλφεῖν et ἀλφαίνειν ſonat inuenire, acquirere: & ἀλφὴ, εὕρεσις, τιμή, Varinus. Nota eſt illa Iliados ſexto armorum permutatio, ubi Glaucus cum Diomede mutauit, χρύσεα χαλκείων, ἑκατόμβοι' ἐννεαβοίων: hoc eſt arma aurea pretij centum boum, pro armis æreis quæ uix nouem bubus redimerentur. Hoc ſenſu etiam δυωδεκάβοιον reperitur, quod duodecim boues pretio æquet. βοότιμον, βοώνητον, bouis pretio redemptum, Varinus. Βοώνητα, ὧν ἡ ὠνὴ βοῶν ἠγορασμένα ἢ δοθέντα, παρὰ Κυπρίοις δὲ ἀνόσια, Idem. Πολυβοῦται, diuites & qui multa armenta poſſideant, Varro & Varinus. Vrbs cum condita eſt, tauro & uacca qui eſſent muri definitum, Varro.

¶ Boues ad aratrum, Diodorus libro quarto & quinto, ait Dionyſium ſecundum ex Ioue & Proſerpina genitum, uel ut alij ſentiunt, ex Cerere, primum iunxiſſe, cum terra prius manibus hominũ coleretur. Plinio uero libro 7. teſte, aratrum Briges Athenienſis inuenit, ut alij tradunt, Triptolemus, de quo Poëta in primo Georgicorum intellexit, cum dixit: Vnciq; puer monſtrator aratri. Quo in loco Seruius: Alij, inquit, Triptolemum, alij Oſirim, quod uerius eſt: nam Triptolemus frumenta diuiſit. Tacuit aũt de nomine, quia nõ unus in orbe monſtrator aratri fuit, ſed diuerſi in diuerſis locis. Ex quo Trogus prodidit Habidem Hiſpaniæ regem barbarum populum primò docuiſſe boues aratro domare, frumentaq; ſulco ſerere. De Oſiride ut oſtendimus, ſentit etiam Tibullus. Cæterum omnia ferramenta ruſtica, quibus terra uertitur, ſimul, ut puto, cum aratro Cererem comperiſſe, Vergilius proculdubio hoc uerſu demonſtrat: Prima Ceres ferro mortales uertere terram Inſtituit. Quod uel Seruius approbat, dicens: Ceres prima omne genus agriculturæ hominibus indicauit: nam quamuis uel Oſirim, uel Triptolemum aratrum inueniſſe dicant, illa tamen omnem agriculturam docuit: quia ferrum dicendo, omnia agriculturæ ferramenta expreſſit. Verũ aut illi quos commemorauimus, nouiſſimi, uel alij alibi hæc commonſtrarunt: nam, ut Euſebij atq; Lactantij teſtimonio conſtat, ante multas tempeſtates quàm eſſet Ceres, frumenti uſus apud mortales erat, præſertim apud Hebræos & Aegyptios, uti ex Ioſepho cognoſcere licet, &c. Hæc Polydorus Vergilius de rerum inuentoribus libro 2. cap. 2. Baccho cornua attribui quidam iudicant, quòd primus coniungendorum boum author fuerit, Diodorus Siculus. Buzyges, Hercules, quòd bobus iunctis terram arauerit, à quo familia Buzygia, Varinus. Alij Buzygen quendam heroën, arationem inueniſſe, & familiæ nomen dediſſe ſcribunt. Iugatinus deus colebatur, quòd coniuges coniungeret, uel quòd iuga committebantur, Auguſtin. libro 4. de Ciuit. Dei. Βοαρμία dicta Minerua παρὰ τὸ συναρμόσαι καὶ ζεῦξαι, id eſt quòd cõiunxerit in iugum & aratrum boues. Colitur autem hoc nomine apud Bœotos, Varinus. Pallas Βούδεια cognominatur, quia humana excogitatum prudentia eſt, boum opera terram colere, Cælius. Bobus terra aranda eſt, & nulla cum eis altera animalia iungenda ſunt: ſed proprium hoc genus ſit ad arandum. Semina ſint munda & impermixta, Ioſephus libro 4. Antiquitatum inter leges Moſaicas. Pharos aratio eſt, & bupharos terra quæ arari facile poteſt, Varinus. Βουκαῖος arator, ὁ σὺν βουσὶ κάμνων τῇ γῇ: uel meſſor à bu uocula augente & κάμνω τὸ κόπτω καὶ θερίζω: uel deniq; bubulcus. Iugerum uocabatur, quod uno iugo boum in die exarari poſſet. Actus, in quo boues agerentur, cum aratur, uno impetu iuſto. Hic erat CXX. pedum, duplicatusq; in longitudinem iugerum faciebat, Plinius. Manſum nonnulli terram eſſe aſſeuerant, culturæ annuæ unius aratri capacem: circiter uiginti iugera continentem, &c, Robertus Cenalis. Bos γαῖος dicitur ueluti colonus, à terra uidelicet:

à qua

à qua etiam Caiũ γαΐον nominatũ putant: sic enim Itali & Tarentini mercenariũ, aut etiam rudem hominem ac planè brutum uocabant, Cælius. ἰσοφόροι βόες apud Homerum Odysseæ libro 18. qui ex æquo progrediuntur, aut æquale pondus trahunt, Varinus. Genus quoddam scribendi βουστροφηδὸν Græci uocant (ut Pausanias ait Eliacorum libro 1. arcam Cypseli hoc modo inscriptam fuisse tradẽs) quod quidem tale fuit, à fine uidelicet prioris uersus, secundum uersum conuertere, ut in diaulo cursu fit. Dictum uero est ab arandi ratione, cum in extremo sulci in alterum sulcum boues conuertuntur, ut Grammatici obseruant Græci. De hac eadem re sic Isidorus libro 6. Versus autem uulgò uocati, quia sic scribebant antiqui sicut aratur terra: à sinistra enim ad dextram primum deducebant stylum, deinde conuertebatur ab inferiore rursus ad dextram uersus, quos & hodie rustici uersus uocant, Hæc Isidorus, ut Lil. Greg. Gyraldus obseruauit. Βοηλάτης est qui boues sub iugo ducit, Pollux: qui & ζευγηλάτης uocatur: significat etiam bubulcum. Βουκάπηλος apud eundem is uidetur qui uendit boues. Μεσαβοῦν proprie est boues iungere, abusiue uero etiam alia animalia. Μέσαβα dicuntur incisuræ in iugo, quibus quadrupedum ceruices alligantur, Varinus. Γελίνα, iugum boum, Idem. Ζεύγλα, τὰ τῶν βοῶν ἢ ἡμιόνων ζευκτά, Idem. Βόζυγον, τὸ, bouis iugum, Lexicon sine authore. Athenienses solitos legimus arationes tres celebrare, quas ἀρότους nuncuparent ἱερούς. Earum uerò prima in Sciro erat, uetustissimarum arationum monumentum: secunda in Rharia: tertia sub Pelinto, qui locus Buzygion uocabatur. Omnium autem harum sacratissima est nuptialis satio, id est γαμήλιος σπόρος, atque aratio ἐπὶ παιδοποιήσει, hoc est quæ fiat ad liberorum procreationem. At dipolos terra, id est bis arata: & apud Homerum tripolos, id est tertiata, nil ad negotium præsens, Cælius. Ἄμπρον funis inter utrumque bouem uel equum temonis uice protensus: inuenio & ἄμπυον apud Varinum eiusdem significationis, quod ita scribi tamen probo. ἄμπρον, τὸ σχοινίον τὸ ἕλκον τοὺς βόας, ἢ μεθ' οὗ εἰώθασιν ἕλκειν, ἤτοι παρακομίζειν μεγάλα φορτία, ἢ τὸ ξύλον τὸ ὑποκείμενον τοῖς αὐχέσι τῶν ὑποζυγίων. Hinc uerbum ἀμπρεύειν, apud Callimachum trahere significat, apud Lycophronem κακοπαθεῖν, laboribus & ærũnis fatigari: proprie autem cum curru progredi. Est & ἄμπυξ funiculus quo iuba equina colligitur, & ipsa habena. Ἅμαξα currus boum, ἅρμα mulorum, Varinus in ζεῦξαι. Βουλυτός, tempus uespertinum quo boues à labore & aratro soluimus, Idẽ, & Tzetzes Chiliade 8. cap. 231. utitur hac uoce Arrianus, citante Suida. Cubitor bos qui libenter decumbit in sulco, & uitio decumbendi obnoxius est, Columella. Iaculatur Iupiter imbres Grandine dilapidans hominumque boumque labores, id est arua & segetes, Idem. Βουσόον flagellum interpretatur Varinus. Βουπλὴξ, stimulus quo punguntur boues: est autem prælonga arundo, aut hastile cuspide quapiam acuminatum, quo & hodie utuntur Itali. Βούκεντρον: unde bussequæ βουκένται dicuntur, Varinus: ut in prouerbio, πολλοὶ βουκένται, παῦροι δέ τε γῆς ἀροτῆρες. Suidas hunc uersum citat poëtæ innominati, κέντρα διπλοῦν ὄνυχι, καὶ βούστροφα δεσμὰ τινόντων. Βουπλὴξ etiam flagrum est ex loro bubulo: item securis qua bos occiditur, Varinus. Βούπληγες, passiuè, à bubus icti: βουπλῆγες uerò actiuè, qui feriunt boues, Idem: hoc penanflexum, illud proparoxytonum est. Ὑσπλὴξ, stimulus & scutica: dicta quod fiat ex setis suillis, unde & ὕστριξ & ὑστριχὶς nominatur. Μύωψ & insectum est bubus infestum, & stimulus quo urgentur ac punguntur similiter ut ab insecto illo: pro utroque melius per υ diphthongum scribitur μυῶψ: pro luscioso autem, uel illo qui non nisi admota oculis uidet, μύωψ per ypsilon solum.

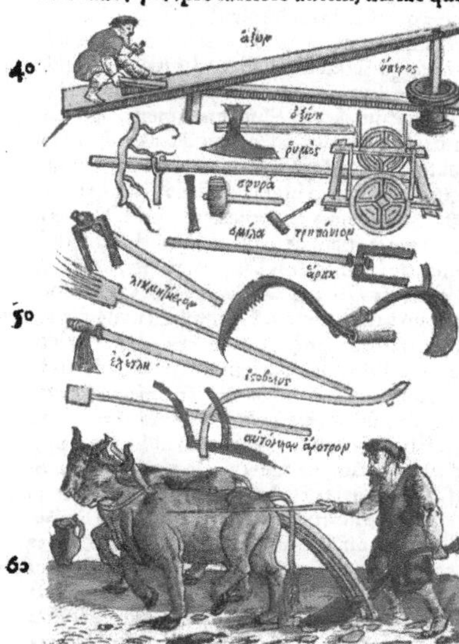

Erat & prioribus acæna dicta uirga, exagitandis bobus accommoda: sed & eodem modo metiendis agris instrumentum dicebatur, pedum decem: ut scribit Apollonij interpres, ab Thessalis excogitatum. Ex quo & Callimachus: ἀμφότερον, κέντρον τε βοῶν, καὶ μέτρον ἀρούρης. Quum stimulum signat, dicitur etiã bucentrũ. Acæna agros metiri in Aegypto exorsus est primum Thessalus quidã, nomine ab re indito, quia cognoscentibus singulis agri sui modũ sublatæ sunt cædes: unde nuncupata acæna, quasi στερῶσα αὐτοὺς τοῦ καίνειν. Hinc & Pelasgida uocauit acænam Apollonius Argonauticôn tertio, uelut ab Pelasgis compertam, id est Thessalis, Cælius. Multa hîc de aratione adferri poterant, sed quoniam illa præter boues ab aliquib. quoque quadrupedibus, ut equis et asinis peragitur, differemus in alium locũ, ad reliqua de bubus narranda hinc progressuri, si ueterẽ aratri figurã, et quale describit Hesiodus, prius apposuerimus: nihil autem impediet quòd & alia quædam rustica instrumenta simul depicta sint.

Aratri partes à Polluce describũtur li. 1. cap. 15. Extat Archiæ Epigramma in boues trahentes nauigia:

Οὐ μόνον εὐάροτρον βόες οἴδαμεν αὔλακα τέμνειν,
ἀλλ' ἴδε κὰκ πόντου νῆας ἀφελκόμεθα.
Ἔργα γὰρ εἰρήνης διδασκόμεθα, καὶ σὺ θάλασσα

Δελφῖνας γαίῃ ζεῦξον ἀροτροφορεῖν. Item & Philippi Hexastichon eiusdem argumenti, sed trahentibus tauris, quod infra recitabimus. ¶ Bubulcus, qui uel bobus arat (apud Columellam) uel boues fundi aratorios pascit. Cic. de Diuin. Eius aspectu cum obstupuisset bubulcus, clamoremq́, &c. Ouid. 4. de Pon. Ipse uides onerata ferox ut ducat Iacis Per medias Istri plaustra bubulcus aquas. Sauromates bubulcus, Idem 3. Trist. Tardus, Verg. Aegl. 10. Iuniorum familiæ Bubulcum nominauerunt, qui bubus optime utebatur, Plin. Alius est opilio, alius arator: Nec si possit in agro pasci armentarius, non aliud ac bubulcus. Armentum enim id quod in agro natum non creat, sed tollit dentibus. Contrà, bos domitus causa fit, ut commodius nascatur frumentum in segete, & pabulum in nouali, Varro. Bubulcitari, bubulci officium facere, Plautus Mostel. Decet me amare, & te bubulcitarier. Omnia secum Armentarius Afer agit, tectumq́, laremq́, Armaq́, Amyclæumq́ canem, Cressamq́ pharetram, Vergilius. Venit & upilio, tardi uenere bubulci, Idem Aegl. 10. Seruius & alij eo in loco legunt subulci, quos Nic. Erythræus in Indice suo Vergiliano reprehendit, his uerbis: Tardi, id est pigri, quod epitheton Bootæ propriũ est. Iuuenalis, Frigida circumeant pigri sarraca bootæ. Et Claudianus de Raptu Proserp. 2. Præcipitat pigrum formido Booten: quanq́ hîc etiam mathematica adest ratio. Potuit itaq́ hoc epitheton, quod bubulci proprium, submonere doctissimũ Seruium, & alios, bubulci hoc loco legendum esse, non subulci, quibus tardis esse non licet per porcorum celeritatem, quos sequuntur. Quorum pastorum etiam neglecta mentio consultò à uate fuit, cum nusq́ eos etiam Theocritus introducat: & tria tantum sint, quod & Aelius Donatus scribit, pastorum genera, quæ dignitatem in Bucolicis habeant, bucolici, opiliones, & omnium minimi æpoli, id est caprarij. Quin & ille ipse Theocriti uersus, quem Vergilius æmulatus est, nullam subulci mentionem habet, Ἦλθον τοὶ βοῦται, τοὶ ποιμένες, αἰπόλοι ἦλθον, Hæc Nic. Erythræus. Gergitius canis Geryonis, qui boues seruabat frater fuit Cerberi, Pollux. Titormus buisequa fuit corpore staturosus, cuius historiam in Tauro adferemus. Βουκόλος, id est bubulcus, nomen habet, uel tanq́ βουκόμος (nam & hippocomum dicimus qui equos curat) uel quoniam Græci cibum etiam colon uocant: unde & colax, id est adulator appellatus. Βοῶν ἐπιβουκόλος ἀνὴρ, pleonasmus est apud Homerum, ut αἰπόλος αἰγῶν. Multa in Lexicis Græcorum bucoli synonyma reperimus, qualia sunt, βουτρόφος, βουφορβός, βουηλάτης, βουπόλος, βοονόμος, βόοσκος, βοοσσόος, βούτης, Ἀττικῶς: βοσκός, βουνόμος, βουνίτης, uel βουνιτὴς oxyton. βοωνίτης, βοηλάτης. Horum postremum Pollux à bubulco distinguit, & exponit pro eo qui boues iugo submittit: Videtur autem pro aratore magis accipiendum: sed potest pro utroq́, ut & bubulcus Latinis. Βουκινῆσαι, boues agere. Βούτης, βουκόλος, καὶ ὁ τοῖς Διϊπολίοις τὰ βουφόνια δρῶν, καὶ παροιμία ἐπὶ τῶν ῥαδίως συντελουμένων, Varinus. Ego sic uerterim: Butes, bubulcus est, & sacerdos qui in Dijpolijs festo Buphonia celebrabat, id est bouẽ mactabat: quod in prouerbiũ etiam abijt, de illis rebus quę sine apparatu & simpliciter (uetere quodam ritu) fierent. Οὐ μέν τοι κείνης γε νομὸς ὠνόσσατο βούτης, Dionysius de Mesopotamia. Hos uersus, Αὐτὰρ ὁ βούτης Ἄντιος ἐκ πλαγίων ἰθὺ, ὁ δὲ ῥοπάλῳ Γυρὸν ἀπεκράνιζε βοὸς κέρας, citat Suidas ex poëta innominato. Itẽ in βουμολγός, is est qui uaccas mulget, Κέρας βουμολγὸς ταύρου κλάσεν ἀτιμαγέλου. Βουκαῖον alij messorẽ, alij aratorẽ, alij deniq́ bubulcũ accipiũt. Diphilus in Nicandri Theriacis nomẽ ꝓpriũ interpretat̃, Varin. Λαμπρὸς ἦν ὁ Βοώτης, καὶ αἱ μέγισται ἀρχαὶ ὑπὸ τούτῳ ἐχειροτονοῦντο, Demost. cõtra Midiã. Bootes stella est iuxta Vrsam maiorẽ, sic dicta ꝙ instar bubulci plaustrũ sequi uidet̃. Cicero 2. de Nat. deorum: Arctophylax uulgo qui dicitur esse Bootes, Quod quasi temone adiunctã præ se quatit Arctum. Ouidius, Arctophylax formam terga sequentis habet. Iuuenal. Frigida circumagunt pigri sarraca Bootæ. Aratus, Tardus in occasum sequitur sua plaustra Bootes. Sunt qui Arcadem Iouis ex Calistone filium in Booten mutatum dicant: Pluribus tamen placet Calistonem in Vrsam maiorem, Arcadem in minorem conuersum. Βοωτεῖν, idem quod βοηλατεῖν, id est boues agere. Bucolion filius Laomedontis fuit, teste Homero in Iliade. Guardalbia uel Guarum, id est bubulcus caninus, apud Matthæum Syluaticum legitur, haud scio quo sensu. Σίττ' ὁ λέπαργος, acclamatio est bubulcis usitata, & similiter ψίττ' ὁ λέπαργος, Varinus: reperitur autem apud Theocritum. Βουκολεῖν est boues pascere, bubulcitari: Homerus impropriè etiam de equis hoc uerbo usus est: Et Euripides, Πολὺν βοῦ δέ νιν λαβόντες ἱπποβουκόλοι. Dionysius de Nomadibus Libyæ populis, Ἀλλ' αὔτως ἅτε θῆρες ἀνὰ δρία βουκολέονται, quod paulo ante dixerat Βόσκονται σὺν παισὶν ἀν' ἤπειρόν τε καὶ ὕλην. Vsurpatur etiam βουκολεῖν uerbum pro fallere & decipere, aliquem ueluti bouem & stupidum uana spe lactare: σοφίζεσθαι, παραλογίζεσθαι. Lucianus, Εὖ μάλα διαβουκολεῖ αὐτὸν καὶ ἐλπίζει, ἤγουν ἀπατᾷ καὶ εἰς ἐλπίδας ἄγει. Et alibi, Ἀλλότριοι κόσμοι τὸ τῆς φύσεως ἀπρεπὲς βουκολοῦσιν: hoc est, Ascititius ornatus naturæ dedecus et turpitudinem fallit, mitigat, lenit. Et incertus quidam citante Varino, Φθάνει τις ταῖς ἐλπίσιν ἡμᾶς ἀποβουκολῶν. Βουκολεῖν καὶ ἐξαπατᾶν διαφέρει. Βουκολεῖν μέν ἐστι τὸ ἐπὶ πλεῖστον ἀεὶ παραλογίζεσθαι, ἐξαπατᾶν δὲ τὸ ποδὶ εἰς πράγματα συναρπάζειν, Ammonius in Differẽtijs: Posterioris uerbi explicatio corrupta mihi uidet̃. Ego ita acceperim ut ἐξαπατᾶν quoquo modo decipere sonet, βουκολεῖν autem cum quis longo tempore opinione uel spe ab aliquo fallitur: Germani dicunt, **auff dem won lassen/fatzen/am narrenseil vmziehen**/&c. Ad hæc βουκολεῖν capitur pro μεριμνᾶν, curare, fouere, multum amare. Hinc nomen βουκόλημα, θέλγητρον, ἀποπλάνημα, ἀπάτημα, Varinus: hoc est, mulcimentum, lenimen, solatium, ut: ὅπως ἔχοις τι βουκόλημα τῆς λύπης. Βουκολία, maledicentia, Varinus. Βουκολὶς γῆ, terra pascendis bubus apta. Bucolicos, milites rusticos legimus apud Capitolinum, Cælius. Bucolicum carmen dictum à custodia boum, id est ἀπὸ τῶν βουκόλων: præcipua enim sunt animalia apud rusticos, boues, Seruius. Ouid. 2. Trist. Bucolicis

iuuenis

iuuenis luserat ante modis. Dianam Siculi Lyen cognominarunt, quoniam ab ea essent morbo infesto soluti: unde natum, ut rustica multitudo theatrum ingressa uictoriam caneret, quam de Syracusanis mox adeptus est rex Hiero, quæ prima creditur Bucolicorum origo, quę omnium princeps carmine Daphnis celebrarit, mox Theocritus, Cælius. Diomedes heroicum uersum, etiam hexametrū, & bucolium, alijsq; nominibus dici testatur. Bucolici tamen propriè dicti uersus hoc ferè à cæteris heroicis differunt, quòd quintum locum dactylus claudit absoluta dictione, qualis est, Nos patriæ fines & dulcia linquimus arua. Bucolismus uel bucoliasmus, genus melopœiæ, id est cantionis & saltationis: utrumq; rusticorum, & à Theocrito descriptum est, Varinus. Bucolicum, Bucoliscus, Bucoli, Bucoliastæ, inscriptiones sunt Idylliorum aliquot apud Theocritum, nempe quarti, 6. 8. 9. 24. Bolbitinum & bucolicum hostia Nili sunt manu effossa, cum cætera quinq; natura aperuerit, Eustathius in Dionysium. Βουκόλοι uocabulum non bubulcos tantum significat, sed etiam animalia quædam, Etymologicon. Ego huius nominis animal nullum hactenus reperi: nisi quod bucolinen cinclum auem Varinus interpretatur. Panaces quod è Macedonia affertur, bucolicon uocant, armentarijs sponte erumpentem succum excipientibus: hoc celerrime euanescit, Plinius. Dioscorides hoc panacis genus Heracleum uocat, ut ab Asclepio & Chironio distinguat: ex huius radice liquor densatus opopanax dictus nomen in officinis pharmacopolarum adhuc retinet. Herbam ipsam in hortis quibusdam Italiæ uidi, folio ferè fici, & per omnia sphondylio nostro (quod aliqui brancham ursinā, quæ acanthion est, non rectè uocant) simillimam. Cæterum panaces Heracleon Plinij, ne quis erret, planè diuersum est: ab Hercule (inquit) inuentum tradunt, alij origanum Heracleoticum syluestre uocant, quoniam est origano simile, radice inutili. Βουκολώ, urbs Pharsaliæ aut Thraciæ, Varinus.

¶ Bubile, locus ubi boues morantur, Plaut. Pers. Etenim metuo ne possim In bubile reijcere, ne uagentur. Quædam exemplaria hic legunt bubilem masc. genere. Columella lib. 1. Domitis armentis duplicia bubilia sint, hyberna atq; æstiua. Cato cap. 4. Bubilia bona, beneq; ædificata, &c. ut supra in C. Bostar, locus ubi boues stare consueuerunt, Calepinus sine authore. Bouilia dicuntur in quibus boues morantur, ut Calepinus probat ex Columellæ loco libro 3. in quo tamen nunc bubilia legitur. Μέρη δ' ἂν εἴη τῶν κατ' ἀγρὸς, βουκόλια, αἰπόλια, ποίμνια. καὶ οὗ μὲν οἱ βόες ἵστανται, βούσταθμα, βουαύλια, βουστάσις: οὗ δ' αἱ ὄϊς καὶ αἶγες, αὐλὴ καὶ σηκὸς, Pollux lib. 1. cap. 12. Βουκόλιον igitur proparoxytonum, armentum uel gregem boum significat: quo sensu etiam βουκόλια apud Varinum legimus: βουκολεῖον uero penanflexum, & bubile & gregem ipsum, ut quidam scribunt, ego pro stabulo tantū acceperim. Bucolia in Aegypto apud Hieronymum, ceu bubulcorum intelliguntur loca, Cælius. Hippostasium esse uidetur equorū stabulū, sicuti boum bustasium, Cælius. Βούσταθμον καὶ βουστάδιον, τὸ βοοστάσιον, Suidas: fortè βουστάσιον legendū non βουστάδιον. Sūt & alia synonyma, βουστάθμοον, βουστάνη, βοοστασία, κλείσιον, βόαυλα, μάνδρα: & βοῶν, ut infra dicam. Αὐλὴ & σηκὸς propriè de caulis ouium & caprarum dicuntur, authore Polluce: sed inuenio in genere etiam usurpari, ut apud Varinum, μάνδραι σηκοὶ βοῶν καὶ ἵππων: Et apud Dionysium, οὐδὲ βοῶν μυκηθμὸς ἐς αὔλιον ἐρχομενάων. Caula ferè pro ouili in usu est, uoce forsan deriuata ἀπὸ τῆς αὐλῆς: quæ uox Græcis ouile aut caprile notat, ut iam ex Polluce probauimus. Mandræ uocabulo ne Latini quidem abstinent, in significatione speluncæ, cubilis, & receptaculi pecudum: Iuuenalis Satyra tertia, Et stantis conuicia mandræ Eripiunt somnum Druso. Tanagra Bœotiæ mediterraneæ oppidum est nobile: quod prius Pœmandria dicebatur: producit autem boues præstantissimos, Stephanus & Varinus. ¶ Sibas Indicam gentem ab exercitu Herculis illic relictam aiunt: nam pellibus amiciuntur, scytalas (id est baculos uel scuticas) gerunt, & bubus clauæ notam inurunt, Arrianus lib. 8. Apiculam Græci βουγενῆ cognominant, quòd ex bubulis ossibus gignantur, Varinus. Animas etiam in mysterijs gentilium theologorum melissas & βουγενεῖς appellatas, & Buclopum deum qui generationem latenter audiret, Cælius Rhod. prodit 22.3. In ueterum scriptis mentio fit de eo fœdere, quod inter Gabios & Romanos actum est, Tarquinio Romanum imperium regente: Vbi illud in primis notandum, quod in corio bubulo eius capita & conditionem exararunt priscis literis (ut refert Dionysius) cumq; instar clypei foret in templo Iouis locarunt. Qua in re Pompeius Sextus Dionysio accedit, ut in eius commentarijs probatur, quos à Verrio Flacco collegit: etsi iuramentum Dionysius uocat, in quo sanciendo eximium bouem immolarunt. Clypeum (inquit Pompeius) ob rotunditatem ueteres corium bouis appellarunt, in quo Romanorum fœdus cum Gabijs foret descriptum, Petrus Crinitus 16.3. Κέρας prima significatione cornu, secundaria tum alia quædam tum poculum indicat. Antiquitus enim cornuum bubulorum pro poculis usus erat, antequam inuenta essent alia. Eam ob causam Bacchus quoq; cornutus fingebatur & taurus appellabatur, & in Cyzico effigie taurina colebatur. Hinc factum aiunt κεράσαι uerbum, quod est aquam uino permiscere: & κρατὴρ poculum quasi κερατὴρ. Eiusmodi pocula rhyta uocabant: Quale fuisse existimatur etiam Amaltheæ cornu, quod uulgaris fabula capræ attribuit. Eiusdem generis poculum quoddam ἐνιαυτὸς, id est annus dicebatur, à magnitudine nimirum & summa capacitate. Ingētia enim cornua quædam prægrandium boum habentur: quales Pæonum & Molossorum fuerunt, ex quibus pocula conficiebant, labris eorum argento uel auro inductis. Maxima capacitas, cōgiorum Atticorum quatuor, ut apud Athenæum & Varinum legimus. Aristoteles ab initio Mirabilium narrationum monopis syluestris in Pæonia bouis corpore amplissimi cornua singula dimidiati congij mensuram continere scribit. Cōuiualium cornuum mentio fit passim apud Xenophontem, his in locis, Κέρατι δ' οἶνον περιέφερον, καὶ πάντες ἐδέχοντο. Καὶ φέρων τὸ κέρας ὁ οἰνοχόος ἧκε. Καὶ λαβὼν κέρας μεστόν, ἄπε προπίνω σοι. Et apud Aeschylum, cum inquit: Ἀργυρηλάτοις κέρασι χρυσᾶ στόμια προσβεβλημένοις. Pindarus quoque centauros inducit ἐξ ἀργυρέων κεράτων πίνειν. Non est autem quod quis suspicetur pauperibus tantum in usu cornua pro poculis fuisse: cum & reges iisdem uterentur: Philippum enim regem aiunt, illis quos benignius excepturus esset, è cornu propinasse. Κεράσαι, τὸ ἐγχέειν οἶνον, πάλαι γὰρ ἐχρῶντο κέρατι ἀντὶ τοῦ ποτηρίου, Varinus. Homerus Iliados β. οἶνον τ' ἐγκεράσασα πιεῖν. Rhyta, id est, maxima pocula heroibus solis olim attribuerunt: nunc uero etiam ex cornu facta sic appellant, Athenæus. Xenophon describens conuiuium apud Scythā Thracē, sic scribit: Ἠσπάζοντο μὲν πρῶτον ἀλλήλους, καὶ κατὰ τὸν Θρᾴκιον νόμον κέρατα οἴνου προὔτεινον. Et alibi, Καὶ ἔπινον κερατίνοις ποτηρίοις. Sophocles in Pandora, Καὶ πλῆρες ἐκπιόντι χρύσεον κέρας. Μετὰ δ' αὖ κέρας ἠφύσατ' ἄλλο, apud poëtam quendam citante Suida, ἀντὶ τοῦ κεραστικῶς, ἢ ἀπὸ τοῦ κεράσματος ἄλλο ἤντλησεν, ἀπὸ τοῦ ἀγγείου ἐν ᾧ ἦν.

¶ Abstinebit cēsione bubula, Plautus in Aulularia: id est scutica quæ ex corio bubulo fiebat. Βουστένη, flagrum aut ictus: idem βουστένη, & βουπλήξ, ut supra dixi. Iuuenalis Sat. 6. Taurea punit Continuo flexi crimen facinusque capilli, scholiastæ scuticam ex corio bubulo exponunt. Zea uel zeteion uocatur locus quo seruitia punienda mittebantur, ad quod allusit poëta noster comicus in Asinaria (ni fallor) cum dixit: Qui polentam pransitant, & ubi uiuos homines mortui incursant boues, Hermol. Barbarus. ¶ Seui bubuli maximus usus est ad candelas; laudatur præcipuè ex iuuencis & circa trimatum. ¶ Rura nostra uulgari dicto uernum aut Maii mensis examen apum, uel bouis utilitatem æquare celebrant: **Ein Meyen ymb Ist als gůt als ein rind.** ¶ Βουθύτης, qui boues immolat aut mactat, & securi ferit, Varinus. Iudęi non feriunt, sed cultro adacto iugulant. Butypos Argonauticorum secundo apud Apollonium dicitur, qui inter sacrificandum securim boui impingit, βουτύπος οἷα πέλεκυν ταννύων: proparoxytonum, ut Etymologicon habet, in quo etiam sacerdotis hoc officium fuisse legimus: Alii penultimam acuunt, βουτύπος ὁ τοὺς θυομένους βοῦς τῷ πελέκει τύπτων κατὰ τοῦ αὐχένος: uehementiorem autem ille ictum illidet si in summos pedum digitos sese erigat, Varinus. Βοῦν ἀποκόψων, ἐπάνω τοῦ τραχήλου πλήξων, ὅθεν καὶ ἐπίκοπον παρὰ τοῖς παλαιοῖς τὸ ἐπίξηνον, ὅπερ ἰδιωτικῶς ἀποκόρμιον λέγεται, Varinus. Est autem truncus in quo coqui et lanii secant carnes: κορμὸς quiuis truncus est: ἐπίξηνον autem dici conicio ἀπὸ τοῦ ἀποξύνεσθαι αὐτὸν ταῖς πληγαῖς. Lanionia mensa apud Suetonium in qua scinditur caro machæra. Spartianus in Geta, Percussit hostiam popa nomine Antonius. Propertius, Succinctique calent ad noua sacra (aliâs lucra) popæ. Popæ dicebantur qui uictimas habebant uenales, & ligabant eas ad altare, feriebantque. Suetonius in Calig. Admota altaribus uictima, succinctus Caligula poparum habitu, elato altè malleo, cultrarium mactauit. Persius Sat. 6. Mihi trama figuræ Sit reliqua, ast illi tremat omento popa uenter, id est crassus & opimus, quales erant uictimarii. Lanius uel lanio, qui carnes in carnario uendit, quod pecora concidat, laniet que dictus. Lanii qui ad cultrum bouem emunt, Varro. Laniena, officina in qua fiunt & uenduntur carnes. Qui succidiam in carnario suspenderit potius ab laniario, quàm ex domestico fundo, Varro li. 2. de Re rust. Laniarium hic lanienam exponunt, mihi uidetur de lanio etiam accipi posse. Cultrarius idem qui uictimarius, is qui uictimam cultro immolat. ¶ Apud Armenos nostro tempore (ut scribit Bartolemæus Georgeuits) mulier adultera super asina uicatim ducitur, & nuda flagris cæditur, & tandem intestina bouis in collo gestans lapidibus obruitur. Cæterum uir adulter, iniectus carceribus, post aliquot menses pecunia redimitur.

¶ H. f. Heluetici boues commendantur à teneritudine carnis, cum alibi, tum iuxta Zofingam oppidū agri Bernensis. In Sueuia quoque nobis uicina circa regionem Bar, pingues præcipue seuo habētur. Pinguissimi Hungarici: qui hyemes etiam sub diuo transigunt, & liberi pascuntur, unde fit ut parū mansueti sint, & minus tenera carne. Bubula absolute, subauditur caro, Plautus in Aulularia: Agninam caram, caram bubulam. Pollux βοεικὸν κρέας dixit carnem bubulam, ut suillam ὑεικόν: ego βόειον & ὕειον malim. Βόεια, κρέα βόεια, Varinus. Lanii nostri bouem primum in duas partes scindunt, anteriorem uocant **den vorderen schilt**: posteriorem, **den hinderen schilt**. Deinde anteriorem, siue thoracem, trifariam diuidunt: primum separant armos, & carnem adiunctam, ac in frusta aliquot secāt. Reliqui thoracis partem pronam & circa spinam, appellant **horruggen**, hoc est dorsum superius, μετάφρενον: supinam uerò, quæ os στέρνον cōprehendit, in cæteris pecoribus, & uitulis etiam, **die brust**, id est pectus, στῆθος: in bubus priuatim **das fäderstuck**. Appetitur ea pars propter pinguedinem, quæ solidior esuque gratior est, πιμελή τις χονδρώδης, **der brustkernen**: solent autem cum ea plerunque lanii scindendo relinquere iuguli partem cruentam & ingratam emptoribus, **den stich**. Cæterum inferioris dorsi partem, qua renes continentur, ex cæteris animalibus & uitulis, quoniam assari solet cum sua pinguedine, uocant **nierbraten**, id est assariam renum: in bubus uero **schluchbraten** uel **lummelen**, quasi lumbos, id est partem carnosam & musculosam iuxta renes, osse uacuam: unde pingue uel seuum potius separatur ad lucernas & alios usus. Coxas cum natibus uocant **das stötzle**, & in duas partes diuidunt: alteram, cui ubera in uaccis adhærent, **das ober speltle**: & alteram ab ea separatam carnosam, **das vnderspeltle**. Posterior hæc pars, sicut & lumborum caro, cum ossibus careant, in ollis assari solent, hoc modo. Caro lota in uase reponitur affuso aceto cum sale & iuniperi baccis, & sic uel horis aliquot uel etiam diebus macerata, cum iure illo admixta aqua lixatur, donec modicum iuris supersit: additur autem aliquid butyri cocti cum iuris pars ferè media consumpta uidetur. Sic &

tenerior

tenerior & palato gratior fit. Vbera elixa, mox incisa, torrentur in craticula, & sale et aromatibus (pipere & caryophyllis maxime) insperguntur. Similis & linguæ apparatus est: & pedum, & oris siue buccæ, uel si mauis, rostri. Alij has partes, pedes inquam & buccas, quæ in carnario elixa emuntur, ex aceto frigida edere malunt cum cepitio & pipere. Lingua etiam per mediū incisa, saliri ut reliqua caro & infumari solet, cibo diuitibus etiam grato. Quibusdam in locis bubulas linguas principibus debent: tanta earum æstimatio. Nouerunt nimirum etiam Mercurij olim sacerdotes hanc lautitiam, nec temere ex uictimis Mercurio deberi linguā asserebāt, nimirum tanq̃ deorū præconi & sermonis deo. Nam & alioqui lingua in sacrificijs præconibus donabatur. Hinc iocus ille Aristophanis in Pluto, Ἡ γλῶττα τῷ κήρυκι τούτων τέμνεται, iucunda amphibolia, cum lingua tam præconis quàm bouis in-
10 telligi possit. Idem in Pace, Ἡ γλῶττα χωρὶς τέμνεται, quod interpres admonet prouerbialiter dictum. Homerus, Odysseæ li. 3. Ἀλλ' ἄγε τέμνετε μὲν γλώσσας. Apud Plutarchum Antipater cum incidisset mentio de Demade iam senio imbecilli fractoq̃, uelut, inquit, ex immolata uictima, solus uenter & lingua superest. Apparet sanè linguam ceu profanum membrum sacris adhiberi non solitum, quod ego quidem ad gulam hominum, præcipue sacerdotum, religionem prætexentium, retulerim. Præfertur autem in cibo bubula cæteris, & à nõnullis operosius paratur: nam condimentis farctam in ueru assant. Aliarum pecudū quia minores sunt, cum suis capitibus relinqui solent. Pars circa ceruicem duriore & tenaciore neruosaq̃ carne constat, difficilior concoctu. Intestina etiam elixa adferuntur ex laniena, & domi modico uino affuso, cum butyro, cepis, careo & aromatibus percoquuntur. ὅταν φάγῃς γαστρογάστριον γέροντος ἡλιαστικοῦ, Aristophanes in Vespis: ἀντὶ τοῦ εἰπεῖν γαστρογάστριον ἀνὰ ἢ βοός. Sacerdotes
20 Aegyptij nihil è re domestica consumunt, sed eorum singulis quotidie cibi sacri cocti presto sunt, & carnis bubulæ & anserinæ satis abundeq̃, Herodotus. Antiquissimos boue aratore & immolando & comedendo abstinuisse, paulò post, ubi de sacrificijs boum, dicemus. Hercules cum in Dryopia filio Hylæ esurienti pauxillum cibi à Theodamante peteret, nec ille quicq̃ daret, iratus bouem ei per uim abstulit, & mactatum epulando consumpsit. Hanc historiam siue fabulam prolixius describit Varinus in Ἡρακλῆς γήμας. Milo robustissimus athleta bouem aliquando in theatro gestauit, & eundem postea deuorauit, βουθοίναν Herculem ea in re imitatus, Eustathius in Dionys. Hinc & buphagus alterum Herculis cognomen. Olympiæ per stadium ingressus esse Milo dicitur, quum humeris sustineret bouem uiuum, Cicero de Senectute. Turcas in magnis epulis & nuptijs boues integros assare audio, et bubus insertam suem, sui gallinam, gallinæ oua. Verua sanè maxima, in quibus etiam bo
30 ues assari possent, βουπόρους ὀβελοὺς Græcis appellari supra diximus. Varinus etiam βουπόρους habet. Quod autem carnes bubulas uerubus transfixas ueteres assauerint, paulò post in sacrificijs boum ostendemus. Boues castratos, ἐκτομίας & θυνοχιδόγκας Græci uocant: posterius apud Galenum legimus. Qui bubulam carnem apud nos sale condiunt (quod ferè idibus Octobris uel circa festum D. Galli primum faciunt, & deinceps per hyemem tantum) in plenilunio incipiendum putant: sic enim maiorē uegetioremq̃ carnem permansuram aut magis sapidam, si sub interlunium saliatur. Si diutius seruari uelint (seruant autem multi integro anno) per dies circiter uiginti in uase salitam relinquunt, ac infumandam postea in camino suspendunt, ubi donec bene siccetur dies plus minus duodecim relinquitur, prout altius aut humilius pependit, & plus minusue ignis ac fumi passa est. Vbi primum suspensa est, accensis iuniperi ramis & mox extinctis plærique fumigant. Nonnulli carnis colorem com
40 mendari putant, & rubescere magis, si aridis urticæ fascibus suffiatur. Qui seruare nolunt, uno die cum sale relictam suspendunt, & mox post unum aut alterum diem elixant: sic enim plerisq̃ tenerescere ac in cibo sapidior fieri uidetur. Anteq̃ suspendatur quæ diutius in uase salita fuit, muria sua, quæ ex sale & carnis succo confluxit, diligenter abluūt: sunt qui frigida lauare malint. Optima quæ de iuuencis aut uitulis sumitur, uetulorum nimis dura & ingrata, certe difficillima concoctu fit, cum fustis instar durescat. Hoc etiam obseruari solet, ut caro salienda iuxta fornacem prius exposita aliquandiu incalescat: inde salita opertaq̃ in uase in penus collocat. Carnes ossibus adiunctæ cæteris superponuntur, ut ad usum subinde auferantur: seruatæ enim deteriores fiunt.

50 ¶ Qui uaccas mulget, βουμολγὸς Græcis est: nos uaccarium aut lactarium appellare possumus, ut superius etiam dixi: quanq̃ Lampridius in Heliogabalo lactarios nominauit qui cibos ex lacte cōficiunt. Implebunt mulctralia uaccæ, Vergil. in Georg. βούτυρον τὸ, butyrum est ex crema lactis: βούτυρος autem herba quædam Dionysio, Varinus.

¶ h. A bobus dicta est Bubona dea, ut à bello Bellona, D. Augustinus. Pausanias in Messenicis circa finem, quanto in pretio boues olim fuerint, his uerbis exponit: In Pylo ciuitate agri Messenij spelunca est, in qua Nestoris & ante eum Nelei boues stabulatas aiunt. Videtur autem genus hoc boum Thessalicum esse, & ab Iphiclo Protesilai olim patre descendisse. Has enim Neleus à procis filiæ suæ dono petebat: & harum causa Melampus ut fratri Bianti gratum faceret in Thessaliam uenit: ubi uinctus à bubulcis Iphicli, cum illi roganti uaticinium aperiret, boues pro mercede accepit. Hoc scilicet maximo fuit antiquis studio, ut equorum et boum greges tanq̃ illius sæculi diuitias sibi compararēt.
60 Hinc est quòd Neleus de acquirendis Iphicli bubus solicitus fuit: Et Eurystheus Herculi Geryonis armenta ex Iberia, quorum percelebris erat fama, abigere præcepit. Videtur & Eryx Siciliæ princeps tantopere boues ab Hercule ex Erythia abductos amasse, ut earum gratia cum Hercule luctaturus, uictor illius boues acquirere, uictus uerò regnum suum amittere uoluerit. Homerus insuper

h

in Iliade de Iphidamante Antenoris filio refert, cum inter præcipua dona ſocero centum boues pro ſponſa contuliſſe. Quamobrem ueteres plurimum bubus delectatos fuiſſe conſtat. Paſcebantur autem, ut ego conijcio, Nelei boues ut plurimum extra Pylium agrum: qui ubiq; ferè arenoſus eſt, nec paſcuis tam copioſis idoneus: id quod uel Homero teſte probauerim, qui Neſtorem toties Pyli arenoſæ regem cognominat, Hæc Pauſanias, ut nos ex tempore conuertimus. βοῶπις epitheton Iunonis apud Homerum, ꝙ boum inſtar excelſos & rotundos oculos habeat: uel ut alij, magnos, quod in muliebri facie laudabatur, & inde etiam Europæ nomen impoſitum uidetur. Conuenit autem hæc appellatio aëri, quem ſub Iunonis nomine tegebant, ut qui longè lateq; pellucidus & uiſui peruius circumquaq; pateat. Quidam à ſono & uoce deducunt, παρὰ τὴν βοὴν καὶ ὄπα, propter ſonitus qui in aëre reddi ſolent, Varin. Etymologus in Iunone exponit, formoſam & pulchris decoram oculis. Thraces Dianam βούβατιν appellant, Varinus. Qui myſteria gentilium tractant, βουγενεῖς interpretantur in generationem pergentes animas: & Buclopum deum qui generationem latenter audiat, Cælius. Fluuiorum alios ἀνθρωπομόρφους, id eſt humana ſpecie effinxere ueteres, alijs bubulam effigiem induxerũt. Vnde βούκρανον Acheloum in Trachinijs uocat Sophocles, id eſt ταυρόκρανον. In ijs Eraſinus eſt, Eurotas item apud Lacedæmonios, Aſopus apud Sicyonios ac Phlyaſios, apud Argiuos Cephiſus. Hominis figuram præfert Alpheus, Cephiſum Athenienſes hominem monſtrant utiq;, ſed ita, uti promant ſe nihilominus cornua. Auctor in Deorum natura Phurnutus, fluuios effingi plerunq; κερασφόρους καὶ ταυρώπας, ex undarum uiolento impetu, qui mugitibus aſſimile inſonet quiddam. Nam & de Scamandro Homerus, μύκηνὼς ὡς ὅτε ταῦρος. Quin & ratione eadem Neptunus Mycetas nuncupatur, cui & tauros immolabant παμμέλανας, ob maris colorem. Taurinæ formæ rationem illam promit Sophoclis interpres, ꝙ ueluti boues flumina terram proſcindant, uel quòd fluuijs ferè adiacent paſcua, Cælius. Cur Eleorum mulieres Dionyſium precentur ut bouino ad ſe pede ueniat, Plutarchus explicat in Græcanicis problemate 36. De Iſide quam uaccæ forma Aegyptij colebant, iam ſupra dixi ex Aeliano.

¶ Ex bobus uictimæ opimæ, & lautiſſima deorum placatio, Plin. Bouem uel boues ſacrificare Græci his uerbis efferunt, βοῦς θύειν, βουθυτεῖν, βουπλεῖν, βουιερεύειν, βουφονεῖν. Victima ipſa βουθυσία, & uictimarius βουθύτης. βούθυτον, ὃ τινες ἀμίμαρον, Ἀχαιοὶ δὲ ἰσόχοιρον, ὡς Ἀριστοφάνης, Varinus. Ego iſtarum uocum nullam alibi uſquam reperio. βουμέτρης apud Aetolos uocatur qui ſacrificijs præfectus eſt, Idem. Boues altiles ad ſacrificia publica ſaginati dicuntur opimi, Varro. Qui Anathan munimentum, quod fluentis Euphratis circumluitur, contra Iulianum & Romanos defendebãt, cum Romanis ſe dedidiſſent, præ ſe bouem coronatum agentes, quod eſt apud eos ſuſceptæ pacis indicium, deſcendêre ſuppliciter, Ammianus Marcellinus libro 24. ¶ Ouem aliqui, alij bouem uictoria potiti immolare conſueuerunt, ut ſcribit Robertus Valturius de re militari libro 12. cap. 2. Deq; triumphato uiſcera toſta boue, hoc eſt occiſo in triumphi ſacrificio, Ouid. Faſt. 3. Prouerbium, Bouem ſacrificauit nemo unq; benefico præter Pyrrhiam, inferius require. Ceres ab Hermionenſibus eximia colitur ueneratione, et feſtum eius Chthonium appellatum magnifice concelebrant. In his ferunt boues magnitudine uiſenda & ferocia ad aram ex armento facile agi immolandos à Cereris ſacerdote, quæ uetula plærunq; eſt, ac uiribus prætenuis. Super qua re carmina circumferuntur apud Græcos, quæ & appoſui, auctore eorum Ariſtocle:

Δάματερ πολύκαρπε, σὺ κ' ἐν Σικελοῖσιν ἀπαρχής,
Ἑρμιονεῦσι. τὸν δὲ ἀγέλης γὰρ ἀφειδέα ταῦρον,
Τοῦτον γραῦς ἕλκουσα μόνη μόνον οὖατος ἕλκει
Σὸν τόδε δάματερ, σὸν τὸ σθένος, ἵλαος ἄνς,
Καὶ παρ' Ἐρεχθείδαις, ἐν τι μέγα κρίνεται,
Ὅν τ' οὐχ αἱρεῦσιν ἀνέρες οὐδὲ δέκα,
Τόνδ' ἐπὶ βωμὸν, ὃ δ' ὡς ματέρι παῖς ἕπεται.
Καὶ πάντων θάλλοι κλᾶρος ἐν Ἑρμιόνῃ.

Taura, id eſt ſterilis uacca, inferis immolatur, idq; merito propter infœcunditatem: ſic & ouis nõ nigra tantum (ὄϊς μέλας, forte aries niger) ſed nigerrima ijſdem, propter tenebras inferorum, Varin. Peſte olim Lacedæmona diuexante redditum oraculum, ut Plutarchus refert, mali uim ceſſaturam, ſi nobilem uirginem quotannis immolaſſent. Quum obtemperarent Lacedæmonij, ac fortè mactanda duceretur ſuo ornatu Helena, deuolans aquila gladium abreptum, & ad armenta, quæ βουκόλια uocant, delatum ſuper iuuencam demiſit. Quo prodigio παρθενοκτονίαν, id eſt uirginum immolationem deſiiſſe: quod Ariſtodemus auctor tradit. Idem obueniſſe Romæ in Valeria Luperca, ratione conſimili, uolumine 19. Italicarum rerũ Ariſtides prodidit, Cælius: ex Parallelis Plutarchi minoribus, quamuis ipſe non citet, ut neq; alios authores ſolet. Si quis Mineruæ bouem ſacrificaſſet, oportebat etiam Pandryſo ouem unà cum boue ſacrificare: quod ſacrificij genus ἐπίβοιον uel ἐπιβόϊον appellabant, eò quòd poſt bouem immolatum celebraretur, ut ſcribunt Lycurgus in libro de ſacrificando, & Philochorus lib. 2. (cuius uerba ſunt quæ iam poſuimus) & Staphylus lib. 9. de Athenis, Varin. ἐπίβοιος, ſacrificium ex boue, Idem. Hecatombe (apud Varinum) non quoduis, ſed ſumptuoſum ſacrificium eſt, & propriè quod bubus centum conſtat: id quod quis rectè etiam βούταν φόνον ſecundum Tragicũ appellauerit: quali ſcilicet Cliſthenes ille apud Herodotum filiæ ſuæ procos & ciues excepit. Sic & chiliombe à millenario numero dicitur. Improprie uerò hecatombe dicitur etiam de alijs animalibus ſiue pecoribus præter bouem: interim tamen per excellentiam tanq; ſolis bobus conſtaret nomen retinuit. Numerus quoq; centenarius pro multitudine ſimpliciter ponitur, ut cum dicimus ἑκατόνζυγα ναῦν, id eſt multorum iugorum nauem. Hecatombæon menſis dicebatur, qui apud Latinos Iunius, eò quòd eò quod plurimæ in eo hecatombæ fierent, Varinus. Hic mensis apud Athenienses Soli sacer erat: cuius quia tunc magnus sit cursus, inde tempori factum nomen: quando numerus ἑκατὸν signare magnitudinem aduertitur plerunque: fiebat autem in eo solstitium æstiuum. Idem & Cronion dicebatur à sacrificijs quæ Saturno fierent, Cælius. Hecatombæus Iupiter in Gortyna, ut Hesychius ait, appellatus est, & à Caribus, & à Cretensibus. Sunt qui putent primum Græcorum mensem Hecatombæô na uocatum ab Ioue, ut docuimus in libro de annis & mensibus, &c. Sed & hoc nomine Apollo nuncupatus ab Atheniensibus: quin Harpocration, alijque libentius mensem ipsum Apollini attribuunt, Lilius Greg. Gyraldus. Idem alibi hunc mensem à Lacedæmonijs sic appellatum scribit, & Hiacynthia festa in eo celebrata. Igitur fuit hoc sacrum (inquit idem) interdum centum boum: sed & ouium interdum, & caprarum, & suum. Fuerunt & qui ex omni genere hoc sacrum peragerent, qui etiam syscion, id est opacum & umbrosum nuncuparunt. Sunt qui centum pedum uictimarum dixerint. Inuenimus & buproron sacrificium quoddam, ex centum ouibus & boue uno: alij & βοάρχην dicunt, ut notat Hesychius. Sanè quidam non à uictimarum numero, sed quod centum Peloponnesi urbes id sacrum facerent, dici uoluerunt. Hac quoque ratione qua hecatombe dicitur, & εἰκοσίβοια, & poëticè ἐεικοσίβοια sacrificia, ex uiginti bobus dicuntur, Hæc Gyraldus. Ego quidem hactenus εἰκοσίβοιον aut alterius numeri eiusdem terminationis in οιον sacrificium nullum legi: sed omnia huiusmodi, ut ἑκατόμβοιον, sic τεσσαράβοιον, ἐννεάβοιον, δωδεκάβοιον, εἰκοσάβοιον (si antepenultima rectè per alpha legitur in Varino) & similia, de rebus illis dicuntur quæ totidem siue boum siue numorum pretia æquarent, Varino teste. Nam aureos quosdam numos, boues appellatos Etymologus refert in Hecatombe. Sunt enim qui bouem in uocabulis istis compositis numum intelligunt, cui propter æquale pretium bouis effigies impressa fuerit: alij uerò certum pondus. Alij denique ἑκατόμβοιον accipiunt, non quod exactè centum, sed quod multorum boum, id est quorumuis pecorum, per synecdochen partis pro toto, pretio constet, Varinus. Heræa ciuitas est, quæ & Hecatombæa uocatur. Celebrantur autem ab Argiuis Hecatombæa centum bubus deæ (nimirum Iunoni) immolatis. Præmium tunc certaminis scutum æneum proponebatur, & corona myrtea. Vel ut alij, in certamine Hecatombæorum Argis, æs præmium datur, quoniam Archinus qui rex Argiuorum fuit & huius certaminis author, cum apparatus armorum cura ei delegata esset, arma etiam præmij loco donari uoluit. Nomen Hecatombæis, inde quod in magna pompa boues centum præcederent, unde uisceratio ciuibus cunctis dari solebat. Pindarus Diagoram in Hecatombæis uictorem Argis maximè celebrat, Varinus. Hesychius ab Hecatombæo Apolline Athenis dicto Hecatombæa celebritatem & certamen nominata docet. Βουθυσία non solum sacrificium ex bubus est, sed quoduis regale & magnificũ sacrum: uel conuiuium opiparum, & magnificus apparatus, ut Erasmus etiam meminit in prouerbio, Nemo bene merito bouem immolauit. Sic & βουθυτεῖν uerbum propriè est boues sacrificare, per catachresin uero uel à bû particula intendente, magnificos amplosque sumptus facere. Diuitum enim est, uel regum potius, boues immolare. ἔνδον βουθυτεῖ ὗν καὶ τράγον καὶ κριὸν ἐστεφανωμένος, Aristophanes in Pluto: abutitur (inquit Scholiastes) buthysiæ uocabulo, ut sacrificij magnitudinem & perfectionem indicaret, quod hecatomben uocant. Perfectum enim sacrificium sue, tauro, hirco & ariete constat, quod trittyn appellant: Athenienses uero eodem nomine sacrificium ex reliquis tribus etiam absque boue. Τριττύα sacrificium à tribus animalibus dictum: constabat enim duabus ouibus & boue, Epicharmo teste: uel boue, capra & oue: uel hirco, ariete, & tauro. Hoc sacrificij genus βούπρωρος etiam dicebatur, eò quod bos præcederet, ut prora nauim. Videtur etiam trittyan quandam insinuare Aristophanes, cum Chorus inquit à Chremylo immolari suem, hircũ, & arietem. Sic δωδεκάκις θυσία (uel δωδεκάδες potius ut Gyraldus habet, uel δωδεκηΐς ut Suidas, alij δωδεκαΐς) à duodecim animalibus nomen accepit, Varinus: Apud Gyraldum τρικτύα & τρύττυα & τρίκτηρα legi, ego hæc omnia inepte scribi arbitror, & semper trittys oxytonum, fœminini generis scribendum, non in neutro plurali ut Gyraldus accipere uidetur. Nam cum à ternario dicatur, omnino iôta in prima syllaba retinere debet (sed hũc librariorum, non Gyraldi, errorem existimo) quemadmodum idem nomen cum tertiam partem tribus significat eodem planè modo τριττὺς scribitur: & hoc postulat etiam analogia: sic enim à quaternario τετρακτὺς formatur. Quanquam autem τριττύα, & in accusandi casu τριττύαν apud Varinum legatur, non satis tamen grauis ille author est quem sequamur: & apud Aristophanis scholiasten in Plutum, loco quem ipse citat, trittyn & trittys legimus: sic etiam apud Suidam & Etymologum. Iam trittyn quoque pro tertia tribus parte, nonnulli per simplex t, perperam scribunt. Sed redeo ad Gyraldum (quem ut tribus istis modis, nec ullo rectè trittyn scriberet, Hesychius decepit & secutus eum Varinus) hic ex Hesychio annotat sacrificium hoc Enyalij, id est Martis esse, quod tribus animalibus cum testiculis, id est non castratis fieret: uel ut alij tradũt (Callimachus apud Etymologum) sue, ariete, tauro, ferè Romanis Solitaurilibus simile. Hoc ex Hesychio addendum, triadem alio nomine dici hoc sacrificium, nimirum eadem ratione qua aliud dodecadem supra uocari monuimus. Ister quidam, ut Etymologus habet, ex bubus, capris, & suibus hoc sacrificium perfici author est: quę quidem omnia mascula & trima essent. Apud Hesychiũ non rectè legitur, θύεται ἢ πάντα τρία, pro τριττή. Quanquam Latinorum quidam nullam hostiam maiorem minorémue bidente, id est, bima esse debuisse prodiderint. Sed nimis forte digredior, dum corrigenda authorum loca sequor auidius. Βούπρωρον (inquit Varinus) sacrificium ex centum ouibus constabat, & boue uno: οἱ δὲ τὴν ἡβῶσαν ἢ βουάρχην.

σημαίνει δὲ καὶ τὸ βουπρόσωπον. Hecatombe (inquit Iulius Capitolinus) tale sacrificium est: centum aræ uno in loco cespititiæ extruuntur, & ad eas centum sues, centum oues mactantur. Nam si imperatorium sacrificium sit, centum leones (uel ut aliqui legunt, oues, quod parum mihi placet, inquit Gyraldus) centum aquilæ, & cætera huiusmodi animalia centena feruntur. Quod quidem & Græci quondam fecisse dicuntur, cum pestilentia laborarent, & à multis imperatoribus id celebratum constat. ᾠῶν ἑκατόμβη, id est ouorum hacatombe, per iocum apud ueterem quendam legitur. Cinnamomum in Aethiopia gignitur, nec metitur nisi permiserit Deus: Iouem hunc intelligunt aliqui, Assabinum (aliâs Sabin) illi uocant, quadraginta quatuor boum caprarumque & arietum extis impetratur uenia cædendi, Plin. Ἀρνῶν πρωτογόνων ῥέξειν ἱερὴν ἑκατόμβην, Homerus. Hecatomben aliqui perfectũ sacrificium interpretantur, siue à centũ bubus, siue à centũ pecoribus, id est uiginti quinque animalibus, Etymologus. Apparet aũt legendũ esse, siue à centũ pedib. pecorũ uiginti quinque. Huc pertinet iocosus ille Aristophanis locus in Equit. loquitur aũt quidã ad senatũ Atheniensem: Ἄνδρες ἤδη μοι δοκεῖ

Ἐπὶ συμφοραῖς ἀγαθαῖσιν εἰσηγγελμέναις,
Εὐαγγέλια θύειν ἑκατὸν βοῦς τῇ θεῷ.
Ἐπῴδυσεν εἰς ἐκεῖνον ἡ βουλὴ πάλιν.
Κἀγὼ ὅτ' ἔγνων τοῖς βολίτοις ἡττημένος,
Διακοσίαισι βουσὶν ὑπερηκόντισα:
Τῇ δ' ἀγροτέρᾳ κατὰ χιλίων παρῄνεσα
Εὐχὴν ποιήσασθαι χιμάρων ἐς αὔριον,
Αἱ τριχίδες εἰ γένοιαθ' ἑκατὸν τοὐβολοῦ.

Addit hîc scholiastes Callimachum imperatorem Dianæ uouisse tot boues immolandos, quot barbaros occidisset in Marathone: cum uero ingens eorum numerus cecidisset, nec ille tantum boum haberet, capellas immolauit. Ἔρδον δ' Ἀπόλλωνι τελήεσσας ἑκατόμβας Ταύρων ἠδ' αἰγῶν, παρὰ θῖν' ἁλὸς ἀτρυγέτοιο, Homerus Iliados lib. 1. Videtur autem perfectas dixisse hecatombas, quæ omnino centum pecora complecterentur, non simpliciter magnifica sacrificia: Nisi quis ad uictimarum potius quàm numeri perfectionem referre malit. Oportebat enim perfecta animalia, id est integra & non mutila immolari. Est & alia ratio, qua trittyn supra dixi plenum perfectumque sacrificium appellatum fuisse. Hostia si maior erat, auratis cornibus plerũque immolabatur. S. C. extat de ludis Apollinaribus primùm faciendis, quod Macrobius recitat primo Sat. in quo decemuiri pręceptum fuit, ut Gręco ritu hostijs sacrum facerent, Apollini boui aurato, & capris duabus albis auratis: Latonæ boue fœmina aurata: ludos in Circo populus coronatus spectare iussus est: hinc Ouidius ait, Indutaque cornibus auro Victima uota facit. Et alio loco, Blandis indutæ cornibus aurum Conciderant ictæ niuea ceruice iuuencæ. Iuuenalis, Frontemque coruscat, dixit: ꝓpter scilicet cornua aurata. Ascanius in decimo Aeneidos apud Vergilium, Et statuam ante aras aurata frõte iuuencum Candentem, pariterque caput cum matre ferentem, Iam cornu petat, &c. Quo loco Seruius quæ Ioui conueniret uictima perbellè exponit, Tantum Gyraldus. T. Liuius lib. 1. quintæ Decadis, Quòd caput iecinori defuisset, tribus bubus perlitasse nequiuit, senatus maioribus hostijs usque ad litationem sacrificare iussit. Litare uerò est ritè sacrificare, & impetrare, ut authorum testimonijs Gyraldus probat. Hoc nimirum Græci dicunt καλλιερεῖν, καλῶς τὰ ἱερὰ ποιεῖν: Arrianus τὰ ἱερὰ γίγνεσθαι dixit cum exta apparerẽt felicia. Xerxes in Pergamo Priami regia Mineruæ Iliadi mille boues immolauit, quarum libamine Magi heroibus parentauerunt, Herodotus libro 7. Hecatomphonia ex lege immolari à Messenijs solita, in Septem sapientum conuiuio auctor Plutarchus est: tanquàm ex hostibus centum interemissent, ut inquit Pausanias. Id sacrum obijt Aristomenes Ioui Ithomatæ, Cælius. Epigrammatum Anthologij libro 1. sectione 33. extat Philippi cuiusdam epigramma in iuuencam, quæ cũ Dianæ immolanda parturiret, quoniam hæc dea parturiginum præses est, dimissa fuit. ¶ Pythagoram proditur memorię cum noui quippiam excogitasset in Geometria, Musis bouem immolasse: quod (inquit apud Ciceronem Cotta) non credo, quoniam ille ne Apollini quidem Delio hostiam immolare uoluerit, ne aram sanguine consspergeret, Cælius. Iustitiam aiunt propter iumentorum (boum) cædem uiolentam derelictis terris ad syderum remeasse consortium, Veget. Ritus sacrificandi uarios, & quicquid de sacrificijs gentilium afferri potest, copiose doctissimeque prosecutus est Lilius Greg. Gyraldus in Opere suo de dijs: nos hic pauca quædam, non de sacrificijs in genere, sed quæ ad boues sacrificandos priuatim faciunt adiungemus ex primo Iliadis Homeri libro: ubi is hecatomben cum Chryseide filia remissam patri, & Apollini immolandam his uersibus describit:

Αὐτὰρ ἐπεί ῥ' εὔξαντο, καὶ οὐλοχύτας προβάλοντο,
Αὖ ἔρυσαν μὲν πρῶτα, καὶ ἔσφαξαν, καὶ ἔδειραν,
Μηρούς τ' ἐξέταμον, κατά τε κνίσσῃ ἐκάλυψαν,
Δίπτυχα ποιήσαντες, ἐπ' αὐτῶν δ' ὠμοθέτησαν.
Καῖε δ' ἐπὶ σχίζῃς ὁ γέρων, ἐπὶ δ' αἴθοπα οἶνον
Λεῖβε, νέοι δὲ παρ' αὐτὸν ἔχον πεμπώβολα χερσίν.
Αὐτὰρ ἐπεὶ κατὰ μῆρ' ἐκάη, καὶ σπλάγχν' ἐπάσαντο,
Μίστυλλόν τ' ἄρα τἆλλα, καὶ ἀμφ' ὀβελοῖσιν ἔπειραν,
Ὤπτησάν τε περιφραδέως, ἐρύσαντό τε πάντα.
Αὐτὰρ ἐπεὶ παύσαντο πόνου, τετύκοντό τε δαῖτα,
Δαίνυντ', οὐδέ τι θυμὸς ἐδεύετο δαιτὸς ἐίσης.

Eisdẽ uersibus Odysseæ libro 12. ab Vlyssis socijs Solis boues mactatos scribit: addit aũt præterea,

Φύλλα δρεψάμενοι (aliâs δ' ἐρεψάμενοι) τέρενα δρυὸς ὑψικόμοιο,
Οὐ γὰρ ἔχον κρῖ λευκὸν ἐϋσσέλμου ἐπὶ νηός.
Οὐδ' εἶχον μέθυ λεῖψαι ἐπ' αἰθομένοις ἱεροῖσιν:
Ἀλλ' ὕδατι σπένδοντες ἐπώπτων ἔγκατα πάντα.

Constat sanè, partim aliunde, partim ex his carminibus, immolantes precari primum & uota deo facere solitos: Deinde prothymata celebrare: sic uocant quę ante sacrificium fieri consueuere: ut est uaporatio thuris, aut id genus primitiæ quæcunque, ut siligo, uel etiam placentulæ: item ulochytæ, id est hordeum sale conspersum, quod ante sacrificium aris infundebatur, de quo plura Cælius Rhodig. 12. 1. & Gyraldus circa ultimã partem Operis sui

ſui de dijs. Vlochytas aliqui (ut Pollux) accipiunt ipſa uaſa ex quibus ulæ fundebantur. Peractis
precibus, & aliæ quædam ceremoniæ fiebant, ut ſacerdotis ad dextram, uel apud Gallos ad læuam conuerſio: & manuũ oſculatio apud Græcos: & ſacrificulus ſetas inter cornua uictimæ manu
excerptas, tanꝗ prima libamina in ignem mittebat: Tum uinum ſimpullo circumferebat, ut aſtan-
tes pariter litarent (quod proprie λείβειν uel σπένδειν dicitur: hinc illa phraſis apud Pollucem, κατὰ βοὸς ἢ ἄλλου του σπένδειν.) Mox uictimarius ſeceſpitam à fronte ad caudam uictimę ducere, & ſe ad orientẽ
uertere ſolebat, quod in ſacrificio habebatur primũ. Seceſpitã alij cultrũ, alij ſecurim, alij dolabrã ex
ponunt. In quocunꝗ ſacro faces adhibebantur ex tedæ ligno, quas ſolos mares ferre fas erat. Tum
uictimam immolare ſuccinctos miniſtros ſacerdos iubebat. Hi autem uictimam ſupra uerticem, ple
10 runꝗ infra iugulum feriebant, idꝗ pro dei uel animalis ratione. Græci quidem ſi cœleſtibus deis
immolarent, ſic hoſtię caput ſtatuebant, ut cœlum ſpectaret: (hinc illud Homeri, αὐ ἔρυσαν) ſi uerò inferis, ut deſpiceret terram. Interim cæſa uictima alij ſphagia uaſa, ut cruorem exciperent, cadenti ho
ſtiæ ſupponebant: alij uictimam decoriabant, aliaꝗ peragebant. Mox aruſpex, flamen, aut ſacerdos,
cultro ferreo uiſcera & exta rimabatur, & extiſpicium fiebat. Et tunc exta reddi dicebantur, cũ probata aræ ſupponebantur, ut notat Seruius. Vergilius Georg. 2. Lancibus & pandis fumantia reddimus exta. Eadem dicebatur proſecta, cum aris dabantur ex fibris pecudum diſſecta. Extis porrò inſpectis, ex omni uiſcere & membro primitias partesꝗ deſectas farina farris inuolutas, in calathis ſa-
crificanti offerebant: & tunc hoſtia perfecta dicebatur. Has ſacerdos aris imponens accenſis, igne
cumburebat, addito igni thure & coſto, alijsꝗ odoramentis, prout ſacrum ferebat & ritus. In mari
20 timis ſacrificijs, quæ dijs marinis fiebant, exta in fluctus iactabantur, unde illud, Porricit in fluctus.
Sanè exta ueru aſſa apponebantur, præterꝗ arietis quæ elixare mos erat. Sed etiam coxas cum inguinibus cniſſa, id eſt adipe operientes conburebant. Sic uictimarum quidem uiſcera, licet nunquã
abluta, elixa per ſeſe fiebant: uinumꝗ aris poſtea fundebatur, & tunc porrici hoſtia dicebatur. Ex
quo emanauit prouerbium illud, Inter cæſa & porrecta. Ex reliquis autem hoſtiæ partibus ſeu mem
bris cœnam apparabant, quibus qui ſacris interfuiſſent, ueſci licebat. Hæc ex Gyraldo compendio
quodam decerpſimus. ¶ Apud Thuſſas in Aegypto, ubi Venus cornuta colebatur, uacca illi immolabatur, Idem. Mineruam Græcorum quidam Ἀγελαΐδα uocant, ſiue tanquam ducem populorũ,
ſiue quod indomita ſit ſicuti boues armentinæ, quas etiam præcipue ei ſacrificabant, Phurnutus. In
hoſtijs quædam fuere quæ iniuges uocabantur, id eſt quæ nunꝗ domitæ ac iugo ſubditæ fuerunt.
30 Harum & Vergilius meminit, Nunc grege de intacto ſeptem mactare iuuencos Præſtiterit, totidem lectas de more bidentes. Et ut iniuges euidentius exprimeret, adiecit, Et intacta totidem ceruice iuuencas. Manilius Chreſtus in libro de hymnis deorum, ait Mineruæ iniuges boues ſacrifica
ri ſolitas, id eſt iugum quæ nunꝗ tulerunt: illa uidelicet cauſa, quòd & uirginitas iugum neſciat mari
tale, & uirtus nunꝗ ſit iugo prementi ſubiecta: Idem Fulgentius in libro ad Chalcidium repetit.
Ex bobus, uitulis, & pecudibus, laudatiſſimæ uitulæ ad deorum placamenta habebantur. Idcirco Ioui à flamine omnibus idibus bos candidus, & ex agro Faliſco, aut Meuania immolabatur: illos enim
ad ſacra ſaginabant, & deorum ſupplicijs ſeruabant. Bos autem qui iugo ſubactus fuiſſet, purus nõ
putabatur. Fœtus bouis non ante triceſimum diem idoneus ſacris ac purus putabatur. Creditũ quo
que bouem quinquennalem, inſignem Ioui uictimam eſſe. Aegyptij boues ruffas Typhoni mactare
40 ſoliti fuere. Γεωργικοῦ βοῦς ἄζυγας, Pollux. Bidentes non oues ſolum, ſed omnes beſtias bimas olim ap
pellabant, & antiquiores eaſdem bidenes, quaſi biennes, quia neꝗ maiores aut minores licebat ho-
ſtias dare, Macrobius. Nos & bouem quinquennem Ioui immolari iam diximus: & pecora trima in
ſacrificio quod trittyn uocauimus. Nullum etiam ex authoribus locum puto afferri poſſe, unde bidentem bouem dictum aliquis intelligat: de ouibus uero pleroſꝗ omnes: Vnus Pomponij Attellana
rum poetæ locus Macrobio citatur, quo Marti uouet ſe facturum bidente uerre. De bidentibus igitur in Oue dicam: nam ſi ueteres & quorum libri non extant, de alijs etiam animalibus hac uoce uſi
ſunt, nihil ad nos. Lucianus in libello de ſacrificijs uaria eſſe ſacrificia prodit pro perſonæ ſacrifican-
tis qualitate: Agricola, inquit, de boue rem diuinam facit, opilio de agno, æpolus de capra. Βοώνης a-
pud Suidam uocatur qui bubus ad ſacrificia emendis publice præficiebatur: quod quidem hone-
50 ſtiſſimum erat munus, & imperatoribus præcipuè deferri ſolitum. Diu ſeruatum apud Athenienſes
& Solonis lege interdictum, Ne bouem, cuius opera, uel aratro uel curru uterentur, omnino immolarent, ὅτι καὶ οὗτος εἴη ἂν γεωργὸς, καὶ τῶν ἀνθρώποις καμάτων κοινωνός: id eſt, quoniam & hic colonus ſit, ac
laborum quoꝗ noſtrorum particeps. Bouem aratorium immolaſſe, neſas cẽſebatur ſummum. Athenienſes autem primos hiſce non abſtinuiſſe uel in cibis, auctor eſt nobis Theon. Vlyſſis quoꝗ ſocios
non temperaſſe, cecinit Homerus: quo ſit nomine indignatus Sol, quippe ut Solem intueamur, cauſam uideri hoc bruti genus, quia ſit τροφῆς πορισικὸν, id eſt alimenta ſuggerat, Cælius. Plinius author
eſt, Omnia plenilunio maria purgari: quædam & ſtato tempore: circa Meſanam & Mylas fimo ſimi
lia expui in littus purgamenta. Vnde fabula, Solis boues illic ſtabulari. Meminit & loci & boum
Apollonij interpres libro 4. Mylæ (inquit) Siciliæ Cherroneſus, in qua Solis boues paſcebantur. Sed
60 & rem quoꝗ cum fabula recenſuit in Naturalium Quæſtionum libris Seneca. Has quidem Solis bo
ues Homerus Odyſſeæ primo uidetur nouiſſe. Verum ſcire conuenit, quandoꝗ prioribus recepti
fuiſſe moris, Soli animalia dicare: quod apud claſſicos obſeruatum authores eſt. Nam & Apollonię,

h 3

quæ in sinu Ionico est, sacras Soli oues fuisse, Græci scribunt, Cælius. Memini alicubi legere per Solis boues à socijs Vlyssis deuoratos, annos significari: tunc enim obijsse illos, cum omnes ætatis anni, quos eis uiuere in fatis erat, exacti consumptiq; essent. Sol enim ætatis & temporis autor est. Et sicut in sulcis aratro designandis, boues ad certum progressi terminum retrogrediuntur, ita Sol etiam ad utrunq; solstitium, tanquam βουστροφηδὸν, suum peragit motum, ut uel hac ratione per nostram coniecturam boues pro annis Soli tribuantur. Cæterum Apollinem bubus delectatum fuisse, mox Pausaniæ uerbis declarabo. Supra etiam ex Eustathio docui mensem uitulum & bouem appellatum. Huc facit somnium Pharaonis, à Mose descriptum libro Geneseos cap. 41. Videbat ille in somnis boues septem egregias & opimas, quas totidem aliæ macie confectæ & turpes aspectu deuorabant. Accersitus Iosephus, Boues opimas septem interpretatur annos totidem fœcũdos & abundantes annonæ, quos mox alij septem steriles et inopiosi subsecuturi essent. Βόας θεωρεῖν εἰς κακὴν πρᾶξιν φέρει, senarius est apud Suidam, quo quæris de bubus somnia inauspicata esse conijcitur. Apud Aegyptios quoq; bouem marem Soli sacrum fuisse, paulò inferius in Apidis bouis historia dicam. Certe cum Lunæ propter cornuum speciem, (quæ ueluti minor Sol est, sed fœmineæ naturæ) boues fœminæ consecrarentur: ratio postulabat Soli tauros sacros existimare: Quanquam Homerus de Solis bobus in fœminino genere loquitur, καλαὶ βόες εὐρυμέτωποι, nimirum Attico more utrunq; sexum ita complexus.

¶ Apud Aegyptios & Phœnices, sicut Porphyrius scribit, humanis carnibus potius usi fuissent, quàm uaccam comedissent: & quamuis tauris haudquaquam abstinerent, tamẽ uaccarum usus non modo mensarum consuetudini, uerum etiam sacrificationi interdictus fuit, Aelianus. Ab Aegypto ad Tritonidem lacum Pastoritij Afri sunt, carne uictitantes ac lacte, nihil uaccinum gustantes (quia nec Aegyptij gustant suem) nec alentes quidem uaccã. Nec Cyrenææ fœminæ ferire sibi fas putant, ob Isidem quæ est in Aegypto, cui etiam ieiunia & dies festos agunt studiose. At mulieres Barcææ, non modo gustu uaccinæ carnis, sed etiam suillæ abstinent, Herodotus libro 4. Inter exẽpla est damnatus à populo Romano die dicta, qui concubino procaci rure omasum edisse se neganti, occiderit bouem: actusq; in exilium, tanquam colono suo interempto. Huc referenda sunt etiam Ciceronis uerba, quæ supra posui in E. circa initium. Animal occidit primus Hyperbius Martis filius, Prometheus bouem, Plinius. ¶ Buphonia festum uetus, quod Athenienses post mysteria celebrabant per bouis immolationem, unde & nomenclatura. Aristophanes, Ἀρχαῖά γε, καὶ διιπολιώδη, καὶ τεττίγων ἀνάμεστα, καὶ Κηκείδου Βουφονίων. Sed & Iouis Poliei sacerdos, inquit Pausanias, buphonus est appellatus, Cælius: & alibi, Inuenio (inquit) in literis, Erechtheo imperante Athenis, à Buphono primum in Iouis Poliei ara immolatum bouem: quo peracto, securi relicta, mox se è regione Buphonus proripit. At in iudicium uocata securis est, ac absoluta: idq; quotannis ut fieret, seruatum traditur. Meminit etiam Aelianus Variorum libro 8. Βουφόνια Athenis agebantur scirrhophorionis, id est Martij mensis die quartodecimo, multis bubus immolatis, Etymologicon. Apud Varinum legimus Buphonia antiquissimum festum Athenis esse, inde ortum, quod in Dijpolijs bos qui placentam sacrificio destinatam uorauerat à Baulone quodam, qui forte cum securi aderat, occisus sit, idq; ut deinceps ita seruaretur institutum. Vocabatur autem Βούτης qui in hoc festo buphonia peragebat. De Butarum familia supra diximus. Vide Erasmum in prouerbio Cecidis & Buphoniorum: & Gyraldum in Opere de dijs, ubi sacrificia describit. Διὸς βοῦς, bos Ioui sacer, festum Milesiorum, Varinus. Boalia, ludi dijs inferis consecrati, Sipontinus. Fiebant autem cum bubus, quemadmodum nunc quoq; fieri solet apud Italos Septuagesimæ tempore, quod tempus quidam Carnipriuium uocant. Bubetiæ siue bubetij ludi, quos ueteres à bobus pecoreq; appellârunt, qui & boalia, boum gratia instituti, teste Plinio. In eo enim festo solennis boum & taurorum uenatio fieri solebat, quemadmodum nunc quoque Venetijs, & ferè per totam Italiam, fieri solet eo die, quem Iouedi grasso appellant.

¶ Apides dij erant apud Aegyptios culti, uituli scilicet qui per longum temporis interuallum ex splendore lunæ (ἐκ τοῦ σέλαος τῆς σελήνης) gignebantur: quo facto magna festiuitas agebatur, & sacerdotes circa bouem natum consecrati epulas publicas proponebant, Varinus. Fuit & Apis Aegyptiorum rex Phoronei filius: & eodem nomine insula ante Cretam sita, Idem. Sed quoniam passim apud authores Apidis bouis frequentissima mentio incidit, pleniorem eius historiam ex Plinij, Aeliani, & Herodoti scriptis hic adiungemus. Primum igitur Plinius libro 8. cap. 46. Bos (inquit) in Aegypto etiam numinis uice colitur, Apim uocant. Insigne ei in dextro latere candicans macula, cornibus lunæ crescere incipientis. Nodus sub lingua, quem cantharum appellant. Non est fas eum certos uitæ excedere annos, mersumq; in sacerdotum fonte enecant, quæsituri luctu alium quem substituant, & donec inuenerint mœrent, derasis etiam capitibus: nec tamen unquam diu quæritur. Inuentus deducitur Memphim à sacerdotibus. Sunt delubra ei gemina, quæ uocant Thalamos, auguria populorum. Alterum intrasse lætum est, in altero dira portendit. Responsa priuatis dat, è manu consulentiũ cibum capiendo. Germanici Cæsaris manum auersatus est, haud multo post extincti. Cætero secretus cum se proripuit in cœtus, incedit summoto lictorum, grexq; puerorum comitatur carmẽ honori eius canentium: intelligere uidetur, & adorari uelle. Hi greges repente lymphati futura præcinunt. Fœmina bos semel ei anno ostẽditur, suis & ipsa insignibus, quanquam alijs: semperq; eodem die & inueniri eam, & extingui tradunt. Memphi est locus in Nilo, quem à figura uocant Phialam, omnibus annis ibi auream pateram argenteamq; mergentes, diebus quos habet natales Apis; septem hi sunt,

sunt, mirumq; neminem per eos à crocodilis attingi: octauo post horam diei 6. redire beluæ feritatẽ, Hæc Plinius. Locum de cantharo sub lingua illustrat Porphyrius in libro de abstinentia carnium sic scribens: Scarabeum animal rerum diuinarum indocti abominantur, quod Aegyptij summopere uenerantur, animatam Solis effigiem putantes. Lunæ præterea taurum dedicarunt, quem Apin nũcupant, nigrum præ cæteris, & signa solis atq; lunæ habentem. Mutuatur enim ex sole luna lumen. Solis symbolum est coloris nigredo (nam & solis ardor, nigriora reddit humana corpora) & qui sub lingua est scarabeus. Lunæ uero coloris diuisio. Adijcit in Iside Plutarchus, ita cantharos pilulam excrementitiam sensim in aduersum protrudere, sicuti contrarium mundo sol cursum agat, dum ab occasu in exortum fertur: Hæc ex Lodouici Cælij Rhodigini obseruationibus.

10 Nunc & Aeliani uerba subdamus. Apis (inquit) apud Aegyptios efficacissimus deus creditur, ex uacca quæ fulgure afflata conceperit nascitur, Epaphum Græci uocant. Atq; huius generis antiquam stirpem repetentes, Io Argiuam Inachi filiam illius matrem fuisse testantur. Sed hunc sermonem Aegyptij ut mendacem reijciunt, temporis longinquitatem testem citantes. Epaphũ enim multis pòst sæculis extitisse ferunt. Primum uero Apim permultis annorum milibus in homines uenisse. Insignes eius notas Herodotus, & Aristagoras explicant: Quibus Aegyptij non assentiuntur: nouem enim & uiginti eas huic sacro boui aptas, et consentaneas esse dicunt. Quænam sint, tum quemadmodum per corpus sparsæ, tum ut ipsis quasi floribus insignitus sit, aliunde intelligendum. Cuiusnam autem ex sideribus naturam unumquodq; insigne per notas designet, Aegyptij satis superq; declarant. Etenim Nili ascensum, unum insigne significare aiunt: aliaq; insignia aliarum rerum significationes esse, haud profecto prophanis, & diuinæ historiæ imperitis intellectu facilia. Cum autem 20 fama emanauit, Aegyptiorum deum exortum esse: ex scribis & sacerdotibus quidam, ut documentũ procreationi à patre traditum insignium notarum indicium accurate exquirant, eò ubi diua uacca partum ex sese ediderit, accedunt, atque ibidem domum ad orientem solem, ubi sanè alatur, quatuor menses, excitant. Postea autem quàm ibi nutritus est exoriente luna, scribæ, sacerdotes, & prophetæ eôdem proficiscuntur, & simul nauem huic sacram instruunt, eaq; ipsum Memphim transportant, ubi sedes huic sunt & commorationes suaues: tum curricula, pulucrationes, exercitationes, & uaccarum formæ præstantia insignium ædes, tanquam thalami in quos ingreditur, quum quam amat superuenire appetit: Itemq; est puteus, & fons aquæ potabilis. Nam eiusmodi huic semper conducere ministri & sacerdotes asserunt: non item ex Nili potione, ne propter dulcedinem in immensam mo- 30 lem pinguescat. Iam uero quas pompas, quæ sacrificia Aegyptij conficiãt, cum nouæ alluuionis aduentum, tum dei exortum celebrantes, quas etiam saltationes tum agant, quos conuentus habeant, tum quemadmodum omnes urbes & uiri immortaliter gaudeant, longum esset explicare. Is autem ex cuius armento hæc diuina bestia exorta fuerit, beatus habetur, summamq; Aegyptiorum admirationem habet. Is bos præsensione ualet: Nec sanè uel puellas, uel aniculas ad tripodem sessitantes habet, neq; sacra potione implet: sed pueri diuino afflatu concitati, extra ludentes, atq; inter se ad numerum saltantes, consulentibus futura prædicunt, Hactenus Aelianus. Cæterum Herodotus libro 2. de sacro isto Aegyptiorum boue in hæc uerba scribit: Sacerdotes in Aegypto boues mares Epaphi esse censent, eaq; de re hunc in modum explorant: Si pilum in eo nigrum uel unum uiderent, nequaquam mundum censent. Explorat autem hæc sacerdotum aliquis, ad id constitutus, linguam pe- 40 cudis cum stantis erectæ, tum resupinatæ exerendo, si immunda sit, his signis, quæ ego alio referam in libro. Inspicit & caudæ pilos, nunquid habeat secundum naturam procreatos. Eam, si fuerit his omnibus munda, notat alligato cornibus cannabo (βύβλῳ) deinde applicata terra sigillari anulo impressa, atq; ita abducunt. Nam immolare non notatam pœna morte sancita est. Et hunc quidem in modum pecus probatur. Sacrificandi autem is eis est ritus: Pecude, quę obsignata est, ad aram ubi immolatur abducta, pyram incendunt: deinde supra pecudem libato contra templum (κατὰ τοῦ ἱερείου) uino ac deo inuocato, eam mactant: mactatæ caput asportant, & corpus reliquum excoriant. Caput autẽ multis uerbis execrati in forum si nundinæ sint, & eis Gręci negotiatores affuerint, atq; illis uendũt: qui si non affuerint, in flumen abijciunt. Execrantur autem capita in hæc uerba: Si quid mali aut ip- 50 sis immolantibus, aut uniuersæ Aegypto futurum sit, id in caput hoc conuertatur. Eodem ritu circa capita pecudum immolandarum, & uini libamina, omnes pariter Aegyptij ad omnia templa (ἱερὰ) utuntur. Atq; ex hoc ritu nemo Aegyptiorum de capite ullius animantis degustat. Est tamen sacrorũ delectus, & alius apud alia templa adolendi modus ab eis institutus. Quem uero dæmonem maximum putant, & maximo festo colunt, hunc pergam dicere. Posteaq; ieiunauerunt ante festum, atq; preces fuderunt, uaccam immolant, eamq; corio exuunt, et toto aluo uacuant. Viscera intra uentrẽ, adipemq; linquunt, crura truncant, & externos lumbos armosq; ac ceruicem. His actis, reliquum uaccæ corpus stipant panibus puris, & melle, & uua passa, & ficis, & thure, & myrrha, atq; alijs odoribus. Vbi hæc infarserunt, adolent, multum uini, oleiq; infundentes, ieiuni tamen priusq; sacrificẽt. Dum sacrificiũ ardet, omnes uerberantur. Posteaq; uapulauerunt, dapes ex sacrificij reliquijs propo- 60 nuntur. Boues mares eosdemq; mundos, ac uitulos uniuersi Aegyptij immolant. Fœminas eis immolare non licet, utpote Isidi consecratas. Nam Isidis simulacrum muliebre est, bubulis præditum cornibus, quemadmodum Io Græci describunt. Bouesq; fœminas omnes itidem Aegyptij uenerãt ex omnibus pecudibus longè plurimum: eoq; nemo Aegyptius, Aegyptiáue, Græci uiri aut os sua-

h 4

uiaretur, aut cultro, uerúue, uel olla, uel pura bouis carne Græco cultro inciſa uteretur. Boues qui demortui ſunt, hunc in modum ſepeliunt: Fœminas quidem in flumen abijciunt, mares autẽ in ſuburbanis ſinguli defodiunt, uno aut altero cornu extante, ſigni gratia. Vbi computruerunt, et ſtatum tempus aduenit, præſto eſt ad ſingulas urbes nauis, ex inſula nomine Proſopitide, quæ eſt in Delta, nouemq; ſchœnorum ambitus. In qua cum aliæ ſunt frequentes urbes, tum ea unde proficiſcũtur naues ad oſſa tollenda, nomine Atarbechis, ubi templum Veneris extructum eſt. Ex hac urbe alij permulti uagantur in alias urbes. Vbi effoderunt oſſa, aſportant, eaq; uno in loco cuncti ſepeliunt. Quem in modum boues, in eundem defuncta alia pecora ſepeliunt. Ita enim apud eos circa hæc legibus comparatũ eſt. Hactenus Herodotus li. 2. Et rurſus in eodem: Pſammitichus potitus Aegypto, fecit in Memphim tum Vulcano ueſtibula ad uentum auſtrum uergentia, tum è regione ueſtibulorum aulam Api, in qua, cum apparuit, Apis educat, undiq; columnis cinctam, ac figuris refertam: in qua aula loca ſtant columnarum coloſſi duodenûm cubitorum. Apis autem, Græca lingua Epaphus eſt. Et rurſus libro 3. Cambyſe Memphim regreſſo, parte copiarum amiſſa, Apis apparuit. Aegyptij, ubi Apis extitit, ueſtimenta quàm pulcherrima ferre, & celebrando feſto operam dare. Id tunc facientes Aegyptios Cambyſes intuens, ratuſq; ob res à ſe malè geſtas, prorſus illos eſſe in his gaudijs, præpoſitos accerſit Memphis, & inſolitæ ab ijs lætitiæ cauſam requirit: Qui cum reſponderent, quo tempore deus illis appareret (longo autẽ interuallo apparere ſolitum) omnes Aegyptios ſolennem celebrare lætitiam: mentiri iuſſos morte mulctauit. Mox ſacerdotibus eadem referentibus, dixit, Si quis deus manſuetus ad Aegyptios ueniret, fore ut ſe non lateret: & Apim eos adducere iuſſit. Eſt autem hic Apis, idemq; Epaphus è uacca genitus, quæ nullumdum alium poteſt concipere fœtum, quam Aegyptij aiunt fulgure ictam concipere ex eo Apim. Habet hic uitulus, qui appellatur Apis, hæc ſigna: Toto corpore eſt niger, in fronte habens candorem figuræ quadratæ, in tergo effigiem aquilæ, cantharum in palato, duplices in cauda pilos. Poſteaq; Apim ſacerdotes adduxere, Cambyſes ueluti uecordior, educto mucrone cum uellet ferire uentrem, femur percuſſit, cachinnãsq; ad ſacerdotes inquit: O capita nequam, huiuſcemodi dij exiſtunt, ſanguine atq; carne prȩditi, & ferrum ſentientes? dignus nimirum Aegyptijs hic deus. Nos certe ludibrio habuiſſe non iuuabit. Hæc locutus, imperauit his quorum munus erat, ut ſacerdotes quidem flagris cæderent, Aegyptios autem (ut quenq; feriantem adipiſcerentur) occiderent. Ita feſtum ſolutum eſt. Sacerdotes mulctati: Apis ſauciatus femur, in templo iacens extabuit: quem è uulnere extinctũ tumulauêre ſacerdotes, clam Cambyſe. Ob hoc ſcelus (ut Aegyptij aiunt) continuo Cambyſes inſanijt, cum ne compos mentis quidem fuiſſet, exorſus primum perpetrare facinus necando Smerdim germanũ fratrem, & ſororem quæ ei & uxor erat in Aegyptum uſq; ſecuta. Hactenus Herodotus. Porrò ſicuti Memphitæ Apim bouem ſacrum habuere: ita & Heliopolitani poſt Solis templum Mneuin bouem pro deo coluerunt, qui in ſepto quodam nutriebatur. Ammianus quoq; Marcellinus inter multa quæ de Apide ſcribit lib. 22. hiſt. & hoc ferè ait: Inter animalia ab antiquis conſecrata Neumis & Apis reponuntur. Neumis quidem Soli, Apis uerò Lunæ dedicatus: qui diuerſis notarum figuris expreſſus, &c. quare conſiderandum an Mneuis pro Neumis legendum apud Marcellinum, apud quem & longe plura inuenies. Veneri Vraniæ uaccam ſacram cuſtodiebant in Hermopoli præfectura, in ſoco Scuſſa nuncupato, Gyraldus in Apide: idem alibi, in Venere. Legimus quoq; (inquit) apud Thuſſas (ſic enim ibi ſcribit non Scuſſa) in Aegypto cornutam Venerem cultam, cui & uacca immolabatur. Fortaſſis etiam Iudæi ab Aegyptijs, cum recens ab eis migraſſent, hoc idololatriæ genus acceperunt ut uituli aurei effigiem ſibi colendam proponerent: & fieri poteſt ut inde occaſio nata ſit gentilibus calumniandi, aureum aſini caput ab eis adoratum fuiſſe: ſchor enim bouem ſignificat: literis uerò tranſpoſitis roſch, caput. De boue lignea Mycerini in Aegypto culta, paulò poſt dicemus. Cæterum an Serapis eadẽ uocabuli origine nominatus ſit, qua ſeraphim Ebraice angelorum genus ob ardorem amoris uel claritatem uiſionis ita dictum, peritioribus huius linguæ diſcutiendum relinquo. Mihi quidem pulchre conuenire uidet, non ſolũ uox in utriſq;, ſed uocis etiam ratio: cum alij à fulgure, alij Lunæ ſplendore Serapin concipi uoluerint. Vide Suidam, qui Sarapim uocat. Vſurpatur autem ſaraph uerbum apud Ebræos pro ardere & urere. Aequius ſanè eſt Aegyptio deo Ebraicum & congeneris linguæ nomen quàm Grææ attribuere. Quamobrem non ſentio cum Varrone, qui Nymphodorum ſecutus, ut frequenter circa etyma nugari ſolet, cur Apis poſt mortem Serapis appellatus ſit, hanc rationem reddit. Quia enim arca (inquit) in qua mortuus ponitur, σορὸς dicitur Græcè, & ibi eum uenerari ſepultum cœperunt, priuſq; templum eius eſſet extructum, uelut Sorapis primo, deinde una litera commutata Serapis dictus eſt, &c. Ille autem bos (ſcribit hæc Auguſtinus lib. 18. de Ciuitate dei) quem mirabili uanitate decepta Aegyptus, in honorem eius delicijs affluentibus alebat, quoniã eum ſine ſarcophago uiuum uenerabãtur, Apis non Serapis uocabatur: quo boue mortuo quoniam quærebatur & reperiebatur uitulus coloris eiuſdem, mirum quiddam diuinitus ſibi procuratum eſſe credebant. Minus etiam probo Plutarchi coniecturam, cui Serapis dictus uidetur παρὰ τὸ σοβεῖσθαι καὶ τὸ σεῖσθαι τὴν τοῦ παντὸς ἅμα κίνησιν, q; deus ipſe ſit uniuerſi motus auctor. Honoris boui impenſi cauſam nõ nulli eam tradunt, quòd Oſiride à Typhone interfecto, Apis eius membra collegerit, collecta in bouem ligneum corio bouis albo circumtectum coniecerit, ideoq; ciuitatem Buſiridem appellatam, ut ſcribit Diodorus: Alij aliam. Serapia priſci medici uocabãt, unde ſyruporum nomẽ ad nos manauit, ut ego ut ego coniicio, quod manifestum sit ex Actuario: nimirum quòd ægri à Serapidis sacerdotibus talia quædam medicamenta didicissent: unde etiam similia à posteris eodem nomine dicta. Solebant autem in Aegypto potissimũ, uel in somnis, uel per oracula, remedia à diis accipere, ut ex locis aliquot apud Gale. deprehendimus: Non raro enim ęgros à deo, cuius nomen non exprimit, monitos scribit.

Memphis Aegyptiorum regia Apidis templum habet, qui idem est quod Osiris. Ibi bos Apis in septo quodam alitur & pro deo habetur, albus frontem & quasdam paruas corporis partes, cætera uero niger, quibus signis iudicant, qui sit ad successionem idoneus, alio uita functo. Ante id septum aula quędam iacet, in qua est aliud septum matris eius. In hanc aulam nonnunquam Apis emittitur, præsertim ut peregrinis ostendatur. Videtur enim per fenestram quandam in septo, & extra etiam si uelint. Vbi uero paululum lasciuierit, rursum in propriam mansionem recipitur, Strabo libro 17. Taurum uero ad solem referri, multiplici ratione Aegyptius cultus ostendit, uel quia apud Heliopolim taurum Soli consecratum, quem Netiron (aliàs Neuton) cognominant, maximè colunt: uel quia bos Apis in ciuitate Memphi, Solis instar excipitur: uel quia in oppido Hermunthi magnifico Apollinis templo, consecratum Soli colunt taurum, Bacchin (aliàs Bacin) cognominantes, insignem miraculis conuenientibus naturæ Solis. Nam & per singulas horas mutare colores affirmatur, & hirsutus setis dicitur in aduersum nascentibus contra naturam omnium animalium: Vnde habetur ueluti imago Solis in aduersam mundi partẽ nitentis, Macrobius Sat. 1. 21. De alio boue ligneo in Sai, in quo Mycerini regis Aegyptiorum filia sepulta fuit, cui etiam odores omnifarii quotidie inferebantur, inferius dicam. Bouem adorant etiam hodie in Lac regno idololatræ Habraiam, in ultima parte Indiæ uersus meridiem. ¶ Est frequens in prodigiis priscorũ bouem locutum: quo nunciato senatum sub diuo haberi solitum, Plinius. Tempore Ioannis Tzetzæ uulgo ferebatur oraculi instar hoc dictum, Βοῦς βοήσει καὶ ταῦρος θρηνήσει: quod ipse ita interpretatur, ut per bouem in fœminino genere Constantinopolin (quæ ingenti exercitu Alemanorum, & aliorum, à Romanis nimirum misso tum temporis obsidebatur) intelligat, quæ à tauris, id est Italis siue Romanis condita est: nam taurum (inquit) Latini etiam Italum uocabant: Exclamante autem boue, id est Constantinopoli, nimirum bellico & classico clamore, taurum, id est Italiam repugnantem ploraturam inquit, Chiliadis 9. cap. 277. Βουτάδαι uicus est tribus Oeneidis in Attica (uel ut Stephanus, Aegeidis, Varinus uicum illum Βουτίαν appellat) cuius etiam incolæ Butadæ dicebantur, à Bute quodam sacerdote, cuius posteri Butadæ & Eteobutadæ uocati sunt, Etymologicon. Scira festum erat Mineruæ, uel ut alii Cereris & Proserpinę. In eo Erechthei sacerdos umbellam ferebat albam, quæ uocatur sciron. Agebatur autem Scirophorionis, id est Martii duodecima. Sunt qui scribant Palladis sacerdotem ac Solis, cũ sciro ex arce prodire in locum quem dicũt Sciron. Vmbellam ferre solitos, qui uocentur Eteobutadæ. Ii fuere nobiles & perillustres Athenis, à Bute sacerdote propagati: Ex qua familia producebantur sacerdotes. Id uero symbolicè apud illos institutum, dum quenque summonerent tacitè, tempus ædificandi, & tectum aliquod sibi sustruendi iam iam appetere, Cælius. Βούτης, inde patronymicum Βουτίδης, Neptuni filius, Etymologicon. Apud Stephanum uiri nomen legimus Βώτης non Βούτης, Pandionis non Posidonis, id est Neptuni, filii (quod magis placet) à quo Butadæ uicus in Aegeide dictus sit. Fuerunt & alii Butæ, quos in Onomastico memoramus. Βουτρόφος ordo quidam sacerdotum inde nomen habuit, quòd boues publice diis immolandos nutriret, Etymolog. De Buphago in prouerbiis mox dicam. Buzyges Athenis bubulo pecore nobilitatus est, Argis Onogyros, Varro. Inuenio Buzygiam Athenis fuisse familiam sacerdotio præditam à Buzyge quodam heroë, (alii Herculi Buzygi idem attribuunt) qui omnium primus iunctis bobus arasse terram creditur, Cælius & Etymologicon. Athenienses tres sacras arationes celebrabant, primam in Sciro, secundam in Rharia, tertiam sub Pelinto, qui locus Buzygium uocabatur, Cælius. Buzygæus mons est Thessaliæ, Plin. 4. 8. Anthermi Chii sculptoris filii fuerunt Bupalus & Anthermus, clarissimi in ea scientia, Olympiade sexagesima, Plin. Princeps omnium Bupalus Fortunæ simalacrum fecit polum in capite gestans, & manuum altera sustinens Amaltheæ cornu, Cælius: Vide Onomasticon nostrum. Bassiadæ celebrantur in Aegina, generis auctore Basso: etiamsi apud Pindarum Budidas legit Didymus, de Budione progenitore, Cælius.

¶ Βοὸς κοίτη, Hellesponti urbs, Germanicopolis postea dicta, Plin. Boosura (bouis cauda) urbs Cypri insulæ, uicina Palæpapho, Strabo. Pella urbs Macedoniæ, nomen acceptum refert boui, à quo inuenta est: πέλλην enim uocant bouem coloris nigri, ut & pelian asinum, Etymologus. Bosphorus, Græci Βόσπορον sine aspiratione scribunt, à bubus meabili transitu dictus est, propter angustias freti, ut Plinius docet. Sunt autem duo Bosphori, alter iuxta Byzantium, qui Thracius dicitur, omnium angustissimus: cui nomen, ut Valerius Flaccus scribit, à traiectu Ionis in uaccam deformatæ: alter in introitu Mæotidos paludis, per quem ipsa palus in Pontum defluit, qui Cimmerius & Mæoticus cognominatur, cum urbe eiusdem nominis. Τῷ δ' ἐπὶ Θρηϊκίου στόμα Βοσπόρου, ὅν ποτέ φασιν Ἰὼ Ἥρης μηνιθμοῖσιν ἐνήξατο πόρτις ἐοῦσα, Dionysius Afer: Vbi Eustathius in Commentariis suis præter cætera hoc fretum quatuor stadiorum esse scribit, & aliquando Mysium appellatum à minoris Asiæ populis, qui è regione Thracum habitant: postea uero Bosphorum Thracium dictum siue quod Io uacca œstro percita illic tranauerit: siue, ut aliis placet (Arriano teste) quod alia quædam uacca, quam Phryges monente oraculo sequebantur, ut eam ducem itineris haberent, intrepide angustias illas maris inter Chalcedonem & Byzantiũ traiecerit: quã & illi tutò secuti sunt: ad cuius rei memoriã bos ęnea apud Chalcedonios postea conflata est: & eandem fortassis ob causam locus quidam illic Damalis etiamnum uocatur. Cæterum Ionis uaccæ traiectus ad Bosphorum Cimmerium ab alijs refertur. Est & Indicus quidam Bosphorus. Et præterea eiusdem nominis portus iuxta Byzantium, qui literis quibusdam mutatis perperam ita uocatus est pro φωσφόριον. Nam cum Philippus in obsidione cuniculis actis locum ex improuiso oppressurus esset, Hecate φωσφόρος dicta, lumen à facibus, quæ per cuniculos lucebant ciuibus ostendit: unde illi obsidione liberati Phosphorion ciuitatem nuncuparunt, Eustathius & Stephanus. Plura uide illic in Eustathij Commentarijs, & in Onomastico nostro. Varro inter boum laudes recenset, quòd Bosphorus unus Thracius, alter Cimmerius ab eis dicti sunt. Βούβαστις, uicus Aegypti, & dea. Nam Io Inachi filia in bouem mutata, & post multos terra mariq; errores Aegyptum ingressa, cum per humidum agrum incederet, uestigia luto impressit: quæ cum regi illius loci ab anterioribus pedibus iota literam, à posterioribus o mega præferre uiderentur, Io nomen uaccæ imposuit, & uicum à bouis gressu Bubasin nominauit, Etymolog. Et rursus, Βούβαστος πόλις Αἰγύπτου, καὶ Βουβαστίτης πόλις: gentile Bubastites. In hac Dianæ, quam Bubastin nominant, clarissimum fuit templum, &c. ut in Onomastico dictum est. Cæterum Bubasus regio est Cariæ, Bubasides uidere nurus, Ouid. Metamorphos. 4. Bubo ciuitas est Lyciæ. Nascitur & in Lycia Creta circa Bubonem, Plinius 3.5. Βουβών & Βάλβουρα Lyciæ oppida, à Bubone & Balburo latronibus condita sunt, Stephanus. Bubo Lycaoniæ ciuitas est, à Bubone latrone dicta, cuius ciuis Βουβωνεὺς cum Bubonius dici debuisset. Muræna Balburam & Bubonem Lycijs adiecit, Strabo libro 13. Bubula cum alijs Cyrenes urbibus Plinio cōmemoratur li. 5. ca. 5. Bubeium natio est uel oppidum Cyrenes, Plinius ibidem. Bubetani, Campaniæ populi Coriolanis uicini, Plinius 3.5. Bubulcorum ciuitas quædam in Aegypto nominatur, Strabo lib. 16. Βούδωρον promontorium est Salamini oppositum. Iuxta Istiæas & Cerinthum oppidulum in Aeolia Budorus amnis est, cuius appellationis montem habet Salamis in Atticam prospectantem, Strabo li. 10. Ephorus castellum in Salamine esse scribit, sed pro castello Budaron per a apud Stephanum legitur. Sunt & Budoræ insulæ duæ prope Cretam, Plinius 4.12. Βουθόη, ciuitas Illyriæ sic dicta, quod Cadmus è Thebis fugiens iugo boum inuectus celerrimè illuc peruenerit & ciuitatē condiderit, ἀπὸ τῶν βοῶν καὶ τοῦ θοῶς φυγεῖν: Βουθόην Δρίλωνος ἀπὸ προχοῇσιν ἐνάσθη, Sophocles in Onomacle (iota nimirū propter carmen adiuncto) Alij dictam uolunt, ἀπὸ τοῦ βουθόρ παραγενέσθαι (addendum uidetur, αὐτὴν τὴν Κάδμον) uel à Buto uiro, t in th mutato, Etymolog. Sunt qui inepte Buthye per y scribant. Βουθία uero Ioniæ ciuitas est & regio, Stephanus: qui paulò post etiam Buchiam exiguum Ioniæ locum esse scribit. Buthrotum urbs est Epiri in Thesprotijs (prope Oricum portum, ut Eustathius habet in Dionysiū, uel ut Strabo Orchimum, quod nō probo) in qua regnauit Helenus Priami filius: uel Epiri colonia non longe ab Ambracio sinu. Huic nominis causa fuit, ut Teucer Cyzicenus scribit: quòd cum Helenus ex patria in Epirum uenisset & bouem pro fœlice ingressu immolare pararet, bos uulnere nō letali affectus aufugerit, & sinu quodam Epiri illic traiecto, in terram egressus, mox collapsus obierit. Quo in loco Helenum aiunt religione motum urbem condidisse, & ab euentu Butrotum nominasse, Etymologicon: plærique per θ scribunt: sed si à boue uulnerato dictam uelimus, per τ scribendū erit. Vide etiam in Stephano Græco. Βούκαια urbs est Phocidis in Parnaso, sic dicta, inde quod cum Deucaliō & Pyrrho diluuio ingruēte illuc fugissent seruatiq; essent, incolæ quotannis magnū bouē in struem lignorum accensam intrudant, patrio more ἔρπε βοῦς acclamantes, & comburant, ἀπὸ τοῦ καίειν τὸν βοῦν, Etymologicon. Bucarteron inuenio montem esse Asiæ. Βούκερα palus quondam sic dicta, Etymolog. Et rursus, Βουκεραΐς fons est Platæis, sic appellatus: quoniam Polybus post diluuium Deucalionis seculo ex Argis illuc uenisse fertur, bouem ex oraculo ducem secutus (ut quondam Cadmus quoq;) qui cum procumbens terram cornu feriret, fons emicuit, ut scribit Theon in commentarijs in Callimachum, Etymolog. Βουπράσιον regio est Elidis Straboni: Stephanus non regionem solum Elidis esse scribit, sed etiam ciuitatem, & fluuium, & uicum (κατοικίαν) non paruum, à Buprasio quodā principe. Buplanocistos apud Ilium tumulos in Alexandra uocat Lycophron, quod ex Mysia bouem insecutus Ilus, ibi demum urbem condiderit Ilium, ubi interquieuisset ea, Cælius. Bura, Βοῦρα, ciuitas Achaiæ mediterraneæ in sinu Corinthio, hausta à mari, aliàs Buris dicta: Ouidius Metam. 15. Si quæras Helicen & Būrin Achaidas urbes. Condidit eam Hexadius Centaurus, & illic armentorum suorum stabula habuit, proinde dicta est Bura ἀπὸ τοῦ τὰς βοῦς ὠρεῖν, id est à custodia boum, ut ex hoc ueteris cuiusdam uersu apparet, Βοῦρά τε Δεξαμενοῖο βοόστασις οἰκίδιον, Etymolog. Videtur autem uel priore etiam loco Dexamenus pro Hexadio legendum, uel contra in uersu Ἑξαδίοιο pro Δεξαμενοῖο, quod minus placet. Βούρινα apud Theocritum fons est in Italia, à similitudine cum naribus bouis, siue arte exciso lapide à Chalcone quodam ad bouini capitis similitudinem, ex cuius naribus aqua flueret: siue loco sponte ita formato: siue quòd magna aquæ copia inde manaret: nam aliqui Βούρειαν scribunt, ἀπὸ τοῦ βοῦ ἐπιτατικοῦ, καὶ τοῦ ῥεῖν: siue aliam ob causam. Lege Varinum: qui à nonnullis etiam Βούριν scribi ait. Βούχετα τά (uel Βουχέτιον τό, ut Strabo uocat) urbs Epiri, cuius meminit Demosthenes in Philippicis: Hāc Philostephanus (aliàs Philochorus) sic nominatam putat eo quod Themis in Deucalionis diluuio boue inuecta, ἐπὶ βοὸς ὀχουμένη, illuc deuenerit. Hinc gentile Buchetius, Etymolog. Termini regionis Megalopolitarum & Heræensium sunt circa fontes Buphagi fluuij: cui nomen inditum aiunt à Buphago heroē, Iapeti & Thornacis filio: quem in Pholoē monte pudicitiæ eius insidiantem Diana sagittis cōfoderit, Pausanias in Arcadicis. Βούκαφος idem quod bucephalus sonat: est autem nomen fluuij in Salamine

lamine apud Lycophronem. Κατὰ τὴν εἰς θάλασσαν ἐκβολὴν τοῦ Βουκάρα ποταμοῦ, Polybius. Bucephalas portus est Achaiæ uel Atticæ: Bucephalea urbs Indiæ ab Alexandro condita, & nomine equi sui illic sepulti appellata. Bouillæ oppidum fuit in Latio haud procul ab urbe Roma, uia quæ Ariciam ducebat: Ouidius, Orta suburbanis quædam fuit Anna Bouillis: sic dictum quasi bouis hillæ, ꝙ eò uulnerata bos sua trahens intestina deuenerit. Bouianum, Samnitum colonia uetus, Plin. 3.12. Βούνειμα τὶς, Bunema urbs Epiri ab Vlysse condita, &c. Stephanus. Bunomus uel Bunomia, Macedoniæ ciuitas, Pella postea dicta, Idem. Bunartis, Libyæ ciuitas, Idem. Eubœa insula Abantis olim dicebatur. Nam ut scriptis affirmat Aristoteles, profecti de Aba Phocidis ciuitate Thraces, insulam incoluere; unde illius inquilini Abantes dicti. Sunt qui ab heroë Abante ita nominatam primum dicant, sicut heroi-
10 cæ indolis matronam Eubœam ei cognomen tradidisse postea. Fortassis autem quemadmodum & in littore situm antrum quoddam in Aegeum uergens Aula bouis uocatur, ubi Io Epaphum peperisse fertur, eadem ex causa hoc nomen adepta fuit insula: quam Hellopiam quoq; nominauere ab Ionis filio Hellope, siue ab Aæcli & Cothi fratre, ut alij perhibent, qui aliam etiam condidisse Hellopiam dicitur in ea quæ nominatur Oria Istiæa terra, Strabo libro 10. paulò post initium libri. ¶ De iuuenca ex Basan furibunda & œstro percita Io. Tzetzes mentionem facit Chiliade 10. cap. 306. & Basan secundum aliquos Scytharum ciuitatem interpretatur: Sed uersus eius aliquot recitabo:

Ὁ μελῳδὸς τοῦτο φησὶν εἰς τὴν Ἡρωδιάδα, Ὢ νῦν τῆς παροιστρήσεως τῆς τοσαύτης μανιάδος,
Ὢ τῆς πικρᾶς δαμάλεως Βασὰν ἐξορμησάσης. Ἐκ τοῦ προφήτου δ' αὐτὸς ἐχρήσατο τῷ λόγῳ. Et paulo post:
Ὁ Ὠσηὲ δ' εἴρηκέ πως τῶν αὐτοῦ ῥημάτων, Ὁ Ἰσραὴλ παροίστρησεν ὡς δάμαλις οἰστρῶσα:
20 Πάλιν Ἐφραὶμ ὡς δάμαλις δεδιδαγμένη νεῖκος. Ἀμὼς πάλιν, Ἀκούσατε τὸν λόγων τούτων, λέγει,
Δαμάλεις Μωαβίτιδος αἱ ὄρει Σαμαρείας, Γένητας δυναστεύουσαι, πτωχοὺς καταπατοῦσαι.

De Nelei bobus uide Nic. Leoniceni Varia. 1.33. & nos supra quædam attulimus ex Pausania circa finem Messenicorum. ¶ Myron celeberrimus fuit statuarius Eleutheris natus et Ageladis discipulus (Plinius 34.8.) Syracusanus, cuius uacca seu bucula ex ære multorum poëtarum epigrammatis celebratur. Propertius, Atq; aram circum steterant armenta Myronis Quatuor artificis inuida signa, boues, &c. Aeginetico ære Myron usus est, Deliaco Polycletus, æquales atq; condiscipuli: æmulatio autem & in materia fuit, Plinius. Anthologij epigrammatum Græcorum libro 4. Sectione 7. disticha sunt Elegiaca unum & triginta diuersorum poëtarum, omnia in Myronis buculam, tetrasticha quatuor: hexastichon iambicum unum: In eandem apud Ausonium epigrammata decem le-
30 gimus, ex quibus uel unum apponemus. Bucula loquitur: Vbera quid pulsas frigentia matris ahenæ O uitula, & succum lactis ab ære petis? Hunc quoq; præstarem, si me pro parte parasset Exteriore Myron, interiore Deus. Epigramma in bouem & hircum cælatos in orbe uel quadra ex argento apud Suidam extat huiusmodi: Πῶς βοῦς ἀπολέγχων αὔλακας γῆς οὐ τέμνεις, Ἀλλ' ὡς πάροινος ἀγρότης αὐλακλίθης; Πῶς οὐχὶ καὶ σὺ πρὸς νομὰς ἀποτρέχεις, Ἀλλ' ἀργυροῦν εἴδωλον ἕστηκας τράγε; Ἕστηκα τὴν σὴν ἐξελέγχων ἀργίαν. De hac re uide infra in prouerbio, Bos in quadra argentea. Leguntur quandoq; & Atabyriæ boues, de montis Rhodij nomine sic nuncupatæ. Cæterum æneæ fuerunt hæ, quas malo ingruente aliquo solitas mugire proditum est, Cælius & Io. Tzetzes Chiliade 4. cap. 138. Pindarum & Callimachum authores citans. Meminit etiam Leonicenus in Varia historia 3.103. In templo quodam Elidis boues ærei duo dedicati uisuntur, alter à Corcyræis, ab Eretriensibus alter. Quamobrem uero Cor-
40 cyræi bouem unum Olympijs & alterum Delphis consecrauerint, dicam cum de Phocensibus sermo erit. Cæterum de anathemate ipsorum in Olympia rem sic habere audio. Cum paruus puer sub hoc boue sederet demisso capite lusitans, & subito caput erigeret, æri illisum confregit, & non multis post diebus ex uulnere obijt. Quamobrem Eleis bouem tanquam homicidam ex Alti luco sacro deportaturis, Delphicum oraculum redditum est ut ritibus ijs bouem expiarent, quibus circa cædem inuoluntariam Græci uterentur, Hæc Pausanias circa finem primi libri Eliacorum. Phalaris Agrigentinorum tyrannus nimium crudelis admirandis & nouis tormentis homines cruciabat & torquebat: Quod animaduertens Perillus artifex iuuencam ex ære fabricatam à se dono dedit regi, ut hospites in ipsam coniectos (subdito igne) uiuentes exureret: ædebat autẽ iuuenca mugitum naturali consimilem. At Phalaris eo solum tempore iustus, ipsum artificem primum iniecit, Dorotheus libro 1. re-
50 rum Sicularum, ut recitat Stobæus in Vituperio tyrannidis. Plutarchus in Parallelis minoribus, ijsdem ferè uerbis rem describit: utrisq; damalin, id est iuuencam fuisse conuenit: Ouidius tamen libro 1. de Arte, taurum facit, his uersibus: Et Phalaris tauro uiolentus membra Perilli Torruit, infelix imbuit author opus. Item Plinius lib. 34. cap. 8. Addunt quidam huic boui ianuam in latere fuisse.

¶ Mycerinum Aegypti regem Cheopis filiũ ferunt, ꝙ cum filiã defunctã excellentiori aliquo genere sepelire uellet, fecisse ligneam bouem uacuam, quam cum inaurasset, in ea filiam sepelisse defunctam. Neq; humo bos hæc condita est, sed ad meam usq; memoriam in propatulo fuit in urbe Sai apud regiam, in conclaui quodam exornato posita: Cui singulis diebus omnifarij odores inferuntur: noctibus autem perpetuo incensa lucerna astat. In altero contiguo conclaui imagines stant concubinarum Mycerini, ut in urbe Sai sacerdotes aiebant. Stant enim colossi, id est grandia simulacra, cir
60 citer uiginti, è ligno fabricati, nudi plerisq;: qui quarum sint mulierum, non possum dicere, præterq; quæ narrantur. Sunt qui de hac boue & colossis hæc referant: Mycerinum amore filiæ suæ captum, uim illi intulisse: deinde illam cum præ mœrore se suspendisset, patrem in hac boue sepelisse; matrẽ

autem manus ministrarum, quæ filiam patri prodidissent, præcidisse: & nunc earum hæc esse simulacra eius mali, quod uiuæ passæ fuissent. Hæc (ut ego opinor) dicunt nugatores, ut alia, ita et de manibus colossorum: quippe quas ipsi uidimus temporis diurnitate delapsas, quæ ad meam usque ætatem ad pedes eorum stratæ uisebantur. Bos quoque cum cæterum corpus operta est Phœniceo pallio, tum uero ceruicem & caput crasso admodum auro: Cuius inter media cornua circulus annexus inest, Soli assimilatus. Neque stans est bos, sed in genua cubans, magnitudine quanta est grandis uacca. Effertur autem è conclaui quotannis. Et postquam Aegyptij uerberarunt deum quendam, quem in tali negotio non puto mihi nominandum, tunc & bouem in lucem proferunt. Aiunt enim eam orasse patrem Mycerinum, ut defuncta quotannis semel solem intueretur, Hactenus Herod. ¶ Pasiphaë filia Solis, & uxor Minois regis Cretæ (ut est in fabulis) nefando tauri amore deflagrauit: cui opera Dædali concubuit intra uaccam ligneam inclusa, & septa iuuencę corio: ex quo concubitu natus est Minotaurus, medius scilicet homo, mediusque taurus. Seruius scribit eam in domo Dædali cum Tauro scriba regio coijsse, & hinc datam fabulæ occasionem. Verg. Aegl. 6. Et fortunatam si nunquam armenta fuissent, Pasiphaën niuei solatur amore iuuenci. Et copiosius lib. 6. Aeneid. Hic crudelis amor tauri, &c. Meminit etiam Ouidius lib. 4. Metam. Minotaurus monstrum fuit, partim hominis partim tauri forma: quod Minos inclusit Labyrintho (ut scribit Homerus libro 8. Odysseę) & cum uesceretur humanis carnibus, coëgit Athenienses, qui Androgeum filium suum interfecerant, ut quotannis septem filios ac totidem filias in Cretam mitterent ad alendum monstrum. Quò demum cum uenisset Theseus filius Aegei regis Athenarum, beneficio Ariadnes Minotaurum occidit, & egressus est Labyrintho. De Pasiphaë, Minoë, Minotauro, Dædalo & Icaro multa scribit Io. Tzetzes Chiliade 1. cap. 19. nos hæc pauca excerpsimus: Cum Cretenses Minoi regnum non permitterent, Neptuno uouit, si quid signi ad confirmationem eius ex mari appareret, se immolaturum: & cum statim taurus egregius apparuisset, ad regnum admissus est. Ipse uero taurum Neptuno alium immolauit, & illum qui apparuerat armentis suis immiscuit: ex hoc & Pasiphaë Minotaurum βοάνθρωπον θηρίον natum aiunt. Cęterum historię ueritas huiusmodi est: Cum Cretenses Minoi regnum negarent, Taurus imperator cum classe superuenit, & regnum ei confirmauit. Cum hoc imperatore, non in boue lignea, sed domo arte Dædali fabricata, Pasiphaë concubuit, Minotaurus in Creta facie bouis fuit, reliquo corpore uiri, Varinus in Scylla. Aquilam Romanis legionibus C. Marius in secundo consulatu suo propriè dicauit. Erat & ante prima, cum quatuor alijs: lupi, Minotauri, equi, aprique, singulos (aliâs, quæ singulos) ordines anteibant. Hinc egregium illud Alciati emblema:

Limine quod cęco, obscura & caligine monstrum Gnosiacis clausit Dædalus in latebris,
Depictum Romana phalanx in prelia gestat, Semiuirоque nitent signa superba boue:
Nosque monent debere ducum secreta latere Consilia: authori cognita techna nocet.

Sed quod Minotaurus cum hoc epigrammate, anteriore parte humanum pręferat corpus, posteriore bouinum, cum contra apud Phurnut. & Varin. legatur, erratum forte fuerit. Aristoteles de generatione animalium libro 4. cap. 3. Iam puerum (inquit) ortum capite arietis aut bouis referunt: idemque in cæteris membrum nominant animalis diuersi: uitulum capite pueri, & ouem capite bouis natam asseuerant. ¶ Motye, Μοτύη, urbs uel maritimum castellum Siciliæ, à Motye muliere nomen habet, quæ Herculi prodidit illos, qui boues eius abegerant, Stephanus. Βοατίδας Hercules inde dictus quod Geryonis boues Ioui adduxerit, Etymologicon. Ouidius Fast. 1. Ecce boues illuc Erythreidas applicat heros, id est Hercules, qui Geryoni iuxta Gades regnanti eas abstulit. Dionysius in Periegesi de Erythea & Geryone sic scribit:

Ἤτοι μὲν ναίουσι βοοτρόφον ἀμφ' Ἐρύθειαν Ἄτλαντος περὶ χεῦμα θεουδέες Αἰθιοπῆες,
Μακροβίων υἱῆες ἀμύμονες, οἵ ποθ' ἵκοντο Γηρυόνος μετὰ πότμον ἀγήνορος.

Hoc est, Aethiopes Macrobij circa Erytheam (uel etiam in ipsa) bubus abundantem insulam habitant, iuxta Atlanticum mare, qui quidem illuc post Geryonis mortem uenerunt. Nam dum ipse uiueret (ut Eustathius scholiastes ait) inhabitabilis erat propter ipsius inhospitalitatem. Fertur autem Hercules boues eius abacturus æreo lebete in eam nauigasse, ut Euphorion testatur, Χαλκείη ἀκάτῳ βοηλάτος ἐς Ἐρυθείας: item Alexander Ephesius, χαλκείῳ δ' ἐν λέβητι μέγαν διενήξατο πόντον. Fortassis autem lebes nauigij genus fuerit, cui etiam lembi piratici uocabulum colludit: idque æreum appellari potuit, propter aliquid in eo ex ære factum, ut rostrum æratum, uel insigne aliquod æreum in prora puppiue. Sunt qui Erytheam insulam ipsas Gades interpretentur, contra Dionysij sententiam: alij insulam quandam uicinam, quæ à Gadibus freto unius stadij tantum distet: in quam sententiam eos adduxit pascuorum illius loci ubertas: nam lac ouinum illic serum reddere negant, & adeo pingue uel crassum esse, ut ad caseum conficiendum aquam copiosam affundi desyderet, & pecus intra dies triginta suffocetur, nisi minuatur sanguis, Hucusque Eustathius. Idem alibi in eundem poëtam, Hercules (inquit) cum proficisceretur abactum boues Geryonis, in Scythiam peruenit, ubi ex uipera mixopartheno (cui superna pars corporis mulieris, inferna serpentis erat) Gelonum, Agathyrsum & Scytham tres filios suscepit. Erythea uel Erythe, insula est Geryonis in Oceano, sic dicta ab Erythea Geryonis & Mercurij filia, teste Pausania, Stephanus. Theogoniæ Hesiodicæ interpretes, Herculis nomine Solarem intelligunt potestatem: Geryonem uerò, cuius boues ab illo orbi terrarum illatas fabulantur, hyemem esse uolunt, ἀπὸ τοῦ γαρύειν, τοῦτ' ἔστι βοᾶν, ob hyberni temporis tumultum. Hyemem uerò Sol perimit ab ab hyemali tropico ad uernum conuersus æquinoctium. At boum nomine tonitrua intelligunt, qua dam soni similitudine: quæ Geryonis dicuntur, quod hyeme quidem non fiant, sed illam statim con sequantur: uel quia ex humecta eius natura mox hæc proueniant, Cælius. Vnde nam Geryonis boues Hercules adduxerit, ex Arriani sententia supra dixi in B. litera, ubi de Epiroticis bubus. Plura de Geryone & Erythea, uide in Onomastico nostro. Orthus canis Geryonis fuit in Erythea, qui canina capita duo habuit, draconum septem, Varinus in Scylla. Palæphatus Orum hũc canem uocat: de Cerbero eiusdem Geryonis cane, infra in cane dicam. Gergittium quoq; unum ex Geryonis canibus supra nominaui. Leonicenus in Varijs 1.33. de Geryonis bobus scribit, quas Eryx habere cu piens ab Hercule fuit interfectus: & nos idem paulò post ex Pausania referemus. Plura uide in Palæphato capite 26. Io filia fuit Inachi regis Argiuorum, quam cum Iupiter ob formæ elegantiam ma ximè diligeret, ab Inacho fluuio redeuntem tenebris superinductis detinuit & oppressit. Iuno autẽ cum ex alto tenebras uideret, suspicata maritum suum alterius amore frui, in terras descendit, tenebrasq; soluit. Quod Iupiter sentiens, ne pateret crimen, puellam in uaccam transformauit, eamq; Iunoni poscenti ægrè concessit. Iuno autem nec tum suspicionibus libera Argo centoculo custodiendam tradidit, quem Mercurius à Ioue missus sopitum interfecit. Quapropter Iuno dolens, uaccæ œstrum immisit, quo per multa loca agitata, tandem in Aegyptum uenit, ibiq; prece Iouis à Iunone eidem formæ restituta est, & ab Aegyptijs Isis nominata Osiridi regi nupsit: post mortem uero pro dea culta est, cui anserem immolare, eiusq; sacra Isiaca dicere solebant, Iuuenalis Satyra 6. Si candida iusserit Io, Ibit ad Aegypti finem, &c. In fabula Iûs describenda prolixus est Ouidius libro 1. Metamorph. Meminit etiam Valerius Flaccus libro 4. Argonauticorum. Argis olea nunc etiam durare dicitur, ad quam Io in uaccam mutatam Argus alligauerit, Plinius. De Epapho siue Apide filio paulò ante copiosissimè dictum est, & quædam de ipsa etiam Iône. Qui historicam interpretationem requirunt, legant Palæphatum capite quadragesimotertio. Violam idcirco dictam ion Græci putant, quòd cum Io in uaccam conuersa esset, terra florem illum pabulo bouis eius fuderit. Nostri quoq; uiolam quasi uitulam, imitatione Græca uideri possunt appellasse. Τῆς οἰστροπλῆγος ἄλσος ἰνάχου κόρης, Varinus sine authore. Mycenæ ciuitas Peloponnesi sic dicta est à mugitu, quem Io uacca, cum illuc uenisset, edidit, quanq; alij alia etyma proferant, Stephanus. Europa filia fuit Agenoris re gis Phœnicum, quam Iupiter forma bouis aut iuuenci raptam, abduxit in Cretam: ibiq; ex ea Minoëm, Radamanthum, & Sarpedonem genuit. Vide Ouidium Metamorph. lib. 2. Iuno ab Argiuis colebatur olim in templo quodam extra urbem: eo mulier sacerdos curruì bobus albis iuncto insidens solenni die quotannis uehi solebat. Cum autem boues albi quondam deessent, sacerdos filiorũ mater duorum, iugo boum loco eos submisit, & sic ad templum inuecta est. Cum autem à dea muneris aliquid pro hoc labore filijs suis petijsset, filij ea nocte in somno è uiuis excesserunt, Palæphatus cap. ultimo, & Stobæus ex Plutarcho in Sermone de laude mortis. Thebani (autor Pausanias in Arcadicis) Apollini Polio, id est cano, tauros olim immolabant. Et cum aliquando in festo taurus deesset, & diutius cunctarentur qui missi erant adducturi, de curru bubus iuncto, qui forte appulerat, alterum bouem deo immolauerunt, & inde boues etiam operarios sacrificãdi mos eis inoleuit. Sunt qui narrent, Cadmum ex Delphis in Phocidem profectum boue duce itineris, quæ ex Pelagontis ar mentis empta fuerit: & in utroq; bouis latere signum adhuc uisi album, lunæ orbi cum plena est con simile, Hæc Pausanias. De Cadmi boue Ouidius initio libri 3. Metamor. Noui (inquit Menas apud Varronem) maiestatem boum: & bouem esse scio, in quem potissimum Iupiter se conuertit, cum exportauit per mare è Phœnice amans Europam. Hunc esse, qui filios Neptuni à Menalippa seruârit, ne in stabulo infantes grex boum obtereret. Haud scio an hæc fuerit Menalippe illa Antiopes Ama zonum reginæ soror, ab Hercule in bello capta. In Achaia (inquit Pausanias) templum est Apollinis & simulachrum eius nudi, calceos tamen pedibus induti: quorum altero bouis cranium calcat. Apollinem enim bubus imprimis gaudere Alcæus scribit in hymno in Mercurium, quem etiam Apol lini boues suffurantem inducit: & longe ante Alcæum Homerus fingit Apollinem armenta Laome dontis mercenarium pauisse: & Neptunus in Iliade Apollinem sic alloquitur, Φοῖβε, σὺ δ' εἰλίποδας ἕλικας βοῦς βουκολέεσκες, Hæc ille. Est autem pleonasmus, βοῦς βουκολεῖν. Cæterum quamobrem Apollo Laomedonti seruierit, qua in re alij aliter sentiunt, explicatur à Varino in Βόας βουκολεῖν. Apollo cur uocatus sit Nomius, uariæ redduntur causæ. Dicunt enim aliqui nomen hoc ideo tributum ei, quòd Cyclopibus interfectis, amissaq; diuinitate, regis Admeti armenta pauerit: νέμειν enim est pascere. Alij malunt dictum à legibus, hoc est ἀπὸ τῶν νόμων: Ipsum siquidem Arcadibus quondam imperasse, legesq; eis dedisse, uerũ ob nimiam earũ seueritatem regno pulsum, ad Thessaliæ regem Admetũ con fugisse, ab eoq; eam quę circa Amphrysum est regionem impetrasse: indeq; factum esse, ut eius peco ra pauisse creditus sit. Iuno in uaccã mutata alicubi ab Ouidio in Metamorphosi describitur, si bene memini: & iuuencus in ceruum. Prœtus Abantis regis Argiuorum filius fuit, eiq; successit in regno. Hic teste Homero lib. 11. Odysseæ ex Antia uxore filias quatuor habuit: quæ (teste Pherecyde) quũ in forma seu pulchritudine se Iunoni prætulissent, offensa dea eis furorem talem immisit, ut uac cas se esse arbitrarentur, & aratra timentes syluas peterent. Hinc Vergil. in Sileno, Prœtides implerunt falsis mugitibus agros. Harũ furorem emẽdatũ ferunt elleboro à Melampode: à quo ellebori ge nus nigrum appellatur Melampodion. Eudoxius apud Stephanum, fontem quendã in Azania Ar cadiæ memorat, cuius aquam gustantibus uini ueniat tædium tantum, ut ne odor quidem eius feratur, q; in eam aquam Melampus abiecisse credatur piamenta illa, quibus Prœti filias furentes lustrauit. Ouid. lib. ultimo Metam. similiter tradit, & fontem uocat Clitorium. Meminit et Plin. lib. 31. ca. 30. & Vibius Sequester. Vide præterea Lactantium lib. 3. Thebaidos Statij, siue Lutatiũ ut alij uolunt.

PROVERBIA CIRCA BOVES.

¶ Bos apud aceruum, βοῦς ἐπὶ σωρῷ, de splendide ampliterq; uiuentibus, & ijs qui in ubere rerum affluentia prolixius faciunt sumptum: Quo sensu nostrates dicũt, **Wär in den roten sitzt / der schneidet im pfeiffen wo er wil.** Suidas scribit hoc adagium accipi posse etiam de ijs, qui in media rerum copia constituti, non sinuntur præsentibus bonis frui: per translationem à bubus ore obligato trituram exercentibus: Id quod apud Iudæos nefas erat. Si bouem non possis, asinum agas: huic finitimum illud nostrum est, **Wär nit kalch hat / der müß mit leym mauren**: & aliud, **Man müß mit den pferden pflügen die man hat.** Equus in quadrigis, in aratro bos: Hoc est, unusquisq; ad id negotij adhibeatur, ad quod natus uel institutus est. Pindarus, ὑφ᾽ ἅρμασιν ἵππος, ἐν δ᾽ ἀρότρῳ βοῦς, παρὰ ναῦν δ᾽ ἰθύνει τάχιστα δελφίς, κάπρῳ δὲ βουλεύοντι φόνον κύνα δεῖ τλαθύμον ἐξευρεῖν. Sic Germani, **Ein münch ist niergens besser dann im kloster / ein dieb niergens dann am galgen.** Consine est illi, Bos sub iugum, βοῦς ἐπὶ ζυγόν. Bos alienus subinde foras prospectat, βοῦς ἀλλότριος τὰ πολλὰ ἔξω βλέπει, de ijs qui apud alienos non satis ex animi sententia tractantur, eoq; sæpius suos desyderant: Huc allusisse Plutarchus uidetur, cum ἔξω βλέπειν illum scribit, qui non contentus suis aliunde pendet: Sic Satyricus, Nec te quæsiueris extra. Ab asinis ad boues transcendere, est ex humiliori conditione ad ditiorum partes transire: cuius argumenti Plautinos uersus recitaui in Asino H. a. Homeri carmen Iliados α, οὐ γάρ πώποτ᾽ ἐμὰς βοῦς ἤλασαν, οὐδὲ μὲν ἵππους, id est, Nunquam enim meos boues abegerunt nec equos, à Plutarcho prouerbiali figura usurpatur, pro eo quod est, Nunquam me læserunt aut affecerunt iniuria. Bos capite ultra Taygeton porrecto, uide inter prouerbia à tauro sumpta. Oleum perdit & impensas, qui bouem mittit ad ceroma, D. Hieronymus ad Pãmachium. Ceroma dicitur unguentum quo olim ungebãtur athletę: bos autem ad certamina inutilis est. Itaq; bouem ad ceroma mittere dici potest, qui docet indocilem: aut ad id muneris quempiam asciscit, ad quod obeũdum minime sit idoneus. Bos in ciuitate, βοῦς ἐν πόλει, ubi quis ad nouos honores euehitur. Nam Lysias bouis imaginem æream in arce collocauit Athenis: quæ res in uulgi iocum cessit. Nam in agris boum usus, non in urbibus. Resipit huius prouerbij naturam Germanicum illud, **Die stül vff die benck setzen.** Et illud in indignè honoratos, **ein dieben vom galgen nemmen.** Solidos è clibano boues apponere, in prodigos: deuorare, in helluones dici poterit. Aristophanes in Acharnensibus, παρετίθει δ᾽ ἡμῖν ὅλους ἐκ κριβάνου βοῦς. καὶ τίς εἶδεν πώποτε βοῦς κριβανίτας; Antiphanes apud Athenæum facit quendam querentem de frugalitate Græcorum, qui paululum carnium apponerent, quum maiores solerent totos boues, ceruos & arietes assos apponere. Et ibidem ex Herodoto tradit, apud Persas diebus natalitijs fuisse morem, ut diuites bouem, asinum, equum, & camelum apponerent, totos in clibano aut camino coctos. Hæc Erasmus Chiliade 3. Centuria 1. & rursus Chiliade 4. Centuria 5. super eodem prouerbio scribit, per obliuionem nimirum. Quintilianus Institut. Orat. lib. 5. parœmiæ, quam ait esse ceu breuem apologum, hoc adfert exemplum: Non nostrum onus, bos clitellas? Satis constat, inquit Erasmus, ex apologo sumptum: uerum quis sit is apologus, equidem nondum reperi. Poterit autem hoc prouerbium duplici forma efferri: Boui clitellæ impositæ sunt, ubi mandatum est negotium parum apto. Et, Bos clitellas? ut subaudias, ferat: ubi quis deprecatur prouinciam, cui parũ sit idoneus, aut quam sibi ducat indecoram. Boum sanè terga non esse ad onus accipiendum figurata, supra in E. ex Cicerone diximus. Currus bouem trahit, ἡ ἅμαξα τὸν βοῦν ἐλαύνει de re quæ præpostere geritur. Lucianus in Terpsione, νῦν δὲ τὸ τῆς παροιμίας, ἡ ἅμαξα τὸν βοῦν πολλάκις ἐκφέρει. Simile est, canes ceruus trahit uel ducit: & apud Germanos, **die roſſz hinder den wagen ſpannen.** Cyprio boui merendam, Versum hunc Sotadicum ex Ennio Festus Pompeius citat: ostenditq; conuenire, quoties conuiua sordidus & insipidus sordido atq; insipido accipitur conuiuio. Græci hoc prouerbium efferunt, Κύπριος βοῦς, id est Bos Cyprius, quod Varinus ait conuenire ἐπὶ κοπροφάγου καὶ εἰκαίου, hoc est in sordidissimum & uilissimum hominem: uel ut Suidas habet, χυδαίου καὶ ἀναιδοῦς. Erasmus in brutum ac stolidum iaci solitum ait, propterea quod Cyprij boues magis bruti ferantur, quippe qui stercore humano pascantur. Refertur à Diogeniano. Eudoxus etiam asserit Cyprios boues κοπροφαγεῖν: & Plinius libro 28. cap. ultimo, narrat Cyprios boues hominum excrementa appetere, non pastus causa, sed ut hoc remedio torminibus medeantur. Interpres Aristophanis in Plutum scribit Bœotios boues σκατοφάγους fuisse, id est oletum edentes. Ego sanè in Ennij uerbis non merendam legerim, ut Erasmus, sed merdam, ut res ipsa habet: & sensus inde prouerbio fit clarior. Deinde quod stolidos & brutos hoc nomine Cyprios boues Suidas & cæteri esse aiunt, quod stercus uorent: ego potius ad ingenij ipsorum sagacitatem retulerim, qui torminibus lætali sæpe morbo sic medeantur. Quis enim pardalin dixerit stupidam, quod aduersus aconiti uenenum eodem remedio utatur? Quinetiam homines ipsi cum coli dolor & uentris torsiones urgent, ad auxilium ab excrementis boum (ut supra retuli) uel equorum, uel gallinarum sæpe confugiunt. Miranda potius hæc ingenij solertia est, certam illic opem inuenire, ubi nemo sperasset. Redeo ad prouerbia. Expecta bos aliquando herbam, μένε βοῦς ποτὲ βοτάνην; Vbi quid serò contingit, Laborat enim bos in agricolãdo, sed aliquando gustatura herbam

bam enatam. Finitimum illi, Et adhuc tua messis in herba est. Boues messis tempus expectantes, βοῦς ἀμητὸν ἐπιτηροῦντες, uel βοῦς εἰς ἀμητόν: dici solitum, ubi quis ingentium emolumentorum spe laborem su meret. Nam boues messis tempore inter trituram pascũtur interim, & pabulum largius apponitur. Alijs uero tẽporibus molestior est arandi labor, quod nullo pręsente fructu leniatur. Bos in faucibus, explicabitur inferius in Buphago. Bos Homolottorum, βοῦς ὁμολοττῶν, dicebatur in plurima distra ctus ac ueluti dissectus negotia. Poterit & ad rem referri, ut si quis argumentum nimis minutatim diuidat. Zenodotus prodidit Homolottos populos, dissecto in minimas partes boue, fœdus iũgere. Quem morem Scythis fuisse testatur Lucianus in Toxaride: Hæc Erasmus, qui errat quod Homolot tos facit populos, qui nulli sunt. Accipiendum autem de Molossis, & ὁ articulum esse, clarissimum est apud Suidam. Non probo etiam quod de homine multis negotijs distracto prouerbium interpreta tur: de rebus enim solum minutatim sectis semper usurpandum existimo: Suidas exponit ἐπὶ τῶν εἰς πολλὰ διαιρουμένων καὶ κατακοπτομένων πραγμάτων: atqui hominem κατακόπτεσθαι εἰς πράγματα, nemo opi nor Græce peritus dixerit. Immolare boues, βουθυτεῖν, de amplis & magnificis sumptibus, iam supra copiosius explicatum nobis est. Nemo bene merito bouem immolauit præter Pyrrhiam, οὐδεὶς εὐεργέτῃ βοῦν ἔθυσεν ἀλλ᾽ ἢ Πυῤῥίας, in hominem gratum: Pyrrhiæ historiam Erasmus ex Plutarchi Quæ stionibus Græcanicis recitat. Meminit etiam Aelianus in Varijs. Inuitos boues plaustro inducere, simile est Inuitis canibus uenari. Videtur autem ex Theognide sumptũ, Μή μ᾽ ἀέκοντα βίῃ κεντῶν ὑφ᾽ ἅμαξαν ἔλαυνε. Tale dictum etiam uulgo perseuerat, **Mit vnwilligen ochsen oder pferden ist nit gůt pflůgen.** Diuus Hieronymus ad b. Aur. Augustinum scribens, eumq́ deterrere cupiens, ne iuue nis senem prouocet, Memento (inquit) Daretis & Entelli, & uulgaris prouerbij, quod bos lassus fortius figat pedem. A ueteri trituræ more ductum apparet, cum circumactis à bubus super manipu los plaustris grana excutiebantur: partim à rotis in hoc armatis, partim à taurorum ungulis. Huius modi est illud Germanorũ, **Wär sich an die alten kessel reibt/der bescheyßt sich gern:** nisi hoc forte magis ad reprehensionem, illud ad laudem senectutis facit. Nec admodum hinc abludit illud, Ἀτρέμας βοῦς, id est Lente (uel placide) bos, subaudiendum incedit, uel mouet pedem: nam sensim quidem mouet, at grauius premit. Congruet in illos, qui placide ac paulatim, citraq́ tumultum, sed tamen as siduitate rem conficiunt. In sacris precibus tradit Plutarchus (in commentario de Osiride & Iside) mulieres Eleas publicis ac solennibus uotis ad hunc modum solitas Bacchum inuocare, ut accederet βοέῳ ποδί, id est bubulo pede, siue quod huic animanti, cum sit uiribus immensis præditum, deinde tanta corporis mole, tamen peculiare uideatur molliter, quasiq́ pedetentim ingredi, nulloq́ strepitu: uel quod bouis pedes arua calcatu reddunt meliora, quum reliquorum animantium noceant. Boue uenari leporẽ, quale illud Homeri est, Κιχάνει τοι βραδὺς ὠκὺν: & Germanorũ, **Es wär ein schimpff/ das man ein hasen mit der trummen fienge.** Lemnię bouis latera Athos cælat, Ἄθως καλύπτει πλευρὰ Λημνίας βοός: ubi quis officit, aut molestus est, aut gloriam cuiuspiam obscurat, aut alioquin obsistit. Tradunt in Lemno bouis fuisse simulacrum ingens, candido factum lapide: Id Athos Thraciæ mõs, tametsi longo dissitus interuallo, tamen ob summam celsitudinem obscurat umbra sua. Nam, ut Ste phanus scribit, ad stadia treceta umbram iacit: ut Plutarchus, per septingenta fermè. Theocriti Scho liastes uersiculum hunc citat ex Sophocle, Ἄθως σκιάζει νῶτα Λημνίας βοός, Athos obumbrat terga Lem nij maris. ¶Bos in lingua, βοῦς ἐπὶ γλώττης, de ijs qui non audent libere quod sentiunt dicere. Trans latum uel à robore animantis, quasi linguam opprimens non sinat eam loqui: uel hinc quod Athe niensium numisma quondam bouis obtinuit figuram. Hinc iactatum nouimus, ut quicunq́ pecu nia corrupti causam silentio prodant (quod fecisse quum oratores alios, tum uerò Demosthenem, subnotauit historia) dicamus, βοῦς ἐπὶ γλώσσῃ βέβηκεν, id est bos linguam inscendit. Ex qua loquendi figura facetissime Aristophanes, Στόμ᾽ ἐπιβύσας κέρμασι τῶν ῥητόρων, id est, Os rhetorum obturans stipe, Cælius. Philostratus in Scopeliano sophista: Καὶ οὐ χρὴ θαυμάζειν, εἰ πεπεδημένοι τὴν γλῶτταν τινὲς, καὶ βοῦν ἀφωνίας ἐπ᾽ αὐτὴν βεβλημένοι. Aeschylus in Agamẽnone, Τὰ δ᾽ ἄλλα σιγῶ, βοῦς ἐπὶ γλώττης μέγας βέβηκεν. Ita corruptos homines, eleganter buglossos appellabimus, ut apud Varinum obseruaui, qui scribit, Παροιμιάζεται δὲ ὁ βοῦς, ὥσπερ ἐπὶ βουγλώσσων, ἐν τῷ βοῦν ἐπὶ γλώσσης φέρεις. Apud Athenienses nummus erat bouis sculptura & nomine insignis, à Theseo institutus primum, Plutarcho tradẽte, uel ob Maratho nium taurum, uel ob Minois ducem, uel quod ad agricolationem perlicere uellet ciues. Iulius Pollux etiam libro 9. scribit olim apud Athenienses numismatis genus à sculptura uulgo bouem dictum: ideoq́ in spectaculo apud Delios, si cui munus dandum erat, præconem pronunciare solitum, tot bo ues illi donandos esse. Bouem autem ualuisse duabus drachmis Atticis: unde fuisse qui crederẽt hoc numisma Deliorum fuisse proprium, nõ Atheniensium. Addit item in Draconis legibus extare men tionem, περὶ τοῦ ἀποτίνειν δεκάβοιον, id est de pendendis decem bubus, id est nummis decem. Neq́ de fuisse qui senserint, Homerum quoq́ de numismate locutum, non de animante, cum ait: Χρύσεα χαλκείων, ἑκατόμβοι' ἐννεαβοίων. Verum hanc opinionem alio in loco refellit Iulius Pollux, ostendens il lam fuisse commutationem rerum citra nummos: Hæc Erasmus ex Polluce, apud quem ἑκατόμβοι pro ἑκατόμβοι, cum οι & apostropho corrupte legitur: unde Cælius Rhod. deceptus, nouem boum heca tomben exponit, ignorans locum hunc esse de armorum Glauci & Diomedis permutatione. Philo stratus in uita Apollonij, γλῶτταν τε ὡς πρῶτος ἀνθρώπων συνέχε, βοῦν ἐπὶ αὐτῇ σιωπῆς εὑρὼν δόγμα: de Py thagora loquitur silentij authore. Scholiastes in Homerum lib. 2. scribit priscos in altera parte numis

i 2

matis bouem, in altera faciem regiam insculpsisse. Seruius rex ouium boumq; effigie primus æs signauit, Plinius libro 18.3. Hinc pecunia dicta, quod pecudes signatas haberet, quædam boues. Plautus in Persa, Boues bini hic sunt in crumena. Hæc hactenus ex aliorum scriptis: nunc nostram coniecturam de bouis nummi pretio subijciemus. Videtur sanè eius pretij hic nummus fuisse, quo tum temporis boues singuli uenire solebant. Quamobrem non æreum neq; argenteum, sed aureum fuisse colligimus, eiusq; sententiæ testimoniū ex Etymologo supra citauimus, qui in Hecatombes mentione hæc etiam scribit: βοῦν alij ponderis nomen, alij pretium bouis interpretantur, alij didrachmū nummum boue insignem, alij pedem. Hinc nimirum formata composita illa, ἑκατόμβοιον, ἐννεάβοιον, & reliqua huius terminationis. Iam cum Pollux scribat didrachmum eum fuisse Athenis, id est duas drachmas appendisse (quanquam de utro metallo sentiat non expresserit, magisq; de argento quàm auro sentire uideatur: quod tamen bouis pretio minimè conuenit) ex ipso de pondere saltem, ex Etymologo autem & re ipsa de metallo constat. Nam quod didrachmus nummus non argenteus solum, sed etiam aureus fuerit, cum alij, tum Robertus Cenalis episcopus Abrincensis, uir in hoc argumēto exercitatissimus, pluribus ueterum testimonijs approbant. Valet autem (inquit Robertus) drachma auri sescunciam argenti, hoc est drachmas duodecim argenteas, quæ Gallico numismate æstimandæ sunt libris Turonicis duabus, & solidis totidem. Nunc autem urgente auri inopia, uel hominum seu temporum iniquitate, scutum coronatum ea æstimatione permutatur, pauloq; amplius. Et rursus alibi, triplicem olim aureum solidum fuisse docet, unum drachmalem, alterum didrachmalem, tertiū sextularem: est autem sextula, unciæ sexta pars. His confirmatis, Aureus iste didrachmalis (inquit) æquabat pondere Philippeum nummum, qui olim apud nos erat: cui successit apud Anglos nummus Odoardeus, seu Nobilis ad rosam: nec obstat quod hodie pluris æstimetur. Cur autem bos dictus sit nummus, triplex mihi ratio reddi posse uidetur: una ab effigie, altera ab æquali pretio, & tertia fortè à magnitudine nummi, quod is inter aureos maximus fuerit. Huiusmodi igitur bouem nummum olim fuisse, nec amplius etiam bouis communis pretium, hucusq; dixerim. Redeo ad prouerbium, Bos in lingua, ut moneam similia à Germanis celebrari ista: **Er ist mit einer silberen büchsen geschossen: Er hat die geltsucht.** Quibus & illud proximum, Argentanginam patitur.

¶ Locrensis bos, Λοκρικὸς βοῦς, de re uili, aut de munere leuiculo dici potest. Locrēses enim aliquando publicum sacrum facturi, cum bouem desiderarent, composito ex minutis lignis bouis simulacro, dijs rem diuinam fecerunt. Ex ipso boue lora sumere, ἐκ τοῦ βοὸς τοὺς ἱμάντας λαμβάνειν, illi dicuntur, qui quo lædunt quempiam, ex ipso quem lædunt accipiunt. Agricolæ enim lora cædunt è boum tergoribus, quibus boues uinciunt. Asinus ad lyram prouerbium, in Asino retulimus. Cæterum cum Cleon quispiam, cui nomen inditum Boui, scite caneret uoce, lyra uero non perinde uteretur: Stratonicus canentem audiens: Olim, inquit, asinus ad lyram dictus est, nunc uerò bos ad lyram. Bos marinus, uide paulò post Bos in stabulo. Boues messem expectantes, & Bos Molottus, uide in præcedentibus. Contra bouem ne opta, Μὴ ἐπὶ βοὸς εὔχου, adagium, admonet non esse uitam instituendam iuxta uotum animi, neq; quiduis sperandum à superis, sed ut ea duntaxat sibi quisq; promittat, quæ possit industria consequi. Refertur in Collectaneis Diogeniani. Videtur autem ducta metaphora ab agricola, qui negligens adhibere bouis operam in colendis agris, optat ut citra suum laborem proueniat seges, Erasmus. Mihi quidem sensus clarior uideretur, si pro κατὰ præpositione legas ἄνευ, ut ita reddatur, Ne optes sine boue. Oppidò quàm eleganter Horatius hoc carmine, Optat ephippia bos piger, optat arare caballus, uitium illud significat humanis ingenijs insitum, ut semper alienam sortem magis mirentur, suam contemnant ac fastidiant, optent inexperta, experta damnent. Veteres bubus arabant non equis. Hesiodi carmen, Μηδ' ἂν βοῦς ἀπόλοιτ', εἰ μὴ γείτων κακὸς εἴη, id est, Nec bos intereat, uicinus si improbus absit, Columella tanquam prouerbiale refert. Bos ad præsepe, Βοῦς ἐπὶ φάτνῃ, in emeritos dici consueuit, quiq; iam ob ætatem ocio atq; abdomini seruiunt. Effertur item ad hunc modum, Βοῦς ἐπὶ αὐλίῳ γέρων, Bos in stabulo senex. Rursum hoc modo, Βοῦς ἐν αὐλίῳ κάθη, Bos in stabulo desides, de ijs qui molliter & in ocio uiuunt. Stratonicus inebriatus, dixit se ab illo qui ipsum inuitauerat, tanquam bouem ad præsepe data cœna occisum, ut copiosius ex Athenęo Erasmus refert. Cōgruet & in illos, qui in suum aluntur exitium: quemadmodum ij qui se uoluptatibus mundi explent, orco quid aliud quàm uictimæ nutriunt? Bos aduersus seipsum puluerem mouet, Βοῦς ἐφ' ἑαυτῷ κονίεται, ubi quis ad suum ipsius malum uolens lubensq; ducitur. Nam boues ut sunt mansueti, facile se præbent uinciendos, neq; grauatim obtemperant iugo. Κονιεῖν enim Græcis significat festinandi studio ciere puluerem. Quidam accommodant in eos, qui prudentes ac scientes, semet in præuisum periculum inijciunt, bouis in morem, qui sibi patitur inijci uincula, quibus ad cædem ducatur, refertur à Zenodoto, Erasmus: Ego κονιεῖν & κονιεῖται, hoc cum circumflexo in penultima illud in ultima, Græce dici non puto: sed κονίειν paroxytonum, & κονίεται proparoxytonum. Quanquam enim à κονίζομαι futurū κονιοῦμαι formari possit, sensus tamen prouerbij tempus præsens requirit. Bos in quadra argentea, in eos qui personam sustinent officium aliquod egregium pollicentem, nec ulli tamen sunt usui, nisi ad uoluptatem aut fastum. Simillimum est illi quod alibi retulimus Bos septimus, Erasmus. Deinde recitatis Suidæ uersibus, quos nos etiam supra Græce posuimus, Πῶς βοῦς ὑπάρχων, &c. subdit, Meminit huius bouis Iulius Pollux libro 6. cap. 11. tanquam & bos in quadra placentæ aut cibi aliquod genus sit, similiter ut bos septimus. Vnde apparet ipsum uel non animaduertisse, uel non intellexisse Suidæ uerba hæc ba hæc, ἐπίγραμμα εἰς βοῦν καὶ τράγον ἐν πίνακι ἀργυρῷ ἐγκεκολαμμένους, id est, Epigramma in bouẽ & hircum in tabella argentea (sic enim potius uerterim, quàm quadram) cælatos siue sculptos. Quod si ex epigrammate uel apologo potius prouerbium facere libet, conueniet in otiosos, & ignauos, quicquid exterña specie tantum, non re ipsa, munus suum exercent. Iulius Pollux loco citato nullam huius apologi, sed septimi bouis tantum, id est placentæ, mentionem facit. Regia uaccula uel bucula, βασιλικὸν βοίδιον, de prodigiosa fœcunditate ferebatur, natum è miraculo rei gestæ. Aetate Ptolemæi iunioris uacca quædam eodem partu sex ædidit uitulos, author Diogenianus. Bos senex non lugetur, γέρων βοῦς ἀποθανὼν ὅμοιοι: hoc est, senum mors quòd tempestiua uideatur, non lugetur ab amicis. Γηρᾷ ὁ βοῦς, τὰ δ' ἔργα πολλὰ τοῦ βοός, Bos consenescit, at opera multa sunt bouis, prouerbialis senarius, cum ob ætatis imbecillitatem aliquis inutilis redditur ad obeundum munus. Senarij sensus clarius ita reddi posse mihi uidetur, Bos licet iam senecta inutilis, merito tamen illorum operum, quæ plurima iam olim confecit, reijci uel contemni non debet. Bos septimus, ἕβδομος βοῦς, olim in stupidos brutosque dicebatur. Id hinc ortum esse tradunt, quòd antiquitus post sextam lunam bouis imaginem è farina pinsere consueuerint, qui septimam lunam cornibus referret. Sunt qui malint hinc natum, quòd cum apud ueteres sex animantium genera mactari dijs solerent, ouis, sus, capra, bos, gallina, anser: pauperes non habentes uiuum animal quod immolarent, bouis simulachrum è farina fingere consueuerint: is quoniam sensu uitaque careret, in stoliditatis abijt prouerbium, Erasmus. Bos genus est placentæ, quæ dabatur antrum Trophonij subituris: eò quòd in adyta descendentes mugitus audirent, Etymologus. Erasmus dum ex Suida transfert, antiquos post sextam lunam bouis imaginem è farina pinsere consueuisse, qui septimam lunam cornibus referret, duplicem committit errorẽ. Scribit enim Suidas hanc placentam cornutam fuisse κατὰ μίμησιν τῆς πρωτοφαοῦς (πρωτοφυοῦς per υ habet Varinus) σελήνης, hoc est instar lunæ quæ à coitu primum apparet: quo tempore eam Græci etiam ἀμφίκυρτον & μηνοειδῆ uocant, Latini corniculantem: inde dichotomos, id est diuidua uel dimidio orbe cæsa uocatur, primo scilicet, ut nos loquimur, sui motus quadrante confecto. Sed fefellit Erasmum quòd Suidas scribit, ὅτι ἐπὶ ἐξ ταῖς σελήναις ἐπέθυεν τοῦτο ἕβδομος: ubi ille per sex lunas non sex placentas, ut debuit: sed Lunaris motus sex dies accepit: nec animaduertit quòd mox ipse Suidas lunas interpretatur placentas latas & rotundas, quales nostri uocant **fladen**. Easdem Pausania teste πελάνους uocabant, ut Varinus citat, ex quo etiam clarius quàm Suida Erasmus hallucinatus deprehendetur. Solebant nonnulli etiam ἐπὶ τέσσαρσι ποπάνοις, id est post quatuor placentas, communes scilicet, quinto loco bouem, id est placentam unam cornutam immolare, quanquam frequentius post sex: proinde eodem sensu prouerbiali quintum aut septimum bouem aliquis proferat, nihil interest. Pollux pelanos placẽtas à bubus distinguit: nam dijs omnibus eas communiter immolari solitas ait, bouem uero (id est cornutam placentam) priuatim Apollini, Dianæ, Hecatæ, & Lunæ. Addit præterea pelanos à figura dictas esse, ut etiam boues: sed qualis earum figura fuerit, nec ipse exprimit: nec alibi reperio, nisi quod Etymologus inter cætera pelani etyma, ἀπὸ τοῦ πεπλατύνθαι deriuatum conijcit, id est à latitudine. At latitudo non figura est, sed figuræ, aut quantitatis potius, accidens. Aristophanis interpres in Acharnensibus, cum exposuisset ἐλατῆρα placentam latam siue panem latum, quæ pulte superimposita immolaretur: subijcit, εἰσὶ δὲ καὶ λαγαρώδεις, παρὰ τὸ λαγαρόν· καὶ πελανοὶ παρ' Εὐριπίδῃ: nimirum ut indicaret ex latis placentis huius generis, alias uentrosas & intus inanes fieri, alias uero solidas. Empedoclem quoque ferunt, cum Olympia uicisset equis, quòd animatis ex præscripto abstineret, utpote Pythagoricus, ex myrrha, thure, & aromatibus alijs bouem concinnasse, quem ad panegyrin conuenientibus distribuerit: quod parœmiæ quadam imagine usurpari à nobis potest, in ijs quæ de saccaro passim coaptari cõformarique animaduertimus, Cælius ex Athenæi lib. 1. Μαζινὸς βοῦς, bos ex farina confectus, Varinus. Seruabis bouem, uel bubulcus eris, βουκολήσεις: hoc uelut ænigmate significabant exilium. Siquidem qui per ostracismũ eijciebantur, in Argiuam exulatum ibant: ac illic bos erat æneus insigni magnitudine. Refertur in Plutarchi Collectaneis: Hesychius testatur extitisse in Phasmate Menandri. Bos in stabulo, uide supra Bos ad præsepe. Erasmus quidem in Suida se legisse scribit βοῦς ψάλιος, id est Bos marinus: suspicari tamen uitium esse & ψαύλιος legendum. Apud me uero certum est, neque ψάλιος, neque ψαύλιος, sed ἐν αὐλίῳ, id est in stabulo legendum. Nam sic habent excusa Suidæ, quæ nos hoc tempore inspeximus exemplaria, idque bis repetunt: sic Apostolius Byzantius, sic alij authores habent. Πολλοὶ βουπλῆγες, παῦροι δέ τε γῆς ἀροτῆρες, Qui taurum stimulent, multi, sed rarus arator: in eos qui uirtutis insignia aut famam habent, sed uera uirtute uacant. In tergore bouis desedit, ἐπὶ βύρσης ἐκαθέζετο, id est supplex implorat auxilia. Natum à consuetudine Scytharum, ut testatur Lucianus in Toxaride. Nam apud hos si quis forte læsus esset, neque suppeteret ulciscendi facultas, immolato boue carnes minutim sectas coquebat, ipse in tergore humi strato sedebat, manibus in tergum reductis. Idque maximum supplicandi genus apud illos habebatur. Accedebat quicunque uellet opitulari, & carnium portione gustata, dextroque pede tergori imposito, pollicebatur pro uiribus auxilio futurum. Atque hoc fœdus apud Scythas sanctissimum habebatur. Toto deuorato boue in cauda defecit, πάντα ἐκτραγὼν τὸν βοῦν εἰς τὴν οὐρὰν ἀπεκάμε: hoc est, reliquo negotio peracto, in extremo fine delassatus est. Boui trituranti os non obligandum, Mosaica lex, Deuteron. 25. prouerbij locum habebit, cum significabimus dignũ esse mercede unumquenque in quouis labore, & illo præcipue fructu qui ex eiusdem laboris genere percipi possit, priuari non debere. Vide supra in prouerbio, Bos apud aceruum. Boue uenari lepo-

i 3

rem, Plutarchus in commentario de animi tranquillitate, ueluti de re uehementer absurda, stulta, ac præpostera usurpat, his uerbis: οὐδὲ γὰρ ὁ τοξεύειν ἀρότρῳ βουλόμενος, καὶ τῷ βοῒ τὸν λαγὼ κυνηγετεῖν, δυστυχής ἐστιν: οὐδὲ γὰρ γρίφοις καὶ σαγήναις ἐλάφους μὴ λαμβάνοντι, μηδὲ εἷς δαίμων ἐναντιοῦται μοχθηρός, ἀλλὰ ἀβελτηρία καὶ μοχθηρία τοῖς ἀδυνάτοις ἐπιχειροῦσι. Ne si bos quidem uocem ædat: Alciphron in epistola Glyceræ ad Menandrum, ἀλλὰ τοῦτο μὲν οὐδενὶ τρόπῳ μὰ τὰς θεάς, οὐδ᾽ εἰ βοῦς μοι, τὸ λεγόμενον, φθέγξαιτο, πεισθείην ἄν. Nam in annalibus frequenter commemoratur bos humanam uocem reddidisse. Volentem bouem ducito, τὸν θέλοντα βοῦν ἔλαυνε: utere illorum opera qui ex animo faciunt. Stultitia est uenatum ducere inuitas canes, ut ait Plautus. ¶ Sunt & alia quædam prouerbia, quæ in præcedentibus attigi, ut bulimia, buthysia, budoro more, & quæ à bolito, id est stercore bubulo sumuntur: de quibus qui legere copiosius uoluerit, Chiliadas Erasmi adeat. De buphago tantum nonnihil adijciamus, quanquam & supra leonis id esse epitheton monuerim, & de homine uoracissimo dici, uide H. b. & Arcadiæ fluuium esse à Buphago Iapeti filio nominatum, & Herculem buphagon uel buthœnan cognominari. Athenæus libro 10. indicat larum auem Herculi attributam à priscis, quod & ille fuerit ἀδηφάγος, atque itidem βουφάγον esse uocatam. Huc & illud pertinet, Bouem in faucibus portat, βοῦν ἐπὶ γνάθοις φέρει, in hominem edacem, ut indicant Zenodotus & Suidas. Natum, uti conijcio (inquit Erasmus) uel à Theagene athleta Thasio, uel à Milone Crotoniata, quorum alter bouem solidũ solus comedit, teste etiam Græco epigrammate, tum authore Posidippo apud Athenæum: alter, ut narrat apud eundem Theodorus Hierapolites, in Olympijs taurum quadrimum humeris sustulit, eumque eodem die solus comedit: Cuius rei meminit & A. Gellius. Cæterum Hercules ut buphagus, quod multi cibi esset, sic & polyphagus, et addephagus, & ab Orpheo in eius hymno pamphagus uocatur: & philopotes quod multum biberet, unde et scyphum eidem dicarunt, ut gauiam propter edacitatem. Apud Lindios pium est Buphagum, id est Herculem execrari: quod in dei cedere honorem creditur, si in eum multa conuicia dicantur, Gregorius Naz. aduersus Iulianum. De Buphonijs etiam multa retro dixi. Erasmus in prouerbio Cecidis & Buphoniorum Aristophanis uerba in Nebulis citat, Ἀρχαῖά γε καὶ διιπολιώδη, καὶ τεττίγων ἀνάμεστα, Καὶ Κηκείδου καὶ βουφονίων: Quæ sic interpretatur: Prisca hæc sane atque obsita canis, nec non oppleta cicadis, Ac Cecide cum Buphonijs: cum Διιπολιώδη in emendatis codicibus legatur, id est quæ Dijpolia resipiunt antiquissima Iouis festa, quorum aliquoties Gyraldus etiam meminit. Vsus prouerbij est de re magnopere prisca, & ob uetustatem iampridem obsoleta desuetaque. Buphonia festum erat, &c. Huiusmodi ludos adhuc durare uidemus apud Italos, præcipue Romanos, priscæ uidelicet etiamnum insaniæ uestigia, quos illi Taureos uocant. ¶ Buthus obambulat, βοῦθος περιφοιτᾷ, de leuibus ac stolidis dicebatur: à moribus Buthi cuiusdam athletæ, qui uicit in Pythijs ludis: meminit Hesychius. Fieri potest ut ab edacitate id nominis ei inditum fuerit, ut etiam Herculi βουθοίνας: Vnde uidetur dici posse in edaces quoque, Erasmus. Apud Varinum βουθὸς oxytonum legitur, & exponitur ἐπὶ τῶν εὐηθῶν καὶ παχυφρόνων: & rursus alibi apud eundem sic legitur, βοῦφος, ὄνεο βοῦφος ἐπὶ φοιτᾷ: qui locus apparet corruptus. Ego malim βοῦθος, ut apud Suidam quoque legitur. Videntur sane Græci à stulto & simplici bouis ingenio, ut Butalionis quod Etymologus alicubi scribit, sic etiam Buthi nomen finxisse. βούδιος, παρὰ Λυσίππῳ τὸ ὄμμα: (lego ὄνομα) κύων δέ τις ἐβόα δεδιμένος ὥσπερ βούδιος. Seleucus insipientem & stultum exponit, Hesychius.

¶ Animus heptaboeus, θυμὸς ἑπταβόειος apud Aristophanem, de forti magnoque & inuicto. Nam Homerus Aiacis clypeum hoc epitheto insignit, quod septem boum tergoribus esset obductus, atque ob id impenetrabilis. Ouidius, Dominus clypei septemplicis Aiax. Augiæ stabulum, Αὐγέου βουστασία, in hominem, aut in rem maiorem in modum inquinatam. Lucianus in Pseudomante ostẽdit huius stabula tantum habuisse congesti fimi, quantum ter mille boues pluribus annis reddere potuerint. Seneca in libello de morte Claudij, In quos (inquit) si incidisses, ualde fortis licet tibi uidearis, maluisses cloacas Augię purgare, multò plus ego stercoris exhausi. Pausanias Eliacorum libro 1. paulò post initium sic scribit: Eleorum princeps fuit Eleus filius Eurycydæ Endymionis filię, patre Neptuno, si quis credat. Posteri Ἠλείου nomen in Ἡλίου mutauerunt, & Solis non Elei filiũ faciunt Augeam, ut splendidius de eo loquantur. Augeas iste boum caprarumque greges tam numerosos habuit, ut magna pars regionis propter fimum illorum inutilis iam esset. Proinde Herculi expurgãdum illum persuadet, siue regionis parte, siue alio munere promisso. Quod ille mox fluuio Minyeia immisso perfecit. Cæterum Augeas, cum res arte magis quàm labore confecta uideretur, mercedem negauit: & Phyleum maiorem natu inter filios, à quo tanquam iniquus in hominem bene meritum reprehendebatur, eiecit, &c. Græci hanc Augiæ stabuli repurgationem, inter duodecim eius labores numerant. Extat Epigrammatum Græcorum libro 1. sectione 46. ænigma elegantissimum de numero armentorum Augiæ. Octapedes, ὀκτάποδες, Scythico prouerbio dicebantur, qui duos possiderent boues & currum unum: meminit Lucianus in Scytha. Dici poterit per iocum, in hominem qui sibi locuples uideatur: uel in eum cui rusticanæ sunt opes. ¶ Fœnum habet in cornu, longè fuge, Horatius in Sermon. conuenit in homines maledicos & feroces. Inde translatũ, ut Acroni placet, quod antiquitus bubus cornipetis fœnum pro signo in cornu appenderetur, quo sibi cauerent qui forte occurrissent. Idque ideo fieri solitum Plutarchus in problematis Roman. 71. autumat, quod copiosiore pabulo, non modo boues, sed & reliquæ animantes ferociant. Hic locus me admonet ut Ebręorum etiam leges de boue cornupeta referam, ex Iosephi Antiquitatum lib. 4. Bouem cornu percutiẽtem (scribit

(scribit Iosephus, interprete Ruffino) dominus interficiat. Si uero aliquem interficiat percutiens taurus, ipse quidem lapidatus moriatur, & neq; ad cibum utilis habeatur. Si uero culpabilis etiam approbetur dominus, præscius eius naturæ, nec cauens, & ipse moriatur: tanq; ipse eius qui à boue peremptus est, autor mortis extiterit. Si uero seruum uel ancillam bos perimat; ipse quidem lapidetur: triginta uero siclos eius domino, lapidati dominus dare damnetur. Bos autem si à boue percussus mortuus fuerit, uendatur, & qui mortuus est, & qui percussit: & pretium amborum eorum domini sibi distribuant.

¶ Habent præterea Germani peculiaria sua prouerbia à boue facta, ex quibus nonnulla coronidis uice hîc adiecimus. Præponemus autẽ Latina uel Græca eodem sensu usitata, sine bouis mentione. Deo uolẽte, uel uimine nauigabis: Vuestphali dicunt, **Wann Gott wil so kaldet ouch wol ein ochse**: Si Deus uoluerit etiam bos uel taurus fœtabit. Anus bacchatur: Vuestphali, **Die olde koe wil byssen**, Vacca uetula mordere uel morsicatim ludere appetit, in præter ætatem indecorè lasciuientes. Camelus saltat: Germani, Vacca in grallis (ut quidam uocant) incedit. Dij bona laboribus uendunt: Germani, **Gott gibt einem wol ein ochsen/ aber nit bey den hörneren**, Deus bouem aliquando donat, sed non cornibus apprehendendum. Non temere est quod uulgò dictitant: Germani, **Man heisset selten ein kü blümlin (oder blüme) sy hab dann ein punten flecken**, Bos rarò floris nomine appellatur, nisi macula uel una insignis sit. Solent enim ruri maculosas uaccas flores appellare nostri, ut alias alijs nominibus, **blässle/hörnle/mörschle**. Rem odiosam & molestam, quam quis maxime fugiat, desyderari dicimus ut uespæ à uaccis: **Er laufft jm nach wie ein kü den wespinen**. Hominem qui immoderate & uno haustu plurimum bibat, ἀμυσὶ πίνειν dicunt Græci, nostri instar uaccæ, **trincken wie ein kü**: Sic & Nicander in Theriacis de percusso à dipsade:

Αὐτὰρ ὅγ' ἠΰτε ταῦρος ὕδωρ ποταμοῖο νενευκὼς Χανδὸν, ἀμέτρητον δέχεται ποτόν.

¶ Hæc hactenus de boue & uacca dixerim: quibus immorari prolixius uolui: quoniã bos principatũ inter animalia homini utilia semper obtinuit: & cum Heluetia nostra boum armentis abundet, copiosius de eis scribendum mihi existimaui. Multo enim utilius iudico nostratiũ animaliũ naturas habere perspectas, q̃ ijs neglectis aut parcius tractatis, moram in peregrinis facere.

DE TAVRO.

A

TAVRVS bos est ad procreandum reseruatus, dux & maritus uaccarum. Accipitur etiam simpliciter pro forti boue, Vergilius Georg. I. Ergo age terræ Pingue solum primis extemplo à mensibus anni Fortes inuertant tauri. Sed nos hîc tantum de propriè dicto tauro loquemur, non de boue castrato. Quæcunq; de boue in genere afferri possunt, quorum plurima ad tauros etiam pertinent, iam ante diximus. Græci etiam ταῦρον uocãt, βοῦν τέλειον καὶ ἐνόρχην, id est bouem marem, adultum (ut à uitulo & iuuenco differat) & non castratum. Ebræi taurum uocant שור, aliqui bouem simpliciter interpretantur: Vide supra in Ebraicis nominibus bouis. Matthæus Syluaticus taur exponit taurum, nimirum ex Arabica dialecto: nam & Chaldæi tor appellãt. אביר abir robustum significat, & per excellentiam uel antonomasiam abirim numero multitudinis, pro tauris robustis exponitur Psal. 22. alij caballos reddunt. Italicè toro. Gallice toreau. Germanice **ein stier/ein wůcherstier/das wůcher/ein mummelstier/ein hagen**. Aliqui taurum non castratum uocant **ein varren** uel **farr**, forsan à par Ebraica uoce, quæ & iuuencum & bouem simpliciter significat: alij **ein bollen**: nam et Angli dicunt a bulle, ut Illyrij wul bouem in genere; Iidem taurum iunecz quasi iuuencum.

B.

Taurus animal robustissimum, præcipue colli & capitis robore ualet: & frontẽ ualidam pugnęq; idoneam habet. Cornua eis infesta natura dedit, Plin. Ea quàm uaccis robustiora sunt, Aristotele teste; minora etiam tenuioraq; quàm bubus, ut Plinius scribit. Plura uide supra in Boue in B. Homines castrati ita commutantur, ut etiam cæterarum animantium quæcunq; castrata. Nam & tauri, & uerueces sua cornua è contrario gerunt: quòd fœminæ quoq; eorum contra, quàm mares armantur cornibus. Itaq; illi maiora excisi gerunt, hi minora. Aristoteles sectione 10. problemate 38. Et mox iterum eiusdem sectionis problemate 56. eandem dubitationem soluit cur boues castrati maiora cornua gerant. Tauri potissimum neruosi sunt, & durioribus quàm castrati neruis. Cor etiam eorum neruosum esse in Boue dictum est. Collopa Græci uocant pellem in ceruice bouis, unde colla, id est glutinum fit, ut mox explicabimus capite quinto. Taurorum sanguis fibris refertus est: quare omnium celerrime coit & durescit, Aristot. Et alibi, Tauro & asino, inquit, inter ea quæ animal generant, crassissimus & nigerrimus sanguis est. Venenosam eius naturam, & contra eam antidota capite 7. referemus. Arnobius libro 7. ridens antiquorum superstitiosa sacrificia: Non enim placet, inquit, carnem strebulam nominare, quæ taurorum è coxendicibus demitur. Strebula authore Festo, lingua Vmbrorum appellabãtur partes carnium sacrificatarum. Taurorum colla & truces in sublime iactus, tigrium rapinas, &c. miramur, cum rerum natura nusquàm magis quàm in minimis tota sit, Pli. In felle bouis inuenitur lapis, quẽ Arabes Guers appellant, de quo supra in G. diximus. Syluaticus tauri fel priuatim mamacur uocari meminit: uide infra in G. ¶ Mense Martio, cui cordi est armenta construere, tauros comparabit, aut his signis à tenera ætate summittet: ut sint alti, membris amplissimis (ingentibus) moribus placidis, media ætate (& magis quæ iuuentute minor est, quàm quæ declinet in senium, cætera ferè eadem omnia in his obseruabimus, quæ in bubus eligendis: neq; enim alio distat bonus taurus à castrato, nisi quòd huic torua facies est, uegetior aspectus, breuiora (parua) cornua, torosior ceruix, & ita uasta, ut sit maxima portio corporis, uentre paulò substrictiore, qui magis rectus, & ad ineundas fœminas habilis sit, Columella & Palladius. Addunt alij, generosum taurum probari, si facies sit minax: si anteriores pedes fortiter figat ac terrã fodiat: si cauda erecta, sed modice incuruata sit: si cornua in promptu ad feriendum. Obseruandum est, inquit Varro, ut boues mares seminis boni sint, quorum & forma est spectanda, & qui ex his orti sunt, ut respondeant ad parentum speciem. Et pręterea quibus regionibus nati sunt, refert. Boni enim generis in Italia, plerique Gallici ad opus. Contra iugatorij Ligustici. Transmarini Epirotici non solum meliores totius Græciæ, sed etiam Italiæ, tametsi quidam de Italicis, quos propter amplitudinem præstare dicunt, ad uictimas farciunt, atq; ad deorum seruãt supplicia: Qui sine dubio ad res diuinas propter dignitatem amplitudinis, & coloris præponendi. Quod eò magis fit, quòd albi in Italia nõ tam frequẽtes quàm qui in Thracia, ubi alio colore pauci, Varro.

¶ Diuersa boum genera proposuimus supra in Boue cap. 2. Cæterum Oppianus poëta Græcus libro 2. de Venatione, ubi de tauris scribit, non boum sed taurorum (tauri nimirum nomine tanquam digniore omne bubulum pecus complectens) diuersa facit genera: & primum Aegyptios commemorat tauros, non aliter quàm nos boues supra: mox etiam Phrygios similiter, qui colore sint ξανθοί τε φλογεροί τε, id est flauo & flammeo. Deinde Aonios, Armenios, & Syrios similiter ut nos supra ex Aeliano. Syrios quidem etiam Assyrios & Pellæos uocat, & in Cherroneso nasci scribit: atq; hos ipsos esse, quos Herculem Geryoni in Erythea abstulisse fama sit. Est autem Pella ciuitas Syriæ, quæ alias Apamea, à Pella Macedoniæ sic dicta, & Berenice postea, Stephanus. Idem Cherronesum Syriæ ciuitatem, eandem Apameæ facit. Secundum alios, Pella Cœlesyriæ ciuitas est, quę & Bûtis uocabatur. Pausanias tamẽ sentire uidetur, Herculem boues ex Macedonica Pella abegisse, cum loca circa Ambraciam atq; Amphilochos Geryonem imperio tenuisse tradat. Aethiopici tauri non alij quàm rhinocerotes sunt: ut boues luci, elephanti: Vnde apparet bouis & tauri nomẽ ad quadrupedes syluestres maiores diuersorum generum à ueteribus applicatum fuisse. Cibyratici tauri apud Suetonium in Gordianis, nominãtur à Cibyris. Stephanus Cabalidem urbem esse docet prope Cibyram, iuxta dorsum Mæandri, & Cibyriatas à Lydis ortos esse, qui regionẽ illã occupauerint. Meminit etiã Strabo.

C.

Vita bubus fœminis quindecim annis longissima, maribus uiginti: robur in quimatu, Plin. Græcis sacrificaturis moris erat, tauros explorare farina apposita. Nã si gustare abnuissent, concipiebant inde, haud ualere satis, Cælius. Laser è silphio cauernis dentium in dolore indi cera inclusum, Plinius non suadet: quoniam tauros inflammet naribus illitum, & serpentes auidissimas uini admixtum rumpat.

rumpat. Si tauris oleo roſaceo nares inunctæ fuerint, obtenebrantur, Africanus in Geoponicis. Coire tum mares, tum fœminæ anno ætatis primo peracto incipiunt, quoad facultas ſit procreandi: uerum quod magna ex parte fit, uel anniculi, uel nacti octauum menſem Venerem adeunt. Sed enim quod maxime confeſſum habemus, bimatu generant, Ariſtot. Qui quadrimis minores ſunt (qui annum ſecundum non attigerint, Didymus) maioresq; ꝙ duodecim annorū, prohibentur admiſſura: illi, quoniam quaſi puerili ætate ſeminandis armentis parum habentur idonei: hi, quia ſenio ſunt effœti, Columella. Idem de uaccis intelligendum eſt, Didymus. Generationem quadrimi implent, & ſingulis denæ eodem anno traduntur, Plinius. Tauri duo ſufficiunt matribus ſeu matricibus ſeptuaginta, uide ſupra in Boue cap. 3. Duobus ante congreſſum menſibus cum uaccis tauri paſci non debent; deinde admittendi ſunt, nec impetus eorum coërcendus. Sunt autem explendi herba. Quod ſi paſtura non ſatis eſſe uideatur, cicera, aut orobos, aut hordeum macerare, & eis offerre conuenit; Didymus. Tempus admiſſuræ optimum, medium ueris. Neq; enim omni anni tempore Veneris libidine flagrat, ſed decurſo breuiter laſciui ardoris ſpacio, aliâs ſemper tanꝙ ratione quadam & modo ſe à coëundo abſtinet. Salax minime inter mares bos eſt, Ariſtot. Poſt conceptum uaccæ, nunquā cum illa coit. Quamobrem Aegyptij uirum fortem eundemq; temperatum ſignificaturi, taurum integræ ualetudinis pingunt, Horus. Tauri non ſæpius ꝙ bis die ineunt, Plinius. Seniores nec ſæpius quidem fœminam eandem, eodem ſuperueniunt die, niſi ex interuallo. At iuniores, & eandem ſæpius cogunt, & pluries petunt ac ſuperueniunt, uigore ſuę ætatis, Ariſtot. Taurus tanto ardore genitalem neruum contendit ad uaccam adiunctus, ut ſine motu ullo ſemen emittat: ac ſi à muliebri genitali neruus in aliam corporis partem aberrauerit, uaccam rigidiſſima intentione uulnerat, Gyllius ex Horo Apolline. Bos uno initu implet: idq; merito, agit enim tam uehementer, ut fœmina uix tolerās ſuccumbat, Ariſtot. Taurorum ceruorumq; fœminæ uim non tolerant: ea de cauſa ingrediuntur in conceptu, Plin. Boues laborioſius ꝙ equi coëunt, Ariſtot. Si forte conceptio pererrauerit, uiceſimo poſt die marem fœmina recipit, Ariſtot. uel repetit, ut Plinius. Quod ſi tauri ad coitus torpeſcāt, caudam ceruinam urens & conterens, atq; læuigans cum uino, pudendum tauri atq; teſticulos ungito: confeſtimq; uel ad inſaniam uſq; pruriet in Venerem. Quod quidem haud in tauris duntaxat, ſed etiam in animalibus cæteris, in ipſoq; hominum genere ſimiliter uſu ueniet. Soluit autem pruritum illum exorbitantem, oleum inunctum. Iam uero polyſpermos, polygonuſq; uocata herba, animalia ipſa reddet multis numeris fœcundiora, Quintilij. Ego unam & eandem herbam utriſque nominibus iſtis intelligo: Quanꝙ cratæogonon quoq; diuerſam à polygono herbam, & polycarpon appellari, & fœcunditatem augere inueniam. ¶ Taurus tempore coitus tantum cum fœminis paſcitur, cæteroſq; oppugnat mares: temporibus cæteris mares inter ſe cōuerſantur: quod coarmentari dicitur. Iam Epiri prouinciæ tauri ſæpius trimeſtri temporis ſpacio non apparent, Ariſtot. Per libidinē tauri efferantur, ut etiam arietes, & hirci. Qui enim ſuperiore tempore ſocij iugi concordia paſcerentur, coitus tempore diſſident, & alter alterum libidinis rabie inuadit, Idem. Coit qui uicerit: cumq; is Venere iam debilitatus languerit, aggreditur uictus ille languentem, & plerunq; ſuperat, Ariſtot. Hanc taurorum concertationem elegantiſſimus poëta Oppianus lib. 2. de Venatione pulcherrimè deſcribit, quem locum ut à Petro Gyllio translatus & Aeliani hiſtoriæ de animalibus hiſtoriæ inſertus eſt, huc apponam. Sequitur (inquit) ut dicam, quemadmodum pro uaccis taurorum maxime riualis & perpugnax natio, acerrime inter ſe certet. Vnus præſtantiſſimus in minorum taurorum & uaccarum armentum dominatur. Hunc magnum regem perhorret grex armentorum cornibus armatum, uaccæ hunc maritum ſuum impotenti ferocitate exultantem, eo maxime tempore timent, cum diuerſorum armentorum tauri alij in alios mugiunt, & ab reliquis ſeparati, ceruicem iactantes inter ſe minitantur. Tum ſanè utrinq; uehemēs inſtat pugna. Primum infeſto obtutu inter ſe intuentur, atq; agreſti iracundia ardentes, ignem naribus ſpirant, & terram pedibus ſpargunt, & puluerulenta iactatione, & martiali ſpiritu contentiſſime uociferans uterque prouocat alterum. Ac poſteaꝙ tuba ſignum dederunt, ad pugnam acerbam effreni impetu ruentes, inter ſe mutuis uulneribus cædunt. Et quemadmodum in pugna nauali duæ præſtantes naues permultis militibus armatis fulgentes, & uehementi uento & remis propulſæ, contrarijs proris roſtra inter ſe mutua allidunt, & concrepant armis, & ſtrepitu uirorum: ſic taurorum in cœlum tandiu ſonitus fertur concurrentium, dum eorum alteruter ex certamine uictoriam retulerit. Victus cum dolens de pugna à ſe male pugnata, tum uerecundans in armento comparere, in ſyluam proficiſcitur, & ſeparatim à cæteris paſcitur, ac in montibus aliquandiu ſe tanquam athleta quiſpiam exercet, dum collegerit uires, quibus cum ſe confirmatum ſentit, ſtatim uociferatur, adeò ut ſylua ad eius mugitus uehementer reſonet: Ac poſteaꝙ ualidiorem ſuum ꝙ hoſtis mugitum eſſe perceperit, iam robori ſuo cōfidere incipit, & ad prælium deſcendens, facile ante uictorem uincit, ut qui paſtionibus ſe exercuerit, & remotus ab omni Venere uirium eneruatrice uixerit, Hactenus Gyllius ex Oppiano: Nos pauca circa poſtremam partem Græcis collata emendauimus. Rem eandem Vergilius Georgicorum libro 3. tanta uirtute poëtica deſcribit, ut temperare mihi nequeam, quin ea quoq; operi noſtro aſciſcam:

Sed nō ulla magis uires induſtria firmat, (al' ſeruat)
Q̃ Venerem, & cæci ſtimulos auertere amoris:
Siue boum, ſiue eſt cui gratior uſus equorum.
Atq; ideo tauros procul, atq; in ſola relegant
Paſcua, poſt montē oppoſitū, et trans flumina lata:
Aut intus clauſos ſatura ad præſepia ſeruant.

Carpit enim uires paulatim, uritque uidendo
Fœmina: nec nemorũ patitur meminisse nec herbæ,
Dulcibus illa quidẽ illecebris, et sæpe superbos
Cornibus inter se subigit decernere amantes.
Pascitur in magna sylua formosa iuuenca:
Illi alternantes multa ui prælia miscent
Vulneribus crebris: lauit ater corpora sanguis:
Versaque in obnixos urgentur cornua uasto
Cũ gemitu: reboãt syluæque et magnus Olympus:
Nec mos bellantes unà stabulare: sed alter
Victus abit, longeque ignotis exulat oris:
Multa gemens, ignominiam, plagasque superbi
Victoris, tum quos amisit inultus amores:
Et stabula aspectans regnis excessit auitis.
Ergo omni cura uires exercet: & inter
Dura iacet pernox (al' pernix) instrato saxa cubili,
Frondibus hirsutis, et carice pastus acuta:
Et tentat sese: atque irasci in cornua discit,
Arboris obnixus trunco, uentosque lacessit
Ictibus: & sparsa ad pugnam proludit arena.
Post ubi collectum robur, uiresque receptæ,
Signa mouet: præcepsque oblitum fertur in hostem.
Fluctus ut in (al' uti) medio cœpit cũ albescere põto
Longius, ex altoque sinum trahit: utque uolutus
Ad terras, immane sonat per saxa: nec ipso
Monte minor procumbit: at ima exæstuat unda
Vorticibus, nigramque alte subiectat (al', subuectat) arenam. Plura uide infra in prouerbio, Abijt & taurus in syluam. Quàm acute taurus audiat uaccam tempore libidinis mugientem, & spatio uel longissimo accurrat, in Boue supra dictum est cap. 3. Græci asserunt, si mares creari uelis, sinistrum tauri in coitu ligandum esse testiculum: si fœminas, dextrum: tamẽ tauros diu ante abstinendos (Venere) ut cum tempus est acrius in causas dilati feruoris incumbãt, Palladius in Martio: & Africanus in Geopon. Græcis: qui & hæc addit: Vt masculus nascatur, spirante Borea quidam congressus præparant: ut fœmina, Austro. Si tauri post coitum ad dextram partem abeant, generatos mares esse tradunt: si in læuam, fœminas, Plinius: & Horus in Hieroglyphicis, Quamobrem Aegyptij, inquit, mulierem quæ filiam pepererit, significaturi, taurum pingunt sinistrorsum respicientẽ: sin filium, taurum qui se uertat dextrorsum. In Gallia circa Gratianopolin muli uel inni genus nasci audio ex asina & tauro, quod uulgò iumar appelletur. Apud nos etiam uiros fide dignos affirmantes audiui, uisum sibi equũ ad pedem montis Spelugi (ut nos uocamus) in Rhætia ex equa & tauro generatum.

D.

Tauris in aspectu generositas, torua fronte, auribus setosis, cornibus in procinctu dimicationem poscentibus. Sed tota cõminatio prioribus in pedibus stat, ira gliscente alternos replicãs, spargensque in altum harenam, (insperso puluere ad luctam procinguntur, Plutarchus) & solus animalium eo stimulo ardescens. Vidimus de imperio dimicantes, & ideo demonstratos rotari, cornibus cadentes excipi, iterumque resurgere, modo iacentes ex humo tolli, bigarumque etiam cursu citato uelut aurigas insistere, Plinius. Tauri animosi, iracundi, furibundique sunt. Sanguis enim eorum fibris refertior est, quare omnium celerrime coit & durescit, Aristotel. Contra, quorum sanguis tenuis & sine fibris est, ut leporis & cerui, timida sunt. Cur taurus iratus costas per caudam uerberet, in Leone qui idem faciet explicabimus. Taurus nisi castretur, ferocit & infestat cornibus: ad iracundiam facilis, præcipuè si prouocetur. Extra armenta solitarius ferè, non longè tamen à uaccis pascit. Taurum color rubicundus ad iram excitat, ut amplius in Philologia dicemus. Non eadem in tauros (quæ in uaccas) exercentur imperia, qui freti uiribus per nemora uagantur, liberosque egressus reditusque habent: nec reuocantur, nisi ad coitus fœminarum: Columella, cum dixisset de uaccis crepusculo reuocandis sono buccinæ. Animalia fortia grauiorem habent uocem, ut taurus & leo: timida acutam, Aristoteles in Physiognom. Nos in boue supra, ex ipso etiã Aristotele, docuimus tauri uocem acutiorẽ esse quàm uaccæ. Proinde illam hoc in loco comparatione aliorum animalium grauem dicemus, non item uaccę. Cui obiectioni forsan ut occurrat, mox addit: Verum præstiterit fortassis non ex acumine aut grauitate uocis, animal timidum aut forte iudicare: sed ualidam uocẽ fortitudinis, remissam & infirmam timiditatis signum faciemus. θυμοειδῆ, id est animosa sunt, quorum crassa & plena ceruix est: referuntur enim ad tauros animosos, Aristot. ibidem. Taurus animo incitatus, eo impetu cornibus appetit, ea impotentis animi effrenatione fertur, nihil ut eum, neque bubulcus, neque metus ullus reprimere queat. Atqui eum quidem ipsum homo sistit, atque ab impetu continet, si dextrum ipsius genu fascia deligauerit, Aelianus. Hinc est forte quod Rasis scribit, bouem ferum si fune laneo ligetur, mansuescere. Caprificus tauros quamlibet feroces collo eorum circundata, in tantum mirabili natura compescit, ut immobiles prestet, Plinius. Huius rei rationem Cælius Calcagninus inquirit libro 2. epistolarum. Gyllius ex Plutarcho citat si ad ficum (non caprificum ut alij) alligetur, mansuescere. Ego de caprifico intelligere malim: Nam & caules caprifici, si carni bubulæ inter elixandum addantur, ut Plinius alibi scribit, magno ligni compendio eam percoquunt. Hominem nouissima calamitate castigatum designaturi Aegyptij, taurum pingũt, caprifico illigatum: hic enim cum mugit, si de caprifico ligetur, redditur mansuetus, Horus Apollo. ¶ Mithridates Ponticus cum somnum caperet, sui corporis custodiam non modo armis & satellitibus excubitoribus committebat: sed & tauro & equo & ceruo, quos mansuefactos habebat. Ii enim ad custodiam eius dormientis aduigilantes, si quis accederet, illius sensum ex ipsa respiratione quam mox percipiebant, atque ille mugitu, alter hinnitu, alius sua propria uoce, eum à somno excitabant, Aelianus. ¶ Taurum ursus aperto Marte aggreditur, conserta iam pugna, sternit se resupinum, dumque taurus ferire conatur, ipse suis brachijs amplectitur cornua, ore morsum armis defigit, prosternitque aduersarium, Aristoteles. Vrsi tauros, ex ore cornibusque eorum

eorum pedibus omnibus ſuſpenſi, pondere fatigant: Nec alteri animalium in maleficio ſtultitia ſoler tior, Plin. Tauri ſolent diuerſi aſſiſtere clunibus continuati, & cornibus facile propulſare lupos, Varro. Tauri cæteris animantibus ſatis manſuetos ſe præbent, prætereaq; illis, quæ rapacitate alias adoriuntur. Has uiribus coniunctis ſæpe impugnant: & linguas in certamine exerunt, Author ob. ſcurus. Tauro & aſino aduerſarius eſt coruus: quippe qui aduolans feriat, et eorum oculos laceret.

E.

Boum corijs glutinum excoquitur, taurorumq; præcipuum. Præſtantiſſimum fit ex auribus tau rorum & genitalibus: Nec quicq; efficacius prodeſt ambuſtis. Sed adulteratur nihil æquè, quibuſuis pellibus inueteratis, calciamentisq; etiam decoctis. Rhodiacum fideliſſimum, eoq; pictores & medi ci utuntur. Id quoq; quo candidius, eò probatius. Nigrum & lignoſum damnatur, Plinius: Et alibi, Ichthyocollam (inquit) quidam ex uentre piſcis eiuſdem nominis, non ex corio fieri dicunt, ut gluti num taurinum. Collan, id eſt glutinum, aliqui xylocollan uocant, q in ligno ferruminando eius ſit uſus, alij taurocollan. Probatiſſimum Rhodium eſt. Ex boum corijs conficitur, colore candido, & lu cem tranſmittit: nigrum deterius, Dioſcorides. Dædalo inuentori præter ſerram, aſciam, perpendicu lum, & terebrum, glutinum quoq; debemus (teſte Plinio) quo tenaci nexu hærerent ſimul quæ alia ratione coniungi aptius non poterant. Ineſt corijs omnibus mucoſus lentor, alijs minor, alijs copio ſior, ut in bubus: ex quo glutinum faciunt. Fabri affirmant, ubi conglutinata ſunt ligna minus fran gi, quàm ubi continua. Collopa Græci uocant pellem taurinæ ceruicis (uel partis inferioris in cer uice) unà cum pinguedine adhærente, unde priſci collabos faciebant. Alij ſuum & boum duriora co ria circa collum interpretantur, unde collabi fierent. Sunt autem κόλλαβοι fidium epitonia, id èſt claui culi in cithara, quibus intenduntur & remittuntur fides. Κόλλα τοῦ βοός, pellis in dorſo bouis, unde glu ten conficiebant. Κόλλια, coriorum quædam ſegmenta ex quibus glutinum coquitur. Syluaticus tria ſelaicum (neſcio qualem uocem, crediderim autem à taurocolla corruptam) gluten taurinum expo nit. De glutinandi ratione docet Plinius libro 16. cap. 43. Glutinum uulgare è pollinis flore tempera tur feruẽte aqua, minimo aceti aſperſu. Nã fabrile gummisq; fragilia ſunt, Plin. Et alibi, Scammoniũ (inquit) laudatur Colophonium, Myſium, Prienenſe: ſpecie autem nitidum & quàm ſimillimum tau rino glutini. ¶ Taurorum felle aureus ducitur color, Plinius: Hermolaus addit, æramentis atque pellibus, qualia cholobaphina cognominant. χολοβάφον, χολοβαφίνη, οὕτω γὰρ τὰ τῶν πλασμάτων οἱ Ἀθηναῖοι τὰ χρυσοειδῆ ἐκάλουν, Pollux. Et Plinius alibi, Taurino præcipua potentia, etiam in ære, pellibusq; colore aureo ducendis. ¶ Taurea, ſcutica ex corio bubulo: Iuuenalis Sat. 6. Taurea punit Continuo fle xi crimen facinusq; capilli. ¶ Malthæ calidariæ ad balnea compoſitio huiuſmodi eſt, Sanguini tau rino & oleo florem calcis admiſce, & rimas coniunctionis obducito. Item ficum, & picem duram, & oſtrei teſtas ſiccas ſimul tundes. His omnibus iuncturas diligenter adlines, Palladius libro 1. Tit. 41. Ex eodem frigidariæ malthæ compoſitionẽ, quæ cum cæteris ſanguinem bubulum recipit, ſupra po ſuimus in Boue. Eſt ſanè malthis aptus bubulus ſanguis, quòd q cæterorum animalium craſſior ſit, & cito coëat dureturq;: præcipuè taurinus, qui eo nomine etiam inter uenena eſt: ideoq; is calidariæ malthæ, ubi craſſior et firmior materia requiritur, frigidariæ autẽ bubulus ſimpliciter additur. ¶ E pigrammatum Græcorum libro 1. ſect. 33. extat epigramma Philippi in tauros, qui trahebant naues.

F.

Tauris Aegyptij ueſcebantur, uaccis non item, ut ſupra diximus. Hircorum caro tum ad coquen dum, tum ad ſuccum bonum generandum, eſt deterrima: hanc ſequitur, arietum: poſt, taurorum. Porrò in ijs omnibus carnes caſtratorum ſunt præſtantiores: uetulorum autem peſſimæ, tum ad co quendum, tum ad ſuccum bonum generandum, tum ad nutriendum, Galenus libro 3. de alimento rum facultatibus.

G.

Serpentium ſenectus in pelle taurina adalligata ſpaſmos fieri prohibet, Plin. ¶ Taurini cornu ſcobs cum aqua pota, ſanguinem profluentem ſiſtit, Galenus & Raſis. Similiter ſumpta uentris etiã profluuium ſæpenumero cohibet, Galenus. Taurini cornus ueteris ex parte ima cinis, inſperſus po tioni aquæ, aluum ſiſtit, Plinius. Tauri cornu combures eo loco ubi ſerpentes fuerint, & ſtatim fugi ent, Sextus & Aeſculapius. ¶ Sanguis taurinus diſcutit mollitq; duritics cum polenta illitus, Dio ſcorides. Panos & apoſtemata in quacunq; parte taurinus ſanguis aridus tritus diſcutit, Plinius: qui idem etiam de bubulo ſimpliciter eodem in loco tradit. Galenus de medicam. ſimplicium uiribus li bro 10. cap. 4. reprehendens curioſum uſum ex ſanguine animalium quorundam, quorum loco faci liora paratu alia & præſtantiora medicamenta habemus: Vrſorum (inquit) ſanguis, ſi abſceſſibus im ponatur, fieri poteſt ut concoquat. Adijciam uero etiam caprinum, hircinum, taurinum. Licetq; tibi, ſi uoles, præteritis ſexcentis medicaminum parabilium, quibus concoquũtur abſceſſus: urſos, tauros ac hircos mactare, quolibet ſcilicet uſu: Nec enim quiſpiam ſemel impoſito in partem medicamento, promiſſum eius exiget: nec etiam ſi refrixerit ut iam cogatur. Tauri ſanguis ſerpentes necat, Aeſcu lap. Maculas omnes illitus de facie tollit, Sextus & Aeſculapius. Calidus oſſa fracta fomẽtat, Innomi natus: fortè legendum ferruminat. Si ſanguis reijciatur, efficacem tradunt bubulum ſanguinem, mo dice et cum aceto ſumptum: Nam de taurino credere temerarium eſt, Plin. Taurinus ſanguis aridus tritus contra parotidas prodeſt, Plin. Magnificant quidam aduerſus podagras ſanguinem tauri per

se, Plinius. Aridus cum cotyledone herba phagedænis & fistulis immittitur, Plinius. Antidota aduersus taurini sanguinis uenenum, ultimo huius capitis loco proferam. ¶ Taurinæ pinguedinis frequens medicis usus est, quamobrem quomodo ea præparetur, & odoramentis imbuatur, repetã hîc
ex Dioscoride, præsertim cum ad aliorum quoq; animalium pinguedines idem apparatus ex æquo
pertineat. Priuatim (inquit) taurorum pingue sic curari debet: Renibus euulsum pingue profluente
amnis aqua abluito, detractisq; tunicis, fictili nouo, postq; exiguum salem insperseris, liquefacito: dein in nitentem aquam excolato, & ubi concrescere cœpit, manibus iterum confricando uehementer
lauato, aqua sæpius infusa refusaq;, donec quamoptimè elotum uideatur, rursus in olla cum pari modo uini odorati decoquito, & cum iterum efferbuerit, dempto ab igni uase, ibidem sinito pernoctare: postridie si grauiter adhuc oleat, noua olla repetitum, uino odorato perfundatur: eadem quæ prius fiant, dum omne uirus euanescat. Colliquatur & sine sale, præsertim affectionum earum causa,
quibus sal aduersari solet, sed ita paratum non magnopere albescit. Eodem modo pardorum (παρδα-
λεων, id est pantherarum, ut etiam Plinius habet, & capitis in Dioscoride titulus) ac leonum pinguia
curari oportet: (In Græco additur, & apri, & cameli, & equi, & similia: quæ uerba interpretes omittunt, eam nimirum ob causam quòd in titulo capitis non habeantur: Plinius tamen cameli adipem
similiter curari testatur) Hæc Dioscorides, ex quo supra etiam bubuli seui curationem seorsim dedi
mus. Nunc eadem de re Plinium audiamus: Quæ ratio adipis (inquit) eadem in his quæ ruminant,
seui est, alijs modis non minoris potentiæ. Perficitur omne, exemptis uenis aqua marina uel salsa lotum, mox in pila tusum, aspersum marina. Crebro postea coquitur, donec odor omnis aboleatur.
Mox assiduo sole ad candorem reducitur. A renibus autem omne laudatissimum est. Si uero uetus
reuocetur ad curam, liquefieri prius iubent: mox frigida aqua lauari sæpius, dein liquefacere affuso
uino quamodoratissimo. Eodemq; modo iterum ac sæpius coquunt, donec uirus euanescat. Multi
priuatim sic taurorũ, leonumq; ac pantherarum, & camelorum pinguia curari iubent. Vsus dicetur suis locis, Plinius. Cæterum odoramentis imbuendi, taurinum & uitulinum nec non ceruinum
pingue, & eiusdem animalis (cerui) medullam, ratio hæc est. Pingue quod odoratũ reddi debet, demptis, quo diximus modo, membranis, elotum & uino quamodoratissimo, nulla maris aqua diluto, fer
uefactum, pernoctare sinitur: alterum id genus uinum eadem mensura infunditur, colliquatur, et ex
quisite colatur: nouemq; eius heminis, iunci Arabici septem drachmæ adijciuntur. Quod si ipsum
odoris fragrantioris fieri uoles, quadraginta floris eiusdem drachmæ, cum paribus palmæ, calami, &
casiæ modis adduntur, & xylobalsami, aspalathi singulæ drachmæ, cinnamomi, cardamomi, & nardi, singulæ unciæ. Omnia exactius tunduntur, & affuso uino odorato, in uase operto, quod supra car
bones firmiter collocatum sit ter efferuescunt, & semoto ab igni uase inibi pernoctãt: postridie uinum effunditur, aliudq; generis eiusdem adijcitur: ter simili modo bene conferuescat: deinde matuti
nis exempto adipe uinum effundatur: & abluto uase, si quid imo subsidens hæsit, detergatur: postre
mò eliquatum pingue & excolatum, ad usus reconditur. Hoc autem modo odoramentis imbuitur,
quod antea curatum est: uerum ante dicta prius inspissari solent, quò facilius sibi odoramẽtorum ui
res adsciscant. Itaq; assumens quodcunq; horum uoles, cum uino feruefacito, impositis unà myrti ra
mulis, serpyllo, cypero, item aspalatho plenius tuso: aliqui tamen ad hunc usum, uno duntaxat horũ
contenti sunt: cum autem ter efferbuit, exemptum leniter, & linteo colatum, aromatis, uti expositum est, imbuitur, Hactenus Dioscorides. Nunc de adipis siue seui taurini facultatibus, in genere
primum agemus ex Galeno: deinde particulatim ex diuersis authoribus. Galenus igitur libro 11. de
simplicium pharmac. facultatibus cap. 4. Taurorum adeps (inquit) suillo multò calidior est & sicci-
or. Hoc interim addendum, marem fœmina esse tum calidiorem, tum sicciorem: marem autem castra
tum adsimilari fœminæ, uelut quicquid iuuenilis est ætatis. Et inter iuuenilia fœmina mare humidior est, & minus calida. Sic & adeps uitulinus taurino minus tum calidus est, tum siccus. Cæterum
quanto siccior calidiorq; suillo est taurinus adeps, tanto superatur à leonino. Itaq; tanq; in medio cõ-
sistens, merito utriq; medicamentorum miscetur generi, & ei scilicet quod scirrhosis medetur: & ei
quod phlegmonas concoquit: cuiusmodi est tetrapharmacum quod uocant, ex cera, resina, pice, &
adipe constans. Nam siue in hoc taurinum, siue uitulinum, siue hircinum, siue caprinum, siue suillũ
indideris, semper pus mouendo aptum, & concoctorium medicamen effeceris. Taurinus tamen fos
soribus & messoribus, & omnibus carnem duram habentibus, siue ob naturalem temperiem, siue
ex ratione ac forma uitæ, magis conuenit, Hæc Galenus: & alia quædam de adipe in genere: quibus
explicatis reprehendit illos qui astringendi uocabulo apud Græcos abutuntur: ex quibus etiam
Dioscorides non recte caprinum adipem suillo magis astringere scribit: item taurinum, bubulum, &
uitulinum aliquantum astringere (quanq; posterioris huius dicti Galenus illic non meminit) cum
potius aliquid caloris & acrimoniæ habere dicendum ei fuisset: & caprinum suillo acriorem esse, &
calidiorem siccioremq;. ¶ Vincit maculas in facie taurinum seuum uitulinúmue fel, cum semine
cunilæ, ac cinere è cornu ceruino, si canicula exoriente comburatur, Plinius. Sepum tauri cum resina & creta Cimolia impone, omnem duritiem discutit, Sextus: Aesculapius similiter, nisi q; pro cre
ta Cimolia ceram habet: quod magis probo, cum ad Galeni iam dictum tetrapharmacum accedat.
Arborum resinæ panos & similia cum seuo taurino & melle sanant, Plin. Parotides miro remedio
comprimit adeps ursinus, pari pondere cum seuo taurino & cera permixtus, atq; adpositus, Plinius
&

& Marcellus. Ruta emendat uitiligines, uerrucas, strumas, & similia, cum strychno & adipe suillo ac taurino seuo, Plinius. Ad fœminarum strumas cinis aspidum cum seuo taurino imponitur, Plin. Podagris medetur ursinus adeps, taurinumq́ seuum, pari pondere & ceræ: addunt quidam hypocisthidem & gallam, Plin. Medicorum aliqui axungia ad podagras uti iubent, admixto anseris adipe, taurorumq́ seuo, & œsypo, Plin. ¶ Taurina medulla tertio loco post ceruinam & uitulinam laudatur: sequuntur eam caprina & ouilla, Dioscorides. Ex medullis optimam semper expertus sum ceruinam, deinde uitulinam. At hircorum et taurorum, tum acrior est, tum siccior. Itaq; durities scirrhosas emollire nequit, si qua etiam memoria manet eorum, quæ in quinto libro de his sunt prodita, Galenus de simplicib. 11. 5. Tauri medulla in uino trita & potata, torminosos emendat, Sextus: Aesculapius non torminosos habet, sed tremulos, quod forte magis probandum est, cum Rasis etiam ad neruorum contractiones ea utatur, quanq́ foris illita, his uerbis: Medulla tauri ad ignem liquata, si misceatur quarta pars myrrhæ rubentis, & olei laurini tantundem, manusq́ ac pedes inungantur diluculo & uesperi, neruorum contractiones soluit, lenitq́ artus. Gliris pingue, & gallinæ adeps, & medulla bubulina, uel taurina, liquefacta tepensq́, infusa auribus plurimum prodest, Marcellus.

¶ Taurinum fel Dioscorides ouillo, suillo, hircino atq; ursino præfert: & postea, Vrsinum (inquit) ouillumue, eadem taurino potest, sed minore efficacia. Galenus de simplicium pharmac. lib. 10. cap. 12. Taurorum bilis (inquit) calidior & siccior est, q̃ boum castratorum. Et quorundam ego taurorum bilem uidi cœruleam, flaua nimirum superassata (quod ob nimiam fatigationem, & sitim famemq́ contingit) quam medicamento præparando iniici uetui. Facile autem est ex colore conjicere, quodnam fel calidius acriusq́ sit, quod cõtra. Taurinum fel miscetur cum melle uulnerariis emplastris, theriacisq́ medicamentis quæ foris inunguntur, Dioscorid. Melle mixtum ulcera maligna sanat, Rasis. Vlcera cætera sanantur felle taurino cum cyprino oleo, Plinius cum de ulceribus crurum & tibiarum paulo ante locutus esset. Contra phagedænas cum melle utiliter inungitur, Diosc. Phagedænis & fistulis immittitur cum succo porri aut lacte mulierum, Plinius. Ambustis prodest fel tauri, Plin. Illitum super simiæ morsum, persanat, Sextus. Vlcera in capite tanq́ proprius morbus præcipuè infantibus nascuntur, sed & uiros & mulieres grauiter molestant: hæc ergo felle taurino cum aceto tepefacto inlita, efficaci remedio sanantur, Marcellus. Mixtum cum nitro & uino & oleo, quod satis sit, ulcera capitis uel feruescentem scabiem sanat, Marcellus. Alopecias felle taurino cum Aegyptio alumine tepefactis illinunt, Plin. Cum nitro cretáue cimolia, lepras furfuresq́ efficacissime exterit, Diosc. Fel tauri uel asini, utrumq; per sese aqua infractum, euitatisq́ solibus ac uentis post detractam cutem, maculas in facie uincit, Plin. In faciem illitum, lentigines purgat. Comitialibus datur seuum caprarum cum felle taurino pari pondere decoctum, & in folliculo fellis reconditũ, ita ne terram attingat, potum uero sub limine ex aqua, Pli. Alcheron, id est duram lapidis instar substantiam, quæ in felle bubulo reperitur, comitialibus prodesse, & aciem oculorum promouere, ac nequid humoris in oculis colligatur prohibere, supra in Boue docuimus ex Rasi: Quòd si desit alcheron, substituetur ei sesquidenarius de felle tauri nigri, eodem authore. Felle tauri cum oui albo collyria fiunt, aquaq́ dissoluta inunguntur per quatriduum, Plin. Cum melle & balsamo oculorum uitia curat, Aesculapius. Ego, ut apud Sextum reperitur, potius legerim, hoc modo: Cum mulso & melle Attico inunctum, suffusionem & caliginem oculorum sanat. Mulso infusum, & auribus instillatum, sanat earum dolorem, Sextus. Aurium dolori & uitiis medetur precipuè fel taurinum, cum porri succo tepidum: uel cum melle si suppurent: contraq́ odorem grauem, per se tepefactum in mali corio, Plin. Sanat purulentas aures, & in his rupta, cum caprino humanóue lacte instillatum, Diosc. Purulentæ & obtusæ auriculæ & dolorem tolles, & auditum confirmatissimũ reddes, si prius eluas eam lasere cum recenti caprino aut mulieris lacte permixto, deinde instilles tepidum fel taurinum cum oleo cedrino æquis portionibus mixto, Marcellus. Fel tauri confert ulceribus in aure recentibus, Auicenna. Si duæ uel tres guttæ eius instillentur auri tinnienti, conducit, Rasis. Cum porri succo sibilis aurium medetur, Dioscor. Efficax habetur & caprino lacte collui dentes, uel felle taurino, Plin. Contra anginas cum melle inungitur, Plinius & Dioscor. Melle permixtum & extrinsecus faucibus appositum, uel pro unguine inductum, anginas efficaciter sanat, Marcel. Fellis taurini, salis, aceti, mellis, olei ueteris, æquas partes in unum misceri oportet, & cum opus fuerit pinna perfricare fauces diutius laborantes, Marcellus. Bubuli lactis decocti potus, inter cœliacorum & dysentericorum remedia numeratur: dysentericis addi mellis exiguum præcipiunt: & si tormina sint, cornus ceruini cinerem, aut fel taurinum cumino mixtum, & cucurbitæ carnes umbilico imponere, Plinius. Ad lumbricos egerendos felle taurino madefactam lanam umbilico adpone, Marcellus. Sedis uitia usq; ad cicatricem perducit, Dioscor. Sedis uitiis præclare medetur in linteolis conceptis, rimasq́ perducit ad cicatricem, Plin. Vlceribus ani prodest, Auicenna. Qui occlusas hæmorrhoides taurino felle aperiunt, iis interdum imbecillum, interdum uero supra q̃ conueniebat acre apparuit: facile autem ex colore quodnam fel uehementius, quod remissius sit, discernetur, Galenus. In lana collectum, & suppositum ano, uentrem soluit: Idem facit & infantibus super umbilicum positum, & lumbricos proiicit, Sextus. Cum absinthio tritum ac subditum pastillo, aluum soluit, Plinius. Malagma purgatorium ad paruulos, si ob infirmitatem potionem purgatoriam bibere, aut sustinere nõ possunt: Lupinos crudos siccos in ollam nouam missos in furno torrebis, siccatosq́ ac tunsos uel molitos cũ

k

felle taurino uel uitulino miscebis & subiges: & pro malagmate ad imum uentrem, ab umbilico deorsum uersus impones. Nam si super umbilicum imposueris, stercus omne sursum uocabit: impositum aũt deorsum uersus, & bilem detrahet, & pituitam deducet, Marcellus. Contra genitalium & scroti dolores cum melle utiliter inungitur. Pterygia digitorum leuat aqua calida dissolutum: quidam adijciunt sulphur & alumen, pari pondere omnium, Plin. Butyro & medulla ceruina & felle taurino cum oleo cyprino aut laurino perfricta genua sanantur, Marcellus. Podagris (prodesse aiũt magi) spinæ hyænæ cinerem, cum lingua & dextro pede uituli marini, addito felle taurino, omnia pariter cocta, atq; illita hyænæ pelle, Plin. Illinuntur felle taurino uuluæ in dolore, Auicenna. Mulierũ purgationes adiuuat lana succida appositum: Olympias Thebana addidit hyssopum & nitrum: Cornus ceruini cinis potus: item uuluas laborantes, illitu quoq;: & fel taurinum cum opio appositum obolis binis, Plin. Tauri fel trium dimidiorum obolorum Atticorum pondere, in uino ieiunæ bibendum dato: & efformata quoq; ex ipso catapotia deuoranda, ut menses detrahantur, Hippocrates de natura muliebri. Cum aqua colocynthidis recentis datum mulieri in partu laboranti, cito partum educit, Rasis. Sterilitatem ob partus uexationem fieri certum est. Hanc emendari Olympias Thebana affirmat felle taurino, & adipe serpentium, & ærugine, addito melle, medicatis locis ante coitus, Plin. ¶ Membrum tauri in aceto maceratum & illitum, spendidam facit faciem, Sextus: sic & glutinum ex genitalibus tauri, ut infra dicetur. Genitale tauri rubri aridum tritum, et aurei pondere propinatum mulieri, fastidium coitus affert, Rasis. Recentiores quidam contrà ut in uiris Venerem excitent, tauri membrum cæteris huius facultatis medicaminibus admiscent. ¶ Femora tauri (ut cornua etiam) usta sanguinẽ cohibent, Galen. ¶ Tauri fimus tumores atq; duritias soluit, Aesculap. Cum aqua calida potatus, omnes dolores sanat, Sextus. Calidum alopecijs imponito, Sextus. Combustus & aspersus uino aut aqua feruente, combustum sanat, Sextus. Fimo taurino malas rubescere aiunt, non crocodileam illini melius: sed foueri frigida & ante & postea iubent, Plinius. Suffitu fimi, quod à masculo boue redditum est, procidentes uuluæ reprimuntur, Diosc. ¶ Lepras ac furfures tollit urina tauri, uel addito nitro asini circa canis ortum, Plinius & Marcellus. Lotio taurino caput si laueris, porriginem uetustissimam tollit, Marcellus. Ad porriginem, utq; non tędia animalium capillis increscant, fel hircinum cum urina tauri prodest, Plinius. Capitis ulcera manantia urina tauri efficaciter sanat: si uero uetus sit, etiam furfures adiecto sulphure emendat, Plin. Vrina tauri si cum myrrha instilletur, aurium dolores lenit, Dioscor. Si maior sit grauitas aurium, urina capri uel tauri, uel fullonia (id est humana) uetus calfacta prodest, uapore per lagenæ collum subeunte: admiscent et aceti tertiam partem, & aliquid urinæ uituli, qui nondum herbam degustauerit, Plin. Bialcon ad Venerem stimulandam tauri à coitu urinam bibi iubet, lutoq; ipso illini pubem, Plin. Purgatorium si mulier non concipiat, ex Hippocratis de natura muliebri libro: Tauri urinam (inquit) collige trium heminarum mensura. Deinde artemisiam herbam, aut parthenium, & adiantum, et laurum uiridem, & cedri ramenta simul contunde. Deinde in effossa scrobe carbones accende, & imposita olla urinã tauri infunde, & contusa in mortario adijce: postea sellam circumpone, & artemisiam herbam, aut hyssopum, aut origanum impone: & muliere super hæc collocata, donec sudet, foue. Vbi uero sudârit, laua cum calida, & in lauacrum artemisiam & laurum immitte. Deinde subdititium medicamentum adhibe. Aut artemisiam, aut bulbium in uino albo tritum lanæ inuolutum subdat. Hæc ad tres dies faciat, & deinde cum uiro dormiat. ¶ De taurino glutino, & quodnam optimum sit, & quomodo adulteretur, supra dixi cap. 5. Præstantissimũ fit ex auribus taurorum & genitalibus, nec quicquam efficacius prodest ambustis, Plin. Cum melle & aceto ambustis illini Auicenna iubet. Scabiem hominis abolet in aceto liquefactum, addita calce, Plin. Cum aceto illitum impetiginem tollit, & scabiem si profunda non fuerit, Auicenna. Aceto remissum, adiecto sulphure uiuo leni igne decoctum, ita ut ad mellis crassitudinem perducatur, surculoq; ficulno dum coquitur agitatum, ac bis per diem impositum, impetigines agrias, id est feras, potentissime sanat, Marcellus. Recentes plagas ferro illatas sanat, liquefactum & tertio die solutum, Plinius. Cum melle & aceto miscetur, eaq; lotione lendes tolluntur, Auicenna. Membrum genitale tauri in aceto maceratum & illitum splendidam reddit faciem, ut scribit Sextus: fit enim hoc modo glutinum candidandæ cuti, & scabiei tollendæ idoneum. Medetur dentibus fabrile glutinum in aqua decoctum illitumq;, & mox paulo detractum, ita ut confestim colluantur uino, in quo decocti sunt cortices mali punici dulcis, Plinius. Glutinum taurinum tribus obolis cum calida aqua bibitur in uetere sanguinis excreatione, Plin. Ad eundem usum Marcellus Empiricus commendat glutinum quo charta glutinatur: hoc enim (inquit) calidum in modum sorbitionis hauritur: uel ex aqua calida sanguinem excreantibus datur. Glus taurina aqua calida resoluta, cœliaci uentris inflationi utiliter imponitur, Marcellus: Ego magis probo Plinij lectionem, quæ huiusmodi est, Infundunt dysentericis & glutinum taurinum aqua calida resolutum: Inflationes autem discutit uitulinum fimum in uino decoctum.

¶ Sequitur ut de taurini sanguinis maleficio, eiusq; signis & antidotis, collatis authorum locis doceamus. Hic celerrimè coit atq; durescit (ut supra diximus) ideo pestifer potu maximè, Plin. Miror autem cur aduerbium maximè addiderit, quasi etiam aliter quàm potus lædere posset, id quod authorũ nemo tradidit, nec ratio indicat. Neq; enim tota substantia sua uenenosus est hic sanguis, non magis q̃ lac: sed ex accidenti, cum coagulantur: quod fit in sanguine priuatim cum recens bibitur, nõ aliâs: & ne

&ne tum quidem, exemptis fibris, quę cōdensationis causam habent. Taurinus sanguis recens inter uenena est, excepta Aegira. Ibi enim sacerdos Terræ uaticinatura tauri sanguinem bibit, priusquam descendat in specus. Tantum potest sympathia illa de qua loquimur, ut aliquando religione uel loco fiat, Plin. De Terra dea eiusq; oraculis Gyraldus scribit in Opere de dijs cum alibi, tum Syntagmate 15. in Themide. Simile qd supra retulimus, nempe uaticinij causa descensuris in Trophonij antrū bouem placentam dari solitam, eò quod intus mugitus quidam æderetur. Aegira urbs est inter Aetolos & Peloponnesiacos, Plinio & Pomponio testibus: est & Aegira insula apud Plinium. Αἴγειρα (inquit Stephanus) urbs est Achaiæ ab Homero Hyperesia dicta: Philon Ciliciæ urbem facit Aegeiran. Midam illum ueterem multaq; temporum fabulositate inuolutum, Plutarchus in libro de superstitione scribit, contracta ex somniorum diritate animi ægritudine, cum mali nullum se promeret alleuamen, tauri sanguine copiosius hausto, cōcessisse ab humanis: Quod item Strabo testat li. 1. Taurini sanguinis uenenum deprehenderunt in diuina re mortales, cum iugulatis ad sacrificium tauris, qui aderant superstitiosiores calentem adhuc biberent. Nullus tamen clarius hoc genus mortis quā Themistocles fecit: qui post pulsum è Græcia Xerxen exul à patria, accepto ab Artaxerxe exercitu, siue nolens, siue desperans quæ illi contra Græcos pollicitus fuerat præstare, in Ioniæ Magnesia decepto cultrario ipse taurum in sacrificio tenens, (simulato Dianæ sacro, quam Leucophryn uocāt, Cælius) exceptum poculo sanguinem repente hausit. Hinc in Helena Sophocles, ἐμοὶ δὲ λῷστον αἷμα ταύρειον γ' ἐκπιεῖν, Καὶ μὴ γε πλείω τῶνδ' ἔχειν δυσφημίαν. Et Aristophanes in Equitibus, βέλτιστον ἡμῖν αἷμα ταύρειον πιεῖν. ὁ Θεμιστοκλέους γὰρ θάνατος αἱρετώτερος. Frequentius quondam taurini sanguinis periculum hoc fuit: nostra ætate, nulla id afferente religionis occasione, nullum aut rarissimum est, Marcellus Vergilius. Thucydides tamen Themistoclem mortuum modò scribit, & in Attica clam humatum. Tauri recens iugulati sanguis epotus spirandi difficultatem strangulatumq; cōcitat: faucium tonsillarumq; meatus præcludit cum neruorum distentione, lingua rubescit: dentes inficiuntur: quædam concreti sanguinis uestigia, inter eorum commissuras restant, Dioscorides. Aegineta omnia Dioscoridis uerba super hoc ueneno in suum codicem transscripsit: uariat autem in nonnullis, quæ ut hęc scribendo obseruaui, breuiter annotabo, μετὰ πνιγμοῦ ἰσχυροῦ, Aegineta pro πνιγμοῦ habet σπασμοῦ, idq; probo, nam πνιγμοῦ, id est suffocationis mentionem iam prius fecerat. Proinde etiam interpretes rectè non suffocationem, sed conuulsionem uel neruorum distentionem uerterunt. Et Nicander in Alexipharmacis, ubi de hoc maleficio tractat, sic scribit, ὁ δὲ σπασδόνεσσιν ἀλύων Δηθάκις ἐν γαίῃ σπαίρει μεμορυγμένος ἀφρῷ. Hoc est, Ille uero conuulsionibus uexatus Subinde humi spuma pollutus palpitat. Posterius hoc signum de spuma, quam ore nimirum reddit qui bibit, aliorum nullus commemorat. Sed non opus est quod quis solicitus sit de signis huius ueneni: neq; enim ita latere potest, aut cibis potionibúsue immisceri ut alia quædam uenena: Euenire tamen posset ut in stultis aut insanis hominibus, qui uel sponte uel oblatum bibissent hunc sanguinem, aliquis horum signorū usus esset. Rursus ubi in Dioscoride rectè legitur, ὀδόντες βεβαμμένοι, id est cruento colore infecti dentes: Aegineta & Aëtius perperam habent βεβρωμένοι, utriusq; interpretes quidam ineptissimè reddunt corrosi. Nicandri scholiastes Aristotelem citat de sanguine taurino, his uerbis. οὐ λανθάνει δὲ πινόμενον, ὥσπερ καὶ τὰ ἄλλα δηλητήρια πολλάκις ἀγνοοῦνται: ἔστι γὰρ ἀτονώτερον τοῦ τῶν ἄλλων ζώων αἵματος, ὡς Ἀριστοτέλης: διὸ καὶ ἀφρόνως εἶπε, τινὲς ἀποκαρτεροῦντες, πίνουσιν αὐτὸ καὶ τελευτῶσι. Et rursus paulò post, Ἀτονώτατον πάντων αἱμάτων Ἀριστοτέλης τοῦτό φησι. Ego apud Aristotelem ἄτονον uocem, quæ infirmum significat, de taurino sanguine nusquam reperio: sed libro 3. historiæ anim. ca. 19. ita legimus, παχύτατον δὲ καὶ μελάντατον τῶν ζωοτόκων αἷμα, ταῦρος καὶ ὄνος ἔχουσι. Quamobrem in Nicādri etiam scholiaste pro ἀτονώτερον, uel παχύτερον, uel μελάντερον leges, uel utrūq;: & similiter pro ἀτονώτατον eadem uocabula in superlatiuo gradu. Hoc admisso, ut necesse est, uerborum quæ ex scholijs citauimus, hic sensus erit: Cum cætera uenena sæpe fallant, & lateant, ut uel ab inuitis cautisq; sumantur: taurinus sanguis eiusmodi est, utpote nigerrimus & crassissimus in toto sanguinis genere, Aristotele etiam teste, ut latere non possit, nec nisi à uolentibus sumi, quibus stultitia aut desperatio hoc faciendum persuaserit: Quamobrem rectè Nicander dixit, si quis hoc uenenū biberit ἀφροσύνῃ, id est suapte stultitia, non fraude & dolo aut insidijs. Transeo ad remedia. Vomitum à sanguinis istius haustu (monente Dioscoride) uitabimus: sanguinis enim globi seu grumi, attractu illo in sublime relati, magis gulæ inculcantur. Idem Aëtius & Aegineta præcipiunt. Cæterum Galenus libro 2. de Antidotis cap. 42. Aduersus taurinum sanguinem epotum, inquit, remedium est acetum bibere et uomere. Mihi quidem Dioscorides & alij uomitum rectè prohibere uidentur, illum scilicet qualis post cætera uenena moueri solet, nempe ab usu dulcium pinguiumq;, ut olei, hydrelæi, hydromelitis, &c. Galenus probat, sed à solo aceto, ut quod grumos dissoluat, neq; simpliciter educat & gulæ infarciat. Certe à lacte coagulato in uentriculo, similiter uomitiones uitandas Dioscorides, Aegineta, & Aëtius præcipiunt, ne hærens in gulæ angustijs coagulatum lac ad exitum eluctando suffocet. Hoc etiam obiter monuerim, eadem ferè omnia quę lac in uentre coagulatum dissoluunt, & quæ sanguinem suum cuiusq; in uentriculo uel alibi concretum discutiunt, contra sanguinem tauri num quoq; antidoti locum obtinere. Statim autem (inquit Dioscorides) exhibenda sunt medicamenta, quæ concretum sanguinem discutiunt, aluum subducunt: & rursus paulò post aluum resoluendam consulit, ut Galenus quoq; loco iam citato: & Nicander hoc uersu, Ἠὲ καὶ ἐκφλοιοῖο κατάχθεος ἕρματα γαστρός, id est uel etiam exprimas onerati excrementa uentris, medicamento scilicet purgante.

k 2

Nam quod scholiastes illic addit, ἢ καὶ τὸ συκῆς φλοιῶ, tanquam poëta de cortice fici hîc aliquid dicat, id ita accipi neq; sensus & constructio loci illius admittit, neq; cum alijs scriptoribus conuenit. Ibidem scholiastes scribit, κλύζειν φησὶ τὴν γαστέρα, id est poëta aluum clystêre uacuandam monet. Et Aëtij interpres, Aluus (inquit) pinguibus & lubricis infusis eluatur. Ego certe licet clystêris usum inter huius ueneni remedia non reprehendam, authores tamen nihil de eo præcepisse contenderim. Nam & Nicandri uerba commodius de medicamento purgante per os sumẹndo acceperis: & Aëtij locus apparet corruptus. Dioscorides enim, à quo is sua transcripsit, sic habet, δεῖ δὲ τὴν κοιλίαν ὑπάγειν, εἰωθε γὰρ τοῖς σοι ζομένοις ἀποδίδοσθαι διὰ τῆς ἕδρας καὶ ῥοώδη (Aegineta melius, κοπρώδη καὶ δυσώδη) id est, Aluũ soluere oportet. Nam ijs qui seruantur stercorosa & fœtida per sedem egeri consueuerunt: Ruellius legit κοπρώδη καὶ ῥοώδη, id est stercorosa & fluida. Præterea stomachum & uentrem hordeacea farina ex aqua mulsa perungere (καταπλάσσειν, id est in cataplasmatis formam redacta fouere) oportet, Dioscor. Proderit quoq; uentrem subducere, eundemq; lupinorum farina & nitro in oxymelite decoctis contegere, Galenus: nimirum ut inde fluat, ut solet ab epomphalijs dictis medicamentis. Forsan & apud Dioscoridem non κριθίνῳ sed θερμίνῳ legendum: Nam & ad aluum ciendam, & ad grumos dissoluendos quantũ lupini hordeo præstent, medici omnes sciunt. Meminit huius ueneni etiã Ferdinandus Ponzettus cardinalis, sed nihil adfert egregiũ, ut neq; alij recẽtiores quorũ libros in præsentia adiui. Nunc remedia quæ particulatim apud authores inueni ordine literarum, subnectam, ut inuenire & conferre facilius sit. Acetum per se prodest ad uomitum ciendum, ut ex Galeno dixi: alij id nequaquam ad uomitum exhibent, sed uel mero uel aqua diluto (poscam uocant) alia medicamenta quæ sanguinis grumos dissoluere possunt, admiscent. Ad lac quoq; coagulatum acetum per se bibi Galenus consulit, non tamen ad uomitionem. Amarantus, Aëtio. Dioscorides hanc herbam helichryson uel helichryson uocat. Quænam uero hæc nobis sit, uel quo nomine hodie dicatur, medici contendunt. Eurycius Cordus & Leon. Fuchsius putant eandem esse quæ hodie uulgo stichas citrina nominatur, in qua ego abrotoni folia desydero, & potius ageraton Dioscoridis esse conijcio. Io. Ruellius cotulam non fœtidam. Ego Matthæoli Senensis sententiæ magis accesserim, qui helichryson apud Tuscos abunde nasci scribit, locis incultis, & pratis sicciorìbus, collibus, & arenosis fluminum ripis, altitudine cubiti, folijs abrotoni, per interualla digestis in caule quem rectum & solidum habet: umbella in cacumine aurea, quæ uulgaris millefolij aut eupatorij Mesuei speciem referat: flores uel aridi diutissime uigent, & seruant colorem, quamobrem initio ueris anteq; alij proueniant, usus eorum ad corollas. Hæc ex Matthæoli commentarijs Italicè scriptis. Rara apud nos hæc herba est, aut nulla: apparet autem athanasiæ uel tanaceti uulgo dicti generibus adnumerandam esse, ut etiam Mesuei eupatorium, quod Monspessuli herbam D. Mariæ uocant: in Italia quidam herbam Iuliam, contra lumbricos utentes. Omnibus una florum species, umbellæ uidelicet aureæ, florum corymbi sicci, quod pulchre cum Dioscoride facit: & hæc causa est, quod decerpti etiam longo tempore seruentur: nihil enim aut parum succi amittunt. Omnibus sapor acris cum amaritudine quadam: omnibus odor quidam suus est, non ingratus, & qui uel moschi aliquid resipere uideatur. Quare minimam in hoc genere iuam moschatam nonnulli appellant, quam ex agro Mesauci oppidi uallis Tellinæ, ut uocant, amicus quidam ante annos aliquot ad me misit. Illa quam describit Matthæolus, aut certe congener prorsus, Basileæ proxime urbem locis arenosis emicat, qua torrens influit. Nos tanacetum nostrum in aliorum locum non minore effectu, cum ad alia præstanda quæ de helichryso ueteres promittunt, tum ad sanguinem ubicunq; resoluendum, substituemus. Helichrysi Galenus meminit in amaranto tantum, ut Aëtius quoque: Aegineta in Amaranto primum ex Galeno, deinde in Helichryso ex Dioscoride, quasi unam & eandem herbam esse nesciret. Amarantum (inquit Galenus) incidit & attenuat: coma eius cum uino pota menses detrahit (quod & Plinius scribit) Creditur & sanguinis grumos non in uentre solum, sed etiam uesica liquefacere, in quem usum cũ uino mulso bibendum est. In summa, fluxiones omnes potum exiccat, sed stomacho nocet. Helichrysum Dioscorides etiam chrysanthemum & amarantum uocari scribit, eoq; simulacra deorum coronari: (quod diligentissimè seruauit Ptolemæus rex Aegypti, Plin.) Virga (inquit) est candida, uirens, recta, firma uel solida. Folia habet ex interuallo angusta, abrotono similia: comam aureæ lucis, in orbem: umbellam circinatam, quæ siccis ueluti corymbis constat, (ad solis repercussum, aureæ lucis in orbem ueluti corymbis dependentibus, qui nunquam marcescunt, Plin.) radicem gracilem (& in superficie terræ, Theophr.) Nascitur in asperis & torrentium alueis (χαραδρώδεσιν, aquosis conuallibus, Marcellus Verg. Plinius in frutectis nasci scribit.) Coma cum uino pota medetur angustijs urinæ, serpentium morsibus, coxendicis doloribus (lumborum uitijs, Plin.) & ruptis. Menses eadem trahit, concretumq; in grumos in uesica & uentre sanguinem cum mulso pota absumit. Catarrhum etiam sistit, trium obolorum pondere ieiunis data in diluta uini albi potione. Miscetur etiam uestibus, ut integras ab erosionum noxis tueatur, (Plinius addit, odore non ineleganti) Hæc Dioscorides. Duritias etiam & inflammationes discutit, Plin. Marcellus Vergilius in sua translatione uirgam ei breuem non rectè attribuit, ubi nos in Græco ῥαβδίον λευκὸν, id est uirgam albam legimus. Theophrastus certe lib. 9. cap. 21. tribuit ei φύλλον λευκὸν, καὶ τὸν καυλὸν δὲ λεπτὸν καὶ σκληρὸν, id est folium candidum, caulẽ uero tenuem & durum. Plinius lib. 21. cap. 11. Theophrasti uerba sic reddit, Heliochrysos florem habet auro similem, folium tenue: cauliculum quoq; gracilem, sed durum. Hoc coronare se magi, si & unguenta sumantur ex auro, quod apyron uocant, ad gratiam quoq; uitæ gloriamq; pertinere arbitrantur.

trantur. Hinc patet Plinium in Theophrasto neq; caulem neq; folium λευκόν, id est album, sed utrunque λεπτόν, id est tenue uel gracile legisse: Ipse præterea loquendi modus, Καὶ τὸ καυλὸν δὲ λεπτόν, id est caulem quoq; tenuem (sic enim potius uertendum, quàm caulem uerò) aliam quoq; partem de qua prius dixerit similiter tenuem esse oportere admonet. Græci quidem sæpenumero λεπτόν dicunt, nõ solum quod crasso opponitur, sed simpliciter paruum. Conuenit etiam quod Dioscorides στενόν, id est angustum dixit, à Theophrasto λεπτόν appellari. Quod ad caulem, si legas in Dioscoride ut uulgata exemplaria habent, λευκὸν χλωρόν, id est candidum uiridem, absurdus erit sensus, nisi quis λευκόχλωρον, id est ex uiridi albicãtem legi posse existimet, sicut μελάγχλωρον dicimus: sed præstiterit cum Theophrasto & Plinio λεπτόν legere, quàm de noua lectione diuinare. Non probo etiam Ruellium qui ῥαβδίον hic ex Dioscoride ramulum transfert, cum uirgam aut caulem debuisset: nam Theophrastus καυλόν habet, Plinius coliculum. Quanquam libro 21. cap. 25. quod totum de heliochryso est, Plinius etiam sibi dissimilis, ita scribit: Heliochrysum ramulos habet candidos, folia subalbida, &c. Sed nec illud quod reddit, ueluti siccis corymbis depẽdentibus, quanq; alium Plinij locum in hoc imitatus: neq; enim in Græcis dependere eos legimus: & res ipsa declarat in tanaceto & similibus herbis, umbellas siue corymbos (ambigunt enim ferè inter utrunq;) non pendulos sed rectos esse. Reprehendendus est etiam Theodorus, qui in Theophrasti loco iam citato, pro heliochryso aureliam reddens, sic uertit: Aurelia folium habet candidum, fructum tenuem durumq;: absurdissimus hic error est, quo pro caule semen supposuit. Seminis enim mentionem nullus scriptorum facit, caulem uero huiusmodi esse, omnibus conuenire satis ex antedictis constat. Venio ad uires amaranti: Vtuntur eo ad serpentium morsus è uino: & ad ambusta cremato & melli mixto, Theophrast. (Plinius simpliciter, ambustis cum melle imponitur.) Hę uires ad herbæ superficiem, & comam uel florem maximè pertinent: Theodorus uero ita transtulit, ut herba ne an radix accipienda sit in dubio relinquatur. Iam pro his uerbis Dioscoridis, ἴσχει δὲ καὶ κατάῤῥουν, id est sistit etiam catarrhum uel destillationem à capite: ab Hermolao redditur, profluuia mulierum sistere. Legitur sanè in manuscriptis quibusdã Græcis codicibus Dioscoridis, ut Marcellus Vergilius obseruauit, non κατάῤῥουν sed ῥοῦν tantum, id est profluuium: & sic legit etiam Plinius, sed fluxionis uocem ad muliebrem tantum contraxit: Nam libro 21. cap. 25. Folia heliochrysi trium obolorum pondere mulierum profluuia in uino albo sistere scribit. Nec aliter forte Galenus legit, scribens: Καὶ πάντων ἐστὶν ἁπλῶς ῥευμάτων ξηραντική: sed melius q; Plinius, ad quemuis fluxum non muliebrem tantum, uim uocabuli extendit. Hoc etiam melius q; fluxiones usu eius, nõ simpliciter sisti, ut Plinius & Dioscorides uerbum ἴσχειν usurpans (quod astringentium potius & obstruentium est) sed exiccari docet: memor scilicet incidendi attenuandiq; & menses prouocandi facultatem ei se attribuisse. Aegineta helichrysum catarrhis subuenire scribit. Quod si muliebria profluuia exiccat, de pituitosis pręcipue & albis (ut uocant) intellexerim: ea enim & diureticis & menses cientibus, ut asaro ac similibus, ab initio præsertim adhibitis, multo felicius quàm astringentibus solis curantur. Inter Dioscoridis nomenclaturas, chrysocome etiam & centaurium minus amaranti cognomen habent, & ocimastrum amarantis cognominatur: nihilominus tamen & inter se & ab heliochryso diuersæ sunt omnes hæ plantæ: ut improbandus sit Aeginetæ interpres Andernacus, qui amarantum Aeginetæ (quod & Galeni amarantum, & heliochrysos Dioscoridis est) centaurium minus interpretatur, de quo tamen Aegineta alibi seorsum agit. Plinius 21. 11. heliochryson inter uernos flores commemorat: Sequitur (inquit) œnanthe, melanion, ex syluestribus heliochrysos: quem locum ex Theophrasti historiæ plantarum libro 6. cap. 7. transtulit. Est & alterum amaranti genus, quod Plinius libro 21. cap. 8. ita describit, Amaranto non dubie arsà natura uincitur (hoc est nullum in uestibus æque formosum purpuræ splendorem ars ulla effingere potest, ac in amaranto natura nobis exhibuit.) Est autem spica purpurea uerius, quàm flos aliquis, & ipse sine odore. Mirumq; in eo, gaudere decerpi, & lætius renasci. Prouenit Augusto mense. Durat in autumnum. Alexandrino palma, qui decerptus asseruatur. Mirumq;, postquam defecere cuncti flores, madefactus aqua reuiuiscit, & hybernas coronas facit. Summa eius natura in nomine est, appellato, quoniam non marcescat. Hæc Plinius: Cuius postrema uerba, Summa eius natura in nomine est, sic interpretor, quasi medicinæ inutilem hunc amarantum dixisset: nec ob aliud appetendum, quàm quia & elegans flos est, & non marcescit: quæ summa eius laus uel ex nomine deprehenditur. Huius amaranti (quem Plinij, uel purpureum amarantum, cognominandum censeo, discriminis gratia) nec alius quisquam ueterum, nec ipse Plinius alibi, mentionem facit. Recentiores quidam florem amoris uocant, Germani **rote kölblin / aliqui tausentschön**: Galli jalousiam, quasi zelotypam, & nobiles flores, & passeuelours, quod serici uillosi purpuram uincat: Itali fiorelluto, & alij fior di grana, id est florem serici uillosi, & florem cocci. De quo pluribus scriberem, si quid ad medicinam faceret, etsi iam nimis longè digressum me uideo. Hoc saltem prætereundum non duxi, duplicem in eo Matthæoli errorem esse: primum, quòd Aëtij de amaranto uerba, quæ ille ex Galeno mutuatus est: non intelligit omnino ad aureum amarantum, id est heliochrysum pertinere, & tanquam de purpureo accipi debeant, confidenter asserit: deinde, quòd Ruellium & Fuchsium immerito reprehendit, quòd amaranti potione è uino fluxus omnes sisti scripserint, quæ quidem non illorum, sed Galeni uerba sunt, ut supra ostendi. Accedit tertius error, quòd Aëtium testem citat fluxiones omnes eo prouocari, cum ille non prouocari, sed contrà siccari scripserit, Galenum in hoc secutus,

Hieronymus Tragus amarantum purpureum Circeam esse suspicatur, helichrysum uero linariæ speciem quandam, quos errores in præsentia alijs refellendos relinquo. Mihi satis sit in unica planta tam multos uariosque ueterum & recentiorum errores aliud agendo indicasse. Pergo tandem, ut cœperam, remedia illa ordine alphabeti recensere, quæ contra taurinum sanguinem in uentre coagulatum à ueteribus commendantur. Brassicæ semen confert, Dioscor. Nicander idem cum aceto copioso propinat. Brassicæ syluestris semen tostum auxiliatur, Plin. Caprifici fructus (Latini grossos, Græci olynthos uocant) lacteo succo turgentes, ex posca, Diosc. Marcellus Vergilius pro olynthis eo in loco reddit ficorum caprificorúmue grossos: quoniam Græca uox (inquit) utriusque arboris immaturum adhuc pomum significet, & Dioscorides lib. 1. utriusque lac æqualem habere potestatem tradiderit. Grossi caprifici cum posca & nitro, Aegineta. Caprifici grossi aceto dilutæ, Galenus, & Nicander: qui grossos caprifici ἐρινοὺς uocat, arbor ipsa ἐρινεὸς dicitur: scholia ἐρινοὺς exponũt olynthos, uel ramos fici, quod minus placet. Grossi caprifici potæ resistunt sanguini taurino poto, & lacti coagulato, Plinius. Grossi ex fico maxime syluestri liquore pleni, cum nitro & posca, Aëtius. Aut fici succus eodem modo, Idem. Aut ramuli fici triti cum nitro & posca, Idem. At uero syluestris fici succus etiam siccus comestus, euestigio grumos dissoluit, Idem. Aggregator citat ex Plinij libro 23. etiam lignum caprifici sumptum prodesse, ego eo in libro cap. 7. ubi de caprifico agit Plinius, ex grossis tantum remedium inueni. Ex fici lignorum cinere lixiuium, Diosc. & Aëtius. Prodest autem etiam contra lac coagulatum lixiuij genus quod πηλοποιητικὸν uocant, Dioscoride teste: interpretes eam uocem relinquunt, quidam luto traiectum aut uino factum reddit. Idem sic nominat Aegineta libro 3. cap. 2. & libro 5. cap. 57. & alijs multis locis: & Galenus circa finem libri 10. de compositione medicamentorum secundum locos, ὕδωρ πηλοποιητικὸν uocat: Item libro 6. secundum genera, & sæpe aliâs Græcis medicis hæc appellatio in usu est. Est autem nihil aliud quàm lixiuium, quale figulis in usu est. Galenus libro 6. Methodi, Cum nullum medicamentum ad manum haberem, petiui conian stacten, id est lixiuium liquidum, ubi uidissem pelopœon, id est figulum ægro uicinum. Eadem est στακτὴ τῶν πηλωπαιείων Aëtio libro 12. cap. 42. Hæc ex Iani Cornarij commentarijs in Galenum de compos. secundum locos. Ego uerò nullum lixiuij usum apud nostros figulos reperio: quod si quem Cornarius nouerat, quale id lixiuium esset indicare debuerat. Sed quorsum esset? ad lutúmne lauandũ? frustra nimirum, quod uel prouerbium monet, quo laterem lauare pro inanem sumere operam dicimus. Melius certe fecerunt, qui uocabulum hoc tanquam ignotum præterierunt, & aquam lixiuã nobis simpliciter reddiderunt. Decepit ipsum (ut Linacrum etiam ante, libro 6. Methodi Galeni uertendo) quòd passim omnes codices πηλοποιϊκὸν per η scribunt, cum per iota deberent. Nam πηλὸς per η lutum significat, unde πηλοπλάθον & πηλουργὸν aliqui figulos interpretantur: πηλοποιὸν uero in ea significatione, nusquam hactenus legi. Πιλοποιὸς autem per iota, & inde formata uocabula πιλοποιϊκός, πιλοποιΐα, πιλοποιϊκή, legimus apud Pollucem libro 7. cap. 30. Est autem pilopœus hic artifex qui πίλους uel πιλία, uel πιλίδια, id est pileos aut pileolos cõficit ex lana, illa præcipue puto quam Feltriam uocamus, uulgo filtz. Eundem artificem πιλητήν, συμπιλητήν, & πιλωτὴν uocant, Pollux: aliqui etiam πιλωτέλειον: Germani hütmacher. Illorum opera πιλωτὰ Græci nominant, quod lanæ inter se confertæ constipatæque sint: πίλωσιν & συμπίλησιν, densationem huiusmodi. Quamobrem non capitis solum, sed etiam pedum tegmina, uel tibialia sic parata Græci πίλους nominant. Nam cum reliqui ex lana panni, à textoribus contexi soleant, hoc genus constipando tantum fit. Pilotarij igitur isti, præsertim cũ rubro uiridiue colore lanas tingere uoluerint, lixiuio utuntur, ex cinere quem uulgo clauellatum uocant, nostri weidäschen: qui combustis animalium ossibus fit. Audio alicubi pileos omnes iam factos, cuiuscunque coloris sint, tali lixiuio ab eis ablui. Vtuntur eo & alij tinctores, ad certa colorum genera. Nostri præferunt cinerem illum qui ex fæce uini in massas coacta crematáque fit. Hæc lixiuij genera quoniam plus acrimoniæ habent, & dissecantis abstergentisque facultatis sunt, uulgari lixiuio non solum ad lactis aut sanguinis grumos in uentriculo concretos, sed ad alios etiam usus extra corpus, à medicis præferri debent, ut neruorum ulcera, scabiem malignam, &c. Hæc admonere operæpretium uisum est, cum sex aut septem Dioscoridis, Galeni, & Aeginetæ interpretes, hac in re omnes hallucinati sint. Aduersus lac coagulatum quidem lixiuium pilotariorum auxilio esse solus Dioscorides, & imitatus eum Aegineta scripserunt. Galenus, Aëtius & Nicander, ubi de eodem ueneno agunt, non meminere. Hoc omnino monendus est medicinæ tyro, non temere lixiuium ullum, præsertim uehemens, intra corpus propinandum esse, cum erodendi & septicam uim propemodum habeat: Et si quando usum eius necessitas postulârit, recuratione utendum per pinguia, & abluentia uel obtundentia morsus, ut butyrum, &c. Coagulum omne cum aceto, radicéque silphij seu laseris, aut eiusdem liquore, taurini sanguinis grumos dissipat, Diosco. Ego Aeginetæ lectionem præfero, qui coagulum ex aceto seorsim commendat, & rursus silphij radicem cum liquore seorsim: sic enim habet, καὶ σίλφιου ῥίζα σὺν τῷ ὀπῷ. (Aduersus lac coagulatum quoque, coagulum quoduis cum aceto datur: aut silphij radix liquórue cum posca, apud Diosco. Galenus coagulum ex aqua propinat, uel laserpitij et nitri æquas partes ex aceto mulso.) Nicander coagulum probat capreæ (πυετὸς ὁ τῆς δορκάδος, Scholia) uel hinnuli, uel hœdi, uel leporis: idque raro linteo percolari iubet & misceri, poscæ nimirum. Coagulum hœdi sumitur contra sanguinem taurinum, contra quem & leporis coagulum ex aceto, Plinius. Calaminthæ, id est nepetæ arida folia, eorumque succum Dioscorides aduersus lac coagulatum

gulatum auxiliari scribit: quamobrem crediderim in sanguinis taurini etiam periculo prodesse, praesertim cum remedia caetera pleraq; utrisq; eadem sint. Conyzae folia cum pipere, Aegineta & Diosc. quibus etiam lixiuium addit Aëtius. In excuso Dioscoride Graeco non bene legitur κονύζης σπέρμα pro φύλλα. Ἄσαι δ᾽ ἢ ῥάδικα κακοφλοίοιο κονύζης, Nicander. Ficus, uide supra in caprifico. Helichrysos in amaranto praedictus est. Laser uel silphij radix ex aceto, Aëtius. Laserpitij obolus semiobolúsue, Galenus. Vide etiam paulò ante in Coagulo. Nitrum per se etiam prodest, Dioscorid. Nitri oboli duo in uino dissoluti, Galenus. Nitrum cum lasere datur, Plinius. Ἠὲ νίτρου σὺ δ᾽ ἂν ὀδελοῦ πόρε τριπλόου ἄχθος εὔτριβες, κίρνα δὲ ποτῷ ἐνὶ δίδυκεῖ (lege ἐν ἀδολυκεῖ, ex Scholiaste, id est suaui, uel uetere & subamaro uino) βάκχου, ἐν καὶ σιλφιόεσσαν ὀποῖό τε μοιρίδα λίτρην, Nicander: id est aequas portiones radicis laseris eiusq; liquoris admisceto. Baurach cum aniuden sumptum, Auicenna. Spuma nitri cum aniuden, Serapio citans Galenum ut Aggregator habet. Piper apud Nicandrum per se: Dioscorides conyzae folijs admiscet. Posca, id est aqua aceto permixta, uide supra in Aceto. Petroleum recentiores quidam laudăt ad sanguinis grumos dissoluendos: nec dubito quin ad taurinum quoq; utile sit. Agathocles contra sanguinem tauri sonchi nigri succum demonstrat, Plin. Rubi succus ex aceto, Dioscorides & Aegineta: Nicander rubi germina conteri iubet, nimirum ad succum quoque exprimendum: Loniceri translatio semina habet pro germina, uitio forte typographico. Thymus cum & sanguinem concretum discutere, & lac coagulatū dissoluere praedicetur, in tauri quoq; sanguine resoluendo non ignauus existimandus est.

H.

Ταῦρος ὁ τῶν βοῶν ἡγεμών, Taurus armenti dux est, Pollux. Hinc est, quod Homerus libro 2. Iliados Agamemnonem Graecorum imperatorem tauro cōparat: Ἠΰτε βοῦς ἀγέληφι μέγ᾽ ἔξοχος ἔπλετο πάντων ταῦρος, ὁ γάρ τε βόεσσι μεταπρέπει ἀγρομένῃσι: βοῦς ταῦρος per appositionem dixit, quasi βοῦς ἄῤῥην. Accipitur etiam improprie, pro quouis boue, tum à Latinis, ut supra dixi in A. tum à Graecis, ut in hoc uersu, ἵπποι μὲν σφηκῶν γένεσις, ταῦροι δὲ μελισσῶν. Ταῦρος, inquit Etymologus, dictus est quasi τανύουρος, à caudae extensione: uel quasi γαῦρος, id est superbus. Ego à tor Chaldaica uoce appellatum potius supra dixi. Italia à bubus nomen habere existimata est. Graecia enim antiqua (ut scribit Timaeus) tauros uocabat ἰταλοὺς, à quorum multitudine & pulchritudine & foetu uitulorum Italiam dixerunt. Alij scripserunt, quod è Sicilia Hercules persecutus sit eò nobilem taurum, qui diceretur Italus, Varro. Et alibi, Italia (inquit) à uitulis dicta est, ut scribit Piso. Tyrrhenorum lingua taurus dicitur Italus: Propterea ab uno ex tauris Geryonis abductis ab Hercule, dicta est Italia: quum prope Rhegium enatasset in Siciliam in Eryon campum, ac regnum Neptuni filij peruastasset, Caelius ex Graecis interpretibus ut ait. Italia olim armentosissima fuit, Perottus. Πρών, taurus exponitur Hesychio & Varino. Suidae πρὼν & πρηών, nihil quàm eminentior montis pars est. Κωλαβοῖλαι, tauri, Hesychius & Varinus. Ταυρίδιον, paruus taurus, Suid. Tauras etiam uaccas steriles nominari supra indicauimus. Omnia magna & uiolenta Graeci tauri nomine appellant, unde & βου particula intendendi apud ipsos, (de qua multa superius) Eustathius in Dionys. & Stephanus in Tauri montis mentione, nam illum quoq; à magnitudine aliqui sic dictum putant. Extat Ioachimi Camerarij in Exercitijs eius Rhetoricis de tauro elegăs aenigma, huiusmodi: Moechus eram regis: sed lignea membra sequebar. Et Cilicum mons sum, sed mons sum nomine solo. Et uehor in coelo, sed in ipsis ambulo terris.

¶ Taurorum epitheta, Aeripedes, Ouidius, id est pedes aere solidos habentes. Agrestes differūt à syluestribus, Plin. lib. 8. Alacres, Claudian. 2. Paneg. Acer, Silius lib. 23. Arator, Ouid. 1. Fastorum. Bellator, Stat. 3. Thebaid. Corniger, apud Cicer. de Nat. ex Poëta, & Ouidius 15. Metamor. Eximij praestanti corpore tauri, Verg. 4. Georg. Iners, Stat. 9. Thebaid. Ingens, Verg. 2. Aeneid. Macer, Aegl. 3. Nitens, Aeneid. 3. Toruus, Ouid. 8. Metam. Trux, 9. Metam. Validus, 7. Metam. Et apud Graecos, πρηνὺ τείνοντες, ἀροτροδουπῆρες ἄρσενες, πελαργοί, ὑψαύχενες ἤγουν ὑπερήφανοι: ἐρίμυκος, ἐρίμυκος: κρατερώνυχος, Pindaro. Αἴθωνες, κρατεροί, μεγαλήτορες, εὐρυμέτωποι, Ἄγραυλοι, ἀθεναροί, κεραλκέες, ἀγελόθυμοι, Μυκηταί, βλοσυροί, ζηλήμονες, εὐρυγένειοι: quae omnia licet ab Oppiano Syrijs priuatim tribuantur, de omni taurorum genere dici possunt. Idem taurum uocat armenti κραδὸν μέγαν ἡγεμονῆα, & πόσιν ἀγελάοντα. ¶ Quintilianus libro 8. Sicut in his quae homonyma dicuntur, ut Taurus animal ne sit, an mons, an signum in coelo, an nomen hominis, an radix arboris, nisi distinctum non intelligitur. De tauro sydere dicam infra in h. Ephesij pincernas appellare tauros solebant, Hesychius: non quoslibet tamen, nec ubiuis, sed in Neptuni tantum festo, ut repetemus infra. Est auis quae boum mugitus imitetur in Arelatensi agro taurus appellata, alioquin parua, Plinius. Tauri uocantur scarabei terrestres ricino similes, nomen cornicula dedere: alij pediculos terrae uocant, Plin. Ταῦρος pars est membri, & pro ipso membro per synecdochen accipi uidetur. Taurum & orrhon, ut scribit Ammonius, Graeci eam uocant partem quae testiculos interiacet, quam in auibus orrhopygion uocant. Ὄρος (malim ὄῤῥος per duplex ρ.) locus est secundum nates, παρὰ τοὺς γλουτοὺς, quem aliqui taurum uocant, ut scripsit Herennius Philo, Varin. Τὸ δὲ ῥαφὴ μὲν προσιοικὸς, ἀπὸ δὲ τῶν καυλὸν διὰ τοῦ ὄσχεου μέσου ἀπὸ τῶν ὀνομαζόμενον ταῦρον εἰς τὸν δακτύλιον καταλῆγον, περίναιον ὀνομάζεται, καὶ τράμις, καὶ ὄῤῥος, Pollux. Quae eius uerba ita intelligo, ut taurus ei sit locus ille qui inter anum & scrotum interiacet, linea autem media quae sub cole est, ac inde per scrotum & taurum suturę instar extenditur ad anum usq;, tramis & orrhos & perinaeon appelletur, nempe in homine. In auibus enim alia ratio est, quanquā in ijs quoq;

k 4

locus inter testiculos medius, uel potius finis loci illius eminentior orrhos nominet. Sic igitur taurus à cæteris tribus nominibus differt, quæ tamen aliqui cum tauro cõfundunt. Aliqui περίνεον per ε scribunt: aliqui in masculino, alij in neutro genere proferunt. In Glossis Galeni hæc uerba legimus, περινῶ, πέρινέῳ. Est autem locus (inquit) inter scrotum & anum, ubi uesicæ collum situm est. Et paulo post, περίνεα τὸ περίνεον: in libro autem de hæmorrhoidibus & fistulis, anum sic appellare uidetur. Hesychius περίναιν exponit περίνεον & pudendum, ἀφ' οὗ καὶ τὸ περαίνεσθαι. περιλος, pudendum, Suidas. περίναιος, pudendum, penis, scrotum, scilicet taurus, Varinus. Μηρὸς δὲ καὶ γλουτοῦ τὸ ἐντὸς, περίνεος: μηροῦ δὲ καὶ γλουτοῦ τὸ ἔξω, ὑπογλουτίς, Aristot. libro 1. hist. anim. Theodorus sic transfert, Pars interior femoris & natis communis, coles: exterior subnatale. Sed colis in hac significatione uocabulum fictum ab eo reor, ego interfeminium potius appellârim. τράμις Suidæ anus est, cæteris ipsum ani foramen, τὸ τρῆμα τῆς ἕδρας: in Hesychio corrupta uox est ῥῆγμα pro τρῆμα. οἱ δὲ τὸ ἀπὸ τοῦ τύπου (lego τόπου) μέχρι τῆς ἀρχῆς τοῦ βαλάνου χωρίον, id est, Alij uero tramin exponunt partem ab ano usque ad initium balani, id est glandis: sic uocatur extrema ueretri pars. Accusatiuus τράμιν per ι in Hesychio & Etymologo perperam scribitur, cum deberet per iota. Postremo τράμις secundum aliquos interpretatur ὄρρος (quam uocem cum acuto in penultima semper scribere malim, ad ὀρρῦ, id est seri differentiam quod ultimam acuit) ὑπόρεον, ἢ ἰσχίον, Hesychius. Ταῦρος, ὁ ἀπὸ τῶν ἀχαιῶν τόπος οὕτως ὀνόμασται παρὰ τῆς ἀνάτασιν, Etymologus. Hæc uerba non intelligens quidam, in Lexico Græcolatino, Taurum Achaiæ locum ridicule interpretatur, cum non ἀπὸ τῶν ἀχαιῶν, sed ἀπὸ τὸ ὄχευν legendum sit. Vide ὄρρον & deinceps apud Varinum. Redeo ad taurum, id est penem uel interfeminium: ab hoc ἀταύρωτος uox pro casta & uirgine apud Tragicos conficta est, Pollux. οἴκαδ' ἀταυρώτη διάξω τὸν βίον, Suidas. Est autem Aristophanis uersus in Lysistrata. Significauit eo (inquit Erasmus in prouerbio, Abijt & taurus in syluam) uitam cœlibem fœminæ, negligẽtis taurum, id est maritum. Sic & Horatius pereat male quæ te Lesbia quærenti taurum, monstrauit inertem. Quod aũt Erasmus impudicam tauri significationem omittit, modestiæ causa magis quàm per ignorantiam fecisse uidetur. Eodem sensu, sed alia ratione, ἄταυροι uel ἀπόταυροι potius Aristoteli dicuntur Pyrrhicæ iuuencæ, Theodorus setauras transfert, quæ annis aliquot Venere intactæ seruabantur, ut incrementum ampliter caperent. A tauro uidetur etiam uerbum ταυροῦν formari, unde & mulier ἀταυρώτη, quæ uiro coniuncta non fuerit, tanquam iuuenca taurum non experta, Varinus. Hippobinum Græci quidam uocant illum, qui meretricio amore debacchetur: aut qui inexplebiliter Venerea consectetur, quem Latinorum nonnulli etiam lastaurum dicunt, sed Græce tamen, ut ex Athenæo liquet. Nam eo uerbo Pompeius Leneus nobilissimo historico, uelut næuum inussit. Id uero signare hominem libidinis ualidæ, in libro de grammaticis & rhetoribus auctor Suetonius est. Cuiusmodi narratur Proculus inter minusculos Romanorum tyrannos. Vocabuli ratio hæc, quia Græcorum lingua λα (Atticè, Etymologus) dictiones intendit: taurus uero est pudendorũ pars, sicuti adnotatum à Galeno scimus, nec non à Quintiliano. Eam sub oscheo positam Eustathius interpretatur. Alij lastaurum dici putant quasi λασιόταυρον, quòd hispido sit pudendo, ut idem Eustathius astruit, (& Varinus.) Nam lastaurocaccabum apud Chrysippum in libro περὶ καλοῦ καὶ ἡδονῆς, legimus esse delicatioris edulij genus (ὡς ἂν τῆς κατασκευῆς αὐτοῦ οὔσης περιεργοτέρας, Suidas) uti est apud Athenæum, ut quod sit libidinis incentiuum. Lastarnos quidam (Hesychius) malunt scribere, ut sint οἱ περὶ τὸν ὄρρον δασεῖς καὶ πόρνοι τινὲς ὄντες, Cælius. Εἴ τις γ' ἐν τοῖς Ἕλλησιν ἢ τοῖς βαρβάροις λάσταυρος τὸν τρόπον, οὗτοι πάντες ἑταῖροι τοῦ βασιλέως ἦσαν, Suidas ex authore innominato. Apud Etymologum & Varinum lego etiam, λάταυρος, τὸ ἱμάτιον, ἀναλογεῖν τῇ λωπίᾳ, τῷ δέρματι: uilis quædam uestis, uidetur autem ea uox à Latinorum lacerna interpolata. λαῦσαι, πόρναι, Hesychius. ταῦρον insuper παιδεραστὴν exponit Hesychius, & muliebre pudendum. Ταύρωσιν, ταῦρον ποικίλον, Varinus. Ἀποταυρούμενος, θρασυνόμενος, id est audacter & superbe aliquid dicens aut faciens, Varinus & Hesychius. Phanodemus hordeum scribit appellari ταῦρον, quoniam cornutum sit, Hesychius. Aristas forsitan quibus hordei spica armatur, cornua aliquis dixerit. Taurion est inter lychnidis coronariæ nomenclaturas apud Dioscoridem. De tora herba uulgò dicta apud Italos, quam Dioscorides orobanchen uocat, supra disserui in Boue capite 3. Est & altera tora, uulgò dicta, prima scilicet aconiti species, de qua in lupo dicemus. Hoc saltem in præsentia monendum lectorem duxi, lychnidi & aconito non solum nomina communia esse: cum illa taurion, hoc tora uel taura uocetur: sed etiam effectus, utrauis enim admota scorpiones torpescere Dioscorides tradit: & licet aliud nihil eis commune existimem, ad philologiam tamen hęc non taceri pertinebat. Taurus apocathemenes Magis, lychnis syluestris est, Dioscorides. Est & alia taura, de qua Hermolai Barbari uerba hæc sunt: Sunt qui oxyn putent esse quam uulgus tauram & triada, hoc est trinitatem, & sphragida, hoc est sigillum Salomonis appellauit: folio triplici, aut uno potius in terna disposito, radice capillamentis multiplici: flore cum maculis quibusdam candidis cœruleo. Astringit, ad stomachum dissolutum & enterocelas in cibo datur, Hermolaus Barb. ¶ De nauigijs tauri nomine, infra dicam in h. ¶ A maiore pecore nomina habemus, Equitius, Taurus: & cognomina, Statilij Tauri, Pomponij Vituli, Varro. Taurus ille qui Europam Phœnissam rapuit, Cretæ rex fuit, & Gortynã cõdidit. Tauri cuiusdã quæstoris ad Armeniã missi, meminit Ammianus Marcellinus libro 14. Taurus medicus celebris in Creta fuit, & alij quidã hoc nomine, Varinus. Taurus Berytius philosophus Platonicus, uixit sub Antonino Pio, &c. Suidas. De Tauro illo ex quo Minotaurus natus fertur, dixi supra in Boue cum Pasiphaë. Taurosthenes proprium uiri nomẽ est, de quo de quo Aelianus in Varijs lib. 9. ca. 2. Taureas nomen propriũ, Suidas, nec plura. Taureæ Iubellij Campani, uiri memoranda fortitudine historiã, describit Liuius lib. 2. de bello Punico. Vide in Onomastico nostro. Tauriscum sęuum tyrannum qui Gallias infestabat, Herculem Amphitryonis filium occidisse aiunt Galli, Ammianus Marcellinus libro 15. Taurisci Cyziceni sculptoris meminit Plinius libro 34. cap. 12. Tauriscus pinxit Discobolum, Clytæmnestram, Paniscum, Polynicen regnum repetentem, & Capanea, Idem libro 35. cap. 11. Hermerotes Taurisci, non cælatoris illius, sed Tralliani, inter monumenta sua spectari uoluit Pollio Asinius, Idem 36. 5. Taurites quidam uir robustus fuit, unde apud Philetærum quidam de uiribus suis glorians, inquit: τὸ ταυρίτην ἢ τοῖς πόνοις ὑπερβαλῶ, senarius est. Seuero Alexandro imperante, Taurinus augustus effectus est, S. Aur. Victor. Ταυρόκτονος

10 proparoxytonum, à tauro occisus: paroxytonum autem is qui occidit, Ammonius & Cyrillus. De taurea, id est scutica alibi dixi: Eutropius autor est Superbum Tarquinium excogitasse primum uincula, taureas, fustes, &c. Et feriunt molles taurea terga manus, id est tympana, Ouidius libro 4. Fast. dixit autem taurea pro taurina, id est ex corio taurino. Vergilius lib. 1. Aeneid. Taurino quantum possent circundare tergo. Lucanus libro 1. Tauriferis ubi se Lucania campis Explicat. Toruus à tauro dicitur, aspectu seuerus & terribilis. Toruitas, ut Pompeio placet, quasi taurorum acerbitas dicitur. Est autem toruus proprium bouis epitheton. Trux etiam quasi taurux dictus existimatur, id est ferox, crudelis: unde trucitas, truculentus, & trucido uerbum, Perottus.

¶ b. ταυρόμορφον, Horatius Aufidum tauriformem dixit: Exprimebantur autem à priscis fluuiorũ imagines bucrani, id est boum capitibus, uel taurina forma, & cornuti, ut supra in Boue dixi. Flu-

20 uij cur taurocrani, id est taurinis capitibus fingerentur, quatuor ferè causas afferunt: unam, quòd ubi se in mare exonerant, remugiunt: Homerus, τὸς δ' ἐκβάλλει θύραζε μυκώμενος ἠύτε ταῦρος: alteram, quòd boum instar sulcant proscinduntq́ue tellurem: tertiam, quoniam pascua circa ripas esse solent: postremò, quoniam curuis ambagibus cornua imitantur, Varinus. Taurus, ut idem habet, Alpheo fluuio immolabatur, ut Neptuno quoq́ue. In uniuersum enim taurus amnium naturæ conuenit cum aliàs, tum quia uiolentum est animal, & cornibus terram reijcit. Ἔστι δέ τινα πλοῖα λύβια (sic habent impressi codices, Cælius reddit in Libya) λεγόμενα κριοὶ καὶ τράγοι, ὡς εἰκάζειν ὅτι τοιοῦτον ἦν πλοῖον καὶ ὁ ταῦρος, ὁ τὴν Εὐρώπην ἀγαγών, Pollux 1. 9. Europen qui rapuit Taurus apud Lycophronem, non aliud fuerit quàm ταυρόμορφον τύπωμα πλοίου, id est tauri forma præsigne nauigium, Cælius & Varinus. Nominabantur aũt naues nominibus illorũ quæ prætendebant insignium: & maximè uerisimile est, centaurum pi-

30 strimq́ue, & cuncta id genus, ea ratione dicta prolataq́ue à Vergilio in quinto, Bayfius. Hac de re copiosius scribit Nic. Erythræus in Indice suo Vergiliano in Scylla. Taurocercuri, naues fluuiatiles, Suidas. Est autem cercurus, genus nauis breuioris, lembus, uide Bayfium. ¶ Ταυρέη, pellis tauri, Varinus: & galea ex pelle taurina, Hesychius. In uulgaribus Lexicis legitur ταυρέαι, tegmina ex taurina pelle, quibus caput & ceruix obuoluuntur. Sanguinem taurinum Græci dicunt ταύρειον αἷμα. Magi marrubium tauri sanguinem uocant, Dioscor. Alexandri equum bucephalan uocarunt, siue ab aspectu toruo, siue ab insigni taurini capitis armo impressi, Plinius. Ad Cadaram rubri maris peninsulam exeunt pecori similes belluæ in terram, pastæq́ue radices fruticum remeant: & quædam equorum, asinorum, taurorum capitibus, quæ depascuntur sata, Plin. Ταυρέη δὲ, κεφαλὴ, ἢ παιδεία παρὰ Ταραντίνοις, Hesychius: uidetur autem locus corruptus. Κόρωνος, taurus ὀρθόκερως, ut κορώνιος bos cui cor-

40 nua sunt lunata: Cælius, Varinus, & Hesychius. Tauroceros tribulus cognominatur apud Dioscoridem. Κερατίαι, γαυρίαι, superbi, per translationem ἀπὸ τῶν ὑψαυχενούντων ταύρων, id est à tauris qui ferociores & elata ceruice sunt, Hesych. ¶ Io. Tzetzes Chiliade 11. cap. 393. genus taurorum Scythicorum ῥῶς uocari scribit, & ῥωσογλυφεῖς exponit ταυρογλυφεῖς.

¶ c. Nicander in Theriacis de percusso à dipsade, Αὐτὰρ ὅγ' ἠύτε ταῦρος ὑπὲρ ποταμοῖο νενευκὼς Χανδὸν, ἀμέτρητον δέχεται ποτόν. Ταῦρος ἐρίγμηλος & ἐρίμυκος apud Varinum, taurus uehementer ædens mugitũ: apud eundẽ, ἐρέμυλος legitur, uox (ut mihi uidet) corrupta. Ταυρέη φωνή, Suid. Ταυρόφθογγοι, qui uocem taurinæ similem ædunt, Varinus. Ἐρυγὼν ταῦρος, taurus mugiens cum mactatur, uel sanguinem eructans dissecto iugulo: Homerus, Ἤρυγεν ὡς ὅτε ταῦρος, &c. Varinus. Germani de uehementi illa bouis aut tauri per dolorem uel iracundiam emissa uoce, dicunt brülen. Vergilius libro

50 duodecimo Aeneidos: Mugitus ueluti cum prima in prælia taurus Terrificos ciet: (atq́ue irasci in cornua tentat Arboris obnixus trunco: uentosq́ue lacessit Ictibus: & sparsa ad pugnam proludit arena.) Inclusa parenthesi leguntur etiam libro 3. Georgicorum ut supra citauimus, eadem prorsus, nisi quod pro tentat illic discit habetur. ¶ Ταυρᾶν uaccarum est cum tauros appetunt, quasi taurire dicas: sicut κανπρᾶν, id est subare, cum scrophæ libidine pruriunt & apros desiderant: utraq́ue enim hæc uerba de fœminis tantum dicuntur, non etiam maribus ut quidam putauerunt. Ἀπημαγέλαι dicuntur tauri οἱ χαλεπώτατοι καὶ δι' ἀκμὴν μονάζοντες, id est ferociores & ualidiores, qui etiam robore suo freti solitarij pascuntur, Varinus. ἀτιμάζειν est contemnere: inde nomen quòd ἀγέλην, id est gregem & gregatim pasci aspernentur. Hi etiam ἀτιμαγέλατοι (malim ἀτιμαγέλαστοι per s) apud Varinum dicuntur. Κέρας βωμολόχος ταύρου κλάσεν ἀτιμαγέλα. Cæterum cur tauri à riualibus certamine uicti, grege de-

60 serto solitarij pascantur, ut copiosè prosecuti sumus supra cap. 3. aliam rationem habet, neque rectè quis illos ἀτιμαγελεῖν dixerit: neq́ue enim uel uirium fiducia, uel gregis & uaccarum contemptu, sed metu & dolore id faciunt. Aristoteles etiam scribit tauros cum ipsi inter se tantum absq́ue uaccis pa-

ſcuntur, ἀπιμαγελεῖν dici: quam uocem Gaza coarmentari reddit, contrario planè ſenſu, ut recte obſeruauit Eraſmus: dearmentari enim potius uel abarmentari uertendum erat: & ſic forſitan ille uertit, peruerterunt autem librarij. Theocritus in Bubulcis, χ' οἱ μὲν ἅμα βόσκοντο, καὶ ἐν φύλλοισι πλανῶντο
οὐδὲν ἀπιμαγελεῦντες: Hunc locum Varinus explicans in ἀπιμαγ. negationem omittit, qua quidem o-
miſſa contrarius uerbi ſenſus euadet. Eraſmus non recte ἀπιμάγελον ſcribit uocem proparoxytonam
& per omicron: ἀπιμαγέλας enim per α cum acuto penultimæ ſcribi debet. Deceptus uidetur inde quòd
apud Suidam ἀπιμαγέλα legit, qui genitiuus ab utrouis nominatiuo formari poteſt. Taurus qui grege uaccarum ſpreto & relicto ſeorſim paſcitur, in ſyluam abijſſe dicitur: id quod in prouerbium etiam ceſſit, præſertim apud Græcos. Theocritus in Theonycho, Αἶνός θην λέγεταί τις, ἔβα καὶ ταῦρος ἀν'
ὕλαν: queritur autem his uerbis amans quidam ſe iam pridem ab amica relictum, plurimumque eſſe
temporis quo illa alijs amoribus indulgeat, neque omnino curet ad priſtinam redire conſuetudinem.
Licebit etiam ad alios diuerſos uſus prouerbium trahere, ut ſi quis amicos priſtinos, aut ſolita ſtudia
deſerat: aut à conuictu hominum abhorrens ſecum uiuat. Scholia quæ feruntur in Theocritum, prouerbium interpretantur de his, qui abeſſent non reuerſuri. Taurus enim ſi ſemel aufugerit in ſyluã,
capi non poteſt. Vnde non inconcinne quis dixerit maritum diutius ab uxore ſecubantem ἀπιμαγ-
λεῖν: Tantum Eraſmus. ¶Bos initor, taurus eſt procreationi reſeruatus. Paſcite ut ante boues pue
ri, ſubmittite tauros, Vergilius Aegl. 1. Submittere pro ſubſtituere accipit Palladius, & Iuſtinianus
inſtitutionum lib. 2. de Rerum diuiſione: Sed ſi gregis, inquit, uſumfructum quis habeát, in locum
demortuorum capitum ex fœtu fructuarius ſummittere debet, ut & Iuliano uiſum eſt: & in uinearũ
demortuarum uel arborum locum, alias debet ſubſtituere. Megaſthenes ſcribit in India ſerpentes
in tantam magnitudinem adoleſcere, ut ſolidos hauriant ceruos taurosque, Plinius.

¶d. & e. Odientis ſignum eſt limis oculis aſpicere & taurine, ταυρηδὸν, ut inquit Plato: de qua
uoce mox plura inter prouerbia. ¶Taurum color rubicundus excitat, urſos leonesque mappa pro
ritat, Seneca libro 3. de ira. Rubram ueſtem non ferunt qui ad boues accedunt, &c. quòd eiuſmodi
colore eos conſtat efferari: Gyllius ex Plutarcho, qui tamen in libro de Alexandri fortuna, & rurſus
in connubij præceptis, tauros, non ſimpliciter boues, hoc colore irritari ſcribit. Martialis in libro
ſpectaculorum de rhinocerote, Quantus erat cornu cui pila taurus erat. Veſtes uetuſtate dilaben
tes ac laceras (inquit Cælius) Ariſtophanes lacidas uocauit: Latini id genus pilares dicere ueſtes poſſent. Quod Martialis ſignificat, quum Epigrammatum libro 2. de toga ſua, quam pertritam conſciſ-
ſamque intelligi uolebat, ita ſcribit: At me, quæ paſſa eſt furioſi cornua tauri, Noluerit dici quam pi
la prima ſuam. Erant ſiquidem, ut Sextus Pompeius ſcribit, pilę uiriles effigies atque item muliebres
ex lana, quę compitalibus ſuſpendebantur in compitis, quòd eſſe deorum inferorum putarent, quos
uocant lares: quibus tot pilæ, quot capita liberorum, ſeruorum, mulierum circa compita habitabãt,
ponebantur: ut eſſent ijs pilis & ſimulacris contenti, uiuisque parcerent. Hiſce uero imaginibus nulli
us omnino pretij ueſtes circumponebantur. Proinde pannoſos etiam quandoque Martialis pilas uocat, ut Epigrammatum decimo in Laurum: Sed qui primus erat luſor, dum floruit ætas, Nunc
poſtquam deſijt ludere, prima pila eſt. Ab hac pilarum ſimilitudine, ut ſcribit Martialis interpres, ue
ſtes quæ in ſpectaculo tauris obijcerentur irritandis, pilę ſunt nuncupatæ: quòd à tauris peterentur,
tanquam effigies hominum. Vel, inquit, pilæ dicebantur, quòd in globum & luſoriæ pilæ ſpeciem
conuolutæ iactabantur: Quanquam rudis antiquitas, ut Pædianus auctor eſt, homines è ſtramine
formaret ad eum uſum. Poſtea, inquit, luxus in tantum auctus eſt, ut ueſtes etiam purpureæ obijcerentur. Quod duodecimo Metamorphoſeon ſignificaſſe Ouidius quoque uidetur, quum ita canit,
Haud ſecus exarſit, quàm circo taurus aperto, Cum ſua terribili petit irritamina cornu, Phœni-
ceas ueſtes, eluſaque uulnera ſentit. Sed quod ille per luxum inſtitutum ait ut phœniceæ obijcerẽtur:
id minus ueritate connititur: nam ex natura rerum oborta conſuetudo eſt: Quam & iureconſultus
Vlpianus Digeſtis de furtis non ignoraſſe uidetur, ubi ait: Cum eo qui pannum rubrum oſtendit, fu
gauitque pecus, ut in fures incideret, furti actio eſt. Hoc & in Inſtitutionibus relatum inuenies De ob
ligationibus quæ ex delicto naſcuntur, Hactenus Cælius. Martialis in libro ſpectaculorum, de rhi
nocerote ſcribens, Nanque grauem gemino cornu ſic extulit urſum Iactat ut impoſitas taurus in a-
ſtra pilas. Et mox de Carpophoro qui ceruum & leonem in ſpectaculo telis confecerat, Ille tulit ge
minos facili ceruice iuuencos. Extat in eodem libro Epigramma in Domitianum, quem Alciden uo
cat: Qui cum futurum cœlum & immortalitatem ſibi uellet repreſentare, tauro inſidens ſuperiores
ſcenæ partes in ſpeciem cœli confectas petijt æmulatione Herculis, cuius nomen etiam ſibi indide-
rat: nam Alcides appellabatur. Qui taurum ex Creta in Atticam ducens eius dorſo inſediſſe fertur,
Domitius. Ornithônis oſtium debet eſſe humile & anguſtum, & potiſſimum eius generis, quod
cochleam appellant, ut ſolet eſſe in cauea, in qua tauri pugnare ſolent, Varro. Theſſalorum gentis
inuentum eſt equo iuxta quadrupedante cornu intorta ceruice tauros necare: primus id ſpectaculum dedit Romæ Cæſar dictator, Plinius. ¶Κερατιστεῖς uel κεραλκεῖς uel κερυλκοί, qui tauros cornibus trahunt, Varinus & Heſychius. Καὶ κερυλκοὺς τινὰς ἄνδρας εἶδον ἐγώ, Author innominatus. Supra in
ter epitheta tauri κεραλκεῖς, id eſt cornibus robuſti, ex Oppiano poſuimus. Κερυλκός, etiam exponitur
qui cornibus trahit aratrum: taurus nimirum, id eſt bos robuſtus. Sic item uocant κεραιοῦχον κάλων, id
eſt funem antennarum (funes opiferos Latini dicunt) Heſychius: idem Apollinis cognomen eſt,
Varinus.

Varinus. ¶ Ἵπποι μὲν σφηκῶν γένεσις, ταῦροι δὲ μελισσῶν: hic tauri nomen pro quouis boue ponitur, ut supra etiam monui. ¶ Veteres taurorum cornibus pro poculis usi sunt, ut in boue supra dixi, in H.e. ¶ Ταυρέη, scutum uocatur, à superficie quæ taureo tergore operitur, per synecdochen, Varinus. Supra quoque sic appellari diximus galeam ex corio taurino.

¶ h. Asphaltites lacus animal non habet, nihil in eo immergi potest: tauri etiam cameliq; impune ibi fluitant, Solinus. ¶ Alciati Emblema Ἀνέχου καὶ ἀπέχου, ad picturam bubulci taurum iuxta uaccas uinctum tenentis huiusmodi est: Et toleranda homini tristis fortuna ferendo est, Et nimium felix sæpe timenda fuit. Sustine (Epictetus dicebat) & abstine. oportet Multa pati, illicitis absq; tenere manus. Sic ducis imperium uinctus fert poplite taurus In dextro: sic se continet à grauidis. ¶ Lactantius 4. Theb. comment. Hetruscos confirmare ait, nympham quæ cum nupta fuisset, prædicasse, maximi Dei nomen exaudire hominem per naturę fragilitatem pollutionemq; fas non esse: quod ut documentis assereret, conspectu cæterorum ad aurem Dei nomen nominasse, quem illico ut dementia correptum, & nimio turbine coactum exanimasse, & reliqua. De Titormo bussequa Aetolo ferunt, quod stans in armento ferocissimi omnium maximiq; tauri pede correpto, furentem ac inde se proripere adnitentem frustra, retinuerit constantissime: ac insuper manu altera prætereuntis forte tauri alterius pedem apprehenderit audacissime, ac compresserit ferociter. Id cum intueretur Milo Crotoniates, in cœlum manibus sublatis, exclamasse fertur: O Iupiter, an alterum prosemina sti nobis Herculem hunc? Hinc prouerbij demanasse primordia memorant, Hic alter Hercules, Cælius. Polydamas Herculis æmulator leonem in Olympo inermis confecit: idem boum ingressus armentum, inibi taurum magnitudine insignem ac præcipue ferum conspicatus, ex posterioribus alterum arripuit pedem, retinensq; pertinacissimè, ferocientem, ac impetu prærabido prosilientem non dimisit prius, quàm indignabundus ac furens, tandem in Polydamantis manu chelam, id est ungulam reliquit, Cælius. Milo quum quotidie uitulum gestaret, eundem taurum factum citra negotium gestasse dicitur. De Apide tauro, & Minotauro, & tauro Minois (quem & Marathonium uocant, ex quo natum ferunt Minotaurum, uide plura in Onomastico nostro in Marathone, & ibidem in Hercule nono labore eius: & Leonicenum in Varijs 2. 27. & Pausaniam in Atticis, &c.) & æneo tauro Perilli quem Phalaridi donauit, supra in Boue egimus. Taurus Europæ raptor rex Cretæ Gortynem condidit, Eustathius. De Ioue tauro raptore Europæ lege Ouidium libro 2. Metamorphos. Nos iam prius ostendimus taurum istum ab eruditis nauem taurina forma insignem exponi. Idem hic taurus quod Europam incolumen transuexerit in Cretam, inter astra constitutus fertur, Euripide teste: de quo plura apud Hyginium & astrologos lege: alij hoc signum effigiem Ionis in uaccam mutatæ esse malunt, uide Varinum. Versus istos Vergilij ex primo Georgicorum, Candidus auratis aperit cum cornibus annum Taurus, & aduerso cedens canis occidit astro, Macrobius exponit li. 1. cap. 18. in Somnium Scipionis. Tauri sydus Veneri consecratum, Ibidem 1. 21. Et Saturnaliorum capite 12. Cum primum signum aries (inquit) Marti assignatus sit, sequens mox Venerem, id est taurus accepit: & rursus eiusdem libri cap. 21. Taurum ad solem referri, multiplici ratione Aegyptius cultus ostendit, &c. ut supra in Apidis bouis historia recitauimus. ¶ Medea apud Ouidium Metamor. libro 7. iugulato Pelia pennatis serpentibus per aërem super diuersa loca inuehitur, et inter alia super Cycneia tempe, Quæ subitus celebrauit olor: nam Phyllius illic Imperio pueri uolucresq;, ferumq; leonem Tradiderat domitos: taurum quoq; uincere iussus Vicerat: & stricto toties iratus amori, Præmia poscenti taurum suprema negauit. Ille indignatus cupies dare, dixit: & alto Desiluit saxo cuncti cecidisse putabant: Factus olor niueis pendebat in aëre pennis. ¶ Arnobius libro quinto, de Cerere à Ioue delusa in tauri forma: Parit, inquit, mensem post septimum, luculenti filiam corporis, quam ætas mortalium consequens, modo Liberam, modo Proserpinam nũcupauit. Quam cũ uerueceus Iupiter bene ualidam, floridam, & succi esse conspiceret plenioris, &c. mox subdit, In draconis terribilem formam migrat, ingentibus spiris pauefactam colligat uirginem, & sub obtentu fero molliss. ludit atq; adulatur amplexibus: fit ut & ipsa de semine fortiss. compleatur Iouis: sed non eadem conditione qua mater. Nam illa filiam reddidit lineamentis descriptam suis: at ex partu uirginis tauri specie fusa Iouialis monumenta pellaciæ. Auctorem aliquis desiderabit rei, tum illum citabimus Tarentinum, notumq; senarium, quem antiquitas canit, dicens: Taurus draconem genuit, & taurum draco. Ipsa nouissimè sacra, et ritus initiationis ipsius, quibus Sebadijs nomen est, testimonio esse poterunt ueritati. In quibus aureus coluber in sinum demittitur consecratis, & eximitur rursus ab inferioribus partibus atq; imis, Hæc quidem eruditè Arnobius. Porrò & Eusebium audiamus de eadẽ re loquentem: Ceres, inquit, Persephonen peperit, educatur puella, κόρη scilicet (Pherephatten nonnulli appellant) cui Iupiter, qui genuit, draco factus coniungitur. Vnde in Sabaziorum mysterijs draco in spiram inuolutus, in sacrificijs, ad factorum memoriam, immò uero in testimonium tantæ turpitudinis, ut sic dixerim, adhibet. Peperit & Pherephatte tauriformẽ filium, unde poëtæ quoq; nõnulli taurũ laudant draconis patrẽ, & draconẽ rursus tauri patrẽ. Et in montẽ arcana hæc facta dicentes, pastoralẽ stimulũ celebrãt: pastoralẽ (ut puto) stimulũ, ferulã, quod ligni genus bacchantes ferunt, appellãtes: Hæc ex Arnobio & Eusebio, ut à Gyraldo citant Syntagmate 6. in Proserpina. Scribit insuper Clemens Iouem commutatũ in anguẽ intulisse Proserpinæ filię uitiũ, unde sit natus Dionysius. Quo argumento etiam Sabaziorum mystica draconem præferunt in orbem complicatum.

Hinc & poëtæ draconem tauri patrem dum concelebrant, symbolice operteq; Iouem innuunt, ex quo & filia natus hic sit tauri specie. Quare ab Lycophrone taurum uocari scimus, Cælius. ¶ Achelôus Epiri, uel ut alij Aetoliæ fluuius, nomen sub Acheloo rege mutauit, cum Thoas antea uocaretur, authore Stephano. Hic cum Hercule duello certauit pro Deianira Oenei Calydoniæ regis filia: sed uidens Herculem fortiorem, se uertit primo in serpentem, deinde in taurum, cui Hercules amputauit cornu, quod Copiæ comiti Fortunæ datum est. Sed postea Achelous Amaltheæ cornu Herculi dedit, atq; ita suum recepit. Tandem ab Hercule uictus se in sui nominis fluuio gemino cornu insignito occultauit. Nam reuera Achelous Græciæ fluuius est, duobus alueis, qui per fines Perrhæbiorum in Maliacum sinum effunditur. Vide Ouidium Metamorph. libro 9. de Acheloi transformatione. Cerastæ incolæ Amathûntis hospites immolabant: unde Venus offensa, Dum dubitat quo mutet eos, ad cornua uultum Flexit, & admonita est hæc illis posse relinqui, Grandiaq; in toruos transformat membra iuuencos, Ouidius Metam. libro 10. Tauros in Colchide ignem efflantes, fuisse fabulantur poëtæ, quos uenefica ope Medeæ Iason uicerit, de quibus Ouidius libro 7. Metamor. Ecce adamanteis Vulcanum naribus efflant Aeripides tauri, &c. utq; solent pleni resonare camini: Pectora sic intus clausas uoluentia flammas, Gutturaq; usta sonant. tamen illis Aesone natus Obuius it. Vertere truces uenientis ad ora Terribiles uultus, præfixaq; cornua ferro, Puluereumq; solum pede pulsauere bisulco, Fumificisq; locum mugitibus impleuere, &c.

¶ Venetiæ fluuius Silis ex montibus Taurisanis fluit, Plin. lib. 3. cap. 18. & mox cap. 19. Taurisanos Istriæ populos facit. Et rursus ibidem, In hoc situ (inquit) interiere, Carnis, Segeste & Ocra: Tauriscis Noreia. Et cap. 20. Incolæ alpium multi populi, sed illustres à Pola ad Tergestis regionem, Secusses, &c. iuxtaq; Carnos quondam Taurisci appellati, nunc Norici. Lepontios & Salasos Tauriscæ gentis Cato arbitratur. Taurisci, Ταυρίσκοι populi iuxta alpes (aliâs Taurini) Polybius lib. 3. Eratosthenes Teriscos, Τερίσκας, uocat: Dicebantur etiam Τραοι, Stephanus. De Noricis uel Oricis & Noricijs plura scribit Eustathius in Dionysium: & Strabonem citat testem, in Tauriscis Noricijs iuxta Aquileiam, ad duos sub terra pedes statim aurum inueniri fossile. Orici (inquit idem Eustath.) iuxta Polybium habitant circa initium Adriatici maris: Norici uero uel Noricij iuxta intimum eiusdem recessum. Taurinum (ut hodie uocant) urbs Celtica est Massiliensium colonia, Ταυρόεις Stephano dicta: & ciues eius Tauroentij. Apollodorus scribit conditores huius urbis uectos esse naui ταυροφόρῳ, id est cuius insigne erat taurus: qui à Phocensium classe reiecti, ad terram appellentes, urbem inde nominauerunt: Gentile Taurini, Stephanus. Taurini populi sunt Italiæ Transpadanæ in Alpium radicibus, Plinius 3.7. Transpadanæ Italiæ colonia est Augusta Taurinorum, antiqua Ligurum stirpe, inde nauigabili Pado, Plinius 3.17. Præter mediam & compendiariam magisq; celebrem Alpium uiam (per alpes Cottias scilicet) sunt etiam aliæ multo ante temporibus constructæ diuersis: primam Thebanus Hercules ad Geryonem extinguendum, ut relatum est, & Tauriscum lenius gradiens, prope maritimas composuit alpes: hicq; harum nomen indidit: Monœci similiter arcem & portum, ad perennem sui memoriam consecrauit, Ammianus Marcellinus libro 15. Tauri populi sunt Tauricæ Septentrionalis regionis in Europa incolæ, Iphigeniæ & Orestis aduentu maximè memorati: moribus sunt immanes, immanemq; famam habent, solere pro uictimis aduenas cædere, Pomponius. Vide Onomasticum nostrum. Tauri Scythica gens ab Aegyptijs colentibus bouem & Apim oriundi, ut quidam ex Etymologico transtulit, in quo nos hæc tantum uerba reperimus: Ταῦροι τὸ Σκυθικὸν ἔθνος, ὅτι τιμῶσιν Αἰγύπτιοι τὸν βοῦς καὶ τὸν Ἄπιν. Alij sic dictos aiunt à tauro, eò quod Osiris illic bubus iunctis terram arauerit: Apud hos est Taurica insula (uel Cherronesus potius) quæ & Mæotica nominatur: habitât quoq; dictum Achillis cursum, &c. Eusthath. Dionysius poeta de Bosphoro Cimmerio, ᾧ πάρα πολλοὶ Κιμμέριοι ναίουσιν ὑπὸ ψυχρῷ ποδὶ Ταύρου. Alius (inquit Eustathius) hic Taurus est, quàm qui in Orientem uergit: aut Septentrionalis quædam eius portio est, sub qua Cimmerij habitant, gens Scythica: & Taurica Cherronesus ingens sita est uersus occasum Mæotidis faucibus adiacēs, quam aliqui aiūt tum figura tum magnitudine Peloponneso parem esse. Regionis illius incolæ Tauroscythæ uocantur à Tauro monte qui illic est: quod etiam Herodotus non ignorauit, cum et ipse de montibus Tauricis, id est Scythicis mentionem faciat, Eustath. De Tauroscythis ab Antonino Pio uictis historia refertur apud Iulium Capitolinum. Ad Syriam mons Taurus nomen à pecore habet, Varro. Taurus mons Asiæ, ab Eois ueniens littoribus, Chelidonio promontorio disterminatur: immensus ipse & innumerarum gentium arbiter, dextero latere septentrionalis, ubi primum ab Indico mari exurgit, &c. Vide Onomasticum nostrum. Nomen ei uel à magnitudine: Nam ueteres tauros uocabant omnia magna & uehementia: uel quòd eius pars ad mare prominens, taurinam faciem (προτομὴν) referat: Gentile Taurianus, Stephanus. Cælius non à tauro quadrupede, à quo & reliqua magna uiolentaq; tauri dicuntur, ut Stephanus & Eustathius scribunt, Tauro monti nomen inditum putat: sed contrà à Tauro monte magna uiolentaq; omnia tauros appellari ait: quod ego non probo, & Stephani Eustathijq; uerba contrario quàm debebat sensu eum accepisse uideo. Dionysius Apher Taurum montem appellatum canit, οὕνεκα ταυροφανὴς καὶ ὀξυκάρηνος (aliâs ὀρθόκραιρος) ἐσιδέσθαι οὔρεσιν ἐκτετάνυσται. Quæ uerba Rhemnius Fannius sic reddit, Cornua nam summus scopulis imitatur acutis. Suidas hunc montem tauro boui persimilem ait, σκιρτῶντι καὶ ῥιπτοῦντι τὰς ὀπισθίους πόδας εἰς ὕψος, εἶτα δὲ ἐπὶ τὸν αὐχένα κυρτῶς ὑπαναφέροντι: id est, saltanti & posteriores pedes in altum reiectanti, & mox

mox collum incuruatum attollenti. Alius præterea Taurus mons uidetur de quo apud Etymologum & Varinum legimus ex authore innominato, Taurus mons regionis illius glandes producit pabulum suibus: pendebant etiam ex monte illo tributa, quæ redditus Tauricos appellabant. Taurominium, Ταυρομένιον, mons est Siciliæ multis bobus abundans, & supra eum urbs eiusdem nominis, Perottus. Diodorus libro 16. in Philippi regis historia scribit, Andromachum Timæi historici patrem, coactis in unum qui cladi superfuerant, ab Dionysio Naxo euersa, Taurum urbi uicinum collem diutius incoluisse: quare Tauromenij nomẽ loco conciliatum, quæ mox opulentior fuit ciuitas. Taurominitanum littus cur Copria dictum sit, in Boue indicaui. Tauropolis, urbs Cariæ, Stephanus. Taurania, urbs Italiæ, Stephanus. In Campano agro intercidit Taurania, Plinius 3. 5. Taurianum, Brutiorum oppidum in Italia iuxta Rhegium, Mela lib. 2. Ad Brutium littus in Italia, intus in peninsula Metaurus amnis est, & Tauranium oppidum, Plinius 3. 5. Taururum Ptolemæo 2. 16 idem Taurunũ Plinio 3. 25. alio nomine Alba Græca, Belgradum hodie, uulgo Griechisch Weissenburg, ubi Danubio miscetur Sauus. Est autem Vngariæ urbs à Turca nuper expugnata. Tauri amphitheatrum apud Suetonium nominatur, in quo C. Cæsar Caligula munera gladiatoria aliquot ediderit. Tyburtina porta Romæ aliquando Taurina dicta est, à capite tauri, quod illic insculptũ erat, Perottus. Alexandria Aegypti fallacibus uadis, tribus omnino aditur alueis, Tegamo, Posidonio, Tauro, Plinius 5. 31. Taurus item fluuius est apud Trœzenem, ex quo apud Sophoclem nominatur Tauria aqua, ταύρειον ὕδωρ, Varinus & Eustathius Iliad. λ. & Athenæus libro 3. addunt autem illi fontem etiam quendam Hyoëssan à Sophocle uocari: quæ uerba non intellexit Cælius inepte reddens fontem Hyoëssan etiam uisi apud Trœzenem. Ταύρειον πόμα, ἀπὸ Αἰγεταύρου ποταμοῦ περὶ Τροιζῆνα παρὰ Σοφοκλεῖ, παρ' ᾧ καὶ κρήνη Ὑόεσσα. Hæc uerba apud Hesychium & Varinum corruptissime leguntur, quamobrem hic emendata citare uolui. Emendaui autem tum ex Athenæo, tum alio Varini loco cuius initium ταῦρος θυσία. Sic tauriformis uoluitur Aufidus, Horatius 4. Carm.

¶ Nunc de sacrificijs dicendum: Diximus autem iam in Boue præter alia quædam bubulo pecori sacrificando communia, boues mares ab Aegyptijs Epapho immolari, & quomodo ab eis explorentur an puri sint ad sacrificium, explicauimus ex Herodoti libro 2. Apud Homerum ταῦροι κεκριμένοι leguntur, id est selecti: tales enim sacrificari oportebat: Sic Vergilius, Mactant lectas de more bidentes. Græcis sacrificaturis moris erat tauros explorare farina apposita. Nam si gustare abnuissent, concipiebant inde haud ualere satis, Cælius & Gyraldus. Druidæ uiscum omnia sanantem appellantes suo uocabulo, sacrificio epulisq́ rite sub arbore præparatis, duos admouent candidi coloris tauros, quorum cornua tunc primum uinciantur, &c. fœcunditatem eo poto dari cuicunq́ animali sterili arbitrantur, contraq́ uenena omnia esse remedio. Tanta gentium in rebus friuolis plerunq́ religio est, Plinius. Quoties aut thus, aut uinum super uictimam fundebatur, dicebant, Mactus est taurus, thure, uel uino: hoc est, cumulata est hostia, & magis aucta: id quod & Isidorus libro 10. scriptum reliquit, Gyraldus. Homerus, ἤρυγεν ἑλκόμενος Ἑλικώνιον ἀμφὶ ἄνακτα: Tunc enim de sacris bene sibi promittebant Iones, cum taurus mactandus magnum ederet mugitum, Varinus in Helice. Messenij taurum quem manibus Aristomenis mactaturi sunt, columnæ quæ in eius sepulchro est alligãt: Quod si ille, dum uinculum euadere conatur & saliendo tumultuatur, columnam commouerit: lætum omen interpretantur: sin minus, triste, Pausanias in Messenicis. Cum Agamemnon in Aulide ceruum Dianæ ignarus occidisset, dea irata uentorum flatus amouit, ut nauigare non possent. Oraculum consulentibus responsum est Agamemnonio sanguine deam esse placandam. Missus igitur Vlysses Iphigeniam filiam astu à Clytæmnestra sub prætextu facti cum Achille matrimonij impetratam adduxit: cumq́ iam immolari pararetur, dea inserta illam sustulit, ceruamq́ pro ea supposuit, uirginem autem in Tauricam regionem transtulit, &c. Quidam in ursam scribunt mutatam esse, alij in taurum, alij in anum, in ceruam alij. Sed hæ meræ fabulæ sunt, res ipsa autem sic habet. Cum Iphigenia iamiam immolanda esset, accidit forte ut unum aliquod ex prædictis animalibus se obtulerit, quod comprehensum mox Iphigeniæ loco mactatum est. Non est autem absurdum rem ita cõtigisse credere, cum in sacris etiam literis Isaaci immolandi loco arietem se obtulisse legamus, Varinus in Neoptolemo, ubi plura etiam de Iphigenia affert ex Isaacij Tzetzæ in Lycophronem commentarijs deprompta, & Perottus in Cornucopiæ. Solitaurilium & quo pacto fiant, meminit Cato de Re rustica cap. 141. Simile eis sacrificium Græci trittyn uocant, de quo in Boue supra dixi. Trittys uel trias sacrificium constabat ex hirco, ariete, & tauro, Varinus. Populus Romanus cum lustratur Solitaurilibus circumaguntur uerres, aries, taurus, Varro. Perfectum sacrificium sue, tauro, hirco & ariete constabat: hoc hecatomben Græci & trittyn uocabant, ut supra exposui. Solitaurilia sacra fuere, quę singulo perfecto lustro per Censores celebrari mos fuit, ad lustrandam urbem, sue, oue, & tauro: aut uerre, ariete, & tauro, qui circum urbem ducebantur, tumq́ multa religione lustrum condebatur. Solitaurilia, Festus inquit, hostiarum trium diuersi generis immolationem signant, tauri, arietis, uerris, quod omnes integri solidiq́ corporis sint: solum enim lingua Oscorum significat totum, & solidum: hæc Festus, sed & Græci ὅλον dicunt totum & integrum. Porrò de Solitaurilibus meminit Liuius, Asconius, Quintilianus, alijq́, Gyraldus. Tauri etiam & taurilia ludi erant in honorem deorum inferorum facti, qui hac de causa instituti sunt. Regnante Tarquinio Superbo cum magna incidisset pestilentia in mulieres grauidas, existimantes Romani eam factam ex carne taurorũ diutius

1

populo uendita, prohibuerunt ne amplius uenderetur, et ob hoc ludos dijs inferis instituerunt: quos & boalia & bubetios aliquando uocatos inuenimus. Sed proprie hi ludi sunt boum gratia celebrati, Perottus. Tauri ludi dicebantur, qui deis inferis fiebant, Festus. Sed de Taureis ludis supra etiam in Boue diximus: Est & Tauria Neptuni celebritas, de qua paulò post. ταυρεία δ᾽ ἡ, κεφαλὴ, ἢ παιδεία (forte legendum παιδιὰ, id est ludus) παρὰ ταραντίνοις, Hesych. Videtur sanè locus esse corruptus. Ταυροχολία dicebatur festum quoddam in Cyzico celebrari solitum, Hesychius & Varinus: nimirū in Bacchi honorem, qui in Cyzico tauriformis colebatur, ut mox repetemus: Ego ταυροπολία potius legerim, quanquam & Tauricæ Dianæ festum sic nuncupatur.

¶ Taurum ut Neptuno sic etiam fluuijs immolare solebant: præcipuè autem Alpheo taurum legimus immolatum: habet enim quandam affinitatem taurus cum fluuijs, ut supra in secūda huius capitis parte ex Varino protulimus. ¶ Homerus de Chryse scribit, eum tauros & capras Apollini immolasse. Sunt enim tauri coloni quidam terræ, & ad frugum prouētum Solis effectum suo labore adiuuant. De capris & alijs animalibus cur Apollini immolarentur suis dicemus locis. Supra in Boue, ubi Cadmi mentio incidit, de taurorum etiam hostijs Apollini sacris nonnihil attuli. In Icaro insula maris Persici splēdidè colitur Apollo ταυροπόλος, uel eodem cognomine Diana, Eustathius in Dionysium. Apollini taurum, Ioui non item immolabant, uide paulo mox in tauris Neptuno sacris ex Macrobio. Ex eodem supra in Boue (ubi de Apide) taurū ad Solem referri docuimus: & ubi armentorum Solis meminimus. ¶ Bugenes, βουγενὴς Διόνυσος, id est boue genitus Bacchus ab Argiuis colebatur. Hunc & Græcorum plerique ταυρόμορφον, id est tauriformem Bacchum, & ταυροκέφαλον, id est tauricipitem, item ταυρωπὸν ab Orpheo (dictum) effingebant, & appellabant: natumque ex Persephone, ut Clemens in Strom. & Eusebius in 2. Præp. Euang. tradunt (quorum uerba paulo ante adnumerauimus) ut alios mittam. Quinimo etiam taurus dictus est, & illi cornua attributa, & cognomen etiam factum ταυρόκερως, id est tauricornis, ut est apud Nicandri commēt. in Alexipharm. Idem & ab Orpheo in Hymnis βούκερως & δίκερως uocatur, id est bucerus & bicornis. Hinc Ouidius, Accedant capiti cornua, Bacchus eris. Ideo autem cornua Baccho sunt attributa, ut Diodorus lib. 5. tradit, quia primus boues iugo iunxerit, & Bacchus idem sit & Osiris. Idem tamen in quarto idcirco cornutum Dionysium prodidit, quòd Ammonis filius fuerit, qui arietino capite cum cornibus fuisse dicatur. Sunt qui cornua pro audacia sumunt, ut Phurnutus, quod audaces trucesque uinum faciat. Hinc Ouidius, Tunc pauper cornua sumit. Sunt qui & scribant cornua cristas uocari, &c. & cincinnos interpretentur: ac ideo Mosen cornutum Hebræis uisum putant, ut etiam Lysimachum regem in eius nomismatibus uidemus: sed Armenios adhuc & Lydos sacerdotes, cum huiusmodi cincinnis & capillis Romæ conspeximus. Porrò & illud item legimus, ueteres cornu bouis pro poculo usos fuisse: & inde factum esse, ut non solum cornua Dionysio finxerit antiquitas, sed etiam taurus ipse diceretur & tauriformis in Cyzico coleretur: & κεραὸς, id est cornutus dicatur à Nicandro, Gyraldus. Bacchus κερατοφυὴς & taurus dicebatur, &c. ut supra monui cum dicerem ueteres cornibus pro poculis usos. Athenæus libro 2. Plato (inquit) secundo de Legibus uini usum sanitatis gratia concessum ait. Verum ab ingenio hominum ebriorum, Dionysium tauro & pardali conferunt, eò quod inebriati sæpe quędam per uiolentiam gerere conentur. Alcæus, ἄλλοτε μὲν μελιαδέος, ἄλλοτε δ᾽ ὀξυτέρω τριβολῶν (lego ἀντιβολῶν) ἀἐῤῥηϊσμένος (fort. ἀἐῤῥηϊσμένος) id est uino placidum aliquando ingenium cōtingit, aliquando uehemens & uiolentius quàm uerbis exprimi possit. Quidam etiam θυμικοὶ, id est feroces & animosi fiunt: qualis nimirum taurus est. Euripides, ταῦροι δ᾽ ὑβρισταὶ, κ᾽ εἰς κέρας θυμούμενοι, id est, Tauri proterui sunt & cornibus ferociunt. Sunt qui natura pugnaces prorsus efferantur, ut pardalis effigies eis conueniat, Hæc Athenæus. Sophocles in tragœdia quæ inscribitur Tyro (Tereus perperam secundum Varinum) taurophagum uocat Dionysium, id interpretantur quia dithyramborum poëtis in uictoria daretur bos, (in quo tamen aliqui Aristarchum mendacij arguunt, Suid.) Alij crudelem & immitem (ὠμηστὴν) accipiunt, quando & Aristophanes Cratinum ita infamauit. Sed ad uinolentiam magis referendum alij putant, quòd philœnus esset is, hoc est uino indulgeret largius, uel audax Baccharum instar, Cælius, Varinus, Suidas, Etymologus. At forsitan ὠμηστὴν hîc interpretari conueniet, non simpliciter crudelem & immitem, ut Cælius transtulit: sed ὠμοφάγον, id est qui cruda & non cocta uoret. Arnobius enim libro 5. aduersus Gentes, Bacchanalia etiam (inquit) prætermittemus inania, quibus nomen Omophagijs Græcum est, in quibus furore mentito, & sequestrata pectoris sanitate, circumplicatis uos anguibus: atque ut uos plenos dei numine ac maiestate doceatis, caprorum reclamantium uiscera cruentatis oribus dissipatis. Suidas citat Aristophanis ex Ranis uersus, quibus Cratinum taurophagum uocat: & Bacchum eadem ratione moschophagum cognominat. ¶ De tauro quem uetula Cereris apud Hermonenses sacerdos ducit & sacrificat, in boue supra diximus in H. h. ¶ Diana Taurica dicitur, Græcis etiam Ταυρὼ (ut habet Varinus) quæ à Tauris populis colebatur: eadem Thoantea uel Thoantis, Orestea, Fascelis, Aricina & Nemorensis apud Romanos dicta est. Nam Iphigenia iam immolanda, ut supra narraui, numinis miseratione subtracta, & ad Tauricam regionem translata, regi Thoanti tradita est, sacerdosque facta Dianæ: ubi cum secundum statutam consuetudinem humano sanguine numen placaret, agnouit fratrem Orestem: qui accepto oraculo carendi furoris causa cum amico Pylade Colchos petierat: et cum is occiso Thoante simulacrū sustulisset, absconditū fasce lignorum, unde & Fascelis dicitur (ab alijs Facelis aut

Facelina,

Facelina, siue à face cum qua pingitur, propter quod & Lucifera Diana, & φωσφόρος, & σελασφόρος dicitur: siue ἀπὸ τοῦ φακέλου, id est à lignorum onere & fasce) Ariciam detulit, &c. Gyraldus. Iphigenia etiam Diana à quibusdam cognominata, non alia quàm Taurica uidetur. Tauropoliæ Dianæ meminit etiam Diod. li. 5. Idem & Tauropolia sacrificia Dianæ & Martis apud Amazonas uocari scribit. Strabo quoque libro 14. ait in Icaria insula (Icaro Persici maris insula, Dionysius Afer) templum Dianæ fuisse, (Stephanus id ex eodem Strabonis libro, in Samo fuisse tradit) quod Tauropolium à dea diceretur, id quod in decimosexto repetit, ubi fuit & oraculum. T. Liuius libro 4. quintæ Decadis, Amphipolim cum iam fama pugnæ peruenisset, concursusque matronarum in templum Dianæ, quam Tauropolon uocant, ad opem exposcendam fieret, &c. Varinus, Tauropolon (inquit) Dianam dixerunt, quoniam ut taurus circumeat omnia: uel quòd taurum Neptunus immiserit Hippolyto, furentem œstro per omnem ferè terram: uel quod Iphigenia è Scythia fugiens, in Attica simulachrum Dianæ constituerit, & Tauropolon Dianam appellarit, quod à Taurica gente tum primum uenisset. Dionysius Afer in situ Orbis, non à gente tantum, sed à tauro, Tauropolon Dianam denominatam aitquia, ut Eustathius, ea regio armentis abundet, quibus præsit dea: seu quia Diana Luna credatur: quare & Tauropus, ταυρωπός, dicta est, quod sit ut taurus aspectu, Gyraldus. Cælius Eustathij locum melius sic reddit, uel quia cum Luna eadem sit, quæ tauris uectatur, & Tauropus dicitur. Sanè Hesychius non modo Tauropolam Dianam, sed & Mineruam uocat. Alij Tauropolan dictam aiunt, ὅτι ἔβαλε. διὸ καὶ ταυροβόλος: inde quod telum immiserit (tauro nimirũ) unde & Taurobolos appellata est, quo nomine Mineruam quoque in Andro uenerabantur, Suidas. Alij non Tauropolon eam, sed Taurophagon nominauerunt, quòd taurus pro Iphigenia in sacrificio suppositus sit, Etymologus. Ταυρώνη, quæ in Tauris Scythiæ colitur, sic dicta tanquam gregum & pecorum præses, per synecdochen à parte: uel quod non alia quàm Luna est, & tauris inuehitur, quam et ταυρωπόν appellant. Ἦ ῥά σε ταυροπόλα ὥρμησεν ἐπὶ βοῦς ἀγελαίας, apud Sophoclem in Aiace: Multos enim furentes poetæ fingunt à Luna affectos esse, eò quod illa spectris nocturnis præsit, Suidas. ¶ Ioui taurum immolare nefas existimatum, ut exponemus mox ex Macrobio. ¶ Mineruam quoque Tauropolam cognominari, ex Hesychio iam docui. Suidas eandem ταυροβόλον dictam in Andro coli scribit: idcirco quod Anius taurum Atridis dederit, & ubicunque ille de naui exiliret, Mineruæ ædem condendam iusserit, ita enim secundam fore nauigationem: Taurus autem in Andrum exilijt. De bubus Mineruæ immolari solitis, in Boue dixi. ¶ Mirabile est Olympiæ sacro certamine, nubes muscarum immolato tauro deo quẽ Myoden uocant, extra territorium id abire, Plinius. ¶ Ταῦρος uel Ταύρειος, Neptunus, Hesychio: apud Suidam Ταύρειος scribitur. Ταύρεια, festum Neptuni, Hesych. & Varinus. Καὶ ταύρειος ἐννοσίγαιος, Hesiodus in Scuto: ubi Scholia addunt Ταύρειος epitheton Neptuni esse, Bœotice, quod ei deo tauri mactabantur in Helicone: uel ut alij dicunt, in Onchesto: idque uel propter undarum fluctuumque sonitum: ex quo etiam ταυρόκρανος, id est tauriceps dictus est, Gyraldus. Qui potus ministerio præficiuntur, dici quidem œnochoi solent: in Neptuni tamen festo (apud Ephesios) etiam tauros scio appellatos, Cælius ex Athenæo quem tamen non citat. Euangelus apud Macrobium libro 3. cap. 10. Et ex his (inquit) quæ nota sunt nobis, Maronem pontificij disciplinam iuris nescisse constabit. Quando enim diceret, Cœlicolûm regi mactabam in littore taurum, si taurum immolari huic deo uetitum? aut si didicisset, quod Atteius Capito comprehendit: Cuius uerba ex libro 1. de iure sacrificiorum hæc sunt: Itaque Ioui tauro, uerre, ariete immolari non licet. Labeo uero libro 68. intulit, nisi Neptuno, Apollini & Marti, taurum non immolari. Ad hæc Prætextatus renidens, Quibus deorum immoletur tauro, si uis cum Vergilio communicare, ipse te docebit, Taurum Neptuno, taurum tibi pulcher Apollo. Vides in opere poetæ uerba Labeonis? Igitur ut hoc doctè, ita illud argute. Nam ostendit ideo non litatum, ideo secutum Horrendum dictu, & uisu mirabile monstrum. Ergo respiciens ad futura hostiam contrariam fecit. Sed & nouerat hunc errorem non esse inexpiabilem. Atteius enim Capito, quem in acie contra Maronem locasti, adiecit hæc uerba: Si quis forte Ioui tauro fecerit, piaculum dato. Committitur ergo res, non quidem impianda, insolita tamen. Et committitur non ignorantia, sed ut monstro locum faceret secuturo, Hucusque Macrobius. Pausanias in Corinthiacis mentione Danai facta, eiusque solij, Ibidem (inquit) Bitonis imago est, humeris taurũ sustinens: de quo Lyceas poeta scripsit, quod cum Argiui sacrificium Ioui in Nemeam ducerent, Biton uir admodum robustus, humeris sublatum gestauerit. Taurus ut fluuijs (causam superius indicaui) sic etiam Neptuno aptum sacrificium iudicatur, Varino teste. Immolabantur autem ei, tauri παμμέλανες, id est nigerrimi uel undequaque nigri, propter nigrum aquæ colorem: à quo poetæ πορφύρεον κῦμα dicunt, & πόντον μέλανα, & ἠεροειδέα, & ἰοειδέα, Varinus. Est autem carmen Homeri in Odyssea, ταύρους παμμέλανας ἐνοσίχθονι κυανοχαίτῃ. In Pindaro ταῦροι ἀργᾶντες Neptuno sacrificantur, id est albi, quod quidem fieri potest διὰ τὴν πολιὰν ἅλα, id est propter canum maris colorem. Sed ueteres ἀργᾶντας intelligunt albos pinguedine: ut cõtra quædã pinguia pro albis dicunt: qualia sunt κρήδεμνα λιπαρά, τὰ λευκὰ καὶ λεῖα, Varin. Pindarus insuper alibi Neptuno taurum immolandum cratæpoda uocauit, qui suus fuit Delphorum mos, Cælius. Homeri Scholiastes, Tauros (inquit) ei immolabant, propter maris uiolentiam: nigros uero, propter aquæ colorem, ex maris profundo. Idem ferè scribit Phurnutus. Varinus in ἱερὰ καλὰ taurum Neptuno immolari solitũ ait, διὰ τὸ τῆς σφοδρότητα κινήσεως πληκτικόν, ἔτι καὶ διὰ τὸ μυκητικόν, καὶ διὰ τὰς ἐν τῷ ὕδατι καμπάς, δίκην κεράτων. Pindarus in Olympijs ταῦρον ἀργόν (forte ἀργᾶντα, ut

I 2

ſupra ex Varino) illi aſcribit: quidam album interpretantur, propter maris ſpumas: alij non album, ſed florentem, ſeu nitentem, aut procerum interpretantur. Ego uelocem expono: nam ſic canes cognominatos uidemus: Sed de hac uoce cum alibi, tum in Argiphônte Mercurio plura dixi, Gyrald. Iunoni de tauro albo antiqui rem ſacram faciebant, (ut in Boue ſupra oſtendi) uel de iuuenca potius alba ut docti autumant, quod Gyraldus poëtarum teſtimonijs comprobat. Pindarus in Nemeis in laudem Alcimedis Aeginetę, Ἐν Ἀμφικτυόνων ταυροφόνῳ τριετηρίδι τίμασε Ποσειδάνιον ἂν τέμενος. Interpres taurophonon trieteridem exponit, in qua tauri Neptuno ferirentur: Repetebant autem Iſthmiorum certamen tertio quoq; anno. In maritimis ſacrificijs exta in fluctus iactabantur, unde illud Silij libro 17. Cui numen pelagi placauerat hoſtia taurus, Iactaq; cœruleis innabant fluctibus exta. Græci aliquot Neptuno de cruribus taurorum rem ſacram faciebant: Vlyſſes ariete, apro, & tauro litauit. Non ſolos tamen tauros uel Neptuno uel Apollini, ſed & alias quandoq; uictimas immolabant. Heroibus tauro, capro, & ariete litabãt, Gyraldus. ¶ De lupo qui taurum confecit, quo auſpicio Danaus regnum obtinuit, in Lupo dicemus.

PROVERBIA. Tauricum uel taurine tueri, βλέπειν ταυρηδὸν, pro eo quod eſt torue, ἀγρίως, Ariſtophanes in Ranis, de Aeſchylo cuius irati faciem exprimit: ἔβλεψεν ὂν ταυρηδὸν ἐγκύψας κάτω. Plato demonſtrat hunc Socrati fuiſſe morem, taurinis oculis obtueri. Optima toruæ Forma bouis, Vergilius. ταυρηδὸν ὑποβλέπειν apud Pollucem legimus. Odij ſignum eſt limis oculis aſpicere & taurine, ut inquit Plato. Vueſtphali trucem aſpectum hoc prouerbio notant, **Er ſicht als ein ochs der dem fleiſchhouwer entloffen iſt**: Tuetur inſtar tauri, qui ab ictu lanij euaſit. Taurum tollet qui uitulum ſuſtulerit: adagium in fornice natum, uti uidetur (inquit Eraſmus) ſed quod ad uſum uerecundiorem commode torqueri poſſit, ſi quando ſignificabimus maiora peccaturũ adultum, qui puer uitijs minoribus aſſueuerit. In fragmentis Arbitri Petronij, Quartilla mulier omnium impudiciſſima, Infans (inquit) cum paribus inquinata ſum, & ſubinde prodeuntibus annis, maioribus me pueris applicui, donec ad hanc ætatem perueni. Hinc etiam puto natum prouerbium illud, ut poſſe dicatur taurum tollere, qui uitulum ſuſtulerit, Hæc illa. Cæterum non abſurdum uidetur adagium ad Milonis Crotoniatæ factum referri, qui quotidie uitulum aliquot ſtadijs geſtare ſolitus, eundem taurum factum, citra negotium geſtaſſe legitur: Atq; ita quadrabit in eos, qui paulatim rebus etiam maximis aſſueſcunt, Eraſmus. Simile noſtri prouerbium habent, **Es můß zeytlich krümmen/ das ein güter hagg ſol werden**, Maturè curuetur oportet lignum, quod commodus uncus euaſurum eſt. Ταῦρος ὑπερκύψας τὸ Ταΰγετον ἐκ τοῦ Εὐρώτα ἔπιεν, id eſt, Taurus porrecto ultra Taygetũ capite ex Eurota bibit, de re uehementer abſurda, ſimillimum illi, Quid ſi cœlum ruat? Prouerbium natum ex Apophthegmate Geradæ Lacedæmonij: is ab hoſpite quopiam interrogatus, quæ pœna foret adulteris apud Lacedęmonios, negauit ullos eſſe adulteros apud Lacedæmonios. At inſtans ille, Quid ſi quis exiſteret, inquit, quam pœnam daret? Is, inquit, taurum maximum dependeret, qui producto ultra Taygetum montem capite, biberet ex Eurota. Cumq; hoſpes arridens, Et unde taurus tam ingens? Lacedæmonius uiciſſim, At unde apud Lacedæmonios adulter? Refertur à Plutarcho in uita Lycurgi, Eraſmus. Abijt & taurus in ſyluam, & Ἀπηματλᾶν prouerbia, ſuperius enarraui capite 3.

¶ Germanicum dictum apud Hollandos, **Man drybe ein varren gen Montpelier/ Kumpt er wider er blybt ein ſtier**, hoc eſt, Bouem etiamſi longiſſime abducas, bos manet: Horatiani carminis ſenſum habet, Cœlum non animum mutant qui trans mare currunt. ¶ Prouerbium, Non ſi te ruperis, ex apologo natum, ad Ranam differetur.

DE VITVLO.

A.

VITVLVS bos iunior dicitur. Diſcernuntur in prima ætate uitulus & uitula, in ſecunda iuuencus & iuuenca, Varro. Nos iuuencum & iuuencam ſupra comprehendimus in generali bouis uocabulo, hic de ſolis uitulis ſeorſim dicturi. Attulimus autem ſupra quoque nonnulla, quæ ut bubulo generi in uniuerſum ſic uitulis quoq; conueniunt. ¶ Vitulum Ebræi uocant עגל egel, uel פר par cum additur ben bakar: ſimpliciter enim poſitum par, bouem in genere ſignificat, ut ſupra expoſui in Boue. Rabi Salomon & Abraham Eſra egel interpretantur unius anni bouem, niſi quis uertat primi anni. Græci ἧνιν uocant τὴν ἐνιαυσίαιαν καὶ μόνου ἑνὸς ἔτους βοῦν, id eſt bouem anniculam, Varinus. Saraceni, ut lego, uitulum heſel uocant. Græci μόσχον, quæ uox ad utrumq; ſexum pertinet, teſte Ammonio: à qua diminutiuum extat μοσχάριον: Græci uulgo hodie uitulum μοσκάρι nominant. Itali uitello; Galli ueau: Hiſpani ternera, nimirum à teneritudine: Germani **ein kalb**, Angli a calfe. Vitulus in maſculino genere δαμάλης, ταυρίδιον etiam dici poſſe uidetur, Germanice **ein ſtierle**: Vitula in fœminino, bucula δάμαλις & βοΐδιον, Ebraicè egela, de qua uoce pluribus ſupra docui: quidam Germanice exponunt **ein zeitkũ**, quæ uox tamen ad iuuencam uitulo ætate paulo ſuperiorem pertinet: Anglis an heffar or yonge cowe.

B.

Vituli ungula ſi in utero non abſoluatur, moritur, author obſcurus. Cętera quę ad partes corporis, ſupra cum Boue requires.

De

C.

De cibo potuq́ uitulorum, uide mox quædam in E. De fœtura & partu uaccarum etiam in Boue dixi. ¶ Vituli item cur grauius mugiant quàm boues, cum animalia cætera nouella uocem a-
cutiorem ædant, iam ſupra explicauimus. ¶ Adhæc, remedia uitulorum non pauca, boum remedijs pariter coniunximus. Præter cætera, ſolent uitulis nocere lumbrici: qui ferè naſcuntur crudita-
tibus. Itaq́ moderandum eſt, ut bene concoquant: aut ſi iam tali uitio laborant, lupini ſemicrudi cō-
teruntur, & offæ ſaluiati more faucibus ingeruntur: Poteſt etiam cum arida fico & eruo conteri herba Santonica, & formata in offam, ſicut ſaluiatum demitti. Facit idem axungiæ pars una tribus partibus hyſſopi permiſta. Marrubij quoq́ ſuccus & porri ualet eiuſmodi necare animalia, Columella.
10 Vergilius in Georgicis peſtem pecorum deſcribens, Hinc lætis uituli uulgo moriuntur in herbis,
Et dulces animas plena ad præſepia ponunt.

E.

Poſt partum cura in uitulos traducitur omnis: Continuoq́ notas & nomina gentis inurunt.
Et quos aut pecori malint ſubmittere habendo: Aut aris ſeruare ſacris, aut ſcindere terram, Et
campum horrentem fractis inuertere glebis, Vergilius in Georgicis. Poſt hæc primum de domitura eorum præcipit, de qua nos ſupra etiam in Boue cap. 5. deinde de alimonia ipſorum his uerſibus:
Interea pubi indomitæ, non gramina tantum, Nec ueſcas ſalicum frondes, uluamq́ paluſtrem:
Sed frumenta manu carpes ſata, nec tibi fœtæ More patrum niuea implebunt mulctralia uaccæ:
Sed tota in dulces conſument ubera natos. Si qua (matrix) amiſit uitulum, ei oportet ſupponere
20 eos, quibus non ſatis lactis præbent matres. Semeſtribus uitulis obijciunt furfures triticeos, & farinam ordeaceam, & teneram herbam: & ut bibant mane & ueſperi curant, Varro. In alimonijs ar
mentitium pecus ſic contuendum: lactentes cum matribus ne cubent, obteruntur enim. Ad eas mane adigi oportet, & cum redierint è paſtu: Cum creuerint uituli, leuandæ matres, & pabulum uiride
obijciendum in præſepijs. Item his, ut ferè in omnibus ſtabulis, lapides ſubſternendi, aut quid item,
ne ungulæ putreſcant. Ab æquinoctio autumnali unà paſcuntur cum matribus, Varro. Menſe A-
prili uituli naſci ſolent, quorum matres abundantia pabuli iuuentur, ut ſufficere poſſint tributo labo
ris & lactis. Ipſis autem uitulis toſtum molitumq́ milium cum lacte miſceatur ſaluiati more præbendum, Palladius.

¶ Iunio menſe uituli rectè, ut dictum eſt ante, caſtrantur, Palladius: Quomodo autem caſtrari de-
30 beant, uerba eius ut in Maio docuerat, poſui ſupra in Boue ca. 5. Hoc in loco aliorū etiam authorū
de caſtratione ſententias adiungam. Vitulis tempus caſtrandi anniculis eſt, alioquin minores de-
formioresq́ euadunt, Ariſtoteles. Caſtrare non oportet ante bimatum: quòd difficulter, ſi aliter feceris, ſe recipiunt. Qui autem poſtea caſtrantur, duri & inutiles fiunt, Varro & Sotion in Geopon.
Caſtrare uitulos (inquit Columella) Mago cenſet, dum adhuc teneri ſunt: neq́ id ferro facere, ſed fiſſa ferula comprimere teſticulos & paulatim confringere (& paulatim confractis reſoluere, Pallad.)
Idq́ optimum genus caſtrationum putat, quod adhibetur ætati teneræ ſine uulnere. Nam ubi iam in
duruit, melius bimus, quàm anniculus caſtratur. Idq́ facere (uerno, ut rectè addit Pallad.) uel autum
no Luna decreſcente præcipit, uitulumq́ ad machinam deligare: deinde priuſquam ferrum admoueas, duabus anguſtis ligneis (ſtagneis, Pallad. fortè ſtanneis, ſed neutrum probo) regulis, ueluti for-
40 cipibus apprehendere teſtium neruos (quos Græci κρεμαστῆρας ab eo appellant, quòd ex illis genitales
partes dependent) quibus comprehenſis, ſtatim teſtes (tentos teſticulos, Pallad.) ferro reſecare, & ex-
preſſos (Palladius ſimpliciter habet, ferro reſecant, & ita recidunt) ita reſcindere, ut extrema pars eorum adhærens prædictis neruis (capitibus neruorum ſuorum) relinquatur. Nam hoc modo nec eru
ptione ſanguinis periclitatur iuuencus, nec in totum effœminatur adempta omni uirilitate, formaq́
ſeruata maris, generandi uim depoſuit, quam tamen ipſam nō protinus amittit. Nam ſi patiaris eum
à recenti curatione fœminam inire, conſtat ex eo poſſe generari: Sed minime id permittendum, ne
profluuio ſanguinis intereat. Verum uulnera eius ſarmentitio cinere (cinere ſimpliciter, Sotion in
Geopon.) cum argenti ſpuma linenda ſunt: abſtinendusq́ eo die ab humore (potu, Pallad.) & exiguo
cibo alendus. Sequenti triduo uelut æger cacuminibus arborum, & defecto uiridi pabulo oblectan-
50 dus (præbeantur ei teneræ arborum ſummitates, & fruteta mollia, & herbæ uiridis coma, dulciora ſa
gina roris aut fluminis, Pallad.) prohibendusq́ multa potione. Placet etiam pice liquida, & cinere, cū
exiguo oleo (ut Sotion etiam habet) ulcera ipſa poſt triduum (à caſtratione ſcilicet) linire (uulnera dili
genter ungere, Pallad.) quo & celerius cicatricem ducant, nec à muſcis infeſtentur, Hæc Columella
& Palladius. Sed melius genus caſtrationis (inquit Palladius) ſequens uſus inuenit, &c. quo ferramentis ignitis teſticuli deciduntur, ut ſupra in Boue cap. 5. recitaui. Vitulis (inquit Ariſtot. lib. 9.
hiſtoriæ anim. cap. 50.) tempus caſtrandi anniculis eſt, alioqui minores deformioresq́ euadunt. Mo
dus caſtrandi hic eſt. Tractos deorſum teſtes, atq́ obtentos, preſſosq́ in imum ſcorti, cultello adacto,
extrudunt: mox fibras ſurſum, quoad maxime fieri poteſt, reprimunt, & plagam infarciunt capillamentis, ut ſanies effluere poſſit: & ſi inflammatur, ignem adhibent ſcorto, & reſpergunt. Si bos à re-
60 centi caſtratu ineat, procreare poteſt, Hæc Ariſtoteles interprete Gaza. Græca in codicibus impreſ-
ſis ſic habent: οἱ μὲν οὖν μόσχοι ἐκτέμνονται ἐνιαύσιοι, εἰ δὲ μὴ, αἰσχίους καὶ ἐλάττους γίνονται. αἱ δὲ δαμάλεις ἐκτέμνονται
τὸν τρόπον τοῦτον, κατακλίνοντες καὶ ἀποτέμνοντες τὸ ὄσχεας, κάτωθεν τοὺς ὄρχεις ἀποθλίβουσιν, εἶτα ἀνασέλλουσι τὰς ῥίζας

I 3

ἄνω, ὡς μάλιστα, ἐπὶ τῇ τομῇ θρὶξ ἐμβύουσιν, ὅπως ὁ ἰχὼρ ῥέῃ ἔξω: κἂν ἐὰν φλεγμαίνῃ, κατακαύσαντες τῇ ὄσχεῃ, ἐπιπάττουσιν. οἱ δὲ ἐνόρχαι τῶν βοῶν ἐὰν ἐκτμηθῶσι, τὸ φανερὸν συγγίνωσι. In his uerbis multa corrupta, multa obſcura ſunt, & ab interpretibus uariè reddita: quibus ego pro uirili mederi conabor. Primū igitur post hæc uerba, εἰ δὲ μή, ſic lego ἀισχίους καὶ ἐλάττους γίνονται οἱ δαμάλεις. ἐκτέμνονται δέ, &c. De uitulis maribus loquitur, quos Græci propriè δαμάλεις (à recto δαμάλης) uocant, teste Ammonio: quanquam à fœminino etiam δαμαλις, ſimiliter δαμάλεις in plurali formari poteſt. εἰ δὲ μή, ſin minus, id eſt ſi non caſtrentur cum anniculi ſunt, ſed poſt illam ætatem, minores & deformiores euadēt iuuenci (quāuis enim μόσχος & δαμάλης eandem ſignificationem ferè habeant, ſæpe tamen δαμάλης pro iuuenco accipitur) quę ætas proximè uitulum excipit, & ita conuenit hic interpretari. Dixerat autem paulo ante, omnia animalia, ſi dum creſcunt caſtrentur, maiora & elegantiora quàm non caſtrata euadere: ſed ſi poſteaq; adoleuerunt, & iam incremento conſtiterunt, caſtres, nihil præterea accedere ad magnitudinem poteſt. Proinde non aſſentior Auguſtino Nipho, qui ubi hunc Ariſtotelis locum interpretatur, Minores (inquit) deformioresq; euadunt, ſcilicet ſi infra annum caſtrentur. Nam quod de caſtratione poſt anni primi ætatem, & quo tempore iam creſcere deſinunt, non ante illam facta Ariſtoteles loquatur, manifeſtum eſt ex iam dictis. Addit Niphus, ſi autem ſupra annum, non ſine periculo agitur: at nos ex Sotione & Varrone iam docuimus, non ante bimatum caſtrandos eſſe. Sed eſto ut poſterius dictum Niphi, pugnantibus inter ſe authoribus, uel excuſandum, uel etiam uerum ſit: prius certe omnino Ariſtotelis ſententiæ aduerſatur, quod uel Albertus Magnus ipſum monere poterat. Genus illud caſtrationis, quo uitulorum, dum adhuc teneri ſunt, teſticulos fiſſa ferula comprimere, & paulatim confringere, Palladius & Columella ex Magone docent: minus frangere uires, ideoq; tutius eſſe in tenera ætate exiſtimauerim, minus etiam effœminare: cum teſtes eis non omnino demantur, ſed atterantur tantum. Id quod teſtibus iam ętatis progreſſu durioribus, ut difficilius, ita nimio cum dolore fieret. Hominem ita caſtratum Græci θλασίαν (uel θλαδίαν quod minus placet) uel θλιβίαν appellant, à contritis contuſisq; coleis. Hic modus quoniam ſine ferro fit, nec tantum dolorem affert, nec ſanguinem profundit, non pugnat illis qui anniculos aut bimos demum caſtrari uolunt: intelligunt enim illi de caſtratione ferro aut cauterio facta. Varia ſpadonum inter homines genera, Alciatus in libro de uerborum ſignificatione proponit. Paulus Aegineta libro 6. cap. 68. duplicem caſtrandi modum explicat, alterum κατὰ θλάσιν, id eſt per contuſionem, alterum κατ' ἐκτομήν, id eſt exectionem. Poſterior ad Ariſtotelis etiam uerba lucis nonnihil afferet, is huiuſmodi eſt: Caſtrandus in ſedili reſupinatur, & ſcrotum cum teſticulis ſiniſtræ manus digitis premitur: & per ſcrotum ita extenſum duas lineas rectas, per utrumq; teſticulum unam, ſcalpello incides: ubi exilierint teſticuli, cute detracta excidentur, ita ut tenuiſſimum ſolum naturale uaſorum commercium relinquatur. Atq; hic modus, eo qui per contuſionem fit, magis probatur. Nam quibus teſtes ſolum contuſi ſunt, nonnunquam Venerem appetūt: nimirum quòd pars aliqua teſticulorum contuſionem ſubterfugerit. Hæc Aegineta: qui de contuſione etiam ſcribit, eam in infantibus ſolum fieri ſolere, &c. Quod ſequitur apud Ariſtotelē κατακλίνοντες καὶ ἀποτέμνοντες τὸ ὄσχεας, &c. ſic uerto, Vitulis reſupinatis, ſcrotoq; inciſo, teſtes per inferiorem ſcroti partem exprimunt (& abſcindunt uel excidunt, quod deeſt in Græco: addendum igitur, καὶ ἐκτέμνουσι, uel ſimile uerbum:) deinde neruos à quibus pendebant, quàm penitiſſimè fieri poteſt ſurſum recondunt. Quod Ariſtoteles dixit, ἀποθλίβουσιν, id eſt digitis uel inſtrumento aliquo extrudunt, Aegineta ſic effert: ἐκπηδήσαντες δὲ οἱ δίδυμοι, ἐκτεμνέσθωσαν. Proprie ſanè ἐκπηδᾶν dicimus τὸ ἐκθλιβόμενον, ut pomorum nuclei digitis expreſſi, Græci ἐκπυρηνίζειν uocant proprio & eleganti uocabulo. Albertus Magnus totum hunc locum ſic reddidit, Proſternitur ad terram uitulus, & diuiditur corium oſchei, & exprimuntur teſticuli, & ligantur nerui teſticulorum fortiter: & tunc abſcinduntur teſticuli, & eriguntur (id eſt ſurſum reponuntur) radices neruorum, cineribus iniectis in uulnus: Et ſi coquantur (id eſt urantur) nerui, melius erit contra ſanguinis fluxum. Quæ pleraq; ad Ariſtotelis ſententiam quadrare puto: quanquam de ſuo adiecit neruos (ſcilicet cremaſteres) præligari, ex uulgi experientia nimirum: Nam quòd cineres pro capillamentis ſupponit, cum ueteres rei ruſticæ authores in hoc imitetur, facile condonabimus. Nam & in libro de ſimplicibus medicamentis ad Paternianū, qui inter nothos Galeni circumfertur, ita legimus cap. 148. Cinis in recentia uulnera penitius infarctus, ſanguinem ſiſtit: ideoq; omnibus pecoribus caſtratis cinis impoſitus prodeſt, omnibusq; abſciſſis. Theodorus Gaza pro κατακλίνοντες legiſſe uidetur καθέλκοντες, cum non opus eſſet quicquam mutare. Obſcurum eſt etiam quod uertit, Et ſi inflammatur, ignem adhibent ſcorto, & reſpergunt: Primum enim loco inflammato, ignem uel cauterium adhibere, uerè eſt ignem igni addere, & augere malum: deinde quod inflammationem reſpergi ait, nec quiſquam unde uel quonam medicamento ea reſpergi debeat ex uerbis eius intelligere queat, reprehenſione dignum mihi uidetur. Paſtores (inquit Niphus μεταφράζων Ariſtotelis uerba, ut aliquo modo Gazæ tranſlationem fulciat) puluerem aut aliud medicamentum ad hoc præparatum inſpergunt. Sed abſurdum eſt Ariſtotelem remedij inſpergendi nomen tacuiſſe putare, præſertim cum eo omiſſo, obſcura & ineptæ conſtructionis relinquatur oratio. Albertus Magnus ridicule ſimul & indocte ſic uertit: Si autem apoſtema acciderit in loco illo, puluerizatus teſticulus & loco ſuprapoſitus, erit conueniens cura ipſius. Mihi poſt κατακαύσαντες diſtinguendum uidetur, non poſt ὄσχεας ut Gaza fecit: & ita uertendum: Quòd ſi locus inflammetur, urunt, & ſcroto inſpergunt: intelligo autem idem remedium quod proxime uulneri infarciendum

farciendum dixerat, nempe τρίχας, id est capillamenta, aut lanas. Lanæ enim, Dioscoride teste, uulneribus à principio statim ex aceto, oleo, uinóue utiliter imponuntur, &c. crematarum præterea cinis crustas inducit, carnem excrescentem cohibet, & ad cicatricem ulcera perducit. Ab initio igitur, ubi sistere tantum sanguinem oportet, lana mollis simpliciter adhibetur: deinde ubi locus intumescit, (quod Aristoteles φλεγμαίνειν dixit, ut coniicio: sæpe enim hoc uerbo Græci parum proprie utuntur) & pus colligitur, uehementiore remedio, siccante expurganteque opus est, quod quidem non amplius lanæ, sed ustarum cinis præstare potest. Postremo in citato Aristotelis loco ultima uerba ἐὰν ἐκτμηθῶσι τὸ φανερὸν συγγενῶσι, proculdubio sic restitui debent, ἐὰν ἐκτμηθῶσι πρoσφάτως, ἔτι γεννῶσι: quod cū ex simili loco Aristotelis libri 1. de generatione anim. cap. 4. tum ex Gazæ conuersione, & Columellæ Palladiique uerbis confirmari potest. Hæc hactenus dixerim super uitulorum castratione, non tam reprehendendi & emendandi aliorum scripta, quam negotium ipsum clarius explicandi instituto.

¶ Apes ex uitulis aut iuuēcis, &c. quo modo generentur, in Apū historia prosequemur. Apes credunturnon fugere, si stercus primogeniti uituli adlinamus oribus uasculorum, Palladius. ¶ Caseus fit lacte coagulato, hœdino imprimis uitulorúmue coagulo, Plinius. Pelles uitulinæ ad uarios usus parantur, uel cum pilis, uel iis detractis: & uel diuersis coloribus tinctæ, uel natiuo relictæ, ad culeos, peras, tibialia præsertim mulierum in Germania: uestiuntur eisdem libri, mira elegantia, præ cæteris enim nitorem læuoremque politæ admittunt.

F.

Vitulos lanii ad cultrum emunt, Varro. In omni animalium genere, carnes uetulorum duræ, siccæ, & concoctu difficiles sunt: iuniorum contra, humidæ, & molles, atque idcirco commodius concoquuntur: his tamen exceptis, quæ ubi in lucem æditæ sunt, protinus in cibo sumuntur. Nanque omnes eiusmodi muccosæ sunt, ac præcipuè quæ suapte natura humidiore sint carne, ut agni & sues: uerum hœdi & uituli, ut qui natura sunt sicciores, multò melius concoquuntur nutriuntque, Galenus in libro de boni & mali succi cibis. Ex eiusdem libro 3. de aliment. facult. supra in Boue de uitulina carne iudicium recitauimus, nempe quod bubulæ præstet & facilius concoquatur. Vituli uaccarum illarum, quas lactis tantū & casei causa nutrimus, quindecim à partu diebus elapsis occidendi sunt: carnes eorum temperatæ sunt & faciles concoctu, salubresque illis qui uitam degunt otiosam, Petrus Crescent. Hanc itaque non iniuria mensæ nobilium crebro repetunt, Platina. Assiduos habeant uitulum tua prandia in usus, Cui madida & sapida iuncta tepore caro est, Bapt. Fiera. Elixatur uitulina ut reliquorum pecorum caro: quidam ut appetitui consulant excitãdo, eodem ferè modo quo pisces coquunt, in aqua primum elixant despumantque, & saliunt (parcius autem ea saliri conuenit, in quibus ius magna ex parte feruendo consumi debet) & cum semicocta uidetur, uinū affundunt, deinde cepas per transuersum concisas, postremo cum parum iuris iam superest butyrum feruefactum: aliqui butyro in sartagine farinæ aliquid addūt, & aceti modicum, & croceum ex aromatibus pollinem, ipsasque cepas. Similiter etiam exta parantur, sic uoco arteriam cum pulmone corde & iecore cohærentibus: Germani in uitulo priuatim **das grick**, nostri etiam **griel**: Apponūtur enim aut simpliciter elixa, aut condimentario iure cum uino cocta, ut de carne iam diximus: sed ius illud cum carne semper coqui solet donec modicum supersit: cum extis uero interdum relinquitur copiosum, et aromatibus cum croco adiectis pani ῥαφανηδὸν dissecto in patinis infunditur (**ein grielsuppen**) idque inter lauta etiam primæ mensæ fercula numeratur. Ventrem cum intestinis uituli, Germani priuatim in uitulis & hœdis nuncupant **das kröß**: quæ itidem elixa & aromatibus condita initio mensæ apponunt. Lixatur & uituli caput ad prima fercula prandiorum, idque arietino longe præfertur, pretio superans sesquialtero. Cerebrum inde seorsim etiam in aqua modicè coctum, mox tunicis liberatum, in uino coquitur, & inspergitur aromatibus: Sunt qui cum lacte mixtum & cepis minutatim incisis, butyro frigunt, & aromatibus condiunt. De uitulina carne salienda supra in Boue dixi: relinquitur autem cum sale in uasis ferè non ultra diem antequam suspendatur in caminum. Gelu in patina fit tum ex pedibus uitulinis, tum metaphreni seu dorsi superioris carnib. Pedes etiam elixi cum aceto & pipere eduntur: uel friguntur cum butyro inuoluti confractis tudicula ouis. ¶ Apicius libro 8. cap. 5. uitulinæ carnis uarios apparatus præscribit, his uerbis: In uitellina fricta: Piper, Ligusticum, apii semen, cuminum, origanum, cepam siccam, uuam passam: mel, acetum, uinum, liquamen, oleum, defrutum. In uitulinam siue bubulam cum porris succidaneis, uel cepis, uel colocasiis: liquamen, piper, laser & olei modicum. In uitulinam elixam: Teres piper, ligusticum, careum, apii semē: suffundes mel, acetum, liquamen, oleum: calefacies, amylo obligas, & carnem perfundes. Aliter in uitulina elixa: Piper, Ligusticum, fœniculi semen, origanum, nucleos, caryotam: mel, acetum, liquamen, sinapi & oleum. ¶ Elixum esse debet uituli pectus: Dorsum tamen seu spina assaturam requirit: Coxas eiusdem in pulpamentum rediges, Platina.

¶ Artocreas quomodo paretur ex carne uituli, &c. Platina libro 8. cap. 36. his uerbis docet: Aut uituli aut hœdi aut capi carnem elixabis: elixam & eneruatam, minutatim concides, & in mortario tundes. Huic deinde parum casei recentis, tantundem ueteris & triti, parum petroselini & amaraci concisi, oua quinque bene diffracta, abdomen porcinum, aut huber uitulinum concisum, modicum piperis, plusculum cinnami, minimum gingiberis, tantum croci ut colorem concipiat, addes. Curabis coquatur eo modo, quo albam diximus. Hoc edant Scaurus & Cælius, qui nimiam macilentiam

I 4

cum obeſitate libenter permutarent. Vehementer enim alit, corpus obeſat, hepar iuuat, obſtructionem tamen & calculum facit. Et libro 6. cap. 9. Paſtillum ex uitulo alijſue cicuribus animantibus hunc in modum parat: Cicures (inquit) appello, omnia quæ domi aluntur, ut uitulum, capum, gallinam, & ſimilia. Ex his paſtillum ſic facies: Carnis macræ quantum uoles ſumito, minutatimq; gladiolis concidito. Vitulinum adipem cum aromatibus huic carni bene miſceto, inuoluta cruſtillis in furno coquito. Cocta ubi propè fuerint, duo uitella (uitella in plurali numero genere neutro ſæpenumero profert) ab albore ouorum excreta cum modico agreſtæ, cumq; iure perpingui bene tudicula agitata, in paſtillum infundes. Sunt qui modicum croci ad ſpeciem addant. Fieri & hic paſtillus in patella bene uncta, etiam ſine cruſta poteſt: capum, pullaſtram, & quicquid uoles, integrum & in fruſta conciſum, in paſtillo pro uoluptate optimè coques. In hoc & multum alimenti ineſt: tarde concoquitur, pauca recrementa in ſe habet: cor, hepar, & renes iuuat, obeſat, ac uentrem *ciet. Et mox ibid. cap. 12. Paſtillum (inquit) in olla ſic facito: Carnem uitulinam cum adipe minutatim conciſam, in ollam ponito: pipiones & pullos, ſi uoles, adijcito. Ollam ipſam ad carbones longè à flamma, ne concitatè efferueat, ponito. Vbi ebullire occeperit, deſpumato: paſſulas deinde imponito. Cepam poſtremo minutatim conciſam, cum larido frigito: Frictam in ollam indito. Vbi omnia propè cocta exiſtimaueris, agreſtam & aromata ſuffundito. Sunt qui & duo uitella ouorum bene agitata cum agreſta infundant. Multum alet, tardè concoquetur, nauſeam faciet, ſtomacho nocebit, hepar & renes concalefaciet, ſperma augebit, caput & oculos lædet. Idem Platina eodem libro 6. cap. 18. In pulpam uitulinam: Ex coxa uitulina carnem macram abſcindito, in fruſta oblonga & ſubtilia concidito: batuitoq; cum gladioli coſta, ita ne reſcindantur: ſtatimq; ſale & fœniculo trito ſuffundito: amaracum deinde ac petroſelinum cum larido bene conciſum, & aromatibus ſparſum ſuper pulpas extendito: eaſq; ſtatim inuolutas in ueru ad ignem ponito: ne nimium deſiccentur, caueto: coctas conuiuis ſtatim appones. Multum alet, corpus ſolidum reddet, pauca recrementa relinquet. In pulpam Romanam, ca. 19. Carnem uitulinam in fruſta non maiora ouo ita concidito, ne alterum ab altero reſcindatur: ſalemq; ac coriandrum, aut fœniculum tritum ſtatim inſpergito: aſperſam, inter duas tabulas aliquãtulum opprimito. Veru deinde traiecta cum teſſella laridi, ne ſe contingant, néue nimium deſiccentur, ad ignem uoluito, donec coquantur. Multi hoc eſt & groſſi alimenti, tardè etiam concoquitur, & aluum aſtringit. Et ſubinde cap. 20. Eſitium ex pulpa: Ex coxa uitulina pulpam accipito, eamq; uel cum adipe eiuſdem, uel cum larido minutatim concidito. Amaracum & petroſelinum contundito, uitellum oui cum caſeo trito tudicula agitato, aromata inſpergito, corpus unum facito, ac omnia cum ipſa carne miſceto. In omentum deinde uel porcinum uel uitulinum teſſellatim inciſum, hoc pulmentum ad oui magnitudinem inuoluito, ad focum in ueru lento igne decoquito. Mortadellam uulgares hoc eſitium uocant, quod certe parum incoctum quàm nimium, ſuauius eſt. Tarde ob hanc rem concoquitur, obſtruit, calculum creat, cor tamen & hepar iuuat. Rurſus cap. 22. Farcimina: Pulpæ uitulinæ atq; adipi ſuillæ bene tunſæ, tritum caſeum tum ueterem tum pinguem, aromata bene tunſa, duo aut tria oua tudicula agitata: ſalis tantum quantum res ipſa requiret, & croci quo crocea ſint, admiſcebis: admixtáque in inteſtinum bene lotum, & perquam tenuatim productum, inijcies. Cocturam in cacabo requirunt. Bona non niſi biduo durant. Seruari tamen in dies quindecim aut plures poterunt, ſi plus ſalis & aromatum addideris, ſiue ad fumum deſiccaueris. Et cap. 30. Caput uitulinum aut bubulum, inquit, aqua calida depilato, ut ſuem conſueſti, ſi elixum uoles: ubi coctum fuerit, in alliatum mergito: ſi aſſum placuerit, repletum aromatibus, allio ac pleriſq; odoriferis herbis, in furno decoquito. Et mox cap. 31. In cerebrum uitulinum: Ex capite elixo ac cocto cerebrum erues, cum quo duo uitella ouorum tudicula bene agitata, modicum piperis, parum agreſtæ, ſalis quantum ſat erit, miſcebis. Mixta hæc omnia in ſartagine cum liquamine tantiſper friges, donec, quod breui fiet, concreta ſimul fuerint. Comedi cito hoc pulmentarium debet: ubi refrixerit, nil inſipidius. Item cap. 35. In uentriculum uitulinum: Vitulinum uentrem in angulo leniter perforato, ſtercuſq; ac ſordes omnes eximito: in lotum uentrem, hæc quæ dicam, indito: Ex caſeo ueteri oua quatuor bene facta (fracta) parum piperis leniter tunſi, croci modicum, paſſulas integras, petroſelinum, amaracum, mentam conciſam. Mixta omnia et in uentriculum clauſa, in cacabo bene coquantur. Et cap. 28. Pulmentarium in carbone: Carnem macram ex coxa uitulina in buccellas non nimium ſubtiles conciſam, cultri coſta contundito: ſale deinde & fœniculi ſemine bene trito utrinq; aſperſam, inter duas tabulas per dimidium horæ comprimito. Inde in craticula ad carbones concoquito, in utranq; partem crebro uertendo, addendoq; teſſellas laridi, ne igne inareſcat. Coqui non admodum hoc pulmentarium debet: calidum item conuiuis apponatur, quo magis appetentiam & deſiderium bibendi excitet. Hoc Bibulus utatur, qui ſitim in ſe demortuam quærit. Idem 5. 15. Non diſplicuit mihi Palelli hoſpitis noſtri patina, qui pedes uitulinos bene lotos, & coctos cum iuſculo aromatibus inſperſo, in cœnam more Romano attulit. Inditum quoq; aliquid ex aceto putârim: adeo appetentiam excitabant. Apponi hæc patina prima menſa conſueuit. Boni & facilis extat alimenti: pectori confert, tuſſim lenit, meatus urinæ exulceratos ſanat, dyſentericis prodeſt. A medicis tamẽ anteriores magis quàm poſteriores, animalium partes probantur. Eſitium ex abdomine porcino aut uitulino parandum, ex eodem Platina referemus in Porco. Genus farciminis quod noſtri uocant cerebri farcimen (cerebrum enim cum condimentis recto inteſtino bouis aut uituli infarcitur)

ſupra

supra in Boue descripsi. Circumfertur liber quidam Germanicus coquinarius, ubi eduliorum ex uitulo apparatus aliquot præscribuntur, quorum nomina hæc sunt, **Läbersultz von kalbs gelüng/ Lungenküchlin/Gebachens von kelberlungen/Holbraten von kalbfleisch.**

G.

Caro uituli recentia uulnera non patitur intumescere, Plin. Caro uitulina recens cum aceto cocta madidaq; alis imposita, fœtorem hirci teterrimum tollit, Marcellus. Ad hominis morsus carnem bubulam coctam imponunt: efficacius uituli, si non ante quintum diem soluant, Plinius: & alibi, Canis rabidi morsu facta uulnera circuncidunt ad uiuas usq; partes quidam, carnemq; uituli admouent, et ius ex eodem carnis decoctæ dant potui: aut axungiam cum calce tusam, scilicet admouent. Cornel. Celsus lib. 5. cap. 27. agens de curatione communi aduersus omnes morsus serpentium: Si neq; qui exugat (inquit) neq; cucurbitula est, sorbere oportet ius anserinum, uel ouillum, uel uitulinum, & uomere. Vituli ius uulgariter datum, inter auxilia cœliacorum & dysentericorum tradunt, Plinius. Carnē uituli si cū aristolochia inassatā edāt mulieres circa conceptū, mares parituras, ꝑmittūt, Plin.

¶ Feminum uituli cinis sordida ulcera, & quæ cacoethe uocant, è lacte mulieris sanat, Plinius.

¶ Medullę animalium uim habent dura & scirrho affecta corpora molliendi, siue musculi, siue tendines, siue ligamenta, siue deniq; uiscera indurauerint. Semper autem optimam expertus sum ceruinam, deinde iuuencorum seu uitulinam. Hircorum uero & taurorum acrior est magisq; desiccat, unde fit ut scirrhosas durities dissoluere non ualeat. Cæterum ex uitulina & ceruina medulla, pessi etiam mollientes ad matricis quædam uitia componuntur: & pharmaca ex medulla confecta molliendiq; ui prædita foris quoq; utero imponuntur. Accipitur autem non tantum ossium medulla, quæ uerè medulla est, sed ex spina quoq; dorsi, quæ reliqua siccior squalidiorq; est, & eam ob causam seorsim utrasq; repono, Hæc Galenus lib. 11. de facult. simpl. cap. 5. plura mox inferens de recondendi & seruandi medullas ratione. Communis ratio medullarum est: (Plinij uerbis utor) Omnes molliunt, explent, siccant, excalfaciunt. Pro his uerbis in Dioscoride legimus, Ἅπαντες δ' εἰσι μαλακτικοί, ἀραιωτικοί, θεραπευτικοί, πληρωτικοί ἑλκῶν. Pro θεραπευτικοί legendum θερμαντικοί cum Plinio: Dioscoridis interpretes nostri seculi calfacere ex Plinio transferunt: uerum de Græco textu emendando nullus meminit. Ἀραιωτικοί ijdem rarefacere transferunt: & recte quidem meo iudicio fecerunt, quod non in hac etiam uoce Plinium imitati sint, qui ξηραντικοί legit, medullas autem siccare, neq; ratione neq; authoritate ulla niti opinor. Quanquam enim malactica, id est mollientia ea proprie dicantur, quæ calfaciūt, exiccant, sed utrumq; moderate, magis tamen calfaciendo ea quàm siccando primi ordinis modum excedere posse scio. Nam Galenus mollientia conferens pus mouentibus: hæc æqualem calorem ei qui in homine secundum naturam est, efficere docet: illa multo maiorem. Proinde ut mollientia pleraq;, ita medullas maxime, calfacere absolutè dici potest (quod meum est iudicium) siccare non item: nisi cum additione quod moderatè omnino & in primo ordine. Nihil enim eorum quæ scirrhi in morem indurata sunt (inqt Gal.) uel ualide siccantibus, uel excalfacientibus ualide, curari potest. Similiter ἀραιωτικὰ, id est rarefacientia Galenus calida moderate & tenuium partium esse scribit, καὶ ἥκιστα ξηραίνειν, id est & minimè siccare: non quod non siccent, sed quòd minimum siccent, cuius generis chamæmalum esse ait, ordine primo calidum & siccum. Verum Dioscorides, qui non raro Græcis uocabulis abutitur quod ad secundas medicaminum facultates, hac etiam uoce rarefaciendi pro laxandi abusus mihi uidetur in medullis: molliunt enim medullæ quæ dura sunt, laxantq; intensa, magis quàm rarefaciant densa, aut obstructa aperiant, præsertim cum pinguiusculæ sint & emplasticæ facultatis nonnihil habeant, recentes præcipuè: accedunt enim medullæ natura in ruminantibus ad seuum, in cæteris ad adipem. Quamobrem rectè Galenus ubi de medullis agit, non calfacere, non siccare, non rarefacere aut aliud tale eas præstare scribit, sed mollire tantum: quanquam & διαλύειν, id est dissoluere obiter eis tribuit, non satis propria significatione. In translatione Serapionis: pro ἀραιωτικοί habetur resolutiuæ, & pro θεραπευτικοί, sedatiuæ: unde hoc saltem cōstat olim etiam hunc locum incertæ lectionis fuisse, ut minus mirū sit Pliniū quoq; & Dioscoridem, qui ab alijs nimirū hęc descripsere, nō eodē modo legisse. Porrò ꝙd Plinius medullā explere, Dioscorides ulcera explere dixit, nec ipse recte dictū existimo, nec apud ullū ex probatis inuenio medicis. Nā quæ sarcotica, id est carnem generare & ulcera explere proprie dicunt, siccare modice & abstergere sine morsu debent: ego uero nullam in medullis abstersionem sentio. Fieri quidem potest ut per accidens aliquando carnem inducant, præsertim cum alijs mixtæ. Multa enim per se lædunt, alijs admista eundem affectum sanant: Quod sarcoticis etiam contingit. Oleum sordes colligit, sic & cera: ærugo rodit: tria hæc mista, carnē regenerant, magis etiam si quid sarcotici adiungas. Scio Plinium commendare medullam ceruinam aut uaccinam ad ulcera oris, sed cum resina: item uituli uel bouis, ad dysentericos, sed alijs admixtis: & uitulinam priuatim ad exulceratas uuluas cum seuo, quibus tamen alia ratione quàm sarcotica prodest: aut si illa quoq; interdū, per accidens tamē. Sed satius est hisce relictis, uerā medullarū facultatem ex Galeni uerbis superius recitatis addiscere: quibus hæc addi possunt, Medullis (ut etiam adipe) recentibus laxando, ueteribus insuper discutiendo utendum esse. Medullarum (inquit Dioscorides) probatissima est ceruina, mox uitulina, post hanc taurina, tum caprina & ouilla. Laudatissima (inquit Plinius) ceruina, mox uitulina, dein hircina & caprina. Curantur ante autumnum recentes lotæ, siccatæq; in umbra per cribrum. Dein liquatæ per lintea exprimuntur, ac reponuntur in fictili locis frigidis. Vide etiam Dioſcoridem quomodo ad uſum parandæ ſint medullæ. Vituli medullæ cum pari pondere ceræ & olei, uel roſacei, addito ouo, duritiæ genarum illinuntur, Plinius. Marcellus paulo aliter, Medulla (inquit) cum cera & oleo roſaceo æquis ponderibus liquefacta, & permixta, & ad emplaſtri modum impoſita, duritias palpebrarum, & ſi qua illic in modum pilularũ naſcuntur, commollit ac diſcutit, Marcel. Vituli medulla admixto cumino trito infuſa prodeſt in aurium dolore & grauitate, Plinius. Simile remedium uide mox in ſeuo. Recens uituli medulla cum cymino contrita infuſaq;, quamuis magnos dolores auriculæ ſtatim releuat, & intra triduum tollit, Marcellus: ex quo in Boue etiam dixi, bubulinam (ſic legitur) uel taurinam medullam liquefactam, tepentemq; infuſam auribus, plurimum prodeſſe. Medulla uituli, uel ſi uaccina ſit, ulcera oris ac rimas emendat, Plin. Vituli aut bouis medullæ excoquuntur cum farina & cera, exiguoq; oleo, ut ſorberi poſſint, pro cœliacis & dyſentericis: Medulla etiam in pane ſubigitur, Plinius: Marcellus item uaccinam, cum farina tenui ſubactam, & inſtar excocti panis in cibo datam, mirè dyſenteriam ſanare ſcribit, maximè ſi & caſeus bubulus recens manducetur. Manantia uerendorum ulcera ſanat ſeuum cum medulla uituli, Plin. Medulla uituli in uino ex aqua decocta cum ſeuo exulcerationibus uuluarum impoſita prodeſt, Plin. Componuntur ex ea medicamenta ad molliendum uterum, tum foris applicanda, tum peſſis inditis, ut ex Galeno ſupra recitaui.

¶ Vitulinũ pingue quomodo odoramentis imbui debeat, copioſè explicatũ eſt ſupra in Tauro ex Dioſcoride. Idẽ quomodo à putredine conſeruẽt, uide in Anſerino ex Dioſcor. Vitulinũ adipem aliquantũ aſtringere Dioſcorides ſcripſit, uide ſupra in bubulo adipe. Seuũ uituli cũ ſale ſubactũ utiliſſime adhibẽt pityriaſi, Marcel. Cũ ſale tritũ capitis ulceribus utiliſſimũ eſt, Plin. Adipe uituli ſi palpebras craſſiores perunxeris, extenuabis eas, & ad ſanitatẽ perduces, Marcel. Seuũ uituli cũ anſeris adipe & ocimi ſucco, genarũ (palpebrarũ) uitijs aptiſſimũ eſt, Plin. Idem remediũ alibi ad auriũ dolorem & grauitatem commendat, Plinius: & Marcellus quoq;, qui tepidum infundi iubet. Et rurſus alibi in Plinio idem remedium (niſi quod nihil differre ait, uituline an bouis ſeuum capiatur) ulcera oris & rimas emendare docet. Eſt & alia mixtura (inquit) ſeuo uituli cum medulla cerui, & albæ ſpinę folijs unà tritis: Idem præſtat & medulla (uidelicet uitulina) cum reſina, uel ſi uaccina ſit. Vituli adipem ſucco ocimi adiecto, ſi pariter tepefactam auriculæ infuderis, amariſſimo incommodo laborantem continuo liberabis, Marcellus. Cuminum ſylueſtre auribus inſtillatur ad ſonitus atq; tinnitus, cum ſeuo uitulino uel melle, Plinius: Quid ſi legas ; uel medulla, ut ſupra habuimus ex eodem autore, & Marcello quoq;. Vituli adeps ex fœmina (id eſt uitula: ſed malim ex femine, ut paulo poſt ex inguinibus) ſublata, cum aquæ cotylis tribus decocta, & ſorbitionis more ſumpta, cœliaco plurimum prodeſt, Marcellus. Datur & ſeuum uitulinum aut bubulum, dyſentericis & cœliacis, Plinius. Manantia uerendorum ulcera ſanat ſeuum cum medulla uituli in uino decoctum, Plinius. Inflationibus in ſede ſeuum uituli auxiliatur, maximè ab inguinibus, cum ruta, Plin. Medulla uituli in uino ex aqua decocta cum ſeuo, exulcerationibus uuluarum impoſita prodeſt, Plin. Teſtium tumor, cum ſeuo uituli, addito nitro cohibetur, Plinius. De eodem remedio Marcellus, Adeps uituli (inquit) & nitri modicum, unà permixta, & ceroti modo impoſita teſticulis, tumores omnes & dolores perſanare dicuntur. Vngues ſcabros ſeuum uituli emendat, Plinius. Sal prodeſt contra incipientes uerrucas cum ſeuo uitulino, Plin. Author quidam obſcurus ex Plinio citat, ſeuum uitulinum podagricis & articularijs morbis prodeſſe: quod ego apud Plinium non de ſeuo, ſed fimo uitulino, nec eo ſimpliciter, ſed eius cinere legi, ut inferius recitabo. ¶ Leporino coagulo pares habent uires, hœdi, agni, &c. & uituli coagulum, Dioſcor. Lethargicos coagulum uituli adiuuat in uino potum oboli pondere, Plinius libro 32. qui totus eſt de aquatilibus, proinde hoc in loco non uituli terreſtris, ſed marini, coagulum accipiendũ eſt. ¶ A recentibus & calidis adhuc uituli extis (id eſt arteria, pulmone, corde & iecore) minutatim conciſis, liquor in uaſis chymiſticis elicitur, cui æquales partes ſaluiæ & meliſſophylli liquorum ſimiliter extractorum, admiſcentur: inde membra frigida, uel reſoluta, uel tabida, mane & ueſperi aliquandiu perfricantur, & mox calidis pannis inuoluuntur. ¶ Iecur uituli maſculi, & tantundem foliorum ſaluiæ, minutatim pariter concidantur: collectus inde ſtillatitius liquor potui datur tum uiris tum mulieribus, qui durum tumorem tranſuerſum in imo uentre ſupra pudenda perceperint. ¶ Vincit lepras ac furfures uitulinum fel, cum ſemine cunilæ, ac cinere è cornu ceruino, ſi canicula exoriente comburatur, Plinius. Felle uituli caput perunctum lendes exterminat, Marcellus. Alopecias ſanat urina hominis uetus, ſi cyclaminum adijciatur, & ſulphur: efficacius tamen & uitulinum fel: quo cum aceto calefacto tolluntur & lendes, Plin. Fel uituli calefactum cicatrices extenuat: Medici adijciunt myrrham & mel, & crocum, æreaq; pyxide condunt: aliqui & florem æris admiſcent, Plinius libro 28. in fine capitis 18. imperitiſſimè ad cicatrices cutis referens, cum ad oculorum cicatrices tantum pertineat, quod uel ipſa medicamentorum ocularium materia monere ipſum debuiſſet. Idem medicamentum Marcellus Empiricus inter oculorum remedia his uerbis deſcribit: Fel uituli diligenter collectum ad cotylæ menſuram in uas æreum mittitur, tenuiq; igne admoto ita excoquitur ut ſpiſſetur, deinde mellis boni tantum mittitur, quantum fellis illius decocti remanſerit: adijciuntur poſtea myrrhæ tritæ drachmæ duæ, & croci una, & æris flos pauxillum, ac poſtea ſimul omnia diu coagitata, ad tertias decoquuntur: quod medicamen in pyxide ærea debet reponi, ſatis utile & leucomatis & cicatricibus, & omnibus uitijs oculorum, ſi adſidue inde

inde & opportunè inungantur. Cum felle uitulino & aceto pari mensura serpentis senectus, id est exuuiæ decoctæ, & lanula madefacta medicamentum auriculæ insertum, maximæ utilitatis esse creditur, si prius feruenti aqua de spongia aurem foueris, Marcellus. Ex eodem malagma uentri soluendo de felle taurino uel uitulino parandum, iam in Tauro scripsi. Vitulinum fel si in purgationibus fuerit sub coitu aspersum uuluæ, etiam duritiam uentris emollit, & profluuium minuit umbilico perunctо, atq; in totum uuluæ prodest. Modum statuunt fellis pondere denarij ad apij tertiam, ammixto amygdalino oleo, quantum esse satis appareat hoc in uellere imponunt. Masculi fel uituli, cum mellis dimidio tritum, seruatur ad uuluas, Plinius. ¶ Lien uituli in uino decoctus, tritusq; & illitus, ulcuscula oris sanat, Plinius. Ad lienem sedandum, emi lienem uituli quanti indicatus sit, iu-
10 bent magi, nulla pretij cunctatione, quoniam hoc quoq; religiose pertineat: diuisumq; per longitudinem annecti tunicæ utrinq;, & induentem pati decidere ad pedes: dein collectum in umbra arefacere: Cum hoc fiat, simul residere lienem ægri uitiatũ, liberariq; eum morbo dicitur, Plinius. ¶ Gluten uitulinum aceto remissum, admixta modica calce uiua, ut crassitudinem mellis habeat, illines locis leprosis, atq; illic siccari medicamen permittes, efficaciter proderit, Marcellus. Lichenas oris præstantissimè uincit glutinum factum è genitalibus uitulorum, liquatum aceto cum sulphure uiuo ramo ficulneo permixtum, ita ut bis die recens illinatur: item lepras, ex melle & aceto decoctum, Plin. Simile remedium in Tauro ex taurocolla diximus, quæ & ipsa ex genitali tauri fit. Auribus fractis glutinum è naturis uitulorum factum, & in aqua liquatum medetur, Plinius. ¶ Fimo uituli suffiri percussos à scorpione prodest, Plinius. Sanguinem sistit fimi uitulorum cinis illitus ex aceto, Plin.
20 Vlcera quæ sordidata sunt, fimi uitulini cinere & muliebri lacte purgantur, Marcellus. Igni sacro uitulinum fimum recens, uel bubulum illinitur, Plinius. Varicum dolores sedat fimi uitulini cinis, cum lilij bulbis decoctis addito melle modico: itemq; omnia inflammata & suppurationes minantia, Plinius. Verrucas aufert uitulini fimi cinis ex aceto, Plinius. Aestates, & quæ discolorem faciũt cutem, fimum uituli cum oleo & gummi manu subactum emendat, Plinius. Oesypum cum melle Corsicano tritum & appositum, abolet de facie omnes maculas, quidam & butyrum addunt: si uero & uituli fimus, & fel caninum misceatur, medicamen utilius erit, ita ut pariter temperata omnia decoquantur, Marcellus. Melancholicis fimum uituli in uino decoctum remedio est, Plinius. Fimum uituli recentem si quis ex uino potui dederit his quos Græci cholericos uocant, manifesto periculo liberabit, Marcellus. Hydropicis auxiliatur fimum uituli masculi illitum: fimi uituli cinis cum se-
30 mine staphylini, æqua portione ex uino, Plinius. Intestinorum inflationes discutit uitulinum fimum in uino decoctum, Plinius. Testium tumor cohibetur uituli fimo ex aceto decocto, Plin. Manantia uerendorum ulcera seuum cum medulla uituli sanat, in uino decoctum, uel caprinum cum melle rubiq; succo: Vel si serpant, fimum etiam (uitulinum intelligo, quod supra etiam ad sordidata ulcera & ignem sacrum prodesse ostendi, quanquam & capræ stercus cancerosos cum melle mixtum sanare apud Sextum legitur:) prodesse cum melle dicunt, aut cum aceto, Plinius. Luxatis recens fimum aprinum uel suillum, item uitulinum prodest, Plinius. Vitulinum fimum recentem articulis laborantibus illines, statim subuenies, Marcellus. Podagris medetur bouis fimum cum aceti fece: Magnificant & uituli qui nondum herbam gustauerit fimum, Plinius. Articulorum attritis medetur uituli, qui nondum herbam gustauerit, fimum, Plinius. Fimi uitulini cinis, cum lilij bulbis deco-
40 ctis addito melle modico, podagris prodest & articularijs morbis, è maribus præcipuè uitulis, Plinius. Si dolor sit & grauitas aurium, urina capri medetur, uel tauri, uel fullonia uetus calfacta, uapore per lagenæ collum subeunte: admiscent & aceti tertiam partem, & aliquid urinæ uituli qui nondum herbam gustauerit; Fimum etiam, mixto felle eiusdem, Plinius.

H.

¶ Vitulus bos iunior est, à uitulando, id est lasciuiendo dictus: uel ut Isidorus conijcit, à uiridi ætate, sicut uirgo (aut forte quia Græci uitulos olim ἰταλὸς, & πιτάλος, uel πιτηλος dixerunt.) Sic & uitula uacca est uiridioris ætatis, necdum enixa: cum primum enim peperit nomine mutato iuuenca aut uacca dicitur. Sed hanc nominum proprietatem Latini non perpetuo seruant. Vergilius Aegloga tertia: Ego hanc uitulam (ne fortè recuses, Bis uenit ad mulctram, binos alit ubere fœtus) De-
50 pono. Et libro tertio Georgicorũ, quos prius uitulos uocauerat, domituræ iam idoneos, hoc uersu: Iam uitulos hortare uiamq; insiste domandi, paulo post iuuencos nominat, Iunge pares & coge gradum conferre iuuencos. Nec poëtæ solum, sed etiam Columella, Talis notę uitulos (inquit) id est iuuencos uel boues indomitos & rudes, &c. Plinius alicubi uitulum masculum dicit, tãquam aliâs de uitula etiam intelligi potuisset: mihi quidem in cæteris casibus non opus uidetur sexus differentiam addere, cum inflectendi ratio uitulum à uitula ubiq; distinguat, præterquam in datiuo & ablatiuo pluralibus, proinde recte alibi Plinius uitulis maribus dixit; neq; enim ita uitulabus ut equabus apud authores reperitur. Apud Græcos etiam μόσχος generis communis est, authore Ammonio. Apud Theocritum Daphnis Idyllio 9. ἁδὺ μὲν ὁ μόσχος γαρύεται, ἀδὺ δὲ χ᾽ ἁ βῶς, ἁδὺ ἢ χ᾽ ἁ σύριγξ, χ᾽ ὡ βωκόλος, ἁδὺ ἢ κ᾽ ἠγών: lego ἁ μόσχος uel propter carmen. Cæterum uituli nomen usurpatur etiã de alijs
60 quadrupedibus maioribus, ut elephantis & balænis apud Plinium. Sic & damalin Græce Photion omne animal uocari existimat in iuuenta. Stultè quidam in Dictionarijs suis Vergilium in carmine iam citato, Iam uitulos hortare, &c. uitulos de equis interpretantur, cum proculdubio de boũ uitulis

illic intelligat poeta. Βοῦν uocamus & uaccam, & taurum, & uitulum aliquando, Io. Tzetzes. Βοῦς ὄνομα γενικόν, πόρτις εἰδικόν, Varinus. Βοΐδιον τὸ, et βώδιον apud Varinum et Hesychium, ad utrunque sexum conuenire uidetur, de boue uel per ætatem uel aliter paruo: Latini buculum uel bucolum (ut Columella habet) de mare, de fœmina buculam dicunt. Μόσχος, inquit Etymologus, dictus est uel quod μῶ uocem ædat: ἢ παρὰ τὸ ὀσμᾶσθαι τῇ μητρί, ἢ παρὰ τὸ μῶ τὸ ζητῶ, καὶ (lego διὰ) τὴν σχέσιν ἣν ἔχουσι πρὸς τὰς μητέρας. Τῶν βοῶν τὰ νέα μόσχοι καλεῖται, Poll. Diminutiua reperio, μοσχάριον, & μοσχίον, & πορτάκινον (malim πορτάκιον, ut à σκύλαξ σκυλάκιον) apud Varinum & Hesychium. Δαμάλεις & πόρτιες, uitulæ sunt, neque Venere neque iugo domitæ (ut per antiphrasin δαμάλεις uocentur, contraria ratione quàm δάμαρ pro uxore) πόρτιες autem minores sunt quàm δαμάλεις: uituli mares lactentes adhuc μόσχοι appellantur, iidem adulti tauri, Varinus. Vide supra in Boue, ab initio octaui capitis. Apud Varinum δαμάγη uox corrupta est pro δαμάλης. A πόρτις fœminino licet, uox diminutiua fit πόρταξ in masculino genere, et ab hac rursus πορτάκιον, ut iam dixi. Πόρτις pro πόρις abundante τ litera. Dicitur autem πόρις, παρὰ τὴν πορείαν, σκιρτητικὴ γὰρ ἡ δάμαλις, Varinus: uel potius ut Etymologus & Suidas habent, πόρτις ἡ μικρὰ βοῦς, ἡ ἄρξαμένη νῦν τῆς ἐπὶ νομὴν πορείας, uel δάμαλις ἡ ἄρτι πορεύεσθαι δυναμένη. Ego porin à par Hebraica uoce deduxerim. Ὑπόπορτις ἐριθος· ἤγουν πόρτιος ἢ βοός, apud Hesiodū, Varinus. Apud Lycophronem πόῤῥις legitur per duplex rhô, ut Suidas & Varinus obseruarunt. Πόριμα, πόρτις, πορισκὴ, non in alio quàm Varini Lexico reperi. Πορτάζει, δαμαλίζεται, Hesychius & Varinus: Δαμαλίζεσθαι uocem nusquam legi, uidetur autem idem significare quod uitulari apud Latinos, id est lætari, uel iuueniliter exultare ut uituli solent. Πορτίφοροι apud Hesychium & Varinum exponuntur, οἱ αἴροντες τὰ κόῤῥοια ἐπὶ τῶν ὤμων: & quanquam ratio uocis compositæ interpretari postulat pro iis qui uitulos humeris gestant: tamen uocabulum κόῤῥοια (pro quo κόῤῥια per iota legendum puto, id est μικρὰ κοράσια uel κοράσια) facit ut illos etiam qui pueros aut puellas humeris imponunt, ut sæpe per ludum fit, sic appellari putem. Δαμαλείδιον, iuuencula, apud Varinum legitur in κλινίδιον. Κυοφορεῖ δὲ ἡ δάμαλις μῆνας δέκα, sic legitur in Geoponicis Constantini ex Varrone, pro uacca Venerem experta & grauida, impropriè. Πέζας μόσχους, οὕτως ἐκάλουν τὰς μισθαρνούσας ἑταίρας χωρὶς ὀργάνων, Hesychius. Malim πεζὰς ut meretrices quæ organa musica non haberent, & organis tanquam equis carerent, πεζαί, id est pedites, utpote ignobiliores dicerentur: quemadmodum & πεζὸν λόγον, id est orationem pedestrem dicimus, cuius comparatione quæ numeris ligatur ἔποχος quasi equo sublimis uocatur. Πέζαι, μόσχοι, ἑταῖραι αἱ χωρὶς ὀργάνων εἰς τὰ συμπόσια φοιτῶσαι, Varinus. Videtur sanè uox πέζαι tum de uitulis boū, tum de meretricibus illis dici posse, ut desit coniunctio καὶ uel ἢ post μόσχοις in Lexicis Græcis. Κολοβοίλη, ut Sigismundus Gelenius obseruauit, ad Germanicam uituli uocem accedit: ut ἰταλὸς (sic enim uitulos olim à Græcis uocatos Varro scribit) ad Illyricam tele. Ἐρινὰς, νέας βοῦς, Hesychius & Varinus. Ἧνις βοῦς, bos annicula, (ἡ μόνου ἐνὸς ἔνου, mutato ε in η) genitiuum ἤνιδος facit, uel ἤνιος Ionice.

Achæus Eretriensis in Aethone Satyrico sues πεταλίδας dixit, cum uituli propriè πέταλοι dicantur à cornibus, ὅταν αὐτὰ ἐκπέταλα ἔχωσιν, Athenæus libro 9. Cælius ecpetala interpretatur patula, uel parua exiliaque: ego posteriorem interpretationem priori contrariam improbo. Nam ut πέτηλον pro paruo reperiatur (quod nusquam fieri puto apud Græcos, præterquam in πέτηλας, quas Hesychius exponit palmas paruas & fruticosas) sicut apud Latinos petilum, ἐκπέταλον tamen nunquam hoc sensu accipitur: sed patulum & planum & in latitudinem extensum semper significat, proinde plana & latiora pocula, quales pateræ sunt Latinis à patendo dictæ, & phialæ Græcis, ποτήρια ἐκπέταλα nominant. Quin & folia latiuscula πέταλα uel πέτηλα dicuntur: Et πεταλῶδες, quod amplum uegetumque fuerit. Inde & sues πεταλίδες, nimirum opimę, & petasus genus pilei lati, & alia plurima, quæ omnia à uerbo πετάω formantur, quod est extendere & dilatare. Et quoniam plana lataque, eadem supino situ esse uidetur, πεταλοῦσθαι pro ὑπτιοῦσθαι καὶ τρυφᾶν exponitur Hesychio & Varino: cuius significationis etiam πεδαχνοῦται uerbum apud eosdem extat, quam scripturam ego non probo. Πεταλίδων, ὑῶν, id est suum (sic enim legendum) per translationem à uitulis, qui πέτηλοι dicuntur, Varinus & Hesychius. Ἐκ δὲ τῶν ὁμηρικῶν πετάλων καὶ ποτήρια ἐκπέταλα, τὰ πλατέα, Varinus. Πετάκιον, ποτήριον, ἐκπέταλον δὲ αὐτὸ, καὶ πέταχνον, Idem. Πέδαυνα τὰ ἐκπέταλα, καὶ φιλοσιδῆ (lego φιαλοειδῆ) ποτήρια, Hesychius & Varin. Sed hæc super ecpetali significatione sufficiant: præsertim cum ipse Cælius alibi ἐκπέταλα pocula latiora interpretetur, quoniam πέταλα folia perampla sint. Debuerat sanè eum res ipsa monere ne ecpetala parua exiliaque cornua redderet, aut reddi posse dubitaret, cum Athenæus sues petalides, id est præpingues saginatosque à petalis, id est uitulis quorum ecpetala cornua sunt translato nomine appellare testetur. Pingue uero paruo & gracili contrarium est. Ausus est quidam in Lexico Græcolatino ecpetala cornua ramosa exponere, & falsæ interpretationis illius Athenæum testem mentiri. At poterant hominem utcunque Græci sermonis indoctum oculi sui docere, nunquam sibi ramosis cornibus aut bouem aut uitulum uisum. Πέταλα, ὀνόματα θήλεια, καὶ βοῦς, Hesychius & Varinus: locus mihi parum integer uidetur.

¶ Vituli epitheta, Ferox. Templis maturus, Iuuenal. Sat. 12. Imbelles, Stat. 8. Theb. Lactentes, Ouidius Metam. 10. Tener, Horat. 4. Carm. ¶ Apud Græcos, ἁπαλός, νεαλὴς Nicandro, ἄγραυλοι πόριες Homero Odyss. κ. ¶ Mensem principis diei (νουμηνίας) ratione Orpheus nuncupat μονοκέρωτα μόσχον, id est unicornem uitulum, ut in Boue iam explicauimus in H. a. ¶ De moscho odorato uel aromatico, quem uulgo muscum uocitant, suo loco tractabo in M. litera. ¶ Μόσχος, καυλὸς ὁ τῶν

φύλλων

φύλλον ἐξήρτηται, Eustath. in Dionys. Moschos & pediculum significat, quo frondes & fructus ramis annexi pendent, qui & petiolus, & à Palladio tenax uocatur, Hermolaus. Μίσχος ὁ παρὰ τῷ φύλλῳ κόκκος (lego καυλός) Varinus & Hesychius: apud Suidam μίσχος nudum sine interpretatione legitur. Μίαχον etiam pro μίσχον in Hesychio corruptum est, quod uel ordinis ratio prodit. Πίσμα, πίσσμα ἢ μόσχος, ἔστι δὲ ἐξ οὗ τὸ φύλλον ἤρτηται, Hesychius: in Varino μόσχος perperam legitur: Suidas non meminit. Dioscorides filicem marem describit his uerbis, φύλλα δ' ἴσιν ἄκαυλα, καὶ ἄνανθα, καὶ ἄκαρπα, ἐξ ἑνὸς μόσχου περὶ πῆχυν τὸ μέγεθος, hoc est, folia sunt sine caule, sine flore, sine semine, ex uno pediculo cubitali magnitudine. Quod in filice (inquit Marcellus interpres) supra terram extollitur, pediculi foliorum, non caulis rationem habet. Quoniam negato illi semine, merito caulem natura etiam negauit: propter semen enim plerunq; caulis est. Rursus in thelypteride, id est filice fœmina, τὰ μὲν φύλλα πτερίδι ὅμοια, οὐ μονόμοσχα δέ: hoc est, Folia mari similia habet, non tamen uno singulariq; pediculo hærentia: μίσχον in hac significatione sæpe in Theophrasto legimus: facile autem ab alijs significationibus discernitur, quoniam semper cum folij aut fructus mentione profertur. Μίσχοι putamina & reiectamenta pomorum sunt, Pollux. ¶ Dicitur & moschos, siue quod idem est oschos, pampinus & capreolus, & clauicula, quæ Græci helicas & ligna & clemata, & amphidas quoq; appellant, ut Galenus inquit, Hermolaus in Corollario. Sunt autem hæc uerba Galeni ex Glossis in Hippocratem: ὀσχίῳ, τῷ περὶ τὸ στόμα τῆς μήτρας ἑλικοειδεῖ ἐπαναστάσει. ὄσχος γὰρ καὶ μόσχος, τὰ κλήματα καὶ αἱ ἕλικες: τὸ δὲ αὐτὸ καὶ ἀμφίδεον ὀνομάζει, καὶ λέγνα. In Hermolai translatione errores quatuor inuenio: quorum duo forte librariorum sunt, qui ligna pro legna, & amphidas pro amphideon supposuerunt: reliqui ipsius Hermolai, cui errandi ansam dederunt exemplaria perperam uel scripta uel excusa: Nam hæc uerba ὄσχος γὰρ καὶ μόσχος, non à nouo initio legi debent, ut in uulgatis exemplaribus leguntur, sed præcedenti uoci ὀσχίῳ coniungi: quod uel γὰρ præpositio addita ostendit. Cornarius Galeni uerba sic transfert: ὀσχίῳ, pampinoformi circa uteri osculum eminentiæ: ὄσχος enim & μόσχος, sarmenta & pampini uitis. Idem etiam ἀμφίδεον nominat & λέγνα. Τὸ αὐτὸ, scilicet ὄσχιον, id est, eandem muliebris pudendi partem, Hippocrates alibi amphideon uel legna uocat: helicas autem, id est capreolos plantarum, Græci nusquam uel amphidas uel legna appellant, ut male conuertit Hermolaus, nequaquam ita conuersurus, si Galeni uerba quibus in eodem libello Amphideon & legna ordine alphabetico interpretatur legisset: Ea (ut nos transtulimus) huiusmodi sunt. Amphideon orbicularis extremitas est osculi matricis, similis cucurbitæ labijs: ducta metaphora ab armillis muliebribus, quas Græci à circumligando & in orbem comprehendendo amphidea (ἀμφιδέας τὰς, Pollux) uocant. Et in Lambda, Legna (inquit) osculi matricis oræ uel extremitates sunt, per translationem à legnis id est fimbrijs uestium: Has oras alibi amphidea nominat Hippocrates, Hæc Galenus. De Hermolai igitur erroribus constat. In Cornarij translatione non probo quòd ἕλικας & κλήματα pampinos & sarmenta reddit, & helicoides pampiniforme. Melius eo Hermolaus capreolos & clauiculas Latine reddidit, sunt enim capreoli coliculi intorti ueluti cincinni quidam in ipsis pampinis tenerioribus, quibus uitis ueluti manibus quibusdam (inquit Cicero) adminicula complectitur ac comprehendit: Germani nostri à figura furculas uocant, à qua etiam (ut mihi uidetur) clauiculas Cicero & Plinius dixerunt: Varro capreolos à capiendo, Græci ab inuoluendo helicas. Plinius etiam crines & uiticulas appellat. Pampini autem uitium dicuntur uirgæ seu rami foliosi à brachijs uel palmitibus, atq; adeo ipsis caulibus, & (ut inquit Plinius) à lateribus exeuntes: Videntur & frondes seu folia uitium ueteres quidam pampinos dixisse. Hāc huius uocabuli significationem propriam innumeris testimonijs confirmarem, si opus esset: ubi uero pro capreolo accipi uideatur, unus tantum in Plinio locus est libro 9. Polypi (inquit) pariunt uere oua tortili uibrata pampino: Hic forte synecdochice pampinum pro parte eius clauicula dixit. Sed hoc non defendit Cornarium: nam ubi multa propria uocabula suppetunt, ijs omissis improprio uti nemo laudauerit. Græcum uocabulum κλῆμα, ubiq; apud authores pro pampino proprie dicto, & palmite, & sarmento legisse memini, pro capreolo nunquam: nec aliter Grammatici interpretantur. Proinde in ijs etiam plantis, quæ nec amplexicaules sunt, neq; capreolos habent ullos, oblongos teneriores q;, & flagellorum instar flexiles ramulos clemata Græci frequentissimè uocant. Galenus autem hoc in loco κλήματα & ἕλικας coniungit, non tanquam synonyma (nisi quis improprie & per synecdochen clema pro helice capiat, quod apud authores factum non reperio) sed ut oschon uel moschon uocem utrunq; significare doceret. Quanquam ea pampinum & cuiusuis arboris ramulum tenerum proprie significat, helica fortassis improprie, neque enim eo usu apud authores inuenimus: Latini tamen uiticulam utraq; significatione dicunt. Sed his relictis ad rem præsentem: Galeno sermo est de ore matricis, quod quia foris apparet orbiculare (eandem enim ob causam cucurbitæ ori ipsum comparat, & τὸ τοῦ στομίου τῆς μήτρας τὸ ἐν κύκλῳ ἄκρον interpretatur) à figura ὄσχιον dici existimat: quoniam & in oschis, id est capreolis, ut ipse interpretatur, figura orbicularis apparet. Mihi certe hęc Galeni interpretatio & oschij muliebris etymologia parum arridet. Alia enim orbicularis figura est oris cucurbitæ, cui aptius extremum muliebre pudendum confertur, ab ipso etiam Galeno: alia uero clauicularum & capreolorum, quæ per spiras & anfractus in se non redeuntes fit. Præterea quod ad rem ipsam, amphideon ab Hippocrate dici totum quod foris apparet mulieris pudendum puto, ideoq; in singulari numero poni: partes autē eius utrinq; & oras legna in plurali: oschion uero aliam partem interiorem, nempe prominentem carunculam, quam Græci nympham quoq; nominãt, quæ

m

interdum adeo excreſcit ut ferro ſecanda ſit: hanc rectè ἐπανάστασιν, id eſt partem eminentem dixeris: ſed non ἐλικοειδῆ, quod Galenus aut ipſe finxit, aut ab alio confictum uſurpauit, niſi meum me iudicium fallit. ὄσχιον autem eandem partem non à figura dixerim, ut Galenus: ſed quoniam prominet, ὄσχοι enim & μόσχοι uocantur ramuli prominentes, teneri & molles præcipuè: Vnde forſan & oſcheo uirili, id eſt ſcroto nomen inditum, quod Etymologus ἀπὸ τοῦ ὀχεύειν deducit. Videtur autem natura carnem illam quam in uiris circa ſcrotum conſumpſit, in mulieribus ad ipſorum oſchion quaſi alterum ſcrotum tranſtuliſſe. Sed Galeno ſi errauit, errare facilius fuit, quod tres iſtę partes muliebris pudendi omnes coniunctæ loco & circa extremum eius oſculum habeantur. Ego Hippocratem uirum parci ſermonis, & proprijs uocabulis uti ſolitum, de re eadẽ tria diuerſa uocabula protuliſſe uix crediderim. ¶ ὀσχοφόρια celebritas ſeu feſtum Athenis fuit, cuius apud auctores, & in primis Plutarchum, crebra eſt mentio. In Oſchophorijs pueri ingenui pubeſcentes (hi duo erant genere & diuitijs eximij, oſchophori dicti, Varinus) eligebantur, qui ferrent ὄσχας, id eſt ramos ac palmites cum ſuis racemis (ſic Heſychius & Varinus interpretantur) in templum Mineruæ Sciriados. Fuit & Athenis locus Oſchophorion nuncupatus, à Phalero non procul, ubi Mineruæ templum fuit, Heſychius & Nicandri interpres in Alexiph. Ab his Oſchophorica carmina dicta, de quibus in primo de Hiſtoria poëtarũ egimus, Gyraldus. Galenus ὄσχον & μόσχον ſynonyma facit, ut ſupra dixi, utrũq; in maſculino genere: in Lexicis Græcis omnibus ὄσχη fœmininum legitur, & exponitur κλῆμα βότρυς ἐξηρτημένους ἔχον: Suidas & Heſychius addunt eandem à quibuſdam ὀρεσχάδα uocari. In neutro etiam genere, multitudinis numero ὄσχια apud Heſychium & Varinum pro ijſdem palmitibus ſcribitur.

¶ Μόσχος, ἁπαλός, Suidas: nomen adiectiuum pro tenero & nouello. Hinc illud apud Homerum, μόσχοισι λύγοισι, teneris uiminibus: Appion & Herodorus translationem eſſe aiunt à teneris bubus, id eſt uitulis, ἐπὶ τὰ τρυφερὰ καὶ λυγώδη φυτά, id eſt ad molles & flexiles plantas (ἐπὶ τὰ τρυφερὰ τῶν βοῶν, lege φυτῶν in Etymol.) Quanquam, ut ijdem addunt, lygos non de qualibet arbore uimen eſt, ſed illa præcipuè quæ Græcis agnos uocatur, Latine uitex uel Amerina ſalix: habet enim illa pręcipue flexiles & uitiles ramulos. ¶ Dicuntur etiam per ſe & ſubſtantiue μόσχοι, nouelli ramuli ac teneri in quibuſuis arboribus: κλάδοι νέοι, βλαστήματα νεόφυτα, κλαδίσκοι ἢ λύγοι, ἢ πτόρθοι ἁπαλοί, Varinus: ſurculi recens enati, annotina germina & apta inſitioni. Forſan & turiones aliquando reddere licebit: ſic uocat Columella teneritates ſummas ipſarum arborum, quæ pecori in cibo conueniunt, ut hominibus etiam ex fruticibus & herbis quos Græci aſparagos nuncupãt, de quibus Galenus libro 2. de facult. alim. Siue aſpharagos (inquit) Attico more, ſiue aſparagos dicas, nihil intereſt. Sic autem uocant omnes ferè Græci τοὺς ἁπαλοὺς καυλούς, id eſt coliculos teneros, dum creſcunt & ad fructum aut ſemen proferendum pergunt. Producunt ſanè ἐκβλαστήματα τοιαῦτα, id eſt germina huiuſmodi, tum olera multa, tum ſtirpes in genere, non ab omnibus tamen illis ad cibum decerpuntur. In braſſica priuatim κύμα quaſi κύημα per ſynæreſin appellant: deinde de diuerſorum olerum aſparagis agẽs, ſubijcit: Aliud aſparagorum genus eſt in fruticoſis plantis, ut ruſco, chamædaphne, & oxyacantha: à quibus differunt (per excellentiam dicti aſparagi) regius & paluſtris (Latinè corruda) poſtremo bryoniæ, id eſt uitis albæ aſparagi, Hæc Galenus. Cymas de braſſica Latini etiam dicunt, Plinius libro 19. Braſſica toto anno ſeritur, &c. cymas à prima ſectione præſtat proximo uere: hic eſt quidam ipſorũ caulium delicatior tenerior'q; cauliculus. Itali etiamnum cymas aut cymolas uocant: hinc & Germanis natum uidetur ſuum **Kymen** & **Kymle**. Columella libro 10. Græcorum imitatione genere neutro protulit, Frigoribus caules & ueri cymata mittit. Quòd autem μόσχοι de holeribus quoq; dicantur, ex Etymologo etiã probari poteſt, cuius hæc uerba ſunt, μοσχύνεται, τρέφεται, κυρίως τὰ μοσχεῖα, ἢ τῶν λεπτῶν λαχάνων φυτεῖα, ἢ φυτῶν, hoc eſt, μοσχύνεσθαι uerbum nutriri & creſcere ſignificat: propriè autem dicitur de moſchijs, id eſt teneris holerum aliarúmue ſtirpium ſurculis. μοσχεῖα uocat, quæ alij μοσχία: pro λεπτῶν lego ἁπαλῶν ex Suida, qui μοσχεύματα exponit ἁπαλὰ φυτὰ δένδρων καὶ λαχάνων. Notandum autem φυτὸν uocem quæ totam plantam propriè ſignificat, per ſynecdochen pro ſurculo accipi. In Etymologico etiam φυτὰ potius quàm φυτεῖα legerim, & δένδρων quàm φυτῶν ex Suida: ut talis ſit lectio, μοσχύνεται, τρέφεται, κυρίως τὰ μοσχία, ἢ τῶν ἁπαλῶν λαχάνων φυτὰ ἢ δένδρων. Verum pro μοσχύνεται etiam, μοσχεύεται mallem: Verbum enim μοσχεύειν, ut inferius dicam, ſæpe apud authores legitur, μοσχύνειν nunquam, quod ſciam. Huc formationis etiam analogia accedit. Nam ſicut à δοῦλος, ὁδός, χωλός, &c. uerba in εύω fiunt, ſic & à μόσχος μοσχεύω: rariſſima ſunt in ύνω à nominibus in ος, ut à λεπτός λεπτύνω. Μόσχια (malim μοσχία paroxytonum, ut moris eſt in diminutiuis) ἁπαλὰ φυτά, id eſt plantæ teneræ: nimirum recens plantatæ uel inſitæ, uel potius ipſi ſurculi, ſiue ad inſerendum idonei, qui & μοσχίδια & μοσχεύματα dicuntur, nec non μόσχοι, ut iam docuimus. Moſchia uocant item Græci conceptacula in cepis quædam ſemen adſeruantia, & ad maturitatem perducentia, Cælius: Apud Heſychium & Varinum nihil aliud inuenio quod ad hanc rem, quàm κρομμύου τὸ σπέρμα. (Thallos ceparum uocat Columella 11.3. ut Beroaldus exponit.) Iidem μόσχια interpretantur κρέα μοσχεία, id eſt uituli carnes: in qua tamen ſignificatione penultima per ει. diphthongum ſcribi debet. Μοσχίδια, germina recentia, & uimina noua ac tenera, item fici nouellæ, id eſt nuper plantatæ, Varinus. Νέα μοσχίδια συκίδων, Ariſtophanes in Acharnenſibus: interpres exponit μοσχεύματα σύκων: οὕτω δὲ καλοῦνται αἱ νέαι συκαῖ. Flagella dicuntur Latinis cymæ arborum & ipſarum ſummæ partes, quę ad cuiuſcunq; uenti flatum mouentur: unde etiã nomen traxerunt, ab eo quod flatibus petãtur, Verg. Neue flagella Summa pete.

Mihi

Mihi inde dicta uidentur, quod flagellorũ instar lenta flexiliaq́ sint. Hæc quoq; moschos & moschia Græce dixerim. Quòd si arbor inutili quadam fruticatione multos ueluti caudices emittere uideatur, cuiusmodi solent cerasus, prunus, corylus: tantum is caudex iustè appellabitur, qui est medius & robustior: alij autem uicini ab eadem radice prodeuntes, qui quidem desecari & transplantari solent, ut arbor crassior sit, & ne soboles luxurians parentem enecet, stolones appellantur, à uulgo in Gallia reiectons quasi reijciendi: Ab his (inquit Varro) Licinius Stolo primus cognominatus est, quod nulli in eius fundo reperiri possent stolones, quos circũ arbores è radicibus effodiebat. Huiuscemodi stolones uocantur etiam soboles ab olescendo, Columellæ: In uineis appellantur pampini: unde pampinare uites, superfluos stolones resecare. (In uite sobolem & rustico uocabulo suffragi-
10 nem uocant, Ruellius.) Eosdem Cato cap. 51. pullos arborum uocat: Ab arbore (inquit) abs terra pulli qui nascentur, eos in terram deprimito. Pullulos quoq; nominauit Plinius libro 17. Hinc pullulare & pullulascere uerba, quasi pullulos emittere, Carolus Stephanus in Seminario. Ego istos quoque stolones Græce μόσχους appellauerim, & moschidia &c. quanquam & παραβλαστήσεις aliàs & παρασπάδες Theophrasto dicantur: Pulli certe appellatio moschis pulchrè colludit. Παρασπᾶν, stolones adnascentes euellere. Μόσχευμα in literis sacris interpretati sunt uitulamen, cum Latine uiuiradix dici posset, Hermolaus. Virgulta appellat Vergilius, quæ quibusdam uulgò plantalia, alijs semina appellari placuit: nonnulli etiam palmites uocant: nempe surculos eos qui terræ committuntur, ut in arborem insurgant. Virgas interdum appellant Plinius & Columella, interdũ etiam uirgas malleolares. His itidem μόσχων nomen non negabimus. Arborum surculi qui in terram pangũtur, uel seruntur,
20 uocantur etiam semina, & plantæ, plantaria, seminaria, & Græcis quoq; σπέρματα, quod Carolus Stephanus (sine authore tamen) asserit. Quanquam seminaria & plantaria alioqui uocantur ipsi agri nouellis plantis nutriendis destinati. ὁμοίως δὲ τῆς ἀμπέλου τὸ ἀπὸ τῆς γῆς ἕως τῆς ἐκφύσεως τῶν κλημάτων τῶν δένδρων (forte legendum, τῆς ἀμπέλου τὸ ἀπὸ τῆς γῆς ἕως τῆς ἐκφύσεως τῶν κλημάτων, ὁμοίως δὲ καὶ τῶν δένδρων) αἱ παραφύσεις, ἃς εἴποις ἂν παραβλαστήματα, ἢ κατὰ Πλάτωνα ἀναβλαστήματα, αὐτομολίαι καλοῦνται, καὶ μολοβοῦν τὸ ταύτας κόπτειν, ὡς τὸ τὰ πρέμνα πρεμνίζειν: ἐν γοῦν τῷ Ἀττικῷ νόμῳ τῷ περὶ τῶν κοινῶν γέγραπται, Μὴ ἀνθρακεύειν, μηδὲ μολοβοῦν, μηδὲ πρεμνίζειν, Pollux libro 7. Et paulò post addit μοσχεύειν de arborum nutricatione dici, (aut si Græce mauis, τὸ ἀνατρέφειν τὰ φυτά) quod moneo, ne quis forte uerbum μολοβοῦν perperam scriptum existimet pro μοσχεύειν. Automolias (id est, stolones, & pampinos) ut Pollux uocat, nusquam alibi hac uoce reperio: Pro μολοβοῦν uero μολοβεῖν apud Varinum, interpretatur autem ἐγκόπτειν τὰς παραφυάδας,
30 id est pullorum sobolem recidere, pampinare. Ego κολούειν uerbum in ea significatione malim, quod planè usitatum est pro amputare, mutilare, & imminuere. Cæterum μοσχεύειν idem significare mihi uidetur apud Theophrastum de causis plant. lib. 3. cap. 3. ubi cum docuisset phyteuteria, id est surculos inserendos læues & minimè scabros esse debere, nec ullos habere nodos, siue cæcos, siue etiam sanos & germinantes: quoniam uis in germina abeat & fruticando dispergatur: subdit, Eandem enim ob causam ἐπὶ τῶν δένδρων ἔνιοι μοσχεύουσιν, οἱ δὲ περιαιροῦσι τὴν βλάστην τῶν κλάδων, id est arborum stolones circa truncum infra & radicem, aliqui resecant, alij etiam luxuriantem in ramis germinationem abscindunt, nempe in superiore parte arboris. Et paulò post seminis, id est surculi inserendi, infirmitati consulendum monens: Ideo, inquit, qui inserunt curant, ut surculi ad eandem cœli regionem spectent, quam prius in arbore sua, & ut in simili uel meliore solo insitio fiat, deniq; ut à robustiore parte arbo-
40 ris surculi auferantur: tales autem sunt qui circa imum truncum & iuxta radices nascuntur (pullos & stolones uocant) quos resectos inserunt, sic enim uerto καὶ προμοσχεύοντες φυτεύουσι. Quasi diceret, eo tempore quo arbores à stolonibus purgant, eodem mox aliquos de ijs plantãt. Eò autem robustiores sunt omnes ferè arborum surculi quo inferiores in trunco nascuntur: habent enim illi tanquam rudimenta quædam radicum, aut uim ad crescendum maiorem ob radicum uiciniam, (τὰ ὑπὲρ ῥιζῶν, Gaza non rectè uertit, quæ fibris suffulta sunt) καθάπερ τὸ μεμοσχευμένον, id est quemadmodum stolo recisus. Cupio equidem studiosos cum Gazæ translatione conferre nostra & iudicare. Omnis autem illius error inde mihi ortus uidetur, quòd μοσχεύειν semper pro uiuiradices facere exponit, cum plærunq; simpliciter stolones recidere significet. Sed quid si uiuiradix de sola uite dicatur? (est enim hæc uitis surculus cum radice exemptus, quo ipso à malleolis & taleis differt) ut non Gaza solum,
50 sed Hermolaus, Budæus, & alij recentiores hactenus circa hãc uocem decepti sint omnes: quod ego quidem in præsentia nondum assero, sed illis quibus otij plus est & rei rusticæ amor inquirendum propino: & hoc etiam inter cætera an Budæus uiuiradicem rectè φυτευτήριον Græce nominauerit, cum Theophrasto libro 3. cap. 6. de causis, φυτευτήριον uel φυτὸν, & alibi φύτευμα, surculum inserendũ significet, quem & semen Latini dicunt, ut illic Gaza transtulit: Quanquam idem mox capite septimo: ubi lapides circumponi iubet περὶ τὸ πρέμνον τοῦ φυτευτηρίου, transfert, circa stolonẽ plantæ, rectius translaturus circa truncum (ut Palladius etiam uocat) cui insitus est surculus. Mihi certe rectè nominari uidetur φυτευτήριον in genere quicquid nouellum plantandũ est, siue id uiuiradix sit, siue surculus, siue stolo, siue talea, siue aliud quàm propriè dictum semẽ, ut apparet ex fine capitis 2. & initio tertij, libri 2. historiæ plantarum Theophrasti. Quin & propagines forsitan tum uitium tum arbo-
60 rum, ad idem moschidiorũ nomen admittentur, quod quis ex hisce Varini uerbis conijciat. Μοσχεύειν (inquit) apud rusticos est palmites inuersos in scrobem imponere ut radices mittant, & postea transplãtare: Aut si Græce mauis, Μοσχεύειν παρὰ γεωργοῖς τὸ φυτιθέναι ἀνεστραμμένως τὰ κλήματα ἐν ὀρύγματι γῆς,

m 2

ἐπὶ τῷ ἐκφῦσαι ῥίζας. εἶθ' οὕτως ἐμφυτεύειν: lego μεταφυτεύειν. Nã Theophrastus libro primo de causis plant. cap. 2. ubi palmam arborem non semine solũ nasci scribit, ut reliquæ arbores quæ siccæ & simplici caule sunt, & circa imum truncum non pullulant, sed etiam uirgis eam Babylonios plantare, his uerbis utitur: Τάς τε γὰρ ῥάβδους φασὶ μοσχεύειν περὶ Βαβυλῶνα τὰς ἁπαλωτάτας, καὶ ὅταν ἐμβιάσωσι μεταφυτεύουσι. καὶ ἐν τοῖς περὶ τὴν Ἑλλάδα τόποις, ἐὰν ἀποκόψας τις ἄνω φυτεύσῃ, ῥιζοῦσιν, &c. ἔτι δ' ἂν πλάγιος, ἐν ᾧ καὶ ἔνικμος ἡ γῆ τυγχάνῃ, &c. Hoc est, ut Gaza uertit, Virgas enim tenerrimas Babylonios uiui radices efficere, adultasq; transferre accepimus. Quin & Græciæ si quis ramos superne decisos serat, radix demittitur, &c. Item si truncus inuersus deponatur, sitq; solum humectum, &c. Videri posset hic Theopharastus μοσχεύειν uerbum aliter quàm aliàs unquam accipere, nempe pro eo quod est ramos à superiore arboris parte recidere, cum pullos siue stolones inferius nullos habeat. Ego uero hunc locum ita exponendum puto, palmam non semine solum nasci, sed aliter quoq;, in Babylone enim stolones eam producere qui serantur, & cum in terra comprehenderint (ἐμβιοῦν uocat, cui synonymũ ῥιζοῦσθαι) transferantur: In Græcia uero quanquam simplici & sine stolonibus trunco proueniat, illic tamen quoq; aliter quàm semine, nempe ramis superne resectis & terræ commissis plantari. Plinius certe libro 17. cap. 10. fruticationes à radicibus (à quibus ut etiam à trunco imo uirgulta plantanda sumuntur) palmis manifestè tribuit, ijsq; ut similiter ulmis, arboris suæ & ramorum umbram nihil obesse ait: cum eædem in cæteris arboribus quæ hanc sobolem habent, umbra plerunq; pereant. Eandem rem in historia plant. lib. 2. cap. 2. Theophrastum ita tractare legimus, Ἀπὸ σπέρματος μόνον φύεται πᾶν τὸ κωνοφοροῦν, ἔτι δὲ φοῖνιξ: πλὴν εἰ ἄρα ἐν Βαβυλῶνι καὶ ἀπὸ τῶν ῥάβδων ὥς φασί τινες μωλύειν: Gaza sic reddit, Ex semine tantum nascuntur omnes coniferæ, item palma: ni forte apud Babylonem è uirgis quoq; proueniat, sicut nonnulli asseuerant, pro μωλύειν legendum censeo μοσχεύουσιν, ut supra. Quòd si quis obtineat Theophrastum omnino palmas absq; stolonibus esse intellexisse, & tamẽ μοσχεύειν uerbum de eis usurpasse: concedam illi μοσχεύειν interpretari pro eo quod est in seminarium uel plantarium (ueluti uitulum aut pullum ad nutricem) pangere & deponere ramum, ut iam adultus inde transferatur: quæ tamen expositio à nullo hactenus clare prodita est: mihi quidem satis probatur. Est autem hoc quoq; notãdum in superioribus uerbis, ubi Græce legitur in excusis codicibus, ἔτι δ' ἂν πλάγιος, Gazam uertisse, si truncus inuersus deponatur: cui uersioni nonnihil astipulantur Varini uerba hæc superius recitata, μοσχεύειν τὸ ἐντιθέναι ἀντεστραμμένως τὰ κλήματα. Plinius libro 17. cap. 10. Folia palmarum (inquit) apud Babylonios seri, atq; ita arborem prouenire, Trogum credidisse demiror. At ego Plinium magis miror, qui cum ex illo Theophrasti loco ubi is de prouentu palmarum docet, multa in suum opus transtulerit, non obseruauerit Theophrastum hoc de uirgis palmæ non folijs (quod ridiculum esset) narrari scribere. Porrò libro 2. cap. 3. historiæ plantarum, Theophrastus μόσχευμα nominat, plantam è semine propriè dicto satam: Amygdala quoq;, inquit, semine sata degenerat, tum sapore, tum quod dura ex molli redditur: idcirco adultam inserere, aut plantam sæpius transferre præcipiunt: hic pro moscheuma Theodorus plantam recte conuertit. Quanquam igitur ut plurimum etiam uerbum μοσχεύειν Theophrasto, non ad quasuis plantas ramósue aut surculos plantandos, sed stolones & pullos accommodetur, aliter tamen interdum ab eo accipi, nulla contentione negauerim (nam quæ hic scribo, dubitando magis & interim ipse mecum addiscendo inter tot authorum difficultates, quàm docendo asserendóue scribo) de insitione certe nusquam ab eo usurpari reperi. Habet enim insitio alia & sibi propria uocabula. Μόσχευμα, πᾶν τὸ ἁπαλόν, Nicandri interpres. Μοσχεύσας, γεννήσας, Hesychius & Varinus. Μοσχεύων, μεταφυτεύων, transplantans, transferẽs, Suidas: Qui etiam in his Eunapij uerbis, οὗτοι μὲν ὧδε μένοντες ὑπεμόσχευον τὸν πόλεμον (id est, Illi quidem hoc in loco manentes bellum clam fouebant & nutriebant) exponit ὑπέστρεφον (lego ὑπέτρεφον) & ὑπεφύτευον. Τὰ μοσχεύματα δὲ εἰς τὰς ἐπομβρίους χώρας μᾶλλον ἐμβάλλειν, ἢ τὰ φυτεύματα πάντων τῶν δένδρων: ὅτι τὰς ῥίζας τὰς καθιεμένας τῶν φυτευμάτων ἀσθενεῖς οὔσας ἐκσήπει: τὰ δὲ μεμοσχευμένα (sic enim lego) ἰσχυρότερα καὶ εὐθὺς ἀντιλαμβάνεται: τὰ δὲ πάχη (forte παχέα) τῶν φυτῶν, εἰς μὲν τὴν ἔπομβρον οἰκεῖα, &c. Verba sunt Theophrasti libro 3. de causis cap. 17. Quæ quidem ego longe aliter quàm Gaza sic uerterim, Commune hoc omnium arborum est, ut moscheumata, id est auulsi à trunco inferiore rami, magis quàm reliqui (id est minores & superne decerpti surculi) solo humido mandentur. Ratio est, quoniam humor radices surculorum quæ deorsum emittuntur infirmæ, putrefacit: stolonum uero uel auulsionum plantæ cum robustiores sint, statim comprehendunt. Sunt autem crassiores plantæ humido solo aptiores. Artificiosas plantationes, quæ non sponte naturæ, sed arte & industria fiunt, præter insitiones Theophrastus de historia plantarum, initio libri 2. quinq; cõmemorat, ἀπὸ παρασπάδος, ἀπὸ ἀκρεμόνος, ἀπὸ κλωνός, ἀπ' αὐτοῦ στελέχους, τοῦ ξύλου κατακοπέντος εἰς μικρά: hoc est, auulsione, ramo, surculo, ipso trunco, ligno minutatim conciso, interprete Gaza. Hic licet ex professo & copiose de plantandi differentijs agatur, moscheumatum tamẽ nulla mentio: unde apparet, moscheumatis proprie dicti & ex auulsione plantationem eandem esse. (Plinius 17.10. hunc Theophrasti de ligno minutatim conciso locum non intellexit, & manifesto errore ad insitionem illam transtulit quæ fisso arboris trunco fit.) Est autem eius quod auellitur, differentia triplex, aut enim radicis aliquid simul auellitur, aut saltem stipitis, aut nec huius nec illius quicquam: quo postremo modo punica et malus uerna exoriuntur, ut ibidem scribit Theophrastus. Et mox capite 2. Ἀπὸ παρασπάδος δὲ καὶ ῥίζης οὐδὲν φύεσθαί φασι τῶν μὴ παραβλαστανόντων. Ἁπάντων δέ, ὅσων πλείους αἱ γενέσεις, ἡ ἀπὸ παρασπάδος, καὶ ἔτι μᾶλλον ἡ ἀπὸ παραφυάδος, ταχίστη τε καὶ εὐαυξής, ἐὰν ἀπὸ ῥίζης

ῥίζης ἢ παραφυάδος ἢ. Quæ Gaza sic uertit, Auulsione aut radice nihil ex ijs, quæ ab imis plantigera non sint, exoriri posse arbitrantur. Cunctorum autem, quorum generatio numerosior est, ea quæ auulsione, atque etiam magis quæ sobole perfici potest, ocyssima, & auctu perfacilis est; si ab radice soboles accipiatur. Constat igitur auulsiones trium generum esse, quæ licet omnes paraspades & moscheumata Græcis in genere dicantur, illa tamen quæ cum radice simul euulsa sit, priuatim παραφυάδα nominari (sobolem ex Plinio apte reddit Gaza:) & hanc solam Latinis uiuiradicem nominari, idque in uitibus uel solum uel maxime: Græci ὑπόῤῥιζον uel ἔνριζον παραφυάδα (ut Theophrastus de caus. 2. 2.) ἢ μόσχευμα dicunt, tum in uitibus tum in cæteris arboribus: Cæterum ea quæ ab imo plantigera non sunt, sed sicca, simplicique stipite (ξηρά, μονοφυῆ, ἀπαράβλαστα) nec auulsione, nec ramo aut surculo plantari posse, docet Theophrastus libro 1. de causis cap. 1. Didymus in Geoponicis Græcis libro 5. qui de uitibus est, uiuiradices uocat ἔνριζα φυτά, malleolos autem τὰ ἀπὸ κλήματος φυτά, propaginem ἀπώγυγα κληματίδα: surculos qui arboribus immittuntur uel inseruntur ἐμβήματα, unde & uerbum ἐμβηματίζειν inserere: denique truncum in quem insitio fit, τὸ ὑποδεχόμενον φυτόν: Idem libro 10. quatuor modis arbores plantari docet, aut semine, aut ἀπὸ παραφυάδων τῶν λεγομένων μοσχευμάτων, id est auulsione & uiuiradicibus (neque enim distinguit ut Hermolaus, qui differre quidem parum ait, sed quomodo differat omittit: ego non aliter differre puto, quàm quod μόσχευμα interdum de alijs etiam ramis soleat efferri, tanquam communius uocabulum: paraspades unam & certam significationem de imis circa truncum & radicem adnatis perpetuo retinent:) aut ἀπὸ πασσάλων, id est talea, aut ἀπὸ κλάδων, id est surculis. Transtulit hinc quædam Varro, libro 1. cap. 39. & 40. & paraspades uel moscheumata uiuiradices uidetur interpretari. Plinius libro 17. cap. 10. Natura & plantaria demonstrauit, multarum arborum radicibus pullulante sobole densa, & pariente matre quas enecet, &c. Nullis uero tales pulli proueniunt, nisi quarum radices amore solis atque imbris in summa tellure spatiantur. Omnia ea non statim moris est in sua locari, sed prius nutrici dari (hoc etiam μοσχεύειν Theophrastus dicere uidetur) atque in seminarijs adolescere, iterumque migrare. Hæc Plinius: sunt autem pulli illi ex radicibus paraphyades Theophrasti. Et mox paulò, Et aliud genus (inquit) simile natura monstrauit, auulsique arboribus stolones uixere: quo in genere & cum perna sua auelluntur, partemque aliquam è matris quoque corpore auferunt secum fimbriato corpore: Hæ scilicet paraspades & moscheumata Theophrasti sunt: quas dum in arbore sunt παραβλαστήσεις etiam & πλάγια nominat, nepotes Gaza conuertit. Errat autem Carolus Stephanus qui stolones cum pullis Plinij confundit. Ex eodem euentu est (inquit Plinius ibidem) surculos abscissos serere. Viuiradicum certe in hac arborum plantatione nusquam meminit. Cæterum ramorum & surculorum plantaria ut Theophrastus, non distinguit: (nam Theoph. libro 1. cap. 10. de causis, Multa, inquit, ἀπὸ κλωνὸς nasci non possent, ἀπὸ ἀκρεμόνος possunt) quemadmodum & alia quædam aliter quàm Theophrastus quod ad hoc negotium attinet, eodem in loco tradit: Quæ nos lectori relinquimus: qui ista παρέργως à nobis rei rusticæ studio collecta utut sese offerebant, boni consulet. ¶ Μοσχινάδοι, σκιρτητικοί, Hesychius & Suidas: lasciui & exilientes uitulorum instar. ¶ Μοσχηδόν, in morem uituli, ut ταυρηδόν: Nicander in Alexipharmacis eum qui buprestin hauserit, lac ex mamillis sugere iubens, ita scribit, Ἠὲ καὶ θηλῆς ἀπὸ δὴ βρέφος ἐμπελάοιτο Ἀρτιγενὲς, μόσχος δὲ ποτὸν μοσχηδὸν ἀμέλγοι. Μοσχίνδα apud Hesychium & Varinum exponitur ἑξῆς καὶ ἀνελλιπῶς, id est continuo deinceps ductu & sine intermissione, qualis forte & uitulorum suctus est ex uberibus matrum, ut propriè ad potum referatur, quo sensu tamen μοσχηδὸν libentius dixerim & ἀμυστί. ¶ Μοσχίας, aries triennis, Eustathius. Moschiæ lepores uestigia habent odoratiora, quorum odore canes in furorem aguntur, Pollux. Violam idcirco dictam ion Græci putant, quod cum Io in uaccam à Ioue conuersa esset, terra florem illum pabulo bouis eius fuderit. Nostri quoque uiolam quasi uitulam, imitatione Græca uideri possunt appellasse, Hermolaus. Μοσχωνοσῖτος, ὁ ἀπεχόμενος, καὶ χόρτος ὁ ἤδη καρπὸν ἔχων, Hesychius: Varinus & Suidas non habent, nec mirum cum uox sit corrupta.

¶ Pomponius Vitulus uiri nomen apud Varronem. Idem circa finem libri 2. Discedimus (inquit) ego & Scrofa in hortos ad Vitulum Nigrum Turannium. Moschi sophistæ hydropotæ meminit Cælius Rhodig. lib. 6. in fine capitis 4. ex Athenæi libro 6. Moschus grammaticus Syracusanus, Aristarchi familiaris, alter à Theocrito Bucolicorum poëta, Suidas. Antiquum de atomis dogma (si Posidonio credimus) Moschi est, hominis Sidonij, qui ante Troianas res fuit, Strabo libro 16. Moschionis παρασίτου uel παραμασήτου mentio est apud Athenæum libro 6. & Moschionis coci celeberrimi libro 12.

¶ b. Μαίσωλος, animal quadrupes in India, uitulo simile, Varinus, Hesychius. Elephanti pariunt singulos magnitudine uituli trimestris, Plinius. Bubalos propriè dictos gignit Africa, uituli ceruique quadam similitudine, Plinius. Μοσχῆ, ἡ τοῦ μόσχου δορά, id est pellis uituli apud Anaxandriden, Pollux. Μοσχίνη, idem. Ἐν δὲ νέναστι Λευκᾶν ἐκ λασιᾶν καλὰ δέρματα: τάν μοι ἀπάσας, Αἲ κόμαρον τρωγοίσας ἀπὸ σκοπιᾶς ἐτίναξε, Theocritus Idyllio 9. Aron herbam aliqui uulgo pedem uituli uocant, Syluaticus. Antirrhinon uocatur herba flore hyacinthi, semine uituli narium, Plinius: Hanc & bucranon uocant, Galenus in Glossis: Dioscorides etiam semen eius uituli naribus confert: Est et inter hippoglossi nomina antirrhinon.

¶ c. Οἷον τ' ἐξ ὑμένων νεαλὴς ὑπὸ θάλπι μόσχος Βράσσῃ, ἀνακρώζουσα χύσιν μυνοεικέα θηλῆς, Nicander in Alexiphar. ubi contra Buprestis uenenum lac ex uberibus sugendum consulit. Iosephus author est

m 3

in mutatione legis sacrificiorum Hierosolymis in templo, uitulam inter manus sacrificantium peperisse agnam, Albertus Magnus. Vitulum aliquando capite pueri natum esse testatur Aristoteles de gener. animalium, libro quarto, capite tertio.

¶ d. Ὡς δ' ὅταν ἄγραυλοι πόριες περὶ βοῦς ἀγελαίας ἐλθούσας ἐς κόπρον, ἐπὴν βοτάνης κορέσωνται, πᾶσαι ἅμα σκαίρουσιν ἐναντίαι: οὐδ' ἔτι σηκοὶ ἴσχουσ', ἀλλ' ἀδινὸν μυκώμεναι ἀμφιθέουσι μητέρας: ὣς ἐμὲ κεῖνοι ἐπεὶ ἴδον ὀφθαλμοῖσι, &c. Loquitur autem Vlysses de socijs, cum ex belluina forma in homines rediissent, apud Homerum Odysseę libro 10.

¶ f. Caro uitulina nominatur Plauto in Aulul. Cicero libro 2. de Diuin. An tu, inquit, carunculæ uitulinæ mauis, quàm imperatori ueteri credere? Idem Pæto lib. 9. Integram famem ad ouum affero, itaq; usq; ad assum uitulinum (quidam hîc uitellinum legunt, sed uetus exemplar uitulinum habet) opera perducitur. Κρέας μόσχειον Græci dicunt: Apicius uitellinam dixit, & Itali hodie pro uitulo uitellum. Imperator Valens legem Orienti dixerat, Ne quis uitulinam esitasse carnem uellet dum agricolationi consultum cuperet, Cælius. Aegyptios Agesilao uitulos saginatos misisse apud Athenæum alicubi legimus. In uitulis præcipue musculosam & superiorē femoris partem, nostrates uocant **rorbraten**, quoniam os femoris in ea cannæ speciem refert.

¶ h. Bacchus cur ταυροφάγος & μοσχοφάγος dictus sit, ex Aristophanis interprete in Tauro ostendi. Μοσχοφαγία, sacrificium quoddam celebratum in Salamine Cypri, Hesychius & Varinus: apud Suidam per τ. simplex legitur: dubitauerit sanè aliquis an μοσχοφαγία scribi debeat: Monophagorū celebritatis apud Aeginēses Gyraldus meminit ex Plutarchi Quæstionibus Græcis: Est & alia ὠμοφαγία dicta. ¶ Vitulam deam Victoriam dici Piso putauit: cuius rei hoc argumentum protulit, quod postridie nonas Iulias re bene gesta, cum pridie populus à Thuscis in fugam uersus esset, unde Populifugia dicta sunt, post Victoriam certis sacrificijs fiebat uitulatio. Quidam interpretati sunt quod potens esset uitæ tolerandę: hinc illi pro frugibus sacra fiebant, quod obseruat Macrobius. Hyllus in lib. de Deis, Vitulam deam ait quæ lætitiæ præesset: unde etiam Vitulatio & Vitulari. Varro in lib. Rerum diuinarum ait, quod pontifex in sacris quibusdā uitulari soleat, quod Græci παιανίζειν uocant (Hinc illud Vergilij, Lætumq; choro pęâna canentes.) Titius uero uitulari interpretatus est, uoce lætari. Quidam de hac dea Vergilium intellexisse uolūt, cum cecinit, Cum faciam uitula (pro uitulatione, sacrificio ob lætitiam facto) pro frugibus ipse uenito, Hæc Gyraldus ex Macrobij lib. 3. cap. 2. Saturn. Vitulari ueteres dixerunt pro lætari, testibus Festo & Nonio. Plautus in Persa, Commodanti lubens, uitulorq; merito. ¶ De Apide uitulo, copiose in Tauro locuti sumus: ubi & uituli aurei à Iudæis idololatris in Choreb consecrati mentionem fecimus. ¶ Mactatos crederet illic Lactentes uitulos, Amathusiacasq; bidentes, Ouidius Metam. 9. Dum faciam uitula pro frugibus, Vergil. Sic Seruius uidetur legere, & Macrobius lib. 3. cap. 2. Sic Columella, Nisi prius catulo feceris. Alij malunt uitulam quarto casu legere, ut dicimus rem diuinam facere: sed illi à doctioribus non approbantur. Circa uitulos duæ sacrificantibus dictæ leges: Vitulum probari, si articulum suffraginis cauda contingat: breuiore non litari: Vitulos item ad aras humeris hominum allatos, non ferè litare: sicuti nec claudicante, nec aliena hostia deos placari, nec trahente se ab aris, Cælius ex Plinio. Aristophanis interpres in Acharnensibus (ubi poëta dixerat χοῖρον οὐκ εἶναι θύσιμον ὅτι κέρκον οὐκ ἔχει, id est porcum non esse idoneum sacrificio, eò quod cauda careret) addit, colura, id est mutila non licere sacrificari. Bouis fœtus sacrificio tricesimo demum die purus est, Plinius. Boues mares, eosdemq; mundos & uitulos, uniuersi Aegyptij immolant, Herodotus. Vide nonnihil etiam supra in sacrificijs ex boue. Ex bobus, uitulis, & pecudibus laudatissimæ uitulæ ad deorū placamenta habebantur, Gyraldus. Veteres Græci hœdorum, agnorum, uitulorumq; inspectis intestinis, futura prædicebant, Gyraldus, ex Pausania. In Lunæ deliquio Aemylius Paulus aduersus Macedonas imperator, undecim ei uitulos, id est moschos, immolasse narratur: etiamsi eo uocabulo tauros acceperit interpres, Cælius. De immolando porco, agno, uitulo, mentio fit apud Catonē cap. 141. Italiam, à uitulis dictam Varro scribit, authorem citans Pisonem. Regionem tertiam Italiæ tenuerunt priuatim dicti Itali, Plinius. Vitella, Βίτελλα, oppidum Italiæ, unde Vitellinus, Stephanus. Moschouitas quidam interpretantur populos illos qui à Ptolemæo Hamaxobij, à Pomponio Mela Hamaxobitæ dicuntur, populi Sarmatiæ in Europa: qui ædium uice plaustris utebātur: hamaxa enim Græcis plaustrum est: quamuis alio hodie loco quàm olim siti uideantur.

¶ PROuerbium, Taurum tollet qui uitulum sustulerit, in Tauro explicaui. Μόσχος ᾄδων Βοιώτιον, Moschus canens Bœoticum, in multiloquos & inepte loquaces. Moschus hic citharœdus fuit imperitus, qui citra respirationem uocem in longum producebat. Bœoticum autem uocant cantionis genus ueluti Phrygiū aut Doricum, Erasmus, Suidas & Apostolius. Aristophanes in Acharnensibus, Ἀλλ' ἕτερον ἥσθην, ἡνίκ' ἐπὶ μόσχῳ ποτὲ Δεξίθεος εἰσῆλθ' ᾀσόμενος Βοιώτιον: id est, Sed aliud est quod me oblectauit, cum scilicet ἐπὶ μόσχῳ Dexitheus ingressus est ut caneret Bœotium. Scholiastes ἐπὶ μόσχῳ exponit post Moschum, qui ineptus citharœdus Agrigentinus fuerit: Alij propter uitulum, eò quod uictori præmium daretur uitulus. Bœoticum autem melos Terpandrum inuenisse ferunt, sicut & Phrygium. Cæterum Dexitheus optimus fuit citharœdus, & uictor in Pythijs: alij eundem frigidum & ineptum fuisse aiunt, Hæc Scholiastes. Aliquid cito factum significaturi Vuestphali, dicunt, **Ehe dann das kalb sein auge leckt**, Antequam uitulus oculum lambat, ut Latini Citius quàm aspa ragi

ragi coquantur. Luſcioſum Latini lolio uictitare prouerbiali ioco dicunt, Germani quidam in eundem, Wo er recht in ein hauß ſicht/ da werdend die kalber blindt, Si oculos in domum conuertat, uitulos excæcabit.

DE BVBALO.

A.

BVBALI nomen omnino incertum eſt, non hodie ſolum, ſed iam Plinij ſeculo confuſum. Alius enim Græcorum bubalus eſt, cui nullum aliud apud Latinos nomen contigit, ut peregrinis pleriſq;: de hoc alio loco inter capreas, quibus adnumeratur, docebo. Alius quem uulgo bubalum uocant, qui de boum ſylueſtrium genere eſt, nec ullũ pecu iare apud Græcos, quod ſciam, nomen habet: Cum inter ſylueſtres alij quidam certa habeant nomina, ſiue propria, ſiue à regionibus ſumpta, ut bonaſi, biſontes, Indici, &c. Accedit hoc etiam difficulatis, quod diuerſos ſylueſtres boues (ut Plinij tempore olim uros) hodie multi, præſertim in illis regionibus ad quas aliunde adducuntur) uulgus bubalos appellat. Pauciſſima animalia (inquit Plinius libro 8.) Scythia gignit: pauca contermina illi Germania: inſignia tamen boum ferorum genera, iubatos biſontes, excellentiq; & ui & uelocitate uros, quibus imperitum uulgus bubalorum nomen imponit: cum id gignat Africa uituli potius ceruiue quadam ſimilitudine, Hæc Plinius. Sed quanquam diuerſi boues ſylueſtres bubali nominentur à quibuſdam, maximè tamen & à plurimis bos ille, cuius effigiem appoſuimus à præſtantiſſimo medico Cornelio Sittardo Norimberga ad me miſſam, bubalus appellatur: qui inter cicures & ſylueſtres medius ferè mihi uidetur. Hunc Perottus apud ueteres in uſu fuiſſe negat: & addit, ex Africa primum id animal allatum prodi. Ego Plinij uerbis iam recitatis, quibus proprie dictum, id eſt Grçcorum bubalum, in Africa gigni ſcribit, hominem deceptum ſuſpicor. Quanquam bubali, quos priuatim ſic uocitamus, ex quibus locis primum aduecti ſint, certi nihil habeam. Albertus Magnus meminit magnorum bubalorum ſylueſtrium, qui viſent apud Germanos appellentur, hos ego biſontes interpretor, de quibus pluribus dicam inferius. Eraſmus Stella in libro de origine Bruſſorum, Buffelus, inquit, quadrupes habet barbam ueluti capra, alioqui ſimilis boui per omnia, &c. Hunc ego urum eſſe docebo infra. Iſidorus etiam bubalos caprearum generis cũ bubalis bubus confundit: Bubali (inquit) uocati ſunt eò quod ſunt ſimiles boum, adeò indomiti, ut præ feritate iugũ ceruicibus non recipiant: hos Africa proceat. At illi qui caprarum ſylueſtrium generis ſunt bubali, quos in Africa naſci conſtat, neq; bubus (uitulis tamen aliquo modo) ſimiles eſſe, nil mirum ſi iugum non recipiant. Quod autẽ de noſtris non Africanis agat bubalis Iſidorus, uel inde ap-

m 4

paret, quod bisontibus eos coniungit. Martialis in Libro spectaculorum, Carpophorum quendam laudans, Illi cessit atrox bubalus atque bison. Domitius interpres recte bubalum exponit urum, illum dico qui inter boues syluestres omnium maximus est, & proprie urus dicitur. Plinius bubalum uulgarem intelligere uidetur, ubi scribit è boue syluestri nigro, si sanguine ricini lumbi perungantur mulieri tædium Veneris fieri dicit Osthanes. Aristoteles apud Arachotos (Indiæ ciuitatem) boues syluestres esse tradit, qui differant ab urbanis, quantum inter sues urbanos & syluestres interest: colore atro, corpore robusto, rictu leuiter adunco, cornua gerunt resupinatiora. Hi bubalis forte congeneres fuerint: consentiunt enim color, robur, & cornuum etiam figura, ut paulò mox dicetur. De rictu iudicabunt illi qui præsentes habent bubalos, quibus nostra regio caret. ¶ Sed relictis cæteris, tum Africano bubalo, tum syluestribus bubus, de illo solum agamus hoc in loco, cuius imaginem adiunximus. Huius igitur nomen apud Ebræos nullum reperiri puto, nisi quis sub תאו teo comprehendi arbitretur: Nam Dauid Kimhi exponit per שור חבר schor habar, id est bouem ferum Deuteronomij cap. 14. Chaldaica translatio pro to habet turebalah, (nam tor uel tora taurum eis significat, balah (ni fallor) ferũ: unde & camelopardalis anabulah, id est ouis fera Chaldaice dicta uideri potest.) Arabica taietal, Persica badek, Septuaginta & Hieronymus orygem. Sunt autem uerba legis eo in loco: Vescemini bubus, ouibus & capris: item ceruo, caprea, bubalo, capricorno, unicorne, boue syluestri, & alce, ut Sebastianus Munsterus transtulit. Vnde apparet teo animal fuisse purum, & in cibis concessum: quamobrem non poterit idem esse quod thôs, id est lupus ceruarius, ut quidam coniecerũt propter nominis affinitatem. Idem nomen תוא to scribitur Esaiæ cap. 51. Filij tui (inquit propheta, interprete Munstero) iacuerunt mœrore affecti in capite omnium platearum, sicut bos syluestris reti (captus,) pleni furore Domini, increpatione Dei tui. Hieronymus hic orygem illaqueatum reddit, Septuaginta, σεῦτλίον ἡμίεφθον, id est betam semicoctam. Meriah Ebraicam uocem in sacris literis aliqui bubalum reddunt, ut supra in Boue dixi: sed magis probauerim illos qui pecora (boues uel oues) bene saginata reddunt: nam marah saginare est. Prophetæ Amos capite 6. in translatione Hieronymi sic legitur, Nunquid currere equi in petras queũt, aut arari potest in bubalis? Error est, nam Ebraice bekarim legitur, id est bubus simpliciter. Septuaginta sic habent, εἰ διώξονται ἐν πέτραις ἵπποι, εἰ παρασιωπήσονται ἐν θηλείαις; Cæterum Deuter. cap. 14. loco proximè iam citato, ubi bubalum reddiderunt Iosephus, Septuaginta, Hieronymus, & Munsterus, Ebraice legitur iachemur uel iachmur (quod Arabes etiã & Chaldæi similiter reddiderũt, Persæ kutzcohi) aliqui ex nostris asinũ ferũ esse suspicatur, cum alia tamẽ onagrorũ nomina Ebraica habeamus, bubali Græcorum uero nullum si iachmur demas. Ego certe iachmur bubalum proprie dictum à Græcis esse crediderim, de caprearum genere. Nam R. Iona animal simile magnæ capræ interpretatur: et Iudæi quidam, Munstero teste, capram rupicolam reddunt. Hoc certum est non esse bubalum uulgarem: primum quia Iosephus & Septuaginta βούβαλον Græce reddiderunt, quem de genere syluestrium caprarum esse eruditorum nemo dubitat: deinde quia tertio Regum libro, cap. 4. inter lautiores Salomonis regis cibos adnumeratur: Quotidie enim consumebantur in aula Salomonis (ut illic legitur) decem boues saginati, & uiginti gregarij, atque centum oues, præter ceruos, capreas & capras syluestres atque aues castratas: hic Munsterus iachmur non bubalos uertit, ut in Deuteronomio, sed capras syluestres: Hieronymus hic quoque bubalos: Septuaginta omiserunt. Bubali uero uulgares nequaquam possunt inter lautos cibos censeri. Sed tandem, ut cœperam, concludo, aut nullum Ebræis nomen esse bubali uulgaris, aut sub to, id est boue syluestri, tanquam speciem sub genere contineri. Syluaticus dictionem iamus bubalum exponit: uidetur autem corrupta à iachmur. Aufeac in ueteri Expositione alphabetica uerborum Arabicorum Auicennæ interpretatur coagulum ceruinum, & genitum buffali: apparet autem genitum uocem corruptam esse. ¶ Sed ne Græci quidem, quod sciam, quo bubalum nostrum appellent, nomen habent: Nam βούβαλος & βουβαλὶς oxytonum synonymæ uoces caprearum generis sunt, quod sæpe iam repetij: Quæ autem his animalibus etymi ratio sit, non facile dixerim: sed barbarum & peregrinum utpote Africanis nomen esse puto: quod cum uulgus Italorum audiuisset, & uocis similitudine deceptum bubuli pecoris genus esse sibi persuaderet, postea boues syluestres ad spectacula adductos sic appellasse uidetur, tanquam Latino nomine. Aristophanes grammaticus scribit damalin, id est iuuencam, ab Aeschylo uocari λεοντοχόρταν βούβαλιν (proparoxytona uoce) quod prædæ leonum exposita sit: & à Sophocle γηγενῆ βούβαλιν: ego νηγενῆ potius legerim, quanquam enim νηγενὴς uocem nusquam reperiam in Lexicis: dici tamen posse existimo (ut poetæ multa huiusmodi uocabula præsertim composita & epitheta fingunt) pro νεογενῆ, ut etiam νηγάτεον eodem sensu: exponunt enim δάμαλιν τὸ νεογνὸν τοῦ βοὸς γέννημα. Mea hæc coniectura est, qui aliter cur γηγενὴς, id est terrigena dicatur iuuenca, non uideo: nisi forte quod ex terra & herbis alatur, quod nimis latè patet. Apud Suidam legitur γέγειαι βόες, αἱ ἀρχαῖαι, καὶ ἀρσενικῶς γέγειος. Liceret & βουγενῆ δάμαλιν appellare, differentiæ causa: cum damalis alioqui omne animal in iuuenta uocetur, Photione teste. Sed hoc nihil ad uulgarem bubalum, cum de uitula uel iuuenca tantum dicatur, ueluti uox diminutiua: uulgaris autem bubalus etiam adulto boue maior atque altior sit: In Etymologico tamen in dictione βουβάρας, legimus βούβαλον, μέγα καὶ πολύ: Hesychius βούπαλον exponit μέγα, quod magis probo: sed quod addit καὶ ὄνομα legendum ὄνος, id est asinus ex Varino: & manifestius ex Suida. Βου particula auget, πάλλειν concutere est: magnum autem esse oportet quod ualde & uehementer cõcutitur: ut si quis βούπαλον ὄξον dicat, nemo de de parua hasta intelliget. Asinus autem βόπτελος apud Aristophanem dici mihi uidetur, διὰ τὸ σφόδρα πιλλεῖσθαι ταῖς πληγαῖς. ¶ Postquam igitur Latini bubalũ pro boue syluestri usurpare cœperunt, aliarum etiam linguarum prouinciæ idem nomen ab eis mutuatæ sunt: neq; id mirum, cum perpaucis animalibus peregrinis alia nomina habeãtur, quàm à Latinis uel Græcis accepta, licet illi plurima primum à barbaris, id est quibusuis alijs gentibus acceperint. Græci inquam, siue sua siue aliunde accepta uocabula Romanis & Latinis communicauerunt, illi postea nationibus cæteris præsertim à se deuictis. ¶ Visuntur Romæ permulti, ut audio, bubali: uulgus adhuc uocat bufalos, Galli beuffle, Hispani bufano, Germani büffel, Angli bugill, Illyrica lingua bauwol.

B.

Bubali uulgaris (sic enim appellabimus ad differentiam Africani, & uri, & bisontis) descriptionem in libris Alberti Magni, Petri Crescentiensis, & recentiorum quorundam, huiusmodi reperio. Bubali ex genere boum syluestrium sunt, perquam robusti, & boue cõmuni maiores altioresq;: corpore ualde crasso, cute durissima, membris macilentis: pilis nigris, paucis & paruis (minimis, ita ut in cauda ferè nulli sint, Albertus:) fronte aspera, crispa & intricata pilis: Capite ut plurimum prono ad terram, paruo si conferas ad reliqui corporis modum, Albertus: etsi author libri de natura rerum, simpliciter caput ingens eis attribuat. Intuitu simplicitatem & mansuetudinem præ se fert. Cornua eis longa, intorta, nigra: Albertus barbara dictione uallículosa eis cornua tribuit, et nigra sicut capræ: Et rursus, Cornua eorum (inquit) parua sunt, sicut cornua capræ domesticæ, & aliâs interius iuxta collum dependent uersus internam pectoris partem: aliâs erecta sunt. Præterea collum bubalis crassum est, uel ut author quidam obscurus habet, longum: Inferior dorsi pars caudam uersus decliuis: cauda breuis, parua, & nullis ferè pilis: crura crassa, robusta, & reliqui corporis respectu breuia.

C.

Bubalus ungulis terram spargit. Mugitus ei terribilis. Vaccæ & boues syluestres, quæ rusticè dicuntur bufalæ, lac habent & tempore coitus, & in principio partus, Augustinus Niphus. In hoc genere uacca alterius quàm sui generis uaccæ uitulum non admittit uberibus, sed odore agnitum reijcit: sin autem uitulus uaccino stercore illinatur, odore decepta lactat, et pro suo educat, Albertus. In aquis morari gaudet, Petrus Cresc.

D.

Bubalus quanquam remissus aliâs & satis mansuetus, si tamen irritetur, perquam iracundus & indomitus euadit: Pugnat autem præcipue pedibus & ungulis, quas magno nisu defigit, & iterum iterumq; conculcat ea quibus irascitur. Persequendo recta fertur, neq; declinat, Albertus. Ira commotus aquam ingreditur & se mergit ad os usq;, ut sanguis æstuans restinguatur: Nam & cæteri boues aqua refrigerari per æstum omnes desyderant, Petrus Crescent. Pueri multis in locis ludendo molesti sunt bubalis, qui insidentibus illis eorum dorso, aquam si quæ uicina sit ingressi se submittũt; unde pueri quandoq; periclitantur. Colore uario & rubro prouocantur: qua de re pluribus egi in Tauro in H, d. Bubalus crocodilo infestus est, eumq; extra aquam repertum conculcat, Albertus ex Auicenna: Ego Auicennam de Africano bubalo locutum crediderim, cum pleraq; omnia sua ex Græcis descripserit: accedit quod crocodilus Africæ peculiaris est.

E.

Bubalus quoniam robustus est & patiens laboris, passim ducendo curru, & uehendis oneribus, ac etiam terræ arandæ eo utuntur, Perottus. Ad plaustra & aratra non satis idonei sunt, sed in trahendis per terram magnis ponderibus exercentur, ligati artificialiter quibusdam catenis, Petrus Crescentiensis. Maximo conatu onera trahũt, adeò ut ad primi impetus nisum maiorem in genua se demittant, & rursus erecti pergant. Vnus tantundem ponderis, quantũ equi duo fermè, trahere ualet, Albertus. Quod si nimium sit onus in terram decumbit, & ne uerberibus quidem facile ad surgendum cogitur, nisi leuato prius onere, Author obscurus. Ferreus aut æreus circulus per nares ei traijcitur, cui alligato fune uel habena ducitur ac regitur, quo minus homini repugnare possit. Coria bubalorum minus probantur quàm aliorum boum, etsi ualde crassa, Petrus Cresc. Nauigant Britanni uimineis alueis, quos circundant ambitione tergorum bubalorum, Solinus: uide ne legendum sit bubulorum. In lege, Argumento sunt: Sed stragulas & bubolonicas, quæ equis insterni solent: Sunt qui sentiãt hoc in loco legendum, bubalinas, ut subintelligatur pelles esse non uestes: tanquam ex bubalorũ pellibus stragulis ad equos fieri solitis. Ego uero (inquit Baysius in libro de Vasculis) legendum puto Babylonicas, quam lectionem mox testimonijs fulcit.

F.

Bubalus hinc abeat, neue intret prandia nostra, Non edat hunc quisquam, sub iuga semper eat; Baptista Fiera. Carnes bubalinæ nimium melancholicæ sunt, & ne boni quidem saporis, quare parum probantur: crudæ adhuc forma & colore non adeo indecoræ sunt, coctæ uero omnino, Petrus Cresc. Caseus de lacte bubali ualde solidus & terrestris est, Albertus.

G.

Ex ungulis uel cornibus bubali uulgaris, annuli fiunt, qui si in digitis uel manuum uel pedum subinde gestentur, mirifice à quibusdam laudantur aduersus neruorum conuulsiones seu spasmos, Sunt qui ijsdem quaterna fila ex totidem metallis, auro, argento, ære & ferro fabricata innectant;

tanquam efficacioribus sic futuris, tum ad spasmos, tum ad alia quædam uitia. Aliqui tantundẽ spe- rant ex annulo confecto de solis istis filis inter se contortis. Non desunt qui insuper mentiantur an- nulos ex cornu uel ungula bubali in coitu dissilire, quod alioqui puto chrysolithis & smaragdis tri- buitur. Reliqua ex bubalo remedia quæ recentiores ei adscripserunt, ad bubulum Africanum perti- nent, de quo suo loco.

H.

Vulgare conuitium est, ut crassi & inepti homines, iuniores præsertim & serui, bubali apud Ger manos appellentur.

DE BOBVS FERIS ET SYLVESTRIBVS DIVERSIS.

A.

Bovis nomine ueteres multa peregrina & syluestria animalia, magna & cornuta præci- pue, quorum propria nomina ignorabant, appellauerunt: ut elephantos, boues lucas, rhi nocerotes, Aethiopicos boues: Cæsar etiam alces & rangiferos boum nomine compre- hendere uidetur, nimirum propter animalium illorum magnitudinem & lactis usum. ¶ Tauri agrestes differunt à syluestribus: Plinius libro 8. Aethiopia, inquit, atrocissimos habet tau ros syluestres, maiores agrestibus. Ego syluestres intelligo feros, ut sunt uri, bisontes, & alij, quos Græci ἀγρίους uocant, non tam à locis ab hominum consuetudine remotis, quàm natura siue ingenio fero & syluestri. Agrestes ijdem ἀγραύλους uocant, qui quanquam mansueti sint, & ex mansuetis nati, liberi tamen solutiq́ in agrorum, syluarum, aut montium pascuis relinquuntur, nec ad stabula reuo- cantur ut uaccæ, &c. ut supra in tauris ἀτιμαγέλαις dixi. Homerus, Ἤ τι κατ' ἀγραύλοιο βοὸς κέρας ἐμβε βαυῖα. Ἀγραύλους reddunt grammatici, in agris uersantes aut pernoctãtes. Proinde & pastores ἄγραυ λοι cognominantur à poetis, quòd sub dio morentur. Oppianus tamen libro 2. de uenatione hanc dif- ferentiam non seruat: nam de tauris domesticis coitus tempore pugnantibus canit, ὁππότε μυκήσαιντ' ἄγριοι βόες, &c. Βοάγρια scuta sunt ex pellibus boum syluestrium: item spolia ex bello relata, τὰ ἐκ βοὸς (ἤγουν μάχης) ἀγρευόμενα λάφυρα, Varinus. Apud Hesychiũ βοάγρια, ἀσπίς: malim in ον genere neutro, ut Varinus habet: & boagria numero plurali. Βοάγριος fluuius est, uel potius Βοάγριον, alluens Throni- um situm in mediterraneis τῆς Κνημίδος: est enim Locrorum qui Epicnemidij dicuntur, Varinus. Meminit eius Homerus & Strabo libro 1. & pluribus libro 9. unde sua Varinus transcripsit. Vide- tur autem sic appellatus ab alluuione subita: nam cum exiguus aliâs torrens sit, ut Strabo testatur, quandoq́ ad bina late iugera effunditur, ut rectè impetuoso & fero boui comparetur. Κατροάγοντες, οἱ βόαγροι, λάκωνες, Varinus & Hesychius. ¶ De Ebraica uoce to uel teo, quam bouem syluestrem exponunt, paulò ante in Bubalo dixi. Taurus Græcis & Latinis de boue mare non castrato dici- tur: Varinus tamen in uoce Δαμάλης, ταῦρον etiam syluestrem bouem priuatim significare admonet. ¶ E boue syluestri nigro si sanguine ricini lumbi perungantur, mulieri tædium Veneris fieri dicit Osthanes, Plinius. ¶ Supra in Boum mansuetorum historia cap. 2. diuersa boum genera enume- raui, quorum aliquot fera esse non dubito, ut Aonios & Armenios, quos tamen ab alijs non separa- ui, quoniam authores feri ne an mansueti essent non satis expresserunt. ¶ Circa Pæonium agrum atq́ Crestonicum super amnem Chidorum leones multi sunt, & boues agrestes prægrandibus corni bus qui ad Græcos ueniunt, Herodotus libro 7. Hi mihi bonasi siue monopes uidentur, ut infra o- stendam. ¶ Tauri syluestris epitheta, αὐχήεις, ταναίμυκος, βεβρυχὼς κυδιόων, in Cynegeticis Oppiani.

¶ In taurum syluestrem qui Macedoniam uastabat ad pedem Orbeli montis Macedoniæ à Philip po rege iaculo (αἰγανέᾳ κυναγετιδι) confossum, cuius deinde pellem & cornua ὀργυιαῖα uel τετραπαλαιστο- κάδωρα, in uestibulo templi Herculis consecrauit: extant epigrammata doctissima, Simmiæ duo, & Antipatri unum, Anthologij Græci libro 6. Pollux libro 2. ἑκκαιδεκάδωρα κέρα exponit, quæ palmos, uel ut ipse uocat, palæstas quatuor digitorum, æquent numero sedecim: sed hæc nondum attingunt orgyian, id est ulnam. Dora uero quinq́ digitorum (palmum maiorem uel medium recentiores qui- dam uocant) numero sedecim, proximè ad ulnam accedunt. Sed non est necesse tam exactè has men suras respondere, cum orgyięon etiam simpliciter magnum exponatur: & poetis maior in uocabulis licentia sit. De orgyia & palmo mensuris paulò post in Bonaso copiosius agam. ¶ Taurus ille quem Phyllius uicisse fertur, ut superius retuli in Tauro ex Ouidij Metamorphoseon libro 7. syluestris fuis se uidetur. ¶ De bubus opisthonomis, id est qui retrocedendo pascuntur, meminit Aristoteles li- bro 2. de Partib. anim. cap. 16. de elephantis scribens, quod nisi naris eorum mollis aptaq́ ad flecten dum fuisset, impedijsset eos in cibo capiẽdo lõgitudine sua, ut boues opisthonomos sua cornua nisi retrogrediantur: ubi autem illi reperiantur non meminit. Herodotus auctor est in Libya boues opi- sthonomos esse, id exprimentibus cornibus, quæ adnuunt proclinanturq́ in ima, & oculos obum- brent, tametsi historiam conuellit Athenæus sub Vlpiani persona, quoniam à nullo præterea histori corum sit comprobata, Cælius. De alce etiam diximus, tam crassa ei prominere labra ut pascendo re trogredi opus habeat. Sed opisthonomos boues non puto syluestres esse cum armentorum nomen à Plinio & Solino eis tribuatur: & Herodotus excepta cornuum figura nihil à cæteris bobus differre ait præter crassitudinem pellis atq́ duritiam. Solinus in Garamantum regione armenta obliquis cer uicibus

uicibus pasci scribit propter prona in humum cornua & obnixa: Idem Plinius de Troglodyticis. Herodotus uero & Aelianus Libycos boues propter eundem cornuum situm, opisthonomos, id est retropascentes uocant. Ego omnes de ijsdem bubus locutos puto: Libyci enim omnes sunt, nec pugnat obliquis simul ceruicibus & retrogrediendo pasci. Sunt & alij Troglodytici feri, de quibus statim dicemus. ¶ Boues quidam syluestres habentur in Gallia iuxta mare mediterraneum prope Montempessulanum, in parte loci quem Paludem uocant, muris cincta. Mansuetis longè maiores sunt, ut audio, & capiuntur à uiris qui celerrimis equis insident cum hastilibus, hi uel statim conficiunt boues, uel in angustum quendam locum adactos includunt: Sua lingua uocant beuf brau, per onomatopœiam. ¶ Aethiopici tauri ijdem qui rhinocerotes sunt Pausaniæ in Eliacis, de quibus scribit quod cornua in naribus producant. Errauit Angelus Politianus in Miscellaneis cap. 56. tauros Aethiopicos quorum Pausanias in Bœoticis meminit, non ueros rhinocerotas esse asserens, sed per similitudinem tantum à quibusdam ita uocatos. Atqui Pausanias illic non solum rhinocerotas dictos tauros illos Aethiopicos scribit, sed addit singulos singula in naribus cornua habere, & insuper aliud superne exiguum, quod omnino proprie dictorum rhinocerotum est, ut uel ex pictura, quam ad uiuum factam dabimus, inferius patebit. Immerito igitur Domitium Martialis interpretem reprehendit Politianus, reprehendendus ipse. Quanquam enim & alij quidam Aethiopici tauri syluestres sint, à rhinocerotibus longe diuersi, ut iam dicemus, Pausanias tamen nequaquam de illis intellexit: quod quidem ita manifestum fit collatis Pausaniæ & aliorum scriptis, ut ne minimum quidem dubitare quisquam possit. Aethiopia (inquit Plinius) atrocissimos habet tauros syluestres, maiores agrestibus, uelocitate ante omnes, colore fuluos, oculis cœruleis, pilo in contrarium uerso, rictu ad aures dehiscente, iuxta cornua mobilia, tergori duricia silicis, omne respuens uulnus. Feras omnes uenantur. Ipsi non aliter quàm foueis capti, feritate semper (malim, sua) intereunt. (Eadem omnia scribit Solinus cap. 55. de Indicis tauris.) De ijsdem Aeliani uerba in historia animalium Petro Gyllio interprete, hæc sunt: Feri tauri Aethiopici, si cum Græcorum bobus conferantur, duplam habent magnitudinem, ac uelocitate corporis summè excellunt: tum rufis pilis uestiuntur, tum cæsijs oculis ornantur: & aliàs quemadmodum aures, sic cornua mobilia habent. At enim in pugna ita animi feruore contendunt & erigunt, pugna ut nulla flecti queant: Eius enim tergora tanto robore sunt, ut nullis neque spiculis, neque telis penetrari possint. In equorum & boum armenta & feras omneis inuadunt. Itaque pastores ad tuendum suum pecus, occultas foueas in magnam altitudinem depressas, machinantes, moliuntur eis insidias. Hi cum deciderunt, acerbe ferunt, & atroci animi excandescentia suffocantur. De eodem & ipse Gyllius in Corollario, sic scribit. Ferus taurus, sicut Oppianus ait, omnium animalium maxime carnibus uescitur, & domesticis tauris maior est, ac cum equo in uelocitatis comparatione coniungitur. Oris rictus ad aures usque pertinet: tum rubro colore nitescit, & oculorum candore noctu fulget, similiterque ut aures, cornua alias mobilia habet. In pugna uero constanter firmat, pili contra naturam aliarum bestiarum ad caput uersus spectant. Inuicto robore cum alijs animalibus belligeratur, quæ postquam deuicit, exedit & conficit, egregieque pastorum uires & canum multitudinem contemnit: eius pellis ab ictibus esse dicitur inuicta. Non ui comprehenditur, ac si in foueam incidit, aliàue dolosa machinatione capitur, pristinæ libertatis retinentissimus, sibi mortem consciscit. Troglodytæ, apud quos huiuscemodi belua nascitur, præstantissimam iudicant, cui insit leonis uis, equi celeritas, tauri robur: & quod magnam admirationem habet, ferro non concedit. Hæc Gyllius. Nil mirum autem si idem taurus Troglodyticus appelletur, cum Aethiopiæ uicini sint Troglodytæ. Quanquam & alios Troglodyticos ex Plinio supra commemoraui, qui propter inclinata terram uersus cornua obliqua ceruice pascantur. Ea quæ Gyllius scribit, nusquam apud Oppianum reperio, quem ipse testem citat. Phrygios tamen boues describit Oppianus, qui ut Aethiopici iam descripti tum cornua habent mobilia, auricularum instar, tum similem corporis colorem. Nam ξανθόν τε φλογερόν τε, ut Oppianus in Phrygijs habet: & fuluum, ut Plinius in Aethiopicis, pro eodem accipio: Aelianus in Aethiopicis rufum facit, Gyllius in suis rubrũ. Cornua quidem Phrygijs mobilia etiam Plinius alibi tribuit, nec non Aristoteles, Aelianus Erythreis: de quibus aliud nihil legisse memini. Erythra urbs Ionum est, alia Libyæ, alia Locridis, alia Bœotiæ, & alia Cypri quæ nunc Paphus, Stephanus. Phrygijs etiam præter mobilia cornua, & altam torosamque ceruicem, nihil aliud attributum inuenio. Quod ad Aethiopicorum oculos, Plinius cœruleos esse scribit, Aelianus glaucos, id est cæsios, Gyllius in suis noctu fulgentes, quæ omnia facile conciliantur, ut nihil diuersum sit. ¶ Boues quidam luporum instar carniuori sunt, Rasis: Idem Gyllius de Aethiopico, uel (ut ipse uocat) Troglodytico scribit: quamobrem merito ei rictus ad aures usque dehiscit, ut Plinius & Gyllius testantur: Aelianus etiam omne genus animalium ab eis inuadi. ¶ Sũt & rhizes apud Hesperios Aethiopes taurorũ generis syluestriũ, de quib. in fine capitis de uro.

DE BISONTE.

BISONTEM bouem esse syluestrem conuenit omnibus, qualis uero is sit, & quo hodie nomine appellandus, magna inter recentiores uarietas & inscitia est. Confundunt enim bisontem alij cum bubalo, alij cum uro, alij cum rangifero appellato, alij denique cum bonaso, uel tarando, uel uro. Ego quoad eius possum hæc genera distinguam. ¶ Scythia anima lia gignit paucissima, inopia fructuum: pauca contermina illi Germania, insignia tamen boum ferorum genera, iubatos bisontes, excellentiq; & ui & uelocitate uros, quibus imperitum uulgus bubalorum nomen imponit, Plinius. In his Plinij uerbis Raphaël Volaterranus & alij, pronomen quibus non ad uros solum referunt, sed etiam ad bisontes, quod ego non probo, & ad uros tantum bubali nomen à uulgo tum temporis translatum opinor: proinde Martialis in hoc uersu, Illi cessit atrox bubalus atq; bison, bubalum pro uro (ut Domitius rectè exponit) seorsim nominat. Sed idem euidentius conuincetur ex Solino, cuius hæc sunt uerba cap. 23. In tractu saltus Hercynij, & in omni Septentrionali plaga, bisontes frequentissimi sunt, boues feris similes, setosi, colla iubis horridi, ultra tauros pernicitate uigentes, capti assuescere manu nequeunt. Sunt & uri, quos imperitum uulgus uocat bubalos. Hæc Plinij simia Solinus. Sed licet obtineamus uros tantum, non etiam bisontes, olim bubalos à uulgo dictos, hodie tamen (ut supra monui) aucta nominum confusione & inscitia rerum, bisontibus quoq; bubalorum nomen apud quosdam tribuitur: quemadmodum & bisontū nomen in lingua Germanica tum proprie dictis bisontibus tum uris, ut mox Alberti uerbis declarabitur. ¶ Bison cerui speciem similitudinemq; gerit, cuius à media fronte inter aures unum cornu in excelsitatem magis dirigitur, quàm ea quæ nobis nota sunt cornua, &c. Hæc uerba Petrus Gyllius in Aelianum suum transcripsit ex libro 6. C. Iulij Cæsaris de bello Gallico, nulla authoris, ut solet, mentione facta. Ego eo in loco nihil prorsus de bisonte reperio: sic enim habent exemplaria nostra, Est (in Hercynia sylua) bos cerui figura, cuius à media fronte inter aures unum cornu existit excelsius, magisq; directum his, quæ nobis nota sunt cornibus: ab eius summo sicut palmæ, ramiq; latè diffunduntur: eadem est fœminæ marisq; natura, eadem forma magnitudoq; cornuum, Hæc Cæsar. Hoc autem animal ego alibi docebo rangiferum hodie dictum esse. Nam quod non sit bison, ex ueterum descriptione, Oppiani præsertim, claret. In eodem errore uersatum deprehendo & alios recentiores & Io. Pinicianum in Promptuario uerborum eius, in quo bisontem unum habere cornu scribit ex media fronte. ¶ Apud Moschouitas multi sunt boues feri (**auwerochsen**) quos aliqui uros, alij bisontes uocitant, Olaus Magnus. Albertus magnus etiam urum cum bisonte confundere uidetur: nam libro 22. de animalibus, Vri (inquit: licet codices excusi habeant urni) quos nos Germanicè **visent** uocamus, cornua ingentia duo gestant, quæ capacissima sunt, ita ut multi potum in ea infundant, & reseruent etiam in eis. Idem alibi bubalos syluestres magnos **visent** apud Germanos uocari meminit. Vrsontes etiam apud eundem in V litera, ubi quadrupedes literarum ordine enumerantur, corrupte legitur pro uisontes (uel ut recentiores quidam scribūt, uesontes) & id rursus pro bisontes. Animal (inquit) est boui simile, collo setoso & iubis ut equus, sed pernicius & truculentius, ut captum domari uix uel nunquam possit: Hæc eum ex Solino transcripsisse apparet. Cæterum libro 2. cap. 2. Inueniuntur (inquit) in genere boum nigri, magni, qui à quibusdam uocantur bubali, & apud Germanos **voesent** (sic enim illic scribitur, melius **Wisent** ut alibi habet) hi perquam robusti sunt, adeò ut irritati equum simul & equitem cornibus uentilent, magnitudine æquant magnum dextrarium (sic egregium & insignem equum Itali uocant) & facies illorum boum (utor ipsius uerbis quanq; barbaris, quoniam obscuriora hoc in loco uidetur) aliquantulum declinat inferius: ita quod habent eminentiam super mediam lineam descendentem inter oculos: & declinatio artus illius est uersus os, & uersus frontem declinatio alia, & eleuatio in medio. Cornua eis maxima & ad dorsum recurua, ut facilius cum eis eleuare & uentilare seu reijcere possint quod inuaserint. Plura eorum genera sunt: quibusdam alta & longa cornua: alijs breuia, crassa & robusta. Nota hæc genera sunt Sclauis & Vngaris, & finitimis Germanis. Ex his Alberti uerbis manifestum est **visent** diuersa syluestrium boum genera appellari, ex quibus ego minores bisontes dixerim, quod uocis etiam cognatio declarat: maiores uero uros. Bonasi enim esse non possunt, quibus cornua ad pugnam inutilia sunt. Bisontes & alces apud Moschos reperiuntur, Matthæus Michauanus in descriptione Sarmatiarum. In Brussia etiam bisontes sunt, sed non admodum multi nostro sæculo, tauris omnino adsimiles, & iubas habentes proximè cornua, Erasmus Stella in libro de origine Brussorū. Angermaniæ ducatus tenet septentrionalia loca ad confinia Laponiæ: eius tractus est totus syluosus, & ibi in præcipuis feris uenantur uros & bisontes, quos patria lingua dicunt elg, id est asinos syluestres, tantę proceritatis ut summo dorso æquent mensuram hominis porrecti in brachia elata. Sed hæc altitudo uris conuenit, non proprie dictis bisontibus, qui minores sunt.

¶ Bisontes siue bisones, Græce *βίσωνες* apud Pausaniam & Oppianum, quanquam excusi codices Oppiani *βίσωνες* habent, quod uel carminis ratione reprehenditur: manuscripti quidam *βίωνας*, sed omnino legendum est *βίσωνας*. nomen habēt à Thracia, quæ alio nomine Bistonia uocatur, unde & Bistoniam gruem poetæ cognominant. Sunt enim Bistones Thraciæ populi à Bistone Ciconis filio dicti, Philostephano teste, Varinus. Est & *Βισονὶς λίμνη*, id est Bistonius lacus Dicęæ proximus in Thracia, Herodotus lib. 7. Bistonia cithara, à Bistone filio Terpsichores, (sic enim legendū, cum Terpsichoræ Musę cithara attribuatur) Varinus. Scribendum est autem per omicron. Ouidius, Fessaq; Bistonia membra lauabis aqua. Et alibi, Tuta tamen bello Bistonis ora fuit. Sunt qui uelint & stagnum & prouinciam à Bistone rege nomen accepisse, uide Stephanum. In Bistonio iuxta Abderam stagno cuncta natantia demergi legimus. ¶ Turpes esseda quòd trahunt bisontes, Martialis libro 1. Tibi dant uariæ pectora tigres, Tibi uillosi terga bisontes, Latisq; feri cornibus uri, Seneca in Hippolyto. Et rursus in eadem tragœdia, Amat insani Bellua ponti, luciq; boues Vendicat omnes natura sibi. Hîc lucos boues quidam exponunt syluestres, ut sunt uri & bisontes: ego potius elephantos intellexerim, quos in fœminino genere boues lucas appellare usitatius est. ¶ De bisonte Oppiani aliquot uersus ex libro 2. de Venatione, hîc recitabimus, tum quia perelegantes illi sunt, tum ut studiosi eos cum Petri Gyllij translatione conferre possint.

Ἔστιν ἀμαιμάκετον φονίοις ταύροισι γένεθλον, Τοὺς καλέουσι Βίσωνας: ἐπεὶ πάτρης πελέθουσι
Βιστονίδος Θρῄκης. ἀτὰρ ἄλλοχον εἶδος τοῖα. Φρικαλέην χαίτην μὲν ἐπωμαδὸν αἰθύσσουσιν
Αὐχέσι πιαλέοισι, καὶ ἀμφ' ἀπαλοῖσι γενείοις: Οἷά τε λαχνήεντες ἀειπρεπὲς εἶδος ἔχουσι
Ξανθοκόμοι, βλοσυροί, θηρῶν μεδέοντε λέοντες. Ὀξεῖαι κεράων δὲ πυριγλώχινες ἀκωκαὶ
Χαλκείοις γναμπτοῖσιν ἐπείκελοι ἀγκίστροισιν: Ἀλλ' οὐχ ὡς ἑτέροισιν ἐναντίον ἀλλήλοισιν
Νεύουσι συγκερῶν κεράων ἐπικάρσιον αἰχμήν: Ὕπτια δ' εἰσορόωντα πρὸς αἰθέρα φοίνια κέντρα, &c.

Hæc Gyllius ita reddidit, Bistones ad faciendas cædes prompti, horribili ceruice & pingui, rubro pilo, & oculis terribilibus: cornuum mucronibus aduncis, & hamatis, non inter se reflexis, sed sursum uersus surgentibus. Eos cum impegerunt uel in hominem uel feram, in sublime tollunt. Eorum lingua quidem angusta, sed asperrima, tanquam ferrum limare potest, ut cum lingit, sanguinem eliciat. Hæc qui cum Græcis conferet, facile deprehendet, primum omissa poëtæ uerba, quibus bisontem iubam circa armos terribilem in crassa ceruice quatere ait, nec nō circa maxillas aut mentum, ut ita uocem, ut barbatus uideatur: Deinde ubi iubatis siue hirsutis, & fuluis, & terribili aspectu leonibus bisontem comparat, hoc totum à Gyllio in bisontem congeri nulla interim leonis mentione: cū poëta prēter iubā reliqua non conferat: Ego certe bisontes non ξανθοὺς, id est fuluos, et multò minus rubros, ut Gyllius reddidit, esse puto, sed nigricantes: ut supra ex Alberto retuli. Quòd ad cornua, Oppiani uerborum sensus hic mihi uidetur, ea non esse patula, uel extensa, ut in cæteris bobus, nec è regione in diuersum ad latera abire uel extendi, (epicarsion enim transuersum est:) sed rectà surgere, ita tamen ut ὕπτια sint, id est dorsum uersus inclinent: & circa finem hami instar tum recurua tum acuta esse: unde & κέντρα uocat ab acumine. Talis cornuum species, ut parua magnis conferam, in capreis nostris alpinis apparet. Gyllij uerba, non inter se reflexis, nullam in Græcis rationem habent. Quod autem ad dorsum recurua bisontum cornua sint, ex Alberti etiam uerbis paulò ante recitatis cōstat. Sic etiam boues syluestres apud Arachotas cornua gerunt ἐξυπτιάζοντα, id est resupinatiora, ut Gaza ex Aristotele uertit. Ad hæc linguam bisontis Oppianus propter asperitatem limæ confert, non autē instar ferri limare posse dicit: ne quis forte intelligat, eam limarum quoq; usum præstare. Ego me ante paucos annos bisontis cornu uidere memini, quod aurifaber quidam habebat, ut labra argento includeret ad usum poculi: nigredine splendebat, duos dodrantes longum, aduncum instar unguiū in rapacium auium genere, unde imperiti quidam gryphis pedem esse conijciebāt: capiebat uini plus quàm duas libras. ¶ Reliquum est, ut quo uenationis modo bisontes capiantur ex Pausania perscribamus. Is igitur in Phocicis ita scribit: Bisonis tauri Pæonici caput ex ære factum Dropion (Δρωπίων Λέοντος forte Λεόμβρου τινὸς) rex Delphos misit. Sunt autem bisones illi ferarum omnium difficillimi captu, nec ulla ui retium detineri possent. Locum igitur decliuem ac deuexum sepimentis primum uenatores circunclaudunt, deinde totam decliuitatem, & id quod ad primum eius ingressum planiciem attingit pellibus recentibus detractis consternunt: ac si recentibus carent, sicca coria ut lubrica efficiantur, oleo madefaciunt: Pòst uero qui maxime equitandi periti sunt, eiusmodi tauros in loci illius angustias undique compellunt: Ii autem ad primas pelles delabuntur, atq; per accliuitatem usq; eò præcipites aguntur, quoad in planiciem delati fuerint: quo abiecti primò non curantur: Dein de quarto aut quinto ad summum post die, cum iam fames & labor eorum præcipuum animi robur fregerit, homines qui ad mansuefaciendas beluas præstant, ijs adhuc humi stratis, pineos nucleos detractis inuolucris, neq; enim alium cibum ab initio admitterent, edendos obijciunt, ac deniq; uinculis cōstrictos abducūt. Hucusq; Pausanias, ut Petrus Gyl. ferè cōuertit. Raphael Vola. li. 7. eodē planē modo bonasos à Lituanis capi scribit. ¶ Vros & bisontes Grēci in experimentis non habuerūt, quanquā boue fero referētis Indię syluis: portione tamen eadem, efficaciora omnia (quā ex domesticis uel gregarijs bubus) ex his credi par est, uidelicet q̄d ad medendi uim, Plin. Fortassis etiā thuro Polonorum, quem mox in Tarando describam, bisontis genus est.

DE BONASO.

BONASVS, Βόνασος Aristoteli, per n. simplex & s. duplex, alibi uero contra per n duplex, et s. simplex,

n

bos est syluestris, monops, uel monapios alio nomine dictus: de quo primum ueterũ scripta recensebo, deinde recentiorum. ¶ Aristoteles de historia animalium libro 9. cap. 45. Bonasus (inquit) gignitur in terra Pæonia, monte Messapo, qui Pæoniæ, & Medię terræ collimitium est, & monapios (μό-
ναπος) à Pæonibus appellatur, magnitudine tauri, sed corpore quàm bos latiore (ὀγκωδέστερος, οὐ γὰρ πρό-
μήκης ἐστὶν) breuior enim, & in latera auctior est. Tergus distentum eius locum septem accubantium
occupat. Cætera forma bouis similis est, nisi quod ceruix iubata armorum tenus, (μέχρι τῆς ἀκρωμίας)
ut equi est, sed uillo molliore, quàm iuba equina, & compositiore: color pili totius corporis flauus:
iuba prolixa, & ad oculos usq; demissa, & frequens (πυκνή, id est densa) colore inter cinereum & ruffum: non qualis equorum, quos partos uocant, est, sed uillo supra squallidiore, subter lanario, nigri
aut admodum ruffi nulli sunt: uocem similem boui emittunt: cornua adunca in se flexa, & pugnæ in
utilia gerunt, magnitudine palmari, aut paulò maiora, amplitudine non multo arctiore, quàm ut singula semisextarium capiãt, nigritie proba (pulchra & nitida) antię (προνώμιον) ad oculos usq; demissę,
ita ut in latus potius quàm ante pendeant. Caret superiore dentium ordine, ut bos, & reliqua cornigera omnia: crura hirsuta, atq; bisulca habet: caudam minorem quàm pro sui corporis magnitudine,
similem bubulæ: excitat puluerem, & fodit, ut taurus: tergore contra ictus præualido est. Carnem ha
bet gustu suauem: quamobrem in usu uenãdi est. Cum percussus est fugit: nisi defatigatus nusquam
consistit (ἀποκλίνει ὅταν ἐξαδυνατῇ) repugnat calcitrans, & proluuiem alui uel ad quatuor passus (ὀρ-
γυιάς) proijciens: quo præsidio facile utitur, & plerunq; ita adurit, ut pili insectantium canum absu-
mantur: sed tunc ea uis est in fimo, cum bellua excitatur, et metuit: nam si quiescit, nihil urere potest:
talis natura & species huius animalis est. Tempore pariendi uniuersi (ἀθρόοι) in montibus enituntur.
Sed priusquam fœtum ædant, excremento alui circiter eum locum in quo pariant, se quasi uallo circundant & muniunt: largam enim quandam eius excrementi copiam hæc bellua egerit, Hactenus
Aristoteles. Describit autem rursus hoc animal ijsdem ferè uerbis ab initio libri Mirabilium narratio
num: ego quæ conferendo utrobiq; differre obseruaui, paucis notabo: In libro Mirab. narrat. ipsa fera non magnitudine tauri, sed boue maior & robustior describitur: pro bonaso, legitur bolinthus:
pro Messapo monte, Hessænus: pro μόναπον, μόνωπον: pro ἑπτάκλινον, ὀκτάκλινον. Iuba prolixa ad oculos,
additur à uertice. Cornua adunca, κατεστραμμένα, id est deorsum uersa, καὶ τὸ ὀξὺ κάτω παρὰ τὰ ὦτα, ita ut
mucro inferne iuxta aures sit: contra quàm in hoc poëtæ uersu, patulæ camuris sub cornibus aures,
etsi tum infra tum supra aures eis habeãtur. Et pro μελανία καλὴ καὶ λιπαρά, μέλαν σφόδρα εἶναι, διαστίλβειν
δὲ ὡς εἶναι λελειπισμένα, lego λελιπασμένα à uerbo λιπαίνω à quo & λιπασμός: hoc sensu, Cornua aiunt ni
gro colore adeò saturata esse, ut tanquam peruncta splendeant. Quod ad Gazæ translationẽ, miror
eum in comparatione bonasi coloris ad ἵππους παρώας, in Hesychio legitur παρωάς oxytonum, Græcã
uocem reliquisse (quamuis partos in uersione corrupte legitur pro paroos) cum alibi semper, etiamsi
desint, Latina fingere soleat. In Hesychio et Varino legimus, παρωαὶ λέγονται ἵπποι τινὲς τὸ χρῶμα πυῤῥοί:
id est, paroi dicuntur quidam equi colore rufi. Mihi animus inclinat paroos dici qui inter rufum &
cinereum colore sint equi, ut οὐχ negatio abundet: sic enim multo cõmodius cohærebit sensus, hoc pa
cto: Iuba bonasi inter cinereum & rufum colore est, qui in parois dictis equis conspicitur: hoc tamen
interest, quod squalidior bonasis pilus est iubæ (Gaza rectè addit supra, id est foris) infra uero, id est
intus, lanæ instar mollis. Vetus translatio pro κάτωθεν uertit, pili eius in alijs membris lanæ assimilan
tur: & pro cruribus hirsutis, rari pili, contrario sensu, quod cum negatione legerit οὐ δασέα. Item pro
Græcis uerbis μεταξὺ τέφρου καὶ πυῤῥοῦ, id est inter cinereum & ruffum, ut Gaza uertit, habet inter nigrum & rufum: quod fortè probari potest propter sequentia, ubi neq; nigros admodum neq; rufos
inueniri bonasos Aristot. scribit: quasi eosdem colores semper in eis misceri innuat. ¶ Iam quod
τῷ μεγέθει σπιθαμιαῖα transfert magnitudine palmari, melius dodrantali transtulisset: nam per spitha-
men eruditi dodrantem intelligunt. Et licet triplicem palmum faciant nonnulli, paruum, quatuor
digitorum, quem παλαιστὴν masculino uel παλαιστὴν foeminino genere Græci uocant, Polluce teste:
maiorem, quinq;, dôron Græce dictum, etsi Pollux dôron & palæsten pro eodem accipit: maximum
octo digitorum: dodrans tamen tres minores & proprie dictos palmos continet, id est digitos duode
cim. Polluci spithamæ extensio est à pollice ad minimi digiti finem, lichâs uero ad finem lichani, id est
indicis. Quamobrem partim uitandæ gratia homonymiæ, præstiterit spithamiæon reddere dodrantale: partim ut proprie loquamur: nam pro duodecim digitorum mensura palmi nomen rarissimum
est, pro quatuor usitatissimũ. Porrò dubitauerit aliquis quo nãmodo cornua magnitudine dodran
talia sint, & ad quã dimensionẽ mensura ea pertineat, longitudinem ne an circumferentiã, an circũfe
rentiæ diametrum: quod si quis capacitatem consideret quæ dimidiati congij est, omnino ad imæ cir
cumferentiæ diametrum, qua cauitas orbicularis maximè patet, dodrantis mensuram pertinere intel
liget. Neq; enim alijs duobus modis bonasi communes boues excedunt: cum illis plerunq; tum longiora dodrante tum ambitu etiam ampliora cornua sint, diametro autem imæ circumferentiæ dodrantali nunquam. ¶ Cæterum in eadem cornuum capacitate pro Græca uoce ἡμίχουν, quæ dimidium congij significat, Gaza imperitissime semisextarium uertit: cum chûs, id est congius sextarium
sexies capiat, unde & sextario nomẽ apud Latinos in Mirabilibus narrationibus legitur ἡμιχόου πλεῖον,
id est plus quàm dimidium congij. Est autem congius mensura liquidorum, quæ uini uel aquæ libras decem capit, teste Paulo Aegineta: qui etiam ξέστῃ sextario uncias uiginti attribuit. Alius est aridorum

dorum sextarius, ἑκτεὺς apud Græcos, cuius dimidium ἡμίεκτον. Huic nomen quod medimni Attici pars sexta sit: chœnices capit octo: constituunt autem chœnices octo modium Aegyptium uel Italicum. Chœnix xestas (id est sextarios liquidorum) duas capit. Quod si quis de illo intelligat, semisextarius chœnices quatuor capiet, id est sextarios liquidorum octo, qui uini uel aquæ libras tredecim & uncias quatuor caperent. Ita semisextarius aridorum ad semicongium liquidorum, duplus erit & supertripartiens quintas, ut uncias quatuor omittam. Sed chûs liquidorum est mensura, & Aristotelem de liquidis intellexisse uerisimilius est, quoniam cornibus huiusmodi pro poculis utebantur. Sed forte Gazam defenderit aliquis D. Hieronymi authoritate, qui commentariorum in Ezechielem libro 1. choa Atticum, sextarium Italicum esse scribit. At hoc authorum alius nemo scribit, ut omnino memoria uel rei inscitia lapsum Hieronymum aut librarium potius credam: qua de re ad uersus Alciatum Hieronymo patrocinantem, Georgius Agricola libro 2. de ponderibus & mensuris doctissime disserit: ubi Plinium etiam erroris inculat, qui in uini nectaritis apparatu ubi Dioscorides choas, id est congios sex habet, ipse siue ex Dioscoride siue alio Græco authore transferens, totidem sextarios reddit, quod itidem uel ipsius uel librariorum negligentia factum constat, cum alibi semper pro Græcorum sextario congium reponat. Sed Gazam fortassis offendebat nimia capacitas, si dimidium congij reddidisset. Atqui alia legimus longe capaciora cornua, qualia Plinius urorum esse scribit, ex quibus barbari septentrionales potant, urnasque binas capitis unius cornua implent. Amphora duas capit urnas, urna congios quatuor, Volusio teste, & approbante Ge. Agricola. Vnum igitur uri bouis cornu congios quatuor capere poterat. Aelianus Ptolemæo secundo ex India cornu allatum scribit, quod tres amphoras caperet, ut Aelianus tradit. Tres amphoræ congios uigintiquatuor efficiunt.

¶ Iam ne quis me reprehendat quod δέρμα ἑπτάκλινον dissimulanter prætercam, quamuis certum nihil habeo quantum hoc spatium sit, proferam tamen in medium coniecturas meas, & aliquot authorum loca, ut initium saltem & ἐνδόσιμον aliquod inquirendi studiosis præbeam, quod ante me nullus adhuc publice fecit, quod sciam. Quanquam enim de triclinio & similibus uocabulis, & triclinij forma, & ueterum accumbendi more, primus (ut profitetur) Gulielmus Philander in Annotationibus suis in librum sextum Vitruuij diligẽter quæsiuerit: de spatio tamen quod uel triclinon uel pentaclinõ uel alijs huiusmodi uocabulis dictum à ueteribus sit, quantum illud fuerit magnitudine, nullus adhuc ne inquisiuit quidem. Quòd autem ueteres certam mensuram hisce uocabulis designauerint, non minus quàm si cubitos & pedes nominassent, apparet, ex iam citato Aristotelis loco ubi pellem bonasi extẽsam spatium occupare ait εἰς ἑπτάκλινον, Gaza uertit locum septem accubantium: in Mirabilibus narrationibus de eadem pelle scribitur, excoriatam κατέχειν τόπον ὀκτακλίνου. In eodem libro fontem in Siciliæ Paliscis (Palicis habet Stephanus) esse scribit ὡς δεκάκλινον, id est qui circiter decem accumbentium obtineat locum. Veteres Græci οἶκον non modo domum, sed etiam domus partes cœnacula, uel cœnationes (quanquam distingui hæc scio) & cubicula uocabant: Hinc Pollux lib. 1. cap. 8. λέγεται δὲ οἶκος τρίκλινος, πεντάκλινος, καὶ δεκάκλινος, καὶ ἁπλῶς πρὸς τὸ μέτρον τοῦ μεγέθους ὁ τῶν κλινῶν ἀριθμός.. Triclinium igitur non quoduis est conclaue aut quæuis cœnatio, sed certi spatij tantum: posteriores tamen hoc uerbo abusi sunt non ad quasuis modo cœnationes, sed etiam ædificia quandoque. Seruius Aeneidos 1. scribit antiquos stratis tribus lectis epulari solitos; errareque eos qui triclinium dicunt ipsam basilicam aut cœnationem: quam eius sententiam de triclinij significatione Gulielmus Philander non approbat, cum Vitruuij eo ipso in loco, quem illic exponit lib. 6. cap. 5. uerba hæc sint, Tricliniorum quanta latitudo fuerit, bis tanta longitudo fieri debebit: Altitudines omnium conclauiorum quæ oblonga fuerint, &c. & paulo post, Sin exedræ aut œci quadrati fuerint, &cæt. Quibus quidem uerbis ut triclinium, conclauium, exedram & œcon, synonyma facere alicui parum animaduertenti uideri potest: nam οἶκον τρίκλινον ex Polluce iam diximus: De exedra uero apud eundem sic legimus: λέγεται δὲ ἀνδρῶν, ἵνα συνίασιν οἱ ἄνδρες· εἶτα ἐξέδρα, ἵνα συγκάθηνται. τὸ δὲ συμπόσιον ἐκ τοῦ ἔργου ὠνομασμένον καὶ συσσίτιον καλεῖται. λέγεται δὲ οἶκος τρίκλινος, &c. ut supra. Ego œcon tum apud Vitruuium & Pollucem, tum aliâs, communiori significatione accipio: triclinium uero, uel ut Græci dicunt τρίκλινον οἶκον, certæ formæ & magnitudinis œcon, aut mẽsam saltem certæ magnitudinis cum tribus lectis, uel uno qui tres capiat. Vitruuius eodem in libro mox capite sexto, Fiunt autem (inquit) etiam non Italicæ consuetudinis œci, quos Græci Cyzicenos appellant, &c. ita longi & lati, uti duo triclinia cum circuitionibus inter se spectantia possint esse collocata, habeantque dextra & sinistra lumina fenestrarũ ualuata. Hunc Cyzicenũ œcõ, quoniã duo triclinia capit, hexaclinon aliquis forte nominandum suspicetur, & sic recentiores nonnulli exponunt: mihi secus uidetur, nam in hexaclino spatio mensam unam collocari assero, quæ sex conuiuas cum suis lectis & circuitione recipiat: at œcus Cyzicenus duo triclinia inuicem spectantia habet, utrumque cum sua circuitione. At iuxta unam mensam lectos duos triclinos ponere contiguos, aut hexaclinon unum, idem fuerit. Triclinia hyberna, æstiua, & autumnalia ad quam quæque cœli regionem spectare debeant, idem mox ibidem cap. 7. præscribit, Pinacothecæ (rursus cap. 5.) uti exedræ amplis magnitudinibus sunt constituendæ: Oeci Corinthij tetrastylique, quique Aegyptij uocantur, longitudinis & latitudinis, uti supra tricliniorum symmetriæ scriptæ sunt (id est ut longitudo ad latitudinem dupla sit) ita habeant rationem: sed propter columnarum interpositiones, spatiosiores constituantur. Et paulo post, in œcis Aegyptijs

n 2

ſupra columnarum epiſtylia & ornamenta, lacunarijs ornantur, & inter columnas ſuperiores fene-
ſtræ collocantur, ita baſilicarum ea ſimilitudo, non Corinthiorum tricliniorum uidetur eſſe. Hîc triclinia uocat, quæ paulo ante œcos Corinthios. Et inferius ca. 10. ubi de Græcis ædificijs loquitur, Cir
cum autem in porticibus, triclinia quotidiana, cubicula etiam & cellæ familiaricæ conſtituuntur. Et
paulo poſt: Græcorum domus habent triclinia Cyzicena, quæ ad ſeptentrionem ſpectant: ad meridi
em uerò ſpectantes œcos quadratos tam ampla magnitudine, uti faciliter in eis, triclinijs quatuor
ſtratis, miniſtrationum ludorumque operis, locus poſſit eſſe ſpatioſus. In his œcis fiunt uirilia cõuiuia.
Non enim fuerat inſtitutum matres familiarum eorum moribus accumbere. Hæc ferè nec plura a-
pud Vitruuium de triclinijs reperio. Valer. Max. et Quintil. quod Cicero lib. 2. de Orato. de Scopa
loquens conclaue dixerat, triclinium interpretãtur. Veteres pranſuri aut cœnaturi (inquit Gul. Phi 10
lander) ſolebant lectos nonnunquam tres ſternere accubitorios, diuerſos ſcilicet ab eis in quibus dor
mirent: (Nam Heliogabalum tradit Lampridius ſolido argento habuiſſe lectos triclinares & cubicu
lares) unde uocatum triclinium: aliquando duos, inde Plautus quarto actu Bacchidum, biclinium
formauit. Antiphanes & Anaxandrides τρίκλινον dixerunt, Phrynichus ἑπτάκλινον & ἐννεάκλινον uſurpauit, ut eſt apud Athenæum libro 2. Et apud eundem libro 5. ſcribit Callixenus ad proram nauis
Philopatris fuiſſe οἶκον τρισκαιδεκάκλινον, ut coniecturæ ſit locus plures aliquando ſtratos lectos pro
conuiuarum numero: Nam in Platonis ſympoſio conuiuæ uiginti celebrantur. Conſueuiſſe autem
in lectis ueteres diſcumbere & accumbere, uel ipſa nomina indicant, & authorum aliquot teſtimonijs Philander comprobat. Sæpe tribus lectis uideas cœnare quaternos, Horatius, quem locum ſic in
terpretantur aliqui, ut conuiuatoris auaritia notetur, qui tribus lectis uoluerit cœnare duodecim, 20
potius quàm quartum lectum & menſam ſternere, ceu non amplior eſſe deberet lectus quàm qui
tres caperet niſi anguſtè. At mihi uidetur potuiſſe quartus lectus addi, ut noua menſa non opus eſſet, niſi altera foret breuior. Lectis accumbere Germani etiam ſoliti ſunt, ſed mos ille paulatim ſol-
uitur: ſunt autem illi ſex ferè pedum longitudine, ut ſinguli tres conuiuas capiant: quanquam ſingu
li tantum huiuſmodi lecti in ſingulis zetis uel hypocauſtis, ut uocant, noſtris habeantur. Sedilibus
tamen, quæ uel ſtragulis uel etiam puluinis aut lectis ſternantur, circa menſas, quas ferè quadratas
aut rotundas habemus, pluribus aliqui utuntur: Eorum nonnulla ſic fabricata ſunt, ut aſſeres à dor
ſo modicè inclinati accumbentes ac innitentes recipiant: Quidam ſellis quoque profundioribus inſtra
tiſque cum anaclintro, id eſt parte quæ dorſi reclinationem excipiat, accumbunt magis quàm aſſident
menſis. Huiuſmodi uidentur κλισμοὶ & κλιντῆρες Græcorum fuiſſe, de quibus apud Grammaticos le- 30
gimus, κλιντὴρ, δίφρος ἀνακλιτὸς, εἶδος φορείου· ἢ κλινίδιον ἔχον ἀνακλίσεις, οἷον τὸ νῦν κλινοκαθέδριον, Etymologus & Varinus. Κλισμὸς, ἡ καθέδρα· καὶ ὁ θρόνος ἔχων ἀνάκλισιν ἢ ἀνάκλιντρόν τι ᾧ καὶ τάπης δὲ ἐφ' ὃ ἐπίκειται,
προσκεφάλαιον δηλαδή, Varinus. Huiuſmodi equidem κλίνας ſingulas & earum menſuras intellexerim, à quibus τρίκλινον & aliæ uoces formantur, ita ut in ſingulis conuiuæ ſinguli ſederent, non autem quales aut quanti Romanis lecti quidam fuerunt, in quibus tres aut quatuor diſcumbebant, qui
non clinæ ſimpliciter, ſed clinæ triclini uel tetraclini ſunt. Veriſimile eſt autem huiuſmodi accubito-
rias ſellas non ultra duos cum dimidio pedes latitudinem extendiſſe, ne menſæ ſpatia uacarent, cum
amplitudo iſta diſcumbenti ſufficiat. Iam ſi ſellas ſeptem ordine ponas deinceps contiguas, longitudinem omnes efficient pedum XVII. cum dimidio. Hæc quoque bonaſi pellis longitudo uideri poterit, neque id mirum cum uri multò longiores deſcribantur à noſtris. At Ariſtoteles quamuis pellem 40
eius heptaclinon uel octaclinon faciat, animal tamen ipſum τὸ μέγεθος ἡλίκον ταῦρος, id eſt magnitudi
ne tauro æquale eſſe ſcribit, & non oblongum ſed in latera auctum. Mihi quidem in hoc erratum uidetur: nam in Mirabilibus idem animal multò maius ſimul & robuſtius boue facit: deinde fieri poteſt, ut caudæ quoque longitudo ſuperiori menſuræ adiũgenda ſit. Heptaclinos igitur bonaſi longitudo non breuior erit pedibus ſeptendecim: quæ uero latitudo ſit, ex proportione longitudinis ad latitudinem in communium boum pellibus deprehendetur. Ego certe eandem omnium iſtorum ſpa-
tiorum, quæ à cline nomen habent, latitudinem fuiſſe perſuadeor, & longitudine ſolum differre:
quod menſis oblongis uterentur, non ut noſtri frequentius quadratis rotundiſue, quod ex Vitruuij
etiam uerbis patere poteſt, qui triclinia propriè ſic dicta longiora duplo quàm latiora eſſe uult. Crediderim inſuper ab uno tantum latere menſæ ſtratos fuiſſe lectos, non utrinque nec è regione. Iubet e- 50
nim Vitruuius triclinia duo in œco Cyziceno ſe inuicem ſpectare, ubi per triclinia cõuiuas accum
bentes ſynecdochice accipio, uel lectos conuiuis paratos: quos ab utraque parte ſtratos, non rectè ſe
ſpectare, id eſt è regione eſſe diceres. Commodius etiam erat miniſtris mẽſæ inſeruire, ab altero latere
uacuo: adhæc commodius auferre menſam. Toties enim menſas quoties fercula & obſonia mutari,
& onuſtas à duobus ferri, conuiuiſque accubãtibus apponi ſolitum fuiſſe, ex Alexi poeta apud Athe
næum libro 9. & Plutarcho in uita Pelopidæ coniecimus, inquit Philander. Poſtremo ſi Græci ſuas
clinas utrinque habuiſſent, pari ſemper numero ſpatium inde denominatum proferre debuiſſent, ut di
clinon, tetraclinon, hexaclinon: Nunc quoniam etiam impari numero triclinon, pentaclinon, &c. di
cunt, ab altero tantum menſæ latere lectulos ordine poſitos conijcio. Suetonius in Auguſto, Neque
cœnauit unà, niſi ut in imo lecto aſſiderent. Et poſt, Incerto caſu ſpem mercantium uel fruſtrari uel 60
explere ſolebat, ita ut per ſingulos lectos licitatio fieret. Valerius lib. 2. Fœminæ cum uiris cubanti-
bus ſedentes cœnitabãt. Romæ uidimus, inquit Philander, in æde D. Euſtathij, & alijs locis, Mutinæ
etiam

etiam, scalptum in marmoribus singulis iacentem in lecto hominem subiecto pulusillo cubito, apposita ad lectum tripede mensa, aliquando monopodio: Hanc deinde rem (id est accumbendi apud ueteres ritum) duabus picturis appositis declarat. Soleas etiam (inquit) demere solitos esse, puluinisq; inniti cœnantes, præter marmora, multis Martialis & aliorum locis probari potest. Plures tribus aliquando in lecto accubitorio iacuisse, indicat Martialis Epigram. lib. 9. in Mamurram: Et testudineum mensus quater hexaclinon, Ingemuit citro non satis esse suo. Querebatur Mamurra quod lectus quem comparare uelle uideri optabat, minus quadraret, cum sex tantum caperet, ipsius autem mensa amplior esset atq; capacior. Ex recentioribus quidã in Lexico Græcolatino clinen mensam interpretatur: quod sine authore puto fecit. Cælius Rhod. Antiquarum lect. 27.25. Obseruatum est (inquit) ex Pollucis thesauris super quibus accumbamus dici κλίνας, κλινίδας, κλινίδια, hoc est lectos, lectulos ue, atq; item scimpodas. Σκίμπυς, uel σκίμπος Etymologo pars est grabati, & synecdochicè pro ipso grabato accipitur. Apud Athenæum & Gellium scimpodium deminuta forma legitur. Libanius in libro de sua ipsius uita, Quum domi (inquit) sum, iaceo in lecto: ubi uero in schola, in scimpode, id est in lectica, ut Cælius interpretandum putat: qui & hoc à Græcis annotatum scribit, scimpodion significare τὸ χωλοκράβατον, id est claudum grabatum: σκιμβάζειν, claudicare. Eruditus inter Græcos grammaticus sic finit, σκιμπόδιον εὐτελὲς κλινίδιον μονοκοίτιον, id est scimpodion est lectulus uilior in quo decumbat unus modo. Κλίνη, τὸ κράββατον, Suidas & alij. Ἀναστάσιος ὁ βασιλεὺς ὁ δίκορος, ἔκτισε τὸν μέγαν τρίκλινον τὸν ἐν Βλαχέρναις, ὃς μέχρι τοῦ δεῦρο Ἀναστασιακὸς λέγεται, Suidas. Hîc τρίκλινον, subaudi οἶκον, basilicam siue regium ædificium intelligo: (quo abusu etiam architriclinum dixerunt, qui quantocunq; conuiuio præesset) nam cum proprie dicta triclinia diuites solum construerent, ut mihi uidetur, in quibus epulabantur, integras diuitum domos postea per synecdochen aliqui ineptè triclinia uocauerunt, à parte totum: contrà factum apparet in basilicæ nomine, quæ cum palatium aut integram domum, ut οἰκίαν subaudias, regiam aut regiæ similem proprie significet: aliqui ad partem domus transtulerunt (ut ex Seruij supra citatis uerbis aparet) splendidiorem scilicet, qualem pleriq; hodie in diuersis linguis recepto uocabulo sallam appellant, siue corrupto à basilica nomine: siue à salutatione. Est enim basilica, ut Sipontinus scribit, locus amplus, ubi à diuitibus expectantur salutatores, & conuiuia fiunt maxima, & saltationes, & ludi. Posteriores ædem sacram priuatim basilicam nominarunt. Ex nostris grammatici quidam triclinium interpretantur mensam quadratam, ad cuius tria latera singuli sternantur lecti, quartum uero uacuum relinquatur: quod si tale triclinium est, quid heptaclinon & enneaclinon esse dicent: mensas nimirum octo uel decem laterum, in quibus uacuum relinquatur unum. Scio Seruium, ut supra citaui, antiquos stratis tribus lectis epulari solitos scribere: quod ut nulla authoritate munit, sic mihi ridiculum uidetur: nam pro conuiuarum numero uel tres uel plures sternebant: & locus ipse, quamuis nullos haberet lectos aut mensas, pro magnitudinis tamen ratione triclinos aut tetraclinos, &c. dicebatur: sunt enim hæc nomina adiectiua, & mensuræ, ac si pedalem aut cubitalem dicas. Proinde etiam mensam triclinon dicere licebit, non ipsam mensam, sed magnitudinem eius significantes. Item lectum triclinon, uel tetraclinon, qui tantus sit ut tres uel quatuor conuiuas capiat. Substantiue uero ipsum locum triclinium Latini dixisse uidentur, in quo tres huiusmodi clinæ commodè ponerentur, ab uno scilicet latere tantum. Rectè igitur & lectum unum triclinon appellabimus, in quo tres discumbant: locum uero aut spatium triclinon, siue quod unum maiorem lectum in quo tres accumberent cõtinet, siue tres minores & μονοκοίτους. μονοκλίνος enim nondum legi. Errat igitur etiam Grapaldus, qui triclinium interpretatur in quo tribus toris, uel quod magis ridiculum est, totidem mensis stratis comedebant. Plautus in Bacchidibus, In biclinio cum amica sua uterq; accubitum eatis, Ita negotium est, atq; ibi in lectis stratis potetis cito: Qui locum ipsum biclinium hîc accipere uolet, permittam: ego (ut Philander quoq;) lectum in quo bini discumberent intelligere malo: ut etiam in Heliogabali triclinijs, quæ apud Lampridium uersatilia fuisse legimus: in quibus (inquit) quandoq; amicos suos ponere consueuit, eosq; uiolis & floribus obrutos opprimere, sic ut aliqui animam efflauerint. Cicero ad Atti. lib. 13. Villa ita completa militibus est, ut uix triclinium, ubi cœnaturus ipse Cæsar esset, uacaret. Plura apud Ciceronem loca, in quibus triclinij meminit, in Nizolij indice reperies. Lectos mulierum scimus iam pridem totos operiri argento, & triclinia quædam, quibus argentum addidisse primus traditur Caruilius Pollio eques Romanus, non ut operiret, aut Deliaca specie faceret, sed Punica: Idem & aureos fecit, Plin. 33. 11. Et paulo post, Cornelius Nepos tradit ante Syllæ uictoriam duo tantum triclinia Romæ fuisse argentea. Hic ipse Plinius triclinia lectos interpretatur: nam cœnationes totas argenteas fuisse quis credat? Item libro 34 cap. 2. Tricliniorum pedes & fulcra Deliaco ære exornari solita scribit: & mox cap. 3. Triclinia ærata Cn. Manlium primum inuexisse. Et libro 9. Testudinum putamina secare in laminas, lectosq; & repositoria his uestire, Carbilius Pollio instituit: hinc est quod testudineum hexaclinon dixit Martialis. Repositorium grammatici interpretantur id quod super antiquorum mensa reponebatur ad fercula collocanda, quæ subinde unà cum ipso repositorio adferebantur & auferebantur. Plinius lib. 28. Bibente conuiua mensam & repositorium tolli, inauspicatissimum iudicatur. Videtur autem per epexegesin addidisse & repositorium, innuens non integram mensam, sed repositorium tantum cum ferculis auferri solitum. Proinde cum ueteres afferri & auferri mensas meminerũt, per synecdochen de repositorijs tantum intelligo. Solent etiam nostri mensis repositoria, id est opera

a 3

cula lignea imponere, (quæ commode eis demi reponiq; possunt, unde & appellata mihi uidentur) uel munimenti gratia, ut pretiosis: uel usus, ut calculatio per cretam super eis fiat: uel ornatus, ut cũ diuersis coloribus florum alijs'ue inducuntur: uel deniq; ut latiusculæ mensæ fiant: sunt enim repositoria ipsis quas tegunt mensis latiora, ut constat Plinij uerbis 33. 11. Repositorijs (inquit) argentum addi sua memoria cœptum Fenestella dicit, qui obijt nouissimo Tiberij Cęsaris principatu. Sed & testudinea tum in usum uenisse. Ante se autem paulo lignea rotunda solida, nec multò maiora quàm mensas fuisse. Se quidem puero quadrata & compacta, aut acere operta, aut citro cœpisse: mox additum argentum in angulis, lineasq; per commissuras. Quod si quis nec usu nec figura repositoria ueterum (quibus tamen nec ipsis certa figura fuit) nostris conuenire dicat, hoc certe conuenit (respondebo) quod utraq; mensis imponatur: & possent nostra, si moris esset, eundem præstare usum. Errãt igitur grammatici qui repositorium simpliciter exponunt loculos uel reconditoria ubi aliquid reponatur uel recõdatur: Quod & Bayfius ante nos animaduertit, qui in libro de uasculis repositoria dicta putat non solum in quibus opsonia, sed etiam in quibus mensæ collocarentur, citans uerba Plinij ex eodem capite, quo nos alia iam superius citauimus, Iam uero & mensas (inquit Plinius) repositorijs imponimus, & ad sustinenda opsonia interradimus latera (mensarum intellige, ut addit Bayfius) & interest quàm plurimum lima perdiderit. Ego suspicor legendum mensis repositoria, cum hæc illis maiora fuerint. Repositorium ex Athenæo θύβην appellatum, ibidem docet Bayfius: & id genus repositoria Gallicè chapeletz uocari, quorum usus sit ad sustinendas lances & discos: in quo quidem ipse sibi parum constare uidetur. Inuenio θίβην per iôta solum apud grammaticos pro calatho ex folijs cõtexto in arcæ uel cistæ formam. Tricliniarium, idem quod triclinium, uel quod ad triclinium pertinet. Varro 1. de Re rust. Quo elaborant ut spectent sua æstiua tricliniaria ad frigus Orientis. Plinius lib. 19. Qua purpura quis non iam tricliniaria facit. Tricliniaris etiam adiectiuum in usu est, pro quo alij triclinaris dicere malunt. Plin. lib. 37. Lectos tricliniares tres. Bellos conuiuas & conuictores faciles in candida, non pulla ueste accumbere decet: Tametsi cœnatoria & triclinaria conuiuis dari antiqui moris fuit, Alexander ab Alex. Habentur & domesticæ ac cibariæ uestes, quales intra domesticos parietes gestamus, quas triclinares & cœnatorias appellamus, Cælius Calcagn. Peristromata cũ ad triclinia & cœnacula accommodantur, triclinaria appellantur: qualia Plinius triclinaria Babylonica nuncupauit, Idem. In triclinio choa apud Quintilianum, ænigmatice dictum in bibacem arbitratur Cælius Rhod. 29. Accumbere Græci κατακεῖσθαι, κατακλίνεσθαι, & ἀνακεῖσθαι dicunt, Varinus. Villicus sit frugalitatis exemplum, nec nisi ferijs diebus accubans cœnet, Columella 2. 1. Triclinium pro lecto discubitorio siue accubitorio etiã Varro dixit lib. de Re rust. 3. ca. 13. Erat locus (inquit) cellsus, ubi triclinio posito cœnabamus. Et li. 1. ca. 59. in quo quidam etiã triclinium sternere solent cœnandi causa. Legi alicubi (inquit Philander) nec succurrit locus, apud antiquos tres mensas fuisse, unde & triclinium uocatum esset: primam domini uxoris liberorumq;: secundam hospitum: tertiam seruorum & domesticorum. Ego apud idoneum authorem de triclinio tale quid legi, uix crediderim. Iuuenalis, Tertia ne uacuo cessaret culcitra lecto, Vnà simus ait. Apuleius lib. 10. Iam deniq; cœnati è triclinio domini decesseramus. Quintilianus, Vix eo limen egresso, triclinium illud supra conuiuas corruit: Cicero de eadem re, Hoc interim spatio conclaue illud concidit. In triclinijs cæterisq; cõclauibus maximus est usus luminum, Vitruu. Constat triclinium (inquit Calepinus, aut si quis adiecit) & lectos discubitorios, & ipsam cœnationem, id est locum ubi cœnaturi discumbebant, significare. Sed postea triclinium per abusionem apparatus ad mensam factus dici consueuit, & coacta in locum unum parandæ paucorum cœnæ suppellex necessaria, Idem tricliniarium uocari dicit, in triclinio ministrũ. ¶ Hæc sunt quæ dum solicite inquiro de heptaclino pelle bonasi, obiter se mihi obtulerunt: quæ licet parerga, lectori communicanda iudicaui, ne labor hic nobis periret, in ea præsertim re, de qua plerique grammaticorum uel nihil uel perperam docent: cum quintuplicem τρικλίνου uocabuli significationem (de quauis cœnatione: de certæ formæ & magnitudinis cœnatione: de lecto qui tres accumbentes capiat: de certa mensura cuiuslibet rei, ut fontis, ut pellis: deniq; de toto conuiuij in triclinio apparatu) paucissimi intelligant. Redeo ad bonasum.

¶ Non placet quod orgyias Gaza uertit passus: quanquam & Valla apud Herodotum ita uerterit, & uetus hoc in loco Aristotelis translatio, ut apparet apud Albertum Magnum in Enchyto libro 22. Licet enim passus dictus uideri possit à passis, id est extensis manibus, secundum grammaticos: apud authores tamen in hac significatione nusquam inueniri puto: proinde à pedibus passis, id est quàm maximè sine periculo possunt diuaricatis extensisq;, nomẽ hoc potius factum crediderim. Est enim ea mensura circiter quinq; pedes, uel paulò maior. Quod autem passum pro quinq; pedibus ueteres dixerint, facile est calculare ex Plinij libro 2. Stadium, inquit, C X X V. nostros efficit passus, hoc est pedes sexcentos X X V. Est igitur passus duorum gressuum, ut sit gressus cubitus unius & pedis, hoc est pedum duorum semis. Orgyia uero Græcis est τὸ μεταξὺ τῶν ἰδίων χειρῶν μέτρον, ut Suidas docet, id est mensura quæ manibus extensis fit, quæ sua cuiq; etiam statura uel proceritas esse solet. Est autem cubitorum quatuor, id est pedum sex: hinc uerbum ὀργυιᾶν, brachijs extensis metiri: & ὀργυιαῖος pro magno uel longo simpliciter. ὀργυιὰ oxytonum, uel secundum ueteres Atticos proparoxytonum, extensio manuum est unà cum pectoris latitudine (quod & Pollux scribit libro 2.) dicta παρὰ τὸ ὀρέγειν καὶ ἐκτείνειν τὰ γυῖα, ὅ ἐστι τὰς χεῖρας, Varinus. Errant qui trium cubitorum orgyiam esse

esse scribunt. Nos ulnam potius interpretabimur: Est enim ulna spatium, ut Seruius inquit, quantum utraque extenditur manus. ¶ Tradunt in Pæonia feram, inquit Plinius, quæ bonasus uocetur, equina iuba, cætera tauro similem, cornibus ita in se inflexis ut non sint utilia pugnæ, quapropter fuga sibi auxiliari, reddentem ea fimum, interdum & trium iugerum longitudine: cuius contactus sequentes, ut ignis aliquis, amburat, Hæc Plinius: qui orgyias iugera exponit ineptissimo sensu. Quis enim credat ad tantum spatium stercus bonasos eiaculari? Iugerum enim uocabatur, ut alibi scribit Plinius, quod uno die boum uno iugo exarari posset, uel ut Columella libro 5. Quadratus actus si duplicetur, facit iugerum: & ab eo quod erat iunctus, nomen iugeri usurpauit. Est autem actus quadratus, latus pedes centum uiginti & lõgus totidem, Varro lib. 1. de Re rust. Sed siue Plinij hic error sit, siue librariorum, aut illorum qui uocem non intellectam emendare uoluerunt, pro iugerum tum in Plinio tum Solino reponemus orgyiarum: quid enim obstat quo minus uoce Græca utamur? Solinus enim cap. 43. hunc bouem describens, statim post Phrygiæ & Lydiæ mentionem: In his locis, inquit, animal nascitur, quod bonasum dicunt, cui taurinum caput, ac deinceps corpus omne, tãtum iuba equina: cornua autem ita multiplici flexu in se recurrentia, ut si quis in ea offendat, non uulneretur. Sed quicquid præsidij monstro illi frons negat, aluus sufficit. Nam cum in fugam uertitur, proluuie citi uentris fimum egerit per longitudinem trium iugerum: cuius ardor quicquid attigerit, adurit. Ita egerie noxia summouet insequentes, Hæc Solinus. ¶ Medi & Pæones (inquit Hermolaus in castigationibus Plinianis) in Europa sunt, à Pęone filio Endymionis Epei fratre, in Thraciam siue Macedoniam ad amnem Axium profecto: conuenerat autem inter fratres, ut qui cursu superatus esset, imperium uictori cederet, ut scribit Pausanias: meminit eorundem Trogus, Strabo, cæteri. At Solinus animal hoc circa Lydiam Phrygiamque haberi tradit: quasi Męoniam uideatur legisse, non Pæoniam. Sunt & Piones in Asiæ Mysia, quæ supra Caicum amnem sita est: ab urbe dicti, quam Pionis conditor Pioniam uocauit, ut libro 5. in Plinium exposui, quæ omnia Solino erroris occasiones fuere, Hæc ex Hermolao. Errores enim ueterum, quantumuis ipse multis in locis animaduertam: ubicunque possum tamen, alienis eos uerbis arguere quàm meis malo: quo minus ipse facili ad reprehensionem ingenio uidear. In manuscriptis quibusdam codicibus Plinij Mœnia pro Pæonia reperitur, quali lectione forsan Solinus etiam usus Mæoniam intellexit. Porrò quòd idem bonasi cornua multiplici flexu in se recurrere scribit, sine authore facit: ego in unum solum circulum imperfectum ea conuerti puto, cuiusmodi in effigie apparent, quam adieci: Misit autem eam ad nos Norimberga Cornelius Sittardus medicus, unà cum bubali uulgaris pictura superius collocata. ¶ Cæterũ quod ad Mediam regionem licet duobus in locis Μηδικὴν per η. apud Aristotelem scribatur, nono inquam libro hist. anim. & ab initio Mirabilium: eandem tamen esse non dubito, quæ Stephano Μαιδία per αι. diphthongum scribitur. Media (inquit) ciuitas est Thraciæ prope Macedoniam, à qua Mædi populi, diuersi à Medis Asiæ. Hinc præfectura Mædica Thraciæ, uicina Pæoniæ. Horum nonnulli ad Macedones migrauerunt, Mædobithyni dicti. Est & alius Aristotelis locus in Mirabilibus, in quo sic scribitur, Circa Scytharum et Medorum (Μεδῶν, cum epsilo in prima syllaba & ô circumflexo in ultima) aiunt fluuium esse Pontum nomine, &c. Heseni, Ἡσαύνῳ, montis ut in Mirabilibus legitur, mentionem nusquã inuenio: malim Messapi ut in Hist. anim. Gaza transfert, licet impressi codices Μεσσαπίῳ habeant. Apud Stephanum Μεσσάπιον Eubœæ montem legimus, & Mesapiam Apuliam olim à Mesapo rege dictam: sed hæc nihil huc faciunt. ¶ Bonasi Aristoteles meminit etiam libro 3. cap. 2. de partibus anim. Bonnasis (inquit, sic enim illic scribitur per n. duplex & s. simplex) quoniam cornua eis ad sese reflexa sunt, excrementi profusionem natura pro auxilio dedit: hoc enim cum metuunt se tuentur. Hac eadem profusione alia quoque seruari certum est. In eo loco Gaza obscurius uertit, quibus pari aduncitate cornua reflexa inter se orbem colligunt: possent enim accipi hæc uerba, tanquã de alijs quoque similiter aduncorum cornuum animalibus eo in loco tractasset Aristoteles, quod tamẽ non apparet. Nam bubalis & capreis, de quibus proximè dixerat, licet adũca & parum utilia pugnæ cornua forte sint, non pari tamẽ aduncitate, sed longè alia quàm bonasorum sunt. Alijs item in locis, bonasum scribit syluestrem esse, bisulcum, capronatum equorum instar, iubam habere, & cornua bina orbem inflexu mutuo colligentia, ut Gaza uertit pro Græcis uerbis γαμψὰ πρὸς ἄλληλα: quæ itidem translatio obscurior est, intelligi enim potest ac si cornua pariter incuruata ambo in orbem colligãtur, ut si quis brachia ante pectus extensa in gyrum uertat: cum per se utrumque subtus aures curuatũ γαμψόν, id est aduncũ potius quàm orbiculare sit. Rursus alibi bonasum interiora omnia bubus similia continere tradit Aristoteles. ¶ Aelianus libro 7. interprete Gyllio, hoc animal à Pæonibus monopem uocari scribit, piloso tauro magnitudine similem: et stercus eius, quod prę uexatione acre & igneum reddit, si in uenatorem quempiam insequentem inciderit, mortem afferre: cum Aristoteles, Plinius & Solinus adurere tantum scripserint. ¶ Pausanias in Bœoticis Pęonios tauros Romę in spectaculis sibi uisos meminit, qui tum reliquo corpore pilosi (δασεῖς) fuerint, tum maximè circa pectus & genyn, id est mandibulam. Hos ego non bonasos, sed bisontes esse crediderim: nam & alibi in Phocicis bisontem taurum Pæonium uocat ipse Pausanias: & Oppianus iubam eum gestare scribit, Αὐχένι πλείοισι. καὶ ἀμφ᾽ ἀπαλοῖσι γενείοις. Accedit quod apud authores bonasum uel monopem Romæ in spectaculis uisum nusquam legimus: bisontem uero sæpius. Ego certe bonasum genus bisontis crediderim: nam & Albertus, ut superius retuli, boum qui uulgo visent dicuntur, diuersas spe-

n 4

cies magnitudine solum differentes esse testatur: quippe excepta cornuum figura, & reiectione ster- coris, reliqua uidetur omnia cum bisonte cõmunia habere. Bonasi certe solus Aristoteles meminit, nam Aelianus & Plinius sua proculdubio ex Aristotele descripserunt, Solinus ex Plinio. Aliorum uero authorum quotquot bisontis meminerunt, tum Græci tum Latini, bonasi nomen nunquam at- tingunt: ut uerisimile uideatur boum syluestrium maximos tantum uros ab eis nominatos uel buba los, minores uero omnes bisontes. Cornuum quidem neq; magnitudo neq; figura generis differenti am statuere possunt, cum in domesticis cornutis pecudibus quantum, licet eiusdem generis uel spe- ciei animantes cornibus differant, notissimum sit. Iam quod ad stercoris reiectionem, plæraq; anima lium in cursu, prolixiore præsertim, id reijciunt, feruidiusq; quàm in quiete solerent, & longius: inte- stinis scilicet cursu calefactis, & ob calorem flatibus excitatis, ut fit in humore: quibus inclusis uio- lenta per angustum, magno impetu eruptio fit: Accedit & locorum compressio ex uehementi mo- tu. Nonnulla etiam in metu, ut sepia suum atramentum, excrementa emittunt. Hæc adferre libuit, ut illi quibus occasio est, & propius illas regiones habitant, de boum istorum differentia diligentius inquirant. Augustinus Niphus bonasum scribit à recentioribus uaccam Indam uocari: in quo de cepit eum Albertus Magnus, qui Solini de tauris Indicis & bonaso diuersis in locis scripta, confun- dit. Albertus Magnus circa finem libri 22. uro quem zubronem uocat, similem fimi eiaculationem attribuit. Raphaël Volaterranus libro 7. bonasos eodem modo à Lituanis capi scribit, quo nos su- pra bisontes capi docuimus Pausaniæ uerbis. ¶ Bohemi, ut audio, monopem uocant loni. Germani iubam uocant mône (ut Angli etiam mane) inde factum monopis uel monapi nomen aliquis conie- cerit, utpote bouis iubati. Nam Aristoteles certe nomen hoc non Græcum sed Pæonicum esse scri- bit, Pæonum autem lingua eadem quæ Illyrica est. Apud Albertum Magnum libro 22. bonachus pro bonaso corrupte scribitur: & rursus in eodem libro in E. litera, Enchytos, ubi omnia quæ nos su- pra recitauimus Aristotelis de bonaso uerba ex ueteri translatione recitant: alij enchires scribunt, nescio quibus tam barbarè & absurdè scribendi occasionibus alijs, nisi quòd ex Arabicis translatio- nibus sumpta uidentur, qui Græcorum dictiones plerasq; absurdissime corrumpunt, adeò ut origi- nem amplius non agnoscas. Alij tauro syluestri, quem duram uel daran uocant, eadem quæ bonaso Aristoteles adscribunt: cum hæc nomina potius ad tarandum pertineat, de quo paulo post agemus. ¶ Superius in capite de diuersis bubus syluestribus bonasum mihi uideri dixi illum quem Philip- pus rex Macedonum ad pedem Orbeli montis in Macedonia iaculo confodit, & cornua eius ἑκκαιδε- κάδωρα, id est sedecim palmorum in uestibulo templi Herculis consecrauit: Sed forsitan urus fuerit potius: nam si bonasorum cornua in sese, ut diximus reflectuntur, minus conuenire eis uidetur ista mensura.

DE CATOBLEPA VEL CATOBLEPONTE LIBY- CA FERA TAVRO VEL VITVLO SIMILI.

CVM multiplices & uarias Africa procreat bestias, tum Catoblepontem sic nuncupatum parere existimatur. Tauro similis spectatur, truculentus, terribilisq; aspectu: alta ei & den sa sunt supercilia: oculi non perinde quidem magni ut bubuli subijciuntur, sanguine suffu- si: non directè, sed terram uersus intuetur: à uertice incipiens iuba, equinæ similis, per eius frontem promittitur, quæ si usq; ad faciem pertinet, formidabiliorem eum reddit. Mortiferas depa- scitur herbas, ac simul ut taurino aspectu conspexit, statim horret, & iubam erigit: Ea autem in ex- celsum excitata, atq; apertis labris per guttur quiddam uehementer acutum & horrendum emittit, ut aër supra caput obducatur, & inficiatur: animalia autem appropinquantia, quæ hoc cœlum hau riant, grauiter affligantur, & uocis usum amittant, in letalesq; conuulsiones incidant, Hęc Aelianus ab initio libri 7. Cæterum Plinius lib. 8. cap. 7. Apud Hesperios (inquit) Aethiopes fons est, Nigris, ut plæriq; existimauere Nili caput, ut argumenta quæ diximus persuadent. Iuxta hunc fera appel- latur Catoblepas, modica alioquin, cæterisq; membris iners, caput tantum prægraue ægre ferens, id deiectum semper in terram, aliâs internecio humani generis, omnibus qui oculos eius uidere confe stim expirantibus, Hæc Plinius: ex quo etiam Solinus transcripsit in suum Polyistorem cap. 33. ubi aliqui Tigrin pro Nigri fonte perperam legunt, ut Hermolaus annotauit. ¶ In Libya Gorgones sunt animalia κάτω βλέποντα, id est, semper despectantia, ouibus creduntur agrestibus similia, aut uitu lis, sicuti quidam uoluêre. Pestilens ijs est oris halitus, quippe intereunt mox afflata omnia. Sed nec innocentior ab oculis radius manans, ubi concussa, quæ à fronte in oculos propendet, coma, specta- rint aliquid. Cognitũ & à Marij militibus aduersus Iugurthã bellantibus, Cæl. Rhod ex Athenęi li. 5. circa finẽ. Vbi Cæl. Rhod. uertit, Gorgones, sunt animalia κάτω βλέποντα, id est semper despectãtia. Græce legit, τὴν γοργόνα τὸ ζῶον καλοῦσιν οἱ ἐν Λιβύᾳ Νομάδες, ὅπου καὶ γίνεται κάτω βλέπον. Hic post γίνεται di stinguendũ est, ut rectius uertat: Gorgonẽ animal in Libya Nomades, apud quos etiã nascit, catoble- pon uocãt. Mirũ est aũt neq; Pliniũ neq; Aelianũ in huius animãtis descriptione, eandẽ esse gorgonẽ prodere: quod ne aliorum quidem scriptorum, quod sciam, ullus docuit. ¶ Cæterum quod halitu eam occidere uertit, & afflata omnia mox interire: quanquam ea Aeliani quoq; sententia fuisse uide tur, ex Athenęo tamen non rectè conuersum est: Cuius uerba adnumerabo, ut eruditi iudicent: ἔχειν δὲ λέἣ λέγουσιν αὐτὸ τοιαύτην ἀνάπνοιαν, ὥστε πάντα τὰ ἐντυχόντα τῶν ζώων διαφθείρειν. φέρειν δὲ χαίτην ἀπὸ τοῦ μετώπου καθημένην (lego καθειμένην per ει dipthongum in antepen.) ἐπὶ τοὺς ὀφθαλμοὺς, ἣν ὁπόταν μόγις διασεισαμένη, διὰ τὴν βαρύτητα ἐμβλέψῃ, κτείνει τὸν ὑπ' αὐτῆς θεωρηθέντα, οὐ τῷ πνεύματι, ἀλλὰ τῇ γιγνομένῃ ἀπὸ τῶν ὀμμάτων φύσεως φορᾷ καὶ νεκρὸν ποιεῖ. Hæc ego sic transtulerim, Aiunt autem uim quandam adeò uenenosam ab hac fera emitti, ut omnes qui in eam inciderint, enecet: iubam enim gestare à frõte demissam qua oculi obumbrentur: qua discussa, quod quidem ægre facit propter grauitatem, quemcunque intuetur interimit, non spiritu aut halitu (oris) sed nescio qua ui ab oculis eius emissa. Obijciet aliquis ἀνάπνοιαν oris halitum & spirationem significare: quod ut concedam, latius tamen patet, & ne quis in hoc errare posset, discertè & expositionis loco additur, οὐ τῷ πνεύματι, ἀλλὰ, &c. Mox addit, Quod autem res ita se habeat, hoc modo cognitum est. Cum milites quidam Marium contra Iugurtham secuti, gorgone uisa ouem feram esse putarent, cum & caput ad terram ei inclinaret, & ipsa motu tardo procederet, gladijs confecturi in eam irruerunt. Vnde illa turbata, iubam oculis incumbentem discussit, & milites irruentes mox necauit. (Nulla hic spirationis aut halitus ullius mentio.) Deinde cum iterum atque iterum quicunque aduersus feram pergebant, interirent omnes: quidam feræ naturam ab incolis didicerunt: unde Marij iussu Nomades quidam equites eminus per insidias eam iaculis confecerunt, & imperatori feram attulerunt. Quod autem talis, qualem descripsimus, ea fuerit, pellis etiam, & Marij exercitus, testimonio sunt. Hæc cum Vlpianus apud Athenæum dixisset, Laurentius Romanus, qui dipnosophistas excipiebat, assensit, & Marium ferarum illarum pelles Romam misisse addidit, de quibus cuiusnam animantis essent propter formæ insolentiam conijcere nemo potuerit: suspensas autem eas esse in templo Herculis, in quo imperatores triumphantes ciues epulo excipere soliti fuerint, ut multi Latinorum poëtæ & historici tradiderunt. ¶ Gorgonis uocabulum apud Græcos pluribus modis in usu est, γοργὼν, όνος: γοργὼς, ῶ: γο, γόνη, όνης: & Atticè γοργὼ, οῦς. ¶ Gorgones, ut poetæ fingunt, dictæ sunt Phorcynis filiæ (non Phorci, ut quidam recentiores scribunt. Medusam Phorcynidem Ouidius cognominat) & Cetûs, scilicet Medusa, Sthenio (quam Hesiodus Sthenò uocat) & Euryale. Quæ Dorcades insulas in Oceano Aethiopico sitas habitasse dicuntur, contra Hesperidum hortos. Scribit Diodorus libro 4. Biblioth. fœminas fuisse in Africa bellicosas, aduersus quas Perseus bellum gesserit, et earum reginam Medusam debellauerit ac interfecerit. Nominãtur autem fœminæ istæ à Diodoro & alijs Amazones, diuersæ ab Amazonibus Sauromaticis uel Scythicis. Gorgonum & Hesperidum domicilia Strabo lib. 7. obiter nominat. Perseus læua supra aurigã tenet Gorgoneum ad summum caput, Vitruuius 9. 6. ubi sydera à zodiaco Septentrionem uersus describit. Gorgonum unam Perseus interemit lonchodrepano, id est hasta falcata, Suidas. Gorgonum capita draconum squamis obsita fuisse dicuntur: dentes maximi, suum instar: item manus & alæ quibus per aëra ferri dicebantur: & in se intuentes in saxa uertere. Ex tribus uero Medusa mortalis fertur fuisse, ideoque à Perseo decollata: reliquæ duæ sorores immortales Perseum nequiuere cõsequi, quod Orci galea obtectus (ut ait Hyginus) non cernebatur: hinc illæ tandem eum persequi desiuere. Mycale urbs Cariæ est, sic dicta quod reliquæ Gorgones mycomenæ, id est mugientes, Medusæ caput eo in loco reuocarint, cum Perseum insequerentur, Steph. Gorgonas Seruius, in extrema Africæ circa Atlanticum montem fuisse scribit, unumque omnes oculum habuisse, quo inuicem uterentur. Serenus tamen ait puellas eas fuisse unius pulchritudinis: quas cum uidissent adolescentes, stupore torpebant: unde fingitur, quod si quis eas uidisset, uertebatur in lapidem. Harum allegoriam in primo explicat Fulgentius, & eo subtilius Io. Zezes grammaticus in commentario in Hesiodum, Gyraldus. Grææ quoque (ut idem scribit) Phorci (Phorcyis uel Phorcynis) & Cetûs filiæ in numero nympharum habitæ fuere, tres, Pephredo, Enyo, & Dinon: (Hesiodus Dinon non habet) sic nuncupatæ, quod statim ut natæ sunt, anus fuisse ferunt, & unicum tribus oculum, unicumque dentem, quibus uicissim inter se uterentur, Gyraldus. Has aliqui cum Gorgonibus confundunt. Plura de Gorgonibus uide apud Palæphatum cap. 33. cuius super his laruis omnia in librum suum parœmiarum Apostolius transcripsit, in prouerbio Γοργόνα Περσεὺς ἐχειρώσατο: item apud Erasmum in prouerbio Orci galea: & Lucanum libro 9. & Onomasticon nostrum in Euryale, Medusa, & Pegaso. Persei & Medusæ fabulam prosequitur Ouidius Metam. lib. 4. Sanè uidetur Gorgonis nomen ad puerilia terriculamenta confictum, ut etiam Lamiæ ex eadem Africa mulieris: nam monstrosa pleraque in Africam reijciebantur. Sic nostri aliquando nocturnas mulieres pueris minantur, sic Iudæi de sua Lilith nugantur, ut in Onocentauro dixi. Gorgonem τερατῶδες ζῶον, id est monstrosum animal Etymologus exponit.

¶ Gorgones, pro uoraces, φοβεροὶ εἰς γαστριμαργίαν, Suidas: tales etiam lamiæ finguntur: Horatius, Neu pransæ lamiæ puerum uiuum extrahat aluo. Aristophanes in Pace, προσευξώμεθα πρῶτον τῇ θεῷ, ἥπερ ἡμῶν τοὺς λόφους ἀφείλετο τὰς γοργόνας, scholia exponunt πᾶν σκεῦος ἁρμόζον ἐν πολέμῳ. Καὶ γοργὸν ἐξήγειρεν ἐκ τῆς ἀσπίδος, Aristophanes: Gorgonem παρ' ὑπόνοιαν dixit pro περικεφαλαίαν ἢ ὅπλισμα ἐποίησεν περὶ τῆς κεφαλῆς, Suidas. Ego in Acharnensibus Aristophanis carmen reperio, Τίς γοργὸν ἐξήγειρεν ἐκ τοῦ σάγματος, id est, Quis gorgonem excitauit ex theca uel hoplotheca? ut scholiastes exponit: loquitur enim poeta de Lamacho, qui scutum gorgone insignitum habuit. Καὶ προσιόντες ὡς εἰπεῖν γοργόνα κατεσίγασαν, ἄλλως (sic lego apud Suidam) πρόλαλον ὄντα τὸν ἱππικόν, Aelianus: uide Suidam in Gorgonis mentione. Γοργὸς, φοβερὸς, Suidas: δεινὸς, ταχὺς, ἀπὸ τῆς ὀργῆς, Etymologus, Varinus. Videntur & Gorgones dictæ παρὰ τὸ γοργὸν τῶν ὀφθαλμῶν, id est, à terribili oculorũ intuitu, διὰ γὰρ γοργότητος καὶ ὀξύτητος τῶν ὀφθαλμῶν ἀπολθὴν τοὺς ὁρῶντας, terribili enim acri obtutu spectantium corpora in lapides uertebant, Etymologus. At Latinorum quidam, ut Serenus, cuius opinionem ex Gyraldo supra citaui, & nostro sæculo Cælius Rhod. non horribili sed formosa facie intuentes stupore quodam affectos aiunt: Hi sententiam à Græcis hausisse uident, & γοργότητα pulchritudinem intellexisse, quo sensu apud authores nõ reperitur. Nam ut γοργὸν adiectiuum in communi dialecto horribile significat, Attica uerò πρακτικὸν καὶ κεκινημένον, id est agile uel actuosum ut ita dicam, & in actione promptum ac uelox: sic etiam γοργότης substantiuum utroq; sensu capitur. Hermogenes libro 2. de ideis ab initio, γοργότητα uocat illam formã orationis, quæ uiuida & concitatior est, & animos auditorum erigit atq; excitat, remissæ supinæq; contraria, διὰ τὸ τμητικοῦ γινομένου τύπου, &c. Apud Ciceronem tamen in Verrem legitur, Gorgonis os pulcherrimum cinctum anguibus: Et Lamiam olim formosam fuisse mulierem annotatum est. Gorgus, paroxytonum uiri nomen est, cuius meminit Suidas. Gorgias rhetoris nomen fuit, à quo γοργιάζειν, declamare, ῥητορεύειν. γοργὸν quidam interpretatur in Lexico Græcolatino schema rhetoricum, quod et parison & homœocatelecton dicatur: non rectè puto: latius enim patet γοργότητος forma. Γοργιαῖον dicendi genus arduum & laciniosum, ut quidam scribunt, à Gorgia rhetore. Fuit & statuarius Gorgias apud Plinium. Apelles pinxit Alexandriæ Gorgosthenem tragœdum, Plin. Plastæ laudatissimi fuêre Damophilus & Gorgasus, ijdemq; pictores, Plin. Pastillos Ruffillus olet, Gorgonius hircum, Horatius. ¶ Γοργῶπις, γοργόφθαλμος: & γοργωποὺς ἕδρας, φοβερὰς καθέδρας, Suid. Γοργώ, κατάπληξις, πικρία, ἀυστηρία, φόβος. Homeros Iliad. li. 8. Γοργοῦς ὄμματ' ἔχων, Etymolo. exponit γοργόνος ἢ γοργῆλος.

¶ Γοργὸν βλέπειν, aliquoties apud Lucianum pro acribus oculis tueri sumptũ è fabula Persei & Gorgûs. γοργὸν dictum putant ἀπὸ τῆς ὀργῆς, quod irati acribus oculis obtueantur. Homerus Iliad. θ. de Hectore, Γοργοῦς ὄμματ' ἔχων, ἠδὲ βροτολοιγοῦ ἄρηος. Veteres (inquit Cælius Rhod.) pulchritudinem adeo admirati sunt, ut Gorgonem propter eximium uenustatis decus, stupidos reddentem spectatores, in saxa eos deformare fabuloso confinxerint inuolucro. ¶ Γοργόνα Περσεὺς ἐχειρώσατο, Gorgonem Perseus adortus est, in Græcorum collectaneis tanquam prouerbium citatur, ubi quis egregium facinus inceptat, Erasmus. Apostolius hanc parœmiam exponit de ijs qui rem magnam & insignem strenue confecerint: & χειροῦν est uincere ac subigere, ut non solum ad eos qui adoriuntur aut incipiunt aliquid pertineat, sicut Erasmus interpretatur: etiamsi apud illos quoq; dici possit, hortandi animandiq; gratia. ¶ Γοργία, uel γοργεῖα potius & γοργόνεια, ut Suidas & Varinus habent, personæ sunt & laruæ, quales histrionum in tragœdijs erant. Aristophanes in Vespis Choro loquente ad Lamachum, οὐδὲν δεόμεθ' ἄνθρωπε τῆς σῆς μορμόνος, Scholia addunt, παρὰ τὴν μορμὼ καὶ τὴν γοργόνα, ἣν εἶχεν ὁ Λάμαχος ἐπίσημον: οὕτως δὲ ἔλεγον τὸ ἐκφοβητρον, καὶ τὰ προσωπεῖα τὰ αἰσχρὰ μορμολύκεια, ἀφ' οὗ τραγικὰ καὶ κωμικά. Alibi etiam in Scholijs huius poëtæ Lamachum insigne scuti gorgonem habuisse legi: Proinde in Acharnensibus sic loquitur, φέρε δεῦρο γοργόνωτον ἀσπίδος κύκλον. ¶ Gorgona Mineruam Cyrenenses, ut Græci grãmatici notant: sed & hoc nomine eam Romani inuocabant. M. Tullius ad Equites: Teq;, inquit, Tritonia armipotens Gorgona Pallas Minerua, &c. Gyrald. Gorgonia autem Minerua dicta est, & apud Suidam Γοργολόφας (ἀπὸ λόφου τῆς περικεφαλαίας καὶ τῆς ἀσπίδος) quod ex amputato Gorgonis capite galeam habeat, Varin. Legendum est autem Gorgolopha absq; sigma, ut in Aristophanis Equitibus habetur, item in Acharnensibus. ¶ Gorgones insulæ obuersæ sunt promontorio, quod uocamus Hesperionceras: has incoluerunt Gorgones monstra, & sanè adhuc monstrosa gens habitat: distant à continenti bidui nauigatione. Prodidit deniq; Xenophon Lampsacenus, Hannonem Pœnorum regem in eas permeauisse, repertasq; ibi fœminas aliti pernicitate: atq; ex omnibus quæ apparuerant duas captas, tam hirto atq; aspero corpore, ut ad argumentum spectandæ rei, duarum cutes miraculi gratia inter donaria Iunonis suspenderit, quæ durauêre usq; in tempora excidij Carthaginensis, Solinus cap. ultimo: transcripsit autem ex Plinij lib. 6. cap. 31. Timomacho pictori ars præcipuè fauisse in Gorgone uisa est, Plinius. Gorgones Tithrasiæ apud Suidam cognominantur, à Tithraso fluuio aut loco Libyæ ubi habitabant. Gorgonia gemma nihil aliud est quàm corallium, nominis causa, quod in duritiam lapidis mutatur, Plinius: Ouidius lib. 4. Meta. coralij uirgas imposito Medusæ capite in littore primum induruisse fabulatur. Aspungitani populi ex Mæotis inter Phanagoriam & Gorgopiam habitant, quingẽtorum stadiorum spatio, Strabo. Γοργῶπις λίμνη, id est Gorgôpis lacus, in Corintho apud Cratinum, Varinus. Propertius etiam alicubi Gorgonei lacus meminit. Syndicus, urbs contigua Scythiæ cum portu, aliqui Gorgipen uocant, Stephanus. Gorgippia, urbs Indiæ, Idẽ. Gorgyia, locus in Samo ubi Dionysius Gorgyiensis colitur. Gorgythion apud Homerum Iliad. 8. Priami filius ex Castianira.

DE BOBVS FERIS INDIAE.

GARAMANTVM bubus cornua in terram directa esse, ideoq; obliqua ceruice pasci, ut Solinus scribit, &c. supra dixi inter diuersos boues feros. INDIA syluas boue fero refertas habet, Plinius. ¶ Magnus Indorum Rex quotannis diem unum proponit hominum cursibus & pugillationibus, tum luctationibus bestiarum, quæ sanè inter se cornibus appetentes, mirabili natura quadam eatenus strenue decertãt, quoad aduersarium funditus uicerint: Sicq; omni

omni neruorum contentione, quemadmodum athletæ, ut aut maximo afficiantur præmio, aut gloriam capiant certaminis, nituntur. Rationis quidem expertes sunt feri tauri, arietes mansueti, asini uno armati cornu, hyenæ, postremi in certamen ueniunt elephanti: ij inter se uulnerant, & alter sæpe alterum uincit, atque adeò interimit: sæpe etiam uterque uulneribus confectus, simul decumbit. Hæc Aelianus. Cuius supra etiam alium locum recitaui in Boue cap. 2. de Indis qui bubus iunctis uelocissimo cursu in certaminibus ferantur: quoniam illic feri ne an mansueti essent hi boues non distinxerat: Hoc autem in loco omnino feros esse apparet: & res ipsa ostendit boues domesticos tanta uelocitate minime pollere. ¶ India generat boues solidis ungulis, unicornes, Plinius: Et proxime ante, Aethiopia Indicos boues (id est Indicis similes, nempe unicornes) unicornes, tricornesque gignit. Solinus utrunque locum coniunxit, nescio quàm rectè: Boues (inquit) unicornes & tricornes solidis ungulis, nec bifidis, in India reperiuntur. Bubus Indicis camelorum altitudo traditur; cornua in latitudinem quaternorum pedum. Ptolemæo secundo ex India cornu allatum ferunt quod tres amphoras caperet, Aelianus. Sunt item apud Indos alij boues qui maximos hircos magnitudine non superare uidentur: Ii uel coniugati uelocissimè currunt, nec minus strenuè quàm Getici equi cursum conficiunt, Idem. Hos etiam syluestres existimauerim. Rangiferum certe nostrum, & bouē syluestrem cesse, & omniū in hoc genere uelocissimum, & ad certamina cursusque aptissimum, & partim unicornem partim tricornem dici posse, nec in Scandinauia solum, sed alijs etiam Asiæ regionibus inueniri, aliâs docebo: ut Indicos boues eiusdem generis credamus. Solinus nō rectè Indicos boues nominat, quos Aelianus Aethiopicos, & Plinius etiam lib. 8. cap. 21. ut supra in Aethiopicis dixi, quibus cornua mobilia, &c. Decepit eum fortassis quod paulo post sequitur apud Plinium, In India et boues solidis ungulis, &c. quasi & aliud antea quod in India nasceretur commemorasset, quod fecit quidem sed uox est corrupta: non enim eosdem legendum, sed Indos, in his uerbis, Apud eosdem nasci Ctesias scribit, quam mantichorā appellat: quod constat ex Aristotele de hist. anim. 2. 1. Errorem hunc Hermolaus & alij nō animaduerterunt. ¶ Apud Arachotas (lego Arachotos) boues syluestres sunt, qui differunt ab urbanis, quantum inter sues urbanos & syluestres interest. Sunt colore atro, corpore robusto, rictu leuiter adunco (ἐπίγρυποι) cornua gerunt resupinatiora, Aristoteles. Arachoti, Ἀραχωτοί, Indiæ ciuitas est, ab Arachoto fluuio sic dicta, qui ex Caucaso profluit. Sunt & alij prope Massagetas, Stephanus. Sed Arachosia potius uocatur ciuitas illa Massagetis uicina, à Semiramide condita, quæ etiam Cophen appellabatur, Steph. Cornua resupinata, ἀνασιμίζοντα, qualia sint, in bisonte explicaui. ¶ Animalia quæ Aristoteles ἥμερα uocat, id est mansueta, Theodorus urbana uertere solet: quod mihi parum arridet. Nam ut de plantis urbanum syluestri contrarium dicatur (sicut Plinius arbores urbanas dicere solet) animal tamen urbanum ad ἄγρια, id est syluestris discrimen, an apud idoneum authorem ullum reperiatur, nescio: mansuetum uero hac significatione poni scio: Plinius lib. 11. Præterea cum apes sint neque mansueti generis, neque feri, &c. Cicero Philipp. 3. Illud quæro cur tam subito mansuetus in senatu fuerit, quum in edictis tam fuisset ferus. Plin. lib. 9. Lepores mansuescunt raro, cum feri dici iure non possint. Complura nanque sunt nec placida, nec fera, sed mediæ inter utrunque naturæ, ut in uolucribus hirundines, apes, in mari delphini. Cicur uero animal non tam mansuetum est, quàm mansuefactum, quod prius scilicet ferum fuerit: unde cicurare, mansuefacere: uidetur tamen pro natura mansueto interdum abusiue accipi. Cicero 2. de Nat. deorum, Quæ uero & quàm uaria genera bestiarum, uel cicurum uel ferarum? Hoc obiter addam, cicur à Græcis mihi deriuatū uideri, ἀπὸ τῶν χειρῶν, ζῶον τὸ χειροῦθεν, unde etiā χείρειον & ὑποχείριον pro cicure mansuetoque: sed hæc latius patent: τιθασσὸν uero ad animalia proprie, cui oppositum ἀτίθασσον. Legimus etiā domesticum animal apud Plinium. Quamobrem miror cum uocabula propria Theodorum non deficerent, quibus redderet ἥμερον, urbanum dicere uoluisse: quod certe etiamsi de animalibus simpliciter mansuetis dici concesserim, poterit tamen tam de illis quæ in urbe nutriuntur, quàm de mansuetis, quæ ne ruri quidem desunt, intelligi. In plantis enim (ne quis illas mihi obijciat) alia ratio est.

¶ Cynamolgi, qui ab indigenis Agrij appellantur, comati & barbati sunt. Hi canes maximos alūt, quibus Indicos boues uenantur è uicina regione uenientes, siue à feris pulsos, siue pascuorum inopia, Strabo libro 16. Ctesias Cnidius in libro de rebus Indicis, apud Cynamolgos populos, innumeros boues feros degere scribit, qui quidem ab æstiuo solstitio ad hyemem usque mediam, gregatim homines inuadere soleāt. Cynamolgi canes eis opponunt, quos ea gratia plurimos alunt, Hyrcanis magnitudine pares. Hi bubus feris immissi, facile eos debellant & interemunt, Aelianus.

DE LIBYCIS BVBVS.

LIBYCORVM boum tanta est innumerabilitas, tanta item celeritas, ut unum insequentes uenatores interdum fallantur, quod nimirum in alios feros incidant, & ille interim sub dumeta, saltus'ue subiens se subducat, alij autem similes exoriantur, & uenatorum oculos fallant: quorum quempiam si quis ingrediatur insequi, ne equo quidem, sed fessum longinquitate temporis comprehendet. Quòd si quis uitulum adhuc tenerum cœperit, & non statim occiderit, ex eo duplici commodo afficietur: Nam præterquàm quod & ipse commoditatem affert, matrem suam in captiuitatem inducit. Postea enim quàm uenator uitulum fune alligauit, ab eo secedit illa filij desiderio inflammata, tanquam asilo stimulata fertur, cupiens dissoluta reste eum abducere: ac nimirum cornua compingit, ut uinculum laxet & distrahat: At enim cornibus in funis complicationem insertis, unà cum uitulo constricta tenetur: Cuius uenator cum iecur detraxit, & ubera excidit, & pellem exemit, carnes relinquit auibus & feris, Hæc Aelianus. De Libycis bubus, quibus terram uersus diriguntur cornua, & eam ob causam retrocedendo pascentibus, ex Herodoto & Aeliano dixi superius, in capite de diuersis bobus syluestribus. Philes scribit eos ideo retrogrados esse, quoniam cornua lata oculos eis obumbrent, ut ad progrediendum uisus eis inutilis sit, retro non item.

DE TARANDO.

TARANDO magnitudo quæ boui, caput maius ceruino, nec absimile: cornua ramosa, ungula bifida, uillus magnitudine ursorum (ursino colore, & pariter uillo profundo, Solin.) Sed cum libuit sui coloris esse, asini similis est. Tergori tanta duritia, ut thoraces ex eo faciant. Colorem omnium arborum, fruticum, florum, locorumque reddit metuens, in quibus latet: ideoque raro capitur. Mirum esset habitum corpore (id est cute) tam multiplicem dari, mirabilius & uillo, Plinius. Et paulo ante, Mutat colores (inquit) Scytharum tarandus, nec aliud ex ijs quæ pilo uestiuntur, nisi in Indis lycaon, cui iubata traditur ceruix. Ruborem, pallorem, liuorem, homini et bestijs cutem mollem habentibus, & minime uillosis, accidere, nihil mirum: Tarando uero animali, cui est tergus impenetrabile, & uillus ursorum magnitudine, admirabile uideri debet: seipsum enim cum uillis suis hic uertit, milleque colorum species cum summo uidentium stupore reddit. Scythicum animal est, dorso & magnitudine tauro simile, eius corium ne spiculo quidem penetrari potest, Aelianus. Cæterum Solinus cap. 33. cum lycaonem dixisset Aethiopiam mittere, subdit, Mittit & tarandũ: cuius erroris occasionem præter oscitantiam & negligentiam ipsius, nullam uideo: cum Plinius dilucidè Scytharum, id est Scythicum tarandum appellet: lycaonem uero non in Aethiopia, ut Solinus, sed in Indis nasci ibidem scribit. Hunc tarandum, addit Solinus, affirmant habitum metu uertere: & cum delitescat, fieri assimilem cuicunque rei proximauerit, siue illa saxo alba sit, seu fruteto uirens, siue quam aliam præferat qualitatem. Faciunt hoc idem in mari polypi, in terra chamæleontes. Sed & polypus & chamæleon glabra sunt, & pronius est cutis leuitate speculi modo proximantia æmulari: in hoc nouum est ac singulare, hirsutiam pili colorum uices facere, Solin. Tarandus, τάρανδος, animal est ceruo simile, cuius pellibus ad thoraces (χιτῶνας) Scythæ utuntur, Hesychius & Varinus. Budini Sarmatiæ populi sunt: apud hos tarandus nascitur, animal admirabile, magnitudine bouis, facie (τὸν τοῦ προσώπου τύπον) ceruum repræsentans: difficile captu, propter mutationem pilorum, quos pro loci colore immutat, ut chamæleon etiam & polypus, Stephanus in Γελωνὸν, Eusthatius in Dionysium. ¶ Barbari quidam authores pro tarando corrupte parandrum & pyradum scribunt: aliqui etiam tanquam diminutiua uoce tarandulum, quod ridiculum est cum animal boui simile fateantur: quidam adhuc absurdius faciunt cum tarandum à tarandulo distinguunt. Ioannes Agricola Ammonius tarandulum interpretatur elend, quam nos supra alcen esse docuimus. Georgius Agricola rangiferum, ein reen. Et quanquam pleraque tarando & rangifero nostro eadem sint, libet tamen ab eo dissentire, nõ certe doctissimum uirum reprehendendi animo, sed ut hominibus studiosis diligentius inquirendi occasionem præbeam. Tarandum igitur esse existimo feram illam, quam Poloni tur uel thuronem appellant. Inuenitur in una solum parte regni Polonici, in ducatu Mazouiæ inter Oszezke & Garuolijn: maior boue mansueto, minor uro, ore dissimilis utrique, præacutis in fine cornibus, pernicissimo cursu, & ualde robusta. Descriptionem hanc nobis communicauit, nobilitate doctrina & omni uirtutum genere uir ornatissimus Florianus Susliga Rolitzà Varshauia Polonus. Hæc fera si iubata esset, quod nondum certo scio, bisonti adscriberem: Nam recentiores quidam thuronem Polonorum, zubronis, id est uri speciem faciunt. Cæterum ut tarandum credam, plura concurrunt, primum magnitudo & species bouis, sed caput uel os absimile, deinde quòd boum syluestrium rarissima est, & in Sarmatia capitur uicina Gelonis, apud quos tarandum reperiri legimus: accedit etiam nominis affinitas, nam in barbarorum quorundam recentiorum libris, daran huius bouis nomen legitur: quamuis alij duran uel durau scribant, & bonasum interpretentur. Vnum est quod obijci potest, cornua thuroni non esse ramosa, qualia Plinius suo tribuit tarando. Respondeo, uideri mihi ueteres tarandum uel cum alce, uel cum rangifero forte confudisse: nam & alce & rangifer ramosa prætendunt cornua. Describunt autem alcen quoque ueterum alij aliter: quòd in adeo peregrinis animalibus mirum non est: cum ea ferè soleamus ut ex diuersis auditu accepimus describere. Hæc si cui non satisfaciunt, uel tarandũ pro rangifero accipiat, ut Ge. Agricola & ante ipsum Elieta Anglus, quibus cum ego super hac re non contenderim: aut si quid melius inuenerit, in commune proferat. Hoc addam pro corollario, ex Plinij descriptione tarandum animal inter ceruum bouemque medium uideri posse: cerui enim caput, cornua, & metum habet, cætera ferè bouis. Thuronem sanè taurum non meticulosum, sed taurorum omnium præsertim syluestrium instar, animosum esse crediderim. Iam quod Plinius scribit caput ei maius ceruino esse, & magnitudinem bouis, rangifero satis conuenit, quoniam in uniuersum multo maior ceruo esse fertur. Capiuntur etiam apud Gelonos aut uicinos populos: quidam etiam colorem asininum ei tribuunt: præterea bisulcos esse

esse constat. Hæc tam multa cum conueniant, si de coloris etiam mutatione certior fiam, sine cunctatione rangiferum pro tarando accipiam: & Polonicum thuronem bisontibus adiungam. Nam quod de corio fertur, usum eius esse ad thoraces, ut quod ferrum non facile transmittat, nihil impediet: plerasq; enim magnas feras in regionibus frigidis huiusmodi pelles habere crediderim, quales etiam alces habent, quæ ad hunc usum in Germania communiores sunt. Omnino quidem maiora minoribus, fera domesticis, & in frigidis regionum quàm calidis, animalia pelles crassiores solidioresq; gerunt. Sed rangiferi historiam integram in R. litera dabimus: in præsentia satis fuerit mihi non tam dissentiendo quàm dubitando de eruditorum quorundam interpretatione, uel ipsos, uel alios ad thuronis simul & rangiferi historias maiore studio inuestigandas excitasse, & scepticorum instar in utrãq; 10 partem rationes attulisse.

¶ DE TROGLODYTARUM bubus, qui cornua terram uersus habent directa, eamq; ob causam obliqua ceruice pascuntur, supra dixi in capite de diuersis bubus syluestribus. ¶ XANDarus, Ξάνδαρος, animal simile boui, iuxta Atlanticum mare, Hesychius & Varinus. Omnino uox corrupta est à tarando: nec obstat quod tarandi nomen apud eosdem suo loco legatur; nã & alia huiusmodi errata innumera in ipsorũ Lexicis deprehendimus. Dicat aliquis xandarum à tarando diuersum esse, quoniam ad Atlanticum mare nascatur, quod de tarando à nemine memoriæ proditum sit. Respondeo tarandũ in Scythia nasci, quæ Asiæ, & Europæ partim, maritimas ad Oceanum regiones complectatur: Atlanticum mare autem dici, non solum occiduum illud & Aphricani partem Oceani: sed uniuersum etiam Oceanum apud ueteres, ut apparet ex his uerbis Aristotelis in philosophiæ Compen- 20 dio ad Alexandrum: πέλαγος δὲ τὸ μὲν ἔξω τῆς οἰκουμένης Ἀτλαντικὸν καλεῖται, καὶ ὁ Ὠκεανὸς περιῤῥέων ἡμᾶς: hoc est, ut Guilielmus Budæus transtulit, Porrò autem pelagus quod extra orbem nobis habitatum fusum est, & Atlanticum dicitur, & Oceanus, à quo ipsi circumluimur.

DE VRO.

In sylua Hercynia nascuntur, qui appellãtur uri. Ii sunt magnitudine paulo infra elephantos, specie & colore & figura tauri: magna uis est eorum, & magna uelocitas: neq; homini, neq; feræ, quam conspexerunt, parcunt. Hos studiose foueis captos interficiunt. Hoc se labore durant adolescentes, atq; hoc genere uenationis exercent: & qui plurimos ex his in- 60 terfecerunt, relatis in publicum cornibus, quę sint testimonio, magnam ferunt laudẽ. Sed assuescere ad homines, & mansuefieri, ne paruuli quidem excepti possunt. Amplitudo cornuum, & figura, & species multum à nostrorum boum cornibus differt. Hæc studiose conquisita ab labris argento circunclúdunt, atq; in amplissimis epulis pro poculis utuntur, Cæsar libro 6. belli Gall. Paucissima Scythia gignit inopia fruticum: pauca contermina illi Germania, insignia tamen boum ferorum genera, iubatos bisontes, excellentiq; & ui & uelocitate uros, quibus imperitum uulgus bubalorum nomen imponit, cum id gignat Africa uituli potius cerui ue quadam similitudine, Plinius. Vrorum cornibus barbari Septentrionales potant, urnasq; binas capitis unius cornua implent. Alijs præfixa his pila cuspidant. Apud nos in laminas secta translucent, atq; etiam lumen inclusum latius fundunt, multasq; alias ad delicias conferuntur, nunc tincta, nunc sublita, nunc quæ cerostrota picturæ genere dicuntur, Plinius. (Ego cochlearia tum nigra, tum rubra, & alia quædam uidi, quæ ex bubalorum cornibus facta aiebant.) Istis quos uros dicimus, taurina cornua in tantum modum protenduntur, ut dempta ob insignem capacitatem inter regias mensas potuum gerula fiant, Solinus. Vros & bisontes Græci in experimentis non habuerunt, quanquam boue fero refertis Indiæ syluis: portione tamen eadem omnia ex his efficaciora (quàm ex bubus domesticis) credi par est, Plin. Tibi dant uariæ pectora tigres, Tibi uillosi terga bisontes, Latisq; feri cornibus uri, Seneca in Hippolyto. Et alibi in eadem tragœdia, Amat insani Bellua ponti, luciq; boues: Hic quidam lucos boues, syluestres exponit, ut sunt uri aut bisontes: ego pro elephantis potius acceperim. In carmine illo apud Martialem, Illi cessit atrox bubalus, atq; bison, bubalum pro uro exponunt ex Plinij uerbis proxime recitatis. Vergilius libro 2. Georgicorum, de uitium cultura, Texendæ sæpes etiam, & pecus omne tenendum: Præcipue cum frons tenera, imprudensq; laborum, Cui super indignas hyemes, Solemq; potentem, Syluestres uri assidue, capreæq; sequaces Illudunt, &c. Syluestres uri (inquit Seruius) boues agrestes sunt, qui in Pyrenæo nascuntur monte, posito inter Gallias & Hispanias: Sunt autem exceptis elephantis, maiores cæteris animalibus, dicti uri ἀπὸ τῶν ὀρῶν, id est à montibus, quod Isidorus etiam scribit. Idem libro 3. Georg. de pestilentia boum, Tempore non alio, dicũt, regionibus illis Quæsitas ad sacra boues Iunonis: & uris Imparibus ductos alta ad donaria currus. Hæc poëtæ uerba interpretes referunt ad historiam Cleobis & Bitonis, quæ ab Herodoto narratur lib. 1. & à Cicerone libro 1. Tusculanarum: Vide supra in Boue H. h. Exponunt autem hîc quoq; uros, boues syluestres: ego potius pro quibusuis magnis & egregijs bobus acceperim hoc in loco, ut tauri nomen etiam usurpatur: & Acheloi pro qualibet aqua. In Græcorum enim scriptis Argiuæ Iunoni, de qua hîc mentio, simpliciter boues albos, sacros fuisse legimus: uide Palæphatum cap. ultimo de Iunone. Vergilius peregrina uerba non respuit, ut in illo, Syluestres uri assiduè. Vri enim Gallica uox est, quâ feri boues significantur, Cæcinna Saturnal. Macrobij libro 6. Cæterum uri uocabulum in Gallica lingua, quæ hodie sic uocatur, nusquam inuenio: in nostra uerò retinetur, nusquam tamen simplex, sed in compositione semper, pro syluestri aut ueteri aut principali: dicimus enim **vrochß** urum bouem, quem Sueui & Bauari & alij quidam Germani u nostrum in au mutare soliti, **auwerochß** appellant: & propter similem uocis mugitum auem quandam ardearum generis aliqui **vrrind**, alij **moßkũ** nuncupant. Sic **vrhan** quasi gallum urum, id est syluestrem dicimus: pro ueteri autem uel principali, ut in nominibus **vralt/ vrãne/ vrſprung/ vrſach/ vrhab**: & uideri potest **vr** in hoc sensu factum per syncopem à præpositione **vor**. Apud Moschouitas frequentes sunt **auwerochſen**, id est boues syluestres, quos aliqui uros, alij bisontes interpretantur: sed supra docui uros Germanice dici **grosse vrſent**, id est bisontes: uel **grosse wilde büffel**, id est bubalos syluestres magnos: ubi etiam Alberti Magni uerbis ostendi, in illorũ præcipue cornibus (quæ maxima altissimaq; sint) singulas quotannis rugas adnasci. Erasmus Stella in libro de origine Brussorum, Bufelus (inquit) quadrupes, habet barbam ueluti capra, similis alioqui boui per omnia, & est in Brussia quidem ferocissimus. Caligula Cæsar hos primus Romæ exhibuit in theatro, quos populus putauit esse tauros syluestres. Sunt qui scribant boues syluestres Germanicè dictos **auwerochſen** in Prussia nasci, similes ferè mansuetis, nisi quod breuiora eis cornua sint, & barbæ sub ore prolixæ: Hos perquam atroces esse, non homini nõ feris parcere: & si à uenatoribus, qui inter arbores se continent, telis & iaculis petãtur, adeò exardescere & efferari ubi se cruentos uident, nec ulcisci se posse hostem, ut crebro in ipsas arbores impetu se ipsi conficiant. Addunt, ea magnitudine esse, ut cornuum interuallũ duos sedentes recipiat, Munsterus libro 3. Geographiæ suæ in descriptione Prussiæ. Dubitet autem aliquis ad urum ne an bisontem descriptũ his uerbis bouem potius referat. Vri enim magnitudo uidetur, & nomen Germanicum: cornuum uero breuitas, & barba, bisontis. Nam hominem & animalia omnia inuadere, plerisq; omnibus syluestribus bubus commune est. Barbatum uero esse bisontẽ conijcio ex Oppiano, qui χαίτην ei attribuit, non solum circa ceruicem, sed etiam ἀμφ᾽ ἀπαλοῖσι γενείοις. Et Pausanias boues Pæonicos circa pectus & γένυν maxime pilosos facit: bisontes autem ex Pæonicorum boum genere esse alibi dixerat. Ego certe suspicor, quoniam ex diuersis aduenis percunctari solemus, alium de alio, quem ipse uiderit uel audiuerit, syluestri boue respondere, & ita in unum animal congeri quod diuersorum est.

¶ Vrum Illyrica lingua audio uocari zubr uel zubronem: Eliota Anglus uros sua lingua exponit bugles uel buffes, tanquam hoc nomen à bubalo diuersum sit, quem alibi a bugill interpretatur. In Angermannia ducatu Europæ maxime Septentrionali & cõfini Laponiæ, in præcipuis feris per syluas uros & bisontes uenantur, quos patria lingua dicunt elg, id est asinos syluestres, tantæ proceritatis ut summo dorso æquent mensurã hominis porrecti in brachia elata, Iac. Ziegler. in Schondia sua.

sua. Tur uel thuronem Polonis nominari bouem syluestrem domestico maiorem, minorem uro, etiam supra monui. ¶ Zubrones, ut fertur, boum sunt generis, longitudine aliquando quindecim cubitorum: Cornibus maximis, trium cubitorum longitudine, colore subnigris: tanta uelocitate, ut (cum impetu) reiectam alui proluuiem conuersum (retroactum) animal cornibus quandoque excipiat, antequam in terram cadat: (addunt quidam, & cornibus exceptam longius proijciat in canes.) In syluis maxime septentrionalibus degit, tanto robore ut equum cum equite (hominem & equum) cornibus in altum proijciat, iterumque excipiat donec enecauerit. Capi aliter non potest quàm foueis, aut uenatore circa crassissimi trunci arborem circumeunte, & ferae infestantis latera interim uenabulo perforantis. Alui excrementum tanto cum flatu eiaculatur, ut insequentem canem aut uenatorem inquinatum inutilē reddat, uel ut alij, excaecet: (quod item de bonaso Aristoteles scribit, sed adurere addit, & cornua eius pugnae inepta facit,) Hęc Albertus circa finem libri 22. parenthesin meis uerbis inserui. Ibidem paulo superius, Vrni (inquit: sic scribitur pro uri) sunt boues quos Germanice **visent** (aliâs **wisent**) uocamus: cornua ingentia duo gestant copiosi liquoris capacia: proinde nonnulli pro poculis utuntur. His iracundi hominem cum equo uentilant. Vide plura in Bisonte supra.

¶ Alba Russia siue Moscouia, qua iungitur Lithuaniae, uros in Hercynia sylua producit, Antonius Vuied in tabula Moscouiae. Alibi etiam legimus in Lithuania multos esse uros, qui hominem cataphractum etiam facile cornibus sublimem rapiant. Isidorus arbores & armatos milites cornibus eos eleuare scribit. Ioannes Boëmus urum in Polonia reperiri, author quidam obscurus in Boëmia. Ego Moguntiae & Vuormaciae, Germaniae ad Rhenum ciuitatibus, ingentia boum syluestrium capita, duplo (ut mihi uidebantur) domesticis maiora, cum reliquijs quibusdam cornuum, aedificijs publicis affixa (ante saecula aliquot, ut fertur) olim cum admiratione inspexi. Vrum aiunt quidam iuxta armos altiorem esse, parte posteriore magis depressum, pilis subnigris. Ex corijs urorum apud Polonos fiunt cingula cum ipso pilo, qui nigerrimus est (ut ex nobili Polono audiui:) & commendantur tanquam morborum quorundam amuleta, ornant ea nobiles auro & argento.

¶ RHIZES uocantur, ut author est Iphicrates, belluae forma tauris persimiles, uita uero & magnitudine, pugnandi uiribus, elephantes referunt. Nascuntur apud Hesperios Aethiopes, Strabo libro 17. Hi fortassis rhinocerotes sunt, qui & tauri Aethiopici appellantur, magnitudine etiam & uiribus elephantis similes: sed praestat diuersos credere, quoniam rhinocerotum libro 16. seorsim meminit Strabo, uisum à se describens.

DE CACO.

CACVM recentiores quidam inepte animalibus adnumerauerunt, occasione sumpta ex Aeneidos Vergilianae libro 8. ubi poëta sic canit:

Hic spelunca fuit uasto submota recessu Semihominis Caci: facies quam dira tegebat
Solis inaccensam radijs, semperque recenti Cęde tepebat humus: foribusque affixa superbis
Ora uirûm tristi pendebant pallida tabo. Huic monstro Vulcanus erat pater, illius atros
Ore uomens ignes, magna se mole ferebat, &c. Et paulo post de cadauere è spelunca extracti Caci, Nequeunt expleri corda tuendo, Terribiles oculos, uultum, uillosaque setis
Pectora semiferi, atque extinctos faucibus ignes, Grammatici aiunt hunc Cacum Latium undique latrocinijs & incendijs infestasse: demum Herculis quoque ex Hispania, occiso Geryone redeuntis & apud Euandrum hospitantis, boues noctu cauda traxisse in antrum suum. Has cum mane diminutas cerneret Hercules, nec quorsum errassent scire posset, forte fortuna ad hoc antrum peruenit: sed cum uestigia omnia foras uersa uideret, cum reliquis abijt. Abeuntibus autem caeteris, occlusae boues aliarum desiderio mugierunt. Hercules igitur audito mugitu, Caci fraudem cognouit, raptaque claua iratus recurrit: sed Cacus spelunca fretus in eadem se abscondit, clausis foribus ingēti saxo. Quod Hercules uidens, ad montis cacumen tendit, & ad extremū deiecta maxima montis parte, in antrū desiliens, Cacū strangulauit, bouesque suas recepit. Sunt qui affirmēt hunc Cacū Euādri fuisse seruū, qui in eo loco Italiae omnia latrocinio & incēdio uastauerit, & ob id Vulcani filiū appellatū. Ouid. fabulatur illū tricipitē fuisse cū inquit, Męnalio iacuit fusus tria tempora ramo Cacus, &c. Veritas tamē secundū philologos & historicos hoc habet, Hūc fuisse Euādri nequissimū seruū ac furē. Nouimus aūt malū à Graecis κακὸν dici, quem ita illo tempore Arcades appellabant: postea translato accentu Cacus dictus est, ut Ἑλένη Helena. Ignem autem dictus est uomere, quod agros igne populabatur. Hunc soror sua eiusdem nominis prodidit: unde etiam sacrum meruit, in quo ei per uirgines Vestae sacrificabatur, Haec Seruius enarrans iam citatum Vergilij locum. In huius rei memoriam Petitij & Pinarij Herculis sacrificuli Romae constituti sunt, uide Macrobium Saturn. 3. cap. 6. Alberti Magni & imitatorum eius nugas de Caco, tanquam fera naturali, ualde ridiculas praetereo. Similis ferè huic est alcida fera fabulosa, quam ex terra natam, insuperabilem pugna, plurimū ignis ore uomuisse, & Phrygiā (quę inde nomen exustę retinuit) combussisse ferunt, demum à Minerua occisam esse, ut supra ex Diodoro Siculo recitaui.

DE CALOPODE, SI QVAE EST, A RECENTIORIBVS BARBARIS MEMORATA FERA.

CALOPVS apud Albertum Magnum, & eius imitatores, uel analopos, uel antaplon, uel aptalos (ut nominum corruptorum nullus est modus) animal est acutis, longis & serratis cornibus, quibus etiam arbores, licet magnas & altas, secare fertur: sępius autem dum rami & uirgulta cornibus adactis cedunt, eis inuoluitur, retineturq; unde fit ut uoce & clamore se prodat uenatoribus. In Syria iuxta Euphratem inuenitur, cuius aquæ potu propter frigiditatem gaudet, astutum & mira uelocitate, ut uenatores facile effugiat. Hæc ferè Albertus authorē citans nescio quem Iorach, à quo tamen sæpius tanquam parum probatæ fidei dissentit. Alij antaplō suum capreolo similem faciūt, corpore fœtido, cui bina peracuta & falcata cornua sint: quibus post potum ex Euphrate alacrior tanquam ludendo, arbores (uel, ut alij, frutices & dumeta) secare soleat: esse autem genus quoddam fruticis, longis, tenuibus, lentisq; uirgis seu uiminibus, quæ cum resecare conatur, implicari inuoluiq; eius cornua: & ita ex uoce, quam indignabundus emittit, à uenatoribus deprehensum occidi. ¶ Ego apud ueteres & idoneos authores neq; hanc feram, neq; similem ei ullam reperio, præter unum locum circa finem epistolæ Alexandri Magni ad Aristotelem de mirabilibus Indiæ, cuius translationem inscriptio Cornelio Nepoti tribuit: In illa statim post Gangis & Euphratis riparum mentionem, sic legimus: Euri uenti flatus secuti incidimus in malignas feras, de quarum capitibus uelut gladij à uertice acuta serrataq; eminebant ossa. Et hæ arietino more aduersus homines currebant: Tum inuictæ plurimorum militum clypeos cornu suo transuerberabant. Quarum occisis ad modum octo millibus quadringentis quinquaginta, sic inde ad Porum exercitus meus cum summo tandem labore ac periculo meo peruenit. Hic proculdubio illorum calopus siue analopos est.

DE CAMELOPARDALI.

AMELOPARDALIN sacræ literæ uocant זמר zamer, Deuteron. 14. ubi Chaldaica translatio habet דיבא deba, Arabica זראפה saraphah, Persica זרפה seraphah, Septuaginta καμηλοπάρδαλιν, Hieronymus camelopardum. Dauid Kimhi præterea testatur Rabi Ionā scribere, zamer animal Arabice uocari narapha. In tanto igitur ueterum intepretum consensu, nihil mouebunt nos recentiores, siue Iudæi (qui merito magna rerum omnium inscitia laborant) siue alij, qui rupicaprā aut alcen Ebraicam uocem zamer exponunt. Alces enim Syriæ peregrinæ sunt, rupicapræ uerò aliud Ebraicum nomen habens, ut suo loco dicemus. Numeratur autem zamer inter animalia cibo hominum concessa: nec obstat quod camelopardalin nusquam in cibum uenisse legerimus: raritas enim & peregrinitas facit ut cibo eā nemo experiatur. Camelopardalin Aethiopes nabin uocant, à qua uoce recentiores fortassis Albertus & alij, anabulam suā detorserunt: sæpe enim in Arabicis dictionibus a uel ha prima syllaba articuli ratione abundat. Pausanias camelum Indicam uocat. Reliquæ gentes, quod sciam, omnes non alia quàm Arabica

Arabica uoce serapham appellant, sed alij aliter scribunt gyrapham, giraffam, zirafam: Albertus eiusq́ simiæ, oraflum & orasium dicere ausi sunt. Hieronymus, si illius est translatio uetus Biblica quam habemus, & recentiores quidam indocte camelopardum pro camelopardali efferunt. Fuerunt sub Gordiano Romæ elephanti 32. &c. camelopardali 10. & cætera huiusmodi animalia innumera & diuersa, quæ omnia Philippus ludis secularibus uel dedit uel occidit, Iulius Capitolinus: camelopardalum dixit masculino genere, inflexione secunda (nisi uitium librariorum est) cum authores reliqui omnes, Græcos imitati, in fœminino genere & inflexione tertia tantum protulerint. Politianus chamelum & chamelopardalin per ch. scribit, antiquo more fortassis qui chenturionem pro centurione dicebant. Latinè etiam ouis fera dici potest, ut ex Plinio patet: Perottus in Plinio ouem simpliciter legit, feræ nomen omittit: codices quidam ferè aduerbium habent, id accipi posset pro plerunq; uel apud multos camelopardalin ouem uocari. ¶ Camelorum aliqua similitudo in duo transfertur animalia: Nabim Aethiopes uocant, collo similem equo, pedibus & cruribus boui (uel ceruo, Albertus) camelo capite, albis maculis rutilum colorem distinguentibus: Vnde appellata camelopardalis, dictatoris Cęsaris Circensibus ludis primũ uisa Romæ. Ex eo subinde cernitur, aspectu magis quàm feritate conspicua: quare etiam ouis feræ nomen inuenit, Plinius 8. 18. Alias oues feras, quibus corporis & cornuum species id nomen dedit, suo dicemus loco: nam camelopardalis præter placidos & mansuetos mores nihil cum ouibus commune habet. In Lexico trilingui Sebastiani Munsteri inuenio אנב ana pro oue poni, Chaldaicam uocem existimo: inde potius anabula hoc animal quibusdam dictum uidetur, quàm à nabi cum articulo, ut superius diuinabam. Quod si anabara uel anabura diceretur potius quàm anabula, ouis feræ nomen ex integris duobus uocabulis Chaldaicis haberemus compositum: sed balah etiam uidetur syluestre significare: nam turebalah bouem syluestrem Chaldæi uocitant, ut supra annotaui. Albertus Magnus apud Plinium non nabim sed anabulam legit: & codices quidam Pliniani nabuna habent, ut Isidorus etiam legit: quanquam antiquior lectio sit nabin, quæ apud Solinum quoq; extat cap. 33. teste Hermolao per n. in fine. Strabo libro 16. camelopardalin βόσκημα esse scribit, id est pecudem uel ouem, οὐ θηρίον, id est non feram, quod ingenij feri non sit. Hac ratione in Plinio legendum, ouis, non feræ: ut post ouis distinguatur, & fera accipiatur substantiue. Porrò Plinij uerba hæc camelorum aliqua similitudo in duo transfertur animalia, cum solius camelopardalis, cui cameli similitudo conueniat, mentio subiungatur, obscura sunt: Præter camelopardalin quidem struthiocamelum auem scimus à similitudine cameli dictam, sed nulla hic eius mentio, fortassis de equo & boue Plinius intelligi uoluit: huic enim cruribus, illi collo similis est. Camelopardi nascuntur ex his duobus, à quibus nomen habent: camelis minores & breuiores collo: capite, oculis, colore, pilis, pardi similes: Vngulæ fissura eadem quæ cameli, cauda longa ut pardi, Diodorus libro 3. Biblioth. interprete Pogio. Græcum exemplar inspiciendum est, pardum ne an pardalin habeat: Quod ad caudam, Oppianus paruam ei tribuit ut mox subijciam.

¶ Oppianus libro 3. de Venatione, camelopardalin (καμήλου αἰόλον εἶδος, φαίδιμον, ἱμερόεν, πθασόν γένος) ualde miratur: & eius descriptionem accuratam instituit: quam nos ita conuertimus: Camelopardalin mixtam ex pardali & camelo naturam habet. Corpus ei uarium, στικτόν: collum oblongum, aures exiguæ: caput etiam paruum, (ψιλόν:) pedes longi, uestigia (ταρσὰ) lata, sed crurum & pedum inæqualis mensura est, maior (altior) multo prioribus, minor posterioribus, qui humiles & ὀκλάζουσιν, id est ad terram se submittentibus similes sunt. A medio capite iuxta aures utrinq; in temporibus binæ eminentiæ seu tubera, ueluti cornua exilia (ἀβληχρὰ κέραια) rectà procedunt. Os ei mediocre (ἄρκιον) & tenerum ut cerui: dentes parui & albi utrinq;: oculi splendidi, cauda parua ut uelocibus capreolis (δορκαλίδεσσι, ceruis, Gillius) & nigris in extremitate pilis hirsuta. ¶ Heliodorus libro 10. Aethiopicæ historiæ camelopardalin elegantissimè depingit, nos ita conuertimus: Axiomitarum legati Hydaspi regi Aethiopum inter cætera peregrinum & mirabilis naturæ animal donabant: cui proceritas & altitudo cameli erat: pellis color floridis uarius maculis, φολίσι: partes posteriores & infra ilia, humiles & leoninæ formæ: anteriores uero circa armos & pectus, & pedes priores, altiores multò quàm pro cæterarum partium portione. Collum gracile, & licet à reliquo corpore crasso procedens, ad canini (εἰς κύνειον φάρυγγα, ut habent libri impressi: Politianus legit κύκνειον, quod præfero) uel olorini potius gutturis modum desinebat. Caput forma quidem cameli (Politianus hæc non rectè legit) magnitudine uero paulo maiori quàm dupla ad struthiocameli caput. Oculis tanquã pictis ὀφθαλμοὺς ὑπογεγραμμένους βλοσυρῶς σοβοῦσα. (Politianus uertit, subscriptosq; uelut oculos toruè motans connitebat.) Incessus longe alius quàm animaliũ ulli uel terrestri uel aquatico: neq; enim crura dextra & sinistra uicibus mouebat alternis, sed alterutra simul: ut dextra pariter ambo, inde sinistra (ζυγηδόν, id est iunctim: sic enim legendum, & statim ὑπεραιωρουμένη πλευρᾶ) ita ut utrunq; latus cum suis pedibus simul totum loco moueretur. Trahenti autem regentiq; magistro tam facile & mansuetum se dabat, ut tenui funiculo capiti circumuoluto, pro illius arbitrio quo modo & quocũq; uellet ageretur, non minus ac si robustissimo uinculo ductũ fuisset, Hæc Heliodorus: ex quo transtulerunt hunc locum, Angelus Politianus Miscellaneis, & Petrus Gyllius cum Aeliano suo, utriq; in suis translationibus reprehendẽdi. Dion Prusensis Romanæ historiæ lib. 43. Cæsarem hanc primo populo Romano spectandam dedisse commemorat: & addit, ex cęteris quidem partibus camelum uideri: crura uero dispария habere, nam posteriora prioribus breuiora sunt, ut à clunibus, quasi conscensio-

O 3

nis gradus,eius excelſitas leuiter attollatur,corpusq; reliquũ excelſum prioribus cruribus ſuſtinea. tur.Colore ſimiliter maculoſo ut panthera diſtinguitur. Apud Heſperios Aethiopes tum aliæ feræ tum camelopardales gignuntur,Strabo libro 17.item libro 16.In ijs locis(inquit, circa mare rubrum puto) Camelopardales naſcuntur, nullam cum pardali ſimilitudinem habentes.Coloris enim uarie. tate hinnulo ſimillima eſt,uirgatis pilis diſtincto : poſteriora quoq; humiliora ſunt anterioribus, ut à cauda ſedere uideatur,ad bouis altitudinem. Anteriora uero crura à cameli cruribus non ſuperan. tur,collum rectum eſt,& in altum auectum, uerticem paulo ſublimiorē camelo habet, unde propter hanc incommenſurationem,nec tantam celeritatem habere eam puto,quantam dixit Artemidorus, qui eam excellentem facit. At nec fera eſt, θηρίον : ſed pecus,βόσκημα. Camelos Indicas colore ſimiles pardalibus Pauſanias in ſpectaculis Romanorum ſibi uiſas ſcribit in Bœoticis: ego non alias quàm camelopardales intelligo. ¶ Gyrapham, id eſt camelopardalin Laurentio Medici à Sultano Aegy. ptio donatam,Italia longo poſt uidit tempore, Egnatius. Hoc animal paucis ante annis in Hetruria uidimus,quod à rege Tunis ex Africa Laurentio Medici dono miſſum fuerat,Raph. Volaterranus. Diuerſum confuſa genus panthera camelo, Horatius in epiſtola ad Auguſtum: quã enim uocamus pantheram,Græci pardalin. M. Varro in libro de lingua Latina ad Ciceronem, Camelus (inquit) ſuo nomine Syriaco,in Latium uenit, ut Alexandrea camelopardalis nuper adducta, quod erat fi. gura ut camelus,maculis ut panthera. Camelopardalin Laurẽtio Medici miſſam mirati ſumus habe. re cornicula,quanquam mas erat, quoniam de his nihil hactenus in ueteribus memorijs legeramus, donec Heliodori ſuper hac re uerba legimus.Centum Gordiani principis ludis exhibitas feras oues accepimus, auctore Capitolino:Politianus, Videtur autem feras oues camelopardales exponere: de quo ut dubitem facit partim ipſe Capitolinus qui alio loco camelopardalos decem ſub Gordiano Ro mæ fuiſſe ſcribit:partim quoniam alias oues feras nouimus, de quibus aliás. ¶ Oraſius anteriori parte altus, ualde eminet, ita ut extenſo capite uiginti cubitorum altitudinem poſſit attingere.In po. ſteriori uero parte demiſſus eſt inſtar cerui. Collum habet extenſum, caput equinum, licet minus: pedes & caudam ut ceruus: pellem uero ſic omni colorum genere diuerſimodè uariatam, ut homo fruſtra tentet artificio naturalem eius pulchritudinem imitari. Hoc animal noſtris tempori. bus à Soldano Babyloniorum tranſmiſſum eſt imperatori Friderico Romanorum auguſto, Hæc Iſi. dorus: ex quo etiam Albertus Magnus deſcripſit: ſed addit præterea, quod licet multis coloribus in. ſignis ſit oraflus(ſic legitur)album tamen & rubeum frequentiores habeat: & cum ſe ſpectantibus admirationi eſſe intelligit, huc illuc ſe uertere, & undiquaq; inſpiciendum præbere. Hoc animal(in. quit)temporibus noſtris uiſum eſt, & Arabice ſeraph uocatur: Alij quidam obſcuri authores anabu lam colore ualde rutilo, & pellem eius propter ornatum in magno pretio eſſe ſcribunt. Quidam in deſcriptione Terræ ſanctæ, ex qua etiam hanc imaginem mutuati ſumus, girapham capræ compa rat, & pellem eius in uentre piſcatorio reti, ob uirgulas nimirum cancellatim digeſtas. ¶ Florenti. nus in ſuis Georgicis ait Romæ ſe uidiſſe olim camelopardalim, quod animal in Antiochia ego etiam uidi ab India translatum, Author Geoponicorum Græcorum.

DE CAMELO.

A.

CAMELI nomen apud Ariſtotelem & ueteres abſolute poſitum, non ad Bactrianam ſolum quam hodie ſimpliciter camelum nuncupamus: ſed Arabicam etiam, quam Strabo came. lum dromadem, recentiores dromedarium uocant, extenditur. Cum camelos quinquagin ta annos uiuere percepi, tum Bactrianos ad centeſimum annum, Aelianus: ex quibus uer bis apparet, cameli nomen commune eſſe, neq; Bactrianis duntaxat, quibus geminum in dorſo gib. ber, proprium. Dicam igitur priore loco tum de camelo in genere, tum ſimul etiam de Bactriana: po ſteriore ſeorſim pauca de dromade, quoniam & figura dorſi præcipue differt, & cameli nomine a. pud recentiores non appellatur.

¶ Camelus Hebraicè גמל gamal, Deuteron.14. Chaldaicè גמלא gamela, Arabice גמל gemal, Per. ſice שתר ſchetor. Manifeſtum eſt ſanè linguas alias pleraſq; hanc uocem debere Hebraicæ. γαμάλη ca melus uocatur à Chaldæis, Heſychius & Varinns. Varro in libro de lingua Latina, Camelus inquit, ſuo nomine Syriaco in Latium uenit אחשתרנים achaſtranim, Eſther 8. Dauid Kimhi mulos interpre tatur, animalia magna & magni pretij ex equa & aſino: Septuaginta prætermittunt: Hieronymus ue redarios: aliqui teſte Abrahamo Eſra פרדים peradim, id eſt mulos. R. Salomon ex camelis celeriter currentibus. בכרה bikra fœmininum: Eſaiæ 60. bikre plurale maſculinum reperitur: ubi ab Hiero. nymo uertitur, dromedarij Madian: à Septuaginta ἀγέλαι καμήλων, id eſt greges camelorum: à Kimhi, cameli parui, (ſunt autem dromades camelis cæteris minores:) Chaldaicè, חוגנין hogenain, id eſt dro medarij. Rurſus uocem בכרה Kimhi camelum paruam interpretatur, Hieronymus capream: ab A. quila Symmacho & Theodotione δρομεὺς redditur, id eſt curſor, pro dromade uel dromedario nimi. rum: à Septuaginta ὀψὲ, id eſt ſero. Nobis ex Theodori Bibliandri ſententia camelus dromas fœmina uidetur. כרכרות kirkarot, Eſaiæ 66. Chaldaicè כודנון kudanuuan, quod Iudæi mulos interpretan. tur,

tur, item Septuaginta. Abraham Esra genus camelorum excellens: R. Salomon camelos aut alia animalia uelocissima: Eodem modo Kimhi explicat in libro radicum. Sed magis congruit interpretatio nostrorum hominum, ut currus aut carrucas intelligamus. Nam Hieronymus & Symmachus carrucas uerterunt, alij uoce consona φορεῖα: Septuaginta σκιαδίων, quæ Hieronymus umbracula & basternas interpretatur, & dormitoria. ¶ His sub iungam nomina quæ reperio in libris medicorum ex Arabica lingua, quanquam corrupta quædam ex illis & ineptè scripta uideantur. Gemel, camelus est, inde baul gemel, id est urina cameli, Syluaticus: Antiqua expositio uocabulorum Auicennæ zemel habet per z. Camelus alnegib, id est qui pascitur in locis syluestribus: secundum alios uero est camelus ualde uelox gressu & cursu suo, quem Latini dromedarium appellant, Andreas Bellunensis in Auicennam, in Camelo & in Alnegib. In Pandectis Syluatici legitur anegibus (corruptè pro al negib) id est camelus. Alhauar, camelus, Andreas Bell. Algiazar, id est camelorum, Idem. Ebenars, camelus, Syluaticus. Astergar seu astergazi quid sit, inter authores Arabes non conuenit. Legitur enim in libro Benagi Albian quod sit radix aniuden (id est silphij:) & in libello de simplicibus Alchuin, astergar esse uocabulum Persicum: quoniam astir (nos שתר schetor supra scripsimus ex Persica translatione in Deuteronomion) Persice idem sit quod camelus, & gar spina, ut astergar sit spina camelorum: Alij corticem radicis aniuden exponunt, Andreas Bell. Bartolemæus Georgieuitz camelum Saracenice shymel uocari scribit, quæ uox accedit ad zemel supra dictam, ea rursus ad gemel. ¶ Camelus Italice & Hispanice camello, Gallice chameau, Germanice **Kämelthier**, Anglice camel, Illyrice Vuelblud.

B.

Camelos inter armenta pascit Oriens, quorum duo genera, Bactriani & Arabici: differunt, quod illi bina habent tubera in dorso, hi singula: & in pectore alterum cui incumbant, Plin. Camelus proprium inter cæteras quadrupedes habet in dorso, quod tuber appellant: sed ita, ut Bactrianæ ab Arabijs differant. Alteris enim bina, alteris singula tubera habentur. Sunt etiam omnibus singula parte ima, quale in dorso, tubera, quibus incumbat reliquum corpus, & firmetur, quoties in genua inclinantur, Aristoteles interprete Gaza. Græca uerba, Διαφέρουσι δ' αἱ βάκτριαι τῶν ἀραβίων, αἱ μὲν γὰρ δύο ἔχουσιν ὕβους, αἱ δ' ἕνα μόνον, Plinius multò clarius quàm Gaza reddidit, ut non dubium sit quin Bactrianis duo dorsi tubera, Arabicis unicum sit: nam ut ille pronomen Latinis ad remotius, hic ad proximius refertur: sic Græcis ὁ μὲν & ὁ δέ. Hæc differentia ex Gazæ translatione certa haberi non potest. Impulit eum fortassis Solinus, ut de industria ambiguè uerteret. Is enim errore manifesto contra quàm debuit, Arabicis tubera duo, Bactrianis unum attribuit, his uerbis cap. 51. Bactri (inquit) camelos fortissimos mittunt, licet & Arabia plurimos gignat. Verum hoc differunt, quod Arabici bina tubera in dorso habent, singula Bactriani. Errat etiam Sipontinus qui Bactrias camelos, quibus bina tubera, uulgo dromedarios uocari scribit. Albertus magnus in distinguendo à dromade camelum mecũ sentit. Quod autem res contra se habeat, quàm Solinus scribit, facile Didymi etiam testimonio comprobauerim. Is enim Bactrianam camelum in ijs montibus, qui ad Indicam pertinent, concipere ex apris (συάγρων) simul pascentibus, profitetur. Natus autem ex sue (τοῦ συὸς) & camelo fœmina camelus duplici gibbo est. Verum quemadmodum in equis & asinis plurimas notas patris fert mulus: sic camelus ortus ex semine suis tanquam indicium, uirtutis robur, pilorumq́ue densitudinem contrahit. Nec in luto ẽm facile camelus talis dilabit̃, sed erigitur statim suis uiribus, ponderisq́ue fert duplũ quàm cæteri. Vocant aũt ipsos, & meritò sanè Bactrianos, quod primo fuerint in Bactris orti, Hæc ex Geoponicis Græcis in fine libri 16. & mox de dromadibus seorsim. Vocat autem δίκυρτον illum cui duo sint tubera: pro qua uoce mẽdum est Bibliotheces tertio apud Diodorum: ubi ditili scriptum reperias pro dicyrti, Cælius. Vide an dityli forte legi possit, à tylo de quo paulo post. Arabia multa & diuersa camelorum præbet genera, tum pinguium tum macilentorum, quorum quidam ditili à gibbo duplici nominantur, &c. Diodorus interprete Pogio. Cameli in dorso tuber Græci uocant hybon, quanquam & eo nomine intelligitur collo qui est obtorto, Cælius. ¶ Boues Scythici similiter ut cameli eminenti dorso existunt: simul & cum dorso clitellæ imponuntur, perinde ut cameli genu flectunt, Aelianus. ¶ Boues in Syria nodos scapularum flectunt, ut cameli, Aristoteles. Bubus Indicis camelorum altitudo traditur, Plinius. Nabim Aethiopes uocant animal collo simile equo, camelo capite, &c. Plinius. ¶ Camelus inter bisulca maximum est, Aristoteles. Et alibi, Camelis opitulata est natura magnitudine corporis: sufficit enim hæc ad necem arcendam. Colorem habent cameli pullum atq; natiuum, ob id uulgo pullum colorem camelinum uocant, Sipontinus. Buber, id est lana cameli, And. Bell. τύλη, τῆς καμήλου ἀπὸ τῆς ῥάχεως τὸ ἄκρον δέρμα, id est suprema (dorsi) cutis post collũ, Hesychius & Varinus: forte quia callosa sit: proprie enim tyli dicũtur, inquit Hesychius, callosæ partes animalium dossuariorum circa humeros, uel scapulas, ex frequenti affrictu nimirum & compressione præter naturam. Potest tamen tylos etiam secundum naturam dici, ut apud Nicandrum caro protuberans, circum oculos anguium: inde τύλωμα Grammatici etiam tuber exponunt, & inferiorem pedis partem. Protagoras primus quam nuncupant τύλην, in qua onera portant, inuenit, Laërtius libro 9. Nihil igitur obstat quin apud Diodorum legamus δίτυλον, idq́ue elegantius meo iudicio, quàm δίκυρτον, pro camelo cui geminum tuber. ¶ Cameli non sunt utrinq; dentati, quamuis cornibus careant: cuius rei causam reddit Aristoteles libro 3. de partibus animalium, cap. 14. Camelus

una

una ex iis quæ non sunt cornigera, in superiori maxilla primores non habent dentes, Plinius. Et alibi, Dentium (inquit) superiore ordine carent in utroque genere, id est tum Bactrianæ tum Arabiæ. Cameli adiuuantur proceritate collorum, Cicero de Nat. Anhat, id est locus qui est in inferiori parte gulæ, Latinè sonat uulneratio cum lancea: eò quod camelus ibi cum lancea percussus, citius quàm ullo alio uulnere moritur, Syluaticus. Cameli uenter cur multiplex sit, declarat Aristoteles libro 3. de partib. cap. 14. Desenem, adeps zirbi, id est omenti cameli, Syluaticus. Camelus fel non discretum, sed uenulis quibusdam confusum habet, Aristot. lib. 4. cap. 2. Et paulo post, Camelus quia felle caret, diu uiuit. Plinius etiam camelos felle carere scribit. In uentre (uel ut alibi, inter femora) mammas duas cum papillis quatuor habet, modo uaccæ, Arist. Genitale camelis neruosum est, Arist.
10 Et alibi, Neruo (inquit) ita constat, ut uel ex eo confici possit (neruus) quo arcus fidissimè intendatur. Capreæ, κάπρεαι, sunt in natura cameli prominentes carnes, Cælius: nos clarius ex Suida dicemus mox capite 5. ubi de castratione cameli. Caudam habet camelus asino similem, genitale retro, Arist. Genua singula in singulis cruribus sunt, & flexus artuum, non ut quidam perhibent plures: sed propter alui interuallum plures esse uidentur. Habet etiam talum similem bubulo: clunes proportione magnitudinis paruos. Bisulcum id animal est, nec utrinque dentatum. Sed bisulcum sic est, ut pes parte superiore scissus paululum sit ad flexum digiti secundum: parte autem priore summa, quadriparti to findatur discrimine paruo, quantum primotenus digiti inflexu, & quiddam inter fissuras, perinde ut in anserum pedibus adiectum contexat. Pes uestigio est carnosus, ut ursæ, qua de causa eas quæ per exercitum longiore itinere fatiscunt, calceant carbatinis, Aristoteles. Camelo tali similes bubu-
20 lis, sed minores paulo. Est enim bisulcus discrimine exiguo pes imus cameli, uestigio carnoso ut ursi, qua de causa in longiore itinere sine calciatu fatiscunt, Plinius. Coitus tota die est camelis solis ex omnibus quibus solida ungula, Plinius. Carbatinas calceamenti genus esse ex rudi uel recente corio bubulo supra docui in Boue cap. 5. Apud Varinum legimus etiam ἀραβύλας & ἀρβύλας, & ἄρμυλα secundum Cyprios, calceamentorum genera. Ἀναράβηλα, τὰ μὴ ὀξεσμένα, ἄρβηλα γὰρ τὰ δέρματα, Hesychius & Varinus. Ego ita potius legerim, Ἀναράβηλα, τὰ μὴ ὀξεσμένα δέρματα. ἄρβηλα γὰρ τὰ σμιλία. Nam ἀρβήλων alibi exponunt, σμιλίων σκυτικῶν περιφερές. Herodotus scribit camelum in posterioribus cruribus gerere quatuor femora, & totidem genua, Aelianus. Ego per genua articulos intelligo, per femora uero ossa quæ inter articulos recta habentur. Hæc autem terna esse in prioribus cruribus, in posterioribus quaterna, ipse dum hæc scriberem in dromade obseruaui. Pedes nunquam atterunt: sunt e-
30 nim illis reciprocis quibusdam pulmunculis uestigia carnulenta. Vnde & contraria est labes (id est lapsus uel lapsio) ambulantibus, nullo fauente præsidio ad nisum insistendi, Solinus. Auicenna author est camelos quosdam fissos habere pedes, alios uero equi instar solidos, Albertus. Camelus animal est deforme, collo & cruribus longis, Idem.

C.

Genus camelorum utrumque, Bactrianum dico atque Arabium, pedatim (τῷ σκέλει) incedit, cum pes sinister non transit dextrum sed subsequitur, Aristot. Omnia animalia à dextris partibus incedunt, sinistras incubant (id est sinistris interim innituntur:) Reliqua ut libitum est gradiuntur: leo tantum & camelus pedatim, hoc est ut sinister pes non transeat dextrum, sed subsequatur, Plinius. Apparet autem eum non intellexisse locum Aristotelis qui est libro 2. cap. 1. historiæ anim. de gressu ani-
40 malium: nam ubi Aristoteles dixit reliqua animalia κατὰ διάμετρον ingredi, quod fit cum statim post anteriorem dextrum pedem sinister posterior progreditur, & post anteriorem sinistrum dexter posterior: Plinius uertit, ut libitum est. ¶ Asesefeni, id est pastura camelorum, Antiqua expositio in Auicennam. Schœnuanthos aliqui pastum uel fœnum camelorum uocant: nam ubi nascitur, longe lateque omnia occupat, ita ut pascendi copiam abunde præbeat. Amant hordeum, cuius pabulũ subito glutiunt, & postea tota nocte ruminant: Si unus abstineat in stabulo, cæteri tanquam condolentes in stabulo simul abstinent, Albertus. Quædam præ sui corporis magnitudine, aut difficultate cibi non ad concoctionem idonei, sed spinosi & lignei, multiplicem habent uentrem, ut camelus. Et hæc quidem quanquam cornibus caret, ideo non superne dentata est, quod ei magis necessarium est uentrẽ talem habere, quàm dentes priores, &c. Ruminat etiam camelus more cornigerorum, quoniam uen-
50 tres similes cornigeris habeat, Aristot. Pastus columbarum & camelorum, est herba habens granũ simile grano myrti, qua pascuntur cameli, nec inde læduntur quicquam, cum sit uenenum uermibus, Syluaticus & Antiqua exp. in Auic. Astergar, id est spina camelorum, ut paulo ante dictum est cap. 1. Arabes Scenitæ pascua omnis generis pecorum, præsertim camelorum, optima habent, Strabo. Schœnuanthos quidam Arabice adcher appellant. ¶ Cameli & equi turbulentam & crassam aquam suauius bibunt, quippe quæ ne ex fluuio quidem prius hauriant, quàm pede inturbent. Possunt uel ad quatuor dies tolerare sine potu, mox bibunt quàm multum, Aristot. Sitim & quatriduo tolerant: implentur cum bibendi occasio est, & in præteritum & in futurum, obturbata conculcatione prius aqua: aliter potu non gaudent, Plinius. Didymus in Georgicis ait triduum integrum tolerare sitim camelum. Lutulẽtas aquas captant, puras refugiunt: denique nisi cœnosior liquor
60 fuerit, ipsi assidua conculcatione limum excitant, ut turbetur, Solinus. Bactrij minus infestantur siti, ideoque laboris patientiores sunt, Cælius. Irati strident horribiliter, Author obscurus. In auersum (ex auerso, ab auerso) mingit, & mas & fœmina: alioqui quadrupedum fœminæ omnes id faciunt, Arist.

Feruidum animal camelus est, proindeq; lasciuum: ex quo in Vespis Aristophanes festiuissimè, Phocarum (inquit) odorem habebant, lamiæ uerò testiculos illotos, cameli autem podicem. Coitus auersus elephantis, camelis, tigribus, &c. quibus auersa genitalia, Plinius & Solinus. Cameli sedente fœmina (τῆς θηλείας καθημένης) coëunt, nec auersi (οὐκ ἀντίπυγοι) sed complectente mare, ut cæteræ quadrupedes agunt, & coitum toto die exercent, Aristoteles. Errat igitur Plinius qui camelis auersum peragi coitum scribit, quod Hermolaus etiam in Castigationibus Plinianis obseruauit. Interim miror quî fiat quod auersæ non coëant more aliarum omniū quadrupedum, quæ genitale retro uertunt. Tempus coëundi in terra Arabia, mense Septembri. Incipit & mas & fœmina coire in trimatu: fœmina post partum uno interposito anno coit, Arist. A trimatu pariunt uere, iterumq; post annum implentur à partu, Plinius. Vere pariunt, Aristot. Petunt recessuum solitudines cum libet coire, nec aliquis eò potest tutò accedere, præterquam pastor armenti, Aristot. Coituri solitudines aut secreta certa petunt, neq; interuenire datur sine pernicie. Coitus tota die est tantum ijs ex omnibus, quibus solida ungula, Plinius. Genituræ cupidine efferantur adeò, ut sæuiant cum Venerem requirunt, Solinus. Camelus mas sæuit tempore coitus, siue homo, siue camelus accedat: nam equis quidem odio naturali aduersantur, Aristot. Massagetæ cum uxoribus in propatulo concumbunt, ut Herodotus scribit: at cameli coëundam Veneris societatem nunquam palàm inter se ducunt. Quod quidem facti'ne uerecundia an admirabili naturæ munere faciant, Democrito alijsq; disputandum relinquo. Cum autem inter eos coniunctionis appetitum pastor exoriri sentit, aliquò concedit, Aelianus. Nec matri nec sorori miscetur camelus, Didymus. Camelos in Admirabilium relatione tradit Aristoteles nunquam coisse cum matre. Obseruatum id & in nono Auicennæ libro, qui est de animalibus, Cælius. Camelus cum matre nunquam concumbit: Cuius rei exemplo est pastor quispiam, is cum fœminam quoad eius fieri poterat, exceptis genitalibus obtexisset, deindeq; filium matri sic opertæ admisisset hic ex latebris coitus appetitione falsus, matrem imprudēs superuenit suam, quod ubi intellexisset, camelarium scelerati coitus admissarium, & mordicus premens, & ad terram abiectum genibus affligens, cum summis doloribus interfecit, atq; seipsum præcipitem agens, uoluntariam mortem sibi consciuit. At inter homines Oedipum cum matre commisisse incestum, constat: & Telephum etiam commissurum fuisse, nisi eos diuino ductu draco diremisset, Aelianus ex Aristotelis de historia animalium lib. 9. cap. 47. Camelus uentrem fert menses duodecim, parit singulos, Aristot. & Plinius. Vniparum (sic legendum, non uiuiparum) nanq; est, Aristot. lib. 5. cap. 14. historiæ animal. Camelus fert uterū menses decē, Aristot. histor. anim. 6. 2. pro δέκα lege δώδεκα, ut loco iam citato: nam & Plinius ita legit. Separant prolem à parente anniculam, Aristot. ¶ Tenuissimum lac camelis, mox equabus, Plinius. Tertio loco asinæ, Aristot. Lac camelinum liquidissimum, tenuissimum ac minime pingue, licetq; plurimo sero abundet, tardius tamen secedere longa experientia compertū est. Cameli lac habent, donec iterum grauescant, Plin. Lac suum usq; eò seruant, quò iam conceperint, Aristo. Syluaticus aufa lac camelinum exponit. ¶ Camelus quia felle caret, diu uiuit, Aristoteles: Et alibi, Viuit diu, plus enim quàm quinquaginta annos. Et rursus alibi, Viuit magna pars camelorum annos triginta, sed multo plures nonnullæ: nam uel ad centesimum annum facultatem uiuendi protrahunt. Viuunt quinquagenis annis, quidam & centenis: utcūq; rabiem & ipsi sentiunt, Plinius. Durant in annos centum, nisi forte tralati in peregrina, insolentia mutati aëris morbos trahant, Solinus. ¶ Scabies cameli cedria curatur, Didymus. Rabiem & ipsi sentiunt aliquando, Aristot. & Plinius. Camelis accidit rabies & podagra, unde facile moriuntur: quamuis enim non amittant ungulas, dolent tamen uehementer cum per itinera dura & salebrosa incedunt, Albertus & alij recentiores. Camelos necare traditur in Babylonis regione gramen id, quod iuxta uias nascitur, Plinius. Iuba tradit cetaceo pingui & omnium piscium adipe, negociatores in Arabia camelos perungere, ut asilos ab his fugent odore, Plinius.

D.

Quantopere incestum cum matre fugiat camelus, paulo ante dixi. Odium aduersus equos gerunt naturale, testibus Aristotele & Plinio. ¶ Cum Xerxes per Pæonium agrum atque Crestonicum iter faceret super amnem Chidorum, leones impetum dederunt in camelos, qui commeatum portabant. Sub noctem enim relictis locis consuetis eò descenderunt: nulloq; alio neq; iumento neq; homine tacto, in camelos grassati sunt. Cuius rei causam admiror: quod leones quoties aliunde eis est quo indigent, abstinent ab inuadendis camelis, quod animal nunquam antea nec experti fuerant illic, nec uiderant. Sunt autem per ea loca leones multi, Herodotus libro 7. Onerandi cameli si uel modice à camelario super genua calce percutiantur, statim flexis cruribus se submittunt.

E.

Camelos inter armenta pascit Oriens, Plin. Omnes iumentorum in ijs terris (Bactris & Arabia) dorso funguntur: atq; etiā equitantur in prælijs. Velocitas inter equos (id est æqualis equorū uelocitati) sed sua cuiq; mensura, sicuti uires. Nec ultra assuetum procedit spatium, nec plus instituto onere recipit, Plinius. Sunt alij oneri ferendo accommodati, alij leues ad pernicitatem: sed nec illi ultra iustū pondera recipiunt, nec isti amplius quàm solita spatia uolunt egredi, Solinus. Currunt Cameli celerius quàm equi Nissani, propter laxiorē sui gradus glomerationē, Arist. Formicæ Indicæ Indos aurū ab ipsis congestum furantes, crebro lacerant, quamuis præuelocibus camelis fugientes, Plinius. Camelis

melis iunctis Indi tendunt ad auri furta, quod custodiri aiunt à formicis, quæ uulpes excedant magnitudine, Herodotus. Adijcit Philostratus Indos ad cursum camelis uti, hisq; uno die stadiorũ mille iter conficere, Cælius. Thus collectum Sabotam camelis conuehitur, Plinius. Onera sexaginta camelorum memorantur in sacris literis libro 4. Regum cap. 8. & sex milia camelorum, Iob 42. & rursus quinque milia, primo Paralipomenon cap. 5. Nonnulli superioris Asiæ incolę camelos uel ad tria milia possident. Ex ditylis camelis (id est quibus bina dorsi tubera prominent) quidam ferendis oneribus apti, supra decẽ frumenti minas, homines uero quinq; in lecto iacentes uehunt, Diodorus lib. 3. Biblioth. interprete Pogio, quibus Græci codicis copia est, si uolent conferant. ¶ Castrantur cameli mares, ut pugnaciores sint, à Bactris populis, sic petulantia excisa robustiores fieri aiunt, (quod & Solinus scribit:) Quinetiam fœminis uuluas ferro exulcerari, ut partibus illis quæ ad furorem libidinis incitant adustis, ad bellum aptiores existant, Aelianus. Cameli etiam fœminæ castrantur, cum eis uti in prælio libet, ne concipiant utero, Aristot. Castrantur fœminæ sues sic quoq; uti cameli, post bidui inediam, suspensæ pernis prioribus, uulua recisa, Plinius. Capreæ, κάπριαι, carnes sunt eminentes intra pterygomata pudendi, quas excindũt cum ad bellum parantur, ne amplius coire possint, Suidas. Pterygomata pudendi fœminei labra sunt, quę κρημνοὶ ab Hippocrate uocãtur, ambitus genitalis muliebris Cornelio Celso: intra hæc quæ prominet caro in camelis capreas uocant Græci, Hippocrates in mulieribus ὄχθην, aliqui nympham. Ad belli usum, camelorum quoq; gerula opera expetitur: ex camelis etiam Bactrij pugnãt, quod sint equis celeriores, & magnitudinis ratione formidabiliores etiã, & hirsutiores: & quia non infestantur siti, ac laboris patiẽtiores sunt, ad diuersos usus bellicos magis idonei, Cælius ex Pollucis libro primo. Camelos aliquantæ nationes (inquit Vegetius de re milit. 3. 23.) in aciem produxerunt, ut Vrcilani in Aphrica, Mahetes hodie quoq; producunt. Sed hoc genus animalium arenis & tolerandæ siti aptum, confusas etiam in puluere uento uias absq; errore dirigere memoratur. Cæterum propter nouitatem, si ab insolitis uideatur, inefficax bello est.

¶ Vrinam camelorum fullonibus utilissimam esse tradunt, Plinius. ¶ Lycion aptissimum medicinæ quod est spumosum, Indi in utribus camelorum aut rhinocerotum id mittunt, Plinius. Ex pilis camelorum & dromadum, qui mediocriter molles crispiq; sunt, uestes audio confici, camelotas inde uulgo dictas. Cœrulei coloris uestis dicitur & cymatilis, inquit Bayfius. Hic undas imitatur, habet quoq; nomẽ ab undis, Ouidius: κῦμα enim fluctus est. Nec me latet quosdam per cymatilem uestem apud Plautum intelligere undulatam, id est de camelot: quod haud scio an ridiculũ sit, Hæc Bayfius. Diuum Ioannem baptistam legimus indutum fuisse ueste ex pilis camelorum, contexta nimirum ex pilis, non camelota, id est ipsa cameli pelle, ut pictores & statuarij fingunt. ¶ Genitale camelis ita neruosum est, ut uel neruus ex eo confici possit, quo arcus fidissime intendatur, Aristoteles. Alhacab Arabice est neruus camelorum contusus in uillis, quibus simul cum colla inuoluuntur arcus ligatione forti, sicut fit in Damasco: hinc etiam in humano corpore ossium ligamenta seu chordæ alhacab dicuntur, Andreas Bell.

F.

Camelus in sacris literis animal in cibo uetitum est: quanquam enim ruminat, ungulã tamen non omnino diuidit, sed parum aliquousq;, & superne tantum: imum enim uestigium omnino planum solidumq; est: ita ut inter bisulca & solidipeda ambigere mihi uideatur: proinde & Plinius alicubi solidam ei ungulam tribuit, ut in B. supra dictum est. ¶ Sunt qui asinorum domesticorum mandunt carnes, pessimi succi, ac concoctu difficilimas, nec non insuaues: ita etiam equorum ac camelorum nonnulli, animo scilicet & corpore asinini ac camelini homines, uescũtur, Galenus libro 3. de alimentorum facultatibus. Cameli tum lac tum caro, suauissima omnium est: bibitur eius lac ad unam mensuram duabus aut tribus aquæ admixtis, Aristoteles & Plinius: qui tamen lactis solum, nõ item carnis suauitatem commendat: Et alibi, Dulcissimum (inquit) ab hominis lacte camelinum est. Camelorum duplici gibbo insignium, carnibus lacteq; uescuntur incolæ Arabię, Diodorus Sic. libro 3. Biblioth. Apud maiores nostros, inquit Antiphanes Comicus, boues integros assabant, ceruos, agnos: deniq; coquus quidam integrum monstrum assatum, nempe calidam camelum, magno (id est Persarum) regi apposuit, Athenęus libro 4. Lac camelorum partui uicinarum butyri & caseosæ substantiæ minus habet, ac tenue est: Equarum lac est sicut camelorum partui uicinarum, tenue, aquosum: Omne lac obstruit, iecur præsertim, excipimus camelorum fœtarum lac & similium (asininum, equinum) in quo parum caseosi est, & aquositate sua abstergit, Auicenna. In lacte camelino salsedo est, inde quod amant acetosum, Auicenna: (forte legendum, Salsum esse camelinum lac, quoniam cameli appetunt salsa. Acetosum uero lac, &c. à nouo initio.) Lactis usus sæpe inducit sordes (albaras, id est, uitiliginem profundiorem) præterquam camelorum recenter fœtarum: ex hoc enim raro timentur albaras, Auicẽna. Aluum mollit lac equinum, camelinum, & asininum, Idem. Camelinum lac omnium tenuissimum est, & meliorem tenuioremq; succum gignit: extenuat crassos humores excrementitios: aluum mollit, & obstructionibus liberat, propter uehementem calorem qui ei per naturam inest, Rasis. | Arabes nouimus camelorum lacte uesci, à carnibus suillis uero abstinere imprimis, copiæ uel raritatis utrumq; ratione. At camelos detestantur in Septentrionem reiecti, Cælius. Heliogabalus comedit sæpius ex Apicij æmulatione, ut Spartianus prodit, camelorum calcanea, cristas gallinaceis demptas uiuentibus, &c.

G

Camelus calido & ſicco temperamento eſt, Raſis. Veneno infectus, ſi neceſſitas poſtulet, collocetur in uentrem muli uel cameli recens occiſi: ſiquidem calor iſtorũ animalium reſoluit uenenum, & ſpiritus parteſq́ corporis omnes corroborat, Ponzettus cardin. ¶ Caro cameli prouocat urinam, Auicenna: Bellunenſis cerui non cameli, legendum monet. Camelorum pingue quomodo curandum ſit, ex Plinio & Dioſcoride prædixi iam in Tauro. Adeps de gibbo cameli ſuffita, iuuat hæmorrhoides, Auicenna. Sanguis cameli fricatus (lege frixus) dyſenteriæ prodeſt, & diuturno alui profluuio, Haly. Siccatus & frixus, fluxiones ſiſtit: cum uino potus, ſagittæ Armenæ ueneno aduerſať, Auicenna. Poſt purgationem uero menſium potum (hoc forte ad lac cameli pertinet) conceptũ promouet, & prodeſt prouocationi uteri, Auicenna: ut citat quidam author obſcurus: ego apud Auicennam neq; in ſanguinis neq; in lactis mentione reperio. Medetur ſanguis cameli epilepſiæ, Auicenna. ¶ Cameli cerebrum arefactum, potumq́ ex aceto, comitialibus morbis aiunt mederi, Plinius, & Auicenna, & Galenus in libro de theriaca ad Piſonem cap. 12. ¶ Dentes quando fricantur, inteſtinis excoriatis manifeſte proſunt: & hęmorrhoidas impoſiti ſanant: miſcentur item cum aſſagh, id eſt unguento & liuole cum aqua porrorum nabati, quo remedio inuncto efficaciter dolor hæmorrhoidum tollitur, Raſis. ¶ Spuma cameli cum aqua pota ab homine ebrio, reddit eum dęmoniacum, Raſis. ¶ Si quis de pulmone cameli arido & trito pondus aurei biberit, cæcitatem incurret, Raſis. ¶ Fel cum melle potum comitialibus morbis aiunt mederi, item anginæ, Plinius. Solum per ſe fronti illitum, prodeſt aduerſum caliginem: ſed ne omnino lippiatur, decoctum cum mellis optimi cyathis tribus, & croci uncia in unum miſcebis, & ſic ſuffuſionem ad oculos facies, uel etiam ſuperlines inde caligantes & lippientes oculos: hoc medicamine etiam excreſcentes carnes in oculis & cicatrices curantur, Marcellus. ¶ Cauda cameli arefacta aluum ſolui aiunt, Plinius. Setas è cauda contortas, et ſiniſtro brachio adalligatas, quartanis mederi, Idem. ¶ Lac camelorum recenter fœtarum auxiliatur aſthmati & anheloſis, Auicenna. Lac camelorum (quidam addunt, recenter fœtarum ambulantium) prodeſt aduerſus hydropem & duritiem lienis, ut caprinum etiam & aſininum, Auicenna. Cameli lac roborat iecur, obſtructiones aperit, lienem craſſum extenuat: & iuuat hydropicos, ſi calidũ bibatur, præſertim admixto ei ſaccharo alazur, Raſis. Lac camelorum recens fœtarum cum oleo de alcanna (aliâs, alkerua) partibus internis induratis auxilio eſt, Auicenna. Lac omne ſpleneticis & hepaticis, & uictu attenuante indigentibus, inſalubre, excepto camelorum fœtarum lacte: hoc enim confert affectibus pleriſq; ſplenis & hepatis, & renouat (aliâs humectat, aliâs impinguat) hepar: Conducit pręterea in hydrope, maximè ſi bibať cum urina camelorum recens fœtarum Arabicarũ: excitat etiam appetitum cibi, ſed ſitim facit, Auicenna. Prouocat menſes, et confert hæmorrhoidum uitijs, Idem. Epoto ueneno antidotum eſt lac cameli: idem corruptam temperiem corporis emendat, & auget uentrem (id eſt aluum deijcit,) Haly. ¶ Fimi cameli cinere criſpari capillum cum oleo aiũt: & dyſentericis prodeſt illitus cinis, potuſq; quantum trinis digitis capitur, & comitialibus morbis, Plinius. Stercus cameli prohibet remanere ueſtigia uariolarum, & tollit uerrucas: & fluxum ſanguinis è naribus ſiſtit, & cum medicamentis potum comitialibus confert, Auicenna: author quidam obſcurus falſò ex Plinio citat: Fimus cameli albus cum melle tritus & impoſitus, tumores reprimit, & uulnera deſiccata expurgat: reſoluit bothor ac ulcera, ſcrophulas quoq; fortiter, &c. Hæc ex Dioſcoride citata, neq; apud ipſum, neq; apud Serapionem inuenio. Apud Auicennã uero ſic legimus, Stercus cameli reſoluit bothor & ulcera: & ſimiliter ſtercus pecudis ſuper mellinum: ſtercus caprarum reſoluit ſcrofulas fortiter, & ſimiliter ſtercus cameli: quod etiam articulorum dolores ſedat & abſceſſus eorum ſanat, Hæc Auicenna. ¶ Vrinam ulceribus manantibus utiliſſimam eſſe tradunt, Barbaros eam ſeruare quinquennio, & heminis pota ciere aluum, Plinius. Vrina cameli pulli cum à lacte ſeparatur, ſoluit uentrem: & niſi ſoluerit, medicamento aluo deijciendæ apto utendum, Raſis. Vrinarum utiliſſima eſt, quam reddit camelus Arabica, quam alnegib uocant: furfures abſtergit, ſi caput ea abluatur: odoratui læſo prodeſt (uetus tranſlatio non recte habet, fœtori narium) & obſtructum os, quod colatorium uocant, efficaciter aperit, Auicenna. Vrina cameli, ut hominis etiam, remedium eſt hydropi: eadem illinitur ſplen, præcipuè cum lacte cameli, Auicenna. Sal Ammoniacus factitius hodie nobis affertur ex Germania plerunq;: licet nonnulli ex urina camelorum arte quadã denſata fieri credant, Petrus Matthæolus.

H.

¶ a. Recentiores quidam chamelum per c aſpiratum ſcribunt, ut Politianus & Calepinus, forte ueteres imitati Latinos qui chenturionem pro centurione dicebant: aut propter etymologiam qua Græci κάμηλον dici arbitrantur, quaſi χάμηλον, ὅτι χαμαὶ καθημένῃ αἴρεται τὸ φορτίον, id eſt quoniam humi ſedenti, uel potius cubanti onus imponitur. Ἡ δὲ κάμηλος ὑφῆκε τὰ κῶλα, καὶ ἑαυτὴν ἐκάθισεν εἰς τὰ στέρνα, Suidas in uoce Κῶλα, ſine authoris nomine, ut ſolet. Alij κάμηλον quaſi κάμηρον dictam conijciunt, παρὰ τὸ κάμπτειν τοὺς μηροὺς ἐν τῷ καθέζεσθαι, id eſt ab eo quod femora inflectat cum ad ſedendum cubandum ue ſe demittit. Scribit Onirocriticorum primo Artemidorus, ex Eueni ſententia in Eroticis ad Eunomum, camelum dici uelut κάμμηρον, quia μέσους κάμπτει τοὺς μηρούς: quo argumento pręmonſtratam cruris debilitatem ſomnianti, hoſpitio ſe exceptum in fuga, cui nomen foret Camelus. Artemidoro ſubſcribit Horus, apud Aegyptios camelum inquiens, indicare hominem inceſſu tardum: quoniam inter

anima lia

animalia camelus modo τ̃ μηρὸν κάμπτῃ, unde etiam nomen ei contigerit. Ex Strabonis tamen interpretamento Geogr. libro 17. coniectare licet camelum esse Assyrium uocabulum: gamal enim dicunt illi, unde uico conciliatum nomen Gangamela, uelut domus cameli: quod est ab Dario impositum Hystaspis filio, quum fatigatæ camelo alimentorum ratione locum contribueret. Gangamela tamen pronunciant Græci, forte per inscitiam, quia gentium illarum proprietate, gan, locum dicunt munitum. Meminit loci ac interpretamenti in Alexandro Plutarchus, Cælius. ¶Camelum Græci omnes, ni fallor, fœminino genere tantum proferunt, quanquam recentiores quidam generis communis faciunt: Apud Latinos etiam fœmininum frequentius inuenias, masculinum rarius. Recentiores quidam in ueterum scriptis fœminine posita cum mentione cameli nomina, per imperitiam in masculina uerterunt, ut apud Plinium ubi uetus lectio Bactrias, et Arabias camelos habet, idque recte (nam Aristoteles etiam sic habet, & Gaza similiter reddidit) Bactrianos & Arabicos supposuerunt: non genere solum mutato, sed possessiuis etiam nominibus gentilium loco usurpatis: quorum utrunque licet fieri posse aliquis asserat, malim tamen & antiquum & magis proprium morem seruare. Sic camelus dromas fœminino solum genere à Græcis profertur, pro more oxytonorum in ás quę flectuntur per ádos: apud Liuium in masculino legimus, Ante hunc equitatum (inquit libro 7. belli Maced.) falcatæ quadrigæ, & cameli quos appellant dromadas. ¶Camelinus adiectiuum, ut lac camelinum Plinio. Asinorum etiam uetulorum, ut equorum & camelorum quoque carnibus nonnulli uescuntur, ἄνθρωποι τ̃ ψυχὴν καὶ τὸ σῶμα ὀνώδεις τε καὶ καμηλώδεις, Galenus. ¶Camelus non tantum significat τὸ ἀχθοφόρον ζῶον, id est quadrupedem dossuariam, uel iumentum clitellarium: sed & crassum illum funem nauticum cui anchora alligatur, à similitudine cameli animantis tortuosi, Cælius & Theophylactus in Matthæi Euangelium. Latini, ut Cæsar libro primo belli Ciuil. anchorarium funem, aut anchorale uocant, Plinius libro decimosexto. Vsus eius anchoralibus maximè nauium, piscantiumque tragulis. Liuius libro secundo belli Punici, Vixdum omnes conscenderant, quum alij resoluunt oras, aut anchoram uellunt, alij, ne quid teneat, anchoralia incidunt. Ammianus Marcellinus, Per anchoralia quadrupedo gradu repentes, in scaphas sese iniectabant. Κάμηλον διὰ τρυπήματος ῥαφίδος διελθεῖν, ut in Euangelio legimus, Matthæi cap. 19. id est camelum uel anchorale per foramen acus transire aut transmitti (quod seruator noster facilius esse pronunciat, quàm diuitem in regnum Dei ingredi. Acus foramen Græci κύαρ uocant:) prouerbiali sensu de re impossibili profertur: Vt illud etiam Matthæi cap. 23. ὁδηγοὶ τυφλοὶ οἱ διυλίζοντες τ̃ κώνωπα, τ̃ δὲ κάμηλον καταπίνοντες, id est, Duces cæci, excolantes culicem, camelum autem glutientes: Quod præceptoris nostri Iesu dictum est in superstitiosos & præpostere meticulosos homines, qui uel ignorantes, uel dissimulantes, quibus in rebus sita sit uera Christianaque pietas, in nugis sibi nunc placent, nunc trepidant, in maximis securi, pleni Iudaicarum superstitionum, uera charitate uacui: In hos Christus huiusmodi torsit prouerbium, Culicem liquant, camelum glutientes. Ab hoc non abhorret quod alibi retulimus, ἀνδριάντα γαργαλίζειν, id est, Statuam colare gutture, Hæc Erasmus. Videtur autem mihi liquandi uerbo abuti, pro colandi: deinde γαργαλίζειν, quod titillare significat, ut recte Gaza ex Aristotele transtulit, una litera deceptus inepte tanquam idem sit quod γαργαρίζειν exponit. Nos ἀνδριάντα γαργαλίζειν, non faucibus colare statuam, sed titillare uertemus: quod conueniet in eum qui impossibile aliquid conetur, quo sensu mortuo mederi, & mortuo uerba facere dicimus, longè alio quàm sit prouerbij Camelum glutire, colare culicem, cuius occasione huc diuerti. Diuus Hieronymus Matthæi cap. 19. camelum de animante quàm fune intelligere maluit. Calepinus camelum pro animali communis generis facit, pro fune autem masculini tantum, quod tamen nullis testimonijs comprobat: nec equidem probari posse crediderim, cum semel tantum in sacris literis cameli nomen pro fune legatur, nec alibi usquam quod sciam, & illic quoque funis'ne potius quàm animans accipi debeat incertum sit: Ego de animali potius acceperim, partim quia Dominus noster in alio etiam prouerbio quod iam retulimus, cameli nomine tanquam animantis utitur, quod uel inde constat, quia culicem aliud animans ei opponit: partim quia doctissimi apud Græcos grammatici, Aristophanis interpres, Suidas & Varinus, κάμιλον per iôta in penultima, non per η cum funem significat, scribendum docent. ¶Cameli epitheta, Hirtus, deformis, sitiens. Iuuenalis, Deformis poterunt immania membra cameli. Persius Saty. 5. Tolle recens primus piper è sitiente camelo: nam quod sitim uel quatriduo toleret, supra dictum est.

¶Καμηλίτης βοῦς οὕτω καλούμενος, Suidas: Varinus & Hesychius non habent: Coniecerit autem aliquis bouem, cui tuber in dorso camelorum instar promineat, sic appellari, quod de Caricis, Scythicis & Syriacis bubus ueteres quidam scribunt: & insuper Syriacos, nodos scapularum flectere, ut cameli. De camelasio paulò post dicam in e. Camel stomachi (uetriculi potius) est superficies ipsius stomachi intrinseca, crispa, instar superficiei panni uel lanæ pilis erectis & crispis, Andreas Bell. Camella, genus uasis, cuius meminit Ouid. 4. Fastorum his uerbis, Dum licet apposita ueluti cratere camella Lac niueum potes, purpureamque sapam. Non prætereundum hic camelaucium est propter uocis uicinitatem, Suidas & Varinus καμηλαύκιον scribunt per η. in secunda syllaba, & Romanum uocabulum esse docet, quod tamen à Græcis etiam usurpari possit uel etymi ratione, παρὰ τὸ καῦμα ἐλαύνειν, id est ab æstu abigendo: est enim pilei seu galeri genus lati, quo æstiuo tempore qui in sole uersantur, utuntur: cuius formæ & usus uulgo ex triticeis alijsue culmis contexi solent. Τὸ πιλ-

P

ιλιον περὶ τὴν κεφαλὴν τὸ μύσιον, Ariſtophanes in Acharnenſibus: tribuit autem poëta Telepho πῖλον uel pilidion (quas uoces apud Pollucem quoq; legimus) quod nunc, inquit ſcholiaſtes, καμηλαύκιον uocatur per epſilon, Cælius galericulum interpretatur. Vt camelaucion ſic & cauſia, καυσία, nomẽ habet, quod genus pilei ſit πρὸς τὸ καῦμα, id eſt aduerſus æſtum, idonei: de quo Antipater Theſſalonicen. in epigrammate, Καυσίη, ἡ τὸ πάροιθε Μακηδόσιν εὔκολον ὅπλον, Καὶ σκέπας ἐν νιφετῷ, καὶ κόρυς ἐν πολέμῳ, Hæc Orus apud Etymologum. Ego camelaucij nomen apud Latinos nuſquam legi: Cauſiam uerò regum Macedonum inſigne fuiſſe grammatici tradunt. Valerius Maximus lib. 5. Quemadmodum Antigonus caput Pyrrhi texit, cauſia, qua uelatum caput more Macedonũ habebat. Plautus in Milite, Facito ut uenias ornatu huc naucleriaco, cauſiam Habeas ferrugineam. Καυσίαν aliqui etiam κυνῆν exponunt, & pileum latum contra imbrem. ¶ Camelopodion pro marrubio inter nomenclaturas herbarum legimus: forte clinopodion potius legendum: florum enim uerticillis marrubium & alia herba proprie clinopodion dicta, conueniunt. ¶ Camelani Italiæ populi in ſexta regione, Narnienſibus & Nucerinis uicini, Plinius. Camelides, inſulæ duæ ignobiles Mileto uicinæ, in ora Ioniæ regionis, Plinius 5.31. Camelocomi, Καμηλοκόμοι, populi Arabiæ ſunt, à camelorum nutritione & cura, ut apparet, nuncupati: meminit eorum Stephanus in Chatramotites uocabulo. Alij ſunt Camelitæ apud Strabonem libro 16. Ab Euphratis (inquit) fluminis tranſitu Scenas uſque, eſt iter dierum uigintiquinq;: hîc ſunt Camelitæ, &c. Gamale, Γάμαλα, urbs in Iudæa uel Syria, Stephanus & Ioſephus Antiquitatum libro 4. Suetonius in Tito, Tarrhachiam (inquit) & Gamalen urbes ualidiſſimas Iudææ in poteſtatem redegit. Videtur ſanè hæc etiam à camelo appellata, quam Hebræi gamal uocant. De Gangamela uico Perſidis paulo ſuperius in hoc capite dixi.

¶ b. Salluſtium mirari ſoleo, qui Romanos ſub Lucullo imperatore in Aſia primum camelos uidiſſe ſcribit, arbitratum forte non eos primum qui cum Scipione Antiochum deuicêre, neq; iterum qui cum Archelao ad Orchomenum & Chæroneam nuper conſeruerunt, cognouiſſe camelum, Plutarchus in Lucullo. Hippocameli nihil præter nomen in Auſonij carminibus legi. Καμήλου πρωκτὸν Ariſtophanes in Veſpis Philocleoni attribuit, cuius corporis partes ueluti mõſtri alicuius deſcribit: ſcholia θερμόπρωκτον τὴν κάμηλον καὶ λάγνον eſſe docent: id eſt camelum libidinoſam & feruido ano eſſe: ſpeciem habet prouerbij in libidinoſos, ſed plebeiæ turpitudinis, ideoq; honeſtis auribus uitandi.

¶ e. Αἱ μὲν τοι κάμηλοι ἐφόβουν μόνον τοὺς ἵππους, &c. Xenophon de inſtitutione Cyri libro 7. Nos ita uertimus: Cameli nihil quàm terrori equis erant. Nam qui inſidebant eis, neq; cædebant hoſtium equites, nec ab ipſis cædebantur, cum equus nullus propius accederet. Hoc quanquam tunc utile uiſum eſt, nullus tamen uir honeſtus & ſtrenuus camelum inequitandi gratia alere uellet, neq; eas in hoc exercere & inſtruere eas ut pugnari ab ipſis poſſit. Quamobrem priſtino habitu reſumpto, inter iumenta impedimentis deſtinata degunt, Hæc Xenophon. Idem libro 4. rerum Græcarum, Καὶ αἱ κάμηλοι δὲ τότε ἐλήφθησαν, ἃς Ἀγησίλαος εἰς τὴν Ἑλλάδα ἀπήγαγεν, id eſt Cameli etiam, quas Ageſilaus in Græciam ſecũ abduxerat, tum captæ ſunt. ¶ Καμηλωτὴ, pellis cameli. Inſignioris notæ cenſebatur olim, ſi quis camelo inſidens, ac per urbem circumductus, uiſendum ſe omnibus præberet. Quod contumeliæ genus Byzantij in Arſacem Armenium, proditionis conuictum, prompſit quandoq; imperator Iuſtinianus, Cælius. Similem infamiæ notam in Aſino ſupra oſtendi. Caput Gebanitarũ Thomna abeſt à Gaza noſtri littoris Iudææ oppido LXXX. XXVII. M. paſſ. quod diuiditur in manſiones camelorum LXII. Plinius 12. 14. circa finem: Et mox, Sumptus in ſingulos camelos denariûm DCLXXX. ad noſtrum littus colligit. Manſio, inquit Sipontinus, iter eſt unius diei. Idem iam citatum Plinij locum ſic legit, Abeſt à Gaza &c. M.D. XXXVII. millia paſſuũ, quod diuiditur in manſiones camelorum ſexaginta duas. Hinc percipi poteſt iter cameli unius diei eſſe circiter quadraginta aut paulò amplius millia paſſuum, Hęc Sipontinus: ſecũdum cuius calculationem bis mille quingenta & trigintaſeptem millia paſſuum legendum mihi uidetur: aut minores manſiones faciendæ. Πῶς ἂν δὲ καμήλου Μῆδος ὢν εἰσέπτατο; Ariſtophanes citante Suida: Medi enim in Græciam uenerunt camelis inuecti. ¶ Camelarij dicuntur qui camelos equitant in acie, καμηλῖται Herodiano libro 4. poſſunt & καμηλονόμοι dici, ut Arabiæ populi. Καμηληλάτης, qui camelos agit uel ducit. Καμηληλασία munus inſtitutum erat impedimentis exercitus agendis & comportandis in expeditionibus publicis. Iureconſulti titulo De muneribus, camelariam dicunt camelorum curationem, quæ publica pecunia alebantur, & camelarios curatores ipſos. Quod munus, inquit Arcadius, perſonale eſt. Sunt qui camelaſia dici arbitrentur camelorum præbendorum munus tabellarijs publicis tranſmittendis, Cælius. Camelaſium eſt apud Ammianum Marcellinum libro 17. Factum, inquit, tunc eſt, & deinde unius anni firmitate, ut præter ſolita nemo Gallis quicquam exprimere conaretur camelaſij nomine iniquè: Apparet exactionis genus eſſe.

¶ h. Aſphaltites lacus animal non habet: nihil in eo immergi poteſt, tauri etiam cameliq; impune ibi fluitant, Solinus. ¶ Arabes pingues ac ſaginatos camelos in ara Ignoti dei ſacrificabant: nupturæ uirgines camelis deos propitiabant, Gyraldus.

PROVERBIA. Cameli in fabulis dictum circumfertur ex Libanij declamationibus, Dum plura affecto, etiã ijs quæ habui ſum excuſſus, Cælius. Camelus cornua deſiderans, etiã aures perdidit, Ἡ κάμηλος ἐπιθυμήσασα κεράτων καὶ τὰ ὦτα προσαπώλεσεν, In eos qui dum peregrina ſectantur, ne ſua quidem tuentur: ſumptum ab apologo de camelis, qui per oratorem cornua poſtularunt à Ioue, qui offenſus sensus stulta postulatione aures quoq; resecuit. ¶ Camelum Bactrianam, καὶ δίχρωμον ἄνθρωπον, id est bicolorem hominem, uenisse in prouerbium in Aegyptia historia animaduertimus: aduersus eos quidem, qui ea promunt, quæ admirationi putant futura, re autem ipsa uel meticulosa sunt uel planè ridicula. Adagium rationem habet eiusmodi: Ptolemæus Lagi duo quædam inusitata in Aegyptum induxit, camelum Bactrianam insigniter nigram: bicolorem item hominem, ita ut medietas quidem ex æquilibrio summè foret nigra, reliqua portio albedinem præferret eximiã. Conuenientibus igitur in theatrum Aegyptijs, alia utiq; non pauca spectaculo digna exhibuit: Demum stuporem nouitate rei, ac inusitatæ specie inuecturus, camelum produxit & semialbum hominem. Cæterum Aegyptij cameli aspectu territi, paulo minus prosilientes mandarunt fugæ præsidium, etiamsi auro esset ornata egregiè, ac purpura instrata, freno quoq; lapillis interlucentibus conspicuo, è thesauris Darij regis, uel Cambysæ, aut ipsius Cyri. Ad hominis autem illius ita coloribus distincti, & (ut sic dixerim) uariegati intuitum, partim fusius riserunt, partim ut monstrificum quiddam auersati sunt. Hinc Lucianus, Δέδοικα ἤ, μὴ καὶ τοὐμὸν κάμηλος ἐν Αἰγυπτίοις ᾖ. Sum ueritus, inquit, ne libelli mei perinde fiãt ac camelus apud Aegyptios, Hæc Cælius. ¶ Camelus uel scabiosa complurium asinorum gestat onera, ἡ κάμηλος ψωριῶσα πολλῶν ὄνων ἀνατίθεται φορτία, prouerbium in Asino supra relatum. ¶ Persij carmen, Tolle recens primus piper è sitiente camelo, Erasmus citat in prouerbio Ἀπὸ καταδυομένης, quod exponit, A subeunte portum naui, & refert ad celeritatem quæ ad quæstum plurimum ualeat: tracto prouerbio, ut ipse ait, à negotiatorum diligentia, qui merces statim emunt ab ipsis nautis in portum appellentibus: Non alium autem huius prouerbij authorem uel testem citat, quàm Suidam: cuius uerba commemorabo, ut Erasmi error intelligatur: sic igitur scribit, Ἀπὸ καταδυομένης, λείπει ὅτι ἂν λάβῃς κέρδος. ἀπὸ τῶν ἐμπόρων ἡ μεταφορά, οἱ καταδυομένης τῆς νεὼς ὅτι ἂν λάβωσι κέρδος ἡγοῦνται. hoc est ut nos conuertimus: A naui quæ submergi incipit, subaudi, quicquid acceperis lucrum est: ducta metaphora à mercatoribus, qui è naui iamiam submergenda, quicquid abstulerint, in lucro ponunt. Fefellit Erasmum καταδύεσθαι uerbum, quod appellere exponit, & portum subire, quoniam aliquando simpliciter subire uel ingredi significat: cæterum de naui appellente plurima apud Pollucem libro 1. uerba legimus, καταγαγέσθαι, κατᾶραι, καταπλεῦσαι, εἰσορμίσασθαι, προσχεῖν, προσβαλεῖν, &c. καταδύεσθαι nusq; hoc sensu. ¶ Formica camelus, μύρμηξ ἢ κάμηλος, de uehementer inæqualibus, & modo minimis, modo maximis: quod perinde sit, quasi repente camelus in formicam uertatur. Lucianus in prima epistola Saturnalium, εἰσ δὲ νῦν ἔχομεν, μύρμηξ ἢ κάμηλος, ὡς ἡ παροιμία φησίν, id est, Nam ut nunc uiuitur à nobis, formica camelus, quemadmodum prouerbio dicitur. Loquitur de opibus inæqualiter inter mortales distributis, ut huic plurimum supersit, huic multum desit. Neq; intempestiue dicetur in eos qui sibi non constant, in utramq; partem immodici, Hæc Erasmus. Ego errorem suspicatus, locum in ipso Luciano requirere uolui, in quo μύρμηξ ἢ κάμηλος reperi, id est formica aut camelus, & omnino sic proferendum puto longe clariore sensu quàm si articulus ἡ pro disiunctiua coniunctione ἢ ponatur, ut Erasmus fecit. Similia huic prouerbia sunt, Rex aut asinus, **bischoff oder bader**, Aut ter sex aut tres tesseræ, Aut regem aut fatuum nasci oportet. Quod ad significationem prouerbij, Germani eleganti disticho eam exprimunt, **Tzů lützel vnd tzů vil/ Verhönt alle spil/** id est, Parum & nimiũ ubiq; nocent. ¶ Camelus saltat, ubi quis indecore quippiam facere conatur, & inuita, sicut aiunt, Minerua. Veluti si quis natura seuerus ac tetricus, affectet elegãs ac festiuus uideri, naturæ genioq; suo uim inferens. Hieronymus in Heluidium, Risimus (inquit) in te prouerbium, Camelum uidimus saltitantem: Taxat autem hominis ineptiam, qui cum à Musis esset alienissimus, tamen disertus haberi uellet, Erasmus. Cælius hæc prouerbia, Lenticulam decoquens unguentum ne indideris, In oleribus piper, Camelus saltitans, omnia eiusdem ferè significationis facit, de quo uiderint quibus uacat: mihi non admodum probatur. Ad camelum saltantem proxime accedit Germanicum nostrum, **Die ků gaat auff steltzen**, id est, Vacca grallis (ut uocant) incedit. Prouerbia à Domino nostro in sacris literis usurpata, Facilius camelum per acum traijci, & Camelum glutire, colare culicẽ, superius in prima huius capitis parte posui. Καμήλου πρωκτὸν ἔχειν, inuerecundius est quàm ut repeti mereatur, cum uel supra à nobis positum displiceat.

DE CAMELO DROMADE.

CAMELVS dromas Græcis à cursu & uelocitate dicta, & Arabica camelus, omnia ferè cum superiore communia habet: priuatim tamen quæ apud scriptores reperi aut ipse obseruaui, de ea literis mandare uisum est, cum figura etiam differat: utpote unico dorsi tubere, cũ superiori geminum sit. Dromedarij nomen plereq; gentes usurpant, Itali, Galli, Germani, Hispani. Græci dromadem solum fœminino genere dicunt, nec unquam quod sciam sine cameli nomine præposito. Plura quæ ad nomina eius pertinent, & alia quædam de hac quadrupede in camelo dixi, nihil eorum hîc repetiturus. ¶ Vidi δρόμακας (lego δρομάδας) id est dromedarios camelos, qui in cursu ipso cum equis componi possent, imò uero etiam qui illos uincerent, Didymus in Geopon. Dromeda genus est camelorum, minoris quidem staturæ, sed uelocius, unde & nomen habet: nam dromos Græce cursus & uelocitas appellatur: Ruminat sicut bos & ouis & camelus, Isidorus. Audio regi Gallorũ nuper duas camelos dromadas albas ab imperatore Turcarũ dono missas esse.

Dromas quam uidi dum hæc ſcriberem, altitudine erat quinque cubitorum dodrante dempto, longitudine circiter ſex: ſuperius labrum in medio ſciſſum habet ut lepus: In pedibus duos ungues latos: biſulci apparent, ſed diuiſio ſuperne tantum eſt, nec penetrat ad ima ueſtigia: quæ carnoſa ei et plana lataq; ſunt, orbis cibarij inſtar. Tuber durum & glabrum habet infra in pectore cui incumbit, & ſingula in ſingulis cruribus ſuperius: reliqua ut Bactrianæ cameli. Camelos quinquaginta annos uiuere percepi, Bactrianas ad centeſimum uſq;, Aelianus. Liuius libro 7. belli Macedonici, Ante hunc equitatum falcatæ quadrigæ, & cameli quos appellant dromadas. Et alibi apud eundem ni fallor, Dromades cameli inter dona erant uelocitatis eximiæ. Diodorus libo 3. Bibliothecæ de camelis dityliſ, id eſt gemina tubera habentibus, locutus, ſubdit: Anacoli uero ligariq; qui dromadum ſunt forma, plurimum uiæ conficiunt: præſertim per deſerta & aquis carentia loca. In bello quoque duos

duos in certamen ſagittarios ferunt, dorſo contrariè inuicem inſidentes: alterum à fronte aduerſus hoſtem, alterum contra perſequentem pugnantes, Hæc Diodorus de Arabia ſcribens, interprete Pogio. Centum & amplius miliaria uno die pergere ſolent, Iſidorus. Dicunt eos camelis dromedarijs triginta ſexaginta ue dierum itinere, diebus undecim peracto, rem confeciſſe, Strabo, libro, 15. in Græco eſt, καμήλων δρομάδων. Illa quam ego inter ſcribendum hæc uidi, onus geſtare dicebatur conſuetum libras mille quingentas; interdum etiam ducentis ſupra bis mille onerari. Inclinat ſe in terram ac procumbit ut uel ſeſſorem admittat, uel onus recipiat, mox denuo ſurgit. Eſt enim omnino facile & morigerum animal, quod in tanta corporis mole mireris. Per iracundiam calcitrat, ſed rarò. ¶Dromadi nauí curſus pernicitas nomẽ dedit, Cælius Calcagninus. Eſt & piſcis hoc nomine apud Ariſtotelẽ, Gaza uertit curſorẽ. Vſurpatur etiã pro ſcorto, ut Pollux, Heſychius, & Varinus ſcribunt; inde forſitan, quod camelorum genus (ut ſupra dixi) ualde libidinoſum ſit. Δρόμων, cancer paruus, Heſychius: apud Terentium ſerui nomen. Δρομάσσειν, currere, Varinus. Δρομάδην, curriculo, curſim, Varinus. Δρομαῖος δ' ἤλθεν ἀνὴρ, & δρομαίως aduerbium, Suidas.

DE CAMPE.

DIONYSIVS contracto exercitu, per loca arida ac deſerta feriſq; infeſta profectus, ad Zambirram urbem Libyæ peruenit. Ibi feram indigetem, campes nomine, multis eius oræ mortalibus pernicioſam, peremit: quæ res magnam ei gloriam penes accolas tulit. Vt autem ſempiterna occiſæ ab ſe beſtiæ gloria extaret, erexit ibi tumulum ingentem, qui ad poſteros uſq; perſeuerauit, ſuæ uirtutis monumentum, Diodorus Siculus libro 4. de fabuloſis antiquorum geſtis.

DE CANE IN GENERE.

A.

CANIS quadrupes terreſtris, Hebraice כלב keleb, Chaldaice כלבא kalba, Arabice כלב kelbe cum ſcheua ſub media ſimul & ultima conſonante. Perſice סג ſag. Inuenio & למס lamas, tanquam Hebraicum aut linguæ Hebreis finitimæ nomen, in lexico trilingui Seb. Munſteri. Antiqua in Auicennam expoſitio, gaukileb urinam canis interpretatur. Apud Syluaticum nomina hæc reperi, kilbu, id eſt canis: Laſenel chelbe, id eſt lingua canis: haraltis, id eſt ſtercus caninum: baulleb, id eſt urina canis. Bulzuzemet, id eſt urina catuli: chos alkeb, id eſt teſticuli canis: catilabket, id eſt ſtrangulator canis, aconitum, apud Auicennam. Recentiorum quidam canem Saracenice kepb uel kolpb uocari ſcribit. Græcè κύων, & hodie uulgo σκύλος, quod nomen corruptũ eſt à ſcylax. Medi canem ſpaca uocitant, ut Herodotus ſcribit libro 1. his uerbis: Aſtyagis regis bubulcus uxorem habuit nomine Cyno Græca lingua, id est canis, Medica spaco. Nam canem Medi spaca appellant. Apud Hesychium & Varinum legimus, σπάκα, κύνα ἢ σφιγξ. Apud eosdem σπάλακες exponuntur canes. Γαγάκ, canis lingua Scythica, Hesychius & Varinus. Germani uocant hund. Itali cane, Galli chien. Hispani perro. Illyrij pes uel pas, quod nomen Gelenio nostro ad spaca uel σπάξ in recto casu, accedere uidetur. Angli, dogge.

B

Cani totum corpus hirtum est, Aristot. De diuersis canũ generibus seorsim agemus postea, ubi de canibus ea primum explicata fuerint quæ omnibus ferè communia uidentur. ¶Catulorum optimus existimatur, qui ultimus uidere incipit, uel quem primum mater in cubile reportat, Albertus: ego idem in cane Venatico infra pluribus declarabo. Degeneres sub aluum reflectunt caudam, Aristoteles. Boni temperamenti in cane signum est, si pilos mediocriter longos habet: excremẽta enim in pilos redundant, & corpus expurgatur. Si uero nimium longi densiq; fuerint pili, cutis ferè subtus corrumpitur, fœtori aut scabiei obnoxia, Albertus. ¶Canis ex proportione (id est ex æquo) utriusq; partis incremẽta capit, Aristot. Hybernum pilum amittit, Idem Sect. 10. probl. 23. Prona totius corporis hirsuta habet, Idem. ¶Medulla non est nisi cauis ossibus, nec cruribus iumentorum aut canum: Quare fracta non ferruminantur, quod defluente euenit medulla, Plinius. ¶Canis calua nulla ossea commissura constat, sed ossis perpetuitate continetur, Aristot. Aelianus. Generosis canibus imæ nares rotundæ, solidę, & ferè obtusæ sunt, Albertus ex Platone. Cani os rescissum est, Aristot. Serrati pectinatim coëuntes ne contrario occursu conterantur dentes sunt, canibus, serpentibus, piscibus, Plinius et Aristoteles. Dentes cani mutantur canini tantum appellati, ut etiam leoni, Plinius. Dentes canes non mutant, præterquam eos, quos uocant caninos, eosq; quarto ętatis mense tam fœminę, quàm mares. Vnde fit, ut diuersa sit authorum sentẽtia. Alij enim quod duos tantummodo mutant, negant omnino ullos mutari, cum eos paucos reperire difficile sit: alij cum hos uiderint, cæteros quoq; pari ratione mutari existimant, Aristoteles. Et rursus alibi, De canibus (inquit) diuersa sententia est, quippe cum alij nullum ijs decidere dentem opinentur, alij caninos tantum appellatos mutare uelint, quos etiam homo amittit: uerũ hoc latere, propterea quia non ante mutant, quàm pares intus enascantur. Quod idem uel in cæteris scilicet feris euenire uerisimile est. Et quidem caninos tantum mutare perhibentur. Aetatis iudicium ex dentibus sumitur: quippe cum iuniores candidos habeant, & acutos: seniores nigros (fuscos & croceos, Albertus) & hebetes, Aristot. & Aelian.

¶Cuncta interiora canis simillima sunt leonis uisceribus, ut quidam scribunt. Caninus uentriculus unus paruus & arctus est, nec multò amplior intestino, læuisq; intus: habent autem omnia ferè utrinq; dentata uentriculum aut canino aut suillo similem, Aristoteles. Canibus intestinum qua uentri iungitur, laxius est: qua desinit, arctius: quamobrem uehementi nixu, nec sine cruciatu eam partem leuant excremento, Aristoteles & Plinius. Aluus angustissima canibus, Plinius. Pectus cani angustum acuminatumq; est. Splenem habet longum sicut homo & porcus, Aristot. Testes & mentula cani foris dependent, intra posteriores pedes, ut etiam leoni. Canum degeneres sub aluum reflectunt caudam, Aristoteles. Priores pedes flectũt ut homo brachia: & uice brachiorum eisdem utuntur, Blondus. Pedes priores quinis distinctos digitis habent, posteriores quaternis, Aristoteles. Quibus ex rapina uictus quadrupedũ, quini digiti in prioribus pedibus, reliquis quaterni: leones, lupi, canes, & pauca, in posterioribus quoque quinos ungues habent, uno iuxta cruris articulum dependente, Plinius. Rapacibus unci sunt ungues: cæteris recti, ut canibus, præter eum qui à crure plerisq; dependet, Plinius. ¶Canes quoniam numeroso partu & multifidæ sunt, mammas plures per uentrem duplici ordine utroq; de latere gerunt, Aristoteles. Quæ numeroso fœcunda partu, & quibus digiti in pedibus, hæc plures habent mammas toto uẽtre duplici ordine, ut sues: generosæ duodenas, uulgares binis minus: similiter canes, Plinius. Bipedes & quadrupedes quæ animal procreant, omnes uuluam aut uterum, infra septum transuersum continent, ut homo, canis, sus, Aristot. Et alibi, Quæ intra se & foris animal generant, uterum habent in aluo, ut canis. Fimum cani siccum est, ut lupo. ¶Canis animal est temperamenti calidi & sicci, si ipsum per se consideres: nam comparando alijs animalibus, contraria etiam temperamenta ei attribuerentur: Quippe ad hominem si conferas, siccus est: ad formicam, humidus: Rursus hominis respectu calidus est, leonis frigidus, Galenus.

C.

Somnus & uigilia, incrementum & corruptio, & uita & mors, cæteraq; accidentia ex sensibus, sunt in canibus, sicut in equis & hominibus, Author obscurus. Cani uita producitur ad decimumquartum annum, Aelianus. Viuunt Laconici annis denis, fœminæ duodenis: cætera genera quindecim annos, aliquando uiginti, Plinius. Laconici sanè generis fœminæ, quia minus laborant, quàm mares, uiuaciores maribus sunt: at uerò in cæteris, & si non latè admodum cõstat, tamen mares uiuaciores sunt, Aristoteles. Et rursus alibi, Cæteri canes (inquit, exceptis Laconicis) maxima ex parte ad annos quatuordecim, sed nonnulli uel ad uiginti protrahunt uitam. Quamobrem rectè apud Homerum canem Vlyssis uicesimo anno mori aliqui iudicant. Canis cum uocem ædit altiorem, latrare dicitur: quod uarias ob causas facit: Est & gannitus quidam eius submissior, ut adulando, uide infra in H. c. Canes etiam somniare palàm est, idq; suo latratu declarant, quem per quietem agunt, Aristoteles, & Plinius. Cubile suum lustrat canis & circuit antequam cubet: quod quidẽ non alia causa facere

facere uidetur, quàm ut sic commodius in orbem se colligat: pleriq; enim ita se componunt ad somnum, minores & iuniores præsertim, qui corpore tenero ac flexili sunt. Canes, boues, aliæq; bestiæ, impendentem pestem, & terræ motum, cœliq; salubritatem, & frugum fertilitatem præsentiunt, Aelianus. Ferè omnes quidem sagaces sunt, quidam tamen cæteros uincunt sagacitate & inuestigatione, quorum ad uenandum usus est, de quibus seorsim dicam postea. Leones mares canum instar urinam crure sublato reddunt, Plin. Existimantur in urina attollere crus ferè semestres, id est signum consummati uirium roboris, & initij coitus: fœminæ hoc idem sidentes; Plinius & Aristot. Verum ex fœminis etiam nonnullæ crure elato mingunt, Aristot. Ex maribus quidam serius quàm sexto ętatis mense crus tollunt, quidam maturius, Idem. Quandocunq; id faciunt, indicium est ætatem coëundi adesse, Aristot. Fœminæ in urina reddenda sedent, id est disponunt se ac si sedere uellent, Albertus. Mas nunquam ante 180. dies à natali crus erigit, Blondus. Omnes ferè canes uuluas & posteriora odorantur, & forsitan ut sagaces sunt, qualitates habitudinum in resolutionum corporis odore cognoscunt, Albert. Canes à cursu uolutatio iuuat, ut ueterina à iugo, Plin. ¶ Cæteræ canes (præter Laconicas) etiã semestres coitũ patiunt, Plin. Tam mares quàm fœminæ anniculi, magna quidẽ ex parte coëunt: sed nõnunquàm uel mense octauo: quod magis fœminæ euenit, quàm mari, Arist. Huic quadrupedi neq; fœminæ, neq; mari, nisi post annum permittenda Venus est: quæ si teneris conceditur, carpit & corpus & uires, animosq; degenerat, Columella. Canum generibus annui partus: Iusta ad pariendũ annua ætas, Plin. Quod ad fœturam (inquit Varro & Phronto) principium admittendi faciunt ueris principio: tunc enim dicuntur catulire, id est ostendere se uelle maritari. Quæ tum admissæ, pariunt circiter solstitio. σκυζᾶν apud Aristotelem Gaza uertit canire. Initio Februarij canes ferè secundum naturam coitum appetunt, rarius Ianuarij, Tardiuus. Canes sæpius coëunt (coitum nunquam aspernantur) pariuntq; propter teporem & pabuli ubertatem, ut alia etiam animalia quæ cum homine uiuunt, Aristot. Indicium in mammis etiam apparet, cum ætatem coëundi iam habent. Fit enim perinde ac in hominibus, tumor in papillis mammarum, & cartilago quædam (χόνδρος, id est solida quædam uel grumosa densitas, qua turgent mamillæ: quidam simpliciter cartilaginem, ut Albertus: alij gluten, ut Blondus, ineptè reddiderunt:) consistit: sed difficile id perceperis, nisi habeas usum rei: carent enim hæc indicia magnitudine: hoc igitur fœminæ euenire certum est: mari nihil eiusmodi accidit: sed quo primum tempore crus tollit, coire incipit, ut supra dictum est. Cum se plurimum in currendo exercuit canis, multò effusiorem ad res Venereas existere ferunt, Aelianus: Aristoteles tamen peculiare Laconicis facit, ut cum laborarint, coire melius quàm per otium possint. Auertuntur in coitu canes, lupi, phocæ, in medioq; coitu, inuitiq; etiam cohærent, Aristot. Vt canes in terra coëunt, sic in mari testudines & phocę: omnes diu copulantur, tanquam colligati posterius, Oppianus Halieut. 1. Quam ob causam canes soli ex omnium animantium numero colligari post coitum Venereum soleant, inquirit Aphrodisiensis problem. 1.73. Impletur canis uno initu, quod in furtiuis maxime constat initibus: implent enim qui semel inierint, Aristot. Implentur omnes uno coitu, Plinius. Canis uterum gerit diebus sexaginta & uno, aut duobus, aut ad summum tribus: nec minus quàm sexaginta diebus: quod si quid celerius prodierit, educari ac perfici nequit. Cum peperit, rursum sexto post mense, nec prius, coitu impletur, Aristot. lib. 5. cap. 14. historiæ anim. Cęterum libro 6. cap. 20. Laconicam canem priuatim sexto mense à partu coire scribit. Gaza tamen illic quoq; de canibus in uniuersum interpretatus est: idq; meo iudicio rectè fecit, memor nimirum Aristotelem supra quoq; de canibus in uniuersum id scripsisse: nec non Plinium, cuius hæc uerba sunt, Ineuntur à partu sexto mense. Vbi Gaza uertit coitu impletur, in Gręco tantum est ὀχεύεται, id est initur. Sunt quę parte quinta anni uterum ferant, hoc est duobus & septuaginta diebus (impressi codices Latini, interprete Gaza, falso habent sexaginta:) quarum catelli duodecim diebus (quatuordecim in Græco, lib. 6. cap. 20. Apud Pollucem corruptè τρίτην καὶ τετάρτην legitur:) luce carent: nonnullæ quarta parte anni, hoc est tribus mensibus ferunt, quarum catelli diebus decem & septem luce carent. Tantundem temporis canire etiam fœminæ putantur (quantum scilicet grauidæ sunt, ut in Græco additur:) Aristot. ex quo eadem Pollux descripsit libro 5. cap. 7. Constat igitur ex Aristotele, canum alias sexta anni parte, alias quinta, alias deniq; quarta, gestare uterum: reliqui authorę s nõ distinxerunt, sed simpliciter alij duos, alij tres menses, canes grauidas esse scribunt. Gerunt in utero sexagenis diebus, Plinius: qui ex duobus supra citatis Aristotelis locis, priorem solum legisse uidetur. Nemesianus etiam in Cynegeticis duos solum menses cani grauidæ tribuit. Prægnantes solent esse ternos menses, Varro & Fronto de cane pastorali. Obseruaui in canibus nostris nõnullas catellas gessisse uterũ præcise diebus sexaginta, nõnullas uno insuper aut duobus. Peregrina leporaria nostra excellẽs tulit uterum diebus 63. Augustinus Niphus in Aristotelis histor. anim. lib. 5. cap. 14. Ibidem addit, expertum se Phasianam à partu non ante sextũ mensem impleri, serius uerò in quàm plurimis se obseruasse. Multifida, ut canis, & lupus, multa pariunt, Aristot. Canes, feles, & ichneumones, æquales numero fœtus pariunt, Aristot. Canis cur numeroso partu sit, Aristot. Sect. 10. problemate 16. Gignunt cæcos, & quo largiore aluntur lacte, eo tardiorem uisum accipiunt. Non tamen unquam ultra uicesimum primum diem, nec ante septimum. Quidam tradunt, si unus gignatur, nono die cernere: si gemini, decimo. Idemq; in singulos adijci, totidemq; esse tarditatis ad lucem dies. Et ab ea quæ fœmina sit ex primipara genita citius cerni. Optimus in fœtu, qui nouissime cernere incipit, aut quem

P 4

primum fert in cubile fœta, Plinius. Catelli cæci naſcuntur, à partuq; tredecim primis diebus ita ocu
lis affecti ſunt: poſtea acerrimum oculorum ſenſum acquirunt, Aelianus. Viſum catuli recipiũt diebus uiginti, Fronto & Varro. Quæ ante iuſtum tempus concepere, diutius cæcos habent catulos,
nec omnes totidem diebus, Plinius. Quomodo catulorum alij prius, alij tardius uiſum acquirant, ex
Ariſtotelis ſententia paulo ante expoſui. Parit canis duodecim complurimum, ſed magna ex parte quinq; aut ſex: unum etiam aliquam peperiſſe certum eſt, Ariſtoteles. Cur ſus & canis ſint tam fœ
cundæ, & multiparæ, Democritus cauſam affert, quod multiplicem uuluam, & ſeminis cellas receptatrices multas habeant: Eas omnes ſemen non uno initu explet, ſed iterũ & ſæpius eæ proſeminan-
tur, ut frequentia ſeminis receptacula impleantur, Aelianus. Nos ex Ariſtotele & Plinio ſupra o-
ſtendimus canem etiam uno initu impleri. Partus duodeni, quibus numeroſiſſimi, cætero quini, ſe
ni, aliquando ſinguli, quod prodigioſum putant: ſicut omnes mares, aut omnes fœminas gigni. Primos quoq; mares pariunt, in cæteris alternant, ſi ineant opportuno & recto menſe, Pli. Albertus ſcri
bit uiſam ſibi canem è genere maſtinorum, quę ſimul nouendecim catulos pepererit: & rurſus proxi
mo poſt partu octodecim, & tertio tredecim: erat autem (inquit) nigra, et magno corpore. Singulos fe
rè pariunt paruæ illæ catulæ quas mulieres in delicijs alunt, propter uteri exiguitatem, Albertus.
Quadrupedum multifida, ut canis, leo, &c. omnia cæcos generant, poſt palpebræ dehiſcunt, Ariſtot.
Multifidæ quæ pariunt imperfecta, omnes multiparæ ſunt: Quo fit, ut partum adhuc recentem alere
poſſint, auctum iam adeptumq; magnitudinem nequeant: ſed cum corpus ad nutriendum non ſuffi
ciat, parum emittant, ut ea quæ uermem pariunt. Quædam enim ex ijs catulos inarticulatos propemodum pariunt, ut uulpes, urſa, leæna, & alia nonnulla: ſed omnia ferè cæcos, ut ea quæ modo dixi:
atq; etiam canis, lupa, lupus ceruarius, Ariſtot. Capræ & oues, ut & reliqua fœcundiora & multipa
ra animalia, partus interdum monſtroſos edunt, ut etiam multifida: multipara enim id genus anima
lia ſunt, nec partum perficiunt, ut canis: cæcos enim magna eorũ pars ſolet parere, Ariſt. Idẽ Sect. 10.
probl. 60. cauſam monſtrat cur canes & reliquæ paruæ quadrupedes (ſues, capræ, aues) mõſtra pari
ant frequentius quàm maiores. Canis etſi permultos ex ſeſe parit catulos, horum tamen è numero
primus prodiens in lucem patrem refert, omninoq; ſimilitudinem, ſpeciemq; illius gerit: cæteri ut
caſus tulerit, naſcuntur. Quod ſtudio & prouidentia naturæ fieri uidetur, cum matri anteferentis pa
trem, tum cæteris catulis primigenium longe anteponentis. Coitus cani ſemper opportunus, Ariſt.
Mares quarto anno gignere incipiunt (lego incipiant, opera ſcilicet hominum admittentium tunc
primum robuſtioris generandæ ſobolis gratia) fœminæ tertio uſq; in nonum, Vetus quidam. Canes non per totam coëunt uitam, ſed uſq; ad quendam ætatis uigorem: ad annos enim duodecim ma
gna ex parte, & coëunt, & implentur. Verum iam aliquibus, tum fœminis, tum maribus, uel annũ
octauum & decimum, atq; etiam uigeſimum nactis facultas non defuit prolifici coitus: nam ijs quoque ſenectus uim generandi, pariendiq;, ut & cæteris tollit, Ariſtotel. Non tota ætate ſua generant,
ferè à duodecim deſinentes, Plinius. Tempus ad conceptum & procreationem, in mare optimum
cum quadrimus eſſe iam cœperit, idq; deinceps, ſed non ultra octauum annum: fœmina à triennio
ad ſexennium uſq; circa ſobolem occupetur, Pollux. Mares iuueniliter uſq; in annos decem proge
nerant: poſt id tempus ineundis fœminis non uidentur habiles quorum ſeniorum pigra ſoboles exiſtit. Fœminæ cõcipiunt uſq; in annos nouẽ, nec ſunt utiles poſt decimum, Columella. In cane fœmina ætas bima ad procreationem probatur magis quàm minor, Tardiuus. Cum mares appetunt coitum, dies aliquot abſtinendi ſunt, donec genitalia eis inflentur & turgeant, Idem. Fœminam & marem domi retinebis, ſi mazam cum pauco ſale ueſperi eis obieceris, Idem. Si mas ad Venerem frigidus ſit, ſuillam aut ouillam carnem pinguem unà cum iure ei appone, Tardiuus. Canes & ſues ma
res initum matutinum appetere, fœminas autem poſt meridiem blandiri, diligentiores tradunt, Plinius. Canes à partu ualde ferociunt, Ariſtoteles: qui & cauſam cur tum temporis ſæuiant inquirit
Sect. 10. problemate 37. Mares libidinis copia placidiores fiunt, Idem. Prominet genitale in fœminis
cum ad coitum ſtimulantur, & locus humeſcit, Ariſtot. Et alibi, Menſtrua (inquit) huius animalis die
bus ſeptem mouentur, ſimulq; euenit, ut genitale promineat: uerum nondum per id temporis coitũ
patiuntur, ſed ſequentibus ſeptem diebus: tempus enim quo toto canis libidine tenetur, diebus quatuordecim magna ex parte deſcribitur. Verum nonnullæ etiam ad ſextumdecimum pruriunt. Purgatio autem quæ coniuncta partui eſt, unà cum catellis naſcentibus prouenit, craſſo pituitoſoq; hu
more: redduntur etiam tenuiores à partu, Ariſtot. ¶ Lac ante diebus quinq; quàm pariant, habent magna ex parte: uerum nonnullis etiam ſeptem aut quatuor diebus anticipat: Vtile ſtatim, ut
peperint, eſt, Ariſtot. Craſſius canum quàm cæterorum animalium, lac eſt, excepto ſcrofæ ac leporis, Idem. Canes miſcentur coitu non inter ſe ſolum generibus diuerſis, ſed alijs etiam feris, ut infra
docebo, ubi de Canibus mixtis agam. Oportet autem adæquare naturam ac ætatem & maſculi &
fœminæ: & caue ne canes ex eadem matre prognati ſimul coëant, Varro in Græcis Geop.

¶ Primus effœtę partus amouendus eſt: quoniam truncula, nec rectè nutrit, & educatio totius ha
bitus aufert incrementum, Columella: apparet ſanè eum loqui de cane quæ primum peperit. In fœtura dandum potius ordeaceos quàm triticeos panes: magis enim eo aluntur, & lactis prębent maiorem facultatem, Varro. Sero quod à caſeo manauit quàm optime canes nutriuntur: plurimum e-
nim eis alimentum pręſtat, Dioſcorides, & Auicenna. Veloces Spartę catulos, acremq; Moloſſum

Paſce

Pasce sero pingui, Verg. Georg. 3. Canes, feles, & ichneumones uescuntur eisdem cibis, Aristot. Canis quoniam sicci temperamenti est, humido nutrimento reficiendus est, Albertus. Grauidas canes nutriemus non triticeis, sed hordeaceis panibus, ut qui maximi nutrimenti sint. Ossa item ouiū exuta carne apponemus, sed cocta, ut eorum medulla temperet & pinguefaciat ius ipsum: Quod etiam panibus comminutis postea infundentes, tundentesq; rursus, similiter offeremus. Enixis autem hordeacea farina, caprillo bubulóue lacti permista, offerēda est: ossiumq;, ut diximus, elixorum, decoctū ipsum erit potus quo utentur. Ipsis uerò catulis recens ortis opitulabimur: matris enim mamma non sufficit: ac proinde lacte bubulo iureq; ossium imbuentes panes, in pabulum eis offeramus: Sed apponenda etiā illis sunt ossa, ut tum roborent tum confirment, ac simul exacuant dentes, Hæc Varro in Geopon. Græcis. Cibatus canis propior hominis, quàm ouis. Pascitur enim è culina, & ossibus, non herbis, aut frondibus. Diligenter ut habeant cibaria prouidendum. Fames enim hos ad quærendum cibum ducet, si non præbebitur, & à pecore abducet. Nisi si (ut putant quidam) etiam illuc peruenerint, prouerbium ut tollunt antiquum βουλιμιῶ κύων aperiant, de Actæone, atq; in dominum afferant dentes. Nec non ita panem ordeaceum dandum, ut nō potius eum in lacte des intritū, quòd eo consueti cibo uti, à pecore non cito desciscunt. Morticinæ ouis non patiuntur uesci carne, ne ducti sapore minus se abstineant. Dant etiam ius ex ossibus, & ea ipsa ossa contusa. dentes enim facit firmiores, & os magis patulum. Propterea quòd uehementius diducuntur malæ, acrioresq; fiunt propter medullarum saporem. Cibum capere consuescunt interdiu, ubi pascuntur: uesperi, ubi stabulantur, Varro in opere Latino de Re rust. Vbi primum canis pepererit statim reijciēdi sunt degeneres, aut uitio aliquo maculati. Ex septem porrò seruandi sunt tres aut quatuor: duo autem ex tribus. Quibus quidem paleas substernunt, ut mollius incubent & calefiant. Est enim impatiens frigoris huiusmodi animal. Catuli bimestri spatio cum matribus sunt liquendi, Fronto in Geopon. Quanquam autem de pastorali cane priuatim illic loquatur, ut etiam Varro in loco iam recitato: uidebantur tamen hæc huiusmodi esse, ut commode communi de cane tractationi adscriberentur, sicut & sequentium quædam. Substernitur eis acus, aut quid aliud, quod meliore cubili facilius educantur, Varro. Catulos sex mensibus primis, dum corroborentur, emitti non oportet nisi ad matrem lusus ac lasciuiæ causa, postea & cathenis per diem continendi, & noctibus soluendi, nec unquam eos, quorum generosam uolumus indolem conseruare, patiemur alienę nutricis uberibus educari: quoniam semper & lac, & spiritus maternus longe magis ingenij, atq; incrementa corporis auget: quod si effœta lacte deficitur, caprinum maxime conueniet præberi catulis, dum fiant mensium quatuor, Columella, agens de cane pecuario. Si plures sunt catuli, secundum partum statim eligere oportet quos habere uelis, reliquos abijcere. Quàm paucissimos reliqueris, tam optimi in alendo fiunt propter copiam lactis. Catuli lacte siue maza, uel aqua lactis alendi sunt: nec ullum aliud alimentum offerendum: quia laxus (largus) uictus solet esse maximo damno. Verum adulti siccis uescantur cibus: pane uidelicet, & ossibus, & hoc fiat digestis horis, ut concoctio peragatur, & potius famescat paululum, q; non exactis horis pascantur, Blondus. Nemesianus etiā in Cynegeticis catulos cum matribus sero, & lacte, uel pane cum lacte pascendos canit, à tempore uerno ad solstitium usq;: nam cū Sol in cancro fertur, consuetam minuisse saginam Profuerit, tenuesq; magis retinere cibatus: Ne grauis articulos deprauet pondere molles. Nam tum membrorum nexus nodosq; relaxant, &c. (sic enim legendum.) Mox cum iam sextum ætatis mensem agunt catuli, Tunc rursus miscere sero Cerealia dona Conueniet, fortemq; dari de frugibus escam. ¶ Non permittendum est ut nimium indulgeant somno canes: nam cum natura calidi sint, calor internus per somnum etiam auctior prauos humores ad uentriculum attrahit, unde morbi scaturiunt. Parum igitur à cibo dormiant, quoad cibus mediocriter concoquatur, Albertus. ¶ Cani tanta sagacitas narium, ut nunquam caninam carnem, ne uarietate quidem condimentorum fallacissima temperatam, degustet, Aelianus. Fel ceruo in cauda aut intestinis esse putant: Ideo tantam habent amaritudinem, ut à canibus non attingantur, Plinius. Abstinent fraxini fructu, licet sues eo saginentur, quod dolorem uertebræ coxarū inde incurrant. Sunt & coprophagi canes: quamobrē Plinius, Venenati mellis, inquit, malū (quo homo infectus fuerit) certum est per excremēta, ad canes etiam peruenire, similiterq; torqueri eos. Corui & canes inebriantur œnutta herba, Athenęus. Vinum auersantur, unde caninum prandium dictum, ut infra explicabo: Panem tamen uino tinctum deglutiunt. Canis æstate frequentius quàm hyeme cibandus est, ut æstiuis diebus longis & calidis durare possit. Infringatur ei panis in aquam. Si tamen sæpius quàm par est cibetur, uentriculus ei subuertitur. Lac aut panis lacte madidus optimè alunt. Si cumini tunsi cibarijs eius modicum inijciatur, uentris flatibus non erit obnoxius. Caro siccata in cibo ei conuenit. Olei parum aquæ bibendę superfusum, habitiorem simul ueclociorēq; reddit. Si cibū fastidiat, panis atri micas aceto maceratas, in nares eius exprimes. In magna fame butyrū recens cum pauco pane calido ei obijcies, paulò ante reliquum cibum, Tardiuus. ¶ Bonum catulū lactentem & prę cæteris eligendum, ita cognosces. Præstat qui pondere uincit reliquos, proinde diligenter lactandum curabis: Vel ille, quem mater primum ore suo reportat: Vel qui postremus uomere incipit. Alij prędstantiorem hac industria discernunt. Locum satis amplum circumquaq; sarmentis aut cremijs includunt, & catulis impositis accendunt, qui cum totus ardet in circuitu, matrem foris detentam dimittunt: quæ mox insiliens optimum quemq; priorē effert, postremò uilissimū, Tardiuus.

Videtur autem ex Nemesiani Cynegeticis hæc eligēdi indicia esse transcripta: nam illud à loco igne ambito sumptum, omnino similiter describit. Quòd uerò ad pondus, contra quàm Tardiuus, leuiorem præferre uidetur, his uerbis: Pondere nam catuli poteris perpendere uires, Corporibusq; leues gratiibus prænoscere cursu. Ego ita conciliârim, ut ad robur præferendi sint, grauiores: ad celeritatem, leuiores.

DE MORBIS CANVM.

¶ Offeres cani nonnunquam ius elixationis hederæ: quoniam si istud exhibueris saltē per septem dies, seruabis canis synceritatem: quia et ouem pastus hederę seruat, Blondus: (per septem dies, forte intelligit, septimo quoq; die.) Ellebori tenuissimæ radices breuesq; ac uelut decurtatę etiam hæ legun tur. Nam summa quæ est crassissima, cepis similis, canibus tantum datur purgationis causa, Plinius. Venter cani mollitur aut purgatur potu lactis caprini: aliqui salem contritum deglutiendum ingerunt, aut cancros contritos cũ aqua miscent, eamq; in potu exhibent: aut animalis alicuius uentrē in cibo: alij staphisagriam contritam cum pauco oleo in ouo præbent, et mox à purgatione lac mulsum, Tardiuus. Canes humidis potius quàm siccis edulijs ales: cum enim natura sicci sint, accedēte insuper ab alimento siccitate, aluo astricta periclitantur sæpe ac pereunt. Obstructionis signum est, quod subinde gemendo uociferantur, & loco manere nesciunt, & præ nimio deijciendi conatu febricitantium instar tremunt. Hoc frequens est in catellis mulierum, quarum plurimæ aluo moriuntur obstructa. Detur ergo eis massa auenacea ex aqua calida, ut instar densæ pultis edulium fiat: uel pane auenaceo molli fermentato pascantur, & sero lactis interdum: sic ueloces & bonæ ualetudinis euadent, Albertus. Ego auenam, præsertim in densa pulte, astringere magis quàm mollire aluũ contra Albertum dixerim. ¶ Canes tribus laborant uitijs, rabie, angina, podagra: Aristoteles, Pollux, Aelianus. Ego ex recentioribus longe plures infestos canibus morbos cũ remedijs suis enumerabo.

¶ Vulnerantur canes uel sui generis hostium morsibus, uel alieni, à feris, ab hominibus. De uulneribus eorum curandis Gratij (uel ut Blondus citat, Maximi) elegantissima carmina hæc sunt:

Nec longe auxilium, licet alti uulneris ora
Abstiterint, utroq; (lego uteroq;) cadãt cũ sãguine fibræ.
Inde rape ex ipso qui uulnus fecerit hoste
Virosam eluuiē, lacerisq; per ulceris ora
Sparge manu, uenas dũ succus cōprimat acer.
Mortis enim patuēre uiæ: tum pura monebo
Circum labra sequi, tenuiq; includere filo.
At si pernicies angusto pascitur ore,
Contrà pande uiam, fallenteisq; argue causas.
Morborum in uitio facilis medicina recenti.
Sed tactu impositis mulcēt pecuaria (.i. canes) palmis,
(Id satis) aut nigræ circũ picis unguine signãt
Quòd si districto leuis est in uulnere noxa,
Ipse habet auxilium ualidæ natale saliuæ.

Blondus hunc locum paraphrasi reddens, uiscera & fibras reponi iubet, ac labra filo cōsui, & detractos pilos illius qui intulit uulnus superponi, aut uirosam eluuiem, donec sanguis sistatur: inde cani lambendum relinqui. Naturam enim canem ita dotasse, ut lingua medeatur uulneribus: & se breui tempore uulnus latissimum hoc modo consolidatum uidisse: Idem scribit Aelianus, & recentiores aliqui. Curare uulnera sua & aliena dicuntur lambendo, & si uulnus attingere lingua nequeat, pede saliuam ingerunt & sanant, Albertus. Si uulnus (inquit Blondus) lingua sua canis contingere non possit, medicamentis & methodo uti licebit, ijsdem quibus in uulneribus humani corporis. Vulnus simplex uel cani tantum lambendum dimittes, uel insperges cinerem de capite canis, qui maximè prodest: uel salem tenuem torrefactum cum pice liquida impones, Blondus. Si canis à cane morsus sit, squamæ ferri pollinem pice, excipe & inunge, Tardiuus: (qui errat picem liquidam Gallice uertendo poix fondue.) Canibus morsis anagallidem uenatores imponunt: quæ etiam hominibus à cane rabido morsis prodest, Hieron. Tragus. Albertus anagallidem nō ad uulnera, sed uermes in uulneribus canum adhibet, ut paulò post dicam. Canem à fera in uenatione morsum, cui rostrum ualde intumuerat, moribundum ferè, citissimè curauimus, primum extracto sanguine (circa uulnus) cum incisione, sic enim uenenum euocatur: postea oleo de hyperico illito, Blondus. Cimices prosunt cani à serpente morso, Plin. libro 29. ¶ Remedia contra morsus quos canis rabidus homini inflixerit, infra docebo cap. 7. & mox ante illa, de morsibus canis non rabidi in homine curandis. Aduersus rimas & ulcera remedium Tardiuus præscribit ex testa uel ollæ fragmento, quod tritum acetoq; forti mixtum imponatur: uel cum adipe anseris terebinthinã. Senecio (sic uocat sisymbrium alterum, **brunnenkressich**) cum lardo recenti tritum & appositum, tumorem in cane sedat, & saniem funditus extrahit, & ulcus ac uulnus consolidat, Albertus. Si canum uulnera intumuerint, butyro inungito: hoc enim tumores depelli creduntur: si maxime lingere uulnera consuescant: (melius, sic consuescent,) quod perutile canibus est: senationibus (id est sisymbrio altero) præsertim tritis, cũ axungia uel hircino seuo appositis, Aquiuiuus: qui ex Alberto descripsisse uidetur. Alberti uerba de senecione herba supra posui: is butyro quidem illini iubet ulcera uerminantia, ubi uermes in eis per alia medicamenta iam enecati fuerint: Butyro, inquit, mense (Martio, addiderim) facto, inungantur: & per hoc etiam ipsi tumores depelluntur: & partes sic illitas canis lambet libentius, quod perutile est. ¶ Si spina uel aculeus in pede aliàue parte canem læserit, furfuresca cum lardo trita & apposita, extrahit, & saniem denudando aperit: Idem facit puluis hirundinellarum in olla noua cum partibus intestinis combustarum: quod medicamentum tanquam saluberrimum in pyxide reseruandum est, Albertus. Furfurescam, ut uocat, herbam, uideo nō aliam esse quàm bechion, id est tussilaginem, uulgo

uulgo roſſzhůb: nam illam quoque nonnulli ex ueteribus farfariam uocauerunt, forte quod folia albis quibusdã, ceu furfuribus obducãtur: huius folia, ut apud Ruelliũ legimus, tela omnia infixa corpori extrahunt. Quòd ad hirundines, (ſic enim & Aquiuiuus etiã ex Alberto legit) hunc cineris ipsarũ uſum apud ueteres in præſentia non reperio: cæterũ harundinis, quã phragmiten cognominat, radicẽ conciſam per ſe, & unà cũ bulbis illitã, ſurculos & cuſpides extrahere, Dioſcorides tradit.
¶ Vlceribus quæ naſci ſolent ex prauorũ ſuccorũ decurſu, maximè rodentiũ, medetur quoduis corrodens pharmacũ, & ipſa lingua canis (lambendo ſcilicet,) Blondus. Accidit etiã ut uermes innaſcantur in poſterioribus cruribus, quos ut eneces, præter unguentũ apoſtolorũ ſiue Aegyptiacũ ceratũ, iniicies ulceri ſuccũ foliorũ perſici: ſic mortui confeſtim exibunt: reliquã curã ſaliuæ canis permitte. Sic enim quodque putridũ ulcus & uerminoſum curatur, quamuis quidã cõſueuerunt & ſalẽ ſpargere, & dulci oliuo inungere. Hæc niſi profuerint, utendũ ea ratione quã in humanorũ corporũ ulceribus medici præſcribunt, Blondus. Vulnera uel ulcera uerminantia canũ ſucco hippiæ, quę uocatur tanacetũ agreſte, perfundantur quoad extinguantur uermes. Venatores quidã experti affirmant, omnes huiuſmodi uermes in omnibus brutis animalibus interire, ſi ſticas citriha collo eorũ ſuſpendatur, ubi primũ aruerit. Porrò iam extinctis uermibus, butyro de mẽſe Martio locũ inunges, quod & tumorẽ remittit, & canes ad lambendũ inuitat, Albertus. Hippiæ nomine anagallidẽ intelligo (ſic enim uel Arabes, uel barbaros quoſdã appellare inuenio) cui cũ tanaceto nihil commune eſt, quàm quod uermes ſimiliter interimere poteſt, nimirũ acri & nitroſa facultate ſua, qua betæ ſimilis aut etiã ſuperior eſt, quod ipſe obſeruaui: quamobrẽ idem ad apophlegmatiſmos utriuſque uſus. De hac paulo ante etiã ex Hieron. Tragi ſententia locutus ſum. Contra uermes ulceribus innatos: Verminantes partes aqua calida ablue, & poſca: deinde pice, calce, & fimo bouis in aceto mixtis, lauato locũ, et inſperge puluerẽ ellebori nigri, Tardiuus. Vlcera in uentre canis oborta, pice liquida (de poix clere, id eſt pice pura uel purgata) inunge: & puluerem inſperge qui recipit æquales partes opopanacis & radicum flammulæ, Tardiuus.

¶ Si ſcabies infeſtabit, cytiſi & ſeſami tantundem conterito, & cum pice liquida permiſceto, uitioſamque partem linito: quod medicamentum putatur etiam hominibus eſſe conueniens: Eadem peſtis ſi fuerit uehementior, cedrino liquore aboletur, Columella. Si ſcabies, impetigo aut lepra, quæ tria pro uno connumeramus, canem inuaſerit: primum ſanguis detrahatur à quatuor cruribus è uena maiori, quæ in externa cruris parte deſcendit: poſtea fiat unguentum ex argento uiuo, ſulphure, & ſemine acalabis (urticam intelligo) trito: æquales partes de duobus (lego, tribus) cum duplo axungię ueteris uel butyri miſce, & inunge locos affectos, curabitur. Confert etiam lupini decoctio, & aqua ſalſa, Albertus. Decoctione lupinorum ablue canem ſcabioſum, Raſis. Gratius poëta aduerſus canum ſcabiem remedium præſcribit, bitumine, pice, & amurca ſimul ad ignem mixtis: Inde lauant ægros, forte linunt legendum, niſi intelligas inungendos primum canes, inde lauandos. Hoc medicamine illiti canes, pluuias & frigora uitent: & locis tranquillis, calidis apricisque contineantur, ut uitiũ exudent, & medicamenti uis poros ſubeat. Sunt qui ſcabioſos canes aqua marina mergant. In Sicilia ſpecus eſt, ubi Stagna ſedent uenis, oleoque madentia uiuo (petroleum intelligo:) Huc pecudes mala tabe affectæ ſæpe ducuntur, cum alia remedia non ſucceſſerint: ſacra Vulcano fiunt, &c. Nec mora (ſic lego) ſi medias exedit noxia fibras, His laue pręſidijs, &c. Quòd primam ſi fallet opem dimiſſa facultas: At tu pręcipitem, qua ſpes eſt proxima, labem Adgredere, in ſubito ſubita eſt medicina tumultu. (forte, in ſummo ſumma eſt, ut conueniat huc ſententia Hippocratis, Extremis morbis extrema remedia tentanda.) Stringendæ nares, ſcindenda ligamina (articuli) ferro Armorum, geminaque cruor ducendus ab aure. Hinc (à ſanguine) uitium, hinc illa eſt auidæ uehementia peſti. Ilicet auxilijs feſſum ſolabere corpus: Subſiduasque fraces (id eſt amurcam) diffuſaque Maſſica priſco Sparge cado. Liber tenues è pectore curas Exiget: eſt morbo Liber medicina furenti, Hæc Gratius. Sępe ſcabies contagioſa plures ſimul canes inficit, aut etiam perimit, Quin acidos Bacchi latices (id eſt acetũ) Tritonide oliua Admiſcere decet, catulosque canesque maritas Vngere profuerit, tepidoque oſtendere Soli: Auribus & tineas candenti pellere cultro, Nemeſianus. Scabiem aduſta ferè bilis, aut ſalſa pituita generat. Comprimunt eam aliquando leuiora remedia, ut ſunt, decoctio fumariæ, lapathi, lupi ſalictarij, borraginis, uel ſerum lactis in quo eadem macerata fuerint. Prodeſt etiam lauari lixiuio, uel aqua marina, uel garo temperato, uel aqua fabrorũ ferrariorum in quo ferrum candens extinguunt, uel denique decoctione fumariæ cum radicibus inulæ & lapathi. Aufertur & ſanguis nõnunquaam, uerum moderatius. Præſtiterit autem ante omnia purgante medicamento bilem deijci, Blondus. Tardiuus ad ſcabiem commendat unguentum, quod conſtat pice nigra, ſulfure, lithargyrio, oleo & urina. Locus ſcabioſus (inquit) tondendus eſt, inde panno uel penicillo fricandus donec ſanguis appareat: poſtremò ungento iam dicto calido inungendus, & loco mundo continendus donec unguentum decidat: hinc iterum unges, ſed abſque fricatione, & iterum dum decidat loco mundo continebis. Canum ſcabies ſanantur bubulo ſanguine recenti, iterumque inareſcat illito, & poſtero die abluto cinere lixiuio, Plinius. Pix liquida præſtantiſſimum remedium eſt ad canũ & iumentorum ſcabiem, Plin. Dioſcorides oleum lentiſcinum & cedriam quoque commendat. Amurca ſcabioſis canibus auxiliatur, Theomneſtus. ¶ Si tumor in aliqua parte oriatur, remedium eſt, alcæam cum aqua tritam, miſcere cum paſta (id eſt maſſa farinæ) & ſimul ſubigere manibus, ac iam ceræ inſtar tra

ctabilem imponere:alij pannum ex cannabi imponunt,maximè cumino inspersum : alij eundem a-
qua madidum pilis circa tumorem prius rasis:Lac acidum quoq; bene agitatum & impositum, dolo
rem sedat,& reprimit tumorem:Item lini semen cum recenti sanguine coctum:Betula trita &applica
ta:Seneciones(id est sisymbrium alterum)cum aqua lardo recenti triti & appositi, tumorem sanant,
& saniem funditus extrahunt:& ulcus ac uulnus consolidant, Albertus. Si tumor absq; ulcere aut
uulnere fuerit,de osse sepię puluerem emplastri modo impone. Quòd si etiam uesicæ(papulæ uel exanthemata)adfuerint,coques simul galbanum,styracem,medullam cerui,ceram,oleum, salem amarum,& mel:hoc pharmaco dorsum & locos affectos canis per decem dies inunges. Tumori post uul
nus facto medeberis,si surculis arborũ calefacientiũ in aqua decoctis,locum laueris : dabis autẽ statim postea edendũ butyrũ cum melle, Tardiuus. ¶ Verrucas ita tolles:primũ diligenter fricabis et 10
purgabis,inde pinguedinẽ aliquam illines ut molliantur:deinde impones medicamentũ instar emplastri ex puluere de cortice cucurbitæ,& sale minuto cum oleo & aceto.Aut aloën tritã cũ sinapij
embammate mixtã,applicabis,ut erodatur:Postea decoctis in aceto folijs salicis cũ scoria ferri (id est
micis illis quæ inter fabricandũ prosiliunt, ut Tardiuus exponit, cum hæc squama potius sit quàm
scoria dicenda)etiam uerrucas colluito. ¶ Idem aduersus clauos(cloux Gallice) remediũ describit,
quod componitur ex fimo arido,cortice cucurbitæ,& pane hordeaceo:quibus simul crematis adda
tur puluis è plumbo,& affundatur acetũ,ut claui perfricentur:Quos etiã posca prius abluere iubet,
ac deinde pręscriptũ pharmacũ emplastri instar imponere. ¶ Gignuntur aliquando in canibus ri
cini,ut pedes etiam & pulices, Plinius. ¶ Quidam nucibus Græcis (amygdalis amaris, Fronto,
quas Columella etiam contra muscas commendat)in aqua tritis perungunt aures & inter digitos, q; 20
muscæ,& ricini,& pulices(& pediculi,Fronto)soleant (si hoc unguine non sis usus) ea exulcerare,
Varro. Aduersus pediculos staphisagria contrita inspergatur:uel totũ corpus lauetur calido decocto radicũ aceris contusarũ.Prodest & radix cedri,sed mandragoræ radix præfertur.Cauendũ est in
terim ne quid de his medicamentis,utpote uenenosis,in os canis perueniat. Tutius abluentur decocto radicũ cyperi,quod pediculos omnes extinguit,Blondus. Pulicosæ cani remedia sunt, cyminũ
tritum pari pondere cum ueratro aquaq; mistũ:seu cucumeris anguini succus:uel si hæc non sunt,
uetus amurca per totũ corpus infusa,Columella. Pulices extingues ac perimes,aqua marina atque
etiam muria perfundens canem,posteaq; inungens illum cyprino,cũ elleboro,aqua,cymino,& uua
immatura:aut ex radicula syluestris cucumeris aqua distemperata:(Remedium simile contra alcarden, id est ricinos apud Rasin legimus.)Sed multò melius fuerit,amurca corpus inficere,quę etiam 30
scabiosis canibus auxiliabitur,Theomnestus. Tardiuus decocto staphisagriæ, aut foliorum & fructuum cucumeris agrestis loca pulicosa lauari iubet:Albertus oleo ungi: sic recessuras pulices, nec
cito redituras. ¶ Canibus proprium ricini uitium est, qui inde etiam nomen cynoraistæ accepit,
Aristot.Non infestari ricino locum amygdalis amaris illitum paulò ante dixi. Nemesianus oxelæo,
inquit,scabiem canum Vngere profuerit,tepidoq; ostendere Soli, Auribus & tineas candenti pellere cultro, ricinos puto tinearum nomine intelligens.Canis qui habet alcarden (id est ricinos) abluatur cum aqua marina,aut aqua salsa,et deinde ungatur aceto uini & cymino,extinguentur alcar
den,Rasis. Ferè per æstatem sic muscis aures canum exulcerantur, sæpe ut totas amittant: quod ne
fiat,amaris nucibus(amygdalis amaris,ut supra)contritis liniendæ sunt.Quòd si ulceribus iam præ-
occupatæ fuerint,coctam picem liquidam suillo adipi uulneribus stillari cõueniet:hoc eodem medi- 40
camine contacti ricini decidunt.Nam manu non sunt uellendi,ne ut ante prædixeram faciant ulcera,Columella.Plura de ricinis uide in libro de Insectis,ubi etiam de cynomyia,id est musca canina a-
gemus.Amaris nucibus Græcis illita loca,à ricinis,muscis,alijsq; uitijs tuta esse,paulo supra dictum
est. Chamæleontis succo ricinos canum necant,Plinius. ¶ Si apes aut uespæ, aut similia insecta
canem pupugerint,remedio erit ruta usta,&ex aqua imposita:Quòd si punctura muscæ maioris(ut
crabronis)fuerit,aquam insuper tepidam adhibe,Tardiuus. ¶ Canes & aliæ pleręq; bestiæ impen
dentem pestem,& cœli salubritatem præsentiunt,Aelianus. Si pestilentia ingruerit, uitandi conta-
gij causa canes adhuc incolumes in aliam regionem trãsferantur.Experimento autem probatum est
præseruari canem ab hac lue , si uel puluis uentriculi ciconiæ,uel eiusdem partis in aqua decoctum
in os canis apertum infundatur,Blondus.Gratius etiam in libro de uenatione canum pestem descri- 50
bit,& primum esse ait ad euitandum contagium,mutare cœlum:sin illud fieri non possit,secundum
ut medicamentis utamur: Sed uarij motus,nec in omnibus una potestas. Disce uices,&, quæ tutela est proxima,tenta. Muli & canes apud Homerum libro 1.Iliados,ingruente peste primi infici-
untur:causam inquirit Eustathius in commentarijs,& Cælius lib.17.cap.28.Heraclides Ponticus(in
quit)putat iumenta peste infici primum,quia deiecta in terram & prona in pastum, τοὺς νοσώδεις ἐκεῖθεν
ἀτμοὺς trahant procliuius homine,cuius est surrectum corpus,& purius sublimi inspirato aëre, &c.

¶ Apocynum frutex est folio hederæ,molliore tamen,& minus longis uiticulis,semine acuto,di-
uiso,lanuginoso,graui odore:canes & omnes quadrupedes necat in cibo datum,Plinius.Apud Dio
scoridẽ apocyni alia nomina legimus,ab eodem effectu,nempe cynanchen,cynomoron,cynocram-
ben,cynoctonon,cynaricam,& caninam : & apud Paulum Aeginetam cynoctonon , ut Marcellus 60
Vergilius legit:nostra exemplaria cynomoron habent,& rectè,cum apud Galenum quoq; sic legatur,Cæterum cur cynocrambe,quasi canina brassica,item brassica rustica nominetur à quibusdam,
non

non uideo nisi quod siliquas profert, similes forte brassicæ siliquis: uel potius à similitudine brassicæ marinæ, cui similia habet folia, nempe hederacea: similiter etiam succo turgent, quamuis apocynon luteo, illa candido. Habent insuper ramulos similes, nam quales Dioscorides apocyno tribuit, longos & lentos: tales ipse in brassica marina, id est soldanella uulgo dicta obseruaui. Plinius semen acutum, diuisum, & lanuginosum apocyno tribuit, Dioscorides σπερμάτια λοβικά, σκληρά, σμικρά, μέλανα. Marcellus transtulit, semina dura, exigua, nigraq;: Ruellius, semine intus albo, duro, paruo: hic μέλανα uocem tanquam superfluam omisit, ille λοβικά. Siliquæ ei (inquit Dioscorides) quales in fabis, digitales, folliculari specie: uiticulæ paruæ (ut Ruellius uertit; longę, ut Marcellus. μικρὸν enim & μακρὸν facile permutantur:) λυγώδεις, id est lentæ & uitiles: pro qua uoce aliqui δυσώδεις legerunt, id est, fœtidæ, quod admitti potest, cum δυσωδεστάτως uox sequatur, idem ferè significans quod λυγώδεις. Hoc apocynon qui hodie nôrit neminem esse puto, quod quidem scriptis publicatum sit. Ego prorsus congenerem ei herbam illam existimo quam aliqui ridiculo nomine Noli me tangere uocitant, eò quod uel leuiter attactæ eius siliquæ iam maturæ mox dissiliant & semen eiaculentur, quod & cucumeris anguini fructus facit. Semina in siliquis duriuscula & alba producit: succum luteum continet: non semel enim libros, quibus ramulos huius herbæ imposueram, hoc postea colore tinctos inueni. Vim acrem & erodentem habet, ut sæpe gustando cognoui. Flos ei luteus aconiti instar cucullatus. Venenosam arbitratur etiam Hieron. Tragus, qui ultimum inter tithymallos locum, sed perperam, ei attribuit. Et quanquam folijs Mercurialem uel atriplicem quodammodo referat, non ideo tamen nullum apocyni genus est: Nam & Dioscorides cyniæ herbæ (quam itidem cynocramben uocat) folia uel Mercurialis uel hederæ folijs comparat. Ego interim apocynon minus, nostram hanc herbam appellabo, donec alius aliquid melius attulerit: nec admodum refert, cum nullus in medicina eius sit usus: cauendi tamen gratia refert: nam & homini uenenosum apocynon esse, quod Galenus ait, facile credo, cum lupos, uulpes & pantheras interimat, ut Dioscor. scribit, & ut Plinius quadrupedes omnes. Hoc obiter monebo Lectorem, aliam esse cynocramben apocynon dictam, ac prorsus uenenosam, quam Dioscorides describit libro 4. cap. 79. Aliam uero cyniam, cui item cynocrambes cognomen, eodem libro cap. 184. Marcellus Vergilius testatur in uetustissimis Græcis & Latinis codicibus hoc caput non legi: præterea si nomen (inquit) solum expendatur, eadem apocyno est, de quo non multò ante hoc ipso uolumine egit: si uires, Mercurialis esse merito credetur, præsertim ijsdem penitus uerbis in hoc scriptore tractata: quæ enim de ea feruntur, semen eam secus folia habere, exiguum rotundumq;: potam præterea aluum soluere, & olerum modo coctam, bilem & aquas corporis trahere: omnia paulo ante dictæ Mercurialis herbæ sunt. Sed nec Plinius, quod hactenus deprehenderim, aut Theophrastus, de hac cynocrambe uspiam agunt: Inclinat ideo animus nobis, adulterinum scriptoris huius esse hoc caput, & alterius Mercurialis herbæ traditam ab aliquo sub hoc titulo historiam esse, Hæc Marcellus. Ego siue ab alio adiunctam, siue à Dioscoride primum descriptam, hanc cynocramben, sui generis herbā esse existimo, nempe Mercurialē syluestrē, quā ijsdem ferè uerbis, quibus cōmunis Mercurialis, describi nihil mirū est, quum & forma & uiribus non aliter ab ea discrepet, quàm solent agrestia ab urbanis. De nominibus equidem nemini contenderim: reipsa uero Mercurialis genera duo syluestria cognosco: quorum unum in syluis ferè nascitur, nigrius, & reptantibus per transuersum radiculis, quod Leon. Fuchsius pro cynocrambe pinxit: maius alterum, & candidius, hirsutumq; circa oppida & rudera passim emicat. Fœmina, quod sciam, in neutro syluestrium genere reperitur: utrumq; gemella semper seminum conceptacula inter folia gerit, ut rectè à Dioscoride Mercurialis syluestris mas cognominetur, & statim post uulgarem ac locis tantum cultis nascentem Mercurialem collocetur. Matthæolus Ruellium reprehendit, qui hanc cynocramben atriplicem syluestrem esse putauerit, quum atriplex ista libro 2. post satiuam statim à Dioscoride commemorata sit. Qua quidem in re cum Matthæolo sentio: sed dissentio ab eodem, quod immerito Fuchsium notet, ut qui depinxerit apocynon à Dioscoridis descriptione prorsus alienum: cum Fuchsius non cynocramben apocynon, sed cynocramben cyniam depictam dederit. Persuasit forte Ruellio ut ita iudicaret herbæ odor: est enim genus quoddam atriplicis syluestris circa parietes interdum nascens, omnium fœtidissimum: describitur autem apocynon quoq; graueolens Dioscoridi, βαρύοσμον: quod tamen aliud est quàm fœtidum, quamuis Galenus δυσώδης dixerit. Idem Matthæolus perperam Galeni uerba de apocyno citat, quod maturandi uim habeat, cum apud Galenum simul & Aeginetam diaphoretica, id est discutiendi facultas non maturandi ei tribuatur, idq; merito, quoniam (ut inquit Galenus) non instrenuè calefacit, non æquè tamen exiccat: huiusmodi enim discutientia sunt. Apud Aeginetam non placet quod legitur, eam ualde fœtidam & calidam esse, absque siccandi tamen facultate: quam quidem Galenus ei non negauit, sed minorem quàm calefaciendi esse dixit. Discutiendi sanè uim Mercurialis etiam habet: & haud scio an apocynon & cyniam Galenus alijq; secuti eum confuderint, cum alterius solum mentionē faciant. Hoc quidem Galeno frequens esse uidetur, ut ex uiribus plantarum, à Dioscoride præsertim scriptis, de temperamento earum & qualitatibus primis pronunciet, quod tamen persæpe non sine errore fit, ne prorsus stirpes quasdam ignorasse existimetur. Epicharmus brassicam syluestrem contra canis rabiosi morsum imponi satis esse tradit, melius si cū lasere & aceto acri: Necari quoq; canes ea, si detur ex carne, Plinius: sentit autem de apocyno.

¶ Chamæleonis albi radix mixta cum polenta, uel (ut interpretes reddunt, in Græco tamen est

q

copulatiua coniunctio) cum aqua & oleo, canes, sues & mures occidit, Dioscorid. Chamæleonis candidi radicis succus, occidit canes suesque in polenta: addita aqua & oleo, contrahit in se mures ac necat, nisi protinus aquam sorbeant, Plinius. Auicenna idem de herba Mezereon scribit, quæ chameiæa Græcis est: quod de chamæleonte Dioscorides, ut linguarum imperiti sæpe uocabulorũ similitudine decipiũtur. Blondus chamæleonem carduum uarium appellat: Gaza in Theophrasto uernilaginem transfert, quoniam inter Dioscoridis nomenclaturas à quibusdam sic appellari chamæleonem nigrũ legerat: ipse commune utrique nomen fecit. Hoc sanè aliquis miretur, cur soli albo chamæleonti canes aliasque quadrupedes necandi uenenum adscribatur, cum nigrum longè perniciosiorem Galenus cæterique faciant: & inter illius quoque nomenclaturas cynomazon (quasi maza cani obijcienda) habeatur, & cynozolon propter grauitatem odoris, teste Plinio: nam apud Dioscoridem malè scribitur cynoxylon: quo etiam iuuencæ pereunt anginæ modo, quare à quibusdam ulophonon uocatur, Plin.

¶ Zinziber caninum uel aquaticum, olus est quod interficit canes, folia habet salignis similia, sed pallidiora (magis citrina) ramulos rubentes sapore zinziberis, Syluaticus sine authore: descriptio ad persicariam uulgo dictam uel hydropiper Dioscoridis accedit. ¶ Rhododaphnes (recentiores oleandrum appellant) flos & folia, canes, asinos, mulos, & plerasque quadrupedes perimunt, Dioscorides & Auicẽna. Idem facit elleborus albus apud Serapionem secundum Eben Mes. & Auicennam. Nuces uomicæ etiam uenenum sunt canibus. Chrysippus docet canes occidi, si aqua eis detur in qua decoctus fuerit asparagus, Plinius, Dioscorides, & Auicenna. ¶ Plumbi fumus canes occidit, Plinius libro 24 ut Aggregator citat. ¶ Venenati mellis malum (quo homo infectus fuerit) certum est per excrementa, ad canes etiam peruenire, similiterque torqueri eos, Plinius. Circa Scytharum & Medorum dictam Thraciæ regionem, locus est uiginti ferè stadiorum spatio, qui hordeum producit, quo homines uescuntur: equi uero & boues abstinent: imò sues etiam & canes excrementa hominum qui mazam aut panem ex hordeo illo comederint, auersantur, tanquam mortis periculo, Aristoteles in Mirabilibus. ¶ Si canis non cibi inopia, sed aliquo præter naturam affectu in maciem inciderit, ter aut quater butyro abunde eum nutries: unde nisi statim habitior fiat, signum est eum uermes sub lingua alere: illos igitur acu extrahes: Quod si ne sic quidem corpulentior fiat, incurabilem & breui periturum existimato, Albertus. Sunt qui fascinatos etiam paulatim emaciari credant, ut proxime dicam. ¶ Si ex pigro ignauoque agilem & uelocem reddere cupis, pane auenaceo accuratè cocto fermentatoque subinde pasce, Albertus. Gratius quidem etiam ueterno quandoque laborare canes author est.

¶ De rabie canum, ijsque omnibus quæ circa eam considerari possunt: & quomodo in canibus curari debeat, & quæ auxilia sint homini aduersus morsum canis tum rabiosi tum non rabiosi, infra differam cap. 6. ¶ Blondus nugatur quędam de fascino, quæ ipsius omnino uerbis apponam, nõ quòd probem, sed ne quid omittam. Canis (inquit) ut & infantulus, frequenter inficitur fascino, ita ut deueniat ad extremam maciem. Quorundã enim hominum oculi, adeo ligant, ut quem ligauerint non patiantur liberum esse, quinimò nec mentis compotem. Fascinum autem dicimus esse genus incantationis, ut patet apud Virg. Nescio quis teneros oculus mihi fascinat agnos. Morbus autem is oritur è spiritu fascinantis. Sed fascini est ingressus per oculos fascinati ad ipsum cor usque. Propterea cauendum est ne catulus perspiciatur ab inuidis hominibus donec adoleuerit. Quoniam hæc est maxima conseruatio salutis eius: quia remotis quæ inficiunt, saluberrimus seruatur. Plerique autem alij ex corallio baccatum monile circundant collo. Quidam & sacris herbis prætegunt, & cingunt frontem bacchare. Horum tamen usus est minus proficuus. Conclusio uerum prohibet fascina, uelut sarmentorum ignis, Hæc Blondus. ¶ Lippitudini uel lachrymis canis medeberis, si aspergas aquam tepidam, & mox farinam cum albumine oui cataplasmatis modo adhibeas, Tardiuus. ¶ Ad albuginem oculorum canis, os sepię crematum tritumque mane & uesperi adhibeto: Si uero inueterata albugo fuerit, illines medicamen compositum, pari portione croci, fellis bubuli, succi fœniculi, & mellis, Tardiuus. ¶ Ad surditatem, quæ deprehendetur ex pigritie canis & tarditate, & omni alacritate amissa, oleum rosaceum uino mero permixtum, ter die auribus immittes, Tardiuus. ¶ Inflatis uel tumidis auribus remedium præstant cortices granatorum oxelæo incocti, quod auribus instillabis, Idem. Vulnus post tumorem apparens, aceto lauabis, & mox insperges spongiam tritam, Tardiuus. Vermes etiam in auribus occides, spongia trita albo oui excepta & cataplasmatis instar applicata, Idem. ¶ Cynicus spasmus, id est canina conuulsio in homine appellatur, oris præter naturam distentio, ita ut canis irati instar ringi uideatur, quod ferè fit musculis ab altera parte remissis, Celsus oris distentionem, Auicenna torturam faciei uocauit. ¶ Si calor nimius palatum canis inuaserit, butyrum melli commixtum in cibo dabis, Tardiuus. Eandem partem si durities aliqua uel cancer insederit, salem & myrrham teres, ac miscebis aceto, ut locum affectum perfrices, Tardiuus.

¶ Anginam barbari squinantiam uocant, corrupto uocabulo à Græco synanche uel cynanche. Κυνάγχη morbus est canum, καὶ ἀνθρωπνιγμός, Varinus: lege ἀνθρώπων πνιγμός ex Hesychio, id est hominum suffocatio. Quidam cynanchen interpretantur morbum faucium, à canibus quos infestat. Cynanche est præfocatio nocturna, humore crasso & tenace ad bronchum, id est arteriam delapso, maximè in pueris, Pollux: qui anchonen etiam (ἀγχόνην) purulentum abscessum inter epiglottidem & linguæ radicem interpretatur. Synanche (ut ait Pausanias citante Hermolao Barbaro) musculis qui sunt

sunt intrita fauces, inflammatis oritur: sicut ijs qui extra, parasynanche. Ad eundem modū cynanche fit, cum musculi gutturis interiores accenduntur: paracynanche, cum exteriores. Galenus tamen libro 4. de locis affectis cap. 5. & Prognost. 3. comment. 20. hoc discrimen reprehendit. Celsus aliter, tria em̄ facit anginę genera: Synanchen, uti synanchen (ὡς συνάγχην,) parasynanchen. In primo nec tumor nec rubor comparet ullus, sed corpus aridum est, uix spiritus trahitur, membra soluuntur. In secundo lingua faucesq́ cum tumore intumescunt, uox nihil significat, oculi uertuntur, facies pallet, singultusq́ est. Illa communia sunt, æger non cibum deuorare, non potionem potest, spiritus eius includitur. In tertio, quod leuius est, tumor tantum & rubor est, cætera non sequuntur. Hippocrates & alij ueteres, omnia mala quæ in gutture & faucibus accidunt, quas quidem spirandi comitatur difficultas, anginæ nomine appellant. Cynanche, id est angina interimit canes, Aristoteles, Pollux: Albertus addit intra secundum, aut tertium, aut quartum diem. Ego innumeros uidi canes angina affectos, quorum nullus euasit, Aug. Niphus. ¶ Quid dicam tussis, quid mœsti damna ueterni? Gratius de canibus. Tussis clamosa, id est canina, Syluaticus. Tussis canum uenationem, & custodiam indigentem taciturnitate maximè impedit. Ideo ut pastores oui tussienti per nares infundere consueuerunt, ita & cani inijcies, uini cyathi duos siue paulò minus, in quo dulces amygdalæ contusæ, ac mundæ, fuerint solutæ, Blond. Tardiuus pulegiū maius in oleo, melle & uino coctū, cani deglutiendū offert. Anhelitus difficultas cani ingruit ab aëre crasso: quamobrē in aërem puriorē ducendus est: & nisi aëre mutato curetur, aures eius ferro perforentur, ut spiratio leuior fiat, Blondus.

¶ Caninus appetitus dicitur apud Galenum De locis affectis, ubi canum more, aut nil omnino, aut praui affectantur cibi à mulieribus secundo aut tertio post conceptum mense. Sic grammatici quidam in Dictionarijs suis falsò docent, & simul Galeno iniuriam faciunt. Nam ille De locis affectis libro 5. cap. 5. inter affectus oris uentriculi sic scribit: Constat quod etiam cittæ uocatæ mulieribus accidunt, ubi hæc particula affecta est. Quæ enim aut canum more, aut nihil omnino, aut malos cibos appetunt, ijs appetentiæ instrumentum læsum esse certū est, id uero os uentriculi esse demonstratum iam est, Hęc Galenus. Et licet inde cittam siue malaciam, aliquando à canino appetitu nihil differre iudicari possit, sæpe tamen ab eo differt: & mulieribus solum accidit, circa tertium gestationis mensem præcipue (ut Galenus scribit lib. 1. cap. 7. de Sympt. causis,) quod non possit tum fœtus, utpote imbecillus, quicquid ad uterum alimenti ratione fertur absumere. Sed de hoc affectu in Pica aue plura. Cæterum κυνώδης ὄρεξις, uel τὸ κυνωδῶς ὀρέγεσθαι, omnibus & uarias ob causas accidit. In Gręco textu Galeni De locis aff. pro his uerbis Græcis, ὅσαις γὰρ ὀρεγομέναις κυνωδῶς, ἢ μηδ' ὅλως ὀρεγομέναις, ἢ μοχθηρῶν ἐδεσμάτων ὀρεγομέναις γίγνεται, ταῦτα πάντα τοῦ τῆς ὀρέξεως ὀργάνου παθήματα ἐστιν, &c. Ego sic legerim, ὅσα γὰρ, ut referatur ad παθήματα, & ὀρεγομένοις in masculino genere ubiq́, quoniam non ad mulieres solum pertinent isti affectus, sed quoslibet homines; ὅσαις certe legi nulla construendi sermonis ratio patitur. Est igitur secundum Græcos medicos canina appetentia, contrarium amissioni appetitus malum. Qui enim sic laborant, plures appetunt cibos & ingerunt: quorum deinde multitudine grauati, & assumptos cibos citra noxam ferre haud potentes, ad uomitum diuertunt. Postea rursus cibo se explentes, denuò ad uomitum reuertuntur, quemadmodum canes: unde etiam malum hoc appellationē accepit, Aëtius lib. 9. cap. 21. Plura uide apud medicos. De bulimo in Boue dixi, capitis 8. parte 1. Caninum appetitum à bulimo scitè distinguit Cælius Rhod. initio libri 26. cum prius 25. 9. confudisset. In Hippocratis Aphorismum libro 2. Famem uini potio soluit, Galenus non quamlibet famem, sed caninam siue caninum appetitum intelligit: qua de re pluribus tractat Cælius 25. 9. Sunt qui caninum prandium ad caninam appetitionem contra Gellium putent referendum, Cælius. Si quod os gulæ canis impactum fuerit, nasum apprehende & collum uersus aliquandiu deprime: & oleum faucibus infunde ut excites tussim: tussiendo enim os sæpe excutitur: Aut oleum aquę tepidæ infusum paulatim immitte in gulam canis, ut remollito laxatoq́ loco os cedat, Tardiuus. Si hirudines adhæreant gulæ canis, accipe quinq́ muscas illius generis quæ per æstatem ante equorū capita uolitant (Galli racines uocant) ex his crematis nidorem canis ore excipiat, & hirudines cadent, Tardiuus. ¶ Alui in cane obstructæ remedia iam superius proposui. ¶ Vomitiones canis monstrasse homini uidetur, Plinius. Canes cum morbo laborant, herba (aliâs herba quadam) ingesta euomunt, atq́ ita purgantur, Aristot. De canaria herba uide in H. a. Cum redundantia canis uexatur, herbam in macerijs nascentem nouit, qua comesa, omne id, quo affligitur, cum multa pituita & bile euomit, sibiq́ hæc uomitio salutem affert, sine ullius medici opera, quo ad expellendam bilem nihil ei opus est: rabiem hæc nisi tollatur, facit, Aelianus: Et rursus alibi, Cum autem utrunq́ uentrē exhaurire habent necesse, herbam dicuntur quandam comesse, cuius ui partim euomendo, partim deijcienda aluo superfluentes cibos eijciunt. Vnde Aegyptios aluos purgare didicisse ferunt. Si canes parcius neq́ crassis alimētis nutrias, non adigentur ad uomitum, Blondus. Si stomachus debilis fuerit, & cruditate ac uomitu laborârit, offa bouis in aceto cocta rodenda obijcies, Tardiuus. Ventrem fluentem sistet caseus uetus ac durus in cibo, item palumbes cocta & aspersa aceto, Tardiuus. Ad tormina uentris proderit cani, si coopertum igni admoueris: & gulæ eius inserueris allium tritū oleo calido mixtum, Tardiuus. Ventris tormina cum frigidis ex causis oriuntur, calidis iusculis, & potibus piperatis uincuntur, oleis etiam uel aliquo ex pinguibus oblatis. Forinsecus autem laudamus quodq́ linimentum calidæ uirtutis, ut est oleum liliaceum, rutaceum, nardinum, & laurinum,

q 2

ceratum dialtheæ, Marciaton, uel Agrippæ, & cineratis pannis dum circumuoluitur curari poterit in frigidis affectibus. Tum etiam si per os euomuerit succum è uentriculo, curatur, neglectis præsidijs omnibus. Vana itaq; erunt præsidia si uirtus ualida fuerit ad expellendum nocua, Blondus.

¶ Canes cum lumbricis infestantur, herbam tritici comedunt, Aristot. segetem herbescentem depasti lumbricos expellunt, Aelianus. Podagra in canibus quanq; difficilis, non tamen incurabilis est, Pollux ex Aristotele. Perraro ex ea conualescunt, Aelianus. Lumbricos in uentre canis occides hoc medicamine, semen absinthij, cornu cerui, & lumbricos, arida tere & misce butyro aut melli, Tardiuus. Cani sanguinem per urinam reddenti, remedium est, coriandrum in lacte & aqua coctũ cum pauco oleo, & duabus libris lenticulæ, & quadraginta granis piperis contritis, quæ omnia commixta ut edat curabis, Tardiuus. ¶ Aut incuruatæ si qua est tutela podagræ, Gratius de canibus. Podagra canum pedes extrorsum incuruat, Albertus. Augustinus Niphus canes duos podagricos se curasse scribit, nunquam tamen efficere potuisse quo minus post unum aut ad plurimũ duos cursus claudicarent. Podagra (Albertus addit calida) tentati pauci euadere possunt, Aristot.

¶ Cum plantæ pedum canis ob terræ calorem feruidiores aut ustæ sunt, cinerem lixiuium (cendre passee) melli mixtum superilligabis. Plantas aut coxas propter laborem tumidas, oxelæo tepido inunge. Si pellis aut ungues à pede separentur, farinam aquæ mixtam insuper deligato: Aut cortices mali punici & salem conterito, & cum aceto feruefacito in olla, cui canis pedes immittes quàm ferre poterit calidissime: Aut gallas cum chalcantho contere ac misce aceto, eoq; tepido medicamẽto canis pedes lauato, Tardiuus. ¶ Hi ferè canum morbi sunt, quos à scriptoribus memoratos inuenio: quanquam & alij plures eis contingere possunt. Nam ut (Gratius inquit) Mille tenent pestes, curaq; potentia maior. ¶ Morbi latentes præter iam dictos, sola ignis calefactione, & graminis esu curantur, Albertus. ¶ Reliqua canum uitia, sicut in cæteris animalibus præcepimus, curanda sunt, Columella. In Geoponicis Græcis libro 19. cap. 3. ubi de morbis canum tractatio desinit, adiectum est: Κρότωνας δὲ καὶ τὰς ἄλλας νόσους τῶν κτηνῶν δυσπαθέστερον τὸ σῶμα ἐχόντων, θεραπεύσεις τὰ ἐπὶ τῶν προβάτων εἰρημένα. Cornarius pro κτηνῶν, id est pecorum, legit κυνῶν, id est canum, et ita reddidit: Ricinos & alios morbos canum, corpus peius affectum habentium, curabunt ea quæ ad oues sunt relata: Andreas à Lacuna maluit uertere, Ricinos aliosq; morbos pecorum, quæ infestantur ægrius aut difficilius, &c. Ego cum Cornario senserim, κυνῶν, id est canum omnino legendũ esse. δυσπαθὴς uero quamuis plerunq; significet id quod natiuo quodam robore præditum difficulter à noxijs causis uincitur, uidetur tamen hoc loco poni pro male affecto ut Cornarius uertit: nam in Grammaticorum Lexicis δυσπαθία, κακοπαθία exponitur: & δυσπαθῶν, κακῶς πάσχων.

¶ Canem detenturus ne fugiat, butyro à capite usq; ad caudam illines, lingendumq; butyrum dabis, aut humida arundine à capite usq; ad caudam eum mensurabis, Fronto in Geopon. Græcis. Tardiuus alas tantum oleo illinendas scribit, ut à cursu impediantur. Canis sequetur te, si alterius canis secundam obligatam panniculo, ipsi olfaciendam dederis, Fronto in Geopon. Canes non allatrabunt, qui dentem canis nigri manu tenuerit, quamobrem fures & latrones eo utuntur, Rasis: Et rursus, Non allatrabitur à canibus super quo dens canis suspensus fuerit. Videtur hæc superstitio ex Dioscoridis uerbis non intellectis nata, quæ sunt: Ad præcauendum etiam utuntur (morsi scilicet à cane rabido, ne in metum aquæ incidant, de quo proxime egerat) dente canino illius qui momorderit canis, folliculo ex aluta claudentes, & ex brachio suspendentes. Marcellus etiam in commentarijs addit, Dioscoridem sibi uideri loqui de præcautione metus aquæ, non rabidi canis impetu: suum tamen (inquit) relinquatur legentibus iudicium. Constantinus in libello de incantatione, contra morsum canis amuletum facit, citans Dioscoridem. ¶ Cor canis si quis secum habuerit, canes ei molesti non erunt, Sextus. Costanbenluce scribit, si quis cor canis supra se habuerit, nõ morderi à canibus: sed quamuis accesserint & olfecerint eum, statim refugere, Albertus. Blondo non satis uidetur secũ habere, aut supra se canis cor, sed idem uorandum, aut (quod præstantius sit) tritum bibendum suadet furibus & illis qui noctu ad amores suos accedunt, sic à nullo cane allatrandis: quod furibus (inquit) & amantibus credendum dimittimus. Ego quisquis hæc credit, non caninum duntaxat habere cor, sed totum esse canem credo. Sed Blondum fefellit, quod cor canis potatum, pro portatum, ut ego conijcio, apud Aesculapium legitur. Canis latratum auertit, linguam canis in calceo subditam pollici portare, Plinius lib. 29. Item ex secundis canis membranam habere, Plin. lib. 30. Et cor canis siccum (secum) habere uel linguam eius summam positam sub pollice pedis, Sextus. In sinistra manu tenere linguam in panno ligatam, canes obmutescere cogit, Kiramides. Leporis fimum uel pilos tenere, Plinius lib. 30. Mustelæ uiuentis caudam abscissam in pede portare, sicut dictum est de lingua canis, Plinius libro 29. Rana uiua data in offa, Plinius libro 32. Hæc omnia ad cohibendos canum latratus, ex Plinio, Sexto, & Kiramide ab Aggregatore citantur. A quo hæc etiam canes fugantia recensentur, Cor canis portatum, Plin. 29. sinistra manu portandum Kiramides addit: aut lingua eius in panno ligata, Kiramid. Corpus inunctum lapathi & cyclamini succo, Thessalus. Nigidius fugere tota die canes conspectum eius, qui è sue ricinum euellerit (& adalligatum gestauerit nimirum) scriptum reliquit, Plinius. ¶ Canum morsus auertentia, cap. 7. recensebimus.

D.

Canis cæteras rationis expertes animãtes cum alijs dotibus excellit, tum quod homines, à quibus alitur

alitur potissimum, amet, agnoscat, eisq; seruiat. ¶ Impetus canum & sæuitia mitigatur ab homine considente humi, Plin. Clementis & excelsi simul ingenij significationem canes præbent, statim ut se demisit is quem petunt, ardorem remittentes. Notum est illud Homeri Odyssee ξ. οἱ μὲν κεκλήγοντες ἐπέδραμον, αὐτὰρ Ὀδυσσεὺς ἕζετο κερδοσύνῃ, σκῆπτρον δέ οἱ ἔκπεσε χειρός. Neq; enim qui humi se deijcit ac speciem supplicis præfert, amplius inuadunt, Plutarchus in libro Vtra animalium, &c. Naturale præsidium est ad auertendos canes, sedere, & baculum dimittere, ne possint insidias suspicari canes, Homeri Scholiastes. Aelianus in Animalium historia canem ratiocinatione quadam ac dialectica uti scribit. Venatica enim canicula quędam, inquit, cum leporis qui nusquam uidebatur uestigijs insisteret, eaq; perscrutando ad fossam peruenisset, dextrum'ne potius an læuum ad fossam iter ingrederetur dubitando aliquantisper hærebat: At ubi re perpensa neq; hac neq; istac leporem abijsse secum conclusisset, cum nulla per fossam uestigia apparerent, transilijt. Eadem de re Plutarchi quoque uerba adiungam ex libro Vtra animalium, &c. idq; eò libentius, quoniam eadem opera dialecticos ille refutat. Dialectici igitur, inquit, canem quoties ad ista uenit uiarum diuerticula multifida, eo quod ipsi è pluribus disiunctum uocant argumentationis genere uti, & hoc pacto apud se constituere dicunt, aut hâc fera abijt aut isthac, atqui neq; hac neq; isthac, illac igitur ut abierit reliquum est: eamq; ad rem nil sensum quàm apprehensionem nudam conferre: rationem uero & sumpta, & è sumptis ipsam mox conclusionem efficere. Atqui isto quidem Dialecticorum testimonio falso nimirum & adulterino canis non eget. Nam sensus ipse, quà elapsa fera sit, ex ipsius uestigijs & cursu deprehendit, ualere longum tam disiunctis quàm coniunctis istis Dialecticorum dicēs. Alia tamen studia sunt officiaq; & opera innumerabilia, quæ uisu nullo, sed nec olfactu, ratione uero sola, sola mente cum fieri tum deprehendi certum est, è quibus æstimare naturam canis licet. ¶ Canes animosę, amatrices, & assentatrices sunt, Aristot. Canem maxime omnium animalium hominis amantissimū dicunt. Cum homini occurrit, eum declinat, reuerentia quadam & pudore ductus, cum uero iniuria affectum hominem ab alia fera pespexerit, tum ei auxiliatur, Aelianus. Soli dominum nouêre: & ignotum quoq;, si repente ueniat, intelligunt: Soli nomina sua, soli uocem domesticam agnoscūt: Itinera quamuis longa meminêre, Plin. Nihil sagacius canibus: plus enim sensus cæteris animalibus habent: Nam soli nomina sua cognoscunt, recognoscunt dominos suos & diligunt, & eorum tecta defendunt, ac pro dominis suis se morti obijciunt, Isidorus. Discernit canis dominum suum ab extraneis: nec eos quos insectatur odit: sed pro eo quem amat æmulatione solicitoq; amore ductus inuigilat, Author obscurus. Sibilo uocem domini pleriq; dignoscunt. Venetijs canis quidam in medio fori post triennium agnouit suum dominum, Blondus. Bestias & fures latratu produnt. Sunt qui peculiare quoddam genus esse canum scribant, quod odoratu fures deprehendat, & à cæteris hominibus implacabili odio discernat, Author obscurus. Fidelissimi ante omnia animalia homini canes atq; equi, Plin. Hinc est quod canem illum maximè probant, qui uerberibus quantumcunq; afflictus, non fugit: sed etiam repulsus, mox ad dominum uertitur, ceu ueniam petens, quamuis innocens, Blondus. Impartitæ alimoniæ memoriam seruat, gratiamq; refert, Ambrosius. Maximè omnium animalium canes defixis oculis deorum simulacra intuentur, Aelianus. ¶ Qui paruam & latam habent frontem, stolidi iudicabuntur, eò quod caninam referant frontem. Quibus frons quadrata est, & pro faciei portione mediocris, magnanimi, ob similitudinem leonis. At quibus corrugata ac ueluti nubila (συννεφὲς) peruicaces ac duri, αὐθάδεις, à taurina forma: cōtra quibus serena & exporrecta, assentatores, ab affectu frontem huiusmodi reddere consueto. Hoc sanè in canibus manifestum est, quod assentantes frontem exporrigant, &c. Aristoteles in Physiognomonicis: ubi textum Græcum mutilum quomodo expleuerim, partim ex ipso sensu, & sequentibus uerbis Græcis: partim ex ueteri translatione Latina, qui nostra cum Græcis contulerit, animaduertet. Hoc notandum, κόλακας & αὐθάδεις ab Aristotele opponi, & oppositis in fronte signis cognosci, quę sunt γαληνὸν & συννεφές. Adamantius αὐθάδεις iudicat illos qui habeant μέτωπα κατηρρεφῆ, melius per unum rhô: & forte συννεφῆ legendum: sin minus, ea tamen utriusq; significatio fuerit: licet Cornarius pro κατηρρεφῆ altas reddiderit: quod non placet, quanquam κατηρεφὲς Varinus ὑψηλὸν exponit: μέτωπον uero ὑψηλὸν iam antea ab Adamantio nominatum erat. In hoc tamen probo Cornarium quod ibidem μέτωπα τετμημένα, id est frontes explanatas legit, non πεπραμμένα ut Parisiensis æditio habebat. Exporrectæ fronti, tum συννεφῆ tum ῥυσσὴν, id est nubilam & rugosam opponi iudico, sed diuersa ratione. ¶ Glaucam citharistriam à cane amatam fuisse audio: alij dicunt non à cane, sed ariete: alij ab ansere: Apud Solos Ciliciæ populos puerum, cui nomen erat Xenophon, canis amauit, Aelianus. Iam uero caniculum Siculum adulteris infestissimum fuisse auditione accepi. Cum adultera mulier coniugem suum peregre redire audisset, illum qui cum ea stupri consuetudinem haberet in latebras bene penitus, ut ipsa putabat, occultauit: uerum etsi ex seruis non lautissimi modò, sed & ianitores pecunia corrupti, cum dominam ad occultationem adulterij iuuabant, tum adultero confidentiam ad inferendum stuprū afferebant. Tantum tamen huic mulieri hæc astutia abfuit ad præcauendum, ut certe perparuus canis partim locum illum, quo adulter abdebatur allatraret, partim pedibus fores constupratoris receptatrices eousq; conuellere adoriret, domino ut non mediocris terror inijceretur, ex eoq; suspicaretur ibi malum aliquod latere. Quare fores effregit, adulterum comprehendit, qui eo animo cinctus gladio noctem expectabat, ut primo dominum domus interficeret, deinde uero, quam antè dixi,

q 3

uxorem duceret, Aelianus. ¶ Canis animal est adeò docile, ut ad uarios ludos institui possit. Mire ualet ingenio: & per quandam disciplinæ ac obedientiæ formulam, timidus solicitusq; expectatione suspendi solet, donec ad peragendi licentiam signo mittatur, Author obscurus. Qui canes aut catulos domant ac erudiunt, obsequentes delinimento aliquo demulcent, reluctantes uirga compellunt, Blondus. Franciscus Marchio Mantuæ, parens Federici Ducis, comprehensam uocem habens, morbi defectu, instruxerat canem, ut uocaret quem uolebat ex curialibus. is tandem utebatur cane, in aduocandis hominibus quos præcipue desiderasset, quemadmodum quis utitur officio optimi serui, Blondus. ¶ Plutarchus scribit, se non debere præterire eam canis disciplinam, quam ipse Romæ spectasset. Mimi docentis nimirum fabulam, in qua uaria & multiplex persona agebatur, nō modo apposite canis alios subiectos affectus imitatione consecutus est: sed etiam cum ueneni (quod quidem tanquam mortiferum poëmati subiectum esset, ueruntamen tum duntaxat uim conciliādi somni haberet) in eo ipso cane periculum fieret: is panem, ad quem uenenum admistum esset, sumpsit, & deuorauit, ac quàm mox præ se trementis & ebrietate oppressi, animoq; deficientis similitudinem speciemq; gessit, ac nimirum se tandem ad terram abijciens, tanquam mortuus, humi stratus iacuit, seq; huc & illuc, ut fabulæ ratio ferebat, trahendum permisit, atque etiam cum ex dictis & actis intellexit tempus esse excitandi, sese sensim primum tanquam ex arctissimo somno experrectus mouit, & alleuato capite aspexit, deinde illinc surrexit, simul & ad eum quem oportebat, & necesse erat cum gaudio profectus est, ut omnium sanè spectatorum, & ipsius Cæsaris (nam aderat Vespasianus senex in Marcelli theatro) admirationem & assensionem commouerit. ¶ Canes si excidantur, cessant à relinquendis heris: nec ad custodiam aut uenationem deteriores fiunt, Xenophon de institutione Cyri libro septimo. ¶ Inter canes cibi nulla est societas, ut persæpe de osse inter se sic lacerent & distrahant, quemadmodum de Helena Paris & Menelaus. Solos uerò Memphiticos canes in medium auditione accepi rapinas proponere, & communiter uiuere, Aelianus. ¶ Canes hyæna capit uomitionem hominis imitando, Aristoteles. Hyænam traditur uomitionem hominis imitari ad sollicitandos canes, quos inuadat: præterea umbræ eius contactu canes obmutescere, Plinius.

E.

Canum, sicut ait Cicero, tam fida custodia, tamq; amans dominorum adulatio, tantumq; odium in externos, & tam incredibilis ad inuestigandum sagacitas narium, tanta alacritas in uenādo, quid significat aliud, nisi se ad hominum commoditates esse generatos? Sed de canum sagacitate, ac uenatione, hominumq; & ædium & pecorū defensione, postea dicam per singula canū genera. ¶ Dominorum usui canes seruire, & res domesticas his planè sciūt administrare: & pauperi satis ad famulatum est, unum possidere canem, Aelianus. Canes diuersi generis feris nostro tempore nō miscentur. Pares iungendi sunt paribus: Et admittendi qui primi lasciuierint, Blondus. ¶ Catulorum caudas post diem quadragesimum, quàm sint æditi, sic castrare conueniet: neruus est, qui per articulos spinæ prorepit, usq; ad ultimam partem caudæ: is mordicus comprehensus, & aliquatenus eductus abrumpitur: quo facto neq; in longitudinem cauda fœdum capit incrementum, & (ut plurimi pastores affirmant) rabies arcetur letifer morbus huic generi, Columella. Equis & canibus curatores illos præfecit Cyrus, quos existimabat reddituros hæc pecora ad usum suum quàm optima, Xenophon. ¶ Canis fimum cum urina putidissima miscetur, & funditur circa plantas aut semina, quæ à pecore tangi nolis, Democritus in Geopo. ¶ Ex canino fimo gluten quoddā faciunt, qui profitentur artem coriariam, ad glutinandas pelles, Blondus.

F.

Quid loquar de canibus, quos iuuenes ac pingues, & potissimū cum fuerint castrati, apud quasdam gentes frequentissime mandunt, cum multi sint qui pantheris uescantur? Galenus libro 3. de aliment. facul. Canum & uulpium carnem nunquam equidem gustaui, nec sanè gustare unquam fui adactus, neq; in Asia, neq; in Græcia, neq; in Italia: aiunt tamen hanc quoq; mandi: coiectare tamen possum uim ei inesse carni leporum similem. Nam canis, & uulpes, ut summatim dicam, temperamento sunt sicco, Galenus de attenuante uictu. Plura de cane dici cogunt priscorum mores: Catulos lactentes adeò puros existimabant ad cibum, ut etiam placandis numinibus hostiarum uice uterentur his. Genito mane catulo res diuina fit, & in cœnis deûm etiamnum ponitur catulina: Adijcialibus quidem epulis celebrem fuisse, Plauti fabulæ indicio sunt, Plinius. Petrus Martyr Oceanicæ decadis primæ libro 3. insulam quandam in nouo orbe esse scribit, in qua canes non latrabiles, aspectus fœdissimi, hœdorum instar comedantur. ¶ Cynamolgi Indiæ populi canes mulgent & lacte uescuntur, ut infra dicemus in Canibus diuersis. Adhuc non uidentem catellum si edas, nullum senties dolorem, Sextus.

G.

Præcordia uocamus uno nomine exta in homine, quorum in dolore cuiuscunq; partis, si catulus lactens admoueatur, apprimaturq; his partibus, transire in eum morbus dicitur, idq; exenterato perfusoq; uino deprehēdi, uitiato uiscere illo quod doluerit hominis, et obrui tales religio est. Hi quoque quos Melitæos uocamus, stomachi dolorem sedant applicati sæpius: Transireq; morbos ægritudine eorum intelligitur, plerunq; & morte, Plinius. Plinio subscribit Serenus capite de præcordijs sanandis,

nandis, inquiens, Quin etiam catulum lactentem apponere membris Conuenit, omne malũ transcurrere fertur in illum, Cui tamen extincto munus debetur humandi, Humanos quia cõtactus mala tanta sequuntur, Et iunctus uitium ducit de coniuge coniunx. Idem remedium Marcellus Empiricus ex Plinio, ut uidetur, descripsit, cap. 21. Et Plinius ipse rursus alibi; Sunt occulti (inquit) interaneorum morbi, de quibus mirum proditur: si catuli priusquam uideant applicentur triduo stomacho maxime ac pectori, & ex ore ægri succum lactis accipiant, transire uim morbi, postremo exanimari, dissectisq; palam fieri ægri causas. Mori, & humari debere eos obrutos terra. Spleni dolenti quidam incisum fissumq; catulum imponunt, Sextus. Idem aduersus omnem dolorem remedium describit, si quis nondum uidentem catulum edat. Aduersus rabiem, necantur catuli statim in aqua, ad 10 sexum eius qui momorderit, ut iecur crudum deuoretur ex ijs, Plin. ¶ In Leonelli Fauentini libro de curandis morbis, capite de paralysi, ungenti catulini, ut uocat, descriptionem istam reperio: Catelli subrufi exenterati in aqua decoquantur donec ossa separentur, & in superficie prorsus nuda appareant: deinde refrigerato uase in quo bullierunt, quod liquatum est (intelligo pingue supernatans) colligi debet, & inde inungi spina dorsi, & membra resoluta. Cibararium in Antidotario uirili unguentum chinarium (ex cynarijs) à catulo canis dictum, Syluaticus. Vermiculus (sub lingua scilicet) canis rabidi in collo suspensus, sanat morsum à cane rabido, Sextus. Aliqui morsis à cane rabido ut à pauore aquæ tuerentur, uermem è cadauere canino adalligauere, Plinius. Sanguis ricini euulsi cani, psilothrum est, Plinius: Alij ipsum canis sanguinem psilothrum faciunt. Canis cinere ex oleo illito supercilia nigrescunt, Plinius. Aduersus urinæ incontinentiã Magi uerrini genitalis 20 cinere poto ex uino dulci, demonstrant urinam facere in canis cubili, ac uerba adijcere, ne ipse urinam faciat ut canis in suo cubili, Plin. ¶ Destillationes sedat canina cutis cuilibet digito circumdata, Plinius. Corrigio canino (alibi etiam in genere neutro utitur) rudi nec unquam uincto, quilibet digitus in quauis manu ligatus, remedium destillantibus naribus præstat, Marcellus. Corrigiam caninam ter collo circumdatam remedio esse tradunt aduersus anginam, Plinius: mire anginam releuat, Marcellus. Ad capitis dolorem pluribus semperq; prodest, limacis inter duas orbitas inuentæ ossiculum per aurem cum ebore traiectum, uel in pellicula canina adalligatum, Plin. Corrigia canina medius cingatur qui dolebit uentrem, statim remediabitur, Marcellus. ¶ Neruosa caro canis pota, aduersus canis morsum laudatur, Blondus: Aesculapius ficum adijcit: Ego non neruosa, sed rabiosi canis caro legere malim. Saliuntur carnes canum qui rabidi fuerunt, morsis à cane rabido in cibo dandæ, Plin. Caninus sanguis commodè ab his bibitur, quos efferata in rabiem bestia momorde 30 rit: contra epotum toxicum auxilio est, Dioscorid. Sanguine canino contra toxica nihil præstantius putatur, Plinius. Sanguis canis nigri illitus (respersus, Plin.) omnibus parietibus domus in qua est maleficium, tollit, Author obscurus. Torminosi sanguinem canis bibant, mirè sanantur, Sextus: Alij ex Aesculapio hæc uerba citantes, tremulosos legunt: & Blondus etiam tremori conferre haustum sanguinem caninum scribit. Scabiem curat ante omnia sanguis caninus, Plinius. Auicenna Galenum citat qui scripserit sanguinem canis pilos euulsos renasci prohibere: Plinius non canis, sed ricini cani euulsi sanguinem psilothrum esse meminit. ¶ Canis adeps cum oleo uetere & succo absinthij auribus (moderatè, Sextus) instillata, quacunq; ex causa exsurdatas aures, miro modo reparare creditur, Marcellus & Sextus. Canis adeps cum absinthio & oleo uetere grauitatem aurium se- 40 dat, Plinius. Canis adeps podagram & aurium dolorem sanat, Aesculapius. Lendes tolluntur adipe canino, Plin. Caninum adipem cum alumine scisso fabæ magnitudine, ad urinæ incontinentiam prodesse tradunt, Plin. nisi quis potius ad hydrocelicos referat: non satis distincte enim de his uitijs eo in loco agit Plinius: Sed malim ad urinam cum Marcellus quoq; sic scribat, Vrinam continet lac caninum, & adeps eius cum alumine datus, ita ut sit fabæ magnitudine globulus qui datur.

¶ Medullam canis ex uino uetere subige, & emplastri modo impone condylomatis, potenter ea sanabis, Marcel. ¶ Pilos caninos panno adalligant capitis doloribus, Plin. Quidam ut tuerentur à pauore aquæ, in morsu canis rabidi, pilos de cauda canis combustos insuere uulneri, Plinius. Pili canis in uulneribus quæ canis homini inflixerit, applicati, & sanguinem compescunt, & uulnus defendunt quo minus ulcus tabidum fiat: debent autem mox ab inflicto uulnere adhiberi, Blondus.

50 ¶ Ossibus fractis medetur caninum cerebrum linteolo illito superpositis lanis, quæ subinde suffunduntur ferè quatuordecim diebus, solidat, Plin. Infandum dictu cunctis procul absit amicis, Sed fortuna potens omen conuertat in hostes, Vis indigna nouo si sparserit ossa fragore, Conueniet cerebum blandi canis addere fractis, Lintea deinde superq; inductu nectere lanas, Sæpius & succos conspargere pinguis oliui, Bis septem credunt reualescere cuncta diebus, Serenus. Idem remedium apud Sextum legitur, qui addit, Fractura autem debet solida alligatione uti. Glaucomata dicunt magi cerebro catuli septem dierum emendari, specillo dimisso in dextram partem, si dexter oculus curetur: in sinistram, si sinister, Plinius. Caluaria canis finditur, & si dexter oculus laborat, in dexteriorem partem spicella demittitur: sin sinister, sinistram, Sextus. Marcellus glaucomata efficacissimè detergi scribit, si catello dierum septem, caput uiuenti diffindatur, & de dextra parte cerebri 60 oculus dexter, de sinistra sinister, intincto illic specillo inungatur.

¶ Summa uis in canini capitis cinere: excrescentia omnia spodij uice erodit ac persanat, Plinius. In ulceribus genitalium spodij uim superat, Marcellus. Canis non rabidi caput conbustum, & idem

q 4

cinis in cancerosa uulnera aspersus, sanat, Plin. Caput canis à fronte superius combustum tritum, si superfundatur oleum rosaceum, & accuratè teratur, fiatque emplastrum ex eo super ulcera capitis, desiccat ea, Rasis. Albertus Galenum citat, quod caput canis combustum, oleo infusum, & sepo canis eiusdem, desiccat ulcera capitis & scabiem, Albertus ex Rasi. Ambustis canini capitis cinis medet, Plin. Cum uulnere canis afficitur, cinerem capitis canis uulneri supersparges: aut sal tenuis torrefactus cum pice liquida imponatur. Capitis canini cinis à cane rabido morsos persanat, Sextus: uel caput ustum tritumque, Aesculapius. Sed certiora super eodem remedio Plinij uerba sunt, In canis rabidi morsu (inquit) tuetur à pauore aquæ capitis canini cinis illitus uulneri: Oportet autem comburi omnia eodem modo, ut semel dicamus, in uase fictili nouo argilla circumlito, atque ita in furnum indito: Idem & in potione proficit: Quidam ob id edendum dederunt. Medetur testibus farina ex ossibus canini capitis sine carne tusis, Plin. Caluaria canis trita & imposita, tumores testiculorum mire sanat, Sextus. Tetris testium ulceribus & manantibus auxiliantur canini capitis recentis cineres, Plin. Canini capitis recentis exusti cinis ueretri uel testiculorum tabidis & humidis ulceribus inspersus, aut cum aceto adpositus, adeò prodest ut spodium & utilitates eius, in hisce curationibus uincat, Marcellus. Sedis uitijs efficacissimus est canini capitis cinis, Plin. Ficus qui in ano nascuntur, aspersus sanat, & rhagades & omnem spurcitiam, Sextus. Rhagadas adspersus adiungit, Marcellus. Si pili in caudis equorum defluant, capitis canini cinerem, loco prius butyro inuncto, insperges, Pelagonius. Reduuias & quæ in digitis nascuntur pterygia, tollunt canini capitis cinis aut uulua decocta in oleo, superillito butyro ouillo cum melle, Plinius. Idem cinis appositus pterygia quæ nascuntur in digitis, urit, & cicatrices tollit, Sextus. Omne iumentum (κτῆνος) morbo aut peste afflictum, si caput caninum uratur & fumum reddat sub capite eius, leuatur, Absyrtus. In mulso medetur morbo regio, Plinius. Rabidi canis caput contusum & commixtum cum uino, potatum mire sanat morbum regium, Sextus. Dentium doloribus, ut magi narrant, medetur canum qui rabiem præferunt, capitum crematorum cinis sine carnibus, instillatus ex oleo Cyprio (lego cyprino) per aurem cuius è parte doleant, Plin. ¶ Sordes aurium canis cum uino mixtæ, statim inebriant, Albertus ex Rasi. Apud ipsum tamen Rasin legimus, Si uinum in quo infusi fuerint alkarden, id est ricini, propines alicui, inebriabis. Sordes aurium canis, si eis peruncta licinia (ellychnia nimirum) de gossipio nouo in crucibulo (uase testaceo) uiridi extendantur cum zambac (oleo, Albertus) puro, ijs accensis capita præsentium canina (calua, Albertus) uidebuntur, Rasis. Magorum quidam ricinum ex aure sinistra canis omnes dolores sedare adalligatum tradunt, &c. Vide in Ricino. ¶ Caninus dens sinister maximus, circumscarificato eo qui doleat, medetur, Plinius. Colluunt dentes dolentes caninis dentibus decoctis in uino ad dimidias partes, Plin. Cinis eorum pueros tardè dentientes adiuuat cum melle: fit eodē modo & dentrifriciū, Pli. Dens canis cōbustus & cū melle tritus, gingiuas reprimit, ut dentes sine dolore crescāt, Sext. Dens inde cōtactus cito emittit, Aesculap. Puluis dentiū canis, dolores dentiū et gingiuas curat, Aescul. Si infantiū gingiuæ canis dente conterant (affricent) citius euocantur dentes lupino dēte (quā si lupino dente perfricarent, ut ego interpretor,) Blond. Dentē canis cōbure, & cinerē eius in uini hemina decoque, & ex eo gargarizet cui dentes dolent, sanabit, Sext. Dens canis cōbustus et tritus impositus, gingiuas (aliâs tumores gingiuarū) sanat, Sext. Idē cicatrices oculorū extenuat, Aesculapius: Blondus puluere dentium canis contacta cicatricum (simpliciter) signa, pelli scribit, in quo eum errasse puto, ut in permultis etiam alijs, quod ueterum uerba attinet: de re ipsa enim non disputo, quanquam & hoc ridiculum est cicatricem solo contactu tolli. Molares dentes canis rabiosi qui momordit hominem, in corio alligati brachio, canis rabiosi morsum amoliuntur, Serapio citante Syluatico, uide supra in c. circa finem. Canis nigri dentem longissimum in quartanis adalligari iubent, Plin. Dentes canini suspensi supra ictericum, conferunt, Rasis. ¶ Canis lingua lambendo & sua & aliena tum ulcera tum uulnera curat, ut supra dixi cap. 3. Vulnus si simplex & paruum fuerit, canis lingua lambendo, & natali saliuæ succo emendat, Blondus. Vermes qui sub lingua rabidi canis inueniūtur, excisos & circum arborem sterilem ter latos & datos, qui ab eo morsus fuerit, sanabitur, Sextus. Est limus saliuæ sub lingua rabiosi canis, qui datus in potu fieri hydrophobos non patitur, Plin. Canis rabidi id quod sub lingua habet acceptum & potatum cum aqua calida, uel ex uino, mirifice sanat hydropicos, Sextus: lege hydrophobos ex Plinio: quos non sanat, sed tales fieri prohibet.

¶ Si sumas de coagulo catuli parui & conficias cum uino, dissoluit colicam solutione leui, & alleuatur æger eadem hora qua biberit, Rasis. Vomitus canum illitus uentri, aquam trahere promittitur, Plinius. Vomitum canis hydropico super uentrem pone, statim incipit per secessum aquam emittere, Sextus. Aduersus aquæ metum multò utilissimè iecur eius, qui in rabie momorderit, datur, si possit fieri, crudum mandendum: si minus, quoquo modo coctum, aut ius incoctis carnibus. Plura uide infra circa finem remediorum ad morsos à cane rabido, ubi de metu aquæ. Maculas in facie, œsypum cum melle Corsico, quod asperrimum habetur, extenuat: item scobem cutis in facie cū rosaceo impositum uellere: Quidam & butyrum addunt. Si uero uitiligines sint, fel caninum prius acu compunctas, Plinius. Marcellus Empiricus idem remedium describit, sed uariat in quibusdam, proinde uerba eius apponam: Oesypum (inquit) cum melle Corsicano tritum & appositum, abolet de facie omnes maculas, quidam & butyrum addūt. Si uero & rituli fimus & fel caninum misceat, medicamen

medicamen utilius erit, ita ut pariter temperata omnia decoquantur, Hæc Marcellus. Quod autem vituli fimus etiam æstates & discolorem cutem emendet, ex Plinio annotauimus in Vitulo: proinde dubito Marcelli ne an uulgatorum Plinij codicum lectionem præferam. Fel canis cum melle curat oculos, Aesculapius. Felle catelli dierum septem oculi ex melle inuncti, cito à leucomate liberabuntur, Marcellus. Suffusionem oculorum canino felle malebat quàm hyænæ curari Apollonius Pitanæus cum melle: item albugines oculorum, Plinius. Fellis aut lactis canini scrupulum unum, & mellis optimi tantundem miscebis, conteres, & in strigili calefacies, & auriculæ infundes, & lana obcludes: Nihil potentius neq; certius hoc medicamine, etiamsi intrinsecus cancerauerint aures, Marcellus. Podagras lenit fel caninum, ita ne manu attingatur, sed penna illinatur, Plinius. Fel canis 10 aquatici aut canis rabidi lentis magnitudine sumptum, septem diebus interficit, quibus superatis esse potest salutis spes, Bertrutius. Fel canis nigri masculi amuletum esse magi dicunt domus totius suffitæ eo purificatæ ue contra omnia mala medicamenta, Plin. ¶Splen canis in uino potatus, splenem sanat, Sextus. Caninus lien si uiuenti exprimatur, & in cibo sumatur, lienis dolore liberat. Quidam recentem superalligant. Alij duorum dierum catuli ex aceto scyllitico dant ignoranti, uel herinacei lienem, Plin. Caninus splen recens supra splenem hominis imponitur, dicente eo qui adponit, remedium se spleni facere, postea splen intra parietem dormitorij cubiculi tectorio, id est capsella inclusus, reponitur, & desuper ter nouies signatur, Marcellus. Splen uiuenti catulo exemptus, ciboq; sed coctus splenitico datus ignoranti, liberat eum quamuis grauiter laborantem, Marcel. Catellum lactentem de canna occide, & de ipsa canna splenem eius tolle, ac nescienti splenitico, in carbonibus 20 coctum, uel assatum, manducandum dato, Marcel. ¶Genitale canis sub limine ianuæ defossum, magi amuletum esse dicunt domus totius, contra omnia mala medicamenta, Plin. Corio uirgæ canis si inuoluatur terra super quam quis minxerit, & ligetur, urinam emittere impeditur: & quàm diu hoc ab aliquo seruatum ligatumq; fuerit, non poterit ille urinam reddere, Rasis. ¶Reduuias & quæ in digitis nascuntur pterygia, tollit canina uulua decocta in oleo, superillito butyro ouillo cũ melle, Plin. Partus euocat membrana è canum secundis, si terram non attigerit, Plin. ¶Quidam in canis rabidi morsu, ut tuerentur à pauore aquæ, menstrua canis in panno subdidere calici, aut intus ipsius CAVDAE pilos combustos insuere uulneri, Plin. Vide circa finem huius capitis, inter remedia contra aquæ metum. ¶Mendacem magorum compositionem qua inuictos faciunt, & pręter alia canis ungues adhibent cum cauda draconis, &c. in dracone exponam.

¶Primiparæ canis lac potum, contra uenena antidoti uicem obtinet, Dioscorides. Cinis cum la30 cte canis primi partus, euulsis pilis quos renasci nolunt: uel nondum natis perunctis partibus, alij non surgunt, Plin. Serenus etiam, Ergo locum crinis uulsi tange lacte canino, Auulsamq; uetat rursus procrescere syluam. Pilos oculis molestos diligentissimè uelles, atq; eorum loca canino lacte continges, Marcel. Lac caninum euulsos pilos non patitur recrescere, si locum statim linieris unde sublati sunt, Sext. Vt pili non crescant, & decidant: Lac caninum & lachryma hederæ & lac tithymalli in uino mixtum, euulsos pilos non sinit crescere, si mox linieris locum, Sext. Primiparæ canis lacte perunctos, narrant glabrescere, Dioscorid. Canis lac bibitum (lego illitum) pilos & capillos crescere prohibet, Aesculap. De lacte canino quidam manifestè mentiti sunt, quòd in palpebris pilos renasci prohibeat, si prioribus euulsis eo loco foret illitum unde pilorum radices extractę essent: 40 Ad eundem modum qui scripserunt, quod celerem pilorum in pudendis exortum reprimat, si quidem foret ante pubertatem illitum: uiúq; quod fœtus emortuos eijceret potum, uterum non protulere. Sed & alia quædam præstigiaturis contaminata, tum de horum, tum de aliorum quorundam animalium lacte conscribunt, quæ me ab initio dicturum negaui, etiamsi experientia didicissem uera dixisse, Hæc Galenus libro 10. de simplicium facult. cap. 8. Albugines emendat canini lactis instillatio, ut quidam ex Plinio citat: nos supra fel ad easdem ex Plinio ualere scripsimus, quod magis probamus. Blondus ridicule de canini lactis albugine somniat, tollere eam aurium dolores et pondus, &c. Canini lactis instillatio sedat dolorem aurium, Plin. Ex lacte aut felle canino remedium ad aures, paulò ante Marcelli uerbis descripsi. Caninum lac instillatum dolorem et grauitatem aurium sedat, ut quidam citat ex Plinio: apud quem tamen sic legitur: Canini lactis instillatio sedat aurium dolorē: 50 grauitatem adeps cum absinthio & oleo uetere. Dolor aurium sedatur canino lacte, & ursino, si recens instilletur, Marcellus. Lacte canino si assiduè infantibus gingiuas tangas, dentes eis sine dolore crescunt, Sextus. Si feruentia os intus exulserint, lacte canino statim sanabitur, Plin. Vrinam continet lac caninum, Marcellus. Caninum lac abortus mortuos expellit, Dioscorides: quod paulò ante ex Galeno falsum esse ostendi. Lac canis eijciet mortuum (fœtum) si mulier continuè biberit cum melle & uino pari mensura, Sextus & Aesculapius, & Rasis: qui ad difficilem quoq; partum idē remedium pollere scribit. Partus conceptos maturat caninum lac potum: Euocat membrana è canum secundis, si terram non attigerit: Lumbos parturientium potus lactis (nescio an de canino adhuc intelligat) reficit, Plinius. ¶Canino lotio defluunt pili, Sextus. Lotium caninum lutum factum, in lana collectum, callos & uerrucas mirè sanat & tollit, Sextus. Verrucas omnium generum 60 sanat urina canis recens illita cum suo luto, Plin. Auicenna, Marcellus. Lotium caninum cum nitro, lepras & prurigines tollit, Dioscorid. Lotio canis si addideris portiunculam salis nitri, & regio morbo & prurigini apponetur. Recens lotium credimus quod omnem uerrucam tollat, Blondus puto. Qui in urinam canis suam ingesserit, torporem lumborum dicitur sentire, Plinius, & alibi, ad Venerem pigrior fieri. Herba iuxta quam canes urinam fundunt, euulsa, ne ferro attingatur, luxatis celerrime medetur, Plinius.

¶ Stercus canum, ubi ossibus duntaxat uescuntur, neque grauiter olet, & multa experientia, non tantum nobis, sed & alijs medicis me natu maioribus, comprobatum est, Galenus libro 10. de facult. simpl. cap. 18. & mox cap. 19. Sanè ego memini (inquit) me admirandam tum humani, tum canini stercoris expertum facultatem. Canino uti consueuit præceptorum nostrorum quidam, sola ossa cani edenda exhibens duobus continuò diebus, ex quibus durum, candidum ac minimè fœtens stercus proueniebat. Hoc igitur acceptum desiccabat, ut cum postea usus esset, facile ad leuorem posset redigi. Vtebatur eo ad anginam, dysenteriam, & summè inueterata ulcera: Et paulò post, In ulceribus extremè malignis multam experientiam habeo stercoris canini, cuius paulum quiddam medicamentis probatis miscui, & manifestò seipso ualentius redditum est medicamen, Hæc Galenus. Stercus canis tritum cum succo coriandri, rubentes abscessus illitum sanat, Rasis. Gratius poëta in uulnere canis sanguinem sistit fimo canino his uersibus,

Nec longè auxilium, licet alti uulneris ora Abstiterint, uteroque cadant cum sanguine fibræ:
Inde rape ex ipso qui uulnus fecerit hoste Virosam eluuiem, lacerique per ulceris ora
Sparge manu, uenas dum succus comprimat acer. Blondus pilos caninos ad sanguinem sistendum commendat. Verrucas omnium generum sanat fimi canini cinis cum cera, Plinius: Marcellus hunc cinerem impositum etiam absque cera uerrucas curare scribit. Cinere fimi canini candidi cum rosaceo, uerrucas efficacissime tolli aiunt, Plinius. Ossibus in canino fimo inuentis, adustio infantium, quæ uocatur siriasis, adalligatis emendatur, Plinius. Stercus canis album potatum ex cineris lixiuio, caducos mire sanat, Sextus. Rana uitium linguam occupat uelut latum ulcus, subnigrum: nono die necat nisi curetur: signum est saliua defluens. Curatur stercore canino candido, sale, ruta, fuligine & saluia: quibus simul contritis in pila, lingua exerta perfricatur, quod rusticorum experimenta docent. Caninum & humanum stercus gutturi impositum anginis auxiliari, inter omnes conuenire inuenio, Dioscorides. Canino stercore (quali iam dictum est) ex præceptoribus meis quidam ad anginam utebatur, ijs admiscens quæ alioqui huic affectui congruebant, Galenus. Stercus canis ad synanchen & faucium abscessus iam maturos, optimum est remedium, celeriter enim ea constringit, Rasis. Recentiorum quidam ad anginæ abscessus canino stercore unà cum hirundinis cinere utuntur, ut in Hirundine exponam. Canis fimum cum melle oppugnat anginam & glandularum (tonsillarum) inflammationes illitum, Blondus. Quidam ex chirurgis nostris ad uuam, hoc medicamentum aridum faucibus indunt, quod fit ex albo stercore canino, pipere longo, lilij montani luteis radicibus, & solano perpetuo. Caninum fimum album morbo regio medetur, Author obscurus. Idem flagrantissimo canis sydere exceptum, cum uino aut aqua potum, sistit aluum, Dioscorides. Rasis præcipue ad hunc usum commendat stercus canum qui ossa edunt. Stercus canis siccatum, sumptum (collectum) triginta diebus Iulij, & in ortu Solis pondere aurei potum, cum decoctione gallarum (galli decrepiti, Albertus: quod non placet) aut cum aqua malorum granatorum, stringit naturam (uentrem, Albertus) solutam, Rasis. Ad dysenteriam stercore canino (quali prædictum est) quidam ex præceptoribus Galeni utebatur: lacti illi admiscens, cui decocto calculos uocatos κάχληκας (inquit Galenus) ignitos inijci antè posuimus: aut, ut ego postea ob parabilitatem ad ferrum confugi, id candens lacti probè decocto inijciens, quod quidam non propriè lac schistum appellant. Cæterum præceptor ille meus, stercus caninum lacti, in quo extincti erant calculi marini, clàm inijciebat, & id solum generosissimos quosque discipulos docebat. In his ergo duobus (ad dysenteriam & anginam) multum expertus sum stercus caninum, ceu medicamentum mirabile, Tantum Galenus. Stercus canis combustum & cum melle illitum, tineas infantium tollit, Sextus: uetri forte & umbilico illinendum intelligens. Stercus canis siccum & in potionem aspersum, hydropicos sanat, Sextus. Ad uterinum dolorem (ut nostri appellant, sæpe etiam colicam impropriè intelligentes) commendari inuenio fimum canis album & à superficie repurgatum, siccatumque, bibendum cum liquore chymicis uasis collecto ex floribus liliorum. Ad ischiadem remedium, Cera rubea, & stercus canis quod est album, hoc siccatum in sole, & in modum farinæ cribratum cum fuerit contusum, lento igni ceræ remissæ admiscetur per partes, & olei parum, tantum ut mollius idem efficiatur medicamen: sed antea tamen colocynthide & centaurio curetur cui medendum est (per clysterem nimirum) ut (lego et) si non profecerit, curationem iterum adhibeas, Marcellus. Cinis fimi canini candidi cum rosaceo rhagades curat, aiuntque inuentum Aesculapij esse, Plinius. Stercus canis cum rosaceo tritum & impositum, rhagades statim sanat, Sextus. Stercoris albi canini & betæ cinis insertus, rhagades adiungit, Marcellus. Ficos seu mariscas ani, ut ex chirurgis nostris quidam pollicentur, hoc modo curabis: Caninum stercus albū & folia allij super foco concremabis, ficos axungia inunges, deinde cinerem allij insperges, postea fimi: experimento constat. Aliqui simul utrunque cinerem cum oleo subigunt, & inungunt. ¶ Si quis biberit uinum, cui iniectus fuerit lapis à cane morsus, exclamare cogetur, Rasis.

G. id est

G. id est Capitis septimi de Cane, pars II.

¶ De morsibus canis non rabiosi. ¶ De rabie canum in genere. Quomodo in ipsis canibus caueatur aut curetur. ¶ Methodus curandi morsos ab eis homines. ¶ Medicamenta contra rabidi canis uenenum morsu inflictum foris admouenda, composita primum, deinde simplicia, ordine literarum. Amuleta, &c. ¶ Medicamenta intra corpus sumenda, composita & simplicia, eodem ordine.

¶ Græci κυνόδηκτος uocant à cane morsos simpliciter, aliquãdo tamen à rabioso cane, quos alij melius λυσσόδηκτος appellant: lyssa enim rabies est. Θηριόδηκτα (scilicet ἕλκη) Græci uocant, nos bestiarum morsus: κυνόδηκτα illi, nos canum morsus: qui si rabidi fuerint, λυσσόδηκτα ab illis nominantur, Manardus. Apud Latinos etiam ubi de canis morsu mentio incidit, plerique distinctionis causa, rabiosi, uel non rabiosi, addunt: quidam omittunt, ut Dioscorides cum scribit caninam urinam ad perfundendos canis morsus idoneam esse, Ruellio interprete: nam Marcellus Vergilius rabidi canis morsus conuertit: Et in commentario super Dioscoridis de fœniculo capite, Quæ Dioscorides (inquit) hic & alibi κυνόδηκτα simpliciter uocat, non simplex eius animalis uulnus significant, sed cum rabit & in rabie illatam homini suo dente noxam: siquidem non rabidi canis morsus ab alijs aliorum animaliũ morsibus & uulneribus non differt. Neque Dioscoridem oportebat priuatim de eo in radicibus fœniculi aliquid docere: communi enim aliorum uulnerum curatione non rabidi canis morsus curãdus est, Hæc Marcellus. Ego quanquam concesserim canis morsus simpliciter pro rabiosi canis morsibus apud authores aliquando usurpari, non ubique tamen nihil interesse contra Marcellum assero. Nam Aëtius de rabiosi canis morsu libro 6. cap. 24. copiose agit: de canis autem non rabidi morsu, lib. 13. cap. 2. ubi etiam de hominis & crocodili & aliarum ferarum extra rabiem morsibus curandis differit. Sic & Plinius Valerian. expresse cõtra canis nõ rabidi morsus medicamina aliquot profert: & alia rursus contra canem rabidum seorsim. Quamuis enim non tantundem ueneni habeant, ac si rabie tentarentur canes, non omnino tamen ueneno carent huiusmodi morsus, ut diserte testantur authores: Et ratio dictat, non instar simplicis uulneris curanda esse, quæ dentibus inflicta sunt, utpote angustiora & nonnunquam profunda. Iracundia quoque caput maxime petens animantis iratæ, ueneni nonnihil suggerit, Quamobrem Aegineta etiam libro 6. cap. 3. docet περὶ λυσσοδήκτων καὶ ὑδροφοβικῶν, id est de morsis à C. rab. & aquam pauentibus: mox autem cap. 4. separatim præscribit curationem πρὸς τὰ τῶν μὴ λυττώντων κυνῶν δήγματα, hoc est ad morsus canum non rab. Ad hæc Plinius ubi Dioscorides κυνόδηκτα habet, ferè semper canis morsus simpliciter reddit (siue ex Dioscoride siue alijs Græcis:) ubi λυσσόδηκτα, addit rabidi. In remedijs quidem ex urina clare distinguit, his uerbis: Sua cuique urina maxime prodest, confestim perfuso canis morsu, echinorumque spinis inhærentibus, & in spongia lanis ue imposita: aut aduersus canis rabidi morsus, cinere ex ea subacto: contraque serpentium ictus. Hinc non solum distinxisse eum apparet, sed quo modo etiam: nempe ut efficaciora uehementioraque sint remedia illa, quæ contra C. rab. morsus faciunt, quamobrem hîc urinæ cinerem addit, & contra serpentium etiam uirulentos morsus commendat: qua quidem adiectionis nota admoniti alibi etiam κυνόδηκτα ἀντὶ λυσσοδήκτων plerunque apud authores interpretabimur: secus, non item. Ad simplices uero canis morsus, urinam simpliciter pollere scribit, quemadmodum etiam extrahendis echinorum spinis, quæ nihil ueneni habent: quamuis morsus illi, non nihil, ut iam dixi, sed exiguum uirus habeant. Nuces iuglandes cum cepa & sale & melle, canis hominisque morsui imponũtur, Plinius. Hic facile apparet eum sentire de morsu canis non rabiosi, quoniam hominis morsum simpliciter ei coniungit. Aegineta quoque idem remedium, nisi pro iuglandibus origanum poneret, ad morsus canis non rabidi commendat. At alio in loco, Nuclei iuglandium (inquit Plinius) à ieiuno homine commanducati illitique, præsenti remedio esse dicuntur contra rabiosi canis morsus. Mihi sane ita uidetur, quæcunque morsibus canum rabidorum imposita iuuant, eadem simplicibus etiam canum morsibus profundioribus præsertim, ab initio prodesse: quod & Aëtius testatur, libro 13. cap. 2. his uerbis, Si magnus sit morsus, quemadmodũ à magnis canibus infligi solet, præscripta in sexto sermone methodo curato, ueluti eos qui à rabido cane sunt sauciati. Fieri etiam potest ut efficaciora nõnunquam applicanda præscribantur pharmaca ad simpliciter morsos: in causa est, quoniam nullis plerunque intra corpus sumendis, nec alijs ferè foris illi remedijs curantur: Leuiora autem interdum ad morsos à rabidis feris, non quod illa per se sufficiant, cum multis uarijsque alijs intus & foris medicamentis illi exerceantur: sed cæteris & maioribus omissis, siue per imperitiam, siue potius tanquam à studiosis rei medicæ per se intelligendis, qui sua ex aliorum scriptis colligunt, leuiora interdum sola commemorant, ne toties uniuersa curandi methodus repetenda ueniat. ¶ His ita confirmatis, remedia aduersus canis non rabidi morsus enumerabo, si prius uniuersalem eis medendi methodum ex Paulo & Aëtio Græcis medicis præscripsero. Paulus igitur libro 5. cap. 4. Canis non rabiosi (inquit) morsus, quum & ipsi uirulentæ cuiusdam substantiæ sint participes, statim aceto irrorans, lata manu morsum ferito: insuper nitrum cum aceto tritum ab alto superinfundito: deinde spongiam recentem aceto, aut ipso nitroso aceto madidam imponito, & eodem medicamento uulnus per triduũ foue, tandem enim consanescet. Cætera quæ Aegineta ibidem perscribit pharmaca ordine literarũ paulò post subiungam, unà cum cæteris ex Græcis & Latinis authoribus ad simplices canis morsus remedijs. Sed Aëtij prius uerba libro 13. cap. 2. de morsu canis non rabidi in homine curando, operæpretium uidetur adiungere, quoniam pleraq; scitu digna continẽt, præsertim quod ad uniuersalem curandi rationem, ab Aegineta omissa. In his igitur (inquit) quos canis momordit, statim acetũ irrorato, & expassa palma morsum percutito. Deinde nitrum cum aceto tritum ex alto supra morsum destillato & spongiam nouam posca aut aceto imbutam imponito, & ad tres dies obligato, ligamentoq; superne ex posca aut aceto prout uisum fuerit, madefacito. Egregie enim auxiliatur. Post hęc uero ut commune ulcus curato. Aut perdicium herbam cum sale tritam imponito, quotidie eam alterãdo donec excidat crusta. Deinde ubi ad cicatricem perducere uolueris, ipsam per se tritam imponito. Quod si magnus sit morsus, quemadmodum à magnis canibus infligi solet, præscripta in sexto sermone methodo curato, ueluti eos qui à rabido cane sunt sauciati. Si uero cauus & angustus appareat morsus, in principio cum aceto, ut dictum est, irrorato: Deinde nitrum itidem cum aceto tritum ex alto superstillato, & anetho sicco usto morsum expleto, & linteolum conuolutum ex aceto madefactum indito, & obligato. Post triduum uerò soluito, & reperies morsum repurgatum. Idem facit & cuminum tritum morsui inditum. Postquam uerò ulcera fuerint repurgata, prædicto pharmaco utere liquefacto ad hominis morsum relato. (Id conficitur, Mellis, terebinthinæ, butyri, adipis anserini, medullæ cerui, aut uituli, æqualibus partibus liquefactis.) Si uerò inflammatio succedat, lenticulam cum mali corio coctam & tritam imponito: Vel rubi folia contrita emplastri modo impone: aut panis medullam in betæ succo maceratam, tritamq; pauco rosaceo admixto, pro emplastro adhibeto. Ad uulnera uerò iam suppurata, erui farinam cum melle subigito, & morsum expleto. Summè enim auxiliatur. Aut irin cum melle & linamentis indito: ac superne lenticulam coctam tritam cum modico melle, & rosaceo pauco imponito. Repurgatis uerò iam ipsis cum prędicto liquido pharmaco expleto, ac deinde his quæ cicatricem inducere possunt, utitor. Emplastra autem ad demorsos à cane, uel urso, aut similibus animalibus, statim à principio commodè adhibentur, ex sale & cerusa apparata. Etenim uenenosum humorem in morsibus ex dentibus relictum expurgant, & callosam ex impactis dentibus concretionem explanant, Hæc Aëtius.

¶Foris imponenda aduersus canum morsus, ubi rabidorum nomen authores non adiecerunt, hæc sunt.

¶Acetum medetur canis morsibus, Plin. calidum cum spongia, Valerianus. Spongia aceto imbuta simpliciter, Aegineta. aceto uel posca, Aëtius. Linteolum conuolutum ex aceto madefactum indito uulneri, & obligato, si cauus & angustus fuerit morsus: post triduum soluito, & reperies morsum repurgatum, Aëtius. Miscetur & alijs diuersis in hunc usum medicamẽtis acetum, ut deinceps dicemus. Vide Spongia. Aceti fex, Plinius lib. 23. Eadẽ cum melanthio, Valerianus. Adianthon, Author obscurus. Alabastrum, Plin. 33. Alex in linteolis concerptis, Plinius: Valerianus addit cruda. Allium appositum, Plinius & Macer. Cum melle tritum, Valerianus. In uulnera ex canũ morsibus cum melle imponitur, Plin. Allium illitum prodest, & intra corpus sumptum, Galenus de parabil. Ampeloprason, Plin. lib. 24. Amygdala, Plinius lib. 23. Amygdalini nuclei cum melle triti, Valerianus. Amygdalæ amaræ cum melle, Dioscorides & Plinius. Apiastrum, uide Melissophyllon infra. Anetho sicco usto morsum expleto, si cauus & angustus sit, Aëtius.

¶Ballotes folia, Galenus. Ballote, id est marrubium nigrum cum sale, Valerianus & Aegineta: folia ex sale trita, Plin. Betæ succo macerata panis medulla, tritaq; pauco rosaceo admixto pro emplastro adhibita, Aëtius. Bulbi cum melle triti, Plin. Bulbi omnes cum melle & piperis polline illiti, Dioscor. Bulbus applicatus, Author obscurus.

¶Canis urina perfusa, Dioscor. Caprificus, uide in fico. Cepæ succus cum aceto, ruta, & melle, Dioscor. Cepæ tritæ cum melle, Aegineta. Crudæ cum melle uel aceto, uel coctæ cum melle & uino appositæ, Macer. Virides ex aceto illitæ, aut siccæ cum melle & uino, ita ut post diem tertium soluantur, Plin. lib. 20. Cerri piscis caro, non secus atq; salsamentum, Dioscor. Cerusa, uide in Sale mox. Cinis uitium cum oleo, Plin. & Valerianus: Ex aceto illitus, Dioscor. Cucumeris satiui folia cum uino illita, Dioscor. uide Pepones. Crocomagna, Plin. lib. 21. Cuminum tritum morsui inditum, Aëtius. Cynoglossi folia cum suillo adipe ueteri, Dioscorid.

¶Ebulus, Plin. lib. 24. Ebuli folia recentia & tenera cum polenta illita, Dioscorid. Sambucus uel chamæacte refrigerat canis morsum, cum polenta mollissimis foliorum illitis, Plin. Erui farina cum oleo subacta, Aegineta. Eruum cum uino, Diosc.

¶Fici folia, Plin. lib. 23. Nigræ ficus folia cauliculiq;, Diosc. Ramorum fici teneri cauliculi cuti imponuntur, Plin. Cauliculi teneri bene triti, Valerianus. Tum syluestris, tum satiuæ fici lacteus succus instillatus plagæ, Dioscor. Caprificus aut lac eius, Plin. Grossi caprifici cum melle & folijs, Plin. Fructus, frondes, & folia cum melle, Plin. Fœniculi radices tritæ cum melle, & cataplasmatis modo impositæ, Diosc. Fœniculi radice in succo, uel cum melle, contra canis morsum utuntur, & contra multipedem ex uino: Hippomarathron ad omnia uehementius, Plin. Fungi suilli canum morsibus ex aqua illinuntur, Plin.

¶Garum omne, Dioscor. Garum, Plin. lib. 31. Gobius illitus contra serpentium canumq; morsus, Dioscorides.

Helio-

¶ Heliotropium herba, Thessalus. Hippomarathrum, uide Fœniculũ. Hipposelini semen cum uino, Dioscorides apud Serapionem: in nostris codicibus non inuenio.

¶ Iris ex oleo, Plinius. Iris gemma cremata, Plinius libro 37. ut Aggregator citat.

¶ Lana succida, uide in Spongia. Lapathum cum melle & aqua, Thessalus. Laser cum aceto, Plinius libro 22. Laser è silphio cum ruta, uel cum melle, uel per se uisco superlitum, ut hæreat, Plin.

¶ Marrubium tunsum cum axungia ueteri imponitur, Plinius & Valerianus. Sic autẽ refertur à Plinio ut uideatur ad utrunq; marrubium pertinere, magis tamen ad candidum. Marrubium nigrum, uide Ballote. Melanthium cum aceti fece, Valerian. Melissophyllon, id est apiastrum impositum uel illitum, Galenus de parabil. Dioscorides. Cum sale tritum, Macer. Menta cum sale illita, Dioscorid. & Macer. Cum melle contrita, Valerianus. Mitulorum caro utilissime imponitur, Dioscorides & Plin. Muria acida fotu prodest, Dioscor. Myaces cremati morsus canum hominumq; cum melle sanant, Plinius. Myacum carnes, Dioscorides.

¶ Nitrum addita resina, initijs cum aceto illinitur, Plinius, Valerianus axungiam addit, & æquis ponderibus miscet. Nitrum cum aceto tritum ab alto superinfundatur: uel spongia eodem imbuta imponatur. Nux iuglans cum cepa sale & melle ad canum hominũq; morsus facit, Diosc. Plin. & Valerianus. Nuces, Auicenna & Plinius libro 23. Iuglandium carnes ab homine ieiuno commanducatæ, Valerianus.

¶ Origani comæ, salis, cepæ, pares singulorum modi cum melle, Aegineta.

¶ Peponis cortex cum uino, Plinius libro 20. Folia peponum (ut cucumerum etiam) cum uino, Plinius. Perdicium herbam cum sale tritam imponito, quotidie eam alterando, donec excidat crusta: deinde ubi ad cicatricem perducere uolueris, ipsam per se tritam imponito, Aëtius. Pisces salsi maximè sardinę, Serapio ex Gal. Polygonos, uide Sanguinaria. Porrum, maxime syluestre, Plin. libro 24. nigrum, libro 27. Plantago, Macer & Author obscurus: Ex plantagine cataplasma cum sale, Dioscorid. Pulegium recens cum uino bibendum, aut foris cum melle imponendum, Macer.

¶ Rubi folia cum aceto tunsa cataplasmatis modo, Aegin. & Aëtius.

¶ Ex sale & cerussa, ut supra ex Aëtio dictum est. Salsamentum, uide Smaris. Sambucus, uide Ebulus. Sanguinaria cum axungia & pane, Apuleius. Schistos lapis, Plin. libro 36. Smaridis caro non secus atq; salsamentum prodest à cane demorsis, Dioscorides. Spongia posca aut aceto imbuta, Aëtius. Spongia recens, uel lana succida, aceto & oleo imbuta, Aegineta. Spongiæ minutè conciduntur, & imponuntur infusæ, uel ex aceto, aut ex aqua (frigida, Plin.) aut melle, abunde subinde humectandæ, Plinius & Valerianus. Spuma nitri cum pinguedine asini uel axungia, Dioscorides & Galenus apud Serap. & Auicenna, baurach nominans. Squilla cum pice illita, Plin. lib. 22. Stibiũ tritum, Plin. lib. 32. Succida lana, uide in Spongia.

¶ Thunni conditanei caro, Dioscorides.

¶ Virorum capillus ex aceto, Plinius. Vitium cinis cum oleo, Plinius libro 23. & Valerianus. Sua cuiq; urina maximè prodest, confestim perfuso canis morsu, echinorumq; spinis inhærentibus, & in spongia lanisúe imposita, Plinius. Vrina canis perfusa, Dioscorides. Ex uiticis (uel agni casti, ut uulgò uocant) semine, cataplasma, Auicenna. Vrtica cũ sale trita & illita, Plinius, Valerianus, Macer, Auicenna, Dioscorides apud Serapionem. Cum sale combusta, Plinius lib. 22. ut Aggregator citat. Vrticæ semen emplastri modo impositum, Galenus de parabilib.

¶ Quæ potu aut esu intra corpus assumi medicamenta præcipiuntur, ad canis morsum simpliciter, perpauca reperio: ut, Allium tostum potui esuiq; datum, Galenus de parabilib. Calaminthæ succus potus, Auicenna. Caro canis neruosa pota, Aesculapius. Melissophyllon ex uino potum, Galenus in Parabil. Ego illa omnia quæ contra κυνόδηκτα medici edi aut bibi iubent, ad λυσσόδηκτα retulerim: quòd propter periculi magnitudinem, intus forisq;, hîc attrahentibus, illic expellentibus, medicamentis impugnari desiderent.

¶ Cæterum ad feruidos iam morsus (πιτυρωμένα, lege πεπυωμένα, id est suppuratos, ut Aëtius habet) erui farina cum melle subacta admouetur: peculiariter enim his efficax est. Inflammatione conflictantes, argenti spuma trita ex aqua oblinito, Aegineta. ¶ Hæc aduersus canis morsum simpliciter posita ab authoribus medicamenta, hactenus recensuerim. Hoc non dissimulabo quæ Aggregator enumerauit, ex Opere eius hîc repetita esse. nam et ipse remedia contra canis morsus absolute, & contra rabidi canis morsus distinguit: Otho Brunfelsius, ut sparsim colligit, ita confundit.

¶ Quomodo curandi sint morsus canum non rabidorum, quos ipsi inter se intulerint, dictum est superius cap. 3.

De rabie canum in genere.

¶ Rabies uel rabia apud antiquos, morbus est canum, quum ueluti furore quodam acti, huc atq; illuc rapiuntur, nec ullum quietis locum inueniunt. Alij rabiem quasi rauiem dici putant, à raucitate uocis, quam rabiosi habent similem latratui canis. Græci hunc furorem lyttan appellant, παρὰ τὸ λύειν τὸν νοῦν. Legitur etiam lyspa apud Varinum quod non placet. Λυσσόδηκτος, id est à rabido morsos, non quouis animali, sed cane solum Græci nominant: ut non rectè uertat interdum Ruellius, bestias rabie efferatas, &c. Inuenio tamen de alijs etiam animalibus rabiei nomen positum. Murænæ etiam rabie uexantur, ut caninum genus, Columella. Camelus etiam rabie tentatur, Aristot. Circa Abderã

t

& limitem qui Diomedis uocatur, equi pasti (nascentibus illic herbis) inflammantur rabie, circa Potnias uerò asini, Plinius. Rabiem, inquit Albertus, aliqui canitiem (quod barbarum nomen est) siue caninam insaniam uocant. Excitat rabies in canibus furorem: & quæ momorderint, omnia rabiũt, excepto homine: (quod posteriores falsum esse deprehenderunt: nam & homines morsi sæpe rabiũt: quod & scriptores testantur, & prouerbium Δῆγμα κυνὸς λυττῶντος, de quo in H. h.) Intereunt canes hoc morbo, & quæ morsa sunt, excepto homine, Aristot. lib. 8. cap. 22. Pro uerbis postremis, excepto homine, Græcè legitur πλὴν ἀνθρώπου: & rectè quidem meo iudicio: Nam Pollux etiam libro 5. cap. 8. hunc philosophi locum paraphrasticè reddit his uerbis, πᾶν τὸ ὑπὸ λύττης κυνὸς ἐχομένου δηχθὲν, ἀναιρεῖται. ἄνθρωπος δὲ μόνος οὐκ ἄνευ κινδύνων περιγίγνεται. Hoc est, Omne animal à cane rabido morsum, interit: solus homo non sine periculo euadit. Non rectè igitur suspicatur Leonicenus πρὶν ἀνθρώπου, id est prius homine, potius legendum quàm πλὴν ἀνθρώπου. Quanquam homines quidam morsi longo post tempore moriantur. Albertus refert historiam cuiusdam morsi in brachio, cui cum anno post duodecimo cicatrix recruduisset, intra biduum obijt. Auicenna quoq; sententias quorundam aduocat, qui dicerent, post duodecimum à morsu annum in rabiem aliquando incidere nonnullos. Quod uerò serius quàm cætera animalia tabificam rabiendi uim sentiant homines, efficit id naturæ dissimilitudo. Nam & in contagiosis morbis, homines ab hominibus & sanguine coniunctis afficiuntur facilius, Cælius. Petrus Matthæolus narrat de Baldo quodam iurisperito, qui Tridenti cum cane suo ludens leuiter in labijs morsus est, & re neglecta, cum rabidum fuisse nesciret, post quatuor menses rabie & aquæ timore correptus, miserè perijt. Medicus quidam in iam citato Aristotelis loco legit πλὴν χηνός, id est excepto ansere, qui solus ex pedestribus morsus, nec rabit, nec moritur ex morsu: Et licet hoc reipsa uerum sit fortassis, non facile tamen defendi potest hæc lectio, cum nulla uerborum inter se similitudo appareat, Aug. Niphus. Non mirum est autem, si solus animalium homo à cane morsus & rabiem & mortem euadat, non semper quidem, sed sæpenumero: cum medicamentis ab utroq; præseruari possit: quæ cæteris animantibus non æquè contingunt, Idem. Omne animal à rabioso cane morsum perimitur, Aelianus. Animalium quædam nullo præcedente morsu sua natura rabiunt, ut quibus dentes serrati habentur, Michaële Ephesio teste, ut lupi, uulpes & canes: alia nunquam rabiunt nisi morsa, uel raro & non nisi ex magnis causis, ut equi, & muli, & cætera id genus. Obseruatum est animalia quædam à cane rabido morsa, rabiem non incidisse: in causa est, quoniam ut rabies excitetur, canem eo solum dente, uel ijs dentibus, mordere oportet, quibus uis inest ueneni: neq; enim id ex æquo omnibus inest, Aug. Niphus. Homo morsus à rabido cane excitatur ad rabiem ab umbra sorbi (corni, aliàs) quod nonnulli medici pro explorato tradunt, Idem. Cur soli animantiũ canes rabiant per æstatem, causam inquirit Alexander Aphrodis. lib. 1. proble. 74. Vergilius in Georgicis pestilentem constitutionem describens, Hinc (inquit) canibus blandis rabies uenit. Farre uel triticeo pani, quo canes pascentur, admisceatur liquor coctæ fabæ: sed tepidus, nam feruens rabiem creat, Columella. Pituitæ & bilis redundantiam, canis herba quadam deuorata uomitu leuat: quæ nisi tolleretur, rabiem faceret, Aelian. Rabiem canum sanguinis menstrui gustatu incipere scribit, Plinius. Rabies canum Sirio ardente homini pestifera, & morsis letalis aquæ metus, Plin. Tanta uis mali est, ut urina quoq; calcata rabiosi canis noceat, maximè ulcus habentibus. Remediũ est fimum caballinum aspersum aceto, & calfactum in fico impositum. Minus hoc miretur, qui cogitet lapidem à cane morsum, usq; in prouerbium discordię uenisse, Plin. Aggrauari uulnera constat introitu eorum, qui unquam fuerint serpentium canis'ue dente læsi. Iidem gallinarum incubitus, pecorum fœtus abortu uitiant. Tantum remanet uirus excepto semel malo, ut uenefici fiant uenena passi. Remedio est ablui prius manus eorum, aquaq; illa eos quibus medearis inspergi, Plin. Quantam habeat uim afficiendæ rei aptitudo, facile intelligitur in canibus: cum enim reliquorum animalium nullum rabie capiatur, solus canis eo affectu corripitur, atq; tanta fit in ipso humorum corruptio, ut sola eius saliua, si humanum corpus contigerit, rabiem excitare possit. Vt igitur ab exiguo initio, saliuæ uidelicet qualitate, aucta quædam in corpore affectio, quando ad magnitudinem notatu dignam peruenerit, discerni potest, idq; post sex menses, cum nonnunquam ante id tempus nulla nota deprehendatur: sic eodem modo uitioso humore in animalis corpore genito, paulatim tractu temporis, principalium partium aliqua consentit, à qua deinde uniuersum corpus celeriter alteratur, Galenus libro 6. de Locis affectis. Canis rabiosi fel lentis magnitudine sumptum, septem diebus interficit, quibus superatis potest esse salutis spes, Bertrutius. Cum igitur tanta sit ueneni uis ex rabido cane, quis sanæ mentis ad morbum regium rabidi canis caput contusum, mixtumq; uino, quod remedium apud Sextum legimus, propinauerit? Multò tutius ex Plinio canini capitis simpliciter cinerem ex mulso ad eundem morbum aliquis biberit: licet ne hoc quidem probemus, inter alia tam multa liberalissimæ naturæ, homini familiariora remedia. Quam ob causam aquam extimescũt hydrophobi, quos à rabido cane morsos dicimus, & pudendum cum hypochondrijs simul illis intenditur: intremiscunt etiam, ac conuulsionem patiuntur, adeoq; delirant, ut canum ritu latratum ædant? Cassius problemate 73. ¶ Ad timentes canum impetum: Nerij radicem collo circundato, et liberabitur: quod si experiri uolueris, cum canis in furorem uersus sit, illi circumponito, statimq; furorem deponet, Galenus de parabilib. cap. 67. Qui edit allium & superbibit uinum, tutus creditur à morsu rab. C. quia fugit odorem, Ponzettus. Caninus dens in corio alligatus brachio, auertit morsus canis,

canis, uel ut alij interpretantur, aquæ metum ut supra in C. dixi. ¶ Rabidas canes includere oportet, illisq; in unam diem interdicere nutrimentum. Subinde autem ueratri aliquid in potu miscendū est. Vbi uerò purgatæ fuerint, hordeaceo pane nutriendæ sunt. Similiter curabis et eos quos rabidus canis morsu impetierit, Theomnestus in Geoponicis. Ellebori tenuissimæ radices breuesq;, ac uelut decurtatæ etiam hæ leguntur. Nam summa quæ est crassissima, cepis similis, canibus tantum datur purgationis causa, Plinius. Est uermiculus in lingua canum, qui uocatur à Græcis lytta, quo exempto infantibus catulis, nec rabidi fiunt, nec fastidium sentiunt, Plin. Sed hoc (inquit Ponzettus) nemi nem hactenus expertum legimus. Nanq; subit nodis qua lingua tenacibus hæret, Vermiculum dixêre, mala atq; incondita pestis, &c. Iam teneris elementa mali, causasq; recidunt, deinde salem 10 uulneri inspergunt & oleo permulcent, ut statim sanetur, Gratius. Catulorum caudas post diem quadragesimum quàm sint æditi, sic castrare conueniet: Neruus est qui per articulos spinæ prorepit, usq; ad ultimam partem caudæ: is mordicus comprehensus, & aliquatenus eductus abrumpitur: quo facto neq; in longitudinem cauda fœdum capit incrementum: & (ut plurimi pastores affirmant) rabies arcetur letifer morbus huic generi, Columella. Columella author est, si quadragesimo die quàm sit natus catulus, castretur morsu cauda, summusq; eius articulus auferatur, sequenti neruo exempto, nec caudam crescere, nec canes rabidos fieri, Plin. Mulieris quæ marem peperit lacte gustato, canes rabiosos fieri negant, Plin. Rabies letale periculum in canibus, seu cœlesti corrupto sydere manat, cum Sol uel in Cancro uel Leone mouetur, Exhalat seu terra sinus, seu noxius aër Causa mali: seu cum gelidus non sufficit humor, Torrida per uenas concrescunt semina flammæ. Quic- 20 quid id est, medeberis canibus. Tunc uirosa tibi sumes, multumq; domabis Castorea, adtritu silicis lentescere cogens. Ex ebore huc trito puluis, sectoue feratur, Admiscensq; diu facies concrescere utrunq;: Mox lactis liquidos sensim superadde fluores, Vt non cunctantes haustus infundere cornu Inserto possis, furiasq; repellere tristes, Atq; iterum blandas canibus componere mentes, Nemesianus. Sirio ardente rabies canum homini pestifera est. Quapropter obuiam itur per triginta eos dies gallinaceo maxime fimo mixto canum cibis: aut si præuenerit morbus, ueratro, Plin. Rabidi canes si helleborum cum polenta comederint euomunt, ac statim soluti à rabie resipiscunt, Aëtius. Si lymphaticus (inquit Albertus Magnus) aut rabiosus fuerit canis, statim ab alijs separetur, ne in sanos quoq; pestis hæc deriuetur. Arinetia rex Valentiæ docet canem rabidum in aqua calida per longitudinem corporis mergendum esse diebus nouem, ita ut posterioribus pedibus uix terram attingat, anterioribus sursum erectis. Post hoc tempus extracto de aqua caput radatur, & dili- 30 genter deglabretur, adeò ut cutis etiam cruentetur. Sic rasum succo betæ inungatur & perfundatur sæpius: & cibi, si quos admittit, eodem succo tingantur. Danda est etiam sambuci medulla, cuius aduersus rabiem non exigua uis est. Quod si curatio intra septem dies non proficiat, pro desperato occidatur, Hæc Albertus. Sunt qui rabidum canem ueneno quàm ferro necare malint: Mori autem aiunt si cibo immisceatur risagalli parum, cum hyoscyamo & hermodactylis, Ponzettus. Cætera quæ canes perimunt, supra in C. recensui. Tumorem quendam sub lingua canis rab. uermiculo albo similem, auferto cani ut primum in rabiem inciderit: deinde dabis ei panem edendum cum chelidonio trito & mixto adipi ueteri: & uulnus inde factum illine folijs rutæ, sale contrito, axungia & melle commixtis, Tardiuus. Rabies est morbus canis, uel ira accensa non differens à furore. Accendi- 40 tur is morbus in uenis prope cor ipsum. Signum est, quod canis agitur per se & currit errādo ceu furore correptus: ut igitur is morbus comprimatur, studēdum est quieti & somno canis. Subducendus cibus, & liquida tantum ac sorbilia offerenda sunt: & ne hæc quidem ad saturitatem: quoniam præstat studere uentris lubricitati, negando ossa & sanguinem gignentia biliosum. Post tertium diē uenæ turgentes tam in lateribus, quàm in cruribus etiam secandæ sunt: siue projciendus est in lacū in quo fuerit hirudinum copia, ut multum sanguinis possint sugere. Post hoc caput & corpus uniuersum oleo rosaceo omphacino, siue unguento populeonis illinendum est. Per os etiam cum oportuerit medicamen injciendum est, quod ipsam bilem educat. Post hoc lauabis eum decocto lapathi acuti, rad. inulæ & fumariæ, quoniam multum proficies. Cum uerò canis iuuenculus patitur rabiem, cani admittatur masculus fœminæ, & fœmina masculo, quoniam sic educi solet rabies, Blondus. 50 Quid priscas arteis, inuentaq; simplicis anni Si referam: non illa metus solatia falsi Tam longam traxêre fidem. Collaribus ergo Sunt qui lucifugæ cristas inducere melis Iussêre, aut sacris conserta monilia conchis, Et uiuum lapidem, & circa Melitesia nectunt Coralia, & magicis adiutāt cantibus herbas. Ac sic offectus, oculiq; uenena maligni Vicit, tutela pax impetrata deorum, Gratius. ¶ Canes rabidi sæpe nec uerbera nec uulnera curant, & contra omne genus armorū hominem mordent: quod ne fiat, quisq; secum gestet canis dentem. Nam Dioscorides exemptum cani dentem caninum, & in uesicula brachijs alligatum, ad inhibendos canū impetus utilem facit, Blondus. Nos supra ad præcauendum potius aquæ timorem, Dioscoridis uerba ista interpretati sumus. Molares dentes canis rabiosi, qui momordit hominem, in corio adalligati brachio, prohibent à morsu canis rabidi, Serapio apud Syluaticum: Videtur hæc Serapio ex Dioscoride transtulisse, & Serapionis interp... 60 pro caninis dentibus reddidisse molares.

¶ An canis qui momordit rabidus fuerit cognosci refert: multi enim quia nihil graue statim sequebatur morsum, neglectis initio remedijs, & uulneri cicatrice inducta, incurabiles postea obierūt.

r 2

Qamobrem nuces iuglandes bene contritas (commansas, Ponzettus:) ulceri impone: & postridie (post duas horas, Ponzettus) gallo aut gallinæ edendas obijce: is uel ea, initio quidem abstinebit: fame autem urgente si deuorârit, obserua: nam si canis qui momordit, non fuerit rabidus, uiuet auis: secus, morietur postridie. Quod si fiat, ulcus aperire festina: Et rursus interpositis aliquot diebus, similiter experire, ita ut cicatricem non prius inducas ulceri, quàm auis deuoratis nucibus istis incolumis degat, Aegineta ex Oribasio. Idem ab Aëtio libro 6. describitur, & à Ponzetto Cardinali. Simile experimentum (inquit Ponzettus) haberi potest ex medulla panis ulceri adhibita, & postmodum alijs canibus oblata. Micis ex triticeo pane morsum perfricabis, easq; mox alteri cani porriges: quas si comederit, indicium est non rabere canem: sin abstinuerit, rabere. Ex ipso quidem uulnere dignoscere non datur, cum id sibi simile semper sit, nec ab alijs ulceribus & ferarum morsibus diuersum. Tritici grana undecim apposita uulneri donec humore mollita se impleant, & intumescant, proijcito gallinæ, quæ si fastidiat: rursus alia obijcito aliâs, quibus si similiter abstineat, periculosum & letale signum est: sin esse cœperit, periculi sublati, Apuleius ut Aggregator citat. Dioscorides, ut infra dicam, tritici grana simpliciter canis rabidi morsibus inseri laudat.

¶ Dioscorides sermonem de rabiosi canis morsu cæteris præposuit, quoniam id animal (inquit) domesticum ac frequēs esse consueuit: & in rabiem sæpius agitur ac perit, ab eoq; caueri difficile: inde periculum ineuitabile hominem manet, nisi multis utatur auxilijs. Plerunq; autem flagrantissimis æstibus (uel regionibus huiusmodi) in rabiem efferatur: interdum quoties frigora incesserunt, Diosc. ἐν τοῖς ἐφισταμένοις χρόνοις: melius apud Aeginetam legitur, ὑποπεπηγμένοις. Frequentius & manifestius quàm cætera animalia rabiem patiuntur canes, quia uescūtur cibis corruptis, cadauera & multa putrefacta lambunt: accedunt, penuria cibi, timor, latratus frequens, iracundia, & alia unde humores ad rabiem excitandam exardescunt, autumno præsertim. Quanquam cætera animalia, ut lupi, uulpes, &c. rabiem æstate potius quàm hyeme incurrant, Ponzettus. ¶ Canis rabiosus potum & escam auersatur: toruè & solitò tristius intuetur, Dioscor. Corpus ei strigosum & solitò compressius conspicitur, Actuarius. Largam spumantemq; pituitam naribus & ore proijcit, Dioscor. Hians quàm maximè anhelat, linguam exerit: languidæ ei aures, cauda demissa: incessus segnis, ac ueluti stupidus: si uerò currat, celerius solitò currit, idq; intempestiuè & inæqualiter, Aëtius. Siticulosus est, sed potu ferè abstinet. Mutus ut plurimum, ac demens, ita ut ne suos quidem familiares agnoscat, Aegineta. In omnes passim sine latratu irruit, æquè feras homines q;, tam familiares quàm ignotos mordet: nec protinus infestum quicquam infligit, nisi, ut uulnus, dolorem: Exinde morbus ille, qui ab aquæ metu hydrophobicus Græca est uoce appellatus, contrahitur, Dioscor. Rabido cani caput ad terram nutat: lingua exeritur, idq; adeò interdum ut retrahi non possit: timore plenus est, & solitudinem quærit, Ponzettus. Oculi rubent: caudam inter femina inserit: raucus est, alienatur non solum à reliquis canibus, sed suis etiam catulis: fugiunt eum cæteri canes (& allatrare solent) ac imbuto sanguine eius pane abstinent, Bertrutius. Aquæ metu afficiuntur, ut ea uisa pili plerunq; inhorrescant, & nonnunquam ex ea formidine emoriantur, Textor: Mihi ad hominem potius à cane morsum hæc pertinere uidentur. Canis rabidi cauda demissa est: lingua porrecta, & tanquam bile colorata: citra rationem currit, deinde subitò rursus consistit, Galenus ad Pisonem. Oculis uagis circumspectat, et prætereuntes intuetur, Tardiuus. ¶ Cæterum illis qui à rab. cane morsi sunt corpus inarescit, & conuellitur interdum, ac febri intus acri uritur, animus delirat, Galenus ad Pisonem. Si uel modicū aquæ uiderint, tremunt & conuelluntur statim, & uigilijs delirijsq; detenti uel breui tempore uitam finiunt, uel aliquanto post, cum iam euasisse uidentur, subito rursus tanquam à recenti morsu periclitantur, Damocrates in descriptione antidoti diacarcinon apud Galenum lib. 2. de antid. Somnia eis accidunt terribilia, puncturæ in corpore, singultus & siccitas oris, Galenus in Parabil. In ijsdem malum signum est, uox rauca. Quandiu uero intuendo speculum cognoscunt seipsos, spes est salutis. Cum per terram uolutantur instar canum, nihil sperandum præter mortem: licet morsus adhuc mente constet. Est quando rident. Interdum æger ipse sibi uas uitreum uidetur, uel cœlum metuit ruiturum. Bertrutius addit, à rabido cane morsum intelligi, si uulnus doleat magis quàm pro ratione, affectus incidant atribiliarij: his accedere anhelitus difficultatem, aluum siccari: urinam retineri, & emitti quandoq; nigram, uel lacteam, & adeò crassam ut catuli inesse uideantur: quandoq; contra tenuem & aquosam: postremo accidere suffocationem cum subita morte. Voces creditæ audiri in corpore morsi (quorum etiam Gariopontus meminit libro 1. cap. 11. in anteneasmo) sunt rugitus uaporum: qui etiam ex cruditate augeri solent in corporibus infirmis, & ita conuerti in sonum quendam similem illi qui auditur in cauernis quando plures concertant, Ponzettus. Accidit eis aliquando gonorrhœa, id est seminis profusio, Idem. Qui sanguinem in morsis statim congelari putant, falluntur: nam ne parum quidem superuiuerent, Idem. ¶ A rabidis canibus morsi, in aquæ formidinem corruunt, præcipuè qui prauis succis pleni fuerint, Aëtius. Euenit autem cum distentione neruorum, totiusq; corporis rubore, præsertim faciei, cum sudore & languore quodam: μετ᾽ ἀπορίας, Dioscorides interprete Ruellio: qui aporian de eadem re apud Actuarium uertit fastidium. Est autem aporia hoc loco proprie, anxietas & præ dolore ac spei inopia, corporis præter rationem iactatio. Aliqui auræ splendorem fugiunt, Diosc. Alij tenebras quærunt: alij tristitia mœroreq; contabescūt, Actuar. Alij sine ulla doloris intercapedine uexantur. Sunt etiam qui canum more latratus ædant, &

& obuiam factos morsu adoriuntur, ac mordendo simili uitio labefactant, Dioscorides. Fugiunt aquam, ut neque aspicere neque gustare sustineant: aliqui etiam omnes alios liquores, Aegineta. Exoritur autem hic affectus, non stato definitoque tempore, plurimum tamē ad quadragesimum usque diem neglectis differri consueuit, Dioscorides: (plurimum à quadragesimo die: sin negligentes, siue remedia differentes aggreditur, interdum exacto semestri, Actuar.) Post semestre etiam nonnullos inuadit: Quendam post annum aquam horruisse constat, quae nobis uisu comperta fuere. Narrant & aliquos post septennium aquae metu fuisse tentatos, Dioscorides. Differtur aliquando metus aquae ad hebdomadem unam, uel duas, uel plures, Ponzettus. Noui hominem morsum, qui se lauerat aqua marina: & cum liberatus crederetur, post aliquot menses contactu ligni cornui (corni, sorbi apud Aug. Niphum) redijt morbus. Habet enim forte haec planta uim quandam occultam commouendi uenenum. Scribunt etiam Arabes (ex Dioscoride nimirum) post septem annos aliquando recrudescere malum, cum interim latuerit, nec aliter praeterquam ex habitu corporis ad macritudinem pergentis cognosci potuerit, Ponzettus. Quidam statim ac morsi sunt, aquam caeteraque humida formidant: quidam post quadraginta dies aut serius: alij denique alijs ita prius aut posterius, ut prauis humoribus plus minúsue obnoxij fuerint, Aëtius. Aliorum sanè symptomatum rationes in promptu sunt, toto scilicet corpore ui ueneni infecto: caeterum affectionis quam aquam metuunt, causam aliqui nimię siccitati adscribunt, tanquam omnis substantia humida prorsus eos deseruerit, (natiuus & substantialis humor penitus demutatus sit, Caelius.) At Rufus melancholiae quoddam hoc genus esse ait, ueneno melancholicum humorem imitante: scimus autem melancholicorum alios alia metuere. Quae quidem ratio etiam pro illis facit, qui sic affectos imaginari aiunt uidere se canem in aquis, Aegineta. Hi ubi aquam, uel aliquid aliud lucidum tanquam speculum inspexerint, propriam nimirum ipsorum faciem adeò rubentem, uisumque toruum & plenum irarum contemplati deterrentur. Caeterum philosophus quidam morsus à cane rabido, & egregia uirtute animi passioni resistēs, dum sibi canis imago appareret in balneo (illi enim quoque, sicuti & reliquis eodem morbo affectis apparebat) diu intra se meditatus, Et quid, inquit, cani commune est cum balneo? quod effatus balneum intrauit, & imperterritus bibit, atque ita morbum superauit, & sanitatem adeptus est, Aëtius. Qui aquam metuunt, sic afficiuntur, siue quia canes in ea uidere sibi uidentur, siue alia horribilia quaecunque olim uel animo cogitarunt, uel usurparunt oculis, uel ab alijs narrata audiuerunt, species eorum & uestigia retinente memoria, puta daemonum, furiarum, inferorum, quibus etiam sanae mentis homines deterrentur, Ponzettus. Mentiuntur quidam, in urina morsi à rabido cane, non item ab homine, apparere imagines seu uestigia catulorum: alij, ut mendacium augeant, catulos etiam uiuos per urinam ab eis emitti, Ponzettus. Ex ijs qui aquae pauorem senserint, neminem seruatum uidimus, nisi forsitan ex historia unum aut alterum euasisse audiamus: siquidem Eudemus superasse quēdam affirmat. Themisonem aliqui demorsum in hunc furorem incidisse & euasisse fatentur. Alij ipsum cum amico aquam expauescenti morem gereret, & officium exhiberet, quadam naturarum concordia similem cōtraxisse affectum: sed post multos tandem cruciatus seruatum extitisse. Grauissimum itaque malum aquae metus est: sed antequam illo tentarentur, multos & ipsi restituimus, & complures ab alijs medicis seruatos nouimus, Dioscorides. Ex canis rabidi morsu aliquando fit anteneasmos (uox corrupta) species maniae, cuius meminit Gariopontus 1. 11. nostri uulgò choream S. Viti appellant.

¶ Ratio medendi duplex est: una communis, qua utendum in omnes morsus, quos uirulentae animantes impresserunt, alia peculiaris priuataque, eorum dūtaxat quos rabiosi canes momorderint: quae quidem summam aegris opem afferre consueuit, illis tantum inutilis qui ex multo iam tempore ictum acceperunt, Dioscorid. Canis rabiosi morsus immedicabilis hactenus extitit, &c. Plin. uide paulo post in cynosbato, inter medicamenta simplicia quae intra corpus aduersus hunc affectum sumuntur. Sciendum est neminem perperam curatum effugisse, Aëtius. Vt inflicti à rabido cane, sic omnes à pestiferis animalibus morsus, nisi per initia protinus rectè curentur, eò deueniunt ut summè perniciosi sint. Quae igitur recta curatio est? an scilicet uenenum extrahere, quod unà cum ictu corpori percusso inhaesit: ideoque ad cicatricem perducere, claudere'ue quae huiusmodi sunt, non accelerant: sed contra agunt, eaque insuper minutim admodum saepe concidunt: iam ijsdem quoque quae calida acriaque sunt, quibusque attrahi uenenum siccarique possit medicamentis ob eandem causam utuntur, Galenus in libro de sectis ad tyrones cap. 7. ¶ Morso à cane rab. exhibeatur primo medicamen è cancris fluuiatilibus, ut praecipit Dioscorides: (nos id ex Dioscoride & alijs infrà describemus, cum caeteris antidotis compositis intra corpus sumendis.) Sed ut alijs etiamnum auxilijs contra ineuitabile periculum muniamur, nihil caeteris uti prohibet. Satius autem multò fuerit, etiamsi in uanum aliquando fortassis recidat, medicamentorum inhumanos tolerare cruciatus, quàm per inertiam ac desidiam in discrimen adduci, Dioscor. ¶ Canis rab. morsu facta uulnera, circuncidunt ad uiuas usque partes, Plinius. Vulnus confestim amplius efficies, carne multo interuallo orbiculari figura praecisa, ne facile ad cicatricem perueniat, Galenus ad Pisonem. Nec ita in demorsis à rabioso animali maiora uulnera uereri oportet, uti minora, & ulcusculis (ἀμυχαῖς, id est dilaniatiunculis) cutis similia: quippe maiori uulnere confertim copiosus (κένωσις παραπλησιωτέρα, melius πλείων ut aliâs legitur) sanguis emanans, potest nōnihil uirulenti liquoris exhaurire: quod in minoribus non accidit.

r 3

Quin à maioribus abscedentes carnes auferre(secare)& labia(labiorum margines)acie scalpelli circumscribere, & prehensam hamulo aut uulsella (μύδρῳ) carnem amputare oportet. In utrisq; circum stantia loca altioribus ulcusculis scarificanda, ut copiosior sanguinis uacuatio arceat, ne uenenum membratim insinuetur, Dioscor. Locus hic apud Actuarium(interprete quidem, nam Græca non uidi)turpiter corruptus ex Dioscoride emendari potest. Cucurbitulæ cum multa flamma agglutinatæ, id iuuamenti præstant, ut ueneni uis extrahatur, Dioscor.

¶Contra uirulentos ictus ustio expeditissimum est auxilium: Ignis enim qui uim omnē superat, simul & domat uirus, & ferri penitius non patitur: simul etiam pars ignem experta, postea non uulgare fundamentū curationi futuræ præbet, manente diutius exulceratione, Dioscorides interprete Ruellio: qui eandem sententiam apud Actuarium paulo aliter transtulit, & melius quidem meo iudicio, his uerbis: Simul uero pars ueneni aliqua intercepta sistitur, quæ non mediocre curationi futuræ iacit fundamentum: modò diu patens ulcus dehiscat: neq; cito eius oræ coalescant. Imponuntur salsamenta contra morsum canis rabidi: uel si non sint, ferro ustæ plagæ, corporaq; clysteribus exinanita: hoc per se sufficit, Plinius. Sunt qui ferreis cauterijs ulcus urant, Aegineta. Escharotica etiam pharmaca ignis uim obtinent, eiusq; loco usurpantur, ut infra dicam in medicamentis cōpositis quæ foris adhibentur. Ridicula est igitur Ludo. Cælij superstitio simul & ignorantia, quā in homine tantæ doctrinæ & tam uariæ lectionis non possum satis admirari. Nam cum medici optimi quiq; nullū remedium aduersus canis rabidi morsus cauterio præferant, Cælius uel id ignorans, uel ut sciens potius cū uulgo insaniret, & naturales causas fictæ religioni adscriberet, libro 17. cap. 28. Nobis(inquit) potentius quam cynorrhodon Plinij, suppetit medicamen, sed & ipsum cœlitus petitum. Est in Rhodiginis paludibus D. Bellini templum miraculorum frequentia celeberrimum, & affluxu hominum etiam notissimum. Erectæ ædis causa ferè publica est. Pulsus is diuus Patauio, grassantibus nobilium plerisq;, quod seuerius sanctiusq; quàm ab illis probari posset, episcopum ageret: insectantibusq; inimiciter aduersarijs, in palustre agri nostri solum, quindecim millibus passuum Rhodigio distans, diuertit. Quum manus hominum euasisse uideretur, canum rabiem non euasit, à quibus euestigio con uulsus discerptusq;, mox in diuorum indigitamenta relatus, templum in illis emeruit locis, in quo & arca marmorea ferreis occlusa cancellis, latet sanctissimum eiusdem corpus. Templi uerò ex necis genere ea cœlestis est proprietas, si quis clauem sibi quæsierit, qua ædis ualuæ recludantur, ac ea candente, quicquid rabie agitari orsum sit, attigerit: præsentissimum est remedium, & nunquam non uerum, Tantum Cælius. Post ustionem cum crustæ decident, animaduertendum ne ulceris oræ coalescant, &c. Ruellius ex Dioscoride: Sic autem uertere debuerat, (ut rectè apud Actuarium uertit) Vstione peracta mox danda est opera ut crustæ decidant, ne ulceris oræ claudantur. Et si fieri potest ad multum idq; præstitutum tempus ulcerationes sordidas adhuc & tumidas(φλεγμαινούσας, Ruellius uertit inflammationem minantes)prorogari conuenit. Quod inditum ijs salsamentum optimè præstabit, & syluestre allium detritum(intritæ alliorum spicę, Actuarius: qui pro agrion, id est syluestre, aglithes legisse uidetur: quæ uox nucleos in capite allij significat:)item cæpe: & liquor, præsertim Cyrenaicus, aut qui Medicus, aut Parthicus appellatur: ad hæc tritici genera præcipue commendanē mansa uel non mansa imposita(ut in simplicibus medic. foris applicādis inferius repetam,)Hęc Dioscor. Post crustæ casum usq; ad dies quadraginta aut sexaginta, à cicatrice uulnus arcebis: ad quam si festinet, rursus uitis aut ficulneo cinere aperies, Aëtius. Sed quando tutum sit cicatrice claudere ulcus, ita ut nulla residentis amplius latentisq; ueneni suspicio relinquatur, & quo pacto hoc experiri oporteat iuglandium nucleis uel panis medulla tritis uulneri impositis, & postea gallinæ aut cani obiectis, satis explicatum est supra. Vlcus apertum ut minimum per quadraginta duos dies seruet, Aegineta. ¶Abluendum est etiam ulcus chamæmali in aqua decocto, & radicis syluestris rumicis, Aegin. Locum sordidum lauant aqua cepæ, Ponzettus. Noui ego senem qui morsos à cane rabido, solo acido rumice(oxalide)curabat: primo enim ulcus eius decocto fouebat, deinde herbam ipsam illinebat, eandēq; potandam exhibebat: quod quidem medicamentum tanquam efficacissimum summopere commendabat: plurima & turbulenta (ἄκρατα, id est biliosa) qui illum assumpserint meijere solent, &cæt. Nos quoq; non rarò cum reliquis medicamentis eum miscuimus. Similes uires habet & agrestis rumex aculeatus(κνηστρώδης)radice oblonga, ueluti raphanus pusilla, Aëtius lib. 6. ca. 24. Theriaca rosaceo diluta optime & tutissimè ulcus ad cicatricem ducit, Aëtius: uide infra inter composita quæ foris adponuntur. Obducta ulceri cicatrice, ad integram morbi abolitionem, elleborus albus propinetur. Si tamen quidpiam ab elleboro prohiberet, satis esset hiera Rufi inferius purgari. Exhibenda etiam hiera(τὸ διὰ τῆς σικυωνίας, Aegin.)quotidie, non quidem purgandi gratia, sed tanquam medicamentum proprietate huic morbo resistens, deturq; auellanę quantitas, cum cyatho decoctionis saluiæ(Aegineta, cum decocto saluiæ, simpliciter) aut sideritidis herbæ, quam Heracleā uocant, qua etiam sola utuntur, aiuntq; non parum prodesse, propterea & alyssum appellant, Aëtius. De alysso plura dicam mox inter medicamina foris adhibenda, licet hoc etiam intra corpus sumatur. ¶Si uerò, quod persæpe accidit, ante dies præfinitos cicatrices coirent, committerenturq;, manum postulabunt: nanq; eas diducere(redulcerare)carnemq; scalpello circinare (carnes circum auferre, & dissecare ferro, Actuar.)aut iterum urere expediet. Vbi uero propositum tempus præterijt, ulcus ad cicatricem ducendum, & emplastro quod è salibus conficitur (dialôn dictum) locus compre-

comprehendendus:nec multò post sinapismo utendum, Dioscorides. ¶ Quæ ad partem ictam pertinent præsidia, ita se habent. Cæterum uictus rationem ex ijs quæ ueneno aduersantur, constare oportet, & in eum tendere scopum, simul ut ueneni uires hebetet restinguatque: simul ut arceat, quo minus ad intima pernicies illabatur. Assumpta enim quædam perniciosarum uirium penetrationi obuiam eunt. Horum utrunque præstare potest, uini meracioris, passi, & lactis potus: (οἴνου ἀκράτου ζωροτέρου πόσις, καὶ γλυκέως, καὶ γάλακτος. Aegineta, qui sua ex Dioscoride transcripsit, sic habet, οἴνου γλυκέως ἀκράτου παλαιοῦ ζωροτέρου, γάλακτος πόσις. Prodest & uinum uetus meracius bibere, Actuarius.) Quippe qui hæc omnia (hinc apparet tria saltem ab eo prius nominata: nam de duobus non dicimus omnia:) capiunt ad curam, nonnihil ueneno obijciunt, quod omnem eius acrimoniam obtundat. Simili mo-
10 do alliorum, porrorum, ceparumque cibus: quod ea difficulter conficiantur, uixque aboleantur: nam multos dies huius cibi qualitates remanent, quo tempore nec euincuntur, nec permutantur à mortifera ui: sed contrarijs illa uis expugnatur. Cui rei antidotorum usus accommodatur, & theriaces, & Mithridatij, & eius quod eupatorio temperatur: (lego & Mithridatij Eupatoris: hanc enim apud Galenum etiam morsis à C. rab. dari lego: antidotum uero ab Eupatorio nominatam nullam reperio) denique omnium quæ magnam aromatum partem sibi uendicant: quippe aromata omnia uiribus & substantijs ægre permutantur, quare in corporibus euincunt: Victus ratio hoc modo se habet, Dioscor. His adijciam Ruffi ex Aëtio uerba de uictus ratione circa cibum præcipuè seruanda. In uictu (inquit) indigentia & satietas euitanda: magis tamen indigentia: hæc enim succorum prauitatem adauget, quod nequaquam expedit malefico ulceri. Ergo alimentum moderari oportet, ut & rectè con-
20 ficiatur, & laudabilem succum corpori præbeat. Nec minus egestioni & urinarum prouocationi studendum: quod quidem, tum ea quæ prædiximus, tum fœniculum & scandix comesta efficiunt. Crethmus (quidam inepte κύμινον legit & pultem uertit) simul & aluum & urinam ducit. Cichorium agreste crudum oblatum stomacho confert, quam nõnulli serin, nonnulli ab amaritudine picrin appellant. Prosunt & brassicæ cymæ, & palustris asparagus, & hortensis rumex, agrestisque & acidus (oxylaphathum:) & è piscibus qui teneras carnes habent, locustæ, cancri, & echini recentes, cum uino mulso: & carnium extremitates: auiculæque omnes montanæ quæ facile coquuntur, bonique succi sunt. Vinum album tenue, nec ualde antiquum. Intra annum uerò præseruationis gratia, accedente occasione, hiera purgari expedit. At instante die tribus iugiter diebus theriaca accipienda est, Hactenus Ruffus. ¶ Inter principia demorsorum à cane rabioso curandi ratio talis est. Verumenim
30 uero si ea quę retulimus auxilia, primis diebus pretermissa fuerint, nec scalpro carnem circinare, nec ustionem experiri operæpretium est, Dioscor. (Aegineta addit etiam σικυάζειν, id est cucurbitulas affigere: hæc igitur tanquam sera remedia παραλειπτέον, id est omittenda sunt, uel μὴ παραληπτέον per η, id est non usurpanda.) Non enim quod iam pertransijt satis euocare possent. (Græce sic lego, οὐ γὰρ ἱκανῶς ἐστὶ τὸ παρεληλυθὸς μετάγειν δύναται. nam & Aegineta sic habet, φθάσαντος ἤδη τοῦ ἰοῦ χωρῆσαι παρὰ τὸ βάθος.) Nulla utique harum rerum occasio aut utilitas, sed incassum corpora doloribus sternentur. Alter uero curationis modus accedat: deiectio magnum præbet iuuamentum, utpote cum mouendo corporis habitum transmutet, συμμετασποιεῖ: & quæ colocynthidem recipit hiera: item lac schistum, quod simul deiectionem moueat, & uenenum domare possit. (Actuarius hæc duo non lacti schisto solum, sed etiam hieræ tribuit, si rectè habet translatio.) Cibi acres, & meraculi potus, quibus uis ueneni ue-
40 hementer retunditur, quotidie sumi debent. Cæterum sudores ante cibos, & post etiam ciendi, dropacismi, id est picationes, sinapismique alternatim per totum corpus adijciendi. (Ruellius ex Actuario uertit: dropacismo & sinapismo, uniuerso corpore & particulatim utendum.) Sed longè omnium efficacissimum auxilium helleborismus cognoscitur: quo cum fiducia, non semel atque iterum, sed frequentius ante quadragesimum diem, uel post hoc tempus, uti licet. Tantam enim uehementiam hoc auxilium habere fertur, ut quidam qui iam aquæ metum sentirent, sumpto helleboro, simulac primum morbi impetum experirentur, fuerint seruati. Nam & iam uitio tentatos, nemo unquam seruare potest, Dioscorides: Ego postremum membrum sic uerto, Nam eo iam uitio occupatos (κατεχομένους οὐδ' αὐτός τι, pro τι lego γε,) ne helleborus quidem seruare potest. ¶ In libro quodam Germanico manu scripto præter cætera à cane rab. morsi remedia quædam iam recitatis similia, quadraginta diebus cõ-
50 tinuis balneo utendum reperio. ¶ Apud Io. Iouianum Pontanum in Antonio dialogo, Neapolitanus quidam refert se ab Antonio quodam audiuisse carmen, quo oppidatim uterentur Apuli, ad sanandum rabidæ canis morsum. Insomnes enim nouies sabbato lustrare oppidum, Vithum nescio quem è diuorum numero implorantes: idque tribus sabbatis noctu cum peregissent, tolli rabiem omnem, uenenumque extingui. Est autem (inquit) carmen huiusmodi: Alme Vithe pellicane, Oram qui tenes Apulam, Littusque Polignanicum, Qui morsus rabidos leuas, Irasque canum mitigas: Tu sancte rabiem asperam, Rictusque canis luridos, Tu sæuam prohibe luem, I procul hinc rabies, procul hinc furor omnis abesto. ¶ Qui aquam expauescunt, uidentur lymphatici etiam dici posse. nympham enim, id est aquam, Latini lympham uocant: & lymphaticum exponunt furiosum, qui uitium ex aquæ conspectu contraxerit. Vulgo memoriæ proditum est, inquit Festus, quicunque spe-
60 ciem quandam è fonte, id est effigiem nymphæ uiderint, furendi non fecisse finem, quos Græci νυμφολήπτους uocant, Latini lymphaticos appellant. Aggregator sanè lymphaticorum quædam remedia interserit illis quæ ad canis rabidi morsus sunt. Nolumus illud etiam relinquere, uideri nobis quòd

r 4

Dioſcorides ſcribit, nullum à metu aquæ ſeruatum ſciri, &c. credidiſſe aliquos de his intelligendum eſſe, qui non à rabido cane, ſed rabiente & aquam iam timente homine morſi fuerint: Dioſcorides tamen ſimpliciter tradidiſſe id uidetur, Marcellus Vergilius. Clyſteris mentionem ad morſos à C. rab. Plinius facit, ut ſupra dixit: nec alius præterea quàm Galenus libro 2. de antidotis cap. 68. Abſinthij decocto (inquit) ægrum euacua, ſalisq́ tantũ immittes, ut clyſter uehemens reddatur. ¶ Si quis cõmunem uenenatis morſibus cunctis medendi modum deſyderat, à Dioſcoride requirat: nos ſatis prolixi fuimus in peculiari ad canis rab. morſus curatione, tum ex Dioſcoridis tum aliorum ſcriptis collatis hactenus expoſita. Actuarius ſua omnia huius argumenti ex Dioſcoride, ſed breuius deſcripſit. Aegineta quædam addidit, quę ſuo loco uel iam poſui, uel ponam deinceps: ut Poſidonij etiam & Rufi ex Aëtio ſcripta, & aliorum.

¶ Nunc poſt uniuerſalem huic malo medendi methodum, ad particularia deſcendam remedia, eo ordine ſeruato, ut primum ea quæ foris adhibentur commemorem, deinde quæ intrò ſumuntur: & in utriſq́ compoſita medicamenta prius quàm ſimplicia: eaq́ omnia literarum ordine.

¶ Compoſita remedia quæ morſui forinſecus adhibentur, hæc ſunt.

E Brutia pice medicamentum Menippi, quo uſus eſt Pelops: Picis Brutiæ libra, opopanacis unciæ quatuor (tres, Aëtio & Actuario: & ipſi Galeno lib. 11. de ſimplicib. cap. 30. ubi Aeſchrionem præceptorem ſuum hoc emplaſtro uſum ſcribit, propinantem interim per dies 40. antidotum è cancris,) aceti (acerrimi) ſextarius (Italicus.) Opopanacem diſſolue in cyathis quatuor aceti, & quod ſupereſt aceti unà cum pice decoquito: ubi conſumptum id uideris, tum opopanacem addito, ſed caueto ne efferueat: cum ſatis inter ſe commiſta uidebuntur, plagellas bene magnas (longa & grandia ſplenia, Actuar.) inde conficito, locoq́ demorſo ſuperindito, Galenus lib. 2. de antidotis cap. 74. Aëtius, aceto cum pice decocto & conſumpto, (inquit) deinde contrito in mortario opopanaci ſuperinfundens unito & colligito: atq́ ita uulneri quadraginta aut ſexaginta diebus applicato: prohibet enim cicatricem. Vtendum eſt anaſtomoticis, id eſt aperientibus (inquit Aegineta) ex quibus primarium eſt, quod è pice & aceto acerrimo & opopanace conficitur, in tractatione de neruis uulneratis diligenter à nobis deſcriptum: Quod ſi morſus cutem habet teneriorem, dilui poteſt irino aut balſamo, aut aliquo ſimili. Hoc Actuarius etiam ex Galeno deſcribit, ſtatim poſt mentionẽ antidoti diacarcinon. Loco morſo prius dilatato cucurbitula agglutinetur, & poſtea imponatur cataplaſma ex allio & cepa ſimul tritis ſubactisq́ cum butyro: longè tamen præſtat emplaſtrum factum ex opopanace, ariſtolochia, & pice, Ponzettus. ¶ Eſcharoticon, id eſt cruſtam inducens, aridum medicamentum efficaciſſimum, ab Aëtio & Aegineta deſcriptum: Salis foſſilis drach. octo, chalcitidis, ſcillæ, ſing. drach. ſedecim. rutæ uiridis. æruginis raſilis, ſing. drach. quatuor, ſeminis marrubij drach. una. Inſoletur in pyxide ænea, & aridum applicetur, quouſq́ ulceri cruſta inducatur: deinde roſaceo temperetur, donec cruſta excidat. Aegineta inſolationis non meminit. ¶ Emplaſtrum dialôn (quo locum dum ad cicatricem ducitur comprehendere iubet Dioſcorides) niſi unum fuerit ex illis duobus, quæ Galenus deſcribit libro 6. de compoſ. ſecundum genera, cap. 8. ad extrahendum, aliud iam non occurrit eiuſdem nominis. Crediderim ſanè ea rectè huc facere, utraq́ enim ſale & ceruſſa conſtãt, & alijs quibuſdam: ſcribit autem Aëtius libro 13. cap. 2. emplaſtra ex ceruſſa & ſale ſtatim à principio commodè adhiberi morſis à cane, &c. Solent autem Græci ſales in plurali numero proferre etiam de uno tantum ſalis genere. Aliud emplaſtrum ad morſos à C. rab. Damocratis ſenarijs deſcriptum affert Galenus libro 2. de antidotis, cap. 119. quod conſtat ex terra ampelitide, bitumine, lithargyro, oleo, propoli, ariſtolochia, & alijs pluribus. Eodem libro cap. 76. deſcribitur Album Baſuli medicamentum, ad morſum C. rab. quod & extrinſecus (inquit) ulceri imponitur, & per os intrò aſſumitur, maximè ab ijs quibus iam rabies dominatur, &c. quod quidem non parum aliquis miretur, cum & emplaſtri formam habeat, & ceruſſam & argenti ſpumam uenena copioſe recipiat. Et mox cap. 77. Baſilica, quæ in aquarum formidinem (inquit) ægros incidere non permittit: hanc Auguſta apud ſe compoſitam ſemper habuit. Habet autem emplaſtri formam, ut Menelai quoq́ medicamentum ibidem cap. 75. ¶ Theriaca è uiperis cum roſaceo diluta, & ulceri appoſita, confert, Aëtius. Ego theriacã aliquando oleo ex roſis confecto dilui, & ceu medicamentum, quod linteolis concerptis excipitur (emmoton Græci uocant) in uulnus indidi, ut cucurbitulæ cuiuſdam modo exugeret, & ex alto uenenum extraheret, Galenus ad Piſonem.

Medicamenta ſimplicia ad morſum canis rabidi foris imponenda, ordine literarum.

¶ Acetum, Auicenna de agreſta. Adamas, Plin. 37. Adiantum, uel capillus algol cum uino, Auicenna, ut Aggregator citat: Ego apud Auicennam non reperio. Dioſcorides uero adianti herbæ decoctum θηριοδήκτοις, id eſt morſibus uenenatis prodeſſe ait: & rurſus, Cruda etiam, inquit, illinitur πρὸς θηριοδήκτα. poſteriorem locum Serapio omiſit: in priore reddit, uentrem aſtringit ſi bibatur cum uino, & confert morſibus uenenoſorum. Adeps anſeris, uide Anſer. Allium illitum foto prius ulcere, Aegineta, Iſaac. Syluestris roſæ radix pota, allio præſertim uulneri impoſito, Aquiuiuus. Trito allio rabioſæ canis morſus curatur, Columella. Allium ſyluestre detritum, Dioſcor. Amygdala, præcipuè

præcipuè amara, Auicenna. Anagallidis folia, Aëtius: Succus quo abluatur uulnus, Tragus. Anseris adeps cum melle, Plin. 29. Assa, uide Laser. Aster herba cum axungia uetere uiridis trita, Dioscorides. Axungia cum calce tusa, Plinius. Anguium senectus cum cancro masculo trita, Plinius.

¶ Betonica superilligata, Serapio secundum Dioscor. Nos in Dioscoride Græco ad θηριοδήκτους solum, id est morsos à serpentibus commendari legimus. Trita applicata, Musa, Apuleius. Brassicæ folia cum lasere trita ex aceto. Per se etiam brassica aduersus rabidi canis morsus proficit, & ipsius decoctum in potu, Galenus de Parabil. Caulis, id est brassicæ succus cũ uino, Serapio secundũ Dioscoridem. Græci codices nostri ἐχιοδήκτοις habent eo in loco. Epicharmus brassicã syluestrem contra canis rabiosi morsum imponi satis esse tradit, melius si cum lasere & aceto acri, Plin.

¶ Calx tusa cum axungia, Plin. Cancrorum cinis è melle illitus, Aëtius: potus, Auicenna. Cinis cancri aspersus aceto, Hali. Vide Anguium senectus. Cinis testarum marini cancri, Aggregator ex nescio quo authore. Canis pili impositi, Galenus in Parabil. Pili caudæ canis combusti, Aggregator. Quidam ulceri imponunt pilos eiusdem canis rabidi, Ponzettus. Canis uel draconis qui momordit caput, abscissum excoriatumq́ꝫ, cum pauco euphorbio applicatur, ac liberat in totum, ut quidam aiunt, Ponzettus. Cinis usti canini capitis, à cane rabido morsos persanat, Sextus: Aggregator intus & extra prodesse scribit. Capilli hominis cum aceto, Auicenna & Sextus: cumbusti cum aceto impositi, Haliabbas. Capilli hominis morsi aceto remolliti, Galenus in Parabil. Capilli Algol, uide Adiantum paulo ante. Capræ stercus cum uino, Plin. Caro arietis usta cum uino, Auicenna. Castaneæ cum pauco sale & melle, Isaac: ego iuglandes potius quàm castaneas adhiberẽ, aperiendũ enim non astringendum est. Addunt autem alij authores iuglandibus quoq́ꝫ in hunc usum salem & mel. Cepæ, Dioscor. Crudæ cum melle uel aceto, Plin. lib. 20. uel coctæ cum melle & uino, Macer, Aëtius. Ex cepis cum sale & ruta cataplasma, Aegineta, Auicenna, Haliabbas, & Serapio secundum Dioscoridem. Vide mox in Nucibus. Locum sordidũ lauant aqua cepę, Ponzet. Chamęmali decocto lauandus est locus, Aëtius. Cinis ficulneus ceroto exceptus, Aeginet. Cinis uitium cum oleo, Aegineta. Si ulcus ad cicatricem festinet, rursus uitis aut ficulneo cinere aperies, Aëtius. Cucumeris folia, Auicenna: ego ad simplices canis morsus cũ Dioscoride potius retulerim.

¶ Eruum cum uino, Serapio secundum Dioscor. cuius Græci codices simpliciter à cane morsis ipsum commendãt: Isaac, Auicenna, Colliget. Aliqui præter uinum mel etiã addunt. Oleum de orobo, id est eruo, Galen. de Parabil. Euphorbium, Haliabbas: Vide paulò superius in Canis capite. Equi fimus cum aceto calidus, Plin.

¶ Fabæ crudæ commansæ, Galenus in Parabil. Fici folio trito ex aceto C. rab. morsus restringũt, Plin. Nigræ ficus folia ex aceto, Valerian. Fici folia recentia, Auicenna. Ficulneus cinis, uide in Cinere. Ficus immaturæ cum aceto, Plin. 23. Isaac & Dioscorides apud Serapionem: ego in codicibus nostris non reperio. Fœniculi radix, Auicenna: Dioscorides simpliciter ad morsus canis refert. Frumentum, uide Triticum.

¶ Gallinaceum fimum duntaxat ruffum, ex aceto impositum, Plin. Kiranides, Valerianus. Galli crista contrita, Plin. & Kiranid. Gentiana, Auicenna, Habyx.

¶ Hirci iecur impositum, Plin. 28. aquæ metum auertit. Hirundinis pulli combusti: uel glebula ex hirundinum nido, illita ex aceto, Plin. De glebulis idem scribit Valerian. Hirundinis fimus, Ponzet. Hominis capilli, uide Capilli. Hominis urina, uide Vrina.

¶ Iris ruffa cum melle, Plinius.

¶ Kakille herba marina, Auicenna.

¶ Lana succida morsibus inculcata post diem septimum soluitur, Plin. Lapathi, id est rumicis, tum acidi, tum syluestris, usus est fouendo aut abluendo locum, & illinendo, ut ex Aëtio supra docui in ratione curandi. Laser uel silphij succus (barbari assam uocant) præsertim Cyrenaicus, aut qui Medicus, aut Parthicus appellatur, Dioscor. Assa cum oleo, Auicenna. Silphium cum sale, Aegineta. Vide superius in Brassica syluestri. Limacum caro & testa, Serapio citãs Galenũ, apud quem ego nihil tale reperio.

¶ Marrubij folia, Aëtius. πράσον, id est porri, semina cum sale trita, Aegineta: malim πρασίου, id est marrubij, ut Aëtius habet: quanquam porrum etiam contra hoc uenenum à Dioscoride laudari sciã, sed in cibo. Marrubium supra etiam contra simplices canis morsus cõmendauimus. Prasium (id est marrubium) cum sale, Serapio secundum Paulũ, & Auicenna. Melissophyllon per se, uel cum sale, Aegineta. Menta, Aegineta, Auicenna. Muris aranei caudæ cinis, ita ut ipse cui abscissus sit, uiuus dimittatur, Plinius.

¶ Nuces (iuglandium nuclei, Plin.) à ieiuno commansæ & illitæ, Auicenna, Plin. 23. Vide suprà ad morsus canis non rab.

¶ Orobus, uide Eruum. Olusatrum, Plin. Ostracorum carnes, Auicenna.

¶ Pecudis stercus ustum & illitum cum aceto, Auicenna. Personatiæ radix cum sale marino, Apuleius. Pisces omnes, & iura eorum, & capita salsorum usta applicata, Auicenna: Vide Salsamenta. Kamen piscis marinus tritus impositus, Serapio secundum Galenum. Plantago tusa, Apuleius, & Valerian. Lingua arietis cum sale contusa, Apuleius ut citat Aggregator. Porrum, uide

Marrubium. Potamogiton cum sale illita aquæ formidinē arcet: usus est & recentis & aridæ, Aëtius.

¶ Rutæ folia trita uel commanducata imponuntur cum melle & sale, uel cum aceto & pice decocta, Plinius. Rutæ folia cum melle, & sale, & pice, Apuleius. Ruta cum uino, Apuleius ut Aggregator citat.

¶ Salpæ succus persusus, aut cinere ex salpa subacto, Plinius. Salsamenta, Plinius. Salsamenta indita præstant ne ulceris oræ coalescant, Dioscorides. Rabiosæ canis uel lupi morsus, imposito uulneri uetere salsamento sanatur in bubus, Columella. Vide Pisces. Sambuci folia, uide supra ad morsus simplices in Ebulo. Senecta, uide Anguis. Silphium, uide Laser. Sesamum, Auicenna.

¶ Terra sigillata (id est Lemnia) secundum Galenum apud Serapionem, illita, superpositis aliquibus folijs: quorum præcipua sunt allij syluestris folia, pòst centaurij maioris, demum prasij. Tritici grana, tam mansa, quàm non mansa imponantur, siquidem subacta pistáue (διαφυράμενα, quasi fermentata, & turgida) à persusione (humore uel sanie manante ab ulcere) uulnera dilatant. Sunt qui à mandentium ieiunio sibi aliquid adsciscere arbitrentur, quod suapte natura resistat. Verum id certum non est: cæterum tempestiuus eorum usus, minimè est contemnendus, Dioscorides. Triticum tostum & commansum, Isaac. Apuleius tritici granis appositis & gallinæ obiectis, inde experiri docet rabidúsne fuerit canis qui momordit, ut supra dictum est.

¶ Verbena uel herba sacra imposita, Apuleius. Vituli marini adipe inungatur facies timentis aquam, Plinius 32. Vitium cinis, uide Vitis. Vrina hominis morsi gossipium intinctum, Galenus in Parabil. Vrina, cinere ex ea subacto, Plinius. Vrina cum nitro, Serapio secundum Dioscoridem, & Auicenna. Vrina pueri cum baurach (id est spuma nitri) Hali. Vrinæ fex cum carbonibus uitis uiridis trita apposita frequenter, abluto interim quem extrahit humore, Apuleius ut citat Aggregator. ¶ Hæc sunt remedia quæ ueteres aduersus rabidi canis morsus foris imponenda celebrauerunt: Quæ si cui non satisfaciunt, augeat ea ex præcedentibus ad simplicem canis morsum commemoratis, efficacioribus præsertim. ¶ His subijciemus amuleta quædā, id est superstitiosa pharmaca, quæ gestata solum absque ulla ratione à nonnullis conducere creduntur: & his similia, quæ causas quidem aliquas in natura habent, foris tamen ad auertendum aliquid usurpantur, alligantur, inunguntur, substernuntur. ¶ Ad arcendos aquæ pauores utuntur dente eo, qui caninus dicitur: hunc à cane qui momordit exemptum, & folliculo inditum, pro amuleto brachio adnectunt, Dioscorides. Arabes & qui eos sequuntur, pro canino dente molarem reddunt, qui coxis alligatus, uel à brachio suspensus, tueatur gestantem. Vermem è cadauere canino aliqui adalligant contra pauorem aquę, Plinius. Vermiculus canis mortui in collo suspensus, sanat morsum à C. rab. Sextus. ¶ Gentiana diebus septem cum hyænæ pelle amuleti loco gestatur, Actuarius. Hyænæ pellis utiliter substernitur morsis à C. rab. Aëtius. ¶ Lupi uel lupusculi pellis suspensa ab eo qui à C. rab. morsus est, aquæ pauorem amolitur, Aggregator ex Haliabb. ¶ Lais & Salpe canum rabiosorū morsus leniri aiunt, menstruo in lana arietis nigri, argenteo brachiali incluso. Diotimus Thebanus uestis omnino ita infectæ portiuncula, ac uel licio brachiali inserta, Plinius. Inter omnes conuenit, si aqua potusque formidetur à morsu canis, supposita tantum calici lacinia menstruo tincta, statim metum eum discuti, uidelicet præualente sympathia illa Græcorum, Plinius. Iis qui iam aquam extimescunt, ut bibant, poculo panniculum ex sella (ῥάκος τῆς ἀφέδρου) supponito, & bibent, Galenus de antidotis libro 2. capite 133. Ruellius apud Actuarium in medicamēto diacarcinon τῆς ἀφέδρου, nō rectè uertit sub sedem. Ἀφεδρὼν sella est ad secessum: ἄφεδρος, apud Varinum ἀναβαθρία, in Lexico Græcolatino quidā puerperium reddidit, sine testimonio. ¶ Succo rutæ perunctos, aut etiam habentes, negant feriri ab his ueneficijs (apibus, uespis, &c. cane rabioso) Plinius libro 20. E uitice baculus à canis & alijs morsibus defendit, ut quidam ex Dioscoride citat: ego nihil tale in codicibus impressis inuenio. Aggregator quidem ex Auicenna citat, emplastrum ex agno casto morsis à cane prodesse. ¶ Vrsi pellis, aut uituli marini, utiliter à C. rab. morsis substernitur, Aëtius.

Antidoti & medicamenta composita quæ aduersus C. rab. morsus (id est ne in rabiem aut aquę metum qui morsi sunt, incidant) intra corpus sumuntur.

¶ Aelij Galli antidotus cum ad alia quædam, tum morsis à C. rab. salubris, describitur à Galeno libro 2. de antidotis capite 54. constat uarijs aromatibus cum opio, quæ melle excipiuntur. Item alia eiusdem cap. 71. uidetur autem & ipsa ad morsos à C. rab. facere, propter antecedentia & sequentia.

¶ Basilicum Albū & foris imponitur, & intro sumitur, &c. uide supra inter cōposita foris applicanda.

¶ E cancris paratur optimum aduersus rabiosorum canum morsus auxilium, quod & plerisque unum satisfecit, eoque cum fiducia uti licet. Est autem huiusmodi. Cancros fluuiatiles in sarmentis albæ uitis cremare oportet, & cinerem eorum quamminutissimè tritum habere reconditū: itidem gentianæ radicem tusam cribratamque reponere. quoties autem canis rabiosus morsum intulerit, in quaternos cyathos meraci uini, bina cineris cancrorum cochlearia, unumque gentianæ conijciantur: hæc in polentæ dilutioris modum subacta, quatriduo bibantur. Inter principia medicamētum hoc modo detur: atqui si ab illato morsu bini terni ue dies fluxerint, curationem auspicabimur à triplicato pondere, supra id quod ab initio retulimus, Diosc. Similis huic extat descriptio Damocratis senarijs iambicis,

bicis, apud Galenum de antidotis libro 2. cap. 16. in paucis quibusdam & parui momenti rebus differens: Codices Græci tamen corrupti sunt, & interpretes quædam male transferunt. Eadem est etiam Mithreæ descriptio eodem in libro cap. 70. quo loco cum Damocratis uersibus collato, qua dosi medicamenti utendum sit illi, qui secundo aut tertio die à morsu demum uti incipit, clarius patebit: nempe triduo à ieiunis bibenda tria cochlearia (μύστρα μακρά, Damocrat. Martianus rectè legit μικρά, id est parua) huius medicamenti, in totidem plus minus uini meri & ueteris (dulcis, Damocrates) cyathis: ita ut quotidie sumant cochleare unum (ut Martianus rectè uertit, licet Græci codices nostri non exprimant) scilicet paruum, cum tribus uini cyathis: idque facere pergant per tres dies: uel quatuor, si maior fuerit morsus. Si quis uero secundo die antidoto uti incipiat, duplum medicamenti capiat, nempe cochlearia bina, & uini quantum prius. (tres enim cyathi uini, etiam duobus & tribus cochlearijs medicamenti temperandis sufficiunt: si rectè legitur, bis in iam citato Galeni loco, ὁ γὰρ οἶνος αὐτάρκης. Tres quidem cyathi uini appendent uncias quinque. Sed res ipsa quantum uini misceri conueniat ad commodam medicamenti potionem, satis docebit.) Sequentibus autem duobus diebus, hoc est tertio & quarto à morsu, sat fuerit singula quotidie medicaminis cochlearia, id est drach. tres, ut infra dicam, ex prædicto uini modo haurire. At si quis tertio à morsu die medicamento primum utatur, triplum, id est tria cochlearia eo die bibat, & sequentibus duobus quotidie singula: ita enim fiet ut tantundem hauriat, qui tardius bibere incipit, ac qui primo statim die incœpit. Ex hac interpretatione Dioscor. etiam uerba clariora fient. Marcellus interpres apud Dioscor. dubitat utrum cineris cancrorum cochlearia duo, gentianæ uero unum, meraci uini cyathis quatuor mixta, à prima die usque ad quartam bibenda sint, ita ut quotidie hac mensura hauriantur: an singulis diebus usque ad quartam, quoniam uini cyathi quatuor sunt, bibendus cyathus unus tantum sit. Nobis (inquit) in priorē illam rationem inclinat animus. Et merito quidem ille dubitat, cum neque Dioscoridis hic locus integer mihi uideatur: neque alij eum secuti, satis aperte medicamenti usum descripserint. Multis omnino modis exemplaria Græca, tum Galeni diuersis in locis, tum Aeginetæ, Aëtij, & Actuarij uariant: interpretes etiam Latini alij aliter transferunt: ita ut ratione & iudicio magis quàm collatione codicum intelligēda sint omnia: ego in præsentia non omnia, sed ut se obtulerint quædam, partim conferam, partim emendabo. In Mithreæ compositione gentiana ad cancrorum cinerem dupla est, ut apud Actuariū etiā, contra quàm apud Dioscoridem & Damocratem. In eadem, terebinthina etiā adijcitur pari cum gentiana pondere: Martianus interpres eam uocem omittit, cui ego assentior, licet ἀνὰ præpositio sequatur, quæ duo ut minimum ante se nominata pharmaca postulat. Videtur sanè hæc uox ab aliquo adiecta, qui τερεβινθίνης perperam legerat: (apud nullum enim aliâs reperitur) pro σπινθαμίνης aut κινναμώμου, aut alia simili uoce, Damocrates λιλιασαμίνης dixit. Iam cum in eadem compositione Mithreæ, triduo exhibendum hoc medicamentum bis scriptum sit, semel autem ad sex dies: Martianus sex tantum dierum mentionem facit: apud Aeginetam dies quatuor legimus, apud Dioscoridem usque ad quartum, id est tres: Aëtius theriacam quoque primis tribus diebus propinat. Quanquam Aeschrionem Galenus suum è cancris medicamentum per dies quadraginta propinasse solitum scribit: quod quidem ratione non caret, quoniam ad eum usque diem ferè aquæ pauor timetur. Cochlearij nomen non omnino certæ semper significationis uidetur. Vbi Galens dicit κοχλιάριον εὐμέγεθες, Aëtius cochlearium simpliciter habet. Iam cū cochleariū magnum (quamuis id aliud uidetur quàm εὐμέγεθες) uini tres uncias cum scrupulis octo capiat, ut Aegineta docet: quis tale uasculum arido puluere uel semel plenum, ut duplam & triplam mensuram taceam, unica potione hauriet? Præstiterit igitur cochlearium εὐμέγεθες de paruo intelligere, sed bonæ mensuræ ut uulgo loquuntur. Porrò quod Dioscorides scribit cancros urendos esse in sarmentis uitis albæ, & Galenus in uase æris rubri, Aegineta in unum coniunxit urendos monēs ὑπὸ κληματίδων λευκῆς ἀμπέλου ἐν κυπρίνῳ ἀγγείῳ ἢ χαλκῷ, sic sentiens nimirum uri debere cancros in æneo uel Cyprio uase, cui subiectus sit ignis ex sarmentis uitis albæ: uel uitis simpliciter, ut Aëtius habet: καλὸν μὲν τοι τὸ ξύλοις ἀμπελίνοις ὑποκαίειν: interpres non satis clarè simpliciter urere uertit. Dioscorides tamen sensisse uidetur cancros ipsis sarmentis dum uruntur, non uasi imponendos esse. Galenus parum curare uidetur ex qua materia succendatur ignis, postulat autem uas æris rubri: nimirum quòd ex ære etiam salutaris quædam contra uenenum uis cancris accedat. Ex Cypro quidem (inquit Marcellus) in omnes medicinæ usus æs laudabatur. Huius medicamenti cochlearij mensuram quotidie cum aqua calida dabis usque ad dies quadraginta: quod si non ab initio, sed post dies demū aliquot morsus uti incipiat, bina quotidie dabis, donec dies quadraginta expleas, Aëtius: Montanus interpres dierum numerum omisit. Facile quidem fieri potuit, ut negligentiores aliqui τέσσαρα pro τεσσαράκοντα scriberent aut legerent. Aegineta præter cæteros docet cancros crescente luna sumendos esse, idque ante Solis ortū. Diacarcinon antidotus, ex sicilico cineris cancrorum, & drachma gentianæ contritæ mixta, bis aut ter aut sæpius ex uino albo datur: ijs uero qui iam horrent aquam, frequentius exhibere conuenit: ut autem bibant, suppone poculo lacerum pannum ex sella, (potest autem hoc faciendum intelligi, uel ut medicamentum bibant: uel simpliciter ut bibant, cum potum omnem abhorreant:) Actuarius. Gentiana etiam per se instar cochlearium trium ex aqua efficax est, diebus quadraginta uel sexaginta, Galenus & Actuarius. In libro Secretorum, qui Galeno attribuitur, cap. 59. eadem ferè leguntur quæ de simplicium facultate libro 11. cap. 30. & medicamenti è cancris descriptio talis, qualem ex Aëtio infra recitabimus. Huius medicamenti (inquit) cochlear unum magnum ex aqua bibatur, nec minus quàm drachmæ tres bibatur. Mystrum sanè siue cochlearium medicum drachmas tres continet, ut Ge. Agricola probat, apud quem plura reperies de cochlearij diuersis significationibus, tum aliâs, tum in liquidorum & aridorum mensuris. Sed his omissis Galeni de hac ex cancris antidoto uerba libro 11. de simplicib. capite 30. afferam. Fluuiatilium cancrorum cinis (inquit) quanquam similiter prædictis (cochleis, echinis) exiccatorius est, totius substantiæ tamen proprietate mirabilis est eius in ijs qui à rabiente cane sunt morsi, effectus, tum per se, tum cum gentiana & thure multò præstantior. Thuris partem esse unam oportet, quinque gentianæ, cancrorũ decem. Et raro equidem aliter illis ustis nos sumus usi: cæterum ad eum modum plerunque, quo Aeschrion empiricus, medicamentorum peritissimus senex, conciuis ac præceptor meus. Patella erat æris rubri, in quam impositis cancris uiuentibus, eos hactenus ussit, dum facile ad leuorem redigi possent. Hic Aeschrion paratũ semper in ædibus hoc habebat medicamen, urens cancros æstate post ortum canis, quando Sol in Leonem transisset, non nisi Luna decimaoctaua. Porrò bibendum hoc medicamen ijs qui à cane rabido fuissent morsi præbebat quotidie diebus quadraginta, mensura cochlearij magni (δυμιγίδος) aquæ inspersum. At si non protinus ab initio, uerum aliquot post dies curam cepisset demorsi, tunc quotidie duo cochlearia aquæ inspergebat. Interim uulneri emplastrum è Brutia pice adhibebat. Hæc tametsi à præsenti instituto aliena (inquit Galenus) scribenda tamen censui, quia magnoperè medicamento huic ipse cõfiderem, nimirum cum nullus unquam eorum, qui illo fuerint usi, sit mortuus. Post hæc Pelopem præceptorem suum notat, qui cur cancri, ijque fluuiatiles potius quàm marini, à C. rab. morsis mederentur, nihil proprietati substantię tribuens, causas naturales ac certas afferre conabatur. Ego (inquit) cancros opinor ex proprietate totius substantiæ prodesse. Volui autem hoc in loco id cõmemorare, eò quod nullus eorũ qui cancris usi sunt, totis scilicet eorũ corporibus, mortuus sit: quanquam præter huius operis institutũ, in quo de ijs quæ tota substantia agunt disserere non proposueram. Hunc locum Latinus interpres perquam ineptè & obscurè transtulit. Quod si eo tempore, quo iam diximus ex Galeno, paratum medicamentum non habueris, non ideo desistes, sed quocunque tempore præparabis, Aëtius. Conficies autem hoc modo, Cancrorum fluuialium congruæ magnitudinis, qui uiuentes in uase rubri æris cremati fuerint, cineris uncias decem, gentianæ uncias tres, (quinque in Græco, melius) synceri thuris unciam unam, Aëtius. ¶ De cancris per se intra corpus sumendis, paulo post suo ordine dicam. ¶ Est & aliud è cancris medicamentum Cratippi inscriptũ uiri egregij & canum nutritoris apud Galenum de antid. lib. 2. cap. 71. quod præter cancros & gentianam, myrrham recipit cum croco & pipere: & denarij pondere cum uini diluti cyathis tribus datur. Vide etiam Aggregatorem inter remedia morsus C. rab. in Cancri & in gentianæ mentione. Nicostrati quoque antidotus eodem libro cap. 131. præter cancros & gentianam, castoreum ac lycium cum melle excipit. ¶ Cl. Apollonij theriaca ad rabiosorum morsus idonea describitur apud Galenum lib. 2. de antid. cap. 73. quæ præter cętera multa è scinco & cancris marinis exustis constituitur.

¶ Cyphi, uide paulo post in Antidoto è nucibus iugland.

¶ Esdra compositio cum uino sumpta, & illita cum succo mentę, Nicolaus.

¶ Heræ Cappadocis antidotus apud Galenũ li. 2. de antidot. ca. 31. uidetur et ipsa efficax esse morsis à C. rab. propter antecedentia & sequentia. Cæterum quę ibidem proximè sequitur Zenonis Laodicensis, expressè ad λυσσοδήκτους inscribitur. ¶ Hiera Archigenis, ut testantur Mesue, Auicenna, Serapio & Haliabbas. Vide supra in curandi methodo.

¶ Mithridatis Eupatoris diascincu antidotus, Diosco. ut supra emendaui, cum nullã ex eupatorio antidotum reperiam. Antidotus cum ad alia uenena, tum ad canum rab. morsus, à Mithridatio diascincu nihil ferè differens, præsertim illo quod carmine scripsit Damocrates, præterquam paucis in fine adiectis, apud Galenum de antid. lib. 2. cap. 127.

¶ E nucibus iuglandibus antidotum apud Aëtium lib. 6. cap. 24. morsis à C. rab. etiamsi febricitare cœperint, confert, quadam aduersus hunc morbum resistendi proprietate, somnumque obiter conciliat. Drachmam unam eius (inquit) ex aqua pluuiali calida in nocte post febris uigorem dato, ita ut mane quidem confectio ex cancris exhibeatur, uespere autem è iuglandibus: Quæ si non affuerint, exhibeto quod cyphi appellatur, siue illud habueris quod è trigintaquinque rebus componitur, siue quod è uigintiocto.

¶ Theriaca diatessaron, Nicolaus. Theriaca magna, Auicenna. Aquæ pauorem morborum pessimum hoc medicamentum sæpe tollere consueuit, & mirabiliter tantorum malorum concursui resistere, Galenus ad Pisonem.

¶ Ad aquæ metum antidotus siue potio, & catapotia, utraque ex castorio & granis lathyridis composita, apud Galenum de antidotis libro 2. cap. 129. & 130. Et cap. 67. potio præseruans ne morsi in rabiem incidant, ualde generosa, Lycij Indici oboli tres cum exigua uerbena ex aqua dantur ad dies aliquot.

Medicamenta simplicia, quæ intra corpus sumuntur à morsis à cane rabido.

¶ Allia in cibo, Dioscorid. Aëtius. Absinthium potum, Aëtius. Arietis caro adusta cum uino, Auicenna.

Auicenna: uidetur autem bibenda. ¶ Alysson herba contusa in edulio, rabiei canis mederi putatur, Dioscorides. Huic plantæ nomen, ut apparet, à pellenda rabie impositum est. Et quoniam nihil certi de ea nostri seculi homines docent, & ueteres quoq; alij aliter describunt, quæ ipse obseruauerim lectori communicabo. Alysson (inquit Dioscorides libro 3. cap. 96. & apud alios 105.) exiguus frutex est, unicaulis, subasper, rotundis folijs: fructu duplicium scutorum effigie, in quo est semen quadantenus latum. In montibus & asperis locis emicat. Eius decoctum singultus sine febri, potu discutit. Idem efficit, si quis eã aut teneat, aut odoretur: (poterit sanè hinc etiam alysson quasi alygmon, id est sine singultu dictum uideri, quod eum pellat.) Cum melle trita, uitia cutis in facie, & lentigines emendat. Contusa in edulio, rabiei canis mederi putatur. Domibus appensa salutaris esse creditur, & hominibus atq; animalibus fascini amuletum. Purpureo linteo (ad collum) circumligata, pecorum morbos abigit. Hæc Dioscorides interprete Ruellio. Hîc primum notatu dignum est, quod Dioscorides scribit rabiem canis sanare hanc herbam in cibo ei datam, hoc alios ad homines à cane rabido morsos transtulisse. Fieri tamen potest, ut utrisq; conueniat, quemadmodum de elleboro creditur. Μονόκαυλον uocabulum, quod unicaule significat, Marcellus interpres omisit, quoniam ultimo inter nomenclaturas loco ponitur, ut codices uulgati habent: Ruellius in contextum asciuit. Pro his uerbis, ταύτης τὸ ἀφέψημα ποθὲν, id est herbæ decoctum potum, aliâs legitur ταύτης τὸ σπέρμα ἀφεψηθὲν καὶ ποθὲν, id est semen eius decoctum & potum. Nomenclaturæ eius illæ leguntur, aspidion, haplophyllon, accyseton, adeseton: & monocaulon, nisi id potius ad cõtextum, ut dixi, referri debeat. Aspidion dictum apparet à forma fructus, id est pericarpij, quo duplicem clypeolum refert. Atractylin etiam aspidion cognominari legimus. Plutarchus libro 3. Symposiacôn, alysson numerat inter herbas quæ solo contactu halituue, aut aspectu, prodesse homini contra singultum possunt. Gregibus etiam (inquit) ouium & caprarum, si circa stabula plantetur, salubrem esse perhibent. Alysson (inquit Galenus libro 6. de simplicib.) nuncupata est, quod mirifice iuuet morsos à cane rabido. Sed & rabienti quoq; data, sæpe in totum sanauit: atq; hoc ex totius substantiæ similitudine efficit: quæ quidem facultas sola percipitur experientia. Experiendo sanè ad multa aliquis cognoscet, eam habere facultatem mediocriter siccantem, & digerentem, & simul abstersorium nonnihil: eaq; ratione uitiliginem & ephelin expurgat. In Arabum libris alysson inuenio nominari algacen, uel alguascen Auicẽnæ, uel alusen: quæ omnia à Græco corrupta sunt. Matthæus Syluaticus cap. 36. Latine lilialem dici scribit, Lilialis (inquit) folia habet rubiæ, minora, subaspera: per terram quoq; rubiæ instar extenditur: flore paruo, qualis in solano est, lilij planè figura. Deinde Auicennam citat, qui & ipse florem eius lilio similem faciat: & herbam ipsam calidam & siccam in primo ordine, panariciæ, id est paronychiæ (aliâs panno) utilẽ. Pro lilio, ut Bellunensis monet, Arabice legitur altors, id est clypeus, unde herba ipsa nominatur torsia, ut Græcis aspidion. Idem Syluaticus cap. 27. Algacen, inquit, herbæ flos est similis lilio, exiguus, minor flore sambuci, caule & folijs rubiæ. Et alibi, Alahuch est arbor magna, lilialis dicta, qua caremus. Auerrois eluoxat appellat: & renes quoq; ab ea obstructione liberari scribit, Aeginetam in eo imitatus: cuius uerba sunt, νεφροὺς τε ἐκφράττει καὶ ἔφηλιν ῥύπτει. At apud Galenum & Aetium nulla νεφρῶν, id est renum mentio fit, sed ἀλφῶν, id est uitiliginum, unà cum ephelide. Apud Dioscoridem uero φακῶν, id est lentiginis, quam ego lectionem omnibus præfero: quoniam & cæteri ex Dioscoride descripserunt, aut saltem Galenus, alij ex Galeno: solet autem ut plurimum ephelidis mentio φακοῖς coniungi. Eandem esse uideo libro 2. cap. 25. apud Auicennam Asefeni, uel ut Bellunensis castigat, alsefani dictam, de qua ijsdem uerbis, quibus Aegineta scribit, renes eam purgare, & mederi morsis à C. rab. hoc tantum de suo addit, existimare se eam esse pasturam camelorum, uel coruorum ut Bellunensis emendat. Vide hominis inscitiam, duobus capitibus proximis eandem plantam nomine tantum uariante bis describentis. Io. Ruellius reprehendit eos qui alysson Dioscoridis herbam crucialem uulgo dictam existimant, cui flos luteus est, quaterna in geniculis folia: item illos qui liliaginem rusticè dictam intelligunt, folio quadantenus & flore lilij purpureo. Propius autem (inquit) accedere uidetur ad eam, quam rusticam cannabim uocant herbarij: quæ fruticosa herbula est, unicaulis, folijs per initia satis rotundis, ubi adoleuit oblongis, & per ambitum leuiter serratis, fructu duplicium scutorum effigie, in quo est semen quadantenus latum. Sed in hoc rursus eum erroris notat Matthæolus Senensis. Ego sanè peregrinam nobis & ignotam Dioscoridis alysson reor, ut Matthæolus etiam: quod ut ita credam, Andreæ Bellunensis uerba in Arabicorum Auicennæ uocabulorum lexico præcipue mihi persuadent. Aaulusen (inquit) uel aalusen, secundũ Ebenbitar scribitur per duplicem literam aleph: herba est folijs paruis, quæ cito amittit: fructus folijs maior est, magnitudine seminis cucurbitæ, effigie clypei (appingit autem binos clypeos ouata ferè figura cohærentes.) Geminæ fructus tunicæ ceu uaginæ, utroq; latere semina lenticulis paruis similia continent: & per singulos caules abundant huiusmodi fructus. Ii ferè palmo altiores non sunt. Vocant autem Arabes ipsas uaginas seu folliculos fructuum nomine. Et quoniam hi fructus referunt altors Arabicè dictum, id est clypeum, herba nominatur Arabice altorsia, id est clypealis. Meminit eius Auicenna quarto canonis in capite de curatione morsus rabidi: & Ebenbitar in libro de simplicibus præstantiam eius contra morsum canis rabidi celebrat: Est autem notissima in Syria, Hæc Bellunensis. Alia est alyssos Galeni, uel potius Antonini Coi apud Galenum libro secundo, de Antidotis cap. 69. Alyssum herbã cõtusam (inquit) & cribratam repone: huius cũ opus fuerit à rabido cane morsis cochlear

s

exhibebis ex aquæ & mulsæ cyathis tribus statim à primo die usque ad quadraginta: sin minus, saltē primis septem diebus. Alyssus autem herba est marrubio similis, asperior tamē & magis spinosa circa uerticillos(σφαιρία)florem κυανίζοντα, id est ad cœruleum uergentem profert. Hanc inter caniculę æstus colligere oportet, & exiccatam cribratamque seruare, ut expirare non possit, Hæc Galen. Martianus non rectè uertit, alysson orbes habere in summitatibus ramulorum, quod Gręcè non legitur: & reipsa in marrubio ac similibus herbis uerticilli huiusmodi totos ramulos in geniculis ambiunt, non summos tantum. Hęc eadem de alysso apud Actuarium legimus, in mentione antidoti diacarcinon. De eadem libro 1. Aëtius sic scribit, Alysson esse aiunt sideritin cognomine Heracleam, quæ passim iuxta uias nascitur, flore purpurascente, πορφυρίζοντι: folijs crassioribus, (καὶ τὰ φύλλα παχύτερα:) sic dicta quod à cane rab. morsos mirificè iuuet: deinde eadem ei attribuit quæ Dioscorides suo alysso, & Galenus eidem, à quo tamen diuersum est. Hæc uerba, καὶ τὰ φύλλα παχύτερα, corrupta uidentur, pro quibus ex Galeno legerim, ἔχει δὲ σφαιρία τραχύτερα, id est uerticillos autem asperiores habet, nempe quàm marrubium, cui similem esse, itidem ex Galeno addendum est: Nam Dioscorides quoque scribit, sideritin Heracleam marrubio similia habere folia, sed longiora, ad saluiæ aut quercus figuram accedentia, uerum minora his & aspera, τραχέα: ut apud Aëtium etiam φύλλα τραχύτερα rectè legere possimus. Caules profert quadrangulos, dodrantales, & aliquando maiores, gustu non insuaui, cum astrictione aliqua: in quibus per interualla uelut in marrubio in orbem circumacti uerticilli sunt: & in his nigrum semen. Nascitur lapidosis (λιθώδεσι) locis. Possunt folia emplastri modo imposita glutinare uulnera, & à uulneribus inflammationes arcere, Hæc Dioscor. Ruellius & secutus eum Matthæolus errant, hanc sideritin Heracleam esse putantes illam, quæ tertia huius nominis à Dioscoride coriandri folijs describitur, obliti primam quoque sideritin Heracleā uocari, folijs marrubij, &c. Hanc uulgo hodie herbam Iudaicam uocant, aliqui tetrahit, ut pluribus probat Ruellius. Diligentiores inquirent num quæ ex urticæ mortuæ, ut uocant, generibus huc faciat: qualis est quædam ballotæ similis, purpureis & dulcibus floribus, quam apes petunt præ cæteris eius generis. Matthæolus alysson in secundo de antidotis à Galeno descriptam, passim in Italia uulgarem esse scribit, sed nullū eius nomē affert, ut neque descriptionem. Cæterum herba Iudaica Auicennæ, nihil aliud quàm eruum est. Herba paganica etiam, uirga aurea quibusdam dicta, ab alijs Iudaica uocatur. Tetrahit herbæ uires ad matricem & urinæ meatus expurgandos, item ad stillicidium & difficultatem urinæ Platearius celebrat. Aegineta morsis à cane rab. purgans è sicyonia pharmacum quotidie propinandum scribit cum decocto saluiæ, uel sideritidis Heracleæ, ἢν καὶ ἄλλυσον καλοῦσι, Marcellus Verg. melius legit ἣν καὶ ἄλυσσον καλοῦσι. Alysson folio suppurpureo Phocion Grammaticus describit, Ruellius.

¶Venio ad tertiam alyssi nomine herbam, de qua Plinius, Distat(inquit)ab erythrodano(id est rubia)frutex alysson uocatus, folijs tantum & ramis minoribus. Quippe nomen accepit quòd à cane commorsos rabiem sentire non patitur, potus ex aceto adalligatusque: Mirumque est quod additur insaniam(aliâs saniem, lego singultum ex Dioscoride & Plutarcho) conspecto omnino frutice eo sanari, aliâs siccari. Hanc Ruellius & Matthæolus rubiam minorem uulgo dictam interpretantur. Eiusdem generis fuerit rubia syluatica, quam nostri **waldmeister** & **läberkraut**, quasi matrem syluæ, & hepaticam, uocant. In syluis & montibus, locisque umbrosis prouenit, breuior quàm uulgaris rubia agrestis, sed uegetior aspectu, caulibus rectis dodrantalibus, folijs maioribus, minoribus tamen quàm satiuæ: candidis & odoratis flosculorum corymbis: seminibus, ni fallor, gemellis: salutaris homini & pecoribus omnibus creditur, ad omnes occultos morbos, uiscerum præsertim, ut pulmonis & iecoris, si radiculæ edantur, aut uino infijciantur, quo usu etiam exhilarare putant helenij instar Homerici, inde imposito nomine **hertzfreid**: Hæc habui de tribus alyssi generibus.

¶Anagallidis succus potus à C. rab. morsos tuetur, Tragus. Aprinum iecur recens aridum cum uino potum, contra serpentium & canum morsus proficit, Dioscor. lib. 2. in Græcis codicibus habetur, ἑρπετῶν καὶ πτηνῶν δήγματα ὠφελεῖ: Ruellius uertit, contra serpentium uolucrumque morsus auxilio est. Marcellus legit κτηνῶν, & uertit quadrupedum. Ego uero κυνῶν, id est canum legerim, nam alibi quoque non raro ἑρπετῶν καὶ κυνῶν δήγματι Dioscorides coniungit, ut in gobio, ἀπὸ κυνῶν δηχθέντας ἢ ἑρπετῶν: Volucrum uero aut quadrupedum morsus, nullos ab eo alibi memoratos reperias. Serapio hunc locum ex Dioscoride citans, nihil quàm morsibus uenenosis auxiliari uertit. Plin. libro 28. cap. 10. Apri iecur(inquit)inueteratum cū ruta potū ex uino, contra serpentes laudatur: simili modo uerrinum iecur, &c. & paulo post de canis rabidi morsu agens, Laudant hirci iecur, quo imposito, ne tentari quidem aquæ metu affirmant, Iecur hirci maturè sumptum, subuenit, Ponzet. Suspicetur sanè aliquis κάπρου Græcā uocem quæ aprum significat, interdum à Latinis parū animaduertentibus pro suo capro, id est hirco accipi. Artemisia, Aëtius. Aristolochia, Idem.

¶Bitumen Iudaicum omnium utilissimum est, ex tribus aquæ cyathis potū: datur pondere scrupuli unius, aliâs drachmæ unius, Aët. Brassica, & eius decoctum in potu, Galenus de Parabil. cap. 68. Britannica, uide inferius in Lycio.

¶Cepæ & porri in cibo, ut supra ex Diosc. dictum est. Cancrorum cinis epotus, Aëtius, Plinius, Colliget, Albucasis: cum melle, Auicenna. Cancrorum fluuialium decoctum, cum quibus copia anethi elixata sit, Idem. ¶Caninus sanguis, Diosc. 2. 89. & Galen. Sanguis rabidi C. illius qui momordit, Auicenna. Saliuntur & carnes canum, qui rabidi fuerunt, in cibo dandæ, Plin. 29. Aggregator addit

addit, eius ꝓprie qui momordit. Vide paulò post in iecore C. rab. ex Plin. Capitis canini cinis, ustus (ut supra diximus) illitus uulneri: idem & in potione proficit: quidam ob id edendum dederunt: tuetur à pauore aquæ, Plin. Sextus hunc cinerem simpliciter à cane rabido morsos persanare scribit. Vermis qui sub lingua rabidi canis inuenitur excisus, & circum arborem sterilem ter latus & datus illi qui ab eo morsus fuerit, sanabit. Plinius eundem (exemptum infantibus catulis, quanquã etiam de alijs canib. exempto intelligi potest) ter igni circumlatum dari scribit morsis à rabioso, ne rabidi fiant. Est limus saliuæ sub lingua rabiosi canis, qui datus in potu, fieri hydrophobos non patitur, Plin. Canis rabidi id quod sub lingua habet acceptum & potatum cum aqua calida uel ex uino, hydrophobos (perperam scribitur hydropicos) mirificè sanat, Sext. Ego uermem uiuum in lingua uel sub lingua canis reperiri nullum puto, sed uel limum, ut Plin. scribit: uel uenam aliquam uermis instar turgentem (Tardiuus tumorem uermi similem dixit: in homine quidem ranam appellant, Græci batrachon, tumorem sub lingua, qui maximè pueros infestet:) à quali figura in cerebro etiam meatũ quendam uermiformem appellant medici. Apparet autem etiam ueteres certi nihil hac de re habuisse, ideoq; alios aliter, uermem, limum saliuæ, uel simpliciter id quod sub lingua est nominasse: quosdam uero è cadauere canis uermem. Videtur sanè hæc de uerme persuasio à uulgo sumpta, quod in bubus etiam genere quodam insaniæ, quam nostri uocant **hirnmütig**, terebello iuxta cornua adacto uermem uiuum aliquando egredi asseuerat, ut ex reduuijs hominum. Iecur canis qui rabie exagitatur, tostum, & in cibo ab emorsis sumptum, ne tententur metu aquæ tueri creditur, Dioscor. Hepar canis qui momordit aliqui edendum dederunt, Aegineta, & Auicenna. Aëtius addit assatũ: Sextus, coctum. Multò utilissimè iecur eius qui in rabie momorderit, datur, si possit fieri, crudum mandendum: si minus, quoquo modo coctum, aut ius incoctis carnibus. Scio certe quosdam, qui iecur assum C. rab. sumpsere, mansisse superstites, uerum non illo duntaxat usos, sed etiam alijs deinceps medicamentis, quæ huic ueneno resistere experientia nouimus. Quosdam uero cum soli iecori fidem adhibuissent, postea mortuos audiui, Galenus de Simplic. 11. 9. Necantur catuli statim in aqua, ad sexum eius qui momorderit, ut iecur crudum deuoretur ex ijs, Plin. Lactentis catuli iecur, & eiusdem coagulum, Plinius Valerian. quoq; commendat. Catuli coagulũ ex aqua propinatum, efficacissimũ est: quod uel semel assumptum, aquæ desiderium protinus excitat, ita ut & reliqua humida uniuersa affatim appetantur: oportet autem catulum non prouectioris ætatis esse, sed nuperrimè natum & adhuc lactentem, Aëtius. ¶Caprifici cortex contusus & ex aqua potus, Aëtius. Castorei drachma cum rosacei alibi cyatho, Galen. de antid. cap. 68. Centaurium minus potum, Aëtius. Chamædrys pota, Idem. Chamæmalum, uide Leucanthemis paulò post.

¶Cynorrhodon. Ad canis rab. morsum (inquit Plinius) unicum remedium oraculo quodam nuper repertum est, radix syluestris rosæ, quæ cynorrhoda appellatur. Et alibi, Herbas alias inuenit casus, alias (ut uere dixerim) deus. Insanabilis ad hosce annos fuit rabidi canis morsus, pauorem aquæ, potusq; omnis afferens odium. Nuper cuiusdã militantis in prætorio mater uidit in quiete, ut radicẽ syluestris rosæ, quã cynorrhodon uocant, blanditã sibi aspectu pridie in frutecto, mitteret filio bibendam in lacte. In Lacetania res gerebatur, Hispaniæ proxima parte: casuq; accidit, ut milite à morsu canis incipiente aquas expauescere, superueniret epistola orantis, ut parêret religioni: seruatusq; est ex insperato, & postea quisquis auxilium simile tentauit. Aliâs apud authores cynorrhodi una medicina erat, spongiolæ, quæ in medijs spinis eius nascitur, cinere cum melle alopecias capitis expleri, Hęc Plin. Syluestris rosæ radix medetur emorsis à C. rab. allio præsertim uulneri imposito, Aquiuiuus. Huius remedij excellentia, & impositum à cane nomen, diutius huic plantæ immorari me cogunt. Cynosbatus idem & cynorrhoda, id est canis rosa, quõdam dictus est, quoniam flos eius roseus sit, & rabidi canis morsibus medeatur: Rura nostra passim eum nouerunt, maximum inter rubos omnes, & qualem in cunctis Dioscorides descripsit, Marcellus Vergilius. Reprehendit eum Petrus Matthęolus, quod diuersas (ut ipse inquit) plantas, cynosbaton & cynorrhodon confundat, & pro eadem accipiat. Sed antequam argumenta Matthæoli proferam & refellam, cynosbati ex ueteribus descriptionem perpendamus. Cynosbaton (inquit Dioscorides) sunt qui oxyacanthan dicunt: frutex rubo lõge maior est, arboris instar: folia habet longè quàm myrtus latiora. Spinas in uirgis robustas, florem candidum, fructum oblongum, oliuæ nucleo similem, cum maturescit rubentem (πυῤῥόν, fuluescentem, Ruellius: fuluescit autem intrinsecus maximè, foris rubet: quod in rosis tum satiuis tum syluestribus apparet:) qui flocculos, uel quædam lanis similia intus continet. Aluum sistit aridus eius fructus in uino decoctus & potus, sic ut sine interioribus lanis illis sumatur: faucibus enim & arteriæ nocent, Hęc Dioscorides. Canirubus (τὸ κυνόσβατον, malim in masculino genere: nam in neutro de fructu potius dicitur:) inquit Theophrastus lib. 3. cap. 18. de hist. plan. fructum subrutilum, ὑπέρυθρον (Athenæus lib. 2. citans hæc Theophrasti uerba, legit ἐρυθρόν) parit malo punico similem: est inter fruticem atq; arborem, Punicæ non absimilis, folio amerinæ, τὸ δὲ φύλλον ἀγνῶδες. Columella cynosbaton uastis spinis paliuro rubisq; coniungit, cum in conserenda sepe præcipit semina uastissimarum spinarum solo credenda esse: cuius generis etiam sunt cynosbati, quos sua ætas sentem canis appellauit, Marcel. Verg. Rubi alterum genus est, in quo rosa nascitur: gignit pilulam castaneæ similem, præcipuo remedio calculosis: Alia est cynorrhoda, de qua proximo dicemus uolumine, Plinius libro 24. ca. 13. Et mox cap. 14. Cynosbatum, alij cynospaston, alij neurospaston uocant: folium habet

s 2

ueſtigio hominis ſimile. Fert et uuam nigram in cuius acino neruum habet, unde neuroſpaſtos dici tur. Alia eſt à cappari quam medici cynosbaton appellauerunt. Huius thyrſus ad remedia ſplenis & inflationes cõditus ex aceto manditur. Neruus eius cum maſtiche Chia commanducatus os purgat. Ruborum roſa alopecias cum axungia emendat, &c. Cæterum roſas ſylueſtres Theophraſtus de hiſt. plant. 6.7. ſeorſim nominat ac deſcribit: Aſperiores (inquit) tum uirgis tum folijs conſtat quàm ſatiuæ, & florem minus odoratum, minusq; coloratum, nec tantũ magnitudine ferunt. Cynosbati fructus (inquit Galenus libro 7. de Simplicib.) non parũ aſtringit, folia uero mediocriter. Itaq; parti cularis eius uſus haud ignotus eſt. Cauendum ab eo quod in fructu eius lanæ ſpeciem habet, ceu ar teriam uitiante. Idem alibi cynosbata huius fruticis fructus appellat, adnumerans eos alijs agreſti bus, qui ut minimum alimenti habent, ita praui ſunt ſucci, ut cornis, moris rubi, arbuti et halicaccabi fructibus, dioſpyris, &c. Matthæolus Senenſis de rubo canino ſcribens, eum hodie ignotum arbitra tur, cynorrhodon uero roſam eſſe ſylueſtrem, quam Plinius ad rab. C. morſus celebrauit. Primum, in quit, ſi cynosbatus eadem roſæ ſylueſtri eſſet, nihil opus fuiſſet eam pluribus à Dioſcoride deſcribi, ſed uno uerbo roſam ſylueſtrem appellando ſatisfeciſſet lectoribus. Sed hoc argumentum leuius eſt, quàm ut refelli debeat: cum & aliæ quædam ſylueſtres plantæ, nominibus ueniant proprijs, nec ſem per adiectione ſylueſtris circumſcribantur: ſic ſpinum pro pruno ſylueſtri dicimus: et ipſas ſylue ſtres roſas Germani ſuo nomine, quod de ſatiuis nemo diceret, **hagenbutten** uel **hanbüttel** nomina mus: Galli eſglantier. Deinde folia multum à myrti folijs differre ait, cum Dioſcorides non ſimplici ter ea myrti folijs comparauerit, ſed tantum multò latiora eſſe dixerit: mihi ſanè quamuis ſerrata, ta men aliquo modo myrti folijs ſimilia uidentur, & ſimiliter per ramulos digeſta, bina uidelicet è regi one. Fructus quãuis longe maior ſit quàm nucleus oliuæ, figuræ tamen ſimilitudo reſpondet, de qua ſolum Dioſcorides loquitur. Plinius quidem alibi de cynorrhodo agit (quã roſam ſylueſtrem eſſe in ter omnes conuenit: quanq; & lilij genus, ut poſtea dicã, ſic appelletur:) alibi uero de cynosbato: ſed hanc ita deſcribit ut prorſus ei ignota fuiſſe uideatur, & ipſe ſeipſum intricare. Sed non differre cy norrhodon à cynosbato, id eſt roſam caninã à rubo canino, uel ſuis uerbis ipſum aliquis conuincat. Vtriq; à cane nomen: utriq; Plinius roſam attribuit, utriq; ſpongiã (licet in cynosbato pilulã caſta neæ ſimilem appellet) utriq; uim eandem in medicina contra alopecias. Nam libro 25. Aliâs apud au thores (inquit) cynorrhodi una medicina erat, ſpongiolæ, quæ in medijs ſpinis eius naſcitur, cinere cum melle alopecias capitis expleri. Libro autem 24. Ruborum roſa (inquit) alopecias cum axungia emendat. Et quanq; hæc uerba ad proprie dictos rubos refert, in eo tamen errare mihi uidetur, cum hoc remedium cynorrhodo debeatur: de quo paulo ante dixerat, Alterum genus rubi eſt in quo ro ſa naſcitur: gignit pilulã caſtaneæ ſimilem, præcipuo remedio calculoſis. Certe roſæ ſylueſtris ſpon gia, pilula propter figurã recte dicetur, recte etiã caſtaneæ echino ſuo adhuc intectæ comparabitur. Errat igitur Hermolaus qui cynorrhodon à cynosbato non flore roſeo differre ait, quẽ ferat utrũq; ſed ſpongiolis, quas cynorrhodon habeat, cynosbatus non habeat. Galenus circa finem cap. 1. lib. 1. de compoſitione ſecundum locos, κυνόμορον uocem repertã in ænigmatico quodã medicamento ad alopeciã, cynosbatum exponit. Apud Dioſcoridem rubum etiã proprie dictum, Græce βάτον, cynoſ baton cognominari legitur: ut etiam capparin cynosbaton & philoſtaphylon. Attribuuntur autem etiam cappari frutici apud Dioſcoridem, ſpinæ, ut rubi, in hami modum aduncæ: fructus oleæ ſi milis, qui cum dehiſcens panditur florem candidum promit, quo excuſſo, nonnihil glandis ob longæ figura inuenitur, quod apertum grana acinis punicorum ſimilia oſtendit, parua, rubicunda. Ex iſtis notis multæ cynosbato etiã proprie dicto communes ſunt, quæ Plinium uidentur intricaſſe. Vtcunq;, certum apud me eſt, Plinium cynosbaton ignoraſſe, & quæ apud Græcos inuenerat nullo iudicio tranſtuliſſe. Paulo poſt initium cap. 14. lib. 24. Alia eſt à cappari (inquit) quã medici cynosba ton appellauerunt, huius thyrſus ad remedia ſplenis & inflationes conditus ex aceto manditur. Ner uus eius cum maſtiche Chia commanducatus, os purgat. Hæc omnia de cappari intelligenda ſunt: cu ius non fructus ſolum, ſed etiã thyrſos & cauliculos ad remedia ſplenis condiri ſcimus. Eiuſdem fru ctum ἀποφλεγματίζειν, id eſt per os purgare & pituitã detrahere Dioſcorides author eſt. Plinius hoc ner uo attribuit, cum prius non de capparis, ſed de cynosbati tanq; alterius plantæ neruo in acino eius contento, locutus eſſet. Proinde uel illa omnia ad capparin referre oportet, cui etiã uua conuenit (quã cynosbato nemo tribuit) unde & philoſtaphylon Græci uocarunt, ac Plinius ipſe alibi ophioſta phylen: aut Plinium omnino erraſſe fateri. Theophraſtus, ut dixi, ἀγνώδης (ἀγλώδης apud Athenæum, non placet) id eſt agni uel uiticis folium cynosbato tribuit, pro quo Plinius ἰχνώδης uel ἰχνοειδὴς legiſſe uidetur, cum ueſtigio humano comparet. Viſum à ſe rubum quidã teſtantur in ſyluis hac ſpecie, ut quaſi ſolea eſſe uideretur, Hermolaus. Mihi animus inclinat mutilum eſſe hunc Theophraſti locum, & ἀχνώδης legendum, referendumq; ad fructum non ad folium: reuera enim ἀχνώδης eſt cynosbati, id eſt roſæ ſylueſtris, ut etiã ſatiuæ fructus: hoc eſt aceroſus, & floccis plenus: quo ſenſu τὸ ἐν αὐτῷ ἐριῶδες Dioſcorides dixit: ἄχνην Varinus exponit ἄχυρον, καὶ τὸ ἀχύρου λεπτότατον. ἀχνώδης, ἄχνῃ ὅμοιον. Cæterum ubi malo punico ſimilem cynosbati fructum eſſe Theodorus uertit, Græce legitur, καρπὸν ὑπέρυθρον ἔχει καὶ παραπλήσιον τῷ τῆς ῥοιᾶς (Athenæus non recte habet τῇ ῥοιᾷ:) id eſt fructum, uel ſemen potius, rubi cundum habet, & mali punicæ ſemini ſimile: & ſic uertendum erat ne quis integro malo punico con ferri arbitraretur: quod ut caueret Marcellus Vergilius in alium errorẽ incidit, transferendo, punicę

cytino

cytinô similem. Id licet quod ad rem ipsam defendi possit: cytinus enim non solum appellatur flos satiuæ mali Punicæ apud Galenum libro 6. de Simplic. sed etiam prima post florem pomi ipsius rudimenta, apud eundem libro 6. de compos. secundũ loc. Theophrastus tamen omnino grana interiora significasse uidetur: quæ licet alba sint in fructu cynosbati, succo tamen rubente circumfunduntur, & magnitudine figuraq; ad mali punicæ grana quàm proxime accedunt. Eodem planè sensu Dioscorides de cappari scribit, fructum eius apertum grana acinis punicorum similia ostendere, parua, rubicunda. Errat Ruellius in historia sua plantarũ, circa finẽ capitis de rubo canis, cynosbaton magnitudine inter fruticem & arborem punicæ esse scribens: fefellit eum non bene distincta translatio Gazæ. Græce quidem clarissimè scribitur, cynosbaton inter fruticem & arborem simpliciter magnitudine esse, deinde additur, punicæ similem, aut si libet æqualem: nam παραπλήσιον nonnunquam ad quantitatem refertur. Opinor autem in folijs etiam similitudinem esse: nam & punicæ folia, utpote gemina sibi opposita & angusta, myrto conferuntur. Capparis quamuis & ipsa cynosbatus appellatur, propter spinarum maximè similitudinem: longè diuersæ tamen naturę est, quàm nostra hęc cynosbatus, nec ulla eius species existimari debet, ut neq; aconiti, quamuis hoc etiam nomen ei tribuatur. Neq; enim homonyma, id est ea quibus idem nomen est, ratio uero substantiæ diuersa, ad unum genus referri debent. Errat igitur duplici nomine Matthæolus, qui Pliniũ lib. 24. cap. 14. duas cynosbati species facere asserit, unam uestigij humani folijs, alteram folijs capparis. Non enim species duas cynosbati illic Plinius facit, sed præter cynosbaton capparin quoq; sic appellari tradit: cappari uerò folio similem, præter ipsam capparin (quam ipsam sibi similem esse nihil mirabimur) cynosbatum nullum facit. Sed quid opus est pluribus? cum uel unica ista nota, de floccis & lanis in fructu sufficiat (quæ nulli alteri fructuum conuenit, quod ipse legendo uel aliter obseruauerim) quam ut Dioscorides soli cynosbato attribuit, ita nos in solo cynorrhodo, id est rosa syluestri, quanq; in satiua quoque, reperimus. Quod autem illi arteriam infestent, sæpe periculo meo ipse didici. Horum causa fortassis flatu auerso fructũ huius legendũ præcipiunt, alioqui periclitantur oculi, ut Theophrast. scribit in hist. plant. 9. 9. Sed descriptione omissa uires in medendo consideremus: quas illi Diosc. & Galenus astringẽdi ac aluum sistendi tribuũt. Atqui rosas syluestres nostras cum alijs partibus, idq; magis q̃ satiuas, tum præcipue fructu, siccare, astringere, sistere, apud omnes hodie in confesso est, & gustus ipse manifestò ostendit. Nõ est autem quòd miremur quo pacto ualidè astringentia uenenis resistant, cum & alia nõ pauca eiusdẽ generis habeamus, ut pentaphyllon, tormentillã, terrã Lemniam, chalcanthum, &c. siue tota substãtia id agãt, siue quia partes corporis roborãt, ita ut & promptius uenenũ repellãt, & meatibus clausis minus ab eo afficiãtur. Hieronymus Tragus etiã dupliciter errat, primum q cynosbaton à cynorrhodo separat: deinde q spinã sepibus nostris uulgarem, quã pleriq; hodie spinã albam uocãt, cynosbatõ facit. In qua tamẽ, ut reliqua taceã, aculeorum species ipsum docere poterat, cynosbati nomẽ ei nõ cõuenire: baton enim Græci rubum appellãt, fruticem uulgò notissimum, cui aduncæ & hamatæ sunt spinæ: à quarũ similitudine nõ in fruticũ genere solum plãtas diuersas cynosbati, id est rubi canini nomine uocauerũt Græci, ut cynorrhodon, capparin, rubũ ipsum, smilacem asperã, cui rubi uel paliuri spinas esse Dioscorides testat: sed inter animalia etiã baton piscem planũ, quem raiam Latini uocãt. Spinæ albæ uerò sic uulgò dictæ rectæ omnino & minimè aduncæ spinæ rigent. Plinius 24. 14. Inter genera ruborum, inquit, rhamnos appellatur à Græcis, ramos spargens rectis aculeis, nõ ut cæteri aduncis: proximè autẽ de rubo priuatim dicto, & cynosbato locutus erat, ut uel inde cõstet neutri illorũ rectos esse aculeos. Rhamnũ certe Græci bati, id est rubi generibus nõ adnumerant. Plinio tamẽ uiro Latinæ & patriæ linguæ doctissimo, in sua lingua rubum cõmunius fecisse uocabulum licuit, quàm Græci baton faciãt. Inter Græculã rosam & moscheuton dictã, quæ funditur è caule maluaceo, folia oleacea habens, media magnitudine autumnalis est, quã coroneolam uocãt: omnes sine odore præter coroneolã & in rubo natã, Plin. 21. 4. Cum igit sua in rubo rosa sit, quid obstat quin illam nunc à rubo cynosbatõ, nunc à rosa cynorrhodon appellemus, nulla interim rei ipsius differentia? Apparet etiã ex his Plinij uerbis rosam in rubo odoratã esse: quod ideò dico ne quis imperite pro rubi rosa proprie dicti rubi flores accipiat, quod ipse Plinius in remedijs ex rubo fecit, ut supra dixi. Maximè aũt odoratum est rosæ syluestris genus montanũ, & cæteris minus, nõ floribus tantum, sed frutice toto, nostri ob suauitatẽ odoris uinariã appellant: quã cum semel & iterũ in horto plantassem, statim degenerauit, & omnem qua prius undiq;, folijs maximè, suauitate odoris spirabat, exuit. Herm. Barbarus in proximè recitatis Plinij uerbis legit, præter coroneolã in rubo natã, sine copulatiua coniunctione quã nostri codices habent, quos ego magis ꝓbo. Nouimus enim cynosbatum & rosam in rubo nascentẽ, quæ tamen autumno apud nos quidem non floret: nisi raro fortassis: nam & satiuas interdũ autumno florere uidimus. Ad hæc cum alibi etiã cynosbatum & rosam in rubo describat, coroneolam tamen uocari nusq; meminit. Hermolaum & hac in re & alijs omnibus ubi de cynosbato scribit secutus est Io. Ruellius: Idem, Coroneola (inquit) in rubo nata, iucundi odoris est, sed angusti. Rosa uineæ uocatur flos spinæ albæ, Syluaticus: hinc errandi forte occasio nata quibusdã, ut spinã albam cynosbatum facerent. Idem Syluaticus cisthum rosam caninã uocat, & aliã eius speciem (ledon forte) rosaginem. Recentiores (inquit Ruellius) tum rosaginem tum rosam caninam uocant, fruticem thymo maiorem: folijs ocymi, rotundioribus, flore mali punicæ: flos masculo rosaceus est, fœminæ albicans. Ego in summis alpibus circa saxa odoratum fruticem, prorsus lignosum, humilem, & copiosum ubi nascitur: folijs oleæ, pinguibus, duris, & ruffis parte supina: flore mali Punicæ roseo sæpe reperi, quam Heluetij etiam in alpibus roßftur (si recte memini) appellant. Sed rhododendron quoque in Gallia rosaginem uocari Ruel. meminit. ¶ Quidam sentem canis non recte pro uulgari rubo accipiunt. Cynacanthan in lexico Amb. Calepini pro oxyacantha imperitissime scribi & exponi reperio. Stephanis agria apud Aëtium corrupte legitur pro staphisagria ad uitia psorasque capitis: nisi quis stephanida putarit esse, quã à nostris coroneolam uocari diximus, hoc est cynosbaton: utique si & hæc, ut rubi, manantibus in capite ulceribus præsidio esse potest, Hermolaus in Staphidem agriam Dioscoridis. Physcius Locrus Amphictyonis filius, cum forte inter eum & parentem obortum esset dissidium, multis ciuium acceptis de sedibus statuendis Apollinem consuluit: responsumque tulit, ut eo loco urbem conderet, ὅπου περ ἂν τύχῃ δηχθεὶς ὑπὸ κυνὸς ξυλίνης, ubi à cane ligneo morderetur. In alterum itaque maris littus transgressus, cynosbatum, id est caninum rubum pede compressit: uexatusque plusculos dies ulcere, eo loco ubi oraculum iusserat, (loci natura interim cognita,) urbes condidit, Physcos (Φύσκεις) Hyanthiam, & alias omnes, quas Locri Ozolæ coluerunt, Cælius Calcagninus in Equitatione: transtulit autem ex Græcanicis Plutarchi, problemate 15. Errat autem ab initio: sic enim uertendum uidetur, Amphictyon filium habuit Physcium, is Locrum, Locrus Cabyen Locrum: quo cum orto dissidio, pater multis ciuium assumptis, &c. Meminit etiam Athenæus libro 2. & Cælius Rhod. 17.28. Canem ligneam Theophrastus cynosbatum uocat, Varinus. Illud ferè præterierã quod supra iam dictum oportuerat, quo sententia nostra cynorrhodon non aliã à cynosbato esse, uel maximè confirmat, ex eodem Varino: apud quẽ uerba hæc Græce habentur, Κυνόσβατος φυτάριόν ἐστιν, ὅμοιον ῥόδῳ ἔχον τὸν καρπὸν, ἔστι δὲ μεταξὺ θάμνου καὶ δένδρου, παρόμοιον ταῖς ῥοιαῖς, ἢ ταῖς ῥοδέαις, ἀκανθῶδες. Hoc est, Cynosbatus planta est, quæ fructum rosæ similem habet: magnitudine inter fruticẽ & arborẽ: similis punicis arboribus uel rosis satiuis, spinosa. Et paulo ante nomẽ ei à cane impositum scripserat, propter asperitatẽ & spinas, quibus ita uidelicet riget, ut canis serratis dentibus suis. Κύναρος ἄκανθα apud ueteres Græcos aliquoties legit, quorum uerba citat Athenæus libro 2. semper aũt adijcitur ἄκανθα, id est spina. Hecatæus Milesius in montibus altissimis circa mare Hyrcaniũ nasci scribit ἄκανθαν κυνάραν: & alibi, In Chorasmiorũ montibus arbores sunt syluestres, cynara spina, salix, myrica: nascitur etiã circa Indum fluuium cynara. Et Scylax uel Polemon, In montibus (inquit) proueniunt cynara, & aliæ herbæ. Cęterum Didymus grammaticus apud Sophoclẽ quid sit κύναρος ἄκανθα exponens, dubitat an sit cynosbatus, eò quod aspera & spinosa sit plãta, Hęc Athenæus: cum ab initio propositum esset loqui de herba cinara. κίναρα (inquit, in neutro plurali numero) Sophocles κυνάραν per ypsilon uocat, in singulari fœminino: quo modo etiam ipse paulo post per iôta scribit κινάραν, & eandem esse putat herbam quæ carduus Romæ uocata sit, & in Sicilia cactus: quanquam & caules eius cactos uocarent cibo idoneos, ut aliũ eiusdem caulem πτέρνικα (aliâs πτέρνικας) & in capitulo medullã ablatis pappis palmæ cerebro similem, ascaleron: unde uulgare nostri temporis nomẽ artichau natũ mihi uidetur. Cynaron fortassis esse cynosbaton, Hesychius etiã & Varinus Athenęi uerbis scribunt. Apud Suidã κύνειρον nudum nomẽ legitur, pro κύναρον forte, licet ordine repugnante. Κυνάδα, cynosbatum, uel planta quã capras depasci aiunt, Hesychius: in Lexico Græcolatino κυνὸς ἄδος, pro cynosbato exponit. Κυνὸς, genus herbæ spinosæ similis rosis, Varin. κυνόκεντρον, herba quædã, Hesychius & Varinus: hæc etiam à cane & aculeis nomẽ habet, ut non alia quàm cynosbatus uideatur. Est & rubens lilium, quod Græci crinon uocãt: alij florem eius cynorrhodon: laudatissimum in Antiochia & Laodicea Syriæ, mox in Phaselide, Plin. Cynorodon lilium est hyacintho simile, Hesychius & Varinus. Est et rubens liliũ, satis apud nos frequens, differens à purpureo: florem lilij nascẽtis in Italia cynorrhodon uocari Plinius est author: quod & Hippocrates accepit, cum rubentia cynorrhoda fœminarũ purgationibus commẽdat in uino, Ruellius. Ego cynosorchin hyacintho propiorem putauerim, flore purpureo, radicis bulbo gemino, quæ aluum sistit è uino pota: qua facultate etiam menses sistere posse uidetur.

¶ Ellebori & elleborismi uim supra in curandi ratione ex Dioscoride docui.

¶ Gallinæ cerebellum potum cum aliquo liquore, Galenus in Parabilib. Ne morsi à rabioso cane rabidi fiant, cerebello gallinaceo occurritur: sed id deuoratum anno tantũ eo prodest, Plinius. Gentiana proprietate quadam iuuat pota & applicata, Auicenna, & Serapio secundum Habyx. Quidã solius gentianæ obolos tres in tribus aut paulo amplius meri cyathis per dies duos & uiginti propinant, Galenus libro secundo de antid. in uersibus Damocratis: & in fine eorundem cap. 119. similiter, succus autem (inquit) radici præstat. Vsum certe eius præstantissimum esse, ex nobilissima omnium è cancris antidoto, quam supra descripsimus, facile est conijcere.

¶ Helleborus, uide Elleborus. Hinnuli (νεβροῦ) coagulum bibendum, Damocrates apud Galenum libro secundo de antid. Hippocampus marinus tostus, utiliter comedi proditur à rab. C. morsis: quòd eius sanguis aquæ amorem inducat, & propria quadam ui pauori aquæ resistat. Quamobrem bis ac ter hippocampum comedi cogunt: eundemque ex acerrimo aceto tritum uulneri applicãt, rabiemque hoc medicamento frequenter peruicerunt, Aëtius. Hipposelinum, id est olusatrum potum & illitum, Plinius. Hirundinis fimus illitus uel potus, Ponzettus. Hirci iecur mature sumptum, Ponzettus: Vide paulo supra in Apri iecore. Hyænæ carnes in cibo, ut magi scribunt, Plinius.

¶ Lapathum tum acidum, tum agreste, ut supra explicaui in ratione curandi ex Aëtio. Lapathi succus

succus cum melle & oleo potus, Thessalus. Laser potum & cum oleo impositū, Auicenna in Assa. Liquor Cyrenaicus aut Parthicus fabæ quantitate potus, Aëtius. Cyrenaici aut Medici liquoris obolus è duobus aquæ cyathis, Damocrates apud Galenū. Leucanthemis herba pota efficacissima est: cui tanta inesse uis traditur, ut uel poculi fundo sublita potionem libenter admitti faciat: Idem asserunt chamæmalum efficere, Aëtius. Lycium, Aegin. Lycij Indici oboli tres ex aqua, cum modico uerbenacæ: aut lycium per se ex ouo sorbili, Asclepiades apud Galenum de antid. Lycij Patarici, uel Indici, si haberi potest, obolos tres ex aqua (aquæ cyathis circiter tribus) Niceratus per dies uiginti duos ieiunis propinabat, celebri (ut aiebat) experimento: Idem efficere aiunt Britannicæ succum, eodem modo exhibitum, Damocrates ibidem. Lycium in catapotio deuoratum, Dioscorid.

10 ¶ Mel linctum aut potum, Dioscorid. Isaac, Auicenna. Mentam cum granis mali granati aiunt esse singulare remedium, Ponzettus: non exprimit autem foris ne adhibenda sit, an intra corpus sumenda. Dioscorides ut Serapio citat, & Macer, mentam cum sale ad C. morsus simpliciter, apponūt. Mergi iecur assatum cum oleo & modico sale datur, mira facultate: ita enim præsentaneum esse aiūt, ut æger protinus aquam flagitet, Aëtius. Videntur sanè mihi medicamenta quædā ab aquaticis animalibus aduersus aquæ metum à ueteribus tentata, nō tam alia ratione, quàm quod naturæ quadam similitudine ei obsistere posse crederentur: ut ex cancris, mergo, castore, hippopotamo, uitulo marino: & urso etiā forte simili ratione: nam hic quoq; nonnullis in locis amphibius est, ac piscibus uiuit. Sic inter herbas ex potamogitone.

¶ Olusatrum, uide Hipposelinum.

20 ¶ Plantago pota, Plinius Valer. Polium potum, Aëtius. Porri, uide in Cepis.

¶ Rutæ denarij sex ex uino poti, Apuleius. Rutæ succus acetabuli mensura è uino bibitur, Plinius: apud Valerianum denariorum quindecim pondus bibendum legitur.

¶ Spinæ albæ semen potum, Dioscorides ut citat Serapio: codices Græci habent ἑρπετοδήκτοις, id est serpentium morsibus.

¶ Terra sigillata, id est Lemnia, cum uino diluto sumpta, & ex acri aceto imposita foris, Galenus de simpl. lib. 9 cap. 2.

¶ Vitis albæ radix pota, Aëtius. Quidam ius ex uitulo carnis decoctæ dant potui, Plinius. Vrsini fellis mystra duo cum duobus aquæ cyathis, ieiunis triduo offerunt, & in magna admiratione habent, Damocrates apud Galenum. ¶ Hæc sunt quæ ex ueteribus, quorum hac de re scripta hoc tempore habui, & recentioribus nonnullis, in rei medicæ studiosorum gratiam præcipuè, summo la-

30 bore colligere & conferre uolui: Quę si cui non per omnia satisfaciunt, legat insuper qui de morsu rabidi canis scripserunt, Constantinum Practicæ lib. 7. cap. 13. & recentiores, Arnoldum in Breuiario 3. 13. (& 3. 16. ubi de canis non rab. morsu tractat:) Gordonium 1. 17. Varignanam parte 4. tractatu 3. cap. 2. & Antonium Gaynerium cap. 12. de Venenis. Nunc anteq; ad Philologiam aggredior, de paucis quibusdam adhuc medicinæ candidati mihi admonendi sunt: quæ licet opportunius alia alibi in præcedentibus dici potuissent, hic corollarij uicem tenebunt. Arabes non raro dum ex Gręcis sua transferunt, κυνοδήκτοι non simpliciter à C. morsa, sed à rab. C. uerterunt: ex recentioribus etiā multi confuderunt, quod mihi in colligendis medicamentorum catalogis, quos supra posui, laborē adauxit. Remedia quę hydrophobis, id est aquā pauentibus salutaria inscribuntur, uel ad hydropho-

40 bicum affectū, ferè semper accipi debent pro illis quæ affectum absentem prohibent, & ab eo præseruant ac tuentur, quæ etiam simpliciter morsis à rab. C. auxiliaria dicuntur, & ne morsi in rabiem incidant. Horum plęraq; intra corpus sumuntur, ut sanas adhuc partes corroborent, & uenenum ab eis auertant: perpauca quę foris adhibentur eodem donantur pręconio, ut aquę formidinem arcere dicantur: ea enim potius ut affectum curent pręsentem, & quod adest uenenum euocēt in usu sunt, ut non proprie sed per accidens ab aquæ metu præseruare dici possint. Remedia quædā (inquit Galenus in aphorismum 22. libri 2.) ab affectione adhuc absente præseruant, alia præsentem curāt: tertium genus ex præseruatione & curatione mistum est, quod proprio nomine caret: atq; idcirco aliâs alia medici utuntur appellatione, nonnunq; præseruari dicentes, ne morbus qui iam incipit generari, ad complementū perducatur: nonnunq; uero curari, quemadmodū in ijs quos canis rabidus mo-

50 morderit. Quæ enim ipsis adhibentur medicinæ, duplicem habent appellationem. Nam nonnunq; rabiei remedia dicuntur, ac si rabiem facientis affectionis dicerentur. Nonnunq; uero non remedia præsentis affectionis appellantur, sed à rabie futura præseruantia. ¶ Hęc si quis prolixius à me tractata existimat, is secum perpendat uelim q; latè huius argumenti usus pateat. Neq; enim ad rabiosos canes solum quæcunq; hactenus dicta sunt pertinere omnia quisquā arbitrari debet: sed præterea ad aliorum quoq; animalium morsus, idq; tribus diuersis modis. Aut enim perpetuo uenenata sunt quæ mordent, ut uiperæ & alij pleriq; serpentes: Aut non uenenata: eaq; uel non rabida, & simplici morsu lædunt, qui tamen non prorsus ueneno caret, in profundo præcipue uulnere: uel rabida & cum morsu uenenum infligūt nihilo mitius q; quæ perpetuo uenenata sunt. Sed cum multa sint, ut dixi, animalia quæ morsu aut ictu nocent, medicis tamen præcipua cura fuit rabidi canis morsus

60 impugnare: quod hoc animal, ut supra dictum est, frequentius homini & familiarius sit, eoq; minus caueri possit. Quisquis uero exploratam habuerit medendi morsis à rab. C. methodum, & simul materiam siue particularia medicamēta cognouerit, eadem opera à qualibet animante morsis homini-

s 4

bus cum Deo opem feret. Potiones quæcunque cōtra uiperarū morsus descriptæ à nobis sunt, aduersus rab. C. morsus etiā efficaces erunt, Damocrates apud Galenum lib. 2. de antid. Morsis à crocodilo conueniūt eadem remedia quæ ad morsos à cane ac ad reliquos relata sunt, Aëtius. Emplastra ad demorsos à cane uel urso aut similibus animalibus statim à principio commodè adhibentur ex sale & cerussa apparata, &c. Idem Et rursus, Omnia ferè quæ ad canis morsum dicta sunt, etiam à fele morsis conducunt. Erit præterea, quod nemo ante nos monuit, non mediocris occasio ab hac curandi ratione propter affectus & symptomatum ac periculi similitudinē, ad febrim pestilentem eiusque ulcera curanda transeundi: Quod eruditi medici facile animaduertent: nobis ad sequentia properandum est. ¶Κυνόλυσσος ab Andrea medico hydrophobus dictus est.

H. Philologia.

¶a. Canis, à canendo, authore Varrone, quod latratu signa dare soleat. Græcis κύων, παρὰ τὸ κύω, quod amare nobis indicat, ut docuit Eustathius, Cælius: est enim animal natura φιλάνθρωπον, id est hominis amans, Varinus. Dubij generis est apud Græcos pariter & Latinos, ita ut hos uel has canes utrumque sexum comprehendendo dicamus. Κύων, ὁ σκύλος, ἀπὸ τοῦ κυνεῖν (aliàs, κύειν) καὶ σαίνειν, ἢ παρὰ τὸ ὠκύς, transpositione literarum: ἢ παρὰ τὸ ὀξὺ εἶναι ζῶον, Varinus. Κυνίσκας, τὰς κύνας, ut phialas & phialiscas dicimus, Suidas, Varin. Nostri peculiari uoce betz in cane uocando utuntur, ab Illyrijs forte sumpta qui canem pes appellant. Μαυσὸς & σπάμαια pro cane apud Varinum legimus: posterius etiā apud Hesychiū. Ἀπαμύθιος, canis, παρὰ τὸ ἀπάλλειν τῶν ἰδίων ὄντα τὰς ὀφθαλμοὺς, Varin. ex Methodio. ἀκάλος adulator est. Ἀκαλάνθις, ταχεῖα κύων, ὀνοματικῶς, καὶ ὄρνεον μικρόν, Hesych. Catuli non solum canū fœtus diminutiuè, uerum omniū animalium appellantur, Nonius: Catuli aspidis, uiperarū, draconum, lacertarū, simiæ, tigridis, uulpium, muriū, Plinio: serpentis, Vergilio Georg. 3. leonis, Claudiano & Vergilio. Ego cum de canibus intelliguntur, absolute poni puto, de cæteris non nisi cum additione. Catulum canis Varro lib. 4. de lingua Lat. dictum ait à sagaci sensu & acuto. Sic canibus catulos similes, sic matribus hœdos, Vergil. Chrysippus omnia in perfectis & maturis docet esse meliora, ut in equo quàm in equulo, in cane quàm in catulo, in uiro quàm in puero, Cicero. Græci plura habent uocabula: scylaces (inquit Varinus ex Polluce) catuli canum & luporū dicuntur. A scylace diminutiuū fit scylacion, catellus. Σκύλλον τὴν κύνα λέγουσιν, Hesych. Scyllos propriè de cane infante dicitur, ἀπὸ τοῦ ἐπέχειν ἐπὶ τὸ ὑλακτεῖν, οἱονεὶ σχύλαξ, Orus. Scymnos paroxytonū de leonis catulo, oxytonum uero de catulis aliorū animalium, Etymol. Pollux & alij non distinguunt: nam Hesychius & leonum & aliorū animalium σκύμνους paroxytona dictione uocat: de canibus neutrū inueniri puto. Catuli animalium illorū quæ proprium nomen non habent, scylacia uel scymnia dicunt, Pollux. Catellum Græci etiā cynidion & cynarion uocāt, Varinus, Suid. non solum aūt ætate exiguos sic uocāt, qui propriè scylaces dicuntur, sed potius natura, ut Latini caniculas. κάλιον, κυνάλειον, βακτηρίδιον, id est canicula, bacillus, Hesychius & Varin. ego pro cynarion malim schœnarion, id est funiculus: calos enim funis est, ut calon lignū. Tantillum loci ubi catellus cubet, id mihi sat est loci, Plautus in Sticho. Os & labra tibi lingit Manuella catellus, Martialis. Cato etiā catellā dixit fœm. genere. Χαμαιδῖλαι, αἱ νωθρότεραι τῶν κυνῶν, id est, ignauissimi canes: aliqui testudines, alij cochleas interpretātur (omnibus ijs tarditatis nota conuenit,) Hesychius & Varin. Xenophon lib. 8. institut. Cyri, equos & canes βοσκήματα, id est pecora nominat: & Gratius poeta, pecuaria.

¶Epitheta. Acer, Horat. Epod. 12. Nec naribus acres Ire canes, Ouid. Amarus. Atrox. Arguti, Seneca in Hippolyt. id est sonantes. Scindent auidi perfida corda canes, Ouid. in Ibin. Audax. Auritus. Blandi, Verg. Georg. 3. Celeres, Ouid. Epist. 4. & 5. Citi, Idem Epist. 5. Clamosus. Emeriti, Stat. 3. Syluarū. Ferus. Fidus. Fideles catuli, Horat. 1. Carm. Acron exponit sagaces, uel silentiū inuestigādo seruātes. Horrendus. Horrisonus. Hirsutus. Ieiuna, Horat. Epod. 5. Immanis. Immitis. Infestus. Mænalius. Mordax. Obscœni, Verg. 1. Georg. Obesus lacte, Claud. in Eutrop. Odori, Claud. 2. de raptu Proser. Odorisequus. Pernix canis pecuarius, Columel. Peruigil, Senec. in Herc. fur. Properus. Rabidi, Sene. in Oedipo. Rabiosa, Horat. 2. Epist. Aut rapidis canibus succinctas semimarinis Corporibus Scyllas, Lucret. lib. 5. Raucus. Sagax. Solicitos uocat Ouid. 11. Metamor. quod rem domini diligenter custodiant. Vocalis. Introijt in ædes ater alienus canis, Terent. Phorm. ¶Epitheta Græca, Ἀργίποδες, id est celeres Homero. Ἀργοί, celeres uel albi, Varin. Aiunt autem albos, ut quorum corpora molliora rarioraque sint prius peste infectos, Vide Varinum in Ἀργός. Porphyrius celeres interpretari mauult. Εὔρειν, sagax. Καρχαρίοι, οἱ τραχεῖς, asperi, Etymol. Dentium autem ratione maxime sic dici uidētur: unde & καρχαρόδοντες ab Homero cognominātur, à dentibus serratis, Etymol. in καρχαρ. Λάβροι, Oppiano. Λίπαργος, παρὰ τὸ λίαν ἀργὸν ἢ ταχὺν εἶναι, id est à nimia uelocitate: Vide infra inter prouerbia à cane. Σιγέρπης, λαθροδάκτης, Hesych. & Varin. Vide ibid. Ὑλακόμωροι, apud Homer. Odysseæ ξ. ὀξύφωνοι, Aristarcho: melius οἱ περὶ τὸ ὑλακτεῖν μεμορημένοι, ὃ ἐστι πεπονημένοι, ἐπασχολούμενοι, ὑλακτικοί, Scholiastes: Plura uide in Lexico Varini. Φιλόφθογγοι, in epigrammate Anytes.

¶Veneti passim Patarinum frigus, nec non hominem canem Patarinum, summa eius iniuria appellant, Nic. Erythræus. Canis uerbum est, quo impudentibus inimicis conuicium fieri solet. Nam militare dictum est in hostem canis: & apud Homerum pro graui contumelia in aduersarium dicit. Terentius Eu. Diminuam ego caput tuum hodie, nisi abis. G. Ain' uerò canis? Donatus. Ἐξ οὗ νῦν ἔφυγες

ἔφυγες θάνατον κύον, Homerus. Et alibi de impudentibus, ἐξελάαν φθινόλι κύνας κηρεσιφορήτους. Canum impudentiam Oppianus libro 5. de Venatione notat, quamuis impudentiores eis marinos facit, his uersibus: εἰσὶ δ' ἐνὶ τραφερῇ λάβροι κύνες, ἀλλὰ κύνεσσιν. εἰναλίοις οὐκ ἄν τις ἀναιδείην ἐρίσειε. Κύναιος, ἀναιδής, id est impudens, proparoxytonum Varino: Hesychio & Suidæ properispomenon. Κύναιδος, ualde impudens, Hesychius & Varinus: Hermolaus quoque per y. scribit, sed frequētior usus obtinuit, etiā apud Græcos, ut per iôta scribatur, idque melius meo iudicio: à cane enim qui deriuet non inuenio authorem. Κυπάτται, cinædi, molles, κίναιδος, ὁ κενὸς αἰδοῦς, ἢ ἀσελγὴς παρὰ τὸ κινεῖν, Etymol. Κυνάδης, illiberalis, sordidus, Hesychius & Varinus. Κυνεῖς, impudentes, Iidem. κύνεος νόος, inuerecundus animus, Hesiodo. Κυνώνη, impudentissima, Varinus. κυνώη apud Hesychium. κύντερον, impudentius, grauius, deterius, Hesychius & Varinus. Κυνοθαρσής, impudenter audax, Iidem. Κυνώπης, ου, ὁ. (quæ uox memoratur etiam Erasmo in prouerbio Atticus aspectus, id est impudens:) ab aspectus & oculorum impudentia dictus, apud Homerum Iliad. α. ἰταμός, ἀναίσχυντος: eandem uocem paulo post resoluit in hæc uerba, κυνὸς ὄμματ' ἔχων. Legimus etiam in alia declinatione κυνῶπις. κυνώπης, ιδος, ἡ. Κυνώπιδος, de uitio oculorum intelligitur, ut κυανώπιδος de laude eorundem, Varinus: quæ oppositio mihi non placet: cum posterius ad colorem referatur, cœruleum aut nigrum, qui in oculis probatur: prius ad fixum & impudentem aspectum. Eadem ratio est in dictione κυνοβλῶπες, id est κύνδον ὁρῶντες, apud Hesychium & Varinum. Canis oculum habere (inquit Pollux) apud Homerum dicitur is qui nimio plus impudens est. Et alibi apud Homerum legitur κύων ἀναιδής, id est impudens canis, Cælius: in nostro Pollucis codice ἀδεὴς habetur: & apud Homerum, ni fallor, κύον ἀδδεές. Aristogiton etiam Cydimachi filius cyon, id est canis, uocabatur propter audaciam: & cynes, id est canes, sectatores Antisthenis, Pollux. Cynici philosophi dicti sunt ab ingenio canino, impudente, audace, cōtumace, Varinus. Cynici philosophi à canum inuerecundia dicti, nō priuatim, sed publice quem uellent tanquā allatrantes reprehendebant: Cibum etiam in publico sumebant, & quæuis alia in hominum conspectu faciebant, Etymologus. Athenæus libro 14. non procul à fine, aduersus cynicos, ex Clearcho Solensi, conferens eos cum canibus, his uerbis utitur: Non frugalem & abstinentem uitam exercetis ô cynici, sed reuera caninam uiuitis. Verum cū hæc quadrupes, quatuor rebus ab animalibus cæteris differat, uos ex istis duo deteriora solum uobis seruatis. Excellit enim canis sagacitate, & sensu alienos à familiaribus discernēdi: qua de causa hominibus conuersatur, & tum domos tum alias res pertinentes ad uitam, illorum à quibus benefice tractatur, singulari fide custodit. Harum uirtutum neutra præditi estis, uos qui cynice uiuitis. Neque enim hominibus conuersamini, neque ex ijs qui agunt aut colloquuntur uobiscum quenquā discernitis: & sensu siue sagacitate plerisque inferiores, inertem ac improuidam uitam degitis. At uitia canum, allatrandi nempe & maledicendi licentiam, & uoracitatem: nec non miseriam & nuditatem uitæ, diligenter imitamini, &c. Κυνικὸς δὲ νοῦς, ὁ θεωρητικὸς μὲν, ὁ διὰ τῆς κινήσεως τοῦ θυμοῦ πάντας ἀποδιώκων τοὺς ἐμπαθεῖς λογισμούς: ὁ δὲ πρακτικὸς, ὁ πάντας τοὺς ἀδίκους καθυλακτῶν λογισμούς. Κυνισμὸς, σύντομος ἐπ' ἀρετὴν ὁδός, Varinus. Κυνίζειν, κυνικὸν φιλοσοφεῖν, cynice uiuere, uel cynicam profiteri philosophiam: posterius apud Suidam legitur in Ἀντίοχος ὁ αὐτόνομος: prius, in Antisthene apud eundem, quo loco plura de cynica philosophia differuntur, & in dictione κυνισμός. Inter Luciani dialogos est qui Cynicus inscribitur, colloquium cum Lycino. Κυνιεῖν δεῖ τοὺς αὐτολαίους, pro κυνίζειν, Varinus in Cynismo. De cynico anno dicam paulo post in mentione caniculæ syderis. Κυνίζειν, μετὰ βλακείας περιπατεῖν, Hesychius, Varinus: Etymologus deducit παρὰ τὸ κινῶ quasi κινίζειν per iôta. κυνηδὸν, canis instar, Hesychius, Varinus. Sic Latine canatim apud Nigidium grammaticum inuenitur, aduerbium obsoletum, Nonius. Ἡ δὲ ἀγανακτήσασα, καὶ κυνηδὸν ὑποπλησθεῖσα τοῦ θυμοῦ, τοῖς ὀδοῦσιν ἐμφῦσα εἰς τὸ σκέλος, Suidas. Ab impudētia canis κυναλώπηξ etiam & κυνοκέφαλος nomina facta sunt, ut inferius explicabo: item cynomyia, id est canina musca, pro impudentissima: cuiusmodi & canis & musca sunt, Etymologus, Varinus: Vide plura inter insecta. ¶ Cynura Lycophroni petræ dicuntur asperæ, Cælius. Κυνοῦραι, astragali sunt, id est, tali, Varinus. Κυνόρχιας, βόλου ὄνομα, κυνὸς τυφλοῦ, ἢ πόλεως, Idem, & Hesychius. coniecerit autem aliquis canem cæcum, & ciuitatem ludos quosdam hoc loco ab eis dici, in quibus tesserarum aut talorum iactus quidam hoc nomine appelletur: πόλεις quidem ludi nomen esse uel ex prouerbio notum est, πόλεις παίζειν. Sed hoc ludi genus absque tesseris & talis fiebat, solis calculis hinc inde loco mouēdis. Nam Cælius Calcagninus in lucubratione sua de calculis, multis rationibus probat calculorum siue latrunculorum ludum (quos Græci ψήφους & πεσσὰ uocârint: & lineis distinctas in eo regiones, πόλεις) non alium esse, quàm qui hodie passim in usu duodecim calculorum ludus nominatur. Huius calculos (inquit) latronum etiam & canum nomine celebratos agnosco, κύων ψῆφος ἑκάστη ἐν πόλει, Pollux. Omnia quibus datus est talus, cruribus eum posterioribus continent, ita ut erectus in suffragine parte sui prona foras, supina introrsum spectet: & quę Veneres (κῶλα, lege κῷα) uocantur, intus aduersæ sibi positæ sint: quæ canes (ἰσχία, χία legendum uidetur) foris: quæ antennæ (κεραῖαι) supra habeantur, Aristoteles libro 2. de hist. anim. cap. 1. interprete Gaza. Ex casibus seu iactibus talorum qui sex continebat, Côus dicebatur & hexites, qui Latine senio dici solet: qui uero unum, Chîus dicebatur, & cyon, id est canis, ex quo prouerbium, Χῖος παρασὰς Κῷον οὐκ ἐάσω: uel plenius, ut Stratides comicus scribit, οὐκ ἐᾷ λέγειν, id est, At Chîus adstans non sinit Côum loqui: De ijs scilicet, qui cū multo inferiores sint, eos tamen qui maiores superioresque sunt, compescūt. Ad quod uidetur allusisse Aristophanes in Ranis, de Theramene homine ambiguo atque

ideo cothurni nomen adepto, loquens: cum inquit, πέπτωκεν ἔξω τῶν κακῶν, οὐ χῖος, ἀλλὰ κεῖος ὁ Κῶος. In eo
enim bella eſt alluſio, quod Theramenem Chium fuiſſe accepimus, Cælius Calcagninus in commen
tario de talis: in quo præter cætera alium eſſe Galeni aſtragalum inter os tibiæ & calcaneum oſtendit, alium item Ariſtotelis: & paulo ante recitatum Ariſtotelis locum Grçce & Latine interprete Ga
za, diligenter examinat ac emendat. In talo figura in cadendo uicem habebat numeri. Monada ſigni
ficans uocabatur canis, Perſio canicula: Quid dexter ſenio ferret, Scire erat in uoto, damnoſa canicula quantum Raderet. Semper damnoſi ſubſiluêre canes, Propertius. Damnoſi facito ſtent tibi
ſæpe canes, Ouidius li. 2. De Arte. Vide Eraſmum in prouerbio Chius ad Coum. Onos, id eſt aſinus,
unitas eſt in cubis uel teſſeris, ut in talis cyon, Pollux. Apud Varinum tamen in κύων legimus chium
iactum eſſe τῶν κυβευτῶν, id eſt cubis uel teſſeris, non talis ludentium, quod non placet. De Theodori
translatione quid ſentiam alio dicam loco: non differendo ſtatim quod apud Iul. Pollucem legitur,
qui non colon nec iſchion in talo: ſed coon & chion uocari tradit, ut cous iactus idem ſit qui ſenio: &
chius idem, qui & canis. Alij tamen pauci (ut idem author eſt) canem pro monade accipiunt: chium
uero pro chiliade (χιὰς, non χιλιὰς in noſtris exemplaribus Pollucis legitur lib. 9. curioſi conferant) qui
numerus cani ſit aduerſus, Hermolaus in Plin. 11. 46. Talis iactatus ut quiſq; canẽ aut ſenionẽ miſe-
rat, in ſingulos talos ſingulos denarios in mediũ cõferebat: quos tollebat uniuerſos, qui Venerẽ iece
rat, Suetonius in Octauio Auguſto, recitans ex illius quadam ad Tiberiũ epiſtola. Ἀστραγάλας, τὰς πο-
νηρὰς κύνας, κακοήθεις κύνας, Varin. & Heſychius: apud quẽ ἀστραγάλη etiã in ſingulari ſimiliter exponit.

¶ Lupus, qui & canicula, ferreus harpax: quo ſi quid in puteum deciderit, rapitur & extrahitur,
Iſidorus. Σκύλαξ, σχῆμα ἀφροδισιαστικὸν, ὡς τὸ τῶν φοινικιζόντων, Heſych. Κυνοδέσμη, δεσμὸς ἀκροποσθίας, id eſt
uinculũ præputij: pars ſcilicet inferior, ubi adhæret. Eadem pars etiã cyon Etymologo dici uidetur,
q ſcribit, Κύων τὸ κάτω τῆς πόσθης, συμπεφυκὸς τῷ δέρματι παρὰ τὸ κεκυνῶσθαι ἢ ἀνασπᾶσθαι, ἢ συνδεδέσθαι, Etym.
At Pollux li. 2. cynodeſmion interpretari uidetur, nõ præputij partem, ſed uinculum aut fibulã qua
ligaretur, his uerbis: οἱ δὲ τὴν πόσθην ἀποδοῦντο, ὅθεν τὸν δεσμὸν κυνοδέσμιον ὠνόμαζον. Videndum an hæc ſit fi
bula illa Cor. Celſi 7. 25. qua adoleſcentes uocis aut ualetudinis cauſa in præputio infibulabant. Κύων
itẽ ſcintilla eſt à ferro ignito, dum cuditur, proſiliens, ſi rectè uerto Græca illa Varini uerba, ὁ ἐλαυνο-
μένου τοῦ σιδήρου τοῦ ἀργοῦ ἐξαλλόμενος σπινθήρ. Significat etiam pudendum uirile, eodem teſte: & muliebre,
quod ex his eius uerbis colligitur, ὡς κύων ὑπὸ μορίῳ θήλεος κεῖται, ἡ εἰρημένη κύνειρα δηλοῖ. Eadem ſignifi
catione κυσὸς legitur, unde κυσολέσχης turpiloquus apud Euſtathium Iliad. 9. pro quo κυνολέσχης perperam, ut puto, in Græcis quibuſdam & Græcolatinis lexicis habetur. Eſt & morbi genus κύων apud
Varinum, quod quale ſit non explicat: fuerit aũt fortaſſis cynanche. Item uinculum quo canum cer
uices muniuntur, de quo pluribus dicam quinta parte huius capitis. Κύνες, pars ungulæ equi, claui, dracones, Heſychius & Varin. Vide in Equo, ubi & κύνοπλον & κυνόποδες uocabula ponentur.
Equos quoſdam minus probandos cynepodas fuiſſe nuncupatos inuenimus, Cælius. Ego apud Pol
lucem κυνήποδας ἵππους in canum mentione ſimpliciter legi. Κυνοβάμων, equus quidam ſic dicitur, Heſych. & Varinus. ¶ Κυναιρὶς, ἢ κυνουρὶς, ἀργολύκη, Heſychius & Varinus: locus uidetur mendoſus: for
te legendum κυνουρὶς, ἀστραγάλη: nam ſupra quoq; cynuras ex Varino aſtragalos eſſe dixi: niſi quis κυ-
νάγειον ἀργολικὸν ſcribendum exiſtimet, nam & ἀργολίδας κύνας Pollux commemorat.

¶ Sirius, Σείριος, ſtella eſt in ore canis cœleſtis, quæ omnibus annis, ut inquit Seruius, oritur circa
calendas Iulias. Verg. lib. 10. Aen. Sirium ardorem dixit. Lucanus lib. 10. Rabidus qua Sirius ignes
Exerit. Vide Onomaſticon noſtrum, Etymologicon, Hyginium, Aratum, & alios aſtronomos. Siriũ
Cato uocat catulum. Canicula ſtella, quæ & Sirius dicitur, in medio centro cœli: ad quam quum Sol
peruenerit, duplicatur æſtus, et nimio calore languent mortalium corpora: à qua dies caniculares uo
cati: Vide Plinium 18. 28. & lib. 2. cap. 27. & 40. Cicero 1. de Diuin. Vt enim Ceos accepimus ortũ Ca
niculæ diligenter quotannis ſolere ſeruare, coniecturamq; capere, ut ſcribit Ponticus Heraclides, ſalubris ne an peſtilens annus futurus ſit. Vnde ab aſtronomis uocãtur dies Caniculares, ab ortu ad oc
caſum Caniculæ, quos periculoſos eſſe aiunt. Sunt autem maximè circa triginta dies poſt ſolſtitium
æſtiuum, Ibidem lib. 2. Huic poëtæ ueteres epitheta tribuunt, flagrantis, inſanæ, rubræ, ſitientis. Canem æſtiuum Tibullus dixit, acrem autumni canem Valerius Flaccus: æſtiferum Verg. Erigonium
& Icarium Ouidius: Canis ſydus inuiſum agricolis Horatius. Plutarchus caniculares dies τὸ ὑπὸ κύνα καῦμα dixit: Euſtathius in Dionyſium ſcribens uulgo κυνοκαύματα dici teſtatur, ut Varinus etiam
in κύων, propter æſtus illo tempore immodicos. Quamobrem, inquit, poeta Sirium eſſe ait malum ſignum, & multas inferre febres inflammato aëre. Poetæ canem Orionis interdum cognominant. In fa
bulis enim eſt Orionem optimum uenatorem defunctum ſyderibus adiunctum eſſe, & ſimul canem
cum eo, Varinus: ὅν τε κύν᾽ Ὠρίωνος ἐπίκλησιν καλέουσι, apud poëtam. Pleriq; putant caniculares dies caprifici dies eſſe, Gyraldus. Icarij canis filiæ cadauer Icarij monſtrauit: & ſi credendum eſt poëtis,
hic Sirius eſt, Pollux lib. 5. A cane ſydereo, quem aſtrocynon dicunt Grçci, at ſolechyn Aegyptij, Cy
nicum comperio annũ appellari, qui annis compleatur mille quadringentis ſexaginta: Viſitationẽ
porrò id ſydus facere quadriennio interiecto, Cælius. De honoribus & ſacrificijs canum caniculæ ſy
deri exhibitis, infra dicam parte 8. huius capitis. ¶ Arctos, id eſt urſas cœleſtes ſcribit Theon appel
lari οἱονεὶ ἄκρας καὶ κεφαλὰς τοῦ κόσμου, qui ſummæ ſint ac cœli uelut capita: Peculiarius autem Cynoſurã
dici, ex caudæ imagine: quoniam κυνὸς οὐρὰν ἔχει, quod eſt, canis caudam habet, Cælius: Vide apud Va
rinum.

rinũ. Helice & cynosura in cœlo duæ ursæ sunt, quas Iouis nutrices fuisse aiũt: alij unã tantũ eius nutricẽ, alterã ab eo amatã fuisse ferũt, Pollux li. 5. Io. Tzetzes in Cõment. Hesiodi, nomina nympharũ quas Melias uocãt hęc esse ait, Helice, Cynosura, Arethusa, Ide, &c. Gyrald. Aega et Helice, nympharum nomina, quę ex Oleno natæ, & ipsę Iouis nutrices ferunt, ut Hyginus aliją; prodiderũt. Quidã Aegã Panos uxorẽ dixêre, ut alibi docuimus, à qua & Aegis dicta. Plura Hygin. alij Helicẽ & Cynosuram dixêre, Hyginus in secundo, alij, Gyraldus. Cynosura, tribus Laconica, & arx Marathônis Eubœam uersus: & ursa minor: καὶ πᾶς χερβαλὴς τόπος; καὶ οἱ Κυδωνιᾶται οὕτω καλοῦνται, Varin. & Hesych. Cynosurium qui Mercurium appellauere, decepti esse uidentur ex uerbis, quæ citant, Stephani. Ipse enim Cynosuram uocari ait uerticem seu arcem Arcadiæ, à Cynosuro Mercurij filio, Gyraldus. Oua urina fiunt incubatione derelicta, quæ alij cynosura dixerunt, Plin. Κυνῶπις, ἄρκτος, id est ursa apud Macedones, Varin. ¶ Visæą; canes ululare per umbram, Verg. 6. Aen. ubi Seruius canes furias dicit. Lucanus, Stygiasą; canes in luce superna Destituam. Vlulare autem & canum & furiarum est. Infernæ canes, Horat. 1. Serm. Varino etiam cyon exponitur erinnys, id est furia. Cerberum serpentem dictum fuisse ᾅδου κύνα, id est canem infernalem, reperio. Exitiales dæmones canes uocantur atri: & dæmonum symbolum triceps est canis: ille scilicet qui in aqua, terra, & aëre uersat perniciosissimus dæmon, Cæl. ex Porphyrio. ¶ Χρύσειοι δ' ἑκάτερθε, καὶ ἀργύρεοι κύνες ἦσαν, Homer.

¶ Canes & caniculas libro 4. inter pisces numerabimus: Δελφῖνάς τε κύνας τε, Oppianus. Germani etiam & Angli suis linguis canes appellant marinos pisces, quos sic ueteres Græci & Latini nominarunt, **hundfisch/dogfisch**. Κυνοκοπήσω σε, uerberabo te tanquam canem: & κυνοκοπήσω σου τὸ νῶτον, apud Aristophanem in Equitibus: sic loquitur coquus quidam, canis enim piscis est (à pisce si deducas, exponendum uidetur κυνοκοπεῖν in partes secare: non enim puto canes etiam salparum modo uerberibus antequam coquerentur præmollitos.) uel canino corio te feriã, utpote asperrimo, Varinus ex Scholiaste Aristophanis: canis certe piscis mustelorum generis pellem ualde asperam habet. Cynopotamon, id est canem fluuialem, Syluaticus castorem exponit, castoreum pro castore proferens. Cynopus & cynosdexia à Plinio 32. 11. inter pisces nominantur, uel animalia aquatilia, solis nominibus positis. Cynoraistas, id est ricinos, & cynomyias: quas aliqui easdem ricinis faciũt, inter Insecta quære. Item κυνόλαφην, blattam: σίλφην enim exponunt, & κυνολαφεῖν, κρύπτειν, ut ab occultatione sui dicta uideatur. Κυνοπρῖσιν quoque ricinum esse puto. De cynalopece uide inferius inter prouerbia ex cane. Sic etiam dici possent canes Laconici, quos primum ex cane & uulpe natos ferunt. Sed de canibus mixtis & bigeneris, id est natis ex cane & alterius generis animante, ut uulpe, tigride, lupo, priuatim & copiosius dicam in sequentibus. Νυκτερινοὶ κύνες, id est nocturni canes, lupi dicuntur, Varin. De lupo canario, ut recentiores appellant, in panthere (non panthera) dicam. Crocutas uelut ex cane lupoque cõceptos, omnia dentibus frangentes, protinusą; deuorata conficientes uentre, Aethopia generat, Plinius. Arabice aut Syriace dabha uel dahab, uel abenaui, id est babuin, nominatur animal medium inter lupum & canem, &c. And. Bellunen.

¶ Cynæ arbores Arabicæ ex quibus uestes fiunt, folio palmæ simili, Plin. li. 12. Vide Cæl. li. 17. ca. 27. De cynnara siue cinnara (aliqui per n simplex scribũt) supra in cynosbato dixi. Inuenio & spinã albam agriocinnaran, id est syluestrem cynnaram nominari: hanc frequentem uidi in Montepessulano: magnus & albicans carduus est, satiuo non dissimilis: eius flore lac coagulant per ieiunia quadragesimæ præcipue. Cania, urticæ syluestris genus, Plinio 21. 15. Inuenerunt & canes canariam, qua fastidium deducunt, eamque in nostro conspectu mandunt: sed ita ut nunquam intelligatur quæ sit: etenim depasta cernitur. Notata est hæc animalis huius malignitas in alia herba maior. Percussus enim à serpente, mederi quadam sibi dicitur, sed illam homine inspectante non decerpit, Plin. Inuenti cucumeres & sine seminibus sunt, macerato uidelicet semine farina cuiusdam herbæ quam culicem appellãt (ut scribit Plinius) Hermolaus in Corollario ad cucumerem Dioscoridis. Et paulo post, Herbam culicem (inquit) à Theophrasto conopa uocari censeam, nec ne, quoniam & cynopa scriptũ est maiori parte, non dixerim. Theodorus canis oculum & canariam conuertit, quasi cynopa non conopa probauerit. Olus est hoc, Theophrastus inquit, primisque post æquinoctium imbribus germinat, & inter spicatas herbas ponitur: à Plinio quoque duobus locis dictum, ut in castigatione Pliniana demõstrauimus. Aphace cynops (canaria, Gaza) & buprestis, primis ab ęquinoctio prosiliũt imbrib. Theophrastus lib. 8. hist. ca. 7. Hermolaus pro bupresti legit epipetron: ego buprestin malo, ut Græci codices nostri habent, & Gazæ etiam translatio: Epipetron enim florere negatur. Eodem libro ca. 10. Theophrastus, Spicosa sunt, inquit, oculus caninus, & cauda uulpina, & plantago. Transtulit hunc locum Plin. lib. 21. initio capitis 17. & cynops uocem reliquit. Alia certe uidetur canaria Plinij, qua canes sibi uomitum cient, unde nomen inuenit, quæ omnino ex graminis aut fœni genere est. Alia uero Theophrasti canaria, quæ mihi omnino psyllium esse uidetur, id est pulicaris herba: nõ quidem conyza, quam Gaza apud Theophrastum pulicarem uertere solet, sed Dioscoridis & ueterum medicorum & Plinij psyllion. Quæ nostra opinio, nulli hactenus prodita, confirmari potest, nominibus primum, quæ quidẽ psyllion à cane accepit: ut sunt, cynocephalion & cynomyia apud Dioscoridem. Psyllion (inquit Plinius) alij cynoides, alij cynomyian appellant: folijs (Ruellius legit floribus, quod probo) canino capiti non dissimilibus, semine autem pulici, unde & nomen. Flores psyllij (inquit Ruellius) canino capiti non dissimiles sunt, ob id cynocephalion & cynoides uocãt. Et paulo poſt, Dioſcorides uno genere contentus eſt, recentiores duo ſtatuerunt faſtigia. Vnum calamo exili & longo, in cuius ſpica continetur ſemen pulicis colore & magnitudine: alterum ſarmentoſum, floribus canino capiti ſimilibus, fabaceis capitellis, ſemine pulicis effigie, radice tenui & ſuperuacua. Accedit nominibus res ipſa, quod pſyllium quoq; ſpicatum cernitur: nec aliter nominatum Theophraſto reperitur. Itaq; nihil apud me dubij reliquũ eſt, quin Theophraſti cynops pſyllium ſit: quod & Plinium ignoraſſe uideo, & Theophraſti interpretem Gazam: imò (quod eruditorum pace dixerim) quicunq; ſcripſerunt hactenus omnes. Obijciat aliquis cynopem olus eſſe ex Hermolai uerbis: dicam illum de ſuo hoc addidiſſe. Theophraſtus enim eo in loco, unde eius uerba Hermolaus citat, non ſolum de oleribus, ſed ijs omnibus quæ in aruis naſcuntur, arouræa uocat, tractare inſtituit: at pſyllium quoq; in aruis terreniſq; (aliâs incultis) naſcitur, ut Ruellius ex Dioſcoride tranſtulit. Admonendi tamen ſumus, inquit Hermolaus in Plinium 21.17. in Theophraſto legi quandoq; conopa, quaſi culicem: non cynopa: & ſanè culex nomen eſt herbæ Plinio, Hæc ille. Plinius certe ſi conopem apud Theophraſtum in locis iam citatis legit, prorſus errauit: culicis quidẽ herbæ ſemel & uno duntaxat uerbo meminit, ut ſupra dictum eſt, de macerãdis in ea trita cucumeris ſeminibus. Cum igitur alia ſit canaria Plinij quàm Theophraſti cynops, melius fecit Gaza ubi cynopem oculum caninum reddidit, quàm ubi canariam. Grammatici quidam anemonem quoq; κυνοκεφάλαιον interpretantur. Antirrhinon Apuleius cynocephalion & cerebrum canis cognominat. Magi anethum cynocephali genituram aut capillos uocant, ut inter nomenclaturas apud Dioſcoridem legitur. Cynia non eſt ea quam Theodorus canariam interpretatus eſt, ut in culice docuimus, Hermolaus in Corollario. Nos de cynia illa Dioſcoridis, quæ & cynocrambe uocatur, ſatis prolixè ſupra diſſeruimus. Cæterum Plinij canariam, quam ex fœni genere eſſe dixi, Ruellius his uerbis deſcribit. Canaria (inquit) humilis eſt herbula, folijs tritici, multò minoribus, calamulo tenui, geniculis pyxidatim cohærentibus articulato, internodijs modo tibiarum in ſe infarctis, quæ tracta ſuis à uaginulis exeruntur, euanida ſpicæ loco panicula, ita ut folio & culmo triticum, cacumine arundinem æmuletur. Noſtrates (Galli) herbã canis appellitant, qua guſtata canes præſentaneam eliciunt uomitionem, ſic ut excuſſo rurſum uentris onere, uorandi moliantur auiditatem, Hæc Ruellius. Idem alibi, Gramen (inquit) in officinis nomen ſeruauit, rura dentem canis & olitores appellant. Vulgaris eſt herba, nunquam ſe ab humo attollens, flagellis teretibus, articulatis, exilibus folijs, & in acumen faſtigiatis, radice etiam geniculata, guſtu non ingratæ dulcedinis: Gramen aculeatum rura noſtra etiam canarium dentem appellãt, aliqui è uulgo capriolam, quod capris grato ſit pabulo: multi ab effectu ſanguinariam, &c. Hęc Ruellius. Ego aliquando ſuſpicatus ſum canariam non certum graminis genus eſſe, nec peculiari aliqua ui ad uomitum ciendum pollere: ſed quoduis genus fœni à cane uoratum, & non bene commanſum (præcipue ſi aut folia duriuſcula, aut ſpicam aſperiorem habeat) fauces & gulam ſtimulando non aliter uomitum facere, quàm in homine digitus aut penna uel aliud quidpiam ſiccum (ut linteolum) paulo profundius immiſſum: præſertim cum neminem certi aliquid hac in re obſeruaſſe uiderem: & ueteres herbæ illius nullum nomen poſuiſſe. Vide ſupra de Cane in c. in mentione uomitus canis. Nos ſæpe canes per luſum etiam gramen obuium decerpere & mandere uidimus. Aliqui feles quoque deuorato gramine uomuiſſe ſibi obſeruatum aiunt. Hyoſcyamum Latini caniculatam uocãt, Macer & Syluaticus: qui canicularem quoq; dici meminit: nominis cauſa forte eſt odor qualis catulorum lactentium: cui ſimilis ferè in cynogloſſo etiam percipitur. Genus allij quod in aruis ſponte naſcitur, caninum à noſtra gente dictum, ampeloproſum uidetur: canini autem nomen additum in conuicium uiroſi odoris puto: deſcribitur ab Hieron. Trago Tomo 2. cap. 71. quanquam figuram eius præcedente capite appoſuerit. Eodem capite 71. allium caninum minus appellat, bulbi ſylueſtris quoddam genus, quod initio Aprilis pulcherrimos flores cœruleos in pratis profert, unde in hortos etiam transferri cœpit, folijs paruis porraceis: floſculis cauis & ſpecie ſimillimis lilij conuallium, ut uocant, floribus: proinde eodem nomine, addita cœrulei coloris differentia, à noſtris nominatur **blawe meienryßle.** Ipſe hyacinthi ſpeciem facit, quod & etſi improbare poſſim, in præſentia omittam. Violas Martias ſylueſtres cœruleas, quarum flores maiuſculi ſed parum odorati ſunt, Germani quidam caninas uocitant, Tragus. Rubum minorem, cui odorata et rubentia mora ſunt, noſtri nominãt **hyndbeere**, alij **hundbeere**, id eſt canina mora: quamuis ad ueterum cynosbati deſcriptionẽ nihil accedant. Bryonia ſeu uitis alba, **hundskürbs**, id eſt cucurbita canina à nonnullis uocatur, Tragus. Syluaticus uitem canis ſaxifragam interpretatur. Squillam aliqui cepam caninam dicunt: alij cepã muris, quòd mures interimat, Vetus expoſitio uocabulorum Auicennæ. Cepe canis, uel aratillus, uel cepe ſylueſtre, Græce azit (uide ne ab hyacintho corruptum ſit nomen) bulbum habet paruum, foris rubentem, intus album, folijs croci, uenenoſum, nullius in medicina uſus, & ideo non deſcriptum authoribus, Syluaticus. Bulborum ſylueſtrium generis eſt, & forte Plinij bulbina: cui ſimiliter bulbus radicis rubet, intus candidus: abſq; ſquamis. Flos in ſpicis uiolaceus uel ferrugineus: ſemen nigrum. Huius ſunt generis Fuchſij duo priores hyacinthi. Euaſdalbiar, id eſt bulbus caninus, Vetus expoſitio in Auicennam. Guardalbia, bubulcus (lego bulbus caninus) Syluaticus. Romani mandragoram uocant caninum malum, ut legimus inter nomenclaturas apud Dioſcoridem. Zinzibil alchel, zinziber caninum, herba nota eſt, ſimilis hydropiperi, folijs ſalicis (kaleſ) pallidioribus (magis citrinis) ramulis rubentibus, ſapore zinziberis: canes occidit. Calidum eſt in ſecundo ordine, ſiccum in in primo. Recens contritum cum semine abstergit maculas faciei, & pannum, & lentigines inueteratas: ac similiter impositum abscessus duros resoluit, Auicenna libro 2. tract. 2. cap. 746. In ueteri expositione Auicennæ dictionum, similiter describitur zinziber Carmenum (uoce proculdubio corrupta pro caninum) addit etiam author credere se persicariam esse. Aggregator quoque à nonnullis persicariã exponi ait. Nascitur apud nos in montanis & syluestribus locis, iuxta riuos ferè, herba ad hominis proceritatem, floribus purpureis, folijs salicis: flores siliquarum rudimentis præfixi hærent: siliquæ trium ferè digitorum longitudine floccis siue lanis albis plenæ sunt, floret particulatim, caudes & ramuli rubent: A nullo, quod sciam, qui nostro seculo plantarum historiam excoluère, descripta. Ego propter elegantiam in hortum transtuli, ubi uiuax iam aliquot annis uiret: hyeme superficiem omnem saluis radicibus amittit, gustu acris est: propter totam denique speciem rhododaphne minor appellari posset, ni fallor. Aut hæc, aut persicaria uulgo dicta, Auicennæ zinziber caninum uidetur. Sed potius crediderim persicariam esse, & Dioscoridis hydropiper: quoniam id similiter cum semine illitum, tumores ac inueteratas durities discutere ait, & suggillata abstergere. De apocyno stirpe tum propriè sic dicta, tum cognomine brassica rustica, supra sat copiose docui. Est & apocynõ ossiculum, in phryni seu rubetæ aut buffonis latere compertum sinistro: quoniam canum impetus inhibeat, Cælius ex Plinio. Cæterum apocinon saltationis genus apud comicos scriptura distinguitur, Hermolaus. Cynanchon etiam uel cynanchen apocynon dictam refertur inter nomenclaturas apud Dioscor. Cynocardamon, nasturtium, Ibid. Cynochala, polygonum, Dioscor. Cynoctonon, apocynon, Idem. In Lexico Græcolatino uulgari cynoctonon aconitum exponitur. Cynoglossus uel cynoglosson herba uulgo nota est, à foliorum similitudine ad caninam linguam appellata: Plinius rectè ei caulem tribuit, quem Dioscorides negauit. Plantagini etiam nomen idem attribuitur apud Dioscoridem. Cynoglossi piscis à buglosso diuersi Athenæus meminit libro 7. Cynomazon, chamæleo niger, Dioscorides. Κυνόμαλα, τὰ κοκκύμηλα, id est pruna, Hesychius & Varinus. Caninum malum Romani mandragoram uocabant, ut supra monui. Cynomoron, κυνόμορον per omicron, apocynum, à morte quam canibus infert, Dioscorides. At cynomorion quinque syllabis, orobanchen cognominant Dioscorides & Plinius: à similitudine canini genitalis, ut Plinius ait. Nos pluribus supra in Boue cap. 3. de hac herba egimus, hic pauca addituri. Aegolethron herbam eodem in loco docui persimilem orobanchæ esse: quæ quoniam ut capris, sic & alijs nimirum animalibus exitio est, forte cynomoron etiam dicta est à canibus necandis: deinde idem nomen ad herbam ei simillimam ab imperitis translatum. Sed nomina rerum umbræ sunt, de quibus minimè contendendum. Apud Syluaticum orobanche araris appellatur, & alibi altantik, ut statim ex descriptionibus apparet. Araris (inquit) herba caulem sine folijs ædit: nascitur locis incultis: caule rubente & genitali canis simili, Latinè cancellaria dicta. Galenus de compositione secundum locos 1. 2. cynomoron (quatuor syllabis) conijcit nõ aliud quàm cynosbaton esse: Cornarius eo in loco per omega scribere maluit, (nisi librariorum culpa est) in penultima, cum Græcus contextus Galeni omicron habeat duobus in locis. De cynocephalia herba supra dictis in mentione canariæ & psyllij, est quod addam: Plinius cynocephaliam herbam in Aegypto Osiriten uocari scribit: describitur autem osiris herba à Dioscoride. Cynocephalon herbam aliqui anemonen uocãt, Varinus & Hesychius: forte quod pericarpion siue seminum eius receptaculum canini capitis quandam referat speciem. Sebesten uulgo dictos fructus, Syluaticus Persice inquit mamillam canis appellari, uersu etiam barbaro id confirmans: sed errat, si sebesten Persicam esse uocem putat. Græci enim myxa primum uocarunt, deinde in honorem Augusti sebastos. Canis testiculos nostrates Colchicon herbam uenenosam appellant, propter gemellos seminum folliculos. Cynomorphos, crocus, Dioscorides. Cynosorchin (id est canis testiculum) alij qui orchin uocant, folijs oleæ, mollibus, ternis, per semipedẽ longitudinis in terra stratis: radice bulbosa, oblonga, duplici ordine, &c. Plinius. Herba uulgò nota est, cum multis & diuersis eius generibus. Hippocrates radicem eius didymen, id est gemellam appellauit. Cynozematitis, conyza maior, Dioscorides. Cynoxylon, chamæleo niger, Dioscor. sed malim cynozolon, ut Plinius habet lib. 22. cap. 18. propter grauitatem odoris. quidam fœtore eius ricinos è canum auribus decidere scribunt.

¶ Nominibus non longissimis appellandi sunt canes, quo celerius quisque uocatus exaudiat: nec tamen breuioribus, quàm quæ duabus syllabis enuncientur, sicuti Græcum est Scylax, Latinum Ferox: Græcum Lacon, Latinum Celer: uel fœmina, ut sunt Græca, Σπουδὴ, Ἄλκη, Ῥώμη: Latina, Lupa, Cerua, Tigris, Columella in cane pecuario. Sic etiam Xenophon, Τὰ σ᾽ ὀνόματα αὐταῖς τίθεσθαι βραχέα, ἵνα εὐανάκλητα ᾖ. Omnia sanè quæ Xenophon numerosa ponit, bissyllaba sunt. Similiter Oppianus, Αὐτὰρ νηπιάχοισιν ἐπ᾽ οὐνόματα σκυλάκεσσι Βαιὰ τίθει, θοὰ πάντα, θοὴν ἵνα βάξιν ἀκούῃ. Quid si per θοὴν intelligamus ὀξὺ, & oxytona esse debere canũ nomina? ut αὐδὴ, κραυγὴ, ὁρμὴ, ὀργὴ, & ἀλκὴ potius quã ἄλκη: argutiora enim magisque sonora sunt quæ ultimam acuunt nomina. Grammatici quidem Greci θοὴν acutum exponunt, & νήσους θοὰς τὰς ὀξείας: & νύκτα θοὴν, quod umbra noctis in acutum seu conum desinat.

¶ Sed canum nomina quæ apud ueteres reperi (quamuis alia alijs canum generibus magis conuenirent, ut celeribus, sagacibus, pugnacibus, custodibus, &c.) ex Xenophonte præcipue, & Ouidij Metamorph. libro tertio, ubi Actæonis canes enumerat, ordine literarum enumerabo. X. litera pro Xenophonte addetur, O. pro Ouidio. Post ueteribus usitata nomina, seorsim recentiora subtexam.

¶ Acalanthis (oxytonum) uidetur nobilissimi canis nomen, unde illud est Aristophanium, Ἀκαλανθὶς ἐπειγομένη τυφλὰ τίκτει, Acalanthis festinabunda occæcatos parit. Quidam tamen eo nomine aues intelligunt, quas nonnulli basilicas nuncupant, Cæl. Agre naribus utilis, O. Aglaodos ex patre Dictæo & matre Laconide, ut Labros etiam, & Hylactor, O. Aëllo cursu fortis, O. Αἰθὴρ, x. Αἰχμή. x. Ἀκτὶς, x. Ἀλκή paroxytonum, Columellæ, oxytonum x. Alce, Ouid. Ἀνθεὺς, x. Argus canis Vlyssis, Polluce teste, Ἄργος. Asbolus atris uillis, O. Augeas canis Molotticus, de quo inter Molossos dicam. Αὐγὼ, x. Auram canis Atalantæ Calydonius aper occidit, Pollux. ¶ Βία, x. Vide Πολύς. Βρέμων, x. Βρύας, x. ¶ Καίνων, x. In Calathinam canem facile enixam extat epigramma Anthologij Græci lib. 1. Sect. 33. Canache, O. Capparus canis custos templi Aesculapij, de quo infra dicemus. Cerberus, uide infra de canibus diuersis cap. 1. Cerua, Columel. Χαρὰ, x. Charon, Corax, Harpyia, & Lycitas, canum Actæonis nomina apud Aeschylum. Corax, uide Charon. Κραυγή, x. Cyprio (aliàs Cyprius) uelox cũ fratre Lycisca, O. ¶ Dorceus Arcas, O. Dromas, O. ¶ Ferox, Colu.

¶ Gergittius canis Geryonis, Pollux. Γηθεὺς, x. Γνώμης, x. Omnibonus legit Gnomon. ¶ Et nigram medio frontem distinctus ab albo Harpalus, O. Harpyia una ex canibus Actæonis, O. et Aeschylo, ut Pollux scribit. Heba, Ἥβα, x. Xenophon Grylli filius fertur celebrem canem habuisse, Hippocentauri nomine, Pollux. Horme, Ὁρμή, x. Hybris, Ὕβρις, x. in Omniboni uersione Thybris legitur, quod non placet. Hylactor, O. uide Aglaodos. Hyleus, Ὑλεὺς, x. Hyleusq́ ferox nuper percussus ab apro, O. ¶ Ichnobates sagax Gnosius, O. Issa Publij catella apud Martialem. ¶ Labros, O. Vide Aglaodos. Lachne hirsuta corpore, O. Lacon, Columella. Præualidusq́ Lacon, O. Et substricta gerens Sicyonius ilia Ladon, O. Lælaps, O. fuit & Cephali canis hoc nomine. Lampurus canis nomen apud Theocritum est in Daphnide ac Menalca, ex ratione albicantis caudæ, ut inquit interpres: uel à peruigili cura & solerti custodia, παρὰ τὸ λάειν καὶ οὐρεῖν, id est à uidendi seruandiq́ diligentia: uel quoniam sit uulpi assimilis quam lampuron uocant, Cæl. Lethargus, Λήθαργος, canis Hippamonis, Pollux. Leucon niueus, O. Λεύσων, x. nisi Leucon legendum sit. Locridem canem epitaphio celebrauit Anyte, Pollux. Λόχος, x. Λόγχη, x. Lupa, Columella. Lycas canis uenaticus Simonidis, Pollux. Lycitas, unus ex canibus Actæonis apud Aeschylum, Pollux. Lycisca, O. uide in Cyprio. Lydiæ ab apro peremptæ epitaphion scripsit Martialis. ¶ Μαῖρα canis Orionis, Cel. Μήδας, x. Melampus Spartanus, O. Melanchætes, O. Melaneus, O. ¶ Deq́ lupo concepta Nape, O. Nebrophonos, O. Νόης, x. ¶ Οἰνὰς, x. Omen, Cicero 1. de Diuinat. Tum ille arctius puellam complexus: Accipio omẽ, inquit, mea filia: erat autem mortuus catellus eo nomine. Oresitrophus, O. Ὀργή, x. Oribasus Arcas, O. ¶ Pamphagus Arcas, O. Persa catellus L. Pauli cõsulis apud Valerium Max. Pecudesq́ secuta Pœmenis, O. Πολύς, x. Omnibonus (nisi librariorũ erratum est) ex hoc & sequente Bia unum fecit canem, Polysibiam nomine: Constat autem duos esse uel ex syllabarum numero, cum cætera omnia bissyllaba sint, & hunc numerum etiam Columella requirat, ut supra dictum est. Πόρπαξ, x. Πόρθων, x. Φλέγων, x. Φόναξ, x. Φρουρὰ, x. Φύλαξ, x. Ψυχή, x. Pterelas pedibus utilis, O. ¶ Ῥώμη, x. & Columella. ¶ Σκύλαξ, Columel. Σπέρχων, x. Σπουδή, x. & Columel. Σθένων, x. Στιβρὸς, x. Στίβων, x. Στίχων, x. Sticte, O. Στύραξ, x. Σύας, κύων τις, παλυβρήνιος. ¶ Ταξις, x. Τεύχων, x. Θάλλων, x. Theridamas, O. Theron, O. Thous, O. Θυμὸς, x. Tigris, O. & Columel. Τριακὰς canis Pæonica, quam Panes Pæoniæ satrapa dono dedit Alexandro regi, Pollux. Τύρβας, x. Χίφον, x. malim per omega in ultima.

¶ Nunc quæ apud recentiores reperiuntur nomina canum, subiungam. ¶ Turcus, Aug. Niphus. Falco, leporarij nomen apud eundem. Quæ sequuntur, omnia ex Mich. Blondi de canibus libro mutuatus sum, etsi quædam ex eis parum probem. A Pio (inquit) nobis olim familiarissimo, canis uocatus erat Scymnis. Mantuanus uero canes his nominibus uocitauit, Hylaxe (malim Hylax) Harpalagus, Tigrina, & alijs iam recitatis: item Ragonia, Serpens, Ichtia, Helor, Argus. Sunt & hæc canum nomina, Syagius (Syagrus potius) Menalcas, Graucis, Chiron, et Pilaster. Recẽtiores etiam uarijs nominibus uocitant canes, ut Leonem, Lupum, Stellam, Quatroculum, Fulgur, Bellinam, Rubinum. A patria etiam uocant, ut Britannum, Gallum, Corsicum, Croacum, Milanum à Mediolano: & Africano à Tuneto nomen imponunt. Alia deniq Hispanis, Gallis, Germanis, alia alijs gentibus nomina sunt. Nos nostram catellam Furiam appellamus, quod frequenti rabie in furorem concitet, Hæc Blondus. Est & Satinus nostris non infrequens canis præsertim elegantioris nomen: & à gente Phasianus, quod ex gentili in proprium transiuit, ut & alia quædam gentilia.

¶ Venio ad reliqua uocabula à cane deriuata: quędam enim eorum prima huius capitis parte iam recensui. Canifera mulier nihil ad canem, ut prima fronte uidetur: sic enim uocatur mulier quæ canum, id est qualum fert, quod est cistæ genus, Græcis κανηφόρος dicta, Festus Pompeius. Cynasones, acus sunt quibus mulieres caput exornant, Idem. ¶ Κυνάδας pro κουρὰς dicunt Dores, Varinus. Catulus quoddam genus uinculi, qui interdum canis appellatur, Varro. Κυσοχήνη uinculum est siue lignum, in quo scorta, si quid deliquissent, tenebantur. Κυνάγχη secundum aliquos uinculum est manuum, ὁ διὰ χειρῶν δεσμός, ἀνθρωπνιγμός, (forte ἀνδροπνιγμός,) εἱρκτή, Varinus. Κύφων, ἡ κυνάγχη τοῦ ψιλοῦ ξύλα ἐπιτιθέμενα εἰς τὸν τένοντας τῶν καταδίκων, ἵνα μὴ εὕρωσιν ἀνακύψαι, δεσμὸς ξύλινος, ὃν οἱ μὲν κλοιὸν ὀνομάζουσιν, οἱ δὲ καλοιόν, &c. plura uide apud Varinum. Cippum Latini uocant instrumentum ad colligandos pedes, Cæsar lib. 7. belli Gal. Κυνίξεις, ἀκροβολισμοί, id est uelitationes, Hesychius & Varin. in Lexico Græ

colatino

colatino κυνίσας scribitur perperam, ut puto. Κυνεῖν, uide parte quinta huius capitis, ubi de pileo agemus quem Græci κυνῆν uocant. Κύντατος, miserrimus, pessimus, impudentissimus, turpis, & ἔσχατος apud Apollonium, Varin. & Hesych. Κύνεος robustus, ἰσχυρός, Varin. Κικυννᾶσθαι uerbum Etymologus in κύων exponit συνδεδέσθαι, id est colligatum esse. Κυνεγκέφαλος, ὁ τῆς ῥάχεως ἀπὸ κεφαλῆς εἰς τὰ αἰδοῖα φερόμενος γόνος, Hesychius & Varin. lego ὁ διὰ τῆς ῥάχεως. Id est, Cynencephalos uocatur semen genitale quod à capite & cerebro per dorsi spinam ad partes genitales descendat. Κυσός, nates & muliebre pudendum: hinc forte dictum cysochene uinculum, quo scorta coërcebant: hinc etiam κυσολάκων, ὁ παιδεραστής: & κυσοπυγίς quæ aliâs pygolampis, noctiluca: & κυσσίαι, παχύπυγοι: ut etiam κυσπάται. Cysaron apud Galenum uocatur intestinum rectum, eiusdem ut uidetur originis: hinc & κυσολέσχης Eustathio,
10 pro quo aliqui κυνολέσχην scribunt (ut supra dixi) turpiloquus: nisi quis per οι diphthongū scribere malit, Κοινεῖν enim scortari exponunt, κοινεῖον lupanar, κοινολεχῆ adulterum. Κυνίσασθαι, ἀσελγαίνειν, ἢ τὸ αἰδοῖον ἀποτείναντας οἷον ἐπισπᾶσθαι, Varin. Hesychius. Huc pertinet σκύλαξ, σχῆμα ἀφροδισιαστικὸν οἷον τὸ τῷ φοινικίζοντι: & prouerbium κύνα δέρειν δεδαρμένην: quæ omnia ut turpissima sunt, sic ab honestis uiris explicari non debēt: prorsus quidem omittenda, nisi huc saltem facerent ut miserrimam gentilium & impiorum hominum conditionem, qui his non modo uocabulis ludere ac libros replere suos: sed ipsis etiam criminibus turpissimè se inquinare soliti sunt, plenius inde cognosceremus. Κυνοῦλα, ὅταν μετὰ χειμῶνος κῦμα ἐκβάλλει, Hesych. Varin. aliqui fluctum aut procellam interpretantur. Κυνοσοῦλα apud Suidam nudum nomen legitur. Κυνόσωρα, res nullius pretij, Lexicon Græcolat. Cynulchos uocant qui secum ducunt canes, Cæl. Cæterum cynuchus pera est, uel lorum quo canis ligatur. Κυνοκέφαλοι, Κοελυθοι, φυλή, Hesych. & Varin. Κυνάλωπεξ, κυνοφθόρος, οἱ ἢ δελόντες κύνα ἀσῆνον ἀπέδοσαν, Hesych.
20 & Varinus. Κυνώλης, ἐξώλης, Iidem. Κυνοδρομεῖν & κυνομαχεῖν uerba apud Pollucem ad uenationem pertinent.

¶ Catulum, Catullum, Caninium, Canidium, & Canuleium, propria uirorum nomina apud ueteres Romanos legimus. Vide Onomasticon nostrum in Catulis, & alibi. Canius poëta fuit temporibus Martialis, cuius meminit Martialis lib. 1. Epigr. ad Maximum. Gratidia proprium nomen mulieris Neapolitanæ maleficæ, quam Horat. in Epist. Canidiam uocat. Scylacis Caryandei librum citat Io. Tzetzes 7. 144. Cynna, Κύννα, nomen meretricis, Hesych. apud Suidam & Varinum non rectè per n simplex scribitur. Athenis admirationi fuisse meretriculas Cynnam & Salauaccham apud Aristophanem legitur. Cyne etiam per n simplex in Vespis Aristophanis meretricis nomen est: οὗ δεινόταται μὲν ἀπ' ὀφθαλμῶν κύννης ἀκτῖνες ἔλαμπον: Cleonem (inquit Scholiastes) cani propter impudentiam
30 comparaturus, mutauit orationis figuram. Κυνῆ γυνή τις, apud Varinum corruptè legitur pro κύννη (paroxytonum) γυνή τις. Cynnidæ, familia sacra Athenis, cui Cynes uel Cynides heros nomen dedit, Etymol. Cyneas Thessalus Pyrrhi regis legatus, uide Onomasticon nostrum: meminit eius Plutarchus. Hunc Aelianus et legatum Pyrrhi & medicum illum proditorem fuisse credidit falsò, Hermo. Cynisca Archidami filia plurimum studij ad Olympiacum certamen contulit: prima mulierū equos nutriuit, prima etiam in hoc sexu Olympia uicit, Pausanias in Laconicis. Κυναίγειρος, uir Atheniensis, fortissimus in bello Persico, &c. Vide Suidam & Onomast. Cynaras, rex Cypri. ¶ Cyne, Κύνη, urbs Lydiæ Stephano: unde Cynei uel Cynij dicti. Cynticum, Κυντικόν, locus Iberiæ prope Oceanū, incolæ Cynetes & Cynesij, Steph. Cynetia, Κυνήτεια, urbs in Argo uel Argolica, Stephan. Idem Cy-
40 nuran, Κυνόσουραν, urbem in Argo uel Argolica facit, à Cynuro filio Persei. Canarij populi circa Atlantem Africæ montem habitant, dicti quod uictus, ut canibus, eis promiscuus sit. Meminit eorum Plin. libro 5. cap. 1. Hemicynes, Ἡμίκυνες, quasi semicanes, non procul à Massagetis & Hyperboreis habitāt, & canum instar latrant, Apollonij poëtæ uersib. celebrati, qui apud Stephanum recitantur, sed corrupti: Vide paulò post in Cynocephalis. Canaria insula est in mari Atlāico Fortunatis propinqua: sic dicta à magnorum canum multitudine ingenti, meminit eius Plin. 6. 32. Κυνῶν νῆσος, id est, Canum insula ad Libyam refertur, Steph. Cynopolis, uel duabus uocibus, Κυνῶν πόλις Stephano, id est Canum ciuitas in Aegypto, in qua Anubis colitur, & honor & sacer quidam cibus canibus est constitutus. Ab hac Cynopolitana præfectura appellata est: qui in ea habitant Canarij dicuntur, Perot. Cynosura Stephano promontorium est Arcadiæ, à Cynosuro Mercurij filio. Κυνόσουρα, tribus Laconi-
50 ca, & promontorium Marathônis Euboeam uersus: καὶ πᾶς χερσονησίς τόπος, καὶ οἱ Κυδωνιᾶται, Varin. Cynos ciuitas in Locride. Liuius 8. tertiæ Decadis, Cynum Locridos emporium. Stephano Κῦνος Opūntis nauale uel ciuitas est: & Homeri uersus citatur, οἳ Κῦνόν τ', Ὀπόεντά τε, Καλλίαρόν τε, quasi eadem sit Cynos & Cynetos: hinc Cynij & Cynæi: plura Varin. & Hermol. in Plinium 5. 28. Cyon, Κύον, Cariæ ciuitas, Canebium prius dicta, Stephan. gentile Cyites. Cynocephali, ut scribit Plin. 7. 2. homines sunt in montibus terræ Indiæ caninis capitibus, qui ferarum pellibus uelantur, & latratū pro uoce edunt, unguibusq; armati uenatu & aucupio uescuntur, Vide Gellium. Quidam hos in Aethiopia esse scribunt, uiolentos ad saltum, morsu feros. Meminit etiam Augustin. lib. 16. de Ciuitate Dei. Plinius eos lacte uiuere author est. Eosdem ab alijs Cynamolgos dici puto, Indiæ populos. (Solinus tamen Cynamolgos Aethiopes facit: de his infra pluribus, in prima parte de canib. diuer-
60 sis:) & Hemicynas à Stephano, quanquam loco authores separant, capitis tamen effigies & pro uoce latratus conuenit. Cynocephali asperi sunt rictibus, amicti uestitu tergorum, Solin. Et paulo post, Sunt qui syluestres, hirti corpora, caninis dentibus, stridore terrifico. De Semicanibus & Cynoce-

t 2

phalis apud Hyperboreos Simmiæ scripta refert Io. Tzetzes Chiliade 7. ca. 144. De Canibalibus anthropophagis multa passim in historijs Noui orbis Petrus Martyr et alij scribũt. Κυνὸς κεφαλαί, id est, Canis capita, collis est Thessaliæ, & parua regio Thebarum, patria Pindari, Steph. Scotussæ in Macedonia sunt & Thessalia, quarum altera insignis est uictoria Romanorum contra Philippum regem ad Canis caput: ita locus appellabatur, ubi T. Quinto Flaminio duce pugnatum est, Hermol. in Pli. 31. 2. Copias aduersus Thebas egit: ubi fossis omnia uallisq; munita comperiens, superato loco, quem Canis capita uocant, agrum omnem ad oppidum usq; deuastauit, Xenophon in Agesilai laudibus: meminit etiam alibi, qui locus iam non occurrit. Item Plutarchus in uita Pelopidæ, Cum autem in planum (inquit) procederent, atq; uterq; ea promontoria, quę Canis capita uocant, capere peditibus niteretur, &c. Catularia porta Romæ dicta est, quia non longè ad placandum caniculæ sydus frugibus inimicum, rufæ canes immolabantur. Cynæthium, Κύναιθα uel Κυναίθα, ciuitas in Arcadia. Hinc Cynæthenses populi, quos aliqui à Cynætho Lycaonis filio putant appellatos, Steph. Cynætha etiam urbs est Thraciæ sub Nerito monte. Lusi Arcadiæ urbs est in mõtanis agri Clitorij, iuxta quos à Melampode perhibentur curatæ Prœti filiæ, in Dianæ fano: inde haud procul fontem esse aiunt in agro Cynæthensium uicino, cuius aqua pota morsos à rabida cane liberet, ob id Alysson uocari, Hermolaus in Plinium, 31. 2. Dionysius Antiquitatum lib. 1. tractum Cynæthium ab Aeneæ socio ibi defuncto sepultoq; nominatum putat in Arcadia, Hermol. De Ioue Cynætheo quod à uenatione nominatus sit, cui Arcades & Cynæthenses uacabant, alibi quoq; dicam. Cynæthus patria Chius ex rhapsodis poëtis maxime illustris fuit, &c. Cæli. 7. 29. Cynethi uel Cynethusæ insulæ meminit Hermolaus in Plinium 4. 12. Scylace, Σκυλάκη, urbs iuxta Cyzicum, inquit Hecatæus. Placia & Scylace paruæ Pelasgorum coloniæ, Pomponius, lib. 1. Scyllaceum Atheniensium colonia in ultimo Italiæ, eorũ qui Mnesthei comites fuere: hoc tempore Scylacium uocatur (uulgo Scilazo) Bruttiorũ ciuitas: Vergil. Aen. 3. Caulonisq; arces & nauifragum Scylacæum, uide Onomast. nostrum, & Nic. Erythræũ (qui per simplex lambda scribendum asserit ἀπὸ τοῦ σκυλεύειν: quod etymon mihi non placet) in Indice Vergiliano. Iris fluuius Thermodonti uicinus, Scylacem & Lycum ex Armenia, aliosq; fluuios excipit, Eustathius in Dionys. Cynadra, fons est ex quo bibebant qui manumittebantur, unde natum prouerbium, τὸ ἐν κυνάδρᾳ ἐλεύθερον ὕδωρ, de uita libera, Varin. Cynosarges, Κυνόσαργες, gymnasium in Attica prope urbem & templum Herculis, & uicus sic dictus à cane albo, qui sacrificante Diomo & Herculi paratam uictimam ostendente rapta femora in hunc locum detulit, Stephan. Nomen autem inditum est loco à canis uel albedine uel celeritate. Diomo territo propter abreptum sacrificium responsum contigit, aram illic condendam esse ubi canis femora dimisisset. Didymus pro Diomo apud Suidam perperam legitur. Exercebantur in eo gymnasio spurij (nam Hercules quoq; spurius fuisse existimatur) qui neutro parente ciue nati erant. Imprecatio In Cynosarges, similis est illi, In coruos, Suidas, Hesych. Varin. Vide Cynosarges in Chiliadibus Erasmi. Examinabantur eo in loco spurij, cum de patre controuersia erat: spurios autem (νόθους) Athenienses etiam libertos uocabant, Varinus exponens prouerbium Ἐς κυνόσαργες. Quidam acuunt ultimam, sed proparoxytonum usitatius est. Ab hoc Diomo etiam χορὸς Διώμεια dicitur: & Διώμεια uel Διόμια per omicrõ, pars tribus Aegeidis est: quod Hercules illic Colytti hospitio susceptus, Diomum eius filium amauerit, Steph. Cynosarges etiã Hercules cognominatus est, ut meminit Herodotus & Plutarchus: & Cynosargis templi, in quo Herculis & Hebes aræ fuerint, Pausan. in Attic. Plato non à cane alba, sed à Cynosargo quopiam, Cynosargen (malim Cynosarges in neutro tantum genere: unde & datiuus ἐν κυνοσάργει profertur) dictam ait. Et inde quoq; adagium deductum est, ἴθι εἰς κυνοσάργες, in infames atq; ignobiles, Gyrald. Cynossema (κυνὸς σῆμα, uel κυνόσσημον, alij per simplex sigma scribunt) id est Canis sepulchrum, quo nomine dictus est tumulus Hecubæ (teste Plinio) uxoris Priami, quæ doloris impatiens, post cladem exitiũq; patriæ ac suorum, in canem conuersa fertur. Tumulus Hecubæ (inquit Pom. Mela lib. 2.) siue ex figura canis, in quam conuersa traditur (uide Ouidium Metam. 12.) siue ex fortuna in quam deciderat, humili nomine accepto. Est autem promontorium Hellesponti, cuius etiam Thucydides libro 8. meminit: Stephano, locus Libyæ, & alia quædam regio. Cynosemon locus est Cherronnesi, in quem Hecuba captiua ducta post captum Ilium, in mare desilijt, & uitam finiuit, Varinus & Suidas. Vlysses Ilio capto Maroneam præternauigans, cum Hecuba illic exercitui dira imprecaretur, ac tumultum moueret, lapidibus obruit, & iuxta mare obtexit (sepeliuit) ac locum Cynossema nominauit, Suidas. Pollux lib. 5. Cynossema in Hellesponto à celebri quodam cane dictum putat, nisi quis (inquit) credere malit, à tumulo Hecubæ in canem uersę, nomen ei impositum. Aliud est Cynossema apud Calydonios, ubi Aura canis Atalantæ à Calydonio apro occisus, sepultus est, Idem. Aliud est Cynossema in Salamine, sepulchrum canis Xanthippi Periclis patris: Sed de canum aliquot sepulchris plura dicã in ultima parte huius capitis. Cynna, Κύννα, oppidulum prope Heracleam, ab una Amazonum appellatum: uel à Cynne fratre Cœi, Stephanus. Cynna, Philippi Macedonum regis filia, Athenæus libro 13.

¶ b. Κυνοειδής, cani similis, aspectu canino. psyllion supra cynoides appellauimus. Canibus interiora omnia similia leones habent, Aristot. Felium & ichneumonum pleraq;, ut canum, Plinius. Pathyo animal magnitudine canis est, Albertus. ¶ Κυνῆ, pellis canina, Pollux: & pileus, de quo in e. mox. Suidas κύνειον δορὰν dixit. Cynocephali cognomentum, quod quum alijs, tum uerò Pericli adhæsisse

hæsisse legimus, non ferè aliud quàm impudentiam & rapacitatem signat, Cælius. Ego his uitijs Periclem notatum nusquam memini legere: sed contra potius, uirum bonum, liberalem, & pecunijs inuictum fuisse. Cleonem uero (in Equitibus Aristophanis) cynocephalum nominasse seipsum, ἀντὶ τοῦ δεινόν, ἀναίσχυντον, ἰταμόν, ἁρπακτικόν, ex Varino & Suida cōstat. Cratinus Periclem ἐχινοκέφαλον dixit, Pollux libro 2. lege σχινοκέφαλον: sic enim Plutarchus in Vita Periclis scribit: Corporis quidem specie Pericles haud indecora fuit, capite uero oblongo, nec cæteris partibus respondenti. Ex quo omnes ferè eius statuæ uelantur casside, quod uidelicet nollent sculptores ea re hominem deformiorem uideri. Et Attici poëtæ eum σχινοκέφαλον contumeliæ gratia appellare soliti sunt, quia σχῖνον scillam interdum uocant. Deinde ab Eupolide eum cephalegeretam nominatum addit, & à Teleclide caput
10 eius ἑνδεκάκλινον. Videtur sanè in Plutarcho deesse quod Pollux scribit, eum à Cratino schinocephalon dictum: quod omnino addendum putauerim post hæc uerba Cratini, μόλε ὦ Ζεῦ ξένιε καὶ μακάριε, alioqui nihil ad rem. Ibidem Lapus interpres Titanum pro tyrannum uertit, nisi mendum librariorum est: intelligit autem Cratinus tyranni nomine ipsum Periclem. Rursus ibidem, Eupolis cum interrogaret de singulis principibus qui ab inferis redijssent, idcirco Periclem nominatum ultimum esse inquit, quia caput inferorum adduxerit: Græce est, ὅτι περ κεφάλαιον, legerim ὅτι προσκεφάλαιον, id est eò quod puluinum secum ab inferis adduxerit. Magnum enim & graue caput, quale Pericli tribuunt, aut etiam curis & negotijs grauatum (quod Teleclides de eo scribit) puluinum & quietem desiderare uidetur. Eo autem secum gestando impeditum, postremum uenisse fingit. De cynocephalis animalibus inter Simias dicam. Sunt enim simiæ quædam caninis capitibus, quas uoce Græca
20 cynocephalos appellamus: at canes cynocephalos dicere, quod Gyllius in Aeliano fecit, non minus absurdum est, quàm si quis Latinè canino capite canem dicat. Κυνοπρόσωπος, facie cani similis, Lexicon Græcolat. Κυνοφθαλμίζονται, impudenter intuetur, Varinus, Hesychius, & Suidas. Διακυνοφθαλμίζεται, διαπαρβλέπεται, διαγελᾷ, ἀναιδῶς ἀνθίσταται, Hesychius & Varinus. Κυνώπης & κυνοβλώπης uocabula supra posita sunt. Ῥύγχος, id est rostrum, de canibus & suibus inter quadrupedes Grammatici proprie dici scribunt. Nasus canis alsiosus, & plerunque tactu frigidus est, quod & metris quibusdam Germanicis testamur. Κυνάγας, κυνόδων, id est dens caninus, Hesychius, Varin. Primores quatuor in homine dentes Græci à secando τομεῖς appellant: his deinceps singuli utrinque canini hærent: his omnibus singulæ radices insunt: sequuntur gomphij, id est molares uel maxillares, qui ut plurimum in maxilla superiore ternas, in inferiore binas radices habent, Galenus in libro de ossibus. Canini autem dicuntur quod acuti, & caninis dentibus similes sint, Pollux. Nostri oculares uocant, quod ocu-
30 lis rectà subijciantur, & ui extractis oculi sæpe lædantur. Nescio quis sciolus in Lexico Græcolatino Aristotelem caninos cum gomphijs eosdem facere, & licere nobis cum Cicerone non solū caninos, sed & genuinos & intimos interpretari, ineptissime (ne dicam mendacissimè) scribit: Aristoteles enim de partibus anim. 3. 1. manifestè distinguit. Ossa quædam in homine armorum loco sunt, quibus præpedientia protelentur, ut quæ trito medicis uocabulo ex curuitatis natura, ut ipsi interpretantur, simenia nuncupantur, ab Græcis cynolopha dicta, id est canina prominentia: Hæc uero super dorsi sphondylos locum habent, Cælius 3. 17. Clarius hæc ossa Pollux describit libro 2. his uerbis, περὶ δὲ τοῖς νώτοις ἑπτὰ τραχήλου ἐπιστατεῖ... ὧν δύο μὲν, αἱ μετὰ τὴν πρώτην ἄκανθαν ὀνομαζομένην, ἃ καλοῦνται κυνόλοφα. ἱερὰ δὲ, αἱ πλάγιαι δύο. αἱ δὲ λοιπαὶ, κάτω προνεῦσαι. Catulire (σκυζᾶν apud Aristotelem, Gaza
40 canire) dicuntur canes (fœminæ, ut ταυρᾶν etiam & κάπρᾶν de uaccis & scrophis propriè, non item maribus) quando Venerem appetunt, uel (ut Varro inquit) ostendunt se uelle maritari, quo tēpore etiam terra aperitur, ut Varro testatur. Quum meam uxorem uidi catulientem, Plautus. Laberius scripsit catulientem lupam, id est coitus appetentem. Catulitionem rustici uocant gestientē natura semina accipere, eaque animam inferente omnibus satis, Plinius libro 16. Simile est illud nostrorum initio ueris, **Sie Sun bübelet.** Lacedæmonij hoc animal templis omnibus arcebant, quod impurum sit & palàm coëat. Canes etiam cum mulieribus Veneris consuetudinem habere deprehensi sunt. Nam Romæ mulier adulterij accusata à marito fuisse dicitur: Adulter in iudicio canis esse prædicabatur, Aelianus. Κύων ὁ χερσαῖος τέκνον τιμᾷ τὸ πρῶτον, Tzetzes 4. 126. Primus canis fœtus parenti similior est, ut supra dixi, ac ideo forsan præfertur. Fœta canis, Plautus. Canem masculum catellos
50 duos lactasse Cælius Calcagninus Epistolicarum quæstionum libro 1. epistola ad Thomam Calcag. his uerbis testatur: Quod catuli (inquit) duo ex eo genere quos ἰχνευτὰς Græci uocant, tibi nuper dono dati, frequenti suctu, ex grandioris canis papillis lac euocauerint, ita ut nunc ille non sine magna omnium admiratione matris uice educationis munere perfungatur: minus tibi insolēs ac mirum uidebitur, si intellexeris, hircum aliquando ita mulctralia impleuisse, ut colostra inde cōficerentur, &c. Sola ex omni calidorum genere canis & sus, partu numeroso notantur, Theophrastus de caus. 1. 27. Et rursus, Ex plantis quædam (inquit) ut fici, uites, &c. aliæ maturius, aliæ serò fructum ferunt. At inter animalia genus nullum eiusmodi est, cane excepto: sed omnia pari tempore & ferunt in utero, & alunt cum pepererunt: quanquam tempora pro locorum natura sæpe permutāt, & præcipuè quæ cum hominibus uiuunt. Σκυλακοτροφία Oppiano, catulorum educatio. Σκυλακεία Polluci tum nutri-
60 tionem catulorum, tum procreationē significat. Σκυλεύειν τὰς κύνας (forte σκυλακεύειν) est per hyemem eas sobole implere & admittere ad coitum. Tempestiuè autem admittentur, si labore prius exercitatæ fuerint, & deinde aliquantisper quieuerint. Labor enim corpora duriuscula & solida reddit, quies

E 3

roborat & alit. Eodem tempore cibus eis ad satiem concedendus est: nam cum uenantur, cibo saturari inutile est. Conueniunt autem catulis qui nutriuntur, edulia uino madida, Pollux. ὡς δὲ κύων ἀμαλῇσι περὶ σκυλάκεσσι βεβῶσα, Homer. est enim canis animal prorsus philotecnon, id est miro erga sobolem amoris affectu præditum. Qua de re Oppiani lib. 1. de piscatione aurei uersus hi sunt: Ἤδη δ' ἀρτιτόκοιο κυνὸς σκυλακοτρόφω εὐνῇ ποιμὴν ἐγχρίψας, εἰ καὶ πάρος ἦεν ἑταῖρος, χάσσατο ταρβήσας μητρὸς χόλον ὑλακόωντα, οἷον ὑπὲρ τεκέων προφυλάσσεται, οὐδέ τιν' αἰδῶ γινώσκει. πᾶσιν δὲ πέλει κρυόεσσα πελάσσαι. In Calathinam caniculam facile enixam Adæi epigramma extat lib. 1. Anthologij, sect. 33. Canis iuxta die noctuque uidet, Cælius Calcagn. in rebus Aegypt. ¶ Canibus inter quadrupedes, inter aues uulturibus præcipua odorandi uis est: Forte quòd animalia illa sicciora sint, nec aliorum modo humidum aut pituitæ obnoxium cerebrum habeant. Vigilantissimum natura canem esse, in ædium custode dicemus.

¶ Latrare proprium canis est, cum impetum facit, & uoce terret. Plautus, Etiam'ne meæ in me latrant canes. Et alibi, Nec gannio, nec latro. Venaticus ex quo Tempore ceruinam pellem latrauit in aula, Militat in syluis catulus, Horat. Epist. 1. pro allatrauit: Sic Plinius, Hanc habentes negant latrari à canibus. Latrator Anubis, Vergilio & Ouid. Sæuit canum latratus in auras, Verg. Apud Hebræos uox נבח nabach, id est latrauit, non alibi reperitur in Biblijs quàm Esaiæ cap. 56. Apud Pollucem de canum uocibus hæc uerba legimus, ὑλακὴ καὶ ὑλαγμός, καὶ ὑλακτεῖν, ὑλακτοῦντες, καὶ κνυζᾶσθαι. εἴποις ἂν καὶ ἀράζειν, καὶ ἀράζοντας, καὶ ῥύζειν καὶ ῥύζοντας. τῶν δὲ Ξενοφῶντι καὶ κλαγγή. φησὶ γοῦν ἐπανακεκλαγγυῖαι. εἰρήκασι δέ τινες τῶν ποιητῶν, καὶ βλύζειν τοὺς κύνας. σκυζᾶν δὲ, τὸ καθεύδοντας ὑποφθέγγεσθαι, Hæc pollux. ὑλάειν etiam pro ὑλακτεῖν accipitur (unde & ὑλαῦσιν & ὑλακὸς formantur,) Hesych. & Varin. ὑλαλεῖν, ὑλακτεῖν, Iidem. ὑλακόμωροι κύνες, apud eosdem, ut inter Epitheta retuli. Χαλκεόφωνος κύων, canis uehementer clamans aut latrans, Varinus. Κυνυλαγμός, latratus per pleonasmum. λάσκουσι κύνες, canes latrant, Varinus & Hesych. Κύων θωΰκτήρ, ὑλακτικός: & θωΰσσειν, ὑλακτεῖν, Varin. Κλαγγὴν uocem acutam non solū in suibus, sed etiam canibus Homerus uocat. Κεκλάγξω, κεκλάγξομαι, latrabo, Varin. Βαΰζειν propriè dicitur de catulis, ut de adultis canibus ὑλακτεῖν: βαΰσδειν tamen apud Theocritum ὑλακτεῖν simpliciter exponunt, Varin. Baubari, latrare: uerbum factitium à uoce canum. Lucret. lib. 5. Et cum deserti baubantur in ędibus omnes. Baubatus, latratus. Κνυζᾶσθαι, de auibus dicitur, & de obscura quadam ac submissa canum uoce: quæ ab hoc uerbo κνυζηθμὸς appellatur, blanda canum immurmuratio, & gannitus quidam. Inuenitur & κνυζώμενον eodem sensu participium, ut κνυζώμενα παιδία apud Aristophanem in Vespis: Καὶ κνυζώμενα αἰτεῖτε, κἀντιβολεῖτε, καὶ δακρύετε. Germani dicunt wynsen. Κνυζώμενος, ὁ ἠρέμα κνύζων, Varinus & Galenus in Glossis Hippocratis. Apud Hesychium perperam scribitur κυζηθμός. Reperitur etiam κνύζα, κνύμα, κνυθμός, omnia ἀπὸ τοῦ κνύζεσθαι per onomatopœian à uoce canum. ὠρυγή, uox, clamor: propriè autem canum, Varinus. ὠρύεσθαι dicitur de lupis, canibus, & leonibus cū per famem ululant: & de alijs animalibus quæ proprium uocis uocabulum non habent, Varin. Pollux de minoribus tantum, ut uulpibus, thoibus, & lupis, ὑλακτεῖν & ὠρύεσθαι usurpari scribit, cum alterum prius canibus, alterum lupis peculiariter tribuisset. Vlulare dicuntur canes, quum lamentantibus similes lugubrem quandam & querulam ædūt uocem: Ouid. lib. 15. Metam. Inque foro circumque domos & templa deorum Nocturnos ululasse canes. Manet Germanis quoque eadē onomatopœia. Et altè Per noctem resonare lupis ululantibus urbes, Lucanus. Τῆς δ' ἤτοι φωνὴ μὲν ὅσον σκύλακος νεογιλῆς, Homerus. Catulus glaucitat, Author Philomelæ. Canina eloquentia, Quintilianus 9.12. Vide inter prouerbia. Latrat & in toto uerba canina foro, Ouidius in Ibin. Gutturaque imbuerunt infantia lacte canino, Ibid. Hominem conuicijs & maledictis utentem canatim loqui (cui simile aduerbium bouatim est) aliquis dixerit. Aduerbio hoc obsoleto usus est Nigidius, teste Nonio. Ringi, os torquere, quod canes faciunt latraturi, uel cum ex ira in rugas deducunt os. Ringi quidam à rhin, quod Græce nasum significat, & ago deducunt: ut nares torqueri significet. Hinc rictus oris distensio. Rictum caninum Iuuenalis dixit Satyra 10. Græci canem qui ringitur σεσηρέναι dicunt. Σεσηρὼς, ὁ γελῶν, καὶ ὁ χάσκων, apud Aristoph. per translationem à canibus, ὅταν γὰρ ὀργίζωνται σεσήρασιν ἀλλήλοις, Varinus. Σκύζεσθαι, uultu tristi, uel truce & iracundo esse, irasci, hoc uerbum alij à Scythis deriuant, quod ij natura sint iracundi: alij à cane deriuari posse coniiciunt, ut σκύζεσθαι sit τὸ κύνειόν τινα ἦθος, ἢ κυνώπην εἶναι, ὅθεν καὶ τὸ ὑποκύνιον, Varinus. Ne canem quidem irritatam uoluit quisquam imitarier, Plautus in Capt. Caniculæ quædam Indicæ nunquam latrant, ut infra dicetur.

¶ Canicæ, furfures de farre à cibo canum uocatæ, Sex. Pompeius & Nonius. Plerique ex ueteribus ad manuum ablutionem usi sunt apomagdalia: id uerbum signat, molle (& medullam) panis: quod quia mox obijcerent canibus Lacedæmonij cynada uocabant (Pollux 6.14.) Significare id ipsum uidetur Athenæus quoque: Post cœnam (inquit) libationes obibant, nec abluentes manus, iterum abstergentes buccella, & apomagdaliam afferebat unusquisque: id quod faciebant ob nocturnos in biuijs metus. Idem libro 9. apomagdaliæ honores nuncupat. Meminit eius uocabuli Plutarchus in Lycurgo: sed ita, ut intellectum eius uocis neutiquam uideatur interpres animaduertisse. Innuit ipsum hoc etiam Homerus illis uersibus: ὡς δ' ὅταν ἀμφὶ ἄνακτα κύνες δαιτηθεν ἰόντα σαίνωσ'· αἰεὶ γάρ τε φέρει μειλίγματα θυμοῦ. Sunt qui apomagdaliam esse sic finiant (Hesychius) ἐν ᾧ τὰς χεῖρας ἀπεμάττοντο ἐν δείπνοις. Auctor item Eustathius est, magdaliam dici ἀπὸ τοῦ μάσσειν, esseque zymoma quoddam, in quo abstersis cibariorum sordibus pinguioribus, inde canibus pararetur cibus, Hæc omnia Cælius 28.1. Κυνάδες, αἱ αἱ ἀπὸ μαγδαλιᾶς, Hesych. & Varinus: malim una uoce oxytona: αἱ ἀπομαγδαλιαί: aliqui paroxytonam faciunt, ut Pollux, nisi deprauata est scriptura. Μαγδαλιαί, τὰ τῶν ἀλφίτων ἀποβλήματα, (furfures intelligo) Vel nutrimentum canum, nempe adeps & pingue, quod à cibo ἀπεψῶντο (abstergebāt, nimirum à uasis & discis abradentes) & canib. obijciebant, Varinus. In principum et diuitum ædibus, ubi canes aluntur, multis in locis, orbibus uel quadris, super quibus carnem sibi quisque secat, segmenta panis atri imponuntur, ut defluentem excipiant pinguedinem, & postea canibus dentur. Μάττειν & ἀπομάττειν Græcis est abstergere: inde apomagmata & apomactra, sordes uel purgamenta: & magdalia apud Comicum, apud alios apomagdalià, & ἀπομαγδαλίς: est autem ψωμὸς, id est buccella, qua manus à cibo tergebant, et canibus offerebant. Pausanias interpretatur σταὶς ὃ ἔφερον ἐπὶ τὸ δεῖπνον, εἰς ὃ τὰς χεῖρας ἀποματτόμενοι, εἶτα τοῖς κυσὶν ἔβαλλον, Varinus. Σταὶς, φύραμα ἀλεύρου, πυροῦ: ἢ ὃ ἀπομάττονται οἱ μάγειροι, ὅπερ ἐκάλουν χειρόμακτρον (quæ uox aliâs mantile significat) ὃ μετὰ τὴν ἐργασίαν ἐπερρίπτουν τοῖς κυσί. Canis uiuens è magdalia, κύων ζῶν ἀπὸ μαγδαλίας, Eustath. in Iliados librum quartum ostendit dici solitum in parasitos, et alieno uictitantes cibo, Erasmus in Chiliad. ubi citans Pollucis uerba, τὸ ἐν ἄρτῳ μαλακὸν καὶ σταιτῶδες, non recte uertit quod in pane est molle ac pinguius, σταὶς enim non στέαρ solum, id est pingue & adipem significat, sed etiam farinam subactam, ut ex paulò ante citatis Varini uerbis apparet. σταιτῶδες igitur in pane erit, non pingue, sed ipsa medulla quæ facile manibus comprimi & subigi potest, contra quàm crusta. Ibidem, εἰς ὃ ἐποψησάμενοι, in quod absterso obsonio: legere debuerat ἀποψησάμενοι, & reddere, quo cum abstersis manibus, nam ἀποματτόμενοι, ut supra posui, Pausanias habet. Non enim lauabant magdalijs, furfuribus, aut panis medulla, manus: sed nihil quàm detergebant, ut Cælius quoque errauerit scribens, ut supra citaui, plerosque ueterum ad manuum ablutionem usos apomagdalia: melius scripturus, loco ablutionis manuum. Redeo ad Erasmum: Cæterum de apomagdalijs (inquit) quæ ante conuiuium dabantur, &c. non ante sed post conuiuium scribere debuit. Et paulo post: Athenæus libro 4. tradit apud Arcades fuisse moris, ut à cœna sacrificarent (libarent potius) non quidem lotis manibus, sed iure seu offa (ζωμῷ inepte legit pro ψωμῷ, id est buccella panis) abstersis: & quo se absterserat quisque id secum auferebat: id faciebant ob terrores nocturnos, qui in compitis solent accidere. (Et arbitror sanè non inutile remedium (inquit Eras.) aduersus canes in compitis adorientes uiatorem.) Hæc sanè melius Cælio conuertit Erasmus. Errat enim ille ἀμφόδια, id est uicos, biuia uertendo, & ἀποφέρειν afferre pro auferre. Plutarchi in Lycurgo locum quo pulcherrimè is describit Laconũ morem apomagdalijs calculorum loco utentium in reprobando uel admittendo aliquem ad conuiuia sua, miror non intellexisse Erasmum, quod ipse fatetur, cum clarius à Plutarcho dici nequaquã potuisset, ita ut nihil desideres nisi pro κρίνων forte legendum ἀποκρίνων, id est ἀποδοκιμάζων: is enim omnino sensus est. Res erat huiusmodi, Gestabat minister uas in capite, in illud cõuiuæ singuli apomagdalias singulas immittebant: qui probarent, simpliciter: qui reprobarent, manu & digitis compressas, ut calculorum perforatorum significationem haberent. Inspectis deinde suffragijs si uel una compressa reperiretur, qui admitti petebat excludebatur ab eis, ut qui uellẽt omnes omnino inter se suauiter conuersari. Sic exclusus ἐκκαδδεῖσθαι (malim ἐκκεκαδίσθαι, ut ἐκκαδίζειν sicut ὀστρακίζειν thema sit: per delta uero duplex an simplex scribatur, nihil referre puto) dicebatur: caddos enim (æditio Florentina habet κάδδιχος. ἐκκαδδῆναι) Grammatici exponunt priuatum esse, ut non opus sit à cado deducere.) uas cui apomagdalias inijciebant, uocabatur. Lapus omnia stolidè & contrario sensu reddidit. Σκύβαλον, οἷον κυσίβαλόν τι ὄν, τὸ τοῖς κυσὶ βαλλόμενον καὶ ῥιπτόμενον, Varin. & Suid. Hinc illud in Epigrammate, οὐδ' ἀπὸ δειπνιδίου γινόμενος σκυβάλου Σπονδύλων εἰς ἄλλους οἴκους ἴθι. Ἀποκρίνειν, ἀποσκυβαλίζειν, bestijs & canibus obijcere, ut quidam in Lexico Græcolat. interpretatur. Κινάβρα, odor est sub alis, uel caprarum: alij canum cibum exponũt, quasi κυνοβορὰν, sed sic per ypsilon scribi oporteret, Scholiastes Aristophanis. Κυνῶν ἁπάντων μονοφαγίστατον, ὅστις περιπλεύσας τὴν θυσίαν ἐν κύκλῳ, ἐκ τῶν πόλεων τὸ σκίρρον ἐξέδηδοκε: τουτέστι τὸ ῥυπῶδες τὸ ἐπὶ τοῦ τυροῦ, Suidas in Σκίρρον. Obijcitur cani pasta, qua calida abstersa sit facies, mamillæ, inguina, pedes & manus ægroti: eam si comederit canis, ęgrotus euadet: secus, morietur, Kiranides. De canino prandio uide infra inter prouerbia. ¶Canis Pontani abhorrebat carnes gallinæ, ijsque oblatis fugiebat: Obseruauimus etiam quod canes uulgo sturnum horrent, Blond. ¶Λάπτειν est sorbere, sorbendo glutire: & propriè dicitur de canibus & lupis, ac huiusmodi animalibus (quæ scilicet lambendo bibunt) per onomatopœiam, Varin. Idem uerbum Germani usurpant.

¶Canes uehementiore cõtra feras concepta ira quãdoque occæcant, Plutarchus in Symposiacis. Λειρίας canes uocant, quæ macie strigosæ sunt, & pilos amiserunt: ἢ τοὺς μικροὺς λαγώς, Hesychius & Varinus in uoce Λειρός, id est macilentus, pallidus, per ει diphth. in prima syllaba: unde librariorum errorẽ existimo quod λιρίας per ι in prima apud utrosque legimus. De cynanche morbo à canibus dicto (aut forte à cynanche uinculo, quod collum ceu uinculo iniecto suffocari inde uideatur) supra dixi in C. hîc corollarium addam ex Cælio, Cynanchen (inquit) Galenus dicit intima infestantem colli: synanchen uero ad extima nuere amplius, minusque periculosam esse, & minus suffocare. Supra quoque cũ de cane rabido agerem, nonnullos ab eo morsos in furorem quendã incidere dixi, quem nostri choream S. Viti appellent: Gariopontus uoce corrupta anteneasmon dixit, pro entheasmo, ut Græci uocant. Quanquam idem melancholiæ genus etiam extra canis rabidi morsum nonnullis accidit: qua de re Io. Manardi uerba lib. 7. epistola 3. apponere uisum est, pręsertim cum non à cane solum, sed etiam lupo, & tipula, tribus diuersis animalibus nomen huic insaniæ contigerit. Affectionibus à melancho

t 4

lia prouenientibus (inquit Manardus) addunt Græci diuinam quandam passionem, à qua detenti maioribus quibusdam efferri potestatibus uidentur, adeò ut futura quoq; pronuncient, & propterea entheastici uocantur, quasi deo pleni. Et paulo post, Addiderant Arabes quam cutabutum appellant, deriuato nomine à bestiola, quæ irrequieto quodam motu super aquas modo huc modo illuc absq; ordine uagatur: Latini (ut quidam uolunt) tipulam id insectum uocant, in palustribus locis frequens. Hactenus putaui hunc morbum ab Arabibus, præcipuè autem à Raze, inuentum, nec esse eius mentionem apud Græcos. Dum uerò hæc scriberem, docente me suprema ueritate, clarè cognoui esse quem Græci lycaonem, lycanthropiam, & cynanthropiam uocant, nomine à lupis uel canibus deriuato. De his enim scribit Paulus, Nocte exeunt, ad diem usq; circa sepulchra plerunq; uagantur, lupos canesq; (canes non dicit Paulus, sed Aëtius:) per omnia imitantes, oculis concauis & siccis sunt, crasse imbecilliterq; uident, linguam siccissimam habent, ualde sitiunt, os saliua caret, cruraq; habent ob assiduas offensiones insanabiliter ulcerata. Aëtius ferè eadem, unum addens, quod mense Februario incipit. Quæ si conferantur his quæ de cutabuto scribit Auicenna, nemo ambiget eum morbum ab eo descriptum, quem Græci (ut diximus) lycanthropiam uocant, id est hominis in lupum conuersionem, præsertim cum & curatio, ferè uerbum ex uerbo, à Paulo sit assumpta, Hucusq; Manardus. A canibus quidem & lupis huic affectui nomen impositum reor, siue quod hæ animantes in rabie similiter afficiunt, siue quod à rabidis ipsis homines morsi unà cum hydrophobo interdum hoc affectu capiantur. ¶ Canis seu in mortem incidit, seu in furorem, splenis noxa in causa est, Cælius ex Horo. ¶ Κύνειος θάνατος, id est caninam mortem, apud Aristophanem, difficilem interpretantur: quoniam difficulter animam efflare deprehensum sit animal hoc, Hesychius, Varinus, Cælius. ¶ Morsicatim inter se & homini colludunt canes, & alia quædam animalia.

¶ d. At illud non modo non arrogantis, sed potius prudentis, intelligere se habere sensum & rationem, hæc eadem & caniculam non habere, Cicero lib. 3. de Nat. Nos tamen de ingenio & industria canum, multa diximus supra cap. 4. De impudentia canum, uide parte 1. huius capitis. ¶ De fide canum complura exempla proferemus infra ubi de canibus socijs, defensoribus, & custodibus agetur. Canis albus symbolum esse putatur fidei, unde Picus Mirandula cecinit, Signa quibus subito uisum est ostendier albis Ex uillis animal, dominis domibusq; fidele. ¶ Homines qui paruam & planam habent frontem, nempe similem caninæ, stolidi (ἀναίσθητοι) iudicabuntur: Item qui serenam & exporrectam habent, assentatores: quod canes cum adulantur, frontem similem præ se ferant, ut supra copiosius dixi in D. ex Aristotelis Physiognomonicis: Ex quibus reliquas etiam à canibus sumptas de hominum moribus pronunciandi coniecturas hic adscribam. Animalia fortia, inquit, graue ædunt uocem, ut leo, taurus, & canis latrator, κύων ὑλακτικός. Et alibi, ὅσοι βαρύκοινον φωνοῦσι μέγα καὶ πεπληγμένον, ἀναφέρονται ἐπὶ τοὺς θυμώσεις κύνας: Latinus interpres absq; omni sensu transfert, Quicunq; grauiter uocant, magnum ac perplexum: reducuntur ad fortes canes. Adamantius de hoc uocis genere sic scribit, ὅσοι δὲ κοῖλον καὶ βαρὺ ἢ ἀκαμπὲς ἠχοῦσι, γενναῖα τούτοις τὰ ἤθη, καὶ μεγαλόνοια αὐτοὺς κοσμεῖ ἢ δικαιότης. Cornarius uertit, Qui uero cauum & grauem, ac minime flexuosum sonum ædunt, his generosi mores sunt, & magna sapientia ac iustitia ipsos ornat. ἀκαμπῆ φωνὴν uocat contrariam illi quam Aristoteles in cinædis & mulieribus κεκλασμένην, id est fractam nuncupat. Apud Aristotelem igitur ex Adamantio, uel sic legemus, ὅσοι βαρὺ καὶ κοῖλον φωνοῦσι, μεγαλόφρονες, ἀναφέρονται ἐπὶ τοὺς θυμώσεις κύνας: Vel alijs, sed ad eundem sensum, uerbis. Si quis tamen βαρύτονον pro βαρύκοινον legere malit, non impedio. Nam & paulo ante Aristoteles eo uerbo usus est, οἱ μέγα φωνοῦντες βαρύτονον, ὑβρισταί: propter quem locum, ne bis uideatur de eadem uocis differentia agere, hęc uerba μέγα καὶ πεπληγμένον, tanquam differentię uocis relinqui possunt, & mox subijci μεγαλόφρονες, aut simile quid. Transeo ad reliqua, Canibus (inquit Aristoteles) proprium est τὸ λοίδορον, id est uox plena conuiciorum & maledicentiæ. Qui canibus similẽ ædunt uocẽ, canini ingenij homines existimabunť, Adamantius. Qui caput magnum habẽt, canum instar, αἰσθητοί sunt: qui paruum, ut asini, ἀναίσθητοι, Aristoteles. Miretur autem aliquis cur αἰσθητοὺς hîc canes uocet, à sensus excellentia: quos alibi in paruæ & planæ frontis mentione ἀναισθήτους uocauit: nisi ita discernamus, ut aliâs ad ingenium & ueluti rationem animalium referamus uocabulũ sensus: aliâs ad exteriorum sensuum acumen & sagacitatem. Rursus, Quibus oculi, inquit, igniti sunt, impudentes habeanť, ob similes canum oculos. Et de labris, Quibus (inquit) labra tenuia sunt, & in angulis utrinq; (quos Græci συγχειλίας uocant) laxa: ὡς ἐπὶ (lego ἐπὶ) τῷ ἄνω χείλους, &c. id est ita ut pars superioris labri iuxta angulum inferiori labro superimplicetur, ut ita dicam, magnanimi sunt: hac enim specie leones, nec non magni robustiq; canes apparent. Idem de huiusmodi labris iudicium Adamantij est, sed addit tenuia esse debere labra ἐπὶ σόματι μείζονι, id est in ore amplo: corruptè autem apud ipsum legitur ἐπὶ τῇ ἀχειλίᾳ χώρᾳ, pro ἐπὶ ταῖς συγχειλίαις ἄκραις: quod Cornarius interpres facile deprehendisset ex Aristotele, nisi conferendi laborem fugisset. Et paulo post, Hoc etiam caninum est, si labrum superius & gingiuæ promineant: hos ad conuicia & maledicendum pronos conijcito. Quibus circa dentes caninos labia prominent (κορυφοῦται) maligni, contumeliosi, uociferatores & maledici sunt (uel si Græcè mauis, κακόθυμοι, ὑβρισταί, κραυκταί, ἐπισβόλοι: postremum Cornarius iactatores exponit:) ut qui canes referant, Adamantius. Os nimis rescissum, ualde uoracem, crudelem, dementem ac impium significat, Idem. οἱ τὴν ῥῖνα ἄκραν ἔχοντες, δυσόργητοι. ἀναφέρεται ἐπὶ τοὺς κύνας. post ἄκραν aliquid deest, interpres acutum addit: Adamantius, ῥινὸς τὸ ἄκρον λεπτὸν, id est nasi extremitatẽ tenuem, iracundię indicium

indicium facit. Eandem si crassa, obtusa, rotūda & solida sit, qualis in leonibus & generosis canibus spectatur, fortibus & magnificis seu gloriosis uiris conuenire ait. οἱ ἀκρογένειοι, εὔψυχοι. ἀναφέρονται ἐπὶ τοὺς κύνας, Aristoteles. Interpres transfert, qui mentum habēt acutum, &c. legendum forte μακρογένυες (mentum enim hominis tantum est) quales, ut Adamantius inquit, non admodum improbi sunt, sed loquaciores, καὶ ὑποχαυνότεροι, & submolliores, Cornarius: sed quoniam eo in loco Aristot. de pilosis tantum partibus loquitur, est quod dubitemus. Qui supra lumbos in cinctu (sic uoco partem qua cingimur) graciles sunt (ζωνὸς uocat Aristoteles, nisi mendum est: Adamantius εὐζώνους, Cornarius inepte succinctos uertit) canum & leonum instar, uenationis studio tenentur: maximè autem studiosissimi uenationum canes, eiusmodi sunt, Aristoteles. Phocylides poëta mulieres alias ex alijs animalibus natas fingit, pro ingeniorum diuersitate: & inter cæteras ex cane natā χαλεπήν τε καὶ ἄγριον, id est difficilis & asperi ingenij mulierem. Simonides (qui idem argumentum senarijs prosequitur) λιτοργὸν (forte λαίθαργον legendum, de qua uoce inter prouerbia ex cane) curiosam, oculis uagam, clamosam, implacabilem. Vide Stobæum nostrum in Sermone de uituperio mulierum.

¶ Canis αἰκάλλειν dicitur cum familiaribus aurium & caudæ motu blanditur: alij hanc uocem à gallinaceorum barbis deducunt, quas Græci κάλλαια nuncupant, Varinus. Hesychius exponit σαίνειν, θωπεύειν: & αἰκάλον, adulatorem. Suidas κινεῖν, προσμειδιᾶν, θεραπεύειν, legitur etiam ὑποαικάλλειν apud eundem. Σαίνουροι uel σαύουροι cognominantur equi & canes, quod caudas subinde moueant, Varinus. Ἀλλὰ κύον σαίνεις Κέρβερε τ' με κύνα, Versus apud Suidam. Σαίνεις δάκνουσα, uide mox inter prouerbia.

¶ Nuper in naui in Africa, cum nautis absentibus canis in amphoram oleo nō plenam silices inijceret, obstupui, quî in mentem uenisset, ac unde subijsset cani, grauibus subsidentibus leuiora tolli elidiq́, Aristotimus apud Plutarchum in libro Vtra animalium, &c. ¶ Impetus canum amolitur nerij radix collo suspensa: uel dens caninus in corio alligatus brachio, ut supra dixi ubi de rabie canū in genere egi: & ibidem seorsim inter amuleta. Apocynon ossiculum esse aiunt in sinistro latere rubetæ, quo canum impetus cohibeantur, Plinius. Salpe negat canes latrare, quibus in offa rana uiua data sit, Plinius. Cor caninum habentem fugiunt canes: Non latrant uerò, lingua canina in calciamento subdita pollici: aut caudam mustelæ, qua abscissa dimissa sit, habentes, Plinius: Et alibi, membranam ex secundis canis habentem, aut leporis fimum uel pilos tenentem: aut qui hyænæ linguam in calciamento sub pede habeant, ut magi pollicentur: aut qui peristereon (id est uerbenacam herbā) habeant. Lapis in Nilo niger fabæ similis reperiē, quo uiso canes non latrant: abigit idem dæmonia, Thrasyllus in Aegyptiacis ut Stobæus citat. Lugduni in Gallia uidi lapillos quosdam albos, latos, rotundos, cochleæ quadam specie, quas fabas marinas (si bene memini uocant) & appensas lac nutricibus augere promittunt. Romæ in ædem Herculis in foro boario, nec muscæ, nec canes intrant.

¶ e. Nunc ut sum pollicitus (inquit Columella) de mutis custodibus loquar: quanquā canis falso dicitur mutus custos. Nam quis hominum clarius, aut tanta uociferatione bestiam, uel furem prædicat, quàm iste latratu? quis famulus amātior domini? quis fidelior comes? quis custos incorruptior? quis excubitor inueniri potest uigilantior? quis deniq́ ultor aut uindex constantior? Quare uel imprimis hoc animal mercari, tueriq́ debet agricola: quod & uillam, & fructus, familiamq́ & pecora custodit, Columella. Mox autem subijcit uenaticum canem agricolæ inutilem esse: ideoq́ dicturum se de uillatico tantum & pastorali, de quibus nos etiam infra seorsim. In emptione canis, de sanitate & noxa stipulationes fiunt, eædem quæ in pecore, nisi quod hic utiliter exceptum est. Alij pretium faciunt in singula capita canum: Alij ut catuli sequantur matrem: Alij ut bini catuli unius numerum obtineant, ut solent bini agni unius ouis: pleriq́ ut accedant canes, qui consueuerunt esse unà, Varro. Quo colore eligendi sint canes docet Pollux 5.11. sed ita ut de uenatorio præcipuè loqui uideatur, quamobrem eousq́ differemus. Turcę pilos in caudis canum inficiunt rubro colore, Blondus. Canis in syluis à uenatoribus testiculis alligatur, ut clamore pardalin siue pantheram illiciat, ut in Panthera ex Oppiano declarabitur. Συρβηνέων χορός, ὁ τεταραγμένος καὶ συνώδης, ἀπὸ τοῦ τοῖς κυσὶν ἐπιφωνουμένου, Varinus: legendum ὑσί, id est suibus ex Suida, non κυσί. Pelles caninę ab artificibus ita præparantur, ut planè molles fiant, & chirothecis aptæ aduersus imbres: quæ æstate etiam refrigerare existimantur. Ex ijsdem ocreæ fiunt corrigijs transmissæ, quibus utuntur qui tumida & ulcerosa crura habent, duplici commoditate: nam & astricta pars minus influentes recipit humores: & laneis caligis, quarum sæpe molestus est contactus, non exasperatur. Κυνακίας (forte κυνακίαι per αι,) ἱμάντες οἱ ἐκ βύρσης τοῦ σφαγιασθέντος τετράχειρι Ἀπόλλωνι βοὸς ἐπαθλα διδόμενοι, Hesychius & Varinus. Κυνοκοπεῖν, κυνείῳ δέρματι παίειν, uide superius in a.

¶ Collaria canibus circundantur, præcipuè munimenti gratia aduersus feras, uenatorijs, maximè pugnantibus, necessaria, nec non pastoralibus utilia: quibusdam pro ornamento, & discernendi gratia: & pro amuleto aduersus rabiem, quod Gratius poëta testatur, his uerbis: Collaribus ergo Sunt qui lucifugæ cristas inducere melis Iussere, aut sacris conserta monilia conchis: Et uiuum lapidē, & circa Melitesia nectunt Coralia, & magicis adiutant cantibus herbas. Quapropter hoc in loco, tanquam communi, de collaribus agere uolui, non in pecuarijs aut uenatorijs solum: & propter affinitatem simul etiam de loris, quæ uenaticis propria sunt, quibus aduersum feras muniuntur armanturq́. Venaticis canibus (inquit Cælius 17.26.) collare munimenti causa addi solitum, quo retundi luporum impetus posset, nouimus ex Grammaticorum glossematis, & Pompeij præcipuè Festi, qui id etiam uocari millum scribit. Sed M. Varro Rerum rusticarum libro 2. dicere mellum maluit. Is millus ex corio concinnabatur, ferreis confixus clauis. Inde factum, ut quicquid præsidio nobis est, prouerbio quodam, id esse munimento pronunciemus, perinde ac sit millus cani. Poetæ armillatos uidentur appellasse canes ex hac ratione, quoniam millus sit ijs armillarum uice. Apud Græcos deræambus est latum corium (& firmum) ob canis collum. Dicitur & perideræum, atque item perideris. Xenophon in libro de uenatione ita scribit: Canum ornatus sunt, δέραια, ἱμάντες, στελμονίαι. In quo illud aduertendum, quas Xenophon stelmonias uocauit, id est fascias quibus canum latera præmuniuntur: Pollux telamonias dixit, Hæc Cælius. Canibus, ne uulnerentur à bestijs, imponuntur collaria, quæ uocantur mellum, id est cingulum circum collum, ex corio firmo cum clauulis capitatis, quæ intra capita insuitur pellis mollis, ne noceat collo duritia ferri. Quòd si lupus, aliúsue quis his uulneratus est, reliquos quoque canes facit, qui id non habent, ut sint in tuto, Varro. Atque armillatos colla Molossa canes, Propertius 4. Eleg. Ex pelle melis pharetras & canum colla obtegunt, inde melium (aliqui per l duplex scribunt) uel millium genere neutro, ut Varro: uel millus masculino, ut Festus utitur, nominatur. Scipio Aemylianus ad populum: Nobis, inquit, reique pub. præsidio eritis, qua si millus cani. Pollux libro 5. cap. 9. de uinculis, loris, & fascijs canum, sic ferè scribit: Canes ad uenationem educantur, ἱμάντι μακρῷ ἀγκυλωμένῳ ἐξηρτημένοι, id est oblongo ligati loro, quod quidem ansam habeat, id est in summo reflexum & duplicatum sit, ut firmius manu iniecta retineatur. Xenophon, οἱ δὲ ἱμάντες ἔχοντες ἀγκύλας τῇ χειρί, ἄλλο δὲ μηδέν. οὐ γὰρ καλῶς τηροῦσι τὰς κύνας, οἱ ἐξ αὐτῶν εἰργασμένοι τὰ δέραια. Omnibonus uertit, Lori manibus ansas habeant, præterea nihil: neque enim bene seruant canes, si collaria ex ipsis cótexta fuerint. Ego rē ita intelligo, Retinacula siue lora (Omnibonus masculino genere loros dicit, imitatione Græcorum puto) seorsim esse debere, & annexos tantū collaribus, non continuos: sed hæc ab illis certius petenda sunt, qui uenationem experti callent. Quod ad uocabulum ἀγκυλωμένῳ, forte legendum ἀγκυλωμένῳ: & rursus eodem capite apud Pollucem pro ἐξηγκύλωται, ἐξηγκύλωται, aut ἀγκύλωται potius: ubi de inferiore lori, quo canis ducitur, parte loquitur, eam à collari pendere scribens, & iuxta cynanchum annecti: siue quod annulo ferreo, quem ἀγκύλην appellare licet (ἀγκύλια catenarum annuli, Varinus) innectatur, siue corio, utrouis scilicet modo ita ut per foramen in una extremitate lori altera transmittatur, quod nodi genus nostri uocant ein litsch: sic enim facile erit cum ad cursum dimittetur canis, nodum resoluere, uel ut Græce dicam, τὴν ἀγκύλην ἐκλύειν, ὡς μὴ τεινόμενοι ῥηγνύωνται. Ἐνηγκυλωμένα, ἐντεταμένα, ηὐτρεπισμένα Varinus interpretatur, rectè quidem, sed eo solum in loco, id est ad exemplum propositum, quod est, ἐπὶ κατασκοπὴ παρεγένοντο, ὧν καὶ τὰ τόξα ἐνηγκυλωμένα φέροντες ἑλῶναι, arcus tensos, incuruatos, & ad sagittandum paratos. In lexico Græcolat. ἀγκύλην quidam exponit lorum in modum catenæ intortum, sine authore. Sed ad rem, Ornamentum canis, inquit Pollux, deræambus dicitur, id est collare (ut iam ex Cælio diximus) intra quod assuta esse debet agnina pellis, ne collum canis corio atteratur. Telamonia, τελαμωνία, similiter latum est lorum ἑκατέρωθεν ἀπὸ τοῦ δέρραιου περὶ τὰς πλευρὰς παρήκων ἐναλλάξ, ὡς τῶν τενόντων τὰ μετὰ τὰς ὠμοπλάτας ἄκρας καὶ τὰς λαγόνας στεγόντων, malim στέγειν, id est utrinque à collari circa latera procedens obliquè (ἐναλλάξ: quod uerbum ita intelligo, ut telamoniæ ambæ se mutuo decussent: hoc est, ut lateralis fascia ea quæ à dextra collaris parte incipit, obliquè feratur ilia sinistra uersus: quæ uerò à sinistra collaris parte procedit, ad ilia dextra) ita ut summa dorsi pars, Græci tenontas dicunt propter latos illius loci tendines, post armos extremos, & ilia quoque obtegātur. Verbi ἐναλλάξ hanc esse significationem apparet apud Suidam in ἐναλλαδὸν. Τένοντας pro ceruice & summa dorsi parte accipi ex Varino probari potest. Cæterum claui, inquit Pollux, ἧλοι ἐγκεντρίδες, in telamonijs erant: & hæc ad ἐπίσειον (id est locum supra pudenda) usque extenduntur, ne canis iniri possit, clauis inscendentium audaciam reprimētibus, ne ex ignobilibus concipere possint. Porrò à collari longum & angustum dependet lorum, quod iuxta cynanchum innectitur: eoque canis circunducitur. Sunt qui etiam terga canum ualidis corijs operiant, quæ & ipsa à collaribus procedunt (περὶ τὰς ὑποδερίδας ἀνάψαντες) ita ut canes hoc modo muniti nequaquam facile à pugnacibus feris, quas adoriuntur, uulnerari possint, Hactenus Pollux. Notandum est apud Pollucem δέρραιον per duplex rho scribi, Aeolicè nimirum, cum apud alios reperiatur cum simplici rhô communiter. Apud eundem perideræon primum simplici, postea duplici rhô legit: deriuantur enim omnes hæ uoces ἀπὸ τῆς δέρης ἢ δειρῆς, id est à collo, quā uocē deducunt Græci à uerbo δέρειν uel δείρειν, quoniam excoriari illic incipiant animalia: solent autem Aeoles uerba in ειρω, paroxytona mutare in ερρω, ut κείρω κέρρω, δείρω δέρρω. Δερισὴς, ὁ συνέχων περιτραχήλιος, Varinus. malim κυνάγχης pro συνέχων, ut in sequente uocabulo: Δέρρισις, κυνάγχης περιαυχένιος, Hesychius & Varinus. Δερρισὴς, περιδέρραιον ἵππης, Iidem. Δέραια, περιτραχήλιος κόσμος, Suidas & Varinus. Δέραια, περιτραχήλια, παίγνια: τὸ αὐτὸ καὶ δεραιοί, Hesychius. Περιδέρραια, περιτραχήλια κόσμια, Suidas. Περιδέραιον, περιτραχήλιος κόσμος, ἀπὸ τοῦ δέρρη Αἰολικῶς, ὃ σημαίνει τὸν τράχηλον, Varinus. Ὑποδερὶς Polluci non aliud quam περιδερὶς uidetur. Hypoderæon & hypoderidem Varinus exponit ornamentum muliebre, monile, murænulam. Deræa, id est collaria (inquit Xenophon) sint lata & mollia, ne atterant canum pilos. Stelmoniæ etiam (fascias uertit Omnibonus) loros habeant latiores, ne terant lagonas, id est latera uel ilia canum: clauatæ sint etiam (encentridas, id est clauos insutos habeant) ἵνα τὰ γένη φυλάττωσιν, ut ab angustijs defendant, Omnibonus. Ego uerterim, ut genera canum conseruentur, nec ignobiliorum coitu degenerent: clauos enim eam ob causam posterioribus quoque quoq; loris addi Pollux monet, τοῦ μὴ ἐμπλησθῆναι αὐτὰς ἐξ ἀγεννῶν χάειν, id est ne ex uilioribus canibus concipiant. Τελαμὼν, lorum latum scuti uel gladij, ἀπὸ τοῦ τλῶ τὸ καρτερῶ, ὡς καρτερικὸς καὶ ἰσχυρὸς ὢν βαστακτικός, Vide Varinum. Σπλμόνια, ζώματα, Hesych. Varinus. Hesychius telamonem similiter exponit, item δεσμὸν, φασκίαν. Sic & in ædificijs telamones uocantur signa quæ sustinent, ut inquit Seruius, Græci atlantes uocitant, utraq; nimirum uoce ἀπὸ τοῦ τλᾶν, id est à tolerando & sustinendo facta. Herodoto telamônes sunt linteola uel splenia quibus uulnera obligantur. Περιβαλὼν δὲ περὶ τὰς χεῖρας αὐτοῦ τελαμῶνας, προσέδησε τῇ κλίνῃ, Iamblichus: id est, Iniectis manibus eius uinculis alligauit eum lecto. Κυνοῦχος ὁ τὸν κύνα κρατῶν δεσμός. Κόλπαν ἀσλέγγιστον, ἀχάλκωτόν τε κυνοῦχον, in epigrammate: est etiam peræ uel sacculi genus, Suidas, Hesychius, Varinus. Quærendum an idem sint, κυνοῦχος, κύναγχος uel κυνάγχης, & περιδέραιον. Τὸ δὲ περιδέραιον ἐξῆπται τοῦ ἱμάντος, ὅς περὶ τὴν κύναγχον ἐξηγγύλωται, καὶ ἀπὸ τούτου ἄγεται ὁ κύων, Pollux: quibus uerbis licet perideræon à cynancho distinguere uideatur, dubites tamen an uariandi solum gratia (quod libri eius argumento conuenit) de re eadem duo statim nomina posuerit: quin & in lexicis Græcis δέῤῥισις κυνάγχης exponitur. Κυνοῦχον ἀχάλκωτον dixerim millum sine clauis, aut ex corio. Nam & ferreum instrumentum cynanche erat, quo sontium colla clauduntur: quod catulum ferreum Plautus appellauit: alij similiter, ut in canibus, collare. Lucilius libro 9. Cum manicis, catulo, collareq;, ut fugitiuum, Deportem: ut citat Nonius. Eodem sensu collariam fœm. gen. protulit Plautus in Capt. Hoc quidem haud molestu'st iam, quòd collus collaria caret. Sed de sontium uinculis supra etiam docui, prima huius capitis parte. Λαιμοπέδη quoq; uinculum circa canis collum significat, Καὶ τὴν θυρείνων λαιμοπέδην σκυλάκων, in epigrammate, Suid. Varinus. Eandem uocem Suidas in Δεξαιοπέδη, laqueum interpretatur quo capiuntur aues: quanquam ipse incertius scribit τὸ ἰξευτικὸν λίνον, quod pro reti potius aliquis accipiat. Κλοιὸς pro collari tum canum tum sontium apud Varinum legi, παρὰ τὸ κλείειν, id est à claudendo: inuenitur & κλωός.

¶ Κυνέη, κυνῆ, κυνέα, κυνέη, omnia fœm. gen. & κυνίας masculini, nomina Græcis pileum, uel petasum & galerum significant: aut ut aliqui interpretantur περικεφαλαίαν, id est galeam, quod ab initio ex canina pelle (nam ad κυνῆ & similes uoces fœminini gen. δορὰ, id est pellis subaudit, ut in λυκῆ, παρδαλῆ, &c. masculinum κυνίας ad πῖλον referri potest:) siue terrestris canis siue fluuiatilis, ut Varinus scribit, galeæ uel pilei tales fierent: quibus postea ex alia etiam materia factis idem nomen remansit. Ego potamij, id est fluuiatilis canis mentionem non memini usquam reperisse (nisi quod Syluaticus cynopotamon castorem exponit:) marini frequentissimè. Solebant autem ueteres capitis tegumenta ex pellibus diuersis conficere: proinde Varinus, Diuersa, inquit, περικεφαλαιῶν genera sunt: & inter cætera κτιδέη κυνέη (ex pelle mustelæ rusticæ, aut lupi secundum alios) & quæ proprie cynea uocatur, alia ex taurino, alia ex caprino corio, uel ex quouis alio. In Germania multis in locis non ex castoris, sed lutræ pelle cum suis pilis, tegumenta capitis parantur, quæ ditiores tantum ferunt, non rustici, ut ueteres suas cynâs, sed in ciuitatibus. Non peccauerit autem si quis lutram quoq; canem fluuiatilem appellârit. Κυνέαν, aliâs κυνῆν, in Peloponneso petasum uocabant, Varinus & Suidas, apud quem πέλωτις mendosè legitur. Hesychius κυνῆν pileum (πῖλον, de qua uoce in Tauro docui) Arcadicum interpretatur, alij Laconicum. Κυνίας, πῖλος, ἢ χείρ, Varinus & Hesychius: & forte χείρ, id est manus pro chirotheca & manuum tegumento hic accipi debet: ut πῖλος quoq; non capitis tantum est, sed pedum etiam ex simili & similiter parata lana. Dubitet aliquis quomodo canina pellis uel aliorum animalium pericephalææ, id est galeæ usum implere potuerit, cum propriè dicta galea ex ære aut ferro constet, & quamuis graues ferri ictus tutò excipiat. Respondeo pericephalææ nomẽ, ut etiam πῖλον, commune mihi uideri ad omne capitis tegumentum, non militare tantum. Πῖλον χαλκοῦν, id est pileum æreum in Aristophanis Lysistrata legi testatur Suidas in λέκιθος. Apud eundem poëtam in Acharnensibus πῖλον τὸ μέγα πεσὸν πρὸς ταῖς πέτραισι, δεινὸν ἐξήνεγκε μέλος: scholiastes exponit galeam ex ære delapsam per petras uehementer sonuisse: ut πῖλον uideatur pro πῖλον accipere, non ut alij pro penna, quæ nullum suo lapsu sonitum ciet: sed ex comicorum iocis propria uocabulorum significata rectè probari non possunt, cum ijs sæpe abuti & παρ' ὑπόνοιαν loqui soleant. Κυνέαις περικεφαλαίαις πρὸς τὸν ὄμβρον ἐχρῶντο, Varinus: id est cyneis dictis, uel ex pelle canina pericephalæis, contra pluuiam utebantur: at galeis ferreis in pluuia nemo utitur: sed neq; rustici galeas portant, cum grammatici κυνῆν exponant pericephalæam quæ rusticis in usu sit: item Mercurium pericephalæam habere petasum. Hinc nemo non intelligit pericephalææ nomen esse commune tum galeis proprie dictis (quarum differentias in hac uoce Varinus enumerat) tum alijs pileis diuersis. Sic etiam κυνῆ aliâs tanquam commune uocabulum usurpatur, aliâs pro lato crassoq; & rustico ac uiatorio pileo, quem à latitudine etiam petasum uocant: qualem Mercurio utpote nuncio tribuunt. Eadem puto forma galeri erat, rotunda & lata, arcendis æstibus. Et temperat astra galero, Statius 1. Theb. Flauo crinem abscondente galero, Iuuen. Sat. 6. Nomen habet galerus (uel galerum) quod in modum galeæ esset factus, ut inquit Varro. De camelaucio & causia in Camelo dixi. Strepsiades apud Aristophanem in Nubibus conqueritur, quòd miser nõ secum domo κυνῆν attulerit, propter pluuiam nimirum. Τοῖς δὲ εἵλωσι πᾶν ὑβριστικὸν ἔργον ἐπέταττον πρὸς πᾶσαν ἄγον ἀτιμίαν. κυνῆν τε γὰρ ἕκαστον φορεῖν ἐπάναγκες, Athenæus libro 14. id est, Helotis autem opus omne iniuriosum & ignominiosum imperabant: cogebatur enim quisq; ferre cynam, ut Bayfius transfert. Qui Strabonis etiam uerba ex libro 6. de origine Tarenti citat, quæ sequuntur: Conuenerat ut Hyacinthinis insultus initium fieret in populares, quando habita in Amyclæo ludorum celebritate, Phalanthus capiti cynam imponeret. Loquitur inquit, de insidijs quas Lacedæmoniorum helotes, id est mancipia uocati, & Partheniæ popularibus struxerāt. Cynam paulo post idem author (ut opinor) ex Ephoro, pileum Laconicum appellat, licet aliter rem ipsam narret, Hæc Baysius. Κυνέην aliqui dictam putant à Cyne (ἀπὸ Κυνὸς) huius nominis artifice, qui primum id genus pilei parauerit, Suidas, Etymologus, Varinus. Demosthenes contra Neæram, οἱ δὲ τὰς κυνᾶς τὰς σιωπὰς ἔχοντες. Mercurius arietem sub axilla ferens, & capiti gestans impositam κυνῆν, &c. anathema Arcadum in templo quodam Hierocæsariæ, Pausanias in Eliacis. Cynæ diuersæ fiebant, sed pulcherrimæ in Bœotia, quas rustici gestabant, Varinus. Theophrastus libro 3. hist. plant. cap. 10. de abiete fœmina scribens, ἔχει δὲ πτέρυγας τὸ φύλλον, καὶ ἐπ' ἔλαττον, ὥστε τῇ ὅλῃ μορφῇ εἶναι θυλοειδῆ, καὶ παρόμοιον μάλιστα ταῖς Βοιωτίαις κυνῆαις, &c. lego κυνέαις. Gaza imperitè uertit cyathis. Minerua apud Homerum in Diomedis curru, ne uideretur à Marte Orci galeam (Ἄϊδος κυνῆν) subiuit: hanc aiunt omnium in natura rerum nigerrimam esse. Grammatici crassissimam nubem interpretantur. Hinc prouerbialiter κυνέην φορεῖν, id est galeam ferre dicitur, qui in fraudulento aliquo facinore latet, & tanquam Orci tenebris occultatur, Varinus. Λαβὲ δ' ἐμοῦ γ' ἕνεκα παρ' Ἱερωνύμου σκοτοδασυπυκνότριχα τὴν Ἄϊδος κυνῆν, Aristophanes in Acharnensibus. Hieronymus, inquit Scholiastes, in comœdijs irridebatur tanquam nimis comatus: quapropter hic comico ioco Orci galeam ei attribuit, ceu qui sub nimia coma eaque deformi & squalida (quo sensu Græci uerbum κομᾶν proferunt) propemodum lateret. Vide Erasmum in prouerbio Orci galea. πλοῖον ἢ κυνῆ, Nauis aut galerus, de re ancipiti & dubia, ut Suidas exponit: extat apud Aristophanem in Auibus: ubi Irin quæ alata & petasata aduolauerat, quidam interrogat, ὄνομα δέ σοι τί ἐστι; πλοῖον ἢ κυνῆ; Poterat enim nauis appellanda Iris uideri, eò quod alis tanquam remis aërem traijceret: similiter enim extensæ alæ sulcant aërem, ac remi aquam: uel quod uestis eius in cursu (uolatu) sinuata esset. Κυνῆ autem, uel galerus, propter petasum pileum, quo tanquam nuncia utebatur, ut Mercurius quoque: nam & Sophocles in Inacho cynam Arcadicam Iridi attribuit, Hęc ferè Aristophanis Scholiastes: pro cuius uerbis, πλοῖον μὲν, καθὸ ἐπτέρωται (scilicet ipsa Iris) καὶ τὰ πτερὰ διαπέπταται ὡς κώπη, (lego κῶπαι;) apud Suidā sic legitur, πλοῖον μὲν, καθὸ ἐπτέρωνται αἱ τριήρεις, καὶ τὰ πτερὰ διαπέπτανται ὥσπερ κῶπαι: facili quidē lapsu ut pro ἡ Ἶρις, scriberetur αἱ τριήρεις: hinc deceptus Erasmus multa de triremi & malo petasata nugatur, nulla interim Iridis eiusque habitus mentione, à qua tamen primariò prouerbium hoc descendit. Canautas capitis ornamenta ueteres dixêre, Festus. Hesychius bis κυνῆν exponit οἰκίαν, id est domum: cuius interpretationis occasionem aliam non uideo, nisi quod suspicor, σκηνὴν aliquem οἰκίαν exposuisse, eamque uocem postea ab imperito aliquo in κυνῆν mutatam: non pauca enim similia in Græcorum lexicis offendimus. Κυνεῖν, pro προσκυνεῖν, id est adorare, uerbum recentiores quidam à cynâ, id est pileo factum putant: quod adorantes pileum à capite dimoueant: sed huius etymi neminem ueterum, quod sciam, authorem habent: κυνεῖν proprie amare significat uerbū deriuatū à primitiuo κύειν. Lamachus in Acharn. Aristophanis, τί με σὺ κυνεῖς; scholia σαίνεις exponunt.

¶ f. Canarij circa Atlantem Africæ montem dicti sunt populi, quod uictus eius animalis ijs promiscuus sit, & uiscera ferarum diuidua, Plinius 5. 1. Infelices Hispanos, qui Nicuesam secuti, Beraguam habitandam elegerant, oppressit egestas tanta, ut neque à scabiosis canibus, quos uenatus & tutelæ causa secum habebant (in certaminibus nanque cum nudis incolis canum opera plurimum utebantur) neque aliquando à peremptis incolis abstinuerint, Petrus Martyr in rebus Oceanicis. Et rursus alibi, Vaschum Nunnez quendam nescio quo in loco Noui orbis ad tantam inopiam peruenisse ait, ut scabiosas canes & cœnosas bufones, ac huiuscemodi alia pro delicatis epulis edere fuerint coacti.

¶ h. De cane quem Vulcanus ex ære Monesio conflauit, inter uenaticos celeres dicam. Alciati Emblema in impetum inanem, Lunarem noctu (ut speculum) canis inspicit orbem: Seque uidens, alium credit inesse canem, Et latrat: sed frustra agitur uox irrita uentis, Et peragit cursus surda Diana suos. Anthologij Græci libro 4. inter epigrammata in imagines animalium, ultimum est authoris incerti in Priapum horti custodem, quem canem ficulneum uocat, Τὸν πρασιῆς φύλακα μακρὰν ἀπὸ τῆλε φυλάξαι. Τοῖος ὁ κύων ὃν ὁρᾷς, ὦ παρ' ἐμ' ἐρχόμενε, Σύκινος, &c. Brodæus pentametrum claudicare scribit, & legēdum, Τοῖος κύων ὃν ὁρᾷς. Mihi per συνεκφώνησιν κύων monosyllabum efferri posse uidetur, quam uocem ideo retinere malim, quia conuenit Priapo, cum pudendum significet, ut supra exposui. Epitaphia quędam canum diuersorum, in suis infra generibus referam, ut uenatici inter uenaticos, &c. ¶ De canum quorundam (Hecubæ in canem mutatæ, Auræ canis Atalantæ, Xanthippi) sepulchris, unde locis etiam imposita nomina, superius dixi parte 1. huius capitis. Apud Molossos canes inhumari solitos aiunt. Honori defuncti canis ciuitatem constituisse Magnum Alexandrum Theopompus scribit, Cælius. Bactriani, ut Onesicritus scribit, eos qui iam senio morbóue confecti sint, uiuos canibus apponere solebant, ad hoc ipsum de industria enutritis, quosque illarum gentium uocabulo sepulchrales uocent, Cælius. Diogenes dicebat, si canes eum lacerarent Hyrcaniam hanc sibi fore sepulturam: sin uultures, Caspiam, Stobæus: apud quem tamen non Caspiam, in uulgatis simul & manuscriptis codicibus, sed ἀπτίον reperi. Verum cum alij Indos, alij Iberos & Caspios cadauera uulturibus lancinanda proposuisse scribant, Gyraldo teste, ἀπτίον uox corrupta ad Κασπία uel Κασπίων propius mihi accedere uidetur.

¶ Κυνῶν

¶Κυνῶν ὑλαγμὸς ἐχθρικὴν δηλοῖ βλάβην, Suidas, Varinus. i. Canum latratus (in somnis auditus) mali aliquid ab inimicis metuendum monet. Asperi & latrantes canes iniurias hominibus præsagiunt, & magna damna: Alieni canes si blandiuntur, dolos & insidias nunciant, &c. Artemidorus: Idem de uenaticis, custodibus, & alijs, quid significent in somnis, seorsim nugatur. ¶Aethiopes Sambris proximi summam regiæ potestatis cani tradunt, de cuius motibus quisnam imperitet, augurantur, Solinus. Natio Aethiopum est quæ canem, & habet regem suum, & illius etiam appetitui paret: si adulatur, eum non iratum esse credunt: si latrat, iram agnoscunt: tum etiam uellicationes, ululatus, discursus coniectantes, ei obtemperant, Aelianus. Apud Aethiopes gens (Nubas quidam uocant) in Africa Ptoemphanę fuere, quibus regis uice canis dominabatur, quem mirificè obseruabant: ex illius enim motu & nutu imperia, & quæ essent placita augurabantur, Gyraldus ex Plinio. Canem locutum in prodigijs, quod equidem annotauerim, accepimus: & serpentem latrasse, cum pulsus est regno Tarquinius, Plinius. Equidē etiam uerba priscæ significationis admiror. Ita enim est in commentarijs Pontificum: Augurio canario agendo dies constituantur, priusquam frumenta uaginas exeant, & antequam in uaginas perueniant, Plinius. De sacrificio canario (quamuis Gyraldus canarium augurium & sacrificium idem faciat) quod pro frugibus Caniculæ syderi immolabatur, inferius dicam. Pausanias Eliacorum lib. 2. scribit de Thrasybulo (Gyraldus Thrasyllum uocat) quodam uate Iamida (ex Iami Apollinis filij familia) cuius imago in Olympia sit, cui galeotes (id est stellio, non mustella aut feles ut Cælius suspicatur) ad dextrum humerum arrepat, & canis assistat, uerū intercisus, ac iecur patefaciens, quod is primus extis canum inspectis uaticinium instituerit: quem locum in Lectiones antiquas suas transtulit Cælius 13. 35. Scribam significaturi Aegyptij, aut prophetam, aut splenem, aut odoratum, aut risum, aut sternutationem, canem pingunt. Scribam quidem, quoniam eum qui debet esse perfectus scriba, oportet multa meditari, adlatrare omnes quodammodo, agrestem esse, nemini gratificari, quemadmodum nec canes. Prophetam, quoniam præ cæteris animalibus admiratur canis, & obtutu firmo intuetur simulacra deorum, quemadmodum prophetam. Splenem, quoniam leuissimum splenem canis habet: & ex eo mors est illi, & rabies aliquando: & ministri canem curantes, cum est moriturus, ut plurimum splenetici fiūt. Odoratum uero, risum, & sternutationem: quoniam qui planè sunt splenetici, neq; odorari, neq; ridere, neq; sternutare possunt, Orus in Hieroglyph. interprete Bernardino Vicent. Magistratum scribentes iterum canem pingunt, cui addūt regiam stolam nudæ figuræ appositam: Quoniam quemadmodum canis, ut ante dictum est, in deorum simulacra intentis oculis prospicit: sic & magistratus antiquis temporibus in nudum regem prospiciebant, cuius gratia uendicat sibi regiam stolam, Orus ibidem. Et alibi, Canis auersionem significat. In homine impudente etiam, pro quo ranam pingunt, canis meminit nescio qua ratione, nam cum ranam in oculis sanguinem habere dixisset: & impudentes esse, quibus tales sint oculi, subijcit, Hinc illud Homeri, οἰνοβαρὲς κυνὸς ὄμματ' ἔχων: quasi uero canis etiam sanguineos habeat oculos. Canem album fidei symbolum esse iam supra in d. ex Gyraldo docui. ¶Veteres iurabant per canem, ut in Ansere dicemus. Cur sacerdotem (flaminem dialem) cane & capra abstinere, & ne tangere quidem aut nominare oportuerit, explicatur à Plutarcho in quæstionibus rerum Romanarum. De capra aliâs: Quod ad canem, inquit, minus quidem ille libidinosus, minus etiam quàm capra fœtidus est. Dicunt tamen aliqui non fas esse canem arcem Athenis ingredi, ut neque Delum insulam, eò quòd in propatulo coëant, tanquam boues sues & equi in thalamis, non autem publicè & inuerecundè misceantur. Sed illi ueram causam ignorant: iccirco enim à sacris & asylis templis canem arcent, utpote animal pugnax, ut tutum accessum supplices habeant. Videtur autem Iouis quoq; sacerdos, uiua quædam uel ædes uel imago Iouis existimatus, ad quam libere supplices nemine prohibente aut terrente confugerent. Quamobrē lectulus eius in uestibulo domus erat, &c. Ad hæc canis animal impurum credebatur, nec ulli cœlestium deorum sacrū, sed Hecatę, Marti, &c. (ut inferius repetam,) Hæc Plutarchus. Canem alere in Delo nefas erat, Strabo lib. 10. Panegyrin canum mense Augusto ab Romanis solitam celebrari, auctores Gręci sunt, monumento urbis captę ab Gallis. Tunc uerò cædebantur canes, qui & ἀνύλακτοι, id est sine latratu agebant, anseribus ampliter sonoreq; inclamantibus. Hoc ipsum arbitror à Plinio significatum libro 29. ubi canes ait annua pendere supplicia inter ædem Iuuentutis & Sumani, in furcas uiuos arbore fixos sambucea, Cælius. Viuæ canes cruci sambuceæ affigebantur à Romanis, & ansere insidente inter ædes Iuuentutis & Sumani deferebantur, Gyraldus. Sed hac de re etiam in Ansere dicam. Caribus exta canis deis offerre mos fuit, unde factum est prouerbium Caricum sacrificium: nam pro hirco canem mactabant, authores Diogenianus, Hesychius, Arnobius. Meminit etiam Suidas. Catulos lactentes adeo puros existimabant ad cibum, ut etiam placandis numinibus hostiarum uice uterentur his, Plinius. Apud Bœotios expiatio fieri publicè solebat cane per medium duas in partes dissecto, inter quas transibāt, Plutarchus problemate iam citato. Vbi apud Græcos canis immolaretur, Leonicenus in Varia historia 1. 6. Romani in Lycæis, quæ Lupercalia uocant, Februario mense canem immolant, cuius rei causam Plutarchus in quæstionibus Roman. inquirit: Canis sacrificio, inquit, omnes ferè Græci utebantur, & etiamnum quidam utuntur ad expiationes. Et Hecatæ catulos cum alijs ad expiationem pertinentibus exponunt: & eos qui expiari opus habent catellis lustrant, (περιμάττουσι) hoc expiandi genus periscylacismon uocantes. Aut quia canis lupo inimicus est, ideo in Lupercalibus immolatur.

u

Aut quia Lupercos in urbe discurrentes canes latrant & molestant. Aut quoniam Pani hoc sacrificium peragitur, cui canis propter caprarum greges gratus habetur, Hæc Plutarchus. Idem in eodem cur canis in urbe non appareret cum rem diuinam Herculi faciebant, hāc rationem affert: quoniam canis Herculi semper molestus fuerit: ut Orthus (sic suspicor legendum pro ὄντος) & Cerberus: & cum Licymnij filius Oeonus propter canem occisus esset ab Hippocoontidis, præliari cum ipsis coactus, præter multos alios amicos Iphiclum fratrem amisit. Plura de Lupercalibus eorumque ritu leges apud Plutarchum in uita Romuli. Vide ne non rectè Gyraldus ex Plutarcho citet perisςylacismum sacrum esse ex catulis: sacrum enim uel sacrificium ab expiatione differt. Cur Genetæ manæ dictæ canem sacrificant, & ne quis ex domesticis χρηστός, id est bonus euadat, precantur? An quia Geneta generationis dea est: & quemadmodum Græci Hecatæ, sic Genetæ Romani canem immolant pro domesticis? Socrates quidem Argiuos scribit Ilithyiæ, id est Lucinæ canem sacrificasse facilioris puerperij gratia. An forte hæc precatio ne quis domesticorum bonus fiat, non ad homines, sed canes domesticos pertinet? canes enim asperos & terribiles esse oportet. An quia defunctos χρηστοὺς & κομψοὺς nominabant (id est bonos & elegantes) ne quis ex domesticis moriatur, obscurè petunt? nec mirum, cum Aristoteles quoque referat in pacto Arcadum cum Lacedæmonijs μηδένα χρηστὸν ποιεῖν, pro eo quod est neminem occidere scriptum fuisse referat, Plutarchus in quæstionibus Rom. De Gynæcea & Geneta deabus uide Gyraldum Syntagmate 17. Genito mane catulo res diuina fit, & in cœnis deûm etiamnum ponitur catulina, Plinius. Ego pro Genito mane legendum puto Genitomanæ, uel ut Plutarchus scribit in Rerum Romanarū quæstione 50. γενέτῃ μάνῃ, deæ scilicet ita uocatæ: manum ueteres bonum uocabant, quanquam Gyraldus Bonam deam (quæ & Rhea uocatur et alio nomine Gynæcea, ut ipse inquit,) à Geneta dea separat Syntag. 17. Cynetiam, κυνητίαν, Hesychius & Varinus interpretantur Ἄργεως κόρην, ἢ Ἀθηνᾶν, ἢ Πειθώ. Quamobrem laribus ijs quos proprie præstides (præstites) uocant, canis assistit, & ipsi canum pellibus uestiuntur? An quia præsides domus custodes esse conuenit, externis terribiles, quemadmodū canis est: domesticis uerò mites ac benignos? An potius uerum est quod Romanorum quidam dicunt, & Chrysippo philosopho probatur, malos quosdam dæmones circuire, quorum opera dij tanquam lictorum & carnificum utantur puniendis impijs & iniustis hominibus: & ex horum numero etiam lares sunt, noxij dæmones uitæ & familiarum inspectores: eamque ob causam caninis pellibus amiciuntur, & canem assistentem habent, ut qui in malis hominibus inuestigandis puniendisque acres natura sint, Plutarchus in causis Rom. Lar familiaris ab antiquis, teste Plauto, in canis figura efformabatur, Gyraldus: Et mox, Valde (inquit) considerandum puto, quid tādem sibi Cornutus seu Probus grammaticus in Persij Satyris uoluerit, cum scribit: Succinctis laribus, inquit, quia Gabino habitu cynomia, id est canina pelle dei penates formabantur, obuoluti toga supra humerum sinistrum, & sub dextro. De Serapidis cane in Cerbero dicam. Hecatæ canis immolabatur, ut quæ Proserpina existimaretur, ut Plutarchus scribit, & Lycophronis interpres, citans illud Sophronis in Mimis, ὁ γὰρ κύων βαυβύζας λύει τὰ φάσματα: hoc est, Canisque baubans dissipat phantasmata. Cælius addit, sicuti æris tinnitus quoque, aut eiusmodi quippiam. Huc respexisse uidetur Vergilius in Bucolicis, hoc uersu, Nèscio quid certe est, & Hylax in limine latrat. Ab Hebro flumine haud ita dissita est ciuitas nomine Zona, post quam habētur Orphei quercus sub quibus est Zerynthium antrum: quod tamen in Samothrace statuunt alij: & Lycophron esse Zerynthium scribit κυνοσφαγοῦς θεᾶς, quam Hecaten interpretamur, Cælius. Hecaten τρισοκέφαλον Ausonius tergeminam uocat, quod caput eius dextrum sit equi, sinistrum canis, medium hominis agrestis, ut scribit Orpheus in Argonauticis, Cælius 20. 6. Hecatæ canes antiqui tribuebant, Theocritus in Pharmaceutria, Τᾷ χθονίᾳ δ' Ἑκάτᾳ, τὰν καὶ σκύλακες τρομέοντι; Hoc est, Terrestri Hecatæ, quam & catuli metuunt. Scholia addunt à poëta id dictum quoniam catuli auferrent Hecatæ cœnam, Gyraldus: (malim, quoniam catulos Hecatæ pro cœna offerrent. Plutarchus, χθονίᾳ ἢ δεῖπνον Ἑκάτῃ πεμπόμενος εἰς τριόδους κύων, ἀποτροπαίων καὶ καθαρσίων ἐπέχει μοῖραν. Tibull. Sola feros Hecates perdomuisse canes. Scribit Sophron, & item Lycophron, à Diana canes iugulari: quin & speluncam fuisse Hecates in Zerantho, Lycophron hoc senario cecinit, Ζήρανθον ἄντρον τῆς κυνοσφαγοῦς θεᾶς, (uel ut Cælius legit τῆς κυνοσφαγοῦς θεᾶς λιπών:) Zeranthon est antrum Canisuoræ deæ. Putauit autem id fuisse in Samothracia: Stephanus citans hūc senarium, in Thracia: Nicandri interpres ibidem ad quercus Orphei. Verum enimuero (inquit Gyraldus) si eadem Hecate & Diana sit, non mirum illi attribui canes, ut uenatrici. Hinc Liuius Andronicus in hymno, ut est apud Terentianum, Dirige odorisequos ad certa cubilia canes: uersus est myurus. Vergilius, Notior ut iam sit canibus non Delia nostris. Porrò ait etiam Phurnutus, canes ideo Triuiæ sacratos, quod illi iugulari solerent. Alij, propter uenationem. Quidam etiam attribuūt, quod & Proserpina putetur, cui canes, id est Furiæ ascriberentur. Horatius Serm. 1. Viderat infernas errare canes: (κύων, ἐριννὺς, Varinus:) Vel quod, ut ait Vergilius, Nocturnis Hecate triuijs ululata per urbes. Ad hæc scribit Hesychius, simulacrum Hecates canem fuisse, uel quod ei immolarentur canes: uel quod ipsam nōnulli cum capite canino, hoc est cynocephalon effingerent, Gyraldus. Exta canum Triuiæ uidi libare Sabæos, Et quicunque tuas accolit Aeme niues, Ouid. De sacrificio Hecatæ celebrato Romæ Idibus Augustis plura uide apud Gyraldum Syntag. 17. Canes adhibebantur Aesculapij templo, quod is uberibus canis sit nutritus, Festus. Cynetheus Iupiter sic cognominatus, quoniam uenationem Arcades, utpote rudes

(rusti

(rusticioris uitæ homines) antiquitus exercebant: uenãdi uerò ars cynegia & cynegetice Græce uocatur: cynegétes & cynegòs uenator: quare cynegetes Iouis potius cognomen ipse putarim, quàm Cynetheus: licet id libẽtius docti quidã (Cęl. 16.3.) scriptis suis afferãt, Gyral. Catuleana Minerua dicta, dè qua Plin. lib. 34. de Euphranoris Alexandro, id est Paride agens: huius est, ait, Minerua Romæ, quæ dicit Catuleana, infra Capitolium à Q. Luctatio Catulo dicata. Sunt qui libentius Catulianã legãt, Gyrald. Canes à Caribus Marti immolari Apollodorus & alij scripserunt, teste Arnobio. Marti ueterum quidam canes immolabant, propter eius animalis audaciam, Gyrald. Ἐν Λακεδαίμονι δὲ φονικωτάτῳ θεῶν Ἐνυαλίῳ σκύλακας ἐντέμνουσι, Plutar. Marti canes immolãt διὰ τὸ θρασὺ καὶ ἐπιθετικὸν τοῦ θεοῦ, Phurnutus. Lacedæmonij Marti Enyalio canem mactabant, ut ait Pausanias in Lacon. Scribit enim ephe-
10 bos Lacones cum pugnam essent inter se inituri, Marti canis catulum noctu immolasse, deo scilicet ualidissimo uictimam ualidissimam inter cicures dicare se arbitrantes. Subdit idem, catulos quod sciat, non sacrificari ab alijs Græcis, Colophonijs exceptis, qui catellam nigram nocturno tempore immolabant Triuiæ, τῇ ἐνοδίᾳ. Quare mirum est quosdam Enodio deo scripsisse potius, cum Mercurius eo cognomine dictus sit, Gyraldus. Quidam humana cum brutis iungebant: & quę in natura dissimilia erãt, ut ait D. Athanas. deos suos fecerũt, cynocephalos, ophiocephalos, &c. Nec Anubin modo canis facie: sed & canes ipsos in tota Cynopolitana pręfectura coluère, Gyral. Omnigenũq; deûm monstra & latrator Anubis, Verg. li. 8. quo loco Seruius, Hunc uolũt, inquit, esse Mercuriũ, ideo capite canino pingitur, quia nihil est cane sagacius. Tertullianus & D. Augustinus uidentur cynocephalum pro Anubi deo ponere, quòd scilicet capite sit canino, non enim cynocephalum animal in-
20 telligunt. Nos in templa tuam Romana accepimus Isin, Semicanesq; deos, Lucan. Semihominem canem Sedulius dixit. Plura de Anubi, & cur capite canino effictus sit, apud Gyraldũ lege Syntag. 9. unde hæc etiam desumpsimus. Aegyptus Harpocratem quoq; habuit & cynocephalum siue Anubim: quorum imagines digitis gestare, moris etiam Romani fuit quandoq;, Cælius. Canem (alij ad Anubin hoc referunt) Aegyptij uenerantur, ex eoq; legem quampiã uocitarunt: cur id faciant, duplicem causam afferunt: Alteram, quòd cum Isis usquequaq; Osyrim quæreret, canes præcurrentes, partim unà cum ipsa puerum inuestigare conarentur, partim feras reprimerent: Alterã, quòd cũ stella canis (quem Orionis fuisse fama celebratum est) exoritur, tum cum ipso pariter Nilus sese attollens irrigationem in terram Aegyptum inuehit, in agrosq; redundat. Quamobrem canem ut fertilis aquæ conciliatorem Aegyptij uenerantur, Aelian. Sunt qui lingua Aegyptia Anubin canem
30 dici affirment. Aliqui eundem Mercurium interpretantur, & Hermanubin quoq; uocant. Strabo libro 17. in templi Heliopolitani descriptione, In ingressu fani, inquit, est pauimentum, latitudine iugeri aut paulò minus, longitudine uero tripla quadruplaue, & hoc Dromus dicitur, de quo Callimachus, ὁ δρόμος ἱερὸς οὗτος Ἀνούβιδος. Quid uerò, quod enixa Nephthy Anubim, Isis subijcit? Nempe quod Nephthys ea est obscuritas quæ sub terra latet: Isis ea lux quæ supra terram emicat. At finitor circulus, quem horizontem uocant, utriq; communis Anubis dicitur: & iure cani comparatur. Iuxta enim die noctuq; canis uidet: & eam uidetur apud Aegyptios uim habere Anubis, quam apud Græcos habet Hecate, cælo scilicet terraq; pollens. Alij Anubim Saturnum existimãt, quod ex se pariat: & ob id κύων appellatus creditur. Adde quod antiquitus ab Aegyptijs canis maximos honores meruit: quod occiso abiectoq; Api à Cambyse, ex eo nihil omnino gustârit, Cælius Calcag. in Rebus
40 Aegypt. Onosceli dæmones, mares se ut plurimum exhibent, interdum quoq; leonem & canem induere uidentur, Cælius 1. 47. Cynades, Κυνάδης, Neptunus, Athenis colebatur, Hesych. & Varin. Meminit eius Gyraldus etiam. Canario augurio (ut supra etiam dixi) constituebantur dies, priusquàm frumenta uaginis exirent, & antè quàm in uaginas peruenirent, à cane ducto uocabulo. Siquidem rutilę canes, id est non procul à rubro colore immolabantur, ut ait Atteius Capito, canario sacrificio pro frugibus, deprecandæ sæuitiæ causa syderis Caniculæ, (hoc, ut scribit Festus, Iulio mense fiebat.) Legimus in Græcorum monumentis, Exurente quandoq; Cycladas insulas Cane, atq; inde sterilitate multa ac siccitate consequuta, qui in Ceo habitabant, ex oraculo Aristæum Apollinis & Cyrenes filium accersiuerunt: aduenit is, ex Arcadia secum quibusdam ductis, templumq; erexit Iouis, quem uocauit Icmæum, quasi tu pluuium dicas. Canem quoq; rebus diuinis operatus placauit, Ceisq; le-
50 gem instituit, singulis annis eiusdem seruarent exortum cum armis, ac eidẽ rem obirent diuinam: Ex quo Argonauticôn secundo Apollonius, Κεῖοι δ' ἔτι νῦν ἱερῆες Ἀντολέων προπάροιθε κυνὸς ῥέζουσι θυηλάς. Cur uero placandis Caniculæ ardoribus immolarentur canes, nulla (quod sciã) idonea redditur ratio: nam & Ouidius Fastorum 4. ita canit, Pro cane sydereo canis hic imponitur aræ, Et quare fiat, nil nisi nomen habet. Cur autem rutilæ, forsan de Aegyptiorum superstitione duxerit initia, quãdo boues ruffos gentium illarũ ritu immolare permittebatur, quod Typhoni persimiles uiderentur, &c. Cælius. Ego propter similitudinem rutili Caniculæ coloris id potius obseruatum coniecerim. Festum quo ex canibus res diuina fiebat, rectè à canum cæde nominari Cynophontis potest: cuiusmodi apud Argos celebratum uidetur quandoq;, Cælius. Ceos solerter quotannis ortum Caniculæ obseruare, &c. supra scripsi ex Ciceronis lib. 1. de diuin. Rubigo deo uel Robigini deæ, ad arcendã
60 ex segetibus robiginem ueteres mense Aprili extis canis & ouis sacrificabãt, ut Ouid. in Fastis testatur, Gyrald. Nisi prius catulo feceris, Columella.

u 2

PROVERBIA.

¶ Agnos canibus obijcere, προβάλλειν τοῖς κυσὶν ἄρνας, dicebatur qui imbellem & litium imperitum calumniatoribus & exercitatis exponeret: hemistichium est heroicum, Erasmus ex Diogeniano. Agninis lactibus alligare canem, apud Plautum in Pseudolo. Lactes dicuntur intestina molliora. Qui canem alligat, inquit Erasmus, intestinis agninis, is non modo canem amitit, uerum & prædā ultrò dederit fugitiuo. Sic qui credit homini malæ fidei. Teipsum non alens, canes alis: Αὐτὸν οὐ τρέφων, κύνας τρέφεις, in eum dicebatur, qui cum per inopiam sibi quæ sunt ad uitam necessaria suppeditare non posset, conaretur aut equos aut famulos habere domi, &c. Si uel asinus canem mordeat, litem mouebit. Asino ossa das, cani paleas. Attali canis, in homines nimium uoraces: nam Attali canis cibum glutiebat, non gustabat, Rauisius Textor. ¶ Quid cani & balneo? τί κοινὸν κυνὶ καὶ βαλανείῳ; Vtitur Lucianus aduersum ineruditum multos emptitantem libros. Idem in Parasito, καί μοι γε δοκεῖ, ἐν συμποσίῳ φιλόσοφος τοιοῦτον εἶναι οἷον ἐν βαλανείῳ κύων. Quadrabit in eos qui ad rem quampiam prorsus sunt inutiles. Vsum huius prouerbij non prouerbialem, cum philosophus à cane rab. morsus balneum ingrederetur, supra ostendi. De usu huius prouerbij uide plura apud Cælium 30. 15. Vt canis è Nilo: Qui leuiter ac obiter artem quampiam, aut authorem degustant, hi ceu canis è Nilo degustare dicētur. Id adagij natum est ex apophthegmate quodā, cuius meminit Macrobius Satur. lib. 2. cap. 2. id est huiusmodi: Post fugam Mutinensem quærentibus quid ageret Antonius, quidā familiaris eius respondit: Quod canis in Aegypto, bibit & fugit. Nam in illis regionibus constat canes raptu crocodilorum exterritos, bibere & fugere (aliâs, currere & bibere.) Solinus ait, eos nō nisi currentes lambitare, ne deprehendantur. Certum est iuxta Nilum amnem currentes lambere, ne crocodilorum auiditati occasionem præbeant, Plin. De quo dicam etiā infra cap. 1. de diuersis canibus, ubi de Aegyptijs. Simile habent Germani, Er loufft darüber/als ein han über die heissen kolen.

¶ Ceruus canes trahit, in rem impossibilem uel præposteram. Theocritus in Thyrside, Δάφνις ἐπεὶ θνάσκοι, καὶ τὼς κύνας ὥλαφος ἕλκοι. Germani, Die rossz hinder den wagen spannen. Currus bouem trahit. Κυνώπης & canis oculum habere, in impudentes, ut supra exposui. Κυναλώπηξ, qui caninā impudentiam cum uulpina astutia coniunxit. Aristophanes Philostratum quendam (Atheniensem) lasciuiusculè se ornantem uocauit cynalopeca, ex cane & uulpe concinnata dictione, nisi ad Cynnā scortum referre malueris, Cælius: nam & πορνοβοσκὸν fuisse aiunt. Vocāt item cynalopecas canes Laconicos ex uulpe & cane natos, Varin. & Hesych. Canis ad cibum, κύων ἐπὶ σῖτον, de ijs qui in suū properāt exitium. Qui canem uolunt occidere, cibo ostenso alliciunt. Hesychius similia esse ait, Bos ad mactationem, & Sus in uincula: Vide infra, Canis in uincula. Canis corio assuetus: uide post in prouerbio Canis intestina gust. ¶ Digna canis pabulo, ἀξία ἡ κύων τοῦ βρώματος, fermè perinde ualet ac si dicas, Dignus operarius mercede sua. Et uix quisquā est tam inutilis minister, quin si non amplo salario, certe uictu dignus esse uideatur. Refertur à Suida. Simillimum illud Germanicum, Das pferdt ist seins fůters werdt. Canis digna sede, ἀξία ἡ κύων θρόνε, cum nouus honos obtigit cuipiam immerenti. Sumptum uidetur à Melitæis canibus, quibus nonnullæ mulierculæ maiorem habent honorem quàm ipsis maritis. Nisi mauis referre ad Anubim Aegyptiorum deum. Refertur à Diogeniano. Canes uel catellæ dominas imitantes, ubi qui subsunt eorum exprimunt mores (ferociam, arrogantiā, fastum, &c.) sub quorum imperio degunt. Videas autem & Melitæas opulentarū mulierum delicias, fastum, lasciuiā, totamque fermè morum imaginem reddere. Plato libro 8. de Repub. de ciuitate licentiosæ libertatis loquens: Planè, inquit, etiā bestiæ quæ ab hominibus nutriunt, quāto liberiores hac in ciuitate sint quàm alibi, nemo nisi expertus crediderit. Nam & catellæ, ut habet prouerbium, perinde ac heræ sunt: & equi & asini tanta per uias libertate progredi consuescūt, ut in obuium quenque impetum faciāt, nisi cesserit. Vna domus non alit duos canes, Εἷς οἶκος οὐ δύναται τρέφειν τοὺς δύο κύνας, senarius prouerbialis citatus ab Aristophanis interprete. Nostri etiam duobus canibus in una domo, uel circa unum os conuenire, suis prouerbijs negant. ¶ Ἑπτάψυχος ὁ κύων, παροιμιωδῶς, Varin. & Hesych. Videtur allusum ad ἑπταβόεια et ἑπταβόεια scuta, quę totidem bubulis corijs obducta erant. Homerus Aiacis clypeum ἑπταβόειον uocat, Ouidius septemplicem: non quod integra septem boum haberet coria, sed quod quantocunque corio septies plicato constaret. Aristophanes θυμὸς ἑπταβόειος dixit. Qui canem alit externum, huic præter funiculum nihil fit reliqui, ὃς κύνα τρέφει ξένον, τούτῳ μόνον λίνος μένει, id est, qui beneficium collocat in ingratum, perdit operam. Nam canis alienus relicto fune quo alligatur, pristinum dominum repetit. Nostrates perire aiūt panem qui uel pueris alienis uel canibus externis detur. Canem excoriatā excoriare, Suidas ait dici solere de ijs qui iterum ea patiuntur, quibus aliquando fuerunt afflicti, Aristophanes in Lysistrata, τὸ τοῦ Φερεκράτους, κύνα δέρειν δεδαρμένην. Diogenianus ait conuenire in eos qui frustra sumunt operā: alij in eos, qui affligunt afflictum, σχῆμα δὲ εἶναι ἀκόλαστον εἰς τὸ αἰδοῖον, Suid. & Varin. ¶ Canina facundia: Salustius apud Nonium Marcellum in dictione Rabula, Canina (ut ait Appius) facundia exercebatur. In eos, qui tantum ad maledicendum eloquentiæ studium exercerent: à rixa canum & oblatratu, sumpto epitheto. Siquidem r litera, quæ in rixando prima est, canina uocatur. D. Hieronymus in epistola ad Rust. monachum, Pomparum ferculis procedunt in publicum, ut caninam exerceant facundiam. Idem obtrectatores suos subinde canes appellat. De canina eloquentia superius etiam in uoce canum nonnihil; & alibi in Cynicorum mentione. Aristophanes in Vespis duos canes inducit

cit πολιτευτικῶς κρινομένους. Canis festinās cæcos parit catulos, ἡ κύων σπεύδουσα τυφλὰ τίκτει, in eos qui nimio festinandi studio rem parum absolutam ędunt. Galenus in libro De semine, τὰς δὲ κύνας ἤδη που καὶ ἡ παροιμία φησὶ τυφλὰ τίκτειν ὑπὸ σπουδῆς. Quanquam canum catulos Galenus mauult imperfectos dici quàm cæcos, quum talpæ propriè cæcæ dicantur. Aristophanes in Pace, ἡ κύων ἀκαλανθὶς ἐπειγομένη τυφλὰ τίκτει, Cæca parit properato Acalanthis tinnula nixu. Et interim Græci grammatici dubitant quid sit acalanthis, alij putant nomen insignis canis deductum παρὰ τὸ ἀκαλὸν θεῖν, id est quod placidè currat: uel παρὰ τὸ αἰκάλλειν, id est à blandiendo. Alij suspicantur auem esse, Aristophanis interpres, Etymologus, Suidas. In Auibus quidem Aristophanes ubi diuersis dijs diuersa auium nomina imponit, Dianam Acalanthin uocat, alludens ad aliud cognomen eius Colænin. ¶Periculosum est canem intestina gustasse, χαλεπὸν χορίων κύνα γεῦσαι, Theocritus Idyllio 10. Admonet adagiū haud facile temperare à peccando, qui semel illecebram ullam, uelut autoramentum uitiorum degustarit, οὐδὲ κύων παύσαιτ' ἂν ἅπαξ σκυτοτραγεῖν μαθών, Lucianus. Effertur & ad hūc modum, ut Theocriti Scholiastes indicat, χαλεπὸν μαθοῦσα κύων σκυτοτραγεῖν, id est, Periculosa res est canis, quæ didicit arrodere coria. Horatius in Sermonibus, Quæ si semel uno De sene gustârit, tecum partita lucellum, Vt canis à corio nunquam absterrebitur uncto. Idem nostris in usu est, An den lepplin oder riemen lernend die hünd läder essen, id est, Canes rodendo corrigias, corium edere discunt: sic Latini, Dicendo dicere discunt. Canis circum intestina, κύων περὶ ἐντέροις, ubi quis res eas, quarum esset cupientissimus propositas conspiceret, quibus frui tamen non liceret. Canes enim oberrant circum intestina, deuoraturi nisi fustem timerent. Suidas arbitratur accommodari posse in res inutiles & insuaues: intestina enim non facile deglutiri à canibus, ac deuorata reuomi plerunq;. Præstat canem irritare quàm anum, πολὺ χεῖρον δοκεῖν ἐρεθίσαι γραῦν ἢ κύνα, senarius Menandri. ¶Tetigit (uel calcauit) lapidem à cane morsum, in iracundiorem & ad dissidia propensum: & forte in hominem conuiciatorem ac rixosum. Plinius 29. 5. de ueneno rabidi canis agens: Tanta, inquit, uis mali est, ut urina quoq; calcata rabiosi canis noceat, maxime hulcus habentibus. Minus hoc miretur, qui cogitet lapidem à cane morsum, usq; in prouerbium discordiæ uenisse. De usu huius prouerbij uide etiam Cælium 26. 27. οἴνῳ δὲ κυνόδηκτον ὁ κρύψας λίθον Στάσιν πονηρὰν ἐξεγείρει τοῖς φίλοις, Philes. Iracundos simul & timidos homines, (uel qui timiditate hostem præsentem declinant, ac per dissimulationem ad alias nugas dilabuntur, ut qui secundum prouerbium cum adsit ursus uestigia quærunt:) rectè aliquis comparet cum Platone lib. 5. de Rep. τοῖς κυνιδίοις, ἃ τοὺς λίθους δάκνει τοῦ βάλλοντος οὐχ ἁπτόμενα, id est catulis qui lapides mordent, cum eos qui iecerint non ausint attingere: confert autem Plato canibus qui lapidem mordent, eos qui cæsorū cadauera spoliant. Refertur & alibi ab Erasmo, Canis sæuiens in lapidem, κύων εἰς τὸν λίθον ἀγανακτοῦσα, in eos qui mali sui causam imputant, non ipsi autori, sed alteri cuipiam. Pacuuius apud Nonium in armorum iudicio, Nam canis cum est percussus lapide, nō tam petit illum qui se iecit, quàm eum ipsum lapidem quo ictus est petit. Quare canes relicto homine qui iecit, lapidem morsu insectantur? Vide Plutarchum in Causis naturalibus 37. Alciati Emblema, quod inscribitur, Alius peccat, alius plectitur: Arripit ut lapidē catulus, morsuq; fatigat, Nec percussori mutua damna facit. Sic plæriq; sinunt ueros elabier hostes, Et quos nulla grauat noxia, dente petunt. λαίθαργοι canes dicuntur, qui clam accedentes mordent, inde senarius ille prouerbialis, σαίνεις δάκνουσα καὶ κύων λαίθαργος εἶ, Blandiendo mordes, & canis læthargus es, in eos qui beneuolentiā simulādo, lædūt interim. λαίθαργον exponit Varinus κρυφοδάκτην ἢ ἀργόν. Et alibi, λαίθαργοι κύνες, κρυφαίως δάκνοντες: & λαθάργω, λαθραίω. Huiusmodi canem σιγέρπην etiam & λαθροδάκτην dictum inuenio. Meus est isthic clam mordax canis, Plautus in Bacchidibus. ἀγγεῖδι φράσαι κυναλώπηκα, μή σε διολώσῃ, λαίθαργον, ταχύπουν, δολίαν κερδὼ πολύιδριν, Aristophanes in Equitibus Philostratum notans: cuius supra etiā memini. λίταργον κύνα, παρὰ τὸ λίαν ἀργὸν ἢ ταχὺν εἶναι, Varinus. λιταργισμός, σκίρτημα, idem. ληθαργος per η. nomen fuit canis Hippamonis. Huc pertinet etiam adagium κέρκῳ σαίνειν, cauda blandiri, quod facere dicuntur, inquit Erasmus, qui spe commodi cuipiam adulantur. Aristophanes in Equitibus, ὃς κέρκῳ σαίνων, ὁπότ' ἂν δειπνῇς ἐπιτηρῶν, ἐξέδεται σοῦ τοὔψον, ὅταν σύ ποι ἄλλοσε χάσκῃς. Pro eodem frequenter usurpat αἰκάλλειν, quod canum est, auribus, cauda, totoq; corpore blandientiū: ut in eadem fabula, τὰ μὲν λόγ' αἰκάλλει με. Cum cane simul & lorum, σὺν τῷ κυνὶ καὶ ἱμάντα, Eudemus indicat dici quoties simul omnia pereunt, ut nihil omnino sit reliqui, ne spes quidem recuperandi quod perijt. ¶Canis magdalia uiuens, prouerbium supra retuli parte 3. huius capitis. Masculi canis complura cubilia, πολλαὶ κυνὸς ἄρσενος εὐναί, hemistichium heroicum prouerbiale, in hominem mulierosum, peculiariter eum qui non contentus certo toro, passim per aliena cubilia uolutari gaudeat. Canis mendico auxilians, κύων τῷ πτωχῷ βοηθῶν, ubi quis nobis aduersatur & diuersis studet partibus, is cuius auxilio nitebamur. Nam canes infesti sunt mendicis, uelut ὁμοτέχνοις, nisi si quando frusto panis corrumpuntur. Quasi millus cani, ubi certum firmumq; præsidium significamus, ut supra in collarium mentione retuli. ¶Non magis quàm canem: Odium & contemptum uulgò declarant canis uocabulo. Horatius, Odit cane peius. Plautus in Amphitryone, Expectatum eum salutat haud quisquam magis quàm canem: sic enim legendum opinor, ut constet ratio carminis, Erasmus. Prouerbium Odit cane (nimirum rabido) peius & angue, etiam alibi tractat Erasmus Chiliad. 2. Cent. 9.

¶Canis panes somnians: Sunt quibus prouerbiali figura dictum uideatur illud apud Theocritū

u 3

in Piscatoribus, Καὶ γὰρ ἐν ὕπνοις πᾶσα κύων ἄρτως μαντεύεται, ἰχθύα κἠγών. Sensus est unicuiq; ea per somnū occurrere, quę impense desyderat, uel quibus magnopere deditus est. Erasmus apud Theocritum pro ἄρτως legendum suspicatur ἀγρὰς, id est agros, uel ἄγρας, id est uenationes: quoniam apud Aristotelem legatur, audire nos sæpenumero canes dormientes uenationem somniare. Ego ipsum dū hæc scriberet Erasmum somniasse puto: nihil enim huiusmodi apud Aristotelem reperitur: cuius de somnijs canum libro 4. historiæ animalium cap. 10. uerba hæc sunt: Item somniare non solum homines, sed etiam equos, & canes, & boues palàm est, &c. Declarant id canes suo latratu quem per quietem agunt: nec aliter Græca habent, quæ cum Gazæ translatione contulimus. Ad hæc communius est, & æque ad omnes pertinet canes panem somniare: uenationem, non item. Quãobrem non est ut cum Erasmo emendatiorem hac parte Theocriti codicem expectemus. Pellem caninam rodere, prouerbiali metaphora dixisse uidetur Martialis, pro eo quod est hominem maledicum & improbū conuicijs insectari. Sic enim scribit in obtrectatorem quendam & oblatratorem: Non deerunt tamen hac in urbe forsan, Vnus, uel duo, tresue, quatuórue, Pellem rodere qui uelint caninam. Ductus per phratores canis, Ἀγόμενος διὰ φρατόρων ὁ κύων, ubi quis inciderit in eos quibus pœnas det. Phratria Athenis dicebatur tertia pars tribus. In comitijs aūt si quis canis intercurrisset, continuò petebatur à populo. In canis podicem inspicere: Τούτῳ μὲν εἴπον ἐς κυνὸς πυγὴν ὁρᾶν, Aristophanes in Ecclesiazusis. Interpres admonet uulgo dici solere in cæcutientes, (ὀφθαλμιῶντας, id est lippientes, Varin.) adscribēs & hunc trochaicū, Ἐς κυνὸς πυγὴν ὁρᾶσθαι καὶ τριῶν ἀλωπέκων. Allusit eodem & in Acharnensibus, Τοῖς ὀξίνοις φυσῶντι τὸν πρωκτὸν κυνός, Erasmus Chiliade 2. Cent. 2. Et rursus Chil. 4. Cent. 2. E canis podice, dictum (inquit) uidetur à Luciano, pro eo quod est rebus anxijs atq; angustis, quod ea pars arctior sit huic animanti, quamobrem & excernunt difficilius. Nam asinum suum finit his uerbis. Ἐνταῦθα θεοῖς σωτῆρσιν ἔθυον, καὶ ἀναθήματα ἀνέθηκα, μὰ Δία οὐκ ἐκ κυνὸς πρωκτοῦ, τοῦτο δὴ τὸ τοῦ λόγου, ἀλλ᾽ ἐξ ὄνου περιεργίας, διὰ μακροῦ πάνυ, καὶ οὕτω δὴ μόλις οἴκαδε ἀνασωθείς. Vulgo iactabatur & in Zenonem teste Laërtio, quod in canis postico de republica conscripsisset, uel quod nimis anxiè, uel quod ineptè. Canis in præsepi, Ἡ κύων ἐν τῇ φάτνῃ, in eos qui nec ipsi fruuntur re quapiam, neq; reliquos item sinunt uti: ut canis in præsepi nec ipse uescitur hordeo, & equum uetat uesci. Lucianus aduersus indoctum. Ἀλλὰ τὸ τῆς κυνὸς ποιεῖς, τῆς ἐν τῇ φάτνῃ κατακειμένης· ἣ οὔτε αὐτὴ τῶν κριθῶν ἐσθίει, οὔτε τῷ ἵππῳ δυναμένῳ φαγεῖν ἐπιτρέπει. Τῇ φάτνῃ προσάγεις τὴν κύνα, καὶ πρὸς τὸν Διόνυσον ἄγεις οὐδέν, Suidas in prouerbio οὐδὲν πρὸς τὸν Διόνυσον: Hoc est, adfers quæ ad rem nihil attinent, ex his uero quæ pertinebant ad causam propositam nihil adfers. Caninū prandium, id est abstemium, & in quo nullum uinum biberetur: propterea quod peculiari naturæ proprietate, canes à uino abhorrent. A. Gellius libro 13. cap. ultimo: Eius autem loci in quo id prouerbium est, uerba hæc sunt, nimirum ex M. Varronis Satyrarum libro, qui ὕδωρ κενόν, id est aqua rigēs inscribitur. Non uides apud Mnesitheum scribi tria genera esse uini, nigrum, album, medium, quod uocant κιῤῥόν, id est giluum: nouum, uetus, medium. Et efficere nigrum, uires: album, urinā: medium pepsin, id est concoctionem. Nouum refrigerare, uetus calfacere, medium uero esse prandium caninum. Quid significet, inquit Gellius, rem leuiculam diu, & anxie quæsiuimus. Prandium autem abstemium, in quo nihil uini potatur, caninum dicitur, quoniam canis uino caret. Cum igitur medium uinum appellasset, quod neq; nouum, neq; uetus esset & plerunq; homines ita loquantur, ut omne uinum aut nouum esse dicant, aut uetus, nullam uim habere significauit, neq; noui, neq; ueteris, q̃d medium esset. Idcirco pro uino non habendū, quia neq; refrigeraret, neq; calfaceret, Hactenus Gellius. Plautus etiam in Casina, caninam cœnam uocat, quæ abstemia & sine uino sit. Sunt qui caninū prandium ad caninam appetitionem contra Gellium putent referendum, Cæl. Vinum medium pro aqua ueteribus uidetur accipi, quoniam uinum omne aut mustum sit, aut uetus, Cælius: qui ex Mnesithei uerbis iam recitatis id probare conatur, mihi non uidetur. Cynicum conuiuium, id est, cynicorum philosophorum, ubi lentes ferè cibus erat, aqua potus, Athenæus libro 4. describit. Promeri canes, uide infra cap. 9 de canibus in Euripidis historia. In puteo cum cane pugnare, Ἐν φρέατι κυνομαχεῖν, in eum cui res esset cum improbo aliquo, quem declinare nō posset, Apostolius. Simile huic est, In puteo constrictus. Plato in Theæteto, Τί γὰρ χρήσῃ ἀφύκτῳ ἐρωτήματι, τὸ λεγόμενον, ἐν φρέατι συσχόμενος. Quadrabit in eos, inquit Erasmus, qui in angustias eas redacti sunt, ut extricare sese nullo modo possint. ¶ Rabidi canis morsus, Δῆγμα κυνὸς λυττῶντος, prouerbium in eos, qui infecti ipsi malorum cōgressu, alios itidem inficiunt. Etenim recepta opinio est, & exposita à Luciano: non modo rabie agitari & aquam expauescere, quos ita affectus canis momorderit: sed & ipsos item retinere uim, eundem imprimendi morsum, atq; ita deinceps fieri hydrophobicos omnes, ut fiat quædam rabidorum catena. Lucianus, Καὶ σὺ τοίνυν ἔοικας αὐτὸς ἐν Εὐκράτους, δηχθεὶς ὑπὸ πολλῶν ψευσμάτων, μεταδεδωκέναι κἀμοὶ τοῦ δήγματος. ¶ Pro malo cane suem reposcis, Ἀντὶ κακῆς κυνὸς σῦν ἀπαιτεῖς, id est pro re uili pretiosam. Sus enim esculentus, canis haudquaquam uescus est. Refert à Diogeniano. Canis peccatum sus dependit, Τὸ κυνὸς κακὸν ὗς ἀπέτισεν: quoties pro ijs quæ peccauit alius, alius dat pœnas. Aliter catuli longe olent, aliter sues, Plaut. in Epidico. Quo dicto significat non ueste dignosci hominem ab homine, uerum inesse natiuum quiddam, genuinum ac proprium in unoquoq;, quod in ipso uultu oculisq; eluceat, quo hominum ingenia discernas. Similiter Martialis, Omnia cum fecit Thaida Thais olet. ¶ Ἔστω ταμίας, τἄλλα δ᾽, εἰ βούλει, κύων: Sit condus (uel, promus) in reliquis canis esto si libet, ut Erasmus uertit: In eum cui fœlicitas immerenti contigisset, peculiariter in eunuchos. Tamiæ quæstores erant Athenis,

Athenis, &c. ut Suidas refert. Erant & tamiæ triremium. Is magistratus interdum furacibus committebatur, non integris & incorruptis uiris. Per ironiam dici potest de eo, qui dignitatem inuadit, nihil laborans quam eruditionem, quósue mores postulet ea dignitas. Canes timidi uehementius latrãt: Q. Curtius lib. 7. demonstrat huiusmodi prouerbium apud Bactrianos uulgò iactatum fuisse, Canis timidus uehementius latrat quàm mordet: Cui similem allegoriam subijcit, altissima quæque flumina minimo sono labi. Germani etiam utranque sententiam in nostra lingua prouerbialem habemus.

¶ Canis in uincula, Κύων ἐπὶ δεσμά: ubi quis seipsum in seruitutẽ, aut in malum aliquod inijceret, A canibus sumptum ultrò se præbentibus uinciendos cibi lenocinio, Autor Zenodotus. Hesychius & Suidas indicant in eandem sententiam dici Bos in uincula. Supra etiam ex Erasmo similiter exposui parœmiam Canis ad cibum. Canis uindictam Κυνὸς δίκην, subaudi passus est, aut aliud commodius: Macedonicum adagium in eos, qui præter expectationem pœnas dant ijs, quos aliquando læserunt: natum ex morte Euripidis, de qua infra de canibus diuersis cap. 1. Canis reuersus ad uomitum, Κύων ἐπὶ τὸ ἴδιον ἐξέραμα: in eos qui relabuntur in eadem flagitia, à quibus aliquando sunt expiati. Refertur in epistola D. Petri, adiecto etiam altero simili prouerbio, Sus lota ad uolutationẽ cœni. In eandem sententiam Hebræus ille Parœmiographus, Sicut canis (inquit) qui reuertitur ad uomitum suum, sic imprudens qui iterat stultitiam. Nam hũc, ni fallor, locum Petrus designauit. Sumpta metaphora à canibus resorbentibus quod euomuerint.

¶ Cynadra fons prouerbio occasionem dedit, ut supra dixi parte 1. huius capitis. Chius ad Coum: hoc etiam supra explicatum est ibidem.

¶ His subtexam Germanica quædam adagia, in quibus mentio canis fit, & Latina quibus sensu conueniunt adiungam. **Wañ der alte hund bellet / so sol man auffsähen**: Prospectandum uetulo cane latrante: hoc est, nequaquam negligendum quoties senes periculum cauendum admonent. Canes enim uetuli non latrãt temere, quemadmodum iuuenculi. Meminit Erasmus in prouerbio, Eum auscultandũ, cui quatuor sunt aures. **Wañ man den hund schlahen wil / so hatt er läder gessen**: Quoties canem uerberare libet corium uorasse dicitur, Occasione duntaxat opus est improbitati. **Sy läsend einanderen die flöch ab / wie die hünd**: Alter alterius pulices legit, ut canes, Mutuum muli scabunt. **Alte hünd sind nitt güt bendig zemachen**, Canes uetuli non facile assuescunt loro, Senis mutare linguam difficile. **Ein schlafenden hund sol man nit wecken**, Canis dormiens non est excitandus, Malum bene conditum ne moueas: Sic etiam leonem dormientem excitare adagium prohibet. **Laß einen hund sorgen / der bedarff vier schüch**, Quin cani curas relinque, is quatuor calciamentis eget, in solicitum & anxium. **Vil hünd ist der hasen todt**, Multi canes mors leporũ, Cedendum multitudini. **Es ist dem einen hund leid / daß der ander in der kuche gadt**, Canis dolet cum alterum in culina uidet, Figulus figulo. **Er trei bt die hünd auß / vnd gaat selbs mit**, Canes expellit, ac simul ipse egreditur: in eum cui nihil omnino negotij sit in aulis principum. **Die todten hünd beyssend nitt**, Canes mortui nõ mordent, Græci simpliciter, οἱ τεθνηκότες οὐ δάκνουσι, Mortui non mordent. **Der hund ist in dem potte**, Vuestphalis usitatum: uel, **Du wirst den hund im potte finden**, Canis in olla, ubi ne bolum quidem relictum esse intelligunt. **An der hund hincken / An der hůren wincken / An der krämer schweeren / Da sol sich nieman an keeren**: Canum claudicatio, meretricum nutus, & mercatorum iuramenta, ex æquo omnia fidem non merentur. **Du wilt von dem hundschlager ein kolben kouffen**, Fustem petis (aut licitaris) à canicida: Hoc est, petis quippiam ab illo qui ipse indigeat: Aquam è pumice postulas. Simile est, **Du süchst würst in dem hundstal.**

DE CANIBVS DIVERSIS.

HACTENVS de canibus dixi ea quæ canibus communia omnibus uidebantur: reliquũ est ut quæ singulatim ad canes diuersos pertinent conscribam. Itaque primo loco ordine literarum dicam de ijs canibus, quorum historiæ extant aliquæ, nec tamen ad ullum genus sequentium commodè referri possunt. Nam quæ ad uenaticorum genera diuersa, uel pastorales, uel socios, uel custodes, &c. pertinent, seorsim postea ad suum quæque genus referam.

¶ Canes in Aegypto minores quàm in Græcia fiunt, Aristot. Aegyptij canes fugacissimi sunt. Nam cum ea quæ in Nilo degunt, timeant, ab his admodum fugitiui sunt, neque quamuis illuc sitis ad bibẽdum eos attrahat, ferarum Nilicarum metus quiete illos potione se complere permittit. Ideo ne quid eorum, quæ infra aquam degunt emineat foras, ipsosque obtorta gula de ripa in altitudinem abripiat, non inclinatione corporis abiecta incumbunt ad bibendum, sed ut primum ad ripam accesserunt, festinanter, & in transcursu lingua lambentes, rapiunt, ac certe, ut ita dicam, potionem furantur, Aelianus: Idem scribit Variæ hist. lib. 1. cap. 4. Vide supra in prouerbio, Vt canis è Nilo bibit, & fugit. Solos Memphiticos canes in medium auditione accepi rapinas proponere, & communiter uiuere, Aelianus.

¶ Alcibiades canem habuit sexaginta minis uenalem, mirè formosum: cuius caudam cum mutilasset, illi qui formam canis ab eo corruptam reprehendebat: de industria se abscidisse respondit, ut hoc saltem, si nihil aliud (καὶ μηδὲν, lego εἰ μηδὲν) de eo Athenienses dicerent, Pollux.

¶ Attali canis inter prouerbia est, in homines uoraces: quod is rictu ingenti cibum glutiret, non gustaret, Textor.

¶ Celebris fuit etiam Cerberus Epiroticus canis, Pollux 5. 5. Inuenio hunc Alexandri fuisse canem, adeò robustum ut cum leonibus congrederetur, Cælius: qui Pollucis uerba malè perpendit, & canes diuersos confudit. De hoc Alexandri cane inter robustos dicam inferius.

¶ Carmanius uir, & canis eiusdem nationis, animo agresti atque adeo duro, immansueti ac feri existimantur, ut natura mansuefieri non queant, Aelian.

¶ Cerberus alius fuit, quem poetæ fabulantur inferorum custodem fuisse, tricipitem, & cum ab Hercule ad lucem (triplici catena uinctus) extraheretur ex spuma eius natum esse aconitum, ut Nicander canit. Cerberum quasi κρεοβόρον, id est carniuorum dictum grammaticorum coniectura est. Fertur quod hic fuerit serpens in Tænaro Laconiæ promontorio, cuius ueneno mortales extinguebantur. Et quoniam in Tænaro ad inferos dicitur esse aditus, Ditis canem dixerunt: quem cum Hercules trucidasset, nata est fabula, canem tricipitē interemisse: Aut quia omnes cupiditates & cuncta uitia terrena contempsit ac domuit. Ouidius tergeminum & uipereum canem appellat, Seneca in tragœdijs triformem & Tartareum. Serapidis symbolum canis est, triceps ille scilicet, qui in aqua, terra, & aëre, tribus his elementis uersatur, perniciosissimus dæmon, ut ait Porphyrius. Nam & exitiales dæmones opertè canes uocantur atri, & furiæ canum nomine ueniunt. Serapidis simulacro, inquit Macrobius, signum tricipitis animantis adiungunt, quod exprimit medio eodemque maximo capite, leonis effigiem: in dextra parte caput canis exoritur, mansueta specie blandientis: pars uerò læua ceruicis rapacis lupi capite finitur, easque formas animalium draco connectit, uolumine suo capite redeunte ad dei dextram, qua compescitur monstrum. Quidam tria tempora interpretantur, præsens leoni, præteritum lupo, futurum cane blandiente: & hæc fermè Macrobius. Hecaten quoque tria capita habuisse, equi, canis, & hominis agrestis, supra dixi. In Hecatæi lectum monumentis est, fuisse in Tænaro serpentem meticulosum (terribilem) quem dixerunt Ἅδου κύνα, id est Plutonis canem, quoniam morsum euestigio insequeretur mors, ueneni potestate uiolenta. Eum tamen ab Hercule ad Eurysthea fuisse productum, unde irrepserit Cerberi fabella, quem princeps Homerus dixit Ἅδου κύνα, Cælius ex Pausaniæ Laconicis, ubi plura leget qui uolet super hoc cane. Ἠ̂ 'ς κερβερίους, ἠ̂ 'ς κόρακας, ἠ̂ 'πὶ ταίναρον, Aristophanes in Ranis. Cimmerios intelligit, ut habent Scholia, ludit autem alludendo ad Cerberum: quanquam apud Homerum etiam Cerberios pro Cimmerijs aliqui scribunt. Plura de Cerbero uide apud Palæphatum, & diuersis apud Gyraldum locis in Opere de dijs. Κερβέριοι. ἀδηνεῖς. φασὶ δὲ καὶ τοὺς Κιμμερίους, Κερβερίους: καὶ τὴν πόλιν οἱ μὲν Κερβερίαν καλοῦσιν, οἱ δὲ Κιμμερίαν. ἄλλοι δὲ Κίμμ. ἔστι δὲ τόπος ἐν Ἅδου κερβέριος τρικάρηνος, Varin. & Hesych. Κερβεροκίνδυνος, τάρταρος ἀγρός, καὶ κύων μέγας Ἅδου, Iidem. De Gergittio cane Geryonis Cerberi fratre, dicā nonnihil in cane pastorali. Fuit & Orthus Geryonis canis in Erythea, cui canina capita duo, & draconum septem erant, Varinus in Scylla. Plura de Cerbero cane uide apud Varinum.

¶ Cyrus commemorabat se ab uxore Mitradatis bubulci, quæ Cyno uocabatur, fuisse educatum, semper eam laudibus prosequens, ita ut in omni eius sermone esset Cyno. Quod nomen accipientes eius parentes, ut diuinius uideretur Persis filius eorum fuisse seruatus, diuulgarunt à cane Cyrum, cum esset expositus, fuisse educatum: Vnde hæc fabula emanauit, Herodotus lib. 1. Cyrum Mandalæ filium à cane fuisse enutritum fama refert, Aelian. lib. 12. Variorum.

¶ Diogenis Cynici seruus fugitiuus, captus & Delphos abductus à canibus laniatus est, fugæ pœnam hero persoluens, Aelian. in Varijs lib. 13.

¶ Euripidem à canibus proscissum interisse, ferè omnes tradunt, ad locum Bormiscum, de montis Bormij nomine appellatum in Macedonia. Canes eas scribit Stephanus ab indigenis Esterincas (ἐστερίκας) nuncupari, ab Homero trapezeas, κύνας τραπεζῆας πυλαωρούς, Iliad. χ. Cælius. Historiā mortis Euripidis à canibus illatæ copiosius prosequitur Erasmus in prouerbio Promeri canes, cuius & Suidas meminit: item in prouerbio Canis uindictam. Κυνὸς δίκην, Canis uindictam, scilicet passus est: Macedonicum, inquit, adagium est in eos, qui præter expectationem pœnas dant ijs, quos aliquando læserunt, ab Euripidis interitu natum. In Macedoniæ uico, qui Thracum dicitur, quod olim à Thracibus sit inhabitatus, cum canis quidam Archelai regis aberrasset, Thraces de more suo mactatum sacrificarunt, ac deuorarunt. Quod ubi comperisset Archelaus, talentum eis mulctam dicit. Verum cum illi soluendo non essent, Euripidem subornarunt, qui regem exoraret ut sibi mulctam remitteret, ita ut fecit. Postea uero cum Euripides in sylua quadam solus esset, & Archelaus à uenatu reuerteretur, canes Euripidem cinctum discerpserunt, deuoraruntque. Existimatum est autem eos canes, ex eo prognatos fuisse cane, quem Thraces sacrificarant. Valer. Max. libro 9. cap. de morte non uulgari, refert Euripidem, cum ab Archelao rege Macedonum cœnæ adhibitus fuisset, domum à conuiuio repetentem, à canibus fuisse discerptum. Eos canes ab æmulo quopiam immissos fuisse confirmat A. Gellius 15. 20. Suidas (in Euripide) addit hos æmulos fuisse Arridæum Macedonem, & Crateuam Thessalum poëtas, quos Euripidis gloria urebat. Hi finxerunt eum à regijs canibus dilaceratum fuisse. Sunt qui narrent eum non à canibus, sed à mulieribus fuisse dilaniatum, cum intempesta nocte Craterum adolescentem peteret, Archelai amasium (uel ut alij, uxorem Nicodemi Arethusij.) Accommodari poterit hoc prouerbium etiam in hunc sensum, quoties author illati mali dissimulatur: ueluti cum eum ueneno tollitur inimicus, & spargitur in uulgum rumor illum febri perisse. Videtur hinc fluxisse quod hodie passim apud Germanos dictitant, ubi quid accidit incommodi certi, incerto authore, quodq; nemini possis imputare, id canis accidisse morsu, Hactenus Eras. Sunt qui Promerum nominatum dicant Archelai ministrum, qui in Euripidem ualde sibi exosum, quod ab eo apud regem aliquando delatus esset, canes quosdam feroces soluerit: Vnde Προμέρου κύνες, id est Promeri canes, prouerbio dicantur, quoties potens quispiã offensus, aliquos subornat submittitq;, qui alicui negotium facessant. Refertur à Diogeniano, Eras.

¶ Præter Euripidem feruntur & alij quidam celebres uiri à canibus laniati, quos illius historiæ occasione hoc ipso in loco memorandos duxi, Thrasi, Actæonis, & Lini, omnium hoc mortis genere defunctorum, meminit Ouidius in Ibin hoc tetrasticho: Prædaq; sis illis, quibus est Latonia Delos Ante diem rapto non adeunda Thraso. Quiq; uerecundæ speculantem membra Dianæ; Quiq; Crotopiaden diripuere Linum. Lucianus quoq; Samosatenus sophista, à canibus dilaniatus est, nõ sine diuinæ ultionis suspicione: Nam Christianus primum cum à fide catholica defecisset, animum & stylum ad lacerandam religionem conuertit, Io. Rauisius. Medio Linus intertextus acantho, Letiferiq; canes, Statius libro 6. Thebaidos. Milo (Crotoniates) à feris laniatus est, uel (ut alij) à canibus, Varin. Heracletus Ephesius philosophus cum hydropicus esset, & medicorum operam recusaret, suo ipse perijt medicamento. Nam quum seuo bubulo se aliquando ut prius inunxisset, ac dormiens apricansq; soli præbuisset exiccandum, canum fato nescio quo superuenientium morsu laniatus est, Io. Rauisius.

¶ Feri canes reperiuntur, Aristoteles.

¶ De Hecuba in canem mutata, nõnihil attuli supra in uoce Cynossema, inter nomina propria à cane facta. Vide Ouidium libro 13. Metamorph. ¶ Hippamon canem habuit Magnetem, nomine Lethargum, qui cum hero suo sepultus est, ut indicatur hoc epitaphio quod Pollux refert, Ἀνδρὶ μὲν ἱππάμων ὄνομ' ἦν, ἵππῳ δὲ Πόδαργος, Καὶ κυνὶ Λήθαργος, καὶ θεράποντι Βάβης, Pollux & Cælius.

¶ In terra Indorum haud prope mare inuenitur canis qui semper potest uocari catulus. Isq; domesticus est canis, colore maculosæ lynci persimilis. Pilosus itaq; reperitur, ac depilis, ut tonsus. Nec tamen latrat, nec gemere scit, aut suspirare, ut retulit nobis Hispanus quidam, qui maximam partem Indiæ peragrauit. Itaq; nullam emittit uocem, cum etiam necatur: & compar uidetur fœturæ lupi. Edit autem ac bibit, ut alius canis, estq; paulo minus mitior Italo cane: quibus est domesticus, mouet tantum caudam gestiens, & saliens, quod est indicium amoris in dominum, Blond. ¶ De Indicis canibus magnis & robustis, infra dicam inter Venaticos. Petrus Martyr etiam in descriptione Noui orbis canum quorundam non latrantium meminit, qui in cibum quoq; ueniant: Et alibi, canum non latrantium rostro uulpino.

¶ Palamedes agricola canem habuit quem Vlyssem appellabat, &c. Blondus, nescio ex quo authore. ¶ L. Paulo consuli cum forte euenisset, ut bellum cum rege Persa gereret, domũ è curia regressus, filiolam suam nomine Tertiam, quæ tum erat admodum paruula, osculatus, & tristem animaduertens, interrogauit quid ita eo uultu esset: quæ respondit Persam perisse: decesserat autem catellus, quem puella in delicijs habuerat, nomine Persa. Arripuit igitur omẽ Paulus, eq; fortuito dicto, quasi certam spem clarissimi triumphi animo præsumpsit, Val. Maxim. 1. 5. ¶ Pholyes, fului dicuntur canes, ore nigricante, Cælius. Φόλυες κύνες, οἱ πυῤῥοί, Varin. apud Hesychium plenius, οἱ πυῤῥοὶ ὄντες μέλανα στόματα ἔχον, οἱ δὲ φυλακάς, (malim φύλακας proparoxytonum, ut canes custodes intelligantur.) Idem φολύνειν exponit μολύνειν, id est inquinare, & forte inde pholyes dicti fuerint, quod ora nigra & quasi inquinata haberent: Nisi quis ab aliquo loco sic dictos fuisse malit. Pholon quidem urbs Arcadiæ est; & Pholoë eiusdem regionis mons syluosus.

¶ Salentini canes à Varrone probantur in pastoralium mentione.

¶ Scylla Phorci & Cretheidos Nymphæ (secundum alios Hecates) filia fingitur à poetis. Inguina eius in canes mutata esse fabulatur Ouidius Metamor. lib. 14. Et Vergilius Aeg. 6. marinos canes dicit de Scylla loquens. Vide Onomasticon nostrum, & Gyraldum in fine historiæ de marinis dijs. Illum Scylla rapax canibus succincta Molossis, Vergilius in Culice.

¶ In Scythia canes cum asinis, in magnitudinis comparatione coniunguntur, quibus ad uehicula rotis carentia mercatores utuntur, ac duo homines in uno uehi possunt: quod ipsum ad lutulenta cõficienda itinera inuentum est. Sex igitur canes ad uehiculum ordine ligantur, ij quocunq; ab auriga qui unà cum mercatore in uehiculo sedet, diriguntur, eò plaustrum euehunt, & lutum transmittunt. Vnum iam diem amplius laborem ferre non possunt. Itaq; his lassis recentes atq; integri canes succedunt, neq; tamen magna onera imponuntur, sed duntaxat negotiatorem, & aurigam & pellium fasciculum uehunt. Ergo unoquoq; die negotiator habet tandiu necesse commutare canes & aurigas, quoad ad montes, ubi emat pelles, peruenerit, Aelian.

¶ Turcarum imperatorem audio Gallorum regi, uno aut altero anteq; hęc scriberem anno, canes dono misisse pectore & uentre rubentes.

DE MELITAEIS CATVLIS, ET ALIIS paruis qui in delicijs habentur.

PACHYNO Siciliæ promontorio imminet Melita, de qua catelli portantur, quos Melitæos uo cant, Strabo libro 6. Erant olim in pretio & delicijs mulierum catuli qui nascebantur in Insula Melita, sita in sinu Adriatico non procul Ragusio ciuitate: Ea nunc pauperes piscatores tantum habet incolas: nec ulli eius catuli amplius celebrantur, Blond. Μελιταῖον, κυνίδιον μικρόν, Hesychius, Varinus. Μελιταῖα κυνίδια, ἃ λέγουσι μελιταῖοι, δι' ἐπὶ τέρψει τρεφόμενοι, Suid. id est Melitæi uel Meliteri catuli sunt, qui ad uoluptatem solum aluntur. Aristoteles problematum sectione 10. Probl. 14. inquirens cur in animantium genere alia paruo, alia magno consistant corpore: Causa, inquit, duplex reddi potest: Aut enim locus, aut alimentum id facit. Locus, si angustus est: alimentum, si exiguum: quod etiam partu iam edito nonnulli efficere conantur, ut qui catellos in caueolis occlusos educant. Et paulo post, Fit ut aliqui, quamuis breues (parui) admodum sint, modicè (συμμέτρως) tamen coagmentatas omnes sui corporis partes habeant, ut Melitenses catelli. Ratio enim, quod non ut locus, sic natura suum efficere opus soleat. Catelli Melitensis magnitudine ictis est (genus mustelæ rusticæ, quam uiuerram interpretor, Gaza) sed minor, Aristoteles. Græce habetur, ἡ δ' ἴκτις, ἔστι μὲν τὸ μέγεθος ἡλίκον Μελιταῖον κυνίδιον τῶν μικρῶν, id est, Ictis magnitudine æquat paruum illum catellum Melitensem. τῶν μικρῶν pro τὸ μικρόν, frequens locutio apud Græcos. Sed utcunque exiguis non deest ingenium, nec in homines amor. Nam Theodori saltatoris Melitensis catellus, ultro seipsum in heri tumulum iniiciens, cum ipso una sepeliri uoluit, ut Aelianus prodidit. Catuli quos Melitæos uocant, stomachi dolorem sedant applicati sæpius: transireque morbos ægritudine eorum intelligitur, plerunque & morte, Plin. ¶ Catella Melitæa, Μελιταῖον κυνίδιον, prouerbij usu dicitur in eum qui habetur in delicijs ac lautius in ocio alitur ad uoluptatem, non ad usum. Est in familijs diuitum huiusmodi ministrorum genus, quos illi non ad ministerium, sed animi causa domi habēt, Erasmus Chiliad. 3. Cent. 3. Et rursus Chiliad. 4. Cent. 4. eodem prouerbio repetito, Melitæi catuli (inquit) sic uocantur nimirum ab insula Melita, inter Corcyram nigram & Illyricum sita, author Plin. lib. 3. cap. ultimo. itidem Strabo & Stephanus. Apud Lucianum in Lapithis γελωτοποιὸς Alcidamantem Cynicum, μελιταῖον κυνίδιον uocat. Athenæus libro 12. scribit Sybaritis uehementer in delicijs fuisse canes Melitæos. Qui quidem hoc esse uidentur in genere canum, quod nani & pumiliones inter homines, Hæc Eras. Canis digna throno, adagium sumptum, ut uidetur, à Melitæis catulis, ut supra dixi inter prouerbia in historia Canis in genere.

¶ Pręter Melitęos, qui hodie ex Melite, ut Blondus refert, nulli sunt: diuersi alij catelli mulieribus præcipue delicatis & otiosis nutriuntur. Membris omnibus pusilli & graciles sunt, quos nostrates uulgò bracken uocant, Eberhardus Tappius. Inferiores Germani, ut idem scribit, huiusmodi caniculas nominant junffern hündtgen, hinc illud Vuestphalorum Su byiiest/ als ein junffern hündeken, Latras delicati instar catelli. Nostri à delicijs appellant etiam schoßhündle/ & gutschenhündle. Itali sua lingua bottolo uocant catellum corpore exiguo, sed ferocem & iracundum instar rubetæ, id est ranæ uenenosæ, quam bottam dicunt. Nomina diminutiuæ formæ à cane apud Latinos & Gręcos usitata, supra recensui cap. 8. de Cane parte 1. Martialis distichon in catellam Gallicanam, Delitias paruæ si uis audire catellæ, Narranti breuis est pagina tota mihi. Catellos perque elegantes & pretiosos Lugduni in Gallia haberi audio, quorum singuli decem denarijs siue drachmis aureis, aliquando uæneant. Catellus qui in delicijs habetur, inquit Blond. paruulus est, pedalis uel semipedalis: habetur autem in maiore pretio, si adultus non maior sit mure. Eligitur quadratus corpore, non testaceus (sic ille loquitur) capite etiam instar capitis muris, rostro paruo, auribus non maioribus cuniculi (absurdum uidetur:) cruribus breuissimis, pedibus angustis, cauda oblonga. Laudatur etiam si collum longiusculis pilis ad armos usque ueluti iubatum sit, partes cæteræ tonsis similes. Blandus feroci præfertur. Color candidus uel niger præ cæteris probatur. Sunt ex eis nonnulli hirsuti admodum prolixis pilis, alij breuibus & glabri propemodum, Hæc ferè Blond. Et rursus, Canis delicatulus, inquit, placet cum huc illuc saltitat, ac leniter latrat, & absque morsu mordicat: præcipuè si mundus est, nec aliud quàm oblatū tangit. Sunt qui erecti pedes anteriores manuū instar protendūt, uel motāt, et ut uulgus loquitur, seruiunt: alij quod proiectum fuerit rostro reportant, &c. Lasciuæ mulieres præcipuè lectis admittunt, & lambi gaudent, Blond. Et alibi, Catulos (inquit) quos principes & matronæ in delicijs fouent, præcipuos gignit Hispania. Et rursus: Catulis cingulum sericum collo apponunt cupreis campanulis circumseptum: sic nanque matronæ plurimum afficiuntur. ¶ Sæpe iam uisum est caniculas singulos peperisse fœtus, exiguas præsertim catellas, quas in sinu matronæ fouent, propter uteri angustiam: nam cum plures concipiunt, frequenter moriuntur, Albert. Catellis matronarum aluus sæpe obstruitur, unde plæræque moriuntur, Albert. De catellis quæ animi causa nutriuntur, & ad usum duntaxat muliercularum, illud Platonis est, τὰ κυνίδια μιμούμενα τὰς δεσποίνας, id est, Catellæ dominas imitantes, quod superius inter prouerbia à cane retuli. Et Gorgo apud Theocritum in Syracusijs profectura duo mandat famulæ, ut infantem uagientem placaret, & catellum reuocaret intrò. Lucianus salsissimè ludit in Stoicum barbatum, cui in eodem sedenti uehiculo domina catellam committit, obtestans illum per ea quæ sunt in uita dulcissima, ut diligenter curet, Eras. Martialis uersus in Issam catellam Publij, tam lepidi sunt, ut omnino hic adscribi mereantur.

Issa est purior osculo columbæ. Issa est blandior omnibus puellis.
Issa est carior Indicis lapillis. Issa est deliciæ catella Publi.
Hanc tu, si queritur, loqui putabis. Sentit tristitiamque, gaudiumque.
Collo nexa cubat, capitque somnos, Vt suspiria nulla sentiantur.

Et

Et desiderio coacta uentris, | Gutta pallia non fefellit ulla:
Sed blando pede suscitat, toroq; | Deponi monet, & rogat leuari.
Castæ tantus inest pudor catellæ. | Hanc ne lux rapiat suprema totam,
Pictam Publius exprimit tabella: | In qua tam similem uidebis Issam,
Vt sit tam similis sibi nec ipsa. | Issam deniq; pone cum tabella,
Aut utranq; putabis esse ueram, | Aut utranq; putabis esse pictam.

De Persæ catello, quem L. Pauli consulis filiola in delicijs habuerat præcedente capite dixi. ¶Corticem caprificus arboris detrahes, & dum recens est, ad splenem, uel etiam si opus fuerit, ad iecur pones: & ubi tumor siue duricies splenis uel iecoris erit, ibi corticem diutius continebis: deinde in fumo eam suspendes. Quod cum facies, rogabis, ut sicut cortex ille paulatim fumo siccatus arescit, sic splen uel iecur laborantis arescat. Hęc autem res tantum ualet, ut si catulis recens natis fiat, dicantur omnino non crescere, Marcellus Empiricus. In Anthologio Græco legitur Adæi epigramma in catellam, Calathinam nomine, facile enixam, Τῇ βαιῇ Καλαθίνῃ ὑπὸ σκυλάκων μογεούσῃ Ἄρτεμις ἀκραίην ἦλθε κύνην ἐπορεῖν. Io. Tzetzes Chiliade 5. à principe quadam muliere catellam nimis delicate nutritam his uersibus reprehendit, Νῦν δὲ κυνίδιόν τι Παρὰ ἀρχούσης γυναικὸς φερόμενον τοῖς κόλποις Δίαιταν εἶχε τὴν αὐτὴν (quam feles reginæ, de qua proxime dixerat, quod ex aureis uasis ederet, &c.) καὶ τἄλλα δὲ ὁμοίως Κἂν οὐ χρυσοῖς ἐν σκεύεσιν, ἀλλ' ἀργυροῖς ἐσθίει, Ἀνθρώπων οἵων καὶ αὐτοὶ τοῦ ἄρτου στερουμένων. ¶Epitaphia tria catellorum ex Blondo hîc apponam. ¶Romæ, Corporis exiguos cura dum cogor in artus, Subducto matris lacte, miser perij. Ne tamen & fati nomen uis aspera tollat, Leucippi cineres hæc canis urna tegit. ¶Fr. Molsij, Vrnam qui uetulæ uides catellæ, Concretæ teneros breuesq; in artus, Mitis ne renuas fauere linguæ. Nam qui me exiguo solo recondit, Exemplum est Iouis optimi secutus, Quo dante Erigones polo refulget, Ob summum catulus decus fidemq;. ¶R. Inscriptio, Φρατίλλῃ κυνιδίῳ γλυκυτάτῃ Φεδέρικος Γονζάγα Β. μνείας χάριν. Id est, Phratillæ catellæ dulcissimæ Phedericus Gonzaga II. memoriæ gratia. ¶Reperitur etiam catella diminutiuum nomen à catena, teste Cælio, (apud Catonem.)

DE CANIBVS VENATICIS IN GENERE.

Canes uenatici, quos Græci θηρευτικοὺς uocant (Suidas in μιλιτταῖον) alij maioribus & robustis feris opponuntur, alij minores & timidas persequuntur, uel ut comprehendant, uel ut in retia adigāt: alij sagacitate ualent: aliqui sagaces simul & celeres sunt: alij & celeres & mediocriter robusti: robustissimi enim in suo genere simul & celerrimi esse non possunt. De robusto, celere, sagace, singillatim dicam in sequentibus: hîc de uenatico in genere. Quamuis enim plæraq; de uenaticis canibus in genere prolata, præcipue apud Xenophontem, Pollucem & Nemesianum & Gratium, ad canes celeres, ut qui uel lepores, uel ceruos aliasq; feras in retia adigunt, spectare uideantur: sunt tamen nonnulli quos simpliciter uenaticos dicas, quod celeritati uel robur uel sagacitatem uel utrumq; coniunxerint. Hinc illa Platonis comparatio est libro 2. de Rep. ubi inquirit quæ & quales naturæ sint ad urbem custodiendam idoneæ, his uerbis. Existimásne differre naturam generosi canis, & generosi adolescentis ad custodiam agendam? Quorsum hæc? Vtrunq; ipsorum sagacem oportet esse ad sentiendum, & uelocem deinde ad insequendum, ac demum robustū cum assecutus fuerit, ad pugnandum capiendumq;. Audax etiam & fortis sit oportet, siquidem bene pugnaturus sit: neutrum autem erit, nisi etiam iracundus (θυμοειδὴς) fuerit, siue equus, siue canis. ¶Canum duo genera, unum uenaticum, & pertinet ad feras bestias ac syluestres: alterum quod custodiæ causa paratur, & pertinet ad pastorem, Varro. Mirandum in modum canes uenaticos diceres, ita odorabantur omnia & peruestigabant, Cicero 6. Verr. Catulus uenaticus, Horat. 1. epist. Turba uenatrix canum, Valerius Argonaut. 3. Amphitheatrales inter nutrita magistros Venatrix, syluis aspera, blāda domi, Martialis in epitaphio canis Lydiæ. Ceu pernix cum densa uagis latratibus implet Venator dumeta Lacon, Silius lib. 3. ¶Sed quoniam uenationis usus latissime patet, quæcunq; ad eam in genere pertinent, differam in alium librum, ubi de animalibus generatim docere proposui, & quę uel omnibus uel pluribus communia sunt certis locis ac ordinibus rerum digerere. De feris etiam singulis quomodo in uenatione canum opera capiantur, in sua cuiusq; historia dicam, in præsentia non alia de uenatione dicturus, quàm quæ canibus peculiaria uel rerum uel nominum ratione uidentur.

¶Ἐλατικαὶ κύνες, θηρατικαί, Hesychius, Varinus: ego celeres potissimum ἐλατικὰς dixerim. ἐλᾶν enim & ἐλαύνειν, persequi est: hinc & κυνηλάτης uenator, qui cum canibus feras cursu persequitur, κυνοδρομεῖν uocat Pollux: κυνηγὸς uero, qui quouis modo canum opera ad uenationem utitur, qui & κυνηγέτης & κυναγωγὸς appellatur: Pollux distinguit, his uerbis, Συνεργοὶ τοῦ κυνηγέτου κυναγωγοί, ἱπποκομοί: nimirum ut cynagogus cynegetæ inseruiat, canibus ducendis. Incipiam captare feras, & reddere pinu Cornua, & audaces ipse mouere canes, Propertius lib. 2. Κυνοστόοι, θηρευταί, Hesychius: apud Varinum penultima per οι. scribitur. Ἐπακτῆρες etiam & ἐπακτορεῖς uenatores cum canibus proprie dicuntur, Apollonius in Argonauticis pro piscatoribus posuit. Κυνηγέσιον, ipsa uenatio. Pollux in præfatione libri 5. ad Commodum, Ἐπεὶ δὲ κυνηγεσίων σοι προσήκει μέλλειν. Et ab initio eiusdem libri, θήρα λέγοιτ' ἂν καὶ ἄγρα, καὶ κυνηγέσιον: θῆραι τε καὶ ἄγραι, καὶ κυνηγέσια, &c. ubi etiam hæc uocabula subiunguntur: συγκυνηγέτης, ὁ τῷ κυνηγέτῃ συμπράττων: φιλοκυνηγέτης, κυνηγετικός, κυνηγετικῶς, κυνηγετεῖν. Et capite 3. Ἡ τῶν κυνῶν δὲ ἀγωγὴ κυνηγέσιον ὁμωνύμως τῷ ἔργῳ καλεῖται. Κυνηγεῖν idem quod κυνηγετεῖν, Varinus. Κυνήγιον uel Κυνηγέσιον nomen proprium loci(Constantinopoli puto)in quem abijciebantur οἱ βιοθάνατοι, Suid. Εἰς κυνηγόν, in uenatorem qui nihil ceperat, Lucilij scopticum: Πανὶ φιλοσκοπέλῳ, καὶ ὀρεσσιφοιτάσι νύμφαις, Καὶ Σατύροις, ἱερᾶς τ᾽ ἔνδον ἀμαδρυάσι, Σὺν κυσὶ, καὶ λόγχαις ταῖς πρὶν συνοφοιτῶσι μάρψας Μηδὲν ἑλὼν αὐτὰς (forte αὐτὸς) τὰς κύνας ἱερῶ μάκειν. Εἰς κυνηγοὺς, in uenatores, epitaphia duo leguntur Anthologij libro 3. sectione 19. nam tertium in aucupem est. Cynulchos uocant qui secum ducant canes, Cæl. Cynæthei Iouis à uenatione dicti, quem Gyraldus Cynegeten appellare mallet, mentionē feci supra. Est & κυνηγέτις, id est uenatrix, inter Dianæ cognomina, quanquam apud Pollucem κυνηγετάτη legitur. Ἔνιοι μὲν ἐν ταῖς κυνηγεσίαις εἰσὶ τολμηροὶ πρὸς τὰς τῶν θηρίων συγκαταπτώσεις, οἱ δ᾽ αὐτοὶ πρὸς ὅπλα καὶ πολεμίους ἄχρηστοι, Suidas in Ἄρατος στρατηγός. Κνώδαλον, quoduis animal, παρὰ τὸ κνύειν ἁλίσκεσθαι: proprie tamen marinum animal, Scholia Aristophanis. ¶ Venaticorum canum, propria nomina uaria recensui supra in Cane in genere cap. 8. ¶ Canis alseluchi, est canis quo uenatores utuntur, ad capiendas aues aut quadrupedes, Andreas Belliunensis.

¶ Nunc canes uenaticos ordine literarum enumerabo, tum secundum regionum & populorum apud quos nascuntur nomina, tum dominorum, &c. illos imprimis, qui ad certum aliquod uenaticorum genus, ut robustum, celer, sagax, commode referri non possunt: Si tamen hic etiā illorum quosdam breuiter attigero, nihilominus suis in locis repetam. ¶ Non tunc egregios tantum admirere Molossos, Cum parat(lego comparat, id est, Canes hi uersuti tantundem dolo efficiunt, quantum Molossi uiribus)his uersuta suas Athamania fraudes, Acyrusque Pheræque, & clandestinus Acarnā. Sic & Acarnanes subierunt prælia furto: Sic canis illa suos taciturna superuenit hostes, Gratius in libro de Venatione. Pro Acyrus lego Acytus. Est em̄ Acytos Plinio 4. 12. insula, de qua sic scribit, statim post Sporades: Melos cum oppido, quam Aristides Biblida appellat, Aristoteles Zephyriam, Callimachus Mimallida, Heraclides Siphnum & Acyton: Hæc insularum rotundissima est. Hinc forte Melos à mali figura appellata. Ἄκυτος, insula iuxta Cydoniam Cretæ, Stephanus. Melos insula inter Cretam & Peloponnesum interuallo æquali sita: à Peloponneso promontorium Scyllæum, à Creta Dictynnæum habens, Strabo. Est aūt Dictynnæum promontoriū in Tityro Cydoniatarum monte, Hermol. Quod autem de hac insula Gratius intelligat, ex uicinis constare uidetur: quod harum quoque canes ad uenationem commendentur, ut Cretæ & Amorgi. Vicina est etiam Thera insula, quam alij inter Cyclades, alij inter Sporades numerāt, Plin. Stephanus Θήραν per η prima longa scribit. Gratius forte Theras in plurali numero dixit, ut legendum sit, Acytus Theræque, &c. de quo eruditi inquirant quibus otium est. Si quis Pheras legere malit, ut Φεράς Thessaliæ oppidum intelligamus: non pugnabo. Situm enim hoc oppidum est in Pelasgicorum camporum termino ad Magnesiam, ut Strabo docet: Laudantur autem ex Magnesia quoque canes. Accedit quod & Athamania Thessaliæ regio sit, quanquam alij Illyriæ adscribant, authore Stephano. Acarnania regio & pars Epiri est, mersa medio sinu Ambracio, ut Plin. scribit. Hanc ab Aetolia diuidit amnis Achelous, aut Pindus mons ut Solino placet. Acytos igitur, Pheræ, Acarnania, & Athamania, omnes eiusdem ingenij canes producunt uenaticos, uersutos, fraudulentos, clandestinos, taciturnos: Aetoli uero contra, latratu feras disturbant antequam conspexerint: de his dicam inferius inter celeres & sagaces simul. ¶ Aegyptios Oppianus βουκολίων φύλακας, id est armentorum custodes uocat: ego supra ab initio huius tractationis de canibus diuersis, de Aegyptijs quoque dixi, sed nihil quod ad uenationem, aut pecoris custodiam. ¶ Alopeciæ, id est uulpinæ canes, uide inter Mixtos infra: item in Laconicis inter celeres, et mox in Castorijs. ¶ Amorgi, Ἀμοργοί, inter uenaticos numerantur ab Oppiano: possent & Amorgini dici, ab Amorgo insula una Cycladum Stephano. ¶ Amyclæum canem non alium esse puto quàm Laconicum ab Amyclis Laconiæ ciuitate, in qua Castor & Pollux educati sunt. Vergilius pro pastorali cane posuit, eo tropo(ni fallor)quo Acheloum pro quauis aqua. ¶ Arcades à Polluce & Oppiano commendantur: & in eodem uersu Tegeatę, Τεγεᾶται, Oppiano: cum Tegea Arcadiæ oppidum sit. Idem Arcades Eleis canibus commode misceri scribit, cum Elis etiam, Ἦλις, Arcadię urbs sit, unde gentile Eleus: neque enim Aegyptiam uel Hispanicam Elidem, quarū Stephanus meminit, poëtam intellexisse crediderim. Arcadicæ canes ex leonib. creduntur prouenisse, unde & λεοντομιγεῖς dictæ sunt, Cælius. Mænalius lepori det sua terga canis, Ouid. lib. 1. de Arte. ¶ Argiui, Ἀργεῖοι, Oppiano: Argolici, Ἀργολικαὶ, Polluci, in catalogo uenaticorū sunt. Athamânes, uide supra in Acyto. ¶ Ausonij, Oppiano: Idem Tyrrhenos canes Laconicis recte misceri ait, non alios puto quàm Ausonios intelligens.

¶ De Britannis canibus inter sagaces dicam ex Oppiano & Gratio.

¶ Et uanæ tantum Calydonia linguæ Exibit uitium patre emendata Molosso, Grat.

¶ Cares, Oppiano: qui eosdem Thracijs commisceri posse scribit. Carinæ, Καρῖναι, Polluci celebrantur, non aliæ quàm Cares, aut in fœminino genere Cariæ uel Caricæ canes. Nam Καρίνη gentile nomen fœminini generis apud Stephanum reperio. Quamuis apud eundem in mentione Carnes ciuitatis Phœniciæ, à qua gentile fit Carnites, hic Lycophronis senarius referatur, ὅλοντο ναῦται πρῶτα Καρνῖται κύνες, ubi ipsos nautas Carnitas canes appellare uidetur. ¶ Καστόρειοι, Harmodij, & Menelaides, à dominis uel nutritoribus dicti sunt, Pollux. Et rursus, Castorides Apollo Castori donauit. Nicander easdem alopecidas uocat, eò quod Castor canes uulpibus miscuerit. Xenophon, Τὰ δὲ γένη τῶν κυνῶν ἐστὶ διττά: αἱ μὲν καστόρειαι, αἱ δὲ ἀλωπεκίδες. Ἔχουσι δὲ αἱ καστόρειαι τὴν ἐπωνυμίαν ταύτην, ὅτι Κάστωρ ἡσθεὶς τῷ ἔργῳ γῃ, μάλιστα αὐτὰς διεφύλαξε. Σοὶ γὰρ πασσυδίῃσιν ὑλακὰ κυνῶν ἐνάδε, uersus apud Suidam absq; authoris nomine. ¶ Celtæ canes, ut Oppianus & Gratius habent: uel Celtici, ut Pollux. Magnaq; diuersos extollit gloria Celtas, Grat. Quondam inconsultis mater dabit Vmbrica Gallis Sensum agilem, Idē. De Gallico cane plura inter celeres. ¶ Chaonidas canes aliqui à Cephali cane, alij de chao luporū generis fera progenitas suspicantur, Cælius. Ego potius à Chaonia regione, quę in media Epiro est, nominatas dixerim: hinc enim Chaonis gentile fœmininum fit, authore Stephano. Ex Epirotis quidem populi celeberrimi fuerunt Chaones et Molossi: commendabantur autem Molossi quoq; canes, ut infra dicemus: qui & ipsi ex Cephali cane, ut Chaonides, nati primum existimabantur. ¶ Cretici canes, Oppiano & Polluci. Hos Oppianus ad sobolem cum Pæonibus commode iungi scribit. Xenophon Cretenses canes etiam apris immitti ait. Ex Creticis canib. alios diaponos dici audio, alios parippos. Et illis quidem in uenando gloria plurima: noctes etiā feras impugnando addunt labori, sæpeq; feris assidentes dormiunt, mox orta luce depugnant. Parippi uero cum equis currere consueuere, tanta quoq; arte, ut nec præcedant unq; ferè, nec subsequantur, Cælius ex Polluce. Cretica canis expeditissima est, saltuq; maximè ualet, ut Cretenses testantur, & fama peruagatur, Aelian. Gnosius urbs Cretæ est, unde Gnosij canes inter sagaces dicendi. Et patre Dictæo, sed matre Laconide nati Labros & Aglaodos, Ouid. Dictæum Cretensem intelligo: est enim Dicte mons Cretæ, uel una ex quatuor præcipuis urbib. Cretæ. Dictæus etiam Cephali canis fuit Martiali. Acron grammaticus Molossos etiam apud Horatium 2. Sermon. 1. Cretæos interpretatur è Molossia ciuitate Cretæ: (de qua ego nihil apud classicos authores reperiri puto.) Sed paulo ante ostendi ab Epiri regione Molossia, nomen his canibus inditum esse. Ichnobaten sagacem Gnosium Ouidius cognominat. ¶ Cypsellicæ, uide Menelaides paulò post, & Psyllici.

¶ Elei cum Arcadibus ad sobolem uenaticam procreandam miscentur, Oppian. ¶ Elymæis nomen à gente sita in meditullio Bactrorum & Hyrcaniæ, Cælius ex Polluce. Stephanus eam regionem Elymas, Plinius Elymaidem uocat. Cæterum Elymiæ urbi Macedoniæ ab Elymo heroë nomen contigit, uel Elyma Thuscorum rege. De Elymæis Siciliæ gente, & Elymnio loco Eubœæ, uide Varinum. Quid si Elymæi ex Eubœa potius oriundi sint, cum & Eretrici inde commendentur? ne tam procul petendi sint. Sunt & lepores Elymæi, de quibus suo loco. ¶ Clarus est Epiroticus canis Cerberus nomine, Pollux. ¶ Eretricas Eurytidæ ab Apolline dono acceperunt ac nutriuerūt, Pollux: apud Cælium non rectè legitur Eretrinæ. Eretria Eubœæ insulæ urbs est, & alia Thessaliæ, Stephan.

¶ Gallici, uide Celtæ superius, & infra inter Celeres. ¶ Geloni sagaces Martem odêre, Gratius. Traxêre animos de patre Gelonæ Hyrcano, Idem. ¶ Gnosij, uide in Creticis.

¶ Harmodij à nutritore dicti, Pollux. ¶ Hyrcani, Pollux. Canes Hyrcana ex tigride concipit, ut dicam in Mixtis. Traxêre animos de patre Gelonæ Hyrcano, Grat.

¶ Iberi, ἴβηρες, Oppian. Gyllius Hispanos transfert. ἰβηρικοὶ, Pollux. Sarmatæ Iberis ad fœturam misceri possunt, Oppian. Nec quorum proles de sanguine manat Ibero, subaudi contemnantur, Nemesian. Quærendum an de Iberia Asiatica uel orientali accipere debeamus, quæ regio sita est iuxta Pontum inter Colchidem & Armeniam, ut eædem canes fortè sint Phasianæ, quæ nomen etiamnum retinent. Phasis enim Colchorum fluuius est. Phasiana canis à partu non ante sextum mensem impletur, serius uero in quàm plurimis obseruaui, Aug. Niphus. ¶ Indicæ, uide inter Venaticos fortes.

¶ Laconici, Lacænæ, Lacedæmonij, uide infra inter Celeres. ¶ Libyci. Quinetiā siccæ Libyes in finibus acres Nascuntur catuli, quorum non spreueris usum, Nemesian. ¶ Locrides, Pollux. λοκροὶ, Oppian. Locrides canes Xenophon apris immitti scribit. ¶ Gratius cum Seras canes intractabilis iræ dixisset, subdit, At contra faciles, magniq; Lycaones armis, id est ea parte quam humeros in homine dicimus. Lycaonia regio Asię minoris est prope Phrygiam: uel secundum Stephanum Lyciæ & Isauriæ regio. Alij partem Arcadiæ Lycaoniam uocant, Stephanus totam Arcadiam sic dictam scribit: Gentilia, Lycaonius, Lycan, & Lycaon.

¶ Magnetes, Oppian. De Hippamonis cane Magnete, cui nomen Lethargus fuit, supra dixi. Magnesia Macedoniæ regio est, Thessaliæ annexa. Est etiam urbs & regio eiusdem nominis in Asia ad Mæandrum sita, Stephan. Magnetes iuxta Mæandrum aiunt alere canes prælliandi socios, πολέμων ὑπασπιστάς, Pollux. ¶ Indocilis dat prælia Medus, Grat. ¶ Menelaides dictę sunt à Menelao nutritæ, Pollux. Et rursus, Menelaides Nicander easdem Cypsellicis esse scribit: eò quod Menelaus canes duos ex eo loco fratres circa Argolicam educauerit. Vide mox in Psyllicis. ¶ Molossi, uide inter Venaticos fortes.

¶ Pæones, Oppian. Nec tibi Pannonicæ stirpis temnatur origo, Nemesian. Pæones & Cretici ad fœturam rectè miscentur, Oppian. Vide inter canes robustos infra. ¶ Perses sagax simul & pugnax est, Grat. ¶ Phasiana, uide in Iberis paulò superius. ¶ Pheræus, uide supra in Acytos.

¶ Psyllici canes nomen habent ab urbe Achaica, Pollux. Cælius dubitat an Cypselici legendum sit: quoniam in Arcadia munitus locus Cypsela uocetur, cuius apud Thucydidem mentio fit historia 5. Est & in Thracia nominis eiusdem adiacens Hebro ciuitas, Stephanus.

¶ Sauromatæ, Oppianus: idem Sarmaticum canem cum Iberide fœmina coniungi posse ait. Sarmatiæ pars est Polonia hodie dicta: ubi uenatorij canes his nominibus habentur: Vislij, maximi

x

omnium, aduersus lupos, ursos, & apros. Charczij, minores paulò. Pobiedniczij, parui, ad aues & lepores. Psij, medij magnitudine inter primum & secundum genus. ¶ Sunt qui Seras alant, genus intractabilis iræ, Gratius. ¶ Spartani, uide Laconici inter Celeres infra.

¶ Tegeatas supra cum Arcadicis memoraui. ¶ Thracij, Oppianus: idem Thracios & Cares sobolis gratia misceri ait. ¶ Tyrrhenorum mentionem feci in Ausonijs. ¶ Tuscos cum sagacibus memorabo.

¶ Veltrum uulgo in Italia uocant canem uenaticum, & uelocissimum cursu, Fr. Arlunnus: Vide inter Celeres. ¶ Vertagus, celer simul & sagax est, de quo plura inferius. ¶ Vmber fidelis et sagax est, ut inter sagaces referam.

¶ Hæc quidem celeberrima canū uenaticorum genera sunt, ὅμως ἡ φύσις καὶ ἐν ἄλλοις ἐν ἅπασι τόποις διαφέρει κύνας ἀγαθὸς, ὁποῖός τις καὶ ὁ Ἄργος, Varin. Totidem canum genera sunt, quot equorū, ut Gyllius ex Oppiano ridiculè transtulit. Nam libro 1. de Venatione, cum de equis agere poëta desineret hac clausula, τόσσα μὲν ἀμφ' ἵπποισιν, id est, Tantum de equis: subdit, τόσσοι δ' (sic legendum non τ') ἐπὶ πᾶσι κύνεσσιν ἔξοχα ἀέξηλοι, &c. id est, Tot uero canes inter cæteros excellunt, quot & quorū mox nomina addit, Pæones, Ausonij, &c.

¶ CANES uenatici quales eligi debeant & ad sobolem procreandam admitti, Gratius poëta his carminibus elegantissime docet.

Iunge pares ergo, & maiorum pignore signa
Fœturam, prodantq; tibi metagonta parentes,
Qui tenuere (genuere forte) sua pecꝰ hoc immane iuuēta. Et primū exptos animi, quę gratia prima est,
In Venerem iungunt: tum sortis cura secundæ
Ne renuat species, aut quæ detrectet honorem.
Sint celsi uultus, sint hirtæ frontibus aures,
Os magnum: & patulis agitatos morsibus ignes
Spirent, astricti succingant ilia uentris:
Cauda breuis, longumq; latus, discretaq; collo
Cæsaries non pexa nimis, non frigoris illa
Impatiens: ualidis tum surgat pectus ab armis,
Quod magnos capiat motus, magnisq; supersit.
Effuge qui lata pandit uestigia planta
Mollis in officio. siccis ego dura lacertis
Crura uelim, & solidos hæc in certamina calces.
Sed frustra longus properat labor, abdita si non
Altas in latebras, uniq; inclusa marito
Fœmina, nec patiē Veneris sub tempore magnos
Illa, neq; emeritæ seruat uestigia laudis.
Primi complexus, dulcissima prima uoluptas.
Hunc Veneri dedit impatiens natura furorem.
Si tenuit cunctos, & mater adultera non est,
Da requiem grauidæ, solitosq; remitte labores.
Vix oneri super illa suo, Hæc Grat. Nemesiani de canibus uenaticis ad sobolem eligendis uersus, infra recitabo in Celere, de hoc enim ille potissimum agere uidetur. ¶ Canis uenatici (inquit Tardi.) partium corporis omnium bona sit proportio: caput leue, cerebrum amplum: pili à capite & fronte antrorsum dirigantur. Aures sint molles, laxæ, pendulæ, longæ, & multum distantes. Venæ frontis magnæ: oculi nigri, uisus acutus: nasus amplus: fauces largæ & profundæ. Pili circa os barbam referant, similes resectis. Multa & crassa in ore saliua: facies clara, collum longum & in fine plenum: pectus amplum & crassum, costæ prominentes: dorsum breue & planum, non acuminatum circa uertebras. Cauda non separata à coxis, breuis, mollis, nodis robustis. Coxæ sint amplæ, & superius torosæ: pedes parui, digitis duris, & apte coniunctis, ne quid terræ aut luti in uia admittant. Corporis posterior pars altior anteriore probatur. Si pars in crurib. prominens, calcar appellant, cursum impediat, secari debet. Laudantur qui lorum aut catenam, qua uincti tenentur, sæpe & ualidè trahunt. Ex colore nihil certi ferè pronunciatur: sæpius enim turpi colore canes, pulchrioribus præstant. Niger tolerantior frigoris est quàm albus. Canis alba, oculis nigris aut albis, pectore terram uersus inclinato, pelle longa inter coxas, denicq; cauda longa & crassa, alacris & animosa in uenatione est, Hæc Tard. ¶ A partu etiam catulorum delectus habeatur, de quo itidem Gratij uerba adscribam:

Tum deinde monebo
Ne matrem indocilis natorum turba fatiget,
Percensere notis, iamq; inde excernere paruos.
Signa dabunt ipsæ, teneris uix artubus hæret
Ille, tuos olim non defecturus honores.
Iamq; illum impatiens æquę uehementia sortis
Extulit: affectat materna regna sub aluo.
Libera tota tenet*ea*tergo liber aperto,
Dum tepida indulget terris clementia mundi.
Verum ubi Caurino perstrinxit frigore uesper,
Ire placet, turbaq; potens operitur inerti.
Illius è manib. uires sit cura futuras
Perpensare: leuis deducet pondere fratres:
Nec me pignoribus, nec te mea carmina fallent.
(Vide quæ supra diximus de catuli electione in genere.) Nemesianus rem eandē clarius describit,
Pondere nam catuli poteris perpendere uires,
Corporibusq; leues grauib. prænoscere cursu.
Sed hæc ad celerem canem magis pertinent, quàm uenaticum in genere: quemadmodum & illud forte quod Aristoteles ait τοὺς ζωνοὺς (εὐζώνους, Adamantius) φιλοθήρους εἶναι, ἀναφέρεται ἐπὶ τοὺς λέοντας καὶ κύνας. ἴδοι δ' ἄν τις καὶ τῶν κυνῶν τοὺς φιλοθηροτάτους ζωνοὺς ἔχοντας. Idem alibi in Physiognomonicis certa in canibus signa esse ait, ex quibus periti uenatores de ipsorum ingenio & natura coniecturam facere possint: Καὶ τῶν ἄλλων ζώων οἱ περὶ ἕκαστον ἐπιστήμονες ἐκ τῆς ἰδίας διαθέσεως δύνανται θεωρεῖν, ἱππικοί τε ἵππους, καὶ κυνηγέται κύνας.

¶ Xenophon canis uenatici formam, & animi corporisq; dotes, quæ maximè probentur, his uerbis depingit. Primum, inquit, magnas esse oportet, capite leui, simo, articulato, & sub fronte uenoso, ἰνώδη ἐχούσας τὰ κάτωθεν τῶν μετώπων. oculis sublimibus, nigris, & splendidis (ardentibus, Pollux:) fronte magna

magna, lata, & cauis discriminibus insigni, (cui apud Pollucem contraria est in improbando cane carnosa frons:) auribus (auriculis) paruis, tenuibus, & à posteriore parte glabris: ceruice longa, molli, ac tereti: pectore lato, non macilento, (carnoso, Pollux:) armis qui parum ab humeris distent. Anteriora crura breuia sint, recta, teretia, solida, στιβαρά, Pollux habet στριφνά: Idem crura tam ante quàm retro excelsa esse uult, longiora tamen posteriora, & ἐπίκαμπα, id est curua, nimirum propter flexum suffraginis, (apud Xenophontem non rectè legitur πίεσμνά) cum anteriora ὀρθά, id est recta esse debeant, (non eminentia in cubitis) quod Xenophon bis monere uidetur: primum, cum dicit σκέλη τὰ πρόσθια ὀρθά, deinde cum ἀγκῶνας ὀρθούς, id est cubitos rectos: ἀγκὼν enim anteriorum crurum est, ἰγνὺς posteriorum, id est poples uel suffrago. Latera non admodum profunda sint, pro βαθείας Pollux πρὸς γῆν βαθυνομένας dixit, sed in obliquum tendentia, προεσταλμένα Pollux, lego πλεοσταλμένα. Lumbi sunto carnosi, inter longos & breues medij, uel ut Pollux habet, inter duros & molles. Ilia quoque, nec magna nec parua sint; uel iuxta Pollucem, magnitudine simul & duritie mediocria. Clunes (ἰσχία) rotūdæ, posterius carnosæ, parte superiori laxæ, μὴ συνδεδεμένα: inferius astrictæ, κάτωθεν προεσταλμένα, sic enim lego: quamuis & in Polluce reperiam πλεοσταλμένα sine sigma. Venter sub costis statim, & deinceps, gracilis: cauda longa, recta, quæ paulatim tenuior uel acutior euadat, λιγυρά, Pollux uidetur ὀξεῖαν interpretari: femora duriuscula, legendum μηρία σκληρά, ex Polluce, facile deprehendet, qui laudabilem & uitiosam canis formam apud eundem contulerit. Ὑποκώλια, in Polluce ὑποκοίλια perperam: hypocolion intelligo femoris partem inferiorem supra poplitem statim, ut superiorem circa clunes, acrocolion: sic acrorean & hyporean Græci dicunt, pro inferiore & superiore montis parte: nisi quis hypocolion pro tota illa parte quæ sub poplite est accipiat, quæ à Polluce in lepore hyposcelion nominatur, ut côlon sicut scelos crus integrum significet. Hypocolia igitur sint longa, teretia, solida, εὐπαγῆ Pollux. Postremo pedes rotundi. Eiusmodi si fuerint canes, robustæ erunt, corpore agiles, habiles uel partibus bene respondentibus, celeres, alacres, & rostro commodo, εὔστομοι, rostro ualidæ Omnibonus: Pollux addit εὐθύστομοι, id est rostro recto: γρυπὰς enim supra ἀσόμους esse dictū est. ¶Hactenus de signis canis laudabilis ex Xenophonte: nunc ijs contraria ex eodem depromam. In libro igitur de uenatione, de canibus, quas castorias & alopecidas uocant, locutus, subdit: Deteriorum uero maior est numerus, cuiusmodi sunt, paruæ, grypæ (id est naso aquilino, uel astomi, id est rostro inepto,) oculis rauæ, χαροποί, luscitiosæ, deformes, duræ uel strigosæ, infirmæ, glabræ, proceræ uel altæ, ἀσύμμετροι, id est quæ corporis partes non bene respondentes habent, pusillanimes, non sagaces, ἄρινες: non probis pedibus, ἄποδες, οὐκ εὔποδες, Omnibonus uertit mollipedes. Siquidem paruæ sæpe frustrantur uenatione ob exiguitatem corporis. Grypæ, prauo sunt rostro, & ideo leporem retinere non possunt. Rauæ oculis & luscitiosæ, uisum habent uitiosum. Deformes, uel aspectu turpes sunt. Strigosæ uel duræ membris, uenationes ægre remittunt, χαλεπῶς ἀπὸ τῶν κυνηγεσίων ἀπαλλάττουσι, (Omnibonus uertit, à saltu non facile absistunt.) Infirmæ & glabræ, laborem non tolerant. Proceræ & quibus corporis partes non aptè respondēt, propter corpus non bene constitutum magnitudine & proportione, in cursu laborant, βαρέως διαφοιτῶσιν, (hoc loco impressi codices ὄμματα habent pro σώματα.) Pusillanimes laborem deserunt, & sub umbras à sole se recipiunt ac recubant. Quæ uero sagaces non sunt, ægre raroque sentiunt leporem. Quarum pedes non probi, licet magnanimæ fuerint, laboris patientes non sunt, sed præ pedum dolore deficiunt, Hæc Xenophon.

¶Color canum uenaticorum, qui omne genus feras persequuntur, nec albus, nec cœruleus (nigrum intelligo) probatur: neutri enim uel æstus uel frigoris patientes sunt, ut Oppianus tradit. Laudantur qui ferarum colorem referunt, lupi, tigridis, uulpis, pantheræ: aut frumenti granorū, σιτόχροοι, quem recentiores aliqui spiceum uocant: tales enim ueloces pariter & robusti esse solent. Color in canibus (inquit Pollux) neque omnino candidus placet, neque saturatus nigredine, sed nec planè ruffus: sed singuli nonnihil alterius coloris admixtum habeant, siue in fronte, siue summo naso, siue alia corporis parte. Xenophon similiter, Colores canum (inquit) non sint omnino ruffi, nigri aut albi. hoc enim uilem & simplicem, aut ferinum potius canem notat, non generosum. Ruffi igitur & nigri pilis nonnullis albis circa faciem splendeant: albi autem ruffis. Canes hyeme labore solutæ proli dent operam, ut per quietem ad uernum usque tempus gestantes fœtum ædant generosum. Nam hoc anni tempus nutritioni & incremento canum accommodatissimum est. Sunt autem dies quatuordecim quibus libidine aguntur. Mittentur autem ad strenuos canes quo tempore cessant, ut celerius concipiant. Nec uero cum uentrem gestant uenatum subinde ducentur, sed cum intermissione, ne alacritatem amittant. Fœtæ sunt sexaginta dies. Catulos recens natos uenator genitrici relinquat, nec alienæ cani subijciat. Minus enim proficit aliena cura: matrum uero lac & halitus bonus est, & fomenta suauia. Cum iam oberrant catuli, lac ad annum usque præbeat, & ea cibaria quibus omnem ætatem uicturi sunt, præterea nihil. Graues enim repletiones canum crura peruertunt, morbos corporibus ingenerant, & interiora deprauant, Xenophon.

¶Inter canes uenaticos non leporarios, excellunt, (ut scribit Albert. lib. 22.) quorum aures magnę & latę directæ ad maxillas pendent: & superius labrum item longe dependet. Vox probatur sonora: cauda non admodum longa, magisque dextrorsum curuata, frequenter erecta. Huiusmodi canes in utroque sexu, quantum fieri potest, magnitudine, colore, ætate & robore pares eligantur: quanque colotis inter cætera minor cura est. Fœmina includi, & macerari debet: & mas similiter seorsim. deinde

x 2

saturabis eos butyro,multo immixto caseo recenti,& simul per nouem dies includes, donec uideas catulam concepisse:nec ullo modo ante hoc tempus euagari permittes.Cum autem cõceperit fœmina,dimisso mare,grauidam retinebis,ita ut interdum,sed raro,inambulandi copiã ei concedas, mox iterum ad cubile ex stramẽtis reuoces.Quò partui uicinior erit,eò copiosius ales,ut fœtui postea lac suppetat.Præbebis autem humida nutrimenta,ut lac & serum cum parte butyri,quibus & panis aliquid & carnis coctæ miscebis.A partu pro numero catulorum eam nutries, ita ut nec obesior, nec macilenta fiat:ne uel lactis inopia propter maciem aut praua qualitas propter pinguetudinẽ sequatur.Nam cum canum lac natura crassissimum sit,propter temperamenti ipsarum calorem,in corpore obeso frigidius ac tenuius euadit.Catuli suo tempore ablactandi,& cibarijs commode nutriendi, ut nec iusto fiant habitiores,nec alimentum quod incremento & robori sufficiat,desiderent. Serum igitur cum aliquãto lacte quod pinguiusculum sit,primo dandum est eis,& paulatim postea cum iã magis'q; proficere uidentur detrahendum hoc alimentum:ita ut exactis octo mensibus pane remollito in sero sine multo humore nutriantur,sic fiet ut intra annum canes sanos,agiles, fortes atq; sagaces habeas.Post menses octodecim exerceantur ad uenationem,idq; primo moderatè,ut ultro indies magis magisq; se exerceant.Nimius enim cursus & labor ab initio, tenella adhuc membra exiccat,& uenationi inualida ineptaq; reddit:Mediocri uero exercitio,excitatus calor in cruribus alimẽtum attrahit,neque consumit:unde fit ut cruribus ualidi uenari sponte desiderent,Hæc Albert.

¶Media æstate,ex Nemesiani consilio,canes tenuius alentur,ne grauis cibatus molles articulos pondere deprauet. ¶Protinus & cultus alios,& debita fœtæ Blandimenta feres, curaq; sequere merentem. Illa perinde suos ut erit delata minores, Ac longam præstabit opem:tum denicq; fœtu Cum desunt operi,fregitq; industria matres, Transeat in catulos omnis tutela relictos. Lacte nouam pubem,faciliq; tuebere maza. Nec luxus alios,auidæq; impendia uitæ Noscant:hæc magno redit indulgentia damno,Grat. Et paulo post de uenatore,uel magistro canibus pręficiendo, Idcirco imperium catulis,unusq; magister Additur,ille dapes,pœnamq; operamq; ministrans Temperet:hunc spectet syluas domitura iuuentus,&c. ¶Venatici canes (ait Oppian.)à teneris assuescãt equis uenaticis, & cunctis hominib.blandi sunto,solis infesti feris:non faciles ad latrandum:silentiũ enim omnino uenationi conuenit,præcipuè inter inuestigandum. Canibus tacitis mittite habenas, Seneca in Hippolyto.Pollux ἐγκρατεῖς canes laudat:quos intelligo,uel abstinentes latratu,uel qui feram captam ad domini aduentum conseruent,aut ore illæsam afferant,ut uertagus leporem.Idẽ probat canem θυμοειδῆ,ἐθελεργὸν,ἀπλανῆ, ὀξὺν, φιλόπονον,εὔψυχον. ¶Quod ad cibum,lac maternum catulis præcipuè conuenit:deinde sanguis animalium quæ ceperint canes,ut paulatim uenatorio alimento assuescant,Pollux.Oppianus ad uenationem educandos lactari præcipit,non domesticarum canũ neq; caprarum aut ouium uberibus,segnes enim & debiles futuros:Sed ceruæ,aut leænę cicuris,uel dorcalidis aut lupæ,ut robusti ac ueloces fiant.De uictu catulorum præcipuè uenaticorum, ex Nemesiano docui supra in Cane in genere. ¶Sed neq; conclusos(catulos)teneas, neq; uincula collo Impatiens circundederis,noceasq; futuris Cursib.imprudens:catulis nam sæpe remotis, Aut uexare trabes, laceras aut pandere ualuas Mens erit,& teneros torquent conatibus artus, Obtundúntue nouos adroso robore dentes, Aut teneros duris impingunt postibus ungues, Nemesian. ¶Canes uenatici & alij quomodo procreandi sint,& quib. parentibus, supra ex Blondo dixi capite 5.de cane in genere. ¶Castrati canes cessant à relinquendis heris:nec tamen ad custodiam aut uenationem deteriores fiunt,Xenophon in Pædia. ¶Si canis inter uenandum nimia siti laboret,duo aut tria oua confracta in gulam ei immittes:sic enim sitim extingues,& à periculo hecticæ uel marasmi canem liberabis,Tard. Laudatur uenaticus canis,qui lætus,alacris,& animosus est,qui auriculas subinde mouet,& frontem uersus dirigit:qui circumspectat undequaq; & ferarum uestigia, tractus,& halitus sequitur & olfactat,Tard.

¶Canum inter uenandum continentiam,obedientiam, sagacitatem Plutarchus extollit in libro Vtra animalium,&c. De admirabili canum fide in Niciam uenatorem dicam in Cane socio. Mira uenatici canis disciplina spectatur,dum paret domino, nec illum relinquit, sed suspensus expectat, donec ad persequendi licentiam mittatur signo:& comprehensam feram dum seruat, uel ad dominũ refert,Blondus.

¶Omnis canis uenaticus ex eo quod ceperit feram,non mediocri uoluptate afficitur, & tanquã præmio,si dominus ei permittat,sic ea capta utitur.Si quidem non conceditur, bestiam seruat, quoad uenator aduentarit,de totaq; captura pro suo arbitratu statuerit.Quod si mortuo uel apro uel ceruo inciderit,non attingit quidem,nec enim alienis se laborib.adscribit,nec quæ ad se non pertineãt, sibi assumit:ex quo apparet æmulationum uirtutis natura eum non expertem esse.Nec enim carnes quærere,sed uictoriam amare uidetur,Aelianus.Idem canis ingenium Plutar.in lib. Vtra animaliũ, &c.his uerbis describit:Venatici leporẽ cum insequuntur,siquidem necarunt ipsi,discerpere & sanguinem auide lambere gaudent:sin,quod persæpe fit,cursu confectum,ac spiritibus quantũ superer at,extrema contentione consumptis,exanimem assequuntur,prorsus non attingunt: astant autem cauda tantum gesticulantes,quasi non pulpæ,sed uirtutis ergò certasse uideri uelint.

¶Equis & canibus Cyrus illos præfecit,quos existimabat redditur os hæc pecora ad usum suum quàm optima,Xenophon. ¶Canes singuli seorsim ligari debent:nam si iungãtur,putore,scabie, aut

aut morbo aliquo afficientur. Cubabunt prope magistrum, in stramine, uel alio cubili puro. Bis quotidie aut saltem semel à uinculis soluentur, & mox iterum uincientur: nam si diutius soluti fuerint, alacritatem & audaciã amittent. Si manibus tractentur, aut panno cutis eorum perfricetur, mollior & lenior fiet: & canes ipsi magis cicures & in uenatione obedientiores erunt, cum uel reuocantur, uel animantur, Tard. Socrates non quosuis homines conueniebat: sed eos qui natura boni existimarentur, doctrinam uero negligerent, docebat bona ingenia maximè indigere eruditione: probãs id equorum exemplo, &c. & canum, ex quib. ingeniosæ, sagaces, laboriosæ, feris insidiosæ, bene quidem eruditæ, optimæ ac perutiles uenationibus fiunt: è conuerso uero, uanæ, furiosę, ac inobedientes, Xenophon dictorum Socratis lib. 4. ¶ De collarijs, loris, & fascijs canum, tractatum est supra in H. e. ubi cynanchum etiam uel cynûchum lorum esse dixi circa collum, Xenophon in libro de uenatione saccum cynuchi nomine intelligit, hisce uerbis: ἔστω δὲ καὶ ἐν ὅτῳ ἔσονται αἱ ἄρκυς καὶ τὰ δίκτυα, ἐν ἑκατέροις, (forte ἢ ἑκάτερα) κυνοῦχος μόσχειος, καὶ τὰ δρέπανα, ἵν᾽ ᾖ τῆς ὕλης τέμνοντα φράττειν τὰ δεόμενα. Omnibonus interpres copulã canum uertit: potest fortassis etiam lorum intelligi ex pelle uitulina, quo rami amputati colligentur. Et sic sacci uel receptaculi nomen subaudiendum esset: sin minus, & cynûchon saccum esse placet, ut Polluci, post μόσχειος punctum notandum est. Cynûchus (inquit Pollux libro 5. cap. 4.) pellis est uitulina, in qua rete imponunt, eiusdem figuræ cuius loculi uel marsupia quæ contrahuntur, ὥσπερ τὰ συσπαστὰ βαλάντια. Canes agitentur æstate usque ad meridiem, hyeme per solidum diem: autumno ultra meridiem. Vere circa uesperã, ἐντὸς ἑσπέρας, id est circa uel intra uesperã, nempe à diluculo ferè usque ad uesperam. Hic enim modus seruãdus est, Xenophon. ¶ Canis (inquit Tard.) ante decimum ætatis mensem exactum non educi debet ad uenationem: nã si prius educeretur, periculum foret aliquid interiorum rumpi, conuelli, aut aliter affici: aut saltem canem deinceps fieri ignauiorẽ. Aestatis initio educatur canis matutino tempore, ad secundam usque aut tertiam antemeridianam horam. Nam calore meridiano pedes offenduntur, & sitis molesta est. Hyeme dies toti ad uenationem commodi sunt. Obseruabit uenator cœlum serenum & tranquillum. Siquidem pluuiæ & uenti, odoratum impediunt. Nix parua & gelu, nares ei adurunt: nix uero magna, nihil obest. Initio æstatis parum sagaces sunt canes, non quidem cerebri uitio, sed propter multos uariosque florum odores: minus per ipsam æstatem: nimius enim ęstus olfactum dissipat. Et quamuis leporum uestigia deprehenderint (solent enim tũ temporis & lepores & uulpes noctu progredi) nõ assequunt tamẽ eos odore: sed ad diuersa uestigia uariosque odores stupidi, irascuntur ac temere latrant. Canem à uomitu uenatum ne duxeris: nã cum debilis sit, nimio labore & tumultu male acciperetur. Cum ad uenationem exis, canes exhilarato, & suis quosque nominib. blandè appellato, & ad uenandum irritato. Vinctos quoque ducito, ne discurrendo fatigentur aut aberrent. Cum lorum solues, caue ne quis alienus canis adsit, quo cum ludant, & uenatum negligant. Palpabis eos, adulaberis, animabis, Hæc omnia Tardiuus. ¶ Quibus remedijs utendum sit ad uitia pedum & nimium in eis calorem, supra in Cane in genere cap. 3. ex eodem authore retuli. ¶ Canes fœminas cum sex mensium sunt, mares octo mensium, ue natum duces, Pollux lib. 5. cap. 9. Et ibidem cap. 6. Quouis tempore (inquit) uenatione utendum est. Experiri autem oportet canum naturam: frigido quidem cœlo, an narib. sint infirmis: æstiuo autem an solem tolerent, & uestigia percipiant sole halitum eorum abolente. Verno, an in uaria florum fragrantia odores (uestigiorum) discernant. Vernum sanè tempus, quod ad aëris temperiem, uenationi commodius est quàm uel æstiuum uel hybernum: hoc solum incommodi est, quod flores uestigia discerni impediunt. Autumnus, temperie ueri proximus est: neque florũ odoribus, neque frugum, ut quę iam reconditæ sint, canes à uenatione auertit. Cæterum inter niues euidentiora sunt uestigia, nec difficilia inuentu: quare lepus facile capitur, præsertim cum etiam pilis sub pedibus eius globuli quidã adhærescentes cursum impediant, Hactenus Pollux. Canes leporem uestigent, cum nix ita ceciderit, ut terram operiat: nam hyems absque niue (εἰ δ᾽ ἐνέσται μελαγχείμα, rectius forte μελάγγεια, id est si inter niuem passim terra appareat, quasi maculæ nigræ, ut fit in pauca & tenui niue: hanc uocem apud alios quoque authores reperimus, illam non item) uestigabilis non est. At cum ningit, si Boreas spirârit, uestigia diu manifesta eminent: neque enim citò liquantur. Sin & auster flauerit, & sol superfulserit, breui apparent: nam statim dilabuntur. Sed neque cum nix iugiter cadit, uestigia enim obducit: Neque cum uentus acriter incumbit: niuem enim conuoluens incerta facit. Ad huiusmodi igitur uenationẽ cum canibus exeundum non est: siquidem nix canum nares adurit, & pedes, ac leporis odorem gelu nimio tollit: Sed sumptis retib. cum alio ueniens, &c, Hæc Xenophon.

¶ Canes uinctos soluere, & ad cursum dimittere, Græci dicunt, ταῖς κυσὶν ἐφεῖναι, καὶ ἐφεῖναι τὰς κύνας, καὶ ἐπαφεῖναι. ἐπισεῖξαι δ᾽ ἐκάλουν τὸ μετά τινος ἀσήμου βοῆς ἀφεῖναι, Pollux. Ἐπισίζειν apud Lycophronem & Eratosthenem τὸ ἐπαφιέναι τὰς κύνας. ἀπὸ τοῦ ἀποφθέγξεως ἦν ἀποσίζειν, καὶ τὸ ἐπιρρύξαι ὁμοίως ἐφορμῆσαι τῇ φωνῇ, Varin. Ἐπισισον, τὸ συρίζοντας ἐποτρύνειν τοὺς κύνας ἐπὶ τὰ ἔργα ἐν τοῖς κυνηγεσίοις, Varin. & Etymologus. Ἐπισῖξαι, ἐφορμῆσαι, Hesych. Ἐπισίξας, ἐπαφεὶς ἐπὶ ὁρμὴν, ἢ ἐπισάξας (forte ἐπιτάξας) Idem. Ἐπισιττᾶν, κυνηγετικῶς παρορμᾶν, Idem. Σίζειν, ἠχεῖν ἐπὶ μίμησιν ἤχου, Hesych. ποιὸν ἦχον ἀποτελεῖν, ὡς τὰ ταγηνιζόμενα, præ nimio feruore stridere, Suid. apud Hesychium ῥεῖ pro ζεῖ male legitur. Κυνηγέτης ἐκβοάτω (Varin. ἐμβοάτω) ταῖς κυσὶν, ἐγκελευέτω, ἐπανακραγέτω, ἀποκεκράχθω, ἐνσημαινέσθω, ἀποσημαινέσθω, ἐξοτρυνέτω τὰς κύνας, προσκαλείτω, προτρεπέτω, ἐπεγειρέτω, ὁρμάτω, παρορμάτω, καὶ τὰ ὅμοια, Pollux & Varinus.

¶ Canem uenando fessum recreabis, si duo oua uino infracta, edenda præbueris, is cibus intera-

x 3

nea eius refrigerabit. Alij aquam pauco aceto miscent, cum micis panis atri: & eo liquore collum ac dorsum canis illinunt, Tardiuus. ¶ Quomodo lupos, uulpes, ursos, ceruos, capreas, & alias feras, canum opera uenatores capiant, in ipsis quæ capiuntur feris singulatim explicabimus. ¶ Venaticum genus canum, non solum nihil agricolam iuuat, sed & auocat, desidemq́ ab opere suo reddit, Columella. ¶ Lepus & uulpes canum metu exhorrescunt, & interdum uel sola canis latrantis denunciatione ex loco undiq́ septo, uepribus & dumetis uestito excitantur, Aelianus. ¶ Nonne uides quod etiam uenatores, dum lepores parui æstimandam rem sectantur, multa machinātur? Dum enim noctu pascendo oberrāt, sagacibus canibus (κύνας νυκτηρευτικὰς πορισάμενοι, Bessario legit ἰχνευτικὰς, quod non probo, ne denuo de ijsdem agat) eos captant. Sed quoniam interdiu refugiunt, & ad cubile se recipiunt, alios canes parant, qui qua redierint odore percipiant, & in cubili eos deprehendant. Quoniam uero celerrimi sunt, ut à conspectu etiam facile aufugiant, aliud genus canum uelocium habent, quibus auolantes intercipiunt. Et quia his etiam aliquando elabuntur, retia per tramites qua fugiunt, disponunt, quibus tandem irretiantur. Hæc Socrates libro 3. Apomnemoneumatū eius apud Xenophontem, ad Theodotam mulierem formosam. Cui illa, Quonam horum, inquit, utar, ad meos captandos amatores? Si per Iouem, inquit ille, pro cane quempiam apud te habebis inuestigatorem huiuscemodi amatorum, atq́ fortunatorum hominum, qui quidem ut primum eos compererit, doctus arte, efficiet ut tua in retia concidant. Retia sunt, forma isthæc tua, atq́ ingenium, &c. ¶ Vterū ferunt duobus mensibus: nō oportet autem grauidam uenatum educere, cum partui uicina erit, ὁπότε ἐπίτεξ εἴη καὶ ἐπίφορος, Pollux. Canes ad uenatum educere non conuenit, si obiectum cibum non auidè admiserint, quod eas non bene ualere significat. Nec si uentus ingens flauerit: nam uestigia rapit, nec canes odorari, nec sagenas retiáue stare permittit. Quod si horum neutrum impediat, tertio quoque die educito (ἄγειν διὰ τρίτης τῆς ἡμέρας: Omnibonus uertit, triduum educito.) Nec uulpes agitare assuescant canes: id enim non mediocre uitium, & cum oportet, nunquam præsto adsunt. Sed in diuersos saltus educito, (εἰς τὰ κυνηγέσια μεταβάλλοντα,) ut & canes uenandi, & ipse regionis peritus euadas. Exeundum est autem diluculo, ne uestigatione frustrentur: siquidem tardiusculis neq́ canes leporem inueniunt, nec ipsi fructum capiunt. Neq́ enim diutius manet natura uestigij, res planè euanida.

¶ Actæon uenator Aristæi filius, ira Dianæ, quam nudam in fonte lauantem uiderat, in ceruum mutatus, à suis canibus laceratus est, ut canit Ouidius libro 3. Metamorphoseon: Canum Actæonis nomina superius recensui inter alia diuersa canum nomina. Scholiastes in quartum Argonauticorū Apollonij, Actæonem Melissi filium facit, quem mulieres Bacchi Orgia celebrantes laniarint. Actęonem (inquit Fulgentius ex Anaximene) uenationem dilexisse aiunt: is cum ad maturam peruenisset ætatem, consideratis uenationum periculis, id est, quasi nudam artis suæ rationem uidens, timidus factus est. Et paulò post, Sed cum uenandi periculum fugeret, affectum tamen canum non deposuit, quos inaniter pascendo penè omnem substantiam perdidit. Ob hanc rem à suis canibus deuoratus est. Paulò extra Megara (ut scribit Pausanias in Bœoticis) fons est ad dextram: & paulò ulterius petra, quam Actæonis uocant, & in ea quiescere aiunt Actæonem solitum uenādo defessum. In fontem uero inspexisse, cum Diana in eo lauaretur. Stesichorus Himeræus scribit pellem ceruinā à dea Actæoni circumiectam esse, ut à canibus occideretur, nec uxorem duceret Semelen. Ego absq́ numine Actæonis canes rabiem passas puto: in quo quidem furore etiam alium quemuis obuium lacerassent, Hæc ille. Plura de Actæone uide in Fabulosis Palæphati historijs, cap. 4. Actęonem, inquit, à proprijs deuoratum canibus, falsum est. Canis enim herum imprimis diligit: & peculiariter uenatici cunctis hominibus adulantur, αἱ θηρευτικαὶ πάντας ἀνθρώπους σαίνουσι, &c. Actæonis quidem nomen aptum uenatori mihi uidetur, & eiusdem originis cuius κυνηγέτης, id est uenator, apud Græcos, à canibus ducendis. Sunt qui scribant Indicos ex Actæonis canibus prognatos: qui post rabiem in sanitatem redeuntes, Euphrate transmisso in India errauerint. ¶ Orion maximus fuit uenator, qui cum uiribus fidens gloriaretur nullam esse feram, quam non conficeret: dijs insolens uerbum ulciscentibus, contigit ut terra scorpionem pareret, à quo ictus perijt. Diana satellitis sui obitum grauissimè ferens, eum in cœlum iuxta Tauri sydus constituit. Lucanus à Diana scorpione immisso occisum dicit, & deorum miseratione in cœlum sublatum. Horatius ab ipsa Diana sagittis confossum tradit, eò quod ui uoluerit eam comprimere, &c. Plura in Onomastico nostro. Mæram dicunt Orionis canem appellatum fuisse, Cælius. ¶ Atalanta Schœnei filia fuit, quæ Meleagri amore capta, aprum omnes Aetoliæ agros deuastantem occidit, &c. Vide Onomasticon in Meleagro. ¶ Lycadem nomine canem Thessalicam celebrem epitaphio, quod tumulo eius inscriptum fuit, Simonides fecit: quod ut à Polluce refertur adponam. Ἦ σοῦ καὶ φθιμένας (lego, Ἦ σ' αὖ καὶ φθιμένην) λευκὰ στατῷ ἐνὶ τύμβῳ, ἴσκω ἔτι τρομέειν θῆρας ἀγρώσσα Λυκάς. Τὰν δ' ἀρετὰν οἶδεν μέγα Πήλιον, ἅ τ' ἀρίδηλος Ὄσσα, Κιθαιρῶνός τ' οἰονόμοι σκοπιαί. ¶ In somnis canes uenatici ad uenationem exeuntes, omnibus boni sunt, & actionum prænuncij: uerum reis & in ius uocatis, mali, Blondus ex Artemidoro. Et inferius, Qui igitur ad uenationem aluntur, ea quæ foris comparantur bona significant, & actiones: quare bonum est ipsos uidere uenantes. ¶ Canes uenatici dici possunt, qui alios clam auscultantes produnt, ut Corycæi: item ministri magistratuum, satellites, lictores. Tullius Actione in Verrem sexta, Apponit de suis canibus quendam, qui dicat se Diodorum Melitensem rei capitalis reum uelle facere, Ibidem aliquanto post,

Qui

Qui simul atq; in oppidum quopiam uenerat, immittebãtur illi continuo Cibyratici canes, qui inuestigabant ac perscrutabantur omnia. Duos fratres Cibyratas appellat canes, quod ad furandũ Verres illorum oculis, sed suis manibus uteretur. Ac superius in eadem, Qui posteaquam uenerunt, mirandum in modum canes uenaticos diceres, ita odorabantur omnia & uestigabant, &c. Hæc ferè ex Erasmo, in prouerbio Canes uenatici. ἄνευ κυνῶν τε καὶ λίνων, id est, Absq; canib. & retibus. Hoc quidem schemate Pindarus Nemeorum Oda 3. significauit summam celeritatem, (ἰσχὺν καὶ ταχυτῆτα, Scholiast.) Quis enim pedibus assequatur ceruos, nisi aut à canibus remorentur, aut implicentur retibus? Conueniet tamen in eo qui clancularijs artibus capiunt prædam. Pindari uerba sic habent, κτείνοντ' ἐλάφους, ἄνευ κυνῶν δολίων θ' ἑρκέων, id est, Ceruos occidentem sine canib. ac dolosis retibus. Dicetur & in eos qui non alienis præsidijs, sed proprio Marte rem gerunt, Erasm. Pindarus de Achille loquitur, quem Homerus etiam à celeritate ποδώκη appellauit. Inuitis canibus uenari: Hoc adagio (inquit Erasm.) significatur, non sat feliciter succedere, quod à nolentibus extorquetur: Neq; eorum officio utendum, qui non ex animo operam suam nobis commodant. Apud Plautum in Sticho Panegyris patri interminans, ne se suamq; sororem inuitas uiris collocet: Stultitia est, inquit, pater, uenatum ducere inuitas canes? Additq; sententiam, qua metaphorã explicat: Hostis est uxor, inuita quæ ad uirum nuptum datur. Eodem prouerbio Germani utuntur, **Mit unwilligen hunden ist nit güt jagen.** Et aliter, **Wann der hund nitt lustig ist zü jagen/so reytet er auff dem ars.**

DE CANE VENATICO ROBVSTO, ADVERSUS magnas aut fortes feras.

De maximis & robustissimis canibus, qui maiores & fortiores feras conficiunt, seorsim agã. Hoc animaduertendum lectori est, nonnulla superius dicta de cane uenatico, tum ad robustos tum cæteros uenationi destinatos canes communiter pertinere: quemadmodum rursus plurima in tractatione de Cane in genere prolata, non ad uenaticos solum, sed reliquos etiam canes.

¶ Robustos & pugnaces canes Oppianus libro 1. de uenatione his ferè uerbis describit. Canes, inquit, bellicosi, non solum in barbatos (αὐχενίας, quales syluestres quosdam esse docuimus) tauros inuadunt, & apros occidunt, sed neq; leones suos reges timent. Vasto sunt corpore, ζατρεφέες, πρώνεσσιν ἐοικότες ἀγρολόφοισι: rostro simo, laxa & horribili supra oculos inter supercilia pelle, oculis igneis rauo colore splendentibus, πυρόεντες ὀφθαλμοὶ χαροποῖσιν ὑποστίλβοντες ὀπωπαῖς. Pelle tota hirsuta, robusto corpore, dorso lato. Hi non ueloces, sed magno robore & animi & corporis, & acerrima audacia præditi sunt. Huiusmodi canes quaslibet feras impugnant. Canes uehementiore aduersus feras cõcepta ira quandoq; occæcantur, Plutarch. in Symposiacis. τὸν κύνα τῆς πάσης κρατερῆς ἐπιδήμονα θήρης, carmen heroicum apud Varinum. ὡς δ' ὅτε καρχαρόδοντε δύω κύνες, ἢ τ' ἄλλο θηροῖν, &c. Homer. Et truculentus Helor certare leonibus audens, Baptista Mantuan. Vide infra in Leone. Taurus Aethiopicus (alius quàm rhinoceros) pastorum uires & canum multitudinem contemnit, Gyllius. ὑφ' ἅρμασιν ἵππος, ἐν δ' ἀρότρῳ βοῦς, παρὰ ναῦν δ' ἰθύνει τάχιστα δελφίς, κάπρῳ δὲ βουλεύοντι φόνον κύνα δεῖ τλάθυμον ἐξευρεῖν, Pindarus ut Erasmus citat in adagio Equus in quadrigis. Sæpe uolutabris pulsos syluestribus apros Latratu turbabis agens, Vergil. Epigramma in canem caprophonon, id est apricidam, extinctum cum uisis delphinis in mare insilijsset, extat Anthologij Græci libro 1. sect. 33. His gloria magnos Frangere apros, sæuos his debellasse leones, Et molem ingentem eoi prostrasse elephanti, Stroza filius in Epicedio canis. Atalantæ canis Aura nomine fuit, quam cum Calydonia sus peremisset, bruto sepulchrum indigenæ struxere, Cæl. Hyleusq; ferox nuper percussus ab apro, Ouid. Canis Lydiæ ab apro occisæ epitaphium Martialis libro 11. reliquit, his uersibus.

Amphitheatrales inter nutrita magistros Venatrix syluis aspera, blanda domi:
Lydia dicebar domino fidissima dextro, Qui non Erigones mallet habere canem,
Nec qui Dictæa Cephalum de gente secutus Luciferæ pariter uenit ad astra deæ.
Non me longa dies, nec inutilis abstulit ętas, Qualia Dulichio fata fuere cani.
Fulmineo spumantis apri sum dente perempta, Quantus erat Calydon, aut Erymanthe tuus.
Nec queror infernas quàuis cito rapta sub umbras, Non potui fato nobiliore mori.

Syagrus canis nomen apud Herodotum legitur. Syagrum dicit Sophocles canem, qui suum uenationi sit aptissimus, Cæl. Hinc forte & Syas canis nomen apud Hesychium. ¶ Qui homines à canibus lacerati sint, uide supra parte prima huius tractationis de canibus diuersis in historia mortis Euripidis. ¶ Pro comperto est Benignum martyrem, quum nullis ad idololatriam tormentis posset impelli, ab Aureliano famelicis & diuturna maceratis inedia canibus obiectum, mortis tamen periculum euasisse. Interfectorum à Diocletiano Gorgonij & Dorothei martyrum canes uel famelici multum, cadauera non attigêre, Io. Rauisius Textor. Videntur autem magni & ualidi canes fuisse quib. obiecti sunt, quamobrem hoc in loco commemorare uolui. Eiusmodi nimirum & sepulchrales fuere canes apud Hyrcanos, de quibus dixi in Cane in genere parte ultima capitis octaui.

¶ Augues, ut audio, in Gallia uocantur canes, qui è Britannia ut plurimum ueniunt, capiendis uel occidendis maioribus feris, apris, ursis & lupis, utiles: ut qui ferocitate simul & magnitudine insignes sint. Solent autem eos aduersus ferarum iniurias cilicijs quibusdam uel pannis crassioribus obtegere, ac millo collo munire. In Narbonensi Gallia canem limier appellari aiunt, magnum & robustum, auribus magnis, qui feras maiores inuadat. Polonis ualidissimi canes, quibus contra lupos, ur-

x 4

fos, & apros utuntur, uisliј nominantur, ut fupra dixi. ¶ Moloffi apud Ariftotelem magni & robu fti canes, duorum generum funt, aliј paftorales, aliј ad uenationem utiles, ut infra dicam. Albertus ferè maftinos pro Moloffis uertit: quod nomen Itali etiam & Angli ufurpant, haud fcio cuius origi nis, nifi quis maftinum quafi maximum accipiat. Germani Rüden appellant, forte quod rudes & præ cæteris hirfuti fint. De horum igitur genere paftorali infra dicam: de uenatico & pugnace hoc in loco: quanꝗ paftoralibus etiam aduerfus lupos aliquando pugnandum eft. Ex canis cum lupo coitu gignitur magnus canis qui maftinus uocatur à nobis, Albert. Maftini canes funt grandes & morda ces, Francifc. Alunnus. Canem uidi quæ fimul undeuiginti catulos peperit, & alio partu octode cim, tertio tredecim: erat autem nigra, corpore magno, ex illorum genere qui maftini dicuntur, Al bert. Ex leporario & maftino nati catuli, robufti fimul & ueloces fiunt, Albert. ubi Ariftoteles habet ex Laconico & Moloffo. Maftinus lupo fimilis eft, & circa generationem fimiliter fe habet ut lepora rius: fed cum ablactatur nutrimentis ficciorib. & craffioribus ali debet, Idem. Maftini (inquit Beli farius Aquiuiuus) ex illo genere canum funt, qui grauiores & minus ueloces habentur: quos in Dal matia puto plures inueniri. Nafci enim folent (ut fertur) in ea parte, quam Illyriј incolunt & Liburni quoꝗ. Eiufdem generis Albani uidentur, ex Plinio. In Corfica quidem plures funt, feroces impri mis, & ad quæcunꝗ animalia inuadenda capiendaꝗ audaciffimi. Eligi debent, atroci uultu, ceruice & capite maximo, labro fuperiori fuper inferius dependente, rubicundis oculis, apertis narib. ore quod ueluti flammam hiatu euomere uideatur: acutis dentibus, collo tumente, pectore amplo, ita ut leonis fimilitudinem præ fe ferant: magnis pedib. difcretisꝗ digitis: duris ac curuis unguibus, ut fo lo inhærere magis poffint, quo ualidius feram profternant conculcentꝗ. His enim canum generibus uenatus omnes fuperare facilius curfu & capere uenatores poterunt, Hęc Aquiuiu. Canum ex Cor fica (Turßhünd) in Italia, Romę præcipue, ufum effe aiunt aduerfus apros & boues feros.

¶ Alanum canem Hifpanice dictum Fr. Alunnus fcribit eũdem effe quem Itali uulgò Moloffum uocent: & alibi Alanum canem uertagum interpretatur. De uertago dicam inferius. Alania regio eft Scythiæ Europęæ, quæ ad Mæotin paludem pertingit: cuius incolæ Alani (prope Iftrum, Ptolem.) quorum meminit Plin. 4. 12. ubi Alanum etiam Scythiæ fluuium facit. Ammianus fcribit Alanos uo cari, quos prifci Maffagetas dixerint. Et fequerer duros æterni Martis Alanos, Lucan. ¶ De At tali canib. dixi fupra in prouerbiјs à Cane in genere.

¶ Indiam petenti Alexandro Magno rex Albaniæ dono dederat inufitatæ magnitudinis canem: cuius fpecie delectatus iuffit urfos, mox apros, & deinde damas emitti, cõtemptu immobili iacente. Eaꝗ fegnicie tanti corporis offenfus imperator generofi fpiritus, eum interimi iuffit. Nunciauit hoc fama regi. Itaꝗ alterum mittens, addidit mandata, ne in paruis experiri uellet, fed in leone elephan to ue: duos fibi fuiffe, hoc interempto prӕterea nullum fore. Nec diftulit Alexander, leonemꝗ fra ctum protinus uidit. Poftea elephantum iuffit induci, haud alio magis fpectaculo lætatus. Horrenti bus quippe per totum corpus uillis, ingenti primum latratu intonuit: mox ingruit affultãs, contraꝗ beluam exurgens hinc & illinc, artifici dimicatione qua maximè opus effet infeftans, atꝗ euitans, donec affidua rotatum uertigine afflixit, ad cafum eius tellure concuffa, Plin. Apud Albanos nati canes feris omnibus anteponuntur, frangunt tauros, leones perimunt, detinent quicquid obiectum eft, Solin. Et paulò mox, Hoc genus canum crefcit ad formam ampliffimam, terrificis latratib. ultra leones rugitibus infonans. Albania eft regio Orientalis inter Colchon & Armeniam, cuius incolæ Albani: à quibus orti funt quorum pars in Peloponnefo, pars in Macedonia confedit iuxta Dyrrha chium, quorum dux fuit Georgius Scanderbegus.

¶ Arcadici ex canib. & leonibus creduntur proueniffe primum, & λεοντομιγεῖς dicti, Pollux. Vide fupra in canib. uenaticis in genere ordine literarum, de Arcadicis.

¶ Canaria una ex Fortunatis infulis, repleta canib. (ingentibus) forma etiam eminentiffimis: in de etiam duo exhibiti Iubæ regi, Solin. & Plin. 6. 32.

¶ Creticæ canes, ut Xenophon fcribit, apris opponuntur. Et pugnaces tendant Creffæ Fortia trito uincula collo, Seneca in Hippolyto. Hæ nimirum diaponi dicti funt: uide plura fuperius in Canib. uenat. in genere, inter Creticas.

¶ Cynamolgos aliј populos, aliј canes eorum appellant. Reperio prope paludes quę ad meridiem funt, effe canes, qui dicuntur cynamolgi, quibus lac bubulum cibus gratiffimus: Hi Indicos boues qui gentem illam æftate inuadunt, expugnant, ut Ctefias fcribit, Pollux, Cæl. Cynamolgos Aethio pes aiunt habere caninos rictus & prominula ora, Solin. Vide fupra H. a. in Cane in genere. In his libris, quos Cnidius Ctefias de reb. Indicis cõfcripfit, Cynamolgorum gentem, ait canes permultos, magnitudine Hyrcanis canib. pares, alere folere. Quamobrem fit hæc natio tam canum ftudiofa, cau fam idem affert. Cum ab æftiuo folftitio ad mediam hyemem, tanquam apium examina, quæ ad al ueos frequentes uerfantur, fic armenta numero ampliora boum ferorum eos cornib. uehementer in citata appetant & noceant, hi non aliter hæc retundere ualentes, canes quos magna cura aluerunt, in ipfos immittunt, qui facile boues debellant, & interimunt. Deinde ante commemorati homines, quas efculentas carnes exiftimant, fibi auferunt, reliquas canib. impertiunt, libenterꝗ communicãt. Reliquo anni tempore cum non amplius eò boues accedunt, ad uenandas alias feras fecum ducunt. Iccircoꝗ Cynamolgi appellantur, quòd à canib. lac exprimunt mulctra, tum uero fic idipfum, quem admodum

admodum nos uel ouillum uel caprinum, bibunt, Aelianus. Cynamolgi, qui ab indigenis Agrij appellantur, comati & barbati sunt. Hi canes maximos alunt, quibus Indicos boues uenantur, e uicina regione uenientes, siue à feris pulsos, siue pascuorum inopia, Strabo libro 16.

¶ Epirotica terra canes præcipuè magnos fert, Aristoteles. Clarus est inter canes Epiroticus Cerberus, Pollux. Epiri regio est Molossia, de cuius canibus inferius mox dicam. Chaonia etiam Epiri pars est, unde canes dictæ Chaonides: de quibus supra inter Venaticos in genere.

¶ Hyrcani canes robusti & feroces, ex cane quæ conceperit ex tigri: quanquam Plinius Indicas etiam ex tigribus concipere scribit. Vide infra in Mixtis.

¶ Indicæ canes apros, ceruos & hinnulos uenantur, Xenophon. Indicos canes ex canibus Actæonis propagatos scribit Nicander Colophonius, quæ à rabido furore resipiscẽtes, Euphrate transmisso in Indos usq; aberrarint, Pollux, Cælius. Apud regem in Babylône canum Indicorum tanta alebatur multitudo, ut ad pręb enda eis cibaria, quatuor in eadem planicie magni uici attributi essent, aliorum tributorum immunes, Herodotus libro 1. Aristoteles hos canes nasci scribit ex cane & tigride, alibi uero ex cane & fera quadam non expresso nomine. E tigribus canes (inquit Plinius) Indi uolũt concipi: & ob id in syluis coitus tempore alligant fœminas. Primo & secundo fœtu nimis feroces putant gigni, tertio demum educant. Sunt qui Hyrcanos etiã canes è tigribus concipi scribant, ut in Mixtis dicam. Ex Indicarum rerum scriptis, de his quæ subsequuntur docemur: Canes fœminas multò generosissimas, tum ad inuestigandas feras narium sagacitate præstantissimas, tum uero ad cursum uelocissimas in loca ubi tigridibus est habitandi consuetudo, uenandi rationibus eruditi, perductas ut primum ad arborem alligarunt, aleam(q;) ut uulgò dicitur, iecerunt, discedunt. In has autem tigres incurrentes uenationis inopia, ex fame laborantes lacerant: si autem ad libidinem inflammati, & cibo completi sint, cum canibus complexu uenereo iunguntur: nanq; illi quoq; cum sunt exsaturati, uenerem meminerunt. Ex hac tigridum consuetudine cum canibus, tigris quidem non generatur, sed semen ad deterius delapsum, maternum genus referens, canis efficitur. Ii canes tigride patre nati, ut uel cerui, uel apri uenatum præclare spernunt, sic cum in leones incurrunt, gaudio uehementi exiliunt, Gyllius ex Aeliano. ¶ Celebris est & Alexandri canis, qui leones impugnauit, alumnus Indiæ, centum minis emptus, in cuius defuncti honorem Alexandrum ciuitatem cõstituisse Theopompus scribit, Pollux. Is etiam, quem Porus Alexãdro donauit, duos leones uicit, Pollux. Apponam et Aeliani de canibus Indicis Alexandro donatis quãtumuis prolixam historiam, quod non exiguum inde ad acuendam animi fortitudinem pro uirtute & pietate retinenda argumentum uiri boni trahere possint: Summa igitur Indus, inquit, nobilitate homo, Alexandro Philippi regis filio, horum roboris canum, sic periculum fecit, ut primo ceruum emitteret, canis ex eo loco, ubi quiescebat, eum despicatissimum habens, nihil se commouit: deinde ad aprum dimissum, quemadmodũ affectus fuerat in ceruum, immotus permansit: tum uero ubi ursus immissus fuisset, æque hunc, atq; alios despicatui ducens, ab eo inuadendo se tenuit: Ad extremum hic leonem quem protulissent in medium, ut uidit, cum ira exarsit, ac profecto tanquam iustus hostis in certamen descendisset, sine mora intrepidus inuasit, atq; acerrima comprehensione, leonem constrictum tenens, illius fauces premebat, & suffocabat. Tum Indus, qui hoc spectaculum regi præbebat, quiq; probe sciebat eius robur animi & constãtiam, primum huic caudam abscindi iussit, is præ ipso leone, quem mordicus tenebat, sibi caudam facile abscindi patiebatur: deinde etiam crus unum suffringi imperauit. Is uero æque ut à principio urgebat, & perinde nihil remittebat, quasi alienum crus, & ad se nihil pertinens suffringeretur. Post alterum, undequoq; is nihil commotus arctè tenebat: tum tertium incidi præcepit, is similiter ut antè nihil se relaxauit à retinendo leone: tum etiam quartum crus abscindi uoluit, is nihilo remissior factus, nihiloq; minus leonis retinens, maximo robore ad eius perniciem incumbebat. Deniq; etsi caput à reliquo corpore abscissum erat, illius tamen dentes, ex illa leonis parte, in quam primum defixi fuissent, pendebant simul, & quãuis is qui eos in initio defixisset, iam mortuus esset, eius tamen ipsius etiam nunc ex leone appensum caput sublime ferebatur. Hic cum Alexander non mediocri dolore afficeretur, ipsius admiratione uirtutis obstupefactus, quod is qui tale uirtutis experimentum dedisset è uita, quàm ex robore animi cedere maluisset. Quare Indus uidens Alexandrum ex huius casu dolorem non mediocrem cepisse, quatuor canes huic simillimos illius donauit: ille cum grato & iucundo animo eos munere accepit: tum uero eum ipsum qui dedisset tanto precio, quanto par esset præstantissimum regem, remuneratus est. Itaq; horum quatuor munere Alexander ex memoria dolorem quem ex primo suscepisset, deposuit, Hactenus Aelianus interprete Gyllio. Diodorus Siculus & Strabo Sopithen regem fuisse dicunt qui canes illos Alexandro donauit. Apud Pollucem libro 5. cap. 5. eadem historia refertur, ubi pro his uerbis παρὰ τῶ ποιητῶ reponi debet παρὰ τοῦ Σωπείθους: quidam inepte Sophiten scribunt. Describitur etiam apud Strabonem libro 15. sed copiosius apud Diodorum Siculum libro 17. Sopithes rex (inquit) pręter multa & splendida dona alia dedit Alexandro centum quinquaginta canes, qui prægrandes, robustissimi, alijsq; naturæ donis præstantes uidebantur, erant, atq; cum tigribus commisceri dicebantur. Eorum uirtus ut Alexandro reipsa innotesceret, leonem fortissimum intra septa quædam duci fecit Sopithes, duosq; imbecilliores è numero canum, quos donauerat, cõtra feram immisit. Qui quum succumbere uiderẽtur, duos alios addidit, simulq; quatuor leonem prostrauerunt. Tunc à Sopithe quispiam cum gladio missus, crus dextrum unius canis cœpit abscindere. Ibi Alexandro inclamante, regij spiculatores adcurrerunt, manumque hominis retraxerunt. Iussit Sopithes æquo animo id ferrent pro eo cane tres (quatuor, Strabo, & Aelian.) ab se dono accepturi. Igitur uenator reprehensum crus paulatim concidere, neque unquam canis aut latratum aut clamorem quempiam ædidit: tantummodo frendēs dentibus (ὅτι κλαγγὴν ὅτι μυγμὸν προϊέμενος, ἀλλὰ τοὺς ὀδόντας ἐμπεπηρικώς) carnificinam eam sustinuit, donec exanguis factus super leonem expirauit, Hæc Dionys. Diuersus ab his canis Indicus fuisse uidetur, de quo Plutarch. in lib. Vtra animalium, &c. Canem, inquit, qui inter Indicos primas tenebat, quique aduersus Alexandrum depugnârat, in harenam productum, quantisper ceruus aut aper ursúsue emitteretur, contemptim immotum iacuisse ferunt. Sedenim ubi leo conspectus est, excitatum momento, pedib. harenam sparsisse, uelut hunc antagonistam dignum se iudicaret, cæteros omnes despicaretur. παντὸς κυνὸς μέγιστος ἰνδὸς πᾶς κύνων, &c. Philes, eadem ferè quæ Aelian. sed breuius scribens, & simpliciter de Indico cane quolibet, non Alexandri tantum. ¶ Apud Prasios Indiæ populos Megasthenes scribit, canes ualentissimos esse, qui non ante morsum dimittant, quàm aqua narib. infundatur: Nonnullis præ studio in morsu oculos distorqueri, nonnullis etiam excidere, leonem & taurum à cane detineri, taurū mori rictu comprehensum, priusquam dimittatur, Strabo libro 15. In parte Indorum, ubi regnasse Sophites memoratur, & gentem esse sapientia præcipuè insignem, & nobiles ad uenandum tradunt canes: quique latratu abstineant cum uidere feram, leonibus maxime infestos, Cælius absque authoris nomine.

¶ Lacænæ canes uenatorib. etiam aduersus apros seruiunt, Xenophon: sed de his infra in Celere.

¶ Locrenses canes uenantur apros, Xenophon.

¶ Indocilis dat prælia Medus, Grat.

¶ Molossi canes uel Molottici (μολοττικοὶ uel μολοττίδες, Pollux) à Molossis Epiri populis dicti sunt. Nam & hi & Chaones celeberrimi ex Epirotis fuerunt: unde & Chaonides & Epirotici canes commendantur. Chaonides & Molossi canes, ex Cephali cane (de quo inter celeres) natos primum fabulantur. Acron interpres Horatij Molossos canes à Molossia ciuitate Cretæ nominatos somniat. Ex canib. maximi animi est Molossus, quia acriter animosi sunt Molossi uiri, Aelian. Molotticum genus uenaticum nihilo à cæteris discrepat: at pecuarium longe & magnitudine, et fortitudine contra belluas præstat. Insignes uero animo & industria, (id est fortitudine & cursu) qui ex utroque, Molotticum dico & Laconicum, prodierint, Aristot. Albertus ex mastino & leporario natum commendat: hoc nomine Laconicū, illo Molossum intelligēs. Mastinus hoc tēpore, & Germanis uulgo rudius dictus, alius pastoralis est, de quo infra: alius uenaticus, sed is quoque ingens ut ex Aquiuiuo iam retuli: cum Molossos uenaticos nihil à cæteris uenaticis discrepare scribat Aristot. Molossus uel Molottus, canis magnus & pastoralis, Varin. Suid. Vergilius etiam Georg. 3. pro pastorali accepit his uersib. Veloces Spartæ catulos, acremque Molossum Pasce sero pingui, nunque custodib. illis Nocturnum stabulis furem incursusque luporum, Aut impacatos à tergo horrebis Iberos. ¶ Apud Molossos populos ferunt canes inhumari solitos. ¶ Canis Molossus, magnus & mordax est, ut canis è Corsica, Fr. Alun. Mordacem dici puto, non quod temere mordeat, sed quod uehementer, & morsum feris inflictum uix remittat, ut de Indicis diximus. Nam Corsicanum etiam audio, cum apro aut boui syluestri dentes infixit, non aliter abstrahi posse, nisi uenator caudam eius mordicus apprehendat. Scoppa in dictionario suo Latinoitalico Molossum canem bracco uel uracco Italice dictum interpretatur, quod non placet. ¶ Calydoniam canem Molosso misceri Gratius poëta probat. ¶ Χαονίοι τε Μολοσσοί, Oppian. Quando rure redierunt Molossici, Odiosique & multum incommodestici, Plaut in Captiuis. Incommodesticum quidā exponit, qui incommoda inferat: ego immodestum malim, & modi nescium. Exanimes trepidare simul domus alta Molossis Personuit canibus, Horat. Serm. 2. Sat. 6. Teneant acres lora Molossos, Seneca in Hippolyto. Atque armillatos colla Molossa canes, Propert. Eleg. 4. Illum Scylla rapax canib. succincta Molossis, Verg. in Culice. De Nicomedis cane Molosso dicam in cane defensore: & ibidem de Eupolidis poëtæ cane Molottico, cui nomen fuit Augeas.

¶ Pæonum canes σύνθηροι, id est uenationum socij erāt, nec non præliorum, Pollux. Vide supra in parte 1. de canib. diuersis. Nota est Triacas nomine canis Pæonica, qua Panes Pæoniæ satrapa Alexandrum regem donauit, Pollux.

¶ Perses, sagax simul & pugnax est, Grat.

¶ Inter canum nomina, quæ apud Xenophontem legimus, robustis præcipuè conueniunt ista: Ἀλκή, Πόρθων, Ὀργή, Θυμός, Βρέμων, Φλέγων, Βία, Σθένων, Χίφων, Στύραξ, Λόγχη, Αἰχμή, Φόναξ.

¶ Canes defensores, qui & ipsi magni robustique sunt, seorsim infra commemorabo, ut pastorales quoque.

DE CANE SAGACE, ET ANIMAlium inuestigatione.

Sagacitas de odoratu præcipuè dicitur, Plinius de gustu etiam protulit. Seneca sagacitatem sensuum corporis simpliciter dixit, transfertur etiam ad ingenium. Hinc sagæ mulieres dictæ, quæ (ut Cicero ait) multa scire uolunt, item peritæ sacrorum, diuinæ, incantatrices, maleficæ. Plin. lib. 8. de muribus, Quorum palatum in gustu sagacissimum authores quó nam modo intellexerint, miror.

Sagax

Sagax catulus, Ouid. 1. de remed. am. Fideles catuli, Horat. 1. Carm. Acron exponit sagaces, uel silentium inuestigando seruantes. Naris sagax, Lucan. lib. 7. Plautus in Curcul. Canem esse hanc quidē Magis par fuit: nasum ædepol sagax habet. Sagaces canes dicuntur authore Festo, qui ferarum cubilia præsentiunt. Anser sagacior canibus, Ouid. 11. Metam. Acuto homine nobis opus est, & natura usuq; callido, qui sagaciter peruestiget, Cic. 1. de Orat. Sagacissimè odorari, Ibid. lib. 2. ¶ Odori canes, Claudian. lib. 2. de raptu. Et odora canum uis, Vergil. sic Lucret. lib. 4. Promissa canum uis: & lib. 6. Cumprimis fida canum uis. Dirige odorisequos ad certa cubilia canes, uersus est myurus Liuij Andronici. Nec naribus acres Ire canes, Ouid. 7. Metam. Et naribus utilis Agre, Ibid. li. 3. ¶ Germani hoc genus canum uocant **spürhünd/leidthünd**, quorum aures (inquit Pinicianus) languidæ sunt & flaccidæ: idem tanquam Latino uocabulo hos canes plaudos appellat, ex recentioribus puto barbaris. Nostrates priuatim **jaghünd**, id est uenaticos, sagaces nominant: alijs enim uenaticis alia nomina tribuūt. Angli, houndes uel spaynelles, sagaces uocitant. Horum maior hodie usus est quàm olim: indicatas enim feras aut exturbatas cubili, bombardis eminus petunt uenatores, ut plerunq; canum celeritate aut robore, ac retibus etiam parum sit opus. ¶ Carteiæ in cetarijs polypus è mari exire assuetus in lacus apertos, atq; ibi salsamenta populari, deprehendi non potuit, nisi canum sagacitate: hi redeuntem circumuiasere noctu, &c. Plin. ¶ Græci ἰχνευτὰς uocāt, Oppianus ἰχνευτῆρας. ἰχνευταὶ, οἱ νῦν ἰχνεύμονες λεγόμενοι, Varin. intelligit autem canes sagaces, non ichneumones Aegyptios lutrarum generis, de quibus suo loco dicam. Est & piscis ichneumon, Varin. Ichnos Græcis uestigium est, proinde ab inuestigando hæc facta sunt nomina. ἰχνᾶται, ἰχνοσκοπεῖ, Suid. & Varin. ἰχνεία, ἡ ἴχνευσις, Varin. ἴχνι' ἐρευνῶντες, περίφρασις τοῦ ἰχνευτοῦ. ἴχνια pro ἴχνη, poëtice, Idem. ἰχνηλατῆσαι, διὰ τῶν ἰχνῶν ἀναζητῆσαι, Suid. & Varinus. ἰχνηλασία, ipsa inuestigatio. Κυνὸς Λακαίνης ὥς τις εὔρινος βάσις, Sophoclis senarius apud Suidam in βάσις. ῥινηλατεῖν, ἐπὶ τῆς ἀνιχνεύσεως τῶν κυνῶν: licet etiam ῥινηλάτης ὄνομα reperiatur, ὁ καθικνούμενος τῇ ὀσμῇ. Μοσπνεῦσαι, ῥινηλατῆσαι, Hesych. Ἐπὶ μὲν τῶν ἀνθρώπων ἰχνεύειν λέγεται, καὶ ἀνιχνεύειν, καὶ ἰχνηλατεῖν, καὶ ἰχνευτὴς ἀνὴρ, καὶ κύων, ἐπὶ τοῦ θηρῶντος. ὁμοίως δὲ, ζητεῖν, ἀναζητεῖν, ἐξερευνᾶσθαι ἀνευρίσκειν, ἐξευρίσκειν, συνεξευρίσκειν. ἐπὶ δὲ τῶν θηρίων, ἰχνεύεσθαι, διώκεσθαι, μεταθεῖναι, &c. Poll. Et rursus, Εἴποις δ' ἂν ἴχνος, ἰχνηλατία, καὶ ἴχνη, καὶ σημεῖα ποδῶν, σύμβολα, ἐντετυπωμένα τῇ γῇ, ἰχνεύματα, ἴχνια, ἴχνευσις. ἴχνη ὀρθὰ, εὐθέα, συμπεπλεγμένα, δῆλα, δύσρατα (mēdum uidetur) δρομαῖα. ὀξέα. ὄζει τὰ ἴχνη, ἀπόζει, πνεῖ, ἀποπνεῖ, ἀποφέρεται ἀπ' αὐτῶν τὸ πνεῦμα: εὔοσμα, δύσοσμα, ὀδμα. τοιαῦτα δὲ οὐ τὰ δυσχερῆ ἢ ἡδὺ ἀποπνέοντα λέγουσιν, ἀλλὰ τὰ εὐαίσθητα ἢ δυσαίσθητα πνεύματα τῶν ἰχνῶν. Προκυνεῖν, τὸ προϋλακτεῖν πρὶν ἢ τὸ θηρίον ἀνευρεῖν, Pollux. ¶ Illud quoque usus inuenit, ut acerrimos ac sagacissimos canes in turribus nutriant, Veget. libro 4. de re milit. ¶ Canes sagaces odore & importunis latratibus feram insequuntur, coguntq; ad lassitudinem, donec eam in manus uenatorum uel leporariorum deijciant: & quam iussu uenatorum insequi cœperint, non relinquunt, etiamsi multas alias inuenerint, Author obscurus.

¶ Indagare propriè significat locum aliquem retibus cingere, ut fera ubicunq; sit intra id spatium reperiatur, sed impropriè aliquando simpliciter pro inquirere & inuestigare ponitur: hinc deducuntur, indagatio, indago, inis: indagatrix, indaganter. Omnibus uestigijs indagare aliquid, Cicero ad Atticū lib. 2. Saltusq; indagine cingūt, Verg. 4. Aen. id est, serie plagarum saltus cingentium. Syluis undiq; impeditissimis, aut altissimo flumine uel indagine munitum, Cæsar 8. belli Gal. de campo quodam. Et syluas, uastaq; feras indagine claudit, Lucan. li. 6. Budæus indaginem metaphoricè interpretatur fossam, & turrium munitarum seriem.

¶ Vnius an uarij coloris indagatores sint canes (inquit Belisarius) parum referre uidetur: ut staturæ etiam paruæ'ne an magnæ sint. Sat erit si deiectis ac propendentib. auribus, retortis sursum naribus, odoratu acutissimo fuerint, ut neq; aliud quàm uenatum latratu indicent: quo quidem atroci maximoq;, qua incedant feræ per nemora uirgultaq; ac uepres cognosci à uenatoribus possit: ut nō uentorum strepitu aliarúmue rerum ad latratum inuitentur, ne falsa suspicione uenatores concitēt. Debent autem uenatorū uoci ita parere, ut nec longissimè progredi ausint, nec prope uenatores tantum manere uelint. Fit sanè non natura solum, sed etiam arte disciplinaq;, ut canes ad obediendum faciles efficiantur. Albi coloris indagatores præferuntur, quum ferarum generibus longe dissimiliores sint: nigri enim interdum apros, rufi capreas aut alias feras colore suo referunt, unde uenatores decipiuntur, Hactenus Belisarius.

¶ Canem odorum (inquit Blond.) quidam autumant præstantissimum quadratum esse: quem nos etiam probamus, & breuem: simo potius quàm adunco rostro, capite concinno: crurib. posterioribus eadem ferè altitudine qua sunt anteriora: pectore quod non sit maius uentre: dorso plano & porrecto ad caudam. Oculi sint agiles & crebrò moueantur, aures pendulæ arrigantur subinde: caudæ mutilæ frequens motus, & rostri per terram odorus error. Qui dum prædam quærit, sentes ac spineta diutius odoratur, sagacior est. Laudatur imprimis qui præda inuenta, domini accursum expectat. Quod ad colorem, in Italia eligunt uarium, & maculosæ lynci persimilem: nec tamen spernendus est nigri coloris. Albus etiam ac fuluus color canem odorum decorat. Dum non uenatur, loris in stabulo uinciendus est: & siccis potius edulijs alendus, q̃ pinguibus iusculentis: hæc enim grauiorē reddunt. Educendus tamen nonnunquam est è stabulo uinctus, in uicos tantum, ut excrementis se exoneret promptius: mox iterum coërcendus usque ad tempus uenationis, Hæc Blond. Canis sagax singularum semitarum exordia tacitus percūctatur, &c. Ambrosius. In uenatu solertia (Plinij uerbis itor) & sagacitas præcipua est. Scrutatur uestigia atque persequitur, comitantem ad feram inquisitorem loro trahens: qua uisa, quàm silens & occulta demonstratio est, cauda primum, deinde rostro. Ergo etiam senecta fessos, cæcosque ac debiles sinu ferunt, uentos & odorem captantes, prodentesque rostro cubilia, Hæc Plin. Canes præcipuè sagaces, taciti & minimè prompti ad latrandum sunto, Oppian. ¶ Εἰ δὲ τὰ ἐς θῆρας δυσδερκέος ἔπλετο δόσις, ἄνδρεσιν ἠδὲ κυνεσσιν, μέροπες μὲν ἄρ' ἀμολόβολοι ὄμματι πεπηρανται, καὶ ἐφράσαντο κέλευθα. Μυξωτῆρσι κύνες δὲ πανίχνια σημήναντο, Oppiā. subinde aūt adijcit, hominib. ad inuestigandum commodiorem esse hyemem, quod uestigia tum temporis uel niuibus uel luto impressa liquidò appareant: uer canibus aduersari propter uarios florum odores, aptissimum esse autumnum. In Aetna Siciliæ (ait Aristoteles in Mirabilib.) antrum quoddam esse fertur, & circa id undiquaque magnam florum copiam toto anno prouenire: præcipuè uero uiolis refertum esse locum amplissimum, quæ fragrātia sua locos uicinos adeò repleant, ut canes eo odore occupati, frustra lepores inuestigent. ¶ Fugiunt cerui latratu canum audito, aura semper secunda, ut uestigia cum ipsis abeant, Plin. ¶ Nunc Xenophontis de inuestigatione uerba adscribam, partim nostra, partim Omniboni translatione usus, ubi ille non errasse uidetur. Diuersæ igitur, inquit, canum indagines sunt. Quædam uestigijs deprehensis, nihil significantes pergunt, ut an inuestigent nescias: aliæ auribus tantummodo micant, cauda immotæ manent. Aliæ auribus immotis summum caudæ uibrant: nonnullæ demittunt aures, συνάγουσι τὰ ὦτα, & contracta fronte ueluti tristes (utpote nimium intentæ) caudam quoque immobilem demittentes, cursum peragunt. Multæ nihil horum faciunt, sed insanientes obambulant: & uestigia circumlatrantes, cum in ea inciderint, temere signa confundūt. Sunt quæ ambagibus multis ac erroribus usæ, nec uestigia rectà qua antrorsum ferunt secutæ, (ὑπολαμβάνουσαι ἐκ τοῦ πρόσθεν τὰ ἴχνη: Vide num ὑπολιμπάνουσαι aut καταλιμπάνουσαι legendum sit: uel ex Polluce, ὑπολαμβάνουσαι οὐ κατ' εὐθεῖα τὰ ἴχνη) leporem derelinquunt: & quoties ad uestigia redeunt, coniecturam faciunt. At ubi leporem uident, trepidant: nec inuadunt, priusquam illum moueri conspexerint. Quæ uero inter indagandum & persequendum, aliorum canum inuenta præcurrunt, & sæpe respectant, sibi ipsæ diffidunt: ut contra nimis audaces & confidentes sunt quæ peritas laboris socias ante se progredi non sinunt, sed interturbando impediunt. Aliæ falsa amplectuntur, & quicquid nactæ fuerint, plaudentes sibi & iactabundæ procedunt, suæ sibi fraudis consciæ. Quædam hoc idē faciunt insciæ. Sunt & ignauæ, quæ nusquam à tramite aut uijs (τριμμῶν legēdum in excusis, ex Polluce) declinant, uestigia recta ignorātes. Damnantur etiam quæ uestigia cubilium (circa cubilia leporum) nō discernunt: cursu uero impressa, celeriter percurrunt. Sunt quæ ab initio cursus magna contentione utuntur, præ mollitie deinde remittūt. Aliæ anteuertunt (ὑποθέουσιν Atticè accipio pro προθέουσι: Pollux coniūgit ὑποθεούσας & προθεούσας, nimirum ἐκ παραλλήλου.) Quædam in uias stultè incidūt, aberrantque: & reuocantes ægre exaudiunt. Multæ ferarum odio, pleræque hominum desiderio, uenatione omissa, recurrunt. Nonnullæ ad uestigia clangentes (κεκραγυῖαι, Pollux habet κεκλαγγυῖαι, sicut Omnibonus etiam legisse uidetur) fallere tentant, pro ueris falsa simulantes. Sunt quę hoc nō faciūt, sed inter currendum sicunde clamorem audierint, ad hūc relicto opere ferūtur. Aliæ temere sequuntur, aliæ multum præueniūt. Quædam (rectè se facere) putant, aliæ simulāt. Nonnullæ inter currendum inuidia & æmulatione certāt, seque mutuo iuxta uestigia irritant, ita ut alter ab altero nō abscedat, sed unà ferātur. His quidem uitijs canes partim natiuis, partim ex mala institutione ortis prediti, inutiles euadūt: & homines etiam studiosos uenationis deterrere possunt, Hactenus Xenophon: A quo usurpatum ἐκκυνεῖν uerbum (pro quo Omnibonus imperite reddidit interosculari, & adhuc imperitius quidam eādem interpretationem in Græcolatinum Lexicon retulit) certare & se inuicem irritare transtuli. Nam apud Hesychium & Varinum legimus, ἐκκυνεῖ, ἐρεθίζει, ὑπλοιδεῖ: Et apud eosdē, ἐκκυνοί, cum acuto uel circumflexo in ultima, νόσημα τι κοινόν: lego, ἔκκυνοι, proparoxytonum, νόσημά τι κυνῶν, id est morbus canum: cum nō corporis morbus sit, sed κακία potius, id est uitium animi, ut ex Xenophonte patet: ut ipsi canes hoc uitio laborantes ἔκκυνοι dicātur. Apud Pollucem 5. 11. leguntur hæc uocabula, ἔκκυνοι, ἐκκυνῶσαι, ἐκκυνεῖν, sed absque ulla interpretatione: & facile credo ipsos etiam Græcos grammaticos has uoces ut antiquas & obsoletas nō satis intellexisse. Scio κυνεῖν exponi osculari: ἐκκυνεῖν uero uocem quam Pollux à canibus factam esse ait, nemo quod legerim, in ea significatione ponit: adde quod φθονερῶς, id est inuide apud Xenophontem adiungitur, (quamuis Omnibonus imperite, ut solet ad præcedentia referat) cōuenit autem inuidia irritationi, osculis minimè. Hoc clarius cōstat ex alio etiam Xenophontis loco, ubi sic scribit: ἐπειδὰν δὲ μηκέτι θέλωσι προσμένειν ταῖς ἀρχούσιν, ἀλλ' ἀποκινδυνεύωνται, ἀναλαμβάνειν, ἕως ἂν ἐθισθῶσιν εὐλόγως προθέουσαι λαγῶ, μὴ ἐν κόσμῳ ἀεὶ τοῦτο ζητοῦσαι (malim μὴ ἀκόσμως ἀεὶ τοῦτο ποιοῦσαι,) τελευτῶσαι γίγνονται ἔκκυνοι, πονηρὸν μάθημα. Quærendum an idem sit ἐκκυνεῖν quod alibi dixit ὑπὸ φιλοτιμίας ὑπερβάλλειν τὰ ἴχνη, ultra leporem uel eius cubile excurrere: quasi de cursu tantum contentio eis sit, non de lepore, & alter prçcurrentem alterum ferre non possit. Omnibonus uertit, studio certandi uestigia præterire, quod Græce dixerim διὰ φθόνον καὶ φιλονεικίαν ἔξω καὶ ὑπερτέρω τῶν ἰχνῶν φέρεσθαι, ἀμελοῦντας αὐτῶν. Eam ob causam ἀναλαμβάνειν, id est reuocare hos canes iubet, tanquam desertores, non ignauia aut metu, nec errore, quæ alia canum uitia sunt, sed inuidia mutua & contentione quadam ambitioneque.

¶ Canes ita uestigent (inquit Xenophon) ut à uijs & tramitibus mox recedant, capita terræ obliqua (λοξάς, sic lego) admouentes: ad uestigia subrideant, auresque demittant, & faciles subinde oculos

tos per singula uoluant: & caudis blandientes multis in latera orbibus, per uestigia simul omnes progrediantur. Sed ubi ad leporē ipsum aderint, tum uero uenatori planum faciant pergendo celerius, significando uehementius animo, capite, oculis, gestu corporis: intuitum modo retro, modo in leporis latibula dirigentes: diuerso impetu, in rectum, in aduersum, in obliquum: & uere iam arrigendo animum ac gestiendo, quod iuxta leporem sunt. Intensius uero premant (persequantur leporem) nec remittant, ingenti clamore atq; latratu cum lepore qualibet euadentes. Cæterum uelociter alacriterq; transmittant, (μεταπηδῶσαι, uide an legi possit μεταθέουσαι) frequenter respicientes & sine fraude clangentes: nec uero ad uenatorem omissis uestigijs redeant. Tales quidem forma & in opere sint: ac insuper magnanimę, probis pedibus, εὔποδες, Leonicenus uertit duris: sagaces, nitidę, εὔτριχες.
10 Magnanimæ erunt, si saltus (τὰ κυνηγέσια, ipsum opus uenandi) æstu urgente non deserunt. Sagaces, si leporem nudis uel glabris in locis, aridis, apricis, astro imminente (sub Cane sydere) præsentiunt. Probis pedibus, si eodem tempore dum montes superant, pedibus non fatiscunt. Et paulo post; In summis femoribus, lumbis & cauda inferius, pilos habeant rectos ac densos, βαθεῖς prolixos, superne mediocres. ¶ Satius fuerit per montes sæpe, per rura minus agitare canes. Montes enim uestigari possunt, & expedite transcurri: rura neutrum possunt, impedita tramitibus. Est autem utile, etiamsi non inueniatur lepus, agitare per aspera canes: Nam & pedibus probis, & corpora in his locis exercentes meliores euadunt, &c. Hæc omnia Xenophon. Pollux lib. 5. cap. 10. describit etiam uitia corporis, animi, & ipsius uenandi operis, laudibus ex Xenophonte iam relatis contraria: quæ idcirco non adscribo, quoniam ex ijs quæ posuimus intelligi possunt omnia. Si quis tamen uerbo-
20 rum copiam ad uenationem describendam desideret, consulat illum Pollucis locum: Nos ea saltem adijciemus, quæ in canibus inuestigationi deditis apud ipsum laudantur: quæ sunt, ut canis sit εὐαίσθητος, θυμόσοφος, σοφός, ἰδεῖν, οἷος ἁρπάζειν τὰ πνεύματα, κρίνειν τὰς ὀσμάς, ἐπιδιώκειν τὰ ἴχνη: καταφωρᾶν τὸ θηρίον, καὶ ἀποκρυφθὲν ἐξευρίσκειν: φροντίζειν μὲν περὶ τὴν ζήτησιν τῶν ὀσμῶν, ἡσυχάζειν δὲ περὶ τὴν εὕρεσιν τῶν ἰχνῶν: προηγεῖσθαι δὲ τῷ θηρεύοντι, κἂν ἐγγὺς ᾖ τῆς ἀνευρέσεως ἀποσημαίνειν, κατανεύειν, ὑποδηλοῦν, διαδηλοῦν, τῇ χαρᾷ τῆς ψυχῆς, τῷ πηδήματι τοῦ σώματος, τῇ φαιδρότητι τοῦ προσώπου, τῇ λαμπρότητι τῶν ὀφθαλμῶν, τῇ μεταλλαγῇ τῶν ὀμμάτων, (lege σωμάτων ex Xenophonte:) τοῖς ἀναβλέμμασι τῆς ὄψεως, τοῖς πηδήμασι τῆς ἐλπίδος, τῇ στάσει τῶν ὤτων, τῷ σεισμῷ τῆς οὐρᾶς, τῷ τὸ σόμα (lege σῶμα ex Xenophon.) πᾶν ἐπικραδαίνειν. ¶ Canes quomodo à uenatore ad inuestigandum leporem, & persequendum emitti animariq; acclamando debeant, & reuocari, &c. lege apud Xenophontem. ¶ Canis sagax (inquit Aelianus) longo uenatoris uinculo alli-
30 gatus, silentio odoratur, & ante uenatorem præcurrens, ad pergendum ire ulterius attrahit et allicit. Vbi uero uestigia deprehendit, & feram acerrimo narium sensu assequitur, hic se subito retinens, sistit pedem, & quod uenationis prouentus prope sit, gaudio perfusus uenatori blāditur. Eo ille cum proxime accessit, eius osculatione pedum, & complexu inuitat ad prædam. Ac simul ad institutam uenationem incumbere perseuerat, & pedetentim usq; eo procedit, quoad ad cubilis locum peruenerit, quem ultra non progreditur. Quo animaduerso canis dux, propria uenatorum significatione prædam adesse, his qui retia ferunt denuntiat, hi autem retia circumijciunt: canis intelligens uoce opus esse, ad excitandam feram, latrat, ut ex fuga in casses incidens comprehendatur. Ex hac porro capta, canis quemadmodum uiri, qui ex pugna uictoriam retulerint, sic exultat lætitia, triumphat gaudio, & quasi uitulatur. Hæc & captis apris, & ceruis agūt canes, Hæc Aelianus. Atqui leporis uesti-
40 gia (inquit Xenophon) multum hyeme procedunt, quia longæ sunt noctes: parum autem æstate, quia e contrario sunt breues. Nec uero subolent hyeme diluculo, cum pruina fuerit, aut gelu. Hæc enim calorem halitumq; (calidum uaporem) omnem ad se attractum sibi includit. Gelu uero constringit, & congelando sistit. Quamobrē torpescentes naribus canes (μαλακιῶσαι τὰς ῥῖνας, ut bis etiā apud Pollucem legitur: ego tamen μαλκιῶσαι malim: nam & μάλκη frigus, & ex frigore stuporem significat. Μαλακιεῖς, τοὺς ὑπὸ κρύους κεκμηκότας λέγουσι, καὶ συνεσπασμένους, Varinus. Μαλκιεῖν, τὸ ὑπὸ ψύχους συνεσπᾶσθαι τὰς χεῖρας, Idem, &c.) sentire non possunt, priusquā sol die sue procedens, omnia resoluat: tunc enim & canes odorantur, & ipsa dum euaporant uestigia redolent. Abolet autem ea ros quoq; multus superincumbens, καταφέρουσα: legi potest καταφύρουσα, id est aspergens, & humo permiscens. Imbres etiam qui per interuallum temporis (διὰ χρόνου) cadunt, odorem ab humo rapientes, olfactum, donec
50 exiccetur, difficilem reddunt. Ad hæc australis tempestas deteriora facit uestigia: humectans enim diffundit: Septentrionalis uero, si nondum resoluta fuerint, contrahit & seruat. At pluuiæ & rores diluunt. Præterea Luna halitum (uaporem calidum, τῷ θερμῷ: Omnibonus legit τὸ θερμόν, quod probo: nam & paulo post sic legitur) extenuat, præcipue in plenilunio: quo quidem tempore uestigia sunt incertissima, (μανότητα, forte plurimum distantia. μανὸν enim id est rarum, poros habet distantes, densum uero omnibus suis partibus continuum & solidum est.) Nam exultantes ad Lunam lepores inter se colludunt, & ea lōge dissipantes dirimunt. Sed perturbatissima fiunt, cum ea uulpes antea pertransierint. Ver propter anni temperiem ualde clara præbet uestigia, quanquam terra sicubi floret, canibus nocet, dum in unum spirantes confundit odores. Exilia per æstatē uestigia & obscura fiunt. Nam terra feruens abolet, quicquid halitus (calidi uaporis) habent. Est enim tenuis: & canes tunc
60 minus odorantur, quia resoluta sunt corpora. Verum autumno pura sunt uestigia. Quæcunq; enim terra producit, & domestica iam reposita sunt, & syluestria ætate labefactata, ut fructuum odores uestigijs miscendi, canes nō amplius impediāt. Iam hyeme, & æstate, & autumno, recta sunt ut plurimū

y

uestigia: uerno autem confusa. Nam lepus coitum quærit cum aliâs semper, tum hoc tempore: quamobrem simul uagantes necessariò uestigia implicant. Subolent autem uestigia cubilium (iuxta cubilia) diutius quàm cursu impressa. Illa enim lepus perambulat insistendo, hæc celeriter transcurrit: unde fit ut illis referciatur humus, his leuiter imbuatur. Syluosa item loca redolent magis quàm nuda. Siquidem modo percurrens lepus, modo procumbens, multa contingit: & quæ sequūtur, in leporis historia referenda.

¶ Braccum canem uulgò dictum, alij canem sagacem & odorum: alij aliter interpretantur, ut supra retuli. ¶ Britannici canes indagatores, fortes sed parui sunt, ipsi agasæos uocant, (ἀγασσαῖος & ἀγασσεὺς habet Oppianus:) curui, γυροί, macilenti, hirsuti, oculis pigri: sed unguibus probe armati, & dentibus multis acutis, odoratu & indagatione præstantissimi, tum ad uestigia deprehendenda, tum notandos aëris halitus. Hunc experturus uenator, leporem uiuum aut mortuum è domo rus defert, nō rectà, sed obliquè, modo ad dextrā modo ad læuam procedens. Et cum longius abfuerit, scrobe facta inhumat. Mox reuersus canem educit, ut sit prope initium uiæ. Is percepto statim odore, nullis apparentibus uestigijs anxius & solicitus discurrit, & circum obuia quæque inquirit, lapides, colles, uias, arbores, uites, sępes, areas: tandem deprehenso aëris tractu, qua delatus est lepus, illac omnino per omnes ruris ambages sequitur, donec ipsum attingat leporem. Quòd si in ipsa uenatione opera eius uti uelis, uidebis quàm cautè uestigia premat, quàm tacitè & insidiosè accedat, cum pręcorporis paruitate facile inter uites aut arundines culmòsue lateat. Cum uero prope leporem fuerit, incredibili celeritate, sagittæ aut excitati è latibulo serpentis instar, & mira alacritate prędam inuadit: quam partim unguibus acutis, partim dentib. subacta, utcunque graue onus uix magno labore ad uenatorē refert: Qui lætus occurrens canem unà cum lepore à terra sublatum gremio reponit, Hæc Oppian. in fine libri 1. de uenatione. His Gratij quoque & Nemesiani de Britannicis canib. uersus adiungam.
Quid freta si Morinûm dubio refluentia ponto Veneris, atque ipsos libeat penetrare Britannos?
O quāta est merces, & quantū impēdia supra,   Si nō ad speciem mentiturosque decores
Protinus, hęc una est catulis iactura Britannis, Gratius.   Diuisa Britannia mittit
Veloces, nostrique orbis uenatib. aptos, Nemesian.

¶ Martem odêre Geloni,   Sed natura sagax, Grat.   Traxêre animos de patre Gelonę Hyrcano, Idem. ¶ Gnosij quoque canes sagaces sunt, quamobrem Ouidius inter canes Actæonis Ichnobatē sagacem Gnosium fecit. Oppianus libro 4 de polypo scribit, qui è mari egrediatur olearum, quarū frondes libēter depascit, odore illectus: ἠΰτ' ἐπ' ἴχνος Κνωσσοῦ θηρείοιο κυνὸς μένος, ὅς τ' ἐν ὄρεσσι θηρὸς ἀνιχνεύει σκολιὴν βάσιν ἐξερεείνων ῥινὸς ἐπαγγελίῃ νημερτέϊ, καί τέ μιν ὦκα μάρψε, καὶ οὐκ ἐμάτησεν (ἐμάστησεν corrupte habent impressi codices) ἐὸν δ' ἐπελάσσεν ἄνακτα. Gnosus uel Cnossus urbs est Cretæ; de Creticis dixi supra in Venaticis diuersis.

¶ Hispanici canes, ut audio, Gallis espaigneulx dicti, auriculis sunt longis, minus tamen quàm bracchi: lepores & cuniculos excitant, pilis plerūque nitidis, non hirsutis.

¶ Κυνὸς Λακαίνης ὥς τις εὔρινος βάσις, Sophocles. Quorum nares porrectæ sunt longius, ut catulorū (κυνιδίων) Laconicorum, olfactu ualent, Aristot. de generatione anim. 5. 2. Nos de Laconicis mox inter celeres dicemus: qui puto maiores sunt, sagaces uero Laconici minores: nam Aristoteles κυνίδια uocauit.

¶ Tusci cōmendantur à Nemesian. his uersib.   Quin & Tuscorum non est extrema uoluptas
Sæpe canū: forma est illis licet obsita uillo,   Dissimilesque habeāt catulis uelocibus artus,
Haud tamē iniucūda dabūt tibi munera pręda.   Nanque & odorato noscunt uestigia prato,
Atque etiam leporum secreta cubilia monstrant.

¶ Vmber sagax, sed timidus est.   At fugit aduersos idem quos repperit hosteis
Vmber, quanta fides, utinā & solertia naris,   Tanta foret uirtus, & tantum uellet in armis, Grat.
Aut exigit Vmber   Nare sagax è calle feras, Syllius libro 3.   Quondam inconsultis mater dabit
Vmbrica Gallis   Sensum agilem, Grat.

¶ Canum diuersa nomina ex Xenophonte supra retulimus, inter ea sunt quæ sagacib. præcipue conueniāt, ut Λόχος, Τεύχων, Μήδας, Τάξις, Στίχων, Στίβων, Νόης, Γνώμης.

¶ VENATIcorum canum alij sagaces sunt, in quibus tamen celeritatem desideres, ut quos diximus iam plerique: alij olfactu & pedibus ex æquo ualent, quos nunc recensebo.
Quæ laus prima canū? quib. est audacia præceps,   Venandique sagax uirtus, uiresque sequendi.
Quæ nunc elatis rimātur naribus auras,   Et nunc demisso quærunt uestigia rostro,
Et produnt clamore feram, dominumque uocādo,   Increpitant: quem si collatis effugit armis:
Insequitur tumulosque canis, camposque per omnes.   Noster in arte labor positus, spes omnis in illa,
Ouidius in Halieuticis.

¶ Aetoli celeres sagacesque sunt, de quib. Grat.   At clangore citat, quos nondum cōspicit apros,
Aetola quæcūque canis de stirpe (malignum   Officium) siue illa metus conuitia rupit,
Seu frustra nimius properat furor: Et tamē illud   Ne uanum totas genus aspernêre per arteis.
Mirum quàm celeres, & quantum nare merentur: Tum non est uicti cui concessere labori.

¶ Britannicus canis sagax & celer est, ut supra docuimus.

¶ Celtici canes ex Gallia Britanniaque uenientes, odoratu cursuque sunt insignes, Textor. De Gallieo dicam infra inter celeres. Quod si idem est Celticus qui Gallicus, celer tantum, non item sagax uidetur: Quondam inconsultis mater dabit Vmbrica Gallis Sensum agilem, Gratius. Inconsultis interpretor non sagacibus: & sensum agilem, sagacitatem: Vmbros autem sagacissimos esse supra diximus. Sed non unius generis Celtici canes uidentur, quod uel ex Gratij isto carmine conijcio, Magnaque diuersos extollit gloria Celtas.

¶ Metagontis canis nomen apud solum Gratium reperio, uidetur autem illos sagaces pariter ac celeres & tacitos facere, ut apparebit infra in Petronijs. Addit historiam Hagnonis Bœonij Hastilidæ (forte Astylidę, id est Astyli cuiusdã filij: nam & alij quidã Astyli dicti sunt) qui primus uenationis usum ostenderit, solus in syluas sine socijs & retibus egrediens, Metagontẽ tantũ canem, cui Glympi cus nomen fuerit secum ducens, sed ipsum poëtam audiamus.

Vnus præsidium, atque operi spes magna petito
Adsumptus Metagon, lustrat per nota ferarum
Pascua, per fontes, per quas triuere latebras,
Primæ lucis opus: tum signa uapore ferino
Intemerata legens, si qua est qua fallitur eius
Turba loci, maiora secat spatia extera gyro.
Atque hic egressu iam tum sine fraude reperto
Incubuit spatijs, qualis permissa Lechæis
Thessalium quadriga decus, quam gloria patrum
Excitat, & primæ spes ambitiosa coronæ.
Sed ne qua ex nimio redeat iactura fauore,
Lex dicta officijs, neu uoce lacesseret hostem:
Ne ue leuem prædã, aut proprioris pignora lucri
Amplexus primos nequicquã offenderet actus.
Iam uerò impensum melior fortuna laborem
Cum sequitur, iuxtaque domus quæsita ferarum
Admonet: & si forte loci spes prima fefellit,
(Rarum opus) incubuit spatijs* ad prospera siser,
Intacto repetens prima ad uestigia gyro.
Ergo ubi plena suo redijt uictoria fine,
In partem prædæ ueniat comes, & sua naris
Præmia, sic operi iuuet inseruisse benigno.

Hæc Gratius. Et rursus in electione canis uenatici,

Iunge pares ergo, & maiorum pignore signa
Fœturam, prodantque tibi metagonta parentes,
Qui tenuere (forte genuere) sua pecus hoc immane iuuenta, &c. nam hos uersus cum sequentibus superius in canis uenatici in genere electione retuli: non enim ad metagontem solum pertinere mihi uidebantur. Matagonitum, μεταγώνιον, Stephano urbs est Libyæ, à qua gentile Metagonites. Aliqui promontorium faciunt, quod Africam à Numidia diuidat, dictum quod angulare sit. An hic locus nomen canibus dederit haud scio.

¶ Petronium canẽ Gratius celerem & sagacẽ facit, sed non tacitũ, his uersibus: At te leue si qua

Tangit opus, pauidosque iuuat compellere dorcas,
Aut uersuta sequi leporis uestigia parui:
Petronios (sic fama) canes, uolucresque Sicambros,
Et pictam macula Vertraham delige falsa,
Ocyor affectu mentis, pinnaque cucurrit,
Sed premit inuentas, non inuentura latenteis
Illa feras, quæ Petronijs bene gloria constat.
Quod si maturo pressantes gaudia lusu,
Dissimulare feras, tacitique accedere possent:
Illis omne decus, quod nũc metagontes habetis,
Constaret syluis: sed uirtus irrita damno est.

Petronij ne à uenatorib. & dominis hi canes dicti sint (multos enim uiros Petronios adpellatos legimus:) an ab aliquo loco, non facile dixerim. Petronia quidem nomen fluuij est in Tyberim defluentis, dicti quod per petras fluat.

¶ Vertagum canem grammatici quidam interpretantur, qui sponte ad uenationem exeat, prædamque domum referat. Martialis, Non sibi, sed domino uenatur uertagus acer, Illæsum leporẽ qui tibi dente feret. Vertagos dici canes legimus, uerbo, uti uolunt, peregrino apud Firmicum Matheseos quinto, sponte qui in uenationem exeant, leporibus infesti præcipuè, Cæl. Vertagum recentiores leporarium interpretãtur, ut Scoppa: alij simpliciter canem uenaticum, ut Alunnus: Quidam Gallice ung metif, id est mixtum, nempe ex cane sagace, & cane Gallico celere: proinde simul indagare eum & persequi aiunt.

¶ Hæc de celeribus & sagacibus. Sunt quæ præter sagacitatem robustæ etiam & pugnaces sint, quales Indicas esse supra ex Aeliano recitaui: & Gratius Persen quoque eiusmodi facit.

¶ Sunt præterea parui quidam canes, & ipsi forte sagacibus adnumerandi, quos nostrates uocitant **lochhündle**, id est cauernarum caniculas: subeunt enim cauernas ubi uulpes & meles latitant, eosque mordendo expellunt. Canis uulpem in locũ subterraneũ secuta in Orchomenis Bœotiæ, cũ latrando ingentem sonitum excitasset, uenatores aditu effracto ingressi, locum quendam per foramina illustrari, & nescio quæ intus latere uiderunt: quæ in urbem regressi magistratui nunciarunt, Aristoteles in Mirabilib.

DE CANE VELOCE.

CANI ueloci, ut etiam alijs plerisque, multa conueniunt quæ supra iam dicta sunt in historia canis in genere, et uenaticorum postea, quæcunque uero priuatim ad celeres pertinere obseruaui seorsim hunc in locum conferam. ¶ De ijs canibus qui celeres simul & sagaces sunt, in proximo capite actum est. ¶ Fulmineo celeres dissipatore canes, Ouid. lib. 2. Fastorum. Hortari celeres per iuga summa canes, Idem in epistola Phædræ ad Hippolytum. Sæpe citos egi per iuga summa canes, Idẽ in epistola Oenones ad Paridem. ῥίμφ' ἔθορε τόξῳ ἐναλίγκιος, ἠὲ δράκοντι συνεικτῇ, ἢ θηρὶ εἰς πτερῷ ἀστραμέοντα ἰθύνει χερὸς ἀμαλητόμος, ἤ τις ἀροτρεύς. ὡς ὅγε παγχαλόων ὠκὺς θορεῖν, Oppianus de celeritate Britannici. Ocyor affectu mentis pinnaque cucurrit, Grat. de Vertraha. At te leue si qua Tangit opus, pauidosque iuuat compellere dorcas, Aut uersuta sequi leporis uestigia parui, &c. Idem. Cerui urgente ui canum, ultro confugiunt ad homines, Plinus. Hos non immissis canibus agitant, Vergil.

Y 2

de ceruis: Canes immittere dixit, quod Græci ἐπισίζειν. Timidi damæ, ceruiq́ fugaces, Nunc interq́ canes, & circum tecta uagantur, Idem. Hystrix aculeis suis missilibus ora urgentium figit canum, & paulò longius iaculatur, Plin. ὡς δ' ὅτε καρχαρόδοντε δύω κύνε εἰδότε θήρης, Ἢ κεμάδ', ἠὲ λαγωὸν ἐπείγετον ἐμμενὲς αἰεί, Homerus Iliad. 10. Τρέσε δ' Ἠΰτε τὶς κεμὰς, ἥν τε κυνῶν ἐφόβησεν ὁμοκλή, Homerus, ni fallor: citatur ab Etymologo in Κεμάς. ὠκείαις ἐλάφοισι, κύνων ἰσάμιλλα δραμοῦσα, Philippus in Epigrammate. Canes celeres à Polluce, ἐλαφραὶ, ποδώκεις & δρομικαὶ cognominantur. ¶ Inter canũ nomina propria, quæ supra recensui, uelocibus ista maximè conueniunt, Aura, Lælaps: & apud Xenophontem, Σπέρχων, Σπουδὴ, Ὁρμή. Thous, Ouid. inter Actæonis canes. Aëllo cursu fortis, Ibidem. Cyprio uelox cum fratre Lycisca, Ibidem. Volat acer Hylax, uolat ocyor Euro Harpalagus, Baptista Mantuan. Græci de uenatore feras insequente unà cum canibus uelocib. dicunt διώκειν, μεταθεῖν, ἐφέπεσθαι τῶν ποδας, μετιέναι, συγγίγνεσθαι ταῖς κυσὶ, κυνοδρομεῖν, Pollux. Καὶ τὸ μὲν νεβρὸν εἰ δυνηθεὶς ἀπελάσας ἀπὸ τῶν γονέων κυνοδρομῆσαι, Idem. ὅταν δὲ οὕτως δεῖ τὰ ἴχνη πυκνῶς διάττωσιν αἱ κύνες, μὴ κατέχοντα κυνοδρομεῖν, Xenophon. Et canem ipsum quoq́, μετιέναι, μεταθεῖν, μεταδιώκειν, μεθέπειν, τῶν ποδας χωρεῖν, θηρίον προσφθεῖν διώκειν, Idem. ¶ Quomodo canes feris imittantur, & ad celeritatem ac fortitudinem acclamante uenatore animentur, apud Xenophontem in libro de uenatione leges. ¶ Canis uelox & idoneus immitti in ceruos, lepores, ac damas, corpore sit lõgo, ualido, mediocriter magno (sic ἄρκιον expono) capite leui, nitido: in quo oculi splendeant cœrulei, (nigri:) ore dentibus aspero, oblongo: auriculis paruis, quarum tenues sint membranæ: collo procero, pectore robusto & lato: pedibus anteriorib. breuioribus rectis: crurib. longis & rectis: scapulis latis: costis laterum obliquis: lumbis non pinguibus, sed bene, id est moderatè carnosis: cauda deniq́ longa & astricta, id est solida ac neruosa. Τοῖοι μὲν τανάοισιν ἐφοπλίζοιντο δρόμοισι, Δόρκοις, ἠδ' ἐλάφοισιν, ἀελλόποδί τε λαγωῷ, Hæc Oppian. Sed audiamus Nemesianũ quoque de eligendis canib. ad fœturam præcipue, quoniam de celeribus maxime loqui uidetur, cuius hi sunt uersus.

Principio tibi cura canum non segnis ab anno
Incipiat primo, cum Ianus temporis author
Pandit inocciduum bissenis mensib. æuum.
Elige tunc cursu facilem, facilemq́ recursu,
Seu Lacedęmonio natam, seu rure Molosso
Non humili de gente canem. Sit crurib. altis,
Sit rigidis, multamq́ gerat sub pectore lato
Costarum sub fine decenter prona carinam,
Quæ sensim rursus sicca se colligat aluo:
Renibus ampla satis ualidis, diductaq́ coxas:
Cuiq́ nimis molles fluitent in cursibus aures.
Huic parilem submitte marē, sic omnia magnũ,
Dum superant uires, dum læto flore iuuentus
Corporis & uenis primæui sanguis abundat.

Canis celer futurus, eligi debet, qui inter catulos pondere leuior fuerit, ut supra dixi in cane in genere. ¶ Aliud canum genus est (inquit Belisarius) qui ad magna animalia fortiaq́, ut apri sunt & huiusmodi, sustinenda (impedienda) apti dicũtur, quousq́ fortiores grauioresq́ canes aduenerint. Hi aprum sistent, & in cursu aliquando mordendo impedient. Eorum duo sunt genera: unum strigosiorum, qui si perniciores fuerint, uelocissima etiam sectari poterunt animalia. Huiusmodi canis tum corpore toto, tum capite & collo oblongis esto: pectore acuto, costis inferius longis, & ad ima paululum trahentibus: præcordijs lateribusq́ ita amplis, ut sine difficultate canes spiritum trahāt. Nam quo facilior respiratio fuerit, tanto expeditiores ad cursum erunt. Ilia sint angusta & compressa: uenter exilis, nam crassus currentem grauat. Crura alta, brachia nõ æque, ne leporis capturam impediant. Anteriores pedes, ut in fele, rotundi potius quàm longi sint. Alterum uero medium (inter robustos & iam dictos celeres) genus est: cuius generis canes cum leuiorib. strigosioribusq́ uelocissimis, ceruos domant & sternunt, cum strigosiorum nimmorsumq́ cerui paruifacere uideātur. Et hi quidem omnium generum canes, si pedes uenator fuerit, sinistra manu ducendi sunt: dextera uero, si eques, si tamen lancea caruerit. Dexteris enim partibus tum feræ tum homines commodius pugnam committunt, Hactenus Belisarius. Leporarij qui maximè probentur, dicam ex Alberto inferius in catalogo celerum. Pedes celeris, pilos habeāt densos, tenues, molles, Pollux ex Xenophonte. Pecuarius canis neque tam strigosus aut pernix debet esse, quàm qui damas ceruosq́, & uelocissima sectatur animalia, &c. Columella. ¶ Canem ex pigro uelocē reddes, si pane auenaceo bene cocto & fermētato, assidue eum reficias, Alber. ¶ Catuli celeres futuri cum iam quatuor mensium fuerint,

Libera tunc primum consuescant colla ligari,
Concordes & ferre gradus, clausiq́ teneri,
Iam cum bis denos Phœbe reparauerit ortus,
Incipe non longo catulos producere cursu,
Sed paruæ uallis spatio, septó ue nouali.
His leporem præmitte manu, non uiribus æquis,
Nec cursus uirtute parem: sed tarda trahentem
Membra, queant iã nunc faciles ut sumere prędã.
Nec semel indulge catulis moderamine cursus,
Sed, donec ualidos etiam præuertere suescant,
Exerceto diu, uenandi munere cogens
Discere, & emeritæ laudem uirtutis amare.
Nec non consuetæ norint hortamina uocis,
Seu cursus reuocent, iubeant seu tendere cursus.
Quinetiam docti uictam contingere prædam,
Exanimare uelint tantum, non carpere sumptam,

Hæc Nemesian. ¶ Venator canes (inquit Xenophon) uenatum agat, fœminas mensium octo, mares decem: nec eas ad cubilium uestigia soluat, sed submissas (ὑφειμένας, subnexas) longis detinens loris uestigantes subsequatur, & per uestigia currere sinat. (Hoc loco Græce legitur, πρὸς δὲ τὰ ἴχνη τὰ θυραῖα μὴ λύειν: legendũ autem uidetur θυναῖα: ob ijciet aliqs Pollucē, apud quē li. 5. ca. 1. uestigia θύναια & θύραια, uocabula cõiuncta utraq́ proparoxytona

tona, legimus: quibus proximè adiungit δρομαῖα. Mihi quidem Pollux suo etiam tempore corrupta uoce ὄϊραια pro ἰχναῖα, deceptus uidetur: & quanquam cum ἴχναια coniungens tacite eiusdem significationis facere uidetur, non tamen excusatur, cum omnino una tantum dictio sit ἴχναια: sed cum ea accentu uariet, fieri potest ut Pollux utroq; modo scripserit, ἴχναια & ἰχναῖα, librarij deinde corruperint. certe uocis ὄϊραια nullum uideo etymon, nec in ullis reperio Lexicis: Dicuntur & ipsi lepores adiectiuè, ἰχναῖοι & δρομαῖοι, ὄϊραιοι nusquam, &c.) Porrò cum inuentus fuerit lepus, si pulchra indole ad cursum alacres fuerint, non continuò dimittat: sed ubi præcurrendo lepus è conspectu abierit, tum canes emittat: nam si comminus (ὁμόθεν, pariter) specie pulchras, & ad cursum magnanimas soluerit (dum lepus in conspectu est) nondum firmatis corporibus nitentes rumpuntur. Hoc igitur uenatori cauendum est. (Ἐὰν μὲν καλοὶ ὦσι πρὸς τὸν δρόμον τὰ ἴχνη, Omnibonus legit, τὰ εἴδη pro τὰ ἴχνη: nam proxime sequitur καλὰς τὰ εἴδη οὔσας: proinde pro καλοὶ etiam καλαὶ repono: cum canum nomine semper in fœminino genere utatur Xenophon. Notanda hîc rara locutio καλαὶ πρὸς δρόμον, & quæ mox sequitur αἰσχραὶ πρὸς δρόμον, quæ clariores fiunt cum τὰ εἴδη, id est secundum corporis formas ad priorem additur: Vt ille dicatur καλὸς πρὸς δρόμον τὸ εἶδος, qui corpus ad uelocitatem optime comparatum habet: αἰσχρὸς contra, nulla pulchritudinis aut deformitatis ratione.) Quod si forma fuerint ad currendum segniores, nihil eas emitti prohibet. Nihil enim erit periculi, cum statim spem capiendi leporis abijciat, (Omnibonus nescio quomodo inuertit sententiam:) sed ad pedũ uestigia (δρομαῖα, quæ scilicet iam primum è conspectu elapsus lepus impresserit) trãscurrere sinat, donec ad leporem peruenerint. Prædam captam ipsis lacerandam tradat. Cæterum cum iam ad retia subsistere noluerint, sed palantes auersę fuerint, recolligat eas, donec leporem procursantes (προθέουσαι, accurrentes) inuenire consueuerint: ne si semper hoc faciant, retia scilicet aut uestigia deserãt, id uitium tandẽ trahãt ut planè ἐκκυνοι fiant, quæ pessima cõsuetudo est! (hoc est inuidia aut æmulatione mutua dũ inter se certant, retium uestigiorumq; & ipsius feræ negligentes, ut supra exposui uocem ἐκκυνεῖν.) Porrò cibaria canibus obijciat ad retia uenator, dum iuuenes sunt, ut inde sumant (tunc enim suscipiunt, Omnibonus:) & si quando inter uenandum propter imperitiam aberrauerint, ad locum redeuntes saluentur. Nam cibaria tunc respuent, cum iam feram hostiliter oderint: & hanc magis appetent quàm illa. Multis uero de causis (εἰς τὰ πολλά, lego ὡς pro εἰς, ut plurimum) necessaria (cibos intelligo: ἐπιτήδεια, τὰ πρὸς τροφὴν ἁρμόδια Varinus:) canibus exhibenda sunt (adde, ab ipso uenatore.) Nam cum inopiam patiuntur (malim cum negatione, quæ tamen in Græcis quoq; impressis nulla est) autorem eius (cibi exhibiti, per enallagen numeri) non agnoscunt: at cum auidè accipiunt, exhibitorem diligunt. Hactenus Xenophon.

¶ Canum celeritate præstantium, quos ueteres commendarunt, descriptio singillatim.

¶ Alopecides, id est Vulpinæ, uide in Laconicis. ¶ Castorides, uide supra in Venaticis in genere. ¶ Creticæ, uide ibidem. Ex illis parippi dictæ celeribus, diaponi robustis adnumerãdę uidentur. ¶ Laconicæ, Lacænæ, Pollux. Lacedæmonij, Oppianus. Elige tunc cursu facilem, facilemq; recursu Seu Lacedæmonio natam, seu rure Molosso Non humili de gente canẽ, Nemesianus. Sed non Spartanos tantum, tantúmue Molossos Pascendum catulos, Idem. Veloces Spartæ catulos, acremq; Molossum Pasce sero pingui, Vergilius in Georg. Et alibi, Omnia secum Armentarius Afer agit, tectumq;, laremq;, Armaq;, Amyclæumq; canem, Cressamq; pharetram. Amyclæum intelligo Laconicum, ab Amyclis Laconiæ ciuitate, in qua Castor & Pollux educati sunt: quãquam & aliæ fuerunt in Italia, cognomento Tacitæ: & Amyclæũ quoq; ciuitas & portus in Creta, authore Stephano. At Spartanos (genus est audax Auidumq; feræ) nodo cautus Propiore liga, Seneca in Hippolyto. Ceu pernix cum densa uagis latratibus implet Venator dumeta Lacon, Syllius libro 3. Κυνὸς Λακαίνης ὥς τις εὔρινος βάσις, ἤτοι βάδισις, Sophocles. uide in Sagacibus supra. Λακαιναν ἐπὶ θηρσὶ κύνα τρέφειν, πυκινώτατον ἑρπετόν, Pindarus ut citat Varinus in Κυνῶν. Præualidusq; Lacon, Ouidius inter canes Actæonis. Melampus Spartanus, Ibidem. Et patre Dictæo, sed matre Laconide nati Labros & Aglaodos, Ibidem. ¶ Tyrrheni Laconicis ad prolem cõmiscentur, Oppianus. Xenophon Lacænas etiam aduersus apros immitti scribit. ¶ Canes Laconici ex uulpe & cane generantur, Aristoteles. Alopecides, id est uulpinæ canes, ex canibus natæ sunt & uulpibus, quarum natura spatio temporis confusa est, Xenophon. Lacænas aiunt primum olim ex canibus & uulpibus natas, alopecidas appellatas esse, Pollux. Apud eundem Nicander castoridas & alopecidas confundere uidetur, cum Xenophõ clarè distinguat. Vide infra in Mixtis. Vsurpatur & κυναλώπηξ prouerbiali sensu, ut supra retuli. ¶ Coit Laconicum genus canum mense suæ ætatis octauo, Aristoteles. Coëunt quandiu uiuunt Laconici & mares & fœminæ, Idem. Octauo mẽse utrinq; (in utroq; sexu) generant, Plinius. Gerunt uterum parte sexta anni, hoc est sexagenis diebus, aut uno uel altero plus minúsue, Aristot. Ferunt sexaginta diebus & plurimum tribus, Plinius. Magna ex parte octo (octonos) pariunt, Aristoteles & Plinius. Coëunt à partu sexto mense, Aristotel. 6. 20. interprete Gaza: Græce est, τικοῦσα δὲ πάλιν ὀχεύεται ἕκτῳ μηνί. Proximè autem de Laconicis dixerat, quibus hæc uerba adhuc cohærent, sed perperam ut uidetur: Vide supra cap. 3. de Cane in genere. Genus Laconicum post coitum diebus triginta, habere lac incipit, Aristot. Huius sanè generis Laconici peculiare est, ut cum laborarint coire melius quàm per ocium possint, Aristoteles: Aelianus tamen de quouis cane,

Y 3

Cum se plurimum (inquit) currendo exercuit, multò effusiorem ad Venerem esse ferunt. ¶ Laconici generis fœminæ, quia minus laborant quàm mares, uiuaciores maribus sunt: at uero in cæteris, & si non late admodum constat, tamen mares uiuaciores sunt, Aristot. Viuit mas Laconicus ad annos decem, fœmina ad duodecim, Aristot. & Plin. Propria in eo genere maribus laboris alacritas, Plin. ¶ Quorum nares porrectæ sunt longius ut catulorũ Laconicorum, olfactu prestant, Aristot. In genere canum Laconico fœminas esse sagaciores quàm mares, apertum est. Insignes animo & industria canes sunt, qui ex utroque genere, Molotticum dico & Laconicum, prodierint, Aristot. Laconici canes, inquit Aug. Niph. uulgo braccæ dicuntur. Albertus leporarios interpretatur. Sed bracci nomẽ hodie inconstans est, ut scriptura quoque. Nam aliqui per c simplex scribũt, alij per c duplex, alij aspirationem addunt, bracus, braccus, bracchus, aut eadem in fœminino genere in a. Sigismundus Gelenius broccum scribit per o, ut accommodet Græco uocabulo βρόκχος, Germanice bracк, Illyrice praczieck. ¶ Haud sciò an aliquid huc faciant istæ uoces, brocus uel brochus & bronchus, quasi brocho, id est crasso & prominẽte sit ore, quem canem brachum dicimus. Senectutem in equis intelligi negant posse, præterquam cum dentes facti sunt brochi & supercilia cana, Varro. Senectus in ueterinis intelligitur dentium brochitate, superciliorum canicie, Plin. Et ex eo enatis duobus dentibus, dextra & sinistra paulò eminulis superiorib. directis potius quàm brochis, & acutis, Varro de canib. loquens. Hinc patet brochos dentes dici prominentes ita ut adunci sint: quare hanc uocem ἀπὸ τοῦ πρόχειν factam conijcio: præsertim cum bronci etiam homines dicantur, producto ore & dentibus prominentibus. A labris, inquit Plin. bronci labeones dicti sunt: emendatiores codices broci habent. Quidam brochum interpretãtur cui mentum & dentes inferiores magis quàm superiores prominent. Similiter ἀπὸ τοῦ πρόχειν dictum crediderim brochum uas uinarium fundendo uino accommodatum, & implendis deplendisq; culeis & uasis conditorijs, & uino quocunq; modo transuasando, quod Italis adhuc brocho dicitur: quamuis Budæus ἀπὸ τοῦ βρέχειν deducat quod fundere significet. ¶ In Germania quosdã catellas quæ in delicijs aluntur bracken uocare in Melitæis dixi. Galli, ut audio, bracc ham appellant uenaticam canem (celerem & sagacem) quæ perpetuo cursu feram quam primum conspexerit (in quam iussu uenatoris immissa fuerit) insequatur, utcunq; plures se offerant: eandem & aues excitare aiunt, corpore humilem, auriculis longis, ore crasso. Fr. Alunnus canẽ braco Italicè dictum exponit sagacem & odorum. Canis altus retro in lumbis, strictus & magnus in pectore, qui leporarius uocatur, coire aliquando incipit octauo mense, Albert. Quos Aristoteles Laconicos, nos Italicos dicimus, Blond. Aliqui uertagum leporarium exponunt, ut supra dixi.

¶ Leporarij canes (barbari leuerarios scribunt) nobilissimi sunt, pectore ualent, latratus ædere nesciunt: & nisi producantur ad cursum, intra domum se continent, Author obscurus. ¶ Leporarius collo longo pulchrior & melior erit. Longum autem etiam arte reddetur, si in scrobe pro longitudine canis effossa, ipsum (nimirum dum corpus adhuc increscit) quoties cibandus est, colloces: & cibum scrobis oræ imponas, ut canis nisi collo bene extenso assequi non possit. ¶ Leporarij (inquit Albert.) optimi sunt longis & planis capitibus, non enormib. auriculis acutis retrorsum directis & paruis: labro superiore super inferius non dependente, nisi minimum forte: collo longo, & aliquantulum turgidiore quàm caput, ea parte qua capiti iungitur: pectore enormi, & bene acuto inferius: costis longis & ualidis: ilibus strictis: crurib. altis, macris potius quàm obesis: cauda non crassa, nec admodum longa. Raró uel nunquam latrent. Proprium enim his canib. est succensere minoribus qui pro custodia latrant. Non quiduis inuadunt, indignum id se existimantes. Lacte magis quàm sero nutriendi sunt. Sed nutriendi educandiq; ratio eadem his, quæ uenaticis cæteris conuenit, Hæc Albert. Et alibi, Leporarios magnos, inquit, quos ueltres quidam uocant, ex coitu leopardi cum cane, ortos nõnulli dicũt. Veltro Italice uulgò dictus canis, uenaticus & cursu uelocissimus est, Fr. Alun. quærendum an idem uertagus sit, cum nomina colludant. Leuis ilia Falco, Mantuan. Apud Aug. Niphum Falco proprium nomen est canis leporarij. ¶ Canibus uenaticis dorsum integunt pannis diuersorum colorum, aduersus frigoris iniuriam, præcipuè leporarijs: & pedib. adhibent calciamenta, quo facilius illæsi cursum exerceant, Blond.

¶ Podicnitzij Polonis appellati canes, parui & celeres sunt, quib. utuntur ad aues & lepores.

¶ Canes ueloces quidam & magni Germanicè appellantur, Windspil, nimirum à uelocitate ipsorum uentis comparata: Alij sunt qui nominantur Türckisch wind, Turcici canes: utrique in lepores, uulpes, ceruos, & similia animalia immittuntur, communi nomine hetzhünd dicti, quod etiã de robustis licet non uelocibus dicitur.

¶ Gallici canes siue Celtici dicti, diuersi sunt: uide supra in Celtis inter Venaticos diuersos, & inter sagaces simul ac celeres in Vertago. Vt canis in uacuo leporẽ cũ Gallicus aruo Vidit, & hic prædã pedibus petit, ille salutem, Ouid. li. 1. Metam. Leporẽq; læsum Gallici canis dente, Martial. Gratius Gallos canes inconsultos, id est non sagaces uocat, ideoq; ad prolem miscẽdos Vmbris. Gallicos quidam leporarios interpretãtur, qui in locis montanis optimi proueniant: & eam ob causam commendant Turcicos ex montib. Dalmatiæ, & regionibus ad orientem sitis. Laudantur in eis, pedes duri, auriculæ longæ, caudæ setosæ & prolixiorib. pilis.

¶ Et substricta gerens Sicyonius ilia Ladon, Ouid. inter canes Actæonis.

¶ Locridis nomine canis Anyte poëtria Tegeatis, gloriam posteris transmisit, hoc tetrasticho in eius

eius sepulchrũ inscripto: ἦλω δή ποτε θ' ἀκλύειζον (lego ἦλω δὴ παισὶ πολύῤῥιζον) παρὰ θάμνον λόκει, φιλοφθόγγων ὠκυπέτων (lego ὠκυπέτη) σκυλάκων. τοῖον ἐλαφείζοντι πῶ ἐγκάτθετο κῶλα τὸν (lego ἰὸν) ἀμείλικτον ποικιλόδειρος ἔχις, Pollux 5.5.

¶ Chaonidas & Molottidas aliqui tradunt prolẽ esse eius canis, quem ære Monesio ubi conflauit Vulcanus, immissa quoq; anima, Ioui dedit dono: is uerò Europæ, hæc Minoi, Minos Procridi: illa uero Cephali esse uoluit munus. Nec qui Dictæa Cephalum de gente secutus Luciferæ pariter uenit ad astra deæ, Martial. Eius hæc fuit natura, ut uitari non posset, ubi insequeretur: sicuti Teumesia uulpes fuisse narratur incomprehensibilis. Quæ ratio (ne ineuitabilem canem uulpes effugeret, aut uulpem incomprehensibilem canis caperet) utrunq; deformauit in lapidem, Cælius ex Pollu-10 cis lib. 5. cap. 5. Plura uide apud Tzetzen Chiliade 1. cap. 20. & Ouidium lib. 7. Metam. qui Lælapem hunc canem uocatum scribit: & Palæphatum cap. 9. licet Telmesia apud eum legatur. Teumessus Bœotiæ mons est, unde uulpes Teumesia, Stephan. Telmissus uero per iota in penult. Cariæ uel Lyciæ urbs. Monesium æs quod fuerit non reperio. Teumessiam uulpem Dionysij ira in Thebanos excitatam ferunt, quam cum canis à Diana Procridi datus, capturus esset, utriq; in lapides mutati finguntur, Blond.

¶ Canicula quædam cum uenaretur, quamuis uentrem ferret, leporem cepit, eaq; iam capta præda, statim domino cedens secessit, atq; quàm mox nouem catulos peperit, quos aluit postea, Aelian.

¶ Anthologij Græci libro 1. Sect. 33. legimus epigramma in canem celerem cui grauidæ uterus uulneratus cicatrice concreuerat, partus autem tempore sectus est ut posset eniti: & aliud in canem 20 celerem siti mortuum.

DE CANIBVS INSTRVCTIS AD AVES capiendas, & aquaticis.

CANES arte & disciplina potius instructæ, quàm suopte ingenio & sagacitate ad auium capturam inseruiunt: quamuis odoratu etiã eas ualere oportet. Docentur autẽ hoc modo, Irretitis perdicibus primo circumducuntur sæpius, & per minas tandem assuescunt undiquaq; circuire. Deprehendunt autem perdices odorando, si primò uestigijs captarum sæpius imponantur, Albert. Nostrates & Galli hos canes coturnicum appellant, quod eorum opera hoc maxime auium genus capiant: Itali canes retis: retibus enim assistunt, ijsq; etiam se obrui patiuntur, unde aliud eis nomẽ apud nostros, **forstend hünd**. Est & aliud canum genus, quos communi nomine **vogelhünd** uocitãt, id est auium 30 canes, quorum usus est ad uaria accipitrum genera. Canes coturnicum tota hyeme, ut audio, soluti & liberi sunt, primo uere legantur, & per totam æstatem ad autumnum usq;, aut saltem resectas segetes, detinentur. ¶ Canis alseluchi, est canis quo uenatores utuntur in capiendis auibus aut quadrupedibus, And. Bellunen. Auis nulla non canem parui facit: unam otidem excipio, quæ propter corporis sui grauitatem & tarditatem, canem perhorrescit, Aelian. Genus canis quod in plerisq; regionibus hodie braccham appellant, auriculis longis, ore crasso, &c. de quo superius scripsi inter sagaces simul & celeres, auib. excitandis aptum est. Poloni canibus, qui podienitzij apud eos nuncupantur, ad aues & lepores utuntur. ¶ Nare sagax alius, campisq; undisq; uolucres Quærit, & ad nutus huc indefessus, & illuc Discurrit, Stroza filius in Epicedio canis.

¶ Sunt quædam genera ursorum alborum, canum, luporum, & similium quorundam animaliũ 40 quæ uenantur & habitant tam in aqua, quàm in terra, Albert. Aquaticos canes uoco, quos nostri **wasserhünd**: quorum alijs castores, lutras, & anates sylue stres uenantur: alij si quid in aquam inciderit, aut proiectum fuerit, reportant. Sunt autem aquatici canes plerunq; uillosi. Haud scio an aquaticum intellexerit Bapt. Mantuan. cum scribit, Ichthya regis Deliciæ, nomẽ patriæ sortita marinę.

DE CANIBVS MIXTIS VEL BIGENERIS.

MIXTI & bigeneri canes uocari possunt, tum qui ex utroq; parente cane, sed diuersorum generum, ut ex Molosso & Laconico apud Aristotelem celer simul & ualidus futurus nascitur: tum qui parente altero cane, altero fera, ut lupo, leone, &c. nati sunt. Excogitarunt hanc mixtionem uenatores, prioris quidem generis, uel ut uitia quædam emendarent & præcauerent in sobole: uel ut dotes quasdam adijcerent: Posterioris uero, ut uel magis robusti ad uenandũ aduersus maiores feras pro-50 ducerentur canes, uel certe callidiores, ex ingenio parentis: cum non corporum modo, sed animorũ quoque bona malàue à parentib. in prolem deriuari constet. Dicam igitur primum de priore & simpliciore genere.

¶ Præstantissimi quidem canes in suo quiq; genere μονόφυλοι sunt, id est ex unius generis parentibus prognati: uerum superflua uenatorum cura miscere etiam diuersa genera, quæ quidem innumera sunt, adinuenit. Si quis igitur mixtis delectabitur, coniungere poterit Arcades Eleis, Pæonijs Cretenses, Cares Thracijs, Tyrrhenos Laconicis, Sarmaticum Iberidi, Oppian. Iccirco uarijs miscebo gentibus usum. Quondam inconsultis mater dabit Vmbrica Gallis Sensum agilem, traxêre animos de parte Gelonæ Hyrcano, & uanæ tantum Calydonia linguæ Exibit uitium patre emendata Molosso. Scilicet ex omni florem uirtute capessunt, Et sequitur natura fauens, Grat. Et patre Dictæo, sed matre Laconide nati Labros & Aglaodes, Ouidius inter canes Actæonis. Vertagũ 60 ex cane Gallico & alio quodam sagace mixtum esse, unde Galli uocant ung metif, ex quorundam sententia supra retuli.

¶ Nostris temporibus canes non admiscentur uulpibus, lupis, aut tigrib. quoniam tanta astutia & feritate non egemus, Blond. Hos quidem canes rectè aliquis semiferos appellabit, ad reliquorum mixtorum differentiam. ¶ Coëunt animalia, & quorum genus diuersum quidem, sed natura nõ multum distat: si modo par magnitudo sit, & tempora æquent grauiditatis: raro id fit, sed tamen fieri & in canibus, & in uulpib. & in lupis certum est, Aristot.

¶ Chaonidas canes aliqui à Cephali cane, alij de Chao luporum generis fera, progenitas suspicantur, Cælius.

¶ Arcades canes primum ex canibus & leonib. natos fama est, & appellatos λεοντομιγεῖς, Pollux.

¶ Leporarios magnos, quos Veltros quidam uocant, ex coitu leopardi cum cane procreatos quidam dicunt, Albert.

¶ Cum canibus lupi coëunt in Cyrenensi agro, Aristoteles, & Pollux citans Aristotelem. Cum apud Roccam Vandream cum Federico Monfortio uenaremur, in itinere reditus, quidam ex canibus, Muccius nomine, insectatus est lupam magno nisu, quam assecutus canire deprehendit, & cũ ea coiuit. Nam cum nos uocib. & cornibus reuocantes non curaret, inquirentes tandem inuenimus cum lupa coëuntem, feritate utriusq; præ desiderio Veneris remissa, Aug. Niph. E lupis canes Galli uolunt concipi, quorum greges suum quisq; ductorem è canib. & ducem habent. Illum in uenatu comitantur, illi parent. Nanq; inter se exercent etiam magisteria, Plin. Ex canis cum lupo coitu gignitur magnus canis, qui mastinus uocatur à nobis, Albert. alibi simpliciter mastinum lupo similem facit. Idem alibi inepte lincisium uocat ex cane patre, & lupa matre natum: similiter & alij barbari scriptores: quorum aliqui etiam lintiscum scribunt, & Isidori uerba adducunt Plinium testem citantis canes ex lupis & canib. natos, cum forte miscentur, lintiscos dici. Ego nihil tale apud Plinium reperio. Videtur autem hæc uox deprauata pro lycisco uel lycisca, quod canis nomen apud Vergiliũ legimus, Multum latrante Lycisca, Aeg. 3. Cyprio uelox cum fratre Lycisca, Ouid. inter Actæonis canes. Referensq; lupum toruo ore Lycisca, Mantuan. Fuit & Lycas canis Simonidis epitaphio nobilitata, ut supra retuli. Deq; lupo concepta Nape, Ouid. Crocuta appellatur fera, quam aliqui ex lupo & cane nasci putant, uide infra in Crocuta. Dum hæc scriberem canis in urbe nostra erat, lupo similis, & ex lupo natus uulgo ferebatur.

¶ Canis rufus ex genere custodum, catulus adhuc cum simia uersari consuetus multa iocosa & risu digna facere consuescit: Quòd si etiam coierit cum ea, natus ex eis canis omnium aptissimus ad ludos erit, Albert.

¶ Canes ex thoibus natos Grat. commendat, his uersib. Hic (Hagnon Bœotius quidam) & semiferam thoum de sanguine prolem
Finxit, non alio maior sua pectore uirtus.
Seu nôrit uoces, seu nudi ad pignora Martis,
Thoës commissos (clarissima fama) leones
Et subiêre astu, & paruis domuêre lacertis.
Nam genus exiguũ, & pudeat q; informe uideri,
Vulpina specie: tamen huc exacta uoluntas.
At non est alius quem tanta ad munia fœtus
Exercere uelis, &c. In impressis codicib. hic uersus, Vulpina specie, &c. cum sequentibus, separatur à cane ex thoibus nato, sed considerandum est an præcedentib. cohæreat.

¶ Ex tigride & cane gigni confirmant Indicos: uerum non statim, sed tertio coitu: primo enim belluinos adhuc catulos procreari aiunt. alligantur canes locis desertis, & nisi bellua incensa libidine sit, sæpe lacerantur, Aristotel. Et alibi, Canes etiam Indici (inquit) ex bellua quadam simili, & cane generantur. Ex tigrib. canes Indi uolunt concipi: & ob id in syluis coitus tempore alligant fœminas. Primo & secundo fœtu nimis feroces putant gigni, tertio demum educant, Plin. Plura de Indicis canib. uide supra in Venaticis robustis. Grat. Hyrcanos canes ex tigride nasci scribit his uersib.
Sed non Hyrcanæ satis est uehementia genti
Tanta: suis petiêre ultro fera semina syluis.
Dat Venus accessus, & blando fœdere iungit.
Tunc & mansuetis tutò ferus errat adulter
In stabulis, ultroq; grauis succedere tigrim
Ausa canis, maiore tulit de sanguine fœtum.
Sed præceps uirtus ipsa uenabitur aula.
Ille tibi & pecudum multo cum sanguine crescet:
Pasce tamen: quæcunq; domi sibi crimina fecit,
Excutiet sylua magnus pugnator adepta.
Bapt. Mantuan. Tigrinam canem nomine proprio propter macularum similitudinem nominauit, Et Tigrina notis tergum maculosa. ¶ Lacænas aiunt ab initio ex canib. & uulpibus natas, alopecidas appellatas esse, ut supra dixi in Laconicis. Xenophon alopecidas canes uenaticos facit: & sanè uidentur uenatici quidam ueloces, ut leporarij dicti, capite magis in acutum tendente & rostri figura uulpem referre. Albertus non ad uenationem sed ad mimica & ridicula opera instruendum canem, ex uulpecula natum commendat, ut dicam in cane mimo.

DE CANE SOCIO ET FIDELI.

SOCII hominum uocitari possunt, omnes qui ab hominibus aluntur canes, non solum ut reliqua animalia mansueta, quæ Græci συνανθρωπεύοντα, quod hominibus conuersentur, appellant: sed quia laborum curarumq; socios hominibus se præbent. Verum canibus alijs præter ipsum hominem alius etiam scopus est, ut uenandi opus, & custodiendi domos, pecora, aliasq; res. Quamobrem socium canem per excellentiam hîc appello, qui ipsius tantum hominis causa nutritur, præcipue ut è domo prodeuntibus & iter facientibus comes sit, siue simpliciter & uoluptatis, aut etiam defensionis gratia. Sed de ijs qui uiribus corporis & animi fortitudine tantum pollent, ut homines uel priuatim, uel in in bello defendant aduersus hostes, in sequentibus dicam, hoc prius loco de canibus socijs simpliciter acturus. Cæterum canem animal esse summo in hominem amore fideq́ue, dixi capite quinto, de Cane in genere.

¶ Canis sodalis (inquit Blondus) eligatur magnitudine inter canem & catulum media, hirsutus, pilis oblongis, siue crispis, siue protensis: quadratus, capite ad rostrum usq; piloso, placidus: & qui domino continuè assistat, in itineribus indefessus, & morantem expectet.

¶ Codri poëtæ canis apud Iuuenalem memoratur, nomine Chiron. Canum beneuolentiæ proprium in altores suos illud de uiro Colophonio testatur: Is ad nundinas proficiscens, uti quædam ibi emeret, nam eius in mercaturis faciendis uersabatur industria: pecuniam, seruum, & canem secum accepit. Ac quidem seruus, qui eam ipsam pecuniam ferebat, cum uiæ aliquantum processissent, ad deijciendam aluum ex instituto itinere diuertit, quem secutus est canis, is postquam necessitati dedisset operam, è terra marsypium tollere oblitus, discessit. At uero canis ibi remansit marsypio incubans: deinde simul ut ad emporium, dominus & seruus uenissent, re infecta, cum nummi eis abessent ad emendum, eadem uia qua profecti fuissent, reuerterunt: atq; cum eò uenissent, unde prius ille diuertisset, de recta uia ab itinere suscepto deflexerunt, eodem ubi sanè nummos seruus reliquisset: Vbi canem marsypio incubantem, præ fame uix spirantem offendunt, qui uix dum dominũ & conseruum suum uiderat, cum à marsypio se remouens uno & eodem tempore & custodia & uita excessit, Aelianus. Eandem historiam Io. Tzetzes narrat, Chiliade 3. cap. 131. hoc interest, quod Anacreontem Teium, non uirum Colophonium, canis dominum fuisse scribit. Gelon Syracusanus cum arctissime dormiret, se ictum è cœlo cogitabat: Hoc quod ei uidebatur, insomnium erat. Is etsi dormiebat, inter somnium tamen contentissima uoce clamabat. Canis igitur quem ipse alebat, simul atq; altoris amici sui uocem audisset, tanquam quodpiam Geloni periculum crearetur, insidiæq; compararetur, & in lectum maximo impetu prosiluit, & circum dominum conuersans, uehementissime latrabat, uelut insidiatorem ulcisci cupiens. Gelon cum rei funestæ metu, tum canis clamore somno quamuis arctissimo teneretur, solutus est, Aelianus.

¶ Tyrij aiunt Herculem captum fuisse amore nymphæ cuiusdam illius regionis, cui nomen fuerit Tyro, (Τύρος, lego Τυρῶ.) Sequebatur autem Herculem canis quoq;, prisco more. Solebant enim canes ad conciones etiam comitari heroës. Herculeus igitur iste canis cum ad saxum quoddam reptantem uidisset purpuram, carnem prominentem mordicus apprehẽsam deuorauit, & labia cruore tinxit. Hunc in cane colorem uirgo intuita, Herculem deinceps admissuram se negauit, nisi uestem ei caninis labris pulchriorem floridioremq; afferret. Itaq; Hercules hoc animali inuento, & cruore collecto, munus puellæ attulit, primus ut apud Tyrios fama est, Phœnissæ tincturæ inuẽtor, Pollux.

¶ Tobiam canem habuisse comitem in uetere testamento legitur.

¶ Xanthippi canes, eo tempore, quo ingenti bello Persarum in Græciam exardescente Athenienses monentibus oraculis relicta patria in classem demigrarũt: dominum secutæ ex Attica in Salamina traiecerunt, Aelianus. Tzetzes Chiliade 3. cap. 130. Xanthippi, qui Periclis pater fuit, canem ut dominum sequeretur nauigantem in Salaminem, in mare se proiecisse scribit: & demum uiribus natando exhaustum expirasse, &c. Asclepiades sepultum etiam à Xãthippo tradit, hoc uersu, ὃ καὶ κυνὸς καλοῦσι δυσμόρου σῆμα: Meminit & Plutarchus in uita Themistoclis, ut supra retuli parte 1. capitis 8. de Cane in genere: ubi alios quoq; locos Cynossema dictos recensui.

HISTORIAE CANVM, QVI FIDEM DOMInis etiam post mortem seruarunt.

Digna commemoratione sunt canum exempla, qui in fide & amore erga dominos post mortem etiam dominorum, constantissimè perstiterunt, quod uel pro eis pugnando, uel rogis sponte insilientes commoriendo, uel cadaueribus ostendendis, uel deniq; homicidas prodendo mirificè declararũt. Primum igitur de illis dicam qui pro dominis certauerunt, mox ordine de reliquis.

¶ Romæ bello quodam ciuili Caluus Romanus cum necatus esset, huius uiri caput ex hostibus nemo abscindere poterat, cum tamen summa contentione sexcenti certarent, & facinus istud conscíscere pulchrum ducerent, priusquam canem quem is aluisset, interfecissent, ei assidentem, & beneuolentiam erga illum ipsum fidissime & amantissime seruãtem, procq; eodem humi strato, & qui iam extremum spiritum effudisset, sic propugnantem, tanquam uirum commilitonem, & contubernalem bonum, & ad extremum amicitiæ obseruantem, Aelianus, & Tzetzes Chiliade 3. cap. 131. ubi interpres Galbam pro Caluo peruertit. Meminit & Plutarchus in libro Vtra animalium, &c. sed omisso Calui nomine. ¶ Dario qui extremus regnauit apud Persas, in ea pugna quam contra Alexandrum suscepit, & commisit, cum à Besso (Βήσσῳ al. per σ. unum) & Nabarzane multis uulneribus confossus esset, & iaceret stratus: omnibus mortuum relinquentibus, canis ab eo educatus solus permansit fidelis, eumq; tametsi non amplius suum altorem, sicut tamẽ adhuc uiuentem seruauit, Aelianus. Tzetzes Chiliade 3. cap. 131. Darij à Beso occisi canem iuxta sepulchrum, ut Silanionis canem mansisse scribit: παρὰ τῷ τάφῳ, malim παρὰ τῷ νεκρῷ, id est iuxta cadauer. Silanionis enim quoq; canem cadaueri adhæsisse, proximè ex eodem authore referemus. Pugnasse aduersus latrones canem pro domino accepimus, confectumq; plagis à corpore non recessisse, uolucres & feras abigentem, Plinius.

¶ Cum Silanion dux Romanus in pugna cecidisset, cadauer eius canibus, feris, & auibus expoſitum, ſolus canis omnium fideliſſimus multis dieb. ſeruauit, & partes eius pudendas operuit, donec aduenirent Romanorum duces, & ſepeliri curarent, Tzetzes Chiliade 3. cap. 130. Syllanion nomen fuit ſtatuarij cuiuſdam. ¶ Sed ſuper omnia in noſtro æuo actis populi Rom. teſtatum, Appio Iunio, & P. Silio coſſ. cum animaduerteretur ex cauſa Neronis Germanici filij, in T. Sabinum & ſeruitia eius, unius ex his canem, nec à carcere abigi potuiſſe, nec à corpore receſſiſſe, abiecto in gradibus Gemonijs mœſtos edentem ululatus, magna pop. Rom. corona circumſtante, ex qua cum quidam ei cibum obieciſſet, ad os defuncti tuliſſe. Innatauit idem in Tiberim cadauere abiecto ſuſtentare conatus, effuſa multitudine ad ſpectandam animalis fidem, Plin. ¶ Canis Iaſone Lycio interfecto, cibū capere noluit, inediaq́ conſumptus eſt, Plin. Daphnidem bubulcum Syracuſanum canes quinque primum defleuerunt, deinde commortui ſunt, Tzetz. Huiuſmodi canes rectè συναποθνήσκοντας, id eſt commorientes, appellabimus. ¶ Gelonis tyranni canis à ſepulchro domini ſui, nec ui, nec ullis blandimentis abſceſſit, Aelian. Gelone Syracuſano in ſomnis clamante, ut qui fulmine ictus ſibi uideretur, canis latrare nō deſijt, donec excitauit, Tzetz. Hūc canem Philiſtus, teſte Plinio, Pyrrhum appellatum ſcribit. Is uero, cui nomen Hyrcani reddidit Duris, accenſo regis Lyſimachi rogo, iniecit ſe flammæ: ſimiliterq́ Hieronis regis, Plin. De Lyſimachi cane idem ſcribit Plutarch. in lib. Vtra animalium, &c. & Aelian. Clarus eſt Pyrrhi Epirotæ canis, qui cum Pyrrhus in ſomnis exclamaſſet, circumiens eum cuſtodiebat: mortui autem cadauer cum cremaretur, in rogum inſilijt, Pollux. Eadem eodemq́ modo feciſſe canem, quem Pyrrhus, non rex ille, ſed priuatus homo educârat, fama eſt: circum corpus exanime hærentem, capulo cum efferretur aſſultantem, poſtremo in rogum ſeſe abijcientem ac comburentem, Plutarch. ibidem. Cum Polus tragœdus (hiſtrio Tragicus, Tzetz.) defunctus antiquo more cremaretur, canis eius alumnus in medios rogos ſeſe immittens, uiuus unà cum altore ſuo exuſtus eſt: Idem de Mentoris canib. fertur, Aelian. & Tzetz. ſed Tzetzes unum duntaxat Mentoris canem id feciſſe ſcribit. ¶ Theodorum ſaltatorem (pſalten, Tzetz.) cum propinqui in ſepulchrum impoſuiſſent, Melitenſis catellus eius, ultro ſeipſum in cadaueris tumulum inijciens, pariter cum domino humari & ſepeliri uoluit, Aelian. & Tzetz. ¶ Noſtris temporib. in ciuitate Aſtenſi, cum mulieris cuiuſdam genere claræ funus procederet, canis facto impetu ſuper cadauer inſilijt, & præ dolore diſiectus eſt deſuper, tanquam ab aliqua fera laniatus, quoniam unà mori uoluit, Blond. Eupolidis poëtæ canis, deſiderio domini defuncti, mœrore inediaq́ contabuit, de quo plura mox inter defenſores. ¶ Nicias quiſpiam ex uenatorib. cum de improuiſo in carbonariam fornacem lapſus fuiſſet, canes, qui cum eo erant hoc intuentes, non illinc diſceſſerunt, ſed primo circa caminum ingemiſcentes, & ululantes commorabantur: tandem prætereuntes leuiter, et ſenſim morſu ueſtium attrahebant ad id quod accidiſſet, tanquam auxiliatores domino ſuo implorantes homines. Vnus igitur uidens hoc idem, ſuſpicatus eſt id quod erat, & ſecutus eſt canes, inuenitq́ Niciam in fornace deflagratum (deflagraſſe potius dixerim) ex reliquis coniectauit rem ipſam, Aelianus interprete Gyllio: & Tzetz. Chil. 3. cap. 131. cuius hi ſunt uerſus: quos appono, quoniam Gyllij interpretatio non ſatiſfacit mihi: Στάντες πρῶτον ὠδύροντο σύρον οἱ τούτου κύνες. Ὡς δὲ ὁ δεῖνα συνέβαλεν δ' ὀδυρμὸν τὸ πρᾶγμα, Ἐξ ἱματίων δάκνοντες ἠρέμα τοὺς παρόντας, Εἷλκον ἐπὶ τῆς κάμινον δεικνύοντες τὸ πάθος. Sed clarius res intelligetur ex Cælio, qui libro 23. cap. 27. eundem locum ex Aeliano tranſtulit, cuius ego poſteriorem tantum partem adſcribam, Id autem (inquit) intuitus quidam, canem inſecutus ducem, factum deprehendit, exuſtumq́ in fornace ſpirantem Niciam, re prorſum coniectata ex ijs quæ in ignibus uiſebantur reliquiæ. Similis eſt hiſtoria, quam Blondus refert, his ferè uerbis: Marius Cæſarinus è patritio genere Romæ uenator acerrimus, dum equo inſidens & canem ducens ad uenationem exit, incidit in profundam foueam: quod uidens canis creberrimis ululatibus circumlatrabat foueam: eo audito ruſtici quidam accurrerunt, & re cognita hominem extraxerunt è fouea, in qua ei inedia pereundum fuiſſet, relicto mortuo equo. Anno poſt hunc caſum euoluto, eodem die febri correptus, obijt. ¶ Icarij Erigonæ filiæ patris à ruſticis interfecti cadauer canis oſtendit: et ſi credimus poëtis, hic Sirius eſt, Pollux & alij. Cum Bacchus uini uſum hominib. monſtraſſet, & Icarius agricolis Athenienſib. id bibendum dediſſet, illi inebriati, & ſe uenenum bibiſſe ſuſpicati, occiderunt Icarium. Huius cadauer cum filia non inueniret, cane monſtrante reperit. Huic etiam poſtea morienti canis commortuus eſt, Tzetz. Idem pulcherrimos ſuper eadem re uerſus ex Orphei Georgicis commemorat. Erigonæ canis, ſuæ dominæ ſepultura affectæ immortuus eſt, Aeliā. Qui non Erigones mallet habere canem, Martialis in canis Lydiæ epitaphio. ¶ Accepi à uiris uerbo rum non prodigis, ſyluam eſſe non procul Aurelia (urbe Galliȩ) ubi cum graſſatores hominem quendam interfeciſſent: interfectum homicidij tegendi gratia inter frutices inhumaſſent: canis (qui latronum uirib. impar fuerat, neq́ his potuerat reluctari) domini ſui domum propero curſu redierit: ac reiecto, qui offerebatur, cibo, uelut lachrymoſus nunc egrediens, nunc reuertens, non prius latrare deſtiterit, quàm præſtita tanti infortunij cōiectura impetrauerit, ut redeunti ſibi ad domini cadauer aliquis daretur comes. Hunc ergo cum ſecutus eſſet unus ex domeſticis famulus, ſequentem reuolutis ubique ſemitarum ueſtigijs ad inhumati locum perduxit, ubi & unguibus ſcalpuriens, & terram dentib. effodiens, occultum corpus indicauit, Io. Rauiſius Textor. ¶ Bononiæ puer quidam catulum amabat, ſemper cum eo oberrare ſolitus. Hunc poſt in cella uinaria ſeipſum laqueo ſuſpendentem intuens catulus, perterritus conſtitit: deinde paulò poſt immobilē uidens, parentes tanquam ſuſpenſiſpenſi nuncius latrando curſu adiuit: & ſubinde ſurſum ac deorſum recurrens, latrare non deſtitit, donec miſeri parentes ſecuti filium pendentem repererunt, Blond. ¶ Heſiodi canes à mortuo non recedentes, latratu homicidas prodiderunt, Pollux. Plutarch. in lib. Vtra animalium, &c. cum recitaſſet hiſtoriam canis qui apud Pyrrhum regem homicidas prodidit, quam proximè ſubijciam, Idem (inquit) Heſiodi ſapiẽtis illius canem feciſſe fama eſt, cum Ganyctoris Naucletij filios, quorũ manib. peremptus erat, prodidiſſet. ¶ Pyrrhus Epirota (Epirotarũ rex, Plutar.) cũ iter faceret, fortuito incidit in canẽ, cadaueri domini ſui adiacentẽ, & illud ipſum cũ ſumma diligentia cuſtodientẽ, ne quis poſt mortem uiolaret, atq; imminueret. Is autem iam triduum ferens inediam, diligenti cuſtodia aſſiduus illud ſeruabat. Hoc ſimulatq; Pyrrhus intellexiſſet, hunc quidem miſeratus, ſepultura affici iuſſit: cani uero plenum cibum ad ſe amandum allicientem dedit, paulatimq; illum allectans abduxit, atque adeo attraxit. Sed hæc quidem hactenus. Poſt paulum cum exercitum luſtraret Pyrrhus, (ἐξέτασις ἦν τῶν στρατιωτῶν, Plutarch. quidam uertit, cum inquiſitio per exercitum fieret:) militesq; recenſeret, & uero canis adeſſet: is non manſuetus ſolum, uerum cætera quàm tacitus erat. Vt uero in recenſione militum interfectores domini animaduertiſſet, tum non ſe continuit, quin uaſto latratu in eos ſe. rumperet, atque unguibus laniaret, (uociferatu horribili procurrit intonuitq;, Plutarch.) ſimul & ſe ad Pyrrhum conuertens quoad poterat, teſtem in hanc rem citabat, quod homicidas teneret. Latratum religioni habuit Pyrrhus, eiq; in ſuſpicionem & circumſtantibus hi uenerunt de uiri morte. Itaque quæſtione adhibita, ea quorum accuſarentur confeſſi ſunt, Aelian. & Plutarch. Meminit etiam Tzetzes Chil. 3. cap. 131. cuius hi ſunt uerſus, Ὡς δ' εἶδεν (ὁ κύων) ἀριθμούμενον περὶ τοῖς καταλόγοις Τὸν κτείναντα τὸν ἄνθρωπον ἐκεῖνον τὸν δεσπότην, Καθυλακτῶν οὐκ ἔληγε, καὶ καταξαίνων τοῦτον, Ἕως ὁ Πύῤῥος ἐρευνῶν ἔμαθε πᾶν ὡς εἶχε, Καὶ τοῦτον ἐδικαίωσεν ἐν σταυρικῷ θανάτῳ. De eodem hoc cane Plinij uerba hæc ſunt, Ab alio cane accepimus in Epiro agnitum in conuentu percuſſorem domini, laniatu & latratu coactũ, ut cogeretur fateri ſcelus. Simile eſt (inquit Tzetzes) quod Chronicus quidam paucis ante nos annis contigiſſe annotauit: Nempe cauponem quendam ſepeliſſe cadauer (nimirum hominis à ſe occiſi:) qui poſtea proditus à cane, & præfecto urbis flagitium confeſſus, cruci affixus ſit. ¶ In Gallia duo mercatores ad nundinas proficiſcebantur, quorum alter canem ducebat. Hunc alter nefanda auri cupidine captus, cum per ſolitudinem quandam equitarent, iugulauit, & humo condidit. Canis amiſſo domino, nemora & ſaltus illos latratibus implebat: quem accolæ miſerati in diuerſorium duxerunt & cibo refecerunt. Refectus ille ad locum cadaueris ſepulti redibat. Itaq; retentus eſt ad reditum mercatorum: quibus reuerſis canis in homicidam tanquam proprium hoſtem concitatus, flagitium eius prodidit: quod ille captus confeſſusq;, laqueo ſuſpenſus, turpiſſimo fine pro ſcelere dedit pœnas, Blond. ¶ Memini etiam in Gallia (inquit idem) haud procul Pariſijs, contigiſſe ut adoleſcens quidam mulierem amaret: ad quam dum accedit aſſumpto ſocio iuuene, & comite cane, in medio nemoris à ſocio riuali traiectus gladio expirauit. Canis, qui genere Britannus erat, diu locum ſeruauit, in quo dominus erat occultatus. Et cum ex familia quidam adoleſcentem perquirerent, canẽ ſolum repererunt iuxta ſepulchrum, quod tamen non agnoſcebatur: quoniam tumulus terræ fuerat. Socius cædis author ubinam eſſet adoleſcens interrogatus, ignorare profitebatur. Sed prodidit eum canis irruens tanquam in proprium hoſtem. Itaque ad rectores urbis adductus eſt, & cum cauſam proferre non poſſet, cur tantopere nunc infenſum haberet canem, haud aliter ei quàm domino blandiri prius ſolitum: iuſſus eſt duellum cum cane experiri. Canis pelle cocta integitur: ipſe mucronem geſtans leui tantum linea ueſte tectus, in duellum prodit. Canis gulam homicidæ mordicus apprehendit, eumq; proſternit: exclamat ille, Miſeremini patres, cane auulſo fatebor omnia. Confeſſus igitur quod perpetrauerat ſcelus, morte multatus eſt, Hæc Blond.

DE CANE HOMINIS DEFENSORE, & bellicoſo.

DE canibus robuſtis, ſed uenaticis, ſupra diſſerui: Nunc de illis dicendum qui homines uel priuatim, uel in bellis publicè defendunt, σύμμαχοι & σωματοφύλακες hominum. Hos à cæteris robuſtis tum uenaticis tum paſtoralibus, non alia re magis quàm educatione & inſtitutione differre puto. Plurimum ſanè roboris, ferociæ, & animi his, de quibus nunc agimus, adeſſe oportet, cum aduerſus homines & armis munitos, & in iracundia ipſis feris ferociores, nonnunquam eis ſit depugnandum. Simillimus ergo canis (inquit Blond.) in propellendis iniurijs hominum atq; ferarum, operam ſuam præſtabit: idem fideliter ſtabulum domi ſeruabit, & pecora foris cuſtodiet. Canes tum defenſores tum alij, quomodo procreandi & quibus parentibus, explicaui cap. 5. hiſtoriæ de Cane in genere ex Blondo. ¶ Canes uirorum nobilium cuſtodes, piloſi hirſutiq; ſunt, & ex Gallia petuntur, Blond. ¶ Ad latrones inueſtigandos, non quilibet canis idoneus eſt, ſed eligi debet canis ferox, qui non dignetur diſcernere homines. Principio autem hoc modo inſtituendus eſt. Muniatur aliquis pelle denſa, quam canis lacerare nequeat: aduerſus hunc canis incitetur, & is fugiens tandem à cane ſe ſinat capi, & cadens ante eum mordere patiatur: Poſtridie ſimiliter in alium immittatur canis, & hoc fiat frequenter: tandem enim beneficio odoratus inſequetur eum, ſuper cuius ueſtigia ponitur. Eam uero ob cauſam eligi oportet canem, qui homines non diſcernat, ne ſi blandiri aliquibus aſſueſcat, ſequatur ueſtigia illorum quos diligit. Sed etiam forma odoris eorum remanens apud canem, cerebrũ eius confundit, adeò ut non dignoſcat ueſtigia eius quem inſequi debet. Non pauci autem eiuſmodi reperiuntur canes, qui neminem fermè discernere dignantur. Quod uel inde constat: quoniam etiam canes uenatici aliquando confunduntur, cum super diuersa uestigia ferarum ponuntur, & errare incipiunt, Hæc Albert. ¶ Canis defensorius horridus sit, & semper pugnaturo similis, omnib. inimicus præter dominum: ita ut ne tangi quidem se patiatur à familiaribus: sed omnibus morsum minetur, tanquam hostibus: dominum tamē rectis oculis seruet, Blond. Et alibi, Defensorius (inquit) forma præstanti deligatur, qua terrorem intuētibus inducat: laudatur seuerus, minime blandus, qui & conseruos tanquam iratus inspiciat, & citius excandescat in exteros, item qui uigilantior sit, et circumquaque prospiciat, ut solent animosi. Sed quoniam canis rarò natura defensor bonus est, ideo hac arte instruendus erit. Infans etiamnum irritetur ad iracundiam à pueris. Anniculum iam & adultū, gladio lacessere & obruere oportet, ac impugnare donec fessus & uictor os cruentum reportet: seruus autem & gladiator, uel lacer, uel uictus recedat. Post pugnam uinciendus est, neque permittendū ut solutus uagetur: sed in uinculis pascatur donec euaserit optimus defensor. Aggredi autem eum oportet strictis mucronib. Hac ratione fortissimus fiet, & contra hostes duci, & dominum ab insidijs securum reddere idoneus. Hoc enim seruatur hac tempestate etiam plerisque in locis Hispaniæ, ut percepimus, Hactenus Blond. ¶ Alexander Pheræus Thessaliæ tyrannus educasse fertur canem insolitæ magnitudinis, atrocem, & infestum omnibus præter domesticos atque illos à quibus cibum capiebat. Hunc dormiens foribus cubiculi custodem adhibebat, ut qui sibi metueret quod uarijs tormentis multos subinde afficeret, Blond. ¶ Eupolidi poëtæ comico Augeas Eleusinius munere donauit canem, non modo genere Molotticum, sed etiam forma præstantem: quem eodem nomine Eupolis, quo Augeas erat, appellauit. Canis iam nomine Augeas, cum longa consuetudine tum uero ciborum illecebris allectus, & blanditijs, diligebat dominum, ut præclare ostendit, cum aliquando seruus nomine Ephialtes dramata quædam Eupolidis domini sui surriperet. Tum non latuit canem fur seruus. Is itaque acerrimo impetu, crudelique incurrit in hunc direptorem, mordicusque comprehendens interfecit. Post autem aliquanto in Aegina Eupolis excessit è uita, ibique eius corpus ad sepulturam datum fuit. Huius uero canis morte illius ingemiscens, non tantum ululatu primo illius excessum è uita luxit, sed deinde mœrore inediaque extabuit, in odiumque uitæ adductus ex alterius sui morte, extinctus est. Ex eo locus hic, ad huius casus memoriam conseruandam, Canis luctus appellatur, Aelian. Eadem scribit Tzetzes Chil. 3 cap. 131. Apud Suidam hæc uerba legimus, ὅπω τὰ ποιήματα αὐτῷ κύων τις ἐδόκει συμποιεῖν Μολοττικός, quæ quidem de Eupolidis cane dicta mihi uidentur. ¶ Memoratur & Nicomedis Bithyniæ regis canis, uxore eius Cosingi lacerata, propter lasciuiorem cum marito iocum, Plin. Nicomedes rex maximū & fidilissimum sibi charissimumque canem Molossum habuit, huius coniugem Ditizelen (ex qua Prusiam, Zielum, & Lysandram susceperat) regi colludentem, canis hostem arbitratus, inuasit, & dextrum humerum morsu auulsit, carnes & ossa dentib. comminuit. Illa moriens in ulnis mariti Nicomediæ sepulta est in sepulchro deaurato: Quod quidam temporibus Michaëlis filij Theophili effodientes, saltum adhuc mulieris cadauer inuenerunt, ueste ex auro texta inuolutum: qua in fornace fusa, auri libras tredecim supra centum repererunt. Cæterum canem ipsum à regis conspectu semotū, desiderio regis & mœrore propter necatam mulierē, plerique mortuū referūt, Hæc Tzetz. testē citans Arrianū in Bithynicis. ¶ Orpheū aucupio intentum draco inuasurus erat, quem interceptum canes occiderunt, ut ipse recitat in poëmate de lapidib. (quod etiamnum extat,) Tzetz. ¶ Apud nos Volcatium nobilem, qui Cesellium ius ciuile docuit, asturcone è suburbano redeuntem, cum aduesperauisset, canis à grassatore defendit: Item Cælium senatorem ægrū Placentiæ ab armatis oppressum: nec prius ille uulneratus est, quàm cane interempto, Plinius.

¶ His auxêre fidem, quos nostro silua sub æuo
Arua, & Carpathij defendit littora ponti.
Pectora thoracum tunica, sacrumque profano
Miratur, nutritque Rhodos, custodibus illis
It noctes animosa phalanx, innexa trilici
Seligit, & blande exceptum deducit ad urbem,

Illum autem rapit, & morsu discerpit acerbo, Stroza filius in Epicedio canis. ¶ Adolescens spectatæ uirtutis inter Danaos canem habuit horrendæ acerbitatis, quæ sola plerunque bis senos peremit uiros, Blondus.

¶ Garamantum regem canes ducenti ab exilio reduxêre, prælìantes contra resistentes. Propter bella Colophonij, itemque Castabalenses, cohortes canum habuêre: eæ primæ dimicabant in acie, nunquam detrectantes. Hæc erant fidissima auxilia, nec stipendiorum indiga. Canes defendêre Cimbris cæsis domus eorum plaustris impositas, Plin. ¶ Cum Hyrcanis & Magnesijs canes quasi societatem bellorum gerendorum inire solebant, hisque maximo ad bella inferenda adiumento erant. In pugna ad Marathonem commissa cuiuspiam Atheniensis canis, summa contentione illi tulit auxilium, ac simul ex ea actione uterque in uarijs scriptionibus honoris memoriam consecutus est, Aelian. Magnetes qui iuxta Mæandrum habitant, ferunt alere canes in prælijs propugnatores, πολέμων ἀγωνιστάς: similes autem erant Pæonum quoque ὡς σύνθηροι κύνες, id est uenationum socij canes, Pollux. ¶ Certū est ex uerbis Valerij Maximi Masinissam regem Numidarū (quū parū fidei in hominum pectorib. reponeret) corporis sui custodiam canibus commisisse, Textor. ¶ Tale (ex canibus) tibi auxilium Colophon, tibi tale parasti Caspia gens, partosque æquè partiris honores, Stroza filius in Epicedio canis. Apparet eum Caspiam gentem apud Plinium legisse, ubi codices nostri rectè habent Castabalenses. Est enim Castabala Ciliciæ & Phœniciæ ciuitas, quæ & Perasia dicebatur, Stephanus ex Strabo.

Strabonis libro 12. ¶ Hispani qui nouum orbem perlustrarunt, in certaminibus cum nudis incolis canum opera plurimum usi sunt, Petrus Martyr. Et alibi, Canes Hispanorum (inquit) in homines nudos rabidi insiliebant, haud secus ac in feros apros aut fugaces ceruos: nec minus fidos Hispani reperiunt in periculis subeundis canes, quàm suos olim Colophonij uel Castabalenses. Et rursus, Pacram regulum & tres alios eum comitantes, homines nefarios & extremæ libidinis, Vaschus Hispanus apud se accusatos in bellatorum canum fauces coniecit, illorumq; lacerata cadauera cremari iussit. De canibus, cum quibus prælia ineunt, mira referuntur. Ad indigenas armatos haud secus irruunt præcipites ac in ceruos aut apros, si digito monstrentur. Data quandoq; tessera canibus solutis preeuntibus agmen, toruo Molossorum aspectu atq; insueto latratu perterriti hostes hæsitantes, pugnas ordinesq; stupidi deseruerunt. Verum Caramairenses & Caribes ferociores, bellisq; gerendis aptiores, in ruentes canes citius fulgure icto uenenatas destinant sagittas, & multos perimunt.

DE CANIBVS CVSTODIBVS: ET PRIMVM de pastorali.

CANVM qui custodes dicuntur, & custodiæ causa paratur, alij pecora, alij uillas, alij domos priuatas, alij publicas, ut templa, custodiunt. Apta custodum nomina apud Xenophontem sunt Phylax & Phrura. Plura de custodibus in genere, uide infra ab initio tractationis de custodibus ædium. Sed primum de pecuario, inde disseramus de reliquis. ¶ Molotticum genus uenaticum, nihil à cæteris discrepat: At pecuarium, longè & magnitudine, & fortitudine contra belluas præstat, Aristoteles. Μολοσσός, κύων ὁ ποιμενικὸς καὶ μέγας, Varinus & Suidas: Sed de Molossis uide supra inter Venaticos robustos. Nec tibi cura canum fuerit postrema: sed unà Veloces Spartæ catulos, acremq; Molossum Pasce sero pingui: nunquam custodibus illis Nocturnum stabulis furem, incursusq; luporũ, Aut impacatos à tergo horrebis Iberos, &c. Vergilius in Georg. Pecuariũ canem Aug. Niphus mastinum interpretatur: Sunt autem mastini, ut supra docui, quos Germani rüden appellant.

¶ Nunc de mutis custodibus loquar: quanquam canis falsò dicitur mutus custos, nam quis hominum clarius, aut tanta uociferatione bestiam, uel furem prædicat, quàm iste latratu? quis excubitor inueniri potest uigilantior? Quare uel imprimis hoc animal mercari tueriq; debet agricola: quod & uillam, & fructus, familiamq; & pecora custodit, Columella. Sed de uillatico alibi: hic de illo dicemus, qui (ut Columella inquit) propellendis iniurijs hominum ac ferarum comparatur: & idem obseruat domi stabulum, foris pecora pascentia. Relinquitur (inquit Atticus apud Varronẽ) de quadrupedibus quod ad canes attinet, maximè ad nos, qui pecus pascimus lanare. Canis enim ita custos est pecoris, ut eius quod eo comite indiget ad se defendendum. In quo genere sunt maximè oues, deinde capræ. Has enim lupus captare solet, cui opponimus canes defensores. In suillo pecore tamen sunt, quæ se uindicent, sues, uerres, maiales, scrofæ: propè enim hęc apris, qui in syluis sæpe dentibus canes occiderunt. Quid dicam de pecore maiore? cum sciam mulorum gregem cum pasceretur, eoq; uenisset lupus, ultro mulos circunfluxisse, & ungulis cædendo eum occidisse? & tauros solere diuersos assistere clunibus continuatos, & cornibus facile propulsare lupos? Hæc ille.

¶ Pecuarius canis (utor Columellæ uerbis) neq; tam strigosus aut pernix debet esse, quàm qui damas, ceruosq;, & uelocissima sectatur animalia: nec tam obesus aut grauis, quàm uillæ horreiq; custos: sed & robustus nihilo minus, & aliquatenus promptus ac strenuus, quoniam & ad rixam, & ad pugnam, nec minus ad cursum comparatur, cum & lupi repellere insidias, & raptorem ferum consequi fugientem, prædamq; excutere atq; auferre debeat. Quare status eius longior productiorq; ad hos casus magis habilis est, quàm breuis, aut etiam quadratus: quoniam (ut dixi) nonnunquam necessitas exigit celeritate bestiam consectandã. Cæteri artus similes membris uillatici canis, æquè probantur, Hæc Columella. Canes ad pecorum custodiam (inquit Varro apud Constantinum) præcipuè generosi, corpore magno sunt, uegetis uiribus, animo non deiecto, graui latratu atq; formidabili utentes: Qui etiam in adeuntes non frustra ac temere insiliunt, sed uires in suum tempus reseruant, cum impetu opus erit. Hi siquidem sunt fortiores, atq; ægrè etiam capiuntur, ἰσχυρότεροι καὶ δυσαλωτότεροι: intelligo qui non facile capi, id est uinci à feris queant. Canis pastoralis (ut Blondo placet) defensori similis eligatur, educeturq; similiter. Laudat in eo colorem album Columella, qui si nõ reperiatur, quemuis potius quàm uarium probabis: ut quem prisci (Columella) nec in uillaticis nec pastoralibus laudauerint. Non mirum est autem si candidi canes hac tempestate probentur à pastoribus, cum illi præ cæteris facile dignoscantur à lupis: nam cæteri in tenebris quandoq; non agniti à pastoribus, pro ipsis lupis petiti sunt, (ut supra etiam in Venaticorum colore dictum est,) Hæc Blondus. Pastor album probat: quoniam est feræ dissimilis, magnoq; opus interdum discrimine est in propulsandis lupis sub obscuro mane, uel etiam crepusculo, ne si non sit albo colore conspicuus, pro lupo canem feriat, Columella. Primum ætate idonea parandi sunt (inquit Varro) quod catuli & uetuli, neq; sibi, neq; ouibus sunt præsidio, & feris bestijs nonnunquam prædæ. Facie debent esse formosi, magnitudine ampla, oculis nigrantibus aut rauis, naribus congruentibus, (μυκτῆρα ὁμόχροιν ἔχοντες, nasum eiusdem coloris habẽtes, Fronto: Eiusdem coloris intelligi potest uel simpliciter, ut unus in naso color sit: uel ut idem qui in reliquo corpore: uel idem qui in oculis, quos Fronto proximè nigros tantum probauerat:) labris subnigris aut rubicundis, neq; resimis superioribus, neq; pendulis subtus: mento suppresso, & ex eo enatis duobus dentibus, directis potius quàm brochis (tortis, Crescẽtiensis)

Z

& acutis, quos habent labro tectos. (Fronto simpliciter dentes acutos requirit:) capitib. & auriculis magnis, ac flaccis (Crescentien. pro flaccis habet latis, exponens plicatis. In Frontone μελανοκεφάλους, id est nigris capitib. perperam legi puto pro μεγαλοκεφάλους, id est magnis capitib. ut conueniat Varroni, sicut in cæteris ferè omnibus: pectore lato, Fronto: quod Varro Latinus non habet.) crassis ceruibus, ac collo: (πολυαύχενας καὶ πολυτραχήλους. τράχηλος collum totum est Græcis, αὐχὴν posterior, δέρη anterior tantum pars, Fronto.) internodijs articulorum longis, (μακρόκωλοι, βραχίονας στερεοὺς καὶ παχεῖς ἔχοντες, id est, artubus longis, brachijs solidis & crassis, Fronto.) crurib. rectis, ac potius uaris quàm uacijs, (σκέλη ὀρθά, εἰ δὲ μή, σκαμβότερα μᾶλλον ἤ, deest uox βλαισότερα, ut Andreas à Lacuna rectè ex Varrone Latino conijcit. σκαμβοὶ enim uel ῥαιβοί, Latinis uari appellantur, inceduntque crurib. introrsum peruersis: βλαισοὶ uero, Latinis blasij & uacij, cancrorum instar crura extrorsum curuant.) pedib. magnis & altis, qui ingredienti ei displodantur (πόδας μεγάλους, ὧν δεῖ ἐπιβαίνειν πλατυνομένους, Fronto.) digitis discretis, διηρθρωμένους: unguibus duris ac curuis: talo, nec ut corneo, nec nimium duro, sed fermentato ac molli: à feminibus summis corpore suppresso: spina neque eminula, neque curua, (ῥάχιν δυνάμεως τε καὶ ῥώμης ἔχοντας, Fronto:) cauda crassa, (Fronto addit, ἀπὸ τῆς ἐκφύσεως μυουρίζουσαν ὅλην, id est quæ ab initio ad finem usque paulatim tenuior graciliorque euadat) latratu graui, (grauissimo, Fronto:) hiatu magno: colore potissimum albo, quod in tenebris (addendum uidetur aliquid, ut sic legatur, quod in tenebris à lupo & alijs feris facilius dignoscantur, ut supra etiam docui: uel tale quid:) specie leonina, Hactenus Varro. Postrema eius uerba ex Frontone dilucidius intelligentur. Is canes probat albos colore, præsertim si greges sequi debeant: rauos oculis, & leonina species: uel si Græcè mauis, χαροποὺς τοῖς ὄμμασι καὶ λεοντοειδεῖς. Dubitet autem aliquis utrum λεοντοειδεῖς ad corporis uel speciem uel colorem, uel ad oculorum tantum colorem referat: ego de oculorum tantum in eis colore acceperim, quem Græci in leonibus præcipuè χαροπὸν appellant, ut λεοντοειδεῖς interpretamenti loco ad charopos subiecerit. Non enim intelligi puto de reliqui corporis colore, quem album desyderat. Quod si quis de corporis specie & figura accipere malit, illi non contenderim, ne Varronem quoque errasse, aut locum esse corruptum defendendum mihi sit: quanquam posterius iam proximè probaui. Crescentiensis, cuius modica apud me authoritas est, hunc Varronis locum usurpans, colorem leoninum simpliciter in cane pastorali laudat, nulla albi mentione. Oculis igitur charopis siue rauis & leoninis hoc genus canis deligendum Fronto iubet, ἄν τε λάσιοι τυγχάνωσιν ὄντες, ἄν τε ψιλοί, hoc est siue hirsuti siue glabri sint, nempe reliquo corpore, ut in fœmina etiam dicetur: etsi hirsutos esse præcipuè circa armos magis leoninum esset. ¶ Præterea fœminas uolunt esse mammosas, æqualibus papillis, Varro. Fronto etiam in fœminis tum præcedētes maris notas desiderat, tum ut magnas habeant mamillas, & papillas in eis magnitudine pares: quoniam nonnullæ canes marcidas mamillas, & instar ligni siccas durasque habent, ἀτρόφους καὶ ἀπεξυλωμένας. Nec admodum refert an reliquū corpus hirsutum & glabrum sit: hirsuties tamen canem magis terribilem reddere uidetur. ¶ Magni interest ex semine esse canes eodem, quod cognati maximè inter se sunt præsidio, Varro. Canes sunt nutriendi, affines affinib. iuncti: naturaliter enim illi sibi mutuò blandiuntur, ut Andr. à Lacuna uertit: ut Cornarius, mutuam opem ferunt, Græce ἀμμύνουσι legitur uoce corrupta: Cornarius uidetur ἀμύνουσι legisse: quæ lectio ex præcedente etiam Varronis sententia confirmari potest. Videndum ut boni seminis sint: itaque à regionibus appellantur, Lacones, Epirotici, Salentini, Varro. Videndum ne à uenatoribus aut lanijs canes emas: Alteri quòd ad pecus sequendum inertes: alteri si uiderint leporem, aut ceruū, quod eum potius quàm oues sequentur. Quare aut à pastoribus empta melior, quæ oues sequi consueuit: aut sine ulla consuetudine quæ fuerit: canis enim facilius quid assuescit, eaque firmior consuetudo, quæ sit ad pastores, quàm quæ ad pecudes, Varro. ¶ Seruabimus eos collum eorum crudo corio circumuallantes, gutturque & totas fauces munientes, ab ipso nimirum corio erigentes ferreos aculeos. Siquidem si aliquam harum partium attigerit fera, canem occidet: sin uero aliā partem momorderit, uulnus excitabit duntaxat, Varro in Constantini Geoponicis. At ne in eos grassentur feræ, ut hyenæ & lupi, munire illis guttur atque collum oportet, ueluti ferratis thoracib. clauisque acuminatis transfixis, à se inuicem latitudine digitorum duûm aculeis ipsis distantib. Fronto ibidem. Sed de collarib. canum plura dixi parte 5. cap. 8. de Cane in genere. In locis saxosis & senticosis, calciamenta pedib. adhibenda sunt, quibus prætegantur usque ad crura, ut integris pedib. canis ualidior obsistat contra impetus bestiarum, Blond. ¶ Hos canes qui educant, collidunt, atque ad mutuam pugnam impellunt, deprimi tamen non sinunt, ne pusillanimes fiant animoque perculsi, sed in certamine audaces alijs minimè cedant, Fronto. Educunt eos, plures in unum locum, & irritant ad pugnandum quo fiant acriores: neque defatigari patiuntur quo fiant segniores, Varro. ¶ Publius Aufidius Pontianus Amiterninus non (lego, cum) greges ouium emisset in Vmbria ultima, quibus gregibus sine pastoribus canes accessissent: pastores ut deduxerūt in Metapontinos saltus, & Heracleæ emporiū, inde cum domum redissent, qui ad locum deduxerāt: è desyderio hominum diebus paucis postea canes sua sponte, cum dierum multorum uia interesset, sibi ex agris cibaria quæsierunt, atque in Vmbriam ad pastores redierunt: neque eorum quisquam fecerat, quod in agricultura Saserna præcepit, qui uellet se à cane sectari, uti ranam obijciat coctam, Varro. Numerus canum pro pecoris multitudine solet parari. Ferè modicum esse putant, ut singuli sequantur singulos opiliones, de quo numero alius alium modum constituit. Quod si sunt regiones ubi bestiæ sint multæ, debent esse plures: quod accidit

accidit ijs, qui per calles syluestres longinquos solent comitari in æstiua, & hyberna. Villatico uero gregi in fundum satis esse duos, & id marem & fœminam. Ita enim sunt assiduiores, quòd cum altero idem sit acrior: & si alter indesinenter (Crescentien. uocem indesinenter omittit) æger est, ne sine cane grex sit, Varro. ¶ Catuli duob. mensibus primis à partu, non disiunguntur à matre, sed minutatim desuefiunt, Varro & Fronto. Consuefaciunt quoq; ut possint alligari primum leuib. numellis (uinculis, Crescent.) quas si abrodere conantur, ne id consuescant facere, uerberib. deterrere solent, Varro. Assuefaciunt eos uinculis, primò quidem loro, dein uero paulatim ferreæ catenæ, Fronto. Pluuijs diebus cubilia substernenda fronde, aut pabulo (palea Fronto:) duabus de causis, ut ne oblinantur, aut perfrigescant. Quidam eos castrant, quod eo minus putant relinquere gregem: Quidā non faciunt, quod eos credunt minus acres fieri, Varro. ¶ Canis pastoralis colludit pastori, gregē agnoscit, insidiantes feras persequitur: quæ dotes si ei natiuæ & spontaneæ fuerint, excellit in suo genere, Blond. Catuli quot educandi, & alia quædam ad procreationem, educationem & cibatum pertinentia, lege supra in historia Canis in genere. Canes interdiu clausos esse oportet, ut noctu uigilantiores sint, Cato ca. 124. quæ eius uerba ad uillaticos & alios custodes potius quàm pastorales pertinere mihi uidentur, & si Petrus Crescentien. in pastoralis historia ea recitet. ¶ Cibaria ferè eadē sunt utriq; generi (pecuario & uenatico) præbenda. Nam si tam laxa rura sunt, ut sustineant pecorū greges, omnes sine discrimine canes ordeacea farina cum sero commodè pascunt. Sin autem surculo consitus ager sine pascuo est, farreo uel triticeo pane saturandi sunt, admisto tamen liquore coctæ fabæ, sed tepido: nam feruens rabiem creat, Collumella. Non permittunt illis mortua tangere pecora: ne in uiuentia etiam assuescant impetum facere: reuocantur enim ægerrimè, ubi semel carnes crudas gustauerint, Fronto.

¶ Et de ore pastoritij canis uirens exiluit ranula, Apuleius libro 9. Metamorph. Omnia secum Armentarius Afer agit, tectumq;, laremq;, Armaq;, Amyclæumq; canem, Cressamq; pharetram, Verg. in Geor. Αἱ δὲ κύνες τά τε θηρία ἀπερύκουσαι ἀπὸ λύμης καρπῶν καὶ προβάτων, καὶ τῇ ἐρημίᾳ τὴν ἀσφάλειαν παρέχουσαι, ἀντωφελοῦσι τρεφόμεναι τὸν χῶρον, Xenophon in Oeconomico. ποιμνῖται κύνες, αἰπόλοι κύνες, Pollux. Κύνες ποιμνίων φύλακες, Geopon. Græca. Κυνοσβοτῆρας, una uoce, Suidas exponit canes pastorales, adijciens, οὐ γὰρ ἀναιρεῖ τινὰ τῶν σκηνὴν ἄνθρωπον, ἀλλ' ἔξω τινὰς ἀναιρεῖ, quasi canis pastoralis natura his uerbis declaretur, ut qui nulli familiarium noceat, externos uero quosdam (nimirum fures & prędones) interimat. Pecudesq; secuta Pœmenis, Ouid. inter canes Actæonis. Aegyptij canes ab Oppiano cognominantur βουκολίων οὖροι, id est armentorum custodes. Geryonis canis, nomine Gergittios Cerberi frater, armenta custodiens, & ab Hercule cæsus, in Iberia sepulchrum habet, Pollux. ὡς δὲ κύνες περὶ μῆλα δυσωρήσωνται ἐν αὐλῇ, carmen Homeri quo significatur περιμήθεια περὶ τὸ φυλάσσειν. Αὐτὰρ ὅγ' ἐξοπίσω, &c. ὥστε λὶς ἠϋγένειος, ὅν ῥα κύνες τε καὶ ἄνδρες ἀπὸ σταθμοῖο δίωνται Ἔγχεσι καὶ φωνῇ, τοῦ δ' ἐν φρεσὶν ἄλκιμον ἦτορ Παχνοῦται, ἀέκων δέ τ' ἔβη ἀπὸ μεσαύλοιο, Homer. Iliad. ρ. Idem poëta à Glauco quodam hospitio exceptus, cum canes non cessarent cœnantem ipsum adlatrare, sic monuit: πρῶτον μὲν κυσὶ δεῖπνον ἐπ' αὐλείῃσι θύρῃσι Δοῦναι. ὡς γὰρ ἄμεινον. ὁ γὰρ καὶ πρῶτον ἀκούει Ἀνδρὸς ἐπερχομένου, καὶ ἐς ἕρκεα θηρὸς ἰόντος. Sed horum quædam commodius ad uillaticum referentur. ἴσθι γοῦν αὐτὸν (τὸν Γοργίου παῖδα) κυσὶ σπαραξόμενον, εἰ ἐν τοῖς ἐμοῖς ἀγροῖς τὸ λοιπὸν ἐνδημήσειεν. ἤδη γὰρ καὶ ἡ θήλεια κύων σὺν τοῖς τέκνοις περιφρουρεῖ μοι τὸ γήδιον ἀνθρωπίνης ὀργάδος ἐπιμελῶς ἐφάψασθαι, Simocatus in epist. ¶ Canis & ouis apologum Socrates apud Xenophontem libro 2. Apomnemon. his uerbis refert: Cum animantia essent uocalia, ouem domino suo dixisse ferunt: Mirum facis profectò, qui cum nobis, à quib. lanam, agnos, caseumq; habes, nihil des nisi quicquid à terra capiamus: canem, qui nihil tibi tale præbet, de quo tu comedis pane participem facis. Canis uero cum hæc audisset, Non immeritò per Iouem, dixit: Ego nanq; sum ille, qui & uos ipsas saluas facio, atq; custodio, ut nec homines uos furētur, nec lupi rapiant. Quòd si ego uos non custodiam, nec ad pascua uobis proficisci licebit, timentibus ne pereatis. His ab eo dictis, oues quoque fertur cani concessisse.

DE CANE VILLATICO, ET NAVTICO.

CANIS uillaticus uillam, quæq; iuncta sunt uillæ custodit, is obesior & grauior esse debet quàm pecuarius, corpore etiam minus longo, cum celeritas in eo non requiratur, Columella. Nostrates ut pastorales, sic uillaticos etiam eius plerunq; generis habent, quos rudios uocant, Rüden. Villæ custos eligendus est amplissimi corporis, uasti latratus, canoriq;, ut prius auditu maleficum, deinde etiam conspectu terreat, & tamen nonnunquam ne uisus quidem horribili fremitu suo fuget insidiantem: sit aūt coloris unius, isq; magis eligatur albus in pastorali, niger in uillatico: nā uarius in neutro est laudabilis. Villaticus, qui hominum maleficijs opponitur, siue luce clara fur aduenerit, terribilior niger conspicitur, siue nocte, ne conspicitur quidem propter umbræ similitudinem: quamobrem tectus tenebris canis tutiorem accessum habet ad insidiantem. Probatur quadratus potius, quàm longus, aut breuis: capite tam magno, ut corporis uideatur pars maxima: deiectis, & propendentib. auribus: nigris, uel glaucis oculis, acri lumine radiantibus: amplo, uillosoq; pectore, latis armis, crurib. crassis, & hirtis: cauda breui: uestigiorū articulis, et unguib. amplissimis, qui Gręce δρακὰς appellant: (δρακὸς, τῆς παλάμης τῆς χειρὸς, Varin.) Hic erit uillatici canis status precipue laudandus: mores autem neque mitissimi, neq; rursus truces, atq; crudeles, quod illi furem quoq; adulātur, hi etiam domesticos inuadunt: satis est seueros esse, nec blandos, ut nonnunquam etiam conseruos iratius intueantur,

z 2

semper excandescant in exteros. Maxime autem debent in custodia uigilaces conspici: nec erronei, sed assidui: & circunspecti magis, quàm temerarij: nam illi, nisi quod certum compererunt, non indicant: hi uano strepitu, & falsa suspicione concitantur. Hæc idcirco memoranda credidi, quia non natura tantum, sed etiam disciplina mores facit, ut cum emendi potestas fuerit, eiusmodi probemus: & cum educabimus domi natos, talib. institutis formemus. Nec multum refert an uillatici corporibus graues, & parum ueloces sint: plus enim comminus, & in gradu, quàm eminus, & in spatioso cursu facere debent: nam semper circa septa, & intra ædificium consistere, immò ne longius quidem recedere debent: satisq; pulchre funguntur officio, si & aduenientem sagaciter adoriuntur, & latratu cõterrent: nec patiuntur propius accedere, uel constantius appropinquantem uiolenter inuadũt. Primum est enim, non adtentari: secundum est, lacessitum fortiter & perseueranter uindicari: atque hæc de domesticis custodib. Columella. Blondus uillaticum laudat hirsutis contractisq; pilis, ut ipse loquitur: qui corpus in gyrum colligat, altero oculo uigilet, altero dormiat: qui leuissimum propter motum expergiscatur: aurib. & cauda domino faueat, eiusq; manibus caput subijciat & dorsum, tam quam ita blandior domino, & in custodia uigilantior futurus: externis tamen, imò familiaribus quoque domini, terribilis esse debet. ¶ Canes potius cum dignitate & acres paucos habendum, quàm multos: quos consuefacias potius noctu uigilare, & interdiu clausos dormire, & catena uinctos esse, ut soluti acriores fiant, Varro 1.21. Canes interdiu clausos esse oportet, ut noctu uigilatiores & acriores sint, Cato 124. Ad uillaticos referri possunt etiam superius posita quædam circa finem historiæ de pastorali. Καὶ τὸν Κρηοσαρ κύνα συνέλθοι κίκτηο, Simocatus in epist. de custodiendis uineis loquens.

¶ NAVTICVS canis est qui à nautis uehitur, ut nauis & rudentum merciumq; custos sit. Is eligitur, corpore maximo, terribili latratu, qualis est canis Crouaticus, pilis & magnitudine lupo proximus, aspectu etiam atroce, Blond.

DE CANIBVS PRIVATARVM ET PVBLIcarum ædium custodibus. Et primum de custodibus quædam in genere.

CANES custodes diuersos esse supra dixi ab initio historiæ canis pastoralis. Canes si castrentur, cessant à relinquendis heris, ad custodiam & uenationem nihilo deteriores facti, Xenophon. Et leuisomna canum fido cum pectore corda, Lucret. libro 5. quod somni sint modici ac parcè dormiant. Custos epitheton canis, quod domum altoris protegat, Textor. Exagitant & lar, & turba Diania fures, Peruigilantq; lares, peruigilantq; canes, Ouid. li. 5. Fastorum. canes turbam Dianiam uocat. Boiscum pugilem Thessalum longè aliter quàm canes tractare debetis: nam ferociores quidem canes plerique interdiu uinciũt, noctu dimittunt: Hunc uos, si quod æquum est feceritis, noctu uinctum tenebitis, interdiu solutum dimittetis, Xenophon in Expeditione Cyri ad finem libri 5. Vigil, epitheton canis, quod pro foribus excubias agat ut rem domini tueatur. Robustęq; fores, & uigilum canum Tristes excubiæ munierant satis, Horat. libro 3. Carminum, Ode 16. Tenebrisq; teguntur Omnia, iam uigiles conticuêre canes, Ouid. libro 4. Fastorum. Catenarium canem legimus apud Senecam libro 3. de Ira: est autem is qui ad fores domus alligatur custodiæ causa. Κύνας τραπεζῆας πυλαωροὺς, Homer. Iliad. χ. communis lingua πυλωροὺς ianitores dicit. De uoce τραπεζῆας uide infra in Cane inutili. Exanimes trepidare simul domus alta Molossis Personuit canibus, Horat. Serm. 2. Sat. 6. Illud quoq; usus inuenit, ut acerrimos ac sagacissimos canes in turribus nutriant, Veget. lib. 4. de re milit. ¶ Si eximios custodes habere cupis, robustos elige, eosq; ligatos interdiu semper include, noctu solue. Erunt enim mirabiles in custodia, neminem omnium agnoscentes, nec admissuri in domum quenquam, Albertus.

¶ Aedium priuatarum custodes canes, uno uerbo Græcis οἰκουροὶ appellantur. οἰκουροὶ κύνες, ἐπὶ φυλακῇ τῶν κτημάτων, Suidas, οἰκόθυρος, οἰκουρὸς κύων, Hesychius & Varinus. θοῦρος exponitur audax, robustus, magnus, impetuosus, bellicosus: οὖρος uero, custos. Canum qui communiter domus custodiũt, quidam sunt magni, quidam medij, quidam parui: sunt & minimi nobilium matronarum: omnes hi domos latratu defendunt, & alienis importuni sunt, Author obscurus. Rufus canis ex numero custodum, idoneus est ut mimicus fiat, Albertus. Genus canum ignobilius, quod ad custodiam destinatur, ita ut plurimum ante mensam se disponit, ut uno oculo ostium, altero largam domini manum inspiciat, Albertus. ¶ Anser solertiorem custodiam præbet quàm canis, Columella. Est & anseri uigil cura, Capitolio testata defenso, per id tempus canum silentio proditis rebus, Plinius. ¶ Canes domus custodes in somnis uisi, uxores & famulos et quæsitas possessiones significant, Artemidorus.

¶ Canes etiam templis custodes & ædituos multis in locis gentiles adhibuerũt, qui fures & sacrilegos arcerent ac proderent. ¶ Achæa Pallas cognominata est, cuius templum (ut Aristoteles scribit in libro Mirabilium) in Italia apud Daunios Apuliæ populos, in quo antiquitus fuisse tradit cum alia, tum secures & enses cæteraq; Diomedis eiusq; sociorum arma. Huius templi custodes canes fuisse perhibentur, qui Græcis adeuntibus blandirentur, cæteris mortalibus agrestes & feri, Gyraldus Syntag. 11. de dijs. Et paulò post, Ilias Minerua (inquit) cognominata est in Daulia, cuius templo canes alebantur, quibus id erat instituti ac moris, ut aduenientibus Græcis blandirentur: barbaris uero si aduenirent, latratu infesti erant. Scribit Dion Chrysostomus Græcos à Troia abituros spopondisse se Mineruæ Iliadi relicturos maximum ac pulcherrimum ἱλαστήριον. Hoc Mineruæ Iliadis templum

templum in Daulia esse Cælius etiam meminit lib. 23. cap. 30. Achææ uero Palladis apud Daunios, cum eiusdem illic ingenij canibus, Leonicenus in Varijs 1. 91. Daunia dicta est Apulia, uel à Dauno Pilumni filio, Turni auo, qui in ea regnauit: uel à Dauno Illyricæ gẽtis claro uiro. Eius incolæ Dauni dicti, & fluuius in ea Daunus. Est & Daunium, urbs Italiæ, & murus Thraciæ, Stephan. Daulida uero uel Daulis, Phocidis oppidum, à Daulide nympha dictum, in quo Procne & Philomela fuerũt, ut poëtæ fabulãtur. Apud hos Daulienses Mineruę templum, & statua antiquissima fuit, Stephanus.

¶ Vulcani templum in Aetna fuit cum igne perpetuo & inextinguibili: ad cuius templi & luci custodiam canes astitisse ferunt, qui adeuntibus castè & religiosè blandiendo associantes comitabantur, uti dei familiaribus. In scelestos uerò & contaminatos, si uel templum, uel lucum ingredi uellẽt, irruebant, & mordicus eos appetentes lacerabant, cęteris allatrabant, Gyraldus: cuius uerborum postrema clarius intelligentur appositis Cęlij Rhodigini uerbis, qui eandem rem libro 23. cap. 29. describens, Quod si manibus (inquit) non puris, scelereq́ aliquo pollutior templum inuisat, uel lucum, irruunt mordicus, lacerant, conuelluntq́. Cæteros ex cœtu aliquo remeantes, lasciuiore intemperantioréue insectari modo, satis superq́ habet. Idem huius rei causam rectè in immundorum spirituum fallaciosam sedulitatem reijcit. ¶ Scipionem Africanum ferunt solitauisse noctis extremo, priusquam dilucularet, in Capitolium uentitare: ac iubere aperiri cellam Iouis, atq́ ibi solũ diu demorari quasi consultantem de rep. cum Ioue: æditúosq́ eius templi sæpe esse demiratos, quod solum id temporis in capitolium ingredientem canes semper in alio sæuientes, neq́ latrarent eum, neq́ incurrerent, Gellius 7. 1. Quid tacitos linquam, quos ueri haud inscia Crete. Nec semper mendax, ait aurea templa tuentes, Parcereq́ haud ulli solitos (mirabile dictu) Docta Tyanei stratos senioris ad ora Non magico cantu, sed quod diuinitus ollis Insita uis animo uirtutis gnara latentis, Stroza filius in Epicedio canis. ¶ Istuc uerò (inquit Plutarchus in libro Vtra animalium, &c.) quod maiores nostri Athenis iam tum agentes se uidisse narrare soliti sunt, his quæ diximus longe conspicuum est magis. Aesculapij templum homo quidam clàm subiens (nocte intempesta) magni ponderis auri argentiq́ donaria surripuit, ac latère putans tacite sese subduxit. Canis autem qui tum custos erat templi, Capparus nomine, quoniam latratus æædituorum nemo curabat, sacrilegum fugientem insecutus est ipse: ac primo quidem saxis petitus non destitit: mox exorta iam luce, propè quidem nõ accessit, sed oculis diligenter hominem seruans sequebatur: cibum uero obiectum ne contingebat quidem: iam ubicunq́ quieuisset ille, excubabat hic iuxta: rursus cum procederet, surgens insequebatur item: uiatoribus etiam quicunq́ se obuiam tum fortè tulissent, adulabatur, cum hunc infeste semper allatraret, impeteretq́. Hæc cum qui furem persequebantur ex obuijs colorem simul & magnitudinem canis narrantibus sciscitando comperissent, auidius iam urgentes, prehensum hominem à Crommyone usq́ reduxerunt. Canis autem conuersus exultans gestiensq́ præuolabat, ueluti suam prędam capturamq́ sacrilegum illum faceret. Ei ut alimentum publice daretur, tum ut sacerdotibus cura huius perpetua incumberet, Athenienses sciuerunt, Hactenus Plutarchus. Eandem historiam Aelianus describit, ex quo ea solum adscribam in quibus nonnihil à Plutarcho dissidere uidetur. Fur primum, inquit, saxis lapidatione facta, canem appetebat: deinde ubi is latrare non desisteret, illum allicere conabatur, panem & offas canum illecebras obijciens: Verum custos incorruptus canis, uel fur cum euasisset in domum suam, uel cum inde exiret, se illi implacabilem inexpiabilemq́ præbens, furem latrare non desinebat. Tandem intellectum est ubi canis esset, & in furem captum Athenienses uerberibus ac tormentis quæsiuerunt: qui omnia confessus & ex lege capite damnatus, extremum dedit supplicium. Meminit etiam Io. Tzetzes Chiliade 3. cap. 131. non unum, sed plures sacrilegos faciẽs, his uersibus, Κύων Ἀθήναις ἔδειξε ποτὲ ἱεροσύλους, Μέχρις οἰκίας τοῦ αὐτοῦ σὺν ὑλαγμῷ χωρῶσα, Ἥντερ καὶ ἐπεψήφισαν τρέφεσθαι δημοσίᾳ.

DE INVTILI CANE, ET AEDIVM priuatarum custode.

INVTILIS canis, qui ad nullum hactenus enumeratorum generum pertinet, temere latrat, & cibo tantum uorando occupatur, quem sumit qualemcunq́: mox somno & inertiæ deditus, Blond. Tales plerique sunt, quos uulgus domi alit, τραπεζῆες apud poetas à mensis dicti: quod illas petant, & circum oberrent, tanquam parasiti. Homerus tamen etiam πυλαωροὺς, id est ianitores & custodes portarum, τραπεζῆας dixit. Canes quæ Euripidem laniarunt in Macedonia, ab indigenis Estericas appellari Stephanus scribit, ab Homero trapezéas, Cæl. Τῶν ἤτοι μέγεθος μὲν ὁμοίιον οὐτιδανοῖσι Λίχνοις οἰκιδίοισι τραπεζήεσσι κύνεσσιν, Oppian. de Agasęis caniculis Britannicis scribẽs. Τραπεζῆες, οἱ πρὸς ταῖς τραπέζαις λιχνεύοντες, ἢ οἱ ὑπὸ τραπέζιοι, καὶ οἰκουροί. Τραπεζῆας, τοὺς τῇ τραπέζῃ τρεφομένους. Τραπεζεύς, παράσιτος, ἄκλητος, Hesyc. Τραπεζέιτης κύων, ὁ ὑποκάτω τῆς τραπέζης, (cũ ει diphthõgo in penultima, ut à nummulario differat, quẽ per iôta τραπεζίτην uocãt:) Suid. apud quẽ & τραπεζῆνες corruptè puto, pro τραπεζῆες legit. Τραπεζῆες κύνες, οἱ ἐπὶ τραπέζῃ τοῦ, οὓς ἀγλαΐας ἕνεκεν κομέουσιν ἄνακτες. παράσιτοι, οἰκοτρεφεῖς, οἷς παράφρασις τὸ, οὕς τρέφουσιν ἐν μεγάροισι, Varin. ¶ Oeonus Lycimnij filius, cũ in Sparta domũ Hippocoontis trãsiret, ἐνταῦθά οἱ κύων ἐπεφέρετο οἰκουρός, ὁ δὲ τυγχάνει τε ἀφεὶς λίθον, καὶ καταβάλλει τὸν κύνα, Pausan. in Laconicis. ¶ Lycurgus legislator cum ciues ex molli & dissoluto uiuendi genere ad honestius moderatiusq́ transferre cuperet, catulos duos ijsdem parentib. natos educauit: quorum alterum domi reliquit, & gulæ indulgere, liguriendo lingendoq́ uasa & cibos permisit, alterum rus eductum uenationi assuefecit. Postea in

Z 3

concionem duxit, ubi simul & cibarijs quibusdam propositis, & lepore emisso: hic statim leporem secutus est: ille cibaria abliguriuit, &c. Plutarch. in Laconicis apophtheg. Χραμασοῖλαι, χιλῶναι, καὶ αἱ νωθρότητοι τ κυνῶν, οἱ δὲ τῶν κοχλίας, Hesychius & Varin. omnibus quidem istis tarditatis uitium cōuenit.

¶ Lucernarius canis à quibusdam nominatur tantum, non exponitur.

DE MIMICO CANE.

Canis animal docile est, & homini facile instituendum se præbet: quamobrē agyrtæ & circumforanei homines quidā, ad ludos diuersos & mimica uel histrionum opera canes assuefaciunt. Optimi sanè mimi fuerint, id est ad imitationem aptissimi, ex uulpe nati canes, Alberto teste: qui si desint, rufi ex custodum numero deligantur, & catuli adhuc cum simia uersentur: ex qua multa iocosa discent. Quòd si etiam ex coitu eius cum simia natus fuerit canis, omnium in hoc genere præstantissimus euadet. Apud Aegyptios tanta multis canib. docilitas fuisse proditur, regnante Ptolemæo: ut ludere, saltare, & molliter ad symphoniæ cantum moueri edocti sint: ac uicem seruorum pauperibus domi aliquando præstiterint, Io. Textor. ¶ Memorabilem mimici canis historiam retuli supra cap. 4. in Cane in genere.

DE CAPRA.

CAPRIGE.

A.

CAPRIGENUM genus omne, capras, hircos & hœdos, Hebræi uocant עזים izim, à nominatiuo singulari עז ez. Numerorum 15. legitur עז בת שנה, id est capra annicula. Chaldaice, עזא eza: Arabice שאה schaah: Persice בזן buz. Et eodem capite hircus caprarum, Chaldaice, עזיז ize: Arabice מאז maez: Persice בוזן busan. Adiunguntur illi nomina שה seh, ut pecus caprarum, & שעיר seir hircus caprarum. Sacræ literæ distinguunt pecudes in duo genera, ut oues & capræ dicant צאן zon, armẽta בקר bakar. A masculino שעיר seir, id est hirco, fœmininum fit שעירת עזים seirah izim, capra. Seir alioqui non substantiue tantum pro hirco, aliâs piloso & satyro, aliâs dæmonio exponitur, sed adiectiue proprie hirsutum significat. Leuit. 16. ubi pro capro accipit, Chaldæus interpres habet צפירה zephirah, Arabs עתוד atud, Persa בוזגלאיי buzgalaie. Cæterũ עזאזל azazel. Leuit. 16. Dauid Kimhi nomẽ montis exponit, quod eũ capræ frequentent: quidam addunt montem esse uicinum Sinai. Septuaginta ἀποπομπαῖον emissarium, & ἀποπομπὴν, emissionem, interpretantur: & τράγον διεσταλμένον εἰς ἄφεσιν. Componitur uox ab עז ez capra, & אזל azal iuit, ut sit caper expiatorius, qui abit & aufert mala. Hieronymus caprum emissarium interpretatur. Aquila ad confirmatum deputatus: Chaldaica & Persica translatio uocem relinquũt: Arabica uertit, גבל עזאז, mons Azaz. ¶ Græce αἴξ capram sonat, quæ uox ab עז ez Hebraica formata uidetur. ¶ Syluaticus mier capram exponit: dakh & metaham Vetus Auicennæ uocabulorum interpres. Apud eosdem nomina hæc reperio, Baualmais, urina capræ: Haramiem, stercus caprinum: Adalafi, ungula caprina. ¶ Saraceni capram appellant anse. Itali nomen Latinum seruant, ut & Hispani, nisi p in b mutarent. Galli cheure, uel chieure: Germani geiß: Angli a gote: Illyrij koza.

B.

¶ Aegyptiæ capræ fœtus quinos parere feruntur: quod fœcundissimas Nili aquas bibant. Quam quidem pastores etiam lactis inopibus pecudib. & infœcundis dare solent, Aelian. ¶ In Africæ quadam parte tonsiles capræ sunt, ex quarum uillis nautæ rudentes conficiunt, Textor. Aegyptij affirmant capras suas, quoties cum Sole eodem planè loco Sirius oritur, in ortum omnes conuersas eò respicere, atq; hoc syderis eius reuolutionum argumentum certissimum esse, Plutarch. in libro Vtra animalium. ¶ Caspiæ capræ & albissimæ sunt, & cornibus mutilæ, & ad maximorum equorũ magnitudinem accedunt. Earum uilli adeo molles, cum Milesijs lanis ut mollitudine comparari possint, ex ijsq; sacerdotes & Caspiorum ditissimi uestes conficiant, Aelian. ¶ In Cilicia circaq; Syrtes, uillo tonsili uestiuntur, Plin. ¶ In Cephalenia capræ non bibunt quotidie, ut alia animalia: sed aduersum sibi uentum ore hiantes excipiunt, Aristot. in Mirabilib. ¶ Capras in Gimanti natas Alexãder Myndius scribit sex menses non bibere, sed tantum in mare intueri, & ore hiante illinc auras excipere, Aelian. ¶ Illyricæ capræ ungulas quidem habent, sed non bifidas, Aelian. ex Alexandro Myndio. Apud Illyrios pecora aiunt bis anno parere, geminos pleraq;, nonnulla etiam ternos aut quaternos hœdos: alia quinos uel plures: præterea lactis sesquicongium reddere, Aristot. in Mirabilib. ¶ Orthragoras in libris quos conscribit de rebus Indicis, inquit in Coytha uico sic nuncupato ab indigenis pisces capris comedendos obijci, Aelian. ¶ Libycorum capræ ex pectore ubera appensa habent, Idem. ¶ Callisthenes Olynthius, capras scribit in Lycia densissimo & prolixissimo hirsutas esse pilo, ut muliebres crines esse uideantur, & passim tanquam oues tonderi, ex eisdemq; nauium fabros rudentes contexere, Aelian. ¶ Sardiniam pecudum optimam esse parentẽ, Nymphodorus scribit, caprasq; procreare, quarum pellib. pro uestimentis indigenæ utantur, tamq; mirifica ui esse, ut hyberno tempore calefaciant, æstiuo refrigerent, simulq; in ijs ipsis pellib. cubiti magnitudine pilos innasci: atq; ei qui ijs indutus fuerit, si commodum uideatur cum est frigida tempestas, pilos ad corpus conuertit, ut ab ijs calescat: cum autem est æstas, inuertit, ne calore uexetur. ¶ Scyrias capras, require cap. 8. inter prouerbia. ¶ Capræ in Syria sunt auriculis mensura dodrantali & palmari, ac nonnullæ demissis ita, ut spectent ad terrã, Aristot. Capræ Syriæ (forte Scyriæ) quantum aliæ nullæ lac habere dicuntur, Aelian. Capra Mambrina in regione Damiata dicta, fert equitantem, sellam, frenum, & cætera quib. equi instrui solent, admittit: auriculas ad terram usq; demissas habet, cornua deorsum reuoluta sub ore: Haud scio an sit ex capris syluestrib. illius regionis, Italus quidã innominatus in descriptione terræ sanctæ. Recentiores quidam hanc Indicam capram uocant, (ut pleraq; peregrina Indica) addũt cornua ei acuta esse, parum distantia: corporis colorem eundem qui rupicapris: testes ut equi: cætero nostratib. capris non dissimiles: syluestres tamen esse & in altis montib. reperiri, uisu acutissimo, & eam ob causam à Græcis dorcades nominari. Sed illi in dorcadũ nomine plurimum falluntur, ut patebit infra in historia dorcadum. Mambre mons est iuxta Hebrõ, inde Mambrinæ factum cognomen suspicor. In regione Nubia, quam nunc Mauritaniam uocant, oues latissimas habent caudas, &c. Et inter auriculas caprorum & caprarum illius terræ, palmi ferè (dodrantem intellige) mensura intercedit. Et caprorum quidam caudas habent pendentes usq; ad terram: & auriculæ eorum ferè terram attingunt, Albert. Magnus: Sed locus omnino corruptus est, cum ita legendum sit, ut supra ex Aristotele citauimus. Oues Indiæ & capras ad maximorum magnitudinem asinorum audio accedere. Quatuor fœtus plerunq; pariunt, tres uero cum minimum: Caprina cauda in eam procedit longitudinem, ut terram contingat, Aelian. ¶ Capræ in Narbonensi Gallia, ut audio, auriculas latiores longioresq; nostris habent, ut quæ ad dodrantem longitudinis

z 4

accedant. ¶Qui caprinum gregem (inquit Cossinius apud Varronem) constituere uult, in eligendo animaduertat oportet: Primum ætatem ut eam paret, quæ iam ferre possit fructum, & de ijs eam potius, quæ diutius: nouella enim quàm uetus melior. De forma uidendum, ut sint firmæ, magnę (bene compactæ, magnæ & musculosæ, corporisq́ superficiem lenem & æqualem habẽtes, Florentin.) corpus lene ut habeant, pilo crebro, nisi si glabræ sunt, duo enim genera earum: sub rostro duas ut mamillas pensiles habeant, quod hæ fœcundiores sunt: ubere sint grandiore, ut & lac multũ, & pingue habeant pro portione. Capella, inquit Columella, præcipuè probatur simillima hirco (cuius formam laudabilem infra describam) si etiam est uberis maximi, & lactis abundãtissimi. Capram amplam quàm paruam potius eligunt, Varro. Caprarum generositatis insigne laciniæ (mamillæ, Varro ut iam posui: uel uerruculæ, ut in Hirco dicetur: Noneolæ, papillæ quæ ex faucib. capræ dependent, Fest.) corporibus è ceruice binæ dependentes, Plin. ¶Capræ colorem mutant, ut scribit Aristoteles Sect. 10. problemate 7. Capræ interdum uariæ generantur, Idem. Longa & acuta sunt cornua capris & hircis, frons robusta, Albert. Non omnibus capris cornua, sed quib. sunt, in his & indicia annorum per incrementa nodorum, Plin. Mutilis lactis maior ubertas, Plin. Cornigeræ & bisulcæ sunt, Aristot. ¶Capræ oculi in tenebris splendent, lucemq́ iaculantur, Plin. Conditos (quibus opponuntur prominentes) in homine oculos, clarissimè cernere putant, sicut in colore caprinos, Idem. Hominum quibusdam oculi caprini sunt, Aristot. Oculos aliquando habet capra colore dissimiles, Author obscur. ¶Capræ superiores dentes non sunt, præter primores geminos, Plin. Capris pauciores sunt dentes quàm hircis, Aristot. & Plin. ¶Spirillum uocari inuenio barbam capræ. Dependet omnium mento uillus, quem aruncum uocant. Hoc si quis apprehensam ex grege unam trahat, cæteræ stupentes spectant. Id etiam euenire (aiunt) cum quandam herbam (eryngium, ut cap. 3. dicam) aliqua ex eis momorderit, Plin. In capris aruncum Aristoteles cryngum appellauit, Cęl. Binas in feminib. mammas habent, nec alibi, sicut & oues, Plin. Causam eius rei reddit Aristoteles ut in Vacca exposui. ¶Pili crassi prodeunt hircis, fœminis tenuiores. ¶Boues & capræ & quæcunque id genus cornigera sunt, ob siccitatem adipem plurimũ generant, Galen. de facult. alim. ¶Cerui & capræ, &c. fel non habent, Plin. Capreæ potius legerim. Nam Græce legitur πρόκες apud Aristotelem. Apud Plin. & alius locus est, ceruorum & caprarum sanguinem non spissari, similiter ex Aristotele translatus: ubi iterum πρόκων legitur Græce: unde apparet Plinium πρόκας uertisse capream, librarios autem corrupisse. Hoc Gaza etiam uel non animaduertit, uel non probauit: πρόκας enim ex Aristotele damam transfert, non de Plinij credo dama, sed de uulgari intelligens, quæ proculdubio caprearum generis est. Ouium & caprarum pars maxima habet fel: & quidem terris quibusdam adeò largè ut exuperantia prodigij loco habeatur, ut in Naxo: sed alijs quibusdam locis omnino caret, ut apud Chalcidem Euboicam parte quadam agri, Aristot. ¶Plures habet uentres capra, quoniam ruminat, Aristot. ¶Lienem bisulca inter cornigera habent rotundum, ut capra, ouis, Arist. Cur capra inter femora mammas habeant, causam affert Aristoteles de Partib. 4. 10.

C.

¶Capras spirare per aures falso credidit Alcmæon, Aristot. & Plinius, apud quem non Alcmæon sed Archelaus, legitur, ut apud Varronem quoq́. Hoc idem (inquit Varro) pastores curiosiores aliquot dicunt. Pastores capras aurib. & naribus respirare testantur, Aelian. Philes signum addit, quoniam naso obstructo, nihil offendantur. Huc facit quod Oppianus de ęgagris, id est capris syluestrib. scribit, meatum quẽdam à medio inter cornua loco ad pulmones peruenire, cui cera infusa suffocentur. ¶Tradunt capras noctu non minus cernere quàm interdiu: ideo si caprinum iecur uescantur, restituit uespertinam aciem his quos nyctalopas uocant, Plin. Et alibi, Quoniam capræ noctu ęquè quoq́ cernant, sanguine hircino sanari lusciosos putant, nyctalopas à Græcis dictos. Sensu audiendi ex omnib. ungula bipartita præditis animalib. acerrimo eas esse putant, Aelian. Hominem acuti auditus significare uolentes Aegyptij, capram pingunt: hæc enim & aurib. & quadam parte gutturis audit, Horus. Somniat etiam hoc animal, Aristot. & Plin.

¶Capræ ruminant: carent enim superiore dentium ordine, Aristot. Pascũtur uero syluas, & summa Lycæi, Horrenteisq́ rubos, & amantes ardua dumos, Verg. in Georg. Gaudent locis montanis, Florentin. Capræ in montosis potius locis & fruticib. quàm herbidis campis pascuntur, Varro. Aluntur herbis, & arborum ramusculis quos ore possunt attingere in montib. & conuallibus, Obscurus. In pascendo loca crebro permutant, summaq́ tantum contingunt, Aristot. Nec multo aliter tuendum hoc pecus in pastu, atq́ ouillum: quod tamen habet sua propria quædam, quod potius syluestrib. saltibus delectantur quàm pratis. Studiosè enim de agrestib. fruticibus pascuntur, atque in locis cultis uirgulta carpunt, itaq́ à carpendo capræ nominatæ: ob hoc in lege locationis fundi excipi solet, ne colonus capra natũ in fundo pascat. Harũ enim dentes inimici sationis, Var. Vrentes culta capellas, Verg. Morsus earũ arbori exitialis. Oliuã lambendo quoque sterilem faciunt, eaq́ ex causa Mineruæ non immolantur, Plin. Et alibi, Oleam si lambendo capra lingua contigerit, depauerit'q́ primo germinatu, sterilescere author est M. Varro. Capras in occasum decliui sole, in pascuis negant contueri inter sese, sed auersas iacere: reliquis autem horis aduersas, & inter cognitiores (lege cognatiores,) Plin. Hæc Plinij uerba malè intellexit Albert. ita scribens, In die cum pascuntur dicuntur respicere ea, quæ è regione sunt opposita: in sero autem respiciunt ea quæ iuxta sunt posita.

Cubant

Cubant oues capræq; uniuersæ per cognationem. Cum primum sol conuersus destiterit, capras non aduersis præterea inter se oculis, sed auersis cubare accepimus, Aristoteles. Cubant difficilius oues quàm capræ, magis enim capræ quiescunt, acceduntq; ad hominem familiarius: sed sunt frigoris im patientiores quàm oues, Aristoteles. ¶Atq; ipsæ memores redeunt in tecta, suosq; Ducunt: & grauido superant uix ubere limen, Vergilius. Capræ & oues pinguescunt cum gerunt partum, eduntq; amplius, ut & cæteræ quadrupedes, Aristoteles.

¶Eupolis elegans ueteris comœdiæ poëta, in fabula quæ inscribitur Aeges, inducit capras de cibi sui copia in hæc se uerba iactantes: Βοσκόμεθα ὕλης ἀπὸ παντοδαπῆς, ἐλάτης, πρίνου, κομάρου τε πτόρθους ἁπαλοὺς ἀποτρώγουσαι· Καὶ πρὸς τούτοισιν ἔτ' ἄλλ', οἶον κύτισόν τε, ἠδὲ φάσκον εὐώδη, καὶ σμίλακα τὴν πολύφυλλον. Κότινον, σχῖνον, μελίαν, συκῆν, δρῦν, κιττόν, μυρίκην, (al. ἰερίκιν, forte ἐρείκην scribendũ pro ἰερίκιν:) πρόμαλον, ῥάμνον, φλάμον (φλόμον potius, id est uerbascũ) ἀνθέρικον, κισθόν, φηγόν, θύμα, θύμβραν. Videtúrne uobis ciborum ista simplicitas, ubi tot enumerantur uel arbusta uel frutices, non minus succo diuersa quàm nomine? Hæc Eustathius apud Macrobium contra Disarium, qui pecudes uti simplici cibo, & ideo expugnari difficilius earum, quàm hominum sanitatem dixerat. Phascon Theophrastus uocat, quem alij sphagnon, splanchnon, & bryon, penem (al. per n. duplex) in cerro, id est muscum è ramis eius & cortice dependentem, odoratum, cubitali magnitudine. πρόμαλος, ut Hesychius & Varinus exponunt, myricam aut agnum id est uiticem significat. Reliqua in Eupolidis uersibus satis nota sunt. ¶Iubeo frondentia capris Arbuta sufficere, Vergilius. Arbutus, Græcis κόμαρος, arbustum est quo Germania caret: frequens uidi in Galliæ Narbonensis nemoribus fructu omnium tardissimo, tam simili fragis, ut nisi maior esset, & luteo intus colore, non discerneres. ¶Caprinum pecus dumeta potius, quàm campestrem situm desiderat: asperisq; etiam locis ac syluestribus optimè pascitur. Nam nec rubos auersatur, nec uepribus offenditur, & arbusculis frutetisq; maximè gaudet. Ea sunt arbutus, atq; alaternus, cytisusq; agrestis. Nec minus ilignei querneiq; frutices, qui in altitudinem non prosiliunt, Columella. Alaternum qui nouerit nullius adhuc scripta legi. Fructum arborum solæ nullum ferunt, hoc est ne semen quidem, tamarix scopis tantum nascens, populus, alnus, ulmus attinea, alaternus, cui folia inter ilicem & oliuam, Plinius 16.26. Nascitur apud nos frutex, rarissimus alibi, iuxta fluuij Sili ripam, persici arboris sapore foliorum ferè, fructu & semine nullo quod obseruauerim: quem fruticem persicum appellare licebit donec aliud nomen reperiamus, nam alaternum esse nondum affirmauerim, quòd folia latiuscula uideantur. ¶Gramen aculeatum aliqui è uulgo capriolam uocant, quòd capris grato sit pabulo, Ruellius. Gramen etiam apud Græcos ægicon cognominari inuenio.

¶Cytisum in agro esse quã plurimũ refert, quòd & capris & omniũ generi pecudũ utilissimus est, Col. Sed de cytiso in Boue copiosissimè egi. Vbi etiã reprehẽdi illorũ opinionẽ qui loti siue trifolij prætẽsis genus maius, durius, & acutioribus folijs, cytisum esse putãt, eò quòd loto simile folijs, & capris gratum sit, unde nostri **geißklee** appellant, alij **spitzklee**, ab acutis folijs. Nico meretrix, ut Athenæus scribit, Capra cognominabatur, eò quod Thallum nomine diuitem cauponem consumpsisset, id est ad paupertatẽ redegisset: thallos enim Græci oleæ ramos appellant, quos auide petunt capræ. ¶Periclymenon frutex est apud Græcos, qui nunc caprifolium & matersylua dicitur uulgò: quanquam Dioscorides matremsyluam pro hedera capit, cui periclymenon simile est, Hermolaus in Corollario. Clymeno & periclymeno multa eadem tum in uiribus tum descriptione Theophrastus & Dioscorides adscribunt, ut Hermolaus itidem monuit: doctiores discernant. Periclymeno æginæ etiam nomenclatura à capris facta apud Dioscoridem tribuitur: certum est id esse quod nostrates uocant **gilgenconforr/ waltlilgen/ zeünling/ speckilgen/ geyßblatt**. Scribonius, & qui eum in sua trãscripsit Marcellus Empiricus, periclymenon syluæ matrem interpretantur. ¶Edera dicitur, quòd libenter à capris edatur: ut barba hircina etiam, & rosa canina, ab hircis appetuntur, Syluaticus. ¶Lada appellatur herba, ex qua ladanum fit in Cypro, barbis caprarum adhærescens, Plinius. Arabia ladano gloriatur: forte casuq; hoc, & iniuria fieri odoris, plures tradidere. Capras maleficum aliàs frondibus animal, odoratorum uerò fruticum expetentius, tanquàm intelligant pretia, carpere germinum caules prædulci liquore turgẽtes, distillantemq; ab his (casus mixtura) succum improbo barbarum uillo abstergere. Hunc glomerari puluere, incoqui sole. Et ideo in ladano caprarũ pilos esse. Sed hoc non alibi fieri quàm in Nabatæis, qui sunt ex Arabia contermini Syriæ. Recentiores ex autoribus strobon hoc uocant: traduntq; syluas Arabum, pastu caprarum infringi, atq; ita succum uillis inhærescere, uerum aũt ladanum Cypri insulæ esse. Similiter hoc & ibi fieri tradunt, & esse œsypum hircorum barbis genibusq; uillosis inhærens, sed ederæ flore deroso, pastibus matutinis, cum est rorulenta Cypros: Deinde nebula sole discussa, puluerem madentibus uillis adhærescere, atq; ita ladanũ depecti, Plinius. Errat autem quod ederæ flore deroso à capris ladanum fieri scribit. Græci ederam cisson appellant, ciston uero (uel cisthon potius cum aspiratione) fruticem odoratum, cuius alterum genus ladon uel ledon dictum, illud est ex quo fit ladanum, nec quicquam cum edera commune habet: qua de re plura leguntur apud Marcellum Vergilium in commentarijs in Dioscoridem. ¶Capris & capellis (αἰγὶ καὶ χιμαίρᾳ) fabæ largius datæ copiam efficiunt lactis, Aristot. de hist. anim. 3.21.

¶Herbam pentadactylon dictam (id est quinquefolium) priusquam bibant quinq; dierum spacio illis uorandam dato, sic plurimum lactis habebunt: In eundem usum uentribus earum dictamnus alligatur, Geoponica Græca. Græce legitur, ἐὰν δίκταμον περὶ τὰς αὐτῶν γαστέρας περιάψῃς. Paulò post tamen de lacte in omni pecore augendo ex Africano sic scribitur, Omnia pecora reddent lac copiosum, simulq́ fœtum enutrient, si cytisum ederint, ἢ γάλα ἐν ταῖς γαστέραις αὐτῶν περιάψῃς, id est, aut si uentri illis ipsum lac applicueris, ut Andreas à Lacuna uertit: nam Cornarius hîc etiam pro γάλα reddit dictamnum. ¶ Capræ in Creta ictæ sagitta, quærunt nascentem illic dictamnum, &c. Aristoteles in Mirabilib. intellige feras capras, ut copiosius in illarum historia dicetur. ¶ Serapion in libro de Simplicib. citat Galenum scribentem se uidisse capras lingentes (pascentes) tamaricis frondes, quæ postea sine splene inuentæ sint: Item alias lingentes serpentes excoriatos, easq́ postea minus senescere & albescere, aliâs & post albescentes minus senescere, Albert. & alij quidam barbari. Ego hunc locum neq́ apud Serapionem, neq́ apud Galenum reperio. Si capræ ex uasis tamaricis biberint aut ederint, non habebunt splenem, Constantin. Melioris notæ anthores de suibus hoc scribunt, minui eorum lienes alueis ex tamarice factis. ¶ Si ex caprarum (uel ouium) grege quæpiam eryngium herbam ore sumpserit, Plutarch. eam dicit primum, ac deinceps reliquum caprarum gregem tandiu à progrediendo sustinere, quoad de eius ore herbam pastor detraxerit, Aelian. Si quis apprehensam arunco ex grege unam trahat, cæteræ stupentes spectant: Idem euenire aiunt cum quandam herbam (eryngium intelligo) aliqua ex eis momorderit. Vide Marcelli Vergilij commentarium in eryngiũ Dioscoridis. ¶ Huic pecudi nocet æstus, sed magis frigus, & præcipuè fœtæ, quæ gelicidio hyemis conceptum fecit. Nec ea tamen sola creant abortus, sed etiam glans cum citra satietatem data est. Itaque nisi potest affatim præberi, non est gregi permittenda, Columella. ¶ Quibus in locis pecora scammoniam, ueratrum, clematidem, aut Mercurialem pascuntur, lac omne uentrem et stomachum subuertit: quale in Iustinis montib. esse à nobis proditum est. Siquidem capræ, quibus candidum ueratrum pabulo fuerit, primo foliorum partu, euomunt: & eorum lac haustum nauseam creat, & stomachum in uomitiones effundit, Dioscorid. Alibi etiam in ueratri mentione idem de capris scribit. ¶ Laser multis iam annis in Cyrenaica prouincia non inuenitur: quoniam publicani, qui pascua cõducunt, maius ita lucrum sentientes, depopulantur pecorum pabulo. Si quãdo incidit pecus in spem nascentis, hoc deprehenditur signo: oue cum comederit dormiẽte protinus, capra sternutante, Plin. ¶ Postea quàm capra proxima est ut iuguletur, non amplius cibum attingit, Aelian.

¶ Herba est ab exitio, præcipuè caprarum, appellata ægolethros, &c. Plin. de hac abunde disserui in Boue. ¶ Sabina capris & ouib. uenenum est, Plin. lib. 16. ¶ Rhododendron in iumentis, caprisq́, & ouibus, uenenum est: idem homini contra serpentium uenena remedio, Plin. Et alibi, Pecus & capræ si aquam biberint, in qua folia rhododendri maduerint, mori dicuntur. ¶ Euonymus arbor dicta, nascitur cum alibi, tum in Lesbo insula, monte Orcynio, cui nomen Ordyno: magnitudine mali punicæ, atq́ folio eiusdem, maiori quàm uincaperuinca (chamædaphne:) & molli, ut punica. Germinare mense septembri (Posideône) incipit, floret in uere, flos colore albæ uiolæ similis: odore infestus, uelut cruorem inferens, (ὄζει δ' δεινόν, ὥσπερ φόνου.) fructus cum patamine siliquæ sesamę proximus, intus solidus, præterquam quod in uersus diuiditur quaternos: hic pecus (oues) enecat gustatus: quinetiam folium idem facit: & potissimò capras, nisi purgentur, interimit. Purgantur autem anocho (elleborum nigrum intelligo: Hippocrates ectomon uocat, apud Plinium entomon legitur,) Hæc Theophrastus in fine libri 3. de hist. plant. nec alibi. Transtulit hæc Plin. libro 13. ca. 22. cætera ferè similiter, sed pro chamædaphne laurum reddidit: ἄνοχον cum quid esset non intelligeret, simpliciter uertit, Succurrit aliquando præceps alui inanitio. Καρπὸς ἔνδοθεν στερεός (sic enim lego) πλὴν διῃρημένος κατὰ τετραστοιχίαν, τότε (malim τοῦτο) δὲ ἐσθιόμενον ἀπὸ τῶν προβάτων, ἀποκτιννύει, καὶ τὸ φύλλον, καὶ ὁ καρπός: pro quibus uerbis Plinius habet, Intus granum quadrangula figura, spissum, letale animantibus: nec nõ & in folio eadẽ uis: nulla ouium aut caprarum mentione. Hanc arbusculam esse suspicor illam quæ uulgò apud barbaros, item Gallos & Italos, fusaria uel fusanus appellatur ab usu fusorum, propter materiæ soliditatem: à nonnullis Gallicè scrota sacerdotum, à figura fructus: Germanice **schlumpfenschlegele / eyerbretschelen / spindelbaum / hanhödle**. Est apud nos (inquit Ruellius) montibus, & uiuis interdum sepibus nascens arbor, punicæ mali proceritate, folio maiore, satis ad laureum accedente: flore luteo, albæ uiolæ non dissimili: siliquis quadrangulis, per maturitatem purpureis: grano intus solido, crocata membrana clauso. Arbuscula grauiter, cum delibratur, olet. Hanc neq́ pecus, neque capra nouellorum germinum etiam auida prorsus attingit, ligno intus buxeo, quam ad fusos netu muliebri celebres usurpant. Culinę transfigendis lardo carnibus pro ueruculo frequenter utuntur. Sed an sit euonymos, etsi multæ deliniationes faueat, non ausim affirmare. Fusanus (inquit Crescentiensis) est arbor parua quæ in sepibus oritur, ex cuius ligno fiunt fusi optimi, & alia hoc genus. Hieronymus Tragus Tomo 3. Germanicæ suæ plantarum historiæ, fusariam nulla ratione euonymon esse negans, carpinum facit, quod unico argumento confirmat, quoniam ex dura eius materie uaria uasorum genera fiant. Veterum aliqui carpinum sub acere comprehendunt, alij genus diuersum faciunt. Sunt qui in montibus enatam carpinum, in campestribus gallicam uocent. Carpino materies est flaua crispaq́, Theophrastus: Aceris genus tertium zygiam appellant, quod ex ea materia iumentis iuga comparant, rubentem, fissili ligno, cortice liuido & scabro. Hinc satis constare potest, fusariam nequaquam esse carpinum aut zygiam. An opulus etiam arbusto gallico faciũdo idonea arbor, corno similis, ulmi proceritate adolescens, frondibus ferè uitigineis, baccis racematim dependentibus

bus à maturitate puniceis, &c. aceris, uel gallicæ, uel zygiæ genus sit (quoniam Græcum nomen aliud ei hactenus non inueni) doctis consyderandum relinquo. Opulus (inquit Crescentiensis) arbor est satis magna, ligno pulchro & candidissimo, ex quo fiunt optima iuga boum, incisoriæ passides (forte paropsides) & assides (asseres forte) pro delicatis operibus. Redeo ad capras. ¶ Aegyptij hominem oues & capras perdentem significaturi, animalia ipsa pingunt conyzam pascentia: hęc enim conyzam edentia moriuntur, siti enecta, Horus. ¶ Ocymum Chrysippus dicit insaniam facere, & lethargos, & iecinoris uitia: ideoq; capras id aspernari: hominibus quoq; fugiendum censet, &c. (idē in Geoponicis Græcis legimus.) Secuta ætas acriter defendit: nam id esse capras, &c. Plin. Capræ saliuam humanam perniciosam esse noscunt (ut quæ marinas etiam scolopendras interficiat) itaq; uitant: nec unquam eas latet, Aelian. ¶ Capra multis herbis uenenatis & serpentibus utitur, & proficit ex eis, Albert. At Plinius de capreis, non capris scribit, quòd uenenis pinguescant. ¶ Hausto melle capræ ualde debilitantur, & mori periclitantur, Albert.

¶ Capella per æstatem bis ad aquam duci debet, Columella. ¶ Capræ cum mouentur post meridiem plus aquæ potabunt, Albert. Iubeo frondentia capris Arbuta sufficere, & fluuios præbere recentes, Vergilius.

¶ Capris in Aethiopia uita est usq; ad annos undecim, in orbe reliquo plurimum octo, Plin. Vita capris ad octonos complurimum annos, Aristot. Idem non capras, sed oues Aethiopicas ad duodecim uel tredecim annos uiuere scribit.

¶ Capræ coire incipiunt septimo mense, & adhuc lactentes. Mutilum in utroq; sexu utilius. Primus in die coitus non implet, sequens efficacior, ac deinde concipiunt Nouembri mense, ut Martio pariant turgescentibus uirgultis, aliquando anniculæ, semper bimę, in trimatu inutiles: pariunt octonis annis. Abortus frigori obnoxius, Plin. Tempus admissuræ per autumnum ferè ante mensem Decembrem præcipimus, ut propinquante uere gemmantibus frutetis, cum primum syluæ noua germinant fronde, partus ædatur, Columella. Oues & capræ anniculæ coëunt, atq; uterum ferunt: sed capræ potius: mares quoq; in ijs ipsis generibus eodem illo tempore ineunt: sed proles differt, quatenus præstantior ea est, quam senescentes mares & fœminæ procrearint, Aristot. Oues & capræ terno aut quaterno coitu implentur: & si à coitu imber accessit, abortum infert: pariunt maxima ex parte singulos, sed aliquando & binos, & ternos, & quaternos: ferunt quinq; mensibus tum oues tū capræ. Vnde fit ut locis nonnullis, quibus cœli clementia, & pabuli copia est, bis pariant, Aristot. Vltra octo annos non sunt mares seruandi: quia genus hoc languore sterilescit & ætate, Pallad. libro 8. Capra oui similis est multis nominibus. Initur quippe ijsdem temporibus. Quinq; mensibus ingrauescit fœtu, perinde ut oues. Geminos etiam parit ut plurimum, Florentin. Commodissimum tempus est ut hæc animalia coëant, quod hybernum solstitium præcedit, Idem. De maribus & fœminis idē ferè discrimen, ut alij ad denas capras singulos parent hircos, ut ego: alij etiam ad quindecim, ut Menas: nonnulli etiam, ut Murius, ad uiginti, Varro. Capris propriæ sunt uoces ad Venereum coitū, Aristoteles. Anima capris quàm ouibus ardentior, calidioresq; concubitus, Plin. Capra tota uita coit: & gemellos parit, tum pabuli beneficio, tum si pater aut mater uim eam geminandi per naturā obtineat, Aristot. Anniculæ uel bimæ capellæ (nam utraq; ætas partum ædit) submitti hœdum nō oportet. Neq; enim educare, nisi trima debet: Sed anniculæ confestim depellenda soboles (quod teneriores matres generant transigendum est,) bimæ tandiu admittenda, dum possit esse uendibilis. Nec ultra octo annos matres (matrices) seruandæ sunt, quod assiduo partu fatigatæ steriles existant, Columella & Palladius. Capra uentrem fert quinq; mensibus, Varro. De seminio dico eadem, quæ Atticus in ouibus: hoc aliter, ouium semen tardius esse, quo hæ sint placidiores. Contra caprile mobilius esse: De quarum uelocitate in Originum libro Cato scribit hæc, In Soracti Fiscelio caprę ferę sunt, quæ saliunt è saxo pedes plus sexagenos. Oues enim quas pascimus, ortæ sunt ab ouibus feris: sic capræ, quas alimus, à capris feris sunt ortæ, Varro. Quod ad fœturam pertinet, desistente autumno exigunt à grege è campis hircos in caprilia. Item ut in arietibus dictum, quæ concepit, post quartum mensem reddit tempore uerno, Varro. Capræ pariunt & quaternos, sed rarò admodum. Feruntquinque mensibus ut oues. Pinguedine sterilescunt. Trimæ minus utiliter generant, & in senecta, nec ultra quadriennium, Plinius. Parit autem, si est generosa proles, frequenter duos, nōnunquam trigeminos. Pessima est fœtura cum matres binæ, ternos hœdos efficiūt, Columella. Capræ & oues (ut & reliqua fœcundiora & multipara animalia) partus interdum monstrosos ædunt, Aristot. Idem Problem. 60. sectionis decimæ, causam inquirit cur capræ & aliæ paruæ quadrupedes, monstra pariant frequentius quàm maiores. ¶ Capræ crassiorem reddunt urinam, quàm sui sexus mares, Aristot. ¶ Capris & ouibus cur plurimum sit lactis proportione sui corporis, Aristoteles quærit problemate 6. sectionis 10. De menstruo caprarum fluxu, uide in Ouibus.

¶ Ouibus quidem robustiores sunt capræ, sed oues melius ualent, Aristot. De emptione aliter atq; de ouibus dico, quod capras sanas sanus nemo promittit: nunquam enim sine febri sunt. Itaque stipulantur paucis exceptis uerbis, ac Manilius scriptum reliquit, sic: Illas capras hodie rectè esse & bibere posse, habereq; rectè licere, hæc spondés ne? Varro. Quid dicam de earum sanitate? quia nunquam sunt sanæ: nisi tamen illud unum, quod quædam remedia scripta oportet habere magistros pecoris, quibus utantur ad morbos quosdam earum, ac uulneratum corpus, quod usu sæpe uenit his, quod inter ſe cornibus pugnant, atq; in ſpinoſis locis paſcuntur, Varro. Græcis ſacrificaturis moris erat, capras frigida aqua explorare: nam ſi guſtare abnuiſſent, concipiebant inde haud ualere ſatis, Cæl. ¶ Alyſſon ſi circa ſtabula plantetur, gregib. ouium & caprarum ſalubrem eſſe perhibent, Plutarch. libro 3. Sympoſ. De alyſſo copioſè docui ſupra, inter medicamenta ſimplicia intra corpus ſumenda ab ijs quos rabidus canis momordit. ¶ Capras nunquam febri carere Archelaus author eſt: ideoq; fortaſſis, quod anima his quàm ouibus ardentior; calidioresq; concubitus, Plin. Capra natura ſua frigoris impatiens animal eſt, utpote nunquam non naturaliter febriens: quòd ſi quando febris eam reliquerit, mox perit, Florentin. ¶ Capræ & aliæ quędam beſtiæ, cum impendentem peſtem, tum uero terręmotum, & cœli ſalubritatem, & frugum fertilitatem præſentiunt, Aelian. Nec capræ nec oues peſte inficientur, ſi ex ciconiæ uentriculo, aqua intritò, ſingulis cochleare unum infuderis, Quintilij. ¶ Alia genera pecorum cum peſtilentia uexantur, prius morbo & langoribus maceſcunt: ſolæ capellæ, quamuis opimæ atq; hilares, ſubito concidunt, uelut aliqua ruina gregatim proſternantur. Id accidere maxime ſolet ubertate pabuli. Quamobrem ſtatim cum unam, uel alteram peſtis perculit, omnibus ſanguis detrahendus. Nec tota die paſcendæ, ſed medijs quatuor horis intra ſepta claudendæ. Sin alius langor infeſtat, pabulo medicantur arundinis, & albæ ſpinæ radicib. quas cum ferreis pilis diligenter contuderimus, admiſcemus aquam pluuialem, ſolamq; potandam pecori præbemus. Quod ſi ea res ægritudinem non depellit, uendenda ſunt pecora: uel ſi neq; id contingere poteſt, ferro necanda, ſaliendaq;. Mox interpoſito ſpatio conueniet alium gregem reparare: Nec tamē ante quàm peſtilens tempus anni, ſiue id fuit hyemis, uertatur ęſtate: ſiue autumni, uere mutetur, Columella. ¶ Oues & capræ rediuos habent, pediculis uacant, Ariſtot. In ouib. & in capris ricini ſolum gignuntur, pediculi & pulices nulli, Plin. ¶ Melampodis fama diuinationis artibus nota eſt. Ab hoc appellatur unum ellebori genus Melampodiō. Aliqui paſtorem eodem nomine inueniſſe tradunt, capras purgari paſto illo animaduertentem, datoq; lacte earum ſanaſſe Prœtidas furentes, Plin. ¶ Plutarchus (in quæſtionib. rerum Rom.) capram præter cætera animalia comitiali tētari morbo refert: proptereaq; (uel propter fœtorem, uel libidinem:) ueteres ſacerdotes ea uehementer, ut morbida, abſtinuiſſe: quoniam guſtantib. aut tangentibus modo aliquid morbi eius affricetur: (καὶ προσαναχρώννυσθαι τοῖς φαγοῦσιν ἢ θίγουσιν, ἀπὸ τοῦ πάθους ἐχομένοις.) Cuius cauſam afferunt, pororum ſiue meatuum anguſtiam, quib. obſeptis, ſæpiſſime includatur ſpiritus, quod arguat uocis tenuitas. Nam qui eo affectionis genere tentantur, ſimilem capellæ uocem ædunt, Cæl. 6. 9. In morbo comitiali cerebrum nimis humidum eſt. Cognouerit autem hoc ipſum quis maximè ex ouibus, & præſertim capris: hæ enim frequentiſſimè corripiuntur: quod ſi caput ipſarum diſſecueris, reperies cerebrum humidum & ſudore refertum ac malè olens, Hippocrates in libro de morbo ſacro. ¶ Oculos ſuffuſos capra, iunci puncto ſanguine exonerat: caper rubi, Plin. Caliginem oculorum caprinum pecus probe curare ſcit: Cum enim conturbatum oculum, & non probe affectum ad uidendum ſentit, eum ad rubi ſpinam & admouet, & referandum permittit: hæc ut pupugit, pituita ſtatim euocat, et nulla pupillæ læſione facta, uidendi uſum recuperat. Hinc etiam homines hoc curationis genus (παρακέντησιν medici in ſuffuſione uocant, eam quæ acu fit puncturam) didiciſſe exiſtimantur, Aelian. ¶ Capras negant lippire, quoniam eæ quaſdam herbas edant: item dorcades. Et ob id fimum earum cera circundatum noua luna deuorare iubent, Plin. ¶ Capris quas aues caprimulgi dictæ mulſēre, cæcitas oboritur, Plin. ¶ Si capra diſtēdatur aqua cutis, quod uitium Græci uocant hydropa, ſub armo pellis leuiter inciſa pernicioſum tranſmittet humorem, tum factum ulnus pice liquida curetur, Columella. ¶ Seſelis Maſſilienſis ſemen capris, quadrupedibusq; alijs bibendum datur ut partus faciles reddat, Dioſcorid. ¶ Cum effœtæ loca genitalia tumebunt, aut ſecundæ non reſponderint, defruti ſextarius: uel cum id defuerit, boni uini tantundem faucibus infundatur, & naturalia cerato liquido repleantur, Columella. ¶ Idem cum de peſte dixiſſet, quæ totos greges infeſtat, ſubdit: Cum uero ſingulæ domo laborabunt, eadem remedia, quæ etiam ouibus adhibebimus. Et rurſus, Sed ne nunc ſingula perſequar, ſicut in ouillo pecore dictum eſt, caprino medebimur.

D.

Quorum uox acuta eſt & clamoſa, μάργοι, id eſt ſtupidi ſunt, propter ſimilem caprarum uocem, Ariſtoteles. Item quorum oculi ſunt οἰνωποί, & eodem colore quo caprini, Ariſtotel. Quid ſi pro οἰνωποὶ legas αἰγωποί? nam ægopos oculos, inquit Cælius, ſubglaucos aliqui intelligunt & caprinos. Et Ariſtoteles ipſe libro quinto de generat. anim. ca. 1. Oculi (inquit) quorundam animalium ruffi toto genere ſunt, aut cæſij, nonnullorum caprini, ut caprarij generis: ſic enim Gaza reddit hæc Græca, τῶν δὲ χαροπὸν ὅλον τὸ γένος, ἢ γλαυκόν, ἔνια δὲ αἰγωπά, καθάπερ τὸ τῶν αἰγῶν αὐτὸ πλῆθος. Nec moueor quod Latinus interpres barbarus innominatus legit οἰνωποί, tranſtulit enim quibus uino colore ſimiles ſunt. Apud Adamantium nihil reperio, quod huc faciat. Scio οἰνωπὸν in cenſu colorum eſſe: nam & οἴνοπα πόντον, & οἴνοπας βόας poetæ dicunt: Grammatici nigrum exponunt: & bubus oculos nigros eſſe Ariſtoteles loco iam citato ſcribit. Vinea urina (ut Actuarij interpres reddit, nec dubito quin Græcè οἰνωπὸν legatur) hepatis colore exiſtit, aut uini paulo quàm rubrum eſt nigrioris, quale uel exiguum plurimæ aquæ mixtum, adhuc rubicundo colore ſpectatur. Vineo paſſeus intenſior eſt, maxime ſimilis paſſo quod ex uua nigra confit: huiuſmodi etiam cerasi fructus color eſt. Sed de nigris oculis Ariſtoteles

teles proximè dixerat:& nigricantes colores non conueniunt capræ, quum ad lucem noctu funden dam minimè idonei sint. ¶Solertiam caprarum Mutianus uisam sibi prodidit in ponte prætenui, duabus obuijs è diuerso:cum circumactum angustiæ non caperent,nec reciprocationem longitudo in exilitatem cæca,torrente rapido minaciter subterfluente,alteram decubuisse, atq; ita alteram pro culcatæ supergressam,Plinius. ¶Capra indignum putans se in extremo ouilli pecoris agmine incedere,gregem quidem antegreditur,at ipsam hircus barbæ fiducia antecedit,Aelianus. ¶Arunco si quis apprehensam ex grege unam trahat,cæteræ stupentes spectant, Plinius. Idem eis accidere aiunt,si qua earum eryngium momorderit,ut superius retuli. Sed considerandum est, an qui eryngio hoc attribuerunt,eryngi (sic Græci aruncum uocant) nominis uicinitate decepti sint. Curiosi 10 experiantur:ego quod ad eryngium,rationis nihil uideo;eryngo autem apprehensa una,cæteras stupere minus mirum est.

E.

Caprarius,pastor,custos,exercitorq; caprarum est. Vtuntur hac uoce Varro & Columella. Græci αἰπόλον dicunt, uel quasi αἰγοπόλον,quod circa capras uersetur , uel quod αἰπὺ, id est ardua & alta loca, uel ἐν αἴπει,id est in altitudine (gaudent enim capræ locis montanis & excelsis) obambulet, Varinus, & Etymologus:Qui & αἰγονόμον hunc pastorem uocant. Αἰπόλια, αἰγονόμια, greges caprarum, Etymologus. Αἰπόλος αἰγῶν, pleonasmus est apud poëtam. Τᾶν αἰγῶν ὁ νομεὺς Μόσχος τὸν ἐπίσκοπον Ἑρμᾶν Ἔστασ᾽ αἰπολίων κυδόκιμον φύλακα, Versus Leonidæ in Epigrammate in Mercurium. Locros Ozolas ali qui cognominatos putant,quod homines fœtidi fuerint,utpote κώδια καὶ τραγέας,id est ouium & hir-20 corum pelles gestare,& plerunq; inter caprarum greges uersari solitos, Plutarchus in quæstionibus de rebus Græcorum. Tria tantum genera sunt pastorum, quæ dignitatem in Bucolicis apud poëtas habeant,bucolici,opiliones,& omnium minimè æpoli,id est caprarij, ut Ael. Donatus scribit.

¶Magister autem pecoris acer,durus,strenuus,laboris patientissimus,alacer,atq; audax esse debet,& qui per rupes,per solitudines,per uepres facile uadat, & non ut alterius generis pastores sequatur,sed plerunq; ut antecedat gregem. Quare eum esse maxime strenuũ opus est. Capellæ,dum dumeta pascunt,capris cedũt,subinde quæ cedit compesci debet,ne procurrat. Sed placide,ac lente pabuletur,ut & largi sit uberis, & non strigosissimi corporis, Columella. Caprarij leues & ueloces sunto,ut caprarum celeritatem assequantur, Geoponica Græca. ¶Canis custos est pecoris, quod eo comite indiget ad se defendendũ:in quo genere sunt maximè oues, deinde capræ, Varro. ¶Ca-30 prile,stabulum est caprarum. Difficilius se recolligentes à serpentium ictu,in caprilibus optimè conualescunt, Plinius. Αὐλὴ καὶ σηκός, ὅπου ὄϊς καὶ αἶγες ἵστανται, Varinus: sed eadem nomina pro aliarum etiam quadrupedum stabulis usurpantur, ut in Boue dixi. Ipsum uerò caprile uel naturali saxo, uel manu constratum eligi debet:quoniam huic pecori nihil substernitur. Diligensq; pastor quotidie stabulum conuerrit:nec patitur stercus,aut humorem consistere, lutúmue fieri:quæ cuncta sunt capris inimica, Columella. Non tamen ita multæ capræ,ut oues,una statione claudantur,quam lutò & stercore carere conueniet, Palladius. Stabulatur pecus melius ad hybernos exortus si spectat, quod est alsiosum. Id ut pleraq; lapide, aut testa substerni oportet, caprile quò minus sit uliginosum ac lutulentum. Foris cum est pernoctandum,item in eandem partem cœli,quæ spectent, septa oportet substerni uirgultis,ne oblinantur, Varro. Et stabula à uentis hyberno opponere Soli Ad me-40 dium conuersa diem:cum frigidus olim Iam cadit, extremoq; irrorat Aquarius anno, Vergilius.

¶Superius quædam explicata sunt capite 3. quæ huc referri poterant. In ouium historia etiam nõ pauca dicemus, quæ capris & ouibus communia sunt. ¶Capræ natura mobiles & celeres sunt, quamobrem pastores non præficiunt eis ducem, Aristot. ¶Relinquitur de numero,qui in gregibus est,minor caprino,quàm in ouillo,quòd capræ lasciuæ,& quæ dispergunt se. Contra quòd oues se congregant,& condensant in locum unum: itaque in agro Gallico greges plures potius faciunt, quàm magnos,quod in magnis cito existunt pestilentiæ,quæ ad perniciem eos perducunt. Satis magnum gregem putant esse circiter quinquagenas,quibus assentiri putant id,quod usu uenit Gabe-rio equiti Romano:is enim cum in suburbano haberet agrum iugerum mille,& à caprario quodã, qui adduxit capellas ad urbem,denarios sibi in dies singulos dari audisset, coëgit mille caprarũ gre-50 gem,sperans se capturum de prędio in dies singulos denarios mille. Tantum enim fefellit, ut breui omnes amiserit morbo: contra in Salentinis & in Casinati ad centenas pascunt, Varro. Melior fit grex,si non est ex collectis comparatus;sed ex consuetis unà. Sed numerum generis huius maiorem, quàm centum capitum sub uno clauso non expedit habere,cum lanigeræ mille pariter commode stabulentur. Atq; ubi capræ primum comparantur,melius est unum gregem totum,quàm ex pluribus particulatim mercari,ut nec in pastione separatim laciniæ deducatur, & in caprili maiore concordia quiete consistant, Columella. Caprarum quæ coitum non patiuntur ubera, pastores montis Oetæ urtica perfricant uehementer,ut dolorem infligant,itaq; primum cruentũ humorem eliciunt, mox purulentum,postremo lac non minus,quàm ex ijs,quæ Venerem patiantur, Aristoteles. Albertus scribit se hoc uidisse in mulieribus tum uiduis tum uirginibus,quæ idem in suis expertæ mamil-60 lis,lac abunde emiserint. Ex animalibus sibi quo plus prolis nascatur,harum rerum curatores, & pastores ouium,caprarum,& equarum,genitalia tempore coitus, delibutis multo sale & nitro manibus,perfricant:unde ijs uehementior coitus appetitio exoritur. Alij ea pipere, alij nitro perungũt,

A

alij urticæ fructu: sunt etiam qui myrrha & nitro eadem inungant. Ex ea sanè fricatione fœminæ & libidinosiores euadunt, & mares sustinent, Aelian. ¶ De capris quod meliore semine eæ, quæ bis pariant, ex his potissimum mares solent summitti ad admissuras: quidam etiam dant operam, ut ex insula Medica (Melo potius, ut Pollux habet: uide infra in hœdo cap. 6.) capras habeant, quod ibi maximi ac pulcherrimi fieri existimantur hœdi, Varro. Vtilitas ex pecore duplex, una est tonsura, quod oues & capras detondent, aut uellunt: altera, quæ latius patet, est de lacte & caseo, quam scriptores Græci separatim tyropœiam appellaruerunt, ac scripserunt de ea re permulta, Varro. ¶ Hæc quoque non cura nobis leuiore tuendæ, (aliâs, Hæc tuenda.) Nec minor usus erit, quamuis Milesia magno Vellera mutentur, Tyrios incocta rubores, (aliâs colores.) Densior hinc soboles: hinc largi copia lactis. Quò magis exhausto spumauerit ubere mulctra, Læta magis pressis manabunt ubera (flumina, Ald.) mammis. Nec minus interea barbas, incanaque menta Cinyphij tondent hirci, setasque comanteis Vsum in castrorum: & miseris uelamina nautis, Verg. libro 3. Georg. Seruius in cōmentarijs, In usum (inquit) castrorum poeta dixit, quia de cilicijs expoliuntur loricæ, & teguntur tabulata turrium, ne iactis facibus ignis possit adhærere. Celsus ait retulisse Varronem, Cilicia sic appellari, quod usus eorum in Cilicia ortus est: sed de his iterum paulo post. ¶ Capra, hœdo, lacteque salubri, caseo, pelle in castrorum usum, hominem iuuat. Vnde & hyemem continuare sub pellibus maiores dicebantur. (Sub pellibus, id est in castris statiuis. Cicero 4. Acad. Budæus. Militum enim tabernacula apud antiquos pellibus conficiebantur. Apud Pollionem Trebellium legimus imperatori Claudio donatas pellium tentoriarum decurias triginta: Vide plura apud Cælium 17.14.) His etiam nautæ utebantur: uillis enim aquam pluuiam reijciunt. Cinyphiæ capellæ olim in pretio erant, quia maiores mense quinto pariunt. In quibusdam lactis magna ubertas. Ex his hœdi lactentes esui sunt optimi, Platina. ¶ Illic iniussæ ueniunt ad mulctra capellæ, Horat. in Epodis. Butyrum à boue nominatur, è cuius lacte copiosissimum confit, ut miretur Dioscoridem Galenus, quod ex caprino et ouillo confici lacte dixerit: ex caprino tamen fieri solere testis est Plin. Hermol. Pinguissimum est lac bubulum, ouillum uero ac caprinum, habent quidem & ipsa pinguedinis quidpiam, sed multo minus, Galen. Caprinum lac tertia ferè parte minus fœcundum est ad caseum conficiendum bubulo, Aristot. Bubulum caseo fertilius est quàm caprinum, ex eadem mensura penè altero tanto, Plin. Cum sal capris datur ante partum, multo lactis prouentu uigebunt, Albertus.

¶ Velabrenses casei dicti sunt caprini, quod fumo apud Romanos in Velabro condirentur. Nō quencunque focum, nec fumum caseus omnem, Sed Velabrensem qui bibit, ipse sapit, Martial. Et caprarum gregibus sua laus est, Agrigenti maximè, eam augente gratiam fumo, qualis in ipsa urbe cōficitur, cunctis præferendus. Nam Galliarum sapor medicamenti uim obtinet, Plin. Caseum Siculum Iulius Pollux meminit & Aristoteles, ex ouillo & caprino mixtum lacte: quod hodieque fit ubi utriusque copia habetur. Hunc Athenæus præferri putat omnibus, utique post Achaicum ex oppido Tromilia, unde Tromilicus dicatur, & à Simonide Stromilius, ex caprino lacte, Hermol. ¶ In Plinio legendum sit epityrum, an caprarum, in mentione casei libro 11. controuersum diu fuit: Ipse non epityrum (uerba sunt Hermolai) sed caprarum lego: non quia epityrum oliuæ fractæ genus sit, ut quidam putant: quandoquidem oliuæ genus illud pityrum & pityrida, non epityrum uocari constat: Sed illa ratione potius, quod nisi, caprarum gregib. sua laus est, in recenti maximè eam augente fumo gratiam: & reliqua, sic legamus, uix stabit sensus, nisi planè quis extorqueat. Præterea cum de bubulo & ouillo caseo disseruisset author, maximè sequens erat, ut de caprino quoque loqueretur: ne quia sit omnium ferè deterrimus, improbari omnino iudicaretur. Adde quod infumari non alius magnopere caseus quàm caprinus assolet: Nec ferè placet nisi musteus atque recens. πίτυεις, ἡ ἔλαση ἐλαία, Varinus. Epityri mentio apud Catonem, Varronem, & Plautum fit: apud Græcos nusquam, quod sciam, quod miror in compositione uocis Græca. Caprini caseoli præstantes in Rhætia Heluetica fiunt, præcipue (quod sciam) ijs in locis qui circa thermas Fabarienses montani sunt: partim ex caprino mero, partim admixto bubulo lacte. ¶ Ex caprino & hircino seuo candelæ apud nos fieri solent. ¶ Caprino sanguine adamantem molliri Albertus scribit, de quo in Hircini sanguinis mentione dicam. Sanguine caprino maculæ contactæ abluuntur, Marcell. ¶ Ad serpentes fugandos quidam capræ ungulas urunt, Pallad. ¶ Capræ cornu uel pilis accensis fugari serpentes dicunt, Plin. Caprina cornua conficiēdis arcubus idonea esse, apud Varinum legimus, in dictione τόξευς. Homerus Pandari arcum ex cornu capræ feræ concinnatum memorat, ut in Ibice dicam. Cornua caprarum tria circum arbustum erecta infigito, acumine deorsum, alia parte sursum spectāte: & obruito, ut summa cornuum pars paulum de terra promineat, quo pluuia delapsa descendens, cornua irriget. Hoc facto uitis ualde fertilis euadet, Africanus in Geopon. Græc. lib. 4. ¶ Fel capræ in uase aliquo in terra repositum, capras ad se allicere ferē, ac si illæ non parum inde iuuētur, Albert. Si pilos equi candidos producere uolueris, locum rasum felle caprino illine, Author obscur.

¶ Caprina pellis, Cicero 1. de Nat. Et cinctus uillosæ tegmine capræ, Maro in Moreto. Pelles caprarum cum uillis suis parant & expoliunt pelliones, quibus uestitur uulgus præsertim mulierum, in Sueuia præcipue, aduersus iniuriam frigoris. Quamobrem & infantibus inde fiunt tunicæ. Pelles à mercatoribus rudes petuntur ex montanis Sabaudiæ locis circa Geneuam. Aptæ sunt pelliceis operis, ex teneris tantum hœdis & capellis, quales uerno tempore mactantur, ætate duorum plus minus

nus mensium: Vsurpant etiam ex illis quæ statim à partu moriuntur, ut ouium quoq;. Capræ pellis apud Græcos αἰγὶς uocatur, Pollux: item αἰγέα, Suid. Varin. & αἰγέη, Varin. τραγῆν ἐφημμένος μέλαιναν, ἀντὶ τοῦ αἰγίδα, Suid. Sardos Getulosq; caprarum pellibus amiciri consueuisse author est Varro. Diphthera, inquit Ammonius, caprarũ est, ut melote ouium. Διφθέρα, ποιμενικὸν περιβόλαιον. Ἀττικοὶ δὲ λέγουσιν ἣν νῦν ἴσαλην (melius, ἴξαλην) καλοῦμεν, ἔστι δὲ ἐκ δέρματος, Varin. Hesychius diphtheram exponit pellem, corium, librum, γραμματεῖον. Hinc diphtheraloephus apud Cyprios γραμματοδιδάσκαλος, Hesych. Varin. quod literas membranis inscribendo illinat dum pueros docet. Etymologus similiter exponit, & addit insuper βυβλίον: & diphtheram dictam conijcit quasi διφέραν, τὴν ἐν τοῖς δυσὶ μέρεσι φέρουσαν γράμματα, hoc est membranam ab utraq; parte expolitam & inscriptam. Opisthographos Hermolaus interpretatur, quoniam utraq; pagina scripti essent, aduersa & auersa, minutis literis & lituris pleni. ὅτι κατ' ἐκείνην δὴ τὴν φέρεται τῇ διφθέρᾳ, Author innominatus apud Etymologum. εἰς διφθέρας γὰρ τὰς διανοίας ἐν αὐταῖς γράψας ὁ Ἑρμείων, ἐπεμπε τοῖς πολεμίοις ἐν τῇ Λακωνικῇ, apud Suidam in Diphthera. Διφθέρας εἶχον σκεπάσματα, ἐμπιπλᾶσιν (lego, ἃς ἐνεπίπλασαν) χόρτου κάρφη. ὥστε συνῆγον καὶ συνέρραπτον τὰς διφθέρας ὡς μὴ ἀπιέναι τῆς κάρφης τὸ ὕδωρ, apud eundem in Κάρφη. Καὶ αἱ διφθέραι τῆς κάρφης ἐμπιπλάμεναι, &c. Arrian. ut ibidem citatur. Δέρρεις δὲ ὑπερθε καὶ διφθέρας ἐπιβαλόντες, πάντοθεν περικαλύψαντες τὸ μηχάνημα, τὸ μᾶλλον ἔρυμα εἶναι, καὶ ἀπρόσβατον τὰ βέλη, Agathias apud Suidam in Σπαλίωνες. Paulo post tamen spaliones, teste Menandro, machinas quasdam fuisse scribit, bubulis corijs intectas, quas perticis quibusdam supra se gestabant milites ad mœnia perfodienda accessuri. Δέρρεις Græci appellant pelles nauticas, quas nos uocamus segestria, Fest. ὅτι ἀσκώματα λέγονται τὰ ἐν ταῖς κώπαις σκεπάσματα ἐκ δερμάτων, οἷς χρῶνται ἐν ταῖς τριήρεσι, καθ' ὃ τρῆμα ἡ κώπη βάλλεται, Suid. in Diphthera. Antiquiora diphthera loqueris, Ἀρχαιότερα διφθέρας λαλεῖς, prouerbium in eos qui nugas narrant, aut de rebus nimium priscis & iampridem obsoletis. Aiunt enim diphtheram pellem fuisse eius capræ, quæ Iouem lactârit, in qua creditum est antiquitus, illum omnia scribere quæ fierent, Erasm. Diphtheram sero inspexit Iupiter, ὁ Ζεὺς κατεῖδε χρόνιος εἰς τὰς διφθέρας, senarius prouerbialis in eos qui serò quidem, sed aliquando tamen pro malefactis dant pœnas, & in principes qui diu dissimulata tandem puniunt, Eras. Διψάρα, δέλτος, ἡ διφθέρα, Hesych. Varin. Herodotus scribit Iones βίβλους dicere διφθέρας, quod aliquando ob penuriam papyri, pellib. uterentur, tum caprinis tum ouillis. Vel ut Cælius citat, Herodotus scribit hircinas pelles & ouillas biblos etiam dictos ueteribus, quod papyri uicem impleuerint quandoq;. Citat etiam Pollux hunc locum in fine libri 8. & addit diphtheras alio nomine ἴσηκας uocari: quæ dictio cum alibi, quod sciam, non reperiatur: considerandum an rectius, ἴξαλας uel ἴσκλας (utrunq; est apud Varinum) legi possit. Diphtheram aliqui operculum libri exponunt: item pastoricium (ut supra dixi) ex pellib. indumentum, quod quidam uocant rhenonem, sagum pelliceum. Scorta ueteres, pelles nominabant, unde penula scortea, quali utunt ij qui solenne habent uisere ædem D. Iacobi Caleci, itẽ pegasarij cursores, Baysius. Ingrediare uiam cœlo licet usq; sereno, Ad subitas nusquam scortea desit aquas, Martial. Hanc etiam rectè puto Græcè diphtheran appellari. Rhenonem Grammatici quidam exponunt uestem pelliceam, dictam quod calidos teneat renes: siue quia ῥινὸς pellis dicitur, siue quod Rhenani populi ea peculiariter utantur. Nam Cæsar lib. 6. bel. Gall. scribit, Germanos uti paruis rhenonum tegumentis. Sed hos Grammaticos Græce nesciuisse apparet: omnino enim rhenones ab ouibus dicuntur, quas Græci ῥῆνας appellant: unde Hippocratis ῥηνικὰς, ἀρνακίδας, id est agninas pelles interpretantur. Licebit tamen caprinas etiam pelles, rhenones appellare. Plurima enim his duobus pecorum generibus indifferenter tribuuntur. Vtrunq; μήλων & προβάτων nomine communi interdum continetur. Quanquam μῆλα potius oues sint, & μηλωτὴ pellis ouina: apud Varinum, sed etiam caprina apud eundem. Hesychius diphtheram exponit: Suidas non integram pellem aut uestem, sed zonam pelliceam μηλωτὴν uocat. Cæterũ μηλώτης paroxytonum, opilionem significat, Hesych. Melota (inquit Erasmus in epistola ad Hebr. ca. 11.) non tam pellem ouis significat, quàm exuuium: hoc est pellem corpori detractam unà cum lana. Legimus item Daunijs uel Calabris in more fuisse, pellibus incubare, quas melotas dicunt, id est ouillas, in Podalirij sepulchro: sicq; per quietem oraculis instrui. Qui Amphiarao sacrificant, sacris peractis, arietis pellem substernebant, atq; ita dormiebant captantes somnia, ut author est Pausanias: ad quod allusit Vergil. ita de Latino canens libro 7. Aeneid. Pellibus incubuit stratis, somnosq; petiuit. ἴξαλλην, τελείου αἰγὸς δέρμα, Galenus in Glossis in Hip. apud Varinum per duplex lambda scribitur, quod nõ placet: ut ne illud quidem quod ἴσαλην per sigma scribit in diphtheræ mentione. Apud Hesychium etiam locus ἴξαλη, αἰγὸς δορὰ ἢ πηδητικός, corruptus est: ego sic legerim, ἴξαλη, αἰγὸς δορά, καὶ ἴξαλος, πηδητικός. Ixalus capra syluestris est, ut infra dicam. ἴσκλαι, turdi, & melotæ caprinæ, Varin. ἴξαλη, αἰγέα μηλωτή, ἀμιεῖς, Hesych. & Varin. ἀμιεῖς uox corrupta mihi uidetur: quid si ἀρνακίς, legas? Στέρφεσιν αἰγείοις, pellibus caprinis: hinc uerbum στερφῶσαι, & Ibycus στερφωτῆρα στρατὸν dixit, quod pellibus utantur milites, Varinus. Μάσθλη καὶ μάσθλης, pellis, diphthera, habena, et calciamentum puniceum, Hesych. & Varin. Μάκτης etiam præter alia diphtheram significat, ijsdem. Νάκος, κώδιον, αἴγειον δέρμα μετὰ τριχῶν, Hesych. ἔντριχον δέρμα, Varin. Νάκος uel νάκη, de pelle caprina propriè dicitur, ut κῴδια uel κώδιον de ouilla, Idem. Λέγεται δὲ νάκη, ὡς οἱονεὶ ἀνάγκη (lego ἀνάκη) ἐφ' οἷς ἀνέκειντο ὑπνοῦντες, Varinus. Hinc νακοτίλται, qui lanas ouium tondent aut uellunt, Idem & Hesych. Νάκυδρον, νακύδιον, δέρμα, Iidem. Νάκτη, σὺν πίλος, καὶ τὰ ἐμπίλια, Iidem. Hesychius νάκιστιν etiam exponit τάπησι. Νάκος tum in masculino, tum in neutro genere profert, (melius νάκης in masculino genere primæ declinationis, ut Etymologus habet) & νάκη in fœminino. νάκος δὲ τὸ τῆς αἰγὸς δέρμα, καὶ κώδιον, ἢ κῶας· κῶας δὲ τὸ τῶν προβάτων, Suid. Ἔρριπτεν τὰ πολλὰ κελεύσας τοῖς εἰσιοῦσι, καὶ τὰ νῶτα καλύπτειν νάκεσιν, ὡς εἰ κατίδοι τις αὐτοὺς νύκτωρ, φαντασίαν παρέχειν κυνῶν, Iosephus apud Suidam. Simonides ouis etiam pellem in Colchis νάκος appellauit, sed impropriè, caprarum enim propriè est, Etymol. Omnia ferè opera ex lana, naccæ dicuntur à Græcis, Fest. Hæc uox cum sua significatione ad νάκτα magis quàm νάκος aut νάκην, pertinere mihi uidetur. Κατωνάκῃ τὸν χοῖρον ἀποτετιλμένας, Aristophanes in Ecclesiazusis, sermo est de ancillis. Κατωνάκη, ἱμάτιον δασὺ, ἐκ τῶν κάτω μερῶν νάκος, τουτέστι διφθέραν, περιερραμμένον. ἐνταῦθα δὲ δουλικὸς καὶ ἀνελεύθερος χιτὼν, Scholiast. Hesychius post περιερραμμένον addit, ὅ ἐστι μηλωτή. δοκοῦσι δὲ τοῦτο ἀμφιέσασθαι Ἀθηναῖοι τῶν περὶ Πεισίστρατον τυράννων ἐπαναγκασάντων, ἵνα ὑπὸ εὐτελείας μὴ κατίωσιν εἰς τὸ ἄστυ οἱ πολῖται. Suidas insuper, μέχρι γὰρ τῶν γονάτων ἦν δῆλον. Ἀριστοφάνης, οὐκ οἶσθ' ὅθ' ὑμᾶς οἱ Λάκωνες αὖθις αὖ κατωνάκας φοροῦντας ἐλθόντες δορὶ, &c. Pollux catonacam crassam laneam uestem fuisse ait, cuius oræ νάκος, id est pellis caprina assuta fuerit, Sicyonijs olim in usu, tyrannide pressis: & Athenis sub Pisistratidis, ut puderet eos urbem intrare. Sunt & κατωτίδες, ἅπερ οἱ νομεῖς ἀπὸ τῶν ὤμων φοροῦσι δέρματα, Hesych. & Varinus: nisi catomides legas, ut exomides. Βαρακάκαι, capринæ diphtheræ apud Celtas, Varin. apud Hesychium ἄγιοι pro αἴγειοι legitur. Κάσας ἱππικὰς Xenophon memorat in Cyri instit. αἱ δ' εἰσὶν ἐσθῆτες εἰλιταί, Pollux. lego πιλωταί, Κάσας enim apud Varinum exponitur ἀμφιτάπης, καὶ πιλωτά, hoc obiter. Καὶ σκύται δὲ ἦσαν ἐσθῆτες, καὶ χιτὼν ἐκ δέρματος. διφθέρα δὲ στεγανὸς χιτὼν, ἐπίκρανον ἔχων. ἡ δὲ βαιτὴ, (melius paroxytonum, ut infra) ἐστὶ μὲν προμήκης χιτών: eodē uero nomine Sophocles scenas barbaricas uocat. Sysira aūt (συσεῖρα scribitur) tunica pellicea, cum pilis, manicata, in usu Scytharum. Sisyra (σισύρα) uero, tegumentum ex diphthera. Aristophanes, ἐν πέντε σισύραις ἐγκεκορδυλημένος. Σπόλας præterea thorax pelliceus est apud Xenophontem, ad humeros pertingens, κατὰ τοὺς ὤμους ἐφαπτόμενος, (intelligo non manicatum.) Spolas etiam pro thorace ponitur. Sophocles Libyssam cognominat, hoc uersu: Σπόλας Λιβύσσας, παρδαλιφόρον δέρος, Hæc omnia Pollux 7.15. Ne bridas & diphtheras Pollux 4.18. cum tragico apparatu numerat. Et paulo post, ἡ δὲ σατυρικὴ ἐσθὴς, νεβρὶς, αἰγῆ, ἣν καὶ ἰξαλῆν (lego ἰξάλην) ἐκάλουν, καὶ τραγῆν, καὶ πού καὶ παρδαλῆν ὑφασμένην: uide ne hæc ultima casu recto legi oporteat. Et paulo post inter comica uestimenta diphtheram rusticis attribuit. Et rursus inter tragicos seruos, ὁ μὲν διφθερίας, ὄγκον οὐκ ἔχων, περίκρανον ἔχει, &c. Est & diphtheritis inter muliebres tragicas personas. Pellis caprinæ, inquit Varro, apud antiquos quoq; Græcos usum fuisse apparet, quòd in tragœdijs senes ab hac pelle uocantur diphtheriæ: & in comœdijs qui in rustico opere morantur, ut apud Cæcilium in Hypobolimæo habet adolescēs, apud Terentium in Heautontimorumeno senex. De sisyra, sisyrna, & sisy, uestimentis ex pellibus caprinis siue cum pilis, siue absq; illis, multa legimus apud Varinum, Etymologum, & alios quæ breuitatis causa prætereo. Βαίταν, Varinus exponit melotam, diphtheram, sisyram. Bætan enim (inquit) uocant tegmenta ex pellib. (περιβόλαια ἐκ κωδίων) consuta. Attici eandem sisyram uocant: Aristophanes, ἐν πέντε σισύραις ἐγκεκορδυλημένος. Nos ea sisyrinia nominamus, Græci bętam. Βαίτην Dores diphtheram uocant, καὶ τὴν γύναν, Idem. Βαίτη, δερμάτινον ἔνδυμα, et secundum alios scena pellicea, Hesych. apud Suidā diphtherra exponitur, per duplex r. Bæta tum hyeme tum ęstate bona, Βαίτη κἂν θέρει καὶ ἐν χειμῶνι ἀγαθόν: Suidas, qui huius adagij meminit, adscribit bætam uestis pelliceæ genus, quod in utrunq; tempus uideatur appositum. Nam hyeme depellit uentos, ęstate solem. Iulius Pollux lib. 7. meminit tunicam fuisse prælongam, quæ totum contegeret corpus. Conuenit igitur de re ad multa usui futura, Eras. Sophron in Mimis muliebribus rusticorum diphtheras, bætas nuncupauit, Pollux lib. 10. ca. 45. Et rursus ca. 46. στεγαστρίδα διφθέραν uulgo dici ait pelliceam tunicā. Σισύραν Etymologus αἴγειον στέγαστρον interpretatur: & τετριχωμένον δέρμα. ¶ Αἰγείην κυνέην, galeam uel pileum ex pelle caprina, Hesych. Varinus. Αἴγειος μόλγος, pellis caprina, uter caprinus, Suidas. Αἴγειον (rectius proparoxytonum) δέρμα αἰγὸς ἢ καὶ μόλγος, Varin. Αἴγειος ἀσκὸς, uter caprinus, apud Homerum αἴγεος, Idem. Ἀσκώλια festa erant Athenis, quibus in medio theatri, super utres inflatos obunctosq; uno tantum saltabant pede, (ἀσκωλιάζειν uocant:) ut delabentes risum excitarent, idq; in honorem Bacchi. Ad quod allusit Vergilius libro 2. Georg. Mollibus in pratis unctos saliere per utres. Plura lege apud Varinum, qui utres istos caprinos fuisse scribit. ¶ Ladani fruticem esse dicunt in Carmania quoq;, colligiq; ut gummi inciso cortice, & caprinis pellibus excipi, Plin. Σάκος αἴγειον, τεῦχος αἴγειον, & peram per metalepsin, Hesychius & Varinus exponunt. Τροχάδια, sandalia ex corio caprino, Iidem.

¶ In Cilicia capræ tondentur, ut alibi oues, Plinius. Tondentur capræ, quod magnis uillis sunt, in magna parte Phrygiæ: unde cilicia, & cætera eius generis fieri solent. Sed quod primum ea tonsura in Cilicia sit instituta, nomen id Cilicas adiecisse dicūt, Varro. Aeneas Syluius zambelottum uulgo dictum è caprarum pilis in Cypro fieri scribit. Lana merhazi, est lana capræ subtilissima, ex qua fiunt zambeloti, & alia uellera subtilia, Andreas Bellunensis. Mathahaze, pannus ex pilis capræ, Vetus expositio in Auicennam. Mesha, pannus contextus ex pilis asinorum & caprarum: & interdum ex solis caprinis: Ex hoc enim rudis panni genere qui deserta habitant Arabes, tentoria et saccos sibi conficiunt, Andreas Bellun. Tonsis caprarum uillis in Africa nautæ rudentes parant. Capra pilos ministrat ad usum nauticū, & ad bellica tormēta, & fabrilia uasa, Varro. Caprini pili necessarij sunt, quum ad funes conficiendos, & saccos, aliaq; his similima: tum uel maximè ad rudentes nauticos, quum neq; rumpantur facile, nec naturaliter computrescant, nisi admodum negligantur, Florentinus.

nus. Arabum Scenitarum tentoria cilicina ſunt: ita nuncupant uelamenta è caprarum pilis texta, Solinus.

¶ Caprinum & ouillũ ſtercus ſedulò conſeruato, Cato. Quidam hominis fimum quod ſit acerrimũ, (δριμύτατον, cui κοῦφον opponitur) omnibus præferunt, ſecundum faciunt ſuillum, tertium caprarũ, quartum ouium, quintum boum, ſextum iumentorum, ὄνων, Theophraſtus interprete Gaza. Humani fimi mentionem ad ſtercorandum (quamuis noſtrates eo utuntur) alij authores, quod nunc meminerim, non faciunt. Aſininum uero in ſimili comparatione diuerſorum fimi generum, Palladius præfert, & Plinius idem ab aliquibus præferri ſcribit. Facile autem fuit apud Græcos hominis legere pro aſini, uel contrà, nam genitiuum ab aſino ſcribunt ὄνυ, ab homine ἀνου cum nota abbreuiationis. Obijci poteſt, non poſſe legi ὄνυ, id eſt aſini, apud Theophraſtum: quoniam ſexto & ultimo loco aſini meminerit. Reſpondeo, Gazam non aſinorum eo in loco, ſed iumentorum uertiſſe, imitatum ſcilicet Plinium & Palladium: & quanquam aſini quoq; iumentorum nomine ueniant, hic tamen iumenta pro equis & mulis acceperim; aut pro mulo per excellentiam, ut illi pro ὄνων forte ἡμιόνων legerint. Nam de aſinino & equino Plinius ſuis tractat nominibus, de muli fimo non item. Stercus aſinorum primum eſt, maximè hortis, deinde ouillum, & caprinum, & iumentorum, porcinum uerò peſſimũ, cineres optimi, Palladius. Quidam bubulo iumentorum fimum præferunt, ouillumq; caprino: omnibus uerò aſininum, quoniam lentiſſimè mandant. E contrario uſus aduerſus utrunq; pronunciat, Plinius. Et alibi, Aliqui columbaria præferunt: proximum deinde caprarum eſt, ab hoc ouium, deinde boum, nouiſſimum iumentorum. ¶ Adeoq; nihil omiſit cura, ut carmine quoq; comprehenſum reperiam, in fabis caprini fimi ſingulis cauatis, ſi porri, erucæ, lactucæ, apij, intubi, naſturtij ſemina incluſa ferantur, mirè prouenire, Plinius.

F.

¶ Vt uituli carnes habent ad conficiendum perfectis bobus præſtantiores, ſic hœdi capris. Capra nanq; temperamento, minus quàm bos, eſt ſicca: ſi tamen homini & ſui comparetur, multum ſuperat, Galenus libro 3. de aliment. facult. cap. 1. Et proximè poſt, Caprina præter ſuccum uitioſum acrimoniam etiam habet. Et rurſus, Aeſtate prima ac media præſtantiores ſunt capræ, cum ſcilicet fruticum germina, quibus ueſci ſolent, abundant. Hœdi (inquit Symeon Sethi) ſi ſex menſes excedant, capellæ iam uocantur. Capræ & hirci plurium annorum, concoctu difficiles & mali ſucci ſunt. Carnes caprinæ utiles ſunt patientibus puſtulas & bothor, ſi præparentur cum uino rubeo dulci. Hœdi uocantur uſq; ad ſex menſes, & annales poſt annum, & duorum annorum poſt biennium: eò deteriores, quo maiores natu, Elluchaſem author Tacuinorum. Capellæ atq; hirci fœtidi carnem ne deguſtato, Platina. Caprarum & hircorum iecora fugito, ne in epilepſiam incurras, Idem. Caprina caro plurimum alit. Quamobrem Clitomachus Carthaginenſis nouæ Academiæ ſectator præclarus, Thebanum quendam athletam hac carne ueſcentem, reliquos ſuæ ætatis athletas uiribus ſuperaſſe ſcribit. Validus enim huius carnis ſuccus & tenax eſt, unde multum temporis in corporibus durare poteſt: obijciebatur tamen ei ſudoris graueolentia. At ſuillæ & agninæ carnes, cum in corporibus incoctæ manent, facillimè corrumpuntur propter pinguitudinem, Athenæus. Caprinæ carnes quæcunque bubulis inſunt mala (hoc eſt concoctu difficiles eſſe, & atribiliarias affectiones exacerbare) omnia habent, & flatuoſiores ſunt, & ructus ampliores faciunt, & choleram generant. Sunt autem odoratiſſimæ, ſolidæ ac iucundiſſimæ, optimæ, & percoctæ, & frigidæ. Verum iniucundiſſimæ, & graueolentes ac duræ, peſſimæ; imò etiam recentes. Optimæ uerò ſunt æſtatis tempore, peſſimæ autumno, Hippocrates in libro de uictus ratione in morbis acutis. Mulier cui ulceratus eſt uterus, abſtineat carnibus porcinis, bubulis, & caprinis, edat autem panes, Hippocrates de morbis muliebrib. Raſis ad Almanſorem caprinam carnem magis quàm arietum (ouillam) refrigerare ſcribit, & parũ nutrire. Homines ruſtici uentres caprarum ſanguine earum unà cum adipe implent, uti Homerus ait ſolitos procos Penelopes, Galenus de ſimpl. 10. 4.

¶ Aluum minus tentat caprinum lac: quoniam pecus hoc aſtringẽtibus pabulis, quercu, lentiſco, & oleaginis frondibus, & terebintho magna ex parte ueſcitur: inde ſtomacho accommodatiſſimum reddi ſolet, Dioſcorides. Maximè alit quodcunq; humanum, mox caprinum: unde fortaſſis fabulæ Iouem ita nutritum dixere. Idem ſtomacho accommodatiſſimum eſt: quoniam capræ fronde magis quàm herba ueſcuntur. Lac ſchiſton quomodo fiat ex caprino lacte aduerſus morbos diuerſos commendatum, ſequenti capite Plinij uerbis docebo. Multo minus pinguedinis habet quàm bubulum, Galen. Si capræ aut alterius animalis ſcammoniam aut tithymallum depaſti, lac cibi loco quis ſumpſerit, omnino aluus illi fluet, Idem. Et in libro de boni & mali ſucci cibis ca. 6. Caprini (inquit) lactis uſus, frequens apud nos eſt, apud alios bubuli. Caprinum inter cætera lactis genera moderatè ſe habet, cum non admodum pingue craſſumq; ſit, ob idq; medium quoq; eſſe cenſetur, quod in corporibus noſtris præſtat, &c. ſed cum inter cætera animantium genera capellæ mediocritatem adeptæ ſint, inter ſe tamen inuicem collatæ, alio quàm diximus modo differre uidentur. Neq; enim harum parua diſcrimina ſunt ab ætate, à paſtionibus, ab anni tempore, ab eo ipſo ſpatio quo à partu ædito diſtant: quæ abunde tertio de facultate alimentorum libro diximus. Nunc uero id tantum referre ſit ſatis, caprinum lac ſine melle ſumptum periculoſum eſſe: pleriſq; enim qui purum illud hauſerunt, coactum eſt in uentriculo in ſpeciem caſei, quod quidem cum accidit, mirum eſt quàm aggrauet ho

A 3

minem ac strangulet. Eam ob causam lac ubi sumunt nonnulli, ne in uentriculo coaguletur, mellis, aquæ, & salis nonnihil admiscent, Hæc Galen. Lac muliebre temperatissimum est, mox caprillum: hinc asininum ouillumq;, postremò uaccinum, Aegineta. Caprinum lac substantia temperatum, purgando quidem bubulo imbecillius: ad reliqua uero satis idoneum, & nutriendo non parum efficax. Quod præstat? Capræ. Post? Ouis. Inde? Bouis, Baptist. Fiera Mantuan. de lacte. Lac omnium rerum, quas cibi causa capimus, liquentium, maximè alibile est, & id ouillum, inde caprinum. Quod autem maximè perpurget est equinum, tum asininum, deinde bubulum, tum caprinum, Varro. ¶ Casei maximi cibi sunt bubuli, & qui difficillimè transeāt sumpti: secundo ouilli: minimi cibi, & qui facillimè deijciantur, caprini. Capræ Scyriæ lac augent, pręcipuè autem casei (nimirum ex lacte earum) maximè commodi sunt, Hippocr. de morbis muliebr.

G.

¶ Multa remediorum ex capra demonstrantur, sicut apparebit: quod quidem miror, cum febri negetur carere. Amplior potentia feris eiusdem generis, quod numerosissimum esse diximus, Plin. Et alibi de ansere locutus, subdit: Multa pręterea remedia sunt ex ansere, quod miror æquè quàm in capris: Nanq; anser coruusq;, ab ęstate in autumnum morbo conflictari dicuntur. ¶ Difficilius se recolligentes à serpentium ictu, in caprilibus optimè conualescunt, Plin. Omnium quadrupedum morbis capram solidam cum corio & ranam rubetam discoctas, mederi reperimus, Plin. Lacertæ uiridis uiuæ dextrum oculum effossum mox cum capite suo deciso, in pellicula caprina, cōtra quartanas adalligari iubēt magi, Plin. ¶ Caprini corij cinis ex oleo illitus perniones primè abolet, Marcel. Iniurias è calceatu ex oleo corij caprini cinis sanat, Plin. Pelliculæ caprinæ ramenta cum pumice trita, acetoq; permixta, exanthematis prosunt, Marcel. Si fœminæ sanguis ex narib. nimie defluat, mamillæ eius uinciantur corrigio caprino, Marcell. Corium caprinum cum suo pilo decoctum, succo epoto, aluum sistit, Plin.

¶ Pili caprini usti, fluxus omnes sedant, Aesculap. Vsti & aceto permixti, sanguinem de narib. fluentem reprimunt, Sext. Combusti adiecta pice & aceto, inserti naribus cito sanguinem sistunt, Marcel. Eodem modo in naribus appositi, lethargicos excitant, Sext. Caprini cornus nidor aut pilorum, lethargicos excitat, Plin. Fimum caprarum in mulso, calculos expellit: pili quoq; caprini cinis, Plin. Combusti tritiq; & in potione dati, stranguriosos potenter emendant, Marcel. Caprarū cornu uel pilis accensis fugari serpentes dicunt: cineremq; eorum potum uel illitum, contra ictus ualere, Plinius.

¶ Comitialibus dantur carnes caprinæ in rogo hominis tostæ, ut uolunt magi, Plin. Caprina caro quæ super focum, uel rogum hominis mortui assatur, sumpta, caducis remedium est, Sext. Lusciosos, quos Græci nyctalopas dicunt, quidam inassati caprini iecinoris sanie inungunt, aut felle capræ: carnesq; eas uesci, & dum coquantur, oculos uaporari præcipiunt: id quoq; referre arbitrantur, si rutili coloris fuerint, Plin. Ego hic non simpliciter capræ carnem lusciosis edendam intelligo, sed iecoris carnem: etsi ea minus proprie sic adpelletur, Græci in uisceribus parenchyma uocant. Caprino iure cantharides expugnari tradunt Græci, Plin.

Drusus tribunus plebis traditur caprinum sanguinem bibisse, cum pallore & inuidia ueneni sibi dati insimulare Q. Cepionem inimicum uellet, Plin. De curioso usu caprini hircinique sanguinis ad abscessus cōcoquendos, in taurino sanguine Galeni uerba retuli. Sanguine caprino maculæ contactæ abluuntur, Marcel. Dioscorides leporino calente ephelidas & lentigines illini iubet. Caprinus sanguis contra toxicum bibitur, Dioscorid. (qui cum uino bibendum monet) & Galenus libro 2. de antid. Venenum potus extinguit, Aesculap. Decoctus cum medulla contra toxica uenena sumitur, Plin. Hircinum aut caprinum sanguinem aliqui terræ Lemniæ misceri solitum scribunt: sed Galenus id suo tempore factum negat. Commendatur ad antidota hœdinus quoq; sanguis à Dioscoride. Potus humores remediat, Sextus: forte per humores, uentris fluores intelligit: Quanquam Plinius sanguinem caprinum, uel medullam, uel iecur, aluum soluere scribit: sed maior apud me Galeni & Dioscoridis authoritas est, quorum hîc uerba adijciam: Sanguis hirci, uel capræ, intestinorum tormina & alui fluores sistit, in quem usum frixus in sartagine statim sumitur, Dioscor. Sanguinem caprarum hydropicis quidam cum melle exhibent: aliqui ad dysenteriam eodem tosto & ad uentris fluxū sunt usi: Videturq; mihi quispiam, crassam eius essentiam & terream, cum caliditate exiccatoriam esse suspicatus, ad hunc usum perductus, Galenus. Sanguis caprinus cum medulla, hydropicis auxiliatur: efficaciorem putant hircorum, utiq; si lentisco pascantur, Plin. Sanguis caprinus decoctus cum medulla dysentericis subuenit, Plin. Si sint tormina, satis esse remedij in leporis coagulo poto è uino tepido uel semel, arbitrantur aliqui: cautiores & sanguine caprino cum farina ordeacea & resina uentrem illinunt, Plinius ubi de remedijs cœliacorum & dysentericorum agit. Sanguinem caprinum si polentæ furfuribus, adiecta resina miscueris, atq; emplastri modo ano uentriq; adposueris, pondus omne & libidinem deiectionis efficaciter reprimes, Marcel. Sextus non capræ, sed capri sanguinem, cum resina & polline (malim polenta) mixtum, & uentri superpositum, torminosos sanare scribit. Sed an capræ aut capri sit sanguis, parum refert, ut patet ex Galeni uerbis paulò ante positis. Inuenimus etiam caprinum sanguinem renum calculos frangere, Marcel. Verg. de hoc plura in hircino. Sanguis caprinus cum polenta impositus, ani uitium omne persanat, Marcel. Cæteris uitijs sedis fedis(proximè de inflationibus eius dixerat)medetur sanguis caprinus cum polenta,Plin.

¶ Adstringentior est caprinus adeps(addunt aliqui,pascuorum causa,)quamobrem dysentericis datur,&c.ut infra dicetur,Dioscor. Boues & capræ,& quæcunq; id genus cornigera, ob siccitatē adipem plurimum generant.Sed siue adipem(seuum)siue pinguedinem, totum oleosæ & pinguis substantiæ genus in animalibus appelles:non tamen licet citra mendacium adipem caprinum humidiorem esse dicere,quàm suum,&c.Cæterum caprinum adipem ijs qui mordicationes patiuntur,aut in recto intestino, aut in colo,potius quàm suillum inijcimus:non quod acrimonias plus obtundat: sed quod ob crassitiem citius concrescat,cum suillus instar olei defluat,Galenus de simplicib.11.4.Et paulo post:Hœdorum adeps(inquit)minus tum calidus tum siccus est,quàm caprarũ, sed & caprarum minus quàm hircorum.Et rursus cum nonnullos astringentia pro acribus dicere reprehendisset,subdit:Sed illi in uocabulis potius,quàm rebus ipsis hallucinari uidentur: & maximè illi quibus Græca lingua insueta est,qualis est Dioscorides Anazarbensis,&c. Hic enim cum ait magis esse astrictorium adipem caprinum suillo:si quidem acriorem significare uelit per magis astrictorium,accipimus sermonem ceu uerum:at si illud,talem habentem qualitatem, qualem rhus, rheon, hypocisthis,balaustium,haud uerum esse sermonem dicemus,Hucusq; Galen. Seuum capræ adstringentius est seuo boum,Rasis. Caprinus adeps datur utiliter his,qui cantharidum uenena hauserunt, Dioscor.Seuum caprinum cum cera,contra ictus serpentium imponitur,Plin. Omni morsui & læsioni subuenit,Aesculap. Ferè omnis dolor corporis si sine uulnere est, recens melius fomentis discutitur:uetus uritur,& supra ustum butyrum,uel caprinus instillatur adeps,Columella in remedijs boum.Et alibi,Suppuratio(inquit)in bubus ferro rescinditur: expressus deinde sinus ipse, qui eam continebat,calida bubula urina cluitur:uel si colligi ea pars nõ potest,lamina candenti seuum caprinum aut bubulum instillatur. Seuum caprinum perniones sarcit,Plin. Cum calce strumas discutit, Plin.Adeps caprina cum calce subacta & apposita,strumas statim dissoluit & sanat,Marcel. Caprinum seuum admixta sandaracha ungues scabros emendat,Plin. Ex sepo caprino admixta sandaracha cerotum,unguibus leprosis superpositum,sine tormento sanat,Sext. Cantharides licheni illitas cum succo taminiæ uuæ,& seuo ouis uel capræ,prodesse non dubium est, Plin. Vlcera quæ serpunt,cohibet seuum cum cera:item addita pice ac sulphure percurat,Idem. Manantia uerendorum ulcera sanat seuum caprinum cum melle rubiq; succo,Plin. In furunculis seuum bubulum cũ sale illinitur:aut si dolor est,intinctum oleo,liquefactum sine sale,similiq; modo caprinum, Plinius. Adeps caprinus cum rosis mixtus,pustulas,quæ in nocte grauescunt,tollit,Aesculap. Hoc etiam auribus instillatum surdos sanat,Idem. ¶ Comitialibus magi commendant seuum caprarum, cum felle taurino pari pondere decoctum, & in folliculo fellis reconditum ita ne terram attingat,bibendum sub limine ex aqua,Plin. Zeæ farina ex uino rubro ad scorpionum ictus tepida illinitur,tussi cum caprino seuo aut butyro,Plin.Ius decocti caprini adipis,phthisicis in sorbitionibus prodest,Dioscorid.Capræ seuo in pulte ex alica,& phthisin & tussim sanari,uel recenti cum mulso liquefacto,ita ut uncia in cyathum addatur,rutæq; ramo permisceatur,non pauci tradunt,Plin.Idem alibi rupicapræ seuo ex lacte phthisicum liberatum scribit,ut infra dicam. Ptisana cum adipe caprino cocta,torminosis in declinatione conuenit,Marcel. Caprinus adeps decoctus cum polenta,rhoë & caseo,dysentericis datur,& cum ptisanæ succo infunditur,Dioscor.Rasis ubi remedia ex capra describit,leonis etiam seui(nisi interpres errauit,quod omnino suspicor)mentionem immiscet,cum de leone tractasset ab initio libri illius de 60.animalibus,nec ullum tale ex eius seuo remediũ memorasset: Sepũ leonis,inquit,omnibus præfertur:ob hoc quùm clyster ex eo paratur cum aqua ordei tosti: aut cum aqua farinæ tostæ,& sumach cocti(coctum)& liquefactum cum cera,exulceratis intestinis summopere conducit. Seuum caprinum in sorbitione aliqua intestinorum uitijs magnopere prodest, ita uti protinus hauriatur frigida aqua,Plin.(Sextus idem remedium hydropicis commendat,quod nõ probo.)Seuo hirci aduersus dysenteriam utuntur,in pane qui cinere coctus sit:capræ,à renibus maximè,ut per se hauriatur,protinusq; modicè frigidam sorberi iubent. Aliqui & in aqua decoctum seuum admixta polenta & cymino,& anetho,acetoq;,Plin. Adipem caprinum de renibus sublatum, misce cum polentæ furfuribus,atq; adijce illic cyminum,& anethum,& acetum,æquis portionibus, atq; ex aqua decoque,& colatum sorbitionis more dysenterico dato sumẽdum,mire celeriterq; subuenies,Marcel. Helxine imponitur podagris cum caprino seuo ceraq; Cypria, Plin. Seuum (capri,Albertus)cum stercore caprarum coctum & croco,ponitur (fricatur,Albertus) super podagrã, ut dissoluat(leniat,Albertus)dolorem,Rasis.

¶ Caprina medulla quarto loco post ceruinam,uitulinam,& taurinam laudatur apud Dioscoridem,postrema est ouilla.Laudatissima ceruina,inquit Plinius,mox uitulina, dein hircina & caprina.Vide supra in Vitulina,ubi multa de medullis earumq; uiribus in genere dixi. Sanguis caprinus decoctus cum medulla,contra toxica uenena sumitur,Plin.Idem remedium dysentericis & hydropicis prodest,Idem.Et alibi cum ex caprino remedia quædã docuisset,subdit,Nec abdicant fimũ ex melle illitum epiphoris,contraq; dolores medullã,item pulmonem leporis: ut dubitet aliquis leporinam ne an caprinam medullam accipiat:ego de caprina intelligo. Sanguis caprinus, uel medulla,uel iecur,aluũ soluit,Plin. Ego cõtra sistere potius dixerim,cum siccandi modicè & emplasticã ferè facultatem pleraq; omnes medullæ habeant:Quamobrem ad dysentericos etiã caprinæ medullę

A 4

usus est, ut nunc dicam. Quinetiam sanguinem caprinum, aluum sistere supra dixi, idem de iecore mox confirmaturus. Sanguis caprinus decoctus cum medulla dysentericis subuenit, Plin. Sanguis caprinus cum medulla hydropicis auxiliatur: efficaciorem putant hircorum, utiq; si lentisco pascantur, Plinius.

¶ Cornu caprinum dextrum in Athanasiam magnam, sic appellatam compositionem apud Io. Mesuen requiritur: item in antidotorum descriptionibus filij Serapionis & Hali, & Auicennæ. Apud Mesuen codices quidam uariam lectionem habent, Aliâs de cornibus cerui. Hanc reprehendunt monachi qui nuper in Mesuen scripserunt, quoniam apud alios authores non habeatur. Io. Manardum quoq; (sus Mineruam) uituperant, qui scripserit superstitiosè dextrum potius quàm sinistrum cornu sumi: ipsi enim dextrum præferendum putant, siue occulta nobis ratione illud præcellat, siue quod pugnando magis exerceatur: & alia multa multo risu excipienda nugantur. Non ignoro tamen ex cerui cornibus alios dextrum, alios sinistrum præferre, ut suo loco dicetur. Caprarum cornu uel pilis accensis fugari serpentes dicunt, cineremq; eorum potum uel illitum contra ictus ualere, Plinius. Puluerem de cornu capræ, & eius lac cum origano, & cum uini cyathis tribus, à serpente morsus bibat, uenenum excutiet, Sextus. Sed is confundit in unum remedium, quod Plinius triplex fecit, de cornu, de lacte, & de caseo capræ: de cornu Plinij uerba iam retuli, de reliquis quoq; mox subiungam: uidetur etiam corrupta quædam in Sexto, quæ omitto, & Plinij seruandam lectionem moneo. Sudores inhibet cornus caprini cinis è myrteo oleo perunctis, Plin. Caprini cornus uel fimi cinis ex aceto illitus, sanguinem sistit: hircini uero iecinoris dissecti sanies efficacior. Et cinis utriusq; (uel cornus uel fimi caprini, ut hircini iecoris per parenthesin mentio inciderit) ex uino potus, uel naribus ex aceto illitus, Plin. Ad sacrum ignem: Cornu caprinum in flamma ustulato, & crustas quæ exurgunt excuties in uas nouum, donec consumatur: deinde conteres cum aceto scillitico, & illinies sacrum ignem, mirificè sanabitur, Sextus. Cornu caprinum capiti infirmi qui non dormit, suppositum, uigilias in somnum conuertit, Sext. Capræ cornu furfure mixto cum oleo myrtino, capillos fluentes retinet & crescere facit, Sext. Caprini cornus farina uel cinis, magisq; hircini, addito nitro & tamaricis semine, & butyro oleoq;, prius capite raso, mire continent ita fluentem capillum, Plin. Comitialem morbum deprehendit caprini cornus, uel ceruini usti nidor, Plinius. Si caducus uerè caducus est, caprinum cornu adustum naribus si sumpserit (si ante nares eius teneatur) mox cadet, Sextus. Lethargicos excitat caprini cornus nidor, aut pilorum, Plin. Cornibus cerui & capræ ustis maximè utuntur, ut & nos sæpe usi sumus, tum ad candorem dentium, tum ad contrahendas mollitie fluidas gingiuas, Galenus. Cornu capræ ad albedinem ustum, dentes egregiè abstergit, & gingiuas corroborat, earumq; turgentium dolorem reprimit, Auicenna: item & Rasis & Albertus, qui dentes eo confricandos scribunt. Cornu capræ rasum in mel mixtum, & pisatum (contusum) medicatum (ex medicinæ malicia natum, ut Humelbergius exponit,) uentris fluxum reprimit, Sextus. Caprino cornu suffiri uuluam, utilissimum putant, Plin. Ouiculæ aut capræ cornu tusum, & ordeum tostum ac fresum oleo subigito ac suffito, Hippocrates in libro de morbis muliebribus, inter medicamenta muliebria diuersa, & ita confusa, ut de multis ad cuius facultatis titulum referri debeant dubitemus. Capræ cornu, & gallam, & adipem suillum, ac cedriam, suffito, Ibidem. Lotium caprinum cornu caprino inditum reseruatur ad remedia quædam, ut in lotij mentione dicam.

¶ Capræ ungulas ad serpentes prohibendos Palladius uri iubet. Caprinarum ungularum cinere perunctæ ex aceto alopeciæ sanantur, Dioscorides & Rasis. Albertus acetum uehemens requirit, & malignam quoq; alopeciam ita curari scribit. Quidam ungues caprarum deustos, moxq; aceto perfusos, alopecijs illinunt: Itaq; fuerit & hic cinis facultatis extenuatoriæ, Galen. Aesculapius ungulas ustas cum pice liquida teri & illini iubet. Vngularũ cinis cum pice, fluentẽ capillũ continet, Plin.

¶ Talorum capræ recentium cinis dentifricio placet, & omnium ferè uillaticorum quadrupedum, ne sæpius eadem dicantur, Plin.

¶ Ad rupta intestina laudant caprini capitis cum suis pilis decocti succum, Plin. Caprinum caput cum pilis decoctum & contritum, incisa intestina solidat, Sext. Cum pilis suis contusum, atq; discoctum, ciboq; sumptum, rupta interius intestina dicitur glutinare, Marcellus. ¶ Cerebrum capræ (capreæ, Sextus:) magi per annulum aureum traiectum, priusquam lac detur, infantibus instillant contra comitiales, cæterosq; infantium morbos, Plin. Capræ cerebrum cum melle carbunculos in uentre sanat, Aesculap. Aqua quæ è capræ palato effunditur, & quicquid comedit, misceatur cum melle & sale, & ex eo caput & corpus serò fricetur, pediculi extinguentur, Sextus. Idem remedium est ad uentris dolorem: sed & uentrem strictum soluit, & si plus biberit, purgat, Idem. ¶ Linguæ exulcerationi & arteriarum prodest ius omasi gargarizatu, Plin. omasum intelligo bubulum: de illo enim lacte proximè dixerat, quanquam simul etiam de caprino.

¶ Caprinum iecur assum si edatur, tum ad nyctalopas accommodari aiunt, tum eos qui comitiali morbo sunt obnoxij, arguere, conuulsionemq; illis accersere: Idem potest hircinum, Galenus. Papilio quoq; lucernarum luminibus aduolans inter mala medicamenta numeratur: Huic contrarium est iecur caprinum, Plin. Caprini iecoris inassati decidua sanie, inungi lusciosos (nyctalopas) prodest: & dum coquitur apertos oculos halitu eius uaporari: prodest in cibo tostum ad eadem, Dioscorid. & Galenus. Capras tradunt noctu non minus cernere quàm interdiu: ideo si caprinum iecur

uescantur,

rescantur, restituit uespertinam aciem his quos nyctalopas uocant, Plinius. Et alibi, Et quoniam capræ noctu æquè quoque cernant, sanguine hircino sanari lusciosos putant, nyctalopas Græcis dictos: Capræ uero iecinore in uino austero decocto: Quidam inassati iocineris sanie inungunt, aut felle capræ: carnesque eas (ipsum iecoris uiscus) uesci, & dum coquantur, oculos uaporari ijs præcipiunt: Id quoque referre arbitrantur, si rutili coloris fuerint. Volunt & oculos suffiri, iocinere in ollis decocto, quidam inassato, Plinius. Dum hepar capræ cum aqua & sale decoquitur, comprimat se oculis apertis super uaporem huius aquæ, cui uisus deficit noctu, multum iuuat, Rasis. Celsus medicinæ lib 6. post multorum in oculis morborum curationes, de oculorum imbecillitate curanda sic prodit, Præter hæc imbecillitas oculorum est, ex qua quidam interdiu satis, noctu nihil cernunt, quod in fœminam bene respondentibus menstruis non cadit. Sed sic laborantes inungi oportet sanguine iocinoris, maxime hircini, sin minus, caprini, ubi adassum coquitur, excepto: atque edi quoque ipsum iecur debet. Sext. hæc remedia ad nyctalopas capreæ iecori adscribit, uide infra. Iecur assum capræ cœliacis subuenit, magisque etiam hirci, cum uino austero decoctum potumque, uel ex oleo myrteo umbilico impositum: Quidam uerò decoquunt à tribus sextarijs aquæ ad heminam (al. geminum) addita ruta, Plinius. Vini ueteris feces, & iocineris caprini frustum sufficiens in ollam rudem mitte, & facito ut bulliat, atque inde ieiuno cœliaco sufficienter da bibere, Marcellus. Iecur capræ aluum soluit, Plinius: sed quod sistat, non soluat, constat ex eo quod cœliacis subuenit, ut iam dictum est, &c. Si pariens inflata fuerit, hepar ouillum aut caprinum, calido cinere obrutum, edendum dato meracius ad dies quatuor, & uinum bibat uetus, Hippocrates de natura muliebri.

¶ Fel caprinum ueneficijs ex mustela rustica factis contrarium est, Plinius. Felle caprarum psilothri uis efficitur, si euulsis pilis triduò seruetur illitum, Plinius: uide paulo post in remedijs huius fellis ad palpebras & supercilia. Fel caprinum ad incipientes strumas optimè facere experimenta docuerunt: nam penitus crescere non sinentur, si eo assiduè tangantur, Marcellus: apud Plinium nō caprinum, sed aprinum fel strumas discutere legimus. Fel caprinum cum aluminis cinere scabiem hominis abolet, Plinius. Lepras iecur hirci calidum illitum tollit, sicut elephantiasin fel caprinum, Plinius: Dioscorides hircinum fel ad elephantiasis tumores commendat. Magi felle capræ sacrificatæ duntaxat illito oculis, uel sub puluino posito, somnum allici dicunt, Plinius. Ad porriginem prodest cornus ceruini cinis è uino, utque non tædia animalium capillis increscāt: item fel caprinum cum creta cimolia & aceto, sic ut paululum capilli inarescant, Plinius. Hyblæi mellis succi cum felle caprino Subueniunt oculis dira caligine pressis, Serenus. Fel quidem caprinum pluribus modis assumunt ad oculorum remedia: cum melle, contra caligines, (Sextus capreæ fel cum melle miscet aduersus caliginem: Dioscorides in eundem usum fel syluestris capræ commendat:) cum ueratri candidi tertia parte, contra glaucomata: cum uino, contra cicatrices, & albugines, & caligines, & pterygia, & argema: ad palpebras uerò, euulso prius pilo, cum succo oleris, ita ut inunctio inarescat: contra ruptas tunicular, cum lacte mulieris: Ad omnia autem inueterata fel efficacius putant, Plinius: Eadem omnia Sextus de capreæ felle scribit, paucis uerbis uariantibus, uide infra. Sedat caliginem fel cum passo aut melle, Idem: caprinum intelligo, etsi propius nominatus sit lepus. Felle capræ nyctalopas inungunt, uide supra in iecoris ex hoc animali remedio ad eosdem. Dioscorides capræ syluestris fel ad oculos lusciosos & uarios eorum affectus commendat. Collyrium ex felle caprarum syluestrium uel domesticarum, telam oculorum sanat, Rasis & Albertus. Fel caprinum palpebris uel supercilijs impositum, pilos abolet: acerrimum enim est, & forsan in alijs quoque locis psilothrum, Albertus. Domesticarum suum bile utuntur quidam ad ulcera aurium, medicamento utique non reprobo: & tu quoque ubi compositorum nihil adfuerit, utitor: sunt enim innumera. Sed & pro affectus magnitudine, alia etiam atque alia alterius animalis bilis potest congruere. Nam ubi ulcus diuturnum fuerit: multamque saniem pusque contineat, etiam sicciorem bilem præferes, puta ouiū, quę paulò est acrior suilla: hac etiam magis caprarum, cui adsimilis quodammodo est ursorum & boum: taurina ualentior est. &c. Galenus. Medicamentum quod recipit fellis caprini & mellis ana scrupulum unum, conteres & in strigili calefacies & infundes, & lana obcludes aurem. Nihil hoc medicamine potentius, neque certius, etiamsi intrinsecus cancerauerint aures, Marcellus. Senectus serpentium usta, cum felle caprino auribus purulentis instillatur, ut in Senectute serpentium dicam ex Plinio. Aurium uitia sanantur tritis porri folijs cum felle caprino, uel pari mensura mulsi, Plin. Aurium uitijs medetur fel caprinum cum rosaceo tepido, aut porri succo: aut si sint rupta ibi aliqua, è lacte mulieris, Plin. Quorum auditus hebes est, ex felle caprino, formicarum ouis, melle & chelidonio mixtum medicamen auribus instillent, Innominatus. Anginæ prodest caprinum fel cum melle, Plin. Caprinum fel, uel taurinum, melle permixtum, & extrinsecus faucibus adpositum, uel pro unguine inductum, anginas efficaciter sanat, Marcellus. Ad ceruicum tumores sedandos, ouorum uitelli cocti cum adipe anserina illinuntur, felle caprino æquis ponderibus permixto, atque inde ceruices fricantur, Marcellus. Capræ fel cum cyclamini succo & aluminis modico: aliqui & nitrum & aquam adiecisse malunt, aluum soluit, Plinius: subditum pastillo intelligo: quod mox etiam de felle taurino dicit cum absinthio trito: Simile remedium Sextus ex felle capreæ describit, ut in Caprea dicam. Ad lumbricos egerendos felle caprino madefactam lanam umbilico adpone, Marcellus. Ani uitia & cōdylomata felle caprino peruncta, sanari certissimè constat, Marcellus. Fel caprinum per se condylomatis sedis medetur,Plinius si bene memini. Cum melle ueretri doloribus ulceribusq; illitum prodest, Marcel. Caprarum fel callum uuluarum emollit inspersum, & à purgatione conceptus facit. Probatum remedium est felle caprino, non manu, sed pinna, pedes perunctos confestim dolore releuari, Marcel.

¶ Capræ hirci ue liene asso, cœliacis utuntur, Plinius. Sextus torminosis capreæ lienem bibendū commendat.

¶ Genuinum capræ stercori commisceas, & factum quasi malagma, femora perunge, mirè sanat femorum dolorem, Sextus: Per genuinum (inquit Humelbergius) aut testiculos, aut naturam, aut tale quid intelligendum putamus, sicuti de patella cerui etiam diximus.

¶ Qui urinam tenere non poterit, capræ uesicam comburat, & cinerem eius ex aqua cum uini potione bibat, Marcellus.

¶ Capræ secunda ex uino pota mulierum secundas eijciet, Sext. Membrana caprarum in qua partus æditus, inueterata potuq; sumpta in uino, secundas pellit, Plin.

¶ De lacte caprino uide quædam supra ca.6. Scio Damocratem medicum in ualetudine Consi. diæ M. Seruilij consularis filiæ, omnem curationem austeram recusantis, diu efficaciter usum lacte caprarum, quas lentisco pascebat, Plin. Cancri fluuiales triti potiq; ex aqua recentes, seu cinere adseruato, contra uenena omnia prosunt, priuatim contra scorpionum ictus cum lacte asinino: uel si non sit, caprino, uel quocunq;: addi & uinum oportet, Plinius. Absyrtus idem ferè medicamen ad cephalalgiam in equis commendat, ut dicam paulò inferius. Caprinum lac contra cantharides remedio est, Plinius & Sext. & contra ephemerum, potum cum taminia uua, Plin. Lactis (caprini) haustus cum uua taminia, contra ictus serpentium ualet, Plin. Capræ lac quod primum mulgetur leuiores facit accessiones in quartanis, si illud editur aut ex dulci bibatur, Sext. Magorum quidam fimi hirundinum drachmam unam in lactis caprini uel ouilli uel passi cyathis tribus aduersus quartanas ante accessiones dant, Plin. Agnis febricitantibus multi lacte caprino medentur, quod per corniculum infunditur faucibus, Columella. Alicæ usum ad syntexes ex ouillo aut caprino lacte, in ouillo dicam ex Plinio. Fel herinacei psilothrum est, utiq; mixto cerebro uespertilionis, & lacte caprino: item per se cinis cum lacte, Plin. Vetonicæ farina è lacte caprino pota sanguinem ex hubere fluentem sistit, Plin. Sacer ignis morbus ouium insanabilis penè ad omnem tactum excandescit, sola tamen ea fomenta non aspernatur lactis caprini: quod infusum tantum ualet, ut blandiatur igneā sæuitiam, differens magis occidionem gregis quàm prohibens, Columella. Frigidam ustionem nostrates uocant, in uulneribus & ulceribus quibusdam periculosum symptoma, cum locus tanquam ustus nigrescere & sensum amittere incipit, & caro ipsa resolui ac decidere, ex putrilagine ni fallor, sphacelum aut gangrenam dicas: huic aliqui occurrunt, filicis maioris radice in lacte caprino decocta & imposita calida: Alij anthemidis flores cum farina tritici in lacte caprino coquunt & imponūt. Lac caprinum potum pruriginem & morsus sanat, Aesculap. Si quid in membri alicuius articulū deciderit, unde uel dolor uehemens oriatur, uel ligamenta læsa humorem remittant (quem nostri uocant **das glidwasser**) quod magno tum dolore tum periculo fit, lini semen in lacte caprino decoques & impones, Author obscurus. Lacte caprino lendes tolli tradunt, Plin. Lac caprinum incoctum, sed non adulteratum aut uitiatum, rectè alopecijs infricatur, mirum est, Marcel. Cancros fluuiatiles septem contritos misce sextario lactis caprini, & olei cyatho: diligenter percolatum equo ex capite dolenti per os infunde, Absyrtus: Simile paulo ante recitaui ex Plinio aduersus uenena. Philistion opisthotonicis brassicæ succum ex lacte caprino cum sale & melle bibendum censet, Plin. Dextro oculo chamæleontis, si uiuenti eruatur, albugines oculorum cum lacte caprino tolli, Democritus narrat, Plin. Fel tauri sanat purulentas aures, & in his rupta, cum caprino humanó ue lacte instillatum, Dioscor. Purulentæ & obtunsæ auriculæ & dolorem tolles, & auditum confirmatissimum reddes, si prius eluas eam lasere cum recenti caprino aut mulieris lacte permixto, deinde instilles tepidū fel taurinum cum oleo cedrino æquis portionibus mixto, Marcel. Idem remedium alibi etiam describit ab initio capitis noni. Lacte caprino perunctæ gingiuæ, faciles dentitiones faciūt, Plin. Efficax habetur caprino lacte collui dentes, uel felle taurino, Idem. Dentes mobiles sæpius colluendi sunt lacte caprino, Sext. Caprino lacte recenti, sicut mulsum fuerit, os assiduè collutū, laborantes ex ictu dentes confirmat, Marcel. Lacte bubulo aut caprino tonsillæ & arteriæ exulceratæ leuantur: Gargarizatur tepidum, ut est expressum, aut calefactum: Caprinum utilius, cum malua decoctum & sale exiguo, Plinius & Marcellus. Aesculapius artericum habet, pro eo cui læsa sit arteria: arteriacum malim, quanq; & arthriticis lac schiston caprinum datur, ut mox dicemus. Lac caprinum, uel bubulum, uel ouillum, recens mulsum dum calet, uel etiam calefactum gargarizatum, tonsillarum dolores & tumores cito sedat, Marcellus. Pectoris doloribus decoctum in lacte caprino prodest nasturtij semen, Plin. Maximè perpurgat lac equinum, tum asininum, deinde bubulum, tum caprinum, Varro. Caprini lactis potus cum sale & melle aluum soluit, Plin. Purgatorium efficax, quod nec stomachum uexat, nec caput grauat, & bilem deducit: lactis caprini sextarium, salis ammoniaci uncias duas, mellis optimi unciam unam, in unum omnia diu contrita & permixta ieiuno potui dantur: sed post potionem diu inambulare debet, ut ipsa potio melius motu corporis prosit, Marcellus. Mulieri grauidæ pituitosæ & caput dolēti, & aliâs atq; aliâs febriēti, dare oportet pharmacū quod pituitā ducit, & lac caprinum coctum cum melle miscere, Hippocrates in libro de morbis mulieb. Medici speciem

ſpeciem unam addidere lactis generibus, quod ſchiſton appellauere: id fit hoc modo: Fictili nouo feruet, caprinum maximè, ramiſq; ficulneis recentibus miſcetur, additis totidem cyathis mulſi (aceti mulſi, Dioſcor.) quot ſint heminæ lactis. Cum feruet, ne circumfundatur præſtat cyathus argenteus cum frigida aqua demiſſus, ita ne quid fundatur. Ablatum deinde igni refrigeratione diuiditur, & diſcedit ſerum à lacte. Quidam & ipſum ſerum iam multò potentiſſimum, decoquunt ad tertias partes, & ſub dio refrigerant. Bibitur autem efficaciſſimè heminis per interualla, ſingulis diebus, quinis (ſingulis uſq; ad quinas, Dioſcor.) melius à potu geſtari. Datur comitialibus, melancholicis, paralyticis, in lepris, elephantiaſi, articularibus morbis. Inteſtinorum uitijs magnopere prodeſt lactis caprini potus decoctus cum malua, exiguo ſale addito: & ſi coagulum addatur, maioribus emolumentis fiet, Plinius. Lac caprinum ex coagulo temperabis, & dum tepet, antequam penitus conſtringatur, dyſenterico bibendum dabis, cito remediabitur, Marcel. Lactis caprini ſtatim mulſi grandi potioni additur de coagulo hœdino fruſtum, quantum auellana grandis eſt: quod digitis, medicinali & pollice ſublatum uel miſſum, iſdem digitis contemperatur, & datur laboranti dyſenterico dum adhuc calet lac, antequam coagulo ſtringatur, per triduum: Hæc potio ieiuno dabitur contra orientem bibenda, Marcel. Lac caprinum feruens, adiecto polentæ quantum ſatis ſit, cum fuerit quaſi tenuis pulticula, dyſenterico bibendum dabis, Marcel. Lac caprinum ad dimidias partes decoctum, dyſentericis & cœliacis datur, Plin. Si torminoſi uel cœliaci propter frequentes deſurrectiones uiribus deficientur, dandum erit eis ius gallinæ pinguis excoctæ cum butyro, uel lac caprinum aut ouillum tepidum per ſe, uel etiam decoctum cum butyro, Marcel. Iniectio ad dyſenteriam, Amyli uncias tres in lactis caprini cocti pro modo quantum uiſum fuerit, adijcies, & ita iniectionem facies, Marcellus. Alui exulceratos fluores & teneſmos, ouillum bubulúmue aut caprinum lac ſiſtit, ignitis calculis decoctum, Dioſcor. Poſt clyſteris uſum, ſi quidem ſtercorum multitudo in cæco inteſtino ſit: ſin minus, poſt fomenta pectini inguinibuſq; admota, exhibendum eſt lac caprinum recens mulctum heminæ menſura, nequaquam minus: uerum non aceruatim, ſed ſigillatim partitum. Sequenti deinde die lac ipſum ad dimidium decoquatur, ablato eo quod in decoctione concretum ſuperſtat, atq; ita exhibeatur, Aëtius in cura teneſmi. Idem alibi docet quo pacto lac cum calculis fluuialibus ignitis ſiue bubulum ſiue caprinum, in biliosis alui fluxionibus, & cœliacorum alibi, parare conueniat, ut in bubuli lactis mentione ſupra expoſui. Panicum ſiſtit aluum in lacte caprino decoctum, & bis die hauſtum: ſic prodeſt & ad tormina, Plin. Panis antiquus ex lacte caprino decoctus, & more ſorbitionis uentris fluxu laboranti bis ad diem datus, cito ſuccurret, Marcel. Satiui ſiſeris priuatim ſuccus cum lacte caprino potus, ſiſtit aluum, Plin. Caprino lacte lienes ſanantur, poſt bidui inediam tertia die edera paſtis capris, per triduum poto ſine alio cibo, Plin. Vtiliſſimum lienoſis hoc remedium eſt: Capræ lactares abſtinentur à cibo per triduum, tertia die hedera tantummodo ſaturantur, & mulgentur antequam bibant: ſi ex eo lacte ſextarios tres per triduum calidos ſtatim quomodo mulſi fuerint ieiunus lienoſus acceperit, ita ut nullos alios cibos illo triduo mãducet, potenter ſanabitur, Marcellus. Qui cotidie ieiunus ſerum caprinum, ſed earum capellarum quæ hedera paſcuntur, biberit, ſplene conſumpto erit, Marcel. Lac caprinum ſemicoctum, ſi capræ tantummodo hedera paſcantur, infantibus lienoſis datur, Marcel. E caprino lacte adiecto coagulo, ut ſolet caſeus fieri, potus detur hydropicis, elabuntur, Sextus. Remedium ad colicam ex lacte caprino calido in bubula ueſica uentri admoto, ſupra deſcripſi in Boue: hic illud addam, aliquos non in ueſicam lac infundere, ſed ſpongiam eo grauidam imponere, & inſuper uas ligneum, quo lac minus defluat. Lac caprinũ potum lumbricos necat, Aeſculap. Paſſi Cretici cyathos tres, lactis caprini itidem, ſeminis cucumeris grana triginta tria, optimè trita ſimul una potione qui biberit, abſoluet renium dolore, Marcel. Anatolius equis ſanguinem per urinam excernentibus, lactis caprini cotylam cum amyli ea menſura, quæ tribus ouis par eſſet, & olei uncijs tribus, omnia mixta per cornu infundi iubet: Pelagonius lac caprinum amylum, & oua tria, & ſuccum perdicij herbæ commiſcet. Vettonicæ farina è lacte caprino pota, ſanguinem ex hubere fluentem ſiſtit, Plin. Medicamenta quædam ad Venerem incitantia medici ex caprino lacte propinant, Marcel. Herbæ quam orchin uocant radicem alteram, quæ mollior & inferior eſt, in lacte caprino uiri in Theſſalia bibunt ad ſtimulandos coitus, duriorem uero ad inhibendos, Plin. Ad eos quibus ſemen fluit, & non potentibus, & aquoſum eſt, unde efficit ut fœmina non concipiat: Caprinum lac cum melle potum, remedium eſt & ualde optimum ut concipiat, Sext. Si ſedis muſculus promineat, & rimas patiatur, caprinum lac calefactum illinito, Innominatus.

¶ Caprinus caſeus recens, his qui uiſcum biberint, remedio eſt, Plin. Ad reliquos (præter canis rabidi) beſtiarum morſus, caprinum caſeum ſiccum cum origano imponunt, & bibi iubent, Plin. Et alibi, Caſeum caprinum cum origano impoſitum, contra ictus ſerpentium ualere tradunt. Siccus ex aceto ac melle purgat ulcera, Plinius. Contra quartanam datur caſeus caprinus recens cum melle diligenter ſero expreſſo, Plin. Impoſitus caſeus caprinus omnes punctiones & dolores reprimit, Aeſculap. Mollis, id eſt recens, cum melle ſubactus impoſituſq;, & panno deſuper tectus aut linteo, ſuggillationes liuoreſq; celeriter abſterget, Marcellus. Caſeus caprinus ſiccus cum porro igni ſacro illinitur, Plin. Siccus ex melle & aceto in balineis, oleo remoto, papulis nigris illinitur, Idem. Recens coagulatus ſupra oculos poſitus dolores cito lenit, Marcellus. Ad feruorem uel punctionem oculorum, capitis & pedum dolorem: Caseus caprinus recens oculis superpositus mire subuenit: Itẽ simili modo capiti dolenti superpone: Sic & pedum dolorem medicare, Sextus. Caseo caprino molli imposito ex aqua calida epiphoræ sedantur: si tumor sit, ex melle: utrunq; uero sero calido fouendum, Plinius. Ad ueretri dolorem, caseum caprinum & mel pari pondere in pultario fictili coque, & bis ad diem impone: sed ante uino uetere locum qui curandus est eluas, Marcel. Genitalium carbunculis caseus caprinus tritus & impositus medetur, Plin. Si mulier cibos auersans, utero doleat, & febris ipsam ac rigor corripiat, pepli albi quintam dimidiæ chœnicis partem, & seminis urticæ tantundem, & casei caprini rasi dimidiam chœnicem, simul cum uino uetere mollito, deinde cocta sorbenda dato, Hippocrates in libro de morbis mulieb. Et paulo post: Si ex partu alui profluuio corripiatur, bibat uuam passam nigram, & punici dulcis malicorium, & internum nucleum, et coagulum hœdi: hæc uino nigro diluta, & caseo caprino ac polenta triticea inspersis, bibenda dato. Et alibi in eodem libro, si quid in uteris computruerit, item si sanguis & pus exeant, caseum caprinum uel derasum assatumq;, uel simpliciter, cum æquali parte polentæ miscet, & in uino ieiunæ propinat.

¶ Omnium creberrimè utimur caprino stercore. Græci σπυράθους (fœm. genere) propriè nominãt, digerentis & acris facultatis: adeo ut et induratis scirrhorum in modum tumoribus congruat, nõ tantum lienis, sed etiam aliarum partium. Vstum tenuioris essentiæ quidem, uerũ haud manifestò redditur acrius: quamobrem sanè ad alopecias congruit, & omnia adeò quæ extergentia medicamenta desyderant, ut lepras, psoras, lichenas, & id genus alia. Miscetur & digerentibus cataplasmatis, qualia sunt quæ accommodantur ad parotidas & bubonas diuturniores. Est enim uis eius tum usti, tum non usti, abstersoria, & digerens: nec eam paruam habet digerendi potentiam. Verum pro pastu uario nonnihil habuerit differentiæ: non tamen tantum, quantum stercus humanum. Medicus quispiam ex ijs qui in agris & uicis medicinam exercent, utebatur hoc fimo ex aceto ad uiperarum morsus, & multò sanè etiam magis aliarum bestiarum: ac profectò ex ijs complures seruauit. Et hic ipse quoq; medicus ad auriginem potandas ipsas spyrathos ex uino præbuit, & ad profluuium muliebre cum thure apposuit. Quæ omnia sanè optimus medicus ignorare non debet: cæterum potiora eligere, potissimum ad urbanos & honoratos uiros, Hæc omnia Galenus libro 10. de facult. simplicium ca. 22. Caprinum fimum inquietos infantes adalligatum panno cohibet, maximè puellas, Plinius. In aceto decoctum imponitur serpentium morsibus, Dioscor. Et alibi, Cum uino studiosè impositum uiperarum morsibus auxiliatur. Fimum caprarum in aceto decoctum & illitum in ictus serpentium ualere dicunt, placet & recentis cinis in uino: Atq; in totum difficilius se recolligentes à serpentium ictu, in caprilibus optimè conualescunt: Qui efficacius uolunt mederi occisæ capræ aluũ dissectam, cum fimo intus reperto statim illigant, Plin. Percussis à scorpione fimum capræ efficacius cum aceto decoctum auxiliatur, Plin. Ad canis rabidi morsum laudant capræ fimum ex uino illitum aut melle, Plin. Sanguinis impetus ex aceto cohibet, Dioscor. Caprini fimi cinis ex aceto illitus, Plinius: uide superius in Cornu caprini mentione ad eundem usum. Caprinum stercus impositum non patitur consurgere tumorem, Sext. Farina hordei cum stercore bouis uel capræ cocta, ad omnem tumorem ualet, Author obscurus. Stercus caprinũ cum melle mixtum, sanat luxos, & tumores discutit, & non patitur iterum cõsurgere, Sextus: Luxos intellige luxatos, ut inferius dicam ex Plinio. Fimum caprinum ex aceto decoctum strumas discutit, Plinius. Fimum caprinum ad bubones diuturnos usurpari, ex Galeno iam dixi. Fimum bubulum in cinere calefactum, aut caprinum in uino uel aceto decoctum, illinitur in his quæ rumpere opus est, Plin. In aceto decoctum imponitur, ulceribus quæ serpunt, igni sacro, parotidibus, Dioscor. Ex aceto subferuefactum & illitũ, sanat ulcera quæ serpunt, Plinius. Et alibi, Manantia uerendorum ulcera sanat seuum caprinum cũ melle rubiq; succo: uel si serpant, fimum etiam prodesse cum melle dicunt, aut cum aceto. Prodest ad lepras, psoras, lichenes, & id genus alia, ut paulò ante ex Galeno dixi. Cum melle mixtum & appositum sanat cancerosos, Sextus. Cum melle commixtum & superpositum, carbunculos qui in uentre nascuntur, discutit, Idem. Fimus caprinus in aceto feruefactus & subactus imponitur, quo omnia crurum & tibiarum ulcera purgantur & persanãtur, butyro bubulo cũ oleo cyprino aut laurino postmodum addito, Marcellus. Spinæ ac similia corpori extrahuntur excrementis capræ ex uino, Plinius: apud Sextum capri non capræ legitur, his uerbis, Stercus capri ex uino conspersum impositumq;, quod inhærebit, extrahet & sanabit. Medicus quidam medicamentorum peritus in Mysia Hellespõti, ulcerum ambusta ad cicatricem ducebat ouiũ stercus cerato rosaceo cõmiscẽs, (hoc & Dioscor. de ouillo scribit:) sed & per stercus caprinũ combustũ similiter curabat, parum eius multis numeris maiori cerati (rosacei) moli admiscens, Galenus. Græcum exemplar nostrum habet, καὶ μέντοι διὰ τῶν αἰγῶν κεκαυμένης ὁμοίως ἐθεράπευεν: deest nomen excrementi, interpres legit, διὰ τῆς τῶν αἰγῶν κεκαυμένης κόπρου ὁμοίως ἐθεράπευε, μιγνὺς καὶ ταύτης, non ταῦτα: si τῶν articulum addas, κόπρου uox omitti potest ut proximè in præcedentibus posita. Sed considerandum est an rectè legatur κεκαυμένης, ut nihil hîc mutandum sit præter τῶν articulum addendum: sensus erit, Quinetiam caprillo fimo homines ambustos similiter curabat, &c. Nam Plinius quoq; caprarum fimum (simpliciter, non ustum) ambusta sine cicatrice sanare dici, scribit. Aggregator etiam ex Auicenna citat, capræ stercus cum aceto, uel cerato rosaceo, ambustis auxiliari. Deinde cum ouillo stercore non usto usus sit ille medicus, de quo Galenus scribit, quod minus acrimoniæ quàm caprinum habet, caprinum in eundem usum ussisse non

non est uerisimile. Quanquam si usti quoq; huius fimi (cum acrimoniæ ex igne nihil assumat, ut ex Galeno supra dictum est) modicum copioso cerato aliquis misceat, idoneum ambustis medicamẽ reddet. Scio & alia quædam (ut pilos, testas purpurarum, & coria) in hunc usum uri solita. Proinde rem in medio relinquo, ut quisq; pro arbitrio legat & sentiat. Luxatis fimum caprinum cum melle illinitur, Plinius: Luxum & tumores discutit cum melle, & non patitur iterum consurgere, Sextus. Costis fractis laudatur unicè caprinum fimum ex uino uetere, aperit, extrahit, persanat, Plinius. Neruorum doloribus fimum caprinum decoctum in aceto cum melle, utilissimum putant, uel putrescente neruo, Plinius. Melle mixtum impositumq;, suppuratos neruos expurgat, & ad sanitatem usque perducit, Marcellus. Cum acerrimo aceto mixtum morbum articulorum sanat, Sextus: In dulci potum, Idem ut Aggregator citat. Cum polenta & aceto in corporibus duris, ut rusticorum, Galenus ut Aggregator citat. Cum melle mixtum parotides mirè sanat: item articuli cum eodẽ peruncti, sanantur, Sextus. Cum aceto mixtum & superlinitum neruorum contractionem sanat & confirmat, Idem. Cum aceto coctum & subactum, atq; ad crassitudinem mellis impositum, articulorum contractiones relaxat, & tremulis prodest, Marcellus. Cum melle in aceto decoctum articulorum attritis prodest, Plinius.

¶ Medetur alopecijs exustum, & cum aceto aut oxymelite (melle, Albertus) illitum, Dioscorides & Rasis: meminit etiam Galenus, ut supra retuli. Caprino fimo cum melle alopecias expleri tradunt, Plinius. Paulus Aeg. ubi de alopecia scribit, tum caprino tum ouillo ad eam excremento utitur. Septem pilulas stercoris caprini ex aceto tere, & fronti inline contra capitis dolorem, Marcellus. Ceruicis dolor inflexibilis, quem opisthotonon Græci uocant, leuatur bulbo trito cum fimo capræ ceruici illito, Plinius & Marcel. Stercus caprinũ fimo (uino forte) conspersum, tritumq; & impositum oculis, atq; obligatum, omnem dolorem tumoremq; detergit, Marcellus. Nec abdicant fimum ex melle illitum epiphoris (oculorum,) Plinius. Contra parotides in aceto decoctum imponitur, Dioscorides: meminit etiam Galenus ut supra dictum est. Parotidibus prodest urina capræ calefacta instillata auribus, fimumq; eiusdem cum axungia illitum, Plinius. Cum melle cõmixtum parotidas mire sanat, Sextus. Baccas caprinas aridas terat, & ex uino generoso bibat quem tussis malè habet: pituita statim reiecta sanabitur, Innominatus. Fimum caprarum, præsertim in montibus degentium, potum in uino, regium morbum emendat, Dioscorides. Medicus quidam in agris aduersus auriginem potandas ex uino præbebat caprinas spyrathos, Galenus. Illinunt & uentrem cœliacis fimo cum melle decocto, Plinius. Caprinum stercus pro fomento impositum, colicis prodesse dicimus, Sextus. Stercus caprinum recens in aqua remissum colatumq;, cum mulsi cotylis tribus, & piperis contriti granis sexaginta, in tres potiones diuisum per triduum datur: ita ut prius corpus eius colici, cui potio danda est, acopo perungatur, ut perfrictiones omnes coacto sudore discedant, miro remedio sanabitur, Marcellus. Ad induratos lienis tumores medici non pauci creberrimè caprinum stercus applicant, Galenus: Et rursus, Ad aquam intercutem, & ad splenicos, uariè caprino stercore utimur. Aridum tritum adiecto melle potui datum ex aqua calida, mire producit (educit) tineas, Marcellus. Calculos expellit fimum caprarum in mulso, efficacius syluestrium, Plinius. Vtilem ischiadici ustionem hunc in modum accipiunt: In eo interstitio ubi pollex brachiali committitur, caua ueluti lacuna subsidet, in qua lana oleo imbuta substernitur, deinde sigillatim feruentes stercoris caprini pilulæ imponuntur, dum uapor per brachium ad coxam sentiatur peruenire, & coxendicis dolorem mitigare: adustio id genus Arabica appellatur, Dioscorides. Ego cauam illam lacunam in ipso brachiali, interno eius latere, nempe sub pollice reperio: quæ tamen non semper apparet: manum uerò ita tenenti, ut digitus minimus infimo loco sit, pollex supremo, idemq; sursum & retro tendatur, omnino conspicua fit inter duos neruos, figura prorsus idonea quæ baccam recipiat caprinam. Hæc admonere uolui, quoniam interpretes non satis conueniunt, & Dioscoridis textus Græcus uel mutilus est, uel certe obscurus, his uerbis, ἐπὶ τὸ μεταξὺ μέρος τοῦ ἀντίχειρος, συνεγγίζον δὲ τῷ καρπῷ, κοῖλον, &c. nam ubicunq; μεταξὺ, id est medium uel interstitium fuerit, duo extrema nominari debent. Conspicitur sanè lacuna ista à parte uel scissura quæ inter pollicem & reliquam manum (uel indicem: sic enim forte appellare licet unumquenq; digitum, ut simul pars omnis in metacarpio ei subiecta attribuatur:) interiacet, ad carpum usq; recta descendenti. Plinius forte hac apud Græcos locutione non intellecta simpliciter cauam manum reddidit, ubi idem remedium describit, his uerbis: Afferunt & magi sua commenta. Primum omnium rabiem hircorum, si mulceatur barba, mitigari. Eadem præcisa non abire eos in alienum gregẽ. Huic admiscent (sensus uidetur, huic commento alterum admiscent: neq; enim fimum barbæ misceri intellexerim) fimum caprinum, & subdito linteolo uncto caua manu, quantum pati possit feruens, sustineri iubent: ita ut si læua pars doleat, hæc medicina in dextra manu fiat, aut è contrario. Fimum quoque ad eum usum acus æreæ punctis tolli iubent. Modus curationis est, donec uapor ad lumbos sentiatur peruenire. Postea uero manum porro tuso illinunt: item lumbos ipso fimo cum melle: suadentq; in eodem dolore & testes leporis deuorari, Hæc Plinius. Simile remedium idem author alibi docet, in quo plus rationis (ut Marcello Verg. etiam uidetur) minus superstitionis est: Ischiadicos, inquit, uri sub pollicibus pedum (Aggregator legit, sub poplite) fimo caprarum feruente utilissimè tradunt. Arabica illa (inquit Marcellus Verg.) apud Dioscoridem ustio, nostra ætate, quod audierimus, in nullo usu est, Plutarchus qui-

B

dem in commentario Cur serò scelerati à numine puniantur, in usu eam fuisse ustionem ijs uerbis testatur. Καὶ γελοῖος ὁ φάσκων ἄδικον εἶναι τὸν ἰσχίων πονούντων καίειν τὸν ἀντίχειρα: Quod est, Ridiculus præterea est, dicens iniustum esse medicum, qui in coxendicis dolore pollicem urat. Coxendicis dolor per femora, genua, tibiasq; ad infimos talos pertinet, quod in superiore hominis parte non fit: quamobrem plus rationis esse uidetur cur pedum pars potius quàm manuum uratur. Pręterea qui aptiorem coxendicum ustionem docuerunt, Hippocrates, Paulus Aegineta, alijq; Græcorum medici, aliter uri in eo malo hominem uoluerunt. Hæc solum habui de hac ustione dicenda, nec plura apud authores reperio: ut neq; cur Arabica diceretur: conijcio tamen à gente nomen inuentum, quoniam Arabes sic coxendices urerẽt. Non dissimilis ustionibus his ea est, qua in gente nostra circa quadragesimum à partu diem infantes, candente ferramento, ab alijs in imo occipitio, ab alijs in interscalpio (interscapilio malim) ab alijs sub posteriore humero passim uruntur: uulgoq; creditur, sine ea ustione non posse feliciter primæ illius ætatis pericula infantes euadere, Hæc ferè Marcellus. Mihi quidem hæc infantium ustio nulla ex parte cum Arabica conferenda uidetur, cum præseruandi gratia & ferro fiat, illa curandi & sine ferro, &c. His iam perscriptis Aëtium adiui, qui libro 12. cap. 3. ex Archigene & Antyllo multa super hac re adfert digna memoratu, & Dioscoridis etiam uerba repetit, quæ ex Cornarij interpretatione nonnihil ab excusis Dioscoridis codicibus uariare uideo: Sed quoniam codice Aëtij Græco destituor, Cornarij translatione utar in ijs, ut digna sunt, recensendis. Veteres (inquit Archigenes) etiam ustione in ischiadicis usi sunt, alij aliter, &c. Quidam ad propinquæ cruri affecto manus locum inter magnum digitum & indicem medium, circa infernũ magni digiti siue pollicis articulum, caprinum stercus feruens per forcipem imponunt, stercoraq; permutant, donec sensus ustionis ad locum affectum perferatur. Dioscorides hanc rem ita tradit, Caprinum, inquit, stercus feruefacito, & extenso magno manus digito, cauum locum circa inferni eiusdem articuli finem nota, &c. ut superius recitaui. Antyllus autem, nos (inquit) etiam huiusmodi urendi modo utimur: stercus caprinum siccum feruefacimus, eoq; uentrem magni digiti affecti pedis perurimus paulò infra unguem, usq; ad os ipsum ustione penetrante. Hæc ipsa ustio extremas coxendicum affectiones, & quæ nullis alijs præsidijs cedunt, dissoluit. Cæterum post ustiones porri folia cum sale trita imponito, &c. Fimum capræ cum farina hordei & aceto impositum, maximè in duris & rusticorum corporibus, remedium est ischiadis, Serapio citans Galenum, Aggregator. Fimum caprinũ cum axungia (σὺν ὀξυγγίῳ, id est adipe uel axungia: Hermolaus oxycrato legit, id est posca, Marcellus Verg.) impositum, his qui podagra tentantur, auxilio est, Dioscorides. Cum fimo capræ & croco impositus adeps hircinus, podagricis auxiliatur, Idem ut alicubi citatum reperi. Seuum capri cum fimo caprarum coctum, & croco, podagris impositum dolorem soluit, Rasis. Albertus crocum omittit. Podagris medetur taurinum seuum, &c. alij hircinum præferunt seuum, cum fimo capræ, & croco sinapiue, cum caulibus ederæ tritis, ac perdicio uel flore cucumeris syluestris: Magnificant alij fimi caprini cinerem cum axungia, Plinius. Fimum caprinum cum aromate aliquo (cum spica nardi, uetus translatio) haustum, menses cit, & partus euocat: tritum in farinam, & impositum lanis cũm thure, fœminarum profluuia sistit, cæterosq; sanguinis impetus ex aceto cohibet, Dioscorides. Stercoris caprini pilulas, & leporis pilos, pinguedine phocæ subacta suffito: Aliud, Stercus caprinũ & pulmonẽ phocę ac cedri ramenta suffito, Hippocrates in libro de natura muliebri, inter diuersa uterorũ remedia mensibus præcipuè & secundis pellendis. Medicus quidam in agris fimum caprinum ad profluuium muliebre sistendum cum thure apponebat, Galenus. Profluuium quamuis immẽsum urina capræ pota sisti obstetrices promittunt, & si fimum illinatur, Plinius.

¶ Vrina caprarum cum aceto scillitico hausta contra ictus serpentium ualet, Plinius. Panos & apostemata (impetus & suppurationes) in quacunq; parte discutit: ut suum etiam in lana imposita, Plinius. Dolorem ceruicum inflexibilem, opisthotonon uocant, leuat urina capræ auribus infusa, aut fimum cum bulbis illitum (bulbo trito cum fimo capræ ceruici illito, Marcellus:) Plinius. Opisthotonicis & tetanicis lotium caprinum cum aqua mixtũ efficaciter prodest, si ieiunis potui detur, Marcellus. Vrina capræ aurium doloribus instillata medetur, Dioscorides. Sub eo momento quo egeritur, tepidam auri obtunsæ infundes, Marcellus. Lotium caprinum missum in aures, dolorem sedat: si cum mulso misceatur, si pus habet, eijciet, Sextus. Instillatum dolorem sedat, quod magis suppuratis auribus adfirmatur: ob quam causam præsentis auxilij plures exceptum & cornu caprino inditum, in fumo suspensum, diligenter ad necessarias medelas reseruant, Marcellus. Si grauitas sit audiendi, fel bubulum cum urina capræ uel hirci medetur: uel si pus sit: In quocunq; autem usu putant hæc efficaciora, in cornu caprino per dies uiginti infumata, Plinius. Vide infra etiam in hirci urina. Vrina capræ calefacta instillata auribus, fimumq; eiusdem cum axungia illitum, ad parotides prosunt, Plinius. Vrina capræ ad aquam quæ cutem subijt, cum nardi spica quotidie binis cyathis cum aqua bibitur, urinamq; per aluum extrahit, Dioscorides. Hydropicus sorbeat lotium capræ, mirificè sanat, Sextus. Vide in lotio hircino. Hydropicis auxiliatur urina uesicæ capræ (codices quidam minus emendati habent apri: poterat &, capri, legi: nam hircina quoq; prodest, ut infra ostendam) paulatim data in potus: efficacius quæ inaruerit cum uesica sua, Plinius. Ad urinæ difficultatem & calculum lotium caprinum, sed montanum (id est caprarum quæ in montibus pascũtur) tepidum potari oportet, admixto uino cum aqua, ob fastidium, Marcellus. Lotium caprinũ mulier

mulier si bibat, menstrua prouocat, Sext. Profluuium quamuis immensum urina capræ pota sisti, obstetrices promittunt, & si fimum illinatur, Plinius.

H.

¶ a. Capræ à carpendis uirgultis dictæ sunt, Nonius, Varro lib. 3. de Re rust. & Cicero alicubi. Vel quod carpant aspera: uel à crepitu crurium, unde eas crepas appellatas, quæ sunt agrestes capræ, Isidorus. Crepæ à principio capræ sunt appellatæ, quod cruribus crepēt, Festus. Capra, carpa: à quo scriptum, omni carpæ capræ. Caprigenum genus uocare licet, capras tum uillaticas, tum feras, item hircos & hœdos, Gaza caprarium genus dixit. Caprigenum hominum non placet mihi, neq; pantherinum genus, Plautus Epid. Caprigenumq; pecus nullo custode per herbas, Cornificius apud Macrobium. Quamuis caprigeno pecori grandior gressio est, Pacuuius. Caprigenûm trita ungulis, Actius. Lege locationis fundi excipitur, ne colonus capra natum in fundo pascat. Capella, uox diminutiua. ¶ Capras chimaras Græci uocant, chimaron & enorchan hircum, Hermolaus. Homerus ouium caprarūq; ætates discernens, προγόνους, μετάσσας, & ἕρσας nominauit, Pollux. Varinus ἕρσας exponit ἐρίφους, id est hœdos, in prima ætate: μετάσσας (μέτασσαι apud Homerum Odysseæ libro 9. μέσαι, μεσήλικες, Scholia:) in media, de fœminis nimirum, nos capellas dicere possumus, licet id nomen pro capris simpliciter poni soleat. χιμάῤῥους de maribus: adultos demum & perfectos ætate mares τράγους, id est hircos & ἰξάλους, id est capros (de qua uoce plura dicā ab initio historię de capris syluestribus.) Fœminæ uero adultæ αἶγες, id est capræ dicuntur. χίμαιρα, capella hyeme nata, χειμὼν Græcis hyems est: uel quæ unam solum ætatis hyemem habeat, Etymologus, Varinus. Hesychius chimæram capram feram exponit. χίμαροι, capræ hybernæ, uel hirci, uel hœdi: item torrentes seu riui qui hyeme & imbribus aucti uel niuibus liquefactis fluunt, in æstu & squalore torrentur, id est siccātur. Sed pro torrente, potius cum rhô duplici scripserim ut appareat nomen esse compositum παρὰ τὸ χειμῶνος ῥεῖν: profertur autem χεῖμα quoq; pro χειμών: plæriq; etiam cum torrentem significat primam syllabam per ει scribunt, poëtæ producunt, (quanquam uideo Grammaticos in lexicis Græcis alia quoq; ab hyeme deducta uocabula per iôta notare, ut χιμάζειν, χιμὰν, χιμάδιον, quæ ego per ει usurpare malim, &c.) cum caprarium genus per iôta, poëtæ corripiunt. Proinde in Lexicis Hesychij et Varini χίμαρος recte per iôta scribitur, quanquam non suo ordine inter uocabula quæ ει diphthongum in prima syllaba habent. χίμαροι, hœdi hyeme nati, Hesychius. Ergo pro omni caprario genere, omni ætate & utroq; sexu chimaron grammatici interpretantur, cum mediam solum ætatem proprie significet, rectè tamen de utroq; sexu usurpari puto: ut etiam πρόγονοι, quæ uox ab Homeri scholiaste fœmininis uocabulis exponitur, προγενέστεραι, παλαιότεραι, ἢ μεταγενέστεραι τῇ ἡλικίᾳ: & recte quidem, cum Homerus etiam eodem genere protulerit, & mares foris relictos meminerit. Στείνοντο δὲ σηκοὶ Ἀρνῶν ἠδ' ἐρίφων, διακεκριμέναι δὲ ἕκασται Ἔρχατο, χωρὶς μὲν πρόγονοι, χωρὶς δὲ μέτασσαι, Χωρὶς δ' αὖθ' ἕρσαι. Etymologus χίμαρον hircum exponit, & deriuat παρὰ τὸ κίω τὸ πορεύομαι. χίμαρος, capra annicula à tribus aut quatuor mensibus usq; ad partum, deinde enim αἲξ aut χίμαιρα dicitur, Varinus. ¶ Chimæram poëtæ fabulantur monstrum quoddam igniuomum fuisse, à Bellerophonte confectum, de quo Lucretius, Prima leo, postrema draco, media ipsa Chimæra, id est capra. Grammatici exponunt Lyciæ montem (de quo Plinius 2.106.) esse, qui dies noctesq; flammas eructārit: in cuius cacumine leones habitarent, in medio uero propter pascua capræ, in radicibus serpentes. Et quoniam Bellerophon Glauci filius eum montem habitabilem fecit, Chimæram occidisse traditur. Hanc Typhonis & Chedriæ (Ἀμισώδαρος, Varin.) filiam fuisse fingunt. Hesiodus ex Hydra natā affirmat. Meminit etiam Seruius enarrans illud Vergilij Aeneid. 6. Flammisq; armata Chimæra. Hesychius hanc feram triformem fuisse scribit, ita ut in medio caprina forma constaret, caput uero posterius draconis, anterius leonis cum ore igniuomo haberet: sed magis probauerim illos qui imam solum corporis partem serpentis specie in ea fuisse fingunt. Plura lege apud Varinum, & in Chiliadibus Erasmi, & Palæphatum in Bellerophonte, &c. Chimæra mons in Lycia nocturnis æstibus fumidum exhalat: unde fabula triformis monstri in uulgum data est, quod Chimæram animal putauerunt, Solinus capite 42. Cragus mons est Lyciæ cum urbe eiusdem nominis, ubi Chimæram fuisse fabulantur: Fertur & mons in Lycia esse qui ignem sponte emittat, quod nostro adhuc tempore apparet, Eustath. in Dionys. ¶ Αἲξ apud eruditos omnes cum acuto scribi inuenio, & approbat Etymologus: solus Varinus multis in locis circumflectit. Apud poëtas reperitur etiam de maribus, καὶ ἔστιν αὐτοῖς κοινὸν ὄνομα τὸ αἲξ, ὡς ἔλαφος, ἄνθρωπος, ἵππος, Varin. Αἲξ ὄνομα ἀρσενικόν (Attice, uel poëtice ut in ἔλαφος habet Varinus, αἲξ masculinum est) τὸ ζῶον, παρὰ τὸ ἀΐσσω τὸ ὁρμῶ, ἀΐξω, ἀῒξ, καὶ κατὰ συναίρεσιν αἲξ: καὶ Ὅμηρος, ἴξαλον αἰγός, ὁρμητικῆς, Etymologus & Varin. Dores capras etiam ἀιγάδας dicunt, Hesychius, Varinus. Αἰγίσκον, αἶγα ἐκτομίαν, capram castratam, Varinus & Hesychius: nisi quis caprum potius, id est hircum castratum accipiat, cum ἐκτομίας nomē masculinum sit, & αἲξ etiam Attice & poëtice: quanquam apud illos ἐκτομίαν legitur cum epsilo in penultima. ¶ Βαιώμφαι, αἱ αἶγες ἐν Ἱερατικοῖς. Αἰγίδιον diminutiuum, in epistolis Aeliani. Fabas copiosè sumptas Aristoteles lac augere scribit, αἰγὶ καὶ χιμαίρᾳ, Gaza uertit capris & capellis. Βῆκη, χίμαιρα. Ἐννοιάδιον αἰγίδιον, αἱ μὴ κορύπτουσαι, ὁ γῆνις est placidus & benignus. Κάρα, αἲξ ἥμερος, Πολυῤῥήνιοι, ὑπὸ Γορτυνίων: Ἴωνες δὲ τὰ πρόβατα: hinc & κάραννος nimirum hœdus dicitur. Θυάν, κάπραν, ὑπὸ ὕος, Varinus: Caper Græcis aprum significat seu porcum, capra porcam. Κάπρα, αἲξ, Τυῤῥηνοί. Μίκλας, αἶγας. Μυκάδας, τὰς ἀμελγομένας αἶγας. Νιβάδιον, αἱ τοὺς λόφους ἔχουσαι αἶγες. Οὔβατα βόσκει, αἶγας βόσκει: Hæc omnia apud Hesychium &

B 2

Varinum inuenio:nihil eorum apud Suidam. ὀξυβάφιον, αἱ αἶγες, apud solum Varinum. Μῆλα Græcis antiquis, Homero præsertim, omnia pecora, significat. Nam Odysseæ lib. ο 17. procos mactantes facit μῆλα, qui non oues solum mactabant, sed omne genus quadrupedum, sues præpingues, capras, boues armentarios, & alia, Varinus. Et alibi apud eundem, μῆλ' οἴες τε καὶ αἶγας ἰαυνοίην: sed plura de hac uoce dicam in Oue: præcipue enim de oue dicitur μῆλον, ut apud Latinos etiam pecus. Κηλάδες αἶγες, αἱ ἐν τῷ μετώπῳ σημεῖον ἔχουσαι τυλοειδές, Hesychius & Varinus: & rursus in κηλὰς. κῆλα, σημεῖα. Μαῖρα propriè capram significat λευκομέλαιναν, id est ex albo nigricantem: fuit hoc nomine & Orionis canis, Cælius. Fuit & Mæra uxor Lycaonis apud Pausaniam in Arcadicis, Atlantis filia, quam Vlysses etiam apud inferos se uidisse narrat, sed hoc nomen oxytonum est. Gangra dicta capella in Paphlagonia nomen urbi dedit, ut infra dicam. Cissætha, nomen capræ apud Theocritum, Varinus. Caprarum nomina, Αἰγῶν ὀνόματα, οἷον ἄχρηστα πράγματα: capræ enim inter se similes sunt, cum nomina ijs tantum rebus discernendi gratia imponantur, quæ aliquid diuersum habent, Suidas. Prouerbialiter dictum uideri potest de rebus inutilibus, siue studio circa nomina inutilia: quale fortassis et hoc nostrum fuerit in ipsis caprarum nominibus, ut prouerbium aptissime quadret. Miror Erasmum nō meminisse. Cæterum quod capræ non differant, falsum est: Color enim non omnibus idem, & alia quædam diuersa habent. Μελαινὶς αἶξ, capra Melænis, apud Hippocratem: Dioscorides eam exponit quæ nata sit circa Melænas, quæ urbs est in campo Crisæo ante Cirphium sita, & pascua habet optima, unde lac laudatissimum prouenit, Galenus in glossis. ¶ Sed nimis arcta premunt olidæ conuiuia capræ, Horatius 1. epist. id est, fœtor sub alis excitatur arctè nimis discumbentium: hunc & caprū & hircum appellare consueuerunt poëtæ, ut in Hirco dicetur. Ἄιγες Doricè appellantur magni fluctus, Suid. & Varinus: hinc forte Aegæum pelagus dictum, de quo mox inter propria. Capella inter uirorum cognomina à capillorum hirsutie positum est, Cælius. Eandem ob causam Iulianum aduersari professores apud Constantium Cæsarem, capellam nuncupabant, Idem. Nicò scortum, ut supra ex Athenæo retuli, capra dicebatur, quod Thallum cauponem exhausisset: nam thallus propriè oleæ germen significat, quo delectantur capræ. Suidas illam Nanion appellat, &c. quod nomen per n duplex scribi debet. Sed fallitur tum ipse Suidas, tum Cælius eum secutus lib. 8. Nicò enim nominatum hoc scortum fuit: de quo Athenæus libro 13. ubi etiam mox post Nicûs mentionem de Nannio agit, unde deceptus est Suidas, uel is ex quo ipse desumpsit. ¶ Capra signum est cœleste. Quinto idus Septembris Cæsari Capella oritur uesperi, Plinius 18. 31. Decimo calendas Ianuarias Capra occidit mane, tempestatem significat, Columella 11. 2. Meminit etiam Cicero de Nat. Post insana capræ sydera frigidas Noctes, Horat. 3. Carm. Videtur autem hœdos significare, quorum ortus & occasus concitat tempestates, de quibus Verg. 1. Georg. Hœdorumq; dies seruandi: ubi Seruius, Aurigæ signum est haud longè à Septentrione: hic in manu sinistra fert hœdos, in humeris capram, quæ aluisse dicitur Iouem, oriuntur cum scorpio mense Octobri. Τὸ ἄστρον τῆς Αἰγὸς λαμπρὸν ὄντως σφοδροὶ πνέουσιν ἄνεμοι, ὅθεν καὶ Ὅμηρος, λαῖλαψ ἐπαιγίζων, Suid. in Ἀστήρ. Capras astrologi ita receperūt in cœlū, ut extra limitē duodecim signorum (ut noxium dentibus animal ijs quæ depascitur) excluserint. Sunt duo Hœdi et Capra non longè à Tauro, Varro. Apud Phliasios (inquit Pausanias in Corinthiacis) capræ imago ærea in foro erecta fuit, multis sui partibus deaurata. Eam uero tum alijs honoribus afficiunt, tum auro ornāt, ne sydus quod Capram uocant, suo exortu noxium sit, cum alioqui subinde uineis noceat. Nascitur Oleniæ signum pluuiale Capellæ, Ouidius. Plura uide apud astrologos, & infra in capra Amalthea inter prouerbia. ¶ Ἄσιγγας, αἶγας, ἢ (aliâs ἤγυν) ἄσριγγας, Hesychius & Varinus. Ἰξάλου αἰγὸς, apud Homerum, alij capræ saltantis uel cum impetu se mouentis exponunt, alij capri castrati, alij syluestris, uide infra in Capra syluestri. Καλυδώνιος, αἶξ: καὶ Καλυδώνιον αἶγα, διὰ τὸ ἐθελῆσαι φαῦλον ἀλῶναι ὄντα, Hesychius & Varinus. Vide ne Calydonia non epitheton capræ sit, sed eadem quæ Amalthea. Est enim Olenus urbs in Aetolia, iuxta quam fuit aper Calydonius: in qua nutritam ferunt capram Amaltheam. Ἰονθάδος αἰγὸς, Ἀππίων, τῆς ἴονθος βοὸς ἢ ἴονθας ἐχούσης οἷον ἐκφύματα σκληρά, ἢ σκώληξ, Hesychius: legitur autem Odysseæ lib. 14. Scholia exponunt, νέας, ἢ ταχείας, παρὰ τὸ ἰέναι ἄδην, ἢ δασείας: ἴονθοι γὰρ αἱ ῥίζαι καὶ ἐκφύσεις τῶν τριχῶν, Hæc & Varinus. Μηκάδες αἶγες, apud Homerum, à uoce quam ædunt. Αἰγὸς πολιοῖο, pro πολλῆς. Σιάλου αἰγὸς, τοῦ λιπαροῦ, Varinus, & Galenus in Glossis Hippoc. Καί τε δι' αἶγα ἄησι τανύτριχα, Hesiodus de Borea. Αἰγῶν τε τελείων, Homerus: id est, adultarum, ætatis perfectæ. Λασίων τε χιμάρρων, Oppianus de capris. ¶ Capellæ amantes saxa, Ouidius epistola 15. Cinyphia. Distentæ lacte, Vergil. Aeglog. 7. Dumiuaga. Felix pecus, Vergil. Aeg. 1. Frondipeta. Graciles, Ouidius 1. Metam. Hirsuta. Hirtæ, Vergil. in Georg & Iuuenal. Sat 5. Intonsa. Lasciua, Vergilius Aeg. 2. Olida. Pauida. Petulca. Querula. Rorans lacte. Sequax. Simæ, Vergil. Aeg 10. Tegeatis. Timida. Villosa. Vrentes culta, Verg. 2. Georg Omne enim quod momorderint, urunt, Seruius. ¶ A capra adiectiuum fit caprinus. Caprinus grex, Liuius 2. belli Pun. Calepinus caprillum etiam dici uult, quod probat ex Varrone de re rust. lib. 1. ubi nunc caprinum legimus. Sunt qui capreus adiectiua uoce proferant recentiores: hinc capreum uellus, Sipontinus. Caprile semen mobilius est, Varro de re rust. Caperare frontem, rugis contrahere, & asperitatem uultus ostendere: quod à crispis caprorum frontibus tractum est, authore Varrone libro 5. de lingua Lat. uel à cornuū caprinorum similitudine, teste Festo. Vnde & caperatum rugosum dicitur. Vsus est in passiua significatione Plautus in Epid. Quid illuc est, quod illi caperat frons seueritudine? Capruncum, uas fictile,

fictile, Festus. Aeganea, Αἰγανέα apud Homerum, iaculi leuioris species est, ut Eustathius scribit, ἀπὸ τοῦ ἄγαν ἱέσθαι, quod longius mittatur: uel quod ancyle ex pelle concinnaretur caprina: Signat uero ancyle iaculi ansam, quam uocant λαβὴν, Cælius. Αἰγανέα, ἀκόντιόν τι μικρόν, διὰ τὰς αἶγας, ἐπ' αὐτὰς γὰρ μάλιστα ἵενται. ἢ διὰ τὸ κυνηγεῖν αὐτὰς εἰς ἀγῶν ἄγραν, Etymologus & Suidas: eò quod usus earum maxime sit in uenatione caprarum, nimirum syluestrium. Suidas iaculum exponit holosideron, id est ex ferro solidum, παρὰ τὸ ἄγαν νεῖσθαι, ὃ ἔστι προβάλλεσθαι. Ἄνθετο δέρμα λέοντος Τεῦκρος Ἄραψ, κἀντὴν ἀργότιν αἰγανέην, in epigrammate quodam ut citat Suidas. Plura de hoc uocabulo lege apud Varinum. Αἴγειος, caprinus, Doricè αἰγαῖος, unde & mare αἰγαῖον Doricè, Etymolog. Αἶγαι, calceamentorum genus, Varinus: non placet quod apud Hesychium αἴγαν scribitur. Αἰγιαλίδες, membranæ quædam in oculis, & albicantes in eis cicatrices, Etymologus: apud Hesychium & Varinum αἰγιαλίδες, quinque syllabis legitur. ¶ Larix fœminam (lego fœmina) habet, quam Græci uocant ægida, mellei coloris, Plinius 16.39. Quod ægidem appellant, pinus fœmina gignit. Id autem est cor eius, &c. Theophrastus de historia plant. 3.10. Et rursus aliquanto post, eodem capite, Habet ut pinus ægidem: ita abies albū, dictum lusson, ueluti ægidi respondens, nisi quod hoc album, ægis gratius colorata est, Arcades ambo ęgidem uocant tam pini quàm abietis, &c. Αἰγίς, ἡ ἐν ταῖς πεύκαις ὁλότης, Varinus. Αἰγίς, τὸ ἐκ τῶν στεμμάτων διαπεπλεγμένον δίκτυον, Suidas. Cælius scribit ægida dici ab Aelio Dionysio & Pausania rete ex coronis contextum: quem uerò usum habeat genus hoc, non explicant apertius: probabile tamen fit (inquit) laneas ab eis coronas intelligi. Αἰγὶς τὸ ἐκ τῶν στεμμάτων πλέγμα, Pausanias. Αἰγίδες τὰ τῶν στεμμάτων δίκτυα, apud Lycurgum ἐν τῷ περὶ τῆς διοικήσεως & Herodotum lib. 4. Aphras mulieres aiunt super uestem nudas gestare caprarum pelles fimbriatas, ac rubrica litas, unde apud Græcos defluxerit ægidis appellatio, Cælius. Nymphodorus scribit Afros eas uocare ęgæas, αἰγαίας, aliâs αἰγίας. Vide Eustath. in librum quintum Iliados. Αἰγίς, ἡ καταῖξ, καὶ ἡ ὀξεῖα πνοή, καὶ ἡ ἀπόβλεψις τῶν ὀφθαλμῶν, Etymologus, & Hesychius: id est, subitus uenti motus uel impetus, oculi momentum cum splendore. Αἰγίδες, καταιγίδες, οἱ ἄνεμοι, παρὰ τὸ ἀΐσσειν τὸ ὁρμᾶν, Etymolog. Pherecrates in Myrmecanthropo, οἱ μοι κακοδαίμων, αἰγὶς ἔρχεται, citante Suida. Hinc uerbum ἐπαιγίζω, τὸ σφοδρῶς πνέω. λάβρος ἐπαιγίζων, apud Homerum. Αἰγίζειν, διασπᾶν, καταιγίζειν. Aeschylus in Hedonis nebridas uocat αἰγίδας: sic enim Suidæ uerba accipio. Apud Varinum aliter legitur, Aeschylum αἰγίζειν τὰς νεβρίδας pro διασπᾶν, id est lacerare usurpasse. Αἰγιάζειν uerbum apud Suidam sine expositione legitur, σὺ δ' αἰγιάζεις ἐνθάδε καθήμενος, apud eundem sine nomine authoris. Αἰγίζειν quidam exponit capras pascere. Nymphodorus thoracem à Laconibus ægidem appellari scribit, Suidas. Aegis pellis est quam Libyes (Libyssæ mulieres, Hesych.) gestant, Suid. Pollux ægidem, caprinam pellem exponit. Aegiuchus, Græce αἰγίοχος Ζεὺς ἢ αἰγιοῦχος, frequens apud Græcos (Homerum, Orpheum, Pindarum, & Nicandrum) cognomen Iouis, de quo ita Lactantius libro 1. Cretici (inquit) Iouis quid aliud, quàm quo modo sit aut subtractus patri, aut nutritus, ostendunt? Capella enim Amaltheæ nymphæ, quæ uberibus suis aluit infantem, de qua Germanicus Cæsar in Arateo carmine sic ait, Illa putatur Nutrix esse Iouis, si uerè Iupiter infans Vbera Creteæ mulsit fidissima capræ, Sydere quæ claro gratum testatur alumnum. Huius capellæ corio usum esse pro scuto Iouem contra Titanas dimicātem, Musæus auctor est: unde à poëtis ægiochus nominatur, Hactenus ex Lactantio. Hyginius uerò: Euhemerus inquit, Aegam quandam fuisse Panos uxorem, eam compressam à Ioue peperisse, quem uiri sui Panos diceret filium. Itaque puerum Aegipâna, Iouem uero Aegiochum dictum, &c. (ἀπὸ τοῦ αἶγα πρώτην γῆμαι τὴν τοῦ Πανὸς θυγατέρα, Etymologus.) Scribunt Gręci grammatici quod post Iouis natiuitatem, ipse sit in Creta à capra inuentus (uertendum erat, quod Iupiter in Creta natus, nutrimentum ex capra inuenerit, id est nactus sit, uide Varinum:) quæ illi τὴν ὀχὴν, id est nutrimentum exhibuit, postque occultatus fuisset ne eum Saturnus pater uoraret, cuius capræ cornu sit Amaltheæ datum. Vel Iupiter ęgiochus appellatus est, quòd ęgida haberet, hoc est capellę pellem, quæ illum ablactasset: (ἐθήλασεν, id est lactasset, Varinus unde hęc transfert: gestabat autem, inquiunt, hanc pellem Iupiter, in rei memoriam.) Effingebatur uero ægis eius ex materia pretiosa, ad caprinę pellis similitudinem. Sunt qui à Vulcano in Iouis gratiam factam dicant. Alij, inter quos Arpocration, ęgidas esse uolunt nexus & plicaturas è coronis, & retia coronis implicata: atque hinc sunt qui nomen (ęgiochi) deductum esse opinentur. Sed magis uerisimile uidetur, Iouem ęgiuchum nuncupatum à uentorum & turbinum conuersionibus, (idem Varinus scribit) quas ipse Iupiter commoueat, Gręce ægidas & catęgidas appellatas: ut ex ijs patet qui Meteora scribunt & interpretantur. Phornutus ἀπὸ τοῦ ἀΐσσειν ęgiuchum dictum ait, quod scilicet impetu feratur, Hæc de ęgiocho Ioue omnia ex Gyraldo. Physica allegoria (inquit Cælius) Iouis & Pallados ęgidem interpretamur: quando eo nomine procellas affectionesque in sublimi contingentes intelligimus, quæ catęgides nuncupantur, & ęgides, sed & æges. Siquidem Iupiter sit aër, ubi id genus formidolosa concipi solent: Ad quem Pallada item referunt eruditiores. Aegis est munimentum pectoris æreum, (uerba sunt Seruij) à Vulcano fabricatum, habens in medio Gorgonis caput, &c. Hoc si in pectore hominis fuerit, sicut in antiquis imperatorum statuis cernimus, lorica uocatur. Si uero in pectore numinis, nam & scutum Iouis & Palladis ab Homero ita appellatur, ægis dicitur. Vide Ouidium circa finem lib. 4. Metam. Aegisono quam nec fera pectore uirgo, Valerius Flaccus 3. Argon. Αἰγίδα θυσανόεσσαν, (Ὅμηρος,) τὸ ὅπλον τοῦ Διὸς τὸ κροσσωτόν, Hesychius. Thysanos in uestibus (inquit Cælius) fimbrias intellige, quas item brossos (ego nunquam brossum apud idoneos

B 3

authores, sed semper crossum legi) uel crossos per omicron uocitant: sunt autem schismata, id est scissuræ quædam. Qualis nam fuerit Iouis ægis, & an Minerua propriã habuerit ægidem, uel à Ioue tantum mutuata sit, uide apud Varinum in Αἰγὶς τοῦ διός. De Aegide quam induta sacerdos nouos nuptos adibat, inter prouerbia dicam. ¶ Αἰγίλιψ, locus altus, arduus, asper, dictus quod à capris relinquatur, quod præ altitudine conscendere non possint. ἢ τι κατ' αἰγίλιπος πέτρης λισσῆς ἠλιβάτου χέων ὕδωρ, Homerus. Alij αἰγίλιπα πέτραν exponunt eam quæ nihil producat: ut quam capra depasta reliquerit: corrumpit enim & infœcunda reddit omnia morsu suo. Alij denique τὴν τὰς αἶγας λιπαίνουσαν, id est, capras saginantem: possunt enim etiam in saxosis & asperis locis capræ commodè pasci, Varinus. Αἰγίλωψ, abscessus est in maiore angulo oculi, uel inter illum et nares, per quem pituita assiduè destillat: & si negligatur, ad ossa usque dehiscit in fistulam. Sunt qui ypsilon in medio scribant: alij ἀγχίλωψ. Illos minimè probo qui in uulgaribus Lexicis Græcolatinis, αἰγυλον & αἰγυλώπην scribere ausi sunt. Aegilops apud Suidam pupillæ passio exponitur, sine authore. ¶ Machinæ tractoriæ genus tripes, apud Vitruuium 10.2. his uerbis describitur: Tigna tria ad onerum magnitudinem ratione expediuntur, & à capite à fibula coniuncta, & in imo diuaricata eriguntur funibus in capitibus collocatis, &c. Hac machina hodie utuntur nautæ (inquit Gul. Philander) capram uocantes. Pueri nostrates lignũ tripes, quod capram uocant, in ludo quodam erigunt, & baculis eminus petunt.

¶ Caprificus, syluestris est ficus. Tithymallum nostri herbam lactariam uocant, alij lactucam caprinam, &c. Plinius. Et alibi, Lactucæ, inquit, sponte nascentis, primum est genus eius quam caprinam uocant, qua pisces in mare deiecta protinus necantur, qui sunt in proximo. Hoc Dioscorides ultimo inter tithymallos uerbasci folijs attribuit. Caprariam rutam, ut medici recentiores uocant, in Gallia Narbonensi uidi: Germania non habet: meminit eius Antonius Brasauolus, &c. Manardus libri 15. epistola ultima non rectè suspicatur polemoniam esse. Capræ lien, malua secundum magos, inter nomenclaturas Dioscoridis. Aegilops herba est, quam Vergilius auenam sterilem uocauit in Georg. Enecat hordeum festuca quæ uocatur ægilops, Plin. 18. 19. Galenus etiam scribit festucam, quæ Græce dicatur ægilops, in hordeo frequentiorem erumpere, præcipuè cum imbecillius semen diutius humo conditum, infelici exortu natum adoleuerit. Plinius auenam Græcam uocauit cui non cadit semen: non nisi post annum ex semine suo gignitur, uere pilosum ei folium ut lolio, non tamen ut illi pingue, si Theophrasto credimus, immitis aspectu, &c. hinc forte ægilops dici meruit, quemadmodũ & oculi uitium inde dictum uideri potest: nam Iouis aut Palladis ægida poëtæ horriferam, terrificam & iratam cognominant. Nisi quis malit ita dictam quod sui nominis morbum oculorum sanet, ut Dioscorides scribit. Eandem ob causam arbor ægilops fortasse nomen habet, cum glans illi sit tristis, horrida, echinato calyce cibo inepta. &c. Αἰγίλωψ, πόα τις ἐμφερὴς στάχυϊ, Hesychius & Varinus. uide Dioscoridem. Quibusdam bulbi genus est, haud scio quo authore. Est & arbor, de qua Plinius li. 16. Excelsissima ægilops, incultis amica è glandiferis sola, &c. Gaza in Theophrasto Macedonicã asprin cerrum uertit: Plinius eadem omnia ægilopi cerro tribuit. Aegithalus herbæ genus est, Varinus: Suidas & alij, animal tantum uel auem, & saltationis genus fecerunt. Salix à Thurijs ægilips uocatur, αἰγίλιψ, Hesychius. Αἰγίπυρος, genus herbæ, Hesychius: malim αἰγίπυρος, ut Varinus habet: plantam esse spinosam scribens: uel herbæ genus, folio lato, lenticulæ simili, colore glauco, ulceribus inflammatis utilem. Videndum an sit anchusæ, uel tribuli potius aliquod genus. Fieri potest ut imperiti grammatici diuersas plantas confuderint. Meminit ægipyri Theocritus, & Aristophanis Scholiastes in Ranis, cuius hæc sunt uerba: Dionysij sacerdotem, ut Eupolis inquit, ægipyron existimate, hoc est pyrrhon, rubicundum: eò quod herbæ huius flos, Demetrio teste, ualde rubeat: τὸ γὰρ ἄνθος ἔχειν φησὶ Δημήτριος ἱκανῶς ἐρυθρόν. Aegitis, anagallis purpurea est. Aegoceron, fœnumgræcum, inter nomenclaturas Dioscor. & apud Syluaticum: qui & trifolij speciem interpretatur: Idem est ægoceras, αἰγόκερας, ut habet Plinius & Galenus in Glossis Hipp. alio nomine, ijsdem testibus, buceras uocatur. Quoniam corniculis semen (siliqua) est simile, Plinius. Apud Hesychium non rectè scribitur αἰγίκεραν & τηλῆς pro τῆλις. Αἰγώνυχος uel ægonychon herbæ genus, Hesychius. Plinius, & nomenclaturæ Dioscoridis, lithospermon interpretantur: causa nominis in seminis duritie, quam rectius tamen ad lapidem, quàm ungulam referas: cum fragilis sit, non ut in asparagi semine cornu uel ungulæ instar lenta & contusilis. Αἴγιλλος, genus herbæ, Suidas: Apud Varinum per l simplex scribitur. Aegilides optimæ ischades sunt, ut scribit Philemon in Atticis nominibus, Athen. Αἰγυλὶς, λύγος, id est uitex, Etymologus. Aegynos, cicuta, inter nomenclaturas Dioscoridis. Κυνάδα, Hesychius cynosbatum interpretatur, uel plantam quam capras depasci aiunt. Phillyream Dioscoridis, hoc est ligustrum, Germanorum quidam geißholtz, hoc est lignum caprinum uocant. Est & herba syluatica, flore candido, muscoso, odorato, oblongo & barbæ quandam referente speciem, quam recentiores quidam in suis plantarum historijs Germanico nomine geißbart appellant, id est barbam caprinam, ab hircina diuersam: nullo hactenus in medicina usu, nec ueteribus puto memorata. Hortensi cultu digna uidetur, propter egregium & odoratum florem, apibus & omni insectorum uolucrium generi gratissimum: facilimè prouenit transplantata, quod meo experimento didici: & in multos annos stirps una durat.

¶ Musimones, uel Musmones potius, caprino uillo animalia, inter Oues dicetur. Albertus musmonem ex capra & ariete nasci scribit. Αἰγίνομοι, animalia sic dicta, Hesychius & Varinus. αἰγίλυγος pro

pro αἴλουρος, Etymologus & Varinus. Caprimulgus auis noctu intrans pastorum stabula, caprarum uberibus aduolat suctum propter lactis: qua iniuria, uber emoritur, caprisque cæcitas, quas ita mulsere oboritur, Plinius. Græci hunc ægothelan nominant: à quo differt ægithalus, Gazæ parus. Alia est & ægithus auis minima, salum alicubi transfert Gaza. Caprimulgus apud Catullum dicitur is qui capras emulget. αἰγώλιος, ulula apud Aristotelem, eodem interprete. αἰγίποψ, aquila apud Macedones, Etymologus & Varinus. αἰγυπιός, uultur. αἰγίπυρος, κάραβος, id est locusta marina, Hesychius: apud Varinum αἰγιλώπυρος, quinque syllabis eadem significatione legitur. Aegocephalus auis apud Aristotelem, capriceps, Gazæ: ut æx capella. Est & apud Germanos auis à uoce dicta himmelgeiß, id est aëria capra.

¶ Aegæon nomen gigantis, &c. de quo infra dicam, ubi de dijs. αἰγαίωρος, αἰγεσαῖος, αἰγεσεύς, αἰγιαλεύς, & αἰγιάλη, propria nomina hominum sunt apud Suidam, de quibus tamen ille aliud nihil scribit. ¶ Αἰγεύς, Aegeus, aliqui Latinè non rectè cum diphthongo penultimam scribunt, Athenarum rex fuit, filius Neptuni (aut uerius Pandionis) ex Aethra uxore Theseum filium suscepit, quem Ouidius Aegidem patronymicè cognominat, uide Onomasticon. Habuit & Medeam uxorem. Huius & Thesei historiam Dionysius in commentarijs in Eustathium recenset, αἰγεῖον, τὸ τοῦ αἰγέως μαντεῖον ἢ ἡρῷον ἐν ἀθήναις, Suidas & Varinus. ¶ Aegeum uel Aegæum mare, Græci αἰγεῖον uel αἰγαῖον πέλαγος dicunt, uel αἰγαία θάλασσα uel αἰγαῖος πόντος: scribunt autem plerique penultimam per αι, paucissimi per ει. Aeges & ægides ut supra dixi Græci fluctus, uel magnos fluctus exponunt: ab αἴξ autem communiter αἴγειος fit, Dorice αἰγαῖος, Etymologus. Sed αἰγεῖον properispomenon, rectius ab αἰγεύς formaret quàm ab αἴξ. Est sanè Aegeum pelagus fluctibus & nauigandi periculo terribile, Suidas & Varinus. Idem Dionysius poëta testatur, circa Sporades insulas scribens Aegeum pelagus suis fluctibus resonare: nec ullum esse alium maris meatum, cuius undæ uehementius & altius agitentur. Aegæi maris latũ æquor, πλατὺς πόρος Dionysio, à Pataris incipiens, ad Tenedum & Imbrum usque protẽditur, inde Boream uersus Propontis angustus meatus excipit, Eustathius in Dionys. Et rursus, Hoc mare aliqui dictum uolũt ab Aegæone, cuius in Iliade meminit Homerus: Vel ab Aegis loco Bœotiæ, in quo poëta Neptuni equos quiescentes facit. Aliqui dictum malunt ab Aegeo Thesei patre, qui in illud mare se præcipitârit ab arce in Aegis insula, sic enim Etymologus sentire uidetur: uel (ut alij) ex Athenarum arce. Vide Etymologicon, Varinum, Suidam, & Cælium libro 13. circa finem ca. 9. Aegæum mare Cyclades alluit, Hesych. Sunt qui Aegeam Amazonum reginam in eo perijsse referant. Aegæo mari nomen dedit scopulus inter Tenedum & Chium uerius quàm insula, Aex nomine, à specie capræ quæ à Græcis ita appellatur, repente in medio mari exiliens, Plin. Solinus hoc saxum Antandrũ nominat, quod procul uisentibus capræ simile creditur. A capris nominauerunt Aegæum pelagus, Varro. Aegas Eubœæ urbem Septentrionem uersus memorat etiam Theophrastus in fine libri 9. hist. plant. Fuerunt & aliæ plures Aegæ, de quibus consule Stephanum: & inter cæteras Aegæ Macedoniæ quibus à capris nomen fuisse non dubito, cum μηλοβότειρα quoque cognominarentur. Aegæ insula iuxta Eubœam, cum templo Neptuni, Hesych. Vide etiam Varinum & Etymologũ in αἰγάς. & Strabonem libro 8. qui ab Euboicis Aegis mari Aegæo nomen inditũ uerisimilius putat. Achaicæ uero Aegæ, hoc tempore, inquit, desertæ incolis sunt, urbem habent Aegienses. Aegion satis incolarum habet: quo in loco Iouem à capra lactatum scribunt, &c. Vide Αἴγιον in Camerte & Stephano: Huius incolis datum est oraculum illud prouerbiale, Ὑμεῖς δ' αἰγιέες, οὔτε τρίτοι, οὔτε τέταρτοι. De Aegis Achaicis mentio est etiam apud Pausaniam in Achaicis. Aegeis, αἰγηΐς, tribus fuit Athenis, ab Aegeo Pandionis filio dicta, tribules Aegidæ, Stephanus, Suidas, Hesych. A pecore nomina habemus, Ouinius, Caprilius: item cognomina, ut Annij Capræ, Statilij Tauri, &c. Varro. Aegæus sinus est & fluuius circa Corcyram, Varinus. Aegitaurus, αἰγίταυρος, aliâs Taurus, fluuius apud Trœzenem, Varinus & Hesychius in ταύρειον πόμα. Campus Aegæus circa Phocidem est, quem Aegas fluuius alluit, Eustath. in Dionys. Vide etiam Stephanum, apud quem legendum puto hoc modo, αἰγαῖον πεδίον συνεχὲς τῇ Κίῤῥᾳ, ὡς Ἡσίοδος, λέγεται παρὰ αἴγαν ποταμὸν φερόμενον ἀπὸ τοῦ περὶ τὸ Πύθιον ὄρους, ἀφ' οὗ καὶ τὸ πεδίον Αἰγαῖον, paroxytónως. Aegos Chersonesi Thraciæ fluuius (ubi Stephanus etiam Aegas oppidum esse meminit) apud Strabonem, ut quidam scribunt: ego genitiuum esse puto ab æx, & addendum potamòs, id est fluuium: ad huius ostia classis Atheniensium à Lysandro capta fuit, idque factum interdiu in Thraciæ parte ad Aegos flumen. Αἰγὸς ποταμοί, urbs Hellesponti, Steph. Aegosthena, neutrum plurale, urbs Megaridis, Steph. Αἰγιμιώ, nomen urbis, Varinus: apud Suidam tribus syllabis scribitur Αἰγιμώ. Carystos Eubœæ insulæ ciuitas, uocabatur etiam Aegæa olim, ab Aegone loci domino, à quo & mare Aegæum, Stephanus. Aegates, promontorium Aeolidis: Artemidoro Aex dicitur in nominatiuo, Steph. Aegiale ciuitas est in Amorgo una Cycladum: item unà Gratiarũ inquit Lactantius, alio nomine Thalia. De Aegiale Diomedis uxore, uide Onomasticon. Aegialeus Medeæ frater fuit: & alius Apidis frater, Phoronei filius, &c. Aegestæi, Thesproti, ab Aegesta quodam imperatore dicti, Stephanus. Aegimus rex Doriensium fuit circa Oetam, Stephanus in Dymàn. Aegila, uicus fuit Atticæ, ab Aegilo quodam heroë dictus, Philemon in Atticis dictionibus, ut Athenæus citat. Αἰγιαλὸς Græcis est littus maris, arenosum proprie & calculosum: etymon adferunt Grammatici, ἀπὸ τοῦ δίκην αἰγὸς ἅλλεσθαι: quod capræ instar saliat, ab insultu fluctuũ scilicet. Aegia-

B 4

los quoq; dicebatur, maritimus quidam tractus, siue latus Peloponnesi, à Sicyone ad Elidem usq;. Fuerunt & alij huius nominis loci, ac præter cæteros unus in Paphlagonia, Varinus. Vide Stephan. & Onomast. Aegialea, Αἰγιάλεια, quæ nunc Achaia dicitur. & incolæ Αἰγιαλεῖς, Etymologus. Hi sunt qui cum Agamemnone militarunt, Iones prius dicti, nunc Achæi, in Sicyone, Hesychius & Varin. Aegialia, uicus Antiochidis, incola, Αἰγιαλεύς, Varinus: apud Stephanum & Suidam Αἰγιλία scribitur, & Αἰγιλιεύς. Capralia appellatur ager qui uulgo ad Capræ paludes dici solet, Festus. Caprasia, Padi fluminis ostium, Plin. 3.16. A capris feris propter Italiam Caprasia (malim Capraria) insula est nominata: à quibus ortæ sunt capræ quas alimus, Varro. Capraria insula in mari Thusco seu Ligustico capris abundans, quam Græci Aegilon dicunt, ut scribit Plinius 3.6. & Solinus ca. 9. Alia est Aegilla uel Aegyla apud Plinium 4.12. Aegimurum Sipontinus ob nominis similitudinem Caprariam esse falsò tradidit, &c. Hermolaus in Plinium. 5.7. Capriæ uel Capreæ, insula ultra Surrentum Campaniæ urbem, circiter octo milia passuum, nobilis coturnicum multitudine, quæ ex Italia uolantes illic principio autumni capiuntur. Capriene, Καπρίηνη, insula Italiæ, eadem quæ Καπρίαι, ubi natus est Blæsus Capriata poëta σπουδογελοίων, Stephanus. Est autem una tantum insula, ni fallor, quamuis in plurali Capreæ dicta. A Surrento octo M. pass. distant, Tiberij principis arce nobiles Capreæ, circuitu XL. M. pass. Plin. 3.6. Sirenes primo iuxta Pelorim, post in Capreis insula habitauerũt, Seruius. Capraria uocatur una ex Fortunatis insulis, enormibus lacertis plus quàm referta, Solinus. Aegimorus insula est Libyæ: uel ut alij, ante Siciliam & Africam, alij Aegimurum scribunt, per u. Vide Steph. & Strabonem. De Aegimoris insulis, Plinius 5.7. Est & Polyæga nomen insulæ Plinio. Aegilips, Αἰγίλιψ, urbs Cephalleniæ, Varinus & Suidas. Aegilips Homero, locus apud Crocyleam Epiri, Steph. Αἰγίναψ, insula quædam Peloponnesi, Hesychius: At Stephanus Αἰγιάλειαν insulam inter Cretam & Peloponnesum facit, in uoce Aegilia. Aegusa, Αἴγουσα, insula Libyæ, quam Afri Catiam uocat, Steph. præstat per s duplex scribere, cum gentile inde fieri dicat Aegusæus ut Scotusæus: nam hoc quoq; per s duplex scribendum est, ut primitiuum Scotussa. Aegusæ meminit Plinius 3.8. Aegausiense uinum in Asia celebratur, Cælius. Αἴγειρα Achaiæ urbs est, dicta nimirum ab alno arbore, quemadmodum ab ulmo Ptelea. Pausanias tamen libro 6. (ut Steph. recitat) huius nominis rationem affert huiusmodi. Cum Sicyoniorum exercitus aduersus Aegiratas ueniret, capris collectis faces earum cornibus alligarunt noctu: Quibus conspectis Sicyonij exercitum auxiliarem Aegiratis uenire suspicati, fugerunt. Vnde illi liberati urbem Hyperesiam prius dictam, Aegiram appellarunt: & quo loco pulcherrima quæq; alias anteibat capra quieuit, ὤκλασε, Dianæ Agroteræ templum condiderunt. Αἴγιρος, nomen urbis, Suid. Αἴγιλος, promontorium Peloponnesi, Varinus. Αἴγυες, nomen gentis, Suid. Aexonia, urbs Magnesiæ, & Aexone pars tribus Cecropidis, Steph. Caprullon portus prope montem Atho Pomp. Melæ lib. 2. Aegone uel Aegonea, nomen urbis, Suidas: Stephanus addit Meliensium esse. Aegostis, urbs Locridis, Steph. Aegys, urbs Laconica, Steph. Gangra Paphlagoniæ urbs est, cuius nominis originem Nicostratus, referente Stephano, istam facit: Cum caprarius quidam ruri capras adesse omnes reperiret, domi uero unam deesse: rem domino narrauit. Iussit ille diligenter quænam secederet obseruare. Deprehendit igitur unam in altum quendam collem ascendere, & intra illum hœdorum uoces audiuit, quos illic capra enixa erat. Et cum commodus is locus (domino) uideretur, ciuitatem in eo conditam Gangram appellauit, quod capellæ nomen fuerat.

¶b. Mesas est radix cornu caprini: Alij interpretantur partem cornu iuxta pedes animalis, Andr. Bellunen. Aegophthalmos gemmæ nomen est apud Plinium lib. 37. Gemmæ non paucæ (inquit Ge. Agricola) lineis inter se discurrentibus, & sæpenumero colore uariatis, effigies rerum exprimunt: oculi quidem humani, leucophthalmos: caprini, ægophthalmos, &c. Musmones arietes in Sardinia pilum habent caprinum, Strabo. Equiceruo cornua sunt capræ proxima, Aristot. Caprarum barba sirilum uocatur, Sipontinus. Nonnulla etiam duplici genitali, altero maris, altero fœmineæ nascuntur: & in genere quidem hominum, sed maxime in caprarum: gignuntur enim quas uocant hircinas (τραγαίνας) propterea quod simul genitale habent & maris & fœminæ. Iam & cornu gerens in crure capra conspecta est, Aristot. de generat. anim. 4.4.

¶c. Tityre pascentes à flumine reijce capellas, Vergilius Aeg. 3. ¶ Vocabula quæ ad caprarũ uocem pertinent, Iulius Pollux 5.13. his uerbis describit: Αἰγῶν δὲ μηκασμός, μηκᾶσθαι, μηκώμεναι. ὅμηρος δὲ καὶ μηκάδας αἶγας εἴρηκε. δοκεῖ δὲ ἴδιον εἶναι αἰγῶν εἶναι μᾶλλον ὁ φριμαγμός, φριμάττεσθαι, φριματτόμενος. ὡς Ἡρόδοτος ἔσφαλται ἐπὶ τῶν βρεφῶν τῶν φρυγίων λόγῳ, βληχᾶσθαι τὰς αἶγας οἰόμενος. Μηκή, de uoce caprarum, Varinus. φριγμὸς pro φριμαγμὸς apud eundem non rectè legitur. Μεμακυῖαι, μηκώμεναι. Μηκή (oxytonum) γάρ, ἡ τῶν αἰγῶν φωνή. Homerus de ouibus etiam hanc uocem usurpauit: posteriores de capris tantum, de ouibus uero βληχᾶσθαι, Varinus. Ῥηξαμένους βληχήν, Oppianus de capris syluestribus. Βρυχήματα μήλων apud Aeschylum, ut citat Strabo circa finem libri 14. Gustatum à pecore caprisq; pulegium, balatum concitat: unde quidam Græci literas mutantes blēchon uocauerunt, Plinius. Sed balare proprium ouium est. ¶ Iam puerum ortum capite arietis aut bouis referunt, &c. sed nihil ex ijs, quæ nominant, est: quamuis similitudo quædam generatur: quod euenit etiam non in monstrum peruersis; quamobrē sæpenumero per conuicium nonnulli deformes assimilantur, aut capræ ignem efflanti, aut arieti petulco, Aristot. de generat. animal. lib. 4. cap. 3. ¶ Ciborum in capris superfluitates, Palladius caprinas

nas facetè baccas dixit, Cælius. Plinius fabas caprini fimi appellauit: nostri uulgo etiam caprarum fabas: Marcellus Empiricus stercoris caprini pilulas: Græci σπυράθας genere fœminino. Nicander in Theriacis πυράθας dixit, nisi uitium librariorum est. Sunt in Græcis qui non caprinum tantum, sed ouillum etiam ea uoce significent, Marcellus Verg. Σπυράδες, caprarum & ouium excrementa, Galenus in Glossis. Σφυράδες eadem significatione Atticum est. Σφυράδων πολλῶν ἀναμίξη; Eupolis, ut Suidas & Varinus citant. Aristophanes homines quosdam omnino uiles, & sordidos σφυράδων ἀποκνίσματα uocat, ut pluribus exponit Suidas in Σφυράδες. Οἴσπη αἰγός, ὁ παρὰ (ἐπὶ) ταῖς θριξὶ τῆς αἰγὸς ἐγγινόμενος ἐν τῇ ἕδρᾳ ῥύπος, Galenus in Glossis, & Varinus. ¶ In urbe Sybari caprarius peradolescens nomine Crathis, cum cupiditate libidinis flagraret, incestum in capram scelus exercuit: Quod quidem ipsum ut hircus gregis dux perspexit, riualitate laborare, atque interea suum occultare animum cœpit, quoad aliquando tandem eum somnum capere deprehendisset: tum enim omnibus reuocatis uiribus, facto in eum impetu, cerebrum diminuit. Cum eiusmodi factum ad indigenas permanasset, non modo ei tumulum magnificum excitarunt, sed ex eo etiam fluuium Crathim nominarunt (Crathis fluuius iuxta Aegas Achaicas à duobus fluminibus incrementa suscipit, sic à miscendis aquis appellatus: à quo & Italicus uocatus est Crathis, Strabo:) infantem autem puerum ex eius cum capra consuetudine susceptum, caprina habentem crura, & faciem humanã, in deos repositum, deorumque honore affectum fuisse, & Syluanum deum (Hylæum numen Napæumque, Cælius:) esse in sermonẽ hominum uenit. In beluis igitur obtrectationem & riualitatem inesse hircus docet. Eandem historiam describit Cælius libro 25. cap. 32. Κινάβρα, ἡ δυσωδία τῶν αἰγῶν κιναβρώντων. hunc fœtorem Latini capram & hircum uocant. Αἰγῶν τι κιναβρώντων μέλη, Aristophanes in Pluto. Cinabran aliquos exponere canum cibum, in Cane dixi. Ψώϊζος, ἄφοδος ὑγρὰ, ἡ νόθος δυσωδία, καὶ ἣν καλοῦσι μίνθα (al. μίνθον) οἱ δὲ αὐχμὸν ἢ μόλυσμα, Hesychius & Varinus. Ψωΐα, σαπρὰ δυσωδία, Iidem. ¶ Μίνθη uel μίνθος caprinum stercus significat, aut etiam humanum, hinc μινθῶσαι apud Aristophanem in Pluto & Ranis, stercore inquinare, δυσφρᾶναι, δυσοσμίας ἀναπλῆσαι, μιᾶναι, κόπρῳ χρίσαι. Pastores enim hircis alsiosis, & frigus ægrè tolerantibus nares excrementorum uel ipsorum uel hominum inungere solebant: & eo fœtore ad sternutandum mouere, quod hoc pacto nimio frigoris sensu liberentur. Minthon aliqui mentam herbam, alij thymum, alij iyngem exponunt: alij floris genus in stercore nascentis, quo hirci gaudeant, Varinus & Scholia Aristophanis.

¶ e. Ὠπόλος, caprarius, pro ὁ αἰπόλος, Dorice, Varinus. Poëtis αἰγονόμος, quæ uox Nicandro pro loco etiam pascendis capris accommodo ponitur: distinguitur forte accentu in recto casu: item αἰγιβότης. Αἰγιβότας, Panos epitheton, ut dicam inferius. Λιάμαθοι, caprarij, eo quod sint λίαν ἀμαθεῖς, id est ualde rudes, Varinus. Comatas caprarij nomen est apud Theocritum Idyllio 5. De Glauco caprario, qui Homerum hospitio excepit, multa scribit Herodotus in uita Homeri. Σίττα acclamatio est, qua ad capras utuntur, Varinus. Αἰπόλοι κύνες, canes caprarum custodes, Pollux. ¶ Αἰγίβοτος γῆ, terra apta pascendis capris, Suidas & Hesychius: propriè autem de montana dicitur, quam αἰγίνομον & αἰγίβοτον etiam uocant, Varinus. Insulæ ut quæque asperiores sunt, sic αἰγίβοτοι appellantur, Varinus. Φελλέας aut φελλεῖς uocitabant saxosos & capris idoneos pascendis locos, qui in superficie saxorũ terram haberent exiguam, Varinus. Αἰγίπλαγκτος, nudum nomẽ apud Suidam: uidetur autem significare locum in quo capræ oberrantes pascuntur. Αἰγίλιψ, ὁ τὰς αἶγας παίνων, &c. ut supra explicaui. Αἰγών, caprile, & αἰγονόμιον. Spumifer ægon, apud Statium libro 5. Thebaidos, pro mari Aegeo. Capræ τοκάδες in Geopon. Græcis dicuntur, matrices quæ scilicet fœtum alunt, & lac præbent: lactares Marcellus Empiricus dixit: quæ tamen intelligi possunt etiam absque fœtu, & cum à partu remotiores sunt. In capram multo & dulci lacte abundantem, & eo nomine à Cæsare quodam abductam epigramma Crinagoræ Anthologij lib. 1. sect. 33. extat huiusmodi. Αἰγά με τὴν εὔθηλον, ὅσων ἐκρήνωσεν ἀμολγεὺς οὔθατα, πασάων πολυγαλακτοτάτην, γευσάμενος μελιηδὲς ἐπεὶ τ' ἐφράσσατο πῖαρ Καῖσαρ κἀν νηυσὶ σύμπλοον ἠγάγετο. Ἥξω δ' αὐτίκα που καὶ ἐς ἀστέρας. ᾧ γὰρ ἐπέσχον Μαζὸν ἐμόν, μείων οὐδ' ὅσον αἰγιόχου. ¶ In uetere testamento, libro 1. Regum kebir uocem Hebraicam exponunt capillitium ex pilis caprinis instar capitis criniti factum: Ionathan tamen uertit noda, id est utrem ex pelle scilicet caprina & pilosa factum.

¶ f. Aegistho Thyestis & Pelopiæ filio capra alimentum suggessit, Cælius ex Aeliani Varijs. Orion etymologus inde nomẽ etiam Aegisthi interpretatur, ab αἴξ capra, & θῶ lacto. Circa Alcathi uicum in Cypro Mestori Cyprio infans natus est, cui pro dentibus os continuum fuit. Is nescio propter quam suspicionem expositus, à capra nutritus est: & primum Aeginomas dictus, postea Eurytolemus, & Cyprijs imperauit, Pollux libro secundo. Antiphanes in Acestria apud Athenæum, auarum quendam illas tantum capras mactantem inducit, ex quibus nullum amplius fructum hœdorum aut casei capiebat.

¶ h. Cur ueteres sacerdotes capra sic abstinuerint, ut neque tangerent aut ederent, neque nominarent, ex Plutarcho exposui supra cap. 3. Capræ oliuam lambendo quoque sterilem faciunt, eaque ex causa Mineruæ non immolantur, Plinius. Capras in arcem ascendere Athenis non licet, neque omnino sacrificari Mineruæ, quod oleæ ramos urent & lædant, Athenæus. Obseruatum est (inquit Cælius) capras Athenis in arcem non iungi, (admitti:) præterquàm semel ad necessarium sacrificium, ne olea ibi nata primum, possit tangi: quando ita proditum est, eius animantis saliuam esse fructuis uenenum, quo nomine nec deæ immolatur. Aegyptij qui Iouis Thebani templum incolunt, aut Thebani ritus sunt, ij omnes ab ouibus se abstinentes, capras immolant. Qui Mendetis templum obtinent, siue Mendesij ritus sunt, hi capris abstinentes, immolant oues. Itaque Thebani, & quicunque propter illos ouibus parcunt, aiunt ideo sibi conditam hanc legem: quod Iupiter cum ab Hercule cernere eum uolente, cerni nollet, tandem exoratus id commentus sit, ut amputato arietis capite, pelleque uillosa, quam illi detraxerat, induta sibi, ita sese Herculi ostēderet: Et ob id Aegyptios instituisse Iouis simulacrum facere arietina facie: & ab Aegyptijs Ammonios accepisse, qui sunt Aegyptiorum atque Aethiopum coloni, & linguam inter utrosque usurpantes. Qui etiam mihi uidentur eadem re se Ammonios cognominasse, quod Aegyptij Iouem Ammonem appellant. Ob hanc rem arietes non mactantur à Thebanis, sed eis sacrosancti sunt. Certo tantum die quotannis in festo Iouis, unum demum arietem amputant, cuius pellem detractam, hunc in modum Iouis simulacrum induunt, ad illudque deinde aliud ducunt Herculis simulacrum. Hoc acto, cuncti qui circa templum arietem uerberant, deinde sacra eundem urna sepeliunt, Hæc Herodotus libro 2. Agricola de boue rem diuinam facit, opilio de agno, æpolus de capra, Lucianus. Græci sacrificaturi capras frigida aqua explorabant: Nam si gustare abnuissent, concipiebant inde, haud ualere satis, Cælius. Capellæ pro bubus immolatæ: item capræ auratæ albæ Apollini immolatæ, uide supra in Boue H. h. Τριττὺς sacrificium, secundum aliquos ex oue, capra & boue constat: de quo multis egi in Boue. In Lupercalibus Romæ capras iugulant, & incisis in corrigias caprarum pellibus, discurrunt: & si qui obstent, scuticis cędunt, Plutarchus in Romulo. Embarus quidam, uel Barus, cum Diana Munychia ut regio à peste liberaretur filiam alicuius immolandam requireret, ea conditione immolaturū se suam promisit, ut sacerdotium familiæ eius perpetuò maneret: filia in adyto occultata, capram eius uestimentis indutam mactauit: quæ res in prouerbium abijt, ut in hominem prudentem et astutū Embarus es dicamus, Varinus in Σόφισμα, authorem citans Pausaniam. Pestis uero causam fuisse dicit ursam quæ in templo Dianæ illic erat, ab Atheniensibus (ἀναπεθεῖσαν, lege ἀναιρεθεῖσαν, ex Suida) occisam. Apud Suidā fame non peste (quæ apud Græcos una tantum litera differunt) regionem laborasse scribitur. Erasmus prouerbium Embarus sum, de homine insano, deliro & demente interpretatur, Suidam secutus: qui Embarum filiam suam uere, non capram ei substitutam, immolasse refert. Ἔμβαρός εἰμι, ἠλίθιος, μωρός: ἢ νουνεχής, φρόνιμος, μεμηνὼς ἢ σόφισμα, Varin. Pausan. in Arcadicis Cleombroto Lacedæmoniorū regi in Leuctris Bœotijs signum diuinitus huiusmodi accidisse scribit: Solebant (inquit) Lacedæmoniorum reges pecora secum educere in bellum, ut dijs ante prelia litarent: preibant autem capræ duces itineris ante oues: quas (capras) pastores catœades, κατοιάδας, appellant. Lupi tūc impetu in gregem facto, illæsis ouibus in solas capras grassati sunt. Capram & hircum Mendesij colunt, Gyraldus: Vide paulò post in Panos dei mentione. ¶ Ἔρδειν δ' Ἀπόλλωνι τεληέσσας ἑκατόμβας ταύρων ἠδ' αἰγῶν, Homerus Iliad. lib. 1. Capras Apollini immolabant, propter pecudis huius naturam impetuosam, & in altum saltando efferri gaudentem: & quod caprina cornua ad arcus faciendos idonea sint: Apollo autem toxotes est, id est arcubus & sagittis oblectatur, Varinus in Ταύρους καὶ αἶγας, ex Eustathio in Iliados 1. Capra, quæ nunquam sine febri est, Aesculapio qui est deus salutis, per cōtrarietatem immolatur, Seruius. Aegæon, nomen gigantis, qui Cœli (aliâs Titanis) Terræque filius fingitur: Aegæon qualis, centū cui brachia dicunt, Centenasque manus, &c. Verg. li. 10. Seruius eundem cum Briareo esse scribit. Vide Onomasticon nostrum & Varinum, & Gyraldum in Opere de dijs, Syntagmate quinto, duobus in locis. Hesychius Aegeonem exponit Briareon, & deum marinum, & Neptunum: Etymologus Solem, ἀπὸ τοῦ τὰς ἀκτῖνας ἀΐσσειν. Briareo (inquit Solinus) Carystij rem diuinā faciunt, sicut Aegæoni Chalcidēses. Nā omnis ferè Eubœa Titanū fuit regnū. In Briareo (inquit Cælius) quod obuium erat, fabulæ inuolucro factum est obscurius. Quippe prodit historia esse in Asia tumulum Agæonis nomine, abs quo fontium prosiliens multitudo circumiectos impinguet campos. ¶ Aegobolus, Αἰγόβολος Dionysius apud Potniam colebatur, de quo nomine historia hæc prodita est. Cum ibi Dionysia celebrarent, ita in contumelias acti sunt & furorem, ob ebrietatem, ut Bacchi sacerdotem interemerint. Quare dei ira graui pestilentia affecti sunt. Ciues hac de re Apollinem consuluēre: à quo responsum acceperunt, ut deo formosissimum puerum immolarent. Quod cum Potnienses per multos annos fecissent, capram demum à deo edocti pro puero supposuerunt: unde deo cognomen à capra uidelicet supposita, factum uidetur, Gyraldus. Cinnamomum in Aethiopia cæsuri, quadraginta quatuor boum, caprarūque & arietum extis, à Ioue impetrant ueniā metendi, Plinius. In Pedasia Cariæ (ut tradit Aristoteles in Mirabilib.) sacrificium Ioui peragitur: in quo capra deducta ex Pedasis per stadia septuaginta magna spectante turba procedit, nec perturbatur in uia, nec inde auertitur, funiculo uincta sacerdotem præcedens. In eadem mirantur extranei cornua eius quatuor congios capere. Aegophagus, id est capriuorus cognominatur Iupiter apud Nicandrum in Theriacis, Etymologus, & Varinus: Mihi tamen, inquit Gyraldus, non succurrit, apud Nicandrum id nomen legisse. In Laconicis Pausaniæ Iuno nominatur αἰγοφάγος, apud Lacedæmonios tantum id adepta cognomentum, quando & deæ capras immolant. Sacellum ab Hercule primò erectum ferunt, qui & princeps capras immolārit: quoniam pugnanti aduersus Hippocoontem ac liberos, nullum à Iunone se ingessisset impedimentum, sicut fere assueuerat: Ad rem uero diuinam adhibitas potissimum capras, quod aliarum uictimarum haud suppeteret facultas. Verum in in eo quod de capra scribit auctor hic (inquit Cælius) uehementer aduertenda poëtæ Ouidij sententia, ex quadam Elegia, ubi animalium quæ ducerentur, pompam describit in Iunonis festo,

Duxq; gregis cornu per tempora dura recuruo, Inuisa est dominæ sola capella deæ.
Illius indicio syluis inuenta sub altis Dicitur inceptam detinuisse fugam.
Nunc quoq; per pueros iaculis incessitur index, Et pretium auctori uulneris ipsa datur.

Αἰγοφάγος χήρα ἐν Σπάρτῃ, Varinus: pro χήρα lege Ἥρα. Caprotina Iuno à Romanis culta, non à capris; sed à caprifico nomen tulit, uide Gyraldum, &c. Nonæ Caprotinę, inquit Varro, dicuntur, quod eo die in Latio Iunoni Caprotinæ mulieres sacrificant, & sub caprifico faciunt, & è caprifico adhibent uirgam. ¶ Pan capripes cognominatus est à poëtis, à Gręcis αἰγομιλής, & αἰγίπαν. Propertius in tertio, Capripedes calamo Panes hiante canent. Hyginus de Capricorno: Huius, inquit, effigies similis est Aegipani. Dicitur & semicaper deus ab Ouidio in Fastis, & Metam. ut est in illo, Sunt oculis Nymphæ, semicaper ue deus, Gyrald. Cerobates etiam, κεροβάτης, cognominatus est Pan, teste Hesychio, siue quod cornua habebat, quasi κερατοβάτης: uel quod basin haberet corneam, id est pedes, Gyraldus. Καὶ κεροβάτας Πάν, Aristophanes in Ranis: Scholia cerobatan exponunt, qui per montium cornua incedat, uel à cornu, id est ungulis hircinis: nam inde κεριβότην quoq; & τραγοβάμονα dici. Didymus similiter exponit, ut Gyraldus iam ex Hesychio: quoniam (inquit) inferiores partes hirci habet, ita ut pedum causa cerobates uocetur. Hinc & ὀξύκερως nominatur, ut supra in Boue docui. Capras ea de causa apud Aegyptios qui Mendesij ritus sunt, non mactant, quòd Pâna inter octo deos Mendesij numerant, quos octo aiunt priores duodecim dijs extitisse. Panos simulacrum & pictores pingunt, & statuarij scalpunt, quemadmodum Gręci, caprina facie, hircinisq; cruribus: haudquaq; existimantes eum esse talem, sed similem cæteris dijs. Qua tamen eum causa talem describăt, non est mihi relatu iucundum. Verum hi cum capras, tum uero capros hircósue omnes uenerantur. Et inter Mendesios caprarij præcipuo honore afficiuntur, & ex his unus maximè: qui cum decessit, ingens toti Mendesiæ plagæ luctus extitit. Vocatur autem & hircus & Pan, Aegyptiacè Mendes, Herodot. lib. 2. Aega & Helice Nymphæ ex Oleno natę, Iouis nutrices feruntur, ut Hyginus alijq; prodiderunt. Quidam Aegam Panos uxorem dixêre, alij filiam, ut in Ioue ægiocho iam proximè retuli: & supra in Cane H. a. in mentione Cynosuræ: nam Helicen aliqui Cynosuram uocant. Aegoceros Panos filius in Ibice infra memorabitur. De Aegipane etiam nonnihil in Aegiocho superius dixi. Aegipani populi ad ripas Nili habitant, Plin. 6. 30. & in fine eiusdem ca. Iuxta Hesperios Aethiopes (inquit) quidam modicos colles amœna opacitate uestitos Aegipanum Satyrorumq; produnt. Item 5. 1. Atlantem noctibus micare crebris ignibus, Aegipanum Satyrorumq; lasciuia impleri tibiarum ac fistulæ cantu, tympanorumq; & cymbalorum sonitu strepere. Et rursus ca. 8. inter Aethiopiæ populos numerat Aegipanas semiferos, & Satyros. Satyris, inquit, præter figuram nihil moris humani esse traditur: Aegipanis, qualis uulgò fingitur forma. Hæc loca capripedes Satyros, Nymphasq; tenere, Lucretius libro 4. Αἰγίποδας in Græcis legitur, unde capripedes uerbum uerbo expressum. Argippæi Scythiæ populi referunt quæ apud me fidem non habent, supra ipsos incoli montes ab hominibus capripedibus, Herodot. ¶ Syluanus, deus capripes ex pastoris cum capra coitu natus, ut Gyllius ex Aeliano uertit, & nos supra recitauimus parte 3. huius capitis. Gręcè pro Syluano ὑλαῖον καὶ ναπαῖον θεὸν legi, ex Cælij translatione conijcio. Prœtidum quæ se uaccas putarunt mentionem feci in Vacca H. h. paulò ante prouerbia. A Melampode (inquit Plinius) appellatur unum hellebori genus Melampodion. Aliqui pastorem eodem nomine inuenisse tradunt, capras purgari pasto illo animaduertentem, datoq; lacte earum sanasse Prœtidas furentes. Hermolaus Prœti filias Elegen & Celænen memorat, quæ prope fontem Clitorium à Melampode tali lacte purgatæ sint. Idem in Castigationibus Plinianis Lusos uel Lusas urbem esse refert in montanis agri Clitorij, ubi à Melampode perhibeantur curatæ Prœti filiæ, in Dianę fano. Lusi, Λοῦσοι, urbs est Arcadiæ, teste Stephano, ubi Melampus Prœti filias ἔλουσεν, id est lauit, unde Lusi nimirum dicti sunt. Meram aliqui uocant Prœti filiam Aethræ sororem, Hesychius. Circa Alpheum (inquit Eustath. in Dionys.) aqua est quę alphis, id est uitiligini medetur, unde forsan & fluuio nomen impositum. Medetur eadem leucis & impetigini: & Melampodem ea usum aiunt ad purgationem filiarum Prœti cum insanirent.

PROVERBIA.

In agro surculario capras: Varro de re rust. lib. 1. cap. dictum hoc ueluti legem agricolarum affert: Colonus in agro surculario ne capras compascat. Deflecti potest ad eos qui noxiarum rerum admixtu corrumpunt teneram ætatem. Capra oleæ & uiti pręcipuè noxia est, unde & Baccho immolatur uindictæ gratia: Mineruę nihil caprini generis, quod ille uitis repertor dicitur, huic sacra est olea, Erasmus. ¶ Capra contra sese cornua, Ἡ αἲξ καθ' ἑαυτῆς τὰ κέρατα, cùm quis sibi ipse author est mali. Capra quæpiam (ut in apologo fertur) cum esset iaculo uulnerata, circumspectans undenam id mali sibi euenisset, arcum contemplans caprinis cornibus compactum, dixit, Καθ' ἐμαυτῆς ἔφυσα τὰ κέρατα, id est, In meã ipsius perniciem produxi cornua, Erasmus. ¶ Capra ad festum, Αἲξ εἰς τὴν ἑορτήν: dici solitum ubi quis in tempore ad negocium aliquod accederet: Aut ubi quis cõmodè in suam perniciem offert sese. Nam in festis, maximè Bacchi, capram immolabant, Erasmus. ¶ Capra gladium, Αἲξ μάχαιραν, subaudi reperit. (Malim Αἲξ ἑαυτῇ τὴν μάχαιραν, ut in omnibus Græcorum Lexicis habetur.) In eos, qui ipsi reperiunt quo pereăt. Ortum est autem adagium ab huiusmodi quodam euentu. Olim cum Corinthij Iunoni Acrææ (Apostolius Ascrϵæ, non rectè) cuius ædem à Medea structam aiunt, rem diuinam facere pararent: atq; hi qui ad præbendam hostiã erant cõducti, (οἱ γὰρ τῇ παρέχειν μεμισθωμένοι, Suidas & Apostolius: οἱ κομίσαντες μισθωτοί, Hesychius & Varinus:) defossο sub terram cultro, oblitos sese assimularent, capra pedibus exscalpens, prodidit, itaq; mactata est. Quidam sic efferunt, Αἲξ δοῦσα τὴν μάχαιραν: id est, Capra cultrum præbens: Quidam hoc pacto, αἲξ τὴν μάχαιραν, Erasm. Αἰγὸς πρόπον, ἐπὶ τῶν ἑαυτοῖς ἐπιφερόντων κακὸν ἐκ Κορινθιακῆς (uidet aliquid desiderari) παροιμία. ἡ αἲξ δοῦσα τὴν μάχαιραν, Suid. ¶ De lana caprina: hoc est de re inutili & minimi momenti, simile est de asini lana, Eras. Alter rixatur de lana sæpe caprina, Propugnat nugis armatus, Horat. ¶ Liberæ capræ ab aratro, Ἐλεύθεραι αἶγες ἀρότρων, hemistichium heroici carminis prouerbiale, dictum olim ab ijs, qui se ab onere quopiam aut molestia liberatos glorabantur, authore Zenodoto, Erasmus. ¶ Matris ut capra dicitur, Τῆς μητρὸς ὡς αἲξ καλεῖται: In spurios dictum uidetur, quorum pater incertus est, eaq; gratia à matre denominantur. Ductum ab hœdis, qui in caprilibus à matre dignoscuntur: nam à patribus haudquaquam possis. Manet etiam hodie uulgi iocus (apud Germanos) quo dicunt, sapientem esse filium, qui patrem suum nôrit, Erasmus. Μήτηρ μέν τ' ἐμέ φησι τοῦ ἔμμεναι, Homerus Odysseæ lib. 1. hoc etiam Germani usurpant, Mater ait. ¶ Vel capra mordeat nocentem, Κἂν αἲξ δάκοι ἄνδρα πονηρόν, (hemistichium heroicum:) Capra minimè alioqui mordax est, sed improbis omnia sunt infesta, Erasmus. ¶ Caprarum nomina, Αἰγῶν ὀνόματα, uide supra in H. a. ¶ Capra nondum peperit, hœdus autem ludit in tectis, Αἲξ οὔπω τέτοκεν, ἔριφος δ' ἐπὶ δώματα παίζει: In illos qui postrema perfectaq; iam aggrediuntur, præteritis ijs quæ præcessisse oportuit: Aut qui gloriantur iam assecutos sese, cuius ne fundamenta quidem sint iacta: Aut qui rem agunt præposterè. Prius est enim peperisse, quàm ut hœdus ludat in tectis. Refertur à Zenodoto, Erasm. ¶ Capram portare non possum, & imponitis bouem, (Melius, imponite mihi bouem, sine copula.) Plutarchus in commentario De non accipiendo mutuo: Ἐπεὶ τὸ τῆς παροιμίας ἐστὶ γελοῖον, οὐ δύναμαι τὴν αἶγα φέρειν, ἐπιτίθετέ μοι βοῦν: Vbi quis quod leuius est recusat, & quod multò sit intolerabilius imponi sibi postulat. Veluti si quis impatientia paupertatis (nam ad id accommodat Erasmus) usuris inuoluat sese, quod onus uix diuitibus sit tolerabile, Eras. ¶ Capra Scyria, Αἲξ Σκυρία: Zenodotus huius prouerbij Chrysippum citat, tum authorem, tum interpretem. Conuenit in eos qui beneficiũ maleficio corrumpũt, aut uirtutes adiũctis uitijs contaminãt atq; obscurant: quiue rectè instituta nõ rectè finiunt. Veluti capra Scyria, q; fera sit, mulctrũ quod lacte impleuerat, ipsa rursus euertit. (Meminit etiã Suid.) Alij putãt dici in eos, unde plurimũ emolumẽti capitur, propterea quod eius regionis capræ maximam lactis uim reddere dicantur. Id quod affirmat & Athenæus libro 1. citans hoc Pindari carmen, Σκυρίαν δ' ἐν ἀμέλγειν γάλακτος αἶγας ἐξοχωτάτη, Erasmus. Idem Athenæus libro 12. capras ex Scyro & Naxo tanquam præcipuas commendat. Capræ Syriæ (malim Scyriæ) quantum aliæ nullæ lac habere dicuntur, Gyllius ex Aeliano. Est autem Scyros una Cycladum. ¶ Dic de tribus capellis, in eum uidetur ceu prouerbio torqueri posse, qui multa, extra causam quæ sunt & ad rem nihil attinent, dicit: ex historia, quã Martialis lepidissimo epigrammate refert, Non de ui, neq; cæde, nec ueneno, Sed lis est mihi de tribus capellis, &c. Huic simillimũ est Lucillij epigramma Græcum, quod recitat Erasmus in prouerbio Alia Menecles, alia porcellus loquitur. ¶ Copiæ cornu, Ἀμαλθείας κέρας, Amaltheæ cornu, aliqui addunt αἰγός, id est capræ: Cum affatim omnia superesse significamus. Translatum à peruetusta fabula, quæ uariè narratur apud authores. Quidam ad hũc modum narrant: Rhea Iouem enixa metu patris infantem in Creta occuluit nutriendum à duabus nymphis Adrastea & Ida, Melissi filiabus. (Ouidius unam fuisse scribit, quam Naidem Amaltheam uocat.) Hæ nutricauerunt illum capræ cuiusdam lacte, cuius nomen fuerit Amalthea. Eam capram Iupiter adultus in sydera retulit: uocaturq; à Græcis αἲξ οὐρανία, id est capra cœlestis. Huius alterum cornu nymphis nutricibus dedit, uidelicet officij præmiũ, hanc adijciens facultatem, ut quicquid optassent, id illis ex eo cornu largiter suppullularet. Ouidius capram cornu alterum ad arborem fregisse scribit, quod Amalthea nympha herbis cinctum, & pomis repletum ad Iouis ora tulerit. Iupiter postea regno potitus Sydera nutricem, nutricis fertile cornu Fecit, quod dominæ nunc quoq; nomen habet. Legimus & Herculem Aetolis donasse Copiæ cornu, propter coërcitum cornu fluminis Acheloi: quare regionem illam antea sterilem, fertilissimam reddidit: cornu nimirum laborum duritiem significante, frugibus feracitatem, Erasmus. Idem pluribus authorum exemplis, Plinij, Gellij, Luciani, Plutarchi, Horatij, usum huius prouerbij explicat. Ego ijs omissis quædam apud alios obseruata adijciam. Hanc capram Oleniam uocat Ouidius quinto Fastorum. Vide nonnihil superius in Aegiochi Iouis mentione: & Palæphatum cap. 47. Aegium (inquit Strabo li. 8.) oppidum est Achaiæ, ubi Iouem à capra lactatum scribunt, sicut Aratus prodidit, Αἲξ ἱερή, τὴν μέν τε λόγος Διὶ μαζὸν ἐπισχεῖν: Ὠλενίην δέ μιν αἶγα Διὸς καλέουσ' ὑποφῆται, locum innuens proximum esse Olenæ. Vide Αἰγὰς apud Varinum. Scholia in Iliados Homeri librum 15. fabulam hoc modo referunt. Cum Saturnus filios omnes natos statim deuoraret, Rhea Iouem enixa, lapidem fascijs inuolutum Saturno uorandum tradidit: infantem uero in Creta Themidi & Amaltheæ, quæ capra erat, commisit. Hanc Titanes quoties inspiciebant, terrebantur. Alebat ipsa suis adhibitis uberibus Iouẽ. Is adultus patrẽ expulit regno. Et cum impugnarent eum Titanes, consilio Themidis capræ illius pellẽ pro tegmine induit: ut cui ꝑpetuo terrendi natura inesset: atq; ita uicit Titanes, et hanc ob causam Aegiochus dictus est. De pelle capræ quæ Iouem aluit, nonnihil etiam supra dixi ca. 3. in mentione ꝓuerbij Anti-

Antiquiora diphthera loqueris. Eustathius in Dionysium de situ orbis scribens, ubi ille Acheloi fluuij meminit, cuius sinistrum cornu cum Hercules confregisset, Amaltheæ cornu bonis refertum omnibus pro illo recepisse dicitur: uarias interpretationes affert, & multa super hoc cornu doctè & egregiè disserit, quæ breuitatis amore relinquo. Princeps omnium Bupalus Fortunæ simulacrum fecit, polum in capite gestans, & manuum altera sustinens Amaltheæ cornu, Cæl. Socrates Amaltheæ cornu hoc pacto interpretabatur. Amaltheam aiebat significare hominē qui minimè malthon, id est mollis & dissolutus, sed gnauus & operarius esset. Per cornu uero bouis, quod animal est laboriosissimum, uirum operarium innui. Botros autem & similia in cornu esse: quoniam omnia, quorū egemus, in agricultura insunt: quamobrem gestantes ipsum bonus Genius, bonaq́ue Fortuna introducuntur, Stobæus in Sermone de Agricultura. Apud eundem in Sermone de laude diuitiarum Philemon poëta, Amaltheæ cornu non tale esse scribit, quale pictores depingunt, bubulum scilicet, sed ipsam pecuniam, quæ omnia donet, φίλας, βοηθοὺς, μάρτυρας, συνοικίας: iuxta illud Horatij, Scilicet uxorē cum dote, fidemq́ue, & amicos, Et genus, & formam regina pecunia donat. Postremò in Sermone de fœlicitate, Hippodamus Thurius eunomiam, id est bonam legum constitutionem in rep. Amaltheæ cornu interpretatur. Genus illud poculi apud Athenæum libro 11. (κέρας appellat) cui agglutinati erant cotylisci referti papauerē albo, tritico, hordeo, & leguminibus, non temere aliquis cornu Amaltheæ nominauerit. ¶ Prouerbium quod iam retuli, Copiæ cornu, uel Amaltheæ, uel Amaltheæ capræ, apud Græcos sic etiam effertur, Αἲξ οὐρανία uel οὐράνιος, id est, Capra cœlestis. Hesychius & Varinus capram cœlestem interpretantur candidæ fabæ genera, qua calculos & suffragia ferebant: Similiter Suidas, & insuper, Cratinus (inquit) eos qui munera accipiunt ab ijs nutriri ait, ut Iupiter ab Amalthea capra nutritus est. Alij res illas, ex quibus magna lucri & pecuniæ augendæ occasio sit, ita nominant. Capra cœlestis, de illo qui quę cupit consequitur omnia. Ferunt enim Iouis capram inter sydera locatam qui primus orientem aspexerit, per omnia uoti compotem futurum, Idem. Capram cœlestem orientem conspexerunt, Αἶγα τὴν οὐρανίαν ἐπιτέλλουσαν ἐθεάσαντο, ab Erasmo similiter exponitur. Apud Athenæum tamen libro nono Antiphanes in Cyclope commemorat capram cœlestem inter animātia apta mensis, τράγος ὑλιβάτας, αἲξ οὐρανία, κελὸς τομίας, &c. ¶ Aegis uenit, Αἰγὶς ἔρχεται: Suidas (& Varinus) indicat prouerbio dici solitum, de ijs qui petulanter & impudenter agerent: quòd Aegis dicta fuerit sacerdos Athenis solita ferre sacram ægidem, & ita ingredi ad eos qui nuper duxissent uxores (πρὸς τὰς νεογάμους.) Apparet (inquit Erasmus) in huiusmodi sacris multum fuisse licentiæ. ¶ Caprarius in æstu, Αἰπόλος ἐν καύματι, de intempestiua libidine, ut & illud, Lydus in meridie. Nam his horis caprarij, dum seductis gregibus in umbra latitant, lasciuire soliti scribuntur. Refertur à Zenodoto & Suida, Eras. ¶ His adijciam duo emblemata Alciati, quorum prius inscribitur In desciscentes: Quòd fine egregios turpi maculaueris orsus, In noxamq́ue tuum uerteris officium, Fecisti, quod capra, sui mulctraria lactis Cum ferit, & proprias calce profundit opes. Vide paulo ante in prouerbio Capra Scyria. Alterum, In eum qui sibi ipsi damnum apparat, Capra lupum non sponte, meo nunc ubere lacto, Quod male pastoris prouida cura iubet. Creuerit ille simul, mea me post ubera pascet, Improbitas nullo flectitur obsequio. Aliud eiusdem in amatores meretricum, ex astutia piscatoris caprinam pellem indui, & ita sargos pisces allicientis: quòd ij hoc pecus mirificè ament, in Sargo referam.

DE HIRCO.

A.

Hircvs dux est & maritus caprarum: Qui castratus, caper nominatur. Martialis, Dum iugulas hircum, factus es ipse caper. Caprum pro hirco improprie posuit Vergilius Aeglog. 7. Vir gregis ipse caper. עתוד atud Hebræis hircus est, & propriè maior: nam minor seir שעיר dicitur. Geneseos ca. 31. Chaldaicè uertitur teiashaia תישיא, Arabice תיוס teus, Persice אסתבן astcban, ubi Septuaginta habent τράγοι, Hieronymus hirci, Hebræi atudnim. שעיר sair etiam pro hirco ponitur, adiuncto ferè caprarum nomine, hoc modo sheir issim. Sed de hac uoce & alijs quibusdam, uide supra in Capræ nomēclaturis Hebraicis. Scribitur etiam per zade prima litera, zeir: quam uocem Danielis 8. Hieronymus hircum caprarum interpretatur, Theodotion τράγον αἰγῶν. Chaldæus pro seir fermè trāsfert zeira. Munsterus in Lexico trilingui צפיר zaphir quoque hircum exponit, ut zephirah capram. תיש taish, Abraham Ezra Genes. 30. pecus maculosum et uarium intelligit: Septuaginta τράγους, Hieronymus hircos, transtulerūt. Aliqui arietes, alij totum genus ouium interpretātur. Chaldæus reddit teiashaia, Arabs teus, Perses astarha. כר kar, Dauid Kimhi agnum exponit, item arietem & hircum. Carim psalmo 37. Hieronymus monocerotes reddit, Septuginta ὑψωθῆναι, Abraham quidam agnos, & alius quidam ualles. Deuteronomij 23. Arabica translatio habet baraph, Persica adbehan, Septuaginta ἀρνῶν, Hieronymus agnorum. Syluaticus hanub hircum exponit. Hispanicè Cabron uocatur; Germanice bock, unde mutuati sunt Itali suum beccho, & Galli bouc, & Angli gote bucke, id est caprarum hircum. Nam caprarum nomen Germani etiam aliquando addunt, geißbock, distinguendi causa à maribus in caprearum & caprarum syluestrium genere, quos item bock, id est hircos appellant, ut rechbock. Illyrice hircus dicitur kozel.

C

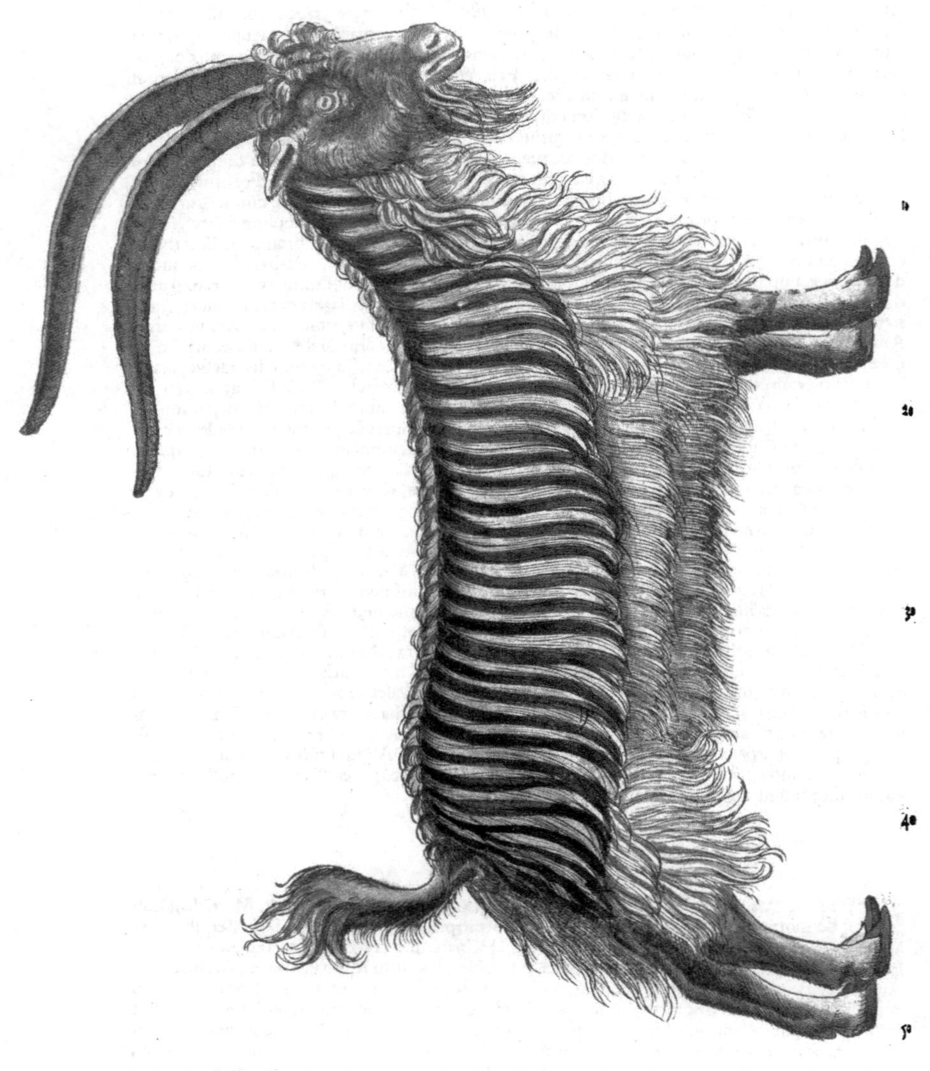

B.

Caper etiam tondetur, Vsum in castrorum ac miseris uelamina nautis, Columella. Nec minus interea barbas incanaq; mēta Cinyphij tondent hirci, setasq; comanteis Vsum in castrorum, &c. Vergilius in Georg. Cinyps (inquit Probus) oppidum est & flumen Africæ regionis Garamantum, apud quos hirci uillosissimi nascuntur, quos tondent ad cilicia quibus nautæ utuntur. Quidam apud hūc fluuium maiores quàm alibi hircos nasci scribunt. In Cilicia circaq; Syrtes capræ uillo tonsili uestiuntur, Plinius 8.50. Hermolaus eo in loco pro Syrias, Syrtes reposuit. Circa Syrtes enim (inquit) Cinyphium pecus celebratur Vergilio, Silio, Martiali, Claudiano, cæteris, ut quinto libro (Castigationum in Plinium) diximus. Cilicij hirci, id est uillosi, Etymologus & Varinus: De cilicijs pannis supra dixi in Capra ca.5. Carici hirci, οἱ εὐτελεῖς, id est uiles, Varinus. Meminit eorum Sophocles in Salmoneo, tanquam tanquàm uilium, (καρικὸν, εὐτελὲς, μικρὸν) nisi forte cum Ciliciis confundat, Hesychius. ¶ Hircus natura animosus est, pugnax & robustus: præcipuæ ei uires in fronte, & cornibus, quæ longa & acuta haber, Albertus. Dentes capris pauciores sunt quàm hircis, Aristot. ¶ Hanc pecudem mutilam parabimus quieto cœli statu. Nam procelloso atq; imbrifero cornuta semper. Nam & omni regione maritos gregum mutilos esse oportebit, quoniam cornuti ferè perniciosi sunt propter petulantiam, Columella. Nunc hirci admittendi sunt (inquit Palladius, in Nouembri) ut fœtum primi ueris fouere possit exortus. Sed caper eligendus est magni (amplissimi, Colum.) corporis, molliori pilo, & potissimum albo: (nitido, spisso, & longo capillo, Palladius, nigro densoq; & nitido atq; longissimo pilo, Columella) capite paruo: auribus flexis & grauibus, (longis auriculis infractisq;, Plinius: flaccidis & prægrauantibus auribus, Columella:) quàm maximè simus, Plinius. cui sub maxillis duæ uidentur pendere (collo dependent, Columella: qua de re etiam in Capra dixi) uerruculæ, breui plenaq; ceruice, (ceruice & collo breui, gurgulione longiore, Varro. αὐχένα καὶ τράχηλον βαρὺν καὶ παχὺν ἔχων βρόγχον δὲ μακρότερον, Florentinus. Cornarius pro βαρὺν legit βραχὺν, ut Varro etiam: Andreas à Lacuna βαρὺν mauult, & grauem interpretatur, μακρότερον uerò poni pro μακρόν. Bronchus (inquit) id est aspera arteria fieri non potest ut lōga sit, collo breui existente: cum uidelicet eius prolixior pars quæ pectus ipsum egreditur, semper adhæreat collo, & longitudinem eius necessario adæquet. Gurgulionem eruditi ferè Græcam uocem gargareôna, id est uuam, reddunt: quod hic non conuenit. Sed forte hoc loco intelligemus supremam partem arteriæ ex cartilaginibus aliquot conditam & prominentem, quam Græci larynga propriè uocant. Potest sanè bronchus etiam appellari ἀπὸ τοῦ τραχέος.) Probatur præterea hircus, armis quàm uillosissimis, Plinius. cruribus crassis, Columella. εὔπλευρος, forte εὔπλευρος, id est lateribus uel costis firmis: & coxis amplis, Florentinus.

C.

Hircus cornibus ictu tam ualido ferit interdum, ut asserem etiam uel scutum obtentum scindat, & prosternat hominem, Author obscurus. Capri petulci sæuitiam qua astutia pastores repellant, infra dicemus in Arietis petulci mentione ex Columella. Hircos aiunt sex menses hybernos supra sinistrum latus iacere, quum dormiunt: ab æquinoctio hyberno totidem menses supra dextrum. Hirci delectantur in cibo barba hircina (de qua infra dicā in H. a.) & rosa canina, Syluaticus. ¶ Hircus (inquit Isidorus) animal est lasciuum, & semper feruens ad coitum: cuius oculi ob libidinem in transuersum aspiciunt, unde & nomen traxit. Nam hirci, secundum Suetonium, sunt oculorum anguli: de quibus uide infra capitis 8. parte 1. Qui hirsuta crura habēt, libidinosi sunt, quemadmodum hirci, Aristot. τράγου ἐπιφαίνεται τὸ μάργον, Adamantius. Hirci per libidinem efferantur: qui enim superiore tempore socij, iugi concordia pascerentur, coitus tempore dissident, & alter alterum libidinis rabie inuadit, Aristot. Septimo post die quàm in lucem editus hircus est, coire incipit, & quamuis sterile semen emittit, omnium tamen maturissimè quadrupedum ingreditur coire, Aelianus. Hircus mensium septem satis habilis est ad procreandum: quoniā immodicus libidinis, dum adhuc uberibus alitur, matrem stupro superuenit, & ideo celeriter, & ante sex annos consenescit, quod immatura Veneris cupidine primis pueritiæ temporibus exhaustus est. Itaq; quinquēnis parum idoneus habetur fœminis implendis, Columella. Ad ineundas fœminas & ante anniculum congruus: non autem durat ultra sexennium, Palladius. Hirci anniculi coëunt, sed præstantior ea proles est quam natu maiores tum capræ tum hirci generauerint, Aristot. Hirci pingues minus fœcundi sunt: uerum cura extenuandi adhibita, efficitur ut coëant, atq; procreent, Aristot. Et alibi, Hirci pinguescentes minus seminis habent: quamobrem eos solent ante admissionem extenuare. Capræ etiam pingue dine sterilescunt, ut ex Plinio supra dixi. Satyrij genus erythraicon, arietibus quoq; & hircis ad Venerem segnioribus in potu datur, Plinius. Hirci, tauri, & arietes pro fœminis pugnam ineunt, Aelianus. Considerandum igitur an uerum sit quod recētiores quidam non indocti, dū causam eruere conantur, cur illi quorum uxores corpus inuulgent, hircorum appellatione deformentur passim, inde fieri coniiciunt, quod animalium soli (uti putant) hirci, sui generis fœmellas ipsis intuētibus iniri, facile ferant, Cælius. De hirco qui ritualem pastorem dormientem interemit, supra in Capra dixi. Hirci maximè olidi sunt, unde & hircosos uocamus homines graueolentes, uide H. a. Hircis assiduis stercore suo uel humano nares oblinūt pastores, ut superius docui. Oculos suffusos capra iunci puncto sanguine exonerat, caper rubi, Plinius.

D.

Hircus gregem barbæ fiducia antecedit, Aelianus. Afferunt & magi sua commenta: Primum omnium, rabiem hircorum, si mulceatur barba, mitigari: eadem præcisa, non abire eos in alienum gregem, Plinius. Hircus non fugiet, barba eius detonsa, Florentinus in Geop. Græcis.

E.

Τραγὴν uel τραγέαν pellis est hircina: quæ apud Varinum etiam κιταρνὶς appellatur: apud Hesychiū similiter scribitur: sed eo in loco, qui ordinis ratione κιναρνὶς scribendū admoneat: & mihi quidem ea scriptio magis probatur, tanquam ἀπὸ τοῦ κινάρβαι uoce deducta: uel à car, quod Hebræis hircum sonare diximus: unde & κάρα uox facta uidetur, capram significās apud Gortynios. Τραγῆν φιμμαλὸν μέλαιναν, ἀντὶ τοῦ αἰγίδα, Suidas. Τραγηφόροι, αἱ κόραι Διονύσῳ ὀργιάζουσαι τραγῆν περιήπτοντο, Varinus. Locri Ozolæ, ut nonnullis placet, dicti sunt, quod homines fœtidi fuerint, ut qui trageas, id est hircinas

C 2

pelles gestarent, ut supra dixi ca. 5. historiæ de capra, ubi & alia multa de caprinis pellibus attuli, quę pleraq; omnia ad hircinas ex æquo pertinent. Sabæi propter quotidianum usum thuris & myrrhæ lignorum, ad fastidium nidoris illius pellendum, urunt styracem in pellibus hircinis, suffiuntq; tecta, Plinius. Hircinas pelles & ouillas scribit Herodotus biblos etiam dictas ueteribus, quod papyri uicem impleuerint quandoq;, Cælius. ¶ Hircorum sanguini tanta uis est, ut ferramentorum subtilitas non aliter induretur, scabricia tollatur uehementius quàm lima, Plinius. Hermolaus pro lima, legit scobina fabri. Sanguis hircinus adamantem emollit, item leoninus. Est enim inter cæteros horũ sanguis calidissimus: Adamas autem cum frigidus siccusq; sit, ab eo quod sibi maximè contrariũ est, præcipuè uincitur, Simocatus. Adamantis natura inuictissima, & duarum rerum uiolentissimarum contemptrix, ignis & ferri: non alia rumpitur ui, quàm hircino sanguine macerata recenti & calido: etiamsi hoc gemmarij nostri falsum & ridiculum existimant, Hermolaus. Caprinus (hircinus potius) sanguis bulliens de nouo calidus extractus mollit adamantem, Albertus. De Adamantis gemma natura & duritie, uide apud Erasmum in prouerbio Adamantinus: & in Opere Ge. Agricolæ de natura fossilium lib. 6. ¶ Hircinum seuum ad candelas præstantissimũ est, ut quod solidius sit, nec facile liquatum diffluat. ¶ Amoris fastidium fieri pota hirci urina, admixto propter fastidium nardo, Osthanes dicit, Plin. Philelphus in Epistolis Theophylacti Simocati: Castratio, inquit, feras etiam quietiores & moderatiores reddit: Ego autem castrãdi peritissimus sum: nam uulnus sale farcio, & picem illino: unde mox ita coalescit, ut cutis ricino & cucurbita integrior fiat.

F.

Hircorum caro, tum ad coquendum, tum ad succum bonum generandum est deterrima, Galenus & Aegineta. Hanc sequitur arietum, post taurorum caro: Porrò in ijs omnibus carnes castratorum sunt præstantiores, uetulorum pessimæ, Galenus lib. 3. de alim. facult. Idem in libro de attenuante uictu, Hirci & boues (inquit) carnem quidem habent minimum humidam, pituitosam ac lentam: nocent tamen admodum ob duritiem, & in alterando difficultatem. Hircina absolute mala est, Auicenna. Non rectè quidam Auicennæ tribuunt, huius carnis usu febrem quartanam induci: id enim Auicenna non de domesticis, sed syluestribus hircis scribit. Capellę atq; hirci fœtidi carnem ne degustato, Platina. Hircina caro, teste Isaaco, deteriorem quàm caprina succum generat. Hircorum caro libidinis tempore uitiatur & fœtet, Aristot. Bapt. Fiera cum hœdum in cibo commendasset, subdit: Cum male olet, siccat, fit iam caper improbus, absit, Et cadat ante focos uictima Bacche tuos. Capri cum coiuerunt, improbam habent carnem, minimè pinguem & siccam: quibus curę est ut suauior fiat caro, hircum adhuc tenerum castrant: sic enim frigida et humida qualitate temperamentum eius emendatur, Albertus. Hircorum carnes traditur uirus non resipere, si panem hordeaceum eo die quo interficiantur, ederint, laserue dilutum biberint, Plinius. Hircorum testiculi concoctioni resistunt, & uitiosos creant humores, Aegineta. τράγος ὑλιβάτης in conuiuio apud Antiphanem poëtam in Cyclope apponitur, ut Athenæus scribit. De Hircina carne uide nonnihil etiam supra in Caprina. Caprarum & hircorum iecora fugito, ne in epilepsiam incurras, Platina. Nostri farciminis genus uocant **Klobwurst**, quod hoc modo paratur: Hircinum iecur recẽs minutatim incisum, pariter cum sex ouis, & medulla panis albi, aromatibus & croco conditur, inuolutumq; omento torref, & mensæ apponendum in paropside sacchare rudiore conspergitur.

G.

Hircos apud nos caupones quidam in stabulis equorum alunt, tanq; ad eorum sanitatẽ momenti nonnihil afferant: quod eò uerisimilius est, quoniam Plinius quoq; à serpentium ictu difficilius se recolligentes, in caprilibus optimè cõualescere scribit. Mille remedia ex capris, ut ait Plinius, demonstrantur: Amplior potentia feris eiusdem generis: Alia uerò ex hircis: Democritus etiãnum effectus auget eius qui singularis natus sit. ¶ Hyænæ dentes, si de sinistra parte rostri eruti sint, illigatos pecoris aut capri pelle, stomachi cruciatibus prodesse aiunt magi, Plinius. ¶ Ex pilis capri fumigabis eum qui in inguine dolet, sanabitur, Sextus. Hircini utris uinarij duntaxat cinis, cum pari pondere resinæ, sanguinem sistit, & uulnus glutinat, Plin. ¶ Caprini cornus farina uel cinis, magisq; hircini, addito nitro & tamaricis semine, & butyro oleoq;, prius capite raso, mire continent ita fluentem capillum, Plinius. Cornu capri combustum & mixta farina impositum, furfures scabiemq; in capite emendat, Sextus. Ad hircos uel alas fœtentes remedium, Hirci maturioris cornu rasum uel exustum cum felle hirci miscetur, & pondere æquo myrrha adijcitur: atq; inde ascellæ, demptis prius pilis, assiduè perfricantur, Marcellus. ¶ In omnibus pharmacopolijs (inquit Matthæolus) loco sanguinis draconis uenditur res factitia, ex resina, (& bolo Armenio, Sylujus) sanguine hirci, sorbis aridis, & alijs permixtis. Hirci uel capræ sanguis in sartagine frixus, & in uino potus contra toxica efficax est, Dioscorid. & Auicenna, qui pro toxico Armenæ sagittæ nocumentum uertit: Isaac in Diætis non rectè citat Dioscoridem, tanquam is scribat, sanguinem hirci calidum perunctum, araneas (sagittas Armenas) & mala uulnera curare. Abscessus calidos cito maturat, & applicatur post congelationem, Auicenna. Galeni sententiam de sanguinis caprini hirciniq; ad abscessus concoquendos curioso usu, in taurino iam recitaui. Sanguis hircinus in cerato quodam podagrico apud Aetium admiscetur. Omnem lepram illitus hircinus sanguis emendat, Marcellus. Pilos oculis molestos diligentissimè uelles, atq; eorum loca hircino sanguine recenti inlines, Marcellus. Sanguine hircino sanari lusciosos putant, nyctalopas à Græcis dictos, Plinius. Cui sanguis

guis fluit(de naribus, ut inscriptio habet) fricetur sanguine capri, & reprimet, Sextus. Sanguis hircinus cibo aptatus iocineris dolores reficit, Plinius. Calens adhuc super prunas excoctus & cibatui datus ieiuno, iocineroso mederi traditur, Marcellus. Hirci capræue sanguis inassatus sartagine, dysenterias & cœliacorum profluuia sistit, Dioscorides. (Vide supra in Caprini sanguinis remedijs.) Sanguis hircinus, in carbone decoctus, aluum sistit, Plinius. Exceptus & coagulatus, ac super carbones assatus, in cibo datus, mirabiliter profluuium uentris emendat, Marcellus. Sanguis capri (capræ secundum alios, ut in remedijs ex capra dixi) cum resina & polline mixtus, & uentri superpositus, torminosos sanat, Sextus. Sanguis caprinus cum medulla hydropicis auxiliatur: efficaciorem putant hircorum, utiq; si lentisco pascantur, Plinius. Sanguis hirci potus lapidem renum frangit, Auicenna. Si hircus diureticis nutriatur, sanguis eius cum petroselino & uino sumptus aridus tritusq;, calculum in renibus & uesica frangit, Albertus. Aëtius lib. 11. cap. 12. Sanguis hircinus (inquit) tum ad nephriticos, tum ad calculosos præsens est remedium: nam & lapides iam antea natos soluit, & ita per lotium excerni facit, ut etiam alij deinde nō gignantur: dolorem insuper sedat. Colligitur autem hoc modo. Quum uua maturescere cœperit, ollam nouam accipito, & infusa in ipsam aqua, donec terreum deposuerit olla coquito: & accepto è grege hirco ætate matura, plus minus quatuor annorum, eius mactati sanguinem medium olla excipito: ita ut eum qui primum effluxit, itemq; postremū penitus relinquas: medium autem inspissari sinito, & in olla situm per acutam arundinem in multa frusta dissecato: indeq; reticulo denso, aut linteolo raro, aut cribro arctiore contectum sub dio exponito ut insoletur, & roscidus fiat (rore iam decusso, post horam secundam sub Solem ponas, Marcellus, ut infra dicetur:) cauendo ne imbre commadescat. Porrò ubi exiccatus fuerit, diligenter tritum in pyxide adseruato: & remittente malo cochlearium plenum cum passo Cretico exhibeto. Cognominatur autem pharmacum hoc Diuina manus. Huius & nos, inquit Philagrius, in breui tempore non aspernandum periculum fecimus. Aliquando autem odoris commendandi gratia parū phylli, aut amomi, aut similium ammiscemus. Ego, inquit, hoc pharmacum cum troglodyte passerculo permixtum, cuidam penitus nihil lotij ejcienti post magnos dolores exhibui, & permagnum lapidem attritum ab eo expuli, Hucusq; Aëtius. Cæterum hircinum sanguinem manum dei appellari, testis est etiam Alexander lib. 2. & Auicenna decimaoctaua tertij, cap. 19. ut Christoph. Oroscius obseruauit. Alexander Trallianus libro 8. cap. 7. aduersus calculum in uesica caprinum sanguinem cōmendat (τὸ αἴγειον αἷμα) calidum foris illinendum. Melius autem fuerit (inquit) si hircum etiam supra uesicam posueris. Optimum uerò, si in calido aëre balnei inungas, & ita superilliges: quod quidem non semel tantum, sed sæpius, & per interualla faciendum est. Torinus in paraphrasi sua innuere uidetur, sanguinem supra uesicæ regionem effundi debere (nimirum ex ipso hirco iugulato, aut ex uase adhuc calidum) atq; ita illini. Idem Trallianus ad dysuriam medicamētum ex hircino sanguine commendat. Ad lapides de uessica ejciendos remedium singulare, ut apud Marcellum empiricum cap. 26. describitur: Hircum segregatum uel clausum (inquit) septem diebus lauro pasces, & postmodum à puero inpubi occidi facies, & sanguinem eius excipies munditer, ex eo dabis laboranti in uini cyatho scrupulos tres: at uerò ut eius rei experimentū capias, lapillos fluuiales in uessicam mittes, in qua sanguis exceptus fuerit: nam in uessica excipi debet, & signatam repone: intra dies septē solutos penitus inuenies. Et rursus eodem capite, Calculosis (inquit) expertus affirmat incredibiliter succurri remedio tali, Si hircum, melius si agrestem, melius si anniculum, & si mense Augusto claudas loco sicco per triduum, ut ei solas laurus edendas sumministres, & aquæ nihil accipiat, ad postremum tertio die, id est aut Iouis aut Solis occidas. Melius autem erit si castus purusq; fuerit & qui occidit, & qui accipiet remedium. Exsecto igitur gutture eius sanguis excipitur, utilius si ab inuestibus pueris excipiatur, comburitur in uase fictili usq; ad cinerem. Vas autem in quo torrebitur, coopertum & inlitum gypso in furnum mittetur: quod cum uapori exemeris in puluerem conteres: nec non & polypum marinum identidem ut dixi exustum, in puluerem rediges. Confectio autem uniuersi medicaminis hæc est: Sanguinis huius hirci uncias tres, thymi unciam unam, pulegij unciam unam, polypi exusti cineris uncias tres, piperis albi unciam unam: apij, seminis olusatri unciam unam. hęc omnia separatim tunsa, & ad leuissimum puluerem redacta cōmisces, & dabis infirmo, melius si die Solis aut Iouis, cochlearis mensuram in meri potione, aut cuiuscunq; dulcis poculi. Prouidere autem debes ut digesto ac ieiuno potio detur: & rursum ut eadem potione bene digesta, cibos accipiat: & eò melius erit, si hanc potionem cum condito, post balineum in sabanis adhuc constitutus acceperit. Et subinde, Supra omnia efficax (inquit) aliud ex eo facies medicamentum sic, sanguis hircinus ea obseruatione qua supra excipitur in patella ferrea candente ut aduri possit & stringi continuo ipse sanguis, ita ut postea in puluerem redigatur: uel certe continuis aliquot diebus ad Solem ipsum sanguinem pones, ita ut rore iam decusso, post horam secūdam ponas, & ante nonam colligas: posteaquam ita fuerit siccatus sanguis, ut nullum humorem habeat, colliges eiusdem crustulas & teres, atq; ex eo leuissimum puluerem rediges: deinde accipies herbam tribolum, cuius herbæ ipsum tribolum, hoc est semen spinosum projcies: ipsam autem herbam lectam de locis maritimis siccabis, tundes et in puluerem rediges. Confectio autem medicaminis totius hæc est: Herbæ triboli uncias duas, piperis uncias duas, petroselini Macedonici uncias duas, folij sertulam id est coronam siue sphæram unam, hæc omnia separatim tunsa, & ad leuissimum puluerem redacta, cum sanguine hircino miscebis: & dabis

C 5

infirmo die Solis aut Iouis cochlearum menſuram, in meri potione aut cuiuſcunq; dulcis liquoris. Prouidere autem debes ut digeſto ieiunoq; potio detur: quam cum acceperit qui calculum patitur, mox lapides ſolutos omnes per urinam emittet, Hactenus Marcellus, ſubijciens etiam adamantem hoc ſanguine perfuſum ſolui. Sanguis hirci ut calculū frangat quomodo præparetur, docet etiam Iacobus Syluius in Methodo de componendis medicamentis, ab initio capitis de animalib. & eorum partibus, ex Auicenna & cæteris practicis. Sanguini hircino, inquit, quamdiu ab animali calet, coquendi abſceſſus uim tantum tribuit Galenus: qualem caprino, taurino, & cæteris calidis humidis modicè. Quòd ſi adamantem frangit, ſed calidus tantum ab animali: ſic lapidem calidus tantum epotus fregerit: Quod & ſanguinem uulpinum ex uena ſecta potum præſtare audio. Ne autem coaguletur, Xenocratis exemplo, miſcere poſſis acetum feruefactum aut coagulum. Hirci quoq;, capri, cerui, leporis, ſanguinem ſartagine frixum dyſenterias & cœliacorum profluuium ſiſtere tantum docet Dioſcorides, non addit calculum frangere, quæ uis tenuibus conuenit, cum dictorum animalium ſanguis ſubſtantia craſſa & terrea, & cum calore ſiccatoria dyſenterias ſanet, Hæc Syluius. De ſanguinis ibicis, id eſt hirci ſylueſtris alpini uſu ad calculum, dicam inferius.

¶ Hircorum carnes in aqua decoctæ panos & apoſtemata in quacunq; parte diſcutiunt, Plinius.

¶ De medullis in genere quædam protuli ex Galeno, in mentione Vitulinæ ſupra: & priuatim etiam de hircina alijsq;. Laudatiſſima ceruina medulla, mox uitulina, dein hircina & caprina, Plin. ¶ Hœdorum adeps minus tum calidus tum ſiccus eſt, quàm caprarum: ſed & caprarum minus quàm hircorū: & rurſus hircorū minus q̄ leonū, Galenus de ſimplicib. 11. 4. Hircinus adeps ualidiſſimè diſcutit: huic proportione reſpondet ouillus, Dioſcorid. Magis reſoluit quàm cęteri, Auicen. Seuū hircinū cum melanthio & ſulphure & iride, lentigines & maculas tollit: labrorum etiam fiſſuris efficax cum adipe anſerino, ac medulla ceruina reſinaq; & calce, Plin. Ceruix boum ſi media intumuit, comperimus aureum eſſe medicamentum ex pice liquida & bubula medulla & hircino ſeuo & uetere oleo, æquis ponderibus compoſitum atq; incoctum, &c. Columella. Medicamen hoc tetrapharmacum dici poteſt, nam & uiribus reſpondet Galeni tetrapharmaco, quod conſit ex cera, reſina, pice, & ſeuo hircino caprinóue aut alterius animalis, maturans & concoquens. Sanguis demiſſus in pedes boum, niſi emittatur, ſaniem creabit. Locus primò ferro circunciſus & expurgatus, deinde pannis aceto & ſale & oleo madentibus inculcatis, mox axūgia uetere & ſeuo hircino pari pondere decoctis, ad ſanitatem perducitur, Columella. Bupreſtis cum hircino ſeuo lichenas illita ex facie tollit ſmectica (ſeptica) ui, ut ſupra dictum eſt, Plin. Pedes locuſtarum cum ſeuo hircino triti, lepras ſanant, Plinius. Vnguium ſcabriciam tollunt locuſtæ frictæ cum ſeuo hircino, Plin. Seui hircini uncias duas olei uiridis ſextarium dimidium: hæc ſimul in duplici uaſe remiſſa & calefacta dyſenterico inijcies, Marcellus. Similis & caprini uſus eſt, ut ſupra dixi. Vtuntur & ſeuo hirci in pane qui cinere coctus ſit, capræ à renibus maximè, &c. Plinius inter dyſenterica & cœliaca remedia, ut in Capra recitaui. Cum ſimo capræ & croco impoſitus adeps hircinus podagricis auxiliatur, Dioſcor. & Raſis. Podagris medetur taurinum ſeuum, &c. alij hircinum præferunt ſeuum cum ſimo capræ, & croco, ſinapiue cum caulibus ederæ tritis, ac perdicio uel flore cucumeris ſylueſtris: Alij ſeuum hircinum magnificant cum helxines parte æqua, ſinapis tertia, Plinius. Et alibi, Podagris cum ſeuo hircino uehementer proſunt minoris ſambuci cauliculi illiti. Heliotropij radix cum folijs & hircino ſeuo podagris illinitur, Plin. Hircinum ſeuum, ouillum, ceruinumq; ita curato. Elotum ex his quodcunq;, tunicis, ut in ſuilli adipis mentione dictum eſt, exemptis, pilæ emolliendum tradito, ac manibus fricato, affuſa paulatim aqua, donec ne amplius quidē cruentum uirus excernatur, aut pingue aliquod innatet, ſed nitida ſpectetur: deinde in ollam fictilem conijcito, & adiecta aqua ut ſuperemineat, leui pruna liquefacito, & moueto, atq; in aquam colato: cumq; refrixerit, iterum in loto fictili eliquato, & quæ antè diximus facito: tertiò ſine aqua liquefactum, in perfuſam liquore pilam colato, refrigeratumq;, ut in ſuilli ratione diximus, recondito, Dioſcorides.

¶ De hircino iecore nonnihil reperies ſupra in Caprino. Hirci iecur, inquit Galenus, eadem caprino efficere aiunt. Ad canis rabidi morſum laudant hirci iecur, quo impoſito ne tentari quidem aquæ metu affirmant, Plinius. Iecur hirci maturè ſumptum ab ijs quos canis in rabie momordit, auxiliatur, Ponzettus. Sanguinem ſiſtit caprini cornus cinis, uel fimi, ex aceto, (ſcilicet illitus:) hircini uero iocineris diſſecti ſanies efficacior: Et cinis utriuſq; ex uino potus, uel naribus ex aceto illitus: hircini quoq; utris uinarij duntaxat cinis, cum pari pondere reſinæ, ſiſtit ſanguinem, & uulnus glutinat, Plinius. Iecur hirci calidum illitum lepras tollit, Plinius. Ad nyctalopes caprino præſtat, Celſo teſte: ut ſupra retuli. Iecur aſſum capræ cœliacis ſubuenit, magiſq; etiam hirci cum uino auſtero decoctum potumq;, uel ex oleo myrteo umbilico impoſitum: Quidam uerò decoquunt à tribus ſextarijs aquæ ad heminam (aliâs geminam) addita ruta, Plinius. Iecur hircinum miſſum in ollam nouam cum uini auſteri cotylis ſex ad tertias decoctum, ſed dum excoquitur compunctum, ut humor eius cum uino permiſceatur, poſtea dyſenterico potui datum efficaciter prodeſt, Marcellus. Aluum ſiſtit iecur hircinū decoctum in uini hemina, Plin. Tradunt hircini iocineris cibo comitiales deprehendi, Dioſcor. ¶ Hircinum fel imbecillius eſt taurino, Dioſcorid. Vide ſupra in Taurino, ubi & in genere quædam de felle docuimus. Hircinum priuatim thymia abolet, & luxuriantes elephanticorum extuberationes illitu reprimit, Dioſcorid. Plinius caprino felli tribuit quod elephantiaſin tollat. Fel

hirci.

hircinum carnem malam eradicat, Auicenna. Ad porriginem prodest fel hircinũ cum urina tauri: si uero uetus sit, etiam furfures adiecto sulphure emendat, Plin. Hirci fel lentigines tollit admixto caseo & uiuo sulphure, spongiæq; cinere, ut mellis sit crassitudo. Aliqui inueterato felle uti maluêre mixtis calidis furfuribus pondere oboli unius, quatuorq; mellis, prius defricatis maculis. Ad hircos uel alas fœtentes remedium, Hirci maturioris cornu rasum uel exustum cum felle hirci miscetur, &c. ut supra dixi in Cornu. Fel capræ syluestris priuatim lusciosos (nyctalopas) inunctum sanat: idem potest & hircinum, Dioscorid. Ad ulcera oculorum & albugines, fel hirci confrica in oculo, Galenus Parabilium 2.99. Euulsis radicitus pilis, qui palpebris innati oculum infestant, hyænæ aut hirci fel statim inunge, & nunquam renascentur, Galenus Parabilium 1.42. Ad aures quæ grauiter dolent, & uetera uulnera intrinsecus habent, remedium ex felle hircino uel porcino, uide infra in Sue. ¶ Lien assus capræ hirciue cœliacis subuenit, Plinius. Hircinus splen calidus, id est, statim ubi de pecude sublatus fuerit, super lienem hominis impositus & alligatus, mire dolorem intra paucos dies auferet, si postea ad fumum suspendatur, ut illic arescat, Marcellus. ¶ Si libuerit generare marem, duos testiculos capri assos deuorato, & coëas eodem die: sic fœmina (nisi quid impedimenti in ipsa fuerit, Albertus,) marem concipiet: Quòd si unum duntaxat testem comederis, puer teste uno nascetur, Rasis. ¶ Fimum ex hircis cum melle decoctum panos & apostemata discutit, Plinius. Fimus hircorum cum melle decoctus adpositusq;, paniculis sanitatem præstat, Marcellus. Cum aceto mixtum pustulis nigris salubriter superilligatur, Innominatus. Stercus capri ex uino conspersum impositumq;, quod inhærebit extrahet & sanabit, Sextus: capræ non capri apud Plinium legitur, ut in Capra ostendi. Vlcera cætera (præterquam in tibijs cruribusq;) explentur aut purgantur fimo aprino aut hircino, Plinius. Hircinum stercus ad morbum comitialem proficit, si ex eo quindecim globuli ad summum exhibeantur, Galenus Parab. 2.3. Ad caluas pilisq; carentes palpebras summopere conducit, si muscerda & stercore hircino æquali mensura mixtis tostisq; ex melle illinantur, facit hoc etiam ad uitiligines, Galenus Parab. 1.41. Hircinũ fimum tritum cum aceto scillino misce, & fronti & temporibus illine; hoc ad dolorem hemicranij sedãdum etiam in perpetuum prodest, Marcellus.

¶ Pœni pastorales in filijs quadrimis uenas uerticis lana succida inurunt: nonnulli uenas temporum, ne unquam scilicet pituita defluens è capite officiat: eaq; de re se esse aiunt optima ualetudine. Quod si pueris inurendis spasmus contingat, urina hirci aspera eos liberant, Herodotus lib. 4. Si grauitas sit audiendi, fel bubulum cum urina capræ uel hirci medetur, uel si pus sit: In quocunq; autem usu putant hęc efficaciora in cornu caprino per dies uiginti infumata, Plinius. Aduersus grauitatem audiendi, fel bubulum cum urina hirci, auriculæ quæ molestiam surdiginis patitur, instillabis, statimq; subuenies, Marcellus. Si maior sit dolor aut grauitas aurium, urina capri calfacta remedio est, uel tauri, &c. ut in Tauro narraui ex Plinio. Potio ad aquam intercutem ut per urinam eijciatur, Hyssopum & hirci lotium ex dulci potum urinam mouet, perinde & si caprini copiam habueris, Galenus Parab. 2.41. Hydropicus sorbeat lotium capræ, quod mirificè sanat: item hircinum lotium, si heminam biberit: & spica nardi & ebulum cum aruerit: melius est lotium, si idem pasti fuerint, Sextus. Cinis eboris cum urina hirci potus, calculum in renibus simul & in uesica absq; omni periculo conterit, Innominatus.

H.

Hircus caprarum dux (ὁ τῶν αἰγῶν ἡγεμών, Pollux) Græcè τράγος uocatur, à uoracitate: nam τρώγειν & τραγεῖν edere significat: quæ uoces durius quid & asperius sonant quàm φαγεῖν, ut τράγος etiam quàm φάγος, Varinus. Aristophanes in Auibus auium genera cognominat κοτινοτράγα, κριθοτράγα, & σπερμολόγα, quod oleastri baccis, hordeo, & uarijs seminibus uescantur. Alij tragon deducunt παρὰ τὸ τραχὺ δέρμα ἔχειν, à pellis asperitate: Alij ab asperitate uocis: Alij ἀπὸ τοῦ τρέχειν, id est à currendo; Etymologus, Varinus, Suidas. Χίμαρος, hircus, Varinus. Capras chimaras Græci uocant: & chimaron & enorchan Theocritus qui sit caper: quanquam Varro caprum dici propriè uult qui sit excastratus, Hermolaus. Plura de hac uoce uide in Capra, ab initio octaui capitis. Hircum quidam ab hirsuto dictum putant, Perottus. Τράγοι & ἴξαλοι hirci adulti nominantur, uide infra non procul ab initio historiæ de capris syluestribus. Ἄρβιος, hircus, Varinus & Hesychius. Iidem γιγιώτας interpretantur mullos uel hircum. Ἴελον, aries, hircus, Hesychius & Varinus. Κόρσακις, hircus apud Cratinum, Didymus deriuat à Corse: quod Corsæ locus sit Ciliciæ, Iidem. Αἰγίσκος, capra castrata, uel caper forte, quem & ἴξαλον aliqui uocant, Iidem. Syluaticus graco, uel grato, & timgos, nomina ut apparet à tragos uoce Græca corrupta, hircum exponit. Hircus & Pan Aegyptiacè Mendes uocatur, Herodotus. Menden, Μένδην, uocant Pâna Aegyptij, ὡς τραγοπρόσωπον, ut cui hircina facies sit, eò quod hircus etiam ipsorum dialecto sic appelletur, Varinus. Suidas addit Pâna à Mendesijs coli, ut cui uis genitalis curę sit: & abstinere eos hircis in eius honorem: eò quod animal libidinosum sit: item Mendesij templum apud Aegyptios fuisse, in quo simulachrum cruribus hircinis fuerit, pudendo erecto. Gręci hircum tragon uocant, & Aegyptia uoce murem, Hermolaus in Corollario: pro murem lege Menden. Κόλος, hircus mutilus cornibus, Varinus. Hesychius κολὸν oxytonum, exponit magnum hircum sine cornibus. ¶ Epitheton hirci, læuis, Horat. in Epodis. Plura numerantur à Rauisio Textore sine authorũ nominibus, quæ licet à recentioribus tantum pleraq; usurpata putem, adscribam

C 4

tamē. Annosus, auidus, barbiger, celer, cinyps, corniger, dux pecoris, grauis, hirsutus, horricomus, imbellis, immundus, olens, olidus, piger, procax, saliens, setiger, uagus, uilis. Capri etiam seorsim epitheta hæc reperio, Vir gregis, Vergil. Aeglog. 7. Albus, Horatius 3. Carm. Bicornis, Ouidius 15. Metam. Libidinosus, Horatius Epod. 10. Setigeri, Silius lib. 3. Et præterea apud Textorem, bifrons, hirsutus, barbiger, toruus, corniger, lasciuus, acer, olidus, fœdus, immundus. τράγος ὑληβάτας, Antiphanes. τράγοι αἰγίβατοι, Pindarus. πρόσθε μὲν ἀγραύλοιο διὰ τριχὸς ἴξαλα αἰγός. Δυσὶν ὧν χώροις ἰσοφόμω πετάλοις. Et alibi, ἴξαλον εὐσκαρθμον λόχμιον ὑληβάτα. Πανὶ φιλοσκοπέλῳ λάσιον παρὰ πρῶνα χαραδρῆς. Κνῆκον (aliâs oxytonū est, cneci colore, ruffum; alij album) ὑπηνήτην τὸν δ' ἀνέθηκε τράγον, in Epigrammate. Caperare frontem, rugis contrahere, à crispis caprorum frontibus, &c. ut in Capra dixi in H. a. Caproneæ uocantur in equis comæ seu iubæ in frontem deuexæ. ¶ Tragemata, bellaria secundū Macrobium, omne mensæ secundæ genus, nimirum ἐκ τοῦ τραγεῖν, quod est edere, ut κατ' ἐξοχὴν delicatiores tantū cibi, & quos ne saturi quidem fastidiant, intelligantur. Appion ac Diodorus ἐπίκλεια uocari tradunt, quæ post cœnā dantur tragemata. Tragematum reliquias aliqui apotragemata uocāt, Cælius. Tragemata uoco ea, quæ post cœnam uoluptatis ad bibendum excitandæ gratia manduntur: Sunt qui cannabis semine frixo cum alijs tragematis uescantur, Galenus de aliment. facult. 1.41. ἐντραγεῖν pro ἀκρατίζειν, ientaculum sumere, apud Aristophanem in Equitibus. τραγισκὰς Hesychius & Varinus exponunt eos, qui sacrificata (τὰ ἱερεῖα) furentur: quidam nō rectè sacrilegos, cum à uorando nomen factum uideatur. τράγειος, hircinus. Tragicum licet ut plurimum accipiatur pro eo quod ad tragœdiam pertinet, reperitur tamen pro hircino etiam: nam tragica cornua in Pyrrhi galea hircina intelligunt, teste Cælio. Follibus hircinis conclusæ auræ, Horat. 1. Serm. Veteres hirquinum pro hircino extulerunt. Plautus in Pseud. Heus tu, qui cum hircquina stas barba, responde quod rogo. Hircipilum quidam pro hirsuto usurpant, uel eo qui duros pilos habet. ¶ Hircus animal est libidinosum: & quoniam libido oculos contrudit in angulorum angustias, quos uocant hirquos, authore Suetonio in uitijs corporalibus: inde à Vergilio scriptum uolunt, Transuersa tuentibus hircis, quoniam libidinis, quæ in hirco præferuida est, illic promantur signa: etiamsi Apuleius grammaticus, quod illic hæreant oculi, hircquos dici opinatur. Alij hircis defendunt, quoniā id animal oculos habeat ad nares conuersos. Proindeq; apud Aristotelem τὰ τραγικὰ πρόσωπα, non laruas interpretamur, quod fecit Theodorus: sed tragicas facies, ad hanc hircorum naturam referentes: quoniam tragœdorum personæ nihil minus, quàm oculos ad nares ualeant inflectere, Cælius. Isidorus ipsum animal hircum, ab oculis ad hircquos (id est angulos in eis, Græci canthos dicunt) cōuersis, sic appellatū autumat. In iam citato Vergilij hemistichio, hircis an hircquis rectius legatur, uide Pontanum de Aspirat. lib. 1. Nos quamobrem hircum animal (inquit Nic. Erythræus Italus) uulgo becco uocemus, unde beccari, beccarie, & uox illa infamis ab historia eiusdem animantis deducta, qua populus Venetus uicissim se usq; ad fabulam impetere solet, pluribus sanè in Stoico docuimus: Hæc ille, sed Stoicus eius non extat. Est intra aures neruus nomine tragos, è regione cuius est quē uocant antitragon, Cælius. ¶ Hircum & caprum (ut Catullus) poëtæ appellare consueuerunt graueolentiam sub alis. Sed nimis arcta premunt olidæ conuiuia capræ, Horatius 1. epist. 1. fœtor sub alis excitatur arctè nimis discumbentium. Homines ita graueolentes, hircosos uocant, γράσωνας Græci (teste Suida) ut odorem ipsum γράσον & tragon. Hinc illud parœmiôdes, γράσωνι μὴ ὀργίζου, Grasoni ne succenseas. Sudorem corporis ac sordes grasoniam dixit Archigenes. Lanarum in ouibus sordes Græci ut œsypum sic grasum appellant. Aristoteles in Acharnensibus, tragasæum uocauit malè olentem, & alia fabula tragomaschalos eosdem dicit, Cælius 24.18. ubi plura de hircini odoris ratione leget qui uolet. τραγομάσχαλοι, fœtidi hirci: tales enim mariti caprarum sunt, Varinus: sed abundat & expungenda est uox tragi, id est, hirci: siquidem homines fœtidos tragomaschalos appellant, ut Aristophanes in Pace, ubi in Scholijs uerba à Varino usurpata leguntur, sed sine dictione tragi. Pollux, Hesychius & alij κινάβραν hoc uirus appellant, τὴν τῶν αἰγῶν (ἢ τράγων) κιναβρώντων δυσωδίαν, ut in Capra docui. Plautus in Mustellaria, Te Iupiter dijq; omnes perdant, oboluisti allium. Germana illuuies, rusticus, hircus, hara suis, ad hominem transtulit immundum & libidinosum. Et in Asinaria, Propter operam illius improbi hirci edentuli. Grauis hirsutis cubat hircus in alis, Horatius in Epodis. Plautus in Mercat. Quum sis iam ætatis plenus, anima fœtida, Senex hircosus, tu osculêre mulierē, &c. Persius Sat. 5. Dixeris hæc inter hircosos cēturiones, id est, rusticos, olidos, & omnis nitoris expertes, Budæus: Nonnulli legunt Varicosos. Qui rem Venereā agunt, aut qui in ætate sunt quæ sufficiat Veneri, malè olent, καὶ τοῦ καλουμένου τράγου ὄζουσιν, hoc est uirus hirci reddunt. Quod in pueris non fit: cuius ratio est, quoniam puerorum spiritus humorem sudoremq; concoquere potest: uirorum autem nequit. Proinde sunt in ijs humiditates crudæ indigestæq;, & ad corruptionē procliues: ideoq; sudores eorū, & resoluti illinc fumi grauiter olent, idq; in alis præcipuè atq; inguinibus, &c. Ab hoc euentu putant eruditi, ut Sext. Pompeius docuit cum Cēsorino, pueros dici hirquitalos, ubi primum ad uirilitatem accedunt, fitq; Venereorum appetentia opportuna, Hæc Cælius. Hirquitallus, per l. duplex, & rursus Irquitallus sine aspiratione, puer qui primò uirilitatem suam experitur, à libidine scilicet hircorum dictus, Festus. Hircipili, densorum pilorum homines, Idem. ¶ Naues quędam Libycæ arietes & hirci dicuntur: unde conijcimus taurum etiam, qui Europam abduxit, tale nauigium fuisse, Pollux & Cælius. Tragi naues uidentur, fortè quod id genus animalium haberent

tanquam

tanquam insigne, Bayfius. ¶Vox immutatur, maribus maxime: sed fœminis etiam idem accidit, quanquam obscurius, quod quidam hircire appellant, cum uox mittitur inæqualis, post uerò restitui tur in sequentis ætatis grauitatem aut acumen, Aristoteles. Τραγίζειν, τὸ τραγᾷν τῇ φωνῇ τοὺς ἀκμάζοντας τῶν παίδων, Hesychius & Varin. Huius in uoce mutationis causam indagat Cælius 19.12. Τραγῳδία ἀπὸ τοῦ τραγᾷν, ὅ δηλοῖ βαρέως βοᾷν, Varinus. In oratore tragœdorum uocem exigunt eruditi, Cælius. Tragœdiam alij quasi hircinum cantum dictam uolunt: nam hircus præmiū dabatur tragœdiarum authoribus, qui rustici & pastores erant. Carmine qui tragico uilem certabat ob hircum, Horatius in Arte. Alexander pubescentes pueros hircissare scribit, ob uocis asperitatem raucam, ab hircis ita uo cem efferentibus producta uerbi ratione. Siquidem naturam tunc corpora dissociantem, multam repentinamq; ætatis efficere mutationem, augescētibus fœminarum uberibus, marium uero thorace, humeris, testibus: Accedere item morborum mutationes, solutionésue, &c. Cælius 19.21. Idem alibi τραγίζειν, hircum olere exponit. ¶Hirci pinguescentes minus seminis habent: hinc & uites cum ni mia alimenti copia luxuriant, hircire dicuntur, Aristot. de generat. anima. 1.18. interprete Gaza: qui & aliū Aristotelis locum in Historia anim. sic transtulit: Hirci pingues minus fœcundi sunt: quorum argumento uites, quoties per nimiam alimenti copiam luxuriantes fructum non ferunt, hircescere rustici dicunt. Τραγᾷν quidam interpretantur διὰ τὴν τροφὴν ἐξυβρίζειν: idem uitium in uitibus simul & alijs arboribus ὑλομανεῖν appellari puto, cum nimia ubertate syluescunt, ac in materiam, uel lignum, ramos, & frondes eluxuriant. Τραγᾷν, οὕτω τὸ ἀκαρπεῖν τινὲς τῶν γεωργικῶν: οἱ δὲ μηλῶν νόσον, καὶ τῆς φωνῆς τὸ πάθος, Hesychius & Varinus: pro μηλῶν lego ἀμπέλων. Tragon uocant Græci in uitibus causationem, ubi flatu grassante decutiuntur germina, hirculum Latinè queas nuncupare, Cælius: Alij sic uocant, siue importuno uento germina à uitibus abscindantur, siue cultorum imperitia oblędantur, ut Hermolaus in Corollario in quintum Dioscoridis lib. cap. 1. ubi tanquā diuersa uitis uitia hircum & hircescere uidetur accipere, cum unum sit: & cum infœcundæ fiunt uites hircescere dici ait, cum hoc non simpliciter sed adiecta causa nimiæ ubertatis proferendum sit. Articulationem (inquit Carolus Stephanus) eleganti uocabulo uocauit Gaza: quod uitis in ipso articulo potissimum lædatur. Inde uero hircescere siue hircire dicuntur uites ab antiquis scriptoribus, cum infœcundæ propter articulationes oblæsas redduntur: quoniam hircus animal (ut inquit Aristot.) pinguedine sterilescit, Hęc Carolus Stephanus. ἐξ ὑπερβολῆς δὲ καὶ τὸ τραγᾷν τῆς ἀμπέλου, καὶ ὅσοις ἄλλοις ἀκαρπεῖν συμβαίνει διὰ τὴν εὐβλαστίαν, Theophrastus de causis plātarum libro 5. cap. 12. Ibidem statim huius uitij remedia adscribit: & mox cap. 13. eiusdem causas: ubi Gaza sic uertit, Vitis autem articulatio uenit, aut flatu ablatis germinibus, aut imperitia culturæ concisis, aut tertio in supinum excisis. Sic enim humor largius collectus, uehementer ad germinandum excurrit, ita ut nihil queat fructificare. Suspicetur sane aliquis in duobus his locis non articulatio, sed hirculatio ab interprete primum esse scriptum: cum hoc uocabulum Græco respondeat, & eiusdem operis libro 1. in fine capitis 21. hirculatæ uites ab eo reddātur, ubi Græcè ἀμπέλους τραγώσας legimus. ¶Τραγάλιον Hesychius & Varinus exponunt διεῤῥωγότα, id est ruptum: ego in ea significatione ῥωγάλιον malim, nam & hoc διεῤῥηγμένον exponunt. Τράγυ, πέπλην μένη, πιπηγυῖα, Iidem: extat hæc uox apud Aristophanem: locū iam non inuenio. Τραγαλίζειν uerbum usurpatur apud Aristophanem in Vespis, uidetur autē significare arrodere, uel paruis subinde morsibus deuorare: interpretes uariant. Suidas Aristophanis locum adducit, sed absq; interpretatione: Hesychius & Varinus non attingunt. Τραγόλας, ὅπλον, genus teli, quod Cottas tanta ui in quendam emisit, ut thorace & lateribus traiectis humo eum affigeret, Suidas. Tragula, genus teli, dictum quòd scuto infixum trahatur, Festus. Tum T. Baluentio uiro forti utrunq; femur tragula traijcitur, Cæsar 5. bell. Gall. Est & retis piscatorij genus eodem nomine apud Latinos. Tragos uidetur etiam panis nomen fuisse, à figura nimirum: ut in Ceruo dicā capite secundo, circa finem eorum quæ de Achęina ceruo dicentur. Τὸ δὲ κοῖλον τοῦ ὠτὸς, τὸ μὲν ὑπὸ τὸ πέρας τοῦ κροτάφου ἐπανεστηκὸς εἰς τὸ ἔσω νεῦρον, τράγος: τὸ δὲ ἀντικείμενον, ἀντίτραγος, Pollux.

¶Erineon, ut ex Pausaniæ thesauris (in Messeniacis) percipi licet, Græcorum nōnulli olynthon dicunt: tragum autem Messenij. Id quod symbolicè significauit Apollo Aristomeni & Theoclo uati de salute consultantibus respondens, εὖτε τράγος πίνῃσι Νέδης ἑλικόῤῥοον ὕδωρ, οὐκέτι Μεσσήνην ῥύομαι. Erat autem Neda fluuius, cuius uisuntur fontes in Lycæo monte. Tragus uerò non hircus intelligebatur: sed erineos arbor in aquam Nedæ prona, ac folijs humorem quodam modo hauriens, unde à Theoclo coniectatum ingruere Messenijs fatale malum, Cęlius. Idem paulò post erineon negat esse syluestrem ficum, sed sui generis haberi, à Dorica ciuitate sic nuncupatam, ex Lycophronis interprete: quod in præsentia non impugnabo. Huius Messeniorum historię meminit etiam Suidas in Τράγος. Tragacantha describitur apud Dioscoridem: nomē in officinis seplasiariorum etiamnum seruat: utq; omnes lachrymam passim nouerunt (inquit Marcellus Verg.) sic peregrinam Italiæ stirpem, si Theophrasto credimus, pauci nouisse nunc possunt, in Creta, Arcadia, Peloponnesi Achaia, & Asiæ Media nascentē. Et paulò post, in uetustissimo Dioscoride Latino, Longobardis literis scripto, repertum à se scribit, tragacantham composito nomine à Græcis nominatam, quoniam spinosa, & tragio, quæ Cretæ peculiaris stirps est, congener & similis sit. Gaza apud Theophrastum, qui tribus quod sciam locis eius meminit, hirci spinam transfert. Tragacanthen fert Creta, spinæ albæ radice, multū prælatā apud Medos aut in Achaia nascēti, Plinius. Abūdat hodieq; in Creta, & inde Venetias affertur,

Antonius Brasauola. Tragion fruticem sola Creta insula gignit, terebintho similẽ & semine, quod contra sagittarum ictus efficacissimum tradunt, Plinius. τράγιον penultima circumflexa, Hesychius & Varinus nihil quàm herbæ genus esse docuerunt. Dioscorides libro 4. cap. 47. tragion describit quod in sola Creta nascatur, folijs, uirgis & semine lentisco simile. (Plinius alicubi his tribus partibus iunipero simile facit tragion siue tragonin, quod non probo: lentiscus enim & terebinthus ijsdem tribus similes fermè sunt, utraq; à iunipero longè diuersa:) sed minoribus omnibus, &c. Ferunt, inquit, sagittis uulneratas syluestres capras hoc sibi frutice mederi, pastisq; eo decidere cuspides. Hinc forte aliquis tragion dictum conijciat, quod hircis & capris syluestribus medeatur. Sed mox apud eundem alterum tragion describitur: quod cum priore puto nihil quàm nomen cõmune habet, non etiam nominis rationem. Sic enim dictum ait, inde quod folia eius hirci odorem per autumnum spirent. Idem tragon, tragocerotem, & cornulacam Romanis appellari adscribitur: item scorpion, quod nomen trago herbæ mox dicendæ magis conuenit, ut garganon quoq;, scribendũ traganon. Tragonia herba qualis sit, non traditur. Credo & falsum esse promissum Democriti (portentosum enim est) adalligatam triduo absumere lienes, Plinius. Ego hanc tragoniam alterum Dioscoridis tragion esse crediderim: cui scolopendrij seu asplenii folia tribuuntur: & eam ob causam forte etiã uires easdem à magis. Galenus alterum hoc genus tragij multis in locis nasci scribit. Vel potius lonchitidem alteram, cui folia scolopendrij & splenem minuendi uim Dioscorides tribuit. Fieri etiam potest, ut una herba propter nominũ diuersitatem pro diuersis habita sit à Dioscoride, & eum secutis alijs. Est & alia herba tragos, quam aliqui scorpion uocant, semipedem alta, fruticosa, sine folijs, pusillis racemis rubentibus, grano tritici acuto cacumine, & ipsa in maritimis nascens. Huius ramorum decem aut duodecim cacumina trita ex uino pota, cœliacis, dysentericis sanguinem excreantibus, mensiumq; abundantiæ auxiliantur, Plinius. Eiusdem meminit lib. 13. cap. 21. Tragion, inquit (lego tragon) & Asia fert, siue scorpionem, ueprem sine folijs, racemis rubentibus, ad medicinæ usum. Dioscorides etiam lib. 4. cap. 49. hanc plantam describẽs, scorpion & traganon à quibusdam nominari meminit. Nomen equidem tragi impositum ei suspicor à tritici granis, quibus à Plinio simpliciter, à Dioscoride magnitudine tantum comparatur. Est autem tragos etiam tritici siue frumenti genus, ut mox dicemus. Scorpion dictum apparet, quod acuminata granorũ capita sint. In iuncorum genere aliqui eam numerant, nec dissimilem marino iunco in aliquibus faciunt, Marcellus Vergilius ex Hermolao: qui hanc in littoribus Italiæ gigni herbarios asserere scribit, & ob similitudinẽ à multis iuncum marinum uocari. Idem monet racemos à Plinio dictos, quos Dioscorides ῥᾶγας uocat, id est acinos: hi singuli, racemi ex acinis pluribus collecti intelliguntur. Posset sanè aliquis acinos istos foliorum loco tragi ramulis adhærere suspicari, quemadmodum illecebra tertium sedi genus foliola tritici granis crassitudine & figura ferè similia promit: nisi uerba Dioscoridis, τούτου ὁ καρπὸς ὡς ῥᾶγες δέκα, σὺν οἴνῳ ποθεῖσαι, hoc impedirent: Ego τούτου τῶν κλάδων legere malim, ut Plinius transtulit, sic & constructio melius constabit. Marcellus transtulit eius fructus numero decem acini cum uino poti, tanquam legerit, τούτου τοῦ καρποῦ: Ruellius, racemorum acini decem, neutrum probo: uidetur Ruellius racemorum pro ramorum apud Plinium legisse: quasi acini necessariò in racemis sint. At Dioscorides in trago non acinos, sed ueluti acinos spectari scribit: ὡς δέκα, reddendum circiter decem. Tragon cerealem Dioscorides describens, libro 2. cap. 84. certum frumenti genus intelligit, alij paratam ex tritico ueluti halicam sic uocant. Tragos (inquit Dioscorid.) quandam chondri, id est halicæ frugis figuram gerit: multò minus quàm zea nutrit, quod multum aceris habeat: quare ægrius conficitur, aluumq; magis emollit. Ptisanæ conficiendæ uulgata ratio est: simili modo ex tritici semine tragum fit, in Campania duntaxat & Aegypto, Plinius. Alibi quoq; tragum Italiæ peregrinum & ab Oriente inuectum meminit. Tragos cognomento σιτώδης, hoc est cerealis, ut ab herba trago distinguatur, frumenti genus est. In Hippocrate quid sit strygis, quod ipse leuius esse tritico, & uentrem magis soluere testatur, non comperi: nisi quis pro trago strygite (forte, sitode) accipiat, Hermolaus. Galenus de trago frumẽto à Dioscoride dicta repetit. Addit (lib. 1. de aliment. facult.) ex splendida & nobili siligine seu olyra, ut decet excorticata, tragum confici, cuius plerisq; est usus. Primum in aqua coquitur, mox effusa priore aqua mulsum, sapa, uel passum infunditur: demum pineæ nuces aqua præmaceratæ donec intumescant, superinijciuntur. Sunt qui tragum non ęmulari tantum aspectu olyram, sed idem esse genus defendunt, specie tantum differre. Farris apparatum docet Aetius lib. 9. cap. 45. Frumentum uel maturum uel uiride madefit, cortice repurgatur, Sole siccatur, crassissime molitur. Χόνδρος τραγανός, (Varinus post χόνδρος distinguit) ὅτος ὁ ἄλιξ, ἢ παχύς, ἢ μωρός, Hesych. Tragum quidam Gallicè exponit du ble turguet. Hier. Tragus lib. 2. ca. 23. tragum frumentaceum Dioscoridis interpretatur farris genus, quod Columella uerriculum albũ appellarit: ipse Germanicum ei fingit **Teutschen reiß**, id est oryza Germanica: quod oryzæ instar grana eius cum lacte coquantur: hordeo (inquit) simile est per omnia, uegetius tamen & candidius, uere seritur. Ego de ea re certi in præsentia nihil habeo: Hoc tantum dicam, uideri mihi genus hoc frumenti tragos appellari Græcis, uel παρὰ τὴν τραχύτητα (unde & ipsum animal tragon deducunt Grammatici quidam) quòd asperius sit, & multum furfurosi recrementi habeat, plus nempe quàm zea, ut Galenus & Dioscorides scribunt: nisi quis ad aristarum asperitatem referre malit: Vel παρὰ τὸ τραγεῖν, hoc est ab edendo: cum non solum grana per se ad panificium molantur, & integra aut modice fracta cum iure aliquo decoquantur:

decoquantur: sed insuper sui generis cibarium ex eis fiat, ut ex Galeno iam retuli. Cum Gallico nardo semper nascitur herba, quę hirculus uocatur, à grauitate odoris & similitudine, qua maximè adulteratur. Distat, quod sine cauliculo est, & quod minoribus folijs, quodq; radicis neq; amarę, neque odoratæ, Plinius. Dioscorides tragon appellat, & discerni docet quod candidior sit, ac folijs minus oblongis, reliqua ut Plinius. Idem Sampharíticam nardum scribit, καυλὸν ἴσθ' ὅτε μέσον ἴχειν ὑπερτραγίζοντα τῇ ὀσμῇ, hoc est, caulem aliquando medium ex se mittere, odore supra modum hircino. Est & tragopogon, quem alij comen uocant, caule paruo, folijs croci, radice longa, dulci, super caulem calyce lato, nigro. Nascitur in asperis, sine usu, Plinius. Et alibi, Scãdix, quę ab alijs tragopogon uocatur, herba in cibo uulgaris apud Aegyptios. Tragopogon (inquit Hermolaus in Corollario) hoc est hirci barba, quæ & scandix à Plinio uocatur: nisi, quod suspicor, deprauata lectio est, describitur à Theophrasto histor. plant. 7.7. in hunc modum: Radix longa, dulcis: folium croci, longius: caule paruo, (breui) super quem calyx latus, & barbula: quę summo uertice incana & prolixa funditur. Acetarium quidam olus hanc esse falsò uolunt, quam uulgo barbam petræ, & in Gallia cispadana barbulam hircinam uocent. Habetur & quę gerontopogon, id est senis siue presbyteri barba dicitur, tragopogoni ferè tota similis, nisi quod lacte manat, & radice amara est, non dulci, à Nicandro geraòs pogon fortasse nuncupata: sed & radice dulci carpitur Romæ. Tragopogona uocari & in trago pisce, inuenio partem sub gula eius nigrantem, ut Athenæus author est, Hæc Hermolaus. Et alibi, Nicander (inquit) erigerontem intellexisse uidetur, cum geraon pogona dixit: nam & nos senecionem uocamus, aut tragopogoni similem herbulam, quæ uulgo barba senis dicitur: aut chrysocomen, quam & Iouis barbam appellamus. Tragopogon herba (ut apud Ruellium legimus) edendo est, flore luteo: quę uerò altilis in hortis crescit, folio est latiusculo, flore purpureo. Radices in altum agit, quę hybernis diebus acetaria dulcedine sua commendat. A plurimis nunc Romana consuetudine dicitur petræ herba, quod asperis locis quasi è medijs saxis uideatur erumpere, à quo etiã Hetruria saxificam appellat. Gerontopogon eadẽ esse creditur permultis. Alij distinguũt, quoniam hirci barbula sit radice dulci oblonga, in scapo calyx ingens, flos purpureus & prolixa barba: In gerontopogone radix amara, flos luteus, in caulis uertice calyx longus, qui incanescentes barbulas fatiscat, Hæc Ruellius. Ego tragopogonem in Montepessulano uidi, in Germania & alibi hactenus nusquam: folijs croci. Cæterum barba senis, quam recentiores plerique pro hircina falsò accipiunt, uulgo nominatur **habermarck**. Galenus ἀπὸ τραγοπώγωνα ladanum exponit, quod ab hircorum barbis colligatur: Arabici sanè scriptores multi ledon fruticem, ex quo ladanum, barbam uocant hircinam. Barba hircina & rosa canina, ab hircis appetuntur, Syluaticus. Idem alcheratib, herbam hircinam interpretatur: & alibi Lac de Sersi, herbam hircinam uel hypocisthidem: & Crisomon, linguam hircinam, centumneruiam. Quidam chrisomon, chamæmalum faciunt: centumneruiam, plantaginem maiorem. Sed de Ladano quod è barbis caprarum & hircorum depascentium colligitur, dixi in Capra capite tertio. Aliud genus est calaminthæ: & aliud quod calaminthàm hirci uocant, Vetus expositio uocabulorum Auicennæ. Tragoriganum herba est, quæ in cibo libidinem stimulat, unde & nomen ab hircis impositum uidetur. ἐν δ' αἰγοτόρης τραγοριγανίς, Nicander: ut Etymologus & Varinus meminerunt: corrupta apud eos θέειν uel θέειον uox uidetur. Plura de hac stirpe uide apud Ruellium. Tragonaton, lychnis syluestris, in nomenclaturis apud Dioscorid. Vbi tragoceros etiam anemone, & aloẽ cognominantur: item tragion alterum, quod Romani inde facto nomine cornulacam appellasse uidentur: quamuis in historia eius nulla cornuum similitudo, sed odor tantum hircino similis exprimitur. Saxifragia hircina à quibusdam uocatur herba pimpinellæ similis, propter odorem radicis, Matthæolus. Germani hanc ipsam pimpinellam uocant, cum à uicinis gentibus Gallis & Italis, aliam pimpinellæ nomine appellandã esse constet, quę & in cibum uenit, & in hortis colitur. Natrix uocatur herba cuius radix euulsa uirus hirci redolet, Plinius. Forsitan hæc saxifragia iam dicta fuerit: quanquam dictamnus etiam uulgaris, ut audio, cum eruitur, radice hircum olet.

¶ Cinirus ex oue & hirco nascitur, Albertus libro 22. in Ibrida, sine authore. Plinius umbros dictos ex musimone (cui uillus caprinus, uel hircinus) & oue nasci scribit. De capris tragænis in Capra dixi, parte 3. capitis 8. ¶ Ab hirci similitudine & cerui, nomen tragelaphi factum est. Est eadem, qua ceruus, specie, barba tantum & armorum uillo distans, quem tragelaphon uocant, non alibi quàm iuxta Phasin amnem nascens, Plinius 8.33. & Solinus in fine capitis 22. Ge. Agricola tragelaphum interpretatur, Germanice dictam feram **ein brandhirse**/ quæ quidem mihi hactenus ignota est. Tragelaphus, inquit, & ceruus, in syluis cubant. Tragelaphi & bubali nascuntur in Arabia, Diodorus lib. 3. Apparet sanè ab Aristotele idem animal hippelaphum dici, (ut Raph. Volaterrano etiam uidetur) quoniam & peregrinum facit, & eadem quę Plinius tragelapho tribuit, barbam nempe, & armos uillosos, & cerui similitudinem, tum magnitudine corporis, tum quod fœmina in eo genere cornibus caret. Hippardium (inquit) & hippelaphus tenuissimo iubæ ordine à capite ad summos armos crinescunt. Proprium hippelapho uillus, qui eius gutturi, modo barbæ, dependet. Gerit cornua utrunque, excepta fœmina hippelaphi: & pedes habet bisulcos. Magnitudo hippelaphi non dissidet à ceruo: gignitur apud Arachotas. Et alibi, Hippelaphus satis iubæ summis continet armis, qui à forma equi & cerui, quam habet compositam, nomen accepit, quasi equiceruus dici meruisset. Et rursus, Equiceruo cornua sunt capræ proxima. Gaza aliâs Græcum hippelaphi nomen relinquit, aliâs equiceruum transfert. Albertus ramosa & ceruinis similia cornua tragelapho tribuit, sed sine authore. Cerui similitudinem utrique in hoc animali uiderunt, tum qui tragelaphum, tum qui hippelaphum nominarunt: sed hi propter iubam equiceruum dicere maluerunt, illi propter barbam simul & cornua hirroceruum. Volaterranus tamen ex Aeliano citat, tragelaphum cætera similem ceruo esse, barba tantum & armorum uillo hirco propiorem. Pygargus, inquit Bartolemæus Anglicus, animal est cornutum & barbatum hirci instar, minus ceruo, maius hirco, simile hircoceruo, sed longè minus, ut legimus in Glossa in Deuteronomij caput 14. אקו ako uocem Hebraicam Deuteron. 14. aliqui tragelaphum interpretãtur, alij ibicem aut rupicapram. Vide infra in Ibice. Tragelaphus aliquibus nominatur de re quæ nulla sit, nec usquam in rerum natura reperiatur, ut & σκινδαψός, χόραψός, καλυψὸς (melius λυκαψός, ut Stephanus habet, quæ omnia in αψὸς cum acuto in ultima definunt:) Etymologus & Stephanus in γαληψός. Est autem uerisimile idcirco nusquã huiusmodi feram extare à plerisque creditum, quod nunquam eam uidissent, & solum nomen audiuissent, quod mirum non est, cum in Arabia & apud Arachotos reperiri authores referant. Arachoti autem Indiæ ciuitas est, ab Arachoto fluuio sic dicta, qui ex Caucaso profluit: Sunt & alij (alia huius nominis ciuitas, quę & Arachosia) prope Massagetas, Stephan. Athenæus libro undecimo tragelaphos pocula quædã dicta, Alexidis & Eubuli testimonijs comprobat, qui simpliciter hoc nomen inter pocula posuerunt: tertiò Menandri, apud quem τραγέλαφοι λαβρώνιοι leguntur: quartò Antiphanis, qui diuitem quendam præter alia possidere scribit phialas, triremes, tragelaphos, carchesia, ampla nimirum & pretiosa pocula. Satyros aliqui tragos, id est, hircos uocarunt, eò quod hircorum aures habeant, Hesychius & Varinus. Tragopanadem auem quam plures affirmant maiorem aquila, cornua in temporibus curuata habentem, ferruginei coloris, tantum capite phœniceo, Plinius fabulosam putat. Tragos apud Aristotelem spongia quædam durior asperiorque uocatur, nimirum παρὰ τὴν τραχύτητα, hoc est ab asperitate deflexa uoce. Dicuntur apud eundem tragi, id est, hirci, mænæ siue haleces mares cum fœtu impleri fœmina incipit: à libidine ut uidetur, qua hircus præcipuè infamis est. Festus docet etiã conchæ genus tragum dici, mali saporis: unde causa nominis intelligitur. Alius item tragos piscis exocœto, qui & adonis uocatur, similis describitur: nisi quod partẽ sub gula nigrantem habet, quam tragopogona uocant, Hermolaus.

¶ Caper grammatici nomen. Est & Caper uel Caprus, fluuius, qui Laodiceam Cariæ urbẽ cum Lyco & Asopo amnibus alluit, Strabo & Plinius meminerunt: sed hęc uox ad capron Græcorum, id est aprum, potius pertinet. Tragæ dicuntur Aeoles à Trage palude, Varinus. Tragæa, Τραγαία, insula est iuxta Cyclades, (uel una ex Cycladibus:) item urbs in Naxo, ubi Tragius Apollo colitur. Eupolis per epsilon & plurali numero scribit Τραγεαί: ciuis Trageates, Stephanus. Ante Miletum in proximo est Lada insula circa Tragæas insulas, quæ stationes piraticas habent, Strabo libro 14. Tragasæ, Τράγασαι proparoxytonum, regio Epiri, à Tragaso quodam, in cuius gratiam Neptunus salis densationem fecit: unde sal Tragasæus. Hinc & campus Halsius à sale dictus est, Stephanus. Apud Pollucem 6.10. Τραγάσαι paroxytonum scribitur: et exponitur lacus in Troade: uel campus in Epiro: à Tragæo (lege tragaso, quamuis Cælius etiam Tragęo transtulit:) cuius gratia Neptunus salem densauerit. Τραγάσαι, οἱ ἅλες οἱ ἀπὸ Λέσβου, Hesychius: lego τραγασαῖοι ἅλες, etc. apud Stephanum etiam Τράγασοι οἱ ἅλες, similiter deprauatum est. Tragasion, Τραγάσιον, in Troia est, sic dictum à Tragaso patre Philonomiæ, quę Tennen amauit, Varinus, apud quem Τέννει legitur pro Τέννῃ: et Etymologus, qui Τένη habet per ν simplex. Tragasæum Aristophanes in Acharnensibus protulit, tanquam deriuatum à ciuitate nomen, cum per iocum ad hirci uirus magis respiceret, Varinus. Tragasęum in Troade, salem intelligit Athenæus: cui quum uectigal iniunxisset Lysimachus, euanuit: mox dempto, succreuit, Cęlius. Tragilus, Τράγιλος, urbs est Thraciæ iuxta Chersonnesum & Macedoniam, Steph. Tragurium, insula in mari Adriatico, adiacens Dalmatiæ, cum ciuitate eiusdem nominis, Ptolemæus lib. 2. Plinius 4.21. marmor eius commendat. Ceraistes, Κεραΐσης, locus est Mileti, dictus inde quòd Apollo cornua hirci maris ab eo mulsi, illic fixerit, ut Callimachus scribit, Varinus.

¶ b. In Delo insula consecratum aiunt hirci cornu bicubitale cum dodrante, ponderis librarum uigintisex, Varinus in Κέρατι. Montanus hircus, qui in montanis pascuis uersatur, domesticus alioqui. Pascali pecore, ac montano hirco atque soloce, Lucilius. Solox lana, crassa: & pecus quod passim pascitur non tectum. Titinnius in Barathro: Ego ab lana solocia ad puram data, Festus.

¶ c. At mutire capris hirce petulce soles, Author Philomelæ. φριμάσσειν, de hirco dicitur, φρυμάττεσθαι uero (uel φρυάττεσθαι potius) de equo. Ἑνά, hircinæ uocis imitatio, Varinus. ¶ Ἀπεψωλημένοι τράγοι δ' ἀκρατιεῖσθε, Aristoph. in Pluto: Scholia interpretantur, ὡς τράγοι ἀκρατιεῖσθε, ἀντὶ τοῦ φάγοιτε, ἢ ἀκρατῆ πράσσετε, λείχετε τὸ ἄκρον τοῦ αἰδοίου. ἐπειδὴ μετὰ τὴν συνουσίαν οἱ τράγοι λείχουσι τὰ ἑαυτῶν αἰδοῖα. Aegyptij in hieroglyphicis penem fœcundum significantes, hircum pingunt: qui post septimum ab ortu diẽ coit: & quanquam inualidum & sterile semen emittit, coit tamen citius cæteris animalibus, Orus. In Mendesia Aegypti, hoc mea memoria prodigium cõtigit: Hircus cum muliere coijt propalam, quod in ostentationem hominum peruenit, Herodotus lib. 2. Hac de re etiam Pindari uersus Strabo citat libro 17. Μένδητα παρὰ κρημνὸν θαλάσσης, ἔσχατον Νείλου κέρας, Αἰγίβαται ὅθι τράγοι γυναιξὶ μίσγονται. In Lemnio insula ex mammis capri, quas ille geminas iuxta genitale gerit, tantum lactis emulgebatur, ut colostra inde conficerent: quod idẽ etiã proli masculæ capri illius euenisse accepimus. Sed hæc ostentis annume-

annumeranda potius ducunt. Nam & Lemnio illi pecoris domino consulenti, deus amplius incrementum peculij fore respondit, Aristoteles. Μινθώσομαί τι ὥσπερ τράγου τὴν ῥῖνα, Aristoph. uide supra in Capra H.c. Satyrus à Syllæ militibus captus, uocem asperam, equi præsertim hinnitu, & hirci balatu permistam ædidit, Plutarchus in Sylla. Et paulò post, Pridie quàm Campaniam ingrederetur, duo eximiæ magnitudinis hirci iuxta Ephæum montem conserere conspecti sunt, omnia quę inter pugnandum euenire mortalibus solent, nunc inferentes, nunc tolerantes. Erat autem uisio, quę paulatim à terra eleuata quaquauersus per aërem dispergebatur, obscuris idolis perquam similis: postmodum euanuit.

¶ d. Elephanti ex animalibus maximè exhorrent hircū, cerasten, (arietem intelligo,) porcum: quibus sanè machinamentis Romani elephantos Pyrrhi regis primum uertentes, uictoria sunt potiti, Volaterranus.

¶ h. Græcis sacrificaturis capros ciceribus explorare moris erat: nam si gustare abnuissent, concipiebant inde haud ualere satis, Cælius. Perfectum sacrificium sue, tauro, hirco, & ariete constabat: hoc hecatomben & trittyn uocabant, ut exposuimus in Boue pluribus. Heroibus tauro, capro, & ariete litabant, Gyraldus. Apollini, Homero teste, unus tauro, alius ariete, aliquis hirco sacrum fecit. Agathius Gottici belli lib. 2. author est, ingruente Persarum bello in Marathonijs campis, uouisse Athenienses, totidem se hircos Dianæ immolaturos, quot peremissent hostes. Quod cum implere in primis cuperent, non quisse tamen, etiam capris adiectis uel succidaneis, Cælius. Capram & hircum Mendesij pro dijs sibi cōsecrarunt, Gyraldus, & Strabo lib. 17. Iidem tum Pana tum hircum uno uocabulo Menden appellant, ut supra dixi in prima parte huius capitis. In Capra etiam ex Herodoto retuli quod Mendesij capras & hircos uenerentur: & de hircinis cruribus Panos, unde & τραγοσκελὴς cognominatur & τραγοβάμων, ut explicaui ultima parte capitis octaui de Capra. Hircum (Aegyptij) deificarunt, sicut & Græci Priapum: & propter eam corporis partem à qua sit omnium ortus, pudendis non solum Aegyptij, sed alij plures sacra faciunt, Diodorus Siculus. Bacchi transformationem in caprum, Ouidius libro 5. Metamorphoseon describit. Hircum Baccho sacrificant, inquit Phurnutus, eò quod uites & ficos lædere existimetur. Quamobrem excoriato etiā hirco in utrem insiliunt agricolę iuuenes in Atticis uicis. (Hunc Ascoliorū morē in capra iam explicaui:) Sed forte hac uictima Bacchus gaudet, quoniam & ipse hircus sit. Vergilius lib. 2. Geor. cum quadrupedes uitibus infestas nominasset, subiungit: Non aliam ob culpam Baccho caper omnibus aris Cæditur: & ueteres ineunt proscenia ludi, &c. & mox post mentionem ascoliorum, id est, saltationis super utres caprinos uel hircinos uino repletos, Et ductus cornu stabit sacer hircus ad aram: Pinguiaq; in ueribus torrebimus exta colurnis. Victimæ numinibus (inquit Seruius in hunc Vergilij locum scribens) aut per similitudinem, aut per contrarietatem immolantur: per similitudinem, ut nigrum pecus Plutoni: per contrarietatem, ut caper qui obest uitibus, Libero. Aris autem omnibus, non sine causa dixit. Nam cum numinibus cæteris uariè pro qualitate regionum sacrificetur, &c. Libero ubiq; caper immolatur. Prima existimatur hostia (inquit Probus) fuisse sus, quia terrā rostro protrudendo semina erueret: secunda caper, quia uitem læserat: quod & Pythagoras etiam testatur apud Ouidium libro 15. Metamorph. Meminit etiam Varro lib. 2. cap. 4. Icaro patri Erigones, Liber pater uinum & uitem, & uuam tradidit: qui cum seuisset uitem ipsam, & hircus in uineam se coniecisset, & quę ibi tenerrima folia uiderat decerpsisset, ex pelle eius utrem fecit, ac uento plenum perligauit, & in medium mare proiecit, suosq; sodales circa eum saltare coëgit, Higinus. Incensis iam altaribus, & admoto hirco, id carmen quod sacer chorus Libero patri reddebat, tragœdia dicebatur: hoc est ab hirco uinearum hoste, & à cantu, ut refert Donatus. Vel quod uter ex eius pelle uini plenus, solenne præmium cantoribus fuerat: uel quod hirco donabatur eius carminis poëta. Ouidius lib. 1. Fastorum: Sus dederat pœnas: (propter agrum scilicet rostro effossum, & segetem uastatam, Cereri immolata:) exemplo territus horum Palmite debueras abstinuisse caper. Quem spectans aliquis dentes in uite prementem, Talia non tacito dicta dolore dedit. Rode caper uitem, tamen hinc cum stabis ad aras, In tua quod spargi cornua possit, erit. Citat hunc Ouidij locum Politianus in Miscell. cap. 26. & adijcit etiam Eueni distichon Græcum, ex quo Ouidium transtulisse apparet. Id huiusmodi est: Κἢν με φάγῃς ἐπὶ ῥίζαν, ὅμως ἔτι καρποφορήσω, ὅσσον ἐπισπεῖσαι σοί τράγε θυομένῳ. Et mox, Afferamus etiam (inquit) quod apud Suetonium in Domitiano est, his uerbis: Vt edicti de excidendis uineis propositi gratiam faceret, non alia magis re compulsus creditur, quàm quod sparsi libelli cum his uersibus erant: Κἢν με φάγῃς ἐπὶ ῥίζαν, ὅμως ἔτι καρποφορήσω, ὅσσον ἐπισπεῖσαι καίσαρι θυομένῳ. Quod enim supra uitis capro minitabatur: hoc eadem nunc Cæsari, pulcherrima parodia: Vel si me, inquiens, ad radicem comederis: tantum tamen uini producam, quantum immolando Cæsari possit infundi. Distichon Eueni in hircum, apud Varinum etiam reperi, in uoce Ἀσκωλιάζειν. Cares pro hirco canem immolabant, unde factum est prouerbium Caricum sacrificium, ut in Cane retuli. Veneris πανδήμου, id est, uulgaris dictæ effigies ex ære hirco etiam æreo insidet, Scopæ statuarij opus, apud Pausaniam Eliacorum lib. 2. Cur autem hirco insideat lectori conijciendum relinquit. Mihi quidem ratio in promptu apparet, quòd hircus maximè obnoxius libidini sit: cui gētiles pandemon suam Venerem præficiunt, quam ad uraniæ, id est cœlestis, differentiā ita cognominant: nisi quis historiam aut fabulam potius, quam Gyraldus, ut nūc subijciam, refert, huius rei causam fecerit. Epitragiam Venerem, inquit, Plutarchus in magnis Parallelis scribit uocatam, cum Apollo Delphinius (Delphicus, Cælius) Theseo respondisset, nauigaturo in Cretã, ut deligeret sibi nauigationis ducem Venerem, & is ad mare capram deæ immolaret, statim ea in marem est mutata, ἀπὸ τοῦ τράγου uidelicet denominata ἐπιτραγία, id est ab hirco. id sexta instantis Munychionis, hoc est mensis Martij, contigisse idem Plutarchus est author, Hæc Gyraldus. ¶ Extat apud Martialem lib. 3. lepidissimũ Epigramma, quo narrat historiam sacerdotis, qui cum hircum Baccho mactaret, agrestem & rudem quendam hominem sibi inseruientem, testiculos acuta falce secare iussit, Teter ut immundæ carnis abiret odor. Interim occupati circa hircum inclinatiq; sacerdotis scrotum apparens, rusticus re male intellecta subito resecuit, antiquos sacrorum ritus id postulare existimans. Sic modo qui Tuscus fueras, nunc Gallus haruspex, Dum iugulas hircum, factus es ipse caper. Anytes epigramma in pueros hirco inequitantes Anthologij libro 1. sect. 33. extat huiusmodi. Ηνία δή τοι παῖδες ἐνὶ τράγε φοινικόεντα θέντες, καὶ λασίω φιμώ περὶ στόματι, Ἵππια παιδεύουσι θεῶ περὶ ναὸν ἄεθλα, ὄφρ' αὐτοὺς φορέῃ ἥπια, τερπομένους. Dialogum hirci & bouis in argento sculptorum, uide supra in Boue capitis 8. parte 8.

¶ PROVERBIA. Anus hircissans, γραῦς καπρῶσα, de anu adhuc intempestiua libidine pruriente, &, ut ait Plautus, catulliente. Aristophanes in Pluto, Ἀλλ' ἠπίστατο γραὸς καπρώσης τὰς σορὰς καταδύειν: Verum nouerat Anus caprissantis uorare uiatica: de iuuene cui anus libidinosa omnia suppeditabat. Nota est hircorum libido, odorq;, qui & subantes consequitur, Hęc Erasmus. Imposuit ei uocum similitudo, ut κάπρον Græcorum (quibus ea uox aprum & suem marem significat) pro Latinorum capro, id est hirco transferret. Καπρᾶν scropharum est, cum libidine turgent & mares requirunt, ut in ipsarum historia clarè constabit. Quamobrem Anus subans, non hircissans, ab Erasmo reddendum fuerat. Ad eundem ferè sensum à Germanis quibusdam effertur: **Wann die alten geul geben werden/so stehen sie nit zů halten.** γραῦς ἀναθυᾷ, Anus hircum redolet, de uetula libidinante: propterea quod alarum & reliquarum partium odor excitatur ad libidinem incensis, Erasmus. Miror sanè nullum ab eo huius prouerbij authorem citari, neq; à quo Græcorum id decerpserit indicari. Quod ideo desidero, quoniam ἀναθυᾷ uox deprauata mihi uidetur. Ego nihil hircinum in ea uideo, sed ἀναθυᾷ legendum assero, ut sensus sit, Anus iuueniliter ludit aut saltat: in quem sensum & hæc proferuntur, γραῦς βακχεύει, γραῦς χορεύει. Suidas ἀναθύειν exponit rem diu intermissam repetere, & Pherecratis uersum adducit, πάλιν αὖθις ἀναθύουσιν αἱ γεραίτεραι, id est, Anus denuo iuueniles repetunt mores. Varinus (ex Hesychio) addit ἀναθύειν τὸ ἀνασκιρτᾶν, καὶ αὖθις ἐξ ἀρχῆς ἀνακάζειν: & rursus paulo post, Ἀναθύειν, ἀναιρεῖν, θυμιαίνειν: quæ quidem interpretationes omnes, præterquam τὸ ἀναιρεῖν, id est, occidere, ad prouerbij sensum congruunt. Ἀναθυνῶσαι etiam apud Hesychium ἀνασκιρτῆσαι exponitur. Erasmus mihi deceptus uidetur, tanquam ἀναθυᾷν pro ἀναθυμιᾷν acceperit: quod uerbum tamen ad hircinum & fœtidum odorem referri non potest, sed ad suauem & gratum qualis aromatum est: adde quod transitiuum semper est, ut suffire Latinis. ¶ Caricus hircus, Καρικὸς τράγος: Diogenianus indicat dictitatum de uilibus & contemptis. Hesychius indicat usurpatum à Sophocle, &c. Fieri potest ut prouerbium eò respiciat, quod Cares pro hirco solent immolare canem, ut indicatum est in prouerbio Caricum sacrificium, Erasmus. ¶ Qui Bauiũ non odit, amet tua carmina Mæui, Atq; idem iungat uulpes, & mulgeat hircos, Vergilius in Palæmone: de re palàm absurda. Est enim uulpes animal ab aratro uehementer alienũ. Lucianus de Demonacte in uita eius narrat, quod cum conspiceret duos quosdam philosophos, utrosq; pariter indoctos, inter se disceptantes, & alterum quidem ridiculas quasdam quæstiones proponentem: alterum item aliena, neq; quicquam ad rem facientia respondentem: Quid, inquit, amici, an non horum alter hircum mulgere uidetur, alter cribrum supponere? Refertur à Diogeniano his uerbis, Πότερον ὁ τὸν τράγον ἀμέλγων, ἢ ὁ τὸ κόσκινον ὑποτιθείς, ἀφρονέστερος, id est, Vtrum stultior, qui mulget hircum, an qui cribrũ supponit? cum uterq; pariter absurdè facit, Erasmus.

DE HOEDO.

A.

HOEDVS Hebraice nominatur גדי gedi. Dauid Kimhi putat tam agnum quàm hœdum sic appellari, & ideo differentiæ causa plerunq; caprarum nomen adijci, hoc modo, gedi haissim. R. Abraham solis capris hoc nomen attribuit, ut solet etiam Arabica lingua: plurale masculinum est gedaijm, fœmininum gedioth, Geneseos cap. 38. Chaldaica translatio habet gadeia, Arabica gedi, Persica bus kahale busan. Septuaginta eriphon, Hieronymus hœdũ. Sair uel seir etiam Hebræis paruum hircum significare supra dixi, aliqui hœdum interpretantur. Hœdi Græcis ἔριφοι dicuntur, usq; ad tres aut quatuor menses, deinde χίμαραι ad partum usq;, Varinus. Qui sex menses excedunt, non hœdi, sed αἶγες, id est, capellæ uocantur, Symeon Sethi. Hœdus hodieq; uulgo apud Græcos ἐρίφι nominatur. Italice cauretto, quasi capreolum dicas: quo nomine barbari quidam etiam in Latina lingua pro hœdo abutuntur. Aliqui etiam Italice capretto uocant, alij ciauarello: Rhęti qui Italice loquuntur uzol. Hispanicè, cabrito. Gallicè, cheureau. Germanicè **gitze**, uel ut alij scribunt **kitzlein**. Anglicè kydd. Polonicè koziel.

c. Ferè

C.

Ferè ad tres menses nō disiunguntur hœdi, Varro. In nutricatu hœdi trimestres cum sunt facti, tum submittuntur, & in grege incipiunt esse, Varro. Vbi editi sunt, eodem modo quo agni educantur: nisi quod magis hœdorum lasciuia compescenda, & arctius cohibenda est. Tum super lactis abundantiam samera, uel cytisus, aut edera præbenda: uel etiam cacumina lentisci, (& arbuti, Palladius:) aliæq; tenues frondes obijciendæ sunt, (sæpe præbenda, Palladius.) Sed ex geminis singula capita, quæ uidentur esse robustiora, in supplementum gregis reseruantur, cætera mercantibus traduntur, Columella. De mentigine hœdorum mortifera lactentibus, dicam infra in Agnis ex Columella, &c. Natura corporis partes fingēs perficiensq;, fecit ut ipsę citra doctrinam, proprias actiones aggrederentur: cuius rei exactissimum aliquando fecimus periculum, hœdum alendo, sed ita alendo, ut matrem quæ ipsum in utero gestauerat, nunquam uidisset. Cum enim prægnātes capras dissecarem, hœdum à matre exolutum ita abstuli ut ipsam haudquaquam uideret: atq; in domum quandam, ubi multæ pelues erant, deposui: quarum aliæ uini, aliæ olei, alię mellis, aliæ lactis, aut alterius cuiuspiam humoris erant plenæ, aderantq; fructus non pauci, tum cereales, tum ab arboribus decerpti. Hunc itaq; hœdum conspeximus, in primis quidem pedibus incedentem, perinde ac si audiuisset crura incessus gratia sibi fuisse concessa: deinde excussit quam à matre contraxerat humiditatem. Postea pede latus scalpere, ac deinde singula uasa olfacere uidimus: percepto itaq; singulorum odore, lac tandem absorbuit. Quibus uisis, omnes exclamauimus, Hippocratem uerè dixisse, animalium naturas esse indoctas, (& reliqua) Galenus lib. 6. de locis affectis, cap. 6.

¶ D. Splendidior uitro, tenero lasciuior hœdo, Ouidius.

¶ E. Caseus fit lacte coagulato, hœdino imprimis uitulorūmue coagulo, Plinius. Maio mense, inquit Palladius, caseum coagulabimus syncero lacte, coagulis uel agni, uel hœdi, &c. ¶ In iurisconsultorum libris ubi tractatur de auro & argento legato, in lege Argumento sunt, odonum legebatur, Bayfius œdorum legendum asserit: quod ex œdorum (sic scribit sine aspiratione) pellibus fiebant calciamenta, ut ex antiquis, inquit, marmoribus Romæ coniecimus. Idem his Martialis poëtæ ad Phœbum uersibus comprobat, Oedina tibi pelle contegenti Nudæ tempora uerticemq; caluę, Festiuè tibi Phœbe dixit ille, Qui dixit caput esse calciatum. Festiuè autem dixit, propterea quod Romani temporibus illis in calciamentis uterētur pellibus œdinis, Hæc Bayfius. De pellium caprinarum usu ad uestimenta, superius in Capra dixi, capite quinto. πρωτογόνων δ᾽ ἐρίφων ὁπότ᾽ ἂν κρύος ὥριον ἔλθῃ, δέρματα συῤῥάπτειν νεύρῳ βοός, ὄφρ᾽ ἐπὶ νώτῳ ὑετοῦ ἀμφιβάλῃ ἀλέην, Hesiodus. Lectulos pellibus hœdinis sternere, Cicero lib. 2. de Legibus. Euphorbiæ incisæ conto subditur excipulus uentriculo hœdino, Plinius. Agni & hœdi lasciuientes, & inter se saltantes, lætos (serenos) dies promittunt, Aelianus. Cauendum ne anseres hœdinos porcinósue pilos deuorent: exoluunt enim eos si uorauerint, Anatolius. ¶ Verres, iuuencos, arietes, hœdos, decrescente luna castrato, Plinius. Aliqui pilos hœdorum suffiunt, & eo nidore fugant serpentes, Plinius.

F.

Hœdus ab edendo dictus est, inquit Isidorus, teneri enim pinguissimi sunt, & grati saporis. Circunferebantur & hœdi frequenter in conuiuio uarijs parati modis: ἄλλοι δὲ τὸ πολῦ (forte πολὺ) τοῦ ὀποῦ ἔχοντες, οἵ τινες οὐ τὴν τυχοῦσαν ἡδονὴν παρεῖχον ἡμῖν, Athenæus lib. 9. per ὀπὸν uel laser intelligo quo conditi fuerint, uel potius lacteum in uentriculis eorum concretum succum, quo ad caseos coagulandos utuntur. Hœdi apud ueteres ex Melo (Medica insula, Varro de re rustica, corruptè ut iudico) præcipue laudabantur, ut scribit Pollux: aut ex Ambracia, uti est apud Gellium, Cælius. Hœdulus ad domini saltet, sed frigidus, aras. Vix calet ille, ægris uda alimenta feret, Bapt. Fiera. Ex pedestribus animātibus suilla caro probatissimus cibus est, deinde hœdina, mox uitulina, Galenus in libro de boni & mali succi cibis. Hircinæ & caprinæ nō undequaq; laudabilis sunt alimenti: ut arietes etiam & oues agniq;: solis autem hœdis innoxie utare, Galenus in libro de attenu. uictu. Hœdorum carnem, etiam ut primum in lucem æditi sunt, in cibo non illaudabilem esse, ex Galeno docui iam in Vitulina. Hœdorum caro minus excrementi habet quàm arietum, Auicenna. Hœdorum carnes facile concoquuntur, & modicè nutriunt (ut Gyraldus uertit: Græce legimus symmetra, id est, temperatæ sunt:) sanguinemq; tenuem & humidum gignunt: calidas & siccas habitudines ac temperaturas iuuant. Sunt uerò meliores, meliorisq; succi, qui nec nimis tenelli sunt, nec nimis natu maiores. Nam qui sex menses excedunt, non hœdi, sed capellæ, αἶγες, uocātur. Rufi sanè & glauci, cæteris meliores sunt: sed colicis morbis nocent. Aiunt quoq;, quòd si pulmo eorum (ante potum) edatur, ea die temulentiam auertere, Symeon Sethi. Ebrietatem arcet hœdinus pulmo, Plinius. Hœdinæ carnes hyeme improbantur, conueniunt æstate, reliquis temporibus mediocres sunt, Rasis ut in Tacuinis citatur. Hœdinam carnem, qua nulla inter domestica animalia potior habetur, edito. Parum enim recrementi in se habet, facillimè concoquitur, bene alit, sanguinem bonum generat, calido & frigido contemperatum. Hic cibus conuenit lautè uiuentibus, Platina. Et paulò ante, Ex capris (inquit) hœdi lactentes esui sunt optimi. Et alibi, Hœdi utrūlibet (assi uel elixi) cocti, suaues & salubres sunt: coxæ tamen assæ, meliores habentur: Eadem & de agni coctura. ¶ Hœdus in allio: Integrum hœdum (inquit Platina) aut quartā partem, tessellis laridi & * spinacis mundi, allijs circunquaq; impactis, ueru ad ignem uoluito: humectatoq; frequēter cum ramusculis

D 2

lauri aut rosmarini, ex hoc, quod nunc scribam, condimento: Cum agresta, cumq; iusculo pingui duo uitella oui bene agitata, duas spicas allij bene tunsas, modicum croci, parum piperis misceto, in patellamq; indito. Inde, ut dixi, quod coquitur, aspergito: coctum, in patinam ponito, partemq; conditurae infundito, ac petroselinum minutatim concisum inspergito. Hoc obsonium bene coctum cito comedi debet, ne refrigescat: oculos hebetat, Venerem demortuam excitat. Ex eodẽ Platina quomodo paretur artocreas ex hoedina carne, in Vitulina iam dixi, est enim eadem ratio. ¶Sanguis hoedi in cibum formatus, quem sanguiculum uocant, coeliacis & dysentericis à quibusdã commendatur, Plinius. Aliqui sanguiculum, hoedi uel suis sanguinem exponunt, in cibum formatum. Talis nimirũ erat μέλας ζωμὸς Lacedaemoniorũ. Αἱματία, obsonij genus uel farciminis ex sanguine, meminit Pollux. Αἱμάτιον, garum quoddam è thynni intestinis cum branchijs, sanie ac cruore cõfectum, quasi sanguiculũ, Lexicon uulgare. ¶Iocinora, siue pulmones: Iocinora hoedina uel agnina sic coques (uerba sunt Apicij 7.10.) A quam mulsam facies, & oua, partem lactis admisces eis ut incisa iocinora sorbeãt, coques: & oenogaro, pipere asperso inferes. Aliter in pulmonibus: Ex lacte lauas pulmones, & colas quod capere possunt, & infringis oua duo cruda, salis grana pauca, mellis ligulam, & simul commisces & imples pulmones: elixas, & concidis: teres piper, suffundis liquamen, passum, merum, pulmones confringis, & hoc oenogaro perfundis. ¶Copadia hoedina siue agnina, (ut docet Apicius 8.6.) Pipere, liquamine, coques cum phaseolis paratarijs (aliâs faratarijs:) suffundes liquamen, piper, laser, cuminum tritum, buccellas panis, oleum modice. Aliter hoedinam siue agninam excaldatam: Mittes in cacabum copadia, cepam, coriandrum minutim succides. Teres piper, ligusticum, cuminum: liquamen, oleum, uinum: coques: exinanies in patina, amylo obligas. Aliter hoedinam siue agninam excaldatam: Agnina cruda trituram in mortario accipere debet. Caprina autem cum coquitur, accipit trituram. In hoedum siue agnum assum: Hoedi cocturam, ubi eum ex liquamine & oleo coxeris incisum, infundes in pipere, lasere, liquamine, oleo modicè: & in craticula assabis, eodẽ iure continges: piper asperges, & inferes. Aliter hoedus siue agnus assus: Piperis semunciam, asareos scrupulos sex, zingiberis modicum, petroselini scrupulos sex, laseris modicum, liquaminis optimi heminam, olei acetabulũ. Hoedus siue agnus syringatus: Exossatur diligenter à gula, sic ut uter fiat, & intestina eius integra exinaniantur, ita ut in caput intestina sufflentur, & per nouissimam partem stercus exinanitur, aqua lauantur diligenter, & sic implentur admixto liquamine, & ab humeris consuitur, & mittitur in clibanum: cum coctum fuerit, perfunditur ius bulliens lacte. Piper tritum, liquamen, carenum, defrutum modicè, sic & oleum etiam: bullienti mittis amylum: uel cete mittitur in retiaculo uel in sportella, & diligẽter constringitur, & bullienti zyma cum modico salis submittitur: cum bene illis tres undas bullierit, leuatur, & denuo bullit cum humore supra scripto, bullienti conditura perfunditur. Aliter hoedus siue agnus syringatus: Lactis sextarium unum, mellis uncias quatuor, piperis unciam unam, salis modicũ, laseris modicum, dactylos tritos octo, ius in ipsius olei acetabulum, liquaminis acetabulum, mellis acetabulum, uini boni heminam, amylum modicè. Hoedus siue agnus crudus: Oleo, pipere fricabis, et asperges foris salem purum multo cum coriandri semine: in furnum mittis: assatum inferes. Hoedus siue agnus Tarpeianus: Antequam coquatur, ornatus consuitur. Piper, rutam, satureiam, cepam, thymum modicum: & liquamine collues. Hoedum macerabis in furno in patella quae oleum habeat: cum percoxerit, perfundes in patella impensam: teres satureiam, cepam, rutam, dactylos: liquamen, uinum, carenum, oleum: cum bene duxerit, impensam in disco pones: piper asperges & inferes. Hoedus siue agnus pasticus: Mittes in furnum, teres piper, rutam, cepam, satureiã, damascena enucleata, laseris modicũ, uinum, liquamẽ & oleum: uinũ feruẽs colluitur in disco, ex aceto sumitur. Hoedus laureatus ex lacte: Hoedum curas, exossas, interanea eius cum coagulo tolles, lauas: adijcies in mortarium piper, ligusticum, laseris radicem, baccas lauri duas, pyrethri modicum, cerebella duo uel tria: haec omnia teres, suffundes liquamen, temperabis ex sale: super trituram colas lactis sextarios duos, mellis ligulas duas, hac impensa intestina reples, & super hoedum componis in giro (quidam legit zirbo, id est omento:) & omentum charta cooperies, surculas: in cacabum uel patellam compones hoedum: adijcies liquamen, oleum, uinum: cũ ad mediam cocturam uenerit, teres piper, ligusticum, & ius de suo sibi suffundes, mittes in defruti modicum, teres, reexinanies in cacabum: cum percoctus fuerit, exornas, amylo obligas & inferes, Hucusq; Apicius lib. 8. ut dixi, cap. 6. ¶Pulmo hoedinus (ut scribit Aetius in ratione uictus colicorum lib. 9. ca. 30.) bis assatus ac in cibo acceptus, superabundans alimentum subtrahere uidetur: Qui uero eum lacte replent, deindeq; coquunt, aut assant, uoluptatis gratia non utilitatis respectu id faciũt: multoq; magis qui eum frustatim concisum in sartagine torrent. ¶Ventrem cum intestinis nostri in uitulis & hoedis priuatim nominant **das Fröß**: quae quidẽ elixa & aromatibus cõdita initio mẽsae apponũt.

G

Celsus libro 5. cap. 7. docens curationem communem aduersus omnes morsus serpẽtium: Si neq; qui exugat, inquit, neq; cucurbitula est, sorbere oportet ius anserinum, uel ouillũ, uel uitulinum, & uomere: Viuum autem gallinaceum pullum per medium diuidere, & protinus calidum super uulnus imponere, sic ut pars interior corpori iungatur: Facit id etiam hoedus agnúsue discissus, & calida eius caro statim super uulnus imposita. ¶Aliqui carnem recentem hoedorum, (uulneribus ex ictu serpentium illigant:) pilo suffiunt: eodemq; nidore fugant serpentes. Vtuntur & pelle eorum recente

recente ad plagas, Plinius. Hœdorum pilis ſuffiri uuluas utile putant, Plinius. Ad inflammationes tonſillarum & anginas, gallinæ hœdiue iuſculo utere, Galenus Euporiſt. 2. 15.

¶ Hœdi ſanguis (ſiccus, apud Galenum lib. 2. de antidotis) utiliſſime in antidota miſcetur, Dioſcorid. Sanguis caprinus decoctus cum medulla contra toxica uenena ſumitur, hœdinus contra reliqua, Plinius. Sanguinis excreationes reficit hœdinus ſanguis recens ad cyathos ternos cum aceto acri pari modo, feruens potius, Plinius. Porrò quod de hœdorum ſanguine prodidit Xenocrates, ratus id ob aceti miſtionem poſſe aliquid efficere, perſuaſi cuidam in agro degenti, qui rei ruſticæ quidē ſtudioſus, ſed primis diſciplinis eruditus erat, ut experiri uellet. Is retulit ſe in duobus ſanguinem expuentibus uſum, nonnullam utilitatem expertum. Cæterum illorum neuter, ex ijs quæ mihi narrabat, neq; ex arteria, neq; ex larynge aut pulmone expuiſſe uiſus eſt. Xenocrates igitur in primo libro De percipienda ab animantibus utilitate, ubi de hœdis diſſerit, ſcribit in hęc uerba: Ad hæmoptoicos, hoc eſt ſanguinem ſpuentes, admodum utilis eſt hœdorum ſanguis: oportet autem nondum (Marc. Vergilius perperam pro nondum habet nuper) concreto plus minus menſura ſemicotylę tantundem admiſcere aceti acris, idq; ferueſactum trifariam partiri, & in ſingulos dies ſingulas partes exorbendas dare. Itaq; licebit tibi forte fortuna in agro deprehenſo, ubi reliquorū fuerit inopia hoc uti, cum citra periculum id experiri poſſis, Galenus de facult. ſimplic. 10. 4. Sanguinis hœdini recentis, antequam congeletur, uncia cum aceto mixta, & triduo pota, uomitui (malim excreationi uel ſputo) ſanguinis confert, itemq; agni, Auicenna. Sanguine hœdi in cibum formato, quem ſanguiculū uocant, ad cœliacos & dyſentericos affectus quidā utuntur, Plinius. ¶ Hœdorum adeps minus tum calidus tum ſiccus eſt quàm caprarum, Galenus. Noſtri ex adipe de omento hœdi ſumpto, & ſtillatitio roſarum liquore macerato, in libras tribus uel quatuor caphuræ drachmis admixtis, unguentum parant ad fiſſuras labiorum & narium utile, & mulieribus tum aliâs tum ne facies à ſole aduratur expetitum. Galli & Itali pomatum uocant, quoniam odoris commendandi gratia poma adijciunt, hoc ferè modo: Mala quinq; decorticata & in partes diuiſa, & caryophyllis inferċta, in roſarum liquore moſchato macerantur quatriduo. Deinde addūt adipis hœdi recentis libram, & ſimul feruefaciunt in balneo Marię (ut uocant) donec omnia albeſcant: mox cū prædicto roſarum liquore abluunt, ut totum fiat album, & in uaſe uitreo reponunt. Sunt qui odoris gratia, algaliæ uel moſchi uel utriuſq; parum admiſcent. Apud nos quidā tragacanthæ, ceruſſæ, & lactis caprini nonnihil admiſcent. Eiſdem uiribus præditum aut etiam efficacius uidetur, quod uulgo unguentum album caphuratum uocāt, oleo roſarum, cera alba, ceruſſa, albis ouorum mixtis cum modica caphura. Poſſet & calx uiua, præſertim lota admiſceri, ut in illo Sexti ad labiorum fiſſuras, Sepum capreæ (tribuit autem capreæ eadem ferè omnia quæ alij capræ) & adipem anſerinum, & medullam cerui, & cepe cum reſina ſimul & calce uiua, fac ut malagma: mirè ſanat labiorum fiſſuras. ¶ Feminum hœdi cinis inteſtina rupta ſarcire mire traditur, Plinius. Sanguinem ſiſtit, Idem. E lacte mulieris proficit ad cacoëthe, Idem. ¶ Ariſtoteles coagulum laudat ex inulo ſeu hinnulo. Nicon (ut Nicandri Scholia citant, & Hermolaus in Plinium 11. 41.) in libro de difficultatibus, optimum coagulum ait hinnuli, ſecundum leporum, tertium hœdi. Marcellus Verg. non recte agni pro hœdi in huius authoris teſtimonio poſuit. Coagulum hinnuli, leporis, hœdi, laudatum: præcipuum tamen daſypodis, Plinius. Leporino coagulo pares habet uires, coagulum hœdi, agni, hinnuli, &c. contra aconiti potum in uino, & concretum lac in aceto, conuenienter aſſumuntur, Dioſcorid. Reliquas uires, utpote communes, ſed leporino præcipuas, in Leporis hiſtoria dicam. Coagulum hœdi contra potum cicutæ (lege aconiti, ex Dioſcoride) prodeſt: eiq; qui fungos comedit, Haly. Plinius priuatim cōmendat cōtra uiſcū, (ixian chamæleontē:) & chamæleontē albū, ac ſanguinem taurinum, contra quem & leporis coagulū ex aceto bibatur. Contra paſtinacā & omnium marinorum ictus uel morſus coagulum leporis uel hœdi uel agni, drachmæ pondere ex uino ſumitur, Plinius. In profluuio ſanguinis hœdi coagulum bibi utile putant, Plinius. Et alibi, Coagulum hœdi tertia parte ex aceto potum ſanguinis excreationes reficit. Ex aceto ſanguinem ſiſtit, Plinius. Magnitudine fabæ in uino myrteo remiſſum, & ieiuno cœliaco potui datū, efficaciter prodeſt, Marcellus. Cœliacis & dyſentericis coagulum hœdi in uino myrtite magnitudine fabæ quidam propinant, Plinius. Coagulum hœdi aduerſus alui profluuium Hippocrates laudat, ut dixi in remedijs ex caſeo caprino. Acerrimo aceto maceratum aduerſus muliebre profluuium ieiunæ propinato, Galenus Parabilium 2. 73. ¶ Ebrietatem arcet pulmo apri aut ſuis aſſus, ieiuni cibo ſumptus eo die: item hœdinus, Plinius & Symeō Sethi. Pulmonis hœdini combuſti cinis prurigines oculorum diſcutit, & ſcabras palpebras emendat, ſi quaſi ſtibium imponatur, Marcellus. Vrinæ incontinentiam cohibet ueſica fœminæ ſuis combuſta ac pota: Item hœdi, uel pulmo, Plinius. ¶ Hœdorum lien impoſitus lieni ſedando prodeſt, Plinius. Impoſitus lienem digerit, Galenus Parabilium 2. 40. Hœdinus lien, ſimiliter ut hircinus, ſuper ſplenem infantis adpoſitus, & tumores & dolorem eius emendabit, Marcellus. ¶ In monte Atlante Getuli, qui euphorbium legunt, hœdino lacte adulterant, ſed diſcernitur igni. Id enim quod ſyncerum non eſt, faſtidiendum odorem habet, Plin. ¶ De ueſica paulò ante diximus in pulmone.

H.

Hœdus animal eſt ex capra genitum: quod nomē doctiores pleriq; cum œ diphthongo ſcribunt,

D 3

præpoſita aſpiratione, pauciſſimi cum eadem diphthongo, ſed abſq; ſpiritu: multi aſpirant quidem, ſed diphthongum æ ſubijciunt. Grammatici quidam hædos ἀπὸ τῶν αἰδοίων deriuant, qua quidem ratione ſcribendum foret ædus, quod nuſquam reperitur. Iſidorus, ut dixi in F. ab edendo. Alij deniq; hœdum dictum uolunt quaſi fœdum lingua Sabina, in qua F. litera in aſpirationem uertitur. Hœdulus etiã & hœdillus diminutiua leguntur. Et Tyburtino ueniet pinguiſſimus agro Hœdulus, Iuuenalis Sat. 11. Dic igitur me tuum paſſerculum, gallinam, coturnicem, Agnellum, hœdillum, Plautus in Aſin. ¶ Ἔριφος Græce hœdus dicitur, uſq; ad tres uel quatuor menſes, deinde χίμαρος ἢ; (quod etiam de hirco nondum adulto inuenitur, ut ſupra dixi,) donec pariat & mulgeatur: à partu iam γίμαρα & αἴξ nuncupatur: De mare uero ἔριφος, & cum adultus eſt τράγος dicitur, Varinus. Ἔριφος, ὁ μικρὸς αἴξ, ἢ ἡ μικρὰ αἴξ, ὁ ἐν τῷ ἔαρι φαινόμενος, ἤγουν ὁ πρώϊμος: χίμαρος δὲ ὁ ἐν τῷ χειμῶνι, Heſychius, Etymologus, Varinus. Ἔριφοι, τῶν αἰγῶν τὰ νέα, Pollux. ἐριφέας, χίμαρος, Heſychius, Varinus. χίμαροι, capræ hybernæ, uel hirci, uel hœdi, Heſychius. Chimari inter hœdos & hircos ætate media ſunt, Varinus ex Ariſtophane grammatico. ἐριφίμματα, ἔριφοι, λάδκωνες, Iidem. Ἔρσαι, oues teneræ, uel hœdi hyeme nati, Varinus & Heſychius. Ἔρσαι Homero dicuntur αἱ νεογναὶ καὶ ἁπαλαὶ καὶ δροσώδεις, ἀπὸ τῆς ἔρσης, ἢ νεαλεῖς τῇ ἡλικίᾳ. Scholia in Homerum: hoc eſt capellæ teneræ, & roſcidæ, uel minimę natu: nam herſe ros eſt. Hinc ἑρσαῖον & ἑρσήεν interpretantur nouellum, roſcidum, tenerum, humidum, pulchrum, recens, purum: & ὄρσια ſimiliter, item uerna. Καρανός, hœdus, Heſychius & Varinus: à quibus κάρα etiam pro capra exponitur, ex Gortyniorum dialecto. Διακαλαμάσταρχες apud Rhodios dicti ſunt hœdi in lege quadam, οἱ τὴν καλάμην τῶν σπερμάτων ἀποβεβοσκημένοι, id eſt, qui frugum culmos iam depaſcerentur, Heſychius & Varinus. ¶ Epitheta: Neq; oues, hœdiq; petulci Floribus inſultent, Vergilius. Splendidior uitro, tenero laſciuior hœdo, Ouidius 13. Metam. Laſciuum pecus, & uiridi nõ utile Baccho, Dat pœnas: nocuit iam tener ille deo, Martialis. Apud Rauiſium leguntur etiã iſta, Tenellulus, Petulans, Vagans, Corniger, Mollis, Lactens, Pinguis. ¶ Eriphiam herbam multi (magi) prodidere: Scarabeum hæc in auena, (id eſt, caule) habet, ſurſum deorſum decurrentem cum ſono hœdi, unde & nomen accepit. Hac ad uocem nihil præſtantius eſſe tradunt, Plinius. Videntur ſanè magi hoc ex ea remedium ad uocem commẽti, quòd uocalis aut ſonorus potius in ea ſcarabeus (ſi credere libet) diſcurrat. Eriphia (ut habet Ruellius tanquam ex Plinio, mihi Plinij locus iam non occurrit) ſeptem lanuginoſis ramulis apij modo foliatur: purpureo flore, & eo quidem perenni, ſemine fabaceo, totidem radiculis quot ramis. Vidimus (inquit Ruellius) in editiſſimis montibus inter ſaxa herbam apij folijs, ramoſam, leui lanugine pubeſcentem, purpureo flore adhuc exitu autumni & per hyemis initium emicante, ſemine fabaceo, ramulis pluribus, foliatis, rubentibus, radice craſſa, longa. Sed nõ animaduerti ſi tot radiculis fibrata eſſet, quot eſt ramulis brachiata, eam tamen crediderim ranunculi genus eſſe, quod flore purpureo à Dioſcoride notatur. Erificium (ut habet liber Galeno adſcriptus de ſimplicibus medicamentis ad Paternianum cap. 97.) herba eſt quæ in ſummis montibus inuenitur, folijs apij, thyrſulo oblongo: in cuius ſummo floſculus quaſi uiolaceus eſt, & ſemen in medio: radix ad magnitudinem & ualetudinẽ in ſpecie cepæ oblongæ, & ueluti ad unũ extuatæ: habetq; radices alias quæ ſic radiculas minutas è lateribus emittunt nigro cortice clauſas: hæc ipſa uiribus eſt aconito ſimilis & thapſiæ: proprio guſtu omnes illas probare deuita. ¶ Eripha & Parthenia, nomina equarum Marmacis proci Hippodamiæ ab Oenomao occiſi, Cælius. ¶ Hœdi, ſtellæ duę ſunt, quas Auriga (quod ſignum cœleſte eſt ſuper cornua Tauri) in manu tenet. Poetæ nimboſos & pluuiales cognominant, quod eorũ ortus & occaſus grauiſſimas excitet tẽpeſtates. Quãtus ab occaſu ueniẽs pluuialibus hœdis, Vergilius 9. Aeneid. Hœdi pridie nonas Octobris oriuntur ueſpere, aries medius occidit, Columella lib. 11. Vide ſupra in Capra ſydere. ¶ Eriphus poeta comicus fuit, cuius fabulæ feruntur, Aeolus, Peltaſtæ, Meliboea, teſte Athenæo lib. 14. Suidas. Phileriphos, nomen ruſtici in epiſtolis Aeliani.

¶ b. Χόρια, τὰ τῶν ἀρνῶν καὶ ἐρίφων ἀγγεῖα, Heſychius & Varinus: ſacci forſan aut peræ ex pellibus agninis hœdiniſue. Chorion aliâs ſecũdas ſignificat, ſiue inuolucrũ quo fœtus in utero inuoluitur.

¶ c. Subrumari dicuntur hœdi (uel agni, unde agnus ſubrumus) cum ad mammam admouentur, quam alij dicunt rumim, (ſic enim lego) uel quia rumine trahunt lac ſugentes, Feſtus.

¶ d. De hœdo qui tigridi familiaris fuit, in Tigride dicam. ¶ Captilus eſt auis quam uenatur draco, cum debilitatur in uenando hœdos & arietes, &c. Syluaticus.

¶ e. Strauit pelliculis hœdinis lectulos Punicanos, Cicero pro Mur. ¶ Hœdile ſtabulum hœdorum eſt. Nec uirides metuunt colubros, Nec Martiales hœdilia lupos, Horatius 1. Carm. Vermem qui in Indo flumine reperitur ſeptem cubitorum longitudine, capturi, agnum aut hœdum in hamum implicant, Aelianus.

¶ h. Veteres Græci hœdorum, agnorum, uitulorumq; inſpectis inteſtinis futura prędicabant, Gyraldus ex Pauſania. Bacchum eriphon dictũ fuiſſe Heſychius & Varinus meminerunt: Phurnutus hircum fuiſſe Bacchum, ut ſupra narraui. ¶ Fauno res diuina nonis Decemb. de hœdo & uino fieri ſolebat. Horatius tertio libro Carm. ad Faunum ipſum canit, Si tener pleno cadit hœdus anno, &c.

¶ Anus hœdus, γραῦς ἔριφος: Apollodorus apud Zenodotum (Heſychium, & Varinum) ait anum quandam fuiſſe quæ dicta ſit Eripha, (legendum Eriphia) quod in uirginitate conſenuiſſet: perinde

perinde quasi eadem & anus esset per ætatem, & puella, quod adhuc innupta. Sunt qui tradant locustam agrestem à nonnullis mantin appellatam, in Sicilia γραῶν σέριφον appellari. Aiunt autē quodcunq; animal aspexisset, illi mali quippiam accidere. Proinde in mulierem ueneficam & fascinatricem quadrare uidetur: quod genus apud Horatium Canidia, Erasmus. Apud Suidam legimus γραῦς σέριφος, in eam quæ uirgo consenuerit: per translationē ab aruensi locusta, quam γραῶν σέριφον & mantin uocitant. ¶ Sic canibus catulos similes, sic matribus hœdos, &c. Vergilius Aeglog. 1.

DE CAPRIS SYLVESTRIBVS.

Pictura hæc rupicapræ est, in Heluetiorum montibus apud Rhætos & Valesios præsertim frequentis, de qua inferius in hoc capite seorsim agetur.

CAPRAE (syluestres) in plurimas similitudines transfigurantur. Sunt capreæ, rupicapræ, ibices: Sunt & oryges, damæ, pygargi, strepsicerotes, multaq; alia haud dissimilia. Sed illa alpes, hæc transmarini situs mittunt, Plinius 8. 53. Præter hæc, plura etiam Græci nomina habent, & alia Hebræi, ut mox apparebit, quæ quidem inter se conciliare difficillimum est. Non solū enim recentiores multa ex his nominibus non intelligunt, & confundunt, & alij aliter interpretantur: sed ueteres etiam Græci Latiniq; multa non satis intellexisse uidentur, quod inde colligimus: quoniam Latini Græcis subinde nominibus utuntur, ut sunt dorcas, platyceros, pygargus, strepsiceros, bubalus, oryx: nimirum quòd cum Italiæ peregrina hæc genera essent, præter dorcadem, peregrinis quoq; nominibus uti necessariū fuit: quod tamē minus molestum nobis esset, si accuratiores singulorum descriptiones uel ab ipsis uel à Græcis haberemus. Multi simpliciter de feris seu syluestribus quædam scripserunt, in utraq; lingua, id quoq; nimis obscurè: cum omnia iam dicta genera capræ syluestres appellari possint. Ego quæcunque de capris syluestribus, non alio nomine adiecto, scripta reperio, primo loco quàm maximè possum perspicuè proponam, mox singulatim de reliquis acturus.

¶ Capras nonnulli (inquit Isidorus) à crepitu crurum dictas uolunt, unde eas creas (crepas potius) uocitant, quæ sunt capræ agrestes: quas Græci pro eo quòd acutissime uideant ἀπὸ τοῦ δέρκεσθαι, dorcas appellauerunt. Morantur enim in excelsis montibus, & quamuis de longinquo, uident tamen omnes qui ueniunt. Eædem autem & capreæ, eædem ibices, quasi auices, eò quod instar auiū ardua & excelsa teneant, & in sublimibus inhabitent: ita ut de sublimi uix humanis obtutibus pateant: unde & meridiana pars ibices (ibides) aues uocat, qui Nili fluentis inhabitant. Hæc itaq; animalia in petris altissimis commorantur: & si quando ferarum uel hominum aduersitatem persenserint, de altissimis saxorū cacuminibus sese præcipitantes, in suis se cornibus illæsas suscipiunt, Hæc Isidorus: qui suo tempore doctissimus habitus est, nec ullus opinor eo eruditior ab eius ætate ad nostri usq; sæculi tempus, quo bonæ literæ renasci cœpere, scriptis aliquid mandauit. Sed quàm inepte tum alia quædam in his quæ iam recitauimus scripserit, tum tria syluestrium caprarum genera pro uno acceperit, manifestius est quàm ut reprehendendo immorari debeam. Similiter author libri de natura rerum, capram syluestrem, capreolam (sic enim uocat) & rupicapram, unum animal facit: quod in suum genus sæuiat, in alias autem bestias timidum & mansuetum sit: Cum à canibus urgetur, in montes altissimos confugere: plurimam inter mares discordiam esse propter fœminas, tempore libidinis. Idem in Creta pulegij pastu sagittas, quibus uulneratum est, exigere scribit.

¶ In Italia circum Fiscelium & Tetricam montes multæ sunt capræ feræ, Varro. In Soracti Fiscelio (ut Cato scribit in Originū libro citante Varrone) capræ feræ sunt, quæ saliunt è saxo pedes plus sexagenos. Capræ quas alimus à capris feris sunt ortæ, à queis propter Italiam Caprasia insula est nominata, Varro. ¶ Ecce feræ saxi deiectæ uertice capræ, Decurrēre iugis, alia de parte patentes. Transmittūt cursu campos, atq; agmina cerui, Puluerulenta fuga glomerāt, montesq; relinquūt. Verg. 4. Aeneid. Seruius hic feras capras interpretatur capreas: Et bene aptat (inquit) descriptionem ad species, ut ceruis campos, capreis saxa permittat. Atqui Aristoteles capras syluestres in Africa nullas esse scribit, ut ceruos quoq;: Plinius ceruos & capreas in Africa esse negat. Rasis montanarum caprarum seuum coctū cum pultibus, prodesse scribit pulmoni ulcerato. Dioscorides caprinum seuum simpliciter in sorbitione, Plinius in pulte ex alica, phthisicis commendant. Idem Plinius alibi, rupicapræ seuo ex lacte phthisicum liberatum scribit. Quamobrem nihil refert an montanas capras apud Raſim feras intelligas, aut domeſticas in montibus paſcentes. ¶ זמר ſamer Hebræis camelopardalin eſſe docui ſupra, quamuis nonnulli capream uel rupicapram exponant: quidam adhuc ineptius alcen. יחמור iachemur, lib. 3. Regum cap. 4. quidam capram ſylueſtrem exponunt, alij rupicapram, alij bubalum, & animal capræ magnæ ſimile eſſe ſcribunt: ego bubalum eſſe coniecerim, non bouem ſylueſtrem, ſed ex caprarum ſylueſtrium genere, de quo infra dicam. De אקו ako uoce, quam aliqui hircum ſylueſtrem interpretantur, uide in Ibice inferius. Alſelacha (uetus gloſſarum interpres alſuledati habet) eſt urina hircorum montanorum, ut patet apud Auicennam lib. 4. fen 4. tract. 2. ubi docet modum cõfectionis alſelaha, Andreas Bellunenſis. Ego in loco ab eo citato nihil tale inuenio.

¶ ἴξαλον αἶγα apud Homerum Iliad. 4. multis modis interpretantur, plerique capram ſylueſtrem: Porphyrius eandem caſtratam, quia ſæpius feræ capræ adultæ dum in uenationibus fugiunt, genitalia atterunt, & ita caſtrãtur. Alij ἴξαλον exponunt τέλειον, πηδητικόν, ὁρμητικόν, ἀπὸ τοῦ ἅλις ἵεσθαι: alij libidinoſum, ὀχευτικὸν καὶ κήλωνα, καὶ πρὸς τὰς τῶν θηλειῶν ἰξύας ἤτοι ὀσφύας ἁλλόμενον: alij denique τὸν μετὰ χειμῶνα ὑπὸ ἅλας ἰκνούμενον ποιμενικῷ νόμῳ, ἵνα μὴ ψώραν πάθῃ: ſed hoc ſylueſtri capræ, de qua Homerus loquitur, non conuenit. Sunt autem Homeri uerſus iſti, de Pandaro qui in Menelaum ſagittã immiſit;

Αὐτίκ' ἐσύλα τόξον ἐΰξοον ἰξάλου αἰγὸς
Ἀγρίου, ὅν ῥά ποτ' αὐτὸς ὑπὸ στέρνοιο τυχήσας
Πέτρης ἐκβαίνοντα δεδεγμένος ἐν προδοκῇσι,
Βεβλήκει πρὸς στῆθος, ὁ δ' ὕπτιος ἔμπεσε πέτρῃ.
Τοῦ κέρα ἐκ κεφαλῆς ἑκκαιδεκάδωρα πεφύκει.
Καὶ τὰ μὲν ἀσκήσας κεραοξόος ἤραρε τέκτων.

Ἑκκαιδεκάδωρα cornua Scholiaſtes exponit, quæ extendãtur ad ſedecim palæſtas, id eſt, palmos, reprehenſis illis qui à ſedecim annis ſic dicta ſuſpicãtur, quod ὧρος annus ſit. Mihi quidem hoc ſylueſtris capræ genus, ibex uidetur, propter cornuum magnitudinem: de qua inferius. Eſt & ἴξαλος inter hirci epitheta, ut ſupra dixi. Vide Euſtathium in Homeri uerſus iam recitatos. Ἰξάλη, τελείου αἰγὸς δέρμα, Varinus. Πρόσθε μὲν ἀγραύλοιο δέρα τριχὸς ἰξάλου αἰγὸς Δοιοῖν ὑπὸ χώροις ἐστεφόμην πετάλοις, in epigrammate quodam, ut citatur à Suida. Reperitur etiam hirci epitheton ἴξαλος in epigrammate. ¶ Χίμαιραν, Heſychius exponit capram ſylueſtrem. ¶ Ἴτηλας, Cretenſes uocant patres, aut hircos ſylueſtres, Heſychius: apud Varinum aſpiratur. ¶ Ψίναθος, capra ſylueſtris, Heſychius & Varinus. ¶ Ἴορκες, capræ feræ, ὑστριχίδες, iidem. Ὑννὰς, capra fera, Heſychius: & ὕννη capra ſimpliciter, & uomer aratri, apud eundẽ. Cerui appellatione forte intelligit Ariſtoteles etiam capreas, & damas, & capras ſylueſtres, Niphus. ¶ Αἰγιόνομοι, animalia quædã ſic dicta, Heſychius & Varinus: Græci quidem platycerotes hodie ἀγρίμι uocant. ¶ Αἰγαγρίονα, ἄγριον αἶγα, Varinus & Heſychius, quanquam hic nõ ſuo loco ſed poſt Ἄγριοι, hanc uocem habet. Apud utrunque etiam αἴγαγρον eodem ſenſu legimus: αἰγάγριον quoque alicubi, ni fallor, legi. ¶ Αἴγαστρος, genus animalis, Suidas & Varinus. Legitur & αἰγάστρη in fœminino genere apud Suidam, ſed nudũ nomen. Sigiſmundus Gelenius in Lexico ſuo ſymphono αἰγάστραν & ποικιλίδα picam uario colore inſignem nominat, uocabulis ab eo repertis apud recentiores quoſdam Græcos, quibus & agriluſtram ceu Latinam uocem adiungit, quæ ad ægaſtran alludit.

Αἰγῶν δ' αὖτε πέλει, προβάτων τε πανάγρια φῦλα,
Οὐ πολλὸν τούτων οἴων, λασίων τε χιμάρρων
Μείζονες, ἀλλὰ θέειν κραιπνοί, ἀφαυροί τε μάχεσθαι,
Στρεπτοῖσιν κεφαλῆφι κορυσσόμενοι κεράεσσι.

His uerſibus Oppianus lib. 2. de uenatione ſtrepſicerotes dictas intelligere uidetur ex ſylueſtriũ caprarum genere: quanquam ita conſtructus ſit ſermo, ut omnia non minus ad oues quàm capras pertinere uideantur, quamobrem rupicapras intelligere malim, & στρεπτὰ cornua ad dorſum recurua. Paulò poſt ſanè has capras uocat αἰγάστρους, uel potius αἰγάγρους, ut in manuſcripto codice reperi: & in excuſis etiam poſt paucos uerſus αἴγαγρος habetur. Sed Oppiani uerba à Petro Gyllio tranſlata apponam. Feræ capræ, inquit, noſtris domeſticis haud multo maiores, ſed ad currendum uelociores ſunt, (tortis in capite armatæ cornibus.) Ac ſi quis cornibus ipſarum ceram infundit, uitæ uiam, & ſpiritus meatum intercludit, quòd tenuis ſpiritus per media cornua ad cor ipſum proficiſcitur. In hoc genere mater ſuos pullos etiam atque etiam diligenter curat. Quam quidem maternam educationem filij cum pari ſtudio compenſant. Et quemadmodum homines parentem ætate affecta infirmum alunt & laborioſæ patris educationi ſatisfaciunt: ſic caprarum pulli, charos parentes ſenectute confectos tractant, pabulum nimirum ſuo ore collectum eis porrigũt, & ex fluuio hauſtam aquam ad potionem afferunt, ac nimirum eorum corpus horridum lingentes, nitidum reddunt. Quòd ſi ſolam matrem comprehenderis, continuò etiam ſuam capies teneram prolem. Eam ſanè exiſtimares tanquam uerbis filios impellere ad fugam, procul talibus gemitibus orantem: Fugite filij infeſtos uenatores, ne me miſeram capti materno nomine priuate. Eos contra circum matrem errantes, diceres primum luctuoſum cantum occinere, deinde humana & ſupplici uoce loqui: Per Iouem uenator te rogamus, per Dianam ipſam, charam matrem libera, & nos infelices præmium ſuſcipe: flecte tuum durum cor, uerere deorum iura, & genitoris tui ſenectutẽ. At enim cum uenatoris inexorabilem animum ſentiunt, ſua ſponte in uincula incidunt, & cum matre capiuntur.

¶ Eſt & aliud genus, quod ad ibicis ſeu capricorni noſtri naturam, niſi quod maius eſt, accedere uidetur, ab Aeliano in hęc uerba deſcriptum: Capræ feræ ad ſummos Libycorũ montium uertices commorantur, ad boum magnitudinem accedunt, ipſarum armi & crura luxurioſis pilis fluunt, tibijs paruis, frontibus rotundis, oculis raris, & concauis, non ualde proiectis ſunt. Cornibus poſt

primum

primum exortum utrisque ab alteris longe auersis, & aberrantibus, & incuruis, non enim similiter atque aliarum caprarum recta existunt, sed eatenus retorquentur, ut ad armos pertingant. Ex capris longe maxima ad saliendum habilitate sunt: nam ex cacumine in aliud longe distans cacumen transiliunt, & tametsi saepe earum quaepiam, dum ex uno uertice in alterum saltare contendit, ob nimiam interuallorum distantiam per praerupta saxa praeceps agitur, nihil tamen laeditur, sic est aduersus saxorũ duritiem membrorũ resistenti firmitate, ut nec cornua frangat, nec caput diminuat. In summis montibus plurimas, solertia quadam captãdi caprarij generis, nimirũ uel iaculis, uel retibus, uel laqueis à doctrina artis uenaticae instructi comprehendunt. Iam in patentium camporum aequoribus quilibet uel tardus pedibus eas, quòd ibidem non ualent ad fugiendum, capere queat. Earum pellis & cornua aliquot commoditates habent, nam in frigidis tempestatibus ad uim frigorum atque hyemem excipiendam pastoribus & fabris materiarijs pelles mirifice prosunt. Cornua ad hauriendam de praeterfluentium riuorum confluentibus, aut è fontibus potionem, ad depellendam sitim, nõ minori usui habentur, quàm uel calices ipsi: tanta enim capacitate sunt, ut in bibendo respirare sit necesse. Ab homine expoliendi bene perito cornu politum, tres mẽsuras capere potest.

¶ Idem de feris in Aegypto capris, quas scorpij non laedunt: In Copto, inquit, Aegyptia urbe & magna conficiendorum aliorum sacrorum religione Isim Aegyptij colunt, & uero eodem cultu hanc ipsam uenerantur, quo aut coniuges aut liberi à lugentibus afficiuntur: Vbi Isis hanc religionem possidet, ibi acerrimi ad pestiferum uulnus inferendum scorpij maximi uersantur, qui ut percusserunt, statim interficiũt: ad quorum uitationem omne cautionis genus Aegyptij adhibent, sexcentaque machinamenta moliuntur, ueruntamẽ lugentes ad Isidis fanum caprae ferae ex omnibus tegumentis nudae inter scorpios humi iacentes ab horum acerbitate integrae incolumesque permanent, ex quo fit, ut Coptitae eius caprini generis foeminas ad diuinitatem & religionẽ consecrent, & religiosissime colant, easdemque Isidi in amore & delicijs esse existiment: contra aũt mares immolant.

¶ Pisces quidam nigri uenenati in Armenia reperiuntur: horũ farina ficus cõspergunt, quas in ea loca quae maximè abundant feris dissеminant. Bestiae primum ut ea attigerunt, statim moriuntur: ut apri, ferae caprae, cerui, &c. nam eiusmodi animalia ficuum & farinarum auidissima sunt, Aelianus.

¶ RVPICAPRAS etiam (quarum figuram ab initio huius capitis dedimus) Plinio inter caprarum syluestrium genera nominatas, adnumerare hic libet: quoniam hoc nomen apud solũ Plinium legimus, & apud Graecos simpliciter ferae caprae dicuntur, ut coniicio: nam & magnitudine & figura tum cornuum tum reliqui corporis ad uillaticas proximius accedũt, quàm ullae reliquarum. Hae forte sunt αἰγάγροι uel ἄγαστροι Oppiani, paulò superius descriptae: nec aliae fortassis Creticae dictamni remedio celebres, de quibus infra dicam. Nomen à rupibus inditum: in ijs enim per summos uersantur montes. Germani appellant gems uel gamß, nostri in foeminino, alij in masculino genere. Rheti qui Italicè loquuntur, camuza. Hispani capra montés, ni fallor. Angli uuilde goote, id est, syluestrem capram. Poloni dzyka koza, id est, feram capram. Bohemi melius korytansky kozlik, quasi Carnicum, seu (ut nunc loquuntur) Carinthiacum hirculum: quod illa pars alpium ut uicinior Bohemis, ita est notior. Capream forte Martialis pro rupicapra impropriè posuit in hoc disticho,

Pendentem summa capream de rupe uidebis: Casuram speres, decipit illa canes.

Caprae genus syluestre non magnum, curua ad modum unci habet cornua, quibus se retinet cum per deuexa montium cadit, Albertus. Rupicapris cornua in dorsum adunca, Plinius. Animalia quaedam infirma habent cornua, quae parum aut nihil eis ad pugnam conferunt: qualia sunt in capris montanis, quam gemeze Germani uocant. Habent enim cornua parua & inualida, quae non tam ad pugnam, quàm ad retinendum se ceu unco, dum rupes scandunt & cadunt interdum, à natura eis cõcessa uidentur, Albertus. Et rursus, Animalium cornutorum quae apud nos apparent, minimum est caper montanus: qui rubros habet oculos, & cornu recuruum, acutissimum uisum, & gregatim pascitur, lingua nostra gemeze dictus. Cornua ei nigricant, nouem aut decem circiter digitos longa: multis nodosis circulis exasperata, minoribus paulatim, in unco nullis: is leuis & acutus est, hami instar. Parallela ferè, hoc est aequis undique interuallis surgunt, solida, ab initio tantum circiter pollicis mensuram caua, & teretia magis quàm domesticis. Mares à foeminis in hoc genere nihil differunt, non cornibus, non colore, non reliquo corpore. Magnitudo quae caprae uillaticae, paulò tantum altior, & corporis forma feris altis (ut nostri uocant, dem hochgewild) similior. Color eis inter fuscum & ruffum est: qui tamen aestate magis ad ruffum, hyeme ad fuscum uergit. Memini partim albam, partim nigram distinctis coloribus uidere. Certum est colorem eis per anni tempora mutari. Totae albae interdum, sed rarissime conspiciuntur. Rupes montium colunt, ut dixi, non summas tamen ut ibex, neque tam alte & longe saliunt. Descendunt aliquando ad inferiora alpium iuga. Conueniunt saepe circa petras quasdam arenosas, & arenã inde lingunt, ut uillatica pecora salem, quo linguae inertem pituitam defricent, & excitent appetitũ. Qui alpes incolunt Heluetij, hos locos sua lingua sultzen, tanquam salarios uel halopegia, appellant. Circa hos occultant se uenatores cum bombardis, & pro more accedentes capras ex improuiso feriunt. Cum in uenatione urgentur, altius semper ascendunt, donec nullus ad eas canibus pateat accessus: deinde cum uenatores per saxa manibus pedibusque reptando sequi uident, de saxo in saxum transiliunt, ac montium cacumina petunt, donec nulla scandendi reliqua sit facultas: illic se cornibus retinẽt, & quasi suspendunt: atq; ibidem uel bombardis feriuntur, uel in præceps impelluntur à uenatoribus: aut relictæ, interdum quod inde se absoluere nequeant, illic pereunt tandem, uel præcipites ruunt: quod circa ibices etiam euenit. Mox à diui Iacobi die, qui octauo calendas Augusti notatur, frigidiores montium cliuos petunt, ut paulatim adsuescant frigori. Audio captas aliquando cicurari: pilus eis densus est, quamobrem pelles illarum quæ hyeme captæ sunt à pellionibus parantur, eo modo quo lupinæ: hæ pilis extrorsum uersis gestantur etiam pluuio tempore. Fiunt ex eisdem chirothecæ pro equitantibus. Cornua in ędibus hominum lautiorum parietibus affiguntur, singula unco deorsum uerso: uel bina erecta ut in capite suo erant, pelli & parti caluæ adhuc hærẽtia: uel quod elegantius est, ligneo capiti ad huius animantis effigiem sculpto, inserta. ¶ A rupicapris nomen indidere nostrates radici quam uocãt, **gemßenwurtz**, alij **müterwurtz**, quod affectui colico mederi credant: Rhætorum quidam graffoy, Sabaudi alacro: Pharmacopolæ uulgares doronicum. Hæc quanquam natales habeat ipsos montium uertices, niuosos & saxosos præcipue: & ipsas rupiũ rimas, (ubi plerunq; semper rupicapræ uersantur: ut, uel quod ijsdem locis nascatur, uel eo pascatur, dictum mihi uideatur:) facile tamen in hortos transplantata comprehendit. In Prouincia Galliæ sponte natum in planicie uidi. Radix est omnium dulcissima ad fastidium ferè: transuersa, digito crassitudine minor, creberrimis conferta geniculis, ut polygonaton alpinũ uocari possit: huic binæ fibræ permultæ tanquam pedes utrinq; subnascuntur, quatuor aut sex digitorum longitudine, albæ, sed siccę infuscãtur. Tota radix scolopendræ insecti figurã refert: seruari per multos annos potest: nullis (quod miror in tanta dulcedine) uermiculorum iniurijs obnoxia: succus ei tam lentus & pinguis, ut non prorsus arescat, nec dura aut fragilis fiat, natiui perpetuò succi tenax: quod idem in angelica uulgo dicta fieri animaduertimus. Flores aurei, circinati, hieracio maiori persimiles, in singulis coliculis, qui ferè dodrantales sunt, singuli, odore grato, & subacri: folia hirsuta, trientalia, quæ initio latiora paulatim in mucronem se colligũt. Calfacere & siccare iudico in secundo gradu. Vulgus apud nos efficacem eius usum contra uertiginem credit: ea forsitan ratione, quoniã capræ montanæ, quæ frequenter eam depasci solent, citra omnem uertiginem citato per ædita & præcipites rupes ferantur cursu. Genera eius duo, maius, quod in nostris alpibus nascitur, & mollius est: minus, quod Romanum uocant, durius & solidius. Longè aliud esse doronicum orientale, gustu feruẽte & aromatico, in multa Arabum medicamenta requisitum, nunc non ostendam: plura uide apud Ruellium.

¶ Audio uenatores quosdam, ex recenti uulnere scaturientem huius animalis sanguinem sorbere, tanquam insigne uertiginis remedium. Rupicapræ seui cyatho & lactis pari mensura deploratum phthisicum conualuisse certus author affirmat, Plinius: aliâs legebatur, nõ rupicapræ, sed lupi & capræ. Nos uillaticæ etiam capræ seuum phthisin sanare, &c. supra indicauimus.

¶ IN Creta insula capras syluestres sagitta transfixas dictamnum herbam quęrere aiunt, (ut depascantur,) hoc enim spicula ex corpore eijci, Aristotel. in Historia animal. & in Mirabilibus. Dictamnum Cretæ insulæ proprium est, ui mirabile, &c. præcipuè ad difficiles partus mulierum. Aut enim facile posse parere faciunt eius folia, aut certe dolores penitus sedant. Dantur bibẽda ex aqua. Rara hæc herba: locus enim qui fert exiguus admodũ est, eumq; capræ depascunt capessendæ causa uoluptatis. Verum etiam quod de telis fertur, affirmãt. Capras enim sagitta transfixas, dictamno deuorato telum eijcere, Theophrastus de histo. 9.16. Idem Dioscorides scribit in dictamni historia: apud quem etiam ab hac ipsa facultate dictamni nomina leguntur, βελουλκὸς, & βελότοκος: & ab ipsis animalibus αἰγείδιον, quod diminutiuũ uidetur à αἴγειος. Beloacos (inquit Marcellus Verg.) à telorum remedio uocatur, belotocos ob eandem causam, & eò amplius quod partus adiuuat: & à uenatrice dea Diana, Artemidion. Dictamnum herbam extrahendis sagittis cerui monstrauere, percussi eo telo, pastuq; eius herbæ eiecto (malim, cerui monstrauere percussi, & telo pastu eius herbæ eiecto) Plinius 8.27. Et rursus 25.8. Dictamnum ostendêre ut indicauimus, ceruæ uulneratæ pastæ, statim decidentibus telis. Non est alibi quàm in Creta. Et paulò post, Et in Creta autem non spaciose nascitur, mireq; capris expetitur, (quod ex eodem Theophrasti loco transtulit, ubi ille ægas, id est capras sagittis uulneratas, hac herba in cibo sibi mederi scribit:) Hæc Plinius: Corruptò autem ceruos uel ceruas pro capris legi, uel inde apparet quod postremo loco additum est, mireq; capris expetitur. Adde authores omnes, quorum hic testimonia citamus, capras non ceruos esse conuenire, quæ dictamno utantur. Plinius certe ipse alibi scribit ceruos in Creta insula, præterquã in Cydoniatarum regione non esse. Et Solinus, Ager Creticus (inquit) syluestrium caprarum copiosus est, ceruo eget. Lupos, uulpes, aliaq; quadrupedum noxia nusquam educat. Miror eruditos, Hermolaum præcipuè, hos locos apud Plinium non animaduertisse. Creticæ capræ pastu dictamni telis eiectis, nónne grauidis eijciendi partus uim huic plantæ inesse ostenderunt? Huc properare uulneratas solum uideas, dictamnum quęrere, dictamnum sequi, Plutarchus in libro Vtra animalium etc. Cicero scribit capras in Creta feras, cum essent confixæ uenenatis sagittis, herbam quærere, quæ dictamnus uocaretur, quam cũ gustassent, sagittas excidere è corpore dicũt. Cretenses sagittandi periti, iaculis petunt capras, quæ in montium cacuminibus pascuntur. Illæ uerò percussæ, statim comedunt herbam dictamnũ, & simulac gustarũt, iacula tota excidũt, Aelianus lib. 1. Variorũ. Arabũ sectatores dictamnũ uertunt pulegiũ syluestre, quod nomen inter cætera apud Dioscoridẽ quoq; ei attributũ reperio.

Comme-

¶ Commemorantur & Cynthiæ capræ ſylueſtres, à Cyntho mõte Deli ſic nominatæ, de quibus Græci authoris incerti epigramma extat Anthologij libro 6. ſect. 15. huiuſmodi.

Κυνθιάδες θαρσεῖτε. τὰ γὰρ τοῦ Κρητὸς ἐχέμμα Κεῖται ἐν Ὀρτυγίῃ τόξα παρ' Ἀρτέμιδι.
Οἷς ὑμέων ἐκένωσεν ὄρος μέγα, νῦν δὲ πέπαυται Αἶγες, ἐπεὶ σπονδὰς ἡ θεὸς εἰργάσατο.

Brodæus non ad capras ſylueſtres, ſed ceruas uel capreas hoc epigramma eſſe ſcribit: quod ego nõ probârim, cum expreſſè legatur αἶγες. Idem docet uocabulum Ἐχέμμα paroxytonum in quibuſdam exemplaribus legi, ut ſit proprium nomen uenatoris Cretenſis in genitiuo caſu (quod nobis etiam placet:) in alijs uero ἔχεμμα proparoxytonum, ut intelligantur arcus & ſagittæ (τόξα) animalia petita ſiſtentes. Citat autem Etymologum in dictione Βέλεμνα, ex quo tamen de huius uocis ſignificatione ſtatui nihil poteſt, cum propter terminationis ſimilitudinem ſolum ab eo proferatur. Debebat enim (inquit) à βέλος dici βέλεμος, ut ab ἔχω ἔχεμος, τήλεμος. Telemus quidem uiri proprium eſt apud Varinum.

G.

De remedijs ex capris ſylueſtribus.

Millia remediorum ex capra demonſtrantur: quod quidem miror, cum febri negetur carere: Amplior potentia feris eiuſdem generis, quod numeroſiſſimum eſſe diximus, Plinius. Caprearum uires medicas infra ſeorſim dicam: quanquam Sextus non alias ferè capreis attribuit, quàm Plinius capris manſuetis. ¶ Sylueſtrium caprarũ ſanguis abſceſſus maturat, Marcellus Verg. Ego apud Galenum caprino ſanguini ſimpliciter hanc uim adſcribi inuenio, ut in Taurino ſanguine dictum eſt. Sylueſtrium caprarum ſanguis cum palma marina pilos detrahit, Plinius. ¶ Collyrium ex ſeuo caprarum ſylueſtrium, confert patientibus telam oculorum, Raſis. Albertus collyrium (quamuis culmo deprauatè apud eum legitur) non ex fimo, ſed felle caprarum ſylueſtrium uel domeſticarum, contra telam oculi prodeſſe ſcribit. Seuum montanarum caprarum confert pulmoni ulcerato, Raſis. ¶ Capræ ſyluaticæ iecur carbonibus inaſſatum, & per ſe ſumptum cœliacos remediat: idemq́ue arefactum & tritum, & cum uino potui datum, certiſſimè auxiliabitur, Marcellus. ¶ Capræ ſylueſtris fel commendat Dioſcorides ad uarios oculorum affectus, Sextus capreæ. Fel hirci ſylueſtris eſt theriaca morſibus uenenoſis, Auicenna. Capræ ſylueſtris fel priuatim prodeſt contra ſuffuſiones incipientes, oculorum caligines, argema (albugines uertit Marcellus) & genarum (palpebrarum) ſcabritias, Dioſcorides. Et rurſus, Sylueſtrium caprarum felle peculiariter peruncti luſcioſi ſanantur: idem poteſt & hircinum, (hirci ſylueſtris nimirum.) Capræ ſylueſtris fel ſcripſerunt quidam luſcioſis (νυκτάλωψι) prodeſſe, Galenus. Plinius ad luſcioſos & uarios oculorum affectus capræ fel ſimpliciter laudat. Collyrium ex felle (ſeuo, Raſis:) caprarum ſylueſtrium uel domeſticarum, contra telam oculi ualet, Albertus. ¶ Calculos expellit fimum caprarum in mulſo, efficacius ſylueſtrium, Plinius. Remedia quæ Dioſcorides attribuit fimo αἰγῶν ὀρεινῶν, id eſt caprarum in montibus agentium, ſupra adſcripſi uillaticis: de ijs enim cum in montibus paſcuntur, intelligo, admonente ipſa ſermonis ſerie, quæ talis eſt: Caprarum baccæ, præſertim in montibus agentium, etc. Nec moueor quod uetus Dioſcoridis translatio hoc loco ſylueſtrium caprarum habet.

¶ H. Αἰγανέα, iaculum paruum & leue, cui nomen ab uſu in uenatione caprarum, nimirum ſylueſtrium, ut dixi in Capra. Ambroſia apud Dioſcoridem ſecundum Romanos caper ſyluaticus appellatur, & ab alijs artemiſia botrys: quibus nominibus ad dictamnum accedit, quæ & ipſa artemiſion, & dorcidion uocatur. Vera etiam artemiſia toxotis uel toxeteſia cognominatur, quaſi & ipſa ſagittas trahere poſſit, dictamni inſtar. ¶ Capellam ſylueſtrem Spartani immolarunt iam iam conflicturi cum Athenienſibus, apud Xenophontem libro 4. de rebus Græcorum. ¶ Κατ' αἶγας ἀγρίας, abominantis eſt ſermo, & malũ deprecantis, inq́ue ſylueſtres capras auertentis. Vſus eſt adagione Athenæus lib. 2. Myrtilus, inquit, aſſeuerabat, uelut ad capras ſylueſtres nos relegans quærentes, Hegeſandrum Delphum in commentarijs ſuis eius dictionis meminiſſe. Ad capras ſylueſtres poſuit pro eo quod difficillimum eſſet inuentu, aut quod nuſquam eſt. Citauerat enim ex authore teſtimonium, quod mox Plutarchus negat apud illum extare. Ad hoc prouerbium opinor alluſit Apuleius in Aſino, fingens Pſychen à Venere mitti ad arietes agreſtes, Eraſmus. Suidas & Varinus ſcribunt hoc prouerbium uſitatum fuiſſe ἐπὶ κατάρας, κατ' αἶγας ἀγρίας τρέπειν τὰ κακά: hoc eſt, poſt execrationẽ aliquam, ut mala uerterẽtur in capras ſylueſtres. Nimirum ſi quis mali quippiã dici uel nominari audiuiſſet, ſiue contra ſe, ſiue ſimpliciter, mox deprecandi gratia ſubijciebat κατ' αἶγας ἀγρίας. Heſychius hoc circa morbos obſeruatum ait, comitialem præcipuè.

DE STREPSICEROTE.

EX caprarum ſylueſtrium genere ſtrepſicerotes ſunt: mittunt eos tranſmarini ſitus, Plinius. Et alibi, Cornua erecta, rugarumq́ue ambitu contorta, & in leue faſtigium exacuta (ut lyras diceres) ſtrepſiceroti, quem addacem Africa appellat. Ῥαιβόκερως, στρεβλοκέρατοι, Varinus & Heſychius. Nec plura uſquam de hoc animali reperio. Eſt & aliud genus, ni fallor, ſylueſtrium caprarum, de quibus Oppianus dixit, Στρεπτοῖσι κεφαλῆσιν κορυσσόμεναι κεράεσσι, quarum hiſtoriam ex ipſo Oppiano ſupra narraui.

DE CAPREA SIVE CAPREOLO ET DORCADE.

APREA, capreolus & dorcas, tria nomina, animal unum mea quidem opinione denotant: nam neq; Grammatici neq; alij scriptores satis expresserunt quid de his nominibus sentirent. Dorcadis nomine Plinius & alij ueteres utuntur, tanquam nullum apud Latinos uocabulum ei responderet. Leonicenus reprehendit Plinium quòd capream & dorcadem tanquam diuersa animalia diuersis in locis memoret, ut uespertilionem & nycteridem, &c. Recentiorum pleriq;, etiã doctissimi, ut Gaza, Hermolaus, &c. capream uertunt, alij Græcum nomen retinent. Capream quoq; recentiores non omnes eodem modo interpretantur. ¶ Caprea dicta est, quod quandam, ut ait Varro, capræ similitudinem habeat. Sunt autem syluestres capræ (Grammaticus quidam, non Varro) unde capreoli dicti. Capræ (syluestres) in plurimas similitudines transfigurantur: sunt capreæ, sunt rupicapræ, &c. Plinius. Ecce feræ saxi deiectæ uertice capræ, Vergilius 4. Aeneidos: Seruius capras exponit. In Africa non sunt capræ syluestres, ut Aristoteles: ut Plinius, capreæ. Martialis etiam capream pro rupicapra accepisse uidetur, non pro dorcade, ut infra dicam. Ego capreas quidem de genere caprarum syluestrium esse concedo, idq; propter reliqui corporis figuram: non item cornuum, quæ ramosa eis & ceruinis similia sunt, ut mediæ inter feras capras & ceruos naturæ censeri debeant, ut platycerotes quoq;. Rupicapra uero, ibex, dama, & bubalus Africus, quæ cornibus etiam capram aut hircum referunt, magis propriè capræ syluestres mihi dici uidentur. Caprea igitur propriè dicta, ramosis est cornibus, paruis, nec deciduis (de quo pluribus infra dicam) teste Plinio: Hanc Germani uocant, **reh** uel **rech** (quanquam & ceruorum hinnulos aliqui apud nos similiter abusiue nominãt:) marem priuatim **rechbock**, fœminam **rechgeiß**. Angli roo. Illyrij srna, uel sarna. Galli chieureau uel cheureul sauuage. Hispani zorlito, uel cabronzillo montés. Itali capriolo uel cauriolo, & in fœminino genere capriola uel cauriola. Licet pleriq; (in sua quiq; lingua) nõ capream, sed capreolum, hisce nominibus interpretentur: ego certe inter capream & capreolum non aliam quàm uel ætatis, uel sexus potius differentiam inuenio, ut apud Græcos etiam inter dorcum, dorcadem, dorcalidem, &c. Qui superiore seculo literas docuerunt, capreolum pro hœdo per inscitiam interpretati sunt. Capreolus diminutiuum à capreus, animal syluestre, Grammaticus quidam. Corydon apud Vergiliũ Aegloga 2. Alexidi puero duos capreolos promittit, his uersibus: Præterea duo nec tuta mihi ualle reperti Capreoli, sparsis etiam nunc pellibus albo, Bina die siccant ouis ubera, quos tibi seruo. Sparsos albo exponit Seruius, qui habent adhuc maculas à prima ætate uenientes. Accessu enim temporis mutant colorem, & eorum maculæ esse gratiæ minoris incipiunt. ¶ Capreolus (inquit Albertus) cornibus magis refert speciem cerui: uisu esse acuto fertur, uoce debili, (exilẽ alibi dicit:) quam uenator sibilo folij imitatur, & allectum capreolum, quasi ad sui generis animal, prosiliens interficit, aut capit. Et alibi, Capreoli, qui ceruis cornibus similes sunt, non mutant dentes: qui cum crassescunt eis, ætate prouectiores intelliguntur: oculi eis pulchri, uisus peracutus, abundant in Africa ultra mare Carthaginis, ut Auicenna scribit. Hos Auicennæ capreolos, dorcades intelligo, alterius generis quàm capras syluestres, quas in Africa esse negauit Aristoteles, ut Plinius nõ rectè capreas transtulerit, si illæ à capreolis nõ differũt specie, quod nos asserimus. Capreolos in Aegypto capi testis est Marcellinus libro 22. Reperiuntur etiã in Germania permulti, Albertus. Cerui appellatione forte intelligit Aristoteles capreas quoq;, & damas, & capras syluestres, Niphus 313. Capreæ multæ capiuntur in regionibus Heluetiorum alpinis, colore ceruis nõ dissimiles, sed mole corporis longè inferiores: qua uix capras æquant: ex quarum etiam genere syluestres existimantur. Mas cornua in capite gerit senis plerunq; ramis distincta. Si fœminæ suus maritus capiatur, alium quærit, eumq; secum ad pristinæ habitationis suæ locum adducit. Fœmina uero capta, maritus aliò discedit, & aliam sequitur coniugem. Quamobrem callidi uenatores, fœminas rarò capere solent, & fortuitò captas interdum dimittunt: quod una aliquãdo fœmina complures capiendos adducat mares, ut scribit Ioan. Stumpfius noster in Chronicis Heluetiæ.

¶ צבי zebi, eruditi linguæ Hebraicæ capream exponunt: eius fœmininum est, צביה zebiah, Iudæus quidam ceruum mihi interpretatus est, deceptus puto ob cerui similitudinem. Legitur hæc uox Deuteronomij cap. 14. inter animalia cibo permissa: ubi Chaldaica translatio habet טביא thabia, (pro qua uoce in Actis legitur cap. 9. ταβιθὰ, quod sonat δορκάς:) Arabica טבי thabiu bisyllabum, ut u sit consona: Persica אהו ahu: Septuaginta dorcas, Hieronymus caprea. Arabica uox & Chaldaica finitimæ mihi Hebraicæ uidentur, z litera tantum in th uel t conuersa. In tanto ueterum & eruditorum consensu, non dubitabimus quin zebi sit caprea, seu dorcas: ut minime approbem recentiorum illos qui damam, aut hinnulum exponunt. Zebaoth numero plurali fœminino legitur Canticorum cap. 2. ut zebaim in masculino 1. Paralip. 12. ubi Munsterus capreas ueloces cursu exponit. Libro 3. Reg. cap. 4. zebaim numerãtur inter cibos lautiores regis Salomonis, cum ceruis & bubalis, quos iachmur uocant, & ipsis ex caprarum syluestrium genere. Equidem coniceconiecerim hoc animal apud Hebræos sic dictum esse à pulchritudine, quam zebi similiter uocant: non enim oculis tantum, ut Albertus & alij scribunt, sed totum aspectu elegans est, & maculis suis mirum in modum placet, ut in delitijs haberi mereatur: unde Martialis, Delitium paruo donabis dorcada nato: Iactatis solet hanc mittere turba togis. Cęterum in disticho quod apud eundẽ proximè sequitur per capream intelligo rupicapram, ut infra dicam. Finitima huic apud Hebræos uox est etiam zaphir, hircum exponunt: ut zephira capram, Munsterus in Lexicis suis. עפר opher, fœtus cerui aut capreæ, ut Dauid Kimhi interpretatur, his uerbis, ילד האיל או צבי. Astipulantur ei Abraham & Salomon Cant. 2. ubi scribitur opher aialim, Græca translatio habet νεβρῷ ἐλάφων: Hieronymi, hinnulo ceruorum. De uoce dishon, quam aliqui capream exponunt, in pygargo capręsyluestris genere dicam. בכרה bikerah, camelum dromadem significat, ut supra dixi: quanquam Hieronymus Hieremiæ 2. capream interpretatur, deceptus ut suspicor quod in Aquilæ, Symmachi & Theod. translatione δορκὰς legerit pro δρομὰς uel δρομεύς. Dorcadem & capreolum qui Arabice scripserunt medici, uel eorum interpretes, gazel, uel gazelum, uel gazellam uocant, ut apparebit inferius ubi de alimento ex hoc animali dicemus. Capreolus, ad Almansorem septimo tertij, à Kiranide dorcas dicitur, Aggregator. A Syluatico etiam dorcas capreolus exponitur. Gazal uel azaël Arabice aliqui uertunt pro iaal Hebraica uoce, de qua in Ibice dicemus. Agazel Albertus damam exponit, ut aliqui etiam dorcadem, sed utriq; unius generis species confundunt. ¶ Caprea minima est inter cornigera quæ explorata habemus, Aristoteles interprete Gaza: Græce legitur dorcas, lib. 3. cap. 2. de partibus: & rursus ibidem, Bubalis capreisq; interdum cornua inutilia sunt: nam & si contra nonnulla resistunt, & cornibus se defendunt, tamen feroces pugnacesq; belluas fugiunt. Nõ placet (uerba sunt Hermolai) quorundam distinctio inter dorcem & dorcadem: quasi dorcas ceruinus pullus sit, dorx animal diuersum: cum dorcas Aristoteli non ceruum, sed capream significet. Certè Dioscorides in coaguli mentione dorcadem à dorco separauit: an (lego, non) ut eo distet dorcus à dorcade, quo ceruus ab inuleo. Et in Strabone zorces, pro eo quod sunt dorces, nisi uitium sit in exemplari, legas, Hæc Hermolaus. Ineptior est illorum sententia, qui capras Indicas longissimis auriculis, dorcades interpretantur, quàm ut pluribus reprehendi debeat. Origenes dorcada ἀπὸ τοῦ ὀξέως δέρκειν dici opinatur, Cælius. Verba Origenis in Cantica cant. homilia 3. si modo eius sunt quæ illi adscribuntur, hæc reperio: Dorcas quantum ad Græca uocabula, nomen à uidendo atq; clarius prospiciendo sortita est. Habet in natura sua, ut non solum uideat ipsa & perspiciat acerrimè, sed & alijs uisum præbeat. Asserunt nanq; hi, quibus medicinę peritia est, inesse huic animali intra uiscera humorem quendam, qui caliginem depellat oculorum, & obtusiores quoq; uisus exacuat. Isidorus etiam scribit dorcades ἀπὸ τοῦ δέρκεσθαι dictas. Dioscorides inter coagula similes, inquit, leporino uires habent, coagulum hœdi, deinde agni, hinnuli, capreæ laticornis (ut Ruellius uertit: uel ut Marcellus, dorcadis, capreæ quam à latitudine cornuum platycerotem dicunt:) dorci, cerui, uituli, & bubali. Græca sic habent, ἐρίφου δὲ, ἀρνὸς, καὶ νεβροῦ, καὶ δορκάδος, καὶ πλατυκέρωτος, καὶ δόρκου, καὶ ἐλάφου, καὶ μόσχου, καὶ βουβάλου, ὁμοίαν ἔχουσι δύναμιν. Coniunctionem καὶ post δορκάδος, Hermolaus & Ruellius non legerunt, sed τὸν articulum, ut uidetur eius loco. Marcellus uero coniunctionem expressit, & duo diuersa fecit animalia, quod illi unum, in quo ego ei non assentior. In eodem Marcello Fr. Massarius reprehendit, quod platycerotem dixerit capream. Non enim caprea est, inquit, quæ platyceros Gręce dicitur, sed diuersum omnino genus ex Plinio, uolumine undecimo ubi de cornibus loquitur, tradente, Aliorum finxit in palmas, digitosq; emisit ex ijs, unde platycerotas uocant. Dedit ramosa capreis, sed parua, nec fecit decidua: Ex quibus manifesto apparet animalia hæc prorsus esse diuersa, Hæc Massarius. Cæterum quod nõ sint prorsus diuersa, neq; diuersum omnino genus, caprea & platyceros uel dorcas platyceros, quod Massarius nimio traducẽdi Marcelli studio ductus asseruit, uel inde apparet, quod unum dorcadis nomẽ utrisq; commune est: idq; merito, cum aliud nihil, quod sciam, differãt, quàm cornuum specie: quæ capreis simpliciter dictis, teretia, alteris lata sunt: & præterea magnitudine, platyceros enim maior est: sed de platycerote seorsim agam inferius. Redeo ad iam citatum Dioscoridis locum: in quo dorcum capream, uel capreolũ intelligo, cui cornua non sunt lata, ut dixi. Νεβρὸν uero, id est hinnulum, uix aliter intelligi posse puto, quàm ut ad sequentia omnia referatur, uitulo tantum excepto: nam & apud Latinos hinnuli nomẽ ad huiusmodi animalium fœtus commune est, & apud Græcos similiter usurpari reperio. Hoc si cui non placet, doceat nos quid hinnuli coagulum à ceruino differat: quanquam Varinus πρόκα animal ceruo simile esse scribit, quod alio nomine νεβρὸς dicatur, sed sine classico authore. ¶ De illo dorcadis genere, quod moschum odoramentum profert, alibi dicam in M. litera. ¶ Pauidosq; iuuat compellere dorcas, Gratius, nisi legendum sit pauidas: nam dorx fœminini generis uidetur. Δόρξ ὄνομα ζώου, ὅθεν δορκάς, Etymologus. Δορκάς, τὸ τῆς ἐλάφου γέννημα, ὀξυδερκὲς γὰρ τὸ ζῶον καὶ εὐόμματον, Etymologus, & Varinus. Ἴορκες, τῶν δορκάδων ζώων· τινὲς δὲ ἡλικίαν ἐλάφου, Hesychius & Varinus. Ἴυρκες, αἶγες ἄγριαι, ὑστρίχιδες, Hesychius & Varinus. Δίχηλα ζῶα, βοῦς, ἔλαφος, δόρκων, οἷς συμβέβηκεν ἐν τοῖς ὀπισθίοις ποσὶν ἀστραγάλους ἔχειν, Suidas. Myrtilus apud Athenæum δορκάδες solum, non etiã δόρκωνες usurpari dicit. Xenophon libro 1. de expeditione Cyri, Ἐνῆσαν δὲ καὶ ὠτίδες, καὶ δορκάδες. Δόρκων ὄνομα τόπου, καὶ ὁ ἔλαφος, Suidas. Camelopardali cauda est parua ut δορκαλίδων, Oppianus. Gillius ceruorum uertit, malim capreolorum. Canes uenatici ut celeriores fiant, cerui aut dorcalidũ uberibus alẽdi sunt, Oppian.

E

Hic Gillius eandem uocem damarum reddidit. Et licet in re ipsa fortassis nihil intersit, negligentia tamen uocabulorum & inconstantia uertẽdi uiros eruditos non decet. Δόρκαι, κόνιδες, id est lendes, Hesychius & Varinus. Πτῶκα, dorcadem, uel ceruum, uel leporem exponunt, Suidas & Varinus. Sed cum πτῶκας δορκάδας, ἢ πτῶκας νεβροὺς dicimus, epitheton est pro eo quod est timidos. ¶ Πρόκα, ἐξαίφνης, id est subito, Galenus in Glossis Hippocratis. Πρόκα, εὐθὺς, ἐξαίφνης, δρόσος, Hesychius. Hinc dicta forte προκώνεια, τὰ ἐκ νέων κριθῶν ἄλφιτα, id est farina ex hordeo nouo: utpote prima, & statim post maturitatem facta: et πρόκες, νεογνὰ ἔκγονα ἐλάφων, ἢ δορκάδων εἶδος, id est teneri ceruorum hinnuli, aut caprearũ genus, à subita nimirum celeritate: uel ut grammatici dicunt, ἀπὸ τοῦ προΐξασθαι, ὅθεν πρὸξ. ταχεῖα γὰρ, Varinus: Hesychio simpliciter cerui. Idẽ πόρκας ceruos uel celeres interpretatur, quod minus placet. Iam cum prox Græcis etiam rorem significet, tenerum ceruæ fœtum sic appellari inde cõiecerim eadem ratione, qua hersæ iisdem hœdi uocantur: nam herse etiam uel erse ros est. Damam Græci proca uocant: Aristoteles & idonei ferè omnes, & Dionysius à ceruo non distinguit. Philetas primigenios ceruos procas dici uoluit: Ab hoc animali Proconnesus appellata est, Hermolaus. Aristoteles ceruo & προκὶ fel negat: & sanguinem eorum non spissari ait: Plinius utrunq; de ceruo & caprea scribit, quanquam corrupti codices capram habent. Gaza tamen proca uertit damam, uulgarem nimirum, non Plinij damam intelligens. Idem Gaza, Aphrodisiensis problematum 1.27. δόρκας reddidit damas, ubi inquiritur cur δορκῶν, & aliorum quorundam animalium excrementa paulisper aroma oleant. Ego quidem nullius animantis alui excrementum odoratum noui præterquam martis è mustelarum genere. Aphrodisiensis forte de moscho audierat, qui excrementum est dorci seu capreoli peregrini, non alui tamen, sed apostematis circa umbilicum, ut alibi referemus. ¶ Oppianus libro 2. de uenatione post ceruorum historiam eurycerotas, id est platycerotes subiũgit, de quibus scribit per omnia ceruos esse, excepta cornuum latitudine, & statim ἴορκας (pro δόρκας puto, carminis ratione: nam & paulo post, & alibi δόρκων meminit sine ulla descriptione propria) hisce uersibus, Τοὺς δ' ἄρα κικλήσκουσιν ἐνὶ ξυλόχοισιν ἴορκας. Κἀκείνοις ἐλάφοιο δέμας. ῥινὸν δ' ἀπὸ νώτου Στικτὸν ἅπαντα φέρουσι, πανάιολον, οἷά τε θηρῶν Παρδαλίων, σφραγίδεσσιν ἀπὸ χροῒ μαρμαίρουσι. Hoc est, Habent & iorci corpus ceruinum, & pellem undiq; maculosam, non aliter quàm pantheræ. Hos igitur capreolos esse non dubitabimus. Mox in bubalo, minor inquit eurycerote est, dorco maior, δόρκου μέγ' ἀρείων. Et rursus paulo post, inter perdices & dorcos (Gillius damas uertit) mirũ naturæ consensum indicat: ita ut & mansueti inuicẽ sint, & in propinquo maneãt, & iisdẽ in locis pascãtur. Quamobrem uenatores capto dorco proposito, perdices alliciunt, uel contra. Porrò circa finem libri quarti, uenatores monent ne post longum & prolixum cursum dorco uel modicè respirare & quiescere permittant: præcipuè enim eis grauem & molestam esse in medio cursu urinam: quã si respirando excreuerint, longè uelociores postea ferri. ¶ Cerui genus est, quod Achæinen Aristoteles uocat, Albertus corrupte halzanen, & dorcadem interpretatur. Alcheff est animal quod dicitur gazella, & est simile capreolo, Andreas Bellunensis. ¶ Damilla, id est animal simile capreolo de Han: Damala, idem, Syluaticus. ¶ In dorcadem, cuius uber à uipera ictum sugente hinnulo (νεβρὸν uocant) unà cum matre perijt, epigramma Polyæni, & alterum Tiberij Illi, Anthologij Græci libro 1. sectione 33. Est & tertium ibidem Tiberij, in dorcadem in mari captam. Tiberius κεμμάδα dixit, quam Polyænus dorcada. Κεμὰς, cerui hinnulus, tener & in spelunca adhuc iacens, quasi κοιμὰς ἡ ἔτι κοιμωμένη ἐν τῷ αὐλίῳ: νεβρὸς autẽ, qui iam maior est, & ad pascua exit, ἀπὸ βορὰν ἐξιὼν καὶ νεμόμενος, Varinus: Vel quasi νέπορος, ὁ νωσὶ πὸς πορείαν ἰὼν, ἢ καὶ μηδέπω πορεύεσθαι δυνάμενος: ἢ παρὰ τὸ νε στερητικὸν καὶ τὸ βορὰ, ὁ ἐστερημένος τῆς βορᾶς, ἤγουν τροφῆς, Etymologus, & Varinus. Alij contra νεβροὺς hinnulos in prima ætate uocant, κεμάδας uero in ea qua iam ceruis, id est adultis, proximi sunt, Varinus. Κεμὰς, hinnulus, uel ceruus, uel dorcas, Hesychius. Minus equidem miror ueteres Græcos unum uocabulum de duobus animalibus diuersis usurpasse, cum Germani nostrates etiam utrunq; animal una uoce **reech** appellent. Dorcas enim adulta cerui hinnulo similis, & magnitudine æqualis est. Apud Hesychium & Varinum κεμφὰς quoq; reperias pro ceruo, & κεμπὸς, κοῦφος, ἐλαφρὸς ἄνθρωπος. Et κέμφος, pro κέπφος nimirum, quæ leuissima auis est. Κεμμὰς, per duplex μ. hinnulus cerui, Hesychius. Κεμμάδος ἀρτιτόκου μαζοῖς βρίθουσι γάλακτος, Tiberius Illus in epigrammate: licentia est poëtica. Communiter enim per μ. simplex scribitur. Ὡς δ' ὅτε καρχαρόδοντε δύω κύνε εἰδότε θήρης Ἢ κεμάδ', ἠὲ λαγωὸν ἐπείγετον ἐμμενὲς αἰεί, Homerus Iliad. 10. Τῆς ξυθῆς δ' ἀλότροι κεμάδος, Herodicus apud Athenæum in fine libri quinti. Etymologus cemadem hinnulum cerui uel dorcadem exponit. Τρεῖς δ' οὔ τι τὶς κεμὰς, ἣν τε κυνῶν ἐφόβησεν ὁμοκλὴ, Homerus puto, citatur ab Etymologo. Ἐς δ' ὡς ἐκ πελάγευς εἰρύσαο Δᾶμιν ἄνασσα Ἠκπινῖνις (forte ἐκ πινῖνις) θύσει χρυσόκερων κεμάδα. Κελμὰς, νεῦρον ἐλάφου, Hesychius & Varinus: malim νεβρὸς quàm νεῦρον: non rarò enim ευ pro εβ. scriptũ librariorum incuria reperitur.

B.

De Libyco dorcadum & cemadum genere Aelianus hęc tradit: Dorcades (in Libya) quanquam uelocitate sunt mirabili, tamen inferiores sunt in currendo equis Libycis: earum aluus nigris uittis distinguitur, reliqui corporis color rubet: & pedes quidem eis longi sunt, cornibus caput ornatur, oculi nigri, longissimæ aures habentur. Κεμὰς à poetis nuncupata, turbinis instar celerrime fertur, flauis pilis spectatur, cauda est tum pilosissima, tum exalbenti, eius oculi cyaneo colore tincti uidentur, aures peraltis pilis refertæ, neq; modo in terra pedum celeritatem ostendit, sed etiam cum in fluuij confluentem inciderit, ungulis pedum remigans, fluctus perrũpit, & uero in lacubus natare gaudet, unde

unde sibi pastum comparat: uirides iuncos & cyperum depascitur, Hæc Aelianus. Vltra Catadupa Nili procedens Apollonius ceruos & capreas inuenit, Philostratus.

¶ Cornua animalium uacua sunt iuxta caput, & ibi intrat corpus quoddam durũ, ferè osseum, poris refertum: præter cornu cerui, & eorum animalium quæ similitudine quadam cum ceruo conueniunt, ut sunt dama (uulgaris,) capreolus, & equiceruus, (alcen intelligit:) quæ omnia nobis cognita sunt, & eorum cornua solida esse constat, sed poris intus plena, Albertus. Et rursus, Nullum animal nobis notum mutat cornu, præter ceruum, & nobis (lego ei, nempe ceruo) cõuenientia animalia. Atqui Plinius cornua capreis decidua esse negat. At Cælius ex Pausania ut ceruorũ, sic dorcadum quoque cornua decidere & renasci scribit. Belisarius rufos canes colore capreas referre tradit. ξανθὴν κεμάδα in epigrammate legimus. ¶ In Lycia dorcades non transeunt montes Syris uicinos, Plinius. Hispania dorcades multas producit, Strabo.

¶ C. Veneris capreæ, & coturnices, ut diximus, pinguescunt, placidissima animalia, Plinius. Dorcas dormiens oculos habet apertos, Varinus in λέων, ex quo Cælius etiam transcripsit. Τῷ ξ quidem & lepus & dorcas exponitur, leporem autem oculis apertis dormire constat. Capream noctu cernere Ioan. Textor scribit: quod Plinius de capris scribit, de capreis (quod sciam) nemo. Nisi quis ita interpretetur hæc Plinij uerba, Capras negant lippire, quoniam eæ quasdam herbas edant: item dorcades. Et ob id fimum earum cera circundatum noua luna deuorare iubent. Et quoniam noctu æque quoque cernant, sanguine hircino sanari lusciosos putant, Hæc Plinius. ¶ Pendentem summa capream de rupe uidebis, Casuram speres, decipit illa canes, Martialis lib. 13. Videtur autem non propriè dictam capream, sed rupicapram Plinij intelligere: quæ & summas rupes conscendit, & ab ijs pendere solet cum uenatores urgent, & cornua ad hãc rem idonea habet, caprea non item: accedit quod in proximo ante hoc disticho de dorcade (id est uera caprea) locutus sit, quod superius adscripsi. Blondus etiam, qui his proximis annis multa edidit Romæ, capreã pro rupicapra accipere uidetur: Caprea, inquit, saxa & rupes altissimas habitat, nimirum propter timiditatem. Vidimus tamen & mansuetum hoc animal: nam inter homines deponit feritatem celerrime, ut & hinnulus cerui. Ex pelle eius fimbriantur mulierũ pellicea indumenta: fiunt & chirothecæ, &c. Eandem Creticam esse putat, sylucstrem capram, quæ dictamno (uel, ut ipse inepte scribit, pulegio) depasto sagittas sibi expellat.

¶ D. Tam dispar aquilæ columba non est, Nec dorcas rigido fugax leoni, Martialis. Prouerbium, Caprea contra leonem, infra ponam.

¶ E. Cynoprosopi uel cynocephali homines, qui post uastam Aegypti solitudinẽ habitant, &c. ex uenatu dorcadum & bubalorum uiuunt, Aelianus. Dorcadum & bubalorum, tanquã eiusdem generis animalium, mentionem Simocatus etiam in epistolis coniungit. Qualis eligendus sit canis qui uenetur dorcos, ceruos, & lepores, ex Oppiano in Cane celere docui. ¶ Capreas, apros, & lepores in unum leporarium coniungi apud Varronẽ in opere de re rust. legimus. Nunc ut habeant multos apros ac capras, (lege capreas) complura iugera macerijs concludunt, Varro. In leporario non lepores solum includuntur sylua, ut olim in iugero agelli, aut duobus: sed etiã cerui, aut capræ (lege capreæ) in iugeribus multis, Idem. Apros in leporario pingues solere fieri scis Axi. Nam quẽ fundum in Tusculano emit hic Varro à M. Pisone, uidisti ad buccinam inflatã certo tempore apros & capreas conuenire ad pabulum, cum è superiore loco è palæstra effunderetur apris glans, capreis uicia aut quid aliud, Varro. Feræ pecudes, ut capreoli damæque, nec minus orygum ceruorumque genera, & aprorum, modo lautitijs & uoluptatibus dominorum seruiunt, modo quæstui ac reditibus, Columella 9.1. ubi de uiuarijs faciendis scribit.

¶ Capreæ, inquit Blondus, leuissimo ceruo similes sunt, eadẽque arte qua cerui decipiuntur. Comprehenduntur enim canibus, implicantur & retibus, at rarius quàm cerui: quoniam alpes & montium culmina incolunt. Quamobrem insidiæ in montibus & collibus ponendæ sunt. In syluis citius capiuntur. Cauendum est ne uenantes ab eis uideantur: quia procul etiam agnoscunt uenatorem, & mox fuga elapsæ occultantur. Cum uim canum & insidias uenantium prope senserint, ex rupibus quandoque præcipitantur: quare & rupes sunt obsidendæ. Circa Romam nocturnis insidijs ad lumen Lunæ, bombardis aliquando trajciuntur, ut cerui etiam, & ursi, aprique, Hæc Blondus. Capreę ceruique, ut sæpius experti sunt uenatores, flantem uentum petere currendo solent, ut refrigerari spiritus cursu laborantes uento possint: quamobrem ad uenti flatum canes collocandi sunt. Attrahi enim ita à uento cerui solent & capreę, ut nolentibus quandoque uenatoribus illa fugam arripere adnitantur, Belisarius. Sic etiam cerui latratu canum audito, ut Plinius scribit, aura semper secunda fugiunt, ut uestigia cum ipsis abeant. Scythis & Sarmatis uenationes sunt, intra paludes quidẽ ceruorum aprorumque, in campis autem onagrorum & dorcadum, Strabo libro 7. Dorci quantopere ament perdices, eisque propositis illiciantur, superius ex Oppiano retuli. Capiuntur et folij sibilo allecti capreoli, quo uocem eorum uenator imitatur, ut supra dixi ex Alberto, & pluribus dicam in uenatione cerui.

¶ F. Dipnosophistis in conuiuio quod Athenæus descripsit, dorcades etiam appositæ sunt: quarum carnem Palamedes Eleaticus onomatologos non insuauem esse dixit. Hic optata feret nobis fomenta calore Vda leui, modicis moxque coquenda focis, Bapt. Fiera de capreolo: prefert autem

E 2

cum damæ, quam magis adustam (id est, sicceoris alimenti,) esse scribit. Dorcadis caro melioris succi est, quàm cæterorum agrestium animalium, & ad humanum corpus quandam habet familiaritatem, humidisq; & multas superfluitates habentibus corporibus prodest: Item morbis colicis & comitialibus, sed uentrem moratur, & neruis sua siccitate conducit, Symeon Sethi. Ex syluestribus optima est gazelli caro, deinde apri, Auicenna. Carnes ferinæ omnes prauæ sunt, ut quæ sanguinem ferinum & melancholicum gignant: gazellorum tamen minus malæ sunt cæteris: eas sequuntur leporinæ, Elluchasem. Caro gazel parum excrementi gignit, utpote sicca, Rasis. Nutrimentum ex algazel frigidum & siccum est, Arabs quidam. Caro caprearũ, authore Celso, boni & plurimi alimenti est: sanguinem tamen atræ bili confinem generat. ¶ Ius in caprea, ut docet Apicius: Piper, ligusticum, careum, cuminum, petroselinum, rutæ semen: mel, sinapi, acetum, liquamen & oleum. Aliter ius in caprea assa: Piper, condimentum, rutam, cepam, mel, liquamen, passum, oleum modicè: amylas cum iam bullijt. Aliter ius in caprea: Piper, condimentum, petroselinum, origanum modicum, rutam, liquamen, mel, passum & olei modicum: amylo obligabis, Hactenus Apicius 8.3.

¶ Ex ceruo uel capreolo pastillus quomodo paretur, Platinę uerbis dicetur in Ceruo. Ex capreolo item quomodo fiat ius cõsumptum, ex eodem docebo in Gallina ubi de capo. Cerui anteriorem partem in iusculo laridario coques, lumbos assabis: ex coxis pastillos aut pulpamẽta facies: Eadẽ & capreoli, damę, ac caprę coctura, Platina. Cibarij genus, quod Germani uocãt **hofnestel**. hoc est ligulas aulicas, hoc ferè modo fieri inuenio. Capreoli pellis bulliat & depilata elixet, deinde in ligulas seu tænias dodrãtales & sesquidigitũ latas scissa, eo liquamine, quod gelu in patina uocãt, cõdiatur.

G. De remedijs ex caprea & dorcade.

¶ Plinius maiore proparte simpliciter & domesticis tribuit capris uires, (ut Humelbergius obseruauit) quas Sextus peculiariter capreis: id quod non magni momenti est: cum remedia ex eis nõ differant genere: sed in eo tantum quod syluestria in plerisq; efficaciora domesticis habeantur. Amplior potentia, inquit Plinius, feris eiusdem generis (caprini,) quod numerosissimum esse diximus. Si cui otium erit diligentius inter se conferre potest (nos obiter tantum contulimus) remedia quæ ab authoribus collegimus, primum attributa uillaticis capris: secũdò syluestribus simpliciter: tertiò syluestribus illis quas dorcadas Græci, Latini capreas uocant, quæ hic in præsentem locum congerimus. ¶ Capreæ torminosis in cibo prosunt, Marcellus: dysentericos intelligo: siccat enim & retinet uentrem caro caprearum, ut Symeon Sethi prodidit. ¶ Cordis draconis pingue in pelle dorcadum neruis ceruinis adalligatum in lacerto, conferre iudiciorum uictoriæ magi promittunt, Plinius. Et post pauca uerba, Dentes draconis illigatos pellibus caprearum ceruinis neruis, mites præstare dominos potestatesq; exorabiles: unde apparet eum dorcadem non eandẽ existimasse cum caprea, eadem nimirum ratione qua dasypodem à lepore differre putauit. Mulieri candida à pectore hyænæ caro, & pili septem, & genitale cerui, si illigentur dorcadis pelle collo suspensa, cõtinere partus promittunt, Plinius. Inter remedia aduersus comitialem morbũ, Magis placet draconis cauda, in pelle dorcadis alligata ceruinis neruis. ¶ Sepum caprę, & adipem anserinũ, & medullã cerui, & cepe, cum resina simul & calce uiua, fac ut malagma, mire sanant, Sextus. Cerebrum capreæ (capræ Plinius) per annulum traiectum si dederis infanti ad glutiendum antequam lac sugat, efficit ut nec caducus fiat, nec phantasma incurrat, Sextus. ¶ Dorci coagulum easdem leporino uires habet, Dioscorides. Leporis, hinnuli, aut capreæ coagulum potum ex uino, nec non immissum cum oryzæ cremore cœliacos & dysentericos iuuat, Galenus Parabilium 1.113. ¶ Cui oculi dolent, iecur capreæ contritum ex uino bibat cum aqua calida in feruore, sanabitur, Sextus. Idem remedium ad eos qui ab hora decima nõ uident, id est, nyctalopas seu lusciosos, huiusmodi præscribit: Iecur capreæ (alij capræ, uide supra:) in aqua calida salsa coquatur, & eius uaporem oculi excipiãt, & ex eadem aqua oculos foueant: sed & iecur edant, & ex liquefacto inungãtur. Quidam iecur eius assant in craticula, & fluentem saporem colligunt, & ex eo inunguntur. Quidam coctum uel assum iecur capreæ cum pane edunt, & idem bibunt. Capreæ iecur combustum & aspersum, sanguinem sistit, Sextus. Contritum, & ex aceto in naribus offultum, sanguinem mire sistit, Sextus.

¶ Ad maculas de facie tollendas: Capreæ fellis drachmam unam, farinæ lupini & mellis drachmas quatuor commisces in unum, & exinde faciem linies, limpidam faciem efficit, Sextus. Fel capreæ cum aqua mixtum, illitum in faciem à sole ustam, sanat, Idem. Ad lentigines in facie: Fel capreæ seruatum illitum, lentigines de facie purgat, & omnes maculas extenuat. Item cum melle & nitro commixto, & spongia combusta & sulphure uiuo ad mellis crassitudinem redactum, & in faciem illitum, emendat, Sextus. Fel capreæ (capræ, Plinius) cum melle Attico mixtum inunges, caliginem potenter discutit, & claritatem præstat, Sextus. Fel capreæ drachma una, & modicum uini cum melle ut possit teri, inunges, & sanabis oculorum caliginem. Idem facit & ad cicatricem, & argemata, & nephelion, & glaucomata, & pterygia, si ex eo felle inungantur. Item ex eo felle inungantur palpebræ cum oleris succo, extractos pilos non sinit renasci. Facit & ad ruptiones ex ictu tunicularum cum lacte mulieris tepido. Hoc autem fel quanto uetustius fuerit, tanto melius erit, Sextus. Eadem omnia de capræ felle legimus apud Plinium, ut supra recitaui, paucis quibusdam uariantibus. Fel dorcados per se ad claritatem oculorum laudatur: Hippocratis, ut putant, authoritate adijcitur, quod in argentea pyxide id seruari iubent, Plinius. Asserunt dorcadi intra uiscera humorem

morem quendam inesse, qui caliginẽ depellat oculorum, & obtusiores quoq; uisus exacuat, Origenes in Cantica: ego non alium quàm bilis humorem intelligo. Ad tinnitum & sonum auricularũ: Fel capreæ cum rosaceo aut succo porri tere, & tepefactum auribus instillato, sanat, Sextus. Fel capreæ cum rosaceo, ut supra, dentium dolorem sanat, Idem. Ad faucium dolorem: Fel capreæ cum melle Attico misce, & fauces tange, mire sanat, Sextus. Ad omnia uitia quæ in faucibus nascũtur: Capreæ fel cum melle Attico, adiecta myrrha, croco, & pipere æquis ponderibus coques in uino donec contrahatur, & ex eo fauces quotidie tange, donec sanæ fiant, Idem. Ad uentrem soluendum: Fel capreæ suppositum ano cum succo cyclamini herbæ & alumine aliquantulum aut anetho (nitro, Plinius) combustum, indito: caue ne hæmorrhoides habeat, Sextus. Idem Plinius de felle capræ scribit, ut supra dictum est. Ad ueretri exulcerationem: Fel capreæ mixtum cum melle aut succo rubi appositum, mirè sanat, Idem. ¶ Splen capreæ potatus torminosos mire sanat, Idem. Plinius cœliacis capræ hirciue lienem assum commendat. ¶ Capras negant lippire, quoniã eæ quasdam herbas edant: item dorcades. Et ob id fimum earum (quærendum, an caprarum tantum, an etiã dorcadum) cera circundatum noua luna deuorare iubent, Plinius. Ad arquatos: Capreæ stercus aridũ tritum cribratum, cochlearij mẽsura ex uini odorati cyathis quatuor ieiuno & loto exhibe: febricitantibus autem ex aqua eandem potionem, Galenus Parabilium 2.39.

H.

Quemadmodum capreolus apud Latinos diminutiuum est à caprea, sic dorcalis & dorcadion Græcis à dorcade. Βόβαλος, δορκάδιον, Hesychius. Πρὸξ apud Græcos, caprea, dama, & alijs modis exponitur, ut supra monui. Longe aliud sonat prox dictio Latina. Prox (inquit Festus) bona uox, uelut quidam uocant, significare uidetur, ut ait Labeo de iure Pontificio libro 12. Aliter proba uox, ut æstimo.

¶ Epitheta: Caprea pascuis intenta, Horatius 4. Carm. Edules, Horatius 2. Serm. Imbelles, Ouidius 1. Fast. Lasciuæ similẽ ludere capreæ, Horatius 3. Carm. Sequaces: Vergilius lib. 2. Geor. oues, auidasq; iuuencas, capreasq; sequaces à uitibus arceri iubet, quòd plurimũ eas pascendo mordendoq; lædant. Seruius persecutrices exponit, ut simile sit illi, Maleq; sequacibus undis: nimirum quod uineas persequantur. Vitibus à rupicapris nemo metuit: quare hoc etiam argumento quomodo hæc duo genera syluestrium caprarum differant, apparet. Ibices altissima occupãt, & parum descendunt: rupicapræ descendunt quidem, sed non longe, ita certe ut loca culta nunquam attingant: capreoli inferiora montium, & colles, & ualles, syluasq; etiã circa planitiem colunt. Capreæ celeres etiã, & syluestres dicuntur inter Textoris epitheta. Fugaces, Ouidius 1. Metam. & Vergil. 10. Aeneid. Θαρσαλέων παίγνια δορκαλίδων, Agathias in epigrãmate: animosos uocat capreolos, quod inter se tales sint cum ludunt & lasciuiunt, timidum aliàs animal. Κεμὰς ζωὸν, Herodicus. ¶ Δορκαλίδες, ὄργανόν ἐστι κολαστικόν τι, ἢ μάστιγες ἀπὸ ἱμάντων δορκάδων, Suidas & Varinus: Hoc est, instrumentum quoddam ad puniendum, uel scutica ex loris caprearum. Δορκάζων, circumspiciens, Hesychius & Varinus. Pulsus si interuallatus conquiescat, ac mox cooriatur uelocior, δορκαδίζων uocatur, id est dorcadissans: quæ nuncupatio de animalis producta in cursu natura est, Cælius. Mentio eius fit apud Galenum, nonnullis caprisantem uertere placuit. ¶ Capreoli uitium cincinni sunt intorti, quia ad locum capiendum tendunt appellati, Pompeius lib. 3. Vitis caprea dicta est, quod parit capreolum: is est coliculus uiteus intortus, ut cincinnus: is enim uites ut teneat, serpit ad locũ capiundum, ex quo à capiendo capreolus dictus, Varro de re rust. 1. 31. Noua circuncisis undiq; capreolis spargantur in tabulatis, Plinius lib. 17. Græci helica uocant, de quo multa dixi in Vitulo parte prima capitis octaui. Vere deinde priusquam cœperit germinare, capreolis, quod genus bicornis ferramenti est, terra commoueatur, Columella 11. 3. Ego huic instrumento nomen positum crediderim, uel quod capreoli cornua repræsentet, quæ quidem puto in summo bifida esse, diuaricatis ramis, qualia & ceruina sæpe uisuntur. Quod si ambos huius ferramẽti mucrones, quos ab altero tantum parte habet, respicias, capræ uel rupicapræ cornuum quandam uidebis speciem: Vel à similitudine ad illos uitiũ capreolos, qui bifurcati simpliciter sunt, necdum in sese retorquentur. Germani hæc instrumenta uocant **jetthouwle**, id est sarcula, ab usu sarriendi & exherbandi. Capreolus, ut quidam scribit, dictio Tectonica: Cæsar 2. belli Ciuilis, Duæ primum trabes in solo æquè longæ, distantes inter se pedes quatuor, collocantur: inq; eis columnellæ pedũ in altitudinem quinq; defigũt, has inter se capreolis molli fastigio coniungunt. Vitruuius lib. 10. cap. 20. cardines uocat, extremas capreolorum partes quæ in cauum induntur, &c. ut scribit Gul. Philander in Annotationibus suis in Vitruuium. Spirulatim signat, clauiculatim, & capreolatim, Cælius. Dicitur & lebeti subiectus capreolus, id est helix, splen, Idem. Mulieres ferè circulum ex stramento nexum lebetibus & cucumis subdunt: ut patellis & sartaginibus tripodis genus illud quod furculas habet, quibus sartaginũ ansæ nitantur, fixam unam, alteram ambulatoriam. Hoc forte capreolum Latinè dixeris, siue quod tripes sit, ut & machinam quandam tripedem, & ludi puerilis instrumentum capram uulgò dici supra monui: siue propter furculas: nam ceruos etiam bacilla furcillata uocari Seruius scribit: & Græci helicas in uitibus capreolos uocãt, quos Germani furcillas. Est & aliud instrumentum cum ansa bidente seu furcillata, quod mensis imponitur, ut patellas sustineat præsertim pauperum, in quibus inferunt pultem: hoc etiam capreolum nominarim, **ein pfannenknecht**. ¶ Dorcidion eadem di

E 5

ctamno herba est, ut supra exposui. Apud Aëtium libro 10. cap. 2. aduersus iecoris obstructionem, dorcadiadis herbæ, quæ & muscium appelletur, pars una, cum costi dimidio, cochlearij mensura in potu datur. Hæc quænam sit, certi nihil habeo; uidetur sane esse odorata aliqua herba, quæ moschum odoramentum recentioribus tantum Græcis notum, ex quibus Aetius quoq; est, odore suo referat: cuiusmodi ego plures noui, sed iuam moschatam uulgo dictam, chamæpityi similem, aut genus alterum chamæpityos, obstructo iocineri proculdubio utilem, præ cæteris hoc nomine donârim. De alijs herbis quæ moschum olent, in Dorcade peregrina, ex qua moschus colligitur, in M. litera dicam. Inuenio & muscilion dici quandam herbam ab odore musci, ut conijcio: quoniam & dorcida uocant eam, naribus uitiosis & fœtentibus accommodatam, ut Aëtius existimat, nisi quis pro dictamno accipiat, quod & dorcidiũ appellãt, Hermolaus. ¶ Dorceus, unus ex canibus Actæonis apud Ouidium. Dorcon, Δόρκων, nomen rustici in epistolis Simocati. Orynx (lego oryx) animal colore dorcadi simile, Hesychius & Varinus. Antaplon, peregrinum animal capreolo simile, uide supra in Calopode. ¶ A capreis Capreæ dictæ sunt, insula ultra Surrentũ Campaniæ circiter octo millia passuum, Tiberij principis arce quondam nobilis, nunc coturnicum multitudine, &c. Sipontinus. Capreæ nomine insula etiamnum est in cõspectu Neapolis, Nic. Erythræus. Capreæ ab Athenæo abruptæ, Strabo lib. 1. Et libro 5. Caprearum, inquit, duo antiquitus fuerant oppidula, nunc uero unum, quod Neapolitani occupauere, &c. Tiberium aliquando in Capreis habitasse apud Iosephum quoq; legimus lib. 18. Antiquitatum, cap. 12. Huius insulæ supra etiã in Capra memini, capitis 8. parte 1. Dorcades insulas (ut quidam nominant, perperam fortassis: nam apud Plinium & Solinum Gorgones appellantur:) in Oceano Aethiopico sitas contra Hesperidũ hortos, Phorci filiæ Gorgones dictæ inhabitasse dicuntur ¶ Perseus dorcũ & ursum, & alia quædã animalia amabat, Tzezes in Varijs. ¶ Laphriæ Dianæ apud Patrẽses magno in ara igne excitato ceruos, apros, dorcades, & alia animalia uiua inijciunt, Pausanias in Achaicis. ¶ Capreæ prius iungentur lupis, de re incredibili, apud Horatium 1. Carminum. Ne caprea contra leonem, Μὴ πρὸς λέοντα δορκάς, hoc est ne lõgè inferior cũ potentiore decertes. Dorcas enim syluestris est capreolus, Erasmus: Quasi uero aliquis capreolus sit nõ syluestris. Refertur à Diogeniano. Suidas integrũ refert senarium, Μὴ πρὸς λέοντα δορκὰς ἅψωμαι μάχης. Huc pertinẽt uersus illi Vergiliani libro 10. Aeneid. Impastus stabula alta leo ceu sæpe peragrãs, (Suadet enim uesana fames) si forte sagacem Conspexit capream, &c. Sed prius Appulis Iungentur capreæ lupis, Horatius. Citat Erasmus in prouerbio, Prius lupus ouem ducat uxorem.

DE PYGARGO.

PYGARGI, teste Plinio, ex caprarum syluestrium genere sunt, quas transmarini situs mittũt. Quidam pygargum capream syluestrem exponunt, non dissimilem damæ, cuius interpretationis authorem non afferunt. Sumine cum magno lepus, atq; aper, atq; pygargus, Et Scythicæ uolucres, Iuuenalis Sat. 11. ¶ Deuteronomij cap. 14. דישון dischon uocem Hebraicam Chaldæus interpretatur רימא rema, id est unicornem. Arabica translatio habet ארזיו arziu: Persica בוז כוהי buz cohi: quanquam etiam pro akko, id est ibice, ibidem koz cohi redditur. Buz quidem Persice capra est, & koz quoq; fortassis: nam & Illyrice koza uocatur. Septuaginta πύγαργος: Hieronymus pygargus. Numeratur autem inter quadrupedes cibo hominum puras. Bartolemæus Anglicus author obscurus, Pygargus (inquit) animal cornutum est & barbatũ instar hirci, minus ceruo, maius hirco: simile hircoceruo: miræ uelocitatis: loca frequentat syluosa & deserta. Glossa etiam, inquit, in Deuteronomion, animal hircoceruo simile exponit. ¶ Est & aquilæ genus apud Aristotelem pygargi nomine, ab albicante cauda. Græci grammatici πύγαργον interpretãtur etiam pro homine timido & imbelli, quod ij quibus albæ sunt nates, uel potius totum corpus, ferè timidiores sint: melampygi uero, id est nigris natibus, qualem fuisse Herculem ferunt, fortes ac intrepidi: Vide prouerbium, Ne in melampygum incidas, apud Erasmum, cuius mentionem Varinus quoq; facit: Item pro turpi & libidinoso, ut pygargos sit per antiphrasin: ὁ μὴ ἀργὴν ἔχων τὴν πυγήν, ἀλλὰ κινῶν αὐτὴν ἐν τῷ συνουσιάζειν: Præterea pro rapace, nimirum à pygargi aquilæ natura.

DE BVBALO.

PAVCA animalia gignit Germania: insignia tamen boum ferorum genera, iubatos bisontes, excellentiq; & ui & uelocitate uros, quibus imperitum uulgus bubalorum nomen imponit: cum id gignat Africa uituli potius cerui ue quadam similitudine, Plinius. Bubali uulgaris, id est uulgo sic appellati apud plerasq; Europæ gentes, historiã supra statim post Taurum descripsi, & obiter quædam de Africano bubalo immiscui, præsertim capite primo. Apud Græcos ubicunq; bubali mentio fit, de Africano semper intelligemus: & similiter apud Latinos ueteres: Nam recentiores omnes pro bouis syluestris genere hoc nomen usurpant. ¶ Βούβαλος, δορκάδιον, Hesychius, dorcadion capreolum significat, diminutiuum à dorcas. Βουβαλίς, οἱ βούβαλοι ἢ ἀστράγαλοι, Hesychius & Varinus. Malim βουβαλίδες, ut numerus cum interpretatione conueniat: nisi illam potius mutes in singularem numerum, hoc pacto: Bubalis, & bubalum animal, & talum significat. Talum forsitan bubalum aliquis dictum suspicetur, à bú augente particula, & uerbo βάλλω: eò quòd ludentes frequenter eum proiectent. Aristophanes grammaticus scribit damalin, id est iuuencam, λεοντοχόρταν βούβαλιν (proparoxytona uoce) ab Aeschylo dici, & à Sophocle γηγενῆ βούβαλιν, eodem modo, declinandi scilicet & accentus ratione, quo δάμαλιν dicimus, (nam alioqui communior uox est βουβαλὶς oxytona, quæ accusatiuum facit βουβαλίδα,)

Varinus

Varinus in Τράγοι. λεοντοχόρταν expono prædæ leonum expositam. γηγενῆ, ex terra natam significat: haud scio an legi possit νηγενῆ pro νεογενῆ, id est, tenerã & nuper natam. βουβαλὶς oxytonum apud Aristotelem legitur, & Oppianũ & alios. Bubalorũ fœtus πῶλοι dicuntur, Varinus in τράγοι. ¶ יחמור iachmur Hebræis bubalum Africanum, de quo hic agimus, significare, copiose asserui in Bubalo de boum genere supra. Cæterum Deuteronomij capite 14. ubi Hebraicè iachmur legitur, Persica translatio habet mosk andaz. Tragelaphi & bubali nascuntur in Arabia, Diodorus Siculus lib. 3.

¶ Bubalus, inquit Oppianus lib. 2. de Venatione, corpore minor est eurycerote (id est dorcade platycerote: Gyllius non rectè ceruum transtulit;) dorco autem longe præstantior, (dama longè inferior Gyllius ineptè uertit;) splendidis est oculis, suaui colore, pulcher aspectu. Cornuum recti longiq; rami à capite exorti, mucrones retro ad tergum excelsos retorquent. Καὶ κεράων, ὀρθοὶ μὲν ἀπὸ κρατὸς πεφύασιν, Ἀκρεμόνες πρηνεῖς, &c. Domesticam sedem mirificè amplectitur: nam si ipsum uinculis astrictum uenatores in alienum locum longinquum abduxerint, ac ibidem in pastionibus liberum & solutum reliquerint, non obliuiscitur ad consueta loca redire, neq; diu patitur apud externos ut hospes erret: neq; enim solis hominibus amica patria est, sed eius desiderio etiam feræ tenentur, Hæc Oppianus. Idem lib. 4 de Piscatione, sciænam piscem bubalidi, & struthiocamelo comparat, quod hæc omnia in metu, occultato tantum capite, tota se satis latere putent.

Ὡς δέ τις ὠμηστῆρος ἐπεσσυμένοιο λέοντος
Μαψιδίην φυλακὴν ποτιβάλλεται, οὐδ' ὀρώδαται
Δαρδάπτειν, τὸ δ' ἧτορ ὁμοίιον, οὐδὲ κάρηνον
Βουβαλὶς ἐν λόχμῃσι κάτω πρὶν ψαῦσε κάρηνον,
Ἔλπεται, εἰσόκε δή μιν ἐπαΐξας ὀλοὸς θήρ.
Ἀγκλίνει, δοκέει δὲ καὶ ὀλλυμένη περ ἀλύξαι.

¶ Bubalis capreisq; interdum cornua inutilia sunt: nam & si contra nonnulla resistunt, & cornibus se defendunt, tamen feroces pugnacesq; belluas fugiunt, Aristotel. 3. 2. de Part. animal. Bubalorum & ceruorum sanguini fibræ nullæ insunt: quare sanguis eorum non similiter ut aliorum concrescit, Aristot. Bubali sanguis aliquantulo amplius spissatur, quàm leporis & cerui, quippe qui proximè ouillo aut paulò minus consistat, Idem. Bubalorum sanguis non spissatur, Plinius.

¶ G. Bubali coagulum easdem uires leporino habet, Dioscorides. Coagulum hinnuli bubali contra potum cicutæ prodest, & contra fungos, Haly. Barbari quidam remedia quæ de bubulo fimo & tauri urina Dioscorides scripsit, absurdissimè ad bubalum referunt.

¶ H. Βουβαλίων nomen rustici in epistola quadam Simocati. οὔτε γὰρ λαγὼς φοιτᾷ παρ' ἡμῖν, ὅτι δορκὰς ἐνδημεῖ, ὅτι βουβαλίδες, οὐκ ἔλαφοι, &c. In eadem. Et paulò post, Δορκάδας δὲ καὶ βουβαλίδας οἱ γείτονες λεοντῆς ἀπελαύνουσι. Post uastam Aegypti solitudinem, Aethiopiam uersus, Cynoprosopi homines habitantes ex uenatu dorcadum & bubalorum uiuunt, Aelianus. Βόβυλα, carnes bouis seu bubulæ, Hesychius. Ornamenta quæ circa manuum iuncturam ferunt, præsertim mulieres, Græci pericarpia, &c. & bubalia uocant, Cælius ex Athenęo. Bubalion ornamentum aureum circa brachiale, Diphilus in Pellice. Βουβάλια καρπῶν περθένου φρονήματα, Etymologus: malim φορήματα, senarius est iambicus. Sunt qui muliebre pudendum exponãt, ut amphideon etiam pro utroq;, ut supra dictum est in Vitulo cap. 8. Βουβάλιος, cucumis agrestis, Galenus in Glossis in Hippocratem: idem nomen apud Dioscoridem reperitur. Βουβάρας,, nauis quod bubali προτομὴν, id est caput, insigne haberet, Varinus & Etymologus. Sunt & aliæ huius uocis in Græcorum Lexicis declarationes. Etymologus βούβαλον exponit magnũ & multum. Βουβάρτις nomen nauis apud Philistum: dici uidetur de oneraria uel ualde onerata naui, ut βόφορτος Suidæ.

¶ DE ORYGE, uide in O litera.

DE IBICE.

Ex. Caprarum syluestrium genere sunt etiam Ibices in alpibus, pernicitatis mirandæ, quanquam onerato capite uastis cornibus gladiorumq; uaginis, in hæc se librant, ut tormento aliquo rotati, in petras, potissimum è monte aliquo in alium transilire quærentes, atq; recussu pernicius quo libuerit exultant, Plinius. Hoc genus Germani uocant **steinbock**: Galli quoq; Cisalpini qui Italicè loquũtur circa Mediolanum, Germanicum nomen usurpant: & similiter finitimi eis Rhęti, fœminam tamen priuatim suæ linguæ uocabulo uesinam indigetant. Scoppa ibicem fœm. gen. facit, penul. breui, Plinius ibices rotati masculino genere protulit. Idem Scoppa Italice camorciam interpretatur, sed hæc rupicapra est camuza Rhæticè dicta. Fœminam ibicem Heluetij montani priuatim uocant **ybschen**, uel **ybschgeiß**: quod nomen à Latino deductum non dubito. Illyrij kozorozięcz. Hebræi אקו Deuter. 14. inter quadrupedes puras: quanquam Septuaginta illic tragelaphum interpretantur, de quo supra dixi: quod parum placet, quoniam tragelaphum circa Phasin amnem solum reperiri Plinius scribit, Diodorus Siculus etiã in Arabia. Chaldaica translatio habet יעלא iaela: Arabica יעל: Persica קיץ כוחי, kotz cohi, pro dischon uero, id est, pygargo buz cohi. Abraham Esra, & Iudæorum plæriq; rupicapram uel ibicem, ut audio, interpretantur. Rabi Salomon Germanica uoce steinbock, id est ibicem: Kimhi hircum syluestrem יעל iaal, unde fœmininum iaelah, plurale ieelim. Dauid Kimhi hircum ferum exponit. Hieronymus primo Reg. cap. 24. & Augustinus Iustinianus psalmo 104. ibices uertunt. Videtur sanè nomē iaal à scandendo factum. Græca translatio non rectè habet ἐλαφοὺς. Chaldaica iaela. Arabica gazaël uel gazal, quod nomen pro dorcade uel caprea superius exposui. Vox iaal reperitur etiam Iob 39. & Prouer. 5. aliqui damam, alij hinnulum uel capream interpretantur. ¶ Capricorni nomen apud Latinos authores, quorum quidem sermo probetur, pro animali positum nunquam legi, sed semper pro sydere, ut inferius exemplis patebit: & similiter ægocerota Græcorum, ad cuius imitationem capricorni uocem Latini formarunt: apud Suidam solum legimus, Aegoceros animalis genus, nec plura. Αἲξ ἴξαλος apud Homerum (cuius carmina supra citaui in Capris syluestribus in genere) ibex esse uidetur: Nam & nomen ferè conuenit, & cornuum magnitudo apta ut arcus inde fiant. Aliæ quidem syluestres capræ minus idonea arcubus cornua habere uidentur, quod uel minora sint, uel ramosa.

Quamobrem de feris capris, quas ixalos uocat Homerus, ex Eustathio hic auctariū adijciemus, superius omissum. Capræ feræ, inquit, dum fugiunt uenatores attritis uehementius coleis, sæpe castrantur, ut sues etiam feri, qui ita affecti χλοῦναι uocātur. Hoc autem accidere tum capris tum suibus feris multi etiam nostro tempore obseruarunt. Porrò cornua ixali capri ἑκκαιδεκάδωρα, id est sedecim palmorum, siue dodrantum quinque & palmi unius, quidam ita intelligunt ut per se utrumque dimidiæ tantum mensuræ fuerit, nempe duorum dodrantum cum dimidio. Sed hæc magnitudo nihil rarum aut mirum haberet. Atqui uel singula quatuor dodrantum uisa sunt, & alia maiora ad septimum usque dodrantem. In Delo certe insula consecratū aiunt cornu aduectum ex locis circa mare rubrum, arietis bicubitale & octo digitorum, librarum uiginti sex pondere: & alterum hirci, bicubitale cum dodrante, ponderis eiusdem. Hæc Eustathius. Habent alpes, ut Polybius tradidit, peculiaris formæ belluam, specie similem ceruo, ceruice & uillis exceptis, quibus caprum refert, geritque sub mento aruncum dodrantalem, cui crassities pro pulli equini cauda, & paulatim in mucronem colligitur. Strabo paulò ante finem libri quarti. Verba Græca sic habent, φησὶ δὲ Πολύβιος καὶ ἰδιόμορφον τι ζῶον γεννᾶσθαι ἐν ταῖς Ἄλπεσιν, ἐλαφοειδὲς τὸ σχῆμα, πλὴν αὐχένος καὶ τριχώματος, ταῦτα δ᾽ ἐοικέναι κάπρῳ: ὑπὸ δὲ τῷ γενείῳ πυρῆνα ἴσχειν ὅσον σπιθαμιαῖον ἀκρόκομον. Hanc feram apparet ibicem esse: & Strabonem uel Polybium κάπρον pro τράγον posuisse, quoniā Latini, à quibus accepere fortassis, caprum hircum appellant: Græci uerò aprum uel suem marem, cui cum ibice nihil commune. Πυρὴν Græcis nucleum significat, præcipuè oliuæ: & ab eius figura quamuis congeriem seu struē, quæ in acumen tendit, qualem Latini metam uocant, cuiusmodi est fœni meta. Latinus Strabonis interpres carnis globum transtulit. ¶ Ibix in uetere Testamento cum i in utraque syllaba scribitur, & ab imperitis pro caprearum genere uel ariete exponitur. Isidorus dorcades, capreas, & ibices imperitissimè confundit. Ibices inquit idem, quasi auices: eò quod instar auium ardua & excelsa teneant & inhabitent, ita ut de sublimi uix humanis obtutibus pateant: unde & meridiana pars ibices aues uocant, quæ Nili fluentis inhabitant. Ibides aues intelligere uidetur, nulla ratione. Similem uideo R. Isaac Iudæi errorem qui Hebraicam uocem ako, id est ibicem, nomen auis facit. ¶ Noster Franciscus Niger in Rhætiæ descriptione, Rhętos Heluetijs confœderatos, quoniam ibicem pro insigni gentis habeant, in uenationibus ei parcere scribit, his uersibus: Parcitur hîc capricorne tamen tibi, Panos amice, Arma quòd exornes, & pulchra insignia gentis. Hinc longum hîc uitam uiuens, ingentia iactas Cornua, perque plicas rugosa, repandaque in armos, Formosusque nigris uillis in montibus erras. ¶ Capræ syluestris alterum genus est caper montanus uel ibex, Albertus: duo enim genera, præter capreolos, (qui minus propriè capris adnumerantur, ut supra dixi) caprarum syluestrium Germanis nota sunt, rupicapra & ibex. Idem Albertus Creticas capras, quæ pastu dictamni infixas corporibus earum sagittas excernunt, capros montanos siue ibices interpretatur, quod tamen nullis argumentis probat. Et alibi, Nullum (inquit) animal cursu & agilitate tantum pollet, & simul tam ingentia cornua habet, quàm caper montanus, quem Latinè ibicem uocant: huius enim cornua à capite usque ad clunes protenduntur: & cadens ab alto totum corpus inter cornua protegit à collisione, & ictus lapidum magnorum excipit cornibus. Et in catalogo quadrupedum alphabetico, Ibex de genere capri animal, colore fuluum, in alpibus Germaniæ abundans, magno etiam hirco maius: summas rupes ascendit, & cum altius scandere nequit, conuersum aliquando uenatorem deijcere nititur: sed peritus uenator cruribus diuaricatis dorso eius insilit, & cornua manibus apprehendit, & sic aliquando de rupe depositus euadit. Extat Gordiani sylua memorabilis picta in domo rostrata Cn. Pompeij, in qua pictura etiam nunc continentur ibices 200. &c. hæc autem omnia populo rapienda concessit die muneris, quod sextum ædebat, Iulius Capitolinus in Gordiano primo. Ibicum generis mihi uidetur feræ illæ capræ in summis Libyæ montibus, quas ex Aeliano descripsi supra in Capris syluestribus in genere. ¶ Ioannes Stumpfius noster in Chronicis Heluetiæ non pauca memoratu digna super huius animantis natura scripsit, quæ ego Latinè sic reddidi: Ibices in summis apud Heluetios montibus abundant. Incolunt enim uertices alpium, ubi glacies nunquam soluitur, nostri appellant firn & gletscher. Natura enim frigus requirit hoc animal, cæcum aliter futurum. Egregium est & corpulentum, specie ferè ceruina, minus tamē. Cruribus quidem gracilibus, & capite paruo ceruum exprimit. Pulchros & splendidos oculos habet. Color pellis fuscus

fuscus est. Vngulæ bisulcæ & acutæ, ut in rupicapris. Magni ponderis cornua ei reclinantur ad dorsum, aspera & nodosa, eoq; magis quo grandior ætas processerit. Augentur enim quotannis, donec iam uetulis tandem nodi circiter uiginti increuerint. Bina cornua ultimi incrementi, ad pondus sedecim aut octodecim librarum accedunt. Libram dico pondus sedecim unciarum, quanquam nostra octodecim implet. Ibex saliendo rupicapram longe superat: hoc tantum ualet, ut nisi qui uiderit, uix credat. Nulla montium tam præceps aut ędita rupes est, quam non saltibus aliquot superet: si modo aspera sit, & spatia tanta promineant, quanta salientis ungulas excipere possint. Parietem scandit, si asper sit & nō incrustatus. Venatores impellunt eam ad rupes excelsas & læues, illic cum euadere nequeat, conficitur, uel ab homine funibus per rupem demisso, uel ab ijs qui scandēdo per rupium latera accedunt. Fera uenatorem expectat, & solicitè obseruat, an inter ipsum & rupem uel minimum intersit spatiū: nam si uisu duntaxat intertueri (ut ita loquar) possit: impetu facto se transfert, & uenatorem impulsum præcipitat: Sin ille ita presse fixeq; rupi hæreat adeundo, ut nulla interualli spes appareat, fera loco manet, in quo uel capitur uel conficitur. Iucunda quidem hæc uenatio, sed multis laboribus & periculis coniuncta: quamobrem sæpius bombardis feriuntur. Valesij qui circa Sedunum habitant, ibicem in prima ætate captam omnino cicurari, & cum uillaticis capris ad pascua ire & redire aiunt: progressu tamen ætatis ferum ingenium nō prorsus exuere. Fœmina in hoc genere mare suo minor est, minusq; fusca: maior capra uillatica, rupicapræ non adeò dissimilis. Cornua ei parua, & ea quoq; rupicapræ, aut uulgaris capræ, cornibus ferè similia. Hucusque Stumpfius. Aristotelis uerba de coitu ęlurorum, id est felium, lib. 5. cap. 2. hist. animal. Albertus ridicule transfert ad capri montani, siue ibicis coitum, his uerbis: Mares furiomorū (barbarum hoc uocabulum ex Auicennæ translatione ad eum peruenisse opinor) non coëunt cum fœminis retro supersilientes: sed mas eleuatur in pedibus posterioribus, & fœmina applicat se ei æquādo, &c. Viderat fortè uel ipse, uel ab alijs acceperat, qui ipsi uiderāt, ibices inter se colludentes, & colluctantes quodam modo: ut etiam capræ solent: & hunc eorum lusum existimauit coitum esse. Et si maximè ita coirent, quod mihi tamen in tali suffraginū & reliqui corporis caprarū similiumq; quadrupedum habitu, fieri nequaquam posse uidetur: ridiculè tamen errat, ut dixi, pro fele ibicē interpretatus. ¶ Ibicem moriturum uenatores quidam narrant in altissimam montis rupem ascendere: ac ibi altero cornu ad parietem seu latus rupis innitentem ambitu perpetuo, ita ut nunquam conuertatur, circuire: donec attrito iam cornu moribundus corruat. Et quoniam in altissimis inaccessisq; moritur locis, nunquam ferè cadauer eius inuenitur: contingit tamen aliquando ut magni niuium globi dum præcipites è uerticibus ruunt, ipsa subinde uolutatione auctiores, obuios forte ibices uiuos, ut & alia quæuis animalia, arbores, saxa, tuguria, corripiant, inuoluantq;, & ad imos montium pedes deferant.

¶ G. Sanguinem ibicis aliqui commendant aduersum calculum uesicæ: hoc modo. Vini apiati (hoc est, in quo adhuc musto apium aridum uel semina eius imposita sint) partes circiter sex: sanguinis partem unam, simul feruefaciunt, mox in uase reseruant, & ter die potum inde præbent: mane, & tum quidem in balnei solio sedenti: in meridie, uesperi: hoc triduo fieri iubent, futurum enim ut calculus in arenam comminutus cum urina excernatur: sin minus, execandum esse, tanquam extremo remedio frustra tentato. De hirci domestici sanguinis ad eundem usum præparatione, pluribus dixi supra. ¶ Incredibile & unicum remedium (inquit Marcellus Empiricus) ischiadicis & arthriticis hoc est, quo & ipse Ausonius medicus sanatus est, & multos ita iacentes, ut mouere se sine cruciatu nequirent, intra quinq; dies stare, ambulare autem intra septem dies fecit: Conficitur sic, Fimum ibicum Luna septimadecima colliges, quanquam & alia Luna uetere collectum (si res urgebit) simili efficacia prosit, dummodo medicamentum septimadecima Luna cōponatur. Ex eo ergo fimo quantum unius manus pugno pleno potueris comprehendere, dummodo impar sit numerus pilularum, in mortarium mittes, (conteres ualidissime,) atq; adijcies piperis grana uiginti quinque diligentissime trita: tunc addes mellis optimi heminam, & uini ueterrimi optimi sextarios duos: (alias sextarios quatuor, & conditi more miscebis potionem.) & contritis prius pilulis uniuersa miscebis, & repones in uasculo uitreo, ut cum fuerit opus paratum habeas medicamentum ad subueniendum. Sed ut maior sit medicaminis efficacia, Luna septimadecima id facere debebis: & cum daturus fueris remedium, à die Iouis incipe, & per dies septem continuos dato, ita ut qui remediandus est, stans in scabello contra Orientem bibat. Quæ potio, si ita ut scriptum est, data & obseruata fuerit, etiamsi omnibus articulis & coxa infirmus contractusq; fuerit, & immobilis ac desperatus iacuerit, necesse est ut septima die ambulet (ita sanabitur, ut nunquam paribus doloribus implicetur,) Hæc Marcellus cap. 25. Et rursus cap. 34. Inuictam, inquit, potionem ad ischiadicos & arthriticos facientem, in titulo superiore de ischiadicis plenissimè scripsimus: sed quoniā tam diuinus eius effectus est, iterandam putaui, ne quis arthriticis remedia requirens huius ignoratione fallatur. Fimus ergo ibicis in sylua uel in monte colligitur. ¶ Coagulum ibicis easdem leporino uires habet, Serapio citans Dioscoridem: ego cum Græcis Dioscoridis uerbis contuli, nec inuenio nomen ullum Gręcum cui ibicis nomen Latinum cōueniat, sed totus is locus apud Serapionem mutilus est: nam hinnuli, dorci, bubali, & cerui nomina omissa sunt: unde coniicio unum ex istis Serapionis interpretem exposuisse ibicem, & dorcum uel bubalū, potius quàm hinnulū aut ceruum, ita reddidisse.

¶ H. Aegoceros, id est capricornus, animal est marinum, ut scribunt Grammatici, in quod tradunt se Pana transformasse, & in aquam se deiecisse, cum in Aegypto unà cum reliquis dijs Typhôna gigantem acerrimum deorum hostem fugeret. Sed Iupiter huius ingenium admiratus, inter astra eum collocauit. Lucanus lib. 8. Humidus Aegoceros, nec plus Leo tollitur urna. Lucretius lib. 5. Quo pacto æstiuis è partibus ægocerotis Brumales adeat flexus. Sunt qui ægocerotem à Ioue inter sydera relatum scribant, quod cum eo nutritus fuerit. Alij Pâna existimant posteriorem partem in effigiem piscis, priorem uero in formam hirci commutasse: & ea specie à Ioue in cœlum esse translatum. Tum gelidum ualido de pectore frigus anhelans Corpore semifero magno Capricornus in orbe, Cicero 2. de Nat. Eadem lege in Arato. Lotus Hesperia Capricornus aqua, Propert. lib. 4. Eleg. Tyrannus Hesperiæ Capricornus undæ, Horatius 2. Carm. Plura lege apud Varinum, qui Aegocerota Pani similem, & natum ex eo ait, &c. Aegoceros humidus, gelidus, celer, corniger, udus, niuosus, laniger, hirsutus, setosus, corniger, auritus, horrendus, atrox, tropicus, aquosus, rigens, imbrifer, minax, frigidus, urniger, in Epithetis Textoris. Conueniunt autē hæc epitheta omnia quidem syderi, sed partim etiam ibici feræ. Cur per cancrum anima descendere, per capricornum ascendere dicatur, Porphyrius explicat in Antro nympharum, & Cælius 15. 23. Capræ ascendunt pascendo, unde in zodiaco signum, ubi Sol rursus ascēdere incipit, hac potissimum ratione capricornum dixerunt.

MVSMONIS historiam post Oues require: etsi hoc etiā loco reponi potuisset: sunt enim uillo caprino, & à Pausania in Phocicis hirci syluestres uocantur.

HIRCOBOVES feræ syluestres, ut Philostratus scribit in uita Apollonij, ultra Catadupa Nili repe- riuntur, forma tanquam ex boue & hirco composita.

DE DAMA PLINII ET VETERVM.

CAPRARVM syluestrium generibus, quæ transmarini situs mittunt, Plinius damas quoq; adnumerat: & alibi, Cornua (inquit) rupicapris in dorsum adunca, damis in aduersum: ut dama forte nihil aliud aut parum à rupicapra differat, præterquā cornuum situ. Quamobrem longe alia est dama uulgaris, de qua proxime dicam, nempe dorcas platyceros Græcorum, cui nomen Latinum non inuenio: ut neq; Græcum damæ Plinij. Sipontinus platycerotes ex damarum genere esse scribit, nullo ad hāc rem testimonio usus. Certum est platycerota uulgo damam uocari, neq; uulgaris damæ genus, sed eam ipsam esse. Alij dorcadem simpliciter damā interpretantur, ut Platina, & dorcem Gaza in problematibus Aphrodisiensis, & Albertus agazel uocem Arabicā, quæ omnia ad capreas & platycerotes, & alias fortassis caprarum syluestrium species, ut capreolum à quo moschus excernitur, tanquā generis uocabula, non ad solam damarum speciem pertinent. Theodorus ex Aristotele πρόκα uertit damam, de qua uoce plura dixi in Caprea. Strabonis interpres ζόρκας facit damas. Gadilonetica regio (inquit Strabo libro 12.) post Halyos ostia ad Armeniam usq; extenditur, tota campestris: alit autem zorcas, quarum alibi raritas est. Mario Grapaldo νεβρὸν damam reddere libuit. Hoc in uniuersum dixerim, recentiores omnes ubi damam uel ex Græcis uertunt, uel aliter eius meminerunt, eam quæ uulgò sic appellatur, hoc est platycerotem, non Plinij damam intelligere. Primus nostro seculo Ge. Agricola discrimen animaduertit. An uero uetustiores damæ nomine Plinianā semper intelligant, nec assero, neq; nego. Recentiores quidam צבי zebi uocem Hebraicam pro dama exponunt: nos capream esse supra docuimus. Est & sui generis Auicennæ agazel, quā Albertus damam nominat, libro 22. his uerbis: Dama bestia est magnitudinis capreæ, figuræ, & pili: sicut ceruus cornua habens, sed plana, longa & acuta. Est autem cursu uelox, uita prouida, cornupeta in aduersas sibi bestias. Arabice uocatur agazel. ¶ Damæ mansuescunt rarò cum feræ dici iure non possint, Plinius 8. 56. ut Vincentius Bell. & Volaterranus alijq; citant. Quin etiam Platina uidetur hanc lectionem secutus, damam rarò mansuefieri posse scripsisse: nostri codices melius, Hi mansuescunt rarò, cum feri dici iure non possint, proximè autem de leporibus loquutus erat. Hāc lectionem Gelenius in Castigationibus suis probat ex archetypis manuscriptis. Pecuarius canis neq; tam strigosus aut pernix debet esse, q̄ qui damas ceruosq; & uelocissima sectatur animalia, Columel. Nō omittenda sunt etiā tria de damis epigrāmata Martialis, quorum unū lib. 1. extat de pugna damarū huiusmodi.

Frontibus aduersis molles concurrere damas Vidimus, & fati sorte iacere pari.
Spectauere canes prædam, stupuitq; superbus Venator cultro nil superesse suo,
Vnde leues animi tanto caluēre furore? Sic pugnāt tauri, sic cecidēre uiri. Et alterū li. 4.
Aspicis imbelles tentent quàm fortia damæ Prælia, tam timidis quanta sit ira feris?
In mortem paruis concurrere frontibus audent. Vis Cæsar damis parcere? mitte canes.

Tertium in Xenijs: Dente timetur aper, defendunt cornua ceruum. Imbelles damæ quid nisi præda sumus? Fuluo tergore damæ, Ouidius in Halieuticis numerans eas cum lepore & ceruo. ¶ Et canibus leporem, canibus uenabere damas, Vergilius in Georg. Feræ pecudes, ut capreoli damæq;, nec minus orygum ceruorumq; genera & aprorum, modo lautitijs & uoluptati dominorum seruiunt, modo quæstui ac reditibus, Columella 9. 1. Timidi damæ ceruiq; fugaces, Nunc interq; canes & circum tecta uagantur, Verg. in Georg. Grammatici masculini aut fœminini generis esse dicunt. Cum canibus timidi uenient ad pocula damæ, Vergilius Aegl. 8. Oculis capti talpæ (inquit Quintilianus 9. 3.) & timidi damæ dicuntur à Vergilio: Sed subest ratio, quia sexus uterq; altero significatur.

ficatur. Tam enim mares esse talpas damasque quàm fœminas, certum est. Et superiecto pauidę narrant Aequore damæ, Horatius 1. Carm. Veloces damæ, Seneca in Hippolyto. ¶ Damæ epitheta apud Textorē recensentur hæc, Agrestis, errās, fugax, imbellis, leuis, pauens, pauidus, pronus in fugam, spurcus, tener, territus, timidus. Possunt sanè & hæc epitheta, & alia pleraque de damis apud authores memorata, tum platyceroti tum Plinij damæ (cornuum figura tantum excepta) communia esse, quando utraque syluestrium caprarum generis sunt. Indiam petenti Alexādro Magno rex Albaniæ dono dederat inusitatæ magnitudinis canem: cuius specie delectatus, iussit ursos, mox apros, & deinde damas emitti, contemptu immobili iacente, &c. Plinius. ¶ Dama Pythagoræ filia fuit, ingenio & doctrina in exponendis paternis sententiarum inuolucris excellens, Cælius.
10 Gordiani sylua memorabilis extat, in qua picturæ etiam nunc continentur, damæ ducentæ, &c. Iulius Capitolinus in Gordiano primo. Recentiorum quidam dammam per m duplex scribunt, quod ego non probo.

DE DAMA uulgari, siue recentiorum.

ANIMALIUM quorundam cornua in palmas finxit natura, digitosque emisit ex ijs, unde platycerotas uocant, Plinius. Dioscorides dorcadem platycerotem nominat, quod dorcadi, id est capreæ, similis sit, nisi latitudine cornuum differret: quanquam Græce δορκάδος καὶ πλατυκέρωτος legitur, ut supra ostendi, tanquam diuersa sint animalia: ego sine cōiunctione legere malim, ut interpretes omnes fecerunt: facile fuit καὶ pro τῆς mutare. Quærendum an idem animal sit, quod quidam ceruum palmatum uocant: quoniam cornua in palmas formentur. Oppianus certe eurycerotas, sic uocat
20 carminis gratia, ceruino generi adscribit lib. 2. de uenatione, his uersibus:

Πάντ᾽ ἔλαφοι τελέθουσι, φύσις κεράων δ᾽ ἐφύπερθεν   Οἷν ὄνομα θηρσὶ κατηγορέα φορέουσι.

Fr. Massarius Marcellum reprehēdit qui dorcadem platycerotem, capreā à latitudine cornuum sic dictam apud Dioscoridem uerterit, quod caprea & platyceros genere omnino differant. Ego Marcellum superius defendi. Cæterum platycerotem, damam uulgarem, id est uulgo sic dictam, appellare uolui, quòd alia quàm Plinij dama uideatur, cui cornua in aduersum adunca esse ait ut rupicapris in dorsum: & alibi ex transmarinis regionibus eam mitti. Nostra uero dama & multis alijs in locis capitur, & in Heluetiæ syluis, ut circa Lucernā: uulgo uocant **dam**, uel **dämlin**, uel **dannhirtz**, uel **damhirtz** potius. Itali daino, nōnulli danio: Galli dain uel daim: Hispani gámo uel córza, quod nomen à dorcade factum uidetur: Angli a falouue deere. Græci hodie uulgo ἀγρίμι. Poloni lanij.
30 Bubalo Oppianus mediam magnitudinem inter eurycerotem & dorcum tribuit, quod hoc maior, illo minor sit. Cerui appellatione forte intelligit Aristoteles etiam capreas, & damas, & capras syluestres, Niphus. In Samothrace capræ sunt feræ quas Latinè rotas appellant, Varro. Hermolaus legit quas platycerotas appellant. Damula tanquam à dama diminutiuum apud Isidorum & alios recentiores legitur. Multi (ut Vincentius Bell. Albertus, & alij) cum mustela quam Itali uulgo donnolam uocant, damam (quam ipsi damulā appellant) confundunt, tum aliâs, tum remedijs, quæ ex mustela sunt, damę adscriptis. Damula, inquit Isidorus, uocata est, quod de manu effugiat, utpote timida & imbellis, & cui pro armis sit fugæ leuitas. ¶ Damarum sanguini fibræ nullę insunt: quare sanguis earum non similiter ut aliorum concrescit, Aristot. Et alibi, Damæ timidæ sunt: nam sanguis earum fibras non continet. Idem damam fel non habere ait: Et alibi, Fel (inquit) dama pror
40 sus non habet. Cornua damæ solida sunt, ut cerui, Albertus. Cornua cerui & damæ ferè sunt eiusdem figuræ, differentia in quantitate, Idem. Pinicianus cornuum specie deceptus platycerota interpretatur **ein ellend**, quam nos ab initio operis alcen esse ostendimus. Sunt autem damæ uulgaris cornua, ut ipse obseruaui, huiusmodi. Ἀμυντῆρας habēt ut ceruina, deinde alterum ramum, nec plures: reliqua pars lata est, & in digitos circiter decem diuisa, prorsus eodem modo quo cornu alces supra depictum dedimus. Totum cornu longum est duos dodrantes cum palmo: huius media pars superior lata est, ut dixi: inferior rotunda ut in ceruo, latitudo ad quinque digitos. Galli pilulas excrementorum cerui, damæ, & capreæ, fumees appellant. ¶ De uoce damarum uide in Ceruo.

¶ F. Dama, inquit Platina, cum capreolis ferè in qualitatibus conuenit: bonum nanque alimentum eius caro uescentibus præstat: modici quidem recrementi est, sanguinē tamen ad atram bilem
50 quoquo modo tendentem efficit. Baptista Fiera post mentionem capreoli subdit, Damula adusta magis, si matris ab ubere rapta est, Huic prior in nostro forte erit orbe locus. ¶ De coctura damæ, ex Platina, uide in Ceruo capite sexto: & ibidem de conditura platycerotis ex Apicio. Caro algazel feræ, quam Albertus damam exponit, frigida & sicca est, & hæmorrhoides mouet, nisi cum pipere, cinnamomo ac sinapi paretur, Albertus: uel ut Rasis habet, nisi cum melle, pipere, galanga & cinnamomo conficiatur. Et rursus, Comedantur carnes algazel cum sinapi & allijs.

¶ G. Dorcadis platycerotis coagulum easdem leporino uires habet, Dioscorides. Fimus algazel capillos auget, & emēdat eos, cum oleo (myrtino) præparatus. Si lingua eius arida suffiatur guttur, (locus uel membrum in quo est sanguisuga) hirudines decidunt. Tali cinis impositus in fistulam, iuuat, Rasis & Albertus: qui & alia quædam de fimo & felle (quo tamen carere putatur) hu
60 ius animantis ad coitum & conceptum pertinentia superstitiosa & illicita scribunt.

DE CASTORE.

A.

CASTOR animal quadrupes est amphibiũ: Latini fibrum, & ut Seruio placet canẽ Ponticum uocant: Græcis nominatur castor, & κύων ποτάμιος, id est, canis fluuiatilis, ut apud Syluaticum legimus. Italis, biuaro; uel beuero: Gallis, bieure, quanquã Brasauola Gallos Castoris nomẽ retinere scribit: id quod Hispanos fecisse puto: fieri tamen potest ut Galli etiam in regionibus quibusdam retinuerint. In Matthæoli Italica Dioscoridis trãslatione fiber ipse il castoreo uocatur. Germanis biber: Anglis beuer: Illyrijs bobr: quæ omnia à fibro uoce Latina deducta esse prima fronte statim apparet. Syluaticus plurima passim castoris & castorei in Arabum libris nomina recenset, quorum multa scriptura solum & orthographia differũt, ego omnia utcunq; corrupta adnumerabo, Albeduester, castoreum: ego ipsum castorem potius intelligo, nam pro testiculis ium uel iune uel similem uocem addere solent: Ium de bedust. Iuna da baduster: Angui de beldustor: Guidelarus: Quibar: In de bidister: Zun de beduster: Iuna da bauster: Iune de bustor; Gen de beduster. Auicẽna habet Giẽdedestar, aliás Gien. dibidestar. Reperio & alia quædam uocabula apud Syluaticum & alios, quæ tum inter se tum à superioribus non parum differunt: ut, Cascubas, Amphima, uoce corrupta forsan ab amphibio: & Anfinia similiter, nam ceu Græcam Syluaticus exponit: item Achiam, Anchian, Anchiani, Antin algil, Asuschelhar. Albertus lamyekyz barbaram uocem, ex Auicẽna puto, castorem interpretatur: quæ uox fortassis Illyrica est. Nam Polonis dama lanij dicitur, cuius diminutiuum lanijka. Castoreum testiculus est animalis, quod castor appellaт uel deũ, Platearius. Ex his tot scribendi modis quin maior pars corrupta sit, dubiũ non est: ego quos quibus præferam incertus sum. Kipod Hebraicã uocem Esaiæ 34. & alibi in Sacris literis non castorem, ut cuidam uidetur, sed echinum terrestrem significare in eius historia demonstrabo. אנקה anakah Leuitici cap. 11. aliqui ericium, alij hirudinem interpretantur, author concordantiarum reptile uolans. R. Salomon alibi hericium, alibi בבריא exponit, id est fibrum, Gallica lingua (qua is uti solet) bieure dictum: sic etiam Munsterus legit. Non placet legi uiuerra, quod id uocabulum lingua Gallica R. Salomoni familiari, aliter efferatur.

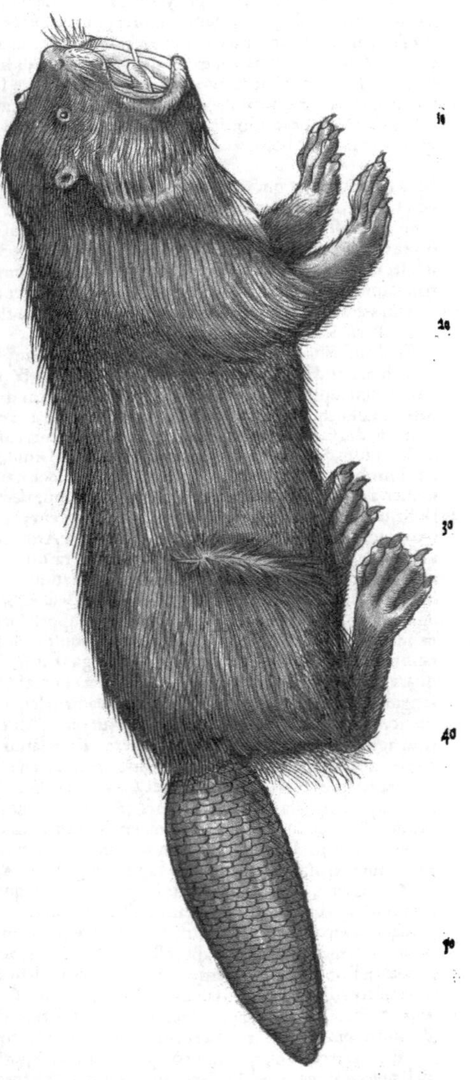

B.

Differt à lutra fiber cauda solum: cætero pilus utriq; pluma mollior: utrũq; aquaticum, Plinius. Sunt qui fibrum meli comparent: sed corpus ei longius tribuunt, & pilum subtiliorem. Pilos habet pulchros,

pulchros, Author obscurus: densos & breues, Albertus: duros, fului coloris, Idem: in cinereo candidos & inæquales: ubiq; enim à breuibus duplò longiores existunt: nitidi mollesq; sunt, ut etiam lutræ: cuius tamen pili alterius coloris, breues & æquales sunt, Ge. Agricola. Pellis eius cinerea est ad nigredinem declinans, Albertus: quo nigrior est, tanto pretiosior habetur, Author obscurus. Pilo est fiber superne canino, alibi lutræ, Syluius. Pellis ei mollis: & ut Albertus ait, ualde densa. Aures minimæ, rotundæ, Syluius. Dens ualidissimus, aduncus, prælongus, Idem: acutissimus. Ego fibri apud nos capti caluam seruo, in qua dentium eius naturam pulchrè perspexi: habet autē prominentes, longos, latos, aduncos, in utraq; maxilla binos coniunctos, qui incisorum loco sunt, omnino ut murium genus: inferiores extra maxillam tribus digitis prominent, sesquidigito superiores: utrique in extremitate interiori, obliqua ueluti sectione cuneiformi magis magisq; attenuantur, ut acies extrema tanquā cultri sit. Color eis qua foras spectant ex flauo ruffus: his sese defendūt, ligna secant, & pisces nimirum tanquam uncis iniectis apprehendunt. Alterum genus dentium, ore intimo habet, nempe octo molares in utraq; maxilla: hi breues & in superficie asperi sunt, ac plicis quibusdam eminentibus seu rugis, ad limæ usum facti uidentur, ita ut corticibus arborum in cibo comminuendis molendisq; aptissimi sint. Animal est horrendi morsus, Plinius: Morsu potentissimum, adeò ut cum hominem inuadit, conuentum dentium non prius laxet, quàm concrepuisse persenserit ossa fracta, Plinius & Solinus. Morsum castoris quidam dicunt non sanari, nisi læsus audiat fracturam ossium castoris, Albertus: Ego hanc stultam persuasionem ex Plinij aut Solini uerbis modò relatis, malè intellectis natam crediderim. Seta oris cornea, Syluius. De testibus eius dicemus mox cap. 4. Pedes priores caninis similes habet, posteriores anserinis: etenim membranæ quædam digitis sunt interiectæ: itaq; hi ad natandum, illi ad eundum magis nati aptiq; sunt, frequenter enim in terram progreditur, Albertus & Ge. Agricola. Pedes anteriores anseris, sed ungulati: posteriores simiæ, Syluius: ubi librariorum lapsum interpretor quod anteriores pro posterioribus legitur, & contra. Cauda lata, (palmum ferè, Ge. Agricola) longa dodrantem, Idem: obscurus quidam author cubitalem esse scribit: Cauda piscium, Plinius, non quod ad figuram caudæ piscium, sed quod piscium corporis squamis obducta sit, & piscem sapiat. Piscosa, soleæ æmula, Syluius. Pilis caret uni forte quadrupedum. Cauda corio squamoso tegitur, præpinguis, hanc in aquam semper demittere solet, ut & pedes posteriores, reliquo corpore sicco. Sine aqua diu uiuere posse negant. Apta est ad natandum cauda, cum pisces insequitur, & gubernaculi instar eam ceu remigando mouet castor. Falsò quidam affirmant, quod nunquam retrahat eam ab aqua: retrahit enim cum nimium frigida & glacialis aqua est: quanquam Ge. Agricola scribit, etiam cum frigoribus conglaciat, fibrum in gradibus domicilij sui iacentem, caudam & posteriores pedes in flumen demittere. Falsum est etiam quod aiunt lutram ab eo cogi, ut aquam hyeme circa caudam ipsius moueat, ne congeletur: uincit tamen lutram, & expellit, uel acutissimo morsu occidit, Albertus. ¶ Per uniuersum Pontum plurimus est fiber, Solinus. Nascitur & in Hispaniæ fluminibus, ut inquit Strabo. Item in Italia, ubi Padus in mare se exonerat. Nec inepti sunt qui ad Matronam Galliæ fluuiū crebro capiuntur, Syluius. Heluetia multos habet circa Arulam flumen, Vrsam, & Limagum nostrum. Gaudent enim ripis magnorum fluminum, cum animal sit amphibium: non solum ut reliqua quibus hoc nomen tribuitur, quæ uictus tantum gratia aquas petunt: sed etiam quadam naturæ affinitate, ut iam in caudæ & pedum posteriorum mentione diximus, quæ ad piscium naturā accedunt. Abundat & reliqua Germania multis in locis; nec non Sclauorum regio, Polonia, Prussia & Russia, Albertus. Spectabilis naturæ potētia in his quoq;, quibus & in terris & in aqua uictus est, sicut & fibris quos castores uocant, Plinius. Die quidem in fluuios abditus ætatem agit, nocte in terra uagatur, Aelianus.

C.

Fiber & lutra egrediuntur ex riparum cauernis, in quibus latent, & se in fluminibus mergunt, ac pisces capiunt quibus uescuntur: sed fructus quoq; & cortices arborum comedunt, Ge. Agricola. Cibus eius melica (nomen barbarum & ignotum mihi) est piscis, & arborum cortices, Albertus. Multi aiunt castorem piscibus uesci instar lutræ: alij argumentum esse piscosi fluminis, ubi castores habitent. Castor animal amphibion, ut plurimū in aquis nutritur σὺν ἰχθύσι καὶ καρκίνοις, id est, cum piscibus & cancris. Vetus interpretatio habet, fibrum uiuere ex piscibus & cancris: item Marcelli Vergilij. Malim equidem absq; σὺν legere, ἐν ὕδασιν, ἰχθύσιν, &c. facili autem errore σὺν adiectum est, cum idem sonus sit ultimæ syllabæ præcedentis uocabuli ὕδασιν. Arbores iuxta flumina ut ferro cædit, Plinius. Casu & fortuito obiectis uescitur, Aelianus. Imprimis prouidus est, & solers: etenim fruticibus & arbusculis dente tanquam ferro resectis, ante riparum cauernas cōstruit paruas quasdam casas: & in ijs duos tresue gradus, quasi quasdam cameras: ut cum aqua fluminis crescens inundauerit ripas, ascendere possit: cum decrescit, descendere, Ge. Agricola. Sæpe noctu prodit è latibulo, & amputatis arborum ramis circa fluuios, construit sibi casas ex eis cum solario (tabulato superiore) in quo habitat cum crescit aqua, Albertus. Domicilia eorum dimidia parte in aqua sunt, & dimidia superant: Agricolæ ea diligenter obseruāt: & si altius posuerint, ferunt in montibus: si humilius, in uallibus, Olaus Magnus in descriptione Septentrionalium regionum. Similis obseruatio est in Aegypto, si bene memini, circa crocodili cubilia. Fiber dentibus deijcit mediocris magnitudinis (crassamento interdū femoris humani) arbores; & casas inde construit bicameratas uel trica-

F

meratas, cum solarijs, ut aquæ modo ascendere aut descendere possit, Albertus. Architectura in fossa mirabili utitur, Sylvius. Alnos, populos, & salices infestat: præcipuè uero genus illud salicis syluestris latifoliæ, quod nostri uocant **salwyden**/uel **sarwyden**. Sic me subes quotidie quasi fiber salicem, Plautus. Amaris arborũ folijs & corticibus castor pro summis delicijs uescitur, Author obscurus.

D.

Fibri semper eadem semita ex aqua ad arborem aliquam procedunt: quam abrodunt totam, nihil tamen cum ceciderit præter corticem edunt. Cum arborem iã ferè secuit castor, quoties ictum facit, toties suspiciens considerat num sit casura: timet enim ne si eo ictu concidat, ab ea, priusquam recedere de loco possit, incautus opprimatur. Nec uero minus est cõstans in proposito quàm solers: nam quam arborem ad ripas primo elegit secandam, eam non mutat, etiamsi longo temporis spatio dissecare non possit, Ge. Agricola. Ligna resecta ad structuram, de qua præcedenti capite dixi, aduchunt. Castores gregatim ad syluas lignatum pergunt: imponunt autem ligna super uentrem resupinati unius, qui pro uehiculo sit, & inter crura eius artificiose componunt: qui ne delabantur compressis ea cruribus ante & retro stringit: hunc sic onustum cæteri cauda ad casas usq; pertrahunt. Hanc iniuriam fieri negant nisi peregrino castori, qui aliunde ad eos confugerit, aut fortuitò peruenerit ad castores loci alicuius incolas: illum enim hoc pacto in seruitutem ab eis redigi. Alij non peregrino, sed natu grandi & laboribus confecto, qui propter dentes obtusos lignis secandis ineptus iam sit, hoc fieri aiunt. Ita tractati castores in dorso glabrescunt, quo signo à uenatoribus sortem eorum miserentibus agniti, illæsi interdum dimittuntur, Albertus Magnus à perito quodam uenatore rem ita narratam se audiuisse scribens: & alij quidam obscuri authores: Sed mouent me, quo rem minus fabulosam existimem, eruditi & fide digni uiri Olai Magni eadem asseuerantis uerba in descriptione regionum Europæ Septẽtrion. Accedit quod mures alpinos fœnum hoc modo in cuniculos conuehere, etiam nostrates aiunt. Sed hoc in dubio relinquamus. ¶ Cæterum quod genitales partes fibri, siue quilibet, siue Pontici, ut Plinius scribit, ipsi sibi urgente periculo amputent, ob id se peti gnari, noua refutatione nostra non eget, cum iam olim apud ueteres tanquam fabulosa hæc persuasio explosa sit. Marcellus Vergilius huiusmodi ueterum fabulis ignoscit, quod de industria ab eis compositæ uideantur, ut bonas & utiles res authoritate aliqua munitas uulgus hominum facilius & libetius admitteret, quod in religione & ethnici factitarint, & inter cæteros Plato philosophus. Ego contrà ut bono uiro & sapientiæ studioso, cum philosophiæ finis sit ueritas, fabulas ubiq; fugiendas existimo, illas inquam quæ pro ueris credendæ obtrudũtur, sic in religione potissimum noxias & pestilentes eas existimo: eamq; ob causam cum Platonem & cæteros gentilium damnauerim, qui tale quid in suis superstitionibus ausi sunt: tum omnes qui in nostra religione, quæ purissima & syncerissima esse debebat, idem moliuntur aut olim moliti sunt, qua de re pro dignitate dicturo maximus se campus aperiret: ego ad castorem. Primum autem ponam illorum uerba, qui castorem ipsum se castrare scripserunt, (unde etiam nomen eius grammatici quidam Latini deriuant, quod rectè fieri non potest, cum dictio Græca sit:) deinde aliorum qui redarguerunt. Testiculi eius appetuntur in usum medelarum: idcirco cum urgeri se intelligit, ne captus prosit, ipse geminos (id est testes, ut Græci didymos) suos deuorat, Solinus: isq; solus opinor huius sententiæ: nam alij non per inuidiam testes ab eo reuelli, neq; uorari: sed reuulsos abijci in uenatorum conspectu redimendi sui gratia scripserunt. Qui se Eunuchum ipse facit, cupiens euadere damno Testiculi: quoniam medicatum intelligit inguen, Iuuenalis Sat. 12. Idem testatur Andromachus in Theriaca antidoto carmine descripta. Hominem ipsum sibi nocentem Aegyptij indicaturi, castorem pingunt: hic enim uenatoribus insequentibus testiculos suos demordens, relinquit, Horus in Hieroglyph. Fibrorum testes apti sunt medicaminibus, propter quos ubi se requiri senserunt, eos secant, Seruius. Redimunt se ea parte corporis, propter quam maximè expetuntur, Cicero. Quod autem causam ab insequentibus uenatoribus cur tam cupide petatur non ignorat, idcirco mordicus premens usq; incumbit ad elidendos testes, quoad ab se absciderit, & sic eos abiecerit, tãquam homo summa prudentia in latrones incurrẽs, quæcunq; portat ad se redimendum exponit. Quòd si postea quàm exsectus & ex periculo seruatus fuerit insectantibus iterum urgeatur, hic sese alleuãs, atq; quamobrem insequi ulterius pergere non debeant, causam ostendens, ad reuertendum, quod iam ea parte quam expetunt careat, uenatores inducit. Persæpe etiam nunc testiculis præditus cum à uenatorum conspectu se longissimo cursu remouerit, eam partem desideratam ita astute cõprimit, & occultat, ut insectatores fallat, Aelianus. ¶ Vanum est quod traditur, testes ab ipsis auelli, & à sese abijci, quum uenatu urgentur: siquidem tangi nequeunt, ita, ut in sue substricti, Dioscorides. Amputari hos ab ipsis cum capiuntur, negat Sextius diligentissimus medicinæ: Quinimo paruos esse, substrictosq;, & adhærentes spinæ, nec adimi sine uita animalis posse, Plinius. Falsum est quod agitatus à uenatore castret seipsum dentibus, ac testes proijciat: & postea si ab alio uenatore urgeatur, erecto corpore castratum se ostẽdat, ut sæpe in regionibus nostris compertum est, Albertus. ¶ Animal est ualde mansuetum, Author obscurus. Ego neq; disciplina mansuefieri posse credo: neq; mansuetum esse natura, cum planè mordax & noxium dentibus sit, ut supra dixi.

E.

Volucra animal ferè prærodit teneros adhuc pampinos & uuas: quod ne fiat, in ipsa putatione quoties

quoties falcem acueris, fibri pelle aciem detergito, atq; ita putare incipito, Columella. Voluocem aliqui appellant animal prærodens pubescentes uuas; quod ne accidat, falces cum sint exacutæ, fibrina pelle detergunt, atq; ita putant, Plinius. ¶ Fibros uenantur supremam eorum cauernę partem perforantes, perq; eam paruum canem immittentes; fiber ad exitum fugit, ubi irretitus fustibus occiditur. Iidem hi canes, nostri aquaticos uocant, lutras & anates syluestres uenãtur. Canis ad hoc instructus, in aquam proijcitur, qui ad cauernam castoris perueniens, ingreditur: nec cedit castor morsibus, donec artificiosa illa casæ eius structura refringatur, Author libri de nat. rerum. Cum canes persequuntur castorem, aiunt illum obuersum uentrem ac testiculos ostendere, quorum illi odoris diritate affecti fugiant, Author incertus: Testiculos quidem, cum ad lumbos, ut dictum est, substricti sint, ostendere nequeunt. In Prussia, ut audio, nassis capiuntur, arborum corticibus inescati, ad hos irrepunt, & ijs consumptis cum exitus non pateat, suffocantur. Sed nõ puto fieri posse ut cibum in ipsa aqua capiant, cum nullum eis sit instrumentum quo reddant influentem cum cibo aquã, ut piscibus branchiæ. Vrinari diu nõ possunt. sed respirationis causa caput subinde exerũt, & sic bombardis impetuntur, uel transfiguntur hastilibus. In aquis castorem conspicatus, pilosum piscem putabam. Sequebantur eum nautæ uenatores: unus in prora contum ferratum gerebat: alij paulatim nauem ducebant uersus eam partem, in qua fibrum submergi uiderãt: & cum fiber motu exterritus caput exereret, qui contum tenebat illum confixit, Brasauola. ¶ Hoc animal uenamur non modo propter caudam qua uescimur, & pellem qua uestimur: sed etiam propter testes, quibus ut medicamentis utimur, Ge. Agricola. Venatores castorẽ capiunt, pellis gratia magis quàm testiculorum, Platearius. Pellis castoris aliquando pretiosa fuit, nunc in paruo pretio est, Albertus. Mollis & nobilis est, eò pretiosior, quo nigrior, Author obscurus. Lutræ & castoris pellibus concisis, fimbrias uestium ex pellibus nobilibus confectarum, solent exornare: quanquam lutræ pelles longè præstant fibri pellibus, Ge. Agricola. Ex canis fluuiatilis pelle cynæ, id est pilei primũ facti sunt, ut in Cane dixi capitis 8. parte 5. Sed hoc ad lutram potius pertinet.

F.

Castor quoniam amaris arborum folijs & corticibus auidè uescitur, tota eius caro & si bono, tamen amaro odore perfunditur, Author obscurus. Tota eius caro abominabilis est præter caudam, Albertus. Ego qui fibri carnem ederunt, laudantes eam audiui: sed multum interest quomodo paretur. Sunt qui elixant primum, deinde assant in sartagine, uasis semper apertis, ut odor grauis expiret, quod in alijs etiam carnibus fit quæ grauius olent, auium aut ferarum. Ipse nihil eius præter caudam & pedes posteriores gustaui, iure croceo conditos. Suaues, teneræ, & præpingues sunt hæ partes, instar thunni carnis, solida quadam tenaciq; pinguedine; saporis ferè cuius anguillæ, quibus similiter etiam apparantur, ubi modice primum ebullierint. Appetunt has delicias ganeones, maximè autem ipsas inter digitos membranas. Memini alicubi apud Plutarchum legere, ἥδιστα κρεῶν τὰ μὴ κρέα: hoc est, suauissimas esse carnes illas, quæ non omnino carnes sint. Eiusmodi certè partes istæ in fibro sunt, ut quæ ad pisciũ naturam saporemq; proximè accedãt: unde ieiunij etiam temporibus apud illos qui ea retinent concedũtur, ut apud Anglos quoq; auis quædam, quam puffin (ut audio) uocant: quasi uero non mille, præter quadrupedum auiumq; carnem deliciæ sint, ac illam solam ieiunijs excipere oporteat, cæteris pro arbitrio frui liceat. Sunt qui caudas fibrorum assas pauco zingibere conspersas apponant. Elixant alij, & densiusculo aliquo iure condiunt.

G.

Pelle castoris paralyticos utiliter uestiri aiunt, Albertus. Fibrinarum pellium cum pice liquida combustarum cinis, narium profluuia sistit succo porri mollitus, Plinius. Podagris utile est fibrinis pellibus calciari, maximè Pontici fibri, Plinius. Apud Aetium idem remedium calciamentis ex pelle canis fluuiatilis tribuitur: lutram intelligit, nam testes eius ad eadem ualere ait, ad quæ castoris testes, minore tantum efficacia, lib 2. cap. 178. dixerat autem de castore præcedenti capite. ¶ Vrina fibri resistit uenenis, & ob id in antidota additur: adseruatur autem optimè in sua uesica, ut aliqui existimant, Plinius. ¶ Fel castoris ad multa utile est: Eiusdem coagulum sedat morbum caducum, Auicẽna, ut quidam citat. Ego apud Auicennã in capite de castoreo nihil tale reperio. Vituli quidem marini coagulum castorei uires habet, & commendatur ad comitiales: sed hoc animal felle caret.

¶ Genitales castoris partes castoreum uocant medici, Plinius. Et alibi, Fibros (Græci) castores uocant, & castorea testes eorum. Castorea ex aqua mulsa drachmis binis aluum emolliunt, Idem. Græci κάστορος ὄρχιν, id est, fibri testem appellant, & καστόριον, in singulari semper munero, ni fallor. Hispania etiam castores procreat: sed castoreum ex eis nõ eam quam Ponticum habet uim: Pontico enim proprium est ut uenenosum (φαρμακώδης, id est, medicamentosum) sit, ut & alijs permultis, Strabo lib. 3. Castoreo in Hispania non inest uis illa medica, ut Pontico, Hermolaus ex Strabone. Causetur quis fortè aërem calidum, cuius ui medicamentosum illud uirus exhalet & digeratur. Nam in Heluetia nostra, ut & in reliqua Germania, ubi frigidum cœlum, nihil deterius, opinor, Pontico nascitur. Esse autem Pontum quoq; frigidã regionem nemo ignorat. Efficacissimi castoris testes sunt è Ponto Galatiæ, mox Africæ, Plinius, si rectè sic legitur. Eligi debent testes qui ex uno ortu connexi sunt; fieri enim non potest ut gemini folliculi in una membrana coniuncti reperiantur: liquore

F 2

intus ueluti ceroso, odore graui & uirus redolente, gustu acri, mordente, ac friabili, naturalibus tunicis circundato, (intersepto,) Dioscorides interprete Ruellio. Grammatici quidã castoreum odorem putrem & acutum interpretantur: sed non est putris boni castorei odor: uerum grauis & fœtidus. Mihi quidẽ aridum sæpe non iniucundo odore uisum est. In aspalatho, inquit Plinius, inenarrabilis quædam est odoris suauitas: & paulò post subdit, odore castoreo esse. Et alibi, onychem suffitum uuluæ pœnis mire resistere scribit: odorem esse castorei, meliusq; cum eo ustum proficere. Testiculi abscissi in umbra suspensi desiccantur, sic desiccati, albi & molles sunt. Præferuntur ex maioribus natu, uel qui in uigore ætatis sint, nimium iuuenes & uetuli non placent, Platearius: quanquam intricatiora eius hac de re uerba sunt. Eligendum acri sapore mediocriter: nam quod ualde acre est & quasi terreum, adulteratum est. Glutinosum etiam sit, & neruos habeat intricatos, & pelliculas adhærentes. Per septem (aliâs sex) annos in magna efficacia potest seruari: antefertur tamen recentius. Pelliculis abiectis, quod in eis continetur, in medicamentis ponitur, Platearius. Operæpretium est diuisa pelle melleum liquorem cum euestiente tunica assumere, & siccatum potui dare, Dioscorides, ut Ruellius uertit: ego sic potius, Quoniam fibri testes non eminent, sed interius conduntur astrictiq; sunt ut in sue: pellem scindi oportet, & unà cum tunica melleum cõtinente liquorem eos eximi, atq; ita siccatos in potu dari. Castoreum aliqui fraude corrumpunt, conijcientes in follem gummi, aut Ammoniacum, cum sanguine (Marcellus Verg. addit, eiusdem animalis:) & castoreo subactum, & ita exiccantes. Dioscorides. Sextius diligentissimus medicinæ, scripsit castoris testes adulterari renibus eiusdem qui sint grandes, cum ueri testes parui admodum reperiantur. Præterea ne uesicas quidem esse, cum sint geminæ, quot nulli animalium. In his folliculis inueniri liquorem, & asseruari sale. Itaq; inter probationes falsi esse folliculos geminos ex uno nexu dependentes, quod ipsum corrumpi fraude, conijcientibus gummi cum sale Ammoniaco: quoniam Ammoniaci coloris esse debeant, tunicis circundati liquore ueluti mellis cerosi, odoris grauis, gustu amaro & acri, friabiles, Hucusq; Plinius: Nõ probo quod pro (sanguine aut Ammoniaco:) ut prius legebatur, aliqui sale Ammoniaco posuerunt, cum Dioscorides etiam non salis, sed sanguinis mentionem faciat: & Ammoniaci lachrymæ, non salis: recte autem pro gummi Ammoniacũ inijcietur, uel contra: quod utrunq; tenax & uiscosum sit, quali substantiæ si odor etiam castoreus accedat, facile fallet in gustu: at sale quouis iniecto, uix quenquam falleret, cum genuinum castoreum nihil salis resipiat: sic igitur legam Plinij uerba, Cõijcientibus gummi cum sanguine, aut Ammoniacum: & nihil à pristina lectione mutauero, nisi Ammoniacũ pro Ammoniaco. Castoreũ, inquit Platearius, quidam hoc modo adulterant: Pellem, in qua castoreum fuerit, uel alius testiculus recens, implent sanguine & neruis, addito puluere castorei, ne suus odor absit: alij sanguinem & terram commiscent: alij callidius, sanguinem, sagapenum, & neruos, adduntq; piper ut acrimoniam acquirat, Hæc Platearius. Castoreum non simile nostro (id est nostris castoribus exempto) Venetijs uenditur, Brasauola. Castoris testiculos qui hodie uendũtur, longè maiores esse, quàm ut genuini & ueri castoris uideantur, copiose scribunt Monachi qui nuper in Mesuen commẽtarios effuderunt. Matthæolus scribit ex fibris uerum castoreum se habuisse, quod magnitudine, colore, odore & facultate longe dissimile fuerit uulgari pharmacopolarum castoreo. ¶ Hæc dum scriberem uerum castoreum inspicere uolui, quod è castore apud nos capto nuper exemptum erat. Pondus testium amborum, libra cum semuncia, id est unciæ duodecim cum dimidia. Alter altero longè maior erat, sex digitos longus, quatuor latus. Substantia quæ in folliculo continetur, flaua solidaq; & ceræ similis, acris, tenax: non terrea, nec sub dentibus, cum manditur, friabilis & aspera, quale fictitium ferè castoreum est. Ego euitandæ fraudis causa nostrate semper quàm peregrino uti malim. Sed plerique pharmacopolæ quoniam minoris emunt peregrinum, uerúmne an falsum id sit parum curant. Ab uno teste ad alterum communis meatus pertinet, longus circiter decem digitos: in quo dissecto genitale reperi, quod uno cõstat ossiculo (ut in uiuerris quoq;,) carne, qua induitur, nigris quibusdam punctis exasperata. Testiculo utriq; alter etiam folliculus adhæret, plenus albo quodam & pingui humore, substantia mellis, molli, & fœtida putris instar casei, longitudine interdum duorum pollicum. Et forsan de hoc folliculo Dioscorides intellexit in fine capitis de castoreo scribens, Oportet autem dissecta cute castoreum auferre, unà cum membrana quæ humorem melleum continet, & ita siccatum in potu dare. Nam propriè dicti castorei substantiã paulò superius non melli sed ceræ comparauit. Sed humor ille melleus propter pinguitudinẽ non satis idoneus est qui siccetur: odore etiam saporeq; differt à solido castoreo, utroq; ingratior: acris tamẽ & calidus & tenuissimarum partium, quamobrem ille potius extra corpus, uel per se, uel cum oleis ungentisq; quibus castoreum miscere placuerit: utendum existimo, solidiore uero intra corpus. Pharmacopolæ quidem nõnulli reliquam etiam circa istas partes pinguedinem partim in oleum de castoreo inijciunt, partim piscatoribus uendunt, qui eam alijs quibusdam miscent ad inescandos pisces. Iidem castorei unciam denario indicant plerunq;. Suspensum in aëre siccatumq; in absinthio reponunt. Sunt qui ex fœminis etiam testes haberi affirment, sed exiguos, & qui uix unciam singuli appendant. ¶ In antidoto nephritica è sexaginta rebus apud Nicolaum Myrepsum, interprete Fuchsio, trium castorei generum mentio fit, quæ autem & qualia illa sint non exprimitur, nec alibi reperio. Proinde quærendum mihi uidetur, an de rheo, quod proximè ante nominatur, tria hæc genera intelligi debeant: diuersa enim rhei genera

genera in usu medico esse scimus, castorei non item. Castorei odore semel imbuta, tenacissima eius sunt, & uix unquam remittunt: imbuuntur autem eo etiam quæ non tetigerint, in ijsdem uasis aut capsis opertis condita. ¶ Castoreum è Perside fermè adulteratum ad nos defertur: syncerum enim tanta ui odoris est præditum, ut olfacienti uesicam castorij, sanguinem è naribus eliciat. Persę autem adulterandis rebus sunt exercitatissimi. Seruatur annis decem, Syluius teste citans Ludouicum patritium Romanum: cuius ego librum Germanicè tantum uidi, ubi hæc omnia non de castoreo, sed de moscho scribuntur, haud scio an per interpretis imperitiam. ¶ At Chalybes nudi ferrum, uirosaq; Pontus Castorea, Verg. 1. Georg. Seruius uirosa uenenata exponit: nam licet sint multis remedio, inquit, tamen prægnantes eorum odore abijciunt, & egerunt partum. Virosum autem deriuat ab eo quod est uirus: alij fortia interpretantur à uiribus. Sed hi in etymologia uocis errant, ille in reipsa. Virosum enim castoreum non alia ratione dixerim, quàm odoris grauitate, unde Dioscorides βαρύοσμον & βρωμώδης. Esto enim aliquando & aliquibus uenenosum, non ideò tamen absolutè hoc ei epitheton conuenit. Scio de castorei ueneno apud Arabes, & recentiorum quosdam qui illos sequuntur, mentionem fieri: mihi tamen non alia magis ratione in castoreum id cadere uidetur, quàm alia quæuis putrida & corrupta. Pleraq; enim talia uenenatam & contrariam hominis naturę facultatem obtinent, ut nuces rancidæ, &c. facile autem corrumpi castoriū uidetur, utpote folliculo inclusum, & humidū, nisi rectè & cōmodo locò siccetur. Castorium nigrum, fœtidum, rancidum, die uno necare affirmat Auicenna, Syluius. Ponzettus cardinalis lib. 2. tract. 8. cap. 3. Castoreum, inquit, corruptum, nimis calfacit, & acutos pectori uapores submittens, partium cōtinuitatem soluit. Remedio est lac asininum: cui quidam syrupum de acido citri succo admiscent: quòd si necessitas postulet Philonis antidoti drachma una aut altera ad summum propinetur. Castoreum corruptum, inquit Matthæolus ex Petro Aponensi, insaniam & furorem inducit, æger linguam exerit, febri conflictatur, & uno plerunq; die moritur. Curandi modus est, ut butyro & aqua mulsa uomitus prouocetur, & repetatur toties, donec nullum amplius castorei odorem reddat: postea dandum est medicamentum diamoron, (rob mororum aut limonum) uel syrupus de limonum (ut uocant) citrorúmue succo: Peculiare uero huius mali remediū coriandro adscribitur, si seminis tosti denarij duo exhibeantur. Auicēna castorei uenenosi antidota esse scribit, acetum, acidum citri liquorem, & lac asininum. Venenosum autem esse ait, quod uarium sit, uel (ut Bellunensis emendat) puluerulētum, subnigrum: die una occidere: & si quis euadat, illū incidere in birsen, quod uocabulum Bellunensis pleuritin exponit. Birsen est apostema capitis propter consensum diaphragmatis factum, Vetus interpres glossarum Auicennæ. Birsen aliquando pro pleuritide inuenitur, Idem. Ego phreniticū, non pleuriticum, eum qui præsens periculum euadat, fieri intelligo. Phrenes diaphragma uocatur, quo inflammato cerebrum etiam afficitur, ut phrenitis fiat, uel ut quidam uocant paraphrenitis. Manardus in epistolis 17. 3. carabitum uel sirsen (corruptè puto pro birsen) exponit phrenitin. ¶ Castoreum si desit, tantundem acori & dimidium piperis substituetur, Auicenna. Aetius, ut supra dixi, canis fluuiatilis testes ad eadem facere ait, ad quæ castoreum: recentiores idem de lutræ testibus scribunt. Cæterum fluuiatilem canem à lutra non differre, in Lutra docebo. In Antiballomenis inter Galeni notha pro castore agalochum uel siphium usurpari posse legimus: ego non agalochum, sed sagapenum lego: cui & ratio astipulatur, & Platearius ut superius retuli, nōnullos castoreum adulterare scribit, sagapeno & sanguine modico piperi mixtis. Silphij nomine castoreo substituendi, assam fœtidam uulgo dictam intelligo: hæc enim melius quàm dulcis dicta castoreo respondet, cum aliâs tum ad uteri præcipuè morbos. Est enim uterus in mulieribus ueluti animal quoddam, quod suaues odores sequitur, fœtentes fugit: fugari autem debet, cum nimium ascendit, fœtidis supra adhibitis, suauiter odoratis infra: cum nimium descendit, contra: & ad hunc quidem usum quicquid grauiter ac uirus olet, castorei locum implet: cuiusmodi sunt diuersa, quæ cum uruntur grauissime olent, ut pennæ auium, ellychnium candelæ recens extinctum, lanæ laciniæq; combustæ, soleæ calciamentorum, alliorum aut ceparum cortices, capilli, capræ cornu, pix, galbanū: & alia gratis odoris etiam non usta, ut parthenium, quod inde matricariam uocant, & scrophularia urticæ similis, quam aliqui galeopsin Dioscoridis esse putant, &c. Sunt qui ad suffocationem ab utero pomum ex castoreo & alijs medicamentis componant: idq; commendent subinde olfactandū mulieribus huic malo obnoxijs, præseruandi maxime gratia. Compositio eiusmodi est: Rutæ & melissophylli folia: dauci, nigellę & absinthij Pontici (uel sementinæ) semina, singula denarij semis pondere: castorei denarius, & assæ fœtidæ scrupulus miscentur, odoramentum hoc ut saluberrimum, ita etiam illis mulieribus quæ fœtidū nihil patiuntur nō æque ingratum esse aiunt ut cætera huius generis. ¶ Testiculos castoris (inquit Galenus de simplicib. 11. 11.) nuncupant castorium, medicamentum & celebre, & multi usus, adeò ut Archigenes de castorij usu totum conscripserit librū. Atq; ille sanè particulares eius facultates exposuit, nos more nostro generalem tantum facultatem dicemus. Itaque quod excalfaciat manifestum est. Nam si uoles ipsum ad unguem leuigatum oleo maceratum parti cuipiam infricare, euidenter illam incalescere percipies. Iam cum castorij consistentia sicca quoque sit, & calfaciendi potentiam habeat adiunctam, meritò desiccat. Porrò quoniam impensè subtilium est partium, ob id efficacius est quàm alia quæ similiter ut ipsum & calefaciunt & desiccant. Penetrant enim tenuium partium medicamenta, & in altum subeunt admotorū corporum, potissimum

F 3

si ea densa fuerint, ut neruosa. Sanè si odori gustuiq; aduertas animū, suspicaberis humano corpori aduersissimam habere substantiam: tametsi in natura nihil efficere comperiatur eorū quæ talia facere assolent, cum nullā omnino corporis partem intrò sumptū lædat. Nam siue corpori humido applices resiccationē poscenti, siue frigido excalfactionē, siue frigido simul & humido, magnā utiq; experiere cōmoditatem: potissimum si febri uacet. Et eorum sanè multis qui non admodū calidā patiebantur febrim (sic enim uertere debuerat interpres) sed ut sic dicam tepidā, qualis accidit in cataphoris maximè & lethargis, castoreū exhibuimus unà cum pipere albo, utrunq; mensura cochlearij ex melicrato bibendum præbentes: nec quisquam ullam sensit noxam. Quæ porrò in corpus intrò sumptum iuuat, ijsdē prodest quoq; cuti impositū cum Sicyonio aut uetere oleo: Quæ uero ampliori caliditate indigent, ijs etiam per sese infricari debet. Iuuat etiam si quis suffitum eius in prunis impositi inspiratione hauriat, maximè affectus in pulmone aut capite consistentes. Attamen lethargicos & cataphoricos affectus, qui quidem adiunctam habent febrim, præstat non dictorum (Sicyonij aut ueteris) olеorum quopiam macerantes curare, sed potius ex rosaceo capiti colloq; imponere, Hæc Galenus: reliqua de castoreo ex eodem, suo quæq; loco referam. ¶ Castoris testes coquunt dispositiones contumaces & scirrhosas, Galenus de cōpos. pharm. sec. locos. Castoreum ualde calefacit, relaxat (secundum alios, recorporat,) & sic elimat diuturna neruorum uitia, quæ (forte qui, scilicet nerui) nimijs doloribus contrahuntur, De simplicib. ad Paternianum liber Galeno adscriptus. Dissoluit, attrahit (aliâs, consumit,) & neruosa maximè loca roborat, Platearius. Idem in calfaciendo tertium ei gradum attribuit, in siccando secundum. Calefacit (inquit Auicenna) in fine tertij usq; ad quartum, siccat in secundo. In summa calfactoriam uim habet, & in uniuersum uarios obtinet usus, Dioscorides.

¶ Fibri testes serpentium uenenis aduersantur: priuatim contra ixiam ex aceto bibuntur: faciūt etiam ad alia uenena, Dioscorides. Prosunt contra uenena: Differentia tantum contra genera est mixturæ. Quippe aduersus scorpionem, ex uino bibūtur: aduersus phalangia & araneos, ex mulso, ita ut uomitione reddātur: aut ut retineantur, cum ruta: Aduersus Chalcidas (aliâs Chalcidicas, nempe lacertas) cum myrtite: Aduersus cerasten & presteras, cum panace, aut ruta ex uino: Aduersus cæteras serpentes, cum uino. Dari binas drachmas satis est, eorum quæ adijciātur, singulas. Auxiliantur priuatim contra uiscum (ixiam, chamæleontem scilicet, Dioscor.) ex aceto: aduersus aconitum, ex lacte aut aqua: Aduersus helleborum album, ex aqua mulsa nitroq;, Plinius. Castoreum confert morsui paruorum uenenatorum, Auicenna. A frigore laborantibus, castorij ternis obolis uti ex quatuor cyathis uini prodest, Plin. Castoreo cum melle pro psilothro usi pluribus diebus reperiuntur: In omni autem psilothro uellendi prius sunt pili, Plinius. Ladanum cum castoreo fistulis medetur, Plinius. Medetur abscessibus frigidis, & ulceribus malignis, Auicenna. ¶ Sternutamenta olfactu mouent, Plinius & Dioscor. Somnum conciliant cum rosaceo & peucedano peruncto capite, & per se poti in aqua, ob id phreneticis utiles, Plinius. Castoreoq; graui mulier sopita recumbit, Lucretius lib. 6. Castoreum cum peucedano & rosaceo capitis doloribus utiliter illinitur, Plinius. Capitis affectionem frigidam & flatibus coniunctam curat, emplastri more impositum, & suffitu, Auicenna. Galenus etiam suffitum eius respiratione haustum ad capitis affectus utilem dixit. Capitis dolores ex utero sedat, Hippocr. Epidemiorum lib. 7. Castoreum in aceti mulsi cyathis tribus, aduersus comitiales ieiunis datur: his uerò qui sæpius corripiuntur clystere infusum mirificè prodest. Castorei drachmæ duæ esse debebunt, mellis & olei sextarius, & aquę tantundem: Ad præsens uero correptis, olfactu subuenit cum aceto, Plinius. Castoris testes diuersis neruorum alijsq; uitijs peruncti medentur: uel triti ad crassitudinem mellis cum semine uiticis, ex aceto aut rosaceo: Sic & contra comitiales sumpti prosunt, Plinius. Contra epilepsiam & alios frigidos affectus capitis, pondere scrupuli, uel duorum triūmue bibendi dantur cum rutæ succo, aut uino in quo decocta sit ruta, Platearius. Medentur & uertigini, inuncti, uel triti ad crassitudinem mellis cum semine uiticis ex aceto aut rosaceo: Eodem modo opisthotonis, tremulis, spasticis, neruorum uitijs, ischiadicis, stomachicis, & paralyticis subueniunt, Plinius. ¶ Lethargicos & utcunq; ueterno obdormiscentes excitant infusi: cum aceto autem & rosaceo, olfactu & odoris suffitu, idem faciunt, Dioscorides, Plinius & Auicenna. Vide paulò superius in Galeni uerbis. Aduersus lethargum (docente Plateario) prouocetur sternutatio cum castoreo: cerebrum mouet ac roborat: Vel cum menta, succo rutæ, & pauco aceto decoctum, abraso occipitio, infricetur, & cataplasmatis modo imponatur. Puluis eius cum succo rutæ naribus inijciatur, aut fumus recipiatur per nares. Qui post ægritudines aliquas, ut lethargum aut pestilentiam, in obliuionem deciderint, eos maximè iuuat hiera Ruffi: & castoreum cum oleo occipiti illitum: post purgationem uerò hieræ castoreum drachmę pondere cum melicrato potum: non parum iuuare creditur, Aëtius. Paralyticis medetur, Plinius, eo modo quem paulo ante retuli. In paralysi totius corporis, datur uinum in quo decoctum sit castoreum, cum ruta et saluia, Platearius. Emplastrū ex castoreo ad resolutos, inferius apponam inter composita pharmaca à castoreo denominata. In linguæ paralysi, puluis castorei sub lingua tenetur, donec per se resoluatur & consumatur, Platearius. Contra paralysin membri genitalis, pecten frequenter foueatur uino in quo castoreum decoctum sit: & ex castoreo cataplasma imponatur, Platearius. Potum & illitum prodest tremulis, conuulsionibus, (spasticis, & neruorum uitijs, Plin. uide etiam paulo inferius in mentione opisthotoni) & omnibus neruorum uitijs, Dioscorid. & Plinius, eo modo quem superius ex eo recitaui. Potum spasmis

spasmis medetur, Galenus de Theriaca ad Pisonē. Tremulos iuuat, si ex oleo perungatur, Plinius. Cæterum falluntur medicorum pleriq; (inquit Galenus) in usu castorei, cum id modo considerant, partem quampiam aut tremere, aut conuelli, aut sensu motúue priuatam esse, aut ægre sentire mo- uerique: haud scientes id genus symptomata ad dissimiles sequi corporis affectus. Quod si ex plenitu- dine fiat conuulsio, utile fuerit castoreum & potum & impositum: sin ex siccitate uel inanitione, ad- uersissimum: & similiter in tremore. Castoreum auxiliatur opisthotonis, eo modo quem supra re- tuli ex Plinio. Rigor ceruicis mollitur castoreo poto cum pipere ex mulso mixto ranis decoctis ex oleo & sale, ut sorbeatur succus: Sic & opisthotono medentur, tetano: spasticis uerò pipere adiecto, Plinius. Castoreum cum melle claritati oculorum plurimum confert, Plinius. Et alibi, Claritatem 10 uisus facit cum melle Attico inunctū. Fel callionymi cum rosaceo infusum, auribus utilissimum est, uel castoreum cum papaueris succo, Plinius. Cum oleo tritum aurium doloribus medetur, melius si cum meconio, Idem.

¶ Si audiendi difficultas ex causa frigida fiat, castoreum medetur: eodem nihil utilius, cum spi- ritus includuntur auribus: debet autem magnitudine lentis oleo nardino dissolutum infundi, Aui- cenna. ¶ Medetur & dentibus infusum cum oleo tritum in aurem, à cuius parte doleant, Plinius. Aspasij uxori dentis & maxillæ dolor uehemens: castorium & piper colluens, ac in ore tenens, re- misit, Hippocrates Epidem. 7. Si quis suffitū eius in prunis impositi inspiratione hauriat, iuuat af- fectus in pulmone aut capite consistentes, Galenus. Suffitus eius naribus attractus utilis est ad ab- scessus & alia pulmonis uitia, Auicenna. Suspiriosis castoreum cum ammoniaci exigua portione ex 20 aceto mulso ieiunis utilissime potatur, Plinius. ¶ Sitim facit, Auicenna. Cohibet singultus ex aceto, Plinius, Dioscorides, & Auicenna. Castoreum cum ammoniaci exigua portione ex aceto mulso calido potum, spasmos stomachi sedat, Plinius. Singultus si ex plenitudine stomachi proue- niat, ad castorei usum accedito: sin autem ab euacuatione, aut acrium humorum morsu prouene- rit, medicamen hoc fugito, Galenus. Medetur stomachicis, Plinius: eo modo, quē supra præscripsi aduersus uertiginem, &c. ¶ Iuuat contra inflationes & tormina, Plinius & Dioscorides. Dolorem uentris pungentem & flatus dissoluit, si cum aceto bibatur, Auicenna. Ileos & inflationes pellit ca- storeum cum dauci semine & petroselini quantū ternis digitis sumatur ex mulsi calidi cyathis qua- tuor: tormina uerò cum aceto uino mixto. Quibus uenter ita flatu distenditur, ut ægre curationem admittat, ac torminibus uexatur atq; singultu, idq; ob frigidos crassosq; humores, aut crassos flatu- 30 lentosq; spiritus, eos castorium ex oxycrato potum adiuuat, Galenus. Ex apparatis in colica affe- ctione pharmacis hocce nobis, inquit Archigenes, familiare est: Castoriū & anisum tenuissimè trita, duorum cochlearium mensura præbemus ex aqua mulsa, Aëtius. Et ibidem paulò ante, Castoreum etiam (inquit) potum, totius affectionis molem demolitur, omnibusq; medicamentis præstare reper- tum est: datur eius drachma una in tribus cyathis optimæ aquæ mulsæ. ¶ Vsus inuenit ut anima- lia (equi difficultate urinæ laborantes) à collo usq; ad pedes inuoluantur de sagis, suppositisq; carbo- nibus uiuis, addito castoreo, suffumigentur, ut totum uentrem testiculosq; eorum castorei fumus e- uaporet, & confestim detractis carbonibus cooperti deambulant & mingūt, Vegetius. ¶ Aluum emolliunt castorea ex aqua mulsa drachmis binis: Qui uehementius uolunt uti, addunt cucumeris satiui radicis siccæ drachmam, & aphronitri duas, Plinius. Et alibi, Castoreum ex mulso potum pur- 40 gationibus prodest: Sed hic purgationes pro mensibus accipio. ¶ Si gonorrhœa infestat, castorei in succo uiticis & pauci aceti decoctū, renibus, pectini, & locis genitalibus cataplasmatis instar ap- plicetur, Platearius. ¶ Ischiadicis medetur, Plinius: quo supra dixi modo contra uertiginem, &c.

¶ Vuluarum exanimationes pellit, uel subditum, Plinius. Inuenio apud quosdā ostracium uo- cari, quod aliqui onychem uocant: hoc suffitum uuluæ pœnis mirè resistere: odorem esse castorei, meliusq; cum eo ustum proficere, Plinius. Castoreum cum aceto & pice olfactum, contra uuluam prodest, Plinius. De usu castorei contra hoc malum, supra etiam dixi. Capitis dolores ex utero sedat, Hippocrates Epidem. lib. 7. Menses ac secūdas ciet duabus drachmis ex aqua cum pulegio potum, Plinius. Menses ac partus cit, duabus drachmis cum pulegio potum partus secundasq; eijcit, Dio- scorid. Hoc modo potum uiris etiam partes genitales calefacit, Albertus. Ex mulso potum purga- 50 tionibus prodest: Ad secundas etiam uti eodem prodest cum panace in quatuor cyathis uini: & à fri- gore laborantibus ternis obolis, Plinius. Mensibus retentis ubi per uenam quæ in malleolo est, mō dicè euacuassem, oblato castorio unà cum pulegio aut calamintha, semper medicamen hoc expertus sum purgationem ciere sine hominis noxa. Præterea secundas morantes eijcit, eaq; omnia ex me- licrato potum efficit, Galenus. Castorij potus puerperij purgamenta à partu purgat, Hippocrat. de morb. mulieb. Si castoreum fibrúmue suppergrediatur grauida, abortum facere dicitur, & pericli- tari partus si superferatur, Plinius.

¶ Antidotus diacastoriū, id est è castorio, à Nicolao Myrepso describitur, utilis uertiginosis, co- mitialibus, apoplecticis, resolutis, & paraplecticis, est autem Sectionis primæ antidotus 27. & rursus alia eiusdem nominis, numero 102. in qua cum castoreum non recipi animaduerterem, statim diaco- 60 stu legendum deprehēdi, & hoc nomine eandem antidotum ab Actuario descriptā: quod Fuchsium non animaduertisse miror. ¶ Diacastoriū emplastrum ad resolutos, ab Actuario describitur in ca pite de emplastris & linimentis. Eadem descriptio in paucis uariās apud Nicolaū legitur Sectione 3.

F 4

quæ de unguentis est, numero secunda. ¶ In uulgaribus Nicolai Præpositi, ut uocant, descriptionibus, (nam in Græco libro, quem Fuchsius transtulit, non reperio) oleum de castoreo continetur, ita ut uncia castorei in libra olei decoquatur donec absumatur pars tertia, & postea reponatur insperso castorei puluere. Pharmacopolæ quidam huic oleo addunt pinguedinem quæ circa ipsos castoris testes reperitur. Extat etiam apud recentiores descriptio olei de castoreo Iacobi de Manlijs, quod præter castoreum lachrymas aliquot calidas, & aromata, aliaq; recipit. Sunt qui diuersis medicamentis castoreum addant, præsertim aduersus comitiales. In ijsdem Nicolai uulgaribus descriptionibus errhinon, id est per nares purgans medicamentum reperio, cui à castorio nomen, inter pilulas nescio qua occasione descriptum: Inter Nicolai ex interpretatione Fuchsij errhina non inuenio. Miscetur castoreum etiam medicamentis quæ ad excitanda sternutamenta componi solet, cum helleboro albo & pipere ferè.

H.

Fiber ab extrema ora, ut Varroni placet, uocatur: quoniam dextra & sinistra fluminis maximè uideri soleat: & antiqui fibrum (inquit) dicebant extremum: unde sagis fibriæ (fimbriæ legendũ puto, ut Festus habet:) & fibræ in auribus & iecore. Canem fluuiatilem, lutrã esse suo loco ostendam: qui castorem exponunt, decepti uidentur inde, quod potamium pro Ponticum legerint: nam castor etiam, canis Ponticus appellatur. ὄρχις animal quadrupes, & herba, Hesychius & Varinus: Videtur autem castor esse, cuius testes maximè in usu sunt: herba uero non alia quàm orchis, id est, testiculus Dioscoridis fuerit. Fiber, genus uespæ quadrupedis, Festus: legedum bestiæ, nam de fibro, quem Græci castorem uocãt etim loqui, mox citatus ab eo Plauti uersus indicat. Vespa quidem insectum est, sed nullum insectum quadrupes. Interim non ignoro lutram fibro congenerem existimari, lutræ uero ichneumonem quadrupedem Aegyptiam: & uespæ etiam genus apud Aristpohanem uocari ichneumonem. Castor à castrando dicitur, non quod seipsum castret, ut scripsit Isidorus: sed sed quia ob castrationem maximè quæritur, Albertus. Κάστωρ παρὰ τὸ γαστήρ: ὑπογάστριον γάρ τὸ ζῶον, καὶ σχεδὸν ὅλον κοιλία, Etymologus & Varinus: hoc est, castor nomen habet quod totus propemodum nihil quàm gaster, id est, uenter sit. oblongo enim corpore est, cuius maxima pars in uentrem consumitur. ¶ Auius fiber, Silius lib. 15. ¶ Fibrinus adiectiuum, ut pellis fibrina: Græce καστόρειος, ut ὄρχεις καστόρειοι apud Hesychium. Καστόρειον μέλος, Laconicum erat, quo utebãtur in prælijs ὑπὸ τὸν ἐμβατήριον νόμον, Pollux. Castorium melos (inquit Cælius) dici interpretantur, quod armatam saltationem Dioscori cõpererint primi, cum ὀρχησταὶ forent planè. Meminit Pindarus in Pythijs ad Hieronẽ ode secunda strophe tertia, cuius loci scholia, si libet, consule. Καστόρειον μέλος, τὸ καστόρος τοῦ ζῶου, Suidas & Varinus. Est & castoreum infecturæ species, Cælius: Suidas & Varinus addunt, ἀπὸ τῆς κογχύλης, id est è conchylio. Conchylium quidem, quod onychem uocant, castoreum olere supra dixi, & fieri potest ut ab odore nomen ei coloriq; accesserit. Castoreum colorem Græci cinereũ intelligunt, Cælius. Castorias uel castorides canes supra memoraui inter Canes uenaticos in genere. Oppianus lib. 1. de piscatione meminit nescio quarum castoridum, quæ amphibiæ sint, & in littoribus coẽant, & tam dirum inauspicatumq; ędant ululatum, ut quisquis illum audiuerit, non procul sibi calamitatem & ipsam mortem abesse eo tanquam nuncio existimare debeat. Aelianus interprete Gillio castorides auibus adnumerauit. Lutras è genere fibrorum nusquam mari accepimus mergi, Plinius. Vitulo marino uictus in mari ac terra: Simile fibro & ingenium, &c. Plinius. Castorem uitulo marino comparat, tum uictus ratione, quia similiter amphibius sit, tum ingenio, quia uitulum aiunt euomere fel suum ad multa medicamenta utile: item coagulum ad comitiales morbos: ut castorem seipsum castrare. ¶ Aristolochia longa apud Germanos **biberwurtz**, id est fibri radix appellatur, haud scio quam ob causam. ¶ Falsa castrationis, quam sibi ipse castor inferret, persuasio, ansam dedit pluribus amantibus ut picturas ex hoc animali sibi fingerent, Brasauola. ¶ Emblema Alciati, Aere quandoque salutem redimendam:

Et pedibus segnis, tumida & propendulus aluo,
Hac tamen insidias effugit arte fiber.
Mordicus ipse sibi medicata uirilia uellit,
Atq; abijcit, sese gnarus ob illa peti.
Huius ab exemplo disces non parcere rebus,
Et uitam ut redimas, hostibus æra dare.

DE CATO SEV FELE.

A.

FELES animal est familiare ac domesticum, omnibus notum: uulgò catus nominatur, ut opinor, à solertia: nam catum sapientem dicunt & acutum, Græci ęluron uocant, Phil. Beroaldus. Recentiores quidam Grammatici cati (uel ut alij scribunt catti, per t duplex) nomine abstinent, quod apud nullum idoneum, ut ipsi aiunt, authorem reperiatur. Atqui utitur eo Palladius, & Theodorus Aristotelis historiæ animal. interpres ęluron non aliter quàm catum reddit. Sextus Platonicus catam genere fœminino dixit: Martialis cattam t geminato. Catum Iudæi uocant חתול catul, & שנר schanar, uel שונרא schunara, ut Munsterus in Dictionario trilingui scribit. Saraceni katt. Græce αἴλουρος dicitur: & κάττης, ου, quam uocẽ Varinus felem domesticum exponit:

ponit: uocatur & uulgò hodie apud Græcos κάτης. Italicè gatta, gatto. Hiſpanicè gáto, gata. Gallicè chat. Germanicè Katz. Anglicè cat. Illyrice koczka. Furioz apud Albertum Magnũ pro cato legitur, quod nomen ab Auicenna ſumptum puto, & Arabicum uel Perſicum eſſe: Albertus ſignificationem eius ignorauit, & alicubi pro capro montano uel ibice, ut ſupra dixi, ineptiſſimè exponit: ſed catũ eſſe conſtat, quoniam & in eo loco ubi Ariſtoteles de æluro, & eadem ſcribit. Eiuſdem forſan originis eſt etiam uocabulum furo, quod uiuerram ſignificat, utpote cõgenerem feli. Aegyptij felem bubaſtum uocant, Stephanus: Hinc forte nomen Bubaſto ciuitati in Aegypto: quã Herodotus Bubaſtin appellat: ſacras enim feles Aegyptij habebant, ut infra dicam. ¶ Apud Columellam (lib. 8. cap. 3.) & Varronem (lib. 3. cap. 12.) feles accipi uidetur pro fouino; ſic enim uulgus appellat beſtiolã gallinis maximè infeſtam noxiãq;, & ſæpe gallinaria tota contrucidantẽ, Philippus Beroaldus. Feles Varronis & Columellæ fouinus uel marturellus uidetur, Aug. Niphus. Idẽ alibi, felis eſt, inquit, quę uulgo dicitur fouina: ictis, marturus uel marturellus: muſtela uerò, donula. Sed de his omnibus in Muſtela dicam. Meles auibus animal inimicum, puto eſſe id quod uulgus fouinum & marturellum appellat, Ge. Alexandrinus in litera M. in Enarrationibus priſcarum uocum: citat aũt Varronis locum de re ruſt. lib. 3. cap. 12. ubi ſic legimus, Quis enim ignorat ſepta è macerijs ita eſſe oportere in leporario, ut tectorio tecta ſint, & ſint alta. Alterum ne feles, aut meles, aliáue quæ beſtia intrare poſſit: alterum, ne lepus tranſilire. Ego Ge. Alexandrinum felem interpretari uoluiſſe, lapſum autem memoria melem (quem ſuo loco taxum uulgò dictum eſſe docebo) poſuiſſe puto. Felẽ certe pro cato ſiue domeſtico ſiue ſylueſtri apud ueteres authores ſemper acceperim. Errant qui felem putauerunt martem dici, Perottus. ¶ Γαλῆ Græcis muſtelam ſignificat, diuerſum à fele animal, ut copioſe probat Perottus in Cornucop. Recentiores tamen quidam Græci, ut Galeomyomachiæ author, & ab ijs decepti quidam Latini, γαλῆ pro cato accipiunt. Sunt ſanè quędam horum animalium, muſtelæ & cati, naturis communia, ut corporis ferè figura, & ingenium: calliditas, uictus, muſculorum uenatus: utrunq; fœtus ſuos ore de loco in locum transfert, ut & canes interdum: & Græci muſtelam non ſolum γαλῆ ſimpliciter, ſed ſæpe γαλῆ κατοικίδιον, id eſt domeſticam, & in domibus nobiſcum uerſantem uocitant: ſunt autem ubiq; cati domeſtici, muſtelæ nimirum nõ item: Quæ omnia errandi occaſio fuiſſe illis uidentur, qui galen pro cato interpretantur. Miror autẽ non dixiſſe illos, ſi gale catus eſt apud ueteres Græcos, quo nomine muſtelam ijdem appellarint. Michael Epheſius etiam in Græcis ſcholijs in lib. 3. de gener. animal. cap. 29. γαλῆ exponit catam, ut refert Aug. Niphus: Et Gaza γαλῆ non ſemper muſtelam transfert, ſed aliquando catum: ut galen agrian, catum ſylueſtrem. Marcellum Vergilium quoq; muſtelam domeſticam, felem exiſtimaſſe, apparet ex commentarijs eius in Dioſcoridis caput de muſtela domeſtica, & in caput de lychnide. Feles genitale oſſeum non habet; muſtela, ictis, lupus & uulpes habent, Sipontinus. Muſtelæ hyeme cubant, æſtate expergiſcuntur, Ariſtot. Hoc muſtelis accidere (inquit Sipontinus) compertum eſt: quod ipſi quoq; coemptis in hunc uſum utriuſq; generis (paruis & magnis, ſiue domeſticis & ruſticis) muſtelis, aliquando experti ſumus: hoc cati non faciunt, ſed neq; in cauernis uerſantur, nec ingredi eas facile poſſunt ut deuorent aues: quorum utrunq; muſtelis tribuitur. Plinius certe pro æluro ex Ariſtotele ſemper felem reddit, pro gale muſtelam. Hæc ſi cui non ſatisfaciunt, collatis cati quam hic tradimus, & muſtelæ in M. litera, hiſtorijs, ipſe iudicet. Carolus Figulus uir eruditus utraq; lingua, dialogum de muſtelis ædidit, in quo ſimiliter æluron pro fele, galen pro muſtela ſemper exponi debere confirmat. Eraſmus Rot. in prouerbijs Γαλῆ ταρτησία, & γαλῆ κροκωτόν, pro gale felẽ poſuit, dubitando tamen an rectè fecerit, his uerbis: Porrò uox hæc gale, felémne ſignificet an muſtelam, an quem uulgò catum appellant, quoniam inter eruditos controuersum esse uideo, relinquo alijs iudicandum, Hæc ille: Quasi uerò feles & catus diuersa sint animalia: sed forte sequitur Columellam (inquit Car. Figulus) cui feles est belua illa, quam fouinum appellant Galli, Germani ein wisele, mustelam autem forsitan capit pro ictide. At ego etiam Figulum errare dixerim, à Beroaldo & alijs Italis deceptum, in eo quod Columellæ felem fouinum facit.

B.

Feles antiquitus non erant mansuefactæ: uiuebant in agris, inde urbes & domos repleuere. Sed de cato syluestri, dicam postea seorsim. Pannonicæ cattæ libro 12. Epigrammatum Martialis celebrantur hoc disticho: Pannonicas nobis nunquam dedit Vmbria cattas: Mauult hæc dominæ mittere dona Pudens. Feles Hispanici dicti apud nos, agiliores rapacioresque sunt cęteris, maiores, nigriores, & pelle mollissima: quæ propter splendidam nigredinem & mollitiem alicubi etiam, ut in Gallia Narbonensi & alibi, ad uestes in usu est. Apud nos ex syluestribus tantum pelles parantur: domesticas enim excoriasse parasseue pelliones nostri pro ignominia ducunt. Sunt & Romani quidam à nostris dicti. Tartesia feles, uide infra inter prouerbia. In Pordoselena, uia interiacet, cuius ultra alterum latus gignitur catus, citra alterum gigni non potest, Aristoteles interprete Gaza: Græce legitur gale, id est mustela. In Pordoselene insula uiam mustelæ non transeunt, Plinius 8. 58. Idem 5. 31. Poroselen nominat. Pordoselene, insula est iuxta Lesbum, cum urbe eiusdem nominis: Aliqui ut ciuilius loquantur (porde enim crepitum uentris significat) Poroselenen nominant, Stephanus. Feles (ælures) in Aegypto esse meminit Strabo lib. 17. quæ quantopere ab Aegyptijs colantur dicam infra.

¶ Feles figura similis est leoni, aut leænæ potius, unguibus ac dentibus similiter instructa: sed auriculas acutiores feles habet, leęna rotundiores. Domestici cati diuersos habent colores, syluestres omnes griseum (id est cinereum,) Albertus. Ex felibus domesticis quædam albæ sunt, aliæ rufæ, aliæ uariæ, Sipontinus. Color feli griseus, glaciei uehementer congelatæ similis: atque hic ei secundum naturam est, alij extrinsecus accedunt, ut ratione cibi, præcipuè domesticis, Albertus. Caro ei laxa & mollis, Idem. Oculi catorum noctu lucent, non sine terrore intuentiū, prȩsertim ex improuiso. Nocturnorum animalium, uelut felium, in tenebris fulgent radiantque oculi, ut contueri non sit, Plinius. Persicos smaragdos, Democritus refert, non translucidos, sed iucundi tenoris, uisum implere, quem non admittant, felium pantherarumque oculis similes. Nanque & illos radiare, nec perspici: Eosdem in Sole hebetari, umbris refulgere, & longius quàm cæteros nitere, Plinius 37. 5. Oculi felis carbunculosi tam acutè cernunt, ut in cauernis etiam tenebrosis, tanquam in luce, mures conspiciat, Albertus & alius author obscurus. Aeluri, id est cati, hyænæ, & uespertiliones, cur noctu uideant, Alexander Aphrod. inquirit lib. 1. problemate 66. & causam affert tenuissimum quem sortiti sunt uidendi spiritum. Nostri uitreos felium oculos appellant, quoniam per noctem radiant, incluso eis lumine tanquam uitro aut uitreæ laternæ. Felem marem Aegyptij dicunt pupillas ad Solis rationem uariare: cum enim exoritur Sol, tum longæ fiunt, in meridie rotundæ uidentur, ad uesperam autem obscurantur, Gyllius: Plura de oculis felium lege infra cap. 8. proximè ante prouerbia. Leonibus ac pardis, omnibusque generis eius, etiā felibus, imbricatę asperitatis lingua, ac limę similis, attenuansque lambendo cutem hominis. Quæ causa etiam mansuefacta, ubi ad uicinum sanguinem peruenit saliua, inuitat ad rabiem, Plinius. Dentes cati serratos habent: & pilos (Albertus barbara uoce granones uocat) circa os, quibus abscissis audaciam perdūt, Albertus & alius author obscurus. Vngues eis hamati, ut leonibus, & uaginis reconditi.

C.

Catus animal est uelox, & scandendo, reptando, saliendoque miræ agilitatis. Valde mordax, Albertus. Diuersa murium genera, & aues uenantur, ut dicam capite quarto, & ideo naturæ beneficio etiam in tenebris cernunt. Vescuntur ijsdem quibus canes, Aristot. Pisces præcipuè appetunt. Valde intemperantes sunt circa cibum, eiusque gratia non raro pericula subeunt, Albertus. Focos, fornaces, & loca calida diligunt: ūnde pilos sæpe adurunt. Purè & molliter cubare gaudent. ¶ Libidinis tempore, mares pręcipuè, efferantur: nostri uocant ramlen. Cati per libidinem accenduntur, & domibus suis relictis uagantur: uel ut Alberto placet, solitudinem petunt, quasi præ uerecundia homines relinquant: propria tum eis & dira uox est. Feles coëunt mare stāte, fœmina subiacente, Plinius. Feles non parte posteriore se iungunt: sed mas stat, fœmina subiacet. Sunt porrò in eo genere fœminæ ipsæ natura libidinosæ & salaces; itaque mares ad coitum ipsæ frequentes alliciunt, inuitant, cogunt: puniunt etiā nisi pareant, Aristot. Puniunt, inquit Niphus, insectando scilicet uerberandoque. Græce est προσάγονται τοὺς ἄῤῥενας εἰς τὰς ὀχείας, καὶ συνιοῦσαι κολάζουσι: hunc locum apparet deprauatum esse: ego illum sensum, quem Gaza reddidit, non uideo. Pro κολάζουσι forte ὀκλάζουσι legendum, & ita uertēdum: fœminæ mares ad coitum alliciunt, & dum coëunt, in terram se submittunt: quo sensu uerbum ὀκλάζειν in usu est, & simile apud Germanos bocken. Albertus hic furioz, id est catū, ineptissime caprum montanum exponens, Fœminæ furiomorum, inquit, sunt ualde obedientes ad coitum, & clamant alliciendo mares ad coitū tempore coitus. Item lib. 22. in alphabetico quadrupedū catalogo quódnam animal sit non exponens, Furioz, inquit, in coitu maximè feruet: ita quod in fœminam grassari uidetur; & cum coitum perficere non potest, clamat: exercet autem coitum, prostratum super fœminam more

more hominum, sicut & simiæ. Et quoniam constat catas in coitu clamare, siue propter seminis caliditatem, siue quod retinentis maris unguibus lædūtur, siue aliam ob causam, κλάζουσι legi potest, id est clamant. Κλάζειν enim grammatici exponunt βοᾶν, κραυγάζειν: & cum de aliorum animalium uoce, tum canum, κλαγγὴ & κεκληγμὸς apud authores reperitur. Quemadmodum ex felibus, inquit Aelianus, mas est libidinosissimus: sic amantissima fœtus fœmina: quæ Veneream idcirco maris cōsuetudinem refugit, quod is calidissimum ignisq; simile semen emittat, genitale ut fœminæ adurat. Huius rei mas nō ignarus, communem sobolem interimit: Hæc autem noui fœtus desiderio permota, illius libidini denuo morem gerit, Aelianus. Idem ursos facere audio. Feles in Aegypto sacræ & multæ sunt, plures futuræ nisi hæc res eis officeret. Feles postquam sunt enixæ, non amplius adeunt masculos. Eas isti coēundi gratia indagantes, tamē potiri nequeunt. Ergo contra illas talia cōminiscuntur. Ereptos aut subreptos earum fœtus occidunt, non tamen occisos edunt, (πατέονται, Valla recte transtulit edunt: Sipontinus inepte, calcant.) Illæ filijs orbatæ, cupiditate aliorum (amantissima enim filiorum fera est) ita demum ad mares se conferunt. Tot numero pariunt quot canes, Aristoteles: Apud nos binos aut ternos, ut plurimum quaternos, interdum singulos. Parit canis (inquit Aristoteles) duodecim complurimum, sed magna ex parte quinq; aut sex: unum etiam aliquē peperisse certum est. Vulgare dictum est, catas cum dolore concipere, sine dolore parere. Nuper enixæ, canes fugant, & sæpe inequitantes per gradus & scalas ædium expellunt. Præfertur fœtus Martio mense æditus: Augusto mense propter pulices minus probatur. Vterum gerūt catæ, ut audio, dies quinquaginta sex, hoc est duos menses Lunares. Viuunt circiter annos sex, Aristot. Viuunt annis senis, Plinius. Apud nos ferè annis decem: castratos diutius uiuere crediderim. Furioz (id est feles) prorsus intemperans circa cibū est, & breuis uitæ propter excessum suæ corruptionis, Albertus. ¶ Ab omni tetro odore feles abhorrere dicuntur, eamq; ob causam excrementa sua, prius scrobe facta, in terram occultāt, Aelianus. Volaterranus addit, ne à prætereunte premantur: Plinius causam dicit, ne odore prodatur, muribus nimirum. Obruunt autem ea posterioribus pedibus. Felem odore unguentorum Plutarchus scribit grauiter uexari, Gyllius. Feles olfactu odoramentorum perturbari & furere traditur, Cælius. Catti, ut Aloisius Mundella se obseruasse scribit, comitiali morbo aliquando afficiuntur.

D.

Hominis sibi familiaris manu leuiter contrectari catus, & molliter per caput dorsumq; demulceri gaudet: qua quidem uoluptate ut fruatur prolixius, ire ac redire sub manus subinde solet. Ipse etiam capite præcipue pressius applicat se manibus demulcentis, & in aduersum erigendo nititur, tanquam transfigendæ per totum reliquum corpus attrectationis admonens, aut ut pili ita planius componantur. Cruribus etiam prætereuntium tanquam adblandiendo latera affricat, secundo semper pilo præteriens reuertensq;. Hanc etiam uoluptatem animiq; remissionem, submisso murmure quodam, & cōtinuato oris occlusi rhoncho testatur. Me certe (inquit Cælius Calcagninus in epistolis) nihil pœnitet interdum, quum uel à negotijs uel studijs aliquid temporis succiditur, æluro (seu mauis felem appellare) blandiri, eumq; adludentem, & festiuis rhonchis supparasitantem permulcere. Facillimus & procliuis ad ludos est, non solū cum prouocatur ad eos, sed etiam sua sponte, præsertim ætate adhuc tenera. Si quid pendere, aut trahi, aut aliter moueri uiderit, mox assultat, mordicat ore, ferit unguiculis, resilit, insidiatur, prosilit, inuadit, rapit, proijcit, iterum arripit, & multis miris q; modis gesticulatur: ut pueri & otiosi homines plurimum sæpe uoluptatis colludendo capiant. Funiculos aut fascias trahunt cati, uel quia quauis occasione ludere libet, uel musculum aut aliud animalculi genus esse rati, ridiculis gestibus aliâs insidiosi quiescunt, expectāt, collimant: aliâs celerrime sequuntur, & apprehendunt. Solent autem supini ferè colludere, ut & oculis undiq; circumspicere, & ungues in promptu habere omnes possint. Itaq; nunc ore hiant, & morsicatim ludunt, nunc unguibus euaginatis obuium quodq; apprehendunt: si tamen hominis manus esse senserint, nec mordent, nec laniant, sed leniter tantum retinent, mox dimittunt. Voces eis pro uario animi affectu uariæ: aliter enim ogganniendo aliquid petunt aut queruntur: aliter beneuolentiam suam testantur homini: aliter deniq; atq; aliter inter se ipsi agunt, uocant, blandiuntur, fugant, exsibilant tanquam efflantes aut expuentes, ut canes præcipue. Alius eis animus cum caudam submittunt: alius cum erigunt, idq; non uno modo, nunc rectā in altum, nunc arcuatam. Hæc etsi uulgò nota, in animali tamen rationis experte quis non miretur? Cum imagine sua interdū in speculo colludit catus: & eandem ab alto putei in aqua intuitus, dum ludere gestit, cadit ac mergitur. Madidus autē aqua tantopere læditur, ut nisi cito siccetur, uitam morte non rarò cōmutet, Albertus. Humiditas enim externa contra naturam ei est, proinde pedes etiam tingere cauet. ¶ Feles animal uerecundum est, & formæ studiosum, Albertus. Puritati & læuori siue æquabilitati pilorum, adeò studet, ut subinde se lambat & comat: in quem usum & flexibile corpus præ mollitie, & linguam (ut dixi) asperam habet. Pellem totam lambendo complanat, Albertus. Loturam faciei lambendo prioribus pedibus imitatur, Author obscurus. ¶ Quibus paruū est dorsum, pusillanimes sunt, quod ex fele & simia coniicimus, Aristot. in Physiognom. Nomina sua agnoscunt, quæ quidem à Germanis diuersa eis imponuntur: sunt & communia, quibus uocantur fugantúrue. ¶ Loca consueta diligunt, & in hoc differunt à canibus: ut qui altores suos sequantur, eosq; magis quàm domos consuetas ament: cati cōtrà.

in domicilijs ubi educati sunt, plerunque manet, etiamsi migrent à quibus nutriti sunt. Longius etiam in saccis asportati, reuertũtur. Castratur uterque sexus, ni fallor, præcipuè tamen mares, ut mitiores & corpulenti fiant, minusque deserant domos & euagentur. Auribus abscissis, facilius domi remanent, quod guttas auriculis apertis illabentes sustinere non possint, Albertus.

¶ Omne murium genus persequitur catus: captos primo lusibus afficit, illusos uorat, Author obscurus. Feles quidem quo silentio, quàm leuibus uestigijs obrepunt auibus? quàm occulto speculatu in musculos exiliunt? Excrementa sua effossa obruunt terra, intelligentes odorem illum indicem sui esse, Plinius. Pugnant cati obsidentes terminos suæ uenationis, Albertus. Felis & ictis aues petunt, Aristotel. Ἠδ᾽ αἰλούρους κατηφρυγὲς οἵ τε κατοικιδίοισιν ἐφωπλίσαντο καλιαῖς, Oppianus. ¶ Aeluros, id est catus, non inuadit gallinam, si ruta agrestis sub gallinæ ala appendatur, Africanus in Geoponicis Græcis lib. 14. cap. 15. idem lib. 13. cap. 6. ex Sotione refertur, ubi Cornarius & And. à Lacuna interpretes ὄρνιθα simpliciter autem uerterunt, cum libro sequente gallinã uerterint, quod magis probo, nam de gallinis illic ex professo agitur. Ne columbæ à felibus infestentur, ad fenestras atque aditus omnes, & secundum plures columbarij regiones, ramulos rutæ ponito suspenditoque. Ruta siquidem uim quandam possidet feris aduersatricem, Didymus in Geoponicis 14. 4. Vide etiam mox capite quarto. Nessotrophij (id est loci ubi anates aluntur) omnes parietes tectorio leuigantur, ne feles, aliáue quæ bestia introire ad nocendum possit, Varro de re rust. 3. 11. Et rursus cap. 12. Septa leporarij è macerijs ita esse oportet ut tectorio tecta sint, ne feles aut meles aliáue quæ bestia intrare possit. In anserum cellis, & alijs generibus pullorum, cauendum est ne coluber felesque aut etiam mustela possit aspirare: quæ ferè pernicies ad internecionẽ prosternunt teneros, Columella. Nessotrophij tota maceries opere tectorio leuigatur extra intraque, ne feles aut uipera perrepat, Idẽ. ¶ Catus serpentes etiam & bufones interficit, sed non comedit: & læditur ueneno, nisi mox aquam super biberit, Albertus. Bufonibus quoque pugnare dicitur: quorum licet uenenatis aculeis (ego nullũ bufonis aculeum noui) repugnetur, non tamen necatur, Author obscurus. Aristoteles & Plinius mustellam inimicam esse scribunt cornici, sui, & serpenti: Hæc, inquit Perottus, ad felẽ referri non possunt, cum nec feli & cornici aliquid commune sit, nec ferè multum feli & serpenti: contra uerò mustellam & cornicũ nidos sæpe diripit: & uisa est frequenter cum serpente pugnare. Cum monachi quidam subinde ægrotarent, nec mali causam intelligere possent, audiuerunt tandem à rustico operario qui catum monasterij cum serpente ludentem uiderat. Non erat autem letale hoc uenenum, quia lætitia serpentis ex ludo ueneni uim remittebat: Nec mirum, cum mures etiam serpentibus colludant, Ponzettus. Cum feles simiam in Aegypto insequerentur, hæc autem omni neruulorum contentione in fugam se impellens, rectà conscendisset in arborem, atque illi ad eandem arborẽ ascendissent, (ad corticem enim inhærentes sursum correpere sciunt) hæc sanè ut sola à pluribus circumuenta ex arboribus trunco ad ramorum cacumina se uertens diu multumque ex ijs extremis pependit: Illi tum quòd eò accedere non quirent, ad aliam se conuerterunt uenationem, Aelianus.

E.

Possum de ichneumonum utilitate, de crocodilorum, de felium dicere, sed nolo esse longior, Cicero de Nat. lib. 1. & Tusculan. 5. ¶ Alo ælurum, qui aduersus mures soricesque perpetuos Palladis (ut Homerus scribit) id est Musei ac bibliothecæ meæ hostes excubet, & stipendia faxit: cui non delicias modo, uerum etiam, si gratus esse uolo, dimensum & annonæ autoramentum debeo, Cęlius Calcag. in epistolis. Mures abiguntur cinere mustelæ, uel felis diluto, & semine sparso, uel decoctarum in aqua: Sed redolet (frumentum) uirus animalium eorum etiam in pane: ob id felle bubulo semina attingi utilius putãt, Plin. Nec feles, nec uulpes, nec aliud animal gallinas cõtinget, si ruta syluestris sub ala gallinis suspendatur, & multò magis, si uulpis, aut felis fel cũ cibo subactũ exhibueris, ut etiã Democritus confirmat, Cornarius in Geoponicis Græcis lib. 14. In Græco exemplari, ut Andreas à Lacuna citat, non ruta syluestris, sed ruta simpliciter legitur. Hæc apud Auicennam quoque lib. 3. fen 6. tract. 3. cap. 13. mustelas fugare dicitur: id quod mireris cum eadem contra serpentem pugnatura rutã sumat. Rutæ ramulos in columbarijs, pluribus locis oportet contra animalia inimica suspendere, Palladius. Plura uide præcedenti capite. ¶ Catos domesticos uicinorum cum molesti sunt, facile quis capiet eisdem quibus mures maiores capiuntur caueis siue muscipulis: aut etiam laqueis qua domos ingrediuntur per fenestras alibiue dispositis. In granarijs muscipulæ disponantur ad mures capiendos, & per foramina ostij felibus introeundi potestas reliquatur ad mures frumenta rodentes fugandos, Grapaldus ex Varrone ut puto. Qui uulpes aut lupos capere uult, hoc dolo utatur: Carne suilla pingui latitudine palmi, recens tosta, soleas calceorum inungat, exeundo interim è sylua domum uersus: & simul in uestigia frusta suilli iecoris assi & melle intincti reijciat: & felis cadauer à tergo trahat. Vbi autem fera uestigia sequens iam in propinquo fuerit, tecum habeas oportet hominem sagittandi peritum, qui sagittam immittat, Author obscurus.

F.

Mustelæ fel duntaxat contra aspidas est efficax, cætera sunt ueneno, Perottus ex Plinio. At felibus, inquit, multi hoc tempore pro delicatissimis epulis utuntur. Cuniculi caro dulcis est: & sapore (ut quidam scribit) felum carni proxima. Feles in quibusdam regionibus in cibum admitti, præcipuè in Hispania, aiunt. Nostratium aliqui feles syluestres edunt, domesticas nulli. Hali carnes catti

mederi

mederi hæmorrhoidum doloribus scribit, &c. ut mox in G. dicam. Catos edunt quidam in Gallia Narbonensi, ut audio, ubi prius uno aut altero die noctu sub dio exposuerint, quod ita teneriores fiant, & odorem grauem exhalent.

G.

Catus animal est immundum & uenenosum, Author obscurus. Mustelæ fel duntaxat contra aspidas est efficax, cætera sunt uenenum, Perottus ex Plinio: At felibus, inquit, multi hoc tempore pro delicatissimis epulis utuntur. Alibi etiam Plinius ueneficia quædam ex mustela rustica fieri meminit. Et alibi, Mures (inquit) abiguntur cinere mustelæ, uel felis diluto, & semine sparso, uel decocta rum aqua: Sed redolet (frumentum) uirus animalium eorũ etiam in pane. His Plinij uerbis muribus uenenosam esse felem aliquis confirmauerit, non item homini: uirus enim non tam uenenum, quàm odoris grauitatẽ & fœtorem significat. Sunt qui solum cati cerebrum uenenosum esse putent: de quo Ponzettus lib. 2. tractatu 6. cap. 3. Dicunt, inquit, quod qui ederit de cerebro cati masculi, dementetur ferè: est enim ualde siccum si ad hominis temperiem conferas: & meatus cerebri obstruit, ita ut impediat spiritus animales ne ad posteriorem uentriculum transeant: unde exclusa memoria sine mente uidetur qui sic affectus est. Curatur propinando bis mense drachmã terræ Lemniæ cum aqua sampsuchi, aromata etiam cibis miscenda sunt, recreandi spiritus gratia. Vinum bibendũ clarum, & cum eo quandoq; drachma semis diamoschu dulcis. Sed forte sat fuerit, bonam uictus rationem instituisse, Hæc ille. Cerebrum cati sumptum, inquit Matthæolus, uertiginosos & stupidos reddit (stolidos & quasi præstigijs obnoxios, Petrus Apon.) & is affectus ægrè curatur, nec nisi paulatim temporis progressu. Aegro uomitus prouocandus est, post terræ Lemniæ potum, idq; bis aut ter in mense. Iuuat etiam quotidie sumpsisse tribus aut quatuor ante cibum horis antidotum diamoschu. Sunt qui præcipuum huius mali remedium esse scribunt, si dimidius scrupulus moschi contriti è uino bibatur. Quod si uenenum est cati cerebrum, apparet non eandem esse galen, id est mustelam, cuius cerebrum aridum in comitialibus propinatur, ut scripsit Galenus ad Pisonem.

¶ Ad felis morsum remedia Aëtius libro 13. cap. 5. his uerbis describit: Omnia ferè quæ ad canis morsum dicta sunt, etiam à fele morsis conducunt. Propriè autem eis conuenit, mel, terebinthina, oleum rosaceum, simul eliquato ac utitor. Aut centauream tritam cum melle imponito. Aut galli stercus liquidum cum adipe gallinaceo subigito & imponito. Interpretes Aeginetæ lib. 5. cap. 11. γαλιῶτα felis exposuerunt, perperã ut apparet: nam signa & remedia quę illic Aegineta describit, eadẽ habet Aëtius libro iam citato cap. 12. Imposuit ipsis opinor, quod apud Aeginetam proximè antecedit remedium ad morsum ascalabotę, quem stellionem reddiderunt. Atqui fieri potest ut Aegineta nescierit ascalaboten & galeoten idem esse animal, idq; non aliud quàm stellionem Latinorum: aut remedium hoc ad ascalabotæ morsum ab alio adiectum sit, cum nulla eius noscendi signa ut in cæteris habeantur, & unum duntaxat remedium breuissime proponatur, nempe sesamum contritũ cataplasmatis modo imponi, quod ipsum Aëtius inter remedia aduersus galeotę morsum ponit, ut Auicenna quoq;, quanquam mutila eius lectio uideatur cum Aëtio conferenti. Sed tam galeoten quàm ascalaboten stellionem esse in Stellione pluribus probabo. Errauit etiam Auicennæ interpres, qui lib. 4. fen 6. tractatu 4. cap. 13. cattũ pro stellione transtulit: eadem enim illic signa & remedia leguntur quæ Aëtius & Aegineta de galeote habẽt. Ponzettus lib. 3. tractatu 4. cap. 4. cati morsus signa eadem refert, quæ Aëtius, Aegineta & Auicenna galeotæ, id est stellionis morsus, nempe dolorem magnum, & uiridem (liuidum potius, ut Græci habent) circa uulnus colorem: remedia uero alia. Curantur (inquit) bona uictus ratione: Quidam exhiberi iubent cerebra aliorum animalium, & uinum clarum odoratũ dilutum: & sæpe lauari ulcus urina hominis, ut quæ uirus inflictum consumat: uel lacte caprino & origano. De morsu cati uide etiam Arnoldum in Breuiario 3. 16. ¶ Cum quorumuis animalium pili, si ab incautis deuorentur, arteria præclusa suffocationis periculum minitentur: præcipue tamen felium pili maligni & uenenosi sunt, Matthæolus. ¶ Prauus est etiam anhelitus felium: noui enim quosdam, qui cum noctu in lectis feles secum habuissent, & infectum ab eis aërem inspirassent, hectica febri & marasmo tandem consumpti perierunt. Nec ita pridem in monasterio quodã ubi permulti cati familiariter nutriebantur, & in cœnaculis cubiculisq; & lectis monachorum frequentes erant, adeo pleriq; infecti sunt monachi, ut intra breue tempus nec missa nec uespera eo in monasterio decantarentur, Idem. Alexander Benedictus in libro de peste, cauendum consulit, ne canes & cati nostri tempore pestis, extra domum uagentur: facile enim ab eis aërem pestilentem respirando haustum afferri. ¶ Hoc maximè mirum est quod nonnullos fixo oculorum obtutu lædant: alios uerò sola præsentia: Quod quidem non solum accidit ex maligna aliqua aut uenenosa ui in ipsis catis: sed accedente occulta quadam hominum qui ita afficiuntur qualitate siue natura, cœlitus nimirum eis illapsa: quæ nisi præsente obiecto prouocante, ad affectum eiusmodi non mouetur. Huiusmodi ego homines Germanorum non paucos cognoui: qui nulla simulatione præsentibus tantum catis, quanquam illi adesse nescirent nec præuidissent, nec uocem eorũ audiuissent, mirum in modum lædebantur. Nam cum aliquando ad conuiuium uocatus in cœnaculo essem, & expectaretur talis ingenij quidam, catum eo in loco occultarunt, illum mox ubi aduenit, sudare, pallere, & ob metum tremere animaduerti, & catum alicubi latere conquerentem audiui. Huius ego naturæ homines eisdem remedijs iuuari crediderim, quibus ij iuuantur qui cerebrum cati ederint,

Matthæolus. Vidi & ipse qui præsentes catos ubi conspexissent audissentue, ferre non poterant.

¶ Aelurorum, id est felium salsorum carnem, ad læuorem tritam, ligna (scolopas) corpori infixa impositam educere aiunt, utpote attrahendi ui præditam, Galenus lib. 11. de simplic. Carnes catti calidæ sunt & siccæ: medentur hæmorrhoidum doloribus, renes calefaciunt, dorsi doloribus prosunt. Sumpta caro reprimit turgentes podice uenas, id est hæmorrhoides, Vrsinus: Iacobus Oliuarius addit hoc remedium se expertum esse. Et lumbus lumbis præstat adesus opem, Vrsinus: idem Oliuarius addit uerissimum esse. Ego nisi in summa omnium remediorum, quæ ratione aliqua nituntur, inopia, nunquam ad hæc absurda experimenta descenderim. Podagræ utilis fertur caro cattæ agrestis inuncta, Rasis & Albertus. ¶ Sanguinem cati paronychiæ quidam illigant, & latentem in ea uermem (ut uulgus credit) eadem nocte extingui promittunt, Innominatus. ¶ Cati syluestris seuum simile est naturæ carnis eius: carnem autem calidam, mollem, & podagræ utiliter illini dixerat, Rasis. Inter taurinum & suillum adipem fuerit felinus, Syluius. ¶ Oculorum uitio quod nostri uocant **fläcken vnd fäl**/hoc est, ungues, nebulas & leucomata sic medeberis: Caput cati nigri, qui ne maculam quidem alterius coloris habeat, ures in olla figlina, intus (ut uulgo loquuntur) uitreata, aut figulo urendum committes: non est periculum ne nimium uratur. Hunc cinerem per caulem pennæ in oculum inflabis ter die. Noctu si quis ardor infestet folia è quercu aqua madida, bina simul aut terna oculo impones aut illigabis: Hoc tanquam egregium experimẽtum suum medicus quidam mihi narrauit: ego postea in libro quodam manuscripto Germanico reperi, adiecta promissione uisum restituendi etiam post anni unius cæcitatem, & remedio ad authorem Hippocratem relato. ¶ Felis iecur ustum tritumq́ ita ut bibi possit, calculosis remedio est, Galenus Euporiston 2. 52. ¶ Quartanis magi excrementa felis cum digito bubonis adalligari iubent, & ne recidant, non remoueri septeno circuitu. Quis hoc quæso inuenire potuit? quæ'ue est ista mixtura? Cur digitus potissimũ bubonis electus est? Modestiores iecur felis decrescente Luna occisæ inueteratum sale, ex uino bibendum ante accessiones quartanæ dixêre, Plinius. Catæ stercus cũ ungula bubonis in collo uel brachio suspensum, post septimam accessionem, discutit quartanam, Sextus. ¶ Cati agrestis fel ad oris torturam utilissimum fertur: accipitur autem fellis catti nigri (cati syluestres apud nos non sunt nigri, sed ex domesticis quidam) dimidia drachma, (Albertus non rectè habet unciam) & miscetur cum zambach pondere quatuor aureorum, & fit sternutatorium, Rasis & Albertus. Fel cati, præcipuè syluestris, fœtum mortuum ab utero extrahit, si subitus suffiatur, mixtum cũ stercore nigro alicuius cati, uel eiusdem cuius est fel. Idem efficit fel eius, cum miscetur aquæ colocynthidis, & madidam inde spongiam (lanam) mulier ori matricis indit, Rasis & Albertus. ¶ Pro stercore felis, stercus ichneumonis usurpari posse, in Antiballomenis Galeno adscriptis legitur. Ad quartanam catæ stercus à superstitiosis alligari, paulo ante dictum est. Catæ (uel cati) stercus siccum cum sinapi æquis ponderibus cum aceto cõtritum & impositum, capitis alopecias sanat, Sextus & Aesculapius. Spinam aliúdue quid faucibus adhærens, felis extrinsecus fimo perfricatis, aut reddi aut delabi tradunt, Plinius. Catæ stercus contritum recens purum illinitum faucibus sine difficultate extrahit spinam, Sextus. Cum resina & rosaceo suppositum, profluuium mulieris reprimit, Sextus: At Plinius hoc idem remedium exulcerationibus uuluarum impositum prodesse scribit, id quod magis placet: nam adipem uulpium quoq́, & medullam uituli in uino ex aqua decoctam cum seuo idem præstare ait. Fimus cati suffitus & illitus fœtum mortuum expellit, Author obscurus.

H.

¶ a. Feles nomen, ut Grãmatici quidam uolunt, tam masculini quàm fœminini generis: Valla in fœminino genere utitur: sunt qui masculini tantum generis faciãt, manifesto errore. Mantuanus Tectiuagos feles dixit. Felis aurea, 6. 29. Est & apud Cælium Calcagninum & Vallam Herodoti interpretem hæc felis: est & meles fœm. generis apud grammaticos. Ne feles aut meles, aliáue quæ bestia intrare possit, Varro 3. 11. sic etiam Ge. Alexandrinus legit: grammatici quidam recẽtiores in Dictionarijs, felis & melis legunt. Phil. Beroaldus quoq́ feles protulit. Catus uel cattus, à capiẽdo dictus uidetur recentioribus, ut qui mures & aues captet. Ego potius tanquam cautum & astutũ ita dictum crediderim. Catos enim olim sapientes & callidos appellabant, unde & Catones primum dictos uolunt. Sed homo catus nunquam terminat, nec magnitudinis, nec diuturnitatis modum, Cicero Tuscul. 2. ut Nonius citat. Hinc & Græcis conijcio deriuatum, ut γάδος uel γάνδος dicatur, ὁ πολλὰ εἰδὼς καὶ πανοῦργος, Hesychius, & Varinus. Sunt qui Seruium testem citent catum fœm. genere proferri. Reperitur & apud Grecos recentiores grammaticos κάττης uel κάττος: Murilegus & musio pro cato, apud Albertum & recentiores barbaros. Αἴλουρος παρὰ τὸ αἰόλλειν (lego αἰολεῖν uel αἰόλλειν) καὶ ἀνάγειν τὴν οὐρὰν καὶ κινεῖν, Etymologus & Varinus. Αἰέλουρος, idem: non per pleonasmum, sed antithesin. παρὰ γὰρ τὸ αἰόλον καὶ τὴν οὐρὰν ἐτυμολογεῖται. Herodianus apud Etymologum: apud Varinum, αἰαίλουρος habetur, quod non placet. Αἴλειν Hesychius exponit θωπεύειν, id est adulari, ut inde etiam catus æluros dictus uideri possit, quod cauda homini quodammodo adblandiatur. Αἰγίλουρος nudum nomẽ apud Suidam: Etymologus & Varinus ælurum exponunt: Hermolaus in Corollario poëticum esse scribit. Αἰγιλόουρος quinq́ syllabis, carabus, id est locusta (ex ostracodermorum genere) exponitur: ut etiam ægipyrgos pro eodem: λαίουρος, αἴλουρος, Hesychius & Varinus. Οἱ δὲ μῦες νῦν ὀρχοῦνται δραξάμενοι τῆς σπατάλης, Author innominatus apud Suidam: per spatalen, inquit Suidas, intelligit κάττον ἤδη αἴλουρον καβικίδιον ἄιλον, id est catum aut felem domesticam; aliqui tamen spatalen τροφλῶ, id est cibum interpretantur. Catum marem nostrates uocant rewel per onomatopœian. Felinus adiectiuum à fele apud recentiores quosdam legi, apud ueterem nullum. ¶ Oppianus æluros κακόφρυας uocat, id est maleficos; quod auibus insidientur. In Galeomyomachia galês, id est cati, sic author eius recentior appellat, epitheta hæc sunt, ἅρπαξ, δολοπλόκος, ἀδηλοφάγος, πάμφαγος, ἀγριωπός, μυοκτόνος, φθόρος. Putes certare canendo Tectiuagos feles, Bapt. Mantuanus. ¶ Nuctetias & cattas naues, utrasque ueteres, sed & has recentiores agnoscunt, Cælius Calcagninus. Cattæ naues nominantur apud Gellium 10. 25.

¶ Metalli genus est quod Germani uocant glimmer, id est micam, uel katzensilber, id est felium argentum: est enim colore argento ita simile, ut pueros & rerum metallicarum imperitos decipere possit. A felibus autem nomen indiderunt, siue à similitudine, quod eorum oculi etiam noctu radiãt: siue quod cassum quiddam & inutile hac uoce significare uolunt. Nullum enim utilitatis fructũ præbet his qui uenas excoquunt, quod totum eius corpus ignis consumat. Hoc ipsum Latini, ut opinor, micam appellant: cum chrysocolla & cæruleo in eodem lapide quandoque reperitur, Georg. Agricola in Bermanno.

¶ Buphthalmon Dioscorides & æluron dici meminit: ego & ælurion uocari quandam stirpem lego apud Photionẽ: diuersa néc ne sit, haud constat, Hermolaus. Aelurius, Αἰλούρειος, radix quædam sic appellata, Etymologus: apud Hesychium & Varinum corruptè legitur αἰλοκεῖος. Buphthalmum ego ælurum dictum crediderim, quod figura oculum referat, & instar oculi felis resplendeat, quamuis non etiam noctu. Sed cum buphthalmi radix in usu non sit, ælurios uero inter radices censeatur, Valerianam potius uulgò dictam intellexerim: cuius Græci aliud in sua lingua nomen non habent: nam phû peregrinum est. Eius radix mire à catis appetitur, quod in horto meo ipse obseruaui, ubi & hortense & syluestre phû, & nepetæ siue calaminthæ genus, cui nomen ab hoc animali apud Germanos (katzenkraut/katzenmüntz) & alias gentes, non semel quamuis circumseptas & spinis interdum munitas, mihi perdiderunt: quod ab eis non odio harum stirpium, sed amore potius fieri puto: referunt enim similem quendam catis odorem. Valerianæ quidẽ radix, & aliâs, & præcipue liquore aliquo macerata, excrementitium quendam odorem emittit, eamque ob causam licet contra diuersos morbos commendata à multis fastiditur. Cati quidem non unguibus solum has stirpes laniant, sed etiam ore. Martorella, id est Valeriana uel herba gattæ, Syluaticus: dicta forte quod martes etiã, quæ rusticæ mustelæ sunt, similiter erga eam afficiantur, quod tamen certum non habeo. Cataria nepetæ genus est: quanquam & aliæ herbæ simili uocentur nomine, ut Valeriana, &c. Hæc nepeta pulegiũ magis refert odore quàm calamintham montanam: cati ea delectantur, eduntque frequenter, unde natum ei catariæ nomen, Monachi in Mesuen. Iidem alibi gattariam interpretantur calamintham syluestrem, siue pulegium syluestre dictum à nonnullis, quoniam ut plurimum syluestribus & asperis nascatur locis. Primum calaminthæ genus (inquit Ruellius) officinæ etiamnum calamentum uocant: secundum, pulegium syluestre: tertium, nepetam, uulgus herbam catorum: quod magna feles odoris huius capiantur uoluptate: nanque si uulsæ, uel hærenti cõtingat occurrere, ei sese statim adfricant, deinde magna auiditate ramos pascuntur. Quin & humo in qua resederit iucundissimè saburrãtur: quapropter solo esu huius æluros concipere uulgus sibi persuasit. Medici hac experientia freti muliebribus balineis aut insessionibus inserunt, ut ijs quæ desierunt parere restibilem adferant fœcunditatem: & ijs quæ non possunt uterum ferre, hoc fotu cõcipiendi facultatem moliantur, ut tandem iniecta genitalibus locis semina queant animari. Verum authores solum habentur ex populo, nec tale quicquam apud classicum authorem inuenitur, Hucusque Ruellius. Aeluri gonos Magis, buglossus: & æluri sanguis ijsdem, stratiotes aquaticus, in nomenclaturis apud Dioscoridem. Germani tertium sedi genus acrimonia insigne, minimum, flosculis luteis, katzentreubel, id est uuam cati nominant. Frutex quidam folijs grossulariæ hortensis, ramulis candidis, cortice nempe albicante, in multis Galliæ Italiæque locis in hortis colitur: apud nos sponte nascitur circa riuorum quorundam ripas, facile comprehendit translatus in hortos: acinos nigros piperi similes in calidioribus locis proferre aiunt, apud nos sterilis ni fallor. Meminit eius Ruellius lib. 1. cap. 43. in piperis descriptione piperastrum appellans, nostratium quidam uocant palmenstauden nimis communi uocabulo. Ego pseudamomum esse conijcio: huius folia & ramuli sabinam herbam aut felis urinam quodammodò redolent. Sunt & alijs stirpibus à fele nomina apud Germanos. Katzenbalsam, mentastrum, quasi balsamum felinũ. Katzenklee, lagopus, herba trifolia. Katzenkörfel, fumaria. Katzenschwantz, uel katzenwadel, uel katzenhelm, hippuris. Feldkatzen uel kätzle, gnaphalium siue tomentum herba apud Dioscoridem, quam describit Tragus 1. 109. Arborum etiam quarundam, salicum præcipue, flores molli lanugine pubescentes, kätzle nominamus: qua ratione Græce iulos dici posse existimo, quanquam ij in corylo priuatim sic nominant, in cæteris quibusdam nucamenta, quæ sine lanugine sunt. Lanuginis quidem mollities lagopodi etiam & gnaphalio herbis nomẽ apud nos dedit.

¶ Formicis Indicis color felium, magnitudo Aegypti luporum, Plinius. Aeluron literator quidam in Lexico Græcolatino silurum ineptissimè exposuit, inde nato errore, ut uideo, quod Dioscoridis codices quidam excusi æluros pro siluros corruptè habent. Cercopithecum Germani catum maris uocant, quod à maritimis & longinquis regionibus aduehatur. De genetha, ut recentiores quidam barbari uocant, pelliones Germani genetkatzen, id est catos genethas, in G. litera

G 2

dicam: & de Zibetti cato, in Panthera. Piscem cattam, uel cattum algarium Itali uocant mustelum leuem & stellarem. ¶ Cati fons, ex quo aqua Petronia in Tyberim fluit, dictus quod in agro cuiusdam fuerit Cati, Festus. Cati, Germaniæ populi, Sicambris finitimi: hi à Plinio 4.14. Chatti dicuntur, aliâs Catti. Eluros, cum epsilo in prima syllaba, nomẽ gentile, Varinus in Αἴλουρος. Apud eundem tamen in E. legitur Elluros per l duplex, nec aliter quàm nomen gentile exponitur: & rursus Heluros cum aspiratione, ἕλουρος: ἀπὸ τῶν ἐκεῖσε ἑλῶν ἕλουροι κέκληνται, authorem citans Dexippũ in Chronicis, & rursus monens per epsilon scribendum cum gentile est: cum animal significat per αι diphthongum. Cum autem Heluri populi à paludibus dicantur, aspirandũ esse hoc uocabulum, & l simplici scribendum ex Græcę linguæ proprietate apparet. Erasmus in prouerbio Mineruæ felem, non rectè attribuit Etymologo quod in eo non legitur, pro animali scribendum dicens ἔλουρον per ε quasi torquicaudam aut trahicaudam, sic enim ipse loquitur.

¶ c. Qui multum sternutant, dicuntur à nostris cum catis edisse. Pici scandunt in subrectum felium modo, Plinius. Et felis instar exeuntes è rimulis mures uenatur, Aurelius citante Perotto. Sicq; repugnabant uotis contraria uota: Non secus ac muri catus, ille inuadere pernam Nititur, hic rimas oculis obseruat acutis, Mantuanus in Bucolicis.

¶ d. Ibis in palmis ad euitandos feles nidificat: non enim facile in palma ob eminentem & cultellatum trunci corticem ij sæpe repulsi & reiecti, sursum correpere possunt, Gillius ex Aeliano. Vulpanser ab aquilæ & felis & cæterorum hostium suorum iniurijs se defendit & propulsat, Aelianus. Beluas etiam in eos à quibus beneficia acceperunt, uehementer grata esse, testimonio sunt uel Aegypti admodũ fera animalia, feles, ichneumones, crocodili, Idem. Iani Lascaris epigramma extat in caniculæ sociam galen (felem intelligit ut uidetur,) & opem ei ferentem.

¶ Io. Tzetzes Chiliadis 5. cap. 12. γαλῆν κατοίκιον (pro κατοικίδιον) id est mustelam domesticam, catum intelligere uidetur, ut & alij quidam recentiores Græci. Narrat autem illic in quantis delicijs hoc animal fuerit apud Monomachi imperatoris uxorem: quæ indito ei barbaro nomine Mechlempe, Μιχλεμπὲ, plurimis delicatissimisq; ciborum generibus ex uasis aureis ipsum quotidie alebat. ¶ Catus aut belua per foramen intrans quid significet per 12. signa Zodiaci, Luna in singulis existente, explicatur ab Aug. Nipho de augurijs lib. 1. tabula septima. ¶ Cum Gigantes aduersus deos pugnarent, deorũ alij alias sibi formas induêre; Fele soror Phœbi latuit, Ouidius lib. 5. Metam. Aesopus puellam fuisse ælurum scripsit, & quidem ita præstantem forma, ut inuidiam in se Veneris concitarit: qua Venus percita pristinam formam abstulit, nouam intulit, nec eam tamen degenerem aut deformem: utpote quæ uegeta atq; agilis sit, & leonis formæ simillima, Cælius Calcagninus. Galês in mulierem mutatæ, & sponsa cum esset murẽ persequentis, apologus recitatur à Io. Tzetze Chiliadis quartæ cap. 11. Item uulpis & felis colloquium apud Erasmum in prouerbio, Multa nouit uulpes, ubi ingruente canum ui feles subsilijt, uulpes relicta capta est.

¶ Aegyptiorum mores quis ignorat? quorum imbutæ mentes prauitatum erroribus, quamuis carnificinam potius subierint, quàm ibim, aut aspidem, aut felem, aut canem, aut crocodilum uiolẽt, Cicero. Et alibi, Ipsi quorum uanitas ridetur Aegyptij, nullam belluam nisi ob aliquam utilitatem consecrauerunt, ueluti felem quod pelle eius scuta contegant. Ego superstitionis gratia magis quàm utilitatis, felium pelles Aegyptios scutis induxisse putarim: nam cum mollissimæ sint, ictibus resistere nequeunt ut bouinæ. Felem (inquit Herodotus lib. 2. interprete Valla) incensa strue diuina res occupat, (Πυρκαϊῆς δὲ γινομένης θεῖα πρήγματα καταλαμβάνει τοὺς αἰλούρους: Perottus transfert, Facto incendio feles diuino numine corripiuntur: Ego sic uerterim, Si quando incendium contigerit, feles in furorem aguntur: ut θεῖον πρᾶγμα non aliud sit quàm θαυμασμὸς & ἐνθουσιασμὸς: θεῖα etiam θαυμαστὰ exponunt, ut interpreteris rem miram circa feles accidere: sed ne in aliorum translationibus occuper, præstat ut reliqua ipse transferam:) Nam Aegyptij ab igne interuallo aliquo recedentes, extinguere negligunt, feles tantum obseruant, (custodiunt, ne insiliant:) at illæ uel subeuntes uel supersilientes hominum cœtum in ignem ruunt. Hoc ubi fit, Aegyptus magno afficitur luctu. Cum uero in domo aliqua feles fortuito (ἀπὸ τοῦ αὐτομάτου, ultro, Valla: intelligi potest de naturali, & non uiolenta morte, ut Cælius Calcag. exponit) moritur, domestici omnes sola supercilia radunt: totum autem corpus & caput, in quorũ domibus sic moritur canis. Efferuntur feles mortuæ ad sacra tecta, ubi salsæ sepeliuntur in urbe Bubasti: Hæc Herodotus. Bubastum Aegyptia lingua felem nominari supra dixi. Gentes aliquas quæ felem auream pro deo habuerint circa Syenen fuisse legimus, Gyraldus. In Rhadata (oppido Libyæ circa Nilum ad Arabiæ latus) felis aurea pro deo colebatur, Plinius 6. 29. Nihil me pœnitet interdum (uerba sunt Cælij epistolicarum quæstionum lib. 1.) æluro, seu mauis felem appellare, blandiri. Cur enim mihi illud iocanti uitio detur, quod Aegyptus serium atque adeo sacrum habet. Nam inter bruta quæ nimis superstitiose colit, æluro tantum tribuit, ut in eos qui reliqua sponte uolentesq; interemerint, decretum sit supplicium capitale: quod si casu aut certe nolentes fecerint, scelus præscripta mulcta posse expiari putant. Sola felis inter quadrupedes (Herodotus libro 2. interprete Valla, ibim & accipitrem adeò sacras haberi ait, ut siue uolens siue nolens aliquis necauerit, necessariò morte afficiatur:) inter auitia ibis, nominatim excipitur: has nolens uolénsue quis lethio dederit, crimen non nisi capite luitur. Cuius rei tanta religio fuit, ut Diodorus in secundo Bibliotheces fidem atque oculos suos in testimonium adducat: quum ætate Ptolemæi, inita nuper amicitia

citia

citia cum Romanis, Romanorum quidam præter animi uoluntatem ælurum occidiſſet, facta impreſſione Aegyptij agminatim eius domum obſederunt, eum ad pœnam poſcentes: neque magnitudo Romani nominis, neque amicitiæ recentis neceſſitudo ei ſatis præſidio eſſe poterat: ni Rex præfectiq; regij eum magis præſenti periculo ſubtraxiſſent potius quàm liberaſſent: quòd ſi fato aut natura diem obijſſet ælurus, uniuerſa domus non ſecus funeſta fuit, ac ſi paterfamiliàs cecidiſſet. Iidem præterea quum inter omnia ſcarabeum maximè uenerentur, eiusq; aliquot ſpecies numerēt, eam quæ æluromorphos dicitur, & æluri facie pingitur, longè omnibus præferebant. Nec modo Aegyptij, uerum Arabes etiam ælurum, & eam quidem auream pro deo habebant in Rhadata. Nec ſanè mirum, quum ritu naturæ numeros Lunæ oſtendat, & lunaribus incrementis oculos habeat grandiores, Hæc Cælius Calcagninus. Iſidis numen totam complecti in ſe naturam Aegyptij credentes, ideo illi animal hoc coniunxerunt, quod Lunæ, cuius ſyderis beneficio naturæ pars multa ſtat, notas & imaginem quandam, præſertimq; in oculis referret, in quibus ad quotidiana luminum in eo incrementa decremētaq; augeri pupulas in muſtelis, (felibus dicere debuit, ſed per imperitiam confundit,) & minui, plerique teſtati ſunt: nec id tantum, ſed noctu & in tenebris ſyderis illius modo fulgere: & quod maximum eſt, fertilem & uegetabilem Lunæ naturam fœcunditate ſua exæquare, Marcellus Vergilius in commentarijs ſuper Dioſcoridis capite de muſtela domeſtica, & rurſus in comment. ſuper lychnide. Aelurorum oculi ad uices Lunæ aut ampliores fiunt, aut minores: Id multò mirandum eſt magis, ælurum marem, ut Horo placet Apollini, Solis uices ſentire, mutareq; pupillas oculorum ſyderis curſu: ſiquidem diluculo in exortu protenduntur, eædem meridie contrahuntur in orbem, occaſu ſolis obſcuriores hebeteſcunt, Ruellius lib. 2. de plantis cap. 151. Catus apud ueteres Plutoni ſacer erat, Arlunnus.

¶ Mineruæ felem, Ἀθηνᾷ τὸν αἴλουρον, ſubaudi comparas: cum multò inferiora cum præſtantioribus comparantur, quod leuicula quapiam in re conueniant. Quid enim habet Minerua dea cum fele commune, præter glaucum colorem oculorum? Nam is oculorum color Mineruæ tribuitur, qui & noctuis adeſt, & felibus. Vnde apud Homerum ei epitheton γλαυκῶπις Ἀθήνη. Eſt & hoc felibus commune cum noctuis, quod & noctu cernunt, & pariter inſidiantur muribus. Refertur apud Zenodotum & Suidam, Eraſmus. Cætera prouerbia ubi felem Eraſmus tranſtulit, ut Tarteſſia feles, Feli crocoton, Rapacior fele, omnia ad muſtelam referemus: cum Græcè non æluros in eis, ſed gale, id eſt muſtela legatur. Sphondyle fugiens peſſimè pedit: Heſychius & Varinus ſpondylē (pro quo Attici ſphondylen dicunt) galē, id eſt muſtelam Atticè dici ſcribunt: quamobrem hoc quoq; ad muſtelam differemus, quamuis Eraſmus felem reddiderit. ¶ Οἱ δὲ μύες νῦν ὀρχοῦνται, δραξάμενοι τῆς σῆς σπατάλης, Mures nunc ſaltant fele tua comprehenſa, Author innominatus apud Suidam in Spatale. Aliqui ſpatalem cibum interpretantur. Videtur ſanè prouerbiale dictum, cui ſimillimum noſtrates iactant, Fele abſente murès ſaltant, aut diem feſtum agunt. ¶ Sunt & alia non pauca Germanis in uſu uulgari, à fele prouerbia, ex quibus nonnulla ſubijciam: **Art laßt von art nit / die katz laßt jre muſens nit.** Ingenium nulla ui uincitur, nec catus captare mures deſinit: Naturam expellas furca tamen uſq; recurret. **Man füre ein katz in Engelland / ſo wirt ſy doch mauwen:** Catus etiam trans mare uectus, uocem non mutabit: Cœlum non animum mutant, qui trans mare currunt. **Es ſind böſe katzen / die forhär lecken / vnd hinden kratzen:** Maligni ſunt cati qui anterius lambunt, poſterius laniant: Altera manu fert lapidem, altera panem oſtentat. **Wär mit katzen jagt / der facht gärn meuß:** Qui cum catis uenatur, ferè muſculos capit: Corrumpunt bonos mores colloquia praua. **Die katz hat die fiſch lieb / ſy will aber nit ins waſſer:** Catus piſces amat, ſed aquam timet: Ficus auibus gratæ, ſed plantare recuſant. **Er gatt darumb / wie ein katz vmb ein heiſſen brei:** Circumit ut feles feruidum iuſculum: Lupus circa puteum chorum agit, in eos qui ſumpta inaniter opera ſua ſpe fruſtrātur. **In der nacht ſind alle katzen graw:** Noctu feles omnes fuſcæ ſunt: Sublata lucerna nihil intereſt inter mulieres. **Die katz iſt gern da man ſy ſträlet:** Catus delectatur ijs locis ubi curatur & comitur: huic aliqua ex parte reſpondet, Athenienſem Athenis laudare haudquaquam difficile. **Der katzen iſt der käß (oder der ſpeck) befolhen:** Feli caſeum (uel lardum) committere: Ouem lupo committere, Muſtelę ſeuum. Nam ſi quis catum cuſtodem lardo præficiat à muribus defendendo, unus ipſe plus cōſumet quàm multi mures: ſic ſæpe improbi magiſtratus conſeruandis præfecti legibus magis in eas delinquunt quàm plures priuati.

DE CATO SYLVESTRI.

A.

FELES antiquitus non erant manſuefactæ, uiuebant in agris: inde urbes & domos repleuere. איים ijm apud Hebræos, Eſaiæ 34. catos feros quidam (uel ut ipſi loquuntur, ferales) interpretantur, alij aliter: uide ſupra in Onocentauro: quemadmodum ציים ziim aliqui catos maris, id eſt cercopithecos: alij martes, id eſt muſtelas ruſticas. Qui aulice in Germania loqui uolunt, catos ſylueſtres nominant **boumrüter**, id eſt equites arborum: quod arbores ſcandant, auium prædæ gratia, & cum pericula fugiunt. Hiſpani gáto montés.

¶ B. Cati ſylueſtres in Heluetia multi capiuntur, in ſyluis præcipuè, & arbuſtis iuxta aquas in-

G 3

terdum: similes domesticis per omnia, maiores tantum, densioreq́; & oblongiore pilo: Colore fusci, uel ut Albertus loquitur grisei. Quem ego circa finem Septembris apud nos captum consideraui, huiusmodi fuit. Longitudinis à fronte ad extremam caudã, dodrantes quatuor. Linea nigra per dorsum descendebat: in pedibus etiam & alibi lineę erant nigræ. Inter pectus & collum macula latiuscula ex pilis albissimis. Reliqui corporis color ubiq; fuscus, cui in dorso paucus ruffus in unum colorem miscebatur, ad latera dilutior, id est cinereo propior: inter crura posteriora circa clunes ruffus. Calli imi digitorum in pedibus nigri, & pili circunquaq; concolores. Cauda crassior quàm domesticis, tres palmos lõga, duobus aut tribus orbibus nigris distincta: extrema pars palmi lõgitudine tota nigricabat.

¶ C. Cati syluestres (ut Gaza uertit, Gręce legitur galę agriæ, id est mustelæ syluestres) uenantur mures syluestres, Aristot. In Scandinauia (sic uoco ingentem Europæ ad Septentrionem insulam) à lyncibus capti uorantur, Olaus Magnus.

¶ E. Canibus immissis capiuntur, uel impetuntur bombardarum globis arboribus insidẽtes. Sępe rustici plures arborem circumstant, & felem desilire coactũ fustibus cædunt. Felemq; minacem Arboris in trunco longis præfigere telis, Nemesianus. ¶ Pelles earum cum pilis ad uestium usum parantur, ut ex alijs etiam feris: priuatim uero tibialia & manicæ inde fiunt, pilis introrsum uersis, cum artus refrigerati aut arthritici sunt. Pilus admodum mollis, sed pinguiusculus est: ideoq; facile cõglobatur, & minus placet in uestitu. Cati syluestres fumum rutæ & amygdalarum amararum fugiunt, Rasis. Mustelas quoq; rutam fugere legimus: item catos domesticos, ut supra scripsimus.

¶ F. Cati agrestes temperamento propinqui sunt leporibus, caro eorum calida & mollis est, Rasis. Apud nos etiam in cibum ueniunt aliquando, capite ferè & cauda abscissis. Sunt qui satis lautos affirment, alij abhorrent propter domesticorum similitudinem, quibus apud nos nemo uescitur.

¶ G. Felis syluestris pinguedo à quibusdam reponitur, calefaciens nimirũ, molliens & discutiẽs, magis quàm domestici. Vtuntur ea in morbo articulari, alias quoq; pinguedines cum herbis ad eundem affectũ facientibus contusas in ansere assantes, ut in Ansere dicemus. Ego excoriatũ aliquando hoc animal longè pinguissimũ uidi. Diuersa ex huius feræ partibus, carne, adipe, felle & fimo, remedia, ex sententia Rasis enumeraui supra inter domestici cati remedia, cũ non aliud interesse uideatur quàm quod ex syluestri omnia sint efficaciora. ¶ Syluestres maximè feles ad morsos à crocodilis ob contrariam quandam affectionem accedere consueuerunt, Aëtius 13. 6. Galli lupum ceruarium quoq; catum syluestrem nominant, quem Itali quidam lupum catum.

DE CERVO.

A.

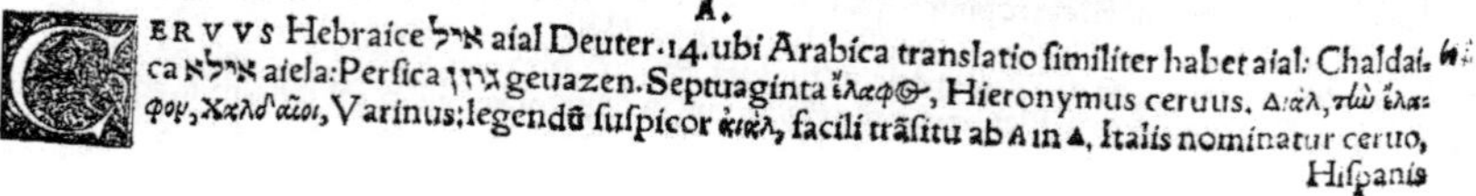

CERVVS Hebraice איל aial Deuter. 14. ubi Arabica translatio similiter habet aial: Chaldaica אילא aiela: Persica גוזן geuazen. Septuaginta ἔλαφος, Hieronymus ceruus. Διάλ, τὼν ἐλάφων, Χαλδαῖοι, Varinus: legendũ suspicor αἰάλ, facili trãsitu ab Α in Δ. Italis nominatur ceruo, Hispanis

Hispanis cieruo, Gallis cerf, Germanis hirtz uel hirs, uel hirsch: Anglis harte, Illyrijs gelen: Polonis ielijenij. Græcis ἔλαφος (hodie uulgo λάφι) & alijs nominibus, ut initio capitis 8. dicam. ¶ Cerua in fœminino genere Hebræis similiter ut mas, איל aial, & priuatim אילה aiala, & אילת aielet: Italis cerua, Hispanis cierua, Gallis biche: Germanis & Anglis hinde uel hindin, quidam primam syllabam per y alij per ii scribunt, quorum neutrū placet in lingua Germanica: In eadem ceruam alij hyn alij wilprecht appellant. Poloni lanij, quo nomine tamen damam quoq; interpretantur. ¶ In eodem genere tenerum fœtum hinnulum uocant Latini, Græci νεβρόν, Hebræi עפר ofer: Germani hindkalb uel reech, quod posterius tamen capreolo propriè conuenit. Angli fauune uel hynde kalfe. ¶ Bimis cornua primum oriuntur simplicia & recta, ad subularum similitudinē, quamobrem subulones per id temporis eos uocant, Aristoteles 9. 5. hist. animal. interprete Gaza. Aristoteles Græcè πασσαλίας uocat, quod cornua habeant ad similitudinem τῶν πασσάλων, id est paxillorum: est enim passalos uel pattalos Atticè, rectum, oblongum & teres lignum, ab altera parte acuminatum, ut parietibus infigatur (hinc etiam dictum uolunt ἀπὸ τοῦ πήσσειν quod est infigere) ut suspendatur ab eo aliquid. Eiusdem ferè figuræ subula instrumentum cerdonum est, quo ad perforandos calceos ac suendos utūtur. Hinc subulones cerui, quibus cornua simplicia, minimeq; ramosa ad subularum similitudinem. Alijs simplicia cornua natura tribuit, ut in ceruorum genere subulonibus ex argumento dictis, Plinius lib. 11. Germani ceruum huiusmodi uocant spißhirtz, Angli spyttarde. Cerui parui, subulones, Italis cerbiati, Arlunnus. Galli proprium uocabulum non habent, ipsa uero subulonis & anniculi cerui cornua bossas, id est tubera appellant, ut quidam scribit, quæ apparent antequā enascatur cornu: id quod non placet, nam subulonibus ceruis cornua subularum instar iam apparent. Cerui pulmonem, maximè subulonis, siccatū in fumo, tritumq; in uino, phthisico quidam profuisse scripserunt, Plinius. Et alibi, Efficacior est ad id subulo ceruorum generis. Sed de subulone uoce pro tibicine cui libet plura leget apud Crinitum 18.13. Vbi præter alia, De subulis (inquit) notum est omnibus acceptas esse pro mucronatis spiculis, quorum sit usus in lanificijs ad pectenda uellera: (Germani id instrumentum uocant hechlen, Itali pectinem) Hinc illud ab Anneo Seneca dicitur, indignum esse pro dijs hominibusq; in aciem susceptā subula armatum descendere. Sed hoc Senecæ testimonium subulam uel subulas pro instrumento lanis pectendis uel carminandis apto nō sufficit, sed pro instrumento cerdonum potius accipienda subula (unde Germanicæ uoces descendunt, sülen per syncopen, & per metathesin alsen) in uerbis Senecę uidetur cum singulari numero protulerit: nam instrumentum lanificio paratum ex plurimis in circulum fixis & rectà rigentibus constat subulis. Subulæ etiam dici possunt quæuis mucronata ferramenta teretia, oblonga, qualia capulis infixa cum cultris semper in eadem uagina minimo loculamento condi solent. Σπαθῆναι, genus cerui, uel certa ætas cerui, Hesychius & Varinus: eundem πασσαλίαν esse conijcio: spathe quidem gladium & cultrum significat: uide mox in Achainis. Subulo etiam lingua Hetrusca dicitur tibicen. Ennius, Subulo quondam uicinas (aliàs marinas) propter astabat aquas, aliàs plagas, Festus.

¶ Achainis ceruis cognomine fel contineri in cauda creditur, Aristoteles 2. 15. hist. animal. Græcè legitur, Ἀχαῖναι uox tetrasyllaba & oxytona. Cæterum lib. 9. cap. 5. ubi Græcè habetur, ἤδη δ' ἑάλωπται Ἀχαΐτης ἔλαφος, &c. Gaza omissa uoce ἀχαΐτης trissyllaba paroxytona, uertit, Captus iam ceruus est hederam suis enatam cornibus gerens uiridem, quæ cornu adhuc tenello forte inserta, quasi ligno uiridi coaluerit. Ἀχαΐνη (malim ἀχαΐνης propter genitiuum in ου: sed forte utroq; modo rectè ponetur, hoc masculinum, illud fœmininum, Aristoteles in masculino genere utitur, ἤδη δὲ ἑάλωπται ἀχαΐνης (sic legerim, non ἀχαΐτης) ἔλαφος, ὅτι τῶν κεράτων ἔχων κισσόν.) ἡ ἔλαφος, ut in Epigrammate, καὶ σκύτος ἀμφιδασὺ στικτὸν ἀχαΐνεω, Suidas & Varinus. Apud Suidam etiam Ἀχαΐνη legitur, totidem syllabis, sed nulla diphthongo in antepenultima. In Argonauticis Apollonij reperitur etiā accusatiuus Ἀχαιΐνην, quinq; syllabis per epenthesin nimirum τοῦ ι ψιλοῦ. Achæa, Ἀχαία, ciuitas est Cretæ, ubi Achæineæ dicti cerui nascuntur, quæ etiam σπαθιναῖαι uocantur. Cerastæ uerò cerui sunt magnis præditi cornibus, Varinus: apud Pollucem ceraston simpliciter inter epitheta cerui pro cornuto legimus. Hermolaus in Corollario, Genus ceruorum (inquit) prægrande, Græci Echæineas (lego Achæineas) ab oppido uocant: Aristoteles Achęnas (melius Achainas quatuor syllabis) cognominat. Atqui Varinus cerastas, non Achæineas, ceruos magnis cornibus, non simpliciter magnos, appellari scribit. Sed Hermolaus Etymologum sequitur, cuius hæc sunt uerba, Ἀχαιΐνεα, ἡ ἔλαφος. Ἀπολλώνιος, ἤν τ' ἀγρῶται ἀχαιΐνην καλέουσιν. ἀπὸ Ἀχαιΐνεας πόλεως, ἐν ᾗ εἴδη εἰσὶν ἐλάφων μεγάλων. Oppianus etiam lib. 2. de Venatione in fœminino posuit, hoc uersu, Θαλυβὸς ὅτ' αὖ κεράεσσαν ἀχαιΐνην προφέρουσιν Ἀργεῖοι, &c. Aristoteles in Mirabilibus ceruos in Achaia cum cornua abiecerunt, se abscondere dicit, (quod lib. 9. cap. 5. histor. animal. de ceruis in genere dixerat:) & multis in cornuum loco hederam innatam apparere, ut Gaza loco iam citato historiæ animalium ἀχαΐνης uocem non omittere debuisse uideatur. Achæinea ciuitatis nomen nusquam legi: sed ab Ἀχαΐα rectè formari potest Ἀχαΐνης (quamuis rarus hic deriuandi typus est: nam à καθεία καθαίνη fit, sed in fœminino genere tantum, in masculino καθείτης, iuxta quam formam cerua ἀχαΐνη, & ceruus ἀχαΐτης dicendum esset: sic ab Inachia fit Inachites:) & per epenthesin Ἀχαιΐνης. Cæterum spathenæas non crediderim eosdem esse cum Achainis: cum certam cerui ætatem eo uox denotet, & à figura cornuum deriuata sit, ut superius docui. Cydoniatæ superioribus annis uicatim habitabant, postea Lacones & Achæi conuenientes habitauerunt, &c. Strabo lib. 10. Hinc

G 4

uerisimile est locum aliquem apud Cydoniatas Achaiā ab incolis dictum esse: cum in reliqua Creta cerui esse negentur. Mirabile in Creta (inquit Plinius) ceruos præterquam in Cydoniatarum regione non esse. Ager Creticus ceruo eget, Solinus. Ἀχαί, νεβρῶν ἐλάφων ἡλικίαι, Hesychius & Varinus: consyderandum an corrupta sit uel mutila uox Ἀχαί, quod suspicor. Ἀχαΐνεα παρὰ τὸ ἀχεῖν (malim ἀχεῖν ab ἄχω poëtico uerbo) καὶ λυπεῖσθαι περὶ τὰ ἴδια τέκνα, καὶ μήπω δυναμένην (forte δυνάμενα) ἐξιέναι τῷ σπηλαίῳ διὰ σμικρότητα, Etymologus in Κεμάς. Καὶ Βάβειος τοιαῦτα κωτίλλουσαν τὴν Ἀχαΐνην ἔπεισεν ἐλθεῖν δὶς τὸν αὐτὸν εἰς ᾅδην, Suidas in Achæine: uidetur autem mulieris nomen esse siue proprium, siue gentile. Albertus & alij barbari Akanes uel Ahane scribunt, tanquam diuersum à ceruo genus: sed hæc indigna sunt memorari. Ἀχαΐνης apud Athenæum lib. 3. genus est magni panis quod in Thesmophorijs fiebat, quæ inde etiam Megalartia dicebantur, solebant autem adferentes dicere, Ἀχαΐνην, στέατος ἔμπλεων τράγον. quid si legas, Ἀχαΐνην, καὶ στέατος, &c. ut senarius sit. Fuit & elaphos inter placētas, à figura nimirum dictus: & fieri potest ut Achaines quoque panis magnus (nam & Achainæ cerui cæteris maiores feruntur) cornutus fuerit, & inde etiam tragos, id est hircus appellatus. ¶ Gordiani sylua memorabilis picta in domo rostrata Cn. Pompeij picturas animaliū diuersas continet, inter quas sunt cerui palmati ducenti mixtis Britannis, Iul. Capitolinus in Gordiano primo. Cerui palmati qui sint nusquam reperio: conijcio autem esse quos uulgo damas uocant, Græci dorcadas platycerotas. Aliæ enim damæ fuerunt, ut supra docui, quas Plinius & alij nimirum ueteres ita appellarunt: proinde non est quod quis obijciat in eodem pictorum animalium catalogo damas etiam à Capitolino nominari. Quamobrem cum platycerotes cerui (nam ceruis Oppianus adnumerat) Latinum nomē aliud non habeant, & cornua eorum, ut Plinius scribit, natura in palmas finxerit, digitosque emiserit ex ijs, ceruos palmatos appellare non dubitabimus. Eadē ratione palmata grammaticis quibusdam dicta uidetur à latitudine clauorum, picta postea appellata à genere picturæ: alijs à palma in ea intexta. Hanc merebantur triumphantes, ut qui de hostibus palmam reportassent. De Britannicis etiam ceruis, quorum unà cum palmatis Capitolinus meminit, certi nihil habeo: audiui tamen & albos & nigros ceruos nostro tempore in Britannia reperiri: Albos quidem etiā Romæ sibi uisos Pausanias scribit, ut inferius recitabo. Et forsitan quoniam eodem numero utrunque genus comprehendere uoluit Capitolinus, congeneres aut saltem ex peregrinis utrique regionibus adducti fuerint. Inueniuntur sanè rangiferi hodie dicti, ad Europæ Oceanum circa Septentrionem, ceruorum generis, qui palmata, ut audio, & latiuscula habent cornua, quos Iulius Cæsar fortassis intellexit, lib. 6. belli Gal. his uerbis. Est (in Hercynia sylua Germaniæ) bos cerui figura, cuius à media fronte inter aures unū cornu existit excelsius, magisque directum his quę nobis nota sunt cornibus: ab eius summo sicut palmæ ramique latè diffunduntur: Sed de hoc plura in Rangiferi historia. In Scythia natio quædam ferorum hominum est, quæ ex feritate ceruos in eam mansuetudinē traduxit, ut in cicuribus illis tanquam equis insideat, Aelianus. Fortassis etiam Scythici isti cerui, rangiferi fuerint. Habent & alces lata cornua & digitis distincta, sed Capitolinum de ijs non intellexisse constat, quum paulò post seorsim nominet. ¶ Ceruos cicures equitant in Ocdor regione Asiæ ad Oceanum Septentrionalem. In Scythia plurimi cerui sunt, Solinus. In Heluetia nostra minus hodie quàm olim abundant, quod syluæ propter frequentiam incolarum indies minuantur, & uenari eos minus interdictum propter democratiam, quàm apud alias gentes quæ principibus parent. ¶ Ceruus nullus est in Africa, Aristoteles & Herodotus lib. 4. & Plinius: Idem alibi, Ceruos Africa propemodum sola non gignit. Apud Philostratum tamen legimus Apollonium ultra Catadupa Nili ceruos & capreas inuenisse. Mirabile in Creta ceruos, præterquam in Cydoniatarum regione non esse, Plinius. Ager Creticus ceruo eget, Solinus. In Hellesponto in alienos fines non commeant cerui: & circa Arginussam Elatum (aliàs Elatium, quod probat Hermolaus in codicibus manu scriptis repertum, non Elaphum. Aristoteles, inquit idem, Elatoenta uocari tradit, ex abietum, ut arbitror, frequentia: Græci quidem codices excusi habent ἐλαφώεντα, Gaza Elaphum reddit:) montem non excedunt, auribus etiam in monte scissis, Plinius. Idem alibi ceruis omnibus aures esse scissas ac ueluti diuisas scribit. Aelianus horum utrunque (id est loci in quo sunt fines nō excedere, & auribus esse scissis) ceruis Hellespontiacis tribuit. Aristoteles ijs qui circa Arginussam sunt, posterius tantum, sed uerba eorum adijciam. Monte Asiæ Elapho nomine apud Arginussam, quo loco Alcibiades mortem obijt, ceruæ omnes scissa aure sunt: qua nota uel alibi, si loca mutarint, dignoscūtur: Et quidem fœtus iam inde à primo ortu in utero idem contrahit signum, Aristotel. Ceruus (inquit Aelianus) præsentibus pascuis omni anni tempore contentus, alia non desiderat. Nam in Hellesponto collis est, ubi cerui, quorum altera diffissa est auris, sic pascuntur, illius extra fines ut nunquam progrediatur. Sed cerui omnes natalis soli amantissimi sunt, ut infra dicam cap. 4. Arginusæ Straboni lib. 13. tres sunt paruæ insulæ continenti proximæ, ante Asiam prope Lesbum, inter Mitylenen & Methymnā. Plutarchus Alcibiadem in quodam Phrygiæ oppido, cuius nomen non sit expressum, interemptum scribit.

¶ Ceruorū color subflauus est, punctis albis distinctus, (τὸ χρῶμα ὑπόξανθον, κατάστικτον λευκοῖς χρώμασιν ἢ στίγμασι:) pluribus quidem in fœminis præcipuè hinnulis, Pollux: Vel ut Varinus citat, pluribus quidem in fœminis, maximè uerò eiusdem sexus hinnulis. Ceruinus nominatur etiam inter equorum colores. Ceruus aliquando albus inuentus est, &c. Aristot. in libello de coloribus: Ruellius Aristotelis locum sic reddit, Animantes cunctæ, quæ siue imbecillitatis causa, siue cæco naturę uitio præcoci

præcoci paucoq́ uictu sustinentur, candidæ proueniunt: sic lepus inuenitur candidus: item ceruus, & ursus: & in auibus coturnix, hirundo, perdix: præsertim quum quandam à primis statim uitæ rudimentis imbecillitatem retulerint. Ceruos albos Romæ uidi & admiratus sum, ex qua uero regione uel Continente, uel insulari aduectæ essent, non uenit mihi in mentem interrogare, Pausanias in Arcadicis: Vide paulò superius in Britannicis. Apollonius & comites Paracã Indiæ urbem prætergressi, cum non multum adhuc processissent, fistulæ sonitum audire uisi sunt, quasi pastoris gregem colligentis, ac subinde pastorem uiderunt, qui albarum ceruarum gregem pascebat. Mulgent autem ipsas Indi, quod earum lac maximum esse nutrimentũ putant optimumq́, Philostratus lib. 3. Fiunt aliquando & candido colore, qualem fuisse traditur Q. Sertorij ceruam, quam esse fatidicam Hispaniæ gentibus persuaserat, Plinius. Alba cerua Sertorius quidam uir acer & egregius dux, ad barbarorum militum suorũ animos continendos conciliandosq́ utebatur. Siquidem hanc, quæ à Lusitano quodam (in ipsa Lusitania capta) sibi dono data esset, oblatam diuinitus & instinctam Dianæ numine, colloqui secum monereq́, & docere quæ utilia factu essent, mentiebatur: Ac si quid durius uidebatur, quod imperandum militibus foret, à cerua sese monitum prædicabat, Vide Gellium lib. 15. & Plutarchum in uita Sertorij. Timida animalia pilum mollem habent, ut ceruus, lepus, oues, Aristotel. in Physiog. ¶ Saginam uel pinguedinem cerui, Galli uocant uenaison.

¶ Ceruis cornua sunt excelsa, oculi magni, collum debile, cauda exigua, crura perquam gracilia, dorsum pingue, nares quaternæ, τετράδυμοι ῥῖνες, πίσυρες πνοιῆσι δίαυλοι, Oppianus. Cor magnum, ut omnibus timidis: pedes bisulci. ¶ Ceruorum sanguis perinde ut leporũ solet spissari, uidelicet non coitu firmiore, ut cæterorum, sed fluido, quale lac est, quod sine coagulo sponte coierit, Aristot. Ceruorum sanguis non spissatur, Plinius. Ceruorum sanguini fibrę nullæ insunt, quare non similiter ut aliorum concrescit, Aristot. Idem quarto libro Meteororum, ceruinum sanguinem nõ coire scribit: quoniam aquæ naturam magis sapit, ac frigidissimus est: & propterea fibris caret, quæ opera terræ sunt solidæq́ consistunt, Cælius.

¶ Cerui pulcritudine & magnitudine cornuum ramosorũ omnibus feris facile antecellunt, Oppianus. Bisulcis (inquit Plinius) bina cornua natura tribuit: nulli eorum superne primores dentes. Qui putant eos in cornua absumi, facile coarguuntur ceruarum natura, quæ neq; dentes habent, ut neq; mares: nec tamen cornua. Cæterorum ossibus adhærẽt, ceruorum tantum cutibus enascuntur. Cornua quædam in ramos sparsit natura, ut ceruorum, Plinius. Et alibi, Omnibus caua, & in mucrone demum concreta sunt: ceruis tantum solida, & omnibus annis decidua. Ceruo ex cornigeris uni cornua tota solida, & sparsa in ramos, & quotannis decidua, tum utilitatis causa, ut onere leuentur, tum ex necessitate præ pondere, Aristot. Et rursus, Ceruis quoniam cornua præ nimio excessu superuacua sunt, alterum ijs auxilium natura adhibuit, nempe uelocitatem: grandis enim illa & multifida cornuum magnitudo potius obest quàm prodest. Orpheus in libello de lapidibus ceruinum etiam cornu celebrat, quod soliditate & duritie ad lapidum naturam accedat: φύσει γε μὲν οὔ ποτι κόρσῃ πέτρον, ἀλλ' ἔμπης πέλεται κρατερόν τε καὶ πέτρον. οὐδέ κεν αὖ γνοίης κόρας ἀτρεκὲς, εἰ λίθος ἐστὶ, πρίν κε μιν ἀμφαφόων ἔνερθεν νημερτέα λᾶαν. Cornua damæ solida sunt, ut cerui: figura etiam similis, sed magnitudo differt, Albertus. Et alibi, Cornu animalium ceruo similium (ut capreoli, platycerotis, alces) interius rarum & meatibus exiguis peruium est, instar substantiæ quæ aliorum cornibus infigitur. Ceruinum quidem cum aruerit, perquam leue redditur, præsertim si sub dio fuerit, ita ut nunc humeat nunc sicceat: inueteratum enim hoc modo tam leue redditur ut euanidum & inane uideatur: quod ipse deprehendi in cornibus quæ per syluas à ceruis abiecta reperi. Cerui igitur & similium animalium cornua, terreæ sunt naturæ, calore ualido coacta, & ad ossis substãtiam accedunt. Cætera uerò his collata humida sunt, & molliri apta, cartilaginis naturæ uicina, & flexibilia calore: quamobrem non calore sed frigore concreta uidentur, ut intelligitur ex ijs quæ in Meteorologia docentur, Hæc Albertus. Cornua mares habent, soliq́ animalium omnibus annis stato ueris tempore amittunt, Plinius. Soli ceruo cornua omnibus annis decidua, initio à bimatu: cæteris perpetua, nisi per uim aliquam amittant, Aristotel. Et alibi, Anniculis nondum cornua nascuntur, nisi quoad indicij gratia sit initium quoddam prętuberans, quod breue hirtumq́ est. Bimis cornua primum oriuntur simplicia, & recta, ad subularum similitudinem, quamobrem subulones per id temporis eos uocant. Trimis bifida exeunt, quadrimis trifida, atq; deinceps ad hunc modum procedit numerus usq; ad annum sextum. Ab hoc similia semper prodeunt, ita ne sit dignoscere ætatem ramorum numero. Pro ætate ramos augent: id incrementum per sex annos perseuerat: deniq; numerosiora nõ possunt fieri cornua, possunt crassiora, Solinus. Indicia ætatis in cornibus gerunt, singulos annis adijcientibus ramos usq; ad sexennes: Ab eo tempore similia reuiuiscunt: nec potest ætas discerni: sed dentibus senecta. Aut enim paucos, aut nullos habent, nec in cornibus imis ramos (Græci ἀμυντῆρας uocant, Gaza uertit adminicula) alioquin ante frontem prominere solitos iunioribus, Plinius. Albertus incertum esse scribit quot ramos (ipse culmos appellat) cornu ceruinum producat: se uidisse quod undenos habuerit. Ceruos senes (inquit Aristot.) cum cornuum indicia desiere, cognoscimus maximè indicio duplici illo: dentes enim aut nullos, aut paucos habent, atq; adminiculis carent: uocantur adminicula rami, qui imis cornibus prominent ante frontem, quibus in pugna utuntur iuniores: senes autem carent: amittunt singulis annis cornua mense Aprili, quæ cum amiserint, occultãt sese interdiu, ut superius dixi, idq; opacis faciunt locis, ut muscarum tędio uacent: pascuntur per id tempus nocтu, donec recipiant cornua, quæ primum quasi cute uestita, & hirtiuscula emittunt: sed cum creuerint, Soli exponunt, ut excoquantur, & siccent: ubi iam nihil attritu arborum, cum ea scalpant, indolent, tunc ea relinquunt loca, confisi habere iam quo repugnare possint, cum res exigit: captus iam ceruus est (ἀχαΐτης ἔλαφος) hederam suis enatam cornibus gerens uiridem, quæ cornu adhuc tenello fortè inserta, quasi ligno uiridi coaluerat, Hæc Aristoteles. Capti iam sunt edera in cornibus uiridante, ex attritu arborum, ut in aliquo ligno teneris dum experiūtur innata, Plinius. Apud Athenæum libro 8. quidam Aristotelem reprehendit, tanquam incertum aut fabulosum hoc sit, quod hederam cornibus cerui adnatam scribit. Audio Antuerpiæ cornua ceruina in pharmacopolio quodam spectari, quorum singula ramos circiter quindecim habeant. Erumpunt (ceruis cornua postquam abiecerunt) renascentibus tuberibus primò aridæ cutis similia: eadem teneris increscūt ferulis arundineas in paniculas molli plumata lanugine. Quamdiu carent ijs, noctibus procedunt ad pabula. Increscentia Solis uapore durant, ad arbores subinde experientes: ubi placuerit robur, in aperta prodeunt, Plinius. Exuuias illas anniuersarias, quibus orbati latent cerui, quasi honore atq; insigni amisso: non cornua, ut Latini, sed caput, quasi decus ferinū, appellant uenatores Galli (teste de cerf.) Cranij partes è quibus cornua enascuntur Galli molas uocant. Stipitem corneum, quam materiem dicunt, aptè aiunt erumpere è molis suis & existere: quæ sedimenta sunt cornuum: (Gallicè le marrain. Iecter sa teste. Les meules:) tum tabulata ipsa fruticantia è molis concinnè in ramos esse expansa. Scapos è caudice pro portione enatos: è scapis porrò cornicula educta in mucrones congruè desinere: non contractiora ipsa quàm iustum est, non diffusiora, non absurdè confornicata. Tum probe clauatum esse caput, (Gallicè, teste bien cheuillee:) & congruenter patulum, & æquabili fruticatu decorum (Gallicè, bien rengee.) Ceruum egregium & spectandum significare uolentes, sic loquuntur, Capite præditus est commodè nato, compactili, concinno, rectè, ordine, decenter constituto (Gallicè teste bien nee, bien rengee.) Materiam ipsam caudicis pulchrè sulcatam esse, atq; inter sulcos striásue (quas quasi colliquias appellant atq; stillicidia) scabritiem eminere æquabiliter unionatam: quod Budæo uerruculosam significare uisum est. De ceruino capite quod ramos cornuum omnes habet, Galli dicunt teste semee ou sommee. Iidem ceruum cum cornua iam nuda & cute libera apparent, bruni uocitant, aut synonymis (ni fallor) uocibus blond, ou fauue. Infimi rami uersus frontem rectà procedunt, nec eriguntur: his enim pugnat ceruus (quamobrem Græci amyntêras uocant) reliquis uentilat, Albertus. Ramos cornuum qui è suis tanquam stipitibus prodeunt, Galli priuatim cors appellant: & ex his primum, hoc est amyntêra, prope molas enatum, endouiller uel entoillier, uerbum quidem entouiller impedire eis significat: secundum, surendouiller ou surentoillier: reliquos, cheuilleures (quasi clauos) ou cors: supremos & in fastigio utriusq; cornu, espois: quos rursus cum gemini tantum sunt, nominant fourchie quasi partem bifurcam: cum terni aut quaterni, tronchure: cum quini aut plures, paulmure, quod palmæ instar tanquam in digitos findatur (ut palmatus etiam eiuscemodi ceruus dici possit:) deniq; cum perplures uerticis ramuli in orbem ambiunt, coronnee, id est coronatam. Germani cornua cerui gemina uocant **ein gehürn**, & ramos maiores **stangen**, eodem sensu quo Galli perches, id est perticas: minores, **ende** uel **zincken**. Cornua adhuc tenera & simplicia **morchi** uel **kolben**, quæ in cibum nobilium & principum ueniūt. Cornua si ramos impares protulerint, ipsa ramorum paria ab altero, quod plures habuerit, numerāt.

¶ Quadricornem ceruum Nicocreon Cyprius habuit, quem Pythio consecrauit, Aelianus. Ceruus cornua locis difficilibus amittit, & qua inueniri nequeant: unde illud prouerbium ortum, Quà cerui amittunt cornua. Quasi enim sua amiserit arma, cauet ne inermis reperiatur. Cornu sinistrum compertum esse à nemine adhuc fertur: occulit id enim tanquam quodam medicamento præditum, Aristot. Cornua cerui soli stato ueris tempore amittunt: ideo sub ipsa die quàm maximè inuia petunt. Latent amissis uelut inermes, sed & hi bono suo inuidentes. Dextrum cornu negant inueniri, ceu medicamento aliquo præditum. Idq; mirabilius fatendum est, cum & in uiuarijs mutent omnibus annis: defodiq; ab ijs putant, Plinius. Et alibi, Ceruus dextrum cornu terra obruit contra rubetarum uenena necessarium. Ego an abiecta cornua occultent, & dextrúmne magis, ut Plinius scripsit, an sinistrum ut Aristoteles, certi nihil habeo. Hoc unum addam conciliari forsan istorum posse dissidium, dextri & sinistri acceptione uaria. Nam, ut Aristoteles docet lib. 2. de cœlo cap. 2. dextrum tribus modis usurpatur, uel propriè, ut in animalibus unde principium motus fit secundum locum: uel ad similitudinem illius, ut in statuis: uel impropriè, quod rectà è regione dextro lateri nostro opponitur dextrum, quod læuo lęuum: sic uates mundi uel cœli dextra & sinistra accipiunt: hac ratione dextrum cornu ceruinum, ad nos quidem sinistrum dici poterit. Aiunt ceruos quosdā in Achaia, cum cornua abiecerunt, in loca illa se conferre, ubi difficillimè inueniantur: idq; eos facere, tum quia non habent quo se defendant, tum quia dolent his partibus unde cornua exciderūt: multis uerò hederam in cornuum loco innatam uideri, Aristoteles in Mirabilibus. Eodem libro, Ceruos, inquit, in Epiro aiunt cornu dextrum (non sinistrum) humo obruere, idq; utile esse ad multa. Atqui hæc ambo tum ipse in historia animalium, tum Plinius, non Achaicis solum uel Achainis ceruis, sed quibusuis in genere attribuunt. Cornua eijciunt in aquas, ut quidam aiunt, ne dextrum inueniatur, tanquam usum aliquem illius intelligant: Mihi tamen (inquit Albertus) compertum est, hoc non in uniuersum

esse

esse uerum: inueni enim aliquando in sylua frondibus obrutum cornu sinistrum. Aegyptij longæuum significantes, ceruum pingunt: eò quod ceruis singulo quoque anno cornua germinent, Orus. Apud eundem legimus ceruum suos dentes infodere, quod aliorũ, quod sciam, nemo tradidit. Cur autem solis ceruis cornua decidant, multis rationibus explicari potest. Primum ex materia qua constant: quoniã sicca & terrea sunt, ut ceruus ipse totus, nempe hirco similis temperamento, calido siccoque: cadunt autem facilius, ut in stirpium quoque folijs, quæ ita sunt arida ut nullũ habeant lentorem aut tenacem succum, qualis cæterorum cornibus inest, cuius gratia flecti mollirique possunt. Deinde ex loco, quoniam, ut diximus, non ex craneo nascuntur ut reliquis, sed cuti tantum adhærent: tertio ab efficientibus causis: nam & calore æstatis sicca duriora que fiunt, & hyeme subsecuta à frigore simi-
10 liter afficiuntur: nam ut quodque solidius est, ita magis refrigeratur: refrigeratis aũt nimium pori clauduntur, & calor natiuus emoritur: ut neque alimentũ attrahi possit, & uiæ qua trahi debebat præclusæ sint: quod in cæteris, cum omnium caua sint & uapores excipiant, non æque contingit. Sic igitur affecta cornua cadunt tantum, siue offendentibus ipsis aut impellentibus ultro, aut inter ramos & uimina quandoque implicatis, siue etiam sponte ipso nimirum pondere depressa: non prius autem hoc contingit, quàm uerno tempore noua subnascuntur cornicula, & tuberculis suis uetera protrudũt: Quo tempore etiam serpentes & alia quędam animalia aridum induratumque ponũt exuuiũ, cuti noua nascente. Sed eadem de re Aelianũ audiamus interprete Gyllio: Causam (inquit) ceruis cur cornua renascuntur, Democritus eam dicit, uentrem ijs calidissimũ esse, & eorum uenas per uniuersum corpus pertinentes esse rarissimas, & os quod cerebrum amplectitur, membranæ instar tenuissimum &
20 perrarum esse, indeque ad summum capitis uerticem crassissimas atque opimas uenas exoriri: itaque cibum & huius nutrimentum minime concoctum, à natiuo calore in totum corpus eiusque parteis distrahi. Idemque ait eis pinguitudinẽ extrinsecus circunfundi, simul & cibi uim per uenas in caput retorqueri, & reflecti, ex eo cornua permulto humore irrigata enasci. Continenter enim uicinis ad cadendum succrescentia & influentia summouent, atque expellunt priora, ac sanè exortus humor extra corpus durescit ab aëre eum ipsum consolidante, & in corneam duritatem confirmante. Humor autem qui etiam nunc intra cutem subest mollis, & tener, partim ab exteriore refrigeratione durescit, partim ab interiore tepore tener manet. Quocirca recens cornu enascens, & intrinsecus premens, uetus tanquam alienum expellit, & sanè humor concrescens, ad depellendum antiquum infirmus est: at durescens, priora extrudere potest, quorum pleraque interno robore extrahuntur: non-
30 nulla arborum ramis circumplicata & feram ad cursum incitatam ui impedientia abrumpuntur: Eo pacto uetera excidunt, recentia ad erumpendum parata, naturæ munere proferuntur, Hactenus Aelianus. Cur ceruo quotannis cornua cadant & renascantur, Hieronymus Garimbertus in libro Italicè scripto quæstione 43. inquirit. Solet ceruus decus illud suum quotannis exuere quasi uernationem, restibilique sobole uelut materiam recidiuam paucis mensibus in integrum restituere, Budæus. φασὶ τὰς ἐλάφους περιτρίβουσας τὰ κέρατα ἐκβάλλειν πρὸς θάμνους, Suidas in ὄπυ. Ceruus cum nondum habet cornua, tamen fronte præludit, & ea quæ nondum expertus est tela minatur, Ambrosius. ¶ Cerui, si cum per ætatem nondum cornua gerunt, castrentur, non ædunt cornua: sed si cornigeri exciduntur, non decidunt cornua, & magnitudine eadem seruantur, Aristot. Et alibi, Ceruis tantummodo cornua omnibus annis decidua, nisi castrentur. Non decidunt castratis cor-
40 nua, nec nascuntur, Plinius & Solinus. His ego authoribus potius crediderim quàm Oppiano, qui libro de uenatione secundo ceruis castratis cornua defluere scribit. Sed præstat uerba eius recitare, quæ Gyllium in translatione sua præterijsse miror. Κούρῃσι λαχόντεσσι δ' ὑπ' αὐτὴν ἔνδοθι νηδὺν Ἀμφιδύμους ὄλκους, σὺν εἴ κέ τις ἀμήσειεν, Αὐτίκα θῆλυν ἔθηκε, πρόπαρ δ' ἀπὸ ῥέουσι καρήνων Οξύκομον κεράων πολυδαίδαλον ἄλλον ὄρνον. In his uersibus ὄλκους appellat testes, quod in Grammaticorum Lexicis nusquam annotatum reperias. ¶ Cerui fœmina cornua non habet, Aristot. Idem libro 3. cap. 2. de partibus animal. causam afferens cur ceruæ cornibus careant, cum dentes similiter habeant atque mares, Eadem, inquit, utriusque sexus natura & cornigera est: sed fœminis adempta sunt cornua, quoniam ne maribus quidem utilia sint: sed uirium meliorum beneficio mares minus offenduntur. Pindarus in Olympijs Oda. 3. fœminis etiam ceruini generis cornua tribuit, his uerbis, χρυσόκερων ἔλαφον θήλειαν:
50 ubi in Scholijs legimus, ceruis fœminis ab omnibus poëtis cornua adscribi: & fieri posse ut id quandoque acciderit, cum & Elephantis Indicis adsint cornua (ὀδόντες, dentes exerti, quos aliqui melius cornua uocant) duntaxat maribus, Aethiopicis uerò ac Libycis utroque sexu. Loquitur autem Pindarus de cerua, quam Hercules cepisse fertur cornibus aureis. Pollux tamen in masculino genere scribit lib. 5. cap. 12. καὶ ἔλαφος χρυσόκερως, ὃ ὑπὸ Ἡρακλέους ἁλούς. (Euripides ceruam ab Hercule expugnatam cum cornibus fuisse dicit, Volaterranus.) Ibidem reprehenditur à Polluce Sophocles qui Telephi nutricem ceruam κερόεσσαν, id est cornutam dixerit. Ceruam quæ Telephum lactauit, pictores & plastæ cornutam faciunt, Scholia Pindari. Errat & Anacreon, inquit Pollux, qui cornutam ceruam dixit. Anacreontis carmina ipse nõ citat, nos ex Scholijs in Pindarum ea apponemus: Ἄγαν ὡς (legerim Ἀγανῶς) οἷά τε νεβρὸν νεοθηλέα γαλαθηνόν, ὅς τ' ἐν ὕλαις κεροέσσης ὑπολειφθεὶς ἀπὸ μητρὸς ἐπτοήθη.
60 Zenodotus κεροέσσης uocẽ mutauit in ἐροέσσης, non rectè, ut uidetur, cum cęteri quoque poetę cornutas faciant ceruas. In Euripidis Iphigenia, Ceruam cornigerã (inquit Diana) manibus Achæorũ tradã, quam pro tua mactabunt filia. Attici ceruũ marem etiam τὴν ἔλαφον dicunt, in genere fœminino, ut in

prouerbio, οὗ αἱ ἔλαφοι τὰ κέρατα ἀποβάλλουσιν. ὥσπερ γὰρ ὅπλα ἀποβεβληκυῖαι (uerba sunt Aristotelis de hist. animal. 9. 5. qui fœminas cornibus carere minimè ignorauit, ut ex uerbis superius recitatis apparet:) φυλάττονται ὁρᾶσθαι. Eodem in loco sæpius in masculino genere ponit uocem ἔλαφος, distinctionis gratia, quoniam de fœminis quoque nonnulla priuatim in eo scribit. Alijs uero in locis aut semper aut ut plurimum siue aliquid sexui commune utrique, siue mari proprium referat, fœmininam facit, ut in Mirabilibus, τὰς ἐν ἠπείρῳ ἐλάφους κατορύττειν φασὶ τὸ δεξιὸν κέρας: & alibi in ijsdem, πολλαῖς δὲ κισσὸν ἐμπεφυκότα ἐν τῷ τῶν κεράτων τόπῳ ὁρᾶσθαι. Sed Pindarus & Anacreon Atticismo excusari non possunt, cum omnino se de ceruis fœminis loqui expresserint. ¶ Facies ceruis carnosa, nasus simus, collum oblongum & exile, Aristoteles in Physiognom.

¶ Aures animalium alijs maiores, alijs minores: ceruis tantũ scissæ ac uelut diuisæ, Plinius. Hoc alibi non omnibus, sed ijs tantum qui circa Arginussam in Elapho monte uersantur, aures esse scissas scribit, ut Aristoteles quoque: Aelianus Hellespontiacis, ut supra ostendi. ¶ De dentibus etiã ceruorum & senectutis ex eis indicio, nempe cum iam pauci uel nulli sunt, in præcedentibus docui. Dentes ceruo sunt quatuor utrinque tum supra tum infra, quibus molit cibum: & insuper alij duo magni, qui mari quàm fœminæ maiores sunt. Vergunt autem deorsum dentes cerui, ita ut repandi uideantur, Albertus 2.4. Vermes cerui continent omnes suo in capite uiuos, qui nasci solent sub lingua in concauo circiter uertebram, qua ceruici innectitur caput, magnitudine haud minores ijs uermibus, quos maximos carnes putres ædiderint. Gigni uniuersi atque cõtigui solent, numero adeò circiter uiginti, Aristotel. Ego eos ita gigni & cohærere intelligo, ut uermes in lumbrico lato, quos cucurbitinos appellant recentiores. Ceruis in capite inesse uermiculi sub linguæ inanitate, & circa articulum qua caput iungitur, numero uiginti produntur, Plinius & Albertus. Ego dum hæc scriberem ab oculato teste fide digno audiui, qui se uidisse affirmabat dissecto cerui capite recenti, non uiginti tantum, sed plurimos omnino uermes, eosque non cohærentes sed discretos: sunt qui dicant non omnibus innasci. ¶ Pectus ceruinũ Galli peculiari uoce hampam uocant. ¶ Ceruo cor magnum est, Aristotel. Maximum cor pro portione ceruo, mustelis, &c. & omnibus timidis, aut propter metum maleficis, Plinius. ¶ De osse ex corde cerui dicã cap. 7. inter medicamenta ex ceruo. ¶ Ceruus multiplicem uentrem habet, &c. Aristoteles lib. 3. de partibus: nimirum ut omnia ruminantia, sicut in Boue exposui. ¶ Ceruus non habet fel, Aristot. Et alibi, Ceruus felle caret, quare & longæuus est. Cerui fel non habent: quod hominum paucis nõ est, quorum ualetudo firmior & uita longior, Plinius. Ceruus felle uacat: quanquam eius intestinum amarum adeo est, ut ne à canibus quidem attingatur, nisi ceruus præpinguis sit, Aristot. Et alibi, Ceruis Achainis cognomine fel contineri in cauda creditur. Est, quod ibi contineri aiunt, colore quidem simile felli, sed non ita ut fel humidum, sed lieni simile parte interiore. Sunt qui ceruo (inquit Plinius) fel nõ in iecore esse, sed in cauda aut intestinis putent: Ideo tantam habent amaritudinem, ut à canibus non attingantur. Miror equidem de Achainis ceruis nullam apud Plinium & alios Latinos mentionem extare, cum Aristoteles diserte distinguat. Hoc etiam nunc subit, extremam cerui caudam fortassis illam ob causam uenenatam esse, ut capite septimo prosequar, quod fel in ea contineatur. Fellis enim in multis animalium uenenosam esse naturam traditur. Intestina cerui perquam fœtida sunt: quoniam, ut Plinius ait, fel diffusum est in eis: alij tamen in auribus cerui id diffundi dicunt, alij in cauda, Albertus.

¶ In Brileto & Tharne quaterni renes sunt ceruis, Plinius. Apion, nisi nugatur, ceruos locis quibusdam quatuor renes habere tradit, Aelianus. ¶ Ceruo genitale neruosum est, Aristot. Cauda exigua, Idem. Cerui testiculos Galli peculiariter daintres nominant. ¶ Bisulca animalia, ut bos, ceruus, caprea, in posterioribus pedibus talos habent, Suidas in Διχηλά. ¶ Germani, præsertim lautiores in loquendo, ut aulici, propria quædam de cerui partibus uocabula usurpant: sanguinem uocant **schweyß**: posteriorem dorsi partem, **zimmer** uel **zemer**: articulos **knöpf**: latera seu costas, **rieben** uel **wänd**: os in corde, **das krütz**: crura, **leuff**: pedes, **klawen**. Coxas seu clunes, **schlegel**: armos, **büg**.

¶ Cerua animal aspectu egregium est, mutilum cornibus, ceruo minus, uisu acuto, miræ uelocitatis. Quaterna ubera habet, ut uacca, Aristot. Ex eodem supra in historia uaccæ exposui cur mammas binas inter femora habeat.

C.

Ceruorum mira uelocitas est, ut amplius patebit capite quinto, cum de uenatione ipsorũ dicam. Fluuios etiam & mare tranant, ut capite quarto explicabitur. ¶ Cerui mares, ut omnium ferè animalium, uocem grauiorem quàm fœminæ mittunt. Vox autem maribus in hoc genere, cum tempus coëundi est, (de qua plura inferius:) fœminis autem cum metuerint: breuis uox fœminæ est, maris productior, Aristot. Ceruus & lepus, utpote timida animalia acutam ædunt uocem, Idem in Physiognom. Ceruus unus cum pluribus ambulat fœminis sui generis: raro autem plures cerui mares simul incedunt, nisi ætate minores fuerint, quorum multi quandoque uetulum comitantur, eique obediunt, & coitu in eius præsentia abstinent, Albertus. Ceruus si erectas auriculas teneat, acerrimè sentit, nec latere eum insidiæ possunt: sin demissas, facile interimitur, Aristot. Cum erexere aures, acerrimi auditus: cum remisere, surdi, Plinius. Rectis auribus acutissimè audiunt, summissis uerò nihil, Solinus. Erasmus hæc Plinij & Aristotelis testimonia citat in prouerbio, Auribus arrectis, quanquam

quam enim & aliæ animantes (nam soli homini immobiles sunt) si quid eminus audierint auriculas surrigant: ceruo tamen ijs arrectis peculiaris & acerrima auditu percipiendi uis est. Cerui cum maria tranant, non uident terras, sed in odore earum natant, Plinius. ¶ Ceruum ruminare planum est: degit enim aliquando cum hominibus: alioquin ex feris nullum ruminare constat, Aristot. Ruminant syluestrium cerui, cum à nobis aluntur, Plinius. Fama est elaphobosci pabulo ceruos resistere serpentibus, Plinius. Elaphobosci semen contra serpentium ictus datur in uino: fama est hoc pabulo ceruas serpentum morsibus resistere, Dioscorid. 3.78. Hinc nimirum etiam ophioctonon, & ophigenion appellari meruit. Inuenio & elaphicon appellari, & Romanis cerui ocellum. Apud Hesychium & Varinum ἐλαφοβοσκὸς masculinum & oxytonum nomen scribitur: Alij elaphoboscum ge-
10 nere neutro proferunt. Ruellius in Gallia uulgo gratiam Dei nominari scribit, & apud Suessionenses herbam copariam, quod ea utantur ad uulsa, rupta. Describit autem eam lib. 3. cap. 48. Simplicius (quàm canes herbam qua sibi contra serpentes medentur) ceruæ monstrauere elaphoboscon, Plinius. Herba in Montepessulano auricula leporis dicta, cuius folia ad lithiasin pota cõmendant, elaphoboscon ab aliquibus creditur: radice est alba, simplici, ut in apiorum generibus, non inodora, floribus luteis per umbellas digestis, caule ramoso, cubitali, folijs quadrantalibus, specie quodammodo plantaginis minoris, sed minoribus, & cum primum erumpunt auriculas musculorũ referentibus. Nascitur locis asperis & siccis, rara apud nos, circa Basileam frequentior. Sed Hieron. Tragus aliud elaphoboscon facit, pastinacæ scilicet hortensis genus illud, si bene memini, quod syluestri siseri (ut Fuchsius uocat) simillimũ est. Est & elaphoscorodi herbæ descriptio apud Dioscoridem, sed
20 non genuina illius authoris. Aphroscorodon quidem alio nomine allium Cyprium uel Vlpicum nominatur, prægrande, &c. Dictamnum herbam extrahendis sagittis cerui monstrauere, percussi eo telo, pastuq; eius herbæ eiecto, Plinius. Cretenses iaculandi periti feras capras in uerticibus montium pascentes percutiunt: eæ accepto uulnere, statim dictamnum herbam comedunt, & e uestigio iacula excidunt, Aelianus. Hinc forte qui de medicina Arabice scripserunt pulegium ceruinum appellant hanc herbam. Pulegij hortensis genus syluestre est, undiquaq; simile aut idem potius hortensi, nisi tenuius & acutioribus folijs prodiret. Id in Sabaudia circa Lemannũ lacum uidi copiosum, & circa Montempessulanum, ubi si rectè memini ceruinum cognominant. Sed alia est dictamnus, quanquam uires in medendo non dissimiles sortita. Mescatramesir & deferulij, uetus interpres uocabulorum Auicennæ pulegium ceruinum interpretatur. Aristoteles non ceruos, sed capras sylue-
30 stres in Creta dictamni pastu sagittis absolui tradidit: Vide supra in Capris syluestribus Creticis. Smilacem asperam aliqui hodie in Italia uocant rubũ ceruinum. Spina ceruina uulgo ab Italis nominatur frutex spinosus, cuius granis diuerso tempore decerptis ad diuersos colores nostri utũtur, sermo uernaculus appellat **Krützbeere**. Hunc quidam rhamni generibus adnumerant, quos Matthæolus reprehendit. Rhamnum tamen à Romanis spinam ceruialem dici, inter nomẽclaturas apud Dioscoridem legitur. Seseli monstrauere ceruæ enixæ à partu, Plinius: Primum seselis genus, quod Massiliense Dioscorid. uocat, intelligo. Seseli Aethiopicum, ut mihi quidem uidetur & Leonharto Fuchsio, nostrates radicem ceruinam albam appellant: ea perquam crassa, longa, & amara est, & resinosa. Alia minor est, radice foris nigra, subdulci, resinosa, ceruinã radicem nigrã uocamus: Fuchsius seseli Peloponnesiacum facit: quod facilius crederem si locis humidis nasceretur, ego semper
40 in siccis reperi. Cerui mares duntaxat, solani genus syluaticum, nostri baccas soporiferas uocant, (de quo pluribus dicam in Suum historia) & similiter sambucum syluaticam siue montanam, cui in umbellis grana cocci instar rubent, mirum in modum amant: & per æstatem illic plerunq; uersantur ubi hæ plantæ uirent: solent enim ijsdem ferè locis nasci. Depascuntur autem frondes tantum, non etiam baccas. Fœmina utrisq; (tum solano tum sambuco iam dictis) abstinet: nisi cum fœtum masculum gestat: tunc enim marium instar eis delectatur, Hieronymus Tragus. Serpentes etiam à ceruis eduntur, siue naturæ quodam odio, siue ut morbis quibusdam medeantur, ut mox capite quarto dicam. Quin & suibus serpentes in pabulo sunt, Plinius 11. 53. Quanquam non ignoro (inquit Hermolaus) dissidere serpentes & sues, &c. quia tamen pars hæc ex Theophrasto sumitur libro eius quinto de stirpium causis, ferè adducor ut ita scribendum putem. Quin & ceruis serpentes in pabulo sunt,
50 & alijs uenenũ est. ἔλαφοι τοὺς ἔχεις ἐσθίουσιν, ὑφ᾽ ὧν τὰ ἄλλα θνήσκουσιν, id est, Viperas cerui edunt, à quibus interimũtur alia, Theophrastus. Ceruus herba cinaræ uenenatis pabulis resistit, Plinius & Solinus. Cerui morsi uel à phalangio, uel à quouis generis eiusdem, cancros edunt: quod idem homini etiam prodesse putatur, sed non caret fastidio, Aristot. & Aelianus. Percussi à phalangio, quod est aranei genus, aut aliquo simili, cancros edendo sibi medentur, Plinius. ¶ Cerui cornua abijciunt, ut supra dixi cap. 2. Pilulas excrementorum cerui, damæ, & capreoli, Galli fumees appellant. ¶ Ceruorum lachryma cur salsa & improba sit: aprorum uerò dulcis, Plutarchus in libro de causis naturalibus quæstione uicesima, his uerbis exponit. In causa est (inquit) temperamentum istorum animalium, quod in ceruo frigidum est: in apro feruidum & igneum: quamobrem hic se opponit persequentibus, ille fugit: quo quidem tempore præcipuè, propter iracundiam, mouetur lachrymæ. Nam
60 cum copiosus ad oculos calor efferatur, (iuxta hoc carmen, φρίξας εὖ λοφιήν, πῦρ ὀφθαλμοῖσι δεδορκώς, Ille riget setis, oculi simul igne refulgent:) dulcis fit qui eliquatur humor. Sunt qui lachrymas à sanguine perturbato excitari separariq; tanquam serum à lacte existiment, ut Empedocles: Quoniam

H

igitur asper (τραχὺ αἷμα, malim παχὺ, id est crassus) & ater aprorum sanguis est propter caliditatem; ceruorum contra tenuis & aquosus: consentaneum est ut quod ab eo per iracundiam uel metum excernitur, similiter se habeat. Hunc locum etiam Cælius transtulit lib. 12. cap. 5. Idem mox ab initio libri tricesimi occultam & incognitam ait esse causam cur ceruis salsuginosæ manẽt lachrymæ, suibus dulces dum capiuntur. Bezahar propriè est lapis qui dicitur lachryma cerui, quę generatur in ceruis: quia cerui comedunt uiperas, maximè in Persia: Et hic lapis eruitur etiam è terra et fodinis, ut tradit Tiphasi Arabs in libello de gemmis qui ex Arabico in Latinum sermonem translatus est. Quandoq; tamen bezahar appellatur quoduis antidotum ueneni, Andreas Bellunẽsis. Vide plura inferius capite septimo. Cerui montes excelsos non ascendunt, ut qui nimium corpulenti, ad planiciem magis quàm montes idonei sint: quamobrem syluas & ualles, & fluminibus uicina loca frequentius habitant. Cerui gaudẽt ταῖς ὀργάσι, Pollux. Est autem ὀργὰς, uel ὀργὰς γῆ, ἡ ἀργὴ καὶ ἀνέργαστος, διὰ τὸ ἐν αὐτῇ τὰ φυτὰ πρὸς αὔξησιν ὀργᾶν: λοχμώδεις καὶ ὀρεινὸν χωρίον: ἡ εὔγειος καὶ σύμφυτος, καὶ λιπαρὰ καὶ ἀκμαία γῆ, Varin. Hoc est, Orgas est locus incultus, syluosus aut nemorosus, ubi solum bonũ & pingue est. Apud eundem tamen ὀργάδες etiam pro cultis locis exponitur: item ὀράδες, loci syluosi. Dora ciuitas est Assyrię deserta, marginibus amnis (Euphratis) imposita: In quo loco greges ceruorũ plures inuenti sunt: quorum alij confixi missilibus, alij ponderibus elisi remorũ, ad satietatem omnes pauerunt: Pars maxima natatu adsueta ueloci alueo penetrato incohibili cursu euasit ad solitudines notas, Ammianus Marcell. libro 24.

¶ Cerui tempore libidinis efferantur, & certant pro fœminis, seq; mutuis interdum uulneribus uel mortis periculo conficiũt, idq; præcipuè faciũt in fine Augusti, quo tempore Arcturi sydus cum Sole oritur, Albertus. Hinc est nimirum quod ἀείζηλον γένος ἐλάφων Oppianus dixit. Fœminæ licet prius conserantur, non concipiunt ante Arcturi sydus, Solinus. Cum mares impleuerint fœminas, separantur per se ipsi, & propter libidinis graueolentiam quisq; solitarius scrobes fodit: fœtent ut hirci: facies quoq; eorum nigrescit aspergine, ut hircorum: degunt ita, quousq; imber accedat, tum pascua repetunt. Hæc ideo ceruo accidunt, quia salax animal suapte natura est, atq; etiam quia pingui abundat, Aristoteles. Mares generis huiusce cum statutum tempus Venerem incitauit, sæuiunt rabie libidinis efferati, Solinus. Fœminæ à conceptu separant se: At mares relicti rabie libidinis sæuiũt, fodiunt scrobes, tunc rostra eorum nigrescunt, donec aliquando (aliâs, aliqui) abluant imbres, Plin. Vehementi amoris libidine flagrant, ut tanquam gallinacei (& reliquæ aues) totos dies ad Venerem non cessent incumbere, Gillius ex Oppiano. Iam mares soluti desiderio libidinis, auide petunt pabula. Vbi se præpingues sensêre, latebras quærunt, fatentes incommodum pondus: & aliâs semper in fuga acquiescunt, (ut in uenatione ipsorũ dicam cap. 5.) Plinius. Inter ea, quæ animal generant, augenturq; magnitudine insigni, nec Ceruæ mares suos patiuntur, nisi raro: nec uaccæ tauros: propter rigorem genitalis, nimiamq; tentiginem, sed clunibus subsidentibus semen recipiunt genitale: sic in ceruis mansuetis fieri uisum est, Aristotel. Cerui non similiter atq; aliæ feræ coeũt: neq; enim stantes, neq; cubantes, sed magna celeritate currentes ineunt fœminas, simul & tametsi properantes fugere uxores pedibus amplectũtur, non earum tamen cursum retardare possunt: sed inexorabiles illæ ad consistendum, maritos ferunt, & fugere perseuerant: ij autem duobus pedibus quantum possunt, cursimq; sequentes coitum absoluunt, Oppianus. Taurorum ceruorumq; fœminæ uim non tolerant, ea de causa ingrediuntur in conceptu, Plinius. Cerua plurimum subsidens coit, ut dictum iam est: marẽ enim sustinere nõ potest, ob eius contentissimũ impetũ. Veruntamen aliquando etiam sustinent modo ouium, & socias declinant, cum turgente iam Venere coitum appetunt. Mas non in eadem immoratur, sed mutat: breuiq; interposito tempore, aliam atq; aliam supergreditur, Aristotel. Cerui in coitu uicissim ad alias transeunt, & ad priores redeunt, Plinius. Coitus ab Arcturo, mense Augusto & Septembri: implentur paucis diebus, & ab eodem multæ, Aristoteles. Conceptus ceruarum post Arcturi sydus, Plinius. Simi, libidinosi esse conijciuntur, à ceruorum similitudine, Aristoteles. Ad decimumoct. cal. Octobris, cerui libidinari incipientes, catulientiũ ceruarum conciliabula quærunt, & uelut ad forum Veneris undiq; conueniunt, Budæus. Et rursus, Libidine (quem in eis affectum Galli uocant le rut ou reut d'ung cerf, Germani **brunst**/ id est ardorem) flagrantissima admissarij ad mensem agitãtur, tuncq; rabie pruriginis efferati, & canes & homines atrociter inuadunt quũ primum aspexerũt. Deinde paulatim deiæuientes, alterum paulò minus mensem absumunt. Vox maribus cum tempus coëundi est, fœminis autem cum metuerint, Aristoteles. Rancere (reer Gallicè) fictitia uoce tunc dicuntur (cum libidinantur mares, & fœminas uocant, siue elato capite gutture pleno, siue ad terram demisso:) Rancentes autem ololygones tunc uocantur: Rancor, ipse clamor, Budæus. Germanis **brülen**. Ololygon apud Aristotelem propriè dicitur de uoce ranarum mariũ libidinis tempore. Solet ceruus ex macie hyberna, ac tabe libidinosi temporis sub mensem uicissim Maium cito in corpus ire, è gregarijsq; cateruis ac locis abditis & abstrusis, in quibus delituit, emigrans, in loco delecto stabulari, (gister, Gallice) unde commoda & propinqua sit pabulatio, (les uiandes, Gallicè:) illicq; uelut in æstiuis instauratiuũ decorẽ ac saginã (uenaison, Gallicè:) recipere. Hac habitudinũ uicissitudine nunc flaccẽtes, nũc strigosi: tũ eualescentes, tũ obesi: aliás corniculosi & sublimes, aliâs mutili & inermes, & tanquã pudibũdi apparent. Physici referũt ceruũ purgationis indigũ apia comedere, Aelianus in Varijs. Sed hoc ad ceruam pertinet, quæ nõ selino, id est apio, sed

sed seseli herba, ante partum purgationis gratia utitur: ut duplex in Aeliani codicibus error sit, siue authoris siue librariorũ, alter quod τὸν ἔλαφον λόμενον, &c. in masculino genere legitur pro fœminino, alter quod selina pro seseli. Fœminæ ante partum purgantur herba quadam, quæ seselis dicitur, faciliore ita utentes utero. A partu duas habent herbas, quæ aros & seselis appellantur: pastæ redeunt ad fœtum. Illis imbui lactis primos uolunt succos, quacunque de causa. Cicero dicit ceruas paulò ante partum perpurgare se quadam herbula quæ seselis dicitur, Gillius. Silis uel seselis folia quoque utilia sunt, ut quæ partus adiuuent etiam quadrupedum: hoc maximè pasci dicuntur ceruæ pariturae, Plinius. Græci seseli, ut sinapi, neutro semper genere proferunt, non seselis in recto. Eius tria sunt genera, sed usitatissimum quod ueteres Massiliense uocant: & uulgo hodie siler montanum. Id non alibi copiosius uidi, quàm in Gemmio uulgo dicto monte Sedunorum, circa thermas. Datur ut partus adiuuet capris quadrupedibusq́; alijs bibendum, Dioscorid. Fœminæ per esum sileris uterum præparant, ut facilius concipiant: eò quod propter duritiam uirgæ non accipiunt semen nisi fugiendo, Albertus. Sed cum authores omnes non ad conceptum, sed partum faciliorem ceruas hoc pabulo uti conueniant, Albertum erroris insimulare non dubitabo. Quæ ex feris mitigentur, non concipere tradunt, ut anseres: apros uerò tardè, & ceruos, nec nisi ab infantia educatos, Plinius. Hinnuli uere nascuntur, Xenophon. Vterum ferunt octo menses: pariunt magna ex parte unum: sed nonnullas etiam geminos peperisse perspectum est, Aristot. Octonis mensibus ferunt partus, & interdum geminos. A conceptu separant se, Plinius. Incrementum hinnuli celere. Purgatio cæteris temporibus nulla euenit ceruæ: cum autem parit, pituitoso quodam humore purgatur. Parere iuxta uias maximè solent metu belluarum, Aristot. In pariendo semitas minus cauent, humanis uestigijs tritas, quàm quæ secretæ ac feris opportunæ, Plinius. Idẽ Plutarchus scribit in libro Vtra animalium, &c. sed imperitus interpres pro ceruis elephantos posuit. Ferarũ quadrupedum cerua maximè prudentia præstare uidetur, tum quia circa semitas pariat, quo scilicet belluæ propter homines minus accedunt: tum etiam quia cum peperit, inuolucrũ primum exedit, mox seselim herbam petit, quam cum ederit, redit ad prolem, Aristot. Et alibi, Ceruæ (inquit) statim à partu edunt inuolucrum, ut dictum est, nec fieri potest ut id accipias: prius enim quàm in terram demittant, ipsæ arripiunt: uis in eo medica esse creditur. Cerua cum parit, τρίβον ἀνθρώπων ἀλεείνει. οὕνεκεν ἀπρακτοὶ μερόπων θήρεσσι βέβηλοι, Oppianus: hoc est, semitas hominũ uitat. Nam humana uestigia belluæ auersantur. Legendum uidetur, τρίβον ἀνδρῶν οὐκ ἀλεείνει, id est semitas uirorum non uitat. Nam & rem ita se habere, Plinius, Aristoteles, & Aelianus testantur: & idem sensisse poëtam, ex proximo uersu, quo causam eius facti reddit, apparet. Inuolucrum fœtus, quod ceruam mox uorare diximus, Græci chorion uocant: ut habet lib. 9. historiæ animal. cap. 5. ex quo uerba eius iam supra recitauimus: uideo autem lapsum esse Plinium, qui non chorion sed aron legerit, & interpretatus sit: omnino enim illum Aristotelis locum ab eo translatum apparet: in quo barbari etiam dragonteæ, ut ipsi uocant, mentionem faciunt, quod inter ari cognomina est: quanquam simul & secundinæ. Præterea hinnulum ducens in stabula, assuefacit, quò refugere debeat. saxum hoc est abruptum, (petra dirupta, alibi) uno aditu: quo loco eam si quis inuadit, expectare repugnareq́; affirmant, Aristoteles: qui & alibi idem repetit. Editos partus exercent cursu, & fugam meditari docent: ad prærupta ducunt, saltumq́; demonstrant, Plinius. Secundum uias (inquit Aelianus interprete Gillio) cerua parere solet, quod quidem ipsum sapienter facere uidetur, uel quòd hinnulis suis insidias à feris timeat fieri, uel quia celeritatis fiducia homines egregie contemnat. Non enim, tametsi infirmior, dubitat eos effugere posse: postea autem quàm se opimo corporis habitu affectam sentit, non amplius iuxta uias partum edit, quod iam se minus accommodatam ad currendum intelligit: at enim uel in saltibus uel conuallibus parit, Hæc Aelianus: Cui Græca ad manum sunt, cum Gillij translatione conferat. Errasse enim mihi uidetur uel interpres uel ipse Aelianus. Neq; enim de cerua apud ullum bonũ authorem legimus, quod ubi iam corpulentior est, iuxta uias parere desinat, &c. Sed de ceruo mare hoc fertur, quod cũ pinguiorem se senserit, ideoq; tardiorem, loca remota & solitaria petat, Aristoteles & Plutarchus in libro Vtra animalium, &c. Ex recentioribus quidam scribit fœtum à cerua occuli, nè à mare deprehendatur: quod cum neq; ueterum authoritate, neq; ulla obseruatione certa confirmet, fidem apud me non meretur. Ceruæ non qualibet partus suos educant, teneros studiose occulunt: & absconditos inter profunda fruticum uel herbarum pedum uerbere castigant ad latendum. Cum maturuerit ad fugã robur, exercitio docent cursus, & assuescunt salire per abrupta, Solinus. ¶ Hyeme extenuantur cerui, debilitanturq́;: uere autem uigent maximè ad cursum, Aristot. ¶ Senectutem indicant dentes, cum aut pauci inueniuntur, aut nulli, Solinus, & alij, ut supra diximus in cornuum mentione, quibus singuli anni ramum adijciunt, à biennio usq; ad sextũ: & cum abiecta cornua renascantur quotannis unà cum adminiculis, id est infimis ramis: ætate prouectioribus ij non renascuntur, &c. Sunt qui tradunt ceruos senecta graues serpentium esu recreari, ut proximo cap. dicam. Dicũt in capite cerui annosi intra os oculi uespas & formicas generari & aliquãdo progredi, Albertus. Venatores asserũt, quod in ceruo natu grandi osse capitis sub oculo terebrato uespæ concretæ & formatæ interius ex humore superfluo, uel ut alij autumant, ex medulla prodeant euolantes: & tunc negãt eum posse diutius uiuere, nisi esu serpentium renouetur: Aliquando etiam eodem modo uespas dicunt prodire concretas è naribus cerui, Author libri de naturis rerũ. Apparet autem

H 2

uel Albertum erraſſe,qui pro formatæ legerit formicæ, uel alterum qui contra: quod ad lectionem loquor:nam quod ad rem ipſam neq; ueſpas equidem neq; formicas in animãtis uiuæ corpore naſci crediderim:Et uериſimile eſt ortum hunc errorem ex uerbis Ariſtotelis forſitan male tranſlatis, qui lib. 2. hiſt. an. cap. 15. uermes,non ueſpas,in capitibus ceruorum reperiri ſcripſit,ut ſupra recitaui.

¶ Vita eſſe perquàm longa hoc animal fertur,ſed nihil certi ex iis quæ narrantur,uidemus: nec geſtatio,aut incrementum hinnuli ita euenit,quaſi uita eſſet prælonga, Ariſtoteles:Idem lib.4.cap. 2.de partibus animal.Ceruus,inquit,felle caret:quare & longæuus eſt. Eſſe autẽ longæua quædam felle carentia, ut ceruum & delphinum, meminit etiam Cælius 4.17. Heſiodus(uerba ſunt Plinij) cornici nouem noſtras tribuit ætates,quadruplum eius ceruis:id triplicatum coruis. Heſiodi uerſus (quos in operibus quæ extant, nuſquam reperio)hi ſunt, Ἐννέα τοι ζώει γενεὰς λακέρυζα κορώνη ἀνδρῶν ἡβώντων, ἔλαφος δέ τε τετρακόρωνος. Τρεῖς δ' ἐλάφους ὁ κόραξ γηράσκεται, αὐτὰρ ὁ φοῖνιξ ἐννέα τοὺς κόρακας. Hos uerſus Heſiodi interpretatus uidetur quiſquis fuit,cuius carmẽ inter reliquas Maronis appendices extat:eſtq; huiuſmodi: Ter binos deciesq; nouem ſuperexit in annos Iuſta ſeneſcentũ quos implet uita uirorum. Hos nouies ſuperat uiuendo garrula cornix, Et quater egreditur cornicis ſecula ceruus, Alipedem ceruum ter uincit coruus: at illum Multiplicat nouies phœnix reparabilis ales. Meminit Eraſmus in prouerbio Cornicibus uiuacior: Ariſtoteles(inquit)homine nullum aliud animal eſſe uiuacius arbitratur, excepto uno elephanto. ζώει δ' αὖτ' ἔλαφος δηρὸν χρόνον, ἀρτικέως δὲ ἀνθρώπων γενεή τις ἐφήμερος τετρακόρωνον, Oppianus. Vita ceruis in confeſſo longa,poſt centum annos aliquibus captis cum torquibus aureis, quos Alexander Magnus addiderat, adopertis iam cute in magna obeſitate, Plinius. Ad dignoſcendam uiuacitatem Alexander Magnus torques plurimis ceruis innexuit,qui poſt annum centeſimum capti,nec dum ſenij indicium præferebant, Solinus. Apud Peucetinos(Peucetios potius dixerim)aiunt eſſe Dianæ templum,ubi dedicata deæ uiſatur torques ænea(χαλκῆ ἕλιξ)cum inſcriptione,Diomedes Dianæ: Fertur enim ille torquem cerui collo addidiſſe,circa quam aucta ſit caro, & ceruus poſtea captus ab Agathocle rege Siciliæ in templo Iouis conſecratus, Ariſtoteles in Mirabilibus. Peucetia Italiæ regio eſt,alijs nominibus Calabria, Iapygia, & Meſſapia dicta. ἕλιξ, ψέλλιον, Varinus. Meminit etiam Leonicenus in Varijs 1.92. Arcades aiunt Arceſilaum quendam in Lycoſura habitantem,uidiſſe ceruam ſacram Dominæ appellatæ (τὴν ἱερὰν τῆς καλουμένης δεσποίνης ἔλαφον) ſenio grauatam, cui torques circa collum fuerit hoc uerſu inſcripta: Νεβρὸς ἐὼν ἑάλων ὅτ' ἐς Ἴλιον ἦν Ἀγαπήνωρ; hoc eſt,Hinnulus fui captus cũ in Ilio eſſet Agapenor:quo quidem teſtimonio confirmari poteſt ceruum etiam elephanto longe uiuacius animal eſſe, Pauſanias in Arcadicis. Ceruus in uiuarijs compluribus annis ſuſtineri poteſt: nam diu iuuenis poſſidetur,quod æui longioris uitam ſortitus eſt,Columella.

¶ Febrium morbos nõ ſentit hoc animal: quin & medetur huic timori, (ut capite ſeptimo dicam,) Plinius. Patuit ceruos nunquam febreſcere, Solinus. Cerui ægri ramuſculos oleæ comedunt,& ſanantur,Ambroſius. Sed hoc remedium ad elephantos,nõ elaphos, id eſt ceruos, à ueteribus referri uideo. Elephas oleæ flore uel oleo ſibi medetur, Aelianus. Et chamæleonte deuorato, oleaſtro ſibi medetur,Plinius.Eodem remedio contra idem uenenum coruus etiam apud Plinium utitur. Phalangium non minus ceruis quàm hominibus pernicioſum exiſtit:à quo læſi celeriter pereunt,niſi ſyluеſtrem hederam comedant:qua quidem adeſa, phalangij acerbitas nihil eis quicquam nocet, Gillius ex Aeliani Varijs: in quibus tamen nos legimus ceruum à phalangijs ictum cancros edere. Quod cerui omnes uiuos in capite uermes cõtineant,&c. ſuperius ex Ariſtotele & Plinio dixi.Nam quod ueſpas & formicas eis innaſci Albertus ſcribit, falſum exiſtimo. Cerui in fuga inteſtino dolent,quod eis tam infirmum eſt (tenue & imbecille) ut ictu leui rumpatur intus cute adhuc integra, Ariſtot. & Plinius. Cactus eſt genus ſpinæ, qua hinnulus ictus inutilia habebit oſſa ad tibias, Varinus. Ceruum Galli dicunt froyer,id eſt prurire,cum caput eius ſcabie afficitur, & pellis ſeparatur.

D.

De prudentia et ingenio cerui non pauca iam ante diximus, nõ repetenda niſi admonendi forte gratia. Ferarum quadrupedum cerua maximè prudentia præſtare uidetur, tum quia circa ſemitas parit,&c. tum quia hinnulũ ducens in ſtabula,aſſuefacit quò refugere debeat,&c. ut ſupra dictum eſt. Hinnulos tenellos adhuc abſcondit:poſtea ad curſum maturos aſſiduè exercet, & fruteta tranſilire docet,ne dum per loca fruticibus arbuſtisq; conferta currunt, cornibus hæreant & capiantur, Albertus. Cicures multis in locis Heluetiæ Germaniæq; cerui publicè in foſſis circa mœnia aluntur,ut cum libuerit magiſtratui habeant quod uenentur. Ii ad uocantium ex alto uoces accurrunt, maxime cum cibi præſertim panis deijciendi ſpe alliciuntur. Mithridates Ponticus cum ſomnũ caperet,ſui corporis cuſtodiam non modo ſatellitibus cõmittebat:ſed & tauro, & equo, & ceruo, quos manſuefactos habebat. Ii enim ad cuſtodiam eius dormientis aduigilantes,ſi quis accederet,quod ex ipſa reſpiratione ſtatim percipiebant,ille mugitu,alter hinnitu,ceruus ſua propria uoce, eum è ſomno excitabant, Aelianus. Ptolemæus ſecundus,quem etiam Philadelphum appellant,cerui hinnulum munere accepit:quem cum aleret,ſic ad Græcum ſermonem aſſuefecerat,ut loquentes intelligeret,cum tamen ante hunc ipſum creditũ eſſet,ſolam Indorum linguam ceruos percipere, Aelianus, & ex eo Cælius 23.34. Cerui ingenioſi ac timidi ſunt, Ariſtotel. Et alibi, Ceruæ (melius cerui, ut utrunq; ſexum comprehẽdamus:quod Attici etiam in fœminino faciunt)timidæ ſunt;nam ſanguis

earum

earum fibras non continet, ideoque non spissatur, Aristotel. Frustra ceruis tanta nascuntur cornua, cum eis in pugna non solum contra feras aut canes, sed ne contra lepores quidem uti ausint, Oppianus. Cerui timiditas ceruos pro fugitiuis dici, & uirum ceruinum pro timido, in causa est, ut explicabimus capite octauo, parte prima: & ultima inter prouerbia. Timidissimum animal est ceruus, lepus, oues, quæ omnia pilum habent mollissimũ, Aristoteles in Physiog. Timidi sunt homines quorum facies est carnosa: item quorum collum est tenue & oblongum: & qui uocem ædunt acutam: nam eadem in ceruis similiter reperias, Ibidem. Ceruorum quidam audaciores sunt, qui homines transeuntes per syluas inuadunt: alij fugiunt, Albertus. Ceruus non inscius dextrum suum cornu usui magno hominibus esse, hoc ipsum inuidia flagrans, ne tanto bono homines fruantur, in terram
10 occultat, Aelianus. Sed hac de re plura dixi capite tertio. Miro natalis soli desiderio tenentur, non Hellespontiaci solum, ut Aelianus prodidit: sed cerui omnes, ut audio, pulsi locis ubi educati sunt, & meliora quandoque pascua nacti, semper ad pristina redire solent. Mas cum pinguerit, quod ualde tempore fructuum fit, nusquam apparet, sed longè secedit, ut qui pondere suæ corpulentiæ capi se posse facilius sentiat, Aristoteles & Plutarchus, ut supra etiam retuli cap. 3. cõtra Gyllium qui fœminis parientibus hoc adscribit. Latent etiam (ut supra dixi) cornibus amissis, uel tanquam inermes se esse & imbecilles sibi conscij, uel pudore quòd arma decusque suũ amiserint, Oppianus, Aelianus & Simocatus. Abiecta cornua defodiunt, non quouis in loco, sed in remotis & condensis arbustis: præcipuè alterum, siue dextrum, siue ut alijs placet sinistrum, tanquam ui medica efficacius, quam hominibus inuideant. Apud Horum legimus ceruum suos dentes, qui exciderint, humo infodere, quod
20 quidem non cerui, sed elephanti est, ut in historia eius capite tertio dicam. Cauere etiam dicuntur, ne quando in uulnera, quæ acceperint recentia, Solis radius incumbens priusquam obducantur, carnem putrefaciat, Aelianus. Fugiunt uenenata: & si iacula ueneno infecta in loca eis cõsueta emittantur, recedunt, Albertus. Dictamnum ipsi prodiderunt, dum eo pasti excutiunt accepta tela. herbam quoque quam cynaren uocant, contra noxia edunt gramina, Solinus. Animal est simplex, & omnium rerum miraculo stupens: in tantum, ut equo aut bucula accedente propius, hominem iuxta uenantem non cernant: aut si cernant, arcum ipsum sagittasque mirentur, Plinius. Mulcentur fistula pastorali & cantu, Plinius. Pastorum musica sæpe ita oblectari ferunt, ut interim negligant pascua. Mirantur sibilum fistularum, Solinus. Quamobrem sibilo & cantu uenantiũ capiuntur, ut sequenti capite dicam. ¶ Maria tranant gregatim nantes porrecto ordine, & capita imponentes præcedentium
30 clunibus, uicibusque ad terga redeuntes: Hoc maximè notatur à Cilicia Cyprum traijcientibus: nec uident terras, sed in odore earum natant, Plinius. Si maria tranant, non aspectu petunt littora, sed olfactu: infirmos ponunt in ultimo, & lassorum capita clunibus per uices sustinent, Solinus. More classis nauium (Gyllius ex Oppiano) mare transnant, unus ante cęteros natat, dux ad transmittendum: hunc alter capite innitens tergo, insequitur: & similiter cæteri deinceps subsequuntur. Cum autem primus prænatando defatigatur, ad extremum agmẽ recurrit, & caput in alterum inclinans, paulum à labore recreatur. Secundus recens, defatigato succedens anteit, atque alij omnes in aliorum uicem succedentes, duces efficiuntur: pedibus tanquam remis utuntur, cornua excelsa tanquam uela uentis permittunt, Hæc Oppianus. Idem scribit Io. Tzetzes Chiliade 3. cap. 121. In Amano, Libano, & Carmelo, Syrię montibus (inquit Aelianus) cerui nascuntur, qui cum in Cyprum transmittere
40 uolunt, gregatim ad littora perueniunt, ibique tandiu secundos uentos præstolantur, dum per placatissimam quietem belle sibi flare senserint, tum fidenti animo sese traijcere mare ingressi, & ordine natant, & uero in antecedentium tergo subsequentes capita reponunt: ac nimirum dux idcirco retrocedit, quia non habet ubi nitatur, & post omnes clunibus proximi antegredientis nitens, ex labore quieti sese dat, simul & extremum agmen ducit. In Cyprum ideo transnant, quòd pastionum, quæ illic amplissimæ esse dicuntur, desiderio tenentur. Et profecto adeo feracem Cyprij se incolere regionem testantur, de agrorum ut bonitate Aegyptijs non concedant. Eodem modo Epirotici cerui in Corcyram, quæ contra Epirum est, mare transeunt, Aelianus. Manifesta est negligentia illius qui Elegiam cõposuit, cuius initium est, ἱρὰ τάδ' Φοίβου πολλὸν ὑπὲρ κῦμα θέουσαι ἤλθομεν αἱ τεχνήεντα τόξα φυγεῖν ἔλαφοι: Siue ea Delus sit, siue quæcunque. (εἴθ' ἡ Δῆλος ἐστιν, εἴθ' ὁποσοῦν: lego, εἴθ' ἄδηλος ἐστιν, &c. hoc sensu,
50 siue is author incertus est, siue quicunque tandem.) Dicit enim ceruas ex Corycio iugo delapsas, è Cilicio littore in Curiada acten tranare: & addit, Μυρίον ἀνθρώποισι θαῦμα νοεῖν πάρα, πῶς ἀνόδευτον χεῦμα δι' ἠερίων ἐδράμομεν ζεφύρων. A Coryco enim in Curiada acten circumnauigantes, nec zephyrũ, nec insulam à dextris habent, nec transitum ullũ à sinistris, Strabo non procul à fine libri 15. ¶ Pugnantes in pascuis, uictori ut domino obediunt, Albertus. Et alibi, In pugna tempore libidinis uictus omnino paret uictori, & sequitur ipsum tanquam herum.

¶ Amantur ab attagenis. Ceruos cum lupis aggregari fabulantur in lucis Venetorum, ita illic mansuescunt feræ, Strabo lib. 5. ¶ Ceruis quoque est tua malignitas, quanquam placidissimo animalium: urgente ui canum, ultro confugiunt ad homines, Plinius. Ab urso nõnunquam inuaduntur, Aristot. Thôës, id est lupi ceruarij plures simul ceruum inuadunt laniantque: Nam uulneratum
60 (sagitta scilicet) effugientem persequuntur: ὁ δ' αἱμάσσων ὀδύνῃσι βεβρυχὼς ὀλοῇσι περίπλεος ὠτειλῇσιν, ἄλλοτ' ἐπ' ἀλλοίων ὀρέων διαπάλλεται ἄκρας, οἱ δὲ μὴν οὐ λείπουσιν, &c. ut elegantissimus poëtarum Oppianus lib. 2. de piscatione describit in historia amiarũ pugnę cõtra delphinum. Idem alibi ceruos à lyn-

H 3

cibus infestari canit. Homeri uersus, quomodo thôes saucium insequantur ceruum, ex libro undecimo Iliados, in Thôe post Lupum recitabo. Fugit ceruus cum arietem uidet, Horus. Timent cerui
gannitum uulpium, Albertus. Primo & secundo generi aquilarum, non minorum tantum quadrupedum rapina, sed etiam cum ceruis prælia. Multum puluerem uolutatu collectum, insidens
cornibus aquila excutit in oculos, pennis ora uerberans, donec præcipitet in rupes, Plinius. ¶ Elephantorum anima serpentes extrahit: ceruorum item urit, Plinius. Et alibi, Ceruis est cum serpente pugna: inuestigant cauernas, nariumque spiritu extrahunt renitentes. Serpentes hauriunt, &
spiritu narium extrahunt de latebris cauernarum, Solinus. Exitio serpentibus esse ceruos nemo ignorat, & si quæ sunt extractas cauernis mandentes: Nec uero ipsi spirantesque tantum aduer
santur, sed membratim quoque, fugantur nidore cornus ceruini si uratur: Pelles cerui substratæ
securos præstant ab eo metu somnos, &c. Plinius. Mirifico quodam naturæ munere ceruus serpentem funditus uincit: neque enim ipsum, tametsi hostis in latebram abditus, effugere potest. Etenim ille
naribus suis in serpentis cauernam incumbens, uehementissimè inspirat, & spiritu suo quasi amato-
rio quodam alliciens extrahit, inuitumque profert, ac nimirum procumbentem illam mandere ingredi
tur: Quod hyeme facere maximè solet, Aelian. Videtur sanè Aelianus rationem qua ceruus serpentem è latibulo extrahit ignorasse, ideoque philtro hanc uim comparasse: ac si ita à cerui spiritu trahere-
tur, ut à magnete ferrum, à succino paleæ. Solet enim ad occultas huiusmodi causas hominum inscitia confugere, nempe ad totius substantiæ proprietatem tanquam ad sacram imperitiæ anchoram.
Quòd si eo tanquam philtro serpens allicitur, non antipathia sed sympathia quædam inter cerui &
serpentis naturam fuerit. Sympathiam appello tacitum quendam naturæ consensum, & ueluti amorem mutuum. Atqui ipse Aelianus hostem cerui appellat serpentem, & alij authores, ut audiemus,
omnes. Defendat aliquis spiritum saltem cerui gratum esse serpentibus, siue caloris ratione, quo ut
ualde egent propter naturę suæ frigiditatem, ita uehementer desiderant: siue alia quadam ignota, un
de hoc etiã eueniat, quod Plinius tradit, ut è summo cerui gutture (ex quo scilicet spiritus meat) ustis
ossibus, serpentes congregari dicantur. Respondeo, Cum plurimę cerui partes serpentibus aduersen
tur, ita ut uel auertant earum morsus (ut authores referunt, & nos partim quinto partim septimo
cap. recitabimus) uel morsis iam læsisque ueneno singulari remedio sint: non uerisimile esse quod Plinius de gutture usto scribit, præsertim cum id neque authoritate alia ulla, neque experimento constet.
Quamobrem non spiritum cerui, quatenus à ceruo proficiscitur: sed coniunctum illi calorem, quatenus calor est, serpentes sequi concesserim: pręsertim cum (ut Aelianus scribit) hyeme potissimum ita
fieri contingat: quo tempore etiam reliquæ animantes, somno id temporis & frigido ueterno obno-
xiæ (ut mures alpini apud nos) si incaluerint, moueri & interdum progredi solent. Calfieri autem latibulum serpentis spiritu tantum immisso potest, eo scilicet modo quo frigidas hyeme manus foue-
mus. Hinc fortassis Aelianus dixit, ceruum naribus admotis uehementissimè in serpentis cauernam
inspirare. Simpliciter quidem inspiratio est, cum aër externus ab animãte attrahitur: expiratio uero,
cum internus emittitur. Aelianus autem sentire uidetur ceruum expirantem, id est emittentem halitum suum, illum inspirare, hoc est immittere in latibulum. Ego contrario modo serpentem trahi existimo, ceruo nimirum non emittente halitũ, eoque implente latibulum, sed potius aërem latibuli quan
tum potest exhauriente, ut respirationis suctu eo euacuato serpens sequatur, nõ aliter quàm uinum
aut alius liquor canali immisso, & aëre extracto: quo quidem modo etiam cucurbitulæ sanguinem
hauriunt. Et sic propriè serpentem trahere, licet inuitum & renitentem, ut ipse Aelianus & alij scribunt: superiore enim modo non inuitus sed sponte progrederetur serpens, gratum sibi calorem secu
tus, ut uerno solet cum Solis calorem percepit. Rursus opponi potest, quòd Plinius inquit, cerui animam serpentes urere: atqui extracto haustoque aëre uri non possunt, halitu autem suo immisso & in
latibulum continuo ductu inspirato possunt. Dicam non tanti apud me Plinij uerba esse, quanta rei
ipsius ratio certis argumentis considerata. Astipulatur opinioni meæ siue Oribasius siue alius author, cuius commẽtarios in Hippocratis aphorismos Io. Guinterius Andernacus primus nostro secu
lo in lucem dedit, is in libri primi aphorismum uicesimum nonum scribens, ad quæstionem qua ratio
ne semen uiri genitale ad fundum usque uteri perueniat, Sciendum (inquit) sic matricem illud exuge
re, quemadmodum ceruus ad orificium cuniculi appositis naribus, inde extrahit serpẽtem. Qui Geo
ponica Græca collegit, libro 19. cap. 5. Xenophontem testem adducit, quod ceruus spiritu suo (sic ipse
uerto) serpentem ceu uertigine affectam ad sese adducat & rapiat attrahendo: ubi Græce sic legitur,
Ἔλαφος ἀνιμωμένη καὶ ἐφελκομένη τῷ πνεύματι σκοτοῖ τὸν ὄφιν, καὶ καθέλκει πρὸς ἑαυτήν. Cornarium qui hęc re
ctè conuerterat Andreas à Lacuna temere reprehendit, & ita reddenda fuisse ait, Exhaustus ceruus
ac uulneribus exasperatus, suo spiritu serpentẽ obtenebrat, ad seseque trahit: & in castigationibus seor
sim subiectis, ἀνιμᾶσθαι, inquit, exhauriri exagitarique est: ἐφελκοῦσθαι autem exulcerari, nec non exaspe-
rari uulneribus: quæ quidem interpretationes tam ridiculæ hoc in loco sunt, ut refutare pigeat. Ἐφελκοῦσθαι quidem rectè exponit, sed nihil ad hunc locum, ubi ἐφελκομένη per epsilon in secunda syllaba &
omicron in tertia legitur, hoc est attrahens: non ἐφηλκωμένη, ut ipse somniat, per η. & ω. fefellit eum pu
to quod sequitur uerbum καθέλκει, quasi idem repeteretur. Cæterum ἀνιμᾷν uel ἀνιμᾶσθαι, exhaurire
quidem significat: non ita tamen ut animal uiribus exhauritur & destituitur, uel sanguinis sudorisque
fluxu, aut labore debilitatur: sed propriè aquã uel alium humorem alicũde, ut ex puteo, exhaurire,

καὶ

καὶ ἄνω ἕλκειν ἱμάντι, id est loro extrahere, seu attrahere sursum: usurpatur uerò etiam de ijs quæ sine fune quouis modo sursum trahunt: quod etsi multis testimonijs clarissimũ facere possem, nolo hac in re esse prolixior: cui uacat & libet, adeat Varini dictionariũ. Caue ne in serpentẽ incideris cum ex latebris cerui anhelitu extracta, effugerit: tum enim propter iracundiam uehemẽtius ei uenenũ est.

Ἔξοχα γὰρ δολιχοῖσι κινωπησταῖς κοτέουσι
Νεβροτόκοι καὶ ζόρκες, ἀνιχνεύουσι δὲ πάντα,
Τρόχμαλά θ', αἱμασιάς τε καὶ εἰλυοὺς ἐρέοντες,
Σμερδαλέῃ μυκτῆρος ἐπισπέρχοντες ἀϋτμῇ,

Nicander in Theriacis. Simili sanè modo arietes etiam marini phocas in subterraneis saxis conditas odorati, narium illecebra quadam acri attrahunt, exhausto scilicet aëre inter se & uitulos intermedio, ut Aelianus scribit. Ceruus post esum serpentium in aqua se mergens, utcunque siti infestante non bibit tamen, hoc se periculo mortis facturum sciens: interim uero lachrymas emittit, quæ in lapidem bezahar dictum uertuntur, ut pluribus dicam capite septimo. Serpentes quidam ceruini dicuntur, similes nigris illis, qui in multis regionibus præcipuè Apulia notissimi sunt nec multum ueneni habent, Monachi in Mesuen. Grammatici Græci elaphon, id est ceruum etiam inde appellatum uolunt, quasi ἔλοφον, διὰ τὸ ἕλκειν τοὺς ὄφεις καὶ ἀναιρεῖν διὰ τῶν μυκτήρων, quoniam serpentes naribus trahat & occidat: uel ἀπὸ τοῦ ἐλαύνειν τοὺς ὄφεις, hoc est à serpentibus abigendis: nam cum latent serpentes, cornu saxo affricat, unde odor excitatur eiusmodi, ut serpentes etiam è latibulis exigantur; Etymologus & Varinus. Mutuo inter se odio (ut Oppianus docet interprete Gyllio) omne serpentium ceruorumque genus flagrat inexpiabili, serpentem ceruus longe lateque inquirens, tandem in illius uestigia, longis flexionibus apparentia, iucundè peruenit, naribusque ad cauernam admotis, ad pugnam pugnare nolentem ipsum attrahit. Serpens extracta, in altum tollit collum, & crepitu dentium horribilis est, & acerba sibila anhelat: Contrà ceruus ridenti similis euestigio inaniter pugnantem, & cerui collum & crura circumplicantem, in sexcenta frusta lacerat. In Libycis finibus magna uis serpentum, ceruum (cum solus humi stratus iacet) undique inuadit, & in eius pellem dentes configit, neque cerui ulla pars est, quæ non serpentibus circunfusa sit: aliæ caput mordicus premunt; aliæ collum & pectus, uentremque distrahunt, aliæ item utrinque circum latera uersantes instant, nonnullæ crura, aliæ dorsum depascuntur, aliæ ex inguinibus pendent hostiliter infixæ. Hic omnibus doloribus refertus, primum fugere tentat, & rugit, & quoquouersum se uersat, sed magna turba circumsessus, non potest elabi, sed tamen ore dilaniat infinitam & bellicosam gentem, & cornibus insequitur, (κεραΐζει, quod uerbum etiam simpliciter perdere significat, διαφθείρειν, ἀφανίζειν, διακόπτειν, ἀναιρεῖν, διαρπάζειν, πορθεῖν: Homerus πόλιν κεραΐζειν dixit: quamuis propriè animalibus cornutis cõueniat, Varinus.) Illæ uerò nihil remittunt, sed etiam ceruinis dentibus demorsæ, audacter incumbunt: Is alias dentibus dissecat, alias pedibus perdit, ac serpentum per terram permultus sanguis diffluit, earumque membra semicomesta ad terram abiecta palpitant, aliæ laceratæ in latera magno dentium robore inhærescunt, & sola capita à reliquo corpore abscissa cerui pellem adhuc pertinaciter retinent. Quum autem ceruus se ita affectum sentit, diuino quodam naturæ munere fluuium inquirit, unde cancellos corripiens, medicinam sibi facit, confestimque ferarum reliquiæ ex eius pelle excidunt, cicatrices autem obducuntur, Hucusque Gyllius ex Oppiano. Cæterum causam cur cerui serpentes deuorent, alij tacent, alij aliam proferunt, ut nunc adscribam. Etymologus & Varinus tradunt ceruos esu uiperarum φυσικῶς καθαίρεσθαι, id est naturaliter purgari, nec pluribus explicant quomodo uel per quos meatus purgentur. Ego non de fœminarum duntaxat mensibus purgationis uocabulum hîc accipio, ut aliâs sæpe usurpatur: neque de alui subductione, sed corporis totius per cutis poros latenter expurgati quadam renouatione, qualem & elephantiacis quibusdam eodem remedio usis contigisse legimus. Vermes in uentre ceruorum (ut in Hippiatricis Græcis legimus cap. 42.) innascuntur, & ruminantibus eis ad fauces (βράγχον) ascendunt, inhærentque. Ceruus ita affectus loco non manet, sed circumcurrit: Inuenit autem remedium, nam serpentibus deuoratis curatur. Plinius de ceruo narrat, quod cum sentit se grauari senectute, spiritu per nares è cauernis serpentes extrahit, &c. Et hoc ego uerum esse non puto, Albertus. Ego ceruos in senectute tantum serpentibus uesci, neque apud Plinium neque alium authorem idoneum legisse memini. Cum se infirmos sensere, spiritu narium serpentes è cauernis extrahunt, ac superata ueneni pernicie, illorum pabulo reparantur, Isidorus. Ceruus senio grauis, excrescentibus pilis & cornibus, serpentem naribus haurit, mox hausto æstuat ueneno: unde fontem ad bibendum ardentissimè desiderat, quo poto pilos & cornua deponit, Glossa in Psalmum 41. cuius initium est, Quemadmodum desyderat ceruus fontes aquarum, sic te anima mea Deus. Vincentius Belluacensis à ceruis serpentes edi scribit, ut caligini medeatur oculorum. Et alius quidam author obscurus, quem Physiologum uocant, Ceruus (inquit) sicubi serpentem esse cognouerit, aquam ore haustam in cauũ effundit, mox spiritu suo serpentes extractos pedibus conculcans interimit. Ceruorum autem duo sunt genera: unum, quod extracti spiritu serpentis collum utrinque calcans, ita enectum uorat: quo deinde ueneno intumescens, aquas petit & euomit. Interim uerò dum tumet, pilos mutat, & cornua abijcit. Alterum genus inuentum serpentem occidit, & à uictoria statim ad montana pascua se recipit, Hæc ille. ¶ Elephas arietem fugit, non elaphos, id est ceruus, ut Hori Hieroglyphicorum uetus interpres legit & transtulit.

E.

Ceruinam pellem Græci nebridem uocant, de qua pluribus in Philologia dicam. Ex corio cer

H 4

uino fiunt tegmenta hominum,& rerum multarum operimenta,Blondus. Nostri has pelles parant, uel cum pilis,illas præsertim quæ elegantiores & maculosæ sunt,ut puluinis sedilium inducantur: uel pilis demptis,ad caligas, femoralia, chirothecas, &c. ¶ Ex ossibus ceruorum tibiæ fiunt. Cactus spina est qua hinnulus ictus inutilia habebit ossa ad tibias, Hesychius & Varinus. νεβρεῖος αὐλός: Θηβαῖοι μὲν αὐτὸν ἐκ νεβρῶν κώλων εἰργάσαντο: χαλκήλατος δ' ἦν τὴν ἔξωθεν ὄψιν,Pollux.

¶ Ceruis,ut dixi,cum serpentibus pugna est,quas etiam cauernis extractas mandunt. Nec uerò ipsi,spirantesque tantum(inquit Plinius)aduersantur,sed membratim quoque. E summo cerui guttu. re ustis ossibus congregari serpentes dicuntur,Plinius. Sanguine quoque ceruino,si unà urantur dra. contion & cunilago & anchusa,lentisci ligno,contrahi serpentes dicunt: Dissipari deinde si sangui. ne detracto adijciatur pyrethrum,Idem. Pelles cerui substratæ securos præstant à serpentium metu 10 somnos,Plinius. Aut tu ceruina per noctem in pelle quiescis, Serenus cap.46. In ceruina pelle si ia cuerit,nullus ad hominem serpens accedit,Sextus. Medulla perunctos seuóue cerui aut hinnuli, fugiunt serpentes, Plinius. Ceruina medulla præter cæteras, serpentes inuncta fugat, Dioscorid. Medullam ceruinam incensam tecum habens,cum eadem suffumiga locum in quo es, & effugat ser pentes,Sextus. Nicander in Theriacis unguentum quoddam præscribit ex carne serpentium, me. dulla cerui, & unguento rosaceo cum oleo ceraque,quo inuncti à serpentium morsu tuti sint. Adipe ceruino elephantinoque perunctos,serpentes fugiunt,Idem. Serpentes fugiunt omnino dentem cer. ui habentes,Plin. Alia lectio erat,Fugiunt omnino aliquid cerui habentes,quę minus placet: Nam de dente Serenus etiam scribit, Aut genere ex ipso dentem portabis amicum. Coagulum hinnuli ex aceto bibitur ab ictu serpentium: & si omnino tractatum sit,eo die non ferit serpens,Plinius. ¶ Cer. 20 uis cum serpente pugna est,&c. ideo singulare abigendis serpentibus, odor adusto ceruino cornu. Cornus ceruini odore(nidore,fumo,suffitu,suffimento,ustrina,incensu,)serpentes fugantur,Plinius, Aelianus,Varro,Palladius,Rasis. Cornu cerui crudum suffitu fugat serpentes,Dioscor. Cauen. dum ne pulli à serpentibus afflentur: id uitatur sæpius incenso cornu ceruino, Columella. Et alibi, Vt exitiosis serpentibus tecta liberentur, muliebres capillos, aut ceruina sæpius ure cornua, quo. rum odor maximè non patitur stabulis prædictam pestem consistere. Accensis utrislibet, (de. xtris uel sinistris cornibus,) odore serpentes fugantur, Plinius & Solinus. Si quis cerui cornua in puluerem excidat, posteaque excisos in ignem pulueres coniiciat, fumus inde nascens undi. que serpentes fugat, Gyllius ex Aeliano. Serpentes fugiunt odorem cornu cerui, si inde & un. gue domus suffumigetur, Albertus. Rasis tamen, à quo ille sua ex animalibus remedia transcri. 30 psit, sic habet: Si locus in quo culices sunt, cornu ceruino & unguibus capræ suffiatur, discedent. Cornus cerui facto incensu plurima insectorum pars fugiunt, Aristoteles. Quin & ipsi cerui (te. stes sunt Etymologus & Varinus) ut serpentes è cauernis propellant, cornu ad proximum saxum attrito concalfactoque,aërem nidore imbuunt,quo percepto illæ progrediuntur. ¶ Ex cornu cerui fiunt quædam ornamenta armorum, Blondus. Ceruina cornua, ligneo præsertim capiti inserta, parietibus diuitum & nobilium affiguntur, tum ornamenti gratia, tum ut usum præbeant suspen. dendi à ramis quæ quis uoluerit. Cordis draconis pingue in pelle dorcadum neruis ceruinis adal. ligatum in lacerto,conferre iudiciorum uictoriæ magi promittunt: Primum spondylum aditus pote statum mulcere: Dentes eius illigatos pellibus caprearum ceruinis neruis, mites pręstare dominos, potestatesque exorabiles. Sed superest compositio,qua inuictos faciunt magorum mendacia: Cauda 40 draconis & capite,pilis leonis è fronte & medulla eiusdem,equi uictoris spuma, canis unguibus ad. alligatis ceruino corio,neruisque cerui alternatis & dorcadis: Quæ arguisse non minus refert, quàm contra serpentes remedia demonstrasse,quoniam hæc morborum ueneficia sunt,Plinius.

DE VENATIONE CERVI.

Ceruus animal est simplex,& omnium rerum miraculo stupens: in tantum, ut equo aut bucula accedente propius,hominem iuxta uenantem non cernant: aut si cernant, arcum ipsum sagittasque mirentur,Plinius. Stupent omnia,propterea facilius obuios se præbent sagittantibus,Solinus. Cer. ui sibilo(fistula pastorali,ut Plinius uertit)& cantu uenantium capiuntur: mulcentur enim(κατακηλοῦνται,Gaza legit κατακηλοῦνται)alliciunturque ea uoluptate: itaque alter uenantium cantat palàm aut si. bilat,alter clam ferit à tergo,ubi socius tempus iam esse significarit: sed si ceruus erectas auriculas te. 50 neat, acerrimè sentit, nec latêre insidiæ possunt: sin demissas, facile interimitur, Aristot. Albertus hunc uenationis modum fieri ait,cum aliquis folio sub ligna posito sibilat, imitando uocem hinnuli, ad quem sonum prodeat ceruus, præcipuè uerò capreolus, & reliqua ut Aristoteles. Si audierint cerui tibiam aliquam fistulamque concinnè sonantem,non fugiunt,sed expectantes capiuntur, uide. licet suauitate Musicæ allecti, Xenophon in Geopon. Græcis. Hominem adulatione deceptum si. gnificantes Aegyptij ceruum pingebant cum tubicine: mulcetur enim ceruus cantus modulamine, ac sic quodammodo oblitus sui capitur,Horus. In fundo quem in Thusculano emit hic Varro à M. Pisone, uidisti ad buccinam inflatam certo tempore apros & capreas conuenire ad pabulum: Et pau lò post,Ibi erat locus excelsus,ubi triclinio posito cœnabamus. Quintus Orphea uocari iussit: qui cum eo uenisset cum stola, & cithara, & cantare esset iussus, buccinam inflauit: ubi tanta circunflu. 60 xit nos ceruorum,aprorum, & cæterarum quadrupedum multitudo, ut non minus formosum mihi uisum sit spectaculum,quàm in Circo maximo ædilium non sine Africanis bestijs cum fiunt uena. tiones,

tiones, Varro de re rust. 3. 13. Tyrrhenorum sermone peruagatum est (Aeliani uerbis utor) apros, & ceruos apud eos cum retibus & canibus, ut uenandi sane usus ferre solet, tum multo maxime musicæ adiumento capi, quod quidem ipsum quemadmodum fiat, iam porro dicam: Circumiectis retibus, & cæteris instrumentis accommodatis ad faciendas bestijs insidias, collocatis, homo ad tibiam canendi bene peritus, quoad eius fieri potest, omnem cantus contentionem remittit, & relaxat, & quidlibet ad canendum suaue præclare usurpat, & sensim pedetentimq; progrediens in montium uertices & conualles, atq; ut breui explicem, in omnia lustra ferarum, & cubilia, tibiæ cantu influit. Ac nimirum primo in eorum aures influentis soni insolentia ipsos exterret: deinde cum impotenti uoluptate aures tenentur, tum nullo negotio comprehenduntur, cantusq; suauitate permulsi, & de-
10 liniti, in eorum quæ procreauerint & domesticarum sedium obliuionem ueniunt: Etiam si feræ bestiæ non à locis ubi uersari assueuerunt, aberrare solent. Sic igitur Tyrrhenæ bestiæ paulatim tanquam suadæ illecebra ducuntur, & quasi cantu præstrictæ, in laqueos sese inserunt, quibus illaqueatæ comprehenduntur, Hactenus Aelianus. ¶ Ceruos (inquit Cælius) rubræ pennæ aspectu terreri, nónne & Ausonius cõprobat illis uersibus? An cum fratre uagos dumeta per auia ceruos Circundas maculis, & multa indagine pinnæ? Id & Seneca significare uidetur libro de clementia primo: Si feras (inquit) linea & pinna conclusas contineas, iubeasq; telis incessi, tentabunt fugam per ipsa quæ fugerant, proculcabuntq; formidinem. Sed & in Georgicis lib. 3. cõmeminit Vergilius ubi de ceruis agit, Puniceæue agitant pauidos formidine pennæ. Et Ouidius Metamorph. lib. 15. Nec formidatis ceruos includite pennis. Quin & Lucanus, Sic dum pauidos formidine ceruos
20 Claudat odoratæ metuentes aëra pennæ. Quòd autem odoratas ait pennas, ad id referri potest, quod ustulari ab plerisq; solent, sicuti Insubribus est mos. Hoc ipsum & Hieronymus innuit in Luciferiani & Orthodoxi dialogo. Et pauidorum more ceruorum, dum uanos pennarum euitatis uolatus, fortissimis retibus implicamini, Hactenus Cælius. Meminit etiã Oppianus lib. 4. de piscatione, ubi pelamydum capturam describit, quas funibus in mare demissis motisq; piscatores terrent, & sic adigũt in retia: similiter, inquit, uenatores in syluis aut montibus εἷλον ἀναλκείῃ ἔλαφον δυσαχεῖ τέχνῃ, Μηρίνθῳ σείσαντες ἄπαρ δρυὸς, ἀμφὶ δ' ἢ κάρφων ὀρνίθων δ' ἥσαντο θοὰ πτερὰ, &c. Maximè timẽt cerui funẽ aliquem ex quo pennæ suspensæ sint, imaginãtes nimirũ ipsam pennæ agitationem: Quẽ sanè timorem ponunt, ubi homines ipsis adstantes uident, Xenophon in Geoponicis. Vmbra metuitur ab infantibus, à feris rubens pinna, Seneca. ¶ Fugiunt latratu canum audito aura semper secunda, ut uesti-
30 gia cum ipsis abeant, Plinius. Acceptis canum latratibus secundo uento uias dirigunt, ut odor cum ipsis recedat, Solinus. Contrarium scribit Albertus, Agitati (inquit) contra uentum currunt, ut uentus ab eis auferat uoces canum. Capreæ ceruiq;, ut experimento sæpius probatum est, cum quasi flantem uentum petere currendo soleant (ut refrigerari spiritus cursu laborantes uento possint) ad uenti flatũ canes collocandi sunt. Attrahi enim ita à uento cerui solent capreæq;, ut nolentibus quandoq; uenatoribus fugam arripere adnitantur, Belisarius. Sed quòd secundo semper uento, non contrario fugiant cerui, mox in Appendice etiam de uenatione Budæi testimonio comprobabimus. Ceruis quoq; est sua malignitas quanquam placidissimo animalium, urgente ui canum, ultro confugiunt ad homines, Plinius. Ceruus in fuga si aquam bibens intrauerit, à lassitudine refocillatur, & ad cursum reparatur, Author obscurus. Hyeme extenuãtur debilitanturq;: uere uigẽt, maximè ad
40 cursum: cum fugiunt, requiem inter currendum aliquam faciunt, cõsistentesq; manent, dum qui insequitur, appropinquet, tum fugam iterum arripiunt: quod ideo facere uidentur, quia interiora laborant: intestinum enim tam tenue imbecilleq; habent, ut etiam si leuiter percusseris, possit rumpi, cute adhuc integra, Aristot. In fuga semper acquiescunt stantesq; respiciũt: cum prope uentum est, rursus fugæ præsidia repetentes. Hoc fit intestini dolore tam infirmi, ut ictu leui rumpatur intus, Plinius. Pinguescunt æstate supra modum, quamobrem nec currere quidem possunt: sed secundo aut tertio cursu capiuntur ab ijs, qui pedibus insectantur: fugiunt etiam in aquas propter æstum atq; anhelitum, Aristot. Agitatus ceruus magis fugit ad uias hominum publicas, quàm ad latibula, ne sua occulta prodantur, Albertus. Equi cæsijs oculis (κυανώπιας, id est cœruleis oculis: & ποικιλόποδας, id est uarijs uel maculosis pedibus) in uenatu cõtra ceruos accõmodati sunt, Gillius ex Oppiano. Forma
50 canum quæ probetur ad uenationem ceruorum, in Canum celerum historia ex Oppiano retuli. Canes Indici à Xenophonte aduersus hinnulos & ceruos probantur: atqui Indicus ille Alexandro Magno donatus, ceruum, aprum & ursum: tanquam indignas se feras cõtempsit: in solum uerò leonem insurrexit, ut in Cane robusto dixi ex Aeliano.

¶ Nunc ex Xenophontis de uenatione libro, quæ ad hinnulorum & ceruorũ uenationem pertinent, Omnibono Leoniceno interprete, recitabo, mutaturus simul nonnulla quæ in translatione eius cum Græcis collata minus arrident. Aduersus hinnulos & ceruos (inquit) canes Indicas esse oportet: sunt enim ualidæ, magnæ, ueloces, nec pusillanimes: & cum tales sint, laborem facile tolerãt. Tenellos igitur hinnulos uerno tempore uenabitur: tunc enim nascuntur. Primum igitur lucos (ὀργάδας) ingressus uenator contempletur, in quibus cerui plurimum conuersantur. Et ad locum ubi
60 fuerint, cum canibus & iaculis ante lucem ueniens, canes procul à sylua religet, ne si ceruam uiderint, latratus emittant. Ipse uerò de specula prospiciet, & ceruas simul cum luce hinnulos ad locum ducere uidebit, in quo suum quæq; fotura est, μέλλει εὐνάσκειν, lego εὐνάζειν, id est ad quietem deposi-

tura.) Cæterum ubi recubuerint (κατακλίνασαι, posset actiuè etiã exponi, ubi hinnulos cubare fecerit, ut idem κατακλίνειν quod εὐνάζειν esset: sed Pollux 5.12. Cerua, inquit, sese demittẽs, uel recumbens, ἐπὶ τὴν κατακλιθεῖσα, lactat hinnulum: atqui nos obseruauimus hinnulos uel stantes uel in genua demissos à matribus etiam stantibus lactari:) & lac præbuerint, ac ne ab ullo uideantur circũspexerint, suum quæque in opposita statione seruabit, (ἀπελθοῦσα εἰς τὸ ἀντίπερας, id est longius ab eo, sed rectà è regione recedens: Pollux non ceruam, sed ceruum genitorem longius recedere & custodire scribit, & accedentes impugnare: quod non fecisset puto, si κατακλίνασαι apud Xenophontem actiuè accepisset: nunc cum in neutra significatione ponat, & ceruam cubãtem faciat, non simul etiam in oppositum locum eam recedere dicere potuit, sed patri hoc tribuit, quod mihi minus placet. Aristoteles enim mares à fœminis extra tempus libidinis separari tradit: & notum est quod mares in quadrupedũ genere nullam sobolis curam suscipiant.) Hæc ubi uiderit uenator, canes soluat: ipse uero sumptis iaculis ad primum hinnulum procedat, locorum memor ubi iacentem (εὐνασθέντα) uidit. πολὺ γὰρ ἀλλοῖα (forte ἀλλοιοῦνται) τῇ ὄψει, ἐγγὺς προσιόντι, ἢ οἷ (forte οἷοι) πόρρωθεν ἔδοξαν εἶναι: id est, Longè enim alia apparet locorum facies, cũ quis propius accesserit, quàm qualis ex longinquo prius uidebatur. Cum autem iam uiderit hinnulum, accedat propius. Ille immotus iacebit, ueluti terræ affixus, & se opprimi (ἐπελθεῖν) sinet ualde rugiens: nisi cum fuerit imbre perfusus, (ἐφυσμένος: quidam ἐψυγμένος, id est refrigeratus legit: ego ephysménos, id est imbre madidus rectè legi uideo:) tunc enim haudquaquam manebit: si quidem humor in ipso (id est humiditas pluuialis in cute eius) rigebit frigore: (nam cutis humida facile friget, præsertim matutino tempore:) quod eum fugere cogit. Capietur autem à canibus cum labore insequentibus. Captum custodi retium tradat: rugiet ille. Cerua partim uidens, partim audiens, tenentem inuadet (ἐπιφερομένη τῷ ἔχοντι) ut ipsum eripiat. Tunc igitur canes hortetur, & iaculis utatur. Hunc ubi obtinuerit, ad alios tendat, in quos simili uenatione utetur. Et iuniores quidem hinnuli hoc modo capientur: iam uerò grandiusculi difficilius: nam cum matribus aliisque ceruis pascuntur: quibus in mediis cum agitantur, fugiunt: sæpe inter primos, raro inter postremos: & pro illis pugnantes ceruæ canes proterunt. Itaque non facile capi possunt, nisi quis inuadens subito dissipet, ut ex ipsis quispiam unus destituatur: quod ubi coactis eis acciderit, hinnulum sequuti canes primo cursu superantur. Nam trepidum illum facit absentia ceruarum, & hinnulorum in ea ętate celeritas incomparabilis est. (Quasi dicat, Hinnuli iam grandiusculi, tum natura celerrimi sunt, tum auget celeritatem metus, quo soli relicti afficiuntur.) Secundo tamen tertióue statim capientur. Corpora enim illorum cum adhuc tenera sint, labori sufficere non possunt. Quinetiam tendiculæ (podostrabæ) ceruis ponuntur, in montibus, circa prata, secus fluenta, prope saltus, (νάπαις:) in biuiis, (ἐν ταῖς διόδοις: significat autem diodos etiam simpliciter uiam uel semitam:) in aruis, quocunque adierint. Tendiculas autem oportet ex smilace plicari, & delibrari (id est cortice spoliari) ne putrescant. Harum corona siue flexus (spira Omnibono) pulchre rotundus sit, & insertos habeat clauos ferreos ac ligneos alternatim, quibus plocamos (id est laqueus intra coronam: Pollux sic habet, καὶ πλόκαμος ἐν μέσῳ πλέγματι πέπλεκται: forte autem idem fuerit πλόκαμος & βρόχος: & si Pollux plocamon nescio quã plicationem in ipsius plegmatis, id est coronæ parte media dicere uidetur, ut non intra ipsam, sed in ipsa & pars ipsius sit: Et forsan ne ipse quidem Xenophontis sentẽtiam assecutus est, nam cum uerba eius transcribat, hoc in loco aliter habet quàm in Xenophonte legatur:) implicetur. Debent autem ferrei claui robustiores esse, ut si lignei cesserint, hi pedem premant. Cæterum laqueus funiculi, coronæ superponendus, & funis ipse è sparto contextus sit: nã sparti materia putredini minimè obnoxia est. Laqueus ipse funiculusque ualidi sint. Lignum à fune pendeat quernum aut iligneum, longitudine trium dodrantum, crassitudine palæstæ, id est palmi (Omnibonus uertit ulnæ) cum cortice. Porrò tendiculæ ponendæ sunt aperta scrobe quinque palmos profunda: ea superne rotunda sit, & coronis tendicularum æqualis: interius uero fundum uersus magis magisque in angustiam colligatur. Similiter funiculo & ligno scrobs aperienda est, quanta utrisque (ἀμφοῖν) conueniet. Hæc ubi fecerit, summam tendiculæ scrobem substernat, (ut Omnibonus transfert: mihi obscurus uidetur locus: Græce sic legitur, ἐπὶ τὸ βάθος τὴν ποδοστράβης ὑψηλοτέραν κατωτέρω ἰσόπεδον.) Circa coronam autem laqueũ funis, funemque ipsum, & lignum deponat, in suum utrunque locum, (scrobem:) postea coronæ imponat atractylidis caules transuersos, (uirgulas enodes, Omnibonus:) qui non promineat foras. His folia minuta iniiciat, quæ tunc anni tempus habebit. Postremo scrobem terra implebit, ea primum quę ex superficie cum fodere inciperet, ablata est: deinde terra firma procul inde sumpta, ut ceruæ quàm maxime occultus sit locus. Quòd supererit terræ, asportetur longè à tendicula. Quia si recenter motæ terræ odorem cerua senserit, sentit autem subitò, auertetur. Porrò ceruas montanas uenator cum canibus in aurora potissimum, quanquam & reliquo die, obseruabit: campestres uerò diluculo tantum. Nam in montibus non noctu solum capiuntur, sed etiam interdiu propter solitudinem: In agris autem nocte tantum: nam in die homines metuunt. Postquam igitur tendiculam abstractam (ἀνεσπασμένην, resupinatam Omnibonus: quid si ἀνασπασμένην legas?) inuenerit, solutis canibus transcurrat, ligni tractum, quocunque ferat, obseruans. Erit enim plerunque non incertus, quippe motis lapidibus, & limite in agris ducto, uia manifesta erit. Quòd si per aspera loca feratur, raptus de ligno cortex lapidibus hærebit, & sic facilior erit persecutio. Iam si pede uinctus fuerit anteriore, cito capietur: nam lignum inter currendum, corpus totum & ora ferit. Sin posteriore, lignũ quod trahitur uniuersum corpus impediet. Plerunque

Plerunque etiam inter stipites & arbusta diuaricata retento hæret ligno: & nisi funiculum abruperit, illic deprehenditur. Quòd si mas fuerit, siue ita captus, siue labore uictus, non est cominus adeūdum: nam cornibus ferit & pedibus: eminus igitur iaculis utendum, Hactenus Xenophon. His libet etiam Pollucis eadem de re, uenatione dico per podostraben seu pedicam, uerba adijcere, quæ libro Onomastici eius quinto cap. 4. hoc modo reddidimus: Podagria dicta (ποδάγρια: aliàs ποδάγρα, genus laquei exponitur apud Varinum, quam scriptionē præfero) ponitur ceruis, & apris interdum: potest aūt etiam podostrabe uocari. Circulus est ex ligno smilacis (hederaceo, Cælius: est enim smilax hederæ genus: sed arbor quoque taxus Latinis dicta, Græcis uocatur smilax.) Is circulus stephane, id est corona dicitur, & ferreis ligneisque clauis alternatim infixis intercipitur. In medio huius ploca-
10 mos (id est laqueus) nectitur, ut animal pede calcans & illabens in scrobē, podostrabe euersa laqueo (ἑτέρῳ βρόχῳ, id est alteri laqueo, quod non placet:) arte ad hoc ipsum facto detineatur. Deponitur autem podostrabe in scrobem. Cæterum laqueo circa coronam, funis quidam annectitur, quem Græci σειρὰν uel σειρίδα (apud Xenophontem legimus σειρίδα) uel ἀρπεδόνην uocant: is è sparto contextus & solidus est. Ab hoc lignum pendet, in alia scrobe uicina obrutum: ut cum fera in foueam pede illapsam, podostraben ad se conuerterit, funem cum ligno secum trahere cogatur, & ita impediatur ad cursum, maximè si prioribus pedibus detineatur. Poterit autē uenator insequi, si uestigia & tractum ligni obseruet, quæ in terra molli facilius notantur: Sin aspera & salebrosa fuerit, ligni (corticis, Xenophon) ramenta passim ex tractu attrituque relicta, uiam sequendi ostendent. Est quando lignum ipsum densis retentum fruticibus aut arbustis, uel inæqualiter prominentibus saxis, feram sistit. Scro-
20 bem allata solida terra, aut herbis folijsue tegere oportet: recētem uerò terram nuper è scrobe effossam, procul auferre, ne recens commotam terram fera odorata (τὸ θηρίον φερόμενον, lego ὀσφραινόμενον ex Xenophonte) reformidet, Hactenus Pollux. Et quanquam pleraque omnia ex Xenophonte transcripserit, nonnihil lucis tamen ad rei intellectum conferre uidetur, nimium alioquin obscuræ mihi meique similibus, qui uenationibus nunquam interfuimus. Ἀρπεδόνες, funiculi, Suidas & Varinus. Ἀρπεδόνη, uenatio cum funibus, Idem & Suidas. Ἀρπεδονίζειν cum funibus (laqueis) uenari, Idem & Hesychius, & Suidas. Καὶ πολλὰς εἰσὺς τόξῳ πορφυρέης ἧκεν ἀφ' ἀρπεδόνης, Suidas ex epigrammate, id est, E fune uel neruo purpureo multas emisit sagittas. Podagra instrumentum uenatorum: hinc illud apud Suidam, τάφρους ὤρυξε, καὶ ποδάγρας ὑφῆκεν, ὡς θηρίοις, τοῖς πολεμίοις, id est, Scrobibus effossis laqueos immisit hostibus capiendis tanquam feris. Podostrabas appellant machinas quasdam, siue laqueos, ut feræ
30 pedibus inhærentes capiantur: utuntur hac uoce Hyperides & Xenophon, Suidas & Varinus. Est & instrumentum medicorum, quo artus luxati & peruersi restituuntur, Pollux & Varinus. Est denique lignum in carceribus, alio nomine podocacce dictum, & cippus Latinis, in quo pedes sontium includebantur, Suidas: hinc illud eodem citante, οἱ ἐν ποδοστράβαις ποτὶ τοῖς βάθροις φρουρούμενοι ἐκτείνοντο. Latini pedicas uocant laqueos, quibus pedes illigantur, nō auium solū, sed etiam quadrupedū. Vergilius Georg. 1. Tunc gruibus pedicas, & retia ponere ceruis. Liuius 1. belli Pun. Vt pleraque uelut pedica capta hærerent indurata & alta concreta glacie: loquitur autem de iumentis. Non omittendi sunt etiam Gratij de pedicis uersus isti: Nam fuit & laqueis aliquis curracibus usus.

Ceruino iussēre magis cōtexere neruo. Fraus reget (forte teget) insidias habitu mentita ferino.
Quid qui dentatas iligno robore clausit Venator pedicas, cum dissimulantibus armis.
40 Sæpe habet imprudens alieni lucra laboris? Tendicula, laqueus quo aues & feræ decipiuntur.

Tum aucupia uerborum & literarum tendiculas in inuidiam uocāt, Cicero pro Cecinna. ¶ Cerui capiuntur subterraneis foueis, reticulis, & alijs uenationum instrumentis, uerum etiam præcipuè canibus, Belisarius. Capiuntur cerui, inquit Xenophon, etiam sine tendiculis, cum agitantur æstate. Nam ualde defatigantur, ut stantes iaculis confodiantur. In mare etiam, si detineri se uiderint, & aquas, tanquam omnis alius consilij inopes, insiliunt: est quando deficiente anhelitu concidunt. Ἁλίσκονται δέ, δικτύοις μὲν, εἴ τις ὀγμάσας αὐτὰς συνελάσει: ποδοστράβαις δέ, εἴ τις φυλάσσοιτο ἐμποδίσαι. Ego uerbum ὀγμάζειν nusquam reperio: conijcio autem legendum ὀχμάσας. Varinus ὀχμάζειν exponit, equum uel freno iniecto, uel sub curru ducere, (insidentem nimirum ipsi uel currui:) significat etiam in pugna uincere ἀπὸ τῆς αἰχμῆς. Magnus sanè celerum equorum usus est, ut cerui in retia adigantur. ὀχμά-
50 σας, κρατήσας, κύψας, κατέχων, Etymologus. Cerui, lepores, & uulpes capiuntur eo genere retis quod barbari arolum uocant, Innominatus. De pinnatis (id est retibus quibus pennæ imponuntur, quas ceruos metuere supra diximus) lege Gratium poetam. Cerui, inquit Blondus, tensis retibus cōprehenduntur: Molossis etiam canibus ac Teucris (Turcicis) immissis dilacerantur. In latis campis aut pratis, frustra eos insequuntur canes, celeritate longè inferiores: Iuxta fluuios etiam & maria tranantes elabuntur, Quamobrem uenatori curæ erit ut in nemora saltusque auios eos impellat: ubi mares cornibus impediti capiuntur. Ceruos uenaturi, inquirant eos circa syluas, solent enim ijs in locis reperiri, ubi & aliæ quædam feræ sunt. Sæpe triti apparent ex sylua una in alteram uestigijs eorum calles. (Plerunque enim ijsdem uijs angustis ire & redire solent, ut facile tritæ appareant, ut obseruauimus in fossis ciuitatum.) Iuxta uineas uersari gaudent: item locis apricis, ubi & mares & fœminæ
60 libidinis tempore conueniunt. Alijs uerò temporibus marem alijs in locis quæres, alijs fœminam. Mas cum pascua relinquit, ad sylruam rectà & celeriter se recipit, quam ubi attigerit, nō ingreditur: neque enim cōferti arboribus loci cōmodè eum reciperent propter patula ramosaque cornua. Proinde

ad alterum sylux latus salit, & in subsyluana arbusta progressus, manet. Idem frequentius calles angustos sequitur. Fœmina uerò cum à pascuis discedit, rectà in syluam pergit, & densiora sequitur loca, ab uno ad alterum progrediens, donec in condenso aliquo tandem remaneat, Author innominatus. Circa Romanos agros inq; syluis suburbanis, insidiatores noctu ad lumen Lunæ, iaculis uel machina ferrea igni crepitante transfigunt capreas, ceruos, ursos, & apros, Blondus. ¶ Apud Celtas aiunt pharmacum (id est herbam uenenosam, uel confectum ex eius succo uenenum: nam & aconitum pardalianches in Armenia nascentem herbam uenenosam, simpliciter pharmacon appellat) esse: quod Xenicum ab ipsis appelletur, mira corrumpendi celeritate. Quamobrem uenatores cum ceruum aut aliam feram tinctis eo sagittis percusserint, mox accurrere & carnem circa uulnus excindere, ne uenenum subeat. Eo enim infectum corpus putresceret, & in cibo uenenosum esset, &c. Aristoteles in Mirabilibus. Nos in Lupi historia de aconito dicturi, Xenicum docebimus primum aconiti genus esse, quod Galli alpini hodie toram uocitant. Licebit etiam toxicum hoc uenenum appellare: eò quod toxa, id est sagittæ (per synecdochen) eo inficiantur: quanquam alterius toxici è uiperarum sanguine apud Scythas confecti Aristoteles eodem in libro meminit. Toxicū ex herba apio simili (ranunculi genus est, à quo risus Sardonius dictus) Hispanis in usu fuisse, author est Strabo lib. 3. Plinius toxico nomen ab arbore taxo factum putat: quod non placet, etiamsi taxo uenenum inesse sciam: Quin contrà potius taxum ἀπὸ τῶν τόξων, id est, ab arcubus dictam crediderim, qui ex hac materia optimi fiunt. Quem in usum in montibus nostris cæsa ad Britannos usq; asportatur. Limeū herba appellatur à Gallis, qua sagittas in uenatu tingunt, quod uenenum ceruarium uocant, Plinius: Idem uidetur quod Aristotelis Xenicum, & forte ita legendum erat. Nam cur limeum dicatur, ratio nulla se offert, xenicum uero tanquam arsenicum ab eadem ueneni ui dictum aliquis coniecerit. Tossi quasi toxicum apud alpinos quosdam Gallos uocatur, si rectè memini, ea herba quam in Boue consiliginem esse docui. In Arabicæ sectæ medicorum libris toxicum uenenum sagittæ Armenæ nomine appellari obseruauimus: haud scio quam ob causam, nisi quod in Aristotelis Mirabilibus legi, in Armenia pardalion dictum uenenum nasci, &c. Est autem id non aliud quàm primum aconiti genus pardalianches Dioscoridi dictum, quod hodie quidam alpiū incolæ (ut dixi) toram uocant, eoq; sagittas inficiunt. Toxicum quidem apud Græcos medicos, non quoduis quo sagittis tingendis uenenum diuersæ gentes utebantur significat, sed unum aliquod certumq; genus, unde fit ut certa etiam remedia aduersus ipsum describant, quod rectè fieri nō posset nisi unum & certum aliquod uenenum intelligerent: quod quale fuerit à nemine explicatur: siue quoniam uulgò notum esset, quod mihi non fit uerisimile: siue potius quoniam ignorabant, ut quod ex alienis regionibus, Gallia & Armenia afferretur, unde etiam xenicum forsitan, quasi peregrinum, appellari potuit. Neq; enim aliud Dioscorides & alij de toxico quid sit scribunt, nisi barbaros (id est externas gentes) sagittas eo tingere. Siue igitur toxicum herba est, siue ex herbæ succo paratum uenenū, toram uulgo dictam esse crediderim, & Aristotelis Xenicum, & limeum (si rectè legitur) Plinij. Aduersus xenicum Celtarū (inquit Aristoteles) antipharmacum repertum esse aiunt corticem quercus: (eiusdem, uel fagi, uel ilicis corticem Dioscorides contra toxicum commendat:) Alij aliud quoddam folium (forte pentaphyllon, id est quinquefolium, ut Dioscorides habet:) quod Celtæ coracion uocēt (alludit ad coracion aliquo modo uocabulum tora, cuius antipharmacum hodie antoram, quasi antitoram, appellant, &c.) Aconito uim esse septicam, id est putrefaciendi, omnibus constat: eandem & xenico tribuit Aristoteles. Quanquam & reliqua omnia toxica, septica esse probabile est. Aconiti genus quod apud nos nascitur, os & fauces inflammare ipse meo periculo didici. Nam cum imprudens aliquando eius radicem gustassem, non deglutiuissem tamen, magnum paulò post feruorem percepi, non continuum sed inæqualem tanquam mordentibus formicis. Os autem & linguam inflammari à toxico quoque Dioscorides prodit. Sed hæ coniecturæ sunt nostræ: plura de his uenenorum nominibus, in Lupi historia, ut promisi, dicetur. ¶ Feræ pecudes, ut capreoli damæq;, nec minus orygum ceruorumq; genera, modo lautitijs & uoluptatibus dominorum seruiunt: modo quæstui ac reditibus, Columella 9. 1. ubi agit de uiuarijs faciendis. In leporario, inquit Varro, non solum lepores includuntur sylua, ut olim, in iugero agelli, sed etiam cerui aut capreæ in iugeribus multis. Pisces quidam nigri ueneati in Armenia reperiuntur: horum farina ficus conspersas in ea loca quæ maximè abundant feris disseminant. Bestiæ primum ut eas attigerunt, statim moriuntur: atq; ea fraude apri, cerui, &c. necantur: nam eiusmodi animalia ficuum & farinarum auidissima sunt, Aelianus. ¶ Scythis & Sarmatis uenationes sunt, inter paludes quidem ceruorum aprorumq;, in campis autem onagrorum & caprearum, Strabo lib. 17.

APPENDIX DE VENATIONE CERVI.

Ea quæ doctissimus uir Guilielmus Budęus secundo de Philologia libro de uenatione ceruorum elegantissimè scripsit, cum reperirem Dictionario Gallicolatino Roberti Stephani, uiri de omnibus bonis literis optimè meriti, in calce adiuncta, omnino digna existimaui quæ nostro huic operi corollarij instar seorsim accederent, adiectis pariter, ut illic reperi, uocibus & phrasibus Gallicis, quas parenthefeos signis sparsim inclusi. Ea igitur huiusmodi sunt.

¶ Fera fugax, fallax, lubrica, longis anfractibus interdum frustratur uenatorem. Mæandros fugæ implicare insignes cerui solent, quum illud Dianæ latrabile satellitium trucicq; rictu terribile eos è uestiè uestigio sequitur. Vestigatores artis uenatoriæ callentissimi, Molossos, echemythos (limiers qui ne parlent point) quasiq; canes Pythagoreos manu regunt, moderanturq; & imperitant eorum auiditati. Quorum fit prudentia, ut fera indagationis orbe in lustro suo (en son giste) circumuẽta, canibus excursoribus (chiens courans) improuiso obijciatur, qui recentia perlustrent & odorata uestigia fugitantis, ijsq; pertinaciter instent. ¶ Moris est egregijs uenatoribus, nõ gregariũ ceruũ, non quemlibet etiam soliuagum uenari. Quin solenne est ipsis, non minorem ad cursum eligere, quàm qui iustæ proceritatis esse uideatur. Id autem non aspectu modo cerui, sed plerunq; ceruinis uestigijs, excrementorumq; stercusculis (les fumees) iudicatur: quæ inuẽta uenatores diligenter colligere solent, atq; intra cornu uenaticum (la trompe) condere. Sunt & magnitudinis indicia: affrictus ad arborum stipites, qui conspicui sæpe sunt intra fines stabulationis eius: tum cubilis inuenti amplitudo, & substramenti laxitas ubi interquieuerit. Hęc enim & alia renunciari in concilio uenatico (a l'assemblee) à uestigatoribus solent: quos reges habent uelut mancipes instrumenti uenatorij atq; ministerij, eorumq; arbitratu, concilio saltuensi dimisso, uenatum committere solent: quod sermone peculiari dicitur, ceruũ aut feram cuiusuis generis canibus permittere, (liurer aux chiens:) & copulas canum quasiq; iuga soluere, (descoupler les chiens.) ¶ Venatus indagine circundata præfinitus. ¶ In ipsa ferarũ exagitatione, omnia uenatoris munera exequi, pernici cursu uenatus spatia permetiendo: contraq; cerui uafri & exercitati (cerf ruzè) strophas, uenatorias antistrophas ex tempore comminisci: deniq; per saltuosa loca, per densa, prærupta, spinis obsita, manus ori in cursu oculisq; prætendere: interim per stationes dispositas ex equo exanimato recentem in alterum (cheuaux de relais) atque in alium nonnunquam assilire. ¶ Ego interea tutus carbaseum septum (les toiles) curriculo ambibam in equo sedens: capiteq; supra carbasa eminens, certamẽ ipsum arbitrabar oculis, atq; sine discrimine circumspectabam. ¶ Ceruus grandis (grand cerf) uocatur is demum qui decem corniculis, quod minimum sit, insignitus est. Hunc ego (ait Budæus) eximium uoco & decumanum: non quasi denarium, sed tanquam eminẽtem & egregium. Eiusmodi ceruus sæpe comitatus incedit uno minore ceruo, qui nondum tutelæ suæ factus sit, quem uos armigerum eius uocatis, (l'escuyer du grand cerf) ego etiam optionem (optio & antea accensus uocabatur, quem decurio aut centurio rerum ministrum sibi optabat, &c. Festus.) decumani, & comitem, & parasitum, atq; emissarium uocari posse credo. Qui cerui ætate adhuc sunt gregaria: aut licet soliuagi sint, indigni tamen uenatu iudicantur, quasi nondum annos ætatis impleuerint curricularis: reijculi à uenatoribus appellantur. Mediocrem ceruum uenatores cum significare uolunt, aiunt ceruum esse uenabilem, uenabili magnitudine, uenatui iam adultum, sed ueluti tyronem & nouitium. His enim uerbis utuntur indagatores, quum indagationem antelucanam & matutinam renunciant in conuentu saltuensi, significantes ceruum quasi subdecumanum. ¶ Conuentus sub diuo celebratur: ibiq; cœtum omnẽ stratum per herbam, in stibadijsq; foliosis discumbentem, ac toris uiridantibus, epulari moris est circa mensam Principis: Consilia etiam agitari, quem potissimum ceruum uenandum suscipiat ex ijs qui digni uenatu esse renunciati sunt. ¶ Diuersæ prouinciæ mandari indagatoribus solẽt, ita ut quisque suam obeat, in alienam pedem non inferat indagandi gratia, neue in ea quid obturbet, neu pro potestate faciat. ¶ Indagator uestigijs cerui instat, aut soleatis (la forme du pied) si locus uliginosus est, uel pluuiæ antecesserunt: aut odoratis arente solo: ad quæ sequenda Molosso uestigatore (le limier) utitur, atq; eò usq; persequitur, quoad decumanum recubuisse in proximo certis signis explorauerit. (Vestigia cerui Galli uocant erres: ubi uerò forma pedis non apparet, ut fit ubi uel nimiæ herbæ crescunt, uel nullæ, sed locus aridus ac durus est, aut folia impediunt, aut aliud quiddam, foulees du cerf appellant.) Verum ne ille fortassis, aut accessu indagantis propinquiore, aut Molossi fremitu, aut panico (ut fit interdum) territus, inde excesserit: (tametsi enim eiuscemodi canes insignitè auriti, generis sint Harpocratici, (chiens muts:) tamen quum propius accessẽre, nescio quid præ feruore obloqui atq; gannire plerunq; solent, malisq; increpitare:) Ne igitur ceruus huiuscemodi aliquo casu aut culpa, è cubili matutino prosilierit, indeq; longius abierit, solennis est cautionis indagine latiore cubilis locum circumscribere: Molossum numella (collier) regentem & compescentem, nec inde discedere, donec exploratum habeat, feram intra spatium à se circinatum iacere. Gyro claudere ceruum uocant, & ibidem sistere. ¶ Rex Franciscus, huius nominis primus, hanc propemodum formulam uenatici processus instituerat. Quum post renunciationem circuitorum, de concilij sententia decumanum unum aut alterum, ad eius diei spectaculum delegisset (nam interdum pomeridianam etiam uenationem matutinæ addere solebat, quum succenturiatas copias canum haberet, geminumq; instrumentum (double esquipage) conuentus soluebatur: ad uadimonij locum ibatur. Molossus rursus è loro numellæ (la longe ou laisse du collier) cubilis indiciũ faciebat. Feram inde impetu facto excitabat, quod uulgò lancinare dicitur (lancer le cerf.) Tum decuriæ canum leuis excursus (chiens courans) soluebantur: buccinis (trompes) signum uenatus commissi dabatur, & tanquam bellicum canebatur ad canes exhilarandos (pour resbaudir les chiens) & acuendos. Subsidiariæ canum decuriæ ad locos destinatos dimittebantur, quæ fessis succederent, si res ita ferret: & alię rursus ad pomeridianum missum asseruabantur integræ. Decumanus ipse ceruus canibus excursoribus, equis celeribus, buccinarum clangore, uenatorum clamore, concentu allatrantium canum urgebatur. Quòd si casu aliquo eueniebat, ut ante uenatus auspicatum indagator non liquere renunciaret:

certamen in posterum diem reijciebatur, aut ceruus comperendinabatur. Nam ut diutius spectaculo eximeretur & certamini, rarissimè contingebat. Sin cœli intemperie, aut antiquioris curæ auocamentis eueniebat: uelut reus ampliatus, primo quoq; die uenatico ad cursum repetebatur impetu atroci & peruicaci. ¶ Illud uerò præcipua admiratione dignum est, quod is eximius ceruus, quem uenationi destinatũ, canibus peritis magistri semel exagitandum dederunt, ita in prædam illis obiectus est, ut interdictum sibi esse omnibus alijs intelligant. In multiplicia autem sæpe uestigia medijs in saltibus ut incurrant necesse est: præsertim in quibus feri greges sacrosancti sunt legum regiarum sanctionibus, quas aquarias saltuariasq; dicimus, (Par les ordonnances sur le faict des eaues et forestz.) In auspicando uenatu nonnunquam noxia admittitur, & ab ipsis statim quasi carceribus perperam cursus instituitur, si impostura fiat canibus: quam huiusmodi esse frequenterq; accidere constat. Insignis ille ceruus ætate & usu ueterator (cerf ruzè) solet satellitem suum ceruum, nunc pedissequum, nunc anteambulonem habere, quem armigerum dicunt, (l'escuyer du cerf) quasi grandi ceruo subseruientem. Hunc ille insignis in cubili secum deprehensum & repente emicãtem, interdum canum cæcæ auiditati obijcit, ueluti uictimam uenatrici deę pro se succidaneam, præstigia quadam sese oculis eorum naribusq; subducens. Verum hoc illicò animaduertere experientis est uenatoris, præcipitisq; canum impetus errorem compescere, & fallaciam cerui irritam solertia sua facere. Id frangere canes appellant (rompre les chiens) quod significat cursum illum male cœptum sistere. Agmine igitur retro per statorem illum uenatorem inhibito (quod clamoso, crebrò, castigabundo uociferatu fieri solet) instauratiua indagatione opus est, & cane rursus numellario (le limier) ut agmen excursorium in uestigium maioris cornigeri reponatur. Qua denuo arrepta, decumanus ille corniger præcipiti primum fuga, deinde ludificante rapitur, loquaci canum agmine certatim eum urgente, clangenteq; comitatu, quoad diuturno cursu fractus atq; exanimatus, tandem ab uniuerso Dianæ satellitio circumueniri se minaciter mordicusq; patitur: qui exitus est clausulaq; ludicri.

¶ Veteratorem ceruum uersutumq; uulgus uocat, qui multa & exquisita perfugia atrocis supplicij nouit, uitæq; præsidia. At proceres maiorum (ut ita dicam) gentium exercitores ferarum, non ut alij, planum & uafrum ceruum, sed cordatum & prudentem uocant (cerf sage) ob incredibilem eius animantis solertiam, qua à natura munita est, pręter uolucrem celeritatem & corniculare propugnaculum. Solere ceruos aiunt simul ut senserunt rem sibi esse cum asseclis infestis simul & sagacibus, primum alios aliosq; fugæ lapsus & gyros agglomerare: deinde si porrò urgeantur, stabula ceruarum, populariumq; ceruorum diuersoria petere: ibiq; intra turbam promiscuam, quasi intra nebulam erroris canini sese condere. Interdum gregarios aliquot inde abigere, atq; ad aliquantum spatij permixtim uestigia facere, ad negotium canibus exhibendum. Quum autem aliquantisper hac ratione contechnati sunt, ab illorum comitatu repente se subducentes, per tramitem deuium longiusculè abscedunt, deinde intersistunt: ut interim canes uestigia ceruulorum aut ceruarum excipientes, diuersi ab eis auferantur. Quum hæc stropharum commenta, canum experientissimorum uis odorandi uicerit, circumspiciẽtia utiq; uenatorum adiuta: ad alia denuò se uertunt subsidia salutis: cuiusmodi sunt, per sua quadamtenus recurrere uestigia: deinde spiras fugæ intorquere multipliciter & uariè, & quàm fieri potest perplexissimè: tum raptim longius procurrere: quæ omnia comminiscuntur aduersus solertem canum sagacitatem. Itaq; interim dum canes intenti sunt deducendis elapsibus & extricandis qui ab ipsis ceruis glomerati sunt, spatia magna illi permetiuntur: quum interea buccinarum hortamenta, cursitantium canum hiantem acuant auiditatem. ¶ Solent cerui plerunq; secundo uento ferri, treis (ut perhibent) ob causas. Principio, quum aduerso uento feruntur, uentus ore & naribus irrumpens, fauces eorum uehementer arefacit, animæq; ductum inhibet. Deinde secũdo uento cedentes, quum canum uocem facile excipiunt, ex eaq; colligunt propinqui an remoti sint: tum uerò olfactum sui sequaci turbæ adimunt. (De hac cerui uento secundo fuga, dixi etiam superius ex alijs authoribus.) ¶ Inter exẽpla huius animalis, ultima perfugia exquisitaq; experientis, hæc sunt commemoratu digna: Visum esse ceruum in armentum bubulum irrumpere: insilientemq; in bouem, primoribus cruribus armisq; complexum, ad longiusculum spatium uelut equo uehentem, postremis tantum ungulis terram stringere: ut odorem sui canibus, quoad fieri posset, exilẽ incertumq; relinqueret.

¶ Ludouico rege huius nominis XII. uenatoriæ turmæ decurio, qui uenator maximus appellatur (le grand ueneur) ad duodecimum ab urbe lapidem uenabatur, uiro Præsidi id spectaculum gratificans, qui Budæum comitem secum amicitiæ causa eò duxerat. Ibi cum mentio huiuscemodi mirificentiarum ceruinarum incidisset, hoc affirmabat. Me (inquiebat) pridem uenante ceruũ quendam ab ætate & experientia uafrum, euênit feruente uenatu & longè iam progresso, fugitiuus ut ille non compareret: & tamen canes nec ultra procedere uellẽt, nec in sua uestigia redire. Ibi omnes stupere, circumspicere, inter se aspicere, lapidem (quod dicitur) omnem uenatores & magistri mouere. Res erat miraculi plena, & Apollonianæ præstigiæ similis, quasi sublimis fera alipes abijsset: aut terra discedente, rursumq; coëunte, non compareret: aut oculos nostros canumq; præstrinxisset. Tandem omnia (ut fit in tali casu) à nobis perlustrando, deprehensus est planus ille cornipes in furto sui manifesto atq; memorabili. Alba ibidem erat spina enata in loco dẽso atq; opaco, quę ad magnitudinem arboream excreuerat. In eam ceruus dolis solennibus consumptis, saltu se coniecerat. Stabat autem ille

Ille sublimis, ramis fruticis ipso saltu diuaricatis: sic interceptus, inde ut desilire non posset, siue erat
forte exanimatus: Ibi enim quasi compeditus imbellisq; confectus est. Atqui ut omnia ludificator
ille ceruus faciat, & uelut alter Proteus omnes sese in facies uertat, nisi solum quoq; noctu uerterit,
postridie latrabiles illas manus ac resimas auribusq; insignitas, minimè ad extremū eluctabitur: non
si anhelus & æstuans in amnem se coniecerit, undisq; secundis uehendum se dederit: quod sæpe refrigerandi causa facit: non si amnem traiecerit, ut canum cursum intercidat: non si incitatiore cursu
diurnoq; profligatus, animum iam despondēs, undis potius perire, quàm laniari malit. ¶ Mira est
certe agriophagæ illius turbæ pertinacia: dirum autem fatum corrnigeræ animantis, quum ad extremum lassitudinis adducta, opperiri cogitur atrocem illam clamosamq; coronam (rendre les abbais)
undiq; se rictu petentem minacissimo atq; infestissimo. Qua tandem circumuenta, post omnia salutis præsidia deplorata, repentè sæpe assiliens, primum quenq; uenantium in quem incurrit, cornu pe
tere solet, nisi ferro protinus excipiatur, (Enferrer d' ung espieu de chasse.) Quòd ubi factū est, aut
si aliâs fera afflicta & strata est, (Est abatue) tum demū receptui canitur ab eo qui primus in eam con
fectam occurrerit. Tum simonū chorus ille silonumq; inclamatur, & uenatores coëunt quoquo uer
sus palantes: quæ tanquam ouatio est, ob rem bene & feliciter gestam. Quam deinde ipsam excipit
uisceratio (la curee, le droict des chiens, cum ceruo capto panis sanguine eius imbutus pelliq; ipsius
impositus in cibum permittitur canibus: interdum etiam aliquid de armis & collo cerui adijcitur,)
extemporalis, quæ sic debetur ipsa canibus uenaticis, ut libamentum capturæ accipitribus in aucupio uolucri. Visceratorem autem peritū esse oportet, qui lanienam ferinam uenatoria cum palæstra
exequatur, qui scitè feram deglubere nouerit, membratimq; incidere, & prosecare incisam. Tergore
autem detracto, caput abscindendum est, Molossoq; therelencho porrigendum & permittendum (le
droict du limier) quem & indagatorem appellamus. Has enim ei primitias peculiares placita maiorum largiuntur ob indicium feræ: nimirum ut in capite ferino lacerando & obrodendo, fructum na
uatæ operæ ipse percipiat ante omnes alios, in posterūq; irritetur is, cuius auspicijs ductuq; rem alij
executi sunt: quum interim uiscerator gratulabunda uoce fruenti parte sua animali blandiatur, &
tanquam mactum uirtute industriaq; therelenchica ipsum esse iubeat. Deinde uenatoriæ plebi infi-
moq; ministerio uenationis, suæ sunt partes uiscerationis ijsdem scitis attributæ. ¶ Epulum caninum omnibus in unum euocatis uenatoribus, & cunctis classibus canū decurijsq; coëuntibus, fieri
hoc modo solenne est: Venatores intra tergus ferinum panis fragmēta sanguine feræ madentia miscent cum omaso, in minutas particulas conciso. Nōnunquam præterea si canes strigosi sint & macie exhausti, aut si strenuam insignitè operam eo die nauauerint, liberalitatis est uenatoriæ, opiparis
eos impensius epulis accipere, ceruicem extis addentes, & nonnihil (ut ita loquar) è uiuo resecare.
Hæc quum rectè atq; ordine facta, concinnatæq; epulæ fuerint exerti manu uenatoris: tum deniq; lu
culentos illos deæ uenatricis epulones ad epulum sui generis admittunt cum ouantium uociferatu,
(la huee.) Nam antea & interim dum epulæ illæ parabiles expediūtur, coronæ gestientis ac canoræ
rapacitas, culinæ circumfusæ nidoremq; captantis, à ministris arcetur fustes in manu gestantibus.
Priore epulo peracto, fit & alterum eodem momento, sed non eodem loco: ex interaneis perpurgatis
& dilutis (sunt enim hæc quoq; Dianæ sacra eiusq; satellitio) non concisis frustillatim aut profectis,
sed integris: ita ut quum aliquandiu illa uiscerator sublimia tenuerit & ostentarit, ad irritandam eda-
cis agminis uoracitatem, tum ea demum repentè in medium porriciat. Inter cæsa uerò & porrecta
cuncta uenatorum cohors cum auxilijs & calonibus, sublatis buccinis canere capturam quam uocant (corner prinse) debet, eo quo supra dictum est modo, quū ceruus in potestatem uenit agminis
uenatorij. Iam uerò buccinaturæ modos uenatores alios atq; alios habent pro significationū uarietate: quandoquidem indagatores non alio uocis commercio utuntur, interim dum in quæstione cerui sunt: qui absq; eo foret, aut inter se ipsi cum noxa incurrerent, aut longius interdum euagarentur
inquirendo, quū receptu opus esset. Nam si unus forte (ut fit) fortuna, primore inquisitione ceruum
decumanum indagine opportuna uadatus fuerit, cōfestim signum receptus cæteris buccina sua dabit, ut illi ad conuentum extemplo se recipiant.

¶ Est interdum uenandi ratio ita constituta, aut casu comparata, præsenti ut consilio opus sit: ut
si diffusus dies hesternus fuerit, & sisti tum ceruus certo loco nō possit: aut si ceruus qui ad quæstionem destinatus est, stabulum certum nullum habeat: si meticulosus & panico consternabilis, qui
interquiescere interdiu, cubileq; mutare identidem gaudeat: nam & ij qui recenti uenatu exagitati
fuerunt, ad omnem strepitum consternabiles, statarij ferè nō sunt. Sunt & qui cubili excitati, illico in
pedes ita se conijciant, ut non per finitima stationis suæ loca cursitare, & cōmeare remeareq; soleant
(quod pleriq; cerui faciunt) sed rectis itineribus porrò semper excurrant. In hac igitur specie is qui
canibus regendis præfectus est, simulac id comperit, signum canore buccinæ dare solet, ut ij qui in
subsicijs locati sunt, & reliqui omnes uenatores atq; auxiliarij, calonesq; uenatici, sui ministerij protinus uasa colligant, quum ceruus castra mouerit. In superioribus autem speciebus signum copulis
soluendis canitur in semita uestigiali, simul ut inuenta fera est. ¶ Tendiculis ac pedicis, reticula-
taq; indagine & tibicinibus arrecta, ceruos & ceruas hinnulosq; & alia uenari. ¶ Non dicā quod
uiridi ueste ad uenatum cerui, fusca & uillosa ad apri, utendum est, maiorū instituto: quòd certo quodam modo amictū esse oportet: quòd ense succinctum, & cultro ad improuisa munitū: quòd ternos

I 2

aut minimum binos equos uno die, eosq; pegasidas, oris morigeri ac ductilis habere, ad desultoriam uicissitudinem è fesso in recentem assiliendi. Non uenatoris insignia, non gestamina, non instrumentum enumerabo: Non genera canum, nõ formas, non naturam, nõ educationem, non institutionem, non probationem generosorum, non degenerum notas dicam: nõ blateronum atq; petulantium castigationem attingam. Omittam etiam quod ut pueris ingenuis pædagogi, sic canibus generosis cynagogi sui attributi sunt.

¶ Quum post coitionem illam syluestrem de cerui nece coactam & solutam, ad locum indaginis uentum est à cohorte uenatoria: princeps ille uenator, qui ductor esse canum moderatorq; iussus est, & penes quem fasces (ut ita dicam) eius diei esse contigit: priusquam paria canum resoluuntur, statuere solet quo loco grandiores canes uelocesq; locandi sint: quos licebit ceruarios (chiens cerfs, bauds, muts: id est, ceruarij, quod ceruos tantũ uenentur: audaces: muti, quod cum ceruus uersuram fecit, uocem & latratum continent, donec eam relinquat) uocemus: quamuis eos in ordinem leporariorum lingua uernacula redegerit, quomodo & suarios lupariosq;: qui etiam ceruipetæ, apripetæ, & lupipetæ dici possunt. Sic autem ferunt placita huius iuris prudentũ, ususq; comprobauit, ut pernices illi canes atq; emissarij stationatim collocẽtur in locis abditis, latera pro cursus ceruini cingentibus. Quem procursum ad apertum locum syluæ, & ueluti glabrentem, uel in syluam glandiferam proceram & illustrem pertinere oportet, ut natura habitusq; locorũ tulerit, qua maximè uerisimile est ceruum tandem transiturum: quia ea uia forsan fert ad amnem, aut ad aliud perfugium, aut stabulum ceruo notum & amœnũ. Iustum esse aiunt ternas quidem stationes disponere, sed geminas: senos uerò in singulis ceruarios, hoc est utrinq; ternos, medius ut ceruus transcurrẽs, utrinq; ab ipsis urgeatur. Senis autẽ ceruipetis (qui terni ut dixi ex aduerso sibi collocati sunt) latrunculi bini è numero ministerij assignantur, quos titularios appellare solent, qui numellis eos cohibeãt (qui tiennent les chiens en titre) quoad ceruus præterierit: tumq; demum à latrunculis canes emissi, illicet emicantes & improuisi, ceruum tanquam ex insidijs territum adoriuntur. Interdum etiam bini ternorũ uicem supplent, si fauces procursus longiores sint, pluresq; latrunculorũ statiunculas poscere uideantur. Procursum autem ipsum constitutum esse oportet loco delecto, & quàm fieri potest apertissimo: quippe in quo syluaticum spectaculum æditur uel principibus fœminis uel proceribus, quorũ gratia interdum unius diei uenatus comparatus est, quiq; per syluam euagari grauantur, aut ceruum è uestigio persequi. Pernicissimorum porrò canum latebra primo loco statuenda, & deinceps perniciorum ad ultimam procedendo, quæ ipsa esse debet ualidissimorum atq; atrocissimorum. Id quod ideo constitutum est, ut primi qui sunt uelocissimi, præcipiti cursu alipedem ipsum exerceant: tum deinde secundi primis succedentes & accedentes, & tertij rursus secundis, si quatuor sint statiunculæ, fractum iam & exanimatum ad ultimos urgeant: si quidem ad triarios (ut dicitur) res ipsa redierit, & manus supradictas ceruus eluctatus sit. Hæc porrò manus non à tergo, ut aliæ quæ uelocitate ualent, sed aduersæ feræ obijcienda: quia robore & ferocia præualens, sistere eam potest, & morsu retinere, cæterisq; lacerandam ociose præbere. Cæterum non cuiuslibet ministri latrunculariũ munus est: nanq; nisi canes emissarij tempestiuè emancipẽtur & appositè, extemplo insidias fera suspectans, ac tergiuersans, retrò recurret: aut transuerso impetu aliqua erumpet ex angustijs illis, sicubi rimam nacta fuerit: aut claustra curriculi perrumpet. Quod si semel fecerit, nulla ui postea subigi poterit, in eandem ut curriculi nassam uel caput solum inserat. Id ne qua ratione eueniat, alarijs astitibus latera procursus frequentari solent: Quorum munus est, simul ut fera carceres curriculi ingressa est, eam uociferatu & equitatu utrinq; absterrere, quo ipsa intra septa curriculi compulsa, ad ultimũ tandem sinum fatalemq; irrumpat: quum regressus nullus ei pateat, propter asseclas illos quadrupedes, uociferatores infestissimos. Est præterea supradicti uenatoris, primarum partium actoris, subsidia canum uestigatorum, qui excursores uocantur, opportunis stationibus deponere, ministrisq; committere. Ad hoc autem sunt decuriæ canum integræ comparatæ, quas relictas appellant (les relais) ut decurijs iam fessis succedant, aut temere expatiatis: ceruumq; qui sui furtum fecerit, si per subsidiorum loca uestigia duxerit, recenti uenatu profligant & exaniment. Secundæ igitur tertiæq; manus excursorum ea de causa disponũtur, ut si res ad subsidiarios aut triarios deuenerit, ab ipsis uenatus denuò instauretur. Verum hoc maximopere cauendũ, ne subsidiarij ipsi canes auersa uestigia protinus pro aduersis ineant: quod tanquam in portu est impingere, auersaq; (ut aiunt) aui certamen auspicari. Quum uerò architectus ille & inspector arbitratorq; uenationis, supradicta rectè atq; ordine disposuerit, quasiq; omnes eius certaminis acies instruxerit, ad eum ipse locum reuertitur unde copulæ resoluendæ sunt, ceruusq; agmini latrabili ad excursum obijciendus, & exponendus ad prædam. Sic autem rem temperant, ut ab ipso commissu uenatus, hortamenta primùm remissiora faciãt: quia canes suopte ipsi impetu ab initio ardentius feruntur. Leniter igitur uenator cogere agmen flaccorũ gentis debet, sinereq; eos certa uestigia legere. Simulac uerò ceruus longius in pedes sese dederit, gyrosq; quosdam circumscripserit, solet primum per uestigia sua regredi, ut derelictæ stabulationis memor, æstiuorumq; suorum amœnitatẽ requirens blãdam atq; iucundam: quam tamẽ postquam persentiscere cœpit se retinere sine præsentanea certaq; nece non posse, tum deniq; salutem illi quasi ultimam dicit, identidem restitans, & mœstus solum uertit. Est etiam quum præceleri fuga ingens spatium sylue præcipiens, exin arbitratu suo alias atq; alias in alijs strophas cõminiscitur. Poscit autem ipsius

ipsius uenatoris officium, ut ipse agmini illi clangenti atq; excursorio asseclam sese e uestigio prębeat quoad fieri potest: & ut dicere solent, ut actus canini tractum inoffenso tenore perequitet. Actum appello uerbo quasi uenatorio & saltuensi, semitam per quam canes ipsi uestigatores agere ceruum dicuntur. Sin salebrarum montiúmue occursu homo inhibeatur quo minus id faciat; debet quàm citissimè potest, aut circuitu aut flexu cõpendioso canibus occurrere, idq; aduerso uento: tum actum ab eo intercisum illicò repetere: qui nisi sub oculis identidem agmen suum habuerit, mendosam eorum excursionem emendare non quibit. At ubi cõticuisse canes senserit, aut incertas uoces ambiguásue edere, metuere iam à cerui dolo malo incipit, aut ab hallucinatione canũ uestigia eius legentium: ne aut semita excesserint actuaria, aut uenatum uerterint, & ceruum ipsum decumanum temere pro quolibet ceruo dereliquerint. Quod ut comperire possit, receptui canere moris est, & Retrorsus retrorsus, iterum atq; iterũ ingeminare canoro uociferatu. ¶ Fecerint porrò uersuram cerui canes, nécne fecerint (s'ils ont changè de cerf) hac ratione quispiã maximè cõpererit. Alicubi insistat, unde canes arbitretur & obseruet commeantes. Nam si dolus fugitiui in causa est illius repentini conticinij, omnis canum caterua eodem stupore affici uidebitur. Sin uersura temere à canibus arrepta est (quod uenatores dicunt colligere, quasi agglomerare permutationis actum) classis excursoriæ ductores, & coryphæi caninæ symphoniæ, qui ad huiusmodi species usu occalluerunt, actum uersuræ cum tyronibus nequaquam exequentur. (Chiens restifs, canes qui cum uident ceruum qui petebatur alijs se immiscuisse, restitantes manent loco, & expectant magistrum.) Huiusmodi enim excursores uix unquam nuntium remittunt prædæ sibi ab initio desponsæ ac destinatæ. Errore igitur intellecto actuarius uenator eos retro inhibitos reducet, unde repetere pristinum actum certius legitimumq; poterunt, cum clangore symphoniaco: aut si error dolo ferino admissus est, unde eos in gradum (ut ita dicam) reponere legitimæ excursionis, ex adulterina aut subdititia poterit. ¶ Ecce autem rursus aliud atq; aliud incommodũ, quod sæpenumero negotium illis exhibet, & quasi uitium auspicãtibus affert: Canes sic errore aut fraude lapsi, in integrumq; subinde restituti, in errorẽ nonnunquam denuo æquè grauem impingunt, auersis ungulis uenatum illum ineuntes repetitũ: totaq; adeò sylua quasi toto cœlo (quod aiunt) aberrantes, excurrunt: nõnunquam huc illucq; transuersi rapiuntur, ferarum gregariarum sequentes uestigia, aut ceruorum etiam quorumuis abgregatorum, quibus syluarum semitę tramitesq; referti sunt. In qua specie non modo uenatore circumspecto sed perspicaci opus est, qui fugacis feræ uestigia ungulata colligat cernuus ex ephippio, uel equũ habena post se trahẽs: alioquin inter artis magistros præuaricari per inertiam dicitur. Et quidẽ ut in cane uulturina sagacitas, sic acies aquilina in uenatore necessaria. ¶ Iam uerò unius eiusdemq; cornigeri uestigia soleata, odorata, cubiliaria, sedentaria, & curricularia, non eadem, non paria, nõ similia ubiq; sunt: ex quo alia rursus existit nec modica difficultas & erratio. Interdum enim euenit, ut selectus ceruus, nactus uiam quampiam squalidam & puluerulentam, tum diu, tum longè per eam uestigia faciat: in quo canum sagacitas cum experientia fallitur. Nam pręterquam quòd canes tum existimant ceruum uiam ab hominibus tritam uitasse, in densaq; & auia penitus se condidisse, ob idq; uia trita decedunt, exilis quoq; admodum odor & fugax in locis illis hæret glabris, & squalore pulue req; obsitis: quum alioqui solis ardor in uniuersum omnẽ statim humorem, in quo uestigij odor hæret, haurire & absumere soleat. Cõtrà in locis herbidis et in uepreculis odoratiora ideo sunt uestigia, quod non solo tantum pedum, sed & cruribus, & corporis affrictu, uestigiaria semita odorata remanet. In locis etiam opacis odor minus fugere solet. Iam pastores loca in syluis caluentia, & retorridis herbulis scabrisq; uirgultis obsita, ob id sæpe incendunt, ut ex solo concalefacto herbida seges exoriatur, quæ armentis perutilis est. Ita quum per busta (ut sic dixerim) illa, recentibus adhuc fauillis, ceruus uiam fecerit, canes odore fuliginis offensi, ac crebrò sternutantes, uestigationem deserunt: qui si etiã ipsi ibidem pertolerarint, tamen odorari uestigia nequeunt, hebetante utiq; sensum & pręualente odore fuliginoso. Hoc ubi uenator actuarius animaduertit, lacunam illam (ut ita loquar) uestigiorum, circumactu uitare debet: deinde intercisam uestigij semitam sarcire, & actũ repetere: duntaxat nisi ceruus in sua retrorsus uestigia cesserit. ¶ In summa autẽ addubitatione harpocratidem illum labeonem è numella uenator ipse consulit: quem therelenchum supra ab indicio feræ diximus: qui quasi quidam antistes Dianæ, non uoce, sed caudæ uerberatu atq; murmure & gannitu dare responsa solet: non flexiloqua, non ambigua, omniq; uestigiali argumento indicioq; certiora. Solet etiam in huiusmodi casu ductor ipse agminis ac moderator actus, quum fera per detrectationem ac dolum abest, & buccinæ canore & inclamatu palabundos canes, sociosq; ludicri & ministros iubilatu euocare, & celeusma requisitorium ædere, quod requestam canere uocant (corner requeste.) Id est fermè perinde, ac si iuriscõsultorum uerbo dicerem, ceruum requirendum adnotare, ut delatum ac reum doli mali, buccinæq; præconio peruulgare furtũ sui fecisse. Tum autem operæ esse putant pretium, caninum comitatum squalore, feruore, lassitudine confectũ, ob idq; imperia hortamentaq; detrectantem, quæsito fonte recreare: ibiq; pane & quasi curãdis corporibus reficere: tum cornuum clangore alacritati restituere: plausu & blandimentis ad uenatum ab integro ineundum exuscitare: interim etiam actum à capite denuo arcessere, quasiq; ad carceres reuocari excurso penè spatio.

¶ Mos uerò ceruorum est, quum profligatos se sentiunt & ex agitatu enectos, aut (ut loquuntur uenatores) durè & atrociter actos (mal menez, rudement menez) syluarũ opaca (le couuert) relinquere, atq; in campestria (la champaigne) se conijcere: interdum ad uicos uillasq; propius accedere: quod ferè non ante facit, quàm animum desponderit, omni spe deposita solennium perfugiorum. Eo tamen pacto sæpe euenit ut canibus se subducat: in campestri enim planitie, locisq; proscissis & in ueruactis, & uerò in noualibus, tractus uestigiorũ non æquè odoratus est, atq; in uepribus & in syluarum cęduis, (espines, buissons, & taillis:) quia soleata tantum uestigia relinquuntur exiliterq; odorata, nullo nec crurũm contactu nec corporum. In recens autem inaratis eò amplius negotium exhibet canibus odor soli subacti. Sed tum uenatoris est officium nec inertis nec præuaricatoris, oculis uestigia in mollibus locis legere: tum canum languorem impetumq; senescentem hortatu classicoq; syluestri erigere & renouare, (resbaudir les chiens.)

¶ Venatoris ipsius, & canum calliditas & solertia, & (ut loquuntur uenatores) sapientia, in uersuris extricandis, & in emendanda canum hallucinatione, maximè uendibilis, ut si in ulla uenationis parte. Versuræ (la change) duplicem modum esse aiunt: unum, si ceruus selectus, & curriculo præsentis diei destinatus, aut satellitem suum, aut uegrandem alium ceruum simonibus illis pedissequis suis obiecerit, quasi pro se piacularem hostiam: tumq; intorta uertigine impostoria protinus se subduxerit. In qua specie uenator peritus & ueterator non temere fallitur, si modo canes prætereuntes obseruauerit, aut eorum tantum clangorem exaudierit. Quippe omnium cerui affectatorum uoces notas habere debet, eorum præcipuè qui classis ductores appellantur, & naris emunctioris esse noscuntur. Sermone syluatico fauces & actum cuiusq; canis nosse uenatorem dicunt. Alter modus est, si decumanus, qui primum quenq; ceruum in uenatum, aut parasitum suum in discrimen, quasiq; in reatum transcripsit, socium fugæ sese transcripto illi adiunxit: quod idcirco interdum facit, ut maiore stupore & perplexiore uenatu homines canesq; afficiat atq; implicet. Id quod ubi accidit, dicere solent uenatores, legitimum actum unà ferri cum uersura. Huiuscemodi imposturæ duas indices notas minimè (ut perhibent) fallaces, à technologis uenationis proditas esse comperi: si compertæ fidei auriti excursores nec uaniloquentiæ quoquo modo suspecti, repentè ita insistant, ut nec progredi uideantur nec regredi, sed quasi stare in uestigio: aut si porrò ita agant, ut inerter id se facere ac sine spe præ se ferant, ob idq; uocem baubantium non ędant: nimirum quos ueluti deprehensos pigeat & pudeat incassum porrò progredi, quasi per caliginem. Is casus etiam præsentis consilij hominem poscit, qui strategematibus aliquando uenaticis documenta luculenta solertię suæ dederit: qui in eodem (ut dicitur) uestigio, consilia expedire strategematica alia atq; alia possit. ¶ Postremò ceruus diu exercitus & iam fatiscens, omnibus commentis fugæ ac præsidij consumptis, solet (ut ante dictum est) aut flumen aut stagnum perquirere, in idq; se saltu conijcere. Quod interdum refrigerandi causa facit, sæpius tamen Nympharum ædem, quasi asylum ultimæ spei & deploratæ petens: ob idq; inde plerunq; non nisi captus eijci potest. Ibi autem modò aduersa unda, modo secunda fertur. Quò cum uenator festinus & curriculo uenit, in primis animaduertere solitus est quo loco ceruus in flumen insilijt, locumq; animaduersum destricta frõde aut humi strata notare, aut ex arbore suspensa. Reliqua uix memoratu digna, quæ in utraq; ripa facienda sunt: quibus modis innatans corniger urgendus sit & lancinandus: quomodo fugitiuus enatator persequendus, si ulteriorem ripam superauerit, aut si per citeriorem retrocesserit. Hæc hactenus de uenatione cerui ex Philologia Budæi: Et quanquam Germanis etiam non desint suæ uoces ac phrases uenaticæ, eas tamen breuitatis causa omisi. Gallicas uerò adiunxi, quod & Budæi uerbis nonnihil addere lucis uiderentur, & à sermone Latino non adeò abhorrere.

F.

Mas cum pinguerit, quod ualde tempore fructuum fit, nusquam apparet, sed longè secedit, Arist. Caro ceruorum libidinis tempore uitiatur & fœtet, perinde quasi hircorum, Aristot. Blondus ceruæ grauidæ carnem hoc odore esse scribit, haud scio quàm uerè. Quasdam nos principes fœminas scimus, omnibus diebus matutinis carnem eam degustare solitas, & lõgo æuo caruisse febribus: quod ita demum existimant ratum, si uulnere uno interierit, Plinius & Solinus. Cerui, inquit Isidorus, carnes habent teneras & faciles concoctu (falsum est) propter motus frequentiam: Et si castrentur, antequam cornua crescant, caro melior fiet, magisq; temperata in siccitate & calore. Caro leporum sanguinem quidem gignit crassiorem, sed melioris succi quàm bubula & ouilla: ceruina autem non minus ijs succum uitiosum generat, ac concoctu difficilem, Galenus lib. 3. de aliment. facul. Idem in libro de attenuante uictus ratione, Equorum (inquit) & asinorum esum, hominibus asininis relinquo: Proximi asinis sunt cerui, eoq; ab eorum esu est abstinendum. Ceruina caro bubulæ ferè assimilis est: tardè enim concoquitur, parum alit, ac bilem atram auget: esui tamen ęstate, pręcipuè uero mense Augusto, quàm hyeme suauior est, Platina: nimirum quia æstate pinguescunt, hyeme extenuantur. Ego contra quàm Platina, bubulam & ceruinã si concoquantur, multũ alere dixerim: quod & Celsus testatur. Duram coctuq; difficilem præbet alimoniam, Aegineta. Ceruorum carnes, inquit Symeon Sethi, mali succi sunt, & difficilis concoctionis, & bilem atram gignunt. Oportet autem cauere ab ijs qui ęstate capiuntur, quod uidelicet eo tempore uiperis ac serpentibus cerui uescantur, unde siticulosi fiunt. Hoc suapte natura norunt, quod si aquam ante illorũ concoctionem hauserint, intereant: propterea sitim tolerant, eaq; incenduntur. Ceruorum igitur carnes eo anni tempore sumptæ, uenenosæ sunt, ac ualde noxiæ: (Hoc fortassis in alijs regionibus calidis accidit: apud nos, quod sciam,

sciam, non item: quin potius Augusto tanquam pinguissimi præferuntur:) & idcirco cauendum ne eis æstate uescamur. Per hyemem uero (Platina scribit æstate suauiores esse: sunt qui hyeme etiã serpentibus, quas è cauis extrahunt, ut supra dixi, eas uesci narrent:) tutius sumuntur, meliusq́ concoquuntur propter interiorem caliditatem. Nam si non probè concoquantur, crassum humorem gignunt, iecurq́ & lienem obstruunt. Quinetiam fertur si crebrius & sine modo sumantur, corpus tremulum & quod non consistat facere, Hactenus Symeon Sethi. Ceruina dura est concoctu & melancholica: sed differt secundum temperamenta & ætates animalium: Lactentes reliquis prçferendi: Si teneri adhuc castrentur, meliores sunt, & in calore siccitateq́ remissiores, Isaac. Auicenna febres quartanas huius carnis esu induci scribit. Carnes ceruorum & arietum montanorum, sunt omnes malæ & nociuæ, Elluchasem in Tacuinis. Caro cerui calida est & lenis, Rasis de 60. animal. Cerui caro prouocat urinam, Auicenna. Seruat hominem à calidis affectibus, Blondus sine authore: uidetur autem febres intelligere, à quibus præseruat teste Plinio, ut paulò ante retuli. Patuit eos nunquam febrescere: quam ob causam confecta ex medullis eorum unguenta sedant calores hominum languentium, (febricitantium,) Solinus. ¶ Hepar cerui omnino prauum est, & malè temperatum, ut Vincentius Bell. ex Aristotele citat: ego nusquam apud Aristotelem legere memini. ¶ Cornua tenera & mollia adhuc (quæ prioribus abiectis recens producuntur,) in delicijs appetuntur à nobilibus: quod pretiosissimum ex eis ferculum paretur. Magna enim & pretiosa ui aduersus aconitum pollent, Blondus. Sciendũ est aũt aconiti nomine indoctiores toxicum & uenenũ ferè quoduis comprehẽdere. Tenera quidem ceruinorũ cornuum tubera in principũ cibũ uenire dixi etiã supra cap. 2.

¶ Ceruinæ caudæ uenenum inesse dicemus proximo capite. ¶ Achillem aliqui sic nominatum uolunt, διὰ τὸ μὴ θίγειν χείλεσι θηλῆς, ὅ ἐστι τροφῆς: hoc est eò quod labris papillam non attigerit: lacte enim prorsus non usus est, medullis ceruorum à Chirone nutritus. Hinc Euphorion, ἐς φθίλω χιλοῖο κατῆϊς πάμπαν ἄπαστος, τοὔνεκα Μυρμιδόνες μιν Ἀχιλλέα φημίξαντο, Etymologus & Varinus. Ego apud utrunq́ locum esse mutilum puto, & legendum esse, διὰ τὸ μὴ θίγειν χείλεσι θηλῆς, ἢ χιλῷ ὅ ἐστι τροφῆς: hoc est, Achillem dictum esse, uel quod papillam non attigerit, uel chilum, id est alimentum: ut commune uocabulum χιλὸς ad lactis alimentum infantibus proprium hîc cõtrahatur. Telephum etiam cerua lactasse fertur, ut in Philologia dicam. ¶ Apicius lib. 8. cap. 2. uarium cerui, id est ceruinæ carnis, apparatum docet his uerbis. Ius in ceruum: Teres piper, ligusticum, careum, origanum, apij semen, laseris radicem, fœniculi semen: fricabis: suffundes liquamen, uinum, passum, oleũ modicè: cum ferbuerit, amylo obligas, ceruum coctum intro foras tanges, & inferes. In platycerote, similiter & in omne genus uenationis eadem conditura utêris. Aliter: Ceruum elixabis & subassabis: Teres piper, ligusticum, careum, apij semen: suffundes mel, acetũ, liquamen, oleum calefactũ: amylo obligas, & carnem perfundes. Ius in ceruo: Piper, ligusticum, cepullam, originũ, nucleos, caryotas: mel, liquamen, sinape, acetum, oleum. Ceruinæ conditura: Piper, cuminum, condimentum, petroselinũ, cepam, rutam, mentham: mel, liquamen, passum, caræmum, & oleum modicè: amylo obligas cum iam bullijt. Iura feruentia in ceruo: Piper, ligusticũ, petroselinum, cuminũ, nucleos tostos aut amygdala: suffundes mel, acetum, uinum, oleum modice, liquamen, & agitabis embamma. In ceruinam assam: Piper, nardostachyum, folium, apij semen, cepam aridam, rutam uiridem: mel, acetum, liquamen: adiectas caryotam, uuam passam & oleum. Aliter in ceruum assum iura feruentia: Piper, ligusticũ, petroselinum, damascena macerata: uinum, mel, acetum, liquamen, oleũ modicè: agitabis porro & satureia, Hucusq́ Apicius. ¶ Cerui anteriorem partem in iusculo laridario coques, lũbos assabis: ex coxis pastillos aut pulpamenta facies. Eadem & capreoli, damæ, ac capreæ coctura est, Platina: (quasi uero capreolus & caprea aliter quàm sexu differant.) Idem lib. 9. cap. 8. de honesta uolupt. Ex ceruo, inquit, uel capreolo, pastillũ sic facies: In frusta haud magna carnem cõcides: una bullitione cum aqua & aceto saleq́ remollitam, ex cacabo eximes: sinesq́ in quadra, donec ius exinaniet: piper deinde & cinnamum contritum simul cum larido tunso in modum placentæ subiges, carnemq́ additis quibusdam per longum laridi tessellis, hoc quasi foliato inuolues, indesq́ circunquaq́ caryophylli genera: farinam deinde bene excretam subiges: ex subacta crustam grossiorem unicuiq́ frusto circunuolues, in furnoq́ lento igne optimè coques. Apponi hæc statim cõuiuis, uel seruari in mensem, aut saltem dies quindecim possunt. Parum omnino alit, tardè concoquitur, stomachum laxat, spleneticis & hepaticis nocet, pectus exasperat, Hæc Platina. Sanguine cerui nostri utuntur ad ius nigrum, quod uulgò piperatum uocant, à colore puto, licet absq́ pipere plerunq́ paretur. Qui de arte coquinaria Germanicè scripserunt, præcipuè Baltasar quidam Dillingensis, ex ceruina pastillos, ut uocant, parare docent: nec non pulmonis & hepatis apparatum & condimenta.

G.

Cerui natura omnia uenena abigi & repelli constat, Alexander Benedictus: ex Plinio nimirum, cuius hac de re uerba cap. 5. retuli. ¶ Ceruinus sanguis aluum sistit, Plinius. Hirci, capræ, cerui, & leporis sanguis, inassatus sartagine, dysenterias & cœliacorum profluuia sistit, Dioscorid. Frixus cum oleo cerui sanguis, si fiat ex eo clyster, sanat intestinorum ulcera, & remouet fluxũ antiquum, Albertus & Rasis. Ego neq́ ceruinum neq́ alium sanguinem in clysteribus à peritis medicis poni puto, sed uel bibi uel illini ad fluxiones sistẽdas, ut in Caprino dixi. Cum aceto mixtus & inunctus psilothrum est, Galenus Euporiston 2. 85. In uino potus contra toxica (sagittas uenenatas, Rasis,

Albertus non rectè habet apoſtemata uenenata,)efficax eſt, Dioſcorid. cui non cerui ſolum, ſed &
cuiuſuis iam dictorum animalium ſanguis eandem uim obtinet. Sanguis ceruinus deſiccatus &
tritus ſumptus,à uenenatis beſtijs morſos iuuare dicitur,Symeon Sethi. ¶ Febrium morbos ceruus
non ſentit,quin & medetur huic timori: Quaſdam nos principes fœminas ſcimus, omnibus diebus
matutinis carnem eam deguſtare ſolitas,& longo æuo caruiſſe febribus: quod ita demum exiſtimãt
ratum,ſi uulnere uno interierit, Plinius & Solinus. Et alibi, Febres arcet ceruorũ caro, ut diximus,
Plinius. Caro cerui calefacit & lenit,Raſis. ¶ De medulla in genere ex Galeno ſupra diximus in
Vitulina,ubi & Ceruinæ facta mentio eſt. Cerui pingue & medulla quomodo odoramentis im-
buantur,uide ſupra in Taurino pingui ex Dioſcoride. Ceruina medulla laudatiſſima eſt, Dioſcor.
& Plinius. Aëtius in pharmaco quodam contra podagrã pro cerui medulla tantundem adipis ceruini ſubſtituit. In Arabum ſcriptis pro medulla cerui cerebrum quidam ineptè uertunt,Hebraicæ
uocis homonymia decepti. Confecta ex medullis ceruorum unguenta,ſedant calores hominũ languentium,Solinus: Immunem cõſeruant à febribus,Albertus. Plinius id carni ceruinæ in cibo ſum-
ptę attribuit,ut ſuperius retuli. Cerui medulla pharmacum eſt paregoricotaton,id eſt mitigando &
leniendo dolores pręſtantiſſimum,Galenus ad Piſonem. Dolores ſedat, Aeſculap. Serpentes inuncta fugat,ut cap.5.dixi: ubi & alia ex ceruo quæ extrinſecus ſerpentes arcent enumeraui. Sunt qui
ceruinam medullam peculiare faciant remedium perfuſis aqua alióue liquore feruido. Medulla &
pingue ceruorum dura carcinomata molliunt impoſita,Symeon Sethi. Gyraldus in ſua translatione
diſcutiendi uim etiã eis attribuit,quod in Græco codice impreſſo non legitur. Vlcera cætera(præterquam in tibijs cruribuſq́)cornus ceruini cinere, uel medulla cerui explentur & purgantur, Plinius. Cotyledon cum medulla ceruina calefacta impoſita,fiſtulis medetur,Plinius. Et alibi, Cotyledon etiam purulẽtis auribus infunditur, & cum medulla ceruina calefacta. Hirci ſeuum efficax eſt
labrorum fiſſuris cum adipe anſerino,ac medulla ceruina reſinaq́ & calce, Plinius. Eadem uerba
apud Sextum in paucis mutata legimus hoc modo, Sepum capreæ & adipem anſerinũ & medullam
cerui & cepe cum reſina ſimul & calce uiua,fac ut malagma,mirè ſanat labiorum fiſſuras. Seuum
uituli cum medulla cerui & albæ ſpinæ folijs unâ tritis,ulcera oris & rimas emendat, Plinius. Medulla ceruina in aqua calida potui data,inteſtinorũ dolorem etſi tormina fuerint,mirè ſanat,Sextus.
Celſus inter alia ad dyſenteriam medicamenta, ſi uetuſtior morbus eſt, ex inferioribus partibus infundere iubet medullam ceruinam,ut quæ dolorem leuet, & mitiora ulcera efficiat. Butyro & medulla ceruina & felle taurino cum oleo cyprino aut laurino perfricta genua ſanãtur,Marcellus. Medullam cerui & adipem liquefacito, & in lana apponito, Hippocrates de natura muliebri inter ſub-
dititia medicamenta quæ uterum emolliunt. Idem in libro de morbis muliebribus,medicamentum
ſubdititium purgatorium his uerbis deſcribit, Medullam anſeris aut cerui magnitudine fabæ affuſo
unguento roſaceo & lacte muliebri terito,uelut pharmacũ teri ſolet, & cum hoc os uteri illinito. Ex
uitulina & ceruina medulla peſſi cõponuntur, uteros emollientes: & extrinſecus uteris medicamenta imponuntur,quæ ex medulla præparantur, uim habentia emolliendi. Accipitur autem nõ ſolum
uera medulla ex oſſibus, uerũ etiam ex ſpina dorſi, &c. Galenus de ſimplicib. 11. 5. Apud Raſin idem
legimus,ſed pro medulla perperam legitur cerebrum, uitio interpretis ut credo. Cerebrũ(medulla,
Raſis)cerui,prodeſt contra dolorem coxarum & laterum: & in reſtituenda fractura, quam etiam mitigat, Albertus & Raſis: Albertus inſuper addit ualere contra pulſum cordis, quod non probo. Io.
Agricola menſibus euocandis peſſum ex medulla ceruina cõmendat: Huius medullę, inquit, drachmas duas aut tres mulierculæ ratione habita, inuolue ſindone munda, & ſi libet de filo appende. Curandum eſt tamen ut reliqua ſatis reſpondeant, corporis uidelicet præparatio, & habitus conſtitutio,
uictus, & ætas: nec ita multum poſtea ſequetur menſium eruptio. Hoc nouum experimentũ uocat,
cuius admirandæ facultatis, inquit, non reddidit nos certiores ſcriptorum quiſpiam. Atqui Hippocrates, ut ſuperius recitaui, ex medulla anſeris aut cerui medicamentum uteri purgatorium (hoc eſt
quod mẽſes alioſq́ eius humores euocet) ex anſeris aut cerui medulla parare docet, quo os uteri illinatur. Cochleæ uuluam auerſam corrigunt cum medulla ceruina, ita ut uni cochleæ denarij pondus addatur & cyperi. ¶ Cerui pingue (adeps, ſeuum) quomodo odoramentis imbui debeat, copioſe in Taurino docui ex Dioſcoride: & quomodo ſimpliciter curandum ſit, in Hircino ex eodem.
Ceruino adipe perunctos ſerpentes fugiunt, Dioſcorides & Plinius: ut ſupra cap. 5. retuli. Aëtius
in pharmaco quodam contra podagram pro ceruina medulla tantundem adipis ceruini iniјci poſſe
monet. Cerui adeps nullo medicamentorum mollientium eſt inferior, Galenus de comp. ſecund.
gen. Seuum cerui calefacit & lenit, Raſis. Medulla & pingue ceruorum dura carcinomata molliunt impoſita, Symeon Sethi. Capillis nigrandis infectio optima ex hirundinum ſtercore paratur,
ut in earum hiſtoria recitabitur: oportet autem ſeuo ceruino faciem prius perungere, ne quid ex medicamẽto diſtillans eam commaculet, Marcellus. Seui ceruini uſum ad lentigines faciei, paulò poſt
in remedijs ex cornu aperiam. Abſyrtus aduerſus tuſſim equorum ex frigida cauſa remedia præ-
cera, & lingua apprehenſa infundere. Picem præcoquam, ſiue quam uiſcoſam uocant, & rubricam
Scythicam, quam alij piſſaſphaltum uocant, cum ſeui ceruini remiſſi cyatho uno, & lactis bubuli uel
ouilli pari menſura, ſi quis iam periclitanti phthiſico in potu uel in cibo cotidie dederit, mirè ei ſub-
uenitet,

ueniet, Marcellus. Cum equi sanguinem per urinam reddunt, Anatolius lomentum purgatum coctum, & adipem ceruinum, uino pauco misceri, & triduo per os infundi iubet. Sepum ceruinũ combustum simul cum ostrea testa minuta commisce, & factũ quasi malagma pernionibus impone, mirè sanat, Sextus. Vteris exulceratis ceruinum adipem recentem ac uiridem subdito, Hippocrates de morbis mulieb. Et alibi in eodem libro, Mulieri ut uterus purgetur, allium (inquit) & nitrũ rubrum, & ficum, paribus portionibus melle ammixto subdenda dato. Et ubi amouerit, cerui adipem apponat in uino liquefactum. Idem in libro de natura muliebri inter subdititia medicamenta quæ uterũ emolliunt, Medullam cerui (inquit) & adipem liquefacito, & in lana apponito. ¶ Vuluas & pilo ceruino suffiri prodest, Plinius. Cõtra aborsum, Ex pilis ceruinis suffumigabis, & mulier sanabitur, Sextus. ¶ Igni sacro illinuntur ramenta pellis ceruinæ desecta pumice, ex aceto trita, Plinius. In pelle ceruina amuleta multa adalliganda magi præcipiunt, ut passim apud Plinium legimus: quæ singula si percenseam, uanus & loquax sim. Morsus à serpente ulmo mox liget locum cum corio cerui, deinde imponat theriacam, & eandem bibat, &c. Petrus Aponensis. Ad inuoluntarium urinæ exitum in stratis remedium, Alterci succum aut semen in asinino lacte maceratum corio cerui inclu dito & dextro femori appẽdito, miraberis, Galenus Euporiston 3.257. ¶ Aduersus comitiales morbos, Magis placet draconis cauda in pelle dorcadis alligata ceruinis neruis, Plin. ¶ Apud Aetium lib. 12. cap. 47. in antidoto Philagrij aduersus podagram, reliquis medicamentis adijciuntur ossium ceruinorum aut bubulorum ex iuris recentium & ut probè conteri queant ustorum drachmæ quinquaginta. Quanquã etiã sine ossibus eandem antidotũ parari admonet. Ossium substantia (inquit) facultatem habet consumendi ac resiccandi, adeò ut etiam sola assiduè & opportunè exhibita, inueteratum articularem morbum curet: Vt uero ne quid ex humoribus resiccetur ac lapidescat, incurabileq́ue aut ægre medicabile reddatur, tempore præseruationis eam minimè miscebimus, sed postea si ita uidebitur: consumit enim & resiccat humores in ipsis articulorum iuncturis relictos. Ossa ceruina usta recipiuntur in antidotum Iuliani ad calculum & comitiales, &c. apud Aëtium. Patellam ceruinam, hoc est, genuinum, si tecũ habeas, non surgunt inguina: & quæ ante surrexerunt, eadem tacta redeunt, Sext. Ad uentris profluuiũ, Ceruorum ossa contusa uentri illinito, Gale. Eupo. 2.46.

¶ Cornus ceruini apud medicos frequens & uarius usus est: Dextrum Plinius & Solinus præferunt, Aristoteles sinistrũ, ut supra dixi cap. 2. Mucrones etiam efficaciores uidẽtur, utpote solidiores. Quæ abiecta in syluis reperiunt, ferè euanida & nimis leuia sunt, medicamentis inutilia. Vsus habent & cruda & usta, ut in sequentibus apparebit. Cerui cornu contusum (ut Ruellius uertit: Græcè est κοπὲν, id est in frusta uel assulas sectum, ut Marcellus:) crudo fictili, luto circumlito, & in furnum indito, uritur donec albescat: id cadmiæ modo elotum, ulceribus oculorum & defluxionibus salutare est, Dioscorid. Sunt qui non satis urant, quo modo nigrum fit. & astringẽtius, ut mihi gustanti uisum est. Frigidum est & siccum ceruinum cornu, Symeon Sethi. Miretur autem aliquis cum huiusmodi sit quomodo obstructionibus medeatur, quod idem Symeon scribit: Nam & spleni obstructo utile ipsum faciunt, & morbo regio, qui ferè obstructo iecinore fit. An quia ut cinis & usta omnia, nisi lauentur, empyreuma quoddã & relictas ui ignis tenues aliquot calidasq́ue partes sibi retinet: ablutum uero ijsdem priuatur, nec aliud amplius quàm siccat & emplasticum est? Cornibus cerui & capræ ustis, & (si opus est) lotis, utimur ad dentium candorem, gingiuas mollitie fluidas, dysenteriã, fluxiones in oculos, quia tergent sine rosione: tamen nec dolorem leniunt, nec coquunt, quia frigida sicca, Syluius citans Galeni lib. 11. de simplic. & quartum de Composi. phar. sec. locos. Cornu cerui ustũ & lotum multi pro spodio uendunt, Brasauola. Ex teneris & recens enatis ceruorum cornibus cibarium quoddã diuites sibi parant: Possident enim (inquit Blondus) maximas & pretiosissimas dotes in aconitum: Videtur autem aconiti nomine abuti pro quauis uenenata herba, ut multi per imperitiam solent. Cornu ceruino usto serpentes fugari cap. 5. docui. Cornu ceruinum ustum & ex aceto tritum illinito ad serpentium morsus: aut calami radices, & cicer & baccas cupressi & cornu cerui, combusta omnia tritaq́ue in unum misceto, & ex aceto ac porro propinato, Galen. Euporiston 3. 149. Ceruus dextrum cornu terra obruit contra rubetarũ uenena necessarium, Plinius. Cor cum pelle & cornu cerui combure, & oleo uulneri inunge, Galenus Euporiston 3.184. Ceruinũ cornu habet uim omnes humores siccandi, & ideo eo in collyrijs ocularibus utuntur, Sextus. Equi spuma illita per dies quadraginta, priusquam primũ nascantur pili, restinguntur: item cornus ceruini decocto: Melius si recentia sint cornua, Plinius. Orpheus in libro de lapidibus, si cornu cerui cum oleo tritum capiti illinatur, caluo etiam pilos producere promittit: Versus eius hi sunt,

Αἰεί τοι θήσει λασίην ὧδι κράατι λάχνην, Εἰ καὶ ψιλοκάρηνος ἔοις, εἰ γάρ μιν ἐλαίῳ
Τριβόμενον τρίβοις κροτάφους πάνθ' ἤματα σεῖο, Αἱ δὲ νέαι περὶ βρέγμα τεὸν τρίχες ἀνθήσουσι.

Ad fluentes capillos scobem de cornu ceruino permisce cum semine myrti nigræ, adiecto butyro oleoq́ue, & capiti raso densissimè obline, etiam ex infirmitate fluentes capillos efficaciter continebis, Marcellus. Ad porriginem cornu ceruini cinis è uino prodest, utq́ue nõ tædia animalium capillis increscant, Plinius. Cornu ceruini ramenta acerrimo aceto incoquito, usq́ue dum tertia pars remaneat, ex eo impetigines illinito, Galenus Euporiston 3.278. Combustum cum aceto tritum impetigines mirificè sanat, Sextus. De usu cornu ceruini ad elephantiasin dicam mox in elephante inter remedia ex ebore. Vlcera cætera (pręterquam in tibijs cruribusq́ue) cornus ceruini cinere, uel medulla cerui explentur & purgantur, Plinius. Pustulis cornus ceruini cinis ex aqua illinitur, Idem. Maculas in facie abolet taurinum seuum uitulinúmue fel, cum semine cunilæ, ac cinere è cornu ceruino, si canicula exoriente comburatur, Plinius. Ad lentigines de facie tollendas, Lenticulam cum scobe tenui de cornu ceruino, & seuum ceruinum pariter diuide, coque & tere: atque inde faciem uel ante horam balnei, uel etiam in balneo frequenter inlinito, ita ut quasi pro pane molli utaris, efficacissimum medicamen experieris, sed lenticulæ maior pars sit, cornus & seui æqualis mensura, Marcellus. Cornu ceruino combusto in Sole faciem line, & detersa subinde renoua, & hoc in ortu Solis facies, mire tollit lentigines de facie, Sextus. Articulorum fracturis cinis feminum pecudis peculiariter medetur, efficacius cum cera: Idem medicamentum fit ex maxillis (pecudis intelligo, id est ouis) simul ustis, cornuque ceruino & cera mollita rosaceo, Plinius. Combustum ad drachmas tres, adiecta spuma argenti duarum drachmarum, & ceroto macerato mixtam, intertrigines dolentes mirè sanat, Sextus. Ceruini cornus scobes limatæ, & ex uino potui datæ (Plinius illinendum ex uino sentire uidetur, ut etiam ad porriginem, ut paulò superius citaui) pedunculos in capite lendesque nasci non sinunt, Marcellus. Cornus cer. cinis illitus fronti (& temporibus) ex aceto uel rosaceo (aut ex uino, Plin.) capitis dolores sedat, Plinius, Marcellus & Galenus Euporiston 2.91. Ad capitis dolorem, Cornu ceruí in cinerem redactum, exinde drachmam cũ uini cyatho, & aquæ cyathis duobus da bibat, Sextus. Comitialem morbum deprehendit caprini cornus, uel ceruini usti nidor, Plinius. Et alibi, Cornibus siue dextris siue sinistris accensis, odore comitiales morbi deprehenduntur. Vstrina hæc nidore uitium aperit ac detegit, si cui inest morbus comitialis, Solinus. Sunt & alia quædam grauiter odorata, quæ suffitu arguunt epilepticos & concidere compellunt, ut bitumen, gagates lapis, cornu caprinum capriniique iocineris assati odor, ipsumque iecur comestum, ut scribit Aëtius libro 6. cap. 13. Adultorum cornuum & in ramos diffusorum maxima dos est in morbum comitialem, Blondus. Sunt qui aridum hoc medicamentum comitialibus commendent, quod miscetur ex uisci querni uncia una: mucronum de cornibus cerui drachmis duabus, & cordis lupini drachma una, quibus addunt scobem tritam de occipitio cranei humani. Qui post ægritudines aliquas, ut lethargum aut pestilentiam in obliuionem deciderunt, eos maximè iuuat hiera Ruffi: & post purgationem hieræ, scobem dentis elephantis circiter drachmam unam è mulsa potam non parum iuuare creditur, & cornu ceruinum similiter, Aëtius. Aduersus scrophulas gutturis, quidam ceruinum cornu tritum, cum spongijs in quibus lapides reperiuntur æquali mensura, ex uino aut aqua quotidie mane à ieiunis bibi iubent: sic aboleri, si adhuc increscant: sin iam constiterint, non augeri. Cerui cornu ustum, & cadmiæ modo elotum, ulceribus oculorum & defluxionibus salutare est, Dioscorides. Miscuerunt ipsum ustum elotumque nonnulli collyrijs desiccantibus oculorum fluxiones: est enim omniũ talium uis exiccatoria, Galenus & Sextus. Ceruini cornus cinere scabricias oculorum inungũt: mucrones autem ipsos efficaciores putant, Plinius. Ad polypum, Cornu cer. ustum & sandaracham naribus inflato, Galenus Euporiston 1.26. Cerui cornu ustum elotumque, infrictum dentes expurgat. Crudum in aceto feruefactum, si eo gingiuæ colluantur, maxillarum à dentitione dolorem adimit, Dioscor. Græcè legitur, παρηγορεῖ γομφιάσεις. Gomphij dentes molares sunt: ut gomphiasis illorum dũtaxat dentitionem, significet: & si Marcello in annotationibus suis id non placeat, omnium simpliciter dentium emissionem hoc remedio faciliorem fieri existimãti: Quoniam alij authores in remedijs ex cornu cer. gomphiaseos non meminerint, & dentes tantum mobiles confirmari, & gingiuas flaccidas compescere scripserint. Addit insuper nouam esse hanc uocem, & nescire se an iterum in toto Dioscoridis opere reperiatur: Ad hæc in Græcorum Lexicis γομφιασμὸν exponi ait αἱμωδιασμὸν ὀδόντων, id est, stuporem dentium. Ruellius cuius interpretationem superius retuli, nulla gomphiorum, id est, molarium mentione facta, simpliciter maxillarium à dẽtitione dolorẽ hac collutione adimi scribit. Et quãquam gomphiasis ita molarium emissionẽ sonare uidetur, ut odontiasis dentium simpliciter, tamen ipsa remedij facultas eiusmodi est, ut neque molarium neque aliorum dentium productioni conueniat, ut quæ gingiuas astringere indurareque possit, quamobrem usus eius est, cum dentes confirmare mobiles, & gingiuas laxas cõstringere libuerit: cum illæ molliri lenirique opus habeant. Aetius libro quarto, cap. 9. de dentitione scribens, nullum eiusdem aut similis facultatis remedium præscribit, sed ea tantum quæ laxare possint gingiuas, ut sunt leporis agnitue cerebrum, mel modicè decoctum, & apud Aeginetam gallinaceus adeps. Sed neque ad dentium stuporem, hoc aut simile remedium ab alio authore positum inuenio: quanquam remedia aduersus hunc affectum plærique putant non certa qualitate ulla, sed ex tota substantia agere. Quamobrem γομφίασιν, uel γομφιασμὸν, ut Hesychius exponit, (apud Varinum & Camertem non reperias) accipio συνθλασμὸν ἢ συντριμμὸν ὀδόντων: hoc est dentium confractionem, uel contritionem, quæ scilicet uel ictu uel casu fit. Hoc non animaduertisse Marcellum Vergilium ualde miror, cum è medio horum uerborum dictionem αἱμωδιασμὸν citauerit: sic enim habet Hesychius, γομφιασμὸν, συνθλασμὸν, ἢ συντριμμὸν, ἢ μοδιασμὸν (corrupte puto pro αἱμωδιασμὸν) ὀδόντων, debet autem uox ὀδόντων ad præcedentia singula referri. γομφιασμὸς, συγκλασμὸς, (id est confractio) Suidas & Varinus, nec aliud addunt: ego ὀδόντων addendum conijcio: aut legendum συγκλεισμὸς: nam γόμφους etiam κλειδώσεις & συνδέσμους exponunt. Apud Suidam & Varinum dentes anteriores non rectè γόμφιοι uocantur: melius Gaza apud Aristotelem maxillares, id est molares interpretatur. Videntur autem illi gomphij dicti, quod pluribus quasi gomphis, id est, cuneis seu clauis, radicibus nempe suis

fuis in præsepia sua(sic enim Græci dentiũ loculamenta uocant, quanquã Pollux lib. 2. aliter accipere uideatur) infigantur. Vetus Dioscoridis interpres apud Serapionẽ pro gomphiasi simpliciter dentium dolori exponit. Quod ad medicamenti naturam, utile id mihi uidetur tum ad dentes simpliciter dolentes, tum etiam mobiles & laxos, siue simpliciter, siue externam ob causam uiolentam, ut ictũ & casum: ad dentitionem uerò siue aliorum siue molarium dentium, non tantum inutile, sed etiam noxium. Monent enim medici non astringendam esse gingiuam, ne callosior reddita nascituros dentes impediat. Quod cum ita se habeat, Hermolaum, Marcellum, & Ruellium, Dioscoridis interpretes, pariter omnes errasse fatebimur. Galenus lib. 5. de Compositione medicamentorum secundũ locos medicamenta aliquot mylica describit, hoc est ad molarium dolores. Sed satis hac in re prolixus iam
10 fui. Dentes mobiles confirmat ceruini cornus cinis, doloresq́ eorum mitigat, siue infricentur, siue colluantur: Quidam efficaciorem ad omnes eosdem usus crudi cornus farinam arbitrantur. Dentifricia utroq; modo fiunt, Plin. Cinis cornus cer. dentes dealbat, & dolores tollit, Galenus Eup. 2. 12. Cerui cornu in oxygaro decoquito, sæpeq́ eo os abluito, Ibidem 1. 58. Quod uerò assumpsit nomen de dente fricando Ceruino ex cornu cinis est, Serenus. Cornibus cerui & capræ ustis maximè utuntur, ut & nos sæpe usi sumus, tum ad candorem dentium, tum ad contrahendas mollitie fluidas gingiuas. Cæterum ceruinũ maximè commendatur ab ijs qui talia scribunt, Galen. lib. 11. de simplic. Cerui cornu ramentum(ῥίνημα, id est scobem lima factam) adustũ, & cum uino tritũ, deinde circumlitum, uacillantes dentes confirmat, sicut & bouis talus idem posse traditur, Galenus ad Pisonem, & Aegineta. Cornu cer. combustũ dentes qui mouentur confirmat, si eo pro dentifricio quis utatur,
20 Sextus. Cornu cer. decoctũ cum aceto, si eo colluatur os, sedat dolorem dentium, & consolidat gingiuas, Rasis & Albertus. Ex puluere eius dentifricium fit expurgandis dentibus, Iidem. Cornu cer. combustum, tritum cum aceto, dentibus adpositũ prodest, Marcel. Sunt qui etiam modum miscendi præscribant, huiusmodi, ut aceti sint unciæ tres, cornu cerui usti drachmæ duæ, inde collui os iubent. Ramenta cornus ceruini uel scobem eius lima factam cum uino uetere ad tertias coque, & inde adsiduè os elue: mirè proderit roborandis dentibus, Marcel. Ad dentes mobiles & dolentes, & gingiuarum tumorem, remedium sic: Cornus cer. combusti uncias duas, folij scrupulum unum, salis Ammoniaci tantundem, piperis grana nouem, iris Illyricæ scrupulos nouem: ex his puluerẽ tenuissimum facies, & eo dentes cotidie perfricabis: si mobiles erunt & dolebunt, facilè cadent: & si sine dolore ualidi sunt, confirmabuntur, & candidiores & odoratiores erunt: melius autem proficient, si in
30 iuncturis aut radicibus aut cauaturis eorũ, de hoc ipso dentifricio aliquid resederit, Marcel. Cornuũ ceruinorum ustorũ in olla cineris ℥. unum: (hac nota sextarium significare solet: sed uidetur nomen ponderis hîc requiri, non mensuræ:) mastiches Chiæ denarios octo, salis Ammoniaci semunciam: diligenter hæc trita in unum concorporantur, & perfricandis dentibus adhibentur, Marcel. Ceruini cornus exusti cinis in potione datus empyicis uel hæmoptoicis medetur, Marc. Symeon Sethi pulmonem usu cornus ceruini lædi scribit. Cornus cer. cinis elotus excreantibus sanguinem prodest, Dioscor. Marcellus interpres addit, cum tragacãthæ lachryma duorum cochleariũ mensura: quod in Græco textu non hoc in loco, sed mox in remedio ad dolorem uesicæ subijcitur: sed nihil periculi uideo etiamsi ad utrumq; affectum tragacantha adijciatur. Vstum & lotũ dysenteriam, & sanguinis excreationem, præterea cœliacos affectus sanat: & aurigini utile esse dicunt: Porrò duo exhiberi co-
40 chlearia ad omnia ista præcipiunt, Galenus. Sanguinem expuentes cer. cornus cinis sanat, Plinius. Ad uomitum nimium reprimendum sulphuris uiui pusillũ, & ramenti de cornu cerui tantundem, in ouo sorbili tritum & permixtum bibi utile est, Marcel. Stomachi rheumatismos cornus ceruini cinis reficit, Plinius. Regio morbo cornus ceruini cinis prodesse dicitur, Plinius. Galenus ut paulò ante retuli, ustum & lotum aduersus hunc affectum laudari scripsit. Cineris cornu cerui drachmã cum uini cyatho uno & aquæ duobus, propina ad morbum regium, miraberis bonũ effectum, Sext. Rasis contra hunc morbum circiter trium aureorum pondere bibi iubet. Lienem sedat ceruini cornus cinis in aceto, Plin. Cornu cer. combustum ex oxymelle detur potui, & splenem siccat, & dolorem tollit, Sext. Galenus in libro de Theriaca ad Pisonem cap. 12. cum scripsisset scrobem (ῥίνημα) cornus cer. ustam & illitam dentes firmare labãtes, addit ὥσπερ δὲ καὶ τὸν ἀστράγαλον τοῦ βοὸς ταὐτὸ ποιεῖν
50 δύνασθαι λέγουσιν. ἐξάγει δὲ καὶ στρογγύλην ἕλμινθα μετὰ μέλιτος πινόμενος, καὶ μετ᾽ ὀξυμέλιτος σπλῆνα τήκει, καὶ τὰς λεύκας καταχριόμενος, συμμέτρως δὲ ἀφροδισιαστικός ἐστιν. Hoc est, Idem efficere talum bouis aiunt. Educit autem & lumbricum rotundũ cum melle potus, & cum oxymelite lienem minuit, & uitiliginem albam illitus: deniq; mediocriter Venereus est, (ad Venerem excitat.) Quæ omnia non ad cerui cornu, sed ad talum bouis ab eo referri apparet, quoniam καταχριόμενος & ἀφροδισιαστικός masculino genere ponuntur. Sed cum alij authores easdem uires de cornu cer. prædicent, aut talum bubulũ & cornu cer. ijsdẽ uiribus pollere dicemus, aut καταχριόμενον & ἀφροδισιαστικόν genere neutro legemus, ut ad cornu cerui tantum referãtur. Supra certe inter remedia ex boue, Rasin etiam & Haly Arabicos scriptores, tali bubuli uim aduersus lumbricos, uitiliginem albam, & splenem turgẽtem ex aceto mulso, deniq; Venerem excitandi citauimus. Quamobrem præstiterit nihil in Galeni lectione mutasse, sed
60 easdem utriq; in plerisq; facultates esse putare, etsi uim Veneris ciendæ ceruino cornu attribui nusquam hactenus legerim. Cinis lotus, binisq́ ligulis (cochlearijs) epotus, dysentericis & cœliacis prodest, Dioscorid. & Galenus ut superius citaui. Iisdem cinerem huius cornus tribus digitis captum in

potione aquæ utilẽ esse Plinius annotauit. Vstum & potum ad pondus trium aureorũ & semis (ad pondus unciæ & duorum aureorum, Albertus:) restringit fluxum sanguinis qui est sine putredine: & ualet contra ulcera intestinorum & fluxum uentris antiquum, Rasis & Albertus. Ad dysentericos, cochlearum integrarum ustarum uncia una, cornu cerui usti unciæ duæ, uniantur succo plantaginis: fabæ magnitudine datur febre carentibus cum uino, cum aqua uero febricitãtibus, Galenus Euporiston 1. 112. Cornu ceruinum mollius ustum cum gallæ pari portione in potum dato ad uentris profluuiũ, Ibidem 2. 46. Cineris huius drachma ex uini cyatho & aquæ duobus epota, fluxum (inscriptio habet, uentris solutionem) omnem cohibet, & dolorem sedat, Sextus. Ceruini cornus de ipsis radicibus quæ capiti hæret, scobes lima tenuissimus factus, & ad drachmæ mensuram cum uini austeri cyatho datus, sistet nimios uentris fluores, si uel triduo iugiter bibatur, Marcellus. ¶ Cornus ceruini teneri cinis cochleis Africanis cũ testa sua tusis mixtus in uini potione, colo magnopere prodest, Plinius. Hoc idem medicamentum apud Marcellum Empiricũ, quamuis prolixè expositum, adscribam tamen, promissi magnitudine adductus, præsertim cum cochleæ etiã admisceantur, ut duplici nomine animalium historia dignũ uideatur: remittemus autem lectorem huc à cochlea. Ad coli dolorem (inquit Marcellus cap. 29.) faciunt quidem mirificè quæ superius posita sunt, sed cætera medicamenta in alijs uitijs dolorẽ leuant in præsentia, hoc uerò quod dicturus sum supra hominis spem conditionemque est. Ideo primo tempore ne fidem quidem habet, postea à nullo satis dignè laudari potest: nam & in præsentia dolorem tollit, & in futurum remediat, ne eum unquam repetat. Rarò enim quis iterum, uel ad summũ tertiò, hoc accepto medicamento uexatus est: quamobrem si quando repetierit iterum dolor, dandæ erunt per triduum & tunc potiones, eodem modo quo prima data fuit. Interdum uerò & tertiò in dolore eodem genere potiones dabuntur, quod rarò quidem accidet, ut post primam potionem dolor redeat: sed si admonente causa iterum atque iterũ data fuerit, in futurum quoque ita remediabit, ut ne suspicio quidẽ ulla huic uitio relinquatur: si quando tamen repetierit hoc malum, frigus ex multitudine cibi præcedit, grauitatemque quandam & torporem eius loci, id est coli, sed sine ullo dolore sentiendum infert, planè ut tum intelligant, quanto malo caruerint, qui illa molestia liberantur. Hoc medicamento primũ muliercula quædam ex Aphrica ueniens multos Romæ remediauit: postea nos per magnam curam compositione eius accepta, id est pretio dato ei quod desiderauerat qui uenditabat, aliquot non humiles neque ignotos sanauimus, quorum nomina superuacuum est referre. Constat autem medicamentum ex his rebus: Cerui cornua sumuntur dum tenera sunt, & quasi in tabulas uel partes breues & tenues diuisa in olla fictili componuntur, operculoque superposito, & argilla undique circundata, fornace aut furno uruntur, donec in cinerẽ candidissimum redigantur, atque ita trita in uase uitreo mundo reponuntur. Cum dolorem coli habebit aliquis, antè diem abstinebitur quàm poturus est medicamentum ab omni cibo, atque ita postera die digestus atque ieiunus accipiet ex hoc puluere cornuum exustorum cochlearia tria cumulata, satis ampla, quibus misceri debent piperis albi grana nouem trita, & myrrhæ exiguum, quod odorem tantũmodo præstare possit. Hæc in unũ commixta in mortario diligẽter agitantur ac teruntur: deinde cochlea uera Aphricana, id est inde allata, sumitur, quàm maculosissima, & uiua si fieri potest, in alio mortario cum sua testa cõtunditur, atque ita teritur donec nullum uestigium aut aspritudo appareat testularũ: postea uini Falerni non saccati cyathus adijcitur: & nihilominus rursus teritur. magis enim tunc apparebunt aspritudines, si quæ resederint, quibus leuatis (forte pro leuigatis) iterũ adijciuntur duo cyathi eiusdem uini, atque ita cum priore compositione bene admiscentur, postea transfunduntur quæ sunt in mortario in calicem nouũ: qui calix super aliud uas ponitur ad carbones, & assiduè mouetur cocleario liquor, ne quid subsidat, aut perruratur. Vbi bene incaluerit, adijciuntur in eundem calicem, de his quæ supra scripta sunt coclearia tria: & rursus permouetur uniuersa permixtio. Cum autem calore sufficienti temperata erit potio, dabitur epotanda uersus orientem: statim dolor sine dubitatione cessabit: sed ut penitus aboleatur, dari potionem similiter oportebit per insequens biduum: sed quibus hoc remedium dabitur, cibum in prandio tantummodo, aut de tempore in cœna exiguum capient, quo facilè conficiant, ne crudi eam sumant: postea uerò in consuetudinem uictus sui remittentur. Oportebit autem remediatos non intemperanter in futurum uinũ bibere: tametsi enim à coli dolore tuti fuerint, metuere nihilominus debent, ne alia parte corporis æque adficiantur ob intemperantiam, ob quam utique colo fuerant ante uexati, Hactenus Marcellus. Aëtius etiã lib. 9. cap. 31. inter colicorum pharmaca medicamentum hoc describit ex Asclepiade his uerbis: Cornu cerui recens enati adhuc pilosi, tenerrimique ac usti, cochlearia maioris modi tria, piperis albi grana nouem, myrrhæ exiguum ad commendandum odorem. Contere omnia, eisque cochlearum terrestriũ magnarum unà cum testis suis, quantum uisum fuerit adijce: omniaque simul trita, & uino Falerno mari mixto trium cyathorũ mensura permixta, & ad mites prunas in uase fictili calefacta, ac sedulò ne quid in fundo resideat, agitata, præbe bibenda, ita ut nihil reliqui maneat: atque id maximè tempore accessionis & ieiuno adhuc ægro fiat. Deinde uerò cibum qui facile conficitur præbe, atque hoc ex ordine ad dies tres exhibe. His uerò qui cochleas sumere non possunt, reliqua præbe sicca cum uino. ¶ Ad lumbricos uentris, Cornu cerui ramenta ex uino uetere potui dato à balneo, Galenus Euporiston 3. 188. Cornu cer. & ebur mixta aliqui propinant, ut exigantur lumbrici. Tinearum genera pellit ceruini cornus cinis potus, Plinius. Ceruini cor. cõbusti cinis tritus ex aqua potus, tineas potenter expellit,

expellit, Marcellus. Cornus cer. limati lima lignaria scobis quantum quatuor uel quinq; cochlearia sint, ex aqua in qua decoctus fuerit ipse scobes potus ad cyathos tres, mirificè facit aduersum lumbricos, Marcellus. Combustum datū in uino uel aqua calida, lumbricos necat & eijcit, Sext. Vstum potum cum modico melle expellit uermes, Albertus, Rasis. Sunt qui admisceant cretam, semen sanctum, uitellum assum, & cum melle placentam siue pastillum conficiant, unde modicum exhibent, tam pueris quàm adultis. Cornu cer. ad stranguriás utūtur, Symeon Sethi. Ad aquosum ramicem, Acetum potui dato, & cerui cornu ustum ad cataplasmatis modum imposito, Galenus Euporiston 3.159. Nonnulli remedijs quæ ad sanguinis mictum dantur, cornu ceruinū admiscent. Vstum potumq; pondere trium aureorum & semis contra dolorem uesicæ prodest, Rasis & Albertus. Eodem modo potum humiditates ex uteris manantes cohibet, Iidem. Mulier profluuio laborans ustum & mollissimè tritum cum uino bibat, sanabitur, Sextus. Ad muliebre profluuiū, Cornu cer. ustum potui dato, Galenus Euporiston 2.73. Mulierū purgationes adiuuat cornus cer. cinis potus: item uuluas laborantes, illitu quoq;, Plinius: in cuius uerbis adiuuare purgationes mulierum, menses promouere & ciere interpretor: quanquam abundantes etiam menses, uel pituitosas potius fluxiones (ut paulò ante dictum est) sistere potest. Mulier si offocatur à uulua, quod nequissimum uitium Græcè ὑστερικὴ πνὶξ dicitur, puluerē ex ceruino cornu per triduū cum uino bibat: si febricitat, in aqua calida, miraberis effectū, Sextus. Ferunt etiam quòd si à difficulter pariente superferatur, iuuamento esse, ut Gyraldus uertit ex Symeone Sethi: cuius Græca uerba nō integra mihi uidentur, nempe hæc, φασὶ δὲ ὡς τῇ δυστοκούσῃ ἐπαχθεῖσα ὀνίνησι: nihil aūt præcedit aut sequitur, quod ad ἐπαχθεῖσα participiū fœmininum referri possit: ego προσαπτόμενον aut simile quid potius legerim, ut sensus sit, facilius parere mulierem quæ adalligatū uel appensum gestet cornu ceruinū, qualis superstitio circa alia quoq; multa est, præcipuè uero aëtiten lapidem. Cerui cornu & oliuas nondū habentes oleum, simul trita mixta suffito, Hippoc. in libro de natura muliebri ad nescio quos uteri affectus: nō satis enim exprimitur.

¶ Cerebrum cerui apud Albertū & interpretem Rasis falsò pro medulla scribitur, ut supra monui. ¶ De bezahar lapide, qui dicitur lachryma cerui, Andreæ Bellunensis uerba retuli supra capite tertio. Belzahard, inquit Io. Agricola, est antidotum contra uenenū epotum efficacissimum & prorsus diuinum. Siquidem probatissimus medicus Auenzoar libro primo testatur se hoc uno medicatum esse quendam qui perniciosissimum uenenū sumpserat, quod cum biliosum esset, protinus uniuerso corpori auriginem induxerat. Dosis erat belzahardi trium granorum hordei pondus cum uncijs quinq; aquæ cucurbitæ, quæ nimiam ueneni caliditatem refrenaret. Cæterum huius medicamenti origo huiusmodi est: Ceruus postquam cum serpentibus congressus eas deuorauit, siti correptus, præsertim in regionibus Orientem uersus, ubi prægrandes reperiri constat: mox stagnum aut flumen aliquod quærit in quod sese immergat: (iuxta illud regij prophetæ, Sicut ceruus desiderat ad fontes aquarum, ita anima mea desiderat ad te, &c.) Inde tamē natura ita docente, uelut Tantalus in medijs sitiens fluctibus, non bibit: nā statim concideret mortuus si quid aquæ degustaret. Erumpunt autem interim lachrymæ ex oculis quæ paulatim crassescunt, coguntur, & coagulantur, atq; in castaneæ magnitudinem excrescunt. Quas, postquam ex aquis euasit ceruus, deciduas homines obseruant, & colligunt. Hoc illud est belzahard, tantæ apud eos qui possident æstimationis, ut cuius ueneno uel mediū unguem ostendant, Hæc ille. De eodem Ferdinandi Ponzetti cardinalis uerba hæc sunt: Experientia cognitus est ad omnia uenenorum genera pollens lapis quem uocant Kemne seu bezar, colore citri splendens, odore uini: natus ex lachrymis ceruorum. Infirmi enim ætate flumen quoddam ingrediuntur in Oriente, & stant in eo immersi usq; ad caput, donec emittant lachrymas, quæ frigiditate aquæ & aëris coagulatæ, uertuntur in lapidem magnitudine auellanæ: qui exeuntibus à flumine decidit. Huius triti, ut docti omnes testantur, si pondus duodecim granorum hordei sumatur, expellitur omne uenenū & uirus per sudorem. Ceruorum lachrymæ collectæ, cordis pulsu laborantibus auxilio sunt, Physiologus author obscurus. Venenū Hebræi aut finitimæ linguæ præter alia nomina uocant זהרי zehari, baal autem dominū: unde lapidem istum dictum conijcio quasi dominum ueneni: cuius etymologiæ ratione merito pro peculiari cuiusuis ueneni antidoto usurpatur. Hunc lapidem aliqui begaar uocant, uide plura in Pandectis Syluatici.

¶ Pulmo ceruinus clauos & rimas calliq; uitia sanat, similiter ut fimum suis recens illitū, ac tertio die solutum, Plin. Pulmo ceruinus impositus & sæpe renouatus ex calciamēto læsos pedes sine dolore persanat: sed leporinus pulmo impositus multò efficacius curat, Marcel. Apud Plinium quidem statim à ceruini pulmonis mentione remedium ad calceamentorū attritus subijcitur, unde forsan deceptus est Marcellus. Quòd autem ceruino pulmoni apud Plinium nihil cum attritibus calceamentorū sit, inde constat, quia Plinius hoc obseruat, ut morbos & affectiones prius, remedia posterius nominet, ijs quidem in locis, ubi remedia secundum affectionū genera partitur, ne qua possit oriri confusio. Hæc de Pliniana lectione: nam quod ad naturam remedij, hoc est ipsum cerui pulmonem, an ad alterum affectū magis conueniat, an æque ad utrunq;, experturis iudicandum relinquo: quanquam inter tam multa & obuia remedia horum uitiorū, neminem cerui pulmone opus habere puto. Tussim sanat pulmo ceruinus cū gula sua arefactus in fumo, dein tusus ex melle quotidiano eclígmate: Efficacior est ad id subulo ceruorū generis, Plin. Et alibi, Sunt qui cerui pulmonem phthisico profuisse scripserint, maximè subulonis, siccatum in fumo, tritumq; in uino. Cerui pulmones cum suis

K

gurgulionibus uirgulis tensos, in fumo donec arescant suspēde, & ex his aliquid contusum tritumque diligenter adiecto melle, ecligmatis modo phthisico dato, quem sanari citissimè uoles, Marcellus. Ad phthisim non perfectam sanandam, Pulmo cerui calamo extractus & arefactus cōteratur: & cochlearia eius tria ex mellis cyathis tribus exhibeantur, deinde paucis diebus interpositis iterum propinetur, Galenus Euporiston 2.27. Pulmonis cerui in olla fictili exusti cinis datus multis ad suspirium uel dyspnœam profuit, Marcellus.

¶ Tradunt ceruas, cum senserint se grauidas, lapillum deuorare, quem in excrementis repertum, aut in uulua (nam & ibi inuenitur) custodire partus adalligatum: Inueniuntur & ossicula in corde & in uulua perquàm utilia grauidis parturientibusque, Plinius. Lapis qui in uulua aut in uentriculo cerui inuenitur, phylacterium est prægnanti, & perficit ut partum perferat, eoque ratio colligit uelocissimum esse illud animal, nec tamen aborsum facere. Simili ratione ossicula inueniuntur in corde cerui, aut in uulua eius, quæ idem præstant, Sextus. Vt mulier non concipiat, Eadem ossa in brachio suspensa efficiunt ne mulier concipiat, Idem. Os à cordę cerui humanum cor totius substantiæ similitudine roborare Actuarius cum Arabibus consentit: sed ab aliorum animalium maiorū corde potius fuerint, quæ tā multa proferunt pharmacopolæ, quàm à corde cerui. An uerò cartilaginosa hæc substantia magis præstare id queat, quàm cordis aut arteriarum corpus, ipsi uiderint, Syluius. Venetijs bubulum aut uaccinum quoddam os uenditur, quod uerè os est, etiam ingēti pretio, pro osse de corde cerui. Ego duo corda cerui aperui: unum statim à cerui morte, in quo neruus quidam aut cartilago neruea apparuit, non admodum dura, in crucis modum: alterum interfecti ante sex dies, cuius neruea cartilago multò durior erat, & tensa, tali ferè figura, quali Venetijs os de corde cerui uēditur, bubulum illud inquam uel uaccinum. Illius nerui uis apud ueteres non memoratur, minusque in roborādo corde ualere arbitror, Anton. Brasauola. In corde cerui (inquit Platearius) reperitur quoddam os parte sinistra, ubi quædam concauitas est, in quam splen respirat, & excrementa emittit, (per uapores scilicet,) quæ illic ob siccitatem suam in osseam uertantur substantiam. Est autem hoc os de sanguine cordis, subrufum, & melancholicum expellendi fumum uim habet: Datur etiam contra cardiacam (sic uocat pulsum seu tremorem cordis) syncopen, & hæmorrhoides, Hæc ille. Os cordis cerui tritum potui da mulieri sterili, & uidebis gloriam Dei, Galenus Euporiston 3.174. Cor sine osse est omnium quæ nos nouerimus, præterquam equi & generis boum cuiusdam, Aristoteles. Negligenda est illorum oscitantia qui in cordis affectibus magno supercilio os cordis cerui, nescio quibus gemmis & auro mixtum, propinant: quum interim ceruo non aliud os, quàm uitulo aut cani aut sui insit, cartilagineæ nimirum magnæ arteriæ & uenæ arterialis radices. Et ossiculum illud quod è ceruorum cordibus exemptum pharmacopolarum officinæ mihi hactenus ementitæ sunt, aliud nihil esse censeo, quàm grādius agni hyoidis ossis ossiculum, quod continuum est, & λ. simillimum: nisi quod dextrum crus etiam transuersim sinistrum decussatim secat, & alterum crus altero breuius sit: quod etiam ouina lingua quoties mensæ apponetur, luce clarius edocebit, Hæc And. Vesalius. Est apud nos quidam rei uenatoriæ peritus, qui mihi affirmauit os in corde cerui non alio tempore inueniri quàm eo quod inter duos diuæ Virginis dies festos intercedit, hoc est à medio circiter Augusto usque ad idus Septembris. Cor cum pelle & cornu cerui combure, & ex oleo uulnus inunge, Galenus Euporiston 3.184. ¶ Hinnuli coagulum laudatissimum est, Aristoteles. Nicander leporis coagulum contra uenenata laudauit, quo loco Nicoon antiquissimus medicinæ author, primum in coagulis honorem hinnulo tribuit, secundum lepori, tertium uerò agno (hœdo, ut citat Hermolaus in Plinium:) Dioscorides leporino primum in coagulorum censu ordinē dedit, Marcellus Verg. Hoc quidem in Dioscoride mireris, quod primum hinnuli (νεβρȣ̃) coagulum nominet, & rursus paulo post cerui, qua de re supra alicubi dixi. Pares autē uires habere scribit leporino coagula hœdi, agni, hinnuli, dorcadis, platycerotis, dorci, cerui, &c. Coagulum hinnuli, leporis, hœdi laudatum: præcipuum tamen dasypodis, &c. Plinius. Contra morsus (serpentium) præcipuum remedium ex coagulo inuli in utero occisi, Plinius lib. 8. Et rursus libro 28. Summis remedijs præfertur inuli coagulum in matris utero execti, ut indicauimus. Aduersus uenena mirificum est hinnuli coagulum, occisi in matris utero, Solinus. Albertus non coagulum sed abortiuum (id est fœtum imperfectū) perperam legit. Coagulum cerui ex aceto potum ab ictu (serpentium iuuat:) & si omnino tractatum sit, eo die non ferit serpens, Plinius. Vtiliter bibendum datur morsis à cane rabido, Damocrates apud Galenum libro 2. de antidotis. Contra potum cicutæ & fungorum esum prodest, Haly. Coagulum cer. siue leporinum, siue hœdinum, in potione solutum bibitur utiliter ab empyicis uel hæmoptoicis, Marcellus. Coagulum cerui ex aceto sanguinem sistit, Plinius. Deglutitum sanguinē ex intimis profluentem facile stringit: idem facit & coag. leporis, Marcellus. Leporis aut hinnuli coagulum ex uino potum, nec non immissum cum oryzæ cremore cœliacos & dysentericos iuuat, Galenus Euporiston 1.113. Intestinorum uitijs magnopere prodest coagulum ceruorum decoctum cum lente betaque, atque ita in cibo sumptum, Plinius. Hinnuli coagulum priuatim triduo à purgationibus admotum, partus spem intercipit, Dioscorides. ¶ Ventres ceruorum, uide mox in Testibus.

¶ Testes cerui inueterati, uel genitale maris, salutariter dantur in uino. Item uentres qui centipelliones uocantur, aduersus serpentium morsus, Plinius. Genitale cerui tritum (Aegineta siccari prius iubet, tum teri, additque misceri remedijs, quæ ad uiperarum morsus componūtur) & in uino potum,

à uipera

à uipera demorſis auxiliatur, Dioſcorid. Deſiccatum & lima in ſcobem redactum, cum uino potum morſibus uiperæ ſuccurrit, Symeon Sethi. Naturæ cerui ſiccatæ & corraſæ ſi drachmã unam in ſorbitione oui potaueris, omnis morſus ſerpẽtis apud te innocuus fiet, & idem potus uiperarũ morſus efficaciſſimè curat, Sextus. Raſis etiam & Albertus uirgam cerui contra ſerpentes tyri, id eſt uiperas, auxiliari ſcribunt. Ceruini teſticuli ſicci aliquam partem potato, concubitum excitat, ut fit cum uoluptate Veneris, Sext. ἐλάφου πέος δοκεῖ βοηθεῖν πρὸς συνουσίαν ἁρμόζειν, Heſychius & Varinus. Mulieri candida à pectore hyænæ caro, & pili ſeptem, & genitale cerui, ſi illigentur dorcadis pelle, collo ſuſpenſa continere partus promittunt (magi,) Plinius. Si quis cerui genitale uſtum & tritũ cum uino illinat teſtibus & pudendo animalis admiſſarij, uehementius ipſum reddet ad coitũ, Xenophon in Geoponicis Græcis 19.5. Idem alibi in eodem opere ex Quintilijs refertur his uerbis: Quòd ſi tauri ad coitus torpeſcant, genitale ceruinum urens & conterens, & læuigans uino, pudendũ tauri atq; teſticulos ungito: confeſtimq; uel ad inſaniam uſq; pruriet in Venerem: Quod quidem haud in tauris duntaxat, ſed etiam in animalibus cæteris, in ipſoq; hominum genere ſimiliter poſſit uſu uenire. Soluit autem pruritum illum exorbitantem, oleum inunctũ. In Græcis quidem pro genitali primò loco κέρκον legitur, ſecundo οὐρὰν, quæ licet caudã propriè ſignificent, hic tamen pro genitali ſiue pudendo maris accipiuntur, ut Græci etiam grammatici exponunt in Lexicis. Sic Horatius quoq; caudam pro uirga uirilis membri, ut Acron interpretatur, accepit, Serm. 1. ubi ſcribit, Quinetiam illud Accidit, ut quidã teſtes caudamq; ſalacem Demeteret ferro. Virga arida pota ualet cõtra difficultatem mingendi aut colicam: bibitur autẽ aqua ſolum in qua abluta fuerit, Raſis & Albertus. ¶ Hydropicis auxiliatur fimi ceruini, maximè ſubulonis, cinis cochleariorum trium in mulſi hemina, Ariſtoteles. Vrina cerui ſplenis dolorẽ ſanat: uentriculo & inteſtinis inflatis prodeſt: auribus inſtillata medetur earum ulceribus, Haly. ¶ Ceruæ ſtatim à partu exedunt inuolucrum, ut dictum eſt: nec fieri poteſt ut id accipias: prius enim quàm in terram demittant, ipſæ arripiunt: uis in eo medica eſſe creditur, Ariſtoteles.

¶ Extrema pars caudæ cerui uenenum continet, quod potum uehementem inducit anguſtiam (in ſtomacho & inteſtinis, Bertrucius,) ſyncopen, & mortem. Curãdi ratio eſt, uomitu excitato cum butyro, oleo ſeſamino, & anetho: poſt uomitum exhibere oportet medicamentum ex auellanis & piſtacijs cũ lycio mixtis, Auicenna canone quarto. Ferdinandus Ponzettus ſcribit humorem aduſtum in caudam cerui tranſmitti, ne inficiatur reliquum corpus: Sumptum in cibo hoc uenenũ triſtitiam & mœrorem inducere, & reliqua ut ſupra: hoc addit, antidotum eſſe oculum cerui, uel eiuſdem uel alterius. Matthæolus uenenum iſtud uiridis aut flaui coloris eſſe ſcribit, (unde ueriſimile eſt non aliam quàm fellis eam eſſe ſubſtantiã: ceruis quidem Achainis cognomine fel contineri in cauda creditur: eſt autem illud colore quidem ſimile felli, non æque tamen ut fel humidũ, ſed lieni ſimile parte interiore, Ariſtot.) uenenum planè ſæuiſſimum: quod in cibo potuue ſumptum, intolerabilem corporis anguſtiam, ſyncopen, & alia ſymptomata adferat, quę napellus excitare ſolet: Auxiliũ eſſe, ſi poſt uomitum ex butyri potu dimidius triti ſmaragdi ſcrupulus cum uino bibatur, piſtacia & auellanæ edantur: poſtea uero corpus uniuerſum perfricetur cum oleo è ſemine citri, & theriacæ drachmæ duæ propinentur. Eadem ſcribit etiam Petrus Aponenſis.

H.

Ceruus dictus eſt, quòd τὰ κέρατα, id eſt, cornua gerat, Feſtus. Cerui, quòd magna cornua gerant, mutata g. in c. ut in multis, quaſi geruli, Varro de lingua Latina. ἔλαφος Atticè in fœminino genere etiam de mare dici ſupra docui in B. Αἶξ ὄνομα κοινόν, ὡς ἔλαφος, ἄνθρωπος, ἵππος, Varinus. ἔλαφος uel à celeritate & leuitate nomen habet: nam ἐλαφρὸς leuis eſt: Vel ſic uocatur quaſi ἔλοφος, διὰ τὸ ἕλκειν (aut ſi libet ἑλεῖν) καὶ ἀναιρεῖν διὰ τῶν μυκτήρων τοὺς ὄφεις. ἢ ἀπὸ τοῦ ἐλαύνειν τοὺς ὄφεις, ἢ ἀπὸ τοῦ ἕλος, (nimirum quod circa lacus & aquas libenter uerſetur) Varinus & Etymologus. ἔλαφος παρὰ τὸ ἐλαύνειν τοὺς ὄφεις, ὅπερ ποιεῖ τοῦτο τὸ κέρας θυμιώμενον, Etymologus in Ἄνθος: Vel quod ipſe ceruus cornu ad ſaxum attrito nidorem excitet, quo ſerpentes è cauernis pellit. Elaphis Græce nomen eſt, haud à celeritate, quod putant quidam, ſed ſerpentis tractione ſorptioneq; ductum, Plutarchus in libello Vtra animaliũ, &c. ἔλαφος, νεβρός, Heſychius. Ἀάρακος, ceruus apud Cretenſes, Varinus. Φύρακες, ἐλαφροί, (malim ἔλαφοι, id eſt cerui,) Heſychius & Varinus. Βάσιξ, ceruus, Iidem. Βέρκιος, ceruus Laconicè, Heſychius & Varinus. Γίχαρις, ἔλαφος, Αμιλείας, Iidem. Σκρυοί, cerui, Heſychius & Varinus. Ταχίνας, lepus & ceruus, Iidem. Πτῶκες, timidi, lepores, dorcades, cerui, hinnuli, Heſychius & Varinus. Πρὸξ ceruus, uel hinnulus: πρόκες, ἐλάφων ἔκγονα νεογνά: ἢ δορκάδων εἶδος (ἢ ἐλάφων, Scholia in Homerum) ἀπὸ τοῦ πτήσσειν, à celeritate, Varinus: Vide ſupra in Dorcade, id eſt Caprea. Πρόξ, ἐλάφου γέννημα, Suidas & Varinus. Non placet quod apud Varinum legitur, πρόκας ζῶον τι ὅμοιον ἐλάφῳ: eſt enim procas accuſatiuus pluralis. Hoc animal nomen dedit Proconneſo inſulæ, quam aliqui Elaphonneſum uocant. Philetas ait procas quaſi πρωτοτόκους (per ſyncopen) appellari ceruas quæ primum pariunt, Varinus. Cuius uerba Cælius peruertit 7.15. ita ſcribens, Apud Philetam obſeruatum Græcis eſt, primigenios ceruos dici procas: cum Varinus expreſſe habeat τὰς ἐλάφους τὰς πρῶτον τικτούσας, id eſt ceruas ipſas cum primum pariunt, ſic appellari: & licet etiam ipſi hinnuli recens nati ſic uocari poſſint, ut ſupra diximus: falſum eſt tamen Philetam ita uocare. Plura de uoce prox in Caprea dixi. Πόρκας, (nomen à procas per metatheſin factum,) ceruas uel celeres, Heſychius. Ἴορκες, τῶν δορκάδων ζῴων: ἔνιοι δὲ ἡλικίαν ἐλάφου,

K 2

Hesychius & Varinus. Δόρκων, nomen loci, ut ceruus, Suidas. Κνῆκις, ceruus, Hesychius & Varinus. Cerui appellatione forte intelligit Aristoteles etiam capreas, & damas, & capras syluestres, Aug. Niphus. Βρέδον, ἐλάφου ἢ κεφαλὴν ἐλάφου, Varinus. Βρένδον, ceruum, Idem & Hesychius. Brundusium, Βρεντέσιον, urbs ad mare Adriaticum, sic dicta uel à Brento Herculis filio: uel quod multis portibus uno in ore sitis opportuna sit, quibus cerui caput quodammodo refert. Vocant autem Messapij ceruinum caput brention, ut Seleucus scribit in secundo glossarum. Brundusium (Βρεντέσιον, Strabo lib. 6.) Messapiorum lingua cerui caput dicitur: Sic enim est ciuitas cum portu capiti ceruino persimilis, cum cornua, & caput & linguã habere uideatur, Onomasticon. Hinc forsan & Brettotia dicta insula maris Adriatici cum Brettio fluuio, quam Elaphussam Græci uocant, aliqui Brettanidem, apud Stephanum, quanquam & Oceani insulæ Britannicæ, Græcis Brettanides dicuntur. Sed de Brettia insula, quæ hodieq; Brattia dicitur, uide Hermolaum in Plinium 3. 26. Elaphites insula prope Lesbum, Plinius 5. 31. Non placet quòd Hermolaus Barbarus scribit bredon poëtas ceruum aut caput cerui nominare, cum Messapiorum non poëtarum id uocabulũ sit, qui brendon uel brention potius quàm bredon proferunt, licet Varinus etiam bredon habeat. Non statim autẽ quicquid non uulgò usitatum est, poëticum fuerit. Λάδας, ἔλαφος νεβείας, Hesychius & Varinus: uidentur autem intelligere ceruum marem, qui nondum adultus sit. Gyllius in historia camelopardalis, dorcalidas ceruos non rectè interpretatur, ego capreolos uerterim. Aufeac, id est coagulum ceruinum, & genitum bubali, Vetus expositio in Auicennam. Aufeac alanerb, id est coagulũ ceruinum, Syluaticus: apud quem sequentia etiam barbara nomina reperi: Anfeagidi, coagulum ceruinum: (And. Bellunensis apud Auicennam anf haa coagulum exponit.) Auteros, ceruus: Belachim, ceruus. Melossia, medulla ceruina. ¶ Hinnulum uulgò uocant & scribunt ceruum adhuc tenerũ, quod nomen author quidam obscurus ab hinniendo deducit. Eruditi quidam aliter scribunt, sed uariant. Inulos per simplex n: & sine flatu pro ceruinis pullis rectius proferri Hermolaus putat: hinnos autem & hinnulos per duplex n. & cum aspiratione, ex asina conceptos equi coitu, sed utiq; si sint mares, ut Plinius adiecit: quanquam Nonius etiam hinnas uocat, &c. Hermolaus in Dioscoridis caput de ceruino cornu. Idem ex Hermolao Cælius exscripsit. Cerui inulum siue inuleum, nebròn & cemáda Græci uocant: quanquam cemas nondum progreditur in pascua, Hermolaus. Ἔνελος, νεβρός, Hesychius: eadem uox apud Varinum oxytona legitur. Ego uix ullam dictionem reperiri puto, in qua tam multiplex scribendi ratio sit apud Latinos pariter atq; Græcos. Ὕννος, πῶλος ὁ ἐν τῇ γαστρὶ νοσήσας πρὶν κυηθῆναι, Varinus & Hesychius. Ἧνις βοῦς, ἡ ἐνιαυσιαία, bos annicula. Ἧνιος, τελέα, νέα, Hesychius. De uocibus ἴννος, γίννος, & ἶνις supra dixi in Hinno statim post Asinum. Νεβρός, ἔγγονον ἐλάφου, id est fœtus cerui, Pollux. Polyænus in Epigrammate etiam dorcadis fœtum νεβρὸν appellat. Marius Grapaldus nescio unde motus νεβρὸν damam interpretatur. Dorcas propriè caprea est, ut supra docui: Græci tamen grammatici etiam hinnulum, τὸ τῆς ἐλάφου γέννημα, interpretantur, ut Etymologus. Ἐλαφίνης, νεβρός, Hesychius & Varinus. Ναυβροί, νεβροί, οἱ νέοι ἔλαφοι, Iidem. Cerui primigenij proces dicuntur apud Philetam, (quod supra reprehendi:) grandiores paulò iam dici cemades ualent: perfecta demum ætate cerui: Nisi eos item qui achæinæ nuncupentur, aut spathinæ, quædam ætatis esse discrimina coniectet aliquis: uel etiam generũ ex magnitudine, uel cornibus interstitia. Græci scholiastæ in ijs satagunt egregiè: sed ita, ut nec sibi admodum satisfaciant, Cælius. Ὀροβάδων, νεβρῶν, Hesychius. Ὀρυβάδες, αἶγες, Idem. Νεβροὺς νεηγενέας γαλαθηνούς, Homerus Odysseæ 4. Cælius Rhodiginus cerui catulum pro hinnulo dixit. Νεβροτόκοι καὶ ζόρκες, id est cerui & capreæ, ut ego interpretor in Nicandri Theriacis. Κεμὰς, hinnulus paruus & in spelunca adhuc iacens: νεβρὸς autem maior, καὶ ἤδη βορὰν δεχόμενος: De hac uoce & similibus, ut κεμμὰς, κεμφὰς, κελμὰς: & de cemadum genere Libyco, plura docui in Caprea. Ἐλλὸς idem quod νεβρός, id est hinnulus cerui, apud Homerum: unde ellophonos dicta Diana à cæde ceruorũ, utpote uenationis dea, Varinus. Ἐλλός, leuis, celer, nuper natus, (tanquam epitheton cerui:) item mutus, humidus, marinus, (tanquam epitheton piscium, quod mihi ellops potius quàm ellos proferendum uidetur:) item bonus, (ἐλλοπῶ, ἀγαθῶ) glaucus, charopus, Dodonæus, (est enim Hella, Iouis templum in Dodone: Ἐλλοί, ἕλληνες οἱ ἐν Δωδώνῃ καὶ οἱ ἱερεῖς) Hesychius & Varinus. Ἐλλωτίαν (per ω magnum uel paruum in penultima) Phœnices uirginem uocabant, Varinus: eadem quod ad ætatem in elli, id est hinuli nomine ratio est. Ἐλλόποδες & ἐλλοί dicuntur passeres & hinnuli, ἀπὸ τοῦ ἅλλεσθαι, id est à saliendo, Etymologus & Varinus. Apud Hesychiũ ellopides legitur, cum iota in penultima, his uerbis: Ἐλλόπιδας dictio apud Cratinũ, facta παρὰ τοὺς ἐλλοὺς (melius cum spiritu tenui, & acuto in ultima:) & communiter dictos hinnulos, uel passeres, uel pullos serpentis significat, ἀπὸ τοῦ ἅλλεσθαι. Sed uideri possit etiam ἐλλόπους quasi ἀελλόπους dici, id est ταχύπους, quod hinnulo maximè conueniret. Ἐλλός, ceruus, forma diminutiua ab elaphos: ἢ ὁ ἐν ἕλει τὰς διατριβὰς ἔχων, ἀπὸ γὰρ τοῦ ἐλλὸς καὶ τὸ ἔλαφος: (corrupta hæc uidentur.) Κύων ἔχε ποικίλον ἐλλόν, ἀντὶ τοῦ ἐλάφου, Homerus Odyss. τ.

¶ Epitheta cerui & ceruæ: conueniunt enim eadem utriq; sexui præter cornigerum. Fixerit æripedem ceruam licet, Vergilius 6. Aeneid. Agilis. Alatus, Ouidius 1. Metam. id est uelociter currens. Alipedes cerui, Lucretius lib. 6. Annosus. Celeres, Stat. lib. 6. Theb. Celeripes. Corrnigeri, Lucret. lib. 5. Aut surgentem in cornua ceruũ, Verg. Aeneid. 10. Cornigera, ut habet Textor, sine authoris nomine, sed falsò: ut Græci etiam poëtæ pleriq; κερόεσσαν, id est cornutam ceruam falsò cognominauerunt, ut supra ostendi cap. 2. Cretæa id est Cretensis, Seneca in Hippolyto, ubi Grammatici

matici Cretam ceruis abundare mentiuntur. Errantes, Vergilius Aen. 5. Formidantes, Ouidius 15. Metam. Fugax, Ouid. 3. Trist. & Verg. 3. Georg. Fugitiuus. Imbelles, Verg. Georg. 3. Leues, in Bucol. Ante leues ergo pascentur in æthere cerui, id est auiũ more antè cerui uolabunt, Seruius. Pauens. Pauidi formidine cerui, Ouidius 5. Fast. Quadrupes. Syluicultrix cerua, Catullus Epig. 58. Territa. Timidi, Seneca in Hippol. Trepidus. Vagus. Veloces, Verg. 5. Aen. Velocipes. Vetus. Viuax, Verg. Aegl. 7. Volucer. Volucripes. ¶ Ἀμφ' ἔλαφον κεραὸν, Homerus Iliad. 3. & rectè in masculino genere: mas enim tantũ cornutus est, Varinus, Hesychius, Etymologus: Idem exponit εὔκερων, ἢ μεγάλα κέρατα ἔχοντα. Similiter κεράστην ceruum, alij cornutũ simpliciter, alij magnis cornibus præditum. Κερόεις rectè dici uidetur de ceruo mare: nam fœmina κερόεσσα falsò appellatur. Κεραὸν ἔλαφον apud Homerum ceruum adultum (τέλειον) interpretantur: sed κεραὸς poëticum est, κερασφόρος commune, Varinus. Ἐλάφων ἄκερως μὲν ἡ θήλεια: ὁ δὲ ἄῤῥην κερωφόρος, ἢ κερασφόρος, ἢ κεράστης, ἢ εὔκερως, ἢ πλατύκερως, ἢ ὑπόκερως: ἢ χρυσόκερως, ὁ ὑπὸ Ἡρακλέους ἁλούς, Varinus ex Polluce. Ναὶ μὴν ὠκυπόδων ἐλάφων γένος ἔτρεφεν αἶα Εὐκεράων, μεγαλωπὸν, ἀριπρεπὲς, αἰολόνωτον, Στικτὸν, ἀρίζηλον, ποταμηπόρον, ὑψικάρηνον, Oppianus. Ex quo etiam sequentia decerpsi, tum ipsius cerui, tum cornuum & pedum eius epitheta: ὀξύκομον κεράων, πολυδαίδαλον, αἰόλον ἔρνος. Εὐχιδέων κεράων. Ἀλλὰ ποσὶ κραιπνοῖσι θέων. Ἐσσόμενος λαιψηρὰ πόδεσσιν. Ἀμοιβοὶ. Τετρακόρωνοι, Hæc ex Oppiano. Idem de iorcis, siue dorcis, id est capreis, Κἀκείνοις ἐλάφοιο δέμας. ῥινὸν δ' ἐπὶ νώτῳ Στικτὸν ἅπαντα φέρουσι, πανάιολον. Βαλιὰν ἔλαφον, (aliâs βαλίαν paroxytonum,) apud Euripidem, κατάστικτον. Βαλίαι, αἱ ταχεῖαι. παρὰ τὸ βάλλειν καὶ ταχέως φέρεσθαι τὸ βαλλόμενον, ἢ παρὰ τὸ πάλλεσθαι διὰ τὸ τάχος: ἢ παρὰ τὸ βαίνειν ἅλις. καὶ βαλιὰ, διαποίκιλος. καὶ τὸν Διόνυσον Θρᾶκες. καὶ βαλίων ἀνέμων τουτέστι σφοδρῶς πνεόντων, (apud Synesium Cyrenæum, Suid.) Varinus. Βαλίαν, ποικίλον, Κρῆτες. Βάλιον, ταχὺ, ἐλαφρὸν, ξηρὸν, Hesychius. Θηρσὶν ὧν βαλιοῖς συνομήλικας ἐν νομῷ ὕλης. Ὤχετο γὰρ πύματ' (malim πυμάτην) εἰς Ἀχέροντος ὁδὸν, Distichon apud Suidam. De balio colore etiam in equo nonnihil dicemus. Ἰκέλαις ἐλάφοισι κύων ἰσάμιλλα δραμοῦσα, Philippus in Epigrammate. Αἱ ταχιναὶ πόδας φυγεῖν ἔλαφοι, Innominatus in Epigram. Ἔλαφος ἀναλκείη pro ἄναλκις, Oppianus. Ἔλαφος φυζακινὸς ἢ φυζακινὴ, cerui ob fugam & timiditatem epitheton, Eustathius & Varinus. Ποικίλον ἐλλὸν, Homerus.

¶ Cerui in ædibus rusticis dicuntur, ubi singula extrema bacilla furcillata, habent figuram literę V. à similitudine cornuũ cerui, Varro de lingua Lat. Atq; humiles habitare casas, & figere ceruos, Verg. Aegl. 2. ubi Seruius, Aut furcas (inquit) quæ figuntur ad casæ sustentationem, quæ dictæ sunt cerui, ad similitudinem cornuum ceruinorum: aut, quod melius est, figere ceruos, id est uenari & iaculari, intelligamus: ut magis ad uoluptatem eum quàm ad laborem inuitare uideatur. A ceruo adiectiua sunt, ceruarius & ceruinus, apud Plinium. Ceruinus & murinus color in equo notissimi sunt, Thylesius. Græci ἐλάφειον dicunt adiectiuè. Ἐλάφειον, τὸ τοῦ ἐλάφου κέρας καὶ κρέας, Varinus: Suidas κρέας tantum habet. Ἐλαφρὸς, id est leuis, nomen est deductum ab elapho, id est ceruo, quod leuissimum & imprimis agile animal est, Etymologus. Ἐλαφρὸς ἐκ τοῦ ἐλάφου παρῆκται, (uidetur addendum, οἱονεὶ ἐλαφειρὸς) καὶ συγκέκοπται ὁ ἐλαφρὸς, Varinus. Aliqui cõtra, ut supra dixi, elaphon quasi elaphron; id est leuem, uocatum existimant. Πλώοιεν ἐλαφρῶς, in Odyssea, πρὸς ὁμοιότητα νήξεως ἐλάφου, κοῦφα καὶ αὐτῆς πλεούσης, καὶ οὐδὲ δυσχερῶς, Varinus. ¶ Nebrophonos ab hinnulorũ cæde dictus, inter canes Actæonis ab Ouidio numeratur. Πενθοῦσα κεροῦσσα καρδίην δὲ νεβρείην Λάπτει πτοοῦσαν ἀσπάσασα λαθραίως, Babrius citante Suida. Νέβρακες, gallinaceorum pulli masculi, Hesychius & Varinus. Ἐλαφεῖν, fugere more cerui, Lexicon sine authore. Ἐλάφειος ἀνὴρ, id est ceruinus uir, prouerbio olim dicebatur formidolosus, & fugæ fidens magis quàm uiribus: Hinc illud Achillis in impudentem & timidũ, κυνὸς ὄμματ' ἔχων, κραδίην δ' ἐλάφοιο, Erasmus. De cerui timiditate plura dixi supra cap. 4. Ἐλάφειος ἀνὴρ apud Suidam & Etymologum rectè legitur, apud Varinũ uerò deprauatè ἐλάφωνος. Trux spiritus ille Philippi Ceruorum cursu præpete lapsus abit, Alcæus in Epigrammate de Philippo Macedonum rege uicto, apud Plutarchũ in uita Flaminij. Martialis in carmine indigno quod memoretur, ceruum pro fugitiuo puero dixit, ut scribit Crinitus lib. 19. cap. 8. Ceruos uerò apud antiquos uocari consueuisse à celeritate fugitiuos, docet etiam Sext. Pompeius, cuius uerba ex libro de uerborum significationibus 19. subiecimus, etsi in peruulgatis istis codicibus neutiquam comperies: Seruorũ (inquit) dies festus uulgò existimatur Idus August. quod eo die Seruius Tullius natus, idemq; Dianæ ædem in Auentino dedicauerit, cuius tutelæ sunt cerui: à quorum celeritate fugitiuos uocant ceruos. Sed nec illud alienum uideri debet, quod in Terentiana fabula scriptum est ab Ael. Donato: quo enim loco Terentius, quadrupedem, inquit, constringito: Quadrupedes, inquit Donatus, ligaturæ genus in cruribus: aut item quadrupedem posuit pro ceruo & fugitiuo, unde illud Vergilianum, Saucius at quadrupes nota intra tecta refugit, Hactenus Crinitus, ex quo etiam Cælius transcripsit 25. 24. Vnde est quòd illorum qui Lycæum in Arcadia ingrediantur, corpora umbras mittere negant? An quia umbræ causa est Sol, Sole autem priuatur (ut qui obruatur lapidibus) qui Lycæum sponte ingressus fuerit. Vocatur autem elaphos, id est ceruus quicũq; ingressus est, hanc ob causam: Cantharion Arcas cum ad Elienses Arcadum hostes profugisset, & per Lycæum cum præda trãsijsset, bello finito in Spartam fugit: Spartani uerò, oraculo ceruum esse reddendũ iubente, Arcadibus eum reddiderunt, Plutarchus in Græcanicis quæstione 38. Sic autem refert, tanquam Cantharion ceruus sit appellatus, eò quod prius etiam Lycæum ingressi sic uocarentur: mihi plus rationis habere uidetur, si Cantharionem sic primò nominatum dicamus, idq; meritò, qui bis fugerit, transfuga primum ad

K 3

hostes, deinde in Spartam: à Cantharione uerò postea cæteros omnes Lycæum ingressos. Elaphos placenta nomen habet ab elapheboliis sacris in quibus fieri solebat ex sesamo & farinæ flore (σταῖς, farina pinsita, Ruel.) Cælius ex Athenæi lib. 14. Hermolaus à mense (elaphebolion enim September est) in quo fiebat, dictam ait. Erant autem elaphebolia sacra eodem in mense, ut nihil intersit. Ineptius & obscurius Io. Ruellius, hanc placentam ceruorum uenationibus dicatam scribit.

¶ Ceruisca pirum à Cloatio inter reliqua pirorum genera nominatur apud Macrobium libro 3. cap. 19. Linguam ceruinam Romani uocant filicem fœminam: Nostri hodie uulgo hemionitin Dioscoridis sic uocant, de qua pluribus dixi in Boue cap. 3. inter remedia ad morbos boum. Elaphine, ueratrum nigrum, inter nomenclaturas Dioscoridi adiunctas. Elaphion, ocimastrum, Ibidem: Hesychius tamē & Varinus interpretantur conion, id est cicutam. Ceruinum trifolium nostri uocāt, herbam bicubitalem aut proceriorem, locis nascentem aquosis, odoratam, foliis ternis, oblongis, crenatis, umbella purpurea, &c. quam plerique pharmacopolæ uulgo hactenus eupatorium uocarunt, Ruellius hydropiper esse credidit.

¶ Cerua, canis nomen apud Varronem. Tarando caput est maius ceruino, nec absimile, Plin. Tarandus animal est ceruo simile, Varinus & Hesychius. Eustathius facie (τῷ τοῦ προσώπου τύπῳ) ceruum repræsentare scribit. Bubalos Africa gignit uituli ceruique quadam similitudine, Plinius. Est in Hercynia sylua bos cerui figura, Cæsar lib. 6. belli Gall. Gyllius pro bos legit bison, ut in bisontis historia ostendi. De caprea siue capreolo, & platycerote, quæ ceruini generis quadrupedes sunt, superius egi post capras syluestres. In Sardinia est ophion animal ceruo minus, & pilo demū simile, nec alibi nascens: id quanquam Plinius interiisse arbitratur, musimonem esse conijcio, muflonem uulgo uocant, ut statim post Ouis historiam referemus. Ceruarius lupus, qui & hodie apud Italos & Gallos nomen retinet, ex cerua & lupo, aut lupa & ceruo genitum ac mistū animal existimatur, de quo post Lupum priuatim dicam. Ceruaria ouis, quæ pro cerua immolabatur, Festus. De hippelapho, id est equiceruo, qui & tragelaphus dicitur, in Hirco docui capitis octaui parte prima. Tragelaphum Ge. Agricola Germanica uoce mihi ignota **brandhirtz** interpretatur. Alberto alcen etiam equiceruum appellare placuit. Illud quoque animal quod Septentrionalis tantum regio producit, rangiferum uocant aliqui, ceruino generi adscribendum uidetur. Ex amico quodam accepi, uisum sibi in aula regis Galliæ Francisci, equum posteriore parte ceruum. Elaphis nomē auis, quasi dicas ceruariam, Oppiano in Ixeuticis, quòd pennas pelli ceruinæ similes habeat, colore nimirum & maculis. Animal peculiaris formę gignunt alpes, ἐλαφοειδὲς τὸ σχῆμα, &c. ut in Ibice dixi ex Strabone: uidetur enim non aliud quàm ibex esse. Ceruorum magnitudine aues apud Struthiophagos reperiuntur, aliæ quàm struthiocameli, in eorum tamen historia nobis referendæ. Ceruum uolantem Galli uulgo appellant maximum inter scarabeos, & ramosis cornibus, quibus ceruū refert, insignem. Belluas quasdam ex boue ceruoque compositas Apollonius ultra Catadupa Nili procedens reperit, Philostratus: Vide mox in sequenti parte b.

¶ De Elaphussa & Elaphite insulis superius dixi prima parte huius capitis. Est & Elaphonnesus, una Sporadum insularū cum urbe eiusdem nominis, Stephanus. Ceruaria, locus ad Templum Veneris, Galliæ Aquitanicæ finis, inter Pyrenæi promontoria in sinu salso ad mediterraneum mare, meminit eius Mela libro 2. Thyatera, Θυάτειρα, urbs est Lydię, quæ etiam Mysorum ultima uocabatur. Mysi enim urbem condituri oraculum acceperunt, illic ut conderent, ὅπου ἂν ὀφθείη ἔλαφος πεπληγμένη βέλει προχάζεσθαι, id est, ubi ceruus sagitta saucius currere uideretur. Inuento igitur ceruo, & urbe condita, Thyatera nominarunt, διὰ τὸ θεῖν καὶ προχάζειν τὴν ἔλαφον. Erasmus in prouerbio Mysorum ultimus nauigat, huius ciuitatis non meminit, sed Aeolidem uel Teuthraniam secundum alios, extremam Mysiæ partem oraculo significatam scribit. Refert autem oracula duo diuersa ab eo quod nos ex Stephano recitauimus. Prouerbium etiā apud Suidam habetur in ἔσχατος: Melius autem effertur εἰς τὸν ἔσχατον (scilicet τόπον) Μυσῶν πλεῖν, id est, Ad ultimum Mysiæ uel Mysorum locum nauigare, de re factu difficili & iis qui dura quæpiam imperant. Nam si cum Erasmo proferas, Mysorum ultimus nauigat, nihil ad hunc sensum, neque ad oracula. Simile illud Germanorum uidetur, Vbi piper prouenit, id est in remotissima aliqua regione. Telephi historiam in hoc prouerbio longè aliter narrat Suidas, quàm Erasmus, qui ex nescio quo authore uertendo, tum in aliis tum quod φονεὺς pro γονεὺς legit, deceptus uidetur. Elauia, Ἐλάυια apud Stephanum, castellum Siciliæ, nihil ad ceruum.

¶ b. Orsei Indi monocerotem uenantur, capite ceruo similem, Plin. Boues ceruorum cornibus præditos Ludouicus Vartomannus sibi uisos scribit in Zeyla urbe Aethiopiæ, principi illius loci dono datos: Vide paulo superius ex Philostrato. Λικροί, uel λικροί, rami cornuū ceruorum, Hesychius & Varinus: forte quod obliquè uel per transuersum enasci soleant: λικριφὶς enim est ἐκ πλαγίου ἢ ἐπὶ μισότητα: & λέχριον, πλάγιον, λοξόν. Ctesias in India nasci scribit feram nomine axin, hinnuli pelle, Plinius. Ἐλάφιαι, οἱ τῶν ἐλάφων ἀστράγαλοι, Hesychius & Varinus. Ἐλαφογενής, medulla cerui, iidem: Syluaticus titasin barbaram uocem pro cerui medulla interpretatur. Aethiopia leucrocutam generat, cruribus ceruinis, Plinius. In equo ad uenationem & cursum apto probantur σαρκὶ λελειμμένα κῶλα Οἷα τανυκραίροισιν ἀελλοπόδεσσ' ἐλάφοισιν, Oppianus. Ἐλαφόποδες equi dicuntur, qui suffraginum articulo recta (procera potius & alta) ossa continent: hi pessimo gressu nituntur, & uectorem concutiendo fatigant, Absyrtus cap. 114. Equus habeat falces curuas & amplas tanquam ceruinas, Russius.

¶ Ceruos

¶ Ceruos colore nigricantes in sylua Hercynia, uel ut aliqui uocant, Martiana, quidã reperiri aiunt: & causam adijciunt parum idoneam, quoniam ea olim conflagrauerit. ἐλάφοιο πολυγλώχινα κεραίην, Nicander de cornu ceruino, cuius epitheta aliquot superius retuli. Cornuum stipites nostri uocant **stangen**/quasi perticas, è quibus rami enascũtur: quibus stipitem unum adnumerare solent cum ramorum cerui numerũ proferunt. Circa messis tempus, ut audio, cute cornibus obducta, uermiculi quidam subnascuntur, qui cornus superficiem inæqualiter exedunt & exasperant. Eo tempore uermiculos sentiens ceruus & pruriens, arboribus cornua affricat, quod nostrates dicunt **firnen**. Inter cerui craneum & cornua, ut ipse obseruaui, ossicula siue tubera ossea gemina protuberant læuia, duos circiter digitos longa, eò breuiora quò ceruus natu maior est: horũ singulis cornua singula adnascuntur per symphysin quandã & quasi articulationẽ. Subulonis cerui cornua uidi dodrantis circiter longitudine: furcarij uero uulgo dicti (**eins gablers**) qui trimus est, duorũ & amplius dodrantũ. Obseruaui etiam in consummati cerui cornibus mucrones siue ramulos supremos, qui bini alioqui plærunq; aut terni spectantur, septenos, & eodem in loco stipitis latitudinem sex digitorum: inferius autem erant & alij bini rami & adminicula. Cornua abijciunt (nostri **reeren** uocant) Martio, & citius etiã si aëris constitutio calida & sicca fuerit. Abijciunt autem aliâs pariter, aliâs unum post alterum horis aliquot, duodecim interdum aut pluribus interpositis. Abiecta in uiuarijs quidem apud nos negligi ab eis, nec humo obrui aut aliter curari, obseruatum est: Quin etiam in syluis sæpenumero in aperto non occultata defossáue reperiuntur, ut quod hac de re ueteres tradiderunt omnino fortassis fabulosum sit.

¶ c. Cerui glocitant & onagri, Author Philomelæ. Idem catulis glaucitare tribuit. Glocire uerò & glocidare apud Columellam & Festum, proprium est gallinarum quũ ouis incubituræ sunt. Grauiterq; rudentes Cædunt, Vergilius in Georg. de ceruis. Xenophon ceruorum hinnulos βοᾶν dixit. βεβρυχὼς ὀδύνῃσι, Oppianus de ceruo à serpentibus morso. Βρόμος, locus ubi cerui excremẽta sua reddunt, Varinus & Hesychius: sed auenam quoq; & sonum significat, & odorem: atqui pro odore non quouis, sed uiroso tantum, per ω circumflexum in penultima scribitur: & inde forsitan nomen loco excrementorum cerui. ¶ Vinceres cursu ceruum, & grallatorem gradu, Plautus citante Festo. Cerui à celeritate epitheton ἀελλόπος, & alia superius enumerata. Audio locum quendam Francfordia non procul distantem, itinere forsitan sesquihoræ, à ceruino saltu nomen habere, in quo lapides duo erecti uisantur, interstitio pedum hominis mediocris ferè sexaginta: tanto enim spatio saliisse illic ceruum, idq; etiam supra plaustrum oneratum, cum uenatores instarent. Nostri ceruis, quos in uiuarijs alunt, præter fœnum quotidie auenam quoq; offerunt. Libidinari incipiunt circa calendas Septembris, aut aliquando tardius, quod hyemis etiam tardioris signum esse conijcitur. Cerua uterum gerit, ut uacca, septimanis quadraginta, & singulos itidem parit.

¶ d. τίφθ' οὕτως ἕστητε τεθηπότες ἠΰτε νεβροί; Homerus in timidos. Timidi damæ, ceruiq; fugaces, Nunc interq; canes, & circum tecta uagantur, Vergilius. Ceruoq; fugacior ibat Sudanti tremebundus equo, Claudianus. Ἀμφὶ δ' ἄρ' αὐτὸν (Ὀδυσσῆα) Τρῶες ἕπονθ' ὡσεί τε δαφοινοὶ θῶες ὄρεσφιν, Ἀμφ' ἔλαφον κεραὸν βεβλημένον, ὅν τ' ἔβαλ' ἀνὴρ Ἰῷ ἀπὸ νευρῆς, &c. Homerus Iliados λ. Megasthenes scribit in India serpentes in tantam magnitudinem adolescere, ut solidos hauriant ceruos taurosq;, Plin.

¶ e. Mordent aurea quòd lupata cerui, Martialis lib. 1. enumerans animalia in spectaculo quodam exhibita. ¶ Orpheus in libello de lapidibus sponsum iubet cornu ceruinum gestare: sic enim perpetuam ei cum sponsa futuram concordiam. Cerui cornu super Panos dei sacellũ ponito, candelamq; desuper accendito, & ne interdiu accensam obliuione demittito, & in tempore sanctũ Demusarim inuocato, ac tollito: armenta tua & uitam custodient, Author libri Parabilium Galeno adscripti: sunt autem hæc uerba lib. 3. cap. 100. Cerui pellis & pedes dextri si infigantur portæ, prohibent ingressum cuiuslibet animalis uenenosi, Galenus Euporiston 2. 143. Nec equi nec boues morbo premuntur aliquo, si illis cornu ceruinum appenderis, Absyrtus. ¶ Cerui proprium est θεῖν, id est currere: leporis φεύγειν, Pollux. ἐλαφηβόλος, uenator, propriè qui ceruos iaculis & sagittis figit: & pro uenatore, quem κυνηγὸν Græci uocant, in genere usurpatur per catachresin, Suidas, Etymologus, Varinus. Eadem uox in fœminino genere, Dianæ epitheton est. ἐλαφηβολία, uenatio ceruorum. Veloces Spartæ catulos, acremq; Molossum, Pasce sero pingui, &c. montesq; per altos Ingentem clamore premes ad retia ceruum, Vergilius. Atq; humiles habitare casas, & figere ceruos, Idem. figere, id est uenari & iaculari: quanquam per ceruos hîc etiam bacilla furcillata intelligi possunt, ut supra dixi ex Seruio. Idem in Georgicis de pecoribus Scythiæ scribens, quæ non in stabulis, sed campis niuosis hyemem transigant, de ceruis etiam sic canit, Confertoq; agmine cerui Torpent mole noua, & summis uix cornibus extant. Hos non immissis canibus, non cassibus ullis, Puniceæue agitant pauidos formidine pennæ: Sed frustra oppositum trudentes pectore montem,
Comminus obtruncant ferro: grauiterq; rudentes Cædunt, & magno læti clamore reportant.
¶ Venaticus ex quo tempore ceruinã pellẽ latrauit in aula, Militat in syluis, Hora. epist. 1. ¶ Leonidæ uel Mnesalci tetrastichon in ceruum uenabulo occisum, extat Anthologij Græci sect. 15. lib. 6.

Τὰν ἔλαφον Κλεόλαος ὑπὸ κναμοῖσι λοχήσας, Ἔκτανε Μαιάνδρου πὰρ τριέλικτον ὕδωρ
Θῆκε τῷ σαυρωτῆρι, τὰ δ' ὀκτάρριζα μέτωπα Φράγμαθ' ὑπὲρ κραναὰν ἄλλος ἔπαξε πίτυν.

Et in alium similiter occisum Antipatri hexastichon ibidem,

Τὰν ἔλαφον Λάδωνα, καὶ ἀμφ' Ἐρυμάνθιον ὕδωρ, Νῶτά τε θηρονόμων φορβοιμένων φολέων,
Παῖς ὁ Θεαιδήτω Λασιώνιος εἷλε Λυκόρμας, Πλήξας ῥομβωτῷ δέρατος κειάχω,
Δέρμα δὲ καὶ δικέραιον ἄκρε σόρθυγγα μετώπων Σπασάμενος, κόρα θῆκε τῇ ἀγρότιδι.

¶ Nebris, νεβρὶς, pellis est cerui uel hinnuli: δορὰ ἐλάφου, Varinus & Pollux. Venaticus ex quo Tempore ceruinā pellem latrauit in aula, Horatius. Καὶ σκύτος ἀμφιδέρε σικτὸν ἀχαίνεω, in Epigrammate ut Suidas citat. Ἄνθετό σοι κορύμβαν καὶ νεβρίδας ἡμίτριβος Πάν, Suidas ex Epigrammate. Nebridas & diphtheras Pollux 4.18. cū Tragico apparatu numerat: Et paulò post, ἡ ἡ Σατυρικὴ ἐσθὴς, νεβρὶς, αἰγῆ, &c. Philostratus etiam Satyrum describit nebride humeros amictū. Νεβρίζειν, hinnuli (ceruinam) pellem gestare, Etymologus. Vtitur hoc uerbo Demosthenes pro Ctesiphonte, tanquam is qui sacris initiabat nebridem indutus fuerit, & initiandos eisdem pellibus cinxerit ὡς τοὺς νεβροὺς διαζωννὺς κατά τινα ἄῤῥητον λόγον, Suidas & Varinus. Nebrides pelles sunt damarum siue ceruorum, quibus in Orgijs Bacchi utebantur, Grammatici quidam recentiores. Aspersæ nebrides uario auro, Stat. 2. Achil. Est & nebrites gemma Libero patri sacra, à nebridum pelliū similitudine, Plinius lib. 37. Huius gemmæ meminit Orpheus in libro de lapidibus, etsi νεβρίτης pro νεβρίτης perperam scribitur, Ἐνθεν ἐγὼν ἐδάλω καὶ Βακχίδα (lego Βακχικὰ) νεβρίταο Δῶρα λίθε βρομίω κεχαρισμένα, &c. Suidas ex Epigrammate quodam citat carmen, Κισσωτὴν σφήνεις νεβρίδ' ἀναψάμενον. Κισσωτὴν, id est hedera ornatam, quod & ipsa Baccho sacra sit. Camaritæ populi ex Indico bello redeuntem Bacchum exceperunt, ζώματα καὶ νεβρίδας ὡς σήθεσι βαλόντες, Dionysius Afer. Bacchus nuper natus apud eundē, νεβρίδα καὶ ζωμάδιον ἐπαύσασεν, ἥγεν ὅσ' ἐκρέμασεν, ἐνήψατο. Attribuitur aūt hoc genus pellis Baccho, ut Eustathius interpres cōijcit, eò quod homines ebrij uarij & inconstantes sint, sicut etiam pelles istæ: uel propter diuersum in uuis colorem: uel deniq; quod ebrietas infirmos & timidos reddat, quemadmodum & nebros siue ceruus animal imbelle & ad fugam natum est. Nebrida ferre dicitur eleganter, qui timidior est & uinolentus, quia illam gestaret Bacchus, Cælius. Habebit sanè prouerbij speciem, ut si quis hominē astutum & fraudulentum, uulpinam gestare pellem dicat: φορεῖν δὲ καὶ νεβρίδα ῥηθείη ἂν διονυσιακῶς, ὁ δειλὸς καὶ μέθυσος, ἤδη καὶ ποικίλος, καὶ παλίμβολος. ἐπεὶ καὶ σικτὸν ἡ νεβρὶς, Varinus in Παρδαλῆ. Τὰς δὲ παρδάλεις ὑποζωννύουσι τῷ Διονύσῳ, καὶ τῷ ἀκολουθοῦσι εἰσάγουσιν ἤτοι διὰ τὸ ποικίλον τῆς χροιᾶς, ὡς τὸ (forte ὡς ἡ) νεβρίδα αὐτὸς περιῆπται καὶ αἱ βάκχαι, &c. Phurnutus. Verba hæc διὰ τὸ ποικίλον τῆς χροιᾶς, id est propter uarietatem coloris, forte accipi possunt eò quod ebrij colorem mutent. & eorum alij aliter colorati fiant: aut dicendum est deesse uocem σταφυλῶν, id est uuarū: sic enim Eustathius habet in commentarijs in Dionysium Afrum, διὰ τὸ τῶν σταφυλῶν πολύχροον. Et alibi, Αἱ δὲ Διονυσιακαὶ νεβρίδες, τὴν τῶν σταφυλῶν ἐν χρόᾳ αἰνίττονται πολυείδειαν, πολύχροοι γὰρ καὶ αἱ νεβρίδες καὶ ποικίλαι τοῖς στίγμασιν. In epigrammate quodam Bacchum cognominatum inuenio νεβρώδεα, νεβριδόπεπλον.

¶ h. Cerua nutriuit Telephum Agaues (Auges, Cælius 21.37.) & Herculis filiū, Aelianus libro 12. Variæ hist. Τήλεφος ἐκλήθη διὰ τὸ θηλάσαι αὐτὸν ἔλαφον, Etymologus. Ceruam æripedem aureaq; habentem cornua in Mænalo monte cursu deprehendit Hercules atq; interfecit, ut Grammatici scribunt: qua de re plura uide apud illos qui Herculis labores descripserunt. Ἔλαφος χρυσόκερως, ὁ ὑπὸ Ἡρακλέους ἁλοὺς, Varinus ex Polluce. Taygeta Atlantis filia ceruam ab Hercule postea captam Dianæ consecrauit. Fertur autem quod cum Hercules eam Eurystheo traderet, collo eius inscriptum fuerit, Ταϋγέτη ἱερὰν ἀνέθηκεν. Hanc dum persequitur Hercules ad Hyperboreos usq; uenit, Scholia in Pindarum. Meminit etiam Cælius 7.15. Constat equidem ex Callimacho in hymno Dianæ, è quinque ceruis secus Parrhasij montis radices inuentis, quarum è cornibus splendebat aurū, quatuor ipsam sine canibus cepisse, curruq; adiunxisse: fugientem aliam Iunonis uoluntate, Herculi ut certamen fieret, rupem excepisse Cerauniam, Grapaldus. Sed de ceruo ab Hercule capto supra etiam dixi capite secundo, contra eos qui fœminam & tamen cornutam fuisse scribunt. Apud Martialem Epig. lib. 13. distichon in ceruū cicurem extat huiusmodi, Hic erat ille tuo domitus Cyparisse capistro. An magis iste tuus Syluia ceruus erat? Cyparissus fuit Telephi filius, ab Apolline dilectus, ut docet Ouidius lib. 10. Metamor. à Syluano uero, ut Seruius: qui cum puer ceruam māsuetissimam (siue Apollinis, siue Dianæ fuerit) occidisset, præ nimio dolore expirauit, tandem in arborem sui nominis permutatus. Nunc eques in tergo (cerui) residens huc lætus & illuc Mollia purpureis frenabas ora capistris, Ouidius de Cyparisso. De ceruo Syluiæ quem Ascanius sagitta peremit, lege Vergilium lib. 7. Aeneidos. Silius poëta ceruam Campanam celebrat. Aegidius Atheniensis (quem inter sanctos quidam colunt) ceruam in eremo familiarem habuisse fertur, cuius lacte nutritus sit, ut in uulgaribus sanctorum historijs legitur. De Actæonis mutatione in ceruum, lege Ouidium Metam. lib. 3. De eadem nonnihil diximus supra in Cane uenatico. ¶ Alciati Emblema in receptatores sicariorum, Latronum furumq; manus tibi Scæua per urbem It comes: & diris cincta cohors gladijs. Atque ita te mentis generosum prodige censes, Quòd tua complures allicit olla malos. En nouus Actæon, qui postquam cornua sumpsit, In prædam canibus se dedit ipse suis. ¶ Idemq; nemus, quo nati furta, iuuencum Occuluit Liber falsi sub imagine cerui, Ouidius lib. 7. Metam. De Iphigenia Agamemnonis & Clytæmnestræ filia ita fabulantur poëtæ: Quū Agamemnon in Aulide ceruum Dianæ ignarus occidisset, dea irata uentorū flatus amouit, ut nauigare non possent. Quapropter cum oraculum cōsulerent, responsum est, Agamemnonio sanguine deam esse placandam. Missus igitur Vlysses Iphigeniam filiam astu à Clytæmnestra sub prætextu facti cum Achille

Achille matrimonij impetratam adduxit: cumq́ iam immolari parabatur, Dea miserta illam sustulit, ceruamq́ pro ea supposuit, uirginem autem in Tauricam regionem transtulit, &c. Vide Onomasti. con propriorum nom. uel Gyraldum in Taurica Diana: & Ouidium lib. 12. Metam. & Euripidis Iphigeniam in Aulide & in Tauris. Aliqui non ceruam, sed taurum: alij ursum pro ea immolandum suppositũ aiunt, ut supra in Tauro capitis octaui parte ultima ex Varino ostendi. Achillis cursus, peninsula siue chersonnesus est, quam Tauri habitãt iuxta Borysthenem: quam Achilles dum Iphigeniam in Scythiam ex Aulide abreptam persequitur circunquaq́ cursu fertur emensus: interim uerò Diana ceruum sacrificandum substituit, Eustathius in Dionysium. ¶ Aegyptij hominem adulatione deceptum significare uolentes, ceruum pingunt cum tubicine: mulcetur enim ceruus cantus modulamine, ac sic quodammodo oblitus sui capitur, Horus. Reliqua à ceruo sumpta hieroglyphica superius suis quæq́ locis collocaui. Cerui cornu dijs gratum facit Orpheus in libello de lapidibus. Boum cornua cur in Auentino suspendantur, cum in cæteris Dianæ templis ceruorũ tantummodo cornua affigantur, Plutarchus inquirit titulo quarto de rebus Rom. ¶ Ἐλαφηβόλος Diana nuncupabatur ab ictu ceruorum & nece. Dicebatur & Elaphebolia, quo nomine culta est à Phocensibus: qui cum à Thessalis obsessi in summa desperatione (quæ etiam in prouerbium uenit) uictoriam obtinuissent, anniuersarium Elapheboliæ Dianæ instituerunt, ut Pausanias pluribus recitat, Gyraldus, & Leonicenus 2. 4. Elaphiæ Dianę meminit etiam Strabo lib. 8. annuum ei in Olympia conuentum celebrari scribens. Elaphebolon Dianam dictã Phurnutus quoq́ scribit: Suidas & Ellophonon: nam ellos ceruus est. Est enim uenationis dea. Theophilus Elaphebolon à ceruorum insectatione dictam putat. Meminit Orpheus in Hymnis. Elaphebolia festa celebrantur mense Februario ab Atheniensibus, in quibus cerui Dianæ Elapheboliæ sacrificabantur: unde & mensis ipse Elaphebolion dictus, Gyraldus. (Meminerunt etiam Etymologus & Varinus.) Dianæ ceruos sacrificabant: hæc enim ei uictima pro Iphigenia data fuisse creditur. Hæc omnia ferè Gyraldus obseruauit diuersis in locis in Opere de dijs. Laphriæ Dianæ apud Patrenses magno in ara igne excitato, apros, ceruos, & alia animalia uiua inijciunt, & sacrata uirgo in postremo agmine pompę curru ceruis iuncto inuehitur, Pausanias in Achaicis. Ceruaria ouis dicitur quæ pro cerua immolabatur, Pompeius lib. 3.

PROVERBIA, Vbi cerui cornua abijciunt, ὅπου αἱ ἔλαφοι τὰ κέρατα ἀποβάλλουσι: Hoc adagio significabant (inquit Erasmus) quempiam in negotio difficili uersari. Siquidem cerui cornua deposituri secedunt in loca aspera atq́ inaccessa: (qua de re supra dixi, cum ex alijs, tum Aristotele, qui etiam prouerbij huius meminit.) Conueniet & in eos qui à communi hominum conuictu subducunt sese: item in locum uehementer abditum abstrusumq́. Postremò quod innuemus nusquam inueniri, illic esse dicemus ubi cerui cornua abijciunt. Plutarchus in Commentario de Pythijs oraculis oratione prosa redditis, ostendit hoc oraculum æditum fuisse de Procle tyranno, ut illi fugere ac migrare liceret eò ubi cerui cornu abijciunt, significante deo ut defoderetur, & è medio prorsus tolleretur. Idem meminit huius adagij Symposiacon decade septima, problemate secundo. Suidas & mutuatus ab eo Apostolius, hoc prouerbium exponunt, ἐπὶ τῶν φυγάδας τῆς πατρίδος ποιουμένων. ¶ Ceruinus uir, ἐλάφειος ἀνὴρ, olim dicebatur formidolosus, & fugæ fidens magis quàm uiribus, Erasmus. Hunc etiã ceruum aliquis prouerbialiter dixerit, & cor cerui habere, & nebridem gestare, ut in præcedentibus docui. ¶ Ceruus canes trahit, cum ἀδύνατον seu prępósterũ quippiam significamus. Prępósterum enim est ut ceruus uenetur canes. Δάφνις ἐπεὶ θνάσκει, καὶ τὰς κύνας ὥλαφος ἕλκοι. ¶ Κτείνοντ' ἐλάφους ἄνευ κυνῶν, δολίων θ' ἑρκέων, Pindarus Nemeorum Oda tertia, ut supra in Cane uenatico inter prouerbia retuli. ¶ Hinnulus leonem, ὁ νεβρὸς τὸν λέοντα, subaudiendum cepit, uicit, aut prouocat, aut id genus aliquid pro ratione sententiæ: quoties prępóstero rerum ordine, qui uiribus multò est inferior, superat potentiorem. Lucianus de captatore testamenti, qui iuuenis à sene, captator à captato captus est: Τοῦτο ἐκεῖνο τὸ τῆς παροιμίας, ὁ νεβρὸς τὸν λέοντα. Huc respexit quisquis fuit qui scripsit Megaram Herculis: Ἦ ῥά τοι ἄλγεα πάσχει ἀπείριτα φαίδιμος υἱὸς Ἀνδρὸς ὑπ' οὐτιδανοῖο, λέων ὥσεί θ' ὑπὸ νεβρῷ. Non incócinnè trahetur ad id quoq́, quoties fit ut longè inferior lacessat potentiorem, aut multis partibus indoctior certet cum eruditissimo, Erasmus. ¶ Senecta leonis præstantior hinnulorum iuuenta, Γῆρας λέοντος κρεῖσσον ἀκμαίων νεβρῶν, citatur apud Stobæum ex Hippothoonte poëta. Senectus uiri fortis ac strenui, præstantior est iuuenta quorundam ignauorum & imbecillium iuuenum. Venustius fiet si ad ingenium transferas: Dicetur etiam non ineptè in senectutem crudam uiridemq́, animiq́ uiribus adhuc pollentem, Erasmus. ¶ Germani quidam hoc dicto tanquam prouerbiali utuntur, **Ein fürst ist wol so seltzam wildpråt im himmel/als ein hirtz in eins armen mans kuche:** Princeps tam rara auis in cœlo est, quàm ceruus in culina pauperis.

DE COLO.

APVD Scythas & Sarmatas quadrupes fera est, quam colon (κόλον) appellant, magnitudine inter ceruum & arietem, albicante corpore, eximiæ supra hos leuitatis ad cursum. Naribus potans trahit ad caput, hinc postmodum complures ad dies seruans, adeò ut per carentes aquis agros facile pabulum carpat, Strabo lib. 7. Sniatky apud Moschobios uulgò nominatur animal simile oui syluestri candidæ, sine lana: capitur ad pulsum tympanorum, dum saltando delassatur, ut doctissimus uir Sigismundus Gelenius nobis retulit. Hoc idem colon esse, ex regione in qua capitur, & colore & magnitudine conijcio. Hircus etiam mutilus κόλος uocatur apud Varinum.

DE CVNICVLO.

LEPORVM generis sunt & quos Hispania cuniculos appellat, Plinius. Genus leporum triplex, Italicum, Gallicum siue Alpinum qui toti sunt candidi, (de quibus in Leporum historia dicam in L. litera:) & tertium Hispanum adapis nomine, quos (ut Polybius est author,) appellamus cuniculos, Hermolaus in Dioscor. Leporũ genus minus est, quod sub terra in cuniculis uitam magna ex parte ducit, Platina. Est inter lepores genus quoddam, nonnulli lepusculos, Hispania cuniculos nominat, quòd sub terra cuniculos ipsi faciant, ueluti mures, quas dicunt μυωπίας, ubi latitant in agris, Grapaldus. ¶ Vbi chœrogryllus in Sacris à LXX. redditur, & erinaceus à Latinis, secundũ Hebræos שפן schaphan, uidetur esse cuniculus, &c. Aug. Steuchus: uide caput 11. in Leuiticum. De chœrogryllo plura uide mox in Echino. Psalmo 104. pro schephanim uulgaris interpretatio herinaceos habet: sed Hebræi communiter accipiunt pro cuniculo. Deuteronomij capite 14. pro schaphan Hebraica uoce χοιρογρύλλιον habent Septuaginta: & Leuitici undecimo dasypodem: Hieronymus utrobiq; chœrogylium, & Prouerb. cap. 30. lepusculum: Psalmo 104. herinaceum, idq; in commentarijs in septimum cap. Matthæi, asserere uidetur, inquiens: Timidum animal in petrarum cauernas se recipit, cute aspera, & tota armata iaculis tali se protectione tutatur. At in libro ad Suniam & Fretelam Psal. 104. super his uerbis, Petra refugium herinaceis: Omnes, inquit, χοιρογυλλίοις simili uoce transtulerunt: soli LXX. lepores interpretati sunt. Sciendum autem est animal esse non maius hericio, habens similitudinem muris & ursi, unde & in Palæstina ἀρκτόμυς dicitur. Et magna est in istis regionibus huius generis abundantia, semperq; in cauernis petrarum & terræ foueis habitare consueuerunt. Sed de hoc muris genere, quod ἀρκτόμυν appellat Hieronymus, alibi dicam inter Mures: id enim esse existimo quod cricetum Albertus uocat, Illyrij skreczek & Germani Hamster. Chœros Græcis porcum significat, cui synonymum etiam gylius est, & γρύλλιον, & γρύλλος, & uidetur id animal nonnullam suis speciem præ se ferre, unde & apud Germanos nomen. γύλιος, sportula militaris in quam cibos imponebant: uel animal quod à quibusdam χοιρογρύλλιος uocatur, Scholia in Pacem Aristophanis. Hanc sportulam oblongam fuisse aiunt, & in acutum desijsse, (forte ab aliqua rostri uel corporis porcini similitudine:) alij ore angusto, Varinus: Idem γύλιον exponit porcum, aut leonem. Gyraldus in Opere de dijs, gylion à quibusdam chœrogryllon exponi scribit: chœrogryllum autem ipse porcum spinum interpretatur, ut Syluaticus etiam, qui corrupte cirogrillium scribit. Est autem porcus spinus qui apud ueteres hystrix dicebatur, de quo in H. litera dicam. Chœrogryllium ab Hesychio, Varino, Alberto Mag. & Isidoro, echinus exponitur. Erinacij chirogrilli nuncupantur, propè magnitudine mediocrium cuniculorum, de cauernis petrarum procedentes gregatim: in eremo, quæ est contra mare mortuum, depascuntur, Eucherius. Cyrogrillus (inquit Albertus, quamuis alibi herinaceum interpretatur) animal paruum & debile, in terræ foueis habitat,

habitat, animalculis paruulis terrenis infestum. Cirogrillus animal infirmum, sed rapax & mortiferum esse dicunt. Glossa super Leuiticum, ex D. Hieronymo ni fallor: hoc ad arctomyn conuenire uidetur, ad leporem cuniculum & herinaceum minime. Ego ut meam tandem sententiam aperiam, chœrogryllum, uel chœrogylium, uel chœrogryllium (omnibus enim his tribus modis rectè scribi uideo: reliqui inepti sunt:) herinaceum esse crediderim. Obijcienti aliud apud Græcos herinacei nomen esse, nempe echinum: respondebo, unum animal etiam in eadem lingua, pro dialectis & regionibus diuersis, duo aut plura habere nomina, usitatum esse, & apud Græcos præcipue. Verisimile est etiam cum echini nomen ambiguum sit ad terrestrem marinumq́ echinum, euitandæ homonymiæ gratia terrestrem à nonnullis priuatim chœrogylion dictum. Acce-
10 dit quòd plures sunt qui herinaceum interpretantur, quàm qui aliter, ijq́ & antiquiores & Græci. Iam quod ad ipsam herinacei figuram, rostrum præcipuè, omnino chœrogryllus dici meretur, cum sui tam similis sit, ut Germani genus eius alterum (duplex enim est) suillum nominent: Angli herinaceum omnem porcum sæpium, quod inter sæpes latitent. Hæc suis circa rostrū præcipuè similitudo, nec ulli iam dictorū animalium, nec hystrici cōuenit: neq́ criceto, quem arctomyn esse puto, nec ulli deniq́ notorū mihi uisu auditúue, aut ex historijs animaliū. Chœrogryllus igitur herinaceus terrestris esto, donec aliquis certius quidpiam attulerit. An uero saphan Hebræorum herinaceus potius uel cuniculus sit, si quis ex me quærat, cuniculū esse dicam: Primum Deuter. cap. 14. cum lepore nominatur, utpote congener animal, quod ruminet quidem, sed ungulā non bipartitam habeat: deinde quia certus sum aliud herinacei nomē in sacris literis reperiri, nempe קפד kipod, quod licet alij aliter
20 exponant, ego tamen herinaceum esse in historia eius demonstrabo. Et quamuis apud ueteres non meminerim legisse, nec ipse obseruauerim leporem ruminare, inde tamen hoc eum facere colligo, quod coagulum habet, ut ruminantia omnia: licet unus tantum ei uenter sit, cum cæteris ruminantium omnibus plures habeantur: sed inter pisces scarus quoq́ ruminat, etsi unū duntaxat & simplicem uentrem habeat, ut pisces omnes, & utrinq́ dentatus sit. Ruminant & Pontici mures, utrinque dentati, Aristotele teste. Lepore aūt ruminare concesso, ut in sacris traditur, cuniculos quoq́ utpote generis eiusdem animalia ruminare non negabimus. Porrò quòd herinaceus ruminet, nec authores ulli meminerunt, nec ulla opinor ratione confirmari potest: quamobrem idem non fuerit Hebræorum saphan. Cuniculus & lepus ruminant, ut Hebraicè legitur Leuitici 11. ubi in translatione Græcorum ruminare negantur: sed apparet expungendam esse negationem: nam Deuter. cap. 14.
30 eorundem translatio Hebraicam ueritatem secuta ruminare eos asserit. Qui apud nos cuniculos in cunicularijs (utitur hac uoce Budæus) alunt, de ruminatione ipsorū certi nihil docere me potuerunt: hoc tantum quidam affirmabat, sæpius se post cibum eis ante horæ dimidiū exhibitum, mandentes adhuc deprehendisse. ¶ Hieronymus etiam cum Prouerbiorum cap. 30. lepusculum uertit, lepori simile animal intellexisse uidetur, minus tamen: tale cuniculus est. Grapaldus sanè cuniculos à nonnullis lepusculos uocari scribit, quod ego ab alio authore factum quàm Strabone non memini: qui eos λαγιδεῖς uocat, aliâs simpliciter, aliâs cum additione λαγιδεῖς γεωρύχους, quos aliqui leberidas appellent. Quæ similiter uox tanquam diminutiua à lepore Latinorū facta uideri potest, cum alio proprio uocabulo Græci carerent: quanquā Varro Aeoles Bœotios Græco uocabulo antiquo hoc animal leporem dictum author est, & ab ijs ad Latinos deriuatum arbitratur. Quare si saphan, ut pro-
40 basse mihi uideor, cuniculus est, chœrogryllus autē herinaceus, Septuaginta interpretes & secutum illos D. Hieronymum Hebraicæ uocis significationem non assecutos dicemus. Deuteron. cap. 14. pro Hebraica uoce saphan, Chaldæus reddit טשׁעא, thaesa: (legendum apparet thapsa: nam Psalmo quoq́ 104. per pe, non per ain pro sephanim Hebræorū Chaldæus reddit thapsia: dapsicus autem & adapis non alius quàm cuniculus est, ut supra ostendi:) Arabs, ובר uebar, Persa בוֹנגרה besangerah. Psalmo 104. Arabs secutus Græcum, qui λαγωοῖς reddidit, uertit אלרנב alraneb, id est lepores. Sebastianus Munsterus in Lexico suo trilingui cuniculum חגס chagas uel hagas nominat, & alio nomine טפזא thapza uel taphza, quod nomen alibi etiam ericio attribuit. Ego pro cuniculo semper acceperim: nam Symeon Sethi, ut mox capite sexto referam, dapsicon uocat, Hermolaus Barbarus adapis, ubi a litera forte abundat, uel articuli Hebraici loco est. Græcus Leuitici undecimo dasypo-
50 dē uertit, de qua uoce paulò post plura dicemus. Vincentius Belluacensis in cuniculi historia, uires eius in re medica describēs, Isaaci uerba de Kericulo imperitissimè citat. Pertinent enim ea omnia ad herinaceum, quem barbarus Isaaci interpres kericulū nominauit. Cuniculi apud Aristotelem per lepores intelliguntur, Aug. Niphus in commentarijs in Aristot. Et alibi, Cuniculos (inquit) à leporibus non discernit. Strabo lib. 3. leberidas (ut paulò ante dixi) à quibusdam appellari tradit ipsos cuniculos, qui ab effectu lepores georychię, hoc est fossores, ab ipso cognominātur, Hermolaus in Dioscorid. Verba Strabonis hæc sunt: τῶν δ᾽ ὀλεθρίων θηρίων σπάνις, πλὴν τῶν γεωρύχων λαγιδέων, οὓς ἔνιοι λεβηρίδας προσαγορεύουσι. Hoc est, Animalia autem noxia desunt, preter lepusculos terrę fossores, quos quidam leberidas uocitant: scribit autem hæc libro 3. de Turditania Hispaniæ: Et insuper addit, Plantis enim uastitatem inferunt, & satorum radices esitant: & hoc per totam fermè obueniens Hispaniam,
60 Massiliam usq́ prorogatur: quin & ipsas perturbat insulas. Nempe Gymnesiarum insularum incolæ missis aliquando Romam legatis terras petijsse dicūtur: ab istis enim eiectari bestijs, quibus propter multitudinem obsistere nequirent. Hîc ubi Græce legitur, τῆς χώρας ἄιτησιν, uide an legi debeat κατ᾽

ἐπικουρίας αἰτῆσαι, hoc ad præsidium militare petendum. Nam & ἐπικουρίας uox statim sequitur, & Balearicos (eædem uerò Gymnesiæ insulæ sunt Græcis, quæ Latinis Baleares) auxilium militare aduersus cuniculos petijsse Plinius author est. Eodem in loco pro δυναμένων legerim δυναμένας, & pro πόλεμον, ἀριθμόν: & pro φθόρον δέ τινι λοιμικῇ καταστάσει, φθορᾷ δέ τινι ἢ λοιμικῇ καταστάσει: ut sensus sit, non quidem cuniculorum multitudine pestilentiam importari, ut uertit interpres, sed ipsam ex aliqua corruptione aut aëris constitutione pestilenti prouenire, ut serpentium aliquando & murium agrestiũ copiæ. Quanquam id ita accidere mihi non uidetur: nam quę in praua aut pestilenti aëris statu plurimum aliquando multiplicantur animalia, praui omnia temperamenti esse uidentur, nec in hominum cibum uenire, ut ranæ, mures, locustæ, serpentes, & insecta diuersa: cuniculi uerò & bene temperati & in cibo non insalubres uidentur, ut alia fœcunditatis eorũ abundantis ratio quærenda sit. Polybius lib. 12. histor. animal lepori simile esse ait, cuniculum appellatum, his uerbis: Cuniculus (κύνικλος) uerò dictus, eminus quidem uidetur paruus lepus: at si quis in manus acceperit, multũ differt, tum in superficie, tum si dissecetur (lego καὶ ἐπὶ τρώσιν.) Vt plurimum autem sub terra moratur. Meminit eorum Posidonius quoq; philosophus in historia: & nos inter nauigandum à Dicæarchia Neapolin permultos uidimus. Est enim insula quædam non procul à terra, iuxta postremam Dicæarchiæ partem, paucis quidem hominibus habitata, sed cuniculis abundans, Hæc Athenæus lib. 9. Dicæarchia olim dicta est ciuitas Campaniæ in Italia, quoniam iustissimè regebatur, quæ nũc Puteoli: aliqui Dicæam uocarunt. ¶ Superfœtant dasypus, & lepus tantum, Plinius. Oblatrant Budæo quidam (uerba sunt Io. Brodæi, tractat aũt de lepore & dasypode Budæus in prioribus Annot. in Pandect.) leporem idem animal cum dasypode esse scribenti. Ego in ea sententia Plutarchum in commẽtario, utrobi in terrestribus, an in aquatilibus brutis maior sit prudentia, fuisse concerto, Athenæum lib. 9. Pollucem quinto. At Vegetius uolumine quarto, Aliud genus oppugnationis est subterraneũ atq; secretum, quod cuniculũ uocant, à leporibus qui casulas sub terras fodiũt, ibiq; cõduntur, & Strabo lib. 3. τῶν δ' ὀλεθρίων θηρίων σπάνις, &c. (ut paulò ante recitaui:) leporis & cuniculi uocabulo indifferenter sunt usi, licenter me hercule nimis. Gnesion sanè uerumq; leporem (sunt enim adulterini & degeneres) sub terram casulas sibi nunquam fodere, aut cuniculos facere ubi lateant in agris, ex uenatorum omnium axiomatibus sumo pro certo. Aristoteles apertè, semel opinor, dasypodẽ à lepore distinxit (licet inficias eat Herm. Barbarus) libro de historia animal. primo, Τὰ δὲ φρόνιμα καὶ δειλά, οἷον ἔλαφος καὶ λαγὼς καὶ δασύπους. Dasypodem à cuniculo & lepore separauit Plinius lib. 10. cap. 63. Negant alij. Leonicenus & Theodorus cuniculum dasypoda uocant: quos qui reijciunt, quo nomine ab Aristotele & ueteribus Græcis dictus sit patefaciant: eis siquidẽ hominibus aut nusquam uisum, aut in tanto otio ac diligentia non internotum, uerisimile non est. Cõtra si cuniculus dasypus est, quamobrem eum Polybius & Posidonius (ut ex Athenæo paulò ante relatum est) κύνικλον Latinè appellarũt, κυνίκλων Galenus libro περὶ τροφῶν δυνάμεως γ. labat animus: nos hæc propterea in medium relinquimus, Hucusq; Brodæus. Animalculum in Iberia lepori simile est, quod cuniculũ uocant, Galenus loco iam citato, nec plura de eo. Plinius lib. 10. cap. 63. dasypodem cuniculis ita associat, ut nullatenus pro eodem capi uideantur posse: ni generis loco positum ibi dasypoda coniectemus. Nam & Theodorus lib. 6. de historijs cap. 33. dasypodas, id est lepores coire auersos interpretatur, Cælius. Ingeniosa quædam & timida sunt, ut ἔλαφος, λαγὼς καὶ δασύπους, Aristoteles lib. 1. de animalib. Hic Gaza pro dasypode cuniculum uertit. Quæstionem de dasypode, sicut de thôe & panthère ac lynce, negligentia quadam antiquis authoribus ita prætermissam putat Theodorus Gaza, ut excusari haud facile possint, Cælius. Leonicenus reprehendit Pliniũ, qui tanquam diuersa animalia diuersis in locis memoret leporem & dasypodem, ut capream & dorcadem, uespertilionem & nycteridem, &c. Dasypodi nomen factum à pedibus hirsutis manifestum est, quod plantas etiam pedum pilis munitas habeat, quod ut leporibus & cuniculis commune est, sic præter eos nulli animaliũ conuenit. Hinc & lagopodi herbæ nomẽ, & aui de qua suo loco. Prouerbia quidem à dasypodis celeritate & pulpis sumpta, ad leporem magis quàm cuniculum spectare mihi uidentur. In Lexico symphono Sig. Gelenij pro cuniculo Græcè σκιώαξ redditur, uox apud authores mihi nondum reperta: fuerit autem forsitan recentioris Græciæ. ¶ Cuniculus Italicè nominatur conigli, Gallicè connin, Hispanicè conéio, Germanicè Künigle uel Künele ut nostrates uocant, ut alij quidam Kunlein: Anglicè cony, Illyricè kralik uel krolijk.

B.

Ebuso cuniculi non sunt, scatent in Hispania Balearibusq;, Plinius. Baleares cuniculis animalibus quondã copiosæ, Solinus. Quibus in locis ita abundauerint, ut uel suffodiendo uel messibus populatis noxij fuerint, dicam cap. 5. Tertij leporum generis est quod in Hispania nascitur, simile nostro lepori ex quadam parte, sed humile, quem cuniculum appellant, Varro. In Hispania annis ita fuisti multis, ut inde te cuniculos persecutos credam, Appius apud Varronem. Cuniculus lepore minor, sed fortior est: colore & figura ferè ut lepus, Albertus. Credideram leporẽ sic forma simillima fallit, Ambo superfœtant, dente uel aure pares: Ambo timent, &c. Bapt. Fiera. Aliud est etiam genus leporum, natura perparuum, nec tamen augetur unquam, ei cuniculus nomen est: quod quidem ipsum nouatum à me non est, at etiam in conscribenda historia Græci quidam usi sunt, quod à principio Hispani imposuissent. Caudam cæteris breuiorem habet, cætera reliquis leporibus consimilis

milis est, præterquam quòd magnitudo capitis quippiā differt, quia exilius sit, & minima carne præditum, eius uniuersum corpus candidius quàm reliquorum leporum, Aelianus. Plurima in eis colorum diuersitas; sunt candidi, sunt atri, fusci, subflaui, ruffi, & alijs coloribus: & rursus uel toti coloris unius, uel uarij. Cuniculis (inquit Ge. Agricola) non unus est color: uel enim in cinereo fuscus, uel lepori nonnihil similis, uel maculosus: quo modo candidi nigris uel rutilis maculis stellantur. Carnem habēt albam, Albertus. Cuniculorū exta in Bætica gemina sæpe reperiuntur, Plinius: uidetur autem iecur potissimum intelligere: nam de leporibus quoq; fertur, quòd nonnullis in regionibus bina iecinora habeant.

C.

10 Gaudet in effossis habitare cuniculus antris, Martialis. Quærit antra in collibus terreis, & adæquat ea puluere ne deprehendatur, uespere & mane ante antra sedet, Albertus. Emergunt alij subinde, alij redeunt in cuniculos. Prouerbiorum cap. 30. schephannim, id est, cuniculi, callidis & prouidis animalibus (formicis, locustis, araneis) adnumerantur, Cuniculi (inquit sapiēs) genus non forte, in sæla, id est petra collocant habitationem suam. Et Psalmo 104. selaim, id est petras, latibulū esse laschephannim, id est cuniculis legitur: Schaphan Hebræi cōmuniter pro cuniculo accipiunt, Munsterus in scholijs in eundem Psalmum. Hinc forsitan dubitet aliquis an schephannim cuniculi sint, cum non in saxis aut saxosis locis uersari soleant; quòd sciam, quòd fodere illic impediantur: sed terreno potius solo, & collibus terrenis, ut ex Alberto retuli: Herinacei uerò circa parietes latent, aut in cauis arboribus. Sed quoniam inter saxa quædam in collibus specus uel meatus oblongi reperiūtur,
20 & cuniculorum receptaculis apti, quærendū est an in ijs quoq; cuniculi in alijs regionibus uersari soleant. Hæc iam scripseram, cum amicus quidam Hispanus hac de re per literas nostras interrogatus in hæc uerba rescripsit: Cuniculi apud nos copiosissimi sunt in montanis locis atq; in præruptis montibus. Neq; dubiū mihi est eos habere subterraneos meatus in locis asperioribus & petricosis: quanquam id nunquam accuratè obseruaui. Fui ego in uenatione cuniculorū in loco montoso & saxis oppleto, inter quæ uidebam cauernulas perfossas: utrum autem in locis interioribus fuerint saxa, an terra mollior, nō possum asseuerare. In Anglia, ubi est copia ingens cuniculorū, in syluis, lucis & nemoribus, locis uidelicet planis delitescunt, quoniā regio nō est montosa, Hæc ille. Cuniculus multos fodit specus, & in colles terrenos agit cuniculos. Mane & uesperi egreditur, reliquo tempore ferè latet. Aliquos autem specus operit puluere ne deprehendantur. ¶ Coitus auersis, elephantis, ti-
30 gribus, lyncibus, leoni, dasypodi, cuniculis, quibus auersa genitalia, Plinius. Quæ retro urinam mittunt, auersa coēūt, ut leones, lepores, lynces, Aristot. de hist. animal. 5. 2. Auersum est cuniculis membrum genitale, & semen paucum habent, quamobrem auersis posterioribus coēunt, Albertus. Dasypodes omni mense pariunt & superfœtant, sicut lepores. A partu statim implentur, concipiunt quamuis ubera siccante fœtu: pariunt nō cæcos, Plinius lib. 10. Habent sanè hæc omnia cuniculi cum leporibus communia. Generare incipiunt, ut audio, cum sex menses ætatis lunares habent: uel ut Anglus quidam mihi retulit, anniculæ: nam cum pro matricibus Martio mense tantum natas aleret, quod per sequentem æstatem commodius nutrirentur, prolem ex eisdem non ante sequentis anni Martium se habuisse. Superfœtant dasypus & lepus tantum, Plinius. In cuniculis manifestissima est superfœtatio, Aug. Niphus. Narrauit mihi quidam cuniculorum nutritor, fœminas quasdam hu-
40 ius generis quas domi alebat, binos aut ternos fœtus enixas, & post dies circiter quatuordecim iterum totidem: hoc ipsum superfœtare est. Pariunt ferè circiter quinos, nouenos ad summum, aliquando singulos: eosq; cæcos ad nonum circiter diem. Facit hæc eorum fœcunditas ut numerus eorum breui multiplicetur. Statim à partu requirunt mares: & nisi admittantur, indignantur aliquando ita ut coitum postea ad dies aliquot, plus minus quatuordecim recusent. Hyeme apud nos non pariunt, nisi raro cum satis calida est aëris constitutio. Lac præbent catulis per dies unum & uiginti ferè. Mares catulis infesti sunt, & morsu perimunt ut feles. ¶ Progrediuntur noctu & uineas frugesq; depascuntur, Albertus & author libri de naturis rerum. Gramine, trifolio pratensi, alijsq; herbis & fructibus uescuntur, ut dicam capite quinto.

D.

50 Lepores & cuniculi (λαγωοὶ καὶ δασύποδες) ingeniosi ac timidi sunt, Aristoteles de hist. animal. 1. interprete Gaza. Cuniculi inter semifera animalia connumerantur, quę nec placida, nec fera sunt, sed mediæ naturæ: non enim mansuescunt, nec feritatem tamen habent, Grapaldus, ex Plinij, ut apparet lib. 9. cap. 6. ubi legitur, Hi mansuescunt raro: proximè autem de leporibus dixerat, & ante eos de cuniculis. Timidum est animal, & locum ubi aliquid periculi aut iniuriæ senserit, mox deserit: quòd si unus aut alter migret, reliqui etiam tanquam communem ducentes sociorum iniuriam, gregatim abeunt, Albertus. Iracundi sunt, hominem tamen non mordent: sed inter se, æmulationis studio, morsibus adeò infesti sunt, ut auriculis aut pedibus quandoq; alter alterum mancum aut mutilum reddat.

E.

60 Fœcunditatis innumeræ cuniculi sunt, famemq; Balearibus insulis populatis messibus afferentes. Certum est Balearicos aduersus prouentum eorum auxilium militare à D. Augusto petijsse, Plinius & Strabo. Monstrauit tacitas hostibus ille uias, Martialis: ut Camillo ad Veios capiendos in-

L

Hetruria. M. Varro author est à cuniculis suffossum in Hispania oppidum, Plinius. ¶ Magna propter uenatum eorum uiuerris gratia est: immittunt eas in specus quæ sunt multifores in terra, unde & nomen animali: atque ita eiectos supernè rapiunt, Plinius. In Turditania &c. cuniculi aliquando ita abundant, ut messes uastent, & militari præsidio aduersus eos opus sit: Vbi uero mediocritas adsit (inquit Strabo) plures repertæ sunt uenationes. Itaque de industria mustelas syluestres afferunt, quas educat Africa. Has funiculis capistratas (φιμώσαντες) intra foramina dimittunt. Illæ quos capiunt unguibus extrahunt, aut in apertum fugere compellunt: egressos uenantur qui id agunt & astant. Et alibi libro 3. In Balearibus insulis (inquit) nullum animal noxium facile reperias. Nam cuniculos nequaquam indigenas esse asserunt: Quinimo cum ex propinqua insula quidam marem ac fœminam attulisset, tanta ab initio facta eorum est procreatio, ut ex subterraneis cuniculis domicilia subuerterentur, & arbores, & (ut superius commemoraui) homines ad implorandam populi Romani opem, confugere coacti sint. Nunc autem cum ad tractandam eorũ uenationem aptissimi facti sint, nulla inualescere sibi damna permittunt, uerum possessores magnam ex terræ fructibus utilitatem assequuntur, Hæc Strabo. Cuniculũ uiuerra atque parui quidã canes, quibus est ad inuestigandum sagacitas narium, in specus & cuniculos immissi, aut liquor feruens in eosdem infusus, fugatum & exturbatum pellunt in retia, quibus capitur, Ge. Agricola. Audio in Germania inferiore quibus hoc studij est, perforatis uiuerrarum labijs & annulo argenteo iniecto, superius labrum inferiori connectere, ne cauis immissi cuniculos morsu perimant: In Narbonensi Gallia, si rectè memini, sportulas quasdam aut capistra capitibus uiuerrarum adponunt eandem ob causam, & tintinabula alligant. Oportet autem uenatorem cum prope cuniculorum foueas est, magno strepitu & clamore excitato eos perterrefacere ut in latibula sua omnes confugiant, atque ita retibus circumpositis uiuerras capistratas immittere. Accipitres quos astures uocant, auxilio canum uenantur lepores & cuniculos. Ridicula est apud Isidorum Etymologia: Cuniculi, inquit, dicti sunt quasi caniculi, eo quod canum indagatione capiantur, uel à speluncis excludantur. ¶ Sunt in Anglia qui solis ferè cuniculis alendis uitam sustinent. Destinatur eis cella in domo: aut casa extra domum extruitur, in qua locatur capsa oblonga foraminibus distincta, quæ aliquot cuniculos fœminas subeuntes recipiunt, ut illic pariant. Maribus, ne ingrediantur, & catulos ut solent morsu conficiant, lignei paxilli collo appenduntur. Sunt qui cancellis ex palis ligneis supra partem horti ad parietes includãt, & ne qua elabi fodiendo possint, solum ad duos aut tres à superficie pedes pauimento ex lapidibus & intrita sternant, lateribus etiam erectis pro magnitudine casulæ. Leporum tria genera, ex quibus unum cuniculorũ est, in leporario habere oportet, Varro. Gramine & alijs herbis aluntur, trifolio maximè: gratæ eis brassicæ, tum aliæ, tum capitatæ: item panis, & poma eorumque putamina, ut raporum quoque. Hyeme fœno, auena, furfure, & ijsdem putaminibus ter die nutriuntur. Si quis pullos adhuc teneros tractet, matres pullis ipsis indignantur, & uel deserunt, uel mordendo lædunt, aut etiam interimunt. ¶ Pelles in usu uestimentorum sunt, fuscæ & uariæ minoris pretij, maioris albæ & emaculati candoris: maximi quæ nigredine splendent, apud Anglos præsertim: ubi quaternæ huiusmodi pelles tribus plærunque denarijs, id est drachmis argenteis, ut audio, uæneunt. Ex nigris etiam præferuntur, quæ paucissimis albis hinc inde pilis tanquam aspersæ sunt. Ex dorsis cuniculorum consutæ pelles, durant quidem diutius, sed grauiores sunt: ex uentribus uerò licet minus durent, quia tamen leuiores molliores que sunt, in maiori habentur pretio.

F.

Catuli cuniculorum, ut dixi, circiter dies unum & uiginti lactent: pingues & in cibo suauiores existimantur cum mensem ætatis exegerunt. Multi statim à quartodecimo die edunt. Cicures in Hispania contemnunt, nec eos perinde salubres aut aptos esui putant, ac syluestres. Nam cum animal natura sit graueolens, augetur hoc uitium si aëre incluso alatur, & motus libertate priuetur. Dulcis eorum caro est, & sapore (ut quidam scribit) felium carni proxima. Eadem cum iunipero (iuniperi baccis forte) reposita (& salita nimirũ,) suauior gratiorque palato fit, Author obscurus. Cuniculi caro melius ac facilius alit quàm leporina, Platina. Vda cuniculus affert Fercula, uiscosum semiimitata gluten. Hunc torre igne tamen, Bapt. Fiera. Cuniculi & leporis cerebella contra uenena commendantur, Platina. De cuniculis isicia proximum locum habent, post isicia de phasianis quæ præferuntur, Apicius 2.2. De cuniculi coctura uide infra in Lepore ex Platina. Cuniculorum fœtus uentre exectos gratissimo cibo laurices appellant, Plinius: Nostri inhumanas istas & inimicas naturæ delicias non agnoscunt. Laurices unde dicantur non facile coniecerim: nisi quis lautices tanquam à lautitijs malit.

G.

Ad synanchen remedium sic, Cuniculum uiuum in olla rudi combures, & puluerem de ipso cum costo & folio æquis ponderibus miscebis, & sic in potione plenum cochlerare de hoc puluere cum uino dabis, atque etiam fauces inde perfricabis, Marcellus. Reponitur etiam adeps cuniculi. Is autẽ, ut Syluius scribit, inter taurinum & suillum fuerit, ut uulpinus etiam, melinus, felinus, &c. Pinguedine neruos Mulceo, Vrsinus Velius. Stomachum pulpa uorata iuuat, Idem: Apparet eum deceptum ab Isaci interprete, qui pro herinaceo cuniculum uertit, & alia etiam quæ partim ad marinum partim ad terrestrem echinum pertinent, uni cuniculo falsò attribuit, quem recentiores multi secuti errarunt,

errarunt, Platina, Grapaldus, & alij. Cuniculi & leporis cerebella contra uenena commendantur, Platina.

H.

Cuniculi dicti ab eo quòd sub terra cuniculos ipsi facere soleant, ubi lateant in agris. Cuniculum, (genere neutro, in quo ab alijs authoribus positum nō reperimus) foramen sub terra occultum: aut ab animali, quod simile est lepori appellatur, quod subterfossa terra latere est solitum: aut à cuneorum similitudine, qui omnem materiam intrant fidentes, Festus libro 3. Hyponomus Thucydidi subterranea cauitas occultior est: cuniculum interpretari possumus, & factum inde uerbum ὑπονομεύειν cuniculum agere, Cælius. Strabo cuniculorum foramina simpliciter ὀπὰς uocat. De cuniculis per quos murus effoditur aut ciuitas penetratur scribit Vegetius de re militari 4.24. Cuniculis oppugnare, ὑπονόμοις πολεμίζειν, dicitur qui non aperta ui, sed dissimulanter ac dolis rem gerit: contra qui palàm agit quod agit, machinis agere dicitur, οὐκ ἔτι ὑπονόμοις ὁ Καῖσαρ, ἀλλ' ἤδη μηχαναῖς αἱρεῖ τὴν πολιτείαν, Catulus Luctatius in senatu, apud Plutarchum in uita Cæsaris, Erasmus Rot. Quæ res apertè petebatur, ea nunc occultè cuniculis oppugnatur. Catullus Celtiberiam uocat cuniculosam, id est cuniculis plenam. Agere cuniculos, meatus subterraneos fodere, apud Cæsarem lib. 8. de bel. Gal. & Cicerone 3. Offic. Is qui sub terra cuniculos fodit, cunicularius Vegetio nominatur. Alterū genus concharum purpura uocatur, cuniculatim procurrēte rostro, & cuniculi latere introrsus tubulato, qua proferatur lingua, Plin. 9.36. Alij codices, etiam antiqui, canaliculatim habent, & canaliculi: sed legendum uidetur cuniculatim, uel clauiculatim (à clauiculis uitium, ἑλικοειδῶς,) ex Aristotele qui scribit κοχλιοειδῶς. Cæterum uerbo cuniculatim Plinius supra quoq; utitur lib. 9. cap. 33. (his uerbis, In concharum generibus magna uarietas est, crinita, crispa, cuniculatim, pectinatim, imbricatim undata,) Hermolaus. ¶ Curiana regio noui orbis cuniculos habet, uillo, colore, ac magnitudine leporibus similes, P. Martyr. Idem lib. 5. Oceaneæ decadis, Vtias (inquit, in nouo orbe) uocant animal cuniculo nostro simile: Et rursus lib. 8. Vtias muribus non maiores scribit: & ab Hispanis ad cibum requisitas aliquoties meminit. ¶ Tiquadra patria Hannibalis, Plinius 3. 5. Quidā Triquadram legunt, quod ea sit eius forma: & à nautis Cunicularia, ut aliæ multæ, ab animalis eius copia dicatur, aliâs deserta. Ibidem aliqui non patria sed parua legunt: sed uidetur etiam patria posse, quod Hannibal, teste Liuio, in Hispania nō Africa sit ęditus, Hermolaus. Cuniculariæ insulæ paruę sunt, Corsicæ insulæ uicinę, (inter Corsicam & Sardiniam, Perottus:) ut scribit Plinius. 3. 6.

DE DICTYE.

DICTYES animalia in Africa, ut scribit Herodotus lib. 4. Apud Pastorales Afros Orientem uersus, gignūtur (inquit) bassaria, & hyænæ, & hystriches, & arietes agrestes, & dictyes (δίκτυες) & thôes, &c. Hoc animal ne nominatum quidem alibi usquam reperio: conijcio autem quadrupedem esse uiuiparam, quòd cætera quæ eodem in loco recensentur animalia omnia eiusmodi sint: Quamobrem nihil huc pertinet quod Hesychius & Varinus docent, dictyn apud Lacones ictinum, id est miluum appellari.

DE EALE.

NASCITVR apud Aethiopes & quæ uocatur eale, magnitudine equi fluuiatilis, cauda elephāti, colore nigra uel fulua: maxillas apri, maiora cubitalibus cornua habens, mobilia, quæ alterna in pugna sistit, uariatq; infesta aut obliqua, utcunq; ratio monstrauit, Plinius. Est & eale (inquit Solinus cap. 55. scripserat autem proximè de Indis, & animalibus apud eos) aliâs ut equus, cauda uero elephanti, nigro colore, maxillis nigris, præferens cornua ultra cubitalem modum longa, ad obsequium cuius uelit motus accommodata. Neq; enim rigent, sed deflectuntur ut usus exigit præliandi. Quorum alterum cum pugnat protendit, alterū replicat, ut si ictu aliquo alterius acumen obtusum fuerit, acies succedat alterius. Hippopotamis comparatur, & ipsa sane aquis fluminum gaudet, Hucusque Solinus.

DE ECHINO TERRESTRI.

A.

DE ECHINO, quanquam Græco nomine, hoc loco scribere uisum est; quoniam herinaceum suum Latinis inconstanter scribi uideo, etiam eruditis: quidam enim aspirant, ut Plinius, Gaza, Pontanus, alij: sunt qui sine aspiratione scribāt, Hermolaus, Massarius, &c. In penultima etiam nonnulli, i. uocalem pro e. ponunt, ut Eucherius. Ego semper aspirare malim, ut Plinius fecit: nam qui spiritum detrahunt recentiores sunt omnes. Accedit etymologia: putant enim grammatici quidam heritium uel herinatium (sic legimus in Pontani de aspiratione libro, penultima per t. & i. non per c. & e. expressa) ab horrendo dici, atq; exinde aspirationem trahere. Quinetiam Galli aspirantes scribunt in sua lingua, Hispani tamen nō aspirant. Non ineptè etiam ab hærendo aliquis deriuet, quòd fructus & alia spinis eius infixa hæreant. Echinus tam aquatilis quàm terrestris Græca uox est, à Latinis erinaceus appellatus: quanquam Theodorus echinum ma-

L 2

rinum ubiq; nõ aliter quàm echinum interpretatur, Pliniũ forte imitatus, at eum qui terrestris est erinaceum conuertit, Massarius. Ego aquatilem echinum à Latinis erinaceũ appellari authorem non habeo: (licet Itali uulgo hodie riciũ tum terrestrem tum marinum appellẽt pro ericio per aphæresin.) Quamobrem & Massarium miror & Hermolaũ, qui echinũ piscem (sic enim impropriè uocat cum branchias nõ habeat, melius quidam ostreis adnumerant) erinaceum Latinè uocari scribit. Herinaceus qui & herix, & hericius, quod spinis horreant dicti, ut quidam uolũt, Perottus. Herices, quòd spinis horreãt, Grapaldus. Hericij, qui & echini dicuntur, Eucherius. Varro inuenisse se ericium cum proboscide scribit, ut Nonius citat ex Varronis Sexages. his uerbis: Inuenisse se cum dormire cœpisset, tam glaber quàm Socrates, caluum esse factum ericium èpilis albis cum proboscide. Syluaticus barbare iriccium protulit. Implicitumq; sinu spinosi corporis erem, Nemesianus. ¶ קפוד kipod Hebraice herinaceum sonat: quam uocem licet alij aliter interpretentur, herinaceũ tamen esse constat: quoniam medici ut Serapion, Syluaticus, & alij qui Arabice scripserunt ceufud appellant (apud Auicẽnam caufed scribitur) & Græcorum de echino terrestri uerba eius mentioni adscribunt. R. Dauid Kimhi auem solitudine gaudentem interpretatur, quam Ioseph Kimhi pater Dauidis Arabicè uocauit קנפאר, uulgo טרטוגא tartuga, (id est testudo, sed inepte ut uidetur cum pro aue ponatur: forte turtur legendum, quæ uulgo ubiq; ferè nomen Latinum retinet, & solitaria auis est.) Idẽ Kimhi Sophoniæ 2. lingua Ismaëlitica (inquit) dicitur קפוד, Arabicè אלקנפאר: addit Esaiæ 14. semper in aquis uersari. Salomon הריצון uocat, (alludens puto ad Gallicam uocem herisson,) id est hericium, secutus nimirũ nostros interpretes. Nam Septuaginta Esaiæ 14. & Sophoniç 2. ἐχῖνον uertunt, Hieronymus hericium. Ita etiam Esaiæ 34. ubi Salomon auem dicit צואיטא ziuetta uel ciuetta, id est noctuam. Redigam Babylonem in possessionem erinacei, & in stagna aquarũ, Esaiæ 14. Hebraicè kipod est: quod animal esse aquaticũ uel saltem quod iuxta aquas habitet, ex his concludi posse aliqui putant: & quoniam uerbũ præcidere uel succidere Hebræis significat, eruditus quidam apud nos lutram, seu potius castorẽ, qui arbores succidit, esse colligit. Ab hac uoce ultima tantum litera differt קפוז kipoz, quam R. Kimhi eiusdem cum kipod significationis existimat, quoniã zain & daleth crebrò inter se permutantur: similiter Salomon. Septuaginta etiam echinum, & Hieronymus hericium exponit. Abraham Esra non sine ratione refellit, auem esse contendens. Nam Esaiæ 34. auem esse apparet ex eo quòd alijs tribus auium nomini-

nominibus coniungitur. (Munsterus noster eo in loco non kipoz sed kipod legit, & ululã uertit: in Dictionario tamen suo kipoz uocem inde citat: & exemplaria quædam kapon habere monet: Chaldaica quidem translatio kipod habet.) Quidam apud nos uulturem esse conijcit, quoniam ea maximè sit solitaria auis, ut cuius nidum homines ignorent, teste Plinio: accedere etiam etymon uocis ab insiliendo aut inuolando dictæ, id קפץ kapaz sonare in lingua Syrorum. Sed hæ coniecturę sunt: neque enim necesse est auem esse quod cum auibus nominatur: neq; etymologia probationibus rerum satis efficax est. Ego in uulgatis dictionarijs kapaz uocem cum zade, non cum zain, in fine scriptam reperio, quam claudere & contrahere exponunt, quod herinaceo præcipuè cõuenit. Pro kipod Hebræorum Chaldæi קיפדא kopeda dicunt. Errant qui thapsa erinaceum faciunt: cuniculus enim est, ut supra docui. Hoc quoq; uobis immundum sit inter reptilia quæ repunt super terram, mustela, mus, atq; bufo iuxta genus suum: ericius, chamæleon, &c. Leuitici undecimo interprete Munstero: pro ericio Hebraicè habetur האנקה haanaka, quam uocẽ Kimhi interpretatur pro reptili quod semper clamet, & inde nomen sortitum sit: Author Concordantiarũ Esra reptile uolans. Chaldaicus interpres Leuitici undecimo uertit ילא iala, & יילא iela, id est hirudo uel sanguisuga. Arabs, ורל ucral. Nicolaus Lyranus R. Salomonem secutus, hericius: qui tamen alibi בברא exponit, id est fibrum seu castorem, ut Munsterus legit: uel ut nostrorum quidam, uiuerra: Septuaginta μυγαλῆ, Hieronymus mygale, id est mus araneus. Agelmin, id est ericius, Syluaticus. Adulbus, id est ericius montanus, Vetus glossographus dictionum Auicennæ: Ego in Auicennæ textu aduldus reperio, & hystricem esse puto, ut in hystrice dicam. Alierha secundum quosdam est ericius magnus spinosus, (hystricem intelligere uidetur:) secundum alios uerò, ericius minor, Andreas Bellunens. Aema zameleantos, id est sanguis ericij, Syluaticus manifesto errore: legendum Hæma chamæleontos, id est sanguis chamæleontis. Χήρ, echinus, Hesychius & Varinus: nec aliud addunt, ut dubium sit de terrestri ne uel marino accipi debeat. Sed conijciat aliquis terrestrem ita dictum quod χῆρος ἤτοι ἔρημος, id est solitarius agat: uel χηραμοὺς, ἢ χηραμίδας, id est latibula seu foramina subeat. Ἀκανθονῶτος, herinaceus terrestris, ἐχῖνος, Hesychius & Varinus: à dorso spinoso: unde & ἀκανθόχοιρος uocatur, quasi porcus spinosus (quanquam hodie uulgò non herinaceus, sed hystrix ita nominatur) ab Etymologo & Varino. Eruditus quidam nostri sæculi acanthochœron à Græcis quibusdã hystricem uocari scribit, sed nullum testimonium adhibet. Ἀκάνθινον, ῥάμνος καὶ ἐχῖνος, Hesychius & Varinus. Ἄκανθος ijdem animal & auem interpretantur: nec exprimũt quale animal: & acanon scarabei genus. Apud Dioscoridem echinos cherſæos, id est herinaceus terrestris appellatur, & nescio à quibus ἀκάνθιον ἐπίγειον: ego acanthion potius legerim à spinis. Nam & Galenus lib. 1. cap. 1. de compos. med. sec. locos, in medicamento quodam quod locos etiam caluescentes prohibere, & pilis inducere possit, acãthionem terrestrem, herinaceũ interpretatur: nam in eodem medicamento echini marini assumuntur. Azani uel Aezani uel Azanium, urbs est Phrygiæ, quam Hermogenes Ἐξεχνάγων scribi debere putat. Fertur enim eo in loco frequentes uillas fuisse rusticorum: & cum aliquando fames ingruisset & pastores sacrificijs nihil impetrarent à dijs, Euphorbus quidam τὴν ἀλώπεκα, id est uulpem, (uidetur ἀνάγων legendum, si supra rectè scribitur Ἐξεχνάγων: uel ἀγαγὼν, si inferius rectè Ἐξαγάνι:) & ἐχῖνον, id est echinum dæmonibus immolauit, unde placatis dijs terræ fœcunditas redijt. Quamobrem à uicinis sacerdos & princeps creatus est, & ciuitas ab eo dicta Ἐξαγάνι, quod ad uerbum sonat ἐχινάλωπεξ, Stephanus in Azani: ex quo Erasmus etiam transtulit in prouerbio Azanæa mala. ¶ Herinaceus, Italicè riccio, uel ut alij scribunt rizo: Hispanis, erizo: Lusitanis ourisso uel orico cachero, eò quod corpore contracto sese occultet: cacher enim occultare est. Gallis herisson, Germanis **igel**, uel **eigel** ut in Germania inferiori scribunt: Hollandis **een yseren verken**, quasi porcum ferratum dicas. Anglis heggehogg, id est sæpium porcus, quoniã in sæpibus uersari solet: uel urchin, quo nomine hominem etiam appellant incuruiceruicum, hoc est qui caput & collum ad pectus inclinat. Illyricè gefs, malox, tzuuijerzatko, otzijschax. ¶ Oppianus circa finem lib. 2. de uenatione duo echinorũ genera describit, maius & minus, his uersibus quos propter elegantiam adscribendos iudicaui.

Οὐκ ὄφεω κεύθρον γῆ, ὀκελόεντος ἐχίνου
Ἀργαλέαι μορφαί, κεύθρον τε πελώριον ἕρκος.
Τυτθὸν φρίσσοντες ὑπὸ πτορθοῖς ἀκάνθαις.
Μείζονος ἀμφίδυμοι γὰρ ἐχίνοιο ἐξονόμοιεν
Οἱ μὲν γὰρ βαιοί τε καὶ ὑπὸ ἀνοὶ πλείονσιν,
Οἱ δ' ἄρα καὶ μεγέθει πολὺ μείζονες, ἠδ' ἐκατέρθεν

Ὀξεῖα πεφρίκασιν ἀρειοτέρησιν ἀκωκαῖς. Dictionem πτελῆσιν à recto πτελὴς deduco, ut πτελῆτις ἀκταὶ & πτελῆτα σκοπιλὸν apud Homerum: Alia lectio πτεβολῆσι, quæ si placet, legatur ὑπὸ πτεβολῆσιν ἀκάνθαις, ut lib. 2. de piscatione, ubi herinacei & serpentis pugnam describit. Sunt è genere herinaceorum maiores hystrices, Grapaldus. Oppianus quidem de hystriche seorsim agit libro tertio de uenatione, cum herinacei maioris mentionem ijs in uersibus quos iam recitaui libro secundo fecisset: Plinius hystrices ex herinaceorum genere facit, & similiter hybernis se mensibus condentes. Remedia quoque ex ustorum cinere, eadem in hystriche & efficaciora sunt, ut infra dicemus. Varro inuenisse se ericium cum proboscide scribit, ut citat Nonius. Hunc equidem echinum suarium crediderim, cui proboscis est qualis in suum genere, Germani uulgò **sewigel** nominant: alterum genus, minus ni fallor, rostro simile cani, **hundsigel**. Spinas habet hericius uterq; tam caninus quàm porcinus, Albertus. ¶ Differunt etiam loco: nam alij agrestes siue syluatici, alij circa domos reperiuntur.

L 3

B.

Echinus terrestre animal est, cuniculi magnitudine, sed specie porcina, aculeis uallatus quemadmodum hystrix est, Massarius. Vallatus est aculeis extra quàm ore pedibusq́ ac parte inferiore, quam rara tantũ & innocua lanugo operit, Hermolaus. Porcelli formam habet, spinosus ubiq́ præterquam in uentre, Isidorus. Pinguis est & porcelli modum exprimit cum excoriatur, Albertus. Mirabile in Creta apros, herinaceos, &c. non esse, Plinius. Hericij ita spinoso defenduntur tegmine, ut ne contingi quidem possint, Eucherius. Aculeos qui à nonnullis uice pilorum geruntur, genus esse pilorum existimandum est, ut herinaceorum aculeos, Aristoteles. Herinaceorum pili paulatim adeò duritate degenerant, ut non pilis præterea, sed spinis similes esse uideantur, Idem. Aegyptijs muribus durus pilus sicut herinaceis, Plinius. Herinacei testes intus sunt, cutis enim eorum efficiendo scroto inepta est, Aristot. Et alibi testes eis intus lumbis adhærere scribit. Omnibus quæ animal generant, testes antè habentur, uel intus, uel extra, præterquam herinaceo: hic enim unus lumbis adhærentes continet, ob eandem qua aues causam: coitum enim herinaceorũ celeriter fieri necesse est, cum non more quadrupedum superueniant tergis, sed erecti coniungantur propter aculeos. Duos anos ad stercus emittendum solus ericius dicitur habere, Albertus.

C.

Herinacei in sæpibus dumosis & uineis per autumnum præcipuè diuersantur. Conduntur in arbores cauas hyeme, & cibis (pomis præcipuè) per æstatem congestis uescuntur. Echinum aiunt ad annum usq́ sine cibo durare posse, Aristoteles in Mirabilibus. Præparant hyemi & herinacei (ut mures Alpini) cibos, ac uolutati supra poma (mala & pira, ut alij: uel etiam ischadas, ut Philes) affixa spinis, unum non amplius tenentes ore, portant in cauas arbores, Plinius, & Aelianus. Herinaceus potamogitone herba interimitur, Aelianus. Admirabilis est illa echini pro catulis (περὶ τῶν σκυμνίων) solicitudo ac prouidentia. Vites subit uindemiæ tempore, pedibusq́ botrorum acinos in terram decutit: hos isthic circumuolutatus, excipit confixos spinis. Ac memini cum iam olim nobis qui tum aderamus omnibus spectantibus botri reptantis ingredientisq́ speciem præberet, adeò se cumulauerat atq́ oppleuerat uuis. Mox ut subiuit latibulum, ex se decerpenda quæ collegit catulis præbet, ut partim fruantur, partim recondant, Plutarchus in libro Vtra animalium, &c. Κώμαυλος τ' ἐχῖνον ἰδὼν αὐτὸν νῶτα φέροντα ῥᾶγας ἀπέκτεινεν τῷδ' αὐτὸν θηλοπέδῳ, Suidas ex Epigrammate. Est autem θειλόπεδον (sic scribi debet per ει. in prima syllaba) locus planus tanquam areola sub dio ubi uuæ Soli expositæ siccantur, quasi τὸ εἵλης πέδον, Varinus. Si quid deciderit ex fructibus, quos uolutatus aculeis suis infixerit, reliquos etiam omnes excutit, reditq́ ut aculeos omnes repleat, Iorach. Lac etiam & uinum bibunt cum in domibus aluntur. Herinaceis coitus erectis, partibus supinis herentibus sibi aduersis, Aristoteles. Herinacei stantes ambo inter se complexi coëunt, Plinius. Cur coitus eis celeriter peragatur præcedenti cap. dixi. Echinus parturiens cunctatur, uide capite octauo inter Prouerbia.

D.

Echinus animal est uafricia insigne, quo nomine Nauplium ex ingenio nimis callido Echinum appellauit Lycophron, Cælius. Herinacei mutationem aquilonis in austrum condentes se in cubile præsagiunt, Plinius. De herinaceorum sensu locis multis perpensum est, ut qui in cauernis sunt, commutent sua cubilia, aquilonum & austrorum mutatione: qui autem intra tecta aluntur, ad parietes discedunt: quod ita fieri cum Byzantij quidam animaduertisset, consecutus existimationem est, tanquam tempus futurum posset præsagire, Aristoteles. Duo uero foramina eius cubile (κοιταῖον, φωλεός) habet: alterum ad austrum, alterum ad boream pertinet: ac pro temporis ratione, sicut uelum gubernatores nauis uicibus transferunt, sic id quod ad uentum spectat, obstruit: alterum autem aperit. Atq́ hoc Cyzicenus quidam cum animaduertisset, nomen sibi ea ex re peperit, tanquam suopte ingenio uentos prædiceret, Plutarchus in libro Vtra animalium, &c. ¶ Serpens & herinaceus (ut Oppianus refert libro de Piscatione secundo) mutuo inter se odio flagrant. Quamobrem si in latibulis occurrant, echinus mox in orbem se contrahit, ut præter spinas nihil emineat. Irruens uero in eum serpens, & spiris implicans, frustra mordet: & quo arctius illum circumuoluta premit, eò magis ipsa se aculeis infigit & uulnerat: quibus utcunq́ afflicta, non remittit tamen, donec emoriatur: aliàs quidem simul ambo pari casu intereunt: aliàs echinus euadens, serpentis immortui corpus aut carnes adhuc aculeis infixas gestat. Herinaceum lupus timet ac fugit, Iorach. Memini aliquando audire leporem deprehensi herinacei aculeos singillatim dentibus extrahere, & nudatum postremò corpus uorare, quod mihi parum uerisimile fit.

E.

Herinacei ubi sensere uenantem, contracto ore pedibusq́, ac parte omni inferiore, qua raram & innocuam habent lanuginem, conuoluuntur in formam pilæ, ne quid comprehendi possit præter aculeos. In desperatione uero, urinam ex se reddunt tabificam tergori suo spinisq́ noxiam, propter hoc se capi gnari. Quamobrem exinanita prius urina uenari, ars est. Et tum præcipua dos tergori, aliàs corrupto, fragili, putribus spinis atq́ deciduis, etiam si uiuat subtractus fuga. Ob id non nisi nouissima spe maleficio illo perfunditur. Quippe & ipsi odere insitum ueneficium ita parcentes sibi, terminumq́ supremum opperientes, ut fermè ante captiuitas occupet. Calidæ postea aquæ aspersu resoluitur

resoluitur pila: apprehensusq; pede altero è posterioribus, suspendio ac fame necatur. Aliter non est occidere & tergori parcere, Plinius. Terrestris herinaceus inter animalia inuida censetur, statim ut capitur, urina sua reddita tergus suum cōspergit, cuius ui perfusum corrumpitur, & quod futurum erat ad multa utile, reddit inutile, Aelianus. Mihi quidem non inuidia aduersus hominē (quam stultè etiam alijs quibusdam animalibus tribuit antiquitas, plebeiam scilicet & anilem persuasionem secuta) sed metu potius, cum capiendus est herinaceus urinam reddere uidetur. Cum insidias sentit, undiq; se spinis claudit, & difficulter se uidendum præbet atq; palpandum: sed quando in aquam calidam mittitur, statim ea delectatus in planam membrorum deiectionem ostensionemq; resoluitur, & sic inoffensè uidetur atq; palpatur, Isidorus. Vide etiam infra in prouerbio, Scit multa uulpes, sed echinus unum magnum. Terreni herinacei nunc ueteratoriam explicabo: Cum enim is uicinus est ut capiatur, contortissime seipsum concludit, & tantopere contrahit, ut comprehendi non queat, simul & animam continet, spiritumq; comprimit, & ab omni motu cōquiescens, mortui speciem præ se fert, Aelianus & Philes. ¶ Ipsum animal non uerentur pleriq; dicere uitæ hominum superuacuum esse, si non sint illi aculei, frustra uellerum mollicie in pecude mortalibus data. Hac cute expoliuntur uestes. Magnum fraus & ibi lucrum monopolio inuenit, de nulla re crebrioribus senatusconsultis, nulloq; non principe adito querimonijs prouincialibus, Plinius. Huius monopolij (inquit Hermolaus) mentio fit in Iustiniani codice, quem locū recentiores Legulei ridiculè sunt interpretati. Pecten echini (nempe terrestris) uocatur iureconsultis echini pellis uestium detersui accommodè concinnata, cuius author rei Plinius est, Cælius. Erinacei cute expoliuntur lina, & uulgò ericium appellant, Massarius. Pellis herinacei cum suis spinis hastili præfigitur, ut eo fugentur canes.

F.

Veteres herinacei cute expoliebant uestes, cibum uerò ex eo non sumebant ut nos facimus, Sipontinus. Audio apud nostrates suarium tantum, non item caninum echinum mēsis admitti. Cute detracta inferuefaciunt paululū uino cum aceto: inde lardo & caryophyllis confixū in ueru assant. Herinacei carnem iucundam esse aiunt, si capite percusso uno ictu interficiatur, priusquam in se urinam reddat, &c. Plinius. Caro eius in cibo sumpta aduersus quos morbos ualeat sequenti capite dicam. Hystricis caro, ut herinacea, licet non admodum inter esculenta comedatur, stomachum tamen adiuuat, aluum soluit, &c. Platina à barbaris authoribus deceptus: marinis enim tantum Græci ista attribuunt.

G.

Colicum remedium per experientiam receptum, Baccas lauri decem, piperis grana septem, opopanaca magnitudine ciceris, conijce in aquæ cyathos tres, totumq; simul feruefactum bibendū præbe, quiescatq; inde æger, & perfectè sanitati restituetur. Oportet autem, inquit Galenus, ad uiros masculi, ad fœminas muliebris sexus herinacei internā membranā accipere, exiccareq; ac contundere, eiusq; partes tres prædictis ammiscere, Aëtius lib. 9. cap. 31. interprete Cornario. Græcum exemplar non uidi; sed conijcio Græce echinum legi, cum aliud herinacei nomen usitatū non habeant Græci. Significat autem echinus, ut capite octauo ostendam, membranā quoq; interiorem uentriculi in gallinaceis aut gallinis, quam aliqui stomachicis commendāt: Et de hac forte intelligenda sunt Aëtij uerba. Herinacei utriusq; tum marini tum terrestris corpus ustum cinerem efficit facultatis tum extergentis tum digerentis, tum detrahentis. Itaq; eo quidam & ad excrescentia, & ad sordida usi sunt ulcera, Galenus de simplicib. 11. 28. Dioscorides tamen eam facultatem marino priuatim attribuit. Terrestris simul & marini echini cinis, abstergit, resoluit, & exiccat, Auicenna. Cinis de pelle herinacei (terrestris, siue marini) confert ulceribus sordidis, & carnem superfluam compescit, Idem, Rasis, Albertus. Pellis herin. terrest. unà cum ipsius capite tosta, & in puluerem tusa ex melle inungitur ad alopeciam, Galenus lib. 1. Parabilium cap. 14. Cinis usti echini cum spinis si pici misceatur, cicatricibus pilos reddit, Albertus, & Philes ψιλοῖς τρίχας φύει. Herinacei cinis cum melle, aut corium combustum cum pice liquida, alopecias emendat. Caput quidem eius ustum per se, etiam cicatricibus pilos reddit. Alopecias autem in ea curatione præparari oportet nouacula & sinapi. Quidam ex aceto uti maluerunt. Quæ uerò de herinaceis dicuntur, eò magis ualebūt in hystrice, Plinius. Terrestris herinacei corium combustum, alopecijs cum pice liquida aptissimè illinitur, Dioscorides, Aelianus, Auicenna, Rasis, Albertus. Erinacei caput & pellicula cōbusta, cinisq; ei adiecto melle inlitus alopecijs cito prodest. Caput autem eius per se combustum, & adiecta ipsius adipe, cinis ille alopecijs inlitus, etiam cicatricosis facit pilos renasci: quod si totum ipsum quis exurat, & puluerem eius bene tritum cum adipe ursina caluo ad integrum capiti imponat, decorem pristinum restituet capillorum, Marcel. Et alibi, cinis (inquit) exusti erinacei recētis, uel fimus erinacei recēs, & sandaracha, cū aceto & pice liquida mixta & imposita fluētes capillos cōtinent. Author est Achriton alopeciæ mederi cinerem ericiorum marinorum cum gallis rubeis & amygdalis amaris, æquali omnium portione (ut sint tres partes æquales, quibus addatur fimi murium pars dimidia, Albertus:) permixta hæc cum aceto diu teres, & impones. (Medicamentum hoc apud Galenum, statim post Critonis pharmaca ad alopeciā Heraclidę adscribitur, lib. 1. cap. 1. de Compos. sec. locos.) Eiusdē facultatis est cinis ericij, uel corij, uel capitis eius, uel interiorum, si sepum ursi admisceas: & iam currit aqua absq; sepo in iuuamento, (uel ut Albertus habet, iam enim incipiet humor recurrere absq; labore:) postquam fricatur

L 4

locus affectus donec rubescat, Rasis & Albertus. Herinaceorum marinorũ testas exustas & aquæ subactas locis præfrictis impone. In quibusdam exemplaribus non aqua, sed adipe ursino excipi debere herinaceorum cinerem reperi, quod mihi magis placuit: hoc enim modo efficacius redditur, Galenus lib. 1. de compos. med. sec. locos, inter Critonis medicamenta ad alopeciam. Herinaceorũ marinorum testas ustas, ex melle & aceto prærasis illine, Soranus ibidem. Ericius ustus tritus si imponatur fistulæ, iuuat, Rasis & Albertus. Lichenas in facie cinere herinacei ex oleo illinunt: In hac curatione prius nitro ex aceto faciem foueri præcipiunt, Plinius. Attritis medetur cinis muris syluatici cum melle, uel herinacei, Plinius. Herinacei ter. cinis in uini potione sumptus, remedium ad dolores renum adhibetur, & ad aquam intercutem, Aelianus: Vetustiores carni siccæ in cibo sumptæ eadem tribuunt. ¶ Afficcata caro (σκελετευθεῖσα, Plinius inueteratam reddit, Arabum interpretes salitam) & cum aceto mulso pota, nephriticis seu renum uitijs auxilio est: item aquæ quæ cutem subijt, conuulsionibus, elephantiæ, & male habitis, quos Græci cachectas uocãt, (Arabum interpretes initium hydropis uertunt:) uiscerum fluxiones exiccat, Dioscorides. Eadem ex Dioscoride repetit Galenus de simplicib. 11. 3. his uerbis, Scripserunt quidam herinacei terrestris carnem desiccatam prodesse elephanto obnoxijs, cachectis, conuulsionem sæpenumero patientibus, nephriticis, laborantibus aqua inter cutem quam anasarca uocant: Quòd si ea efficere potest, facultatẽ habuerit ualenter simul digerentem desiccantemq́, sicut & caro mustelæ arefacta. Eadem quoq; apud Rasin & Albertum legimus. Isaaci interpretes magna imperitia cuniculo, uel ut Belluacensis habet kericulo, attribuunt uim dissoluendi, stomachum roborandi, aluum molliendi, urinam prouocandi: lepræ deniq; & elephantiasi medendi: Alij herinaceo eadem omnia: sed ij quoq; peccarunt: nam cum Dioscorides alijq; Græci seorsim de marino echino scripserint, eum in cibo sumptum stomacho gratum esse, bonam facere aluũ, & urinam ciere: & rursus priuatim de terrestri, quod elephantiasi alijsq; paulò ante enumeratis morbis subueniat, illi in unum omnia confuderunt. Ericius montanus melior est domestico, & habet spinas in modum acuum (sagittales Auicenna) & est consimilis in cura, melioris comestionis, magisq; iuuat stomachũ, & uentrem magis mollit, urinamq; ciet efficacius, Rasis & Albertus. Mihi quidem herinaceus montanus ille hystrix esse uidetur, adulbus ab Auicenna dictus: nam Syluaticus quoq; aduadul primum, deinde adubul ericium montanum interpretatur, qui uulgò dicatur istrice. Quòd autem is in cibo sumptus ea præstet, quæ Rasis, Albertus, & eos imitatus Platina ei tribuit, ex ueteribus authorem habeo neminem: Echinis enim marinis tantũ omnes has facultates attribuunt: herinaceo uerò terrestri & hystrici, neq; simpliciter, neq; magis aut minus quàm marinis. Quanquam enim in remedijs ex usto corpore corióue aut spinis, eandem uim terrestri & marino echinis esse Galenus tradit: Plinius uerò, Quæ de herinaceis, inquit, dicuntur, eò magis ualebunt in hystrice: longè tamen alia ratio est, si in cibo sumantur: quod illi non animaduerterunt. Ericius terrestris salitus aduersus elephantiasin prodest: item paralysi & spasmo, & uitijs neruorum omnibus, Auicenna. Coctus aut assus ericius in lepra remedium est, Rasis. In contractione neruorum caro palumbina in cibis prodest & inueterata, herinacei spasticis, Plinius: Distinguendum forte post prodest, non post inueterata, ut cum Dioscoride ei conueniat. Carnes inueteratę herinacei sumptæ utiles sunt hydropicis, Plinius. Salsa ericij caro cum oxymelite iuuat hydropicos, Auicenna & Rasis: Albertus addit, ad omnes hydropis differentias prodesse, nempe carnosam, (ut ipse loquitur,) tumidam, & citrinam. Eadem caro salsa, cum oxymelite pota, salubris est in dolore renum, Rasis, Auicenna, & Dioscorides, & alij: Solus Philes herinacei usti cinerẽ cum uino albo potum dolentibus renes mederi scribit. Caro ericij salutaris est in phthisi, Auicenna. Ericius coctus aut assus phthisicos iuuat, Rasis. Emplastrum ex ericio ualet contra neruũ contractum, & dolorem in uentre natum ex crassis flatibus, & difficultatem digestionis, Rasis: quẽ autem bonum authorem hæc scribendo secutus sit, non inuenio. Herinaceorum cinis cum oleo perunctorum custodit partus contra abortus, Plinius. Inueteratas (inquit Plinius) herinacei carnes quis possit dare potui furenti, etiamsi certa sit medicina? Herinacei carnem iucundam esse aiunt, si capite percusso uno ictu interficiatur, priusquam in se urinam reddat: Eos qui carnem ederint, stranguriæ morbum contrahere minimè posse. Hæc caro ad hunc modum occisi, stillicidia uesicæ emendat: Item suffitus ex eodem. Quòd si urinam ex se reddiderit, eos qui carnem ederint, stranguriæ morbum contrahere traditur, Plinius. Caro ericij terreni efficit ne pueri lectos permingant: urinam enim tantopere retinet in cibo sumpta, ut si assidue quis ederit, urinæ difficultatem incidere periclitetur, Auicenna, & Rasis similiter, sed obscurius. Si abscindatur caro herinacei absq; decollatione, deinde suspendatur super bestiam aut hominem, qui ægre reddit urinam, mox & facile eam emittet, Rasis. Herinacei caro optimè decocta atq; in cibo sumpta, stranguriosis mirè subuenit, & citò naturalẽ urinæ cursum relaxat, Marcellus. Idem alibi echinos cum aculeis suis teri iubet, & ex mulsa aqua frequenter accipi aduersus dysuriam: Plinius uero echinos cum spinis suis tusos & è uino potos, calculos pellere scribit, de marinis intelligens, qui & aliâs (inquit) in cibis ad hoc proficiunt. Caro ericij terreni confert febribus diuturnis, Auicenna & Habix apud Serapionem. Eadem succurit morsis à serpentibus (uermibus) uenenosis, Auicenna. Medicinalis est herinacei pellis, nisi ab eo permingatur, Philes. ¶ Herinacei adeps (caro afficcata potius, secundum Dioscoridem) prohibet uiscerũ fluxiones, Auicenna. Ericij salsi, & in aqua feruentis innatans collecta pinguedo, si illinatur baculo, & is in domo (uel

(uel lecto, Albertus) ponatur, conuenient ad eum pulices, Rasis. ¶ Pungentes in palpebris pilos ubi euulseris, cochlearum carnes cum uiridium ranarum harundineta incolentiũ, uel herinacei terrestris sanguine subigito, & adiecta atramenti sutorij moderata quantitate exiccari sinito, & utere (inuersis palpebris illine, saliua diluens) cauendo ne pupillam attingas, Aetius 7. 67. Et paulo post, Extremè autem confert, inquit Archigenes, sanguis herinacei terrestris, & fellis eiusdẽ par pondus, & castorei quod sufficit, &c. ¶ Si ex sanguine eius & melle cum aqua calida gargarismus fiat, uocem obtusam & raucam emendat, Rasis & Albertus. Sinister oculus cum oleo frixus in uasculo reconditur: is liquor somnificus est: oportet autem extremo stili immisso in aurem distillari, & statim somnus inuadet, Iidem. ¶ Hepar herinacei fictili solibus excocto arefactum, (in testa siccatum in feruenti sole, uetus translatio: in testa noua, Rasis:) ad eosdem usus, quos caro assiccata præstat, utilissimè reconditur, Dioscorides, Rasis & Albertus. Auicenna non ad omnia, quæ de carne herinacei prius dicta erant, hepar eius utile facit, sed solum ad postremum, nempe fluxiones uiscerũ: quod auxilium tamen non carni sed adipi perperam adscripsit. Ad solem exiccatum elephantiasi medetur, Aelianus. ἧπαρ τε (ἐχίνου φασὶν ἰατροὶ) ἠελίου ἐκ πυρὸς ἀναψύχειν, Καὶ φλεγμονὰς οἰδήματα συστέλλειν ζέον, Philes. ¶ Fel herinacei psilothrum est utiq; mixto cerebro uespertilionis, & lacte caprino: item per se cinis (quiuis cinis simpliciter) cum lacte, Plinius. Fel herinacei cum uespertilionis cerebro & canino lacte renibus impositum, mirè prodest, Marcellus: In Plinij uerbis canino legendum, non caprino, tum ex Marcello apparet, tum ex ijs quæ supra de lacte canino scripsimus, cui psilothri uim quidam falsò attribuerunt: caprino autem nemo. Cæterum Marcelli uerba planè corrupta esse uidentur, quid enim istis remedijs cum renibus? præsertim cum hæc & huiusmodi Marcellum ex Plinio mutuatũ esse constet: proinde hoc uel simili modo legemus, Fel herinacei cum uespertilionis cerebro & canino lacte mixtum, psilothrum est. Nec moueor quod Marcellus cap. 26. inter remedia ad renũ uitia hoc quoq; describit. Pilos in palpebris incommodos euulsos renasci non patitur fel herinacei, Plinius. Collyrium ex felle herinacei oculis immissum prodest, Rasis. Ad uitiligines illini iubent fel herinacei ex aqua, Plinius. Eodem uerrucæ omnis generis sanantur, Plinius. ¶ Aduersus lienis dolorem, quidam duorum dierum catuli ex aceto scillitico dant ignoranti, uel herinacei lienem, Plinius. Herinacei lien assus in cibo sumptus, lienosum efficaciter curare fertur, Marcellus. ¶ Conferunt contra lepram, expressionem ad phthisin ex ulcere pulmonis renes eius desiccati. Si ex eo (ex renibus, Albertus) sumatur pondus unciæ à patiente difficultatem urinæ cum aqua cicerum rubeorum, dissoluit statim, Rasis: Albertus addit, & dysenteriam & tussim curat. ¶ Fimus erinacei recens & sandaracha, cum aceto & pice liquida mixta & imposita, etiam fluentes capillos continent, Marcellus.

¶ Sua cuiq; urina (quod fas sit dixisse) maximè prodest, confestim perfuso canis morsu, echinorumq; spinis inhærentibus, & in spongia lanisue imposita, Plinius. Si echini aculei pedibus inhæserint, aut alicui corporis parti, in lotio humano calenti pedem diu tene, facile excutientur, Marcellus. Quamuis autem Plinius echini nomine marinum semper intelligat, ut herinacei terrestrem, uidetur tamen hoc ex lotio hominis remedium ad utriusque aculeos corpori infixos communem habere facultatem.

H.

Grammatici Græci (ut Suidas) echinos interpretantur chœrogryllos, & contra. ἐχῖνος ἀπὸ τοῦ ἔχειν ἑαυτόν, τῶν σαρκῶν ἀφανῶν οὐσῶν: ἢ παρὰ τὴν ἀντίφρασιν ἀπὸ τοῦ μὴ δύνασθαι ἐχίδνας ἀλλὰ τὰς ἀκάνθας, ὡς ἀκράτητος, Etymologus & Varinus. Et rursus, ἐχῖνος παρὰ τὸ συνέχειν ἑαυτὸν στρογγυλούμενον: ὅν γὰρ δεῖ ἀλέξασθαι τὸν ἐπερχόμενον συνειλούμενος, τὸν τῶν ἀκανθῶν περίβολον προβάλλεται, ὡς ἔρυμα, Iidem. ἐμπλάσσεις εἰς δέρμα λευκὸν τὸ ἀπ' ἀκάνθης λεγόμενον, Galenus de comp. phar. sec. locos. Cornarius dubitat an rectè sic legatur: & si sic legendum est, herinacei pellem exponendum conijcit, quoniam hoc animal Græci ut supra dictum est acanthionem & acanthochœrum nominant. Galenus quidem malagma quoddam ad splenicos & hydropicos tali pelli inducendum scribit. Fieri potest ut ab aliquo loco dictum sit genus pellium, cui emplastra commodè illinerentur: Nimis enim curiosum uideretur, & magorum nugis affine, herinacei pellem in hunc usum requiri, quæ haud scio an ita parari possit impedientibus spinis. Acanthus certe apud Stephanum ciuitatum aliquot nomen est, & Acantha lucus ingens in Thebaica, quamuis locus is mutilus apparet.

¶ Epitheta, Hirtus, Asper, Volubilis, Ruber, Aequoreus, apud Textorem: Aequoreus idem est marino: Ruber etiam marini proprium uidetur, cætera utriq; communia. ὀξέσι λαχνήεντα δέμας κύνη προσιόντ' ἐχῖνον, Suidas ex Epigram. ὀξύνωμος, apud Oppianũ, qui alibi idem marino attribuit: ὀκριόεις, quod asperum significat, (unde pumicem λίθον ὀκριόεντα quidam uocauit) & terribile, φρικτός, φοβερός, τρηχύς. Κυκλοτερής. ὁλοοίτροχος, cum aspiratione, ὁ τροχοειδὴς ὅλος καὶ πανταχόθεν ἀκανθώδης, id quod herinacio magis conuenit, quàm si cum tenui spiritu scriptum exponamus, τὸν ὀλοὸν ὅν δεῖ τρέχειν. Δειλός. Αἰόλα γυῖα δινεύων: αἰόλα interpretor mobilia, utpote in globum contracta, & apta rotari: hoc magis placet, quàm uaria colore interpretari: non enim corpus uarium habet, sed ipsos tantum aculeos albo nigroq; alternis distinctos, quales & hystricis sunt. Τρηχείαις λασίαισι περὶ πέφρικεν ἐθείραις, Οἵ ποίαις θωρηχθέντ' ἐχίνων αἰόλα φῦλα, Oppianus de hystrice: Ex eodẽ poëta superiora epitheta omnia sunt, præter primum ex epigrammate.

¶ Echinus Græcis nomen est uasis ex ære, aut opere figlino, in quod tabulæ ad iudicium pertinentes (testimonia, uel testium dicta) conijciebantur, aliâs conlecta signabantur: eius mētio fit apud Demosthenem, Aristotelem, & Aristophanem, Suidas, Massarius, Cælius, Pollux. In hanc capsam siue scrinium, testium dicta, acta litis, omniaq́ à partibus prolata conijciebātur, notisq́ additis signabantur, nē quis dolus malus in ijs subesset. Vnde ea quæ in acta prolaturi erant, apud sequestrem depositurí, quoad palam in iudicium proferrentur ad sententiam ferendam, τὰ εἰς ἐχῖνον ἐμβαλλόμενα appellabant, litis instrumentum significantes. Et εἰς ἐχῖνον ἐμβάλλειν, pro eo quod est apud acta proferre. Ἐχῖνος ἀγγός τι χαλκοῦν καὶ (legendum ἢ ut Aristophanis scholiastes habet) ἐκ κεράμου, εἰς ὃ τὰ γραμματεῖα τὰ πρὸς τὰς δίκας (aliâs μαρτυριῶν ἃ τινὲς ἐμαρτύρησαν κατασημηνάμενοι) ἐτίθεντο. Hinc Aristophanes in Vespis, Κατίαξ' ἐχῖνον. Echini, cadisci uel uasa erant, εἰς ἃ αἵ τε μαρτυρίαι καὶ αἱ προκλήσεις ἔγγραφοι ἐνεβάλλοντο ὑπὸ τῶν δικαζομένων, καὶ κατεσημαίνοντο ἵνα μηδεὶς κακουργήσῃ τὰ ἐμβαλλόμενα: Vel secundum alios, εἰς ἃ διαιτηταὶ κατεβίβαζον τὰ γραμματεῖα τῶν μαρτυριῶν ἃ τινὲς ἐμαρτύρησαν: καὶ κατασημηνάμενοι μετὰ ταῦτα εἰ ἐγκληθείη ἡ δίαιτα τοῖς δικασταῖς ἐπεδίδουν, Varinus, Suidas & alij. Quamobrem diætetarum, id est arbitrorum, erat echinus, & ab ijs cum opus erat iudicibus tradebatur. Plura uide in Commentarijs Budæi. ¶ Pocula cum cyatho dum sustinet, astat echinus Vilis, cum patera guttus, Campana supellex, Horatius Serm. 1. Sat. 6. Hîc, ut Acron docet, echinus genus est uasis æneí in quo calices lauantur, quam alij ampullam dicunt esse uitream: Scoppa Italice defrescatoro exponit. ¶ Echinus genus est chytræ, id est ollæ, Pollux: item lebes, σκεῦος μαγειρικόν, καὶ λοπάς, Hesychius & Varinus. Ἐχῖνον βαδυκόν, id est lebetem, Etymologus. Sunt item echini circa manus carpum ornamenta: sicut pericarpia, & item psellia ac bubalia, Cælius. Echinus muliebris ornamenti genus est, non dissimile omnino brachialibus & armillis, Hermolaus ex Polluce. ¶ Echînus, placenta secundæ mensæ apud Athenæum libro 14. uidetur autem in Rhodo fieri solita ex uerbis Lyncei illíc citatis: ἄμης uerò, cui comparatur, Athenis. Pollux insularem placentam esse meminit, ἄμητι similem: πέμμα νησιωτικὸν ὡς πλακοῦς, Hesychius. ¶ Ἐχῖνοι, οἱ τῶν τειχῶν ἀγκῶνες, Hesychius. ¶ Echînus, fræni pars, Hesych. Fræni pars quæ ori inseritur χαλινὸς uocatur, cuius medium ἡνίον. τὸ δὲ περὶ αὐτὸ δακτύλιοι, ἐχῖνοι, τρίβολοι, ὡς πρὸς μασᾶται (nisi malis περιμασᾶται) ὁ ἵππος, Pollux. Et alibi, τοῦ δὲ χαλινοῦ τὰ σιδήρεια, ὑποστόμια: καὶ τῶν ὑποστομίων, τὰ μὲν κοῖλα ἐχῖνοι &c. ¶ Ἐχῖνος, τῶν κιονοκράνων μέρος, Hesych. Inuenio echinum rectè dici partem in capitulo Doricæ columnæ: crassitudo quippe eius trifariam distribuitur: una enim portio est plinthus cum cymatio: altera echinus cum annulis: tertia hypotrachelio contrahitur columnæ, Cælius. Echinocephalum Cratinus Periclem appellauit, Pollux libro 2. melius legetur schinocephalum, ut supra docui in Cane, Capitis octaui parte 2. Scillæ genus unum, aut bulbum eius omnem ab Hippocrate schinum uocari author est Galenus in glossis. Edulia quædam, ex amygdalis præcipuè, & alia ex uuis passis ad herinaceorum speciem à coquis parantur, & eorundem nomine apud nostrates uocantur, ut legimus in Balthasaris Dillingensis coqui libro Germanico. Est & militare in lingua nostra herinacei uocabulum, quum acies ita instruitur ut hastis undiquaq́ rigētibus hostes excipiat. Rustici deniq́ nostri herinaceum nominant abscessum, qui medias pecoris, uaccarum præsertim ungulas obsidet. Non alienum est ab hoc loco quod Cassiodorus Variarum libro quinto scribit, ubi diuersas amphitheatrales pugnas hominum aduersus belluas describens, Alter (inquit) se gestabili muro cannarum, contra sæuissimum animal, ericij exemplo receptatus, includit: qui subito in tergus suum refugiens, intra se collectus absconditur, & cum nusquam discesserit, eius corpusculum non uidetur. Nam sicut ille ueniente contrario reuolutus in sphæram, naturalibus defensatur aculeis, sic iste consutili crate præcinctus, munitior redditur fragilitate cannarum, Hæc ille.

¶ Echînus Aristoteli est pars uentris ruminantiū (ut & Hesychius scribit,) Gaza omasum transfert. Ἐχῖνος καὶ τοῦ βοὸς ἡ γαστήρ, παρὰ τὸ ἐπέχειν ἐν ἑαυτῇ τὴν τροφήν, Suidas & Varinus. Meminit etiam Etymologus citans hunc Callimachi uersum, ὄντε μάλιστα βοῶν ποθέεσιν ἐχῖνον. Echînus dicuntur interna uentris Eustathio, siue uentriculus: & ut uult Nicandri scholiastes, uentriculus propriè bouis. Echinus uenter est in bobus, & in ceruis etiā, Cælius. Ἐχῖνος σημαίνει καὶ μέρος ἀστέρος, Varinus: lege γαστέρος ex Etymologo. Lac coagulatur etiam à domesticæ gallinæ pellicula, quæ intra uentriculum stercori destinata est, echinus ab aspritudine Græcis appellata, ceu cortex quidam, Berytius in Geoponicis Græcis. Ἐχῖνος τῶν πτηνῶν ἡ κοιλία, Hesychius. ¶ Ἐχῖνος, μικρὸν τῆς θαλάσσης ζῶον, ἢ τὸ πετεινόν, Hesych. Et alibi, Ἄκανθος ζῶον, φυτόν, καὶ πτηνόν, Idē & Varinus: ut echinus & de marino dicatur, & de aui quadam, quanquam πτηνὸν & πετεινὸν etiam ad insecta uolucria extendi possunt. Ego echinum auem nusquam legi, spinum sæpe. Videtur autem spinus uox Latina, quam Græce ἄκανθον interpreteris. Scribitur autem σπῖνος etiam à Græcis. Gaza acanthidem auem ex Aristotele nunc spinum nunc ligurinum uertit: uictitat enim ex spinis et carduis. Imperitus aliquis pro spino echinum facile scripserit, & facilius Græcis literis: nec rari huiusmodi errores in Græcorum Lexicis sunt. In his uerbis Ἄκανθος ζῶον, intelligo echinum animal siue terrestre siue marinum, nam & alijs nominibus ab acantha deriuatis nominatur, ut supra ostendi. Post ζῶον aliquid deest, χερσαῖον, uel θαλάσσιον, uel τετράπουν, uel simile quid, ut rectè sequatur καὶ πτηνόν. Quòd si hanc cōiecturam ut pro echino, si auem intelligimus, spinus legatur, quæ mihi quidem probabilior est, aliquis non receperit: aliam habeo, ut echini uel acanthi spiniue nomine, insectum uolucre, nempe maximum scarabeum cornutū accipiamus, quem aliqui uulgo ceruum uolantem uocitat: is enim compressis cornuum ramis tanquam spinis configit quicquid in medio deprehenderit: & Ἄκανθον Hesychius scarabei genus interpretatur: uidetur autem

autem acanos idem quod acanthos, ut acanion quoq; nō aliud quàm acanthion est. Sunt sanè etiam cruribus spinosi scarabei quidam, ut in Historia insectorum uidebimus. ¶ Echiniscus Polluci lib. 2. pars auriculæ est, ἡ πρὸ τῆς κυψέλης κοιλότης, id est proxima circa uel ante foramen auris cōcauitas, media inter foramen (quod κυψέλην uoco, licet etiam sordes eo contentas hac uoce significent) & auriculam. ¶ Hystrices generat India & Africa spina contectas, ex herinaceorū genere, sed hystrici longiores aculei, & cum intendit cutem missiles. ¶ Plura murium genera in Cyrenaica regione, alij lata fronte, alij acuta, alij herinaceorum genere pungentibus pilis, Plinius. In Cyrene aiunt plura murium esse genera, φύεις γὰρ πλατυπρόσωποι ὥσπερ αἰγαλαὶ γίνεσθαι: τινὰς δὲ ἐχινώδεις, ὃς καλοῦσιν ἐχίδνας, (lego ἐχῖνας, à recto ἐχῖν, ex Herodoti lib. 4.) Aristoteles in Mirabilibus. Gillius imperite in Aeliano 8. 9. ἐχινώδεις uertit, uiperæ speciem & similitudinem gerentes, quos indigenæ echinatos uocent. Aegyptijs muribus durus pilus sicut herinaceis, Plinius, & Aristoteles in fine libri 6. hist. animal.

¶ Echinum Massarius oleæ genus interpretatur tanquam ex Polluce: Hesychius εἶδος ῥοιῶν, id est mali Punicæ genus. Est & herbæ genus apud Galenum, quam etiam erinon Dioscorides uidetur appellasse: quanquam in uetustis codicibus non erinos, sed echinos legitur: est & apud Hippocratem echini herbæ mentio, Massarius. Apud Plinium lib. 23. cap. 7. erineos legitur: ubi de ficis & caprificis agens, Herba quoq; (inquit) quam Græci erineon uocant, reddenda in hoc loco propter gentilitatem. Palmum alta est, cauliculis quinis ferè, ocimi similitudine, flos candidus, semen nigrum, paruum: tritum cum melle Attico, oculorum epiphoris medetur: utcunq; autem decerpta manat lacte multo & dulci herba, perquam utilis aurium dolori, nitri exiguo addito: folia resistunt uenenis. Nicander etiam in Theriacis erinon uocat, & contra uenenata commendat, Καὶ κλώθοντ' ἐν ἀρπέζαισιν ἐρῖνον, exponunt autem ἀρπέζας τοὺς αἱμασιώδεις τόπους: οἱ δὲ τείχη, περιβόλους: οἱ δὲ τὰ κλιμακτώδη χωρία, quasi ὀροπέζας: & ἄρπεζον maceriam. Marcel. Verg. Nicandri uerba interpretatur, Et uirentis ad radices montium erini. Tradidit Diocles (inquit idem) à quo Plinius multa accepit, ocimo simile esse: nasci prope flumina & fontes: & præter id apricis locis & ad radices montiū, Hæc ille ex scholijs in Nicandrum, quæ etiam admonent herbam ἐρῖνον uoce penanflexa trissyllaba, à Diocle ἐρινεόν nominari uoce oxytona quatuor syllabarum. Sed Dioscoridis quoq; uerba audiamus ex lib. 4. cap. 30. Erinos (inquit) sunt qui ocimoides, qui hydreron, Romani ocimum aquaticum dicunt (ut Marcellus uertit) nascitur secus fluuios & fontes: folia habet ocimi, minora tamē, & in superiore parte incisuris diuisa. Ramuli exeunt dodrantales (κλωνία σπιθαμιαῖα, proinde non placet quod Plinius scripsit herbam esse palmum altam) quinq; aut sex: flores candidi sunt: nigrum uerò semen, paruū, acerbum. Lacteo liquore abundant caulis & folia. Eius semen drachmarum duarum pondere quatuor cyathis (drachmis, Aegineta) mellis temperatum, contra oculorum destillationes inungitur, sistitq; eas. Aurium dolores finit addito sulphure ignem non experto & nitro instillatus succus, Hæc Dioscorides. Galenus lib. 6. simplic. medic. echinon uocans, easdem eius uires refert. Aegineta, per ignorantiam forte, bis cōmemorat, primum in Erino ex Dioscoride, deinde in Echino ex Galeno. Hæc herba quòd sciam medicorum hodie nulli cognita est, quorum scripta in lucem edita uiderim: ego non hanc ipsam, sed congenerem aliam demonstrabo, quam Plinius militarē appellasse uidetur 24. 18. Lactoris, inquit, nota uulgò est, plena lactis, quod degustatum uomitiones concitat. Eandem hanc aliqui esse dicunt, alij similem illi, quam militarem uocant, quoniam uulnus ferro factum nullum non intra dies quinque sanat, ex oleo imposita: Nec alibi plura apud ullum authorem de duobus his nominibus siue unius siue duarum stirpium reperio. Ego diuersas esse puto uel hoc argumēto, quòd quæ uulnera tam cito glutinant, insignem astringendi uim possidere probabile est, quæ quidem contraria est uomitoriæ facultati. Habet autem erinus siue echinus uim illam reprimendi, siccandiq; & constringendi, uel Galeno & Aegineta testibus in censu simplicium. Quanquam etiam lib. 9. cap. 7. de compositione secundum locos Galenus, Succus echini, inquit, facit ad inflammationes & prolapsam sedem. Easdem planè uires habet herba quam Hieronymus Tragus lib. 1. cap. 100. esulam dulcē nominauit: manat enim lacte, ut esula & tithymallorum genera, unde forsan & erini, id est caprifici nomen impositū ob similem liquorem. Verum lac eius dulce, non acre ut tithymallorū est, quamuis tithymallos aspectu, floribus, pericarpijs & semine ita referat, ut prorsus eiusdem generis uideatur. Pericarpia tamen non læuia habet, sed hirta & quodammodo echinata, ut illorum gratia echini nomen meritò ei conueniat. Astringit omnibus sui partibus, maximè tamen radice quam albam habet, digiti ferè crassitudine, geniculatam, transuersam, duos aut tres palmos longam, eminentibus nodis totidem, quot caules præcedentibus annis ædiderat. Locis aquosis prouenit, & iuxta sæpes, syluestribus tantū aut montanis. In hortos translata pluribus annis uiuacissima durat. Flores ei lutei, folia oleæ sed minora, quamobrem non erinon Dioscoridis, sed omnino congenerem ei esse statuo. ¶ Echini uocantur etiā quercuum cyttari, id est paniculæ quædam ceu nucamenta quæ ex ramis earum dependent, Hesychius. Echinus, fructus platani, Idem. Ricinus quoq; ut folijs platanū imitatur, sic echinata habet seminum uasa. Est & echinatum pomum in solani cuiusdam peregrini genere, quod Fuchsius stramoniam & nucem methel appellat. Dicuntur item in castaneis echini, quia eo modo quo echini marini aculeis armati sunt. Græci enim echinon hirtum uocāt (hoc testimonio aliquo fulcire debebat: ego echinon adiectiuè sumptum nusquam legere memini) inde echinatum dicimus, quod ad similitudinem castanearum calycis aculeis hirtum est, Massarius. Armatū castaneis echinato cortice uallū est, Plin. 15. 23.

Dipſaco in cacumine capitula ſunt echinata ſpinis, Plinius. Chamæleon candidus ſerpit in terra echini modo ſpinas erigens, Idem. Glycyrrhiza & ipſa ſine dubio inter aculeatas eſt, folijs echinatis, Plinius: ego nihil tale in glycyrrhiza noſtra hactenus deprehendi. Echinopus Athenæo lib. 9. neſcio quam herbam ſpinoſam ſignificat, quam poëta quidã unà cum ononide nominat, τὰς ἀκάνθας συνάγων, ὡς ἂν ἐχινόποδας καὶ ἀνὰ τραχεῖαν ὄνωνιν ἀεὶ διατρίβων, ἀνθέων τῶν ἡδίστων μηδὲν συναθροίζων, in grammaticum quendam anxiè diligentem circa ſingulas uoculas, ſolidæ uerò eloquentiæ & eruditionis negligentem. Ceras ex omnium arborum ſatorumq́ floribus apes confingunt, excepta rumice & chenopode: Herbarum hæc genera, Plinius 11. 8. malim echinopode: quoniam chenopodis nomen nuſquam inuenio: conuenit autem herbæ ſpinoſæ ab echino factum nomen.

¶ Inſulæ Echinades dictæ ſunt ab Echione quodam, uel à multitudine echinorum, ſiue terreſtres illi, ſiue marini fuerint: Vel quod ſolum earum aſperum & ſpinoſum ſit echinorum inſtar, Euſtathius in Dionyſium. Oxiæ inſulæ, quas Homerus Thoas uocauit, Echinadibus propinquæ ſunt, adeò ut inter eas à Strabone collocentur, Hermolaus. Echinę inſulæ ſunt circa Aetoliam, quibus Achelous fluuius limum adijcit, Echinades aliàs dictæ, διὰ τὸ τραχὺ καὶ ὀξύ: uel ab echinorum copia, uel ut Apollodoro placet ab Echino uate, Stephanus. Echinades, inſulæ Acarnaniæ iuxta hoſtia Acheloi fluuij, in quibus Epei dicti habitãt, Scholia in Iliad. 2. Plura quære in Onomaſtico noſtro. Echînus nomen eſt ciuitatis, cuius (uel uiri à quo dicta eſt, ut Etymologus habet) meminit Demoſthenes Philip. quinta, Suidas. Echînos urbs eſt Acarnaniæ ab Echino condita, quam Rhianus Ἔχιον ἄστυ uocauit, aliqui Echinûntem, Stephanus. Echinus urbs Theſſaliæ ſic dicta ἀπὸ Ἐχίνου ἑνὸς τῶν τῶν Σπαρτῶν ἐνοικήσαντος, Varinus: uel ἑνὸς τῶν Σπαρτῶν (lego ἀπαρχιατῶν) ἐνταῦθα οἰκήσαντος, Etymologus. Hanc ciuitatem in Phthiotide collocat Ptolemæus, in faucibus Sperchij amnis, Plinius. Echinûntis mentio fit apud Ciceronem in Arato, Dicitur excelſis errans in collibus amens, Quos tenet Aegeo defixa in gurgite Echinus. Echinos Thraciæ urbs ad Pagaſeum ſinum, Pomponius lib. 2. Sperchium tamen in Maliacum ſinum deſinere Ptolemæus ſcribit.

¶ c. Mures alpini totam hyemem in latibulis uſq; ad uer erinaceorũ inſtar conuoluti deliteſcunt & dormiunt, Ge. Agricola.

¶ e. Sanguine herinacei cum decollatur, æquali oleo mixto, ſi inungatur corpus uiri ignorantis quid ſit, ligatur ab omnibus mulieribus uſq; ad menſem, Raſis & Albertus. Oculus herinacei dexter frixus ad pondus unciæ (Raſis neſcio quas ponderũ notas hîc habet) cum oleo alinulæ (aliàs alnulæ) uel ſeminis lini, ſi ponatur in uaſe æris rubri, & collyrij modo inde illinantur oculi hominis qui noctu uidere deſyderat, in tenebris condita qualibet tam uiſu diſcernet quàm interdiu, Iidem.

¶ h. Magos qui Zoroaſtren ſectantur, imprimis colere aiunt herinaceum terreſtrem, maximè uerò odiſſe mures aquaticos, Plutarchus in Sympoſiacis lib. 4. quæſtione ultima. Idem in libro de Iſide, terreſtres echinos ab his magis bono deo attribui ſcribit, aquaticos autem malo. De herinaceo ſacrificato ſupra dixi capite primo.

¶ PROVERBIA. Echino aſperior, ἐχίνου τραχύτερος, in hominem intractabilem & inſuauibus moribus dictum, metaphora ſumpta ab echino ſiue terreſtri ſiue marino, Eraſmus. ¶ Totus echinus aſper, Ἅπας ἐχῖνος τραχύς, in moroſos & iniucundis moribus quadrat. Echini enim tum terreſtres tum marini undiq; ſpinis obſepti ſunt, ut nuſquam impune poſſis attingere. Eſt & hominum huiuſmodi genus cum quibus nulla ratione poſſis agere citra litem. Ariſtoteles in Pace, οὐδέποτ᾽ ἂν θείης λεῖον τὸν τραχὺν ἐχῖνον, id eſt, Ex hirto in læuem nunquam mutabis echinum, Eraſmus. Scholiaſtes Ariſtophanis aptum huius dicti uſum eſſe oſtendit, cum quis alicui infenſus & aſper, mitis ac benignus erga ipſum ut fiat perſuaderi non poteſt. Echinus partum differt, ἐχῖνος τὸν τόκον ἀναβάλλει, de ijs dici ſuetum qui prorogarent quippiam ſuo malo: ueluti qui creditam pecuniam comperendinant, tamen aliquando reddendam uel maiore cum fœnore. Aiunt echinum terreſtrem ſtimulata aluo remorari partum, deinde iam aſperiore ac duriore facto fœtu mora temporis, maiore cruciatu parere, author Suidas, Eraſmus. Echinus parturiens cunctatur: uel Echinus partum procraſtinat, prouerbium in eos qui in perniciem ſuam morarum cauſas innectunt: cuiuſmodi ſunt illi uerſuram facietes, &c. Budæus. ¶ Prius duo echini amicitiam ineant, alter è mari, alter è terra, πρὶν δὲ δύο ἐχῖνοι ἐς φιλίαν ἔλθοιεν, ὁ μὲν ἐκ πελάγους, ὁ δὲ ἐκ χέρσου: de ijs qui moribus ac ſtudijs ſunt inter ſe diſcrepantiores, quàm ut ſpes ſit aliquando inter eos neceſſitudinem coituram. Refertur à Suida, Eraſmus. ¶ Multa nouit uulpes, uerum echinus unũ magnum, πόλλ᾽ οἶδ᾽ ἀλώπηξ, ἀλλ᾽ ἐχῖνος ἓν μέγα, Zenodotus hũc ſenarium ex Archilocho citat. Dicitur in aſtutos, & uarijs conſutos dolis, Vel potius ubi ſignificabimus quoſdam unica aſtutia plus efficere, quàm alios diuerſis technis. Nam uulpes multijugis dolis ſe tuetur aduerſus uenatores, & tamen haud rarò capitur: Herinaceus unica duntaxat arte tutus eſt aduerſus canum morſus. Siquidem ſpinis ſuis ſemet inuoluit in pilæ ſpeciem, ut nulla ex parte morſu prehendi queat, Eraſmus. Ὅτι δὲ οἱ ἐχῖνοι, λέγω δὲ καὶ τοὺς χερσαίους καὶ τοὺς θαλαττίους, καὶ ἑαυτῶν εἰσι φυλακτικοὶ πρὸς τοὺς θηρῶντας προβαλλόμενοι τὰς ἀκάνθας, ὥσπερ τι χαράκωμα, Ἴων ὁ Χῖος μαρτυρεῖ ἐν Φοίνικι καινῇ, λέγων οὕτως, Ἀλλ᾽ ἐν τε χέρσῳ τὰς λέοντος ᾔνεσα Ἢ τὰς ἐχίνου μᾶλλον οἰζυρὰς τέχνας. Ὃς εὖτ᾽ ἂν ἄλλων θηρίων ὁσμὴν μάθῃ, Στρόβιλος ἀμφ᾽ ἄκανθαν εἱλίξας δέμας Κεῖται, δακεῖν τε καὶ θιγεῖν ἀμήχανος, Hæc ex Athenæi Dipnoſoph. lib. 3. Eraſmus eoſdem uerſus ex Zenodoto recitat, & primo quidem uerſu pro ἐν τε legit ἐν γε, ſecundo autem pro ἢ legit καὶ, & ita transfert: Leonis artes in ſolo ſanè probo, At magis echini comprobo miſeros

miſeros dolos. Ego Athenæi lectionem potius ſequor, cuius hic ſenſus eſt, Magis laudandã eſſe leonis fortitudinem, qui ſcilicet aperto Marte ſeſe tueatur, quàm timidam herinacei aſtutiam. In Athenæo etiam aliquis miretur, quo pacto dicat ab Ione poëta utriusq; echini calliditatẽ prædicari, cum in uerſibus ab eo recitatis, de terreſtri tantũ mentio fiat: Sed uidentur reliqui, de marino ſcilicet echino deeſſe, quod ipſa orationis ſpecies oſtendit, nam illud ὥς τι χέρσῳ, expectari facit inferius addendũ, ὥς τι θαλάσσῃ, aut ſimile quid. Refert prouerbium etiam Plutarchus in libro Vtra animalium, &c. his ferè uerbis, Quid herinaceorum in defendendis tuendisq; ſe dexteritas, nonne prouerbio locum fecit? Scit multa uulpes, unum ſed echinus magnum. Nam urgente uulpe, ut ferunt, οἷον Στρόβιλος ἀμφ' ἄκανθαν, &c. ut iam ex Athenæo recitaui. Iam ſi uerũ eſt quod noſtrates aiunt, & Ge. Agricola ſcribit, uulpem herinaceum ita incluſum & in pilam redactum permingere, ac ſuffocare, cum propter urinam in os eius influentem ſpiritum ducendi nullam habeat poteſtatem, forſan id ignorarunt primi huius prouerbij authores: aut non hæc animalia inter ſe compararunt, ſed utrumq; ad canes uenantes. Superius ex Plinio retuli, aqua calida perfuſum herinaceum corpus explicare, quod forſan ſimili ratione fit cum à uulpe permingitur, non ſuffocationis periculo. ¶ Ὥσπερ ἐχῖνον λαβεῖν μὲν ῥᾴδιον, συνέχειν δὲ χαλεπόν· οὕτω καὶ τὰ χρήματα, id eſt, Sicut echinum utiq; capere facillimũ eſt, retinere difficillimum: ita & pecunias. Huic ſimile eſt illud Anaxagoræ ὡς ἔθος περὶ βασιλείας, χρήματα χαλεπὸν μὲν συναγείρασθαι, χαλεπώτερον δὲ φυλακὴν τούτοις περιθεῖναι, Cælius.

DE ELEPHANTO.

A.

Elephas Græcis uſitatum uocabulum à Latinis etiam receptum eſt: apud Ciceronem & alios bonos authores elephantus quoq; in recto ſingulari reperitur. Barrus ut Grammatici quidam annotant, lingua Sabina elephas dicitur: unde & ebur appellatum putat Seruius tanquam è barro. Barrire etiam elephanti dicuntur à ſono, ut Feſtus ſcribit, per onomatopœian, ut boues mugire. Elephantes Italia anno urbis conditæ quadringenteſimo ſeptuageſimo ſecundo in Lucanis primum bello Epirotico uidit, & boues Lucas inde dixit, Plinius & Solinus. Amat inſani Bellua Ponti, Luciq; boues, Seneca in Hippolyto: quidam luci boues, ſylueſtres exponunt, quod lucus ſylua ſit, ego pro elephantis accipio: ut ſenſus ſit, maximas etiam quaſq; belluas, tum in mari ut cete: tum in terra, ut elephantos, amore uinci. בהמה behemah Hebræis quamuis beſtiam ſeu belluam ſignificat, ſunt qui etiam pecus & iumentum interpretẽtur. Pluralis numerus eſt behemot, Iob cap. 40. ubi R. Moſes cõmune uocabulũ omnium iumentorum exponit, ut leuiathan omnium piſcium maiorum. R. Abraham eodem in loco mirabile aliquod uel monſtroſum animal eſſe putat. Noſtrorum quidam elephantum ſignificari arbitrantur per excellentiam, qua ratione Latinorum etiam nonnulli belluam uocant. Animæ facultatem quam αἰσθητικὴν, id eſt ſenſitiuam Græci dicunt, Iudæorum ſcriptores nepheſch habehemit uocant, quaſi animam irrationalem dicas, ut per uocem behemah brutum omne intelligatur, Chaldæus interpres Deuteronomij cap. 14. pro behema generali uocabulo uertit בעירא beira (Arabs בהאיץ behiz, Perſa בהד behad, Septuaginta κτῆνη, Hieronymus animal:) Idẽ Chaldæus alibi ubi Hebraicè שן ſchen, id eſt ebur legitur, uocem פיל phil uſurpat, & cum articulo דפיל dephil, unde Græci elephantis uocem traxiſſe uidentur. Munſterus etiam pro elephãto phil ponit, & pro ebore ſchen dephil, in Dictionario ſuo trilingui. Schen Hebræis dentem ſimpliciter ſignificat; accipitur autem per excellentiam pro ebore, id eſt elephanti dente. Syluaticus haage & aagi neſcio cuius dialecti uocabula ebur interpretatur. Et alibi, Lapis alagi (inquit) ſimilis eſt oſſibus elephantum. Felizabaragi, fel elephantis, Vetus Gloſſographus in Auicennam. Cæſar uocatur elephantus lingua Punica, inde nomen Iulij Cæſaris auo, quod is elephantem in pugna occiderit. At Feſtus, Cæſar (inquit) quod cognomen eſt Iuliorum, à cæſarie dictus eſt, quia ſcilicet cum cæſarie natus eſt: alij Cæſarum nomen aliunde deriuant, ut in Onomaſtico noſtro reperies. Πελωκας, elephas, Heſychius & Varinus. Italicè, leofante, uel (ut alij ſcribũt) lionfante: Gallicè, elephant: Hiſpanicè, elephante: Germanicè **helfant**: Anglicè, olyfant: Illyricè ſlon.

B.

Elephantes Romæ iuncti primum ſubiêre currum Pompeij Magni Africano triumpho: quod (factum) prius India uicta triumphante Libero patre memoratur. Procilius negat potuiſſe Pompeij triumpho iunctos ingredi portam, Plinius. Elephantes Italia primum uidit Pyrrhi regis bello, & boues Lucas appellauit in Lucanis uiſos anno urbis quadringenteſimo ſeptuageſimoſecundo, (ut Solinus etiam poſt Plinium ſcripſit.) Roma autem in triumpho ſeptem annis ad ſuperiorem numerum additis. Eadẽ plurimos anno quingenteſimo ſecundo uictoria L. Metelli pontificis in Sicilia de Pœnis captos. 142. fuere tranſuecti ratibus, quas doliorum cõſertis ordinibus impoſuerant. Verius eos pugnaſſe in circo, interfectoſq; iaculis tradit penuria conſilij. Quoniam neq; ali placuiſſet, neq; donari regibus. L. Piſo inductos duntaxat in circum, atq; ut contemptus eorum increſceret ab operarijs haſtas præpilatas habentibus, per circum totum actos: Nec quid deinde ijs factũ ſit authores explicant, qui nõ putant interfectos, Plin. Pompeius Romæ uenationes exhibuit, quibus quingenti

M

leones cæſi, elephantes deinde, horrendum quippe dirumq́; ſpectaculum, Plutarchus in uita eius. Mirum eſt libro ſeptimo Plinium ſcribere, L. Metellum elephantos primum bello Punico primo duxiſſe in triumpho: quum tamen libro idem octauo tradat, elephantes Italiam uidiſſe primum Pyrrhi bello, &c. Sed in ſeptimo forſan de ijs ſenſit, qui modò in Carthaginenſes depugnarunt, ſicuti commeminit libro decimonono ab Vrbe condita Liuius. Certe author Seneca eſt in libro de breuitate uitæ, principem omnium Curium Dentatum elephantes duxiſſe in triumpho. Sed & mox paulò, Idem (inquit) enarrabat, Metellum, uictis in Sicilia Pœnis, triumphantem unum omnium Romanorum ante currum centum & uiginti captiuos elephantes duxiſſe, Cælius. Victo Pyrrho Manius Curius Dentatus

Dentatus in consulatu triumphauit, & Romã primus elephantes quatuor duxit, Eutropius. C. Fabricio apud Pyrrhum legato pecuniam ab eo accipere renuente, postridie ipsum terrere uolens Pyrrhus, iussit dum simul loquerentur maximum elephantum post aulæam iuxta se constitui, ac deinde subitò aulæa sublata, elephas ex improuiso conspectus, proboscidem super caput Fabricij extulit, ac uocem terribilem asperamq; emisit. At Fabricius tranquillè cõuersus leniterq; arridens inquit, Nec heri aurum, nec me hodie bestia permouit, Plutarchus in uita Pyrrhi. Elephantes ex Europæis (inquit Pausanias in Atticis) primus Alexander habuit, cum subegisset Porum & Indorum potentiam fregisset. A morte autẽ Alexandri, præter alios reges Antigonus plurimos habuit, cum Demetrium prælio uicisset. Hos cum idem aduersus Romanos dimicaturus haberet, uehementer eos terruit, tum aliâs tum aliud quidpiam quàm animalia esse ratos. De elephanto enim ὅσος ἐς ἔργα καὶ ἀνδρῶν χεῖρας (lego χρείας, ut sit sensus) quantũ ad opera & usus (in bellis) momenti hominibus adferat, etsi iam olim omnes nouerant: ipsas tamen belluas, antequam Macedones in Asiam transirent, nulli dum mortalium præter Indos & Afros, eorũq; uicinos uiderant: Cui rei testis uel Homerus esse potest, qui cum regum lectos, & ædes etiam locupletiorum ex eis, ebore ornatas referat, ipsius tamen belluæ nulla apud eum mentio. Quam quidem si uidisset, aut saltem de ea audiuisset, multò prius eam commemoraturus fuisse mihi uidetur, quàm Pygmæorum & gruum pugnam, Hucusq; Pausanias. Fuerunt sub Gordiano Romæ elephanti trigintaduo, quorum ipse duodecim miserat, Alexander decem, Iulius Capitolinus.

¶ Elephantorum alij palustres, alij montani, alij campestres sunt: qui moribus etiam & ingenijs non parum differunt, ut capite quarto dicam. Proprium est eorum naturæ roscida loca & palustria amare, & amnes amplecti, ubi uersari maximè student: unde etsi fluuiatiles non sunt, tamen riparios dicere possumus, Aelianus. Multa in Oriente proueniunt, quæ in alijs Orbis partibus nusquã comperiuntur, ceu quæ ampliorem expetant caloris copiam, ut sunt leones, tigrides, elephanti, item gemmæ & aromata: quæ omnia in locis ad Orientem, quæq; ad Austrum innuunt, affatim succrescunt, Cælius. Frigoris sanè impatientes sunt elephanti, proinde frigidis in regionibus nõ nasci mirum non est. ¶ India plurimos maximosq; elephantes habet, robore ac magnitudine præstãtes, Diodorus Siculus. Indici elephanti nouem cubitorum altitudine, latitudine uerò quinq;, habentur. Maximi illic qui Prasij appellantur: secundi uerò ab his existimãtur Taxilæ nuncupati, Aelianus. Indis arant minores, quos appellant nothos, Plinius. Duo eorum genera sunt: nobiliores indicat magnitudo; minores nothos dicunt, Solinus. Indicum Afri pauent, nec contueri audent: nam & maior Indicis magnitudo est, Plinius. Indicos elephantos Mauri timent, & quasi paruitatis suæ conscij aspernantur ab his uideri, Solin. Quantum equo Nysæo maior est Libycus elephas, tanto Libycis elephantis maiores sunt Indici, Philostratus. Onesicritus & alij dixerunt, Libycos &, maximos esse & ualentissimos, (Græce est μείζους δὲ τῶν λιβυκῶν καὶ ἐρρωμενεστέρους, id est Libycis maiores & robustiores, apparet deesse uocem ἰνδοὺς, qua adiecta, tum syntaxis congruet, tum sententia cum alijs authoribus) qui rictu propugnacula dejciant, & arbores radicitus euellant, in posteriores pedes erecti, Strabo. Elephantis Indicis adsunt cornua duntaxat maribus: Aethiopicis uerò ac Libycis utroque sexu, ut Amyntianus tradit in libro de elephantis, Scholia in Pindarum. Indicos reperio nigri & murini coloris esse: in Aethiopiæ uerò regione quadam ad meridiem nuper inuenta permagnos & omnes albos. Indici iam adulti capti, solis Musicis instrumentis cicurari possunt, ut cap. 5. dicam. ¶ In Taprobane tigrides & elephanti capiuntur, Solinus. Taprobane insula πιπληθυῖα θηρίων ἐλεφάντων; Alexander cognomine Lychnus. In magni maris insula Taprobane permultorum & ualde grandium elephantorum pastiones in ea insula uigent. Ac nimirum hi insulani elephanti, animi robore & uirtutis indole, & corporis magnitudine, eis qui in continenti degunt, præstantiores existimantur, eos magnis nauibus in continentem transportantes Calingarum regi uendunt, Aelianus. Elephanti multi & maximi habentur in Sumatra, quæ Taprobana uidetur, Lud. Vartomannus. ¶ Libycus elephas, Lucanus lib. 6. Elephantes fert Africa ultra Syrticas solitudines, & in Mauritania: Ferunt Aethiopes & Troglodytę, ut dictum est: sed maximos India, Plinius. Indici quantum Libycis præstent, paulò superius indicaui. In Mauritania oppidum est Sala, iam solitudinibus uicinum, elephantorumq; gregibus infestum, Plinius. Tingitana prouincia Mauritaniæ qua porrigitur ad internum mare, exurgit montibus septem, qui à similitudine fratres appellati freto imminent: Hi montes elephantis frequentissimi sunt, Solinus. Atlantis in Africa montis saltus elephanti occupat, Solinus. Aethiopia uastos elephantes fert prominentibus utrinq; dentibus, Herodotus lib. 3. ut Valla transfert, Græce non aliud reperio quàm ἐλέφαντας ἀμφιλαφέας, ut Eustathius etiam in Dionysium poëtam scribens ex eo repetit. Amphilaphes grammatici exponunt, magnum, conspicuum, & alijs modis qui elephanto non conueniunt. India perhibetur molibus ferarum mirabilis, pares tamen in hac terra (Italia) uastitate beluas progenerari quis neget? cum inter mœnia nostra natos animaduertamus elephantes, Columella lib. 4. Post Syrtes in Africa excipiunt saltus repleti ferarum multitudine, & introrsus elephantorum solitudines, Plinius 5. 4. Zannes traditur oppidum Libyæ circa Nilum ad Africæ latus, unde elephanti incipiant, Idem. Montem transgressis uiri occurrerunt qui elephantis uehebantur. Hi autem sunt qui regionem colunt inter Caucasum montem, & fluuium Cophena iacentem, homines planè inculti, & armentorum equites curatoresq;, (Græce legitur,

M 2

ἄβιοί τε καὶ ἱππότου τῆς ἀγέλης,)Philostratus. Onesicritus classis Alexandri Magni præfectus, elephantos in Taprobane insula maiores bellicosioresq; quàm in India gigni scribit, Plinius.

¶ Elephanti magnitudo & tota species stupenda est. Terrestrium(inquit Plinius)maximũ animal est elephas. Elephantis opitulata est natura magnitudine corporis:sufficit enim hæc ad necem arcendam, Aristoteles. Mares fœminis maiores excelsioresq; sunt, Auicenna, Vartomannus, & Gillius. Eorum uaria est proceritas:nam alij ad duodecimum, alij ad decimumtertium dodrantem excelsitate procedunt, alij ad decimumquartum, Gillius:aut etiam decimumquintum, Vartomannus. Indici elephanti nouem cubitorum altitudine sunt, ut Aelianus refert. Elephas unus maior est tribus bubalis, Vartomannus. Oppiani de huius bestiæ magnitudine uersus hi sunt,

Θηρσὶ δέ τοι μέγεθος μὲν, ὅσον μήπω ἐπὶ γαίης   Ἄλλος θὴρ φορέει. φαίης κεν ἰδὼν ἐλέφαντα,
Ἢ κορυφὴν ὄρεος πανταπέλειτον, ἢ νέφος αἰνὸν   Χεῖμα φέρον δειλοῖσι βροτοῖς, ὧδε χέρσον ὁδεύειν.

¶ Indicis color est niger uel murinus: in Aethiopiæ uerò regione quadam nuper inuenta albus. Quid tibi uis mulier nigris dignissima barris? Horatius. Pellem habet nigram quasi puniceam & scabiosam, Albertus. Colore est bubalorum, Vartomannus. Totus niger est, & glabra cuti, sine pilis, Obscurus. Durissimum dorso tergus, uentres molles, setarum nullum tegumentum:ne in cauda quidem præsidium abigendo tædio muscarum(nanq; id & tanta uastitas sentit)sed cancellata cutis, & inuitans id genus animaliũ odore. Ergo cum extenti recepere examina, arctatis in rugas repente cancellis, comprehensas enecant. Hoc ijs pro cauda, pro iuba, pro uillo est, Plinius. Durissimũ dorso tergus est, uentri mollius, setarum hirsutiæ nullæ, Solinus. Plinius cum reprehendisset illos qui subtilitatem animi constare non tenuitate sanguinis putant, sed ea magis bruta esse quibus crassior cutis est, subdit: Elephantorum quoq; tergora impenetrabiles setas (alias cetras) habent, cum tamen omnium quadrupedum subtilitas animi præcipua perhibeatur illis. Hic ubi setas legitur, uetus lectio erat scasetias: quæ uox cum sit deprauata, & Plinius lib. 8. neget setas elephantis ullas esse, fieri potest ut scribendum sit, quasi setas: non enim setæ ibi sunt, sed quasi setæ, Hermolaus. Suum pili crassiores sunt quàm bubus & elephantis, quamuis tenuiorem quàm boues & elephanti cutem habeant, Aristoteles. Pilos eorum ex nouo orbe terræ deportatos uidi, qui ad duorum palmorum longitudinem procederent, Gillius. Pelle quidem robusta, sed turpi & aspera teguntur: eam ferrum peracutum non incidere potest, Gillius ex Oppiano. πρὸς τὴν φύσεως τὴν δορὰν ἰσόμωτα ἐλέφας, σφριγνία φολίδος τῇ ἐπιφανείᾳ ἐπιτρεχούσης, καὶ πᾶσαν αἰχμὴν ὑπὸ ἀντιτύπου θραυούσης, Heliodorus lib. 9. ¶ Caput elephanti prægrande. Minoribus sunt auribus atq; oculis quàm pro tantæ molis portione. ἴφθιμον δὲ κάρηνον, ἐπ' οὔασι βαιοτέροισι Κοίλοισι ξεστοῖς: ἀτὰρ ὀφθαλμοὶ τελέθουσι Μείονες, ἢ κατ' ἐκεῖνο δέμας, μεγάλοι περ ἐόντες, Oppianus. Vartomannus oculos eorum suillis comparat: Obscurus quidam rubicundos esse scribit. Auriculæ eorum duos dodrantes longæ sunt, quoquo uersus bene latæ, Vartomannus. Auriculas habent, quales draconum pinguntur, aut uespertilionum alis similes, Obscurus. Apud Sambros(in Africa, uel Sambros Aethiopes ut Solinus habet) quadrupedes omnes sine auribus, etiam elephanti, Plinius.

¶ Elephanto dentes utrinq; quatuor, quibus conficit cibum, atq; in farinæ speciem molit. Duo præterea prominent grandes, quos mares grandiores resimatosq; habent: fœminæ minores, & contra quàm mares: uergunt enim deorsum, pronìq; deuiant, Aristot. Elephanto dentes intus ad mandendum quatuor: præterq; eos qui prominent, masculis reflexi, fœminis recti atq; proni, Plin. Statim cum natus est elephantus, dentes habet: quanquam grandes illico perspicuos obtinet, Aristotel. Dentes exerti sunt apro, hippopotamo, elephanto, Plinius. Duos ei dicũt prominere exertos, quos alij dentes, alij cornua uocant, Aelianus. Sunt autem illi in superiore mandibula, Vartomannus. Quemadmodum duobus dentibus apri, sic elephanti armantur, sed situ contrario: illis enim in sublime feruntur, his deorsum retorquentur, Gillius. Eorum qui sunt confirmata ætate, ea magnitudine dentes existunt, uicem ut postium præstent in domicilijs (quod capite quinto etiam ex Plinio confirmabimus,) & pro palis Nigritæ ad sepimenta utantur: sæpe enim ad longitudinem decem pedum augescunt, Gillius. Grandia taurorũ portant qui corpora, quæris An Libycas possint sustinuisse trabes? Martialis de dentibus eboreis. Innominatus quidam cuius liber de terra Sancta Italicus extat, scribit se uidisse dentem elephãti à Veneto quodam mercatore ducatis, id est denarijs aureis, sex & triginta emptum, longitudine dodrantum ipsius quatuordecim, crassitudine dodrãtum quatuor: tanto pondere ut humo tollere non potuerit. Vartomãnus scribit uisos sibi in Sumatra insula duos elephanti dentes qui ambo appenderint libras trecentas & triginta sex: libram autem quantam accipiat non exprimit. Palustrium elephantorum dentes liuidi sunt, rari, tractuq; (forte tractatu) difficiles, & in plerisq; partibus foramina sunt: in alijs uerò partibus quasi grandinis grana tumores quidam insurgunt, & arti minimè obtemperant. Montanorum uerò minores sunt dentes, uerum & sufficienter albi sunt, & nihil in eis difficile inuenitur. Optimi autem omnium sunt campestriũ elephantorum dentes: maximi enim albissimiq; sunt, & incidi faciles, ut nullo labore in quancunq; manus uoluerit partem deducantur, Philostratus Alemano Rhinuccino interprete. Ex elephantino genere cornua fœminæ maius pretiũ quàm maris habere fertur, Aelianus. Abijciunt ea decimo quoq; anno & defodiunt, ut inferius dicam. Prædam ipsi in se expetendam sciunt solam esse in armis suis, quæ Iuba cornua appellat: Herodotus tantò antiquior & consuetudo melius dentes, Plinius libro 8.

Libro

Libro quidem nono, Elephantos & arietes (inquit) candore tantum cornibus assimulatis, in Santonum littore reciprocans destituit Oceanus. Quoniam autē de ambabus belluis (ut scribit Massarius) scilicet elephantis & arietibus simul loquitur, dentes elephāti marini Plinius hîc cornua uidetur appellasse, ne si dentes dixisset, arietes, de quorum cornibus non dentibus sermo est, ab appellatione cornuum exclusisse uideretur. Nam si dentes elephantorum dixisset, opus fuisset, arietum quoq; cornua expressisset: sed tolerabilius Plinio uisum utrisq; animalibus seruiendo cornua appellare: quod alibi etiam hac de causa fecisse uidetur, dentes elephanti cornua impropriè nuncupando, ut libro decimooctauo quando ait, Atq; cum in arbores exacuant limentq; cornua elephanti, & duro saxo rhinocerotes: ne si dentes elephanti dixisset, rhinocerotes quod cornua non dentes exacuunt, similiter
10 exclusisset. Sed quando de solis elephantis loquitur, dentes propriè appellat, ut libro octauo, (unde eius uerba paulò ante retuli.) Dentes quoq; Aristoteles secundo de historia appellauit: & tertio de partibus animal. elephanto cornua natura esse negata dixit, quod magnitudinis ipsius exuperantia ad necem arcendam sufficeret, Hactenus Massarius. Iuba dentes elephantorum cornua esse arbitratur, eò quod à temporibus nascantur. Acuere autem ipsa elephantes dicūtur, quod nulli alij inest animalium, permanere eadem etiam quæ primitus nascuntur, nec decidere sicut dentes ac rursus nasci. Ego autem his rationibus nequaquam assentior. Cornua enim etsi non omnium animalium, ceruorum saltem decidunt ac renascuntur. Dentes autem, in hominibus quidem decidunt ac renascuntur omnes, aliorum uerò animalium nulli contingit ut dentes cæteris eminentiores, quas sannas uulgò dicimus, aut gemini etiam sponte cadāt: quod si forte uiolentia quadam coacti ceciderint,
20 non renascuntur: armorum instar natura maxillis eos inseruit. Insuper cornua lineam quandam ueluti torno impressam singulis annis circa radices obducunt, quod oues etiam, capræ, bouesq; testantur, dens autem lenis politusq; oritur, & nisi uiolenter frangatur talis permanet: materiam enim substantiamq; lapidis parere uidetur: Cornua insuper ea tantum habent animalia, quibus duplex bifidaq; est ungula: Elephas uerò quinque habet ungues & plantam multipliciter scissam, ne altius pedes imprimat, si quando in humido solo forte constiterit. Præterea natura cornutis omnibus animalibus perforata, & in medio uacua ossa supponens, supra quæ extrinsecus cornu producitur: elephantorum autem plena & per omnes partes similia ossa sunt: quod si illud extrinsecus quis adapertum inspiciat, in medio tenue foramen (σύριγγα) inueniet, sicut in dentibus esse uidemus, Hæc Philostratus libro secundo de uita Apollonij, ex interpretatione Alemani Rhinuccini, quam licet
30 non probem, ea tamen quod Græcum exemplar ad manum non esset necessariò usus sum. In elephante nō potius dentes quàm cornua, teste Aphrodisiensi, appellari debent, Grapaldus. Quos dentes multi dicunt, cornua sunt, Varro libro tertio de lingua Latina, item Aelianus: qui & cornuū medullam in elephantis edendo esse scribit. Quicunque (inquit Pausanias) elephantum ossa quod ex ore promineant dentes potius quàm cornua esse putant, considerare debent alces mares (fœminæ enim ijs carent) sua habere cornua in supercilijs: Aethiopicos uerò tauros in naso sita: ut non ualde mirum sit eadem elephanto ab ore prominere. Accedunt & hæc argumenta assertioni nostræ: Cornua annorum circuitu animalibus nonnullis decidunt & renascuntur, in quo genere ut ceruos & dorcades esse constat, sic nos etiam elephantos ponimus. Dentes certe animalium adultorum nulli solent renasci. Quomodo igitur renascerentur hæc elephanti ossa, si dentes, non cornua essent? Sed
40 igni etiam dentium natura non concedit (quod si cogas dilatari, franguntur, Oppianus:) at cornua ut boum sic elephantorum, ex rotundis fieri plana, & in alias uerti figuras ui ignis possunt. Hippopotamis & apris dentes exertos inferior maxilla profert, at cornua non uidemus ex maxillis nasci (In Græco non legitur negatio, sed uidetur mihi deesse, quamuis Cælius sine negatione uerterit, Gillius dissimulanter præterijt:) Sciendum est autem cornua elephanti à temporibus supernè descendere (ῥίζαι μὲν πρώτιστον ἐκ κροτάφων πεφύασιν, ἐκ μεγάλων μεγάλαι, φηγῶν ἄπο, Oppianus;) & ita foras tendere: quod quidem non auritus sed oculatus testis scribo: Nam cranium elephantis accuratè consideraui in Campania in templo Dianæ, quod triginta plurimū stadijs distat à Capua metropoli Campaniæ. Elephas itaq; ut magnitudine & specie corporis à cæteris animalibus permultū differt, sic diuersum etiam & peculiarem sibi cornuum habet exortum, Hucusq; Pausanias lib. 1. Eliacorum: Eundem lo-
50 cum Cælius transtulit lib. 13. cap. 18 Eisdem argumentis Oppianus utitur lib. 2. de uenatione, ubi elephantum inter cornuta animalia describit.

¶ Linguam perquam exiguam elephantus habet, atq; interius positam quàm in cæteris sit, ita ut uix eam uidere possis, Aristot. Lingua ei bene exigua est, Aelianus. Lingua lata elephanto præcipuè, Plin. ¶ Proboscis, προβοσκίς, in elephanto uocatur à Græcis & Latinis nasus elephāti, uel potius pars à naso porrecta demissaq; terram uersus: sic autem uocatur quod ea ante se extensa pascatur, hoc est cibum potumq; ori admoueat. Plinius nunc proboscidem, nunc manum uocat: ut libro 8. cap. 7. Proboscidem (recentiores quidam codices promuscidē habent, Proboscidem, inquit Cælius 3. 30. nos etiam promuscidem dicimus, ratione qua b. transit quandoq; in m. unde κύβινδιν illi, nos cymindin pronuntiamus: Hæc ille sine authore. Ego cybindin apud Græcos legere non memini, sed
60 cymindin tātum: quanquam Hermolaus cybindin apud Aristotelem scribi ait, deprauato forsan codice usus. Promuscidis quidem uocabulum apud Vitruuium etiam, & in Gazæ translatione ex Aristotele reperitur) eorum, inquit, facile amputari, Pyrrhi præliorum experimentis patuit. Et alibi,

Mandunt ore: ſpirant, & bibunt, odoranturq́ haud impropriè appellata manu. Ita promuſcide tanquam manu utitur, Gillius ex Aeliano. Eadem ratione pronomęam Græci hanc partem uocant, quibus νέμεσθαι idem quod βόσκειν, id eſt paſci ſignificat. προβοσκὶς, ἡ τοῦ ἐλέφαντος προνομαία, Suidas & Varinus. Vel, ut Heſychius habet, τὸ ἐκτεταμένον καὶ προβεβλημένον τῆς ὄψεως τοῦ ἐλέφαντος. προνομαία καὶ προβοσκὶς, ἡ τοῦ ἐλέφαντος ῥὶς, Varinus: Heſychij lectio corrupta eſt. Inuenias tamen etiam de alijs animalibus proboſcidis nomen uſurpatum. Varro ſe inueniſſe ericium cum proboſcide ſcribit, ut Nonius citat. Proboſcis, ut apud Athenæum legimus, quæ & pronomæa, elephantum eſt, propriè uerò etiam de muſca & lolligine profertur: & ut idem alibi habet, de ſepia quoq;: De muſca quidem Lucianus uſurpauit. Habet elephas talem tantamq́ narem, ut ea manus uice utatur: quippe qui non niſi ad os illam admouens, & bibat, & edat: ſuo etiam rectori eam erigit, atq; offert: & arbores quoq; eadem proſternit: & quoties immerſus per aquam ingreditur, ea ipſa edita in ſublime, reflat, atq; reſpirat. Aduncíuſcula parte ſui poſtrema, naris hæc eſt, ſed flecti non poteſt: cartilaginea enim, & proinde rigidiuſcula eſt, Ariſtot. Et alibi, Elephantis prolixa ualidaq; naris augetur, eiuſq; uſus idem qui manus: ea nanq; cibos tam ſiccos quàm humidos colligunt, capiunt, & ad os admouent ſoli animantium omnium. Et rurſus, Elephas prioribus pedibus non utitur loco manuum, ſed nare ſua. Promuſcis eorum intus concaua ſuilli labri ſpeciem ſimilitudinemq́ quandam gerit: mobilis eſt, ut modo relaxetur, modo contrahatur, Gillius. Τῶν δ' ἤτοι (ὀφθαλμῶν) μεσσηγὺς ὑπεκπροθέει μεγάλη ῥίς, λεπτή τε, σκολιή τε, προβοσκίδα ἣν καλέουσι. Κείνη θηρὸς ἔφυ παλάμη, κείνῃ τὰ θέλουσι ῥηϊδίως ἔρδουσιν, Oppianus. Habet hoc animal quo loco alijs eſt naſus, partem quandam pendentem, anguſtam ac longam adeò ut ad terram pertingat. Hac pro manu utitur, & extrema eius parte ſic omnia tractat, atq; ita rebus apprehendendis applicat, ut ne minima quidem numiſmata ipſum effugiant, quæ etiam ſublata proboſcide (ſic partem eam uocant) rectori inſidenti tradit. In fine perforata eſt, & animal ipſum per foramina illa uelut per nares reſpirat. Poſtquam autem mortuo elephãte uſq; ad radicem partis ipſius diſſecans, meatus, qui à foraminibus ſurſum feruntur, reperi non aliter quàm in nobis exitum habere duplicem: unum quidem qui ad ipſum cerebrum perueniebat, alterum autem in os perforatum, impẽſius adhuc naturæ artem ſum admiratus. Vbi autem etiam didici, ipſum animal, cum fluuium, aut lacum profundum traijcit, ut totum ipſius corpus demergatur, per ſublatam in altum hanc proboſcidem reſpirare, naturæ prouidentiam intellexi, non in eo duntaxat quod partes omnes ipſius animalis pulchrè conſtruxerit, ſed quod ipſum etiam eis uti docuerit, Galenus ab initio libri ſeptimi decimi de uſu partium. Proboſcis ei ad terram demiſſa, & anterius carnoſa eſt: hac cibum potumq; aſſumit in os, quod ei ſub ceruice eſt ſicut ſturioni. Eadem aliquoties numum è terra tollẽtem uidi: & aliquando detrahentem ramum arboris, quem uiri uigintiquatuor fune trahentes ad humum flectere non potueramus: eum ſolus elephas tribus uicibus motum detrahebat, Vartomannus. Promuſcis eius longa eſt decem cubitos, qua pro manu utitur in bello, cibo, & alijs operibus, Albertus: Hanc alibi calceum uocat, & plura de ea ſcribit libro 2. tractatu 1. cap. 1. de animalibus. Aquam, inquit, ea haurit, & aſpergit uenatores aut circumſtantes, &c. ¶ Duplici tum corde, tum ſenſu animi, elephantus eſſe dicitur, & altero quidem ira incendi, altero mitigari & leniri Maurorum ſermonibus peruagatum eſt, Aelianus. Galenus libro ſeptimo Anatomicarum adminiſt. ſcribit ſe ex elephanti diſſecti corde magnum os exemiſſe, & quòd duos tantum uentriculos cor eius habeat, contra Ariſtotelem qui magnis animalibus tres attribuit. ¶ Elephanto etiam iecur ſine felle: inciſa tamẽ parte qua fel adhærere ſolet, humor felleus effluit plus minus, Ariſtoteles. Fel nõ ad iecur, ſed ad pectus ſitum habere dicitur, Aelianus. ¶ Elephanto inteſtinum ita eſt ſinuoſum (συμφύσεις ἔχον) ut aluos habere quatuor uideatur: in hoc etiam cibus recipitur: nullum enim cõceptaculum cibi aliud ſeparatim adeſt. Exta quoq; eidem ſuillis proxima, ſed maiora. Iecur enim quadruplo maius bubulo eſt: & reliqua pari ratione, excepto liene: hic enim minor ex proportione eſt, Ariſtoteles. Plinius non iecur ſed pulmonem eius quadruplo maiorem bubulo facit. Ventres elephanto quatuor, cætera ſuibus ſimilia, Plinius. ¶ Mammas duas habet paulò citra pectus, Ariſtoteles. Sub armis ei papillæ exiſtunt, Aelianus. Elephas tantum mammas ſub armis duas habet: nec in pectore, ſed citra in alis occultas: Nulla in fœminibus (aliâs femoribus) digitos habentium, Plinius. Elephanto mammæ ſunt ſub armis duæ, tam mari quàm fœminæ, perquam exiguæ, nec pro corporis uaſtitate, ita ut eas à latere conſpicere propemodum nequeas, Ariſtoteles. Et de partib. anim. 4. 10. Elephas, inquit, duas tantum habet, eaſq; ſub armis: cauſa cur duas habeat, quod uniprolis eſt: cur non inter femora, quod multifidũ eſt: nullum enim inter femora habet, cui pedes diſcreti in digitos ſunt. Cur ſupra ſub armis, quod in ijs quæ plures obtinent mammas & primæ ſunt, & plurimum lactis hauriunt quæ ea parte cõtinentur. ¶ Elephantus genitale equo ſimile habet, ſed paruum: nec pro corporis magnitudine. Teſtes idem non foris conſpicuos, ſed intus circa renes conditos habet: quocirca initum celerius agit, Ariſtoteles. Teſtes intus habet propter pondus ſui corporis, ut ſit uelocioris coitus: tamen tempore coitus emittit eos, Albertus. Teſtes ei intus ad aluum nectuntur, Ariſtot. Et alibi, Teſtes intus habet ob ſuæ cutis duritiem, cum ex ea ſcrotum non poſſet fieri. Teſtes elephanto occulti, Plinius. Cteſias Cnidius planè mentitur ea quæ de ſemine elephanti ſcribit: ait enim uſq; adeò durari ſiccescens, ut electro, id eſt ſuccino ſimile efficiatur, quod nunquam fit, Ariſtot. de generat. animal. 2. 2. Fœmina etiam elephantorũ genitale, ut cæteræ, inter femora habet, Ariſtot. ¶ Malleolos poſterioribus imis cruribus poſſidet,

possidet, Aristotel. ¶ Crura priora multò posterioribus longiora sunt, Aristoteles & Aelianus. ποδῶν γε μὲν ὐκ ἴσα μέτρα: ὑψόθι δὲ πρόσθεν πολὺ πλέον ἀείρονται, Oppianus. Pedes maiores priores, Plin. Cur anteriores ei pedes maiores ualidioresq́ sint, causam reddit Albertus lib. 2. tract. 1. cap. 1. de animalib. Crura eius æquali infra supraq́ crassamento, Vartoman. Magna sunt, & ex æquo ferè supra infraq́ crassa columnarum instar, Albertus. Articulos crurum nõ tam sublimes habent ut aliæ animantes, sed humiliores terram uersus, Vartoman. Elephas nõ, ut aliqui retulerunt, agit: sed considendo crura inflectit: nequit tamen præ nimio pondere, utrunq; in latus æquilibrio quodã uergere: sed aut læuo incubat, aut dextro, atq; eo ipso habitu requiescit. Flectit hic certe suos posteriores poplites modo hominis, Aristoteles. Cæteræ quadrupedes, elephanto excepto, cõtrariò modo quàm homines sua membra inflectunt, Idem. In posterioribus elephanto articuli breues: Idem poplites intus flectit hominis modo, cætera animalia in diuersum, Plin. Accidit quoq; motum præstari etiamsi nullus cruris inflexus agatur, quemadmodum pusiones serpere uidemus. Quinetiam elephanti ita se mouere diuturna hominum fama celebrãtur: quæ tamen falsò confirmata est, cum id genus animalium inflexu uel in scoptulis opertis uel in clunibus adducto sese moueant, Aristotel. in libro de communi animalium gressu. Elephanti crura osse continuo & inflexibili constant, Strabo. Genua elephanti non flectunt, uti Ambrosius prodit: quia rigidiore crurum usu opus fuit, quo uelut columnis tanta posset membrorum moles fulciri. Calcaneum modo leuiter inflectunt, rigent cætera pedum à summo ad imum, Cælius 4.12. Elephantos crura sine nodis articulisq́ habere uanum est: imò uerò habent flexiones, & ut aliæ bestiæ, quũ libet crura flectunt & erigunt: in ima enim propemodum cruris parte iunctiones & flexus habent, Gillius. Si cadant surgere non possunt, quoniã ossa solida & inarticulata habent: unde crura tibiasq́ postquam iuuentam excesserint flectere nequeunt: Hinc est quod dormientes non recumbunt: defessi uerò magnis arboribus se applicant: Eas obseruant uenatores, & penè succidunt, ut innixæ eis belluæ cadant, & capiãtur, Authores obscuri. Flexus post genua (poplites intelligo) negantur habere: quos forsitan habent laxos (lego, non laxos) sed strictos, & idcirco ab imperitis carere putantur: nam si prorsus non flecterent crura, gressus eorũ non foret ordinatus, Alber. ¶ Similiter rotundis pedibus, ut equi, sunt: sed amplioribus, ut planta quoquouersum ad binos dodrantes accedat, Gillius. Pedes eorum inferius, magni orbis mensarij instar rotundi sunt, Vartoman. pomi instar, Author obscurus. ¶ Elephas animal multifidum est, Aristoteles. Digiti eius indiuisi, ac leuiter formati, nec ungues omnino sunt, Idem. Omnia digitos habent quæ pedes, excepto elephanto. Huic enim informes, numero quidem quinq;, sed indiuisi, ac leuiter discreti, ungulisq́ non unguibus similes, Plin. Singulis pedibus numero quinq; digitos indiuisos leuiterq́ discretos habent, Aristot. & Aelianus. Ex quo fit, ut animal sit minimè ad natandũ habile, Aelian. Quinq; ungues habẽt, & pedem multipliciter scissum, ne si quando in humido solo constiterint, altius pedem imprimant, Gillius. Vartomannus totidẽ ungues & corneos eis esse scribit. Quamuis in multa diuidant pedem, natura tamen digitos coniunxit, ut pes ualidior esset, Albertus. Bisulca sunt, ut equus, asinus, elephantus, Aelianus ut Gillius uertit: sed quoniam locus, ut apparet, corruptus est, inspici moneo Græcũ exemplar, si qui habent. ¶ Caudam habent similem caudæ bubali, trium forte dodrantum longitudine, paucis in extremitate pilis, Vartoman. Nullum tergori setarum tegumentum, ne in cauda quidem præsidium abigendo tædio muscarum: sed cancellata cute in rugas arctata enecant, ut superius ex Plinio retuli.

C.

Amat amnes hoc animal: & quanquam non fluuiatile sit, tamen riparium dici potest, Aristotel. Gaudent amnibus maximè, & circa fluuios uagantur, cum alioquin nare propter magnitudinẽ corporis non possint, Plin. ¶ Barrire elephanti dicuntur à sono uocis, Festus. Hinc & ipsi elephanti barri uocantur, ut supra dixi. Et barrus barrit, Author Philomelæ. Citra nares ore ipso uocem elidit spirabundam, quemadmodum cum homo simul & spiritum reddit, & loquitur. At per nares simile tubarum raucitati sonat, Aristot. Citra nares ore ipso, sternutamento similem elidit sonum, per nares autem tubarum raucitati, Plin. Clamor autem, quem quidam barrhitum uocant, prius non debet attolli quàm acies utraq; se iunxerit, Vegetius 3.18. Hunc exercitus clamorem Festus non barritum, sed barbaricum uocat, quod eo genere barbari utantur: & forte similiter apud Vegetium legendum. Quàm terribilis in pugna sit elephantorum stridor, ut Marcellinus uocat, capite quinto dicam. ἐλέφας τετριγώς, elephas stridens uel barriẽs, apud Philostratum. ¶ Truncos gratissimo in cibatu habent: Palmas excelsiores fronte prosternunt, ac ita iacentium assumunt fructum, Plinius & Solin. Quænam in cibo eis noxia aut uenenosa sint, inferius in tractatione de morbis ipsorum exequar. Cum eos cætera pabula defecerint, radices effodiunt, quibus pascũtur: E quibus primus qui aliquam prædam repererit, regreditur, ut & suos gregales aduocet, & in prædæ communionem deducat, Aelianus. Dentium alterum acutum ad propulsandas iniurias seruant, altero radices effodiunt & arbores extirpant, Idem. Lusitani regis liburnicæ inter alia meridianæ illius nauigationis miracula, melones in Aethiopia nobilissimos haberi prædicant, quorum odorem elephantes sagacissimi olfactus animal, de longinquo sentiant: aduolantesq́ cucumeraria tota depopulentur ac protetant, Hermolaus in Dioscorid. Elephantis cicuribus præter alios cibos hordeum datur. Elephantus eodem pastu modios Macedonicos (hordei, ut Aelianus addit) nouem, quod plurimum edere po-

M 4

teſt. Sed tantum dare periculoſum eſt: ſex aut ſeptem dediſſe modios, in uſu frequenti ſatis eſt: ſed farinæ non plus quàm quinque: uini etiã quinque mares, quę menſura heminas continet ſex, Ariſtoteles. Animalium maximè odêre murem: & ſi pabulum in pręſepio poſitum attingi ab eo uidêre, faſtidiũt, Plin. Farinam ſimilem minutiſſimo pulueri permixtam ſeparat optimè, ita quod farinam in paſtum colligens nihil admittit de puluere, Obſcurus. Elephanti poſtquam cicures euaſerunt, panibus maximis, hordeo, caricis, uuis, cæpis, allijs, iunco, palma, hederaceis folijs ueſcuntur, Aelian. Apud Indos tractus eſt, cui nomẽ eſt Phalacrus, quaſi Latine caluus: eoque ita appellatur, quòd qui herbam in eo naſcentem guſtauerit, & pilos & cornua amittit. Itaque elephanti, niſi cogantur, non accedunt ad locum illum, imò uerò prope cum acceſſerint, perinde atque homines prudẽtiſſimi, ab omni illius loci germine refugientes, pedem referũt, Aelian. ¶ Iam quidam amphoras (metretas, Aelianus) aquæ menſuræ Macedonicæ quatuordecim eodem hauſit potu, & rurſus à meridie eiuſdem diei octo, Ariſtoteles. Claræ & nitidæ aquæ potio elephanto inimiciſſima eſt, nec prius bibit quàm conturbarit: turbida enim & ſordida, ei ſuauiſſima eſt: proinde cum ad flumen aut lacum acceſſerit, cœnum pedibus perturbat, Aelian. Huius rei cauſam Simocatus adfert, quòd in aqua pura ſuam ipſe umbram extimeſcat: ideoque ſolere Indos cum traijcienda eſt aqua, obſcuram & illunem obſeruare noctẽ. Sine potione octo dies fert, Aelian. Elephantus quidem gregarius aſſuefactus, aquæ utitur potione: Et uerò qui ad bellum certat, non modò ex uitibus confecti, ſed etiam ex oryza factitij uini uſus indulgetur, Aelian. Et alibi, Potionem, inquit, qua ipſi pro uino utuntur, ideò ipſis largiuntur, ut ad prælium audaciores efficiantur. Elephantes & ſimiæ uini potu inebriantur, ut Athenæus citat ex Ariſtotelis de ebrietate libro. Recens captos zythi potione cicurari, capite quinto dicam. ¶ Omnia bene olentia amant, unguentorum & florum odore permulcentur, Aelian. Et rurſus, Flores eis dantur, atque in prata ad legendos flores, quia ſuauitatem odorum amplexentur, aguntur: ipſo enim odoratu flores internoſcentes colligunt, atque etiam hos lectos in calathum inferunt, quem eorum rector ſuſtinet. Poſtquam hunc floribus compleuerint, tanquam uindemia facta, lauatione ſimiliter atque homines lauti delectantur: Vt uero ea uſi reuerterint, eò ubi quaſillum floribus plenũ reliquerint, expetunt. Quod ſi rector afferre tardauerit, barritum edunt, neque prius cibum ſumũt, quàm eis quiſpiam quos collegerint flores attulerit, eos allatos de quaſillo tollẽtes ſui præſepis labra ornant. Hanc nimirum cibo ſuauitatem ex his bene olentibus comparantes, ſtabulum ubi diuerſantur, floribus permultis ſternunt, Hæc Aelian. Sagaciſſime odorantur (quod forſitan propter naſi longitudinem eis contingit, ut auritis acutius audire) & uenatorum inſidias hoc beneficio fugiunt, herba quam ſenſerint humanis calcatam ueſtigijs euulſa, & per manus deinceps tradita, ut capite quarto ex eodem authore dicemus. ¶ Velocitate non quiſquam tanta eſt, quem non uel ſuo tardo gradu aſſequantur, Gillius. Agminatim oberrant, Solin. ¶ Nare propter magnitudinem corporis non poſſunt, Plin. Digiti pedum eis indiuiſi leuiterque diſcreti, ex quo fit ut ad natandum minimè ſint habiles, Aelian. Incedit etiam per aquã, & eatenus mergitur, quatenus eius promuſcis ſuperat: reflat enim per eam, & ſpiritum accipit & reddit, ſed natare ſatis pondere ſui corporis non poteſt, Ariſtoteles. In naueis autẽ immittuntur, ponte utrinque ramis frondeſcentibus adumbrato, ad fallẽda huiuſcemodi animalia: hoc enim ipſum cum uident, ſe per terram, quia eis hæc mare uidendi facultatem adimant, etiam nunc iter facere arbitrãtur, Aelian. ¶ Somnum erecto corpore capiunt: quia operoſum eis eſſet decumbere, ſimul & deinde à cubitu exurgere graue, Aelian. ¶ Dormituri non recumbunt, defeſſi uerò arboribus magnis ſe applicant, quibus ſucciſis cum cadũt ſurgere nequeũt, Obſcurus.

¶ Nec adulteria nouêre, nec ulla propter fœminas inter ſe prælia, cæteris animalibus pernicialia: non quia deſit illis amoris uis (nam & homines ab eis amatos conſtat, ut cap. 4. indicabimus,) Plinius & Solin. Ab omni immoderata libidine caſtiſſimi ſunt. Nunquam enim, neque ut conſtupratores, neque ut itẽ ualde laſciui ſocietatẽ ueneris cum fœmina faciunt, ſed tanquã generis ſucceſſione carentes, liberis procreandis dant operam: ſic hi, ſua ſtirps ut ne deficiat, complexu uenereo iunguntur: Neque id ſanè pluſquam ſemel in uita, & eo duntaxat tempore, cum ſe iniri fœminæ patiũtur, Aelian. Mas quam impleuerit coitu, eam rurſus non tangit, Ariſtot. Vt quiſque uxorem impleuit, nõ eam amplius attingit, Aelian. Idem alibi, Cum libidinis furore ardent, incurſu parietes euertunt, & ſimiliter atque aries frontis ui atque impreſſione palmas proſternunt. Ad coitum, inquit Ariſtoteles, efferari ſolent: quamobrem apud Indos ijs haudquaquam permitti initum aiũt: libidinis enim rabie agitati, caſas proſternunt male conditas, pluraque alia incommoda faciunt: mitigari pabuli copia narrantur: plagis etiam temperant, adductis alijs quibus ferire præcipiant, Ariſtot. Elephantum quamuis raro amare ferunt, quoniam, ut antè dictum eſt, libidinum moderatione temperatus ſit: tamẽ ipſe illud admirabile, amore plenum audiui, quod conſequitur: Vir uenandi elephantos haud imperitus, ſcribit ſe, cum ab Imperatore Romano cum poteſtate in Mauritaniam ad uenandos elephantos allegatus eſſet, ex elephantino genere, adoleſcentem formoſam uidiſſe, coeuntem cum elephãto & adoleſcente & pulchro: alterum uero ſeniorem, quia huius ſiue amator ſiue maritus eſſet, ut ſe ſpretum, ignominiæ loco hoc tuliſſe: quare acriter animo incitatum impetum feciſſe, ut nihil proprius factum fuerit, quàm nos, inquit, omnes perderet, ſicque incurriſſe in illum formoſum riualem ſuum, pugnamque edidiſſe tanquam eum qui de amica ſibi erepta doloribus acerrimis premitur: adeoque infeſtis animis utrunque cum altero pugnam commiſiſſe, ut ex impetu cornibus ambo mutilarentur. Neutrum ideo non

non uiciſſe, quòd multa uerberatione eos uenatores diſtraxerint. Poſtea autem quàm amiſſis armis in poſterum inutiles ad conferendam quaſi manum inter ſe facti eſſent, riualitatem amantium conquieuiſſe. Domantur rabidi fame & uerberibus, elephantis alijs admotis, qui tumultuantem catenis (quærendũ an rectè hic legatur, catenis, malim plagis, ex Ariſtotele, id eſt uerberibus, quam uocem Plinius etiam proximè ante poſuit) coerceant: & aliás circa coitus maximè efferatur: & ſtabula Indorum dentibus ſternũt. Quapropter arcẽt eos coitu, fœminarumq́ pecuaria ſeparant, quæ haud alio modo quàm armentorũ habent, Plin. Pudore nunquã niſi in abdito coëunt, Plin. Aperte porrò ac palàm in aliorum oculis non coëunt, ſed ſecedentes, aut ſeſe in arbores denſas, & frequentes occultant, aut in concauum locum, & profundum, ad occultandos eos facultatem habentẽ, ſe abdunt, Aelian. Solitudines petunt coituri: ſed præcipuè ſecus flumina, & qua paſci conſueuerunt, Ariſtot. Coëunt locis occultis & paluſtribus, Vartoman. Elephas fœmina in coitu ſedet (ſe ſubmittit) & equitat ſuper eam mas: quam ob cauſam fœmina deſcendit in foueam aliquam, ut mas cõmodius ſuperueniat. Præcipuè uerò in aqua iniri deſiderat, unde cum fœminæ tum mari maximè commoditas accedit; nam is & coiturus per aquam facilius tollitur, & poſt coitum facilius deſcendit, Albertus. Ἐλέφας τὸ ζῶον ἐλέβας τὶς ὤν. διὰ γὰρ τὸ βάρος ἐν ὕδατι ἐλώδει τὰς ἐπιβάσεις, τουτέστι τὰς μίξεις, ποιεῖται, Etymologus. Et rurſus, παρὰ τὸ ἐν ἕλει ἐπιβαίνειν τῇ θηλείᾳ. ἐπιβαίνει γὰρ αὐτῇ, οὐκ ἐπὶ γῆς διὰ τὸν ὄγκον: ἀλλ' ἐπὶ ὕδατος ἑλώδους, ὅπου νέμονται, καὶ γίνεται εἰκότως κοῦφος. hoc eſt, Coëunt, nõ in terra propter corporis grauitatem: ſed in aqua paluſtri, ubi etiam paſcuntur: quod (aqua attollente corpus maris cõſcenſuri fœminam) leuiores nimirum fiant. Cõtigit aliquando (uerbis utor Alberti ex Auicenna) marem coire cum fœmina in regione quæ dicitur Virgea de Caureryuyz: quod quidem mirum uidebatur, cum aliàs extra terram natalem ſuam, hoc eſt Indiam, coire non ſoleant. Tum temporis uero extra Indiam in regionem Coraſcenorum, & finitimam educti coibant: Mas fœminã ſaliens culmo (proboſcidem puto intelligit, cum in ſingulari numero proferat: nam alibi dentes eius ſiue cornua barbari culmos appellant) caudam eius remouit, Hæc Albert. Proli operam daturi Orientem uerſus pergunt ad proximum Paradiſo locum, ubi inuentã mandragoram fœmina prior guſtat, deinde perſuaſus ab ea mas, ſic miſcentur & fœmina concipit, ut nugatur Author obſcurus libri de natura rerum. Elephantus tam mas quàm fœmina incipit coire anno ætatis uigeſimo, Ariſtot. Et alibi, Elephantus fœmina incipit coire anno, aut duodecimo, cum celerrimè: aut quintodecimo, cum lẽtiſſimè. Mas quinq; aut ſex annos natus ſuperuenit ineunte uere. Mas coit quinquennis, fœmina decẽnis, Plin. Venerẽ ante annos decem fœminæ, ante quinq; mares neſciunt, Solin. Mas coitum triennio interpoſito repetit: Quam grauidam reddidit, eandem præterea tangere nunquam patitur, Ariſtot. Mari tempus coitus eſt cum domi detentus fuerit, & ſæuierit: tunc etiam pingue quiddam emittit per ſpiramentum quod ei ſecundum tempora eſt: Fœminę uerò cum hic idem meatus apertus fuerit, Strabo. Βαίνεται δὲ ἐλέφας ἦρος ὥρῃ, καθάπερ βοῦς ἢ ἵππος, ἐπεὰν τῇσι θηλέῃσιν αἱ παρὰ τοῖς κροτάφοισιν ἀναπνοαὶ ἐκπνέωσιν, Arrianus in Indicis. Coëunt & pariunt ut equi, plurimum uere, Strabo. Coëunt, non ſicut quidam putant promiſcuè, ſed uelut equi, & reliquæ quadrupedes, Diodorus Siculus interprete Pogio. Græcũ exemplar deſyderabam. Subſidit fœmina, clunibusq́ ſubmiſſis inſiſtit pedibus, ac innititur: Mas ſuperueniens cõprimit, atq; ita munere uenereo fungitur, Ariſtot. Elephanti, cameli, tigrides, lynces, rhinocerotes, auerſi coëunt, Solinus ex Plinio: qui auerſa eis genitalia eſſe adijcit. Fœmina initur biennio quinis, ut ferunt, cuiuſq; anni diebus, nec amplius: ſexto perfunduntur amne, non ante reduces ad agmen, Plin. Biennio coëunt, quinis, nec amplius, in anno, diebus, nõ prius ad gregarium numerum reuerſuri, quàm uiuis aquis abluantur, Solin. Ferendi uteri tempus alij annum & ſex menſes, alij triennium ſtatuunt: cauſa quamobrem incertum hoc ſit, quod non pateat coitus, Ariſtot. Et alibi, Vterum biennio gerit: parit ſingulos: uiuiparum nanq; eſt. Vterum gerunt menſes, ut minimum, ſedecim: ut plurimum, octodecim, Strabo, Diodorus Siculus, & Arrianus in Indicis. Decem annis geſtare in utero uulgus exiſtimat: Ariſtoteles biennio, nec amplius quàm ſemel gignere, pluresue quàm ſingulos, Plin. Eadem apud Solinum & Iſidorum lectio eſt. Κυΐσκονται δεκαετίαν, id eſt, Decennio graueſcunt utero, Oneſicritus apud Strabonẽ: Interpres non rectè tranſtulit, Concipiunt decimo anno. Hinc natum prouerbium, Elephanti celerius pariunt, de quo infra. Audiui ſępe hoc uulgo dicier, ſolere elephantum grauidã perpetuos decem eſſe annos, Plautus in Sticho. Biennium gerere uterum audio: alij ſeſquiannum tantum grauidas eſſe aiunt, Aelian. Parit enitens poſterioribus cruribus, & ſubſidens cum dolore, Ariſtot. Partus in caput procedit ad lucem, Aelian. Animalia quo maiore corpore, eò minus fœcunda ſunt: ſingulos gignunt elephanti, cameli, equi, Plin. Vnicum ueluti equę pariunt, quem nutriunt matres annis ſex, Diodorus Siculus interprete Pogio: Ad annum uſq; octauum lactant, Arrianus in Indicis. Apud Strabonem legitur, ſenis mẽſibus fœtum à matre nutriri. Partus magnitudo eſt inſtar integræ ætatis & iuſtæ magnitudinis porci, Aelianus: uel, ut Ariſtoteles, magnitudine uituli: Idem alibi clarius, bimeſtris aut trimeſtris uituli magnitudine eſſe ſcribit. Elephanti, ut diximus, pariunt ſingulos, magnitudine uituli trimeſtris, Plinius: anniculi, Aelian. Statim ut natus eſt, cernit & ambulat, Ariſtot. Ore ſugit, non promuſcide, Idem & Aelian. Elephantus in quadrupedum genere ex minimo maximus euadit: ut ex aquatilibus, crocodilus: ex uolucribus, magna ſtruthio, Aelian. Cum ſunt in catulorum (uitulorum potius: nam adulti etiam boues Lucæ dicuntur) metu, infeſtiſſimi ſunt, Idem. Et alibi, Nec uerò ſi quis fœtum à partu recentem contigerit, matres indignantur. Plane enim noscunt non animo quidem lędendi con trectari, sed ad ludicram delectationem, & blanditias suscipi, esseq; hominis naturam ea excelsitate animi, suo ut partui adhuc tantillo incōmodare nollet, Aelia. Fœmina parturiēs ingreditur aquam usq; ad ubera, & illic parit metu draconis: qui extra aquam parienti fœtum deuoraret. Mas etiam à pariente non recedit, propter serpentem, qui inimicus est eius sicut draco, Author obscurus libri de nat. rerum. Elephantorum fœminæ proximè uias, quò carniuoras bestias minimè accedere sciunt, fœtus comprimis ędunt, &c. Interpres libri Plutarchi Vtra animalium prudentiora, &c. sed falsus est cum hæc ἐλάφων (ut in nostro etiam codice Græco Basileæ excuso legitur) id est ceruorum, non elephantum natura sit. In Mauritania quemadmodum quotannis ceruis, sic decimo quoq; anno cornua elephantis excidere solere aiunt. Itaq; hi in cornua incumbentes, usq; adeo ea impellunt & defigunt in terram expositam in planiciem, quoad illa ipsa occultauerint. Nam præ cæteris camporum patentium æquora & palustria amant, Aelianus. Et alibi, Locum (inquit) in quem abstruserunt & reposuerunt cornuum thesaurum pedibus exæquant & complanant. Terra autem quod sit feracissima, post paulum herbam proferens, abditorum cornuum aspectum uiatoribus adumbrat. Eorum peruestigatores, qui sane ad illorum insidias & astus prudentes sunt, in eum locum in quem cornua defossa suspicantur, utribus aquam deportant, & uero alium aliò ex utribus dispertiunt & disponūt, atq; ibi commorantur: Alius quidam dormiens, alius potans, alius cantiunculam canens suos amores meditatur. Quod si cornua sint alicubi prope defossa, quadam mirabili illecebra ex utribus sic aquam eliciunt, ut uasa exiccent & exinaniant. Ii autem qui cornua exquirunt, statim sine canibus sagacissime prædam odorati, locum illum perfodiunt, & optatum consequuntur: si uero utres permanserint pleni, eos inde transferentes, aliò se conferunt, Hæc Aelianus.

¶ Fœmina elephas mare multò robustior, alacrior, & magis magnanima est quam mas. Et fœminæ quædam in hoc genere planè uiriles sunt, Vartomannus. Nō modo fœminę maribus ferociores, sed ad onerum uectiones etiam fortiores existimantur, Gillius. Mas tamen prælijs aptior est, utpote altior, Obscurus. Euertit ædificia elephantus, dentes admouens magnos: palmas uerò sua frōte impellit, donec declinet, tum pedibus inculcans prosternit in terram, Aristoteles. Aelianus hæc cū præcipuè facere scribit, cū libidinis furore ardet. Palmas excelsiores fronte prosternūt, ac ita iacentium assumunt fructum, Plin. In bello etiam roboris & fortitudinis facinora designat egregia, & aliâs ad imperium. Proboscide quantum possit, supra retuli. Vnus sanè animalium omnium, ut maximus, sic robustissimus esse uidetur. Vidi (inquit Vartomannus) nauem palangis impositam (si rectè uerto) à tribus elephantis in genua demissis, frontibus annixis, è mari in littus protrudi. Oppianus syluestres elephantos scribit, fagos, oleastros, & palmas dētibus subuertere radicitus, δικλῆσιν ἀπ᾽ ἐχνύας γενύεσσιν. γένυας dentes uocat per synecdochen, continens pro cōtento. Quò magis oneratus est, tantò firmius incedit: in dorso gestat turrim ligneam, quę homines triginta & uictum quantum satis est contineat, cum armis instrumentisq; bellicis, Author obscurus. Tā ualidi sunt, ut in cruce (lego turre) lignea super se ferant homines duodecim & amplius, ita quod aliqui magni quadraginta homines posse portare dicuntur, Albertus. Indorum regem hostibus bellum inferentem, bellatorum triginta milia elephantorum antecedunt: tum uero maximorum & fortissimorum tria milia subsequuntur, ad hostiles muros ipso incursu euertendos institutorum: cum enim rex iubet, euertunt. Idq; se audiuisse Ctesias scribit: idemq; Babylone se uidisse dicit, palmas ab his ad moderatoris sui iussum uiolentissimo impetu extirpatas, Aelianus. De ui & robore ipsorum ad belli usum, plura adferam capite quinto.

¶ Elephantem alij annos ducentos uiuere aiunt, alij trecentos, Aristoteles & Aelianus. Vt longissimum, annos circiter ducentos uiuit: sed multi ante hoc tempus morbo pereunt, Arrianus in Indicis. Viuere elephantos mares alij annos ducentos, alij centum & uiginti aiunt: fœminas etiam ferè totidem, Aristot. Florere ætate circa sexagesimum narrant, Idem & Aelianus. Viuunt plærīq; quantum longæui homines: quidam (qui maximè senescunt, Diodorus Sic.) ad ducentesimum perueniūt annum. Aristoteles uiuere ducentis annis, & quosdam trecentis existimat: Iuuenta eorum à sexagesimo incipit, Plin. Viuunt in annos trecentos, Solin. Onesicritus dicit eos ad trecentesimum annum uiuere, raros ad quingentesimum: circiter ducentesimum robustissimos esse, Strabo. Iuba rex Elephantum scribit patri suo fuisse, qui multa secula uixisset, nempe qui emanasset, & per manus traditus fuisset, usq; ab huius alta stirpe. Et Ptolemæo Philadelpho Aethiopem elephantum fuisse, qui uel multas ætates uixisset, uel ex hominum consuetudine, uel institutione mansuetissimum: atq; idem ipse ait, se uidisse elephantum Seleuci, cognomine Nicanoris, qui usq; ad Antiochorum postremam expugnationem uixisset, Aelianus. De elephantorū ætate, quod longissimæ uitæ sint, ab alijs pluribus scriptum est: ueruntamen qui habitant apud urbem Taxilam, omnium Indiæ urbium maximam, elephantum inuenisse perhibent, quem uittis ac myrteis coronis indigenæ ornabant, asserentes unum ex his esse, qui pro rege Poro aduersus Alexandrum pugnauerat: quem propterea quod in pugna promptissimè uersatus esset, Alexander Soli dedicauit. Esse autem illi torques aureos circa dentes, seu potius cornua libeat appellare, & in torquibus literas Græcas insculptas, hæc uerba referentes: Alexander Iouis filius Aiacē Soli. Hoc enim Aiacis nomen ipse elephāto imposuit, magnum magno nomine exornans. Conijciunt autem indigenæ annos quinquaginta supra trecentos, ab ea quam diximus pugna ad ea tempora intercessisse, cum tamen scire nō possint quot fuerit natus annos

nos quando pugnæ interfuit. Iuba uerò quondã rex Libyæ in scriptis retulit, equites Libycos quandoq; elephantis insidentes, inter se pugnasse, fuisseq; alteri elephantorum parti turrim dentibus insculptam, alteri uerò nihil: cumq; nox pugnantes occupasset, partem quæ turrim in dentibus gestabat superatam, in Atlantem montem confugisse: se uerò post id tempus annos quadringentos ex ijs unum cœpisse, qui aufugerant, & insigne illius dentibus insculptum inuenisse, quasi nuper fabricatum, nullaq; ex parte consumptum, Hæc Philostratus lib. 2. de uita Apollonij. Candore dentium intelligitur iuuenta, Plinius & Solinus.

¶ Multis morbis obnoxij, & prorsus difficiles curatu sunt, Strabo. Hyemis ac frigoris impatiēs hoc animal esse dicitur, Aristoteles, Aelianus, Solin. Frigoris impatientes: maximũ hoc malũ, inflationemq;, &c. sentiunt, Plin. Anni æstiui tempore cum calor à sole intenditur, & æstus ingrauescit, tum elephanti ad calorem frangendũ inter se crasso perfundũtur cœno, quo partim uim caloris depellant, partim uel umbrosis speluncis, uel arboribus quæ ramorum frequentia eos opacare possint, refrigerentur. Complures eorum morbos uinum nigrum epotum curat, Strabo. Aelianus post mentionem de uulneribus eorum & oculorũ morbis factam, Cæteris (inquit) quibus tentantur morbis, uinum nigrũ medetur: (idem testatur Arrianus in Indicis.) Quòd si hac medicina ex morbo non liberantur, insanabiles sunt. Elephas chamæleonte cõcolori frondi deuorato, occurrit oleastro huic ueneno suo, Plin. Si quis casu chamæleontem deuorârit, uermem elephantis ueneficum, oleastro sumpto pesti medetur, Solin. Cruciatum in potu maximũ sentiunt hausta hirudine: hæc ubi in ipso animæ canali (id est faucibus & arteria) se fixit, intolerando afficit dolore, Plin. Aegrotant etiã si comedant terram, nisi ea frequenter utantur: nam si frequenter, nihil sentiunt mali: lapides etiam interdum deuorant, Aristot. Et terram edisse ijs tabificum est, nisi sæpius mandant: Deuorant autem & lapides, Plin. In uenationibus si quis eorum fuerit uulneratus, cæteri aloës lachrymas uulneribus illinentes, tanquam medici ægrotantibus assistunt, Philostratus. Vulneribus butyrũ auxiliatur: ferrum enim extrahit. Vlcera suillis carnibus fouent, Strabo. Indi captis elephantis, eorum uulnera aqua primum tepida eluunt: Deinde si hæc ipsa luculenter sint alta, butyro ungunt: postea inflammationem leniunt, suillam carnem recenti sanguine madentem & calidam admouētes, Aelian. Ἕλκεσιν ἰῶνται τὰ ὕεια κρέα ὀπτώμενα καὶ καταπασσόμενα (lego καταπλασσόμενα,) Arrianus in Indicis. Oleum (aliâs uinum) alij bibunt, alij nõ: & si spiculum in corpore inest, eijcitur eo quod bibitur oleo, ut aiunt: qui autem oleum (aliâs uinum) non bibunt, ijs radix tyrtami decocta in uino (aliâs in oleo) datur, Aristot. Dubitat quidam an pro tyrtami legendum sit dictamni, an expungi omnino debeat. Dictamnum equidem telis expellendis utilem esse capris syluestribus & ceruis, in ipsorum historijs diximus: sed folia eius tantum depascuntur: medici quoq; in hominum remedijs folia tantum requirunt, radix inutilis est: Non igitur legendũ dictamni. Quòd si expungatur, aliud alterius plantæ nomen substituendum fuerit, cuius radix uim corpori infixa depellendi habeat. In Græco textu nec tyrtami nec alterius plantæ nomen legitur. In Græcis codicibus (ut scribit Aug. Niphus) magna uarietas est: primò quia legitur radix, & non adijcitur cuius herbæ: deinde quia dicitur decocta in oleo & non uino. Vnde antiquus interpres sic legit, Vinum alij bibunt, alij non: Et si spiculum inest, eo uino eijcitur, quod biberint, ut aiunt. Michaël Ephesius asserit eijci quorundam opinione spiculum ex corpore elephanti potione uini, ut per esum dictamni ex caprea: quæ scriptura probatur ab Ephesio: unum tamen deest, quoniam in Græco textu non habemus expressam herbam, cuius radix in oleo sit decoquenda, Hæc Niphus. Ego tyrtami nomen nusquam reperio: sed ne aliud quidem medicamentum quod intra corpus homini, aut feræ (excepta dictamno) sumptum, tela aliáue infixa exigat. Omnia enim foris imponi præcipiunt medici, & pręter cætera in radicum numero, in hunc usum laudantur, allium cum pice, aristolochiæ cum resina, arundinis per se uel cum bulbo: berberis uel oxyacanthæ radicem, cyclamini cum melle & uino: filicis, lactucæ asini, id est anchusæ: narcissi cum lilio & melle: rubi canini, xiphij radix superior cum uino & thure: uitis albę cum uino & melle: denique iridis syluestris cum flore æris, terebinthina, & pauco melle. Ex his omnibus ad tyrtami uocem, calami forte uel cyclamini uoces propius accesserint. Olei potu tela, quæ corpori eorum inhæserant, decidere inuenio: à sudore autem facilius adhærescere, Plin. Sensus uidetur, Oleum ad extrahendas sagittas magis prodesse elephantis, si post sudorem statim id hauserint, quoniam ita (meatibus apertis, & calore in superficie corporis oleum à uenis attrahente) facilius adhærescat: tanquam nimirum oleo ad ipsas attracto ceu unctæ & lubricæ facilius emittantur. Cũ uel hasta uel sagitta ictus est elephantus, oleæ flore uel oleo ipso defixa tela expellit, Aelian. Cerui ægri ramusculos oleæ comedunt & sanantur, Ambrosius secutus forte aliquem qui pro elephanto elaphon, id est ceruum hoc facere perperam legit, ut in Ceruo monui circa finem capitis tertij. Furoris tentatione eos aliquando laborare manifestum est, ex cursu furijs incitato, Aelian. Rabidi (quales præcipuè per libidinem fiunt) fame & uerberibus domantur, elephantis alijs admotis, qui tumultuantē feriant, Aristoteles: catenis coerceant, Plinius. Si per insomniam fessi sunt, armis perfricatis ex sale, oleo, & aqua curantur. Cum humeri dolent carnibus suillis assis appositis iuuantur, Aristot. Vlcera etiam & inflammationes eorũ (quæ nimirum in humeris præcipuè nascũtur propter onus & attritionem) his carnibus foueri supra dixi. Ophthalmicis medetur bouillum lac infusum, Strabo & Arrianus in Indicis. In oculorum morbis, bubulum lac tepefactũ infundunt, quo hi remedio oculos aperiunt, & magno cum uoluptatis sensu ſicut homines, uim medicinæ agnoſcũt, Aelian. Elephantos cæteris malis immunes aiunt, inflatione autem alui acrius infeſtari, Ariſtot. Frigoris impatientes ſunt: maximum hoc malum, inflationemq; & profluuium alui, nec alia morborum genera ſentiunt, Plin. Morbis inflatione contractis laborant: quo fit, ne poſſint excrementũ uel ueſicæ uel alui reddere, Ariſtot. Niphus hunc in eis affectum colicum eſſe conijcit. Fluore inſuper tentantur: quo cum uires languerint, curantur potione aquæ calidæ, & cibo fœni melle imbuti: utrunq; enim id ſiſtit profluuium alui, Ariſtoteles.

D.

Elephanti gregatim ſemper ingrediuntur. Ducit agmen maximus natu, cogit ætate proximus, Plin. Et alibi, Gregatim ſemper ambulant, minimè ex omnibus ſoliuagi. Oberrant agminatim, Solinus. Nunquam uerò elephantus ab reliquorum agmine ſecernitur, niſi aut filiorum ſuorum, aut ægrotantium cauſa: pro his nimirum nihil nõ moliens inexpugnabilis manet, Aelian. ¶ Prædam ipſi in ſe expetendam ſciunt ſolam eſſe in armis ſuis, quæ Iuba cornua, alij melius dentes appellant: Quamobrem deciduos caſu aliquo, uel ſenecta, defodiunt, Plinius: tanquam inuidia quadam aduerſus hominem ducti id faciant. Quòd autem abiecta cornua defodiant, præcedenti etiam capite ex Aeliano dixi, nec non qua arte defoſſa inueniantur. Noctu ſuam ſeruiendi conditionem deplorare dicitur, non contento barritu (ἐπιτριγμὸς) quo ſæpe aliâs utitur, ſed luctuoſa uocis ſuppreſſione miſerabiliter immurmurans. Quòd ſi quis ita occultè gementi & lamentanti interuenit, uerecundia quadam motus, querelis ſuis moderatur, & gemitus facere deſiſtit, Gillius ex Philoſtrato. ¶ Gaudent phaleris argenteis. ¶ Mulieris forma hoc animal capitur, atq; hebeſcens ad eius pulchritudinem, remittit furorem animi ſui, Aelian. Traditur unus amaſſe quandam in Aegypto corollas uendentem: Ac ne quis uulgariter electam putet, miretur gratam Ariſtophani (Byzantino in urbe Alexandria, Aelian.) celeberrimo in arte grammatica, Plin. Sunt ferarum amores etiam, idq; plurimarum: feri alij & rabidi, quemadmodum & hominum: alij nec ambitione barbara, nec inuenuſto cõgreſſu: qualis Alexandriæ grammatici Ariſtophanis riualis elephas fuit. Coronariam eandẽ uterq; deperibant, cum elephas quidem grammatico haud ſegnius amorem ſtudiumq; declararet: poma forũ tranſiens amicæ adferre, iuxta diu adſiſtere, cunctariq;, promuſcidem intra ueſtium ſinus inſerere, ac mamillarum decus blandè palpare cõtrectareq; ſolebat, Plutarchus in libro Vtra animalium, &c. Præter hanc aliam quoq; mulierem corollas ſimiliter uendentem in Antiochia Syriæ urbe cicurem elephantum amaſſe aiunt: de quo Aeliani hęc uerba ſunt, Hunc audio dum ad paſtiones iret, mulierem corollas uendentẽ cum quàm ſuauiſſime adſpexiſſe, tum uerò etiam quàm libentiſſime in illius conſpectu acquieuiſſe, atque huius faciem promuſcide terſiſſe, ſuauiterq; contrectando illi blanditum fuiſſe: Mulierem uiciſſim ex ſuo artificio illecebras amatorias, corollas uidelicet ad tempus ita contexuiſſe, ut cotidie illi quidem ſumere operæpretium, huic uero etiam opus largiri eſſet. Poſtea autem quàm mulier exceſſit è uita, elephantus nec priſtinæ conſuetudinis cõpos, nec quam amaret amplius mulierem uidens, tanquam amans qui amaſiam amiſerit, ſic eam deſiderabat, animoq; incitabatur, ac qui antè manſuetus fuiſſet, humanitate expulſa, feritatem induebat, tanquamq; homines ex triſtitia, ac mœrore laborantes de poteſtate animi exeunt, ſic is furens ferebatur, Hæc Aelian. Et unguentariam quandam dilectam Iuba tradit: Omnium amoris fuêre argumenta gaudium à cõſpectu, blanditiæq; inconditæ, ſtipeſq; quas populus dediſſet ſeruatæ, & in ſinum effuſæ. Nec mirum, eſſe amorem, quibus ſit memoria, Plin. Alius Menandrum Syracuſanum incipientis iuuẽtæ in exercitu Ptolemæi, deſiderium eius quoties nõ uideret inedia teſtatus, Plin. Nunc quàm memoria ſint bona quamq; diligenter præceptũ officij aduerſus præcipientes teneant, quàm ſimul eorum qui quippiam eis committunt, uel expectationem uel fidem non fallant, explicandum eſt. Cum Antigonus Megarenſem urbem obſideret, mulier ſimul cum uno de elephantis bellatoribus uerſabatur: hæc enim illius qui elephantũ aleret uxor, infantẽ puerum pepererat, quem huic elephanto, lingua utens Indica, quam elephanti intelligunt, credidit. Vt uero is primum ſibi creditus eſt, illum diligebat, & cuſtodiebat, ex eoq; proxime adiacente magnam uoluptatem capiebat: cum ploraret, oculos tum auertebat, tum uero ab eo dormiente muſcas abigebat: Arundines ei pro pabulo obijciebantur, quas, & omnem cibum, niſi puer adeſſet, reijciebat. Nutrix igitur neceſſe habebat poſtea quàm eum lacte compleuiſſet, elephanto curatori apponere, uel omnino elephantus non parum iracundia incitabatur, ac nonnunquam in uerbera erumpebat. Interdum etiam cum uagiret infans, cunas ubi iaceret mouebat: ſicq; eidem ipſi ex hoc motu oblectamenta & ſolatia, ſicut nutrix, afferre ſtudebat, Aelianus. Eandem hiſtoriam, quoniam perelegans eſt, & paulò aliter refertur ab Athenæo lib. 13. ut ex tempore inde tranſtuli recitabo. Phylarchus (inquit) libro uiceſimo mirificũ elephanti in puellum amorem his uerbis deſcribit. Mas erat elephas, & cum eo fœmina, quam Nicæam uocabant: cui moriens Indi uxor infantem ſuum dies natum triginta appoſitum commiſerat. Mortua igitur muliere, mirabilem quendam belhua infantis amorem concepit. Nam ſeiungi à ſe infantem non ſuſtinebat, & niſi conſpiceret indignabatur. Quamobrem quoties eum lactaſſet nutrix, mox inter pedes belluæ collocabat in cunis: quod niſi faceret, elephas cibum recuſabat. Tota autem deinceps die, dormiente puero, calamos uel aliud quippiam de pabulo tenens muſcas ei depellebat. Quòd ſi ploraret, cunas proboſcide mouebat, & ſopiebat ipſum. Idem & mas elephantus ſæpenumero factitabat. ¶ Læſi dicuntur offenſam meminiſſe, longoq; tempore poſt iniuriæ uindictam reddere. Qui ad boues accedunt,

dunt, rubram (puniceam) uestem iccirco non ferunt, neq; item splendidam (claram) qui ad elephantos appropinquant: quod certè eiusmodi colore eas bestias constet efferari, Gillius ex Plutarchi conubialibus præceptis. Idem Plutarchus in libro de Alexandri fortuna, tauros phœniceis irritari efferariq; scribit, elephantos uerò albis, ut Cælius obseruauit. ¶ Pullos suos, adhuc à partu recentes, nunquam deserunt: at sanè in illis à periculo tuendis cōstantissime permanent, priusq; animam amittunt, quàm suos catulos deserant, Aelian. Idem, Quantus matrum in hoc genere in sobolem suam sit amor, multis (inquit) etiam aliunde argumentis constat, hoc uerò præcipuè: Cum in foueam pullum suū incidisse mater perspexisset, ne minimam quidē moram interposuit, nec eius cursum ulla ad pullū consequendū segnitia tardauit, quin uehemēti dolore affecta, quanto maximo posset incitato incursu, in delapsum filium præceps ageretur, amboq; eodem casu morte occumberent: hic quidem materno pondere pressus cōtereretur: illa uerò præcipitata, caput diffringeret. Τῶν νεογνῶν πεσόντων δὲ πάνυ βαθέσι βόθροις πίπτοντες συναπόλλυνται, φονεύοντες τὰ βρέφη, Tzetzes. Duplici tum corde, tum sensu animi elephantus esse dicitur, & altero quidem ira incendi, altero mitigari & leniri Maurorum sermonibus peruagatum est, Aelian. ¶ Amnem transituri (syluestres scilicet, ut Plutarchus addit) minimos præmittunt, ne maiorum ingressu atterente alueū, crescat gurgitis altitudo, Plinius & Solinus. Traijcit prior, cæteris hoc sese dans, natu simul & mole minimus: cæteri interea ad ripam astant, quantumq; flumen ille magnitudine superet, speculantur: quæ res exercitui reliquo non dubiam ad traijciendum spem facit, Plutarchus in libro Vtra animalium, &c. Elephantorum flumen transmittentium minores natu sese traijciunt primi: hi uero qui sunt confirmata ætate iam grandes, fluctibus obruuntur, duntaxat promuscidibus extra aquam eminentes, teneros uero pullos dentiū proiectorum eminentia matres ferunt, ac simul tanquam uinculo promuscide illos complectentes, transuehunt, Aelianus & Philostratus. Masculi pullos manibus sursum impellunt: lactentes autem deferunt matres, uel manibus suis, uel geminis dentibus, Tzetzes. Apollonius cum uideret elephantos hoc modo Indum flumen transeuntes, Hæc (inquit) ô Damis, nullo iubente ex seipsis naturali quadam prudentia ac sapientia faciunt. Vides enim quo pacto sarcinarum uectores imitati suos deferant pullos, uinculis, ne fortè cadant, eos complexi? Video, inquit Damis, &c. sed cur tam imprudentem, sibiq; inutilem tranationem faciunt? Præcedit enim, ut uides, omnium minimus, ipsum uerò sequitur paulò maior, & post ipsum alius, ita ut eorum maximi postremi sint: oportebat autē contrarium ordinem in transeundo seruare, maioresq; tanquam muros & propugnacula cęteris facere. Tunc Apollonius, Minimè uerò, inquit: Primum enim ipsi insequentes homines fugiunt: oportebat igitur contra insequentes hostes à tergo muniri, sicut in pugna fieri uidemus. Insuper si eorum maximi prius flumen transissent, ignotum erat an fluminis altitudinem cæteri minores possent superare: illis enim facilis esset fortasse transitus cum sint proceriores: his uerò impossibilis forsitan esset, quod altitudinem aquæ superare non possent: sed cum eorum minimus transierit, facilem esse cæteris transitum demonstrat. Insuper maiores prius euntes profundiorem alueum sequentibus facerent subsidente limo, & in fossam secedente, propter belluæ pondus & magnitudinem pedum: minores uerò nequaquam tranationi maiorum officient, minorem in alueo fluminis concauitatem facientes, Hucusq; Philostratus. ¶ Mutianus ter consul author est, se uidente Puteolis, cum aduecti è naue egredi cogerentur, territos spacio procul pontis à cōtinente porrecti, ut sese longinquitatis æstimatione fallerent, auersos retrorsus isse, Plin. Alienę quoq; regionis intellectu creduntur maria transituri, non ante naues conscendere, quàm inuitati rectoris iureiurando de reditu, Plin. Maria transmeaturi naues nō prius subeunt, quàm de reditu illis sacramentum luatur, Solin. ¶ Circa dentes belluis summa cura, alterius mucroni parcunt, ne sit prælijs hebes: alterius operario usu fodiunt radices, impellunt moles, (arbores extirpāt, Aelianus,) Plinius, Solinus, Aelianus, & Plutarchus in libro Vtra animalium, &c. Cum ab Indis hominibus arborem elephanti radicitus extrahere coguntur, non prius ad eam extirpandam aggrediuntur, quàm quatefecerint ac tremefecerint arborem: sic periclitantes, euerti ne possit, an omnino inuictam ab impetu sit se præstatura, Aelianus.

¶ Elephanti iussa faciunt, Plin. Nearchus author est adeò mansuescere elephantos, ut lapidem ad scopum iacere, & armis uti, & optime natare (νεῖν) ediscant, ut maxima possessio existimetur elephantorum currus, Strabo. Mutianus ter consul author est, elephantum quendam & literarum ductus Græcarum didicisse, solitumq; perscribere eius linguæ uerbis, Ipse ego hæc scripsi, & spolia Celtica dicaui, Plin. Hæc uerba si Græce scribantur, heroicus uersus constituitur hoc modo: Αὐτὸς ἐγὼ τάδ' ἔγραψα λάφυρά τε Κελτ' ἀνέθηκα, ut Sipontinus citat, sed absq; authore. Ego, inquit Aelianus, recte & ordine in tabula quadam Latinas literas uidi elephātum scribere: ueruntamē docentis manus subijciebatur ad literarū figuram & lineamentum instituēs animal: cumq; elephātus scriberet, eius oculos immotos, & deiectos esse perspexi, ut grammaticum quendam dixisses. Elephas terribilis est ille quidem & uastus corpore: sed adeò homini obnoxius, ut tantam molē in ludicra uerterimus, & spectacula panegyrica, quando saltationes condiscit, &c. Cælius. Apud Indos Arrianus scribit, elephantes quoq; saltationem doceri & exercere, Idem. Turpes esseda quod trahunt bisontes, Et molles dare iussa quod choreas Nigro bellua nil negat magistro, Quis spectacula non putet deorum? Martialis. Motus quosdam bellicos ædit, uelut ostendēs quod hanc etiam disciplinam seruat, Aelianus. Germanici Cæsaris munere gladiatorio, quosdam incōditos motus ædidere, saltantium

N

modo. Vulgare erat per auras arma iacere non auferentibus uentis, atque inter se gladiatorios congressus ædere, aut lasciuiente pernicitate colludere. Postea & per funes incessere: lecticis etiam ferentes quaterni singulos, puerperas imitantes: plenisque hominum tricliniis accubitu, iere per lectos, ita libratis uestigiis, ne quis potantium attingeretur, Plin. Ad numerum saltare, inquit Aelianus, tibiæ auditione demulceri, cursum tardare ad soni tarditatem, seque remittere ad remissionem tibiæ: rursus cum acute sonans impellit, festinare, discendo assequi perfecte elephantus solitus est. Neque uero natura modò illum summa ex omnibus animalibus magnitudine ornauit, sed & disciplina mansuetum, & tractabilem edidit. Elephanto ad morum mansuetudinem & facilitatem erudito, nihil mitius, nihil ad id quod uolumus obtemperantius est. Cum Tiberii Cæsaris nepos Germanicus gladiatorum spectaculum edidit, plures iam grandes utriusque sexus elephanti Romæ erant, è quibus alii plerique generati extiterunt, quorum artus interea dum committebantur, & confirmabantur, & membra infirma conglutinabantur, peritus uir ad pertractandos eorum sensus, animosque, nunc eos disciplina mansuetiori, nunc terroris & mirificæ uerberationis plena excipiens, erudiebat. Primum enim eos maxima lenitudine & mollitudine, cibos nimirum illecebris & uarietate suauium inuitamentorum refertos indulgens, ad disciplinam informabat, ut si quid esset agreste, expelleret, ex feritate ad mansuetudinem, & quasi ad humanitatem quandam transformaret: sicque eis moderabatur, ut feritate expulsa, disciplinis & musicæ studio operam darent, tympanorum sono nihil exterrerentur, pedum ingredientium strepitum, cantumque miscellaneum ferrent: eos præterea exercebat ad non formidandam hominum multitudinem. Illa uero uirilis disciplina, non ad grauem plagarum ictum excandescere, coactos membrum aliquod ad saltandum flectere, non rabiose (cum essent maximo robore præditi) incitari. Cum magister elephantorum spectaculum edidit, ii tempore suo specimen dederunt, se recte institutos esse, illumque in seipsis erudiendis non operam perdidisse ostenderunt: nã duodecim numero theatrum ingressi, composito gradu incedebant, ac toto corpore diffluebant, tanto ornatu, nimirum stolis saltatoriis induti, solaque magistri significatione uocis ordinatim instructi, ut fecerunt, gradiebantur. Ac uero rursus, si illis hoc imperaretur, in orbem saltabant, eundemque orbem ad imperantis uocem repetebant, atque nunc flores pauimentum ornabant spargentes, nunc modestè pedibus terram pulsantes musica moderatam saltationem una consensione obibant, Hactenus Aelian. Certum est unum tardioris ingenii in accipiendis quæ tradebantur, sæpius castigatum uerberibus eadem illa meditantem noctu repertum, Plin. Elephantum cæteri quidem hoc potissimum mirantur, quod discendo & doctoribus se præbendo, in hominum cœtibus eas in gestu figuras & uarietates effingat, quarum elegãtiam ac copiam uix ipsa hominum industria exprimere aut memoria complecti facile possit: ego uero hisce magis ex affectibus motibusque, quos suapte sponte citraque doctrinam tenet, uelut simplicibus & impermixtis ac synceris, æstimandam bestiæ intelligentiam putârim. Nam Romæ certum est cum haud ita pridem ad gestus quosdam miros indipiscẽdos, & motus euolutu difficillimos ingeminandos antea quidem instituti fuissent, unum tardioris ingenii, quia ægrius hæc assequebatur, ubilibet pessime audientem, & uerberibus sæpe castigatum, deprehensum noctu eadem illa ex sese ad lunam meditãtem molientemque, Hæc Plutarchus in libro Utra animalium &c. Vidi ego elephantum cymbalo ludẽtem, aliosque saltantes. Cymbala autem singula utrique cruri anteriori appensa erant, & aliud appellatæ proboscidi. Ille alternis utrunque in cruribus cymbalum proboscide feriebat numerosè: alii circumcirca saltantes tripudiabant: & alternis anteriora crura tollentes flectentesque numerosè ingrediebantur, ita scilicet ut cymbalorum sono admonebantur, Arrianus in Indicis. Elephantum mimus Aethiops iubet subsidere in genua, & ambulare per funem, Anneus Seneca in epistolis. Mirum maximè & aduersis quidem funibus subire, sed regredi magis utique pronis, Plin. Illa uero uel ad ridiculè insaniendum spectatorem inducere possint, in theatri harena humiles lectos spectare, uario stragulo textili & magnificis operibus picto ornatos: lauta item pocula & argenteas crateras, aureasque, permulta aqua repletas, mensasque magnificas, tanto pane & carnibus extructas, ut uel edacissimorum animalium uentrem implere potuissent: omnibus ita recte apparatis, conuiuæ intromissi sunt elephanti, mares sex, uirili ueste induti, totidemque fœminæ, stola muliebri ornatæ, decorè epulis accubuere, ac in mensam promuscides tanquam manus porrexerunt, summaque cum modestia epulati sunt: neque ex ipsis quispiam uisus est uorax, neque maioris partis rapax. Cum esset bibẽdum, unicuique cratera exhibebatur, & hi quidem promuscidibus potionem haurientes, moderate bibebant: deinde circunstantes leuiter & festiue, sine contumelia aspergebant, Aelian. Elephãtus omnium ferarum mitissimus & placidissimus est: quippe qui permulta officia & erudiat, & intelligat: quando etiam regem adorare condiscit, Aristot. Nam quod ad docilitatem attinet, regem adorant, genua submittunt, coronas porrigunt, Plinius. De supplice elephante Martialis tetrastichon, Quod pius & supplex elephas te Cæsar adorat, Hic modo qui tauro tam metuendus erat: Non facit hoc iussus, nulloque docente magistro, Crede mihi, numen sentit & ille tuum. Elephantus Indorum regem ad forum euntem, primus adorat. Huic præest rector, qui illum huius instituti commonefacit, ipsique memoriam disciplinæ instrumenti quo illum moderatur pulsu, atque uoce Indorum propria renouat, cuius natura quadam admirabili recondita elephanti intelligẽtes sunt, Aelianus. Viginti quatuor elephanti Indorum regi permanent custodes alternis uigiliis, alii aliis in stationem succedentes tanquam cæteri custodes homines. Sapientia item quadam Indica ad uigiliarum

rum disciplinam erudiuntur, ne inter custodias somnum capiant. Hi igitur ad uigilias agendas præstantissimi excubitores, & à somno inuictissimi, & secundum homines fidissimi illic sunt, Aelianus. ¶ Elephantorum alij palustres, alij montani, alij campestres. Paludibus capti, dementes, leuesq́ sunt: Montani, praui atq; insidiosi, & nisi cum pabuli inopia premuntur, nihil tutũ ab eis expectandum: Campestres mansueti & lenes, & imitationis studiosi: scribunt igitur atq; tripudiant, & ad fistulæ sonitum saliunt, seq́ à terra saltando subleuant, Philostratus. Elephas animal est proximum humanis sensibus. Quippe intellectus illis sermonis patrij, & imperiorũ obediẽtia, officiorumq́ quæ didicere memoria. Amoris & gloriæ uoluptas: imò uerò, quæ etiã in homine rara, probitas, prudentia, æquitas, Plin. . Iuxta sensum humanum intellectum habent, memoria pollent, syderum seruant disciplinam, Solin. Atqui Plinius eo in loco, non disciplinam, sed religionem uenerationemq́ syderum, Solisq́ ac Lunæ eis esse dixerat. Valent sensu & reliqua sagacitate ingenij excellunt, Aristot. θυμόσοφον γάρ εἴπερ τι ἄλλο θηρίον ὁ ἐλέφας, Arrianus. Nomina sua nouere. Linguam Indicam elephanti intelligunt, Aelian. Peruagatum est, sicut Oppianus ait, elephantos inter se loqui, φθογγὴν ἐκ στομάτων μεροπηΐδα τονθρύζοντας: eorum uerò collocutionem nõ omnibus quidem, sed solis domitoribus notam esse: Itemq́ cum uicini sunt ad moriendum, diuinatione quadã animi præscire fatalem necessitatem. ¶ Vidi elephantos quosdam, qui prudentiores mihi uidebantur, quàm quibusdam in locis homines, Vartoman. Tanta huic belluæ cum genere humano societas, tamq́ prope accedit ad hominis ingenium, ut Cicero non uereatur affirmare, non paruam nationem hominum sensu ac ingenio esse multò inferiorem, Gillius. Elephanto belluarũ nulla prudentior, Cicero 1. de Nat. Elephantorum acutissimi sensus, Idem 2. de Nat. Omnium quadrupedũ subtilitas animi præcipua illis perhibetur, Plin. Antipater tradit agnitum in senecta multos post annos, qui rector in iuuenta fuisset, Plinius. In Syria elephantum scribit Agnon, cum in ædibus cuiusdam aleretur, ac seruus qui additus curator erat, de demenso quotidie subtraheret, dimidioq́ belluam fraudaret: sed enim hero iam aliquando præsente considerante q́ demensum totũ solueret, torue tuentem, ac promuscida contrahentem, hordei partem additam repulisse, ac quàm exactissime separauisse, serui iniuriã hoc nimirum pacto ad herum deferentem. Alium uero cum lapides & terram magister ad explendã mensuram pabulo miscuisset, ipsum ex foco correptum cinerem in ollam magistri, elixis iam carnibus iniecisse, Plutarchus in libro Vtra animalium, &c. Aelianus eandem historiam paulò aliter narrat, Cum is (inquit) qui hordeum huic admetiendi procuratione habebat, hordei partem subtraxisset: illiusq́ in locum lapidibus suppositis, ipsi debitam tamen mensuram cumulatè seruasset, ut dominũ utriusq́, si quando udisset, falleret: Elephantus uidens eum qui sibi debitum fraudabat, polentam coquere: primum promuscide sabulum collegit, deinde in ollam infudit, sicq́ solerter iniurijs, iniurias sibi illatas ultus est. De calliditate ipsorum, qua utuntur, cum premuntur à uenatoribus, uel in foueas ab eis factas inciderunt, dicemus capite quinto. Mirum in plerisq́ animalium scire quare petantur, sed & per cuncta quid caueant. Elephas homine obuio forte in solitudine, & simpliciter oberrante, clemẽs placidusq́ etiam demonstrare uiam traditur. Idem uestigio hominis animaduerso, priusquam homine, intremiscere insidiarum metu, subsistere ab olfactu, circumspectare, iras proflare, nec calcare, sed eru tum proximo tradere illum sequenti, nuncio simili usq; ad extremum: & tunc agmen circumagi, & reuerti, aciemq́ dirigi: adeò omnium odori durare uirus illud maiore ex parte, ne nudorum quidem pedum, Plin. Tum sagacissime odorantur, tum acerrimis sensibus existunt: tum uero ex his, partim antegredientes, partim subsequentes, ordinatim eunt, atq; horum primus narium sagacitatẽ herbam ante pedes suos positã sentiens humanis uestigijs esse transitam, eam euellit, & ei, qui à tergo proximus est, odorandam tradit: is rursus alteri, qui post eum stat: ac deinceps per omniũ quasi manus sagaciter contrectatur, quoad ad illum ipsum qui extremum agmen ducit peruentum fuerit: is simulac olfecerit, barritum uastum ædens, quasi signum ad fugam dat. Hi tunc in conualles profundas, aut in loca concaua & palustria, uel si minus id concedatur, in nemorosa campestria, ab eo loco iter auertunt, prorsusq́ se totos auertunt ab his locis, quacunq; freqũẽtes homines iter facere solent: quòd ab hominibus, ut animalibus sibi infestissimis, timeant, Aelian. ¶ Differunt inter se elephantes mirum in modũ robore, atq; animo. Sunt apud Indos in usu rei bellicæ non solũ mares, sed etiam fœminæ: ueruntamen fœminæ pauciores sunt, & longe timidiores, Aristot. Elephantorum generis fœminæ multò pauidiores sunt, Plinius & Auicenna. Quamobrem miror quod Vartomannus scribit fœminam multò robustiorem, alacriorem, magisq́ magnanimã esse quàm mas: Et fœminas quasdam planè uiriles reperiri: Nisi forsan interpres eius errauit. Antipater author est, duos Antiocho regi in bellicis usibus celebres etiam cognominibus fuisse, Aiacem & Patroclum: Antiocho uadum fluminis experienti renuit Aiax, alioquin dux agminis semper. Tum pronunciatum, eius fore principatum qui transisset, ausumq́ Patroclum ob id phaleris argenteis, quo maxime gaudet, & reliquo omni primatu donauit. Ille qui notabatur, inedia mortem ignominiæ prætulit. Mirus nanq; pudor est, uictusq́ uocem fugit uictoris: terram ac uerbenas porrigit, Plin. Herbam uictori à uicto tradi solitam, uel ex prouerbio constat.

¶ Religio illis syderum quoq;, Solisq́ ac Lunæ ueneratio, Plin. Luna nitescente gregatim amnes petunt, mox aspersi liquore, Solis exortum motibus, quibus possunt, salutant: deinde in saltus reuertuntur, Solin. Authores sunt in Mauritaniæ saltibus ad quendam amnem, cui nomen est Amilo

N 2

(aliâs Anulo) nitescente Luna noua greges eorum descendere, ibiq; se purificantes solenniter aqua circumspergi, atq; ita salutato sydere in syluas reuerti, uitulorum fatigatos præ se ferentes, Plin. Historicus Dion pergere elephantes ait πρὸς ὕδωρ ἀενάον, id est, ad aquam perennem, Cælius 13.18. considerandum relinquens an Plinius ἀενάον ex authore aliquo ceu proprium nomen transtulerit, qua uoce deprauata Anulum librarij scripserint. Ab interlunio recrescente luna, elephantos intelligo quadam naturæ recondita notione, ex sylua primum, ubi pascuntur, ramos decerpere, eosq; deinde sublimes ferre, tum uero ipsos ad lunam suspicere, ac leuiter ramos mouere, tanquã supplicationem quandam lunæ prætendentes, eis ipsa ut propitia existere uelit, Aelian. Visi sunt fessi ægritudine, quando & illas moles infestant morbi, herbas supini in cœlum iacientes, ueluti tellure precibus alligata, (aliâs allegata,) Plinius: Aelianus (ut mox subijciam) hoc eos moribundos facere scribit. Iuba supplices dijs immortalibus esse tradit: quippe qui suopte ingenio & mari lustrentur, & surgentem Solem adorent proni, promuscide uelut manu in cœlum sublata: unde charissimum dijs animal esse constat (ex Ptolemæi Philopatoris facto, qui elephantos quatuor immolauit, ut cap. 8. dicam) Plutarchus in libro Vtra animalium, &c. Exorientem solem elephanti uenerantur, promuscidem, tanquam manũ aduersus solis radios alleuantes. Itaq; hos ei charos esse & egregie diligi Philopator Ptolemæus testis est nobis locuples. Is sanè post partam uictoriam eius belli quod cum Antiocho gessisset, cum quàm gratissimus aduersus solem, quem deum existimabat, esse uellet, proq; uictoria ei gratias persolueret, tum alia magnifica sacrificia fecit, tum uero quatuor elephantos, bene magnitudine grandes, existimãs se sic deum religiose colere, primum immolauit: deinde cum in somnijs minis dei perculsus fuisset, ob inuisam numini talem hostiam, religionis metu permotus, pro immolatis, ex ære quatuor elephantes in honorem Solis excitauit: hoc ut supplici facto hunc sibi placatum efficeret, Aelianus, & Plutarchus loco proxime citato. Elephanti cadauera sui generis sepeliunt, Tzetzes. Eadem de religione ipsorum tum in alijs sepeliendis, tum sub suam cuiusq; mortem, Aeliani uerba hæc sunt: Vt Aethiopum (inquit) sermonibus peruagatum est, elephantus, cum alterum perspexerit mortuum, non præterit, quin humum promuscide haustam, uelut sanctam & mysticam iniiciat, communem naturam miseratus mortuo parentans, ut ne aliquid impie committat: nam hoc quidem ipsum non agere, execrabile ducit. Quare ad hoc nefarium scelus uitandum, satis est ei uel ramum inijcere, quo facto, abit, communem omnium finem non aspernatus. Tum etiam ad nos is sermo permanauit, elephantos cum ex uulnere, siue id in bello, siue in uenatione acceperint, uicini sunt ad moriendum, aut obuiam herbam, aut fortuito obiectum puluerem alleuãtes, in cœlum suspicere, eumq; puluerem, herbámue iacere, & simul uoce sua propria lamentari, & miserabiliter supplicare, tanquã deum ob ea quæ iniuste, & indigne sustinent, obtestantes, Aelian. Patres suos ætate grandes nutriunt, Tzetzes. Aetate affectis iuniores de legitimo cibo cedunt (quod etiam Tzetzes testatur) eosdemq; summa & obseruantia colunt, & à periculis seruant. In fossam delapsos, iniectis fruticũ fascibus subtrahunt, quibus tanquam scalis senectute graues ascendentes, liberantur, Aelian. Et rursus, Iuniores, uel labores, uel pericula suscipiunt, & antecedentibus ætate, de cibo & potione concedunt, propter obseruantiam per quam cultu quodã, & honore natu maiores dignandos existimant. Nunquam enim neq; ex senectute infirmum, neq; eum qui morbo teneatur, sui gregales deserunt: sed & fidissimi ei permanent, eiusq; cum cæteris in rebus student incolumitati, tum uero etiamsi ipsi insectatione urgeantur, pro eo propugnant, & saucios, & fessos curant: ac integri, à uulneribus hastas, & iacula è corpore sauciorum, tanquam chirurgi periti extrahunt, ut ne homines quidem scientius, Hæc Aelian. Natu grandiores & minores, infirmos etiam, & fessos ac saucios quantopere curent, sequenti capite dicam in uenatione ipsorum. Cæterum quanto erga fœtum suum ducantur amore, superius explicaui. Abstracti à suis elephanti sedibus patrijs, quamuis uinculis primum & fame, deinde uarijs cibariorum blandimentis mansuefacti sint, tanta tamen naturalis soli illecebra tenentur, ut patriæ memoria eis obscurari & euanescere nequeat. Quare cum horum pleriq; grauissimo mœrore suscepto conficiuntur: tum uero quidam ex his, uberrime flentes (ut Tzetzes etiam scribit) tantam lachrymarum uim profundunt, ut oculorum sensibus capiantur, Aelian. Antipater diuinationem quandam iustitiæ elephantis inesse tradit. Nam cum Bochus rex triginta elephantis, totidem in quos sæuire instituerat, stipitibus alligatos obiecisset, procursantibus inter eos qui lacesserent, nõ potuisse effici, ut crudelitatis alienæ ministerio fungerentur, Plin. Elephãtus quantopere auersetur & oderit adulteria, historijs aliquot ab Aeliano relatis probabimus: Elephas quidã (inquit) cum uxorem sui domitoris & altoris stuprari manifestò deprehendisset, ambos, & eum qui stuprum inferebat, & eam qua cum id faciebat cornibus transfigens, interfecit, ac in stragulis constupratis, & lecto adulterato iacentes reliquit. Vt uerò primum elephanti rector uenisset, & manifestò nefarium facinus, & huius uindicem cognouit. Hoc quidem factum, ab India huc ad nos manauit. At Romæ aliud simile euenisse audio: præterquam quòd addunt, ibi elephantum non utrunq; modo occidisse, sed & stragula ueste eos texisse, & nutritio aduenienti stragulam reiecisse, & retexisse, & proxime inter se iacentes demonstrasse. Ita ille tum facile iniuriam illatam sibi fuisse intellexit, tum etiam maxime facinus ei liquebat, ubi cornu quo ipsos confixisset, cruentum perspexit. Et rursus, Cum quidam cicuris elephanti moderator, coniugem non illam quidem amabilem, sed sanè diuitem haberet, amoris oculos primum ad aliam adiecit: deinde eam uxorem ducere studens, alteram priorem strangulauit,

gulauit, ac prope ab elephanti præsepi homo præcipiti consilio non defodit modò, sed alteram quam amaret, in matrimonium duxit. Elephantus autem cum tanti facinoris conscientia incitatus, tum uero suapte natura à malis abhorrens, nouã uxorem eò perduxit, ubi humata altera iaceret, cadauerq́ dentibus refodiens & denudans quæ dicere nequiret, ex ipsis operibus hæc mulieri ostendere conabatur: eam edocens, quibus esset moribus præditus is, cui ipsa nupsisset, Hactenus Aelian. Si quem ex magistris curatoribúsue (τῶν χορτοφόρων καὶ διδασκάλων) per iram interfecerint, adeò illum desiderant, ut præ mœrore à cibo abstineant, idq́ interdum etiam ad mortem usq́, Strabo. Quidam iracundia permotus cum sessorem suum occidisset, tam ualde illum desiderauit, ut pœnitudine & mœrore confectus obierit, Arrianus in Indicis. Non est omittenda etiam illa Aeliani historia, qua mirificum elephanti cuiusdam albi amorem & gratitudinem prædicat, qua is Indum nutricium suum prosecutus est. Cum Indus (inquit) quispiam elephanti album pullum offendisset, atq́ hunc etiam nunc tenerum aluisset, & paulatim mansuefecisset, eoq́ deinde ueheretur, & beluam amaret, & uicissim redamaretur ipse, ac simul suam elephantus educationem, cum maximis amicitię officijs, huic Indo compensaret: Indorum rex id intelligens, muneri poposcit sibi elephantũ mitti. Is ut uehementi riualitate flagrans, amatoriè dolebat, si hunc alius quàm ipse esset habiturus. Itaq́ negãs se daturum, unà cum elephanto in desertissimam regionem perfugit. Rex autem id ægrè ferens, ad eum insequendum misit, qui Indo auferrent, simul & illum comprehensum ad pœnam reducerent. Cum eò uenissent, ubi erant transfugæ, comprehendereq́ aggressi fuissent: ex superiori loco lapidibus eos homo appetebat, pariterq́ elephantus, ut iniuria insigni accepta, illorum impetum repellebat. Vbi Indus lapidatione facta percussus, de loco, unde se defendebat, præceps deiectus fuisset, elephantus hominum more acerrimè se tuentium, pro suo nutricio cum propugnauit, tum uero ex inuadentibus partim occidit, partim in fugam impulit: tum altorem suum promuscide circumplexus, ad stabula inuexit, ac tanquam amicus permansit fidelis amico, beneuolentiam ostendens, qua admirabili suũ educatorem prosequebatur, Hactenus Aelianus. Quid Poro regi in illa aduersus Alexandrum pugna saucio, nónne multa elephas spicula leniter ac citra dolorẽ promuscide uulneribus extraxit? & cum esset grauiter uulneratus ipse quoq́, non ante abiecit se tamen, quàm exanguem & nutabundum regem intelligeret: hic enim ut ne durius ille caderet, sensim se humi prior demisit, uelut stratum hero incumbenti præbens, Plutarchus in libro Vtra animalium. Et rursus, Iam chirurgicen elephantos callere certò traditur: quippe spicula hastasq́ & tela uulneratorum corporibus astantes extrahunt, idq́ citra conuulsionem & damnum. Qui primus aliquam prædam repererit, regreditur, ut & suos gregales aduocet, Aelian. Fossas quomodo transeant, quum uenatione premuntur: & quomodo illapsis egrediendi facultatem parent, capite quinto dicemus.

¶ Elephanti sunt natura mites & mansueti, ut ad rationale animal proximè accedant, Strabo. Maximè omnium ferarum disciplinæ capax est: ubi semel ad hominem adsuescit, ab eo omnia patitur, ex eoq́ morum similitudinẽ in se transfert, neq́ aliter quàm parui canes ex hominis manu gaudet cibum sumere, atq́ ad se accedentem promuscide complectitur, eumq́ caput intra fauces immittere facile tandiu patitur, quo ad homini libitum fuerit: hoc enim in eorum pastoribus (νομάσι) fieri uidemus, Philostratus. Ipsius animalis tanta narratur clementia contra minus ualida, ut in grege pecudum occurrentia manu dimoueat, ne quid obterat imprudens: nec nisi lacessiti noceat, ideoq́ gregatim semper ambulent, Plin. Inest illis clementiæ bonum: quippe si per deserta uagabundum hominem forte uiderint, ductus usq́ ad notas uias præbent: uel si confertis pecoribus occursitent, itinera sibi blanda & placida manu faciunt, ne quod obuium animal interimant, Solin. Non homini, nisi lacessiti, quicquam nocent: tum enim promuscide tanquam manu comprehensum eum ad teli iactum iaculantur: ut sæpe, antequam terram contigerit, moriatur, Gillius. Plutarchus affert, Romæ etiam elephantum ex pueris, qui promuscidem stilis pupugissent, unum sublimem corripuisse, ut statim eum in sublime, quantum maximè posset, iacularetur. At enim sublato eorum qui aderant clamore, sensim & moderate rursus humi deposuisse, existimantem tanto metu iniecto, satis illum pœnarum pependisse, Gillius ex Plutarchi libro Vtra animaliũ, &c. Vbi pro his uerbis, ut statim eum in sublime iacularetur, Grecè legitur, ἐπίδοξος ἦν ἀποτυμπανίσων: Grynæus simplicius uertit, arreptum alteq́ sublatum confecturus uidebatur. Ἀποτυμπανίσαι, ut Varinus, & Etymologus docent, non est simpliciter occidere, sed tympano ferire: id autem lignum est, quod alij scytalen uocant: olim enim hostes lignis occidebant, postea uerò gladio, tum seruos tum liberos. (Certum est ante ferri & æris usum, in pugnis, stipitibus duris sudibusq́ præustis milites usos, & similiter nimirum securis aut gladij loco carnifices ligno uel trunco utebantur: & forsitan inde uerbum obtruncare descenderit, pro caput amputare: Capio fustem, obtrunco gallum furẽ manifestarium, Plautus: quod postea ferè pro quouis modo occidere usurpatum est.) Et rursus, Ἀποτυμπανισθῆναι, inquit Varinus, idem est quod decollari, τὴν κεφαλὴν ἀποκοπῆναι. Ἀποτυμπανίζειν Suidas interpretatur ἀκλεῶς φονεύειν, id est ignominiose occidere. τύμπανα, ξύλα ἐφ᾽ οἷς ἐτυμπάνιζον, ἐχρῶντο γὰρ ταύτῃ τῇ τιμωρίᾳ. ἢ βάκλα, παρὰ τὸ τύπτειν, ἤγουν ξύλα οἷς τύπτονται ἐν τοῖς δικαστηρίοις οἱ τιμωρούμενοι, Suidas & Varinus: (forte ita ut tympana uulgò nota instrumenta bacillis pulsantur.) Tympanum lignum est carnificis, quo sibi traditos necat, Etymologus. τυμπανίζεται, ligno feritur, excoriatur, suspenditur. Tympana in Aristophanis Pluto ligna sunt, quibus cęderentur nocẽtes, Cęlius. Varinus cũ scribit fuisse ligna ἐφ᾽ οἷς ἐτυμπάνιζον, id est in quibus tympanorum supplicio afficiebant, uidetur indicare ligna quibus imponerētur uel alligarentur sontes. Pollux libro octauo carnificis instrumenta numerat, gladium, laqueum, tympanum, & uenenum. Et paulo post, Σφαλὸς δὲ, τὸ δεσμωτικὸν ξύλον ἐκαλεῖτο, ἁλλόμενον, ὡ ἐδέσκδυον, ἐκ καλωδίου ἠρτημένον. Tympanum apud Theodoritum instrumenti tortorij genus est, quo sontes torquentur differunturq́, Grammaticus quidam. Ἀποτυμπανίζεσθαι, tympanis ac fidiculis extendi ut martyres, Cyrillus libro 8. Fidiculæ numero plurali tantum, sumitur pro instrumento torquendi, ex duobus, ut putatur, obliquatis lignis compacto, ab extorquenda ueritate ac fide: Vel à nerueis funibus, uinculisq́, quibus ad illum modum homines torquendi alligantur, Valla libro 1. Sed alij potius esse putāt tormentum quo sontes à tortore funibus alligati, uulgò torquentur, (appensis scilicet ad pedes lapidum ponderibus.) Cum igitur tam uaria sit tympani, cum pro supplicij tormentiue genere accipitur, significatio, necessario etiam formatū inde uerbum τυμπανίζειν et ἀποτυμπανίζειν, sensum habebit multiplicē. Quod ad Plutarchi uerba, quibus dicit elephantum ita puerum proboscide sua rapuisse sublimē, ut uideretur illū ἀποτυμπανίσειν, ego uerterim, uiolenter illisurus solo: percutiunt enim & illidunt quæ uolunt manu elephanti. Videtur autem τυμπανίζειν non simpliciter & semel tantum, sed aliquoties iterum atq; iterum in terram illidere significare, instar eorū qui tympana bacillis feriunt. ¶ Facile possunt mansuescere elephanti, Aristot. Et alibi, Mites & mansuetudini addicti sunt. Quomodo mansuefiāt, uide capite 5. post uenationem eorum. Θυμὸς ἀπειρέσιος πέλεται κατὰ λάσιον ὕλην, Ἄγριος, ἐν δὲ βροτοῖς πραΰς, μερόπεσσί τ' ἐνηής, &c. Oppianus. Musica capti cicurantur, præsertim Indici, ut capite quinto dicam. Ex Strabonis doctrina didicimus elephantes cantu mulceri, & tympanorum sono, Cælius.

¶ Elephanti etiam pugnant inter se uehementer, & dentibus alter alterū ferit: qui autem uictus fuerit, adeò animum amittit, ut ne uocem quidem uictoris toleret, Aristot. Elephantum quomodo expugnauerit canis Indicus, retuli supra in historia Canum robustorum. Magnus Indorum rex quotannis diem unum proponit, tum hominum, tum bestiarum certaminibus: committūtur autem pugnaturæ inter se & aliæ bestiæ, & elephanti. Elephanti ad certamen ut incendantur, promuscide sponte sua sese uerberant, Aelian. Clara est unius è Romanis dimicatio aduersus Elephantum, cum Annibal captiuos nostros dimicare inter se coëgisset. Namq; unum qui supererat obiecit elephanto: & ille, dimitti pactus, si interemisset, solus in harena congressus, magno Pœnorum dolore confecit. Annibal cum famam eius dimicationis contemptum allaturum beluis intelligeret, equites misit qui abeuntem interficerent. Proboscidem eorū facilime amputari Pyrrhi præliorum experimētis patuit. Romę pugnasse Fenestella tradit primū omniū in Circo Claudij pulchri ædilitate curuli M. Antonio A. Posthumo Coss. anno urbis sexcentesimo quinquagesimo quinto. Itē post annos 20. Lucullorum ædilitate curuli aduersus tauros. Pompei quoq; altero consulatu, dedicatione templi Veneris uictricis pugnauere in circo 20. aut ut quidam tradunt 17. Getulis ex aduerso iaculantibus, mirabili unius dimicatione, qui pedibus confossis repsit genibus in cateruas, arrepta scuta iaciēs in sublime, quæ decidentia uoluptati spectantibus erant in orbem circumacta, uelut arte non furore beluæ iacerentur. Magnum & in altero miraculum fuit uno ictu occiso. Pilum sub oculo adactum, in uitalia capitis uenerat. Vniuersi eruptionem tentauere non sine uexatione populi, circundati claustris ferreis. Qua de causa Cæsar dictator, postea simile spectaculum editurus, Euripis harenam circundedit, quos Nero princeps sustulit equiti loca addens. Sed Pompeiani amissa fugæ spe, misericordiam uulgi inenarrabili habitu quęrentes supplicauere, quadam sese lamentatione complorantes, tanto populi dolore, ut oblitus imperatoris, ac munificentiæ honori suo exquisitæ, flens uniuersus consurgeret, dirasq́ Pompeio, quas ille mox luit, pœnas imprecaretur. Pugnauere & Cæsari dictatori tertio consulatu eius, 20. contra pedites quingentos: iterum totidem turriti cum sexagenis propugnatoribus, eodem quo priores numero peditum, & pari equitū ex aduerso dimicante. Postea singuli, principibus Claudio & Neroni in consummatione gladiatorum, Plinius. Pugnam illorum primus omnium in Circo dedit Cn. Pompeius ludis, quibus à se factum theatrum dedicauit, ut scribit Asconius Pædianus. Vide supra initio capitis secundi. Declinas ut lucas boues Olim resumpto præferoces prælio Fugit iuuentus Romula, Ausonius. Edita munera in quibus elephantos & crocutas, & tigrides, & rhinocerotes, &c. exhibuit, Iulius Capitolinus in Antonino Pio. Qui modo per totam flammis stimulatus arenam Sustulerat raptas taurus in astra pilas, Occubuit tandem cornuto ardore petitus, Dum facilem tolli sic elephanta putat, Martialis. Hæc omnia Plinius lib. 8. cap. 7. Elephantorum pleriq; ignē fugiunt, ut ex historijs confirmabimus sequēti capite, ubi de usu ipsorū in bellis dicetur.

¶ Si elephantus feritate effertur, statim ad arietis conspectum mansuescit, Gillius. Elephas furens ariete uiso quiescit, ac conflaccescit impetus, Cælius ex Symposiacis Plutarchi: & Zoroastres in Geoponicis. Arietis cornua horrescit elephas, Aelianus. Et alibi, Romanos (quoniam non cornua modo arietis, sed etiam suilli pecoris grunnitum oderunt) Pyrrhi Epirotarum regis elephantos in fugam uertisse homines dicunt, uictoriamq; amplam ex eo bello retulisse. Elephanti ex animalibus maximè exhorrent hircum, cerasten, porcum: quibus sanè machinamentis Romani elephantos Pyrrhi regis primum uertentes, uictoria sunt potiti, Volaterranus: qui perperam forte pro ariete cornuto, hircum cerasten reddidit. Regem insipientiam fugientem significaturi Aegyptij, elephantum (uetus interpres ineptè ceruum reddidit) & arietem pingunt: fugit enim ille cū arietem uidet, Orus. Cum Elephanti in uenatione fugantur, si eos sic frequentes coactos leones perspiciant, alij aliò in fugam

gam tanquam hinnuli, ab elephantis sibi incredibiliter timentes, cõijciuntur, Aelian. Iphicrates scribit apud Hesperios Aethiopes leones elephantorum pullos aggredi, quos cum uulnerarint, iam matribus succurrentibus fugere. Illas uerò cum filios sanguine maculatos uiderint, eos interficere: leones postmodum reuersos cadaueribus uesci, Strabo. Suis grunnitum horrescit elephas, Idem. Et rursus, Cum ab Antipatro Megarenses circumsederentur, acerrimeq́; Macedones incumberent, primo in sues pice oblitos incendium Megarei excitarunt, deinde sic incensos in hostes immiserunt. Ii itaq; furore inflammati, cum in elephantorum agmina incurrerunt, tum clamantes, nempe igni flagrantes, quasi quibusdam furijs elephantos incitarunt, & grauiter perturbarunt: hi enim nullũ neque ordinem tenebant, neq; amplius, quamuis à primo ætatis tempore domiti fuissent, mansuefacti erant: siue quòd sua quadam recondita natura à suillo pecore longe abhorreant, grauiq́; in id odio sint: siue etiam quia horum absonum uocis acumen perhorreant. Cuius rei non ignari educatores generis elephantini, unà cum suibus pullos alunt, ex consuetudine eos ut minus horreant, Hæc Aelianus. Elephantes porcina uox terret, Seneca in libro de Ira. Aegyptij pro rege qui hominem nugatorem fugiat, elephantem cum sue pingunt: fugit enim is grunnitu suis audito, Orus. Exhorrescit à porcelli recens nati uoce, Zoroastres in Geoponicis. Odorem muris uel maximè fugiunt, pabula etiam quæ à musculis contacta sunt, recusant, Solinus. Elephantos ad potum uenientes in Gange Indiæ, uermes brachijs binis, sexaginta cubitorũ cœrulei, qui nomen à facie traxerunt, mordicus comprehensa manu eorum abstrahunt, ut Statius Sebosus affert, Plin. 9.15. Elephantorũ anima serpentes extrahit, Plin. Draconem elephas perhorrescit, Aelian. Et rursus, Aethiopia (inquit) dracones ad longitudinem triginta passuum progredientes generat, & nomen proprium non habent, sed duntaxat elephantorum interfectores ipsos nominant, & proueniunt ad summam senectutem. Item alibi, Apud Indos, sicut audio, graueis inter se gerunt inimicitias draco & elephantus. Quare dracones haud inscij imperitiq́;, ex arboribus elephantos ramos decerpere in pastus suos solere: in has ipsas arbores primo serpunt, postea eam sui corporis partem dimidiam quæ ad caudam pertinet, arborum folijs circuntegunt, alteram partem anteriorem funiculi instar appensam demittunt: eò cum accessit elephantus ad arboris cacumina colligenda, draco in huius ipsius oculos insiliens effodit, & constrictum tenens, inusitato & nouo quodam laqueo strangulat, Hęc Aelian. India fert elephantos (uerba sunt Plinij) bellantesq́; cum eis perpetua discordia dracones, tantæ magnitudinis, ut & ipsos circunflexu facili ambiant, nexuq́; nodi præstringant. Cõmoritur ea dimicatio: uictusq́; corruens complexum elidit pondere. Mira animalium pro se cuiq; præcipua solertia est, ut ijs (draconibus) una scandendi in tantam altitudinem difficultas. Draco itaq; iter ad pabula speculatus ab excelsa se arbore inijcit. Scit ille imparem sibi luctatum contra nexus: itaq; arborum aut rupium attritum quærit. Cauent hoc dracones, ob idq́; gressus primum alligant cauda. Resoluunt illi nodos manu. At hi in ipsa nare caput condunt, pariterq́; spiritum pręcludunt, & mollissimas lancinant partes. Iidem obuij deprehensi, in aduersos erigunt se, oculosq́; maxime petunt. Ita fit ut plerunq; cæci ac fame & mœroris tabe confecti reperiantur. Quam quis aliam tantę discordię causam attulerit, nisi naturæ spectaculum, sibi paria componentis? Est & alia dimicationis huius fama. Elephantis frigidissimum esse sanguinem, ob id æstu torrente præcipue à draconibus expeti. Quamobrem in amnes mersos insidiari bibentibus: arctatisq́; illigata manu in aurẽ morsum defigere: quoniam is tantum locus defendi non possit manu. Dracones esse tantos, ut totum sanguinem capiant. Itaque elephantos ab ijs ebibi, siccatosq́; concidere, & dracones inebriatos opprimi, commoriq́;, Hucusq; Plin. Milton uocant Græci minium, quidam cinnabari: (Cinnabari Galenus & Dioscorides neutro genere proferunt: Plinius & neutro & in fœminino cinnabarin.) Vnde natus error Indico cinnabaris nomine. Sic enim appellant illi sanguinem draconis elisi elephantorum morientium pondere, permixto utriusq; animalis sanguine, ut diximus. Neq; alius est color qui in picturis propriè sanguinem reddat. Illa cinnabaris antidotis medicamentisq́; utilissima est. At hercule medici quia cinnabarin uocant, pro ea utuntur hoc minio, quod uenenum esse paulò mox docebimus. Cinnabari ueteres quæ etiam nunc uocant monochromata (quorum etiam lib. 35. cap. 5. meminit) pingebant. Cinnabaris adulteratur sanguine caprino, aut sorbis tritis. Pretium syncerae nummi quinquaginta, Hæc omnia de cinnabari Plinius 33.7. Idem libro 35.5. Floridi (inquit) colores sunt, quos dominus pingenti præstat, minium, Armenium, cinnabaris, &c. Et lib. 13. cap. 1. Vnguentis quidam coloris gratia addiderunt cinnabari & anchusam. Inter elephantos & dracones iugis discordia: deniq; insidiæ hoc astu præparantur. Serpentes propter semitas delitescunt, per quas elephanti assuetis callibus euagantur, atq; ita prætermissis prioribus postremos adoriuntur, ne qui antecesserint, ualeant ultimis opitulari. Ac primum pedes nodis illigant, ut laqueatis cruribus impediant gradiendi facultatem, Solinus & reliqua ut Plinius: Et subinde, Itaq; cum ebiberint sanguinem, dum ruunt belluæ, dracones obruuntur. Sic utrinq; fusus cruor terram imbuit, fitq́; pigmentum quicquid soli tinxerit, quod cinnabarim uocant. Taprobana maxima Indorum insula elephantos alit, & serpentes qui omnium serpentium naturam superant. Hi elephantos aggressi, pedes eorum suis implicant spiris, & in terram deiectos uorant. Sæpe tamen pondere illorum obruti commoriuntur. In horum draconum capitibus multi pretiosissimi lapides reperiuntur, quorum natiua sigilla sunt, ita ut uni huius generis currum fuisse insculptum multi se uidisse affirment, ut Posidippus alicubi in carminibus suis testatur, Ioan. Tzetzes

Chiliade octaua. Sanguinem draconis Serapio describens, quem hemalocöen uocat, non aliter describit quàm Dioscorides quartam sideritidis speciem, nec alias ei facultates attribuit, & Galeni de sideritide uerba citat. Quarta sanè species sideritidis apud Dioscoridem (apud quem primam quoque speciem sanguinem Titani cognominatam legimus) uulnera sanat & astringit, quam multi millefolium putant: & reuera è genere millefolij est qua rustici nostri ad boues & equos uulneratos sanandos utuntur. Serapionem secuti recẽtiores etiam, ut Genuensis, Pandectarius & alij, per sanguinem draconis, sideritidis herbæ succum intelligunt: non tamen inde paratus in pharmacopolijs reperitur, sed alia tria genera: unum in rotulas conuolutum, quod ex rubrica, qua boli Armeniæ loco plerique hactenus utebantur, & terra fit: Alterum, cuiusdam arboris lachryma: Tertium, gummi arboris: in quo cortices etiam apparent, in lachryma non item: utrunque gustu astringit. Utrunque è Libya adferri scimus, & ex Aegypto Venetias, Antonius Brasauola. Et rursus in minij examine, Non possum (inquit) aliter suspicari quàm cinnabarin esse guttam illam uel lachrymam (arboris ex Libya) quam in officinis sanguinem draconis appellant, nec in uili pretio est. In quo certe color profundus uisitur, ut de cinnabaris suæ colore Dioscorides scripsit. Is non ita dudum Venetias adferri cœpit, & paucus quidem: utuntur eo pictores ad fingendum sanguinem. Apud hos simul & medicos in magno usu est. Idem sentit Matthæolus quoque in commentarijs suis Italicis in Dioscoridem. Sanguinis draconis (inquit) color ad sanguinem omnium maximè accedit, translucidus & friabilis est: pharmacopolæ hodie sanguinem draconis in lachrymis uocant, ad differentiam adulterati qui in pastillos redactus habetur. Verus enim, ut Aluigus Cadamostus scribit, libro quarto suæ nauigationis in Africam, lachryma gummosa & liquida est, ex arbore destillans: cuius ut maiorem copiam habeant Afri, ferramentis quibusdam corticem uulnerant, & collectum liquorem & ad ignem decoctum, sanguinem draconis uocant. Hinc uerisimile fit (inquit Matthæolus) hanc esse Dioscoridis cinnabarin, ut quæ ex Africa, & perpauca quidem afferatur, unde magno in pretio est. Vires etiam hæmatitæ lapidis habet, & à recentioribus medicis satis feliciter ad sanguinis sputum, eiusque fluores, tum alios, tum dysentericos tum muliebres usurpatur propter uim astringentem. Accedit quod etiam Dioscoridis tempore cinnabarin sanguinem draconis uocabant: sic enim ille scribit, insinuans non uerè draconis hunc esse sanguinem, sed à colore ita appellatum. Sed apparet illi non satis constitisse de hoc pigmento, undenam sumeretur: & multò minus Plinio, qui putasse uidetur cinnabarin uerum draconis sanguinem esse: nec subijt ei dubitare, quo pacto fieri posset ut sanguis extra uenas siccus, ac terræ permixtus, tam uiuum sanguinis colorem redderet, qualẽ ipse cinnabarin reddere scribit, & nos in nostro sanguine draconis Africano manifestè uidemus. Hæc ferè Matthæolus. De sanguine draconis (uerba sunt Monachorum qui nuper in Mesuen scripserunt) optimè tractauit Ant. Brasaulus. Habentur autem uenalia hodie duo genera hoc nomine, quorum alterum fictitium est, ex bolo non Armenia, sorbis contusis, & caprino hircinóue sanguine, alijsque diuersis rebus, in placentarum formam redigi solitum, & furno aut sole desiccari. Hoc ut plurimum in equorum & similium (animalium) remedijs utuntur: multi etiam hominum. Alterum uerò succus est & lachryma quarundam magnarum arborum, in insulis Lusitanorum nuper inuentis copiosè nascentium: Cuius generis arbores Vlyssippone maximas uidimus. Sunt enim tanquam columnæ, unicæ cimaturæ (sic illi loquuntur) more palmarum, absque ramis folia sunt eis simillima spatulæ fœtidæ, crassiora tamen: cortex arboris subcinericeus, & unà cum tota arbore rubri succi plenus. Arbor tempestiuè scarificata emittit lachrymas sanguineas, quas gummi instar cõdensatas abradunt è cortice incolę, nec uilius uendunt. Multi etiam lignum eius frustatim incisum ebullire faciunt, & decoctum igne aut sole condensant, &c. Utrunque enim sanguinem draconis appellant. Sed longè melior est lachryma seu succus collectus ligni decoctione. Cæterum an hic sanguis draconis easdem uires habeat quas Achillea sideritis (Serapio, ut ex Brasauola supra citauimus, non Achilleã aut Achilleam sideritin, sed simpliciter dictæ sideritidis speciem tertiam sanguinem draconis uocat: Galenus similes utriusque facultates facit, sed Achilleæ efficaciores magisque astringentes) nescimus. Sed præstare putamus uti succo sideritidis uel lactucæ authoritate Auicennæ, quàm alia re absque ullo authorũ testimonio. Hactenus Monachi in Mesuen. Ego has arbores Libycas & in nouis repertas insulis palmarum generis esse conijcio. Nam palmis folia gladioli herbæ folijs comparantur, unde spathen Græci nominant. Trunci etiam ramorumque natura eadem. Natales ijdem, loci feruidi & arenosi. Colorem præterea palmarum germina phœniceum siue puniceum habent, unde arbores ipsę phœnices Græcis dictæ. Sunt autem illarum tam multa genera, eaque longè diuersa, ut uix ullius arborum puto plura reperiantur: quò minus mirum fuerit hanc etiam adnumerari. Postremo uires conueniunt. Nam fructus palmarum astringunt, uulnera glutinant: sanguinem excreantibus in cibo commendantur, hæmorrhoidas & dysenteriam cohibent, &c. Actuarius sanguinẽ draconis, δράκοντος uel δρακοντίου καλουμένου αἷμα nominat. Cæterum quæ hodie cinnabaris uocatur, idem scilicet nomẽ propter coloris similitudinem sortita, alia fossilis, alia factitia est, utraque metallica & uenenosa, nec ullo modo in corpus admittẽda. Illa in fodinis argenti uiui reperitur, ut Matthæolus scribit, rubicunda, non admodum dura, sed friabilis, magni ponderis, & argenti uiui tam plena aliquando, ut sponte defluat. Factitia ex argento uiuo & sulphure fit, sublimatis ut uulgò loquuntur. At minium uulgare hodie ut plurimũ fit ex plumbo & cerussa usta, unde id ipsum Galeni ac Dioscoridis sandycem esse apparet, Serapionis uero minium,

nium, Matthęolus. Georgius Agricola uir tum aliâs in bonis literis, tum in re metallica unus omniũ
maximæ authoritatis, cinnabarin siue minium factitium Germanis suis interpretatur **zinober**: minium natiuum, **bergzinober**: minium secũdarium, **menning**: quo nomine (inquit) etiam appellatur
sandyx: differt autem sandyx, non colore, sed cõficiendi ratione à minio secundario. Cinnabari (inquit Galenus) modicè acrem facultatem obtinet, habet uerò & astrictionis quippiam.

¶ Elephantum infestum esse ferunt tauris syluestribus, Albert. Martialis in Spectaculorum descriptionibus taurum cum elephanto commissum meminit. ¶ In ludis Pompeij Magni uisus est
rhinoceros. Alter hic genitus hostis elephanto, cornu ad saxa limato præparat se pugnæ, in dimicatione aluum maximè petens, quam scit esse molliorem: longitudo ei par, crura multò breuiora, Plin.
10 Et alibi, In arbores exacuunt limantque cornua elephanti, & saxo rhinocerotes. Rhinoceros licet hu
milior inferiorque elephanto, cornu tamen (quod in summa nare ualidissimum gestat, adeò ut ne ferro
quidem robore concedat,) saxis exacuto, elephanti crura suo rictu subiens, discerpit & lacerat: isque
effuso sanguine decumbit. Pugna eorum est de pastionibus, pro ijsque tuendis multi mori dicuntur:
ac si aluum non præoccupârit rhinoceros, sed in aliam elephanti partem aberrârit, elephantinis dentibus distrahitur: ac tametsi eius pellis ea existat firmitate, ut ægre iaculo penetrari queat, tamen tam
uiolentus est elephanti impetus, ut eam traijciat, Aelianus. Meminit etiam Oppianus, sed paucis, &
Strabo lib. 16. ¶ Tigris elephanti quoque spernit uestigia, Plin. Tigris elephãto longè robustior est,
Eustathius in Dionysium, & Arrianus: Insilit in caput elephantis, & facile suffocat, Idem. Gryphes
cum alijs animalibus certant, eaque uincunt, contra leones autem & elephantos non stant, Aelianus.

20

E.

Elephantum uenatio multis in Libya circa Troglodyticam oppidis nomen dedit, ut capite octauo dicemus. Africa foueis capit, in quas deerrante aliquo protinus cæteri congerunt ramos, moles
deuoluunt, aggeres cõstruunt, omniáque ui conantur extrahere. Antea domitandi gratia greges equitatu cogebant in conuallem manu factam, & longo tractu fallacem: cuius inclusos ripis fossisque, fame
domabant. Argumentum erat ramus, homine porrigente clemẽter acceptus. Nunc dentium causa,
pedes eorum iaculantur alioquin mollissimos, Plin. Accepi ex sene quodam fide digno (uerba sunt
Alberti ex Auicenna) Indos facere foueas, in quas esca illiciente elephanti aliquando incidant: illa-
psum uenatorum aliquis accedens, flagro uehementer afficit: tandẽ alius superuenit, qui se elephanto ostendens percussorem illum tanquam cum increpatione & uiolentia ab elephanto reijcit, & mox
30 elephante in fouea relicto discedit: redit percussor, & rursus flagellans ab altero superueniente repellitur. Hoc sæpius iteratur, ita ut elephas tandem agnito liberatore suo, conspectu eius gaudeat:
quo animaduerso, aperitur ei uia fodiẽdo, qua possit egredi de fouea: egressus sequitur liberatorem
suum, eique paret. Et hoc idem (inquit Albertus) narrauit mihi uir fide dignus, qui regionem illã pera-
grauerat, addens percussorem elephanti horribili colore caput & faciẽ pingere, & habitu uti alieno,
ne postea ab elephanto cicurato agnoscatur, & in periculo uitæ sit. Cæterum Strabo libro decimoquinto, & Arrianus in Indicis, hoc modo eos capi aiunt, ut Gillius transtulit: à quo omissa adijciam,
& quædam emendabo: Venatores quatuor aut quinque stadiorum locum planum & minimè impeditum (ψιλὸν, Strabo, id est nullis arboribus aut fruticibus interceptũ: ἄπεδον καὶ καυματώδεα, Arrianus.
ἄπεδον Varinus planum exponit, καυματώδης æstuosum significat, forte κλιμακώδεα legendum, ut de-
40 cliuem exponamus, quem Plinius nimirum conuallem longo tractu fallacem nominat, quo scilicet
paulatim & tanquam per gradus descenditur) fossa latitudine quinque, simul & altitudine quatuor
cubitorum (ὀργυιῶν, id est ulnarum,) cingunt: & terram quæ fodiendo eruitur, murorum instar circunquaque exaggerant. In aggere subterranea latibula efficiunt, in quibus foramina relinquunt, per
quæ lucem admittant, unde accedentes feras intueri possint. Tum ponte (angustissimo, Strabo) multo cespite constrato, ne feræ insidias positas sentiant, fossæ transitus iungitur, ac nimirum ad maiorem ferarum illecebram tres quatuórue ex mansuetioribus fœminas elephantos in claustrum concludunt: uenatores in aggeris latibula abstrusi manẽt in insidijs. Iam uero eiusmodi beluæ loca culta
interdiu non adeuntes, sed noctu tantum gregatim errantes pascuntur, maximum & præstantissimum ex ipsis ducem, ut boues taurum, sequuti: sic ad fossam appropinquantes, cum inclusarum uel
50 uocem uel odorem perceperint, eò confestim accedere properant, & circum aggeres tam diu concursant, quoad pontem nacti, intra munitiones singillatim ingrediuntur: Ii autem qui positi sunt in
insidijs, pontem celeriter detorquẽt, alij magna celeritate uicinis proximis uicis elephantos inclusos
denunciant: quo intellecto, ij in fortissimos quosque & maximè cicures elephantos ascendentes, accedere cõtendunt: neque tamen statim ut eò accesserunt, cum feris pugnam cõmittunt, sed eas primum
aliquandiu fame & siti frangunt: deinde per pontem repositum ad eos ingressi, cum ijs iam infirmio-
ribus & afflictis certamen instituunt, ac feros siti fameque & tristitia confectos, cicures expugnant: ac
homines ex elephantis desilientes, (Cum uerò iam defessi fuerint, rectorum audacissimi clam descen
dentes, quisque sui elephantis uterum subeunt: atque hinc subitò syluestrium uterum subeuntes, compe
des illis inijciunt, Strabo:) primo compedibus defatigatos deuinciunt: post uerò cicures incitant, ut
60 feros usque uerberẽt, dum in terram procubuerint: tum ipsis laqueos ad terram abiectis in collum inferunt, (bouillis loris crudis eorũ colla cum domesticis alligant, Strabo:) in eosque humi stratos ascendunt, & ne sessores excutiant, uel alia quapiam iniuria afficiant, eorum collum acuto ense in orbem

incidunt, & in ipsa sectura funẽ alligant, ut ob doloris sensum uinculis concedant, & ex feritate conquiescant. Nam collum circumacturis uulnus fune atteritur. Proinde agnoscentes infirmitatẽ suam uincti ducũtur à mansuetis. Eorũ aũt qui sunt ætate uel infirma uel exacta (ὅσοι δὲ νήπιοι, ἢ διὰ κακότητα οὐκ ἄξιοι κεκτῆσθαι, Arrianus:) dimittunt, reliquos in uicos abducũt, (in stabula, Strabo:) & pedibus inuicem uinctis, & collo ad columnam ualidam, fame domant, deinde aut herba, aut uiridi harundine pascunt. Hi molestia afflicti, pabula recusant sumere: illi uerò cantibus eos & tympanis & cymbalis demulcent ac deliniunt, Hæc Arrianus & Srabo.

¶ Nunc alias etiam uenationis elephantum rationes, ex Aeliano præcipuè, adscribam: & primum quomodo ne in foueas incidere cogantur aduersus uenatores tum armis tum ignibus resistentes pugnent. Insidiæ (inquit) quas elephantis uenatores instruxerint, non eos facile latent. Nam cum ad foueam, quam contra ipsos suffodere uenatores solent, proximi accesserunt, seu naturali quadam intelligentia, seu retrusa & abdita præsensione, & scientia rerum futurarum, à progrediendo ulterius se sustinent: ac quàm mox itinere conuerso, in uenatores inuadunt, uiq; & impressione sese in medios insidiatores incitant, simul & eos euertere conantur, fuga ut salutem contra insidias superiores facti adipiscantur. Id igitur temporis cum atrox pugna, tum uero uel hominum, uel elephantorum cædes, & occisio fit multiplex. Huius pugnæ ratio talis est: Homines quidem eminus hastas & iacula intorquentes, ac collimantes, ictu directo eos feriunt. Contrà elephanti, ex hominibus si quem cecidisse animaduerterint, statim uiolenter illum & corripiunt, & ad terram à se abiectum, proterunt, & conculcant: simul & cornibus (sic enim eorum dentes appellantur) tandiu profligant, quoad miserabili & referta accerrimis doloribus morte, hunc proiectum affecerint. Cum autem huiuscemodi animalia inuadunt, tanquam uela ex animi incitatione quàm contentissime aures, quas habent patulas, intendunt, & pandunt more magnarum struthionum, quæ uel dum fugiunt, uel dum inuadunt explicatis alis feruntur. Itemq; promuscidibus, sub cornua redactis, & contractis, quemadmodum rostra nauium plenissimis uelis propulsa, sic elephãti uehementi impressione irruentes, multos mortales funditus euertunt. Tumq; perinde ut tuba belli classicum sonans, clamores uastissimos edunt. Humi porrò prostratorum, & genibus contritorum, et ossium obtritorum, tantus est strepitus, ut uel illinc longissimè exaudiatur: nec non sæpe elisis oculis, naribus distractis, fronte disrupta, facieiq; forma amissa non uel à proximis cognatione sibi noscuntur. Iam ex ijs nonnulli ad hunc modum inopinatò seruantur. Quamuis enim sanè uenatorem beluæ cursus celeritate comprehenderit: præ tamen uehementi impetu, hunc transcurrens, genibus in terram præcipitibus actis, cornua aut in radicem, aut in quippiam aliud tale compingit: ex quo retinetur, ac uix dum se retraxit, cum uenator elapsus iam salutem fuga est consecutus. In hac igitur pugna, elephanti sæpe uincunt, sæpe item uarijs terroribus iniectis uincuntur. Tubarum enim clangor uastum clamorem efficit, ipsiq; homines armis concrepantes, clypeos uidelicet hastis contundentes, & ululatum tollentes, strepitu undiq; omnia circumsonare faciunt: tum uero partim in terra ignem incendentes, partim in sublime tollentes, ac tanquam funda eum contorquentes, partim ignitos torres iaculantes, atq; etiã longas faces in ferarum oculos magna ui inferentes, & intrudentes, eis hæc omnia ægre intuentibus, timorem afferunt. Vnde adeo impelluntur, exterrẽturq;, ut interdum in foueam, quam antè declinabant, detrudantur, & compingantur, Hæc Aelianus. Et rursus, quomodo à uenatoribus in fugam acti, incensis tandem syluis ab ea cohibeantur, describens, Qui uenandi (inquit) elephantos scientiam tenent, nobis testantur, hos insectatione uenatorum pressos, cum robore immenso, tum impetu effrenato atq; præcipiti, & quem sustinere possit nemo, sic quidem per maximas arbores, tanquam per segetes excurrere, easq; tanquam spicarum calamos, ubi cursum ramorũ proceritate retardari uident, perfringere: ubi uero ipsi ex arboribus eminent, & proceriores existunt, tum omni neruorum contentione currere, tum uiam insequentibus præcidere: nec mirũ, locorum enim consuetudinem tenent. Cum autem se ex insectatorum suorũ conspectu eripuerint, eosq; maximis processibus itineris lõgè & retro positos senserint, tum ex fuga recipiunt animũ simul, & tanquã periculo liberati, insistũt: ibiq; tum metus solicitudine expulsa, ex immenso labore requiescũt: his interea ad cibi cogitationẽ memoria excitatur, iuncos & hederas per arbores erraticis implicationibus serpẽtes depascũtur, atq; palmarũ tenera cacumina, & aliarũ plantarũ adolescẽtiores truncos. Quòd si rursus insectatores ad eos propius adsint, hi etiã iterum sese in fugã impellunt: Cumq; ab his multã uiam absunt, sese ex fuga colligẽtes, requietem curarũ ex itineris labore habent. Insequentes autem præcipitante sole debilitati, syluã incendũt, & uiã ipsis obstruunt: quod ipsum sentientes elephãti, se sustinent à progrediendo. Ignem non minus quàm leones extimescunt, Hæc omnia Aelianus. Gabinius Romanus scriptor de elephantis tradit fabulosa quædam, dicit enim cæteras feras ignem fugere, elephantes ei resistere ac repugnare, propterea quod syluam consumat: eos cum hominibus certare, & speculatores præmittere, & cum illos uiderint fugere: cumq; uulnera acceperint, ramos uel herbam uel puluerem supplices prætendere, Strabo. ¶ Troglodytæ contermini Aethiopiæ, qui hoc solo uenatu aluntur, arbores propinquas itineri eorũ conscendunt. Inde totius agminis nouissimum speculati, extremas in clunes desiliunt. Læua apprehenditur cauda, pedes stipantur in sinistro femine. Ita pendens alterum poplitem dextra cædit: ac præacuta bipenni hoc crure tardato profugiens, alterius poplitis neruos ferit, cuncta præceleri pernicitate peragens, Plinius. Elephantũ uenatio ad puteũ dicta, ab Elephantophagis habitatur, qui

qui dum has feras uenantur, gregem earum per syluam ex arboribus cernentes, eum minimè adoriuntur, sed eos qui à grege aberrârint ad posteriora furtim accedentes, neruos incidunt, Strabo. Gillius copiosius prosequitur his uerbis: Aethiopes ex procerissimis arboribus elephantorũ introitus atq; exitus obseruant, non in multos uno eodemq; tempore inuadunt, sed in singulos tantũ magno robore animi insiliunt: nimirum speculator caudam beluæ appropinquantis ad arborem, in quam abditus is latet, desiliens, manibus comprehendit, pedesq; ad dextrum femur obijciens, securi, quæ ex humero pendet, expedita & acuta, dextri poplitis neruos succidit: in quo certamine utriusq; salus periclitatur. Interdum elephantus incisis neruis in sauciam partem procumbens, Aethiopem secum in terram abijcit, atq; interficit: Interdum suo pondere hominem ad arborem aut saxum alli-
10 dens, occidit: ac nimirum nonnulli elephanti dolore pressi, quando insidias facienti nocere nõ queunt, sese tandiu in fugam impellunt, dum crebro securis ictu decumbunt: tum ad terram stratorum posteriores partes incolæ uicini comedunt. Alij (ex Troglodytis Aethiopiæ conterminis) tutiore genere, sed magis fallaci, intentos ingentes arcus defigunt humi longius. Hos præcipui uiribus iuuenes continent, alij connixi pari conatu tendunt, ac prætereuntibus sagittarum uenabula infigunt, mox sanguinis uestigijs sequuntur, Plin. Nõnulli (ex Elephantophagis) sagittis eos interficiunt serpentium felle tinctis. Sagittatio per homines tres perficitur, quorum duo arcum tenent, & ultra progrediuntur, tertius uerò neruum trahit. Nonnulli arbores obseruant, ad quas elephanti reclinari & quiescere solent. Harum ex altera parte truncum succidunt. Itaq; bestia se inclinans, pariter cum arbore ruit: & cum surgere nequeat, eò quod crura continuo & sine flexu osse constent, illi ex arbori-
20 bus desilientes eam obtruncant, Strabo. Iam apud Aristotelem uenatio elephantorum huiusmodi legitur: Conscendunt (inquit) mites aliquos animososq; elephantos, qui uenantur, cursuq; insequuntur feros: quos cum occuparint, ferire præcipiunt suis, dum fatigent, uiresq; dissoluant. Tum rector in defatigatum illum insilit, regitq; falce: post breui tempore fera mitescit, atq; obtemperat. Quandiu insidet rector, mitem se quisq; exhibet: cum descenderit, alij mansuetudinẽ seruant, alij suã repetunt feritatem: itaq; immitescentiũ crura priora prępediunt uinculis, ut quiescant: capiuntur & natu iam grandes, & pulli, Aristoteles. Capiuntur in India, unum ex domitis agente rectore: qui deprehensum solitarium abactũmue à grege, uerberat ferũ: quo fatigato transcendit in eum, nec secus ac priorem regit, Plin. Vetulus elephas efferatior est, & non facile capitur. Sed minores quoq; natu capere operosum est, quoniam à maioribus, qui eos tuentur, nõ facile relinquuntur. In Caspio lacu oxy-
30 rynchi pisces capiuntur: horum exempta uiscera excoquunt. Vnde ad permultos usus accommodatum fit glutinum: nam non modo ad quæcunq; applicatum fuerit, adhærescit: sed & firmissimè retinet, ut & decem diebus madefactum nunquam postea dissoluatur: & eo ad elephantos comprehendendos uenatores utantur, & pulchra facinora ædant, Gillius ex Aeliano.

¶ Hactenus de hominum aduersus capiendos elephantos technis dixerim: nunc subijciam quid ipsi contra has elephanti faciant, & quibus modis euadere conentur. Quomodo uenatorum insidias herba euulsa per manus tradita sibi inuicem prodant, capite quarto explicauimus. Circumuenti à uenantibus primos constituunt quibus (dentes illi exerti) sunt minimi, ne tanti prælium putetur. Postea fessi impactos arbori frangunt, prædaq; se redimunt, Plin. Cum uenatu premuntur, pariter cõfringunt utrosq;, ut ebore damnato non requirantur. Hanc enim sibi causam periculi prę-
40 sentiunt, Solin. Elephanti causam cur petantur prænoscentes, ex sese qui dente inutili sunt, ante cæteros in prima acie constituunt, ad primum hostium impetum sine magna iactura excipiendum: reliqui qui in subsidijs manent, dentium robore integri, auxilium fessis ferunt, Aelian. Equitatu circumuenti, infirmos aut fessos in mediũ agmen recipiunt: ac uelut imperio ac ratione, per uices subeunt, Plin. Conflictu fortuito si quando pugnatur, non mediocrem habent curam sauciorum: nam fessos uulneratosq; in medium receptant, Solin. Amor eis mutuus intercedit: & cum fugiunt uenatores, robusti ac florentes ætate extrema tenent, in medium uerò uetulos & matres cum pullis recipiunt, Tzetzes. In uenationibus sibi mutuò ferunt auxilium, ita ut si quis eorum labore deficiat, alter pro illo sese opponat, Philostratus. Cum à uenatoribus elephanti, tanquam milites in bello, funduntur & fugantur, non alij ab alijs separatim, sed omnes simul & communiter in fugam se dant,
50 ac simul inter se prementes ad gregales suos adhęrescunt. Horum autem qui iam sunt firmata & integra ætate, reliquos sic circuncludunt, tanquam pugnacissimi propugnatores totũ agmen circummuniunt: qui uero longius sunt ætate prouecti, atq; matres sub se quæq; suos pullos ita occultantes, perraro hi paruuli ut uideantur, sub termedium obtinent locum, Aelian. ¶ Cum elephanti fossam transilire non queunt, de his unus aliquis in hanc sese demittit, & transuersus fossæ stans, partim uacuitatem occupat, partim pontis se uicarium præstat. Cæteri supra hunc gradientes transmittunt, & euadunt, simul & eum, qui pontis loco erat, hoc modo ex fossa cõseruant. Superiore enim ex loco quispiam porrigit pedem, quem is qui infra est promuscide circumplicat, reliqui autẽ uirgultorum fasces deijciunt, ad quos ille, cum fortissime, tum cautissime pedibus adnitens, celeri ascensu subtrahitur, Aelian. Cum fossas transeunt profundas, & difficiles superatu, δυσυπερβάτους: qui inter cæteros
60 robustior & maior fuerit, stans medius, tanquam pons, transmittit omnes: alij autem ingerentes deinde sarmenta multa fossæ, seruant eum per quem traiecti sunt, Tzetzes. Societatis & cõmercij uim non absq; intellectus sensu elephantos ostendere, Iuba author est: fossa ducta, eaq; fruticibus paruis

& humo leui obtecta, uenatores his struunt insidias. Huc igitur quoties decidit aliquis, cæteri quicunque comitantur congestam undique syluam saxaque iniiciunt, dum cauo fossæ expleto egressus captiuo detur, Plutarchus in libro Vtra animalium, &c. Postea quàm in foueam inciderunt, & se iam teneri sentiunt, animaduertentes exitus locum nullum eis relictum esse, cum eos pristini animi, tum libertatis capit obliuio: tum uero facile cibos ex largientibus sumunt: tum si quis præbeat, libenter bibunt, atque uinum si in promuscides effundas, sine recusatione admittunt, Aelianus. Quomodo tranent fluuios cum urgent uenatores, prædictum est capite quarto.

¶ Elephantos natura mansuetos esse & facile cicurari eodẽ supra capite docui: nunc quomodo & quibus artibus cicurentur expediendum. Mansuescunt igitur uel necessitate, ut uinculis & fame, uel blandimentis tum Musicis tum aliis, ut ex Aeliano deinceps docebimus. Quid elephantis (inquit Aelianus) postquam capti sunt faciant, ut mansuescant, dicendum est. Primo in syluam non ita longo interuallo ab ea fossa, ubi comprehensi fuerint, distantem, sic eos strictè constrictos funibus trahunt, ut ne permittant quidem, néue hi præcurrant, néue rursus retrahãtur: deinde certo & dimenso spatio horum quenque ad maximam arborem illigantes, ut neu in anteriorem partem insilire, neu rursus admodum in posteriorem resilire queant, néue ipsis ex funis laxitate facultas sit ad inferendum iniuriam, uictus tenuitate & fame, horum robur frangunt. Postea uerò quàm eorum domitores duritiam animi tandẽ paulatim molliuerunt, quoad pristinæ inexpugnabilis feritatis eos ceperit obliuio, de manu cibum sumendum dant. Hi necessitate pressi, cum non malitiose iam, tum uero hilarioribus oculis, & mansuetioribus, quàm essent soliti, intuentur. Horum autem, qui sunt ætate robusti, uinculis ruptis, cum dentium robore, tum uerò promuscide arbores reuellunt, & frangunt: uixque sero admodum, partim fame, partim ciborum illecebris, partim uerberibus mansuescunt, Hæc Aelianus. Et rursus, Indi homines, licet permulti & magna machinati, non elephantos iam ætate procedente confirmatos facile comprehendere queunt. Quare ad loca fluminibus proxima (roscida enim & palustria pascua frequentãt) uenatores profecti, eorum catulos tantum capiunt. Hos cum adhuc ætate infirmos & teneros ceperunt, ciborum blanditiis & assentationibus ad parendum informant, ac instituunt, blandiloquentiaque mansuefaciunt: Hominum enim indigenarum linguam elephanti intelligunt. Breuiter perinde illos quasi infantes pueros alunt, partim cibaria eis largientes, partim disciplinas tradentes: quæ res efficit, ipsi ut ad obediendi facilitatem transferantur, & exuta feritate, humanitatem induant, Aelian. Et alibi, Si Indicus elephantus robore ætatis confirmatus capiatur, ex feritate ægre traducitur ad mansuetudinem: & quod desiderio libertatis teneatur, ideo cædes facit: ac si uinculis deuinciatur & constringatur, magis incitatur animo, neque ullam seruitutem perpetitur. At enim Indi uariis & multiplicibus cibariorum illecebris eum delinire student: ille tamẽ nihil de acerbitate sua remittens, nihilque ab iis blanditiis mitescens, iis præclare contemptis, pergit iisdem infestus esse. Quid igitur ii comminiscuntur & machinantur? Instrumento quodam musico uernaculam cantiunculam ei canunt, is animum attendit, auremque ad audiendum erigit, & suauitate illius demulcetur: animi incitatio comprimitur. Tum paulatim in obiectum cibum respicit, & tametsi omnibus uinculis exoluitur, tamen cantu deuinctus, non amplius ad pristinos mores à mansuetudine deficit, Hæc omnia Aelianus. Ex Strabonis doctrina didicimus elephantes cantu mulceri, & tympanorum sono, Cælius. Capti celerrimè mitificantur hordei succo, Plinius & Solinus. Zythus potionis genus est quod ex hordeo fit, quo madefactum ebur in omne opus tractabile redditur, Dioscorides: Græcè legitur, εὐφυὴς δὲ καὶ ὁ ἐλέφας γίνεται βρεχόμενος αὐτῷ. Hinc apparet Plinium ex Græco aliquo authore iisdem aut similibus uerbis uso, zythum reddidisse hordei succum, & pro elephante homonyma uoce non ebur, ut debuerat, sed ipsum animal. Ἡ κρόκη τὸ ἔσω τὴν τέφρᾳ καὶ ὄξει διάβροχον γινόμενον, καὶ τὸν ἐλέφαντα τῷ ζύθῳ μαλακὸν γινόμενον καλῶντες κάμπτουσι, καὶ διασχηματίζουσιν: ἄλλως δὲ οὐ δύνανται, Plutarchus in commentariolo, An ad infelicitatem satis uitium sit. Sensus est, ut Marcellus Vergilius transfert, Cinere & aceto madens os licio (siue acia malis dicere) secatur, & ebur zytho mollitum flectunt, & conformant, aliter autem non possunt. Certe ipsa uox εὐφυὴς apud Dioscoridem, operi facilem & tractabilem materiam significans, neque de animali, neque de elephantiasi morbo (ridiculè dubitat Marcellus) uerba eius accipi posse cõuincit. Accedit ratio, ebur scilicet macerari mollirique zytho, quoniam is acorem & uim aceto similem, quæ solidissima quæque penetret, in se cõtineat: facile enim acescit aqua in qua hordeum aut aliquæ fruges aliquandiu macerantur. Acetum etiam ex zytho & similibus, ut cereuisia, potionibus fieri constat. Aceti feruidi uis tanta est ut saxa penetret, cum cinere ossa emollit, Plutarcho teste: non mirum igitur si zythus etiam acorem in se continens, & facile acescens, eadem facultate eboris soliditatem remittat. Zythum Symeon Sethi φουκάν appellat. Elephantina ossa, inquit, in zytho aliquandiu macerata, ceræ instar emolliuntur: addit & reliqua quæ Dioscorides de zytho. Democritum inuenisse aiunt quemadmodum ebur molliretur, Seneca lib. 14. epistola 91. Quòd si quis Plinio patrocinari uoluerit, dixerit forte fieri posse ut pariter utrumque uerum sit, & ebur zytho molliatur, & eiusdem potu mitigetur elephas animal: nam cum uino delectetur uel ad ebrietatem, ut supra diximus, zythum quoque libenter ab eo admitti uerisimile esse, præsertim cum hordeo gaudeat ex quo conficitur. Elephanto qui ad bellum certat, non modo ex uitibus confecti, sed etiam ex oryza factitii uini usus indulgetur, Aelianus.

¶ In quibusdam regionibus pretiũ elephanti est, ducati (denarii siue drachmæ pondere nummi aurei)

aurei) quinquaginta, in alijs mille, & alibi ad summum bis mille interdum, Vartomannus. Insueti insidendi in eis, non aliter quàm ij qui in mari nauigant in nauseolā incidunt, neq; insistere possunt. Non item in adolescentium elephantorum sessione fit negotium, imò ex illorum molli gradu sessor tantopere oblectatur, ut si mula ueheretur, Gillius & Vartoman. Cum in elephantum ascenditur, is in terram abijcit genua, & conscensionis gradum scandenti facit: neq; porrò frenum eorum cuiquam inijcitur, neq; funis ad ceruicem ullus adstringitur, sed soluti ad insulam Zanzibaram gradiuntur, Gillius. Sessore conscensuro elephas alterū ex posterioribus crus inflectit, ut per id ascendat, simul tamen ab astantibus eum iuuari & promoueri opus est. Nō freno aut habenis aut alijs uinculis regitur bellua, sed insidentis uoci obsequitur, Vartoman. Apollonius iuxta Indum fluuium
10 puero occurrit, qui annos natus tredecim, elephanto insidens, acriter stimulis belluam urgebat, Philostratus. Elephantisten Aristoteles uocat elephantorū moderatorem, elephantarchen Plutarchus, Cælius. Sed forsan elephantistes is tantum est qui insidet elephanto, etiam priuatus: elephantarches autem qui imperat in bello (ut inferius dicam) non ipsis belluis, sed militibus qui elephantis inuehuntur, ut Cælius non rectè synonyma fecerit. Puer insidens elephantum καλαῦροπι regit apud Philostratum in uita Apoll. Est autem apud Camertem καλαῦροψ, ῥόπαλον ὡ ἐπιπέμπεις ἐν ἄκρῳ, ὅ τὸ κάλον, ὅ ἐστι ξύλον σὺν ῥέπει: & καλαυρόπις, βακτηριοφόρος. Scribitur & καλάβροψ per β, pro uirga pastorali: ξύλον ᾧ τοὺς βόας βάλλουσιν interpretatur Hesychius. Baculus in alteram partem recuruus & clauatus, κεραυτής. ἀγκοπὴς, ᾧ τοὺς ἐλέφαντας τύπτουσι σιδηρῷ, Hesychius & Varinus: Apud eosdē uox ὅρπη ijsdem uerbis exponitur. Indis arant elephanti minores quos appellant nothos, Plin. Vita mitioribus populis Indo-
20 rum multipartita degitur: Genus unum est semiferum, ac plenum laboris immensi uenandi elephantes domandiq;. Iis arant, ijs inuehuntur, hęc maximè nouēre pecuaria, ijs dimicant, militantq; pro finibus. Delectum in belua, uires & ætas atq; magnitudo faciunt, Plin. Elephantem sub iugū & uincula duci Nearchus scribit, Strabo: ubi Græcus codex habet, ἄγεσθαι δ' ὑπὸ ζυγῶν (lego ζυγὸν) καὶ (forte ὡς) καμήλους: sed locus uidetur corruptus. Oppianus libro quinto de piscatione elephantem sub iugum mitti scribit, mulorum instar. Mulierem eam præstare existimant Indi, quæ munus ab amante elephantem acceperit, ut Nearchus refert: sed hic sermo contrarius est illi qui equum & elephantum regibus duntaxat possideri asserit apud Indos, Strabo. Mulieres apud Indos, quæ quidē pudicitiæ famā appetunt, nulla alia mercede eam amiserint: pro elephanti uerò munere ei qui dederit misceri, turpe non existimant: quinetiam gloriosum mulieribus uidetur, si cuius forma elephanti pretio di-
30 gna sit iudicata, Arrianus in Indicis. Quadrigæ elephantorum Gordiano decretæ sunt, utpote qui Persas uicisset, ut triumpho Persico triumpharet: Misitheo autem quadriga equorum & triumphalis currus, Iulius Capitolinus. Anthologij Græci lib. 1. sectione 69. in bellum, Philippi epigramma extat huiusmodi: οὐκ ἔτι πυργωθεὶς ὁ φαλαγγομάχας ὑπὸ δήοις ἄσχετος ὁρμαίνει μυριόδους ἐλέφας. ἀλλὰ φόβῳ σείσας βαθὺν αὐχένα πρὸς ζυγοδέσμους, ἄντυγα διφρέλκει Καίσαρος οὐρανίου.

¶ Indi elephantis dimicant, militantq; pro finibus, ut paulò ante ex Plinio retuli. Nouissima Indiæ gente Gangaridum Calingarum regio Partalis uocatur: regi elephanti septingenti in procinctu bellorum excubant, Plinius & Solinus. Rex Palybotræ omnibus diebus elephantorum octo millia ad stipendium uocat, Solinus. Indi omnes, quicunq; præditi sunt regia potestate, non sine maximo elephantorum numero militarem agitant disciplinam, Idem. Vltra hos siti sunt Modubæ, Molin-
40 dæ, &c. rex horum elephantos quadringentos in armis habet, Plin. Antipater author est, duos elephantos Antiocho regi in bellicis usibus celebres etiā cognominibus fuisse: etenim nouere ea. Certe Cato, cum imperatorum nomina annalibus describeret, eum qui fortissimè præliatus esset in Punica acie, Sutrum tradidit uocatū, altero dente mutilato, Plin. Quidā sessores suos excussos contra uim hostiū tutati sunt, & sese pro illis in mortem obiecerūt: aliqui sublatos è prælio extulerunt ad sepulturam, Arrian. Elephanti quidā aurigas suos, qui in cōflictibus sanguine exhausti cadunt, sublatos è pugna eripiunt ac seruant. Sunt qui defenderint & seruarint eos qui spatium inter anteriores ipsorum pedes subiuerant, Strabo. Cum Porus Indorum rex, in prælio, quod cum Alexandro commiserat, multis telis confixus esset: elephantus quo uehebatur, etsi sanè multis etiam ipse sagittis uulneratus erat, defixa tamen in corpore Pori tela, leniter & caute promuscide extrahere non prius de-
50 stitit, quàm dominum intellexisset, ex redundanti sanguinis profusione, debilitari, & euanescere. Itaq; leniter & sensim se inflexit, ut ne ex alto decidens, Pori corpus graui casu affligeretur magis. Cum autem Pyrrhus Epirotarum rex ad Argos occubuisset, in eo conflictu elephantus fuit, qui sessorem suum tantopere amaret, ut nō prius, quamuis auriga iam cecidisset, currere omiserit, quàm suum nutritium ex hostibus & seruasset, & intra fines amicos reportasset. Turrigeros elephantorum miramur humeros, Plin. Domiti militant, & turres armatorum in hostes ferunt, magnaq; ex parte Orientis bella cōficiunt. Prosternunt acies, proterunt armatos. Iidem minimo suis stridore terrentur, uulneratiq; & territi retro semper cedunt, haud minore partium suarum pernicie, Plinius. Equorum & elephantorum insignis usus est ad pugnas: ductor elephanti, elephantagogus uocatur: & qui eis præficitur elephantarches, Pollux. Elephantarchas quidam sedecim elephantis præesse
60 scribunt: & munus ipsum elephantarchian uocant. Quantum sit robur corporis elephanti tum ad alios tum bellicos usus capite tertio exposui. Militaris elephātus dorso suo uel nudo tres bellatores fert, alterum dextra, alterum sinistra pugnantem, tertiū retro uersus bellantem, ac simul quartū, ma-

O

nibus moderamina tenentē: sicq; illis beluā dirigentem, tanquam nauem clauo nauicularium, reiq; nauticæ peritū, Aelian. Pugnant onusti turribus, quibus decem aut etiā quindecim Indici homines superstāt, qui ex turribus tanquā propugnaculis in hostes iaculantur, aut arcu sagittas torquent, Philostratus. Cum eos ad bellū Indi armāt, in clitellas, geminis ex ferro catenis infra aluū cinctas, utrinq; tanquā caueam ligneā imponunt, atq; ad collū alligant, singulas caueas terni milites ingrediūtur: in utriusq; medio auriga sedet, qui beluam patrio sermone alloquitur, & cum progrediendum aut regrediendum est, ostendit: Ferias, inquit, hunc: ab illo abstine manum. Itemq;: In hos inuade, ab ijs te contine. Atq; ea magnitudine tanquam castellum aliquando dorso constituunt, ut uel quindecim ex eo armati homines pugnēt, quod cum pugnā cōmittere moliuntur, asseribus superintegunt: ad promuscidem lorica circummunitam districtus gladius longitudine duorū cubitorum, crassitudine humanæ palmæ alligatur. Neq; modo fœminę maribus ferociores, sed ad onerū uectiones etiā fortiores existimantur, Gillius & Vartomannus. Sed uter sexus fortior aut robustior sit inquisiuimus supra cap. 3. Fœmina aptior est gestādis oneribus bellicis, mas uerò ipsis prælijs, utpote animosior & procerior, Obscurus. De elephantis, quibus rex Porus in prælio aduersus Alexandrum usus est, mentionē facit Plutarchus in uita Alexandri. Elephanti in prælijs homines alios conculcant, alios proboscide eleuatos rursus in terrā allidunt. Heliodorus libro nono Aethiopicorū, in prælij cuiusdam Aethiopum aduersus Persas descriptione de elephantis hæc scribit. Καὶ τοὺς περὶ αὐτὸν πυργοφόρους ἐλέφαντας ἀντέταξε. Et mox, ὁ δὲ Ὑδάσπης τὰ μὲν πρῶτα σχολαίτερον ἀντεπιέναι προσέταξε, βάσιν ἐκ βάσεως ἡσυχῇ παραμείβοντας, τῶν τε ἐλεφάντων ἕνεκεν, ὅπως ἂν μὴ ἀπολειφθεῖεν τῶν προμάχων, καὶ ἅμα τὴν ῥύμην τῶν ἱππέων τῷ μεταξὺ ὑποκλύων. Et rursus, οἱ δὲ ἐπειδὴ μόνον ἐπλησίαζον, κατόπιν ἑαυτοὺς τῶν ἐλεφάντων ὑπέστελλον, ὥσπερ ἐπὶ λόφον ἢ φρούριον τὸ ζῷον καταφεύγοντες. ἔνθα πολὺς φόνος καὶ ὀλίγου παντελὴς συνέπιπτε τοῖς ἱππεῦσιν. οἵ τε γὰρ ἵπποι πρὸς τὸ ἀήθες τῶν ἐλεφάντων ὄψεως ἀθρόον παραγυμνωθείσης, καὶ τῷ μεγέθει ξενίζοντι τῆς θέας τὸ φοβερὸν ἐπιφερούσης, οἱ μὲν παλινδρομοῦντες, οἱ δὲ ἐν ἄλλοις (lego ἀλλήλοις) συνταραττόμενοι, τὴν τάξιν τῆς φάλαγγος τάχιστα παρέλυον. οἵ τε ἐπὶ τῶν ἐλεφάντων περὶ τοὺς πύργους ἓξ μὲν ἕκαστοι (lego ἕκαστον) κατειληφότες, (Videtur hîc aliquid deesse) δύο δὲ πρὸς πλευρὰν ἑκάστην ἐκτοξεύοντες, τῆς ἐπ᾽ οὐρὰν μόνης καὶ εἰς τὸ ἄπρακτον σχολαζούσης, οὕτως δή τι συνεχές τε καὶ ἐπὶ σκοπὸν ὥσπερ ἐξ ἀκροπόλεως τῶν πύργων ἔβαλλον, ὥστε εἰς νέφους φαντασίαν τὴν πυκνότητα παραστῆναι τοῖς Πέρσαις. Et paulò post, Καὶ οὕτως οἱ μὲν αὐτοῦ κατανηλίσκοντο ὑπό τε τῶν ἐλεφάντων ἀνατρεπόμενοι καὶ καταπατούμενοι· οἱ δὲ ὑπό τε τῶν Σηρῶν, ὑπό τε τῶν Βλεμμύων ὥσπερ ἐκ λόχου τοῦ ἐλέφαντος ἐκδρομάς τε ποιουμένων, καὶ τοὺς μὲν τιτρώσκειν ἐντυχόντων· τοὺς δὲ περὶ συμπλοκὴν ἐκ τῶν ἵππων εἰς γῆν ὠθούντων, ὅσοι δὲ καὶ διεδίδρασκον, ἄπρακτοι καὶ οὐδὲν δράσαντες τοὺς ἐλέφαντας ἀπεχώρουν. τὸ γὰρ θηρίον πέφρακται μὲν καὶ σιδήρῳ παραγινόμενον εἰς μάχην· καὶ ἄλλως δὲ πρὸς τῆς φύσεως τὴν δορὰν ἐσόμωται, στερεμνίου φολίδος τῇ ἐπιφανείᾳ ἐπιτρεχούσης, καὶ πᾶσαν αἰχμὴν τῷ ἀντιτύπῳ θραυούσης. In Persarum exercitu aduersus Iulianum, elephantorum fulgentium formidandam speciem & truculentos hiatus uix mentes pauidæ perferebant: ad quorum stridorem odoremq; & insuetum aspectum magis equi terrebantur: quibus insidentes magistri, manubriatos cultros dexteris manibus illigatos gestabant, acceptæ apud Nisibin memores cladis: & si ferocius animal uires exuperasset regentis, ne re uersum per suos, ut tunc acciderat, collisam sterneret plebem, uertebram, quæ caput à ceruice disterminat, ictu maximo terebrabant. Exploratum est enim aliquando ab Hasdrubale Annibalis fratre, ita citius uitam huiusmodi adimi beluarum, Ammianus Marcellinus paulo post initiū libri 25. Idem libro 19. Lux (inquit) nobis aduenit mœstissima, Persarum manipulos formidatos ostentans, adiectis elephantorum agminibus, quorum stridore immanitateq; corporum, nihil humanæ mentes terribilius cernunt. Elephantis pugnaturis non modo ex uitibus confecti, sed etiam ex oryza factitij uini usus indulgetur, Aelianus. Potionem qua pro uino utuntur ideo ipsis largiuntur, ut ad prælium audaciores efficiantur, Gillius. ¶ Elephantis ui magna propulsis, quos flammis coniectis undiq; circumnexos, iam corporibus tactis, gradientesq; retrorsus, retinere magistri non poterant, Marcellinus libro 19. Quomodo Megarenses in prælio aduersus Antipatrum, suibus pice oblitis incensisq;, in elephantos ipsius immissis, eos perturbarint, iam capite quarto retuli. Romanos (quoniam non cornua modo arietis, sed etiam suilli pecoris grunnitum oderunt) Pyrrhi Epirotarum regis elephantos in fugam uertisse ferunt, Aelianus. Elephanti in prælijs magnitudine corporum, barrhitus horrore, formæ ipsius nouitate, homines equosq; conturbant. Hos contra Romanum exercitum primus in Lucania rex Pyrrhus eduxit. Postea Hannibal in Africa, rex Antiochus in Oriente, Iugurtha in Numidia copiosos habuerunt. Aduersus quos diuersa resistendi excogitarunt genera armorum. Nam & centurio in Lucania gladio manum (quam promuscidem uocant) uni abscidit: & bini cataphracti equi iungebantur ad currum: quibus insidentes clibanarij sarissas, hoc est longissimos contos in elephantos dirigebant. Nam muniti ferro, nec à sagittarijs, quos uehebant beluæ, lædebantur, & earum impetum equorum celeritate uitabant. Alij contra elephantos, cataphractos milites immiserunt, ita ut in brachijs eorū, & in cassidibus uel humeris aculei ingentes ponerentur è ferro, ne manu sua elephas bellatorem contra se uenientem posset apprehendere. Præcipuè tamen uelites antiqui aduersum elephantos ordinarunt. Velites autem erant iuuenes, leui armatura, corpore alacri, qui ex equis optimè missilia dirigebant. Hi equis prætercurrentibus ad latiores lanceas uel maiora spicula beluas occidebant. Sed crescente audacia, postea collecti plures milites pariter pila, hoc est missilia, in elephantos congerebant, eosq; uulneribus elidebant. Illud tamen additum est, ut funditores cum fustibalis & fundis rotundis lapidibus destinatis, Indos (per quos regebātur elephanti) cum ipsis

ipsis turribus affligerent atque mactarent, quo nihil tutius inuenitur. Præterea uenientibus beluis, quasi irrupissent aciem, spatium milites dabant. Quæ cum in agmen medium peruenissent, circumfusis undiq; armatorum globis, cum magistris absq; uulneribus capiebantur illæsæ. Carrobalistas aliquanto maiores (hæ enim longius & uehementius spicula dirigunt) superpositas curriculis, cum binis equis aut mulis post aciem ordinari conuenit; & cum sub iactu teli accesserint, bestiæ sagittis balistariorum transfiguntur. Latius tamen & firmius contra eas præfigitur ferrũ, cum in magnis corporibus maiora sint uulnera. Aduersum elephantos plura exempla & machinamenta retulimus, ut si quando necessitas postulauerit, sciatur quę sint tam immanibus beluis opponenda, Hæc Vegetius de re militari lib. 3. cap. 24. Elephantis proboscides facile amputari supra docui in B.

10 ¶ Maurorum pedites elephantum pellibus pro clypeis se protegunt, Strabo.

¶ Nunc de ebore dicendum, quod Græci per synecdochen non aliter quàm ipsam beluam elephantem nominant. Quòd cornua sua certo tempore abijciant defodiantq;, & defossa qua arte inueniantur, capite tertio docui ex Aeliano. Libyci homines elephantos uenantur, nõ alia magis quàm dentium gratia, Aelianus. Herodotus prodit, Aethiopas tributi uice regibus Persidis uicenos dentes elephantorum grandes, tertio quoq; anno cum auro & ebeno pendere solitos. Tanta ebori authoritas erat urbis nostræ trecentesimodecimo anno: tunc enim author ille historiam eam condidit Thurijs in Italia, Plinius. Excogitatæ sunt (per luxuriam) & ligni bracteæ, nec satis: Cœpere tingi animalium cornua, dentes secari, lignumq; ebore distingui, mox operiri, Plin. Dentibus ingens pretiũ, & deorum simulachris laudatissima ex ijs materia, Plin. Cornua fœminarum (habẽt enim ea fœminæ quoq; certis in regionibus, ut capite secundo dixi) maioris esse pretij, huiusmodi rerum artifices prædicant, Aelian. Venditur ebur pondere: sunt qui tabellas aut segmenta eboris, præsertim in operibus inde factis, ut pectinibus, capulis, alijsq;, cetaceorum piscium ossibus adulterent. Distingui audio, quod è piscibus leuiora sint, minusq; per ætatem pallescant. Ex arbore & simulachra numinum fuere, nondum pretio excogitato beluarum cadaueri, antequam ut à dijs nato iure luxuriæ, eodem ebore numinum ora spectarentur & mensarum pedes, Plin. Ebur quomodo molliatur zytho, dictum est superius hoc ipso capite, ubi quomodo elephanti capti cicurentur tractauimus. Mitior est (quàm sarcophagus) seruandis corporibus nec absumẽdis, chernites, ebori simillimus, in quo Darium conditum ferunt, Plinius 36. 17. ἐλέφαντι ὅμοιος χερνίτης, ἐν ᾧπερ φασὶ τὸν Δαρεῖον κεῖσθαι, Theophrastus. Candidũ marmor ebori simile, dicitur & lapis Coraliticus, & Arabicus: ex quo fit gemma

30 Arabica: quæ, ut Plinius scribit, ebori simillima est, & hoc uideretur, nisi abnueret duritia: dicitur etiam chernites, in quo Darium, ut Theophrastus scribit, conditum ferunt: reperitur etiam in Germania, &c. Id aliquando in stirias concreuit, sæpe translucet, sæpius non politum nitet: idem marmor plurimis spiris fumidum esse solet: quale potissimum gignitur in Phrygia & Cappadocia, ex quo iterum fit gemma, quam Plinius, etiamsi ebori similis sit, tamen quia fumo est suffusa, capniten appellauit, Georg. Agricola. Huius generis mihi uidetur, qui apud Syluaticum lapis lagia (lapis alagi, apud ueterem glossographum in Auicennam) nominatur, similis ossibus elephantis, fusci coloris, & quasi subruffus. Hagiar alagi, id est lapis eburneus, Andreas Bellunensis. Theophrastus author est & ebur fossile candido & nigro colore inueniri, & ossa è terra nasci, inueniriq; lapides osseos, Plinius. Aliud est ebenum fossile, gagati simillimum, sed ramosum, nec ardens. Pæderos gemma Arabica, aspectu

40 eburnea est, Solinus.

¶ Vetus oleum existimatur ebori uindicando à carie utile esse, Plin. Circa Iouis Olympij simulachrum in luco, quem Altin appellant, pauimentũ est ex lapide nigro, proximè uerò circa statuam κρηπὶς, id est basis, è Pario lapide, ut oleum statuæ infusum illic excipiatur. Conducit enim statuæ illi ebur, & ne quid uitij ex uligine loci accidat, efficit. Cæterum Athenis in arce, Palladis quam Parthenon uocant, simulachrum eburneum, non oleum sed aqua iuuat. Nam cum locus ualde æditus & siccus squalidusq; sit, aquam & rorem inde nascentem desiderat. At in Epidauro quærenti mihi qui fieret quod Aesculapij simulachrum nec aqua nec oleo rigaretur, responderunt, ipsum & solium cui insidet super puteo situm esse, Pausanias in Eliacis: unde etiam Cælius partem trãstulit lib. 13. cap. 17. Quòd ebur siccitatibus maximè offenditur, & de eburneis celebratis simulachris, Leonicenus uariæ

50 historiæ 2. 59. ubi etiam ex Pausania quædã transtulit de eburneis celebratis simulachris. Venerem Vraniam Phidias ex ebore & auro fecit, Pausanias. Elephantina Venus (inquit Gyraldus) ab urbe Aegyptia denominata putatũ, &c. Sed forte ab eburnea statua sic dicta fuerit, ut Apollo eboreus Romæ. Raphani ebora poliunt, Plin. Squatina lignum & ebora poliũtur, Idem. ¶ Fiunt ex ebore præter alia cultrorum capuli, quos aliqui in mensa ueneno præsente sudare nugantur. ἐλεφαντόκωπον ἐκ τῆς λαβῆς τὴν μάχαιραν ἔφη, Suidas. Corcyræa flagra κώπας ἐλεφαντίνους, id est ex ebore manubria habebant, Hesychius. ἐλεφαντοκώπους ξιφομαχαίρας, Θεόπομπος ἐν Πόλεσιν, ut Pollux citat. Qui cultui student in Britannia, dentibus mari nantium belluarum insigniunt ensium capulos: candicant enim ad eburneam claritatem, Solinus cap. 25. Plato dixit κλίνην πυξίνην, σὺ δ' ἂν καὶ ἐλεφαντίνην εἴποις, καὶ χελώνης, Pollux. Inter opes Salomonis fuit thronus de ebore grandis uestitus auro fuluo, (ut legimus

60 3. Reg. 10.) cui operi uix minus triginta millibus talentorum attribui potest, &c. Robertus Cenalis. Mineruæ Panachæidis simulachrum ex ebore & auro factũ est, Pausanias in Achaicis. Idem multa tum deorum tum alia simulachra, uel ex ebore tantum, uel etiam ex auro facta commemorat: multa

O 2

& alij authores passim, quæ omnia referre infinitum fuerit. ὅτι σούχινοι (ex succino uel electro nimi. rum) καὶ ἐλεφάντινοι δακτύλιοι γυναιξὶν εἰσὶ σύμφοροι, Suidas ex authore innominato. Magnitudo den. tium uidetur quidem in templis præcipua. Sed tamen in extremis Africæ, qua confinis Aethiopiæ est, postium uicem in domicilijs præbere: sæpesq; in ijs & pecorum stabulis pro palis elephantorum dentibus fieri, Polybius tradit, authore Gulussa Regulo, Plin. Eorum qui sunt confirmata ætate, ea magnitudine dentes existunt, uicem ut postium præstent, & pro palis Nigritæ ad sepimenta utan. tur: sæpe enim ad longitudinem decem pedum augescunt, Gillius. Atramentum Apelles commen. tus est ex ebore combusto facere, quod elephantinum uocant, Plin. 35. 6. Pinxit ebore cestro (aliàs cesto) id est uiriculo, Plinius 35. 10. Et superius paulò, Et penicillo pinxit & cestro. Sophocles cestrū dixit pro stimulo siue stylo, ut ait Pollux. Hoc genus missilis, quod Græci cestram uocant, nostri ui. riculum: nam & terebram uulgo ita dicimus, Hermolaus in Plinium. Pictores ebore à Plutarcho in Periclis uita ἐλεφαντῆς ζωγράφοι nominantur: nisi quis ἐλέφαντος putet, non ἐλεφαντῆς scribendum, Ibi. dem. Plura de ebore quod ad philologiā præcipuè, uide capitis octaui segmento secundo. ¶ Ele. phanti ossa & pellis, ubicunq; incendantur, serpentes fugāt, nec ullum animal uenenosum accedit, Author obscurus libri de naturis rerum. Quærendum an hæc potius ad elaphon, id est ceruum per. tineant: Vt & illud quod apud Aelianum legimus. Contra omnium ferarum uenena remedio esse elephanti adipem: quo inunctum, licet nudus contra efferatissimas bestias procedat, illæsum disce. dere. Sed uidetur eadem uis utriusq; animalis partibus iam dictis contra serpentes inesse. Nam ui. uum etiam utrunq; serpentibus infestum est. Ea quidem quæ uruntur omnia ferè, si fumi mordaci. tati odoris grauitas accedit, ut maximè fit in ossibus, pilis & corijs, serpentes fugant. Vide plura ca. pite septimo.

F.

Elephantophagi à belluis quas uenantur eduntq; dicti, à Nomadibus immundi uocantur, Strabo lib. 16. Et proximè ante hæc uerba, Sabæ (inquit) ciuitas maxima est, quam Eumenis lucus sequitur: Vlterius est urbs Daraba & elephantum uenatio, quæ ad puteum nominatur, eam Elephantophagi habitant. Troglodytæ contermini Aethiopiæ, solo elephantorum uenatu aluntur, Plin. Asachæ (in Africa) montes habitant, uiuunt elephantorum uenatu, Plin. Asachæi ex Aethiopum numero ca. ptos uenatibus elephantes deuorant, Solinus. Contra Meroēn sunt Megabari, uel Adiabaræ dicti: pars eorum Nomades, qui elephantis uescuntur, Plinius. Aethiopes qui Nomades appellantur, ci uitates in curribus positas habent: Proximi autem illis sunt qui elephantos uenantur, illosq; in fru. sta diuisos uendunt, unde cognomen adepti Elephantophagi nuncupantur, Philostratus. ¶ Inue. nit luxuria commendationem & aliam (præter eam quæ circa opera ex dentibus facta est:) expetit in callo manus uim saporis, haud alia de causa credo quàm quia ipsum ebur sibi mandere uidetur, Plin. Ex tanta elephanti mole nihil esculentum est nisi promuscis, & labra, & cornuum medulla, Aelian. Aethiopes elephantum in uenatione captorum posteriores partes comedunt, Gillius. Vidi in qui. busdam regionibus ferculū omnium pretiosissimū æstimari & regi apponi solitum, renes elephanti, Vartoman. Carnem elephanti cum alijs quibusdam decoctam ueteri tussi mederi Rasis & Alber. tus scribunt, ut sequenti capite dicam. τάριχος ἐλεφάντινον, id est elephantinum salsamentum, memo. ratur apud Athenæum lib. 3. nec explicatur. Nam quos recitat Cratetis comici uersus, mihi quidem obscuri sunt: nec ab Hermolao & Cælio Athenæi locum citantibus explicantur. Quod autem (in. quit) percelebre fuerit Cratetis illud elephantinum salsamentum, Aristophanes in Thesmophoria. zusis testatur. Apparet sanè in magno pretio fuisse, nam Aristophanes μέγα βρῶμα & λαμπρὸν τάριχος cognominat: Elephantinum autem fortassis ab eboris colore dictum fuerit.

G.

Mustelæ exustæ cinis, & elephantis sanguis, immixtus & illitus elephāticis corporibus medetur, Marcellus Vergilius. Elephanti sanguis præcipuè maris, fluxiones omnes, quas rheumatismos uo cant, sistit, Plinius & Isidorus. Sanguis & ischiadicis prodest, Plin. ¶ Caro eius frigida & sicca est, abominabilis, Albertus: Ponderosa, frigida, pinguis, abominabilis, Rasis. Decocta & liquefacta cū aceto & semine ferulæ, si prægnans hanc gustauerit decoctionem, proijcit quicquid habet in utero, Idem. Qui gustat de carne elephanti cum aqua & sale cocta, cum seminibus asquesim (ferulę Alber tus) sanat tussim antiquam, Rasis: & mox subijcitur, Quando coquitur & liquefit cum aceto & se. mine feni, (Albertus, ut iam citaui, legit ferulæ: & addit, hunc potum abortiuum esse pregnanti.) ¶ Elephanti adeps contra uenenata ualet. Nam si quis eo inungatur, eiusue suffimēto expietur, hæc ab illo aufugiunt longissimè, Aelianus: Vide supra circa finē capitis quinti. Illitus fugat uenenosa, Auicenna. Adipe ceruino elephantinoq; perunctos, serpentes fugiunt, Dioscorides 2. 86. Sepum elephantis illitum capiti dolenti prodest, Albertus & Rasis citans Aristotelem. Fumo quoq; qui fit ex ungula & pilis elephantis, animalium quælibet uenenata fugantur, Isidorus.

¶ Ebur tota substantia cor roborare, & conceptum iuuare, practicis scribitur, frigidum siccum primo gradu, Syluius. Cauendum est ne sit adulteratum ossibus piscium, aut aliorum quorundam a. nimalium. Elephas (inquit Platearius) habet ossa quædam solida ut dentes, (dentes etiam elephanto. rum medullam habent, & fallitur Platearius, Monachi in Mesuen) quæ non cremantur, sed ad diuer sos usus seruantur. Quædam uerò medullam habent, quæ combusta dicuntur spodium. Est autem spodium

spodium frigidum in tertio gradu, siccum in secundo. (Hęc graduum assignatio falsa apparet, & neque uero spodio, neq; antispodio ex ossibus elephanti crematis conuenire.) Adulteratur quandoque ossibus canis combustis, quandoq; etiam marmore combusto, sed id est minus (lego nimis) ponderosum. Eligi debet subalbidum, ualde leue & continuum, Hæc Platearius. Pharmacopolæ ubiq; hodie pro spodio ossibus combustis utuntur, siue elephantis, ut ipsi asserunt, siue potius bouis, uel arietis, uel canis, aut alterius animantis: quis enim usta discernat? Monachi in Mesuen. Huius spodij (ex ossibus elephantorum ustis) usus est in syrupis ad refrigerãdum. Puluis eius cum succo plantaginis ad dysenteriam & sanguinis sputum datur, Platearius. Ebur uim adstringendi obtinet, Dioscorides & Serapio. Ego nullam in gustu astrictionem percipio, sed emplasticam uim potius & absq; morsu siccantem. Dioscoridi forte imposuit siccandi natura: at nõ si quid fluxiones siccat, statim astringit. Spodij ex ebore apud recentiores medicos præparatio huiusmodi præscribitur: Eboris in partes secti libram fictili crudo impone, & operculum luto circunquaq; obline & agglutina: sic cremari sinito donec fictilia percocta sint: deinde exemptum ebur in tenuissimũ puluerem terito & cribrato: mox in patina uitrea liquoris stillatitij rosarum libras duas superinfunde, & exiccari sinito: deinde secundo terito, & tantundem liquoris rosacei affundens siccato. Vbi uerò iam tertio contriueris, admiscebis liquori rosarum camphoræ subtilissimè tritæ drachmas quatuor: & pariter conteres in tabula marmorea durissima, fingesq; pastillos, & in denso aliquo uase, ne expirent, repones. Quòd si ebur defuerit, cornu ceruinum similiter præparabis: est enim hoc quoq; efficax medicamentum ad multa, præsertim contra uenena. Alij monent ebur aperto fictili cremandum esse: sic candidum fieri, secus nigrescere. Ad elephantiasin, Eboris & cornu ceruini ramenta cochlearij mensura sæpe ad prædictam mensuram (pharmaci ex cedria, quod sic fit: acetum optimum, cedria, & succus brassicę, singula cyami mensura miscentur, & ieiunis mane præbentur) ammiscentur. Nam & per seipsum unumquodq; eorum potatum utilissimum existit, Aëtius 13.122. Ebur & castoreum ex lacte rabido equo infunduntur, Nemesianus. Qui post ægritudines aliquas, ut lethargum aut pestilentiam, in obliuionem deciderint, eos maximè iuuat hiera Ruffi: & castoreum cum oleo occipiti illitũ. Post purgationem hieræ, scobem dentis elephantis circiter drachmam unam è mulsa potam non parum iuuare creditur: & castoreum similiter post purgationem drachmæ pondere cum melicrato, Aëtius. Eboris scobe illito paronychia sanantur, Dioscorides, Serapio & Plinius. Ramentis eboris cũ melle Attico, ut aiunt, nubeculæ in facie tolluntur, Plin. Ebur cum melle contritum & impositum, maculas mirè sanat, Sextus. Mulier si quotidie de puluere eboris faciem suam fricauerit, plagas mundabit, Idẽ: Per plagas (inquit Humelbergius) intelligit, quas priore curatione maculas, Plinius 28.8. nubeculas, uocat. Drachmam (unciam, Albertus) de alkal, id est osse elephãti, cum decem drachmis (uncijs, Albertus) mentastri montani aquæ potam ab eo quem primum infecerit lepra, plurimum prodesse dicunt, Rasis. Capitis doloribus prodest limacis inter duas orbitas inuentæ ossiculum per aurem cum ebore traiectum, Plinius. Nauseantibus suibus salutaris habetur eburnea scobis sale fricto, Columella lib. 7. Cornu ceruinum & ebur aliqui miscent aduersus lumbricos. Ioan. Agricola scribit medicum quendam scobem eboris uino, aut liquore alicuius herbæ obstructione liberantis chymistarum fornace extracto, maceratum, ieiunis ictericis propinasse non absq; successu: (Ego idem remedium in manuscripto Iudæi cuiusdam libro legere memini.) Conducit (inquit Agricola) hoc medicamen obstructionibus diuturnis egregiè, & remouet insuper stomachi dolores supra alia pharmaca, quæ in hunc usum comparantur. Exhibetur etiam cum mulsa ualde insigni facultate in comitialibus. Eboris usti farina cum sanguine hirci pota, calculos in renibus & uesica frangit absq; omni periculo, Obscurus. Eburnei pectines capiti præ cæteris salubres existimantur: forte quòd reliqui ex cornibus facti plerinq; graui odore sint, ex ebore non item. ¶ Proboscidis tactu capitis dolor leuatur, efficacius si & sternuat. Dextra pars proboscidis cum Lemnia rubrica adalligata, impetus libidinum stimulat, Plinius. ¶ Iecur comitialibus morbis prodest, Plinius. Extremitas (aliâs additamentum) hepatis comesta cum aqua (sumac) & folijs citranguli, hepati dolenti medetur, Rasis & Albertus. Elephanti fel aliqui commendant tanquam auxiliare morsibus serpentium, Dioscorides 6.39. Fel eius ad pondus aurei (aliâs alkisat, lego alcirat, id est ceratium, tertia pars oboli) per nares immissum, iuuare aiunt contra morbum caducum, Albertus: Rasis æquale moschi pondus adijcit. ¶ Fimo elephantis si illinatur pellis (cutis) pediculosa, & in ea resiccari permittatur, pediculis liberabitur, Albertus & Rasis. Eodem si suffiatur domus aut alius locus, ciniphes (aliâs culices) fugiunt & moriuntur, Iidem. Si suffiatur eo uenter febricitantis, prodest, Hali. Si supponatur (cum lana submittatur) mulieri, conceptionem prohibet, Auicenna & Hali.

H.

a. Elephas apud Græcos inflectitur per antis, anti, &c. quo modo Latinorum quidam, præsertim recentiores, casus omnes ab eis mutuãtur, præterquam datiuũ pluralem, qui Gręcis est ἐλέφασι: Latini, quoniam talem usurpare formam non potuerunt, nec elephantibus uel in isto uel auferendi casu dicere placuit, elephantis dixerunt; & huius terminationis occasione alios quoq; casus omnes in secunda declinatione usurpant. Quanquam in Plinio nominatiuum Elephantus (quo Gaza utitur) nondum inueni, sed casus ab eo factos in utroq; numero omnes: & nõnullos ex eis apud Vergilium & Ciceronem. Græcorum elephas in recto singulari, & elephantes tum in recto tum accusandi casu pluralibus, apud Plinium inueniuntur (quanquam frequentius in plurali elephanti & elephantos) nec alij præter hos tertiæ declinationis casus. Plautus in Sticho, elephantum grauidam dixit. Sed ista curiositas ad grammaticos relegetur. Ἐλέφας Grecis alias semper masculinum est, sed cum de fœmina peculiaris sermo est ἡ ἐλέφας dicitur, & ἐλέφας θήλεια, ut apud Athenæum ex Plutarcho. Ἐλέφας nomen habet quasi ἐλίβας, quod in paludibus mas fœminam ἐπιβαίνειν, id est conscendere soleat, ut cap. 3. explicaui: ἢ παρὰ τὸ ἐλέφαίρω τὸ βλάπτω, βλαπτικὸς γάρ. ἢ παρὰ τὸ ἐλίσσω, οἷον ἐλίφας, ὁ ἐλιγμένην ἔχων ῥῖνα. ἢ παρὰ τὸ λευκὸς γίνεται λεύκας, καὶ τροπῇ καὶ πλεονασμῷ ἐλέφας, πάνυ γὰρ ἐστι λευκὸν τὸ ὀστοῦν αὐτοῦ, Etymologus. Nos ab Hebraica uoce potius descendisse ostendimus supra capite primo. Elephantem Græci à magnitudine corporis uocatum putant, eò quod formam montis præferat. Græcè enim mons elephon (forte ὁ λόφος, id est collis) dicitur. Apud Indos autem à uoce barre uocatur, unde & uox eius barritus, & dentes ebur, Isidorus apud Vincentium Bell. Huc facit illud Oppiani, φαίης κεν ἰνδῷον ἐλέφαντα, κορυφὴν ὄρεος αὐτῇ χέρσον ὁδεύειν. Ὄχημα non uehiculum tantum significat, sed quoduis etiam animal, cui inuehuntur & inequitant homines, ut sunt equus, mulus, camelus, elephas, &c. Ἐν τῇ βασιλικῇ ὄπισθε τῆς μαλίας ἐλέφας ἵστατο παμμεγέθης, ὑπὸ Σεβήρου καταρκευασμένος, ἔνθα ἦν καὶ σχολὴ φυλαττόντων πολλή. ἔμενε δὲ ἐκεῖσε ἀργυροκόπος ἐν πλασοῖς ζυγοῖς τὴν πρᾶσιν ποιούμενος: καὶ τὸ οἴκημα τοῦ αὐτοῦ προβαίνειν, ἠπείλει δὲ τὸν ἐλέφαντα φυλάττοντι θάνατον, εἰ μὴ τοῦτον κρατήσειε. ὁ δὲ θηροτρόφος οὐκ ἐνεδίδου: ὃν φονεύσας ὁ ζυγοπλάστης, ἔδωκε βορὰν τῷ ἐλέφαντι. τὸ δὲ θηρίον ἀτίθασον ὄν, καὶ αὐτὸν ἀνεῖλε. καὶ ὁ Σεβῆρος ἀκούσας, τῷ θηρίῳ θυσίαν ἤνεγκεν. ἐν αὐτῷ δὲ τῷ τόπῳ τὸ ζευγὸς ἀνιστορήθησαν τό, τὸ θηρίον καὶ ὁ θηροτρόφος, Suidas in Βασιλική. Bellua pro elephanto per excellentiam, apud Martialem, Nigro bellua nil negat magistro: & apud Plinium, Nondum pretio excogitato belluarum cadaueri. Elephanti maximi effigies in Hypnerotomachia Italica Polyphili describitur. ¶ Elephanto, qui in Punica acie fortissimè fuerat præliatus, Cato Surum nomen imposuit. De Aiace elephanto Pori, quem Alexander captum dimisit torque ornatum, supra dixi: Item de Aiace & Patroclo Antiochi: & de Nicæa elephanto fœmina, quæ mulieris sibi commissum infantem matris instar curauit.

¶ Epitheta. Anguimani elephanti, Lucretius libro 2. sic dicti, quod manum siue proboscidem flectunt ac contorquent ut angues propria corpora. Clemens. Ferox. Getulus. Immanis. Indicus. Infrenis. Libycus, Lucano lib. 6. Libyssus. Marmaricus. Nigrans. Niger. Quid tibi uis mulier nigris dignissima barris? Horatius. Placidus. Terribilis. Trux. Turriger. Vastus. ¶ Ἐλέφαντας ἀμφιλαφέας apud Herodotum legimus, & in Eustathij commentarijs in Dionysium de situ orbis, uide supra in B. Ἀμετροβίων ἐλεφάντων, Etymologus sine authore: expono μακροβίων. Taprobane νῆσος πεπληθυῖα εὐρρίνων ἐλεφάντων, Alexander qui & Lychnus. Μυελόεντες à magnitudine dentium, & φαλαγγομάχας à bellico usu, in epigrammate Philippi. Ἀλλὰ καὶ ἰνδὸν θῆρα κελαινόρρινον ὑπέρβιον ἄχθος ἀνάγκη κλῖναν ἐπιβρίσαντες, &c. Oppianus. Πυργοφόροι apud Heliodorum.

¶ Elephas poculi genus erat tricongium, ut Damoxenus testatur in Autopenthûnte, Εἰ δ' ὀχλεῖ νόν σοι, τὸν ἐλέφανθ' ἥκε φέρων ὁ παῖς. τί δ' ἐστὶ τοῦτο πρὸς θεῶν; ῥυτὸν δίκρουνον ἡλίκον τι τρεῖς χωροῦν χοάς, Ἀλκωνος ἔργον. προὔπιεν δέ μοι ποτὲ ἐν κυλικείοις ἡδέως. Meminit eiusdem Epinicus in Hypoballomenis, Καὶ τῶν ῥυτῶν τὰ μέγιστα τῶν ὄντων τρία γίνεσθ' ἀκηδεῖ σήμερον πρὸς κλεψύδραν Κρουνιζόμενον, ἀμφότερα δ' ἀπονίζομαι. Ἔστι δ' ἐλέφας, ἐλέφαντα πεποίηκ (elephantis imaginem in eo sculptam fuisse significare uidetur) ῥυτὸν χωροῦντα (lego χωροῦν) δύο χόας, ὃν οὐδ' ἂν ἐλέφας ἐκπίοι. Ἐγὼ δὲ τοῦτο πέπωκα (uersus constabit si legas, ἐγὼ δὲ τοῦτό γ' ἐκπέπωκα) πολλάκις. Οὐδὲν ἐλέφαντος γὰρ διαφέρεις οὐδὲ σύ, Hæc Athenæus: Versus ultimus prouerbialis est, ut infra dicam. Elephas est hordeum infusum, & est quidam potus, Syluaticus sine authore: forte legendum phucas, φοῦκας: qui potus est ex hordeo, non alius quàm Dioscoridis zythus, ut supra docui: cui cum elephante nihil commune est, nisi quòd eo nimium utentes elephantici fieri dicuntur: & ebur (quod Græci elephantem uocant) in eo maceratum molliri aiunt. Eburnea facies, id est eboris instar alba, Perottus. De eburneo Pelopis humero, uide Leonicenum in Varijs, &c. Elephantinus nomen possessiuum, ut pellis elephantina. Elephantinum emplastrum describit Celsus libro quinto: sic autem dicitur, eodem teste, quod sit percandidum. De elephantino salsamento superius dixi. Libros ueteribus elephantinos esse nuncupatos ex amplitudinis ratione, sunt qui opinentur: ijs uerò triginta quinque numero & tribuum & tribulium continebantur nomina. Scribit tamen in Tacito Fl. Vopiscus, in libris hoc genus solita perscribi senatusconsulta, quæ ad principem pertinerent. In Vlpia uerò bibliotheca seruabantur hi, Cælius. ¶ Elephantia, siue quod idem est Aginetæ Paulo, elephantiasis & elephas: ut in Plinio quoque possis defendere, sicubi elephantis (ut libro 20. cap. 18.) pro elephantijs scriptum est. Est autem id ceu lepræ quoddam genus, elephantorum cuti simile, crebris summa corporis parte maculis ac tumoribus, rubore paulatim se in atrum uertente: ijs non ora modo atque manus, sed suræ ac pedes inflantur, ut hinc recentiorum plærique non alios esse putent elephantiacos, quàm quibus crura sic intumescunt, ut pedes elephantorum habere uideantur. Origo morbi ex atra bile, non quidem omni, sed retorrida: morbus inexpugnabilis, atque ut cancer unius partis, sic elephas totius corporis quasi cancer existimatur. Cassiodorus, Cutis (inquit) animalis elephanti ulcerosis uallibus exaratur, à qua transportaneorum nephanda passio nomen accepit, Hæc Hermolaus in glossematis Plinianis. Idem in castigationibus Plin. libro 20. cap. 18. reprehendit medicos recentiores, qui elephantiam uocant morbum quo pedes & crura uehementer intumescunt. Diximus elephantiasin (uerba sunt Plinij 26. 1.) ante Pompei Magni ætatem non accidisse in Italia, & ipsam à facie sæpius incipientem, in nare prima ueluti lenticula: mox inualescente per totum corpus,

pus, maculosa, uarijs coloribus, & inæquali cute, alibi crassa, alibi tenui, dura, ceu scabie aspera: ad postremum uerò nigrescente, & ad ossa carnes apprimente, intumescentibus digitis in pedibus manibusq́. Aegypti peculiare hoc malum: & cum in reges incidisset, populis funebre. Quippe in balineis solia temperabantur humano sanguine ad medicinam eam. Et hic quidem morbus celeriter in Italia restinctus est, Hucusq́ Plinius. Elephantiasis (inquit Aëtius 13. 120.) à quibusdam leontiasis, ab alijs satyriasis appellatur. Elephantiasis quidem à magnitudine & diuturnitate affectionis nomen accepit, imò & propter cutis asperitatē quæ in nonnullis apparet. Leontiasis autem appellatur, cum frons ægrorum cum quodam tumore laxior redditur, ad similitudinem pellis flexilis superciliorum leonis. Satyriasis uerò, propterea quod malæ faciei ijsdem cum rubore attolluntur, & musculis maxillaribus ueluti conuulsionem patientibus, mentum ipsum dilatatur, quemadmodum etiam ridentibus euenire solet, similitudine quadam ad picturas satyrorum: quin & alacritas uehemens ad coitum ipsis adest, quemadmodum & de satyris fertur. Est autem grauis morbus, & propè ex eorum numero qui incurabiles existunt, &c. Elephas affectus cutē crassam atq́ inæquabilē reddit, liuor adest tum cuti tum oculorum albis, exeduntur partes manuum ac pedum summę, ex quibus sanies liuida ac fœtida emanat: apparent etiā in huiusmodi partibus affectis uenæ crasso nigroq́ sanguine plenæ, Galenus in definitionibus & Therapeuticis ad Glauconem. Plura de hoc malo uide apud Celsum 5. 35. & Manardum in epistolis, & alios recentiores, quorū diuersæ quidem opiniones sunt: sed plures & doctiores ferè in hoc conueniunt, morbū qui in sacris literis lepra uocatur (alia enim est quam Gręci medici lepram nominant, non adeò difficilis curatu) & similiter hodie uulgò, non alium quàm elephantem esse. Elephantiasis genus est lepræ, Hesychius & Varinus. Elephantiasin certe alicubi in lepram mutatam apud Galenum legimus. Phœnicius morbus, φοινικὴ νόσος, qui in Phœnice & alijs regionibus ad Orientem sitis abundat: uidetur autem elephantiasis esse, Galenus in Glossis in Hippocratem. Et rursus, Phœnicinum affectum (inquit) coniecerit aliquis à colore dictum elephantiasin esse. Galli morbum quendam in equis appellant farcin, in quo (ut audio) tumida & uaricosa sunt crura: eruditus quidam elephantiasin exponit: sed hæc Arabum non Græcorum elephantiasis est, ego uarices potius dixerim, uocabuli etiā similitudine fretus. γιοσᾶτοι, οἱ τὴν λευκὴν ἔχοντες λέπραν, Hesychius & Varinus. Archigenes apud Aëtium lib. 13. lepram à leuce, alpho, psora, & impetigine fera certis notis distinguit. Scitu dignum (inquit Cælius) ex uictus ratione ac cœli æstu hoc malum apud Alexandriam uigere plurimum: In Germania uerò ac Mysia rarenter admodum quenquam ita infici: atq́ eodem modo apud Scythas galactopotas nunquā uisum ferè. At in Alexandria diætæ modus plurimum id genus concinnare ualet: athara siquidē uescuntur, siue pulte, id est farina frixa, nec lentem abnuunt, uel salsamenta, aut limaces: quidam nec asininas carnes, aut eiusmodi alia quibus chymi uis comparatur crassior & melancholica. Quod quū alibi, tum in secundo ad Glauconem comprobat Galenus. Elephanticos nuncupat Firmicus elephantiasi laborantes. Elephantiæ serpentes sic dicti, quod is quem momorderint hoc genere lepræ afficiatur, ut quidam ex Solino citat. ¶ Anacardus fructus ab imperitis uocatur pediculus elephantis, Syluaticus. ¶ Elephantum cetacei generis ad Aquatilia differo. Vri magnitudine paulò elephantis inferiores sunt, Cæsar. Beluæ marinæ, cui Andromede exposita fuit, costarum excelsitas elephantis Indicis eminentior fuisse traditur, Solinus. Equi fluuialis reliquum corpus (præter ungulas, aures & caudam) elephanto nō dissimile est, Gillius. Monoceros fera pedibus elephanto similis est, Plin. Eale fera apud Aethiopes caudam elephanti habet, Plinius.

¶ Q. Fabius propter candorem Eburnus cognominatus est. Elephantis, quæ & interdū à Græcis Elephantine uocatur, lasciuissima mulier uaria concubituū genera descripsit. Huius meminit Tatianus Assyrius in libro aduersus gentes, & Suidas, Martialis quoq́ & Plinius. Latini quidā, alioqui literati, fallò marem putarunt, Gyraldus. Elephantine Thebaidis oppidū, ubi nulli arbori decidunt folia, Plinius 16. 21. Elephantina est insula spatio semistadij, cum ciuitate quæ Cnuphidis templum habet, & Nilometrio, Strabo lib. 17. Elephantis Nili insula est infra nouissimum cataracten, nauigationis Aegyptiæ finis, ibi Aethiopicæ conueniunt naues, Plinius. Elephantina urbs distat à Thebis Aegyptijs uiginti et octingentis stadijs. De hac scribit Appion quod Onychina dici debuisset: quemadmodum enim onyx, id est unguis resectus, iterum crescit, & quod demptum est resarcit: sic Nilus pro consumptis inundatione per agros aquis, quotannis rursus paulatim colligitur, & rursus inundat, Etymol. Nilus Aegyptum & solus, & totam, & in rectū permeat, à minore cataracte supra Syenen & Elephantinā incipiēs, qui sunt & Aegypti & Aethiopię fines, usq́ ad Nili ostia in mare, Strabo lib. 17. De Elephantophagis dixi supra capite sexto. Elephas, mons Arabiæ in mare expositus, Strabo libro decimosexto. Eleutij, ἐλεύτιοι, gens Apuliæ, Hecatæus in Europa: (forte addendum Elephantiam uel Elephantinā uocat, propter gentile quod sequitur.) Parthenius Elephantidē eam uocat. Gentile à priori Elephantinus, à posteriori Elephantites. Ptolemais à Philadelpho condita est ad uenatus elephantorum, ob id Epitheras cognominata iuxta lacum Monoleum, Plinius 6. 29. Philothera est ab Heroum urbe nauiganti iuxta Troglodyticam, à sorore secundi Ptolemæi appellata, Satyri opus, qui ad Troglodyticam & Elephantum uenationem perscrutandam missus est, Strabo libro decimosexto. Et rursus, Arabij sinus pars quæ Troglodyticam spectat ad dexteram est, ubi nauigantibus ab Heroum urbe usque ad Elephātum uenationem & Ptolemaidem, stadiorum sunt

Q 4

nouem millia ad meridiem & paululum ad Orientem. Et alibi eodem libro, Post Stratonis insulam sequitur portus Saba, & Elephantum uenatio, ἐλεφάντων κυνήγιον ὁμώνυμον αὐτῷ. Et paulò post, Vlterius est urbs Daraba, & Elephantum uenatio, quæ ad puteum nominatur, eam Elephantophagi habitant, (à quibus elephanti quomodo capiantur supra recitaui capite quinto.) Sunt & aliæ quædam Elephantum uenationes (ἐλεφάντων θῆραι) & urbes ignobiles, &c. Vlterius est Licha elephantum uenatio, Strabo eodem lib. 16.

b. Ebur uel ebor neutri generis, elephanti dens, quasi è barro, id est elephanto productum, teste Seruio. Hoc solum ebur est, Plinius de dentibus eius exertis loquens. πριστὸς ἐλέφας (ebur serra diuisum) os elephantinum, sic ebur Græci per excellentiam uocant: additur autem πριστὸς ad ipsius belluæ differentiam, Varinus. Ἐλεφάντων ἀργυφέους πρισθέντας ἀεξύουσιν ὀδόντας, Dionysius Afer de Indis Orientalibus canens. Latini etiam elephantum quandoque pro ebore siue dente elephanti ponunt: ut, In foribus pugnam ex auro solidoque elephanto, Vergilius Georg. 3. Altera candenti perfecta nitens elephanto, Aeneid. 6. Est & niueum epitheton eboris, & nitidum. Ab ebore deriuantur adiectiua quædam: Eburneum, quod ex ebore est. Plinius lib. 36. Iouem fecit eburneum in Metelli æde qua campus petitur. Liuius lib. 5. ab Vrbe, Eburneis sellis sedere. Eburneum signum, Cicero 6. Verrina. Eburneolus diminutiuum, Cicero 3. de Orat. Quem seruum sibi habuit ille ad manum, quum eburneola solitus est habere fistula. Eburneum apud poëtas reperitur. Hanc primum ueniēs plectro modulatus eburno, Tibullus. Legitimęque faces: gradibusque accliuis eburnis, Lucanus. Atque ensem collo suspendit eburnum, Vergilius: pro uaginam eburneam, Seruius. Eboreum quoque fit ab ebor. Quum in triumpho Cæsaris eborea oppida essent translata, Quintilianus lib. 6. Ante Apollinem eboreum qui est in foro Augusti, Plinius lib. 7. Eburatum, ebore tectum. Lectos eburatos, auratos, Plautus in Sticho. Eburata uehicula, pallas, &c. Idem in Aulularia. Homerus ebur eléphanta uocat acuta antepenultima: per synecdochen, ut caput pro homine: sunt qui ultimā acuant, & elephantina, id est ex ebore facta imterpretentur, in hoc nempe uersu, ὡς δ' ὅτε τίς τ' ἐλέφαντα γυνὴ φοίνικι (φοινικῷ χρώματι) μιήνῃ Μῃονὶς ἠὲ Κάειρα, παρήϊον ἔμμεναι ἵππων, &c. Iliados quarto. Aliqui lanas albas interpretantur, Hesychius & Varinus. Ἐλεφάντινα, eburnea, & simpliciter alba apud Hesychium. Impubesque genas, & eburnea colla, id est instar eboris alba, Ouidius 3. Metamor. Digiti eburni, id est candidi, apud Propertium. Ebur item ponitur pro uasis & alijs rebus ex ebore dolatis. Non ebur, neque aureum Mea renidet in domo lacunar, Horatius 2. Carm. Vt omne ebur ex ædibus sacris auferret, Cicero 4. Verrina. Dum Tyburtinis albescere collibus audit Antiqui dentes fusca Lycoris ebur, Martialis lib. 13. Merulis anniculis rostrum in ebur transfiguratur, duntaxat maribus, Plinius. Non enim est è saxo scalptus, aut ebore dolatus, Cicero 4. Academic. Ebur ex inanimo corpore extractum, haud satis castum donum deo, Cicero 2. de Legibus, mutuatus eum locū ex Platonis de Legibus duodecimo, ubi Gręcè legimus, ἐλέφας δ' ἀπὸ λελοιπότος (sic malim quàm una uoce ἀπολελοιπότος) ψυχὴν σώματος, οὐκ εὐχερὲς ἀνάθημα. Ficinus transfert, Ebur cum olim ab anima destitutum fuerit corpus, ad deorum simulachra ineptum est. Cicero pro εὐχερὲς uidetur εὐαγὲς legisse, quod placet. Ouidius libro decimo Metamorphoseos Pygmalionem fabulatur ex ebore uirginis simulachrum fecisse, eiusque amore captum à Venere impetrasse ut in ueram uiuamque uirginem uerteretur: & ex eius coniugio Paphum suscepisse filium, qui nomen insulæ dederit. Ἐλεφαντόδετος, idem est quod ἐλεφαντόκωπος, id est eburneo capulo insignis, de quo supra alicubi: sic & μελάνδετον apud Homerum legas, de quo uide Varinum. Ῥήτορα μαῦρον ἰδὼν ἐπιθήπεα ῥυγχελέφαντα, Χείλεσι τριπήλοις φθόγγον ἱέντα φόνου, Epigrāma authoris incerti lib. 2. Anthologij. ¶ Elephantos Mauritania alit, Strabo. Nascuntur elephantes apud Hesperios Aethiopes: & qui rhizés uocantur, qui magnitudine & pugnandi uiribus elephantos referunt, Idem ex Iphicrate. Marcello inter alia prodigia, infantem elephātis capite natum adhuc esse superstitem nunciatum est, Plutarchus in Marcello. Alcippe elephātum peperit, quod inter ostenta est, Plinius.

e. Liberales sanè mihi ac magnifici, minimeque parci in pecunijs circa diuinum cultum Græci extitisse uidentur, quibus ab India usque & Aethiopia ebur ad concinnandā simulachra aduehebatur, Pausanias in Eliacis. Ἐκ δ' ἄρα χειρῶν Ἡνία λεύκ' ἐλέφαντι χαμαὶ πέσον, Homerus Iliadis quinto. Elephantotomi Oppiano dicuntur, qui ex ebore aliquid faciunt. De eburneo Pelopis humero fabulam lege apud Ouidium Metamorphoseos libro sexto, & reconditam de eodem historiam in Leoniceni Varijs 2. 61.

Sunt geminæ Somni portę, quarū altera fertur
Cornea, qua ueris facilis datur exitus umbris.
Altera candenti perfecta nitens elephanto,
Sed falsa ad cœlum mittunt insomnia manes.
His ubi tum natum Anchises, unaque Sibyllam
Prosequitur dictis, portaque emittit eburna,

Vergilius circa finem libri sexti Aeneidos. Somni, id est somniorum, inquit Seruius. Est autē in hoc loco Homerum secutus.

Ξεῖν' ἤτοι μὲν ὄνειροι ἀμήχανοι ἀκριτόμυθοι
γίνοντ', οὐδέ τι πάντα τελέονται ἀνθρώποισι.
Δοιαὶ γάρ τε πύλαι ἀμενηνῶν εἰσὶν ὀνείρων.
Αἱ μὲν γὰρ κεράεσσι τετεύχαται, αἱ δ' ἐλέφαντι.
Τῶν οἳ μέν κ' ἔλθωσι διὰ πριστοῦ ἐλέφαντος,
Οἵ ῥ' ἐλεφαίρονται ἔπε' ἀκράαντα φέροντες.
Οἳ δὲ διὰ ξεστῶν κεράων ἔλθωσι θύραζε,
Οἵ ῥ' ἔτυμα κραίνουσι βροτοῖς, ὅτε κέν τις ἴδηται,

(Hęc Penelope ad Vlyssem Odyssee lib. 19.) In hoc tamē differt, quod ille (Homerus) per utranque portam

tam somnia exire dicit, hic (Vergilius) umbras ueras, per quas somnia iudicat uera. Et poëtice apertus est sensus. Vult autē intelligi falsa esse omnia quae dixit. Physiologia uerò hoc habet. Per portam corneam oculi significantur, qui & cornei sunt coloris, & duriores cæteris membris. Nam frigus nō sentiunt, sicut etiam Cicero dicit in libris De deorum natura. Per eburneam uerò portam os significatur à dentibus. Et scimus quia quæ loquimur falsa esse possunt: Ea uerò quæ uidemus sine dubio uera sunt. Ideò Aeneas per eburneam emittitur portam. Est & alter sensus, Somnum cum cornu nouimus pingi, & qui scripserunt de somnijs, dicunt ea quæ sub fortunam & personæ possibilitatem sunt uidentur habere effectum, & hæc uicina sunt cornu, unde cornea uera fingitur porta: ea uerò quæ supra fortunam sunt, & habent nimium ornatum uariamq; iactantiam, dicunt falsa esse, unde eburnea quasi ornatior porta fingitur, Hæc Seruius. Sed audiamus etiam Græcos Homeri Scholiastas. Aliqui corneam portam synecdochicè pro oculis accipiunt: cornea enim prima oculi tunica est. Per eburneam uerò os intelligunt, intra quod eboris colore (ἐλεφαντοχρῶτες) dentes sunt. Hæc autem sic interpretantur, ut quæ oculis usurpamus, fide digniora esse dicant, quàm quæ ore narrata aliorum audimus. Vel, quoniam cibi potusq; copia per os ingesta, falsa reddat insomnia. Vel ab ipsa uocum etymologia, ut porta κεράτινη denominetur ἐκ τοῦ κραίνειν, quòd perficere significat: ἐλεφαντίνη autem ab ἐλεφαίρειν, quod decipere: nam his duobus uocabulis etiam ipse poëta utitur. Vel ab eboris & cornus natura. Hoc enim in laminas dissectum, uisum facilè transmittit: ebur non item. Itaq; corneam portam exponunt ueram, perspicuam & lucidam: Eburneam uerò, falsam, obscuram, & confusam. Non desunt deniq; qui cœlestia somnia cornibus conferant, inde quòd ea in altum tendunt: terrestria uerò ebori, quòd in elephante deorsum nutat. Nam de cœlesti somnio etiam alibi mentionē à poëta fieri, ut cum ait, Καὶ γάρ τ' ὄναρ ἐκ Διός ἐστιν: & de terrestri, cū δήμου ὀνείρων nominat. Si quis plura hac de re desyderat, legat etiam Varinum in dictione κεράτινον, & Macrobium in Somnio Scipionis lib. 1. circa finē cap. 3. Nos pauca hæc uerba inde adscribemus, Cornus (inquit) ista natura est, ut tenuatum uisui peruium sit: eboris uerò corpus ita natura densatū est, ut ad quamuis extremitatē tenuitatis erasum, nullo uisu ad ulteriora tendēte penetretur. ¶ Animalia quibus inuehuntur apud Indos plerosq; cameli sunt, & equi, & asini: felicioribus uerò elephanti sunt. Est enim elephas apud ipsos regiū animal ad inequitandum, βασιλικὸν ὄχημα, secundus honor quadrigis equorum, tertius camelis. Vno autē equo uehi turpe est, ἄτιμον, Arrianus. ¶ Libyci eos qui ab elephantis uel in uenationibus uel in prælijs interfecti sunt, honorificis sepulturis prosequuntur, hymnosq; in honorē eorum cantillant. Est autem hoc argumentum hymnorum, ut dicant eos se fortes uiros præbuisse, qui tantæ bestiæ reluctari non dubitarint, Aelianus in Varijs, & qui ab eo transtulit, Cælius 18. 38.

¶ h. Ptolemæus Philopator elephantos quatuor Soli immolauit, deinde in somno minis dei perculsus, totidem ex ære elephantos in honorem Solis excitauit, ut cap. 4. dixi. Alexander captū unum ex regis Pori elephantis Soli dicauit, ut supra etiam ex Philostrato retuli.

¶ In illaudata laudantes Alciati Emblema,

Ingentes Galatûm semel ni milite turmas,
Lucarum cum sæua boum uis, dira proboscis,
Ergo trophæa locans elephantis imagine pinxit:
Bellua seruasset ni nos fœdissima barrus.
Spem præter trepidus fuderat Antiochus,
Tum primum hostiles corripuisset equos.
Insuper & socijs occideramus ait,
Vt superasse iuuat, sic superasse pudet.

¶ Eiusdem aliud in pacem.

Turrigeris humeris, dentis quoq; barrus eburni,
Supposuit nunc colla iugo: stimulisq; subactus,
Vel fera cognoscit concordes undiq; gentes,
Qui superare ferox Martia bella solet,
Cæsareos currus ad pia templa uehit.
Proiectisq; armis munia pacis obit.

¶ PROVERBIA. Citius elephantum sub ala cæles: Lucianus in indoctum, θᾶττον ἂν πέντε ἐλέφαντας ὑπὸ μάλης κρύψειας ἢ ἕνα κίναιδον, Id est, Citius quinq; elephantos sub ala tegas, quàm unum cinædum. De ijs qui dissimulari nullo pacto possunt, quin notis aliquibus prodant animi morbum. Culicem elephanti conferre dicuntur qui minima maximis comparant. Libanius ad Casilum, τὸ δὲ ἐμὸν τοιοῦτον, οἷον κώνωψ ἐλέφαντι παραβαλλόμενος, Id est, Ego uerò perinde sum, quasi culex cum elephāte collatus. In epistolis quæ Phalaridis nomine feruntur, extat huiusmodi quoddam adagium, Κώνωπος ἐλέφας Ἰνδὸς οὐκ ἀλεγίζει, Id est, Culicem haud curat elephantus Indicus. Dictum est autem ob singularem duritiem cutis elephantinæ, quæ fertur etiam iacula excutere, tātum abest ut culicis morsu possit offendi. Adhiberi poterit, quoties significabimus excelsis animis leues & uulgares iniurias esse negligendas. Prius locusta elephantum pariet, de re impossibili. M. Varro de lingua Latina libro 5. refert ex Ennio uersum hunc, Atq; prius pariet locusta lucam bouem, Erasmus. Festus hunc uersum Næuio tribuit. Elephantus non capit murem, ἐλέφας μῦν οὐχ ἁλίσκει. Generosus & excelsus animus negligit prædas uiles, ac lucella minuta. Vir egregiè doctus non insectatur minutulos istos literaterum simios. Homo præpotens non offenditur iniuriolis tenuium, Erasmus. Ego in Apostolij Collectaneis rectius legi puto, ἐλέφας μυῶν οὐκ ἀλεγίζει, Id est, Elephantus non curat mures, quod Græci carminis heroici hemistichium est: ἐπὶ τῶν τὰ μικρὰ καὶ φαῦλα ὑπερορώντων. Obiecerit tamen aliquis huic prouerbio id quod supra docuimus, elephantum odisse mures, & pabulum ab eis contactum aspernari. Elephantum ex musca facere, est res exiguas uerbis attollere atque amplificare. Lucianus in Muscæ encomio: πολλὰ δ' ἔτι ἔχων εἰπεῖν, καταπαύσω τὸν λόγον, μὴ καὶ δόξω κατὰ τὴν παροιμίαν, ἐλέφαντα ἐκ μυίας ποιεῖν, Eraſmus ex Suida: meminit etiam Apoſtolius. Nihil ab elephante differs, ἐλέφαντος διαφέρεις οὐδέν, in magnos & ſtupidos dicebatur: etiamſi primã ingenij laudem Plinius tribuit elephantis, ſed inter bruta. Verum corporis moles & formæ fœditas, adagio locum fecit. Refertur à Diogeniano. Videtur huc alludere Palæſtrio Plautinus, qui herum ſuum non ſuo, ſed elephanti corio circuntectum ait, nec plus habere ſapientiæ quàm lapidem, Eraſmus. Legitur etiam apud Suidam & Apoſtolium, ἐπὶ τῶν μεγάλων καὶ ἀναισθήτων, παρόσον καὶ τὸ ζῶον τοιοῦτον. Apud Epinicum in Hypoballomenis, cum iactaret quidam ſe elephantum poculum tricongium, quod ne elephas quidem ebiberet, ſępius exiccaſſe, ſubijcit quidam, οὐδὲν ἐλέφαντος γὰρ διαφέρεις οὐδὲ σύ, ut ſupra ex Athenæo citaui. Ex ijſdem uerſibus poſtea obſeruatis Eraſmus etiam hæc uerba, οὐδ' ἂν ἐλέφας ἐκπίοι, id eſt, Ne elephas quidem ebiberet, adagijs inſeruit. Rhytus (inquit: errat autem, nam pro poculo rhytum, ῥυτὸν, genere neutro ſemper profertur) poculi genus eſt, ſpecie cornu, quod uidetur (hoc ex ſua cõiectura dicit, mihi quidem non uidetur) eburneum fuiſſe, impoſitum imagini elephanti: ita ut quadruplex in iſtis uerſibus elephanti mentio fiat (poculi, imaginis beluæ, eiuſdem uiuæ, & hominis ebibentis, omnium elephanti nomine ὁμωνύμως dictorum.) Dicetur, inquit Eraſmus, in librum inſulſum ac loquacem, quem ne patientiſſimus quidem perlegere ſuſtineat. Magnos ſtupidosq; elephantorum nomine intellige bant, uel Græco ſuffragante prouerbio, Cælius. Celerius elephanti pariũt: Sunt quibus hoc quoq; (inquit Eraſmus) inter adagia uidetur adnumerãdum, quod ſcriptum eſt apud Plinium Secundum in præfatione hiſtoriæ mundi: Nam de Grammaticis, inquit, ſemper expectaui parturiri aduerſus libellos meos, quos de grammatica ædidi: & ſubinde abortus fecēre iam decem annis, cum celerius etiam elephanti pariant, Hactenus Plinius. Itaq; cunctationem immodicam, & quorundam nimis lenta molimina, his uerbis licebit ſignificare. Porrò de elephantorum partu Plautus in Sticho: Audiui ſępe hoc uulgò dicier, ſolere elephantum grauidam perpetuos decem eſſe annos. Licebit adagiũ etiam in hãc uertere formam: Quando tãdem paries obſecro, quod tot iam annos parturis, ut nec elephanti diutius? De elephantorum pariendi tempore ſententias authorum diuerſas, capite tertio poſui. In eburna uagina plumbeus gladius, ἐν ἐλεφαντίνῳ κολεῷ τὸ μολύβδινον ξίφος: prouerbium natum ex Diogenis Cynici apophthegmate. Nam cum adoleſcẽs quiſpiam inſigni forma, fœdum quiddam atq; obſcœnum dixiſſet: Ex eburna, inquit, uagina plumbeum gladium educis. Ebur atramento candefacere, eſt genuinę formæ, cultum atq; ornatum externum inducere, quo decus illud natiuum obſcuretur magis quàm illuſtretur. Proinde læna Plautina puellę naturali forma præditæ, tamen ceruſſam ad oblinendas malas poſtulanti: Vna, inquit, opera ebur atramento candefacere poſtules.

DE EQVO.

A.

Eqvvs nobiliſſimum inter quadrupedes animal, & uitæ humanæ multis omnino modis utiliſſimum, è iumentorum numero cenſetur: cui equidem nullum anteferri poſſe inter bruta exiſtimo, cum ingenij ſimul & corporis eius dotes perpendo. Habent & aliæ quadrupedum ſuas laudes, & nonnullas quibus equum fortaſſis excellunt: nam quod boue pluribus modis uictum iuuet humanum animal nullum eſt. Sed ſi cõferas inter ſe uſus omnes, licet uno aut altero equus uincatur, pluribus ſemper uincet. Accedit quod ubiq; terrarum equus ali & naſci poteſt. Quamobrem merito prima ei quadrupedum, imò animalium omnium, dignitas, præcipuè in planis regionibus, ut boui in montanis. Sed equi laudes & utilitates plurimas paſſim uniuerſa hæc eius hiſtoria oſtendet, eò cæteris prolixior, quò plura de hoc animante, utpote omnium nobiliſſimo, apud authores inuenimus. ¶ Equum Latini etiam caballum uocant, de qua uoce plura dicam initio capitis octaui. Hebręi סוס ſus, ut equam ſuſah, quam uocem Canticorum primo aliqui equitatum uel multitudinem equorum exponũt. Appellant autem Græci quoq;, tum equam, tum equitatum, hippon in fœminino genere: סוס quidem Hebraice equum aliqui dictum putant quaſi שש à gaudio. Hieremiæ octauo ſus uel ſis auem quandam ſignificat, quam R. Salomon aliter corcaia dictam, & Gallicè gruem uidetur interpretari: Sunt autem uerba prophetæ, de ijs auibus ut ciconia, turture, hirundine & grue, quæ norunt tempus ſuum migrandi ac redeundi. Sicut grus & hirundo ſic garriebam, meditabar ſicut columba, &c. Eſaiæ 38. pro grue Hebraice סוס ſus legitur, Kimhi equum exponit, ut etiam Ionathan, qui in iam citato Hieremiæ loco equum expoſuit: Aquila quoq; equum reddit. Hieronymus alibi miluum, alibi hirundinis pullum. Septuaginta & Symmachus χελιδών, id eſt hirundo. Σισίας, equus Syris, Varinus. רכש rekeſch, Dauid Kimhi docet R. Ionam putare equum præſtantem & non annis confectum ſic appellari: ipſe Kimhi aliud genus animalium neſcio quod (iumenti, Munſterus) eſſe ſuſpicatur: & tertio Regum capite quarto ſcribit quoſdam peradim, id eſt, mulos interpretari. Leui ben Gerſon equos uelociſſimos intelligit, quorum uſus in bello ſit: & ſimiliter author Concordant. genus equorum. Hieronymus Eſther octauo, ueredarios. Idem Geneſeos 14. equitatum intelligit per רכש rekeſch, poſſeſſionem uerò per רכוש rekuſch. Danielis undecimo rekuſch apparatum bellicum notat, alibi poſſeſſionem pecorum & rerum inanimatarum. Achaſtranim Eſther octauo Hieronymus ueredarios transfert, Dauid Kimhi & Abraham Eſdre mulos,

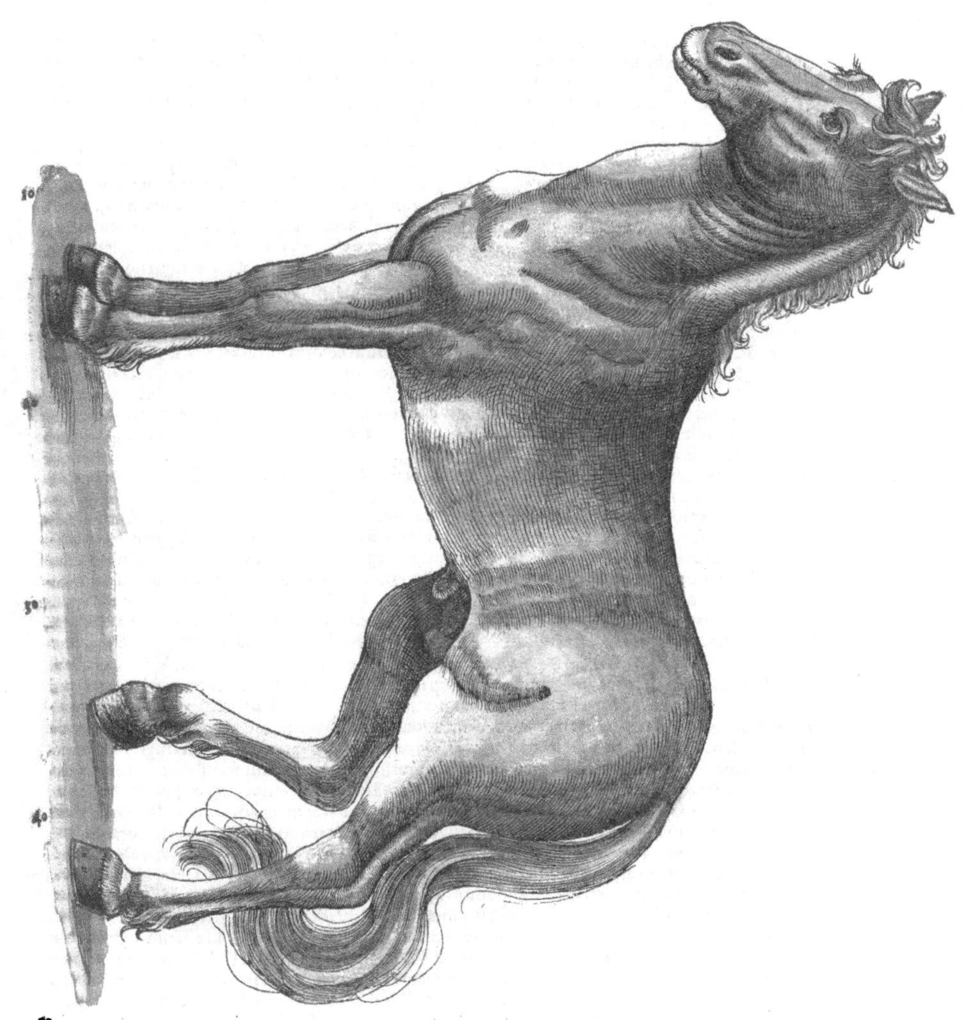

mulos, R. Salomon camelos celeriter currentes. Nominantur autē eodem capite achaſtranim, bene, id eſt pulli haramakim: ubi Dauid Kimhi ex traditione patris ſui equam ait Arabica lingua uocari רמכה ramaka: R. Abraham quoq; notat Iſmaëlitica lingua equos ita uocari. Videtur ſane iumentorum genus celerrimum ſignificari. Chaldaica translatio habet ramakim, id eſt equi, Græcus interpres omittit: Hieronymus, Vt nouis epiſtolis ueteres corrigantur. אבירים abirim, robuſti, per excellentiam tauri & caballi dicuntur. ¶ Pro ſus, id eſt equo Exodi nono, Chaldaicè legitur ſuſuatha, Arabicè ביל baiel, Perſicè אסבחא asbecha. Syluaticus uocem faras equū exponit, & hara faras ſtercus caballinum, & anfeſcalferas coagulum caballinum: & dheneb bachil, caudā equinam herbam: dunab quidē & ſanab pro cauda poni reperio, ut hachil equus ſit. Si calcauerit zoſach, id eſt equus, ueſtigium dorim, id eſt urſi (Hebræis & Chaldæis dob urſus eſt, zeeb uerò & deba lupus: pertinet autem ad lupi ueſtigium quod hic ſcribitur, ut capite quarto confirmabimus) accidit ſtupor eius pedi, Aeſculapius. Equus Græcis nominatur ἵππος, Italis cauallo, & ſimiliter Hiſpanis: Gallis cheual,

Germanis roſſʒ, Anglis horſe; Bohemis kun, Polonis konij. Reliqua uide initio capitis octaui.

B.

In admiſſario quatuor ſpectanda ſunt, forma, color, meritum, pulchritudo. De cæteris aliâs. Colores hi præcipui, badius, aureus, albineus, (abineus apud Cęlium,) ruſſeus, murteus (mureus Cęlio,) ceruinus, gilbus (giluus Cælio,) ſcutulatus, albus, guttatus, cādidiſſimus, niger, preſſus (preſſè niger Cælio.) Sequentis meriti, uarius cum pulchritudine nigro, uel albineo, uel badio miſtus, canus cum quouis colore, ſpumeus, maculoſus, murinus, obſcurior. Sed in admiſſarijs præcipuè legamus clari & unius coloris, cæteri uerò deſpiciendi, niſi magnitudo meritorum culpam coloris excuſet, Palladius in Martio tit. 13. Murinus color uulgaris eſt in aſinis, Columella lib. 6. Myrteus eſt preſſus in purpura, Iſidorus. Canus & colore candido & nigro eſt. Scutulatus ſic dicitur propter orbes quos habet candidos inter purpuras, Idem. Scutŭlata ueſtis dicta eſt à ſcutula uaſis genere, quæ habet quoſdam orbes uel circulos, quaſi ſcutulis diſtincta. Galli ſcutulis ueſtes diuidere, quæ ſcutulata dixerunt, inſtituêre. Guttatus eſt qui ueluti guttas habet, στικτὸν Gręcis eundem puto. Et picta perdix, Numidicæq; guttatæ, Martialis. Ruſſeum equum ueteres ruſtici nominabant, qui non planè rubet, ſed proximè ad eum colorem accederet: ſaſinatum hodie quaſi ſanguinatum uulgò equiſones appellant, Nic. Erythræus. Secundum Iordanum color baydus (nimirum badius) & ſemialbus obſcurus ſupra omnes eſt laudandus, Laur. Ruſius. Sępe etiam improbati coloris equi, perquàm egregij ſunt, Idem. Oppianus per uenationum genera equorum colores diſtinxit. Nam qui colore cęruleo eſſent, (& pedibus uarijs uel maculoſis, στικτόποδας) aptos eos cenſet agitandis ceruis. Glaucis, qui color eſt nitidior & clarior, cōtra urſos: cōtra pardos, fuluis, (λαφοινοῖς, id eſt rubicundis, uel ſanguineo colore:) contra apros, nigris, (αἴθωνας & πυρσαυγέας ego aureos & fuluos uerterim:) flammantibus oculis ac renidentibus, qui uitrei nunc uocantur, contra leones utendum eſſe, Camerarius. Sed χαροπὸς, ut Græcè legitur, melius forte ad totius corporis, non oculorum duntaxat colorem retuleris: quamuis glaucos etiā equos recentiores quidam oculorū tantum ratione intelligunt. Venanti melius pugnat color, &c. Gratius: quæ ſequūtur mutila ſunt. Multos certi colores iuuant. Nōnulli huius aut illius coloris equos felicius à ſe agitari putant: qua de re & aſtrologi nō dubitant monere atq; præcipere, inſpecto cuiuſq; themate genitali, Camerarius. Color naturalis equi, qui in ſylueſtribus deprehenditur, eſt cinereus, per dorſum linea fuſca, à capite uſq; ad caudam porrecta. In domeſticis tamen boni inueniuntur nigri, ruffi, & albi aliquando: & ſimiliter griſei, qui quaſi circulis paruis interpoſitis nigros albis immixtos habent pilos, Albertus. Noſtri obſeruarunt nullos equos naſci pilis albis, ſed canis, qui tandem progreſſu temporis dealbeſcant. Putant etiam huius coloris equos magis durabiles & uiuaces haberi, minuſq; morbis obnoxios. Sylla equum album, animoſum, & uelociſſimum habebat, Plutarchus. ἵπποι λευκότεροι χιόνος, equi candidiores niue, Varinus in ἵπποι. In coloribus equorum niger eſt optimus, ruſuſq; uel glaucus: albus etiā plerunq; bonus, cæteri uerò deteriores iudicantur, Author libri de natura rerum. Πηγὸς ἵππος, aliqui ſolidos & firmos equos interpretantur: ueteres uerò nigros, tanquam illi optimi ſint, Varinus. Sic & pecus πηγεσίμαλλον exponunt, cui lana ſolidior uel denſior ſit, εὐπαγὲς ἢ εὐτραφὲς ἔχον μαλλὸς: uel alba, uel nigra, Heſychius. Venanti melius pugnat color, optima nigri, &c. Gratius: quę ſequuntur mutila ſunt. οἰνωπὸν, equus coloris illius quem Græci œnopòn quaſi uineum appellāt (qualis in uino nigro apparet,) Heſychius & Varinus. Ψαρὸς oxytonum, coloris ſpecies, uarius: ψᾶρος autem paroxytonum ſturnus auis quę & ipſa uaria eſt: unde piſces etiam pſari dicti uidentur. Hinc ψαροὶ equi huius coloris uocantur. Ψαρ & ψαρὸς & ψαικρὸς, pro ueloce quibuſdam exponitur: nimirum ἀπὸ τοῦ ψαύειν, ἢ ἄκρως ψαύειν. Nam & ψαικροπόδης epitheton equi Arionis à celeritate factum eſt. Κνακὸς, ψαρὸς ἵππος, Heſychius & Varinus. Iidem κνακὸν album uel ruffum exponunt, nimirum Doricè pro cneco: nam cneci herbæ ſemen album, flos ruffus eſt. Κνηκὸν χρῶμα, quaſi cnecinus color, ſubcroceus quidem ſi florem ſpectes: ſin ſemen, albus, Heſychius. Κνῆκος, albus, & genus ſeminis, ὁ πυρὸς, (lego πυῤῥὸς, id eſt ruffus,) Heſychius & Varinus. Plura uide in κνάκον & κνάκωνα apud Varinum. Strabo lib. 3. Celtiberorum equos ὑποψαροὺς eſſe ſcribit; interpres ſubalbos reddit. Bonaſus colore eſt inter cinereum & ruffum, nō ſicut παρῶαι (paroi, Gaza uel parij, licet Codices impreſſi corruptè partos habeant) dicti equi, ſed ſupra ſqualidiore pilo, ſubter lanario: nigri aut admodum ruffi nulli ſunt, Ariſtoteles hiſt. animal. 9. 45. Παρωαὶ (oxytonum) equi dicuntur quidam colore ruffi, Heſychius & Varinus. Eſt & παρώος propaaroxytonum apud Heſychium de ruffo colore equi. Reperio & parium & balium colores equis attributos, Hermolaus in Corollario, nec plura de pario. Ego meam ſuper hac uoce ſententiam in Bonaſo declaraui. Γαλωνὶς, color in equis aſinino ſimilis, Heſychius & Varinus: legitur & γάλωνις apud Varinum, quod magis placet: ſed id quoq; per omega potius ſcripſerim in medio, ut Etymologus: ut γάλων equus dicatur, tali colore inſignis, nempe muſtelino: nam galen Grçci muſtelam uocant, cuius color quoniam aſinino ſimillimus eſt, aſellum quoq; inſectum à colore dictum, alio nomine γαλῆν appellant. Honeſti Spadices, glauciq;, color deterrimus albis Et giluo, Vergilius lib. 3. Georgicorum: quem locum enarrans Vuillichius, Germani (inquit) ſpadiceum equum uocant ein braunlingk: glaucum ein graulingk uel ſchimlingk (ſchimmelfarw, quem noſtrates etiam præcipuè laudant) forſan à colore mucidi panis: giluum, ein pfaels pferdt: (noſtri falw ſcribunt, tanquam à flauo deducta uoce, ſubflauum enim ſignificat: Græci eum colorem κιῤῥὸν dicunt.) Audio huius coloris equos

equos aspectu plerunque elegantes & nitidos esse, ideoque frequentius palpari, unde natum sit prouerbium in lingua nostra uulgare, den falben hengst strychen, de ijs qui assentantur & palpum obtrudunt. Nisæus equus, id est flauus, ξανθὸς. Nisa enim equos omnes flauos habet, Varinus. Grammatici nostri (Seruius) glaucos dici equos interpretantur felineis oculis, id est quodam splendore perfusis, Cælius. Glaucus est uelut oculos pictos habens, & quodam colore perfusos, Vincentius Bell. ex Isidoro. Glauci equi felineis oculis, qui uulgò glaucioli dicuntur, Perottus. Atqui glaucus tam de reliqui corporis colore quàm oculorum usurpatur, & de inanimatis quoque rebus. Vergilius glaucas salices dixit & oliuas & uluam, quod admistum habeant uiridi colori alborem quendam. Sed ne uiridis quidem color (inquit Gellius lib. 2.) pluribus quàm à nobis uocabulis dicitur. Neque non potuit Vergilius colorem equi significare uiridem uolēs, cœruleum magis dicere equum, quàm glaucum: sed maluit uerbo uti notiore Græco quàm inusitato Latino. In animaliū pilis puniceus, purpureus, & porraceus (φοινικοῦς, ἁλουργὴς, καὶ πράσινος) colores nunquam extant, Aristoteles circa finem libri de coloribus. Iam cum porraceus color uiridis sit, qualis in porri folijs noscitur, repugnant hæc Aristotelis uerba Gellio, qui glaucum in equis colorem uiridem exponit. Non placet etiam quod eundem colorem cœruleum appellari posse scripsit Gellius: mihi enim omnes tres diuersi colores uidentur. Varium in equo colorem nostri uocant gschegget. Aeolopoli Homero celeres potius equi quàm uarij sunt, ex Porphyrij sententia, &c. Cælius lib. 21. circa finem capitis 14. Inter colores equorum (inquit Camerarius) est rarior ille quidē, ideoque, mea quidem sententia præclarior, uarius: quem lingua Teutonica appellat uerbo deriuato à strabis oculis, quia resplendeāt diuersi colores, & uisum quasi distorqueant: quemadmodum & uestes binis coloribus intextis strabæ uocantur. Sed hos, maximè equites certarum gentiū non probant, quam tamen ob causam nihilo sunt deteriores habendi. Cur enim his uarij equi non placent? Quia insidijs, latebris, ignorationi sunt contrarij. Hic quidem color argumento uidetur esse naturæ bonæ, & constitutę temperata quadam mistione humorum, de quibus & albi & nigri & fului pili extiterint. Itaque & elegās ferè est horum corpus: si qui autem inter hos excellunt, eos uideas tanta uenustate & pulchritudine præditos, ut equestre nullum Calamidis signum spectabilius esse potuisse uideatur: Et in equis certe diuersi coloris, macula alba in fronte laudatur: qualis ille Vergilianus, quem etiam uariū toto corpore introduci sentio: tales enim fuisse constat Thracios, qui patrio uocabulo Marones dicerētur, & de colore λευκόφαιοι, admissioni quidē non expetiti, quod deteriore colore pulli ab his gigni crederētur. Quo ipso nomine admirabiles etiam iudico uarios, quippe hunc decorem formæ qui quasi diuinitus consequi, non à parentibus accipere uideantur. Hos Marones à ueteribus dictos cum comperissem, admodum fuimus delectati, plurisque etiam quàm antea facere cœpimus, propter cognomen præclarissimi poētæ, cuius de his uersus sunt: Thracius albis Portat equus bicolor maculis, uestigia primi Alba pedis, frontemque ostentans arduus albam, Hæc Camerarius huius coloris equis præ cæteris delectatus. Absyrtus cap. 14. (unde Camerarius mutuatus est) tractans de coloribus, non equorum, sed asini admissarij, ita scribit interprete Ruellio: Speciosiores sunt asini, quorum color in purpuram spectat, idque si nigram, nec ullatenus in fuscum uergentem maculam fronte gerant, (Græce legitur, καὶ ἐν τῷ προσώπῳ λευκοὶ, καὶ οὐ φαιοί. Probantur sane equi ἀλφόρυγχοι & ἀλφοπρόσωποι, tanquam uiuaciores.) Longè omnium pulcherrimi nigri habentur, qui non incanum uentrem, sed concolorem habent. Cui pulla in ore macula subest, (εἰ δὲ τύχοι τὸ ἐντὸς τοῦ στόματος μέλαν ἔχων,) aut lingua nigricat, is cōsimilis coloris sobolem haud dubiè generabit. Qui ex candido colore in cinereum canescunt, (λευκόφαιοι) quos uocant morones (μάρωνας habet codex impressus) ij ad admissuram non accersantur: siquidem colores nullo in pretio habiti, magna ex parte reddentur soboli, Hæc ille de asini admissarij coloribus. De spadicibus quæsitum à multis, qui nam esse uideantur: ac certū est punicei coloris hos aliquid habere, ut & fusci illi, & fului, & in quibus rubentes maculæ albo inspersæ sunt, ut purpurei appareant, spadices habendi sint, Camerarius. Cassius medicus in problematis equos balios laudat, quos Grecè Βαΐος, baios uulgò appellant; Vergilius spadices, id est palmeo colore, Volaterranus. Spadiceus color est palmeus: palmarū enim termites cum fructu suo spadices & baia Græcia nuncupat. Vnde & nunc baius equus (lo cauallo baio, Scoppa) qui badius Varroni, ut est apud Festum, & balius Cassio medico nominari uidetur. Nam is in problematis generosos ait equos esse balios. Color hic uulgò aliàs Lionato dicitur, Nicol. Erythræus Italus. Adi Gellium lib. 2. capite quo de coloribus tractat. Βάϊον, ramus palmæ, Varinus. Balius color (apud Plinium libro ultimo cap. 7.) uidetur accipi pro uario ab Euripide: quidam pro spadice, hoc est palmeo, qualis est equorum quoque (quos & phalios aliqui scribunt) apud Maronem. In Vopisco diximus baltias siue balias à colore uestes appellari: sed blatteas scribendum ibi censeo. Rura hodie subrubrum colorem panni blattum Romæ appellant siue bladum: ut hinc uideri possit tortum, quamobrem frumentum quoque ipsum ita barbarè nominetur uulgò: nam robi tritici Columella meminit, coloris Festus, Hermolaus. Gellius scribit spadica esse Doribus auulsum (ἀπὸ τοῦ σπᾶν nimirum, unde & spadones) è palma termitem cum fructu: Et libro secundo, esse punicei coloris speciē. Spadices (inquit Seruius) phœniciatos uocant, id est prosessos myrteos. Tinctores & spadicarij apud Firmicum nominantur. Spadix, phœnix & lyrophœnicium, instrumenta musica sunt Polluci. Balios uentos accipiunt uiolentos: nam & balias equos, celeres intelligunt poētæ, Cælius. Scoppa Grammaticus spadicem equum, palmatum quoque uocat. Palmatum parietem Quintilianus

P

dixit. Mihi quidem ſpadix color uidetur proximus illi quem nos à caſtaneis denominamus **käſtenbrun**, & huius coloris equos, imprimis laudamus. Puniceum uerò, licet is etiam nomen à phœnice, id eſt palma mutuatus uidetur, lætius rubere puto, non ſine ſua nigredine tamen, qualis in roſarum quodam genere apparet, tanquam purpura ſaturata & nigricante, qualis forſitan apud Phœnices populos, à quibus & oſtrum Tyrium dictum, tingebatur: ut inde potius ei nomen ſit quàm ab arbore. Badium antiqui uadium dicebant, quia inter cætera animalia fortius uadat. Idem ſpadix eſt quem phœnicatum uocant, à colore palmæ quam Siculi ſpadica appellant, Vincentius Bell. ex Iſidoro. Equi badij nominantur etiam à Gratio poëta. βαλίας, paroxytonum, nomen equi Achillis, ſignificat etiam uarium, in qua ſignificatione βαλιὸς quoque cum omicro ſcribitur in ultima. Balium aliqui dictum putant, quaſi φαλιόν, τὸν λευκομέτωπον καὶ τὸν λευκόν, id eſt album, aut alba duntaxat fronte inſignem, quem noſtrates appellant **ein blaſſz**. βαλίαι, αἱ ταχεῖαι, παρὰ τὸ βάλλειν, καὶ ταχέως φέρεσθαι τὸ βαλλόμενον: ἢ παρὰ τὸ πάλλεσθαι διὰ τὸ τάχος, ἢ παρὰ τὸ βαίνειν ἅλις, Varinus. Cretenſes balium etiam mutilum appellant, & Thraces Bacchum, Idem. Alicubi etiam legi βαλιὸν dici ἀπὸ τοῦ βάλλειν, τὸ κεντεῖν καὶ στίζειν, ut στικτὸν ſignificet. βαλαιόν, μέγα, πολύ, οἱ δὲ ταχύ, Varinus. ¶ Et quorum feſſas imitantur terga fauillas, Gratius de equis colore cinereis, uel canis, uel glaucis. Noſtrates pro coloris diuerſitate nomina quoque diuerſa equis imponunt, qualia ſunt **rapp / ſchimmel / blaſſz**. Iubam eſſe concolorem corpori cenſuêre ueteres eſſe optimum: nunc tamen in fuluis laudatur albicantis comæ quaſi canicies, & ij equi magni fiunt & uelatuli appellantur, Camerarius. ἀμείνων δὲ ἡ ὁμόχρους χαίτη καὶ εὔθριξ, Pollux. Hippocomi ſæpe colorem fuco, robur inani ſagina, ut ait Quintilianus, mentiuntur. Admonet me hæc de coloribus equorum tractatio, ut iſtos etiam quos Græci oryngas uocant, ὤρυγγας, hoc potiſſimum loco commemorem. Horum genus amabile, uarium (στικτὸν) ac perpulchrum uocat Oppianus libro primo de uenatione. Nomen autem eis inditum putat, uel à montibus, uel à libidine, hiſce uerſibus:

Ἤ ὅτι καλλικόμοισιν ἐν ὄρεσιν ἀλδήσκουσιν, Ἤ ὅτι πάγχυ θέλουσ' ὧδε θηλυτέρῃσιν ὀρούειν.

Addit, alios eorum maculis ſiue tænijs oblongis frequentibus ornari, quales tigridum ſpectantur: alios rotundis ut pantheræ: atque has maculas cauterio adhuc pullis adhibito fieri. Sunt & aliæ (inquit) mangonum artes, quibus pullos etiam quocunque placuerit colore concipi & naſci efficiunt. Nam cum equa libidini obnoxia eſt, equire dicunt, admiſſarium bellè ornatum & pulchris pictum coloribus (ἐυστίκτοισι πόθι χροιῇσι γράψωσι) ei oſtendunt, & in conſpectu eius aliquandiu retinent, ut deſyderatam illa ſpeciē diutius imaginetur, & oculis animoque hauriat imprimatque: demū admittūt, unde pullus ſimilis patri concipitur. Columbas etiam pulchris & uarijs coloribus, quales in conſpectu eis per libidinis tempus fuerint, naſci, ſuo loco dicemus. In hippocomicis libris Germanica lingua æditis, nigrum colorē pilis equorum albis induci reperio ſi abluantur filicis radicū & ſaluiæ in lixiuia decocto. Dealbari uero pilos illos qui illiti ſint pinguedine collecta ex decocto talpæ in olla noua: ſupernatat enim pinguedo, ſi talpa diutiſſimè decoquatur. Vel ſic, Pilis euulſis locus illinatur melle crudo cum adipe melis. Alij aliter idem moliuntur. Sæpius quidem ſimiles fœtus parenti ædere conſueuerunt equæ, ut Pharſalica ſemper, quam ideo probam nominarunt, Camerarius. Præter hominem pilos equo tantum caneſcere Plinius ſcribit. Equis pili in ſenecta apertè caneſcunt, Ariſtoteles. Et alibi, Equis maximè omnium quæ nouerimus animaliū canicies innoteſcit: quod os in quo cerebrum, tenuius quàm cætera pro magnitudine habeant: argumentum eſt, quod ictus in eo loco periculoſus eſt: unde illud Homeri, Et qua ſetæ hærent capiti, letaleque uulnus Præcipuè fit equis.

¶ De pilorū coloribus equi tum alijs, tum canicie, iam proxime diximus: Reſtat ut ipſas corporis equini partes enumeremus. Equo & boui pilum quotannis deciduum eſſe quidam ſcripſerunt, Cælius. Quia pilis equi in gena ſeu palpebra inferiore carent, propterea Apelli Epheſio qui equum quempiam pinxiſſet, reprehenſionem attuliſſe ferunt. Alij non Apelli hoc accidiſſe, ſed Niconi aiūt, cum tamen ſcientiſſime cæteras equi partes pinxiſſet: hanc partem illi uitio uerſam fuiſſe, Aelia. Iubam in equis Græci λοφιὰν appellant, Xenophon χαίτην, Gaza uertit criſtam, libro 2. de partib. anim. cap. 14. Pili equis in iuba largi, in armis leoni, Plin. Procomium, προκόμιον, pili ſunt qui à uertice equi iuxta oculos & tempora propendent. Apud Vegetiū libro 2. Veterinariæ cap. 11. protocomium legitur, quod non adeò placet. Xenophontis interpres iubam uerticalem tranſtulit, Latinius capronas dicturus. Sunt enim capronæ, comæ ante frontem, quaſi à capite pronæ, teſte Nonio: uel ut Feſtus ait, equorum iubæ in frontem deuexæ. De his Lucilius in Satyris apud Nonium, Aptari caput, atque comas fluitare capronas Altas, frontibus immiſſas, ut mos fuit illis. Δέδοται δὲ παρὰ θεῶν καὶ ἀγλαΐας ἕνεκα ἵππῳ χαίτη, καὶ προκόμιόν τε καὶ οὐρά, Xenophon: Hoc eſt, non utilitatis tātum gratia, quod prius dixerat (nam cauda muſcas abigit: procomium oculos tuetur ne quid moleſti incidat, nihil interim impedito pilorum prolixitate uiſu: aſinis quidem & mulis procomij loco ad oculos defendendos aures datæ ſunt longiores. Iuba conſcenſori adminiculum præſtat, eoque magis quo fuerit prolixior) iuba, capronæ & cauda equis contigerūt, ſed etiā decoris ornamentique loco. Quod uel equi ipſi intelligere uidentur, γαυριῶντες καὶ καλλωπιζόμενοι ὥσπερ τῇ χαίτῃ, ut Pollux ait, id eſt, ſuperbientes & quaſi gloriantes ob iubam ſuam. Quamobrem perorigæ qui aſinos equabus admittunt ad mulorum procreationem (οἱ ὀνοβατοῦντες) cum aſinos ab equabus deſpici, & iniurijs inſuper affici, morſu aut calce lædi, animaduertunt, iubis detonſis equas ad fontes tanquam ſpecula ducunt, in quibus turpitudinem ſuam & ademptum comæ decus contēplatæ, ignobiles illos admiſſarios non amplius dedignantur. αἱ δὲ ἀποφ-

ἐν κατόπτρῳ διασκέμμεναι τὴν αἰσχύνην τοῦ σώματος ἀπηγλαϊσμένην (lego ἀπηγλαϊσμένην, id est, ἐστερημένην τῆς ἀγλαΐας) τῆς κόμης, ἀνέχονται τότε τὴν πρὸς τὰ χείρω ὁμιλίαν, Pollux. ¶ In equis (inquit Vegetius) non solum utilitas, uerum etiam decoris ratio seruanda est. Nunquam itaq;, nisi necessitas passionis exegerit, de articulis resecandi sunt cirri, Naturale enim ornamentum pedum natura in illis cõstituit. Ceruicem etiam ipsam diligens debet ornare tonsura. Multi enim sicut currulibus, ita & sellaribus iumentis pressius colla radunt. Quæ res licet præstare creditur augmentum, tamen sub honesto sessore deformis est. Alij ita tondent, ut arcum uideantur imitari. Nonnulli Armeniorum more crines aliquos in tonsura ipsa per ordinem derelinquunt. Sed gratiora sunt quæ translata de Persis posterior usus inuexit. Nam media iuba ad omnem accurationem ex sinistra parte tondetur, à dextra uerò omnino
10 insecta seruatur. Et nescio quo pacto plurimum deceat, quia illud quod naturaliter laudatur Vergilius imitatur: Densa iuba, & dextro iactata recumbit in armo. Quod si bicomis fuerit, ut uulgus appellat, mediæ ceruicis setas æqualiter oportet attonderi, ita ut tam dextri quàm sinistri limitis continuata serie iubæ relinquantur intactæ: quod nihilominus inuentũ constat à Parthis, Hucusq; Vegetius. ¶ Posterior pars pulli est altior anteriore, sed accedente incremẽto ætatis anterior in plerisq; sublimior fit. Pulli equini, inquit Aristoteles, paulò suis parentibus summissiores sunt, atq; adulti crure posteriore caput attingere nequeunt, quod nouelli facilè attingunt. Mulomedici quorum barbara dictio est, ut Laur. Russius, pastoralia in equo uocant iuncturas siue articulos pedum ni fallor: quod ea parte numellæ (uinculi genus, Itali pastoram uocant: & ita uincire, pastorare) adhiberi soleant. ¶ Iumentum habet in capite ossa duo, à fronte usq; ad nares alia duo, maxillaria in-
20 feriora duo: dentes quadraginta, id est molares uigintiquatuor, caninos quatuor, rapaces duodecim. In ceruice autẽ sunt spondyli septem, spatulæ (lego spondyli) renum sunt octo, à renibus usq; ad anum septem. Muscarium (id est cauda) habet commissuras duodecim. In armis prioribus sunt ragulæ duæ: ab armis usq; ad brachiola duo: à brachiolis usq; ad genua duo, In genibus parastaticæ duæ. A tibia usq; ad articulos duo. Bases quæ appellantur numero duæ. Usq; ad pumices ungulæ ossa minuta sedecim. In pectore unum. Costæ tamẽ in interioribus trigintasex. Item à posterioribus à cumulari (aliâs columellari, sed paulò post commissuram renum cumulare uocat) usq; ad molaria duo: à molaribus usq; ad uertebras duo: costales duo. Ab acrocolephio (acrocolion intelligo, id est coxam uel superiorem femoris partem, nam inferior hypocolion uocatur) usq; ad gambam (id est tibiam: ut Itali & Galli hodieq; uocãt) duo: à gamba usq; ad cirros tibiales (pilos longiores intelligit,
30 quos fyßlen Germani nominant, de quibus nõ tondendis paulò ante etiã ipsius uerbis monuimus) duo: minuta usq; ad ungulas sedecim. Et sunt ossa omnia centũ septuaginta, Vegetius 4.1. ¶ Nunc mensuras numerumq; membrorum oportet exponi. In palato gradus sunt duodecim: longitudo linguæ habet pedem semis: labrum superius habet uncias sex, inferius uncias quinq;: maxillæ singulæ uncias denas: à cirro frontis (procomium sic appellare uidetur) ad nares habet pedem, auriculæ singulæ continent uncias senas. In oculis autẽ singulis unciæ quaternæ. A cirro ubi desinit ceruix usq; ad mercurium continentur calculi octo. Spina continet subterspatulas trigintaduas. A commissura renum, quod cumulare dicitur, usq; ad imum muscarium commissuræ sunt duodecim. Sagulæ longicia uncias duodecim. Ab armis usq; ad brachiolum uncias sex. A brachiolis usq; ad genua longitudo continet pedem. Ab articulis usq; ad ungulas uncias quatuor. In longitudinem uel prolixita-
40 tem pedes sex. Hæc eumetria equi cõuenit staturæ honestæ ac mediæ. Cæterũ non dubitatur in burricis minora ista, & in primæ formæ equis esse maiora, Vege. 4.2. ¶ Neruorũ quoq; numerus, qualitas, ac mẽsura pandẽda est. A medijs naribus per caput, ceruicẽ ac mediam spinã, usq; ad imũ muscarium descendit filum duplex, quod continet pedes duodecim. Duo nerui in ceruice palmarij continẽt pedes quatuor. Ab armis usq; ad geniculũ nerui duo. A geniculo usq; ad basim nerui quatuor. In prioribus sunt nerui decẽ, in posterioribus decẽ. A renibus usq; ad testes nerui quatuor. Fiunt in se omnes nerui trigintaquatuor, Veget. 4.3. ¶ Cõsequenter uenarũ quoq; indicandus est numerus. In palato uenæ sunt duæ, suboculares duæ, in pectore duæ, de brachiolis duæ, de subcirris quatuor, de talis duæ, de coronis quatuor, de feminibus quatuor, de femoribus uero duæ, de subgambis duæ, de muscario una, uenæ matricis in ceruicibus duæ. Fiunt pariter uenæ uigintinouem, Vegetius
50 4.4. ¶ Venæ quædam supra oculos secantur equis, minutis in eum usum factis phlebotomis. Detrahitur etiam sanguis ex palati uenis. In festo diui Stephani mos erat olim apud nostrates uenã in ceruice equorũ aperire, propter plures eius temporis ferias: nunc propemodũ exoleuit. Sanguinem detrahes de ceruice, id est de matricali uena, Vegetius 1.13. Spadonibus equis inter authores constituit sanguinem de matrice nunquam, nisi forte ex nimia & extrema necessitate, tollendum: propterea quod caloris maximam partem cum testibus amiserunt. De palato tamen, si non impediat negligentia, omnibus propè mensibus tam spadonibus quàm testiculatis minuendus est sanguis. Admissarij uerò si cohibeantur à uenere, ubi dematricati fuerint (id est sanguis ex matrice uena eis detractus, ut ego interpretor) cæcari sæpe dicuntur. Quamuis eo anno quo admissum faciunt, non sit eis uena laxanda, ne generationi intentum corpus cura geminæ necessitatis exhauriat, Vegetius 4.7. Recen-
60 tiores uenam magnam, aliâs nigram, & fontanellam eandem faciunt. Vocant autem Itali fontanellam, locum qui in equis forinsecus cauus apparet circa coxendicem, quin & iugulum seu thymum in homine eodem nomine appellant. Si equus fuerit morfunditus, scinde pellem supra fontanellam

P 2

hanchæ,&c. Lau.Ruffius cap. 93. Spauanus morbus circa garectū ex latere interiori subtus garectum parum inferius, quandoq; tumorem inducens circa uenam magistram quę dicitur fontanella, Idem cap. 103. Extremitates gulæ cum parua rosineta in tantum cauentur funditus, donec uena magistra pedis quæ tendit ibidem, rumpatur, & sanguis fluat, Idem cap. 129. In dolore corporis equi ex superfluo sanguine, de uena quę tigrarica dicitur, uidelicet prope ungulam ab utraq; parte corporis minuatur, Idem. Vena consueta inter iuncturam & pedem ex latere interiori aperienda est in attractione dicto affectu, Petrus Crescent. Hanc uenam esse puto quæ uulgo à nostris uocatur, **die fyfelader**, & in homine **die roßader**, nimirū tanquam **roßzader**, id est equina, quod in equis frequenter incidatur: est autem uena malleoli. Easdem puto uenas Hippocrates intellexit παρὰ τὰ σφυρά uocans, τὰς ἐν τοῖς σφυροῖς φλέβας, citante Varino. Venam quæ supra genu interius est, nostrates nominant **die schranckader**: Illam uerò quæ pertundi solet ea in parte, qua calcaria adiguntur, **die sporader**: quam Petrus Crescent. 9.18. cingulariam, ut coniicio, appellauit: Si equus (inquit) doleat ex abundantia sanguinis uel humorum intra uenas, &c. statim à uena cingularia, quæ est prope cingula ab utraq; parte sanguis detrahatur: & ex quacunq; parte corporis sanguis haberi potest, usq; ad debilitatē fere minuatur. Sed de phlebotomia equorū plura leges infra capite tertio, ubi de sanitate equorum tuenda dicemus. Equus, non seuum, uel adipem habet, sed pinguitudinem, οὐ στέαρ, ἀλλὰ πιμελήν, Hierocles. ¶ Pars media inter aures, Germanicè **kam**.

¶ Oculi equorum quibusdam glauci, Plinius. D. Augusto equorum modo glauci fuere, supraq; hominem albicantis magnitudinis, Idem. Cur alibi tam homines quàm equi oculis magna ex parte cæsijs (glaucis in Græco) sunt? An cum oculi triplici coloris genere distinguantur, nigro, caprino, & cæsio, corporis totius colorem oculi quoq; color consequitur: itaq; haud immeritò cæsius est, Aristoteles Sect. 10. problem. 13. Grammatici nostri glaucos dici equos interpretantur felineis oculis, id est quodam splendore perfusis, Cælius: sed de hoc colore circa reliquum corpus supra diximus. Nostri appellant **gläsoug**, id est uitreos oculos, & noctu etiam uidere putant. Equis solis præter hominem uariat oculorum color: proueniunt enim eis aliquando cæsij, Aristoteles. Equi maximè omniū cæterorum animalium oculis uariant: aliqui enim cæsij altero oculo nascuntur, quod nulli ex cæteris bestijs euenit manifestè, Aristot. Equos cœruleis oculis (κυανώπιας, Gillius cæsios reddit) in uenatu contra ceruos Oppianus probat. Exophthalmos equus est cui oculi prominent, cœlophthalmos cui in recessu cauo cōduntur, Cælius. Equi heterophthalmi habentur quibusdam pulcherrimi (κάλλιστοι) præstantissimi) cuiusmodi fuit Alexandri Bucephalus, Pelagonius in Geoponicis 16. 2. ut Cælius uertit. And. à Lacuna heterophthalmos reddit monoculos. Inter optimos, inquit, monoculos à quibusdā censeri Pelagonius ait, si à natura talem orbitatem contraxerint: nam si à casu, absurdum esset id dicere. Idem Cornarium reprehendit, quod heterophthalmos interpretetur ab alterius oculi uarietate sic dictos. Videtur autem deceptus uerbis Ammonij, qui in libro de uocabulorum differentijs heterophthalmon uocat, qui altero oculo τῶν πεπηρωμένων (id est casu aliquo, siue fortuito siue per morbum, ut ego accipio, quanquam Varinus scribat τῷ τύχῃ,) orbatus sit: monophthalmū uerò, qui unicum duntaxat oculum habeat, ut cyclops: etsi Varinus non ita accipere uideri potest. Itaq; monophthalmus, nisi monstrum aliquod fortassis, nemo fuerit: heterophthalmi uero Ammonio dicti quicunq; altero oculo cæci, altero tantum uident, siue ita nati sint, siue casu postea superueniēte. Sed huiusmodi equi qua ratione laudari possint non uideo. Absyrtus certe lib. 1. cap. 13. longe alios uidetur heterophthalmos dicere, his uerbis ut Ruellius transtulit: Heterophthalmi, id est qui uarietate oculorū notantur equi, non eandem rem oculis cernunt. Nam quemadmodum ἑτεροσκελεῖς & ἑτερόποδες, claudicare solet, & labori itineris cedere: sic etiam illos hac diuersitate uariegatos uisus deficit. Quin & ob hanc oculorum uarietatem, & improbi, & rerum eis occurrentium uerentes, nec non ad speciem rerum oculis obiectarum consternabiles sunt. Hos tamen Parthi magno in pretio habent, & pro generosissimis adsumunt: apud quos primū procreatos fuisse cōstat. Qui uerò discolores notas in tergore referunt, eos Parthos ueteres appellarunt, apud quos primum in lucē æditi produntur, Hæc Absyrtus interprete Ruellio: Qui ἑτεροσκελεῖ & ἑτερόποδα uertit eū cui crura uel pedes discoloribus maculis euariant, quod mihi non placet: neq; enim hoc admodum uitio dari in equo potest, neq; tarditatis uel causa uel signum est. Nam Oppianus in uenatu ceruorum equos adhiberi iubet σκιλόποδας, id est quorum pedes maculis distinguantur, ubi præcipua celeritate opus est. Apparet autem heterophthalmon quoq; Ruellium intellexisse eodem modo, cui uarijs punctis aut maculis colorati sint oculi: in quam forte opinionem induxerunt eum Absyrti hęc uerba, καὶ ὅσοι δὲ ποικίλοι τῷ χρώματι εἰσί, καὶ οὗτοι δοκοῦσι τῶν ἐκείνοις πρώτοις γεγονέναι. Nam cum hæc statim post heterophthalmiæ uitium eodem in capite subijciantur, Parthicos scilicet equos appellatos à ueteribus qui uarij colore essent, illā de coloris oculorum uarietate intellexit, cum author nihil circa colorem eis commune, sed nomē tantum à gente apud quam utriq; nati primum celebrentur, insinuet. Proinde non probo quod Ruellius uertit, Qui uerò discolores notas in tergore referunt, &c. quasi uero etiam heterophthalmi similes, id est discolores notas in oculis referrent. Alia igitur quædam uarietas & diuersitas unius scilicet oculi ad alterum collati intelligenda est, siue ea in colore sit (nam ex Aristotele supra citauimus equos nōnullos altero oculo cæsios nasci, quod nulli ex cæteris bestijs manifestè eueniat:) siue alio quodā affectu. Huc facit quod heterognathos equus appellatur, non ulla coloris ratione, sed qui caput in alterum latus

latus & maxillam ut plurimum uertat, & ne freno quidem facile in contrariũ flectatur. Sic & ἑτεροφ-γνάθεις dicimus. Parthi autem ideo fortassis huiusmodi equos præferebant, quòd pauidi essent & fugæ apti, cum ipsi fugiendo pugnarent, nec uellent cominus hostem aggredi. ¶ Vetus ille Micon (Μίκων) arbitrabatur equum in inferiore gena pilos edere, quos phlebarides Græci uocant: Taxat igitur Simo iure Miconem, ac ignorantię insimulat, Hierocles. ¶ Equorum animi indices aures, sicut & leonum cauda, Plinius: sed hæc ad electionẽ equi pertinent. ¶ Equi nares mulomedici Græci ῥώθωνας & μυκτῆρας uocant. ¶ Equo dentes mutãtur, Aristoteles. Vtrinq; dentati sunt, homo, equus, asinus, & sanè adipem habent, Aelian. Equus dentes emittit uniuersos, Aristoteles. Dentes continui, ut homini, equo, Plin. Quibus continui dentes, sorbent, ut equi, boues, Idem. Difficile aut ferè impossibile est, equum os probum habere, nisi extrahantur ei dentes scalliones dicti & plani. Equus enim calefactus si hos dentes habuerit, ægrè per sessorem retineri potest, & morsum freni plurimum auersatur. Quamobrem iam dicti dentes quatuor, postquam annorum trium cum dimidio equi ætatem exegerint, radicitus extrahentur, de maxilla inferiore, bini utrinq;, ferramentis ad id aptis, Russius cap. 40. ubi plura legat qui uolet de cura post dentes exemptos uulneribus adhibenda. Idem equos qui habent huiusmodi dentes scallionatos uocat, & peculiaria eis frena præscribit cap. 35. Dentes quos nostri lupinos aut syluestres uocant in equis (**wolffzän, wildezän**) postrema parte maxillæ adnascuntur, pullis præsertim: ante cæteros dentes, parui, magnitudine fabæ, in cibo capiendo impediunt, unde iumentum strigosius euadit, quamobrem extrahẽdi sunt. Redduntur equis dentes senectute candidiores, cæteris animantibus (rubescunt, Plinius) nigriores, Aristoteles. Sed plura de dentibus dicam cap. 3. ubi de dignoscenda equi ætate agam. ¶ Os Vegetius 2. 33. etiam morsum appellat, ut & Germani, his uerbis: Si quod os fractum fuerit, ut morsum claudere non possit. Vsurpatur & ῥύγχος, id est rostrum de equis, unde & ἀλφόρυγχοι apud Absyrtum lib. 1. cap. 13. qui tardius senescere feruntur, ut & ἀλφοπρόσωποι. ¶ Χειλύνια Ruellius in Hippiatricis labra transfert. Varinus χελιὼν etiam & χελώνην, χεῖλος interpretatur: at χελώνιον Polluci, summa pars dorsi est iuxta ceruicem in homine. ¶ Equa mammas binas habet inter femora, & singulos parit, Aristot. Equi mares nonnulli carent mammis: non enim omnes habent, sed tantum qui matri similes prodiêre, Idem. Equorum cor, sicut & boum quorundam, suo in corde ossiculum cõtinere aiunt, Aristot. Gaza in translatione sua de bobus tantum hoc scripsit, de equis omisit: quod miror, cum Græcus textus expressè sic habeat, ἔχει δὲ καὶ ἡ τῶν ἵππων καρδία ὀστοῦν. Et lib. 3. de partib. cap. 4. Cor (inquit) sine osse est omniũ, quæ nos nouerimus, præterquam equi, & generis boum cuiusdam. Et Hierocles, In equorum & mulorum quorundam corde inuentum est os. Et Plinius, In equorum corde (inquit) & boum, ossa reperiuntur interdum. ¶ Equi axillæ, apud ueterinarios Græcos μάλαι, & μασχάλαι. ¶ Dorsum equi, barbari authores garresum uel garrese nominant: apud Russium cap. 86. inscribitur de læsione garrasij seu guida: & cap. 88. de pulueribus ad sanandum dorsum uel garresum equi. ¶ Equus fel nõ habet, Aristot. Et alibi, Equus omnino & omnia solipeda felle carent. Equi, muli, asini, &c. fel non habent, Plin. Sunt qui equo non quidem in iecore esse, sed in aluo putent, Plin. Fellis uesicam equus in hepate non habet, sed quidam solutior inhæret neruulus, in quem se genus hoc humoris insinuat, &c. Absyrtus in cura malidis articulariæ. Iecur habet (ut Ruellius uertit: in codice impresso πνεύμονα, id est pulmonem legimus) in tres fibras diuisum (τρίλοβον forte legendum, nõ τρίβολον,) felle non adnato, ut quod copiosum & graue olens intestino adhæreat, Hierocles. ¶ Colon intestinum Absyrtus etiam intestinum magnum & monenteron nuncupat. Tormina equis accidere putãtur in grandiore intestino, quod Græci monenteron & côlon uocãt, quia altera parte sui liberum quasi uoluatur in uẽtre sine meatu: ideoq; tam hominibus quàm brutis, in cursu & incitatione ibi sonitus editur, qui est equorum clarus & magnus. Sunt qui côlon ab hoc distinguãt, & monenteron uocent typhlôn, id est cæcum, subijcianťq; colo, Camerarius. Extalis Vegetio 3. 11. intestinum rectum. ¶ Hancham barbari & Arabum imitatores pro coxendice, uel capite aut articulo eius usurpant. ¶ Coccyx pars quædam est inter armos siue scapulas, in medio (ut conijcio) dorso, circa spinam eminens. Absyrtus cap. 14. de asino admissario, Ἔστω δὲ μὴ κάτωμος, συνωμίαν τε ὑψηλοτέραν ἐχέτω καὶ ἴσην, καὶ τὸν ἐν αὐτῇ κατάγραφον κόκκυγα, πλατὺν, μεστὸν, διάμηκον, μὴ στενὸν δὲ καὶ πνιγώδη. Ruellius pro coccyge lumbos ineptè trãstulit, cum Absyrtus expressè dicat coccygem esse ἐν τῇ συνωμίᾳ, id est interscapilio siue medio scapularum aut armorum loco. Eandem partem innuere uidetur his uerbis cap. 114. πάντων δὲ κρείττονες οἱ τὴν ἔκφυσιν ἔχοντες τῆς συνωμίας ὑψηλοτέραν. Et rursus cap. 115. κόκκον appellare, nisi mendum est exemplaris, τοὺς δὲ αὐτογενεῖς τῶν ἵππων ἐν τοῖς ὤμοις καὶ τοῦ κόκκου, παραλαμβάνουσιν οἱ Σαρμάται ὡς ἀγαθούς. Quosdam aetogenes uocant à genitiua quadam nota, quam in armis & clunibus referũt, Ruellius: sed ineptè: probant enim hanc notam Sarmatæ in armis & cocco, in posteriore autem parte circa coxas & caudam improbant, ut mox subijcitur: non igitur clunes cum armis iungere debuit Ruellius, neq; coccon ita transferre. Rursus cap. 25. τρυπᾶν δεῖ παρὰ τὴν ἔκλυσιν τοῦ ὤμου εἰς τὸν κόκκυγα μέσον, uerba sunt Hieroclis. ¶ ὀσφὺν Græci lumbos uocant. Est autem non una huius uocis significatio, ut apparet ex hisce Xenophontis uerbis, ὀσφὺν δὲ λέγομεν οὐ τὴν κατ᾽ οὐρὰν, ἀλλ᾽ ἣ πέφυκε μεταξὺ τῶν τε πλευρῶν καὶ τῶν ἰσχίων κατὰ τὸν κενεῶνα. Ἕδρα in homine anum significat, id est partem cui insidet: in equo autẽ dorsi partem cui insidetur, ut apud Xenophontẽ, Curator (inquit) spinæ pilos ne quo attingito, nisi manu, qua illos premat & mulceat, (τρίβειν τὸ ἁπαλῶς: Pollucis codices corrupte habent καταπλαύων

P 3

pro ἀπηλιώτην,) sequens situm eorum: sic enim quasi sedili in equo minimè nocuerit, ἥκιστα γὰρ ἂν βλά-
πτοι τὴν ἕδραν τοῦ ἵππου. ¶ Muscarium Vegetius equi caudam appellat, à muscarij flabelli, quo muscæ
abiguntur, similitudine, & usu in equis eodem. Cauda prolixa & densa pilis præcipuum equi orna
mentum est, de qua supra etiam ex Xenophonte nonnihil dixi in procœmij mentione. Equorum
caudæ tenor breuis, pili prolixi: bubus contra, Aristoteles. Caudæ animalibus prælongis setosæ, ut
equis, Plinius. ¶ Suffrago id est in posterioribus pedibus quadrupedum, quod in prioribus genu.
Vel est nodus aut articulus sub crure, quo pedis uersura constat, tibiæq; ita annectitur pes, ut uerti
possit: id quod spectamus in bobus, equis, & cæteris armentis. Dictæ suffragines quod suffringan-
tur, hoc est in altum frangantur: uel quod ad gressum suffragētur. Constat sanè genua animalium,
quæ animal generant, ante se flecti: suffraginum uerò artus in aduersum. Quemadmodum igitur po
plites dicti sunt, quod post plicentur: ita suffragines quod subter frangantur. Aues & quadrupedes
in priora curuant, suffragines in posteriora, Plinius libro 8. Barbari suffraginem garrectum nominant, Galli le iarret de derriere. Equus in uenatione facile uulneratur ab apro εἰς τὸ ἐντὸς μέρος τῆς
ἀγκύλης ἐν τῇ ἰγνύϊ, Absyrtus cap. 111. Ruellius uertit interno poplitis sinu, aut interiore crure.

¶ Vegetius crura ipsa in iumentis gambas uocat, quasi campas. Nam & Aristoteles campen nominat in pedibus, qua suffragines poplitesq; habentur, Hermolaus. Legimus etiam super gambam
apud Vegetium 3.20. & subgambam 3.22. Si laccæ in gambis fuerint, aut aliquis dolor coxæ uel
gambæ, sanguis detrahatur gambis: sunt enim uenæ à uisceribus descendentes per gambas interius,
Vegetius 1.27. Idem lib. 3. cap. 19. de laccis gambarum scribit, & mox cap. 20. de iumento gamboso.
Pro gamba Galli iambam etiamnum dicūt. ¶ Οἱ τοῖς ὤμοις ἐπισαλεύοντες ὀρθοῖς ἐκτεταμένοις. γαλιαγκῶνες,
ἀναφέρεται ἐπὶ τοὺς ἵππους, Aristoteles in Physiognomicis. Interpres Latinus galeancones uocem relinquit, cætera ad uerbum, sed ineptissimè, transfert. Intelligi autem & emendari & expleri potest hic lo
cus ex Adamantij Physiognomonicorum libro 2. capite de motu, ubi sic legitur. ὁ δὲ ἐν τοῖς ὤμοις ὑποσει-
όμενος, ὀρθὸς δὲ ὢν καὶ ὑψαυχενῶν, αὐθάδης τε καὶ ὑβριστής, οὕτω γὰρ βαίνει ὁ ἵππος: Hoc est, ut Cornarius
uertit, Qui uero humeris subcommouetur, rectus autem est & altæ ceruicis, contumax est & contumeliosus, ita enim graditur equus. γαλιαγκὼν quidem apud Varinum exponitur qui brachium minus (uel breuius) habeat: grammaticus quidam recentior eundem Latinè ancum uocari ait. Festus
ancum illum esse docet, qui aduncum brachium habet, ut exporrigi non possit, nimirum ab ancône,
id est cubito incuruo. Sed hoc quid faciat ad iam citatum Aristotelis locum, non uideo. Adamantius
pro γαλιαγκῶνες (quam uocem quomodo Galenus in Glossis exponat dicam in Mustela) legisse uide
tur ὑψαυχενοῦντες: nec dubium quin ex Aristotele ita legerit, cum & præcedentia & sequentia conueniant, ut conferentes deprehendent. ¶ Περόνην in equo, quidam pedis commissuram uertunt, ego os
tibiæ quod radium uocant, ut in homine etiam, & sic Ruellius quoq; capite 13. translationis suæ reddidit: aliqui fibulam. ¶ Μεσοκύνια Ruellius calces transtulit. Asinus admissarius habeat τὰ μεσοκύνια
μὴ λίαν ὑψηλά, μηδὲ ταπεινά, μηδὲ κυνοβάτης ἔστω. Hoc est, calces neq; præter modum altos, neq; nimium
depressos: sed neq; nixus talis ingrediatur, ut Ruellius uertit. Idem alibi talos, ut capite 7. uel ut eius
translatio habet, octauo. Ἐπὶ κριθιάσεως διάκοπτε τὰς ἐν τοῖς μεσοκυνίοις τοῖς ἐμπροσθίοις φλέβας, ἐκ τοῦ ἐντὸς μέρους
ἢ τοῦ ἐκτός, id est, In hordeatione morbo uenæ sub anterioribus talis externa uel interna parte feriantur. Rursus capite 113. de domitura pulli, Pullo (inquit) qui committitur exercitationi, solum non alta profunditate subijciatur: quippe cū facile tibię radiū hinc contingat abscedere, id quod pedis articulos ac suffragines infirmat: Græce est, καὶ οὕτως τὰ μεσοκύνια χθαμαλὰ γίνεται. Et mox sequenti capite, Si
os luxetur in articulo pedis aut corona, Στρέμματος γινομένου ἐν τῷ μεσοκυνίῳ ἢ κυνόπλῳ λεγομένῳ πρῶτον
ἀφαιρεῖν αἷμα ἐκ τοῦ μεσοκυνίου (ab articulo suffraginis) τὸ δὲ κύνοπλον ὃ στεφάνην λέγουσι μὴ κεντεῖν, ὑπόκειται γὰρ
τῷ ἀγγείῳ σύνδεσμος νευρώδης. Hinc apparet coronam etiam cynoplon dici, mesocynion uerò proximam (superius nimirū paulo) partem, & ipsam quandoq; propter uicinitatē eodem nomine uenire.
Iam capite 103. ubi Græce scribitur, μεσοκύνια ἐν βραχίοσι, suffragines in cruribus uertit, & alibi etiam
pro brachijs crura posuit. Ego βραχίονας & σκέλη non semel ab Hippiatris distincta reperio, & Vegetium etiam brachiola in equis dixisse. Rursus cap. 112. translationis Ruellij, sic legimus: Qui suffra
ginum articulo (ἐν τοῖς μεσοκυνίοις) recta (procera potius, ut paulo post ex Xenophonte dicam) ossa
continent, ij pessimo gressu nituntur, uectoremq; contundendo fatigant (φέροντες συγκόπτουσι, concutiunt nimirum ut equi succussatores) ij quod ceruino pede constant, elaphopodes nominantur. At
qui eisdem in locis breuia condunt ossa & humilia, ob idq; cynobatæ uocantur, ij ungulas ad internam calcium partem, seu malleolos potius uocare placet (κυνοποδίων ἢ σφυρῶν λεγομένων) adferunt, ac
pedes tractim agunt (ἕλκουσι lego ex Xenophonte, cuius uerba paulo post citabo, id est, uulnerant pedes. Recentiores hoc uitium attactionem uocant, gertirt) in eisq; claudicant. Sunt ex ijs qui facile un
gulis aberrent. Κυνοβάδμων uocatur equus quidam, Hesychius & Varinus. Equos quosdam minus
probandos cynepodas fuisse nūcupatos inuenimus, Cælius: Ego nusquam ipsos equos, sed tibiarum
in eis partem sic appellari inuenio: Pollux tantum in Canum historia κυνήποδας ἵππους simpliciter nominauit lib. 5. cap. 11. inter nomina à cane deriuata. Δεῖ τοίνυν καὶ τὰ ἀνωτέρω μὲν τῶν ὁπλῶν, κατωτέρω δὲ
τῶν κυνηπόδων ὀστᾶ, μήτε ἄγαν ὀρθὰ εἶναι ὥσπερ αἰγός, ἀντιτυπώτερα γὰρ ὄντα κόπτει τε τὸν ἀναβάτην, καὶ περιπίμπρα-
ται μᾶλλον τὰ τοιαῦτα σκέλη. οὐδὲ μὴν ἄγαν ταπεινὰ τὰ ὀστᾶ δεῖ εἶναι. ψιλοῖντο γὰρ ἂν καὶ ἑλκοῖντο οἱ κυνήποδες εἴτ᾽ ἐν
μώλοις (lego βώλοις) εἴτ᾽ ἐν λίθοις ἐλαύνοιτο ὁ ἵππος, Xenophon. Omnibonus Leonicenus sic trāstulit, Ossa
quæ

quę sunt supra ungulam infra talos, qua parte ut in caninis pedibus callus subest, κυνήποδας dixere, neque erunt procera (ὀρθὰ, id est recta, uidetur pro ὑψηλὰ accipi, cum ταπεινὰ eis opponantur, Absyrtus hæc ipsa ossa puto, uel totam hanc partem, mesocynia appellat, quæ neque alta, neque breuia esse uult in asino admissario, ut superius citaui) & caprarum: (ut ceruorum, unde & elaphopodes dicuntur, Absyrtus:) sic enim cum succussatione equitem affligunt, tum ipsa facile crura huiusmodi inflammātur. Neque uerò depressa: sic enim deglubi isti & exulcerari calli solent, seu per glebas siue per lapides agatur equus. Κυνὴς, τὸ ἵππου τὸ ὁπλῆς μέρος, καὶ ἧλοι, Hesychius & Varinus: sed apparet eos errare, cum nō ungularū pars, sed uicina sit, unde & κυνόποδον appellatur. Nos partē illam à corneis illis callis prominentibus ad ungulam usque, posteriori scilicet parte, ubi cirri pilorum eminent, & pes cauus apparet, 10 nominamus **die fysel**, & caua ipsa **fysellöcher**. Eandem puto Laur. Russius falcem appellauit, locum delicatum & neruosum parumque carnosum esse scribens, capite 112. quod de læsione falcis inscribitur. Et alibi, Equus (inquit) habeat falces curuas (inde nomen fortassis) & amplas tanquam ceruus. Συμβαίνει ἀσθενεῖν ... τὰ μεσοκύνια ἐκ τῆς ἱπποπέδης ἢ δεσμοῦ τινος, καὶ ἢ βύρσα ἀπορρήγνυται, καὶ ψιλὰ γίνεται τὰ τοῦ κυνόποδος νεῦρα, Absyrtus cap. 107. Παραπρίσματα δὲ λέγεται ἢ μελικηρίδες, ὑπό τινων δὲ ὑδατίδες, ἅτινα γίνεται ἐν τοῖς κυνόποσιν ἢ στεγοῖς λεγομένοις, Hierocles eodem uolumine cap. 107. Item cap. 117. μετακυνίου legimus, corrupta uoce, ut mihi uidetur, pro mesocynion, Ruellius articulum uertit. Coniecerit autem aliquis κυνὰς & inde deriuatis nominibus has partes appellari, à colligando quod Græci κυνῶσαι dicunt: siue quoniam ungula illic adnata sit carni, ut κυνοδέσμιον ubi præputium glandi alligatur: siue quoniam ea in parte numellis & uinculis astringi solent equi. Leoniceno tamen alia etymologia pla-20 cet, quod calli illic tanquam in caninis pedibus subsint. Est & in tibijs equi pars quam lingua uernacula **wertzel** appellat, & alia quam **schlegel**. ¶ De cirris pedum mentionem feci superius, Vegetius etiam subcirros uocat. ¶ Carnem uiuam in ungulis Germani **kern** quasi nucleum nominant: Bullettum recentiores quidam, ut Russius, ubi carnes uiuæ ungulis coniunguntur. Στεφάνην, id est coronam siue corollam Græci uocant commissuram ungulæ cum pede, uel ungulæ exortum. Αἷμα λαμβάνειν ἀπὸ τῆς περιστεφανίδος, Hippocrates in Hippiatricis cap. 117. Ruellius transfert è parte coronam cingente. Quærendum est an potius uena sit eius loci peristephanis dicta. Eodem capite ἁρμονία τοῦ ὄνυχος, id est ungulæ commissura nominatur, non alia nimirum quàm στεφάνη. ¶ Bases Vegetio ossa quædam sub tibijs, ut uidetur, calcanei forte. ¶ Xenophon astragalos, id est talos, equis attribuit, cum Aristoteles solipedum nulli astragulum esse dicat, & ne asino quidem, prętterquam Indico, 30 cui cornu à fronte emineat, Pollux. ¶ Cornu pro ungula tum in equo, tum in boue etiā & capra, ut alibi dixi. Hinc & cornipedes equi apud poëtas. Equinas ungulas à Stygis aqua solas non perrumpi Pausanias scripsit, Cælius. Alij idem asini, alij muli ungulis attribuunt, ut ostendi in Asino capite secundo. Germanorum hippiatri & fabri, qui soleas ferreas equis inducūt, nescio quam ungularum partem nominant **breyß**, & aliam **ballen** uel **pallen**. Vngula ipsa uulgo **hůf** dicitur, Græcis ὁπλή, & ὄνυξ interdū, Xenophon utroque utitur. Sed forte distinguat aliquis, ut onyx ungula propriè dicta sit, ὁπλὴ uerò pars illa tota, quæ & hirundinem & tuellum & batrachos continet. ὁπλαὶ, ὄνυχες ἵππων καὶ ἑτέρων ζῴων, quasi ἁπλαὶ, id est simplices: quod nō bifidæ nec multifidæ sint ut in alijs quadrupedibus, Varin. ¶ Pedis cauum interius ueteres chelidóna nominarunt, nūc quod ad soleam, cum paratur ungula & ferro adæquatur, forma cuspidis sagittæ effingitur in medio pede stralam uo-40 cant sua lingua Teutones, Camerarius. Chelidòn ungulæ dicitur concauitas, sed & in canibus eodem modo, Cælius ex Hesychio. Sed in canibus ullam sic dictam partem nusquam hactenus legere memini. In asino admissario requiritur ungula dura, subter concaua, interiore sinu paruo, quam à nido hirundinis chelidona uocant, Absyrtus interprete Ruellio cap. 14. ubi Græcè sic legitur, παχεῖς τοὺς ὄνυχας, καὶ κάτωθεν κοίλην τὴν ὁπλήν, καὶ χελιδόνα μικρὰν ἔχοντας. Qui albam habent ungulam equi, & chelidones longas, improbi sunt & molles habent pedes, &c. Absyrtus cap. 105. ubi & alia plurima ex chelidone signa docet, unde equi uel probis, uel prauis & mollibus pedibus præditi colligātur. Ruellius hirundinem ad uerbum trāsfert, Camerarius in Xenophonte nescio qua occasione testudinem: utrique alicubi cauum pedis. ὁ ἱππόκομος καθαιρέτω τὴν χελιδόνα, καὶ τὴν κοιλότητα τῆς ὁπλῆς θεραπευέτω, Pollux. Idem alibi in equo probat ungulas cauas, ita ut chelidòn profundius lateat, & nullā ex solo 50 molestiam percipiat: talis enim ungula (inquit) Xenophonte teste, cymbali instar in solo resonat. Hirundo sanè molliuscula est, ideoque soli & lapidum tactu læditur. Χαμηλὰς uocat Xenophon ungulas pleniores carnosasque citra cauitatem, Cęlius. Noscendum est (inquit Xenophon) utrum ungulę sint arduæ, an tam priori parte quàm posteriore depressæ siue humiles. Nam arduæ altius à solo hirundinem, quam uocant, elatam habent: at depressæ sic gradiuntur, pedis ut molliores & duriores partes æquabiliter fulciant incessum. Nostrates equos illos quorum altior est hirundo, & insignis cauitas pedis, uocant **holfüßig**: quibus uero pedes contra se habent, **fattfüßig**, quasi planipedes dicas. Ii offenduntur cum per loca aspera & lapidosa incedunt: & soleæ ex ferro aliter eis inducuntur quàm cæteris, corio quandoque interposito. Simile uitium in humanis pedibus euenit: unde plauti uel planci dicti, qui pedibus planis sunt: Et poëta Accius quia Vmber Sarcinas erat, à pedum planicie 60 initio plotus, postea plautus est dictus. Exterior pars stabuli sternatur lapidibus rotundis palmari magnitudine, &c. ut insistentis uel incedentis per eos equi hirundo solidior reddatur, Xenophon. Tuellum apud barbaros scriptores ut Russium, est quædam teneritas ossium referens formam un-

P 4

gulæ, quam nutrit etiam, eiusq; radices in se cōtinet. Hæc sæpe clauis solearum malè adactis læditur, ut scribit Russius cap. 123. Eadem forte pars fuerit, quam Germani uocant den Kernen, nimirū quòd mollior intra duriorem tanquam nucleus in testa sua cōtineatur: nisi quis à carne nomen deductum malit, quòd carnis substantia constet. Eandem aut proximam partem à Græcis batrachon dici conijcio. Nam Absyrtus in Hippiatricis cap. 8. de hordeatione scribēs, Frictio (inquit) secundum pilos ad imas partes spectet: siquidem per pedes huiusce morbi impetus erumpere creditur: quapropter pecus ungulas abijcit: in quibus partes illæ quas batrachos, id est ranas uocant, teneræ fiunt, & sanguinem emittunt, quas inferius scarificare & circuncidere oportet. Ruellius hoc in loco aliter uertit, & ranas incrementa linguæ (ut in homine accipi solent) interpretatur, absurdo (ut mihi uidetur) sensu. Nam quod ungulæ pars sit, manifestissimū est ex Geoponicis Græcis, ubi lib. 16. cap. 1. pulli eligendi signa ex Absyrto traduntur, & inter cætera laudantur, ὁπλὴ ὑψηλὴ καὶ πάντοθεν ὁμαλῶς συμπεπηγυῖα, βάτραχος μικρὸς, ὄνυξ στερεός. Andreas à Lacuna batrachon, nescio qua ratione uertit escharam singulis crurium adnatam; Cornarius ranunculum, licet codex impressus renunculum habeat. Συμβαίνει δὲ τοῦτο (τὴν ὁπλὴν ὑπορεῖν) ὅταν προσκόψῃ ὁ ἵππος ὀλισθήσῃ, καὶ πεσὼν σφαλῇ, καὶ ὃ λέγουσι βατραχίσῃ, Absyrtus cap. 26. Ruellius transfert. Deterit autem ungulam tractim ingrediens, cum cursitans labitur, & ita caducus distrahitur, ut innatantes ranas imitetur, id βατραχίζειν Græca consuetudine nominant. Ego potius uerterim, ad ranulam sic dictam pedis partem offendere: quam uocem Ruellius alibi tanquam ignotam sibi præterit. Oportet ferramento concisorio soleas ramulasq; (lego ranulas) purgari, Vegetius 1. 56.

¶ Eupodia, uirtus pedum in equis: unde equi ipsi eupodes dicuntur, pedibus & ungulis bene constituti, præcipuè cum duras & solidas ungulas habent: qui secus, κακόποδες, κακοσκελεῖς, μαλακόποδες, ἁπαλόποδες. Dicuntur & ἑτεροσκελεῖς quidam equi, ut in heterophthalmi mentione supra ostendi. Ὅσοι δὲ εἰσὶ κατ' ὄνυχα πατοῦντες, ἢ ἑτεροποδοῦντες φυσικῶς, ἢ ἑτεροχηλοι ἐξ αἰτίας, &c. χωλοί εἰσι, ἐκ τῶν ψυῶν ἀσθενεῖς, Absyrtus cap. 110. Ruellius ita transtulit, Qui secundum unguem cornu caleant, aut suopte ingenio uario pede, uel ex certa causa diuersis ungulis constant, &c. claudicant, & lumbos habent infirmos. ¶ Sunt & alia quædam nomina partium equi, ut quæ in Hippiatricis circa finem capitis 114. leguntur, quod in translatione Ruellij centesimum duodecimum est, Δεῖ ταῦτα ἔχειν τὸν ἵππον, μακρὸν τράχηλον, λακρὸν κορμὶν, καὶ μακροὺς πόδας, φαρδὺ στῆθος, φαρδέα ἀναπνευστικὰ, καὶ φαρδεῖς ἁρμοὺς, πλατὺν αὐχένα καὶ κεφαλὴν, πλατὺ μέτωπον, καὶ πλατέα νεφρὰ, κοντὰ νεφρὰ, κοντὰ κοντοπλεύρια, καὶ κοντοὺς δακτύλους. Ruellius propter obscuritatem hæc omisit: sunt enim recentioris Græciæ uocabula ista κοντὰ, φαρδέα, &c. ἁρμὸς est harmonia, articulus, iunctura.

DE ELECTIONE EQVORVM.

Palladius in equo admissario quatuor spectari iubet, formam, colorem, meritum, pulchritudinē: Sed eadem quatuor in alijs etiam equis, seu pullis educandis, seu emendis adultis, præcipuè mihi spectanda uidentur. De coloribus equorum iam supra copiosè dixi, dicentur tamen hîc etiam nonnulla obiter in obseruatione formæ. Forma equorum quales maximè legi oporteat, pulcherrimè quidem Virgilio uate absoluta est: sed & nos diximus in libro de iaculatione equestri condito, & fere inter omnes constare uideo, Plinius. Sed primo loco de pullo eligendo præcipiemus, initio à Vergilianis uersibus facto qui lib. 3. Georg. leguntur huiusmodi: Nec non & pecori est idē delectus equino. Tu modo, quos in spem statuis submittere gentis, Præcipuum iam inde à teneris impende laborē. Continuo pecoris generosi pullus in aruis Altius ingreditur, & mollia crura reponit. Primus & ire uiam, & fluuios tentare minaces Audet, & ignoto sese committere ponti: Nec uanos horret strepitus: illi ardua ceruix, Argutumq; caput, breuis aluus, obesaq; terga: Luxuriatq; toris animosum pectus, honesti Spadices, glaucíq; color deterrimus albis, Et giluo: tum, si qua sonū procul arma dedere, Stare loco nescit: micat auribus, & tremit artus: Collectumq; premēs (alias fremens) uoluit sub naribus ignem. Densa iuba, & dextro iactata recumbit in armo. At duplex agitur per lumbos spina: cauatq; Tellurem: & solido grauiter sonat ungula cornu. Seruius argutum caput, breue exponit: pectus toris luxurians, torosum & eminens pulpis. Deterrimus albis, Atqui alibi ait, Qui candore niues anteirent. Sed aliud est candidum esse, id est quadam nitenti luce perfusum: aliud album, quod pallori constat esse uicinum. Giluus autē est melinus color, quem uulgò fuluum uocant. Multi ita legunt, albis & giluo (forte, E giluo) ut non album & giluum, sed albogiluum uituperet: quod si singuli colores uituperandi sunt, quanto magis mixtus utroq;, id est albogiluus? Spina duplex, aut reuera duplex: aut lata, ut alibi, Duplicem gemmis auroq; coronam, Hæc omnia Seruius. Equi boni futuri signa sunt, si cum gregalibus in pabulo contendit, in currendo, aliáue qua re, quo potior sit: si cum flumen traijciendum est, gregi in primis prægreditur, nec respectat alios, Varro. ¶ Cum natus est pullus, confestim licet indolē æstimare (qualis futurus sit equus è pullo cōiectari potest, Varro:) si hilaris, si intrepidus: si neq; conspectu, nouæq; rei auditu terretur, si ante gregem procurrit, si lasciuia, & alacritate interdū & cursu certans æquales exuperat: si fossam sine contractione transilit, pontem flumenq; transcendit. Hæc erunt honesti animi documenta. Mores autem laudantur, qui sunt ex placido (uidetur addendum, concitati:) & ex concitato mitissimi. Nam hi & ad obsequia reperiuntur habiles, & ad certamina laborum patientissimi, Columella. Mores, ut uel ex summa quiete facile concitentur, uel ex incitata festinatione non difficile teneantur. Consy-

¶ Consyderanda sunt in pullis corpora magna, longa, musculosa & arguta, Palladius. Corpus multum, membra non confusa, Varro. Corporis forma constabit exiguo capite, non magno. Oculis nigris. Naribus apertis, non angustis. Auribus applicatis, Varro. Auriculis breuibus & arrectis. Ceruice molli lataq́ue, nec longa. Iuba densa, non angusta, crebra, fusca, subcrispa, subtenuibus setis implicata in dexteriorem partem ceruicis, (per dextram partem profusa.) Pectore lato, pleno, & musculorum toris numeroso. Humeris latis, Varro. Armis grandibus & rectis, Columella. Scapulis latis. Lateribus inflexis. Ventre modico, substricto. Spina duplici, Columella. Spina maximè duplici: sin minus, non extenta, Varro: extentam intelligo gibbosam uel prominentē, Graeci κυρτὴν dicunt, quae cauae opponitur. Leguntur autem eadem uerba apud Absyrtum in Geoponicis Graecè hoc modo, ῥάχιν μάλιστα μὲν διπλῆν, εἰ δὲ μὴ, κυρτὴν: contrario sensu, quem & Ruellius in Hippiatricis hoc caput exponens (quanquam Graecus codex impressus non habeat) ineptè imitatur: sed negationē addendam ad κυρτὴν tum ex Varrone clarum est, tum ex Hippiatricorū Absyrti cap. 103. ubi in equo ad iugum idoneo ῥάχιν μὴ κυρτὴν requirit. Lumbis deorsum uersum pressis, Varro: latis & subsidentibus, Columella. Testibus paribus & exiguis, Columella & Palladius. Cauda longa & setosa crispaq́ue, Colum. ampla, subcrispa, Var. Cruribus aequalibus atq́ue altis rectisq́ue. Genibus rotundis (teretibus) nec magnis (paruis) nec introrsus spectantibus. Clunibus rotundis. Feminibus torosis ac numerosis. Vngulis duris & altis & concauis, rotundisq́ue: quibus coronae mediocres superpositae sunt. Toto corpore ut habeat uenas, quae animaduerti possint, quod qui huiuscemodi sit & cum est aeger ad medendū est appositus. Sic uniuersum corpus compositum ut sit grande, sublime, erectum, ab aspectu quoq́ue agile, & ex longo, quantum figura permittit, rotundum. Haec omnia Varro & Columella prodiderunt. Habetur & in Ang. Politiani Rustico egregia electionis pulli descriptio. Eadem ferè omnia similiter in pullo probat Absyrtus in Geoponicis Graecis lib. 16. cap. 1. in paucis admodum differens: requirit enim tenue collum (ut uertit And. à Lacuna: Graecè legitur ἁπαλὸν, id est molle, ut Columella quoq́ue habet:) iubam promissam (βαθεῖαν) brachia recta, uentrem moderatum, ὄγκον, And. à Lacuna ineptè uertit amplum (cum Varro modicum, Columella substrictum laudet: testes oblongos,) sed errorem uideo & pro μακροὺς legendum μικρούς: Nam praeter Palladium & Columellā qui probant exiguos testes, Xenophon etiam non magnos equum decere scribit, quanquam addit, ὃ οὐκ ἔστι πώλου κατιδεῖν, interpres uertit, sed in pullo hoc notari nō potest.) Pectus μεμυγμένον, lege μεμυωμένον (nam & alij authores eiusmodi laudant, musculosum inquam & torosum: sic & μηροὺς μεμυωμένους mox laudat: ridiculus est qui cōtextum uertit: Ruellius etiā μεμυωμένον legit, ut apparet in Hippiatricis cap. 14. translationis eius.) Postremo ranam exiguam. Ex his enim (inquit) claret tum magnum tum bonum futurum equum.

¶ His adnectemus quae Xenophon & pleraq́ue mutuatus ab eo Pollux, de probandis aut improbandis in pullo corporis partibus literis mandauerunt. Equi nondum domiti corpus (inquit Xenophon) diligenter explorandum est, quod animi haud satis claras significationes dare soleat equus qui nondum conscenditur. Soliditas igitur membrorum omnium, cum ad cursum celeriorem, tum acriorem equum reddit. Plato statum corporis rectum & articulatum probat. Caput osseum sit, maxillae (σιαγόνες) paruae. προτομὴ βραχεῖα, Pollux. Extantes oculi uigilantiores putandi quàm profundi: horum etiam prospectus longius penetrauerit. Oculi sint ignei, & quasi sanguinei, ὕφαιμον βλέποντες, Pollux & Oppianus. Plato tamen in Phaedro equum deteriorem, & immorigerum, γλαυκόμματον & ὕφαιμον, id est glauco & subcruento aspectu, reliqui corporis colore nigro facit: meliorem uerò miniorem q́ue, nigris oculis, corpore albo. Auriculae breues, & minutae, uertex uerò grandior caput equinum decent. Nares patulae multò quàm conniuentes, & apertiores meatus habent animae, & faciunt uideri equum terribiliorem, γοργότερον. Nam & irascens equus equo, & inter agitandum ferociens, diducere uehementius nares consueuit. Praestantiorem equum Plato ἐπίγρυπον, id est rostro adunco fingit, contrarium σιμοπρόσωπον. Iam de pectore non oriatur ceruix tanquam porci prona, sed eminens pertineat ad uerticem ut gallinacei. (λαγαρὸς δὲ ἔστω ὁ αὐχὴν κατὰ τὴν συγκαμπὴν, quidam uertit, curuetur autem in flexu: malim, gracilis autem sit ceruix qua iungitur capiti: nam & Russius collum longum & gracile iuxta caput laudat. λαγαρὸν propriè est gracile ambitu uel cōplexu suo, inter crassiores supra infraq́ue partes medium, ut mihi quidem uidetur: quales in animalibus inde uocatae λαγόνες sunt: quod autem tale fuerit, flectitur curuaturq́ue commodius. Esto igitur equi ceruix circa summā uertebram gracilior, ut caput in eo flectatur.) Ita collum fuerit ante equitem, oculi autem spectabūt ante pedes. (Νώτην δὲ γνάμπτει ποτὶ λαγόνα νεῦσι, Oppianus. Et rursus, Γυραλέη δειρὴ πελέθει λασιαύχενος ἵππω, ἧς ὕπο χαιτήεσσα λόφον νεύει τρυφάλεια.) Atq́ue huiusmodi equus, utcunq́ue animosus, minimè uiolentus esse poterit. Violentiam enim usurpant equi non inflectentes collū & caput, sed extendentes. Platoni laudatur equus ὑψαύχην, ut κρατεραύχην & βραχυτράχηλος uituperatur. Consyderandū & hoc utrū buccae sint tenerae an asperae, an uerò inaequales. Nam imparitas harum facit plerunq́ue duri & contumacis ut oris (heterognathi) equi reddantur. Iuba pulchrè comata, & procomium decorum. Spina dorsi supra armos (ἀκρωμία) paulò elatior, praebet opportunius sedile equiti: & armi ac reliquum corpus firmius cōpinguntur, si illa duplex fuerit, quàm si simplex: tum etiam & eques residebit mollius, & forma delectabilior erit. Pectus amplum (latum) idoneum est & ad formam & ad robur, & ad longiores gressus, ubi nō implicentur crura, (ut fit cum breuiori interuallo distant.) Latera demissiora (πλευρὰ βαθυτέρα, Xenophon: Pollux in plurali dicit πλευρὰς, id est latera uel costas) oblonga, & supra uentrē turgidiuscula, tum aptiorem ad residendum, tum robustiorem meliorisq́ de pastu succi equum indicant. Venter substrictus, περιεσταλμένη Pollux: legendum περιεσταλμένη. Lumbi (ὀσφὺς) quo erunt latiores & breuiores, hoc facilius attollet priores pedes equus, & posterioribus subsequetur: ita etiam ilia (ὁ κενεὼν) esse minima uidebuntur, quæ uastitate sua partim deformant, partim etiā debilitant & grauant equos, Xenophon. Lumbi sint duplices: τὸ δὲ αὐτὸ καὶ ῥάχις καὶ ἕδρα (quod uerterim, & similiter reliqua spina, & quæ inter clunes est:) maximè uerò illa spinæ pars cui insidetur, Pollux. Coxas esse latas & carnosas oportet, ut consentaneæ sint cum pectore & lateribus. Clunes solidæ ac latæ. Cauda longa non ornamento solum sed etiam utilis est, ut infestantes scilicet muscæ abigantur. Femora neruosa, μηροὶ ἰνώδεις, Pollux: εὐπαγέες, μυώδεες, Oppianus. Camerarius μυοειδέες legit propter carmen: ego ἰνώδεες malim cum Polluce: neruosum enim solidius est musculoso. Femina quidem sub cauda si latioris interualli linea distinxerit, (μηροὺς διεστιγμένους, Xenophō, uidetur legendū esse διεστιγμένους,) hoc pacto quia crura posteriora spatiosius (maiori interuallo distantia) attrahentur, ideo & successio (ὑπόβασις, malim progressio, ut Atticum sit pro πρόβασις: nisi quis πρόβασιν de prioribus pedibus dicat, ὑπόβασιν de posterioribus) ac equitatio erit terribilior & firmior, & quàm aliter essent meliora omnia. Femur sub armis si crassum sit, habet, ut in uirili corpore, nō solum robur, sed etiam uenustatem. Tibiæ excarnes. Tibiarum ossa sint spissa, utpote corporis totius stabilimenta: sed spissitudo non erit uenarum neq́ carnium: nam hoc pacto cum per aspera agitur equus, impleri hæc sanguine necesse est, & existere nodos (κιρσοὺς, uarices) inflariq́ crura, & cutem rescindi, (ἀφίστασθαι:) qua laxata sæpe commissuræ discedunt, & equus claudicat, (ἡ περόνη ἐκστᾶσα χωλὸν ἀπέδειξε τὸν ἵππον, id est radius tibiæ luxatus claudum reddit equum.) Crura mollia & flexilia, σκέλη ὑγρά.

¶ Pullus cuius à primo statim ortu altiores tibiæ fuerint, is maximus futurus est. Omnium enim quadrupedum tibiæ processu temporis parū crescunt altitudine, secundū has uero (id est, si illę uero in pullo altę sint) consentiente magnitudine corpus reliquum augetur. Genua si pullus lubrico flexu moueat ingrediens, coniecturam ex hoc facere possis, in equitatione crura similiter lubricum motum habitura esse: quanquam enim mollities illa flectendi procedente tempore maior fit, meritò tamen in pullis statim animaduersa laudatur. γόνυ λαγαρὸν πρὸς τὴν συγκοπὴν, Pollux: malim ὑγρὸν πρὸς τὴν συγκαμπὴν uel καμπὴν, ut Xenophon habet: & ipse Pollux in uitijs oppositis, de genibus loquēs, ὑγρὸν appellat equum qui ea facile flectat: quanquam & αὐχὴν λαγαρὸς πρὸς τὴν συγκαμπὴν à Xenophonte laudetur: genu tamen non itidem ut ceruix, λαγαρὸν (de qua uoce superius docui) dici potest: κυνήποδες ἔγκοιλοι, στερεοί, Pollux. Ossa supra ungulā infra talos, qua parte ut in caninis pedibus callus subest, κυνήποδας dixêre, neq́ erunt procera, neq́ uero depressa, ut superius exposui in partium equi enumeratione. Sed omnium prima erit pedum, utpote fundamenti totius corporis, consideratio. Et in his primum ungula consideranda. Spissa enim ad pedum bonitatem longè præstat tenui. Deinde cognoscendum utrum ungulæ sint arduæ, an tam priore parte quàm posteriore depressæ siue humiles. Nam arduæ altius à solo testudinem (chelidóna) quam uocant, elatam habent: at depressæ sic gradiuntur, pedis ut molliores & duriores partes æquabiliter fulciant incessum: ut fit in hominibus quoq́ quorum crura distorta sunt, qui ualgi uocantur. Rectè etiam Simon scripsit sonitu deprehendi pedum bonitatē. Non secus enim ardua (κοίλη, id est, caua) ungula, quàm cymbalum resonat. De posteriorum pedum talis seu tibijs, deq́ ijs quos κυνήποδας uocari diximus, & de ungulis, eadem quæ de prioribus pedibus tradita sunt, perhibemus. Atq́ hæc in pullis eligendis qui obseruare uoluerint, eos adepturos puto optimis pedibus & robustos & satis corpulentos, tum uero pulchritudine & magnitudine præditos equos, Hactenus Xenophon & Pollux. Apparet autem ex postremis hisce Xenophontis uerbis, hæc ab eo tradita electionis signa, non ad bellatorem duntaxat equum, de quo præcipuè disserit, sed ad alios etiam pertinere. ¶ Iam contraria quæ uitio dantur, etiamsi ex præcedentibus per se possint intelligi, adscribam tamen ex Polluce translata, ut huic instituto plenissimè satisfaciam. Improbantur itaq́, caput graue & carnosum: aures magnæ: nares angustæ uel collapsæ, (μυκτῆρες συμπεπτωκότες:) oculi caui, ceruix oblonga, iuba parum pilosa, pectus angustum, armi caui: latera angusta & parum carnosa: lumbi acuti, coxæ asperę, crura duriora, id est tarda ad motum: genua ægrè flexilia: nam quę mollia sunt & facile flectuntur, gressum equi faciliorem tutioremq́ prestant, ut & minus delassetur, minusq́ offendat aut cespitet. Femora minus solida, μηροὶ ἀραιοί. Tibiæ uaricosæ. Cynepodes crassi. Vngues tenues: & ungulæ plenæ, carnosæ, læues, planæ, quas Xenophon χαμηλὰς, id est, humiles appellat, Hactenus Pollux. ¶ Oppianus libro primo de uenatione, equi tū ad bellum tū ad uenationē apti notas laudabiles in plerisq́ similiter describit, nos ea tantū recitabimus, ubi uel amplius uel diuersum aliquid habet. Ἀέρσι μέγας αὐτὸς ἐὼν πολυσαρκέα γυῖα. Εὐρὺ πέλοι φαιδρόν τε μεσόφρυον, ἐκ δ' ἄρα κόρσης Ἀμφὶ μέτωπα τριχῶν πυκινοὶ σείοιντο κόρυμβοι. Ὄμμα τορόν, πυρσωπόν, ὑποσκυνίοισι δ' ἀφοινόν. Δολιχὸν δ' ἔμεν. Μηροὶ δ' εὐπαγέες, μυώδεες, (lego ἰνώδεες, ut supra monui:) αὐτὰρ ἔνερθεν Ὀρθοτενεῖς, δολιχοί τε ποδῶν πόδιμηκέες αὐλοί, Καὶ μάλα λεπταλέοι, καὶ σαρκὶ λελειμμένα κῶλα, ceruinis similia: Καὶ σφυρὸν ἀγκλίνοιτο. Talē etiam equum, inquit, maximè probant, Ἴδμονες ἱπποδρόμων, καὶ βουκολίων ἐπίουροι: Hoc est, periti certaminum equestrium, & armentorum custodes: nimirum quod contra piratas & abigeos talium equorum, fortitudine & celeritate prestantium, usus in sua aut alijs regionibus fuerit. ¶ In adulto etiā equo emendo, eadem ferè quæ in pullo obseruanda sunt. Quæ autem præcipuè circa ingenium & mores eius

perpendi

perpendi debeant, inferius dicetur. ¶ Emptio equina similis ferè ac boum & asinorum, quod ijsdem rebus dominium in emptione mutatur, ut in Manilij actionibus sunt perscripta, Varro.

¶ In admissario etiam & matrice eligendis, pleraque similiter examinari debent, ut in equo simpliciter emendo uel educando pullo: quanquam multo plus refert admissarium esse egregium, ut tota ab eo prognata soboles laudabilis habeatur. Equos ad admissuram quos uelis habere, legere oportet amplo corpore, formosos, nulla parte corporis inter se non congruente, Varro. Forma esse oportet magnitudine media, quod nec uastos nec minutos decet esse. Equas clunibus ac uentribus latis, Idē. In admissarijs quatuor spectanda sunt, forma, color, meritum, pulchritudo. In forma hoc sequemur, Vastum corpus & solidum, robori conueniens altitudo, latus longissimum, maximi & rotundi clunes, pectus latè patens, & corpus omne musculorum densitate nodosum, pes siccus & solidus, & cornu concauo altius calciatus. Pulchritudinis partes hæ sunt: ut sit exiguum caput & siccum, pelle propemodum solis ossibus adhærente: Aures breues & argutæ, oculi magni, nares patulæ, coma & cauda profusior, ungularum solida & fixa rotunditas, Palladius: Ea quæ de coloribus mox adijcit, iam supra enumeraui. Et mox, Eadem (inquit) in equabus consyderanda sunt, maximè ut sint longi & magni uentris & corporis: sed hoc in generosis seruetur armentis: Cæteræ passim toto anno inter pascua, dimissis secum maribus impleātur. Eadem ferè de pulchritudine equi Albertus scribit, & inter alia, Oculi (inquit) magni sint, & quasi ante caput siti: aures breues & acutæ (argutæ Palladius, ex quo transscripsit: quamuis & Russius acutas habet, & quasi aspideas, nescio quo sensu) & quasi antrorsum porrectæ: cauda magna & longa: nares apertæ, quas cum bibit profundè in aquam mergat. Russius ad equi pulchritudinem præter cætera, maxillas graciles & siccas commendat: os magnum & laceratum, (Oppianus στόμα ἄρκιον, id est, os moderatum:) garese uerò acutum sed quasi tensum & rectum: dorsum curtum (breue) & quasi planū. Costas & ilia ut bouina. Anchas longas & tensas: coxas intus forisque latas & carnosas: garetta ampla & sicca & tensa: falces curuas & amplas, ceruinis similes: crura ampla, pilosa & sicca. Iuncturas crurium grossas, & non carnosas, propinquas ungulis, ad similitudinem boum. Posterior pars corporis altior sit anteriore, ut in ceruo, Hæc Russius. Pulchritudo equi melius apparet in macilento corpore quàm obeso. Nam pinguitudo sæpe uitia quædam occulit, Idem.

Regibus hic mos est ubi equos mercantur, opertos Inspiciunt, ne si facies ut sæpe decora
Molli fulta pede est, emptorē inducat hiantē Quòd pulchræ clunes, breue quòd caput, ardua ceruix.

Horatius lib. 1. Serm. Sat. 2. Equi pulchritudo maximè excellit, si ceruicem natura erectam & sublimem gerat, & uerticem magnum, & aures minores quàm pro capitis modo, Pollux. Alia etiam nonnulla quæ ad pulchritudinem equi seorsim referri poterant, inter alias electionis notas iam recitauimus. Eligendi sunt parentes boni & pulchri, ut pulli etiam similes generentur, tum corpore, tum moribus, quod ut plurimum fit: nam ut cōtrarium accidat, alia quædam causa superueniat oportet, Russius. Si equus leucoma, id est albuginem uel candicantem notā in oculis ostendat, non ictu contractam, sed genitiuam (ut Ruellius reddit: Græcè legitur ἐκ ταυτομάτου, id est sponte natam, nulla scilicet externa, sed interna & latente causa:) ad seminandam prolem repudiatur: nanque editum hoc parente pecus cum ad eandem deuenerit ætatem, simili modo cæcitate afficietur: Equam uero tali genitore procreatam, propter anniuersariam purgationem, id malum non manet: sed mas quem ea pepererit matrix, auitum referet uitiū. Iam qui insiliendis equabus uel pigri uel inhabiles spectantur, utpote cum operi cedant, sunt segregandi. Qui etiam unico teste constant, ad admissuram asciscere nō oportet: cum ex maxima parte infœcundi reputentur, aut pullos suæ stirpi mutilæ similes progenerent. Quibus uarices in testiculis prominent, seminandæ soboli non habentur idonei, hos uaricosos (κιρσοκήλωνας) uocant. Admissarium enim corpore esse integro & omni uacare culpa oportet, Absyrtus. Sed plura de admissarijs equis dicam capite tertio: hic enim ea solum proposui, quæ circa corpus eorum spectantur.

¶ De notis equi ad uenationem apti Oppiani sententiam retuli iam ante: sed Nemesiani quoque perelegantis poëtæ eadem de re uersus audiamus.

Cornipedes igitur lectos det Græcia nobis, Cappadocumque notas referat generosa propago
Armata, & palmas nuper grex omnis auorū. Illis ampla satis læui sunt æquora dorso,
Immodicumque latus, paruæque ingentibus alui, Ardua frons, auresque agiles, capitique decoro
Altus honos, oculique uago splendore micantes, Plurima se ualidos ceruix resupinat in armos,
Fumant humentes calida de nare uapores: Nec pes officium standi tenet: ungula terram
Crebra ferit, uirtusque artus animosa fatigat.

Belisarius Aquiuiuus in libro de uenatione Oppianū secutus, στόμα ἄρκιον, non os mediocre uertit, ut nos supra: sed largissimo (inquit) sint ore longoque, ne freno inobedientes esse iudicentur. Capita etiam alta idcirco esse uult, ut si quandoque equum cespitare contigerit, subleuari facilius quo minus corruat freno possit. Alia quædam de equo uenatorio inferius hoc in capite afferam. Non illi uenator equus, non spicula curæ, Claudianus. Equi alij sunt idonei ad rem militarem, alij ad uecturam, alij ad prædam. Itaque peritus belli alios eligit, atque alit, ac docet: neque eodem modo parantur ad ephippium, ut ad prædam: quòd ut ad rem militarem, quòd ibi ad castra habere uolunt acres, Varro.

¶ De equis institijs & bigeneris qui debent ad iugū destinari, Absyrtus capite centesimo translationis Ruellij sic scribit: Equos qui diuerso parentum seminio procreantur, à corporum notis nosse commodum est qui ad iuga capessenda sint habiles & idonei. Tali autem habitu constare debent: pectore lato, ampla similiter ceruice, naribus apertis, prominentibus armis, cruribus (βραχίοσι) rectis, suffraginibus (mesocynijs) eorundem non magnis: pedibus non uacijs, sed neque ingredientibus qui displodantur, uentre non paruo, spina non incurua. Talibus meritis ualidos, & ad obeunda munia robustos tibi comparabis. ¶ His pauca quædam addemus de nonnullis corporis equini partibus, circa electionem obseruandis, tanquam appendicem omissorum superius. Equorum animi indices aures, sicut & leonum cauda, Plin. Et alibi, In equis (inquit) & omnium iumentorum genere indicia animi aures præferunt, fessis marcidæ, micantes pauidis, subrectæ furentibus, resolutæ ægris. Quæcunque sic nascuntur in ueterino genere, ut notam eam habeant, quam leporinum dentem uocant, (σιμὰ καὶ λαγώδοντα ἢ ὀξώδοντα) subrumari non oportet: sed nuper in lucem ædita aut reijcere, aut ab armento segregare: scientes utique huiusmodi fœturas & pullationes ueluti adulterinas esse naturæ notas & portentosas: maximè autem gignuntur in hinnis & bigeneris animantibus, Absyrtus. Pollux laudandum equi aspectum siue oculos his epithetis ornat, βλέμμα γοργόν, ἰταμόν, ἀναιδές, ὑπόδρομον, ἔκπυρον, θρασύ, πικρόν, θυμικόν, ὀργίλον: nam quod addit χαιμοπιστικόν, ad aspectum, aut apparentē ex eo animi notā, non æquè pertinet. Et mox, Καὶ ἄσθμα ὀφεῖς ὁμοίως θρασύτερον, θυμικώτερον, ἰταμώτερον. ¶ Breuitas colli semper commendari solet ab equestribus, prolixitas uerò instar gruis mirum in modum uituperatur, And. à Lacuna. Equi Argolici & Istrij, τῇ ῥάχει ἄτομοι καὶ κοῖλοι, indiuidua & caua spina, ut Ruellius uertit, Hispani uerò εὔτομοι, quanquam illic spinæ uocabulum non adijcitur, Absyrtus cap. 115. quòd si ἄτομοι, κοῖλοι sunt, εὔτομοι uidentur κυρτοί, sed certi hac de re nihil habeo. Crura ualida & sicca sint, & æqualiter à genu usque ad pedem porrecta, ita ut nulla tubercula promineant, nihil etiam ad tactum cedat, Albertus. Pes æqualis & planæ superficiei, id est non asperæ, rotundus, undique terram tangens, Idem. Pedum laudatam constitutionem Pollux εὐποδίαν uocat. Ab eodem probatur equus εὔπους, εὔοπλος, & εὔπνους. ¶ Heterognathon Camerarius ex Xenophonte uertit duri & contumacis oris equum. Huiusmodi autem fiunt, ut liquet ex uerbis Xenophontis, cum maxilla altera durior uel asperior, altera mollior uel tenerior est. Præcipiatur curatori (inquit idem) ne unquam habenis attrahat equum: hoc enim heterognathos facit, (os durum, Camerarius.) Et alibi, Heterognathos equos prodit, non solū equitatio illa quam πέδην uocāt: sed euidentius etiā mutata subito equitatio. Nam plerique nolunt excurrere, nisi ita flexus eueniat ut improbior maxilla domū & ad reditum conuertatur. Et rursus, Agitationem autem in primis probamus eam quæ πέδη appellatur, quoniam ambas buccas ad conuersionem assuefacit. Est & hoc bonum agitationē ipsam mutare, ut equi buccæ in utrisque exæquentur. ἑτερόγναθος, (ἄδηκος τὴν σιαγόνα, Pollux) ἐπὶ ἵππου, ἀπειθής: ἢ ἄπληστος, καὶ ἀμφοτέραις ταῖς γνάθοις ἐσθίων, Suidas & Varinus. Hesychius σκληρόστομον, id est duri oris exponit: ἀπειθής, id est contumax & effrenis, latius patet: Pro inexplebili, ut illi exponunt, & ambabus maxillis cibum uorante, apud authores legisse non memini. Heterognatho contrarius & laudandus est, ὁ κινολασμένος τὴν γνάθον, δίκαιος τὴν σιαγόνα, ἴσος ἑκατέραν τὴν γνάθον, apud Pollucem. ¶ Ἀμείνων δὲ ἵππος ὁ μὴ ψάλαξ (in Xenophonte corruptè legitur ἀπαλλὰξ) ἀλλὰ διὰ πολλοῦ τὰ σκέλη διαβιβάς καὶ διαφορῶν. καλὸς (lego καλὸς) δὲ εἰ τὴν διάστασιν ἔχει τῶν σκελῶν ὡς μεγίστην: (hoc est quod Xenophon scribit, Μηρὸς γε μὴν οἱ ὑπὸ τῇ ὠμοπλάτῃ ἅμα πλατεῖα (πλατεία) τῇ γραμμῇ διαιρισμένους (διαιρισμένους) ἔχῃ, &c.) ὑπάρξει γὰρ αὐτῷ, Σίμων λέγει, διὰ πλεῖστον τὰ σκέλη ῥίπτειν, Pollux.

¶ Teutones (inquit Camerarius) cum bonum & generosum equum depingunt, diuersorum animantum concinnatis uirtutibus, ut Homerus fingit de dijs Agamemnonem suum, à lupo tria, & à uulpe tria, & à muliere τρία ἐπιτηδεύματα seu ἀρετάς assumunt. Lupi oculos, uoracitatem, ualidā ceruicem. Vulpis aures breues, caudam longam, gressum lenem. Mulieris pectus, superbiam, comam. Alij magis pudendo intellectu inter muliebres in equo uirtutes posuêre, conscensionis patientiam. Itemque alij hæc ita exposuêre, generoso equo uirtutes ut attribuerent duas leporis, uelocitatē & agilitatem. Duas uulpis, bonorum oculorum & pilosæ caudæ. Lupi duas, lenitatem gressus & uoracitatem. Duas asini, coxas ualentes & firmitatem pilorum: uel ut quibusdam placet, bonas ungulas. Mulieris duas, superbiam & subiectionem. Atque etiā alij aliter hoc modo: (declarant enim hæc etiam Teutonum maiorum nostrorum sapientiam:) De lupo (lucio potius) pisce adesse debere equo uoracitatem & exiliendi facultatem. De anguilla agilitatem, & (ut meminisse uideor) celeritatem. De serpente, oculorum aciem & gyros. De leone, amplum pectus & densam iubam. De fœmina, quæ diximus. De fele, nitorem & lenitatem gradus, Hæc omnia Camerarius. ¶ Nunc de indole etiam, ingenio & moribus & actionibus nonnullis, quæ circa equum eligendum considerantur, dicamus. In equo igitur adulto & iam uectore parando, primum ætas ignoranda non est, (de cuius dignotione capite tertio dicā:) ætate perspecta, inquit Xenophon, uidebimus & lupos quo pacto ore, & uerticale lorum quo pacto ad aures admittat. Hæc minimè erunt obscura, si coram emptore & applicatum frenum & detractum fuerit. Mox animaduertendū quo pacto suscipiat dorso conscensorem: multi enim equi refutant ea, quæ laborem sibi allatura esse intelligunt. Obseruabitur & hoc, utrum cum equite non recuset ab alijs equis digredi: aut, si forte prope assint, an ad hos sese efferre soleat. Reperiuntur etiam qui de mala educatione ex equitationibus recurrunt ad domesticos secessus. (De heterognathis iam paulò ante dixi.) Neque fugere nos par fuerit, an etiam instigatus ad celeritatem equus

equus cito sustineri, & libenter reuerti soleat. Prodest et hoc scire, utrum extimulatus etiam obtemperet equus. Nam immorigerus equus non inutilis tantummodo, sed sæpenumero proditoris uicem obtinet, Hæc Xenophon. Ab ingenio equus laudabitur, inquit Pollux, si fuerit εὔφορος, εὔθυμος, θυμοειδής, εὐσχήμων, εὐπετής, εὐπρεπής, ἥμερος, μεγαλοπρεπής, γαῦρος, γαυρούμενος, γαυριώμενος, κυδρός, κυδρούμενος, ἐλεύθερος, ἐλευθεροεργός, ἱππαστής, ἀγλαός, φρονηματίας, ἀλαζών, εὔψυχος, εὐκάρδιος, μεγαλόφρων, μετέωρος, πομπικός, σοβαρός, εὔτολμος, εὐθαρσής, ποδώκης, γοργούμενος, πρᾶος, εὐπειθής, εὐάγωγος, εὐήνιος, χειροήθης, τιθασός, φιλῶν τὸν ἀναβάτην, εὔνους τῷ ἱππεῖ, φιλάνθρωπος, φίλιππος, ἐγκαρτερῶν σὺν τῷ καιρῷ, εὔτρεπτος, πειθαρχικός, εὔτακτος, εὔκολος, πεπαιδευμένος, ῥᾳδίως ἐξορμῶν, εὐκόλως καθιστάμενος, μάστιγος οὐ χρῄζων οὐδὲ κέντρου, κέντρου ἀπροσδεής, ἀνύποπτος, ἄφοβος, θαρραλέος, Hucusque Pollux. Budæus oris morigeri & ductilis equum laudat, ut Græci euagogon, &c. Quò quis acrior, in bibendo profundius nares mergit, Plinius. Equus sit audax, pedibus terram fodiens & terens, hinniens, membris tremens: hoc enim fortitudinis est indicium: ex quiete summa facile concitetur, facile etiam ex maxima concitatione sistatur & quiescat, (idem in Hippiatricis Græcis alicubi legimus, & paulo ante ex Polluce diximus) Albertus. Equus Platoni in Phædro laudatus τιμῆς ἐραστὴς μετὰ σωφροσύνης τε καὶ αἰδοῦς καὶ ἀληθινῆς δόξης ἑταῖρος, ἄπληκτος, κελεύσματι μόνον καὶ λόγῳ ἡνιοχεῖται. At improbatus eidem, εἰκῆ συμπεφορημένος, ὕβρεως καὶ ἀλαζονείας ἑταῖρος, περὶ ὦτα λάσιος, κωφός (aliàs ὑπόκωφος) μάστιγι μόνον μετὰ κέντρων ὑπείκει. Huius loci paralipomena quædam, ut uitia & uirtutes nonnullas equorum, octaui capitis parte secunda requires. Præstantissimus quidem fuerit equus, in quo & animi & corporis formæque dotes coniunguntur: quod si non contingat, formæ potius quàm animi uitijs ignoscemus. Strigosum pecus equumque dicimus, qui sit malè habitus & gracilis: hoc est Græcè σφηκώδης & λαγαρός, Aristoteli, Theophrasto, Pausaniæ, Hermolaus. Mihi quidem nonnihil interesse uidetur. λαγαρὸν enim proprie dicitur animal quod circa λαγόνας, id est ilia & partem qua cingimur, gracilius est, quē habitum in adolescentibus & puellis præcipuè laudare solent: & quoniam sphēces, id est uespæ, qua thorax cum uentre inferiore conseritur, gracili filo cohærent, idem sphecōdes appellatur: at strigosus habitus totius corporis est, pleno & nitido carnosoque cōtrarius, λεπτός, ἰσχνός, λεπτόκρεως, siccus & ueluti strijs (seu strigis) quibusdam asperior, squalidus aspectu, & semper uitiosus. λαγαρὸν uerò in nonnullis corporis partibus commendamus, ut in equi ceruice qua capite iungitur apud Xenophontem. Equum strigosum & male habitum, sed equitem eius uberrimum & habitissimum uiderunt, Gellius. Grammatici quidam strigosum interpretantur exhaustum & macilentum, quasi stringosum: & iumenta strigosa, quod corpora eorum restricta sint fame aut alia uitij causa. Equus dysgargalis Xenophonti, qui est δυσυπότακτος ac difficilis, qui ne tactum quidem aut titillationem pati queat, γαργαλισμὸν Græci dicunt, Cælius. ¶ Vitia ingenij, morum & actionum equi (pedum etiam nonnulla) apud Pollucem leguntur ista: βραδύς, νωθής, ἀμβλύς, ἀργός, βλάξ, ἁπλοῦς, ἄπους, κακόπους, κακόπνους, μελλητής, δειλός, ἄτολμος, καταδεής, ὕποπτος, δυσωπούμενος, ἐπίφοβος, ὁ αὐτοδαῖος τοὺς πόδας, μαλακὸς τὴν ὁπλήν, σκληρόστομος, βαρὺς τὴν κεφαλήν, κάτω νεύων, εἰς ὄνους τελῶν, κυφαγωγότερος, δυσγαργάλιστος, ἀπειθής, δυσήνιος, δυσάγωγος, ἀνάγωγος, ἄστομος, μίσιππος, μισάνθρωπος, δάκνων, λακτίζων, λακτιστής, ἀδάμαστος, φαύλως ἠγμένος, ἀπρόθυμος, ἀπαίδευτος, ἄτακτος, θηριώδης, δύσφορος, ἀνάθικτος, τὴν γνάθον ἀκόλαστος, ἀναχαιτίζων, ἀποσειόμενος, ἐφυβρίζων, ὃς πολλάκις ἐξεκύλισε τὸν ἱππέα, οὐδὲ προσιέμενος τὸν χαλινόν, ὑπόψοφος, ἐνδεέστερος, ἀποδεέστερος Σίμωνος τὸ ὄνομα, καὶ τὰ ὅμοια, Hactenus Pollux.

¶ Probantur ad equitationem qui genibus lentis (ὑγροῖς) & facile flexibilibus constant: quippe minus ij cęteris deerrant (ἀπταιστότεροι, minus offendunt aut cespitant) nec sessori periculum afferunt, minusque fatigati in obeundis operibus elassescunt, quàm qui duris genibus non secus atque si uallis & palis niterentur. Qui magnis ilibus turgent, ij imbecilliores uiribus & deformiores intelliguntur. Omnibus præstantiores habentur, qui originem armorum (συνωμίαν) sublimiorem prætendunt: non enim modo sessoribus tuti, sed firmioribus armis stabiliti putatur. Suspicaces & meticulosos supra modum, optimum est non possidere: cum nos nō fugiat plerunque sarcinas & onera quæ subuectant, perniciosè deturbare: quod minori uitio uerteretur, nisi uectorem excutiētes male sæpius afficerent. Sed equinum genus prospicuam præ se fert suspicionem, sic ut insidens tutò hæreat: asininum uerò pecus & bigenerum rerum conspectu consternabile, nouitatisque uerens, in discrimen adfert, Absyrtus capite 112. ¶ Laur. Russius capite septimo aphorismos aliquot ad electionem equorum utilissimos quanquam parum Latino sermone his ferè uerbis prescripsit: Equus maxillis crassis & collo breui, non satis commodè frenari potest: Equus frigiditate & inflatione capitis laborans, oculis tumidis, & capite graui deorsim nutans, auriculis circa partes extremas pendentibus & frigidis, uix unquā poterit curari. Equus auriculis pendentibus & magnis, oculis concauis, lentus, remissus & mollis est. Equus garettis amplis & extensis, falsis (falcibus) curuis, ita ut garetta in gressu introrsum spectent, ut plurimum celer & agilis est. Equus garettis curuis, & falcibus extensis, & hanchis curuis, secundum naturam ingredi solet. Equus cum per caudam trahitur, quo firmius pressiusque eam ad se trahit, tanto præstantior, & ad bellicum usum laudatior: ut ille etiam, cui pellis inter aures ubi iuba desinit, craneo tenacius hæret. Equus habens iuncturas crurum iuxta pedes natura crassas, & pastoralia breuia boum instar, natura fortis existimatur. Equus costis grossis tanquam bubulis, uentre amplo & deorsum pendente, laboriosus & patiens iudicatur. Qui ungulas omnes albas habet, uix aut nunquam fortes habebit. Equus si super omnes pedes in principio, præcipue an-

Q

teriores, diu & æqualiter coniunctos insistat, ita ut unum pedem ante alterum non extendat, aut eleuet, aut uno quàm altero leuius ac debilius terræ innitatur, membra inferiora se habere sana & firma declarat. Equus naribus magnis & inflatis, oculis grossis, non concauis, natura ut plurimum audax est. Equus ore magno, scisso seu ualde diducto, maxillis gracilibus & macris, collo longo & gracili uersus caput, facilem freno se præbet. Equus truncum caudæ strictum ad se tenens, & fortiter iuxta costas strictum, magna ex parte fortis & patiens est, sed nō celer. Equus habens crura & iuncturas crurium satis pilosas, pilos longos, easdem partes ad laborem ualidas habet, sed idem plerunq; celer non est. Equus culmine longo & amplo præditus, hanchis longis & extensis, altior posterius quàm anterius, uelox in cursu esse solet. (Quę de claudicatione sequuntur capite tertio inter morbos pedum addentur.) Equus cui interiora corporis male habent, auriculis & naribus ut plurimum frigidis, & oculis concauis, pro semiuiuo habetur. Anthrace laborans si flatus narium emittat frigidos, & oculi lachrymentur assiduè, morti uicinus iudicatur. Equus afflictus enorra uel uerme uolatico in capite, & continuè naribus humorem reddens aquæ pinguis & frigidæ instar, uix euadet. Equus patiens morbum arragiati, & foriolus, id est liquidum subinde stercus emittens, ita ut uenter eius prorsus inaniatur, in infusionem cadet, & ut plurimum breui morietur. Equus habēs uiuulas si subito in sudorem toto corpore resoluatur, & membris omnibus contremiscat, & animo subinde deficiat, nō uidetur posse euadere. Si nares equi aliquantisper comprimantur, & mox redditus ex eis spiritus fœnum aut stramen iuxta positum fortiter proijciat, à stranguria (stranguillione) & enorra liberum habet caput. Equus habens pares balsas (falces, forte) natura, & non impares, non facile bene habitus euadet.

¶ Pullus qui ad bellū instituitur quomodo exerceri debeat, præscribit Absyrtus capite 113. translationis Ruellij. Bucephalus Alexandri Magni equus bellator optimus qualisnam fuerit, dicemus infra capitis octaui parte ultima. De equorū ad militiam delectu scribit Valturius 6.9. Xenophontis, Pollucis & Oppiani sententias de eligendo militari equo in præcedentibus iam retuli. Alia quædam de equo bellatore inferius adferam.

¶ Equus qui ad ostentationem & formæ merito alitur, ab alta & erecta ceruice commendatur: nam equus cum fœminæ quam desiderat uisendum se præbet, πρὸς θήλειαν καλλωπιζόμενος, ceruice erecta superbit & cursu fertur procace. In primis uero elegans fuerit, si ceruicem natura tollat & extendat: uertice magno, auribus quàm pro capitis modo minoribus, Pollux ex Xenophonte. Cætera quæ ad pulchritudinem equi faciunt, cum alijs superius explicaui.

De regionibus quæ insignes equos producunt.

De stirpe magni interest qua sint, quod genera sint multa: Itaq; ad hoc nobiles à regionibus dicuntur, Varro. In permutandis equis uel detrahendis (lego distrahendis, id est uendendis) maximā fraudem patriæ solet afferre mendacium. Volentes enim charius uendere, generosissimos fingunt. Quæ res compulit nos, qui per tam diuersas & longinquas peregrinationes equorū genera uniuersa cognoscimus, & in nostris stabulis sæpe nutriuimus, uniuscuiusq; nationis explicare signa uel merita, Vegetius. Equorum tot sunt genera, quot hominum nationes discretæ: ego (inquit Oppianus) præstantissima tantum dicam, ὅσσοι δ' ἱππαλέοισιν ἀριστεύουσιν ὁμίλοις. Sæpius quidem similes fœtus parenti ædere consueuerunt equæ, multum etiam cœli habitus & regio refert, ut de patria inquisitio non inutilis sit æstimanda.

¶ Acarnanum & Aetolorum solitudo, pascendis equis est accommoda non minus quàm Thessalia, Strabo. Achiui, Ἀχαιοί, Armenij, & Tyrrheni, ad bellum apti sunt, Oppianus. Vide Epei. De Græcis inferius dicam. Aegyptij, Nec sæuos miratur equos terrena Syene, Gratius. Alexandria equorum studijs & equestribus certaminibus, olim maximè dedita fuit, ut scribit Apollonius libro 5. Aethiopia pennatos, ut fertur, equos generat, & cornibus armatos. Aetnæi, uide Siculi. Aetoli, uide Acarnanes. Afri, uide Libyci. Algoici, uide Heluetij. Apulos Varro laudat. Eosdē & Roseanos Volaterranus bellis aptissimos scribit. In Arcadia fertilia pecori fuēre pascua, præsertim equis atq; asinis admissarijs ad mulos procreandis: Equorum sanè genus excellit Arcadicum, Strabo. Idem alibi Thessalicos Arcadicis præfert. Idem mox Argolicos celebrat. Argolici probis sunt pedibus & capite, clunibus non item: indiuidua spina, grandi, sed curta, ut Ruellius uertit, (τῇ ῥάχει ἄτομοι, κοῖλοι, εὐμεγέθεις, βραχεῖς. Posteriora duo ad totum equi corpus retulerim,) Absyrtus. Armenij ad bellum apti, Oppianus. Armenij & Cappadoces à Parthis genus ducunt, capite tantum grauiores. Vide infra in Nisæis. De Asture uel Asturcone equo dicam inferius in tractatione de differētia equorum ab incessu.

¶ Barbari, uide Libyci. Vegetius post Hunuscos, Toringos & Burgundiones celebrat, iniuriæ tolerantes. Britannia mannos equos & tolutares hodie mittit, Volaterranus.

¶ De equis à Calpe monte celebratis, uide in Hispanis. Cappadoces & Armenij à Parthis genus ducunt, sed capite grauiores sunt, Absyrtus. Cappadocum gloriosa nobilitas, Vegetius. Cappadocia ante alias terras altrix equorum, & prouentui equino accommodatissima est, Solinus. Cappadocumq; notas referat generosa propago Armata, & palmas nuper grex omnis auorum, Nemesianus. Cum Cappadoces Persis quotannis pendant, præter argentum mille & quingentos equos, &c. duplum ferè horum Medi pendebant, Strabo. Oppianus Cappadoces inclytos & celeres cognominat.

minat. Hi dum ætate minores sunt (inquit) pullinis adhuc dentibus & lacteo corpore, imbecilles habentur: fiunt autem eò uelociores, quo maiores natu fuerint. Animosi audacesq; sunt, bellis pariter & uenationibus idonei, cum nec arma metuant, nec cominus cum feris congredi. Plura uide infra in Siculis. Mazaca (neutrum plurale) est ciuitas Cappadociæ sub monte Argæo, quæ nunc Cæsarea dicitur, ut Eusebius in Chronicis meminit: hinc gentilia Mazacenus, Μαζακηνὸς Stephano. Turba Mazacum, Suetonius in Nerone. Non solum autem regio, sed & urbs ipsa quondam Cappadocia dicebatur. Ab hac urbe Mazaces equos dictos conijcio, qui apud Oppianum Μάζικες nominantur, per iôta in penultima, ego per ἦτα malim ex alpha mutato. De his simul & Mauris Nemesiani uersus attexam:

Sit tibi præterea sonipes, Maurusia tellus Quem mittit, modò sit gentili sanguine firmus:
Quemq; coloratus Mazax deserta per arua Pauit, & assiduos docuit tolerare labores.
Ne pigeat quod turpe caput, deformis & aluus Est ollis, quodq; infrenes, quod liber uterq;,
Quodq; iubis pronos ceruix diuerberet armos. Nam flecti facilis, lasciuaq; colla secutus
Paret in obsequium lentæ moderamine uirgæ. Verbera sunt præcepta fugæ, sunt uerbera freni.
Quin & promissi spatiosa per æquora campi, Cursibus acquirunt commoto sanguine uires,
Paulatimq; auidos comites post terga relinquũt. Haud secus effusis Nerei per cærula uentis,
Cũ se Threicius Boreas superextulit antro, &c. Horum tarda uenit longi fiducia cursus:
His etiam emerito uigor est iuuenilis in æuo. Nam quæcunq; suis uirtus bene floruit annis,
Non prius est animo quàm corpore passa ruinam.

Nomades etiam in Libya Mazyes dicuntur: Et forte Nemesianus Libycos quosdam equos Mazacum nomine intellexit, cum & Maurusijs eos coniungat, & Mazacem coloratum appellet, quod Cappadoci non conuenit: & uerbere uirgæ fræni loco regi scribat, quod apud authores de Massylis in Libya equis legimus, ut infra dicetur in Libyæ mentione. Verum celeritas & uigor in senecta Cappadocibus conueniunt, ut ex Oppiano relatum est. Rursus si Mazaces ijdem Cappadoces sunt, quid est quod utrosq; seorsim nominat Oppianus? nisi forte omnis Mazax Cappadox est, non contra. Celtiberi, uide in Hispanis. Chalambrij equi à loco Libyæ sic appellantur, Hesychius & Varinus. Chaonij, uide Epirotæ. Colophonij & Magnetes in equis alendis plurimum operæ impenderunt: habitant enim Colophonij in planicie, ut apud Græcum quendam authorem legi. Strabo lib. 14. scribit Colophonios olim cum naualibus copijs abundasse, tum equestribus usq; adeò præcelluisse, ut ubicunq; gentium bellum gereretur quod confici non posset, Colophoniorum equitum auxilio profligaretur: atq; in uulgo natum prouerbiũ, Colophonem addidit, Erasmus. Cretenses equos, Κρῆτας, Oppianus laudat: Et alibi, Ἵπποι τυρσηνοὶ δὲ καὶ ἄπλετα Κρήσσα φῦλα, Cyrenaici magnitudine pollent, ilibus substrictis & paruis, ideo ad curule certamen idonei (δρομικοί,) pedum bonitate præstantes, inter equitandum longiore animæ ductu, Absyrtus.

¶ Dalmatas uide mox in Epirotis ex Vegetio.

¶ Epei equi, Ἐπειοί, Oppiano memorantur. Sunt autem Epei Achaiæ populi: & Achaici etiã equi ab eodem celebrantur. Epidaurium genus equorum excellit, Strabo. Idem alibi Thessalicos Epidaurijs præfert. Epirotici, mordaces & peruersi, Absyrtus. Epirotas, Samaricos ac Dalmatas licet contumaces ad frena ac uiles, armis ac bellis asseuerant cruribus, Vegetius: (legerim, licet contumaces ad frena, ac uiles armis, at bellis, &c.) Et mox, Epirotas ac Siculos non despexeris, si mores ac (abundare uidetur hæc copula) pulchritudo non deserat. Quamuis sæpe fuga uersos ille egerit hostes, Et patria Epirum referat, Vergilius. Est & Chaonia pars Epiri alpestris, licet quandoq; sumatur pro tota Epiro: Commendabantur autem etiã Chaonij equi, ut Gratius meminit de Siculis equis scribens his uerbis: Queis Chaonias cõtendere contra Ausit, uix merita quas signat Achaia palma: (malim, Chaonios & quos, genere masculino.) Erembi, Ἐρεμβοί, Oppianus. Sunt autem hoc nomine Arabiæ populi, quos & Ichthyophagos & Troglodytas aliqui uocant.

¶ Frigiscos non minus uelocitate quàm cõtinuatione cursus inuictos, Vegetius tertio loco commendat, post Hunuscos scilicet & Burgundiones. Vide ne Frisisci dicendi sint à Frisijs, quorũ equi commendantur, ut ab Hunis Hunusci.

¶ Gallici, uide Menapij. Ego faxim muli pretio qui superant equos, Sint uiliores Gallicis canterijs, Plautus. Illi gaudeant Gallicis canterijs, nos solutus uinculis asellus Zachariæ delectet, Hieronymus. L. Apuleius iumenta Gallicana commendauit: quibus, inquit, generosa soboles perhibet generosam dignitatem. Γέλωνοι, genus equorum ignobilium & ad bellum non idoneorum, Hesychius & Varinus. Hoc nomen an à regione aliqua factum sit, & quánam illa, certi nihil habeo. Gelas quidem Siciliæ fluuius est, & equi Siculi in magna existimatione sunt. Videtur autem Gelas casu recto dicendus Siciliæ fluuius: urbs autem Gela, ἀπὸ γέλα ποταμοῦ, Suidas. Immanisq; Gela (in genitiuo nimirum) fluuij cognomine dicta, Verg. Sunt & Geloni Scythiæ populi, qui in equis fugiendo pugnabant, de quibus Lucanus, Massagetes quo fugit equo, fortesq; Geloni. Et Vergilius, Bisaltæ quo more solent, acerq; Gelonus, Cum fugit in Rhodopen, aut in deserta Getarum. Et lac concretum cum sanguine potat equino. Fugaces autem equi bellis minimè idonei sunt. Germania grauiores & succussarios habet, qui subsultim molestè ingrediuntur. Getici equi celerrimè feruntur, Aelian. Grecanici, ἑλληνικοί, pedibus bonis fulti sunt, uasto corpore, capite uenusto: ardua anti ca parte statura (ὄρθιοι τὴν ποτὶ πυμὰν) concinnoq; hactenus corpore: sed clunium cōpago incommoda, nec respondente: pernices & animosi. Verum in tota Græcia Thessalici præferuntur, Absyr. Cornipedes igitur lectos det Græcia nobis, Nemesianus. De Achæis superius dixi.

¶ Heluetij bellis idonei sunt, & præcipuè Algoici, qui durare diutissimè putantur, Camerarius. Hispani magno sunt corporis habitu, concinno & erecto, eleganti capite, compage corporis luculenter diuidua, (ἄτομοι simpliciter:) sed astrictis clunibus, (ἐκ θλίχιοι:) itineribus obeundis pares & robusti, corpore nec gracili, nec ad maciem opportuno: cæterum ad cursuram inhabiles (ἄδρομοι, forte εὔδρομοι, ut ex sequentibus authorum uerbis apparebit) in equitatione calcaribus non incitantur (ἐν ἱπποστασίᾳ, lego ἱππασίᾳ ut Ruellius etiam, ἄκεντροι:) Quin & ab ortu ad integram usq; ætatem morati & obsequentes, (εὐήθεις,) deinde improbi & mordaces euadunt, Absyrtus. Cappadocum gloriosa nobilitas: Hispanorum par uel proxima in circo creditur palma. Nec inferiores propè Sicilia exhibet circo: quāuis Aphrica Hispani sanguinis uelocissimos præstare consueuit ad usum sellæ, Veget. Parthis (inquit Oppianus) præstantiores sunt Iberi: celeritate enim tantum præstant inter equos, quantum aquila aut circus accipiter in aere, & in mari delphinus: sed exigui sunt, & uiribus paruis & animo imbelli, ἀλλ' ὀλίγοι, βαιοὶ τε μέν☉, καὶ ἀναλκιδέες ἦτορ (Absyrtus tamen, si rectè legitur, magno corporis habitu esse scribit:) & cursus celeritatem pauca emensi stadia amittunt: corpore uenusto, sed ungulam habent parum solidam, πηλοτρόφον, ἄευγπέδιλον. Hispani celeritatis & agilitatis opinione à magnatibus expetunt, Camerar. Ex Hispania leuitate elegantiaq; conspicui sunt, Volater. Equi maiores corpore à tertio climate usq; ad finem sexti procreantur, & præcipuè in Hispania: Fortiores autem & satis magnos etiam in septimo climate procreari uidimus, & eosdē patientiores laboris quàm qui à tertio climate uel quarto habentur, Albert. Celtiberorum equi subalbi (ὑπόψαροι) sunt: quòd si in exteriorem traducantur Hispaniam, colorem permutāt: sunt autem Parthicorum similes: nam & agilitate & currendi dexteritate reliquos anteeunt, ταχεῖς καὶ εὔδρομοι, Strabo lib. 3. Videbis altam Liciane Bilbilim Equis & armis nobilem, Martial. Est autem Bilbilis Celtiberiæ ciuitas. De Callæcis & Asturconibus uel Asturibus dictis, item à Calpe monte celebratis, omnibus Hispanis, paulò post dicam in differentijs equorum secundum gradum. Hunuscorum longè primo (prima) docetur utilitas patientiæ laboris, frigoris, famis, Veget. Et paulò mox, Hunuscis grande & aduncum caput, extantes oculi, angustæ nares, latæ maxillæ, robusta ceruix & rigida, iubæ ultra genua pendentes, maiores costæ, incurua spina, cauda syluosa, ualidissimæ tibiæ, paruæ bases, plenæ ac diffusæ ungulæ, ilia cauata, totumq; corpus angulosum, nulla in clunibus aruina, nulli in musculis tori, in lōgitudine magis quàm in altitudie statura, propensior uenter exhaustus, ossa grandia, macies grata, & quibus pulchritudinem præstet ipsa deformitas, animus moderatus & prudens & uulnerum patiens, Hæc Vegetius. Hunuscos equidem (aliàs Hunnuscos per n. duplex, alibi etiam Hunnicos uocat) eosdem olim Hunnos, & hodie Vngaros dictos puto. Hunnorū examina pernicibus equis huc illucq; uolitantia, cædis pariter ac terroris cuncta compleuerunt, Hieronymus ad Oceanum. Equi mordaces & calcitrones, ut Pannonici pleriq; (Pannoniam hodie Vngariam uocant) de quibus & prouerbium malignitatis ortum, non ferè nisi irritati, aut opinione aut metu offensæ ferociunt, Camerar. Pannonij ad bellum idonei sunt, Idem.

¶ Iberi, uide in Hispanis. Indicum equum exultantem, & immoderatius excurrentem continere & coercere, habenas adducere, uel remittere non est cuiusuis, sed hominum qui à primis temporibus ætatis ad rerum equestrium scientiam instituti sint: hi freno ipsos sustinere assueuerūt, simul & refractarium lupatis refringere, quos quidem equinæ tractationis bene periti, ex indomita effrenatione in exiguum gyrum compellunt: Veruntamen ad hunc gyrum agendum, atq; ad conficiendum orbem manuum robore opus est, & summa rei equestris scientia. Qui huius disciplinæ sunt expertissimi, & callidissimi agitatores, currum uersare in orbem plane norunt: cuius certamen non est contemnendum, præsertim cum duos milites pugnantes ferre queat, Aelian. Apud Indos Psyllos (nam sunt etiam alteri Africi) arietibus non maiores equi gignuntur, Idem. Terram Indiam equos uno cornu præditos procreare ferunt, quorum è cornibus pocula conficiuntur, in quæ uenenum mortiferum coniectum, si quis biberit, nihil graue, quòd cornu repellat malum ipsum, perpetietur, Aelian. De hoc uide plura in Monocerotis historia: Ipse quidem Aelianus alibi, & secutus eum Philes, idem scribunt de poculo ex asini Indici monocerotis cornu facto. Iones, Oppian. Istrij pedibus ualent, (εὔποδες:) perquam proceri (εὐμεγέθεις:) indiuidua spina (ἄτομοι τῇ ῥάχει) cauaq;, sed cursu pernici, Absyrtus.

¶ Libyes, Oppianus. Mauri (inquit) præstantissimi sunt tum in longis cursibus, tum duris laboribus ferendis. His proximi Libyes durabili celeritate. Forma similis utrisq;: nisi quòd robusti Libyes maiores sunt, corpore oblongo, costis & lateribus crassioribus, & ampliore ad rectum impetum pectore. Solis æstum & sitim meridianam facile tolerant. Σπαθίλω κτῆνα, costas & pectus (quasi costale uel è costis contextum) interpretor: nam σπάθας costarum ossa uocari inuenio. Vocantur etiam σπάθαι ligna & ferramenta oblonga, ansa angustiore, reliqua parte latiuscula ad feriendum, radendum, & eximendum aliquid apta. Hinc & spatha Apuleio & Vegetio, longior ac latior ensis, quod nomen sermo Italicus adhuc retinet. Vulgus spathulas uocat, specilla latiuscula, quorum usus est frequens pharmacopolis & unguentarijs: Spathulæ ligneæ mentio est apud Celsum lib. 8. Greci etiam spathen nuncupant

nuncupant instrumentum textorium, cuius pulsu tela arctatur densaturq;, Latinè forsan pectinē dixeris à figura. Κτῆνας Grammatici σῆθυ, & νωτιαίας πλθυρὰς interpretantur. Africa Hispani sanguinis equos uelocissimos præstare consueuit ad usum sellæ, Vegetius. Numidis (inquit Liuius lib. 23.) desultorum in modum binos trahentibus equos inter acerrimam sæpe pugnam in recētem equum ex fesso armatis transultare mos erat, tanta uelocitas ipsis, tamq; docile equorum genus est. Ex Tuni Africæ ac Massylia Numidiaq; cursu præstantes etiamnum habentur equi, quos uulgo Barbaros uocant. Massyli Libyæ populi equos habent optimos, quos uirga non freno gubernant: unde & Vergilius lib. 4. Aeneidos, infrenes uocat Numidas. Silius quoq; ait, Hic passim exultant Numidæ gens inscia freni, Quis inter geminas per ludum nobilis aures Quadrupedem flectit non cedens uirga lupatis. Item Martialis lib. 9. Et Massyleum uirga gubernat equum. Idem Nemesianus de ijs scribit quos Mazaces uocat, ut supra statim post Cappadoces indicaui. Vide mox etiam in Mauris. Dorcades Libyæ quanquam uelocitate sunt mirabili, tamē inferiores sunt currendo equis Libycis, Aelian. Tibiæ cantu usq; eò capiuntur Libycæ equæ, ut huius blandimentis ad homines mansuescant, & insultare desinant: quocunq; eas cantiuncularum blanditiæ inuitauerint, eò pastorem consequuntur: cum ille insistit, hæ etiam à progrediendo se sustinent, ac si cantum contentiorem ad tibiam canat, ex eo tanta uoluptate afficiuntur, ut lachrymas tenere non possint. Harum pastores ex rhododaphne arbore pastoritiam fistulam excauant, cuius sonoro inflatu armentum antegredientes demulcent, Aelian. Fingit equos Pisis Numidæ soluer. * Audax & patiens operum genus, ille uigebit Centum actus spacijs, atq; eluctabitur iram. * Nec magni cultus sterilis quodcunq; remisit Terra sui, tenuesq; sitis producere riui, Gratius: Et quamuis locus non est integer, omnia tamen de Numidicis & Libycis equis dici constat cum ex Oppiani uerbis superius recitatis, tum ex ijs quæ Aelianus scribit: De Libycis equis (inquit) hæc ex hominibus eiusdem gentis audiui: equorum uelocissimos esse, nullo laboris sensu affici, ex habitus gracilitate & tenuitate macilentos esse, totosq; ex sese aptos existere ad fortissime sustinendam dominorum negligentiam: pabulum enim dominos eis nec largiri, nec eos cum laborauerint strigile perfricare, nec eis cubilia substernere, nec ungulas expurgare, sed simulatq; iter institutum confecerunt ex equis desilientes, hos ad pastiones dimittere, atq; ita homines Libycos grandi macie cōfectos, & squalore sordidos huiuscemodi equis uehi, Hæc Aelian. Afrorum qui inter Getuliam & nostrā habitant, equi & boues μακροχειλότεροι sunt quàm nostri, id est longioribus labris, (interpres ungulis uertit.) Eorum reges plurimum equorum gregibus student, ut ad centena pullorum millia quotannis recenseantur, Strabo. Sunt & Chalambrij Libyci iam prius dicti, & inferius dicendi Nasamônes.

¶ Massyli equi, proximè cum Libycis memorati sunt. Magnetes populi equis alendis celebres fuere, & equestris pugnæ periti, unde Lucanus lib. 6. Et Magnetes equis, Minyę gens cognita remis. Est autem Magnesia Macedoniæ regio Thessaliæ annexa: item urbs & regio Asiæ ad Mæandrum. Magnetes equos Oppianus etiam commendat. Mauri pugnant frequentius ab equo hastati (ἀφ' ἀκόντ☉) equis nudis utentes, & iunceis frenis, (σχοινοχαλίνοις χρώμενοι τοῖς ἵπποις καὶ γυμνοῖς.) Ac ferè & ij & sequentes Massæsyli & alij Libyes magna ex parte eodem modo instructi sunt, & in cæteris persimiles, paruis equis utentes, celeribus tamen & obtemperantibus, adeò ut sola uirgula gubernentur. Equi collaria (περιτραχήλια) ex ligno habent aut pilo confecta, è quibus habena dependet. Oppiani uerba de equis Mauris (& Nemesiani de Maurusijs, idem est autem Maurus & Maurusius Strabone teste) supra inter Libyes, quibus eos forma similes facit, recensui. Vocat autem ἄιολα φῦλα μαύρων, hoc est agilia & uelocia Maurorum genera, ut ego quidem interpretor, non uaria. Et paulò post, Μαύρων ὠκύτεροι Σικελοί, Σικελῶν δ' ἐ τε θυμὸν Καὶ χαροποὶ τελέθουσι, & ἔξοχον αἰγλήεντες, Καὶ μοῦνοι μίμνουσι μέγα βρύχημα λέοντ☉. Videtur autem uersus unus post primum deesse, ut sensus hic sit: Mauris celeriores sunt Siculi, Siculis autem animo (Mauri præstantiores sunt, aut simile quid) qui & fuluo colore & ualde splendidi uisuntur, & soli magnum leonis rugitum expectant. Mox etiam cum ad alias feras in uenatione alio colore commendet equos, ad leones præcipuè charopos, id est fuluos laudat. Abundant autem in Mauritania leones. Mazaces, uide supra statim post Cappadoces. Medi eximia sunt magnitudine, Absyrt. Medos homines habitu corporis opimo, & luxu similiter atq; illorum equos diffluentes adeò nitescere audio, ut pariter cum dominis equos, & magnitudine corporis & pulchritudine, atq; adeò lauto extra corpus cultu delectari, & magnitudinem & pulchritudinem suam sentire uideantur, Aelian. Medi Persis quotannis equos ter mille pendebant, Strabo. Nisæos etiam Herodotus Medicos uocat, ut infra dicetur. Menapij (uulgo Geldrici) nostratium soli, qui Cæsari opinor Gallici sunt, & Rugi, ut bellatores fermè in pretio sunt, Camerarius. Rugos inuenio incoluisse regionem quæ adhuc Rugenland appelletur, & meminisse ipsorum Paulum Diaconum libro 1. de rebus Langobardorum. Sunt qui eos in Mechelburgenses abijsse dicant. Hi uerissimis Germanis orti (inquit Althamerus) lingua ac uirtute Germanis intercensentur. Murcibij uix ora tenacia ferro Concedunt, Gratius. Mycenas tanquam generosorum equorum patriam Vergilius prædicat. Gratius equum uenationi aptum describens his uersibus utitur: Consule, Penei qualis perfunditur amne Thessalus, aut patriæ quem conspexère Mycenæ Glaucū, nempe ingens, nempe ardua fundet in auras Crura, quis Eleas potior lustrauit arenas? Ne tamen hoc attingat opus, iactantior illi Virtus, quàm syluas, durumq; lacessere Martem. Mysi ut bellatores in pretio fuere, Camerarius.

Q 3

¶ Nasamones apud Gratium nominantur, sed locus non est integer, his uerbis: Mureibū uix ora tenacia ferro Concedunt, aut (forte at) tota leui Nasamon*. Sunt autem Nasamônes populi Libyæ nauium Syrtibus inuolutarum spoliatores. Pulcherrimus omnium equus Nisæus est, eo reges uehuntur: eleganti forma, gressu molli, & freno facilis: capite paruo, iuba multa & longa, comis utrinque demissis subflauis, μελιχρύσοις, Oppianus: qui Νισαῖον scribit, per iôta & sigma duplex: Hierocles in prooemio Hippiatricorum Νυσαῖον (cum ypsilo & sigma simplici) à Persarum regibus in pretio haberi. Regio sub Caspijs portis in humili & cōcauo solo, & Armenia, eximiè pascendis equis apta est, unde pratum quoddam Hippobotum uocatur, per quod iter faciunt qui ex Persia & Babylone in Caspias portas proficiscuntur, in eo pasci dicunt equarum (ἵππων θηλειῶν) quinquaginta millia, quæ armenta regia sunt. Nisæos (cum iota & sigma simplici, ut Eustathius etiam scribit) equos, quibus reges utebantur, optimos ac maximos, alij hinc genus habere dicunt: alij ex Armenia, habent autem propriam quandam formam, quemadmodum Parthici nunc dicti præ Græcis & alijs qui apud nos sunt. Et herbam quæ præcipuè equos nutrit, eò quod ibi abundet, propriè Medicam uocamus, Strabo. Nisæus campus, Νισαῖον πεδίον, ille celebris alicubi iuxta Medicam regionem fuit, magnos equos Nisæos appellatos producens, Eustathius in Dionysium. In India animantes multò sunt grandiores quàm cæteris in locis, præterquam equi: nam Indici equi uincuntur à Medicis qui Nisæi uocantur, Herodotus lib. 3. Et libro septimo in descriptione exercitus Persarum, Post hastatos (inquit) incedebant equi decem quàm pulcherrimè ornati, qui Nisæi dicuntur, ideo sic dicti, quod est ingens Medicæ regionis campus nomine Nisæus, qui grandes fert equos. Hos sequebatur Iouis currus quem octo equi albi trahebant. Post quem ipse Xerxes uehebatur curru equorum Nisæorum. Quantum equo Nysæo maior est Libycus elephas, tanto Libycis elephantis maiores sunt Indici, Philostratus. Idem libro primo, Rex autem candidum equum immolaturus erat τῶν σφόδρα Νισαίων, id est ex Nisæis de meliore nota, ut quidam exponit. Nisæi equi dicti sunt à Nisæa (nimirum regione) siue Armeniæ siue Mediæ. Sunt qui Nisæum locum Persidis faciant, ubi Nisæi equi celerrimi nascantur. Aliqui Nisæum flauum (ξανθόν) interpretantur: eò quod Nisa equos omnes huius coloris habeat, Varin. Inter Susianam & Bactrianā locus est Κατασιγόνα (vel σκυγῶνα, Hesychius & Varinus) qui lingua Græca νῖσος (νῆσος, Hesychius & Varin.) uocatur, in quo equi eximij procreantur, Suidas in Ἵππος Νισαῖος: Hesychius & Varinus in Νισαίας ἵππους. Sunt qui à mari rubro haberi existiment, & omnes colore flauos esse. Herodotus Nisæum Mediæ locum facit. Orpheus in Dictye Nisam locum in mari rubro situm esse scribit, Suidas. Stephanus etiā Νησαῖον πεδίον apud Medos esse meminit, à quo equi Nesæi dicantur. Cælius Rhodiginus reprehendit quendam qui pro equis Neseis insulares uerterit. Auctor Plutarchus est Pyrrho speciem oblatam, uelut Nesæo equo incenso, ducem se illi præstaret Alexander Magnus: id quod nō percipiens interpres trāsiluit. Sed et in Græcos codices irrepsit mendum: nam Νισαῖον ἵππον legitur. Meminit & loci & equorum Arrianus quoque: sed & in Legibus Plato, ut Strabonem prætereamus, & Ammianum Marcellinum, Cælius. Ego in Plutarchi codice, ubi Νισαῖον per iota scribitur, mendum esse non puto, cum apud alios etiam authores quos citauimus, Oppianum, Strabonem, Philostratum, Herodotum, Suidam, Eustathium, omnes eodē modo scribatur: Solus Stephanus & Hesychius Grammatici per ητα scripserunt, Varinus utroque modo. Quare miror & Hermolaum, qui apud Plinium lib. 6. cap. 25. ubi scribebatur regio Nisæa, Nesæa legendum putat. Sunt apud Medos foetus equorum nobilium, quibus (ut scriptores antiqui docent, nosque uidimus) incuntes prælia uiri summa ui uehi exultantes solent, quos Neseos appellant, Marcellinus lib. 13. Numidici, uide in Libycis.

¶ De Paphlagonum in alendis equis studio, uide infra in Venetis. Parthi magno & amplo sunt corpore, animosi, specie generosa, ac pedibus eximiè ualēt, Absyrtus. De heterophthalmis apud Parthos commendatis equis, & ijs qui uario colore distinguuntur ab ijsdem primum profectis, ex Absyrto superius dixi. Siculis ueslociores sunt Armenij & Parthi βαθυπλόκαμοι: Parthos rursus celeritate excellunt Iberi, Oppianus. Scilicet & Parthis inter sua mollia rura Mansit honor: ueniat Caudini saxa Taburni, Garganúmue trucem, aut Ligurinas desuper alpes, Ante opus excussis cadet unguibus, & tamen illi Est animus, fingetque meas se iussus in artes. Sed iuxtà uitiū posuit deus, Gratius. Celtiberorum equi subalbi, si in exteriorem traducantur Hispaniam, colorem permutant. Sunt autem Parthicorum similes: nam & agilitate & currendi dexteritate reliquos anteeunt, Strabo. Parthi quomodo in tottonarijs uel succussarijs equis gressus molliant ad Asturconum similitudinē, inferius dicam ex Vegetio. Pellæi, uide mox post Thessalicos. Persis prouincijs omnibus præstat equos patrimoniorum censibus æstimatos, tam ad uehendū molles & pios incessibus, nobilitate pretiosos, Vegetius. Et paulò post, Persis & statura & positione à cæteris equorum generibus non plurimum differt, sed solius ambulaturæ quadam gratia discernuntur à cæteris: gradus est minutus & creber, & qui sedentem delectet & erigat, nec arte doceatur, sed naturæ ueluti iure præstetur. Inter colatorios (malim tolutares) enim, & eos quos totonarios uulgus appellat, ambulatura eorum media est, & cum neutri sint similes, habere aliquid creduntur ab utrisque commune, sicut probatum est. In breui amplius gratiæ, in prolixo itinere sæuior patientia, animus superbus, & nisi labore subiugatus, assiduè aduersum equitem contumax mens, tumens, prudens: & quod mirum est, in tanto feruore cautissime decoris est obseruantior: incuruata in arcum ceruix, ut recumbere uideatur in pectore,

ctore, Hæc Vegetius. Pharsalica equa semper parenti similes fœtus ædit, eam ob causam proba nominata, Camerar. Phasianos equos inuenimus ab eius auis insto insigni, uel quoniam ad Phasin equi habeantur pulchritudine præstantes, Cælius.

¶ Roseani apud Varronem à Rosea dicti: eosdem Volaterranus bellis aptissimos esse scribit. Est autem Rosea apud Festum (aliàs Roscea) campus in agro Reatino, dictus quia in eo arua rore semper humida feruntur. Rugi, uide supra in Menapijs.

¶ Sacarum equi, si qui sessorem excusserint, subito consistunt, ut rursum ascendere possit, Aelianus in Varijs. Vegetius 4.6. cum Persas equos laudasset, sequũtur (inquit) Armeni atque Saphareni. Sapphirine quidem insula est in Arabico sinu & Sapiri populi iuxta Pontum: de Sapharenis certi 10 nihil habeo. Epirotas, Samaricos ac Dalmatas, licet contumaces ad frena ac uiles, armis ac bellis asseuerant cruribus, Vegetius: ego post armis distinguo, & pro ac lego at: Cuius uerò regionis Samarici sint non inuenio. Sarmaticum genus non inelegans & in suo genere cõcinnum est, ad cursum idoneum; simplex, grandi corporis habitu, ualido capite, ceruice decora, (εὐκέφαλον, εὐτράχηλον,) Absyrtus. Et paulò post, Quosdam equos aëtogenes uocant, à genitiua quadam nota quam in armis & cocco referunt, quos Sarmatæ sibi ut probos adsciscunt, apud quos cum reliquis de pernicitate certant: quare ijs ad bellicas excursiones utuntur. At uerò qui aquilinam notam ponè ferunt contra clunem & caudam, ij ab ipsis improbantur. Quin & obseruatum esse apud se tradunt, ne ex eis prælientur: Quippe aut equitem facile ijs insidentem perire, aut in quippiam molestiæ incurrere. Sarmatæ longinqua itinera acturi, inedia pridie præparant eos, exiguum tantum potum impartientes: 20 atque ita per centena milia & quinquaginta continuo cursu euntibus insident, Plin. Sarmatici bellis apti sunt: & multi eorum reperiuntur castrati in tenera ætate, atque ijs dentes cadere negantur, Camerarius. Scythicæ gentis & Sarmaticæ mos proprius est, equos castrare, ut mãsuetiores ad parendum fiant: parui enim sunt ac celeres, et acres, atque rebelles, Strabo lib. 7. Scythici, Oppianus. Vide quæ proximè ante de Sarmaticis simul & Scythicis ex Strabone diximus. Nec inferiores Hispanis equos propè Sicilia exhibet Circo, Veget. Et rursus, Nec Epirotas Siculosque despexeris, si mores ac (ac copula uidetur abundare) pulchritudo non deserat. Siculi equi celerrimi sunt, λιβύϊον ὅτι νέμονται καὶ τρικάρηνον ὄρος, pro λιβύϊον lego λιλυβήϊον per diæresin. Lilybæum enim promontorium Siciliæ est Libyam uersus: sic & carmen melius constabit: manuscriptus quidam codex perperã λιβύκιον habebat. Tricipitem montem Aetnam intelligo, ut qui ignem eructet, & suppositum Enceladi gi- 30 gantis cadauer tegat; quod hic de hoc monte Oppianus, alij de Aetna nominatim scribunt. Cęterum Siculis (inquit) uelociores sunt Armenij & Parthi; uide etiam supra in Mauris. Sed Gratiũ etiam de equis Siculis audiamus: Sic (ut Libycis) & Strymonio facilis tutela Bisaltæ, Possent Aetnæas utinam se ferre per artes, Qui ludus Siculis: quid tum si turpia colla, Aut tenuis dorso curuatur spina? per illos Cantatus Graijs Agragas, uictæque fragosum Nebroden liquere feræ. O quantus in armis Ille meis, cuius dociles pecuaria fœtus Sufficient, queis Chaonias contendere contra Ausit uix merita quas signat Achaia palma, Hæc Gratius: Mihi quidem locus tanquam parum integer suspectus est. Agragas mons est Siciliæ, cum oppido eiusdem nominis in summitate, apud quem optimos equos alere consueuerunt ueteres. Est & Nebrodes Sicilię mons, quem aliqui à damarum copia dictum putant, sine authore. Impressus Gratij codex non rectè habet He- 40 broden. Magnanimũm quondam generator equorum Agragas, Vergilius Aeneid. 3. Vbi Seruius, Secundum Pindarum, inquit, quondam Agrigentini equos ad agones Græciæ mittebant, qui inde uictores reuertebantur. Legimus etiam illud, quum in Cappadocia greges equorum perissent, Delphici Apollinis responso reparauerunt greges de Agrigento, eosque meliores. Aetnæum cantharum Aristophanes in Pace uocat magnum, siue à montis Aetnę magnitudine, siue quod magni canthari, in eo nascerentur: uel ab equis Aetnæis uelocitate & cursu celebratis. Excellunt equi in Syria & Cappadocia nati, Albertus.

¶ In Græcia nobiles sunt Thessalici equi, Varro: Excellunt in tota Græcia, Absyrtus. Gratij poëtæ uerba de Thessalo equo lege supra in Mycenæo, id est, Mycenis nato equo. Acarnanum solitudo pascendis equis est accommoda, nõ minus quàm Thessalia, Strabo. Certum est Thessaliam equorum 50 ualere præstantia: Vnde etiam Xerxes certamen curule ibidem loci fecisse dicitur, ut suos illic experiretur equos, ubi Gręcorum optimos esse audiuerat. Decernetur equa Thessalica, ἐπικεκρίνεται ἵππος θεσσαλική, prouerbiale dictum de summo præmio, propterea quod antiquitus prima laus fuerit equarum Thessaliæ: Id quod satis indicat oraculum Aeginensibus redditum. Citat Eustathius in secundum Iliados librum. Suidas refert, haud dum scio ex quonam authore: ἱππεῖς μὲν ἐν Θετταλίᾳ καὶ Θρᾴκῃ, τοξόται δὲ καὶ τὰ κουφότερα τῶν ὅπλων ἐν Ἰνδίᾳ καὶ Κρήτῃ καὶ Καρίᾳ, Id est, Equites in Thessalia Thraciaque, sagittarij atque armatura leuis in India, Creta, & Caria, Erasmus. Scholia uulgata in secundum Iliados Thessalicos equos præstantissimos faciunt, ἵππον θεσσαλικὴν, λακεδαιμονίαν τε γυναῖκα, ἄνδρας δ' οἳ πίνουσ' ἱερὸν πηγῆς Ἀρεθούσης, aliàs πίνουσιν ὕδωρ καλῆς Ἀρεθούσης. Qui scripsit commentarios in Theocritum sic legit, ἵπποι θεσσαλικαὶ, λακεδαιμόνιαι τε γυναῖκες, &c. ut citat Erasmus in prouerbio Megarenses (uel Ae- 60 ginenses) neque tertij neque quarti. Thessaliam pascendis equis commodissimam, qui Arcadicos & Epidauricos maximè præcellant, testis est Strabo libro 8. Cæsar dictator equorum Thessaliæ in tauros dimicantium eosque necantium primus spectaculum Romanis fertur dedisse, Textor. Thessalicus so-

Q 4

nipes bellis feralibus omen, Lucanus libro 1. Pella etiam Thessaliæ urbs est, à qua Pellæos equos apud Gratium dictos puto, quanquã & aliæ sint Pellæ ut Macedoniæ & Achaiæ. Spadices uix Pellæi ualuêre Ceruni, Et tibi deuotæ magnum pecuaria Cyrræ Phœbe decus, nostras agere in sacraria tensas, Gratius de uenatione. Sunt Ceraunij montes Epiri, & Cyrrha Phocidis oppidum in radicibus Parnassi montis, ubi colebatur Apollo Cyrrhæus. Tyrrheni tanquam bello apti ab Oppiano laudantur. Ex Tyrrheni maris insulis, præsertim Corsica & Sardinia, breues admodum, sed animo generoso atq; audaci, ingressu irrequieto, Volaterran. Thracij, Θρήικες, Oppianus. Thraces turpes sunt, deformi specie, rigido corpore (ξυλόσωμοι) prægrandibus armis (κάτωμοι: Grammatici κατωμισὴν exponunt equum qui sessorem ab humeris in terram excutiat:) gibbere uel curua spina: uari, atq; ideo ingressu uacillante cursuq;, Absyrtus interprete Ruellio. Oraculum Delphicum, quod paulò ante recitauimus, Thessalicos, uel ut Scholiastes Theocriti scribit, Thracios equos prę omnibus extollit. Strymonio facilis tutela Bisaltæ, etc. ut mox supra in Siculis ex Gratio dictum est. Toringos & Burgundiones tanquam iniuriæ tolerantes Vegetius commendat, ita ut proximum post Humuscos, quos omnium primos facit, locum obtineant. Burgundiones olim loca ultra Vistulam tenuerunt: Thuringi Hessis uicini sunt, qui Plinio, ut Volaterran. conijcit, Cimbri mediterranei uocant.

¶ Venetos aliqui putant descendere à Venetis Paphlagoniæ populis, qui post bellum Troianum ad hæc loca peruenerint: & huius coniecturæ argumentum faciunt industriam ipsorum in alendis equis: quæ hoc omnino tempore defecit: antea tamen in summa apud illos cura fuit, ueteris scilicet studij circa mulorũ sobolẽ æmulatione, (ἀπὸ τοῦ παλαιοῦ ζήλου τοῦ περὶ τὰς ἡμιονίτιδας ἵππους, cuius Homerus etiam meminit (Iliad. β.) ἐξ Ἐνετῶν, ὅθεν ἡμιόνων γένος ἀγροτεράων. Dionysius quoq; Siciliæ tyrannus hinc alendorum semen equorum constituit (τὸ ἱπποτροφεῖον συνεστήσατο τῶν ἀθλητῶν ἵππων) quos ad equestre certamen tollebat: adeo ut per Græcos equinæ prolis Venetæ nobilitas maneret, & ad longum tempus propago ipsa famam uẽdicaret, Strabo lib. 5. ἵπποι Ἐνετίδες nominantur apud Stephanum in Enetis, uicinis, ut ait, Paphlagoniæ populis. Ἐνετίδας (proparoxytonum, malim paroxytonum) πώλους στεφανηφόρους, ἀπὸ τῆς περὶ τὸν Ἀδρίαν Ἐνετίδος, διαφέρουσι γὰρ ἐκεῖ, Hesych. et Varin. Ἐνδίδας (uox corrupta ut uidetur pro Ἐνετίδας) ἵπποι, ἐν τῷ Ἀδρίᾳ ἵπποι, καὶ λυκοπάδες, καὶ λυκοφόροι, Iidem. Ἐνετῶν, τελείων, ἀπὸ γένους τῶν ἡμιόνων, Iidem. Vuallachus hodie apud Saxones appellatur equus castratus: quod multi ex ea regione, quæ olim Dacia dicta est, habeantur, Vuillichius. Lycospades & lycophori qui sint, infra dicam in celerum mentione.

De equorum differentijs à gradu & incessu.

Equorum gradus, uel qualitate differunt, uel quantitate. Qualitatem uoco, cum equum molliusculè, durè, aut mediocriter ingredi dicimus: quantitatẽ uero celeritatis & tarditatis discrimẽ. Quanquam & hæ qualitates quędam & potentiæ naturales sunt in animantibus, non sine temporis tamẽ, quod quantitatis generi adscribitur, animaduersione: propriè autem tardum & celere dicimus ratione motus, qui cum sit omnis continuus, ea quidem ratione quantitati subijcitur. Sed priore loco de differentijs in qualitate dicam. Motus igitur equorum (ut tradit Albertus) quatuor sunt: Cursus, qui ex saltibus equi constat: & fit cum simul eleuãtur anteriores pedes, simul etiam posteriores, et equus se impingit anterius. Trottatio, quando uelocius quàm in ordinato gressu, oppositorum laterum anteriorem simul & posteriorem pedem tollit: quo quidem modo fit etiam peditatio, sed præter equi concitationem. Ambulatio (Germanis, der stapf) deniq;, cum simul in eodem latere anteriorem & posteriorem leuat pedem: quæ quidem mollius agitur, si propius terram non altè sublatis, sed quasi tractis pedibus fiat, & paulò citius anterior quàm posterior pes figatur: quo magis autem ab hoc modo recesserit gradus, eò durior erit: Vnde necesse est optimè ambulantes equos frequentius cespitare, præcipuè in uia aspera, Hactenus Albert. ¶ Succussores equi (quos alij succussatores uocant, succussonésue) frequenter sessorem inquietant, inde nomen sortiti: nam Marcello authore succussare est sursum frequenter excutere, Grapaldus. Ex Germania (inquit Camerarius) grauiores et succussarij habentur, qui subsultim molestè ingrediuntur. His similes appellat Nonius tortores equos: Ausonius uerò cruciantes, ut cruciante (inquit) canterio: succussarios Festus. Succussatores tardi, tariq; (aliâs tetri tardiq;) caballi, Lucilius. Et alibi, Campanus sonipes succussor nullus sequatur. Agite, ac uulnus ne succusset gressus, cautè ingredimini, Actius. Pedetentim ite, et sedato nisu, ne succussu arripiat maior dolor, Cicero 2. Tuscul. Gressum ipsum huiusmodi succussaturam aliqui uocant, Albertus (ut supra posui) trottationẽ, uoce Italis, Gallis, Hispanis et Anglis usitata: (Tortores ex Nonio ferè intelligo, qui et cruciantes à poëtis dicuntur: uulgo quoq; paucis immutatis appellantur hodie tortores, forte trotones, equi, Hermol.) Germani trab. Pomponius Decuma fullonis, Et ubi insilui in cochleatum equuleum, ubi tollutim tortor, id est torqueor, Nonius. Parthis consuetudo est equorum gressus ad delicias dominorum hac arte mollire: non enim circulis atq; ponderibus prægrauant, ut soluti ambulare condiscant: sed ipsos equos, quos uulgò trepidarios, militari uerbo tottonarios uocant (prius uerbum ad Germanicam succussatorum nomenclaturam traber alludit, uel τριπποδιον Græcum, quod apud Absyrtum legimus, ut inferius in Calpes mentione citabimus: posterius ad Gallicum uel Italicum, si r literam tantum post t subijcias) ita edomant ad leuitatem, et quædam blandimenta uecturæ, ut Asturconibus similes uideantur. In sicco itaq; æqualiq; solo quinquaginta passus in longum, & quinq; in latum plenis cophinis digeritur per ordines creta, ad similitudinem

dinem stadij, quod aulicibus (uide an silicibus legendum) asperius sit, tum difficultate coronam uelocitatis optantibus ingerit, in quo spacio cum equus frequentissime exerceri cœperit, in illos aulices necessariò offendit, & priores & posteriores ungulas impingit, & aliquando uel cadit, uel sic offendit ut cadere uideatur: post quod admonitus iniuria, tollit altius crura, & inflexione geniculorum
atque gambarum molliter uehit. Praeterea minutos gressus imitatur, ut inter aulices ungulas ponat:
nam si extendere uoluerit, offendit in cumulum. Minutim autem equus ambulans commodius uehit, & pulchrius uidetur incedere, Hæc Vegetius 1. 56. Quærendum an hic aut similis, ut puto, sit
gressus ille quem Germani uocant **dryschlag**. ¶Habentur et in pretio cuiusdam mollioris gradus
equi, ad quem magna cura, uti ne nimis altè tollant crura, assuefieri solent: sed ij delicatissimi, quorũ
10 hic non institutionis, sed naturæ gradus est, Camerarius. Huiusmodi equus apud Simonem (quem
Xenophon citare solet) εὔδρομος & εὐθύδρομος dicitur, qui inter currendum crura modicè à solo tollit, Pollux. Idem gradarius uocatur & tollutaris equus, qui molli gradu & sine succussatura gestat. Varro, Qui te gradu (inquit) tollutim (aliâs tollutili) melius quàm tute molliter uectus, citò relinquat. Asturconibus & tollutaribus mannis, Seneca in epistolis. Demam Hercule iam de ordeo,
tollutim ni badizas, Plautus Asin. Vt equus qui ad uehendum est natus, tamen traditur magistro,
ut equiso doceat tollutim, Varro. (Tolutim per l simplex, quasi uolutim uel uolubiliter, Nonius: qui
multa etiam super hac uoce ex ueteribus testimonia affert.) Adequitatio hæc, ut arbitror, εὔδρομος à
Iulio Polluce dicitur, quia carpat in cursu terrã, & tollat uolubiliter ac modice uestigia: etẽm tollutim,
quasi uolutim interpretãtur, Hermol. In Hispania Gallaica gens & Asturica equini generis, quos
20 thieldones uocamus, minori forma appellatos Asturcones gignunt: quibus non uulgaris in cursu
gradus, sed mollis, alterno crurum explicatu glomeratio: unde equis tolutim carpere incursus traditur arte, (Hermolaus legit, tollutim carpere in cursu traditum arte, & tieldones, sine aspiratione:)
Plin. Tieldonum uocabulum accedit ad Germanicum **zeltner**: sic enim uulgò nominant equum gradarium: Angli an amlyng nag: hunc enim ab Anglis audio paruum, castratum & perq; molli gressu
esse: Illum uerò quem uocitant a hobye horse, paruum quidem, sed minus molli gressu, & castratum:
et alium à hackeney horse, hedœporicum mercede conduci solitum, mediocri magnitudine, siue is castratus siue non castratus sit. Galli & Germania inferior, hacquenè: quod alternatim pedibus eleua-
tis sonitum citet similem illi qui auditur cum olera aut aliud quippiam geminis cultris minutatim super abaco ligneo inciditur: quod Galli dicũt hacquer, nostri **hacken**. Franc. Arlunnus equum man-
30 num, thieldonem uel Asturconem, Italicis uocibus ubino & chinea exponit: Scoppa mannum pala-
freno: mannulum palafrenetto: Asturconem uero, lo cauallo portante, che ua serrato, acchinea et che
ua a lambro, uel adaso: et alibi Tollutarium similiter. Voces quidem chinea & achinea à Gallica hacquenè factæ uidentur. Asturco, hacquenee ou guilhedin, Robert. Stephan. Sunt qui gradarium
& tolutim factum equi incessum, Italicè ambiaduram uocent: Albertus, ut supra dixi, peditationem.
Palefridorum usus est uectio, quæ equitatio dicitur, & horum etiam est non castrari, ne effœminentur,
Albert. Gualoppo uel galoppo Italicè, equi gressus inter succussationem et cursum medius est: hũc
etiam Arlunnus Latinè gradarium interpretatur, quod non probarim: De hoc paulo post plura in
Calpe. Hermolaus pro uoce tieldones apud Plinium, aliquando scribendum putauit Tyddones, à
Tydda oppido citerioris Hispaniæ, Græcorum originis iuxta Gallecos. Nec decerno id magnopere
40 (inquit) nec refello. Ipse equus non formosus, gradarius optimus uictor, Lucilius. Seneca epistola 40. per metaphoram Ciceronem gradarium uocauit, cuius oratio lentè incedebat: quoniam gradarij equi sine succussatione molliter incedunt. Tolutarius uel tolutaris equus, à pedum uolubilita-
te quasi uolutarius. Tolutim, quasi uolutim, hoc est uolubiliter, Nonius. O pestifera, trux, acerba to-
lutiloquentia, Næuius citante Nonio. Tolutarium ab Asturcone & manno distinguere uidetur Seneca epistola 88. his uerbis, Ita non omnibus obesis mannis & Asturconibus et tolutarijs præferres
unicum illum equum ab ipso Catone defrictum? Mannulus, equus pusillus. Martial. lib. 12. Nũquam est mulio, mannuli tacebunt. Habebat puer mannulos multos, et iunctos, & solutos, Plin. in
epist. Manni apud Horatium Carm. 3. dicti sunt, ut ibi inquit Acron, quòd mansuetudine manum sequantur. Et Appiam mannis terit, Horat. in Epodis. Detonsi manni, Propertius lib. 4. Elegia 8.
50 Currit agens mannos ad uillam, Lucret. lib. 3. Manni equi non admodum magni uestigia glome-
rant: nunc sanè id genus ex Britannia uenit, Volaterran. De his nonnihil adferam etiam in ginnis
uel nanis equis. Equisones & arulatores, siue mauis cociones, arte & industria talem (qualis Asturconum est) gradus glomerationem equis dederunt, Grapald. Hic breuis ad numerum rapidos qui
colligit ungues, Venit ab auriferis gentibus Astur equus, Martialis libro ultimo. Hic (aliâs His)
paruus sonipes, nec Marti notus: at idem Aut inconcusso glomerat uestigia dorso, Aut molli pa-
cata celer trahit esseda collo, Silius de Asturibus populis loquens. Callæcis lustratur equis scrupo-
sa Pyrene. Non tamen Hispano Martem tentare minacem Ausim, Gratius. Pisis in antiquissimo
marmore inscriptio quædam Astyrum mentionem facit, ut refert Fran. Robortellus lib. 2. Variarum
annotationum cap. 21. Astyras uerò ego puto (inquit) intelligi equites, qui equis Hispanis, ab Astu-
60 ria regione uterentur: nisi fortasse malis ab Astura oppido Latij uocatos Asturas. Vergilius opinor
ad hos equites alludens nomen illud ita protulit cum ait, Astur equo fidens: etsi ille Latinus non erat,
Hæc ille. Sed cum inscriptio illa sic habeat, Præfectus cohortis secundę Astyrum, Astures uero, ut ex

præcedentibus claret, bellis idonei non sint, non assentior Robortello: & nec illi coniecturæ, Asturas ab Astura oppido Latij uocatos uideri posse. Parthi quomodo in tottonarijs siue succussarijs equis, gressus ad delicias dominorum molliant, superius ex Vegetio traditum est. Volcatium nobilem Asturcone è suburbano redeuntem, canis à grassatore defendit, Plin. Aut Asturconi locus ante ostium detur, ad Herennium. ¶ Est & πέδη equitationis genus, de qua Xenophon interprete Camerario: Heterognathos (inquit) id est, duri oris equos, prodit non solum equitatio illa quasi catenata, quæ πέδη dicitur, sed euidentius etiam mutata subito equitatio. Et alibi, Agitationē autem in primis probamus eam, quæ πέδη appellatur, quoniam ambas buccas ad conuersionem assuefacit. Est & hoc bonum, agitationem ipsam mutare, ut equi buccæ in utrisque exequentur. Nos etiam extensiorem illam catenam agitationis gyratæ præferimus: (ἐπαινοῦμεν δὲ καὶ τὴν ἑτερομήκη πέδην μᾶλλον τῆς κυκλοτεροῦς:) nam in hac libentius & conuerti se equus satur iam procursionis, (τῆς εὐθείας:) & simul ad directum cursum, simul ad flexus assuefieri patietur. πέδη δὲ ἐν ἱππασίᾳ ἡ κυκλοτερής: ἑτερομήκης (ἑτερομήκης Xenophonti) πέδη, ἡ μῆκος τῷ κύκλῳ προστεθεῖσα, Pollux. πέδη quidem uinculum & pedicam significat, solent autem gradarijs futuris aut Asturconib. equis, circulis atque ponderibus prægrauari pedes, quod patet ex Vegetio 1.56. ut idem fortassis gressus sit πέδη Græcorum, & Latinorum gradarius uel tolutarius. Ad eundem pertinet etiam calpe Græcorum: nam καλπάζειν Suidas & Varinus exponunt τὸ ἄκρως καὶ ἁβρῶς βαδίζειν: hoc est, summis pedibus & molliter incedere. Καλπάζει (forte Καλπάζει) ἐξυπόδης σακκάζει, Hesych. Ego σακκάζειν uerbum nusquam reperio. Κάλπις, ἵππος βαδιστής (id est gradarius ad uerbum:) καὶ εἶδος δρόμου, Hesychius & Varin. Καλπᾶν ἢ καλπάζειν Græci dicunt equum ad ingressum exultantem urgere: nostri (inquit Budæus) hoc callopare uocant: et callopum, quod illi κάλπην dicunt. (Cursus quo quis insidens equo, alterum quantum potest celerrimè trahit, calpen Græci uocant, Galli galop, et hinc καλπάζειν, lego καλπάζειν, galloper, Petrus Ruellius.) Plutarchus in Alexandro de Bucephalo loquens, εὐθὺς δὲ προσδραμὼν τῷ ἵππῳ, καὶ παραλαβὼν τὴν ἡνίαν, ἐπέστρεψε πρὸς τὸν ἥλιον, μικρὰ δὲ οὕτω παρακαλπάσας καὶ καταψήσας, ὡς ἑώρα πληρούμενον θυμοῦ καὶ πνεύματος, ἀπορρίψας ἡσυχῇ τὴν χλαμύδα, καὶ μετεωρίσας αὑτὸν, ἀσφαλῶς περιέβη. Quibus uerbis significat Alexandrum equi frenum manu tenentem ad aliquantum spatij equum incitasse ad procursum, cum ipse quoque cursu equum assequeretur atque æquaret: & deinde, manu plausuque permulsisse, ut solent equisones equos ferociores demitigare: & deinde in Bucephalum insiliuisse & conscendisse. Legimus et in Hippiatricis hæc uerba, καὶ ἀναβάτην ὑπομένειν ποιήσας, δρόμῳ τῷ διὰ κάλπης γυμνάζε, ἤτοι τῷ λεγομένῳ τριπόδῳ (trepidarij equi mentionem ex Vegetio superius feci in succussatore) Hactenus Budæus. Mihi Alexander Bucephalum ferocem equum conscensurus, illum ad procursum incitasse (ut Budæus παρακαλπάσας reddit) minimè uidetur, sed potius equum iam procurrere incipientem leni cursu comitatus aliquantisper, ita ut potuit conscendisse: ut uerbum illud non actiuæ, sed neutræ significationis sit, ut simplex etiam καλπάζειν: παρὰ præpositio, ipsum iuxta & ad latus equi molliter procurrisse insinuat: quo sensu etiam παρατρέχω profertur. Sed plura de uocabulo calpes, & calpe dicto certamine, afferam octaui capitis parte quinta: Nemesiani tamē uersus, in præsentia obuios, huic adhuc loco annectam: Quin etiam gens ampla iacet trans ardua Calpes Culmina cornipedum latè fœcunda proborum. Nanque ualent longos pratis intendere cursus: Nec minor est illis, Graio quàm in corpore forma. Nec non terribiles spirabile numen anhelæ Prouoluunt flatus, & lumina uiuida torquent, Hinnitusque ciēt tremuli, frenisque repugnant. Nec segnes mulcent aures, nec crure quiescunt. Calpe mons est Hispaniæ, oppositus Abylæ monti Africæ, quæ duæ dicuntur columnæ Herculis. Ex Tyrrheni maris insulis equi habentur gressu irrequieto, Volaterran.

¶ Κέλης, equus celes, qui ab uno sessore agitatur & regitur. Veteribus (inquit Camerarius) non fuit in frequenti usu agi singulos equos, uel equitem insidentem equo uehi, non incognita tamen res. Itaque et Homerus describens Vlyssis residentis diuaricatis cruribus super una fracta nauis trabe in mari iactationem, usus est similitudine equitis agitantis equum solum, quem κέλητα uocat. Hinc uerbum κελητίζειν, quod idem poëta posuit in Rhapsodia ο. Iliad. Apparet autem non fuisse talis equitationis in bello usum, sed in pace tantū et ostentatione agilitatis desultoriæ: cum unus plures equos aleret, & inter illorum cursus, uel ut Homerus ait uolatus, ex uno in alium insiliret. Sed nunc hæc sola agitatio nota & consueta est, illa autem curulis desita et ignota. Vocatur hæc agitatio μόνιππος (monippos uocant uno depugnantes equo, Cælius) inuentum Bellerophontis: Cui pater Neptunus (huius enim fuisse filium tradunt, cum putaretur patrem habere Glaucum Sisyphidem:) illi igitur Neptunus uelocissimum equum Pegasum dedit alis præditum. Aliqui hoc inuentum ad regem priscū quendam Aegypti referunt, Sesonchosin nomine, qui sit apud Herodotum Sesostris. Aliqui etiam ad Orum, qui bellum gesturus cum fratre Typhone, potius equum quàm leonem ad prælia fertur instruxisse: quia ad persequendum quoque hostem equus, leo in ipso tantum conflictu esse utilis uideretur. Virgilius huius agitationis authores & inuentores frenorum, facit Lapithas gentem Thessalicā, in Georgicis ita canens: Frena Pelethronij Lapithæ gyrosque dedere Impositi dorso, atque equitem docuere sub armis Insultare solo & gressus glomerare superbos. Sed alij Centauros hanc primos usurpasse perhibent, saltem ut ex equis pugnarent. Sed de Centauris plura dicam in H. a. Non eodem modo parantur equi ad ephippium (hos celetes dixeris) ut ad prædam, Varro. ἱππάζεσθαι non simpliciter rei equestri uacare significat, sed unico equo uehi, quem nunc celetem appellant, Scholia Aristopha-

Aristophanis & Suidas. Κέλης ἵππος, ὁ ἄζευκτος, ἄζυξ, ὁ κατὰ μόνας ἐλαυνόμενος, ᾧ εἷς ἀνὴρ ἐπικάθηται, ὁ μονάμπυξ καὶ δρομικός, ὁ νῦν σελλάριος λεγόμενος καὶ γυμνός, Varin. hoc est, celes est equus singularis, non iunctus ad currum, idoneus ad currendum, qui nunc sellaris dicitur (utitur eo uocabulo Veget. 1. 56. iumenta sellaria uocans quibus sellæ imponuntur) & nudus. Μονάμπυγα ἵππον, equum uectorem et equiti paratum intelligo, quod freno instructus sit, quod Græci & χαλινὸν & ἄμπυγα uocant (ut pluribus dicam in H. e.) nam singulares tantum proprie dictis frenis reguntur, cæteri non item. Varinus μονάμπυγα ex Pindaro μονοχάλινον exponit. Dictus autem κέλης uidetur, uel à uerbo κελεύειν, quod est iubere, hortari, & excitare uoce, unde celeuma nauticum: (hinc & celetes naues dicuntur, de quibus paulò post:) uel παρὰ τὸ κέλλειν ὅ ἐστι τρέχειν ἢ βαδίζειν, unde & κέλευθος: uel quod διασκελισμένον, id est diuaricatis cruribus insidere mos sit, Varin. et Scholiastes Homeri Iliados ο. Τρίτη δὲ μετὰ ταῦθ' ἵππος δρομίαν ἄξετε, ἵνα δὴ κέλης κέλητα παρακελητιεῖ, Aristophanes in Pace: ubi Scholiastes celetes equos μονάτορας exponit. Celetes & celetizontes legimus apud Plinium libro 34. cap. 5. et cap. 8. item libro 6. cap. 29. item libro 9. cap. 10. Celetizontes pueri (inquit) laudantur Hegiæ statuarij: Et alibi, Canachi etiam statuarij. Κέλης ἵππος, καὶ ἱππαστής, καὶ μονάτωρ, Hesych. Κέλης, equus solus, & qui eo inuehitur, sellaris equus et nudus: synoris uerò equos binos et iunctos significat, Suid. Olympiade tricesima tertia, pancratiastes & equus celes Olympicis certaminibus reliquis accesserunt, Pausanias in Eliacis. Iasius uir Arcas κέλητι φίκησιν ἵππου δρόμῳ, Ibidem. Fuit & πώλου κέλητος certamen in Olympijs institutum, in quo uicit Tlepolemus Lycius Olympiade 128. Idem. In Alti Olympiorum luco Timonis filij Aesypi, qui equo celete uicerat, effigies à Dædalo Sicyonio facta spectatur, Idem. Celsus ex Græco, κέλης eques dictus, Fest. Κελητιᾶν, κελητίζειν, ἱππεύειν, Hesych. & Varin. κέλητα ἐλαύνειν. Apud Hesychium & Varinum reperitur etiam κελεθίζειν, τοῖς ἵπποις ἐπιβαίνειν, quo modo scriptum non placet. Μόνιπποι, qui equo singulari insidentes cursu certant, Suid. et Varin. De Celete et monippo uide nonnihil etiam in H. e. Κέλως, ὁ κελλάριος παρὰ τὸ κέλλειν, Varin. lego κέλης ὁ σελλάριος, &c. ut superius explicatum est, ut Latinæ originis sit, & grammatici Græci non intelligentes à κέλλειν descendere somniarint. Κέλης etiam nauigij genus est, item pars nauis, Hesych. Κέλης, ἵππος ὁ ἄζευκτος, καὶ μᾶλλον τὸ πλοῖον οἱ κέλητες. ἐπεὶ τὸ κελεύειν καὶ ἐπὶ πλοίων λέγεται, quoniam nautæ & remiges suis utuntur celeusmatis, hortationibus et ᾠδοσίμοις: uel à uerbo κέλλειν quod appellere significat, (magnis enim ad littus appellere non licet.) & rursus κέλητα & κελήτιον paruum nauigium interpretantur, per translationem ab equo celete, quo sessor unus uehitur, Suid. et Varin. Ἀλλ' ἐκεῖνό γ' οἶδ' ὅτι ἐπὶ τῶν κελήτων διαβεβηκασιν ὄρθιαι, Aristophanes de nauiculis intelligens. Οὐκέτι τιμάεσσαν τὸ πρὶν γλαφυροῖο κέλητος ῥῆγμα φέρει πλωτὸν Κύπριδος εἰρεσίην, in Epigramate citante Suida. Nauigia quædam celetes appellantur, author Pollux: uti mirum ne sit, testudinum quoque id genus celetes uocatum fuisse, Hermolaus. Κέλης nauigium actuarium est, quod uno remo, & non binis aut ternis per sedilia agebatur, cum tamen plures remiges haberet. Celocem Latini interpretantur, authore Gellio. Vnde & κελήτιον, paruulus celox, Thucydidi, Bayfius de re nauali. Κέλης, πηδάλιόν τι (lego πλοιάριόν τι, ut Lexicorum scriptores habent) μικρόν: ἐπακτροκέλης autem (apud Aeschinem contra Timarchum) malefica & piratica nauis est, forma inter epactridem & celetem, Ammon. Apud Varinum ἐζωκέλης etiam pro naui piratica exponitur, uel equo non strato, Græci ἄστρωτον: nos celetem equum supra ex Grammaticis quibusdam γυμνόν, id est nudum eodem sensu interpretati sumus: quæ quidem interpretatio non conuenit cum ijs qui sellarem exponunt. Ego celetem equum non iunctum & cursui idoneum dixerim, siue stratus is, siue instratus sit. Desultorij sine ephippijs equi ad cursum apti erant, quos Græci celetas uocabant. Hi quondam à nobilissimis iuuenibus, teste Tranquillo (in uita Cæsaris) agitabantur, nunc sanè à ministris, Volaterran. Ephippiatis equis contrarij sunt à nostris desultorij nuncupati, quod ex his facile desiliant desultores, qui, teste Manilio in quinto Astronomiæ, fiunt sub signo Heniochi, Grapald. & Perottus. Vide etiã infra capitis octaui parte quinta in ephippiorum mentione. Ego desultorios equos ut minimum binos esse oportere uideo, celetem uerò etiam solum dici: ut celes latius pateat, & unicum aliâs significet equum, siue stratus is siue instratus equitetur, & siue cum celeritate, siue simpliciter ut hodœporicus. Desultorios uerò binos uel plures esse oportet, ut ex defessis uel cursu, uel armati quem uehunt equitis onere, in alium transilire liceat: hi ueteribus nudi in usu erant: hodie ephippiati sunt omnes. Celetes quidem pro desultorijs Homerus Iliados ο. posuit, his uersibus. Ὡς δ' ὅτ' ἀνὴρ ἵπποισι κελητίζειν εὖ εἰδώς, Ὅς τ' ἐπεὶ ἐκ πολέων πίσυρας συναγείρεται ἵππους, Σεύας ἐκ πεδίοιο μέγα προτὶ ἄστυ δίωκει Λαοφόρον καθ' ὁδόν, πολέες τέ ἑ θηήσαντο Ἀνέρες ἠδὲ γυναῖκες: ὁ δ' ἔμπεδον ἀσφαλὲς αἰεὶ Θρώσκων ἄλλοτ' ἐπ' ἄλλον ἀμείβεται: οἱ δὲ πέτονται. Desultorios equos (inquit Cælius) uideo dici à desiliendo: nam, ut Sex. Pomp. scribit, paribus equis, id est duobus, Romani utebantur in prælio, ut sudante altero transirent in siccum. Nam et pararium dicebatur æs, quod equitibus duplex pro binis equis dabatur. Eum uerò Scytharum plerisque morem fuisse, Ammianus prodit Marcellin. binos trahendi equos, ut iumentorum uires foueat permutatio, uigorque otio integretur alterno, Hæc ille. Desultores, id est desultorijs equis utentes Græcè amphippos uel hamippos dici ex eodem docebimus in H. e. Cassiodorus in epistolis 34. 5 Equi (inquit) desultorij sunt, per quos Circensium ministri missus denunciant exituros (ut luciferi, quadam in astris similitudine, præcursorias uelocitates imitari uideantur, ut Hermolaus citat in Glossematis in Plinium.) Desultor uerò is est, qui equos desultorios alit docetque. Itaque peritus belli alios eligit, alit, ac docet: aliter quadrigarius ac desultor neq; idem, qui uectorios facere uolet, Varro de re ruſt. Numidis deſultorum in modũ binos trahentibus equos, inter acerrimam ſæpe pugnam in recentem equum ex feſſo armatis tranſultare mos erat, tanta uelocitas ipſis, tamq; docile equorum genus eſt, Liu. lib. 23. ab Vrbe. Quin & eum qui certat, rectè deſultorem dixeris: quod comprobat Vlpian. Digeſt. de præſcriptis uerbis, Tuq; deſultor in his cucurreris & uiceris. Cicero pro Murena ait, Qui neſcio quo pacto mihi uidetur prætorius candidatus in conſularem, quaſi deſultorius in quadrigarum curriculum incurrere. Deſultorem porrò deſignat Elegiacum illud ſcientiſſimè concinnatum, Eſt etiam aurigæ ſpecies uertumnus, & eius Traijcit alterno qui leue pondus equo, Cæl. Plura uide in H. e. in Bellatoribus equitibus.

¶ Dentes luporum maximi equis quoq; adalligati, infatigabilem curſum præſtare dicuntur, Plinius. Sarmatæ longinqua itinera acturi, inedia pridie præparant equos, exiguum tantum potum impartientes: atq; ita per centena milia & quinquaginta continuo curſu euntibus inſident, Idem. Πάρθοισι, μέγα προφέρουσιν Ἴβηροι, ὠκυτέροισι πόδεσσι κροαίνοντες πεδίοισι. Κείνοισι τάχα μοῦνος ἐναντίον ἰσοφαρίζοι Αἰετὸς αἰθερίοισιν ὑπὲρ δίνων γυάλοισιν, Ἢ ἴρηξ ταναοῖσι ταννυσσόμενος πτερύγεσσιν, Ἢ δελφὶς πολιοῖσιν ὀλισθαίνων ῥοθίοισι. Τόσσον Ἴβηροι ἔασι θοοὶ πόδας ἠνεμόεντας, Oppian. Καὶ Λίβυες μετὰ τοὺς δολιχὸν δρόμον ἐκτελέουσι. Tyrrheni & Cretenſes, Ἀμφότεροι, κραιπνοί τε θέειν, δολιχοί τε πέλονται. Ἵππος ἐπ᾽ ἀνθερίκων θέειν κούφοισι πόδεσσιν: (Hoc fertur de equis Dardani ex Borea prognatis, ut ex Homero iam dicemus:) Ἄλλος ὑπὲρ πόντοιο, καὶ οὐ στεφάνην ἐδίηνεν. Hæc omnia Oppianus diuerſis in locis. Idem cum celeritatis palmam Iberis equis attribuiſſet, ut iam recitaui: proximos ijs Armenios facit: his Parthos, Siculos, Mauros, & poſtremos Libyas. Seneca in epiſt. 12. 86. de uelocitate per ſe æſtimata, non quæ tardiſſimorum collatione laudatur, hæc carmina eſſe ſcribit, Illa uel intactæ ſegetis per ſumma uolaret Gramina, nec curſu teneras læſiſſet ariſtas: Vel mare per medium fluctu ſuſpenſa tumenti, Ferret iter, celeres nec tingeret æquore plantas, ex quo poëta autem deſumpſerit, tacet. Nos quidem eadem Græcè apud Homerum Iliados uiceſimo legimus. Nam de Dardano rege ſcribens, Huius (inquit) τρισχίλιαι ἵπποι ἕλος κάτα βουκολέοντο Θήλειαι πώλοισιν ἀγαλλόμεναι ἀταλῇσιν. Has Boreas amauit equo aſſimilatus κυανοχαίτῃ, & pullos ex eis genuit (πώλους, τάς) qui ſi per terram currerent, Ἄκρον ἐπ᾽ ἀνθερίκων καρπὸν θέον, οὐδὲ κατέκλων: Sin per mare, Ἄκρον ἐπὶ ῥηγμῖνος ἁλὸς πολιοῖο θέεσκον. Lucianus in Lycino de adulatore loquens, Καὶ τολμήσειεν ἂν εἰπεῖν ἵππον ἐπαινέσαι θέλων, κοῦφον ὂν ἴσμεν ζώων καὶ δρομικόν, ὅτι Ἄκρον ἐπ᾽ ἀνθερίκων καρπὸν θέειν, οὐδὲ κατέκλα. Καὶ πάλιν οὐκ ἂν ὀκνήσειε φάναι, Ἀελλοπόδων δρόμον ἵππων. Celer equus Polluci cognominatur, ὀξύς, ταχύς, ταχύπους: ſed plura à celeritate epitheta referemus in H. a. Αἰολόπωλοι Homero celeres equi potius quàm uarij intelliguntur, ex Porphyrij ſententia, Cælius pluribus id aſtruens lib. 21. in fine cap. 24. Ἵπποι ἀνέμοισιν ὅμοιοι θείειν, Homerica hyperbole. Εὔδρομος, ἐπίδρομος, τοῖς ἀνέμοις συνθέων: εἴποι ἂν αὐτὸν Ὅμηρος αὔρας ἢ ἀνέμου παῖδα, Pollux. Ποδωκέστατον ἵππον Plutarchus dixit in Sylla, Xenophon ποδώκη. Ἔκδρομον uocant equi curſum, cum ultra terminum conſtitutum præ impetu excurrit, Pollux. Legimus autem ἔκδρομον ἵππον apud Aeſchinem, ut idem ſcribit 3. 30. Arabes, quorum principem Zambeium appellant, equabus uehuntur, tantæ celeritatis, ut per diem noctemq; circiter centena milia itineris conficiant. Volare ij potius quàm equitare uidentur: ephippijs uulgus non utitur, ſed proceres tantum: qui etiam ſoli ueſtiuntur, reliqui induſijs contenti ſunt, Vartomannus. Equa mater optima, ſumma charitate & fide pullum ſuum amat, cuius ſanè modi amoris Darius ætate inferior non imperitus, equas à partu recentes relictis domi pullis, ad pugnas ducebat. Pulli ſic alieno lacte à matribus orbi, quemadmodum homines parentib. amiſſis aluntur. Darius cum inclinata iam acie in eo prælio quod ad Iaſſum (lego Iſſum) commiſerat, Perſarum res premi cœpiſſent, cumq; uictus fuga ſalutem adipiſci neceſſe haberet, in equam aſcendit: quæ quòd relicti memoriam pulli recordaretur, quanto maximo potuit ſtudio & celeritate eum ipſum prædicat ex periculis eripuiſſe, Aelian. Circa extremũ Septentrionẽ (ut ſcribit Paul. Venet. 3. 49.) regio quædã eſt in qua multo per annũ tempore Sol non apparet, ita ut non ſolum noctu tenebræ ſint, ſed etiam interdiu aër in modum crepuſculi caliginoſus. Hanc regionem confines Tartari prædæ gratia ingreſſuri, ne propter ſubitò ingruituram noctem periclitentur, hoc modo cauent. Equas cum pullis accipiunt: & pullos in primo regionis ingreſſu cuſtodibus committunt, ut ſe illic redituros expectent. Sic equæ nocturno itinere diligentius obſeruato, rectà ad pullos ſuos in reditu contendunt, idq; celerrimè. Laxant enim eis ſeſſores habenas, & liberè quo ſuo inſtinctu feruntur ire permittunt. Equi alij ad admiſſuram, alij ad curſuram idonei ſunt, Varro. Ταχυπώλων, ταχεῖς ἵππους ἐχόντων, Varin. Τὸ δὲ ἐπιραβδοφορεῖν τὸν ἵππον, ὅταν γίνεται ἔτι εἰς δρόμον ἐξελαύνοι, οὐ πάνυ ἐπαινοῦσιν οἱ ἱππικοί, Pollux. Equus curſorius, δρομικός. Equus imperatoris Probi in parœmiæ formam deduci poteſt. Is erat nec decorus quidem, nec ſtaturoſus, uerum celeritate tanta, ut diurnis ſpatijs centũ obiret miliaria, uel in decimum diem labore haud interpellato. Eum tamen fugaci magis quàm forti ac ſtrenuo cõgruere militi pronunciauit Probus idem, Cæl. Fuit autem hic equus Alanicus, in bello Probi contra Alanos captus. Equos generoſiores & ad curſum præſertim paratos, quos barbaricos dicimus, paleis & zeatico hordeaceoue cibario, qui ſunt principum equiſones alere conſueuerunt, Grapaldus. Albertus equos celeres inepta uoce curriles dixit: Horum, inquit, uſus eſt ad fugas & inſecutiones præcipuè: & ne indureſcant eis nerui ex calore curſus, caſtrantur. Voluptatem equis ineſſe, Circi ſpectacula prodiderunt. Quidam enim equorum cantibus tibiarum, quidam ſaltionibus, quidam colorum uarietate, nonnulli etiam accenſis facibus ad curſus prouocantur, Solin.

Ex

Ex Hispania ueniunt leuitate elegantiaq; conspicui, Volaterran. Hos uulgò iannettos uocant, Hispani (ut audio) genetos (à quibus etiam felis cuiusdam syluestris nomen geneta habemus) à genibus, ut quidam conijcit: quod cum ferè celere hoc genus equorum sit, uectorem genibus ad sellam & latera equi inniti oporteat, ut tutius uehatur. Scoppa canterium lo giannetto interpretatur, quàm rectè, ipse uiderit. ¶ Ἐνετίδες (alibi etiam Ἐνδίς habetur, quod non placet, apud eosdem) ἵπποι, id est Veneti uel Adriatici equi, ijdem λυκοσπαδεῖς (legerim λυκοσπάδες) & λυκοφόροι dicuntur, Hesychius & Varin. Equus à lupo sauciatus, bonus euadet ac uelox, Zoroastres in Geoponicis. Equi cur dicantur lycospades (inquit Cælius) etymon duplex comperisse uideor: alterum est de freni genere quod lycon uocent, nostri lupata dicunt: sicut Georgico tertio Vergilius, duris parêre lupatis. Quo in loco Seruius & qui ab eo mutuati sunt plures, esse lupata tradunt frena asperrima, sic de lupinorum dentium similitudine nuncupata, quos esse inæquales constet, unde & morsus infigatur summi nocumenti. Hoc uero frenorum genus equis adhiberi præferuidis, sæpeq; ob insitam animositatem rebellibus, ut retundatur impetus, hebescatq; generositas nimia, moris esse, nemo non nouit. Sunt qui malint lycospades inde dici, quod qui pullina ætate in lupos inciderint, si periculum euadant, insigniter bonitate proficiant ac pernicitate. Cæterum perpensione dignum, cúrnam eiusmodi casum consequatur euentus hic, nisi dicamus, ideo credi uehementiores effici equos ab ea impostura: quoniam, ni fuissent natura tales, haudquaquã dilabi eualuissent: neq; enim prudentem euasisse Vlyssem dictitamus, Cyclope declinato: sed ideo declinasse, quia foret prudens, Hæc Cæl. Transtulit autem ex Aeliano (uel Plutarchi Symposiac.) ex quo rursus eadem, interprete Gillio, ut clariora fiant, recitari nihil prohibet. Lycospadas igitur (inquit ille) alij ideo dicunt à frenis lupatis appellari, quòd his effrenationem eorum præcipitem sessores moderentur. Plutarchus ex parentis sui sententia existimat hos optimos et uelocissimos esse, qui à lupo appetiti, ex eius faucibus euaserint: quod ipsum dubitationem habet, cur ij quos lupus mordicus presserit acriter animosi efficiantur, cum feræ bestiæ morsus, terrorem potius, quàm animum facere uideatur: & timidi effecti, quemadmodum feræ tendiculis attentatæ magis insidiarum metuentes sunt, ita hi à currendi celeritate sese sustinent. (τὰς ὁρμὰς ὀξυῤῥόπους ἐπὶ ταχείας ἴχουσι, Plutarch. accipit autem ἴχειν pro ἔχειν, non pro sustinere & morari, ut Gillius ineptè uertit.) Quamobrem dicimus huiuscemodi equos non ex eo magis ad currendum præstare, quòd cum pulli essent ex lupis euaserunt, sed quia animosi, & ueloces natura essent, propterea effugisse. Eiusdem rei (cur inquam equi ex rictu luporum seruati, alacriores, θυμοειδεῖς, esse dicantur) causam inquirit Plutarch. in Symposiacis 2. 8. ex cuius uerbis uel Aelianum errasse qui ex Plutarcho transcripsit, uel interpretem potius (nam Græcum exemplar non uidi) facile apparet. Ipse quidem Plutarchi uerba sic uerterim: Cum pater meus equorũ pullos qui lupi morsum effugissent, bonos & celeres euadere diceret, & multi qui aderant idem affirmarent, quæstionem proposuit, cur hic euentus θυμικωτέρους καὶ γοργοτέρους (animosiores & ueslociores: nam & paulò post subdit, θυμικοὶ καὶ ταχεῖς) reddat equos. Et cum plærisq; uideretur, hoc casu equos non animosos, sed potius timidos fieri: itaq; iam prorsus pauidos uel leuem ob causam statim ad cursum & uelocitatem excitari, similiter ut feræ illæ quæ semel irretitæ fuerint, Ego uerò consyderandum dixi, ne contra potius res se habeat quàm plerisq; uideatur, nempe ut non quia lupos effugêre ueslociores fiant equi, sed quia natura ueloces erant, iccirco effugerint, Hæc Plutarch. Equi lycospades nuncupati, inquit alibi Aelianus, Græcorum hominum cum studiosi esse dicuntur, tum de huiuscemodi hominum genere mirificam notionem habere, ut naturali quodam sensu ad eos amandos afficiantur: neq; enim palpantibus se offenduntur, neq; resiliunt, sed tanquam constricti tenerentur, totum diem cum ijs traducũt, atq; somnum prope eosdem capiunt. Sin ad ipsos barbarus accedit, quemadmodum ex uestigijs sagaciter odorantes canes feras percipiunt, sic eos equi cognoscunt, & clamorem tollunt, & tanquam sane feram bestiam extimescentes, dant se in fugam. Iam porrò ijs ad quos assueuerunt, & pabulum obijcientibus mirificè oblectantur, maximè aurigis formosi uideri student, quod quidem ipsum cum natant ostendunt: tum enim in aquam bene penitus procedunt, ut & nitidum os efficiant, & ne sordidum quippiam ex præsepi aut de uia illitum deformet speciosum nitorem, ac odorati unguenti suauitatem, Homeri & Simonidis testimonio, in amore, & delitijs habere existimantur, Hactenus Aelian. Sed hoc idem alibi equis in genere adtribuit, his uerbis: Ex ijs qui equinæ tractationis periti sunt, audiui equum delectari lauatione & unguentis. Hęc de lycospadibus equis: quibus an ijdem lycophori sint haud scio: Hesychius quidem & Varinus in uocib. Ἐνετίδες & Ἐνδίς, ut superius recitaui, eosdem facere uidentur. Vtriq; etiam à celeritate commendantur. Sed differre uideri possunt, quia aliam rationem cur dicti sint lycophori (quàm de lycospadibus supra retulerim) affert Strabo libro quinto, his uerbis: Fama est, inter Venetos celebrem admodum fuisse quempiam, qui in faciendis uadimonijs studio non mediocri teneretur, qua ex re & hominum iocis carperetur. Is igitur in uenatores fertur incidisse, qui irretitum haberent lupum, & illis per iocum rogitantibus, uelletne pro lupo uadem se constituere: ut illata ab eo damna persolueret, sic è retibus beluam dimissuros. Fideiubere sese confessus est. Emissum deinde lupum, magnum equarum armentum agitantem nullo notatum cauterio ad fideiussoris stabulum adduxisse. Eum recepta gratia, equabus lupi notam inussisse, & inde lupiferas (λυκοφόρους) nominasse, uelocitate magis quàm pulchritudine præstantes. Cuius successores & signum & nomen, equarum generi seruasse, utq; solis eis stirps ipsa legitimè perdu-

R.

raret, fœminam nullam alienare consuesse. Equinam hinc præcipuæ celeritatis progeniem extitisse. Hac uero tempestate, ut diximus, omnis huiusmodi rei defecit exercitatio, Hucusque Strabo. Plura quæ ad Philologiam de celeribus equis spectant, referemus in H. b.

¶Ex uelocibus equis sunt etiam uenatici, de quibus partim diximus, partim dicemus. Sunt & ueredi cursu pernices. Veredos antiqui dixerunt, quòd ueherent rhedas, id est ducerent, Festus. Veredarijs ad celeritatem comparatis equis nomen olim fuit, iuxta hoc Martialis, Parcius utaris moneo rapiēte ueredo Prisce, nec in lepores tam uiolentus eas. Et alibi, Stragula succincti uenator sume ueredi, Nam solet à nudo surgere ficus equo. Veredos (inquit Cælius) si modò non aberret interpres, aliâs æris non multi, apud Procopium Persici belli secundo libro, equos accipimus publicos. Veredarium metaphora decenti legimus apud Hieronymum: Quia singulę, inquit, metuunt ueredarium urbis offendere. At Procopius idem ueredarios intelligere uidetur, eos qui celeriter equis inuecti regum literas prouehunt. Equorum publicorum in hoc usu, commeminisse Ammianus uidetur Marcellinus: Transeo (inquit) quod quidam per ampla urbis spatia subuersosque silices sine periculi metu properanter equos uelut publicos, signatis (quod dicitur) calceis agitant, familiarium agmina tanquam prædatorios globos trahentes à tergo; ne Sannione quidem, ut ait Comicus, domi relicto. Procopij, uel interpretis sententiam adiuuat Firmicus Matheseos tertio: Regum, inquit, nuncios ueredariosque reddent. Cursus publicus dicebatur aut fiscalis, quum ab imperatoribus certis locis equi id genus præceleres destinabantur: quibus non utebantur alij, nisi facultate impetrata, quam uocant tractatoriam, Hucusque Cælius. Verba hæc apud Liuium lib. 5. ita leguntur: Repēte quibus census equester erat, (equi publici non erant assignati) consilio prius inter sese habito, senatū adeūt, factaque dicendi potestate, equis se suis stipendia facturos promittūt, quibus amplissimis uerbis ab senatu gratiæ actæ sunt. Puto (inquit Fr. Robortellus) Liuium per equos publice assignatos intelligere, equos qui uectigales à Cicerone uocantur in Philippica or. 2. cum ait, tum existimauit se suo iure cum Hippia uiuere, & equos uectigales Sergio mimo tradere. Antonius redemptas habebat ab ærario uectigales quadrigas, Asconius. Sed redeo ad ueredos. Scythæ fœminis (ut nunc nostri sunt cursores caballarij) uti maluēre: sed in prælijs, quod urinam cursu non impedito reddant, Grapaldus. Ἦλθε παρ' Ὄθωνος ἱππεὺς τῶν καλουμένων Νομάδων, γράμματα κομίζων, Plutarchus in Othone. Fuerunt & ἀστάνδαι nuncij, uocabulo Tarentinorum (sed pedites, ut coniicio) οἱ ἐκ διαδοχῆς γραμματοφόροι, ἡμεροδρόμοι, ἄγγελοι, Varinus: apud quem etiam ἀσκανδὴς pro nuncio scribitur. Recentiores quidam Grammatici scribunt astandas dictos apud Persas tabellarios, qui certis interuallis itinerum permutabantur. Ἀγγαρήιον δρόμημα, cursus pernicissimus equitum, ut scribit Herodot. libro 8. Vnde nomen angariæ et parangariæ in libris iuris manauit. Est autem nomen Persicum, uulgò postas appellant, Bud. in Annotat. secundis. Apud Persas, ut Suidas indicat, regij nuncij ἄγγαροι (quasi ἄγγελοι forte) dicuntur, & ijdem astandæ, &c. Vide Lexicon Græcolatinum. Ἄγγαρα, dicuntur ipsi σταθμοί, hoc est mansiones ac diuersoria, in quæ angari, id est tabellarij, peracto diei penso diuertunt, Cæl. 10. 8. Veredis (inquit Grapald.) nostra tempestate utuntur lancearij equestres stratioticos quos dicunt, lances manibus reciprocantes. Commendantur ad hoc Turcorum caballi testiculis ut plurimum ademptis, canthérios uocant, pernicissimi. A ueredis cursores, seu mauis tabellarios equestres celeri celeritate perferentes, ueredarios, ut à caballis alij caballarios appellant: qui teste Iulio Firmico sub equi cœlestis sydere nascuntur. Veredarios hodie uulgo postas appellant, forte quod equis per interualla dispositis, ut recentes subinde habeant, utantur. Equos Pegasidas ad desultoriam uicissitudinem è fesso in recentem assiliendi in uenationib. habere oportet, Bud. Pegasarij cursores à Gallia Lugdunensi quinto aut sexto demum die Romam aduolant, subinde per stationes mutatis equis, Bayfius de re Vest. Ἦν γὰρ ἐκέλευθον ἀνὴρ δι' ἵππων ἀμοιβῆς αὐθημερὸν οὐκ ἔδει διάσαι, τὸν Ἰνδακὸν τοῖς ἰδίοις ποσὶν ἰσχυρίζοντο ἀναλγήτως διατρέχειν, Suidas in Indaco. Magni Cham regis Tartarorū emissarij & nuncij (ut scribit Pau. Venet. 1. 23.) mansiones habent dispositas per uiginti quinque miliaria, usque ad extremos imperij limites, ita ut in locis etiam uastis alioquin & desertis huiusmodi diuersoria triginta aut quadraginta miliaribus distantia reperiantur. Conficiunt autem sic dispositi equites uno die ducenta aut trecēta miliaria, relictis subinde equis fessis, & recentibus substitutis.

¶Ἵπποι κυνηγετικοί, equi ad uenationes apti, Pollux. Veredis etiam in uenationibus utebantur, ut ex Martiali paulò ante recitaui. Equos Pegasidas ad desultoriam uicissitudinem è fesso in recentem assiliendi in uenationibus habere oportet, Bud. Mares ad uenationis usum præstant: nam fœminæ minus celeres sunt ad longos per nemora cursus: sed abigendæ sunt procul fœminæ, ne equi hinnitu feras disturbent, Oppian. Restat equos finire notis, quos arma Dianæ Admittant. non omne meas genus audet in artes. Est uitium ex animo, sunt quos imbellia fallant Corpora: præueniens quondam est incommoda uirtus, Grat. Ἱππελάτην δ' ἀγρὴν ὁ φαεσφόρος εὕρατο Κάστωρ, &c. Oppian. lib. 2. de uenatione. Vide nonnulla etiam in b.

¶Equi licet plerique animosi sint, & insigni animorum præ cæteris animantibus præditi magnitudine: quidam tamen hac ipsa excellunt, & corporis insuper uiribus pollent, atque hi soli bellis idonei sunt. Lanigeræ pecudes & equorum bellica (aliâs duellica) proles, Lucret. Bellatoris equi forma quæ probetur per totum corpus & singulas eius partes, Xenophon & Oppian. docent, quorum uerba superius posui in electione equi in genere. ¶Quoniam uerò proposuimus (inquit Xenophō) bellatoris

bellatoris equi comparationem, faciendum periculum omnium, quæ in bello obijci consueuere: quę sunt, fossam transilire, superare uallum (τειχία ὑπερβαίνειν: uel, ut Pollux habet, ὑπεραχρίσαι) in collem erumpere, de colle desilire (ἐπ' ὄχθας ἀνορούειν, ἀπ' ὄχθων καθάλλεσθαι: est autem ὄχθη uel ὄχθος propriè ripa fluminis: quamobrem Pollux ubi hunc Xenophontis locum exscribit, ante uerba iam citata, legit: καὶ ποταμὸν περάσαι, mox subdit, καὶ ἀπ' ὄχθου (malim ἐπ' ὄχθας) ἀναθρώσκειν, καὶ ἐπ' ὄχθας ἀνορούειν, καὶ ἀπ' ὄχθων καθάλλεσθαι.) Tentabimus & in cliuos sursum, & per decliuia, & in obliquum agitare equum. Ex his enim omnibus deprehenditur, & animi fortitudo, & corporis sanitas. Non tamen si quis forte non in omnibus istis satisfaciat, ideo repudiari debebit. Multi enim quia inexercitati sint, non quia parum ualeant, in illis deficiunt, quos si quis instituat, & assuefaciat atque exerceat, iam & ipsi hæc præstiterint, si quidem sani & non ignaui fuerint. Cæterum suspecti (ὑπόπτας scribitur, id est suspicaces, non ὑπόπτους, id est suspectos, licet ὕποπτος & contrarium eius ἀνύποπτος apud Pollucem legantur de equis) prætereantur. Qui enim formidolosi sunt, non sinunt à se malum dari hostibus: quinetiam equitem sæpe frustrati in maximas difficultates sæpe conijciunt. Sæuitiam etiam equi (εἴ τινα χαλεπότητα ἔχοι) nouisse debemus, si qua illius uel erga homines, uel alios equos: itemque num implacabilis sit (δυσγάργαλις, id est ægrè ferens contrectari, utpote titillationi obnoxius:) omnia enim hæc dominis aduersantur. Detrectationes autem frenationum & conscensionum, & si qua alia renuat equus, multò melius comperiet, qui post defatigationem iterum illa experiri uoluerit, quæ ante equitationem fecerat. Sanè qui post exhaustum laborem non recusant laborare, certum argumentum hi dant præclari animi. Atque ut dicam breuiter, equus cum bonis pedibus mansuetus, satisque uelox, qui laborare & possit, neque nolit: in primis quidem morigerus, is scilicet & minimæ tristitiæ, & maximæ salutis author in bello equiti futurus est. Verum quibus aut propter ignauiam crebra agitatione, aut propter animositatem blandimentis multis atque cura opus est, hi primum equitis manibus assiduum negotium faciunt, deinde in periculis animum perturbant, Hactenus Xenophon interprete Camerario. Probatur præterea Polluci in bello equus ὁ γνωριστικὸς τῶν ἐχθρῶν, ἀνακρουστικός, ὑπὸ σάλπιγγος ὀρχούμενος, ὀξανιστάμενος. Idem bellatorem equum nominat πολεμιστήριον, πολεμικόν, στρατιωτικόν. Ineptus uerò bellis apud eundem his notis uituperatur, ἀπόλεμος, ἄπειρος μάχης, ταπεινός, μικρόψυχος, ἀσχήμων, ἀπρεπής, εὐλαβής: οὐδ' ἂν σάλπιγγος ἀνάσχοιτο, οὐδ' ἂν ἐνέγκοι πολέμου βοήν. Θυμαίνων, σιμάσελγος, ἀφρηστής, ὀμβριμός ἵππος, Oppia.

Ne armorum fremitum, & gladiorum ad clypeos resonantium crepitum equi extimescant, eos ad strepitum & sonitum assuescere cogunt, armataque cadauerum simulachra sub ipsum fœnum (frenum) subijciunt, ut cæsorum conspectum in bello ferre consuescant, ut ne rerum terribilium metu affecti, ad rem militarem inutiles sint. Quod quidem ipsum Homerus haud sanè ignorauit, cum Diomedem quidem in Iliade scripsit Thraces iugulare: Vlyssem uero interfectos pedibus subtrahere, ne in cadauera incurrentes Thraces equi formidine perterrerentur: atque ad hæc ipsa insueti, ut per formidolosa quædam ingredientes pręcipiti effrenatione efferrentur, Aelianus. Quomodo instituí & exerceri debeat pullus bellator futurus, infra dicam capite quinto, ex Hippiatricorum capite 116. Cur equos ad belli usum barbari castrare soliti sint, uide infra in Canterio. Equi bellici, qui dextrarij uocantur (utuntur hac uoce hodie Itali, Germani hengst nominant) non debent castrari, ne timidiores fiant. Horum est sonis Musicis gaudere, & crepitu armorum excitari, & cum alijs dextrarijs congredi: Item ædere saltus, & irrumpere acies mordendo & calcitrando. Hi aliquando dominos aut curatores suos tantopere amant, ut amissis eis cibo abstineant, & præ tristitia quandoque uitam finiant. Est quando in tristitia lachrymantur, unde aliqui de uictoria aut clade secutura præsagiunt, Albert. Similia ex Plinio leges in D. Bellatores equi, aut cataphractis ardui & robusti: aut semicataphractis, siue sagittarijs: aut sanè balistarijs (liceat enim nostrorum temporum ἱππετοξότας ita appellare:) ijs igitur mediocres quæruntur, Camerarius. Nostratium equorum Menapij soli, qui Cæsari ut opinor Gallici sunt, & Rugi, ut bellatores fermè in pretio sunt. Sunt & Heluetij, & præcipuè Algoici, qui durare diutissimè putantur. Externorum autem Mysi, & Pannonij, & Sarmatici, idem.

¶Iam si quando lubeat (inquit Xenophon) idoneo bellis equo uti ad agitationem magnificam et speciosam, omnino ab eo, quod plerique faciunt in opinione præclaræ equitationis, abstinendum, os ut frenis laceremus: itemque calcaria ut subdamus, & incutiamus scuticas. Nã ita diuersa omnia accident ab ijs, quæ expetuntur, cum & figuram quandam arduam equi habenis arreptis efficientes, qui debuerat prospicere eum occæcant, & calcaribus atque flagris equum territant, ut non sine periculo perturbetur. Hæc autem sunt quæ faciunt hi equi, quibus agitatio molesta est maximè, atque in turpitudine quidem, non cum honestate. Sed equus si didicerit agitari frenis laxioribus, & ceruicem attollere, eandemque à capite recuruare, ita facile præstabit ea, quibus etiam ipse potissimum delectatur & sibi placet. Hæc autem esse quæ diximus, uel hoc argumento intelligi poterit, quòd equus quoties festinat ad alios equos, sed ad equas in primis, tum & attollit ceruicem quàm altissimè, & caput maximè proclinat truci cum specie, (γαυρούμενος:) tum crurum mollitudinem fert sublimem, & caudam sursum intendit. Qui igitur ad talem formam composuerit equum, qualem ipse effingit, quoties pulcherrimus uideri cupit, is hoc consequetur, ut & de agitatione uoluptatem equus capiat, & magnificus atque terribilis ac spectabilis sit. Quæ quidem qua ratione obtineri posse credamus, nunc deinceps conabimur exponere. Prima igitur frenorum cura est, (sed super his uerba Xenophontis dif-

R 2

feram ad capitis 8. segmentum quintum.) Sed qualecunq; contigerit frenum, cum hoc, cuncta ea quæ subijcientur, præstabit is qui uoluerit formam equi efficere eam, quam supra diximus. Os igitur equi concutiendum, (ἀνακρούειν) neq; ita uehemẽter equus ut refugiat (ὥστε ἐκνεύειν, quod pro ἀνανεύειν positum uidetur:) neq; ita placidè ut non persentiscat. Atq; iam post concussionem ubi equus ceruicem attollet, statim freno indulgendum: item alia oportebit (id quod monere non cessamus) dum scitè obsecundârit, uicissim illi gratificari. Cumq; animaduersum fuerit delectari equum elatione ceruicis, & habenarum laxitate, tum cauebitur ne quid illo tempore huic molestiæ obijciatur, quasi ad laborem equum adigere uelimus, sed blandimentis tum equum demerebimur, ut speret requietẽ: ita enim magis prompto animo ad celeritatẽ agitationis deueniet. Iam uerò celeritate etiam gaudere equos, satis argumenti est, quod liberatus pedetentim nullus abit, sed aufugit: hæc enim certè est uoluptas equorum, nisi forte ad cursuram importunius fuerint incitati. Sed cum inter agitandum equus exultabit, scilicet edoctus iam priore agitatione fuit de flexibus ad celeritatem incitari; quod cũ facere sciuerit, si quis tum illum adductis habenis retineat, & signum aliquod det concitationum, coërcitus hic frenis, imperio concitationis commouetur, & pectus effert, & iratus protollit crura altius, non mollia tamen hæc: quippe in offensis iam non magis mollibus cruribus utuntur equi. Sic igitur exardescente equo, si frenis indulgeas, ibi præ gaudio, quod in laxitate se freno liberatum putet, exultabundo habitu, mollibusq; cruribus elatè sese inferet, planè repræsentans pulchritudinem qua componere se equi solent festinantes ad alios equos. Quiq; hoc cernunt, talem equum appellãt liberalem, & uoluntarium, & equitatorem, & ferocem, & superbum, simulq; & iucundum & terribilem aspectu, Hæc omnia Xenophon.

¶ Minuti in delicijs sæpe habentur, & pueris potentum atq; diuitum parantur, Camerarius. Ex equa & mulo generatur innus, Aristoteles & Varin. ἰννὸν gramatici mannum & equum pumilum exponunt. Sed de manno & mannulo dixi supra in mentione equi gradarij. ἰννοί, οἱ κόλοβοι τῶν ἵππων: νάννοι δὲ οἱ κόλοβοι τῶν ἀνθρώπων, καὶ ναννοφυεῖς, Suidas & Varinus. Equos statura pusillos uocant inos, sed & ginnos posteri nuncuparunt, Cæli. Ginni apud Aristotelem deminuta forma equi dicuntur, quos & gygenios ab Strabone nuncupari, putant nonnulli: quanquam & mulorum genus sic in Liguria uocet. Plura de ginno, hinno & inno, & uario harum uocum tum scribendi tum significandi usu, diximus in Hinno post Asini historiam, & in Ceruo capitis 8. parte 1. Ὕννος, πῶλος ὁ ἐν τῇ γαστρὶ νοσήσας πρὶν κυηθῆναι, Hesychius & Varin. Ex equo & asino ginni proueniunt, cum conceptus in utero ægrotauit: est enim ginnus idem quod metachœrum in porcis, cum membra & magnitudines uitiantur in utero, Aristotel. Γίννος, ὁ (malim οὗ) πατὴρ ἵππος, ἡ δὲ μήτηρ ὄνομα νωθή, Varin. apud Hesychium post πατὴρ punctum scribitur, quod non probo: pro ὄνομα νωθὴ, forte ἡμίονος legendum: etsi Aristoteles ex mulo & equa ginnum generari doceat. Νίννον, τὸν καβάλλην ἵππον, Hesych. et Varinus. Apud Indos Psyllos (alij enim in Africa Psylli sunt) arietibus non maiores equi gignuntur, Aelian. Mannos siue mannulos equos pusillos, buricos etiam nominant, ut est apud Acronem & Porphyrionem, Grapaldus: Cælius burdos uulgò uocitari, non buricos, ex Porphyrione citat. (De burdone in ginno dixi post Asini historiam.) Buricos quidem equos minores uocari legimus apud Vegetium quoq; libro quarto capite secundo. Runcinæ Plinio sunt maiores serræ, quibus fabri materiarij secant arborum moles, subiectis canterijs. Canterij uerò sunt, qui à rusticis ferè nominantur caballi: quia ipsos equos, ut notum est, canterios uocamus. Sed & runcinos agreste uulgus dicit minores equos, ex hac fortasse runcinarum, quas diximus origine, Hermolaus. Runcini equi habentur ad labores onerum uel tractus quadrigarum & rhedarum: licet etiam alij aliquando his laboribus deputentur, Albert. Minores quosdam equos, quibus carpenta & petorita traherentur, manos, & uoce diminuta manulos appellarunt: horum, ut nunc quoq; fit, iubæ tondebantur: quod & Propertius significat lib. 4. Huc mea detonsis auecta est Cynthia manis, Camerarius. Musimon, asinus, mulus, aut equus breuis, Nonius. Pretium emit qui uendit equum musimonem, Lucilius lib. 6. Asinum, aut musimonẽ aut arietem, Cato Deletorio, Nonius. De musmone in Sardinia, fera oui uel arieti simili, dicam statim post Ouis Historiam.

¶ Canterius (aliqui cantherium scribunt t aspirato) equus, cui adempti sunt testiculi, Cato cap. 149. Vegetius spadones dixit. Cantherium Germani monachum uocant, ein münch: & alibi Vuallachum, Vuillichio teste: quod eorum copia ex ea regione, quę olim Dacia dicta est, habeatur. Angli a geldyng. Scoppa canterium iannettum Italicè uulgò dictum interpretatur, de quo superius inter celeres dixi. Galli cheual ongre, cantier, cheuron. M. Cato Censorius cantherio uehebatur, Seneca. Cruciante canterio, Plautus citante Festo: Cruciantem interpretantur succussatorem: Locus Plauti est in Cap. Tum piscatores qui præbent populo pisces fœtidos, Qui aduehuntur quadrupedanti, crucianti cantherio. Vtitur cantherij uocabulo etiam Cicero ad Pætum libro 9. & lib. 3. de Nat. Veredi uelocissimi in cursu sunt, &c. commendantur ad hoc Turcorum caballi, testiculis ut plurimum ademptis, cantherios uocant, Grapaldus. In uijs habere malunt placidos: propter quod discrimen maximè institutum, ut castrentur equi. Demptis enim testiculis fiunt quietiores: & ideo quod semine carent, ij cãtherij appellati, in suibus maiales, in gallis gallinaceis capi, Varro. Multos ego scio non modo asinos inertes, uerumetiam ferocissimos equos nimio libidinis calore laborãtes, atq; ob id truces uesanosq;, adhibita tali detestatione, mansuetos ac mansues exinde factos, Apuleius libro 7. Meta-

Metamorph. Equis interdum ferociæ minuendæ gratia exectione animus cum uirilitate adimitur: hoc uulgo fit quibusdam in locis, ubi promiscuè pascuntur armenta equorum, ut placidè & mansuetè conuersentur: tum canterij uocãtur, Camerarius. De castrandi ratione, Hippiatr. 100. Rusius 98. Scythis & Sarmatis peculiare equos eunuchos facere, quoniam sic euadant mitiores: habent autem non magnos admodum, at acres præcipuè pernicesq́, nunquamq́ non rebelles, Cęlius ex Strabonis libro 7. mutuatus. Sarmatis & Quadis equorum plurimi ex usu castrati sunt, ne aut fœminarum uisu exagitati raptentur, (captentur, Cælius:) aut subsidijs ferocientes prodant hinnitu densiore uectores: & per spatia discurrunt amplissima sequentes alios, uel ipsi terga uertentes insidendo uelocibus equis & morigeris, trahentesq́ singulos, interdum & binos, uti permutatio uires foueat iumentorũ, uigorq́ otio integretur alterno, Ammianus Marc. libro 17. Pannonij & Sarmatici multi reperiuntur castrati in tenera ætate, atq́ ijs dentes cadere negantur, Camerarius. De Gallicis canterijs mentionem feci supra. Currilium (sic uocat celeres & ad cursum utiles) equorum usus est ad fugas & insecutiones præcipuè: & ne induresçant eis nerui ex calore cursus, castrantur, Albert. Sed neque uetulus cantherus (lege canterius) quàm nouellus melior, nec canitudini comes uirtus, Varro Aboriginum ut citat Nonius. Præsepia, non tantum quibus aut cantheria, aut iumenta cætera, aut uetera animalia pabulantur: sed & omnia loca clausa & tuta dicta præsepia, Nonius. Canterijs equis non mittendus est sanguis, ut infra dicam ubi de Phlebotomia equorum agetur. Vecturæ optimi canterij, equi uidelicet castrati, Volaterran. Mense Martio omnia quadrupedia, maximè equos, castrare debemus, Pallad. Cantherium in fossa, rusticum prouerbium (inquit Erasmus) quo licebit uti, quoties quis ad id negotij trahitur, in quo nequaquam ualeat: aut ubi res uehementer erit impedita periculosáue. Nam ut plurimum ualet equus in planicie, ita minimè in fossa. Iubellius Taurea, & Cl. Asellius singulari certamine iuxta Capuam pugnabant: & cum diutius uterq́ alterũ libero campo elusisset, Taurea in cauam uiam descendere iussit, alioqui equorum, non equitum fore certamen. Eò cum Asellius extemplo descendisset, rursum elusit Taurea sermone, qui postea in rusticum uersus est prouerbium: Minimè scis, inquiens, cantherium in fossa: Hæc Liuius decadis 3. lib. 3 Cantherius in porta, adagium quod refertur à Festo in dictione Ridiculus. Indicat autem conuenire, cum quis in principio rei uix inchoatæ deficit animo. Natum à Sulpitio Galba quodam, cui cum prouincia exituro, cantherius in porta cecidisset: Rideo, inquit, te cantheri in porta, cum tam longum iter sis iturus, iam lassum esse te, cum uix dum sis ingressus, Erasmus ex Festo. Sunt qui opinentur canterij uocabulum inde trahi: quia cauterio detestari (testiculis priuari) mos esset, per unius demutationem elementi. Nonnulli canterios intelligunt mulos, ad uellaturam quos pascere moris est: unde sit cantericium (lege cantherinum) hordeum, Cælius. Hordeum hoc nomine apud Columellam legitur, hexastichon etiam dictum. Cantherinum, inquit Ruellius, putauerim dici, quod folliculo castratum enascatur. Est & in uitibus cantherius, iugum simplex, cum depositis hastilibus (ut Columella scribit) adnectuntur singulæ per transuersum perticæ in unam ordinis partem: Id ferè Plinius quoq́ prodit, Cælius. Pedamentum etiam cantherium uocant, unde cantheriolus diminutiuum apud Columellam. Vocat enim is cantheriolos in cepinis, id est ceparum locis, munimenta quædam ceparũ, ne thalli earum uentis prosternantur: sicuti in rapinis etiam cantherios cum operiuntur rapæ, ut à pruinis semina defendantur. Canterios item in architecturæ ratione nominat Vitruuius libro quarto: unde canteriatum tectum, sicut asserulatum quoq́ dictum inuenimus. Vulgus quoq́ (Italicum) crassiores & robustiores ramos canterios solet dicere, nil deluxato admodum uerbo. Ridiculè quidã canterium apud Senecam pro uehiculo accipit, Cælius. Canterij, tigna. Vitruuius libro 5. Et cantherij prominentes ad extremam suggrundationem, supra cantherios templa. Deinde quæ pedaminibus adnixæ singulis iugis imponuntur, eas rustici cantheriatas appellant, Columella libro 5.

¶ Certe hæc mulier cantherino ritu astans somniat, Plautus in Menæch. Adagium hoc reconditum (inquit Cælius) in mulierem concinnatum est, quæ etiamsi astare, uigilare, recteq́ sensibus uti uidebatur: tamen quia nænias quasdam Siculis gerris uaniores effutiebat, somniare ac dormitare eam dicit equino ritu. Notissimum quippe dormire equos stantes, Cælius 8.4. Ibidem Apuleij enarratorem reprehendit, qui cantharino ritu legit, tanquam à cantharo uase uinario.

¶ Σπάλακόν, genus equorum significãtur etiam talpæ hac uoce, Hesychius & Varin. Equos gregales Græci φορβάδας dicunt, (φοράδας autem grauidas) domesticos uerò τροφίας, Cælius: opponuntur autem apud Aristotelem. Ego gregales Græcè etiam ἀγελαίους dixerim, & Latinè armentitios, uel armentinos, uel armentales. Armentalis equæ mammis, & lacte ferino Nutribat, Vergil. Equas domitas sexaginta dieb. equire, ante quàm gregales aiunt, Plin. Emissarius equus, aries, & huiusmodi, qui emissus sit in solitudinem, uel qui ad generandam sobolem emittitur, Valla in Rauden. Hoc uocabulum in translatione Bibliorum, quæ Hieronymi putatur, positum aliquoties reperi: ut caprũ emissarium Leuitici 16. ubi 70. ἀποπομπαῖον uertunt. Equi alij sunt idonei ad rem militarem, alij ad uecturam: itaq́ peritus belli alios eligit atq́ alit, ac docet: aliter quadrigarius ac desultor. Neq́ idem qui uectarios facere uult, Varro. Ad currum equi iunguntur: hinc curules & bijuges, & à carruca carrucarij, à carpento carpentarij, & à rheda rhedarij, & à cisio cisarij (cisiarij potius) nomina traxerunt: sed mulos primos cœptos curru uehiculoq́ adiungi creditum, teste Pompeio, Grapald. Apud Vegetium iumenta currulia legimus, per duplex r. Albertus inusitato uocabulo equos ad fugam

R 5

& insecutionem aptos, curriles uocat. A curru sellam curulem nominari legimus, r simplici et prima breui. Celerius uoluntate Hortensij ex equili educeres rhedarios, ut tibi haberes, mulos, quàm è piscina barbatum mullū, Varro. Videtur sanè rheda de mulis proprie dici, cui ad itinera conficienda fungebantur, ut apud Græcos ἀπήνη: nam rhedarium equum (quanquam Grapald. sic uocet) apud ueteres non memini legere ut mulum rhedarium. De uarijs uehiculorum generibus, dicam in H. e. Vectarij (inquit Camerarius) ad plaustra, esseda, rhedas, carros adiunguntur. Veteres tamen Græciæ & Italiæ populi, non equos ad plaustra & uehicula, sed boues aut mulos adiunxere, & uiatorib. mulis magis quàm equis usi fuere. Nostri autem homines, nisi ubi montana sunt, non ferè boues, neque aratores neq; uectarios alunt. Videas etiam alicubi syluarum ingentium accolas, & carbonarios, ante boues equos agitare. Vecturæ optimi canterij, equi uidelicet castrati, Volater. Vectarijs robur esse oportet: hi ruri educuntur, sui cuiusdam generis, quamuis & bonos equos interdum rura mittant, sed in oppidis ad uecturas plærunq; dantur effœti annis, aut læsi, qui illis operis reliquas uires conficiant. Neq; est tanta nostri temporis humanitas, ut ociosus alatur equus, postquam consenuerit & uires amiserit, utq; non turpi senectæ illius, quod Maro fieri oportere censuit, ignoscatur abdito domi, Camerar. Runcini equi habentur ad labores onerum uel tractus quadrigarum & rhedarum: licet etiam alij aliquando his laboribus deputentur, Albert. Dignum est notatu dextratio uerbum apud Solinum, (de cursu equorum quadrijugum,) unde modo equos maximè bigarios, Hetruria dextrarios appellat, Hermol. Ego equum insignem potissimum, quibusdam Italiæ locis uulgò destriero nominari audio. ¶ Equi sarcinarij aut iugales, Bud. libro 5. de Asse. Clitellarius equus id est sarcinarius, à ferendis clitellis, Textor. De clitellis plura attuli in Asino in H. e. Equi & canes si ruri alantur, sumptus & curas quæ in ipsos conferuntur, facile compensant. Nam equo siue mane siue serò dominus ad negotia festinet, expedite uehitur, Xenophon. De equis bigeneris & ad iugū destinatis, supra alicubi dictum est. ¶ Itinerarij equi promiscuè grandes paruiq; esse solent, Camerar. Pollux hodœporicos nominat: nos itinerarios, ut Cælio placet, dicere possumus. In uijs habere malunt placidos, propter quod discrimen (placidorum ab acribus, qui ad rem militarem conueniunt) maximè institutum, ut castrentur equi, Varro.

¶ De equis autem ad pompam idoneis (pompicis) quiq; sese erigere & præclari uideri soleant, si quis tales requirit, is sciat non cuiusuis equi hæc esse opera; sed eorum qui sint animis ingentib. & ualidis corporibus prædití. Quòd autem nonnulli arbitrantur, cum mollitudine crurum coniunctā esse erigendi facultatem, id uerum non est: sed lumbi (lumbos, ὀσφὺν, nunc appello, non qua caudam uersus, sed qua intra latera & coxas ad ilia tendunt, μεταξὺ τῶν τε πλευρῶν καὶ τῶν ἰσχίων πρὸς τὰς λαγόνας) cui sunt molles & succincti atq; robusti, poterit spaciosè prioribus cruribus subijcere posteriora. Hoc dū facit, tum si quis freno cōcutiat os equi, (ἀνακρούῃ τῷ χαλινῷ,) fit ut posteriores in talos ille reflectat atq; subsidat, erigat autem superiores corporis partes, sic aspicientibus contrà aluus & inguen ut appareat. Ibi igitur frenis indulgendum, uti equus, quod pulcherrimum est in hoc genere, faciat libens, & ita spectatorib. hoc facere uideatur. Sunt qui ad hoc etiam erudiant equos: quorum hi uirga talos pulsant, illi baculo iubent accurrere qui coxas (ὑπὸ τὰς μηρείας) uerberet. Nobis uerò hæc uidetur institutio optima, si, id quod semper dicimus, non omittatur unq;, equo ut quies contingat, postquam uoluntati agitatoris obtemperauerit. Proinde certis signis excitatum equum sponte (ἔχοντα, lego ἑκόντα) pulcherrimos & splendidissimos gestus exhibere oportet. Quod si post equitationem et copiosum sudorem, nec non cum se scitè erexerit, statim sessore ac frenis releuetur equus, (ἢν δὲ καὶ ὅταν μὲν ἱππάζηται, μέχρι πολλοῦ ἱδρῶτος ἐλαύνηται· ὅταν δὲ καλῶς μετεωρίζῃ ἑαυτὸν, ταχύ τε καταβαίνηται καὶ ἀποχαλινῶται: hoc est, ut ipse uerto, Quòd si etiam dum equitatur, ad sudorem usq; agitetur: ubi primum uerò scitè sese erexerit, statim sessore ac frenis leuetur) non dubitandum quin sua uoluntate postea ad erectiones peruenturus sit. Super huiusmodi iam quidem agitationi idoneis equis residentes, & dij pinguntur, & heroës: hominesq; in usu horum decente, magnifici uidentur. Usqueadeo uerò equus qui sese erigit, uel pulchra uel admirabilis, uel etiam expetenda res est, ut omnium oculos spectantium in se cōuersos teneat, tam iuuenum quàm seniorum, & reliqua. Maximè sanè laudatur talis equus, qui corpus & altissimè & frequentissimè erigat, & lentè interim procedat. Hæc omnia Xenophon. Transcripsit & Pollux ex eo nonnulla, sed breuius ac obscurius: & quædam à Xenophonte relata ad equum militarem cum ad ostentationem equitatur, ipse non rectè ad pompicum refert.

¶ Oppianus syluestrem equū composita uoce hippagrum uocat, equiferum Plinius. Equi feri re periuntur, Aristotel. Idem in Mirabilibus equos feros in Syria reperiri scribit, eosq; famam esse iunioribus qui ad fœminas accesserint, testiculos mordicus abscindere, cursu persequentes & capite per posteriora crura immisso. Alpes habent equos agrestes, Strabo. Et alibi, Hispania producit equos syluestres affatim. Equi feri in Hispaniæ citerioris regionibus aliquot sunt, Varro. Fuerunt sub Gordiano Romæ equi feri quadraginta, Iulius Capitolinus. Et alibi in Gordiano primo, Extat (inquit) Gordiani sylua memorabilis, picta in domo rostrata Cn. Pompeij, in qua pictura præter alias feras equi feri trecenti continentur. In Aethiopum locis prępruptis, multi sunt equi feri, duobus dentibus exertis & uenenatis prædití: quibus non solida pedum ungula, sed similiter ut ceruorum bifida est, iuba per mediam spinam ad extremam usq; caudam pertinet. Ac si quando eos positis laqueorū insidijs Indi comprehensos in seruitutem redigere uelint, abstinent se propterea cibo & potione, q seruiendi

seruiendi indignitatem acerbissimè ferant, Oppianus libro 3. de uenatione. Onesicritus scribit equos unicornes in India esse ceruinis capitibus, Strabo. Equi syluestres colore sunt cinereo, linea per dorsum fusca à capite usq; ad caudam, Albertus. Apud Hypanim Scythiæ fluuium equi sunt syluestres & candidi, Herodotus in Melpomene: quod ex eo Eustathius etiam repetit in Dionysium scribens, ubi & alium Indiæ Hypanim esse docet. In Syria aiunt greges syluestrium equorum esse, quibus singuli duces præsint: & si quis minorum natu fœminam saliat, ducem indignatum tamdiu persequi, donec assecutus ore inter posteriora crura inserto, testes eius auellat, Aristoteles in Mirabilibus. Nos supra ex Oppiano retulimus onagrum marem pullis in suo genere masculis statim natis testes mordicus abscindere. Septentrio fert & equorum greges ferorum, Plin. Et alibi, Potus equiferorũ sanguis suspirosis ante omnia efficax est. In Brussia sunt equi syluestres, neq; à Græcis, neq; à Latinis descripti, penitus equis similes, nisi quòd dorsa satis mollia habẽt, & ad insidendũ inepta, neq; temere cicurantur unquã. Sunt autem edendo, nec sunt eorũ carnes palato insipidæ, Erasmus Stella in libro de origine Brussorum. Equus syluestris ceruino cornu reperitur in Polonia, Io. Boëmus: quærendum an de rangifero dicto sentiat.

C.

Equi natura calida & temperata iudicatur. Caliditatem ostendunt, leuitas, uelocitas, audacia, & uitæ longitudo, uiuacior enim est cæteris (plærisq;) animantibus. Temperatus autem existimatur, quoniam docilis est, & in dominum uel nutricium suum placidus, Russius.

¶Minoris est pretij equus multò, cuius oculi fuerint albi, quia ductus ad niuem uel locum frigidum non uidet: sed in loco nõ lucido & tempore calido bene uidet, Crescent. Reliqua de oculis & uisu equorum, præcedenti cap. diximus.

¶Quibus cordi est educatio generis equini, maximè conuenit prouidere autorem industrium, & pabuli copiam, quæ utraq; uel mediocria possunt alijs pecoribus adhiberi: summam sedulitatem, & largam satietatem desiderat equinum pecus, Columella 6.27. Equi gaudent pratis riguis & paludibus, Aristot. Equorum gregibus spatiosa, & palustria, nec non montana pascua eligẽda sunt: rigua, nec unquam siccanea, uacuáue magis quàm stirpibus impedita, frequenter mollibus potius quàm proceris herbis abundantia. uulgaribus equis passim maribus ac fœminis pasci permittitur, Columella. Pascendi (inquit Varro) ratio triplex: In qua regione quanq; potissimum pascat, & quando, è queis: ut capras in montosis potius locis, & fruticibus, quàm in herbidis campis: equas contra. Equis pascua legamus pinguissima, hyeme aprica: frigida & opaca prouideamus æstate, nec adeò mollibus locis nata, ut ungularum firmitas de asperitate nil sentiat, Palladius. Equi, muli, & asini (inquit Aristoteles) fruge herbaq; uescuntur, sed maximè potu pinguescunt. Equinum pecus pascendum in pratis potissimum herba: in stabulis ac præsepibus arido fœno: cum pepererint, ordeo adiecto, Varro. Equos uere nouo farragine molli pasce, uenamq; feri:

Inde ubi pubentes calamos durauerit æstas, Lactentesq; urens herbas siccauerit omnem
Mensibus humorem, culmisq; armârit aristas: Ordea tum, paleasq; leues præbere memẽto.
Puluere quinetiam puras secernere fruges Cura sit, atq; toros manibus pcurrere equorũ,
Gaudeat ut plausu sonipes, lætumq; relaxet Corpus, & altores rapiat per uiscera succos.
Id curent famuli, comitumq; animosa iuuentus, Nemesianus.

De oleraceo cibatu equi, scribam inferius ubi sanitatis equorum tuendæ præcepta tradentur. Fœno aluntur iumenta, datur & stramentum. Equos uero generosiores, & ad cursum præsertim paratos, quos barbaricos dicimus, paleis & zeatico hordeaceóue cibario, qui sunt principum equisones alere consueuerunt, Grapaldus. Equis pabulum conuenit duriusculum, & quod non inflet: ut auena, uel triticum, & aliquando spelta: hordeum uerò & siligo quoniam inflant minus probãtur, Albertus. Pollux equorum nutrimenta enumerat, hordeum, zeam, olyram, fœnum (χόρτος, χιλός. Grammatici (Suidas & Varinus) χιλὸν simpliciter nutrimentum, uel χόρτον id est fœnum exponunt, quasi χειλὸν παρὰ τὸ χεῖσθαι τοῖς χείλεσι. inde χιλῶσθαι, παχύνεσθαι, σιτίζεσθαι: & εὔχιλος:) & ex Homero, triticum, lotum, apium palustre. Equo abunde est cytisi uiridis pondo XV. Columella. sed de cytiso copiosissimè docui in Bouis historia capite 3. Equus (inquit Russius) edat fœnum, paleas, herbas, ordeum, auenam, quæ sunt naturales & proprij semper equorum cibi. Si tamen equus sit iuuenis, herbis & fœno cum ordeo, uel alio simili, aut sine ordeo pascatur sufficienter. quoniam herbæ & fœnum uentrem dilatant & corpus, & humiditate sua alunt augentq;. Nam cum omne animal natura humidum sit, equus in omni ætate reficiẽdus est humidioribus herbis. Vbi iam adultus & labori idoneus fuerit, siccioribus alimentis mediocriter utatur, ut paleis & hordeo, & similibus. Paleæ quidem cum204 sicciores sint, equum non facile obesum reddunt, sed in habitu mediocri conseruant, & robur addunt. Nam dura cum dissoluantur ægrius, uires diutius fouent: tenera & mollia non item. Melior autem fuerit in equis mediocris habitudo, inter obesam dico & macilentam. Nam si modum excedat, illa multos & prauos humores morbis fomenta suppeditat: hæc uires imminuit, & corpus aspectu turpe reddit, Hucusq; Russius: transcripsit autem ferè ad uerbum ex Petro Crescentiensi 9.5. Botri autumno in cibo exhibiti equis, uentrem mouent, & corpus augent, Obscurus. Medica herba quæ præcipuè equos nutrit, in Media abundat, Strabo. Herbæ Medicæ prima falx uitio datur, & cum fœtida aqua rigatur, incommoda est, Aristoteles. Herba Medica apud nos fœnum est optimum (χόρτος ἄριστος) & præstantissimum & aptissimum equis:eadem quoq; trifolium uocatur, Varinus. Sed satis iam multis in Boue de Medica dixi cap. 3. Ad maciem equorum, ut Columella prodidit, nulla res tantum, quantum Medica potest. Plura de hac herba in Boue capite tertio disserui: & inter cætera uocari eam hodie uulgò ab Hispanis alfalses, apud Arabes alasfest, &c. Bellunensis alasfest & fassasa eandem esse scribit. hic pauca ceu paralipomena adijciam. Fassafa, trifolium est quod datur equis saginandis, simile sulæ, Vetus Glossographus Auicennæ. Sulla, id est arthritica: uel secundum quosdam herba dulcissima & grata equis, qua Calabri equos saginant, Syluaticus. Et alibi: Sual, id est sulla. Cytisum in Italia uulgò plerique uocant trifolium caballinum, quod pastu eius equi delectentur, Matthæol. Sed cum trifolium caballinum, ut ex descriptione eius apparet, nō alia sit herba, quàm quę Germanis **sibengezyt** appellatur, &c. eadem cytisus esse non potest, ut facile intelliget qui cytisi historiam supra in Boue legerit capite tertio. Tribulo herba uiridi Thraces Strymonis fluuij accolæ equos saginant, Dioscorid. ¶ Verno tempore equis, iunioribus in primis, per continuos dies plusculos farrago exhibetur, qua & purgantur & obesiores euadunt. Farrago est commistura multarum frugum in equorum pabulum, Germanicè **ein gemenghe**, Vuilich. A trimatu farrago dari solet. Hæc enim purgatio maximè necessaria equino pecori, quod diebus decē facere oportet, nec pati alium ullum cibum gustare. Ab undecimo die usq; ad quartumdecimum dandum ordeum, quotidie adijciēdo minutatim. Quod quarto die feceris, in eo decem diebus proximis manendum: ab eo tempore mediocriter exercendū, & cum sudauerit, oleo perungendum. Si frigus erit, in equili faciēdus ignis, Varro. Eadem omnia in Hippiatricis, quæ Ruellius transtulit, tanq; Eumeli recitantur: (nam Græcus codex impressus nō habet:) Et insuper hæc uerba, Farrago etiam bubus cæterisq; pecudibus optimè dissecta præbetur. Et si depascere sæpius uoles, usq; in mensem Maium sufficit. Nostri equorum mangones (inquit Ruell.) dragetam, quasi uario pabulorum genere conflatam nomināt, Græci grastin. Farrago pilū expolit, cum frugibus grauida est: sed duris iam horrens aristis inutilis est, Aristot. Græci mixtam farraginem ad equos purgandos grastin uocant, Ruel. De farragine & ocymo, quantum ad boues attinet & in genere permulta attuli in bouis historia cap. 3. Memineris statim cum in affectionem inciderit, hordeum ei subtrahendum penitus et potus, herbas uirides uel farragines ad sustentandum dandas, Vegetius de uesicæ morbis loquens. Pasce igitur sub uere nouo farragine molli Cornipedes, Nemesian. Vbi equum priuatim locauerimus, uere circa idus Aprilis, farraginem dabimus: maximè probatur triticea: sin desit, hordeacea: dabitur autem per dies quinq;, inde iam dieb. decem alijs obijcietur. Longe melius cedet si iuxta mare sata farrago fuerit. (uentrem enim facilius soluit, humoremq; deducit, Veget. 1. 23.) ea si desit, præsente utemur: indies sextarium unum hordei priori modo adiecisse satis est. (Ego uerterim, præsente utemur cum hordeo: ut legatur, non καὶ, sed μετὰ κριθῶν, ut etiam paulo post) quoad uentum erit ad constitutum modum, in quo morabimur, uiride fœnum quandiu suppetit sine intermissione dantes. A primis quinq; diebus equum ad aquas producemus, totumq; sic undis proluemus, ut natandi detur potestas: dein omni destricta cutis illuuie, oleum & uinum oportet inspirare, & manibus pressis terga secundo pilo subigere, dum insidens humor prorsus abstergeatur, reliquis diebus, ut paulò ante scripsimus, hordeū unà cum farragine dandum erit. (Si tamen farraginis penuria fuerit, alia ineunda erit ratio, ut initio à calendis facto ad tricesimum usq; diem perueniamus.) Sed necessarium est dum (Ruell. non rectè transtulit anteq;) farraginem præbemus, sanguinem mitti, sectis in pectore uenis, sauciatisq; palati toris, ut qui præfuerat sanguis unà cum sanie à solidis suffundatur, nouusq; inanitas impleat uenas, & in palatum feratur. Hac ratione uiuendi firmatus equus, non facile aduersis ualetudinib. patebit, & obeundis par erit laboribus. Cæterum equo qui ita uiridi pascitur herba, salem (super tabella aliqua uel disco, ut facile sumant quantum uoluerit) præberi perq; utile fuerit, ne os manantibus ulcusculis, quæ ueterinarij sigriases, (συγχίασις in excuso) nonnulli aphthas uocant, obsideatur. (Eodem os totum manu mulceatur, aduersus idem malum aphtharum ne superueniat, Theomnest.) Non est committendum, ut equus qui malide implicatur, in hac per farraginem curatione, sub dio pascat. Nam facile lues hæc tergus subtercurrit & scabiem creat, ex qua flagrante solis æstu furor uel insania concipitur. Oportet ergo clausum intra tecta continere, & ita cibum obijci. Porrò longè optimum ante fuerit alui deiectionem moliri, dato cucumere (nimirum syluestri) & nitro, q; uiridi segete genus equinum exhilaretur, Absyrtus, Hierocles, Theomnestus. Eadem hæc ratio circa farraginem, mulis quoq; conducit, ut Theomnestus scribit. Cum uiridis pabuli tempus adpetit (inquit Hierocles) dabis operam ut uno die syluestri fœno (gramine) uescantur: Postridie in nares medicamentum inspirabis, quod cocci (gnidij) radice (ῥίζα κοκκοειδὴς) iride, folio, costo & pipere componitur: confestimq; ad pascua diebus binis aut ternis emittas, ut rapto naribus medicamine caput humi deflectentes omnem ei insidentem humorem excutiant, Hierocles. Theomnestus eundem puluerem aliter describit his uerbis: Radicis cocci (gnidij) piperis, pulegij, origani, singulorum uncia: folij, costi, iridis, radicis cucumeris erratici q; leuissimè triti, singulorum semuncia: omnia tusa & cribro tenui farinario creta, per arundinem in nares inspirantur. Caput semissem horæ suspensum extollitur: insequentiq; triduo (uel biduo) pastioni ueterinum indulgere sinit, ut omnis pituitosus humor, qui frigoribus hyemis in cerebro coierat, capitis depressu cum incumbit pastui, destillans ruat. Ea res omnem pituitam per nares elicit, & pecudem expurgat: ita enim neq; malides, neq; tonsillæ, neq; strumæ ijs animantibus enascent. Dein in in equilia reducas, & syluestre fœnum quatuor aut quinque diebus repræsentes. Quinetiã farraginẽ (postridie incipe dare farraginẽ) in primis triticeã, si desideret, hordeaceã, quinque diebus ministrabis. Deinde sanguinẽ detrahes, & cũ eo qui profluxit, nitrũ & acetũ additis ouis (Theomnestus oua nõ addit) & oleo miscebis, ac totũ animal oblines (à capronis ad calcẽ secundũ pilos illines) & tãtisper in sole continebis, dum omnis illitio resiccetur. Postea remittes in stabulũ, & rursum alijs quinque diebus farraginem obijcies, in quibus strigiles non adhibebis. Sexto, stabulo educens equum lauabis, & asperis stragulis deterges, ut omnis exhauriatur humor, & sordes radantur: dein ubi in equile se rece perit, farraginem obijcies complurimum diebus quatuordecim, uel saltem non paucioribus quàm se ptem uel nouem, quò præpinguis & obesus eniteat. Similem huic curam uide infra inter Ὑγιεινὰ de 10 purgatione per aluum, ubi ex Vegetio recitabitur qua obseruatione cyclo curentur animalia. Camerarius cum ad nostras regiones hanc curandi equos & à morbis præseruandi rationem reuocare uellet, in Hippocomico suo sic scribit: Vere cibi proderunt, nequaquam aridi, sed molles atque teneri. Hanc ob causam uidetur ad ualetudinem tuendam optimum esse, equus ut in prata boni & succidi graminis deducatur atque ibi pascatur pro uoluntate sua. Nam satiari uel etiam repleri illum non obe rit. Si aliquid impedimento forte sit, quo minus in prata deduci equus rectè possit, afferri gramina de secta, qualia diximus, curabuntur, & ante illum humi in corbe ampliuscula apponentur, & hic cibus præbebitur, si ita uideat (nam tempus non ausim præfinire) à Calendis Maij usque in Nonas, atque præbebitur solus interdiu. Vesperi autem auenæ uel ordei non multum dabitur, ut uerbi causa con sueti pabuli pars quinta, atque huic sal inspergetur, uel proponetur hoc equo ut lingat. Interea sæpius 20 sternutationum fremitus excitabimus indito naribus puluisculo quem ueteres præscripserunt, ut sint pondera æqualia piperis, pulegij, origani, amaraci, costi, ireos, malabathri, radicis (cocci) gnidij. Per calamũ aũt inflari iusserũt. Nos illa exotica, si uti puluisculo uelimus, uel omittere, uel mutare, ut opinor, rore marino, nardo, saluia, rectè poterimus, de quo cuiusque suum esto iudicium. Postea alios dies sex pascetur gramine desecto, neque uiridi, neque arido adhuc, sed fœno quodam uirescente: & suũ pabulum integrum apponetur. His peractis sanguis minuetur, & quidem largius, atque ita resumetur usitata cura atque tractatio. Hoc, ut ratio mea fert, & uigorem equi augebit, & corpus reddet pleni us atque nitidius, non quadam exuberantia, sed robore carnis: idemque sanitatem præstabit tutam atque defensam, neque patietur leui momento affligi. Sed quandiu in gramine detinebitur equus, accuratè oportebit à frigore defendi: ideoque nisi sereno cœlo in prata non educetur, & noctu stragulis atque 30 tegetibus operietur. Hæc Camerarius. Secale elixum & cum pabulo datũ equis uendendis, falsam corpulentiæ speciem repræsentat. Ocymum Venerem stimulat, ideo etiam equis asinisque admissuræ tempore ingeritur, Plin. Plura de ocymo in Boue cap. tertio dixi, ubi etiam de farragine. De ma cerata fruge quam strigosis equis Cappadoces exhibent, scribitur in Hippiatricis 129. & nos forte referemus in Ὑγιεινοῖς. Equi cum edunt frumentum, nunquam sine detrimento id faciunt, Serapio citans Galenum. De herbis quibusdam, tum quibus uescuntur equi, tum quę denominantur ab eis, in Philologia docebo. Quibus iumenta in genere nutriuntur aut saginantur, ut gramen, eruum, uiscum, ad librum de animalibus communem pertinent. ¶ Horotas & Gedrusios fama est tanquã fœnum pisces equis edendos obijcere: Celtas audio boues & equos piscibus alere: Et nonnulli quoque testantur, Macedones & Lydos piscibus equos suos pascere, Aelianus. Apud Pæones qui Prasiadem paludem habitant (unde breuis admodum in Macedoniam uia est) iuxta montem Orbelum, 40 equis & subiugalibus pisces pro pabulo præbent, Herodot. libro 5. De pabulo equorum plura dicam capite quinto in tractatione equi: De pullorum autem alimentis priuatim quædam, hoc ipso capite inferius. Qui citò obesos efficere equos desiderant, tortucas (id est testudines cum pabulo mol li decoquunt, & inde equi grandem sed falsam corpulentiam acquirunt, Albert. ¶ Helleboro nigro equi, boues, sues necantur: itaque cauent id, cum candido uescantur, Plin. Prouenit apud nos ęgolethros, noxia herba, orobanchæ similis, de qua in Boue dixi: hac non ipsa solum boues abstinẽt, sed etiam gramine circumcirca nascente, licet eodem equi uescantur. Quænam in cibo abortum equabus moueant, dicam inferius.

¶ Equi sorbendo bibunt, ut & reliqua animalia, quorum dentes continui sunt, Aristot. Equi, 50 ut cameli, aquam turbulentam & crassam suauius bibunt, quippe qui ne ex fluuio quidem prius hauriant, quàm pede inturbent: possunt uel ad quatuor dies tolerare sine potu, mox bibunt quàm multum, Aristotel. Et alibi, Bibunt equi aquas libentius turbidas: quod si clara est, inturbant eam ungulis suis, & cum biberint, lauant se totos, lymphisque potiuntur: balneum enim omnino hoc animal adamat, & aquæ deditum est: quamobrem natura etiam equi fluuiatilis ita constat, ut uiuere nisi in humore non possit. Bos contrà quàm equus, nisi aqua sit clara, frigida atque lympida, bibere nolit. Obseruandum est (ut scribit author quidam obscurus) ut aqua bibenda equis, non sit nimium lenta aut mollis, sed duriuscula, turbida, et leniter fluens. Hęc enim crassiore sua substantia melius nutrit. Cæterum quo frigidior aqua est, & uelocius fluit, eò minus alit. Conceditur tamẽ per æstatem cum nimium calorem temperari res postulat. Non parum etiam consuetudini dandum est, quæ licet ma 60 la fuerit, subitò tamen mutari non debet, sed paulatim. Et quoniam equus nisi affatim bibat, non satis proficit, os ei interdũ sale (qui uino nonnunque recenti conspersus sit) perfricandũ est: sic enim bibendi simul edendique auiditas acuetur. Adferentur & capite quinto in tractatione equi nonnulla quæ ad potum eius pertinent. Quo acrior equus est, eò altius in bibendo nares mergit, Plin. Qui fiat quòd equi bibentes caput in aquam ad oculos usque demergãt, muli uerò & asini summis tantum labris sorbeant, Hieronymus Garimbertus inquirit quæstione 45. Illud mirum utique uel Homero auctore, uinum iumentis solitum dari: sic enim Hector Iliados octauo equos alloquitur suos. Repen dite (inquit) si Andromache Ὑμῖν πὰρ προτέροισι μελίφρονα πυρὸν ἔθηκεν, Οἶνον τ' ἐγκεράσασα πιεῖν, ὅτε θυμὸς ἀνώγοι, Cælius. Columella equis sanis, sed macilentis, uini potionem dari iubet. Vinũ equis quidam infundunt, ut animosos reddant, uide capite quinto in tractatione equorum. Βόρταχος, rana, auena: uel secundum aliquos frumentacea equorum potio, Varinus: Hesychius distinguit, ut alij equorum potionem exponant, alij uerò frumentaceam. Est autem frumentacea potio, ut curmi, & zythus ex hordeo.

¶ Somnus & uigilia, incrementum & corruptio, & uita & mors, cæteraque accidentia ex sensibus, sunt in canibus, sicut in equis & hominibus, Author obscurus.

¶ Equos etiã somniare palàm est, Aristoteles, Plinius. Equos stãtes dormire & somniare superius dixi in Canterij mentione.

¶ Equi cur plus excrementi sicci egerant quàm humidi, Aristoteles sectionis 10. problemate 58. Vt equæ ita & uaccæ crebrius mingunt, Aristotel. Scythæ per bella fœminis uti malunt, quoniam urinam cursu non impedito reddant, Plinius. Cur mas in equino & asinino genere, urinam fœminæ odoratus, caput erigit, & dentes nudat: Hieron. Garimbertus quæstione 46. Spumantemque agitabat equum, Virgilius Aene. 11. Vectus equo spumãte Sages, Aene. 12. Seu spumantis equi fode ret calcaribus armos, Aene. 6. Inquirit alicubi Galenus cur equi currentes spumam emittant. ¶ Equæ lac secundum locum tenuitatis habet post lac cameli, Aristoteles. Plura de lacte equino capite sexto leges. ¶ Equæ purgãtur menstruis, modo quidem ampliore quàm oues & capræ, sed multò minus proportione, Aristoteles. Equabus menses fiunt, & uaccis, sed his minus, Idem. Et alibi, Equa menstruosa non est, imò minimum inter quadrupedes emittere solet. Et rursus, Equa uacat admodum purgamentis in partu, minimumque emittit profluuium sanguinis uidelicet pro corporis magnitudine. Item alibi, Conceptus indicium maximè in uaccis, equabusque, cum menses cessarunt, spacio temporis bimestri, trimestri, quadrimestri, semestri: sed id percipere difficile est, nisi quis iandudũ secutus, assuetusque admodum sit: quamobrem non desunt, qui menses in his animalibus negent.

¶ Cum equa peperit statim secundas deuorat, atque etiam quod pulli nascentis fronti adhæret, hippomanes dictum, magnitudine minus carica parua, specie latiusculum, orbiculatum, nigrum, (fuluo colore, Solinus: legendum forte fusco:) hoc si quis prærepto odorem moueat, equa excitatur, furitque agnito eo odore: quapropter id à ueneficis petitur & percipitur mulierculis, Aristotel. Et alibi, Quod hippomanes uocant, hæret quidem fronti nascentis pulli, ut narratur: Sed equæ perlambentes abstergentesque, id abrodunt. quæ autem de hoc fabulantur, figmenta muliercularum, & professorum carminis incantamentorum esse credendum potius est. Proditur equis (inquit Plinius) amoris innasci ueneficium, hippomanes appellatum, in fronte, caricæ magnitudine, colore nigro: quod statim ædito partu deuorat fœta, aut partum ad ubera non admittit: olfactu (nempe huius carunculæ) in rabiem id genus agitur. Aelianus etiam hippomanes huiusmodi in fronte pulli nascentem carunculam esse scribit. Hi autem (inquit) qui per præstigias & captiones mulieribus illudere solent, uim aiũt quandam alliciendi ad libidinem, atque amatoriam flammam excitandi habere: eamque ob rem equa furens inuidia, non homini has præstigias permittit assequi. In Varini Lexico de hippomane Aristotelis ferè uerba legimus, & insuper, Ἐστὶ δὲ εἰς πολλὰ δόκιμον: hoc est, probatum ad multa usum habet. Vtuntur eo ad philtra ueneficæ, Hesychius. Quæritur & nascentis equi de fronte reuulsus, Et matri præreptus amor, Vergilius lib 4. Aeneidos. Atqui Georgicorum tertio aliud hippomanes facit, his uersibus: Hinc demum (cum libidine agitantur equæ) hippomanes, uero quod nomine dicunt Pastores: lẽtum distillat ab inguine uirus. Hippomanes, quod sæpe malæ legẽre nouercæ, Miscueruntque herbas, & non innoxia uerba. Sic & Tibullus, Hippomanes cupidę stillat ab inguine equę. Sed hoc Aristoteles quoque agnoscit, uide infra ubi de libidine equarum hoc in capite agetur. Coitus stimulat uirus à coitu equi Vergilio quoque descriptum, Plinius. Hinc perorigæ coitum admissarijs excitant, ut inferius dicetur. Id præcipuè armentum si prohibeas, libidinis extimulatur furijs: Vnde etiam ueneno inditum est nomen hippomanes, quod equinę cupidini similem mortalibus amorem accendat, Columella. Hinc & ἱππομανὴς adiectiuum, & ἱππομανία, de quibus uocibus capite octauo dicam: & ἱππομανεῖν, insanire ac furere in Venerem, de quo mox in libidine equorum. Apud Theocritum in Pharmaceutria hippomanes memoratur tanquam herba his uersibus: Ἱππομανὲς φυτόν ἐστι παρ' Ἀρκάσι, τῷ δ' ἔπι πᾶσαι Καὶ πῶλοι μαίνονται ἀν' ὤρεα, καὶ θοαὶ ἵπποι. Sunt qui ex Hesiodo quoque herbam esse putent, quam edentes equi in furorem agantur, Vuillichius: de hac nonnihil capite 8. dicam. Equarum uirus à coitu in lychnis accensum, Anaxilaus prodidit equinorum capitum uisus repræsentare monstrifice: Similiter ex asinis. Nam hippomanes tãtas in ueneficio uires habet, ut affusum æris mixturæ in effigiem equæ Olympiæ, admotos mares equos ad rabiem coitus agat, Plinius. Olympiæ Phormis Arcas (ut Gillius ex Pausania uertit) ex ære equum posuit, in eundemque, quemadmodum in sermonem Eliensium uenit, hippomanes inclusit: in hunc et si abscissa cauda turpior est, equi tamen ruptis uinculis libidinis furore feruntur, ac si de manibus ductorum effugerint, in eum ipsum ardentius

ardentius multò, quàm in pulcherrimam equam & uiuam & se iniri sustinentem, insiliunt: neque enim quod ungulæ cum ad æream statuam adhærescere cupiunt, lubrico lapsu eludantur, idcirco coitum desperant, imò uero magis magisque ore hiante atque imminente adhinniunt, & uiolentius inuadunt: neque, priusquam flagris & magno robore equisonis abstrahuntur, ab æreo simulacro depelli possunt. Eadem Aelianus scribens, Abstrusa quadam (inquit) artificis machinatione hippomanes reconditum intra æream statuam equos alliciebat: neque enim erat tam accurata fabrica, ut ex ea equi eatenus fallerentur & inducerentur, ut tantopere ad illius conspectum in uenerem stimulari deberent. Lichenes in equo, aliud quàm hippomanes sunt, quod alioqui noxium omitto, Plinius. Carunculam unà cum pullo enatam, alij in fronte insitam esse, alij ad lumbos, alij ad genitalia adhærescere aiunt, eam sane nuncupatam hippomanes, primum ut ex sese equa peperit, continuo deuorat, & dei benignitate misericordi in equinam stirpem occultat, ne si, ut ferunt, idipsum usque ad extremum uitæ diem pullus semper insitum in se perseueraret habere, ad effrenationem impotentis ueneris, tam mas quàm fœmina rueret, & libidinis rabie equinum genus funditus periret. Quod quidem ipsum penitus cognitum pastores habent, ac si quando ad moliendas alicui amatorias insidias egeant, ut ipsum ad cupidinem ueneris inflamment, diligenter obseruant quando equa uentrem ferens pariat, atque statim à partu pullium à pullo abscindunt, & in equæ ungulam iniiciunt: (nam in hanc abditum & conditum optimè seruatur) simul & pullum quod ipsum postea non lactaret mater illa, insigni & propria beneuolentiæ non carentem, exorienti soli immolant: nam ideo pullum uehementer amare ingreditur, quod illam deuorârit carunculam. Iam quicunque per insidias carnem illam gustauerit, proiecta & præcipite amatoria libidine constrictus tenetur, furit & perbacchatur & uociferatur, atque effrenatus ad omnem muliebris sexus ætatem, cupiditatis adijcit oculos, ac morbum testans obuijs omnibus quemadmodum conflagret amoris flamma, exponit. Tum ex eo illius corpus diffluit & extabescit, quod ueneris insania animus exagitetur, Hæc Aelianus. Videtur autem pullium (Aristoteles πῶλιον uocat, in Gazæ translatione pulium per l simplex legimus) cum hippomane confundere. Aristoteles manifestè distinguens, Emitti etiam (inquit) ab equa prius quàm pullum, quod pulium dicitur, certum est. Plinius eandem rem (Hermolao teste) duobus locis non polion, sed poleam uocat: quod nomen tamen alibi attribuit asinini pulli fimo, quod primum edidit.

¶ De equi uoce Latini hinnire, adhinnire & hinnitum dicunt: Græci φρυμάττεσθαι, &c. ut capite octauo prosequemur. Equorum etiam uoces (inquit Aristoteles) differre palàm est: fœminæ enim simul ac natæ sunt, uocem exiguam mittunt, ac tenuem: mares exiguam quidem & ipsi, sed pleniorem tamen, & grauiorem, quàm fœminæ, & indies maiorem reddunt. Bimus cum est, atque inire incipit, uocem magnam grauemque mas mittit: fœmina maiorem, quàm ante, & clariorem usque ad uigesimum ætatis annum magna ex parte: sed ab hoc tempore imbecilliorem tam mares, quàm fœminæ reddunt.

¶ Vita equorum (inquit Aristoteles) plurimis ad decimumoctauum, atque etiam uicesimum annum: sed nonnulli etiam quinque & uiginti, atque triginta egerunt, & si cura diligenter adhibeatur, uel ad quinquaginta protrahitur ætas: longissima tamen uita in pluribus ad tricesimum annum, quod magna ex parte fieri norimus. Fœmina magna quidem parte quinque & uiginti annos uiuere potest: sed iam nonnullæ etiam quadraginta uixere. Minus temporis mares uiuunt quàm fœminæ, propter coitum: Et qui domi aluntur, minus quàm gregarij, Hæc Aristot. Et alibi, Coëunt mares ad annos tricenos ternos: fœminæ ad quadragenos: ita ut per totam ferè uitam coitum equis seruari eueniat. Viuit enim magna ex parte mas annos circiter quinque & triginta, fœmina plus quàm quadraginta. Iam & quinque et sexaginta (septuaginta, Athenæus & Plinius) annos uixisse equum proditum est. Eadem uerba legimus apud Athenæum libro octauo, citata ex epistola Epicuri. Albertus narrat se audiuisse à quodam milite, equum eius annum sexagesimum excessisse, & semper ad prælia utilem fuisse. Nos etiam (inquit Aug. Niphus) accepimus ab equisonibus Ferdinandi primi, fuisse equum in regio stabulo septuagenarium. Viuunt annis quidem quinquagenis: fœminæ minore spatio, Plinius contra quàm Aristoteles, qui maribus propter coitum (ut paulo ante dixi) uitam breuiorem attribuit. In Lusitania quædam ex uento certo tempore concipiunt equæ: sed ex his equis qui nati pulli, non plus trienniū uiuunt, Varro. Cur equus cum tardius maximè quàm homo pariat, uiuere tamen minus possit, dicetur infra in equæ partu. Aetatem iumentorum ex dentibus alijsque signis oportet agnosci, ne uelamentis imperitiæ subeamus incommodum, uel curantes ægrotantis ignoremus ætatem. Quia sicut hominibus, ita & equis, aliud conuenit cum iumenta sunt feruida, aliud cum senectute iam frigida. Manifestum est autem notas corporis cum ætate mutari, Vegetius. Et alibi, Aetas longæua Persis, Hunnicis, Epirotis ac Siculis: breuior Hispanis ac Numidis. Equus si diligenter curetur, & mediocriter equitetur, ita ut non nimio labore exhauriatur, ut plurimum ad uigesimum annum in uigore suo perueniet, Russius. Fœminæ quinquennio finem crescendi capiunt, mares anno addito, Plinius. Fœmina (inquit Aristoteles) quinquennio finem, tum longitudinis, tum etiam proceritatis sui corporis recipit, sed mas sexennio: pòst, annis sequentibus totidem crescit in corpulentiam, & ad uiginti usque annos pergit proficiens: uerum celerius fœminæ quàm mares perficiuntur: quanquam in utero mares, quàm fœminæ citius, quemadmodum etiam homines: quod idem, uel in cæteris animalibus quæ pariant plura, fieri solet. Ἀλφόρυγχοι & ἀλφοπρόσωποι, hoc est ore albo uel facie alba insignes, tardius senescunt, Absyrtus cap. 13. Ab complemento (inquit Absyrtus) uiribus pollet equus annos cto,qui molli constitit pede:sed qui duriore nititur,decem:q̄niam si uehementiore motu concitate tis,post hoc tempus malè ualebit,impatiens itinerum:nec par erit labori. Nam in prioribus pedibus coronæ & suffragines,quas mesocynia nominant,à malleolis dimittūtur:nec ingredi postea,nec pedibus insistere ualet,seq; ipse proijcit. A primo lucis rudimento ad senium solido pede fultus, octo & uiginti annos, uel undetriginta uiuit, nec facile trigesimum implet:porrò molli pede præditus, quatuor & uiginti annos degit,Hæc ille. Plures sunt dentes maribus q̄ fœminis: Vitæ sunt breuioris quibus pauciores,uiuaciores quibus plures. Equo dentes quadraginta numero sunt,Aristoteles & Plinius. Habet autem(inquit Absyrtus)in anteriori parte superiores octo,& totidem inferiores,cum caninis:& molares in maxilla superiore senos,ac inferiores totidem: & in altero latere similiter.Itaq; præter agnatos(ἐκτὸς τῶν προσφυῶν)quadraginta dentes equus possidet. Cæteris senecta rubescunt,equo tantum candidiores(nigriores Aristot.)fiunt,Plinius. Equo castrato prius non decidunt dentes,Plinius. Aetas ueterinorum(equorum,& aliorum quæ solidas ungulas habent, Absyrtus:& ferè omnium quæ ungulas indiuisas habent,& etiam cornutorum, Varro:& ferè cornutorum, alius q̄dam)dentibus indicatur.Horum(ut scribit Aristot.)primores quatuor, mense tricesimo mutantur, bini utrinq;, suprà dico, & subter: tum ubi præterea annum compleuerit, quatuor item modo eodem mittuntur,duo superius,totidemq; inferius:rursusq; anno altero peracto, simili modo quatuor alij mutantur:quibus iam præteritis annis quatuor,& mensibus sex,nullus præterea mittitur,quanq; euenisse in aliquo certum est,ut cum primis omnes amitterentur:atq; etiam in alio,ut cū ultimis omnes, sed hæc raro, Hæc Aristoteles. Amittit equus tricesimo mense primores utrinq; duos:sequenti anno todidem proximos,cum subeunt dicti columellares.Quinto anno incipiente binos amittit,qui sexto anno renascuntur:septimo omnes habet,& renatos & immutabiles,Plinius. Equus(inq̄t Varro)triginta mensium,primum dentes medios dicitur amittere, duos superiores, & totidem inferiores.Incipientes quartum agere annum,itidem eijciunt & totidem, proximos eorum quos amiserunt, & incipiunt nasci quos uocant columellares. Quinto anno incipienti item eodem modo amittere binos,quos caninos habent,tum renascentes eis,sexto anno impleri. Septimo omnes habere solent renatos, & completos.His maiores qui sunt,intelligi negant posse, præterq; cum dentes sunt facti brochi(plicati,Crescentius)& supercilia cana,& sub ea lacunæ (partes subiectæ superciliis cauæ,& oculi scilicet caui,Absyrtus)ex obseruatu dicunt eum equum habere annos sexdecim. Dum bimus & sex mensium est equus(ut Columella & Palladius scribunt)medij dentes superiores, & inferiores cadunt(quos lactentes uocant, Vegetius)cum quartum agit annum,ijs, qui canini appellantur,deiectis,alios affert.:intra sextum deinde annum,molares superiores(molares cadunt,Vegetius)cadunt.Sexto anno,quos primos mutauit exæquat. Septimo omnes explentur æqualiter, & ex eo cauatos gerit.Nec postea quot annorum sit,manifesto comprehendi potest. Decimo tamen anno tempora cauari incipiunt,& supercilia nonnunq; canescere, & dentes prominere.Eadem Vegetius,& insuper,Duodecimo anno(inquit)nigredo in medietate dentium apparet.De brochis dentibus, dixi supra in canis historia,hîc illud monere sat fuerit,quos Latini brochos & prominentes uocant,προπεπτωκότας Absyrto dici. Absumpta hac obseruatione(ex dentibus)senectus in equis,& cæteris ueterinis intelligitur dentium brochitate,superciliorum canicie,& circa ea lacunis,cum ferè sedecim annorum existimantur,Plinius ex Varrone ut apparet. Dentes anteriores qui primum mutantur,Græci ἐμπροσθίους & τομεῖς uocant,Latini medios, Vegetius lactantes,malim lactentes.Dentes pullinos iacere,Plinius de mula lib.8.Dentes anteriores quibus pascuntur,numero duodecim, Vegetius rapaces nuncupat. Cum pullus triginta mensium est(author Absyrtus:Ruellius perperam, anniculus & sex mensium,transtulit)primum dentes medios,quos sectores appellant,amittit, duos superiores & totidem inferiores,qui facile principes & maiores habentur. Vbi quartum agere annū cœperit,semestri spatio proximos abijcit: nec multò post in eodem quadrimatu superiorem unum, & inferiorem alterum utrinq; proijcit:quo tempore caninos ædit, eosq; secutis duodecim mensibus complet:intra sextum deinde annum molares superiores cadunt. Sexto anno quos primum mutauit, exæquat: à septimo ad octauum omnes explet æqualiter, Hæc Absyrtus imitatus(ut apparet) Varronem.Et Paulò post,Sunt qui æditis primis dentibus interiecto octimestri spacio secundos preferant,& emittentes ultimos pari mora dentitionem interpellant.Cæterum tempora prima(triginta menses intelligo,quo dentes primi mutantur)nullus eorum qui primores amittit dentes, pertransit, neq; linquitur.In reliquis uerò non omnes sors eadem manet, nec simile tempus obseruatur: sed secundi primos(aliquando)anticipant(καταλαμβάνουσιν,id est assequuntur, eodem scilicet tempore mutantur,ut & mox subijcitur)ultimiq; secūdos.Exploratum autem habemus eos qui primorum iacturam faciunt,eodem tempore columellares(γομφίους)anterius, unum superiorem & inferiorem alterū emittere,(βάλλειν.)& ab utroq; latere primos ex eis cum agnatis ipsorum (προσφυὰς uocant) mutare. A complemento cum reliquum trimatum agunt, dens rumpitur ac rotundatur, & in triangularem figuram exit:quo tempore præcipuè defluxio in ora equorum decumbit,Hactenus Absyrtus,cuius uerba de eadem re paulò aliter leguntur in Geoponicis libro 16.cap.1.qui uolet,conferat.Dentes mutare & amittere,Græci dicunt τοὺς ὀδόντας βάλλειν,ἐκβάλλειν,ἀποβάλλειν,ἀλλάσσειν:& cum id primum facere incipiunt,πρωτοβολεῖν.Licet & pullos ipsos πρωτοβόλους dicere,ut Pollux δευτεροβόλους dixit. Emittere uerò dentes, φύειν τοὺς ὀδόντας,Absyrtus:in Geoponicis 16.1.pro φύειν legitur φέρειν. Vir prudens

&

& expertus (uerbis utor Petri Crescentiensis) nostris temporibus ait, equum habere dentes duodecim, nempe sex supra & totidem infra, omnes anterius, ex quibus ætatis indicia habeantur: & insuper scaliones ac molares. Fieri autem potest ut equi nonnulli plures habeant, & tunc dentes sunt dupli; Item ut equus eijciat ex his aliquos, qui non renascantur: quod quidem equo obest ad pastum: pascitur enim per dentes anteriores. Quamobrem minoris erit pretij. Mandit per dentes molares. Dentes qui primi mutantur duo superiores sunt, & duo inferiores, qui uocantur primus morsus, & uocatur pullus primi morsus, quod quidem dicit fieri secundo anno, & postea mutat alios quatuor dentes proximos: scilicet duos superiores & duos inferiores, qui uocantur quadrati, id est tertius morsus: & quando pullus nascitur, cum anterioribus nascitur, et postea nascuntur scaliones (de his extra
10 hendis uide supra in B. & infra in morbis dentium:) qui cum nimis longi sunt, impediunt equũ mandentem ita ut macrescat, quamobrem à marischalcis dictis resecantur. Equi iam adulti dentes fiunt rariores longioresque: & capita dentium nigra, canescunt etiam ætatis progressu: & dentium color in senescente ad albedinem redit, transitque ad colorem mellis: & postea fiunt albi colore pulueris, ac longiores: sed ipsa dentium longitudo est aliquando per naturam absque senectute, propter quam causam resecantur senibus dentes, ut iuuenes credantur, Hucusque Petrus Crescent. Animalia quæ albescunt (nempe in senectute) ut equi & canes, omnia ex natiuo colore in album mutantur, διὰ τὴν ὑποτροφίαν, lego ἀτροφίαν, Aristoteles in lib. de colorib. Plerique afferunt (inquit Vegetius) domitis & freno assuetis animalibus rugas, quæ in labris sunt superioribus, computandas, ita ut ab angulo ubi cœperit morsus incipiẽtes, usque ad extremum labrum perueniamus: quia annorum numerũ rugarũ
20 (numerus) ostendit. Postremo, rugarũ multitudine, tristitia frontis, deiectione ceruicis, pigritia totius corporis, stupore oculorũ palpebrarũque caluicie senectus ipsa se prodit. Viget & equus & mulus (inquit Arist.) à dentiũ ortu, cumque prodierint omnes, nõ facile ætatẽ dignoueris. Quamobrẽ dici solet, certa sub ortu, incerta ab ortu: denique post dentiũ ortũ, eo maxime declaratur ætas, quẽ caninũ uocamus. breuior enim hic septennibus est, propter freni attritum quod ad eum inijcitur: nõ septennibus maior quidem, sed non uertice extans adactiore. Iunioribus acutior & procerior est. Aetatis notæ (ut docet Anatolius) non à dentibus solis petendæ sunt: nam hæc probandi ratio non satis exacta iudicatur, quòd plane dentibus suam ætatem non fateantur. Nonnulli à maxillis annos explorant. Si cutis à corpore reliquo non ægrè diducta, trahentemque manum sequens, perque facile suam in sedem resiliat, equi iuuentam denunciabit. Si uerò leuata cutis, se ipsa carni tardius agglutinet, senectutem
30 testabitur. Aetatis indices dentes à Græcis γνώμονες uocantur: quos postque excidisse compertum sit, malè emi equum Xenophon scripsit. Varro post septimum annum fallacia esse omnia indicia tradit, nitescere tamen in senecta dentes equorum. Est & hoc à ueteribus ut annositatis indicium proditum, si contracta armorum pellis lente explicetur: hoc de pelle maxillarum scripsit Aristoteles, Camerarius. Γνώμονες dentes Latinè pullini dicuntur, quod pullis adhuc &, in incremento ætatis decidant, ut Pollux scribit. Λιπογνώμων, adultus & senescens: nullum ex dentibus reliquum ætatis habens indicium, ut quos amiserit omnes, Hesychius & Varin. Scribitur apud eosdem & Pollucem quoque, per diphthongum Λειπογνώμων, ὁ μηκέτι βόλον ἔχων, τέλειος καὶ γεγηρακώς. Βόλον intelligo ipsam dentium emissionem, aut amissionem. Γνώμονα ἔλεγον τὸν βαλλόμενον ὀδόντα τῶν ὄνων (Aristoteles quidem de asinis usurpat) διὰ τὸ τὰς ἡλικίας ἐξετάζειν: τὸν δὲ αὐτὸν καὶ κατηρτηκότα ἔλεγον, Suidas. Προβατογνώμων, qui dentes iam abie
40 cit, Varinus in Γνώμων. Idem nimirum ἀγνώμων & λιπογνώμων fuerit. Πῶλοι ἄβολοι λέγονται, οἱ πώλων καὶ τελείων μέσοι: οὕτω γὰρ Πλάτων τοὺς διὸν προβόλους ἐκάλεσεν: εἶτα τέλειοι ἵπποι, γεγηρακότες, ἀγνώμονες, λειπογνώμονες, Pollux. Ἀβολήτωρ καὶ ἄβολις ἢ ἄβολος ὄνος ἢ ἵππος, ὁ μηδέπω ἐκβεβληκὼς τοὺς ὀδόντας, Varinus. Idem autem (inquit) etiam ἀγνώμων uel ἄγνωμος dicitur.

¶ Equis opitulata est natura pernicitate corporis, Aristoteles. In equis ualde currentibus motus uehementia & calor spumam circa os excitant, Galenus. Boues cum humi incumbunt, Germani sedere, equos iacere dicunt. Esse equum animal philolutron ac philydron, id est balneorum & aquæ expetens, auctor probat Aristoteles, Cælius. Hippicum esse mensuræ nomẽ nouimus, Plutarcho docente: Lege (inquit) Solon statuit, ut ubicunque publicus puteus esset, intra hippicum homines uterentur. Est autem Hippicum quatuor stadiorum distantia, Cælius. Ἵππειος δρόμος, τετραστάδιος ἴς,
50 Hesychius & Varinus.

¶ Admissarius equus, qui ad prolem seruatur, ut unus plures equas impleat: Italis rozzone, Gallis estalon, Germanis **ein hengst** uel **springhengst**. Emissarius equus, aries, & huiusmodi, qui emissus sit in solitudinem, uel qui ad generandam sobolem mittitur, Valla in Raudensem: Legitur autẽ hæc uox aliquoties in ueteris Testamenti translatione. Admissarius ad fœminas admitti dicitur, & admissum facere, id est inire: opus ipsum, admissio, admissus, admissitra, (equi alij sunt idonei ad rem militarem, alij ad admissuram, Varro:) Græce ὀχεία, ut admissarius ipse ὀχευτὴς Absyrto, & alijs ὀχεῖον genere neutro, ut Straboni, & Aristoteli in Mirabilibus, & historię anim. 6.18. Pelagonius in Hippiatricis cap. 14. κακογενὲς ὀχεῖον uocat non bonæ indolis uel degenerem admissarium. ὀχεῖον, τὸ εἰς ὀχείαν ἀνειμένον, intellige ζῷον, Hesychius: Varinus etiam currum & uehiculum exponit, & locum idoneum
60 in quo proli opera detur. Est & κήλων eiusdem significationis in Hippiatricis. Κηλώνιος, ἵππος ἐπιβατήριος, παρὰ τὸ κήλων, ὃ σημαίνει τὸ θερμόν, Varinus. Κήλων, ὀχευτής, Idem & Hesychius. In Polluce legimus ἀναβάτας, τὸν ἐν ταῖς ἀγέλαις ὀχείων, melius τὰ ὀχεῖα. Ἀναβάτης nomẽ admissarijs, ut equo, asino, arieti,

S

&c. commune est, ἱπποβάτης proprium asino qui equam salit. Fœminę ipsæ submitti dicuntur. Peroriga appellatur quisquis admittit; eo enim adiutante equa alligata celerius admittitur, neq; equi frustra cupiditate impulsi semen eijciunt, Varro. Quo fit, inquit Cælius, ut apud Plinium libro 8. capite de equis, rectius forsan peroriga legatur quàm auriga (ut modo agnoscitur) quem ab æqua laceratum scribit: quanquam apud Varronem historiæ eiusdem relatione auriga item circumfertur. Perorigam Aristoteles in Mirabilibus ἱππηλάτην uocat, Oppianus νυμφευτῆρα. Equimentum, merces quę datur pro admissura equi. Varro Sexagesi. An si equam emisses quadrupedem, ut meo asino Reatino admitteres, quantum poposcissem, dedisses equimenti: ut citat Nonius, qui per æ. diphthongum scribit inter dictiones ab a. incipientes, non per e. ut in dictionarijs suis recentiores, ab equo deriuari existimantes, cum potius ab æquitate deriuetur, proinde parem uicem exponit Nonius, scilicet mercedem pro eo quod admissum est. Idem reprehendit eos qui æquamentum scribunt.

¶ De admissarij electione superius scripsi post electionem equi simpliciter. Equinum pecus tripartito diuiditur: est enim generosa materies, quæ circo sacrisq; certaminibus equos præbet: est mularis, quæ pretio fœtus sui comparatur generoso: est & uulgaris, quæ mediocres fœminas, maresq; progenerat: ut quæq; est præstantior, ita ubere campo pascitur, Columella. ¶ Equas ex quibus propagare studemus, oportet esse bene compactas, magnitudineq; decenti: uisu præterea splendidas & spectabiles, uentre & ilibus magnis: ætate non minores quàm trium, nec maiores quàm decem annorum, Absyrtus. Si utilem admissarium & ad creandam prolem idoneum libeat experiri, digitis duobus comprehensum genitale semen laneis lacinijs (κλωνίοις ἐξ ἐρέας) distrahes: si resiliat in se, ac sese cohibeat, ita ut non discindi patiatur, utilem admissarium ostendit: hoc Hipparchus asseuerat: sin protinus tactu distractum diffindatur, nec uisci more glutinatum lentescat, seminandis filijs ut inutile repudiatur: talis equus ad ineundas matrices non est adsciscendus, Pelagonius capite 14. Equos ætate affectos aiunt, pullos cum cæteris in rebus debiles, tum pedibus infirmos procreare solere, Aelianus. Hunc quoq;, ubi aut morbo grauis, aut iam segnior annis Deficit, abde domo: nec turpi ignosce senectæ. (id est, & senectæ non turpi ignosce) Frigidus in Venerem senior, frustraq; laborem Ingratum trahit: &, si quando ad prælia uentum est: Vt quondã in stipulis magnus sine uiribus ignis, Incassum furit, Vergilius. Illud in admissarijs seruandum est, ut medijs aliquibus spatijs separentur, propter noxam furoris alterni, Palladius. Equos pretiosos reliquo tempore anni (præterquam admissuræ) remouere oportet à fœminis, ne aut cum uolent ineant, aut si id facere prohibeantur cupidine solicitati noxam contrahant: itaq; uel in longinqua pascua marem placet ablegari, uel ad præsepia contineri, Columella. Et rursus, Eo tempore quo uocatur à fœminis admissarius, roborandus est largo cibo, & appropinquante uere, ordeo eruoq; saginandus, ut ueneri supersit: quantoq; fortior inierit, firmiora semina præbeat futuræ stirpi. Sed eadem de re Vergilium audiamus.

His animaduersis, instant sub tempus, & omnes Impendunt curas denso distendere pingui,
Quem legêre ducem, & pecori duxere maritũ: Florentesq; secãt herbas, fluuiosq; ministrãt,
Farraq;: ne blando nequeant superesse labori: Inualidiq; patrum referant ieiunia nati.
Ipsa autem macie tenuant armenta uolentes. Atq; ubi concubitus primos iã nota uoluptas
Sollicitat, frondesq; negant, & fontibus arcent. Sæpe etiam cursu quatiunt, & Sole fatigant;
Cum grauiter tũsis gemit area frugibus: & cum Surgentẽ ad Zephyrũ paleę iactãtur inanes.
Hoc faciunt, nimio ne luxu obtusior usus Sit genitali aruo, & sulcos oblimet inertes.
Sed rapiat sitiens Venerem, interiusq; recondat.

Equi ad generandum admittendi copiosè pasci debent, & sine labore, non prorsus tamen otio relinquendi, ne iners & pituitosus humor augeatur, sed moderatis exercitijs recreandi magis quàm fatigandi sunt, Russius. Admissarium equum relaxare conuenit ab operibus, Absyrtus. ¶ Marem putant minorem trimo non esse idoneum admissuræ, posse uerò usq; ad uigesimum annum progenerare, Columella. Aetas incipiẽtis admissarij quinti anni initio esse debebit: fœmina rectè & bima concipiet: quia post decennium iners ex ea soboles et tarda nascetur, Palladius. Fœminam bimam putant rectè concipere, ut post tertium annum enixa fœtum educet: eamq; post decimum non esse utilem, quod ex annosa matre tarda sit atq; iners proles, Columella. Generat mas ad annos triginta tres, utpote cum à circo post uicesimum annum mittantur ad sobolem reparandam. Et ad quadraginta durasse tradunt, adiutum modo in attollenda priore parte corporis (hoc Aristoteles de equo Opuntio scribit:) Sed ad generandum paucis animalium minor fertilitas: qua de causa per interualla admissuræ dantur, nec tamen quindecim initus eiusdem anni ualet tolerare, Plinius. Quæ ætas in equis coitus initium & finem adferat, dicetur etiam infra. ¶ Coeundi initium equis in uere, Aristot. Et alibi, Admissarios (inquit) non ut equæ, sic asinę æquinoctio admouent: sed æstiuo solstitio, ut tempore calido pulli nascantur. Coitus (inquit Plinius) uerno æquinoctio bimo utrinq; uulgaris, sed à trimatu firmior partus. Fœturæ initium admissionis facere oportet, ab æquinoctio uerno ad solstitium, ut partus idoneo tempore fiat, Varro. Admissuræ in uulgaribus equis certa tempora non seruantur: generosis circa uernum æquinoctium mares iungentur, ut eodem tempore, quo conceperint, iam lætis & herbidis cãpis post anni messem paruo cum labore fœtum educent. Nam mense duodecimo partum ædunt: maximè itaq; curandum est prędicto tempore anni, ut tam fœminis, quàm admissarijs desyderantibus coeundi fiat potestas. quoniam id præcipuè armentum si prohibeas, libidinis extimulatur furijs: unde etiam ueneno inditũ est nomen

hippomanes

hippomanes, quòd equinæ cupidini similem mortalibus amorem accendat, Columella. Mense Martio saginati ac pasti ante admissarij generosis equabus admittendi sunt, & repletis fœminis item ad stabula colligendi, Palladius. Tempus congressui aptissimum existit ab æquinoctio uerno, hoc est à uigesima secunda Martij, usq; ad uigesimam secundam Iunij, ut partus uidelicet fiat circa temperatissimam herbescentemq; anni constitutionem. Equa siquidem utero gerit undecim mensium decemq; dierum curriculo. Etenim quæ concipiuntur post æstiuum solstitium, ea sanè infœliciter educantur, prorsusq; inutilia sunt, Absyrt. Commodum uidetur ut equi locis calidis mense Aprili, frigidioribus autem Maio admittantur. Nam circumuoluto anno pulli eodem tempore nati, & aërem temperatū & copiosum inuenient nutrimentū: autūnus etiā easdē ob causas non incōmodus est nascentibus in eo pullis, Russius. Admittere oportet cum tempus anni uenerit, bis die, mane & uespere, Varro & Absyrt. Si equa semel subacta marem postea respuerit, post dies denos rursus sunt conciliandi. Quòd si ne tunc quidem equum exceperit, secernenda est, ceu iam grauida. Vbi autem equæ ipsæ conceperint, obseruandum est ne misceantur plus iusto, neue in locis frigidis diuersentur, Absyrtus. Quoad satis sit admitti ipsæ significant, quòd se defendunt, Varro.

¶ Quidam præcipiunt eodem ritu, quo mulos, admissarium saginare, ut hac sagina hilaris plurimis fœminis sufficiat: ueruntamen nec minus ꝙ quindecim, nec rursus plures ꝙ uiginti unus debet implere, Columella. Lucienus apud Varronem, Ego quoq; adueniens aperiam carceres (inquit) et equos emittere incipiā, nec solum mares, quos admissarios habeo, ut Atticus singulos in fœminas denas, è queis fœminas Cōmodius Equiculus uir fortissimus etiā patre militari iuxta ac mares habere solebat. Neq; tamen æqualē numerū (inquit Pallad.) omnibus debemus adhibere, sed æstimatis uiribus uniuscuiusq; admissarij, submittenda sunt pauca uel numerosa coniugia, quæ res efficiet admissarios non parua ætate durare. Iuueni tamen equo, & uiribus formaq; constanti, non amplius ꝙ duodecim, uel quindecim debemus admittere, cæteris pro qualitate uirium suarum, Palladius. Tricenæ fœminæ, aut paulò plures, maribus singulis dantur, Aristoteles. Regi Babylonis erant peculiares equi, præter bello destinatos, admissarij octingenti, cùm equarum quibus admittebantur sedecim millibus: nam singuli ad uicenas admittebantur, Herodotus libro primo. Hippotrophium Straboni libro 16. locus est equis alendis accommodus, qualis ad Syriæ Apamiam uisebatur, equarum uel supra triginta millia capiens, admissarios uerò trecentos, Cælius: sic uni admissario equæ centum assignarentur, qui sanè nimius est numerus. Non desunt qui dent operam, quò magis equarum amore flagrent admissarij, ut iubæ suorumq; capillorum uenustate, nec non cæteris elegantibus honestamentis (πυκάσμασι) exornentur, & ad hoc si quæ pollent aliæ cupidinis illecebræ: Quin eam quoque equo tanꝙ cursu certantem proponunt. His autem lenocinijs putant equum ad amorem inuitari. Mares quinq; mensibus antea ꝙ uocentur, à fœminis sunt segregandi, frumento etiam roborandi, torrido paulatim eruo & similagine aqua macerata largius saginandi, ut ueneri supersint, et hoc fulti cibo fortius ineant, Hæc Anatolius. Vt admissarius equus in uenerem proruat, ustam cerui caudam cum uino terito, testes & genitale linito: sic hebes equus, uoluptate solicitatur ad uenerem: sed cum furentis in libidinem impetum compescere uolès, oleo perungito, Absyrtus. Ocymum uenerem stimulat; ideo etiam equis asinisq; admissuræ tempore ingeritur, Plinius. Satyrij genus erythraicon arietibus quoq; & hircis ad uenerem segnioribus in potu datur: & à Sarmatis, equis ob assiduum laborem pigrioribus in coitu, quod uitium prosedanū uocant, Plinius. In fœminis iumentorum coitum incitat urtica, si folijs eius perfricetur uulua, Macer. Coitum in equo iuuat puluis testiculorum equi in potione datus, Aggregator citans Plinij librum 28. Sunt qui rerum perpulchrarum studiosiores, asinum, equum, aut alium quemuis admissarium, huius coloris uestimento contegunt, quem futuram pullationem referre uelint. Siquidem qualem uestitu colorem ij mentientur, in talem enata progenies degenerabit, Absyrtus. Admissarium eo colore pictum, quo pullum nasci desiderant, (uel uno uel uario) aliquandiu ante equam libidine ardentem detinent, demum dimittunt, sic pullus suo tempore nascitur eo quem optarunt colore, Oppianus. ¶ Proles ut uel fœmina, uel ut masculus concipiatur, nostri arbitrij fore Democritus affirmat, qui præcipit, ut cum progenerari marem uelimus, sinistrum testiculum admissarij lineo funiculo, alioue quolibet obligemus, cū fœminam, dextrum: idemq; in omnibus penè pecudibus faciendum censet, Columella. Si quispiam marem nasci uelit, cum Aquilonius inspirat uentus, insiliendam equam obijciet: si fœminam fingi sit in animo, cum Auster perflat, Africanus. Vbi admissarius equā superuenerit (inquit idē) certis signis comprehendere licet quem sexum generauerit: quoniam si parte dextra desiliuit, marē seminasse manifestum est: si læua, fœminam, Africanus in translatione Ruellij cap. 15. His similia, uel eadem potius, de tauris etiam scribunt authores, quantum attinet inquam ad curandum, ut hic uel ille sexus concipiatur, uel uter conceptus sit dignoscatur, ut in Tauro docuimus circa finem capitis tertij. Marem pariet equa si submittatur (hoc Germani uocant **berossen**) tertio ante pleniluniū die: fœminam, si tertio post plenilunium, Obscurus. ¶ Mares (uerba sunt Aristotelis) hoc genere fœminas sibi societate coniunctas dignoscunt olfactu, etsi paucis antè diebus unà fuerint: quod si fœminæ diuersæ permisceantur, mares alienas mordendo expellunt, suasq; singuli seorsum habentes pascuntur. Tricenæ, aut paulò plures singulis dantur: quoties mas accesserit aliquis, confestim in eum maritus conuertitur, & currens gyro aggreditur pugna: & fœminam, si quā se mouerit, morsu

S 2

reuocat. Et alibi, Equi tempore libidinis equos mordent, sternunt equitem atque insequuntur.

Nónne uides, ut tota tremor pertentet equorum Corpora, si tantum notas odor attulit auras? Ac neque eos iam frena uirûm, nec uerbera sęua, Non scopuli, rupesque cauę, atque obiecta retardãt Flumina, correptos unda torquentia montes, Vergilius de ui amoris scribens. Coitus (inquit Aristoteles) non tam laboriosus equis quàm bubus est. Salacissimum omnium tum fœminarum tum marium equus est, homine excepto.

¶ Equire dicimus equam, cum marem desyderat, Græci ἱππομανεῖν. Equienti mulæ, id est equum appetenti, Columella 6.37. Equas domitas sexaginta diebus equire tradunt, anteque gregales, Plinius. Incenduntur libidine (inquit Aristoteles) ex fœminis equæ potissimum, mox uaccæ. Equæ itaque equiunt: unde uocabulum id ab hoc uno animali trahitur, maledicto in mulieres libidinosas (ut illas equas uocemus, & equire dicamus, Aelianus.) Nec non euentari (ἐξανεμοῦσθαι) per id tempus equę dicuntur: quapropter in Creta insula equos admissarios minime à fœminis semouendos censent. Cum uero ita affectæ fuerint, currunt relicta societate: simile hoc uitium est, ut quod subare in suibus dicitur. Currunt non orientem, aut occidentem uersus, sed ex aduerso aquilonis, aut austri: nec appropinquare quenquam patiuntur, donec uel defatigatæ desistant, uel ad marem deueniant. (Vide infra in mentione conceptus earum ex uento.) Tum aliquid emittunt, quod hippomanes appellatur, eodem, quo illud quod nascitur, nomine. Tale hoc sanè est, quale suis illud, quod apriam uocãt: sed hoc præcipue ad amoris ueneficia petitur. Equæ tempore coitus colligunt sese, & societate magis quàm antea gaudent: iactant caudam crebrius, uocem immutant, humorem emittunt suis genitalibus similem genituræ, sed multo tenuiorem, quàm mares, quem hippomanes nonnulli appellant, non quod pullis nascentibus adhæret: accipi eum humorem difficile esse aiunt, quod paulatim admodum labitur. Mingunt etiam pluries, atque inter se ludunt cum equiunt, Hactenus Aristoteles. Mirum est, quadrupedum prægnantes uenerem arcent, præter equam & suem, Plinius. Sola animalium (inquit Aristoteles de generatione animalium 4.5.) mulier & equa, grauida coitum patiuntur. Equa quidem soliditate suæ naturæ, & quod aliquid spatij in utero superfit, ut dictum est, amplius quidem, quàm ut ab uno occupetur: sed arctius quàm ut alterum perfectè possit superfœtari. Libidinosa natura est equa ob eundem effectum, quo solida omnia ueneris sunt appetentiora: illa enim ita se habent, quia carent purgatione, quæ perinde est fœminis, ut coitus maribus: equa enim menstrua minimè emittit. Albertus causam facit abundantiam cibi, & temperamentum calidum ac humidũ. Scilicet ante omnes furor est insigis equarũ: Et mentẽ Venus ipsa dedit, quo tẽpore Glauci Potniades malis mẽbra absumpsere quadrigę. Illas ducit amor trans Gargara, transque sonantẽ Ascanium: superant montes, & flumina tranant, Vergil. Tum equæ tum uaccæ indicium suæ libidinis præstant, genitalis specie prominentiore, Aristotel. Equarum libido extinguitur iuba tonsa, Plinius, Albertus & Rasis. Equarum libido extinguitur magis iuba tonsa, & frons tristior redditur, Aristoteles. Tondentur etiam equarum iubæ, ut asinorum in coitu patiantur humilitatem. Auicenna scribit equarum libidinem minui cum præciduntur eis pili: quasi motus pilorum in cauda & iuba, libidinis causa sit, Albertus.

¶ Equas post tertium annum, aut post unum ab enixu utiliter admitti putant, coguntque inuitas, Plinius. Iuniorum coitus præter ætatem contingit pabuli bonitate & copia, Aristot. Equus coire incipit bimus, tam mas quàm fœmina: sed hoc in paucis fit, pullique eorum ipsorum minores imbecilioresque sunt. Quod autem plurimum trimatu, tam mares quàm fœminæ incipiunt, & proficiunt subinde ad prolis præstantiam, in uicesimum usque annum, Arist. qui & alibi eadem repetit. Et alibi, Coire itaque incipit equus uel tricesimo mense: sed quoad digne procreare possit, tunc tempus est, cum dentibus mittendis cessauit: uerum iam nonnullos etiam cum mutãt, implere potuisse aiũt: idque fieri ita confirmant, nisi natura steriles sint. Et rursus, Fit itaque ut equo ferè tempus idoneum maxime sit ad procreandum, cum annum quartum, & sex menses complerit: seniores equi profectò fœcundiores sunt, tam fœminæ, quàm mares. Coëunt mares ad annos tricenos ternos, fœminæ ad quadragenos: ita ut per totam ferè uitam coitum equis seruari eueniat, Arist. Mares coire ad annum tricesimum tertium, nonnullos ad quadragesimum, sed adiutos, superius ex Plinio recitaui, paulò post initium mentionis de admissario (scribit autem eadem ferè etiam Solinus cap. 47.) ubi & alia quædã attuli qua ætate equi in utroque sexu coire & incipiant & desinant. Gignunt equæ annis omnibus ad quadragesimum, Plinius. Mas (inquit Aristoteles) omnibus temporibus init, nec cessat quandiu uiuit. Fœmina etiam quandiu uiuit initur, nec tempus ullum certum libidinem aufert: sed ingenium hominis arcet, aut uinculo, aut aliquo huiuscemodi impedimento: non tamen quouis tempore facto initu, facultas enutriendi quod pepererint, datur. Equum apud Opũnta gregarium fuisse accepimus, qui annos quadraginta natus posset coire: sed adiumentum quoad sui pedes priores attollerentur (quod supra etiam ex Plinio recitaui) desiderabat. Idem alibi, Ferunt regi Scytharum fuisse equam egregiam, ex qua mares generosi omnes gignerentur: quorum unum, qui præstantior haberetur, cum ut ex matre procrearet, placeret, admissum omnino recusasse: opertam deinde latuisse matrem, ut imprudens superueniret: uerum ubi à concubitu faciem matris detectam agnouerat, fugam properasse, atque seipsum actum præcipitem interemisse. Alij addunt, regem Scytharum hoc fieri uoluisse, cum reliquus præstantium equorum grex peste absumptus esset: & ne se ex odore noscetes

tes detrectarent, utrosque à peroriga alijs pellibus obtectos & oleo odorato inunctos esse: postea uerò cum remotis operimentis incestum cognoscerent, uinculis abruptis magno cum hinnitu procurrisse, & capita tandem petris illisa confregisse, Oppianus & Aelianus: hic tamen ut Aristoteles, sese praecipites egisse scribit. Plinius Aristotelem sequitur, his uerbis, Alium (equum ferunt) detracto oculorum operimento, & cognito cum matre coitu, petijsse praerupta atque exanimatum. Equam eadem ex causa in Reatino agro, laceratumque pariter aurigam inuenimus. Nanque & cognationum intellectus in ijs est: itaque in grege prioris anni sorore, libentius etiam quàm matre, equa comitatur. Tametsi incredibile (inquit Varro) quod usu uenit, memoriae mandandum: Cum equus matrem ut saliret adduci non posset, & eum capite obuoluto peroriga adduxisset, & coëgisset matrem inire, cum descendenti uelum dempsisset ab oculis, ille impetum fecit in eum, ac mordicus interfecit. Camelos in Admirabilium relatione tradit Aristoteles nunquam coisse cum matre. Hoc idem & in equis ex Plinio astruere conantur aliqui, quod tamen falsum conuincimus ex Aristotele libro sexto scribente, Equi uel suas matres & filias superueniunt, atque tunc perfectum esse armentum uidetur, quum parentes suam ineunt prolem. Suppetit Ouidij authoritas ex decimo Metamorphoseos, Coëunt animalia nullo Caetera delectu, nec habetur turpe iuuencae Ferre patrem tergo, fit equo sua filia coniux, Caelius. Falsum igitur fuerit quod Oppianus scribit statim ante historiam equae & pulli regis Scytharum, his uersibus, ἔξοχα δ' αὖ πίσυσι φύσιν, τόδε πάμπαν ἄπιστον (forte ἄπυστον) ἐς φιλότητα μολεῖν, τῇ οὐ θέμις, ἀλλὰ μένουσιν ἄχραντοι μυσέων, καθαρῆς δ' ἐράουσι Κυθήρης. ¶ Tum in equorum tum in boum genere, turgent ad coitum prius minores natu, quàm maiores, Aristot. Equos, & canes, & sues initum matutinum appettere, foeminas autem post meridiem blandiri, diligentiores tradunt, Plinius. Equus non certo dierum numero implet, sed aliquando uno, aut duobus tribúsue, aliquando pluribus: serius certe quàm asinus, equam superueniens implet, Aristot. Apud Mysos cum equinum genus coit, quidam uelut Hymenaeum quendam nuptijs praecinunt, & cantus suauitate permulsae equae grauidae fiunt, & formae pulchritudine, eximios pullos ex sese pariunt, Aelianus. Et alibi, Euripides dicit, pastores hymenaeos ad fistulam cantantes, ad Venerē equas incitare, atque etiam equos ad ineundas foeminas incendere. ἱππόθορος νόμος, ὃς ἐπαυλεῖται ἵπποις μιγνυμένοις, Plutarchus in Symposiacis. ¶ Equae interposito tempore admittuntur, quoniam ferre continuò nequeant, Aristoteles. Alternis qui admittunt, diuturniores equos, & meliores pullos fieri dicunt. Itaque ut restibiles segetes essent exuctiores, sic quotannis quae praegnans fiat, Varro. Non statim à partu equa impletur, sed intermisso tempore: & melius quarto aut quinto anno interposito procreat. Omnino, si nihil plus detur, unū tamen interponere annum, & quasi nouale facere necesse est, Aristoteles. Vulgari foeminae solenne est omnib. annis parere, generosam conuenit alternis continere, quo firmior pullus lacte materno laboribus certaminum praeparetur, Columella. Generosas equas, & quae masculos nutriunt, alternis annis submittere debebimus, ut pullis puri & copiosi lactis robur infundant, caeterae passim replendae, Palladius. Quòd si aut foemina recusat, aut non appetit taurus, eadem ratione, qua fastidientibus equis mox praecipiemus, elicitur cupiditas, odore genitalium admoto naribus, Columella. Et in equis, Quòd si admissarius (inquit) iners in Venerem est, odore perfricatur detersis spongia foeminae locis, & admota naribus equi. Idem scribit Absyrtus, ut in Geoponicis legimus. Si equa marem non patitur, detrita scilla (squilla Palladius) naturalia eius linuntur, quae res accendit libidinem, Columella. Si fastidium saliendi est, inquit Varro, scillae modicum conterunt cum aqua ad mellis crassitudinem, tum ea re naturam equae, cum menses ferunt, tangunt: contrà, ab locis equę nares equi tangunt. Si equa marem non patitur, gallinaceo fimo cum resina terebinthina trito, naturalia eius linuntur: ea res accendit libidinem: longeque magis, si saliendi fastidium est, oblitus scillae coëundi cupidinem elicit, Anatolius. Non est committendum, inquit idem, ut strigosa equa & obsita sorde saliatur: quippe cum talium cupiditate celerius equum solicitari constet, perinde quasi stimulatus hac colluuione gaudeat. Nonnunquam ignobilis quoque uulgaris (equus) elicit cupidinem coëundi. Nam ubi admotus ferè tentauit obsequium, foemina abducitur, & iam patientiori generosior equus imponitur, Columella. Saepe accidit ut equa patiatur equum super se, coitum tamen detrectet, quod ex defectu caloris ipsius circa naturalia contingit: quamobrem urtica uel squilla perfricari debent, Russius. Admissarius quomodo alacrior ad Venerem fiat, supra seorsim diximus. Excitatur & tibiae cantu libido in utroque sexu, hippothoron uocant, ut ex Aeliano retuli. Vide etiam supra in Caprae historia, capite 5. Sed non ulla magis uires industria firmat, Quàm Venerem, & caeci stimulos auertere amoris. Siue boum, siue est cui gratior usus equorum, Vergil. De equorum in Syria syluestrium aemulatione, qua impulsi mares in suo genere primum natos castrant, superius dixi capite secundo. ¶ Conceptus indicium, maximè in uaccis equabusque, cum menses cessarunt, spatio temporis bimestri, trimestri, quadrimestri, semestri: sed id percipere difficile est, nisi quis iandudum secutus, assuetusque admodum sit, Arist. Colorem (equae cum concepere) illico mutant rubriore pilo, uel quicunque sit pleniore: hoc argumento desinunt admittere etiam uolentes, Plinius. Aliquot regionibus (inquit Columella) tanto flagrant ardore coëundi foeminae, ut etiam si marem non habeant, assidua & nimia cupiditate figurantes sibi ipsae Venerem (cohortalium more auium) uento concipiant. Quae poëta licentius dicit,

Continuoque auidis ubi subdita flāma medullis, Vere magis (quia uere calor redit ossib.) illae

Ore omnes uersæ in Zephyrũ, stant rupibus altis, Exceptantq; leueis auras: & sæpe sine ullis
Coniugijs uento grauidæ (mirabile dictu) Saxa per, & scopulos, & depressas conualles
Diffugiunt, non Eure tuos, neq; Solis ad ortus: In Boreã, Caurũq;, aut unde nigerrimus Auster
Nascitur, & pluuio contristat frigore cœlum. Cum sit notissimum etiam in sacro monte Hispaniæ, qui procurrit in occidentem iuxta Oceanum, frequenter equas sine coitu uentrem pertulisse, fœtumq; educasse, qui tamen inutilis est, quod triennio prius quàm adolescat, morte absumitur: quare, ut dixi, dabimus operam, ne circa æquinoctium uernum equæ desyderijs naturalibus angantur, Hæc Columella. In fœtura (inquit Varro) res incredibilis est in Hispania, sed est uera, quod in Lusitania ad Oceanum in ea regione, ubi est oppidum Olyssippo monte Tagro, quædam è uento concipiunt equæ, ut hîc gallinæ quoq; solent, quarum oua hypenemia appellant: sed ex his equis qui nati pulli non plus triennium uiuunt. Constat in Lusitania circa Olyssipponem oppidum & Tagum amnem, equas Fauonio flante obuersas animalem concipere spiritum, idq; partum fieri, & gigni pernicissimum ita, sed triennium uitæ non excedere, Plinius & Solinus. Proprium equæ est (ut Albertus scribit ex Auicenna) pede aut coxa aliquantulum recalcitrare cum desyderat coitum: & hoc modo aperit uterum, hauritq; eo meridionalem aut septentrionalem uentum, quo plurimum delectatur. Scribit etiam Auicenna senem quendam fide dignum, natum in insula cui Arabicum nomen Dealtusa, sibi narrasse, quod equa Arabica illic concepto uento non cessarit currere per desyderium coitus, donec octo leucas emensa fines insulæ attigit. Equi quando euentari (ἐξανεμῶσθαι) dicantur, supra ex Aristotele docui in mentione libidinis equorum. A coitu solæ animalium currunt ex aduerso Aquilonum Austrorúmue, prout marem aut fœminam concepere, Plinius. In Lusitanis iuxta flumen Tagum equas Fauonio spirante concipere falsò prodidisse complures ait Iustinus, figmentumq; ex equarum fœcunditate ac gregum multitudine, qui in ea prouincia multi & pernices uisuntur, fluxisse autumat. Eorum qui aliter opinantur turba eliditur Iustinus, quibus diuus Augustinus ascribi potest. Nonnulli si uentus à masculis flauerit, equas obuersas odore fieri prægnantes tantum, atq; ex ijs natos pullos triennium uitæ non excedere produnt. Silio Italico, Septimaq; his stabulis longissima ducitur ætas, Hæc Io. Brodæus. Fit in equorum genere, inquit Aristoteles, ut aliæ omnino steriles sint, (quod & alibi affirmat:) aliæ concipiant quidem, sed ædere nequeant: cuius rei indicium aiunt, quòd fœtus circum renes alia quædam, specie propemodum renum, ita continet, ut rescissus quatuor renes habere uideatur. ¶ Quomodo efficiatur ut armentitiæ concipiant, legimus in Hippiatricis Græcis capite quintodecimo: Si gregalem, inquit Hippocrates, equam concipere uelis, urticam in os equi pellito: & reliqua. Porrò sterilis equa concipiet, si fascem porrorum in pila tusum uini cyatho perfundes, & cantharides uersicolores numero duodecim, ex aqua biduum oriculario clystere in uuluam ingeres, postero die equum ad ineundam fœminam emittes: postquam desilijt, bis genitales locos elues. Aliud, Nitrum, passeris fimum, resina terebinthina simul deteruntur, & in unum coacta naturalibus inseruntur. ¶ Vbi equæ conceperint, obseruandum est ne misceantur plus iusto, néue in locis frigidis diuersentur: frigus enim grauidis aduersatur, Absyrtus in Geoponicis. Grauidæ non urgeantur, nec famem uel frigus tolerent: nec inter se loci comprimantur angustijs, Palladius. Cum conceperint equæ, uidendum ne aut laborent plusculum, aut ne frigidis locis sint, quòd algor maxime prægnãtibus obest. Itaq; in stabulis ab humore prohibere oportet humum, clausa habere ostia, ac fenestras, & inter singulas à præsepibus interijcere longurios, qui eas discernant, ne inter se pugnare possint. Prægnantem neq; implere cibo, neq; esurire oportet, Varro. Post conceptionem (inquit Columella) maior prægnantibus adhibenda cura est, largoq; pascuo firmandæ. Quòd si frigore hyemis herbæ defecerint, tecto contineantur: ac neq; opere neq; cursu exerceantur, neq; frigori committantur: nec in angusto clausóue, ne aliæ aliarum conceptus elidant: nam hæc omnia incommoda fœtum abigunt. Cauendum ne grauidæ pabuli mutatione tententur, neq; infestentur aquarum insuetarum nouitate, siquidem huiuscemodi peregrinarum rerum obiectu facile abortus contrahitur, Anatolius. Non illas grauibus quisquam iuga ducere plaustris,
Non saltu superare uiam sit passus: & acri Carpere prata fuga: fluuiosq; innare rapaces.
Saltibus in uacuis pascant: & plena secundũ Flumina: muscus ubi, et uiridissima gramine ripa:
Speluncæq; tegant: & saxea procubet umbra, Vergilius. Grauidæ mox separentur à maribus: & ita curentur ut neq; macilentæ nimis, nec obesæ euadant, sed inter utrunq; habitum mediocres. Vterq; enim immodicus, ut uel abortus fiat, uel infirmior aut minor fœtus, in causa est, Ruffius. Nec impedit partus quasdam ab opere, falluntq; grauidæ. Vicisse Olympia prægnantem equam Echecratidis Thessali inuenimus, Plinius. Quæ cura prægnantibus adhibenda, Vt facile partus ædatur, Ad secundas hærentes, Mulomedici Græci docent capite quintodecimo: item de perferendo uentre & enecando partu, partim eodem, partim antecedente capite. Vide etiam nonnihil infra, in tractatione de morbis equorum in ijs quæ utero accidunt. ¶ Certum est equas, si sint grauidæ, tactas (à muliere profluuio mensium laborante) abortum pati: quin & aspectu omnino, quamuis procul uisas, si purgatio illa post uirginitatem pri..a sit, aut in uirginea ætate spontanea, Plinius. Abortum facit equa odorem sentiens fungi fumigantis lucernæ extinctæ, quod & mulierum nonnullis accidit, Aristoteles, Aelianus, Rasis & Albertus. Ex his Aristotelis uerbis corrupta iudico ea quæ Vincentius Bell. citat ex Zenonis de animalibus libro, Equa fœta (inquit) cum odoratur quod est in sepo uaccæ, egreditur

ditur partus eius. Abortiunt ferè iumenta, glandibus cerri deuoratis, Ruffius. Ex sene quodam nostrate audiui, gentianam quoq; abortus causam esse equabus. Si postea quàm trachuri caudam absciderís, ipsumq; in mare liberum emiseris, eam equæ uentrem ferenti appendas, non multò certe post abortum pariet, Aelianus. Aegyptij mulierem quæ abortiuum fecerit significaturi, equam scribunt quæ lupum presserit. Equa enim abortit, non modo si lupum calcauerit, sed etiam si ipsius uestigia attigerit, Orus. Vide infra capite quarto. Si cum equa ex equo prægnante coierit asinus, fœtus iam conceptus corrumpitur, Aristotel. Et rursus, Quum equus cum asina, uel asinus cum equa inierit, multò magis abortus cosequitur, quàm cum unigenæ inter se iungantur: uerbi gratia, equa cum equo, aut asina cum asino. Conceptum ex equo secutus asini coitus abortu perimit: non item ex asino equi, Plinius & Aristoteles, qui causam reijcit in asinini seminis frigiditatē. Et rursus, Equi geniturã (inquit Aristot.) corrumpit asinus: sed equus asini minimè, cũ equa iã asini initu cõceperit.

¶ Si aut partu aut abortu equa laborauit, remedio erit, filicula trita & aqua tepida permista, dataq; per cornu, Columella. Scythæ equabus grauibus equitant, cum primum se mouerit fœtus, & nimirum eas proficere ad partus facilitatem arbitrantur, Aristoteles. Equi & ijs cognata animalia, quanquam minus temporis uiuunt, tamen diutius uterum ferunt: alia enim annum, alia quod plurimum menses denos grauida exigunt, Aristoteles. Idem problematum sectione 10. Equus (inquit) ut tardius maximè quàm homo parit, sic uiuere minus potest: cuius rei causam, uuluæ siue uteri durities habet. Quomodo enim ager sitiens haud citò suas stirpes enutrit: sic durior uulua equarum, informando nutricandoq; suo fœtu remoratur. Annum uterum fert & asina & equa, Aristot. Partus asinarum à tricesimo mense ocyssimus: sed à trimatu legitimus: totidem quot equę, & eisdem mensibus, & simili modo, Plinius. Partum in eo genere undenis mensibus ferunt, duodecimo gignunt, Aristoteles & Plinius. Equa cum conceperit duodecimo mense parit, Varro ex Magone & Dionysio, Columella. Ventrem fert duodecim menses, Varro. Et alibi, Duodecimo mense die decimo aiunt nasci: quæ post (id) tempus nascuntur, ferè uitiosa atq; inutilia existunt. Equarum natura est partũ spatio duodecimi mensis absoluere, Palladius. Equa uterum gerit undecim mensium decemq; dierum curriculo, Absyrtus. Mares citius perficiuntur in utero quàm fœminę. Equa facillimè omnium quadrupedum parit, Aristot. Et rursus, Cæterę quadrupedes iacentes parere solent: at uerò equa cum tempus iam ædendi appropinquârit, erigit se, stansq; emittit partum. In hoc genere grauida stans parit, Plinius. Equa singulos parit, Aristoteles. Et rursus, Pariunt magna ex parte equæ singulos: sed gemellos quoq; aliquando complurium procreant. Singulos gignunt equi, Plinius. Equa uacat admodum purgamentis in partu, (Græci lochia uocant:) minimumq; emittit profluuium sanguinis, uidelicet pro corporis magnitudine, Aristoteles. Cum peperit, statim secundas deuorat, atq; etiam quod pulli nascentis fronti adhæret hippomanes dictum, Aristot. De polio seu pullio dicto, quod ante partum emittit equa, dixi supra in hippomane. ¶ Matrices equas quidam uocat eas quæ fœtum alunt. Pullatio & pullities apud Columellam fœtura pullorum est, uel ipsi pulli: sed de alijs quoq; animalibus non equis tantum in usu sunt. Asinis à fœtu mammæ dolet, ideo sexto mense arcent partus, cum equæ anno propè toto præbeant, Plinius. Lactare mulum semestre temporis spatium referunt, equo autem plus temporis tribuunt, Aristot. Equi & asini ad biennium lactentur, Anatolius. Pullus commodissimè ablactatur hoc modo, Separetur à matre triduo ante plenilunium, & per horas uigintiquatuor ab ea exclusus, rursus mane admittatur, & ubi lac copiosè suxerit adeo ut uenter turgeat, remoueatur nec admittatur amplius: sic deinceps habitior manebit, & elegãtior fiet, Author obscurus. Quinquemestribus pullis factis, cum redacti sunt in stabulum, obijciendum farinam ordeaceam molitam cum furfuribus, & si quid aliud terra natum libenter edent. Anniculis iam factis dandum ordeum, & furfures, usq; quoad erunt lactentes. Neq; prius biennio confectò à lacte remouendum, Varro. De hippothelis asinis qui lacte equarum aluntur, paulò post dicam. Terram attingere ore pullum triduo proximo quàm sit genitus, negat posse, Plinius: ut supra etiam in B. dictum est. Pulli equarum nati manu tangendi non sunt, quia eos tactus lædit assiduus: quantum ratio patitur, defendantur à frigore. In pullis pro ætatis merito ea sunt consideranda, quæ signũ bonæ indolis monstrant, quæ in patribus, uel matribus spectanda præcepi: dabit & hilaritas & alacritas, agilitasq; documentum, Palladius. De ijs quæ circa pullum eligendum consideranda sunt, satis iam dixi capite secundo. Si partus prospere cessit, minimè manu contingendus pullus erit. Nam læditur etiam leuissimo contactu. Tantum cura adhibebitur, ut & amplo & calido loco cum matre uersetur, ne aut frigus adhuc infirmo noceat, aut mater in angustijs eum obterat. Paulatim deinde producendus erit, prouidēdumq; ne stercore ungulas adurat: mox cum firmior fuerit, in eadem pascua in quibus mater est, dimittendus, ne desyderio partus sui laboret equa. Nam id præcipue genus pecudis amore natorum, nisi fiat potestas, noxam trahit, Columella. In decem diebus secundum partum cum matribus in pabulis prodigendum, Varro. Et rursus, Pullos, cum stent cum matribus, interdum tractandum, ne cum sint disiuncti, exterreantur, & reliqua, ut in domitura ipsorum dicam 5. capite. Præsepia altiora esse oportet, ad quæ iumenta capistrentur, ut sursum uersus spectantia cibum capiant. Id maximè in pullis obseruandum est: sic enim erecta ceruice niti consuescent: quæ res equino pecori maximam uenustatem adfert, Anatolius. Et rursus, Equa post alterum aut tertium mensem (ædito iam partu) longè magis exercitationibus credi debet, quò lac in ea præstantius gigna

S 4

tur: sequens equuleus cursibus committat. Si pulli molles gerant ungulas, asperis locis eos citatius agemus, calculos pedibus substernentes: sic enim ungulæ durantur: quæ si ijs parum adhuc solidatæ mollescant, hanc curationem oportet adhibere: Adeps suilla uetus, & hircina, sulphur ignem non expertum, & alliorum spicæ miscentur: ijs ungulæ & earum caua perunguntur, Hæc Anatolius. Pascua prouidere oportet nō adeò mollibus locis nata, ut ungularum firmitas de asperitate nil sentiat, Palladius. Ad firmitatem ungulis comparandam, utile uidetur ut pulli saxosis & montanis locis nascantur, ut duris & asperis locis & aëre frigido durescant. Conducunt autem montana loca duplici nomine: primum quia pedes in eis ualidiores, aptiores, crassiores ac duriores reddunt: deinde quoniam subinde per inæqualia loca ascensu descensuq; exercitati, laboribus sustinendis præparantur roboranturq;, Russius. ¶ Ex asino & equa (inquit Plinius) mulus gignitur mense duodecimo: Ad tales partus equas neq; quadrimis minores, neq; decennibus maiores legunt: arceriq; utrumq; genus ab altero narrant, nisi in infantia eius generis quod ineant lacte hausto. Quapropter subreptos pullos in tenebris equarum uberi, asinarúmue equuleos admouent. Gignitur autem mula ex equo & asina, sed effrenis & tarditatis indomitæ. Equo & asina genitos mares hinulos antiqui uocabant: contraq; mulos, q̃s asini & equæ generarent. In plurium Græcorum est monumentis cum equa muli coitu natum, quem uocauerint hinum, id est paruum mulum. Generātur ex equa & onagris mansuefactis mulæ ueloces in cursu, &c. Hucusq; Plinius. Equuleos q̃rum hoc in loco Plinius (lib. 8. ca. 44.) meminit, Aristoteles hippothelas quasi equimulgos uocat. Arcebit (inquit) ab initu & asinum equa, & equum asina: nisi contigerit ut asinus equæ lac hauserit: ob id de industria pullos asinorum supponunt, qui uocantur hippothelæ, Hermolaus. Pullum asininum (inq̃t Varro) à partu recentem subijciunt equæ, cuius lacte ampliores fiunt, ꝙ id lac q̃ asininum ac alia omnia dicunt esse melius. Præterea educant eum paleis, &c. ut in Mulo persequemur. De equi & asinæ, uel asini & equæ coitu, gestatione, partu, & alia quædam uide supra in historia Asini. Si quem mulorum genus (inquit Palladius) creare delectat, equam magni corporis, solidis ossibus, & forma egregia debet eligere, &c. ut in Mulo explicabitur, ubi etiam de asino admissario ad mulos procreandos eligendo copiosè tractabimus. Anna socer Esau primus equis asinas copulauit, ut Iudæi asserunt, Isidorus. Equarum iubas tondere præcipiunt, ut asinorum in coitu patiantur humilitatem: comantes enim gloria superbire, Plinius, & Aelianus, cuius uerba in Mulo recitabo. Quin & alioqui equarum libido extinguitur magis iuba tonsa, Aristotele teste, & frons tristior redditur. Cur Elei equas finibus eductas iniri faciant, Plutarchus inquirit problemate 52. inter Græcanica: & Leonicenus in Varijs 1. 61. Cur equæ in Elide ex asinis concipere non potuerint. Muli asiniq; (inquit Herodotus libro 4.) uim hyemis ferre non queunt: quò magis miror cur in omni Eleo agro muli nequeunt gigni, cum neq; locus sit frigidus: neq; ulla alia causa appareat. Aiunt Elienses ipsi ex imprecatione quadam id sibi contigisse: Cumq; tempus aduentat conceptus equarum, se in loca finitima illas educere: Ibi postq; admiserint asinos dum equæ conceperint, tunc rursus eas reducere.

De sanitate equorum tuenda, & præcauendis morbis.

Mulomedici & ueterinarij dicuntur communi uocabulo, qui ueterina curant, equos, mulos, asinos. Dicuntur autem ueterina animalia ad uecturam idonea, quę aliquid uehere possunt, quasi ueterina, ꝙ ad uentrem onus religatum gerant. Vngulæ ueterino tantum generi renascuntur, Plinius. Et genus omne q̃d est ueterino genere partum, Lucretius lib. 5. Veterinarium pro medico ueterinorum dixit Columella, & medicinam ueterinariam. Vegetius artis ueterinariæ siue mulomedicinæ libros quatuor reliquit, & eadem uocabula in præfatione usurpat: quanq; ars ueterina in excusis codicibus legitur, perperam ut uidetur. Equarius, equorum curator, apud Solinum capite 5. Herophilus equarius medicus, Valerius Max. Equorum medici, equinarij, ueterinarij, manucalci, mulomedici appellantur, Textor. De medicinis uel plurima sunt in equis, & signa morborum, & genera curationum, quæ pastorem scripta habere oportet. Itaq; ob hoc in Gręcia potissimum medici pecorū κτηνίατροι appellati, Varro. Iulius Firmicus ἱππίατρον dixit. Marescalcū Rusius & alij uocant chirurgum (ut ita dicā) equorū, qui uel secando uel urendo eis medetur. ¶ Ἱππιατρικά (intellige βιβλία) Absyrti & aliorum Græce extant. Eadem Latinitate donauit Ioan. Ruellius, cuius translatio pura q̃dem & elegans in Latino sermone est: ꝙ ad rem uerò, multis in locis & manca & corrupta, ut ipse cum Græcis conferendo animaduerti. Sunt autem præter Absyrtum authores isti, Hierocles, Theomnestus, Pelagonius, Anatolius, Tiberius, Eumelus Thebanus uel Chiron, Archedemus, Hippocrates, Aemilius Hispanus, Litorius Beneuentanus, Himerius, Africanus, Didymus, Diophanes, Pamphilus, & Magon Carthaginiensis. Citantur etiam obiter in eodem opere, Agathotyches, Nephon, Hieron, Cassius, Hemerius. Geoponicorum etiam, quæ Constantino adscribuntur, liber sextusdecimus ἱππιατρικὴν continet: sed ita ut omnia ex Hippiatricorum uolumine iam dicto desumpta uideantur. Nonnulla quæ in Geoponicis legebantur, & in Absyrti, &c. Hippiatricis deerant, Ruellius translationi suæ adiecit. Scripsit & Laurentius Rusius librum eiusdem artis: in quo præter alios authores, copiosè de frenis eorumq; differentijs tractat, expressis pariter picturis eorum. Primus omnium puto hippicum, id est de equis & equestri arte librum Simon quidam Atheniensis reliquit, ex quo omnia quæ placebant in suum transcripsit Xenophon, nos pleraq; ex Xenophonte in hunc nostrum. De equis præterea (ut Camerarius obseruauit) quædā scripsit Cleodamas Achnæus: Plinius

Plinius etiam, qui ipse librum se de iaculatione equestri edidisse ait, tradit equitem quendam Sarmenem primum de equitatu scripsisse, effictum à statuario Demetrio: Et Mecon quidam, & alij. Magister Maurus Hippiater citatur à Laur. Rusio cap. 144. & 151. Petri Crescentiensis de agricultura liber nonus capita 57. de equis continet. Multa de ijsdem docet Albertus Magnus quoq; libro 22. historiæ animalium: Multa etiam rei rusticæ prisci scriptores, Varro, Columella, Palladius. Extant deniq; in omnibus ferè uulgaribus linguis de equis curandis cõscripti libri, Germanicè, Italicè, Gallicè: Italicè quidem excusum uidi Augustini Columbini librum.

¶ Quæcunq; ad equi sanitatem tuendam, uel cauendos morbos præcepta pertinent (ὑγιεινὰ & πεφυλακτικὰ Græci uocant) partim hoc in loco trademus, partim capite quinto, in ea parte quæ est de tractandis equis. ¶ De dentibus equi, q̃s uulgo scalliones uocant, & eorum exemptione, supra dictum est. Ad hos autem eximendos (inquit Rusius) tempus uindemiarum aptissimum est: nam si racemi uuarum in cibo eis tum dentur, uulnera oris melius curantur & consolidantur, nec uermes aut prauæ carnes innasci possunt: itaq; ex hoc cibo os equi melius efficitur, ac ipse etiam pinguescit. Ad eandem curam (scallionare uocant) obseruandum est ut Luna decrescat. ¶ Animalium dorsa ut laboris plurimum sentiunt, ita diligẽtius sunt curanda. Exceptis enim his qui deputati sunt circo, reliquum mulorum, equorum, asinorumq; genus sub sellis aut sagmis solo tergo præstat officium. Vnde laudabilior industria est, quæ incolumitatem tuetur, q̃ quæ cupit læsa curari. Nam diligentia defendit à uitio: si centones uel saga primum sufficientia, deinde mollia imponantur, & lota, atq; ad tempus diligenter excussa, ne aliq̃d sordium aut asperitatis inhæreat q̃d sub pondere inulceret pellem: tunc sagmarum uel sellarum mensura conueniens & apta qualitas debet adhiberi. Si enĩ ista minora fuerint uel maiora, angustiora, uel ultra modum lata, uel quæ non congruunt, grauiter nocent. Hinc enim collisiones, suppurationes, apostemataq; nascuntur, cum nimis locis inæqualibus premitur pondere, uel discentes tracturam mercurius aut spina deteritur. Ipsorum quoq; pondere, etiamsi in stratis nulla sit culpa, enormitas nocet, & ideo temperanda est mensura ne inferat uulnus. Hæc Vegetius. ¶ Multum autem refert (inquit Columella) robur corporis ac pedum seruare, q̃d utrũq; custodiemus, si idoneis temporibus ad præsepia, ad aquam, ad exercitationem pecus duxerimus, curæq; fuerit, ut stabulentur sicco loco: sed de stabulis instituendis capite 5. dicetur. Auena aliáue annona equo exhibenda, bene purgentur prius, ne quid pulueris aut aliud inutile insit: puluis enim facile tussim inducit, & interiora desiccat, quod malum ferè incurabile est, Rusius. Iumenta sæpe morbos concipiunt, si sudant, & à concitatione confestim biberint, Columella. Fatigatis aut calescentibus ne cibus, minusq; potus præbeatur: ne uel celer interitus sequatur, aut uenenum in crura decumbat, &c. Camerarius. Et rursus, Crithiasis omnia membra debilitat, ut nec ingredi uelit equus, & pascatur humi iacens: idemq; accidit de potu intempestiuo, sed cum minore periculo. Sed de hoc & eo q̃d ex retenta urina in longiore itinere fit periculo, amplius dicam capite 5. Tempore ueris equum frenatum Soli matutino aliquantisper exponere, ad sanitatem tuendam facit. ¶ Plurimum iuuat (inquit Vegetius) si sæpius & cum moderatione animalia sedeantur (forte exerceantur, nempe equitando.) Nam imperitia rectoris, & incessus eorum debilitat, & mores, præcipuè seruorum impatientia, qui absentibus dominis ad cursum eq̃s uehementer stimulant, & non solum flagellis, sed etiam calcaribus cædunt, dum aut inter suos uelocitatem cupiunt experiri, aut cum alienis uehementi obstinatione contendunt, nec reuocant aliquando currentes, nec temperant: neq; enim de damno domini cogitant, quod eidem contingere gratulantur. Quam rem diligens paterfamiliâs summa seueritate prohibebit, & iumenta sua idoneis & moderatis hominibus, scientibusq; tractare committet. Post sudorem quoq; si æstus sit, pusca os ablui conuenit: si hyems, muria. Vinum quoq; & oleum faucibus infundi oportebit ad cornu, æstate frigidum, hyeme tepefactum, ita ut hyeme meri sextario, olei unciæ tres, æstate autem duæ tantummodo misceantur, Hæc Vegetius. Accidit his equis qui parum exercentur, ferè ut anhelitus difficultate laborent, Camerarius. ¶ Viciniũ stabulum conuenit esse loco arido, stercore uel paleis mollibus adoperto, in quo ante potum animalia uolutentur: Quod exercitium & sanitati proficit, & ægritudinis uitium commonstrat: nam quoties animal, aut non solito more se transuoluit, aut omnino detrectat accumbere, scias illud ex tædio laborare, & ideo separari debere atq; curari, Vegetius. Si ueterinis in itinere defessis sellæ uel sagmæ auferantur ut loco aliquo commodo liberè uolutari possint, ita recreantur ut lassitudine posita, mox iterum laborem tanq̃ recentia subeant, Rusius. τὸν ἵππον ἄγειν ἐπὶ τὸ κύλισμα (codex impressus non rectè habet κλύσμα) καὶ ῥοίζειν, in Hippiatricis legimus: Ruellius absurdè transtulit ad aquationes & lauacra. Et alibi κυλιέσθω καὶ ῥοιζέσθω, æquè absurdè uertit, proluatur & ad cursum leniter incitetur. Κυλίειν quidem uerbum communissimum uolutare signat: unde κυλίστρα, uolutabrum, locus in quo se uolutant animalia. Ῥοίζειν rarius & obscurius est: uidetur autem significare ad cursum incitare: ῥοιζεῖν enim circumflexum Hesychius & Varinus exponunt, διώκειν, ὁρμᾶν, τρέχειν: & ῥοθεῖν similiter: Hesychius etiam ῥοιβδεῖν, ῥοιζεῖν & διώκειν interpretatur. Ῥοισμὸς, ὁ τῶν ἵππων ῥυμὸς, Iidem: quanq̃ hoc nihil ad rem præsentem facere uidetur: nam ῥυμὸν interpretantur temonem inter binos equos. Cæterũ cum considero q̃ apud eosdem ῥοία exponitur locus iuxta fluuium & arenam in quo equi uolutentur, ῥοίζειν uerbum idem quod κυλίειν esse subit, eoq; magis q̃ Hippiatri etiam in locis iam citatis coniungant. Apud Suidam nihil reperio. Optimum fuerit ut interdum ad uolutabra ducantur quæ so

lidas gerunt ungulas: locus ad id eligendus solidus, terrenus, æquabilis, non lapidosus nec salebro-
sus, quo sese possint citra noxam saburrare. Improbantur læti tractus, βαθύγεοι, graminosi, stercora-
ti, quod expeditum non reddant equum, nec corporis agilitate præstantem. (οὗτοι γὰρ οὐ ποιοῦσιν ἄλυ-
τον τὸν ἵππον, οὐδὲ διαφορὰν τοῦ σώματος.) Porrò durũ solũ & solidũ, non erit eis alienũ, Absyrtus interpre
te Ruellio. ¶ Equũ aiunt lauatione & unguẽtis delectari, Aelian. Monent quidã ne macilenti equi
supra uentrem in aquam adigantur: quod uentre eis refrigerato alimentum non sentiant: pinguiores uerò sæpius & altius in aquam agendos, sic effici ne nimium pinguescant, & corpus sanum ac in
tegrum conseruent. Equus ad aquam potaturus ducatur paruo passu: & tam mane quàm uesperi
retineatur usq; ad genua uel paulò supra spatio trium horarũ in aqua dulci frigida uel marina: nam
aquæ naturaliter equis conueniunt, dulcis quidem frigiditate, marina uerò siccitate sua constringen
do humores qui ad crura descendunt & morborum causæ sunt. Inde rediens equus stabulum non
ingredietur, donec crura eius detersa & siccata sint. Nam stabuli uapores in cruribus humidis facile
excitant gallas & prauos humores, Hæc Petrus Crescent. ¶ Sunt qui hircos in stabulis alant: tanquam hircinus odor salubriorem equis aërem reddat, & nescio quos morbos amoliatur. Omnis ex
tremi frigoris tolerantior equino armento uacca est, ideoq; facile sub dio hybernat, Columella. Si a-
nimal (inquit Vegetius) domi forisq; perfrixerit, calidioribus unguentis, quæ multa sunt, lumbi eidem confricentur & cerebrum, potionibusq; & pigmentis, & herbis quarum feruentior est uis, per
os continuò oportet infundi, ut perfrictionis incommodum euincatur atq; pellatur. Nam si in uisceribus permanserit algoris iniuria, diuersos periculososq; procreat morbos. In locis circa Tanaim
& Caucasum borealem tantum est frigus hybernum, ut præ illo equi, muli, & pecora moriantur, ut
scribit Dionysius Afer. In Scythia ingentem & diuturnam uim hyemis equi perferunt, muli asiniq;
ne incipientem quidem ferunt, cum tamen alibi stantes in gelido equi labefiãt, asini uerò ac muli durent, Herodotus. Equus hyeme gerat operimentum laneum propter frigus: æstate lineum, ne læda
tur à muscis & similibus insectis, Rusius. Si dierum canicularium tempore ęstu animal fatigabitur,
uel aquis frigidis est perfundendum, uel in mare flumenue mittendum: frigidis etiam potionibus re-
creandum, ut necessitati laborũ aut temporũ aptior medicina succurrat, Vegetius. ¶ Si sanis est ma
cies, celerius torrefacto tritico quàm ordeo reficitur: sed & uini potio danda est, ac paulatim eiusmodi subtrahenda immistis ordeo furfuribus, dum consuescat faba, & puro ordeo ali. Nec minus quoti
die corpora pecudum quàm hominum defricanda sunt, ac sæpe plus prodest pressa manu subegisse
terga, quàm si largissime cibos præbeas, Columella. Animalia macie tenuata (inquit Vegetius) nõ
absq; studio diligenti reuocantur ad corporum firmitatem. Nam oleo ueteri uinoq; permixtis, & te
pefactis in Sole, per totum corpus unguntur, & contra pilum multorum manibus perfricantur, ut
& nerui mollescant, & cutis laxetur, & sudor erumpat: Quo facto cooperta in pontili strato collocen
tur. Et si hyems fuerit, condita cum semiuncia apij seminis triti, & olei tribus uncijs calefacta per os
ipsius oportet infundi. Si æstas fuerit, absinthium uel rosatum cum quatuor scrupulis croci, & duabus uncijs olei frigidum per os similiter debet accipere. Quorum si non suppetit copia, uinum simpli
citer conuenit præberi cum cæteris. Præterea eiusmodi species tempore hyemis cum hordei modijs
quatuor misces, fabæ sextarios octo, tritici sextarios quatuor, ciceris sextarios octo, fœnigræci sextarios quatuor, erui sextarium unum: & si meritum equi uel facultas domini suppetit, uuę passæ & nu
clei sextarios singulos: quæ omnia solerter commista cum fuerint, unum modium in aqua mundissima pridie debes infundere, & paululum mane siccare, ex quo equo semimodium ante prandium, &
semimodium ad uesperam dabis per plurimos dies in loco optimo. Vigintiuno die ita stabuletur, ut
intrinsecus bibat. Quòd si ultra modum sagina prouenerit, ne plethora noceat, auferendus est sanguis à matrice. Præterea graminum radices, quas aratrum frequẽter euellit, studiosè collige, & quàm
potueris longas minutatim concide, hordeoq; commisce, & quotidie præbere non dubites. Aestate
uerò, excepto eruo, species illæ quas diximus, pro æstimatione mensuræ farraginis adinuicem præbeantur, hoc est, hordei uiridis plures maioresq; fasciculos, tritici uel ciceris, uel fœnigræci minores
& pauci: Quæ omnia contusa oportet apponi, Hucusq; Vegetius. Aegrotanti pecori aut fame con
fecto (ut in Hippiatricis Græcis legimus cap. 119. in translatione Ruellij) curatione huiusmodi opus
est: Seminis apij sextarius unus, seminis lini drachmæ tres, fœnigræci sextarij duo, erui trepondo, radicis panacis, iridis Illyricæ, herbæ Sabinæ, singulorum selibra, axungiæ libræ sex, uino excipiuntur
uetere, & coguntur in pastillos, qui siccantur in umbra. dantur iuglandis magnitudine: cum mellis
tribus uncijs, & uini ueteris uno sextario resoluuntur, nihil (&, pro μὴ lego καὶ) per triduum infundi
tur. Canis etiam caput efficaciter suffitur, sic ut nidor naribus hauriatur. De morbosa corporis ma
cie dicam plura inferius, ubi de morbis toti corpori communibus agam. Nec conuenientium potionum (inquit Vegetius) cura debet cessare: nam languor, macies, & tussis, & internorum dolor fa
cile submouetur, si sulphuris uiui semunciã, id est scrupulos duodecim, myrrhæ scrupulos quatuor,
redactos in puluerem, ouoq; crudo immixtos cum hemina (sextario, ut habetur libro 4. cap. 8.) uini
optimi per os dederis. Est alia sumptuosior, sed accommodatior potio ad omnes morbos, quæ & cele
riter reficit, & cum intrinsecus purgauerit, curat omnes morbos, tussim ueterem, phthisicos, uulsos,
& quæcunq; uexata sunt in opertis. Ptisanæ sextarium, seminis lini heminam, fœnigræci heminam,
croci unciam, acronem salsum porci pinguis, uel longanonem: uel si porcina defuerint, caput hœdinum

num depilatum, cum pedibus suis, & cordulis intestinorum mundis, hyssopi fasces duos, cochleas germanas quindecim, bulbos quindecim, ficos duplices uiginti, rutæ fasciculum unum, baccarũ lauri cum uirent sextarium, dactylos uiginti, allij capita tria, seui caprini uncias sex, pulegij sicci fasciculum: hæc omnia purgata leniterq; contusa decoques in aqua cisternina, uel cœlesti, donec acron ille uel certe caput hœdi liquescat & dissoluatur ab ossibus: propter quod assiduè aquam refundis (adijcies) ne comburatur, sed feruendo pinguescat, uel succus ipse pinguior (spissior) efficiatur. Post hæc diligentissimè colabis ad colum, (excrementa & ossa abijcies) tum tragacanthæ unciam in tres diuides partes, ita quod exinde in unam potionem missurus es, pridie infundas in calidam, ut inturgescat. Tunc addis passi sextarios tres, & tribus diebus singulos sextarios dabis, oua numero sex (in die secundo olei rosati oua plena numero duo) butyri uncias tres. (In die tertio) anagallici uncias tres: amyli uncias tres: pulueris quadrigarij (quem describit lib. 4. ca. 13.) selibram, lomenti fabę selibram. Quæ omnia misces, ut dictum est, æquis ponderibus per triduum diuides (ita temperabis ut per cornu defluant) & ieiunum animal potionabis, & horis aliquot deambulare facies, usq; ad septimam, à cibo abstineatur & potu. Hæc Veget. 1. 56. & rursus 4. 8. ubi pauca quædam uariant, & medicamentum ad Chironem refertur. Et si uolueris (inquit) septem diebus interpositis repetis & das à capite potionem. Aliud ibidem, q̃d iumenta à morbis uindicat & custodit: Gentianæ, aristolochiæ rotundę, myrrhæ troglodytidis, rasurę eboris, & baccarum lauri æquis ponderib. puluis immixtus, (si ebur demas, erit theriaca diatessaron dicta: describitur etiam in Hippiatricis cap. 123. in Ruellij uersione, hoc titulo, Potio necessaria omni tempore prælibanda.) ex quo grande cochleare plenum sumis: Addes hyssopi triti scrupulos quatuor, mellis uel passi uncias tres, uini sextarium, gisni resoluti pastillum unum, post cursum siue post laborem conditi bene (piperati) heminam adijcies, æstate roris (forte roris marini) uel absinthij tantũdem, & per os dabis ad cornu. Idem Vegetius 3. 75. potionem contra omnes morbos describit. Eryngij radices aduersus morbum tam equorum q̃ boum plurimũ prosunt, ut in Boue ex Vegetio docui. Nec equi nec boues morbo prementur aliquo, si illis cornu ceruinũ appenderis, Absyrt. in Geopon. Si æstu animal fatigatur, puscam cum pulegio trito misces, naresq; & faciem confouebis, oua quoq; trita cum hemina uini ueteris optimi faucib. infundis, ut per oui refrigerium uini uirtus accrescat. Infusio uires equi recreans describitur in Hippiatricis Græcis capite 128. item potio quæ uires mirificè reficit, & ad omnem eorum curationem, præcipuè tussis, conducit: & cum aliæ diuersæ infusiones potionesq;, tum quæ ab anni partibus æstiuæ aut hybernæ cognominant̃: & alia quædam medicamenta communia, quanq; & morbis quibusdam peculiaria neglecta ordinis ratione inserant̃. Si cum incessit hyems (ut in Hippiatricis Græcis legimus, ca. 129.) animal oleribus uesci placet, pridie diligenter olus excoques, & in offas agglomerabis, addito oleo, & trito sale, petroselino & cumino illo die. Postridie siccius offerri condimentũ procurabis, axungiam adijcies & exhibebis. Et mox, De danda adipis offa: Optimũ aduersus intestinas ualetudines auxilium, cũ hyems adest, offas axungiæ cũ pice liquida & oleo præbere: sed cum æstas accessit, axungiam ex melle, butyro, porris, & rosaceo dedisse satis est. Verũ hoc medicamen subinde repetens animal adsumat. Græci priorem curationem λαχανισμόν uocant, posteriorem ἀξογγιασμόν. Alias quasdam compositiones prophylacticas, hoc est ad præcauendos huius armenti morbos, inferius recensebo: ubi locus erit de morbis eius in genere tractandi. Apophlegmatismũ pręseruantem à malide, tonsillis & strumis, descripsi supra in mentione farraginis inter cibos. ¶ Curandum ut equi stabulentur sicco loco, ne humore madescant ungulę: sed stabula qualiter instrui oporteat capite 5. dicemus. Ne ungulas comburat stercus cauendũ, Varro. Animalibus (inquit Veget. 2. 58.) exiguæ ungulę crescunt, uel attritæ (itineris iniuria) reparantur, si allij capita septem (aliâs tria) rutæ manipulos tres, (aliâs rutæ ueteris fasciculũ) aluminis tunsi & cribrati uncias septem, (al' scissi & cribrati uncias sex,) axungiæ ueteris pondo duo, stercoris asinini (recentis) plenam manum commisceas ac decoquas (domi) & utaris (in itinere ad uesperam: Hoc idem medicamentũ describit 1. 56.) Prudentius consilium est pedum tueri sanitatem, q̃ passionem curare. Corroborantur autem ungulæ, si iumenta mundissime sine stercore uel humore stabulentur, & roboreis pontibus consternantur: articuli quoq; uel suffragines post iter calido foueãtur uino. Naturaliter autem molles ungulæ solidantur, si hederæ seminis duas partes, & aluminis rotundi unam partem pariter contundas, & calciatis pedibus per multos dies inducas. Item subtritis pedibus prodest, picis liquidæ selibram, aceti heminam, salis libram, hederæ folijs quantum sufficit pariter contundis, & laboranti quotidie pedes perunges. Mollissimæ ungulæ hoc uno medicamine, quo potentius nihil est, assolent indurari: Lacertum uiuum uiridem, (pedibus iumentorum attritis prodest sanguis lacertæ uiridis, Plinius ut citat Aggregator) in ollam nouam mittis, adijcies olei ueteris libram, aluminis Iudaici selibram, ceræ libram, absinthij tunsi selibram, & decoques cum lacerto: Cum fuerit resolutum, calentia uniuersa colabis, abiectisq; ossibus & purgamentis, liquatum medicamen in ollam remittes: & cum ungues indurare uolueris, ungulã subradis, & factum unguentum in cannam uiridem mittes, adhibitis carbonibus, propè feruens, per cannam instillas ungulis: prouisurus ne coronam tangas aut ranulas, si his exceptis, in solo & in circuitu solidaturus ungulam confricabis. Memineris autem ungulas excrescendo renouari, & ideo interpositis diebus uel singulis mensibus talis cura non deerit, per quam naturæ emendatur infirmitas. Hæc omnia Vegetius. Et alibi, Pedes equorum post uiam eruendi sunt diligenter, ne quid luti uel sordium in articulis basiq; permaneat. Vnguento etiam confricabis, quod ungulas nutrit & firmat: Picis liquidæ libras tres, absinthij libram unam, allij capita nouem, axungiæ libram, olei ueteris libram semis, aceti acrioris sextarium unum, uniuersa contundes & misces, & decoques, & ex eo coronas uel ungues animalium confricabis. Et rursus 2.55. Animalium (inquit) ungulæ asperitate ac longitudine itinerum deteruntur & impediunt incessum, &c. Et mox post curam apostematis intra ungulam orti, Subtritos pedes fomentabis aqua calida, axungiaq; ueteri perunges: deinde testa tandenti decoquis, oleo post & sulphure pariter contrito lana candente leuiter ures per triduum. Si uero contuderit, sanguinem de corona emittes, & calida fomentabis, axungia ueteri perũges: ouinum quoq; stercus cum aceto permiscebis & imponis: quamuis alij caprinum efficacius credant. Vngulas his temporibus (inquit Camerarius) fimo bubulo maximè solidari conseruariq; credunt: cuius rationem sunt qui apparere negent: sed adiuuari fimo bubulo ungulas compertum putatur. Parantur etiam ad has uel conseruandas, uel etiam reparandas, medicamenta quædam unctionum. Huiusmodi medicamenta adhibere nostri uocant **ynschlahen**: Vide infra capite quinto, & hoc ipso capite infra ubi de ungularũ cura & morbis tractabit. ¶ Vngulã subradere Veget. dixit, cauare uel squarare Pet. Cresc. Subradit aũt tũ reliquũ solũ, tũ chelidòn dicta. ¶ Equorũ pedibus (inquit Grapaldus) soleas è ferro addimus, at Nero olim mulis suis ex argẽto: Poppea cõiunx Neronis (teste Plinio) delicatioribus iumentis suis soleas ex auro quoq; induere solebat. Aprili quotidie mane in campis per quosuis gurgites equitato, item Maio: sic ungulæ & cornu firmantur. Vtile autẽ fuerit soleas ex ferro inducere cum noua est Luna, & cum in Virgine uersatur, Obscurus. Contingit aliquando ut nix inter soleas & ungulas equorum recepta congeletur, nostri uocant **ynstollen**, id ne fiat quidam hoc pacto cauẽt: fascias ex marginibus pannorum præcipuè sectas, nouem ferè digitos longas, aqua ardente madidas ferreo instrumento inter soleas & ungulas mane equitaturi infarciunt, & si quid forte promineat, abscindunt: ita ab hoc malo securi totum diem iter faciunt, uesperi rursus auferũt.

Cosmetica quædam, id est quæ ad ornatum & pulchritudinem in corpore equi ab equisonibus fiunt.

Caput equi macrescit (inquit Albertus) & siccatur, si anteq; septem annos habeat sæpe aqua frigida abluatur & fricetur. Collum autem eius crassescit, & crines melius crescunt, si aqua calida sæpe ac diligenter iuxta scapulas humectetur, & crines digitis scalpantur & prope caput: sed frigida, non calida aqua: quia caput debet esse gracile. Si mense Maio teneras fagi frondes equis in cibum dederis, pilus elegantior cum aliâs tum colore nascetur, Obscurus. ¶ Equis è cicatrice cur pili nascãtur, ijq; candidi, Aristoteles quærit sectione 10. problamate 29. & 31. Cur equis pili per cicatrices oriri queant, hominibus non item, Aphrodisiensis libro primo problemate 46. Pilorum in colore uarietas, itemq; oculorum (ut si unus albi coloris fuerit, alter nigri, uel unus albus & alter uarius, &c.) mutari non possunt, quia contingunt in ipsa generatione, Russius. Vt pili renascantur in cicatricibus, uel qui aliter effluxerunt, Rusius 163. Vegetius 2. 63. Cur cicatricibus equorum inspersus hordei puluis faciat ut pili non albi, sed cæteris unicolores oriantur, Aphrodisiensis inquirit lib. 1. problemate 45. Pili concolores nudis cicatricum areis reddentur hoc modo, ut scribit Tiberius: Hordei pinsiti sextarios duos subigito, & adiecta nitri spuma, exiguoq; sale, panes formato, dein in furnum dimittito, donec in carbones redigantur: postremo tusos tritosq; permisto oleo ulcerum cicatricibus oblinito: hoc diebus uiginti facito. Aliud ad idem medicamentum, & alia ut pili nascantur, crescãt, uel colore mutentur, lege ibidem in Hippiatricis Græcis capite 55. item de pilis caudæ, iubæ, & capronarum, ut crescant, et non marcescant aut defluant, capite 54. Quomodo pili nigri mutentur in albos Rusius docet capite 164. Talpam in aqua discoquito, & ius illud, postquam triduo seruatum fuerit, rasis prius locis ubi pilos albos enasci uoles, illinito, eoq; abluito. Vide nonnihil supra capite secundo, ubi de coloribus equorum egi. Sicubi pilos in equo albos desideras, loco raso fel caprinũ inunge, Author obscurus. Feces seui in lucernis usti, illitæ partibus glabris pilos eliciunt, ut quidam scribit. Si album pilum nigrescere cupias, Atramenti sutorij scrupulos septem, rhododaphnes succi scrupulos quatuor, sepi caprini quod sufficit, pariter temperabis & uteris, Vegetius 2. 64. nos locum planè corruptum emendauimus ex Græcis Hippiatricis cap. 55. Si ediuerso albos pilos facere uolueris, cucumeris syluestris radicum libram unam, nitri scrupulos duodecim, in pulueres cogis, heminam mellis adijcies, quibus permixtis uteris. Eadem in Græcis Hippiat. loco iam citato paulò aliter leguntur. Vt equis hirsutis pilli nascantur molliores, Hippiatrica 94. Si in tibijs uel alio loco exulcerati pili forte implicentur, psilothra adhibentur, qualia describit Camerarius in Hippocomico suo. Haud scio quali pilorum affectione uitiatos equos Germanicè lego uocari **strauffhärig**. De scabie & pruritu, uide infra inter morbos unionis solutę. Si pili marcescunt uel corrumpuntur in extrema parte caudæ, remedia, Hippiatrica 55. De fluxu pilorum caudæ, Rusius 161. De langio caudæ, qui morbus est instar cancri, Idem 162. De pilorum in cauda rigore, hystrichidem uocant, q; setis suillis similes pili enascantur, Hippiat. 59. Cauda prolixa & densa pilis præcipuum equi ornamentum est. Huius igitur incrementum studiosè procurabitur: quod fiet, si crebrò humectetur frigida, uel etiam sero liquidiore: hoc enim pręsentem habere efficaciam quidam asserunt, Camerarius.

De purgatione alui.

De purgatione quæ per farraginem fit, supra docuimus in ciborum mentione. Absyrtus capite 127. uel ut Ruellij translatio habet 122. de infusionibus deiectorijs, περὶ καθαρτικῶν ἐγχυματισμῶν, ita scribit:

scribit: Catulum lactentem iugulatum deglubunt, uiscceribus & extis exenteratum eluunt, dein ollæ mandant, ut aquæ tantisper incoquatur, dum corpus ossa relinquat: cuius iuris, adiecto melle, per triduum heminas binas quotidie satis est infudisse. Decocto suillæ itidem præstant, aut candidi gallinacei iure: ea maioribus nostris memoriæ tradita sunt. Nos ijs usi fuimus infusionibus, tenuem tithymallum incoquentes in aqua, aut peucedanum, aut absinthium, aut minus centaurium, aut aristolochiæ radicem eodem modo decoctam, aut syluestris cucumeris radicem ex nitro, ut prius scriptum est: aut colocynthidis Aegyptiæ semen cum pulpa cruda resiccatum: sit aquæ modus sextarius, quotidieq́ septem dierum spatio per os infundatur. Optimum fuerit syluestrem cucumerem ex nitro defudisse. Hæc ille. Et capite III. in translatione Ruellij, Tusam (inquit) in tenues particulas syluestris cucumeris radicem insolamus, dum flaccescens inarescat: rursumq́ ut in tenuissima leuigetur, contundimus, adiecto tunsi nitri pari modo: saliq́ permiscentes uorandam obijcimus. Porrò grauidis & uentrem ferentibus iumentis abstinemus: lactarijs (ὑποπώλοις) tamen interdum damus. Siquidem & ipsi qui matribus subrumantur equuli, hac ratione purgabuntur: Salem huius gratia permiscemus, ut animal hoc illectum condimento, deiectorium medicamen non aspernetur. Melius cedet si salis furfurosa sordes adijciatur, (κάλλιον δὲ τὸ ἁλὸς μιγνύειν πίτυρα) sic ut à decimoquinto rem auspicati, quinto quoq; die, quod est ter in eo temporis spatio, ad calendas usq; præbeamus. Quod si fuerit ita factum, nec psora nec scabies inuadent, cæteraeq́ ualetudines arcebuntur. Audio gentiana etiam exhibita purgari equos. ¶ Vtile est equum (inquit Rusius) semel in anno purgari, ut & firmior ualetudo & ipse uiuacior sit: quamobrem aliquos hic purgandi modos aperiam. Purgatur ergo equus farragine, ut Romæ & locis uicinis fieri solet. Pascuntur enim equi herbis, quas farraginis nomine uocant diebus quindecim, quo tempore abunde purgantur: deinde uerò eodem pabulo etiam pinguescunt. Herbæ genus in Apulia trifolium uocant, (trifolium uulgare, siue lotum pratensem interpretor) quod semel satum triennio durat. Quotannis autem uiridem & teneram herbam producit, quæ per totam æstatem uesca manet. Huius pastu non minus quàm farraginis purgantur simul & habitiores fiunt. Porrò in locis frigidioribus, quales sunt Gallia, Germania, Anglia, & similes, quoniam pascua humidiora, magisq́ uiridia & tenera sunt, equi pratensibus herbis mirificè & purgantur & pinguescunt. In quibus uerò regionib. melones uel pepones abundant, hos fructus minutatim concisos equis exhibent: purgant enim mirabiliter, præcipuè per urinam, & pinguiores deinde reddunt equos. Est & alia ratio, eaq́ melior, huiusmodi: Annona per dies quindecim præbetur, ita purgati habitiores mox fiunt. Huic etiam præferunt eam quæ uuis siue racemis abunde exhibitis purgatio fit: quæ uulsos etiam (morbum pulsiuum) iuuat, & unicè præ omnibus remedijs curat. Similis huic modus est, quod ad purgationem equorum, ficus affatim edendos obiecisse. Sunt & aliæ quædam purgandi rationes, quæ tamen corpus non augent, minusq́ tutò adhibentur, utpote magis medicinales: ex quibus unum & alterum solum proponam, reliquos industriæ peritorum huius artis relinquo. Tincæ uel barbi piscium interanea omnia, siue de uno, siue etiam si opus sit de pluribus piscib. minutatim incisa cum optimo uino albo misce, & per cornu in gulam equi infunde, purgabit mirum in modum. Aliqui siliginem (secale intelligo: sic enim siliginem accipiebant superioris seculi homines indocti) in aqua fluuiali diu coquunt: sed præstat non diu coqui, ita ut non rumpatur cortex, & minus fastidiatur ab equo: deinde siccatam equo annonæ loco in cibo præbent: mirabiliter purgat, & lumbricos etiam expellit. Hoc remedium utile quidem est, modo equi admittant: sæpe enim diebus aliquot aspernantur & abstinent. Curandum est autem ut equus qui herbis purgatur, contineatur sub tecto, & operimento aliquo laneo tegatur. Hæc Rusius. Cannabis aqua sumpta aluo iumentorum prodest, Plin. ¶ Qua ratione cyclo curentur animalia Veget. describit 2. 6. his uerbis: Memineris autē omnes ualetudines capitis, præcipuè ueteres (&) periculosos, cyclo oportere curari: Cui hæc obseruantia & ordo est adhibendus. Triduo ab hordeo abstinebitur animal, temperabitur etiam mollibus cibis, post diem tertiam de dextra ac sinistra, prout ætas aut uires uel ualetudo permiserint, de matrice (sic dicta uena) sanguis auferetur. Quo facto per triduum uiridi cauliculorum ac lactucarum sustentabitur cibo. Primo uno die à cibo eum sustinebis & aqua, nono autem die offas caulium cum liquamine & oleo optimo temperatas non minus uiginti digeras, cui nihilominus lactucam dabis in cibo ter in die. Post potionem bibere semper incipiat. Si uerò uenter uehementer solui incœperit, caulium offas dare desistes: sed dabis paleas & furfures, ita ut sequenti die penitus nihil manducet, sed solam aquam percipiat ad bibendum, ac postero die inducatur in cellam balnei calidam & sudet. Opus est autem diligentia ut reducatur celeriter de calore, ne intercluso spiritu pereat: tunc extergetur diligenter, uinoq́ & oleo largiter perfricatus, accipiet cum nitri puluere folia raphani conspersa, quantum commodum est. Postmodum cum radicibus cucumeris asinini uiridis minutatim concisis oleum optimum misces, & in uase nouo ita decoques ut tertiam perdat: ex quo singulas heminas per capita animalium per triduum dabis, ut potio uentrem resoluat. Sed si ultra modum fluere cœperit, lenticulam & hordeum pari mensura friges, & de his singulas bilibres per dies singulos cum furfure et paleis dabis. Quinq; itaq; diebus operam refectionis eius impendes, & leuiter exercebis, ut intelligas quantum uires corporis sanitasq́ profecerit. Post hæc eum pro arbitrio despumabis. Sequente die caput eius purgabis exorica (uox corrupta uidetur) uel radice Dianaria, quam Artemisiam dicimus: si hæc non fuerint, ex liquamine optimo cum oleo misto: cuius ca-

T

pũt,pedesq́ connectis,cum bene purgatum agnoueris,soluito: butyrum ex oleo roseo solutum infundes in nares,ut illo purgationis mitigetur asperitas, ita ut singulæ cotylæ singulis naribus infundantur. Si supradictæ potiones non soluerint uentrem,mellis,hellebori albi pondus unius denarij cũ
hemina dulcis uini bene tritum in potione recipiat, uel certe scammoniæ pódus duorũ denariorum
diligenter tritæ cum dulcis uini hemina simili ratione diffundes in fauces. Quòd si uenter ultra modum dissolutus discrimen importat,anagallicum succo ptisanæ ad restrictionem ipsius dabis, lenticu
lamq́ & hordeum frixum,singulas bilibres cum paleis & furfure præbebis in cibo. Ad ultimum,par
tes quæ in causa sunt,sinapizabis diligenter, sinapizatum cautère ferreo,uel quod utilius creditur
cuprino combures,usta curaturus ex more. Potionem quoq; ex antidoto polychresto per dies plurimos dabis,& exercebis leuiter,& ad cibaria ipsius aliquid per partes semper adiunges,donec ad pristinam consuetudinem reuocetur. Insanabiles ualetudines cyclo affirmantur posse curari,id est, insani corroborari: Caduci cyclo curati uruntur in capite:morbidi uerò, dysenterici, coriaginosi, ortho-
pnoici,strophosi,cyclo curentur in renibus, Hucusq; Vegetius.

De sanguinis missione.

Phlebotomum hoc est ferreum instrumentum quo uena inciditur, Vegetius alicubi sagittam uo
cat, Germani sumpto (ut uidetur) à Græcis uocabulo, **ein fliedmen.** φλέβα τέμνειν, φλεβοτομεῖν, ἀφαι
μάσσειν ἔκ τινος μέρους, apud Hippiatros legimus: item ἐξαιματίζειν τὰς ἐν τοῖς μεσοκυνίοις φλέβας, αἷμα ἀφαιρεῖν
ἢ λαμβάνειν ἔκ τινος μορίου, κροτάφους λῦσαι, τὰς δώδεκα φλέβας τοῦ ἵππου λύσας. Et apud Latinos, uenam inci
dere uel secare,ferire: apud Vegetium etiam percutere, pulsare: sanguinem detrahere, uel mittere, e-
mittere, auferre, laxare, minuere, subtrahere, tollere: deplere etiam Vegetius dixit & phlebotomare: 20
Et alibi, Vena icta sanguis acontizet, post decursionem fasciola ligabis uenam. De uenæ sectione,
& uenarum à quibus sanguis detrahi solet nominibus quædam docui supra capite secundo. Pluribus membris ac morbis (inquit Vegetius) generale remedium diligenter oportet exponi,quòd præ
cipuè in sanguinis detractione consistit, si rationabiliter pro tempore & uiribus animalium, & pro
æquitate perfecti mulomedici adhibeatur industria. Qui si ignarus fuerit huius rationis, non solum
per detractionem sanguinis non curabit, uerum etiam periculum iumentis frequentissimè generabit, cum uita uirtusq; animantium consistat in sanguine. Rursus tempestiuè detractus sanguis, corpori præstare adsolet sanitatem. Et rursus 2. 40. Conuenit de ceruicis curatione dicturo, obseruationem indicare phlebotomi, (phlebotomiæ:) quia circa ea loca frequenter operatur. Detracturus
sanguinem animal à cibo abstinebis & potu, æquali loco constitues, tunc locum supra ceruicẽ alius 30
teneat & adstringat ad normam, ut uena facilius appareat. Deinde supra laqueum de sinistrę manus
pollice uenam deprimas, ne ludat, tum sagitta tangas. Duæ autem uenæ à capite summo descendunt
& conueniunt se sub maxillis usq; ad gulam, inde à geminis uenis inferius quatuor digitis, ferramen
tum deprimis, ne in gulam mittas, & bifurcum tangas, & iumentum occidas. Statim sagittam duobus digitis tenebis, nec plus ferri imprimas, quàm extra digitos eminebat. Nihilominus etiam media-
no digito manum tuam moderando suspende, ut sit leuior, ne uehemẽtius imprimas quàm oportet:
quia non plus debet quàm mucro descendere. Si parum aptè profluat sanguis, iumẽto fœnum dabis
aut aliquid quod manducet. Agitatione maxillarũ plus sanguinis (de) uena profluet, Hæc Veget.
Quæ de phlebotomia equorum in genere scripserunt Absyrtus & Hierocles, & de uenis quibusdam
priuatim, leges in Hippiatricis Græcis capite nono: In ijsdem capitis decimi inscriptiones hæ sunt, 40
Vtrum optima equis sit uenæ sectio, Quòd interiores femorum uenas secare non conducat: & quod
uena prope testiculos σφιῶδης dicta si secetur, mortem inferat: Et quæ uenę in pede ac circa coronam
secandæ sint, quæ non: Quòd ex itinere defessis sanguinem detrahere non conueniat: Quòd post in
cisionem uenæ non oporteat diu à potu arcere: Rursus quod equo ex itinere fesso non sit secanda ue
na, & quomodo tractandus sit. Castratorum sanguinem non detrahendum. Hippocrates de phlebotomia equi tum in genere, tum circa ceruicem & tempora: De inflammatione ex phlebotomia. Si ue
na secta immodicè sanguinem fundat. Rursus ad inflammationes ex phlebotomo, & contra omnem
inflammationem. Vt sanitas equi seruetur (inquit Petrus Cresc. & ex eo repetit Rusius) uena colli
consueta quater ẽst incidenda anno, scilicet uere, æstate, autumno & hyeme. Equus nunquam de
bet minui de fontris, seu de pectore, nec de costato seu de flancis, quia tales minutiones requirũt con 50
suetudinem: nisi causa aliqua & necessitas postulet, Rusius. Ad morbos particulares in equis, asinis
& mulis sanguinis detractione utendum est, Hippocrates in Geoponicis. Pasce igitur sub uere nouo farragine molli Cornipedes, uenamq; feri, ueteresq; labores Effluere aspecta nigri cum labe
cruoris, Nemesianus. Equus ut præseruetur à diuersis affectibus, ut minimum ter anno sanguis e-
mittendus est, authore Mauro, primò circa finem Aprilis, secundo circa principium Septembris, tertio circa medium Decembris. Mutari tamen hæc debent pro equorum qualitate & locorum in quibus degunt. His autem signis cognoscitur an equus uenæ sectione indigeat, si rubeant oculi, si uenæ
plus solito turgeant, si cutis & crines pruriant, si pili cadant, si in dorso equi tumores aliqui rubicun
di appareant, si equus non bene concoquat. Hæc cum apparent, principijs obsta, & sanguinem mitte de uena organica equi quæ est in collo (**die halßader**) idq; satis abunde si uires equi patiantur. 60
Quòd si à phlebotomo uena infletur, impone folia uitis albæ cocta, sic tumor demittetur, Hæc Rusius: Alia sanguinis abundantis signa lege apud eundem cap. 41. Plerìq; ueris tempore (inquit Vegetius

getius l. 12. qu. 'tannis de ceruice iumentis sanguinem demere, & sic in herbam mittere necessarium
putant, ne ueteri corruptoq; sanguis nouus admixtus natura calescens, debilitatem ualetudinisue
periculum faciat. Veteres autem prudentioresq; authores absq; necessitate depleri animalia uetuerunt: ne consuetudo minuendi, si tempore aliquo facta non fuerit, statim intra corpus morbum ac ua
letudinem generet. Rectius ergo est minoris ætatis animalibus & bene ualentibus ex nulla parte cor
poris sanguinem detrahi absq; (pro nisi) palato: de quo assiduè tam minoribus q; maturis detrahendus est humor, ut caput, oculi, cerebrumq; releuentur. (Sic etiam lib. 1. cap. 56. De palatis, inquit, sin
gulis mensibus minuente luna sanguis detrahetur: quo facto si qua est capitis passio releuatur, & ci
borum fastidium tollitur.) Maturis uero animalibus non incommodum est pulsare uenam cum mit
10 tuntur in pascua. Illa tamen in omnibus, qui deplendi sunt, conseruanda est consuetudo, ut pridie q;
uena pulsetur, substentẽtur leuioribus & parcioribus cibis, ut per diastema composito corpore sint,
non turbato per indigestionem. In solo autem æquali statues iumentum, ceruicemq; illius loro cin-
ges, quo strictius super scapulas tangatur, ut uena possit ab aliquo clarius intueri. Tunc
spongia cum aqua uenam ipsam lauabis, & sæpe deterges, ut altius emineat. Pollicem quoque
sinistræ manus interius deprimes, ut non ludat, sed tumidior atque inflatior uena reddatur.
Consequenter iuxta præceptum artis, uel animalis ipsius positionem, sagittam dari calibis (forte cha
lybis, id est ex chalybe) exiges, cotibus bene acutam. Obseruabis quoq; ne altius imprimas manum,
& gulam atq; gurgulionem rumpas, & arteriam præcidas. Hoc enim uitæ consueuit inferre periculum. Percussa uena fœnum uel farraginem ad edendum apponas animali, quatenus agitatione ma-
20 xillarum per uenam melius erumpat sanguinis impetus. Cum autem niger uel corruptus humor e-
geretur, uel cœperit manare purior, statim iumentum tolles à cibo, & imposita fistula uenæ plagam
astringes. In plaga uerò pittacium imponas, ut diligentius claudat, licet quidam utantur & creta. Deinde in tenebroso loco & calido statues iumentum, & farraginem (si tempus est) uel fœnum mollissimum dabis septem diebus ac noctib. Aquam etiam offeres, ut si uoluerit bibat. Pulsata etiam quocunq; loco uena, omnem sanguinem diligenter excipies, & aceto oleoq; permistum, uel alijs medica
minibus quæ ratio deposcit, animalis ipsius corpus perunges, præcipueq; illum locum, ex quo detra
ctus est sanguis, & qui esse putatur in causa. Constat enim naturali quadam ratione atq; beneficio (ut
quidam aiunt) ipsum sanguinem, cum superfusus est languentibus membris præstare medicinam, ut
tiumq; siccare: Quam curationis solertiã non oportet omitti. Præterea interpositis diebus post phle-
30 botomum animalia producuntur ad Solem, & sanguis detrahitur eis de palato. Despumantur etiam
tertio gradu à dentibus caninis, (uide in Hippiatricis Græcis cap. 9.) quos oportet suspendi altius pro
pter sanguinis fluxum, ita ut ea die mollissimis cibarijs utantur et furfure. Sequẽtibus autem diebus
non ex integro hordeum consequantur, sed à uilibus incipiant, & ad consuetudinem per singulorũ
dierum augmenta perueniant. Consequenter tepido die ducantur ad mare uel fluuium, diligenterq;
loti tergantur. Vino quoq; & oleo in Sole perungendi sunt diligenter, & confricandi, ut corpora eorum calefacta aut repellant, aut perferant perfricationis iniuriam. Quibus perfectis equi nobiles
tunc demum ad labores cursusq; itineris reuocentur, Hęc Veget. Venæ autem diei hora secunda,
uerno autumnaliq; maximè tempore incidentur: sed & brumali atq; alio quolibet, modo non nimis
calido neq; æstuante, Camerarius. Sanguis initio uel fine morbi potius quàm in medio mittendus,
40 Veget. Quibusdam equis sua sponte uenæ rumpuntur, & exudat humor superfluus, ijs incidi illę
non debebunt: alijs sanis quoq;, sed nimium plenis: quod uel de corpulentia, uel de attritus cupiditate, rictuq; dentium & capitis iactatione animaduerti solet. His ergo sanguis detrahetur, ut ueteribus
placuit, de palato potissimum: sed de collo etiam minui nihil nocuerit, præsertim in consuetudine, ut
sæpe accidit, Camer. Admissarijs eo anno quo admissum faciunt uena laxanda non est, ne generationi intentum corpus cura geminæ necessitatis exhauriat, Veget. Sciendum est castrata animalia
(idem legimus in Hippiat. cap. 10.) nunq; oportere depleri causa herbæ, quæ iam partem uirium cũ
testibus amiserint: & si depleta fuerint, uehementius eneruantur, Idem l. 23. Et mox capite 24. Admis
sarios etiam equos phlebotomare non est opus: partem enim uirium & sanguinis in coitu natura digerit. Si tamen ab admissura cessauerint, nisi annis omnibus herbarum tempore depleantur, inci-
50 dunt in cæcitatem: quia id quod coitu digerere consueuerant, declinat in oculos. Absyrtus ca. 44.
prohibet uenæ sectionem cum sanguis per dorsum exit, ne intrò reuocentur praui humores. In far
ciminosi morbi principio uel fine secanda est uena, minimè autem in medio, Veget. Si sanguis nimium abundet in equo, de uena quæ est in medio collo, pro fortitudine & ætate equi sanguinem mit
tes, usq; ad pondus trium uel quatuor librarum: Sin debilis est & pullus, ad pondus unius & dimidiæ uel duarum librarum tantum. Quòd si negligatur uenæ sectio, scabies & ulcera forte cutim infe-
stabunt, Rusius. In morbo quem Albertus & recentiores nominant frenes, copiosa missio sanguinis fit, hoc modo: Vena crassa (inquit Albert.) quæ est inter ambas coxas, & uena quæ sub cauda est,
per interuallum quatuor digitorum à natibus incidatur, ut sanguis à natibus extrahatur: idq; cito fa
ciendum est: nam differre euacuationem in hoc morbo periculosum est. Mittatur autem sanguis ad
60 animi ferè deliquium. Fit & in eo quem infundaturam uocant affectu, copiosa uenæ sectio. ¶ In
quibus passionibus & ex quibus locis sanguis emitti debeat, Veget. l. 25. docet his uerbis: Morbidis
& quibuscunq; totum corpus in causa est, sicut febrientibus, de matrice detrahendus est sanguis:

T 2

Cephalalgicis autem, arpiosis (appiosis forte, ut 2.10.) insanis, cardiacis, caducis, phreneticis, bistruticijs, sicardicijs, rabiosis quoquo modo præcipitur de auriculis sanguinem demere. Veruntamen melius est de temporibus, quæ in dextra ac sinistra sunt parte, detrahatur, id est sub cauatura temporũ tribus digitis ab oculo interpositis inferius uena perquiritur, & ex utraꝗ; emittitur sanguis. Eis uerò quibus suffusio cõtingit oculorum, uel cætera uitia quæ oculis nocent, inferiores uenæ sub oculis positæ, quæ descendunt sub angulis oculorum inferioribus, quatuor digitis inferius quàm oculi sunt, inciduntur. Quibus quidem fastidium inhæret, uel arteriarum uel faucium tumor, uel prægrauatio capitis, de palato auferendus est sanguis. Quibus autem pulmo est in causa uel iecur, uel cætera quæ his uicina sunt membris, de pectore minuendus est, ex uenis quæ positæ sunt in dextra ac sinistra, ubi brachiola coniunguntur, & flexura fit cum armus plicatur. Quibus quidem armus est in causa, de brachiolis sanguis minuatur: quæ uenæ positæ sunt interius, ubi centuriæ, id est musculi brachiolares sunt, sex digitis superius quàm genu, tribus uel duobus digitis inferius ꝙ centuriæ. Hæ uenæ sagitta percutiatur, sed cautè modesteꝗ; tangantur, propter debilitatem animalis: quia hæ commixtæ sunt neruis. Quibus autem articuli in causa erunt, uel si articulus insertus uel intortus fuerit, uel aut aquatilia habuerit, uel quiduis simile in articulis cõtigerit, de subcirro sanguis subtrahi debet: quæ uenæ positæ sunt inferius quàm articuli tribus digitis sub coronam: quæ uenæ cum summa cautela tangendę sunt, quia articulorũ coniunctæ sunt neruis. Creciaco uel si basim mouerit, de coronis rectis tollitur sanguis, Hæc Veget. 1.25. Quibus autem iumentis uel suffusionis uitio, uel per uoluntatem excruciata ungula fuerit, uel quibus remorata basis longi temporis claudiginem fecerit, his quomodo incidenda uena et reliqua cura adhibenda docet capite 26. Et mox capite 27. quibus in morbis & quomodo incidenda sit uena sub cauda, quatuor digitis ab ano, ubi pilos non habet, in media caudæ diuisura, loco prius cæso tabula aliqua non ponderosa, quousꝗ; se uena demonstret: erigenda est autem & resupinanda cauda ad lumbos. Equus podagricus curatur inter alia remedia si sanguinem tollas è palato non multum, & rursus post septem dies ex posterioribus pedibus proximè talos, ὑποκάτω τῶν ἀγκυλῶν (à suffragine, Ruell.) illum quoꝗ; non multũ, & similiter ex anterioribus, Absyrt. ¶ Si, ubi antea diebus aliquot sponte ieiunarint, mox in furorem uertantur, sanguine detracto iuuantur, Arist. Ad fluxiones oculorum &c. secetur uena in facie ἡ ὑπὸ τὸ μῆλον λεγομένη, Absyrtus capite 11. In palato audio duas aliquando uenas feriri, ut sanguis per gulam defluat. Commendant Hippiatri uenæ sectionem ἐν τῇ ἰξύϊ τῆς κοτύλης προβολῇ, hoc est, è toris acetabulorum coxendicis, ut Ruellius uertit. ¶ Venæ in equo interdum (inquit Albert.) scinduntur per transuersum, ita ut lignum serra secatur: ex quo ne sanguis uel fluxus ad partes debiliores, ut oculos, pedes aut alias decumbat, incisio hunc in modum administranda est. Pellis equi, ubi incisio fieri debet, primum calida foueri, & à pilis radi, deinde manibus diu fricari debet, ita ut aperiat̃ (eleuetur) aliquantulum: & sic altior paulò circumiacente pelle, findatur secundum longitudinem uenę quæ findenda est: tum uena à carne separet̃ et findatur: quod si crassa et plena fuerit, detrahat̃ ab ea sanguis quantũ satis est: Mox eleuetur cum bacillo ex ligno molli ad spatium duorũ digitorum: & sic filo molli utrinque ligetur. Facta præcisione capita uenarum ex utraꝗ; parte aliquãtulum adurantur: & tam filum quàm capita uenarum extra uulnus dependeant, ut à uena quæ inter ligaturas est putrefacta leuiter abstrahi possint tum fila tum partes abscissæ uenæ. Quòd si sanguis in aliqua parte, & pręcipuè in pede collectus fuerit, anteꝙ educatur, debet uena ex inferiore parte ligari, & non ex ea quæ ad cor dirigitur: & ita detrahendus est sanguis, Hæc Albert. Vide etiam Rusium ca. 45. de serratione seu laqueatione uenarum. Venarum laqueatio seu incisio (inquit Rusius) omnino uitanda est: quia nunquam erunt equi tam ualidi & robusti ꝙ ante fuerunt: nec aliter inde proficiunt, ꝙ quòd pulchriores apparent. Cauendum est etiam ne secones (setones) aut laquei unquam ponantur in pectore, nisi causa omnino necessaria postulet: nam grauis inde fit equus, & pectoris grauitati obnoxius.

De cauterijs.

Coquere & decoquere, pro adurere: & cocturam pro adustione, apud ueterinarios Vegetium & Rusium legimus. Καυτὴρ uel Καυτήριον, instrumentum quo ignito urunt: id è ferro fit, uel utilius è cupro. Adhibetur equis cauterium etiam in curatione per cyclum, præcipuè ad ueteres capitis ualetudines, ut superius dixi ubi de purgationibus alui sermo fuit. ¶ Chirurgia appellatur quodcunꝗ; secatur ferro, uel cauterijs uritur: quæ cum sit omnibus membris animalium, præcipuè tamen capitis necessaria est medicina, Veget. In animalium curis ac medicinis (inquit idem 1.28.) duplex remedium authores esse uoluerunt: minutionem sanguinis, per quam constricta laxantur: & ustionẽ cauterij, per quod laxata firmantur. Sed cum phlebotomi ratio euidenter uideatur exposita, cauterij quoꝗ;, licet nouissima cura sit, aperienda uidetur utilitas. Nam adustio laxata constringit, inflata attenuat, humectata desiccat, coagulata soluit, farcinomata (uox apparet corrupta) præcidit, ueteres dolores emendat, alienatas corporis partes ex qualibet causa ad statum suum reuocat: super naturam excrescentia, sublata & adusta crescere non patitur. Nam cum candente ferro ruperis cutim, uitium omne concoquitur atꝗ; maturatur, & beneficio ignis dissolutum, per foramina quæ facta sunt effluit cum humore: atꝗ; ita sanatur passio & tollitur dolor. Post quæ cicatricibus clausis, constrictior & robustior redditur locus, ac prope insolubilis cutis. Sciendum uerò cuprina cauteria plus effectus ad curandum habere quàm ferrea. Præterea si in capite morbus est, inuritur ceruix; si subrenalis est,lumbis ignis adhibetur. Interdũ aũt puncta infiguntur, interdũ ad similitudinem lineæ candens deducitur ferrum, aliquando uelut palmulæ fiunt. In hoc enim laudatur mulomedici ingenium, si ita animal cauterio curauerit, ne deformet. Pro locis autem in quibus est passio, & pro pellis æstimatione, cauteria uehementius imprimuntur aut leuius. Memoria autem retinendum est, quassaturas (alias fracturas,) emota uel extorta, aut eiecta de locis suis, uri penitus non debere: nam perpetua debilitas consequitur: sed melius est cum locis suis reposita fuerint, & ligaturis diligentius communita, atque ita naturæ industriæq; beneficio corroborata, chalasticis unctionibus & malagmis, postremum causticis eadem percurare ad spem perpetuæ sanitatis. Quod specialiter admonendum est, ne mulo medici festinantes, dum foco curare cupiunt, animalia debilitent aut deforment, cum phlebotomis, potionibus, unguentis, syringis, medicaminibusq; diuersis ante sit tentanda curatio: & si nihil profecerint, ad extremum ignis adhibetur, Hæc Veget. De cauterijs adhibendis in febri, opisthotono, nephritide, & ijs quæ paraprismata uocant iuxta poplites: &c. & de cauteriorum ustionibus sanandis, qui legere uolet adeat Hippiatricorum caput 97. in quo etiam particulares aliquot compositiones medicaminum causticorum ex calce, chalcitide, &c. præscribuntur: & apud Vegetium libro 4. ca. 14. Si diuturnam equi sanitatem desideras (inquit Rusius) ita φ gallæ, superossa, spinellæ, ierdæ, spauani, curbæ & furinæ, nunq; ipsum infestent: & maiore fiducia eum fatigare ausis (affectus enim iam dictos equi præ nimio labore incurrunt) curabis ut equus à perito eius artis homine decoquatur in locis ubi uitia ista oriri solent. Si equi coquantur cum sunt bimi uel trimi, uel anteq; separentur de armentis, statim cum iumentis per pascua liberè dimitti debent, non adhibitis alijs medicamentis: sic melius curabuntur, & pulchriores apparebunt cocturæ: ros enim ignem, adustionem, & pruritum mirabiliter remouere, & cocturas curare potest. Sciendum est etiam quòd cauterium eodem in statu, in quo inuenerit equum conseruat: quamobrem si equus alicui ex prædictis uitijs obnoxius sit, non debet ignis remedium adhiberi quousq; dolor cessauerit, Hæc Rusius. Cauteria felicius adhibentur uere uel æstate, Absyrt. item decrescente Luna potius quàm crescente, Rusius. Equum timidum & pigrum ure in flanco in modum rotæ, & fac cruces & punctos in eis: similiter & in renib. & quatuor pulsibus: & panicum edendum obijcito, & in loco calido diligenter custodito, Rusius. Medicamentum causticum ad neruorum dolores Vegetius describit capite ultimo. Cauteria consulunt hippiatri in diuersis morbis, comitiali, stropho, dysenteria, orthopnœa, hydrope, abscessibus morbi farciminosi, malandrijs, id est uulneribus ceruicis, coriagine, & radio fracto. Cauterium adhibetur tumentibus testiculis, si alia remedia & sanguinis missio non iuuant: sed curandum ne testes attingantur cauterio, Hierocles.

De morbis equorum & curandi ratione quædam in genere.

Nonnullos equorum morbos cognoscere difficile est, cum eadem sæpe signa diuersis in morbis appareant: Verbi gratia, non solum febriens capite in terram demisso anhelitum ducit frequentiorem, sed cum alij etiam dolores urgent. Rursus opisthotonicorum notæ traduntur, quæ etiam proueniunt ijs animantibus, quæ longior insolatio aut diuturnus labor ad imbecillitatem perduxit. Ea nõ possunt insistere, sed commissis in unum pedibus concidunt. Non ergo putabis ipse dolorem esse uentris, aut tormina: neq; ab ijs medendi rationem trahes, sed conueniens morbo remedium adhibebis. Multa igitur germanarum ægrotationum signa similitudine confunduntur: multa quoq; prorsus dissidentium indicia facile deprehendes, si diligentius animaduertas, Pelagonius. Aures etiã frigidæ indicant morbum. Signa diuersa equi uirtutes aut uitia aut morbos noscendi Rusius per aphorismos præscribit ca. 7. unde nos quædã recitauimus supra in B. in electione equi. Equo ferè qui homini morbi, præterq; uesicæ conuersio, sicut omnibus in genere ueterino, Plin. Homines usu periti totidem fere morbis equum, atq; etiam ouem infestari, quot hominem referunt, Aristot. Tres acutissimi morbi equis & alijs quorum solidæ sunt ungulæ accidunt, uesica, conuersio intestinorum quæ ileos uocatur, & cardiacus: cæteri uerò morbi ad dies aliquot differunt. Solet tamen etiam crithiasis, & suffocatio, & uentris dolor illico perimere, nisi præsens remedium auxilietur, Hierocles ca. 33. Frenes morbum uocant recentiores, qui uel infra duas horas aliquando occidit. Sunt & paristhmia periculosa. Hernia equi ex calcitratu alterius ad inguen orta, tertio ferè die occidit. Stranguria intra duodecim dies uel occidit, uel transit in morellam. Malis nisi citò succurras in asthma transit. Asthma, ut aliqui putant, incurabile est. Malis etiam quæ sicca appellatur & rupto pulmone fit, incurabilis est: articularis uerò difficilis curæ: at subtercutanea & humida facilius curantur. Morbi alij ascititij sunt, alij naturales quos fœtus in utero experiri incipit. Frequens opinio est (inquit Veget.) Barbaricis equis nulla adhibenda medicamina, φ usq; adeò naturæ beneficio ægroti conualescant, ut eis nocitura sit cura. Sed falsa erat ista persuasio. Nam quanto fortiora membra sunt, tanto diutius uiuunt, si ex aëre uenientibus medela non desit. ¶ In equis & omnium iumentorum genere, indicia animi aures præferunt, fessis marcidæ, micantes pauidis, subrectæ furentibus, resolutæ ægris, Plin. Continuò animal quod ualetudo tentauerit (inquit Vegetius) tristius inuenitur, aut pigrius, nec consueto utitur somno, nec solito se more transuoluit, nec requiem ut assumat accumbit, nec deputatum cibum assumit ex integro: & potum aut intemperantius accipit, aut omnino fastidit, stupentibus oculis, auribus flaccidis, erecto uisu, turpi pilo, exhausta sunt ilia, fit spina rigidior, anhelitus crebrior aut grauior; incessus ipse, quo maximè notatur, segnis ac nutans. Cũ

T 3

huiusmodi signa in iumento unum uel plura conspexeris, statim illud separabis à cæteris, ut cõtagionem non inferat proximis, & facilius in solo iam causa morbi possit agnosci. Si diligenter habitum, post unam, secundam, uel tertiam diem ab illa mœstitia fuerit absolutum, nihilq; resederit in corpore ipsius quod putetur ambiguum, scito ex leuioribus causis illam uenisse tristitiam, & animal consuetudini pristinæ esse reddendum. Nec explorandi omittatur intentio: nam frequentius inspici debet & cautius, quod semel cœpit esse suspectum, Hucusq; Vegetius. Cadunt in morbis nonnullis equi ut caduco inde dicto, & eo quem frenes uocant: & malide humida, & morbo acuto ex pabulo contracto, quo laborantem equum nostri uocant **rách vom füter**, uidetur autem crithiasis esse: nam in hac quoq; cadunt, & erigi recusant. In podagra etiam ferè stare & ambulare nesciunt: si coguntur, claudicant: sæpe se proijciunt, ut indigesta ex hordeo animalia, quæ propter dolorẽ non coquunt cibum, Vegetius. Pedes posteriores attrahunt, in nephritide uel subrenali morbo. ἑλκόμενοι ἐκ λαγόνων, leguntur apud Absyrtum cap. 62. Syrmaticum iumentum quod coxas posteriores subito trahit, Vegetius 3.22. Sed signa & symptomata unde ad certiorem morborum cognitionem ueniamus accuratè & ordine tradere non institui, sat fuerit occasionem aliquam præstitisse alijs, qui hæc forte magis desyderant. Venetæ factionis homines & Prasinæ, equorum subinde retrimenta olfactare consuesse legimus: ut hinc pernoscerẽt, quàm facile cibos conficerent, bonã eorundẽ habitudinem sic deprehensuri, Cæl. ¶ Plerunq; iumenta morbos concipiũt lassitudine & æstu, nonnunquam & frigore, & cũ suo tempore urinã non fecerint: uel si sudant, & à concitatione confestim biberint: uel si cũ diu steterint, subito ad cursum extimulata sunt. Frigus quantopere noceat equis, dictum est supra in ὑγιεινοῖς. ¶ Prohibet Rusius ne ferro tangatur pars ulla equi, quæ alicui signo zodiaci respondeat, in quo tum temporis Luna sit. Si equus doleat ex retentione urinæ uesicam inflantis, equus cum aliqua equa per stabulum liberè permittatur abire, sicq; necessario prouocabitur ad urinam: Et nota quod hoc remedium ad omnes dolores utile reperitur: quia uoluntas coitus ualde naturam corroborat & confortat, Crescentiensis. Suffumigantur equi in diuersis morbis, ut dysuria uel ischuria, tetano, malide, strangulina ex frigiditate capitis, & morbo infestati apud Crescentium qui accidit equis cũ statim à calore refrigerantur. Sudoris remedium adhibetur non paucis: farciminosi ad sudorem usq; ambulare coguntur: hydropici bene operti mediocriter exercentur ad sudorem. Multum equitantur etiam tetanici, ni fallor: & qui ischuria laborant, & qui **rách** à nostris uocantur. Podagrici ambulando minutatim exercentur loco sicco donec sudẽt: In Græcis Hippiatricis opertos ad sudorem usq; paulatim agitari lego. Inambulatio & lenis cursus conuenit equo ex urinæ difficultate laboranti, Vegetius. Perfrigeratus equus, & qui intestini peruersionem patitur, deambulatione et equitatione, διὰ κάλπης iuuatur, Absyrtus. Orthopnoicum equum temperabis exercitationibus ut sudet, Veget. Equus stropho, id est, torminibus uentris laborans, post alia remedia quæ ad aluum ciendã pertinent, ad cursum agitur, sed nec diuturnum nec citatum: deinde uacuato uentre rursus ad sudorem usq; agitatur, Absyrtus. ¶ Hippiatri radice hibisci frequenter utuntur, Tragus. Sanguine draconis fictitio ex bolo non Armenia, sorbis contusis, & caprino sanguine, alijsq; diuersis rebus, ad equorum & iumentorum morbos utuntur, Monachi in Mesuen. Sulphuris genus nigricans pharmacopolæ nostri uendunt, quod caballinum uocant, non aliam puto ob causam, quàm quod in equorum remedijs locum habet. Aliqui non solum grauior anhelitus si sit, sed ad omnes uiscerum & interaneorum morbos prodesse uolunt, sulfuris uiui pulueres infusos cum passo: Qui etiam acrius reddit hoc medicamentum liquefacto sulfure ad ignem, & ita postea trito & admisto pabulo, pondere denariûm trium aut quatuor. Sed hoc ut egregiè curari omnia equorum latentia mala affirmant in successu, ita contrariam fortunam equo esse statim letalem aiunt. Quare, nisi necessitate urgente, ab hoc scilicet abstinebimus, Camerarius. Hedera terrestris ad omnes morbos & languores equorum præsens remedium habetur, quæ non solum ab illis mandatur, sed etiam trita inseratur naribus ut sternutatio prouocetur, Camerarius. Sunt qui radicem uulgo carlinam dictam equo in itinere alligari iuxta os iubent in freno uel lupatis, sic & uires suas conseruaturum, & nullo subito morbo (**rách** uocant nostri) correptum iri. Serpentis caro & decoctio equo uulso datur, item scalmato ut uocant: & ad tussim siccam ac lumbricos uentris. Consiliginis herbæ (de qua plura diximus alibi) radix, uel si ea desit, ueratri nigri, multiplicem apud hippiatros usum habet: diapyron Græce uocant. In orthopnœa (inquit Pelagonius) si cætera remedia non succedant, curabitur equus inserta pectori radicula, quam ueterinarij consiliginem uocant (Græce legimus διακάρπου ῥίζαν, malim διαπύρου) aut narium uel auricularum radicibus (ἀρχαῖς) impacta: siquidem has in partes omnis uis morbi noxiumq; uirus elicitur. Vtuntur etiam consiligine in hydrope, & contra omnes contagiosos morbos. Sunt qui præsentissimum aduersus oculorum albugines remedium putent, aurem subula transsuere, factoq; foramini ueratrum inserere. Prodest quoq; cutem sub malis perforare, impressoq; uulneri idẽ ueratrum adigere, Absyrtus cap. 11. ut uertit Ruellius: in Græco additur, εἰ δ' ἂν ἐλλέβορον τὸ ἰδιωτικῶς κάρπιον λεγόμενον. Stercus humanum impositum linguæ equi, reuocauit & erexit iacentem iam humi: efficacius autem, si etiam naribus inseres. Iacobus Dondus ad morbos quadrupedum (in genere) ex Plinio commendat, capram solidam cum corio & ranam rubram dissectas: Cytisum: Rutam per nares cum uino: Semina perfusa amurca olei: Sideritin, præcipuè ad anginam quadrupedum libro 26.

¶ Saliuandum pecus, hoc est, quasi saliua potionandum, ut Petrus Ruellius exponit: & saliuatum (inquit

(inquit idem) à quibusdam saliuatum, potionis est genus quo in iumentis maximè utuntur ueterinarij medici: Græcè ποτὸν, πόμα, & πρόποσμα. Saliuatum uinũ (inquit Hermolaus in Dioscoridem scribens ca. 904.) à saluia dici nouimus. Saliuatum uerò quo ueterinarij utuntur, potionis genus est. Potòn Græci uocant, ex hordeacea aut triticea farina & sale, à quo fortasse saliuatum. Quidam in Columellam saliuatũ aut salinatũ legere malunt: ab eo salinare uerbum deducitur. Itẽ in Pliniũ 27.11. Pro salinati uoce (inquit) codices antiqui & Columella habent, saliuati: est autẽ ubi et saliuatum scribatur: omninoq́ue potionis genus est, quo ueterinarij utuntur: à saliua, ut puto, quã ueteres pro succo accipere consueuerunt: nisi quis & saliuatum, aut salinatum quoq́ue legi probet, à sale. Ego uerò saliuatum non potionem, sed offam uel ut uulgus loquitur magdaleonem esse, quæ nõ bibatur nec infundatur in os animalis, sed manibus inseratur demittaturq́ue in fauces, collatis authorum locis deprehendisse mihi uideor. Opus est autem arida tritaq́ue in farinam, ut eruum, hordeum, milium, lentem, aut herbam aliquam, liquore aliquo excipi, ut lacte, aqua, uino, sapa, ouo, & in offam siue globum formari: sed authorum loca subijciam. Veterem tussim sanant duæ libræ hyssopi macerati sextarijs aquæ tribus: id medicamentum teritur, & cum lentis minutè molitæ sextarijs quatuor more saliuati datur: ac postea aqua hyssopi per cornu infunditur, Columella 6.10. Vocat autem aquam hyssopi, in qua maceratus est hyssopus. Nam proximè antè, remedium ad recentem tussim his uerbis ei describitur, Lentes ualuulis exemptæ, & minute molitæ miscentur aquæ calidæ sextarij duo, factaq́ue sorbitio per cornu infunditur. Hinc facile apparet sorbitiones, ut potiones quoq́ue (sorbitionem ueluti crassiusculam potionem dixerim cum farina aliqua decoctam, ita ut cremorem habeat) liquidiores esse & per cornũ infundi, saliuata non item. Tenero olere commisto torrido molitoq́ue milio, & per unam noctem lacte macerato saliuatur, Columella. Est enim saliuare, saliuatum inserere, uel saliuati more faucibus immittere. Vitulis (pro alimonia) tostum molitumq́ue milium cum lacte miscetur, saliuati more præbendum, Palladius. Nostri huiusmodi turundos saginandis anseribus parant. Ad lumbricos uitulorum, lupini semicrudi conteruntur, & offæ saliuati more faucibus ingeruntur: Potest etiam cum arida fico & eruo conteri herba santonica, & formata in offam, sicut saliuatum demitti, Columella. Limeum herba appellatur à Gallis, qua sagittas in uenatu tingunt medicamento, quod uenenũ ceruarium uocant: Ex hac in tres modios saliuati additur, quantum in una sagitta addi solet, ita offa demittitur in boum faucibus in morbis, Plin. Recens tussis optimè saliuato farinæ hordeaceæ discutitur, Columella. siccum hoc medicamentũ uidetur, sed Vegetius ouum crudũ & heminam passi ad sextarium farinæ hordeaceæ addi iubet. Eruum cum hordeo molitum saliuati more in fauces demittitur tussientium boum, Columella. Hoc etiam aridum uidetur, sed Græci remedium idem ferè cum hordeo madefacto fieri iubent. Errant igitur qui saliuatum potionem exponunt grammatici recentiores: & ij etiam, ut mihi uidetur, qui à saluiæ succo deducunt: mihi quidem saliuatum scribi præcipuè probatur, quod unà cũ saliua in pecoris fauces immissum deglutiatur. Errauit & Ioannes Ruellius in Hippiatricis Græcis propotisma quod infunditur saliuatum reddens, cap. 128. in Græcis: Et mox, Alia saliuandi ratio est, &c. Græcè simpliciter ἄλλο legitur, & subauditur propotisma. Vegetius 3.60. offas & offulas appellat his uerbis, Mel, butyrum, axungiam, salem & piculam commisces, offas facies & in passo intinctas digeras. Et rursus alio medicamento descripto, fœnograeco, apio, ruta, caricis, tragacantho, anagallico & allio commixtis, subdit: Omnia conterantur, offulisq́ue ad nucis magnitudinem factis, ternæ, quinæ, septenæ per triduum digeruntur, (hoc est, primo die ternæ, alterno quinæ, tertio septenæ.) Faciunt autem utraq́ue hęc remedia ad equos tussientes, uulsos, ruptos. Absyrtus in Hippiatricis 62. μαγδαλιὰς nominat. Equum (inquit) itinere aut cursu defessum reficies hoc modo: Polentam uino odorato mixtam rediges in magdalias, & apprehensa lingua inseres. Et rursus cap. 89. Si equus gallinaceum fimum deuorârit, fimum album gallinaceum cum denario adipis & duobus polentæ chœnicibus, uino permiscens & magdalias effingens edendum dato. Hierocles ibidem mazas uocat. Sed satis de saliuato. ¶ Medicamentorum genera diuersa describuntur à Vegetio 4.27. Potio æstiua 1.57. & 4.27. Hyemalis 1.58. & 4.27. Autumno & uere 1.59. omni tempore, 60. Potio diapente 1.64. Aduersum omnia genera morborum confectio 4.11. Confectio suffimentorum salutaris 4.12. Puluis quadrigarius, 4.13. Eiusdem apud Hippiatros Græcos capite penultimo diuersis in locis uariæ traduntur compositiones: Malagmata plurima & hippacopa quædam præscribuntur in Hippiatricis Græcis capite ultimo. Sunt & apud Vegetium malagmata quædam libro 4. capitibus 17. 20. 21. & 23. Synchrisma apud Vegetium 4.18. Anacollema & synchrisma 4.22. Infusionum, id est potionum quæ per os infunduntur, Græci enchymatismos uocant, uariæ cõpositiones in Hippiatricis Græcis capite penultimo. Sed non est institutum de compositionibus siue medicamentis ad equorum morbos secundum genera agere: alijs hanc curam relinquimus, qui tum hæc tum alia ex Vegetio & Græcis Hippiatricis & aliarum linguarum diligentius & curiosius persequantur, mihi summa capita digessisse sat operosum fuerit. ¶ Potiones medicamentosæ equis per os infundi (digeri, ut Vegetius loquitur) solent, per uas ligneum, ut Columella meminit alicubi: per cornu, ut Vegetius & Græci, quibus frequens est illud, διὰ δὲ κέρατος. Εἰς κλυστῆρα βαλὼν ἔγχει εἰς τὸ σῶμα, Hierocles. Per os dabis ad cornu, Vegetius. Filicula trita & aqua tepida mista datur per cornu, Columella. Ἐγχυματίζειν διὰ τῆς ῥινός, Hierocles: διὰ τοῦ σώματος, Absyrtus. Διὰ ῥινῶν ἐγχυματίζεσθω [illegible] [illegible] ὕδατος κοτύλης, καὶ διὰ τοῦ σώματος, Absyrtus 62. ἔγχει τῷ φάρυγγι, in Hippiat. Et alibi,

T 4

ἐγκλυζέσθω ὀξυκράτῳ διὰ τῶν ῥινῶν, Hierocles. Ex aqua mulsa diffundis ad cornu, Vegetius. Et alibi, Defundere in fauces, per os dare, per fauces digerere ad cornu. Sed alibi uerbum digerere accipit pro eo quod est in os manu inserere, ut 3.60. Offulæ ad nucis magnitudinem factæ per triduum digeruntur. Et, Offas in passo intinctas digeras. ¶ Inseritur & manus uncta in anum in diuersis morbis, ut stropho uel torsionibus uentris, inflatione & alijs, ubi aluus obstructa est. ¶ Clyster propriè dicitur instrumentum quo aluus colluitur: hoc adhibere Vegetius clysteriare dixit. Quoties autem clysteriabis (inquit) caput animalis in ualle statues, & clunes ad altiora conuertes, ut quod per clysterem diffundis ad interiora perueniat. Diutissimè autem post potionem in talibus locis animal retinetur, ut facilius necentur uel eijciantur pestes internæ. ¶ Διασόλιον uel δίωσις uocatur instrumentum quoddam, cuius usus est ut equis per nares commodius medicamenta infundantur. Camillus (uox barbara) instrumentum quo aliquid inflatur: uide ne cannula potius legendum. Cum lignea brocha humor qui intra cutem est moueatur, Rusius. Σαρκολαβὶς in Hippiatricis cap. 128. instrumentum quo aliquid apprehenditur & extrahitur, forpex. Rosnettam uocant barbari ferramentum, quo soleæ equi raduntur & scinduntur: sed de huiusmodi instrumentis plura alicubi in Philologia dicentur. Aphorismos aliquot de signis & iudicijs circa morbos equorum, lege apud Petrum Crescentiensem libro 9. cap. 57. & Rusium cap. 7. ¶ Morbi naturales (inquit Rusius) dicuntur, qui contingunt in utero, quibus cum animal nascitur. Fiunt autem uel augmento, uel diminutione, uel errore naturæ, uel ex parentibus hæreditarij. Rursus morborum ex augmento, alij sunt ex simplici abundantia, aut materia corrupta, &c. ex hac gignuntur scrophulæ, testudines, glandulæ & similia. Ex diminutione, idque uel partis alicuius priuatione omnino, ut si nascatur sine auriculis, uel cæcus, &cæt. uel prauitate, ut cum naris, uel oculus, uel testiculus, alter altero minor est, aut coxa una quàm altera breuior: est quando crus totum minuitur, qualem equum uulgo sculmatum (scalamatum) dicunt. Est quando natura errat in formatione fœtus, ut si nascatur equus cruribus obliquis, uel ungulis, anterius, aut posterius, aut utrobique: uel cum pars aliqua non suo sita est loco. Parentum denique uitia et morbi sæpe in fœturam deriuâtur: hinc gerdæ & guttæ (zardæ & gallæ, Petrus Crescent.) oriuntur, &c. Nascitur quandoque equus uitiosus ita ut maxilla inferior superiore longior sit. Et aliquando nascitur cum aliqua superfluitate in pedibus uel alia corporis parte quæ murus uel callum uulgò (uerbis utor Petri Crescent.) dicitur, qui murus sine corio fit. Est quando errore naturæ nascitur equus obliquis cruribus, uel cum zardis in garectis, & gallis in cruribus, &c. Plura de his uitijs eorumque cura & emendatione, lege apud Crescentiensem loco iam citato. ¶ Liceret hoc in loco etiam ingenij & animi uitia ceu morbos quosdam annotare, qualis est equus refragator uel refractarius & contumax quem nostri uocant **stettig**, Itali restio & adombrato, cum sępius ita restitat & subsistit, ut nec uerbis nec ui adigi ad pergendum in uia uel opere possit. Frequenter pullus (inquit Rusius) propter malam eruditionem & institutionem dum domatur, uitiosus & restiuus fit, quod uitium non facile relinquit. Tradit autem (capite 160.) & alia quædam remedia, & optimum esse quòd castretur: castratos enim & mansuetos & non restiuos fieri, &c. Equo refractario radicem urticæ inter carnē & cutem insere qua parte calcaria adiguntur, Innominatus. Contrario laborant uitio quos Xenophon anagogos uocat, ita contumaces, ut ubi constitueris, consistere abnuant, Cælius. ¶ Equus mordax aut calcitro, uitiosus, non morbosus, Gell. 4.2. Potio ad sæuitiam mordentium, in Hippiat. 128. Vt animalia feritatem exuant, Ibidem 129. Equi ne hinniant, Ibidem. ¶ Καψάμυνος, ἐλάττωμα ἵππῳ, Hesychius & Varinus.

De ijs morbis qui toti corpori communes sunt, siue quod omnes partes simul occupent, ut febris, pestis, &c. siue quòd nulli parti sint proprij, sed uel quamuis partem, uel cutem duntaxat inuadere soleant.

Xenophon Apomnemoneumatum libro 3. atrophos equos intelligit imbecilles, quique consequi uix ualeant, Cæl. In Hippiatricis ἵππου ξυλόσωμον legimus, uocabulo à ligni siccitate facto, ac si aridum & sine succo dicas. Strigosus, inquit Nonius, apud ueteres morbus dicitur iumentorum qui corpora stringat, aut fame, aut alia uitij causa, quasi stringosus. De equis strigosis & macie laborantibus, supra dixi in B. inter uitia equi: hic plura adijciam, de ea præcipuè macie quæ sanitatis limites excessit, & morbis annumerari debet. Plenitudo & obesitas quamuis morbus non dicatur, equum tamen lædit, & medicationem requirit, Camerar. De equis emaciatis, Hippiat. cap. 62. De extenuatis & strigosis incertam ob causam, Ibidem capite 68. Si extenuatus sit equus, Geoponica 16.3. ex Absyrto. De equo qui cū abunde edat non proficit, Ruf. 156. Ad cutis siccitatem & maciem, Pelagonius cap. 128. De macerata fruge quam strigosis equis Cappadoces exhibent, Hippiat. 129. Totius corporis macies sequitur etiam illum morbum, quem malidem siccam appellant. Recentiores quidam scalamatum uel scalmatū uocant equū emaciati exhaustique corporis, cuius etiam excrementa fœtent, & interiora omnia sicca sunt: siue à malide, siue à sceleto potius corrupta uoce. Hunc morbū Rusius scalmaturam uocat cap. 141. Equum cum sic afficitur, scalmari dicunt: quod eis accidit cum aliâs, tū quādo per nimiū calorem laborant. Vide Pet. Crescent. 922. Vocatur & coxæ luxatio apud eundem cap. 3. scalamatura: aliâs sculamati. Et forte Germani hinc suū detorsère uocabulum **ein schelm**, qd & cadauer bestiæ significat & equum uiuum quidem sed præ macie cadauerosum: hinc etiam ad animi & morum in homine malignitatem transfertur, tantam præsertim quæ publicè plecti mereatur, & carnifici tradi

ei tradi, ut bestiarum corpora nimia macie aut morbo confecta excoriatori traduntur. Iumenta syntectica uel stomachica (inquit Vegetius 3.55.) cotidie tenuantur, & macie ossa eminent, multum manducantia esuriunt semper, quicquid inuenerint tentant fame cogente corrodere, durum stercus emittunt, trahunt longã ac miserabilem uitam, ut nec surgere ualeant: propterea quòd stomachus eorum nimio rigore perstrictus, nec coquere potest, nec hepati aliquid propinare. ¶ De nimis pingui equo ut macrescat, Rusius 157. Si equus fuerit infirmus & grauis, scinde corium intra (inter potius) crura priora, & annulum de uite alba insere inter corium & pectus, ita quòd non cadat, et equita eum securè, Rusius. ¶ De febri equi, Hippiat. 1. Geoponica 16.4. Vegetius 1.29. Rusius 1.66. Remedium ad febricitantem pecudem, Hippiat. 128. De febribus internis, Vegetius 1.31.
10 Et per sequentia quinque capita, Si autumno febrierit, Si æstate, Si hyeme, Si ab indigestione uel plethora, Si denique ex uulnere oris aut faucium febriat. In febribus incidendam esse uenam in Hippiat. legimus cap. 9. & adhibenda cauteria capite 97. Verbenaca in uino febribus iumentorum prodest, Plinius. De lassitudine quæ uidetur febribus similis, Veget. 1.30. Syncopati nõ sine febri sunt, Veget. Iumentum phragmaticum febricitat, oculos introrsum reducit, terram pedibus tundit, &c. Veget. 3.30. In Hippiatricis capite 43. alius affectus, ut uidetur, emphragma uocatur, id est obstructio, cum recto intestino obstructo uia excrementis non patet. De febri pestilentiali, infra dicetur. ¶ Plerunque iumenta (inquit Columella) morbos concipiunt lassitudine. Huic quies remedio est, ita ut in fauces oleum, uel adeps uino mista infundatur. De coactionibus, id est nimia lassitudine, Idem 1.57. Quæ genera ægritudinum inde nascantur, Ibidem 38. De equis itinere aut cursu fatigatis, &
20 qui membra ex lassitudine imbecilla habent, et πνεῦμα ἀποκεκμηκότων, Hippiat. 62. Sic affectum equũ nostrates, ni fallor, uocãt **räch geritten**. Est quãdo nimio currus aut cuiuis onera trahendi labore morbum incidit periculosum equus, **verzücht sich/überzogen/räch von arbeit**. οἱ δὲ ὑπερπνιγέντες γενόμενοι, οἱ ὑπέρπονοι ἐκ τῆς ἄγαν ἱππηλασίας, Suidas. Si æstuauerit animal & defectionem patietur, Vegetius 3.40. Sudor prorumpens causa incerta, Hippiat. 106. De exæstuatione uel causone à uia, Ibidem 64. De syncopatis & confixis, Veget. 1.53. Ad morbos imbecillitate, æstu & frigore contractos, Hippiatrica 108. Si morbus frigore contractus sit (inquit Columella) fomenta adhibentur, caputque & spina, tepenti adipe, uel uino liniuntur. Infestatus dicitur equus, cum post calorem uel sudorem refrigeratur, & impeditur gressus eius, Petrus Crescen. 9.21. & Rusius 143. apud quem infustico legit, uoce (ut uidetur) corrupta: corium in eo adeo extenditur, ut digitis capi uel astringi non possit, nerui
30 attrahuntur, & oculi quandoque lachrymantur. Alius uidetur morbus quem Vegetius 1.55. sanguinis infestationem uocat, cuius hæc signa sunt, Oculi tumebunt, frigidum erit corpus & ceruix, tristitia fastidiumque iungetur, difficileque curabitur. ¶ Malis, μᾶλις, uno quidem uocabulo pestilentia appellatur, sed habet plurimas species, ut docet Vegetius 1.2. & deinceps: quanquam ipse non malidem genere fœminino ut debebat, sed malleum in masculino & l. duplici profert: uocat & morbũ simpliciter differentia adiecta. Malleus itaque secundum Vegetiũ uel morbus pestilens, iumentis ingruit octuplex: est enim humidus, siccus, articularis, subrenalis, farciminosus, subtercutaneus, elephantiasis, mania. Ego malidi omni commune esse uideo, periculum præsens, & quòd iumenta sic affecta stare aut incedere nequeãt. Malis (inquit Theomnest. in Hippiatricis 2.) alia sicca est, quæ latet: alia humida, in qua sanies pituitosa per narem albicans, effluit, unde etiam nomen à colore impositum est, &c.
40 De malide eiusque differentijs & remedijs multa iam in Boue ex Vegetio scripsi. Alienatus, morbus pestilens, sic dictus quoniã animalibus eripit sensus: uocatur etiã malis & orabus à quibusdã, Veget. 3.23. Μαλιᾶν est malide affici. De malide Hippiat. 1.2. Causæ & curæ generales malidis, Veget. 1.17. Suffimenta contra malidem, Veget. 1.19. & 20. Malis humida alia recens & sine odore est: alia inueterata & fœtida. De malide humida, Hippiat. 2. Morbi humidi signa, Veget. 1.3. cura 1.10. De malide sicca, Hippiatr. 2. Morbi aridi signa, Veg. 1.4. cura, Ibidem 11. Morbi subtercutanei signa & cura, Ibidem cap. 5. & 12. Malis intercus, Hippiat. 2. Morbi articularis signa & cura, Vege. 1.5. & 12. Malis articularia, Hippiat. 2. Ad articularios dolores, Ibidem 129. Malis siue pestilentia diuerso genere passionum emigrans, equinum genus contagione consumit, Vegetius 3.2. Equis interdum morbus pestilens uniuersis incidere solet, Aristoteles. De peste, Hippiatrica 4. Vergilius in Georgicis de pe-
50 ste equorum his uersibus canit:

Victor equus, fontesque auertit: & pede terrã
Sudor: et ille quidẽ morituris frigidus: aret
Hæc ante exitiũ primis dant signa diebus.
Tũ uero ardentes oculi: atque attractus ab alto
Ilia singultu tendunt: it naribus ater
Profuit inserto latices infundere cornu
Mox erat hoc ipsum exitio: furijsque refecti
(Dij meliora pijs, errorem que hostibus illũ)
Labitur infœlix studiorum, atque immemor herbæ
Crebra ferit: demissæ aures: incertus ibidem
Pellis, & ad tactum tractanti dura resistit.
Sin in processu cœpit crudescere morbus:
Spiritus, interdum gemitu grauis: imaque longo
Sanguis: & obsessas fauces premit aspera lingua.
Lenæos, ea uisa salus morientibus una.
Ardebant: ipsique suos, iam morte sub ægra
Discissos nudis laniabant dentibus artus.

Stichas citrina efficax est aduersus pestem boum & equorum, & omnium animalium, quando trita
60 cum potu datur animalibus, ut quidam experimentis clarus mihi retulit, Albertus. De febri equorũ epidemia, Rusius 166. Est etiam illa pestifera labes, ut intra paucos dies equæ subita macie, & deinde morte corripiantur: quod cũ accidit quaternos sextarios gari singulis per nares infundere utile est, si mi

noris formę sunt: nam si maioris, etiam congios. Ea res omnem pituitam per nares elicit, & pecudem expurgat. ¶ Vuulæ apud recentiores nominantur glandulæ quædam inter collum & caput equi (legendum uiuulæ) quæ auctæ deglutitionē & respirationem impediunt. Aliqui morbillos uocant. Ex his laborantes equi, aures subinde concutiunt, sitiunt, lambunt quod apponitur, &c. Rusius 62. (Videtur aūt tonsillas intelligere, non uiuulas nostrorum.) Glandulæ sunt circa maxillas, &c. Petrus Cres. 9. 17. Itali, ut audio, uulgo uiuas appellāt: Germani fyfel/fifel/feibel/ forte quoniā aliqui uermiculos esse putant: wybel autē uulgo est uermiculus uel gurgulio, qui exest legumina. Plericp tamē non uermiculos, sed grana esse asserunt milij ferè instar. Equus habens iunulas (lego uiuulas) si subitò uniuersus in sudorem soluitur, & membra ipsius singula contremiscunt, ac ipse continuo scorditiones patitur, nō uidetur posse euadere, Rusius. Audio equis sic affectis uenas sub lingua aliquando aperiri, uel post auriculas, uel in medio utriusqp auris. Sunt apud nos equarij, qui equi aurem dextram deorsum ad maxillam iuxta collum extendunt, & quæ postrema parte auriculæ cutis attingitur illam rescindunt, & uermiculos, uel grana, uel glandulas pestiferas eximunt. Similiter ni fallor extensa auricula retro ad locum inter iubam & maxillam, ubi mucro auriculæ desinit, uenam pertundūt in equis quos à uento affectos nostrates uocāt, rāch vom wind. Aduersus uiuulas aliqui uirgas teneras è corylo naribus intrudunt ita ut sanguinem eliciant, deinde aquam salsam inspergunt. Alij in medijs naribus intrinsecus utrincp uenas liuidas apparere aiunt, eas aperiēdas esse ut sanguinem emittant, & digitis intra nares quàm penitissimè adactis pertractata cute sanguinem detrudendum esse: & si sanguis in os equi influat, permittendum ut lingat, ipsum uero equum non concedendum loco stare, sed subinde circunducendum. Viuulis quidam hodie, ut audio, medentur, profluuio menstrui muliebris per potionem infuso, atqp aiunt deinceps perpetuò liberum fore equum ab eiusmodi peste. ¶ Strangulina uel strangulio apud recentiores est catarrhus & pituita narium ex refrigeratione, cum anhelitus difficultate, multo per nares humore effluēte: qui nisi sponte fluat, suffimentis aut errhinis prouocatur. Germani uocāt strenge uel strengel: & equum sic affectum strenglig/ fortassis à difficultate morbi: nam streng uocant omne difficile ferè quod Græci χαλεπόν: (quare etiam in alijs partibus equorum morbos compositis cū hac uoce nominibus nominant, ut buchstreng/ bruststrengestreng) uel potius à strangulando, quod equi sic affecti naribus obstructis propter respirationem impeditam quasi strangulari uideantur. Stranguillio, inquit Rusius cap. 63. glandulæ sunt circa gulam equorum quæ uidentur esse carnes, quas aliqui uocant branchos caballi, alij stranguilliones. Hæ branchant gulam, & mandibulas, ita quod cum gurgulatione quadam spirant equi, & uix transglutiunt, &c. Sed hic forte alius morbus est quàm nostrorum strangulio, qui Rusij & Petri Crescen. cymorra uidetur, cum & morbi descriptio & remedia conueniāt. Cymorra (inquit Rusius 71.) descendit à capite equi diu refrigerati, proueniens ex cursu rheumatis, quod per nares continuè aquæ instar emanat, & humores frigidos & quandocp crassos educit. Accidit autem propter antiquā frigiditatem, & aliquando propter uermem dictum uolatilem, unde ferè omnis humiditas capitis per nares fluit. Et inter omnes morbos qui propter intemperiem qualitatum accidunt equis, nullus tam periculosus & suspectus est quàm passio rheumatica quæ ex frigiditate contingit, &c. Prosunt eis uariæ suffumigationes, errhina, sternutamēta, &c. Apud eundem Rusium circa finem capitis 7. non cymorra sed enorra huius morbi nomen scribitur, Equus (inquit) anhelitum fortiter à se proijciens à stranguria (lego strangulione) liberum habet caput. Petrus Cresc. 9. 24. cimonam uocat, quod magis probo, quasi ἀπὸ τοῦ χειμῶνος, quod hyems & frigiditas huius morbi causa sit. Huius ex frigore contracti humoris per nares fluxus remedia leguntur etiam in Hippiat. Græcis cap. 129. Nostri equos sic laborantes uocant streng/ritzig/ uel potius rützig & rotzig: quanquam hoc ad simplicē pituitam siue coryzam & grauedinem magis pertinet. In strangulione uerò propriè à nostris appellato, præter alia remedia audio cauterium sub mento (ut ita uocem) adhiberi, & caput ita ligari ut deorsum spectet, quo liberius effluant humores. Idem fortassis est morbus Anglicè dictus glanders, quem aiunt catarrhum esse per nares cum tussi. ¶ Ad fascinum, Vegetius 3.74. De incerto equorum morbo, Theomnestus in Geoponicis 16. 12.

¶ Crithiasis, κριθίασις, id est hordeatio, ut Gaza apud Aristotelem transtulit, morbus est equorum. Non placet quod apud Hesychium & Varinum legitur, Κρίθα, κρίθινον, καὶ ἵππου ἀῤῥώστημα: Ego sic malim, Κριθίασις, ἵππου ἀῤῥώστημα. Vitium quocp equorum est quod hordeatio dicitur, cuius indicium, ut palatum molestet, & feruentius spiret equus quàm ex consueto: nullum huius mali remedium est, nisi sponte naturæ emendetur, Aristoteles. Ἔστι δὲ τι νόσημα ἵππων κριθίασις καὶ ὑπεραίμωσις ὑπὸ πλησμονῆς, Pollux & Varinus. Sed ne quis decipiatur, ac unius morbi duo nomina crithiasin & hyperæmosin esse putet, apponam uerba Xenophontis, qui de equili scribens id clausum esse oportere, nō solum ne furto pabulum equi diminuatur: sed etiam ut appareat si forte effundatur ab equo: quod ubi fuerit deprehensum, inquit, intelligi potest, uel curatione indigere τὸ σῶμα ὑπεραιμῶν, (lego τὸ σῶμα ὑπεραιμοῦν:) aut quiete defessa membra, uel surrepere crithiasin, aut alium quempiam morbum. Equus cum crithiasin patitur, κριθιᾶν uel κριθιάζειν dicitur. Si equus doleat ex superfluitate sanguinis uel humorum prauorum in uenis, torquentur & mouentur ilia, & frequenter cadit in terram, & uenæ plus solito tumefiunt, Crescentiensis 9. 18. Quum ex itinere aut cursu (inquit Hierocles in Hippiatr. 8. & Absyrtus similiter) adhuc anhelabundum pecus hordeum deuorarit, cruditate uexabitur, quæ subter

subter tergus irrepens, per totum corpus euagatur: itaque conuellitur equus, ut nec pedibus insistere (πεδᾶν) nec articulos inflectere ualeat. Magna cum ui lotium egerit. Sudor femoribus & costis erumpit. Cibus inter suspiria datus, raptim cum halitu trahitur. Caducus recusat exurgere, sed decũbens pabulo uescitur. Deinde remedia subiungit, quæ alia sunt ab hordei, alia à tritici largiore cibatu affectis equis. Quòd si equus in itinere non dissimile uitium potu raptim hausto contraxerit, eisdem casibus cognoscitur implicari, (δοκεῖ συναλίσκεσθαι,) ijsdem remedijs curandus est: non tamen ungularum iacturam faciet, multoque celerius recreabitur. Deprehendit autem uitium, si equus horrore concutitur, & in palato cutis intumescit. Qui huiuscemodi morbo superest equus, sese nunquam ita recolligit, ut deinceps suum obire ministerium & solitos usus præstare queat. Hæc Hierocles. Nostrates, ut conijcio, crithiasin uocãt **räch vom füter**: & si ex intempestiuo aut liberaliore potu fiat, **räch vom wasser**, ubi minus periculi esse aiunt: & nisi pituita à naribus destillet, uena colli incisa curant. Post Hieroclis uerba aliæ hordeationis notę ex innominato quodam authore scribũtur huiusmodi: In crithiasi oculi malè habent, os fœdis ulceribus (aphthas uocant) obsidetur. Crenæ palati uersusque sublimes attolluntur, & feruorem quendam expirant: sanguine turgent uenæ; uisuique caligo succedens offunditur. Albertus Magnus Aristotelis crithiasin interpretatur forcin, & Germanicè **schuf** uel **schule**. Ego in Hippiatricis quibusdam Germanicis **schül** nominatum lego morbum, in quo palatum & gingiuæ præ nimio sanguine intumescãt. Iubent autem urere si magnus sit tumor: sin paruus, aperire cultello. Sed hunc morbum oris recentiores lampascum uocant, qui ab hordeatione diuersus est. deceptus autem uidetũ Albertus quòd in crithiasi quoque simile symptoma accidat. Augustinus Niphus Suessanus hordeationem à rusticis bulsum dici interpretatur, quod itidem non probo: uulsi enim pulmonarij sunt. Si hordeo malo aut nimio lædatur animal, Vegetius 3.73. Equo hordeatione laboranti caduco cubitorióque, qui nec progredi nec exurgere potest, Hippiatrica 129. Equus podagricus humi iacet non aliter quàm qui hordeatione laborat, Absyr. De dolore ex nimia ingestione hordei uel similis indigesti, Rusius 150. scribit autem præter cætera symptomata etiam uentris torsiones ingruere. Plethora ex hordeo fit, si equi dum sudant hordeum comederint: uel ipsum hordeum nouum fuerit, quia uehementius calet: uel copiosius quàm oportet otiosa pascuntur. Sudant, ligati sunt armi, ambulant incertum, Vegetius 3.44. Alibi etiam apud Vegetium indigesta ex hordeo animalia legimus. Si equus (inquit Albertus lib. 22.) hordei uel alterius frumenti aut leguminis grana, nihil aut parum dentibus contrita deglutiat, idque nimium abunde, morbus fit unde concoquere non potest, neque caput satis erigere: sed id ualde à se extendit, & siti affligitur: debet autem abstineri à potu, &c. hoc etiam Hierocles, Nonnulli, inquit, præceperunt equum à potu abstinendum esse. Et mox, Sunt qui manu oleo inuncta fimum eximant. Et Albertus loco iam citato, Sunt qui manu (inquit) per intestinum equi immissa, grana attrahunt & uiam aperiunt, &c. Equi interdum (Camerarij uerbis utor) pestilente humorum corruptione laborant, uel cum agitantur ita ut in labore & fatigatione deficiantur uiribus, imprimis si contra uentum incitentur: uel de æstu & sidere: etiam nonnunquam de frigore & diuturniore inedia: Nec non si post longiorem quietem repente fatigentur. Aut nisi suo tempore urinam eiecerint: potissimum autem, si uel in sudore, uel de uehementiore agitatione aquentur. Sæpenumero etiam aquæ ipsæ uitiosæ, interdum & contagia quædam illos inficiunt. Hoc malum, quo equus fuerit generosior, eò citius eum extinguere solet, nisi celeriter succurratur. Vix aũt unquam pristina strenuitas in talibus recuperatur. Fit etiam ut expulso ueneno, uel naturę robore, uel medicamentis ad extimas corporis partes, ungula delabatur de pedibus morbo correptorum. Contra hoc malum nota multa sunt remedia, quædam etiam obscœna, (ut excrementum hominis cum allio in uino dilutum infusumque.) Sed sanguinem mitti, si uires ferant, omnino optimum & præsentissimum. Veteres pulueres duos ualde probarunt, quorũ cochleare unum laboranti equo infunderetur. Horum unus teritur de radice gentianæ & aristolochiæ longæ, baccis lauri, myrrha, eboris scobe, his omnibus æquali pondere inter se mistis ac comminutis. Alter de pullo ciconiæ, plumato quidem illo, sed nondum uolucri. Hic indetur in ollam uiuus, & hac diligenter contecta, in furno tostus cinefiet, & puluisculi asseruabuntur in uitreo uasculo, unde ad suprascriptum usum promantur. Hæc Camerarius ex Vegetij libro 1. cap. 17. Vegetius quidem inter cæteras huius mali (malleum ipse uocat) causas, illam quoque numerat, si hordeum sudantes acceperint, & si post cursum calidi biberint, &c. quas supra hordeationis quoque causas fecimus: ut dubitem an malleus potius Vegetij sit ille morbus à quo nos equum **räch** dicimus, nam totidem ferè eius ex causis differentias capite iam citato Vegetius facit: an quam supra descripsimus crithiasis. Videtur & infundatura, ut Albertus uocat, non aliud quàm crithiasis: & equus infunditus, qui crithiasin patitur. Infunditus fit (inquit Petrus Crescentiensis 9.19.) ex nimio alimento uel sanguine per crura diffuso. Infundatura (inquit Albertus) accidit equo ingesta multa annona, quando nimis festinanter ducitur (forte manducat) & mox nimio potu repletur, antequam cibus satis sit concoctus. Item si à magno labore puram et bonam annonam aliúmue cibum ualde esuriens & uentre uacuo, nec hausto potu, multa grana parũ dentibus fracta unà cum cortice uel palea transglutit: hinc aliquando infusio ad pedes descendit. Quòd si inter pellem & carnem fluxerit, pruritum ciet. Equus ita affectus incedit titubans, ac si super carbones ardentes ambularet: cum stat, pedibus tremit: nec extensis, sed quasi contractis membris stat: quin subinde iacere cupit, & propter grauitatem posteriora à terra erigere nequit, ac si freno anterius retrahatur, & super genua quasi cadit posteriora, Hęc Albert. Curandi rationem omitto. Equus à nostris **räch** dictus, rigida habet membra & conuulsa, & sanguine ei detracto calido perfricatur: hoc remedium in malleo etiam pestilente Vegetius adhibet, & alij in alijs morbis, ut cap. septimo dicam. Est quando hunc affectum in posteriorib. tantum pedibus fieri dicũt nostrates equarij medici, **räch vff den hinderẽ füssen**, ex nimio onere posterius imposito, uel aliã ob causam: hic fortè Græcis fuerit ἐκ λαγόνων εἰλεόμενος. Est & quidã affectus in crurib. uel pedibus puto, quem uocant **mauchelräch**, abscessus, ut conijcio, circa ungulam. Sed hi duo particulares affectus sunt: cæteri uero, **räch gritten, räch vom wasser, vom füter, vom wind**, toti corpori communes. Sed hæc accuratius discutienda, & Germanica aliaq; barbara nomina proprijs Latinis aut Græcis reddenda peritioribus rei equestris relinquo. Sunt qui flores, qui in agris frumento aut secali consitis proueniunt, quibus à cyaneo colore nomen, salutares in cibo affirment equis lassitudine ita affectis ob cursus uel saltus uiolenter extortos, ut malleum Vegetio dictum inciderint, **zů räch gritten**: uel potius pestilẽte malleo captis, quibus etiam modicum de pelle mustelæ albæ minutatim concisæ, uel caudam eiusdem, in pabulo præbent. A uento sic affectis, uena inter oculos & aures aperitur: à pabulo uerò, ubi uenter inflatur (ego crithiasin appellârim) saponem intestino inserunt. ¶ Syderatitia iumenta dicuntur, cum uenas uacuas percusserit frigus aut æstus, aut impleuerit cruditas, aut ieiunia bulimum fecerint. Redditur enim stupidum animal, & titubans ambulat, Veget. 3. 35. ¶ Hyperæmosin, id est sanguinis abundantiam à crithiasi differre supra ex Xenophonte docui. Sanguinis exuberantia spiritus læditur: hanc curarunt quondam pabuli mutatione & exercitijs: nunc sanguinis missione crebriore malum plenitudnis emendãt, Camerar. De dolore ex superfluo sanguine intra uenas, unde dolores & torsiones in corpore oriuntur, Ruf. 148. Crescent. 9. 18. De sanguine superabundante, Idem 41. De infestatione sanguinis, Veget. 1. 55.

De unionis solutione, abscessibus & tumoribus.

De fluxu sanguinis è uulnere, & si sequatur hæmorrhagia, Rusius 43. & Albert. lib. 22. de morbis equorum. De restringentibus fluxum sanguinis, Idem 44. Si percussa uena claudi non possit, Veget. 3. 14. Fuxui sanguinis iumentorũ utilis est fimus suis infusus in aceto, Plin. Si sanguis fluat per dorsum & secundum pilos, Hippiat. 44. Sanguinis profluuio exhausti, Ibid. 42. ¶ Ad ossa fracta, Hippiat. 74. Ruf. 168. Ad caput fractum uel nudatum aliquo casu, Veget. 2. 13. Ad omnia equi uulnera, Ruf. 169. Ad uulnera uel ulcera, Veget. 2. 62. Ad ulcera cerotum, Idem 4. 27. Aduersus uetusta & recentia ulcera, Hippiat. 129. Chlora & tetrapharmacum ad omnia uulnera elimpidanda uel sine difficultate claudenda, Veget. 4. 27. & rursus aliud, &c. Vulnerarij mixtura, Hippiatr. 129. Traumaticum, Veget. 4. 26. Traumatica medicamenta duo, Veget. 4. 19. Vulnerarium emplastrum, Hippiatr. 129. Aliud ad cruenta uulnera, Ibidem. Erigeron mixtura ad recenter uulneratos, Ibid. De ungento ad reparandam carnem, Ruf. 177. Genus est millefolij quo rustici nostri ad boues & equos uulneratos utuntur, Brasauola. Ad ulcera iumentorum & animalium, facit asphodeli radix cocta illita, Plin. Cinis excrementi menstrui cum camini puluere & cera, Idem. Pix humida, Serapio. Rubi foliorum puluis, Plin. Herba quam Germani consolidam auream uocant, **guldin gunsel**, Aprili mense & initio Maij floribus cœruleis florentem in pratis, &c. equos uulneratos aut sellis compressos efficaciter iuuat, minutatim cõcisa & pabulo immixta. Si equus ab alio morsus sit, Hippiatr. 73. Si quem alter equus calcitro icerit, Ibid. Si iumentum aut rotæ aut axis ictu fuerit elisum, Veget. 3. 21. Surculis hærentibus & clauis refigendis, Hippiat. 129. Si truncus aut spina intret in aliquam partem corporis equi, Ruf. 170. Si equus sagitta uulneratus sit, cancros duos cum adipe leporis contusos uulneri superilligato, & extrahetur sagitta, Innominatus. Præcipitati aut in foueam deuoluti, Hippiat. 72. Emplastrum ad ruptos, Hippiat. 129. De ijs quibus aliquid internè conuulsum est, Ibidem 66. Si quid intus conuulsum aut ruptũ est, Ibidem. De dorso læso à sella, Rusius 76. Si compresso equi dorso in itinere tamen pergendum est, pannum sellæ quo pili continentur aperies, & pilos exemptos diduces digitis ut molliores fiant, iterumq; claudes, ita ne ulla durities aut asperitas inde equum lædat, & simul medicamenta appones. Sunt qui tritum piper loco læso inspergant, & interim in itinere pergant. Est quando dorsum læsum inflatur & carnes putrefactas producit, ex compressione sellæ uel oneris. Inflatio hæc inueterata putrescit, & putrilago iuxta ossa efficitur aliquando coagulatio prauæ carnis, unde sanies aquosa assiduè destillat, & hic morbus dicitur læsio pulmonis uulgo, Crescent. 9. 28. Vocant autem pulmonem, non uiscus, sed genus abscessus à forma. De pulmone seu pulmoncello, Rusius 82. Pulmunculum in dorso animalis natum difficile est medicamentorum appositione siccari, Vegetius 2. 61. Idem pulmunculi in pede meminit 2. 56. Nostri ulcus ex attrione in dorso factum, rupturam uocant, **bruch vnder dem sattel**. Id aliqui hoc modo curant: Ollam nouam dimidia parte implent asinino fimo, & dimidia ouis formicarum: & sic urunt: & ubi locum oleo unxerunt, cinerem inde inspergunt bis quotidie. De læsione dorsi, Rusius 75. De profunda plaga dorsi supra spatulas, Idem 78. De dorso & armis læsis, dolentibus, attritis, ulceratis, suppuratis, uulneratis, diuersas ob causas, Hippiatr. 26. Vlceratio spinæ, Theomnestus in Geopon. 16. 15. De cura dorsi læsi, Veget. 1. 63. & 2. 60. Pet. Crescent. 9. 30. Intertriginem uel attritionem dorsi, nostri uocant **fratt**: Vide etiam infra quædam ubi de scabie dicetur; & rursus inferius de coriagine & cornu dorsi. De inflatione dorsi ratione

sellæ,

sellæ, Ruf. 77. De uesicis paruis in dorso equi, Crescent. 9.30. Ruf. 87. Tumores circa armum inueterati excinduntur & curantur, ut reliqua spinæ ulcera, quæ cystes, id est uesicæ uocantur, Absyrtus 26. De spalacijs siue tumore & duritie in summitate armorũ, Ruf. 84. Si nerui aut musculi spatulæ ex punctura calcaris, uel ex alia causa lædantur aut inflentur, Albert. lib. 22. Si iumento scapulæ fuerint dissolutæ, id est ulceratæ, Veget. 2.44. Si equus inter cingula ex eo ꝙ nimis cinctus diu pergit, lædatur: aut forte in uena lateris pungat̃, & propter stricturam sanguis emanare non potest, unde forsan inflat̃, oportet post quinq; dies cum pus maturuit aperto corio pus extrahi, ita ut digitorum compressione noxius humor expellatur, Albert. ¶ Cephalicum ad omnia uulnera difficilia claudenda & supplenda, Vege. 4.27. De fluxionib. ulcerũ, & ijs quos aper dente percussit, Hippiat. 111. Vulnus in cauis partib. Ibidem 71. Stypticum ad omnia uulnera humecta, & fungos exiccandos, Vege. 4.27. Aristolochia & caua radix (sic uocant Germani herbam cuius radice rotunda & caua hactenus pro Aristolochia rotunda abusi sunt) ulceribus omnib. humidis et manantibus in humano & pecorũ corporibus conueniũt: quamobrem equarij medici ad curanda equorũ uulnera his herbis & radicibus carere non possunt, Hier. Trag. Vlcera equorũ à nonnullis hunc in modũ curantur: Sambuci folia in uino coquunt̃ cum pauco sale: eo ulcera abluũtur: mox succus foliorũ sambuci instillatur: deinde gallinaceus fimus aridus & cribratus inspergit̃: debet autem sambuci succus mane instillari, puluis e fimo uesperi inspergi, & sic uicissim pergendũ est, Innominatus. Alij aluminis & chalcanthi partes æquales cum aqua coquũt in olla noua, & aquam inde ulceribus inspergũt. Suppuratione etiam equi infestant̃, Aristoteles. De suppuratione, Hippiatr. 26. Suppuratio (inquit Columella) melius ignea lamina, ꝗ frigido ferramento reserat̃, & expressa postea linamentis curatur. Ad tumores malagma, Veget. 4.27. Ad tumores siue ad duritiam quamlibet fomentũ, Ibidem. Ad tumores duros & ueteres malagma, Veget. 4.15. Contra tumorem omnem, præsertim qui igneo feruore non flagret, Hippiat. 129. Abscessus facti ex nimio motu, casu, uel ictu, Ibid. 79. ¶ Ambusta uel ignem experta, Hippia. 81. Lipara pro ambustis, Ibidem 129. De combustis à calce quauis parte corporis aut fimo, Ibidem 65. Hypersarcosin, id est carnem in ulceribus exuberantem, nostrates uocant **das wild fleisch** uel **geil fleisch**. Caro mortua in uulnere quomodo curet̃, docet Albert. lib. 22. in equo. Nostrates carnem putridam uocant, **das ful fleisch**. Si caro in ulcere uel exuberet uel putrescat, uitriolũ tritũ frequenter insperges, & ablues uino, in quo decoctũ sit urticę semen. ¶ Ad uermes ulcerũ, Veget. 3.2. ¶ Scabies, Veget. 3.71. Ruf. 72. Theomnest. in Geoponicis 16.17. Hippiatri cap 6.32. Si scabies latius prurit, Ibidem 69. In prurigine (inquit Albert. libro 22.) equus se dentibus mordendo scalpere desiderat, &c. Oritur aũt primò iuxta carnem in collo paruis ulceribus, & per totũ coriũ & corpus defluentibus pilis se diffundit, & nisi cito occurrat̃ in scabiem uertitur, &c. curam omitto. De scabie & eius cura Albert. ibidem. Sion scabiem equorũ lenit, Plin. Equorũ scabiem ranæ decoctę in aqua extenuant, donec illini possit, aiuntq; ita curatos non repeti postea, Plin. et Auicenna. Ad scabiem & pruritũ quadrupedũ adhibentur, Haleces sale infusæ per noctem, Plin. Aqua maris, Idem. Amurca olei cocta cũ lupinis & chamęleonte, Idem & Auicenna & Serapio. Asphaltus, Plin. Asphodelus illita, & priuatim in equis, Idem: Butyrũ cum resina, Plin. Chamæleontis succus, Idem. Elleborus niger cum thure & cera, aro & pice, uel cum psyllio, Plin. Heliotropium ustũ cum aceto illitũ, Obscur. Fel capræ cũ cinere aluminis. Ficus siccæ & folia eius cocta cũ radice almezereon nigri, Auicenna. Fimus bouis uel bubali, Plin. Glutinũ taurinũ in aceto liquefactũ addita calce, Idem. Citran, id est cedria, Serapio secundũ Galenũ & Dioscoridem: & præcipuè oleũ eius. Oleũ lentisci, Plin. Pastinacæ piscis iecur coctũ in oleo efficacissime curat, Idem. Pix, Plin. Pix liquida, Serapio ex Dioscoride. Sal Chalastræus, Plin. Squinanthi oleũ, Serapio secundũ Habyx, Auicen. Haliabbas. Hyssopus cũ oleo, Plin. Personatiæ siue arctij radicem tritam aliqui miscent cũ lacte uaccino, & equorũ scabiem illinunt. Impetigines, & quicquid scabies occupat, aceto, & alumine defricantur. Nonnunq;, si hæc permanent, parib. ponderibus permistis nitro, & scisso alumine, cum aceto linuntur. Papulæ feruentissimo sole usq; eò strigile raduntur, quoad eliciat̃ sanguis: tũ ex æquo miscentur radices agrestis herbæ, sulfurq;, & pix liquida cum alumine. Et eo medicamine prædicta uitia curantur, Collumella. Et rursus, Scabies (inquit) mortifera huic quadrupedi est, nisi celeriter succurit̃: quę si leuis est, inter initia candenti sub sole uel cedria, uel oleo lentisci linit̃, uel urticæ semine, & oleo detritis, uel unguine ceti, uel ꝙd in lancibus salitus thynnus remittit. Præcipue tamen huic noxæ salutaris est adeps marini uituli: sed si iam inueterauerit, uehementiorib. opus est remedijs, propter ꝙd bitumen, & sulfur, & ueratrũ pici liquidæ, axungiæq; ueteri commista pari pondere incoquunt̃, atq; ea compositione curant̃, ita ut prius scabies ferro erasa, perluat̃ urina. Sæpe etiam scalpello usq; ad uiuũ resecare, & amputare scabiem profuit, atq; ita factis ulcerib. mederi liquida pice atq; oleo, quæ expurgant, & replent uulnera æque: quæ cũ expleta sunt, ut celerius cicatricem & pilũ ducant, maxime proderit fuligo ex aheno ulceri infricata, Hæc Columella. Sunt qui ad scabiem equi unguentum parent ueteri axungia, oleo laurino, helleboro albo et argento uiuo permixtis, ita ut ad libram axungiæ sextam olei laurini partem, hellebori octauam addas: argenti uiui uerò quantũ satis uidebitur pro scabiei modo, non nimiũ tamen. Simile unguentũ describit Rusius 72. Malidem subterculaneam (Græci μάλιν ὑποδερματῖτιν uocant) scabies sequit̃, prauis humoribus sub cute infusis: mentio eius fit in Hippiat. & apud Veget. lib. 1. ca. 5. & cap. 12. In Germanicis libris nisi mendum est, genus quoddã scabiei equorũ nominari inuenio **die wilden neres**, quod resina, axũgia, & uitellis ouorum mixtis & in sole inunctis curant. Impetiginem aliqui **tetter** uocant (alij **zittermal**) qua forsitan uoce corrupta **neres** scriptum est, ut impetigo fera intelligatur. De scabie & pruritu colli & caudæ equi, Rusius 72. Et de scabie in genere, quam rungiam uocat Gallica uoce, ibidem. In collo equi (inquit) iuxta garese quædã scabies fit, &c. De læsione garrasij seu guida, Idem 86. Cum garrese (inquit) fuerit nimis inflatum & plenum putredine, uratur pluribus punctis foci, aut ferro idoneo scindatur, &c. De quibusdam pulueribus ad sanandum dorsum uel garresum equi, Idem 88. Hoc malum nostrates puto uocant **krättigkeit**, & equum sic laborantem **krettig**, uel potius **krötig**, à rana rubeta quòd locus affectus similiter infletur. Idem aut similis affectus est, unde equum nuncupant **krangrindig**. De puziolis (pustulis) quæ nascuntur in dorso equi, Rusius 87. sunt autem, inquit, pusillæ excoriationes, &c. Papulæ erumpentes, Hippiatr. 69. Intertrigo bis in die subluitur aqua calida: Mox decocto ac trito sale cum adipe defricatur, dum saniei uis emanat, Columella. Albæ uitiligini citra scalpellum mederi, Hippiatr. 129. Contra morpheam, serpiginem & impetiginem equorum, Rusius 180. accidunt autem hæc uitia ut plurimum circa oculos seu palpebras, & circa nares et os equi. De impetigine superius etiã dixi ex Colum. De impetigine crurum, alijsq; uitijs seorsim dicetur infra. ¶ De elephãtia, Hippi. 3. Elephãtiasis signa, Vegetius 1. 9. cura, 1. 16. Numeratur autẽ ab eo inter species malidis. Lepræ curatio, 118. ¶ De spallatijs, Rusius 84. Sic autem uocant barbari tumorem & duritiem carnis super spatulas siue armos, quæ dorsi superficiem superat. Vegetius libro 2. cap. 30. entomata nominat tubera & tumores diuersos, ut sunt steatoma, meliceris, aneurysma, atharoma, ganglion. Adijcit & curam omnibus unam & communem. In malide articulari tubercula quædam nascuntur per totum corpus, Hippiat. 97. ¶ Dracunculus uermis est tineæ similis, non in uentre, sed in lacertis, fœmore, tibijsq;, parte Aegypti superiore copiosus: qui latera quoq; paruulorum infestat, moueturq; hic sine dubio, Petrus Ruellius. Aduersus dracunculum, Hippiatr. 129. hoc infestante, toto corpore pustulæ erumpunt, & animal clamitans obstrepit. Farciminosi morbi signa, Vegetius 1. 7. cura, 1. 14. Censetur & hic inter malidis genera, & huiusmodi argumento deprehenditur: In lateribus (inquit Vegetius) & in coxis, & in uerendis quoq; partibus, & præcipuè in iuncturis membrorum, uel in toto corpore collectiones inflantur: rursumq; his uelut sedatis, aliæ renascuntur: cibum potumq; ex more recipiunt, macrescunt tamen: quia digestio eis plena non prouenit, hilares aspectu, sanisq; similes creduntur. Haud scio an huius generis sint quæ in Hippiatricis cap. 97. φαλκίνυκα dicuntur, farcimina forte legendum: quæ tumores sunt (inquit Absyrtus) illis quos Græci dothiênas uocant similes, maioresq;, ac suppurantur, & sponte erumpunt, fiuntq; diffusa malide articulari. Farcina (inquit Albertus) nascit ex nimia carnis humectatione, & immoderata repletione: aliqui uermem uocauerunt, eò quod superfluus humor in carne & cute foramina facit tanquam uermium, contingit autem ex sanguinis fluxione extra uenas: & interdum ex magna plaga, uel ictu & liuore si non curentur intra duos menses, & in locis fuerint cauis, ac inter armos & in lateribus: interdum ex morsu alterius equi farcinam patientis, &c. Hæc ille. De uerme dicto farsino, Rusius 146. De uerme dicto anticor, Idem 147. Fit autem cum prauus humor colligitur & putrescit in casula cordis, unde pars ad pectus propellitur, &, si collum occupauerit, tumorem facit. Ab hoc corrupta cordis substantia mortem sequi necesse est: quamobrem anticor, id est, cordis suffocatio uocatur. Auticax (aliàs antiquor uel anticar, qui tres modi corrupti uidentur, ut anticor tantum rectè scribatur, quod morbus ante & circa cor & in pericardio fit) glandulæ sunt, uel tumor, inflatio, uel apostema circa cor, Petrus Cresc. 9. 15. De uerme uolatili, Rusius 145. In hoc ulcera, præcipuè in capite oboriuntur, humores è naribus fluunt: Vocatur autem uolatilis, quoniam humores superiora petunt: aliqui talpinum appellant, & transit aliquando in cimorram supra dictam. De uerme equi Rusius 144. Is incipit in pectore, uel intra coxas iuxta testiculos: deinde ad crura descendens tumefacit ea, & crebris ulceribus perforat: aliqui guttam uocant. Vermem dicunt glandulas in pectore uel coxis inflammatas, &c. Petrus Cresc. 9. 14. Realgar fit ex sulfure, calce uiua, & auripigmento, & idiomate nostro uocatur soricoria: occidit sorices puluis eius, et omnia animalia: abolet fistulas et uermes equorum, & omnem malam carnem corrodit, Syluaticus. Ad eadem omnia ualet aconitum: præcipuè autem eo aconiti genere ad uermes equorum apud nos utuntur, quod pallidum florem gerit radice ad retis speciem incisa. Hinc natus uidetur error, ut res longè dissimiles, aconitum & realgar, propter uirium similitudinem à recentioribus quibusdam confunderentur. Equus uermem passus nunquam ad pristinæ ualetudinis robur aut pristinam alacritatem redibit. Vermem Germani uocãt **den wurm** uel **burtzel** alij **pürtzel**, à farcina uel farcimine forsan detorto nomine. Distinguunt autem loco tripliciter, ut alius nascatur in naso, alius inter genu & coxam, alius in pudendis uel uirga equi maris. Rursus uermes alios apertos esse legimus, ubi tubercula aliquot apertis foraminibus apparẽt, **außwerfende würm**: alios uerò tectos. Sed remedia quoq; in libris quibusdam nostra lingua manuscriptis reperta adijciam. Cicutæ succus cum melle illinitur, quo gustato uermem illico mori aiunt. Radice petasitis herbæ (quam nostri radicem pestilentiæ uocãt) ueterinarij quidam utuntur, ad uermes equorum, aliaq; uitia tum intra tum extra corpus, Tragus. Pecudi ex uerme laboranti, præsertim equo, folia carduorum edenda prębe: Aut commansam herbæ phu radicem superilliga: quod homini quoq; prodest. Si uacca uel bos uermem patiatur, ouis rubetarum in palude aliqua uel alibi repertis

repertis locum affectum diligenter perfricabis: inde stercus humanum calidum impones, & linteo obligabis: & nigri solani superficiem edendam obijcies, radicem collo appendes: ne aquam adeat animal cauebis, sanabitur. Sunt qui locum scindunt & extracto uerme succo persicariæ herbæ, quam plerique hydropiper faciunt, abluunt: Alij herbam cum lapide superponunt, mox defodiunt, morbo ita paulatim decrescente, ut ipsi superstitiosissime credunt, quemadmodum herba defossa flaccescit ac putrescit. Alij radicem polygonati, carbones quernos, thus, hordeum non decorticatum & salem, omnia minutatim contusa concisaue miscent, & inde quantum manus capit pabulo equi inspergunt, idque bis aut ter repetunt. Si equo uermis inter carnem & cutem nascatur, tumorem urito, & medullam ceruinam infundito. In libris Hippiatricis nostra lingua excusis, uermes ubiuis nati cauterio uruntur, deinde ærugo inspergitur, si inter coxam & genu fuerit: si in naso, ærugo cum osse equino usto: si in pudendis, ærugo, sulfur, & hyoscyami semen ueteri axungia excepta illinuntur.
¶ De cancro, Pet. Crescent. 9. 46. De cancro cum alibi, tum in labijs, Albert. Cancer (inquit Rusius 171.) fit circa iuncturas crurium iuxta pedes aut inter iuncturas & pedes, uidelicet in pastora, et quandoque alibi in corpore, &c. De carcinomate, Hippiatr. 76. De fistula ex cancro, Pet. Crescent. 47. De fistulis, Hippiat. 128. Rusius 172. fit autem (inquit) ex antiquo uulnere non curato, uel ex cancro. De fistula ubiuis corporis, Veget. 2. 27. Collyrium fistulare, quod fistulis immittitur uulnerum, quæ ab initio curata fuerint negligenter, Veget. 4. 16. Emplastrum contra omnia cacoëthe ulcera, phagedænas ulcerum diuturnas, & abscessus ano præsertim erumpentes, Hippiat. 129. Muri, caro in pelle superflua, Pet. Cresc. 11. De tuberculo in mori speciem, Hippiatr. 127. Malagma ad uligines, Veget. 4. 24. hæc alibi puto ulcera glycea uocari. Agglutinans medicamen ad fauos, Hippiatrica 129. De glandulis et scrophulis inter pellem & carnem, Pet. Cresc. 12. De glandulis, testudinibus & scrophulis, Rus. 139. Omnes hi tumores fiunt ex materia corrupta in uno loco se condensante inter corium & carnem. Pendigo ad scirrhos pertinere uidetur. Si iumento scapulæ ulcerentur, diligenter inspice, ne quas inter neruos & commissuras pendigines faciat, Veget. 2. 44. Pendiginem circumcides ad uiuum, Idem 2. 55. Glycium ad sordida & cancrosa uulnera, Veget. 4. 27. Malagma ad uligines, Idem 4. 24. Linimentum ad phazalam (abscessum puto) morbum peculiarem equis mare rubrum ingredientibus. ¶ Emplastrum quod dolores sopit, & incandescentes inflammationes discutit, Hippiat. 129. item aliud, Ibid. Traumatica duo ad phlegmonas tollendas, Veget. 4. 27. Radunculus (forte carbunculus) est phlegmone occupans cutem & carnem usque ad profundum, cum sanguinolenti humores superabundant: sunt autem eius differentiæ pro diuersitate humorum, & cæt. Albert. Ad inflammationem omnem, & malagma ad spinæ uertebram, Theomnestus in Geoponicis 16. 16. De barbulis & carbunculis, Rusius 85. Barbula forte à carbunculo corruptum est nomen: fiunt autem ex superfluo sanguine, & aliquando miscentur etiam alij humores: cura eorum docetur in capite de læsione dorsi. Squillares dicti furunculi, Hippiat. 80. Ficus est collectio rubicunda uel liuida prominens ex nimio intercutaneo sanguine, &c. Albert. De ficu qui nascitur alibi quam in pedis solea equi, Rusius 140. Ignis sacer uel pusula, Hippiat. 25. Si equus aut bos ficosos tumores (feygwartzen) patiatur, cultro abscinde, & quinquefolij succo sanguinem ablue, mox cretam tritam insperge, Obscur. De herpeste, id est serpente ulcere, Hippiat. in hoc ἀφθώδειον album sub pelle incidendum, & astringentibus inde curandum est, &c. Turtæ (inquit Albert.) apostemata sunt in superficie carnis intra cutem exorta, in modum panis qui turta uocatur: fiunt ex abundantia sanguinis maxime, humorisque intercutanei putridi: & aliquando cum caro læditur ictu aliquo, &c. De curtis (lege turtis) equorum, Rusius 81. De equo super quem Luna splenduit, Rusius 83. Videtur autem de apostemate uel ulcere intelligere, quod Lunæ radijs tactum putrescere uel corrumpi alibi etiam legere memini. Verrucæ ubiuis, Veget. 3. 17. Traumaticum ad uerrucas tollendas, Idem 4. 27. Verrucas in equis quidam pilis ipsorum uinciunt, & testas concharum quæ in aqua dulci reperiuntur ustas tritasque inspergunt. Claui, Hippiatr. 26. ¶ Coriago, ἐγκόρμια, uitium est, cum pellis appressa tergo pertinaciter adhæret: hoc cum ambobus armis inhæsit synomiasin uocant, uide Vegetium 3. 54. & Hippiatrica 26. Cornu uocatur cum corium in carne dorsi, uel sola caro antea læsa, uidetur sicut cornu indurata: quod ex nimio pondere sellæ uel alterius oneris accidit, ita ut rumpatur aliquando pellis dorsi, & ulcus aliquando etiam ad ossa pertineat. Fit etiam raduncul us interdum in cornu, &c. Albertus, & Petrus Cresc. 9. 27. Compressum in hoc malo (inquit Rusius 80.) corium cum carne conglutinatur: & cornu uocatur, quia instar cornu formam rotundam habet: uel à diffusione latitudinis quæ protendit in acutum: uel à corio cum cute inuiscato, &c. De coriagine diximus etiam inter morbos bubuli pecoris. De dorso læso attritoque, superius etiam dictum est. ¶ De neruo inciso & eius cura, Rusius 173. Neruorum uulnera, Hippiatrica 84. Ad ictus & dolorem neruorum cataplasma, Hippiatr. 129. Cæteros neruorum affectus, quære infra ubi de articulis & partib. extremis dicetur. ¶ Varices, Hippiatr. 77. Crurum ossa (inquit Xenophon in electione equi) sint spissa, sed spissitudo non erit uenarum neque carnium: nam hoc pacto cum per aspera agitur equus, impleri hæc sanguine necesse est, & existere uarices (κρέας, lego κιρσοὺς) & crassescere crura, & cutim abscedere.

Alexipharmaca & Theriaca.

Sæpe imprudens animal uenenum in pascuis uel præsepibus uorat, contra quam noxam alexi-

V 2

pharmaca remedia ubi ab authoribus petenda sint monstrabimus: sæpe etiam à uenenosis animalib. ictu morsuue læditur, quibus theriaca dicta medicamenta succurrunt. De brassica syluestri cum fœno depasta, Hippiatr. 90. De aconito, 91. De cicuta, 92. De ueratro & orobanche in cibo sumptis superius dixi. Interit ueneno sandarachæ & equus, & quoduis iumentum siue ueterinum: datur in aqua percolatum, Aristoteles. Est quando equus sordidos & abstersioni destinatos pannos uorat, contra quod malum in Germanicis libris remedium inuenio oua aceto calido macerata donec testæ abscedant, &c. Si equus terram uorârit, pro remedio sauinam in pabulo dant minutatim incisam, Obscur. De equo qui comedit pennam, Ruf. 133. Contra fimum gallinæ deuoratum, Hippiatrica 89. Veget. 3. 85. & 3. 15. Stercus suillum iumentis propinaẽ contra uenenosos morsus, Veget. 3. 77. Si araneum comederit equus, Veget. 3. 80. Buprestes bestiolæ (uulpestres, corrupte) araneæ similes, cũ deuoratæ fuerint animal præfocãt, Vege. 3. 15. ubi de causis impeditæ urinæ loquitur. Si buprestin comederit in fœno, Idem 3. 78. Contra buprestin, Hippiatrica 86. Qui remedia Germanicè scribunt, hoc malum uocant **käfern im magen.** De erucis, Hippiatrica 93. Contra hirudines haustas, Absyrt. in Geoponicis 16. 18. Hippiat. 88.

¶ De morsu canis rabidi, Hippiatrica 87. Veget. 3. 84. Hippiatrica in fine capitis 87. De aquæ metu, Vegetius 3. 31. Muris aranei morsus (inquit Aristoteles) equis alijsq; iumentis molestissimus est: pustulæ hoc excitanẽ: & periculosior quem defixerit grauida: pustulæ enim rumpuntur, ex quo interitus sequitur: sed si non grauida est, non interimit. De morsu muris aranei, Hippiatrica 87. Vegetius 3. 77. uocat autem murem cæcum: & 3. 82. ubi murem araneum uocat. Fit aliquando ut mustela iumentum morsu sauciet, cuius dentes inficiunt animal, & moritur, nisi subueniatur. Remedio est si uulnus oleo perungaẽ, in quo mustela suffocata computruerit, expresso ualidiusculè per linteolum. Fricatur & locus saucius arida pelle mustelæ, ut incalescat, & datur iumento antidotus theriaca, Camerar. Quinetiam ea (inquit Aristoteles) quam alij chalcidam, alij dygnidam uocant, suo morsu aut interimit, aut uehementem dolorem mouet: similis hæc paruis lacertis est: sed colore serpentis quam cæciliam nominant. De uulnere ex sagitta intoxicata, Rufius 178. Ad morsus serpentium, Hippiatrica 85. & 86. Rufius 179. Quadrupedibus à serpente læsis hæc prosunt, ut Aggregator obseruauit: Cancri in cibo sumpti, Plin. Daucus, idem. Filix imposita capiti iumentorum defendit à serpentibus, Idem. Mustelæ catulus nudus recens cum sale appositus, Plin. Ruta per nares cum uino, Idem. Vespertilionis fel cum aceto, Idem. Si uipera animal percusserit, Vegetius 3. 79. Hippiatrica 85. & 86. Aduersus colubros, Veget. 3. 77. Ad ictos à scorpione, Hippiat. 86. à scorpione uel alia reptili bestia læsos, Hippocrates in Geoponicis 16. 19. Veget. 3. 77. & 3. 83. Si animal mordeatur à phalangijs, Veget. 3. 77. & 3. 81. Hippiatrica 85. & 86. Si pastinacam (staphylinon, insectum) deuorarint, cuius magnitudo quæ uerticilli bestiolæ est, irremediabile malum est, Aristoteles. De eodem insecto, Hippiatrica 119. De pastinacæ marinæ ictu, Hippiatr. 87. Est in exemplis equos ab apibus occisos, Plin. 11. 18. Apes aliquando equum non modo fortissimè inuasisse, sed etiam interemisse, Aristoteles affirmat, Aelian. Ne muscis infestentur ueterina, Hippiatrica 85. & ne ulcera ab ijs tacta uermibus scateant, Ibidem. Muscas quoq; uulnera infestantes (inquit Columella) summouebimus pice, & oleo uel unguine mistis, & infusis, cætera erui farina rectè curantur. Sunt qui uulneribus illini iubent unguen illud quo axes rotarum perunguneẽ: aut serum aquámue casei inspergi. Culices propellendi, Hippiatr. 85. Contra tabanos uel œstra, Ibidem. Contra cimices & pulices, Ibidem. Contra pediculos, Veget. 1. 44. Hippiat. 95. Contra ricinos, Ibidem. Quidam argentum uiuum axungia uetere extinctum, fasciæ ex cannabi illinere iubent, eamq; collo appendi. Alij aqua, in qua resina decocta sit, abluunt.

De particularibus morbis à capite ad pedes.

Omnes ualetudines capitis, præcipuè ueteres & periculosos, cyclo curare oportet, Veget. Cycli autem rationem ex eo descripsi supra, ubi de equo purgando egi. Ad passiones capitis iumenti bryonia & uitis nigra prosunt, Plin. 23. ut citat Aggregator. Ad caput fractum uel nudatum aliquo casu, Vegetius 2. 13. Si caput equi ex ictu morbóue languet, raphani (seminis nimirum) & zedoariæ partes æquales tritas cum uino misce, & faucibus infunde: idq; toties, donec sanies à capite fluxerit, Obscurus. Ad capitis dolorem, Vegetius 2. 8. capitis & caluariæ, Hippiatri. 104. Capitis dolorem, inquit Columella, indicant lachrymæ quæ profluunt, aures q; flaccidæ, & ceruix cum capite aggrauata, & in terram summissa. Tum rescinditur uena, quæ sub oculo est, & os calda fouetur, ciboq; abstinetur primo die. In postero autem potio ieiuno tepidæ aquæ præbetur, ac uiride gramen, tum uetus fœnum, uel molle stramentum substernitur, crepusculoq; aqua iterum datur, parũq; ordei cum uiciæ libris duabus & semis: ut perexigua portione cibi ad iusta perducatur. Appiosus, id est hemicranicus equus, unde & mens hebetatur & uisus: Et quia una pars prægrauatur, tanq; ad molam uadit in gyrum, Veget. 2. 2. Et rursum 2. 10. Appiosum iumentum (inquit) præsepio incumbit, oculos tensos habet, micat auriculis, &c. Vide etiam paulo post in Rabioso. Sol canicularis ardentior animalia percutit in cerebro, unde caput deiectum habent, Vegetius 3. 36. Ad siriasin, id est capitis ardorem, Hippiatrica 129. Capitis ualetudines, Vegetius 2. 1. Cum ex æstu (inquit) uel frigore debilitata sunt membra, & in capite frixus sanguis uertitur in uirus, tũc repletis uenis cerebri membrana distenditur, & somni salubritatem frequenter excludit: ex quo necessariò dolor capitis, mœstitia & imb [illegible]illitas imbecillitas subit. Distentionis quoq; ualetudo (Vegetius 2.9.) ad capitis præcipuè causam refertur. Obscuratur in ea uisus, capitis membrana distenditur, adest tremor & sudor totius corporis. Cōtingit autem diuersas ob causas, si sudans biberit, ex indigestione cibi, si non dormiat, si substrictus manserit. Capitis refrigeratio, ut cum equus ex calido stabulo subitò ad frigus perducitur: unde equus aliquando tussit, & appetitum amittit, &c. Pet. Cres. 9.25. De frigiditate capitis equi, quę tussim prouocat, oculos inflat, aliquando lachrymas euocat, Rusius 70. De uiuulis, Petrus Cresc. 9.17. De stranguillione, Rusius 63. De strangulione & cymorrha, ut quidam scribunt, item de uiuulis, supra inter morbos communes docui: etsi potius ad capitis morbos referri debeant. Pro chimorra aut simili uoce, apud Petrum Cresc. 9.14. hęmoagra ineptè legitur. De strangulina etiam inter thoracis & pulmonis morbos nonnihil dicetur infra. Ad defluxiones uel destillationes à capite, Hippiatri. 104. Pituitæ, id est fluxui humorum, uel rheumati iumentorum uel pecorum, ut Aggregator obseruauit, prodest cretani (id est crethmus) Plinius lib. 26. item hellebori nigri surculus per aurem traiectus, & postero die eadem hora exemptus, Idem lib. 25. Equo cui catarrhus per nares fluit (rüzig) olei libram, in qua argenti uiui quadrans decoctus sit, refrigeratam ab ignis calore per nares infundes: sic enim uel intra octo dies, uel sex menses saltem conualescet: aut morietur, Obscurus. De genere et qualitate mucorum qui per nares fluunt, Vegetius 2.36. Medicamentum ad saniem liquidam è naribus, Hippiatrica 129. ¶ Vegetius libro 1. maniam quoq; inter malidis species numerat. De phrenitide, Vegetius 2.3. Si, ubi antea diebus aliquot sponte ieiunarint, mox in furorem uertantur, sanguine detracto iuuantur, Aristoteles. Equis furentibus auriculæ sunt subrectæ, Plinius. De insania, Vegetius 2.12. Oculi, inquit, ardent sanguine & humore suffunduntur, auriculæ stant uel micant: indomitorum instar capi non possunt, capti parietibus se illidentes conantur effugere. De furore & rabie, Hippiat. 102. Insania, cū præsepia frangunt, sese morsu lacerāt, homines impetūt, auribus micant, &c. Vege. 3.43. Contra maniā seu furiā in equis, Ruf. 158. De chirurgia adhibēda in equo furioso, propinato ei opiato pharmaco, &c. Idem 159. Rabies (inquit Vegetius) eadem omnia & maiora ostendit q̃ insania. De equo furioso uel leproso (lego rabioso) Ruf. 154. Rabiosus, Vegetius 2.5. & 2.11. Cum appioso (inquit) accedit thoracis passio, statim fit rabiosus, supercalefacto iecore & sanguine, &c. Dolor est loci, adeò ut mordendo se comedat (præsepia aut ilia mordicet:) uel alium impetat. Subito hinnit tanq̃ sanus. In parte capitis ubi uitium remansit, post curationem, difficile se gyrabit, & parietibus se iunget, &c. Rabiosi equi (inquit Camerarius) fiunt uarijs de causis, ut ab æstu, à pabulo non idoneo, à cerebri inflammatione, à bilis in uenas exudatione. Flagrant & riget oculis, spumam eijciunt. His uenas statim incidere oportet, qui si castrentur, resipiscere subitò perhibentur. Nostri equos insanos lunaticos uocant, & cerebrum cum luna eis minui aiunt. Circa Abderam & limitem qui Diomedis uocatur, equi pasti (nascentibus illic herbis) inflammantur rabie, circa Potnias uerò asini, Plin. non exprimit autem quibus herbis. Equos efferari & rabie inflammari ferunt, bibentes ex Cossinito flumine Thraciæ, qui defluit in Bistonicum stagnum, ubi Diomedis Thracis, qui immanes equos habebat, quos Hercules expugnauit, regia olim fuit. Ex eodem morbo laborare dicunt equos bibentes de fonte Potniæ, qui non longe ab urbe Thebis abest, Aelian. Equi dicuntur νυμφιᾶν, qui lymphatico morbo laborant: in quo ad tibiæ sonum quies contingit, fronte demissa quod uocatur κατωπιᾶν, Cælius. Quod autem lymphari dicitur, tale est, ut equus ad tibiæ sonum quiescat, & demittat frontem: cum uerò conscenderis, citetur contentius donec retineas: demissus etiam semper tristisq; est, si rabie tenet: cuius indicium, ut auriculas demittat ad iubam, rursusq; protendat, idq; uicissim factitet, Aristoteles. Rara quidem (inquit Columella) sed & hæc est equarum nota rabies, ut cum in aqua imaginem suam uiderint, amore inani capiantur. Et per hunc oblitę pabuli, tabe cupidinis intereant. Eius uesaniæ signa sunt, cum per pascua ueluti extimulatæ concursant, subinde ut circumspicientes requirere, ac desyderare aliquid uideātur. Mentis error discutitur, si deducas ad aquam. Tum demum speculatæ deformitatem suam pristinæ imaginis abolent memoriam. Eadem hæc uerba Ruellius in Hippiat. 15. tanq̃ Theomnesti repetit, cum in Græcis nihil tale hoc loco legatur, nulla Columellæ mentione facta. Hydrophoba, id est aquam timentia iumenta, ex qua passione in rabiem conuerti solent, Vegetius 3.31. Syderatio, Veget. 2.39. In hac (inquit) labia & maxillæ & nares etiam deprauantur in parte, ita ut uix cibaria dentibus inlidat, quæ etiam humoribus plena reperies: & bibiturus os ad nares demerget in aquam, quia infirma sunt labia quibus haustus attrahitur. De syderatione & comitiali morbo, Hippiatrica 109. De epilepsia, Veget. 3.33. Si equus morbo incognito collabatur, filicis fœminæ radicis partem linguę subijcito, mox alui ac uesicæ excrementum reddet & exurget, Hieronymus Tragus hoc ipsum se expertum scribens. Ad uertiginem, Hippiatrica 128. Paralyticum iumentum ambulat primum in latere ad similitudinem cancri, ceruicem incuruat ac si fracta esset, rectos pedes non ponit (parietibus se illidit) cibum & potum non recusat, hordeum ipsius udum semper apparet, Vegetius 3.41. Indicia resolutionis neruorum, Hippiat. 129. Ex impetigine inueterata iuxta oculum uermis fit, qui ad cerebrum penetrat, unde animal statim moritur, Incertus. Cerebrum commotum facit ut malè ambulent equi, frequenter offendant, & toto se corpore cōmoueant, &c. Veget. 2.7. Ad lethargicos, Hippiatrica 128. quod penultimum est caput de diuersis morbis. De lethargico equo, ibidem 101. in uerbis Absyrti de thlasmate. Animal lethargicum semper iacet ac dormit, Vegetius 3.48. Lethargici, Hippiatr. 104. λήθαργοι ἵπ

V 3

ἵππων δὲ ἀβλεμεῖς καὶ νωθροί, καὶ πάθος τι σὺν πυρετῷ, Hesychius & Varinus. Ad somnum conciliandum, Hippiat. 128. ¶Neruorum læsio, Absyrtus in Geopon. 16.7. Capiuntur equi (inquit Aristo.) etiam rigore neruorum: cuius indicium, uenæ ut omnes neruiq; intendantur, & caput ceruicesq; immobiliter rigeant, rectisq; cruribus gradiantur. Roborosa passio (Vegetius 3.24.) dicitur, quæ animal rigidũ facit ad similitudinẽ ligni. Totum corpus astringitur, extẽsæ sunt nares, & aures frigidæ, immobilis ceruix, os constrictum, caput extensum, pedes constricti, ut nulla commissura flectatur, &c. Tetanus uidetur hic affectus: & idem forte est quem Germani uocant, **erschrecken vff allen fieren**, hoc est noxam per omnia crura: in quo allium cum aceto tundunt, & crura bis aut ter illinũt: & donec incalescant inequitant, & calefactum operiunt. Spasmus, **der krampff/ oder verkürtzt adern.** Vide infra in affectibus ceruicis & colli, & rursus in affectibus neruorum inferius. Tetanus, Hippiatr. 34. Tetanum uel rigorem neruorum, uulgò in Italia incordatum uocant. Tetanus uel robur, opisthotonus, emprosthotonus, Veget. 3.24. Opisthotonus, Hippiat. 34. Vegetius 3.47. Ad opisthotonicos unguentum, Hippiat. 129. Spasmus in causa est ut subito concidant, articuli eorum extenduntur, toto corpore palpitant, aliquando etiam de ore spumam emittunt, &c. Vegetius 3.32. In opisthotono non debet incidi uena, Absyrtus cap. 9.

¶De morbis oculorum, Hippiat. 11. Rusius 52. Vegetius 2.22. Heterophthalmos equus, uide supra in B. sed hic affectus naturalis siue connatus est. Oculis iumentorum & quadrupedum (ut obseruauit Aggregator) prodest anagallis, Plinius lib. 25. Chamelæa, Idem 24. Sal, si inspuatur oculis, Idem 31. Oculus lunaticus uitium est, quod interdum oculo album inducit, interdum lympidat, unde lunaticum ueteres nominauêre, Vegetius 2.18. Nostri aiunt oculum (malim, maculam aut suffusionem oculi) cum Luna crescere & decrescere, & interdum prorsus obcæcari. Aduersus hoc uitium aliqui lapillos in capitibus cancrorum repertos terunt, melle excipiunt, & oculis illinunt (hoc aliqui etiam ad cicatrices & ungues adhibent.) Alij uitellum oui cum sale subigunt, & ustum inde puluerem oculis inspergunt, quod cicatrices etiam abolere aiunt. Pili in oculis, Vegetius 2.15. De sanguine qui apparet in oculis equorum, Rusius 57. Oculi cruore suffusi, Hippiatrica 11. Oculorum uulnera & ictus, Ibid. Ad oculum percussum, Vegetius 4.27. Rusius 59. Ad album uel glaucoma ex percussura natum, Vegetius 2.22. Ictus uulneris & inde carcinoma, Ibidem. Ad rupturas, & de tuniculis seruandis, Vegetius 4.27. Nostrates uulnus oculi ab acuto aliquo ligno infixo uocant **den augstal**/ & uenam statim ante oculos incidunt: Alij uero eam quæ mox sub uinculo nasi (ut uocant) reperitur, & caput humilius alligant, ut sanguis effluat. Exulcerati oculi, Hippiatr. 11. Vlceribus in oculis animalium medetur papauer, Auicenna. Papaueris cornuti folia & flores iumentorum (κτηνῶν) argema & nubeculas inuncta emendant, Dioscorides. Theophrastus folium eius argema in ouibus tollere scribit. Dolores oculorum, Hippiatrica 11. Omnis dolor oculorum inunctione succi plantaginis cum melle Attico, uel si id non est, utiq; thymino celeriter leuatur, Columella. Oculorum inflammationes, procidentiæ, defluxiones, Hippiatr. 12. De lachrymis oculorum, Rusius 53. Contra ruborem & dolorem oculorum, Rusius 61. Lippitudo, Hippiatrica 11. Absyrt. in Geoponicis 16.5. De epiphoris oculorum, Vegetius 2.22. Hippiatrica 11. Auticax est rheuma ad oculos, epiphora uel ophthalmia uisum impediens, Petrus Cresc. 9.26. Apud eundem 9.15. auticax, aliâs antiquor, uocatur glandula quædam circa cor, &c. Si animal oculum impegerit, aut confricauerit, uel ex percussura læserit, & albũ induxerit, etiamsi totus oculus præclusus sit, hac ratione curabis, &c. Vegetius 2.20. Ad confricationem oculorum, Rusius 20. Fluxionem oculorum aliqui curant insperso puluere, ex uitello oui usto, & careo, hedera terrestri ac ruta ustis mixtisq; omnibus. De tumore calloso oculorum, Vegetius 2.22. Oculorum carcinomata, Hippiatrica 11. De caligine oculorum, Rusius 54. De caligine & panno siue panniculo albo, qui pupillam oculi occupat, & uisum obumbrat, Rusius 55. Oculi (inquit Camerarius) caligine & nebulis frequenter læduntur, claritatem restituere putant medullam de cruribus caprinis exemptam recentibus & incoctis, cum trochiscis roseolis (cũ rhodostagmate, ut habet Absyrtus in Hippiat. ca. 11. unde hæc transtulit Camerarius, & ut rhodostagma non rectè pastillos roseos uertit, sic compositionem eorum frustra de suo adfert: de rhodostacto, uide Aeginetam 7.15. de roseis pastillis, 7.12.) & illinetur oculus caliginosus (equi uel muli bis aut ter penna illinetur, & sanabitur, Absyrtus.) Quòd si etiam pustulæ appareant, aut rubedo oculorum, proderit idem medicamentum, uel medulla cerui cum croco pondere denarij, sic mista ut liquiditas retineatur. Ad caligines (ἀχλὰς) remedio esse putantur sputa salis in ore ieiuni liquefacti: aut puluisculi de corio ueteri tosto in furno & cinefacto, Camerarius ex Hippiatricis. In quibus nos cap. 11. sic legimus, Medulla ceruina purgata, ne quod ossiculum remaneat, & in pila marmorea trita cum drachma croci triti miscetur & reponitur in uase ligneo (uitreo, Ruellius) uel corneo ad ulcera oculorum. Oculos equi claros reddet hoc medicamentũ, Ad unciam mellis puri, zinziberis drachmas duas admisce, & stillatitij liquoris rutæ unciam semis: hoc oculis inditum & iumentis & homini prodest. Contra maculam equorum, Rusius 58. Cicatrices oculorum, Hippiatrica 11. Vegetius 2.22. Cicatrices oculorum (inquit Columella) ieiuna saliua & sale defricatæ extenuantur: uel cum fusili sale trita sepiæ testa: uel semine agrestis pastinacæ pinsito, & per linteum super oculos expresso. Pterygia, id est ungues oculorum, Hippiatr. 11. De ungula oculorum (**der nagel**) Rusius 56. Est autem (inquit) cartilago, quæ frequenter medium oculorum occupat.

Collyria

Collyria ad oculorum albugines, Hippiat. 12. Geoponica Græca 16. 6. **Ad albuginem & uestigia ul cerum** in oculis animalium commendatur centaurium minus à Plinio lib. 25. cinis de osse sepiæ lib. 32. sideritis libro 25. & flos papaueris campestris ab Auicenna. Cicatricem esse puto quod nostri in oculo uocant **das fäl**, quasi pellem dicas, nisi quis pannum potius barbaris dictum interpretetur: eã aliqui curant uitello oui cum sale subacto & usto, ut & lunaticum oculum, sicut supra dixi. Alij tum ad cicatricem tum unguem oculi duodecim lapillos è capitibus cancrorum urunt, & inflant in oculos equi, donec rubescant: deinde mel illinunt. Hoc etiam supra ad oculum lunaticum retulimus. Alij unum aut alterum ouum coquunt donec durescant, & quod album est super ferro urunt dum in cinerem uertitur, cui admiscent piperis & zingiberis albi farinam cribro excretam, hoc arido re- 10 plent canalem pennæ & in oculum inflant. Alij similiter inflant tritas concharum testas quæ in stagnis reperiuntur. Ad oculorum album uel glaucomata, Veget. 4. 27. Album uel glaucoma ex humore uel percussura natum, Vegetius 2. 22. Si animal oculum impegerit, aut confricauerit, uel ex percussura læserit, & album induxerit, Vegetius 2. 20. Oculus lunaticus uitium est quod interdum oculo album inducit, interdum lympidat, Veget. 2. 18. Collyria diuersa, ad album in oculis, ad glaucoma, Vegetius 4. 27. Suffusio uel album quomodo per nares curentur, Veget 2. 21. Suffusio oculorum, Vegetius 2. 16. Hippiatrica 11. Paracentesis in cicatrice oculi, & quæ sit incurabilis, Veget. 2. 17. Apud Græcos medicos non in cicatrice sed suffusione oculorum, paracentesin adhiberi solitam legimus. Est suffusio, Græcis hypochysis, barbaris cataracta, Germanis **ein starr** uel **starn**, unde compositum **starrblind**, id est ex suffusione cæcus. Staphyloma oculi, Hippiatrica 11. Vege- 20 tius 2. 19.

¶ De extrahendis equo dentibus, qui dicuntur scalliones, Rusius 40. Sunt autem (inquit) quatuor in maxilla inferiori, extrahendi cum equus fuerit annorum trium & dimidij: duo ex eis scalliones, & duo plani uulgo nuncupantur. Plura de his dentibus scripsi supra in B. Si gingiuæ uel dentes doluerint, Vegetius 2. 32. Ad Parulides, id est gingiuarum collectiones, Hippiatr. 129. Pullaria, tumor inter gingiuas & maxillas, tanta tensura ut manducare uix possint: sunt autem glandulę quędam, Veget. 2. 25. Os ulceratum, Hippiat. 60. Aphthæ oris, Ibidem 61. Vlcus putridum uel mar cidum in ore, Hippiat. 28. De malo oris equi, ubi glandulæ in utrisq; maxillis intrinsecus tumefactæ apparent, instar amygdalarum, Rusius 64. Hoc malum Germanicus quidam liber exponit, **Geschwollen halß/oder so es nit schlinden mag.** Si tumores in ore sint, quos nostri gallas uocant è ue 30 nis sub lingua sanguinis bonam partem extrahunt, & os perfricant uino uel aceto, cui sal & arida fæx uini æquali inter se portione miscentur: Alij gallas ferro curuo excisas ita perfricant: quod si palatum tumeat, gallas secundum longitudinem excindunt, & uulneribus diligenter affricant salem non tritum. Si equus ex uulnere oris aut faucium febriat, Vegetius 1. 56. Ad fistulam in maxilla uel ore, Vegetius 2. 26. Equorum communia mala sunt, immundicies oris, aut dentium asperitas & inæqualitas, &c. Camerarius. De læsione linguæ, ubi multa ulcera fiunt, ut ex morsu dentium, uel freni, uel malo pinzanese dicto, Rusius 68. Malum (inquit Albertus) in lingua equi aliquando fit, cum ex putrida esca sanguis putridus & phlegmaticus generatur linguam putrefaciens: unde lingua excoriatur, & uenæ sub ea nigrescunt. Hoc malum aliquando ad pedes descẽdit, ita ut equus uix stare possit, &c. Lingua incisa, fibulis consuenda, &c. Veget. 2. 31. Ad linguam intercisam, 40 Hippiat. 129. Ad ligulam, Hippiatr. 129. Ad palati dolorem cataplasmata, Hippiatr. 129. Si uena in palato incisa claudi non potest, Vegetius 2. 35. De palatina, Rusius 65. Sunt autem sulci quidam in palato equi, caui uel profundi, ex pabulo acuto & aristis pleno pungente palatum, aut ex phlegmate orti. De lampasco, Rusius 66. Est autem lampascus in equis palati tumor, & forte per metathesin literarum sic nominatur uoce à palato detorta. Anglicè etiam lampas uocatur, Germanicè **schul** uel **stül**, in quo affectu quidam gingiuis supernè tumidis cauterium adhibent. Lampistus (inquit Albertus) ex abundantia sanguinis in superiori parte oris iuxta dentes est protensa inflatio, ita ut sulci qui inter dentes sunt emineant, & equo esca (fluratura & moruellata, Rusius) de ore cadat, &c. Columella in bubus tumorem palati uocat. Palati tumor accidit etiam morbo, quem crithiasin uocãt, unde Albertus apud Aristotelem deceptus non symptoma tantum palati tumorem (ipse mol- 50 litiem uocat) sed eundem omnino morbum cum crithiasi facit. De barbulis sub lingua, Rusius 69. Barbulæ quædam (inquit Albertus) fiunt in palato equi, siccæ, in modum conorum mamillarium alicuius bestiolæ, quæ cum crescendo longiores paruo grano fuerint, equum ab edendo impediunt. Germani, ut conijcio, **väsen** uel **vesen** nominant, quæ sint eminentiæ quædam sub lingua, similes granis frumenti quod **fäsen** appellant, & equum ita impediant ut ex cibo nihil proficiat: nisi foscellis potius, de quibus statim dicam, hoc nomen conueniat, quod magis placet. Ioan. Ruellius in Hippiatricis quodam loco ubi de ranis pedum parte mentio fit, ineptissimè uitiosa incrementa linguæ interpretatur, & Petrus Ruellius errorem eius secutus à Gallis uulgò les barbes nuncupari scribit. Foscellæ (uel floncellæ, Rusio 67.) inflationes (molles & paruæ, Rusius) intra os equi in labijs natæ uersus extremos dentes, in medio nigricantes: fiunt autem cum equi ingerunt frigidas & asperas her- 60 bas, quæ super labijs & maxillis diu manent, & impediunt quo minus pabulum equi suo commodè loco mandi possit, ut in lampasco etiam cõtingit, &c. Albertus. Videtur autem hoc esse illud malum quod superius dixi à Germanis **vesen** appellari, quod aliqui definiunt tumorem esse sub labijs ad

V 4

dentes laterales, & eadem Germanicè de eo scribunt, quæ de foscellis Albertus Latinè: ut fesen à foscellis detortum sit nomen: barbulæ uerò supra dictæ Germanica lingua uocentur, wertzlin oder zäpflin im rachen. Glandulæ inter maxillas & fauces inferiores nascuntur, & ad similitudinem pilularum maiores, aliæ uerò minores connexæ ex carne obdurescunt, & tumorem sine doloribus faciunt, &c. Vegetius 2.24. Si ex plethora sanguinis fauces tument, Vege. 2.29. Tumor faucium & capitis interius adeò ut bibere aut manducare non possint, Vegetius 2.28. Tonsillæ, Hippiat. 18. & 20. ¶ Maxillæ interdum dolent & tument, interdum etiam lapides in eis concrescunt, Hippiatr. 18. Si equo maxillæ dolent, calido aceto fouendæ, & axungia uetere confricandæ sunt, eademque medicina tumentibus adhibenda est, Columella. Maxillarum ulcera putrida, Hippiatr. 28. Os fractum iuxta collum, uel molares, uel alio oris loco, ut morsum equus claudere non possit, Vegetius 2. 33. De sanguine per nares fluente, Hippiatr. 41. Vegetius 1.54. Nonnunquam etiam per nares profluuium sanguinis periculum attulit, idque repressum est infuso naribus uiridis coriandri succo, Columella. De cuferino uel cuferio, id est cum post cursum sanguis de naribus fluit, Vegetius 2.37. De cartilagine nariũ corrupta & sanguine fluente, Vege. 2.34. Si nariũ septum resciſſum est, Hippiat. 129. De polypo, Hippia. 21. In polypo nariũ præcluso spiritu strangulari uidenť, stertũt, muci humidi profluunt, Veget. 2.38. Chanan est sonitus accidẽs in naso, quo fit sæpius ista uox chaha: uel secundum alios est exitus uaporis fœtidi ex naribus, sicut accidit equis, Andreas Bellunensis. Ozænæ uitia pedum sunt Vegetio, item Absyrto cap. 129. ut errauerit Ruellius qui fœda narium ulcera illic interpretatur. Podagræ indicium, ut alter testium dexter palpitet, uel ut paulò citra nares cauum quiddam rugosumque gignatur, Aristoteles. Sternutatorium, Hippiatr. 129. ¶ Aurium dolores, Hippiat. 17. De auribus contusis, & collectione aurium uel suppuratione, Veget. 2.14. De tumore iuxta aurem, Ibidem. Si aqua ingressa sit, Ibidem, & Hippiatr. 17. Strumæ & parotides, id est duri tumores iuxta aurem, Hippiatr. 16. Vegetius 2.23. Vlcera auricularum, Hippiat. 17.

¶ Si equo collum ita tumeat, ut deglutire non possit, bacillũ anterius fissum & stupa inuolutum, inserito in fauces equi ut ulcera rumpantur, deinde tria oua cum aceto mixta infundes, Scriptor innominatus. Apud eundem morbus quidam nominatur kälsucht, id est gutturis morbus, cui hoc remedium adhibet: Album liquorem (inquit) de ouis uigintiquatuor thuri miscebis (quod remedium usurpatur etiam in lampasco dicto, quem schülsucht interpretamur) & in collum defundes: deinde collo circulum circumpones (quidam & alterum pectori addunt) & equitari facies donec bene sudauerit: alij aliter medentur, ut in libris Germanicis præscribitur. Ceruicis tumor & attritus, Hippiat. 23. Stiua (inquit Albertus) in collo equi dicitur, cum collum sine dolore huc illuc flecti non potest, nec equus escam nisi per interualla capere potest, accipit autem à terra raptim & festinanter, Causa est extensio neruorum colli & repletio. Curatur subulis candentibus transfixis, &c. De scima (stiua lego) seu lucerdo, Rusius 73. fit (inquit) ex nimio onere scapularum, & desiccatione nimia neruorum colli, &c. Nostrates hoc uitium in quo tendines ceruicis rigent, uocant halstarrig. De spasmo & tetano supra dixi in morbis capitis. Est et aliud colli uitium, quod uulgo uocamus den speckhalß, et equum ita affectum speckhälsig: quem in Germanicis libris reperio similiter curari, ut scabiem colli, de qua supra diximus. Audio tumorem esse mollem laxumque, qui in causa sit ut collum & iuba in alterum latus inclinentur: & aliquando excindi. Collum equi inflatur, inquit Rusius, si intra quartũ diem post extractionem sanguinis, plagam super lignum & lapidem fortiter, aut alius equus illam corroserit, aut si cito post restrictionem plagæ duram escam comederit, &c. Si iumentum ceruicem uel uertebras eiecerit aut luxauerit, Vegetius 2.41. Hippiatr. 26. Peruersio ceruicis, Hippiatr. 24. Ceruix destillationem patiens tumidior uidebitur, fœtorem habebit canceraticum, cum humore nigro & liquido: diligenter scrutaberis foramina eius, &c. Vegetius 2.43. Si iuxta collum ex punctura spatulæ aut lateris inflatus fuerit equus, &c. Albertus Malandria, id est uulnera ceruicis, Vegetius 2.42. ¶ Strumæ rumpendæ, Hippiatr. 20. Strumæ uel parotides uel scrophulæ, iumentorum guttur & fauces infestantes, Vegetius 2.23. Strumæ & parotides, Hippiatr. 16.

¶ Arteria ulcerata aut rupta, Hippiatr. 63. Ad scabritiem gutturis, Hippiatr. 129. Cynanche, id est angina, Hippiatr. 19. ¶ Ad pectoris uulnus ferro uel aliter factum, Hippiatr. 47. Pectoris aggrauatio, Petrus Cres. 9. 34. De grauedine pectoris quæ fit ex plethora ferè, & impedit gressum equi, Rusius 91. Equi aperti ante pedes anteriores pastorentur, & pectus uino calido lauetur, Rusius 92. Si animal lædatur cum accipit potionem, ut si in arterias pulmonis resilierit, Vegetius 3.76. De uitijs pulmonis, Hierocles in Geopon. 16. 10. In dolore pulmonis stertit equus, tussit, excreat purulentum, &c. Vegetius. De eodem Hippiatr. 5. Pulmonis uitio contingit ut equi propter tussim difficilem ossa deuorasse putentur: hic morbus cum nouus est, equus inde peumorrox uocatur, à pulmone rupto (de quo Hippiatr. 6.) & facile curatur: inueteratus iam pure collecto in pulmonibus pneumonia dicitur, & equi pneumonici, hoc est pulmonarij uel uulsi, & ægrè curatur, Hippiatr. Pulmonis exulceratio, Hippiatr. 27. Pulmonarij & uulsi, Hippiatr. 7. Ad tussim equorum, Hier. in Geopon. 16. 11. Hippiatr. 22. Vegetius 3. 61. & 69. Tussis ex humoris acerbitate, Vegetius 3. 67. Ad tussim siccam, Idem 3. 68. Rusius 165. Ad tussim si quid faucibus inhæserit, Vegetius 3. 62. Ex faucibus, Idem 3. 66. Exasperato gutture, Ibidem. Si ex uulneribus faucium tussis urgebit, Vegetius 3. 70. Si ab internis tussierit, Ibidem. Ad tussim ex perfrictione, Vegetius 3. 63. In hac caput deorsum mittunt

mittunt tussiendo usq; ad terram, bibentibus aqua per nares currit. Est & tussis à colibus, cum coles iniuriæ pleni sunt, tumentq;, dum bibunt sic affecti continuò ruminant, Veget. 3.64. Est denique (inquit idem 3.65.) ab interioribus, grauior & penè insanabilis: hæc nares iumenti præcludit ut spiritum reddere non possit. Si ilia spissis pulsibus ducit, signum est prouenire à iecore uel pulmone, uel præcordijs: Sin lentis pulsibus ilia duxerit & uentrem, indicat tussim de his locis, in quibus intestina ligantur, quorum tensione & iniuria compelluntur tussire. Nam si cursu nimio uel latiore saltu conuexata ilia fuerint, hæc nascitur causa. Ex nimio quoq; æstu uel intolerabili frigore interiora uitiantur & faciunt tussicos. Vnde uulsi appellantur, Hæc Vegetius. Ad tussim & uulsos, Vege. 3.69. & 70. et 4.9. Capitis refrigeratio interdū facit ut equus tussiat, Petrus Cres. Recens tussis celeriter sanatur, pinsita lente, & à ualuulis separata, minuteq; molita. Quæ cum ita facta sunt, sestarius aquæ calidæ in eandem mensuram lentis miscetur, & faucibus infunditur, similisq; medicina triduo adhibetur, ac uiridibus herbis, cacuminibusq; arborum recreatur ægrotum pecus. Vetus autem tussis discutitur porri succo trium cyathorum cum olei hemina faucibus infuso: ijsdemq;, ut supra monuimus, cibis præbitis, Columella. Ad tussim recentem dari putant utiliter pisorum lentiúmue, aut etiam fabarum lomentum, Camerarius ex Hippiatr. Græc. Ex eodem remedium ad anhelitum grauiorem ex sulfure supra retuli, ubi tractatum est de morbis equi in genere. Tussi & asthmati iumentorum, ut Aggregator obseruauit, conducit gentiana, Plin. 26. Verbasci cuius flos est aureus, tanta uis est, ut iumentis etiam non tussientibus modo, sed ilia quoq; trahentibus, auxilietur potu, Plinius 26. De uulsis etiam in præcedentibus quædam citaui: uidentur enim uulsos (in Græcis etiam Hippiatr. βουλσοὺς legimus) appellare aliquando authores, quicunq; grauiter tussiunt, quòd arteriæ, aut pulmonis aut reliqui thoracis pars aliqua conuulsa in eis uideatur, uel rupta, unde & pneumorrhôges dicuntur. Vegetius 3. 42. uulsare posuit pro ualde tussire. Vulsa quidem, Græcis spasmata, in quocunq; corporis loco dicuntur, quoties non ruptum modo aliquid, sed nerui quoq; ij, quos ἶνας, hoc est fibras dicunt, lacessiti sunt atq; uulsi. Barbari quidam recentiores, pro uulsis uulsiuos & pulsiuos equos dicunt: à quibus etiam Germani mutuati uidentur suum **bülsen**, quod est cum difficultate & maiore sono tussire. Quinetiam pulsiuum equum nostri uidentur tanq; à cordis pulsu nominasse **ein hertzschlegig roß**: cum tussientem, ut puto, solum, aut etiam anhelosum intelligāt, quod uel ex remediorum natura cōijcio: nam inter cetera gentianam cum quarta salis parte in uino coqui & infundi iubent. De pulcina (aliâs pulcini siue mulsiui, deprauatis codicibus,) Pet. Cres. 9.20. Morbus hic (inquit) fit ex calore liquefaciente pinguedinem, quæ obstruit pulmonis arterias, ita ut equus uix respirare possit: Signa sunt, narium magna spiratio, & ilium (circa coxas) crebra pulsatio, (hinc forte aliquis pulsiuum equum dici conijciet, non tanq; uulsum: sed cum res una sit, de uocabulis nemini contendimus.) Incurabilis ferè est: tentantur tamen remedia quædam, &c. Autumni tempore cibetur uuis maturis, uel dulci musto potetur. Mangones quidam ad uiridia pabula ducunt, ut fallant emptores. De uulsis, Vegetius 3.66. De equo pulsiuo, Rusius 142. In hoc morbo (inquit) narium cōtinua & magna suffocatio contingit. Dantur pro remedio carnes & decoctio serpentum, &c. Ad uulsos & ruptos (grauiter tussientes) Veget. 3.70. Chamæleuce (inquit Cælius Calcagninus epistolicarum quæstionum libro 3.) ea est, quam olitores & agrestium uulgus ungulam equinam uocat: ex antiquis nonnulli tussilaginem uocauerunt, q; arcendæ tussi sit accommodata. Ex eo factum puto ut ueterinarij, ad discutiendam equorum peripneumoniam, illa utantur. Ea est uehemens pulmonis inflammatio, ex destillatione plerunq; proficiscens, quam grauis anhelitus subsequitur: hinc equos pneumonicos appellant medici, quos Latinè pulmonarios rectè nuncupaueris, à grauitate respirationis, & ab ilibus quæ difficulter admodum trahunt. Mulomedicorum imperitia hoc tempore uulsos uocitauit, Hæc ille. Sed alius mihi uidetur peripneumonia peracutus in homine affectus, quam qui in uulsis seu pneumonicis & pulmonarijs equis intelligitur, inueterata scilicet tussi laborantibus, ut Calcagninus in hoc errârit. Iumenta nimio saltu, uel cursu, aut ruina, cum aliquid intrinsecus ruperint, uulsant: stranguriam patiuntur, excreant purulentum aut sanguinem ab initio, &c. Vege. 3.42. De epistomicis (forte pneumonicis) uulsis, colicis, &c. unde sanguis tollatur, Veget. 1.27. Quorum pulmo uersus cartilaginem ensiformem (sic reddo **das hertzblatt**) contrahitur, his sisymbrium cardaminen dabis in cibo, Hippiatr. liber German. Equus pulsiuus si uuas uel racemos abunde ederit, liberatur: nec simile huic remedium reperitur, Rusius, & Pet. Cres. cuius uerba paulò ante citaui. Spiritu distenti equi, Hippiat. 62. Ex anhelitu inflationes, Vege. 3.39. Aduersus strangulatum prouenientem cum equus satur cibo ad cursum agitur, Hippiat. 111. In Germanicis etiam libris inuenio remedia equi, ut uocant, suffocati (**ersteckt**) id est anheli. οἱ μὲν ὑποπνιγεῖς γενόμενοι, οἱ δ' ὑπέρπονοι ἐκ τῆς ἄγαν ἱππηλασίας, Suid. De strangulione, Pet. Cres. 9.16. Glandulæ aliquot (inqt) circa caput equi sunt, & earum quædā sub gutture, quæ interdum augentur propter humores equi refrigerati à capite descendentes, unde totum guttur inflatur, & meatus respirandi comprimuntur, &c. Haud scio an hæ glandulæ, tonsillæ sint, de quibus Hippiatri Græci agunt 18. & 20. conijcio autem easdem esse, quoniam non reperio alium morbum à recentioribus descriptum qui magis accedat: Quanq; & uiuulæ à quibusdam dictæ eodem in loco glandulæ quædam sint, similiter ab influxu capitis auctæ, & arteriam similiter ita constringentes ut animalia suffocentur, nisi in tempore succurratur, per cauterium uel incisionem. Exciduntur autem etiam strangulionis glandulæ: & apud Græcos Hippiatros tonfillis cauterium adhibetur. Strangulinam uocant (inquit Albertus) cum omnes meatus gutturis equi, per quos anhelitus ad nares meat cum tussis grauedine constringuntur. Fit ex putrida esca & aqua nimis crassa, & ex phlegmate collectio propter otium equi: uel sicca esca cum puluere comesta uel potu nimis frigido, uel cum tempore frigido nimis biberit equus, & postea sine coopertorio in frigido loco steterit, præcipuè si antea lassus fuerit & ieiunus. Si per octo dies equus laborauerit, desperatur. Frequenter infra duodecim dies euadit, uel in moruellam transit, & periclitatur. Per contagionem etiam inuadit hic morbus, &c. Est quando strangulina ex frigiditate capitis uel tussis siccæ pectus equi concutit, &c. Hucusque Albertus, remedia omitto. Plura uide supra in morbis toti corpori communibus de strangulina. Tormentilla data in potu uel pastu, utilissima est bobus & equis pulmonarijs ob defluxionem à capite cum asthmate, auribus flaccidis & fastidio cibi, Albertus in Aristotelis hist. anim. 8.23. Malidis siccæ causa refertur ad pulmonem in dextro latere ruptum, & pleuritidem inde factam: nihil per nares fluit, emaciantur, grauiter anhelant & cum fœtore, Vide Hippiat. 2. De malide in uniuersum supra dictum est inter morbos communes. Hippacare, celeriter animam ducere, ab equi halitu qui est supra modum acutus, Festus. De asthmate, id est suspirio, Vegetius 3.68. De asthmate & orthopnœa, Hippiatr. 27. Nostri nescio quem in equis morbum uocant **brustgestreng**, quem curari aiunt si pectus inungatur fimo canis ex oleo de seminibus cannabis; uel tanaceto cum sale ex aqua infuso, & tanaceti herba naribus inserta. Præscribunt etiam remedia ad pectoris tumorem: & ad uitium à quo equum **brustsüchtig** appellant. Asthmaticum uocant, **dämpfig/ersteckt/schwär athmende/hertzschlechtig/hinsch.** Accidit ferè equis, qui parum exercentur, ut anhelitus difficultate laborent, tum igitur admiscebuntur herbæ calidæ naturæ ad discutiendos humores lentos & tenaces, ut artemisia & origanum. Hedera autem terrestris ad omnes morbos & languores equorum præsens remedium habetur, quę non solum ab illis mandatur, sed etiam trita inseratur naribus ut sternutatio prouocetur. Sed ad difficultatem spirandi laudatur & cichoreæ radix, & gentianæ. Laudatur & sulfur (aliqui sulfuris unciam dimidiam pro una dosi terunt, & pabulo inspergunt) cuius usus tamen periculo non uidetur carere. Quidam erinacei uiui cum spinis exusti, pulueres datos in stabulo statim corrigere hoc uitium affirmant, Hæc Camerarius. Sunt qui asthmaticum sanandum promittant, si triduo furfures aridos ederit. Aliqui helleborum nigrum inserunt inter cutem & carnem foramine transfixo subula. Est & alterũ hellebori nigri genus ad Hiero. Trago descriptum, abrotono uel esulæ uulgo dictæ non dissimile, quod ab efficacia aduersus asthma Germanicè **hinschkrut** nominatur. De Orthopnœa, Hippiatr. 27. In orthopnœa siue plagio rigido equus etiamsi trahatur, ambulare detrectat, anhelat grauiter, frequenter suspirat, ronchos ducit, ilia suspendit: dum manducat, tussit: difficile liberabitur licet diu uiuat, &c. Veget. 3.46. Empyi equi dicuntur, quos suppuratio infestat, Cęl. Ad uomicam, Veget. 3.69. & 3.53. ubi & empyema uocat. In hoc morbo (inquit) tussiet equus, purulentum excreabit, os grauiter olebit, cum accubuerit difficile surget. Iumenta nimio saltu uel cursu, aut ruina, cum aliquid intrinsecus ruperint, stranguriã patiuntur, excreant purulentum, aut sanguinem ab initio, &c. Veget. 3.42. ¶ Cordis dolor, Hippiatr. 29. Irremediable malum est, inquit Aristoteles, si cordis dolore uexatur equus: cuius indicium, ut latera subsidant, & ilia præstringantur.

¶ Stomachicus uel potius syntecticus, Vegetius 3.55. Vide supra in morbis communibus. De syncopatis & confixis, Vegetius 1.53. Cardiaca, id est cordis (oris uentriculi potius) dolor, uel deliquium animi & sudor, Vegetius 2.4. Cardiacus morbus, Hippiatr. 29. De bulimo, id est intensa fame, Hippiatr. 67. Vegetius 3.35. De bulimo ex fame uel lassitudine, Vegetius 3.38. Est quando ieiunia bulimum faciunt, unde sideratitia iumenta dicuntur, &c. Vegetius 3.35. Sanguinis uomitus Hippiatr. 42. Vegetius 3.13. De aqualiculo, id est stomacho (uentre potius & intestinis) & qui eius uitio contingant morbi. Ad fastidia cibi & nauseam, Hippiatr. 129. De inedia laborantibus & fastidiosis iumentis, Hippiatr. 120. Nostri hoc uitium dicunt **verstossen**: os & linguam in eo arescere aiunt. Huc pertinet quod supra ex Xenophonte & qui ab eo mutuatus est Polluce retulimus, Ex plenitudine (inquiunt) crithiasis & hyperęmosis fiunt: καὶ ὅτι ἐκκομίζουσι τὸν σῖτον, ποτὲ χρὴ ὑφαιρεῖν καὶ χόρτον παραβάλλειν μόνον, ἢ τι ἄλλο τῶν κουφοτέρων. Interdum & fastidio ciborum (inquit Columella) languescit pecus. Eius remedium est genus seminis, quod git appellatur. Cuius duo cyathi triti adiunguntur olei cyathis tribus, & uini sextario, atque ita faucibus infunduntur. Et nausea discutitur, etiam si caput allij tritum cum uini hemina sæpius potandum præbeas. Si abunde non edat equus, Absyrtus in Geoponicis 16.13. Capitis refrigeratio aliquando tussim inducit, & appetitum omnem abolet, Petrus Cresc. Ad cruditatem, Hippiatr. 128. Oppletio & cruditas, morbus acutus, Hippiatr. 99. ut crithiasis quoque, & ipsa cruditas. Cruditas ægritudinem facit, ob quam modo in unam partem, modo in aliam ambulãtes inclinant, Vegetius 3.37. Si equus ab indigestione febriat, Vegetius 1.35. Sideratitia iumenta dicuntur, cum uenas uacuas percusserit frigus, aut æstus, aut impleuerit cruditas, &c. Vegetius 3.35. Noxa ex putri fœno, Hippiatr. 31. Si animal fœno malo lædatur, Vegetius 3.72. Si hordeo malo aut aut nimio lędatur, Veget. 3.73. De alijs in cibo uenenosis supra diximus. Si equus doleat ex nimia ingestione hordei uel alterius similis tumefacti in uentre aut stomacho, quod noscitur si uenter sit durus & ilia tumeant, Petrus Cresc. 9.18. Si equus ualde calefactus nimium aquæ frigidæ bibat, dolet aliquando & inflatur, sed rarò, Idem. Affectus quidam crithiasi simi-

lis

lis ex liberaliore potu oritur, ut supra diximus. De eo qui aquam reuomit, cum stomachus paralysin ex frigore sustinuit, Vegetius 3.34. Si equus doleat ex flatibus, & ilia tumeant, & ferè totum corpus plus solito, Petrus Cresc. 9.18. De dolore ex flatibus qui subeunt meatus corporis concalefacti, unde ilia sudant, & corpus quandoq; ualde tumescit, & equus ualde affligitur, Ruf. 149. De ilium inflatione, περὶ κυνοπρίσεως, Hippiatrica. 46. Ventris inflatio (sine dolore) Veget. 3.59. testes sudant, alternis pedibus terram tundunt, subito inde alterna parte se conuertunt: caput ad ilia ponunt, tanq; locum doloris ostendant, gemitus interdum & tremor totius corporis insequitur. Emphragma id est tortura & extensio uentris dolorq; cum magno periculo, Veget. 1.40. De Emphragmate, Idem 1.47. Curatur extractis è longanone excrementis manu oleo inuncta, uel clystere iniecto. Vide etiam Hippiatr. 43. De diuersis passionibus uentris, eorumq; causis & signis in genere, Vegetius 1.39. Dolor uentris, Veget. 1.49. Hippatr. 31. & 33. Ventris & intestinorum dolor sedatur in bubus uisu nantium (anserum natantium, Veget.) & maxime anatis: quam si conspexerit cui intestinum dolet, celeriter tormento liberatur. Eadem anas maiore profectu mulos & equinum genus conspectu suo sanat, Columella & Veget. 3.3. Morbi genus quoddã nostri à uentris pulsatione uocant **buchschlahen** uel **buchstrengling**, in quo anhelitus equorum breuis agitur, uenter & latera undatim mouentur. Ad huius curationem incidi iubent uenam quam à calcaribus denominant in utroq; latere: & heliotropium (intybum syluestre) in cibo dari: quod si fastidiet, minutatim incisam cum auena aut palea misceri. Alij oleo de seminib. cannabis cum sanguine canino uenas pectoris perungunt: Alij lapidem de carpione pisce in uas unde equus bibit inijciunt. De cholera humida & sicca, Hippiatr. 75. De bili uel choleris, in quo malo iumenta commouentur ac uolutantur ut strophosa, Vege. 3.50. De bili arida, Idem 3.51. Si bilis molesta iumento est, uenter intumescit, nec emittit uentos. Manus uncta inseritur aluo, & obsessi naturales exitus adaperiuntur, exemptoq; stercore posita cunila bubula, & herba pedicularis cum sale trita, & decocta melli miscentur, atq; ita facta collyria subijciuntur, quæ uentrem mouent, bilemq; omnem deducunt. Quidam myrrhæ tritæ quadrantem cum hemina uini faucibus infundunt, & anum liquida pice oblinunt. Alij marina aqua lauant aluum, alij recenti muria, Columella. Intestinorum dolor, Hippiatr. 36. De stropho eiusq; causis & cura, Vege. 145. De stropho, id est torminibus, Hippia. 45. In stropho (inquit Veget. 3.57.) uolutat equus, patitur torsiones, ilia sibi respicit, stercus durũ assellat, terrã pedibus tundit dolore cogẽte, intermissis horis refrigerationem sentit & requiem. Tormina (inquit Camerarius) sæpe male habent equos, ea accidere putantur in grandiore intestino, quod Græci monenteron & colon uocant, etsi quidam distinguũt. Torminosis igitur equis prodest sanguinis detractio, uenis suffraginum incisis: itemq; applicare uentri sacculos cum auena, aut milio, aut quod efficacius putatur, sale, tam calidos q̃ poterit manus sustinere. De ileo & ileosis equis, Hippiatr. 126. Veget. 1.48. & 1.42. Equi domestici laborãt ileo dicto, id est tenuioris intestini morbo: cuius mali indicium, ut crura posteriora attrahant ad priora, & ita summoueant, ut propemodum collidant, Aristoteles. Ad intestini magni quod monenteron & colon uocant conuersionem, Hippiatr. 36. De coli dolore, Veget. 1.41. & 1.50. & 3.52. Coli intestini inflationes & dolores, Idem 3.60. De colica seu stropho, aliqui truncationem uocant, Rusius obiter quædam 151. nam de urinæ difficultate ex professo illic agit. Coli cruciatus, Hippiatr. 31. Ad colicos compositio, Veget. 4.27. Colicis unde sanguis tollendus, Veget. 1.27. Ad aluum obstructã, Hippiatr. 129. Longanonis cura, Veget. 1.42. Emphragma, id est obstructio dicitur, cum rectum intestinum peruersum & obstructum est, Hippiatr. 43. Vide etiam paulo superius. De torminibus, Hierocles in Geopon. 16.9. Strophosis unde sanguis tollendus, Veget. 1.27. Epithema pro cœliacis, Hippiatr. 129. De alui profluuio, Absyrt. in Geopon. 16.8. Veget. 3.16. Hippiatr. 62. Dysenteria, Hippiat. 39. Veget. 3.11. Pastillus ad dysentericos & laborantes foria pecudes, Hippiat. 129. Sanguis per sedem, Hippiatr. 42. De equo patiente ragiaturam (uox est Italica) siue dysenteriam, Ruf. 136. aliqui ragiato, alij forate uocant. Sed aliud forte q̃ dysenteriæ profluuium intelligunt, quoniam sanguinis qui in dysenteria omnino excernitur, non meminit, uel Rusius, uel Petrus Cres. 9.23. ubi hunc morbum aragaici (nisi mendum est) appellat, quem comitẽtur tormina uentris, rugitus, egestio crudorum, &c. τιλῶντες (& ἱππόπηλοι) dicuntur equi forioli, & stercore liquido laborantes, Hippiat. 56. Diarrhœa, Hippiatr. 35. Ad procidentiam sedis & uitia eius, Hippiatr. 129. Si intestinum emittatur extra anum, Rusius 96. Tenesmum, ni fallor, Germani quidam appellant **den fürstal oder gezwang**: cui medentur glande è lardo in auripigmenti polline circumuoluta in anum inserta, aut multum subinde salis potui adijciunt, aut saponem cum potu infundunt. ¶ Teredines uel lumbrici, Hippiatr. 41. Vermes in uentribus equorum, &c. Albertus, Rusius 167. De clysterijs ad curam lumbricorum & tinearum, Vege. 1.45. Ventris dolor ob uermes, Hippiatr. 31. Cossi & lumbrici qua cura tollantur ad manum, Veget. 1.52. De lumbricis, cossis & tineis, Veget. 1.44. Ad cossos, uermes, uel tineas, Veget. 4.10. Solent etiam (inquit Columella) uermes quasi lumbrici nocere intestinis, quorum signa sunt, si iumenta cum dolore crebro uolutantur, si admouent caput utero, si caudam sæpius iactant. Præsens medicina est, ita ut supra scriptum est, inserere manum, & fimum eximere: deinde aluum marina aqua, uel muria dura lauare, postea radicem capparis tritam cum sestario aceti faucibus infundere: nam hoc modo prædicta intereunt animalia. Vermes mirificè & affligunt & lędunt equos (inquit Camerarius) neq; sunt unius generis: alij enim grandiores in aluó naſcuntur, atq; his liberari equos difficile: alij albidi in anu adhæreſcere uidentur: hos eximes; & inſperges cinerem de foco. Sed ad uermes generalis medicina, infundere chalcanthi boni non rubicundi cochleare unum in decocto abſinthij, aliqui abſinthite utuntur. Prodeſt & cæparũ aut lumbricorum terreſtrium pondus denarij unius tritorum in aceti hemina, quę infundatur naribus equi. Aliqui gentianam minorem radice alba et ſemper perforata (**modelgår** uocamus) aduerſus equorũ lumbricos utuntur, alij bryonia. Sunt qui hoc medicamentum celebrent ori infundendum: Ex teſtis ouorum, pipere uſto, & rubigine ferri, puluis aridus fit, miſcendus aceto tempore uſus: aliqui & ſalem addunt. Huius potionis ui lumbricos omnes ex uentre & inteſtinis exigi pollicentur. Alij uinum infundunt, in quo anagallis conciſa ebullierit. ¶ Iecoris dolor, Hippiatr. 32. Vegetius 3. 58. Sequitur hanc noxam cibi faſtidium, potus appetentia, uentris inflatio, macies. Icterus, Vegetius 3. 56. Hũc oculi uirides comitantur, lippitudo &c. Morbus regius, Idem 3. 49. Hydrops, Hippiatr. 38. Vegetius 3. 25. Hypoſarca, (pro qua ſarcoſtis ineptè ſcribitur) Idem 3. 26. Tympanites, Hippiatr. 38. Vegetius 3. 27. ¶ Splen, Hippiatr. 40. De lienoſis, Vegetius 3. 28. Implecticus ſimilem lienoſo paſſionem ſuſtinet, ſimili unctione perfricandus, Veget. 3. 29. ¶ Subrenalem morbum Veget. libro 1. inter ſpecies malidis numerat. Signa eius, Veget. 1. 8. Cura 1. 15. Vnde ſanguis tollendus ſit in ſubrenali morbo, Veget. 1. 27. Dolor renum, Veget. 3. 7. & 3. 4. parte ſecunda eius libri. Nephriticus equus poſteriore parte tractim progreditur, & uacillans inter incedendum parietes ambit, Hippiatr. 30. Frenes apud Albertum uocatur morbus, in quo maxima influxio renes equi mordicet ac immobiles faciat: unde animal tanq; epilepticum ad terram cadit, & humores ad cor diſcurrunt: & equus aliquando intra duas horas moritur. Ruſius ca. 89. guttam renalem ſeu morſuram renum nominat: Et ſanè frenes uox apud Albertum à renibus deprauata uidetur. Equi ſic affecti, quod fit diuerſas ob cauſas, Græcis hippiatris ἐλκόμενοι ἐκ λαγόνων dicuntur, Germanis **kibiſch oder räch oder rehiſch mitt den hinderen beinen.** Si muſculi qui in renibus ſunt, uexantur ex caſu, uel interni, uel externi tantum, Veget. 3. 5. De calculoſis iumentis, Veget. 1. 46.

¶ Dolor ueſicæ, Vegetius 1. 51. Indignatio ueſicæ in genere, & ſpeciatim, Veget. 3. 15. Vrinæ difficultas, Idem 1. 61. Dyſuria, Hippiatr. 33. Abſyrt. in Geopon. 16. 3. Theomneſt. ibidem 13. Vegetius 3. 15. Dyſuria etiam in tetano accidit. Non malis equis frequenter morbus dyſuriæ infeſtus eſſe conſueuit. Succurritur his, ſi aut ea in loca deducantur, quæ madent adhuc aliorum equorum recenti urina: aut in cœnum demittantur: aut etiam penis molliter fricetur, aut uiua muſca in illius canaliculum immittatur: nam inuitari ad mictum hos ſibilis & ſonis quibuſdam oris, notum eſt. Sed ſi hęc non profuerint, ſuadent (Veget. 3. 15.) ungulæ ramenta teri & in uino infundi equo: aut intectum equum à ceruice uſq; ad coxam ſuffire iuniperi baccis, aut croco, aut caſtorio. Contra hoc malum, ne accidat, prouidendum, ne, hyeme præſertim, in frigidam demittatur equus, maximè de itinere feſſus, priuſq; urinam fecerit. Hoc quidem paulò nugacius à Græcis traditur, ſi difficulter meijere, urinámue quaſi guttatim exprimere ſoleat equus, tum cimicem imponendum, in aurem, dextram quidem fœminæ, læuam autem maris, futurumq; ut malum ceſſet, Camerar. Aliqui cimices tritos (inquit Veget. 3. 15.) in nares (εἰς τὸ οὖς, Hippiat. 33.) animalis mittunt, & alium ſuper naturam qua mingunt cõfricant: certiſſimum dicitur. Noſtratium quidam lapides è capitibus cancrorum ad urinam promouendam equis tritos in potu miſcent: Vel piſcis quem uulgo harengam dicunt, inteſtinum quod ueſicæ inſtar inflatum in recentibus reperitur, in pabulo dant: Sunt qui pediculos uiuos in anum imponendos ſcribant. De conuerſione ueſicæ, Hippiatr. 121. Equo ferè qui homini morbi, pręterq; ueſicæ conuerſio, ſicut omnibus in genere ueterino, Plin. Irremediabile malum eſt, ſi ueſica dimoueatur de ſuo ſitu: cuius indicium ne urinam reddere poſſit, & ut ungulas clunesq; trahat, Ariſtoteles. De iſchuria Albert. Hippiatr. 33. Veget. 5. 15. Si equus doleat ex retentione urinæ ueſicam inflantis: quod ex aliquo loci tumore cognoſcitur, & iactatione frequenti in terram, Petrus Creſ. 9. 18. De dolore ex retentione urinæ, uel de ueſicæ inflatione & torſionibus, ſträguria & iſchuria, Ruſius 151. Si urinam non facit (inquit Columella) eadem ferè remedia ſunt, (quæ proximè ante ad laſſitudinem præſcripſerat:) nam oleum immiſtum uino ſuper ilia & renes infunditur: & ſi hoc parum profuit, melle decocto & ſale collyrium tenue inditur foramini, quo meat urina: uel muſca uiua, uel thuris mica, uel de bitumine collyrium inſeritur naturalibus. Hæc eadem remedia adhibentur, ſi urina genitalia deuſſerit. Vegetius quidem in ſtranguria compunctiones & morſus in urinali fiſtula fieri ait: ut non alius morbus ſtranguria uideatur, quàm qui à medicis recentioribus ardor urinæ dicitur. Nonnulli uinum in quo auena bullierit, refrigeratum equo infundunt, urinam ita ſtatim ciendam ſperantes. De ſtranguria uel ſtillicidio urinæ, Hippiatr. 33. Veget. 3. 15. Ruſius 151. Iumenta nimio ſaltu, uel curſu, aut ruina, cum aliquid intrinſecus ruperint, uulſant, ſtranguriam patiuntur, &c. Veget. 3. 42. Tormina urinæ iumentorum releuat, (ut Aggregator notauit,) allium tritum naturæ inunctum, Plin. 20. Cretani (crethmus) Plin. 26. Veſpertilio alligatus, Idem 30. Si equus laboret torminibus urinæ (noſtri uocant **die harnwinde**) ſemunciam de baccis lauri tritis ex uino uel cereuiſia tepidis infunde, Innominatus. Ad ſanguinis mictum, Veg. 9. 10. Theomneſt. in Geopon. 16. 14. Vrina ſi ſanguinem trahit, Hippiat. 42. Ad ſanguinis mictum tum ex plethora in otio, tum aliâs in labore nimio, onere, uel aſcenſu, Veget. 3. 12. Sunt qui ad auertendum ſanguinis mictum uenas qua calcaria adiguntur ſemel aut ter per duos aut tres dies ſecant. Morbum quem Germanorum

norum

nostri Hippiatri uocant lauterstallen, diabeten esse coniicio: Ei medent incisa in ceruice uena: sanguinem qui effluxerit ex aqua bibendum dant furfuribus admixtis. Alij trita alni folia in auena præbent: alij cretæ farinam in potu. De testium tumore, Veget.3.8. Tussis causa quandoque à colibus fit, cum coles iniuriæ pleni sunt tumentque, &c. Veget.3.64. De inflatione testiculorum, Rusius 97. Testium inflammatio, Hippiat.70. inflammatio & tumor, Ibidem 49. Enterocele, Hippiatr.50. Hernia ex calcitratu inguini adacto mortalis, Hippiatr.73. κιρσοκήλαι dicuntur qui in testiculis uarices habent in Hippiatr. Genitalis procidentia, Hippiatr. 48. Si natura excidit & reuocari non possit, Veget.3.9. Pus in genitalibus, Hippiatr.49. Vuluæ procidentia, Hippiat.15. Ad matricis dolorem, Veget.1.45. Prægnantium equarum cura, Varro 2.7. uide supra in hoc capite ubi & alia 10 quædam ad grauidas equas & partum abortumque pertinentia recitaui. Generationem iuuat in animalibus siler (seseli intelligo) Plin.20. item Dioscorides & Auicenna, ut Aggregator citat. De perferendo uentre, & enecando partu: Quis sexus concipiatur: Quæ cura prægnantibus adhibenda: Vt facile partus ædatur: Secundæ quomodo excutiendæ: Vt concipiant. De his omnibus uide in Hippiatricis capite 15.

¶ Si caudam laxet, aut crebro motu uibret, Hippiat. 55. De langio in cauda equi, Rusius 162. Est autem hoc malum (inquit) instar cancri, unde carnes corroduntur, & pili ac ossa caudæ corrumpuntur. Defluuium pilorum caudæ, Hippiatr.55. Rusius 161. In caudæ flagello sæpe furfures pilos exedunt: tum elui locum oportebit urina puerili, & uino calido foueri, mox decoctū maluæ cum succo radicis althϾ miscebimus uino dulci & oleo, atque locum uitiatum perungemus, Camerar. Al-20 thϾ radix præsens est remedium contra defluuia & tenuitatem pilorum, tam in hominibus quam brutis, Camerarius ex Hippiatricis.

¶ Neruici, νευρικοί, Hippiatr.83. Ad neruorum dolores urentia, Hippiatr.97. & 119. Ad neruos uexatos, Ibidem. Ad neruos malagma, Vegetius 4.25. Ad neruorum perfrictiones ungentum, Hippiat.119. Ad ictus & dolorem neruorum cataplasma, Ibidem. Ad neruos læsos, percussos, dolentes, Albertus. Tuba uocatur putrefactio quædam per longitudinem ipsius nerui, Petr. Cres. 9.37. Ad neruos claudos compositio, Veget.4.27. Ad neruos crassos causticum, Ibidem. Contra omnem dolorem & tumorem & indignationem neruorum, Rusius 176. De neruo contracto, Idem 174. De neruo intrinconato, Ruf.175. adhibet autem mirabile cauterium. De neruorum unione soluta dictum est supra. Ad dolores spondylorum & spasmos, Hippiatr.26. Ad omnia ossi-30 cula medicamentum, Veget. 4.27. ¶ Articularem morbum Vegetius libro 1. inter species malidis ponit. Malis articularia, Hippiatr.2. Emota uel exorta de locis suis, non urenda: quomodo autem tractari debeant, supra in Cauterijs ex Vegetio dixi.

¶ * Quædam huius loci de crurum & pedum morbis inter scribendum nobis interciderūt, quæ si denuò ad manum uenerint, inter paralipomena uel equi uel totius operis ponentur: sin minus, nō difficile erit harum rerum curioso, quæ de hisce morbis aut uitijs ij authores, unde nos reliqua excerpsimus, uel tanquam indicē in eos conscripsimus, obseruare: Hippiatrica Græca dico, & Germanica, & Rusij, Petri Cres. Albertique scripta. ¶ Spauanus siue scauani est noxa paulo infra garectum ex latere interiori, inducens aliquando tumorem circa uenam magistram, quæ dicitur fontanella, attrahens ibi humores assiduè per dictam uenam, unde cum fatigatur equus non parum claudicare cogi-40 tur, Rusius 103. Hic morbus apud Petrum Cres.9.36. spanenus nominatur (nisi mendum est) similis zardæ, &c. De superossibus equi, Rusius 108. Petrus Cres.9.39. fiunt autem callosa ista tubera, non in cruribus tantum, sed alijs etiam partibus equorum, non tam noxia, quam uisu turpia. Superos uel superossum dicitur (inquit Albertus) quando collectio aliqua in membris siccis colligitur, & ad modum ossis induratur. Vnde fit ut equus sæpe cespitet & impingat in locis asperis propter difficultatem inflexionis, &c. Si superos in iunctura sit quomodo tolli debeat, Idem. Nostrates hoc uitium uocant überbein/beinwachs. Audio excindi solere, & equos sæpe claudicare interim dum crescūt. Remedia quę Hippiatri Germani scripserunt omitto. Aliqui cauterium adhibent superossi prius frigida perfuso, deinde anagallidem & plantaginem tritas imponunt. Vel crucis in modum usto post triduum inspergunt æruginem. Tumor ossilagini similis, Veget.2.22. De spinulis siue spinellis 50 equi, Rusius 107. Petrus Cres.9.38. Est autem uitium subtus garectum (ut illi scribunt) in iunctura ossis (uel circiter iuncturam ossium) eiusdem garecti, generans superos ad magnitudinem auellanæ. Ex furina, nisi præuenias, celeriter efficitur superos durissimum, Ruf.106. Lichenes sunt in equorum genibus & super ungulas in flexu harum partium indurati tyli, id est calli, Dioscorides. Lichenas ossicula uocant, canini dentis imagine, genibus equorum, & prope ungulas adnascentia, Petrus Ruellius. Suffraginosus equus, cuius suffragines morbo uitiatæ sunt. Græci hæc uitia σειρὰς & χιράματα uocant, uide Hippiat.52. Traumaticum ad suffraginosos, Vege.4.27. Gambosum animal, Vegetius 3.20. Cum defluxiones erumpunt in pedes (inquit Absyrt. interprete Ruellio) quas è Græcis nonnulli σειρὰς quasi pedicas aut catenas uocant: alij chiramata, quòd calces rimis scissæ rigeant: hinc σειρᾶν uerbum quasi compediri dictum est. Romani suffragines nominant. Hoc uitium ut hye-60 me contrahitur, sic æstate pecus à morbo sese recolligit & sanatur. Suffraginosi non facile articulariæ malidis uitio tentantur, sed ne castrati quidem ut plurimum defluxionibus opportuni (rheumatici, suffraginosi) sunt. Sunt autem defluxionum quæ pedes afficiunt genera tria: quorum iam unum

X

propoſuimus: alterum ungulam in altum ſuſtollit: tertium cum eadem offringitur, ut in prouectis ætate. Qui defluxionibus ſunt obnoxij, eis fluidum eſt ſaliuis os, &c. Quærendum an χεῖρας potius quàm σεῖρας ſcribendum ſit. Χεῖραι δὲ ἐν τοῖς ποσὶ ῥαγάδες. καὶ χειρόποδες οἱ ὅτω τοὺς πόδας κατεῤῥαγότες, ἢ ῥαγόποδες, Varinus. Χειράδες ἤτοι ῥαγάδες τῶν χειρῶν. Χεῖραι, αἱ ἐν ταῖς πτέρναις ῥαγάδες. Χειραλέος, τοὺς πόδας κατεῤῥαγασμένος, Idem. Cæterum σεῖρας in hac ſignificatione apud grammaticos non reperio. (Vide crepatium infra in morbis ungularum.) Idem aut proximum malum eſt, quod mulas Albertus uocat, Ruſius etiam ſeracias, nomine quidem ad σεῖρας alludente. Hæ (inquit Ruſius 115.) ex frigiditate et humiditate à uia excitantur, crura ultra genua inflantur hyeme & uere: æſtate & autumno ſine inflatione latent: noſcũtur tamen ex pilis rigentibus & quis madidis. Mulæ (inquit Alber.) dictæ ſunt læſiones poſteriorũ crurũ & pedum, quę ſiunt tẽpore frigido, cum equus in uia difficili & cœnulenta multũ laborat, & poſtea etiã neglectus refrigeratur. Vnde humores ſtatim, præſertim in equo minore natu, ad pedes poſteriores deſcendũt, & deinde ꝑ frigus ibi coagulanť, & aliquando pariunt inflationes à pede uſq; ad genu: aliquãdo ſciſſurę ſiũt, aliquãdo inflatio nulla eſt, ſed pili cruris horrẽt et rigẽt, Hęc Albert. De omnibus coronę duritijs quæ toſacei calli nominãtur, Hipp. 113. In pedis corona naſcentes ficus ſeu mariſca, & uerrucæ formicãtes, Hipp. 82. De marmore, id eſt tuberculo iuxta coronam, id eſt ungulæ exortum, Hippi. 53. Græci μάρμαρον uocant. Mulus tantũ fit μαρμαρώδης, aſinus raro: equus non, ſed podagricus, Abſyrtus cap. 53. in quo tamen paulo ante ſcripſerat marmora duros eſſe tumores, claudicationis cauſam in equis. Si thlaſma fuerit in ungula, uenã in corona ſcalpello ſoluere non oportet, quod ob hoc erratum μαρμάρωσις contingat, Abſyrtus cap. 101. Hieroclis de marmore uerba ex Hippiatricorum cap. 82. referuntur à Syluatico in dictione Marmoro: inepte autem pro Hierocle Herodium ſcribit. Marmoris duri tumoris in articulis meminit etiam Vegetius 2.48. Thlaſmata in doſſuarijs præcipuè iumentis naſcuntur, & in tubercula palmularum imaginem exhibentia, phœnicas nominant, facile degenerant, Abſyrtus in Hippiatr. 101. De moro ſiuè celſo, Ruſius 138. Eſt autem (inquit) ſuperfluitas carnis granuloſæ in cruribus, &c. Furina (inquit Ruſius 106.) uulgò uocatur uitium equi inter iuncturam pedis & ungularum ſupra coronam pedis in ipſa paſtora, quod ab initio inflationem quandam uel calloſitatem carnium ſupra pedem excitat. Furma uel furmelli fit ex percuſſione mala, &c. inter iuncturam pedis & pedem ſupra coronam in ipſa paſtora, impediens greſſus equi: cum ueteraſcit, efficitur ſuperos duriſſimum, Petrus Creſcen. 9.49. Curua morbus dicitur, eò quod curuet crus: eſt autem inflatio in tibia iuxta iuncturam poſt uel ante ſupra genu facta, ex concuſſione uel impactione alicuius duri, Albertus. Curba (inquit Ruſius 105.) fit ſubtus caput garecti in magno neruo poſteriori tumorem faciens aliquem per longitudinem nerui, unde equus claudicat. Si talus exeat animali, quod ex perfrictione nõnunquam fit, Veget. 3.6. Adnaſcũtur etiã cirſi, id eſt uarices, equorum tibijs: Hoc uitiũ apud Gallos audio farcin appellari, Robert. Stephanus in Dictionario Gallicolatino elephãtiaſin exponit: in quo forſan erratũ eſt eò quod tibias inflatas & uaricoſas Auicẽna & alij quidã recentiores elephãtiam appellarint. De uaricoſis, Hippi. 77. De uaricibus plura uide proximè inferius in meliceridũ mentione. ¶ De ozænis, Hippiatr. 129. Sunt autem uitia pedum, ſiue ulcera fœtida, ut apud Vegetium quoq;: ut errãrit Ruellius qui in Hippiatr. loco iam citato fœda narium ulcera interpretatur. Ozænæ cilicijs cum ſale & aceto defricandæ, Vegetius 2.49. Et 3.22. Quæcunq; (inquit) de ozænis cæteriſq; uitijs articulorum in prioribus pedibus dicta ſunt, ſcias etiam in poſterioribus debere ſeruari. De paẽnna, clauardo ſeu aquarola, Ruſius 118. Hoc malum fit ex alliſione ferri, lapidis, uel ligni retro pedem iuxta ungulam ſine inflatione crurum, unde locus crepando finditur, & humor fœtidus emanat, Ruſius & Albertus. Artus inflammationibus ac meliceride laxati & uliginoſi, Hippiat. 52. Vbi Græcè legitur πρὸς ἄρθρα κεχαλασμένα καὶ ὕδατα, Ruellius uertit, Cum artus laxati dehiſcunt, aut aquoſa ſcatent uligine. Ego pro ὕδατα, legerim ὑδάτια uel ὑδατίδας potius, quæ uox eodem in capite etiam prius aliquoties legitur. Vegetius hydatidas uertit aquatilia uel puſtulas aqua plenas. Cæterum uligines ulcera ſunt Vegetio, quæ Græci glycea uocant, quaſi dulcia dicas, forte à ſuauitate illa quã prurientia ſcabendo iumenta percipiunt. Melicerides, Hippiatr. 77. Sunt & ulcera quædam (inquit ibidem Hierocles) crebris tumoribus exaſperata, parapriſmata inde uocant: aut quod in faui ſpeciem concreta ſint, meliceridas appellant. Alij quod per foramina fertur humor, hydatides uocare maluerunt: in talis & calcibus naſcuntur, (non ut propriè dictæ melicerides & pompholyges, id eſt bullãtes puſtulæ paſſim in cute:) nec urens medicamentum poſtulant, cum planè uarices iudicentur: quamuis & alterum ſit genus uaricum, quod cæcum fallit: Quæ res ita deprehenditur, cum pecus in ſtabulo decumbit, & ſolito diutius inibi iacet: nam exurgere non poteſt, niſi quis ei ferat opem, &c. Cauterium adhibetur in genere ulceris quod parapriſmata uocant, iuxta poplitem. Nam parapriſmata quę hydatides uel melicerides dicuntur circa malleolos non debent uri, Hippiatr. 97. Aquãtilia in articulis uel gambis, Vegetius 2.49. Puſtulæ aqua plenæ, Hippiat. 77. Impetigines in articulis uel genibus, Vegetius 2.51. Impetigines Græci lichenes uocant, genus ſcabiei & eroſionis in cute, quod impetit ac ueluti lambendo (unde nomen à Græcis impoſitum) proximas partes infeſtat atq; depaſcitur. Sed alterius generis ſunt calli illi ſimiliter in articulis aut genibus nati, quos lichenas Dioſcorides appellauit, impropriè ut uidetur. Prius et propriè ſic dictũ genus Germani **rappen** appellãt in equis, & **räppikeit**, & equum ſic affectum **räppig**. In poplitibus (inquit Camerarius) ſæpe oritur impetigo,

go, quam percurari non putant bonum esse, quòd humor desidere soleat in pedis corollam: Teutones erucas nominant. Ego scribendi rationem diuersam animaduerto: erucas enim uocant raupen: impetiginem uerò rappen. Hanc in artubus ante & retro fieri aiunt. Garpæ, rimæ sunt & fissuræ in pedib. & cruribus, &c. Pet. Cres. 9. 44. De grappis in iuncturis crurum circa pedes, quæ rumpunt carnē per longū uel transuersum, Ruf. 111. Vnguentū ad grappas ex transuerso & testas lõgas, Ruf. 114. Aduersus hanc noxā aliqui ungentū parant albo liquore oui, excremento alui hominis, sulfure & axungia mixtis, loco calido aut in Sole illinendū. Alij fel porci cū tribus ouorū uitellis miscent, et illigant, malū sic una nocte depellendū promittentes. Alij deustis candela pilis loci affecti ut glaber fiat, sulphur axungia exceptū inungūt, & eodem modo curari promittunt uitium à quo equū
10 muchig uulgò appellant. Aliqui scribunt möchig, & interpretantur scabiosum in pedibus. Sunt qui axungiam de porco ruffo liquefactam igne in aquam defundunt, & rursus collectam agitatamq; cum sulphure miscent, & inungūt: tertio post die crustulas siue escharas minores diligenter remouent, & quotidie ungere pergunt. Idem hybernę scabiei mederi aiunt. Si equus impetigine laborat, aut uitium patitur quod Germani uocant gagenhůf, hoc modo curabis: Vitrum læuissimè tritū miscebis resinæ liquefactæ, & expressæ de carne suilla duos digitos crassa pinguedini: hoc bene calidum circa pedem parti læsę circumligabis: refrigeratum demes: & locum cultro abrades donec sanguinem emittat: tum insperges chalcanthum & uitrum lęuissimè trita, & relinques donec spõte excidant. Alij idem remedium his uerbis describunt: Stupam puram duorum digitorum crassamento (hoc potius placet q̃ quod de carne suilla paulò ante dictū est) pici feruidæ inseres, & loco affecto ca
20 lidum impones: triduò post religabis, & infricabis acetum furfuribus & sale mixtum. Alius quidam hoc remedium præscribit pro equo quem uocat holhůffig. Est & praua quædam scabies in crure inferius statim supra subcirros, in qua pilos situ contra naturam prouenire aiunt: nostri struppen uocitant, & equum sic laborantem strüppig: Ad hoc etiam malum, & illud quod iam gagenhůf appellauimus, commune remedium adhibent, corticibus tiliarum (superioribus reiectis) per quatuordecim dies in aqua maceratis, & eo quod salis instar concrescit inuncto. Idem prodesse aiunt ambustis, ita ut ne uestigia quidem aut cicatrices relinquantur. De grisaria, quæ fit in coronis equorum supra ungues, & curatur similiter grappis: sæpe tamen incurabilis est prę sertim inueterata, Rusius 114. Idem forte uitium est quod Germanicè uocant gurfee/gurfey/durfüle: fit enim id circa subcirros, cutim & pilos corrumpit, & cornu etiam quandoq; infestat, nonnunquam incurabilis. Aliqui
30 allia cum melle trita equis sic affectis in cibo dant, & lupato alligant. Scracies (nomen barbarum, nec memini iam ubi legerim) impetigo est in pedibus, in locis excarnibus præsertim infra suram: utuntur aduersus eam sinapi: nascitur enim ex frigore. Aduersus scabiem in pedibus, axungiam ueterem liquefactam & aquæ infusam rursus collige misceq; cum polline gentianæ, & inunge. Sunt qui serpentis adipe equi ungularum oras inungant aduersus scabiem, Galenus de parabilibus cap. 104. Vligines etiam in pedibus, cruribus, unguibusq;, uel sub armis aliquando generantur (quidā dulcedines uocant) habentq; similitudinem scabiei: Diffundunt & pedes ulcerant, Veget. 2. 52. Cancer cum in reliquo corpore, tum circa iuncturas crurum iuxta pedes, aut inter iuncturas & pedes, uidelicet in pastora fit, Ruf. 171. Paracercis uocař collectio quædā circa radiū in tibia equi, Hippiatr. 51. Vermis incipit in pectore equi uel intra coxas iuxta testiculos, deinde descendit ad crura, quæ tu-
40 mefacit, & crebris ulceribus perforat, Ruf. 144. Agley uel eygley uulnus quoddā in pede Hippiatri Germani appellāt, cui fimū caninū cū chalcantho tritū imponūt, & plantaginē superilligāt, idq; sæpius repetūt. De rimis quas uocāt rhagades, Hippiat. 122. Crepatiū uocant cū coriū rumpitř inter iuncturam cruris et ungulam, Pet. Cres. 9. 45. & Ruf. 112. Rumpunt (inquit Ruf.) corium & carnes instar scabiei cum ardore. Crepatia magis longa & transuersa (inquit idem 113.) inter carnem uiuam & ungulam, uidelicet in bulletis, magis impedit gressum. Vide siras, chîras, & chiramata, superius in pedum malis: exponunt enim calces rimis scissas. Spatten, ut audio, Germani uocant duriusculos quosdam nodos iuxta ungulam uel coronam, unde pes incuruetur: quidam excindere solent. Equū sic affectum spättig nominant: nostri puto etiam leistig. Sunt qui tuberculis illis scarificatis mentastrum illigant: Alij aliter medentur. Vide ne sit furma uel curua superius dicta. Excinditur etiam
50 tuber illud quod Germanis dicitur elnbogen. Equi quorum ungulas rhagades & rimæ diffindunt, sattfüssig uel satthůffig à nonnullis nostratium uocantur: & ungulæ sic affectę, geschrunden oder gespalten oder ryssende füß: uitium ipsum uocant satthůf uel hornklufft, & aliud quoddā in ungulis den hůffstrauch. ¶ Calcibus & talis utile emplastrum, Hippia. 129. De ambustis glacie, Theomnestus in Hippiat. 125. Hybernis itineribus (inquit) glacies equos reliquaq; iumenta torquet: quod uitium pagoplexiam appellant. Iis intument calces & cum ungulis feruore laborant, &c. Si equus haberet malum in pede ut subularet seu elanciaret in corona: primo remoue pilos, &c. Rusius 134. Nostri, ut conijcio, uocant hůfzwang, cum ungula crescit uersus calcem introrsum, & pungit. Si equus doluerit in pede propter laborem, Ruf. 135. De podagra iumentorum, Hippiatr. 54. Vege. 2. 53. Equus podagricus humi decumbit non aliter quàm hordeatione affectus, Absyrtus. Equorum
60 gregales morbo immunes sunt, excepta podagra: hoc eñ uno laborāt, & plerūq; ob id ungues amittunt. Sed amissis alij statim enascuntur: fit enim ut altero subnascente ungue, alter amittatur. Indicium morbi, ut alter testium dexter palpitet, uel ut paulò citra nares cauum quiddam rugosumq; gig-

X 2

natur, Aristoteles. Est quando cornu separatur & discedit à carne (præsertim in cauo pedis circa chelidona dictam) quod malum nostri uocant **erbellt** uel **verbellt**, & remedia quædam præscribunt, Quæcunq; de ungulis priorum pedum dicta sunt, scias etiam in posterioribus debere seruari, Vege. 3.22. Græci malacopodes equos nominant, quorum molliores sunt ungulæ: eas nostri **murbe füß** uocant, & medicamentis indurant: Vide Hippiatr. 105. Subtriti pedes, Hippiatr. 105. De ijs qui cornua calcando proterunt, Hippiatr. 100. ut Ruellius transtulit, perperam ut mihi uidetur: Græcè legitur, ὅσοι δὲ εἰσὶ κατ᾽ ὄνυχα πατούντων, &c. ego uerterim, Equi illi qui (non plenis soleis, sed summis tantũ) unguibus insistunt aut ingrediuntur, &c. claudicant, & infirmis sunt lumbis, & cursu inferiores. Remedium autem nullum præscribit, cum pro ungulis attritis multa tradantur, quæ satis explicata sunt capite 105. Quinetiam ibidem subijciens Absyrtus ἢ ὑπερποδούντων φυσικῶς, ἢ ὑπερόχηλοι ἐξ αἰτίας, hoc est, (ut ego interpretor) siue à primo ortu, siue ob aliam postea causam, pes alter ab altero diuersus (longior nimirum) fuerit, innuere uidetur hos ipsos esse τοὺς κατ᾽ ὄνυχα (scilicet ἄκρον) πατοῦντας. (ὅταν ὁ πόδιος ποδὶ ἄκρῳ τῷ ὄνυχι ἐπιβαίνῃ, Absyrt. ca. 101.) Et certe necessaria hæc claudicatio est (non ut aliâs propter doloris sensum) cum pes alter breuior plena solea in humum demitti non potest. Animalium ungulæ (inquit Vegetius 2.55.) asperitate ac longitudine itinerum deteruntur, & impediunt incessum. Ex tortura quoq;, si in aspero uel lapidoso itinere iumenta coguntur ad cursum, indignationes oriuntur. Postremo etiam otiosa in stabulis ex collectione humorum incipiunt claudicare. De pedibus siue ungulis attritis aut mollibus, Veget. 2.58. Iumenta quandoq; ungulas mutant & abijciũt, ut in podagra, Græci τὰς ὁπλὰς ἀλλάσσειν dicunt. Si exungulauerit iumentum, Veget. 2.57. De dissolaturis ungularum, Rusius 130. Pet. Cres. 9.53. De mutationibus ungularum, Rusius 131. Pet. Cres. 9.54. Ad ungulas obliquas remedium, Rusius. 121. Cum clauis male adactis læduntur ungulæ, inclauaturã recentiores uocãt, nostri **vernaglet**. De inclauaturis diuersis, Pet. Cres. 9.55. Rus. ca. 123. de secũda specie inclauaturę, Idẽ 124. de tertia, 125. De inclauatura quæ rumpit, id est pus emittit in corona pedis, Rus. 126. Verbasci folia recens contusa inter duos lapides, & inclauaturis equorũ inserta, statim sanant, Petrus Matthæolus. In hoc malo soleas ex ferro refigunt, & thus ex aqua imponunt uulneri. Alij milium bene coctum cum axungia calidum imponunt: Alij clauum tantũ extrahunt, et super ignito silice aquam aut uinum effundũt, curantq; ut uapor quàm calidissimus ad locum læsum perueniat. De his quibus sanguis in ungulam tollitur: Al', Quomodo sanguis tollatur his, qui ungulam cogunt uel eiecerint, Veget. 1.26. Θερμόπλα, morbus equi circa pedes, Hesychius & Varin. Ego in Hippiatricis θερμόπλησιν legi inter signa & symptomata aliorum circa ungulas affectuum, ut thlasmatis, marmoris, pagoplexiæ: in his enim ungulæ solito feruidiores sentiuntur. Θερμὴν τὴν ὁπλὴν ἔχειν, signum thlasmatis Absyrto 101. Equi in quorum pedibus marmora sunt, ὑποτρίβουσι καὶ ἀνονοῦσι τοῖς ποσί, καὶ θερμοπλῶσι συνεχῶς. γίνεται δὲ τοῦτο ὅταν ἐξ ὁδοιπορίας καὶ τραχείας ὁδοῦ θερμόπλησις γένηται, Absyrtus 53. In pagoplexia, id est ambustis frigore ungulis, διόλου διαπίπρανται πυρούμενα τὰ σφυρὰ σὺν ταῖς ὁπλαῖς: Talem in homine affectionem unguium ex frigore obortam, præsertim cum nimis refrigeratos intingunt frigidę, nostri uocant **Künneglen**: Græcè θερμωνυχίαν dixeris. Sanguis dimissus in pedes claudicationem affert, quod cum accidit, statim ungula inspicitur: tactus autem feruorem demonstrat, Columella de bobus. Si equus fuerit tutellatus (al' cudellatus) siue multum speratus in pede, aut si habuerit multum frigus in pede, Ruf. 122. De spumaturis ungularum, siue infusione quæ ad pedes descendit, Ruf. 129. Malpitium (Rusius pinsanese uocat capit. 120.) fit in bulletis ungularum, ubi carnes uiuæ iunguntur ungulis, ex prauis humoribus qui illuc defluxerunt, & impedit gressus equi non aliter q̃ infusio, Petr. Cres. 9.48. Seta uulgo nominatur species fistulæ, quæ in ungula equi nascitur, usq; ad tuellum intrinsecus ungulam per medium scindens: aliquando autem ex latere, & tunc dicitur setula: scissura eius à corona pedis incipit, & protenditur per longum inferius usq; ad extremitatem pedis uel ungulæ, emittens quandoq; uiuum sanguinem per fissuram, &c. Rusius 132. & Pet. Cres. 9.50. ubi tamen non seta, sed fica legitur. Σεῖρας etiam & χεῖρας, rimas quasdam pedum esse supra diximus. A seta fortassis Germanica uox **sattfüssig**, facta est, quasi setipedem dicas, significatio quidem conuenit. De maledicto in pede, Ruf. 133. Hæc noxa qualis sit non explicat: adhibet autem remedium, saluiæ partes duas, lardi unam, trita imponi iubens. Si iumentum ad aperturam pulmunculum fecerit, scias totum solum hoc est assem hac ratione tollendum: Vngulam subradis, &c. Vegetius 2.56. Idem 2.61. meminit pulmunculi in dorso nati. De subiactura, Rusius 128. Cum equus (inquit) sine ferreis soleis per loca aspera diu ducitur, ungula ita atteritur, ut tuellus intrinsecus defendi non possit: itaq; inter tuellum & soleam fit congregatio sanguinis cum dolore, & humores confluunt. Accidit quandoq; q; pes læditur subtus ungulam in medio soleæ ex ferro (uel osse, uel lapide lignóue) uel alia re dura usq; ad tuellum intrante, unde tuellus læditur: ex qua læsione cum ungula non inciditur circunquaq;, ut debet, nascitur super tuello quædam carnis superfluitas, quæ superat soleæ superficiem, & uulgò ficus nominatur, &c. Petr. Cres. 9.56. & Rusius 127. Ad incrementum ungulæ promouendum, Hippiat. 105. De incremento cornus, Ibidem 117. Vngulæ productionem moliri, Hippiat. 123. Si ungulæ & in ungulis caro minuãtur, nostri medicamentis occurrunt, quæ in Hippiatricis libris nostro sermone describuntur, **So der kern schwynet.** Plura uide supra, in hoc ipso capite, inter ὑγιεινά.

Equorum

D

Equorum ducem, ut boum, nullum constituunt; quoniam equorum natura non stabilis, sed mobilis procaxq́; est, Aristoteles. Equus uelox & superbum & generosum est animal: & huic naturae aptum corpus habet, ungulis nempe robustis & iuba instructum, Galen. Adamantius physiognomon μεγαλαυχίαν καὶ φιλοτιμίαν, id est superbiã et gloriae studiũ equi ingenio attribuit. In equis (inquit Lactantius de falsa relig. 3.8.) gloriae cupiditas experimento deprehenditur: uictores enim exultant, uicti dolent. Hinc & Vergilius, Insultare solo, & gressus glomerare superbos. Ouidius etiam in Halieuticis idem in equis ingenium eleganter describit his uersibus:

Hic generosus honos, & gloria maior equorũ: Nam capiũt animis palmam, gaudentq́; triũpho,
10 Seu septem spatijs circo meruêre coronam, Nónne uides uictor quanto sublimius altum
Attollat caput, & uulgi se uenditet aurae? Celsáue cum caeso decoratur terga leone,
Quàm tumidus, quãtoq́; uenit spectabilis actu, *Compescatq́; solum generoso concita pulsu
Vngula sub spolijs grauiter redeuntis opimis.

In circo ad currus iuncti non dubiè intellectum adhortationis & gloriae fatenť, Plin. Inter caeteras animantes (inquit Aelian.) equus magno elatoq́; animo est. Enimuero magnitudo & celeritas ipsa ceruicisq́; eminentia, & crurum facilis contractio, facilisq́; porrectio, & ungularum crepitus inducunt, cum ut audacius is exultet & gestiat, insolentiusq́; efferatur: tum maxime comata equa mollitie, & insolentia diffluens superbiat, eamq́; ob rem ab asinis se iniri indignissimè ferat, ut maximo uicissim gaudio compleatur, cum equo tanquam nuptijs sociata sit, ob idq́; ipsum se plurimi esse arbitretur: cuiusmodi affectus gnari, qui sibi mulos gigni uolunt, equae iubam temere, & sine artificio tondent, posteaq́; asinos admittunt: ea uero tum mariti ignobilitatem cuius prius pudebat, & contra quem antè resistebat, facillime patitur, atq́; eius rei Sophocles meminisse uidetur, Haec Aelian. Equarum iubas tondere praecipiunt, ut asinorum in coitu patiantur humilitatem: comantes enim gloria superbire, Plin. Vide etiam in c. ubi de coitu equarum. Equi uocem quoq́; agnoscunt equorum quibus cum pugnarint, Aristoteles. Equi ad discendum dociles sunt, neq́; rerum memoriam, quas perceperunt, ulla obliuio delet, Aelian. Equus (inquit idem) cum freni crepitum, & strata, & caetera ornamenta uidet, tum fremit, & exultans, ungularum supplosione obstrepit, et ex eorum cõspectu, afflatu quasi furoris ad iter incẽditur: uoce equisonis excitatur, & aures erigit, & naribus inflatis celerem festinationem anhelat, quodam incredibili cursus studio ad currendi memoriam rediens. Ingenia eorum (inquit Plinius) inenarrabilia iaculantes obsequio experiuntur, difficiles conatus corpore ipso nixuq́; inuitantium, (aliâs imitantium.) Iam tela humi collecta equiti porrigunt. Tubarum clangorem bellatores equi ita intelligunt, ut loco stare quandoq́; nesciant: & quando retractari iniriue certamen debeat agnoscunt, Belisarius. Huc facit illud Vergilij Georg. 3. Tum si qua sonum procul arma dedêre Stare loco nescit, micat auribus, & tremit artus, Collectumq́; premens uoluit sub naribus ignem. Equi tibijs & fistulis mulcentur, Plutarch. Tibiae cantu quantum delectentur Libycae equae, dixi supra capite secundo, ubi de Libycis equis mentio fuit. Sybaritas saltationem equos docuisse iampridem peruagatum est, Aelianus. Docilitas tanta est, ut uniuersus Sybaritani exercitus equitatus, ad symphoniae cantum saltatione quadam moueri solitus inueniatur, Plinius. Sybaritae in conuiuia equos introducebant ita imbutos, ut incinentis tibiae cantu audito, statim arrigerentur, ac pedibus ipsis prioribus, uice manuum, gestus quosdam chironomiae motusq́; ederent ad numerum saltatorios, Caelius ex Athenaeo ut uidetur, qui libro 12. in historia luxus Sybaritarum, de equorum saltationibus in haec uerba scribit, ut nos conuertimus: Sybaritarum is erat luxus, ut equos etiam inter conuiuia ad tibiam saltare assuefacerent. Quòd cum scirent Crotoniatae, & bellum aduersus eos gererent (ut Aristoteles etiam refert in ipsorum republica) saltandi signum equis dederunt. Ducebant enim secum in reliquo belli apparatu tibicines quoq́;: quos tibia canentes cum audiuissent equi, non saltare solum coeperũt, sed unà cum sessoribus ad Crotoniatas transfugerunt. Similem de Cardianis historiam Charon Lampsacenus libro secundo de finibus prodidit his uerbis: Bisaltae expeditione aduersus Cardiam suscepta uicerunt. Dux Bisaltarum Onaris erat: qui puer adhuc in Cardia uenditus, & Cardiano cuidam seruiens, tonsor factus est. Acceperant autem Cardiani oraculum, quod Bisaltae aduersus eos uenturi essent. Huius cum saepius mentionem in tonstrinis fieri audiuisset, ex Cardia profugus in patriam redijt, & à Bisaltis contra Cardianos dux creatus est. Cardiani autem omnes, equos suos in symposijs saltare docuerant. Saltabant illi, & posterioribus innixi pedibus, uarios prioribus saltatorios motus tibiae numerorum periti ędebant. Haec cum Onarin non laterent, tibicinam ex Cardia emerat, à qua multi Cardiani tibiae canendi artem edocti in exercitu aderant. Hi tempore pręlij ad tibiam numeros illos saltandi, quos equi tenerent, canere iussi sunt: quibus equi auditis in posteriores pedes erecti ad saltationem se conuerterunt. Erat autem omnis Cardianorum uis in equitatu, atq́; ita superati sunt, Hactenus Athenęus. Voluptatem equis inesse Circi spectacula prodiderunt. Quidam enim equorum cantibus tibiarum, quidam saltationibus, quidam colorum uarietate, nonnulli etiam accensis facibus ad cursus prouocantur, Solin. Equum ita edoctum in Traiano scribit Dion, ut regem adoraret, Cael. Cum in aduentum & gratulationem Marię puellae Britannicae (quae Ludouico duodecimo Gallorum regi nupserat) spectacula illa, quae torneamenta legulei uocant, Lutetiae frequenti rerum omnium apparatu ęderẽtur: uisus est mihi equus, qui sessore hortãte reginam inclinatis plerun-

X 5

que genibus salutabat, moxque consurgēs uolucri saltu in aëra sese efferebat, Text. Homerus equis non tantū intelligentiā, sed diuinā intelligentiam, atque etiā orationē attribuit. Nā apud hunc poëtam & ad præsepia otio contra naturā suam languētes mœrent, & Patroclo occiso perturbant animis, & ipsi Achilli futura prædicunt, Camera. Hac de re uersus Homeri citat Io. Tzetzes 3. 118. Affectum equinum lachrymæ probant, Solin. Equi præsagiunt pugnam, & amissos lugent dominos, lachrymasque interdum desiderio fundunt, Plin. Post bellator equus, positis insignibus Aethon It lachrymans, guttisque humectat grandibus ora, Vergilius libro 11. de Pallantis equo. Sunt & Oppiani uersus lib. de uenatione 1. super equorū intellectu et erga homines amore qui cōmemorentur dignissimi.

Ἵπποις γὰρ περίαλλα φύσις πόρε τεχνήεσσα Ἡμερίων κραδίην, καὶ στήθεσιν αἰόλον ἦτορ.
Αἰὲν γινώσκουσιν ἑὸν φίλον ἡνιοχῆα, Καὶ χρεμέθουσιν ἰδόντες ἀγακλυτὸν ἡγεμονῆα,
Καὶ πολέμοισι πεσόντα μέγα στενάχουσιν ἑταῖρον. Ἵππος ἐν ὑσμίνῃ ῥῆξεν ποτὲ δεσμὰ σιωπῆς,
Καὶ φύσιος θεσμοὺς ὑπερέδραμε, καὶ λάβεν ἠχὴν Ἀνδρομένην, καὶ γλῶσσαν ὁμοίιον ἀνθρώποισι.

Accursius legum interpres, refert Cæsarem triduo antequam moreretur, asturconem suum flentem inuenisse, futuræ quidem mortis indicium: quod fidem non caperet, nisi Tranquillus in eiusdem uita simile quid testaretur. Proximis diebus, (inquit) equorum greges, quos in traijciendo Rubicone Marti consecrauerat, ac sine custodibus uagos dimiserat, comperit pabulo pertinacissimè abstinere, ubertimque flere, Hæc Textor. Ab equis generosis dominos mirè diligi certissimum est: argumento fuerit equus Rodati, qui à morte Caroli magni monachus apud Meld. factus, aliquantò post irruentibus paganis, equum quem in monasterio deposuerat insilijt: quem equus licet iam declinantis ætatis alacriter suscepit, & donec de hostibus suis triumpharet, portauit: Erat autem hic equus ex illorum numero, qui nullum sessorem præter dominum proprium admittere dignantur, Vincentius Belluacensis ex Alexandro quodam. Plures huiusmodi historias capitis octaui parte ultima referam. Fidelissimi ante omnia homini canes atque equi, Plinius. Si accuratè & liberaliter tractetur equus, cum beneuolentia erga eum qui sibi benefecit, cumque amicitia acceptum beneficium compensat, Aelia. Hoc quidem compertum est, nisi forte uel morbo (nam & rabie equi corripiuntur ut canes) uel ira insaniat equus, non facile hominem lædere, maximè ætatis aut sexus imbecillioris. Itaque mordaces isti & calcitrones, ut Pannonici plerique, de quibus & prouerbium malignitatis ortum, non ferè nisi irritati aut opinione aut metu offensæ ferociunt. Quamuis ut inter homines, ita inter equos quoque, malitiosi & nocentes aliqui præ cæteris inueniantur, Camerarius. Amissa parente in grege armenti reliquæ fœtæ educant orbum, Plinius & Tzetzes. Equæ societate coniunctæ, si altera forte perierit, altera pullum parente orbatum enutrit, Aristoteles. Equarum genus miro quodam amore prolis teneri putatur: cuius rei indicium est, quod sæpius steriles auferunt pullos à matribus, quos ipsæ amore prosequentes tueantur: sed quoniam lacte careant, deprauant eos quos diligunt, Aristoteles. Hippomanes de fronte statim ædito partu deuorat fœta, aut partum ad ubera non admittit, si quis præreptum habeat, Plin. Equæ plerunque macrescunt desiderio pullorum absentium: propterea dimittendi sunt in eadem pascua quibus mater, Columella. Qui equas ad reditum saltem, aut si opus sit, fugam, ueloces desiderant, à partu recentes accipiunt: quæ quoniam relictos pullos recordantur, quos plurimum amant, quanta possunt celeritate qua uenerunt repetere solēt iter. Qui metaphrenon, id est partem inter scapulas supinam (ὕπτιον) habent, remisso & stolido ingenio existimantur: quoniā huiusmodi in equis est, Aristoteles in Physiog.

¶Equi ab elephantis in prælio terrentur, ut in Elephanto dixi cap. 5. ex Heliodoro & Marcellino. Equis odio naturali camelus aduersatur, Aristot. & Plinius. Quantum camelum equus reformidet, Cyrum & Crœsum cognouisse aiunt, Aelianus. Simonides in Iambis dicit, Persas post Cyri pugnam in Lydia camelos simul cum equis alere, equorum metum ex camelis conuictu conātes expellere, Aelian. Cyrus in prælio aduersus Crœsum, camelos contra equitatum instruit hac ratione, quod camelum equus reformidat adeò quidem, ut nec speciem eius intueri, nec odorem sentire sustineat. Id ideo commentus est, ut equitatum Crœsi, quo ille se præualiturum cōsiderabat, inutilem redderet. Simulatque in pugnam itum est, equi olfactis protinus conspectisque camelis retro se auertunt, unde spes Crœsi interijt, Herodotus libro 1. ¶Rumpi equos traditur, qui uestigia luporum sub equite sequantur, Plinius. Vestigia lupi calcata, equis afferunt torporem, Idem. Si casu equus lupi uestigium conculcet, torpore comprehenditur: si item lupi calcaneum equi quadrigam trahentes conculcent, sistentur tanquam ij cum quadriga conglaciati essent, Aelian. Equi luporum uestigijs calcatis obtorpescunt cruribus, Pamphilus in libro rerum natural. Geoponica. Si calcauerit zosach, id est equus uestigium dorim, id est ursi (lupi potius, ut cæteri omnes scribunt) accidit stupor eius pedi, Aesculapius. Mulierem quæ abortierit significaturi Aegyptij, equam scribunt, quę lupum presserit. Equa enim abortit, non modo si lupum calcauerit, sed etiam si ipsius uestigia attigerit, Orus. Prægnans equa incedens super uestigia lupi, irascetur, Rasis & Albertus. Et alibi, Si calcet equus uestigia lupi uel leonis, pedibus obtorpescet, ut moueri nequeant, Iidem. Dextrarij non castrati et fortes, ex audacia appetunt adire & impugnare leonem (hoc Oppianus de charopis equis scribit, cæteros uerò omnes leonum aspectum non sustinere:) castrati autem adeò timent, ut nec calcaribus nec flagris adigi possint ut propius ad leonem accedant, Auicenna. Inimica omnia suilla equino generi, grunnitus, fœtor, halitus, Camerarius. Equum ferunt struthiocamelum refugere, nec intueri audere,

dere, Cardanus. Equi amantur ab otidibus, Aristoteles. Otis ex omnibus auis equorum studiosissima censetur: nam cum cætera animalia in pascuis oberrantia aspernetur: equum ut aspexerit, magno statim cum gaudio ad ipsum aduolans, appropinquare pergit, Aelian. Si quis equinam pellem induerit, quotquot uolet otides uenabitur: nam equorum studio captę accedunt, Gillius. Hominē uiribus infirmum qui fortiorem fugiat significantes Aegyptij, otidem auem & equum pingunt: euolat(ἵπταται)enim illa uiso equo, Orus 2.20. Sed hoc aliorum scriptis aduersatur, ut de antho potius quam otide aue id uerum sit. ¶ Equum odio habet florus auis: pellitur enim ab equo pabulo herbæ qua uescitur: nubeculans hic, nec ualens acie oculorum est: quippe qui uocem quidem equi imitet, atque aduolans equum fuget: sed interdum excipiatur occidaturque ab equo, Aristoteles. Barbari, ut 10 Albertus & alij, ubi in Græco anthon, id est florum auem legimus, ibis uel ybos habent. Philes Græcus inepte non anthum auem, ut debebat, sed anthiam piscem ab equo odio haberi scribit. Est auis quæ equorum hinnitus, anthus nomine, herbæ pabulo aduentu eorum pulsa, imitatur, ad hunc modum se ulciscens, Plinius.

E.

Eporedicas Galli uocant bonos equorum domitores, Plinius 3. 17. Rauisius Textor r. literam in medio aspirat. Eporædia Plinio Italiæ transpadanæ oppidum est, Ptolemęo Salasiorum, hodie Hiaurea. Equiso dicitur equorum domitor. Nam ut equus (inquit Varro) qui ad uehendum est natus, tamen traditur magistro, ut equiso doceat tolutim incedere. Hippocomus Græcis uocatur equorū curæ præfectus. πωλοδάμνης Straboni, qui pullos domat: (& opus ipsum πωλοδαμεῖν) πωλοδαμαστὴς Dio- 20 doro Siculo. Hippodamus, qui domat equos, lo cozone, Scoppa in Lexico Latinoitalico. Equisones & arulatores, siue mauis cociones, arte & industria equis gradus glomerationem dant, Grapald. ¶ De pulli domitura, Hippiatrica 116. Absyrtus in Geoponicis 16. 1. Mansuefaciendi (inquit) sunt pulli, instituendique, ubi decimumoctauum mensem compleuerint. Tunc enim eos deligantes capistro, præsepi frenum suspendere conuenit, ut illud contrectantes assuescant, nec trepident ob sonū à sielisterijs (postomides uertit Cornarius) profectum. Cæterum dum fuerit trimulus domandus est, prius quam uentricosus euadat. De domitura & institutione equi, Crescentiensis copiose agit libro 9. per totum caput sextum. De nutritione paruorum pullorum, Ruf. 18. De educatione adultorū, Idem 19. Quomodo & quo tempore illaqueari debeant equi qui ducuntur ad armenta, Ruf. 20. Quomodo & qua cautione equi domētur, Idem 22. & de custodia equorum post domationem, ca. 23. 30 De equo disciplina instituendo, Ruf. ca. 24. In pullo instituendo (inquit Xenophon) non decet ipsum equitem occupari, sed potius domitori tradet, & quomodo institui ab eo uelit præscribet. Prouidebitur autem ut accipiat domitor pullum mansuetum & manuum patientem, atque amantem hominum, quæ pleraque domi à curatoribus (hippocomis) illorum efficiuntur, qui norint, cum famem atque sitim, tum irascentiam pulli ad silentia & solitudines (ἐρημίας, interpres legit ἐρημίαις, ut oppositū sit quod sequitur δι' ἀνθρώπων) relegare: contrà uerò cibum & potum & depulsiones offensarum per homines procurare. His enim custoditis non solum diligi à pullis homines, sed requiri etiam necesse est. Contrectandæ etiam eæ partes corporis, quas maxime tangi equus gaudet: hæ sunt densissimæ pilis, & à quibus molesta depellere ipse nequit. Iubeatur & curator pullum cum traducere per turbam, tum uarias ad species & uoces admouere. Ex his, si quid forte illum perculerit, ostendere opor- 40 tebit placando, non sæuiendo, terribile non esse, Hæc Xenophon. Quando & quo tempore edomari debeant pulli, Rusius 21. Pulli domantur Martio, ubi tempus bimæ ætatis excesserint, Pallad. Sunt qui dicant post annum & sex menses equulum domari posse, sed melius post trimum, à quo tempore farrago dari solet, Varro. Equus bimus ad usum domesticum recte domatur, certaminibus autem expleto triennio, sic tamen ut post quartum demum annum labori committatur, Columella. Diuersa autem circo ratio quæritur: itaque cum bimi in alio subigantur imperio, non ante quinquennes ibi certamen accipit, Plin. Domitores equorum non uerbera solum adhibent ad domandum, sed cibum etiam sæpe subtrahūt, ut famē debilitetur equuleorum nimis effrenata uis, Cicero in Hortensio ut Nonius citat. Pullos, cum stent cum matribus, interdum tractandum, ne cum sint disiuncti, exterreantur. Eademque causa ibi frenos suspendendum, ut oculis consuescant & uidere eorum faciem, & 50 è motu audire crepitus. Cum iam ad manus accedere consueuerint, interdum imponere his puerū bis, aut ter pronum in uentrem, postea iam sedentem: hæc facere cum sit trimus, tum enim maxime crescere, ac lacertosum fieri, Varro. Pullus passum suauem uel durum cui assuescit iuuenis, uix iam prouectus ætate relinquere potest, &c. Isidorus libro 8. Ducendum esse equum per loca ubi sint sonitus & strepitus, Rusius 36. Hippocomus equum uiæ lapidosæ, sed non nimium asperæ assuefaciat. Quòd si etiam in stabulo lapides ἀμφιδόχμους (ἀμφίδοχμοι, λίθοι μεγέθος ἔχοντες, Hesychius & Varin. δόχμος quidē obliquus est, δοχμὴ uerò et δακτυλοδόχμη apud Pollucē, mensurę nomen, quatuor digiti manus conclusi: hinc est puto quòd Camerarius, quanque ἀμφιτόμους in Xenophōte legitur, ipse ἀμφιδόχμους ex Polluce reposuit, & palmares uertit:) quorum singuli circiter librā appendāt, deposueris, incluserisque ferro, ut Xenophon consulit: sic quoque ex assuetudine eos calcandi confirmabit & 60 roborabit pedes pullus, Pollux. Exteriore quidem parte sui stabulum (inquit Xenophon, ἐξώστρα-μον uocans) ita rectissime se habebit, & pedes equi ampliabit, si rotunda saxa palmari magnitudine pondere librę, quam multa quatuor aut quinque plaustra uehere possint, effuse deijciantur, & ferro inclu-

X 4

dantur, ne à se discedant. Ac super hęc inductus equus quasi in lapidosa uia singulis diebus aliquandiu tisper gradiatur. Nam siue destringatur, seu à muscis pungatur, uti ungulis illum non secus ac si uadat necesse est. Etiam testudinem (chelidona) pedis hoc modo effusi lapides solidant. Equitanti frequenter descendendum de equo & ascendendum esse, Rusius 37. Ad inscensionem tam instratum quàm nudum equũ assuefieri rectum fuerit: sed de hac plura inferius. Qui nactus est equũ (inquit Xenophon) omnino imperitum saltuũ, is uacuum illum prehenso loro ductorio transgressus fossam prior attrahito ad saltũ. Quòd ille si renitaẽ, à tergo aliquis flagrũ aut uirgã summis uiribus incutiat, ita transiliet non solum illud spatium, sed longius etiam quàm debuisset, & in posterum non expectabit uerbera, sed ubi senserit modò ponè accedere aliquem, statim saliet. Cum uacuũ assuefeceris, ita etiam agitabis conscensum, primũ quidem trans minores fossas, mox etiam latiores. In conatu autem saliendi subdes calcaria, itidemq́ cum subsilire equũ & cum desilire uolueris, calcaria subdito: toto enim corpore in omnib. his annitens equus, faciet illa ita, magis ut cum ipse, tum eques in tuto sint, quàm si posteriore parte sui quasi deficeret, uel in transiliendo, uel in erumpendo sursum, uel in desiliendo. Cæterum ad decliuia primum leuiori in solo equos assuefieri conuenit. Ita tandem assuefacti libentius per decliuia, quàm recto cursu ferentur. Nam quòd quidam uerentur, ne si per decliuia incitentur equi, armos rumpant, neminem debet terrere, qui cognouerit & Persas & uniuersos Odryssas cursu per decliuia certantes, nihilò minus habere sanos equos, quàm Gręcos. Porrò sessor ad hæc omnia accommodum præbere debet. Itaq; ad primum ille equi impetum proclinator, ita minimè equus tergiuersabitur, aut eques succutietur: statimq́ reprimens equum, resupinator, ita minimè ipse iactabitur. In traiectu fossæ, & cliui ascensu, non fuerit incongruum iubam tenere, ne simul & loco & freno grauetur equus. Sin per decliue agetur, & resupinator eques, & equũ sustineto freno, ne præceps uterq; deorsum feratur, Hæc Xenophon. ¶ Ad circumactiones autem utrunq; in latus, & in gyros, itemq́ conuersionem celerẽ directi cursus, est id quidem non uulgaris industriæ equũ instituere: sed nisi sit ualde nihili pecus, assiduitas & diligentia etiam hæc celeriter assequiẽ. Loquor autem de equo integro, & cuius uires nulla iniuria morbi debilitauerit. Nam talium labant crura, neq; tuto pedetentim per plana etiam loca ingredientibus his uehâre, nedum illos ad cursum concites & in gyros torqueas aut agas per salebras, Camerar. De gyris equi infra etiam dicemus inter equitationis pręcepta.

¶ De castratione dictum est supra capite secundo in Canterio.

¶ Equorum & equarũ greges qui habere uoluerint, ut habent aliqui in Peloponneso & in Apulia, primum oportet spectare ætatem, quam præcipiunt. Videndũ ne sint minores trimæ, maiores decem annorum, Varro. Aetatem quomodo discernas capite tertio docuimus. Ad equarũ gregem quinquagenarium bini pastores sufficient, utiq; uterq; horum ut secum habeat equas domitas singulas in ijs regionibus, in quibus stabularij solent equas abigere, ut in Apulia & in Lucanis accidit sæpe, Varro.

¶ Equile stabulum equorũ est, Varroni & Catoni. De hoc supra etiam in domiturę mentione nõnihil diximus. Plancę roboreæ supponanẽ stationibus equorum cum stramine, ut iacentibus molle sit, stantibus durum, Vetus quidam nescio an Vegetius. Curandum est ut stabulenẽ sicco loco, ne humore madescant ungulæ: quod facile euitabimus, si aut stabula roboreis axibus constrata, aut diligenter subinde emundata fuerit humus, & paleæ superiectę, Columella. In stabulo reprobatur à plerisq; pauimentum ligneum asserum, seu trabiũ atq; axium, Camerar. Stabula equorũ uel boũ, meridianas quidem plagas respiciant, non tamen egeant septentrionis luminibus, quæ per hyemem clausa nihil noceant, per æstatem patefacta refrigerent, Pallad. Diligens dominus (inquit Veget. 1.56.) stabulum frequenter intrabit, & primum dabit operam ut stratus pontilis (hunc etiam inferius in hoc capite similiter nominat: & libro 2. ca. 58. Iumenta, inquit, mundissimè stabulenẽ, & roboreis pontibus consternanẽ) emineat: ipsumq́ sit, non ex mollibus lignis, sicut frequenter per imperitiam uel negligentiam euenit, sed roboris uiuacis duricia & soliditate compactum. Nam hoc genus ligni equorum ungulas ad saxorũ instar obdurat. Fossa pręterea quæ lotium recipiat, deductorium debet habere cuniculũ, ne pedes iumentorum redundans urina contingat. Patena quæ appellaẽ (uox facta uidetur à φάτνη Græcorum) hoc est alueus, ad hordeum ministrandum sit munda semper, ne sordes aliquæ cibarijs admisceanẽ & noceant. Loculi præterea uel marmore, uel lapide, uel ligno facti, distinguendi sunt, ut singula iumenta hordeum suum ex integro nullo præripiente consumant. Nam sunt animalia ad edendum auidissima, quæ cum celeriter propria deuorauerũt, partem consortis inuadũt. Alia uerò naturali fastidio tardius comedũt, & nisi separatim acceperint, uicinis rapientibus macrescunt. Cratis, quæ iacca uocatur à uulgo, pro equorum statura nec nimis alta sit, ne cum iniuria guttur extendaẽ: nec nimis humilis, ne oculos contingat aut caput. Luminis plurimum stabulo infundi oportet, ne tenebris assueta, cum producũtur ad Solem uel caligent, uel aciem uisus imminuãt. Aestate in apertis locis tam noctibus quàm diebus iumentis libera aura præstanda est. Hyeme uerò tepere debẽt stabula potius quàm calere: nam nimius calor licet custodiat pinguedinem & reficere uideatur, tamen indigestionem facit, & uehementius nocet naturæ. Propter quod diuersa genera morborum ex uapore ipso animalibus generãtur: & si producuntur ad frigus insolitum, statim ægritudinem ex frigoris nouitate percipiunt, Hucusq; Vegetius. In quo quidem loco sues stabulabunt,

bunt, eodem equos nequaquam deducemus, neque prope consistere patiemur. Inimica enim omnia suilla equino generi, grunnitus, foetor, halitus, discernente hac etiam in parte natura ipsa generosissimam ignauissima bestiam. Remouebunt & aues domesticae atque altiles à praesepibus equorum, quae propter reliquias pabuli sectari solent, quae tum in his non solũ pinnulas excutiũt, sed etiam stercora deijciunt: atque illae cum gutturis, haec cum alui periculo ab equis deglutiũtur, Camerar. Et rursus, Quotiescunque (inquit) intra stabulum & ad praesepe equus curabit, stramenta etiam furcillis cum excutientur, tum component, & immunda omnia auerrentur: hoc non solum aspectu est iucundum, & curatorum diligentiam studiũque mundiciae commendat, sed etiam ualetudinem equorũ bonam conseruat atque auget, propter foetoris & situs remotionem, quibus cum anhelitus equorũ facile uitiat, tum squalida omnia aërem inficiunt, ut maius etiam malum metuendum sit. Quare qui diligenter & accuratè tractari equos student, hoc uident non minus ut equilia stabula niteant, neque secus ut suo quidque loco positũ, omniaque uersa & praetersa sint, quàm in conclauibus & triclinijs suis: ne quis cũ forte ingressus sit absentibus equis, non equos ibi curari, sed sues pasci existimet. Equi instructi ubi redierint, tum illos ministri, stratis, frenis, omnique ornatu exuent, & curabunt, ut expositum est. Haec autem omnia suo quidque loco suspendent aut reponent: similiter & alia supellex equestris, & totum stabuli instrumentum, aptè atque ordine collocatum uiset: Vniuersa quidem ab equis longiusculè. Nam multi reperiunt ita petulantes equi, & bona cum natura tum cura luxuriantes, ut quicquid attingere forte potuêre, id arrodant, & frusta interdũ pannosa aut lorea deglutiant. Quod illis, si fecerint, nequaquam scilicet salutare fuerit. Quare serie quadam omnia erũt disposita, neque panni detersorij, aut strigiles, aut pecten, in praesepi abijciet, neque prope etiam appendet: neque strata temere quocunque infligentur, ut obliqua pronáue iaceant, nihil laboret minister, Camerar. Et alibi, Tractationes nocturnae cautae fient illatis luminibus. Itaque & laudant stabula lapidea, & cõcamerata: stramẽ enim & foenũ flammam celeriter & concipit & auget. Sed quoniam fieri nequit ut curatori interdicatur, ne unquam in stabulum lumen intulisse uelit: id praecipiendum est, ut uel in laterna inferat, uel illatum in candelabro reponat, quod debebit esse ferreum subiecta latiore lamina, in quam scintillae omnes incidant, & alicubi loci suspensum aut affixũ, unde longissimè stramina & foenum & materia alia ignium absit, Hactenus Camerar. Addentur etiam proximè quaedam post cibum & potum equi, quae ad stabulum pertinent.

¶ De tractatione equi quantũ ad sanitatem tuendam, supra etiam capite tertio non pauca attulimus. Haec quę dicũtur de cura & tractatione equorũ, intelligendum quo melior equus & usus illius nobilior sit, eò diligentius exercenda: quippe cum in contemptu quorundam maxima negligentia non reprehendat. Est aũt prima dignitas bellatorũ: proxima itinerariorum, aut eorũ qui animi causa alũtur: postrema uectariorũ, Camerar. De curando equo, Ruf. 28. De curando equo cũ equitari debet, Idem 29. ¶ De cibo & potu equorum supra quoque dictũ est cap. 3. Pabuli cura neglecta futurum ut & generosissimus equus pereat ac corrumpat, & mediocris prorsus inutilis fiat. Contra, futiles saepe illa ipsa cura exquisita, & assiduo respectu, ad non spernendũ usum, mediocres aũt ad praestantiã quoque nonnunquam perducũtur. Quod & ipsum poëtae ueteres indicarũt, cũ Neptuni progeniem Arionem, uel nescio quem alium, fecere de Cerere. Quo quis non uidet significare illos uoluisse de bono pastu equos ad diuinitatem propemodũ quandam euadere solere, Camerar. Curandum est praecipuè (inquit Veget. 1. 55.) ut siue foenũ siue paleas, uel manipulos uiciae pro regionũ usu uel copia animalibus praebeas, incorrupta ac bene olentia & munda mittant. De hordeo quoque non erit sollicitudo dissimilis, ne aut puluerulentũ sit, aut lapidosum, aut mucidũ, aut uetustate corruptũ, aut certe recens de areis sumptum, & ipsa nouitate praeferendũ. Et paulo post, Hordeum quoque non semel nec bis, sed pluribus portionib. praeberi conueniet: quicquid enim paulatim acceperint, legitima digestione conficiũt: quod uerò semel & enormiter sumpserint, cum fimo indigestũ integrũque transmittunt. Mane (inquit Camerar.) foenum obijci non oportebit: sed post datum & consumptũ pabulum hora tertia manipulus unus foeni obijciet, quod equus ubi confecerit, aquabitur. Id tempus incidet in horam circiter nonam. Tum iterũ manipulus foeni obijciet, & post horas tres, id est circa duodecimam pabulũ praebebitur meridianũ simile matutino. Postea hora secunda aut tertia manipulus foeni obijciat, & mox deinde bibendi copia fiat equo. Tandem uespertinũ apponatur pabulũ paulò copiosius, praesertim hyeme, & unà obijciat manipulus unus aut alter foeni. Priusque autem pabulum proferri sentiat equus, afferatur aqua pura, & admoueat equo, si forte sitiat & potũ desideret. Veteres, id quod Xenophon innuere uidetur, bis tantũ pauêre equos suos, Haec ille. Et rursus, Mane hora sexta in stabulo equo pabulũ praebebit, nisi aliqua res & usus equi suaserit accelerare pastũ. Nam multa possunt incidere quae ordinem turbent. Pabulũ uerò auenae apud nos dari solet. Etsi nõnunquam hordeũ apponũt, idque existimo si fieret crebrius futurũ cum equorũ bono: nam alit magis hordeũ, & est minus crudũ, id est ἄπεπτον: & sanguinem gignit tenuiorem. Sed tum mane auenae seu hordei pabulũ dabitur: qua mensura quidem, non potest certò praefiniri: nam aequalem non omnes expetũt: communis tamen uidet quatuor choenicũ, siue semodij: id est quantũ fermè sexies cauis ambabus manib. comprehendi poterit. Tantũ quidem ferè apponere solent, sed largius parciúsue hos uel illos equos pascere oportebit. Qui quidem non multũ defatigant & quiescũt, aut raro agitantur, illis plenum pabulũ nequaquam dabitur, neque merum: sed cum minuetur, tum miscebitur paleis, aut quod magis laudatur confectis culmis frugum, Hæc Camer. Qui equum & sanitate & robore ualidiorē habere cupit, paleas & hordeum toto anno ei præbebit, & ne herbas aut farraginem tempore uerno det cauebit. Cæterum autumno herbas roscidas dabit è pratis, & nihilominus adijciet annonam hordei pro nocte: Sic equus & sanior & laborum tolerantior, & à morbis tutior ac uiuacior erit, nec nimium pinguis. Si tamen mercatoris fuerit equus, pinguem reddere licebit ut pulchrior appareat. Pullis enim tempore ueris expedit farragines seu alias herbas exhiberi, maximè qui fatigādi non sunt, Hæc Rusius capite ultimo. Audio in quibusdam Angliæ locis panes ex leguminibus, ut fabis et pisis, confectos equis in cibum dari. Cum iter facies equo ne dederis multum annonæ in meridie, sed eò amplius boni fœni, & si libet panem maceratum è bono uino. Cœnam maturè dabis, ut maturius quiescere incipiat, Obscurus. Pabulum madefacere quamuis pleriq; improbent, ratione tamē, ut interdum hoc fiat, carere non uidetur. Sicut neq; hoc, ut frustum panis nonnunquam præbeatur equo cum sale. Nā est pabuli magna ariditas, de qua ut equus siccitate laboret, facile acciderit. Sed fastidiosos hæc equos reddere putant. Id quod, si uero modo & hæc & alia omnia administrētur, non uidetur pertimescendum, Camera. Fessum & sudantem equum potu abstinebimus: nec grana, sed fœnum tantum obijciemus: & stragulo opertum paulatim circunducemus, donec calor satis euaporârit, Obscurus. Equus si laborauerit aut sudârit & incaluerit, cibum potúmue nō sumat, nisi prius coopertus aliquo panno, paulisper ambulādo ductus fuerit, & sudor & calor abierint, Russius. (Quę intempestiuum huiusmodi cibum & potum incommoda sequātur, plura diximus supra in c.) Nihil unquam neq; cibi obijciet, neq; offeret potus, feruentibus & anhelantibus atq; fessis: sed, dum quasi spiritum recipiant, pabulationem aquationemq; differet, atq; interea quiduis potius usurpabit curationis. Nam qui sedulus & fidelis erit, semper inueniet, quod equo benefacere quoquo tempore rectè possit, Camerarius. Aliqui post absumptum pabulum stramenta carpunt, ne sordida quidem respuentes, quod putatur anhelitum lædere: quamuis quibusdam hoc non nocere, quibusdam etiam prodesse uideatur: Quod mihi quidem nemo facile persuaserit, quo minus temere hoc referentibus assentiemur. Ergo qui stramenta carpent, ijs capistrum inducetur post pabuli comestionem, hoc animam non impediet, & stramenti pastum prohibebit. Id quidem facile, qui cogitabit, uerum reperiet, quò uel pabulum uel potus purior atque syncerior fuerit, eò meliorem habendum. Quapropter de auena & pulueres excutiendi, & sordes etiam eximendæ sunt, præsepeq; diligenter extergendum, ut in repurgatū indatur pabulū. Itidemq; fœnū nunq; obijcietur equo ita, ut de fœnili est detractum, sed prius intra manus uersabit, ut pulueres et immundiciæ excidant, atq; ita purum dabitur equis, Camerar. Capistrum è corio ualido inijciatur in caput equi, & binis retinis alligetur præsepi, & pedes anteriores pedica lanea uinciantur, & posteriorum pes alter alligetur, ne huc illuc moueri possit: hoc ad crurium conseruandam sanitatem facit, Petrus Crescentiensis 9.5. Et mox, Est etiam perutile ut equus assiduè in terra iuxta pedes anteriores cibum capiat, ita ut collum cogatur longius extendere, quod inde gracilius & pulchrius euadet.

¶ De potu administrando nonnulla iam proximè diximus in cibi mentione. Aqua pro potu equi aliquantulum salita sit, leniter currens, uel parum turbata (aliquantulum salsa & turbida, suauiter currens uel quasi nihil, Rusius) tales enim aquæ calidę sunt, & crassiusculæ, unde magis nutriūt: frigidæ uero & ueloces in motu perparum, Petrus Cresc. 9. 5. & Rusius 27. Temporibus tamen nimium calidis, dulces aquæ conuenire uidentur. Sed habenda est consuetudinis ratio. Et quia equus ni copiose bibat, corpulētus non fit, abluatur os eius interius & fricetur cum sale madefacto in uino: sic enim auidius edet bibetq;, Rusius. ¶ Aqua in potu equis limpida ac frigida, etiam perennis ac profluens ministranda est. Nam quicquid importunius fluit, uirus non admittit, Vegetius. Equus fessus equitatione aliòue labore, non est potandus, nisi prius urinam emiserit, utcunq; diutius expectandum sit, ne in periculosum aliquem morbum incidat. Distentio morbus periculosus, cum alijs ex causis contingit equo, tum si sudans biberit, Vegetius 1.9. Videas aliquando segnes istos & nihili curatores, plerunq; importatam aquam, si prope sit unde petant, offerre equis, neq; illos foras educere ad aquationes, quod ualde culpandum est, Camerarius. Et rursus, Aqua autem nunquam offeretur equo, quæ in uase aliquantisper retenta situm duxerit, aut in quam illo aperto aliquid decidisse incubuisseue pulueris seu quisquiliarum possit, semperq; in stabulum importabitur, quandocunq; hoc fieri oportebit, & offeretur equo recens. Etsi non desunt, qui stagna turbidiora optimas ac saluberrimas aquationes suppeditare existiment, cuius rationem ipsi reddiderint: hoc certe uidemus plerosq; equos fastidire tales aquas, neq; uelle bibere quamuis sitientes. Etsi uir peritissimus Aristoteles scribit camelos & equos crassiore & turbidiore potu gaudere, neq; de flumine nisi prius pedibus turbato bibere. Ipse quidem potus largior reddit obesiora iumenta, Camer. Domesticam (inquit idem) & intra stabulum curam fidelem & assiduam esse oportet. Xenophon non patere, neq; accessa illa uult loca esse, in quibus equorū stabula fuerint, duabus maxime de causis, ne pabula subducantur, néue ignorari possit utrum equus illa dissipet. Ac sunt certe duo præcipua signa sanitatis equorum: unum intra stabulum, si auidè & libenter pascatur: alterum foris, si os abundat spumis & humore. Omni imbecillo pecori altè substernendum est, quò mollius cubet, Columella. Locus ubi moratur equus, mundus sit interdiu, noctu uerò paretur ei cubile è palea uel crassiore fœnoue usq; ad genua, Petrus Cresc. Stramenta ad nocturnam quietem, itidemq; hyeme quàm æstate pleniora suggerentur.

gerentur. Nam & noctu recubat diutissimè equus, & nō minus calore offenditur atq; læditur, quàm frigore. Sed contra utrumq; præcipua est stabuli defensio, si ita est extructum, ut cellæ uinariæ esse debent, hyeme ut tepidum, æstate gelidum ut sit. Sin aliter, arte & ratione tam calor quàm frigus repelletur. Itaq; cum erit intensius frigus, ut interdum brumale, tegetem circundabimus pectori maximè & aluo equorum, Camer. Et rursus, Nonnulli equi stramenta prioribus pedibus dissipant, his scilicet sępiusculè componentur: quid enim aliud fieri contra hoc possit non uideo. Oportet equum habere continuè tegmētum lineum tempore calido, propter muscas, & laneum tempore frigido propter frigus, Petr. Cresc. Vesperi etiam maximè, sed & alijs temporibus, ungulæ emundabūtur, ad quem usum diligentiores ferreū uncinum habent, quo sub solea abditas arenas & lutum proruūt. Tum deinde fimus bubulus maximè, aut, si hic desit, equi, in cauam ungulam inculcabitur, applicato stramento, quo minus citò excidat. Placet hoc quibusdam fieri maximè alternis diebus, quidam non dubitant singulis iubere. Quidam malūt pluribus intermitti. Neq; desunt qui hanc curam, ut sit peruacaneam, aut etiam inutilem planè negligant: qui tamen consensu penè omniū redarguūtur. Contrà aliqui non solū probant & obseruant, sed insuper etiam seuo aut aruina illas crebro perungi uolūt, Camerar. Sunt qui ungulis uesperi purgatis in cauitatem inferciant fimum bubulū aut equinum, unà cum ouo recenti agitato & cinere calido commixtis. Absyrtus si fractū (thlasma) in pede fuerit, fimum bubulū recentem cū origano in aceto & oleo feruefactū pedi frequenter subijcere consulit. Sed de ungularū cura plura diximus capite tertio inter ὑγιεινά. Prisci soleas ungulis affigere non consueuere. Catullus tamen ferreæ soleæ meminit, cum de mula loquitur, & quendam optat in luto ueternū, & supinum animum relinquere, Ferream ut soleam tenaci in uoragine mula, Camerar. Si inductæ nouæ soleæ fuerint, aut ueteres nouis clauiculis firmatæ, aliquantisper equū quiescere patiemur, ne post recentem molestiam alia mox illi objiciatur, Idem. Equi ungulæ congruis muniantur ferramentis, rotundis instar ungulæ, lenibus (lego leuibus) strictis ita ut ungulis in circuitu bene adhæreant. Nam leuitas ferri reddit equum agilem ad leuandū pedes, & strictura eius ungulas maiores ac fortiores facit, Pet. Cresc. Vngulæ quomodo lædantur clauis malè adactis, uide in c. inter uitia pedum. Hippocomus curabit ut satis mollia sint equi labra, quo facilius frenum sentiat. Molliuntur autem fricatione manuū (leui) & aquæ tepidæ fotu, et oleo interdum inuncta. Frenum etiam admittent facilius quorum molliuscula erunt labra, Pollux: & Xenophon, ut Camerarius citat. ¶ De magno calore & labore graui ut paulatim refrigeretur equus, optimum. Nam celeriter utrumq; fieri, equo non solum perniciosum, sed sæpe etiam exitiale, Camerar. ¶ Si quis equum (inquit Xenophon) detergere uelit tali situ, ut oculos habeat uersos in eam partem, in quam spectat equus, in periculo uersabitur ne in faciem sibi equi tum genu tum ungula incutiatur. Sin contra equū propter crus exterius iuxta scapulam procumbens defricauerit, neq; ipse affligi, & sic cauum pedis ungula explicata repurgare poterit. Atq; similiter & posteriora crura repurgantur. Hoc meminerit equi curator, & hæc & alia quibus opus factis, nequaquam ita fieri debere, ut uel contra faciem, uel contra caudam equi accedatur, ideo q; equus, si uim facere conetur, utraq; illarum partium sui hominis uires uincit. Ad latera uerò adiens maximè & sibi cauerit, & equū prolixè tractare poterit. Anteriores pedes, inquit Pollux, capite uerso eodem quo equus suum uertit, abstergere oportet, ne lædi possit. Posteriores uerò, in contrariam equi partem respiciendo. Eadem de re Camerarius, Contra equum à latere astare (inquit) quicquid agas, & ad operis dexteritatem, & ad uitandum periculum profuerit: Omninoq; cauebit curator, ne aut caput aut caudam uersus ad equum accedat. Quare & frenati educentur sic, agitator prope armos ut habenam tenens ingrediatur. Habenam nunc uoco lorum, quod de lupis reuinci solet liberum, ῥυταγωγία Græci dixere, nō frenorum habenas: nam has attrahere alium quàm insidentem, reddit equum insolentem, & qui in alteram partem plerunq; conuerti nolit. Cum produci equum oportebit (Xenophontis utor uerbis) sic duci illum ut sequatur (ego potius sic intelligo Græca, ut is qui ducit sequatur equum) hac de causa improbatur nobis, q; hoc pacto ductor sibi minimè prospicere, equus autem omnia patrare possit quæ uoluerit. Neq; ita placet duci, ut longo loro alligatum sibi illum succedere ductor assuefaciat, propterea quòd in utrūcunq; latus obuertere queat improbitatem suam, et conuertere se aduersus ductorem suum. Iam plures si unà ducantur hoc modo equi, quomodo abstineant mutuis iniurijs? A latere uerò duci assuefactus equus, neq; homines, neq; alios equos facile læserit, & rectissimè præparatus fuerit ad conscendendum, si quando hoc celeriter fieri oportuerit. Caballi minus sedulò cum curantur, non modò quod ad pabulum attinet, sed in tota tractatione reliqua, fiunt strigosi & deformes, Græci ἰσχνοὺς uocant: nam attenuantur & macrescunt, & coxæ eminent, & depyges fiunt, non aliter, quàm uel manifesto in morbo, uel occulto interdum languore. Id non accidit ijs equis, qui bene & diligenter curantur, præsertim cum strigile, atq; etiam manu sola. Incredibile enim est quantum & ualetudini & uenustati equorum conferat hæc cura. Itaque cum in languore extenuarentur equi, imprimis fricatione ueteres usos legimus, Camerar. Sæpe plus prodest pressa manu subegisse terga, quàm si largissimè cibum præbeas, Columella. Vngulis purgatis curatisq;, tum manipulo stramenti puri & aridi detergebitur equus, ita ut manus sequatur pilorum situm: hoc enim nitidos illos reddere solet, Camerarius. Et alibi, Quotiescunq; (inquit) de agitatione reductus in stabulum & inductus in suam cellulam fuerit equus, tum curator detergeat totum quidem corpus ſtramento arido, diligentiſſimè uerò pedes & aluum. Vngulas interius quoq; repurgabit, & utrum rectè atq; commodè præferratæ ſint conſyderabit. Detergebit autem ſudores atq; humiditatem omnem cum magna cura. Strata ſudantibus & defatigatis non ſtatim auferet, ſed ſub illis patietur refrigerari & recipere uires equos. Fuit & ueteribus in uſu (inquit Camerarius) ut ligneo gladiolo perpurgarent cutem equorum, & de pilis ſordes atq; puluerem excuterent. Itemq; texta quędam de corticibus palmæ ut inducerent manibus curatores equorum, quibus pili deterſi complanarentur et ſplendeſcerent, σωρακίδα hanc Græci uocarunt. In deſtringendo (inquit Xenophon) ordiemur à capite & iuba. Nam fruſtra inferiora nitemur perpurgare, ſi ſuperiora immunda fuerint. Atq; ita deinceps per totum corpus, cunctis ijs, quæ ad repurgandos equos comparata ſunt, utemur, ad pilos erigendos, & expellendum puluerem ſecundum pilorum ſitum: (uidetur addenda negatio, non ſecundum pilorum ſitum. καὶ τὴν κνήμην τριβέτω κατὰ τὴν φύσιν τῆς τριχός. τὴν δὲ μηρέαν καὶ τὸ λοιπὸν σῶμα, καὶ εἰ πρὸς τὸ ἐναντίον ἀνακαθαίροι, ῥᾷον ἂν ἐκσοβεῖ τὴν κόνιν, Pollux.) Sed curator ſpinæ pilos ne quo attingito, niſi manu, qua illos premat & mulceat (ταῖς χερσὶ μόνον καταπλύνων, Pollux: lego ἀπαλύνων ex Xenophonte) ſequens ſitum eorum, quò enati ſunt: ſic enim quaſi ſedili in equo minimè nocuerit. Caput aqua eluito. Nam cum oſſeum ſit, ſi ferro aut ligno perſtringat, moleſtiam equo obiecerit. Iubam uerticalem (procomion) & ipſam humectare debet. Prolixitas enim horum pilorum nõ prohibet aſpicere equũ, ac repellit ea ab oculis, quæ moleſtiam equis afferrent. Deinde incrementa caudæ & colli pilis procurabuntur, quo longius pertingere cauda, & moleſta ſibi repellere, quoq; plenius adminiculum conſcenſor habere poſſit. Crura lauari nobis non placet: nam cum nullam habeat utilitatem, damnoſa interim eſt ungulis quotidiana humectatio. Minus etiam ſæpe inferius aluum repurgari oportet, q; & in primis hoc ſit moleſtum equo: & quò fuerit illa pars mundior, eò plura quæ moleſtiam exhibeant equo ipſa colligat. Præterea quamuis in hoc elabores, uix eduxeris equum, & mox ſimilis eſt ijs futurus, quos repurgauerit nemo: quapropter hæc omittẽtur. Crura autem manibus deſtringi ſatis fuerit, Hactenus Xenophon. Cum deſtringetur equus & detergebitur (inquit Camerar.) optimum fuerit extra ſtabulum educi, & alligari laxiore habena, ut quaſi ſolutus & liber aſtet: inſiſtere autem ſaxis teretibus, atq; ita placidè & fricari & ſordes repurgari atq; etiam flabello excuti conueniet. Tũ iubam & pilos uerticis atq; caudæ humectari & pectine diſponi. Ipſum curatorem tum iubere ſtercora & madida ſtramenta efferre. Quòd ſi cotidie factum fuerit, & equo prodeſt, & miniſtrorum diſperitum laborem minuit. Veteres non frenatos, ſed capiſtro circundato ori produxere equos ad ſtrigilem & pectinem & uolutabra. Nunc in omnibus rebus laboris & operæ minimum ſubire uolunt ij, quibus miniſteria incumbunt, Camerar. Ante aquationes ſemper deſtringi equum & pecti iubam oportebit. Id debebat fieri extra equi cellam in loco patente, ut ſunt atria et ueſtibula: ita enim et excuti pulueres, & ſordes eximi: & omnia, quæ aſſolent, ritè geri poſſent. Sed famulorũ ignauia plerunq; laborem fugit, & ſupra ſtramenta equum aſtantem ad præſepe deſtringit, deterget, fricat, pectit: ſi tamen etiam hoc ab illis fit, ac nõ potius magna ex parte, ſiue etiam totum negligitur, quo admodum equi uitiantur, Camerar. Et alibi, Xenophon (inquit) aluũ et tenuioris pili aut glabra loca ſæpe emundari non putat bonum eſſe: cuius quidem rationi & nos aſſentimur: ſic tamen, ne penis quaſi utriculus, quem Græci uocarunt κόλευνον & θυλακην, negligatur: quem repurgari ſedulò oportet: nam illo ſordibus referto, accidit plerunq; difficulter ut mingat equus. Equus ſummo mane palea uel craſſiore fœno è cubili eius ſublato, abſtergere oportet per dorſum & crura, & omnia membra, Pet. Creſc. Sciendum eſt (inquit Xenophon) nunquam eſſe lori eius, quo ad præſepe alligat equus, aſtringendum nodum, ea parte capitis, in quam uerticale (coryphæa) freni applicatur. Cum enim crebro ad præſepe caput equus moueat, niſi fuerit circa aures uerticale innoxium, ſæpenumero ulceris cauſa exiſtit: his igitur exulceratis, et deſtrictioni & frenationi equus refragabitur. Vtile etiam imperari curatori, ut quotidie ſtercus equinum & ſtramenta in unum locum exportet: hoc enĩ facto & ipſe minus laborabit, & equo conſulet. Sciet etiam curator accommodare equo capiſtrum, quoties uel ad deſtrictionem, uel uolutabrum educere uolet. Deniq; quocunq; ſine freno ducendus erit, capiſtrum induetur. Nam hoc reſpirationem non impedit, & morſibus tamen obſtat, atq; ſubitas inuaſiones equorum cohercet. Alligari equum à capite ſuperne rectum eſt: quicquid enim os illius offendit, declinare ſolet elato capite equus. Id cum facit ita alligatus, magis laxantur quàm rumpuntur uincula. Aquare & mergere equos pro lauare uel abluere per æſtatem in præterfluente dixeris. Nunc cotidie bis aquatum equi ſolent agi, ut ipſis crura & uenter humectetur: quorum Xenophon neutrum probat, madefactionem etiam crurum nocere dicit ungulis. Sed hoc contra tam receptam conſuetudinem & uſurpationem omnium aſſerere nimiæ audaciæ fuerit, præſertim cum & ueteres eluiſſe ſordes tam crurum, quàm uentris ſolitos fuiſſe, & hoc aliquoties præcepiſſe reperiatur, Camerar. Et rurſus, Ego (inquit) in ea ſum opinione, in hyeme crebro equos mergi non oportere: omnino autem nunquam adhuc æſtuantes & ſudantes. Aquari quidem non debent prorſus in ſuſpicione uitij morbi'ue, neq; cum medicari illos uoluerimus, ſiue pharmacis, ſeu manu. Quidam uino calido aut fece poſt interualla certa temporis colluunt crura equorum, nam neruis hoc prodeſſe conſtat: etſi nonnullis diſpliceat, Camerar. Articuli uel ſuffragines poſt iter calido foueantur uino, ut corroborentur ungulæ, Vege. 2. 58. Nonnulli ueſperi crura equorũ perluũt aqua calida è coquina, qua abluta ſunt uaſa eſcaria (mit karſpůlẽ:) aut uino collectitio, quod obiter dum uina depromimus, aut aliâs

aliâs è dolijs defluit (mit tropffwyn:) dorsum uero recenti aqua frigida cum sale. In æstate sub cau
dam subrepere solent muscæ, itemq; sub uentrē ad inguina, quas maximè uesperi, sed interdiu quoq;
curator eximet, ut requiescere equus possit, Camerarius. Curam equorum (inquit idem) ab affectu
quodam beneuolentiæ proficisci optimum fuerit. Facile autem hoc diligentia & obsequium effecerit,
nō solum equus ut amet, sed ut requirat etiam atq; desideret curatorem suum. In hac parte commendatur non solum remotio eorum omnium, quæ equos offendere solēt, ut famis, sitis, madidi stramen
ti, in æstate caloris ac muscarum, hyeme frigoris: sed etiam contrectatio & demulsio earum partium,
quarum contactu gaudent equi, quales sunt maximè hirtæ, & à quibus equus, si quid fortè molestum
sit, repellere minimè ualet, (quod & Xenophon scribit.) Iam in tergiuersationibus, aut feritate, nequaquam delectantur equi ijs, qui non tam placare quàm ulcisci illos uoluerint: itaque & in stabulo & foris, multis equis nocetur agitatorum & curatorum morositate & iracundia. Sæpe at-
trectare equos, & illis abblandiri cum uoce tum manu, mansuetos facit. Maximopere autem cauen
dum, id quod nunc multum frequenterq; fieri uidemus, ne in equum quacunq; de causa in stabulo
& ad præsepe sæuiatur. Hoc enim ut taceam, quod metu & fugæ cupiditate ad illas lintres pręsepium
adiguntur, quibus inflictos armos sæpenumero rumpūt, & fiunt inutiles equiti: sed ut tam detrimen-
tosum non sit, hoc certe incommodi & mali affert, quod equum aut trepiditate & formidine, aut immanitate & furore complet. Itaque animaduertas quosdam palpitantibus membris in metu sine euidenti causa ad præsepe quasi plagas uitaturos non posse consistere: Alios omni ui & impetu
efferri atq; irritari, tanquam à se depulsuros contraria & uiolenta: Ideo autem fit quia sensêre ad se
aliquem accedere, & expectant scilicet malum quod sæpe pertulerunt. Ad bonam curam hoc præci
puè pertinet, Equus ut & ametur ipse, & tractatorem suum à quo curatur, qui est Varroni equiso, a-
met, & se illi curæ esse sentiat. Diximus autem dominum ipsum sæpe oportere respicere ad equum
suum, cum ut sciat qua sedulitate curetur, tum ut equo non sit ignotus. Id igitur qui fecerit, ex eo nō
paruam uoluptatem capiet. Si cui autem unus equus, quamuis forte plures possideat, & strenuus &
obsequiosus contigerit, is & amet charumq; illum habeat, & solus potiri uelit. Nam uerissimè hoc à
Teutonibus dicitur: eos qui ament uxores suas, rectissimè facere si non dimittant ad externos cœtus
conuiuiorum & festiuitatum, quòd semper reuertantur cū moribus aut opinionibus nouis. Itidemq;
qui equos quales maximè uellent nacti sint, si utendos eos dent alijs, hoc scire debere, illos leuius quidem aut uehementius, sed omnino mutatos reuersuros esse. Præceptum optimum & utilissimum
hoc, Nunquam dominus ut curatori ministerijsq; suis nimium confidat, quin ipse quoq; aspicere cre
brò ad operas illorum uelit. Sæpe cum pabulum dabitur, cum aquabuntur, destringentur, instruen-
tur, ipse assit. Cogitet dictum esse Catonis præclarum, & salutare ad domesticam disciplinam, Frons
occipitio prior, Hæc omnia Camerarius.

¶ His adiungam cosmetica quædam, hoc est ad equi ornatum pertinentia. Consideratur autem
ornatus, uel in corpore equorum, idq; dupliciter: aut enim medicamentis fit adhibitis, ut cum alibi
tum circa pilos & cicatrices, de quo supra partim secundo (in pilorum mentione) partim tertio capite egimus: aut sine medicamentis sola hippocomi industria, ut in pilis componendis, purgandis, secan
dis, de quo hoc in loco nonnihil. Vel extra corpus, in ornamentis appositis, ut phaleris, &c. de quo
octaui capitis parte quinta dicemus. De iuba equorum quomodo tondeatur, & quod cirri crurum
non sint tondendi, capite secundo in partium corporis descriptione docuimus. Hoc loco subit mira
ri rationem illorum (inquit Camerarius) qui elegantissimos interdum equos uerticis iuba præcisa et
truncata cauda (nostrates equos huiusmodi uocant mutzen) reddunt aspectu fœdos quasi infamiæ
quibusdam notis. Etsi uidentur non sine causa maiores hoc nostri factitasse: itaq; illi postea alligata
quasi phenace pilorum, studuerunt ademptum mutilatione decorem reparare. Quid autem ut natu
ralem non retinerent, ac defenderent potius causæ fuisse suspicabimur? Equidem existimo primum
factum hoc fuisse ab aliquo, cuius equum strenuum & bonum, uitiata scabiosa impetigine cauda de
turparet: postea in quouis pilorum defluuio id usurpari cœptum, in ignoratione scilicet remediorū
huius mali: dum nouitate, ut fit, res commendari, & placere insolentia sua cœpit. Iam uero etiam au
diui, quod haud scio an falsum sit, animosiores reddi mutilatione equos. Sed omnino barbarum hoc
& corrigendum uidetur, præsertim cum eripiatur hęc contra muscas necessaria illis flabelli defensio,
præciso caudæ uerbere, Græci σόβην uocarunt. Iam etiam aliqui uerticis iubam implectūt ut in fron
te, tanquam uirgunculæ crinis., filo discolore implicata dependeat: quo si putant equum speciosio-
rem reddi, admodum falluntur: sin consuli prospectui, redarguuntur à Xenophonte, qui hos pilos ui
sui nihil officere, ut diximus, demonstrat, Camerarius.

¶ Qui equum curat, maximopere illi uidendum, ne qua re uehementius equum offendat. Offen
duntur autem aliqui facile inter frenandum, siue ipsi respuunt ferrum, aut lora indui uertici molestè
ferunt, seu durius & immitius inuaduntur, Camerarius. Vt autem rectè etiam infrenetur equus (in
quit Xenophon) accedito curator primum ad læuum latus illius, deinde habenas ob caput in summis armis deponat, uerticale autem attollens in dextra teneat, ac lupos sinistra admoueat: quos si e-
quus admiserit, applicanda scilicet erunt freni lora. Sin equus os non aperiat, tenens frenum propin
quum dentibus, maximum digitum manus inserito maxillis, quo facto pleriq; os pandunt. Sed ne sic
quidem si frenum receperit equus, tum labrum ille urgeat ante dentem qui caninus appellatur: ac

Y

paucissimi, cum hoc sit, non admittunt frenum. Præcipiatur & hoc curatori, primum, ne unquàm habenis attrahat equum, ita enim durum os (heterognathus) redditur. Deinde ut à buccis conuenienti spatio distet frenum. Nam cum illas premit, callum solet obducere, ita sensus retunditur. Cum autem longius dependet usq; ad summum os, potestas tamen fit equo, si frenum momorderit, minus parendi domino. In his acrem esse curatorem non minus quàm ulla alia in re elaborare conuenit. Tantum enim momenti in hoc est situm, libenter ut equus frenum admittat, ut si quis omnino rejici at, is nulli usui esse censendus sit. Quod si curator non solum cum ad laborem equus, sed etiam cum ad pabulum ducetur, & de agitatione domum reducetur, frenum illi induerit, nimirum iam ultro appetet statim ubi hoc offerri sibi uiderit. Cum frenandus (inquit Camerarius) & insternendus erit equus, tum detersus esto, & nitidus atq; pexus: frenetur autem sic ut minimè offendatur: ita libentius frenos admittet, quos, uidi qui initio sale conspergerent, quòd cum lingeret equus et simul manderet frena illa pati assuefieret. Quidam comprimentibus equis dentes, neq; recipere frena intra os uolentibus, ferro labra & gingiuas urgent: quod etsi in præsentia, nisi sint ferociores, facit, ut admittant frenum, odium tamen illius perpetuum excitat. Quare melior est ratio Xenophontis, digitis premere labrum: non enim in hoc tantus sensus doloris, uel dolor potius nullus omnino inest. Frenantur autem hoc modo. Habenæ, quibus equus regitur, obducunt ob equi uerticem & deponuntur ad imam iubam seu scapulas, uel (si quis hoc mauult) armos aut spinam. Tum sinistra teneat ferrum freni siue lupos, & dextra subter collum equi sensim circumacta uerticale lorum unà cum reliquo frenorum loreo quasi reticulo applicet atq; circundet capiti, & quæ nectenda fuerint connectito, & catenulam qua nunc maxillæ reuinciuntur, infibulato: atq; ita instructus equus ductorio loro, si consistere ad præsepe diutius debeat, religator supernè de furcillis seu clatris, in quas equis fœnum nostris moribus obijcitur, ut fœniles dicere posse uideamur. Sed melius fuerit extra suam cellam productum equum in loco aperto & libero, ubi atterere latera nequeat, neq; etiam attingere, quod ore impetat, reuincire, ut ibi consistat tantisper dum conscendatur. Atq; hæc erit frenationis ferè ratio, & administratio. Dentes scalliones & piani uulgò dicti, equis extrahi solent ut frenum commodius admittant, ut capite secundo scripsimus. Quæ frena cuiusq; ori maximè conueniāt diligenter exquirendum, conuenientia autem non facile mutanda sunt: ea sic indentur, ne aut angantur buccæ, aut illa in dentibus uoluantur. Quorum alterum callos in malis creat, alterum obstat moderationi: nam sic facile morsu freni arripiuntur ab equis, quo facto illi se regi non patiuntur, Camerar. ¶Bene quidem (inquit idem) cingula strati adduci cum ad alia prodest, tum minus reddit molestū & graue pondus sessoris, cum strata non quasi uolutantur super equi tergo. Strata autē placidè apponentur ita, ut curator ad latus sinistrū accedat, et stratū sine impetu & tumultuatione, q̄ molliter poterit fieri, super dorso equi deponat, ut illius ueluti capulus supra spinā, qua parte ceruix exorit, sistatur: omnia aūt, quæ expedita esse debent, cauebit, ne super stratum dorso equi impingantur, ut sunt cingula, et illa sessionis adminicula, & lorum pectoris siue armorum, nec non reticula illa lumborum, si annexa forte sibi stratum habeat. Tum deinde primū omnium annectetur lorum pectoris, & per illa reticula si assint, cauda exeret, ut fieri consueuit, atq; ita strati diligenter compositi uinculum adducemus & infibulabimus cautè. Nam bene equitant, qui bene cingunt. Idq;, ut ante dixi, equo prodest: neglectum uerò eques ut leui impulsu delabatur, in causa esse poterit. Hoc cingulum debet strati pectoris subligari, non aluo neq; ilibus. Instrati uel inditis uel nondum inditis frenis, minus laxè reuincientur, ne fortè procumbant, id quod neq; equo bonum, & stratis nocet. Educi autem optimum de cella tum equos in aperta & libera loca, & alligare loro prolixiore: ibi ut quasi arbitrio suo aliquantulum uersentur, quo generosos admodum oblectari putant. Etiam ad eas partes, quas cingulum obit, sæpius respiciendum, ne forte illo perusta cute uulneratæ sint: quod malum cito curari debet, & facile poterit intertriginum communibus & notis omnib. remedijs, Camerar.

¶Conscensurus equum (inquit Xenophon) primum de freni parte inferiore, seu etiam de annulo bullâue huius religatum lorum ductorium, ῥυταγωγεὺς uno uerbo Græcis est, aptè sinistra manu prehendet, ea laxitate, ut neq; si insurgens, pilisq; auribus uicinis inhærens, neq; si de hasta saltu conscensurus est, conuellat equum. Dextra capiet habenas depositas in summis armis unà cum iuba, ne scilicet ullo pacto conuellat habenis os equi. Postq; se alleuârit ad conscensionem, tum igitur sinistra quidem librato corpus, dextra uerò intensa subleuet ipse sese. Huiusmodi conscensio etiam à tergo omnem deformitatis aspectum excluserit. Conscendet autem crure incuruato, neq; genu dorso equi impinget, sed in latus dextrum tibiam trajiciet. Vbi uerò iam circumactum pedem applicuerit, tum deinde & natibus resideat super equo. Quòd si forte eques sinistra manu ducet equum cum gestet dextra hastam, equidem censeo utile esse usum ille sibi ut paret etiam à dextro latere conscendendi. Neq; ulla alia ad hoc scientia opus, q̄ quæ dextra paulò ante exequebaī, ea ut sinistra agat: & contra, quæ sinistra, ut tum dextra. Hæc ideò laudatur à nobis conscendendi ratio. Nam simulac conscenderit eques, paratus mox est ad omnia, si quod forte ingruat subitum certamen hostibus irruentibus, Hæc Xenophon. Qui equū ascendit, primū ab altiore loco id faciat, ut neq; seipsum inter conscendendū offendat, neq; ponderis sui impetu equo molestus sit, Pollux. Ad insensionem tam instratum, quàm nudū equum assuefieri rectū fuerit, ut placidè consistat propter adminiculū, siue hoc saxi seu trūci, siue etiam soli editioris sit. Quòd si accedere aut stare nolit, aut uehementius quoq; renitaī, tum

tum blandimentis atque affabilitate potius mitigabit, quàm minis & increpatione ac plagis compelletur. Si enim tum uapulet aut inclametur, nunque inscensio grata huic futura est, à qua dum abhorrebit, semper trepidabit, aut tumultuabitur ad conspectum inscensoris. Inter conscendendũ cauebitur ne habenæ, quibus equus regit, attrahantur in alteram partem: atque ubi in equo iam consessum fuerit, opera dabitur ut exæquatæ illæ comprehendant & teneantur pariter. Illud enim si committatur, & hoc si negligatur, contumaciam oris efficere solet, Camerar. Et alibi, Qui equum inscendere uolet, nisi ipse forte ducet, accedito placidè, & illi adblanditor uerbis aut sono oris conueniente, aut etiã palpis, ita gaudebit conscensione equus & libenter consistet, admittetque equitem. Hoc efficit atque obtinetur in summa interdum ferocia equorũ, conscensionem ut neque reformidet, neque detrectent. Itaque hoc de Alexandro Magno proditũ memoria est (à Plutarcho in uita eius, non multò post initiũ.) Cum ad Philippũ adductus fuisset ille celebris equus Bucephalus nomine, à Thessalo Philonice, & indicatus immani pretio, regem exciuit, ut prodiret cum suis in campũ, equi periculũ ubi fieret. Ibi ille ferocire & neminem admittere uelle, ac si inclamaretur concitari & resilire, denique uideri nulli usui & plane ferus. Tum rex iratus iubet abduci equũ insolentis atque indomitæ feritatis. At Alexander, qui & ipse forte aderat, querebatur equũ eximium & admirabis bonitatis amitti atque perdi inscitia & formidine eorum, qui illum tractare nescirent. Ad hæc primũ tacere Philippus & dissimulare. Cum uerò eadem repeteret Alexander sæpius, Túne igitur, inquit, melius posse tractare te equos speras, quàm hos senes, qui reprehenduntur increpatione tua? Hũc quidem certe, inquit Alexander, melius ego tractauero, quàm quisquam alius. Sin uerò minus, inquit Philippus, quam pœnam uis sustinere procacitatis tuæ? Ego ne? inquit Alexander, pretiũ equi scilicet ipse tum soluam. Hic risu oborto, argentique persolutione præfinita, accedit Alexander ad equũ, prehensumque loro contra Solem conuertit, quod conijceret illũ umbram appropinquantium aspicientem perturbari motu & specie huius. Atque ita parumper circumiens placido gressu, & equũ manu demulcens, cũ intelligeret de spiritu animositatem equi maximam esse, atque hanc illũ quasi colligere, ponit chlamydem, ac se in illo sublatum ritè collocat, frenorũque habenas sic prehendit, ut equi os minimè læderet aut laceraret. Tum equũ nonnihil remisisse de ira & commotione animi sentiens, atque gestire excurrere, laxatis habenis incitat uoce quoque uehementiore, & calcibus ferit latera. Quæ res primum Philippũ & alios perterruit, sed mox ut uidère, quod & Alexander reflexisset, & ageret ita, ut par esset equũ cum exultatione & lætitia: ibi acclamare uniuersi, Philippo uerò etiam lachrymæ cadere præ gaudio, neque posse ille sibi temperare, quin filiũ complecteret atque exoscularet. Quare sic se res habet, quemadmodũ diximus, utilem esse maximè placiditatem & moderationem in conscensionibus, & cautionem hanc ne qua res aut species tum obijciat equo, quæ illũ percellat & perturbet, aut etiam perterreat. Quòd si hoc etiam obtentũ sit, equus sessorem suum ut agnoscat, & illo gaudeat, nihil ad commoditatem conscensionis iam poterit deesse. Ipse qui conscendere uolet habenas teneto medias, & capulũ strati sinistra, dextra autem librato corpus, quo residat expeditius, néue mole corporis quasi inflicta equum lædat. Dominis conscendentibus famuli adesse & debent, & solent, cũ nõ desides sunt neque ignaui, sedulò: hos ab altera parte basin orbiculi ferrei, quæ sunt, ut dictum est, sessionis adminicula, retinere, probatur nobis: ita enim mollius inscendet eques, & erit inscensio equo minus molesta: attrahi autem ab illis habenas non oportet, sed omnino liberum relinqui os equi. Hęc omnia Camerar. Commodum sanè fuerit si equus etiam edoctus fuerit se submittere, ὑποβιβάζεσθαι, Xenophon. Fit autem hoc, inquit Pollux, cum cruribus diuaricatis humiliorem se præstat equus, & ueluti subsidit, quo facilior sit conscensio. Bonum & hoc, tenere curatorem imponendi in equũ sessoris Persicum morem, ut cum ipse dominus in morbo & senecta habeat à quo in equum facile imponatur, tum alteri, cui gratificari uoluerit, copiam illius facere possit, Xenophon. Equiso instruat quonam modo Persico more sit auxilio, ut equus facile conscendat, dorso domini pedes sustinendo, Raphaël Volater. in Epitome sua in Xenoph. de re equestri. Vegetius libro 1. de re militari ait apud antiquos moris fuisse ut equi lignei hyeme sub tecto, æstate in campo ponerent, super quos iuniores primum inermes cõsuetudine proficerent, demũ armati ascendere cogerentur: tanta quidem cura, ut non à dextris modo, sed à sinistris partibus & insilire & desilire discerent: euaginatos etiam gladios, aut quid simile manu tenẽtes. Equi multi dum inscendunt (inquit Camerar.) ferociunt, quod quidem sæpe à iunioribus fit cupiditate pergendi, præsertim si prope assint alij equi ad quos illi festinent. Est autem & inscendendi & insternendi equos longè diuersa nunc ratio, quàm apud ueteres fuisse legit. Nam & de paulò editioribus locis prehensa iuba & librato corpore sine offensa equos conscendere, & in hos, cum iuxta astitissent hastæ innisi, solebant insilire de terra. Nunc ardua loca quærunt, & dependent de isto sedili quo insternitur equus, ex ferro dimidiati orbes cum base, cui innitentes conscensionem moliuntur. Itaque de priscis heroibus Germaniæ, hæc etiam agilitatis canitur laus, quod armati omnibus adminiculis neglectis in equos insilire consueuerint. Introducuntur autem illi omnes equites, de more gentis nostræ: Quem uel, quod ueri puto esse similius, ignotum Iulio Cæsari, uel ab illis temporibus nondũ fuisse obtentum de eo liquet, quod ille in quarto libro Commentariorũ suorum belli Gallici scriptum reliquit, Germanos neque iumentis importatis uti, sed quæ apud ipsos praua atque deformia nata sint: Et turpissimum haberi apud eosdem ephippiorum usum: his enim equestris rei gloriam Germanis planè adimit. Ac mihi perquàm commoda uidetur esse, & ad firmitatem & ad mollitudinem sessionis,

Y 2

hæc, quæ nunc usurpatur, insternendi ratio, qualiscunque fuerit ueterum, & cuiuscunque modi ephippia seu strata illorum, quorum repertorem fuisse Pelethronium Plinius scripsit.

¶ Vbi iam resederit eques (uerba sunt Xenophontis) siue super nudo equo, seu etiã in ephippio, non laudatur quasi curulis quędam sessio, sed ut cruribus diuaricatis maximè rectitudo custodiatur: sic enim & feminibus firmius adhæserit equo, ac erectus ualidius & coniecerit iaculum, & ictum, si res poscat, intulerit ab equo. Hoc etiam studendum, tibiæ unà cum pedibus ut remissæ sub genibus dependeant. In rigiditate enim si crus aliquopiam impegerit, periculum fuerit ne frangatur: fluxa uerò tibia facile cesserit offendentibus, neque femur tamen demutauerit. Curabit & hoc eques, ut truncus quoque, id est ea corporis pars quæ est supra coxas, quasi ad fluxum quendam agilitatis composita sit: hoc enim modo & efficacior fuerit, & minus, si quis detrahere aut impellere conetur, subsultârit (ἐφάλλοιτο, malim σφάλλοιτο, id est cadere periclitabitur.) Cum iam resederit, ut tum consistat placidè equus, institutus esse debet, dum attrahat eques, si quid forte oportet, & habenas coæquet, & hastam adaptet. Tum deinde brachium læuum lateri adponito, qui habitus equitis est elegantissimus, & robur manui addit. Habenæ laudantur æquales, non fragiles, neque lubricæ, neque crassæ: etiam hasta illa manu, si opus sit, comprehendi ut queat. Insidens equo (inquit Pollux) femina non admodum premes, sed pedes molliusculè suspendes, ita ut stanti similis appareas. Validior enim qui stat quàm qui sedet. Curabis quoque ne quam corporis equi partem laborantem attingas, ut pedes aut latera. Has enim præcipuè partes in perpetuo motu esse oportet. (τοὺς γὰρ πόδας ἀφφέρειν, καὶ τὴν πλευρὰν παραφέρειν.) Quin & facilius portabit equus ritè insidentem. In equis aliqui iacent uerius quàm sedent, cum tamẽ ipsa sessio status habere speciem debeat. Hi equos non solum pondere, sed pigritia sua grauant & debilitant, ut sub illis ingrediantur difficilius, & celerius defatigentur. Atque talibus equitibus tamen, nisi strata sunt penè plumis, ut nunc fit, efferta, femina facile aduruntur, itemque nates: Quod si accidisset, ueteres remedio esse prodidère, ut illinatur spuma equi collecta de ore & inguinibus, Camerarius. Et alibi, Cum eques se collocârit in strato, tum adductis habenis quasi erigat caput equi, ita pergendum esse equus intelliget, tum sessor paululũ remittet habenas, sic tamen semper ut teneat arduiores, neque has unà cum manu defluere patiatur. Reddit enim hoc equos segniores in defatigatione: contra diligens & attenta habenarum prehensio, uegetos efficit. Aliquibus ora sunt neque dura neque mollia, magis tamen dura, (ut uidetur) quàm mollia: ideoque si initio cum incitâris & adegeris ad cursum aut gyrum, si tum igitur habenas attrahas, non obsequuntur. Faciendum igitur ut talibus laxissimè remittantur primum, ita postea regere & pro uoluntate quisque sua moderari facile poterit. Equus natura generosus, etiam laxato ei freno, erecta ceruice pergit: ignobilem freno coges ut decorum seruet. Cauendi uero sunt asperiores freni, quos equi eodem esse loco non sinunt, sed huc illuc subinde mouent, commodiorem sibi tandem locum inueniendi spe. Quamobrem ferocioribus equis duriores freni iniiciendi non sunt (mordicus enim illos tanquam obeliscos arripiunt, cum firmi solidique sint) sed molles: ut ubicunque apprehenderint, reliqua catenæ instar flectantur, Pollux. De frenis plura in Philologiæ parte 5. dicemus. Equus durus (duri oris) difficulter flectitur: & quamuis permittas ei frenum, minimè apprehendit: contrà qui molli est ore (μαλακόγναθος,) facillimè (negatio in Græco abundat.) Morigerum autem (πειθήνιον) iudicabis, si laxatum frenum contracturo tibi facile paret: & si dato ad cursum signo, alacri statim impetu procurrat: (μὴ, lego μετὰ ῥύμης ἐκδραμὼν) & rursus à cursu audito subsistendi signo, etiam difficilibus in locis mox subsistat, Pollux. Locos autem equitationi difficiles alibi esse dicit, glebosos, aratos, cultos, nimiũ duros (ἀντιτύπους) angustos. Quidam tanta sunt oris duritia, ut cum frenos, quemadmodum dicitur, momorderint, frustra in continendo sessor laboret: Hos omnino repudiat Xenophon, Camerarius. Equi si morsu frenum apprehenderint, inclinato capite extra iter institutum uiolenter feruntur: & ceruice obliqua crebroque concussa, uim facere & excutere conantur: & in dorsum (elatis scilicet cruribus prioribus) tergiuersando reclinant, (ἀνανεύουσι δὲ ἐπὶ τὴν ῥάχιν ἀναχαιτίζοντες,) Pollux. Ἀναχαιτίζειν quidem propriè dicitur eques ipse, cum equi impetum inhibet, coërcet, reprimit, refrenat, & ueluti iuba (quam χαίτην Græci uocant) correptum retinet: ut pluribus dicam in H. e. Sessor ubi conscẽdit, non statim agitabit equũ, sed sistet parum ab initio: quod Pollux sic effert: Στηρικτέον δὲ αὐτὸν, ὅταν ὁ ἵππος ἄρχηται τῆς ἀποκινήσεως, ἀποκίνησιν δὲ ὁ Ξενοφῶν καλεῖ, τὴν ἀρχὴν τῆς ποδῶν κινήσεως. Initia agitationis semper erunt lenta & placida, sensimque progressiones maiores fient, dum ad cursum, si uideatur, & hunc ipsum intentiorem perueniatur. Itemque retinere subitò attractis habenis incitatos peruersum est. Nam lẽtè desinere agitationem, ita ut cœperat, æquum. Sunt autem quidam equi ad hoc etiam assuefacti ut de incitatissimo cursu repẽte consistere, & subito omni ui excurrere sciant. Sed hoc singulare scilicet fuerit, neque in præcepta referri queat, Camerarius. Signo dato ut equus progrediatur (inquit Xenophon) fiat hoc initio pedetẽtim, ita minimè turbabitur. Habenę, si flexibilior fuerit equus (ἢν κυφαγωγότερος ᾖ) attollantur manibus paulò altius: sin caput proτendet (ἢν δὲ μᾶλλον ἀνακυφὼς) premantur, κατωτέρω. Sic enim forma reddetur uenustissima. Post hæc si suo proprio gressu perget, absque minima molestia corpus quasi lentescet, & equus libentissimè ad cursuram (εἰς τὸ ἐπιφορεῖν) conuertetur atque incitabitur. Hic cum opinio sit à læua parte initium facere pulchrius esse, ita hinc potissimum incipietur, si gressum post conscensionem dextrum mouente equo, tunc signum detur ad cursuram: ita enim ille sublaturus læuum, ab eo principium fecerit cursus: Cumque ad sinistram conuertetur, sic etiam flexuram

ram incipiet. Fit enim ut equus si conuertatur in dextram, dextris etiam partibus procedat, in sinistram uerò læuis, Xenophon. Quo tempore equus equitari & laborare debeat, & quo non, Ruf. Labori & equitationi equorum parci oportet, cum uel æstus uehementior urget, ut sub cane: uel frigus, ut tempore brumę. Iam quouis tempore non ultra noctis initiũ fatigari debent. Equus quò magis uacuus est, eò magis extenditur ad mingendũ: cauendum est autem ne post talem extensionẽ cito cursitet, ne quis neruus conuellatur aut aliter lædatur, priusq; partes paulatim in pristinum reducantur statũ, Albert. Curandum ut equus in itinere tempestiuè semper urinam reddat, semel saltẽ intra duo miliaria (Germanica) mediocria ut longissimũ. Præcauendum (inquit Veget.) ut in longiore uectatione uel itineribus, iumentis urinæ copia non negetur: quæ res non sine periculo plerunq; differtur. Equus hyeme fluuium transiens, ita ut uentrem eius superet, facile in stranguriam incidet, nisi urinam prius emiserit: quod ut promptius faciat, exonerari etiam paulisper oportet, Absyrt. Celeritate gaudere equos, satis argumenti est, q liberatus pedetentim nullus abit, sed aufugit: hæc enim certe est uoluptas equorũ, nisi forte ad cursuram importunius fuerint incitati, Xenophon. Si cum celeritate equites, nullam corporis tui partem antrorsum protendes: sed manu quæ habenas teneat procul à te extensa, breui utens habena, equum per uices incita & siste, frenũq; nunc indulge, nunc contrahe. Quòd si equus frenũ in cursu extendit, (κατατείνει,) signum id fuerit uel imperiti sessoris, uel equi infirmi, Pollux. Calcaria quidem non nisi cum opus fuerit subdentur equis: ad reliqua uox aut uirgula sufficiet. Nam & acres equi calcaribus ad feritatem incitantur, & placidos ad patientiam quandam ignauam illorũ crebritas adigit, ut ueluti asini ad plagas perferendas assiduitate durentur, Camerar. Danda opera ut alijs atq; alijs in locis, itemq; modo longæ, modo breues equitationes ut fiant: minus enim hæc odiosa equis sunt, q si semper ijsdem locis, & eodem modo agerentur, Xenophon & Pollux apud quem ἀμυγίστερα pro ἀμοιστέρα legitur. Equum sessor agitet per plana primum & læuia loca: τὰς δὲ προβάσεις καὶ τὰς ἐκεῖθεν καθόδους μὴ αὐτίκα ποιείσθω, ἀλλὰ τὸν ἵππον πλαγιασάτω: hoc est, ut ego interpretor, Non rectà autem nec repente ex contrario locorum situ in contrariũ agat, sed equũ obliquet, ut Simon nominat. Nunc longam nunc breuem, nunc remissam, nunc concitatã equitationem per uices instituat: & frenum ad utranq; maxillam uicissim accommodet, Pollux. Sessor quomodo se gerere debeat dũ equus uel fossam transilit, uel per nimis accliuem decliuémue locum ingreditur, ex Xenophonte recitaui supra statim post Domituram. De agitatione autem perq; diligẽter ueteres Græci præcepere, ne minimis quidem eorũ, quæ fieri deberent, neglectis: quale est, laxandas habenas si ad saltum aut collem superandũ incitetur equus: adducendas uerò, si per decliuia aut lubrica agatur, Camerar. Et alibi, Videtur hic locus non recusare mentionem quandam agitationis & gyrorũ. Atq; hæc quidem est gratissima equis flexuosa & ueluti sinuata. Hac delectantur equi, & generosi maximè ita ingrediuntur, ut non directè, sed in latera euagantes uicissim, pergant. Nam strenuis in equis hæc etiam superbia inest, sese ut contemplantes gaudeant incessu mollioris gradus, ut illa apud Euripidem mulier, πολλὰ πολλάκις τένοντ᾽ ἐς ὀρθὸν ὄμμασι σκοπουμένη. Gyrorũ autem apud ueteres exquisitam rationem & magnam artẽ fuisse facile potest uel de uno Xenophonte perspici. Hæc nunc est mutata prorsus, usq; adeò, ut quod ille laudatissimũ esse scripsit, in læuam circum agi equos, nunc planè reprobetur. Etsi enim in utranq; partem gyrari equum rectũ est, idq; nisi contumacia oris impedimento sit, paris facultatis esse conuenit: tamen in ostentatione gyri nunc in dextram partem dari solent, & qui in læuam æduntur, eos uocant auersos, Camerar. De gyris equi in utrũq; latus, dixi etiam supra mox post Domituram. In flexibus (inquit Xenophon) sistendi sunt equi. Neq; enim facile est, neq; periculo caret, equũ concitatum statim circumagere, præsertim loco salebroso aut lubrico. *(Sequentia quomodo Græcè habeant uide paulò post:) Si equum sistere non placuerit, tum quàm maxime poterit, tam se eques, quàm equũ frenis obliquabit: sin aliter fecerit, sciat leuissima de causa fieri posse, ut unà cum equo corruat. Verum ubi iam post flexum directè prospiciet equus, ibi ad celeritatem instigandus erit. Nam obscurum non est, in prælijs quoq; flexus usurpari, cum insequendi hostem, tum se recipiendi gratia: quare expedit ad celeritatem post flexum assuefacere equos. Iam uerò posteaquam satis esse exercitij uidebitur, profuerit tamen & post quietem repente incitare equum, cum auersum ab alijs equis, tum ad illos conuersum: itemq; de celeritate statim reprimere, nec non consistere eum pati, & mox flectere ac incitare: non enim dubium quin uenturum tempus sit, quo ambobus illis opus fuerit. Cum descendendum erit, cauebitur ne hoc fiat uel inter equos, uel in hominum cœtu, uel extra agitationis spatia: sed quo in loco defatigari cogitur, eo scilicet in loco & requies equo contingat, Hæc Xenophon interprete Camerario: Locus asterisco notatus, qui incipit, Si equum sistere non placuerit, &c. Græcè sic legitur: ὅταν γε μὴν ὑπολαμβάνῃ, ὡς ἥκιστα δὴ χρὴ τὸν ἵππον πλαγιοῦν τῷ χαλινῷ, ὡς ἥκιστα δ᾽ αὐτὸν πλαγιοῦσθαι. Ego sic uerterim, Cum equus (inter flectendum) freno attracto paulisper retinebitur, curandum ut situ corporis interim quàm minimè obliquo sit, & sessor ipse similiter. Sic etiam Pollux paraphrasticè reddidit his uerbis, καμπὰς δὲ δεῖ ποιεῖσθαι καὶ στροφὰς καὶ ἀποστροφάς: ἐν δὲ ταῖς στροφαῖς οὐ δεῖ ἐξελαύνειν τὸν ἵππον, ἀλλ᾽ ἀναλαμβάνειν, ὅπερ καὶ ὑπολαμβάνειν καλεῖται, καὶ κατέχειν καὶ ἠρεμίζειν καὶ ἀνέχειν: οὐδὲ πλαγιοῦν, οὔτε ἑαυτὸν, οὔτε τὸν ἵππον. τάχιστα γὰρ ἂν ἐν τούτῳ κατενεχθεῖεν ἀμφότεροι. Quod autem sequitur, ἡ γὰρ ἐπ᾽ εὐθεῖαν, &c. non rectè infertur ad pręcedentia. Xenophon enim cum equitationis modum mutandum, nec rectà semper procedendum, eoq; nomine τὴν ἑτερομήκη πέδην commendasset, subdit: ἥδιον μὲν γὰρ οὕτως ἀναστρέφοιτο ὁ ἵππος, & reliqua unde

Y 3

Pollux inepte transcripsit. Vocatur autē rectus cursus ὀρθοδρομεῖν, & qui reflectitur ἀνακάμπτειν. Sunt quædam (inquit Camerarius) in equitatu horum temporum à ueterum more diuersa, ac pleraq; omnia barbara & immania, delectaturq; audacia & temeritas nostrorum hominum similibus bestijs. Quippe qui maiora pericula ludere in equis soleant, quàm unquam in ullo circo ædita comperiantur. Nam incitatis uideas equis in medio quosdam & contentissimo cursu sic insidere, ut remissis habenis ambas manus sursum & in latera iactitent: quod tamen factum scio cui mortem & exitium attulerit, cum ita, ut diximus, instigatus equus ad saxum offendisset, & obruisset impetu illatus sessorē. Aliqui de arduissimis cliuis atq; etiam montibus præcipitijsq; ad cursum equis adactis deferri, in laude & ostentatione ponunt. Quid ille? qui per scalarum plurimos gradus uix & difficili molitione attractum equum conscendit, & de editiore eo loco desilire secum, uerberibus, calcaribus atq; uoce coegit. Quid uero alter? qui in roboreum lacum, cuiusmodi in oppidis ferè adductæ aquæ excipiuntur & continentur, cum instigato equo insilijt. Taceo totam illam in uenationibus agitādi temeritatem, ubi omnia insequentibus conspectas feras esse plana oportet, quæ & Teutonico prouerbio notatur, quo dici solet, De manibus & pedibus tum actum uideri, scilicet quod inter hanc uita si conseruetur, felix eques fuisse uideatur. Verum si ratio & disciplina accederet, nunc quidem, ut ego iudico, res equestris ad quandam admirabilem perfectionem perduci facile posset: Ita est instructio equorū præclara & commoda & omni à parte tam equis quàm uiris apta atq; opportuna, Hucusq; Camerarius. Et alibi, Ea quæ contraria sunt equis & ingrata, remoueri ab illis omni tempore oportet, ut diximus: imprimis autem cauendum ne quid tale de improuiso & inopinato illis obijciatur, præsertim si animosiores fuerint: nam sic perturbantur, & ad insaniam quodammodo adiguntur. Hoc non ferant his temporibus quibus furiosæ istæ exultationes equorum expetūtur. Itaq; & statim cum se in equis collocarunt, habenas attrahunt, & equum extimulatum circumagunt, sæpe etiam ad saltum impellunt. Atq; audiui ego de quodam, qui cum delectaretur ferocissimis & acerrimis equis, quoties uellet etiam illorum augere animos, tum soleret adductis loro altius capitibus, & disclusо ore imbrice, infundere illis uini, quantum quidem uisum esset, quo hausto cum incaluissent sub agitatore illo uesano, ipsi planè furerent. Ergo plerīq; equitatus studiosi, nihil uolunt esse placidi neque domiti in equis suis. Sed uinum apud Homerum quoque potus est equorum, quod suis miscere solitam ait Andromacham Hector diligentius quidem & accuratius, quàm sibi, qui ipsius esset maritus.

Ne autem iracundè tractetur equus, utilissima est doctrina atq; institutio in re equestri. Nam ira nihil prouidet. Itaq; ea designat plerunq;, quorum pœnitentia necessariò est comes, Xenophon. Nunc demonstrabimus (inquit idem) si cui forte oblatus sit ferocior, aut ignauior iusto equus, quo pacto utroq; rectè uti queat. Primum igitur sciendum, ferociam in equo similem esse iracundiæ hominum. Vt igitur non irritantur facile, quibus nihil neq; dicitur neq; fit, quo offendantur: ita & ferociorem equum minimè commouerit is, qui non læserit. Quapropter statim in conscendendo prouidendum, ne conscensor molestus sit equo. Cum autem in equo consessum fuerit, acquiescēdum plusculum temporis, uel quandiu licuerit, atq; ita agendus equus quàm blandissimo imperio: ac mox lentissimis à gradibus initio facto, ad celeritatem adigetur: inter quæ uix sentiet ille incitationem. Imperio autem repentino equus ferocior, itidem ut homo perturbatur animo, siue quid tum aspexit subitò, seu audiuit, seu etiam patitur. Quare hoc non ignorabimus, repentina omnia in equis perturbationes efficere. Verum si incitatum ad celeritatem contineri ferociorem in cursu uolueris, non attrahes derepente, sed placidè adduces frenum, ut inuites, non cogas ad consistendum. Placantur etiam equi longioribus spatijs magis, quàm si crebrò conuertantur: atq; lenta diu equitationis spatia (αἱ πολὺν χρόνον ἡσυχαῖαι ἐλάσεις) mites (καθεψῶσι, malim καταψῶσι) & placidos præstant, neq; ferociam equorum suscitant. Quòd si quis sperat, si diu & celeriter agitet equum, fore defatigatum deinde mansuetiorem, diuersum sentit atq; accidere consueuit. Nam hæc inter, feroces magis uiolentiam usurpare, inq; ira, quemadmodum homines iracundi, sæpe & se & sessorem indignis modis tractare solent. Proinde ad celeritatem summam equos feroces non facile incitabimus. Nequaquam autem adigemus ad alios equos, nam fermè improbissimi quiq; (οἱ φιλονεικότατοι) ferocissimi sunt. His aptiores freni quoq; læues quàm asperi. Si quando tamen asperos indiderimus, laxando ut læues uideantur efficiemus. Prodest etiam ut sessor assuefaciat sese ad talem in equo potissimum feroce collocationem, qua & ipse minimè commoueatur, & nulla ferè alia parte equum contingat, quàm ubi sessionis firmæ causa contingi illum necesse fuerit. Nec hoc ignorādum, præcipi poppysmo (id est, cum labris compressis acutior quidam sonus oris æditur) equos mitigari: κλωγμῷ uero (qui sonitus fuerit palati & gutturis,) incitari. At si quis initio equo offerat gratiora cum clogmo, contraria autem cum poppysmo, citò ille didicerit, poppysmo iā incitari, mitigari uerò clogmo. Atq; similiter inter clamores ac tubas cauendum, ne equo formido aliqua nostra appareat, neue illi hoc tempore turbulentum aliquid obijciatur: sed quantum fieri poterit, quietem tum conciliare equo studebimus, & (si fieri potest) matutina aut uespertina pabula præbebimus. Hoc autem consilium optimum fuerit, ne quis sibi equum ferocem ad bellum parare uelit. Verum de ignauis tantum scripsisse satis fuerit, in his omnia contraria exercenda, quàm de ferocibus dicta sint, Hactenus Xenophon. Τοὺς δὲ θυμοειδεστέρους ἵππους καταψᾶν δεῖ μᾶλλον ἢ κεντρίζειν, καὶ προτρέπειν πλεῖον ἢ ἀναγκάζειν, Pollux. Equus si quid forte suspicatus (ὑποπτεύσας, nostri dicunt schühen) accedere aliquopiam nolet, demonstrandum illi, quòd ea, quæ

quæ auerfetur, fugienda non fint:hoc quidem planè equo animofo. Sin erit timidior, contrectabimus id, quod ei horribile apparet, & leniter eodem ipfum adducemus. Qui uerò uerberibus adigũt, plus timoris incutiunt equis. Nam quia tum malè mulctant, huius etiam ea, quæ fufpicione fua refugiunt, caufam effe arbitrantur, Xenophon. In auerfationibus ac tergiuerfationibus calcaria fi fubdantur, magis equũ perturbant, & terrorem atq; peruerfitatem augent. Itaq; tum placandi maximè & confirmandi, ut feritatem intelligant, & fentiant non effe exhorrefcenda illa, quæ refugerint, ita etiam horribilia tandem extimefcere definent, Camerar. Et rurfus, Si quid per iram in equum tergiuerfantem committat, uehementius ille perturbatur, & poftea facilius terretur: quia illa obiecta alieniora exhorrefcit, propter quæ fe afflictũ recordatur. Equum itinere defeffum, adeò ut nulli omnino labori amplius par uideatur, recreabis ac ueluti recentem efficies, fi fella aut clitellis ablatis, in domo uel ftabulo aliquo, fi occurrat, aut ipfa etiam uia, liberè uolutari pro arbitrio finas, ut muli ferè & afini facere confueuerunt. Cauebis tamen ne talis fit aëris conftitutio, ut pluuia aut uento lædi poffit. Quid faciendum fi equi dorfum læfum fit, & nihilominus ipfum equitare uel onus geftare oporteat, lege Rufium capite 181. Si equiti femina uel nates adurantur, ueteres remedio effe prodidere, ut illinatur fpuma equi collecta de ore & inguinibus, Camerarius. Equis & iumentis cum per niues ducuntur, facci pedibus circumligandi, uide Suidam in πειώδειν.

¶ Equus iumentum eft, Ariftoteles. De curfu equorum uide capite fecundo ubi de celeribus agitur. ¶ Ego faxim muli pretio qui fuperant equos Sient uiliores Gallicis canterijs, Plaut. De pretio equorum quorundam dicemus Philologiæ parte quinta. ¶ Mulis, equis, afinis feriæ nullæ, nifi fi in familia funt, Cato. Meffis ipfa alibi tribulis in area, alibi equarũ greffibus exteritur, alibi perticis flagellatur, Plin. In equum in fenecta molentem epigrammata duo Græca Anthologij libro 1. fect. 33. ¶ Exanimato equorum corpore nafcuntur uefpæ & crabrones, Textor. Preffus humo bellator equus crabronis origo eft, Ouid. lib. 15. Metamorph. Equi cadauer proiectum uefpas gignit: ex huius putrefcentis medulla euolant uefpæ, nimirum uolucris progenies ex equo animali uelociffimo, Aelianus. Celebris apud Græcos hic uerfus eft, & apud Suidam legitur, Ἵπποι μὲν σφηκῶν γένεσις, ταῦροι δὲ μελισσῶν. Vefpas ut fignificent Aegyptij, equi cadauer pingunt, quòd ex eo plurimæ generentur, Orus.

¶ Olera erucis obnoxia futura negant, fi palo imponantur in hortis offa capitis ex equino genere, fœminæ duntaxat, Plinius. Equæ caluaria, fed non uirginis intra hortum ponenda eft, uel etiam afinæ. Creduntur enim fua præfentia fœcundare quæ fpectant, Pallad. Cribrorum genera Galli è fetis equorum inuenere, Plin. Fit & fetaceus quidam pannus ad cribrandi ufum, ex fetis (ni fallor) equinis. Equorum fetæ de caudis & iubis ad baliftas utiles afferuntur: licet arcus uel baliftæ cæteraq; tormenta, nifi funibus neruilibus intenta nihil prodeffe dicantur, uide Vegetium libro 4. de re militari. Ex equinis pilis tendiculæ feu laquei fiunt ad capiendas aues. Quare in funiculos pifcatorios, ὁρμιὰς Græci uocant, fetas ex equorum quàm ex equarum caudis malint, Plutarchus inquirit problem. 17. de caufis natur. Ex caudæ equinæ pilis prifci confectis criftis galearum fuperbierunt, cuiufmodi & Achilli eximias quafdam Homerus imponit, implicitas aureolis cincinnis, Camerarius. Aethiopes qui ex Afia funt, pleraq; arma quæ Indi geftabant, pellesq; frontium equinarum, cum auribus atq; iubis in capitibus, ut ipfæ iubæ pro criftis effent, & hirtæ aures equinæ rigerent, Herodot. libro 7. ἱππόκομον τρυφάλειαν, ἣ ἱππείων τριχῶν τὸν λόφον ἔχουσαν, Hefychius & Varin. ex Homero nimirum: ego apud Q. Calabrum legere memini, qui libro quarto inter alia certamina defcribit fagittis propofitam huiufmodi galeam petentes. Reciproca tendens neruo equino concita tela, Accius apud Varronem. Contexuntur inde & funes. Varro præceptis adijcit, equino fimo quod fit leuiffimum fegetes alendas: prata uerò grauiore, & quod ex hordeo fiat, multasq; gignat herbas, Plin. Equinum fimum quidam cum luto fubigunt ad conftruendas fornaces chymifticas, ut folidior tenaciorq; materia fiat. Equarum uirus à coitu Anaxilaus prodidit in lychnis accenfum, equinorum capitum uifus repræfentare monftrificè: fimiliter ex afinis, Plin. Sauromatæ plurimos alunt equos: quibus non tantum ad bellum utuntur, fed etiam dijs immolant, & cibo adhibent. Vngulas etiam colligunt, purgant & diuidunt (διαιροῦσι) ad fimilitudinem fquamarum in draconibus, aut incifionum in uiridi fructu piceæ: deinde perforant ac neruis equorum boumq; confuunt ad ufum thoracum, qui quidem Græcanicis nec inelegantiores neq; infirmiores funt: facile enim ictus tum cominus inflictos, tum telorum eminus fuftinent. At linei thoraces non æquè utiles funt in pugna, cum ferrum uiolenter adactum tranfmittant: uenantibus uerò conueniunt, Paufanias in Atticis.

F.

Sarmatis, Vandalis, ac innumeris alijs, equorum & uulpium carnes folatio funt, Cælius. Hippophagos inuenio Scythiæ in Afia populos fuiffe. Sunt qui afinorum domefticorũ carnes edant, etiã cum fenuerũt: quæ peffimi fucci, concoctu difficillimæ, ac inter edendum infuaues funt, ftomachũq; lædunt: quemadmodum equorum ac camelorum carnes, quibus etiam ipfis homines, animo & corpore afinini ac camelini uefcunt, Galenus libro 3. de alimentorum facultatibus. In Scythia parua iuxta Theodofiam & Tauricam Cherfonnefum Nomades funt, qui carnibus tum alijs tum equinis aluntur, & equorum cafeo & lacte, & oxygalacte, quod illi arte quadam condientes eximium habẽt opfonium: quam ob caufam poëta omnes eius tractus incolas galactophagos appellabat, Strabo li. 7.

Y 4

Atheneus libro quarto ſcribit, apud Perſas diebus natalitijs fuiſſe morem, ut diuites bouem, aſinum,
equum & camelum apponerent, totos in clibano aut camino coctos, Eraſmus in prouerbio Solidos
è clibano boues. Equinam & camelinam in Damaſco edi, apud Vartomannum legi. Strabo libro
ſeptimo de Myſis loquens, quorum Homerus Iliados N, meminit his uerſibus, Αὐτὸς δὲ πάλιν τρέπεν
ὄσσε φαεινὼ, Νόσφιν ἐφ' ἱπποπόλων Θρηκῶν καθορώμενος αἶαν, Μυσῶν τ' ἀγχεμάχων: Myſos Europæos potius
quàm Aſiaticos intelligendos ſcribit. Cui ſententiæ (inquit) etiam poëtæ teſtimonium accedit, quoni
Hippemolgos, Galactophagos & Abios eis adiungit, qui qdem in plauſtris uiuẽtes Scythę & Sarma
tæ ſunt. Hæ enim nationes Thracibus hac tempeſtate promiſcuę ſunt, &c. ἔνθα (ſupra Tauricam
Cherſonneſum iuxta Alanos) μελαγχλαινοί τε καὶ ἀνέρες ἱππημολγοί, Dionyſius Afer. ἱππημολγὸς, qui
equas mulget (Suidas & Varin.) ac ſi equimulgũ dicas. Aſini etiam qui ſubrumanť equabus, hippo
thelæ Græcis dicti, equimulgi Latinè nominari queunt. Hippomolgos uocant paſtores equorũ, ꝙ
lacte equino uiuant: eoſdem galactopotas & galactophagos nominant. Fertur autem in hiſtorijs huiuſmodi gentem in Scythia eſſe, quam & Abios uocant, utpote ὀλιγοβίους, ꝙ uili & ſimplici uictu contenti ſint: ἢ ὅτι ἅμα τῷ βίῳ πορεύονται, ὡς ἁμαξόβιοι, Varin. Sarmatarum gentes è milio maxime pulte
aluntur, & cruda etiam farina equino lacte uel ſanguine è cruris uenis admixto, Plin. Sauromatæ
(inquit Pauſanias in Atticis) plurimos alunt equos, utpote Nomades, quibus non tantũ ad bellum
utuntur, ſed dijs etiam ſuis immolant, & cibo adhibent. Tartari incidũt & uulnerant equos, cruo-
remq; & per ſe, & cum milio uorant: Carnes pecudum, pecorũ, & equorum comedũt, etiam ſemicru
das. Caballos pridie tum ſponte tum morbo mortuos, exciſo loco apoſtemate infecto, perlibenter co
medunt, Matthias à Michou. Tartari equos & canes comedũt, Paulus Venetus. Vergilius tertio
Georgicôn de febri ouium ſcribens ſic canit: Profuit incenſos ęſtus auertere, & inter
Ima ferire pedis ſalientem ſanguine uenam: Biſaltæ quo more ſolent, acerq; Gelonus,
Cũ fugit in Rhodopẽ, atq; in deſerta Getarũ: Et lac concretum cum ſanguine potat equino.
Pelias Neptuni & Tyrûs filius ab equa educatus fertur, Cælius & Aelian. in Varijs libro 12. ἱππό-
θων Κερκυόνος παῖς (παῖς) ὅτι (ἥτις) αὐτὸν ἐκ Ποσειδῶνος κυήσασα ἐξέθηκεν, ἵππος δ' αὐτὸν ἐξέθρεψε, Varin. Vi-
detur ſanè etiam nomen ab euentu factum: nam θῶ, τρέφω καὶ θηλάζω exponitur. Metabus (ut eſt a-
pud Vergilium libro 11.) filiam Camillam equino lacte educauit. Verba eius hæc ſunt,
Hic natam in dumis, interq; horrẽtia luſtra Armentalis equæ mammis & lacte ferino
Nutribat, teneris immulgens ubera labris. ἱπποζώνη, ἡ τοὺς ἵππους θηλάζουσα, Heſychius & Varinus.
Tartari lac equarum bibunt, quod ita præparant, ut uideatur eſſe uinum album, non admodum inſi
pidus potus: uocatur aũt ab ipſis chuinis, Paulus Venet. Rex Tartarorũ (inquit idem 1. 65.) habet
armenta magna equorum alborum utriuſq; ſexus, qui putanť excedere numerum decem milium. In
feſtiuitate aũt quæ celebratur uigeſimo octauo Auguſti, præparať lac equinum in uaſis decentibus,
& rex ipſe manibus ſuis diffundit hinc inde lac illud pro honore deorum ſuorum, arbitrans & à magis ſuis ſic edoctus, ꝙ dij lac bibant effuſum, & ſoliciti ſint conſeruatores omnium eorum quæ poſſidet. Poſt ſacrificium illud nefandum, bibit rex de lacte equarũ albarum, nec ulli alteri licet illa die bi
bere de lacte illo, niſi fuerit de progenie regis, præter populum quendam regionis illius Horiach uocatum: qui hoc etiam fruitur priuilegio, propter uictoriam quandam magnam, quam pro magno
Cham Chinchis obtinuit. Barbari quidam (inquit Albertus) emulſum equarũ lac Soli exponunt do
nec pars craſſior ſubſidat, poſtea in uaſe ferueſaciunt ut ſiceram, (cereuiſiam:) & quod eliquatum eſt
bibunt: & hoc potu utunť Tartari, Comani, Pruteni, & finitimi eis barbari. Plurimum autem inde
pingueſcunt, illi maximè qui non ſunt in aſſiduo motu & exercitio. Bubulum aſininum & equinũ
lac, uentri magis (ꝗ ouillum, quod craſſius eſt) idonea ſunt, ſed ipſum turbant, Dioſcorides. Maximè perpurgat lac equinũ, tum aſininum, deinde bubulum, tum caprinũ, Varro. Lactis equini potus aluum ſoluit, Plin. Lac equarum, ſicut & camelorum partui uicinarum, tenue eſt, aquoſum, &
uentrem mollit, Auicenna. Vel cum lacte capræ ſalſum mulſumq; capeſſes. Crede tamen potum
meliorem lactis equini: Dicitur hic ualidos aſinæ peruincere ſuccos, Serenus de uentre molliendo.
Tenuiſſimũ lac camelis, mox equabus, craſſiſſimum aſinæ ut coaguli uice utantur, Plin. Equinum
lac ocyus deſcendit, ſimiliq; modo aſininum, quod & pauciſſimæ pinguedinis particeps eſt, propterea rarò in alicuius uentriculo tranſit in caſeum, Galen. Serum de lacte equino potui datum, facile
& ſine periculo uentrem molliter purgat, Marcellus. Vtile eſt etiam lactis ſero uentrem ſubduce-
re: ueruntamen id non ſit quod ex caſeo fuerit expreſſum: melius enim eſt id, quod per decoctionem
ex lacte ſeparatur, præſertim equino uel bubulo, Aëtius. Equinũ ac aſininum lac miſcent ad Phry
gium caſeum conficiendum, Ariſtoteles. Quod hippacen uocant, caſeus eſt equinus: ea uirus redolet: magnopere alit, bubuloq; proportione reſpondet. Nec deſunt, qui hippacen equinum coagulum appellarint, Dioſcorides. Glycyrrhiza, id eſt dulcis radix, ſitim reſtinguit, ſi teneať in ore. Qua
de cauſa Scythæ hac contenti, decem duodecimq; dies degunt, & uitam non aliter quàm hippacę eſu
prorogant. Quod Plinius undecimi uoluminis calce confirmat. Quædam enim exiguo uictu famẽ
ac ſitim ſedant, conſeruantq; uires, ut butyrum, hippace, glycyrrhizon. Hippacen apud Theophraſtum Theodorus equeſtrem uertit, quaſi radix eſſet dulci radici par ingenio ad abigendam ſitim famemq;: ſed caſeum equinum, non radicem aut herbam eſſe, Dioſcoridis Plinijq; teſtimonio conſtat.
Hermolaus una litera diſcernit, ſic ut hippice herbam, hippace caſeum deſignet. Scythæ Nomades
uescuntur

uescuntur carnibus coctis, bibuntque lac equinum: comedunt etiam hippacen: id autem est caseus equinus, Hippocrates in libro de aëre aquis & locis. Et rursus libro 4. de morbis, Scythæ (inquit) lac equinum in caua uasa lignea infusum concutiunt. Illud autem dum turbatur spumescit ac secernitur, & pingue quidē, quod butyrum uocant, quum leue sit, in superficie consistit: graue uero & crassum, deorsum sidit, quod etiam secretum siccāt. Vbi uero concretum ac siccatum fuerit, hippacen ipsum uocant: At serum lactis medium locum tenet. Scythicam herbam in ore habentes famem sitimque non sentiunt, inquit Plinius libro 25. Idem, inquit, præstat & hippice dicta, quod in equis quoque eundem effectum habeat. Traduntque ijs duabus herbis Scythas etiam in duodenos dies durare, siti fameque. Hæc ex Plinij libro 11. capite 54. Hermolaus citat. Vetus lectio habebat titipacæ, Hermolaus 10 hippace uel hippice reponit. Sestius eosdem effectus caseo equino, quos bubulo tradit: hunc uocāt hippacen, Plin. libro 28. Scythica radix, quam nonnulli dulcem appellant, nascitur apud Mæotim: sitim extinguit, si teneatur in ore. Qua de causa, tum ea, tū equestri uocata, Scythas undecim & duodecim dies, sitim tolerare affirmant, Theophrastus de historia plant. 9. 13. Quo in loco Græcè non hippice, sed hippace legitur, ut non probem Gazam, qui equestrem transtulit, nec Hermolaum qui hippicen, ut supra dixi, ab hippace differre somniat. Sed in hoc etiam errauit Gaza, quòd sitim tolerare uertit, ubi Græcè simpliciter διάγειν legitur, hoc est uitam agere: ut intelligamus hippacen cibi loco, glycyrrhizam uero sitis remedium esse. Apparet etiam Plinium errasse, qui libro 9. capite 54. hippacæ & glycyrrhizo, utrique seorsim attribuit utrūque remedium: Hunc errorem rursus admisit libro 25. cap. 8. his uerbis, Scythicam in ore habentes famem sitimque non sentiunt. Idem præstat apud eosdem 20 hippice dicta, quod in equis quoque eundem effectum habeat: Traduntque his duabus herbis Scythas etiā in duodenos dies durare in fame sitique, (melius quam Gaza, qui de siti solum transtulit:) Hunc locum ab eo translatum apparet ex Theophrasto, sed perperam: & de suo adiunctum per etymologiæ coniecturam quòd hippice idem in equis præstet. Idem Plinius libro 28. capite 14. equi coagulum hippacen uocat, cœliacis & dysentericis, etiamsi sanguinem detrahant utile fore scribens. Hippace, teste Aelio Dionysio, edulium Scythicum est, è lacte equino. Ἱππάκη (in Theophrasti codice cum accentu in ultima scribitur, quod non placet) Scythicum edulium ex lacte equino: aliqui oxygala equinum esse dicunt Scythis in usu: idque bibi, & concretum edi, ex Theopompi libro 3. Sunt & qui hippacen equile interpretentur, Hesychius & Varinus.

G.

30 De equiferis non scripserunt Græci, quoniam terræ illæ non gignebant. Veruntamen fortiora omnia eadem quàm in equis intelligi debent, Plinius. ¶ Sanguis equi adrodit carnes septica ui, Plinius. Sanguis equarum quæ admissuram expertæ sunt, in medicamenta additur quæ erodunt, septica uocant, Dioscorides interprete Ruellio: Græcè legitur, τὸ δὲ τῶν ὀχευτῶν ἵππων αἷμα σηπτικαῖς μίγνυται. Marcellus Vergilius alijs uerbis eundem quem Ruellius sensum affert, ea sunt: Miscetur medicamentis quæ exedendo sint, matricum equarum & quæ admissuræ inseruiunt, sanguis. Hermolaus Barbarus uerò, ἵππων ὀχευτῶν, de equis maribus ijsque admissarijs exposuit, Plinium forte secutus qui libro 28. capite 10. sanguinem equi præcipuè admissarij contra panos & apostemata facere scribit. Atqui eiusdem libri capite nono, Sanguis equorum (inquit) septicam uim habet: Item equarum præterquam uirginum, erodit, emarginat ulcera: (quæ lectio magis placet, quàm Marcelli Vergilij, emar 40 ginat, ulcerat.) Ex his Plinij uerbis apparere uidetur, sensisse eum equorum utriusque sexus sanguinem septicum esse: nam erodere & emarginare ulcera, id quoque septicum esse significat. Hinc & Hermolaus in corollario ex hoc nimirum loco, Equæ uirginis (inquit) sanguini uim inesse negant, quæ maribus fœminisque non uirginibus. Quòd ad Dioscoridis uerba, ὀχευτῶν de maribus intelligo: nam rectus ὀχευτὴς pro admissario, apud Hippiatros legit: ὀχευτὴ uero in fœminino genere, de equa matrice (quam uocem Marcellus Vergilius ueluti usitatam, sed absque authore profert) nusquam quod sciam. Sed hac de re nemini contenderim, cum multa alia præstantiora & faciliora paratu septica medicamenta reperiantur. Proinde Galenus etiam (ut scribit de simplicib. medic. lib. 10. capite 6.) experiri se noluisse ait an equorum admissariorum (τῶν ὀχευόντων ἵππων, in masculino genere manifestò ponit: Aëtius omisit equini sanguinis mentionem) sanguis crustam moliatur & septicus sit, cum aliorū 50 copia ei semper fuisset, ne quam præstigiatoris suspicionem de se meritò præberet. Escharoticon dicitur, quod urit & crustam facit: Auicennæ interpres equi sanguinem adurere & putrefacere scribit. Regio morbo prodesse dicitur sanguis asinini pulli ex uino: eadem & ex equino pullo similiterque uis est, Plinius. Hippiatri sanguine equorum ad diuersos in eis morbos utuntur, tum illito aut infricato foris, tum intra corpus. Incisis palati uenis si sanguis in uentrem eorum defluat, lumbricos in eo occidit. Equum peste affectum (so ein rossz räbig ist) sanguinem suum lingere curant cum sale super lapide, extractum de uenis ubi calcaria adiguntur, Innominatus. Sanguis equi illitus languentibus in equo membris medetur, ut supra dixi ex Vegetio capite tertio, ubi de phlebotomia mentionem feci. Prodest equis, si sanguine suo detracto ea ex parte, quæ pro ratione morbi conuenit, cum aceto mixto, animal perfricetur, Veget. 1. 17. Sanguis equi alijs medicamentis miscetur, & illi- 60 nitur fractis aut luxatis armis, Theomnest. Phragmaticum equum sic cura: Sanguinē detrahes de matrice, & cum oleo uinoque tepefacies, totumque iumentum contra pilos confricabis, Veget. 3. 29. Si nerui conuellant aut rigeāt equis, sanguine emisso partes affectas calido inungi oportet, Innominat.

¶Carne & fimo equi in agro pasti, ad serpentes (serpentium morsus) utūtur, Plinius. Carnem caballinam discoctam, potu suum morbis reperimus mederi, Plinius. ¶Equi adeps quomodo curetur, in Tauro dixi ex Dioscoride: quanquam eius interpretes horum animalium nomina omittūt. Equi axungia suffumigata, eijcit mortuum partum foras, & secunda sequitur, Sextus. ¶Medullam equinam recentiores quidam ungentis ad spasmum miscent. ¶Si equus laboret abscessus illo generе quod uulgò uermem uocant, cum alibi, tum in naso, cutem cauterio aperiunt, & ęruginem cum osse equino usto inspergunt, adiecto interdum hyoscyami semine. ¶Dentes equi masculi (non castrati, Rasis) positi sub capite (uel super caput stertentis in somno, prohibent ne stertat, Albertus:) illius qui in somnis opera gerit, prohibent, Rasis. Dentium equi farina perniones rimasq́ pedum sanat, Plinius. Dentes caballini tunsi ulcera pernionum, si sint tumidi, utiliter curant, Marcellus. Dentis caballini contusi farina priuatim subluuiem sanat, Plinius. Eadem (inquit alibi) inspersa, uerendorum cæteris uitijs (de formicationibus uerrucisq́ prius dixerat) medetur. Et rursus alibi dysentericis ac cœliacis salutarem esse scribit. Dens caballinus contusus, & in puluerem tenuissimum redactus, ueretro inspersus efficaciter prodest, Marcellus. Equi dentes qui primum nati fuerint, si dentem qui dolet tetigerint, remedio erunt. Nam & si infans equi rostrum basiauerit, dentium dolorem non sentit, & nec equus mordebit infantem, Sextus. Dentes qui equis primum cadunt, facilem dentitionem præstant, infantibus adalligati: efficacius, si terram non attigēre, Plinius. Collo igitur molli dentes nectentur equini, Qui primi fuerint pullo crescente caduci, Serenus ad infantes dentientes. Dentes pulli anniculi, adalligati celeriorem & sine dolore dentitionem præstant, Rasis & Albertus. ¶Pilo equino circumligato uerrucas tolli audio: ratio est, quoniam propter astrictionem alimento priuatæ arescunt. Pilus equinus ad hostium domus alligatus, prohibet ne culices aut ciniphes per hostium inuolēt, Rasis (apud quem pullus pro pilo scribitur) & Albertus. Inguina & ex ulcerum causa intumescunt: remedio sunt equi setæ tres, totidem nodis alligatæ intra ulcus, Plinius. Sanguinem sistit pilorum asini cinis illitus: efficacior uis è maribus aceto admixto, & in lana ad omne profluuium imposito: similiter ex equino capite (scilicet pilorum cinis) & femine, Plinius. ¶Corium equi adustū illitumq́ ex aqua pustulis, quas bothor uocant, refrigerat eas, Auicen.

¶Ad lienem sedandum datur equi lingua inueterata ex uino, præsentaneo medicamento, ut didicisse se ex barbaris Cæcilius Bion tradidit, Plinius. Equi lingua arefacta, & ad leuitatem trita, atq; ex uino potui data, protinus utilitatem suam sedato lienis dolore manifestat, Marcellus. ¶Equi coagulum aliqui hippacen uocant, Dioscorides & Plinius. Hoc ex uino potum aduersus serpentium morsus salutare creditur, Matthæolus. Cum uino propinatum omnes dolores sedat, Aesculapius. Priuatim cœliacis dysentericisq́ conuenit, Dioscorides. Dysentericis & cœliacis quidam priuatim prodesse scripserunt, Galenus de simplicibus 10. 11. Equi coagulum, inter auxilia cœliacorum & dysentericorum tradunt, etiamsi sanguinem detrahant, Plinius. Idem apud Auicennam & Haly legimus, quorum interpretes pro affectione cœliaca diuturnum uentris fluxum uerterunt. Coagulum equi, & sanguis caprinus, uel medulla, uel iecur aluum soluit, Plinius: Sed hæc omnia sistunt potius siccantq́ aluum, ut in Capra docuimus. ¶In corde equorum inuenitur os, dentibus caninis maximè simile: hoc scarificari dolorem: aut exempto dente emortui equi maxillis ad numerum eius qui doleat demonstrant, Plinius. ¶Equi iecur theca cedrina reponito, deinde Chio uino & aqua dilutum exhibeto: quibus enim iecur ulceratum est, ne amplius exedatur, efficitur, Galenus de paratu facilibus 2. 38. ¶Si mortuus partus sentiatur, lien ex aqua dulci potus eijcit, Plinius. ¶Coitus stimulant testiculi equini aridi ut potioni inferi possint, Plinius. ¶Panos & apostemata in quacunq; parte discutit ungulæ equinæ cinis cum oleo & aqua illitus, Plinius. Strumas discutit ungulæ asini uel equi cinis ex oleo aqua illitus, & urina calefacta, Plinius. Vngularum equinarum exustarum cinis cum oleo impositus uel illitus, strumis medetur, Marcellus. Rubori cum prurigine illinitur equi spuma, aut ungulæ cinis, Plinius. In Hippiatricis Græcis equo ileoso remedium commendatur huiusmodi: Ramenta ex ungulis anteriorum pedum, trita cum uini cotylis tribus per nares infunduntur. In ijsdem Hippocrates equo strophoso infundi iubet ramenta ungularum anteriorum trita in quatuor cotylis aquæ. Ramenta ex ungulis equi ex uino per nares equo infusa, urinam eius promouent, Hierocles, Vegetius 3. 15. Aduersus calculos prodest ungulæ equi cinis in uino aut aqua, Plinius. Vngulæ equinæ scobem, uel exustæ cinerem, si calculosus in potionem acceperit, citò sanabitur, Marcellus. Vngulæ suffitu partus mortuus eijcitur, Plinius.

¶Fel equi tantum inter uenena damnatur, ideo flamini sacro equum tangere non licet, Plinius. ¶Lacte equino uenena leporis marini & toxica expugnantur, Plinius. Lactis equi potus aluum soluit, Idem, Dioscorides & Auicenna: uide supra capite sexto. Comitialibus datur lactis equini potus, Plin. In comitiali morbo testes aprinos bibisse ex lacte equino aut ex aqua prodest, Plinius. Ad comitiales coagulum uituli marini bibunt cum lacte equino, asininóue, Plin. Aetius de suppuratis renibus tractans, Lac (inquit) cum melle post puris eruptionem eis præbendum: & primum quidem asininum aut equinum: ad ulcera enim repurganda conducit: postea uero cum repurgatione amplius opus non habent, etiā bubulū, &c. Lacte equino iuuantur uuulæ collutæ, Plin. Mulier quæ non concipit si lac equinum ignorans biberit, & mox cum uiro coierit, concipiet, Rasis & Albertus. Equæ lac potum, matricis laborem sedat, & educum (aliàs caducos, abortum forte intelligit)

telligit) eijcit, Aesculapius. Semina hyoscyami cum lacte equino trita corio ceruino illigabis, ita ne
terram tangant: hæc alligata mulieri conceptum prohibent, Rasis. Serum lactis equini facile & sine
periculo uentrem molliter purgat, Marcellus. Caseus equinus uentrem reprimit, & torsiones tollit, Aesculap. ¶ Equi spuma (eam intelligo quæ in corpore equi cum incaluit & sudat, apparet,
quanq; etiam de sudore seorsim inferius dicā) illita per dies quadraginta, priusq; nascantur primum pili restinguntur, Plin. Equi spuma si puero inuesti pectinē linieris, pili eius non crescunt, nec generantur, Sext. In dolore uel grauitate aurium commendatur equi spuma, uel equini fimi recentis cinis cum rosaceo, Plin. uidetur autē rosaceū utriq; addendum: Nā & Marcel. sic scribit, Spuma equi
recens detracta, & cum oleo roseo infusa, auricularum quamuis uehementes dolores resoluit. Si ab
equitando uexata fuerint inguina, aut intertrigines dolebunt, spuma equi fricentur, statim remedia-
buntur, Marcel. Plinius ad hoc remedium non simpliciter spumam, sed spumam ab ore (id est saliuā,
quæ alterius facultatis, quàm reliqui corporis spuma sudori permista uidetur) inguinibusq; collectā
illini probat, his uerbis: Femina atteri aduriq; equitatu notum est: Vtilissimum est ad omnes inde cau
sas, spumam equi ex ore inguinibusq; illinire. Rubori cum prurigine equi spuma, aut ungulæ cinis illinitur, Plin. Ego ad hoc uitium oris saliuam potius, quàm aliunde collectam spumam & salsedi
ne sua mordicantem adhibuerim. In feruido faucium malo, quod æstate nonnunquam grassatur
pestilenti lue in milites præsertim, nostri à liuido linguæ & faucium colore uocant **die brüne**, hoc remedium commendari inuenio: Saliua equi auenam aut hordeum pasti, os ægroti diligenter colluitur: deinde ex cancris uiuis contusis humorem exprimes eodemq; rursus lauabis. Quòd si uiuos habere non potes, pollinem de cancris aridis in clibano tostis insperge, postquam equi saliua ablueris.
Tussim sanat saliua equi triduo pota, equum mori tradunt, Plin. codices excusi aliam & obscuram lectionem habent: Ego hanc nostram confirmo ex uerbis Sexti & Marcelli quæ hîc subieci. Equi saliuam si biberint phthisici & qui malè tussiunt, sani efficiuntur. Expertissimum sanè, equus morietur,
Sextus. Ad phthisicos remedium & præsens & maximum: nam etiam uitæ dubios sanat, & quibus
spes superesse nulla uideatur: equi saliuam uel spumam cum aqua calida bibendam per triduum da
bis: etiam quem tussi intoleranda & diutina laborare uideris, hoc remedio liberabis: ægrum quidem
sine cunctatione sanabis, sed equum mors subita consequitur, Marcellus. ¶ Sudor equi mistus cū
uino, abortum facit potus à grauida, Rasis & Albertus. Sudor bestiæ (equi, Albertus) inflat faciem,
& inducit synanchen (& sudorem fœtidum, Albert.) Rasis. Si cultelli uel gladij calefacti (rubei, Ra
sis, id est igniti) sudorem equi imbiberint, inficiuntur adeò ut locus ab eis uulneratus sanguine ante
mortem animantis manare non desinat, Albertus. Idem apud Rasis interpretem, sed ineptissimè legi
tur. Si equum sagitta uenenata uulnerârit, sudorem alterius equi & panem combustum cum urina
hominis in potu dabis, deinde in uulnus quoq; immittes admixta etiam pinguedine, Rusius 178.
Sunt qui tineas & serpentes è uentre hominis exigi promittant, si equi sudorem cum urina in balneo biberit, Innominatus. ¶ Fimi asinini idem qui equini effectus est, Auicenna. Fimi equini
inueterati fauilla adrodit carnes, Plinius. Armentarij (equi uel asini) qui herba pascitur, siccum fimum liquatum in uino, mox potum, contra scorpionum ictus magnopere auxiliatur, Dioscorides.
Ad serpentes utuntur carne & fimo equi in agro pasti, coagulo leporis ex aceto, contraq; scorpionē
& murem araneum, Plin. Tanta uis est in ueneno rabiosi canis, ut urina quoq; calcata noceat, maximè ulcus habentibus: Remedium est fimum caballinum aspersum aceto, & calfactum in fico appositum, Plinius. Marcellus empiricus capite 8. collyrium quoddam fieri docet in olla operculo tecta cum foramine cui inserta sit canna ut expiratio pateat: ollam uerò cooperiri iubet fimo caballino
recenti. Hoc putrefaciendi modo (sic enim uocant) etiamnum & medici & maximè chymistæ utuntur. Tam asinorum quàm equorum fimum, siue crudum, siue crematum, addito aceto sanguinis e-
ruptiones cohibet, Dioscorides, Rasis & Albertus. Aridum inspersum sanguinem sistit, Aesculap.
Stercora asinina uel equina, si, dum calida sunt, apponantur, sanguinem ex uulnere fluentem sistunt, Rusius inter equorum remedia. Et alibi, Sanguinem (inquit) cohibet stercus equinum recēs,
cum creta & aceto acerrimo mixtum agitatumq;. Et rursus, Sanguis aperta uena ad contrariam par
tem reuellatur: deinde fimum equi cum filtro (lana feltria) ustum uulneri aut uenæ impone. Ne uenæ equi sectæ plus iusto exinaniantur, stercus ipsius iumenti fluentibus uenis admotum fascijs obli
getur, Columella & Vegetius 2.45. & rursus 3.14. Secta uena equi sanguinem nimis fluentem si-
stes, si fimum ipsius equi imponas, Pelagonius. Siue fimus manni cum testis uritur oui, Et reprimit fluidos miro medicamine cursus, Serenus ad sanguinem è uulnere nimis fluentem. Stercus e-
qui recens, olfactum etiam sanguinem reprimit, Albertus & Rasis, apud quem tamen corruptus est
locus. Si sanguis ex uulnere immodicè fluat, fimi caballini cum putaminibus ouorum cremati cinis impositus mirè sistit, Plin. Si ex uulnere immodicus fluat sanguis per nares, fimus caballinus
quo modo egeritur adpositus, statim subuenit, Marcellus. Et alibi, Stercus caballinum exprimitur
dum recens est, eiusq; succus naribus trahitur ab eo cui importunius fluunt. Si thlasma (fractum
reddit Ruellius) in ungula habeat equus, &c. post alia remedia fimum equinum aridum illigari Pela
gonius iubet in Hippiatricis. Auribus instillatum equi fimum dolorem tollit, Aesculapius. In do
lore aut grauitate aurium equini fimi recentis cinis cum rosaceo prodest, Plinius. Stercus caballinum recens colliges, & in furno calefacies, tunc oleum medio capiti infundes contra uuam, & sic

stercus prædictum in panno uel in linteo spisso capiti superligabis in noctem, Marcel. Regio morbo fimum asinini pulli, quod primum ædidit à partu, datum fabæ magnitudine è uino intra diem tertiũ medetur: eadem & ex equino pullo similiterq; uis est, Plin. Ad colicam (für die müter, quanquã uteri morbum propriè sic Germani uocant, colicam impropriè) remedium certum, ita etiam ut morbus non repetat: Fimi de equo qui auena aut hordeo pascatur, non gramine, manipulum in dimidia mensura uini (uncias circiter octodecim intelligo) decoques donec pars dimidia consumatur: hoc paulatim bibendum est, donec exhaurietur: erit autem eò utilius quo exhaurietur citius, Empiricus innominatus. Equini fimi cinis in aqua potus aluum sistit, Plin. Ad uentrem fluentem, Equi stercus aqua liquefactum & percolatum, si bibatur, facit regressum, Sextus. Fimum caballinum combures, & cinerem fimi ipsum cum uino uetere miscebis & conteres: & sic dabis dysenterico bibendum sine aqua, si non febricitabit, Marcellus. Equini fimi cinis cœliacis & dysentericis salutaris dicitur, Plinius: paulò ante etiam asinini fimi cinerem ex uino, utriq; uitio efficacem esse scripserat. Si partus mortuus sentiatur, lien equi ex aqua dulci potus, eijcit: item ungulæ suffitu, aut fimum aridum, Plin. Mihi uerborum constructio parum cohærere uidetur: quamobrem legerim potius, Item ungula suffita, aut fimum aridum, scilicet suffitũ. (Apud Vincentium Belluacen. legitur, aut ungularum suffumigatio, uel fimus aridus.) Nam & apud Haly medicum sic legitur, Suffitus ex fimo equi secundas fœtumq; mortuum educit. Fauilla fimi equini inueterati partum mortuum eijcit, ut quidã ex Plinio citat. ¶ Quidam urinam equi aquæ ferrariæ ex officinis miscent contra comitialem morbum, eademq; potione & lymphaticis medentur, Plinius. Pecori sanguinem siue per anum, seu uuluam, seu nares emittenti, pultem facito ex farina tritici & ouo & butyro tritis in lotio ex equili hausto: deinde pultem uel massam illam coctam in cinere pecori dabis, Empiricus innominatus. Lutum ex cuiuscunq; equi lotio factum uino permisces, colatumq; per nares infundes, & confestim prouocat urinam, Veget. 1.61. & Hippiatrica: in quibus & hoc additur, lutum huiusmodi etiam aridum easdem uires obtinere. Vulgare & uerum est remedium, lutum de uia ex lotio cuiuscunq; equi factum, uinoq; permixtum & colatum naribus infundas, Vege. 3.15. ¶ Lichenes sunt in equorum genibus, & super ungulas in flexu harum partium indurati calli: qui triti & in aceto poti, comitialibus mederi traduntur, Dioscorides & Galenus de simplicib. medic. 11.17. Aliqui & ad cuiusuis feræ morsum adhiberi consulunt, Galenus ibidem. Comitialibus datur ex equo lichen in aceto mulso bibendus, Plin. Zeidę sunt augmentationes in cruribus & iuncturis equorum & animalium maiorum, Serapion 444. Dentes labantes confirmari aiunt lichêne equi cum oleo infuso per aurem: est autem hoc in equorum genibus, ac super ungulas, Plin. Ferunt additiones illas, quæ sunt in genu equi, tritas & potas cũ aceto, sanare sodam & epilepsiã, Auicennæ interpres. Calculos expellunt lichênes equini ex uino aut mulso poti diebus quadraginta, Plin. ¶ Vestigium equi excussum ungula (ut solet plerunq;) si quis collectum reponat, singultus remedium esse traditur, recordantibus quonam loco id reposuerint, Plinius.

H. a.

a. Equi dicuntur ab æqualitate siue paritate, eò quod pares antiquitus cruribus (bigis quadrigisq;) iungebantur, Albertus & Sipontinus. Equa, mula, &c. datiuum & ablatiuum pluralem in abus faciunt: Priscianus inter hæc nomina pro equa asinam posuit. ¶ Caballum pro equo Latini dicunt, Græci καβάλλην, Itali cauallo, Galli cheual, Illyrij kobyla, & forte Germani etiam inde uocem gaul mutuati sunt. Caballos antiqui equos dixere, fortasse (liceat enim suspicari nobis) uoce ficta de sonitu quem edunt, pulsu ungularum, unde & sonipedes dicti, Camerar. Caballus, quòd cauet terram ungula impressa, Obscurus. Caballos uidetur intelligere Hieronymus maiores equos, sicuti mannos accipimus minores, Cælius. Sunt autem Hieronymi uerba hæc, Vt statim cernamus tiaras galeis, caballos equis cedere. Ego contra conijcio: nempe ut galea militare capitis uelamentũ, ualidius est quàm tiara in pace apud Persas & Medos gestari solita: sic equus quasi per excellentiam de animoso & bellatore equo dictus, caballo præfertur qui pacis tempore ad diuersos labores seruit. Nam operarium & uiliorem equum propriè caballum dictum esse, ex aliquot authorum testimonijs, quæ subijciam, apparet: etsi nonnulla eiusmodi sint, ut caballi nomen pro equo simpliciter usurpare uideantur. M. Cato Censorius cantherio uehebatur, & hippoperis quidem impositis, ut secum utilia portaret. O quantum erat seculi decus imperatorem triumphalem Censorium, uno caballo esse contentum: & ne toto quidem. Partem enim sarcinæ ab utroq; latere dependentes occupabant, Seneca. Succussatoris tetri tardiq; caballi, Lucilius. Alius caballum arboris ramo in humili alligatum relinquit, Varro Parmenone. In castris permansi, inde caballum reduxi ad censorem. Καβάλλης apud Hesychium & Varinum ὁ ἐργάτης ἵππος, id est operarius equus. Καβάλλης, ὁ κατεβαλών, &c. Suidas, Hesychius, Etymologus: sed fortè in omnibus erratum est: nam ista interpretatio ὁ κατεβαλών pertinet ad uocem καββαλών quæ apud Suidam statim sequitur, ex κατεβαλών per syncopen facta. Hoc erratum in alijs simplex, ab Etymologo & Varino bis commissum est. Hoc igitur omisso apud Suidam sic legemus, Καββάλλης (oxytonum non proparoxytonum ut Etymologus habet, & per unũ lambda) ὁ ἀπὸ κάπης ἅλις ἐσθίων. κλίνεται δὲ καββαλλῖνος. σύγκειται δὲ ἡ κάπη, καὶ τὸ ἅλις. πλεόνασμα γάρ δὴ τῶν ἀπὸ κάπης ἐσθιόντων ἀλόγων. Hæc ita uerterim, Caballis, nomen compositum est à nomine κάπη quod præsepe sonat, & aduerbio ἅλις quod est abunde. Ferè enim tanquam abundans aliquid in terram delabit

iumentis

iumentis quæ ex præsepibus pascuntur. Apud Varinum scribitur etiam καββαλις per unum lambda: item καββάλης, ὅσον ὁ ἀπὸ ἄλλης κάπης ἐσθίων, Varinus & Etymologus. Καβάλλιον, καβάλλης, Hesychius. Καβαλίς Stephano nomen est ciuitatis. Ne uerò tu (inquit Plutarchus) aduersus usuram aut equitatum opperiaris, aut uehicula iugalia cornigera, & argento picta, quæ celeres usuræ assequuntur & prætercurrunt: uerũ quolibet asino et caballo (ὄνῳ τινὶ ἢ τυχόντι καὶ καβάλλῃ χρώμενος) fuge hostem ac tyrannum fœneratorem. Diuersitas in scribendo hoc uocabulo, Græcos id à Latinis accepisse arguit: nam & in alijs plerisq; Latinis scribendis Græci plurimum uariant. Certum est apud Græcos paulò antiquiores caballi uocem non reperiri. Ego præ cæteris modis καβάλλης scribi probo, cum β. simplici, & λ. duplici in prima apud Græcos inflexione. Νίννον, τὸν καβάλλην ἵππον, Hesychius & Varinus: nos ninnum uel ginnum de pumilis equis & asinis dici alibi docuimus in Asino, Ceruo & Equo. Optat ephippia bos piger, optat arare caballus, Horatius. Apud eundem in Sermon. Satureianus caballus legitur, id est Satureianis agris natus, qui sunt in Apulia fertiles, & equorum nobilium genitores, Acron. Immeritis franguntur crura caballis, Iuuenalis Sat. 10. Hippocrenen Persius caballinum fontem dixit. Caballina caro, Plinius 28. 20. ¶ Equitem pro equo ueteres quidam posuerunt, ut Vergilius Georg. lib. 3. Atq; equitem docuêre sub armis Insultare solo. Ennius lib. 7. At non quadrupedes equites, Nonius Marcel. Vide etiam Gellium libro 18. cap. 5. Sic etiam equitare de equo reperitur, cum sessoris proprium sit. ¶ Omnis extremi frigoris tolerantior equino armento uacca est, ideoq; facile sub dio hybernat, Columella. Amissa parente in grege armenti, reliquæ fœtæ (de equabus loquitur) educant orbum, Plinius. Armenta ipsa macie tenuant, Vergil. in Georg. id est, ipsas equas, cum prius de maribus admissarijs seorsim dixisset. Armenta (inquit Seruius in tertium Aen.) dicta sunt quasi armis apta: nam equi intersunt prælijs; boues armant ex corijs. Armenta quoq; dicta sunt maiora animalia quæ arationi congrua sunt. ¶ Iugales, pro equis currui iunctis. Absenti Aeneæ currum, geminosq; iugales, Vergil. Aen. 7. Socij iugales, Silius libro 16. Emeritos uertunt ad pascua nota iugales, Claudianus 2. de raptu Prof. Cornipes & sonipes, epitheta equi, pro equo absolutè ponuntur. ¶ Δάμνος, equus, Tyrrhenis, Hesychius & Varinus. ἴκκος σημαίνει τὸν ἵππον, Etymologus in ἱπποσύνη: suo tamen loco apud eundem non reperio, nec in alijs Græcorum Lexicis: nisi quòd ἰκκὸς oxytonum à Varino ταραντῖνος exponitur. Plenius apud Pausaniam secundo Eliacorum legimus ἴκκον (paroxytonum) Tarentinum quendam gymnasten fuisse. Κόππος, ὄρνις: καὶ ἵππον δέ τινες οὕτως ἔλεγον, Hesychius & Varin. Μωσίαι, ἵπποι καὶ βοῦς ὑπὸ Ἀρκάδων, Hesychius & Varin. Μέρωον, πωλίον, Iidem. Φορβάδες, αἱ θήλειαι ἵπποι, Iidem. Oppianus equam ἱππάδα uocat. ¶ Ἵππος, παρὰ τὸ ἵεσθαι τοῖς ποσί: scribitur autem pî duplici ad differentiam τοῦ ἶπος, quod laqueum significat, Etymologus. Ἵππος Attico more tam fœminino quàm masculino genere profertur, Varin. Et alibi, Αἴξ (inquit) apud poëtas etiam de maribus dicitur, & communi genere profertur, ut & ἔλαφος, ἄνθρωπος, ἵππος. Huius Atticæ & poëticæ consuetudinis quidam ignari, ineptè aliquando fœminino genere reddunt in sermone Latino, quod in eo positum Græcè reperiunt. Ex hac Attica consuetudine est, quod interdum scriptores non contenti τὴν ἵππον dixisse cum articulo fœminino, addunt insuper θήλειαν. Sciendum est (inquit Etymologus) Iones animalium nomina fœminino genere pronunciare, cum greges aut armenta eorum significant, ut τὰς ἵππους, τὰς ὄνους, τὰς βοῦς. Significat sanè ἵππος equum, & equam, & equorum armentum, & turmam equitum: hinc ἵππος χιλία, & μυρία, pro mille & decem millibus equitum. Ἵππος συλληπτικῶς καὶ ἐπὶ τῶν ἱππέων λέγεται, οἷον ἡ ἵππος τῶν Περσῶν ἐνίκησεν, καὶ οἱ ἱππεῖς. καὶ παρ' Ὁμήρῳ, ἵστατ' Ἀχιλλεὺς ὀτρύνων ἵππους τε καὶ ἀνέρας ἀσπιδιώτας, ἤγουν ἱππεῖς καὶ ὁπλίτας πεζούς, Varinus. ¶ Caccabe, Κακκάβη, olim uocabatur Carthago: quæ uox incolarum lingua caput equi significat, Stephanus: Vide supra in Boue H. b. Alla, Ἄλλα, Caribus equum significat, Stephanus in Hylluala. ¶ Germani equum admissarium uocant **hengst/springhengst**: Itali & Galli stallonem: fœminam, **stůt/merch/gurr**, & aliqui **mötsch/müterpferd**, Galli iumentum. Celtę qui Brenno duce Græciam inuasêre, equum marcam uocant, authore Pausania. Aliqui minus bene in nostra lingua scribunt **merr**, Angli mare, Illyrij mrcha: Similis & Græcorum uox est μωσία & μέρων. ¶ Equulum & equuleum, Latini equum paruum, nouellum, uel pullum equi uocant: Græci ἱππάριον, eodemq; nomine auem uulpanseri similem: hippardion uerò bestiam cornutam, bisulcam, iubatam. ἱππίδιον quoq; ab equo diminutiuum uidetur, sed nomen est piscis Hesychio & Varino. Bos equuleum peperit, Liuius 3. belli Punici. Vt iniecto equulei freno repente exagitantur nouo, Cicero 3. Tuscul. Vt fame debilitetur equuleorum nimis effrenata uis, Idem in Hortensio. Neq; furentem equuleum Damacrinum insanus equiso exhibebis morbi fluctibus educat unq;, Varro Eudæmonibus. Sipontinus simplicius citat, Neq; furentem equuleum insanus equiso exhibeat maris fluctibus. Vbi insilui in cocleatum equuleum, ibi tolutim tortor, Pomponius apud Nonium. Equulos argenteos nobiles, qui Q. Maximi fuerunt, aufert, Cicero 6. Verr. Legitur hic & equuleos. Omnia in perfectis & maturis decet esse meliora, ut in equo quàm in equulo, in cane quàm in catulo, in uiro quàm in puero, Cicero lib. 2. de Nat. Sunt qui dicunt post annum & sex menses equulum domari posse, Varro. In fœminino genere diminutiuum est equula apud Varronem, Hermolaus Barbar. equilam legit. Et apud Nonium citatur Varronis uerba ex lege Menia, hoc modo: Nemo est tam negligens, quin summa diligentia eligat asinum, qui suam saliat equilam. ¶ Pullos dicimus paruos fœtus quorumcunq; animalium, non quadrupedum modò, sed etiam auium, ranarum, &c. Equæ

Z

pullus, Lucretius. Continuò pecoris generosi pullus, Vergilius de equuleo. Et sanè frequentius iumentorum, ut equi, asini, foetus pullos nominant authores, quàm aliarum quadrupedum: ut etiam Germani ein füle/Galli poulain: Omnes nimirum à Latina uoce, Latini à Græcis: qui πῶλον dicunt de equuleo proprie, poëtæ pro equo simpliciter. Pulli propriè sunt equorũ, Hermolaus. Μέγωσιν, πωλίον, Hesychius & Varinus. Πωλίον apud Aristophanem in Pace, ubi scholia addunt πῶλος propriè dici foetus equorum & aliarum quadrupedum, quas Græci κτήνη nominant. Hinc πωλεύειν, equos domare et instituere, quod & πωλοδαμνεῖν, & alia plura in Græcorum lexicis uocabula. Vituli nomen ponitur etiam de equis apud Vergilium tertio Georg. Iam uitulos hortare, uiamq́ insiste domandi, ut Grammaticus quidam exponit: Seruius quidem eo in loco generaliter tum de equis tum de bobus accipi ait, Vergilio de utrisq́ pariter docente. ¶ Equum omnium primum à Neptuno productum ferũt, ut parte ultima huius capitis dicam. ¶ Morem literas inurendi in equis, agnoscere uidetur Aristophanes, qui in Nebulis coppatiam inde equum nominat, cui inustum esset cappa: sicuti samphoras siue sapphoras, quibus sigma. Etenim sigma & nĩ inusta uocabant san, Cęlius et Varinus in κοππατίας. Seruantur autem etiamnum hæ notę in equis, Varinus ibidem. Coppa uero est numeri figura, compacta ex cappa & sigma, hoc modo, ϛ. signat autem nonaginta: etiamsi coppatiam quidam interpretati sunt quasi κόπτοντα, quod est ungula terram excauantẽ. Vero propius est, ab insigni ita nuncupatum, quæ ratio etiam bucephalos fecit. Et Corinthiorum rex Sisyphus, animalium ungulis monogrammaton nomen suum inscribebat, ut furto intercepta eo repeteret argumento. Trissippion quidem fuit ueluti rotula quædam publica nota, quæ candens malis equorum imprimebatur, qui iam consenuissent: dicebatur & ἵππου τροχός, Cælius: De hoc plura dicam in H. e. Athenæus libro 11. scribit sigma literam Doricè san appellari, & equos propter impressam eis huius literæ notam apud Aristoph. in Nebulis samphoras. Cælius sua ex Scholijs in Nebulas Aristophanis (uel Suida, apud quem eadem leguntur, sed loco uno manco) transtulit, sed omisit obscura quædam, quæ etsi nec ipse assequor, adferam tamen in medium ne quid dissimulem: ea huiusmodi sunt, Συνεζευγμένου γὰρ τοῦ κ. καὶ σ. τὸ σχῆμα τοῦ ϛ. ἀριθμὸν δύναται νοεῖσθαι, ὃ σημαίνεται τὸ κ. (lego π. id est octoginta) καὶ παρὰ γραμματικοῖς οὕτω διδάσκεται, καὶ καλεῖται κόππα ἐννενήκοντα. (Aliter forte hunc numerum olim notarunt, quàm hodie notari solet: accedit tamen hodierna quoq́ nota nonagenarij numeri ϛ. nonnihil ad cappa Græcorum hoc modo scriptum ϗ. ut inde coppa dictum conijcias: ueteres quidem sigma maiusculum figura lunulæ pingebant.) Alibi etiam in ijsdem Scholijs sic legimus, Σαμφόραι ἵπποι οἱ σίγμα ἔχοντες περὶ τὸν μηρόν, καὶ διὰ τοῦ μ. καὶ π. γράφεται. ego magis probo per μ. ut samphoras sit equus, qui notam fert san literam: solet enim ν. in μ. uerti ante φ. non item in π. Et rursus in eandem comœdiam, Κοππατίας ἵππους λέγει ὁ Στρεψιάδης μετὰ τοῦ χαράγματος, καὶ σαμφόρας αὐτὸ τὴν οὐσίαν. Videntur enim pretiosi fuisse equi, qui huiusmodi notis insigniebantur: proinde Apollonius apud Philostratum, Nec accusaui quenquam (inquit) piscium causa, quos maiore pretio emunt plerią, quàm coppatias quondam emere præstantes uiri consueuerunt. Ἀνὴρ γὰρ ἕλκων οἶνον ὡς ὕδωρ ἵππος, Σκυθιστὶ φωνεῖ οὐδὲ κόππα γινώσκων, &c. Parmeno Byzantius apud Athenæum libro quinto. Τοὺς φασιανοὺς οὓς τρέφει Λεωγόρας, Aristophanes in Nubibus. Phasianos hic aliqui equos intelligunt qui circa Phasin amnem præstantes nascuntur: alij phasiani auis nota insignes: alij ipsas aues.

¶ Rustici & aurigæ nostri equis à colore, figura, aliasq́ ob causas diuersa nomina imponunt, Rapp/colore nigro: roll/qui tintinnabulum gestat: rinderle/à figura bouis breui & corpulenta: item, schimmel/blaß (de quibus capite 2. in coloribus equorum dixi) stäbele/grommen: & mutz/cui præcisa est iuba & cauda truncata.

¶ Equorum nomina propria quę apud ueteres præcipuè poëtas reperi, ordine literarum hîc subieci. ¶ Alastor, Aethon, Nyctæus, & Orneus, equi Plutonis apud Claudianum libro 1. de raptu Prof. Aetha, nomẽ equæ Agamemnonis apud Homerum in funere Patrocli, Αἴθην τὴν Ἀγαμεμνονίην, Suidas. Aethion, Statio Thebaid. 6. Aethõ, Eous, Phlegon, Pyrois, equi Solis apud Ouidiũ. Aethon, Plutonis equus, uide Alastor. Aethon, Lampus, Podagrus, & Xãthus, Hectoris equi apud Homerum Iliadis octauo. Aethon Pallantis equus Vergilio. Arion equus filius Neptuni & unius ex Furijs, Varinus: Thelpusij quidem, Pausania teste, Cererem Erinnyn uocant. Lactantius grammaticus in Thessalia terram tridente percussam à Neptuno scribit, unde prosiluerint equi duo Scyphios & Arion. Cererem aiunt mutatam in equam, ex Neptuno in equum mutato filiam peperisse, cuius nomen non initiatis cælandum sit, & equum Arionem: & hanc ob causam (dicunt Thelpusij,) Neptunum apud se primum inter Arcades Hippium esse dictum. Et hoc probat carminibus ex Iliade & Thebaide citatis: ex Iliade quidem hisce, Οὐδ' εἴκεν μετόπισθεν Ἀρίονα δῖον ἐλαύνοι, Ἀδρήστου ταχὺν ἵππον, ὃς ἐκ θεόφιν γένος ἦεν. Ex Theba. uerò, quomodo Adrastus fugerit Thebis, Εἵματα λυγρὰ φέρων σὺν Ἀρίονι κυανοχαίτῃ. In his carminibus innui putant, Neptunum patrem esse Arionis. Antimachus quidem Terræ filium facit, his carminibus, Ἄδρηστος Ταλαοῦ υἱὸς Κρηθηϊάδαο Πρώτιστος Δαναῶν ἤλασεν κλειτοὺς ἵππους, Καιρόν τε κραιπνόν, καὶ Ἀρίονα Θελπούσιον. Τὸν ῥά τ' Ἀπόλλωνος χέρσου ἄλσος ὀγκαίου Αὐτὴ γαῖ' ἀνέδωκε, θέαμα θνητοῖσιν ἰδέσθαι. Sed fieri potest ut quanquam è terra prognatus, originem ex deo ducat, & (ideo) pilorum color cœruleum referat: (nam & κυανοχαίτης, Neptuni epitheton est.) Sunt qui & hanc historiam referant, Herculem cum bellum aduersus Eleos gereret, ab Onco petijsse equum, & Arione in prælijs inuectum Elin obtinuisse: Postea uerò Adrasto equum donasse: unde

unde Antimachus, ὅς ῥα ποδ' Ἀδρήστῳ τριτάτῳ γ' ἐσθμὸν ὕπ' ἄνακτι, Hæc omnia Pausanias in Arcadicis. Qualis & Adrasti fuerit uocalis Arion, Tristis ad Archemori funera uictor equus, Propertius. Vide Leonicenum in Varijs 2.79. Cygnum Martis filiū Hercules equestri certamine uicit, adiutus equo Arione, quem Neptunus in faciem equi transformatus ex Erinnye genuit, deditq; Capreo Hliarti regi, qui eundem Herculi donauit: Hercules rursus Adrasto: cuius ille auxilio apud Thebas euasit, quum reliqui duces ferè omnes occiderentur, Innominatus quidam in Onomastico nostro. Arionis equi meminit etiam Statius Theb. 6. Aschetos, Statius sexto Thebaid. ¶ Balius, Xanthus, & Pedasus, Achillis equi. Achilles (inquit Nic. Erythræus) biga ut plurimum utebatur, iunctis scilicet Balio & Xantho equis immortalibus: hos Podarge mater equarum rapidissima, dum per florea prata pasceretur, ad Oceanum ex Zephyro genuit, ut Homerus canit. Quanquam in decimosexto Iliados, Automedon Achillis auriga ijs quoq; tertium Pedasum nomine loro tamen extremo iungat, & mortalem quidem equum immortalium equorum comitem. Βαλίας nomen equi Achillis, significat etiam uarium, Varinus. Neptunus Ξανθὸν (melius Ξάνθον oxytonum) καὶ Βαλίον equos Peleo donauit, nuptias cum Thetide celebrāti, Idem in Θέτιν. Meminit horum Achillis equorum Homerus libro 16. Iliados: & rursus libro 19. ubi Xanthus uocalis à Iunone redditus domino respondet. Et lib. 17. ipsi immortales à Ioue facti etiam lachrymas emittunt. Xanthus & Balius (inquit Varinus) equi Achillis, οἳ ἅμα πνοιῇσι πετέσθην, id est qui æquali cum uentis pernicitate uolabant (per summa æquora currebant, Q. Calaber libro 8.) ex Harpyia Podarge nati sunt, &c. uide plura apud eundem de historica & physica huius fabulæ interpretatione in Ξανθός. Borysthenі equo uenationibus aptissimo, sepulchrum ab Adriano substructum scribit Dion, Cælius. Bromius apud Statium Theb. 6. ¶ Cerus, Καιρός, uide Arion. Calydon & Cygnus, Statius 6. Theb. Camphasus, Silio libro 16. Cnacias, uide Phœnix. Corax, uide Phœnix. Corithe, apud Iuuenalem Satyra 8. his uersibus, Sed uenale pecus Corithæ, posteritas & Hirpini si rara iugo uictoria sedit, Nil ibi maiorum respectus. Britannicus Corithen & Hirpinum interpretatur equorum nomina, citans Martialis uersum, Hirpini ueteres qui bene nouit auos. Ge. Valla uero locorum nomina esse putat, ex quibus equi clari nascerentur. Cygnus à colore albo dictus, uide Calydon. Cyllarus, equus Castoris à uelocitate dictus, de quo Vergilius Georg. 3. Talis Amyclæis domitus Pollucis habenis Cyllarus. Accipimus autem hîc poëticè Pollucem omnino pugilem pro fratre Castore, quem ex tertio Iliados equorum domitorē fuisse constat: & uenustè, quando & illos alterna se morte redimere fabulantur, Erythræus. Cyllari etiam Statius lib. 6. Theb. meminit. Cyllarus, equus Castoris, à uerbo κέλλειν, ut uelocem significet. Stesichorus enim ait Mercurium dedisse Dioscuris equos Φλόγεον καὶ Ἅρπαγον, ὠκέα τέκνα Ποδάργης, Ἥρα δ' Ξάνθον καὶ Κύλλαρον, Etymologus: & Varinus, apud quem quædam corrupta sunt.

¶ Dîmos & Phobos, Δεῖμος καὶ Φόβος, id est Terror & Pauor, Martis equi: quorum Homerus tum alibi sæpe meminit, tum Iliados quinto: & Maro, Martis equi bijuges, & magni currus Achillis.

¶ Neptuni equos memorant Enceladum, Eriolen (Ἐριώλην, τὸν) Glaucum, & Sthenontē. Σθένοντα quidem propter Neptuni & maris potentiam: Ἐγκέλαδον uerò à sonitu maris: Γλαῦκον, ab eiusdem colore: Ἐριώλην deniq;, propter humidos uentos, ex quibus etiam uehemens & impetuosa ἐριώλη est, cuius & Comicus meminit, Varinus in ἵππος. Ἐριώλη fœmininum apud Aristophanem in Equitib. legitur, et explicatur in Scholijs, τυφῶς, ἀνέμου συστροφὴ ἢ πυρός: ἀναθυμιάσεως συστροφὴ πρὶν ἐμπυρωθῆναι τὸν ἀέρα: πνοὴ μεγάλη καὶ σφοδρά. Cæterum in Vespis ludens idem poëta caunacen uestem Persicam in quam plurimum lanæ insumptum esset, ἐριώλην uocat quasi ἐρίων ἀπώλειαν. Eous, Ἠῷος, unus ex equis Solis, ut in Aethone dixi. Ex Hippodamiæ procis primum Marmacem ab Oenomao occisum aiunt, cuius equarum nomina fuerint Parthenia & Eripha, (Παρθενία καὶ Ἔριφα:) & has quoq; supra dominum suum ab illo mactatas esse, ac sepulturæ permissas: Et fluuium Partheniam ab altero equo nominatū, Pausanias Eliacorum secundo. Exalithus, uide in Cyllaro. ¶ Garganus libro 4. Silij. Glaucus, uide in Encelado. ¶ Harpagus, uide in Cyllaro. Harpe equa Pelorum equum ex Zephyro uento conceptum produxit, Silius libro 16. Harpinna & Psylla, Ψύλλα καὶ Ἅρπιννα, equi Oenomai, quorum auriga erat Myrtilus, Varinus. Hirpinus, equus Martiali libro 3. Epigrammatum, Textor: Vide Corithe. ¶ Ilerda, Silij libro 16. non equi, ut Textor ineptè exponit, sed urbis Hispaniæ nomen est. Incitatus, ἐγγίτατος, equi nomen est apud Suetonium, præter interpretum sententiam, Cælius. Apud Martialem libro 10. mulionis nomen est. Iris, sexto Theb. Statij. ¶ Lampon, Silij li. 16. & eodem nomine Diei equus, à splendore dictus: nam Nocti equos nigros, Diei albos attribuunt. Λάμποντα (al' Λάμπον) καὶ Φαέθοντα ἵππους ἡμέρας φησὶν Ὅμηρος: ἵππος δὲ ἡμέρας ἐστὶν, ἡ ποδωκεστάτη αὐτῆς ὀξεῖα τοῦ οὐρανοῦ κίνησις, ὑφ' ἧς λάμπει καὶ φαίνει, Varinus. Recentiores, ut & Lycophron, Diem à Pegaso equo uehi aiunt. Lampus, Λάμπος, unus ex equis Hectoris, ut in Aethone dixi. Lamus, libro 16. Silij. ¶ Melampus, Silij libro 16. ¶ Nycteus, Plutonis equus, uide Alastor. ¶ Orneus, Plutonis equus, uide Alastor. ¶ Panchates, lib. 16. Silij. Parthenia, uide Eripha. Pedasus, uide in Balio. Pegasus, uide inter historias, ultima huius capitis parte. Pelorus, uide Harpe. Phaëthon, Diei equus, uide Lampon. Pherenicus, apud Pindarum. Phlegon, Solis equus ut in Aethone dixi. Phlogeos, uide in Cyllaro. Phobos, Martis equus, uide in Dimo. Phœnix, unus ex equis Cleosthenis Epidamnij, de quibus Pausanias libro 2. Eliacorum sic scribit: Post Pantarcis statuam, Cleosthenis Epidamnij currus est, Ageladæ opus. Is uicit Olympiade sexagesima sexta: & suam equorumq; & aurigæ ima-

Z 2

gines illic fieri curauit, adſcriptis etiam equorum nominibus, quæ ſunt Phœnix & Corax: & utrinq; ad iugum, dextro latere Cnacias, Κνηκίας: ſiniſtro, Samus, Σάμος. Hic quidem Cleoſthenes primus Græcorum, qui equis nutriendis ſtuduerunt, imaginem in Olympia poſuit. Quanquam & Miltiades Athenienſis & Euagoras Lacon poſuerunt: ſed Euagoras currum ſolum abſq; ſua imagine: de Miltiade alibi dicam, Hæc Pauſanias. Pholoë, lib. 6. Theb. Statij. Podarces, Ibidem: dictus nimirum q; ualeat pedibus. Podarge à celeritate pedum, uide in Balio. Podarges ſimiliter, uide in Cyllaro. Podargus inter equos Hectoris erat, ut in Aethone dixi: & alius eodẽ nomine Hippamonis equus, de quo diſtichon legimus, Ἀνδρὶ μὲν Ἱππαίμων ὄνομ᾽ ἦν, ἵππῳ δὲ Πόδαργος, Καὶ κυνὶ Λήθαργος, καὶ θεράποντι Βάβης. Pſylla, uide Harpinna. Pyrois, ex equis Solis, ut in Aethone dixi. ¶ Rhœbus, equus Mezentij apud Vergilium Aeneid. 10. παρὰ τὸ ῥοιβέω, quod eſt emico, Nic. Erythræus: Ego uerbum ῥοιβεῖν in uulgari tantum Lexico Græcolatino (quod multis modis corruptum eſt) poſitum reperio ſine authore. Sunt qui per æ. diphthongum Rhæbus ſcribant, quod magis probo. ¶ Samus, Σάμος, uide Phœnix. Scyphios & Arion, equi Neptuni ſecundum Lactantium, Καιρὸς & Arion Adraſti ſecundum Antimachum, ut in Arione dixi. Sicoris, penultima breui, lib. 16. Silij. Sthenon, uide ſupra in Enceladо. Strymon, Statio Theb. 6. ¶ Tagus, apud Silium lib. 1. equi nomen eſt, ut ſcribit Textor: locus iam non occurrit, ſed deceptum puto Textorem, ut in Ilerda. Theron equus, Silius libro 16. Thoës, Statius 6. Theb. ¶ Volucris, equi nomen, Cælius. Verus imperator (inquit Iul. Capitolinus) Praſinis contra Venetianos turpiſſimè fauebat. Nam & Volucri equo Praſino aureum ſimulacrum fecerat, quod ſecum portabat. Cui quidem paſſas uuas & nucleos in uicem hordei in præſepe ponebat, quem ſagis fuco tinctis coopertum, in Tiberianam ad ſe adduci iubebat. Cui mortuo ſepulchrum in Vaticano fecit. In huius equi gratiam primum cœperunt equi aurei uel brauia poſtulari. In tanto autem equus ille honore fuit, ut ei à populo Praſinianorum ſæpe modius aureorum poſtularetur, Hæc ille. In hoc quidem Silij carmine libro 16. Primus equum uolucrem Maſſyli munera regis Haud ſpernenda tulit, uolucris pro epitheto accipi poteſt, cum nullum aliud equi nomẽ eo in libro, licet complura ſint, Latinæ originis habeatur. Ouidius etiam uolucres equos epithetic ſecundo Metam. dixit, & Pegaſum priuatim ſexto. ¶ Xanthus, equus Hectoris, ut in Aethone dixi: & alius Achillis, uide in Balio. ¶ Hactenus uetera equorum nomina ordine literarum recenſuerim. Nunc adijciam recentiorum quædam, ubi prius Statij aliquot uerſus è ſexto Thebaidos recitauero, ut certius conſtet de nominibus quibuſdam ſupra poſitis. Nominibusq; cient, Pholoën Admetus & Irin, Funalemq; Thoën: rapidum Danaëius augur Aſcheton increpitat, meritumq; uocabula Cygnum. Audit & Herculeum Strymon Chromin, Euneon audit Igneus Aethion, tardũ Calydona laceſſit Hippodamus, uariumq; Thoas rogat ire Podarcen. ¶ Nic. Erythræus de Xantho Achillis equo dominum ſuũ allocuto ſcribens in Indice ſuo Vergiliano, Commentũ hoc (inquit) uocalium equorũ ac immortalium, uernacula poëtarũ Muſa audacius æmulata eſt: quippe quæ heroum ſuorum generoſiſſimos equos proprijs nominibus fabuloſius etiam decantauit, ut Rholandi Brigliadorum & Vegiantinũ, Baiardũ Rainaldi, Rubicanũ Argaliſæ, Hippogryſum Rugerij, Frontinũ & Fratalatum Sacripantis, Rondellum Oliuerij, & aliorum alijs nominibus alios.

¶ Epithetorum equi teſtimonia reperies apud Textorem uno in loco omnia: nos ea pro argumenti ratione diſtribuimus, cum alia bellatori alia celeri equo conueniant, de quibus partim ſupra capite ſecundo dixi, partim paulo poſt ſecunda huius capitis parte dicam: Alia ad animi aut corporis uirtutes aut uitia ſpectent, de quibus ſimiliter infra dicetur. In præſentia ea ferè tantum adferam, quæ equo ſimpliciter congruunt. ¶ Aeripes, uide inferius inter Græca. Aſſidui. Cornipedes. Fœmina cornipedi ſemper adhinnit equo, Ouid. Ponitur & abſolute pro equis, Quem ceperat ipſe Cornipedem, Silius: ut etiam Sonipes. Aere, & cornipedum curſu ſimulârat equorum, Vergilius. Fumans. Suſpenſus cura fumantum totus equorũ, Marullus. Frenigerum equum Textor dicit, eadẽ forma qua alam frenigeram Statius lib. 3. hoc uerſu, Quis nam frenigeræ ſignũ dare dignior alæ? Hinniens equus, Politiano. Humentes Noctis equos Claudianus dixit, forte à Noctis natura. Iubatus, apud recentiorem quendam. Puluerei, Valerius Argon. 4. Quadrupes, Deniq; ui magna quadrupes equus, atq; elephanti Proijciunt ſeſe, Ennius apud Gellium. Quadrupedante inuectus equo, Silius. Quadrupedante putrem ſonitu quatit ungula campũ, Verg. Spumantemq; agitabat equũ, Vergil. Et alibi, Vectus equo ſpumante Sages. Et rurſus, Seu ſpumantis equi foderet calcaribus armos. Spumifero portatur equo, Codrus Vrceus. Squamigeris inuectus equis, Richardus quidam. Sudans, Ceruoq; fugacior ibat Sudanti tremebundus equo, Claudian. ¶ Cætera, ut dixi, epitheta, paſſim pro argumento digeſſi. ¶ His Græca ſubnectamus, quæ cuiuis equo abſolutè conueniunt. Μώνυχες ἵπποι, Homerus Iliados 8. quòd ſolidis ungulis conſtent, cum boues & alia pecora bifidas habeant. Ἵππος χαιτήεσσα, Phocylides. Χαλκόποδες ἵπποι, ut apud Varinum traditur, non ſolum qui firmis ualidisq; ſunt ungulis dicuntur, quaſi æripedes: ſed etiam qui pedibus reſonant, ut ſonipes apud Latinos poëtas. (οὐ μόνον οἱ στεῤῥόποδες, ἀλλὰ καὶ οἱ ἠχόποδες.) Nam & ἐριγδούπους πόδας ἵππων, Homerus nominat: & ὑψηχέας ἵππους, id eſt altè reſonantes. Sed magnis præcipuè equis, bellatoribus & ſuccuſſonibus epitheta huiuſmodi quadrare uidentur. Ὑψηχέες ἵπποι, ὑψαύχενες, ἢ ὧν ὁ κρότος ὑψοῦ ἠχεῖ, Varinus. Καναχήποδος ἵππος, Oppianus, & Heſiodus in Sympoſio Plutarchi. Sic & Latinis æripedes equi dicuntur. Narrat & æripedes Martis araſſe boues, Ouid. epiſt. 6. Grammatici

matici exponunt pedes ære munitos habentes: Quemadmodum & equos æripedes Textor à ferreis soleis: hoc autem epitheton equis contributum recentiorum tantum aliquot testimonijs comprobat.

¶ Deriuata ab equo, quæ ad equitem & equitationem pertinent uocabula, pleraq; parte quinta huius capitis explicabimus. ¶ Equarius, ad equum pertinens: & equorum curator apud Solinū, ut apiarius. Herophilus equarius medicus, Val. Maximus. Equinum & caballinum Plinio, quod ex equo est, ut equinus caseus, caro caballina. ¶ Equuleus tormenti genus in equi formam, in quē conijciebantur rei. Cicero libro 4. de finibus, Nec si ille sapiens (inquit) ad tortoris equuleum à tyranno ire cogatur, similem habeat uultū, & si ampullam perdidisset. Aliqui eculeum scribunt: sunt qui ardentem laminam esse tradunt, qua homines cruciab liter torquentur, Calepinus. Hæc etiam in equuleū inijciuntur, quo uita non aspirat beata, Cicero 5. Tusculana. Sæuitia commenta est equuleos, cruces, uncū, & tunicam illam alimentis ignium illitam & intextam, Seneca lib. 2. Epist. ¶ Equum, qui nunc aries appellatur, in muralibus machinis Epeum ad Troiam inuenisse dicunt, Plinius 7. 56. De ariete machina suo loco plura dicam. Equi Duratei siue lignei mentionem faciemus etiam inter prouerbia infra.

¶ Hippos, id est equus, syderis nomen apud Proclū de sphæra. De hoc Cicero libro 2. de Nat. hos uersus affert ex Arato: Huic equus ille iubam quatiens fulgore micanti Summū contingit caput aluo, stellaq; iungens Vna. Equum Aratus (inquit Higinus) & alij complures Pegasum Neptuni & Medusæ Gorgonis filium dixerunt: qui in Helicone Bœotiæ monte ungula saxum feriens, fontem aperuit, qui ex eius nomine Hippocrene est dictus. Alij dicunt, quo tempore Bellerophontes ad Prœtum Abantis filium, Argiuorum regem deuenerit, Antiam regis uxorem hospitis amore inductam, petijsse ab eo uti sibi copiam faceret, promittens ei coniugis regnū. Quæ cum impetrare non potuisset, uerita ne se ad regem criminaretur, occupat, eum sibi uim afferre uoluisse Prœto dicit. Qui quod eum dilexerat, noluit ipse supplicium sumere, sed quod æquum esse sciebat, mittit eum ad Iobatem Antiæ patrem, quam alij Sthenobœam dixerūt: ut ille filiæ pudicitiam defendens, Bellerophontem obijceret Chimæræ, quæ eo tempore Lyciorū agros flamma uastabat. Vnde uictor profugiens, post fontis inuentionem cum ad cœlum contenderet euolare, neq; longè iam abesset, despiciens ad terrā, timore permotus decidit, ibiq; perisse dicitur: equus autem subuolasse, & inter sydera ab Ioue constitutus existimatur. Alij non criminatum ab Antia, sed ne sæpius audiret quod nollet, aut precibus eius moueretur, profugisse Argis dixerūt. Euripides autem in Menalippa, Hippē Chironis Centauri filiam, Thean ante appellatam dicit: quæ cum aleretur in monte Pelio, & studiū in uenando maximū haberet, quodam tempore ab Aeolo Hellenis filio Iouis nepote persuasam, concepisse: cūq; iam partus appropinquaret, profugisse in syluam, ne patri, cum uirginem speraret, nepotem procreasse uideretur. Itaq; cum parens eam persequeretur, dicitur illa petisse ab deorū potestate, ne pariens à parente conspiceretur. Quæ deorū uoluntate postquam peperit, in equam conuersa, inter astra est constituta. Nonnulli eam uatem dixerunt fuisse: sed quod deorū consilia hominibus sit enuntiare solita, in equam esse conuersam. Callimachus autem ait, quod desierit uenari & colere Dianam, in quam (lego, equam uel equinam speciem, ut supra diximus) eam Dianam conuertisse. Hæc dicitur etiam hac re non esse in conspectu Centauri, quem Chirona nōnulli esse dixerunt: & etiam dimidiam apparere, quod noluerit sciri se fœminam esse, Hæc omnia Higinus. Sed de Pegaso equo pluribus agetur octaua huius capitis parte. ¶ Hippus affectio est à generatione prodiens, qua instabiles fiunt oculi ac semper mouentur, utiq; motū sustinentes in concussu & tremore assiduo consistentem: hanc affectionem hippon uocauit Hippocrates (nimirū à motu illo sursum deorsumq; facto, qualis equitantibus contingit:) accidit aūt oculū firmanti musculo, qui uisorij basim instrumenti complexus est, Author definitionum medicarum quæ Galeno attribuūtur. Stridere dentibus (inquit Galenus in commentario in Prognostica Hippocratis capite 7.) ex natura, simile est affectui oculorū insito quibusdam, quem appellitant equū, cum nullo tempore manere possint requieti, sed in modū intremiscentiū subinde nictant. Ἵππος membrum pudendū uiri & mulieris, & magnus piscis marinus, Varin. et Hesychius. Ἵππος, λιμνῶος ὄλεθρος, μάστιξ, Iidem: uidetur autem aliquid deprauatū. Plato rationem aurigę uocabulo prudentioribus mōstrat: Appetitū uerò geminum, equi indicant gemini: appetitū quidem rationis compotem equus bonus: appetitū eiusdem impotem, equus malus, Cælius. Scitu dignum (inquit Cælius) quod tradit Origenes, per figuram omnes qui in carne sint nati dici equos, & habere ascensores suos: sunt quos dominus ascendit, & circumeūt omnem terram: propterea Abacuc tertio, Equitatus tuus salus: alios ascendit diabolus & angeli eius, qui ternistratores dicūtur, quoniam triplici calle ad animæ properant interitū, uerbo, cogitatione, opere. Niceratus nobili epigrammate (ut Cælius annotat) uinū esse poëtis, equi magni uice canit: οἶνός τοι χαρίεντι μέγας πέλει ἵππος ἀοιδῷ, ὕδωρ δὲ πίνων καλὸν οὐ τίκτεις ἔπος, &c. al', οἶνός τοι χαρίεν τι φέρει ταχὺς ἵππος ἀοιδῶν, ὕδωρ δὲ πίνων χρηστὸν οὐδὲν ἂν τέκοις, quod distichon Demetrio Halicarnasseo Zenodotus attribuit: Sed priore modo apud Athenæum legitur, ut refert Erasmus in prouerbio Aquam bibens nihil boni parias. Nulla placere diu neq; uiuere carmina possunt, Quæ scribuntur aquæ potoribus, Horat. Ligatū quidem & numerosum sermonem ἔποχον Græci uocant, hoc est sublimem & quasi equo inuectum: ut solutū πεζόν, id est pedestrem & humilem. Meretrices dicebantur πῶλοι, quasi Ἀφροδίτης πῶλοι: ἢ οἱ νέοι, καὶ αἱ νέαι, καὶ παρθένοι, Hesych. De equuleis tormenti genere uide nōnihil infra inter imagines equorū, Plutarchus

Z 3

in Lucullo pressos fœnore ab publicanis scribit coactos pati, χοινισμοὺς, κιγκλίδας καὶ ἱππους. ¶ Ἱππίσκος, ἐπίθεμα κεφαλῆς, ἢ γυναικεῖον κόσμιον, Hesychius & Varinus. Pollux hunc senarium ex iunioris Cratini Omphale citat, Ὑμεῖς δ' ἐὰν ἱππίσκον ἢ τρίμιδον ἔχητε, ὡς καὶ ταῦτα ἀεὶ ἢ χιτωνίσκων. Κημὸς (similiter ut ἱππίσκος & ἱππεύς) à scholiaste Aristophanis in Equitibus exponitur, τὸ τοῖς ἵπποις ἐπιτιθέμενον (alias περιτιθέμενον) καὶ γυναικεῖον περικόσμημα.

¶ Hippobinum Scholiastes in Ranis Aristophanis à lasciuia & coitu dictum scribit: quoniam in magnis rebus ἵππον Græci accipiant, sicut ἱππόπορνος, cinædus dicitur magnus. Galenus septimo simplicium pharmacorum auctor est, hippomarathron dici fœniculum syluestrem ab insigni magnitudine. Dioscorides syluestrem fœniculum hoc nomine grandiorem esse ait. Sed & hipposelinũ (quod olus atrum Romana uocatur lingua) eodem modo à magnitudine nuncupari uidetur astipulante Dioscoride. ἱππομανῆ Sophocles Aiacem nũcupat uelut μεγάλως μαινόμενον, id est insigniter furentem, ex ratione metaphorica, quando, uti nobilis canit poeta, Scilicet ante omneis furor est insignis equarum: Vel, ut præstruximus, quia ἵππος magnitudinem significat: nam ἱππογνώμονα dicũt, magnanimum. Hæc omnia Cælius. Vide Varinum in uoce ἱππομανῆ, & Erasmum in prouerbio ἱππομανεῖν. Pratum ἱππομανὲς, apud Sophoclem, herbosum, floridum, equis expetitum, uel herbis ualde luxurians. μαίνεσθαι enim luxuriari est, & abundare, ut in uoce ὑλομανεῖν: nostri dicunt **vergeilen**, Latini etiam sylueſcere in arboribus: de uitibus priuatim τραγᾶν, id est hircire dicunt, cum nimia alimenti copia luxuriant, ut exposui in Hirco H.a. ἱππόπορνος, magnus scortator, & nimio in mulieres amore insanus, ut Suidas ex Aristophane citat. ἱπποτυφία, nimius fastus. ἱππόκρημνα ῥήματα in Ranis Aristophanis legimus, sublimia & affectata uocabula intelligo, Horatius ampullas & sesquipedalia uerba uocat: Græci etiam ἁμαξιαῖα: Quin & alibi in eadem comœdia Aristophanes ἱπποβάμονα ῥήματα dixit. ¶ Hippocronia, nugæ, quasi dicas nimium antiqua & obsoleta, qualia sub Saturni regno fuerunt. Vide Cronippum in proprijs uirorum infra. Est & Neptuni cognomen Hippocronius, de quo infra dicam. Hippalectryon apud Aristophanem nonnullis dici uidetur de ingenti gallo: alijs de marino quodam animali. ἱπποβορονήμην, τὴν μεγάλην εὐωχίαν, Hesychius et Varinus: sed uidetur dictio deprauata. ἱπποκέλευθος, ἵπποις κελεύων, ἢ ἱππεὺς, ἢ ὁ πολλὴν ὁδὸν πορευόμενος, Hesychius & Varinus. ¶ ἵππων paroxytonum uiri nomen est, oxytonum uerò equile significat: hoc in Suidæ & Varini Lexicis non satis expressum est. Pollux libro nono ludum quendam describit, qui ἐν κοτύλῃ, & ἱππὰς, & κυβησίνδα dicatur. Is talis est: Puerorum aliquis manibus in tergum reductis consertisq́ pectinatim digitis, alterum genu innitentem manibusq́ oculos eius obnubentem circunfert. Accipitur sanè cotyla pro cauitate, ut hîc uolam, id est cauum manus, uel quæ coniunctis mutuò digitis inter utramq́ manum interius fit cauitatem significet. ἱππάδα uerò hunc ludum dici apparet, quod qui circunfertur inequitare uideatur. κυβησίνδαν deniq́ quasi κυβιστίνδαν (nisi fortè ita legendũ sit) quod cũ is qui gestat præ põdere inclinato sit dorso & capite, eiusq́ corporis habitum qui gestatur etiam imitari cogatur, τῶν κυβιστώντων, id est urinantium, uel aliter in caput se deuoluẽtium gestum exprimant. Ἐν κοτύλῃ φέρῃ, id est In cotyla gestaris, suspicor dictum (inquit Erasmus) de ijs qui arbitrio alieno quò libitum esset, huc atq́ illuc ducerentur, aut ubi quis indulgentius fouerit. Tractum adagium à ludo puerili, &c. non aliud enim quàm recitata iam Pollucis uerba subiungit. Hippadas legimus sacrificia dicta Athenis quæ mitterent equites uocati, Cælius. Cæterum hippiades, statuæ mulierum equestres sunt, quales Amazonum: indocti quidam confundũt. ἱππάδας, θυσίαι ἃς οἱ ἱππεῖς πέμπουσιν ἐν ταῖς πομπαῖς, Scholia in Equites Aristoph. ἱππὰς, census equitum, τίμημα μικρόν. τινὲς δὲ στολὴν ἱππικὴν, καὶ θυσίαν, ἣν τοῖς ἵπποις ἀπένεμον, Varinus. ἱππόγονον, ἱππάσπρα, Varinus: apud Hesychium ἱππόγοον legitur, non suo loco, sed post ἱππόπορνις. Hippacare, est celeriter animam ducere, ab equi halitu qui est supra modum acutus, Festus. ἵππευμα, equitatio, iter equestre. ἱππασὶ aduerbium, in morem insidentis equo cruribus diuaricatis, ac si tu equitanter dicas. ἱππόθεν ἐκχύμενοι (apud Homerum puto) de militibus ex equo Durio prodeuntibus, Varinus. ἱππείαν, τὴν ἵππον, ἔνιοι δὲ τὴν τῆς νευρᾶς, τὴν δὲ ἱππείων τριχῶν, Hesych. & Varinus. Hippione nomen medicamenti compositi aduersus podagram apud Aëtium, nescio unde dicti. ἱππεὺς, genus cometæ, quod iubas equinas (inquit Plinius 2.25.) imitatur, celerrimi motus, atq́ in orbem circa se euntes. ¶ Hippios pes in carmine dicitur, qui aliâs epitritus. Hippia entea in Pindaro uasa intelligunt Phidonia, seu mensuras, quas Corinthi primum comperisse Phidonem tradunt: hippia autem dici, quoniam Argos unde fuit Phidon, nuncupetur hippion, Cælius. Ὅσσοι θ' ἱππελάοισιν ἀριστεύουσιν ὁμίλοις, Oppianus. ἱππῶδες uocatur quod equo decorum & conueniens est, ut βλέμμα ἱππῶδες apud Pollucem. Πωλικὸν παράδειγμα, alicubi legere memini: Idem puto quod apud Varinum legitur, πωλικὸν δεῖγμα (etsi δῆγμα per η. scribitur) φρύαγμα. Πωλικὸς, γενναῖος, παιδικὸς, ut πωλικὸν σκίρτημα, Varinus. Est & πῶλος adiectiuum, ut πῶλος φύσις apud eundem. Πωλικοῖς δόγμασι, τοῖς διὰ τῶν χρημάτων δόγμασι, Hesychius. ¶ ἱππομανία insanum studiũ in emendis & alendis equis quantolibet sumptu. Eodem sensu adiectiuum ἱππομανὴς, & uerbum ἱππομανεῖν proferuntur. Idem uitium Aristophanes ad icterum corporis morbum alludens, ἵππερον dixit composito ab amore equorum uocabulo. Ἀλλ' ἵππερός με κατέχει τῶν χρημάτων, Strepsiades conquerens de filio sumptuoso circa equos. Alludit autem ad naturam icteri etiam in uerbo κατέχει, nam ictericorum oculi bile perfunduntur, ut Scholia monent: quæ ἵππερον, ἱππικὸν ἔρωτα καὶ νόσον ἱππικὴν interpretantur. In Lexicis Hesychij et Varini (quę innumeris deprauata locis habentur, non modo librariorum, quod

quod tolerabilius est, sed authorum etiam & illorum qui collegerunt tum inscitia tum negligentia) diuersis in locis legimus ἵππαρος, ἵππαρχος, ἱππάφος, cum uno duntaxat modo ἵππαφος semper scribendum sit. Apud Suidam ἵππαφος etiam adiectiue exponitur ὁ πάλαι σὺν ἵπποις τὸ ὄρωπα ἔχων, nec aliud quàm Aristophanis iam dictũ testimoniũ citatur, in quo certè substantiua hæc uox est. ἱπποπερασαί, οἱ φίλιπποι, Pollux. Hippoperas, quasi equestres peras, bulgas interpretantur (bulgas Pompeius uocat, & uulgus etiam hodie apud Germanos et Gallos: sunt autem sacculi scortei ad ferenda numismata, aliaqꝫ necessaria: aliqui uulgas uocitant) quæ equis imponi uel ab ephippijs suspendi solent, siue singulæ, siue binæ. M. Cato Censorius cantherio uehebatur, & hippoperis quidem impositis, ut secum utilia portaret: uno caballo contentus, & ne toto quidem, cum partem sarcinæ ab utroqꝫ latere 10 dependentes occuparent, Seneca epistola 88. ἱππηλασία, uia qua currus agi potest, aut iumenta, iurisconsulti actum appellant: legitur & cum adiectione uiæ, ἱππηλασίη ὁδὸς, apud poëtam quendam puto, citante Varino. ἱππήλατος, ἵππον ἐλαύνων, ἱππικὸς, φυγὰς, ἱππικώτατος, δύδρομος, πλατεῖα ὁδὸς καὶ λεία, εὐρύχωρος, καὶ ἡ μεμαλαγμένη, Hesych. Varinus etiam ἐψιλωμένου exponit, id est nudatum, uacuũ scilicet omnibus equitantium impedimentis & obstaculis, ut saxorũ, fruticum, arborum, &c. ἱππόπους, τὸν τὸ ἵππον, καὶ τὸ πετράχαλκον, ἢ τῆς ὄρνης τὸ εἶδος, Λάκωνες, Hesych. ἱππόπους, κοιλὰς, αὐλὴ, δῶμα, Idem & Varinus. ἱπποφορεὺς, gradarius, Lexicon Græcolatinum sine authore. Memini alicubi legere ἱπποκρέκειν de molli ingressu equi gradarij et tollutaris: quod uerbũ quidam in Lexico Græcolatino exponit resonare, placidè pulsare fides in concinnanda ad numeros cithara, ex interprete Pindari. Videtur sanè numerosus etiam tollutarius equi gressus.

20 ¶ ἱππαπαῖ apud Aristophanem in Equitibus uox ficticia, ut admonent scholia, ad imitationem uocis ῥυππαπαῖ, quæ acclamatio nautica est: mentio enim illic fit de equis & hominibus hippagines naues ingressis. Aquilonem uentũ quòd frigore suo urat & excoriet etiam bestias, uocamus Germanicè schind den hengst: hoc est equorũ excoriatorẽ, ut Græci Βορέαν. ¶ φίλιπποι, mœchi, Hesych. et Varinus. ἱππεραισαί, οἱ φίλιπποι, Pollux. πλήξιππος, equos uerberans, bellicosus: cognomen Pelopis apud Homerum Iliados secundo: qꝫ occiso Myrtilo auriga suo, ipse currum regere cœperit, &c. uide scholia in Homerum. Μετώπη (aliqui Metopen lacum, alij fluuiũ fuisse dicunt) ἔτικτε θήβαν τῷ πληξίππου, ἤγουν τῷ πλήττοντι σὺν ἵπποις ἐν τοῖς δρόμοις, τῷ ἱππικῷ, τῷ πολεμικῷ, Scholia in sextum idos Pindari Olympiorũ. Ἀμαζονίδων δαμνίππων, id est equestrium, Orpheus. Socus filius fuit Hippasi hippodami, id est rei equestris periti. Αἰχμάιπποι, bellicosi equites, Hesych. Ἀθεῖππος, uelox, Suidas & Va-30 rinus. Cretici canes celeres, qui in uenatione equos comitabantur cursu, parippi dicti sunt, Pollux. Ἄνιππος ὁδὸς, inequitabilis uia, id est equitationi inepta, apud Herodotũ. Ἄνιππος, carens equis, Varinus. Herodotus scribit Massagetas esse ἱππότας καὶ ἀνίππους, id est ex equis præliari & pedibus, Cæl. Ἀλλ᾽ ὁ παῖς ἴσως μ᾽ ὁ θεῖος Μεγακλέης ἄνιππον, Aristophanes in Nebulis, id est ἵππων ἐστερημένον. Ἐχέπωλος, habens equos, Suidas: equestris, alens equos, Hesych. ἱππόδετος, ligans equum, Lexicõ Græcolat. λευκόπωλος, epitheton Solis quòd candidis uehatur equis. ¶ Hippagines naues quibus equi uehuntur, quas Græci ἱππάγους dicunt, Festus. Ego non ἱππάγους, sed ἱππηγοὺς uel ἱππαγωγοὺς legerim. Grapaldus in multitudinis numero hippagones dixit, ut agasones, quod non probamus. Hippagogi nauigij Pollux etiam meminit, Hermolaus. Hippagines, uel, ut Liuius, hippagogæ naues, transportandis equis destinatæ, Bayfius. Hippagogas dici naues equis subuectandis destinatas, a-40 pud Herodotum historia sexta duobus locis obseruauimus, Cælius. Et alibi, Apud Pollucem libro primo inter equitum species recensentur, hippotoxotæ, hypaspistæ, sceuophori, hippagogi & anippi, uidetur autem legendum amphippi uel hamippi, ut pluribus probat Cælius eodem in loco, (li. 21. cap. 30.) Stratiotides naues Thucydidi nuncupantur, quarum una est functio, uti pugnaturos subuehent pedites: uerum quia & equites, inde hippagogi eidem nuncupantur quoqꝫ, Cælius. Græcis dissimiles equitum fuêre species: nam quidam hippotoxotæ dicti, alij sceuophori, &c. nonnulli hippagogi: multi amphippi, qui equis duobus merebant, Alexãder ab Alexandro 6. 22. Scoppa Grammaticus hippagium genere neutro lo pontone Italicè interpretatur. Sunt autem pontones naues, quibus in traijciendis amnibus loco pontium utimur: Cæsar tertio belli ciu. genus nauium Gallicarum esse scribit. ἱππαγωγὸς, τὰς ἵππους καὶ ἄνδρας ἄγουσας ναῦς, Suidas. Aliud est ὑπαγωγεὺς, nempe in-50 strumentum quo lapides expoliuntur, cuius meminit Pollux post Aristophanem in Auium comœdia, Hermol. Hippagum Salaminij inuenerunt, Plin. 7. 56. de nauticis inuentis scribens. Hermolaus tamen in castigationibus, Græci (inquit) non hippagum, sed hypagũ scribunt. Hippophorbus, genus est tibiæ, quam Libyes Scenitæ inuenerunt: hac ad equorũ pascua utuntur: materia est laurus detracto cortice: nam exempta medulla acutum reddit sonum, & equorum celeritati conuenientem (si rectè uerto quod Græcè scribitur, καὶ τῇ ἵππων τῇ ὀξύτητι καθικνούμενον,) Pollux. ¶ ἱππῶμεν, πιέζωμεν, Hesych. sed rectius per simplex pî scribi arbitror. ἱπούμενος ταῖς συμφοραῖς, Aristophanes. ἱπούμενος, πιεζόμενος, ἢ ὑπὸ ἰπνίπου ξύλου τοῖς μυσίν, Hesych. idem lignum ἶπος ab eo superius dictum est: & ab Etymologo ἶπος per pî simplex, ad differentiam τοῦ ἵππος.

¶ Hippochœris uel hypochœris, oleris nomen apud Plinium, lib. 21. cap. 15. utroqꝫ enim modo le-60 gi posse Hermolaus in castigationibus suis scribit. Verba Plinij sunt, Vulgarium in cibo apud Aegyptios herbarum nomina, condrylla (melius chondrilla per iôta) hypochœris, & caucalis, anthriscum, scandix, &c. nec alibi eius apud Plinium mentio. Theophrastus de hist. plãt. 7. 7. inter olera numerat

Z 4

intubum, aphacam, andryalam, hypochœrin (Gaza porcelliam uertit) senecionem, & alia quæ intubum folio referunt. Et rursus eiusdem libri capite undecimo, quanq; & ὑποχώρησις ibi corruptè legitur. Cichoracea omnia (inquit) folio sunt annuo, ab radice foliata, &c. caulibus atq; radicib. differunt. Deinde cum cichoream descripsisset, subiungit, Hypochœris læuior, & aspectu mitior, & dulcior est: (forte sonchus læuis, aut cõgener saltem) nec ut candralia, quæ omnino ingustabilis est, & in radice succum lacteum, acrem, eundemq; copiosum habet: Hæc Theophrastus, nec alibi apud eum ulla andryalæ aut candraliæ mentio fit: proinde facile suspicor, librariorum inscitiam utrumq; locum deprauasse, & chondrillam legendum: (Andryala in Theophrasto, condryala in Plinio, pro condrilla deprauatè legitur, Hermol.) nam & Plinius ut supra citaui chondrillam cum hypochœride coniungit: & alibi similiter ut Theophrastus lacteũ radicis succum (Theoph. uno uerbo ὀπὸν dixit) eumq; copiosum & acrem ei attribuit. Hoc etiam ex Dioscoride & Galeno constat inter syluestres intubos chondrillam esse, quam duorum generum Dioscorides facit. In ramulis prioris gummi mastiches simillimum inueniri solet, tuberculo fabæ: Græci tuberculum siue grumum chondron appellant, inde chondrillæ nomen, ut ego quidem coniicio: nam Galenus per ch. scribit, Dioscorides per k. Plinius chondrillæ fabæ radicẽ tribuit, quod non intellexerit, ut puto, gummi tantum fabæ semini comparari. Galenus chondrillam amariorem sicrioremq; paulò facit quàm intubus sit. Lemonium (inquit Plinius 25. 9.) succum lacteum mittit, cõcrescentem gummi modo, humidis locis: datur denarij pondus in uino cõtra serpentes. Hoc equidem cum Dioscoridis chondrilla idem esse cõijcio: nam & illa lacteũ succum gerit gummi modo concrescentem, & in uino contra uiperas datur. In pratis (à quibus limonio nomen) apud nos nascitur intubi syluestris genus, cubitale, aut longius, strigosum, floribus flauis, quod & hieracij generib. adnumerari potest. Est & aliud genus, longissimum in intubaceo genere, trium aut quatuor cubitorũ ferè proceritate, quod locis humidis, opacis, & montanis sæpe nascitur, flore (ni fallor) purpureo in pappos abeunte. Sunt & alia quædam limonia. Est & aphaca Theophrasti intubacei generis, amara, nec apta cibo: multũ diuersa à recentiorum Græcorũ aphaca quæ leguminũ generis censetur. Ad hanc digressionem nos inuitauit Hermolaus, qui apud Pliniũ 21. 15. nõ hypochœrin tantũ (nisi quis hypochœrida malit, quoniã rectus oxytonus est) quod nos ꝓbamus, & in Græcis codicibus Theophrasti sic scriptum inuenimus: sed hippochœrin uel hypochœrin legit, tanquam indifferenter utrunq; probans, aut certe dubitans. Similis in scribendo diuersitas in alijs etiam aliquot plantarum nominibus accidit, ut hypoglosso, & hypophæsto: multi enim hippoglosson & hippophæston scribunt, cum neq; magnitudo, neq; aliud ad equũ pertinens eis attribuatur. Melius Galenus libro 8. de simplicibus ὑπόγλωσσον scribit, additq; causam nominis, quoniam summis corymbis subnascantur quædam lingulis similia. In hippophæsto & hippophaë, utro potius modo scribendum sit, certi nihil habeo. Apud Dioscoridem quidem hippophaës alijs nominibus hippophyes, hippophanes & hippion uocitari legimus, quæ omnia ab equo ducta sunt uocabula. Hippophæstũ quoq; (inquit) alij hippophaës uocant. Et Plinius de utroq; loquens, Debent (inquit) accommodatæ esse equorum naturæ, neq; ex alijs causis nomen accepisse: quippe quædam animalium remedijs nascuntur, &c. Sed Marcellus Vergilius, Nihil nos mouet authoritas Plinij, inquit: nihil enim constituit dicens, Debent accommodatæ esse equorum naturæ, &c. nos nihil aliud hippon in his uocibus compositis quàm magnitudinem & in eo genere (cardui fullonij) grandius significari credimus, Hęc ille. Atqui hippophaës non grandem esse herbã, sed ἐπίγειον & χαμαίκαυλον, Theophrastus scribit. De hippice herba Plinio dicta, docui supra cap. sexto in Hippaces, id est casei equini mẽtione. Ἄγριππος oleaster: unde & prouerbium, Ἀναξιπόρης ἀγρίππου, Suidas. Δάμαξ ἱππείως, genus caricarum, quas Græci ischádas uocant, id est ficus aridas. Eupolis apud Varinũ. Hippion inter hippophais nomenclaturas est apud Dioscoridem. ¶ Hippoglosson, idem quod antirrhinon Dioscoridi. De propriè dicto hippoglosso uel hypoglosso potius, superius dictum est: Est & laurus Alexandrinæ cognomen apud Dioscoridem. Hippolapathum maius satiuo est, candidiusq; ac spissius, Plin. Hippomanes idem quod apocynũ apud Dioscoridem, quod et Hermolaus obseruauit: est & inter capparis nomenclaturas apud eundem. Hippomanes herbæ genus est Hesiodo, quod & Seruius testatur, Hermo. Hippomanes, secundum Crateiam, planta est fructu cucumeris syluestris, folio nigriore, tanquam papaueris spinoso, Hæc Theocriti interpres: Plura uide supra in c. in mentione excrementorũ equi, inter significationes hippomanis. ¶ Fœniculum syluestre aliqui hippomarathrũ uocant, Plin. Et alibi, Neruosi cauliculi quibusdam, ut marathro, hippomarathro. Nomen huic à magnitudine contigisse superius indicaui. Strabo in Mauritania hippomarathri scapum duodecim cubitos longũ, & quatuor palmos crassum nasci scribit. Et quanquam tum hipposelino tũ hippomarathro ad equorũ dysuriam Hierocles hippiater utatur, utrũq; tamen à magnitudine potius in suo genere, hoc fœniculi, illud apij, nominatũ dixerim. Theophrastus (inquit Nicandri interpres) hipposelinon in petrosis prouenire locis dicit, à magnitudine sic nuncupatũ, uel propter equorum stranguriam: Gaza equapiũ transtulit. Hipporizon in Hippiatricis Græcis nominatur ca. 15. miscetur aũt alijs quibusdam ad clysterem uteri equæ, promouendæ conceptionis causa. Hipparison, nisi mendum est, apud Dioscoridem inter uerbenacæ alterius nomenclaturas legitur. Ego uerbenacam alteram esse coniicio, quã uulgo Germani consolidam auream uocant: eam in cibo salubrem esse equis quibus ulceratum est dorsum supra dixi. ¶ Hippuris herba à caudæ uel setæ equinæ similitudine nomen tulit apud Græ-

cos

coſ: id Germani ad uerbum proferunt, roſſʒſchwantʒ/pferdſchwantʒ/roſſʒwadel: & alijs nominibus
katʒenſchwäntʒ/ſchaffthew. Nomenclaturæ eius apud Dioſcoridem Latinæ leguntur iſtæ, equina
lis, equitium, equi uel equina ſalix, equiſetum. Equiſetum, hippuris à Græcis dicta, pilus eſt terræ,
equinæ ſætæ ſimilis, comis iunceis multis nigris, ut eſt equorũ cauda, Plin. Et alibi, Inuiſa in pratis &
equiſelis eſt, à ſimilitudine equinæ ſetæ. Anabaſis herba eadem quæ hippuris et equina ſeta dicitur,
Hermolaus. Hippuris Pomponio, Hippuriſcus Stephano, inſula maris mediterranei iuxta Cariã,
cuius etiam Plinius meminit lib. 4. ca. 12. ab hippuri uel piſce, uel frutice, ut Hermolaus conijcit, appellata. Tradunt, inquit Plinius, iuxta arbores naſci, & ſcandentem eas dependere comis iunceis
multis nigris: Hinc facile apparet cur ephedron & anabaſis uocetur, quibus nominibus Plinius uer
10 ba iam citata, tanquam originis expoſitionem ſtatim adiungit, ut ſuperuacua ſit Hermolai coniectu
ra ephydron legi poſſe, quoniam in aquoſis naſcatur. Nec ſimilitudinem tantum ad equi caudam
hippuris habet, unde potiſſimum dicta uidetur: ſed etiam cum uino trita, infuſaq́ in potu (ut in Hippiatricis Græcis legimus ca. 118.) equorum urinam prouocat, & dyſuriam eliminat, ut uel ludendo
quis dicat hippurin appellatam διὰ τὸ ἄγειν τοὺς ἵππους εἰς τὸ οὐρεῖν. Ambrinas (anabaſis forte) Græcis eſt
cunicella herba, ea ſcilicet quæ cauda equina dicitur, Vetus gloſſographus in Auicennam. Pota-
mogeton ſimilis betæ folijs, &c. Caſtor hanc aliter nouerat, tenui folio uelut equinis ſetis, thyrſo lon
go & leui, in aquoſis naſcentem, Plin. Σύμφυτον, ὃ καλοῦσιν ἵππουρον, βλάσας ἐκπίεσον τὸν χυλὸν εἰς κοτύλας β.
&c. Hierocles ad orthopnœam equi. Ruellius ſiue aliam lectionem ſecutus, ſiue corruptũ hunc, ut
apparet, locum ſuſpicatus, ita tranſtulit: Hali, quod ſymphytum appellant, & equiſeti ſuccus expreſ
20 ſus, qui heminas duas impleat. Sed forte legendum eſt, σύμφυτον ὃ καλοῦσι πετραῖον, &c. hoc enim ad
thoracis & pulmonis uitia efficax eſſe conſtat. ¶ Hypopeſton legebatur apud Pliniũ 27. 10. Hermo
laus hypophæſton legendum monet: poteſt & ab equo (inquit) uideri appellata hippophæſton: utroque modo rectè ſcribitur à Græcis, Hæc ille. Ego hippophæſton malim, cum & Plinius ab equo deriuet, & apud Dioſcoridem, ut iam retuli paulò ſuperius, plures ab equo nomenclaturæ ei tribuũtur:
et hippophaës etiam cognata ei herba ſimiliter ab equo compoſita uoce ſcribaẽ apud probatos autho
res, ut Dioſcoridem & Hippocratem. Nam Galenus in gloſſis Hippocratis, quas ordine literarum
tractat, in elemento iôta, ἱπποφεὼν herbam exponit, quæ non hippophaës tantum nominetur, ſed
etiam κνάφον & σύφον ab Hippocrate: legendum eſt autẽ, nõ σύφον ſed στοίβη, ut inferius ab eo ſcribitur
in Sigma, ubi per ypſilon aduerſante literarum ordine ſcribi non poteſt. Diuerſa tamen ab hac fuerit
30 Dioſcoridis ſtœbe. Similiter libro 21. ca. 15. ubi hypophes legebatur apud Plinium, Hermolaus hy-
pophyes, aut etiam hippophyes reponit, ex Dioſcoride (ut inquit) Galeno & Theophraſto: Ego apud
illos aliter quàm hippophyes uoce ab equo compoſita legere non memini. Nam Theophraſtus de
hiſt. plan. 9. 15. Ex lactaria (inquit, interprete Gaza) hippophaës fit, idq́ optimum apud Tegeam: q̃d
& Plinius ex eo repetijt. Intelligo autem hic hippophais nomine, non ſui generis herbam, ſed succũ
ſiue liquorem ex lactaria collectũ, cui ſimilis purgandi uis inſit: nam et hippophais proprie dicti radix
lacteo ſucco turget, qui inde eximitur, perinde ut ex thapſia, & ad purgationes accommodatur, Dioſcoride teſte. ¶ Democritus aglaophôtin herbam in marmoribus naſcentem, uocat etiam hippo-
phouada, quoniam equæ præcipuè caueant eam, Plin. Lapathum ſylueſtre alij oxalidem appellãt,
noſtri rumicem, alij cantherinum, Plin. Syluaticus linguam equi betonicam interpretatur: & hyo-
40 ſcyamum alio nomine dentem caballinum uel equinũ dici ſcribit. Trifolium caballinum in Italia
plerîq uulgò uocant, quod noſtri ſtundkrut/ſibengeʒyt/ʒigerkrut: & Fuchſius pro loto ſatiua pingit in libro qui ſolas ſtirpium imagines habet: in magno enim opere prius pro trifolio aſphaltite pin-
xerat. Huius enim paſcuis, ut Matthæolus ſcribit, equi delectantur. Quòd autem non ſit cytiſus, ut
idem ſuſpicatur, facile intelliget, qui noſtra de cytiſo ſcripta in Boue legerit. Mihi certe trifolium iſtud
caballinum lotus ſylueſtris Dioſcoridis eſſe uidetur, fœnogræci uiribus prædita. Matthæolus anda-
cocam (uel potius handacocham) Arabum, lotum ſylueſtrem Dioſcoridis eſſe contendit, & Aegyptiam: & reprehendit illos qui trifolium interpretantur: quod inde ei contigiſſe puto, quoniam caput Serapionis & Auicennæ de handacocha non totum perlegit, ſed ab initio tantũ: nam ſi perlegiſ-
ſet, deprehendiſſet opinor quod ipſe deprehendi, Arabes uno handacochæ nomine, quatuor diuer-
50 ſas herbas complexos, hoc eſt urbanam & ſylueſtrem lotum, & Aegyptiacam lotum, & Dioſcoridis
trifolium longè à uulgari diuerſum, odore bituminis inſigne, ex quo laudatum illud ad articulorum
neruorumq́ dolores oleum fit, non ex ſylueſtri loto ut ipſe ait. Errant igitur, & Arabes qui diuerſas
herbas earumq́ uires confundunt: & Matthæolus, qui unam tantum aut alteram ab eis lotum deſcribi putat: & maximè, qui uulgari trifolio in odore & uiribus multum diuerſis pro handacocha ad oleum iam dictum utuntur. Handachocha (inquit Bellunenſis) eſt genus trifolij: quod plures emittit
caules duorũ uel trium palmorum (dodrantum intelligo) altitudine, floribus citrinis odoriferis: planta Syris notiſſima, ex cuius floribus oleum parant experimento cognitum in uitijs neruorum. Hæc à
Bellunenſi ſcripta de Dioſcoridis loto ſatiua intellexerim, quæ nimirum ꝙ odoratior ſit ſylueſtri hor
tenſi cultu dignata eſt. Quærendum an eadem ſit herba, de qua Monachi in Meſuen nuper ſcripſe-
60 runt, diſtinctione 11. cap. 328, his uerbis, Eſt & trifolium maximè odoratum, quod uulgò Romæ tri-
bulum (quaſi trifolium: Dioſcorides quidem lotum ſatiuam etiam tribolion cognominari ſcribit, uel
quiſquis eſt qui nomenclaturas addidit) appellatur: quodq́ copioſè mulieribus præcipuè, uenditur:

quoniam distillatur ad suffumigia & alia uaria odoramenta, nec aliter adhuc in usum medicum uenit. Hæc illi, quo autem à ueteribus nomine dicta sit, ignorare fatentur. ¶ Germani mentastrum uocant **roßmüntz**, id est mentam equinam: tussilaginem, ut & Latinè quidam recentiores, ungulam caballinam, **roßhůb** / (Marcellus empiricus herbam quæ Gallicè calliomarcus, Latinè equi ungula uocatur, commendat ad tussim:) oxyn Plinij, quod trifolium acidum dici potest, **roßzampffer** / id est oxalidem equinam: maluam syluestrem maiorem, **roßpappelen** / id est maluam equinam. Phu, quam uulgo Valerianam uocitant, Germani **dennmarc**, haud scio an ab equo composito nomine: equum enim marcam appellabant, nostri nunc equam tantum.

¶ Fera quæ ab equo hippardium nominata est, capronas (χαίτην) gerit in summis armis: differt ab hippelapho, quod barbam ut ille non habet. Hæc similiter ut hippelaphus, tenuissimo iubæ ordine à capite ad summos armos crinescit. Gerit etiam cornua utrunque genus, excepta fœmina equicer uini generis: & pedes habet bisulcos, Aristoteles. Hippelaphus ab equi & cerui similitudine dictus est, nec alius Volaterrano quàm tragelaphus uidetur: de quo plura dixi in Cerui & Hirci Philologia. Hippotigrin animal celebratum inuenias in Antonino Caracalla ex Dionis Nicæi historia, Cælius. Hippocameli nihil quàm nomen apud Ausonium reperitur. Sciurus, uocatur & campsiurus, & hippurus, Varinus & Hesychius. Hippocyon (si rectè legitur,) nomen Satyræ Varronis. ¶ Ἱππάειον, auis quædam uulpanseri similis, Hesychius & Varinus. Hippalectryon dici uidetur staturosus (magnus) gallus. Putant aliqui esse marinum animal, etiamsi in rerum id natura compertum quandoque abnuant philosophia imbuti plerique, Cælius. Aeschylus in suis tragœdijs hippalectryonem finxit, non animal naturale, sed insigne nauis, ut ipse exponit in Ranis Aristophanis, ubi cum Euripides eum reprehendens dixisset, Ἤδη ποτ᾽ ἐν μακρῷ χρόνῳ νυκτὸς διηγρύπνησα Τὸν ξουθὸν ἱππαλεκτρυόνα ζητῶν τίς ἐστιν ὄρνις. Aeschylus respondet, Σημεῖον ἐν ταῖς ναυσὶν ὦ 'μαθέστατ᾽ ἐνεγέγραπτο. Euripides, Εἶτ᾽ ἐν τραγῳδίαις ἐχρῆν κἀλεκτρυόνα (aliàs κὠλεκτρυόνα) ποιῆσαι; Aeschylus, Σὺ δ᾽ ὦ θεοῖσιν ἐχθρὲ, ποῖ᾽ ἄττ᾽ ἐστὶν ἅττ᾽ ἐποίεις; Euripides, Οὐχ ἱππαλεκτρυόνας, μὰ Δί᾽, οὐδὲ τραγελάφους ἅπερ σύ, Ἅ᾽ν τοῖσι παραπετάσμασι τοῖς Μηδικοῖς γράφουσι. Hippalectryonem, ut in scholijs Aristophanis & apud Varinum & Hesychium legimus, aliqui magnum gallinaceum interpretãtur, ut gallinaceo simile genus Persicum sit: alij gallinaceum in uelis siue tapetibus Persicis pingi solitum: alij denique marinum animal: & licet philosophi hippalectryonem in rerum natura esse negarint, meo tamen tempore (inquit scholiastes) quidam in tale animal fortuitò è mari prodiens incidit, & à se occisum cum passim ostentasset, in sigillo suo & clypeo depingi curauit. Ἵππος, pipo auis, ut Gaza transfert ex Aristotele libro 9. de animalibus: alibi tamen in Græcis codicibus ἵππα legitur, & similiter à Gaza uertitur. Ἵππα, ὁ δρυμοκόλαψ, id est picus auis, Hesychius statim ante ἵππαται. Ἱππώ, auis quædam marina pulchra & elegans, Scholia Lycophronis. Ἱππόκαμπος, auicula quædam, Hesychius & Varinus: Hippocampus quidem animalculum est marinum, ut inter aquatilia referam. Athenæus pullos gallinaceos à Græcis hippos, hoc est quasi equulos uocari scribit: credo, quia pulli propriè sunt equorum, Hermolaus. ¶ Ἵππος magnus piscis marinus, Hesych. & Varinus. Athenæus libro septimo dubitat an hippi pisces ijdem sint, quos Epicharmus ἱππίδια cum epitheto λεῖα uocat, id est equuleos læues, nimirum sine squamis. Citat etiam uersus Numenij & Antiphanis Colophonij, qui hippos inter pisces numerãt. Hesychius etiã & Varinus hippidion genus piscis esse docent. Cancri quidam in Phœnice hippi uocantur, tantæ uelocitatis, ut consequi non sit, Plinius. Hippurus piscis apud Aristotelem, Gaza equiselim uertit: quo nomine Plinius hippurin herbam uocat. Ἵππουρος piscis ab Hicesio ἱππουρεύς, Dorioni coryphæna uocatur. Est autem eius naturæ, uti Numenius docet, frequenter ut exiliat, & eam ob causam ἀρνευτὴς, id est urinator uocatur. Hinc fortassis & nomen sortitur quod equi instar subinde exiliat, ἀπὸ τοῦ ὀρούειν καὶ ὁρμᾶν ἵππου δίκην, non à cauda equina. Campas marinos equos (uocantur hodieque caballi marini Italis) Græci à flexu posteriorum partium hippocampos appellant, Varro. Hippopotamus, id est fluuiatilis equus, caput & uocem equi habet. In fluuio nomine Astræo, qui inter Berœam & Thessalonicam fluit, peculiare genus muscarum est, apibus simile tum magnitudine, tum bombi strepitu, uesparum colore, equiseles (hippuros Græcè legi coniicio) appellant indigenæ: eæ ad summam aquam uersantes à piscibus corripiuntur, &c. Gillius ex Aeliano. Ἱππομύρμηκες, formicæ equites, Gaza ex Aristotele, à magnitudine puto dictæ. In Sicilia formicæ quæ equites appellantur, non sunt, Aristoteles de hist. anim. 8. 28. nec alibi earum meminit. Λέγονται καὶ μύρμηκες ἱππεῖς, Hesychius. Scarabei genus uiride, dorsum habet nota quadam aureola sic illustre, ut Lunæ speciem exiguæ sustinere uideatur, quare non inuenustè à Cosentinis equus Lunæ nuncupatur, Thylesius. Muscæ quædam circa equorum capita obuolare solent, ex fimo (ni fallor) equino natæ: ut & scarabei genus illud quod nostrates uocant **roßkäfer**.

¶ Centauros (inquit Camerarius) equitationem primos usurpasse perhibent, saltem ut ex equis pugnarent: adque hanc accommodant fabulam monstrosæ formæ, qua illi à poëtis introducuntur, & quam Græcus uersus obscœnus expressit, Ἵππος ὀχεύεται ἄνδρα, ἀνὴρ δ᾽ (βροτὸς δ᾽, ut habet Varinus in Centauris) ἐπῳχεύεται ἵππον. Pindarus elegantius, cum dixisset progenitos à Centauro filio Ixionis suscepto ex nube & è re nominato, qui commiscuisset sese cum equabus Magnesijs sub monte Pelio: æditam enim tum fuisse sobolem utrique parenti similem, supra quidẽ patri, infra matri, ἐκ δ᾽ ἐγένοντο (inquit) στρατὸς θαυμαστὸς ἀμφοτέροις ὅμοιοι τοκεῦσι, τὰ ματρόθεν μὲν κάτω, τὰ δ᾽ ὕπερθε πατρός. Hos latrocinijs

latrocinijs aiunt deditos, cum tenerent loca montana & inaccessa in Thessalia, excurrisse in equis, & prædas egisse, cumq; ante se abigerent armenta & greges, extimulantes scilicet quo celerius pergerent, exclamantes in agris & uicinorum opem implorantes, quibus sua eripiebantur, hippocentauros'q; nominantes, uociferabantur. Hanc autem speciem præbebant illi raptores intuentibus à tergo, quæ postea pingi & effingi cœpta, dimidiati ad umbilicum hominis & parte posteriore equi. Eodem referunt & procreationis horum fabulam, & Ixionis parentis rotam, quibus in aëre, hoc est sub dio agitandi, & celeritas & gyri atq; orbes designentur. Itaq; nonnulli ἱπποκενταύρους ἐτυμολογοῦσι, ἀφ᾽ ὅτι ὡράς τινας τῶν ἵππων ταχυτῆτι τοῖς ἀνέμοις ὁμοίους: iuxta hoc, θεῖον δ᾽ ἀνέμοισιν ὁμοῖοι, Hucusq; Camerarius. De Centauris fabulam quandam narrat Seruius tertio Georgicorum, quæ ueluti nugæ respuenda uidetur. Diodorus in quinto, Centauros nonulli uolunt in Peleo à Nymphis nutritos, postea equos subagitasse, ex q; eis Hippocentauros natos. Creditum, q primi equitare ausi sint, ex eoq; natam fabulã, ueluti equi essent hominisq; natura, Hæc ille. Centauri ab Hercule domiti, inter labores eius numerantur. Vide Palæphatum ca. 2. Hippocentaurus, canis nomen apud Pollucem. Plutarchus in conuiuio sapientum, in domum Periandri allatum scribit à pastore infantem ex equa natum, cuius caput, collum & manus hominis essent, cætera equi: eiulatus infantium. Hoc inspecto Thales Periandro dixit, sibi quidem non uideri rem prodigiosam & ceu portentum à dijs immissam, quo seditiones & dissidia significarentur, ut Diocles iudicabat: sed rem esse naturalem, ideoq; consulere se ut uel equisones non habeat, uel uxores eis tradat. Claudius Cæsar scribit hippocentaurum in Thessalia natum eodem die interijsse. Et nos principatu eius allatum illi ex Aegypto in melle uidimus, Plin. De Centauro sydere uide Higinum. Lapitharum & Centaurorum prælium Ouidius describit libro 12. Metam. Pugnare ex equo Thessalos inuenisse tradunt, qui Centauri appellati sunt, habitantes secundum Pelium montem, Plin. De Centauris & Ixione multa legimus apud Eustathium in primum Iliadis, æditionis Romanæ folio 102. & alia Homeri scholia in eundem locum: & Etymologicon in Hippocentauro: item Varinum in eadem uoce Chironis fabulam anagogicè exponentem: item in Onomastico nostro in Centauris, Hippocentauris, Chirone, Ixione, Cæneo & Lapithis: & Fr. Floridi Sabini Lectionum succisiuarum lib. 2. ca. 6. Homerus Centauros φῆρας uocat, quæ uox Latinis etiam in usu est, & feras significat: q semiferi, & semihomines essent. Pirithous cum Hippodamiam Adrasti filiam uxorem duceret, Lapithas & Centauros tanquam affines uocauit. Centauri uero inebriati mulieribus quotquot aderant uim facere conabantur, itaq; à Lapithis iratis interempti sunt, Scholia in Odysseæ phî. in mentione Eurytionis Centauri: alij aliter de Eurytione scribunt, ut ibidē ex Bacchylide citatur. Humano capiti ceruicem pictor equinam Iungere si uelit, Horatius de Arte. Hoc monstrum puto centaurus foret. ἱπποκένταυρος, ἱππόμορφος ἄνθρωπος, Hesych. Apud Plutarchum hippocentaurus dici uidetur pro equitatore præstantissimo & inexsuperabili. Ipse, inquit, se ait perniciter currere, illum autem uolare, se commodè in equo uehere, ἀλλὰ τί πρὸς ἱπποκένταυρον τοῦτον; quod est, sed quid ad hippocentaurum hunc? Cælius. Socrates apud Aristophanem, Nubes (inquit) mutantur in quam uoluerint formam, κἂν μὲν ἴδωσι κομήτην ἄγριόν τινα (παιδεραστήν) τῶν λασίων τούτων, οἷόν περ τὸν Ξενοφάντου. Σκώπτουσαι τὴν μανίαν αὐτοῦ, κενταύροις εἴκασαν αὑτάς. Addunt scholia Xenophantis filium pæderastam & hirsuto corpore fuisse: sunt autem & Centauri inferna corporis parte, utpote equina, hirsuti: & ipsi quoq; propter amoris insaniam aduersus Lapithas pugnarunt. Taurus partem hominis pudendam significat, & inde fortassis centaurus ut lastaurus, pro molli & libidinoso accipitur. Vide κενταυρικῶς apud Suidam. Xenophon Grylli filius fertur celebrem canem habuisse, Hippocentaurum nomine, Pollux. De onocentauro supra dixi post Asini historiam. De Ocyrhoē Chironis filia in equam mutata, Ouidius lib. 2. Metamor. Italiam omnium principes inhabitasse feruntur Ausones indigenæ, seu autochthones. At uetustissimum fuisse Marin quendam nomine, cuius antica corporis humana prorsum uiderentur: postica uerò, equina omnino. Nam & nomen ipsum propemodum idem pollere, quod apud Græcos ἱππομιγής, id est equo immixtus. Videri autem potest equum inscendisse primus, & freno inhibuisse, atq; argumento eiusmodi διφυὴς creditus: eundem quinetiam uixisse fabulantur annos centum ac tres & uiginti: ter item mortuum, reuixisse ter. Sed enim simile ueri mihi haud fit, in Varia historia inquit Aelianus libro 9. Nec desunt qui equitandi artem, id est τὴν ἱππικήν, in Libya compertam primo tradant: Qua ex causa nuncupârit Pindarus in Pythijs Κυρήνην δίιππον: etiamsi ad id referunt alij, quòd ab Neptuno edocti sint Libyes currus iungere: quin & Pallada equestrem in Libya genitam, Cælius.

¶ In mari rerum, non solum animalium simulacra insunt, ut uuæ, gladij, &c. quo minus miremur equorum capita in tam paruis eminere cochleis, Plinius. Exeunt è mari belluæ quædam equorum capitibus, Plinius. Orsei Indi asperrimam uenantur feram monocerotem, reliquo corpore equo similem, capite ceruo, &c. Plinius. Nabim Aethiopes uocant collo similem equo, pedibus & crurib. boui, Plinius: hæc camelopardalis est, cuius historiam supra dedimus. Rhinocephalus ceruicem habet equinam cum uniuerso corpore: flammis quas ore expirat, homines pereūt, Physiologus author obscurus. Ego nullum huiusmodi animal in natura extare arbitror. Pausanias in Corinthiacis, in templo quodā Gabalis, effigiem esse scribit equi qui partes post pectus cetaceas habeat. Catoblepon bellua, de qua supra scripsi inter boues syluestres, iubam gerit equinam. Xenophon Lampsacenus author est in Oceano Scythico insulas esse, quarum Hippopodes indigenæ, humana usq; ad uestigiū forma in equinos pedes desinunt, Solinus ca. 22. Ab Istro septentrionem uersus habitant Germani, Sarmatæ, Getæ, &c. itē Neuri, & Hippopodes, qui ab alijs Zagari dicuntur, Eustathius in Dionysium. Coruda circa Indiam locus est, ubi bestiæ uisuntur Satyris similes, equina cauda, &c. Aelian. Satyris iuxta coxas enascuntur caudæ non multò minores equinis, Pausanias. Lamia pedes habet equinos, cętera capris conformia, Glossa in Esaiam. Anthus auis equorum hinnitus imitatur, Plin. &c. ut supra dixi ad finem capitis quarti.

¶ Aquilam Romanis legionibus C. Marius in secundo consulatu suo propriè dicauit. Erat & antea prima cū quatuor alijs: lupi, minotauri, equi aprióq; singulos ordines anteibāt, Plin. Γωλία, χαλκοῦν τι πῆγμα. φέρει δ' ἐπὶ τῶν ὤμων τὰς τῶν λυκιπτίδων πώλας. δύο δ' εἶναι παρθένους φασίν, Hesychius & Varin. Plutarchus in Nicia ait equi charactērem alicuius fronti inustum apud antiquos seruitutis fuisse argumentum, Textor. De Cleosthenis Epidamnij & aurigæ eius, & currus & equorum imaginibus ab Agelada fabricatis, primis omnium, ut uidetur, in Olympia collocatis, superius dixi inter nomina equorum propria. Elephanti & equi maximorum imagines Poliphilus in Hypnerotomachia sua Italica depingit. C. Iul. Cæsar equi sui quem habebat pedibus propriè humanis, instar (id est signum) pro æde Veneris genitricis dedicauit, Suetonius. Anthologij libro 4. sectione 7. Philippi Macedonis epigramma in equi effigiem ex ære legimus huiusmodi: Ἴδ' ὡς ὁ πῶλος χαλκοδαιδάλῳ τέχνῃ Κορωνίδην ἕστηκε. δριμὺ γὰρ βλέπων ὑψαυχενίζει, καὶ διηνεμωμένας Κορυφῆς ἐθείρας σείων, ὡς δρόμον δοκῶ, χαλινὸς εἴ τις ἡνιοστρόφος Ἐναρμόσει γένυσι, κἀπικεντρίσει, ὅσος πόνος λύσειε, καὶ παρ' ἐλπίδας Ταχὺ ἐκδραμεῖται, τῇ τέχνῃ γὰρ ἐμπνέει. Hippiades statuæ mulierum equestres appellabantur, cuiusmodi fuisse uidentur Amazonum, quas mortalium primas equum scandere ausas Lysię oratori creditur, Hermolaus. Sunt qui hippades huiusmodi statuas per imperitiam pro hippiades nominēt. Talis Clœliæ statua inter obsides Porsenæ posita dicitur, Grapaldus. Pollio Asinius ut fuit acris uehementię, sic quoq; spectari monumenta sua uoluit, in ijs sunt Hippiades Stephani, &c. Plinius 36. 5. Et rursus 34. 6. Equestrium statuarum (inquit) origo perquam uetus est, cum fœminis etiam honore communicato. Clœliæ enim statua est equestris, et quæ sequuntur. Statuæ equestres etiam Clœliæ, Q. Marcio Tremulo, Domitiano, & alijs multis erectæ sunt, Textor. Equestres utiq; statuæ Romanam celebrationem habent, orto sine dubio à Græcis exemplo. Sed illi celetas tantum dicabant in sacris uictores. Postea uerò & qui bigis uel quadrigis uicissent. Vnde & nostris currus in his qui triūphauissent. Serum hoc, & in his non nisi à diuo Augusto seiuges, sicut et Elephanti. Non uetus & bigarum celebratio in his qui prætura functi curru uecti essent per circum, Plin. 34. 5. Aristodemus bigas cū auriga fecit, Plinius. Pisicrates bigæ Pithò mulierem imposuit, Idem. Menogenes statuarius quadrigis spectatus est, Idem. Prælium equestre ad Trophonij oraculum Euthycrates Lysippi filius optimè expressit: item quadrigas Medeæ complures, equum cum fiscinis, Plin. Fictiles quadrigæ Romæ erant in fastigio Iouis templi, quas faciendas locauerant Romani Veienti cuidam artis figlinæ prudenti, &c. ut in H. b. dicam inter Celeres equos. Constantinus cum urbem lustrans ad Traiani forum uenisset, singularem sub omni cœlo structuram, hærebat attonitus per giganteos contextus circunferens mentem. Omni itaq; spe huiusmodi quicquā conandi (ædificandi) depulsa, Traiani equum solū locatū in atrij medio, qui ipsum principem uehit, imitari se uelle dicebat, & posse. Cui propè astans regalis Hormisda è Perside, respondit gestu gentili: Antè (inquit) imperator stabulum tale condi iubeto, si uales: equus, quem fabricare disponis, ita latè succedat, ut iste quem uidemus, Ammianus Marcellinus libro 16. Metellus Macedonicus fecit porticus quæ fuere circundatæ duabus ædibus sine inscriptione positis, quæ nunc Octauiæ porticibus ambiuntur: & hanc turmam statuarū equestrium, quæ frontem ædium spectant, hodieq; maximum ornamentum eius loci, ex Macedonia detulit, huius turmæ hanc causam referunt: Magnum Alexandrum impetrasse à Lysippo singulari talium authore operum, ut eorum equitum qui ex ipsius turma apud Granicum flumen ceciderant, expressa similitudine figurarum, faceret statuas, & ipsius quoq; ijs interponeret, Velleius Paterculus. Equulos argenteos nobiles, qui Q. Maximi fuerunt, aufert, Cicero 6. Verr. De equis aureis uide in Volucri equo superius inter propria equorum nomina. Exquiliæ gemini sunt in urbe montes. In altero eorum sunt Diocletiani thermæ, & duo equi marmorei ingentes, cum uiris seminudis lora tenentibus, miro artificio insignes, quorum unus inscriptum Latinis literis habet, opus Praxitelis: alter, opus Phidiæ. Constat hos à Tyridate Armeniorum rege Romam delatos, quem Nero ut lautè exciperet, theatrum Pompeij unius diei opera totum inaurauit, Sipontinus. De equo ligneo, quo capta est Troia infra dicam inter prouerbia. Athenis in Acropoli Durius equus stabat, cum inscriptione, Chæredemus Euangeli filius Cœle (ἐκ Κοίλης) natus dicauit: erat autem is æneus factus ad similitudinem Iliaci, Scholia in Aues Aristophanis, unde Erasmus transcripsit in prouerbio Dureus equus. Quum apud Ephesum Macedo Alexander suam ipsius esset intuitus imaginem, pro uirili ab Apelle expressam, non satis pro picturæ dignitate laudauit. Forte uerò interim equo inducto, & ad pictum equum mire adhinniente, tanquam uerum planè ac spirantem: O rex (inquit Apelles) ὁ μὲν ἵππος ἔοικε σοῦ γραφικώτερος εἶναι πολύ, id est, equus q̃ tu expressior multò est ac ueritati proximior, Cælius 13. 38. ex libro 2. Variorum Aeliani, non procul ab initio: sed melius uir doctissimus Iustus Vulteius noster γραφικώτερον transtulit, meliore in discernendis picturis iudicio præditum: quæ & argutior sententia est, & uocabuli γραφικὸς uim rectè exprimit: simili enim terminatione ad aliarum

quoq;

quoque artium peritos nominandos Græci utuntur, ut grammaticus, historicus. Sic Aristoteles in Physiognomonicis: Καὶ τῶν ἄλλων ζώων οἱ περὶ ἕκαστον ἐπιστήμονές εἰσιν ἐκ τῆς ἰδέας διαθέσεως δυνάμενοι θεωρεῖν, ἱππικοί τε ἵππους, καὶ κυνηγέται κύνας. Pilis equi in palpebra inferiore carent: propterea Apelli Ephesio qui equũ quempiam pinxisset, reprehensionem attulisse ferunt. Alij non Apelli hoc accidisse, sed Niconi aiũt, cum tamen scientissimè cæteras equi partes pinxisset, Aelianus. Nicon, uel secundum aliquos Polygnostus pictor in Pœcile porticu equum cũ depinxisset, pilos addidit inferioribus palpebris per ignorantiam, cum cætera omnia egregiè pinxisset, Tzetzes Chiliade 12. cap. 427. Phormis quidam ex Mænalo Arcadiæ in Siciliam migrauit ad Gelonem Dinomenis filium, apud quem & Hieronem postea eius fratrem, cum multa præclare in bellis gessisset, tantas sibi opes parauit, ut & Apollini Delphis donaria quædam consecrârit, & Olympiæ duos equos (ex ære) utrunque cum suo auriga: priorẽ equum cum uiro Dionysius Argiuus perfecit, alterum Simon Aegineta. Prior equus is est, cui ut Elienses ferunt insertum est hippomanes: & sanè uidetur magi alicuius arte in Phormidis honorem factum esse, quod circa equum contingit. Nam cum & magnitudine & forma inferior sit multis alijs equis qui intra sacrum illic lucum spectantur, & cauda insuper mutilata deformis, mirificè tamen ab equis maribus appetitur, qui non uerno solum sed quouis tempore (οὐ τοῦ ἦρος μόνον, ἀλλὰ καὶ ἀνὰ πᾶσαν ἐπ' αὐτὸν ὀργῶσιν ἡμέραν, lego ὥραν) amore eius accensi, uel uinculis ruptis uel aliter ad eum accurrũt, &c. (ut supra cap. 3. in hippomanis mentione retuli) Pausanias Eliacorum primo. Eandem ex Pausania historiam transtulit Nicol. Leonicenus uariæ hist. 1. 64. Extant Simonis de re equestri scripta, à quo etiam æneus equus Athenis in Eleusinio positus est, & in basi cælata opera & facta ipsius, Xenophon. Audiuisti de prisco illo Simone, qui equitationis suæ modos & figuras in Eleusinio apud Athenienses sculpi curauit, Hierocles ad Bassum in Hippiatricis cap. 1. Cimonis (lego Simonis) equi ærei Athenis positi sunt, ueris ipsius equis quàm simillimi, Aelianus Variorum lib. 9. In Aegesta ciuitate Siciliæ Aemilius Censorinus crudelis tyrãnus dona conferebat in illos qui noua tormentorum genera fabricassent. Cum autem Aruntius Paterculus equum æreum à se conflatum ei dono dedisset, ut fontes includeret, tyrannus tum primum iustus, muneris authorem primum iniecit, ut quod alijs excogitasset tormentum primus ipse experiretur, Plutarchus in Parallelis minoribus. Similem historiam de uacca ænea Perilli in Boue recitaui. De equuleo, alio tormenti genere, dictum est supra inter deriuata ab equo. Zenodorus artifex egregius, cum Mercurij statuam in ciuitate Galliæ Aruernis faceret, duo pocula Calamidis manu cælata, æmulatus est, ut uix ulla differentia esset artis, Plinius 34. 7. & mox sequenti capite, Praxitelis simulacrum habet & benignitas. Calamidis enim quadrigæ aurigam suum imposuit, ne melior in equorum effigie, defecisse in homine crederetur. Ipse Calamis & alias quadrigas bigasque fecit, equis semper sine æmulo expressis. Plinij uerborum, inquit Hermolaus, sensus talis est: Praxitelis haberi simulacrum benignitatis cognomine, quoniam benigni eius ingenij testis esset: utpote qui alieno, id est Calamidis quadrigæ, aurigam de suo imponere dedignatus non esset. Hic Calais, non Calamis dicitur Ouidio: Vendicat ut Calais laudem quos fecit equorum: nisi forte Calamis legendum est in eo uersu, Hæc Hermolaus. Alius fuit Calais frater Zethæ filius Boreæ. Polycleti discipulus Aristides quadrigas & bigas fecit, Plinius. Athenion Maronites in tabula pinxit agasonem cum equo, qua maximè inclaruit, Idem. Quinam in Olympijs uicerint equis, quorum etiam imagines uel statuæ positæ sunt, Pausanias enumerat toto secundo Eliacorum libro, unde nos quædam excerpsimus, partim iam dicta, partim dicenda. Statua Theagenis in luco Olympiæ facta est à Glaucia Aegineta: & iuxta currus æneus, & utrinque singuli celetes equi quibus insident pueri, monumenta super uictorijs Olympicis Hieronis Dinomenis, Pausanias Eliacorum 2. Et rursus, Equus celes, quo uicit Lycus Phidolas, super columna erectus uisitur. Cætera ex eodem libro huius argumenti, si quis curiosior est, plura sibi colliget. Apelles pinxit Clytum equo ad bellum festinantem, & ei galeam poscenti armigerum porrigentem. Est & equus eius, siue fuit, pictus in certamine, quod iudicium ad mutas quadrupedes prouocauit ab hominibus: Nanque ambitu æmulos præualere sentiens, singulorum picturas inductis equis ostendit: Apellis tantum equo adhinniuêre, idque postea semper illius experimentum artis ostentatur, Plin. Et rursus, Fecit & Neoptolemum ex equo aduersus Persas, Antigonum thoracatum cum equo incedentem. Peritiores artis præferunt omnibus eius operibus eundem regem sedentem in equo. Protogenis Rhodij tabularum palmam habet Ialysus: Est in ea canis mirè factus, ut quem pariter casus & ars pinxerit. Non iudicabat se exprimere in eo spumam anhelantis posse, &c. absterserat sæpius mutaueratque penicillum, nullo modo sibi approbans. Postremò iratus arti quòd intelligeretur, spongiam impegit inuiso loco tabulæ, & illa reposuit ablatos colores, qualiter cura optauerat, fecitque in pictura fortuna naturam. Hoc exemplo similis & Nealcem successus in spuma equi similiter spongia impacta secutus dicitur, cum pingeret poppyzonta retinentem equum, Plin. Ab equo uidetur Germanis ueteribus deducta nomina cõplura, ut Chonodomarius & Suomarius Alemannorũ reges, apud Ammianum Marcellinũ lib. 16. & Vadomarius lib. 14. Itẽ Othmarus, & similia nomina in arus uel arius, cuiusmodi plura, puto, inter nomina principũ ueterũ Germanorũ reperias in Stumpfij nostri Chronicis. Plurima Græci propria hominum & locorum nomina ab equo deriuata etiã composita habent, quorum omnium historias si hic adijcerem, nimius sanè & intempestiuus labor foret: quamobrem sat fuerit ipsa tantum nomina breuiter attigisse: nam qui de singulis copiosius cognoscere uolent, apud autho

Aa

res inquirent, qui uel hominum gesta & historias, uel Geographicos libros ædiderunt. Nos etiam in Onomastico permulta ab hippos deriuata aut composita nomina propria uno in loco dedimus hominum locorumq́; & in Bibliotheca scriptorum. Græci quidem compositis deductisq́; ab equo nominibus propria hominum nomina formare plurimum delectati sunt, & plurimum hac in parte luxuriati, ut singulis mox enumerandis apparebit. Existimabant enim nescio quid dignitatis equestris nobilitatisq́; equi uocabulo conferri. Hinc est quod in Aristophanis Nebulis legimus, Strepsiadem cum uxore de nomine filio imponendo contendisse: & cum illa Xanthippum aut Charippiden uocari uellet: Strepsiades uerò aui sui nomine Pheidoniden, conuenisse tandem ut ueluti coniunctis nominibus Pheidippides nominaretur. Apud Latinos uix unum aut alterum simile reperio: qualia sunt apud Varronem de re rust. Equitius & Equiculus. Apud Vergilium Aene. 9. penultima per o. scribitur. Continuò Quercens & pulcher Equicolus armis. Commodius Equiculus uir fortissimus & patre militari natus Varroni memoratur. ¶ Ex proprijs uocabulis Græcis proponam primum hominum propria, & uirorum prius quàm mulierum: deinde locorum & populorum, seruato ferè literarum ordine in singulis. ¶ Hippalcus, Hippodamiæ & Pelopis filius. Hippalmus apud Q. Calabrum. Hippammon apud Pollucem, per mm duplex scribendum. Ἀνδρὶ μὲν ἱππάμμων ὄνομ᾽ ἦν, in uersu heroico. Hippagoras. Hipparchus: quo nomine plures apud Suidam recensentur. ἱππάρχειοι ἑρμαῖ, dicebantur columnæ quædam ab Hipparcho erectæ, inscriptis elegijs, quorum scopus erat meliores reddere lectores. Hipparchi murus, τὸ ἱππάρχου τειχίον: Hipparchus Pisistrati filius iuxta Academiam murum ædificauit, maximo Atheniensium sumptu, quem illos facere coegit: unde prouerbium istuc de rebus sumptuosis in usum uenit, Suid. Hipparchus Colargeus primus ostraco damnatus, Plutarchus in uita Niciæ. ἱππαρχίων ἄφωνος, prouerbium apud Suidam: citharœdus hic fuit: & cum certare deberet aduersus Rufinum citharœdum, obmutuit. Hipparchides, apud Aristophanem. Hipparinus nobilis Syracusanus Dionis pater, Dionysij socer & collega, apud Plutarchum in uita Dionis. Diō Hipparini, Syracusanus, philosophus Platonicus, Dionysij uxoris Aristomaches frater &c. Suidas. Hippasus Metapontinus. Hippasus in Corinthiacis Pausaniæ. Sôcus Hippasi hippodami, id est rei equestris periti filius, Homerus Iliad. λ. De Leucippe & filio eius Hippaso, quē ipsa & sorores per insaniam laniatum ederunt, scribit Plutarchus in Græcanicis quæstionibus 37. Hippasides apud Q. Calabrum. Hippias, plures huius nominis uide apud Suidam, &c. In Hippiæ mimi nuptijs Antonius, ut in eius uita refert Plutarchus, per totam noctem bibit. Hippiothon, ἱππιόθων, Cercyonis filius, quæ illum ex Neptuno susceptum clam exposuit: inde repertum equa nutriuit, Etymologus: Vide ne idem sit, qui Hippothoon infra, & ipse Neptuni filius. Hippon, ἵππων, paroxytonum, nomen uiri est: oxytonum enim equile significat. Hippon tyrannus capitur, Plutarchus in uita Timoleontis. Hermogenis Lycij nobilissimi cursoris Hippos cognominati mentio fit secundo Eliacorum Pausaniæ: uicit autem octies in tribus Olympiadibus. Hippobotæ aristocratiam in Chalcide Eubœæ ciuitate, Aristotele teste, aliquando tenuerunt, Strabo lib. 10. Hos ex Chalcidensibus exactos Plutarchus memorat in uita Periclis. Hippobotus philosophus quidam, Suidas. Hippocles. Hippoclides: οὕτω κακοσχόλως τὸ τῆς γυναικὸς μόριον Ἀριστοφάνης εἶπεν, Hesychius & Varinus. Non est curæ Hippoclidi, οὐ φροντὶς Ἱπποκλείδῃ, Erasmus in prouerbijs. Hippoclidis philosophi meminit Valerius Max. 1. 6. Hippocoon cum liberis ab Hercule interfectus est. Hippocoontis Hyrtacidæ, Vergilius. Ἱπποκόειος, ἥρως, Hesychius & Varinus. Vide paulò post in Hippomene. Hippocrates multi fuerunt: medici quidem huius nominis septem, Coi omnes, â Suida enumerantur. Hippocrates Syracusanorum dux fœdera uiolat, & Syracusas capit, apud Plutarchum in uita Marcelli. Hippocrates Mathematicus mercaturam exercuit, Plutarchus in uita Solonis. Hippodami cuiusdam mentio fit in Equitibus Aristophanis. Hunc aiunt Milesium fuisse Euryboontis filium: habitasse autem Piræum, & illum (uel domum quam in Piræo habebat) Atheniensibus distribuisse, & in honore apud eos fuisse, meteorologum cognomine. Sunt qui eum de uoracitate notent: οὗτος δ᾽ ἦν καὶ ὁ μετεωρικὸς εἰς σιτευτικὸς Μιλήσιος ὤν, Hesychius & Varin. Hippodamia dictū est forum in Piræo, ab Hippodamo Milesio architecto, qui Piræum Athenis ædificauit, Suid. Hippodamus quidam apud Homerū etiam πλήξιππος cognominatur, hoc est equestris & bellicosus. Hippodamantium uinum Hesychius & Plinius inter transmarina celebrat, nescio â quo loco dictum. Hippodorus in Onomastico. Hippodotes apud Gyraldum de dijs. Hippodromus sophista apud Cælium. Hippolochus, Bellerophontis filius & Glauci pater, Homero: & alius Antimachi Troiani filius, Eidem. Hippolochus Macedo, Athenæus. Hippolytus filius fuit Thesei & Hippolytes Amazonum reginæ (Antiopæ secundum alios, Plutarchus in Theseo) quam Hercules uictam Theseo uxorem tradidit. Hic cum currum iuxta mare agitaret, apparentibus phocis equi territi currum ruperunt, & Hippolytum discerpserunt: qui exitus eius nomini tanquam omini infœlici respondit. Vide Onomasticon, & Plutarchum in Parallelis minoribus, & prouerbium Hippolytum imitabor, cuius etiam Suidas meminit. Idem nominis omen in Hippolyto nostræ religionis euentū habuit. Is enim in Ostijs Tyberinis martyr (sub Decio Cæsare & Valeriano præfecto) ab equis dilaceratus est: & membra inde collecta Romam translata. Huius mortem describens Prudentius, de iudice Romano hos uersus reliquit: Ille supinata residens ceruice, Quis, inquit, Dicitur? affirmant dicier Hippolytum. Ergo sit Hippolytus, quatiat turbetq́; iugales, Intereatq́; feris dilaceratus equis. Sed de Hippolyto Thesei leges etiam

etiam Cælij scripta 11.24. ubi cœlestem quoq; heniochum non alium putari scribit. Idem alibi meminit Hippolyti apud Trœzenios sacerdotis. Hippolytus in cœlo auriga, & honores eius apud Trœzenios, Pausanias in Corinthiacis. Hippolyti Thesidæ historiam lege infra in H.h. in mentione Dianæ ex Aeneidos septimo. Antiphilus pinxit Hippolytum tauro emisso expauescentem, Plin. Hippolyto Sicyonio (inquit Plutarchus in uita Numæ) fingunt, quoties ex Sicyone Cirrham adnauigasset, oraculum Pythiam reddidisse, ueluti deo sentiente & promere gaudente huiusmodi heroicum: Hippolyti rursus charum caput æquora findit. Hippomachus aliptes literarum doctor, Plutarch. in uita Dionis. Alterius cuiusdam tibicinis meminit Aelianus in Varijs libro 14. hic cum discipulus eius aberraret inter canendum tibiam, percussit eum bacculo dicens: Perperam cecinisti; nam alioquin hi tibi nō applauderent. Idem lib. 2. eiusdem operis de Hippomacho pugile siue athletices magistro scribit. Hippomachus Eliensis, et alter ex Caria Thraciç apud Suid. Hippomedō Agesilai filius bellicis operibns insignis, apud Plutarchum in uita Agidis: item uiri nomen apud Statiū lib. 8. Theb. Hippomenes, ut scribit Ouidius, Limonen filiam in adulterio deprehensam equo famelico præbuit deuorandam. Verba eius sunt hæc, in Ibin, Solaq; Limone pœnam ne senserit illam, Et tua dente fero uiscera carpat equus. Vnde facta parœmia, quam ex Diogeniano auocat Erasmus, Magis impius Hippomene, Textor. Hippomenes filiam suam uitiatam equo uorandam obiecit, &c. unde & locus dictus est ἵππω καὶ κόρης, Suidas: hinc forte est etiam quod apud Hesychium legimus ἱππονόφως, ἥρως. Hipponax Ephesius Iambographus. Hipponacteum præconium, uide inter prouerbia Erasmi. Hipponicus, in Aeliani Varijs. Cratinus Hipponicum propter ruffum colorem Scythicum nominauit. Scythicum enim lignum est, ᾧ ξανθίζονται αἱ γυναῖκες καὶ βάπτουσι τὰ ἔρια, id est quo mulieres lanas tingunt, & flauo colore inficiūt: nisi ξανθίζονται passiuè accipias, ut ipsæ se, id est capillos suos hoc ligno inficiant, Varinus in uoce Cratinus: sed mutilus apud eum locus est. Hipponici cuiusdam Herodotus meminit. Hipponicus Atheniensis ab Alcibiade pugno percussus, Plutarch. in uita Alcibiadis. Hipponus, ἱππόνοος, filius Megapenthis, nepos autem Prœti, Scholiastes Pindari. Hipponus, qui postea Bellerophon, Cælius ex Scholijs in Homerum. Videtur sanè dictio hæc composita, & significare magnanimum, ut ἱππογνώμων. Hippophatus, Gyraldus de dijs. Hippostratus, Ibidem: uide Hippothous. Hippotes & Hippotades, id est Hippotis filius, Ibidem. Hippotes, uiri nomen, Suidæ in Μηλιακὸν: Aeoli pater, &c. Cæl. Hippothoon, ἱπποθόων, filius Neptuni, à quo Hippothoontis tribus dicta, Suidas. Herôum eius, id est templum in quo colebatur, Hippothoontium dicebatur, Hesychius & Varin. Vide ne idem sit Hippiothon supra dictus, & ipse Neptuni filius. ἱππόθωνος, Suidas. Hippothous, Strabo. Hippothous & Hippostratus ex procis Hippodamiæ.

¶Agrippa, uiri nomē apud Latinos, nō ab equo, sed ægro partu. ἄγριππος quidē Græcis oleaster est. Alcippus in Amatorijs Plutarchi. Anaxippus. Anthippus, Pollux 1.10. Archippus poëta. Argyrippus adolescens in Asinaria Plauti. Aristippus, Aelian. lib. 9. Variorū. Callippus philosophus Atheniensis, Suidas. C. Tiberius Augusti successor Callippides per iocum uocatus est, quem cursitare, ac ne cubiti quidem mensura progredi, prouerbio Græco notatum est. Nam & Tiberius quamuis prouincias & exercitus reuisurum se sæpe pronunciasset, & prope quotannis profectionem præpararet, uehiculis comprehensis, commeatibus per municipia & colonias dispositis, ad extremum uota pro itu & reditu suo suscipi passus, in urbe tamē se continebat, Sueton. Callippides olim (inquit Erasmus) prouerbio dicebatur, qui in moliendis negocijs, cum multa se facturum minaretur, nihil tamen conficeret: aut quemadmodum ait Terentius, qui sedulò mouens sese nihil promoueret. M. Tullius ad Atticum lib. 13. Varro mihi denunciauerat magnam sanè & grauem προσφώνησιν. Bienniū præterijt, cum ille Callippides assiduo cursu nullum cubitum processerit. Quis hic fuerit Callippides, inquit Erasmus, non satis perspicuum est, nisi quod haud dissimile ueri uidetur accipiendum esse de Callippide tragœdiarū histrione celebri & multi nominis apud Græcos, cuius meminit Plutarchus in apophthegmatis Laconicis. Hic Agesilaum regem aliquando obuium, non salutatus ab eo interrogauit: Non agnoscis me rex, nec qui sim audisti? Tum Agesilaus hominem contemplatus, ἀλλ' ἦ τύ ἐσσι Καλλιππίδας ὁ δεικηλίκτας; hoc est, An nū tu es Callippides ille dicelicta? sic Lacedęmonij mimos appellant. Mihi quidem hoc Agesilai dictum prouerbiali sensu torqueri posse uidetur, in homines ostentatores & laudis auidos, quorum multi se suaq; non ab omnibus nosci mirātur: Vt alius quidam Callippides ille fuerit, cuius nomen de ijs usurpatur, qui cum multa promittant, nihil promouent. Aliqui Calippidem per l. simplex scribunt, alij callipidem per p. simplex, utriq; imperite. Ξανθίππου ἢ Χαρίππου ἢ Καλλιππίδου, Aristophanes in Nebulis. Charippus, Aristoph. in Nebulis, ut iam citaui. Memini & Χαιρίππου per diphthongum alibi legere, ut apud Iuuenalem Sat. 8. Οἴη filia Cephali, uxor Charippi, Suidas in Οἰῆθεν. Chrysippus & Argyrippus ab ornatu equorum nominati uidētur. Chrysippus Pelopis ex Hippodamia filius: & alius philosophus Stoicus. Chrysippus etiam inter Solis filios numeratur in Olympijs Pindari Carmine 7. in Scholijs. Cirrhippum ab equis & cirrho colore dici puto, Cælius. Cratippus uir clarus & canibus alendis deditus, Galenus lib. 2. de antidotis. Cronippus apud Aristophanem, Σὺ δ' εἶ κρόνιππος, uidetur quidem nomen proprium: sed Suidas & Varinus exponunt μέγαν λῆρον, id est magnas nugas, ut & Cælius: ego potius magnum nugatorem dixerim. Vel ὑβριστὴν, τρυφητὴν, πόρνον, Iidem. Hippos in compositione auget: cronia uero, id est Saturnia, obsoleta & nugalia dicuntur: hinc & composita uox inuersa ἱπποκρόνια, cuius mentionem supra

Aa 2

feci. Damasippus, apud Iuuenalem & Macrobium. Dioxippus apud Plinium & Aelianum in Várijs libro 12. Drasippidas nomen fictum in Vespis Aristophanis. Ephippus, uiri proprium, Suid. & poëtæ apud Macrobium. Euippus filius Megarei regis Megarensium, Pausanias in Atticis. Euripides cũ per p. simplex scribatᷓ, non uidetur ab equo compositũ esse nomen, etsi antepenultima producatᷓ, ut in illo Ionis, χαῖρε μελαμπέπλοις ἐνελπίδ' ἐν γυάλοισι πυθίας. Etymologus Euripiden ait ab Euripo dictum esse, quòd in Euripo natus feratur. Glaucippus, apud Macrobium. Gylippus, nomen Lacedæmonium, Varin. Hermippus philosophus, uide Suidam. Lahippus, statuarius apud Plinium. Leucippus Oenomai filius, Pausaniæ in Arcadicis: & philosophi nomen Aristoteli li. 1. de hist. animal. & canis apud recentiorem quendam: apud Pindarum Proserpinæ epitheton, ut infra dicã. Lysippus, Plinio nobilis sculptor: item poëta comicus: uide Onomasticon. Melanippus, uir Thebanus in bello fortissimus, qui Tydeum occidit, &c. Pausan. in Bœoticis. Melanippi & Charitonis historiam describit Aelianus libro 2. Variorum. Menippus, Suid. Nicippus. Nothippus poëta opsophagus apud Athenæum. Phænippus quidam turpis & libidinosæ uitæ homo fuisse fertur, Tisamenus uerò peregrinus & mastigias, unde Tisamenophænippos huiusmodi homines Aristophanes in Acharnensibus dixit. Pheidippides Strepsiadis apud Aristophanem filius, ut supra dixi. Pheidippidis Atheniensis tabellarij meminit Herod. li. 6. Philippus. Hesychius philippos etiam mœchos interpretatur. Philippides & Philippion, Suid. Philippicus, qui & Bardónes, Iustinianum regem occidit, &c. Suid. Posidippus, Ποσείδιππος. Samippus uiri nomẽ in Nauigio Luciani. Stratippus, in Equitibus Aristophanis. Taraxippus Glaucus in Isthmo fuit, quem equi peremerunt. Taraxippum etiam nuncupari inuenio herôum Myrtilo à Pelope structum, in quo & rem diuinam illi obierit, ut perpetratæ cædis iram leniret. Nominis ratio est, quòd in eo loco Myrtili arte iniectus sit Oenomai equis terror. Sunt qui ab Oenomao id solitum peragi, fabulentur. Quidam inibi in fossa aliqua à Pelope, sibi ab Amphione tradita Thebano: quibus non Oenomai modo exterriti sint, uerum exterreantur omnes illac transeuntes equi. Fuisse uerò Aegyptij putant Magicæ peritum Amphiona: propterea petras illi in Thebarum mœnibus sustruendis uisas obtemperare, sicuti Orpheo ratione eadem feræ obediuerunt, Cæl. Vide plura apud Pausaniam Eliacorum secundo. Epigrammatum Græcorum lib. 1. sectione 45. Augeas dicit duodecimam boum suorum partem esse ταραξίπποιο πυρ ὅρον. Cleon in Equitibus Aristophanis ταραξιππόστρατος cognominatur, quòd ordinem equestrem perturbaret. Telesippus filius Hippocratis, Varin. Xanthippus pater Periclis, Varin. Hoc nomen à flauo equi colore inditum apparet, ut cirrhippus à giluo, Leucippus ab albo, Melanippus à nigro. Zeuxippus, dux Lacedæmonius, Xenophon de rebus Græcorum.

¶ Mulierum nomina. Hipparchia uxor Cratetis Cynici, &c. uide Suidam. Hippe meretrix Athenæo libro 13. Theodotum quendam fœno præfectum regis Ptolemæi amatorem habuit, & cum in comessatione aliquando apud regem uinum copiosius infundi peteret, uehementer enim sitire se: Meritò, inquit rex: plurimum enim fœni deuorasti. Argutè quidem, cum & ipsa Hippe, id est equa uocaretur, & Theodoti cui commissum erat fœnum opes consumpsisset. Hippe Chironis Centauri filia in equam mutata, ut supra in equo sydere dixi: uide Onomasticõ. Hippe & Aegle uxores Thesei, Hesiodo teste, Athenæus libro 13. Hippe filia Danai, à qua hippion Argos dictum, Hesychius & Varin. Hippia, ἱππία, Arsinoë uxor Philadelphi, Hesych. Spartana uirtus apud Leuctra attrita corruit, infesto numine, si credimus, ob scelus admissum in Scedasi puellas, Molpiam & Hippo, uti à Pausania (in Arcadicis) relatum scio, etiamsi ex Plutarcho alibi Miletiam scripsimus, Cælius. Plura uide apud eundem libro 5. ca. 8. Ex Fuluio quodam & equa Hippo puella nata fertur, Cælius ex Plutarcho. Celebratur Athenis quoq; fœmina Hippo, ut est apud Valerium Maximum. Hippo uel Hippona dea infra dicetur. ¶ Hippodamia, Ἱπποδάμεια, quæ & Briseis: & Veneris cognomen, Hesych. Hippodamiæ Pelopis & Myrtili fabulam, uide in Scholijs Homeri in Iliadis β. & in Onomastico. Hippodamia Pelopi peperit sex filios, ut Pindarus scribit, Atreum, Thyesten, Pittheum, Alcathûn, Philsthenem (pro quo alij Hippalcum numerant) & Dian aut Chrysippum, Varin. Hippolyte Amazonum regina, Hippolyti ex Theseo mater, ut supra dixi: Vide Onomasticon, ubi etiam Hippolytes Acasti uxoris mentio fit. ¶ Aenippe, Eudori filia, ex Aeneo marito Cyzicum regem Dolopum peperit, Orpheus in Argonauticis. Alcippe Martis filia, Pausanias in Atticis. Alcippe elephantum peperit, quod inter ostenta est, Plin. Astræus Neptuni filius Alcippen sororem imprudẽs compressit, &c. Plutarchus de fluuijs in historia Caici. Anippe filia Nili Busiridem ex Neptuno peperit, Plutarchus in Parallelis minoribus. Archippa uxor Themistoclis ex tribu Alopecia, Plutarchus. Archippen meretricem à Sophocle iam sene amatam apud Atheneum legimus libro 13. Aristippe, uide Leucippe. Chrysippes quæ Hydaspen patrem amauit, historia legitur apud Plutarchũ initio libri de fluuijs. Cydippen fecit Protogenes Rhodius, Plin. Cydippe Ochimi filia ex Cercapho Solis filio peperit Camirum, Lindum & Ialysum, Scholiastes in Olympia Pindari Carmine 7. Fuit et alia Cydippe Cleobis & Bitonis mater, apud Stobæum in Sermone de morte. Euexippe, filia Scedasi Bœotij, Cælius. Euripppe, mulieris nomen in epistolis Theophylacti. Heurippa, Dianæ cognomen, Cæl. Leucippides, duæ quædam uirgines fuerunt. Πωλία, χαλκοῦν τι πῆγμα· φέρει δὲ ἐπὶ τῶν ὤμων τὰς τῶν Λευκιππίδων πώλους. δύο δὲ ταύτας παρθένους φασί, Hesychius & Varinus. Stephanus Leucippidas, id est Leucippi filias nominat Phœben & Elairã, ex Aphidnis ciuitate Laconica ortas; has à Castore & Polluce

luce raptas legimus. Leucippe ex Vulcano Aegyptum peperit, Plutarchus de fluuijs in Nilo. Leucippe, Aristippe & Alcithoë sorores, Minyades cognominatæ, cum Bacchi choream contemnerent, in furorem conuersæ, Leucippæ filium tenerum adhuc discerpserunt, hinnulum esse putantes, & postea in aues mutatæ sunt, una cornicis, altera uespertilionis, tertia noctuæ forma assumpta, Aelianus libro 3. Variorum. Plutarchus in Græcanicis quæstione 37. laceratum istum Leucippes filiū, Hippasum nominatum meminit. Lysippe mater Teuthrantis Mysorum regis, Plutarchus de fluuijs in Caico. Lysippe, filia Prœti, cum cæteris sororibus à Iunone in uaccam mutata. Menalippe apud Homerum. Xanthippe Socratis uxor. Zeuxippe, mater Priami, Varin.

¶ Locorum & populorum nomina. A Nare amne usq; ad Equiculos tenent Sabini, Cato Orig. Equestris & Rauriaca Coloniæ Plinio 4. 17. inter Galliæ populos numerantur. Ptolemæus Equestrem Sequanorum in Gallia Belgica ciuitatem facit. Equestres, ut Antoninus in Itinerario apertè scribit, sunt citra Iuram iuxta lacum Lemannum, à quo distant 20. M. p. Quare conijcitur esse Neuidunum, sicut & liber puinciarum meminit Neuiduni Equestrium, quæ ciuitas hodie uocatur Neuis, uulgo Neau. Sed cum Antoninus Equestres prius commemorat ac deinde lacum Lausunū (quidem est Lemanno) uidetur hæc urbs citra lacum fuisse, ut forte sit illa quæ hodie Dunoy uocatur, quæ uox nomini Neuiduni non malè respondet, &c. Hæc Sebast. Munsterus in castigationibus circa finem operis de Rhætia Alpina. Videri sanè potest Neuidunum duplex fuisse, ut alterum differentiæ causa Neuidunum Equestrium dictū sit. ¶ Equus nomine mons Troiæ imminet, per quem illa facile capta fertur, unde equi Troiani fabula nata est secundum quosdam, Nic. Erythræus. Daphidas cum eius studij esset, cuius professores sophistæ uocantur, ineptę & mordacis opinationis, Apollinem Delphis irridendi causa consuluit, an equum inuenire posset, cum omnino nullū habuisset: cuius ex oraculo reddita uox est, inuenturum equum, sed ut eo perturbatus periret. Inde cum iocabundus, quasi delusa sacrarum sortium fide, reuerteretur, incidit in regem Attalum sæpenumero à se contumeliosis dictis absentem lacessitum, eiusq; iussu saxo, cui nomen erat Equi, præcipitatus, ad deos usq; cauillandos dementis animi iusta supplicia pependit, Valer. Maximus. Roboam Salomonis filius inter alias urbes condidit Hippam & Marissam, Iosephus Originum Iudaic. 8. 10. Eadem forte fuerit Hippus urbs Palæstinę Stephano. Ἱππάδαι portæ quædam Athenis, Varin. Hipparis, Ἵππαρις, fluuius est in Camarina (uel, per mediam Camarinam fluens) cuius aquæ pars una dulcis est, altera salsa: hunc nouum subinde lutum afferre & ripis apponere aiunt, unde ædificandi materiam incolæ sumant: alij uerò quoniam per mediam syluam quandam fluit, unde arbores multæ pceræq; nascantur, hoc modo ædificantibus Camarinæis prodesse. Fertur autem & nauigabile & piscosum esse flumen: fontes habet in monte quodam Siciliæ. Ligna quæ in syluis secuerint ei iniecta in urbem uehuntur, Hæc ex Scholijs in quintum Carmen Olympiorum Pindari. Hipparenum Mesopotamiæ oppidum: Muros Hipparenorum Persæ diruêre, Plin. Hippia (Ἱππία) urbs Perrhębiæ, aliâs Phalanna dicta, Stephanus. Phalanna est urbs Perrhæbis quondam subdita, Strabo. Oppidū in Græcia ἵππιον Ἄργος ab equis cognominatū est, Varro. Argos hoc Achaicum dicebatur, Peloponnesi urbs, hippobotum etiam alio ab equis cognomine dictum, utpote equorum pascuis aptum. Hippion Argos ab Hippe filia Danai appellatum apud Hesychium & Varinum legimus. Plura uide inferius H. b. in patrijs equorum. Dauniorum oppidum Harpi, aliquando Argos hippium Diomede condente, mox Argirippa dictum, Plin. Ptolemæus Scyracenos ultra montem Hippicum in Asia collocat, Hermol. Fuit & Hierosolymis Hippicus dicta turris, cuius meminit Iosephus de bello Iudaico 6. 6. Longinquiores eodem disceptant foro Halydienses seu Hippini, Apolloniatæ, Trapezopolitę, Aphrodisienses, Plin. Hippus fluuius est Moscorum. Phasis amnis maximè inclaruit Aea XV. M. p. à mari, ubi Hippos & Cyanos uasti amnes è diuerso in eum confluunt: accipit etiam Glaucum, &c. Plin. Phasis Glaucum in se recipit & Hippum è uicinis montibus cadentes, Strabo: idem ex eo in Dionysium scribens Eustathius repetit. Hippocoum uinum ex insula Cô, dictum ab agro generoso cui nomen Hippo, Festus. Hippu acra, id est equi pmontorium, urbs Libyæ, Steph. Hippucome, uicus Lyciæ, dictus ab equo uiatorum quorundam illic mortuo, Stephan. Hippomenes filiam suam uitiatam à quodam, equo uorandam obiecit, &c. unde & locus dictus est ἵππου καὶ κόρης, Suidas. Vide infra in prouerbio Apud equum & uirginem. Prusa ciuitas Bithyniæ sub Hippo monte sita, Plinius paulo ante finem libri quinti. Coloni, Κολωνοί (sic dicti scilicet colles in Attica: nam & simpliciter κολωνὸν locum altum interpretantur) duo fuerunt, unus ἵππιος (malim ἵππιος, ut Pausanias habet, uel ἵππειος per ει, ut author argumenti in Sophoclis Oedipum in Colono) appellatus: cuius Sophocles meminit, tanquam Oedipus ad illum confugerit: alter in foro erat iuxta Eurysacis herôis templum, ubi conueniebant mercenarij homines, ob hoc ipsum Κολωνῖται dicti, Pollux. Ostenditur & locus appellatus Κολωνὸς ἵππιος, in quam Atticæ partem primum uenisse quidam dicunt Oedipum: à quibus tamen Homeri poësis discrepat. Dicunt autem aram quoq; Neptuni hippij, & Mineruæ hippiæ (in hoc colle esse,) Pausanias in Atticis. Templum Furiarum quas σεμνὰς uocitant, in hippio Colono est: cui nomen, quoniā templum in eo sit Neptuni hippij, & Promethei: et oreocomi, id est qui mulorum curam habent, in eo habitant, Author argumenti in Sophoclis Oedipum in Colono. Et paulo post, Ἡ σκηνὴ τοῦ δράματος ὑπόκειται ἐν τῇ Ἀττικῇ ἐν τῷ ἱππείῳ. Vnde apparet & Colonum, & Hippium utrunq; seorsim dici, & coniunctis etiam uocibus Colonum hippium, differentiæ causa nimirum ab

Aa 3

altero Colono. Colonus hippius in Attica prope Academiam est, Pausanias. Adrastum aiunt cum Thebis fugeret, equos in Colono primum cohibuisse, & Neptunum ac Mineruam hippios appellasse, Hesych. & Etymologus. ἱππιολόφος nudum nomen apud Suidam, non aliud significare uidetur quàm Atticum collem iam dictum, cum λόφος & κολωνὸς synonyma uideantur. Hippus insula Eretriæ, item urbs Siciliæ, & alia Palæstinæ, Steph. Eadem forte est Hippa urbs à Roboam Salomonis filio condita, ut superius retuli. Lacus in quem Iordanis se fundit, amœnis circumseptus oppidis est, Iuliade & Hippo, Plinius 5.15. Inter Decapolitanæ regionis, quæ Iudææ iungitur, oppida, Plin. 5.18. numerat iam dictum Hippon Dion. Sic enim etiam Hermolaus legit, idque facit (inquit) authoritas Dionis, qui scribit, Dion olim Hippo nominabatur. Erythræ ciuitas est Ionica, quæ portum habet, & quatuor ex aduerso ei sitas (πὸκκαμῶνας) paruas insulas, quæ Hippi dicuntur, Strabo libro 14. quare corruptum Stephani locum conijcio, ut legamus Hippum non Eretriæ, sed Erythrarum insulam esse. Mentionem de his insulis facit etiam Plin. 5.29. Hippuris maris mediterranei insula Pomponio: Hippuriscus insula Cariç Stephano. Meminit etiam Plin. 4.12. ubi pro hippurusa, hippuriscus legendum uidetur. Annij Plocami libertus circa Arabiam nauigans, Aquilonibus raptus præter Carmaniam XV. die Hippuros portum eius inuectus est, Plinius. Portus quidam in Taprobane Hippuros nominatur, Solin. Hippo uel Hippon (ἱππὼν) duplex est in Africa: unus (profertur & fœmino genere) regius cognominatus: alter diarrhytus, quod palustri solo madeat, unde & terræ motibus frequentius infestatur, quare uagam Silius dixit, utranque uno uersu complexus, Tum uaga, & antiquis dilectus regibus Hippon. Vtranque Hipponem Græcos equites condidisse author est Solinus. Cirta in Africa Masanissæ & successorum regia est, in mediterranea, urbs optimè structa, cum à cæteris, tum à Micipsa, qui & Græcos in eam habitatum deduxit: & tantam effecit, ut decem equitum millia, & peditum uiginti emitteret. Cirta itaque hic est, & duo Hippônes: alter Vticę proximus, alter remotior, & Trito propinquior, ambo regiæ, Strabo lib. 17. Plura de utraque Hippône Africæ apud Plinium ex Indice requires. Est & Hippo oppidum Locrorum in Brutijs, Hipponium (ἱππώνιον) Stephano ab heroë quodam sic dictum, & à Romano post Annibal uentia: gentile Hipponiates, Stephanus. Hinc sinus Hipponiates apud Strabonem libro sexto, quem Antiochus Napitinum dixit, Plinius Terinæum. Hippo Lucaniæ ciuitas, Plutarchus in uita Ciceronis. De hoc Plinius 3.5. Hippo (inquit) quod nunc Vibonem Valentiam appellamus: Idem apud Strabonem legimus libro 6. Ab eodem Plinio 2.1. in Hispaniæ descriptione Hippo Caurasiarũ memoratur. Regio quæ sub Caspijs portis in humili & concauo solo iacet, & Armenia, eximiè hippoboti, id est equis pascendis aptæ sunt: uocatur autem & pratum quoddam Hippoboton, per quod iter faciunt qui ex Persia & Babylône in Caspias portas proficiscuntur, Strabo. Argos Achaicum etiam hippoboton cognominatum, supra monui. Hippocephalum suburbanum Antiochiæ dictum alicubi legisse memini. Hippocorona est in Adramyttena regione, & Hippocronium in Creta, Strabo lib. 10. Fontes in Bœotia à Plinio numerantur, Hippocrene, Aganippe, Gargaphie, &c. Hippocrene, ἵππου κρήνη, fons in Helicone à Pegaso equo dictus, qui sitiens ungula terram percussit, unde fons emicuit, ut Hesiodus in Theogonijs canit (item Aratus, & Higinius: uide in Pegaso infra in h.) Hesych. Cum Bellerophon Argis sitijsset, terra icta pede Pegasi fontem emisit, qui inde fons equi, uel Pegaseus (πηγασία κρήνη) dictus est, Varinus. Iuxta Hippocrenen in Bœotia alter etiam fons Aganippe est, non procul ab Helicone mõte. Persius Hippocrenen fontem caballinũ dixit, ex quo qui hausissent protinus furore afflati poëtæ fieri credebantur. Hinc Hippocrenides Musæ. Vide Onomasticon. Orestes à cæde materna expiatus fertur, tum alijs modis, tum aqua ex fonte Hippocrene: qui etiam apud Trœzenios monstratur ex Pegasi ungulæ ictu prognatus (unde & πηγασίδα κρήνην uocant) Cælius ex Corinthiacis Pausaniæ. Vide nonnihil etiam in Gyraldi opere de dijs ex indice. Fuit in Piræo forum nomine Hippodamia, à Milesio Hippodamo qui Piræum struxit: meminit Demosthenes. ἱπποδάμειον ἀγορὰν nuncupat rerum Græcarum libro 2. Xenophon, Cælius. Vide supra inter propria uirorum nomina in Hippodamo. Hippodamantium uinum quoddam in Cyzico, Hesych. Post hæc authoritas Hippodamantio, Mystico, Cantharitæ, Plinius de uinis transmarinis. Sternęa, uia Hippocoontis, hostilis, καὶ στερητικὴ τῶν πάντων, Hesych. Hippodromus locus Alexandriæ ciuitatis, ut in eius descriptione refert Strabo lib. 17. significat autem quemuis locum, equorum spectaculis & cursibus aptum. Hippola, Ἵππολα, urbs uetus Laconica: gentile Hippolaites, Stephanus. Herodotus ad Borysthenis Hypanisque tractum scribit, ἐμβολον τῆς χώρας εἶναι, ὃ ἱππολέου ἄκρη καλέεται, Hermolaus. Hippomolgi, ἱππομολγοί (uel ἱππημολγοί) dicti ab equis mulgendis, Stephanus in Melanchlænis: uide supra capite sexto. Hipponium urbs Brutiorum, aliâs Hippo, paulo superius dictum. Hippônesus, urbs Cariæ, & alia Libyæ, Stephanus. In Ceramico sinu insulæ, Hipponnesos, Mya, Sepiussa, Plin. 5.31. Hippophagi populi Scythiæ in Asia, (ut cap. 6. docui) & alij Hippopodes, de quibus superius etiam hoc ipso capite dixi, supra Tauricam Chersonnesum iuxta Alanos. Solinus in Oceano Scythico habitare scribit, & humanam usque ad uestigium formã tenere, sed in equinos pedes desinere: Et Plinius 4.13. in quibusdam maris illius insulis. Hipporeæ, gens Aethiopię, atri coloris, tota corpora rubrica illinit, Plinius. Hippotamadæ, uicus in tribu Oeneide, Stephanus.

¶ Aganippe, Bœotiæ fons, ut superius in Hippocrene dixi. Argippæi Scythæ ab ipso natali calui, mares pariter & fœminæ, &c. sacri dicunt esse, arma non possident: uocantur aũt Argippæi, Herodotus

rodotus libro 4. Argyrippa (Ἀργυρίππα) ciuitas in Apulia, olim Argyrohippus dicta, quã Diomedes ędificauit, à qua Argyrippeni dicuntur: uide Stephanũ, qui & hippion Argos à Diomede cognominatum ait, unde ab equis ei nomen esse constat, & non probandi sunt qui per π. simplex scribunt: neq; qui secundam per iôta. Dauniorum oppidum Harpi, aliquando Argos hippium Diomede condente, mox Argirippa dictum, Plin. Centhippe (Κενθίππη) locus Argiuæ regionis, dictus quòd Bellerophontes in eo primum stimulârit equum Pegasum, Varin. Φιλιππήσιοι, Suidas, nec addit quicq;. Philippenses, Philippesij Græcè, ad quos D. Pauli epistola extat, in prima Macedoniæ parte sunt, ut narratur in Actis ca. 16. colonia oriunda ab urbe Philippis, dicta à Philippo conditore, Erasmus Rot. Philippi ciuitas Thracię, à Philippo rege Macedonum structa. Iuxta hanc sunt campi Philippici, &c. Est & Siciliæ ciuitas à Philippo sic dicta, cum prius Crenides uocaretur, Stephanus: Vide Onomasticon. Philippopolis, urbs Macedoniæ quam Philippus Amyntæ filius condidit, Stephan. Euippe, uicus Cariæ, Idem. Γάστιππον, locus Athenis, Suidas & Varinus. Taraxippus, loci nomen, ut supra dixi inter propria uirorum.

H. b.

Fortè inuenitur aliquando equus cornutus: sed hoc monstrum fuerit, Albertus. ¶ Ἴννοι, equi parui, οἱ κολοβοὶ τῶν ἵππων, ut νάννοι οἱ κολοβοὶ τῶν ἀνθρώπων, Suidas in Σφυράδων. Plura de hac & similibus uocibus uide supra in Hinno uel ginno statim post asinum, & in Ceruo H. a. & in equo B.

¶ De pulchritudine equorum, lege Petrum Cresc. 9. 7. Equus defesso similis, & capite prono, non est εὐσχήμων, id est decorus, Pollux.

¶ Ὄτριχας ἵππους Homerus dixit pro ὁμότριχας, id est concolores, cum duo uel plures, eodem omnes colore spectantur. Γλαυκοὺς ὁμότριχας ἵππους ζεύξασθαι Κάστορ᾽ ἐπεὶ ἐκέλευσε, Orpheus in Argonauticis. Βάδιος Suidæ filium, & equi colorem significat. Equi colore dispares, hic badius, iste giluus, ille murinus, Varro in Asino ad Lyram ut Nonius citat. Improbi sunt equi ut plurimum præ cæteris, qui album aliquid in pedibus aut cruribus habent, & qui alba fronte sunt, aut rostro albo, præcipuè uerò si phœnicei coloris equi tale quid habuerint, Absyrtus in Hippiat. 105. Equi albi in magno precio sunt apud Tartarorum regem: cui huius coloris equi ab initio anni cuiusq; interdum ad centum millia donantur, Paulus Venetus. Et rursus alibi, Rex Tartarorum habet armenta magna equorũ alborum & equarum albarum, quæ putantur excedere numerum decem milium. Statius de equabus Admeti, Noctemq; diemq; Assimilant, maculis internigrantibus albæ. Candore niuali, Verg. 3. Aeneid. Albi equi meliores & auspicatiores olim habiti uidentur: uide prouerbium Albis equis præcedere. In Geoponicis 16. 2. laudatur equus γλαυκὸς: & paulò post τὴν χροιὰν κατακόρως μέλας: unde apparet glaucum colorem de oculis tantum illic accipi, nigrum uerò de reliquo corpore: Vide supra in B. Turpis equus nisi colla iubæ flauentia uelent, Ouidius 13. Metamor. Seiani equi (de quo inter prouerbia) colorem puniceum fuisse aiunt, Erasmus. Qualis color equorum sit qui spadices uocantur, deq; istius uocabuli ratione, Gellius 3. 9. Τοὺς μὲν μέσους (ἵππους) ζυγίους λευκοστίκτῳ τριχὶ βαλιούς, (oxytonum: alias ferè semper paroxytonum reperias:) τοὺς δ᾽ ἔξω σειραφόρους ἀντήρεις καμπαῖσι δρόμων πυρσότριχας, μονόχαλα δ᾽ ὑπὸ σφυρὰ ποικιλοδέρμονας, Euripides in Iphigenia in Aulide.

¶ Oculos natura nobis, ut equo & leoni setas, Cicero 3. de Oratore. Ἵππων χαίτην, (Aristoteles λοφιὰν, Gaza cristam uertit,) λεόντων χαίτας, Lucianus in Cynico dixit. Λοφιά, iuba: hinc ζῶα λόφουρα dicuntur ἀπὸ τοῦ λόφου ἤτοι ἀκροτάτου μέρους, Varinus. Παλεά, χαίτη, id est iuba, Varinus. Germani colli aut uerticis iubam, ni fallor, uocant **den kranß**. Venæ ἐν μέσῳ τῶν ἀντικνημίων incidendæ, Pelagonius in Hippiatr. 26. Vena organica inciditur in stranguillione, Rufius. Oculorum uarietas cum in prima generatione contingit, mutari non potest: ut cum unus oculus fuerit albi coloris, & alter nigri: & unus albus, & alter uarius, & his similes, Rufius. Ὅταν γίνηται ἐν τῷ ὠτίῳ ἕλκος, ἢ ἀπόστασις ἐν τῷ διπλοΐδι, Absyrtus in Hippiatr. 17. Ruellius sic uertit, Cum in auricula ulcus aut abscessus innascitur, purulentum humorem tunica duplex includit. Dentes equo utraq; parte oris continui sunt, Plinius. Ὅσα δὲ γίνεται ἐν τοῖς μώνυχας ὁπλὰς ἔχουσι σιμὰ, καὶ λαγώδοντα ἢ ἐξώδοντα, οὐ δεῖ τρέφειν, Hippiatrica 115. Ruellius transfert, Cæterum quæcunq; sic nascuntur in ueterino genere, ut notam eam habeant, quam leporinum dentem uocant, subrumari non oportet. Morsum pro ore equi Nonius dixit his uerbis, Postomis dicitur ferrum, quod ad cohibendam equorum tenaciam naribus uel morsui imponitur. Zia pars quædam oris equi ut uidetur. Ἵππος ἐὰν μὴ ἴδια πάθη μὴ συνεχόμενος, ἢ καὶ ἄλλό τι τῶν ὑποζυγίων, σημεῖον ἔσω. ἔχει μετέωρον τὴν ζίαν, καὶ τὸ στόμα θερμόν, Hippiatrica 120. Ruellius transfert, Si equus uel aliud iumentum nullo correptum uitio laborarit inedia, sic ut nihil exesse contigerit, id erit argumento: toruli in uersus digesti sustolluntur in palato, os feruidum sentitur. Gnathos, id est maxilla equi, ψάλιον etiam uocari uidetur in Hippiatricis ca. 28. ab initio. nam cum titulus sit, Πρὸς σπασθέντας τὰς ἐν τῇ γνάθῳ: caput sic incipit, Συμβαίνει πάθος ἐν τῷ ψαλίῳ. Ruellius uertit, Si uitium freni iniuria creauit. Σὺν δὲ κάμινος πᾶσα κυκηθείη, κεραμέων μέγα κωκυσάντων, ὡς γνάθος ἵππου ἐείη, Homerus in carmine ad figulos. Si parotis equo nascatur κατὰ τὴν σφαγὴν, ἢ ὑπὸ βράγχον, ἢ τὸν λεγόμενον ἰσθμόν, Absyrtus 16. Cum narium pars, quæ Græcis traganum dicitur, concisa est, &c. Hippiatr. ca. ultimo: Vide paulò post inter pectoris partes. Pars quædam est, colli opinor, quam Germani uocant **widerrüß**, ubi scabies illa accidit, qua affectus equus à nostris **Krottig** appellatur. Eminens in dorso pars inter utrasque scapulas coccyx uocatur, ut supra capite secundo docui: Est & nympha pars quædam ibidem, ut

Aa 4

apparet ex Absyrti uerbis, ca. 26. πρυσᾶν δὲ εἰς τὴν κόκκυγα μέσην, εἶτ' ἐντιθέναι αὐλίσκον, καὶ ἐμφυσᾶν δυνάμεως, καὶ κατάγειν ταῖς χερσὶ τὸ ἐμφύσημα κύκλῳ τοῦ ὤμου μέχρι τῆς νύμφης. Eadem & Hieroclis uerba sunt eodē capite. Ruellius in Hieroclis uerbis Græcum nymphæ uocabulum reliquit: in Absyrti uerò uerbis, articulum armorum transtulit. ὅσοι τὸ μετάφρενον ὑψηλὸν ἔχουσι, χαῦνοι καὶ ἀνόητοι, ἀναφέρεται ἐπὶ τοὺς ἵππους, Aristoteles in Physiognom. Si sagmæ uel sellæ maiores minorésue aut angustiores iusto fuerint, collisiones & suppurationes nascuntur, uel discentes tracturam (locus non integer uidetur: forte legendum uel indecente stratura) mercurius aut spina deteritur, Vegetius 2.59. τοὺς δὲ ἐμπύους τὰς ἀκρωμίας ἔχοντας καὶ τὰ ἐμπλεύρια, Absyrtus 26. Ruellius uertit, Si suppuratio summos armos aut costas occupet. Videntur sanè ἐμπλεύρια propriè dici media costarum spatia, musculorum sedes. ... ὦμος, ὁ λεγόμενος ἀγκὼν παρὰ τὴν μάλιν (lego μασχάλην) ἢ ἱπποζώνην, Absyrtus ca. 26. Ruellius uertit, Armus in alarum sinu aut sub cinctum, quasi legerit ὑπὸ ζώνην. Συνωμίαν Ruellius interpretatur armorum compagem. Armum uel scapulam, nostri bůg appellant: barbari spallam: & ἀκρωμίαν spallarum summitatem. Videtur sanè ἀκρωμία suprema thoracis pars iuxta finem colli, & initium dorsi, ubi & coccygem posuimus. Τὰς ἡνίας πρὸ βαλὼν πρὸς τῇ κεφαλῇ καταθέτω ἐπὶ τῇ ἀκρωμίᾳ, Xenophon de frenando equo. In summis armis, Camerario interprete. Si omoplatas (id est armos uel scapulas) dolor uehementius excruciet, ferro tergus oportet transigere, & à iuba inter cutem & iugulum (μεταξὺ τοῦ δέρματος καὶ τραχήλου, ut Græcus codex impressus habet) instar octo digitorum sectiunculam auspicari, sic ut ne scalpello iugulus ipse contingatur, Pelagonius in Hippiatr. ca. 26. interprete Ruellio. Vltimo quidem Hippiatricorum capite, traganum pars quædam narium appellatur. Luxatio accidit, cum neruus qui scapulas comprehendit, aut articulus quem gumphum uocant, acetabulo propulsus excidit, Absyrtus ibidem, eodem interprete. Græcè legitur, ἐκβολὴ γάρ ἐστιν ὅταν ῥαγῇ τὸ ἐχόμενον νεῦρον ἐκ τῆς ὠμοπλάτης, ἢ κοτύλης ὁ κόνδυλος, ὃν λέγομεν γομφόν. Authores barbari, ut Rusius, flancum uel fiancum appellant, locum ut puto inter costas & coxendicem medium, hoc est ilia, κενεῶνα. Ἕδρα in equo pars dorsi cui insidet eques, uel ephippium insternitur. Χρὴ δὲ καὶ τὸ ἔποχον (ephippium Camerarius) τοιοῦτον ἐρράφθαι, ὡς ἀσφαλέστερον τε τὸν ἱππέα καθῆσθαι, καὶ τὴν ἕδραν τοῦ ἵππου μὴ σίνεσθαι, Xenophon. Ἡ ἕδρα καὶ τὸ ὑποτάγειον ἐκτέμνεται τῇ ῥαχίδι, καθιστᾶσι τὸ προωσὸν αἰδοῖον εἰς τὴν ἰδίαν χώραν, Hierocles: apparet autem hîc hedran ab eo pro ano positam. Plinius in sedem recipere de Bucephalo dixit, sedem nimirum, ut Græci hedran de dorsi parte intelligens, nisi quis sellam potius accipiat. Penis quasi utriculus, quem Græci uocarunt ἐλυτρον & θυλάκην, sedulò repurgari debet, Camerarius ex Xenophonte. Cauda equina, οὐρὰ ἱππεία, ut Varinus & Suidas habent. Caudam ut Latini muscarium, sic σόβην Pelagonius nominauit ca. 155. Commendatur Polluci οὐρὰ προμήκης, quam Simon (inquit) etiam κόρηον uocat: poterit autem & ἵππουρις dici, ppriissimo nomine. Caulis caudæ longior asinis quàm equis, setosus ueterinis, Plin. Caudecæ, cistellæ ex iunco, à similitudine equinæ caudæ dictæ, Festus. Supragambam pro femore dixit Vegetius 3.20. Anteriores equi pedes apud Græcos uocantur πρόσθιοι, οἱ ἔμπροσθεν, οἱ ὑπὸ τοῖς ὠμοπλάταις, οἱ ὑπὸ τοῖς στέρνοις, οἱ πρῶτοι, οἱ ὑπὸ τῷ αὐχένι. Posteriores uerò, ὀπίσθιοι, οἱ κατόπιν, οἱ τελευταῖοι, οἱ ὑπὸ τοῖς ἰσχίοις, οἱ ὑπὸ τὴν οὐρὰν, οἱ ὑπὸ τοὺς γλουτούς, οἱ ἔσχατοι, Pollux. Venæ ἐν μέσῳ τῶν ἀντικνημίων incidendæ, Pelagonius ca. 26. Pedis in equo partes, subcirrus, corona, basis, articuli, suffrago, nominātur apud Vegetium libro 1. in fine capitis 25, & initio 26. Τὰς ἐν τῷ κυνὶ φλέβας Absyrtus nominat ca. 53. Τῶν ἐμπροσθίων ποδῶν τὰ κυνόπλα, τὰ μεσοκυνια λεγόμενα, τοῖς γεγηρακόσιν ἵπποις ἀνίεται ἐκ τῶν σφυρῶν, καὶ οὐ δύνανται περιπατεῖν, Absyrtus ca. 96. Articulum sub tibia, quo pedis uersura constat, Vegetius suffraginem, & per excellentiam articulum uocare uidetur. Articuli uel suffragines equi post iter calido fo ueantur uino, ut corroborentur ungulæ, Vegetius 2.58. Eundem locum κυνα, κυνόπλον, μεσοκύνιον, & recentioribus pastoram appellari puto. Est enim pastora locus inter ungulam & pximam iuncturā, Rusius 115. Pedes post uiam eruendi sunt diligenter, ne quid luti uel sordium in articulis basiq; permaneat, Vegetius. Sanguinem detrahes ex posterioribus pedibus iuxta talos ὑποκάτω τῶν ἀγκυλῶν, Ruellius uertit à suffragine. Nostri partem illam, uocant den schlegel, hoc est malleum, quæ inter ungulam & tibiæ iuncturam media est: huic à posteriore parte insunt caua illa quæ nominant die fysel löcher. Probant autem eos potius quibus breuior ea pars est, tanquam robore crurum ualidiores: nā quibus ea oblongior est, infirmiores sunt cruribus, & ferè dum ingrediūtur nescio quomodo pedem inæqualiter anterius primum deinde posterius submittunt, ursorum instar, unde etiam bärnhem̄ā nonnullis appellantur, quasi ἀρκτοβάμονες. Aliud ab hoc uitium est, cum heteropodes sunt, nec totis ungulis ex æquo innituntur, sed in alterutrum latus magis uergunt, cuiusmodi equos audio quosdā uocitare twärhem̄ uel schägg. Vngulas equi nostrates uocant, hůf/klawen/horn: primum uocabulum pprium est, alterum ad bisulcos etiam & multifidos ungues pertinet, tertium à substantia cornea sumitur. Vnde & Latini poëtæ cornipedes cognominant equos, ut Vergilius Aeneid. 7. Et Silius libro septimo, Fului iuga celsa trahebant Cornipedes. Cornipedi Fauno cæsa de more capella, Ouidius 2. Fast. Solido grauiter sonat ungula cornu, Vergilius 3. Georg. Στερρόπους ἵππος, qui solidos habet pedes: μαλακόπους qui molles, Absyrtus. ὁπλὴ de equis ppriè dicitur, Aristophanes etiam de suibus posuit: & νύσσοντες χηλῇσι de equis. Ἱππείων ὁπλέων, τῶν ὀνύχων τοῦ ἵππου, Suidas & Varinus. Stygis aqua cum uasa omnia, lapidea, è crystallo & murrhina, ossea, & ex quouis metallo conflata penetret & perrumpat, sola equi ungula illæsa continetur. An uero etiam Alexander Magnus huius aquæ ueneno uitam finierit, dicere certò non possum, famam uerò esse scio, Pausanias in Arcadicis.

Vitruuius

Vitruuius & Plinius, non equi, sed mulę ungula Stygis aquã contineri aiũt. Iustinus uel Trogus lib. 17. equi. Vide supra in Asino B. Iecur luporum equinæ ungulæ simile esse traditur, Plinius. Petilara, surara, sicca & stricta uulgò interpretatur. Scæuola ait ungulam equi albam ita dici, Festus. Sipontinus petilansura legit. Petilus uox antiqua paruum significat: inde petilansuram aliquis dixerit quæ parua aut stricta sit. Per cannam instillas ungulis, puisurus ne coronam tangas aut ranulas, Vegetius 2. 58. Malpitium fit in bulletis (al' bullesis, quod non placet) ungularum equi, ubi carnes uiuę iunguntur ungulis, Petrus Crescent. Bulletę quidem dictę uidentur forma diminutiua Gallis & Italis familiari, ut sit ungularum pars inferior, dicta à similitudine bulgarum, quæ peræ sunt & equis geminæ appendi solent. Nescio quæ pedum pars est, quam Germani quidam appellãt theylen uel tyelen.

¶ Καὶ τῶν ἄλλων ζώων οἱ περὶ ἕκαστον ἐπιστήμονες δύνανται θεωρεῖν, ἱππικοὶ τοὺς ἵππους, καὶ κυνηγέται κύνας, Aristoteles in Physiog. De equorum electione aphorismi Petri Crescen. libro 9. ca. 8. & 9. Qui de laudibus equorum aliquid commentati sint, dicam inferius in H. e. Laus præstantissimi equi, quem Synesius Vranio donauerat, in epistola eius ad eundem continetur, quam nos utcunque ex Græco Latinam fecimus. Dono (inquit) tibi misi equum omnibus equi laudibus ornatissimum: Qui usum sui tibi præbebit ad certamina cursuum, ad uenationem, ad pugnas in bello, ad pompam denique uictorialem de Libyco trophæo celebrandam. Non enim facile dixerim uenatór ne sit præstãtior, aut in certamine cursor, aut pompicus, aut bellator, (κυνηγέτης, κέλης ἀγώνιος, πομπεύς, πολεμιστήριος.) Quòd si indecentior ei forma quàm Nisæis equis apparet, ut cui aspera & prominens calua sit, & lumbi excarnes, cogitandum similiter in equos ut homines non simul omnia diuinitus conferri. Sed forte hoc ipso nomine laudabilior fuerit, quod maiores partes duras quàm molles à natura acceperit. Tolerandis enim laboribus ossa quàm carnes aptiora sunt. Vestri quidem equi carne, nostri ossibus excellunt, Hæc Synesius. Validus, potens, membrosus, equi epitheta apud Textorem. Κρατισεύων ἵππος, præstantissimus equus, Plutarcho in Symposiacis. ὄρθιοι τῇ κεφαλῇ καὶ εὔρυθμοι, capite recto & concinno equi, Absyrt. 115. de Græcanicis equis: & de Hispanis, εὔρυθμοι, ὄρθιοι, εὐκέφαλοι: & de Armenijs βαρυκέφαλοι: ut laudentur qui erectum habent caput & concinno quodam decentique situ: non iners, graue & deiectum. Arduus, sublimis, epitheta equi, de ceruicis & capitis habitu potissimum dicta: ardua ceruix Vergilio commendatur. Totumque per agmen Sublimi prouectus equo, Lucanus libro 7. Ἐριαύχενες ἵπποι, à sublimi ceruice, qua differunt à mulis & asinis: quorum licet longa sit ceruix, non tamen ut equorum (generosiorum præsertim quorum proprium τὸ ὑψαυχεῖν) erecta est. Ἐριαύχενες igitur fuerint ὑψαύχενες καὶ γαῦροι τῇ χαίτῃ: non autem, ut quidam exponunt μακροτράχηλοι, id est longæ ceruicis, quod non equis, sed cygnis & huiusmodi auibus proprium est, unde & δολιχόδειροι cognominantur, Varinus. Ἐριαύχενες, μεγάλοι, ἀπὸ μέρους: γαῦροι, μεγαλαύχενες, Hesychius. Ὑψηχέες ἵπποι, οἱ ὑψαύχενες, ἢ ὧν ὁ κρότος ὑψοῦ ἠχεῖ, Varin. Ὑψηχέες ἀπὸ τοῦ εἰς ὕψος ἔχειν τοὺς τραχήλους, οἷον ὑψαύχενες: ἢ μεγαλόφωνοι, Hesychius. Ὑψαυχέες, ὑψαύχενες, Idem. Ceruicem crassiusculam in equo laudant: & ut talem acquirat, armos frequenter aqua calida ablui iubent, & iubam subinde manibus digeri. Σταφύλῃ ἐπὶ νῶτον ἐίσας, Homerus Iliadis secundo de equis Admeti, magnitudine & proceritate inter se omnino pares fuisse, & quasi ad regulam uel perpendiculum æquales, docens: sicut & à coloris similitudine ὄτριχας dixerat. Σταφύλη quidem, ut Scholia docent & Varinus, amussim, uel perpendiculum, uel diabeten, id est circulum significat: plura de hac uoce, eiusque accentu, lege apud Ammonium in Differentijs uocum. Commendatur in equis si femora multum distent: hoc Absyrtus ca. 14. etiam in asino admissario probat: quem habere uult, μηροὺς διαβεβηκότας, ἑδραιότερος γὰρ ὑπάρχει ἐν τῇ ἐπιβάσει. εἰσὶ δὲ καὶ ἰσχυρότεροι οὗτοι τῶν συμμηρων. Ὀρθοκώλους (licet ὀρθοκόλους scribatur) & πασσάλους equos uocat Absyrtus ca. 115. qui genua non satis flexilia, sed pali instar rigida habent: Sed πάσσαλος uox substantiua non propriè potest adiectiuè capi. Ergo animos æuumque notabis Præcipuè: hinc alias artes, prolemque parentum: Et quis cuique dolor uicto, quæ gloria palmæ, Vergilius in Georgicis. Κωδωνίζειν apud Aristophanem probare & experiri significat, ducta translatione uel à uasis figlinis, quæ an integra sint sono experiri solemus: tintinabulorum enim instar resonant, quæ integra fuerint. Vel ab ipsis tintinabulis (κώδωνας Græci uocant) quæ agitata si argutius sonent probantur. Vel ab equis aut auibus quibusdam, ut coturnicibus: solent enim equi & coturnices, si parum fortes sint, sonitu tintinabulorum terreri: animosiores uerò facile ferunt, Varinus. Eiusdem significationis est etiam compositum uerbum διακωδωνίζειν apud Varinum. Sunt qui à numismatum probandorum sonitu, uel à tintinabulis quibus experiebantur an custodes uigilarent, ductam coniiciant metaphoram: sed hanc coniecturã minus probat Scholiastes in Ranas Aristophanis: magis uerò illam quæ à uasis aut equis probandis uocabuli originem deriuat. Equos enim an tumultibus bellorum ferendis idonei essent hoc modo probabant. Κώδωνας, id est tintinabula, duces in phaleris & frenis equorum olim habebant, ut nunc etiam apud Romanos, quod Varinus sæpe uidisse se scribit. Aristophanes Κωδωνοφαλαροπώλους uocat, qui huiusmodi tintinabulis uterentur ad phaleras pullorum, id est equorum. Citatur à Varino hoc eius carmen, οὐδ' ἐξέπληξεν αὐτὰς κύκνους ποιῶν, καὶ μέμνονας κωδωνοφαλαροπώλους.

¶ Centrineces, ut Cælius ex Homero scribit, nuncupantur equi centro (stimulis, calcaribus) obedientes. Κεντρηνεκέας, εὐπειθεῖς, ταχεῖς: καὶ δυνικῶς κεντριζομένους, καὶ τοῖς κέντροις ἄγοντας καὶ πειθομένους, Hesychius & Varinus. εὐήνιον, εὐπειθὲς, καλῶς ἡνιοχούμενον. εὐκπελεὶς, πρᾶοι, | εὐήνιοι. εὐηρὰς ἵππους, εὐαγώγους καὶ εὐ ἡρμοσμένους: sed εὐήρης proprie de nauigio dicitur quod aptum & bene constructum est πρὸς τὸ ἐρέσσειν, id est, ad remigandum, Varin. Animosus equus diuersis epithetis ornatur, ut sunt: generosus, magnanimus, fortis, ardens, acer, cupidus, ferox, audax, minans, terribilis, fremens. Hæc præcipuè in equo bellatore (de quo plura inferius) laudatur uirtus. Emicatq; ut equi potētis animositas, Sidonius. Tempore paret equus lentis animosus habenis, Ouid. de Trist. 4. Frenaq; magnanimi dente teruntur equi, Ouid. de Arte 1. Consimile in cursu possint, ac fortis equi uis, Lucretius lib. 3. Quid tam egregium si fœmina forti Fidis equo? Verg. Aene. 11. Quippe uidebis equos fortes cum membra iacebunt In somnis, sudare tamen, Lucret. lib. 4. Nec te fortis equi ducet ad arma sonus. Et ad litous hilarem, intrepidumq; tubarum Prospiciebat equum, Statius lib. 11. Equum alacrem lætus aspexit, Cicero lib. 1. de diuinatione. Filius ardentes haud secius æquore campi Exercebat equos, Verg. Aene. 7. Ardentes & equos ad mollia ducere frena, Manilius lib. 4. Effodere loco signum quod regia Iuno Monstrârat, caput acris equi, Verg. Aen. 1. At puer Ascanius medijs in uallibus acri Gaudet equo, Aen. 4. Vtq; acres concussit equos, utq; impulit arma, Aen. 8. Deniq; ubi me dio nobis equus acer adhæsit Flumine, Lucretius lib. 4. Acer equus quondam, magnæq; in puluere famæ, Ouid. Metam. 7. Milite non illo quisquam fœlicius acri Insultaret equo, Silius lib. 10. Vt cupidi cursus frena retentat equi, Ouid. libro 3. de Ponto. Non sonipes in bella ferox, non iret in æquor, Lucan. lib. 4. Siue ferocis equi luctantia colla retorques, Ouid. in epist. Phædræ ad Hippolytum. Audaci strenua fertur equo, Pontanus. Troilus haud aliter gyro leuiore minantes Eludebat equos, Stat. lib. 5. Sylu. Vt qui terribiles pro gramen habentibus herbis Impius humanos uiscere pauit equos, Ouid. in Ibin de Diomedis equis, quibus hæc non animositas, sed crudelitas attribuitur: Decet uerò etiam animosum equum hostibus terribilem esse. Subitisq; frementes Vorticibus contorsit equos, Lucan. lib. 4. Vexare turmas, & frementē Mittere equum medios per ignes, Horat. lib. 4. Carminum. Ad hunc frementes uertere bis mille equos, Idem in Epodo. Et media quamuis in cæde frementes Hos assistere equos, Stat. lib. 3. Theb. Oppianus ἵππον κυδιόωντα, κλυτὸν, & μεγαλήτορα cognominat. Xenophon εὐκάρδιον dixit.

¶ Vitia equorum ab animo. Mordacem equum Græci δακέτην appellant. λακτισταὶ equi Xenophonti, qui calcibus impetunt peruicacius, (calcitrones) Cæl. ἵππος δὲ ὑβριστὴς χαλινοῖς ἄγεσθαι ἠναγκασμένος, Suidas ex innominato. ὀρθοπλὴξ ἵππος, ὀρθὸς ἱσταμένος καὶ πλήσσων. Aristophanes in Anagyro, τῆς δ' ὀρθοπλὴξ. πέφυκε γὰρ δυσαγωγὸς, ut Suidas citat & Varin. Quòd si equites (inquit Socrates ad quendam equitum magistrum futurum, libro 3. Memorabilium eius apud Xenophontem) equos tibi adduxerint tam uitiatis pedibus ac tibijs: quosdam uerò ita debiles ac strigosos ut sequi non possint: & quosdam ita malè educatos, ut non maneant quocunq; tu loco ordinaueris: quosdam uerò tam calcitrosos, ut non sit possibile de uno in alium aciei locum transferre, quæ tibi utilitas erit equitatus? Equos his uitijs præditos Xenophon Græcè nominat, κακόποδας, κακοσκελεῖς, ἀσθενεῖς, ἀτρόφους, ἀναγώγους, λακτιστάς. Asper equus duris contunditur ora lupatis, Ouid. Eleg. lib. 1. Impulit asper equus, fessusq; sub æquora mersit, Silius lib. 4. Corruit asper equus, confixaq; cuspide membra, Idem lib. 17. Seu frena sonantia flectes, Seruiet asper equus, Statius lib. 4. Sylu. Immitē quatiebat equum, spumantia sæuo Frena cruentantem morsu, Silius lib. 12. Ipse humero exertus gentili more parentum Difficili gaudebat equo, Silius lib. 8. Morietumq; ora furenti Hippomedon proculcet equo, Stat. lib. 8. Theb. Vt rapit in præceps dominum spumantia frustra Ora retentantem durior oris equus, Ouid. 2. Amorum. Contumax ad frenum, Veget. Effrenis. Infrenis. ἄστομοι ἵπποι, σκληρόστομοι: ὡς τὸ, ἄστομοι πῶλοι βίᾳ φέρουσι, Suidas & Varin. Στομίας, ὁ ἀπειθὴς, μέγα στόμα ἔχων, καὶ οἱ ἵπποι δὲ στομίας λέγονται οἱ ἀπειθοῦντες τοῖς χαλινοῖς, Hesych. Equus sternax, qui facilè sternit sedentem, Seruius. Et sternacis equi lapsum ceruice Thymœten, Verg. Aene. 12. Idem correptis sternacem ad prælia frenis Frangere equum, Silius libro 1. ἀδάμαστος πῶλος, id est indomitus pullus, ὁ τῷ ἱππαζομένῳ ἀντικείμενος, καὶ ἀπαίδευτος καὶ ἄγριος, apud Xenophontem. Idem δυσπειθὴς & δυσάγωγος dicetur. De equo effreni Luciani locus est in Cynico dignus qui recitetur: πάσχετε δὲ παραπλήσιόν τι, ὅ φασι παθεῖν τινὰ ἐφ' ἵππον ἀναβάντα μαινόμενον. ἁρπάσας γὰρ αὐτὸν ἔφερεν ἄρα ὁ ἵππος, &c. Hoc est, Idem uerò uobis usu uenit, quod contigisse cuidam ferunt qui equum conscenderat furibūdum: abreptum enim illum equus ferebat: nec ulla descendēdi equo currente facultas erat. Cum aūt obuius quidam interrogaret quònam pergeret: respondit, quò illi uidetur, demonstrans equum. Sic à uobis si quis quærat quò pergatis, si uerum fateri uolueritis: quocunq; libuerit affectibus, dicetis, &c. Κατωμισὴς ἵππος, ὁ κατὰ τῶν ὤμων ῥίπτων ὡς τὴν γῆν, Hesych. & Varin. Κάτωμος uerò dici uidetur, qui humilioribus est armis. Absyrtus cap. 14. de asino admissario, ἔστω δὲ μὴ κάτωμος, συνωμίαν τε ὑψηλοτέραν ἐχέτω, ut hæc duo opponātur. Idem cap. 115. de Thracibus equis, δυσχεροί, κάτωμοι, κυρτοὶ τὴν ῥάχιν. Προωχὴς ἵππος, ὁ ἐκ τῶν ὄπισθεν μετέωρος, καὶ ἐν ἀνασήματι, καὶ τῇ ἱππασίᾳ, Hesychius: apud Varinum codex impressus non rectè habet πρωχής. Dictus sanè προωχὴς uidetur, quod sessorem antrorsum quasi effundat. Effusumq; equitem super ipse secutus Implicat, eiectoq; incumbit cernuus armo, Vergil. 10. Aene. Hoc qui facit equus, ἀφσείειν dicitur, & ἐκτραχηλίζειν (& si Suidas aliter accipere uideatur) itē ἀναχαιτίζειν, ut dicam in H. e. Equos ad sonum quemlibet uel minimum cōpauescentes, expressius Græci ψοφοδεεῖς nuncupare solent, dictione compacta à ψόφος, qui est sonus, & δέος timor, Cælius. Ὕποπτος equus, formidolosus est, & qui metuit quod

quod metuendum non erat: Pollux ἀνύποπτον laudat: ego ὑπόπτην potius legerim in prima declinatione apud Xenophontem: nam Absyrtus quoque ca. 115. sic habet, τοὺς δὲ ὑπόπτας, ἢ ὑπερφόβους: ἀνύποπτον uero compositum rectè dici arbitror in tertia. Κραυγίας ἵππος, qui clamore & strepitu terretur, Lexicon. Γλοιὰς, ὁ κακοήθης ἵππος, ἢ πολυδίκη παρὰ Σοφοκλεῖ. καὶ γλοιὸς τὸ αὐτὸ, γλοιὸς ὁ νωθρὸς, λιπαρὸς, μοχθηρὸς τῷ ἤθει, Hesychius & Varin. γλοιὸς, νωθρὸς, ἀσθενὴς, ῥυπαρὸς, Iidem. Inde aduerbium γλοιῶς, νυσακτικῶς: pro quo corruptè ναυσακτικῶς legitur: γλοιάζειν quidem νυστάζειν est, id est nutare capite & in somnum delabi. Σαίνυροι καὶ σταινυρίδες, οἱ τὰς οὐρὰς συνεχῶς κινοῦντες ἵπποι καὶ κύνες, Hesychius & Varin. Σαίνυροι etiam & σηνῦροι apud Hesychium exponuntur, οἱ τὰς οὐρὰς (uel ταῖς οὐραῖς) σαίνοντες. Κινύρας, ὁ κακοῦργος ἵππος, Hesychius & Varin. Stlembus, grauis, tardus: sicut Lucilius pedibus stlembum dixit equum pigrũ & tardum, Fest. Equus intractatus & nouus, Cicero de amicitia.

¶ A patria equi nobiles dicuntur. Non ego nobilium uenio spectator equorum, Ouid. Eleg. 3. Nec te nobilium fugiat certamen equorum, Ouidius de Arte 1. Nobiliumque greges custos seruabat equarum, Ouidius 2. Metam. Acarnici equi, id est maximi, ut infra dicam inter prouerbia. Acarnania quidem Epiro proxima est. Dionysius poëta Alanos uocat πολυΐππους. Argos Achaicum ἵππιον, ἱππότροφον, uel ἱππόβοτον cognominatur à poëtis, ut supra etiam indicauimus inter locorum nomina propria: uel ab Hippe Danai filia, uel (ut Etymologus & Scholiastes Homeri scribunt) ab equo Agenoris. Aptum dicit equis Argos, ditesque Mycenas, Horat. libro 1. Carm. Ode 7. ὅταν εἰς Ἑλλάδα, ἱππεύοντ' Ἄργος μόλῃς, Euripid. Eustathius in Dionysium Afrum scribens, multa alia huius urbis cognomina affert. ἱππόβοτον Ἄργος τῆς Πελοποννήσου (melius τὸ ἐν τῇ Πελοποννήσῳ, ut Eustathius etiam habet) λέγει, &c. Hoc est, Homerus Iliad. 2. hippoboton Argos cognominat oppidum Peloponnesi, ab Argo illo oculatissimo sic dictum: hippoboton uerò, quod multos & præstantes equos ferret, ut historiæ testantur, Varinus. ἱππόβοτον Hesychius exponit equorum pascuis idoneum, uel μεγαλόβοτον & εὔγειον, ut hippos hic nihil quàm augeat. Ἀρείας πώλους, τοὺς σικάς, Hesychius & Varinus: malim Περσικάς: nam Aria Stephano regio est Persica. Elæus equus, ab Elide oppido Arcadiæ: uide H.e. in Olympiorum mentione. Xenophon elegantiæ studiosus equum Epidauricum habuit, Aelian. Hispani. Ego (inquit Sipontinus) fabulam esse existimo ex equarum fœcunditate & gregum multitudine natam, qui tanti in Lusitania, & tam pernices uisuntur, ut non immerito à uento ipso concepti uideantur. Ἴλιος εὔπωλος, id est εὔιππος, pulchros equos nutriens, apud Varinum. Troij equi, Τρώϊοι, à Troë heroë, uel à Troia, Hesych. Mazicas equos Oppianus celebrat. Mazices Africæ populos Ammianus Marcellinus libro 29. frequenter nominat. Equi præstantes circa Phasin Scythiæ amnem nascuntur, Scholia in Nubes Aristophanis. Equi Pygmæorum, ut & ipsi, minimi feruntur, aliqui eos perdicibus uehi aiunt. Satureianum caballum uocat Horatius 1. Serm. 1. Satureianis agris natum, qui sunt in Apulia fertiles, & equorum nobilium genitores, Acron. Thessalia equos gignit eximios, ἱπποτρόφος inde cognominata. Equa Thessalica decernetur, uide inter prouerbia. De Thessalicis equis oraculo celebratis, Tzetzes 9. 291. Thessaliam εὔπωλον Orpheus in Argonauticis dixit. Pharsalos Thessaliæ oppidum est, unde campi Pharsalici. Mulieribus insitum nonnullis, uelut brutis quoque, ut equis & bobus, filios ædere qui genitorem exhibeant: cuius fuit modi Pharsalica equa cognomento iusta, Cælius. Bucephalum etiam Alexandri equum ex Philonici Pharsalici grege emptum Plinius scripsit. Θρήκην ἱπποτρόφον Hesiodus dixit, Orpheus in Argonauticis εὔπωλον. Balasciæ prouincia Mahumeti addicta, equos habet multos & optimos, magnos & ueloces, qui tam duros & fortes pedes ac ungulas habent, ut ferreis soleis non indigeant, utcunque per saxa & montes currant, Paulus Venetus 1. 34. Arabes habent equos pernices, quos barbaros appellant, Aloisius Cadamustus. Et rursus capite 32. In regno Senegæ Nigritarum (inquit) equos maximi pendunt, quandoquidem difficulter eò ducuntur: nec facile ibi aluntur propter aridam terram. Nam torrida est plaga, quæ pabula non producit: facitque æstus nimius, ut equorum inguina intumescant, ut uix meiere possint: crepant propterea stranguria huiusmodi labefactati. Pro fœno utuntur faseolorum laceramentis (seu caulibus dissectis, postquam siliquas dempserunt) Sole siccatis. Loco auenæ succedit milium, quo mirum in modum pinguescunt. Pro equo instrato phaleris & reliquo ornatu dant mancipia nouem, ad summum quatuordecim, prout equi & forma elegans et agilitas persuaserit dandum. Quum autem emerint equos, mox accersunt fascinatores equorum, huncque ritum seruant: Rogum accendunt sarmentis, & herbis quibusdam suapte natura fumum exhalantibus, & equo per lorum apprehenso, sistunt ipsum supra fumantem rogum, ac uerbis nonnullis prolatis, unguento tenuissimo equum illinunt, & in domum adducunt, ubi ad quindecim uel uiginti dies delitescit, nec à quoquam uidetur. Interea etiam appendunt collo equorum effascinationes quasdam corio rubro inuolutas: Et hæc agunt adfirmantes strenuiores tutioresque bello futuros equos, Hæc ille.

¶ Celerum epitheta. Alatus equus pro celere, Sil. libro 6. Ales equus, Ouid. 3. Amor. Rimaturque omnia circum Alite uectus equo, Sil. lib. 12. Hinc forte ansam cepere fingendi Pegasum alatum fuisse equum, propter eximiam eius celeritatem. E recentioribus quidam aligerum dixit equũ. Alipedumque fugam cursu tentauit equorum, Verg. lib. 12. Alipedumque fugam progressus equorum, Stat. Theb. 6. Pallas & alipedum Iuno iuga sistit equorum, Valer. Flaccus lib. 5. Sæuus anhelanti mœnia lustrat equo, Ouid. 4. Trist. Ipse caput quassans circumlustrauit anhelo Muros sæuus equo, Silius. Qualis uada Castor anhelo Intrat equo, Stat. Propè captus anhelum Verbere cogis equum, Claudian. Et celer hinnit equus, Author Philomelæ. Aut quis equum celerémue arcto compescere freno Possit? Tibullus libro 4. ubi (inquit Textor) ue diminuit, aut debet expungi m. litera non elisa. Ora citatorum dextra detorsit equorum, Aen. 12. Tum uerò incubuit Libyes super ipse citato Ductor equo, Sil. libro 10. Volat ille citatis Vectus equis, nullaque latus stipante caterua, Claudiā. Ante citos quantum Pegasus ibat equos, Ouid. 4. de Ponto. Vt cupidi cursus frena retentat equi, Ouid. lib. 3. de Ponto. Iam fulgor armorum fugaces Terret equos, Horat. li. 2. Car. Torquentem frenis ora fugacis equi, Ouid. in epist. Phedræ ad Hippolytum. Flectitis aut freno colla fugacis equi, Idem in epist. Herûs ad Leandrum. Tela fugacis equi, Propert. libro 3. Ceruoque fugacior ibat Sudanti tremebundus equo, Claudian. Stat. 1. Theb. Clarabit pugilem non equus impiger, Horat. lib. 4. Carm. At non Sarmaticos attollens Susana muros Tam leuibus persultat equis, Silius libro 3. Anfractus leuioris equi, Valer. 6. Argonaut. Pernix. Sic ubi prosiluit piceo de carcere præceps Ante suos it uictor equus, Sil. lib. 15. Impulit aduerso præceps equus Ochea conto, Valerius Flac. 6. Argon. Sitque socer, rapidis qui tonat altus equis, Ouid. in epist. Deianiræ ad Herculem. Hippolytum rapidi diripuistis equi, Idem 1. de Arte. Rapido certamina linquit In latebras euectus equo, Silius libro 16. Nec fortibus illic Profuit armentis, nec equis uelocibus esse, Ouid. Metam. 8. Vt noua uelocem cingula lædat equum, Ouid. lib. 1. de Remedio. Seneca in Agamemnone, Vos Græcia nunc teste ueloces equi. Volucres portis auriga sub ipsis Comit equos, Statius libro 4. Theb. Vertice sic Pholoës uolucrum nutritor equorum, Idem libro 10. Volucris non præpete cursu Vectus equi, non Pegaseis adiutus habenis, Claudian. libro 1. in Rufinum. Dū uolucri quatit asper equo, syluasque fatigat, Valerius Flac. 3. Argon. Fuit & proprium equi nomen Volucris, ut supra diximus. Iuuenal. Sat. 8. equum tum celerem tum ignauū, his uersibus describit:

Nempe uolucrem Sic laudamus equum, facili cui plurima palma
Feruet, & exultat rauco uictoria circo. Nobilis hic, quocunque uenit de gramine, cuius
Clara fuga ante alios, et primus in æquore puluis. Sed uenale pecus Corithæ, posteritas &
Hirpini, si rara iugo uictoria sedit, Nil ibi maiorum respectus, gratia nulla
Vmbrarum, dominos pretiis mutare iubent Exiguis, tritoque trahunt epirhedia collo
Segnipedes, dignique molam uersare Nepotis.

¶ De celeribus equis in certaminibus, nonnihil dicam in H. e. Vergilius in Georgicis de equo iam triennium superante, & ad publica certamina instituēdo, Carpere mox gyrū incipiat, gradibusque sonare Cōpositis, sinuetque alterna uolumina crurū.

Sitque laboranti similis: tum cursibus auras Prouocet, ac per aperta uolans, ceu liber habenis,
Aequora, uix summa uestigia ponat arena. Qualis Hyperboreis Aquilo cum densus ab oris
Incubuit, &c.

¶ ἀελλαδίων ἵππων, ταχέων, apud Sophoclem in Oedipo tyranno, ut Hesychius citat. ἀελλώδεις ἵπποι, αἱ ταχεῖαι, tragicum est, Suid. Equi ueloces, οἱ πέτεσθαι λεγόμενοι, ἀελλόποδες (apud Simonidem) ποδήνεμοι, καὶ ὁπλαῖς ἀρπυίαις ἴσοι τὸν λυκόφρονα. οἱ δ᾽ οὐκ ἀέκοντε πετέσθην, Homerus Iliad. θ. de equis Iouis currum per aëra trahentibus, quos & ὠκυπέτας nominat. ἀερσίποδες ἵπποι apud Homerum, qui pedes celeriter uel altius eleuant: nam uerbum ἀείρειν eleuare est: uel quasi ἄερσοι τοῖς ποσίν. ὠκύποδες (apud eundem) ταχύποδες, ἐλαφρόποδες. Αἰετὸς ἵππων, celerrimus equus in epigrammate Archiæ, Anthologij 1. 33. pro equo omnium pernicissimo, quando aquila inter aues uelocissima est. Oppianus Iberos equos tantæ celeritatis esse scribit, ut solæ cum eis aquilæ certare possent. Αἰγυπρεῖς dicti equi à genitiua quadam nota, quam habent circa armos, à Sarmatis probantur tanquam ad cursus aptissimi: improbantur qui eandem circa caudam & clunes habuerint, Absyrt. 115. Conuenit sanè à pernicissima auium aquila equos etiam uelocissimos sic appellari, etsi nulla huiusmodi corporis nota foret. Αἰόλος ἵππος, Q. Calaber. πόδας αἰόλος ἵππος, Homer. φρύγας αἰολοπώλους uocat Homerus, siue quòd celeres equos possideant, siue quòd uariis equitandi modis utantur, Scholia in Aristophanem: plura uide apud Varinum. Αἰολόπωλοι Homero celeres equi potius quàm uarij intelliguntur, ex Porphyrij (Quęstionum Homericarum 3.) sententia, Cælius: sed in hoc errasse mihi uidetur: non enim ipsos equos Homerus, sed equites αἰολοπώλους, appellat. Οἷοι Τρώϊοι ἵπποι ἐπιστάμενοι πεδίοιο, Κραιπνὰ μάλ᾽ ἔνθα καὶ ἔνθα διωκέμεν ἠδὲ φέβεσθαι, οὕς ποτ᾽ ἀπ᾽ Αἰνείαν ἑλόμην, Diomedes apud Homerum Iliad. θ. Ἀτρύγετον πέλαγος διὰ ποσσὶ θέεσκον Ἄκρ᾽ ὀνύχων ψαύοντες, ἴσον δ᾽ ἀνέμοισι φέροντο, Q. Calaber libro 8. de equis Achillis. Εὐσκαρθμοι, εὔποδες, εὐκίνητοι, ταχεῖς. σκαρθμὸς γὰρ ἡ κίνησις: τὸ δὲ σκαίρειν τὸ κινεῖσθαι, Hesychius & Varin. In Iliensi campo tumulus quidam est, quem homines (inquit Homerus in Catalogo) Batieam uocant, dij uerò σῆμα πολυσκάρθμοιο μυρίνης. Tradunt autem Myrinam unam fuisse ex Amazonibus, coniecturam ex adiectiuo capientes: equi enim propter celeritatem εὔσκαρθμοι dicuntur, unde & illam ab equorum celeritate πολύσκαρθμον dictam, & Myrinam ciuitatem ex ea nominatam esse, Strabo libro 12. Κραιπνοί, Oppianus. ὀξεῖς, ταχεῖς, Pollux. Ταχὺς quidem proprium equi epitheton perhibetur, ut νωθὴς asini. Τανύοντο ἵπποι apud Homerum, id est celeriter currebant, quod in Odyssea πλίσσεσθαι dicitur Aeolicè. οἱ δ᾽ εὖ μὲν τρώχων, εὖ δὲ πλίσσοντο πόδεσσιν. Et in Iliade, ἐν δὲ ῥυτῆρσι τάνυσθεν. Τροχάζειν etiam de cursu equorum in Hippiatricis legitur. Τροχάσας, σπεύσας, δραμών, Varinus. Ψαυκροπόδης, epitheton equi Arionis (sic uocabatur Adrasti equus) à celeritate, παρὰ τὸ ψαύειν ἄκροις τοῖς ποσὶ τῆς γῆς ἐν τῷ δρόμῳ, Varinus & Etymolog. hoc est quod Vergilius dixit, Vix summa uestigia ponit arena. Ὕπαγε ζυγὸν ὠκέας ἵππους, hemistichium apud Varinum: uidetur autem Homeri. ¶ Africa equos uelocissimos præstat ad usum sellæ, Veget. Ratumena (inquit Festus Pompeius) porta à nomine

mine eius appellata est, qui ludicro certamine quadrigis uictor Hetrusci generis iuuenis à Veijs consternatis equis excussus, Romæ perijt: qui equi feruntur non antè constitisse, quàm peruenirent in Capitolium, conspectumque fictilium quadrigarum, quæ erant in fastigio Iouis templi, quas faciendas locauerant Romani Veienti cuidam artis figlinæ prudenti: quæ in bello sunt recuperatæ, quia in fornace adeò creuerant, ut eximi nequirent: idque prodigium portendere uidebatur, in qua ciuitate eæ fuissent, omnium eam futuram potentissimam, Hæc Pompeius. Meminit & Plutarchus (in Publicola:) item Solinus, Tarpeium, inquit, Iouem terna dextratione lustrauit, &c. Hermolaus scribens in Plinij librum 8. ca. 42. Hoc ipsum ferè Olympiæ scribit accidisse Pausanias, auriga homine Corinthio effuso, cui nomen erat Phedola, ut equæ Aura, cuius & imago ibi consecrata est. Auræ quidem nomen celeri equo conuenit. Tartarorum equi tantæ uelocitatis sunt, ut uno die uiginti miliaria magna Germanica equitent, Matthias à Michou. ¶ Cicero gradarius fuit in loquendo, Seneca. ὑποκρέκειν, ἐπὶ ἵππων πορεία τις, Varin. Apud Hesychium quidem legendum est, ἐπὶ τῶν ἵππων πορείας τις τρόπος, βῆμα, hoc est modus quidam incedendi equorum: puto autem gradario uel tollutari eundem esse, ut supra etiam alicubi dictum est. ὑποκρεκόντων, ἱερούντων, ἐγγιζόντων, Suid.

¶ Lydi in Asia Crœsi tempore fortes & strenui erant: & ex equis pugnabant, equitandi sanè periti, & hastas prælongas gestabant, Herodot. lib. 1. Lapithæ (Vergilio teste) frena inuenerunt, & equum docuêre sub armis Insultare solo, & gressus glomerare superbos. Milite non illo quisquam fœlicius acri Insultaret equo, Silius libro 10. Filius ardentes haud secius æquore campi Exercebat equos, Verg. Aeneid. 7. Et solitum armigeri ducite munus equi, Propert. libro 3. Astat & audaci strenua fertur equo, Pontanus. Hinc bellator equus campo sese arduus infert, Vergil. libro 2. Georg. Et inter Bellatoris equi caua tempora conijcit hastam, lib. 10. Aen. Post bellator equus positis insignibus Aethon, lib. 11. Aen. Nec bellatoris terga premuntur equi, Ouid. libro. 2. Fastor. Pars bellacis equi duris premit ora lupatis, Pamphilus quidã. Bellicus ex illo fonte bibebat equus, Propert. lib. 4. Belligerosque hortantur equos, hi pectora fletu Chara premunt, Stat. lib. 7. Theb. Quod muniat arma, Belligeros quod frenet equos, Idem libro 3. Achill. Lanigeræ pecudes, & equorum duellica proles, Lucretius libro 2. Non sonipes in bella ferox, non iret in æquor, Lucan. lib. 4. Siue ferocis equi luctantia colla retorques, Ouid. in epist. Phædræ ad Hippolytum. Quis nam frenigeræ signum dare dignior alæ? Stat. Morientumque ora furenti Hippomedon proculcet equo, Stat. Equus insiliens, & insultans, apud recentiores. Et ad lituos hilarem intrepidumque tubarum Prospiciebat equum, Stat. Martius huic sonipes campos hinnitibus implet, Silius libro 1. Troilus haud aliter gyro leuiore minantes Eludebat equos, Stat. Impulit aduerso præceps equus Ochea conto, Silius. Pugnator & pugnax, apud recentiores. Plura quæ bellatoribus equis maximè conueniunt epitheta, uide superius inter epitheta animosi & fortis equi.

Sin ad bella magis studium, turmasque feroces,
Aut Alphea rotis prælabi flumina Pisæ,
Et Iouis in luco currus agitare uolantes:
Primus equi labor est, animos, atque arma uidere
Bellantum, lituosque pati, tractuque gementem
Ferre rotam & stabulo frenos audire sonantes:
Tũ magis atque magis blandis gaudere magistri
Laudibus: inque uicem det mollibus ora capistris
Inualidus, etiamque tremens, etiã inscius æui.
At tribus exactis, ubi quarta accesserit ætas:
Carpere mox gyrũ incipiat: gradibusque sonare
Compositis, &c.
Hic uel ad Elei metas, & maxima campi
Sudabit spatia: & spumas aget ore cruentas:
Belgica uel molli melius feret esseda collo, Vergil. in Georgicis. ¶ ἐνυάλιος, id est Martius, Oppian. μενεδάϊος, ὁ πολεμιστήριος ἵππος, Varin. qui & στρατιωτικὸν appellat. Δεξιὸς δἰώκειν ἵππος: & φόβοιο ἄρειος φορέων apud Homerum.

¶ Non illi uenator equus, non spicula curæ, Claudian. de nuptijs Honorij. Thyssagetis (inquit Herodot. libro 4.) uicini sunt Iyrcæ & ipsi è uenatione uictitantes hunc in modum. Cõscensis arboribus, quæ per omnem regionem frequentes sunt, insidiantur. Singulis adest canis: & item equus, in uentrem cubare edoctus humilius, subsidendi gratia. Vbi quis ab arbore feram uiderit, sagittaque percusserit, conscenso equo illam persequitur, comitante cane. Venatoris συνεργὸς Pollux facit κυναγωγὸς, & ἱππαγωγός.

¶ Beroaldus in Suetonium ait funalem equum eum fuisse, qui proximus triumphalem currum antecederet, quasi fune coniunctus. Habenalis aliter uocatur à Dionysio. Tranquillus in Cæsare Tiberio, Dehinc pubescens Actiaco triumpho currum Augusti comitatus est sinisteriore funali equo. Alexander ab Alexandro Genialium dierum 5. 20. funales equos dici conijcit, qui funibus alligati currum triumphantis traherent, in quibus ingenui pueri sedere ueteri more solebant. Vel quòd in his insiderent qui funalia præferebant & faces: nam peruulgatum ferè est faces & lumina tam in apparatu triumphi, quàm iuxta triumphantem deferri solere. Diuus enim Cæsar ad lumina quadringenta in Capitolium triumphans ascendit, elephantis lychnos dextra sinistraque gestantibus. Funalis sanè uel habenalis equus, is uidetur, qui Græcè σειραφόρος dicitur, de quo infra in e. ¶ In prouincia Caraiam equi optimi sunt, qui à mercatoribus in Indiam ducuntur. Incolæ uerò solent illis equis auferre de osse caudæ nodos duos uel tres, ne equus currens sessorem cauda feriat, néue caudam in latera subinde flectat, quod turpe existimant, Paulus Venetus. Σπάλακον, genus equorum, Hesych. & Varinus. Νεφήσιον ἵπποις, τοῖς ἐπὶ νεάλεας, Varinus.

Bb

H. C.

Ἱππόβοτον uocant locum equorum pascuis idoneum, ut Argos hippoboton, & pratum hippoboton, de quo ex Strabone in B. dixi, in equis Nisæis. Ἱπποκαμπὰς, ὕλην λίαν μεγάλην, ἵπποις * λειμμάνην, (forte ἵπποις καταβοσκομένην, aut tale quid,) Hesych. Ἱππόβρωτος, ab equis deuoratus, Lexicon. Ἵπποι κρεωφάγοι, equi uoraces, apud Pollucem. Τέρυον ἵπποι λέγονται οἱ κρεωφάγοι αὐτῶν: ἔνιοι δὲ ἀσθενεῖς. τέρυ, ἀσθενές, λεπτόν, Hesych. & Varin. Στατὸς ἵππος, qui in stabulo alitur equus: ὁ ἐπὶ φάτνῃ τρεφόμενος, καὶ ἐξεσηκὼς (ἐσώς, Scholia in Iliad. ζ.) ἐπὶ πολὺν χρόνον, Iidem. Χλωροφαγῆσαι, herba uiridi pasci. Χλοάζειν, uiridi herba pascere: χορτάζειν, grassi, id est farragine. Γαστρίζειν, οὐ μόνον τὸ πληγῦν, ὁ καὶ χορτάζειν λέγουσιν, ἀλλὰ καὶ τὸ πλῆσαι εἰς τὴν γαστέρα, Pollux. Et alibi, χιλὸς, ὃν καὶ χόρτον, καὶ πόαν, καὶ κράστιν τινὲς ἐκάλουν. Equis qui anno quarto demum ad bellum uel certamina sacra domantur, Tum demum crassa ma- gnum farragine corpus Crescere iam domitis sinito. nanque ante domandum Ingentes tollent animos, prensique negabunt Verbera lenta pati, & duris parere lupatis, Verg. in Georg. Fœnum alibi bis tantum, alibi ter aut quater etiam anno secatur. Armentorum id cura, iumentorumque progeneratio suum cuique consilium dabit optimum, maximè quadrigarum quæstus, Plin. Thraces qui ad Strymona habitant, foliis tribuli equos saginant, Plin. Τρίβολον πόαν χλωρὰν οἱ Θρᾷκες ἱπποτροφοῦσι, Dioscor. Apud Hesiodum hippomanes herba est, quam edentes equi aguntur in furorem, Hermolaus. Quænam herbæ hippomanes dictæ sint, uide supra parte prima huius capitis inter plantas. Circa Scytharum & Medorum dictam Thraciæ regionem, locus est uiginti ferè stadiorũ spatio, qui hordeum producit quo homines uescuntur, equi uerò & boues abstinent, &c. Aristoteles in Mirabil. Ἀκοστήσας (apud Homerum circa finem Iliados ζ.) ἀκοστήσας λαβὼν, τοῦτ' ἐστιν ἴαμα. κυρίως δὲ πᾶσαι αἱ τροφαὶ 20 ἀκοσταὶ καλοῦνται, παρὰ τὸ ἰσάζειν τὰ σώματα τρεφόμενα ἐν ἄλλῳ καιρῷ. Βέλτιον δὲ λυχράνας ἐπὶ τῇ φάτνῃ στάσεις, Scholia. Hordeo dum connutritur equus, ἀκοστῆσαι pronunciatur: quoniam ut interpretantur glossematarii, acosten hordeum uocat Nicander. Sed apud Thessalos cibaria & alimenta omnia nuncupari acostas, traditum ueteribus est (nostrates forsan ab hac origine Rost appellant.) Sunt qui apud Homerum Iliados rhapsodia sexta, legant ἀγοστήσας ἐπὶ φάτνῃ, exponantque, sordidatus in stabulo. Nam γοῖτος, id est gœtus sordes indicat, Cæl. Κεκορηκότες πόαις βόσκουσι, σύσσιτον βοῶν, ὡς καὶ ἵππων τὸ ἀκοσᾶν: quanquam de omnibus brutis propriè dicitur κεκορηκότες, Varin. Κύπειρον, flos quo equi uescuntur, Hesy. & Varinus. Τρώξανα, quæ cadunt à præsepibus equorum, aut boum, ἢ τῶν ἄλλων κτηνῶν λείψανα, Varinus. Tartarorum equi pedibus aquam et pabulum sub niuibus sibi quærunt, Matthias à Michou. In prouincia Aden equi, boues, cameli & oues uescuntur piscibus, quorum ingens illic copia, & li- 30 bentius quidem siccis quàm recentibus: nam propter immensum calorem herbis & frugibus carent, Paulus Venetus. Tondentes campum latè, Vergilius de equis pascentibus. Vt ante lucem uiri equique pransi essent, Liuius. Egregia sunt illa Persæ cuiusdam & Libyos dicta: Nam alter interrogatus, quæ res potissimum saginaret equum, respondit, Oculus domini. Alter, quod stercus esset optimum, Domini uestigia, inquit, Aristot. 1. Oeconom. Huc pertinet illud quod refertur à Gellio, quod cum quidam corpulentus ac nitidus, equum haberet macilentum, rogatus quid esset in causa: respondit mirum non debere uideri si equo esset habitior, quandoquidem ipse se pasceret, equum curaret seruus. Eleganter dixit equiso quidam, nihil perinde saginare equum, ut regis oculum. ¶ Ἀνὴρ γὰρ ἕλκων οἶνον, ὡς ὕδωρ ἵππος Σκυθιστὶ φωνεῖ, οὐδὲ κόππα γινώσκων, &c. Byzantius Parmeno apud Athenæum lib. 5. Nos eum qui uno haustu multum biberit, uaccæ potius quàm equo comparamus. ¶ Fi- 40 mum (inquit Hermolaus) Græci multis nominibus appellant, ἀφόπατημα, ἀπόπατον, βόλβιτον, & ἱππομακ-οβολιτον, &c. Et mox, asini propriè est onis, & onthos, equi cópros. Equi excrementum alui propriè dicitur πίλος, πέλεθος, σπατίλη, Varinus in Ἀποπατῆσαι. Ego alibi πέλεθον, βῶλον exponi reperio: σπέλεθον, κόπρον: πέλιτον uerò per τ. pro fimo in Lexico uulgari Græcolatino exponi non probo. Forte autem π. & σπ. aliquando indifferenter ponuntur: nam etiam pro caprino fimo pyrathon & spyrathon legimus. In Acharnẽsibus Aristophanis πελεθὸν oxytonum (quod minus placet) legi in his uersibus ridiculis, ὁ δὲ λίθον βαλεῖν Βουλόμενος ἐν σκότῳ λάβοι Τῇ χειρὶ πέλεθον ἀρτίως κεχεσμένον. ubi Scholiasten βῶλον interpretari miror, ego legerim κόπρον, (ut & Varinus in Σπέλεθον habet.) nam in Ecclesiazusis σπέλεθον per σπ. κόπρον interpretatur Scholiastes, & uersum ex Acharnẽsibus iam recitatum adducit, σπέλεθον per σπ. non π. legens, cum acuto in prima, non ut illic habetur in ultima. Βῶλος quidem pro 50 κόπρος facilius deprauatũ est: quoniam ω. & ο. literæ proximas habent figuras: nec me mouet quod Varinus etiam eum sit secutus errorem: quare & πελεθόβαψ apud Varinum exponetur, stercore tinctus, id est inquinatus. ὀνίδια & ὀνίδα, τοῦ ἵππου τὸ ἀφόδευμα, Varinus: apud Hesychium ὀνίδια tantum (in plurali numero) sic exponitur. ¶ Immitem quatiebat equum spumantia sæuo Frena cruentantem morsu, Silius. Et spumas aget ore cruentas, Vergilius de equo cursu certante in Eleo campo. ¶ Ἵππου uel ἵππειον κράτος, ἡ τοῦ ἵππου ἰσχὺς, Suidas, Varinus, Hesych. Τροχάζειν & ἱππάζειν uerba de cursu & ambulatione equi ponuntur Absyrto cap. 36. Συμβαίνει δὲ αὐτῷ ὅταν τροχάζων ὀλισθήσῃ, ἐπὶ δὲ καὶ συντεκρουσεν ἐν τῷ πεδίῳ πρὸς ἕτερον ἱππάζων. Cameli Bactrianæ uelocitate sunt inter equos, Plinius: id est æquè ueloces ac equi. Τὰς ἱππασίας ποιεῖσθαι, Xenophon in libro de re equestri uidetur & de equite & de equo ponere, ut Latini etiam equitare. Equus ἱππακὸς à Polluce laudatur. De equo resonan- 60 te ungulis in ingressu Xenophon dixit πρὸς τὸ ἀπόλον ψοφεῖν: εἴποις δ' ἂν καὶ κροτεῖ, κτυπεῖ, ἠχεῖ, Pollux. Χθόνα δ' ἔκτυπον ὠκέες ἵπποι Νύσσοντες χηλῇσι. κόνις δέ σφ' ἀμφιδεδίνηι Κονιομένην πληκτίζουσιν ὑφ' ἅρμασι καὶ ποσίν.

ποσὶν ἵππων, Hesiodus in Aspide. Μαιτᾷν libro 5. Iliad. de equis dicitur, τὸ ματαιοπραγεῖν καὶ ἀργὸς ἵστασθαι,
Varin. Ματᾷν, ματαΐζειν, Hesych. Ὑπερώησαν ἵπποι, ὀρθοὶ ἔστησαν, ἢ μᾶλλον ὑπεχώρησαν, ἀνεπόδισαν, ἀφώρμησαν,
Varin. ὑπανεχώρησαν, Hesych. est autem apud Homerum Iliad. θ. hæc dictio. ¶ Hinnitum acutum
Vergilius dixit Georg. 3. Hinnire (inquit Nic. Erythreus) propriè equorum est, quod uernacula
lingua nostra nidrir, annichiare Siculi. Germani dicunt **wichlen** uel **wyhelen**: Galli hennir. Hinnitusque cient tremuli, Grat. Quum aliquantum progressus esset, subito exaudiuit hinnitum, respe-
xitque, & equum alacrem aspexit, Cicero 1. de Diuinat. Fœmina cornipedi semper adhinnit equo,
Ouid. lib. 1. de Arte. Hinnibundè pro hinnienter, ab eo quod est hinnio. Claudius Annalium lib. 16.
Equæ hinnibundè inter se spargentes terram calcibus, Nonius. Ex fremitu equorum illata suspici-
10 one, Cæsar. Equorum ardescit fremitus, Verg. Et alibi, Poscit equos, gaudetque tuens ante ora frementes. Ἵππων φωνὴ, χρεμετισμός, χρεμετίζειν, χρεμετίζοντος, ἐπὶ χρεμετίζοντος, ἔνιοι δὲ καὶ φρυμαγμὸν ἵππων ἐκάλε-
σαν. καὶ φρυμάττεσθαι τοὺς ἵππους, φρυάττεσθαι δὲ πάντας, Pollux: ultimam dictionem lego πάντων, hoc sensu:
De uoce equorum omnes ferè φρυάττεσθαι dicere, φρυμάττεσθαι uerò pauciores. Ἵππος φρυάττεται, χρεμετί-
ζει. Χρεμετισμός, φρύαγμα, φριμαγμός. Ἆσθμα, πνεῦμα, φύσημα, καὶ γαυρίαμα, καὶ αὔχημα. φριμάττεσθαι, φυσᾷν, ἀσθ-
μαίνειν, ἐκπνεῖν, γαυριᾷν, καὶ τὰ ὅμοια, Pollux. Φριμαγμὸς οὐκ ἔστιν ὁ χρεμετισμός, ἀλλ' ὁ διὰ τῶν ῥινῶν τῶν ἵππων ἐκπεμ-
πόμενος ἦχος ὅταν γαυριῶσι. Φριμασσομένη, χρεμετίζουσα, ἀγριουμένη, ἢ ἀτάκτως πηδῶσα (Suidas & Varin.) καὶ φριμαγμὸς ὁ χρεμετισμὸς παρὰ Λυκόφρονι. καὶ φριμασσόμενοι ὑπὸ ταράχου, ἤγουν ἀναφυσῶντες. Φριμᾶται, φριμάσσεται.
φριμάττεσθαι, ἐπὶ τράγου: φρυάττεσθαι δὲ, ἐπὶ ἵππου: καὶ φρυάγμαθ' ἱππικὰ, apud Sophoclem in Electra. Hæc omnia Varinus, & partim Etymologus. Φριμάσσεται, σκιρτᾷ, ἐπεγείρεται, Hesychius. Pollux 5. 13. φριμαγ-
20 μὸν & φριμάττεσθαι (per iota in prima) magis proprium caprarum esse dicit, cum easdem uoces prius
equis attribuisset, prima per ypsilon scripta. Varinus de equis utroque modo scribit, nam præter citata iam loca per iôta, per ypsilon etiam sic habet: φρυμάσσειν, ἐπὶ ἵππου. Ego φρυάττεσθαι quidem semper rectè per ypsilō scribi censeo, φριμάττεσθαι uero semper per iota (siue de equo, siue de capris aut hirco dicatur: nam φρυάττεσθαι de solis equis in usu est) scribendum uidetur. Nam Suidas & Hesychius per iôta
tantum habent, quibus tanquam antiquioribus Lexicis maior fuerit authoritas quàm Varino. Citantur & tria authorum testimonia apud Suidam, in quorum tertio φρυμαγμὸς per ypsilon scribitur,
perperam, ut apparet: cum ipse literarum ordo repugnet. Ea ut sunt, apponemus, φριμάξασθαι παρὰ
Ἡροδότῳ, τὸ φρυάξασθαι, ἢ πεφυσῆσθαι. Et aliud, ἡ δὲ ἵππος ὀπισθόρμητα φριμασσομένη, ἐχώρει, καὶ ἀδύνατα εἶχεν εὖ
τὰ ἄδηλα ὑπερβῆναι. Καὶ αὖθις, Κτύπου τῶν ὅπλων καὶ φρυμαγμοῦ (lego φριμαγμοῦ) τῶν ἵππων κατακούοντες, ἐξεπλήσ-
30 σοντο. Etymologus quoque φριμάττεσθαι & deriuata per iôta tantum scribit, literarum ordine etiam a-
pud eum sic scribi poscente: nec obstat quòd à uerbo φρυάττεσθαι formari ait, mî litera abundante. Ὠκὺ
δὴ, φριμάα τε λαγωεὺς ὑπ' ἀϋτμῆς, Oppian. de cane Britannico. Ammonius de differentijs uocum, φρυάττεσθαι equi esse scribit, φριμάττεσθαι hirci: & φριμαγμὸν dici quasi φρυμαγμὸν, innuens non scribi quidem
per ypsilon, uideri tamen à φρυάττεσθαι deduci, abundante scilicet μῖ ut & Etymolog. Inuenio quidem
βριμάζειν quoque uerbum de uoce leonis: & uerba βριμαίνειν, βριμοῦσθαι, βριμῆσαι, βριμᾶσθαι, exponi per ὀργίζεσθαι, θυμοῦσθαι, ἀπειλεῖν, ἦχον ἀποτελεῖν: βρυάζειν uero γαυριᾷν, ἀναβακχεύειν μετά τινος κινήσεως, &c. quæ uerba
& scribendi modo, & significatione ferè cum superioribus duobus conueniunt. Φρυάγματα. φυσήματα ἱππικὰ, Varin. Φρύαγμα, ἡ τῶν ἵππων καὶ ἡμιόνων διὰ μυκτήρων ἠχὴ ἀγρίῳ φυσήματι ἐκπίπτουσα. λέγεται δὲ καὶ
ἐπὶ τῆς γαλάσεως, Suidas & Varin. Φρυάττεσθαι, καταπλήττειν (aliâs καταπλήττεσθαι) ἐπαίρεσθαι, φυσᾷν, δι' ὑπερη-
40 φανίαν καὶ θρασύτητα φυσᾷν τοῖς μυκτῆρσι, Suidas & Varin. ἐπεγείρεσθαι, μεγαλοφρονεῖν, γαυριᾷν, Hesychius.
Φρύαγμα, elatio, superbia, Idem. Ἔχων πρόσωπα φρυαγμοσεμνάκους τινάς, senarius Aristophanis in Vespis
de homine supercilioso & superbo, citatur autem hoc modo à Suida. Aristophanis codices impressi
deprauatè habent, ὀφρυαγμοσεμνακουσίνους. Non placet quod in uulgaribus Lexicis Græcolatinis reposuerunt quidam φριμάσσειν, φρυάττειν, & φρυμάσσειν, terminatione uerborū quæ actiua aut neutra sunt:
ego semper ut media pronuncianda puto, quod exemplis iam positis satis probatum est. Τᾶν ἵππων
ἄρτι φρυασσομένᾶν, Callimachus in lauacra Palladis. Καταφρυάττομαι, γυνική, Suidas. Chnoæ dicuntur
φρυάγματα ἢ φυσήματα καὶ πνεύματα ἱππικὰ, Cælius ex Scholijs in Electram Sophoclis: ego chnoas modiolos rotarum intelligo, ut in e. dicam. Καὶ μοῦνοι τετλᾶσι λεόντων ἀντία βρύχειν, Oppianus de equis charopis, cum βρύχειν propriè leonum sit. Πωλικὸν δῆγμα (lego δεῖγμα) φρύαγμα, Varin. Ἵππη μεγάλα χρε-
50 μέθοντος, Oppian. Et rursus, Ὡς ἵππου σπέρχοντα, γαμήλιόν τε χρεμέθοντα. Κτύπος τε ῥοθίου, καὶ χρεμετισμὸς ἵππων ἀλλήλοις ἀντεπαταγεῖ, φησὶν Ἀῤῥιανὸς, Suidas in Ῥόθιον. Χρεμετίσαι, κράξαι ὡς ἵππος. Χρεμετισμός, ἡ τῶν ἵππων φωνὴ, Hesychius & Varin. sed ineptè primam syllabam per αι. & secundam per α. scribunt. Χρεμε-
τίζει, κελεχίζει ὡς ἵππος, Hesych. Χρέμιζον. Ἡσίοδος ἐν Ἀσπίδι, ὀξεῖα χρέμισαν ποσὶ δ' ἔσφιν ἄγνυτο ἠχώ, ἀπὸ τοῦ
χρεμέτιζον. τὸ δὲ χρεμέθεσκον, ἀπὸ τοῦ χρέμω, χρεμέθω, Etymolog. Legitur & χρεμετᾷ, ἠχεῖ apud Hesychium et Varinum. Equus est animal χρεμετιστικὸν, quasi dicas hinnibile. Χρεμετίζειν, ἦχον ὑπὸ στόματι ἀποτελεῖν, πτάρ-
νυσθαι, &c. Suid. sed uideo corruptum esse locum, & legendum χρέμπτειν, quod tamen screare uel ex-
screare potius, quàm ut Suidas interpretatur sternutare significat. In Marathone uico (inquit Pausanias in Atticis) tota nocte equos hinnientes & uiros pugnantes audire est. Hos quidem propius spectare uoluisse data opera, nemini profuit: Si quis uerò rei ignarus, imprudens & fortuitò inciderit,
60 nullam dæmonum iracundiam mouet. Φυσιόωντας ἵππους λέγει Ὅμηρος τοὺς πνευστιῶντας: ὅπερ σημαίνοι ἂν
καὶ τὸ φρυττομένους (uox corrupta uidetur, lego φρυαττομένους) καὶ ἀσθμαίνοντας, καὶ πνεῦμα ἠρεθισμένους, Varinus: anhelos uel anhelantes Latinè dixeris. Χρόμη, φρυαγμός, ὁρμὴ, χρεμετισμός, θράσος. Χρόμος, ψόφος

Bb 2

ποιός, οἱ δὲ χρεμετισμός. Χρόμαδος, κρότος, ψόφος, Hesychius & Varin. Κροαίνων πεδίοιο, Homerus de equo: Hesychius exponit, ἐπικρούων τοῖς ποσὶν, ἐπιθυμῶν: itidem Scholiastes Homeri, sed addit, ἢ χρεμετίζων, locus est Iliad. ζ. & rursus Iliad. ο. Βραχμάζουσαι, χρεμετίζουσαι, Varin. Βράχαλος, χρεμετισμός, Hesychius & Varin. Μιμαχμός, equi uox, Iidem: uocabulum per onomatopœiam factum apparet. Μιμάξαι, χρεμετίσαι, φωνῆσαι, Varin. melius μιμάξασα, ut Hesychius habet. Florus auis, equi hinnitum imitatur, Gillius ex Aeliano: Vide supra circa finem capitis quarti. Satyrus à Syllæ militibus captus, uocem asperam equi præsertim hinnitu & hirci balatu permistam ædidit, Plutarch. in Sylla. Homines quidam uocem ædunt similem asini, equi, aut alterius bestiæ uoci: conijciendum est autem eiusdem animantis ingenium quoque referre quenque, cuius uocem expresserit, Adamantius.

¶ Esse uerò equum animal philolutron ac philydron, id est balneorum & aquæ expetens, auctor probat Aristot. Cæl. Equus animal est lauationis cupidum, gaudetque paludib. & turbulentis aquis, Varin. in ἵππος. Εἰωθὼς λούεσθαι ἐϋῤῥεῖος ποταμοῖο, Iliad. ο. ¶ Volutantes se equi Græcè dicuntur κυλίσαι, ἁλίσαι, & ἐξαλίσαι: & locus uolutationi aptus, ἁλίστρα, ἐξαλίστρα, κυλίστρα, Pollux. Dicitur & ἀλινδεῖσθαι uolutari, & uolutationis locus ἀλινδήθρα Hesychio & Varino. Ἀλινδήθρας τε καὶ ἐγκυλίσματα, Aristophan. in Ran. Ῥοῖα, κυλίστρα τῶν ἵππων παρὰ τῷ ποταμῷ καὶ ψάμμῳ, Iidem. Ῥοισμός, ὁ τῶν ἵππων ῥυμός (forte κυλισμός,) Iidem. Ἁλιστρία, locus arenosus iuxta fluuium, Hesych. & Varin. Ἱππολόστρα, piscina lauandis equis destinata, Iidem. ¶ Nec uaccam uaccæ, nec equas amor urit equarum, Ouid. 9. Metam. Quum tibi flagrans amor, & libido Quæ solet matres furiare equorum, Sæuit, Horat. lib. 1. Carm. Ode 25. Ἱππόθυνος, ualde libidinosus, siue ab ἵππος uoce quæ auget in compositione, siue à nimia equarum libidine. Equæ cum libidine accenduntur, ἱππομανεῖν Græcis, Latinè equire dicuntur. Ἱππομανὴ mulierem Latinè uirosam dixeris, quòd uiros appetat. Equienti mulæ cruda brassica datur, Columella lib. 7. Equum admissarium Itali hodie stallonē uocāt, Germani schällhengst, Græci κήλωνα & κηλώνιον, & alijs nominibus, ut in C. dixi. Κηλώνιον, ἵππος ἐπιβατήριος, παρὰ τὸ κήλων σημαίνει θορμόν, Varin. Et pater armenti capto eripietur agello, Iuuenal. Satyr. 8. Ἱππόθορος, asinus equarum initor, Hesych. & Varin. Plutarchus in Symposiacis (libro 7.) scribit ubi saliantur equæ nómon incini solitum, quem uocent hippothoron, Cæl. Erat autem cantus equis in Venerem concitatis (uel concitandis) ad tibiam accini solitus. Ἱππογνώμων qui equas grauidas ab alijs internoscit, Hesychius & Varin. Eadem uox magnanimum significat. Quum Xerxes cum exercitu Hellespontum transisset, ingens prodigium oblatum est. Siquidem equa leporem peperit: quod facile erat interpretari, fore ut Xerxes qui exercitum aduersus Græciam maximo strepitu & ambitiosissimè ducebat, rursus pro seipso solicitus ad eundem locum fuga recurreret, Herodot. libro 7. Idem prodigium similiter Valerius Maximus describit 1. 6. Audio in Rhetiæ alpibus monte Speluca, ut uocant, equum ex tauro nostro seculo natum esse. Retulit etiam nobis amicus fide dignus, uisum à se in Gallia in aula regis equum posteriore parte ceruum. De infante centauro, & Hippo puella ex equa nata, supra dixi, huius capitis parte prima. Phocylides apud Stobæum in sermone ubi mulieres uituperantur, pro diuersis earum ingenijs alias ex alijs animantibus natas scribit, ut cane, apicula, sue, equo. Et eodem in loco Simonides idem argumentum latius prosequutus, ex equo natam mulierem scribit ab omni labore alieno esse animo, & seipsa solum ornanda tempus insumere, inutilem marito, nisi is perquam diues aut princeps fuerit. Equam Eudemus ait adolescentem, ac armenti præstantissimam, tanquam omnium formosissimam puellam ab equisone adamatam fuisse, primumque sui amoris hunc flagrantiæ moderatum fuisse. Deinde libidine inflammatum, usque eò processisse cum equa, ut uenereo complexu iungeretur, remque tandem perficeret turpem. Vbi uero equæ pullus incesto stupro matrem contaminari perspexisset, eam sic à domino tyrannicè tractari acerrime tulisse. Itaque impetu facto, uirum interemisse, atque cum obseruasset, ubi humaretur, eò profectum refodisse, omnibusque supplicijs cadauer iam nullum sensum ex mœrore percipiens uexantis, afflixisse, Aelianus. Equum adamatum à Semiramide usque ad coitum, Iuba author est, Plinius. Regi Babylonis erant peculiares equi, præter bello destinatos, admissarij octingenti, cum equarum quibus admittebantur sedecim millibus, Herodotus libro primo. Quòd si equarum numerum conferas admissariorum numero, deprehendes singulis admissarijs uicenas fœminas destinatas fuisse, id quod eodem in loco Herodotus monet. ¶ Homerus equos ætate minores ἀταλὰς πώλους uocat, quòd labores sustinere nondum possint, nam adulti contrario uocabulo πολύτλαντοι dicuntur & ταλαύεργοι, Varinus: qui etiam alibi ἀταλὰς, παρθένους, exponit. Ἵππος ἐν τῇ πωλικῇ ἡλικίᾳ πρωτόβολος, ἢ καὶ μέλλων λαβεῖν τὸν δευτερόβολον, &c. Absyrtus in Hippiatricis: malim τὸν δεύτερον βόλον: nam βόλος τῶν ὀδόντων, dentium in pullis mutatio est: at pullus ipse qui mutat primo πρωτόβολος, secundo δευτερόβολος dicitur. Homerus Iliados secundo equos colore, ætate, & magnitudine figuraque dorsi per omnia similes describit hoc uersu, ὄτριχας, οἰέτεας, σταφύλῃ ἐπὶ νῶτον ἐΐσας. Trima equa, Horatius tertio Carmin.

¶ Hippiatrum uulgo Italicè & in finitimis linguis marescalcum appellant, aliqui perperam menescalcum & manescalcū. Origo uocis Germanica est: nā Germani olim equos (nūc equas tantum) maras uel marcas nominabant. ¶ Iam equus laudatus ocio interdum & quiete perit: Vnde dicitur, in stabulis plures quàm foris corrumpi. Nam & strenuior quisque ægre se patitur diutius retineri ad præsepe, & in campum excurrere auet. Tum igitur & recto cursu, & ambagibus, & saltu, colliumque adi-

tu

tu & cliuorum descensu exercebuntur, modo quidem & scite, non insano quodam & ebrioso impetu. Itaque traditur hoc de Eumone ingenioso rege & forti, cum quodam in castello ab Antigono obsessus non haberet patentia & spatiosa loca, in quibus equi exercerentur: ne stando perpetuo languorem & socordiam atque etiam uitia, ut fit, contraherent, funibus transuersas subter præcordia illorum trabes curasse suspendi, & adduci postea has ita, ut priore parte corporis paululum supra terrã equi attollerentur, cui cum insistere laborarent, neque impediti subiecta trabe attingere possent, ita etiam commoti, omnes uires intendebant, & nitendo toto corpore defatigabantur, ut etiam sudor eliceretur, Camer. In strigosum equum distichon Lucilij, Anthologij 2.23. ἵππον ἀποσχόμενός μοι ὀλύμπιος ἤγαγεν ἀνήρ, Ἧς ὀλιγοδρανέων ἵππος ἀπεκρέματο. Si oues utuntur stabulo in quo mulæ, aut equi, aut asini steterunt, facile incidunt scabiem, Colum. ἱππαλέη νόσος, id est morbus equorum, Oppiano: uidetur autem de peste intelligere, κατ' ἐξοχήν. Equus Crassi furore percitus in flumen se præcipitauit, ut Plutarchus in eius uita refert. Vermis in Indo fl. reperitur septem cubitorum longitudine: is tam robustus est, ut in quodcunque inciderit animal noctu egrediens conficiat, equum, bouem, &c. Aelia. Silurus grassatur ubicunque est omne animal appetens, equos innatantes sæpe demergens, præcipuè in Mœno Germaniæ amne prope Lisboum, Plin. Creditum quondam ex equo, occiso hasta basilisco, & per eam subeunte ui, non equitem modo, sed equum quoque absumptum, Plinius.

H. d.

Vitia & uirtutes equi quædam in H. b. dicta sunt, circa electionem. ἵππειον θράσος, uide infra in prouerbijs. Equus cibo satur procurrit. κυδιόων· ὑψοῦ δὲ κάρη ἔχει, ἀμφὶ δὲ χαῖται ὤμοις ἀΐσσονται, ὁ δ' ἀγλαΐηφι πεποιθὼς ῥίμφα ἑ γοῦνα φέρει μετά τ' ἤθεα καὶ νομὸν ἵππων, Homerus Iliad. ο. sed de magnanimitate equi in b. tractauimus. Mithridates Ponticus somnum capiens, corporis sui custodiam non modo satellitibus, sed & tauro & equo & ceruo mansuefactis committebat, ut pluribus in Tauro retuli ex Aeliano. Philarchus refert Centaretrium è Galatis (Aelianus interprete Gillio eandem historiam narrans, hominem hunc natione Gallum, nomine Centoaratum fuisse ait) in prælio occiso Antiocho potitum equo eius conscendisse ouantem: At illum indignatione accensum domitis frenis, ne regi posset, præcipitem in abrupta isse, exanimatumque unà, Plin. Scythæ quidem equitatus & equorum gloria strepunt. Occiso denique ipsorum regulo ex prouocatione dimicante, hostem cũ uictor ad spoliandum uenisset, ab equo eius ictibus morsuque confectum, Plin. Philistus refert equum à Dionysio relictum in cœno hærentem, ut sese euellisset, secutum uestigia domini, examine apum iubę inhærente: eoque ostento tyrannidem à Dionysio occupatam, Plin. Interfecto Nicomede rege, equus eius inedia uitam finiuit, Plin. Socles formæ pulchritudine egregius Atheniensis, quẽ mihi permulti ignorare uidentur, equum emit pulchrum, & tam uehementi in se amore incensum, ut cum adesse sentiret dominum, exultaret & gestiret: cum ascendere pararet, se ad conscensum præstaret obedientem: cum ante oculos consisteret, ille suauiter & amatoriè in eum intueretur. Quæ omnia eatenus amatoria & iucunda uisa sunt, quoad petulantiam in adolescentem attentare conatus est, simul & fama turpitudinis de ambobus dissipata extitit: tum eam infamiam Socles sibi conflari non passus, ut in amatorem flagitiosum, & petulantem, odio incensus equum uendidit. Is non ferens ab adamato suo se distractum abesse, acerrima inedia uoluntariam sibi consciuit mortem, Aelianus. ¶ Nerua Traianus simulac Parthorum & Armeniorum fines ingressus est, regionis satrapæ, ipsique mox reges cum muneribus ei occurrerunt, equumque duxère ita edoctum ut regem adoraret. Nam pedes anteriores in modum supplicantis flexit, caputque pedibus eius qui proximus esset subiecit, Dion Cassius in Nerua Traiano. ¶ Νόμος δὲ τοῖς ἵπποις, τὴν ἀπομάχιον ἵππον ὅταν ἐν δέει τινὶ θρεψαμένης θεάσοιντο, περιβάλλειν τὸ μονωθὲν ὥσπερ ἔγγονα συνεχῆ τε καὶ γνήσια, Theophylactus in epistolis. Bianoris hexastichon in equum recusantem ingredi nauim, Anthologij lib. 1. sectione 33. extat huiusmodi.

Πῶλον τὸν πεδίων, ἀλλ' οὐχ ἁλὸς ἱππευτῆρα, Νηὶ διαπλώειν πόντον ἀναινόμενον,
Μὴ θάμβει χρεμέθοντα, καὶ ἐν ποσὶ λὰξ πατέοντα Τοίχους, καὶ θυμῷ δεσμὰ βιαζόμενον.
Ἄχθεται εἰ φόρτου μέρος ἔρχεται, οὐ γὰρ ἐπ' ἄλλοις Κεῖσθαι τὸν πάντων ἔτρεχεν ὠκύτατον.

Ceruus est animal adeò simplex, ut equo aut bucula accedente propius, hominem iuxta uenantẽ non cernat, Plin.

H. e.

Eques, communis generis, qui insidet equo: item qui equestrem habet ordinem. Nos primo loco de Romanis equitibus loquemur, deinde Atheniensibus, postea de reliquis, & in genere quædam de ijs quæ ad equitis uocabulum pertinent. Sequentur ludi & certamina equestria, equestris res bellica, equitatio ipsa, tractatio, stabulum, instrumenta, currus, pretium & sumptus in emendis alendisque equis: postremo quędam de laudibus & usibus equorũ, tum in uniuersum tum ex singulis partibus.

¶ Equestrem ordinem (ut scribit Sipontinus) medium fuisse constat inter patricios & plebem. Principio equites iudicesque ijdem habebantur, & gestandi annuli aurei ius erat. Postea M. Cicero in consulatu suo equestre nomen stabiliuit, Senatum ei concilias, celebrans se ex eo ordine prouectum esse, (ut Plinius refert 33. 2.) Ab illo tempore planè hoc tertium corpus in repub. factum est, cœpitque adijci senatui populoque Romano equester ordo: ob quam causam post populum scribebatur, quia nouissimè cœperat adijci. Imprudenter quidam hoc tempore huius dignitatis uiros, qui gestandi aurei ius habent, milites uocant, cum sint equites iure optimo appellandi. Hi olim sub Romulo regibusque Celeres dicebantur, à Celere Remi interfectore, qui initio à Romulo præpositus fuit: qui primo electi

Bb 3

fuerunt è singulis curijs, ideoq́ trecenti omnino: deinde à flectendis (ut quidam putant) animis, quo
niam iudices erant, siue potius à flectendis equis, Flexumines uocitati: postea Trossuli, à Trossulo op
pido Thusciæ circa Vulsinios nouem millia passuum, quod sine ullo peditum adiumento equites ce
pissent, (ut Festus testatur, & Plinius 33.2.) Varro, Nunc emunt Trossuli nardo nitidi uulgò Atti
co talento equum. Iunius, Quòd ad equestrem ordinem pertinet, ante Trossulos uocabant, nunc
equites uocant: ideoq́ quia non intelligunt Trossulus nomen quid ualeat, multos pudet eo nomine
appellari, inuiti tamen Trossuli sæpe uocantur, Hactenus Sipontinus. Horatius 2. Serm. Tu quū
proiectis insignibus, annulo equestri. Equestris ordinis princeps, Cicero ad Brutum libro 11. Eque
stris disciplina, Verr. 6. Equitibus purpura, ut patricijs & senatorijs, uti non licebat. Ius uerò annu
lorum aureorum non equitibus modo, tanquam bellicæ uirtutis insigne, sed & senatoribus & militiæ primoribus datum fuit. Cautum fuit olim, ne quis huic ordini adscisceretur, néue ius annulorum
aureorum daretur, nisi ipse ingenuus, pater & auus ingenui forent, cuiq́ sestertia quadringenta (Se
stertia quadringenta, ut Robertus Cenalis computat, ualent uiginti millia librarum Turonicarum,
solatorum uero bilibrium decem millia. scribit Budæus censum equestrem ad hanc summam temperatum sub Tiberio: cum prius quingenta sestertia requirerentur:) quod peculium equestre habitum
est, census fuisset, (ut Plin. scribit 23.2.) Principes equestris ordinis olim publicani fuêre, flosq́ equitū
Romanorum publicanorum nomine continebatur: postea deprauatis moribus paulatim mancipes
& scribæ pro concione ab imperatoribus, uelut præcipuo munere, aureis annulis donari cœpere, A-
lexander ab Alexan. qui copiosè & eruditè multa de equitibus præcipuè Romanis scripsit libro 2.
cap. 29. Genialium dierum. Ἵππαρχος, magister equitum apud Romanos dictus, primæ post dicta-
torem dignitatis, Suidas. Equites etiam iudices uocabantur, quia iudicum decuriæ ex equestri ordine deligebantur, Budæus ex Suetonio in Cæsare. Quem tu si ex censu spectas, eques Romanus
est, Cicero pro Rosc. Com. Equites ordini senatorio dignitate proximi, Cicero pro Cluentio. Mar
cius primus dictator magistrum equitum sibi assumpsit Spurium, qui secundus ab ipso esset. Nam
dictaturæ tempore, cum munus illud magistri equitum primum inuentum est, proximum ab illa ho
nore dignitateq́ erat, Suidas in Hipparchos. De equestri ordine quædam & origine anulorum aureorum, tradit Plinius libro 33. cap. 1. & 2. quæ hic breuitatis causa omitto, paucis tantum inde recitatis: Quod antea (inquit) militares equi nomen dederant, hoc nunc pecuniæ iudices tribuunt. Nec pri
dem id factum D. Augusto decurias ordinante, maior pars iudicum in ferreo anulo fuit: ijq́ non e-
quites, sed iudices uocabantur. Equitum nomen subsistebat in turmis equorum publicorum, &c.
Equites Romani quomodo iudices facti sint, Appianus libro 1. de bellis ciuil. Et libro 2. Equites (inquit) ad omnia potentiores ob facultates, uectigaliumq́ & onerum cæterorum mercedem, quæ à po
pulis penduntur capientes, multitudine insuper seruorum abundantes, tertiam tributorum partem
sibi remitti à Cæsare impetrarunt. Impolitias Censores facere dicebâtur, inquit Festus, quum equiti
æs abnegabant, ob equum malè curatum. Nimis pingui homini & corpulento (inquit Gellius in fine libri 7.) censores equum adimere solitos, scilicet minus idoneum ratos esse cum tanti corporis pon
dere ad faciendum equitis munus: non enim pœna id fuit, ut quidam existimant: sed munus sine ignominia remittebatur. Tamen Cato in oratione, quam de sacrificio commisso scripsit, obijcit hanc rē
criminosius, uti magis uideri possit cum ignominia fuisse. Equitare antiqui dicebant equum publicum mereri, Fest. Equestre æs, quod equiti dabatur, Fest. Pararium æs appellabatur id quod equitibus duplex pro binis equis dabatur, Fest. Equestria, quatuordecim ordines in quibus equites in
theatro sedebant. Equestria omnium equitum Romanorum sunt, Seneca lib. 7. de Benef. Et iterum,
Sed cum in theatrum ueni, si plena sunt equestria, &c. Item, Habeo in equestribus locum, non ut
uendam, non ut locem, non ut habitem, sed ut spectem. Suetonius in Domitiano, Et quia pars maior intra popularia deciderat, quinquagenas tesseras in singulos cuneos equestris ac senatorij ordinis pronunciauit. De subsellijs in quibus equites spectabant, plura leges apud Alexandrum de Ale
xandro 5.16. Equitatus (inquit Hermolaus in Glossematis in Plinium) non modo equitum manū
significat, & actum ipsum equitandi (ut illud Plinij: Femina equitatu atteri & aduri solent: item illud,
Ab armorum & equitatus lassitudine:) sed et ordinem equestrem, uolumine 33. capite 2. Quinetiam,
inquit, ipsum equitum nomen sæpe uariatum est in ijs quoq́, qui ad equitatum trahebantur: sed uetusti codices æquitatem habent, non equitatum, quam lectionem Hermolaus approbare uidetur.
¶ Atheniensium primus & ditissimus ordo (ut legimus in Scholijs Aristophanis in Equites, & apud
Cælium 25.18.) erat illorum qui pentacosiomedimni à quingentis medimnis dicebantur, q̃ tantum
spatij ararent. Hi necessitate urgente talentum pendebant. Secundi ordinis erant ἱππεῖς, id est equites, dicti q̃d cum opus erat alere equos possent (διὰ τὸ δύνασθαι ἄπ αὐτοῖς χρέα γίνηται ἵππων ἕκαστος αὐτῶν τρέφειν, Scholia Aristoph. & sic Cælius etiam legit: sed melius Suidas in ἱππεῖς, ἵππον legit in accusatiuo singulari, & post γίνηται distinguit: ut intelligamus, singulos equites ciuitatis nomine equos
singulos alere oportuisse: nam si in plurali legas, de numero non constabit.) Hi ad medimnos trecen
tos possidebant, semitalentum pendebant: & antiquitus numero sexcenti erant: deinde auctus est
eorum numerus in tantum ut mille ducenti fierent: sacrificia quæ ipsi in pompis mittebant, hippades
dicebantur. Comam eis alere licebat (ἐπιτιμᾶν καὶ κομᾶν, Suid.) Tertius ordo, inquit Scholiastes Aristophanis, Thêtes dicebantur, &c. sed alibi legimus zeugitas ante thêtas fuisse, ut Suidas ex Aristotelis

telis de Atheniensium rep. libro citat in dictione ἱππεῖς, & Varinus similiter. Sed hoc interest, quòd Varinus eo in loco scribit in quatuor ordines diuisum fuisse populum Athiensem, pentacosiomedimnos, equites, zeugitas, & thetes: Suidas quintum addit, hippáda uocans: quod minus placet, quũ Hesychius etiam quatuor tantum ordines faciat. Zeugitæ dicebantur, secundi census ciues, qui zeũgos, id est iugum mulorum alebant, Budæus: Vide etiam infra in re curuli hac ipsa parte huius capitis. Sacrificia ab equitibus celebrata hippádes dicebantur: & bos ad sacrificium adhibitus, βοῦς ἱππεύς: census etiam quem conferebant ἱππὰς uocabatur, Hesych. Diximus autem superius ex Cælio dimidium talentum equites pendere solitos fuisse, hoc est coronatos aureos trecentos: quamobrem miror hippáda τίμημα μικρόν, id est paruum censum à Varino exponi. Hippada aliqui pensionem equitum exponũt, alij uestem equestrem: καὶ θυσίαν ἣν τοῖς ἵπποις ἀπέφερον, (sacrificium nimirum quod pro equorum salute faciebant) Hesychius & Varin. Hipparchi, id est equitum magistri duo tantũ (quod & Suidas scribit) ex omni Atheniensium numero creabantur, qui curam bellorum gererent: phylarchi uerò decem, unus scilicet ex quaq; tribu, equitibus præficiebantur, Pollux. De hipparchi officio Xenophontis librum habemus: & Socrates apud eundem libro tertio Apomnemoneumatum eius de eodem quædam egregiè differit. Κλυτόπωλος, bonus eques, uel qui bonos equos possidet, εὔιππος, εὔπωλος: Plutonis epitheton, alij aliter interpretantur, ut Varinus docet: apud quem etiam κλειτόπωλος legitur per ει in prima. Ἱππική, ars equitandi, facultas equestris. Hanc non desunt qui in Lybia compertam primò tradant: qua ex causa nuncupârit Pindarus in Pithijs Κυρήνην εὔιππον: etiamsi ad id referunt alij quòd ab Neptuno edocti sint Libyes currus iungere: quin & Pallada equestrem in Libya genitam, Cæl. Vide infra in Neptuno hippio. ¶ Eques etiam pro ipso equo accipitur à Vergilio, ut supra dixi. Omnes antiqui scriptores (inquit Seruius apud Macrobium circa finem libri 6.) ut hominem equo insidentem, ita & equum cum portaret hominem, equitem uocauerunt (& equitare de utroq;, ut infra probabimus:) Ennius, Deniq; ui magna quadrupes eques atq; elephanti Proijciunt sese. Hominem qui equo insidet, Veget. sessorem uocat. Equisessor uox composita apud Calepinum legitur, sed sine authore. Equestris, qui equo uehitur, ut circulator equestris apud Apuleium, Scoppa. De equitibus & eorum officio, in diuersis epistolis quædam scripsit Antonius Gueuara Hispanus: Extant autem epistolæ illæ Hispanicè, ut ab eo scriptæ sunt, & in italicam linguam translatæ. Qui qualesq; fuerint equites Achæi, Chalcidenses, Cretenses, Capuenses, Gaditani, Germani, Pataúienses, Persæ, Alexander ab Alexandro docet in diebus genial. 2. 29. Hippobotas Chalcidensium ex historia dici nouimus prædiuites, gloria quoq; præcellentes, Cælius. Ἱππεῖς apud Lacones uocabantur adolescentes (νεανίαι, iuuenes transfert Cælius 19. 22.) qui iustos adolescentiæ annos attigerant, teste Eustathio Iliados θ. & qui his præerant ἱππαγρέται apud eosdem dicebantur, Varinus in Βρέφος. Eligunt ephori ex florentioribus uiros tres, qui ἱππαγρέται (ab ἱππάγρεται, interpres ineptè addit ab equitatu congregando) appellantur, Xenophon in repub. Laconum. In Lacedæmoniorum repub. monarchia ad reges, aristocratia ad senes, oligarchia ad ephoros, democratia deniq; ad hippagretas & iuuenes pertinet, Archytas Pythagoreus apud Stobæum in Sermone de repub. Vide etiam inferius inter Bellica. Κορῖται, ἱππεῖς τεταγμένοι, ἰσχυροί, Varin. Ἱππεύς, exul, & genus ornamenti uirginum, (ut hippiscus etiam ἐπίθεμα κεφαλῆς, aut muliebre ornamentum exponitur:) & rei equestris peritus, Hesychius & Varin. Ἱππότης pro equite frequens apud Homerum, præsertim pro epitheto Nestoris: recentiores aliqui exulem exponunt, sed melius est equitem interpretari, & rei equestris peritum, ἱππικά, ἐφιστάντων, ἱππικόν, ἱππηλάτην, Hesychius, Etymologus, Suidas, Varin. Scholiastes in Iliados secundum, Nestorem hippoten exponit exulem, & hanc historiam affert. Hercules cum occiso Iphito expiari à Neleo non impetrasset, Pylum obsedit: & propter Nelei filiorum imprudentiam magnis subinde malis urbem afficiebat. Quæ quidem quandiu uiueret Periclymenus Nelei filius, difficilis expugnatu erat: quòd is amphibius (uitæ mutabilis, uide Onomasticon in Periclymeno) esset. Sed tandem in apiculam mutatus, cum Herculis currui insideret, prodente Minerua, ab Hercule interemptus est. Tunc igitur Pylo uastata, & undecim eius fratribus occisis, Nestor qui in Gerenis alebatur, solus remansit, Gerenius inde cognominatus, ut Hesiodus in Catalogis refert. Ἔποχος, qui uehitur equo uel curru: hinc orationem metro & numeris astrictam ἐποχον appellant à sublimitate: prosa enim ueluti pedestris & humilior est, ut refert etiam Cælius 7. 1. Ἔποχον inter equi instrumenta legisse uideor alicubi, Cælius: Vide infra in ephippij mentione. Ἱππέων καὶ ἀμβατῶν pro ἀναβατῶν, Xenophon Apomnem. 3. Ἱππεὺς ἀναβατικὸς Xenophonti dicitur, qui commodè & facile equum conscendere potest. Καλοῦνται δὲ ἱππεῖς, ἱππόται, ἡνίοχοι, ἀναβάται, ἐμβάται, (lego ἀμβάται,) Pollux. Ἱπποβάτης, ἱππεύς, Hesychius & Varin. Ἱπποβάτοιο, ἱππικοῦ, Hesychius. Ἱππεύς, qui communiter καβαλλάριος dicitur, Varinus. Caballarij quidem nomen apud Gallos non equitis simpliciter, sed dignitatis nomen est. Sic & equites aurati hodie dicuntur qui uirtutis merito à regibus uel cæsaribus, torque aurea, ni fallor, donantur. Equites etiam fiunt (si modo per censum liceat) hoc dignitatis nomen. adepti, qui religionis causa sepulchrum Domini Hierosolymis adeunt, certis quibusdam cerimonijs, dum creantur, adhibitis. Ἱππηλάτης pro ἱππελάτης, carminis gratia apud Oppianum. Νόσφιν ἐφ' ἱπποπόλων Θρηκῶν κηθορόμενος αἶαν, Homerus Iliad. ν. id est, rei equestris peritorum. Apud Varinum ἱπποπώλων scribitur, cum omega in penultima: quo modo etsi formari potest (nam πωλεῖσθαι etiam uersari significat) in dactylicum tamen uersum non admittitur. Ἱππόδαμοι, ἔφιπποι, ἢ πωλοδαμασαὶ, ἢ ἵππους ἐλαύνοντες, ἢ δαμάζοντες, ἐφ' ἵππων ἀναστρεφόμενοι, Hesychius, Varinus, Suid. ἱπποδάμνων, ἐφίππων, Hesych. ἱπποδαμασὴς, πωλοδάμνης, Pollux. Ἀμαζονίδων δαμνίππων, Orpheus. Vide quædam supra parte prima huius capitis inter deriuata: & infrà hac ipsa parte in Bellicis. Ἵπποι pro ipsis equitibus apud Homerum in hoc uersu, ὀτρύνων ἵππους τε καὶ ἀνέρας ἀσπιδιώτας, id est, Instigans tum equites tum uiros scutatos, hoc est pedites armatos. Sic etiam communiter dicimus, ἡ τῶν περσῶν ἵππος ἐνίκησεν, ἤγουν οἱ ἱππεῖς. Sic & ἱπποκορυστὴς accipi potest, quasi ἱππεὺς κορυστὴς, id est eques armatus, Porphyrius quęstionum Homericarum 16. ἱπποκέλευθος, ἵπποις κελεύων, ἱππεὺς, ἢ ὁ πολλὴν ὁδὸν πορευόμενος, Hesychius & Varin. Ἵππαρμος, magistratus quidam, Hesychius & Varin. uide ne legendum sit ἵππαρχος. ἱππαρχία, præfectura & quasi magisterium equitum: unde uerbum ἱππαρχεῖν, hoc magistratu fungi, cum genitiuo: Demosthenes, Καὶ ὧν ἱππαρχεῖν ἠξίωσεν ἱππέων τότοις οὐ συνεξῆλθεν: hinc & passiuum in usu in tertio Politicorum Aristotelis, Δεῖ τὸν ἄρχοντα ἀρχόμενον μαθεῖν, οἷον ἱππαρχεῖν ἱππαρχηθέντα. ἱππαρχικὸς, qui hipparchi munere bene fungitur. ἱππαρχικὸν δὲ καὶ τὸ τὰ χωρία γιγνώσκειν, Xenophon. Ἵππαρχος apud Lacones, qui iuuenum curæ præfectus est, Hesychius & Varin. nos eundem paulò ante hippagretam Laconicè dici monuimus. Hipparchi tabula: quoniam apud Syracusanos hipparchi scripta in tabulis nomina illorum qui aliquid deliquissent notabant, Suidas: ex quo etiam mancus Hesychij locus restitui potest. Videtur autem prouerbij uim habere, ut uulgò etiam catalogum pro reprehensione dicimus, & catalogum alicui legendũ, pro eo quod est increpationem expectandam: nimirum à ludimagistrorum more qui puerorum nomina in tabulis scripta (ut in matricula, sic uocant, academiarum rectores) cum uel abfuerint, uel peccarint aliquid, ne per obliuionem impune abeant, puncto notant in sulco cera expleto. Erasmus in Chiliadibus ἱππάρχων in plurali numero scribit, et Hipparchorum tabulam uertit, cum Suidas et Hesychius in genitiuo singulari habeant: Et ex Suida ἀτακτούντων somnians forte λειποτακτούντων se legisse: non enim per inscitiam puto, cum mox idem uocabulum ex Hesychio melius reddat, qui indecore aliquid fecissent. Hoc etiam falsò attribuit Hesychio Lacedæmoniorum hipparchum delinquentium nomina in tabula scribere solitum: nihil aliud enim de Laconum hipparcho Hesychius scribit, quàm quod iuuenibus præfectus fuerit. Deinde nouo initio facto subijcitur, ἱππάρχου πίναξ, ὅτι οἱ ἵππαρχοι ἐν πίναξι, qui locus mutilus, ut dixi, ex Suida sic reponetur. ἱππάρχου πίναξ. ἐπεὶ παρὰ Συρακουσίοις οἱ ἵππαρχοι ἐν πίναξι, &c. nam sequentia utriq; eadem sunt. De usu prouerbij rectè Erasmus, quoties haud impune futurum, si quid peccetur, significabimus. In eundem sensum dici posse uidetur, Iouis diphthera. Sic & σκυτάλαι Hesychio tabulæ sunt, in quibus iudices scribebant nomina delinquentium. ¶ Sunt quibus calasiris intelligatur equestris tunica latior, quã & xystida uocant: dicitur quoq; ἱππικὸν χλίδος, Græcorum lexicis hac in re præcipuè uitiatis, Cęlius. Ἱππικὸν χλίδος Ion in Agamemnone dixit, ut Hesychius & Varinus citant, apud quos hunc tantum errorẽ inuenio, quòd codices impressi καλὰς ἄειδας duabus uocibus habẽt, pro una cuius antepenultima per iota scribi debet, καλασίριδας. καλασίειτα, τὰ λοχία, ἃ καλοῦσιν ὤας, Hesych. & Varin. forte καλασίειδα legendum, ut accusatiuus sit à recto calasiris. Vocabulũ λοχία hoc sensu non memini alibi legere: ὤας enim, id est fimbrias interpretantur. Pollux certe 7.13. ubi de oa loquitur, & diuersa fimbriarum uocabula recenset, nullum habet huiusmodi. Idem 7.16. calasirin tunicam Aegyptiam thysanotam, id est fimbriatam esse docet: ubi tamen utrunq; uocabulum, calasiris dico & thysanotós, non rectè per duplex sigma scribuntur. Καλάσιρις, χιτὼν πλατύσημος, ἢ ἡνιοχικὸς καὶ ἱππικὸς χιτὼν, ὅτι δὲ λινοῦν καὶ ποδήρη χιτώνιον, ἰσχνὸν, apud Aristophanem in Thesmophoriazusis, Hesychius: nos lineam uestem talarẽ, uocamus ein chittel, quasi à Græco χιτών: & quòd à balneo ferè gestetur, ein badhembd. Calasiris, tunica lata, ut Aegyptij uocant: item nomen proprium, Suidas & Varin. ὁ καλάσιρις, χιτὼν πλατύσημος: Cephisodemus uocem Aegyptiacam esse scribit, Scholia in Aues Aristophanis: Calasiris linea uestis sacra, Varinus in ἱερεὺς. Aegyptijs in more fuit ut Calasiries, qui præcipui habentur milites, à nullo doctore, sed à patre solum, militiæ præceptis erudirentur, Alexander ab Alexandro. Κάσας ἱππικὰς nominat Xenophon in Cyri institutione: sunt autem ἐσθῆτες εἰλιταί, Pollux. Mihi quidem erratum uidetur, & pro εἰλιταὶ legendum πιλωταὶ, ut uestes intelligamus non contextas, sed ex filtro seu feltria lana in se conferta à pilotarijs concinnatas, de quo panni genere pluribus in Tauro docui: est enim hoc genus soliditate densitateq; sua equitibus præcipuè aptum aduersus pluuias. Germani uocant rytmäntel/filtzmäntel. Accedit nostræ sententiæ Hesychij testimonium, Κάσας (melius Κάσσας per duplex sigma, ut Varinus habet) ἀμφιτάπης, καὶ πιλωτά: Et rursus, Κασσὸν, ἱμάτιον, παχὺ καὶ τραχὺ περιβόλαιον. Κάλτοι, calceamenta caua in quibus equitant, Hesychius & Varin. ocreas Latinè dixerim. Est & ἱππὰς, στολὴ ἱππικὴ secundum quosdam, ut Varinus annotat. Xystis, uestis est equestris, tragica, & muliebris: & exponitur, πορφυρὶς, κροκωτὸν ἱμάτιον: ferebant eam reges in tragœdijs, & aurigæ (uel equis inuecti athletæ) in pompis, Scholia in Nubes Aristophanis: Vocabulum est communiter oxytonum, Atticè paroxytonum. Mantelli nomine pro ueste equestri, & Germani utuntur, ut iam dixi, & Galli aliæq; gentes: uidetur autem originis Persicæ uox. Μανδύας, genus Persicæ uestis qua utebantur in bellis, Varinus & Hesychius. Reperitur & κάνδυς eiusdem significationis, ut alterutrũ corruptum esse suspicamur. Κάνδυς, χιτὼν περσικὸς ὃν ἐκπορπῶνται (lego ἐμπορπῶνται, ἤτοι συμβάλλονται, infibulant sibi) οἱ στρατιῶται, Hesych. Ἀπολύσαντες δὲ τὴν κάνδυν, καὶ τὰς ἀναξυρίδας ἐξελκύσαντες, καὶ τὸν πῖλον ἀφελόντες, Authoris innominati uerba apud Suidam & Varinum: Videor sanè mihi apud Xenophontem

phontem legisse. Erant autem Persæ omnes equites, ut infra dicam in Bellicis.

¶ Equi nobiles & cursu ualidi, quia publicis certaminibus & spectaculis uel singuli cursu certabant, uel bigis aut quadrigis iuncti, propositis quidem præmijs, Græci dicuntur ἀθληταί, ἀθλοφόροι, ἀγωνισταί, ἁμιλλητήριοι, νικηφόροι, ut apud Pollucem & Varinum legimus. ἵππος ἀθλητής, apud Strabonem. Ante suos it uictor equus, Silius. Τέσσαρες ἀθλοφόροι ἵπποι (αἱ δύο ξυνωρίδες, ὅπερ καὶ τέτρωρον λέγεται) αὐτοῖσιν ὄχεσφιν ἐλθόντες μετ' ἄεθλα. περὶ τρίποδος γὰρ ἔμελλον θεύσεσθαι, Homerus Iliad. λ. Et rursus in Odyssea, Ἡ δ' ὥς τ' ἐν πεδίῳ τετράοροι ἄρσενες ἵπποι. Δρομικοί, ad curule certamen idonei, ut Ruellius uertit. Nempe uolucrem Sic laudamus equum: facili cui plurima palma Feruet, & exultat rauco uictoria circo. Nobilis hic quocunque uenit de gramine, cuius Clara fuga ante alios, & primus in æquore puluis, Iuuenalis Sat. 8. Acer equus quondam, magnæque in puluere famæ, Ouid. lib. 7. Metamorph. Et alibi, Non ego nobilium uenio spectator equorum. Et rursus, Nec te nobilium fugiat certamen equorum. Primus in certamine, Horat. de Arte. Anniceris Cyrenensis (inquit Aelian. secundo Variorum) ob artem equitandi & curruum regendorum peritiam, superbum animum gerebat. Voluit igitur quodam tempore specimen artis suæ Platoni exhibere, & iuncto curru in Academia multos cursus circumequitauit, adeò intentè currus gressum seruans, ut ne digitum quidem latum discederet ab orbitis, sed semper in eodem spatio permaneret. Cæteri igitur omnes mirantes obstupuerunt: At Plato nimiam eius industriam reprehendit, inquiens, fieri non posse ut qui rebus tam nullius pretij operam nauaret adeò diligentem possit magnis & præclaris negotijs uacare. Cum enim omnis cogitatio in ista conferatur, necessum esse ut ea negligentius agat, quę reuera sunt admiratione digna. Ἐφίππειον esse interpretantur sellam: ἐφίππιον uero est currentium equorum certamen, Cælius. Ἐφίππιον, ἀγώνισμα ἐφ' ἵππων τρεχόντων, Suidas. Plato libro 8. de Legibus inter cursores enumerat, primum σταδιοδρόμον, deinde eum qui δίαυλον currit, tertiò qui ἐφίππιον. Ἀνιππασία καὶ διιππασία, ἡ τῶν ἵππων ἅμιλλα, Varin. & Suidas: legendum ἀνθιππασία, quod cum aliâs constat, tum ex eo quod subijcitur, ἀντιμοσίαν quoque & διωμοσίαν (à diuersis præpositionibus ἀντὶ & διὰ composita uocabula) eiusdem significationis esse. Eundem errorem etiam in Delta elemento commiserũt, ubi eadem prorsus uerba leguntur, διιππασία & ἀνιππασία, &c. At melius in Alpha cum scribunt, ἀνθιππασία, ὁ ἱππικὸς ἀγών. Item Hesychius, Ἀνθιππασιῶν (melius Ἀνθιππασία) τῶν ἱππέων ἄσκησις καὶ ἀγῶνες αὐτῶν. Διελασία, decursio militaris, id est ἀνθιππασία, Budæus. Ad amicam cursus equorum spectantem, Ouid. Eleg. 3. Equorum certamen prolixè describit Statius libro sexto Thebaidos, & Q. Calaber circa finem libri 4. certamen curule. In certaminibus equestribus mos antiquus fuit, alienis uti equis: quamobrem Homerus etiam cum in funere Patrocli certamen describeret, Menelaum inducit utentem Agamemnonis equo Aetha nomine, & altero suo, Pausanias de Olympijs scribens. Ἀποβάτης, certamen quoddam equestre: & ἀποβῆναι, τὸ ἀγωνίζεσθαι τῷ ἀποβάτην (lege ἀποβάτην ex Varino:) & ἀποβατικοὶ τροχοί, οἱ ἐκ τούτου τοῦ ἀγωνίσματος, Suid. Varinus addit, Quę uero in hoc certamine fieri solita sint, Theophrastus indicat. Soli autem Græcorum Athenienses & Bœoti eo utuntur. ¶ Olympia dicebantur ludi in honorem Iouis Olympici instituti in Arcadia apud Pisam & Elidem, quinto quoque anno repeti solita: in quibus tum alia certamina diuersa, tum equestria quædam exercebantur. De his sat fuerit authorum loca demonstrasse, exscribere nimis prolixum. Vide Onomasticum in dictionibus, Olympia, Olympias, Olympionices: Item Suidam. Sunt qui quarto quoque anno celebrari ludos Olympicos moris fuisse scribant, alij quinto: nec discrepant: alteri enim computant utrunque annum, in quo celebratur ludus, & sic quinque fiunt anni, ut dies febrium tertianæ & quartanæ medici numerare solent: alteri celebritatis præteritæ annum omittunt. Inuenio lustrum Latinis id esse quod Olympias Græcis, id est quinquennium, ita tamen ut quadriennio exacto, quinto quoque anno ineunte, lustrum peractum esse intelligatur: sic primum & secundum lustrum dicitur, &c. uide Promptuarium. Chronicorum authores Olympiacum agonem ab Hercule institutum docent anno mundi 2752. incipiunt autem Olympiadem primam numerare anno mundi 3185. anno ante conditam urbẽ 17. Christus autem natus est anno mundi 3962. ut olympias prima octingentis annis, minus circiter uiginti ante Christum natum fuerit. Cæterum postremam Olympiadem trecentesimam & uigesimã octauam inuenio, anno post natum Christum 534. Olympiadum computatio, inquit Plutarchus, incertissima est. Nam eorum exscriptionem serò est adortus Eleus Hippias, nullo admodum subnixus ad fidem necessario argumento. Pindarus laudes conscripsit uictorum in quatuor sacris certaminibus, quæ sunt Olympia, Pythia, Nemea, Isthmia: inter quæ principatum Olympijs atribuit. De Olympico certamine multa scribit Cælius libro 13. per totum caput 17. unde nos illa potissimum adferemus, quę ad rem equestrem pertinentia ex Pausania transtulit. Olympias quinta & uigesima (inquit) equorum in curru uidit cursum, quos τελείους, id est perfectos adultósue dicunt, ac curru uictor pronunciatus Pagondas est Thebanus. Ab hac porrò Olympiade octaua, equi celetes in puluerẽ prodiere: unde monampycia Pindaro nũcupata. (De ampyce dicã infra.) Synoris quę duos habet equos τελείους, admissa fertur tertia & nonagesima olympiade, ut primo rerum Gręcarum scribit Xenophon. Mox nona & nonagesima currui admotis etiam pullis equis, placuit certare. Concinnata posterius item pullorum synoris: nec displicuit κέλης pullus. Fuit apènes item cursus, sed & calpes: hæc uerò equam habebat, sed ita ut extremum cursum anabatæ, hoc est sessores ipsi desiliendo, apprehensis manu habenis, ut docuit Pausanias, perficerent. (Nos hæc ex Pausania multò clarius reddemus infra, ubi plura de curribus dicentur.) Quod, inquit, uel ad mea seruatum tempora est. A pene autem mulas equorum loco iungebat. Celeta instituisse Bellerophon traditur primus, synorida uerò Castor, currum Erichthonius Atheniensis, astraben Oxylus Aetolus, Hucusque Cælius. Quantum clamore iuuatur Elæus sonipes, quamuis iam carcere clauso Immineat foribus, Lucanus libro 1. Vergilius in Georgicis cum alia quædam pertinentia ad equos cursu certantes in circo uel agône Olympico scribit (quæ supra alicubi recitaui, in celeris equi, ni fallor, mentione) tum quæ sequuntur carmina,

Ergo animos æuumque notabis,
Et quis cuique dolor uicto, quæ gloria palmæ.
Nonne uides? cum præcipiti certamine campum
Corripuere, ruuntque effusi carcere currus:
Cum spes arrectæ iuuenum: exultantiaque haurit
Corda pauor pulsans, illi instãt uerbere torto,
Et proni dant lora: uolat ui feruidus axis.
Iamque humiles, iamque elati sublime uidentur
Aëra per uacuum ferri, atque assurgere in auras,
Nec mora, nec requies: ut fuluæ nimbus arenę
Tollitur: humescunt spumis, flatuque sequentum.
Tantus amor laudũ, tantæ est uictoria curæ.

Et rursus, Sin ad bella magis studium, turmasque feroces: Aut Alphea rotis prælabi flumina Pisæ: Et Iouis in luco (Ἄλτιν uocat Pausanias) currus agitare uolãtes: Primus equi labor est, animos atque arma uidere Bellantum, lituosque pati: tractuque gementem Ferre rotam, & stabulo frenos audire sonantes, Hæc ille. Quis Eleas potior lustrauit arenas? Gratius de equo Thessalico uel Mycenis nato. Sunt quos curriculo puluerem Olympicum Collegisse iuuat, metaque feruidis Euitata rotis, palmaque nobilis Terrarum dominos euehit ad deos, Horatius Carm. Ode 1. Et rursus Carm. li. 4. Ode 3. Illum non labor Isthmius Clarabit pugilem: non equus impiger Curru ducet Achaico Victorem. De certaminibus sacris, Cęlius 21.31. De quatuor sacris Græcię certaminibus, Leonicenus 1.68. Quis primus instituerit apud Græcos Olympicum certamen, & alios id genus ludos, Polydorus 2.13. De primis Olympici certaminis fundatoribus, & restauratoribus postmodum, Leonicenus 2.57. Mulieres ab Olympijs excludi solitas, Cælius 14.14. Hellanodicæ qui, & quomodo in sola Aristopatera legem Olympiorũ transgressi sint, Tzetzes 12.407. & 1.23. & Leonicenus in Varijs 2.56. ubi hanc mulierem Olympijs spectandis contra leges admissam, Callipateriam uocat, & filium eius facit Pisirhodum: Tzetzes uerò sororis filium, & πεισιρόδιον nuncupat. Epigrammata aliquot in quatuor sacros agônes habemus à principio Anthologij Græci. De Olympijs permulta Pausanias in Eliacis libro 1. ex quibus translata quædam per Cælium Rhodiginum supra recitaui. Enumerat etiã quinam in Olympijs uicerint equis, quorũ imagines quoque uel statuę positæ sunt, per totũ secundum Eliacorum librum. De Olympicis ludis, alijsque sacris certaminibus multa præclarè scribit Alexander ab Alex. 5.8. Τεθρολύμπιον ἅρμα, τὸ ἐκ τριῶν ὀλυμπιάδων ἐζευγμένον, Hesych. & Varin. Cynisca Archidami Spartanorum regis filia, mulierum prima, inquit Pausanias, equos alere adorta est: primaque curru adepta uictoriam est in Olympicis. Eius herôum uisebatur in regione, quam de platanorum copia platanistam uocant, Cælius. Equi eius ænei, magnitudine equis minores, uisuntur in uestibulo templi Iouis Olympici, Pausanias Eliacorum lib. 1. Meminit etiam eius initio secundi Eliacorum. Equo in Olympia uicisse aiunt Iasium, Pausanias. Vicisse Olympia prægnantem equam Echecratidis Thessali inuenimus, Plinius. Miltiades unus ex decem ducibus Atheniensium in Marathône, patrem habuit Cimonẽ Stesagoræ, qui Pisistratum Hippocratis ex Athenis fugit: & dum fugit obtinere Olympiadem quadrijugo certamine, quam uictoriam muneris gratia trãstulit in Miltiadem ex matre germanum: proximaque Olympiade eisdẽ equabus aliam Olympiadem cũ uicisset, à filijs Pisistrati interfectus est, mortuo iam Pisistrato: sepultusque ante urbem trans uiam quę uocatur Diacœle: Et è regione sepultæ sunt equæ illæ, quæ treis Olympiacas uictorias reportarãt. Idem quod istæ iam aliæ equæ fecerunt, quæ fuerunt Euagoræ Lagonis (quę etiam in ludis Eleis uictrices fuêre) aliæ præterea nullæ, Herodotus libro sexto interprete Valla. Huius Cimonis meminit etiã Tzetzes 1.22. uitam eius Plutarchus conscripsit. De Olympia, id est Iouis Olympij templo in agro Pisano, & iuxta eam luco campoque, & Olympici certaminis origine progressuque, lege Strabonem libro octauo.

¶ Hippodromus, locus ad cursus equorum destinatus, qui statim intrantium oculis totus simul offertur, hinc atque hinc platanos, aut buxos, aut cupressos, aut alias arbores perpetuò uirentes habens. In eo de pernicitate equorum certatur, citra simulachrum pugnæ, & à cursu equorum appellatur, Budæus in Pandect. Inde de hippodromo & palæstra ubi reuenisses domum, Plautus Bacch. λεῖον ἱππόδρομον λέγουσι τὸ πεδίον τὸ καμπτῆρα χωρίον, Varinus. Accipitur etiam adiectiuè pro loco idoneo equitationi: γῆ λεία, ὁμαλή, ἄλιθος, ἱππόκροτος, ἱππόδρομος, εὔιππος, Pollux. Forum Eliensium antiquo more constructum, porticus inter se distantes habet, & uias per eas: Vocatur autem nostro tempore Hippodromus, & instituunt in eo equos incolæ, Pausanias Eliacorum 2. Cum omnis Alexandria equorum studijs uehementer incumberet, atque in hippodromo ad hoc spectaculum ciuitas uniuersa conueniret: tantaque plerunque oriretur contentio decertantium, ut sese mutuò etiam perimerent, hunc morem grauiter redarguit Apollonius, Philostratus. Hippodromus certamen Athenis in honorem Thesei celebratum, Hesychius & Varinus. Hippodromia, id est certamen currentium equorum, post reliqua certamina celebrari solebant, Scholia in Pacem Aristophanis. Azanen Arcadis fuisse filium, Pausanias scribit, quo moriente, certamina sint proposita primum, præcipuè uero hippodromiam, id est equorum cursum, Cæl. Philostratus in Hippodromo sophista, Olympiodoro eius patri gloriæ adscribit, quod hippotrophia cunctos præcelleret Thessalos, Cælius. Θεωρεῖον, τὸ ἱπποδρομεῖον, Varin.

Circus

Circus dicitur, inquit Nonius, omnis ambitus uel gyrus, unde diminutiuum circulus. Cicero lib. 2. de Legib. Iam ludi publici, quoniam sunt cauea circoque diuisi, sint corporum certationes cursu, & pugilatione, luctatione, curriculisque equorum usque ad certam uictoriam circo constitutis. Mediaque in ualle theatri Circus erat, id est spatium spectaculi. Plura leges paulò inferius, & in Promptuario in uocabulis Circenses & Circus, & Alexandrum ab Alexandro in Dieb. genial. lib. 5. 8. & 5.16. ἐν ἱππικοῖς θεάτροις ἃ Ῥωμαῖοι Κίρκους καλοῦσι, Plutarchus. Hippodromum Siculi campum uocant, Hesychius & Varinus in κάμπος uoce Latina: qua & Vergilius eadem significatione utitur, Hic uel ad Elei metas & maxima campi Sudabit spatia. Et quoniam in campo, id est planicie equi, & exultant & cursu ualent (unde prouerbium, Equum in planiciem) trahitur hoc uocabulum ad rem quamlibet, in qua quis copiosius studium suum declarare & uires explicare potest. Campus Rhetorum, Cic. 1. Offic. Idem 4. Academ. Quum sit enim campus, in quo exultare possit oratio. Idem pro A. Cæcina, Istum locum fugis & reformidas, & me ex hoc (ut ita dicam) campo æquitatis, ad istas uerborum angustias, & ad omnes literarum angulos reuocas. ἱππικόν, τὸ στάδιον, Hesychius & Varin. Stadium Latinè curriculum dicitur, siue locus in quo equi hominésue currunt, & certant athletæ: dictum ἀπὸ τῆς στάσεως, hoc est à statione, quòd Hercules eo spatio uno spiritu confecto, constitisset. Institutum quippe ab Hercule stadium tradunt, eumque pedibus suis metatum esse id stadium quod est Pisis apud Iouem Olympicum, fecisseque id longum pedes sexcentos, (siue centum uigintiquinque passus.) Inde postea cætera stadia terris Græcis ab alijs instituta, pedum quidem simili modo sexcentorum, ueruntamen aliquantulum breuiora, Ex Gellio lib. 1. Olympicum stadium, Seneca in Thyeste. Stadium orgyias, id est ulnas cõtinet centum, uel cubitos trecentos: αὐλὸς olim dictum, unde diaulus (spatium duplicis stadij per se & rectà extensum: uel unius tantum, quod respectu cursoris per unum idemque stadium redeuntis ad cursus sui initium duplex fit) & diaulodromi. Stadium à statione (στάσιν Græci dicunt) uocatur: stantes enim spectabant: uel quasi στάδιον, παρὰ τὸ ἐν τῷ δρόμῳ στάσιν, Varin. Carceres, tantum pluraliter, locus in circo unde emittuntur equi in spectaculis. Seruius in 1. Aen. Carcer est (inquit) undecunque prohibemur exire. Dictus quasi arcer ab arcendo, teste Varrone. Locum autem in quo seruantur noxij, carcerem dicimus numero tantum singulari: unde uero erumpunt quadrigæ, carceres dicimus numero tantum plurali, licet poëtæ in singulari sæpe usurpent, Ruuntque effusi carcere currus, Verg. Aeneid. 5. Signa tubæ dederant, quum carcere pronus uterque, Ouid. 10. Metamorph. Sacro de carcere missis Insistam forti mente uehendus equis, Idem 3. Amor. Et similiter author rhetoricæ ad Herennium libro 4. Impudentesque illos dicit esse qui currere cœperint, ipse intra carcerem stet, &c. Soluti carceres, Stat. 6. Theb. Nec enim in quadrigis eum secundum numerauerim, aut tertium, qui uix è carceribus exierit, quum palmam iam primus acceperit: nec in orationibus, qui tantum absit à primo, uix ut in eodem curriculo esse uideatur, Cicero de claris orat. Sic ubi prosiluit piceo de carcere præceps Ante suos it uictor equus, Silius. Quamuis iam carcere clauso Immineat foribus, Lucan. Vt cum carceribus missos rapit ungula currus, Instat equis auriga suos uincentibus, illum Præteritum temnens extremos inter euntem, Horat. Serm. 1. 1. Disponebatur circus in forma spatij oblongi, & in summitate circi carceres erant, unde equi curribus iuncti ad cursum mouebantur, et quum ad summum deuenissent, reuoluebantur, donec ad priorem metam deuenirent, Promptuarium. Huc facit quod diaulum exponunt cursum reciprocum siue duplicem, obeundi scilicet stadium ac mox redeundi. A carceribus ad calcem, id est à principio ad finem, prouerbialis locutio, apud Cic. de amic. Ἀπὸ βαλβῖδος (ἀπὸ ἀφετηρίας, ἀπ᾽ ἀρχῆς, Hesych. & Suidas) à carcere siue repagulo, id est ab ipso rei principio: extat apud Aristophanem, Erasmus Chiliade 2. Centuria 5. Prius autem Chil. 1. Cent. 6. idem in plurali, Ἀπὸ βαλβίδων, posuerat, citato Aristophanis uersu è Vespis, Καὶ μὴν εὐθύς γ᾽ ἀπὸ βαλβίδων περὶ τῆς ἀρχῆς ἀποδείξω. Interpres (inquit) metaphoram à stadijs sumptam ostendit, in quibus carceres erant repagula quædam, quæ Græci βαλβίδας seu ἀφετηρίας appellant, unde cursus initium erat: iuxta has linea tendebatur, cui insistebant cursuri, Hæc Erasmus. Ego quia non satis aptè ab eo conuersa hæc puto, Græca apponam. Ἀπὸ βαλβίδων, ἀπ᾽ ἀρχῆς εὐθέως, ἀπὸ μεταφορᾶς τῶν σταδιοδρόμων. Βαλβὶς γάρ ἐστιν ἡ ἀφετηρία. γραμμὴ δὲ, ἐφ᾽ ἧς ἑστήκεισαν, ἕως ἂν ἀποσημανθῇ ὁ δρόμος αὐτῶν. Et rursus in equitibus ad uerba Comici, Ἄφες ἀπὸ βαλβίδων ἐμέ τε καὶ τουτονί, Ἵνα σ᾽ εὖ ποιῶμεν δὲ ἴσα, Scholiastes addit: Βαλβὶς καλεῖται τὸ ἐν τῇ ἀρχῇ τοῦ δρόμου κείμενον ἐγκαρσίως ξύλον, ὃ καὶ ἀφετηρίαν καλοῦσιν: hoc lignum transuersum cursoribus iam ad cursum paratis auferentes, ἀφίεσαν τρέχειν, id est currere permittebant. Aliter, Ἡ ὑπὸ τὴν ὕσπληγγα γινομένη γραμμὴ, διὰ τὸ ἐπ᾽ αὐτῆς βεβηκέναι τοὺς δρομέας, βαλβὶς καλεῖται, ἀπὸ τοῦ εἰς βάλλεσθαι βάσιν. πρῶτον γὰρ εἰσέρχονται βάσιν, εἶτα τοῦ δρόμου ἄρχονται: uel quasi ἁλμὶς à saltando, uel à uerbo βαίνω. (Plura de uoce βαλβὶς uide paulo mox.) Item in Acharnensibus, πρόβαινε νῦν ὦ θυμέ, γραμμὴ δ᾽ αὑτηί: gramme, id est linea, exponitur initium, ἀφετηρία ἡ λεγομένη βαλβίς. A linea incipere, Ἀπὸ γραμμῆς ἄρχεσθαι, inquit Erasmus, ij dicuntur, qui ab ipso rei exordio sumunt initium. Age igitur ad lineas rursus & ad gradum, Tertullianus dixit lib. 1. aduersus Marcionem, pro eo quod est, ab integro. Et alibi in prouerbio Extrema linea: Quoniam olim (inquit) initium unde cursus incipiebatur, ducta linea notabatur, rursus extremum linea signabatur, idcirco à linea incipere, siue ad lineam redire dicebantur, qui rem ab initio repetebant. Et quod in quaque re postremum est, extremam lineam appellabant. Ita Terentianus Phædria, Postremo extrema linea amare nonnihil est. Et Tertullianus lib. quem aduersus Hermogenem scripsit, uocat eum ignorantium extremam lineam, quod ultimus esset hæreticorum. Siquidem adhuc erat in uiuis, quum ea scriberet Tertullianus, Hæc Erasm. Quintilianus libro undecimo ita scribit, Transire in diuersa subsellia, parum uerecundum est: nam & Cassius Seuerus urbanè aduersus hoc facientes lineam poposcit. Hæc ego lineam (inquit Cælius 5.14.) longurium accipio: sic enim longiores perticas, aut robustiora ligna, quæ in stabulo equis interponuntur, ne consurgant in pugnam, aut se mutuò feriant, appellari obseruauimus. Seruius Aen. quinto, ubi in ludorum celebratione Virgilius ait: Signoq; repente Corripiunt spatia audito, limenq; relinquunt: regulam interpretatur, quod dixit poëta limẽ, aut signum de creta factum. Hinc est cur in ludis ab eruditis persæpe linea nuncupetur alba. Aliqui tamen lineam apud Ouidium longum in Circo sedendi spectatorum ordinem interpretantur. Porrò ut in carceribus uisebatur linea, sic & in meta, ubi uincentibus proponebantur prœmia, ut Pindaricus tradit interpres. Longis porrò lineis quid fieri, eleganter dicitur, quod è longinquo fit: uelut, extrema linea amare apud Terentiũ, Hæc Cælius: Ego lineam uideo pro filo etiam & fune accipi, ut in linea piscatoria: utebantur autem funibus quoq; ad limites certaminum signandos, unde Lycophron, ἐγὼ δ' ἄκραν βαλβῖδα μηρίνθου χαλάσας: quanquam & lignis transuersis usos reperimus. Ars sit, an quid aliud, & à quibus carceribus decurrat ad metas, Varro de re Rust. 1.3. Curriculum, locus in quo certamen currendi exercetur. Sunt quos curriculo puluerem Olympicum Collegisse iuuat, Horat. nisi quis curriculum à curru diminutiuum accipiat, ut Curtius lib. 8. Aliorum turbati equi non in uoragines modò, lacunasq;, sed etiam in amnem præcipitauêre curricula. Tu cum de curriculo petitionis deflexisses, Cic. pro Mur. Accipitur etiam pro cursu, Quod sine curriculo & sine certatione corporum fiat, Cicero 2. de Legib. Κατάδρομος est stadium, in quo equites decurrere solebant imaginario prælio (hippodromus uero citra pugnæ simulacrum) Latinè decursorium dixeris, Budæus in Annotationib. Ἐνεχελιδῶν, locus equestrium certaminun, & templum illi, Hesych. & Varin. Enechelidon, locus Athenis stadiorum octo, in quo hippodromiæ fiebant, ab Echelo quodam dictus, Varin. Fuit autẽ Echelus heros quidam: alij echelum herois cuiusdam epitheton faciunt, ἀπὸ τοῦ ἕλους παρακεῖσθαι τῷ ἥρωϊ, Hesych. Echelidæ (authore Stephano) uicus est Atticæ, ab Echelo heroë dictus: heroi autem hoc nomen contigit à loco qui dicitur Helos, inter Piræeum & Tetracomum Herculeum sito, ubi in Panathenæis agônes gymnici agitabantur. Βαλβὶς ἡ ἀρχὴ τῆς εἰσόδου καὶ ἐξόδου, καὶ ἡ ἄφεσις τῶν ἵππων, καὶ ἡ θύρα τοῦ ἱππικοῦ: ἔνιοι δὲ καμπτῆρα. καὶ παρὰ Ἱπποκράτει βαλβῖδες, τὸ ἔχον ἑκατέρωθεν ἐπαναστάσεις. ἔστι δὲ καὶ βαθμὸς καὶ ἔρεισμα, Hesych. Ἐγὼ δ' ἄκραν βαλβῖδα μηρίνθου χαλάσας, (ἀνοίξας,) Πρώτην ἀράξας νύσσαν, Lycophron. Balbides (inquit Aelius Dionysius) non solum lineæ, à quibus excurrendi initium fit, ἀλλὰ καὶ ὅσαι ἐν φρέασι καὶ ἄλλοις τοιούτοις ἐγκοπαὶ καὶ ἐξοχαί, δι' ὧν κατίασιν εἰς αὐτά. Ταῖς βαλβῖσιν ὅμοιόν τι κατὰ ἔννοιαν καὶ ὁ βατήρ, ὅς ἦν ἀρχή φησι τοῦ τῶν πεντάθλων σκάμματος, (lego σκάμματος, id est fossæ:) unde prouerbium, Αὐτὸν ἐκίνησας τὸν βατῆρα τοῦ λόγου, hoc est, quod primum & præcipuum in re erat uerbis tuis attigisti, Varin. & Suidas partim. Βατῆρα, τὸ ἄκρον τοῦ σκάμματος τῶν πεντάθλων, ἀφ' οὗ ἅλλονται τὸ πρῶτον, Hesych. Βαλβιδοῦχον, τερματοῦχον, Idem. Βαλβίς, κοιλότης παραμήκης παρὰ τῷ Ἱπποκράτει, Idem: & Galenus in Glossis Hippocratis: hoc est cauitas oblonga: per metaphoram scilicet à fossis, & eminentibus earum marginibus, qualibus areæ certaminibus destinatæ, circundantur, unde prouerbium illud, Ὑπὲρ τὰ ἐσκαμμένα πηδᾶν, id est ultra fossas saltare, cuius meminit Suidas, & metaphoram à pentathlis ductam esse ait. Ferri enim de Phayllo Crotoniata uel Opuntio pentathlo, quòd fossas quæ pedum quinquaginta latitudinem habebant, primus transilierit: quod testimonijs ex epigrammate & Cratylo Platonis probat. Simile est prouerbium, Extra oleas, quod Erasmus locum habere ait, ubi quis terminos præscriptos transgreditur: aut aliena, nec ad rem pertinentia facit, dicit'ue. Aristophanes in Ranis, Μή σε ὁ θυμὸς ἁρπάσας Ἐκτὸς οἴσει τῶν ἐλαῶν. Stadia, inquit interpres, in quibus currendi certamina peragebantur, oleis per seriem positis utrinq; sepiebantur, quas præterire non licebat: proinde qui præterijsset oleas, extra stadium currere uidebatur. Ἀφοῦ ἀπὸ βαλβίδων ἐμέ τε καὶ τοῦτον, τουτέστιν ἀπὸ κανόνων, (uide an melius καγκέλων.) βαλβὶς γὰρ ἡ ἄφεσις τῶν δρόμων, Suidas. Βαλβίς, βάσις ταπεινή, ἡ ἀφετηρία, καὶ ὁ καμπτός. ὥσπερ ἐκ βαλβῖδος τινὸς οἱ τὰ τέθριππα ἀφιέντες, ἀναπετασθείσης τῆς πύλης, Suidas. Hysplax, inquit Theocriti interpres, laquei species est, propriè autem cursorum carceres sic uocantur, quem nos cancellum dicimus, Cælius. Ὕσπληγξ, ὁ, carceres unde equi emittuntur in spectaculis: item flagellum, stimulus, ut & ὕσθεξ, & ὑστριχίς. Ὕσπληξ, flagellum sic dictum quod fiat ἀπὸ τῶν τριχῶν τῆς ὑῶν, id est è setis suillis: (uel à præpositione ὑπό, quasi ὑπόπληξ. βούκεντρον, ἀφετηρία, Etymolog.) & carceres, inde (ut uidetur) dicti, quòd flagello illic feriantur equi, ἐκ τοῦ ἐκεῖ πλήττεσθαι τῇ μάστιγι τοὺς ἵππους, Varinus. Ὕσπληξ, βαλβίς, μύωψ ὁ πλήσσων τοὺς βόας, καὶ παγὶς λύκων, Hesych. & Suidas. Ὕσπληγξ, ἀφετηρία, ἐν τῇ γῇ πάσσαλος, ὁ κεράτινος κρίκος, τὸ ῥόπτρον τῆς σφραγῖδος. Ego quidem semper ὕσπληγξ legere malim cum gamma ante xi, & sic in obliquis gamma duplex fiet: etsi apud Pausaniam obliqui cum simplici gamma aliquoties leguntur à recto ὕσπληξ. Ὁ δὲ καθάπερ ἀπὸ ὕσπληγγος ἕτοιμος ὤν, ἐξ αὐτῆς ἧκε, Suidas ex authore innominato. Et ex epigrammate, Τίς τὸν ἄχνουν Ἑρμῆν σε παρ' ὑσπλήγγεσσιν ἔθηκε. Et Iosephus, οἱ δὲ ἑστᾶσιν ὥσπερ ἐφ' ὕσπληγγος ἐξορμᾶν ἕτοιμοι. Αἴτιον ἀπὸ μιᾶς ὑσπλαγίδος ἀπήλασαν τοὺς ἄνδρας ἀπὸ τῶν ὑστάκτων, τουτέστι τῆς γυναικείων ἀοιδίων, Aristophanes: Ἀπὸ μιᾶς ὑσπλαγίδος Suidas interpretatur, ἀφέσεως, βαλβῖδος: ἢ ὡς ἀπὸ ἑνὸς κανόνος καὶ καμπτῆρος. Circumscribere cancellis, Erasmus in prouerbio Minore finire pomœrio. Cinclides pro carcere accipit Plutarchus in Lucullo, ubi pressos fœnore ab publicanis pati coactos scribit, χοινισμούς, κιγκλίδας, καὶ ἵππους, Cælius: Ego potius certum genus aliquod uel tormenti uel carceris aut caueæ cancellatæ

latæ, cui intrudebantur sontes, uel exponebantur in ea, κιγκλίδα esse dixerim: neque enim inter peculiaria & exquisita tormentorum nomina carceris etiam nomen generale, & exigui ad tormenta illa momenti ponere conueniret. In Lexicis nihil reperio quod huc faciat. Pollux tum alibi κιγκλίδα genus hostij esse scribit: tum libro 8. Αἱ τῶν δικαστηρίων θύραι κιγκλίδες ἐκαλοῦντο, ἃς οἱ Ῥωμαῖοι καγκέλλωτὰς (id est fores cancellatas) λέγουσι. Ἀφ' ἑστίας ἀρχόμενος, hoc est à foco incipiens: parœmia, translata à cursoribus in sacris: mos enim erat Vestæ primitias offerri, Hesychius: sed locus est corruptus, qui cursorũ mentionem facit: non enim ἀπὸ τῶν δρομέων περὶ τὰ ἱερὰ legendum, sed ἀπὸ τῶν καθιεμένων τὰ ἱερὰ, ut habet Scholia in Vespas Aristophanis, unde Varinus etiam transcripsit: quę uerba Erasmus in Prouerbio, Ab ipso lare, interpretatur à uetusto ritu sacrorum. Licebit sanè apud Hesychium legere, ἀπὸ τῶν δρωμένων περὶ τὰ ἱερὰ, quæ lectio magis arridet quàm Scholiastæ & Varini. Sed bene cecidit, quòd licet corruptus hic locus nihil ad certamina, de quibus hîc agimus, pertineat, eundem tamen sensum habet prouerbium Ἀφ' ἑστίας ἄρχεσθαι, quem illa, A linea, & A carcerib. de quibus ex professo hîc scribimus. Ἀφετηρία, ἀρχὴ, ἡγεμονία. ἢ ἡ ἀρχὴ (θύρα, Suidas) τοῦ ἱπποδρόμου, καὶ ἁπλῶς πᾶσα ἀρχὴ, ἢ τὸ κάγκελον, Hesychius & Varinus. Cæterum organa ἀφετήρια (quæ uox proparoxytona est) dicuntur, quorum usus erat in obsidionibus, Suidas: balistæ nimirum & catapultæ, uel quæuis machinæ, quæ lapides uel alia tela eiaculabantur. Ἀφετηρία, ἄφεσις, ἵππων ἄφεσις, & ἱππάφεσις, synonyma sunt. Ἱππαφέσεων, τῆς ἀφετηρίας. Πολύβιος, Παραπλήσιόν τι πάθος ἔφασκε τοῖς ἐπὶ τῶν ἱππαφέσεων, οἷον εἰκὸς ἐστησμένοι ἐκ τῶν αἱρουμένων ὑσπλήγων, Suidas. Ἡ ἄφεσις τῶν ἵππων ἐν Ὀλυμπίᾳ παρέχεται σχῆμα πρώρας νεώς. τέτραπται δὲ αὐτῆς τὸ ἔμβολον ἐς τὸν δρόμον, &c. ἑκατέρα μὲν δὴ πλευρὰ τῆς ἀφέσεως πλέον ἢ τετρακοσίους πόδας παρέχεται τὸ μῆκος. πεποίηνται δὲ ἁρμάτων ἢ καὶ τῶν ἵππων τῶν κελήτων, δίκης πρὸ αὐτῶν καλώδιον ἀντὶ ὕσπληγος, καὶ τηνικαῦτα χαλῶσιν οἱ ὕσπληγες, &c. Pausanias Eliac. 2. in horum carcerum embolo, id est rostro, delphis æreus in canone erectus uisitur, & in medio ara quæ aquilam ex ære alis longè extensis sustinet. Est autem machina huiusmodi, ut ea commota delphinus in terram cadat, aquila uerò sursum prosiliat. Hos tam artificiosos carceres Cleœtas quidam concinnauit, in cuius rei gloriam statuæ suæ Athenis hoc distichon inscribi uoluit: Ὃς τὴν ἱππάφεσιν ἐν Ὀλυμπίᾳ εὕρατο πρῶτος Τοῦ ἔργον Κλειοίτας υἱὸς Ἀριστοκλέους. Νύσσα, ἡ ἀφετηρία τῶν ἱππικῶν ἀγώνων. Τοὺς μὲν ἵππους κεντοῦσιν οἱ παρεστῶτες σιδηροῖς κέντροις, ὡς ἂν ὀξυτέρως ἐκπηδήσωσι τῇ πληγῇ: οἱ δὲ πεζοὺς, λόγοις, Varinus. Καμπτὴρ etiam νύσσα uocatur, quasi νύξις. νύσσει γὰρ περὶ τὸν καμπτῆρα καὶ κάμπτουσιν, Idem in Νύσσῃ. Νύσσα, καμπτὴρ, τέρμα, βαθμὶς, Suidas. Νύσσα, ὁ καμπτὴρ, ἀπὸ τοῦ ἐλθόντα κατ' αὐτὴν νύσσειν τὸν ἵππον, Hesychius. Κολοκώνας, τὰς βαλβῖδας τινὲς, Hesychius & Varinus. Καμπτὴρ, flexus, & meta circa quam uertuntur, Lexicon. Δρόμοι τινὲς ἦσαν κάμπιοι, οὐκ εὐθεῖς καὶ ἁπλοῖ, ἀλλὰ καμπὰς ἔχοντες, Suidas & Varin. & Cælius, Campion (inquit) cursum uocabant, non rectum, nec simplicē, sed flexiones habentem. Ἱππικὸν τόρμον, ὁ καμπτὴρ, Hesychius & Varinus. Τόρμη, νύσσα, καμπτὴρ, Suid. Sed de uoce torme, etiam inferius dicam. Ἵππους δ' ἐξελάσασθαι ὑφ' ἅρματι, καὶ περὶ νύσσαν Ἀσφαλέως κάμπτοντα τροχῷ σύριγγα φυλάξαι, Theocritus Idyllio 31. in Heraclisco. Eobanus uertit, Sed coniungere equos curru uertente rotarum Ad metam radios, & campi tuta tenente, Amphitryon puerum, &c. Ipsemet edocuit. Κέντει τὸν πῶλον περὶ τὴν νύσσαν, Stimula equum circa nyssam: hoc est, festina ad scopum propositum, Suidas. Incita equum iuxta nyssam, hoc est iuxta lineam siue metam, ut Erasmus interpretatur, quod non probo: in fine enim demum stimulare equum, serum est. Spatiorum in quibus certabant, tres sunt differentiæ, carceres, meta, & flexus uel καμπτὴρ in medio, ut inferius ex Polluce dicetur. Grammatici quidem lexicorum authores pro omnibus istis spatijs nyssam exponunt: sed ut pro carceribus accipi possit, quoniam illic quoque punguntur equi ad cursum, pro fine certè uel meta impropriissime accipietur: propriè uerò pro flexu in medio, ut ex Polluce constat, & paulò ante positis Theocriti uerbis, περὶ νύσσαν κάμπτοντα. Suidas quidem in Nyssa, ut iam recitaui, spatia hæc omnia confusè nominans (nam pro βαθμὶς, βαλβὶς legendum iudico) Pollucis uerba transcripsisse uidetur, non interpretando, sed enumerando diuersa spatia: quod & alibi à Grammaticis illis parum prudenter fieri obseruaui. Sed in hoc etiam Erasmus errat quòd uertit iuxta pro circa. Redeo ad prouerbium: id usurpatum scribit Erasmus, ubi sermo loquentis aberraret ab instituto. Natum uidetur (inquit) ex Iliados Homericæ Ψ. ubi Nestor multis uerbis docet filium Antilochum quomodo debeat equos regere: addit & hoc, Ἐν νύσσῃ δέ τοι ἵππος ἀριστερὸς ἐγχριμφθήτω. Vsurpauit prouerbij titulo Gregorius Nazianzenus in oratione de sancto pascha, Ἀλλά τοι τούτων ἡμῖν τάχα ἄν εἴποι τις τῶν φιλεορτῶν καὶ θερμοτέρων, κέντει τὸν πῶλον περὶ τὴν νύσσαν, τὰ τῆς ἑορτῆς φιλοσόφει. Et rursus in oratione de nata Iiesu Christi. Idem uariauit nonnihil in oratione contra Eunomianos, Μηδὲ καθάπερ ἵπποι θερμοὶ καὶ δυσκάθεκτοι τὸν ἐπιβάτην λογισμὸν ἀπορρίψαντες, καὶ τὴν καλῶς ἄγχουσαν εὐλάβειαν ἀποπτύσαντες, πόρρω τῆς νύσσης θέωμεν, Hucusque Erasmus. Cæterum quòd νύσσα in Homerico uersu quem citauit, non metam & finem cursus significet, ut ipse transfert (quamuis eodem in loco τέρμα ab Homero dicatur, simpliciter scilicet pro signo, non pro termino) manifestum fit ex carminibus quæ statim subijciuntur, hoc sensu: nā si semel nyssam (Scholiastes nihil aliud quàm καμπτῆρα exponit) superâris, nullus te amplius insequentium assequi aut præuertere poterit: atqui hoc in meta iam constituto metuendum non erat. Hinc termino uicinum fuisse hoc signum conijcio, quanquam supra in medio fuisse, simpliciter dixerim, hoc est quocunque inter carceres & metam loco. Docet autem poëta ibidem nyssam fuisse lignum erectū orgyię, id est ulnæ mensura supra terram, duobus utrinque lapidibus albis appositis, ἐν ξυνοχῇσιν ὁδοῦ, (ἐν ταῖς συμβολαῖς, καθ' ὃ μάλιστα ἐστένωται ἡ ὁδὸς) λεῖος δ' ἱππόδρομος ἀμφὶς, (ὁμαλὸς δ' ὁ μετ' αὐτὸ ἱππόδρομος,

Cc

λεῖον ἱππόδρομον λέγουσι τὸ πεδίον τὸν καμπτῆρα χωρίον, Varin. Q. Calaber lib. 4. ubi equestre certamē descri bit in honcrē Achillis, nyssan duobus in locis pro carceribus accipit, nescio ꝗ̃ propriè: eodē certe in loco ἁματροχίας pro ἁρματροχίας impropriè ponit, quod in Callimacho etiam Porphyrius reprehēdit. Cæterum non nego certamina quædam talia fuisse, in quibus cum ad metam peruenerant equi, circa illam reflectebantur, & ad carceres redibant, siue semel siue quotiescunque uisum fuisset: in his quidem metam & nyssam siue camptērem pro eodem termino accipere nihil uetat: in simplici aūt cursu, ubi carceres nō repetebāt, diuersi fuerūt, quod uel ex Pollucis testimonio apparet. ὅθεν μὲν ἀφίενται, ἄφεσις, καὶ ὕσπληγξ, καὶ γραμμὴ, καὶ βαλβίς. περὶ δὲ ὃ κάμπτουσι, νύσσα καὶ καμπτήρ: ἵνα δὲ παύονται, τέλος, καὶ τέρμα, καὶ βατήρ, ἔνιοι δὲ καὶ βαλβίς, Pollux. Δίαυλος, καὶ ὁ τὸν δίαυλον ἀγωνιστής, καὶ ἀγωνιζόμενος τὸ διπλοῦν στάδιον, καὶ ἵππιον δρόμον (quem Plato de legib. 8. ἐφίππιον uocat, ut supra citaui: Hippicum quidem, quasi equi cursum, quatuor stadiorum distantiam interpretatur Cælius) καὶ δρόμον τὸν ἀνακαμπτὸν, Pollux. Meta, congeries seu strues in acutum tendens, ceu turbo inuersus, cōnos à Græcis appellata, quia esset posita in dimenso spatio, uel quia eam metiantur quadrigæ circùm currentes: moris enim erat septies metam lustrare, Propertius libro 2. Eleg. 16. Aut prius infecto deposcit præmia cursu, Septima quam metam triuerat ante rota. Quum enim iam carceribus emissæ ad metam uenissent quadrigæ, erat opus ut circum ipsam flecterētur. Vergilius quinto Aeneidos, Hic uiridem Aeneas frondenti ex ilice metam Constituit, signum nautis pater, unde reuerti Scirent, & longos ubi circùm flectere cursus. Seu septem spatijs circo meruēre coronam, Ouidius de equis in Halieuticis. Hic uel ad Elei metas, & maxima campi Sudabit spatia, Vergil. Metæ quàm mollis flexus, Persius Sat. 3. Indici equi apti sunt certaminibus curruum, quos qui uehūtur in orbem agunt, ut supra in B. dixi. Hamatrochia, associatus cursus, quasi ὁμοδρομία: harmatrochia uerò, rotarum orbita. Hanc interstitionem Callimacho in Homeri enarratione (Iliad. φ.) fuisse incognitam miratur Porphyrius (in quæstionibus Homericis,) Cælius. De cursus certamine per calpen & apenen, nonnihil etiam superius dixi, ex Pausania interprete Cęlio. Transtulit eundem locum Leonicenus etiam 2. 58. sed ineptè, nec integrum, ut Cælius quoque. Nos hîc quę illi omiserunt ex eodem authore conuersa addemus. Calpes igitur certamen, ut Plutarchus etiam in Symposiacis meminit, Olympiæ introductum, non multò post explosum fuit, sicut bigarum etiam certamen. Ἦν δὲ ἡ μὲν θήλεια ἵππος (legendum uidetur θηλειῶν ἵππων, præsertim cum sequatur αὐτῶν in genitiuo plurali) καὶ ἀπ' αὐτῶν ἀποπηδῶντες, &c. Hoc est, Erat autem calpe uehiculum iunctis equabus fœminis, à quibus circa extremum cursum desilientes uectores (ἀναβάται) apprehensis frenis & brachio loris circumuoluto pariter currebant, quod meo etiam seculo anabatæ dicti faciunt. Sed qui nunc anabatæ nominantur, à ueteris illius calpes anabatis differunt: nam & currendi signa uariant, & equis utuntur masculis. Cęterum apene neque uetus iumentum est, neque sanè decora erat. Similis enim erat bigis, sed mulos pro equis habebat. Τὸ τῶν νωτίων ἡμιόνων ἀγώνισμα ἐκαλεῖτο κάλπη: τὸ δὲ τῶν ζυγίων, ἀπήνη, Pollux libro 7. Quem locum sic uerterim, Certamen per mulos dossuarios calpe olim nominabatur, apene per zygios, id est bijuges. De calpe nonnihil dixi etiam supra in B. in mentione de gressibus equorum. Ἀπήνη ἐστιν ἅρμα ὑπὸ ἡμιόνων ζευχθέν. ἀπήνη ὑπὸ ἵππων, ἅμαξα ὑπὸ βοῶν, Varinus. Ἀπήνη, ἅμαξα, ὁ δὲ ζεῦγος ἡμιόνων, Hesychius. Suidas etiam hamaxan interpretatur: & ex innominato quodam hæc uerba citat, Aemiliam Scipionis uxorem præter ornamenta corporis καὶ τῆς ἀπήνης, sequebantur etiam uasa ad sacrificandum argentea, &c. ¶ De equo celete satis dictum est in B. Vsum eius cum freno Bellerophontes primum inuenit, Scholia in Pythia Pindari. Καὶ μονίππῳ δ' ἄν τις χρῷτο ἀνδρειοτέρᾳ κινήσει ἐπινεάζων, Pollux. Hospes Atheniensis apud Platonem libro 8. de Legibus, ad Cliniam Cretensem de exercitijs & certaminibus equestribus his uerbis utitur: Equorum usus in Creta magnus non est: Quare necesse est studium in nutriendis equis, certandoque cum eis, minori curæ Cretensibus esse. Nam currus (ἅρματα) quidem nemo uestrum tenet: neque in hoc operam ponere præclarum esse ducitis. Cum igitur consuetum id non sit, certatores huiusmodi lege statuere, dementis esse uidetur. Singulis autem equis, (μονίπποις,) ijsque qui pullinos dentes nondum iecerint, pullis, & horum medijs perfectisque, equestrem ludum pro regionis natura tribuere licet. Huiusmodi ergo certamen secundum legem sit: in eoque iudicium magistris equitum et tribunis, tam de omni cursu equorum, quàm de his qui cum armis descendunt, communiter tribuatur. Non armatis uerò neque in gymnasticis ludis, neque hic, certamen præmiumque imponimus, Hactenus Plato. Synoris, Συνωρὶς, (inquit interpres Aristotelis in Nebulis) est currus non plenus, sed ex duobus iunctus equis, quem nunc diphron uocamus: quanquam eo propriè dicitur nomine in curru pars, ubi cum parabate uersatur auriga: unde etiam inclinatur quasi διφόρος, id est duos ferens, auctor Eustathius, Cæl. Synoridem Castor inuenit, Scholiastes in Pythia Pindari. Synoris erat biga è duobus equis, non pullis, sed adultis: quanquam pòst è pullis quoque iuncta est. Inueni tamen apud Aristotelem in libro de mundo, etiam in bello usos synoride, Cælius. Plura super synoride & bigis, quære in Dictionarijs Græcorum Latinorumque, & in Commentarijs linguæ Græcæ Budæi. Quadrigas bigasque & equos desultorios agitauerunt nobilissimi iuuenes, Tranquillus in uita Cæsaris Dict. Iam bijuges & quadrijuges, & tota curruum uectura atque aurigatio, quæ circi quondam fuit sacrorumque certaminum, à nobis ignoratur, Camerarius. Λέγοιτο δ' ἂν ζεῦγος ἡμιονικὸν, καὶ τὸ ἱππικὸν, Pollux. ἱππεύεταί τε καὶ συνωρικεύεται, Strepsiades in Nebulis Aristoph. de Phidippide filio, conquerens eum nunc celete equo, nunc bigis uehi. Harma Græcis genus est ad bigas & quadrigas: uidetur

tur autem absolutè ferè pro quadrigis accipi. Plura uide infra in re curuli. ¶ Quadriiuges æquo carcere misit equos, Ouidius 3. Amor. Primus Erichthonius currus, et quatuor ausus iũgere equos, rapidisq́; rotis insistere uictor, Vergilius. Harma, id est currum, Erichthonius Atheniensis inuenit, Scholia Pindari in Pythia. Nemeis certamen erat gymnicum, καὶ ἅρμα, οὐχὶ δίφρος οὐδὲ κέλης, Scholiastes in Nemea Pindari. Ἀλλ᾽ ὅτε ἀμφὶ Διὸς τύμβῳ καναχήποδες ἵπποι Ἅρματα συντρίψωσιν ἐπειγόμενοι περὶ νίκης, Hesiodi carmen de re impossibili in Symposio sapientum Plutarchi. τεθριπποτροφῶ, quadrigas, hoc est quadriiuges equos alo, apud Herodotum in Erato. Ἅμιλλαν ἐπόνει ποδοῖν Πρὸς ἅρμα τετράωρον ἑλίσσων περὶ νίκας. ὁ δὲ διφρηλάτας βοᾶτ᾽ Εὔμηλος φερητιάδας, Euripides in Iphigenia in Aulide, de Achille armato. In circo ad currus iuncti, non dubiè intellectum adhortationis & gloriæ fatentur, Plinius. Claud. Cæsaris secularium ludorum circensibus, excusso in carceribus auriga, albati equi palmam occupauere, primatum obtinuere, opposita effundentes omnia, quæ contra æmulos debuissent peritissimo auriga insistente, facientes. Cum puderet hominum artes ab equis uinci, peracto legitimo cursu ad metam stetere. Maius augurium apud priscos, plebeis circensibus excusso auriga, ita ut si staret in Capitolium cucurrisse equos, sedemq́; ter lustrasse: maximum uerò, eodem peruenisse ab Veijs cum palma & corona, effuso Ratumena, qui ibi uicerat: unde postea nomen portæ est, Plinius. Diuersa circo ratio quæritur: itaq; cum bini in alio subigantur imperio, non ante quinquennes ibi certamen accipiunt, Plinius. Cum Sylla post uictoriam circenses faceret, ita, ut honesti homines quadrigas agitarent, fuit inter eos C. Antonius, Asconius in orat. Cicer. in C. Ant. & L. Catil. Et paulo post: In Syllæ ludis, quos hic propter uictoriam fecerit, quadrigas C. Antonium & alios quosdam nobiles homines agitasse. Præterea Antonius redemptas habebat ab ærario uectigales quadrigas, quam redemptionem senatori habere licet per legem: fuit autem notissimus in circo quadrigarum agitator Boculus. πολεμιστήρια secundum quosdam certamen erat cursus equorum Athenis, qui unus & simplex erat, Scholia in Nubes Aristophanis. Conso siue Neptuno equestri diem solennem Arcades celebrabant, Hippocratia nominantes, Consualia Romani: eoq; die in Circo Romæ à sacerdotibus fiebant ludi illi quibus uirgines Sabinæ raptæ, ut pluribus scribit Gyraldus in opere de dijs, & nos parte ultima huius capitis persequemur, ubi de Neptuno equestri agetur. Certabant autem in ijs equi iuncti, & non iuncti. Consualia primum dicta, mox Circenses uocata sunt, & ludi magni, & Romani. Equiria, neutrum plurale, ludi quos Romulus Marti instituit per equorum cursum, qui in campo Martio exercebantur, Festus. Iamq́; duæ restant noctes de mense secundo, Marsq́; citos iunctis curribus urget equos. Ex uero positum permansit Equiria nomẽ, Ouidius 2. Fastor. Equiria Ouidius duplicia commemorat, in Martio scilicet & Aprili, Gyraldus. De Consualibus uide etiam Alexandrum ab Alexandro 5. 26. Equitia (ut idem scribit, per t, non per r.) singulis annis duodecimo calendas Maias in Circo maximo celebrarunt, qui dies Cerealibus incurrebat, in quibus post equos uulpes stipulis alligatæ, accensa flamma, cursitabant. Equiria Italicè Scoppa exponit lo intorniamento, la giostra: (ijsdem uocabulis hasticum ludum, quem Græci xysticum dicunt, interpretatur) uulgus torneamentum, Germani etiam externa uoce **tornieren** uocant, siue à Troiano ludo, quem Vergilius Aeneid. quinto describit, siue à torme uel tormos Græcis uocibus. Τόρμη, ὀξὺς δρόμος ἐπὶ τέχνῃ, καὶ τροφή, ὁ σύμπας, Hesychius & Varinus. Τόρμη, νύσσα, καμπτήρ, Suidas. Ἱππικὸν τόρμον, ὁ καμπτήρ, Hesychius & Varin. Plemna rotæ (inquit Cælius) uocatur quoq; torma. Suam habent & Cretenses tormam, cui qui præficitur tormarches nuncupatur. Pausanias eruditè uerbum inde concinnauit, ἐκτορμεῖν, quo significatur excursus præter id quod deceat, Hæc Cælius. ἐκτορμεῖν, τὸ ἐκ τοῦ καθήκοντος δρόμου πόῤῥω ἐκβαίνειν, Varinus: talis quidem equus ἔκδρομος dicitur. Tarentinis aliquando familiaris fuit equitatio in armis, ἢ ἔνοπλος ἱππηλασία: unde uerbum ταραντινίζειν factum, equitationem armatam & pugnæ similem exercere significat, Eustathius in Dionysium de Tarento scribens: & forsitan ab hac uoce descendit uernacula nostra **tornieren**, potius quàm à torme, uel Troia, de qua paulò post. ¶ Equestre certamen in funere Patrocli agitatum graphicè describit Homerus Iliados ψ. & aliud in funere Achillis, simia Homeri Q. Calaber libro quarto. Et quoniam præcipuum in his descriptionibus ornamentum est in exprimenda equorum celeritate, quanquã multis de illa, & pertinentibus ad eum uocabulis & locutionibus poëtis, supra in B, & H. b. tractauerim, non possum tamen mihi temperare quin ea quoq; hic addam, quæ in duobus istis certaminibus describendis elegantissimi isti poëtæ usurpant. Ea ferè huiusmodi sunt. Τῶν δ᾽ ἵπποι μὲν ἔασιν ἀφάρτεροι, Homerus: id est præstantiores, celeriores: ab aduerbio ἄφαρ quod est subitò, celeriter. Αἰόλος ἵππος, Calaber. Ἄφαρ δ᾽ ἵπποισι τάθη δρόμος, Homerus. Ἄνδυ κέντροιο θεόντων, Idem. Τὴν ποδ᾽ ὑπὸ ζυγὸν ἦγε μέγα δρόμου ἰσχανόωσαν, (ὀρεγομένην, ἐκτεινομένην: ἢ ἐπιθυμοῦσαν, ἀπὸ τοῦ ἄνευ τοῦ σ.) Homerus. Οἱ δὲ οἱ ἵπποι Ὕψόσ᾽ ἀειρέσθην ῥίμφα πρήσσοντε κέλευθον, Idem. Ἵπποι δ᾽ ἐῤῥώοντο, Calaber. Οἱ δ᾽ ἐπέτοντο διὰ πλατέος πεδίοιο, Idem. Οἱ δ᾽ ὦκα διέπρησσον πεδίοιο, Homerus. Τοὶ δὲ πέτοντο κονίοντες πεδίοιο, Idem. Ἵπποι ἀερσίποδες πολέος πεδίοιο δίωνται, Homerus. Τὼ δὲ ἀναΐσσοντε πετέσθην, Idem. Ἀλλ᾽ ἄρα πολλὸν Ποσσὶν ἀφαυρότεροι: οἱ γάρ τ᾽ εἴδοντ᾽ ἀνέμοισι, Calaber. Οἱ δ᾽ ἄφαρ ἐγκονέοντες ἐλαφροποδῶν μένος ἵππων Μάστιγος, οἵ γ᾽ ἤνωσιν ἐοικότες ἐρωῇσι, Καρπαλίμως ζεύγλῃσι μέγ᾽ ἀνθορον ἀσχαλόωντες, Calaber. Et rursus, Οἱ δὲ χαλινὰ γενειάσιν ἀφρίζοντες δάπεδον, καὶ ποσσὶ γαῖαν ἐπέκτυπον ἐγκονέοντες Ἐκθορέειν. Τοῖς δ᾽ αἶψα δρόμος (γένετ᾽,) οἱ δ᾽ ἀπὸ νύσσης Καρπαλίμως οἴμησαν ὀρίνεσθαι μεμαῶτες, Ἴκελοι ἢ Βορέαο μέγα πνείοντος ἀέλλαις, Ἢ νότου κελάδοντος, ὅτ᾽ εὐρέα πόντον ὄρινε λαίλαπι καὶ ῥιπῇσι, &c. Ὡς οἵ γ᾽ ἐσσεύοντο κόνιν ποσὶ καρπαλίμοισιν Ἐν πεδίῳ κλονέοντες ἀπείριτον:

Ee 2

Hæc Calaber. πολὺς δ' ἀνεκήκιεν ἱδρὼς ἵππων, ἔκ τε λόφων, καὶ ἀπὸ στέρνοιο χαμᾶζε, Homerus. ἵπποι βάρδιστοι θείειν, (ἤτοι βραδύτατοι,) Idem. Et rursus, ὑπὸ δὲ στέρνοισι κονίη ἵστατ' ἀειρομένη, ὥς τε νέφος ἠὲ θύελλα. χαῖται δ' ἐῤῥώοντο μετὰ πνοιῇς ἀνέμοιο. ἅρματα δ' ἄλλοτε μὲν χθονὶ πίλνατο πουλυβοτείρῃ, ἄλλοτε δ' ἀΐξασκε μετήορα. Equites etiam sic certantes, ταχέας & ποδώκεας uocat. Στὰν δὲ μεταστοιχεί, (κατὰ στοῖχον, ἐφεξῆς:) σήμηνε δὲ τέρματ' Ἀχιλλεὺς τηλόθεν ἐν λείῳ πεδίῳ. παρὰ δὲ σκοπὸν, (ἐπίσκοπον, παρατηρητὴν) εἷσεν, ὅς μεμνέῳτο δρόμους, καὶ ἀληθείην ἀποείποι, Homerus. Porrò præmia in hoc certamine uincentibus proponit Achilles ἵππους ἡμιόνους τε, βοῶν τ' ἴφθιμα κάρηνα. Et rursus, illi qui primum uictoriæ locum obtinuisset, egregiam mulierem, & ingentē tripodem auritū: secundo, ἵππον ἑξέτε' ἀδμήτην βρέφος ἡμίονον κυέουσαν. ¶ Troia, ludus puerilis equestris ab Aenea constitutus. Suetonius de Cæsare, Troiam lusit turma duplex maiorum minorumque puerorum. Ludus ipse quem uulgo Pyrrhicham (ego Pyrrhicham aliud non esse quàm saltationis genus in armis hactenus semper legi) appellant, Troia uocatur, cuius expressit originem in libro de puerorum lusibus, Seruius. Incedunt pueri, pariterque ante ora parentum

Frenatis lucent in equis. Cornea bina ferunt præfixa hastilia ferro:
Pars læues humero pharetras. Tres equitum numero turmæ, ternique uagantur
Ductores: pueri bisseni quenque secuti. Signum clamore paratis
Aepytides longè dedit, insonuitque flagello, (id est uirga.) (ictu uirgæ)
Olli discurrêre pares, atque agmina terni Diductis soluêre choris, rursusque uocati (scilicet
Conuertêre uias, infestaque tela tulêre. Inde alios ineunt cursus, aliosque recursus
Aduersis spatiis, alternosque orbibus orbes Impediunt: pugnæque cient simulachra sub armis.
Et nunc terga fugæ nudāt: nūc spicula uertūt Infensi: facta pariter nunc pace feruntur.
Hūc morē cursus, atque hæc certamina primus Ascanius, longam muris cum cingeret Albam
Rettulit, & priscos docuit celebrare Latinos. Hinc maxima porrò
Accepit Roma, & patrium seruauit honorē: Troiaque nunc pueri, Troianum dicitur agmen,

Hucusque Vergilius. Notissimum apud nostros ludi & exercitii puerilis genus est, quod uulgò appellant **den braten jagen**, id est uenationis seu feræ persecutionem: impropriè quidem, cum uelitationis bellicæ, non uenationis imaginem referat. Sed pueri pedites & inermes hunc ludum ludunt, utraque pars tanquam hostes castra è regione metati. Progreditur ab alterutra parte unus ad hostium castra, tanquam prouocans ad pugnam, occurrit illi propius accedenti quispiam ex hostibus, & fugientem persequitur: assecutus enim si manu attigerit, captiuum ducit: sed cauendum est ei ne dum cupidè nimis persequitur, ab hostium aliquo occurrente deprehendatur. Captiui aliter liberari non possunt, nisi quis suorum intactus ad ipsos in hostiū castris detentos peruenerit. Exercitatio ista non celeritatis tantum in cursu est, sed ingenium etiā euitandi aut deprehēdendi per flexus & ambages hostem requirit, & spectatores oblectat. Hanc Troiam pedestrem appellabimus, ne pueri literarum studiosi nomine tam pulchri ludi destituantur. Catadromus, ut supra dixi, stadium est in quo equites decurrere solebant imaginario prælio. Thessalorum gentis inuentum est equo iuxta quadrupedante cornu intorta ceruice tauros necare: primus id spectaculum dedit Romæ Cæsar dictator, Plinius. Sulegian (sus quidem equus est Hebraicæ & finitimis linguis) est ludus, in quo equitātes sphæram ligneam baculis feriunt, apud orientales populos in usu, Andreas Bellunen. ¶ De ludorum militarium celebrationibus lege Valturium 12.12. Et de equestri exercitatione, eundē 4.3. Aladar, est prosequi equum currentem cum baculis ipsum percutiendo, quum gradum seu cursum sistere uoluerit, & est exercitium forte, Andreas Bellunen. De equitum armatorum exercitiis sententiam Platonis ex octauo de Legib. paulo superius recensui. De exercitio uenationis, aut si duo equites ex composito, hic fugiat, ille sequatur cum armis: item de conflictu equitum eorundem eminus & cominus, ac deiiciendi modo, Xenophon in libro de re equestri.

¶ De equis bellatoribus supra dictum est in B. & H. b. restat ut de equitibus etiam qui iis uehunt & militant uerba faciamus. Habebat Salomon 40. millia præsepia equorum curulium, & duodecim millia equestrium, ut legimus 3. Regum 4. Curules equos Robertus Cenalis interpretatur, qui oneribus uehendis, quadrigisque uoluendis: equestres uero qui uehendis militibus inseruirent. Libyes ex curribus pugnabant, sicuti apud Homerum heroēs: hic enim nouisse monippos non uidetur: sic enim uocitant uno depugnantes equo, Cæl. Et alibi, Duobus modo equis ad currum adhibitis heroës depugnasse, in Iconibus Philostratus scribit, etiāsi Hector audacia pręstās quatuor uteretur. Vectabula hæc seu iumenta, Gręci uocant ἅρματα πολεμικά, in quib. præstò auriga est, pugnat parabates, aut aliud quid facit etiam propter synodiam, ut inquit Eustathius. Eum Plato (ut scribit Pollux 1.10.) anabatam micraspida uocauit. Homerus Iliados Ψ. Ἂν δ' ἔβαν ἐν δίφροισι παραιβάται ἡνίοχοί τε, id est currum inscenderunt parębatæ ac aurigæ. Dionysius libro 8. parabatas pro aurigis accipit, quos Athenienses apobatas (forte epibatas) uocabant. Aristophanis interpres currum inscendere solitos scribit, hoplitem & parabatem, ac id genus currus à Theseo excogitatos primum, Hæc Cælius. Pugnabant Libyes à bigis (ἀπὸ δίφρων) & equis iunctis, ut Homeri heroēs quoque: is enim equos monippos, id est singulari equo utentes non agnoscit. Vocatur autem διφρεία quædam Libyca, alia Persica, alia Laconica, Pollux 1.10. Olim non equo celete, sed curribus tantum utebantur: aut si Græcè mauis, τὸ παλαιὸν ὡς ἐπίπαν τοῖς ἅρμασιν ἐχρῶντο, Scholia Homeri. Pugnare ex equo, ut Plinius ait, Thessali docuere, qui Centauri dicti sunt, habitantes iuxta Pelium montem. Alii nō ex equo pugnare, sed equitare

tare simpliciter, Centauros primum ausos aiunt. Equestres copias dicimus, ut pedestres: item pugnam equestrem. Equestre prælium, Cæsar 3. de bello Gall. Euphranor pinxit equestre prælium, Plinius. Prælium equestre ad Trophonij oraculum Euthycrates optimè expressit, Idem. Equitatus, manus uel multitudo equitum in bello. Lepidus Ciceroni, Equitatum habet magnum. Cicero pro Font. Magnos equitatus ad ea bella, &c. Nutantē aciē uictor equitatus incursat, Tacitus. Græcis est ἱππικόν: intelligit enim πλῆθος uel τάγμα. Dicunt & ἵππον in fœm. genere eodē sensu. Equitatu uel turmis est tutius cōfligere, quàm peditatu uel legionibus, Scop. Legio est maximè de peditibus, Veg. 2. Turma, ordo militaris & equitū: dicta quasi terdena, quod terdeni equites ex tribus tribubus, Tatiensium, Ramnensium, & Lucerum fiebant: constabat enim ex triginta duobus equitibus. Et qui illi præerat decurio dicebatur, ut Varro & Vegetius tradiderunt, &c. de hac etiam paulò post. Vide Dictionaria. Herodotus libro septimo Persicum equitatum describens, Sunt quidam (inquit) Nomades homines, qui Sagartij appellantur, cultu inter Persicum & Pactycum, qui attulēre equitum octo millia, armaturam neque aheneam neque ferream assueti ferre, præter pugiones, utentes retie è loris conserta, qua freti in prælium eunt. Has cum hoste congressi injiciunt in summum, laqueos habentes, qui laqueus cum aut equum aut hominem adeptus est, eum ad se trahunt: ita illi illaqueati conficiuntur. Indi eandem quam peditatus suus gestant armaturam: Cæterum equos desultorios agebant & currus: quibus curribus suberant & equi & asini agrestes, &c. Fuitque numerus equitum octo millia myriadum, id est octoginta millium, præter camelos & currus. Erant autem Arabes postremi, ne equitatus consternaretur equis, camelos non tolerantibus. Equitatus præfecti erant Harmamithres & Tithæus filij Datis. Nam tertius eorum collega Pharnuches ægrotabat. Equitante enim eo, canis sub pedes equi intercurrit: quo equus improuiso deterritus, atque erectum sese attollens, Pharnuchē excussit. Hic collapsus sanguinem euomuit, unde in phthisin, id est tabem incidit. Equo autem à casu statim domini, fecerunt famuli ut ille iusserat: Abducto nanque in eum locum ubi dominum strauerat, crura cum genibus absciderunt, Hactenus Herodotus. Ἱπποκρατεία, uictoria equestris, τὸ τοῖς ἵπποις νικᾶν, Hesych. & Varinus. Ἱπποκρατεῖν, equi atu uincere, equestribus copijs obtinere uictoriam: & passiuum ἱπποκρατεῖσθαι, Budæus. Ἱππομαχία, pugna equestris: & uerbum ἱππομαχῆσαι. Καθιπποκρατῶ, τὸ καθιππομαχῶ, Budæus. Equi etiam infrenes aliquando in bello adhibebantur. Fuluius Flaccus Celtiberos in Hispania fudit, detractis frenis equis, ut maiore ui atque impetu in hostes incurrerent equites Romani, Gyraldus. De serio conflictu uicissim fugiendo & persequendo inter castra propria & hostium utrinque, Xenophon in libro de re equestri. ¶ Bellatorem equitem (inquit Damis in Apollonij uita apud Philostratum) ijsdem artibus instructum esse oportet quibus alium quemuis equitem (de quo inferius dicam) & insuper alijs, ut sciat hostem ferire, & se protegere: insequi præterea ac refugere, & inimicum pellere, & equum assuefacere, ne clypei sonitum, aut fulgentis galeæ splendorem formidet, neue pugnantium uoces & exclamationes perhorrescat. Ἱπποτακτικά, ἵππων τάξις μισθοφόρων, Hesych. De equitibus & hipparchis nonnulla ad bellum pertinentia, retulimus etiam superius in mentione equitum simpliciter. Προσέδραμον οἱ ἱππεῖς, προσεξιππάσαντο, προσήλασαν, ἐκδρομὰς ἐποιήσαντο, προσκαδρομάς. προσεξήλασαν σὺν ἵπποις. ἡ ἱππομαχία, ἱππομαχῆσαι, ἱπποκρατῆσαι, καθιπποκρατῆσαι, καὶ τὰ ὅμοια, Pollux libro primo. ὀτρύνων ἵππας τε καὶ ἄνδρας ἀσπιδιώτας, Homerus: equos pro equites dixit, ἠγὼν ἱππεῖς καὶ ὁπλίτας πεζὸς, Varin. Hippocorystas (ἱπποκορυστάς, ab initio secundi Iliados) dici Apion arbitratur, qui equinis setis ornatas gestant galeas. Risit hoc Porphyrius (in quæstionibus Homericis cap. 16.) putans eo nomine equites intelligi, quoniam κορυστὴς armatum indicet, ac ferè pro pedite accipiatur. Corys uero, inquit, id est galea fit ab κορύσσεσθαι, quod & κορθύεσθαι dixit poëta id signat in altum tolli: unde coryne pro claua, Cælius. Et alibi, Si hippocorystæ (inquit Eustathius: leguntur etiam apud Varinum eadem in huius uocabuli explicatione) ab equinis setis & galea nomen haberent, hippocorythes dici debuerant, ut corythaices, & corythæolos Hector. Est igitur hippocorystes, idem qui hippiocharmes, id est ex equo bellator. Ἱπποκορυσταί, ἐφ' ἵππων ὁπλιζόμενοι, ἢ ἵππους κορύσσοντες, τουτέστι πολεμικοί: ἢ ἀφ' ἵππων μαχόμενοι, Scholia in Homerum & Varin. Ἱπποκόρυσοι (legendum ἱπποκορυσταί) ἱππικοί, ἱππόμαχοι, ἀπὸ τοῦ κόρυθος, ἐπεὶ ἵππουρις, Hesychius. Idem paulo post hippurin exponit galeam setis equinis ornatam: qua de re plura dicemus infra in usu ex partibus equi. Porphyrius ἱπποκορυστὴν dici conijcit pro ἱππικὸν κορυστὴν, id est equitem armatum. Hippon enim pro equite poni. Ἱππιοχαίτην, ἐξ ἱππείων τριχῶν, Hesychius. Ἱππιοχάρμης, qui ab equis pugnat, uel qui equitatio ne gaudet: ὁ χαίρων τῇ ἱππικῇ: ἢ ἱππόμαχος. χάρμη γὰρ ἡ μάχη, Varinus. χάρμη, ἡ μετὰ χαρᾶς μάχη, Hesychius. Ἀφ' ἵππων μάρνασθαι, παρακποίησις παραφραστικὴ τοῦ ἱππότου, Varinus. Ἵππας ὁπλίζοντες, ἱππικοί, Hesychius. Ἱππονόμοι, bellaces, Lexicon. Ἱππομανὴ apud Sophoclem interpretantur πολεμικὸν καὶ ἵπποις ἐπιμαινόμενον. Ἱπποκέλευθος, eques, ἵπποις κελεύων, uel qui multum uiæ conficit, Varinus. Et rursus, Ἱπποκέλευθος propriè dicitur, qui segnior est quàm ut pedes iter facere uelit, & ut plurimum equo uehitur. Et talis quidem lex erat Persarum: postquam consultius sibi esse intellexerant ab equis quàm pedites pugnare. Præcipuè autem uidetur per excellentiam hippoceleuthos appellari, qui pugnacissimus ab equo, uel ἡνιοχώτατος, id est aurigādi peritissimus fuerit: nō item qui pedes pugnat, nec quilibet equo uehi gaudens: quales Persę fuerūt, qui ex lege semper equites iter faciebant, hippocentauris fere similes, Varinus. Hipparchus, ut supra dixi, præfectus est equitatui. Ἱπποστράτηγος Ἀλέξανδρος Ἀκτιακῆς, Suidas. Ἱππεῖς, id est equites uocabant Lacedæmonij in iuuenili ætate constitutos, eorumque

Cc 3

prefectos ἱππαγρέτας, ut Varinus ſcribit in Βρέφος, et alij ut ſupra oſtẽdi. ἡγέτης dux eſt, Lacones hagetã unde fortaſſis rhô abundante hippagreta nominatur. Idem tamen & Heſychius Hippagretas (ſuo ordine in lôra) interpretantur præfectos τῶν τῶν ἐπιλέκτων ὁπλιτῶν, id eſt ſelectiorum militum armatorum: quærendum an pro ὁπλιτῶν rectius legeretur ἱππέων. Vide ſupra hac ipſa in parte huius capitis ubi de equitibus ſimpliciter dictum eſt, de hippagretis & alijs quibuſdam. Ἱππῆες δ' ὀλίγον μετεκίαθον, (hemiſtichion Homeri puto:) οἱ γὰρ ἱππεῖς μετ' ὀλίγον ἐπορεύοντο, καὶ σχολαίως, καὶ μετὰ τῶν πεζῶν, Heſychius & Varinus. Χωρὶς ἱππεῖς, id eſt ſeorſim equites, prouerbium apud Suidam, de quo ſic ſcribit: Cum Datis Athenienſium agrum inuaſiſſet, Iones aiunt quum ſeceſſiſſet ipſe conſcenſis arboribus Athenienſibus ſignificaſſe, equites ſeparatim eſſe. Vnde Miltiadem ſeparatione ipſorum intellecta, inito mox conflictu uictoriam obtinuiſſe: & locum habere prouerbium de ijs qui ordinem diſſoluunt. Plutarchus alicubi dicit Batalos eſſe Germanorum equites præſtantiſſimos, qui inſulam colant quam circunfluat Rhenus, Cælius. Idem docet batalos à Græcis appellatos molles & cinædos. Cæterum Plutarchi locus eſt in uita Othonis: ubi Græcus codex impreſſus Βατάλους habet, ſed interpres rectè Batauos tranſtulit: & ſic etiam Alexander ab Alexandro legit in deſcriptione Germaniæ. Taciti de Batauis uerba ſunt hæc: Omnium harum gentium uirtute præcipuè Bataui, non multum à ripa inſulam Rheni colunt. Vangiones Batauiq́ truces, quos ære recuruo Stridentes acuêre tubæ, Lucanus libro 1. Ἵπποις λευκοθώρακος. Καὶ παροιμία, Ἵπποις μὲν ἐν Θετταλίᾳ καὶ Θρᾴκῃ: τοξόται δὲ καὶ τὰ ἀμφότερα τῶν ὅπλων ἐν Ἰνδίᾳ καὶ Κρήτῃ καὶ Καρίᾳ, Suidas & Varinus. Eques quomodo muniri debeat armis, thorace, galea, manu uel chirotheca, et lacerti ueluti ocrea, &c. docet Xenophon in libro de re equeſtri circa finem. Equitatus (inquit Cælius) ex armaturæ genere diuerſa ſortitur nomina, ſiquidem alij ſunt equites cataphracti, alij acataphracti. Cataphractos intelligi eos uolo, qui non ſolum ſua corpora, ſed etiam equos lorica undiq́ muniunt. Hos ſcribit Vegetius (3.23.) eſſe quidem à uulneribus tutos, ſed propter armorum impedimenta & pondus capi ſumma facilitate. Et Q. Curtius equitibus tradit equisq́ Perſarum tegumenta fuiſſe ex ferreis laminis ſerie inter ſe connexis. Cataphractos equites ſcribit Ammianus Marcellinus, etiam clibanarios nuncupari. Idem inter equeſtres copias cataphractarios recenſet ſagittarios, formidabile genus armorum. Lampridius in Alexandri Cęſaris oratione de Perſis perdomitis innuere uidetur planè, cataphractarios ab illis clibanarios uocari. Loricatos equites dici cataphractos Liuius tradit. Equites antiquitus non habuiſſe thoracas, ſcribit in cõmentatione de Romanorum militia Polybius: Verum, inquit, in ſubligaculis periclitabantur, ad inſcenſum deſcenſumq́ præceleres. Eorum clypei ex bubulo concinnati corio, placentis erant umbilicatis perſimiles, quibus in re diuina uti moris fuerat. Scribit in Adriano grauis auctor Dion, equites qui uocantur Baſtai, Danubium armatos enataſſe. Cataphractas naues & aphractas recenſet hiſtoriarum quinto Polybius. Cataphractorum equitum apud Perſas panopliam deſcribit Heliodorus libro 9. Aethiopicorum. Acataphracti equites alij haſtati uel contati (δορατοφόροι, ἢ κοντοφόροι, ἢ ξυστοφόροι, Suid. Ammonius ξυστὸν ἀκόντιον interpretatur:) dicuntur, alij ferentarij. Haſtati manus conſerunt, & cominus haſta decertant: quorum alij ſcutum gerunt & inde ſcutati, θυρεοφόροι, dicuntur. Alij ſine ſcuto haſta impugnant, qui nomine ſpeciali (ἁπλῶς, id eſt ſimpliciter, uel generali uocabulo) haſtati uocantur & contati. Ferentarij equites ij dicuntur, qui eminus ſolent dimicare: quorum alij iaculis (acontijs) alij arcu utuntur. Iaculantur, quos Tarentinos uocamus: Arcu utuntur, qui equites ſagittarij (ἱπποτοξόται) & à nonnullis Scythæ etiam uocantur. Tarentinorum duo ſunt genera: nam alij longius iaculantur, & ob eam rem equites iaculatores dicuntur (ἱππακοντισταί, aliâs ἱππαγωνισταί perperã) & Tarentini ſpeciali uocabulo, (Suidæ etiam ἀκροβολισταί, ut uidetur: ſed idem nomen ad hippotoxotas quoq́ pertinere iudico: utriq́ enim inter equites ita ſunt, ut in peditum numero uelites. Gaza ferentarios tranſtulit, imitatus Saluſtium, qui in Catilinæ coniuratione ferentarij militis meminit: Vegetius etiam ferentarios nominat, ut paulò poſt recitabo. Ἀκροβολίζειν, τοξεύειν, ἀκοντίζειν, &c. Varin. Ἀκρόβολοι, ἀκοντισταί, τοξόται, Suid.) alij cum ſemel aut bis iaculum miſerunt, manus de cætero cum aduerſario conſerunt, & cominus pugnare incipiunt, non ſecus quàm quos haſtatos appellari retulimus. Leues hos nominari ſolitum eſt, (hi iaculis emiſſis cominus etiam pugnant, ſpathis aut ſecuribus utentes, Suidas:) Hæc Aelianus in libro de inſtruendis aciebus interprete Gaza: & Cælius 21. 31. ſed obſcurius quædam: & in hoc errat, quòd Tarantinos arcu uti ſcribit. Suidas quoq́ in uocabulo ἱππική eadem fere habet, ſed obſcurius, uocabulis quibuſdam deprauatis, ut etiam libellus Græcus de uocabulis rei militaris innominati authoris inter appendices Lexici Græcolatini iam ſæpe excuſus, & in fine dictionarij Suidæ. Bonos iaculatores antea ferentarios nominabant, Veget. 3.14. Apud ueteres inter pedites erant qui dicebantur leuis armaturæ, funditores & ferentarij, qui præcipuè in cornibus locabantur, & à quibus pugnandi ſumebatur exordium, Veg. 1.20. Ἀγαθὴ ἄσκησις καὶ ἢν δύο ἱππόται συντιθεμένω, ὁ μὲν φεύγῃ ἀνὰ τοῖ ἵπποις παντοῖα χωρία, καὶ τὸ δόρυ εἰς τοὔπισθεν μεταβαλλόμενος ὑποχωρῇ: ὁ δὲ διώκῃ, ἐσφαιρωμένα τε (rotundata uertit Camerarius) ἔχων ἀκόντια, καὶ δόρυ ὡσαύτως πεπραγματευμένον. καὶ ὅπου μὲν ἂν εἰς ἀκόντιον (ubi ad eum peruenerit intra teli iactum) ἀφικνῆται, ἀκοντίζῃ τὸν φεύγοντα τοῖς σφαιρωτοῖς. ὅπου δ' ἂν εἰς δόρατος πληγήν, παίῃ τὸν ἁλισκόμενον. Ἀγαθὸν δὲ κἂν ποτε συμπέσωσιν, ἑλκύσαντα ἐφ' ἑαυτὸν τὸν πολέμιον, ἐξαίφνης ἀπῶσαι. τοῦτο γὰρ καταβλητικόν, Xenophon in libro de arte equeſtri. Huic loco lucis nonnihil acceſſurum uidetur ex uerbis Pollucis, quæ libro 1. cap. 11. huiuſmodi ſunt: Ἐὰν μελετᾷς ἀφ' ἵππου τὰ στρατιωτικὰ ἀνθιππεύων ἑτέροις, ἀκοντίοις ἐσφαιρωμένοις (hoc eſt, iaculis quorum præfixa

ferramenta

ferramenta non in mucronem sed in globulum desinant, ut ego quidem interpretor, cum non serius sed ludicrus hic conflictus sit) λέγχασι, καὶ δόρατι ὁμοίως πεπραγματευμένω σφαιρωτῷ, ὥστε τὴν πληγὴν ἀσινῆ, καλὸν δὲ λαβόμενον τοῦ ἀντιπάλου, καὶ ἑλκύσαντα ἐφ' ἑαυτὸν, ἀφνω ἀφεῖναι. τὸ γὰρ τοιοῦτον καταπληκτικὸν καὶ καταβλητικόν. ¶ De equo celete & desultorio non pauca scripsi in B. sed quoniam in bellis etiam desultores uel hamippi amphippiue dicti equites eis utuntur, quædam prius non dicta hîc adijciemus. Paribus equis, id est duobus Romani utebantur in prælio, ut sudante altero transirent in siccum, Festus. In prælijs quoque desultorij propterea dici poterunt, quia (ut Pollux lib. 1. ait) duo equi singulis equitibus præsto erant, exercitatis ita militibus, ut altero de uia fesso desilire possent in recentem, Hermolaus. Herodotus libro 1. scribit Massagetas esse ἱππότας καὶ ἀνίππους, id est ex equis præliari & pedibus. Sed apud Pollucem libro 1. ubi equitum species recensentur, pro ἄνιπποι legendum est ἄμφιπποι. Nam Aelianus de phalange differens quæ antistomus dicatur, à duplici frontis seu oris obiectu, quasi occeps: ita instituta, ut medijs tergis inter se oppositis constet: ita denique infert, Valet hoc instruendi genus potissimum contra barbaros, qui loca amni Istro uicina incolunt, quos amphippos cognominant à mutatione equorum: ex alijs enim equis in alios transilire consueuerunt. Traditum hoc & à Suida, in parte quę est de uocabulis rei militaris: (in libello innominati authoris excuso in fine dictionarij Suidæ, ut supra dixi: item in uocabulo ἱππική.) Sed hamippos item dictos quandoque aduertimus: & ita forte scripsit Pollux. Sed eo uocabulo pedites cum equitibus dispositos accipiunt Thucydides ac Xenophon, quos Philochorus prodromos dicit. Hamippos apud Sophoclem in Antigone dici inuenio celeres, ueluti equos adæquantes cursu, quod adnotarunt scholiastæ, Cælius. Ἄνιπποι (lego ἄμφιπποι) δύο εἶχον ἵππους, καὶ ὁ ἕτερος προσήρτητο θατέρῳ, καὶ μεμελετήκεσαν μεταπηδᾶν εἰς ἑκάτερον. ἦν δὲ αὐτοῖς τὸ σόφισμα, τοῦ ἀκραιφνεστέροις χρῆσθαι πρὸς τὰ ἔργα τοῖς ἵπποις, ὅπως δὲ ὡς τε μακροτέρας κατανύοιεν, καὶ εἶεν αὐτοῖς ἀκοπώτεροι, Pollux. Ἄμφιπποι, οἱ δύο ἵππων ἀστρώτων ἵππων συνδεδεμένων ὀχούμενοι, οἳ καὶ μεταπηδῶσιν ἀπ' ἄλλου ἐπ' ἄλλον, ὅταν ἡ χρεία καλῇ, Author innominatus de uocabulis militaribus, & ex eo Suidas. Ἅμιπποι, δύο ἵπποι συνεζευγμένοι, Hesychius & Varinus: Suidas addit, τῶν τραχήλων, id est bini equi ceruicibus iuncti: sic ueteres xynoridem uocabant: (posteriores de biga, id est biiugo curru eam uocem proferunt.) Vehebatur autem altero equo auriga, altero eques armatus. Καὶ νῦν δὲ χρῶνται περὶ ἀρχῆς οἱ Λίβυες οἱ περὶ Γαργαροὺς νεμόμενοι Ζευγῖται. τὸ δὲ αὐτὸ καὶ ἅμιππον καλεῖται, ὥς του Θουκυδίδης, Suidas. Et rursus, Ἅμιπποι πεζοὶ τὸ ἰσαῖον τεμνόμενοι, οἱ σὺν ἵπποις στρατευόμενοι. Alij equos (celetes Varinus) iunctos esse dicunt, quorum alteri eques insideat, & alterum secum trahat. Cæterum Thucydides & Xenophon in uolumine de rebus Græcanicis, pedites quosdam hamippos uocant: καὶ μή ποτε πρόδρομοί τινες εἰσὶν οἱ ἅμα τοῖς ἵπποις τεταγμένοι, (Φιλόχορος δ' ἐν τῇ ἑκκαιδεκάτῃ φησὶ καὶ προδρόμους,) Suidas & Varinus. Hinc est illud Homeri, θρώσκων ἄλλοτ' ἐπ' ἄλλον, Varin. Galli cheuaulx de relais, quasi equos relictos & reseruatos uocant eos, qui interim otiantur & quiescunt dum laborant alij, ut fatigatis illis succedant. Equites quidam ab Alexandro instituti sunt, quos à duplici genere pugnæ appellabant διμάχας, & hi quidem equo pugnabant peritissimè, ubi uerò exigeret necessitas, & foret regio equitatui inepta, cuiusmodi Græci uocant ἄφιππον, mox desilientes ex equis congrediebantur ut pedites, ne omnino forent ἀπόμαχοι, id est pugnę expertes, & Lydium paterentur incommodum, Cælius ex Polluce. His apparatus armorum erat grauior quàm pediti, leuior quàm equiti. Et ubi tempus pedites fieri postulabat, ministro in hunc usum destinato equos tradebant, Pollux. Διμάχαι, οἱ λεγόμενοι ἅμιπποι, οἱ πεζοὶ ὅτε μὲν πεζῇ, ὅτε δ' ἐφ' ἵππων μάχονται, Hesychius & Varinus. Videntur etiam qui dimachas sequuntur ministri rectè hamippi uocari posse: item milites illi, de quibus Vegetius 3. 16. Quòd si equites (inquit) impares fuerint, more ueterum uelocissimi cum scutis leuibus pedites ad hoc ipsum exercitati ijsdem miscendi sunt: quos expeditos uelites nominabant, &c. Germanis interdum pro consilio fuit, ut equites dimissis equis, ad proximos euaderent, & immiscentes se peditibus, dum fluctuatur acies, hosti obuiam irent: ideo ut spe fugæ erepta, æquato omnium periculo, pedestri prælio acrius insisterent: Vel ut in hostes acrius incurrerent, detractis frenis, cum effusum cursum temperare nequirent, equos concitatos agerent, & impressione facta, ui uiam facerent, sparsosque & incompositos adorirentur, Alexander ab Alexandro. Equites Romani præter arma & gladium folliculis frumentum deferebant, Idem. Hippotoxotæ dicti sunt equestres sagittarij, uel qui equis insidentes sagittas mittũt, meminit eorum Hirtius libro 5. belli Asiatici. Aristophanes in Auibus accipitres hippotoxotas cognominat, composito uocabulo, per equum, pernicitatem uolatus eorum insinuans: per arcum uero, unguium curuitatem, ut in Scholijs legimus & Varini lexico. Non est Cretæ inutilis qui sagittam aut iaculum ex equo immittit: quapropter in hoc etiam ludendi gratia contentio concertatioque habeatur, Plato libro 8. de Legibus. Forma equorum, quales maximè legi oporteat, pulcherrimè quidem Virgilio uate absoluta est: sed & nos diximus in libro de iaculatione equestri condito, Plinius. Quomodo iaculum ab equite rectè emittatur, docet Pollux 1. 11. Tarentini, equites quidam: aliqui acontistàs, id est iaculatores interpretantur, aut ψιλοὺς (Hesychij codex malè habet ὑψηλοὺς) ut Hipparchus tradit, Varinus: ψιλοὺς Gaza uelites aut expeditos transfert, aliqui leuis armaturæ milites: sed leuiter armati ἐλαφροὶ magis propriè dicendi sunt, quàm ψιλοί, id est inermes, corpore non muniti armis, sed tela tantum gestantes. Arrianus equites quosdam in Alexandri exercitu sarissophoros appellatos tradit: sicuti & nonnullos, qui dicerentur amici (ἑταῖροι,) Cælius. Sarissæ longitudo ad cubita quatuordecim, quorum duo manus auferunt, reliqua duodecim prominẽt. Hasta nulla cubitis octo

Cc 4

breuior: longiſſima, quę eatenus ſumi poteſt, quatenus tenere miles & uti facile ualeat, Aelian. Sunt & qui dicant chryſophalari equites, aut etiã argyrophalari: cuiuſmodi in ludis produxit Antiochus Epiphanes, Cęl. ¶ Quemadmodũ inter pedites centuria uel manipulus appellaẽ, ita inter equites turma diciẽ, & habet una turma equites 32. qui à decurione ſub uno uexillo reguntur. Eligendus eſt aũt decurio habili corpore, ut loricatus et armis circundatus omnibus cum ſumma admiratione equum poſſit aſcendere, equitare fortiſſimè, conto ſcienter uti, ſagittas doctiſſimè mittere, turmales ſuos, id eſt ſub cura ſua equites poſitos, erudire ad omnia quæ equeſtris pugna depoſcit: eoſdem cogere loricas ſuas uel cataphractas, contos ſuos & caſſides frequenter tergere & curare. Plurimum enim terroris hoſtibus armorum ſplendor importat, Vegetius 2.14. Atqui Ammianus Marcellinus libro 26. equitum peditumq; turmas dixit. Dicuntur & drumi, equitum globi: Scire debet dux contra quos drumos, id eſt globos hoſtium, quos equites oporteat ponere, Vegetius. Grumus quidem uocatur terra in aceruũ collecta, minor tumulo: item de alijs rebus grumus uel grumulus ſalis, pro globulo, ubi Græci chondrum dicunt, noſtri ein **Klotzen**. Turmæ uocis etymologiam dixi ſupra. Tormarches tormæ præfectus apud Cretenſes, Cælius. Prima legionis cohors præter pedites, equites loricatos 132. habet: ſecunda ſexaginta ſex, &c. Vegetius 2. 6. Equitum alæ dicuntur, ab eo quòd ad ſimilitudinem alarum ab utraq; parte protegant acies, quæ nunc uexillationes uocantur à uelo: quia uelis, hoc eſt flammulis, utuntur. Eſt aliud genus equitum, qui legionarij uocantur, propterea quòd connexi ſunt legioni: Ad quorum exemplum, ocreati ſunt inſtituti, Veget. 2. 1. Alæ, equitum ordines uocant (ut ait Gellius lib. 16.) quòd circum legiones dextra ſiniſtraq; tanquam alæ in auium corporibus locabantur. Dum trepidant alæ, (id eſt equites, Seruius) ſaltusq; indagine cingunt, Vergilius 4. Aen. Plusq; aliquanto damni hæc ala equitum amiſſa Annibali quàm Salabia fuit, Liuius. Sic ala legionum, Cic. Att. lib. 11. Alam priuatim dici inuenio duplicem phalangem apud Græcum authorem innominatum de militaribus uocabulis, qui Græcis etiam literis uocem Latinam imitatur, ut paulò mox dicam. Ἄγημα, ala equitum, quanquam & de peditibus dicatur, Cælius ex Arriano. Ἄγημα, agmen elephantorum, peditum, atq; equitum quod regem præibat, Varinus: & in Lexico Græcolatino quidam ex Arriano. Sunt qui agema dicant eſſe potiorem & ualidiorem partem exercitus Macedonici, uiribusq; & corporum habitudine ſuperiorem, Varinus, Heſychius, & Suid. Agema apud Q. Curtium lib. 4. legendum, non agmina. Ἴλη turma eſt equitum 64. Ἐπιλαρχία continet equites 128 (quod in peditatu phalanx aut στῖφος, &c. dicitur.) Ταραντιναρχία 256. ἱππαρχία 512. ἐφιππαρχία 1024. Τέλος 2048 ἐπίταγμα 4096. Horum nominum duo tantum etiam de peditatu dicuntur: nempe τέλος, pro duobus millibus, uel ſecundum alios duobus millibus & quadraginta octo: & ἐπίταγμα, duplo maiore numero, pro duplici nempe phalange, quem & κέρας et ἀλάρ (alam ut ſupra dixi) appellant. Author innominatus libelli de militaribus uocabulis, & Suidas in ἐφίππων, qui tamen locus omnino mutilus eſt, & ex libello (quem dixi) reſtitui poteſt. De uoce ἴλη, uide plura in Lexicis. Ἰλάρχης, ταξιάρχης, Suidas. Σκυτάλαι, αἱ ἱππικαὶ ἶλαι, Heſychius. Pyrgus, turris eſt, & militaris ordo quadringentos uiros continens, turma equeſtris. Euſtathius Iliad. δ. tradit conſtare è trecentis & ſexaginta uiris, & quadrangula forma inſtrui ad typum turris. Hipparchia ala equitum, quæ quingentis inſuperq; duodecim conſtabat equitibus, Cælius ex Arriano: In Tacticis Aeliani interprete Gaza pro duodecim non rectè legitur duobus. Ἱππαρχία, δύο ταραντινάς (lego ταραντιναρχίας) ἱππέων ἀνδρῶν δώδεκα, (lego πεντακοσίων καὶ δώδεκα,) Varin. Lycurgus ad maximos conatus turmam quadratam ex quinquaginta equitibus fecit, quam οὐλαμόν uocitauit: Qui etiam equites ac pedites in ſex tribus diuiſit, quarum quęlibet tribunum militum, & quatuor præfectos manipulares habuit, &c. Et tametſi centuriæ, decuriæ, turmæ, cohortes, equitatus, pro uoluntate procq; arbitrio ſæpe auctæ & imminutæ, nonnunquam duplicatæ fuerint: idem tamen nominis, quamuis mutato militum numero, ſortitæ fuère, Alexander ab Alexandro 1. 5. Οὐλαμὸν Varinus quadraginta uirorum ſimpliciter (non equitum) eſſe ſcribit, &c. Ἄσιππος equites ſeptuaginta complectitur, Idem & Heſychius. Sed plura de equitibus bellicis ſi quis requirit, obſeruet ipſe diligentius apud rei militaris ſcriptores. ¶ Equos armis præmuniri (inquit Cælius 21. 31.) ſciunt omnes, ſed eorum nomina (ni fallor) nota pauciſſimis. Igitur quæ à fronte propendent, prometopidia: quæ ab auribus, parotia: pareia, quæ maxillas præfulciunt, appellari debent: proſternidia uerò, quę pectus: parapleuridia, quæ lateribus obiacent: parameridia, quæ femoribus, ſolet ea uulgus coxalia nuncupare: paracnemidia, tibijs apponi conſuerũt. Tranſtulit hæc Cælius ex Pollucis libro 1. cap. 11. λέγονται δὲ ἵπποι τεθωρακισμένοι, προδιαπεφραγμένοι, ὡπλισμένοι, Pollux ibidem. Quomodo muniri & armari debeat equus bellator Xenophon docet circa finem libri de re equeſtri, unde ferè etiam Pollux ſua mutuatus eſt uocabula.

¶ Nunc de ipſa equitatione, ſiue equitatu & actu equitandi agendum, Latinis primum, deinde Græcis uocabulis, &c. Equitandi ac ſagittandi ſtudium à Medis ad Perſas & Armenios profectum eſt, Strabo. Quia equitandi artem primus excogitauit Neptunus: inde factum opinatur Pauſanias, ut dicatur hippios, potius quàm cauſa alia. Alij à Centauris equitandi artem, alij non hanc, ſed ex equo pugnandi inuentam prodidere. Vide ſupra parte 1. huius capitis poſt Centauros ſtatim in mentione Maris. Amazones mortalium primas equum ſcãdere auſas Lyſias orator credit, Hermolaus. Alij Bellerophontem, alij Neptunum, primum domuiſſe equos, & equitandi artis authorem eſſe tradunt, ut Polydorus proſequitur 2. 12. de inuentoribus rerum. Cteſilaus ſtatuarius fecit equitem Sarmenem,

menem, qui primus de equitatu scripsit, Plinius. Damis in Apollonij uita apud Philostratum, boni equitis munus esse ait, Equo rectè insidere, atq; illi fortiter dominari, & frenis in quamcunq; uoluerit partem circunducere: non parentem uerberibus plectere: cauere insuper ne in foueam, aut uoraginem, aut hiatum aliquem deferatur, dum paludem cœnúmue nititur euitare: Deniq; per accliuem locum ascendenti equo moderatè frena remittere: in præcipitem uerò ac decliuem eunte, non desere re frena, sed magis contrahere: Interdum quoq; crines aut aures manu demulcere, nec semper in ipsum flagellis uti. Equitatus, equitum manus, dignitas equestris, & actus equitandi. Femina atteri aduriq; equitatu, notum est, Plinius. Adequito, prope uel iuxta equito. Ad illum adequitare, Cæsar. Castris adequitare, Tacit. li. 5. Adequitauit deinde sensim portis, Liuius. Collinæ portæ adequitans Hannibal, Plinius. Eò ferocius adequitare Samnites uallo, Liuius. Numidæ adequitare, deinde refugere, Idem. Adequitatio, idem quod equitatio, ut quidam scribit. Vectura apud Vegetium, ipse gressus equi uehentis equitem. Equus ad uehendum est natus, Varro. Martialis libro 12. epigramma legitur in Priscum uenatorem temerariæ & periculosæ equitationi nimium indulgentem, huiusmodi:

Parcius utaris moneo rapiente ueredo
Prisce, nec in lepores tam uiolentus eas.
Sæpe satisfecit prędæ uenator, & acri
Decidit excussus nec rediturus equo.
Insidias & campus habet: nec fossa, nec agger,
Nec sint saxa licet, fallere plana solent.
Non deerunt qui tanta tibi spectacula præstent:
Inuidia fati sed leuiore cadunt.
Si te delectant animosa pericula, Thuscis
(Tutior est uirtus) insidiemur apris.
Quid te frena iuuant temeraria? sæpius illis
Prisce datum est equitem rumpere, quàm leporem.

¶ Equitabilis locus, commodus equitationi. Opportuna explicandis copijs regio erat, equitabilis & uasta planicies, Liuius. Et Curtius, Imber uiolentius quàm aliâs fusus, campos lubricos & inequitabiles fecerat. ¶ Equito, equo uehor, equo insideo. Equitare in arundine longa, Horatius 2. Sermon. Iactabit se, & in his equitabit equuleis, Cicero 6. Verr. Lucilius etiam de ipso equo dixit, Quis hunc currere equum, non æquè equitare uidebat? His equitat curritq; oculis, Nonius. Alij sic citant ex Lucilio, Nempe hunc currere equum nos, atq; equitare uidemus: sic enim citatum legimus apud Macrobium circa finem libri septimi. Equitare (inquit Seruius eodem in loco) & homo utens equo, & equus sub homine gradiens dicebatur. Equitare antiqui dicebant equum publicum mereri, Festus. Cameli Bactrianæ iumentorum dorso funguntur, atq; etiam equitantur in prælijs, Plinius. Thessalorum inuentum est, equo iuxta quadrupedante cornu intorta ceruice tauros necare, Plinius. In orbem equitare, id est in circulum, Ouidius 12. Metamorph. Ter circùm astantem læuos equitauit in orbes, Vergilius 10. Aeneid. Adequito paulò superius positum est. Obequito, id est circumequito. Primò obequitando castris prouocandoq;, Liuius. Et luce orta postero die obequitauit stationibus hostium, Idem. Quumq; agmẽ obequitaret, uaria oratione, ut cuiusq; animo aptum erat, milites alloquebatur, Curtius. Perequito, in omnem partem equito. Primò per omnes partes perequitant, & tela conijciunt, Cæsar. Quum perequitasset aciem promissa repetens, &c. Liuius. Claudius quum ex uia longè perequitasset, nullo obuio hoste, in campum rursus euectus, increpans ignauiam hostis, &c. Idem. Præterequitantesq; absterrent, Liuius 3. ab Vrbe. Equo uehi Bellerophontem inuenisse tradunt, Plinius. Albis equis residentes duo iuuenes uisi, Valerius. Incedunt pueri, pariterq; ante ora parentum Frenatis lucent in equis, Vergilius. Sublimes in equis redeunt, Idem. Villas adire asellis aut uehiculis, Plinius. ¶ Vbi Persæ redditi sunt uino inferiores, puerorum quidem institutio ad uenandum adhuc durauit, τὸ μέν τοι τὰ ἱππικὰ μανθάνειν καὶ μελετᾶν ἀπέσβηκε, Xenophon libro 8. pædiæ. Nicias in Lachete Platonis hippicen, id est artem equestrem, egregium, utile, & maximè liberale exercitium esse affirmat. Eandem in Hippia maiore Socrates apud Thessalos præcipuè in honore fuisse ait. ἱππασία, id est equitatio, cõmuniter dicitur, ἱππεία uerò et ἱπποσύνη poëtice, Varin. ἱππασίαν δ᾽ ἐρεῖς, καὶ ἱππείαν, καὶ ἔλασιν, καὶ ἐλασίαν, καὶ ἡνιόχησιν, καὶ ἐπόχως ἐγκαθίσαι, καὶ βεβαίως, καὶ πλαγίως. καὶ ἐφεδρεύειν ἐρεῖς, ὡς Ξενοφῶν, εἰ καὶ βιαιότερον. ἐπιβαίνειν καὶ ἀναβαίνειν, ἐξ ὧν ἐπιβάτης, ἀναβάτης, Pollux. Ammonius certè epibaten scribit propriè dici eum qui naui uehatur, anabaten uerò qui equo. Σχεδία ἱππασία, de celeri equitatione apud Pollucem. οἴκαδ᾽ ἐξ ἱππασίας βαδίζων, Aristoph. in Acharnens. Scholia addunt, ἱππασίας ἀντὶ τοῦ ἱππικῆς, ὡς ὄντος αὐτοῦ ἱππέως. καὶ γὰρ ἕως ἑσπέρας διατρίβουσιν ἐν τῇ δοκιμασίᾳ οἱ ἵπποι. ἱππασία, ἡ κοινῶς καβάλλα, Varinus. ἱππεία, ἡ ἱππευσις, Varin. Suidas. ἱπποσύνη, equitatus, ars equitandi: ἡ τοῦ ἱππεύειν ἀρετή, ἱππικὴ ἀρετὴ ἤτοι ἡνιοχικὴ ἐμπειρία, καὶ ἐπιστήμη περὶ τοὺς ἵππους, apud Homerum, cuius hoc hemistichium est, ἔγχεΐ τ᾽ ἱπποσύνῃ τε, Varin. & Hesych. Nestor Iliad. ψ. Antilochũ filium suũ inquit à Ioue & Neptuno ἱπποσύνας didicisse, hoc est equitandi & equestria certamina obeundi artem. ἵπποι ὑπέρπονοι γινόμενοι ἐκ τῆς ἄγαν ἱππηλασίας, ut apud Suidã citatur: ἱππόσυνα, τὸ ἱππεύειν, Hesychius. ἵππευμα, πορεία, Suidas, Varinus. εἰς μακρὸν ἵππευμα διώκεις ἀστεροειδέα νῶτα διαφέρεται αἰθέρος, Aristophanes. ὄχησις, ἱππασία, φόρησις, Hesych. & Varin. βλησύεμος, ὁ ἱππασμός, Hesych. & Varinus. ¶ ἱππεύς, ἀναβάτης, ἐπιβάτης, de equite dicuntur, Hesych. & Varinus. Dicitur etiam ἱππεὺς camelo insidens apud Xenophontem. ἱππαστής, equitator, Lexicon Græcolat. Pollux quidem equum ἱππαστὴν laudat. ἔποχος, ὁ ἀναβάτης: Vide ab initio huius partis H.e. καλλιπῶλε, ἱππικώτατε Hesych. & Varinus. ἄνιππος, imperitus equitandi, Pollux 1.11. Hesychio & Varino idem est ἄφιππος. χωρία δ᾽ ἐρεῖς ἱππάσιμα, καὶ δύσιππα, καὶ ἄφιππα. γῆ λεία, ὁμαλή, ἄλιθος, ἱππόκροτος, ἱππόδρομα μος, δύσπορος, Pollux. Et rursus, δειλὸς ἄνιππος, ἱππάσιμος, ἱππόκροτος. Et alibi de militibus scribens, quos διμάχας uocant, ὅπως ἂν ἐν μὲν τοῖς ἱππευσίμοις ἱππεύοιεν· εἰ δέ τοι εἰς ἄφιππα ἀφίκοιντο, μὴ εἶεν ἀπόμαχοι παντάπασι. Ἄφιππα χωρία, loca equitationi inepta, ὁ δὲ ἐκκλίνει πρὸς τὰ δύσχωρά τε καὶ ἀνάντη, καὶ ἄφιππα, Suid. Ἄφιπποι, equis priuati, qui & ἄνιπποι. Γεγονότες δὲ ἤδη ὡς ἐν ἐρημίᾳ, τά τε ἄλλα καὶ ἄφιπποι γενόμενοι, ἀντὶ τοῦ πεζοί, Suidas. Ἱππήλατον, εὐρύχωρον, πλατὺ, λεῖον, ἐψιλωμένον, Suidas & Varinus.

¶ Ἱππεύειν uel ἱππεύεσθαι, equitare. Ἵππευε, ἵππων φρόντιζε, Suidas. Ἱππάζεταί τε καὶ ξυνωρικεύεται, Aristophanes in Nubibus. In Scholijs non ἱππάζεται, sed ἱππεύεται legitur, & sic exponitur: Nunc equo singulari, nūc biga uehitur. Ἱππεύεσθαι enim uel ἱππάζεσθαι, equo celete, id est singulari uehi significat. Ἱππεύειν, ἱππάζεσθαι (non probo quod in Græcolatinum Lexicon quidam retulit ἱππάζω) ὀχεῖσθαι, ὑπὸ τοῦ ἵππου φέρεσθαι, synonyma, Hesychius & Varinus. Οἱ δὲ τὰ ἐπισημότερα τῆς πόλεως καθιππεύοντο, perequitabant, Heliodorus. Καθιππεύεις, in Lexico Græcolat. Παριππεύειν, præteruehi equo, τὸ ἀφεῖναί τινας καὶ ἄλλη ἀπέρχεσθαι, ἄλλη ὁδεύειν, παρατρέχειν, παρακολουθεῖν, (iuxta equitare, & quasi ad latus sequi) Hesych. Suid. & Varinus. Λαῦσαι, παριππεῦσαι τοῖς ἐλαύνουσι, Varinus & Hesychius. Περιιππεύειν, obequitare, παρατρέχειν, Iidem. Ὁ δὲ ἐν καμάτῳ δρόμος, καλεῖται οὗτος (aliâs οὕτως) ἱππάζεσθαι, ὥσπερ καὶ ἐπὶ τῶν ἱππέων τὸ ἱππεύειν οὕτως ὀνομάζεται, Pollux: unde forsan aliquis colligat, ἱππεύειν de equite tantum dici, ἱππάζεσθαι non de hoc solum, sed etiam de equo. nam & ἱππαστὴν equum (ut dixi) alibi laudat Pollux. Σχέδιον ἱππάζεσθαι, καὶ ῥύμῃ ἐξελαύνειν, apud eundem legimus de celeri equitatione. Καθιππάζεσθαι, συνελαύνειν, ὑβρίζειν, συντρέχειν, Suidas & alij. Construitur genitiuo. Ὁ δὲ Βίων ὁ σοφιστὴς ποικίλος ἦν, πλείστας ἀφορμὰς δεδωκὼς τοῖς βουλομένοις καθιππάζεσθαι φιλοσοφίας, citatur apud Suidam: uidetur autem significare, inuehi in philosophiam. Ἐλαύνειν, equitare: unde παρελαύνειν, περιελαύνειν, ἔλασις, ἐλασία, διελαύνειν, διελασία, (id est decursio militaris, ἀνθιππασία,) Budæus in Commentarijs. Et eques quidem ἐλαύνειν dicitur, equus uero ἐλαύνεσθαι. Ὁ δὲ οὐ φέρων ἔτι τὸ ἐρέθισμα, ἀντήλασε τὸν ἵππον, Appianus apud Suidam & Varinum. Ἱπποκέλευθος, ὁ τὰ πλείω ἀναβάλλων ἑαυτὸν εἰς τὸ ἐφίππιος περιεῖναι, Varinus. Ἵπποισιν ἢ κύμβαισι ναυστολεῖς χθόνα; Equesne uenis an nauigio? Sophocles. Ἱππασὶ καθίζειν, ac si dicas equitabunde insidere, cum pueri diuaricatis cruribus alicuius humeris insident, ὅταν οἱ παῖδες ἐπὶ τῶν ὤμων περιβάδην καθέζονται, Hesychius & Varinus. Ἱππηδὸν etiam eiusmodi significationis aduerbium in Lex. Græcolat. habetur. Κλωγμῷ δὲ ἐξεγείρειν τὸν ἵππον ὀρθῶς, καὶ ῥοίζῳ. ταῦτα δὲ καὶ ὁρμητήρια σημεῖα ὀνομάζεται· ποππυσμῷ δὲ παριστάναι καὶ καθιστάναι, Pollux. Xenophon etiam in lib. de re equestri ijsdem uocabulis utitur. Τὸ δὲ ἐνδόσιμον εἰς τὸν δρόμον, κροῦσαι τῷ ποδὶ τὴν γαστέρα, καὶ ἀνακλάσαι τὸν αὐχένα ἐκ τοῦ χαλινοῦ, Pollux. De calcaribus, ijsque adigendis, inferius inter instrumenta dicam. Ὁ δὲ ἵππος αὐτῷ ἤσκητο ἅμα καὶ ἄνευ ἡνίας, ἐλαυνόμενός τε ὠκύτατα φέρεσθαι, καὶ βάδην περιιόντος πρᾳότατα ἵστασθαι, καὶ ἐκκλίνοντος ὅπως περιοίσεται καὶ κυκλώσεται, ἐπικαμπίσαντα ἐπιστρέφειν, Dexippus apud Suid. in ἵππος. Καὶ ὁπότε παρείη ὁδὸς εἰς ἄλλον βασιλέα ἐπὶ τὸν ἵππον ἀνεβίβαζε, Suid. Ἐπεμαίετο ἵππους, ἡνιόχει, ἐμάστιζε, κέντρον ἐπῆγεν ἵπποις &c. Vari. est aūt locus Homer. Τοῦτο φέρων ἱππεὺς ῥύμῃ διώκει τὸν ἵππον, id est celeriter eqtat, Suid. in χιλιοστύς: Home. Iliad. ψ. διώκειν pro ἐλαύνειν absolute posuit, Μάλα σχεδὸν ἦλθε διώκων. Ἡνιοχεῖν, equum regere, non solum in curru, sed etiā singularem cui quis insidet, ut simpliciter pro equitare accipias, apud Xenophontem: & etymologia quidem nihil quàm habenas manu tenere significās, hoc facile admittit. Ἀναβολεύς, ὁ ἐπὶ τὸν ἵππον ἀνάγων. Ὁ δὲ βασιλεὺς τὸν ἀναβολέα προσκαλεσάμενος, καὶ ταχέως ἀναβὰς ἐπὶ τὸν ἵππον, ᾔτησε πιεῖν, Suidas. Ὁ δὲ Μασσίας (Μασσάλιος, Varino) ἵππου χωρὶς ἀναβολέως ἐπέβαινεν, Idem. Bucephalus haud unquam inscendi se ab alio nisi à rege passus est, Gellius. Ἵππος καταβαίνεται, Xenophon. Ἀναχαιτίζειν equum dicitur eques, id est refrenare, coërcere, & impetum eius reprimere, ἀνακόπτειν, ἀνακρούειν, ἀναστηρίζειν, (quidam antepenultimam non rectè per ypsilon scribunt) χαλινοῦν, ἀναστρέφειν, ἀναποδίζειν, ἀνορμᾶν, Hesychius & Varinus. Sed ipse etiam equus ἀναχαιτίζειν dicitur, cum erectus anteriore parte caput & ceruicem retrorsum iactat, excutiendi præcipuè sessoris causa. At qui posteriore parte altius sublata equitem excutit & tāquam effundit equus, πρωκτὸς uocatur, ut supra dixi in b. inter uitia equorum. Ἦν δ' ἀνιππός τις ἢ καὶ ἀβέβαιος, ἀποσείονται, καὶ ἐκφέρουσι, καὶ ἀναχαιτίζουσιν, ἱστάμενοι ἐπὶ τοὺς οὐραίους πόδας, Pollux l. 11. Eiusdem aliud testimonium in E. recitaui super hoc uerbo. Plutarchus in Symposio sapientum pro eo quod est iubam & ceruicem erigere accepit: Mulus, inquit, cum imaginem suam in fluuio conspexisset, formam & magnitudinem corporis sui admiratus, ὥρμησε θεῖν ὥσπερ ἵππος ἀναχαιτίσας. Cæterum ἐκφέρειν dicitur equus, ut habet Vari. cum per uim extra rectā & institutam uiā equitē auehit, Vari. Ἐκτραχηλισθῆναι, ἐκπεσεῖν τῶν ἵππων, οἷον, τὸν αὐχένα ἐπικάμψαντος ἀποσείονται τὸν ἐπιβάτην. ἐκτραχηλισθῆναι δὲ λέγουσιν, οὐχὶ ἐκσφονδυλισθῆναι, (spondylum aut uertebram luxare) ἔστιν οὖν ἀντὶ (τοῦ) διαμαρτάνειν ἐκπεσόντα, ab equitantibus translatum: meminit Demosthenes quinta Philippica, Etymologus & Varinus. Ἱππασίας μετὰ θορύβου γινομένης, πολλοὶ μὲν τῶν ἱππέων ἐκτραχηλισθῶσι, (οὐ τραχήλους συγκλασθῶσι:) πλείους δὲ τῶν ἵππων ἐξαδυνατήσωσι: οἱ μὲν ὑπέρπνιγεῖς γινόμενοι, οἱ δὲ ὑπέρπονοι, ut Suidas citat ex innominato authore.

¶ Cur qui equo uehuntur, quo longius equus decurrerit, eò magis emittere lachrymas solent, Aristoteles sectione 5. problemate 13. & 34. Equitatio stomacho & coxis utilissima, Plin. lib. 28. Motuum qui exercitij causa assumuntur, alij per nos fiunt, ut ambulatio: alij extrinsecus, ut nauigatio & gestatio quælibet. Nonnulli misti planè sunt, ueluti equitatio. Non enim ut in uehiculis, præsertim in quibus stratus quiescas, ita etiam cum equo insideas accidit, ut à gestante tantum agitêris, ipse nihil agas: quin spinam erectam sustinere, tum utrisque feminibus equi costis firmiter hærere, et crura extendere oportet, etiam ante prospicere: In quo non modo uisus, sed etiam collum laborat. Præcipuè

cipuè tamen uiscera hoc genere agitantur, Galenus de sanitate tuenda 2.31. Equitationes concitatæ sæpe aliquam circa renes partem ruperunt, aut circa pectus læserunt, quandoque etiam seminarios meatus: ut ne dicam de ipsis equorum delictis, per quæ sæpe equites sella excussi, statim perierunt, Galenus in libro de paruæ pilæ exercitio. Vsus equitationis uniuersus ægris non multum confert: si tamen suauiter gradiatur equus, nihil ultra facit quàm femorum lassitudinem, eiusque partis ubi crura plicantur & unde pendent: at si impellatur, perturbat uniuersum corpus & defatigat: habet tamen etiam modus iste quidpiam utilitatis in ualentioribus: roborat enim præ cunctis alijs exercitijs spiritum, reliquumque corpus, sed stomachum maxime: purgat etiam sensus, acutioresque reddit: thoraci tamen pessimus est hic exercendi modus, Aëtius 3.7. Scythæ corpora habent nimium fluxa & la-
10 ta: neque enim fascijs (infantes) colligantur, quemadmodum fieri solet in Aegypto. Deinde quòd non animaduertunt quomodocunque inter equitandum equis insideant. Postremum etiam propter desidiam perpetuam. Masculi enim eorum antequam potentes fiant equos conscendere, atque in illis uehi, plurimũ temporis desident in curribus, &c. Hippocrates in libro de aëre, aquis, & locis. Et mox cur Scythæ parum appetant Venerem, fieri ait ex continua equitatione, quæ eos ad commistionem reddat impotentiores. Ab equitatione (inquit) diuturni eos corripiunt articulorum dolores. Nimirum propendentibus semper ex equis eorum cruribus, deinde claudi fiunt, contrahunturque coxendices quum inualuerit morbus. Medicantur autem sibi ipsis à principio morbi utraque uena retro aures incisa, unde cum sanguis effluxerit, hæc ipsa etiam sterilitatis causa est. Afficiuntur autem hoc malo illi præcipuè inter Scythas, qui genere & potentia præualent, ex nulla alia quàm continuæ equita-
20 tionis causa: pauperes minus, cum non multum equitent. Vbi enim frequenter & continuè homines equitant: ibi plurimi à diuturnis doloribus articulorum, coxendicumque maximè & pedum corripiuntur, ad coitumque fiunt impotentes. Accedit quòd anaxyrides (braccarum siue feminalium genus) semper habent, & plurimum temporis in equis desides agunt, ut neque manu tractare pudenda liceat, &c. Hæc Hippocrates. ¶ In Scandinauia & uicinis locis, equorum & hominum pedibus rotundæ clypeorum forma tabulæ subligantur, ne pessum eant in niuem, ut Olaus Magnus annotauit.

¶ Πωλεύω, ἵππων ἐπιμελοῦμαι, πώλους παιδεύω, Hesychius & Varin. Πωλευτικὸς, παιδευτικός. Πωλεία, ἡ τῶν ἵππων παίδευσις, Varinus. Ἱπποδαμαστὴς, πωλοδάμνης, qui domat et instituit pullos, Varinus & Hesych. unde uerbum πωλοδαμεῖν, πῶλον δαμάζειν, Iidem. Δαμάσαι δ' ἂν ἵπποις καὶ πωλεῦσαι, πωλοδαμνεῖν, καὶ ἐκπαιδεῦσαι, καὶ ἡμερῶσαι, ἀσκῆσαι, ἀναδιδάξασθαι, Pollux. Equorum domitores & aurigæ fuisse di-
30 cũtur, Automedon Achillis, Idæus Priami, Turni Metiscus (apud Vergilium,) Myrtilus Oenomai, Cebares Darij, Anniceris item Cyrenæus, & apud Vergilium Picus, Mesapus, Lausus: apud Silium Cyrnus, Durius, Atlas, Iberus memorantur, Textor in Epithetis equi. Cillas, Pelopis auriga. Patroclus auriga erat Achillis, Patrocli Automedon, Automedontis Alcimedon, Varin. in Ἡνίοχος. Telchius & Amphitus, uel Rhecas & Amphistratus, Castoris & Pollucis aurigæ. Corax aurigæ nomẽ Marcellino libro 14. Ὑποππύσας πόππυζον, Aristophanes in Equitibus: ubi Scholia, γύππαξ ἐπιφώνημα, ὃ ἡμεῖς ποππύζειν λέγομεν. Ποππύζω, λέξις πεποιημένη ἀπὸ τῶν ἡμερούντων τοὺς ἵππους. Παῖζε μόνη, τὸ φίλημα μαὶ την πόππυζε σεαυτῇ, ἀντὶ τοῦ κολάκευε, κήλει, in Epigrammate. Ποππύσματα, κολακεῖαι εἰς τοὺς ἀδαμάστους ἵππους, Suidas, Hesych. & Varin. De poppysmo & clogmo supra etiam nonnihil ex Polluce & Xenophonte docui. De poppysmo uel poppysmate & diuersa ad has uoces ueterum testimonia, uide in
40 Miscellaneis Politiani cap. 32. ¶ Hippocomi, mangones qui equos componunt, Grapaldus. Ἱπποκόμος (paroxytonum, ut etiam in Scholijs Homeri) ὁ τῶν ἵππων ἐπιμελούμενος, Suidas & Varinus. Τὸ δ' ἱπποκόμου μαστίξαντος τὸν ἵππον, Plutarchus in Sylla. Ἱπποκομέω, curo equos, in Lexico Græcolat. Καὶ ἵππων δὲ καὶ κυνῶν ἐπιμελητὰς καθίστη, Xenophon in Pędia. ¶ Heniochum Græci aurigam dicũt, quòd henias, id est habenas manu teneat regatque. Videtur autem aliquando ἡνίοχος simpliciter pro equite poni: nam is quoque cum freni loris habenas tenet. Ἱππασίαν δ' ἐρεῖς, καὶ ἔλασιν, καὶ ἡνιόχησιν, τὸ ἐπόχως ἐγκαθίσαι, Pollux. Ἡνίοχος & παραβάτης in uno curru quid differant, paulò ante in Bellicis diximus, & docetur etiam à Varino in uoce Ἡνίοχοι. Reperitur & ἡνιοχεύς (apud poëtas puto) nimirum ab ἡνιοχεύω uerbo, Varin. Ἡνιοχεία, ἡ ἁρματηλασία, Varinus. Ἡνιοχεῖν, metaphoricè pro regere & gubernare accipitur, Varin. Hesych. Ἡνιοχεῖν, ἐλαύνειν, ἵππους ὁδηγεῖν, οἰκονομεῖν, Hesych. In uoce ὑφηνίοχος præpo-
50 sitio abundat, Varinus & Hesych. legitur autem Iliados 3. Auriga communis generis, propriè dicitur, ut ait Seruius, qui currum regit. Hic situs est Phaëthon currus auriga paterni, Ouid. Aurigarius, idem quod auriga. Aureax, auriga, ab aureis, id est freno equorum circa aures alligato, Festus. Circumstant propere aurigæ (id est agasones, Seruius) manibusque lacessunt Pectora plausa cauis. Aurigam uideo uela dedisse rati, id est nautam, Ouid. 1. Trist. Hinc aurigare uel aurigari uerbum, & aurigatio, & aurigarius, uide Promptuarium. Ἱπποδιώκτας, ἡνίοχος, Hesych. & Varinus. Ἱππόδος, ἱπποδιώκτης, Iidem. Ἱπποπώλων, τῶν ἡνιοχούντων, id est aurigantium, circa equos uersantium, equestrium, Iidem. Ἐλατὴρ Homero, ἡνίοχος. Ἀεδύσανοι, ἡνίοχοι, Hesychius & Varinus. Sunt qui dossuarium mulum astraben nuncupent: (astrabelaten uero aurigam) aut notophorũ, id est dorsò ferens ac gerulum iumentum, Cælius. Varinus Onocindynon, onelaten & astrabelaten interpretatur, hoc est
60 agasonem uel mulionem, non aurigam ut Cælius. Κεντρότυπος, ὁ ἡνίοχος, Varinus: quòd feriat stimulis, (nimirum quales boum stimuli sunt, non calcaribus.) Hesychius κεντροτύπου (paroxytonum) exponit μοχθηρὸν, φαῦλον, πανοῦργον, ἢ κεντροποιόν. Κέντορες ἵππων, τῶν πολεμιζομένων, καὶ οἱ τεχνικῶς ἡνιοχοῦντες,

Varinus. Κόντωρ, ἡνίοχος, Hesych. Heniochus comicus Atheniensis apud Suidam. Heniochia regio est apud Caucasum, cuius incolæ Heniochi, Stephan. Heniochi Ptolemæo 9.5. populi Sarmatiæ iuxta Pontum non longè ab Achæis. Plinius 6. 5. à Telchio & Amphito Castoris & Pollucis aurigis Heniochorum gentem feram ortam dicit. Idem scribit Ammianus Marcellinus libro 22. Dioscuriadis (inquit) in Colchica authores sunt Amphitus & Telchius, &c. Strabo uerò libro 11. Tradunt (inquit) Laconas habitasse Heniochiam, quorum duces Rhecas & Amphistratus fuerunt, Castoris & Pollucis aurigæ, unde Heniochi (ut par est) ex ijs quidam sunt nominati, &c. In ora ante Trapezunta flumen Pyxites, ultra uero gens Sãnorum Heniochorum, Plinius 6.4. Et rursus, Deinde multis nominibus Heniochorum gentes. Et cap. 9. Cyrus oritur in Heniochijs montibus, quos alij Coraxicos uocauere. Traianus Heniochorũ regẽ prosecutus honore est, Dion Cassius. Dextra atque intima Ponti incolunt Colchi, Heniochi & Achæi, Velleius Paterculus. Erichthonius omnium princeps, ut Arati uetus testatur interpres, currus equis iunctis docuit quadrigis solaribus persimiles cõpingere. Qua sane admiratione est inter cœlitum tralatus imagines, quod non tacuit Manilius astronomicõn primo, heniochi nomenclatura insignis: Heniochus studio mundumque & nomen adeptus, Quem primum curru uolitantem Iupiter alto Quadrijugis conspexit equis, cœloque sacrauit. Scribit uerò Theon cœlestem Heniochum, uel esse Bellerophontis idolum; uel Trochili, Callithea qui est natus, sacerdote apud Argos prima, quique currum iunxit primus. Alij esse Myrtili dicunt. Sunt qui Cillantis Pelopis aurigæ, aut Oenomai quoque, Cælius. De Erichthonio, & quòd primus omnium curru uel quadrigis usus sit, Polydor. 2.12. Auriga, signum cœleste super Tauri cornua: retinet autem stellas duas in manu quæ hœdi uocant. Quarto nonas Octobris auriga occidit, Columella. Auriga Sub læua Geminorum abductus parte feretur, Cic. 2. de Nat. Vide Higinium & alios. Ἱππονώμαν Aristophanes Solem uocat, quòd aurigæ instar agat & regat currum & equos, Varinus. Ἱπποπείρης, equi moderator, quasi pungens equum, aut equorum experiens, Lexicon Greco lat. Agitator apud authores ferè ponitur pro rectore equorum aut curruum. Et equorum agitator Achillis, Armiger Automedon, id est auriga, Verg. 2. Aen. O quicunque faues fœlix agitator equorum, Ouid. 3. Amorum. Nec est melius quicquam, quàm ut Lucullus sustineat currũ, equosque, ut bonus sæpe agitator, Cic. ad Att. lib. 13. Idem 4. Acad. Ego enim ut agitator callidus, prius quàm ad finem ueniam, equos sustinebo. Gubernator (metaphoricè pro agitatore) magna contorsit equũ ui, ut Quintilianus citat. Sæpe oleo tardi costas agitator aselli, &c. Verg. 1. Georg. hoc est uerberator, Seru. Agaso, equos agens, id est minãs, Fest. sed menare pro agere uel ducere Gallica uox est. Pinxit & in una tabula agasonem cum equo, Plin. lib. 35. Et duo equi phalerati cum agasonibus, Liuius. Sumitur etiam pro hippocomo seu equisone, & equorum curatore. Si patinam pede lapsus frangat agaso, Horat. 2. Serm. Sat. 8. ubi Acron, Agaso propriè dicitur seruus qui iumenta curat: hîc autem Satyricè escarum ministrum agasonem appellauit, quem uulgò dicunt inferiorem. Equiso pro equite (sed locus uidetur corruptus.) Varro Triodite, Nam ut equus qui ad uehendum est natus, tamen hic traditur magistro, ut equiso doceat tolutim, Nonius. Et alibi, Equisones non equorum tãtum moderatores aut magistros, sed omnes quibus regimen conceditur cuiuslibet rei, dici posse ueteres probauerunt. Varro Marcipore, Hic in ambiuio nauem conscendimus palustrem, quam nautici equisones per uiam conducerent, loco. Equorum pastor, equisio (hoc non placet) seu equiso & equitarius Latinè, ἱπποφορβὸς Græcè, Textor. Ἱπποφορβός, ἱπποτρόφος. φορβὴ γὰρ ἡ τροφή, Suid. Hesych. & Varin. Ἱπποφορβοί, ἱπποφορβία: καὶ ὡς Σοφοκλῆς, ἱπποβουκόλοι, ἱπποφορβεῖς, Pollux. Ἱπποφόρβιον, locus in quo aluntur equi (ut in Scholijs Homeri etiam legimus) & grex equorum, & capistrum, Hesych. Varin. Polia iureconsultis esse uidetur equinũ armentũ: nam quod Grece ἱπποφορβίον dixit historia quarta Herodotus, poliam Latinè reddidit interpres, Cælius. Ἱπποφόρβιον (oxytonum) grex equorũ, Scholia Homeri. Hippophorbon dictam tibiam Scenitæ Libyes excogitarunt, & in equorum pabulis utuntur: fit ex lauro, Cælius ex Polluce. Fit ex lauro (inquit Pollux) detracto cortice: exempta enim medulla, acutum reddit sonum, & equis conuenientem: Græce est, ὀξὺν ἦχον ποιεῖ, καὶ τῶν ἵππων τῇ ὀξύτητι καθικνούμενον. Ἱππῖται (in Varino legitur ἱππῖται, quod minus placet) ἱπποφορβός. Ἵπποι φορβάδες, ἵπποι ἀγελαῖοι, Pollux. Ἱπποβουκόλους pastores equorum interpretantur, Pollux (ut paulo ante citaui) Hesych. & Varin. quare non probo illum qui in Lexico Græcolatino bubulcum exposuit. Πολὺς βουσὶ δὲ νιν λαβόντες ἱπποβουκόλοι, (senarius ex poeta quodam, Sophocle ut conijcio,) Varinus. Hippobotæ apud Chalciden. uocabantur prædiuites & gloria excellentes, Cæl. Ἱπποτρόφος, ἀγελοτρόφος, ἱππονόμος, Pollux & Varinus. Ἱππόνομος, pastor equorum: & ἱππόνομα, merces ex equis uel mulis, Lexicon Græcolat. Ἄνθρωποι ἄβιοί τε καὶ ἱππόται τῆς ἀγέλης, Philostratus in uita Apollonij (uide an legendum ἱππῖται, id est ἱπποφορβοί, uel contra:) interpres Latinus parum probatus, uertit: homines planè inculti & armentorum equites curatoresque. ¶ Equum ab ipso Catone defrictum, Seneca epistola 88. Distringere apud Plinium 34. 8. pro defricare in balneis, & uti strigilibus. De equotribis & strigile, uide inferius in hoc capite. Λέγοις δ᾽ ἂν ἵππον καὶ ψηλαφᾶν, καὶ ψήχειν, καὶ ἀνακαθαίρειν, ἐκκαθαίρειν, καὶ ἀποσοβεῖν τὴν κόνιν, καὶ ἀνιστᾶν τὴν τρίχα, ἐκφέρειν τὴν κόπρον, ψύχειν τὰ στρώματα τοῦ ἵππου. καταπλύνειν δὲ δεῖ λέγειν τὴν κεφαλὴν, οὐ καθαίρειν, Pollux. In Callimachi hymno in lauacra Palladis, uersus leguntur huiusmodi. Οὔ ποκ᾽ Ἀθαναία μεγάλως ἀπενίψατο πάχεις, Πρὶν κόνιν ἱππειᾶν ἐξελάσαι λαγόνων. Ἀλλὰ πολὺ πράτιστον ὑφ᾽ ἅρματος αὐχένας ἵππων Λυσαμένα, παγαῖς ἔκλυσεν ὠκεανῶ Ἱδρῶ καὶ ῥαθάμιγγας, ἐφοίβασεν δὲ πα-

γῶντα

γίνεται πάντα χαλινοφάγων ἀφρὸν ἐκ στομάτων. Citatur hic hymnus & Latine redditur à Politiano in Miscellaneis cap. 80.

¶De stabulo in genere quædam scribit Grapaldus libro 1. cap. 8. Equaria, idem quod equile. Varro in procemio de re rust. 2. Quòd & ipse pecuarias habui grandes, in Apulia ouiarias, & Reatino equarias. Præsepe ipsum propriè stabulum dicetur, Grapaldus. Equitium, equorum armentum. Vlpianus ff. De usu & habitatione: Equitij quoque legato usu, uidendum ne & domare possit, & ad uehendum sub iugo uti. Tacitus de Germania, Mos est ciuitatibus ultrò equitium conferre principibus. Equitium Grapaldus & Scoppa grammatici mandram interpretantur. Est autem mandra Græcum uocabulum Italis hodieque in usu pro equili. Μάνδραι, σηκοὶ βοῶν καὶ ἵππων, Hesych. & Va-
10 rinus. Polia, armentum equorum, ἀγέλη ἵππων, ut supra monui. Equitarius, equili præfectus, Scoppa: Textor pastorem equorum interpretatur. Ἱππών, oxytonum, equile: paroxytonum uerò proprium uiri est. Hippostasium esse uidetur equorum stabulum, sicuti boum bustasium. Nam & equum ab armento sequestratum iam, & stabulo ac præsepi applicitum, Græci eleganter staton, id est στατὸν dicunt, Cælius. Ἱππὼν, στάσις ἵππων, καὶ ἱππόστασις, καὶ σταθμὸς, φάτνη, Pollux. Στάσις ἵππων pars ciuitatis apud Euripidem in Hippolyto. Lysias hippostasin dixit: καὶ σταθμὸς δ' ἂν καλοῖτο ἡ τῶν ὑποζυγίων στάσις. καὶ κλείσιον, παρὰ τὸ ἄλλως κεκλεῖσθαι, ὃ καὶ αἱ θύραι κλεισιάδες, Pollux. Hippostasia, hippostasis, hippostasium, stationes equorum in stabulis, Budæus in Commentarijs. Ἱππεῖον, stabulum equorum apud Lacones, Varin. & Hesychius. Ἱππῶνες, οἱ κοινοὶ στῦλοι καὶ σταθμὰ λέγονται, Vari. Σταῦλος, stabulum iumentorum, equile, Varinus. Σταθμοὶ, οἶκοι ἢ ἐπαύλεις, ὅπου ἵστανται ἵπποι καὶ βόες, Hesych. & Varinus. Hip-
20 po dea stabuli credita, ut inferius dicetur inter deos. Eò loci stabulum (inquit Xenophon in libro de re equestri) ædificatum habere conuenit, ut quàm frequentissimè ob oculos domini equus uersetur. Ipsius equi ueluti conclaue ita cōstrui optimum, ut non magis pabulum de præsepi, quàm cibus domini de penu furto subduci possit. Qui quidem in hoc negligens est, is seipsum, ut ego opinor, negligit: manifestum enim est in periculis equum corpus domini accipere tanquam depositum. Neque ille locus ideo solum communiendus est, ne furto pabulum diminuatur: sed quia etiam, si forte effundatur ab equo, ita cognoscitur, &c. Porrò ad pedes confirmandos, prouidendum est ne stabula sint humida & læuia: talia enim præclaras etiam ungulas corrumpunt: quamobrem defluxum habebūt, ne humida sint: læuitas autem emendabitur defossis lapidibus, quorum inter se magnitudo sit ungulis par. Nam inter standum quoque talia stabula pedes equorum consolidant. Post hæc curator equum
30 educet, ubi destringat. Resoluetur autem de præsepi post matutinum pabulum equus, ut sit uespertinum illi iucundius. Hæc Xenophon: mox autem qualis exostathmus, id est exterior pars stabuli esse debeat, subijcit: qua de re eius uerba superius alicubi recitata puto. Præsepe generis neutri, & præsepes fœminini apud Plautum & Catonem, stabulum dicitur equorum, mularum, & cæterorum animalium. Stabant tercentum nitidi in præsepibus altis, Vergilius 7. Aene. de equis. Olida præsepia, Iuuenalis Sat. 8. Ignauum fucos pecus à præsepibus arcent, Verg. 4. Georg. de apibus. Accipitur etiam pro lupanari, &c. Vide Promptuarium. Vergilius præsepia plena & satura cognominat. Legimus etiam hoc præsepium. Præsepium meum hordeo passim repleri iubet, fœnumque Bactriano camelo sufficiens apponi, Apuleius 6. Metam. Φάτνη, παρὰ τὸ φαγεῖν, ut etiam κάπη à κάπτειν: utrunque uerbum edere significat. ἱππείησι κάπῃσιν, apud Homerum. Φατνώματα, τὰ γλυφα (alias διάγλυφα) στε-
40 νιδώματα τῆς στέγης, (canales nimirum.) Φατνωτὸν, τὸ σανιδωτὸν, Varinus. Vide etiam in alijs Lexicis & Etymologo in κάπη, & in ἱππείας κάπης apud Varin. In stabulo (inquit Columella) sint ampla præsepia, super quæ transuersi asseres in modum iugeri, à terra septem pedibus elati, configantur, ad quos religari possint iuuenci. At præsepe ipsum (inquit Grapaldus) propriè stabulum dicetur: lignum uerò ad quod equos cæteraque iumenta capistris (ita enim ipsa lora dicuntur) religare solemus, non aliter quàm ad ansulam uel uncinum, uacerra nominatur. Columella clatrorum genus uacerras appellat, quibus robore factis caueæ muniuntur. Patena quæ appellatur (uox facta uidetur à φάτνη Græcorum) hoc est alueus ad hordeum ministrandum, Veget. 1. 56. Et ibidem, Cratis, quæ iacca uocatur à uulgo, pro equorum statura nec nimis alta sit, &c. Κρασπέδιον, τὰ παρὰ ξύλα, εἰς ἄλληλα συνηρμοσμένα τόνοις ἐμβεβλημένα, ὁ κρατήρ τῶν ποδῶν τῆς φάτνης τῶν ὑποζυγίων φέρειν αὐτοῖς τὸ χιλὸν ἢ χόρτον. ἐμφατνίσματα δὲ, αἱ σανίδες,
50 αἱ ἀναιρούμεναι ἐκ τῆς φάτνης, ὡς καθαίρεσθαι τὰ ἔδαφη, Pollux 10. 38.

¶Ephippium, tegmen equi ad mollem uecturam paratum. Varro in Catone, Mihi puero equus erat sine ephippio, Nonius. Stragula succincti uenator sume ueredi. Nam solet à nudo surgere ficus equo, Martialis ephippij lemmate proposito in Apophoretis. Inde equi ephippiati, quorum cōtrarij sunt à nostris desultorij (sine ephippijs, ut & Perottus scribit, uide supra in B.) nuncupati, quòd ex his facile desiliant desultores. At generaliter omnia quæ mulis equisue insternuntur strata dixere: & equos stratos ac instratos, eis ornatos. Armatos deinde instratisque equis signū expectare, Liuius. Et alibi, Malis strata detrahi iubet. Stultus est qui equum empturus non ipsum inspicit, sed stratū eius & frenos, Seneca ad Lucilium, Hæc Grapald. Frenos & strata equorum Pelethronium inuenisse dicunt, Plin. Equum empturus solui iubet stratum, Senec. in epist. (der sattel/oder satteldecke.)
60 Armatus eques frenatos stratosque teneret equos, Liuius. Quidam stratum etiam accipit pro culmis qui sternuntur ad cubile equis. Optat ephippia bos piger, optat arare caballus, Horat. Neque eodem modo parantur ad ephippium, ut ad prædam, Varro 3. de re rust. Puto concedi nobis opor-

Dd

tere, ut Græco uerbo utamur, si quando minus occurret Latinum: ne hoc ephippijs & acratophoris potius quàm proëgmenis & apoproëgmenis concedatur, Cicero 3. de Finib. Ephippium de equo dicitur, non sella, inquit Budæus. Sella à sedendo dicitur, Isidorus inter instrumenta equi. Vulgus quidem Italorum & Gallorum ephippium sellam nuncupat. Africa equos uelocissimos præstat ad usum sellæ, Veget. Equorum mulorumq́ genus sub sellis aut sagmis solo tergo præstat officium, Idem 2.59. In sedem recipere, Plinius de Bucephalo: ubi uel dorsi equini partem, cui insidet eques, quam & Græci hedram uocant: uel ephippium intelligas licet. Ephippiati, qui ephippia habent in equis. Cæsar lib. 4. belli Gallici, Non eorum moribus turpius aut inertius habetur, quàm ephippijs uti: itaq; ad quemuis numerum ephippiatorum, quamuis pauci, adire audent: loquitur autẽ de Sueuis. Ephippiarij equi dicebantur, qui inter meritorios ephippia gerebant, Sipontin. Scoppa ephippiarium, ephippiorum artificem interpretatur. Parephippius in codice de cursu publico (licet paraphiphum legatur) qui equo currit sine ratione artis equestris, Scoppa. Numidæ equo nudo, id est sine ephippijs, in bello utebantur, Appianus de rebus Libycis. Nec legimus, neq; sanè ex ueterum monumentis aut marmoribus aspicimus, equos eorum ephippia more nostro, neq; penitus staffas (stapedes) uulgo dictas habuisse: sed tantum in dorso ephippia eius generis, quibus hodie domitores equorum utuntur, Volaterran. Equis instructi & ephippijs ac frenis decentibus prorsus, Ael. Lampridius in Seuero. ¶ Ἐφίππιον, certamen currentium equorum: per iôta in penultima: per ει uero diphthongum, stratum uel sella equi. ἐκλύσαι δὲ τὸν ἵππον τοῦ χαλινοῦ καὶ τοῦ ἐφιππείου. οἱ δὲ Σκύθαι ἤτουν ἀποδοθῆναι σφίσι τὸ ἐφίππειον, τοὺς αἰχμαλώτους Ῥωμαίων ἀντιδωρούμενοι. ἐμοὶ μὲν ἔξω λόγου δοκεῖ ὅτι τοσούτοις (lego τοσοῦτο) τὸ ἐφίππειον ἐτιμήσαντο. οἱ δὲ Ῥωμαῖοι τῶν αἰχμαλώτων οὐκ ἠλλάξαντο, Procopius apud Suidam. Ἔποχα, ἐφίππια, σάγη, Pollux. Et alibi, Pro equis singularibus (monippis) parare oportet, σάγην, ἔποχον, ἐφίππιον (malim ἐφίππειον.) Camerarius etiam apud Xenophontem rectè pro epocho reddit ephippium. Ἱππνὴ, ἐφίππις, Siculi. Ἵππνια, τὰ καταγματα (forte σάγματα) τοῦ ἵππου, Hesychius. Τρώνης, ἐφίππιον, σήμων, Hesychius: sed magis probo Varini lectionem, ἐφίππιος σήμων. Τρώνης quidem asinus attritus & annosus exponitur. Sic & astraben interpretantur asinum, mulam, quoduis iumentum, dossuarium mulum: & in ephippijs lignum quod manu tenent sedentes, Cælius. De clitellis & sagmis dixi in Asino H. e. sed hîc etiam nonnulla addemus, præsertim quod ad equos. Vide etiam infra in mulis. Clitellarij uel clitellati muli & equi dicuntur, qui onera uel sarcinas in clitellis ferunt. A clitellæ similitudine locus Romæ Clitella uocabatur: item in uia Flaminia loca quædam deuexa & accliua. Est etiam tormenti genus eodem nomine, Sipontin. Clitellarij uel dorsuarij uel dossuarij (nam dossum pro dorso ueteres dicebant) ijdem sunt: quin & sarcinarij, quòd sarcinas clitellis alligatas dorso gestent. Equi sella, uel barda, si salmam portauerit, Hæc uerba apud Vegetium, ni fallor, leguntur. Sagmarius equus, σαγμάριος, nostris **saumroß**, Illyricè saumar. Sagma, quæ corruptè uulgo salma dicitur, à stratu sagorum uocatur, unde & caballus sagmarius, mula sagmaria, Isidorus. Δεῖ ὑποσάξαι τὸν ἵππον γνόφοις ἀνδροῖς, καὶ θωρακισθέντα ἀναβῆναι ἐπὶ τὸν ἵππον, Xenophon apud Suidam. Cingulum hominum, generis neutri est: nam animalium, genere fœminino dicimus has cingulas, Isidor. Vt noua uelocem cingula lædat equum, Ouid. libro 1. de Remedio. Ephippium loris cannabinis (quæ cingulas uocitant) uentrem cingentibus, ne diffluat, continetur, Grapald. Postilena incuruum lignum siue crassius lorum dicitur, quod sub iumentorum cauda posuêre, eò quod à posteriore parte habeatur. Plautus in Casina, Ita te aggerunda curuum aqua faciam, probè, Vt ex te postilena possiet fieri. Hinc per contrarium antilena, qua pectus cingitur, ut pectorali, Grapald. & Sipontinus. Antilena, **das vorder grät / fürgrät / brustbüg**. Postilena, **das hinder grät / hinderbüg**. Apud Isidorum antella & postella legitur, his uerbis: Antella, quasi antesella: sicut & postella, quasi postsella. Aliqui postilenam deriuant à post & stando. Videretur & ἱπποζώνη cingulum uel cingula equi esse: sed grammatici exponunt τὴν τοὺς ἵππους θηλάζουσαν. Sed & cingulas laterales legimus, à lateribus quæ cingunt. Adduntur ferè omnibus bullæ (**spangen**) ex orichalco imprimis, orbiculatæ, extuberantesq́ ad ornatum & splendorem, Grapaldus. Λέπαδνα (apud Hesychium non rectè legitur λιπάδα) lora sunt lata, quibus ceruices equorum iugo alligantur (ἀπὸ τοῦ λέπω, τὸ λεπίζω, propter latitudinem:) uel pectoralia lora quę à ceruicibus equorum demittuntur, uel pectoralia lora simpliciter: uel οἱ μασχαλιστῆρες, id est lora quæ ab axillis sic nuncupantur, Varin. & Suidas. Μασχαλιστὴρ (aliâs μασχαλιστήρ) uel μασχαλὶς, ὁ διὰ τῶν μασχαλῶν δεσμὸς τοῦ ὑποζυγίου, Varinus & Hesych. Legitur autem apud Strabonem uox μασχαλιστήρ: & forte ad equos tantum currui iunctos pertinet, de quo uiderint quibus uacat. Τὰ δὲ ἀπὸ τῶν ῥυμῶν ἀπηρτημένα, τὰ ὑπὸ τοὺς αὐχένας τῶν ἵππων ἑλιττόμενα, λέπαδνα: ὧν τὰ ἄκρα, λεπαδνιστῆρες. τὰ δὲ ὑπὸ τοὺς ὤμους τῶν ἵππων, μασχαλιστῆρες, Pollux 1.10. Λέπαδνα legimus Iliados ε. & τ. ubi scholia exponunt ὑποβραχιονίους ἱμάντας, μασχαλιστῆρας. Non placet qui in Lexico Græcolat. λέπαδνα etiam capistra uertit: ἵπποις δ᾽ ἀμφὶ λέπαδνα βαλὼν, καὶ ὑφ᾽ ἅρματ᾽ ἔρυσσαν, Calaber. Capistrum à capite iumentorum dictum, Isidorus. Capistrum, capitis uinculum, quod iumentis & cuicunq; animali adhibetur, ne fugiant. Primaq́ ferratis præstringunt ora capistris, Vergil. 3. Georg. id est duris, Seruius. Hinc uerbum capistrare, Vide Promptuarium. Φορβειὰ, περιστόμιον, καπίστριον, ἀπὸ τοῦ φορβὴν βίᾳ. λέγεται δὲ καὶ ὁ χειλωτήρ, Varinus & Suidas. Φορβειὰ, ἔλκυστρον, περιστόμιον, καπίστριον, Hesych. Φορβαίαν, περιστόμιον, καπίστριον, Idem. Φορβασία, καπίστριον, Suidas. Τῆς δὲ ὑποφατνιδίας φορβειᾶς μὴ ποιείτω ἅμμα, ἔνθα ἡ κορυφαία περιτίθεται, &c. Pollux. Ἔρεις δὲ φορβειὰ, καὶ ὑποφατνίδια δεσμὰ, Pollux. Τὸ μὲν δὴ πρῶτον ἐκ φορβειᾶς τὸν ἵππον περιακτέον, εἶτα χαλινώσαντα ἐᾶσαι ἑστάναι, &c.

&c. Idem. Sunt & φορβειαὶ pelliculæ quædā circa os tibicinum, ut uox moderatior suauiorq; reddatur, Scholia in Aristophanem. ἱπποφόρβιον, καπίστριον, Hesychius, Varinus. κάπηθεν καὶ καπίστριον, Varinus. καπηλὸν, παράβλημα ἀλόγων, Idem & Hesychius. καπίστριον, φορβεὰ ὄνε, Hesychius: Varinus exponit φορβεὰν ἵππε, à capite Latina dictione. Ἐφ' ὃ δὲ ἐσθίει ὁ ἵππος, κρεμαμένη μὲν ἐκ τῆς κορυφαίας, περιτιθεμένη δὲ περὶ στόματι, χιλωτήρ, Pollux. Χιλωτὴρ, τὸ τοῖς ὑποζυγίοις ἀπὸ κορυφῆς ἐξαρτώμενον, ἐν ᾧ ἡ τροφή. καλεῖται δ' ἡ τροφὴ καὶ χόρτος, χιλός: καὶ χιλῶσαι ἢ χειλῶσαι, σιτίζεσθαι, Hesychius & Varin. Hinc factum uidetur uerbum περιχιλῶν, includere. λίθων ἁμάξας χύδην καταβάλλοι περιχιλώσας σιδήρῳ, Xenophon de re equest. Capulum, funis, à capiendo, quòd eo indomita iumenta comprehendantur, Isidorus. Sciet etiam curator accommodare equo capistrum (κημὸν) quoties uel ad destrictionem, uel uolutabrum educere uolet. Deniq; quocunq; sine freno ducendus erit, capistrum induetur, κημῶν δεῖ: nam hoc respirationem (ἀναπνεῖν, in Polluce ἐκπίνειν legitur, quod non placet) non impedit, & morsibus tamen obstat, atq; subitas inuasiones equorum coheret. Alligari equum à capite supernè rectum est: quicquid enim os illius offendit, declinare solet elato capite equus: id cum facit ita alligatus, magis laxantur, quàm dirumpuntur uincula, Hæc Xenophon in libro de re equestri. Apparet autem κημὸν alium esse à freno, tum ex hoc Xenophontis loco, tum imitati eum Pollucis his uerbis: Ἢν μὲν γὰρ κεχαλινωμένον ἄγῃ, ὅπερ αὐτῷ παραινῶ: ἢν δὲ ἀχαλίνωτον, κημῶν τὸν ἵππον. Κημὸς, genus freni, ἢ φιμὸς, Suidas, Varin. Sic autem nominatur ἀπὸ τοῦ κάμνειν. Τὸ τοῖς ἵπποις ἐπιτιθέμενον (aliâs περιτιθέμενον) καὶ γυναικεῖον περικόσμημα, Varinus. (ἱππίσκος, ἐπίθεμα κεφαλῆς: ἢ γυναικεῖον κόσμιον. ἱππεὺς, εἶδος κορυφοσμίου, Varinus.) Φαεινὸς κημὸς, ὁ χάβος (al' βάβος) ὁ περιτιθέμενος τοῖς ἵπποις (εἰς ὃν αἱ κεῖσθαι βάλλονται, Hesych.) καὶ κημὸς (lego κημῶν) τὸ συγκλεῖσαι, καὶ οἱ ἰατροὶ κημῶσαι λέγουσι τὸ τὸν ὀφθαλμὸν μύσαι. Κημοστόμης, περὶ χαλινῷ ἐμφορής. Κημῶ, χαλιναγωγῶ. Κήμωσις, φίμωσις, Varinus, Hesychius, & Scholia Aristophanis. Pollux ad monippos, id est singulares equos, requiri ait ephippium, κημὸς, φιμὸς, ψαλλία, χαλινὸς. Φιλορρώθωνα κημὸν, Philodemus in epigrammate. Καὶ ἀμφίτρητον ὑπηκτὰν κημὸν, Suidas ex epigrammate. Chamus, genus asperi freni, quo caballi superbi coërceri solent: dictus à curuitate: chamos enim Græci curuum dicunt, Isidorus. (Χαμὸν, καμπύλον, Varinus: & χαβὸν, καμπύλον, σκνὸν, Idem. Chami uocabulo usus est D. Hieronymus Psalmo 31. (ubi 70. etiam κημὸν habent) & 4. Regum 19. his uerbis, Ponam chamum in labijs tuis, & reducam te in uia per quam uenisti. Ego camum potius sine aspiratione protulerim, ut Græcæ originis sit, καμὸς Doricè pro κημός. Deos quęso, ut quidem hodie camum & furcam feras, Plautus Casina. Grammatici genus uinculi interpretantur. Vocabatur etiam κημὸς à similitudine figuræ, ut conijcio, cadus iudicialis, uel operculum eius, per quod calculi (ut tali in turricula ludi genere, de quo paulo post) immittebantur. Κημὸς, πλέγμα (πεπλεγμένον πῶμα, Hesychius) κωνοειδὲς τὸ ἐπιτιθέμενον περὶ κάδον (τῇ ὑδρίᾳ) δι' οὗ δικασταὶ καθίεσαν τὰς ψήφους. Erat hoc operculum χώνη, id est infundibulo simile figura, unde χοίνιον (lego χώνιον ἠθμὸν) Cratinus appellat: nam ἠθμὸς quoq;, id est coli, uel sacci per quem colamus, similis forma est. Erat autem cadus duplex, alter æneus & ratus, alter ligneus & irritus, (κύριον καὶ ἄκυρον Græci dicunt:) Et ærei operculum erat διερρινημένον (forte διατετρημένον, id est perforatum) ut in ipsum solum calculi inijcerentur, Varinus & Scholia Aristophanis. Κημὸς, δι' οὗ καθίεσαν αἱ ψῆφοι ἐπικειμένος περὶ καδίσκῳ, Pollux. Cemos herba uidetur appellata ex floris siue calycis figura: quoniam pyxidecula Athenis ita nominabatur, per quam suffragia in subiectum uasculum, quod caddiscum uocabant, demitti consueuerant: quod & Venetijs hodieq; seruatur, Hermolaus. Cemos apud Dioscoridem est inter nomenclaturas leontopodij, catanances, & hederæ. Scholia in Aristophanem interpretantur lilij genus, & herbā quandā, & legumen quoddā apud Thraces. Τὸ μὲν ὅλῳ τῷ στόματι τοῦ ἵππου περιτιθέμενον χαλκοῦν ἠθμοειδὲς, κημὸς καλεῖται: τὸ δὲ περὶ τὸ γένειον διειρόμενον, ψέλλιον. τὸ δὲ εἰς τὸ στόμα ἐμβαλλόμενον, χαλινὸς, &c. Pollux 1.10. In homine etiam (per translationem à frenis) labiorum τὸ μὲν περὶ τὸ ὅλον στόμα, κημὸς: partes uero eorum utrinq; ad maxillas desinentes, χαλινοὶ dicuntur, Pollux. Τοῖο δὲ πάντα χαλινὰ καὶ οὐρανόεσσαν ὑπήνην Οὖλά θ' ὑποσύφει χολόεν ποτὸν, Nicander de aconito scribens. Est præterea κημὸς è filis aut funiculis (ἐκ σχοινίων) instrumentum coli figura, in quod purpuræ aut conchylia ingressa capiuntur, &c. Varinus. Huius figuræ piscatoria instrumenta quædam cancellatim se decussantibus filis, ut in retibus, nostrates uocant **feimer/bären/setzbären/setzgarn**. Est & nassa huiusmodi, sed è uiminibus contexta, cyrton Græci nominant: quo cum intrauerit piscis exire non potest, **ein rüsch oder reüss**: aliqui excipulam uel excipulum uocant.

¶ Frænum, instrumentum quo equus retinetur & domatur: dictum quòd equorum ora frangat, & ideo per æ, scribendum, (multi absq; diphthongo scribunt.) In plurali hi fræni, uel hæc fræna. Et stabulis frænos audire sonantes, Vergilius. Ouidius sonantia fræna dixit. Alteri se calcaria adhibere, alteri frænos, Cicero de claris Orat. Ni frænum accipere, & uicti parere fatentur, Vergilius metaphoricè. Frenos & strata equorum Pelethronium (malim Pelethronios cum Vergilio: uide Onomasticum) inuenisse tradunt, Plinius 7.56. Frena Pelethronij Lapithæ, gyrosq; dedere Impositi dorso, Vergilius. Κέλητα καὶ χαλινὸν πρῶτος Βελλεροφόντης κατέζευξε, Scholia in Pindarum. Quid te frena iuuant temeraria? Martialis. Ardentes & equos ad mollia ducere frena, Manilius lib. 4. Frenaq; bina eius, quæ nunc habet aurea Pallas, Vergil. Impari frena thesauri equorum accommodant, Accius, ut Nonius citat. Tempore lenta pati frena docentur equi, Ouid. 1. de Arte. Frena dicta (inquit Isidorus) quòd equos fremere cogant: uel quòd hæc equi frendant, id est imprimāt dentibus & obmordeant. Hippolytus arctis continet frenis equos, Seneca. Aureas dicebant frenum,

Dd 2

quod ad aures equorum religabatur: oreas quo ora coërcebantur, Fest. Et alibi, Oreæ freni quod ori inseruntur dicti. Titinnius in Setina: Etsi tacebit, tantum gaudebit sibi permitti oreæ. Cæcilius in Ariolo: Deprandi autem Leonis obdas oreas. Cato Originum libro 3. Equos respondit oreas mihi, inde tibi cape flagellum. Trebelius pro se apud populum: Equus qui mihi sub feminibus occisus erat, oreas detraho. Lupati sunt freni asperrimi, dicti à lupinis dentibus, qui inæquales sunt, (quod & Seruius scribit:) unde & eorum morsus uehementer obest, Isidorus. Lupi, freni asperrimi, à lupinis dentibus, quia inæquales sunt: siue quia duritiam habent lupinorum dentium similem, & propterea morsus eorum asperrimus. His frenis utebãtur Galli. Vuillichius Germanicè reddit brechzeum. Camerarius apud Xenophontem pro stomio lupos uertere solet. Tempore paret equus lentis animosus habenis, Et placido duros accipit ore lupos, Ouid. 4. Trist. Non aspera præbet ora lupis, Papinius in Achil. Quadrupedem flectit non cedens uirga lupatis, Silius. Prensiq́ negabunt Verbera lenta pati, & duris parêre lupatis, Verg. 3. Georg. Asper equus duris contunditur ora lupatis, Ibid. Solinus genere masculino dixit, Isq́ adeò spreuit lupatos, ut de industria incuruatus, ruina & se & equitem pariter affligeret. Lupatis temperat ora frenis, Horatius 1. 8. Carm. Pastomis (aliâs postomis, quod minus placet) dicitur ferrum (instrumentum ferreum siue ligneum) quod ad cohibendam equorum tenaciam naribus uel morsui imponitur, Græcè ἀπὸ τοῦ στόματος. Pastomides huic ingentes de naribus pendent, Lucilius, citante Nonio. De formis frenorum utilibus, tam pullis, quàm equis scallionatis & non scallionatis, Rusius capite 35. Idem docet nonnihil de freno & frenatione capite 40. quod inscribitur, De extrahendis equo dentibus qui dicuntur scalliones. Varias etiam frenorum differentias eleganter pictas, in Rusij uolumine reperiet qui desiderabit. Vt iniecto equulei freno repente exagitantur nouo, Cicero 3. Tuscul. Immitem quatiebat equum spumantia sæuo Frena cruentantem morsu, Silius. Frenatis lucent in equis, Vergil. Vt armatus eques frenatos stratosq́ teneret equos, Liuius. Equites infrenati, id est quorum equi non habent frenos, Idem. Numidæ frenis nõ utebant, Oppius de bello Africo. Massyli equos uirga non freno gubernãt: unde et Vergilius infrenes uocat Numidas. Murcibij uix ora tenacia ferro Concedunt, Gratius. De frenis & reliqua instructione equorum Libycorum dixi in B. in Mauris & Libycis. Considerari debet (inquit Petrus Crescent.) durities & mollities oris equi, ut pro illius ratione frenum commodum adhibeatur. Sunt enim frena quædam ualde leuia, quædam minus: alia asperrima & durissima, alia minus: quædam media inter prædicta. Formas eorum scribere omitto, quia nota apud frenorum artifices: nec possunt tam aptè describi, quemadmodum possunt oculata fide uideri, Hæc ille. Arrianus libro octauo de rebus gestis Alexandri Indorum frenandi morem his ferè uerbis describit. Equi eorum non sunt ephippijs instructi (σεσαγμένοι:) sed neq́ frenis ita ut Græci aut Celtici: nam summum equi os corio bubulo crudo ambitur: quod consutum est, & (περιερραμμένον) annexum: continet autem stimulos ex ære aut ferro introrsum conuersos: ditiores eburneos parant. Cæterum ori ferreum inditur instrumentum obeli figura, (hoc est rectum & oblongum:) à quo habenæ (ῥυτῆρες) dependẽt. Habenis attractis, obelus equum coërcet, & stimuli ab eo pendentes pungendo habenis parere cogunt, Hæc ille. Græci frenum χαλινὸν appellant: est autem propriè ea pars freni quæ ori inseritur. Inde uerba χαλινοῦν & χαλιναγωγεῖν. Χαλιναγωγεῖν γλῶσσαν, frenare linguam. Nicander tropicè dentes χαλινοὺς dixit: Oppianus fines nauticos uocabulo neutro plurali χαλινά. Χαλινὸν Homerus uocat freni partem quæ ori inseritur: habenas uerò ῥυτῆρας & ἡνία, &c. Varinus. Pollux ad equum singularem requirit inter cætera φιμὸς, ψάλια, χαλινὸς. Τὸ μὲν δὴ πρῶτον ἐκ φορβειᾶς τὸν ἵππον περιακτέον, εἶτα χαλινώσαντα ἐᾶσαι ἑστάναι, ὡς μὴ εὐθὺς ἐλαυνόμενος πονοίη: ἀλλ᾽ ἐν ἀναλγησίᾳ καὶ ἀπραγμοσύνῃ τῆς σιαγόνος, ἥκιστα περιστρέφειν τῷ χαλινῷ, Pol. Χαλινῶσαι δ᾽ ἐρεῖς, καὶ χαλινὸν περιθεῖναι τῷ στόματι, καὶ χαλίνωσιν, Idẽ. Ἵππος εὐχαλίνωτος, δυσχαλίνωτος, Vari. Εἶτ᾽ αὖθις ἐγχαλινώσας, Plutar. de Sylla. Et alibi, ἵππος ἐγχαλινωθείς. Ἵππος ἀχαλίνωτος, Xenoph. Ἐκλῦσαι τὸν ἵππον τὸν χαλινοῦ, Procop. Ἐφεῖναι τὸν χαλινὸν εἰς τάχος, Pol. Αὐτοῖς τοῖς χαλινοῖς ἐφέλκοντα, Heliod. in Aethiop. Et rursus, ἐφεὶς τῷ χαλινῷ τὸν ἵππον. Ἀνακλᾶσαι τὸν αὐχένα ἐκ τοῦ χαλινοῦ, Pol. hoc est, ut ui det ἀναχαιτίζειν τὸν ἵππον, ἀνακόπτειν. Et alibi, ποτὲ μὲν ὁρμᾶν, ποτὲ δὲ καθιστάναι, καὶ ἐνδιδόναι τὸν χαλινὸν, καὶ ἀναλάμβανε. Ἐν χερσὶ τινάσσων Νωλεμὲς ἀμφὶ γένυσσι μέγα κτυπέοντα χαλινὸν, Calab. li. 4. οἱ δὲ χαλινὰ γένυσσιν ἀφείλοντο ... ἵππων, Ibidem. Χαλινὸν χρυσάμπυκα, id est aureis phaleris ornatũ, Pindarus dixit in Olympijs Carmine 13. Item philtron hippion pro freno, Ibidem. Ἰθυντὴς, χαλινὸς, πηδάλιον, Suidas. Ἱππικὰ ὄργανα, ... ψάλιον, μυωψ, ὑποχαλινίδια, ἡνία, Pollux. Χαλινοφάγα στόματα ἵππων, Callimachus. Στόμια, τὰ χαλινά, poëticè, Varinus. Δακὼν δὲ στόμιον, ὡς νεόζυγος Πῶλος βιάζῃ, καὶ πρὸς ἡνίας μάχῃ, Aeschylus in Prometheo. ... χαλινοὺς ἄθυμαρ Χρυσοδέτοις ... σὺν ἄλλαις στομίοισι πώλους Κέντρον θεινομένους, Euripides. Φιμοῦν, ἄγχειν, ὑποστομίζειν. Φιμὸς παραστόμιον, Varinus. Ἐπιστομίζειν, ἐμποδίζειν, κατέχειν, καταστυγάζειν, Idem & Suidas. Τοῦ δὲ χαλινοῦ τὰ μὲν ... ὑποστόμια. καὶ τῶν ὑποστομίων, τὰ μὲν κοῖλα, ἐχῖνοι: τὰ δὲ περιφερῆ καὶ πριονωτά, τροχοί: (Et alibi, στόμια πριονωτά, ἔφη ἐν Ἀναγύρῳ Ἀριστοφάνης:) τὰ δὲ στρεπτὰ καὶ πλάτη, καὶ ἀλλήλοις ἀντιπεπλεγμένα, ἐν ἁλύσεως εἴδει, δακτύλιοι καὶ δάκτυλοι, Pollux. Στομίας equus, qui freno non facile paret. Φιμὸς, ὁ χαλινός, (quasi σφιγμὸς, ἀπὸ τοῦ σφίγγειν.) Καὶ φιμὸς, καὶ κυβευτικὰ ἕτερα ὄργανα, Aeschines contra Timarchum. Φιμὸς δὲ ἐστιν ὁ καλάμινος κημὸς εἰς ὃν ἐνέβαλλον τὰς (οἱ κύβοι.) Δίφιλος δέ φησιν, Ἐλκ᾽ εἰς μέσον τὸν φιμὸν, ὡς ἂν ἐμβάλῃ, Suidas & Varinus. Instrumentum hoc lusorium à figuræ similitudine sic dictum apparet, ut & κημὸς, quem supra quoq́ interpretati sumus iudicialem cadum, uel operculum eius consorme, per quod calculi immittebantur. Latini similiter à figura turriculæ nomen huic instrumento indiderunt, de qua Martialis lib.

lib.14. Quærit compositos manus improba mittere talos, Si per me misit nil nisi uota facit. Non soli autem tali, ut Perottus putat, in subiectum alueolum per turriculam demittuntur, sed etiam tesseræ ut ex Suidæ uerbis apparet, κυβευτικὸν ὄργανον appellantis: & apud nos etiam quanquam rarum hūc ludum cum tesseris fieri obseruaui, nec id absq; ratione: tam enim tesseræ quàm tali per manum fraudulenter emitti possunt, per turriculam non item: ubi scilicet non arte dolóue, sed uotis tantum luditur. (Nostrates uocant in der brenten spilen: quo ludi genere in nundinis quibusdam ferè apud Helvetios utuntur.) Turricula, uasculi genus à turris similitudine ita dicti, quo iactari tali ludendo solebant. Eadē pyrgos appellaт: sic enim Græci turrim uocāt. Qui pro te tolleret, atq; Mitteret in pyrgū talos, Hor. 2. Ser. Sat. 7. Hîc Acrō, Pyrgū (inqt) hoc est tabulā: alij fritillū dicūt. Calepinus hoc in loco non pyrgū, sed fimū legens, Fimū (inquit) uel fimus, quod nos fritillū & alueolū dicimus, in quo coniectæ tesseræ agitatæq; miscent. Atqui nos phimòn ostendimus, non alueolū, sed uas supra alueolū esse. Pyrgum quidā uasis genus cauitate sessili interpretatur, quo coniecti tali agitentur anteq; in alueolum proijciantur, ut in Promptuario legimus: quod mihi non probatur: turri enim pyramidis figura, non sessilis & plana conuenit: & supra ex authoribus ostendi, infundibuli aut coni coli'ue formam κημὸς appellato uasi fuisse: sunt autem capistra quoq; & frena (de loris frenorum loquor) ferè huiusmodi: & ipsum ludi instrumentum, quod hodieq; apud nos durat, interpretationi meæ astipulatur. Quanquam enim turres quadrangula forma extrui soleant, unde & pyrgos turma equestris similiter instructa nuncupatur: magis tamen in turrium specie tectum ipsum pyramidis forma assurgens consideratur. Cælius Calcagninus de talorum ludo scribens, Ad summouendas, inquit, aleatorum fraudes, qui subdola manu uti callent: institutum est, ut in conditorio, seu tu pyxidem mauis appellare, repositi tali promerentur in abacum: id conditorium Persius orcam, sumpta ex monstro marino translatione, appellauit. Sic & Pomponius poëta Bononiensis, Dum contemplor orcam, taxillos perdidi, Hæc Calcagninus. Persij uersus Satyra 3. hi sunt: Quid dexter senio ferret, Scire erat in uoto, damnosa canicula quantum Raderet, angustæ collo non fallier orcæ. Hinc apparet orcæ lusorij instrumēti ad talos, collū fuisse angustum, quale scilicet infundibulorum est ex orbiculato ambitu capaciore paulatim in conum se colligens: (quamuis & aliud genus infundibulorum est, quòd planum habet fundum, sed ex quo oblongus & teres canalis descendat:) quamobrem non probo Calcagninum qui pyxidis & conditorij nomine orcam lusoriam appellet, cum in tali cauitate nihil, ne momento quidem, loco manere possit, sed statim immissum delabatur & excidat per collum. Fallitur etiam Sipontinus & alij, qui talos in pyrgum seu orcā iniectos iactari agitariq; putant, eo scilicet modo quo manu agitari ab aleatoribus solent: cum turricula sic agitari non opus habeat, delatis sponte qui simpliciter immissi fuerint talis aut tesseris: nec possit etiam, cum loco fixa sit, ni fallor, supra alueolum. Campum in quo tesseraria pugna exercebatur, ab antiquis nunc abacum, nunc alueolum, nunc tabulam lusoriam, modo πλινθίον, sed & fritillum appellatum uideo: reclamantibus licet grammaticis, qui ex authoritate Porphyrionis, non ad tesserarium ludum, sed talarium, fritillum pertinere arbitrantur: ut idem sit cum turricula instrumentum, &c. Calcagninus in libello de tesserarum ludo. Τηλία, κημοί, φιμοί, κιθὶς, κῦβοι, λάσιοι κύβοι, Pollux libro 8. sed prima syllaba uocis κιθὶς per η. non per ι. scribi debet: sic enim legitur apud Varinum: Κηθάρια, τὰ ὀξύβαφα, δι᾽ ὧν οἱ κύβοι ἠφίεντο. πλεκτὰ δ᾽ ἦν ταῦτα. Et rursus, Κήθιον, ἀγγεῖον πλεκτὸν, εἰς ὃ τὰς ψήφους καθίασι. Et mox, Μή ποτε μᾶλλον ᾖ πρὸς τὴν τῶν κύβων παιδιὰν ἐχρῶντό τινι, βάλλοντες δι᾽ αὐτοῦ. καὶ γὰρ Ἕρμιππος ἐν θεοῖς, Καὶ πρὸς κύβους ἑστηκ᾽ ἔχων κήθιον. Κήθεια, κηθάρια, τὰ ὀξύβαφα, ἐν οἷς οἱ κύβοι ἐβάλλον. Hoc instrumentum si idem cum turricula est, non propriè uidet oxybaphi nomine, id est acetabuli, exponi. Mutuatus est autem Varinus quæ hic ad scripsi, ex Scholijs in Vespas Aristophanis, ubi poëtæ uerba sunt hæc: ἐς κηθάριον τὸν γε τὸν μὴ συκοφαντῆ τὸν ἄλλων (id est uulgarem turbam iudicum.) Ἐκ κηθαρίου λαγαρίζοντα καὶ τραγαλίζοντα τὸ μηδὲν, ex cethario uicitare, & minimum inde lucellum quasi liguriendo absumere. Sed talis & tesseris relictis ad frenos redeo. Pollux ad equum singularem requirit κημὸς, φιμὸς, ψάλια, &c. Pluralis numerus φιμοὶ uel φιμά: ut in Epigrammate Anytes, καὶ λασίῳ φιμὰ περὶ στόματι, in pueros hirco inequitantes. Φίμα (paroxytonum, non probo) κημὸς, φιμὸς, Varinus. Hinc ἄφιμος ἵππος, ὁ ἀχάλινωτος: δύσφιμος, ὁ δυσχάλινωτος, Idem. Vocabantur quidam & αὐλωτοὶ φιμοὶ, ac si frenos tibiales dicas, à quibus crepitacula (κώδωνες) pendebant: & immisso eis equorum hinnitu sonum tibiæ similem reddebant, Pollux & Varinus in Αὐλωτοί. Si glans ita contecta est (inquit Celsus 7. 25.) ut nudari non possit, quod uitium Græci φίμωσιν appellant, aperienda est: quod hoc modo fit. Subter à summa ora cutis inciditur recta linea usq; ad frenum, atq; ita superius tergus relaxatum cedere retro potest. Φιμοῦν, ἄγχειν, ἐπιστομίζειν. Τὸ στόμα τῇ χειρὶ φιμώσαντος τοῦ ἐσφαγμένου, Suidas. Ῥυτὴ, τὰ χαλινὰ, à ῥύω uel ἐρύω quod est traho, Varinus: idem uidetur quod ῥυτῆρες, id est habenæ: quam similiter uocem aliqui frenos interpretantur, per synecdochen nimirum: sed de habenis postea. Ἐγέλα, χαλινοί, Hesychius & Varinus. Apud Pindarū facetiore metaphora frenum equi hippium nuncupari philtrum obseruauimus, Cælius. Ψάλιον μὲν τὸ τοῦ ἵππου (ὁ χαλινὸς, ἢ ὁ κρίκος τοῦ χαλινοῦ, ἢ ἁπλῶς ὁ κρίκος), Varinus: ψέλλιον δὲ τὸ ἄκροις τοῖς βραχίοσι περιτιθέμενον κόσμιον, Ammonius. Dores ψέλιον uocāt τὸ ἄκρον, Idem. Ψάλιον Atticè, ψέλιον cōmuniter, Idē. (ut ὕελος, ὕαλος: σίελος, σίαλος.) Non probo quod apud Hesychium legitur, Ψαλὸν, εἶδος χαλινοῦ. In pace Aristophanis ψαλίων legitur per λ. simplex, carminis causa puto lambda altero abiecto (quanquā & apud Xenophontem, ut paulo post citabo similiter habetur) in his uersibus dimetris anapæsticis

Dd 3

ἀλλ' ἄγε πύγας χερσὶ χείρων Χρυσοχάλινον πάταγον ψαλίων Διακινήσας φαιδροῖς ὤσιν. Scholia ψαλίων, χαλινῶν exponunt, ut Suidas etiam & Varinus. Pollux equum singularem instruens desiderat κημὸς, φιμὸς, ψαλλία (paroxytonum, nisi mendum est) χαλινὸς. Psallium inijcere, ψάλιον ἐμβάλλειν, dicuntur, qui ferocientem animum moderamine quopiam premunt, metaphora sumpta ab equis animosioribus. Plato libro de Legib. tertio: ὁ δὲ τρίτος σωτὴρ ὑμῖν, ἔτι σπαργῶσαν καὶ θυμουμένην ἀρχὴν ὁρῶν, οἷον ψάλιον ἐνέβαλεν αὐτῇ τὴν τῶν ἐφόρων δύναμιν. Psallium autem (inquit Erasmus) est circulus, qui freno additur, unde & pro freno ponitur interdum. Nisi forte allusit ad bubalos, qui circulo ferreo naribus iniecto circumaguntur, unde prouerbium, Naribus trahere. Rusius quidem inter picturas frenorum, nonnullos cum circulis pingit mediæ parti anteriori annexis, ut pro equis Turcicis, & genetis Hispanis. κυφὼν, ἡ κλωάγχη τοῦ ψελλοῦ, (forte ψελλίου, uel λωροῦ, Varinus,) κυφὼν ὅπερ ἔνιοι συνάγχην καλοῦσι, significat etiam uinculum ligneum, Hesychius. Sed hoc nihil ad frenos. Pollux ad equum singularẽ requirit χαλινὸς, πνιγέας. καὶ γὰρ τὸ πνιγέα τῷ ἵππῳ Ἀριστοφάνης ἐν Ἀναγύρῳ λέγει. In lexicis Græcis & Græco latino πνιγεὺς non aliud esse dicitur quàm clibanus, uel caminus (ut etiam in Scholijs in Nebulas & Aues Aristophanis:) & propriè ubi extinguuntur ac suffocantur prunæ: mihi sanè in uerbis Pollucis freni uel lupati asperioris genus esse uidetur, quòd ferociores equos ita aliquando coërceri oporteat ut uel suffocandi uideantur. Freni pars quæ ori inseritur χαλινὸς, ὁ τὸ μὲν μέσον ἡνίον. τὸ δὲ περὶ αὐτὸ, δακτύλιοι, ἐχῖνοι, τρίβολοι, ὅσαπερ μασᾶται ὁ ἵππος, Pollux. τρίβολοι, τὸ τοῖς ἵπποις ἐν τοῖς χαλινοῖς ἐντιθέμενον, Hesychius & Varinus. φαλὸς, pars quædam freni, Iidem. Xenophon in libro de re equestri cōscendendi equum præcepta tradens, sic scribit: πρῶτον μὲν τοίνυν τὸ ῥυταγωγέα χρὴ ἐκ τῆς ὑποχαλινιδίας, ἢ ἐκ τοῦ ψαλίου ἠρτημένον, εὐτρεπῆ εἰς τὴν ἀριστερὰν χεῖρα λαβεῖν, καὶ χαλαρόν. τῇ δεξιᾷ δὲ τὰς ἡνίας παρὰ τὴν ἀκρωμίαν λαμβανέτω. Camerarius uertit: Primum de freni parte inferiore, seu etiam de annulo bulláue huius religatum lorum ductorium, aptè sinistra manu prehendet, & satis laxè. Dextra capiet habenas depositas in summis armis. Et rursus in eodem libro, ex eiusdem uersione: Primum non pauciora frena duobus parabimus: quorum unum leuius orbes (τροχὸς) habeat grandiores: alterum eosdem cum graues tum depressos. Echini autem, id est clausuræ, erunt acutiores, ut cum istud prehenderit offensus equus asperitate mox dimittat: Cum autem lenius illi inditum fuerit, tum gaudens huius quidem lenitate, alia nihilominus ad quæ asperiore freno instructus fuerat, sub leni quoque exequatur. Sin lenitate contempta in hoc penitus incumbere uolet, cogent scilicet illum hanc ob causam subiecti grandiores orbes, os pandere, atque ita admittere lupos. (Sed Græca mihi aliud sonare uidentur, proinde apponam. ἢν δ' αὖ καταφρονήσας τῆς λειότητος θαμινὰ ἀντερείδηται ἐν αὐτῷ, mordendo scilicet & mandendo: τούτου ἕνεκα τροχὸς μεγάλους τῷ λείῳ προστίθεμεν, ἵνα χάσκειν ἀναγκαζόμενος ὑπ' αὐτῶν, ἀφείη τὸ στόμιον: hoc est, ut os pandere coactus, frenum mordere & mandere desinat.) Poterit autem asperius frenum uariari cum implicatione quadam, tum extensione, (οἷόν τε δὲ καὶ τὸ τραχὺ παντοδαπὸν ποιεῖν καὶ κατειλοῦντα καὶ κατατείνοντα: Camerarius legisse uidetur κατατείνοντα. Pollux omnino aliter, ἔστι δὲ καὶ σὺν τραχεῖς ἐμπρᾶιν καταλεαίνοντα, ἢ κατακηροῦντα, lego κατακηλοῦντα, etsi κατακηροῦν cera oblinere significat.) Cæterum cuiuscunque modi fuerint frena, sunto mollia omnia. (χαλινοὶ ὑγροί, quibus cōtrarij σκληροί.) Nam rigidum quauis parte sui prehensum retinet equus totum inter maxillas, perinde ac ueru ubilibet prehendas totum sustuleris. Alterum uerò non aliter quàm catena, ea parte tantummodo qua tenetur, non flectitur, aliæ pendent: quas elabentes dum captat equus, lupos (στόμιον) interea amittit de maxillis. Hanc ob causam & inseruntur medijs axibus annuli (ἐκ τῶν μέσων ἐκ τῶν ἀξόνων δακτύλιοι κρέμανται) ut hos lingua atque dentibus prensans, omittat correptionem inter maxillas freni. Frenum molle est, cum axes commissuras (συμβολὰς) habent læues atque latas: itemque omnia quæ axibus accommodantur, cum sunt ampla (εὐρύστομα, forte εὐρύτερα, καὶ μὴ σύμπυκνα, et si Pollux etiam εὐρύστομα habet) & minus densa, mollius frenum existimandum. In quo uerò omnes particulæ freni grauiter discurrunt atque colliduntur (χαλεπῶς διατρέχει καὶ συνθεῖ, id est ægre loco mouentur nec facile inter se concurrunt) illud frenum rigidum erit. Hactenus Xenophon. Eadem ferè & Pollux: uide supra in B. Freni pars quædã nuncupatur echinus: sicut quod circa mentum est, psellium: quod ori inseritur, chalinus: cuius medium est, heniũ: post in ambitu dactylij, echini, triboli, quos mandit equus, Cæl. 12. 18. ex Polluce, ut apparet. κορυφαίαν apud Xenophontẽ Camerarius uerticale lorũ transfert: apparet aũt ex uerbis Xenophontis circa aures id locari. κεκρύφαλος, κορυφαία, et χαλινὸς, à Polluce pariter recensenẽ. κεκρύφαλος, τὸ τῶν ἵππων κορυφαστῆρας ἢ κορυφαῖον, Hesych. & Varin. ὁ δὲ ἐκ κορυφῆς τοῦ ἵππου ἐκτεταμένος ἱμὰς ὑπὸ τὸν χαλινὸν, κορυφαία. ὁ δὲ περὶ τὰς γένυς, γενειαστὴρ, γενέας, Pol. 1. 10. Τὰς μὲν ἡνίας περιβαλὼν περὶ τὴν κεφαλὴν καταθέτω ἐπὶ ἀκρωμίᾳ. τὴν δὲ κορυφαίαν τῇ δεξιᾷ αἰρέτω. τὸ δὲ στόμιον τῇ ἀριστερᾷ προσφερέτω. κἂν μὲν δέχηται, δῆλον ὅτι περιτιθέναι δεῖ τὸν κεκρύφαλον, etc. Xenoph. Camerarius uertit, Habenas ob caput in summis armis deponat, uerticale aũt attollẽs in dextra teneat, ac lupos sinistra admoueat: quos si equus admiserit, applicãda scilicet erũt freni lora. Coryphęã fortassis Latinè frontale lorũ uel frontale simpliciter nō ineptè dixeris. Nam freni ipsi (ut scribit Grapaldus) à frontalibus pendent, quæ caput equi hinc inde uinciunt, & additis bullis interdum auratis, gemmisque uenustant. Plinius 37. 12. de cochlite gemma, Quondamque tantæ magnitudinis (inquit) fecere, ut equis regum in Oriente frontalia, atque pro phaleris pensilia facerent. Sed ampyx, potius quàm coryphæa, frontale uidetur, de quo infra. Aliqui frontale exponũt ornamentum, quod fronti equorum siue elephantorum imponi solebat. Ingentes ipsi erant, addebant speciem frontalia & cristæ, & tergo impositæ turres, Liuius. Pollux quidem προμετωπίδα, inter

ter arma equorum numerat: sic etiam uocatur τὸ ἐπὶ τοῦ μετώπου δέρμα, Idem. φάλαρα aliqui ornamenta frontis exponunt, Varinus in Ἡνία. Sed de phaleris infra. Σιαλιστήριον uidetur appellare Absyrtus in Geoponicis libro 16. capite 1. eam freni partem, quæ ori inseritur, nimirum à saliua (σίαλον & σίαλον Græci dicunt) qua oppleri solet. Τότε φορβειὰν αὐτοῖς περιτιθέντας, τὸν χαλινὸν πρὸς τῇ φάτνῃ κρεμαστέον, ἵνα ψαύων συνεθίζηται, καὶ μὴ βλάβηται ὑπὸ τῶν σιαλιστηρίων ψόφου. Andreas à Lacuna in huius loci interpretatione uocem Græcam reliquit, Cornarius postomides uertit: Veteres, ut Varro, in eodem argumento, hoc est pulli domitura, frenos simpliciter nominant. Τετράζων, εἶδος χαλινοῦ, Hesychius & Varinus. ὀχμάζειν, equum cum freno agere, uel sub curru, ut dixi in Ceruo capite quinto. Οἱ δὲ παρθένοι στρέφοντες ὀπίσω τοὺς ἵππους περὶ τοῖς αὐτῶν αὐχέσι τὰς κάμακας ἑλίξαντες, Suidas in Κάμαξ, quod exponit palū, perticam, lignum rectum.

¶ Habenæ, quod his equos teneamus: unde & equi habiles dicti: hæc & retinacula à retinendo lora (lego, & lora) Isidorus. Habenæ (inquit Grapaldus) frenis annexa sunt lora, manuq; tenētur, ut equum in gyros flectere, impellere, & retinere ualeamus. Manibus molitur habenas, Vergilius de Turno. Ferrato calce, atq; effusa largus habena Cunctantem impellebat equum, Silius Punic. 7. Ipse ter adducta circum caput egit habena, Verg. 9. Aene. Liber habenis equus, Idem 3. Georg. Semel hic cessauit, & (ut fit) In scalis latuit metuens pendentis habenæ (id est scuticæ,) Horatius 2. epist. Habena uel habenæ potius in plurali (sunt enim gemina lora) pro potestate & facultate: item habenula diminutiuum, uide Promptuarium. Tempore paret equus lentis animosus habenis, Ouidius lib. 4. de Tristibus. Habenas Græci ἡνίας in fœminino genere, uel in neutro ἡνία (præsertim poetæ) uocitant ἀπὸ τοῦ ἀνιᾶν τὸ λυπεῖν, ἢ ἀπὸ τοῦ ἰνοῦν καὶ συνδεῖν τοὺς ἵππους: non solum enim de celete equo, id est singulari ἡνία dicuntur, sed etiam de iunctis curru aut biga, ut Varinus docet. Χαλινὸς de toto freno dicitur, cum propriè ea tantum sit pars quæ ori inditur: lora uero quæ manibus equitantium tenentur, ἡνία & ῥυτῆρες dicuntur, δι᾽ ὧν ἐρύονται ἵπποι ὧδε καὶ ἐκεῖ, Varinus. Eadem, ut coniicio, & ῥυτὰ dicuntur, ut supra monui: quanquam χαλινὰ interpretentur, per synecdochen: ut & ἡνίαν, χαλινόν. Pollux, ut supra citaui, medium quoq; partis illius quæ ori inseritur ἡνίον appellari tradit. Ἡνίαις, λώροις τῶν χαλινῶν, Hesychius. Τὰς μὲν ἡνίας περιβαλὼν καταθέτω ἐπὶ τῇ ἀκρωμίᾳ, Xenophon. Ἡνία σιγαλόεντα (Homero) λῶρα πεποικιλμένα, Hesychius & Varinus. Ἐκ δ᾽ ἄρα χειρῶν Ἡνία λεύκ᾽ ἐλέφαντι χαμαὶ πέσον, Homerus Iliad. ε. Ἡνία δή τοι παῖδες ἐνὶ τράγε φοινικόεντα ἔθεντο, Anyte in Epigrammate. Idem epitheton in Aspide Hesiodi legitur. Τούτῳ παραδώσω τῆς γνώμης τὰς ἡνίας, (senarius Aristophanis, ut uidetur, apud Suidam) τουτέστι τὴν ἐξουσίαν. τροπικῶς, ἀπὸ τῶν ἁρμάτων. ταῖς γὰρ ἡνίαις ἡνιοχοῦνται οἱ ἵπποι. Ἐν δ᾽ αὐτὸς ἔχων εὔληρα βέβηκε, Homerus Iliad. ψ. ubi Scholia εὔληρα τὰ ἡνία: dicuntur autem sic παρὰ τὸ εἰλεῖν, δι᾽ ὧν ἐστι τοὺς ἵππους εἰλεῖσθαι, ὅ ἐστι στρέφεσθαι: reperitur autem semel tantum hæc dictio apud Homerum, Varinus. Εὔληρα, τὰ εἰλοῦντα καὶ συνέχοντα τὰ ὑποζύγια: παρὰ δὲ Ἐπιχάρμῳ αὔληρα εἴρηται, παρὰ τὸν αὐλόν, ἵν᾽ ᾖ τὰ ἐπιμήκη, Etymologus. Εἷξαί τε οἱ ἡνία χερσίν, Homerus Iliad. ψ. Maurorum equi collaria (περιτραχήλια) habent è ligno aut pilo confecta, unde habena dependet, Strabo. Δυσήνιος ἵππος, ὁ δυσπειθὴς καὶ δυσάγωγος, Varinus. De heniocho, id est auriga, supra diximus: ἡνιοχεῖν, manu tenendo habenas equum regere, siue in curru, ut frequentius usurpatur, siue singulari equo insidentem, ut apud Xenophontem: ἡνιοχείτω δὲ ἐὰν μὴ ἐκφαγαγότερος ᾖ ὁ ἵππος, ἀνωτέρω ταῖς χερσίν, &c. Idem henias, id est habenas laudat æquales, non infirmas, nec lubricas, neq; crassas: etiam hasta illa manu, si opus sit, comprehendi ut queat. Ἀπὸ ῥυτῆρος ἀνεῖναι τὸν ἵππον, ἐφεῖναι τὸν χαλινὸν εἰς τάχος, πάσας ἀνασεῖσαι τὰς ἡνίας, Pollux. Ἐν δὲ ῥυτῆρσι τάνυσθεν, Homerus in Iliade. Ἱππικὰ ὄργανα, σειραγωγεὺς, ῥυταγωγεὺς, κημὸν, Pollux. Et rursus, τῶν δὲ ἱππικῶν σκευῶν, κεκρύφαλος, ῥυταγωγεὺς, ἀγωγεύς. ὁ γοῦν Στράττις ἐν Χρυσίππῳ λέγει, Πρόσαγε τὸν πῶλον, ἀτρέμας περιλαβὼν τὸν ἀγωγέα βραχύτερον. Ὁ δὲ ἵππος αὐτῷ ἤσκητο ἄρα καὶ ἄνευ ἡνίας ἐλαυνόμενος ὠκύτατα φέρεσθαι, Dexippus apud Suidam. Ἡνιοχεράτης, apud Lacones is dicebatur qui iuuenes in re equestri instituebat, Hesychius & Varinus. Ἀφηνιάζειν, equi contumaces & præferoces dicuntur, cum rebelles sunt habenis, et frenum morsu corripiunt, uel aliter per uim sessorem à uia instituta auferunt. Herodianus eleganti metaphora usurpat pro imperium detrectare, ac subditum esse nolle. Ἀφηνιάσαι κυρίως τὸ ζυγομαχῆσαι τοὺς ὑφ᾽ ἅρματι ἵππους, καὶ πειραθῆναι ἀπὸ ἡνίων γενέσθαι. Κυρίως δὲ ἵππος ἀφηνιάζει, ὅτε τὸν χαλινὸν ἀποπτύσας, ἢ καὶ ἄλλως ἐνδακὼν, ὡς μὴ πείθεσθαι, ἐπὶ τῷ ἐπιβάτῃ μετεωρίζεται θέων, Varinus in Ἡνία. Construit hoc uerbum cum genitiuo, Suidas. Ἀφηνιαστὴς, ἀνυπότακτος, ὑπερήφανος. Οἱ δὲ, ἀφηνιάσαν μὴ αὐτὸν τῆς ... λίας, &c. Suidas. Ἀφηνιάζειν, τὸ σκληρύνεσθαι, καὶ ἀποθεῖν τῆς εὐθείας ὁδοῦ τὸν ἵππον, χωρίζεσθαι, Varin. Δακὼν δὲ στόμιον ὡς νεοζυγὴς πῶλος βιάζῃ, καὶ πρὸς ἡνίας μάχῃ, Aeschylus in Prometheo. Fortè & προσηνὴς ἀπὸ τῶν ἡνίων dicitur, quasi ὁ καλῶς ἢ πράως τὰς ἡνίας προσιέμενος: exponitur enim ἐπιεικὴς, πρᾶος, χρηστός: quanquam apud Grammaticos nihildum de huius uocis origine legere memini. Γεθολκὶς, ἡ ἡνία τῶν ὑποζυγίων, Hesychius & Varinus.

¶ Ampyx, aurata dicitur catena (σειρὰ, funis, Varinus) setas uinciens equinas in frontis ambitu: unde & Martis equi chrysampyces Homero dicuntur. Sunt & qui eo nomine reticulum intelligant muliebre (ein haub) Cælius ex Varino. Virgines apud nos antequam nubant, partim ornatus, partim coërcendi capillos causa, strophium quoddam latiusculum & rotundum coronæ instar capiti imponunt, margaritis & gemmis (ueris ditiores, tenuiores è uitro fictis) interpunctum: quod quidē similiter, ut reticulum, ampyx uocari posse uidetur, uulgò nostrates nominant haarband, id est uinculum capillorum. Huic ab occipitio pendulam subijcere solent πηνίκην siue φενάκην, hoc est fictitiam comam è tenuissimis filis sericis siue bombycinis, diuersis coloribus alternatim distinctam: uulgus appellat ein bendel. Ἀσκητὰ πέπλῳ τι καὶ ἄμπυκι, Theocritus de muliere Idyllio 1. Cæterum qualis nam ampyx in equo fuerit, multis docet Varinus. Ampyx, inquit, masculini generis secundum ueteres, diadema quoddam esse fertur capillis religandis destinatum, quos collectos ueteres huic uinculo subijciebant: quæ quidem descriptio κεκρύφαλον uulgo dictam non aliud esse quàm ampycem demonstrat. Et uerbum ἀμπυκίζειν etiamnum significat antias siue caproneas, id est longiores frontis pilos religare: (legimus etiam penultimam per α. ἀμπυκάζειν, apud Eustathium Iliados χ. quanquam Varinus et Etymologus interpretantur τὸ τὰς ἔμπροσθεν ἐκ προσώπου τρίχας ἀναδέσαι. (Etymologus habet ἀναδέσαι, lego σειράζειν, quod est uincire:) & rursus ἀμπυκάσαι, ἀναδῆσαι, χαλινῶσαι, ex Lexico Rhetorico.) Hinc dicti chrysampyces equi, quòd pili uerticales eorum aureo ligarentur strophio. Ἄμπυξ, χαλινός, συγκάθαμμα, ἐπίκρανον, καλύπτρα, διάδημα, στεφάνη. Ἄμπυκες, διαδήματα ἐκ μεταφορᾶς ἴσως διὰ τὸ ἀμπέχειν (ἢ παρὰ τὸ ἀναπυκάζειν καὶ ἀνέχειν τὰς τρίχας, Etymologus:) ὥς φησι Παυσανίας, καὶ ἡ κοινὴ γλῶσσα παραμπύκια τὰ τριχῶν λέγειν εἴωθεν, παραμπυκίζεται apud ueteres exponitur παραπλέκεται τὰς τρίχας. κεκρύφαλος uel κεκρύφαντος (malim κροκύφαντος, ut paulo post dicam) ornamentum quoddam est capitis: ἀνάδεσμος uero uinculum (σειρά) in circuitu circa tempora ligari solitum. Vel, Ampyx est cephalodesmion muliebre. Ampyx apud Sophoclem in Philoctete pro rota accipitur propter rotunditatem, Varinus. Χρυσάμπυξ, χρυσοχάλινος (per synecdochen, Scholia in quintum Iliados:) uel χρυσόκομος, χρυσόδεσμος, ἢ χρυσοῦς δεσμοὺς ἔχων παρὰ τὴν ἄμπυκα, (supra ex Varino masculinum esse dixi,) χρυσόμιτρος, Hesychius. Sic & χρυσήνιος, qui aureas uel pulchras habenas habet, uel καλλίδιφρος, Idem. Χαλινὸν χρυσάμπυκα, χρυσᾶ φάλαρα ἔχοντα, Pindarus in Olympijs Carmine 13. Et carmine 7. Χρυσάμπυκα Λάχεσιν, pro τιμίαν: & similiter in Isthmijs Carmine 2. χρυσαμπύκων Μοισᾶν dixit, pro τιμίων. Καὶ ἄμπυκα δεύεσκεν ἀφρῷ, Calaber de equis, libro quarto. Ampyx proprie est capitis obligamentum, ac auro & lapillis splendicans lorum, capiti circumiectum fœmineo: uerum metaphoricè auro litum sic nominant frenum, Cælius ex Varino in Μοναμπυγία. Τῆλε δ' ἀπὸ κρατὸς χέε δέσματα σιγαλόεντα, Ἄμπυκα, κεκρύφαλόν τ', ἠδὲ πλεκτὴν ἀναδέσμην, Κρήδεμνόν θ', Homerus Iliados χ. de Andromache in terram collapsa: ubi Scholia addunt, Κεκρύφαλον τὸ πρὸς ἡμῶν λεγόμενον κροκύφαντον. Ampyx quidem quoniam & in fronte & ornamenti loco habetur, frontale Latine dici potest: quo uocabulo, ut supra citaui, Plinius de equis utitur. Θασίαν λιπαράμπυκα, legimus in Acharnensibus Aristophanis: ad uocem, Thasiam, aliqui muriam subaudiunt: alij phialam Thasio uino plenam accipiunt: ἄμπυξ δὲ λέγεται τὸ πρόχειλον, νῦν δὲ τὸ πῶμα τοῦ ἀγγείου λέγει, καὶ λιπαρὸν δὲ διὰ τὸ ἡδὺ τοῦ οἴνου, ἄμπυκα δὲ παρὰ τὸ σκεπάζειν καὶ καλύπτειν τὸν οἶνον κατα[χρη]στικῶς, Scholia. Ἀμπυκτήρια, phaleræ, equina ornamenta, apud Sophoclem in Oedipo in Colono, Varinus. Μοναμπυγίαν equum apud Pindarum celetem uel μονοχάλινον interpretantur, Varinus ex Scholijs Pindari Carmine quinto. Sed apud Pindarum tum in textu, tum bis in Scholijs μοναμπυκία per κ. non per γ. scribitur.

¶Ornamenta equorum alia circa partes instrumenti necessarij sunt, ut ἡνία λεύκ' ἐλέφαντι Homero, & aurum gemmæue circa frenos, habenas: de quibus hîc nihil aut pauca dicemus: alia solius ornatus gratia adduntur, ut frontalia, monilia, phaleræ. Phaleræ equorum ornamenta dicuntur, à uerbo Græco quod illustrare significat, Grapaldus: φαλὸν Græci illustre dicunt. Reperitur autem in plurali numero plerunque, nimirum quod semper geminæ sint, utrinque ad utranque maxillam. Φάλαρα τὰ περὶ τὰς γνάθους σκεπάσματα λέγουσι Αἰολεῖς, Varinus: quanquam & προμετωπίδιον ἵππου κόσμον, id est frontale ornamentum equi apud recentiores idem interpretetur. Φάλαρα, οἱ νῦν λεγόμενοι φάλοι, παρὰ τὸ φαλιὸν τὸ λευκόν, ἢ παρὰ τὸ φάειν ἅλις. Scribitur etiam φάληρα per η. in penultima, unde τετραφάληρος, Varinus. Φάληρα, φαληριόωντα, alba, albicantia, φαληρός, albus, Idem & Hesychius. Φάλαρα, ἀστραγαλίσκος ὁ ἐπὶ τῆς περικεφαλαίας: καὶ παραγναθίδες χαλινοί, (lego χαλινῶν,) ἢ ἱπποκόσμια, Hesychius. Φάλαρα, τὰς προμετωπίδας, (de frontalibus dixi superius:) οἱ δὲ ἀσπιδίσκους, τὴν κόσμησιν τὴν ἐπὶ τὸ μέτωπον τῶν ἵππων. παρὰ δὲ Ἡροδότῳ τὰ περὶ τὰς γνάθους σκεπάσματα, Suidas. Φάλαρα, παρώπια, Pollux, non quidem interpretans, sed res diuersas enumerans, ut ferè solet. Plura leges in φαλὰ & φαλὸς apud Etymologū, & τετραφάληρος et τετράφαλος apud Varinum. Primus equum phaleris insignem uictor habeto, Vergilius 5. Aen. Præter equos uirosque, & si quid argenti, quod plurimum in phaleris equorum erat, omnis cętera prędæ diripienda data est, Liuius. Frangebat pocula miles, Vt phaleris gauderet equus, Iuuenalis Satyr. 11. Plinius etiam in singulari protulit libro 23. his uerbis: Est enim adiectum hoc quoque: sed & phalera posita, propter quæ nomen equitum adiectum est. Phaleratus, phaleris ornatus. Suetonius in Claudio, Crassus frugi equo phalerato, & in ueste palmata. Munera quæ legati ferrent regi, decreuerunt, equos duos phaleratos, &c. Vt phaleratis dictis ducas me, Terentius in Phormione: ubi Donatus phalerata interpretatur honesta atque ornata. Primo die phalerato equo insignis, Suetonius in Caligula. Equitatum frenis, ephippijs, monilibus, phaleris præfulgentem, Gellius libro 5. Phaleras Galli bardas nuncupant. Χαλινὸν χρυσάμπυκα, χρυσᾶ φάλαρα ἔχοντα, Pindarus in Olympijs. Castori dedit Iason ἱππασίης γέρας, χρυσείων φαλάρων πολυτεχνέα κόσμον, Orpheus in Argonaut. Ἵππω χρυσείην ἐθέειρε κομόωντε, Homerus Iliados θ. Achatis quædam genera in India, equorum ornamenta reddunt, Plinius. Certe equus non iners, neque corpore incomposito & bene curatus, & ipse gaudet quodam comptu, & equitem exhilarat. Neque hoc fugit, quem nihil fugit etiam minimarum rerum, Homerum, qui ornamenta equorum, & ipsos reddere conspicuos dicit, & equitibus dignitatem ac laudem adiungere, &c. Versus eius hi sunt, ὡς δ' ὅτε τίς τ' ἐλέφαντα γυνὴ φοίνικι μιήνῃ Μῃονὶς ἠὲ Κάειρα, παρήϊον

παρήϊον ἔμμεναι ἵππων, Κεῖται δ' ἐν θαλάμῳ, πολέες δέ μιν ἠρήσαντο ἱππῆες φορέειν, βασιλῆϊ δὲ κεῖται ἄγαλμα, ἀμφότερον, κόσμος θ' ἵππῳ, ἐλατῆρί τε κῦδος, Hæc Camerarius. Sunt autem uersus Homeri Iliados quarto, ubi Scholia παρήϊον exponunt παραγναθίδιον, τὸ νῦν χαλινάριον καλούμενον. Κωδωνοφαλαροπώλους, ἱππέας κώδωνας, id est tintinnabula uel crepitacula ærea phaleris adhibentes & frenis, ut supra etiam dixi: præcipuè autem duces id faciebant: & à Romanis etiamnum id fieri sæpe se uidisse Varinus scribit. Aurigæ etiam seu potius carrucarij apud nos tintinnabula, sed maiora, equis suis appendunt: sed quidam affirmant pluribus muscis eos infestari si tintinnabula gestent, tanquam arguto sonitu ut apes alliciantur. Cucumam sunt qui habenalia putẽt ornamenta ex ære orbiculata, è medio bulla protuberante, unde uulgò forsan borchias uocant, Cælius. Cucuma (diminutiuum, cucumella) alioqui uasis genus est ærei uel ferrei cum ceruice, sartagini puto (quam frixorium Hieronymus uocat, nostri ein pfañ) non dissimilis. Martianus Iurisconsultus ad L. Iuliam, de sicarijs: Sed si claui percussit, aut cucuma in rixa, quamuis ferro percusserit, tamen non occidendi animo. Hinc liquet ferream fuisse cucumam, ut non rectè intellexerit Grapaldus scribens, Cucuma similis, ut opinor, erat testæ, quam Apitius & Martialis Cumanam nominant ex terra rubra, à figulis rota formata. Fieri tamen potest ut forma similis fuerit, materia diuersa. Cucumam ingentem foco apposuit, Petronius in Satyra. Et mox, Frangitur ergo ceruix cucumæ, ignemq́ ualescentem restinguit. Quòd si, ut conijcio, sartagini simile uas est, ceruicem pro ansa accipiemus: alia enim ollarum ceruix est. Operimenta quibus mulorum boumq́ & equorum dorsa conteguntur, dorsualia uocant, Grapaldus. Scoppa dorsuale pannellum Italicè interpretatur: & alibi centonem, pannellum asini et similium. Κέντρων, τὸ ὑποβαλλόμενον τοῖς ὄνοις ἐκ πολλῶν καὶ διαφόρων συῤῥαφὲν, καὶ ἐπίσαγμα τῶν ὄνων, Varinus. Sed hæc munimenta non ornamenta sunt. Stratumq́ ostro quem ceperat ipse Cornipedem, Silius. Instratos ostro alipedes, pictisq́ tapetis. Aurea pectoribus demissa monilia pendent, Tecti auro, fuluum mandunt sub dentibus aurum, Vergilius libro 7. Aeneid. Vltimum uersum citat Seneca epistola 88. Monile dictum est ornatus muliebris, qualem habuisse Eriphylam fabulæ ferunt: ex eo etiam equis propendens à collo ornamentum monile appellatur, Festus. Δερρίστηρ, περιδέραιον ἵππου, Varinus & Hesychius: Sed plura de hac uoce dixi in Cane in H. e. Equi βασιλικὰ προκόσμια καὶ περιδέραια, Plutarchus. Τόν τε περὶ στέρνοις κόσμον ὀδοντοφόρον, Philodemus in Epigrammate: Brodæus in Scholijs nõ attingit: fuerit autem fortassis ornamentum ex ebore. Maurorum equi collaria (περιτραχήλια) ex ligno aut pilo confecta habent, è quibus habena dependet, Strabo. De frontalibus, & ampyce, in præcedentibus dictum est. Οὐκέτι χρυσοχάλινον (λαμπρὸν, τερπνὸν) ὁρᾷ φάος ἠελίοιο, Hexameter apud Suidam. Χρυσοδαιδάλτοις στομίοισι πώλους, Euripides. Παρώπια (ἢ παρώπελα, ὡς ἐν τῷ περὶ ἱπποτροφίας) καὶ ἀντήλια, τὰ περὶ (aliâs παρὰ, & melius) τὰς ὄψεις τῶν ἵππων δέρματα, Varinus Aelium Dionysium citans. Apud Pollucem παρώτια perperam pro παρώπια legitur: & ἀνθήλια per θ. quod communis Dialecti uideatur, per τ. uero Ionicæ: cum ex eo sic dici uideãtur, quasi ad auertendum Solis splendorem occulis apponantur: etsi munimenti causa magis id fiat in equis uectarijs tantum. Dicuntur etiam ἀνθήλια νέφη, τὰ ἀποσκοτοῦντα τὸν ἥλιον, Varinus: id est nubes quæ Soli oppositæ ipsum inumbrant. Quidam ex Theone in Aratum anthelia exponit nubes orbiculatas & rotundas, solem splendore repræsentantes: Sed has usitatius παρήλια dici uideo. ¶ Helcium dicitur, inquit Grapaldus, ante pectus equorum, & id genus animalium, ab armis, id est humeris, pendens instrumentum quoddam tractorium, quo & molæ illi per machinulam innexæ uersantur, & curricula per temonem trahuntur, unde & nomen accepit: ἕλκειν enim trahere est. Germani uocant komet uel kommen, Illyrij chomut: instrumentum uero quod gestant inter arandum, helcio leuius, nostri uocant halsen, quasi ceruicale aut collare dicas, quoniam collo & ceruici circumponitur. Hinc (ab eodem uerbo ἕλκειν, Grapaldus) helciarius apud Martialem, qui fune cannabino nauem trahit aduersus undas. Sidonius, Curuorum chorus helciariorum. Defectum alioquin me helcio sparteo dimoto nexu machinæ liberatum applicant præsepio, Apuleius nono Metamorph. Et paulo post, Helcio tandem absolutus, refectuiq́ securè redditus.

¶ Ferramentum quo ungulæ iumentorum circunciduntur, concisorium & circuncisorium Vegetius uocat. Oportet ferramento concisorio animalium soleas ranulasq́ purgari, Veget. 1. 56. Circuncisorium inferes inter unguem & solum, & cum bene elimpidaueris, &c. Idem 1. 26. Laur. Rusius rosnetam uocat, Crescentiensis bullesiam ferream, ni fallor. Absyrtus σμίλην & σμιλίον, Ruellius scalprum transtulit. Nasiterna, genus uasis aquarij ansati & patentis, quale est quo equi perfundi solent, Festus. Numellę, uincula ex ferro, quo quadrupedes maximè deligantur, Columella, Varro, Plautus. Pastoram Itali uulgò appellant, & qui de equis parum Latinè scripserunt, ut Rusius & Crescentiensis, qui etiam uerbum pastorare usurpant. Numellæ, machinæ genus ligneum ad discruciandos noxios paratum, quo & collum & pedes immittunt. Neruos, catenas, carcerem, numellas, pedicas, boias, Plautus in Asinaria. Sed de huiusmodi uinculis multa in Cane diximus. Μαγκάρα, χειρίσιδηρα, ὃ κρῶνται πρὸς τοὺς ἵππους, Hesychius & Varinus. In spatula equi luxata, ponatur stelletta (astelletta) conueniens, sub læsione spatulæ per unum submissum, ut humores illuc defluant & educantur, Rusius author barbarus. Et rursus de grauedine (ut uocat) pectoris loquens, Astelletta (inquit) in utraq́ spatula ponatur.

¶ Equitantium adminicula quibus pedes inseruntur, ut sessio fiat commodior (staphas nuncupat inſcium uulgus) ab Auicennæ interprete, primo Canonis dicuntur ſubſellares, quia ſub ſella propendeant, ut docti interpretantur. Monet autem inibi Princeps, non oportere ſubſellares, aut pedum integumenta eſſe iuſtò arctiora, quoniam eius membri motus lõge facilius arcere ualeat frigus, Cælius. Equos ueterum neq; legimus, neq; ex monumentis eorum aſpicimus, pedum ſuſtentacula, quæ uulgò ſtaffas appellant, habuiſſe, Volaterranus. Ephippio dextra ac ſiniſtra loris quibuſdam ferreæ machinulæ adduntur, quas ſtapedes elegãter & Latialiter appellabimus: quia in his ſeſſores, dum terga premunt equorum, pedes habere conſueuerunt: apud maiores, ut in ſtatuis equeſtribus apparet, non fuere, Grapaldus. Germani uocant **ſtågreiff**. ¶ Calcaria dicta quia in calce hominis ligantur ad ſtimulandos equos (& iumenta) quibus aut pugnandum eſt, aut currendum, propter pigritiam animalium aut timorem, nam ex timore ſtimuli nuncupati, Iſidorus. Calcari quadrupedem agitabo, Plautus Aſinaria. Seu ſpumantis equi foderet calcaribus armos, Vergil. 6. Aene. Ferrato calce, atq; effuſa largus habena Cunctantem impellebat equum, Silius 7. Punic. Calcaria addere per metaphoram eſt cupiditatem ac ſtudium alicuius augere atq; acuere. Vide Eraſmum in Chiliad. Et natibus addere calcar, Horatius 2. Epiſt. Iſocrates dicebat ſe calcaribus in Ephoro egẽre, contra autem in Theopompo frenis uti ſolere, Cicero 3. de Orat. Laudataq; uirtus Creſcit, & immenſum gloria calcar habet, Ouid. 4. de Ponto. Ventus ſuo caſu uehementius ſufflare, & calcar (id eſt impetum) admouere, Varro apud Nonium. Generoſſimæ creduntur gallinæ, quæ quinos habent digitos, ſed ita ne cruribus emineant tranſuerſa calcaria (πλῆκτρα,) Columella. Inter equeſtria inſtrumenta Polluci numerantur κέντρον, μύωψ. Sed uidetur μυίωψ potius per υι. diphthongum ſcribendum cum inſectum ſignificat, quod alijs nominibus œſtrum & tabanum uocant, aculeo ſuo infeſtum, à cuius ſimilitudine ſtimulus etiam ſiue calcar, quo equi urgentur, dictum uidetur: eſt enim illud inſectum ex genere μυιῶν, id eſt muſcarum, cuius uocis ſimiliter primam ſyllabam per diphthongum ſcribunt. Cum uerò luſcioſum, ſiue illum qui proxima tantum uidet, remotiora nõ uidet, ſignificat, per ypſilon tantum ſcripſerim, ἀπὸ τοῦ μύειν quod conniuere eſt: ſolent enim quibus ita afficiuntur oculi, cum quid accuratius inſpecturi ſunt, plerunq; conniuere, quod uel ex proprio oculorum affectu clarius intelligo. Sed uideo in multis dictionibus ypſilon merum pro υι. diphthongo ſcribi, quod apud ueteres quoq; factitatum Athenæus alicubi docet. μυωπίζειν, ſtimulare, calcar addere. ἐφεὶς τῷ χαλινῷ τὸν ἵππον, καὶ μυωπίσας, παντὶ τῷ ῥοθίῳ ἐπὶ τῶν ἐναντίων ἵετο, Helio. Aethiop. 9. Et alibi, τοῖς μύωψι σὺν ἵππος ἐρεθίζοντος. μυωπίζειν & μυωπάζειν, conniuere oculis, luſcioſum eſſe, palpare. Ἀνάγκη δὲ καὶ ψηχόμενον καὶ μυωπιζόμενον τὸν ἵππον λακτίζειν ταῖς ὁπλαῖς, καθάπερ ὅταν βαδίζῃ, Xenophon. Hoc eſt, ut Camerarius uertit: Nam ſiue deſtringatur, ſeu à muſcis pungatur equus, uti ungulis illum non ſecus quàm ſi uadat neceſſe eſt. Τῷ κέντρῳ ἐξαιμάσσειν, calcari cruentare, Pollux. Equo ignauo & parum alacri nihil impediet (inquit Pollux) etiam calcar adigere, τῷ ἀθύμῳ ἵππῳ ἐμβαλεῖν τὸν μύωπα. Animoſi enim indignantur, & ictu læſi tanquam accepta iniuria in curſum præ iracundia aguntur, (ἐκφέρονται εἰς δρόμον;) & impetu qui periculoſus eſt domino propter iram feruntur. Quòd ſi quis equitandi artis inſcius fuerit, parumq; firmè inſederit, illum etiam excutiunt, & ab inſtituta uia auferunt, & in poſteriores pedes erecti tergiuerſantur, ἀναχαιτίζουσι. Item alibi, Animoſiores equos demulcere magis oportet, quàm ſtimulare, κεντρίζειν. Κέντρα διωξικέλευθα, Philodemus in Epigrammate. Centra, inquit Euſtathius, ſunt quæ encentrides item dicuntur, id eſt inhærentes calcaneo ſtimuli, quibus excitari equos nouimus. Erant & ſuæ furibus encentrides, quibus per parietes obrepebant, uelut factitaſſe Corœbus dicitur apud Pauſaniam, Cælius. Encentridas pedibus circa calces alligabant equitantes, ut Pherecrates in Dulodidaſcalo ſcribit, Pollux. Et rurſus, τοῖς ἡνιόχοις δεῖ κέντρων, μαστίγων, ἐγκεντρίδων. Nam encentridas ad uſum iumentorum Plato Comicus nominauit. Κεντρηνεκέες apud Homerum nominantur equi centro obedientes, εὐπειθεῖς, ταχεῖς, καὶ διηνεκῶς κεντριζόμενοι, καὶ τοῖς κέντροις εἴκοντες καὶ πειθόμενοι, Heſychius, Varinus, Cælius. Κέντορες ἵππων, κεντρισαὶ ἐν τῷ ἐλαύνειν, ἐλατῆρες, ἡνίοχοι, &c. Heſychius & Varinus, apud quem plura. Πτερνίζειν, λακτίζειν, calcibus ferire, calcar adigere: pternis enim, id eſt calcaneis, alligantur calcaria. Κένσαι etiam & κενίσαι, Heſychius κεντρίσαι exponit. Κέντρα, τὰ τῶν ἵππων πλῆκτρα, Varinus. Πλήξιππος, equorum ſtimulator. Κεντρότυπος, ὁ μοχθηρὸς, λοίδορος, ἢ ὁ ἡνίοχος, Varinus. De bucentris, id eſt boum ſtimulis, ſuo loco egimus. Λάκτις, ſtimulus, ſcutica. Πώλους κέντροι θεινομένας, Euripides. Κένσαι ὁμοκλήσας, acclamando ſtimula, Homerus Iliados ψ. Κέντρα ἐπιπαρθέχων, Ibidem. Ἄνευ κέντροιο θέοντες, Ibidem. Tales ἀπλήκτους uocat Plato, Abſyrtus ἀκέντρους. Κέντρων, fur manifeſtarius: quoniam per tormenta aculei ſiue ſtimuli eis admouebantur, Varinus. Ἵππος ſanè tormenti genus, cuius ex Plutarcho ſupra memini: nihil quàm aculeos huiuſmodi fuiſſe crediderim: ut una litera mutata eculeos aliqui dixerint, alij equuleos, ut cocum & coquum dicimus: quod non animaduertentes Græci ἵππους potius quàm κέντρα tranſtulerint: niſi quis inde potius hippos & equuleos dictos arbitretur, quòd homines eis ita ſtimularentur, aut etiam crudelius, ut ſtimulis & calcaribus equi. ¶ Calcaribus equos concitamus, non aliter quàm flagellis è ſummis arborum partibus, (id eſt uirgis lentis & flexilibus,) è loris, è neruo taurino, Grapaldus. E loris flagris propriè ſcutica dici uidetur: nam σκύτος Græcis corium eſt. Τὴν τ' ἐπὶ νώτων Μάστιγα, ῥοιζευμένην ἐπαρβαλεῖν, Philodemus in Epigrammate. Μάστιξ, φραγέλλιον, Heſychius Græcam uocem Latina interpretatus. Μάστις, δαρμὸς, μάστιξ, apud eundem & Varinum leguntur: δαρμὸς tamen ſuo loco apud illos non reperitur, forte Græcis tantum recentioribus uſitata uox, à uerbo δέρειν, percutere. Μαστίζειν, flagellare

gellare, commune est: μαστίειν poeticum: μαστίσδειν Doricum. Μαστίζειν & ἱμάσσειν, idem significant: ut μάστιξ etiam & ἱμάσθλη: ut μάστιξ dicta uideri possit per aphæresin ἀπὸ τοῦ ἱμάντος, id est à loro. quasi μάντιξ.
Μάστι νῦν: Μάστι δ' αἰὲν ἔλαυνε, ꝑ μάστιγι per apocopē (uel per synæresin potius à recto μάστις:) Ἢ καὶ ἐφ' ἵππεί-
ην (aliâs ἵπποιϊν) μάστιν βάλε: Ἐπέβαλλεν ἱμάσθλην: Ἵμασε καλλίτριχας ἵππους: Μάστιξεν δ' ἐλάαν, λάπτει τοὺς ἵππους,
Hæc omnia à Varino citantur, ex Homero nimirum. Μαστίζειν τὸν ἵππον dixerim: μαστιγοῦν non item,
sed παῖδα ἢ δοῦλον ἤ τινα καταδίκων, quanquam & μαστίζειν eosdem. Μάστιξ, δι' ἧς τὸν ἵππον πλήττομεν. Καὶ
νικώων σφίγκτορ' εὐγραφέα μάστιγα, in epigrammate, Suidas. Σκυτάλαι, ὄφεων εἰσὶ φλαγέλλια, λῶροι, Varinus.
Οἱ μαστιζόμενοι δοῦλοι, στιγματίαι, καὶ στίγωνες: ὥσπερ οἱ μαστιγούμενοι, μαστιγίαι. τὸ δὲ εἶδος μαστίγων, μαστιγίαν Εὔπο-
λις εἴρηκεν. Αἱ δὲ μάστιγες, ὑστριχίδες, ἱμάντες, ῥυτῆρες. Τὸ δὲ πρᾶγμα, μαστιγῶσαι, τυπῆσαι, ξαίνειν, κατὰ νώτου πολλὰς
τυπῆσαι πληγὰς, παῖσαι, ἐντεῖναι, ἐμβαλεῖν, Pollux. Et alibi, Νωτοπλῆγα τὸν μαστιγίαν Ἀριστοφάνης ἐκάλεσε.
Μάσθλη ἢ μάσθλης, lorum molle & tractabile, παρὰ τὸ μάσσω τὸ μαλάσσω, uel ab ἱμάσσω secundum Herodia-
num: inde pro homine etiam molli & dissoluto capitur, uel inconstante, & qui aliud loquitur, aliud
agit, Varinus. Παρὰ Κράτητι ἐν ταῖς Ἑορταῖς καὶ ἀστραγαλωτή τις μάστιξ ὠνόμασται, Pollux: flagellum intelligo cuius lora nodis tanquam astragalis exasperentur: nam & astragalo herbæ nomen à nodoso radi-
dice, protuberantibus per interualla nodis: siccis & asperis locis nascitur, è uiciarum syluestrium genere: herbarij nostri uocant **christianwurtz**. Plato Comicus in Cleophônte μαράγναν τὴν μάστιγα nominauit, Pollux 10.13. Hesychius & Varinus μαραύνα habent per αι. diphthongum: & exponunt, μάστιξ, ῥάβδος, γαυεία. Μαράγνα apud eosdem, γῆ ταυρεία. Μάστιγι δ' αἰὲν ἔλαυνε κατωμαδόν, id est flagellum
frequenter humeris equorum infligebat, Homerus Iliados ψ. Et rursus, Μάστιγι κατωμαδὸν ἤλασεν ἵππους, Iliados ο. Apparet sanè penultimæ quantitatem indifferentem esse. Οἱ δ' ἅμα πάντες ἐφ' ἵπποισι
μάστιγας ἄειραν Πέπληγόν θ' ἱμᾶσιν, ὁμόκλησάν τ' ἐπέεσσιν, Iliados ψ. Μάστιξεν δ' ἵππους, Iliados θ. Ἐλαφροπόδων
μένος ἵππων Μάστιγος, Calaber libro 4. Ἱμάσθλῃ ταρφέα πεπληγὼς, Ibidem. Αὐτὰρ ἱμάσθλην Χερσὶν ἔχε
ῥαδινήν, Homerus Iliados ψ. Γένετο (ἔλαβεν) δ' ἱμάσθλην Χρυσείην εὔτυκτον, Iliados θ. Μάσθλη, ἢ μάσθλης, ἡ-
νία, διφθέρα, Varinus. Βουπλῆγα apud Homerum Iliadis sexto aliqui securim interpretantur, qua cęde-
bantur boues: alij flagellum, ex bubulo scilicet corio. Ὅππως τὸ πρῶτον τανύσῃ βοέοισιν ἱμᾶσιν, Homerus
Iliad. ψ. Ἐπεμαίετο ἵππους, flagellabat equos, apud eundem: uide Varinum. Vna scutica omneis impellit, Μία μάστιξ πάντας ἐλαύνει: hemistichium heroicum (inquit Erasmus) de negotio dictum, quod facile fieret, uidelicet à promptis omnibus, ut suapte sponte currentibus. Fortassis aptè dicetur & in hos
quos eadem causa impellit, puta eadem spes lucri, studium commune, idem amor aut odium. Sumptum ab aurigis. Author Suidas. Vsurpat Plutarchus in uita Lycurgi, scribens urbem Lacedæmoniorum ἀπὸ σκυτάλης μιᾶς καὶ τρίβωνος ἄρχουσαν τῆς Ἑλλάδος ἑκούσης καὶ βουλομένης: id est, Scytala ac sago impe-
rantem Græciæ spontaneæ uolentiq;. Hippocampum interpretantur aurigarum scuticam flectendis equis accommodam, unde nomen. Et apud Helicen ciuitatem dicitur stetisse Neptunus æneus,
habens hippocampum in manu, Cælius. Quadrupedem flectit non cedens uirga lupatis, Silius.
Et Massyleum uirga gubernat equum, Martialis. Καὶ σοιίνην (Κ' οἰσυΐνην: id est, Et uimineam, legendum conijcit Brodæus) ῥάβδον ὑπὸ προθύροισι Ποσειδῶν Ἄνθετό σοι νίκης χάρμα (uox non integra) ἰσθμιάδος,
Philodemus in Epigrammate. ¶Character est ferrum coloratum, quo notæ pecudibus inuruntur, Isidorus. Cauterium interdum pro signo, interdum pro cura adhibetur, Idem. Bucephalum
quidam dictum putant ab insigni taurini capitis armo (μηρῷ, Tzetzes: ἰσχίοις, Etymologus) impressi,
Plinius. De ueterum more literas inurendi equis, unde samphoræ & coppatiæ dicti, supra egimus in
H.a. mox ante propria equorum nomina. Τὸ τοῖς ἀπηγορευκόσι τῶν ἵππων βαλλόμενον σημεῖον, τρίσιππον,
ἐκαλεῖτο, Pollux. Ἱππότροχος, τοῖς γεγηρακόσιν ἵπποις ἐχάραττον ὑπὸ τὴν γνάθον σημεῖον τροχοῦ σχῆμα ἔχον. ἐκαλεῖτο δὲ
καὶ τρισίππιον, Hesychius. Trisippion fuit ueluti rotula, quædam publica nota, quæ candens malis
equorum imprimebatur qui iam consenuissent, Cælius. Τρυσίππιον olim uocabatur character, quem
senatus in probatione equorum infirmis & attritis (τρυμμένοις, Hesychius: malim per unum μ. à τρύω,
& sic prima syllaba rectè per ypsilon scribitur: τριμμένοις à τρίβω, Varinus: & sic rectè per iota) impri-
mi curabat, ne amplius ad militiam producerentur: erat autē character ille rotula, maxillæ inijcienda,
Hesychius. Τρύσιππον attritis & inutilibus equis additur: Aelius Dionysius τρυσίππειον quatuor syllabis dixit. Inurebatur autem equi iam ueteuli & exhausti maxillæ figura similis rotæ, siue curandi, siue signandi tantum gratia, Varinus. Ἵππῳ γηράσκοντι τὰ μείονα κέκλ' ἐπίβαλλε, Admonet adagium (inquit Erasmus) ubi uires per ætatem fatiscunt, respirationem ac refocillationem quandam à laboribus
dandam. Ductum aiunt ab equis militaribus, quibus senescentibus leuius trisippion admouebant.
Zenodotus ostendit prouerbium extitisse apud Cratetem Comicum in Samijs. Erit carmen heroicum, si pro κέκλα legas κύκλα, Hęc Erasmus. Ego uocem corruptam κέκλα apud solum Zenodotum
legi puto: Varinus κύκλα habet. Sunt autem fortassis cycli isti partes quædam freni quæ morsui inseruntur, ut etiam trochi & dactylij, nempe orbiculi quidam siue rotundi, siue mucronati.

¶Strigilis (inquit Grapaldus) instrumentum è ferro dentatum, à stringendo, quod radere significat, dici potest: quo equos & id genus iumenta expolire solent equisones, è corpore sordes abraden-
do: unde equotribas appellabimus, ut mulotribas Plautus qui mulas fricant. Strigiles nuncupati à
tergendo, Isidorus: sed præstat in fœminino genere uti. Strigilis (inquit Nonius) certū est esse fœminini generis, antiqui & neutro genere protulerunt, (nimirum strigil casu recto.) Si ad illam uitam,
quæ cum uirtute degatur, ampulla aut strigilis accedat, Cicero. Præstant & strigilum uicem linteo-

lorumque affectis corporibus, Plinius de spongiis loquens. Hinc strigilecula diminutiuum. Strigilare, idem quod stringere, Grammaticus quidam sine testimonio. Strigiles à stringendo, id est exterendo nomen traxêre: uel quia Græci dicunt στλεγγίδας, quarum usus non homini tantum ex crassa & ruida lacinia, sed etiam iumentis in quotidianum frictum è ferro, Herm. Barbarus. Distringere apud Plinium 34. 8. pro defricare in balneis, & uti strigilibus. Vide supra in E. nonnihil de defricando & distringendo equo. Inter equestria instrumenta sunt ψήκτρα & σωρακίς, Pollux 10. 13. Idem 1. 11. de instrumentis quibus curantur & ornantur equi loquens, sic scribit: Τὸ μὲν ἐκκαθαῖρον τὴν τρίχα πτερῷ ἐοικὸς ξύλον, σπάθη. τὸ δὲ δακτυλίζον σιδήρεον ὀδοντωμένον, πριονῶδες, ψήκτρα. τὸ δὲ πλεκόμενον ἐκ τοῦ φοινικαμπεχόνης κοῖλον καὶ διάκενον ποδιχέσιον, ὃ καταστέλλει τὴν τρίχα, καὶ ἐκλιπαίνει, σωρακίς. Camerarius spathen ligneum gladiolum interpretatur: soracidem uerò texta quædam de corticibus palmæ. Ampechonen scio uestem significare, & arborem suo cortice tanquam uestiri: de palma tamen ampechonen dictam nusquam legi: maschale quidem palmæ ramum significat. sed legi alicubi ex palmæ, ni fallor, foliis in Aegypto fieri tanquam storeas & segestria, quas forte phœnicampechonas dixeris. Στλεγγιδοποιός, στλεγγοποιός, στλεγγίς, ἀποστλεγγίζεσθαι, ἀπεστλεγγισμένος. Est etiam stlengis, pellis inaurata, quam capiti circumponunt, Pollux: alii laminam auream fuisse aiunt, ut inferius mox dicam. Καὶ ψήκτρην ἵππων βρυσότριχα, Philodemus in epigrammate. Ψήκτρα nominatur in Aristophanis Anagyro. Διὰ ψήκτρας σε ὁρῶ ξανθὴν καθαίροντα ἵππου αὐχμηρὰν τρίχα, Sophocles in Oenomao, ut Pollux citat. Ψήκτρα, ἐργαλεῖον δι᾽ οὗ οἱ ἵπποι κνήθονται. Καὶ πριστὴν ψήκτρης κνῆσμα σιδηρόδετον, In epigrammate, apud Suidam. Στλεγγὶς dicebatur etiam τλεγγίς, (hanc uocem sine sigma in Græcis Lexicis non reperi) Pollux circa finem libri tertii. Στλεγγίδες, τὰ ῥίπλουρα, quibus in balneis utimur dum fricamur, & sordes abradimus, τὸν ῥύπον ἐκξέομεν. Εὔλιπη στλεγγίσματα, Lycophron apud Varinum: quanquam uno gamma non duplici apud eum hæ uoces scribuntur, quod non probo. Στλέγγισμα quidem ipsæ sordes sunt, quæ deraduntur: ὁ ἀπὸ τῶν ἀποξυσμάτων γλοιός, Hesychius. Errauit quisquis in Græcolatino Lexico τλεγγίδα uas olearium interpretatus est: incidit autem in hunc errorem (ut facile conicio) ex uerbis Pollucis, qui circa finem libri tertii, gymnasticam supellectilem enumerans, sic scribit: Καὶ λήκυθον ἂν εἴποις, καὶ στλεγγίδα, ἐκαλεῖτο δὲ καὶ τλεγγὶς καὶ ξύστρα, καὶ σπαθίς. καὶ τὸν παῖδα ἐρεῖς ληκυθοφόρον. πονηρὸν γὰρ ὁ στλεγγιδολήκυθος. (Ξυστρολήκυθον, κάδιη, καὶ βίοσα ἐλαίου λυβικά, Hesychius & Varinus.) Hic certè mos est Pollucis plura uocabula accumulare, dummodo ad unum argumentum pertineant, etsi res diuersas significent. Quòd uerò non sit uas olearium, etsi usus eius ad hauriendum è lecytho, id est oleario uase oleum esse possit (alia forte quædam strigilis figura olim fuit), sed obiter & per accidens, ex Suidæ uerbis apparet, quæ sunt: Τῇ γοῦν στλεγγίδι οὐ πρὸς τὸ παραξύεσθαι μόνον χρήσαιτο ἄν τις, ἀλλὰ καὶ πρὸς τὸ ὕδωρ ἀρύσασθαι. Xenophon, Τὰ δὲ ἆθλα ἦσαν στλεγγίδες χρυσαῖ. Καὶ στλεγγιζόμενος, ἀποξυόμενος. Ἀριστοφάνης γήρᾳ; Εἰ παιδαρίοις ἀκολουθεῖν δεῖ σφαῖραν καὶ στλεγγίδ᾽ ἔχοντα. Δαιταλεῦσιν, οὐδ᾽ εἰ δοίην αὐτῇ στλεγγίς, ὁ δὲ λήκυθος καλεῖται στλεγγίς. Καὶ χρυσοῦν ἔλασμα τὸ περὶ τῇ κεφαλῇ τῶν γυναικῶν, Hæc Suidas. Τοῖς δὲ παρασίτοις πρόσεστι καὶ στλεγγὶς καὶ λήκυθος, Pollux 4. 18. Latinè etiam quidam recentiores strigilem accipiunt pro quodam uasis genere. Plautus in Persa, Ampullam, strigilem, scaphium, soccos, pallium, marsupium habeat. Et in Sticho, Rubiginosam strigilem, ampullamque rubidam. Cum nihil prohibeat his & aliis quos citant locis strigilim balneatoriam accipere, quæ cum ampulla olearia ferebatur, ut post frictionem, & sudoris abstersionem, quæ strigili fiebat, ungerentur. Gliris nardo decoquitur usque ad tertias, & strigili tepefactum oleum auribus infunditur, Plinius. Τὸ εἰς τὰς ληκύθους καθιέμενον ὑπὲρ γεύματι τοῦ μύρου, σπαθίδα καὶ σπάθην καλοῦσιν, Poll. Est & xystis, inquit Cæl. alio uocabulo dicta stlengis, hoc est strigil: unde xusticos seu xysticos legas pro indoctis quidem, sed in cute curanda nimio plus satagentes. Legitur id nomen apud Epicharmum & Diphilum. Ego xystidem in Lexicis Græcorum, Polluce, Aristophanis scholiis, & secundo Idyllio Theocriti, pro uestis aut etiam iaculi genere exponi reperio, pro strigile nusquam: xystra uero pro strigile, receptum omnibus est uocabulum. Stlengis significat etiam ductam ex auro bracteam siue laminulam, qua coronabantur, non mulieres tantum, uerum & uiri, quod indicat per initia quarti libri Athenæus, Cælius. Phidias fecit distringentem se, Plinius 34. 8. Et paulo post, Lysippus fecit distringentem se: Et mox de eodem Græca uoce, Populus magnis clamoribus reponi apoxyomenō flagitauit. Κτήνιον, κτενίζειν, λεοβρίχειν, in Hippiatricis.

¶ Venio ad rem curulem, in qua cum copiosissimus esse possim, temperabo mihi tamen, ut ad sequentia festinem. Plura conquirendi materiam studiosi habent ex Græcis Latinisque dictionariis. Scripsit & Cælius Calcagninus, ni fallor, de appellationibus rei curulis. Ego ea tantum afferam quæ in præsentia se offerunt qualiacunque, nemini causam dicturus etiamsi præstantioribus quibusdam omissis leuiora commemorauero. Curules equi, id est quadrigales, Festus. Textor etiam currilem dixit equum ex recentiore quodam, dubitans an currulis potius dicendum sit. Curules equos (per simplex r. ut & Festus) Robertus Cenalis episcopus interpretatur qui currus uehunt. De curribus quædam, bigis & quadrigis præsertim, uide supra in Certaminum equestrium mentione. ¶ Ζεῦγος, id est iugum uocari potest quicquid iunctum est, etiamsi ex tribus aut quatuor iumentis (hypozygiis) fuerit, Pollux. Subiuges carpento equas, Plinius. Iungere dicimus non equos tantum, sed ipsos etiam currus. Phryges primi bigas iunxerunt, Plinius, per synecdochen. Ὑποζύγιον, quoduis iumentum: hypozygios uero adiectiuum est. Zygii equi, qui iugum subeunt: qui latera stipant, pareori, &c. ut paulò

paulò inferius explicabimus. Iugales etiam absolutè de equis poëtæ dicunt. ζεύγηστας ἵππους, Callimachus. Ὑπὸ δὲ ζυγὸν ἤγαγον ὠκέας ἵππους, Homerus Iliad.ψ. Σεῖον ζυγόν, à consequente, pro eo quod est continuo & concitato cursu ferebantur, Varinus. Ἵππειος ζυγός, Suidas, nec aliud addit. Ζυγομαχεῖν & ἀφηνιάσαι uerba, tum de celete equo, tum de iunctis sub curru usitata, superius ex Varino explicaui. ¶ De uehiculis, Isidorus lib. 20. Etymol. Textor in Officina 16. Vehiculum cum quatuor rotis Phryges inuenerũt, Plinius. Cur Septimontio uehiculis iunctis uti cauebant? Plutarchus problematum Rom. 66. Copia rei uehiculariæ data, Marcellinus libro 14. Vehicularij, qui uehicula agunt seu regunt. Villas adire asellis aut uehiculis, Plinius. Vehia, Oscorum lingua plaustrum dicitur, Festus. A ueteribus uehu pro uia dicebatur, quod per eam omnia ueherentur. Rustici etiam 10 nunc quoq; uiam ueham (Germani proxima uoce **wäg**) appellant propter uecturas, Varro 1. de re rust. Vehicula triumphalia, Plinius: meritoria, Suetonius. Camerata uehicula, qualia sunt pensilia in quibus matronæ gestantur, Budæus. Omnesq; dij, qui uehiculis thensarum solennes cœtus ludorum initis, Cicero 7. Verr. Vehes uel uehis, quantum fœni uel stercoris una uectura in plaustris uel alijs instrumentis ferre possumus, (**ein karreten**, sed hoc minus est, non plaustri, sed biroti uehiculi aut carrucæ onus: **ein fart**, communius & generalius est, pro cuiusuis uehiculi onere) uehes autem stercoris habet modios octoginta. Vtũtur hac uoce Plinius & Columella. Mulieribus interdictum est ὀχήμασι χρῆσθαι ζευκτοῖς, Plutarchus in quæstionibus rerum Rom. 54. Ὄχημα ad uerbum sonat uehiculum: uidetur autem generalis uox, Hesychius enim exponit ἅμαξαν, ἅρμα, δίφρον: hoc est, plaustrum, currum, bigas. ὀχηματικὴ δύναμις, quasi uectariam facultatem dicas, triplex est in bellis: una equis, al 20 tera curribus, tertia elephantis constat, (singula enim horum ὀχήματα dixeris,) Suidas in ἱππική. Ὄχεσφιν & ὄχεσσιν Homerus dixit pro ὀχήμασιν, ἅρμασιν. Ὀχμάζειν, equum cum freno agere, uel sub curru, ut dixi in Ceruo cap. 5. ¶ Currus generale nomen uidetur, per excellentiam uerò pro quadrigis poni, ut & ἅρμα apud Græcos. Erichthonius primus quadrigis usus, Plinius. Scholiastes Pindari harma, id est currum ab eo inuentum ait. Vergilius lib. 7. de bigis dixit, Absenti Aeneę currum geminosq; iugales. Graues & propemodum immobiles currus illuuie & uoragine hærebunt, Curtius. Currus agitare uolantes, Vergilius in Georg. Curriculum, paruus currus. Polydamas athleta currum cum equis concitatum retinuit, ἄνδρα ἡνίοχον ἐλαύνοντα αὐτοῦ τὸ ἅρμα ἐπέχε τοῦ πρόσω, Pausanias Eliac. 1. Curribus olim, ἅρμασιν, in bellis utebantur, non equis singularibus, Scholia in Homerum. De curribus bellicis, uide Pollucem 1.10. Cælium 21. 18. Πολεμιστήρια καὶ τὰ πολεμικὰ ἅρματα, ἐφ' ὧν ὁπλίτης 30 ἀποβιβάζων ἅμα τῷ παραβάτῃ: hæc Theseus inuenit, Scholia in nubes Aristophanis: plura uide supra inter Equestria bellica, hac ipsa huius capitis parte. Huc pertinent etiam falcati currus ἅρματα δρεπανηφόρα, ἢ καταδρεπανηφόρα. Βόας εἰς ἅμαξαν ἄξαι ἢ ἡμιόνους εἰς ἅρμα, Varinus in Ζεῦξαι. Ἅρματα δ' ἐπικτυπεῖ κολλητὰ ἀμφαράβιζον. Ἵππων ἱεμένων, Hesiodus in Aspide. Ῥίμφ' ἔφερον θοὸν ἅρμα κονίοντες πεδίοιο, Ibidem. Κόνις δ' ἔσφ' ἀμφιδέδηε Κοπτομένη πλεκτοῖσιν ὑφ' ἅρμασι καὶ ποσὶν ἵππων, Hesiodus in Aspide. Et rursus, Τὰ δ' ἐπικροτέοντα πέτοντο Ἅρματα κολλήεντα. Ἵπποι ὑφ' ἅρμασι ποιπνύοντες, Calaber libro 4. Καὶ ὑφ' ἅρματ' ἔρυσσαν (scil. ἵππους,) Ibidem. Pindarus Oenomai χάλκεον ἔγχος, pro curru dixit. Ἐρυσάρματες ἵπποι, Homer. Iliad. ο. id est currum trahentes, currui subiuges equos. Vide Varinum: quamuis apud eundem secunda syllaba per iota quoq; scripta reperitur. Ἅρμα ἐλᾶν uel ἐλαύνειν, unde ἁρματηλάτης. Hamatrochiæ et harmatrochię discrimẽ, in Porphyrij quæst. Homeric. Lydi celebres 40 fuerunt in re equestri, unde Lydius currus in prouerbium uenit, uide Erasmum: Meminit Varinus. Ἁρμάτιαι, ἅρμα ὑπερβάλλον πόλλα, nomina iactuum in tesseris apud Pollucem. ¶ Quadrigæ & bigæ, sæpius quidem numero plurali, interdum etiam singulari dicuntur. Quadriga, apud Solinum. Curriculum quadrigarium, Valla ex Herodoto. Apta quadrigis equa, Horatius 2. Carm. Quadrigæ elephantorum Gordiano decretæ sunt, utpote qui Persas uicisset, ut triumpho Persico triumpharet: Misitheo autem quadriga equorum & triumphalis currus, Iul. Capitolinus. Nauibus atq; quadrigis, Citis quadrigis, Iouis quadrigis, Vide in Chil. Eras. Erichthonius omniũ princeps, currus equis iunctis docuit quadrigis solaribus persimiles cõpingere, ut supra dixi. Plinius quadrigas Erichthonium inuenisse scribit, Scholiastes Pindari harma, id est currum: hoc enim nomine pro quadrigis aliquando per excellentiam utuntur. De hoc Erichthonij inuento uide Cælium 13. 7. Cisternes Sicy- 50 onius equos quadrigarum medios, eosq; singulos ex utraq; parte simplici uinculo primus applicuit, Isidorus. Quadrigas Medeæ complures Euthycrates Lysippi filius optimè expressit, Plinius. Phyromachi statuarij quadriga regitur ab Alcibiade, Idem. Euphranor statuarius fecit quadrigas bigasq;: Item Alexandrum & Philippum in quadrigis, Plinius. Theodorus statuarius quadrigulam fecit tantæ paruitatis, ut totam eam currumq; & aurigam integeret alis simul facta musca, Idem. Aelianus in Varijs lib. 1. Myrmecidam Milesium, & Callicratem Lacedæmonium huiusmodi quadrigas fecisse scribit. Aristides Thebanus pinxit currentes quadrigas, Plinius. Aristodemus bigas cum auriga fecit, & quadrigas, Idem. Delphico oraculo (inquit Valerius libro 1.) Macedonum rex Philippus admonitus ut à quadrigæ uiolentia salutem suam custodiret, toto regno disiungi currus iussit: eumq; locum, qui in Bœotia quadriga uocatur, semper uitauit: nec tamen denunciatum pe 60 riculi genus effugit: nam Pausanias in capulo gladij, quo eum occidit, quadrigam habuit cælatam. Quadrigam meritoriam Dasypodius interpretatur **ein rollwag**. Τέθριππον, τετράϊππον ἅρμα, Varinus. Τέθριππα in honore apud Indos proximo post elephantes sunt: deinde cameli: uni uero equo

E e

insidere ignobile, ἄτιμον, Arrianus. τεθριππόβαμον, ἡ στολωτὴ ὁρμὴ τοῦ ἅρματος, Varinus. τεθριπποβάται, qui uehuntur quadrigis. τέτρωρον, παρὰ τὸ ἀρκεῖν καὶ ἡρμόσθαι σὺν ἵππους αὐτῷ, Varinus. τῷ ἡλίῳ βωμῷ παρεστήκει τέτρωρον ἵππων λευκῶν, Heliodorus. τετράοροι, τέσσαρες ὑπὸ τὸ τεθρίππον ἐζευγμένοι, Hesychius & Varinus. Vide etiam τετράωροι per omega. τέσσαρες ἀθλοφόροι ἵπποι αὐτοῖσιν ὄχεσφιν ἐλθόντες, Homerus Iliad. lambda. Hic scholia, αἱ δύο ξυνωρίδες, ὅπερ καὶ τέθριππον λέγεται. ἡ δ' ὥστ' ἐν πεδίῳ τετράοροι ἄρσενες ἵπποι, Homerus in Odyssea. τέτραλον, τετράιππον, Varinus. De quadrigis, quas Romani Veienti cuidam figulo locauerunt, supra dixi in Celeris equi mentione in H. b. ¶ Bigas primum iunxit Phrygum natio, Plinius. Bigati, Liuius. Biiuges equi & biiugi Vergilio: δίζυγες, Homero. Eutychides pinxit bigam, regit Victoria, Plinius. Et rursus, Pisicrates bigæ Pitho mulierẽ imposuit. Bigarij equi: tales maximè Hetruria dextrarios uocat, Hermolaus. Synoridem quid ueteres appellarint, supra alicubi diximus. Συνωρὶς, ἅρμα δίπωλον, ἐκ δύο ἵππων, ἡ συζυγία, δυὰς, Hesychius. Ξυνωρὶς, ζυγὴν, ἰδίως ἐπὶ τῶν ἡμιόνων, ἡ ἐκ δύο ἵππων λέγουσι, Varinus. Hesychius addit, ὀρεὺς γὰρ ἡμίονος: quasi etymologiam uel compositionis rationem afferens: mihi quidem ξυνωρὶς à mulis dici nequaquam uidetur, ut neque τέτρωρον. ταύρων ξυνωρὶς, & alibi βοῶν, apud Heliodorum legitur, pro dyade simpliciter. τῶν ἵππων εὐμήλου πολὺ μᾶλλον ἐοικότα κατασκευάσαντος τὴν συνωρίδα τῶν βαλαντίων, Suidas in τῶν. Συνωρὶς καὶ συνωρικὸς βόλος, iactuum in tesseris nomina apud Pollucem. Quatuor equos Scholia Homeri duas bigas & quadrigam interpretantur. Δίφρος locus in curru, ubi auriga stans equos regit, (Pollux harmation diphron uocat) per synecdochen pro ipso curru ponitur: quasi διφόρος uel δυοφόρος (forte quòd à duobus equis trahatur: pro biga enim usurpari solet, uel cũ pro parte currus accipitur, quòd duo in ea homines uersentur, auriga & miles parabates.) Vide Varinum. Quadrigam currum plenum & perfectum dicunt, bigam non plenum. εὐπλεκέων δ' ἐπὶ δίφρων ἡνίοχοι βεβαῶτες ἐθύνεον ὠκέας ἵππους, Hesiodus in Aspide. Δίφρος εὔπλεκτος, Homerus Iliados ψ. Διφρεία alia est Libyca, alia Persica, alia Laconica, Pollux. ¶ Curruum & uehiculorum permulta sunt genera, ut carrus, carruca, cisium, carpentum, rheda, &c. Celerius uoluntate Hortensij ex equili educeres rhedarios, ut tibi haberes mulos, quàm è piscina barbatum mullum, Varro. Rheda uocabulum Gallicum, genus leuiculi currus, quo gestabantur nobiliores in uillas suas, cuiusmodi sunt hodie quos Itali cochios uocant. Plurima Gallica ualuerunt, ut rheda & petoritum quoque, Quintilian. lib. 1. Hanc epistolam dictaui sedens in rheda, cum in castra proficiscerer, Cicero ad Atticum. Omnemque aciem suam rhedis & carris circundederunt, Cæsar 1. bel. Gal. Quem tollere rheda Vellet iter faciens, Horat. 2. Serm. Rhedarius auriga rectorque ipsius rhedæ, apud Ciceronem pro Mil. Rhedam mihi uideri, ferè usurpari pro uehiculo cui muli ad itinera conficienda iunguntur, dixi supra in E. ubi & diuersa equorum à uehiculis formata nomina protuli, qualia sunt, carrucarij, carpentarij, cisiarij, uectarij. Tritoque trahunt epirhedia collo Segnipedes, Iuuenalis Satyr. 8. Quum sit epi præpositio Græca, rheda Gallicum: nec Græcus tamen, nec Gallus utitur composito: Romani suum ex utroque fecerunt, Quintilianus libro 1. Eporhedicæ etiam, teste Plinio, Gallica uox est, bonos equorum domitores significans. Petoritum, Gallicum uocabulum, genus uehiculi, apud Belgas Galliæ ciuitatem repertum, ut Varro scribit: quamuis sint qui ex Græco uocabulo & Latino compositum uelint, dictumque à uoluendis rotis, ut Gellius testatur 15. 30. Legitur hæc dictio apud Horat. 1. Serm. & Secũda epistola, Esseda festinant, pilenta, petorita, naues. Et apud Plin. 34. 17. Benna lingua Gallica genus uehiculi appellatur: unde uocantur combennones (socios uulgò hodie compaignons nominant) in eadem benna sedentes, Festus. Bennæ emantur, Cato cap. 23. Nos bennas hodie uocamus instrumenta monotrocha, quibus rustici lętamen in agros inuehunt, ansis utrinque prominentibus ante se impellẽtes. Rob. Stephanus bennam hodie à Gallis tombereau uocari docet, à Picardis bareu. Essedum, uehiculi genus Gallorum Britannorumque, apud Belgas primo repertum. Et propriè essedum in equo. Hic Vedius uenit mihi obuiam cum duobus essedis & rheda equis iuncta, Cicero 6. ad Att. Solitus in gestatorio ludere, ita essedo alueoque adaptatis ne lusus confunderetur, Sueton. in Claud. Vtitur & Cæsar 4. bell. Gall. Gallica uel molli melius feret esseda collo, Vergil. 3. Georg. de equo. Britannica esseda, Propertius lib. 2. Eleg. 1. Multisonora esseda, Claudianus de mulabus Gallicis. Esseda etiam fœminino genere legitur apud Senecam in epistolis. Pilentum, inquit Festus, uehiculi genus, quo matronæ ferebantur. Idem uidetur esse quod petoritum, quod est quatuor rotarum, ab Hispanis introductum. Varro de lingua Latin. in consuetudinem sua ætate primum uenisse scribit. Estque eius formæ, qua nostri temporis principũ Italiæ mulieres uectantur: ita libratum, ut considentes in puluinis in aëre suspendi agitatæ uideantur. Castæ ducebant sacra per urbem Pilentis matres in mollibus, id est pensilibus, Verg. 8. Aeneid. Honoremque ob eam munificentiam ferunt matronis habitum, ut pilento (codices impressi habent plaustro: uetus exemplar, pilento) ad sacra ludosque, carpentis festo profestoque uterentur, Liuius 5. ab Vrbe. Ante fores iam pompa sonat, pilentaque sacra Præradiant ductura nurum, Claudianus de nuptijs Honorij. Carpentum, genus uehiculi, dictum quasi carmentum à Carmenta Euandri matre. Nam prius Ausonias matres carpenta uehebant, Hæc quoque ab Euandri dicta parente reor, Ouidius 1. Fast. Mulionem euitantem super ipsum corpus carpentum agere præcepit, Plinius de uiris illustribus 7. Nero ostentabat hermaphroditas subiuges carpento suo equas, Plin. hist. Nat. Carpentis utebantur in bello, Liuius 1. ab Vrbe. Serica carpenta, serico panno ornata, Propertius

pertius 4. Eleg. Volueri Carpento rapitur pinguis Damasippus, Iuuenalis Satyra 8. Carpentarius, equus qui carpenta ducit: & faber, qui facit, Sipontinus. Cisium, genus uehiculi biroti, inquit Nonius. Cisio celeriter ad urbem uectus, Cicero. Et alibi, Decem horis nocturnis sex & quinquaginta millia passuum cisijs peruolauit. Vnde apparet hoc uehiculi genus ad celeritatem comparatum esse. Vide Budæum in Pandectas. Cisiarius, qui cisium agit. Sicisiarius, id est carrucarius, dum cæteros transire contendit, cisium euertit, Vlpianus. Aliâs legitur cissium & cissiarius s. duplici. Carrus & carrum, utroque modo dicitur, à cardine quatuor rotarum, uel quòd currendo sonet. Ea die per uiarum angustias carra complura, multosque lanistas retraxit, Hirtius lib. 6. Alteri ad impedimenta & carros suos se contulerunt, Cæsar 1. bel. Gal. Vix qua singuli carri ducerent, Idem. Vtitur & Liuius. Carruca uidetur diminutiuum à carrus. At nos carrucas ex argento cælare inuenimus, Plinius lib. 33. Nec feriatus ibat ante carrucam, Martialis lib. 3. Carrucarius, qui carrucam regit, Vlpiano: mula carrucaria, quæ trahit, Eidem. Arcera apud Varronem & Ciceronem citante Nonio, plaustrum est rusticum tectum undique quasi arca: hoc uehiculi genere senes & ægroti uectari solent. Arcirma, genus est plaustri modici, quo homo gestari possit, Fest. Plaustrum, currus. Grauia plaustra, Vergil. 3. Georg. Stridentia, Ibidem. Leuia, Claudianus. Robusta, Horatius. Vehere poemata plaustris, Idem in Arte: id est, inquit Acron, tam multa scribere, quæ quis possit plaustris aduehere. Flexerat obliquo plaustrũ temone Bootes, Ouidius 10. Metamor. de ursa sydere cœlesti. Geminum plustrum, Seneca Oedipo. Plaustrarius, qui regit plaustrum, Vlpianus. Plostrum idem quod plaustrum. Quot iuga boum, mulorum, asinorum habebis, totidem plostra esse oportet, Cato. Plostellum, diminutiuum. Plostellum Pœnicum, assibus dentatis constat cum orbiculis ad excutienda è spicis in aream grana, Varro libro 1. de re rust. Traha, genus uehiculi sine rotis, quo coloni utuntur, à trahendo dictum, ut ait Seruius, (**ein schleipfen/schlitten.**) Tribulaque, traheæque, & iniquo pondere rastri, Vergil. 1. Georg. pro traheæ per epenthesin. ¶ Ἀπήνη mulis iungebatur: de hac & calpe, uide supra in certaminis Olympici mentione. Vt cum boues defessi iugo trahunt δυσρατίην ἀπήνην Ἄχθει πιεζομένην ὑπ' ἄχθει δινήεντι τειρόμενοι, Calaber libro 6. Ἵππους ἐντύνειν, ὑπὸ δὲ ζεύξασθαι ἀπήνην, Orpheus Argõ. Συνωρίδα πρῶτος κατέζευξε Κάστωρ, ἅρμα Ἐριχθόνιος, ἀστράβην Ὄξυλος ὁ Αἰτωλός, Scholia in Pythia Pindari. Ἅμαξα propriè boum est, ἀπήνη equorum uel mulorum, Varinus. Ὁδὸς ἄνιππος, ἀναμάξευτος, Pollux. Ἁμαξίς, diminutiuum, plostellum. Βόας εἰς ἅμαξαν ἄξαι ἢ ἡμιόνους εἰς ἅρμα, Varinus in Ζεῦξαι. Καραβοῦδες, οἱ Σκυθικοὶ οἶκοι, ἤγουν αἱ τετράκυκλοι ἅμαξαι, Hesychius & Varin. Καράμα, πῖλος, ἡ ἐπὶ τῆς ἁμάξης σκηνή, Iidem. Λαμπήνη, ἅμαξα βασιλική. ἔρδιον περιφανές, ὅ ἐστιν ἅρμα σκεπαστόν, Suidas. Varinus addit, ἢ ῥάβδιον περὶ κεφαλήν, ex Hesychio: sed suspicetur aliquis corruptum hoc esse pro ἔρδιον περιφανές: quanquam & ἔρδιον uocem deprauatam puto, cum in nullis Græcorum lexicis reperiatur, & legendum ῥαῖδον, quæ uox à Latinorum rheda deducta est. Ῥαίδιον, τὸ φορεῖον, καὶ ῥαῖδον, ἅρμα σκεπαστόν, Varinus. Λαμπήνη, εἶδος ἁμάξης ἐφ' ἧς ὀχοῦνται, Hesychius hamaxan generale uocabulum faciens. Σάτινον uel σατίνη, plaustrum, uehiculum, apud Homerum in Hymnis, Ποιῆσαι σάτινα καὶ ἅρματα ποικίλα. Σατῖναι ἅμαξαι, Varinus. Φορεῖον, lectica, uehiculum, in quo scilicet homines feruntur: unde & Latini gestatorium dixerunt. Solitus etiam in gestatorio ludere, Suetonius in Claudio: mox autem gestatorium illud essedum uocat. Gestationum leuissima est naui in portu, uel in flumine lectica aut scamno: acrior uehiculo, Celsus. Thensæ, sacra erant uehicula, authoribus Festo, Seruio, & Asconio: cum pompa ordinum, hostiarum & officiorum: sic dictæ quòd ante eas lora tenduntur, quæ gaudent manu tenere & tãgere qui eas deducant: uel ἀπὸ τοῦ θείου, hoc est à re diuina. Vtuntur hac uoce Cicero & Liuius. Omnesque dij qui uehiculis thensarum solennes cœtus ludorum initis, Cic. 7. Verr.

¶ De partibus curruum, Pollux 1. 10. Quid chœnix, chœnicides, plemnæ, syringes, torma, enelata, hamaxedonia, cnemæ (id est radij,) Cælius 16. 17. Quid apsis, episotron, itys, Idem 18. 10. Ἄμπρων, funis inter utrunque bouem uel equum, temonis uice protensus. Ἄμπρων (inquit Hermolaus in Plinium 8. 44.) funiculus is qui per iuga ipsa tenditur, aut quo trahi ferri'ue solent à iumentis onera. Inde uerbum ἀμπρεύειν, ut glossematorum scriptores aiunt, propriè significat iter curru facere, per abusionem uerò translatum est ad ueterina iumentaque: sed & onusta, inquiunt, iumenta si quis iuuerit, ἀμπρεύειν dicetur, ijs uerbis: Καὶ ἀμπρεύειν δὲ τῷ ἐφέλκοντι ζεύγει βοηθεῖν. Συναμπρεύων καὶ παραπορευόμενος παρώξυνε τὰ ζεύγη πρὸς τὸ ἔργον, id est connitendo comitandoque accendebat iumenta ad opus, Aristoteles de uetulo Atheniensi mulo. Plinius sic uertit, Iumenta comitatu nisuque exhortaretur. Theodorus minus propriè, Commeans & obiens iumenta exhortabatur. Vide supra in Boue H. e. & Ἀμπρεύω in Etymologico, ἀμπρεύοντες apud Suidam. Πλῆμναι, αἱ χοινικίδες τῶν τροχῶν δι' ὧν ὁ ἄξων στρέφεται, Scholia in quintum Iliados. Plemnæ, inquit Cælius, modioli dicuntur, quoniam ab axe impleantur: plemas uero undas accipiunt, in Oceano præcipuè, unde plemmyra, id est, inundatio. Πλήμνη, χοινικίς, ἀπὸ τοῦ πληροῦν τὸν ἄξονα, Scholia in Iliados ψ. Πλῆμαι, radij in rota, ut quidam ineptè in Lexico Græcolatino interpretatur. Ἐπὶ δὲ πλῆμναι μέγ' ἀΰτευν, Hesiodus in Aspide. Τόρμος, ἡ πλήμνη τοῦ τροχοῦ, εἰς ἣν ὁ ἄξων, Varinus & Hesych. Syrinx quidem propriè uidetur appellari ipsum foramen cui inseritur axis, πλήμνη uero lignum orbiculare inter radios & foramen illud medium: uel ut Pollux habet, quod circa axem uoluitur. Χοινικὶς uero (à similitudine mẽsuræ chœnicis, ut Latinis etiam modiolus à mensura huius nominis) illud totum, hoc est lignum unà cum foramine: etsi Varinus chœnicidas & syringas interpretatur foramina quę aliâs chnoæ dicantur. Καὶ περὶ νύσσαν Ἀσφαλέως κάμπτοντα τροχῷ συριγγα

Ee 2

φυλάξαι, Theocrit. Idyl. 31. Plura uide apud Varinum in πλῆμναι (lege, πλῆμναι) & πλήμνη. Ἅρματα δ' εὐποίητα καὶ ἄντυγες ἀμφαράβιζον, Hesiodus in Aſpide. Αἵματι δ' ἄξων Νέρθεν ἅπας πεπάλακτο, καὶ ἄντυγες αἱ περὶ δίφρον, Ἃς ἄρ' ἀφ' ἱππείων ὁπλέων ῥαθάμιγγες ἔβαλλον, Αἵ τ' ἀπ' ἐπισσώτρων, Homerus Iliad. λ. Achilles armatus currebat παρ' ἄντυγα καὶ σύζυγας ἁρματείους, Euripides in Iphig. in Aulide. Ἄντυγες, αἱ περιφέρειαι τοῦ ἅρματος αἱ παραπεπηγυῖαι, τὰ περὶ τοῦ δίφρου ἡμικύκλια, ὅθεν καὶ τὰ ἡνία ἐξάπτονται. αἱ περιφέρειαι τοῦ ἅρματος δίφρου. ὁμοίως δὲ καὶ ἡ τῆς ἀσπίδος περιφέρεια, ἄντυξ καλεῖται, Ibidem. Ἐξ ἐπιδιφριάδος πυμάτης, Homerus Iliad. decimo: Scholia exponunt, ἐκ τοῦ ἐσχάτου μέρους τοῦ ἁρματείου δίφρου τῆς περιφερείας, ὃ καὶ ἄντυξ καὶ ἐπιδιφριὰς καλεῖται. De diphro currus parte, cui auriga inſiſtit, plura uide ſupra in mentione bigæ. Homerus etiam rotas (τροχοὺς) Ionice κύκλα uocat, (κύκλου ποικτοῖο, Iliad. ψ. rotam exponunt) & ὀκτάκνημα (quinto Iliadis) cognominat, hoc eſt, ὀκτάραβδα, ὀκτὼ κνήμας ἔχοντα, octonis conſtantes radijs. Axis quidem eſt, ἄξων, ὁ εἰς τὰς χοινικίδας ἐμβαλλόμενος ἑκατέρου τροχοῦ, lignum medium tranſuerſum, utriusq; rotæ modiolis inſertum: continetur autem in eis obfirmaturq; clauis, quos ψήλατα uocant. Pollux eoſdem clauos paraxonios, uel epibolos uel embolos uocari ſcribit. Παραξόνια, κινδυνώδη καὶ παράβολα, παρὰ τὸν τροχὸν ἑλκόμενα, ab axe, quod ea pars ſemper in periculo ſit, Varin. Ἀκραξόνια, axium partes extremæ, Pollux. Ἁρματοπηγὸν δὲ καὶ ἡνίοχον Οἰνομάου ἐμβαλόντα κήρινον ἔμβολον ἐπὶ τοῦ ἀκραξονίου, ἢ οὐδ' ὅλως ἐμβαλόντα τὸν ἔμβολον, Varinus in Oenomao. Δουρατέην ἀπήνην Ἄχθει τετριγυῖαν ὑπ' ἄξονι δινήεντι, Calaber libro 6. Ἴτυς, ἡ περιφέρεια τοῦ ὀχήματος. ἀψῖδες δὲ, ἐξ ὧν ἡ περιφέρεια γίνεται τοῦ τροχοῦ. ἡ ἁψὶς, εἰς ἣν αἱ κνῆμαι ἀπὸ τῆς χοινικίδος ἐμπήγνυνται. Itys, ipſa currus (rotæ) circunferentia, ſiue gyrus, apud Homerum, Varinus. Ἐπίσωτρα, οἱ κανθοί, τὰ ἐπάνω τῶν τροχῶν σίδηρα, (lege σιδήρια,) Suidas. Apſis quidē etiam σῶτρα uocatur, Pollux. Idem epiſotra per ſ. unum ſcribit, ut ſic dicta uideantur tanquam epiſoſtra, hoc eſt apſidi adiuncta ferramenta. Οὐδέ τι πολλὴ Γίνετ' ἐπισσώτρων ἁρματροχιὴ κατόπισθεν Ἐν λεπτῇ κονίῃ. Homerus Iliad. ψ. Et rurſus, ὅσσον δὲ τροχοῦ (νῦν τοῦ ἅρματος) ἵππος ἀφίσταται, ὅς ῥά τ' ἄνακτα Ἕλκῃσι πεδίοιο τιταινόμενος σὺν ὄχεσφιν: Τοῦ μέν τε ψαύουσιν ἐπισσώτρου τρίχες ἄκραι Οὐραῖαι, ὁ δέ τ' ἄγχι μάλα τρέχει. Ἐπίσωτρα, (uide Etymolg.) τὰ ἐπάνω τῶν τροχῶν σιδηρᾶ ἢ χαλκᾶ, ἃ καὶ κανθοὶ καλοῦνται. ὁ ἔξωθεν τὸν τροχὸν κατέχων σίδηρος. οἱ σιδηροῖ ἢ χαλκοῖ κύκλοι τῶν τροχῶν, Hæc omnia ferè ex Scholijs in quintum Iliados. Ἕστωρ, inſtrumentum illud quod inſeritur temoni, quo totum iugum retinente, currus ducitur. Paxillus qui in ſummo temone præfigitur, cui annulus inijcitur, & iugi lora obligantur, ut iugum retineant, ſic Ariſtophan. Alij curuaturam, uel circinatum foramen iugi, quod iumentorum ceruicibus aptatur: Item ὁ πρῶτος κρίκος τοῦ ῥυμοῦ, apud Euſtathium ubiq; τύλος pro κρίκος legitur in manu ſcriptis exemplaribus. Item cuneus, ἔμβολος, clauus. Euſtathius in Iliados ω. Hæc de heſtore eruditus quidam in Lexicon Græcolatinum retulit. Vide Ἕστορα apud Varinum. Βληστοί, οἱ τῆς ἁμάξης τροχοί, σφῆνες, ἐμβλήματα. οἱ δὲ γόμφους καὶ συμβολὰς ἀξόνων, Heſych. Λέπαδνα & μασχαλιστῆρες ſuperius dicta ſunt: lora uidelicet, quibus ceruices equorum alligantur iugo (nam de ephippiato quoq; equo dicuntur.) Ῥυμός, pars currus, temo inter equos, uide Heſych. &c. Ῥυμὸς δ' ἐπὶ γαῖαν ἐλύσθη, Homerus Iliad. ψ. Ἡνίαι, uide ſupra inter equi ſingularis inſtrumenta. Ἀβόρται, lora altiora, quæ terga equi iugalis excurrunt, ſub alis eius ſuccincta, Budæus in Annot. ſec. Ἱππολάμπρα, τὰς τειχίνους σειρὰς Πάρθοι οὕτω καλοῦσιν, Heſychius & Varinus. Ex equis iunctis, οἱ μὲν ὑπὸ τῷ ζυγῷ ζύγιοι (ἢ ζευγῖται, Varinus.) οἱ δ' ἑκατέρωθεν, παρήοροι καὶ παράσειροι, καὶ σειραῖοι. καὶ αἱ τούτων ἡνίαι, σειραί, καὶ παρηορίαι, Pollux 1. 10. Cælius ad uerbum ſic tranſtulit: Qui iugum ſubeunt equi, zygij nominantur: qui latera ſtipant, pareori, penultima longa (etiamſi Dionyſius diſcrepare quadantenus uidetur) & paraſyri, ac etiam ſiraphori, item ſiræi: ſicuti eorum habenæ ſiræ, ac pareoriæ dicuntur. Ego pareoros cum o. breui potius quàm producto ſcripſerim, ut & alij plerìq; omnes, et Homerus Iliad. θ. ὄφρ' ὁ γέρων ἵπποιο παρηορίας ἀπέταμνε. Σειραφόρος ἵππος, ὁ ἔξω τοῦ ζυγοῦ, qui & παρήορος, Varinus & Scholia in Ariſtophan. Σειραῖος, equus dexter, Lexicon. Παράσειρος, ὁ ἀκόλουθος ἵππος, Varinus: apud eundem alibi penultima per ypſilon ſcribitur, ut & apud Pollucem. Ἄσειρος ἵππος, ὁ μὴ ἔχων σειρὰν, μηδὲ δέσιν: ἀλλ' ἄφετος, καὶ ἄνετος, Varinus: & alibi Ἄσυρος (per ypſilon in penult.) ἄδετος. Παρήορος ἵππος, & παρηορίαι habenæ quibus alligatur, uide plura apud Varinum. Παρήορος, ὁ ἐκ (lego ἐκτὸς) τοῦ ἅρματος τρέχων, Heſychius: ὁ παραζευγμένος. Τοὺς μὲν μέσους ζυγίους λευκοστίκτῳ τριχὶ βαλιούς, Τοὺς δ' ἔξω σειραφόρους Ἀντήρεις καμπαῖσι δρόμων, Euripides. Funalis uel habenalis à quibuſdam uocatus equus (de quo plura dixi ſupra) currui ad dextram ſiniſtramq; iungebatur, quare eundem σειραφόρον eſſe conijcio.

¶Ἱππόνομα, μισθὸς ἱππικὸς καὶ τῶν ἡμιόνων, Heſychius & Varinus. Ἱπποπωλῶ, equos uendo, Varinus. Ἱπποπώλης, equorum uenditor, Lexicon. Ἱπποπώλων, equeſtrium, aurigarum, circa equos uerſantium, Varinus. Ἐρεῖς δὲ ἱππάσασθαι ἐξ ἀγέλης πῶλον, ἱππωνῆσαι, καὶ ἱππωνία, Pollux. Ἱπποτροφία, equorum nutritor. Ἀπὸ τοῦ τρέφω, ἱπποτροφῶ, ζευγοτροφῶ, ζευγοτροφῶ. Ἱπποτροφεῖν δ' ἐπιχειρήσας, ὃ τῶν εὐδαιμονεστάτων ἔργον ἐστί, φαῦλος δ' οὐδεὶς ἂν ποιήσειεν, οὐ μόνον τοὺς ἀνταγωνιστὰς, ἀλλὰ καὶ τοὺς πώποτε νικήσαντας ὑπερεβάλετο, Iſocrat. περὶ ζεύγ. Πρώτη δ' ἱπποτρόφησε γυναικῶν, Pauſanias in Lacon. Hinc καθιπποτροφῶ, in alendis equis conſumo: & καταζευγοτροφῶ. Iſæus περὶ τοῦ Δικαιογένους κλήρου, Οὐδὲ γὰρ εἰς τὴν πόλιν, οὔτε εἰς τοὺς φίλους φανερὸς εἶ δαπανηθεὶς οὐδὲν, οὐ μὴν οὐδὲ καθιπποτρόφηκας. οὐ γὰρ πώποτε ἐκτήσω ἵππον πλείονος ἄξιον ἢ τριῶν μνῶν. οὔτε καταζευγοτρόφηκας. ἐπεὶ οὔτε ζεῦγος ἐκτήσω ὀρικὸν οὐδὲ πώποτε ἐπὶ τοσούτοις ἀγροῖς καὶ κτήμασι. Inde ζευγῖται dicti, οἱ δεύτερον τίμημα τελοῦντες Athenis, hoc eſt ſecundi cenſus ciues. Τεθριπποτροφῶ, quadrigas, hoc eſt quadriiuges equos alo, apud Herodotum. Καθιπποτροφῶ autem εἰς τὴν ἱπποτροφίαν καταναλίσκω, ſic dicitur, ut καθηδυπαθῶ, κατακυβεύω, & alia, Hæc omnia Budæus in Commentarijs linguæ Græcæ obſeruauit.

ἱππο-

ἱπποτροφίαν, id est equorum nutricationem, quòd ea res magno cōstet impendio, apud Spartanos inter execrationes usurpari solitam, scimus ex Græcorum libris. Nam & Aristophanius ille senex ita queritur, ἀλλ' οὐ δύναμαι δείλαιος εὕδειν δακνόμενος ὑπὸ τῆς δαπάνης καὶ τῆς φάτνης, id est: Nequeo miser dormire: me nanq; mordicus lancinat impensa & præsepe, Camerarius. Νόσος μ' ἐπέτριψεν ἱππικὴ δεινὴ φαγεῖν, Strepsiades in Nubibus Aristophanis. Scholia addunt: Studium enim nutriendi equos reuera morbus est, cum magnos faciat sumptus, nec ullus tantis dignus impensis inde fructus redeat. Equos alere res perquam sumptuosa uidetur, Laconicę etiam execrationi adiecta, quæ huiusmodi est: οἰκοδομαί σε λάβοι, καὶ ἀμβολαί, ὁ, τι ἵππος, καὶ ἡ γυνή σοι μοιχὸν ἔχοι, ὡς τούτων πάντων δαπανηρῶν ὄντων καὶ ἐπιζημίων, Suidas in ἵπποι & in οἰκοδομή. Cætera quidem huius imprecationis clara sunt: ἀμβολὰ uero quid sibi uelit, non satis mihi constat. Etsi enim idē significet quod ἀναβολή, hoc est dilatio, mora: cuius tamē rei dilatio significetur, dubito: quanq; omnis expectatio dū inter spē metūq; animi pendemus, solicitos & anxios, imò miseros facit expectātes, longe uero miserrimos si ijs tandē quæ tātopere sperabāt penitus frustrent. Antiqui maximè studuerūt equorū & boū greges tanq; illius seculi diuitias sibi comparare, Pausan. Caballatio iurisconsultis alendi publicos equos munus, Cæl. Priuato homini equum & elephantem apud Indos (quosdam) alere non licet, Strabo. Mulierem eam præstare apud Indos Nearchus scribit, quæ munus ab amante elephantem accipiat: sed sermo hic dissentit ab illo qui equum & elephantem (illic) à solis regibus possideri ait, Strabo. Ad equos emendos dena millia æris ex publico data: & quibus equos alerent, uiduæ attributæ, Liuius. Conquesti quidam olim de sui temporis luxu, cocos emi singulos pluris quàm equos quiritabant: At nunc coci triumpharum pretijs parantur, & coquorum pisces, Plinius de mullo scribens. Robertus Cenalis scribit, quadrigam Salomonis tempore æstimatam fuisse sexcentis siclis, hoc est nostro numismate ducentis quadraginta coronatis, (coronati sexaginta pro singulis equis.) Et alibi, Drachmæ sexcentæ pretium sunt equi, qui egrediebatur ex Aegypto, tertij Regum cap. 10. qui numerus quater repetitus sexcentos siclos reddit, pretium quadrigæ: sic enim textus habet. Egrediebatur quadriga ex Aegypto sexcentis siclis argenti, equus uero centum quinquaginta. Apud Iosephum, interpretis aut librarij uitio, drachma pro siclo legitur: aut pretium equi unius pro pretio quadrigæ reponitur. De equi apud Athenienses trium minarum pretio, paulo superius uerba Isæi recitaui. Bucephali (inquit Robertus Cenalis) equi Alexandrina equitatura decantatissimi, pretium erat talentorum tredecim, authore Gellio, septem millibus & octingentis coronatis nostro calculo æstimandi, quam summam ex abaco prodeuntem reperies decem talentis unà cum trium talentorum æstimatione coniunctis. Plinius sedecim talenta refert tribus talentis superadditis, quorum adiectione nouem millia sexcenta effluent coronata. Bucephalas Alexandri equus emptus est nostratis nummi coronatorum nouē M. sexingentis: ut Plinius retulit: ut Plutarchus septem M. octingentis, Camerarius. Equus Cn. Seij à Cor. Dolobella centum millibus sestertijs emptus est, Textor. Bisinagar urbs est regni Narsingæ, cuius regi supra quadringenta equitum millia in armis excubant. Equus ibi non minoris quàm quadringentis aut quingentis pardais (sunt autem aurei nummi) uenditur. Vsu quandoq; uenit ut octingentis aureis quis equum emerit: pretij hanc immanitatem efficit, quod aliunde aduehuntur: ibiq; nulla equarum armēta, prohibentibus regibus, qui portus asseruari iubent maritimos, ne importentur equæ, Vartomannus 4. 10. Et rursus cap. 11. Narsingæ regis equi pretium tantum esse creditur, quanti est urbs aliqua nostrarum. Id efficiunt innumeri lapides pretiosi, margaritarum ac unionum complura genera, quibus phaleræ apparatu incredibili teguntur. In Timochaim regno Persidis equi sunt magni & pulchri, ut etiam quandoq; unus ueneat pro ducentis libris Turonensibus. Hinc etiam à mercatoribus in Indiam transuehuntur per mare, Paulus Venetus.

¶ De usu & laudibus equi, Simon Grynæus in præfatione in Hippiatrica Græca Basileæ excusa: Vuechelus in Rusij Hippiatrica Gallicè à se excusa: & Hierocles in præfatione libri secundi Hippiatricorum. ¶ Quondam asinis non solum onera gestanda imponebantur, sed etiam pistorum hi carruculas trahebant: nunc propriè ubiq; cum equis commutantur, Camerarius. Tartari maxima flumina tranant caudas caballorum tenentes, alligatis supra ipsos sarcinis, Matthias à Michou. Διεβίβαζε σὺν ἵππεῖς, ἑκάστου τῶν ἱππέων ἐκ τῆς κέρκου τοῦ ἵππου προσηρτημένου, Suidas in Κέρκος. Vlysses ut expeditionē ad Troiam effugeret, stultum se simulans equo & boue iunctis arabat, &c. Scholia in Lycophronem. Hippocorystas dici Apion arbitratur, qui equinis setis ornatas gestant galeas. Risit hoc Porphyrius, putans eo nomine equites intelligi, quoniam κορυστὴς armatum indicet, ac ferè pro pedite accipiatur, (&c. ut supra in Equitum mentione exposui,) Cęlius. Aere caput fulgens, cristaq; hirsutus equina, Vergil. 10. Aeneid. Hippurin, ἵππουριν, galeam uocat poeta, quæ lóphon, id est cristam seu conum haberet, ex equinis pilis uel cauda equina in fastigium erecta conditam, siue terroris gratia, (iuxta illud, Δεινὸν δὲ λόφος καθύπερθεν ἔνευεν:) siue ornatus etiam, (ita ut hodie struthionum pennæ usurpantur.) λόφος τὸ περιδινοῦν (περιδινοῦν) Etymologus habet, quod minus arridet) τῆς περικεφαλαίας ἀνάστημα. Eandem galeam & ἱπποδάσειαν uocat, hoc est equo hirsutam, pro equinis setis, Lexica Græcorum. Χαλκόλοφον, ἱππιοχαίτην, τὸ ἐπανάστημα τῆς περικεφαλαίας, ἢ ἐξ ἱππείων τριχῶν ἐκεκόσμητο, Hesychius & Varinus. Ἱππόκομοι κόρυθες apud Etymologum nominantur. Ἱππόκομον τρυφάλειαν, cassidem cristatam equinis pilis, Hesychius, Varin. legitur autem Homeri Iliad. μ. & Theocriti Idyl. 27. Καταῖτυξ genus galeæ nec splendidæ nec cristatæ, sed humilis, unde nomen, παρὰ τὸ κάτω πτύχθαι, κατωφρύς, ὡς μὴ ἔχουσα λόφον

Ee 3

ἤτοι τρίχωσιν, Etymol. & Varinus: sed addit ille, ὡς πρὸς τὴν αὐλῶπιδα τὴν ἀνάτασιν ἔχον. Est autem aulôpis quoque genus galeæ, de quo uide Varinum. In hoc medio apparatu fulgentem gladium è lacunari seta equina aptum (appensum) demitti iussit, ut impenderet illius beati ceruicibus, Cicero 5. Tusc. de Dionysio tyranno. Καὶ γαμψὸν χαίτῃσιν ἐφ' ἱππείῃσι τανύσας Ἄγκιστρον, λευκὴν εἰναλίοισι πάγην, Suidas in γαμψόν. Conficiunt & nostri lineas piscatorias ex equinis setis. Ἱππείαν, τὴν ἵππον, γένοι δὲ τὴν τόξου νευρὰν, τὴν δὲ ἱππείων τριχῶν, Hesychius, Varinus. Ἱππικὴ βολὴ, ἡ νευρὰ τοῦ τόξου, διὰ τὸ δὲ ἱππείων γίνεσθαι τριχῶν. οἱ δὲ θώμιγγα νευρῶν, ἱππικὴν καλοῦσιν, Iidem. Equorum corpore exanimato uespas atque crabrones procreari putant, sicut asinorum scarabeos, Plin. Nostri ex equorum fimo diuersa scarabeorum genera nasci affirmant, ut inter Scarabeos dicemus. Pressus humo bellator equus crabronis origo est, Ouidius Metam. 15. Ἵπποι μὲν σφηκῶν γένεσις, ταῦροι (aliâs μόσχοι) δὲ μελισσῶν, Nicander in Theriacis: Vide in Apibus. Super omnia est compositio, qua inuictos faciunt magorum mendacia, cauda draconis & capite, pilis leonis è fronte, & medulla eiusdem, equi uictoris spuma, canis unguibus adalligatis ceruino corio, &c. Plinius.

H. h.

Licinius imperator cum filiam Christianæ religionis cultricem ab equis discerpi uellet, ipse à suorum uno morsu interfectus est, Textor. Neocles Themistoclis filius, equi morsu interijt, Plutarchus. Metius Suffetius ab equis discerptus est (iubente Tullo rege Romanorum) quod teste Vergilio à Romanis ad Fidenates defecisset, Textor: Vide Onomasticon nostrum. De Hippolyto Thesei filio, & eiusdem nominis martyre, qui ab equis discerpti sunt: item de Hippomene qui filiam equo deuorandam præbuit, nonnihil dixi supra inter propria hominum nomina ab equo ducta. Plutarchus in Parallelis (minoribus) ponit Comminium quendam, Comminij ex Aegeria filium, qui à Gidia nouerca (cuius uotis parere noluerat) stupri instar Thesidæ accusatus fugiens, ab equis sit dilaniatus, Textor. Pyrechmum Euboïæ regem Bœotijs bellum inferentem, Hercules profligauit, eumque pullis equinis alligatum in diuersas partes discerpsit, Onomasticon. Hippomenes cum filiam deprehendisset uitiatam, equo famelico uorandam obiecit: uide in H. a. & infra in prouerbio Hippomene iniustior. De Glauco Potniæo ab equis discerpto, & Diomede deuorato, dicam inferius inter historias fabulosas. Equorum lapsu perierunt apud Vergilium, Nipheus, Leucagus, Liger, Clonius, Remulus, Amycus: Apud historicos Agenor, Fulco Hierosolymorum, Philippus Ludouici Crassi filius Gallorum, Bela Pannoniæ, reges, Textor.

¶ Achillis equi præstantissimi & celerrimi ab Homero celebrantur Iliad. ψ. ubi Peleum: eos à Neptuno accepisse legitur. Nomina eorum dixi in H. a. Calaber libro 4. Achillem equos præceleres à Telepho, quem uulnerârat, dono accepisse scribit. Admeti equos Homerus lib. 2. Iliados pernicissimos fuisse scribit, ὄρνιθας ὥς, id est auium instar. Noctemque diemque Assimilant maculis internigranti bus albæ, Statius de equabus Admeti. Admeti Thessaliæ regis equas pauisse fabulatur Apollinem, ut infra dicam inter deos. De Adrasti equo, cui nomen fuit Arion, supra dixi in a. inter propria equorum nomina. Ab Agenoris equo Argos hippotrophon dictum est, Etymologus. Alcibiadis & Cimonis (Simonis) equi inter generosos numerantur. Constat Alcibiadem nutriendis equis tantam adhibuisse operam, quantam sui sæculi uel regum uel hominum priuatorum nemo, Textor. Alexandro Magno & equi magna raritas contigit: Bucephalan eum uocarunt, siue ab aspectu toruo, siue ab insigni taurini capitis armo impressi, Plinius. Bucephalus uocatus est equus Alexãdri regis, propter quandam bubuli capitis similitudinem, Festus: uel à latitudine frontis, Strabo libro 15. Bucephala siue Bucephalia, Indiæ urbs est iuxta Hydaspen fluuium, ab Alexandro condita, sic appellata à Bucephalo equo, qui cecidit ibidem in prælio, quo uicit Porum: & eo ipso in loco sepultus est, Author Strabo li. 15. et Plinius 6. 20. Meminit etiam Stephanus duorum huius nominis locorum. Est & Atticæ (Achaiæ, Plin. 4. 5.) portus Bucephalas Stephano dictus, Bucephala Pausaniæ, Bucephalon Ptolemæo. Vide Stephanum in Βοὸς κεφαλαί, & in Βουκεφάλεια. Βούκαρος (quæ uox idem quod bucephalos significat) fluuius in Salamine apud Lycophronem. Inter tribuli etiam herbæ nomenclaturas bucephalon reperio. Alexander mortuo Bucephalo Alexandriam (Bucephaliam potius) condidit, ἐντάφιον αὐτῷ τῆς ἀρετῆς χαριζόμενος πόλιν, Scholia in Nubes Aristophanis non procul ab initio. Asini Indi trium urbium incolę: Caput eorum Bucephala, Alexandri regis equo (cui fuerat hoc nomẽ) ibi sepulto conditum, Plinius. Ἵππος ἐνάλιος (aliâs ἐναλίοιο, quod placet) Μακηδόνιε (aliâs penultima per ε. scribitur, malim Μακηδόνιε propter carmen) βασιλῆος Βουκεφάλας ὅπλοισιν ἐναντία δηριάασκεν, Oppianus 1. de Vena. Βουκεφάλας ἵππος ἦν ἀτίθασος, ἀνθρώπους κατεσθίων, Βοὸς ἔχων κεφαλὴν ἐν τῷ μηρῷ σφραγῖδα, &c. Tzetzes 1. 28. Hoc est, Bucephalas equus erat indomitus, mordax, bubulo capite notatus in femore, non caput uel cornu bouis gestans. Bucephalus (inquit Etymologus) dictus est Alexandri equus, non quod bouis cornua haberet, quod falsum est: aureis enim ab Alexandro ornatus erat. Non tamen à cornibus nomen tulit, sed quoniam sic uocabantur in Thessalia equi habentes inustum Βουκράνιον, id est bubulum caput. Quod ita se habere uel ex Aristophanis Anagyro constat, hoc uersu: Μὴ κλαῖ' ἐγώ σοι βουκέφαλον ὠνήσομαι. Et rursus, Ψυχῇ πρίαμαι τὸν βουκέφαλον καὶ κοππατίαν. Bucephalus igitur uocatur qui in coxis (ἰσχίοις) bubuli capitis characterem habet inustum, Etymologus. Equus Alexandri regis & capite & nomine bucephalas fuit, Gellius. Sedecim talentis emptum ferunt ex Philonici Pharsalij grege, etiã tum puero (Alexãdro) capto eius decore, Plin. Emptũ Cares (Chares, qui

qui scriptor à Plutar. etiã in uita Alexãdri citatur) scripsit talẽtis tredecim, & regi Philippo donatũ: æris nostri summa est HS. CCCXII. Gell. 5.2. Vide etiã supra ubi de pretio equorũ in genere tracta ui. Bucephalus quàm artificiosè ab Alexandro adolescente tractatus sit, cum ferociens neminem admitteret, ideoq; à Philippo eius patre contemneretur, supra dixi in E. ex Camerario. Neminem hic aliũ quàm Alexandrum regio instratus ornatu recepit in sedem, alios passim reijciens, Plin. Super hoc equo dignum memoria uisum, quòd ubi ornatus erat armatusq; ad prælium, haud unquam inscendi sese ab alio nisi à rege passus sit, Gel. Bucephalus regijs instratus ephippijs, neminem quàm Alexandrum dorso excepit, ut referunt Q. Curt. (libro 9.) Solin. Plutarch. & Iustin. Grapald. Bucephalus quantisper nudus erat conscendendum se etiam equisoni dabat: ornatus uero regijs iam aulæis collaribusq;, neminem admittebat, Alexandro tantum excepto: cæteris periculum facturis, aut alioqui propius accedentibus, ingenti hinnitu occurrere insultareq;, ac nisi cederent fugaq; sibi consulerẽt, proterere solitus, Plutarch. in libro Vtra animalium, &c. Idem in prælijs memoratæ cuiusdam perhibetur operæ, Thebarum oppugnatione uulneratus in alium transire Alexandrum non passus: Multa præterea eiusdem modi, propter quæ rex defuncto ei duxit exequias: urbem tumulo circundedit nomine eius, Plin. Cum in eo insidens Alexander bello Indico, & facinora faciens fortia, in hostium cuneum, non satis sibi prouidens, immisisset, coniectis undiq; in Alexandrum telis, uulneribus altis in ceruice atq; in latere equus perfossus est. Moribundus tamen, ac propè iam exanguis, è medijs hostibus regem uiuacissimo cursu retulit: atq; ubi eum extra tela extulerat, ilico cõcidit: & domini iam superstitis securus, quasi cum sensus humani solatio animam expirauit. Tum rex Alexander parta eius belli uictoria, oppidum in ijsdem locis condidit: atq; ob equi honores Bucephalon appellauit, Gel. Nonnulli heterophthalmos equos inter præstantissimos collocant (uerba sunt Pelagonij in Geoponicis 16.2.) qualem fuisse aiunt Alexandri Macedonis Bucephalum. Post hæc uerba statim sequitur, γλῶσσαν λεπτὴν καὶ μακράν· τὸ δὲ πρόσωπον σιμόν, &c. nec ullum apponitur uerbum, quo cum isti accusatiui construantur, ut propter mutilatum locum in dubio relinquatur lector ad Bucephalúmne hęc omnia qualis nam ille fuerit, describendum pertineant: uel potius, in quo interpretes omnes conueniunt, (Cornarius, And. à Lacuna, & Ruellius, qui in Hippiatricorum translatione ca. 14. ex Geoponicis hæc adiecit,) ad quemuis equum præstantem. Sed utrolibet referas, quoniam supra omisimus, hic recitanda uidentũ. Probant igitur habentes (uel, Bucephalus habuit) linguam tenuem & longam, faciem simam uel adũcam, altam ceruicem, colorem glaucum (oculorum nimirum:) corpus non impatiens contrectari (δυσγαργάλιστον uel δυσγάργαλιν, quas uoces supra explicauimus: Ruellius dissimulat, And. à Lacuna corpus firmum somniat: melius quod ad rem Cornarius dixit, non titillosum: quod ad dictionem, aptius forte titillabundum uel titillabile dixeris, etsi authorem non habeamus:) collum erectum, plenum & crassum: τουτέστιν οὐ βραχυτράχηλον, hoc est minimè exiguum (ut And. à Lacuna reddit: nam collum breue, inquit, semper commendatur ab equestribus, prolixum ut in grue uituperatur: itaq; βραχὺν maluit accipere pro paruo quod magno opponitur, uel pro angusto quod lato, non pro breui quod longo contrariũ est:) uentrem castigatũ & ad ilia contractũ: magnitudinem moderatam, μέγεθος ἱκανόν: uenas toto corpore conspicuas & elatas, colorem nigrũ saturatũ. Ex prælio Alexandri contra Porũ Bucephalus non statim, sed ut plurimi prodidere, post longas uulnerũ curationes expirauit. Refert Onesicritus eũ senio ac labore confectũ occubuisse. Triginta nanq; annos natus moribũdus iacuit, cuius mortem acerrimè indoluit Alexander, & super eo iuxta Hydaspen conditam urbem Bucephaliam appellauit, Plutarch. in uita Alexandri. Equus Bucephalus quem Demaratus Corinthius Alexandro donauerat, cũ ex omnibus ornamentis nudus erat, equisonem etiam (eumq; solũ, Diodor.) sibi insidere patiebat: Cum autem ephippiatus & cæteris regijs ornamentis instructus, nullum aliũ sessorem quàm Alexandrũ admittebat, cui sua sponte, & nullo impulsu astabat, & ut facilior conscensio esset, ei ascendenti sese corpore demittebat: Quo usus est ad omnia Asiatica bella Alexander, Aelian. Eadem ad uerbũ ferè legimus libro 17, historiarũ Diodori Siculi, ubi tamen nullũ equi nomen adiectũ est: ut suspicetur forsan aliquis diuersum fuisse à Bucephalo, qui emptus traditur à Philippo, ut supra dixi in E. sed quoniam cætera omnia conueniũt cum ijs quę alij authores de Bucephalo scripserũt, eundem esse crediderim. ¶ Cum Cyprij (inquit Herodot. libro 5.) contra Persas, à quibus defecerant, se tutarenũ, Onesilus rex aduersus Artybiũ Persarũ ducem ultrò constitit. Insidebat Artybius equo, in armatũ erigere se docto, & pedibus simul atq; ore eũ inuadere. In conflictu igiũ, Onesilus, uti conuenerat cum satellite, ipse inuadentem Artybiũ ferit: satelles uero equo sublatos pedes in Onesili scutũ iactante falce percutiens abscidit: unde Artybius unà cum equo corruit. Ioannes Tzetzes Chiliade tertia ca. 116. paulò aliter narrat, in hunc modũ: Cum Artybius ab Onesilo deiectus esset, equus uidens dominũ suum prostratũ, erectus in pedes anteriores cum Onesilo Cypri rege pugnabat, & clypeũ eius percutiens ferè occidisset, nisi pedes eius falcibus amputassent armigeri. Eadem ab eo ijsdem uerbis referuntur Chiliade quarta in epistolio. Caligula (inquit Dion, ut citat Cælius 21.24.) ex equis unũ sic amauit, uti ad cœnam inuitaret, annona quoq; apposita & hordeo, quin & aureo poculo uinum propinabat, per illius salutem fortunamq; concipere iusiurandũ solitus: consulem quinimmò designare constituerat: fecissetq;, ni consilia interpellasset mox interitus. Cimonis equi inter generosos numerantur, Simonis alij & plures scribunt, ut dictum est in H. a. in tractatione imaginum equi. In Domitiani equum maximum, Statius Sylua

Ee 4

rum libro 1. Dardani illius diuitis Iouis filij trium millium equarum armentum, atque præcipue ex his duodecim pullos patre Borea genitos, Homerus suo præconio nobilitauit. Item Eumeli equas, Erythræus. Oenomai equi Psilla & Harpinna, uide Varinum in Oenomao. Alius fuit Oenomaus qui Partheniã & Eripham equas suas quũ iugulasset, iussit sepeliri, Cæl. Pelops equos à Neptuno accepit, Varin. in Oenomao: Vide Palæphatũ. Penthesileæ equus ab Orithyia Boreæ uxore acceptus, ut Q. Calaber fabulatur. Probi equus nec decorus nec staturosus erat, sed mira celeritate, uide inter prouerbia. Rhœsi equi, λευκότεροι χιόνος, θείειν δ' ἀνέμοισιν ὁμοῖοι, Homer. Iliados 10. Hunc uersum integrum ad Turni equos transtulit Maro libro 12. Aeneid. Meminit & Rhœsi equorum lib. 1. Aeneid. Trois equi immortales ad fabulosos mox dicendos pertinent. Simonis equi, uide in a. inter imagines equi. Turni equi apud Vergilium ex Orithyia Boreæ uxore, uide inferius in fabulosis. Vlyssis equi, uide infra in Neptuno Hippio.

¶Equi fabulosi. Bellerophon uel Bellerophontes, primò Hipponus, ἱππόνοος, (aliàs Hipponous) dictus est, post ab interfecto Corinthiorum primate Bellero, Bellerophontes. Hic sumpto à Neptuno Pegaso equo ad Chimæram perimendam euolauit, eamque occidit. Deinde ex rerum felici successu superbiens, quum in cœlum cum Pegaso uolare tentaret, Iupiter indignans œstrum Pegaso immisit, à quo agitatus Bellerophontem excussit, ceciditque in campum, qui postea Aleius appellatus est. Pegasus autem à Ioue inter sidera relatus est. Pernicissimus hic equus & alatus fuisse perhibetur, ex Neptuno & Pegaside natus, Gyrald. Sunt qui Diem à Pegaso equo uehi fabulentur, Scholia in Lycoph. Visus eram molli recubare Heliconis in umbra, Bellerophontæi quà fluit humor equi, Propert. libro 3. Vide plura in Onomastico nostro de Bellerophonte, & de Pegaso in utriusque mentione, item in Scholijs in quintum Iliados Homeri: & in prouerbio Bellerophontis literæ apud Erasmum: & supra in H. a. ubi de equo sydere: Hesiodi Theogonia, Scholijs in Lycophronem, & in uoce τραγικώτερος apud Suidam, &c. Eques ipso melior Bellerophonte, Horat. 3. Carm. De Pegaso equo uide Varinum in Πήγασος: & eundem & Etymologum in Ἑλλωτίς. Hellotiam, Ἑλλωτίαν, Mineruam alii qui dictam uolunt, διὰ τὸ ἑλεῖν τὸν Πήγασον ἐν χαλινῷ ὑπ' Ἀθηνᾶς δοθέντι Βελλεροφόντῃ, πανήγυριν καὶ ναὸν Ἑλλωτίας Ἀθηνᾶς ὑπ' αὐτοῦ γεγενῆσθαι, Varinus, Scholia in carmen 13. Olympiorum Pindari, ubi etiam paulo post plura de Bellerophonte simul & Pegaso reperies: fertur autem Pegasus ex Gorgone uel Medusa natus fuisse. Πήγασος πτερωτὸς ἵππος Μεδούσης τῆς Γοργόνος, διὰ τοῦτο ἔχει καὶ τὴν προσηγορίαν ὅτι ἐκπεπήδηκε (forte tanquam πήδασος) ἐκ τοῦ τῆς Γοργόνος τραχήλου, Scholia in Homerũ. De Pegaso è sanguine Medusæ nato, uide Ouid. 4. Metam. Κατὰ γὰρ αὐτὸν δὴ τὸν Πλάτωνα ἐπιρρεῖ δή ὄχλος μοι τοιούτων Γοργόνων καὶ Πηγάσων, καὶ ἄλλων ἀμηχάνων πλήθει τε καὶ ἀτοπίᾳ τερατολογιῶν τινῶν φύσεως, Athenæus lib. 5. Plinius 10. 49. Pegasos fabulosos fuisse existimat. Aristophanes in Pace Πηγάσιον adiectiuum facit, hoc uersu, ὦ Πηγάσιόν μοι φησὶ γενναῖον πτερόν. Scyllam & Pegasum nomina nauium fuisse putat Palæphatus περὶ ἀπίστων, non monstra ut poëtæ fabulati sunt, Erythreus. Alatum fuisse fingunt poëtæ, nimirum propter celeritatem eximiam: nam & quosuis equos celeres poëtæ uolucres cognominant, ut supra in a. & b. diximus; & Solinus tauris Indicis uolucrem pernicitatem tribuit. Instratos ostro alipedes, Vergil. Pegasi equi effigies Gabalis in templo quodam uisebatur, Pausanias in Corinthiacis. Pegasus (inquit Albert. Magnus) animal est compositum, quod in Aethiopia generatur, permagnum & horrendum, equi formam præferens anterius: alas habet ut aquila, sed multò maiores: caput cornutũ (quod & Plinius scribit) & adeò monstrosum, ut multa animalia solo aspectu terreantur. Alis non uolat in sublime elatus, sed aërem tantum ferit & cursus sui uelocitatem sic promouet, animantibus cunctis infestus, maximè uero homini. Hæc ille sine authore: Alij eiusdem commatis scriptores, adijciunt: graui corpore esse, fuga mirabili: alarum remigio adiutum currere potius quàm prouolare: & collisо aëre ui pennarum instar turbinis impellere uentos, uoracem esse, & in quiete moueri. Pegasides Musæ dictæ sunt à fonte, quem Pegasus ictu ungulæ fingitur aperuisse, ob quam causam & Græcè appellatæ sunt Hippocrenæ, Festus. Vide supra inter propria ab equo deducta nomina. Tarsus Ciliciæ ciuitas, sic dicta est à tarsis, id est calcibus Pegasi, qui è cœlo cum Bellerophonte sessore in senecta iam delirante, in Aleium campum deiectus est, Eustathius in Dionysium Afrum. Dictus est autem campus Aleius ἀπὸ τῆς ἄλης, ab errore, quòd in eo Bellerophon solitarius et equo & mente deiectus oberraret, quæ etymologia uel Homero approbata uidetur, Eustathius. Pegasarium cursorem Baysius ueredarium appellat. Centhippe dictus est locus Argis, quod Bellerophon illic primum stimulârit (κεντεῖν Græci dicunt) Pegasum equum, Varinus. Est & Pegasus, Πήγασος, uiri nomen, qui ex Eleutheris Bœotiæ oppido Bacchi simulacra Atticæ inuexit, &c. Scholia in Acharnen. Aristophanis. Pegasos equino capite uolucres, & gryphas auritos aduncitate rostri fabulosos reor: illos in Scythia, hos in Aethiopia, Plinius: Et alibi, Aethiopia lyncas & sphingas generat, multaque alia monstro similia: pennatos equos & cornibus armatos, quos Pegasos uocant. Aethiopici cœli ales est Pegasus, sed hæc ales equinum nihil præter aures habet, Solinus. Penthesilea Amazonum regina equum celerrimum ab Orithyia Boreæ uxore accepit. Ἕζετο δ' ἵππῳ Καλῷ τ' ὠκυτάτῳ τε, τόν οἱ ἄλοχος Βορέαο Ὤπασεν Ὠρείθυια πάρος Θρῄκηνδε κιούσῃ, Ξείνιον, ὅστε θοῇσι μετέπρεπεν ἁρπυίῃσι, Q. Calaber lib. 1. Vergilius duodecimo Aeneidos Turni equos ex Orithyia natos scribit, & alibi duodecim pullos in armento Dardani patre Borea genitos. Busiris & Diomedes equos humana carne pauerunt, Textor. Absenti Aeneæ currum, geminosque iugales Semine ab æthereo, spirantes naribus ignem, Illorũ de gente, patri

patri quos dædala Circe Supposita de matre, nothos furata creauit: Landinus exponit, Circe Solis filia furtim & clam patre supponẽs matrem, scilicet equã, equos Solis creari fecit: hos uocat nothos, quòd eorũ mater mortalis, pater uero diuinus esset; nam propriè nothi dicũtur, quos nobilior pater ex ignobili matre creauit. Tractũ est, inqt Seruius, de Homero, qui tales equos habuisse inducit Anchisen Iliad. quinto. πῦρ πνειόντων ἀρχὸς ἵππων, Pindar. de Sole. Ignipedes equos Ouid. dixit 2. Metam. Licet ignipedum frenator equorum Ipse tuis altè radiantem crinibus arcum Imprimat, Stat. Diomedes rex Thraciæ, ab Hercule suis equis in pabulum datus est, eadem talione qua ille in hospites sæuire consueuerat. Suisq; regem pabulum armentis datum. Vide Onomasticon, Palęphatum, & Cælium 13.8. Vt qui terribiles pro gramen habentibus herbis Impius humano uiscere pauit equos,
10 Ouid. Vide prouerbium Diomedea necessitas apud Erasmum. Diomedes Thrax cum filias haberet meretrices, cogebat hospites αὐταῖς συνεῖναι ἕως ὃ κόρον χῶσι καὶ ἀναλωθῶσιν οἱ ἄνδρες, proinde in fabulis ἵπποι ἀνδροφόνοι nominantur, Scholia in Ecclesiazusas Aristophan. Diomedis equæ, id est filiæ libidinosæ, aduentantes uorasse sunt dictæ: quanquam interimi à patre solitos intelligere maluit Eustathius, Cæl. Ex Diomedeis equis prognatus fuisse creditus est equus Cn. Seij, de quo dicã in prouerbio Seianus equus. Equus albus Diomedi immolabatur apud Venetos, ut mox inter sacrificia referam. Circa Abderam & limitẽ qui Diomedis uocatur, equi nascẽtibus illic herbis pasti, inflammantur rabie, circa Potnias uero asini, Plin. Aelianus nõ asinos, sed equos etiam ex fonte Potniæ bibentes, qui non procul Thebis absit, in rabiem uerti ait. Potnia urbs est Bœotia, non longe à Thebis, ubi Glaucus Sisyphi filius & Meropes, habuit equas, quas consueuerat humana carne alere, quo cupi-
20 dius in hostem irruerent: quem ipsum tandem, cum alimenta deficerent (uel ut alij, cum sacra Veneris prohiberet) deuorarunt. Hinc dictæ equæ Potniades apud Ouidium in Ibin. Vide Onomasticon in Glauco, et Palęphatũ, aut etiam Vergilij interpretes in tertium Georgicorum super his carminib. Et mentem Venus ipsa dedit, quo tempore Glauci Potniades malis membra absumpsere quadrigæ. Glaucus alter ab equis deuoratus, γλαῦκος ἄλλος ἱππόβρωτος: quadrabit in hominem alendis equis exhaurientem facultates suas. A fabula natum, qualis fertur & de Actæone, Erasm. in prouerb. Τρῶοι ἵπποι (apud Homerũ Iliad. 8. & rursus penultimo) equi Trôis intelliguntur, qui etiam immortales dicuntur: non Troici uel Troiani, de quibus nihil eximium proditur, Varin. Propter Trôis equos regnante Laomedonte captum ab Hercule Ilium fertur: nam cum Laomedon equos præstantissimos Herculi, ut Hesionen eius filiam monstro marino expositam liberaret promissos, re peracta
30 negaret, Hercules indignatus Troiam euertit, Onomasticon. Fertur autem hos equos Laomedon à Ioue pro Ganymede accepisse, Scholia in Lycophronem, Cæl.

¶ His attexemus quæ ad religionem pertinent, circa deos, sacrificia, sepulchra, omina. Et quoniam pluscula de dijs se offerunt, ordinem literarum sequemur. ¶ Apollo, uide in Sole. ¶ Castoris equus nomine Cyllarus, ut inter propria dixi. ¶ Ceres in equam mutata, Oncij armento se immiscuisse fertur, cum Neptunus amore eius Proserpinam quęrentis captus insequeretur: Neptunus autem decipi se intelligens, etiam ipse in equum mutatus, rem cum illa habuit: unde Ceres initio ualde indignata est, & Erinnys inde cognominata: postea uerò ira remissa in Ladone fluuio se abluit, et inde Lusia dicta est, Pausan. in Arcadicis. Ex hoc concubitu Arionem equum natum fabulantur, ut inter propria equorum nomina dixi. Prope Phigaliam Arcadię urbem in monte Elaino, Cereris Me-
40 lęnæ, id est nigræ pullatæ'ue sacrum fuit antrum. Deæ cum Neptuno congressum sub equina specie celebrant Arcades. Verum non inde natum Phigalenses equum uolunt, sed quam dicunt Arcades Δέσποιναν. Deam uero indignatione in Neptunum concepta, prætereà Proserpinæ raptu consternatam, sibi pullam induxisse uestem ac in speluncam sese insinuantem, diu postea non esse uisam, &c. hinc antrum illud Phigalenses Cereri sacrum asserunt, atq; simulacrum inibi consecrasse, habitu quidem in petra sedentis, ac cætera mulieri persimile, præter caput, quod cum coma erat equinum, adnexis draconum & ferarum id genus item iconibus. Tunica ad talos demissa. Delphin manu sustinebatur: columba uerò altera. Cereris & antri sic quodam responso meminit Apollo, quum Phigalẽses deum adijssent: Ἀρκάδες Ἀζᾶνες βαλανηφάγοι, οἳ Φιγάλειαν Νάσσατ', ἱππολεχοῦς Δηοῦς κρυπτήριον ἄντρον, Hæc Cælius 15.31. ex Pausaniæ Arcadicis, ut apparet. ¶ Diana apud Arcades Εὑρίππα dicebatur,
50 ab equarum inuentione, quas amiserat Vlysses, qui & equestris Neptuni statuam erexit, Cælius ex Pausaniæ Arcadicis. Aiunt autem Vlyssem (inquit ibidem Pausan.) cum equos illic (ubi nunc Pheneatarum acropolis est) reperisset, uoluisse equos in Pheneatarum regione nutrire, ut boues in Epiro quæ è regione Ithacæ est. Cæterum equestris Neptuni statuam ex ære ab Vlysse positam, parum mihi uerisimile fit, quo tamen temporis æris fundendi ars nondum extiterit, Hæc ille. Cælius ex hoc loco ineptè uertit, Vlyssem statuam equestris Neptuni erexisse, sed non ex ære. Hippolytum ab equis distractum reuocatum aiunt ad uitam herbis quibusdam (Aesculapij) & amore Dianæ. Iupiter uero talis medicinæ, qua mortui uitæ redderentur, repertori indignatus, Aesculapium fulmine ad inferos deiecit. At Triuia Hippolytum secretis alma recondit Sedibus: & nymphæ Aegeriæ, nemoriq; relegat: Solus ubi in syluis Italis, ignobilis æuum Exigeret, uersoq; ubi nomine Virbius esset. Vnde
60 etiam Triuiæ templo, lucisq; sacratis Cornipedes arcentur equi: quòd littore currum, Et iuuenẽ, monstris pauidi effudêre marinis, Vergilius 7. Aeneid. Vide Cælium 11.24. Poëtæ equos Nocti nigros adscribunt, Diei candidos: Lunæ nigrum alterum, alterum album, Textor. Lunæ Aethiopes

consecrant συνθεῖσα βοῶν διὰ τὸ πελάγειον, ὡς ἔοικε τῇ θεῷ σὺν γηπονίᾳ συνεργοὺς καθιερωθέντων, Heliodorus lib. 10. Et alibi, τῷ βωμῷ, τῆς μὲν σεληναίας παρειστήκει ταύρων ξυνωρὶς· τῷ δὲ τοῦ ἡλίου, τέτρωρον ἵππων λευκῶν εἰς τὴν ἱερουργίαν ηὐτρεπισμένων, Diei equi apud Homerum Lampus & Phaethon: recẽtiores uero, ut & Lycophron, Diem à Pegaso equo uehi aiunt, Scholia Lycophronis. Hecate etiam ad Dianam siue Lunã pertinet: fingitur autem τρικέφαλος, tergemina Ausonio: quòd caput eius dextrum sit equi, sinistrum canis, medium hominis agrestis. Ταρταρόπαις Ἑκάτη, λαιῷ δ᾽ ἄρ᾽ ἐπὶ στήθεσιν ὤμῳ ἵππος χαιτήεις, κατὰ δεξιὰ δ᾽ ἦν ἀθρῆσαι λυσσῶπις σκυλάκαινα· μέσση δ᾽ ἔφυ ἀγριόμορφος, Orpheus in Argonaut.

¶ Fortunæ equestris ædem uouit Fuluius prætor in Hispania, quod strenua equitum opera in Celtiberos usus foret, Cælius. Et alibi, Equestris Fortunæ templum fuisse, legimus in Taciti Annalibus, apud Antium, nec in urbe ad sua tempora uisitatum. ¶ Hecate, uide in Diana. De Heniocho sydere supra in e. diximus. Hercules ἱπποδέτης cognomine Onchesti colitur, uel (ut alij) Thebis, Hesychius & Varinus. Hippodotes (per o. in penultima, malim per epsilon) Hercules cognominatus, ut scribit Pausanias: cui templum Bœotij construxêre, ea scilicet ratione, quod cum Orchomenij aliquando usque ad eum locum uenissent, Hercules noctu equos, qui ad eorum currus erant iuncti, colligauit: unde & cognomentum deductum, Gyraldus. Ἵππαν κικλήσκω Βάκχου τροφόν, εὐάδα κούρην, Orpheus in hymno ad Hippam Bacchi nutricem. Vetus Orphei codex (inquit Gyraldus) Hiptam non Hippam habet. Ἵππα, ὁ δρυμονόλαψ (picus auis, dryocolaptes usitatius) καὶ ἥρα, id est Iuno, Hesychius non suo loco, sed statim ante Ἵππαται. De Iunone hippia paulò mox dicam. Hippe Chironis Centauri filia in equam mutata, ut supra in equo sydere dixi ex Higino. Ouidius tamẽ 2. Metam. Ocyroën Chironis filiam in equam mutatam fabulatur. Hipponam deam equorum & stabuli anti qui uenerati sunt, ut Bubonam boum: de hac dea Plutarchus in Parallelis meminit, & Apuleius lib. 3. Asini aurei, & Tertullianus in Apologetico, & Fulgentius ad Chalcidium: eam enim inter deos Semones, qui uocantur, (quos nec cœlo dignos putabant, ob meriti uidelicet paupertatem, Fulgent.) commemorat. Iuuenalis quoque eandem intellexisse à plerisque putatur in illo: Iurat, Solam Hippo, & facies olida ad præsepia pictas: ut scilicet Hippò & Hippona dicatur, Gyraldus: sic Dido & Manto pro Didonem & Mãtonem dicimus. De Hippona puella (aliqui, perperam puto, Eponam uocitant) quam Fuluius quidam ex equa genuit, supra dixi inter propria hominum. Respicio pilæ medio, quæ stabuli trabes sustinebat. In ipso uero meditullio Hipponæ deæ simulacrum residens ædiculæ, quod accuratè corollis roseis quidem recentibus fuerat ornatum, Apuleius 2. Metam. ¶ Iuno etiam hippia, id est equestris cognominata est, Gyraldus. Hesychius Hippam interpretatur Iunonem, ut paulo ante retuli. Iouis currum, qui in exercitu Xerxis Xerxen ipsum præcedebat, octo equi albi trahebãt, Herodotus libro 7. Equo uehi flamini Diali non licebat, ne si longius digrederetur, sacra negligerentur, Festus. Fel equinum tantum inter uenena damnatur, ideo flamini sacro equum tangere non licet, cum Romæ publicis sacris equus etiam immoletur, Plinius. Pirithous, πειρίθοος, nomen accepit, ἀπὸ τοῦ περιθεῖν ἵππῳ ὁμοιωθέντα τὸν Δία ὅτε μίγνυσθαι τῇ μητρὶ αὐτοῦ, Scholia in primum Iliados. Multis gentibus equum hostiarum numero haberi, testimonio sunt Lacedæmonij, qui equum uentis immolant, &c. & Salentini, apud nos memranæ (* sic habent impressi codices mutilati) Ioui dicatur, uiuus conijcitur in ignem, Festus. Calaber libro 14. Iouis currum & equos describit hisce carminibus, τὸν δὲ φέρεσκον Εὖρος καὶ Βορέης, Ζέφυρός δ᾽ ἐπὶ τοῖσι Νότος τε. τοὺς δ᾽ ὑπὸ θεσπέσιον ζυγὸν αἰόλος ἤγαγεν Ἶρις ἅρματος αἰὲν ἐόντος, ὅ οἱ κάμεν ἄμβροτος Αἰὼν χερσὶν ὑπ᾽ ἀκαμάτοισιν ἀτειρέος ἐξ ἀδάμαντος. ¶ Luna, uide Diana, ¶ Martis hippij, id est equestris, ara in hippodromo Olympico fuit, Cælius ex Pausania. Equiria, ludi quos Romulus Marti instituit per equorum cursum, qui in campo Martio exercebantur, Festus. Cur Idibus Decembris (uerba sunt Plutarchi in Romanarum rerum quæstionibus capite 97. ἱερός, malim ἵππος, id est equus) in cursu equorum uictor dexter sacer. (Videtur autem non Decembris sed Octobris legendum, ut mox ex duobus Festi locis recitabimus: & Gyraldus asserit in libro de annis & mensibus: Est sanè October uniuersus Marti sacer.) Marti immolatur, & caudam statim decisam ad Rheginam (regiam, Festus) qui dicitur locus, deportat aliquis, & aram cruore spargit, de capite uero inter se decertant, alij de sacra uia descendentes, alij de Suburra aduersus eos impetum facientes? An quod Troiam equo captam putant, idcirco equum supplicio afficiũt, quòd è Troianis oriundi, Mixtaque Troiugenũm sint pignora clara Latinis? An quod iracundũ, ferox, & bellicosum animal est equus? dijs autẽ grata & accõmodata imprimis immolãt. Victor aũt idcirco immolatur, quod uictoriæ Mars author est: Vel potius, quoniam Marti conuenit stare loco, et qui locum suum in acie tuentur, uincunt eos qui non manent sed fugiunt: ut celeritas (per equum insinuata) tanquã fugæ & timiditatis occasio (ἐφόδιον) per hoc sacrificij genus puniatur, & tanquam sub ænigmatis inuolucro fugam minimè salutarem esse intelligatur. Equus Marti immolabatur, quod per eius effigiem Troiani capti sint, uel quod eo genere animalis Mars delectari putaretur, Festus. Et alibi, Panibus redimibant caput equi immolati idibus octobribus in campo Martio: & id sacrificium fiebat ob frugum euentum: & equus potius quàm bos immolabatur, quod hic bello, bos frugibus pariẽdis est aptus, Festus. Et rursus, October equus appellatur, qui in campo Martio mense Octobri immolatur quotannis Marti, bigarum uictricium dexterior: de cuius capite nõ leuis contentio solebat esse inter Suburranenses & Sacrauienses: ut ij in regiæ pariete, illi ad turrim Mamiliam affigerent: eiusdemque cauda tanta celeritate perfertur in regiam, ut ex ea sanguis distillet in focum, participandæ

participandæ rei diuinæ gratia: quas hostias hic quidam Marti bellico sacrari dicunt, non (ut uulgus putat) quia uelut supplicium de eo (equo) sumatur, quòd Romani Ilio sunt oriundi, & Troiani ita effigie equi sunt capti, Hæc Festus. Equorum greges, quos in traijciendo Rubicone Marti (aliâs flumine, non Marti) consecrauerat, ac sine custodibus uagos dimiserat, comperit pabulo pertinacissimè abstinere, ubertimq; flere, Tranquillus in uita Iulij Cæsaris. Colebatur Mars à Carmanis, cui quod equis carerent, eorumq; inopia in bello asinis uterentur, asinum sacrificabant, ut Strabo lib. 15. scribit: id à Scythis fieri ait Arnobius Apollodorum citans, Gyrald. Martis equi biiuges, Vergilius in Georgicis: Equos eius Terrorem & Pauorem Valerius libro 3. Argonaut. nominat, ex Homero scilicet, qui Iliados quinto & alibi eosdem Deîmon & Phóbon appellat. Minerua hippia, id est equestris, ut Phurnutus ait: item Pausanias in Atticis, nec quidem semel: item Arpocration, (& Suidas in ἱππεία Ἀθηνᾶ.) sic uerò nuncupata, quòd currum instruxerit prima: hanc Isæus rhetor & Mnaseas Neptuni filiam fuisse tradiderunt, ac Polyphes Oceanitidis. Δαμνίππον etiam uocatam scribit Phurnutus, quasi dicas equidomitricem, Gyrald. & Cæl. Palladis hippiæ ara in hippodromo Olympico fuit, Cælius ex Pausania. Pallada equestrem in Libya genitam aiunt, Cæl. Mineruæ hippiæ (Ἀθηνᾶς ἱππίας) & Neptuni hippij aræ sunt in Hippio dicto Colono Atticæ (cuius supra mentionem feci inter propria locorum) Pausanias. Ἵππων καὶ σακέων ἁδομένα πατάγῳ, Callimachus de Minerua: id est, Gaudēs equorum & scutorum sonitu. Hippia uocata est Minerua, quòd è capite Iouis cum equis prosilierit, ut scriptus in eam hymnus indicat. Vel quòd Coryphe (lego Polyphe, ut Suidas & alij habent) Oceani filia ex Neptuno eam unà cum curru pepererit. Vel quòd Adrastus Thebis fugiens, quum equos in Colono sisteret, Neptunum & Mineruam ἱππίους appellârit, Etymologus & Varin. ¶ Neptunus ἵππιος, uel (ut alij scribunt) ἵππειος per ει. in penultima, id est equestris cognominatur, Suidas & Varinus. Hippius Neptunus cur appellatus sit, cum alias causas ab alijs fuisse existimatas, in Achaicis dicat Pausanias (quas tamen non recenset:) Ego, inquit, sic puto cognominatum, quod τῆς ἱππικῆς, id est equitationis inuentor fuerit: nam & Homerus in equorum certamine Menelao ab dei huius appellatione adhibuit (Menelaum Antilocho deferentem facit, Camerar.) iuramentum, quod equis conueniret, Ἵππων ἁψάμενος, γαιήοχον ἐννοσίγαιον ὄμνυθι, μὴ μὲν ἑκὼν τὸ ἐμὸν δόλῳ ἅρμα πεδῆσαι. Pamphos (Πάμφως) uero, qui Atheniensibus antiquissimos hymnos fecit, esse dixit Neptunum ἵππων τε δωτῆρα, νεῶν τ᾽ ἰθυκρηδέμνων (ἰθυκρηδεμνάων, Camerarius) non aliunde nisi ab equestri appellationem deflectens. In Arcadicis autem idem Pausanias, ex Neptuno ait in equum mutato Cererem peperisse filiam, cuius nomen non est profanis enunciandum, & Arionem equum: quare subdit: Neptunus primum apud Arcadas hippios cognominatus est. Fuit quoq; templum huic deo apud Halesum montem Mantineæ, quod qui ingredi ausus fuisset, undarum aspersione occæcabatur, nec multò post moriebatur, &c. Gyraldus ex Pausania. Et mox, Hippius Neptunus & Damæus uocatus est, (ab equorum, uti arbitrantur, domitione, Cæl.) de quo alibi. Diodorus Siculus de Cretensibus agens, Addunt (inquit) etiam Neptunum equos primum domuisse, artemq; equitandi ab illo traditam, ex quo hippius sit appellatus. Val. Probus in Comment. Verg. super ea in Georg. uerba, Tuq; ô cui prima frementem Fudit equum tellus, &c. Campi, inquit, in Thessalia sunt Petræi, in quibus locus Petra nomine, percussus tridēte Neptuni, equum, qui Scyphius uocatus est, edidit. Romani autem Neptunū equestrē uocant, Græci ἵππιον Ποσειδῶνα, quòd existimetur princeps originis equorum, &c. Festus quoq; ita: Hippius, id est equester dictus est, uel quòd Pegasus ex eo & Pegaside natus sit: uel quòd equuleus, ut putant, loco eius suppositus Saturno fuerit, quem pro Neptuno deuorârit: uel quòd tridentis ictu terra equum excierit, cui ob hoc in Illyrico quaternos equos iaciebant nono quoq; anno in mare, Hæc Festus. At uero Isidorus de Circensibus ludis agens, Itaq;, inquit, Castori & Polluci deputantur hę species, quibus equos à Mercurio distributos historię docent: sed & Neptunus equestribus ludis pręest, quem Græci hippion appellant: sed & Marti & Ioui in ludis equestres sunt consecrati, & ipsi quadrigis præsunt. Porrò & Phurnutus inter cætera & hoc ait, quòd ideo hippius dictus est Neptunus à uelocitate nauigationis maritimæ, quodq; naues in mari quasi equi esse uidentur (uel à fluctuum marinorum maxima agilitate, Camerar.) Hippij Neptuni meminit & Artemidorus in primo Onirocriticôn, Hæc omnia de hippio Neptuno Gyraldus. Petræi Neptuni fabulam aliqui hunc in modum tradunt, quòd Neptunus aliquando dormiens in petra quapiam, per somnum Venere pollutus sit: quod effusum semen terra suscipiens, equum primum exhibuit uocatum Scyphion. Alij dispositum fuisse certamen scribunt Petræo Neptuno, in eo loco ubi primus equus ἐξεπήδησεν, egressus est: propter quod & hippius Neptunus est dictus, Gyraldus. Vide superius in Cerere, qua cum in equam mutata Neptunum equum coijsse nugantur, quam fabulam describit etiam Cælius in fine libri 18. Lactantius Grammaticus in Thessalia terram tridente percussam scribit à Neptuno, ex quo (mirum dictu) prosiluerint equi duo, Scyphios & Arion, inde nata Thessalicorum equorum præstantia. Seruius grammaticus, in contentione cum Minerua de Athenarum nomine, ab Neptuno littore percusso, equum scribit productum, sed à nostris coarguitur, &c. Cælius 21. 24. Primus ab æquorea percussis cuspide saxis Thessalicus sonipes, bellis feralibus omen Exiluit, Lucanus li. 6. Neptuniq; ipsa deducat origine gentem, Vergilius de equo nobili. Neptuni hippij & Mineruæ hippiæ aræ sunt in Hippio dicto Colono Atticæ, cuius superius inter propria locorum mentionem feci. Pindarus in Pythijs Cyrenen εὔιππον cognominat, ubi aliqui causam referunt, quòd à Neptuno edocta ſint Libyes currus iungere, Cæl. De Neptuni equeſtris templo & miraculis, uide Leonicenum in Varijs 1.41. De hippio Neptuno uide Etymologum in ἵππιος ubi Σίσυφον pro Σκύφον perperam legitur. Vlyſſes inuentis equis quos amiſerat, equeſtris Neptuni ſtatuam erexit: inde & Heurippa Diana dicta, ut ſupra retuli ex Pauſania. ἵππειος ποσειδῶν, φυσικῶς φασὶ, διὰ τὸ λέγειν που, αἶθ᾽ ἅλος (ſic enim legendum puto, ut forte naues intelligat) ἵπποι ἀνδράσι γίγνονται περὶ τὸν μῦθον: uel quoniam Arionem & Pegaſum equos genuit Neptunus, Varin. Achillis equi præſtantiſſimi & celerrimi erant: acceperat autem illos Peleus à Neptuno, Homerus Iliad. ψ. Conſus Neptunus (inquit Gyrald.) à Romanis, qui et equeſtris uocatus eſt, ut Liuius ſcribit, unde dicta Conſualia, quæ primum dicebantur, mox Circenſes & ludi magni, & Romani. Tum Iouis & Conſi germanus, Tartareus Dis, Auſonius, Et alibi, Cænea mutauit proles Saturnia Conſus. Plutarchus cum alibi, tum maximè in Romulo, Romulum ait cuiuſdam dei aram conditam ſub terram in Circo inueniſſe, eiq́ue deo indidiſſe nomen Conſo (tanquam abſconſo forte, extra Plutarchum) ſiue à conſilio, quòd conſiliarius foret: ſiue Neptuni equeſtris: aramq́ue ipſam reliquum tempus latere, in equeſtribus uero certaminibus aperiri. Sic uerò & Dionyſius Halicar. in primo hiſtoriarum, Dedicarunt, inquit, & Romani Neptuno equeſtri templum, atq́ue diem illum ſolennem, quem Arcades Hippocratia, Conſualia Romani uocant: ijdem conſtituêre: quo in die apud Romanos ex conſuetudine ceſſant ab operibus equi, & muli redimiti floribus capita. Equos & aſinos cur Conſualibus ociari ſinant, ex Plutarchi rerum Romanarũ problematis in Aſino ſcripſi. Varro Conſualia dicta ait à Conſo, quòd tum feriæ publicæ ei deo, & in Circo ad aram eius à ſacerdotibus fiunt ludi illi, quibus uirgines Sabinę raptæ. Conſuales ludos ait Feſtus celebrari mulis ſolitos eſſe in Circo maximo, quòd id genus quadrupedum primò currui uehiculisq́ue adiunctum putetur: Idem tamen alibi, mulos Lunæ aſcribit, Hactenus Gyraldus, apud quem ſi libet etiam plura de Conſo & Conſualibus lege, Syntagmate quinto Operis de dijs. ἱπποποσειδῶν, Neptunus Conſus, Lexicon. Neptunus equo, ſi certa priorum Fama patet, primus teneris læſiſſe lupatis Ora, & littoreo domitaſſe in puluere fert, Papinius in Thebaide. Fuit & Thebis hippodromij templum Neptuni, quod Chryſippus ex carmine ſignificat Pindarico ex Iſthmijs, Cælius: Gyraldus aliter, Hippocronius, inquit, Neptunus cognominatus fuit, cuius & Thebis ſacrum celebrabatur, ut Pindarus in Iſthmijs, itemq́ue in Nemeis manifeſtat: legi & hippocurium Neptunum alicubi nuncupatum. Conijciat ſanè aliquis hippocronium dictum Neptunum, quod Saturnus, Græci Cronon dicunt, hippon, id eſt equum pro eo deuorârit. Hippocronia quidem nugas interpretantur, quaſi dicas nimium antiqua & obſoleta, qualia ſub Saturni regno fuerunt. γαιήοχος (epitheton Neptuni) ὁ τὴν γῆν ὀχῶν καὶ συνέχων, ἢ ὑπὸ τῆς γῆς συνεχόμενος, ἢ ὁ ἱππικὸς, ὁ ἐπὶ τοῖς ὀχήμασιν, Heſychius. ἱππηγέτης, Neptunus, lingua Deliorum, Lexicon. Apud Varinum in Melantho ἱππαγέτης legitur, quod magis probo. De Arione Adraſti equo ex Neptuno genito, ſupra dictum eſt inter propria equorum nomina. Bellerophon à Neptuno ſumpſit Pegaſum equum. Ab eodem Pelops dono accepit equos, Varinus in Oenomao. Fabulantur aliqui de Methymnæis, oraculo iuſſos uirginem Neptuno in mare demiſiſſe: & Enallum ducem quendam eius amore captum ut eam ſeruaret enataſſe: & tum quidem utroſque mari obtectos eſſe: poſt tempus uero aliquod Enallum redijſſe, & narraſſe quòd uirgo quidem inter Nereides ſit, ipſe uerò equos Neptuni cum aliquandiu pauiſſet, magno ſuperueniente fluctu natando ſequentem ſe euaſiſſe, Athenæus libro 11. Silius libro 3. fingit Neptuni currum trahi equis marinis, Non aliter quotiens perlabitur æquora curru, Extremamq́ue petit Phœbæa cubilia Tethyn Frenatis Neptunus equis. Peliam Neptuni & Tyrûs filium equa nutriuit, Aelian. 12. Variorum. Neptuni in equum mutati fabulam Ouidius deſcribit 6. Metam. Meminit & Pauſanias in Arcadicis, ut ſupra dixi in Cerere. ¶ Noctí equos nigros poëtæ adſcribunt, Diei candidos: Lunæ nigrum alterum, alterum album, Textor. Humentes iam Noctis equos, Lethæaq́ue Somnus Fræna regens, Claudian. 3. in Rufin. ¶ Pluto κλυτόπωλος cognominatur quinto Iliad. Scholia exponũt equeſtrem egregios equos habentem: Vel ὁ κλυτὴ ὄψιν ἢ ἐπὶ πώλοισιν, οἷον ἀκοσὴ, διὰ τὰς ἐπὶ τοῖς ἀποθανοῦσιν οἰμωγάς: ἢ ἐπεὶ ἵππων ἐπέθετο καὶ κατ᾽ αὐτῶν ἐξῆλθε διὰ τὴν τῆς Περσεφόνης ἁρπαγήν. Et rurſus Iliad. λ. ubi Scholia, Fortaſſis autem inſignes equi ei attribuuntur, quia mortem nemo effugere poteſt. Vide etiam Varinum in Κλυτόπωλος. Proſerpinam Pindarus in Olympijs λεύκιππον nominat, ſiue quia mos eſt poëtis (ut ait Scholiaſtes) huiuſmodi epithetis deos ornare: ſiue quòd cum eam à Plutone raptam Ceres mater quæreret, albo currui inſidentem inuenerit. ¶ Saturni in equum mutati fabulam recenſet Ouid. 6. Metam. Talis & ipſe iubam ceruice effudit equina, Coniugis aduentu pernix Saturnus: & altum Pelion hinnitu fugiens impleuit acuto, Vergil. in Georg. cum equum bellatorem deſcripſiſſet. Rhea Neptunum enixa inter gregem agnorum iuxta Arnen fontem ab agnis appellatum occultauit, Saturno autem equum ſe peperiſſe dixit, & pullum equinum ei deuorandum dedit, Pauſanias in Arcadicis. Sol λευκόπωλος, quod duobus equis albis uehatur, Lexicon. Solem Ariſtophanes uocat ἱπποδιώκταν, τὸν ἐλαύνοντα καὶ νωμῶντα τὸ ἅρμα, καὶ τοὺς ἵππους ἡνιοχοῦντα, Varinus. πῦρ πνεόντων ἀρχὸς ἵππων, Pindarus de Sole. Interea uolucres Pyrois, Eôus, & Aethon, Solis equi, quartusq́ue Phlegon, Ouidius ſecundo Metamorph. οἷς ἀγχιτέρμων ἥλιος διφρηλατῶν, Theodectes de Aethiopibus. Ignipedum frenator equorum, Statius libro primo Thebaidos. Erichthonius omnium princeps, currus equis iunctis docuit quadrigis ſolaribus perſimiles compingere, ut ſupra dixi. Apollo nomius, id eſt paſtoralis, quod pauerit equos Admeti, de quibus ſupra etiam memini. Vide Onomaſticon

maſticon in Admeto. Γύρεια, locus Theſſalicus, qui forte paluſtris erat & aptus alendis equis. Pauit autem Apollo Eumeli equos, tanquam paſtor & mercenarius (θητεύσας) Admeti: aut à Ioue coactus, ut qui Cyclopes occidiſſet, non illos Homericos, ſed alios quoſdam, Varin. Ioſias rex aboleuit equos, quos dederant reges Iuda Soli, in introitu templi Domini, iuxta cameram Nethanmælech eunuchi, qui princeps erat in ſuburbijs: & quadrigas Solis combuſſit igne, Regum 1. 23. Hic Munſterus, Adoraturi Solem (inquit) inſidebāt equis illis, equitabantꝗ ab ingreſſu templi uſꝗ ad cameram Nethanmælech. Apollinem Perſę equo placabant. Placat equum Perſis radijs Hyperiona cinctum Ne detur celeri uictima tarda deo, Ouidius lib. 1. Faſtorum. Maſſagetæ etiam, ut Herodotus in fine libri primi docet, equum ut pecorum perniciſſimum, Soli ut deorum perniciſſimo immolant. Idem de Perſis Varinus refert in uoce Ταῦρος. Equum Soli immolari à Maſſagetis ſcribit Strabo libro 11. Herodotus etiam à Scythis idem fieri tradit, Gyraldus. Philoſtratus in Heroicis refert Palamedem Gręcis præcepiſſe, ut orienti Soli candidum equum mactarent. Quadrigæ de equis albis Soli ad ſacrificium apud Aethiopes adornantur, Lunæ uero bigæ boum ſiue taurorum, Heliodorus. Rhodij quotannis quadrigas Soli conſecratas in mare iaciunt, quod is tali curriculo fertur circumuehi mundū, Feſtus. Pullum à quo pullium, uel hippomanes, abſtulerint paſtores, Soli immolant, ut ſupra in hippomanis mentione ex Aeliano retuli. Exercitu Perſarum progrediente, ignis quem ipſi ſacrū æternumꝗ uocabant, argenteis altaribus præferebatur. Hunc mox inſequebantur magi, magos iuuenes 365, puniceis uelati amiculis, quot in anno dies ſunt. Mox Iouis ſacer currus, quē albi traherēt equi: Poſt quos inſigni magnitudine uiſebatur equus Solis, ſic enim dicebatur, Cælius. ¶ Ventis equum immolant Lacedæmonij in monte Taygeto, ibidemꝗ adolent, ut eorum flatu cinis eius per finitimos quàm latiſſimè deferatur, Feſtus: in cauſa forte eſt uentorum celeritas: qua ratione, ut diximus, etiam Soli immolabant equum. Venus hippodamia, ἱπποδάμεια nominata apud Heſychium, item Briſeis. ἔφιππος Ἀφροδίτη, id eſt Equeſtris Venus (hoc eſt, equo inſidens) ab antiquis effingebatur, nam Veneris filius Aeneas, cum occaſum uerſus nauigaſſet, equum mox conſcendit, & hac ſtatua matrem honorauit, ut Suidas ſcribit (in Ἀφροδίτη,) Gyraldus.

¶ Romæ publicis ſacris equus immolatur, Plinius: uidetur autem Octobrem equum intelligere qui Marti Romæ immolabatur, ut ſupra diximus. Ioui etiam, & Soli, Ventisꝗ ſacrificatos equos in ſingulorum mentione retulimus. Apollonium adeuntem Babyloniorum rex Græco ſermone ſacrificare unà ſecum dijs iuſſit: Erat autem candidum equum mactaturus ex Niſæis de meliore nota ſic inſtructum tanquam in pompam profecturum, Philoſtratus libro 1. Regem Indorum aiunt ad flumen accedere cum augeri dies incipiunt, & illic equos nigrosꝗ tauros flumini tanquam deo ſacrificare, Philoſtratus. Tauros, ueteres fluuijs conſecrabant: aliqui etiam equos uiuos in eorum uortices inijciebant, ut Troiani in Xanthum, Varin. in Ταῦρος. ἡ δὲ πόρθινα βοῶν τε ἀγέλας καὶ ἵππων καὶ ἄλλων ζώων παντοίων εἰς τὴν πρᾴλειν ὀργάδα πεπόμφασι, partim de ſingulis hecatomben immolandi, partim epuli populo parandi gratia, Heliodorus 10. Aethiop. Cum Thebani aduerſus Lacedæmonios bellum gererent, Pelopidæ uni ex ducibus Thebanis Scedaſum in ſomnis uiſum aiunt: aduentare enim Leuctra Lacedæmonios, ſibi ac filiabus pœnam daturos: uno uerò prius die quàm cum Lacedæmonijs confligerent, pullum equi (πῶλον ἵππου, lego ἵππω) candidum inſtructum ad ſepulchrum uirginum mactari iuſſit, Plutarchus in Amatorijs capite 3. In Venetis ſanè quidam Diomedi inſignes exiſtunt honores: nam candidus illi immolatur equus, Strabo libro 5. & Euſtathius in Dionyſium. In Theſſalia is qui uxorem ducturus eſt, pro nuptijs ſacrificans, equum bellatorem inducit frenatū, & omnibus armis inſtructum: Deinde ſacrificatione facta, equum uxori habenis ducendum tradit. Iam porrò id quam ſignificationem habeat, Theſſalis explicandum relinquo, Aelianus. ἱπποθυτεῖν, equum immolare apud Strabonem. In feſtis quibuſdam Tartarorum præparatur lac equinum (equarum albarum) in uaſis decentibus: & rex ipſe manibus ſuis diffundit hinc inde lac illud pro honore deorum ſuorum, arbitrans & à magis ſuis ſic edoctus, quod dij lac bibant effuſum, & ſolliciti ſint conſeruatores omnium eorum quæ poſſidet. Poſt ſacrificium illud nefandum bibit rex de lacte equarum albarum, nec ulli alteri licet illa die bibere de lacte illo, niſi fuerit de progenie regis, præter populum quendam regionis illius Horiach uocatum, qui hoc etiam gaudet priuilegio, propter uictoriam quādam magnā, quam pro magno Cham Chinchis obtinuit. Hinc fit ut equi albi atꝗ equæ in magno à populo illo habeantur honore. Rex quidem huius coloris equos & equas ſupra decem millia poſſidet, Paulus Venetus 1. 65. Sauromatæ plurimos alunt equos, utpote Nomades, quibus non tantum ad bellum utuntur, & in cibo: ſed dijs etiam ſuis immolant, Pauſanias in Atticis.

¶ In rogo Patrocli comburebantur etiam equi apud Homerum Iliad. ψ. ¶ Volucer equus Veri imperatoris ſepulchri honore affectus eſt, ut inter propria equorum dixi in a. Cimonis equæ poſt tres uictorias Olympicas, Athenis ſepultæ ſunt, ut in Olympiorum mentione diximus. Magnum in equis alendis ſtudium poſuerunt Megacles & Cimon Athenienſes, qui equos ſuos etiam ſepeliri curarunt, Tzetzes Chiliade quarta, in epiſtolio. Scythæ cum rege defuncto aliquam eius pellicum ſtrangulatam ſepeliunt, & eum qui uina miſcebat, & cocum, & hippocomum, & miniſtrum, & qui erat à nuntijs, nec non equos, & alias res. Circumacto anno rurſus hoc agunt. E famulis regis, qui ingenui Scythæ ſunt, intimos ſumunt. Horum quinquaginta cum ſtrangulauerunt, ac totidem præſtantiſſimos equos, eductis inteſtinis expurgatis paleis implent ac conſuunt. Et ubi dimidium

Ff

fornicis super duo ligna resupinatum statuerint, alterumq́ dimidium super altera duo ligna, & item alia multa huiuscemodi defixerint, tum super ea equos imponunt, crassis tignis in longum ad ceruicem usq; traiectos, ita ut priores fornices sustineant armos equorum, posteriores uero iuxta femora suscipiant uteros, utrisq; cruribus supernè pendentibus. Equos infrenant, eorumq́ habenas ad palos extentas alligant. Dehinc super eorũ singulos statuũt singulos quinquaginta iuuenũ strangulatorũ, hunc in modũ: Vnicuiq; eorũ rectum stipitẽ per spinam ad ceruicẽ usq; transfigunt: quod inferius stipitis extat ultimum, infigũt tigno illi, quo equus transiectus est. His equitibus sepulchro circumpositis abeunt. Hunc in modum reges sepeliunt, Hæc Herodotus libro 4. Borysthení equo uenationibus aptissimo, sepulchrum ab Adriano substructum scribit Dion, Cæl. De Bucephali sepulchro supra dixi inter historias. Oenomai (Marmacis, ab Oenomao occisas, Pausan. Eliac. 2.) equas tradunt uocatas Partheniam & Eripham, quas quum iugulasset iussit sepeliri, Cæl. Miltiades tres equas Olympiæ occisas, sepulturæ honore in Ceramico affecit. Item Euagoras Lacon, idemq́ Olympionices equos ad sepulturam magnificè dedit, Aelianus. Fecit & diuus Augustus equo tumulum, de quo Germanici Cæsaris carmen est. Agrigenti complurium equorum tumuli pyramides habent, Plin.

¶Metamorphoses siue transformationes in equos, uel equas, Saturni, Iouis, Neptuni, Cereris, & Hippes ue Ocyrhoës Chironis filiæ, in præcedentibus sparsim in sua singulorum mẽtione recensui.

¶Omina, ostenta. Pedestrium auspicia nominabantur, quæ dabantur à uulpe, lupo, serpente, equo cæterisq; animalibus quadrupedibus, Festus. Ἵππους μελαίνας οὐ καλὸν πάντως βλέπειν. Ἵππων δὲ λευκῶν ὄψις, ἀγγέλων φάσις, Senarij apud Suidam de somnijs intelligendi. Bello Macedonico (inquit Val. Max. 1. 6.) Publius Vatinius Reatinæ præfecturæ uir, noctu urbem petens, existimauit duos iuuenes, excellentis formæ, albis equis residentes, obuios sibi factos nuntiare, die qui præterierat, Persen regem à Paulo captum: quod cum senatui indicasset, tanquam maiestatis eius & amplitudinis uano sermone contemptor, in carcerem coniectus: postquam Pauli literis illo die Persen captũ apparuit, & custodia liberatus, et insuper agro ac uacatione donatus est. Castorem uero & Pollucem etiam illo tempore pro imperio P. R. excubuisse cognitum est, quo apud lacum Iuturnæ suum equorumq; sudorem abluisse uisi sunt: iũctaq; fonti ædes eorum, nullius hominum manu reserata patuit, Hæc Valerius. Quatuor hîc, primum omen, equos in gramine uidi Tondentes campum latè, candore niuali. (Candore niu. hoc, inquit Seruius, ad uictoriæ omen pertinet.) Et pater Anchises: bellum ô terra hospita portas: Bello armantur equi, bellum hæc armenta minantur. Sed tamen ijdem olim curru succedere sueti Quadrupedes: & frena iugo concordia ferre. Spes est pacis, ait, Verba sunt Aeneæ apud Vergilium Aeneid. 3. Primus ab æquorea percussis cuspide saxis Thessalicus sonipes, bellis feralibus omen, Exiluit, Lucan. libro 6. Germani ex hinnitu & fremitu equorum, monitus futurorum prædici putant, quos nullo opere contactos candidi coloris plurimos educebãt, Alexander ab Alexand. Darius quomodo hinniente equo eius in aurora primò, rex inter septem principes uiros Persas, inter quos ita conuenerat, sit declaratus, describit in Thalia Herodotus. Oebares, inquit, Darij equiso, ubi nox aduenit, unam equarum quam equus Darij maximè adamabat, in suburbana adducit, ibiq; alligat. Tum equum Darij eodem ducit: eumq; circumagens identidem equæ admouet, ac tandem admittit. Postero die simulatq; illuxit, sex Persæ ex conuento affuerunt equis assidentes. Et cum in suburbanis ultrò citroq; uectarentur, ubi ad locum peruenerunt, ubi superiore nocte equa fuerat alligata, ibi Darij equus accurrens hinnitum ædidit: & hinnitu ædito protinus fulgur sereno cœlo tonitruq; extitit. Hæc cum Dario tanquam ex composito accidissent, eum compotem uoti fecerunt. Nam cæteri ex equis desilientes Darium adorauerunt. Sunt qui hoc dicãt Oebarem fuisse machinatum, sunt qui aliud: nempe attrectatis huius equæ genitalibus, ipsam manũ intra subligaculum tenuisse abditam: & sub ipsum statim Solis ortum, cum equi digressuri essent, eã naribus equi Dariani admouisse, equũq; ad odoris sensum infremuisse atq; hinnisse. Καὶ χρεμέθων ποτὶ πῶλος ὑφ' ἡνιόχοιο δόλοισι θήκατο τῶν Περσῶν Ἀσσυρίων βασιλῆα, Oppianus 1. de Venat. In exercitu Xerxis aduersus Græciam equa leporem ædidit, ut supra retuli in H. c. ex Herodoto & Valerio. De equa quæ nostro seculo leporem peperit, uide in lepore H. c. Bos equuleum peperit, Liuius 3. belli Punici. Proximis diebus equorum greges, quos in trajciendo Rubicone Marti (aliâs non Marti legitur, sed flumine) consecrauerat, ac sine custodibus uagos dimiserat, comperit pabulo pertinacissimè abstinere, ubertimq́ flere, Tranquillus in uita Iulij Cæsaris. Niphus Suessanus equos ante mortem Caligulæ pabulo abstinuisse & ubertim fleuisse scribit, nõ citato authore. Nero ostentabat hermaphroditas subiuges carpento suo equas, in Treuerico Galliæ agro repertas, ceu planè uisenda res esset, principem terrarum insidere portentis, Plin. C. Iulius Cæsar utebatur equo insigni pedibus propè humanis, & in modũ digitorum ungulis fissis: quem natũ apud se, quũ aruspices imperiũ orbis terræ significare domino pronunciassent, magna cura aluit: nec patientem sessoris alterius, primus ascendit: cuius etiam instar pro æde Veneris genitricis postea dedicauit, Suetonius. Plinius cum de Bucephalo scripsisset, subdit: Nec Cæsaris dictatoris quenquam alium recepisse dorso equus traditur, idemq́ hominis similes pedes priores habuisse, (idem scribit Plutarchus in eius uita) hac effigie locatus ante Veneris genitricis ædem. Auctor historicus Dion, Cæsari Lusitaniam gerenti natum esse equum διφυὰς τὰς τῶν προσθίων ποδῶν ὁπλὰς ἔχοντα, id est cui gemina foret in anteriorum pedum ungulis natura, qui mox illum elatè admodum gestaret, reliquos omnes ἀναβάτας recusaret, unde

unde immodica de se sibi cœpit polliceri, Cælius.

PROVERBIA.

Ab equis ad asinos, ubi quis à studijs honestioribus ad parum honesta deflectit, uel è conditione lautiore ad abiectiora deuenerit. τὸ δὴ λεγόμενον, ἀφ' ἵππων ἐπ' ὄνους μεταβεβήκαμεν, Procopius Sophista in epistola quapiam. Ex asino equus, ἐκ βραδυσκελῶν ὄνων ἵππος ὥρουσεν, E tardigradis asinis equus emersit, cum clarus euadit quispiam obscuro genere natus, aut quoties ab indocto præceptore proficiscitur discipulus eruditus, &c. Erasm. Meminit etiam Apostolius, & interpretatur ἐπὶ τῶν ἐξ εὐτελῶν ἐπὶ τὰ μείζω χωρούντων, ut non solum ad parentes aut præceptores respiciendum sit: sed in uno etiam homine locum habeat prouerbium, qui pridem obscurus nobilior euadit. Boues meos nunquam abegerunt, nec equos, οὐ γάρ πώποτ' ἐμὰς βοῦς ἤλασαν, οὐδὲ μὲν ἵππους, uerba Achillis apud Homerum Iliados primo, prouerbialiter usurpata à Plutarcho. Vsus est, cum negamus nobis esse causam, cur illũ aut illum odisse debeamus, Erasmus. Acarnici equi, Ἀκαρνικοὶ ἵπποι, dicebantur equi maximi. Finitimum illi cuius meminit etiam Aristoteles, ἵππος θεσσαλική. Vergilius item in Georgicis tribuit primam laudem equis Epiroticis. Acarnânes enim sunt iuxta Epirum, quemadmodum Thessali. Conueniet uti de re quapiam eximia, aut insigni premio, Erasmus. Equis albis præcurrere, Horat. 1. Serm. Vel quod equi albi meliores habebantur: uel fortunatiores & auspicatiores esse creduntur: uel quòd illis in triumpho uictores portantur: hinc qui longo interuallo alicuius rei præcedit, albis equis præcedere uel uincere dicitur. Græci simpliciter dicunt παρεππεύσαι pro longè antecellere, quòd equestris cursus sit expeditior, Erasmus. Anus uelut equus profundam (pro sepulchro) habebis fossam, γραῦς ὥς τις ἵππος τὸν χαραδραῖον τάφον ἕξεις: De ijs qui penitus abijciuntur tanquam prorsus inutiles. Equi enim posteaquam consenuerint, in altos terrarum specus (εἰς χαράδρας, Suidas) aliquò præcipitantur. Ita mulier olim amata, simul atque defloruit forma, fastiditur ab omnibus: simile illi, Equi senectus, Erasmus. Apud equum, & uirginem: Aeschines aduersus Timarchum refert, Athenis fuisse quendam tantæ seueritatis, ut filiam quod impudicè se gesserit, nec integritatem suam seruârit usque ad matrimonium, deportârit in locum desertum, atque ibi unà cum equo incluserit, haud dubie fame perituram: Eiusque domicilij solum sua etiamnum ætate superfuisse tradit: quod ex re dicebatur παρ' ἵππον καὶ κόρην, id est, Apud equum & uirginem. Dici potest in exemplum immodicæ seueritatis, Erasmus. Hippomenes (inquit Suidas) præfectus (ἄρχων) erat Athenis: excidit autem magistratu hanc ob causam. Quum ciuis quidam filiæ eius uitium clam obtulisset, præ iracundia in cellam quandam cum equo eam alligatam conclusit, & neutri cibum præbuit. Equus igitur fame urgente puellam aggressus consumpsit, & paulo post etiam ipse perijt, ac domicilio in quo erat euerso obrutus est: & loco nomen impositum ἵππου καὶ κόρης. De hoc plura require supra in a. inter propria uirorum ab equo facta nomina. ¶ Cantherius in fossa, Cantherius in porta, Cantherino ritu stantem somniare, prouerbia ex Erasmo explicaui supra in Cantherij mentione in B. Caudæ pilos equinæ paulatim uellere, dici potest prouerbio, qui quod uiribus atque impetu fieri nequit, id tempore atque assiduitate conficit. Horatius in epistolis: Vtor permisso, caudæque pilos ut equinæ Paulatim uello, demo unum, demo etiam unum, Dum cadat elusus ratione ruentis acerui, Qui redit ad fastos, & uirtutem æstimat annis. Natum è facto quodam ducis Sertorij, cuius rei meminit Plutarchus in eius uita. Hic enim cum suis copijs, ex barbara turba conflatis, rationibus persuadere non posset, in re militari plus habere momenti consilium, quàm uires temerarias, postea quàm illi parum feliciter pugnassent, duos proponit equos, alterum macilentum atque inualidum: alterum uegetum cauda pilosa. Atque inualido illi iuuenem adhibet prægrandi corpore & admirandis uiribus. Contrà uegeto illi pusillum & imbecillum admouet homuncionem: hic singulos pilos paulatim uellens, breui spatio totam depilauit caudam. Iuuenis è diuerso caudam omnem simul manibus utrisque comprehensam, ui atque impetu conatur reuellere. Qui cum frustra sudaret, risui fuit circumstantibus. Sub hæc assurgens Sertorius, cuius consilio iussuque hæc fuerant acta, Videtis (inquit) cõmilitones, quanto plus possit ingenium quàm uires, Erasmus. Eandem rem describit Valerius Maximus 7. 3. ¶ Sunt quædam (inquit Erasmus) & hodie uulgò iactata, non indigna quæ ueteribus adagijs adnumerentur: Quod genus est illud, Non oportere equi dentes inspicere donati: Cum significamus æqui boniue consulendum, qualecunque est quod non emitur, sed gratis donatur. Vsus est tamen hoc prouerbio Hieronymus in præfatione Commentariorum in epistolã Pauli ad Ephes. Parũ, inquit, eloquens sum. Quid ad te? Disertiorem lege. Non dignè Græca in Latinum transfero: Aut Græcos lege, si eius linguæ habes scientiam: aut si tantum Latinus es, noli de gratuito munere iudicare: & ut uulgare prouerbium est, equi dentes inspicere donati, Erasmus. Germani hoc prouerbiũ sic efferunt, Man sol eim geschenckten pferd nit ins maul sähen. ¶ Equitandi peritus ne cantes: Sumptum à poëta quopiam, in eum qui professus res serias uersatur in nugis. Equitatio militaris est, & ad bellum pertinet: Musici sunt imbelles ac uoluptatum insectatores. Gregorius theologus in epistola ad Eudoxum rhetorem, ἱπποσιώνης ἀδαῶτα μὴ ἀείδειν ἐθέλειν ἡ ποίησις, μήτι γνῶντα, μὴ καὶ τῆς ἱπποσιώνης ἁμαρτῆς καὶ τῆς ᾠδῆς. Nondum liquet è quo poeta sumptũ sit: sed dictum uidetur in Thebanos, qui duas artes præcipuè discebant, equitandi & canendi tibijs, quum altera parum alteri congruat, Erasmus. ¶ Ferociores ac insolentiores redduntur copioso pabulo, non modo boues, sed & equi & asini: unde extat & Sophoclis dictum in tumidum quempiam ac præferocem: Tu, inquit, ferues, quasi pullus pabuli copia, Erasmus. ἵππειον θράσος, equina ferocia

uel audacia, ἀπὸ τῶν δίκην ἵππων θρασυνομένων, Varinus & Suidas. ¶ Ibyci equus, ἰβύκειος ἵππος, in io
cum prouerbialem abiisse uidetur, de ijs qui nolentes præter ætatem ac uires ad periculosum (uel dif.
ficile) negotium adigerentur. Dicti originem refert Plato in Parmenide. Ibyco poëtæ equus erat iam
annosus athleta, multis certaminibus detritus. Is quum ad certamen currui iungeretur, extimuit, ui.
delicet expertus eiusmodi ludorum aleam. Ridente populo Ibycus surgens, Equus (inquit) domini
similis est: nam & ipse iam senex ad amandum compellor. Huc allusisse uidetur Horatius in episto.
lis. Non eadem est ætas, non mens. &, Solue senescentem maturè sanus equum, ne Peccet ad ex.
tremum ridendus, & ilia ducat, Erasmus. Eodem prouerbij sensu Sophocleus etiam equus usurpa.
tur, ut infra dicam. Incita equum iuxta nyssam, id est lineam uel carceres, &c. Vide supra in H. e. in
Carcerum mentione. Ithorus, ἴθορος: Suidas ait uocem prouerbialem fuisse (ἐπὶ τῶν παρακελευομένων)
in eum qui uelut instigator hortatorque foret alijs: translatum opinor à nautis, quos remigantes nau.
cleri uox animat ad gnauiter laborandum, siue ab equorum cursu. Plutarchus scribit ἱππόθορον (ui.
de supra in c.) appellatam cantionem ad incitandas equas: θορεῖν Græcis est impetu insilire. Apparet
Græcam uocem compositam ex ἴθι, uade: & ὀρεῖν incitare, Erasm. ¶ Lydius currus, uide supra in
H. e. ubi de curribus. ¶ Optat ephippia bos piger, optat arare caballus, prouerbialis uersus apud
Horatium, ut in Boue dixi. ¶ In planiciem equum, quoties quis ad id prouocatur, in quo plurimũ
ualet, quoque uel maximè gaudet. Equus in campo tanquam in sua est harena. Apud Lucianum in Ca
ptiuo, cum ipse iudices postularet, Plato respõdet, τοῦτ' ἐκεῖνο εἰς πεδίον τὸν ἵππον, hominem rhetoricum si
gnificans, & in agendis causis exercitatum. Plato in Theæteto, ἱππέας (aliàs ἵππον) εἰς πεδίον προκαλεῖς,
Σωκράτην εἰς λόγους. Translatum uidetur à militia: nam quoties res est pediti cũ equite, pedes fugit cam.
pestria, sectaturque loca impeditiora, Erasm. ἱππέας εἰς πεδίον προκαλῇ, δηλονότι ἔνθα ἂν δυνηθείη τις. τὰ γὰρ ἱπ
πικὰ ἐν πεδίῳ κρατεῖ, Suidas. Et rursus, ἵππον εἰς πεδίον ἄξεις, ἀντὶ τοῦ ὅπου μοὶ δεῖ λυσιτελές. Equus me por
tat, alit rex: prouerbium, ut Græci parœmiographi scribunt, hinc natum. Iuuenis quidam sub rege
Philippo stipendia faciebat. Is cum admoneretur ut missionem peteret, seseque à militia abdicaret, ne.
gauit se facturum, his quidem uerbis, ἵππος με φέρει, βασιλεὺς με τρέφει. Huc allusit Horatius cum in e.
pistolis sub Aristippi persona sic ait: Rectius hoc, & Splendidius multò est, equus ut me portet, a.
lat rex: Quo quidẽ in loco Acron huius admonet prouerbij, cuius etiam meminit Diogenian. Appa
retè tragœdia quapiam ascitum: est enim carmen anapæsticum dimetrum, Erasmus. Probi impera
toris equus in parœmiæ formam deduci potest. Is erat nec decorus quidem, nec staturosus: uerum
celeritate tanta, ut diurnis spatijs centum obiret miliaria: uel in decimum diem labore haud interpel.
lato. Eum tamen fugaci magis quàm forti ac strenuo congruere militi pronunciauit Probus idem,
Cælius. Procul à pedibus equinis, ἐκ τῶν ποδῶν ἱππείων, etiam hodie uulgò dicitur (Germani inferio.
res, Vnder dem perde hen: & alij passim, Auß den füssen: Das pferd schlecht/gehe jm nit zů nahe)
cum significant fugiendum esse periculum. Proprius huius dicti usus est in certaminibus equestri.
bus, ut sibi quisque caueat: id deinde uulgus prouerbij uice usurpauit, Erasmus. ¶ Ὑφ' ἅρμασιν ἵππος,
ἐν δ' ἀρότρῳ βοῦς, παρὰ ναῦν δ' ἰθύνει τάχιστα δελφίς, &c. Id est, Equus in quadrigis, in aratro bos: nauem o.
cyssimè præuertitur delphinus, Pindarus ut à Plutarcho citatur, Erasmus in prouerbio Quam quis.
que nôrit artem in hac se exerceat. Equis & quadrigis, id est omni conatu, Cicero ad Q. fratrem. Idẽ
2. Offic. Cum his uelis equisque, ut dicitur, si honestatem tueri ac retinere sententia est, decertandum
est. Si huic occasioni tempus se subterduxerit, nunquam ædepol albis quadrigis indipiscet postea,
Plautus in Asinaria, ut citat Erasmus in prouerbio Equis albis præcedere. ¶ Saluete equorum fi.
liæ, uide in Mulo. Equum habet Seianum, olim prouerbio dicebatur in calamitosum, & ad extre.
mam inopiam redactum. Allegoria sumpta est ab equo quodam fatali, cui à Cn. Seio domino nomen
inditum est Seiano: is ex Diomedis equis prognatus fuisse creditus est. Fuit insigni quidem specie, ue
rum eiusmodi quodam fato, ut quisquis eius equi possessor esset, is cum omni domo ad internicionẽ
usque deperiret. Id quod Cn. Seius ipse capitis damnatus, ac miserando affectus supplicio: deinde &
Cor. Dolobella bello interfectus: post hunc C. Cassius ab hostibus occisus: deinceps M. Antonius de.
testabili exitio perditus, probauit. Hunc equum C. Bassus Argis se uidisse refert, haud credibili pul.
chritudine, uigoreque, & colore exuperantissimo, nempe puniceo. Hoc adagium & refert, & copiosi.
us explicat A. Gellius 3. 9. Hæc Erasmus. Equus Cn. Seij (inquit Ioan. Rauisius) à Cor. Dolobella cen
tum milibus sestertijs emptus, inusitata quidem magnitudine, sed eo fato, &c. ut supra. Vide etiam
Cælium 12. 13. de eodem equo: cuius historiam Antonius de Gueuara quoque narrat epist. 25. Scytha
equum, subaudi recusat: τὸν ἵππον ὁ Σκύθης, subaudi ἀπωθεῖται uel βδελύττεται: de ijs qui clam aliquid
desiderant, palàm uero reijciunt & recusant, Suidas in τὸν ἵππον. Prouerbij ratio clarior fit ex alte.
ro prouerbio eiusdem sententiæ apud eundem in uoce Scythes, quod huiusmodi est, Σκύθης τὸν ὄνον,
uel ut Suidas habet, ὄνειον δ' αὖ τα) Scytha asinum: de ijs qui uerbis dissimulant, aut etiam abominan.
tur, re ipsa autem appetunt. Nam cum quidam asinum mortuum uidisset, dixit: En tibi cœnam ò
Scytha: ille uero primum detestatus, paulo post curiosius de eo perquisiuit, & circa eum parandum e.
laborauit (αὖθις δὲ πολυπραγμονήσας περὶ αὐτὸν ἐπονεῖτο) Suidas & Hesychius, apud quem mutilus hic lo
cus est. Non placet quod Erasmus hoc prouerbium sic effert, Ἀκκιζόμενος Σκύθης τὸν ὄνον, duo prouer.
bia, unius ut dixi utrunque per se sententiæ confundens. Suidas certè, & Hesychius sine uoce ἀκκιζο.
μένος melius proferunt: mox uero interpretationis loco eam subijciunt: Sed nec illud probo, quòd
ὄνειον

ἱππείου δεῖπνον suspicatur utile conuiuium potius quàm asininum significare. Scythas quidem & Tartaros equina uesci alibi diximus: & uescerentur nimirũ asinina quoq;, quam à nonnullis edi Galenus scribit, si Scythica regio eos proferret. Nunc quoniã, Aristotele teste, caret, magis forte probandũ erit equi mentionẽ in prouerbio fieri, (ut Suidas facit: & si Erasmus, quod sciã, nusq; meminit) quàm asini. Equi senecta, ἵππου γῆρας: prouerbium in eos dici solitum, qui præclaris rebus gestis in iuuenta, postea quàm consenuerint, ad sordidas curas semet abijciunt. Allegoria sumpta à generosis equis, qui senio facti segnes, in pistrinum, aut carrum, aut aliud id genus opus detruduntur, olim in pretio habiti, dũ uiribus integris essent. οὐ παντάπασι δὲ ἐξ ὑπαρχῆς τὸ καλὸν, ἵππου γῆρας ἐπάγεσθαι μηδενὸς ἀναγκάζοντος, Plutarchus in libello, An seni sit administrãda respub. Cum hoc cõuenit Ennianum illud, quod 10 refertur à Cicerone in Catone Maiore: Sicut fortis equus spatio qui forte supremo Vicit Olympia, nunc senio confectus quiescit, Erasm. Idem alibi in prouerbio Equi generosi senectus, Sophoclis ex Electra uersus recitat istos: ὥσπερ γὰρ ἵππος εὐγενὴς κἂν ᾖ γέρων ἐν τοῖσι δεινοῖς θυμὸν οὐκ ἀπώλεσεν, ἀλλ᾽ ὀρθὸν οὖς ἵστησιν: ὡσαύτως δὲ σὺ ἡμᾶς τ᾽ ὀτρύνεις, κἀυτὸς ἐν πρώτοις ἕπῃ. Verba sunt Orestis ad pædagogum senem, cuius cõsilio & auxilio occidit Clytæmnestram & Aegisthum. Vide supra, prouerbium, Anus uelut equus, &c. Est & uulgare Germanis prouerbium de inutili equi senecta, **Wenn das pferd zů alt ist / spannet man es in den karren / oder schlecht es für die hund.** Senescenti equo minores cyclos immitte, uide supra in H. e. Equo Sophocleo similis, adagium in eos est, qui ætate fessi & imbecillo corpore, animi tamen uigorem seruant etiamnum. Philostratus in Damiano sophista, καὶ εἶδον ἄνδρα παραπλήσιον τῷ Σοφοκλείῳ ἵππῳ. νωθρὸς γὰρ ὑφ᾽ ἡλικίας δοκῶν, νεάζουσαν ὁρμὴν ἐν ταῖς σπουδαῖς ἀνεκτᾶτο. Nam 20 Sophocles iam senex, & pro deliro à filijs accusatus, tragœdias tamen optimè & grauissime componebat, ut pluribus probat Cælius 21.20. In equo autem, inquit, arbitror allusum ad Tragici cothurni maiestatem, qui sit ueluti equestris, Comicæ humilitatis ratione, unde in Arte poëtica Horatius: Et tragicus plerunq; dolet sermone pedestri, &c. Et rursus capite 21. Coloni sic dicti loci duo fuere: alter appellatus hippos, id est equus, in quem confugit Oedipus. Ad quem forte prouerbium respectat, quod de equo Sophocleo prætexuimus, eò quidem procliuius, si inibi quoq; habitauit Sophocles, quod in quinto de finibus Cicero significat. Eundem cum Sophoclis equo sensum habet etiam Ibyci equus, de quo superius dictum est. ¶ Testudinem equus insequitur: conueniet uti hoc prouerbio cum rem præposterè & absurde geri significamus, Plutarchus in libello aduersus Stoicos, πολλῷ δὲ ἔσται χαλεπώτερον ἔτι, καὶ μᾶλλον ἀπήρτηται τῶν ἐννοιῶν, τὸ μηδὲν ὑπὸ μηδενὸς προκαταλαμβάνεσθαι, μηδ᾽ εἰ χελώνην, τὸ 30 τοῦ λόγου φασί, μετὰ τὸ διώκει ἀδράστου ταχὺς ἵππος, Erasmus. Decernetur equa Thessalica, explicatum est supra in B. ubi de patrijs equorum. Vide etiam inter hæc de equo prouerbia superius in Acarnico equo. Troianus, uel dureus, equus, δούρειος ἵππος (ut Erasmus scribit) de clandestinis insidijs dicebatur, aut ubi repente complures apparerent, qui latebant antea. Sumptum ab equo Homerico, in quo Græcorum proceres abditi, repente prosilientes Troiam ceperunt. Hũc Homerus durateum appellat, ut Odysseæ octauo, quòd trabibus esset contextus. αἶσα γὰρ ἦν ἀπολέσθαι, ἐπὴν πόλις ἀμφικαλύψῃ δουράτεον μέγαν ἵππον, ὅθ᾽ εἵατο πάντες ἄριστοι Ἀργείων, Τρώεσσι φόνον καὶ κῆρα φέροντες. Plutarchus in uita Themistoclis narrat illum aliquando dono rogasse equum à Philide nutritore equorum. Eum is ubi negasset, comminatum fuisse se breui ex illius domo facturum equum δουράτεον: significans se crimina ipsius ac domesticorum prolaturum in lucem. Nec inscitum fuerit, si quis ludum alicuius eruditi, Du40 rateum equum appellet, quod ex eo breui tempore summi uiri prodierint. De laudatis uiris qui subitò alicunde emerserunt, apud eruditos frequens est, ut ex illius domo uelut ex equo Troiano prodisse dicantur. M. Tullius Philippica secunda ad egregij facinoris societatem retulit: In huius me consilij societatẽ tanquam in equũ Troianũ includi cum principibus nõ recuso. Aristophanes in Auibus prouerbium detorquet in emphasim roboris ac magnitudinis: καὶ Θεαγένης ἐναντίω δύ᾽ ἅρματε, ἵππων ὑπόντων μέγεθος ὅσον ὁ δούρειος. Interpres admonet allusum ad equum æreum insigni magnitudine, qui in Acropoli stabat Palladi dicatus à Charidemo (Cælius 19.25. Χαιρέδημον uocat) quod ipsa testabatur inscriptio. Verum is ad imitationẽ equi Troiani compositus erat. M. Tullius actione in C. Verrem sexta, Troianum equum accipit pro extrema calamitate: Quem concursum factum in oppido putatis? quem clamorem? quem porrò fletum mulierum, qui uiderent equum Troianum introductum, 50 urbem captam esse dicerent, &c. Portas per quas introductus fuerat equus dureus, Homerus Iliad. tertio Scæas, hoc est sinistras, appellat, quod læua mente Troiani equum illum induxerint in ciuitatem. Idem pro Muræna dicit, equum Troianum intus esse, quum sentit reip. periculum esse à ciuili discordia (à Catilina:) Intus (inquit) intus est inquam equus Troianus, à quo nunquã me consule dormientes opprimemini. Idem pro M. Cęlio, An equus Troianus fuerit, qui tot inuictos uiros muliebre bellum gerẽtes tulerit ac texerit? Hęc omnia Erasmus. Et rursus in prouerbio Seianus equus, Equus durateus (inquit) fatalem interitum attulit Troianis: ad quod alludens Maro, Scandit, inquit, fatalis machina muros. Equi Troiani meminit Cicero etiam in libro de Diuinatione, & in epist. famil. Troianum equum (inquit Nic. Erythræus in Indice Vergiliano in uoce Simulacrum) cum Minerua fabricauit Epeus, ut Demodocus apud Homerum canit Odysseæ octauo. Hunc Vergilius instar montis 60 equum appellat, modò equi molem, aliàs equi immanis molem, interdum ferum, nunc dolum, quandoq; machinam, monstrum infelix, claustra pinea, & deniq; lignum: nam trabibus contextus acernis, ut idẽ poeta canit, Sectaq; intextus abiete costas. Vnde durateus, id est ligneus Homero dictus.

ἵππου κόσμον ἄεισον δουράτεον, & quæ eodem citato libro sequuntur. Quem imitatus Lucretius, Nec cũ durateus Troianis Pergama partu Inflammasset equus nocturno Graiugenarum. Apud Flaccum Argonauticôn 2. Manet immotis nox Duria castris: alij codices habent Durica eodem sensu: quidã simplicius legunt Dorica pro Græca, ut, Et Dorica castra. Equo autem ligneo inclusis Danais expugnatum fuisse Ilium fabulosè poetæ commenti sunt: sed rei ueritas ita habet. Equum ligneum, simulato pro reditu Mineruæ uoto, Græci ea magnitudine construxerunt, ut intra mœnia Troiana recipi non posset, nisi portæ murics urbis deponerentur. Eum Sinon, transfugam simulans, persuasit Troianis, si in urbem inducerent, futurum, ut nunquam Græci aduersum eos amplius arma mouere possent. Quamobrem deiectis portis & murorum parte, equum introducunt. Capientibus mox ipsis cibum securè, ac nihil tale uerentibus Troianis, Danaûm ductores ex loco, ubi in insidijs subsiderant, unde adhuc illi Argiuorum insidiæ nomen est, prodeuntes apertam urbem inuadunt, atque hoc pacto capiunt, Hæc ex Palæphati apistis. Alij sentiunt poëtas equi commentum de monte quodam arripuisse, cui Equo nomen esset, qui Troiæ immineret, per quem etiam facile capta sit: ad quod & Vergilius his alluserit, Instar montis equum diuina Palladis arte Aedificant, Hactenus Erythræus. Equum, qui nunc aries appellatur in muralibus machinis, Epeum ad Troiam inuenisse traditur, Plinius. Equum durium Epei opus, fuisse Pausanias (in Atticis) interpretatur machinam muris dissoluendis, cuius æneum simulacrum in Acropoli fuerit, Cælius. De equo Durio & Troia per eum capta, multa Calaber lib. 12. Arietem à Carthaginensibus excogitatum, Vitruuius & Tertullianus in libello de Pallio memorant. Higinius etiam Troianum equum, machinam oppugnatoriam fuisse scribit. Et hic quidem, Plinius & Pausanias, plus fidei merentur quàm Dictys & Palæphatus. Est præterea equus Troianus Liuij poetæ tragœdia, Brodæus. Equus Troianus (inquit Cælius) prouerbio usurpari potest pro societate non in perniciem modo cuiuspiam inita, uerum & ad bonam frugem aliquam. Cicero alicubi scribit ex Isocratis ludo, ueluti ex equo Troiano, innumeros principes exiuisse. Huc delecta uirûm sortiti corpora furtim Includunt cæco lateri, Vergilius. M. Varro, quod ad equum ligneum attinet, Epeum eius concinnatorem fuisse coquum scribit, & Argiuis cibum curasse: ideoq; à Plauto fumicum coquinatorio epitheto nominatũ, &c. Vide plura apud Cælium 29. 25. & Politianum in Miscellaneis, capite quinto, & supra in H. a. inter imagines equorum. Propertius libro 4. Elegiarum abiegnum equum dixit. Troiam fertur ob Laomedontis equos primum ab Hercule, deinde per ligneum equum ab Agamemnone, tertiò propter equum qui in porta consistẽs, Iliensibus claudere uolentibus impedimento fuit, à Charidemo duce captam fuisse, Plutarchus ab initio uitæ Sertorij: Vnde apparet equos Troiæ quodammodo fatales fuisse. Ἵππον ξεστὸν τὸν δούρειον λέγει Ὅμηρος, ὅ ἐστι ξύλινον. ξύλα δὲ ἴσον ξεστὰ ἢ ξύλεστα· καθὰ καὶ λίθος, ξεστὸν καὶ τὸ ξεστοῖσι λίθοισι, Varinus. Epeus nomen cuiusdam fabri, qui equum dureum fecit, Festus. ἱπποτέκτων (id est equi faber) filius Panopei durium (δούρειον) equum fa icauit, in quo occultati uiri Græci quinquaginta supra ter mille mea memoria (κατ᾽ ἐμὲ κγ. uidetur locus deprauatus) equo à Troianis intra mœnia attracto, noctu progressi, cæteris qui in Tenedo erant Græcis signum face dederunt: & cum ij aduenissent, Ilium uastauerunt, Varinus. Βαρινακίδα, τὸν δούρειον ἵππον, Hesychius & Varin. In equum ignauum perquam elegans Lucilij hexastichon extat Anthologij 2.23. huiusmodi, Θεσσαλὸν ἵππον ἔχεις Ἐρασίστρατε, ἀλλὰ σαλεῦσαι οὐ δύνατ᾽ αὐτὸν ὅλης φάρμακα Θεσσαλίης· Οὕτως δούρειον ἵππον, ὃν εἰ Φρύγες εἷλκον ἅπαντες Σὺν Δαναοῖς Σκαιὰς οὐκ ἂν ἐσῆλθε πύλας. Ὃν στήσας ἀνάθημα θεοῦ τινος, εἰ πρόσεχες μοι, Τοὺς λειθὰς ποίει τοῖς τεκνίοις πτισάνην. ¶ Vinũ equus poëtæ. Demetrij Halicarnassei distichon huiusmodi citatur à Zenodoto, etiamsi in epigrammatis refertur Nicerati titulo: Οἶνός τοι χαρίεντι φέρει ταχὺς ἵππος ἀοιδῷ, Ὕδωρ δὲ πίνων χρηστὸν οὐδὲν ἂν τέκοις. Vide supra in H. a. inter deriuata ab Equo. ¶ Ἀνὴρ γὰρ ἕλκων οἶνον ὡς ὕδωρ ἵππος, Σκυθιστὶ φωνεῖ οὐδὲ κόππα γινώσκων, Parmeno Byzãtius apud Athenæum libro 5. Ac si dicat, Si homo semel tantum uini hauserit, quantum aquæ solet equus uno potu consumere, minus iam sapit equo: equus enim saltem nomen suum semper agnoscit, ut coppatias dictus à coppa numero, de quo dixi in H. a. inter nomina equorum. Nos potioni nimium indulgentem, uaccæ instar bibere dicimus. Cum peditibus cucurristi, & illi fatigarunt te: quomodo ad certamen prouocabis equos? Hieremiæ 12.

¶ Germanis usitata prouerbia ab equis ducta, quibus eiusdem ferè sententiæ Latina absq; equi mentione enuntiata adiungemus. **Das pferdt ist seins fůters werdt** / Equus meretur pabulum, Canis digna pabulo. **Die rossz hinder den wagen spannen**, Equos currui postponere: Currus bouẽ trahit. **Er rydt ein gäch pferdt**, uel ut Vuestphali proferunt **He rydt ein geck perdt**, Equum sternacem equitat: Malo asino uehitur. **Es vertritt sich auch wol ein pferdt das vier füsse hatt/oder ein pferdt mit vier füssen**: Est quando equus quanquam quadrupes gressu aberrat: Quandoq; bonus dormitat Homerus. **Gaul als gurr**, Equus equa dignus: Mali thrîpes, mali îpes. **Hie schwimmend wir öpfel/ sprach der pferdtsdreck/ do schwamm er vnder den öpfeln vff dem wasser** / Hic nos poma natamus, aiebat stercus equinum, cum inter poma aquæ innataret. **Kleine pferdt/kleine tagreysen**, Parui equi, parua itinera: Efficimus pro nostris opibus mœnia. **Mã můß mit den pferden pflůgen die man hat**, Arandum est equis quorum copia est: Si bouem nõ possis, asinum agas. **Mitt bösen geulen bricht man das eyß**, Malis (ferocibus) equis scinditur glacies: Scindere glaciem Latinis etiam prouerbiale est. **Mitt vnwilligen ochsen oder pferden ist nitt gůt pflůgen**, Bobus aut equis inuitis non bene aratur: Inuitos boues plaustro inducere. **Rosszarbeit**, Equini labores.

Herculei

Herculei labores. **Trauwe wol reytet das pferdt hinwäg**, Credulitate equus amittit: Fiducia pecunias amisi. **Wañ die alten geul gehen werdend/so stehen sy nitt zů halten**, Cum ueteli equi currere incipiũt, difficillimè retinentur: Anus subans, γραῦς καπρῶσα. **Zů dem baren bringen**, Ad præsepe adducere, In laqueum inducere.

¶ Plato in Phædro tres animæ partes facit, ἱππομόρφω μὲν δύω τινὲ εἴδη, ἡνιοχικὸν δὲ εἶδος τρίτον. τὼ δὲ δὴ ἵππω, ὁ μὲν φαμὲν ἀγαθός, ὁ δ᾽ οὔ. Homerus cursum uiri præstantis confert cursui equi pabulo saturati, ὡς δ᾽ ὅτε τις στατὸς ἵππος ἀκοστήσας ἐπὶ φάτνῃ, Varinus in παραβολῇ. ¶ In adulari nescientem Alciati emblema. Scire cupis dominos toties cur Thessalis ora Mutet, & ut uarios quærat habere duces: Nescit adulari, cuiquámue obtrudere palpum, Regia quem morem principis omnis habet. Sed ueluti ingenuus sonipes, dorso excutit omnem, Qui moderari ipsum nesciat hippocomon. Nec sequi re tamen domino fas. ultio sola est, Dura ferum ut iubeat ferre lupata magis.

DE GENETHA.

Huius quadrupedis pellem depictam dabimus in fine huius Tomi.

GENETHA, uel potius genetta aut ginetta (genocha apud Albertum, perperam) est bestia paulò maior (minor, Albert.) uulpecula, colore inter croceum & nigrum, maculis interdum nigris ordine in pelle dispositis (maculis nigris interpositis, Albertus:) mansueta satis, nisi lacessatur. Ardua non ascendit, sed in humilibus locis, & iuxta riuos degit, & ibi uictum quærit, Isidorus & Vincentius Bell. Germani uocãt **ein genithkatz**. Pelles uestibus assuuntur, & pretiosæ habentur. Sunt etiam animalia (inquit Hier. Cardanus) pellibus nobiliora, ut lynces: et è mustellarũ genere plurimæ, martori, uarij, lardironi, uiuerræ, ginettæ. Nostri, ut dixi, genetocatum composita uoce nuncupant, ob cati similitudinem. Habet autem catus ingenium & formam magna ex parte mustelis similem: quamobrem recentiores γαλῆς, id est mustelæ uocabulum, in catum quoque conferunt. Cæterum lardironi (hoc est glires, ni fallor) & uarij, murium potius quàm mustellarum genera mihi uidentur. Ginettas Hispania mittit, forma & moribus domesticis mustellis, quas nos foinos uocamus, similes; pelle uaria ac nigro & cinereo alternantibus maculis distincta, Cardanus. Ego pellem tantum genettæ uidi. Ea à capite ad extremam caudam longa fuit dodrantes quatuor cum palmo: cauda seorsum duos dodrantes, æqualis ferè reliquo corpori. Latitudo pellis in medio extensæ, dodrans unus. Venter medius & collum supinum, cinerei ferè coloris. Caudæ circuli nigri octo: & totidem cani uel albicantes, alterne. Corpus totum nigris maculis eleganter distinguitur: reliquum fuscum uel candicans apparet, aut canum fusco ruffoque pauco permixtum. Mollis est pilus, & densus lanuginosusque interius. Bene olet pellis, moschum quodammodo. Lugduno ad nos uehũtur: ternæ ferè aut quaternæ denarij aurei pretio. Ginettæ unde dicantur certi nihil habeo: conijcio tamen nomen esse à loco: nam & equi iannetti ginnettiue dicti, ex Hispania habentur: quorum mentionem in Equo feci capite secundo inter celeres. Quærendum an genus aliquod sit thôis uel panthèris minoris quorum meminit Oppianus. Conueniunt enim magnitudo, maculæ, ingenium (nam & panthèra minorem, innoxium esse Oppianus scribit, ut suo loco dicemus) & usus pellium ad uestes pretiosus, & insuper odor suauis.

DE GLIRE.

Hanc gliris imaginem doctissimus Bergomensis medicus Guilhelmus Gratarolus ad nos misit.

A.

GLIS nominatiuus ab eo, quod sunt glires. Laberius in Aquis caldis, Etiam hic me optimus somnus premit, opprimitur glis. Plautus genitiuo plurali glirium examina dixit, Nonius. Ego glirem à pinguitudine dictum conijcio: gliscere enim crescere & pinguescere significat. Columella de asino, Paleis uero, quibus ferè omnes regiones abundant, etiam gliscit.

Et alibi, Prius tamen quàm exilem terram iteremus, stercorare cõuenit: nam eo quasi pabulo gliscit. Hinc, ut uidetur, gliscerum quoq; conuiuium, ut Cęlius meminit, dici potest, quod aditiale ac ganeatum dubiumq; fuerit. Glis animal, glis terra tenax, glis lappa uocatur, carmen apud Syluaticum. Et à recẽtioribus quibusdã grammaticis parum classicis, glis fœminini generis, unde genitiuus sit gliss͡is, terra cretosa uel argilla exponit: Scoppa existimat uocem non Latinam esse. Cum pro lappa (uel carduo, ut Calepinus habet, fœmininum quoq; faciens) accipitur, genitiuum faciunt glitis: sed hoc quoque Latinum non uidetur. Syluaticus glirem interpretatur animal quod in radice napelli moretur, deceptus (ut apparet:) quoniam utrunq; muris genus uidetur, utrunq; syluestre. Sed de mure qui degit circa napelli siue aconiti radicem, inter mures dicemus. Glis uero in arboribus & latibulis syluarum habitat. Albertus Magnus murem uarium nominat, propter colorem, ut infra dicemus: quanquã & murẽ Ponticũ recentiores uariũ absolutè appellant. עכבר akbar uocem Hebraicam murem interpretantur, sed glis potius uidetur. Hieronymus Leuit. 11. mustelam uertit: Esaiæ 66. murem, quem nos glirem uocamus, uel iuxta Orientis prouincias μυοξὸς. Septuaginta μῦν. Chaldæus, akbera, Arabs פאר pir uel phir, Persa אן מוש an mus. Rabi Abraham Iob 8. akbar araneam interpretatur, Munsterus. Comedentes carnem suillam, & abominationem, & akbar, Esaiæ 66. murẽ reddit Munsterus: etiam Leuitici 11. ubi sic legitur ex translatione ipsius: Hoc quoq; uobis inmmundum sit in reptili, quod reptat super terram: mustela & mus atq; bufo, ericius, chamęleon, lacerta, limax, & talpa. Græci glirem μυοξὸν appellant. Myoxus animal moritur semestre tempus, & rursus post tempora sua reuiuiscit, Epiphanius in Ancorato inter argumenta de resurrectione credenda. Item in fine primi tomi secundi libri contra hæreses, Tradunt (inquit) naturæ rerum experti, myoxum latitare, & fœtus suos simul in eodem loco multos parere, quinq; & amplius: Viperas autem hos uenari. Et si inuenerit totum latibulum ipsa uipera, quum non possit omnes deuorare, pro una uice ad satietatem edit unum aut duos, reliquorum uerò oculos expungit, & cibos affert, excæcatosq; enutrit, donec uoluerit unumquenq; eorum deuorare. Si uerò contigerit, ut aliqui inexperti in hos incidant, ipsosq; in cibum sumant, uenenum sibi ipsis sumunt, eos qui à uiperæ ueneno sunt enutriti. Sic etiam ô tu Origenes à Græca doctrina mente excæcatus, uenenum his qui tibi crediderunt, euomuisti, & factus es ipsis in edulium uenenatum, ita ut per quæ ipse iniuria affectus es, per ea plus iniuria affeceris. Adderem & Oppiani uersus circa finem libri 2. de Venatione, nisi nimium indulgere poetarum elegantiæ uideri metuerem: quamobrem sat fuerit sensum exprimere. Præter institutum est (inquit) minora animalia & imbecillia commemorare, ut pantheras & feles, καὶ τυτθοὺς ἀπαλοὺς ὀλιγοδρανέας τε μυοξούς: hoc est paruos & teneros & infirmos glires, qui tota hyeme somno sepulti mortuis similes iacent, at uere demum nouo reuiuiscunt, expergiscuntur, & ad cibum redeunt capiundum. Non dicam etiam hirsutum & imbecillem sciurum, &c. Hinc quidem constat myoxum non esse bufonem, ut quidam interpretantur, (Gyllius ex Oppiano:) sed nihil aliud quàm glirem. Apud Syluaticum quoq; miosos (pro myoxos) glis exponitur: quanquam mox idem, misoxum, ranam terrestrem uenenosam rubeam interpretatur. Ipsum certe myoxi nomen animal ex myôn, id est murium genere, esse ostendit. Μυωξίας Græci murium cauernas uocant: quæ uox ante ξ. habet ω, myoxus uerò omicron. Apud Hesychium & Varinum eodem sensu μυξίας tribus syllabis legimus. Easdem cauernas μυωπίας nominant, similiter per omega: etsi ὀπὴ, id est foramen per omicron scribitur. Myxus quoq; animalis nomen est, de quo incantationem legimus apud Suidam & Varinum, ad asini dysuriam: Gallus bibit & non meijt, myxus (paroxytonum μύξος, in ἀλέκτωρ uero apud Suidam oxytonum est μυξὸς) non bibit & meijt. Μύξος ὁ λαγόγηρως (λαγόνηρως, Varinus) παρ' ἡμῖν, Suidas: ego non aliud quàm glirem intelligi puto, quem uulgus Italorum hodie multis in locis galerum uocat, quod nomen ad lagogerum, uel lagonerum satis accedit, literis transpositis. An uero glires non bibant, affirmare non possum: uerisimile tamen est longo tempore sine potu uiuere posse, & meijere tamẽ, ut mures etiam. Ego cuniculos à teneris aliquot iam menses potum aspernantes & recentibus tantum herbis contentos enutriui, cum interim in meiendo plurimi sint. Myxum etiam prouerbialiter dicimus de homine arrogante & iactabundo, à Myxo quodam Dianę sacerdote, qui homo nimis urbanus & iactator erat, Suidas & Varinus in Μύξος, & in Βαβαὶ μύξος. Myxus, inquit Erasmus in Chiliadibus, sacerdos Dianæ fuit gloriosus & magniloquus, qui se fingebat omnia mirari: Papæ autem admirationis significationem habet. Refertur à Suida & Zenodoto. Ego apud Suidam de Myxo non reperio quòd omnia mirari se finxerit, id quod parasiti & Gnathonis potius quàm Thrasonis ac Myxi est: Quamobrem illud Papæ per ironiam intelligemus, non per μίμησιν: ut prouerbij talis sensus sit de homine iactabundo, qualis illius Cerebrum Iouis, de eo qui ipse sibi plurimum sapere uideatur. Ἐλειὸς apud Aristotelem Theodoro interprete glis est, & uox ipsa satis alludit. Varinus eodem modo scribens genus accipitris interpretatur. Ἐλειὸς Aristarchus inquit nasci inter frutices similes lacertis. Callistratus uero animal esse uermium generis (σκωληκωδές τι) in quercubus, quo piscatores ad escam utantur. Οὐκ ἔστι γὰρ ζῷόν τι τετράπουν ὁ ἐλειὸς (apud Varinum aspiratur, quod non probo) καλούμενος μῦς, ὁ σκίουρος, Hesychius & Varinus: hoc est, Neq; enim ἐλειὸς est animal quadrupes è murium genere quod sciurum uocant. Glires quos Græci ἀλίους uocant (legendum ἐλειούς) in ipsis arboribus hyeme pinguescunt, Volaterranus. Ὄλιος, σκίουρος, ἔλιος (proparoxytonum,) Hesychius & Varinus. Vnde apparet ueteres quosdã grammaticos glirem uel ἐλειὸν eundem sciuro existimasse, qui quidem in Ἐλειὸς, ut iam dixi, ab Hesychio & Varino

Varino reprehẽduntur. Nuper etiam Ge. Agricola in libro de animantibus ſubterranneis, eiuſdem animalis hæc nomina eſſe aſſeruit, nullo tamen uel teſte uel argumento adhibito, pręterquam etymologiæ à ſe confictæ. Glirem, inquit, Ariſtoteles ἐλειὸν à uertendo nominat. Vertit enim & ſurſum uerſus inflectit caudam: qua de cauſa alij Græci καμψίουρον uocarunt: aliqui uerò σκίουρον: quòd cauda ſua uillis ueſtita & conferta, quaſi flabello corpus ſoleat inumbrare: aliqui μῦν σκίουρον, quòd præterea ſimilitudinem quandam gerat ſpeciemq; muris. Ego glirem à ſciuro differre uideo, tum authoritate grammaticorum quos dixi: tum quoniam & Oppianus apud Græcos de myoxo (quem glirem eſſe oſtendi) & ſciuro: & apud Latinos Plinius de glire & ſciuro ſeorſim agunt. Accedit quod omnes qui Latinæ linguæ ueſtigia ſeruant, Itali inquam, Galli & Hiſpani, & gliris & ſciuri diuerſorum animalium diuerſa nomina retinent, utraq; antiquam originem teſtantia. Glirem in delicijs ciborum habẽt in multis Italiæ locis, ſciurum aſpernantur. ἐλινύειν, uel ἐλιννύειν, interpretantur ἀναπαύεσθαι, ὀκνεῖν, σχολάζειν, ἡσυχάζειν, ab hoc uerbo ego ἐλιὸν uel ἐλειὸν deduxerim, ſi etymologiæ rationem aliquis exquirat. Cæterum ἐλεός, uel εἰλεός (aliqui aſpirare malunt: aliqui etiam in neutro genere ἐλεὸν uel ἐλεόν proferũt) ἀπὸ τοῦ ἐλεῖν, ἢ ὅτι ἐξ ἐλαίων ῥάβδων ἦσαν πεπλεγμέναι αἱ μαγειρικαὶ τράπεζαι, Scholia in Homer. menſam coqui ſignificat apud Homerum Iliados nono. Γκγγήλιξ, γήλιγγος, ὁ ἄγριος μῦς, Heſychius & Varin. hoc eſt, mus agreſtis: uidetur autem, propter uocis ſimilitudinem, non aliud muris genus quàm glirem ſignificare. Νιξίς (uox detorta uidetur ab ea quæ eſt μυοξός) mus in Cappadocia, quem aliqui ſciurum uocant. Galenus libro 3. de alimentorum facultate, Non opus erit, inquit, pluribus exequi animalia omnia quæ apud ſingulas gentes propriè naſcuntur, qualis eſt apud Iberos cuniculus: in Lucania autem Italiæ regione quod inter urſum ac ſuem quodammodo eſt medium: ceu aliud quoddam inter agreſtes (ἀρουραίους) mures ac myoxos, & eos qui ἔλειοι (proparoxytona uox, interpres Martinus Gregorius ſciuros uertit) appellantur, eſt medium: quod in eadem Italiæ regione, & alijs pleriſq; locis manditur. Quæ enim ex eiuſmodi animalibus bene habito corpore ac planè pingui ſunt, ea experientia explora, præparandorum ipſorum rationem, quam incolæ experientia didicerunt, ab ipſis audiens ac diſcens. Ex his Galeni uerbis exiſtimabit aliquis, ἔλειον & myoxòn animalia eſſe diuerſa: ſed fieri poteſt, ut myoxos ſubiuncta per epexegeſin copulatiua coniunctione elios interpretetur. Aut ſi nõ idem ſunt, proxima tamen inter ſe genera eſſe apparet. ¶ Glirem Itali uocant lo galero, lo gliero, uel ghiro, ut Scoppa, Arlunnus & Niphus docent. Hiſpani lirón. Galli ſimiliter liron, uel rat liron: ſecundum alios, ung loir, ung rat ueul. Germani circa Atheſin **ein greul**: Heluetij, **ein rell** uel **rellmuß**, uel **groſſe haſelmuß**. Nam & aliud ſyluatici muris genus eſt, glire minus, cui ab auellanis quibus ueſcitur nomen eſt apud noſtros: ſed hoc in cibum nõ uenit: ſimiliter tota hyeme in ſyluis dormit, unde apto uocabulo dormus, hoc eſt dormiẽs mus, ab Anglis appellatur (proprium quidem gliris nomen Anglicum non reperio) de quo plura in murium hiſtoria dicam. Hoc non prætereundum, animal cuius imaginem dedi, ſub uentre albicare: & mordax eſſe adeò ut raro uiuum capiatur. Hanc pictã cum oſtendiſſem amico cuidam, qui rellios mures noſtros, ut ita uocem, uidit editq; nonnihil intereſſe dixit, quòd noſtri oblongiore roſtro uideantur, & acutioribus auriculis, extrema cauda non æque uilloſa, uentre medio magis protuberante inter pectus & ilia contractiora, tergo & latere prorſus cinerei, in uentre (ſi bene memini) ſubruffi, non albi ſaltem. Capiuntur aliquando Claronæ (qui Heluetiæ pagus celebris inter altiſſimos montes ſitus eſt) in ſyluis & arboribus. Vtrunq; maius ſciuro eſt, utrunq; animal murium generis eſt, utrunq; eſculentum & pinguiſſimum: ut duæ ſpecies unius generis uideantur. Lardironi etiam, quorum Cardanus meminit libro 10. de ſubtilitate, nõ alij quàm glires uidentur: & nomen hoc à Cardano confictum propter lardum, hoc eſt pinguitudinem qua gliſcunt: quanquam ipſe muſtellarum generi adnumeret, his uerbis: Sunt (inquit) animalia pellibus nobiliora, ut lynces: & è muſtelarum genere plurimæ, martori, uarij, lardironi, uiuerræ, ginettæ. (ſed uarij, & lardironi, ſi glires ſunt, muribus potius adnumerari debent.) Et mox, Pelles colli diuturniores plerunq;, ut in uulpe, uiuerra, lardirolo. Ineptiſſimè quidam in uernacula lingua rattum uulgo dictum, hoc eſt murẽ domeſticum maiorẽ, glirẽ faciunt: cum is non ſolum non ſit edendo, ſed propemodum uenenoſus habeatur. Polonicè quidam glirem interpretatur ſczurek, quæ uox ad ſciurum accedere uidetur: ſed ſciurum uocant **wijewijorka**. Audio in Croatia & alibi illud etiam muris genus edi, quod **bilchmüß** Germanicè uocant, de quo plura inter mures.

B.

In Mæſia ſylua Italiæ, non niſi in partu reperiuntur glires, Plinius admirans rerum naturam non ſolum alia alijs dediſſe terris animalia, ſed in eodem quoq; ſitu quædam aliquibus locis negaſſe. Audio glirem maiorem eſſe ſciuro, colore nigricante: uel, ut alij referunt, dorſo fuſco, uentre albo, (qui color etiam ijs eſt, quos iam mures ab auellanis uulgo dictos nominaui) cauda breui, in extremo uilloſa, facie quodammodo urſina. Albertus etiam glirem colore uarium eſſe ſcribit, in dorſo griſeum, in uentre album: breuioris pili, & tenerioris corij quàm animal quod uerè uarium (murem Ponticũ, uulgò **pundtmuß**, intelligit) uocatur. Axungia & laridum ſunt in animalibus non cornigeris, quorum quatuor dentes ut plurimum prominẽt, ut ſunt glis, felis, canis, urſus, &c. Monachi in Meſuen. Veras glires & ſciuros cæcum inteſtinum tantum nactum ſcimus, ut magnitudini eorum uentriculi facile reſpondeant: atq; idem in ſectione fæcibus turgidum reperitur, Veſalius.

C.

Fagi glans muribus gratissima est: glires quoque saginat, Plinius. Nucibus regijs uel iuglandibus delectantur glires. Arbores scandunt, & poma edunt: uel ut Albertus scribit, succo pomorum aluntur. Nostrates non ipsa poma uel māla à muribus rellijs edi aiunt, sed aperiri tantum, ut nucleis potiantur: & sæpe sub arboribus copiam pomorum nucleis exhaustam à gliribus, inueniri: atque inde nomen impositum ut tellen dicantur: nam idem uocabulum legumina sub mola decorticare significat, ita ut inter molendum medulla quasi nucleus à cortice ambiente purgetur: hoc Græci πτίσσειν, Latini pinsere uel pinsare uocant: quod olim pilis tundentes faciebāt, hodie molentes in molis, ut Budæus etiam testatur. Panicum pinsitum & euolutum furfure, Columella. Vt in pistrino pinsetur ac torreatur, Varro. Solent autem glires nostri poma, quorum appetūt genera, diuaricatis alicubi ramorum ceu furcis imponere, ut sic inserta obfirmataque cōmodius euacuent. Sed de cibis eorum plura dicam capite quinto. Glires latent in ipsis arboribus, pinguescuntque per id tempus uehementer: ut & mures (albi, quod Gaza omiserat, Plinius addit) Pontici generis albi, Aristoteles. Sorices & ipsos hyeme condi autor est Nigidius, sicut glires: quorum senium finitur hyberna quiete: conditi enim & hi cubant: rursus æstate iuuenescunt, simili & mustelis quiete, Plin. Somniculosos ille porrigit glires, Martialis. Dic, cessante cibo, somno quis opimior est? glis, Ausonius. ¶ Myoxi quomodo lateant, & quotuplicem fœturam ædant, capite primo ex Epiphanio recitaui. ¶ Animalia tractilia dicūtur, quæ cum mutant locum se trahunt, sicuti mouentur lepores, qui saltando se trahunt: & glires inalati, qui mutant locum quasi se trahendo, & alia multa huius generis, Niphus in Aristotelis historiam animalium 1.2. Ego tractilia, quæ Aristoteles εἰλυτικὰ uocat, non alia esse puto, quàm quæ in loci mutatione extenso contractoque per uices corpore mouentur, ut lumbrici, de quorum motu εἰλύεσθαι & ἰλυσπᾶσθαι propriè dicitur: lepores enim & similia Aristoteles saltu moueri dicere solet. Iam quid per uocem inalati sibi uelit Niphus, non assequor.

D.

Glis animal est semiferum, Plinius. Si in uiuarijs doliorum (de quibus mox in E. dicam) alere placeat, notatum est non congregari nisi populares eiusdem syluæ: & si misceantur alienigenæ, amne uel monte discreti, interire dimicando. Genitores suos fessos senecta alunt insigni pietate, Plinius. Vipera quàm astutè myoxos deuoret, in A. dixi ex Epiphanio. Serpentes quidem etiam muribus insidiari certum est.

E.

Glis hyeme dormit: quamobrem si in syluis foueæ profundæ fiant, & terra, palea & lignis superne operiantur, plenæ his animalculis per hyemem inueniuntur, Albertus. Et alibi, Circa Boëmiam & Carinthiam rustici autumno in syluis cellaria parant, in quibus glires numerosi se collocant, & inde ad esum hominum colliguntur. Audio uagari in syluis per arbores sciurorum more, & ex una in alteram transilire: & sæpe à uenatoribus sagittis feriri, præcipue circa caua arborum, ubi latitare solent: hæc enim reperta, obstruunt uenatores: reuersi ad ea glires & in aditu patefaciendo occupati feriuntur: sæpe in ipsis deprehensi cauis baculo immisso cæduntur. Ex gliribus magnum emolumentum esse non potest, Appius apud Varronem. Leporarij genus uenaticum, duas habet species: unā, in qua est aper, caprea, lepus: alteram extra uillam, quæ sunt, ut apes, cocleæ, glires, Varro. Gliri uiuaria in dolijs, idē qui apris instituit, (hoc est Fuluius Hirpinus, Grapaldus) Plinius. In Gallia transalpina T. Pompeius in consepto amplissimo præter animalia cætera, dolia habet, ubi glires cōcludun tur, Varro de re rust. 3.12. Et rursus 3.15. Glirarij (inquit) locus, non aqua, sed maceria sepitur. Tota læui lapide, aut tectorio intrinsecus incrustatur, ne ex ea erepere possint. In eo arbusculos esse oportet, quæ ferant glandem: quæ cum fructum non ferunt, intra maceriam iacere oportet glandem, & castaneam, unde saturi fiant. Facere his caueas oportet laxiores, ubi pullos parere possint. Aquam oportet esse tenuem: quod ea non utuntur multum, & aridum locum quærunt. Hi saginantur in dolijs, quæ etiā in uillis habent multi, quæ figuli faciunt multò aliter, atque alia: quod in lateribus eorum semitas faciunt, & cauum, ubi cibū constituant. In hoc dolium addunt glandem, aut nuces iuglandes, aut castaneam. Quibus in tenebris, cū cumulatim positū est in dolijs, fiunt pingues, Hæc Varro.

F.

Glires censoriæ leges, princepsque M. Scaurus & Marcus in consulatu, non alio modo cœnis ademere, quàm conchylia, aut ex alio orbe conuectas aues, Plinius. Et alibi, Extant censoriæ leges, glandia in cœnis gliresque & alia dictu minora apponi uetantes. Sunt qui & taxos & glires cœnis addāt, quæ animalia in qualitatibus hystrici haud multū dissimilia sunt, Platina. Apud Rhætos qui Italicè loquuntur, glirium carnem salsam reponi audio, quoniam dulcis & pinguis sit suillę instar. Poscuntur in conuiuijs aliquoties trutinæ, ut adpositi pisces & uolucres ponderentur, & glires: quorū magnitudo sæpius delicata non sine tædio præsentium, ut antehac inusitata laudatur adsiduè, Am. Marcellinus lib. 28. Glires (inquit Apicius 8.9.) isicio porcino: item pulpis ex omni membro glirium tritis cum pipere, nucleis, lasere, liquamine, farcies glires, & sutos in tegula positos mittes in furnum, aut farsos in clibano coques.

G.

Ambustis medetur glirium cinis cum oleo, Plinius. Glirem integrum superligabis, uerrucas mox

mox tollit, Sextus. Glires & sorices combusti, & cinis eorum melli admixtus, si inde quotidie mane gustent qui claritatem oculorum desyderant, sanabuntur, Sextus. Mus gliris deglubtus, & cum oleo ac sale assatus, pleumoniticis uel empyicis cibo datus, mirè succurrit: eos quoque qui purulenta excreant celerrimè sanat, Marcel. Glirium, uel soricum, uel uermium terrenorum cinis, ex oleo impositus pernionibus medetur, Marcel. Gliris pingue & gallinæ adeps, & medulla bubulina liquefacta tepensque infusa auribus, plurimum prodest, Marcel. Paralysin cauentibus pinguia (Albertus non rectè urinam legit) glirium decoctorum & soricum utilissima tradunt esse, Plin. Gliris adeps remedium adferet ad eos qui paralysi tentantur, Sextus. Gliris detracta pelle intestinisque exemptis decoquitur melle in uase nouo: sed medici malunt nardo decoqui usque ad tertias, atque ita asseruari: deinde 10 cum opus sit strigili tepefacta infundere. Constat deplorata aurium uitia eo remedio sanari, Plinius. Gliri seu blattæ pellis detrahitur, & intestina eius decoquuntur in uase æreo nouo cum mellis heminis tribus, usque ad tertias, atque ita seruatur, ut cum opus est strigili medicamentum tepefactum auribus infundatur, Marcellus. Ex blattis quidem ad aures remedia in libro de insectis ex Plinio & Dioscoride referentur: sed & gryllus auribus prodest, &c. & cogitandum an glirem pro gryllo Plinius et Marcellus posuerint: congenera enim ferè hæc animalia auribus salutaria creduntur, ut & millepedæ, siue aselli, quos aliqui in lingua nostra porcellos uocitant: significat autem gryllus etiam porcum Græcis. Gliris urinā cōtra paralysin ualere Albertus ex Plinio citat, sed falsò ut paulo ante monui.

H.

Epitheta. Somniculosi glires apud Martialem. Apud alios, ut Textor refert, breues, soporati, hy-20 berni. τυτθοί, ἀτπλοί & ὀλιγοδρανέεσ, Oppianus de myoxis.

DE GVLONE.

GVLONIS nomen de Septentrionali quadrupede uoracissima fera etsi nouū est, et ab Olao Magno, ut puto, ad imitationē Germanicæ uocis primū cōfictum, placuit tamen retinere, & hoc in loco collocare, cum ueteribus ignota indictaque uideatur. Plurima ta-30 men concurrunt ut aut ipsam hyænam, seu crocutam (quā aliqui eandem hyænæ putant, alij ex hyena & cane, alij ex hyęna & leęna natam: omnia dentibus frangit, protinusque deuorata conficit uentre, Plin.) aut omnino congenerem bestiam existimem, ut facile iudicabunt qui utriusque historiam conferent: & commodè quidem accidit, ut hyęnæ historia proximè subijcienda literarum ordine sic poscente sequatur. In Lithuania & Moscouia (uerba sunt Matthiæ à Michou ex libro 2. descriptionis Sarmatiæ Europeæ, cap. 3.) animal uoracissimum & inutile, quod alibi non compa-40 ret, rossomaka nominatum, magnitudine canis, facie catti, corpore & cauda uulpinis, (hyæna uidetur quasi ex lupo & uulpe composita) colore nigro: cadaueribus uescitur. Inuento cadauere tantum uorat, ut extendatur & infletur tympani instar: itaque angustiam aliquam inter arbores ingreditur, & per uim se ipsum intrudit, ac uentrem premens stringensque exonerat, ut uiolenter ingesta uiolentius egerat: sic extenuatum rursus ad cadauer properat & rursus impletur, ita ut uicissim de cadauere quantum potest deuoret & excernat, donec totum absumpserit. Et forsan natura tam insatiabile animal in illis regionibus producit, ut homines simili uoracitate laborantes redarguat. Quoniam potentes 50 quum conuiuari cœperint, sedent à meridie in medium noctis, continuo cibo & potu se opplendo, et cum natura exigit surgendo à mensa ut egerant, & rursus se ingurgitent, idque ad uomitum usque & rationis ac sensus amissionem, ut inguinis et capitis quæ sint discrimina tandem nesciant. Estque illa consuetudo perniciosa in Lithuania & Moscouia, magis uero & absque pudore in Tartaria. Hæc ille. Atque utinam intra illas tantum gentes plusquam belluina illa ingurgitatio circumscriberetur, nec Germaniam nostram inuasisset in tantum, ut quo nobiliore quisque ferè natus est loco, eò bibacior & uoracior dies noctesque transigat, atque interim & nobilis, & bonus & Christianus haberi dicique uelit, cum ne hominis quidem secundum rationem, nedum Christiani secundum pietatem, imò neque belluæ secundum naturam uiuentis uitam tueatur. Nam ut hyęna aut crocuta, & alia quædā pauca naturæ monstra huic tam immani uitio obnoxia sint, pleraque tamen omnia bruta in cibo potuque naturæ modum 60 nunquam excedunt, ne uerberibus quidem aut ullis illecebris ut id faciant adigenda. Sed redeo ad rossomacam: de qua eadem scribit Olaus Magnus in libello quem adiunxit Septentrionalium regionum descriptioni, unde nos etiam picturam hic appositam mutuati sumus: quam quidem ad uiuum factam non asſero, ſed dedi qualem inueni. Animalia, inquit, quæ Germani **vilfraß**, id eſt multiuora, Suedi ierff appellant, immodicæ uoracitatis: nimium repleta uentrem inter duas arbores ſtringūt ut excrementa protrudant. Petuntur à uenatoribus (ſagittis, aut bombardis) pellis gratia ſolum, quæ apud nobiles & ditiſſimos ad ueſtimenta in pretio eſt, utpote ſplendidis & florum inſtar diſtincta coloribus, quales in Damaſcena ueſte ſpectantur. Sed illi cum geſtant huius beſtię pelles, in eiuſdem ferè naturam mutantur.

DE HYAENA.

Hanc imaginem qualemcunq; in ueteri Græco codice manu ſcripto poematum Oppiani reperimus: mihi quidem non placet.

A.

HYAENAE quadrupedis nomen, utpote peregrinæ & ignotæ pleriſq; Græcis Latiniſq; ſcriptoribus, non ſolū cum crocuta & leucrocuta quadrupedibus ſæpe confundi uideo: ſed etiam multa eadem aliâs quadrupedi hyęnæ, aliâs eiuſdem nominis ſerpenti, aliâs piſci attribui. Ego hoc in loco de hyęna quadrupede primum agam: deinde de illis animalibus quæ ſiue eadem hyęnæ, ſiue diuerſa ſint, congenera tamē, nomine ſaltem differunt: eoq; uel Græcis Latiniſq; uſurpato, ut crocuta & leucrocuta: uel barbaris tantum ſcriptoribus, ut papio, zilio. Ὕαινα, quadrupedis & piſcis nomen, Heſychius & Varinus. De hyęna ſerpente ſuo loco ex Aeliano & alijs dicam. Hyęnam alij glanum appellant, Ariſtoteles interprete Gaza de hyęna quadrupede: Græce etiam γλάνος habetur: apud Heſychium uero γάνος ſine lambda, his uerbis: Phryges & Bithyni hyęnam, ganon uocitant. Niphus hyęnam Epheſijs gannum (per n. duplex) uocari, ex Philopono annotauit. Ego cum lambda glanum potius quàm ganum dixerim, hac coniectura motus: quoniam hyęna etiam piſcis nomen eſt, ut libro ſeptimo apud Athenæum legimus, qui & ὑαινίδα ex Epicharmo nominat, quale uerò piſcis hoc genus ſit tanquam ignorans non deſcribit. Mihi quidem piſcis idem uidetur qui & ὗς illic ab eo nominatur, de quo Archeſtrati uerſus citat, Ἐν δ' Αἴνῳ καὶ τῷ Πόντῳ τὴν ὗν ἀγόραζε, Ἥν καλέουσι τινὲς θνητῶν ψαμμῖτιν ὀρυκτήν, Τούτου τὴν κεφαλὴν ὄπταν, &c. Conijcit autem eundem ῥόθιον ψαμαθῖδα in carmine Numenij dictum: & dubitat an idem ſit piſcis qui capros, id eſt aper uocatur. Ego aprum piſcem Acheloi uocalem eſſe apud Ariſtotelem legi, ut illum à uoce & quaſi grunnitu ſic dictum appareat. At pſammîtin oryctēn, hoc eſt arenarium foſſorem, hyn, id eſt ſuem dici, quòd arenam roſtro, ut ſus terreſtris cœnum fodiat, facile eſt cōijcere: niſi quis malit ab aliqua corporis ſimilitudine appellatum, quoniam Archeſtratus λοφιὰν (quæ uox propriè ad ſuilli dorſi ſetas pertinet, ſed ſimpliciter etiam pro ſumma dorſi parte accipitur) eius aſſandam ſcribit. Sed de piſcibus, quibus à ſue nomen contigit, propter pinguitudinem, uocem, aut corporis figuram, alibi ſcribam. Quoniam igitur hyęna quadrupes, etiam glanos uocatur; & piſcis quoq; eiuſdem nominis eſſe traditur, inuenimus autem glanyn uel glanidem piſcem uocari quendam, quē aliqui eundem ſiluro putant, omnino hyęnam eundem eſſe putauerim. Silurus certe piſcis uoraciſſimus eſt, nec piſces tantum inuadit, ſed etiam equos: ut uel eo nomine ab hyęna nomen ſortitus uideri poſſit. Illyrica lingua, ut ex Sigiſmundo Gelenio didici, hyęnam quadrupedem uocat ſan, quod nomen ad Græcam uocem ganos alludit. Γάνδος uel γάδος, multa ſciens, aſtutus, πανοῦργος, Varinus: certe huiuſmodi gani ſiue hyęnæ natura eſt. Cæterum glanis uel glanys piſcis, à Glany fluuio Italiæ uel Cumæ nomen habet, Varino teſte. Quidam hyenam ſcribunt ſine diphthōgo, quod non probo: Græci enim per αι. ſcribunt: nomen autem à ſue indiderunt propter ſetas, ut capite ſecundo dicam. Porphyrius in eo opere quod inſcripſit de abſtinentia ab uſu carnium, hyęnam dicit ab Indis appellari crocutam, Gillius: ſed de crocuta, quæcunq; apud authores reperi, ſeorſim poſt hyęnæ hiſtoriam conſcribam. Belbi, id eſt hyęnæ, decem, fuerunt ſub Gordiano Romæ, Iul. Capitolinus. Pinicianus grammaticus noſtri ſeculi, hyęnæ nomen Germanicum finxit, **grabthier**, quod circa ſepulchra uerſetur: ego **vilfraß** interpretarer: quoniam uel gulo eſt, uel omnino congener ei fera, ut iam ſupra in Gulonis hiſtoria dixi. Albertus ut pleraq; corruptè, ſic ionam pro hyęna ſcribit. Syluaticus yenam exponit bellulam (Galli muſtelam belette uocant) & rurſus yentam beſtiolam quandam. Hyæna portentoſum'ne magis an fabuloſum animal ſit neſcio, alieni certè orbis animal credendum eſt, Marcellus

cellus Vergilius. Akabo, Alkabo, alzabo, aziba, albozao, pro animantis unius nomine diuersæ scriptiones, leguntur apud Rasin de 60. animalibus capite decimoseptimo, & Albertum libro 22. Est autem non alia quàm hyæna, quamuis interpres Rasis taxonem interpretatur, hoc est melem. Prima syllaba a. uel al. articuli loco est. Zabo uel ziba, nomen à lupo factum est, qui zeeb & in fœminino genere zeeba Hebræis uocatur: multa enim cum lupo habet communia, &c. Rasis quidem nihil quàm remedia & magicas quasdam facultates de hac fera recenset, ex quibus tamen facile deprehendi hyænam esse, cum quædam prorsus eadem scribat quæ ueteres Græci Latiniq; de hyæna, ut infra capite septimo conferentibus apparebit. Nunquid uolatile tinctum est (sanguine) hæreditatis meæ? nunquid uolatile per circuitum eius? Hieremiæ duodecimo, interprete Munstero. Quo in loco Hebraicam uocem עיט ait, uolucrem interpretantur, (Munsterus in Lexico etiam auium turbam:) Septuaginta spelæon, id est speluncam: & pro צבוע zabua, hoc est tinctum est, Septuginta reddunt ὑαίνης, hyænæ: decepti nimirum uocis affinitate, quoniam zabo, ut dixi, hyæna est: quamuis pro fera per zain scribi conijcio, ut lupi etiam uocabulum Hebraicum: uerbum autem zaba, quod est tinxit, per zade scribitur. Eodem in loco Glossa, Hyæna (inquit) nocturna bestia cadaueribus cunctisq; immundis uescitur: huius impuritati populus Israël comparatur. Pro hyænæ & trochi nominibus apud Aristotelem de generatione animalium 3. 6. Albertus habet, ex Auicenna, acrosilus & astriboth, tanquam auium nomina: & rursus, pro trocho, karabo: pro hyæna, azaro: ubi forte azabo aut simile quid legendum. Akabo in desertis Arabiæ uersatur, Albertus tanquam ex Rasi, apud quem tamen hæc uerba non reperio. Aristoteles uero genus quoddam hyænarum in Arabia esse scribit, (non simplex genus hyænæ esse insinuans.) In sacris literis bis legimus seebe ereb, & semel araboth: interpretes uariant: nam lupos Arabiæ, aut solitudinum, aut uespertinos interpretantur. Ego hyænas esse crediderim, qui uesperi & noctu grassantur, lupis alioqui similes in multis, sed magis quàm illi astuti, malefici, uoraces atq; crudeles. Principes urbis (Hierosolymæ) ueluti leones rugientes: iudices eius (similes sunt) lupis uespertinis, qui ossa non relinquunt ad diluculum, Sophoniæ tertio, interprete Munstero. Taxat autem propheta (inquit idem in Scholijs) insignem iudicum auaritiam. Non, inquit, lupi fame accensi tam auidè prædæ inhiant, cum etiam totum diem ieiunum duxerunt, & serò ad rapiendum sese proripiunt: quantum iudices extorquendæ per fas & nefas pecuniæ. Ostendit autem insignem luporum famem, qua coacti ossa cum carnibus deuorent. Septuaginta hoc in loco lupos Arabiæ transtulerunt, quod non probo: alijs enim punctis siue uocalibus Hebræi scribunt ereb pro uespera, alijs Arab pro Arabica natione. Et Hieremiæ capite quinto legitur zeeb araboth, in plurali numero: quæ uox pro Arabica gente accipi non potest: sed uel ab ereb, id est uespera descendit: uel arabah, hoc est solitudine uel deserto: ab utroq; enim pluralem numerum sic fieri Munsterus in Lexico docet. Sunt autem Hieremiæ uerba hæc, interprete Munstero: Percussit eos leo de sylua, & lupus solitudinum deuastauit eos. Septuaginta, λύκος ἕως τῶν οἰκιῶν ὠλέθρευσεν αὐτούς: hoc est, lupus eos ad domos usq; perdidit. Hieronymus, Lupus ad uesperam uastauit eos. Habacuc etiam prophetæ capite primo uerba sunt hæc, interprete Munstero: Leuiores sunt pardis equi Chaldæorum, & acriores quàm lupi uesperæ (zeebe ereb.) Velociores lupis uespertinis, Hieronymus. ὀξύτεροι ὑπὲρ τοὺς λύκους τῆς Ἀραβίας, Septuaginta. (Hos locos de lupis Arabiæ Tzetzes etiam in suis Chiliadibus citat, sed nihil explicat.) Sed de uelocitate hyænarum nihil certi habeo, ut neq; luporum: nisi quòd Oppianus secundum genus eorum, circos & harpages uocat, cæteris uelocitate præstare ait: magis etiam famelicos esse, montanos, sed hyeme ad urbes accedere, summo diluculo ad prædam abire, &c. Quòd si quis uel hoc uel aliud lupi genus, (nam quintum genus Oppiano lepores uenatur: quod sine celeritate fieri non potest,) potius quàm hyænam pro lupo uespertino in libris prophetarum acceperit, non repugno. Hoc tantum assero, peculiare lupi genus intelligi, non autem quemuis lupum (ut obscuri quidam recentiores scribũt) sub uesperam magis famelicum esse, & hoc insinuare prophetas.

B.

Hyænam mittit Africa, Solinus. Plurimæ gignuntur in Africa, Plinius. Apud pastorales Afros reperiuntur bassaria, hyænæ, hystriches, &c. Herodotus libro 4. In Arabia genus quoddam hyænarum esse dicunt, quod torporem quendam stuporemq; animalibus inferat, &c. ut in C. dicam. Aristoteles in libro de Mirabilibus. Hyæna corpore nõn minore quàm lupus est, iuba qua equus, Aristoteles & Hieronymus contra Iouinianum. Colore lupi propè est, sed hirsutior, & iuba per totum dorsum prædita, Aristot. Et alibi, Iuba est qua equus, sed seta duriore longioreq;, & per totum dorsum porrecta. Hinc nimirum etiam nomen tulit, quod dorsum ei setis tanquã suillis rigeat. Medium hyænæ dorsum, inquit Oppianus, incuruatur, & circumquaq; (per totum dorsum, Aristot.) hirsutum est, ut non totum hyænæ corpus, sed dorsum tantum setis durioribus & prolixis rigere intelligamus. Corpus eius terribile frequentes utrinq; tæniæ cœrulei coloris distinguunt. Dorsum oblongũ & angustum est, & cauda similiter, ῥινόν τ' ἀμφοτέροισιν ἐπικλινέεσσιν ὀδοῦσι ῥιγεδανόν, (uerba quædam uidentur deprauata,) Hæc Oppianus. Multa igitur lupo & hyænæ communia sunt: magnitudo & color, ut dixi: item uoracitas, & insidiæ quas alijs animalibus moliuntur: ille gregibus ouium & caprarum, hæc canibus & homini quandoq;. Dentes utrisq; serrati, genitalia utrisq; similia, ut paulò post dicam: Vterq; noctu uagatur cibi causa: lupus urgente fame, hyæna necessariò ferè: quoniam a-

Gg

crius noctu uidet, interdiu hallucinatur, ὄμματα οἱ διὰ νύκτα φάος, σκότος αὐτίκα μετ' ἠῶ, Oppianus. Oculi uituli marini & hyænæ in mille colores transeunt subinde, Plinius. Et alibi, Oculis hyænę mille esse uarietates, oculorumque (melius, colorumque, ex Solino) mutationes traditur. Aiunt hyænam colorem mutare ad libitum, Albertus: sed hoc de oculis apud ueteres legitur. In oculorum hyænæ pupillis lapis inuenitur, hyænium dicunt, præditum illa potestate, ut cuius hominis fuerit linguæ subditus, prædicat futura, Solinus. Germanorum artifices narrant hanc bestiam in oculis uel uerius in fronte gestare lapidem pretiosum, Albertus. Lapis hyæna, inquit Syluaticus Albertum citans, ab hyæna bestia nomen habet, eò quod oculi eius in lapidem uertantur. Aiunt autem Euax & Aaien (Solinus,) suppositum linguæ diuinationem conferre. Hyæna gemmam in oculis gestat, uel ut aliqui dicunt in fronte, Author libri de naturis rerum. Collum & iuba continuitate spinæ porrigitur, flectique nisi circumactu totius corporis nequit, Plinius. Hyænæ cum spina riget, collum continua unitate flecti nequit, nisi toto corpore circumacto, Solinus. Ceruix leoni tantū & lupo & hyænæ ex singulis rectisque ossibus riget, cætero spinæ adnectitur, Plinius. Hyænæ cor magnum, Aristoteles. Hyænæ cor maximum est pro portione, ut & reliquis timidis (muribus, lepori, asino, ceruo, pantheræ, mustelis) aut propter metum maleficis, Idem & Plinius. Quòd de hyæna fertur, genitale simul & maris & fœminæ eandem habere, commentitium est: sed uirile similiter atque in lupis & canibus habetur: quod uerò fœmineum esse uidetur, sub cauda positum est, figura simile genitali fœminæ, sed sine ullo meatu: sub hoc meatus excrementorum est. Quinetiam fœmina hyæna, præter suum illud, etiam simile ut mas habet sub cauda sine ullo meatu, à quo excrementorum meatus est, atque sub eo genitale uerum continetur: uuluam etiam hyæna fœmina, ut cæteræ huiuscemodi (lupi & canes) fœminæ animantes, habet, Aristoteles. Idem alibi promptius esse scribit marem capere, quàm fœminam, utpote callidiorem, sexum & ingenij secundum eum discrimen manifestò ponens. Hyænis utranque esse naturam, & alternis annis esse mares, alternis fœminas fieri: parere sine mare, uulgus credit, Aristoteles negat. Sic & Oppianus, Audiui (inquit) uno anno hyænam patris uice fungi, altero matris. Sic & Philes poëta recentior: & Iorach apud Albertum, qui etiam uenenum in cauda hyęnæ colligi scribit: sed Iorach iste (inquit Albertus) frequenter mentitur. Si tamen est aliquid miræ nouitatis in istis, Alternare uices, & quæ modo fœmina tergo Passa marem est, nunc esse marem miremur hyænam, Ouidius 15. Metamorph. Aelianus & Orus in Hieroglyphicis, hyænam, non quadrupedem, sed serpentem per uices marem & fœminam esse prodiderunt.

C.

Hyænæ noctu uident, cum interdiu nihil ferè uideant ut feles, Aphrodisiēsis in problematis 1.66. De hoc etiam præcedenti capite dixi in oculorum eius mentione. ¶ Cadauera hominum, & ipsos homines & canes à se interfectos, ut sequenti capite dicam, deuorat. Ab uno animali sepulchra erui inquisitione corporum tradunt, Plinius & Solinus. Sepulchra effodit humanæ auida carnis, Aristot. ¶ Vox ei quæ propria sit non legi: humanum uerò sermonem (ut crocutam quoque & mantichoram) & uomitionem hominis eam imitari sequenti capite referam. ¶ Hyænam per uices annorum nunc marem esse & generare, nunc fœminam & concipere, præcedenti capite refutatum est. Vide etiam inferius in Trochi mentione. Hyænæ coitu leæna Aethiopica parit crocutam, Plinius & Solinus. Thôes ex hyæna & lupo generantur, Varinus in θώς, & Hesychius in θῶες per ω. quo modo melius scribitur. Ex his grammaticis Valla etiam Herodoti interpres libro quarto, ubi is simpliciter thôes in Africa generari dixerat, de suo addidit ex hyæna & lupo genitos, quod quidem parum fidi est interpretis. Sed thôes quales sint, et unde generentur, ex ipsorum historia petēdum est statim post lupum. De trocho & hyæna (inquit Aristot. de generat. 3.6.) stultè magnoque errore narratur: hyænam enim complures aiunt, trochum Herodorus Heracleota scribit duplex genitale habere, maris ac fœminæ: & trochum seipsum inire: hyænam inire & iniri annis alternis: sed uisa est hyæna mas, & altera fœmina sui discrimine genitalis: locis enim nonnullis penuria huius conspectus non est. Verum hyænæ tam mares quàm fœminæ habent sub cauda lineam quandam similem genitali fœminino: quæ quidem nota quamuis communis sit, tamen in maribus potius cernitur, quia mares quàm fœminæ magis capiuntur. Itaque qui rem parum diligenter (ἐκ παρόδου) considerant, in hanc aberrant opinionē. Hactenus Aristoteles. Trochum quidem piscem esse, qui ipse se ineat, Plinius scribit 9.52.

D.

Maximum cor est pro portione muribus, lepori, pantheræ, mustelis, hyænis, & omnibus timidis, aut propter metum maleficis, Plinius & Aristoteles. Est in eis pietas crocodili, astutia hyęnæ, Mantuanus. Promptius est marem capere: fœminis enim ingenita est callidior astutia, Solinus. Rarò hyęna fœmina capitur, (quod etiam Plinius scribit:) nam inter undecim numero unam tantum cepisse uenator quidam retulit, Aristoteles. Quodcunque animal ter lustrauerit hyęna, in uestigio hęrere & mouere se nō posse traditur: quapropter magicā scientiam inesse ei pronunciauerunt, Plinius & Solinus. Hyęnæ umbræ contactu canes obmutescere tradunt, Plinius & Aelian. Si canes uenantes umbram eius dum sequuntur contigerint, latrare nequeunt, uoce perdita, Solinus. Cum Lunæ orbis plenus est, retro posito Lunæ fulgore suam canibus umbram inijcit, quos statim mutos reddit, & tanquam ueneficio quodam, eorum sensus perstringit: deinde elingues abducit & optatis fruitur, Aelianus & Philes. Canes uomitionem hominis imitando capit, Aristot. Vomitionem hominis imitari

imitari traditur ad sollicitandos canes, quos inuadat, Plinius. Vomitus humanos mentitur, falsisq; singultibus sollicitatos sic canes deuorat, Solinus. Ad stabula noctu profecta, humanum uomitum assimulat, eam ut canes exaudierunt, sic ad illam ipsam, tanquam ad hominem adeunt, ea uerò comprehensos uorat, Aelian. Hyæna homini caníue dormienti suum corpus admouet (παρεκτείνει) ac si seipsam maiorem dormiente sentit, naturaliter sua magnitudine sensibus eum priuat, ac ipsius manus non resistentis exedit, & conficit: sin se breuiorem animaduertit, statim properat fugere. Quod si in te incurrerit, caue iam à dextera ipsam excipias, quoniam sic obtorpesceres, ut nullo modo te posses tueri: sin autem ex sinistra in eam inuaseris, confidenter aggredere, & occides, Gillius apud Aelianum non citato authore. Ego eadem ad uerbum reperio in Geopon. Græcis 15. 1. à Zoroastre citata ex Nestoris Panacea. Cum fugiunt uenantem, declinare ad dextram, ut prægressi hominis uestigia occupent. Quod si successerit, alienari mente, ac uel ex equo hominem decidere. At si in læuã detorserit, deficientis argumentum esse, celeremq; capturam. Facilius autem capi, si cinctus suos uenator, flagellumq; & ipsos equos (aliâs imperitans equo,) septenis alligauerit nodis, Plinius. Hyæna dextra in manu uim sopiendi habet, & suo tactu somnum conciliandi, sæpeq; numero in stabula ingressa cum dormientem aliquem deprehenderit, & pedetentim ad illum progressa fuerit, soporiferã, ut ita dicam, manum eius naribus admouet, sicq; eas opprimit, hic ut sine sensu esse uideatur, ac tantum terræ suffodit, quantum sit ad eum ipsum obruendum satis: guttur uero & supinum & nudum relinquit, in quod incumbens, somno oppressum suffocat, posteaq; in latibulum abstrahit, Aelianus. Philes paulo aliter, ut uidetur: Dormientis, inquit, nari dextrum pedem immittens, κάρον efficit. ὀρύξας δ' ἢ τῇ κεφαλῇ πυθμένα, ἢ προὔθηκε τὴν φάρυγγα γυμνὴν ὑπτίαν, ἢ μάλα δεινῶς τῆς φονώσης ἐμφύσης ὁ παῦλαν δὲ τῶν δυστυχῶς ἀποπνίγει. Iidem alibi hyænæ piscis pinnæ dexteræ eandem uim attribuunt. (Oppianus de xiræ leonis manui νάρκα βαλὼν, τῇ πάντα λύει καὶ γούνατα θηρῶν.) Si piscis marini hyænæ nuncupati pinnam dextram ad hominem somno consopitum admoueas, sanè quàm eum ipsum perturbabis. Etenim formidolosa secundum quietem spectra uidebit, acerbaq; insomnia (uel ut Philes, φρίκην ἄρρητον καὶ δεῖμα πολλῶν φαρμάκων) perpetietur, Aelianus. Vim istam pinnæ dextræ soporiferam, uitulo marino etiam attribuunt authores: ut & pellis aduersus fulmina. Mutilus est locus Aristotelis de hyænis in libello de mirabilibus narrationibus huiusmodi: ἐν δὲ τῇ Ἀραβίᾳ ὑαινάν τι γένος φασὶν εἶναι, ὃ ἐπειδὰν προΐδῃ τι θηρίον ἢ ἂν * ἐργάζεται, &c. hic ex Aeliani iam positis uerbis ita suppleri potest, ἐπειδὰν προΐδῃ θηρίον ἢ ἄνθρωπον κοιμώμενον, τὸν δεξιὸν πόδα ταῖς ῥισὶ προσφέρον νάρκην ἐργάζεται καὶ πῆξιν τοιαύτην ὥστε μὴ δύνασθαι κινεῖν τὸ σῶμα. Quod uero sequitur, τοῦτο δὲ ποιοῦν καίεται, legendum fortè τοῦτο δὲ ποιῶν κατεσθίει, aut tale quid iam ex Aeliano recitatum. Hyænam magi ex omnibus animalibus in maxima admiratione posuerũt, utpote cui et ipsi magicas artes dederint, uimq; qua alliciat ad se homines mente alienatos, Plinius. Molitur insidias homini, Aristoteles. Hyænam tradunt sermonem humanum inter pastorũ stabula assimulare, nomenq; alicuius (auditu assiduo, Solin.) addiscere, quem euocatum foras lacerer, (ut in hominem astu accitum noctu sæuiat, Solinus:) Plinius. Pardalim hyæna hostiliter odit, Aelianus. Si hyænæ & pardalis pelles admisceantur, pardalina pilos amittit, hyænæ non item: quare Aegyptij superiorem ab inferiore uictum significaturi, duas pelles pingunt, hyænæ unam, alteram pardalis, Orus in Hieroglyph. Præcipuè pantheris esse terrori traduntur hyænæ, ut ne conentur quidem resistere: & aliquid de corio earum habentem non appeti: Mirumq; dictu, si pelles utriusq; contrariæ suspendantur, decidere pilos pantheræ, Plinius. Magnus Indorum rex quotannis diem unum proponit tum hominum tum bestiarum certaminibus: committuntur autem pugnaturæ inter se bestiæ, feri tauri, arietes, hyænæ, &c. Aelianus.

G.

Oleum in quo decocta sit uulpes siue uiua siue mortua, arthriticos in eo longiori tempore immorantes, uel omnino sanat, si nouus sit affectus: uel, si saltem non inueteratus, ita curat, ut licet repetat, multò tamen mitior sit futura. Sed uulpinum oleum nihilo magis discutit eo quod ex hyæna similiter decocta paratur: id enim omnino eximiam discutiendi uim sortitur, Galenus de simplicibus 11. 47. Eadem ex Galeno descripsit Aëtius libro 12. Caro alzabo calida est & humida: cocta cum oleo (aceto, Albert. non probo) iuuat podagricos & dolores iuncturarum ex frigiditate; est enim tenuis substantiæ, & diaphoretica. Cocta cum aqua, cui insideat in solio seu cupa podagricus uel arthriticus, plurimum prodest, Rasis & Albertus. Magorum uanitas, ut est solers ambagibus, hyænas capi iubet, geminorum signum transeunte Luna, singulosq; propè pilos seruari, Plinius. ¶ Corium hyænæ substratum à cane morsis auxiliari tradunt magi, Plinius. Ea etiam quæ in hoc capite de uiribus hyænæ sequuntur, omnia ex Plinio desumpta (nisi aliud scriptoris nomen exprimatur) & magis authoribus attributa, semel hic monuisse sat fuerit. Probati quidẽ medici nihil huius feræ præter fel in remedijs ponunt, & oleum in quo ipsa (ut dixi) decocta sit. Vituli marini, aut quod melius est hyænæ pelle facta medicamenta (forte calciamẽta) si quis in cotidiano usu habuerit, efficaciter podagræ morbo carebit, Marcellus. Capitis dolori alligatam cutem prodesse quæ fuerit in capite eius, magi tradunt, Plinius. ¶ Sanguinem cum polenta sumptum, torminibus. Sanguis si calidus illinatur, locis leprosis conducit, Rasis & Albertus. ¶ Carnes si edantur, contra canis rabidi morsus efficaces esse: etiamnum iecur efficacius. ¶ Neruos potos in uino cum thure, fœcunditatem restituere ademptam ueneficio. Neruis à dorso armisq;, suffiendos neruorum dolores. ¶ Canis rabidi morsu

Gg 2

potum expauescentibus faciem perungunt adipe uituli marini: efficacius si medulla hyęnæ & oleũ e lentisco & cera misceatur. ¶ Medullas opitulari doloribus spinæ & neruorum, lassitudini renũ. Medulla de spina hyęnæ, admixto felle eius & oleo uetere, ad temperiem & lenitudinem acopi decocta, neruorum uitia omnia doloresq́ᵱ, auctore Democrito persanat, Marcellus. Sic & Plinius, Neruis mederi medullas è dorso cum oleo uetere ac felle. E dorso medullam adalligatam, contra uanas species opitulari. ¶ Adipe accenso serpentes fugari dicunt: Eundem illitum à cane morsis auxiliari.

¶ Sinistra parte cerebri naribus illita, morbos perniciosos mitigari, siue hominum, siue quadrupedum. ¶ Sterilitatem mulierum emendari, oculo cum glycyrrhiza & anetho sumpto in cibo, promisso intra triduum conceptu. ¶ Dentes eius dentium doloribus tactu prodesse, uel alligatos ordine. Dentes si de sinistra parte rostri eruti sint, illigatos pecoris aut capri pelle stomachi cruciatibus. Contra nocturnos pauores umbrarumq́ᵱ terrorem, unus è magnis dentibus lino alligatus succurrere narratur: Furentes suffiri eodem, & circumligari pectus cum adipe renum, aut iocinere, aut pelle præcipiunt. Dens alzabo suspensus super brachium dextrum ab humero usq́ᵱ ad cubitum, obliuioni resistit, Rasis & Albertus. ¶ Maxillæ parte comminuta in aniso, & in cibo sumpta, horrores sedari: Eodem suffitu mulierum menses euocari. ¶ Palato arefacto, & cum alumine Aegyptio calefacto, ac ter in ore permutato, fœtores & ulcera oris emẽdari. ¶ Ceruicis carnes, siue mandantur, siue bibantur, arefactæ, lumborum doloribus mederi. ¶ Humeros humerorum & lacertorum doloribus tactu prodesse. ¶ Pulmones in cibo sumptos cœliacis (uetus lectio, iliacis) auxiliari: Ventriculis, cinerem cum oleo illitum. ¶ Cor in cibo sumptum omnibus doloribus corporum auxiliari. Tremulis, spasticis, exilientibus, & quibus cor palpitet, aliquid ex corde mandendum, ita ut reliquæ partis cinis cum cerebro hyęnæ illinatur: Pilos etiam auferri hac compositione illita, aut per se felle, euulsis prius quos renasci non libeat: Sic & palpebris inutiles tolli. ¶ Mulieri candida à pectore hyęnæ caro, & pili septem, & genitale cerui, si illigentur dorcadis pelle, collo suspensa continere partus promittunt. ¶ Carnes uel ossa hominis, si quæ in uentriculo occisæ inueniantur, suffitu podagricis auxiliari. ¶ Omentum, ulcerum inflammationibus cum oleo. ¶ Medulla ex dorso, uide superius in Medulla. Podagris, spinæ cinerem cum lingua & dextro pede uituli marini, addito felle taurino, omnia pariter cocta atq́ᵱ illita hyęnæ pelle. Ossa ex spina parturientibus prodesse. ¶ Costarum primam & octauam suffitu ruptis salutarem esse. ¶ Carnes si edantur, contra canis rabidi morsus efficaces esse: etiamnum iecur efficacius. Febribus quartanis iecur degustatum ante accessiones. Glaucomata iocineris recentis inassati sanie, cum despumato melle inunctis sanari dicunt. Iecur potum torminibus & calculis mederi. ¶ Fel efficacissimum creditur scorpionis marini, & callionymi piscis, marinæq́ᵱ testudinis & hyęnæ, Dioscorides. Cum pharmacum aliquod paras, cui fel miscetur, colorem fellis spectato, qui alius in alijs animalibus est. Pastillis enim dictis taurinum admiscent: ocularibus uero medicamentis hyęnæ, galli, perdicis, & aliorum quorundam animalium, Galenus de simplicib. 10. 12. Et rursus, Taurinum fel efficacius est suillo, ouillo, caprino, & bubulo: ignauius tamen quàm hyęnę: ut huius quàm callionymi aut scorpij marini aut testudinis marinæ. Fel hyęnæ per se illitum pilos auferre, euulsis prius quos renasci non libeat: sic & palpebris inutiles tolli. Si felle hyęnæ loca quibus molesti sunt pili in palpebris nati adsiduè tangantur, confestim tabescent: certe si prius uulsis superducatur, non renascentur, Marcellus. Idem remedium apud Galenum legimus Euporiston 1. 42. his uerbis, Euulsis prius radicitus pilis, fel aut hyęnæ aut hirci confestim inunge. Animalium quorundam fel (inquit Galenus de simplicib. 10. 12.) præ cęteris laudatur, q́ᵱ & uisum acuat, & suffusionum initia discutiat, ut callionymi piscis, hyęnæ, &c. Hyęnæ fel cum melle uisum acuit, & illitum suffusiones discutit, Galenus ad Pisonem. Suffusionem oculorum canino felle malebat quàm hyęnę curari Apollonius Pitanęus cum melle: item albugines oculorum, Plinius. Fel ursinum atq́ᵱ hyęnæ cum melle optimo mixtum & diu coagitatum, caligines eximit, si adsiduè inde oculi suffundantur aut superlinantur, Marcellus. Lippitudini mederi fell illitum frontibus: aut ne omnino lippiatur, decoctum cum mellis Attici cyathis tribus & croci uncia inunctum: Sic & caligines discuti & suffusiones: Claritatem excitari melius inueterato medicamento. Asseruari autem in Cypria pyxide. Eodem sanari argema, scabritias, excrescentia in oculis, item cicatrices, Plinius. Democritus adfirmat felle hyęnæ si frons perfricetur, epiphoras incipientes, & omnem oculorum dolorem posse sedari, Marcell. Medulla de spina hyęnæ, admixto felle eius & oleo uetere, ad temperiem acopi decocta, neruorum uitia omnia doloresq́ᵱ auctore Democrito persanat, Marcellus. Fel alzabo maris ligatum super femur alicuius sinistrum, promouet coitum cum muliere quandiu retinetur, Rasis & Albertus. Fel alzabo pondere drachmæ potum cum decoctione spicæ nardi, remedio est aduersus tympanitem, Iidem. Membranam quæ fel contineat, cardiacis potam in uino, uel in cibo sumptam, succurrere. Podagris fel prodesse cum lapide Asio. ¶ Lienem lienibus mederi. ¶ Lumborum doloribus carnes è lumbis edendas illinendasq́ᵱ cum oleo. Adipe è lumbis suffiri difficulter parientes, & statim parere. ¶ Vesicam in uino potam contra urinæ incontinentiam succurrere: Quæ autem in uesica inuenta sit urina, additis oleo ex sesamo & melle, haustam prodesse ægrimonię ueteri. ¶ Vuluam cum mali Punici dulcis cortice in potu datam prodesse mulierum uuluæ. ¶ Spasticis, genitale è maribus suffitu opitulari. Venerem stimulari genitali ad sexus suos in melle sumpto, etiam si uiri mulierum coitus oderint. ¶ Lippientibus, ruptis, & contra

contra inflationes, seruatos pedes opitulari tactu: læuos dextris partibus, dextros læuis. Sinistrum pedem superlatum parturienti, letalem esse: dextro illato, facile eniti. ¶ Fimum quod in intestinis in uentum sit, arefactum, ad dysentericos ualere potum: illitumque cum adipe anserino opitulari toto corpore læsis malo medicamento. Aëtius 13. 6. emplastro cuidam imponendo aduersus crocodili morsum stercus hyęnæ adiungit: hoc, inquit, si desit, porcino utitor. Hyęnæ stercus putrida curat uulnera, Hieronymus contra Iouinianum ut Vincentius Belluac. citat.

H.

a. Hyęnæ epitheta. Aemula uocis, apud Textorē. Δυσδερκὴς, νυκτιπόρος, νυκτιπλανὴς, σικτὴ, Oppiano.

d. Qui uoluerit transire per locum animalium alzabo, non infestabitur ab eis, si manu gestet radicem colocynthidis, Rasis & Albertus.

e. Grandini creditur obuiare, si quis crocodili pellem, uel hyęnæ, uel marini uituli per spatia possessionis circunferat, & in uillæ aut cortis suspendat ingressu, cum malum uiderit imminere, Palladius. Cælius Rhodiginus post claui ænei mentionem 29. 6. Consimile (inquit) huic ferè adagiū usurpari posse, uideo: ut qui suopte præsidio aduersus potentiorum uim præmunitus est, dicatur hydna gestare, id est tubera, nec non hyęnæ phocarumque pelles, quòd hæc minimè tangantur de cœlo: Quo nomine uelorum summa hisce communire nautici moris est. Amplius scribit Horus, si quis hyęnæ pellem sibi circumponat, intrepidè per medios hostes transiturum, nocumento nullo: proinde Aegyptijs ratione hieroglyphica intrepiditatis ac constantiæ in calamitatibus indicium haberi hyænæ pellem expictam. Quod ficus de cœlo non tangitur, id utique amaritudini eius acceptum referri oportet: (tota enim arboris dulcedo in fructum secernitur.) Id genus quippe non attingunt fulmina, quod uitulus comprobat marinus atque hyæna, Cæl. Nonnulli pelle hyænæ satoriam trimodiam uestiunt, atque ita ex ea, cum paulum immorata sunt semina iaciunt, non dubitantes prouentura quæ sic sata sint, Columel. 2. 9. Gentiana diebus septem cum hyænæ pelle amuleti loco gestatur aduersus rabidorum canum morsus, Actuarius. Frontis corium fascinationibus resistere magi pollicētur, Plin. ¶ Sanguine tactis postibus, ubicunque magorum infestari artes: non elici deos, nec colloqui, siue lucernis, siue peluí, siue aqua, siue pila, siue quo alio genere tententur, Idem. ¶ Hyænæ linguam si quis manu teneat, contra canum impetum maximam cautionem habebit, Zoroastres in Geoponic. Eos qui linguam in calciamento sub pede habeant, non latrari à canibus, Plin. Oppianus lib. 3. de uenatione uidetur idem de pelle hyænæ scribere, uel quauis eius parte, in calceo gestata. ¶ Pilos rostri admotos mulierum labris amatorium esse, Plin. ¶ Tantumque est uanitatis, ut si ad brachium adalligetur superioris rostri dextræ partis dens, iaculantium ictus deerraturos negent, Idem. ¶ Magi aiūt totius domus concordiam, hyænæ genitali & articulo spinæ cum adhærente corio adseruatis, constare: quem spinæ articulum siue nodum atlantion uocant: est autem primus. In comitialiū quoque remedijs habent eum. ¶ Super omnia est, quòd extremam fistulam intestini contra ducum ac potestatū iniquitates commonstrant, & ad successus petitionum, iudiciorumque ac litiū euentus, si omnino tantum aliquis secum habeat. Eiusdem cauerna sinistro lacerto religata, si quis mulierē respiciat, amatorium esse tam præsens, ut illicò sequatur. Eiusdem loci pilorum cinerem ex oleo illitum uiris, qui sint probrosæ mollicíei, non modo pudicos, sed & seueros mores induere, Plin. Si pili de collo (culo uidetur legendum ex Plinij uerbis iam recitatis) masculi zabo combusti tritique cum pice inungantur ano sodomitæ patientis, liberabitur illo uitio; Rasis: apud Albertum uiro legitur pro uitio. Si pes sinister & ungues alzabo in linteo alligentur dextro alicuius brachio, non obliuiscetur quæcunque audiuerit aut cognouerit, Rasis & Albert. Manus dextra alzabo unà cum corio abscissa animali uiuenti, adalligata ingredientibus ad reges aut alios, negotij alicuius obtinendi causa, gratiam & fauorem eis conciliat, ut quod petunt obtineant facile, Rasis & Albertus. Si manus dextra alzabo, quā hominis sinistra absciderit, ab aliquo gestetur, illum diliget quisquis uiderit præter alzabo, Iidem. Medulla pedis sinistri trita utilis est mulieri quæ maritum non diligit: nam si inijciatur in nates (narē, Albertus) eius, diliget eum præ cæteris. Tali sinistri cinere decocto cum sanguine mustelæ, perunctos omnibus odio uenire: idem fieri oculo decocto, Plin. ¶ Excrementa siue ossa reddita cum interimitur, contra magicas insidias pollere, Plin. Si ungues inueniantur in uentriculo occisæ, mortem alicuius capientium significari, Idem. ¶ Democritus scribit therionarca in Cappadocia & Mysia nascente, omnes feras torpescere, nec nisi hyænæ urinæ aspersu recreari, Idem.

DE BARBARIS NOMINIBVS VEL Hyænæ, uel congenerum ei animalium.

AKABO pro alzabo perperam scribitur apud Rasim, ea occasione quia l. & z. literas si cōiungas, referunt ferè k. literam: legitur & zabo apud eundem. Cæterū alkabo, aziba, & albozao uoces sunt deprauatæ. Vide supra in Hyæna capite primo.

ANA animal dicunt esse Orientis, ualidissimis dentibus, acutis, & longis & unguibus acutis, per quam sæuum, gregarium & ualde amans quæ sui generis sunt animalium: alienis infestum. Si quod enim alterius generis accesserit animal, gregatim resistunt: & uel fugant, uel perimunt. Dentibus & unguibus se defendit ita, ut solitariū etiā ab aliquo robustiori deprehensum plerunque euadat, Albert.

Gg 3

BELBVS, hyæna, apud Iulium Capitolinum.

CHAVS etiam & LYCAON congeneres hyænæ uidentur, de quibus infra dicemus, statim post lupum. De GVLONE ante hyænam statim docui.

LACTA in sepulchris habitat, & uescitur cadaueribus, Albertus. Hoc ueteres de hyęna scribũt.

LVPVS uespertinus, uide supra in Hyæna capite primo circa finem.

PAPIO animal circa Cæsaream abundat, paulò maius uulpibus, luporũ ingenio. Collecta enim hæc animalia ululant, uno præeunte (præcinente) & alijs postea simul respondentibus. Pilo uulpem refert. Vno ex eis occiso cætera circa ipsum ululant, tanquam plangant mortuum. Voces eorum adeò sonoræ sunt, ut quamuis remota ex propinquo audiri uideantur. Vrgente fame sepulchra hominum aliquando ingredi & cadaueribus uesci dicuntur. Videntur sanè ex lupo & uulpe composita, Albertus. Abenauin, id est babuin, animal est simile cani, quod noctu latrat, & uorat cadauera: reperiuntur autem permulta in Syria inter Damascum & Berutum, Andreas Bellunensis. Et alibi, Dabha uel dahab, animal est medium inter lupum & canem, comedens cadauera: & comeditur caro eius ab hominibus, & reperitur in Syria in magna copia. Et rursus, Aldabha est animal notum in Syria, medium inter lupum & canem, pilis color qui urso, & comedit cadauera. Munsterus in Lexico trilingui lupum Hebraice zeeb nominat: Chaldaicè autem, ut reor, (zain in daleth mutato) deeba. Dhoboha (dabha potius, ut Bellunensis corrigit) animal est, de cuius uiribus in podagra & arthritide iam libro 3. diximus, Auicenna libri 2. tractatu 2. in fine literæ D. Satis itaq; constat dabha & similes uoces, nihil aliud quàm hyænam significare.

ZILIO animal apud Albertum in fine libri 22. non aliud quàm ipsa hyæna est, omnibus quæ ei attribuit consideratis: quamuis ipse compositam esse scribat ex hyæna & simia quæ maricommorion uocetur. Maricomorion quidem eodem libro in M. litera, corruptissima uoce pro ueterum manti-chora utitur.

CROCVTA, apud Græcos per τ. duplex scribitur: & per omicron tam in secunda quàm prima syllaba. Κροκόττας animal est quadrupes Aethiopicũ, Hesych. & Vari. Mantichora et crocuta è simiarum genere, hominum gestus & sermones imitantur, Volaterranus testem citans Plinium, sed falsò. Etsi enim apud Plinium legimus has bestias uocem imitari humanam: imitari tamẽ etiam gestus humanos & simiarum generis esse nusquam legimus: nec si quid imitatur, protinus simia est: simia quidem gestus imitatur hominis, uocem non item: & si maximè illam imitaretur, non tamen hoc satis foret ad probandum eiusdem generis animal esse quod eam similiter exprimeret, cum aues etiam multæ imitentur. Hyænæ coitu leæna Aethiopica parit crocutam, similiter (ut ipsa hyæna) uoces imitantem hominum pecorumq;. Acies ei perpetua in utraq; parte oris, nullis gingiuis, dente continuo, qui ne contrario occursu hebetetur, capsarum modo includitur. Hominum sermones imitari et mantichoram in Aethiopia auctor est Iuba, Plinius. De mantichora statim in Leucrocuta dicam. Solinus eadem de crocuta quæ Plinius: hoc tantum interest, quod Plinij uerba hæc, Acies ei perpetua, Solinus à sequentibus distinxit & ad oculorum aciem retulit, cum Plinius de dentibus tantum accepisse uideatur, nulla oculorum mentione: nam & dentium aciem dicere quid prohibet? Solini uerba sunt hæc, Nunquam conniuet aciem orbium, sed in obtutum sine nictatione contẽdit. In ore gingiua nulla: dens unus atq; perpetuus, qui ut nunquam retundatur, naturaliter capsularũ modo clauditur. Crocutas (inquit alibi Plinius) uelut ex cane lupoq; conceptos, omnia dentibus frangentes, protinusq; deuorata conficientes uentre, Aethiopia generat. Vide supra in Gulone. Beluarum, inquit Gillius, quas Aethiopes crocutas appellant, natura ex cane & lupo temperata, utrisq; robore dẽtium superior est: omnia enim ossa confringit. Porphyrius in eo opere, quod inscripsit de abstinentia ab usu carnium, hyænam dicit ab Indis appellari crocutam. ¶ Callidum animal (inquit Aelianus) est crocuta: primum enim sese in densas syluas occultans, materiarios fabros nominatim inter se appellantes auscultat, illorumq; cuiuspiam nomen addiscit. Deinde summa humani sermonis assimulatione comparans insidias, quod audiuit nomen humana uoce appellat, ad eam accedit appellatus, retrò uerò illa cedens rursum appellat, idem iterum sæpiusq; ad humanam uocem accedit: ubi autem eum à socijs seduxit, & iam ab auxiliatoribus nudum constituit, correptum interimit: ex eoq; quem uoce pellexit, sibi instruit & conficit cibum. Edita munera, in quibus elephantos, & crocutas, & tigrides exhibuit, Iul. Capitolinus in Antonino Pio. Io. Rauisius Textor multa etiam quæ Plinius de onagris scribit, crocutis attribuit, sua an librariorum oscitantia nescio. Apud Albertum pro crocuta ineptissimè cirocrothes, apud alios cirotrochea scribitur, citatis Solini quæ de crocuta sunt uerbis. Post Barygazam continens ad Austrum pertingens Dachinabades uocatur: quæ supra hanc est mediterranea regio ad Orientem, montes magnos continet, & omnigena ferarum genera, ac inter alia κροκόττας, Arrianus in Periplo rubri maris.

De LAMIA etiam siue uera siue fabulosa bestia, quædam hyænæ congruentia legimus: nempe animal esse crudele, noctu syluas exire, hominem aggredi. Sed de hac mox plura in L. litera.

LEVCROCVTAM (Aethiopia generat: uel potius India, potest enim ad utrumq; quodammodo referri, Plinius 8. 21.) pernicissimam (uetus lectio, perniciosissimam) feram, asini ferè (feri, uetus lectio) magnitudine, cruribus ceruinis: collo, cauda, pectore leonis, capite melium, bisulca ungula, ore ad aures usq; rescisso, dentium locis osse perpetuo: hanc feram humanas uoces tradunt imitari, Plin.

Sed

Sed quædam paulo aliter Solinus capite 55. in descriptione Indiæ: Leucrocota, inquit, uelocitate præcedit feras uniuersas. Ipsa asini magnitudine, cerui clunibus, pectore ac cruribus leoninis, capite camelino, bisulca ungula, &c. ut Plinius. Apud Albertum uoce deprauata leutrochocha legitur.

MANTICHORA sic dicta bellua, si Ctesiæ credendum est, apud Indos gignitur: cui dentes (ut ille scribit) triplici utrinque (supra infraque, Aelian.) ordine: magnitudo, hirtitudo & pedes leonis, facies & aures hominis, oculi cæsij, color rubricæ: cauda scorpionis modo terrestris aculeo armata, spiculaque agnata iaculans: uox fistulæ tubæ'ue non absimilis, cursus non minoris pernicitatis quàm ceruis: feritas tanta ut nunquam possit mitescere, appetitus præcipuè carnis humanæ, Aristoteles. Plinius 8. 21. ita transtulit: Apud eosdem (Indos scilicet uel Aethiopes) nasci Ctesias scribit quam mantichorā appellat, triplici dentium ordine pectinatim coëuntium, facie & auriculis hominis, oculis glaucis, colore sanguineo, corpore leonis, cauda scorpionis modo spicula infigentem: uocis, ut si misceatur fistulæ & tubæ concentus: uelocitatis magnæ, humani corporis uel præcipuè appetentem. Et eodem libro capite 30. Hominum sermones, inquit, imitari & mantichoram in Aethiopia author est Iuba. Eadem ferè omnia Solinus capite 55. de India. Et post reliqua, Pedibus sic uiget, saltu sic potest, ut morari eam nec extentissima spatia possint, nec obstacula latissima. Albertus & Auicenna maricomorion uel maricomorion uocibus corruptis habent, & cerui uelocitatem attribuunt: hic etiam luporū generis facit (ut habet interpres,) reliqua ut Aristoteles. Albertus ineptissimè à mantichora distinguit, quasi similis non eadem sit. Mantichora (ὁ μαντιχώρας, inquit Philes, nimirum ex Aeliano) fera est Indicą, hirsuta, rubra, speciem hominis referens (facie scilicet & auribus, ut Aristot. ait) oculis ardentibus, cæsijs: superciliis terribilis: auriculis densis (στεγανοῖς) modicè oblongis, rotundis, & ad basim glabris: dẽtibus acutis, ore horribili: reliqua species tota leonina est. cauda aculeum habet missilem, quo uenatores armatos ei insidiantes perimit (retrorsum eiaculans.) quod si à fronte ei resistant, sic etiam cauda reflexa iaculatur. Aculeis uacuæ (pro ἀνώμαλον lego ἀγώμαλον) noui statim subnascuntur. His uenatores breui superat. Et quanquam multæ sint apud Indos sæuissimæ uoracissimæque bestiæ, huic uni tamen anthropophagi nomen indiderunt. Huius catulum si ceperint Indi, extremas clunes lapide contundunt, ut aculeo producendo ineptæ fiant, & catulus sine periculo cicuretur. Hæc Philes. Aristoteles nunquam mitescere scribit, quod de adultis intelligi priuatim potest. Eadem ferè apud Volaterranum legimus, qui ex Aeliano se transcribere profitetur: & insuper, unguibus esse leonis, cauda bifida, utrinque aculeis cuspidata: dentibus acutis, & aliquanto quàm canis maioribus: oculis uillosis, noctuæ similibus (glaucis potius: glaux quidem noctua est.) Et hoc animal se uidisse testari Ctesiam in Perside, ex India dono regi adlatum. Hæc Volaterranus, sed in suis translationibus sæpenumero errat: proinde hæc cum Græcis, si cui præsto erunt, Aeliani uerbis conferri consulo. Volaterranum, qui mantichoram & crocutam simiarum generis facit, iam supra reprehendi. Apud Pausaniam in Bœoticis non mantichora, sed μαρτιόρα legitur, cuius uerba ut à nobis conuersa sunt recitabo: Bestiam, inquit, à Ctesia memoratam in libro de Indis, quæ Indorum lingua martiora, hoc est homines deuorans (ἀνδροφάγος) uocetur, non aliam quàm tigrin esse crediderim. Attribuit autem ei triplicem dentium ordinem in utraque maxilla (καθ' ἑτέραν, lego ἑκατέραν, τὴν γένυν,) & aculeos in extrema cauda, quibus & cominus se defendat, & eosdem missilium instar eiaculetur. Cæterum hanc famam Indi inter se communicasse mihi falsò uidentur ob nimium huius feræ pauorem. Decepti sunt etiam quòd ad colorem: siue quòd tigris nimirū ad Solem (κατὰ τὸν ἥλιον) eis conspecta, rubere & unius tota coloris (absque maculis) uideret: siue in celeritate cursus (εἰ μὴ θέη, lego εἰ γὰρ θέοι: negatio enim sensui contraria est) propter assiduas conuersiones talem existimantes. Ipse quidem conijcio, si quis Libyæ aut Indiæ Arabiæ'ue oras peragrans, quotquot apud Græcos reperiuntur feras inquirat, alias prorsus non reperturū, alias uero forma differentes. Non enim homines tantum pro aëris & regionū differentia, formis inter se uariant: sed idem cæteris quoque animantibus usu uenit. Verbi gratia, alius in Aegypto aspidum color, alius in Aethiopia uisitur, &c. Hactenus Pausanias, qui tribus maximè argumentis, regione natali, crudelitate, uelocitateque, niti uidetur ut martioram uel mantichoram, tigrin esse confirmet: sed quoniam eadem leucrocutæ conueniunt, & insuper uocis humanæ illectos deuorandi causa imitatio, leucrocutam potius quàm tigrin esse conijciam dum alius meliora adferat.

DE HYSTRICE.

Picturam hanc Tiguri ad uiuum fieri curauimus, cum agyrta quidam spectaculi gratia hystricem circunduceret.

A.

HYSTRICES generat India & Africa, spina contectas, ac herinaceorum genere (forte, genus,) Plinius: Solinus herinacijs similes scribit. ¶ Hystricem Arabicè aduldul uocari puto. Ericius syluestris, inquit Auicenna, notus est: & montanus est aduldul habens spinas sagittales (missiles) proximus naturæ syluestris uel terrestris: marinus quidem inter ostracoderma numeratur. Quæ de herinaceis dicuntur, eò magis ualebunt in hystrice, Plinius. Rasis quoque montanū hericium efficaciorẽ terrestri facit, his uerbis: Ericius montanus melior est dome-

Gg 4

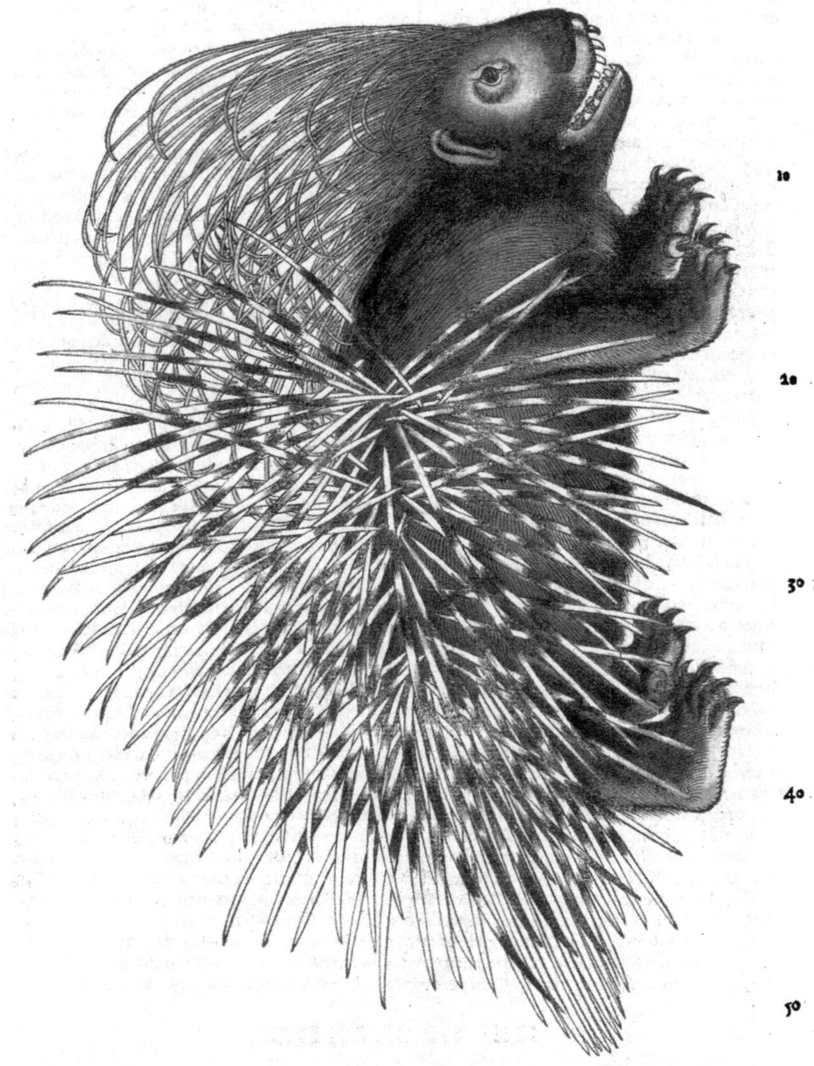

ſtico, & habet ſpinas in modum acuum: conſimilis in medendo facultatis, præſtantior in cibo, utilior ſtomacho, & uentrem magis mollit, urinamq́ ciet efficacius, Hæc raſis & Albertus. Sed apud Græcos facultates iſtæ echino marino attribuuntur. Vetus gloſſographus Auicennæ, uocem adulbus, ericium montanũ interpretatur: Syluaticus adualdul & adubul, ſimiliter: & in lingua noſtra (inquit) uocatur iſtrice. Alierha ſecundum aliquos eſt ericius magnus ſpinoſus, ſecundum alios uerò ericius minor, Andreas Bellunenſis. Albertus hyſtricem etiam ſucca nominare uidetur, neſcio qua lingua, ut in B. referam. ¶ Syluaticus & alij recentiores hyſtricem animal quod uulgò porcus ſpinoſus dicitur, interpretantur. Sic & Græci quidam, ut Suidas, acanthochœron, quod idem ſonat ad uerbum: ſed & uulgarem echinum terreſtrem eodem nomine uocitant, Etymologus & Varinus. Quòd uero hyſtricem quoq́ echinum terreſtrem Suidas interpretatur, falſum eſt. Syluatico etiam acanthochœros

thochœros porcus spinosus uel hystrix est. Gyraldus in opere de dijs, gylium à quibusdam chœrogryllum exponi scribit: chœrogryllum autem ipse porcũ spinum interpretatur, ut Syluaticus etiam, qui corruptè cirrogrillium scribit: sed chœrogryllum nos potius herinaceum esse in Cuniculi historia capite primo docuimus. Varinus quidem gylion exponit porcum, aut leonem. Ἄρκηλα Hesychius & Varinus ouum interpretantur, uel hystrichem secundum Cretenses. Domitius Calderinus apud Martialem orygem pro hystrice ridiculè exponit. ¶ Hystrix Italicè porco spinoso, uel histrice, uel istrice sine aspiratione. Hispanicè puerco espin. Gallicè porc espic. Anglicè porkepyne. Illyricè porcospino. Polonus quidam interpretatur morska szwijnija, imitatus puto Germanos, qui porcum marinum nominant, **ein meerschwyn**. Ea nimirum ratione qua uulgus in mediterraneis, à mari remotum, incognita & peregrina pleraq; marina & transmarina uocat. Quanquam parum idoneus author Libri de natura rerum, hystricem circa mare degere scribit, & cum maritimis locis destituitur in cauernas montium diuertere. Iuxta marina (maritima potius) habitat, & aliquando in montibus, Albertus. Certum est quidem hoc animal amphibium non esse, sed in syluis agere, quod & Oppianus testatur. Quamobrem ridiculus est illius error, qui nuper quadrupedum historia Germanicè edita, porcum spinosum (hystricis enim nomen non agnoscit) piscem marinum facit, Germanica appellatione deceptus. Aliqui hystricem Germanicè **taran** uocitant, nescio qua origine: aliqui **dornschweyn**, hoc est porcum spinosum, ficta ab eis uoce ad imitationem cæterarum aliquot gentium. Nã ea uoce, ut supra ostendi, Itali, Hispani, Galli, Angli, & Illyrij quoq; utuntur. Quinetiam Germanorum aliqui peregrinitatis studiosi uocem **porcopick** receperunt: alij **stachelschweyn** appellant, hoc est suem pungentem, ut Ge. Agricola docet. Hystrix animal est marinum, testaceum (ostracodermon) cibo aptum, Hesychius & Varinus: Apparet autem eos echinum marinum intelligere: nam Suidas hystricem terrestrem quoq; echinum interpretatur: Vtrunq; impropriè: neq; enim ullus authorum qui extant, hystrichem (quod meminerim) aliter quàm pro uulgò dicto porco spinoso usurpat.

B.

Hystrices generat India & Africa (unde ad nos nuper allatæ sunt, Ge. Agricola) spina contectas, ac erinaceorum genere (genus forte:) sed hystrici longiores aculei, & cum intendit cutem missiles. Ora urgentium figit canum, & paulò longius iaculatur, (tanto etiam impetu, ut in ligno figat interdum, Ge. Agricola,) Plin. Hystrix in Aethiopia (hoc etiam in Hieronymi libro contra Iouinianũ legitur) frequentissima, erinacijs similis, spinis tergum hispida, quas plerunq; laxatas iaculatione emittit uoluntaria, ut assiduis aculeorum nimbis canes uulneret ingruentes, Solinus. Herodotus libro quarto hystriches apud Afros pastorales nasci tradit. Circa Scassem urbem Tartariæ multi sunt sues spinosi: qui cum capiuntur, spinis suis sæpe homines & canes lædunt: nam canes in eos prouocati, adeò irritant feras illas, ut simul concurrentes terga sua, quibus spinæ innituntur, uehementer commoueant, atq; in uiciniores homines et canes uibrent, Paul. Venet. 1.34. Homines & quascũq; feras insequentes, fugiendo pugnans, emissis à tergo spiculis, uulnerat. Canes ictos quandoq; perimit: quamobrem uenatores retinent canes, & alio ad capiendum dolo utuntur, Oppianus. Certo destinatoq; ictu (ut audio) ferit quem uoluerit, uulnere interdum incurabili propemodum, utpote angusto & profundo, periculoso nimirũ si neruus pungatur: ut Oppianus nõ temerè dixerit, ἰθὺς ἀκοντίζει μακρὸν βέλος. Hystricum aculeos genus quoddam pilorum esse putandum est, Aristot. Hi partim albicant, partim nigricant, non confusis, sed distinctis ordine coloribus: & in mucronem exeunt. Eos in pileis sæpe adferunt peregrini à S. Iacobo Compostellano reuertentes. Spinis utitur hystrix pilorum & armorum loco, non etiam pedum ut quidam dixerunt, Albertus. Echinos quidem marinos aculeis suis pedum loco uti tradit. Nõ in opacis syluis (inquit Oppianus) tam horribilem ac rigidũ quicquam præ se fert conspectum ac hystrix: cui magnitudo paulo minor quàm lupo, corpus ualidum, & spinis, ut herinaceorum, undiq; rigens. Axungia & laridum sunt in animalibus non cornigeris, quorum quatuor dentes ut plurimum prominent, ut sunt porcus, porcus spinosus, glis, felis, canis, &c. Monachi in Mesuen. Albertus libri 1. tractatus 1. capite 8. de animalibus, cum hericium alium caninum, alium porcinum esse dixisset, subdit: Et similiter animal quod uocatur succa: quod etiam hos duos modos habet, quòd alius in eo genere habet pedes porci, & alius pedes canis: est autem idem qui porcus spinosus. Hoc quidem de hystrice nullus authorum prodidit: echinorum autem, ut in ipsorum historia dixi, differentia hæc hodie uulgo affertur. Hystrix quem ipse uidi, tres circiter pedes longus erat. Agyrta qui circunducebat, os eius leporino conferebat, aures humanis: pedes anteriores melis, posteriores ursi pedibus. Hystricem Græci (inquit Ge. Agricola) ἀκανθόχοιρον uocant, quòd & similitudinem gerat speciemq; porci bimestris, & spinis erinacei instar hirsutus sit: attamen caput habet leporino similius: aures humanis, pedes ursinis. Iuba ei est superiori parte erecta, et priori caua: tubercula cutis, quæ ex utraq; oris parte sunt setas longas & nigras continent ex eis natas: quin reliquæ etiam setæ sunt nigræ. Primæ spinæ à medio oriuntur dorso & à lateribus, sed longissimæ à superiore eorum parte. Quæ singulæ partim nigræ, partim candidæ sunt: longæ duos uel tres uel quatuor palmos: quas, si quando libitum fuerit, ut pauo caudam erigit: ingressurus in cauerã demittit. Dentes, ut lepus, quatuor habet longos, duos superiori parte, & duos inferiori, Hæc Agric.

¶ Hystrici potius quàm cuiuis alteri siue animal siue monstrum illud, quod Hieronymus Cardanus libro 10. de subtilitate describit, adiungendum existimaui. Varij generis, inquit, incertæq; naturæ fuit animal, quod præsenti anno (1550. uel uno prius) decimo nono Ianuarij Papię uidimus. Vulpis magnitudo, aliquanto longius, ore & rictu leporino, cum pilis longis, duobusque dentibus prælongis: siquidem digiti humani longitudine prominentibus ad modum sciuri (dentium:) oculis serpentinis, quippe qui angulis carerent & nigri essent. Pileus inerat capiti, hircinæ barbæ simillimus, sed non aliter quàm crista pauoni. Pilus mustellinus ac pulcher, nisi quod super collum uelut lana candida uidebatur: anteriores pedes ut taxi: aures & posteriores (pedes) nihilo differẽtes ab humanis, nisi quod pedibus ungula ursi pro humana erat. In dorso postremaque parte, spinæ circiter centum, hystricis instar, quarum quædam in apice curuabantur, prominebant, alioquin immobiles, nec ut de hystrice ferunt emissariæ: cum moueretur, strepitum dum se colliderent, ędebant. Cauda anserina, sed in spinas plumæ finiebantur. Si reliqua non uideas, anserem dices: candidis ac cinereis plumarum sedibus, latoque lumine anserem æmulantibus. Vox subobscura, rauca quasi latrantis canis. Iracundum animal, sed tamen quod facile à circulatore tractaretur. Canes odio prosequebatur maximo, sexus fœminei, ętatis iuuenilis. Potus nullus: cibus, panis aqua madefactus. Animal hoc sui generis uix esse credam, sed ex hystrice alioqui, uelut urso, natum. Hystricem enim constat esse suem spinas illas habentem in dorso, quas possit eiaculari. Africam mittere proditum est; sed nunc & Gallia habet & Italia. Spinæ palmi (dodrantis) longitudine, præacutæ, leues, albo nigroque distinctæ. Sunt erinaceo spinæ similes, sed longè minores, & quæ emitti nequeant, Hactenus Cardanus.

C.

Hystrici ingressus grauis, (difficilis,) Albertus. Animal generat: Quatuor hybernis se mẽsibus condit, ut ursa, utrum propter frigus an alia de causa, ambigitur: & totidem diebus fert uterum quot ursa (nempe triginta) & reliqua facit perinde ut ursa, Aristoteles & Plinius. Latet æstate, & de cauernis prodit hyeme, cõtra quàm multa animalia, Albertus nec authorem nec suam obseruationem adhibẽs, nec contrariam ueterum assertionem redarguens: quamobrem miror idem à Ge. Agricola uiro alioqui doctissimo diligentissimoque proditum esse. Audio hystricem animal fœtidum esse, & in syluis cauernas fodere melis instar, cui et pedes anteriores in eundem nimirum usum, similes habere aiunt: Potu itẽ prorsus abstinere: pane, pomis & rapis uesci. Poma quidem (ut ipse obseruaui) cortice dentibus separato, uorat. Atqui Ge. Agricola hystricem uesci scribit pane comminuto, pomis, piris, rapis, pastinacis: bibere aquam, sed cupidè uinum dilutum: noctu uigilare, interdiu dormire.

¶ D. Quomodo aduersus homines & canes se defendat emissis aculeis, in B. iam dictum est.

¶ E. Hystricis pinna si scalpantur dentes, ad firmitatem pertinet, Plinius. Mulieres alicubi spinis hystricum uti audio ut uerticis capillos discriminent.

F. G.

Hystricis caro, ut herinacei, licet non admodum inter esculenta comedatur, stomachum tamen adiuuat, aluum soluit, lepram ac scabiem diminuit: salita hydropem mitigat: mingentes in lecto, quo minus id faciant, adiuuat, Platina. Græci nihil tale hystrici tribuunt. sed stomachum iuuare, aluum soluere, echino marino: uim aduersus lepram & scabiem, & urinæ in pueris profluuium, terrestri. Quæ de herinaceis dicuntur, inquit Plinius, omnia tantò magis ualebunt in hystrice. Hoc ut uerum sit quod ad remedia, ex cinere præsertim ustorum aculeorum: ad carnis tamen facultatem in cibo fumendæ (herinacei enim assiccata uel inueterata in morbis quibusdam edenda commendatur) nonnihil interesse uidetur. Partus conceptos, hystricum cinis potus continet, (& amolitur abortus.) teste Plinio: Idem tribuunt herinaceorum cineri si cum oleo perungatur. Ericius montanus est aduldul, habens spinas sagittales, propinquus naturæ syluestris uel terreni, Auicenna.

H.

Hystrix (ὕστριξ, ὕστριχος: uel ὕστριγξ, ὕστριγγος. Oppian. lib. 3. de uenat. ὑστρίγγων δ᾽ ὕπω τι πέλει χύτλ δάσκιον ὕλην Ῥίγιον εἰσιδέειν:) nomen à Græcis sumptum, apud quos huic animali inditum uidetur à setis siue aculeis potius, quibus multò magis horret, quàm setis suis rigere sues soleant: Vt hystrix ad uerbum suem setosum sonet. Aculeos enim eius, generi pilorum adscribendos Aristoteles iudicat. Hos diuersis nominibus, pilos, setas, uillos, pinnas, aculeos, aut spinas, diuersi authores nominant. Hystrix recipit flatilem in ultima etymi ratione in obliquis, Cælius. Plinius 8. 35. hystrices spina contectas in fœminino genere protulit: Oppianus in masculino, hoc uersu: φθύγετ᾽ ἐμμελέως, καὶ ἀλδυάμενος πολεμίζει. Recentiores quidam Grammatici in dictionarijs suis Latinis ineptè primam syllabam per iôta scribunt. ἴυργοι, capræ syluestres, hystrichides, Hesychius & Varinus. Hystrichis (ὑστριχὶς, apud Varinum non rectè ὑστριχὶν legitur) fera setis instar suis uestita, quas aduersus insequẽtes eiaculatur, Suidas & Scholiastes Aristophanis. Significat etiã flagellũ: & hystrix similiter. Vtrunque quidẽ uocabulum utroque sensu, apud grammaticos saltem usurpatur: apud authores tamen propriè magis hystrix pro animali, hystrichis pro flagro in usu est. Hystrichis, flagellum è setis suillis, (inde & nomen conflatum apparet ἀπὸ τῶν ὑείων τριχῶν) Suidas & Scholiastes Aristophanis. Ὑστριχίδι μαστιγῶν, Aristophanes in Ranis. Et in Pace, Μῶν ὑστριχὶς εἰσέβαλεν σοι Εἰς τὰς πλευρὰς πολλῇ στρατιᾷ, κἀξεδενδροτόμησε τὰ νῶτα; Ὕσπληγξ (inquit Eustathius Dionysij Afri Scholiastes) non solum καμπτῆρα significat, sed etiam apheteriam, id est carceres: & insuper hystrichidem, non animal, sed feriendi instrumentum, quod ex setis suillis ad uerbera aptum conficitur: corio nempe suillo oblongo & angusto unà cum setis parum resectis, ut magis pungant, mastigias uerberabant: atque hoc genus flagri ὕσπληγξ uocabatur. Aliter, Huiusmodi

Huiusmodi flagrum contextum uel contortum erat(πλέγμα ἦν)ex setis suillis: apud Theocritum ὕσπληξ laquei aucupalis genus est, διὰ τὸ συγκροτεῖσθαι, ὡς εἰκὸς, ἐκ ὑστριχίδος πλέγματος. Prima quidē et ppria significatione ὕσπληξ pro scutica feriendi instrumento, qualecunque id fuerit, usurpatum apparet: postea uero ad carceres etiam certaminum & καμπτῆρα translatum: utrobique enim equi flagris & stimulis (unde & nyssæ ortum uocabulum) incitantur, Hucusque Eustathius. Hæc etsi magis ad philologiam de sue pertinebant, uocis tamen affinitate illectus cum hystrice posui. De uoce ὕσπληξ plura dixi in Equo philologiæ parte 5. Ὑστριχὶς, (malim ὑστριχὶς, ut supra) flagellum è setis suillis, Varinus. Ὑστριξ flagellum ex corio cum ipsis pilis, Suidas. Hystrichidas uocat Hierocles (in Hippiatricis cap. 59.) siue equos ipsos, siue equorum caudas, in quibus setæ suillis similes nascuntur: Ruellio hoc uitij pilare rigorem appellare placuit. ὄβρια & ὀβρίκια, ὑστρίκων καὶ τῶν τοιούτων σκύμνοι, Varinus. ὀβρικάλοις, τοῖς τῶν θηρίων ἐκγόνοις, Hesych. Sunt qui leonum etiā et luporū catulos obricala uel obria nominēt, Eustath. ¶ Apud Hieronymum mens hystrichula esse uidetur liuore sordida, & uirus mordax missilium aculeorum instar eiaculari consueta, Cæl. Penultimam hystricis Oppianus, ut supra citaui, per duplex gamma protulit, ut necessariò producta esset: aliter enim corripitur, ut apud Calphurnium: Venit & hirsuta spinosior hystrice barba. Videtur autem etiam prouerbij specie, agrestis aliquis & inamœnus, hystrice spinosior dici posse. Sic hystricis seta, θρὶξ ὕστριχος, ut refert Erasmus, lepide dicetur de dicterio, quod acriter in quempiam tortum fuerit.

DE ICHNEVMONE.

Ichneumonis hanc imaginem, cui parum tribui, ex uetusto manuscripto codice Oppiani Venetijs nactus sum.

A.

ICHNEVMON, ἰχνεύμων, Nicandro etiam ἰχνευτὴς, hydri siue enydri, id est lutræ species est in Aegypto: quanquam Marcellinus & Solinus non ichneumonem hydri, sed hydrū ichneumonis speciem facit, quasi hydrus latius pateat, quod non placet: hydrus enim, id est lutra (de qua in L. litera seorsim agam) plerisque in regionibus reperitur, ichneumon uero lutra est Aegypto peculiaris iuxta Nilum. Enhydrus, alterum ichneumonum genus, Solinus capite 35. Enydros, inquit Isidorus, est bestiola ex eo nuncupata, quod in aquis uersatur, & maximè in Nilo. Hæc Græce ichneumon uocatur, &c. quasi uerò enhydrus quoque non sit Græcum uocabulum. Et alibi, Hydrus est animal uolatile (lego fluuiatile) in Nilo fl. inimicum crocodilo. ἰχνευτοὶ, οἱ νῦν ἰχνεύμονες λεγόμενοι, Hesychius. Ichneumon Græcè uocatur, inquit Isidorus, eo quòd odore eius salubria ciborum & uenenosa prodantur: De quo Dracontius ait, Prædidit (prædicit, forte) suillus (alias suillis) uim cuiuscunque ueneni. Dictus est autem suillus à setis. Apud Albertum neomon pro ichneumon legitur. Latinè, inquit idem, suillus uocatur, quoniam setas habet pro pilis: odore cibum conuenientem à uenenoso distinguit. Ego ichneumonem dictum coniecerim ab inuestigando: Quòd sicut canicula (quam forma etiam corporis refert) feras indagat: sic ille inuestigat & obseruat crocodilum & aspidem, eorumque oua, ut capite quarto dicetur. Aduersus omnia lumbricorum genera mitum in modum medentur pili animalis nominati alcasim, Auicenna libri 3. tractatu 5. fen 16. cap. 6. Andras Bellunensis in castigatis codicibus non alcasim sed harimun legi monet, quodnam uero id animal sit ignorare se fatetur. Sed Io. Manardus in epistolis 3.1. alcasim interpretatur ichneumonem: quoniam Aegineta etiam (quem Auicenna ferè sequi solet) sic scribit: In uniuersum omnes à lumbricis ægrotantes ichneumones pili iuuant suffiti. Ichneumonem sunt qui murem Indicum uocari modò sentiant, Hermolaus in Plinium. Hac ætate quòd murinam speciem similitudinemque gerit, uulgò murem Indicum uocant, Gillius. Ichneumo in Aegypto solum nascitur, magnitudine felis, specie muris: uulgò nunc murem Indicum uocant: alij uocant damulam. Albertus deceptus uerbis Arabicis uocat ibim, id est ciconiam quæ tota nigra dorso est, & inuenitur gilua (grisea) etiam, Niph. Est autem locus Alberti in Aristotelem de hist. anim. 9. 6. ubi pro ichneumone anschycomon scribit ceu Græcā uocē, & ab Auicenna thyamon uocari ait. Scriptor quidā (nomen iam non occurrit) ichneumonem interpretatur murē Indicum uel murē Pharaonis. Cæterū damulam pro mustela (quam donolam uulgo Itali uocitant) Albertus, Vincentius Bell. & alij accipiunt: quæ etsi ichneumoni quędam communia habet (corporis formam fortassis, & quòd serpentes impugnat) ab ea tamen differre neminem ex eruditis dubitare puto.

B.

Animalia sua habet Aegyptus, ichneumonem & Aegyptiam aspidem, Strabo. Ichneumonem alij caniculæ dicunt similem esse, alij mustellæ, Gillius. Nicander formam eius confert ictidi ἀμυδρῇ, id est uiuerræ uel mustellæ rusticæ paruæ, uel (ut alij exponunt) iracundæ. Cæterum ictidis magnitudo, teste Aristotele, ea est quæ catuli Melitęi. Pilos eius suillis similes Isidorus parum grauis author affirmat, ut præcedenti capite dixi: Nicander λάχνην pilos eius appellat, non satis certa uoce: nam ursi, uulpis, suis, & hominis etiam pilis eam attribuunt poëtæ, ut Varinus docet. Pupillæ paruæ κακομηχανίαν, id est malignam astutiam uel machinationem significant: nam serpentes, ichneumones, simiæ, uulpes & quæcunque improbè astuta sunt, λεπτὸν ἐκδέρκει, id est angustis sunt oculis uel pupillis: boues & oues contra, Adamantius. De cauda ichneumonis uerba Oppiani sunt hæc: οὐρὴ οἱ δολιχὴ γὰρ ὄφιοισιν τι τέτυκται, Ἄκροισιν κεφαλὴ δονέει δομέοισι κορύμβοις Ἀντα μελαινομένη, θηρῶν φολίδεσσιν ὁμοίη. Hoc est (ut ego interpretor: nam Gillius prætermisit) Cauda ei oblonga, serpentinæ similis, extrema sui parte è regione capitis conuoluta, nigricans, & ut serpentibus squamosa. Versum medium corruptum, ex cõiectura sic lego, Ἄκροισι κεφαλῆφιν ἑλισσομένοισι κορύμβοις, donec ex manuscripto codice aliquis meliorem lectionem afferat. Caudam quidem longam & squamosam in eo talem intelligo, qualis propemodum muribus est. ¶ Ichneumoni (inquit Aelianus) utriusque sexus participi à natura tributum est, ut & suo semine grauiditatem & partum alijs afferat, & ipse quoque uentrem ferat, & ex se se pariat, (idem ferè de hyena quidam scripserunt:) qui in pugna quam inter se pugnant uicti fuerint, ea bellicæ offensionis nota inuruntur, ut & in uiliorem sexum censeantur, & muliebria patiantur, (Aristoteles idem perdices factitare scribit.) Contrà, ij qui ex bello superiores euaserunt, uictos subigunt, & simul suo semine implent: at uicti ex ea malè à se pugnata pugna, hoc præmio afficiuntur, ut & partus dolores sufferant, & ex patribus qui iam ante fuissent, matres reddantur.

C.

Ichneumones & feles tot numero pariunt, quot canes, uescunturque eisdem. Viuunt circiter annos sex, Aristoteles. Felium & ichneumonum reliqua ut canum. Viuunt annis senis, Plinius cum prius de canum coitu & partu dixisset. Circa fluuios degit, Nilum peculiariter: unde Nemesianus, Et placidis ichneumona quęrere ripis Inter arundineas segetes. Mihi quidem amphibium uidetur hoc animal, non solum quòd circa aquas moretur, sed etiam quòd in ijs lutræ instar se mergat. Nam Nicander in Theriacis describens quomodo contra aspidem pugnaturus luto se muniat, sic canit: αὐτίχ' ὅ γ' ἐς ποταμόνδε καθήλατο, τύψε δ' ἰλύος Ταρταρόεν (ἤτοι βυθὸν) ἰλυόεσσαν: Et mox aspidem aliquando mordicus ab eo cauda apprehensam in fluuium trahi, quod apud Strabonem quoque legimus. Iam cum crocodili uentrem & uiscera per fauces illapsus exedat, necesse est eum diutius absque respiratione, quàm quæ amphibiæ non sunt quadrupedes, uitam agere posse.

D.

Possum de ichneumonum utilitate, de crocodilorum, de felium dicere, sed nolo esse longior, Cicero de natura libro 1. & 5. Tusculan. Beluas etiam in eos ipsos, à quibus beneficium acceperint, uehementer gratas esse, testimonio sunt uel Aegypti admodum fera animalia, feles, ichneumones, crocodili, Aelianus. Et alibi, Cum homini infestissimis bestijs aspide & crocodilo inimicitias gerunt. ¶ Trochilos (inquit Solinus) auis paruula est: ea dum reduuias (reliquias) escarum affectat, os belluæ huiusce paulatim scalpit, & sensim scalpurigine blandiente aditum sibi in usque fauces facit: Quod enhydrus conspicatus, alterum ichneumonum genus, penetrat belluam, populatisque uitalibus, erosa exit aluo. Eadem omnino scribit Ammianus Marcellinus libro 22. De trochilo aue Aegyptia, alia à uulgari trochilo, id est regulo (etsi Plinius eandem faciat) in Auium historia dicetur. Crocodilum (inquit Plinius) saturum cibo piscium, & semper esculento ore in littore somno datum, parua auis, quæ trochilos ibi uocatur, rex auium in Italia, inuitat ad hiandum pabuli sui gratia, os primum eius adsultim repurgans, mox dentes, & intus fauces quoque, ad hanc scabendi dulcedinem quàm maximè hiantes: in qua uoluptate somno pressum conspicatus ichneumon, per easdam fauces ut telum aliquod immissum, erodit aluum, Hæc Plinius. Alij nullam trochili mentionem faciunt, sed simpliciter in apricantis eius uel dormientis fauces hiantes insilire scribunt. Ichneumones crocodilis apricantibus insidiantes, in oris hiatum intrant, & exesis uisceribus è uentre mortuorum egrediuntur, Strabo lib. 17. Cum crocodilus humi iacet stratus, (uerba sunt Gillij ex Oppiano) & rictu immenso os gerit patulum, tum ichneumon dolosa consilia de illius pernicie iniens, limis oculis tandiu eum obseruat, quoad arctè oppressum somno intuetur: tum confestim (in arena & luto uolutatus, agilis procurrit) & singulari animi fiducia mortis portam ingressus per latum guttur in aluum delabitur. Crocodilus uerò inexpectatum malum in uentre sentiens, somno soluitur: & incitato cursu furibundus & consilij inops, longè lateque uagatur, modò in imam fluuij sedem se demergens, modò magnum acerbitatis uirus anhelans sese ad terram abijcit: sed nihil hæc curans ichneumon, & uiscerum (iecori præcipuè incumbens) suaui cibo expletur: ac tandem satur, iam exinanito crocodili uentre prosilit foras, Hæc ille ex Oppiano, Plutarchus etiam de ichneumone scribit, insidiantē crocodilo corpus diligenter

diligenter amicire limo, & ueluti corijs loricatum (θωρακιζόμενον) obglutinare. Atqui aduersus crocodilum nihil eget hoc munimento, cum dormientis per fauces illapsus, uentrem exedat eo in loco ubi nihil à crocodili dentibus ei metuendum: quanquam si attingere dentibus crocodilus ichneumonem posset, nihil ei utcunque crassa luti crusta prodesset aduersus tantam belluæ uim: nam contra aspidis morsus (cum parui & infirmi admodum omnibus huius generis serpentibus dentes sint) luto incrustatum defendi posse facile concesserim. Non igitur ut à morsibus belluæ tutior sit in luto se uolutat, sed alia, si modo id facit, eius facti quærenda est causa. Mihi quidem eò difficilius per fauces eum delabi uidetur, si non in luto solum, sed etiam arena, ut Oppianus refert, uoluatur: sic enim & augetur corporis complexus, & exasperatur: utranque uero ob causam difficilior per angustum (fauces inquã & gulam) descensus. Iam si post lutationem Soli quoque se exponit, ut crusta durescat, eodem modo quo in præparatione contra aspidem pugnæ, multò adhuc difficilius delabetur, aspero dorsi uel totius forte corporis impediente rigore. Aut igitur Plutarchus & alij quidam præparationem eius quę aduersus aspidem tantum proprie pertinet, ad crocodilum quoque transtulerunt, quod facile aliquis ex Strabone facere potuit, cuius confusa ferè hac de re uerba sunt, huiusmodi: οἱ μὲν Ἀρσινοῗται τοὺς κροκοδείλους τιμῶσιν· οἱ δὲ Ἡρακλεῶται τοὺς ἰχνεύμονας τοὺς ὀλεθριωτάτους τοῖς κροκοδείλοις, καθάπερ καὶ ταῖς ἀσπίσι: καὶ γὰρ τὰ ᾠὰ διαφθείρουσιν αὐτῶν (circa hoc pronomẽ dubitatio est, an ad aspidas tantũ, ut mihi uidetur: an ad utrunque animal, aspidas & crocodilos referri debeat: utriusque quidem oua ichneumonem perdere apud authores legitur) καὶ αὐτὰ τὰ θηρία τῷ πηλῷ θωρακισθέντα: κυλισθέντα (lego θωρακισθέντων. κυλισθέντων) γὰρ αὐτῷ, ξηραίνοντες πρὸς τὸν ἥλιον. εἶτα τὰς ἀσπίδας μὲν τῆς κεφαλῆς, ἢ τῆς οὐρᾶς λαβόμενοι, κατασπῶσιν εἰς τὸν ποταμὸν, καὶ διαφθείρουσι. τοὺς δὲ κροκοδείλους ἐνεδρεύσαντες, ἡνίκ᾽ ἂν ἡλιάζωνται κεχηνότες, ἐμπίπτουσιν εἰς τὰ χάσματα, καὶ διαφαγόντες τὰ σπλάγχνα καὶ τὰς γαστέρας, ἐκδύουσιν ἐκ νεκρῶν τῶν σωμάτων. Aut igitur, ut supra dixi, authores quidã ichneumonis præparationem aduersus aspidem, ad crocodilum quoque non rectè transtulerunt: aut si aduersus illum etiam se lutat, alia lutamenti illius quàm contra aspidem ratio est: nempe ut sine arena fiat, & eo adhuc humente lubricoque, non Sole indurato, in crocodili hiatum insiliat, ut ita magis lubrico corpore facilius deferatur, id quod Isidorus innuere uidetur his uerbis: Hydrus cum uiderit crocodilum in ripa ore aperto dormientem, inuoluit se limo, quò facilius possit eius faucibus illabi, &c. ¶ Crocodilorum fœcunditati salutariter natura obsistit: nam oua quæ ex sese crocodili secundum flumina parere solent, inquirit ichneumo, ac perdit: & quod magnam admirationem habet, nec oua comedit, nec ad suam, sed ad hominum utilitatem naturæ instinctu conterit, Aelianus. Ichneumo Aegypti, ubi aspidem anguem suum hostem aspexerit, non prius aggreditur, quàm socios uocet, & limo obducto, contra ictus morsusque sese loricet. Modus armandi, ut primum madefaciat corpus, & in terra se uolutet, Aristoteles. Virum debilem & qui aliorum auxilio egeat significantes Aegyptij ichneumonem pingunt: hic enim si anguem inimicum uideat, non statim aggreditur: sed prius uocatis alijs ex sua specie, sic firmior præsidio angui fit obuiam, Orus in Hieroglyph. 2.31. Habet aspis (inquit Plinius) internecinum bellum cum ichneumone. Notum est animal hac gloria maximè in eadem natum Aegypto. Mergit se limo sæpius, siccatque Sole. Mox ubi pluribus eodem modo se corijs loricauit, in dimicationem pergit. In ea caudam attollens, ictus irritos auersus excipit, donec obliquo capite speculatus inuadat in fauces, Hæc Plinius. Ichneumon in pugna aduersus aspidem caudam erigit, quam aspis maximè incipit obseruare quasi minantem, ad quam cum uim suam transfert, corripitur, Isidorus. Oppianus ichneumonem non luto se oblinere, sed corpus arena obruere & quasi sepelire scribit, oculis tantum & cauda (oblonga ac serpentina) prominentibus: sic expectare aspidem. Cum uerò (inquit, interprete Gillio) hanc ignem spirantem animaduertit, statim caudæ girum agens, immanem feram prouocat: ea autem capite elato & exerto dente, frustra pugnare aggreditur: nam Ichneumonem nihil metus tardat ad excipiendam pugnam, imo uero ipsam mordicus premens utrinque se in orbem contrahentem lacerat, & mortiferum ueneuum ore eijcientem conficit, & occidit. In luto Nili uolutus ichneumon, apricat se donec tergus siccetur & durescat, sic irruens in aspidem uel caput eius morsu amputat, uel mordicus apprehensam cauda in fluuium trahit, Nicander in Theriacis. Ichneumones luto incrustati aspides simul & earum oua delent. Inuoluti enim luto & ad Solem siccati, aspides per caput uel caudam capientes in flumen trahunt atque occidunt, Strabo: cuius eadem de re uerba Græca paulò superius recitaui. Ichneumon (inquit Aelian.) luto agglutinato sic se obducit, ut militem armis undique septum referat: si lutum desit, aqua se alluens seque in altum madidumque sabulum abijciens, ex improuisis rebus ac fortuitis, arma ad tutionem sui ingeniosè comparat, continuoque cum capitali aduersario depugnat: summas autem nares suas, teneras, ac ualde aspidis morsui opportunas, suæ caudæ flexu septus, tuetur: si eas aspis assequi possit, hostem debellauit: sin minus assecutus fuerit, frustra dentes contra lutum exercet. Contra autem ichneumo illi anteuertens, si ex inopinato fauces comprehenderit, illam strangulat. Quocirca tota uictoria cum sit posita in anticipatione, uictor existit, qui morsibus alterum preuerterit, Hæc ille. Ichneumon haud ipsam tantum aspidem impugnat, sed etiam oua eius dispergit & dentibus frangit, Nicander: sic catulis suis futuram hostilem perniciem summouens, Aelianus.

G.

Præcidit (lego prædicit) suillus uim cuiuscunque ueneni, Dracontius: uide supra in A. Draconum adipem uenenata fugiunt: item uirus ichneumonum, & cutis cinere in aceto perunctos, Plin.

H h

Quid autem per uirus ichneumonum hic intelligat, dubitet aliquis: neque enim uenenati aliquid illos habere legimus: fieri tamen potest ut habeant, sicut & mustelæ, quibus quodammodo similes sunt, ut supra ostendi. Basilisco mustelarum uirus exitio est, Plinius: id est, necant eos odore, Budæus. Sed & morsus ichneumonum nonnihil ueneni habere apparet, cum remedia aduersus ipsos scribantur. Est & alia iris ceræ similis & prædura: quam Horus crematam tusamque ad ichneumonum morsus remedio esse tradit, Plinius de gemmis scribens 37.9. Ge. Agricola hanc iridis siue crystalli speciem, à gemmarijs citrinam nominari scribit, & in Misenæ & Boëmiæ metallis reperiri, sed ferè mollem & fragilem, quum Plinio in Perside nascens prædura sit. Perniciosum ichneumonem Martialis dixit. Quòd si non totus ichneumon uirosus est, genitalia certe eius talia esse credendum est, ut qui de enhydri siue lutræ genere sit, (animalis certe toto corpore fœtidi) cuius testes proximè ad castoreum accedere indicabimus, castorea autem uirosa dixit Vergilius: hoc est grauiter odorata potius quàm uenenata. Fugiunt autem serpentes omnia ferè quæ huiusmodi fuerint. Virus quidem de genitalium odore peculiariter dicitur. Lentum distillat ab inguine uirus, Ver. 3. Georg. Virus uerrinum è scropha ex coitu exceptum, Plinius. ¶ Pilos ichneumonis suffitos ijs prodesse quos lumbrici infestant, capite primo ex Aegineta & Auicenna asserui. ¶ Pro stercore felis, stercus ichneumonis in medicina supponi potest, ut inter Antiballomena Galeno adscripta legitur. ¶ Lotium ichneumonis cum lacte uaccæ nigræ dabis in impetu coli potandum, continuò subuenies, Marcellus.

H.

a. ὀφιομάχος, ichneumon, & cicadarum genus absque alis, Hesych. Varinus ὀφιομάχην nō ichneumonem, sed cicadam tantum absque alis interpretatur. Aristoteles in Mirabilibus scorpiomachi cicadæ meminit, sed de his inter insecta. Ichneumon quidem quadrupes meritò ophiomachus nuncupatur: siue is contra aspides tantum pugnat, siue etiam, ut conijcio, contra cæteros serpentes. Hunc enim (inquit Cicero) Aegyptij consecrarunt, quod non sinat serpenteis, maximam eius regionis pestem, augeri. Ichneumon quadrupedis & piscis nomen, Varinus. Est & inter uespas ichneumon, quæ cum phalange uel phalāgio dissidet, Aristoteli & Plinio memorata. ¶ Epitheta. Solers apud Textorem. Delectat Marium si perniciosus ichneumo, Martialis. Strabo aspidi & crocodilo ὀλεθριώτατον, id est maximè perniciosum esse dicit, ut supra dictum: si quis pro uiroso aut uenenoso interpretari mauult, non admodum repugno. Βαιός, μέγα θαῦμα, μεγαθενής, αἰολόβουλος, Oppiano. ¶ Scincus in Nilo natus ichneumone minor est, tanto inferior crocodilo, Hermolaus ex Plinio.

¶ h. Latonæ & Lucinæ sacri esse existimātur. Apud Aegyptios Heracleopolitas uenerationem & religionem possidere feruntur, Aelianus. Idem capite 4. ex Strabone asserui. Ichneumonem Aegyptij colunt, quod non sinat serpenteis, maximam eius regionis pestem, augeri, Cicero. Ichneumones Aegyptij lugent & sepeliunt, eodem quo canes modo, Herodotus libro 2. ubi Valla indagatores transtulit, quod non probo.

DE LAMIA.

A.

LAMIA nomen homonymum est: nam & terrestrem bestiam Libycam (siue ueram illam, siue fabulosam,) & spectrum quoddam, & piscem significat. Omnibus quidem illis uoracitatis notam ueteres impingunt. Genuæ, gulosi. Lucilius libro 30. Illo quid fiat lamia, & pitto ixio dentes. Quòd ueniunt genuæ illæ, uetulæ, improbæ, ineptæ, Nonius: Versus duo heroici sunt, sed (ut apparet) corrupti. Λάμια apud Græcos ferè cum acuto in prima scribi reperio, rarius in media. Καρχώ, λάμια, Hesychius & Varinus. Videtur autem hoc nomē piscis esse, ut uox carco à carcharia detorta sit: nam carchariam marinum piscem uoracissimum, Massilienses hodieque (teste Gillio) suæ antiquitatis retinentes, lamiam appellant: Nisi quis καρκώ forte quasi γοργώ dictam uelit: nam gorgoni (de qua inter boues syluestres iam dictum est) & lamiæ multa communia sunt, feras esse Libycas, monstrosas, draconum squamis obsitas, deorsum aspicere, unde & κάτω βλέποντα ζῶα dictæ gorgones priuatim. Aut si spectra sunt, hæc habent communia: quòd terriculi gratia nominantur, tanquam fœminæ quædam, uoraces, oculis exemptilibus. Sed rursus quædam gorgoni attribuuntur, ut alæ, &c. quæ lamijs negantur, & uicissim. Multa etiam de onocentauris scribuntur & lamijs similiter, ut species humana, mammæ muliebres, summa uelocitas. Recentiores quidam dum lamiæ etiam equinos pedes tribuunt, ut ueteres onocentauro asininos (posteriores tantum) idem prorsus animal facere uidentur. Sed onocentauri historiam supra post asinum & onagrum abunde retuli. Phocarum odorem habebat, lamiæ uero testiculos illotos, cameli autem podicem, Aristophanes in Vespis: Græca sic sunt, φώκης δ' ὀσμήν, (εἶχε) λαμίας δ' ὄρχεις ἀπλύτους, πρωκτὸν δὲ καμήλου. Loquitur autē poëta de Cleone: quem phocarum instar malè olentem facit, ut qui coriarius fuerit, & libidinosum. In scholijs adijcitur, Λάμια θηρίον ἀπὸ τοῦ ἔχειν μέγαν λαιμόν: hoc est, Lamia fera à faucium & gutturis magnitudine nominata. ἀφραστικοὶ δὲ οἱ ὄρχεις. εἰδωλοποιεῖ δὲ τινὰς ὄρχεις λαμίας. θῆλυ γάρ. Quid si pro ἀφραστικοὶ legas ἀρρένων, hoc sensit. Testes marium sunt: poeta uerò lamiæ quæ fœmina est, testiculos (licenter & ioco se) affingit: sed ἀφραστικοὶ apud Suidam etiam et Varinum legimus, ut suspicemur forte aliquid deesse, &

& prius dictum oportuisse; Cleonem quoque hominem fuisse ἀφασινῶν. Ego contra scholiastē dixerim, si lamia sui generis fera est (ut multi scribunt) marem & fœminam uno lamiæ fœminino uocabulo comprehendi, nec ineptius lamiæ testes dici, quàm uulpis aut aquilæ. Sed uidetur ille hæc scribendo sensisse lamiam nihil quàm muliebre quoddam spectrum esse, quod miror cum Duridis uerba superius recitata adnumeret. Eadem prorsus poëtæ uerba de Cleone in Pace etiam reperio, ubi rursus in Scholijs quoque similiter legimus: & insuper, Lamiam aiunt feram esse crudelem, fœtidam, immansuetam: illotos autem testes dixit, ut magis notaret sordiciem & fœtorem Cleonis. In historijs legimus à Probo Cæsare multas lamias in spectaculo inductas ac exhibitas fuisse, Gyraldus. Lamia pedes habet equinos, cætera uerò capris conformia, de qua dicit propheta, Ibi cubauit lamia, & inuenit sibi requiem, Glossa in Esaiam. Lamia dicitur quasi lania, quia durior & crudelior est suis fœtibus quàm cæteræ bestiæ: fertur enim eos laniare, & inde (tamen) lactare, sicut scriptum est Hierem. Thren. 4. Lamiæ nudauerunt mammas, Glossa in Threnos. Hoc est, bestiæ utcunque ferocissimæ fœtus tamē suos lactant, in quo Iudæos crudeliores ostendit esse lamijs: inter quos pueris petentibus panem qui porrigeret nemo erat. Lamia, genus monstri, ut quidā affirmāt, Eucherius. Esaiæ ca. 34. לילית lilith interpretantur Iudei monstrum nocturnū, puerperis maximè infestum. Aliqui lilith auem magnā uento uictitantem exponunt. Numeratur autem à propheta illic inter feras & spiritus (ut satyros, faunos) qui uulgo in locis desertis degere creduntur. Lamia (inquit Albertus) est animal magnum & crudelissimum, quod noctu è syluis exiens hortos intrat, & frangit arbores ac dissipat (alias, earumque ramos dissipat:) habet enim brachia ualida, & in omnem actum habilia. Et cum homines superuenerint, ut dicit Aristoteles, pugnat cum eis & morsibus uulnerat: sauciatus autem morsibus eius non sanatur, donec eiusdem bestiæ rugientis uocem audierit. Hoc animal in desertis & ruinosis habitare dicitur, & fœminam diligit, & aliquantulum figurat fœminā, & est pium fœminis quando lactat (lactant.) Aliqui lamias in Chaldæa capris magnitudine æquales (capris maiores, in Oriente circa partes illas quæ continent turrim Babel, in campo Sennaar, Liber de nat. rerum) esse dicunt, & cicurari, & lac copiosum habere, Hactenus Albertus. Lapsus est autem ille, ut innumeris in locis, ita hic etiam per imperitiam: multa enim quæ castoris seu fibri sunt, lamiæ tribuit. Erroris occasionem uideo, quoniam (ut in Castore dixi) lamyekyz barbaram uocem, ex Auicenna forte sumptam, castorem interpretatur, quæ Græco & Latino lamiæ uocabulo proxima est, imò eadem si ultimam demas syllabam. Ramos quidem arborum (non brachijs tamen, sed dentibus) præcidere, castoris est. De eodem Plinius & Solinus scribunt, Animal est horrendi morsus: adeò ut cum hominem inuadit, conuentum dentium non prius laxet, quàm concrepuisse persenserit ossa fracta: quod Albertus ineptissimè sic protulit, Morsum castoris quidam dicunt non sanari, nisi læsus audiat fracturam ossium castoris: Longè uero ineptius ad lamiam transtulit, quasi ab ea saucius non sanetur, donec rugientis eius (ut iam ex uerbis eius recitaui) uocem audierit. Sic error errorem parit. ¶Serpentem foues, & te serpens, ὄφιν θάλπεις καὶ σὲ ὄφις, adagium est (inquit Cælius) non uerius quàm frequentius, ubi quis innutrit, consouet, amplexatur, quod in euidens exitium erupturum mox est: ex historia natum huiusmodi. Menippus Lycius peregrinæ mulierculæ amore irretiebatur: ea uero, ut tum uidebatur, speciosa quidem erat & permollicula, nec non diuitijs ubertim fulta. Cæterum ea omnia ostentationem modò exhibebant, ueri suberat nihil. In eius autem familiaritatem ad hunc se modum insinuasse ferebatur. Pergebat quandoque Menippus Corintho Cenchreas solus: ecce phantasma quoddam illi occurrit, quod se in mulieris speciem illi conformauerat, atque ex manu apprehendens Menippum: Iampridem, inquit, se illius amore teneri implicitā: esse uero se genere Phœnissam, & in suburbano quodam iuxta Corinthum habitare. Idque etiam digito monstrans, illuc ueniret hortari cœpit, &c. Blanditijs delinitus adolescens, mulierem frequentat. Id intuitus uir quidam magus aut philosophus, ut tum creditū est (Apollonius:) O formose (ad Menippum inquit) & à formosis expetite mulieribus, ὄφιν θάλπεις καὶ σὲ ὄφις. Deinde cum etiā nuptias cum muliere aut spectro potius Menippus pararet, rebus omnib. iam instructis tanquam ex opibus sponsæ: Argentum hoc (inquit magus) & aurum, cæteraque domus huius ornamēta, tanquam Tantali hortos uidetis: qui, sicuti ab Homero proditum est, speciem quidem præferunt aliquam, quum tamen sint nihil. Eiusmodi uerò ornatum hunc omnem concipiatis licet: neque enim quæ uidetur materia ulla subest, sed simulacrum modò est ac imago. Quòd ut uerum sciatis, bella hæc sponsa una est τῶν Ἐμπουσῶν, ἃς λαμίας τε καὶ μορμολυκίας οἱ πολλοὶ ἡγοῦνται: hoc est, ex Empusis, quas lamias & mormolycias plerique putant. Sunt autem in amorem & Venerem procliues, & humanas carnes uehementer expetunt: Venereorumque cupidine alliciunt multos, quos deglutiant mox. Cæterum ubi aurea supellex & imaginarium argentum, uelut fumus effluxêre, administrique & coqui ac reliqua familia increpita euanuit, Lamia lachrymanti iam similis rogabat, ne se torqueret: néue quid esset, fateri cogeret. Illo autem acriter instante, tandem sese lamiam confessa est, & uoluisse Menippum uoluptatibus delinitum obuoluere, ut eius postea corpus deglutiret. Esse nanque sibi perfamiliare formosiorum uesci corporibus, ubi ad summam sanguinis abundantiā peruenissent, Hucusque Cælius 29. 5. Descripsit autem, quod dissimulat, ex lib. 4. Philostrati de uita Apollonij: In cuius operis etiam secundo libro sic legimus: Apollonius & socij cum lucente claraque Luna noctu iter facerent, lamiæ (Græce legitur Empusæ) phantasma illis occurrit, modo in hanc, modo in aliam figuram sese conuertens, quandoque ab oculis repente euanescens. Apollonius autem quidnam id esset quàm

Hh 2

primum agnoscens, grauibusq; ac contumeliosis uerbis illud increpans, socios ut idem facerent hortabatur: id enim contra huiusmodi inuasiones optimum sciebat esse medicamentum. Eius dictis cũ socij paruissent, stridens phantasma celeriter tanquam idolum aufugit. Apud Aristophanem in Ranis quidam se uidere ait magnam feram, quæ in uarias formas transeat, bouis, muli, mulieris formosæ: Et cum alter diceret, Atqui non amplius mulier est, sed iam canis, subijcit ille, Empusa igitur est. Chrysostomus Dion sic in Libyca scribit fabula, Esse in locis illis feras muliebri facie, etiam formosa: uberibus quoq; cum pectore speciosissimis adeò, uti nullo pictoris ingenio effingi queant. Color spectatur præfloridus, ex oculis præcellens promicat gratia, mansuetudini adnexa. Corporis reliqua squammis prædura, ut frangere non sit: alis carent, sicut uoce, sed sibilum elidunt modò, draconum imagine quadam. Terrestrium censentur omnium uelocissimæ, ut celeritatem euadere nemo ualeat. Viribus cætera peruincuntur, fraude tantum homo: siquidẽ reteguntur pectora, quorũ illecti nitore confabulandi desiderio adeuntes rapiuntur protinus, Cælius. Dion qui Libycam scripsit historiam (inquit Gyraldus) de lamijs in hunc propè modũ prodidit: Haud longè à littore maris curuum esse locũ, arenosum, mari persimilem, in quo littora magna existunt, & arenosi aggeres in mari, circumuicina uero omnia deserta ferè manẽt. At si ibi fortè naufragi eiecti fuerint, feræ apparentes eos omnes qui uel peragrant, uel aberrant, rapiunt: quarum natura & corporis figura talis habetur. Facies est mulieris, &c. (ut iam ex Cælio retuli) inferiora sunt serpentis, ut ima pars in caput desinat serpentis, & quidem ualde horrentis: hæ feræ alas non habent quemadmodũ sphinges: neq; enim loquuntur ut illæ, neq; aliam uocem emittunt, sed solũ sibila acutissima quemadmodũ dracones. Cætera quidem animalia uiribus expugnant homines: hæ solum fraude ac deceptione: pectora aperiunt, & ubera ostentant: cum uero qui aspexerit, ueneficijs quibusdã cogunt ad confabulationis desyderium. Et hi quidẽ ueluti ad mulieres accedũt, illæ intrepidæ manent, deorsum in humũ sæpe respicientes (nimirũ ut gorgones, uel catoblepontes, ut supra dixi) ornatũ ac pudorẽ mulieris imitantes, atque ita eum qui propius accesserit, rapiunt: nanq; manus sunt ferarum, quas aliquantisper occultant. Cæterũ serpens mordens ueneno interficit: cadauer ipsum comedunt serpens, & quod reliquũ est feræ: atq; hactenus Dion fermè de lamijs feris, quibus uidemus eos & falli & fallere, qui equinos lamijs pedes attribuunt. Has & propheta Hieremias uidetur agnoscere, cũ ait: Sed & lamiæ nudauerũt mammas, &c. quanquã locus hic ab Hebræis aliter effertur. D. Hieronymus quædã ibi subinnuit. Porrò & Esaias lamiæ cubile dixit. Hebræorũ nonnulli lamias, furias interpretantur. Scribit Picus quosdã dæmonas incubos esse interpretatos, existimasseq; superiores partes habere humana specie, inferiores beluinas. Lamias ineptè à laniando dictas putauit Isidorus. Hebræi lamiã lilith uocant, de qua monstra confingunt. Lamia præterea piscis genus, cuius Nicander in Glossis meminit, qui etiã carcharias appelletur: piscis huius Aristoteles, Plinius & Athenæus meminère. Audio & hodie uocari à Massiliẽsibus lamiã, & ingentis interdũ magnitudinis inueniri, integrosq; homines ab ea uoratos aliquando repertos. Lamias puerorũ esse terriculamenta, uel ex Apuleio satis constat. Sunt qui striges putent, quæ infantium in cunis sanguinem sugunt. (Nos de strige inter aues dicemus.) Quin & Horatius in Poetica ideo dixit, Neu pransæ lamiæ uiuum puerum extrahat aluo. De lamijs & Plato meminit in Politicis, Hæc omnia Gyraldus.

¶ Μορμόνας à Græcis uocari scribit Hesychius, errantes & uagantes dæmones. Μορμολύκιον uel μορμολύκειον (utrunq; enim legimus) pro larua & persona sumitur. Quinetiam μορμὼ pro deformi & monstrosa muliere à Theocrito usurpatur: pro larua uerò, apud Aristophanem grammatici interpretantur, Gyraldus de dijs Syntagmate 15. Et rursus ibidem, Lamiæ etiam striges à nostris uocantur. Duris Libycorum libro 2. & Suidas & Phauorinus (& Aristophanis Scholiastes) Lamiam mulierem formosam fuisse tradunt, Beli & Libyes filiam, quam Iupiter adamauit, et ex ea filium suscepit: sed Iuno pręzelotypia filium perdidit (Suidas & Varinus habent ἃ ἔτικτεν, ut non de uno filio sed pluribus intelligas) & Lamia præ mœrore deformata, alienos infantes rapere ac perdere dicitur, Gyrald. Reperies nonnulla etiam in Alciati Parergis libro 8. Iupiter cum Beli filiam amaret, ex Libya eam transtulit in Italiam, unde & nomen urbi Italicæ. Ibi cum filios ex ea suscepisset, Iunonem non latuit, quæ liberos natos perdidit. Itaq; Lamia ægrè ferens, alienos quoq; liberos per inuidiam suffurata interemit. Hinc & nutrices aiunt pro infantium terriculamento Lamiam (ut apud Germanos mulierem nocturnam, die nachtfrouw) uocare. Fabulantur enim insomnem eam esse uoluntate Iunonis, ut dies noctesq; in luctu exigat: misertum uerò eius Iouem oculos exẽptiles effecisse, ita ut eximi reponiq; possent: & facultatem addidisse, ut in quam libuisset formam se uerteret, Varinus & Aristophanis Scholiastes. Lamia, mulier quædam antiqua Libyssa, sic dicta, Hesychius. Nec quodcunq; uolet poscat sibi fabula credi, Neu pransæ lamiæ uiuum puerum extrahat aluo, Horat. de Arte. Sic etiam per Accò & Alphitò tanquã monstrosas fœminas deterrebant pueros à peccando, Erasmus in prouerbio Accissare. Nostræ etiam mulierculæ pueris sæpe minantur mulierem nocturnam. Lamiæ, mulieres quæ strigum instar infantium sanguinẽ sugunt, uel ipsę striges, Perot. At ille colore spurcissimi humoris percussus, quo me lamiæ illę infecerant, aspernatur, Apuleius lib. 1. de Asino. Terricolas lamias, Fauni quas Pompilijq; Instituêre Numæ, tremit has, &c. Lucilius apud Lactantium. Lamia secundũ quosdã, mater fuit Scyllæ, unde Vergilius in Ciri, Ipsi seu Lamiæ mater sit, siue Crateis: quæ ex puella in monstrum uersa infantes necare dicitur, quoniam omni sobole quam ex Ioue pepererat,

pepererat, à Iunone orbata est. Gyraldus de Empusa scribens, Nostro, inquit, hoc tempore quibus hoc phantasma muliebre apparuerit audiuimus. Legi qui putarent illud regis Dauidis meridianum dæmoniū, huiuscemodi terriculamentū significare. Reperias etiā in plurali numero empusas dici, ut lamias. Nos de Empusa & onoscelis dęmonibus in Asino diximus: tribuunt autē etiā lamijs recentiores quidā (ut supra dictū est) equinos pedes, ut illis asininos. Μορμὼ τοῦ θράσους, Aristophanes in Equitibus: ubi Scholia τὸ μορμολύκειον, ἣν λέγουσι λάμιαν: Vt Gyraldus non rectè suspicetur apud Hesychium pro μορμὼ forte legendum μορμολύκειον.

¶ Lamia uiri nomen, quo uoracem significari dicunt, Cęlius. Aeli uetusto nobilis ab Lamo, &c. Horat. Carm. 3.17. Erat enim Romæ quædam familia nobilis Aeliorū (Heliorum Perottus,) à Lamo Antiphatis patre & Læstrygonum rege, qui Formijs regnauit, ortū habens, Calepin. Hoc nocuit Lamiarum cęde madenti, Iuuenal. Huius familiæ etiā M. Cicero meminit. L. Lamia, nomen uiri prætorij apud Val. Max. libro 1. Lamiæ Syllani, qui gener Pij fuerit, mentionē apud Iul. Capitolinū alicubi legi, ni fallor. Caij Caligulę cadauer clam in hortos Lamianos asportatū est, &c. Sueton. Lucanis imperauit Lamiscus, cuius pedis digitus tertius à magno, similis lupinę ungulæ fuit, Heraclides in Politijs. Λάμιος uel Λαμίας, ὁ, in Ecclesiazusis Aristophanis, uir quidam pauper & baiulus lignorum. Herophilen Sibyllam Iouis & Lamiæ Neptuni filiam tradunt, quæ mulierum prima cecinerit oracula, Cælius. Homo uorax, ἄνθρωπος λάμειαν ἔχων, aliâs λαίμειαν (Mercerus interpres λαιμαργίαν interpretatur) ab Aegyptijs picto scaro significatur: is enim solus piscium ruminat, et pisciculos quotquot accesserint deuorat, Orus. Μακκὼ & Λαμὼ (Suidas & Varin. habent Λαιμὼ) muleres fuerunt stolidæ & deliræ: & Μακκὼ quidē dicta est παρὰ τὸ μάταια κοεῖν, ὅ ἐστι νοεῖν, Scholia in Equites Aristophanis: ubi μεμακκοακότα exponunt stultū & stupidum, non magis quàm Maccò sapientem. Angelus Politianus condidit præfationem in priora Aristotelis Analytica Lamię titulo, in cuius initio, Mihi, inquit, etiā puerulo auia narrabat, esse aliquas in solitudinibus lamias, quæ plorantes glutirēt pueros. Vicinus quoque adhuc Fesulano rusculo meo, lucens fonticulus est (ita enim nomen habet) secreta in umbra delitescēs, ubi sedem esse nunc quoque lamiarū narrant mulierculæ, quæcunque aquatū uentitant. Lamiam igitur Plutarchus habere ait oculos exemptiles. Hæc quoties domo egreditur, oculos sibi suos affigit: uagaturque per fora, plateas, quadriuia, &c. per conciliabula omnia, circumspectatque singula, scrutatur, indagat: nihil tā bene obtexeris ut eam lateat. Miluinos esse credas oculos ei: nulla eos pręterit quālibet indiuidua minuties, nulla eos euadit quamlibet remotissima latebra. Domum uero ut reuenit, in ipso statim limine demit illos sibi oculos, abijcitque in loculos. Ita semper domi cęca, semper foris oculata. Quęras forsitan domi quid agitet. Sessitat lanā faciens, atque interim cantillat. Vidistis'ne obsecro unquam lamias istas uiri Florentini, quæ se & sua nesciunt, alios & aliena speculātur? Negatis? Atqui tamen sunt in urbibus frequētes: Verū personatæ incedunt, homines credas, lamię sunt, Hucusque Politianus. ¶ Lamia (Λάμια, proparoxyt.) urbs Meliensium (Maliensium, Strabo) Thessaliæ, apud Polybium, (de qua plura Suidas: Achelous est Lamiæ propinquus, Strabo lib. 9.) à Lamio (ἀπὸ Λαμίου, rectus esse potest tam Λαμίας quàm Λάμιος) Herculis filio: uel à Lamia muliere, quæ Trachinijs imperauit: in qua (circa quam, Strabo) & Lamicum (Lamiacū, Strabo) bellum. Alia est Ciliciæ, unde gentilia Lamienses, Lamiotæ, Stephan. Idem Lamon, Λάμον, Ciliciæ fluuiū esse scribit, & adiacentem ei regionē Lamusiam. Est & Λαίμεια, per ει. diphthongū in penultima, mons Arcadię, Stephanus. Sunt & Lamiæ insulę Plinio, &c. uide Indicem Plinianum. Λαίμια, χάσματα. Etymologus. Varino Λάμβαι χάσματα sunt, & piscis: legendum forte Λαμίαι, cum & lamia, ut dixi, piscis nomen sit. Λαμυρὸν, πολὺ, ἄθρουν, καταπληκτικὸν, &c. Varinus. ¶ Thebani Demetrio regi subblandientes, Veneris Lamiæ templum excitarunt: erat autem eo nomine illius amica, ciuitatis pernicies à Comicis poëtis dicta, Cælius & Gyraldus. Lamia tibicina à Demetrio Poliorcete amata, &c. Athenæus libro 13. Meretrici quidem Lamiæ nomen pulchrè conuenit: cum lamiæ, siue ferę, siue muliebria spectra, tum libidinis tum uoracitatis uitijs infames existimatæ sint. Videntur enim meretrices, amantes suos quasi deuorare exhaustis eorum opibus, qua de re iocum in Capra scorto retuli, &c. Sic & Charybdin Horatius meretricem uocat: sic Diomedis filiæ equæ hospites deuorarunt, sic lupam pro meretrice dixerunt ueteres. Damiam & Auxesiam deas Epidaurij coluerunt, ut terram eis fructiferam redderent, ut Gyraldus ex Herodoti libro quinto refert, apud Pausaniam uero non Damiam, sed Lamiam legi scribit. Suspicetur forte aliquis lamiam feram aut spectrum nomen ab Hebræis tulisse n, litera in l. mutata, illis enim nemiot נמיות animalia sunt in locis desertis (rectus singularis est nemia) ut scribit Munsterus in Dictionario suo in uoce ציה tziah.

Hh 3

DE LEONE.

A.

LEO rex quadrupedum, nomen Græcum, λέων, cuius etymon in Philologia dicam, non ſolum apud Latinos, ſed pleraſq; etiam barbaras hodie in Europa gentes, ut infra patebit, ſeruat. Hebræi uerò plura diuerſaq; huius feræ nomina habent. ארי ari & אריה arieh, Deute. 33. leo eſt, Chaldæus eo in loco habet אריון ariauan. Arabs אסד, aſad. Perſa גהד, gehad. Septuaginta λέων, Hieronymus leo. ארי ari (inquit Munſterus) Chaldaice אריא aria, in plurali numero araijm et araiot: (araoth ſchoagim, id eſt leones rugientes, Sophonię 1. genere maſculino.) Item figuræ leonum 3. Reg. 7. Hinc ariel idem quod fortis 1. Paralip. 11. & 2. Reg. 23. uolunt autem intelligi principem quendam. Iſaiæ uerò 29. & Ezech. 43. accipitur pro altari holocauſtorum ſecundum Hebræos, in quo ignis è cœlo delapſus cubauit, tanquam leo in ſpelunca: uel quod templum habuerit figuram leonis, &c. Ἀριὴλ, leo, Heſychius & Varinus. Ἀριώθ, leæna Syris, Iidem. Vtranq; uocem Hebraicam eſſe apparet: poſterior quidem Chaldaica & pluralis numeri uidetur. לביא labi (nam litera poſtrema puncto caret) leo, לביאה lebiah leæna. Kimhi exponit ari, id eſt leonem: addit autem in commentarijs ari minorem eſſe, labi maiorem. Numerorum 23. iunguntur ambo nomina: ibi Chaldæus pro labi reddit ליתא leta, Arabs לבו lebu, Perſa שר ſcher, Septuaginta & Heronymus leonem. Locus ex Numeris citatus talis eſt, interprete Munſtero: Ecce populus quaſi labi (leo grandis) conſurget: & quaſi ari (leo) eleuabitur. Labi, leo prouecta ætate, Iob 38. Lebaim, leones, Pſalm. 57. Lebaot, leænæ, Naum 2. ליש, laiſch, Dauid Kimhi leonem magnum exponit. Chaldaica uerſio Eſaiæ 30. catulum leonis interpretatur, Septuaginta σκύμνον, Hieronymus leonē. Rurſus Iob quarto Chaldæus pro laiſch uertit laitha, quod uocabulum factum uidetur ex laiſch: Abraham Prizoleñ. leonem intelligit: Septuaginta μυρμηλέων uel potius μυρμηκολέων: Hieronymus tigris. Locus Iob. 4 huiuſmodi eſt, Munſtero interprete: Rugitus leonis (arieh) atq; uox leonis (ſchachal) & dentes catulorum leonis (kephirim) euulſi ſunt. Leo (laiſch) perijt propter defectum uictus, & catuli leonis (bene labi) diſperſi ſunt. Eruditus quidam noſtræ ætatis hoc in loco per שחל ſchachal non leonem, quum aliud eius nomen adiunctum ſit, ſed cognatum leoni animal, nempe leopardum intelligit: ſed ſi hoc argumētum admittas, ne labi quidem aut laiſch leonem ſignificabit, cum arieh uſitatius leonis nomen in eadem ſententia legatur. Leopardi quidem nomen Hebraicum eſſe nemer, in panthera (quam recentiores leopardum dixerunt) docebimus. Verum & Septuaginta Oſee quinto pro ſchachal πανθῆρα conuertūt. Pro leæna, inquit Hieronymus, Septuaginta interpretati ſunt pantherem: & tam nomen beſtiæ quàm omnis beſtia poteſt accipi. Atqui Dauid Kimhi ſchachal interpretatur arieh, id eſt leonem: & Commentarius kabuenaki nomen leonis, ſiquidē multa ſunt ei nomina. Conſentit Leui ben Gerſon. Iob 4. Chaldæus pro ſchachal uertit ſchachala, Septuaginta & Hieronymus leęnam. Iidem Septuaginta Prouerb. 26. ἀποστελλόμενος, tanquam Hebraicè legerint שלח ſchalach: Hieronymus, leo. Pſalmo 91. Chaldæus ſchachal catulū leonis interpretatur, Arabs אל פעי el phai. Hieronymus aſpidem. Verba Oſee quinto ſunt hæc: Ego ſum ueluti leo (ſchachal) Ephratæis, & ueluti catulus leonis (kephir) domui Iehuda. Et rurſus Oſee 13. Factus ſum eis ſicut leo (ſchachal) ſicut pardus (namer, id eſt pardalis uel panthera) directus ad uiam: deuoraboq; eos quaſi leo, (labi,) Munſterus: nam Hieronymus pro ſchachal leænam reddit, ut ſolet. Septuaginta hîc etiam pro ſchachal panther uertunt.

Kephirim

Kephirim, leones, (melius, catuli leonum) Psalmo 104. כפיר kephir in singulari, Iudicum 14. quidam
parum Latinè leunculum uertunt. Leo apud Hebræos, inquit D. Kimhi secundum diuersos ætatis
gradus diuersa sortitur nomina, in primo gradu uocat̃ גור gur, in secundo kephir, in tertio arieh, in
quarto labi, & in supremo laisch, Munsterus. Gur D. Kimhi cuiusuis animantis catulum aut pullũ
nominari ait: ferè tamen per excellẽtiam de leonis catulo ponitur (ut σκύμνος apud Græcos) hinc plu
ralia gurim masculinum, & guroth fœmininum. Gur arieh, Deut. 32. Hieronymus uertit catulum
leonis, Septuaginta σκύμνου λέοντος: Chaldæus gur, Arabs schachel. Kephir author Corcondantia-
rum catulum uel pullum animaliũ exponit: ita fermè etiam Kimhi, nisi quod dicit kephir esse adultio
rem ꝙ gur. Psalm. 17. Chaldęus שחצא schachaze, alibi filium aut catulũ leonis interpretatur, Arabs
אל שבל el schebal, Græcus σκύμνος, Hieronymus catulus leonis. Nahum prophetæ cap. 2. arieh,
leo: labi, leęna: cephirim, leunculi: gur, catulus leonis, omnia in una periodo continentur. Alsebha,
inquit Bellunensis, est nomen commune ad omnes quadrupedes quæ dentibus & unguibus hominẽ
mordendo laniandoꝗ aggrediuntur, & aliquando interimunt, ut leo, lupus, tigris, Hæc ille. Vetus
interpres Auicennæ libro 2. capite de carne, lupos uertere solet. Si super cortices quercus (ilicis) cal
cauerit zarim (aliàs sarim) id est leo, formidabit continuò, Aesculapius. Hac de re alios authores cita
bo capite quarto: hic de nomine quęritur. Videtur sanè zarim uox Persica: nam Numerorum 23. pro
labi, Persa scher (uel ser) posuit. Leonem Saracenis hodie sebey appellari, apud recentiorem quendam legi. ¶ Leo Italicè leone, Hispanicè león, Gallicè & Anglicè lyon, Germanicè & Illyricè lew.
¶ Vncia à recentioribus barbaris dicta fera, lonza ab Italicis quibusdam scriptoribus, leęna existima
tur, uel pardus, uel panthera, uel lupus ceruarius, ut Fr. Arlunnus scribit: Ego pantheram esse suo
loco demonstrabo.

B.

Leonum duo sunt genera: quorum alterũ breuius, crispioreꝗ pilo, quod ignauius est: alterũ longius, piloꝗ probiore, quod generosius est, Aristoteles interprete Gaza. Plinius eundem locum sic
reddit, Leonum duo genera Aristoteles tradit, compactile & breue crispioribus iubis: hos pauidiores
esse ꝙ longo simpliciꝗ uillo, eos contemptores uulnerum. ¶ Archoleontes nominantur in Gordiano iuniore Iul. Capitolini, Egnatius iubatos intelligit: sed & acroleontes, inquit, pleriꝗ probant.
Atqui ego leones mares omnes iubatos esse puto (quanquã Oppianus de Libyco leone scribit, οὐκ ἔτι
λαχνήεις) qui modo legitimi sint: nam leopardos, hoc est ex adulterio leęnæ cum pardo natos ijs carere
scio. Quid si archoleontes genus aliquod leonum prægrande intelligas? ut qui magnitudinis ratione
cęteris præstare & quodãmodo imperare uideantur: nam & μήτρας uocabulum in compositione &
magnitudinem & imperium significare uidetur inter eiusdem generis animalia, ut ortygometra (Itali uulgò regem coturnicum uocant) πτηγομήτρα, ὑλομήτρα. Sunt & μήτραι in uesparum genere ueluti
duces apud Aristotelem, Gaza matrices uertit. Μητροκωμία inter uicos est, ut μητρόπολις inter urbes.
Leonum iubatorum centum pugnam primus omnium L. Sylla in prætura dedit: post eum Pompeius Magnus in Circo sexcentorum, ac in ijs iubatorum CCCXV. Plinius. Vbi per iubatos leones for
tassis mares simpliciter intelligemus. Quod si quis apud Capitolinum archoleontas, leones nondum
cicuratos intelligat, quasi agrioleontas, quoniam in eodem spectaculo leones mansuetos exhibitos di
xerat, non contradicam.

¶ Leones in Europa potius sunt, & ea Europæ parte, quę inter Acheloum amnem & Nessum est,
Aristoteles. Et rursus alibi, Leo animal rarum est, nec multis nascitur locis: sed Europæ totius ea parte solum, quæ inter Acheloum amnem & Nessum est. In Europa inter Acheloum tantum & Nestũ
amnes leones esse Aristoteles tradit, longè uiribus præstantiores ijs quos Africa aut Syria gignãt, Plinius. Circa Pęonium agrum atꝗ Crestonicum super amnem Chidorum Xerxe cum exercitu tran
seunte leones impetum dederunt in camelos, &c. Herodotus libro 4. Et mox, Sunt autem per ea loca
leones multi: terminus eorum est Abderorum flumen Nestus, & Achelous qui per Acarnaniã fluit.
Nam nemo aut ad auroram trans Nestum usquam gentium uiserit leonẽ in Europa, aut trans Ache
loum ad Hesperum in reliqua continente: sed in horum fluuiorum medio leones gignuntur. Mon
tana Thraciæ regio (inquit Pausanias Eliacorum 1.) intra Nestum fluuium qui per Abderitarum regionem fluit, præter alias feras producit etiam leones, qui camelos quondam in Xerxis exercitu cõ-
meatum gestantes inuaserunt: hi sæpe in regionem circa Olympum euagantur montem, cuius latus
unum Macedoniam, alterum Thessalos & Peneum flumen spectat. De Nesto amne scribit Plinius
4.11. ubi Hermolaus, Nestus fl. inquit, à Ptolemæo Ammianoꝗ Nessus appellatur, &c. Leones nõ
gignit Peloponnesus, quod doctissimus Homerus nõ ignorasse uidetur, cũ aiebat, Dianam in Tayge
to, & Erymantho Peloponnesi montibus delectatum fuisse in uenandis apris, & ceruis: leonum autẽ
non meminit, & rectè quidem, quod hi ab ijs uacui essent, Aelianus. Leones nostro tempore nusꝗ
in Europa nasci certum est: nisi ex industria fortasse hominis, Florentiæ, Niphus. Leones & tigrides
in regionibus ad Orientem & Austrum nascuntur, quòd maiorem caloris copiam hæc animalia desi
derent, Cælius. ¶ Magnus in Libya, inquit Oppianus, leonum numerus est, οὐκ ἔτι λαχνήεις, ὀλίγη δ'
ὑποδέδρομεν αἴγλη. Σμορδαλέως (lego σμορδαλέος scilicet ὄχλος λεόντων) δὲ πρόσωπα, καὶ αὐχένα. πᾶσι δὲ γυίοις Ἠκα μέλαν κυάνοιο φορέει μεμορυγμένον ἄνθος. Videtur autem hic sensus: Libyci leones non similiter ut
alij multo pilo, nec ita splendido uestiuntur. Facies eis & ceruix horribiles. Corpus uniuersum ex cœ

Hh 4

ruleo colore ad nigrum inclinat. Addit præterea, robur eis immensum esse, & leones omnes facilè superare. Gillius hunc locum ineptè transtulit. Si à Libya dictæ essent Lucæ boues, fortasse panther ę quoq;, & leones, non Africanæ bestiæ dicerentur, sed Lucæ, Varro. Mauritania leones alit, Strabo. Vltra Catadupa Nili procedens Apollonius & comites, uiderunt leones & pantheras, Philostratus. Circa Meroën Astaboras & Astapas influunt: Hæc loca leones alunt, qui sub canis exortũ à maximis culicibus hinc expelluntur, Strabo libro 16. Vide infra in D. Apollonio, cum ad mare descenderet, dextra quidem Gangen, sinistra uerò Hyphasin fl. habenti, multi leones occurrerunt, Philostratus. In parte Syriæ contermina leones & pardales plures maioresq; reperiũtur quàm in Libya, Diodorus. Aethiopicum quandoq; leonum genus in Libyam migrat, mirandum aspectu, colore nigro, bene comatum, capite amplo, pedibus hirsutis, oculis igneis, solo ore ex fuluo rubicundum, μήνοισι ξανθοῖς φοινισσόμενον στομάτεσσι, Oppianus: addit autem uisu, non auditu, cognitum sibi Aethiopicum leonẽ. ¶ Ciliciæ quod syluestre est efferatur plurimis bestijs & leonibus immanissimis. Leonum alij ad Istri ostia, alij robore Istrianis inferiores in Armenia & Parthia nascuntur, crasso collo et capite magno, oculis lucidis, superciliis densis & ad nasum dependẽtib. (sic uerto ex Oppiano) collo & maxillis comantibus, Gillius apud Aelianum. Locus omnino ex Oppiano sumptus est. Is Istrianos Armenijs eosdem facit, his uersibus: τοὺς μὲν νῦν προχοῇσι πολυῤῥαθάγου ποταμοῖο ἴστρου ἐπ' εὐρὺ ῥέοντι ἐγείνατο τοξότειρα Ἀρμενίη, &c. Alios uero, inquit idem, Eremborum (id est Arabum) fœlix terra producit: his quoq; ceruix & pectus hirsuta sunt, oculi tanquam igne micãtes, omniũ præstantissimi, sed pauci. Circa Aden Arabiæ urbem montes uisuntur excelsi: ubi magna leonum copia est, qui hominibus, ubicunq; possunt, plurimũ nocent. Itaq; nisi multi homines coniuncti, ut minimũ circiter centum, pariter incedant, non sunt tuti per istos montes, Vartomanus. Leones qui generantur in terra Coratenorum (inquit Albertus, ex Auicenna ut suspicor) & præcipuè apud Hyconiũ (Hyrcaniam forte) ferociores & audaciores sunt ijs qui austrum & meridiem uersus gignuntur. Cęterũ in quarto climate uel prope illud nati, timidiores sunt & infirmiores, quòd cœli illius constitutio cum temperamento ipsorũ non conueniat. Circa Hyconium quidem adeo feroces sunt, ut pauci uenatoribus capi queant, cum tamen non sæpe noceant hominibus, Hæc Albertus. Leonum color in Syria tantũ niger est, Plinius: nos iam ex Oppiano Aethiopicos etiam nigros esse diximus. De leonibus Mesopotamiæ, qui à culicibus infestati oculis, uel in flumina se dantes pereunt, uel oculos unguibus lancinando effodiũt excæcanturq;, capite quarto dicã. Terra India animalium mater optima, leones etiã fert maximos, qui immanissimi dicuntur: pelles eorum aspectu nigræ sunt, & horridæ & formidolosæ. Capti mirũ in modum mansuescunt (ut capite quarto dicam,) Aelianus. Leones in regno Narsingæ plurimi, periculosa faciunt itinera, Vartomanus. Rex Tartarorum habet leones maximos atque pulcherrimos, maiores illis qui sunt in Babylonia: in quorum pilis radioli quidam uarij coloris apparent, scilicet albi, nigri atq; rubei, & illi quoq; docti sunt artem uenatoriam. Nam plurimum prosunt uenatoribus, ad capiendum apros, ursos, ceruos, capreas, onagros, atq; boues syluestres. Duci autem solent duo leones in uehiculo quodam dum uenatum itur, sequente utrunq; eorũ caniculo paruo, Paulus Venetus. In Tartaria leones alij nigri alij rubei coloris inueniuntur, Idem. Et alibi, In prouincia Abasiæ nascuntur leones, leopardi, &c. Et rursus, In prouincia Gingui sunt plurimi leones, ut etiam præ timore eorum nullus audeat noctu extra domos dormire: nam quoscunq; inueniunt lacerant atq; deuorant. Naues quæ ascendunt & descendunt per flumen, propter leonum metũ ad ripam non ligantur, sed in medio fluminis anchoris eiectis retinentur, alioquin leones noctu naues ingrederentur, & quicquid uiuum in eis reperirent deuorarent: (quomodo capiantur in E. dicam.)

¶ Leones fului sunt omnes, Aristoteles. Et in Physiognom. οἱ ξανθοὶ, εὔψυχοι: ἀναφέρεται ἐπὶ τοὺς λέοντας. Poetæ leonem aliâs fului aliâs flaui epitheto insigniunt, Græci χαροπὸν. In nonnullis regionib. nigros, alibi ex cœruleo nigricantes inueniri leones iam supra dixi. ¶ Leo corpore longo est, Cardanus. Corpus totum articulatum (ἀρθρῶδες) & neruosum habet, nec mollius nec durius iusto, Aristoteles in Physiognomicis, ubi etiam totius corporis leonini speciem & singula eius membra, formã uirilem (ideam uiri) præ cunctis animantibus maximè referre ait: ut pardalin, fœmineam. Leo ualidus est pectore & priore corporis parte, ac degenerat posterioribus membris, Macrobius. Interiora omnia canibus similia continentur, Aristoteles. Interiora eius sunt canis, & dentes etiam, nisi q maiores sunt: exteriora uero sicut cati, Albertus. Leonem ferarum regem esse argumento sunt, pectus, genua, incessus, saltus & celeritas cursus, uisus, iuba, os cataphractum (nimirum dentibus) latera firma, nerui solidi, ungues magni, καὶ βεβηκὸς ἰσχίον, Philes. ¶ Leonum genus alterum breuius, crispioreq; pilo est, (crispioribus iubis, Plin.) alterum longius piloq; probiore (pilo recto & simplici, Aelianus: longo simplicíq; uillo, Plinius:) idemq; generosius est, et uulnera contemnit: illud ignauius & pauidius, Aristoteles. Pilus leoni non rectus anterius, sed mollis ac flexus, breuior parte postrema, Cardanus. Quoniam pili tum plani rectiq; (φριξαὶ) tum ualde crispi timiditatem significant: qui summa tantum sui parte crispi fuerint (αἱ ἄκρουλοι) animositatis indicium erunt, ut ex leone patet, Aristoteles in Physiognom. Et alibi in ijsdem, Collum leonis scribit pilis (θριξὶν) induci flauis, οὐ φριξαῖς οὔτε ἄγαν ἀπεστραμμέναις: ἀπεστραμμένας uocans quas alibi οὔλας: φριξὸν quidem non aliud est ei quàm ὀρθὸν καὶ εὐθὺ, ἀπὸ τοῦ φρίσσειν, ut ipse deriuat. Et rursus, Pili molles timidum, duri fortem designant: argumento

sunt

sunt omnia animalia: timidissima enim, quæ mollissimo pilo, ut ceruus, lepus, ouis: fortissima uerò, leo, aper, eademque pili durissimi. Quadrupes nulla est, quæ pilos sicut homo uel in palpebra inferiori habeat, uel in alis, uel in pube. Sed uice eorum alijs prona totius corporis hirsuta habentur, ut canibus: alijs crista (λοφιὰ) adiuncta est, ut equis, cæterisque generis eiusdem: alijs iuba, ut leoni mari, Aristotoles. Et alibi, Caret leæna iuba, maris hæc propria est. Pili equis in iuba largi, in armis leoni, Plinius. Lucianus in Cynico, Καὶ τὸν πώγωνα κόσμον ἀνδρὸς νόμιζον ὥσπερ καὶ ἵππων χαίτην, καὶ λεόντων γένεια. Leoni præcipua generositas, tunc cum colla armosque uestiunt iubæ. Id enim ætate contingit è leone conceptis: Quos uerò pardi generauêre, semper insigni hoc carent: simili modo fœminæ (hoc est leænæ iuba carent, similiter ut leopardi,) Plinius. Et alibi, Turrigeros elephantorum miramur humeros, leonum iubas, &c. In rationis expertibus mari præstantiam quandam natura largita est, iuba leo antecellit fœminam, serpens crista, &c. Aelianus. ¶ Leonum ossa medullis carent, Aelianus. Leonis ossa robusta & solida sunt: & cum exiguam admodum & perobscuram medullam contineant, ea prorsus carere uidentur, Aristoteles. Leo ossa maiora, fortiora & duriora habet proportione corporis sui quàm cætera animalia, Albertus. Animalibus magnis adminiculo opus est maiori, ualidiori, & firmiori: atque inter magna ijs potissimum tali opus est adiumento, quæ uiolentiora sunt. Quamobrem mares ossibus durioribus constāt quàm fœminæ: & quæ carniuora sunt, quàm quæ alio cibo uescuntur: ijs enim uictus per dimicationem acquiritur: uelut leonis ossa adeò dura sunt, ut ex ijs percussis ignis quasi ex silice excutiatur, Aristoteles de Partib. 2. 9. Item in historia anim. 3. 20. Quanquam medulla, inquit, non nisi inclusa ossibus est, tamen non ossa omnia medullam intra se continent, sed ea tantum quæ caua habentur: tametsi ne ipsa quidem omnia continent: ossa enim leonis partim nullam, partim exiguam habent: quamobrem nullam omnino medullam leones habere nonnulli putarunt. Hoc quidem in loco concedere uidetur Aristoteles ossa leonum quædam caua esse, non omnia solida, quod alibi asserere uidetur, ut & Aelianus & Philes leonis ossa caua esse simpliciter negant. Leo (inquit alibi Aristoteles) nullam omnino habere medullam in ossibus suis uidetur, quòd admodum exiguam ac tenuem habeat, eamque in paucis ossibus: solis enim inferioribus atque brachijs. Constat profectò leo præcipuè omnium animalium ossibus solidis: sunt enim adeò dura, ut ex eis concussis, ignis uelut è silice elidatur, Aristoteles & Aelianus. Epicurus in epistola apud Athenæum libro 8. ridet aliquot obseruationes Aristotelis tanquam aut nimis curiosas aut parum uerisimiles, & inter cæteras ὅτι λέων στερέμνια ἔχει τὰ ὀστᾶ: καὶ κοπτομένων αὐτῶν, ὥσπερ ἐκ λίθων πῦρ ἐκλάμπει. Medulla leoni in femorum & brachiorum ossibus paucis, exigua admodum: cætera tanta duritia, ut ignis elidatur uelut è silice, Plinius. ¶ Leo capite ualidissimo est, Aristoteles: fortissimo, Plinius. Mediocri, Aristoteles in Physiognom. magno, Cardanus. Faciem (πρόσωπον) habet magis quadratam, non ualde osseam, Aristoteles. Cælius tamen, autore non citato, faciem leoni rotundam tribuit, eoque nomine Solem referre ait, cum & in ambitu radiorum quadam imagine pilos gerat. Frons ei quadrata, in medio magis caua, eminente supercilia & nasum uersus ueluti nube, Aristoteles. Et rursus de fronte scribens, οἱ μικρότερον ἐπίπεδον ἔχοντες, ἀναίσθητοι: οἱ δὲ τετράγωνον σύμμετρον τὸ μέτωπον ἔχοντες, μεγαλόψυχοι, ἀναφέρεται ἐπὶ τοὺς λέοντας. Videtur autem nihil aut parum interesse, frontem, aut frontis epipedon, id est superficiē dici. Nam Adamantius de frontis inspectione sic scribit, Μέτωπον τετράγωνον, μεγέθους εὖ ἔχον καὶ πρὸς λόγον τοῦ ἄλλου εἴδους, ἄριστον εἰς τε ἀνδρείαν καὶ σύνεσιν καὶ μεγαλόνοιαν κέκριται. Cæterum id quod nubis instar supercilia & nasum uersus in ima fronte prominere leoni scribit Aristoteles, ἐπισκύνιον propriè uocari conijcio. Est enim ἐπισκύνιον pellis supercilij quæ flectitur obtenditurque leonum oculis, teste Eustathio Iliados ρ. Τὸ ἐπάνω τῶν ὀφρύων, Scholiastes Nicandri. Τὸ ἐπάνω τῶν ὀφθαλμῶν μέρος ἤτοι δέρμα: τὸ συνοφρύωμα τοῦ μετώπου: ὅθεν καὶ σκύζεσθαι τὸ ὀργίζεσθαι, διὰ τὸ συνάγεσθαι τὸ μέρος τοῖς ὀργιζομένοις, Scholia in Iliados ρ. ubi Homerus de leone uenatoribus irato scribit, Πᾶν δέ τ' ἐπισκύνιον κάτω ἕλκεται ὄσσε καλύπτων. Σκύζειν leo dicitur ubi ira feruidus, ac turba canum circumuallatus defixis in terram oculis consurgit in prelium. (Σκυδμαίνειν, τὸ σκυθρωπάζειν καὶ ὀργίζεσθαι. κυρίως ἐπὶ τῶν λεόντων, ἐπὶ τοῖς ἀφαιρουμένοις σκύμνοις ὀργιζομένων. Ἀπὸ οὖν τοῦ σκύμνου καὶ τοῦ μενεαίνειν, γίνεται σκυδμαίνειν: ἢ ἀπὸ τοῦ τὸ πρόσωπον συστολῆς τοῦ σκύλλας [σκύλα, δέρματος] ὅ ἐστι δέρμα, ὃ συμβαίνει ἐπὶ τῶν ὀργιζομένων, Homerus Iliados ultimo, Varinus. Apud eundem plura, si libet, lege de uerbo Σκύζεσθαι.) Cæterum eos qui uultu ita demisso & superciljs laxatis sunt, siue præ ira siue præ tristitia, Scythicum tueri, & σκύτη βλέπειν (quod paragrammatismo inde uideri potest detortum) & σκυθρωπὸς & σκυθρωπάζειν dicimus: nostri etiam lingua uernacula niblen, quasi ad uerbum nubilare dicas: quòd facies eorum non serena sed nubila, nec frons exporrecta, sed laxata rugosaque appareat: sed hoc communiter propter tristitiam & paruam quoque molestiam multis accidit. Atrocior uerò magisque Scythicus ille aspectus, quem nominamus schützlich, tanquam à Scythis nomine facto: nisi quis malit à uerbo schützen, quod est defendere: quòd huiusmodi obtutus sit hominis pro uita defendenda pugnantis: ut forsan à scuto quo milites proteguntur, deriuatū habeamus nomen schutz & uerbum schützen. Quamobrem Aristoteles, ut iam citauimus, leoni, (cuius talis perpetuò facies est, ut oui perpetuò etiam ita affectus sit) aliquid nubis instar circa supercilia prominere scribit. Τοῖον ἐπισκύνιον βλοσυρῷ ἐπέκειτο προσώπῳ, Theocritus Idyl. 31. de Hercule. De episcynio in homine & moribus inde iudicandis, scribit Adamantius libro 1. capite 12. Ἄνωθεν δὲ τοῦ μετώπου πρὸς τὴν ῥῖνα ἔχει ὁ λέων τρίχας ἐκκλινεῖς, οἷον ἂν ἄσυλον, Aristot. in Physiogn. Vetus interpres sic reddit, Leo supra frontem iuxta nasum (melius forte, è regione nasi) pilos habet inclinatos: postrema uerba omittit: & uidentur sanè corrupta: legendum forte ἀνασέλλον pro ἀμ ἄσυλον. Alibi enim eodem in libro, sic legitur. οἱ τὸ μετώπου τὸ πρὸς τῇ κεφαλῇ ἀνασέλλον ἔχοντες, ἐλεύθεριοι, ἀναφέρονται ἐπὶ τοὺς λέοντας. Vetus interpres, Qui id frontis quod est ante caput eleuatum habent, liberales sunt: referuntur ad leones: quasi non ἀνασέλλον sed ἄνω τεῖνον legerit: ἀνασέλλον quidem participium ab ἀνασέλλω nō rectè formatur, sed ἀνασέλλον uel passiuè potius, requirēte sensu, ἀνασελλόμενον. Sed ex inspectione leonis potius quàm Græcæ linguæ peritia emendari hi loci possunt.

¶ Oculos habet charopos, concauos, non admodum rotundos, nec nimium oblongos, magnitudine mediocri. Cælius tamen oculum ei permagnum esse scribit. Charopi & caui mediocriter oculi, leonis te admonebunt: ualde caui uerò maligni sunt, & simiam referunt, Adamantius. Oculi parum caui, animi magnitudinem innuunt, argumento sunt leones, Aristoteles. Fronto canes pastorales laudat χαροποὺς τοῖς ὄμμασι καὶ λεοντώδεις: hoc est, rauos oculis & leonina specie. Torua leæna, epitheton ex oculorum sæuitia, quæ summa in hac fera est, (inquit Erythræus in Indice Vergiliano:) Ex quo & Aristoteles leonem charopòn uocat, quem Catullus cæsium appellauit, id est glaucum: quia glaucis oculis præditum hoc animal aspectu horribili apparet, Hæc ille. Sed oculos glaucos & charopos confundit, ut & alij quidam recentiores: Aristoteles manifestè distinguit, ut cum scribit in Physiognom. οἱ δὲ μὴ γλαυκοί, ἀλλὰ χαροποί, εὔψυχοι, ἀναφέρεται ἐπὶ λέοντα καὶ ἀετόν. Adamantius etiam libro primo Physiognom. Oculi uarij, inquit, cum charopo colore frequentius quàm glauco contingunt. Et rursus, Charopi oculi à nigris uarietate differunt: fiunt autem pluribus modis: nam si quis simpliciter inspiciat, nigros putabit: sin accuratius, grana quædam uidebit, quorum quædam ruffa sunt, non admodum tamen, alia magis minúsue alba: alia pallida, uel simpliciter, uel ruffo simul nigróue admixto: alia deniq; cruenta, &c. Qui plura super hoc colore desyderat, legat Cælium 13. 8. Leonum pupillæ præfulgent, & dilucidissimum continent humorē, ita ut uideantur ignitæ, Plutarchus & Aphrodisiensis: Plura uide capite sequenti de uisu ipsorum. Acri sunt intuitu leones, Cardanus. Leo oculis patentibus atq; igneis cernitur semper, Macrobius. Apertis eum oculis dormire (propter genæ superioris breuitatem) capite tertio dicetur. ¶ Supercilium ei prægrande, Aristot. ¶ Nasus crassior quàm tenuior, Idem. Et rursus, οἱ τὴν ῥῖνα ἄκραν ἔχοντες, ἀνόσφρητοι, ἀναφέρεται ἐπὶ τοὺς κύνας. οἱ δὲ τὴν ῥῖνα περιφερῆ ἔχοντες, ἄκραν μὲν, ἀμβλεῖαν δὲ, μεγαλόψυχοι: ἀναφέρεται ἐπὶ τοὺς λέοντας. Locum hunc mutilum esse apparet: nec potest ex ueteri translatione, ubi magis etiam mutilatur, sarciri: ex Adamantio potest, cuius uerba subijciam. Ῥινὸς ἡ ἄκρον ἁδρὸν καὶ ἀμβλὺ καὶ στρογγύλον καὶ κεχηνὸς εἰ διάσαιο, τοῖς ἔχουσιν ἀνδρείαν καὶ μεγαλαυχίαν μαρτυρεῖ, ἐς λέοντα ὁρῶν καὶ κυνῶν τὰς γυναῖκας. ¶ Superior maxilla non prominet, sed æqualis inferiori est, Aristot. ¶ Rictu oris est amplo, Cardanus. Στόμα ἔχει συμμετρικὸν, hoc est: os amplum habet (non, ut quidam uertit, iustæ magnitudinis,) Aristotel. Idem alibi os rescissum ei tribuit. Labra tenuia in ore magno, ita ut partes superiores inferioribus superiniectæ sint, eademq; laxa iuxta labiorum angulos (συγχειλίαν Græci uocant: sic autem legendum ex Aristotelis Physiogn. de labris, non ἀχειλίαν: item non χώρα, sed χαλαρά) animi magnitudinem & fortitudinē significant, cum in leonibus huiusmodi habeantur, Adamantius. Vide supra de Cane H. d. ubi etiam diximus, summum leonis nasum rotundum, crassum & solidum esse. ¶ Leo dentes habet serratos, Aristoteles. Dentibus serratis prædita dicuntur, quæ dentes teretes & acutos habent, ut lupus, canis, leo, Aelian. Eorum quæ dentes habent serratos nonnulla non amittunt caninos, ut leones, Aristoteles. Et alibi, Dentes eos tantummodo mutat leo, qui canini uocantur (quod & Plinius scribit) quatuor, duos superius, totidemq; inferius, idq; sexto mēse ætatis fit. ¶ Leonibus ac pardis, omnibusq; generis eius, etiam felibus, imbricatæ asperitatis lingua, & limæ similis, attenuansq; lambendo cutem hominis. Quæ causa etiam mansuefacta, ubi ad uicinum sanguinem peruenit saliua, inuitat ad rabiem, Plin. ¶ Leoni ceruix osse uno rigida constat, nec uertebris ullis iungitur, Aristoteles & Aelianus. Leoni & lupo collum osse perpetuo riget, Aristot. lib. 4. de partib. Ceruix leoni tantum & lupo & hyænæ, ex singulis rectisq; ossibus riget, Plinius. Non constat articulatis ossibus, nec flectitur, sed sequitur τὴν στροφὴν τῶν ἁλμάτων, Philes. Spondyli in ceruice nulli, caro dura ac si tota sit neruus, eoq; retro spicere non potest, Rasis & Albertus. De iuba ceruicis in pilorum mentione dictum est. Qui ceruicem parte posteriori hirsutam habēt liberales (ἐλεύθεροι, lego ἐλευθέριοι, ut & alibi de leone scribitur, & sic uetus interpres quoq; uertit) sunt, argumento leonum, Aristot. Quibus collum magnum quidem (τράχηλος συμμεγέθης) sed non nimis crassum est, magnanimi censentur, quòd leones repræsentent, Aristot. Et alibi, Leo collum habet oblongum, crassum, moderatum: ubi forte legendum, non παχὺν σύμμετρον, sed παχὺν συμμέτρως, id est moderatè crassum, ne sibi contrarius uideatur. Idem est enim dicere, non ualde crassum, & moderate crassum. Ideo natura leonibus, sicut & ursis & tigribus angustiora (breuiora intelligo) creauit colla: quia in terra ceruicem & ora non deijciunt pascendi gratia: sed aut ceruum inuadunt, aut bouem ouemq; discerpunt, Ambrosius. ¶ οἱ τοῖς ὤμοις ἐπανεστηκότες, ἐκκεκυφότες (malim ἐγκεκυφότες) μεγαλόφρονες, ἀναφέρεται ἐπὶ τοὺς λέοντας, Aristoteles. Adamantius eandem sententiam sic expressit, ὁ δὲ ἐν τοῖς ὤμοις ὑποκινούμενος, καὶ ἅμα πρᾴως ἐγκυφὼς (cui opponitur rectus & alta ceruice, ut equus) μεγαλονοίας καὶ ἀνδρείας ἐν ἀκμῇ. οὕτω γὰρ καὶ λέων βαίνει. Humeros leo ualidos habet, Aristot. ¶ Pectus quoq; robustum, νευρῶδες, Idem. Validus est pectore & priore corporis parte, ac degenerat posterioribus membris, Macrob. Leoni uis summa in pectore, Plinius. Pars circa

circa iugulos (κλεῖδας) soluta magis quàm compacta est, Aristot. ¶ Metaphrenon (superior in medio dorsi pars, inter scapulas) latum, Idem. ¶ Costis & dorso ualde firmis est, εὔπλευρον καὶ εὔνωτον ὑπάρχει, Aristoteles. ¶ Leoni uentriculus arctior est, nec multo amplior intestino, Idem. ¶ Infirmus parte ilium est contra ictus, sed reliquo corpore multas patitur plagas, Aristot. Circa coxas & femora parum carnis habet, Idem. ¶ Leæna duas in uentre mammas habet, Arist. Et rursus, Leo binas tantum mammas medio uentre gerit (quod & Plinius scribit:) non quia parcissimè generat: nã plures quàm duos interdum ædit: sed quòd lacte abundat: cibum enim quem rarò assumit, quoniam carniuorus est, in corpus absumit. ¶ Medio uentre graciles (οἱ ζωνοί, usitatius εὔζωνοι) uenationis studiosi sunt, argumento leonum & canum, Aristot. ¶ Longa leoni cauda, quam quatit persæpe, 10 eiusque uerbere se stimulat ad pugnam, ut capite quarto dicam. Græci in leone caudam alcæam uocant. ἀλκαία, ὁ κέρκος, οὐρὰ ἡ τοῦ λέοντος, Hesychius. Et propriè quidem, inquit Varinus, leonis cauda alcæa dicitur, quod per eam se stimulet εἰς ἀλκήν, hoc est ad fortitudinem uel defensionem, ut pluribus dicemus cap. 4. in mentione fortitudinis eius: ubi & de stimulo quodam ueluti corneo, quem aliqui caudæ eius inesse dicunt, loquemur. Callimachus impropriè de muscis dixit, ἀλκαίας ἀφύσσα. (legendum forte, ἀλκαίᾳ λαφύσσει: hoc est, musca oris aculeo, quo pro lingua utitur, uorat glutitque. Vel, Alcęa dicitur ἀπὸ τοῦ ἀλκεῖν, ὅ ἐστι βοηθεῖν, ὥσπερ καὶ οὐρά, παρὰ τὸ οὐρεῖν ὅ ἐστι φυλάττειν, ἢ διὰ τὸ δεῖνειν ἑαυτὰ τὰ ζῶα τῇ οὐρᾷ, ut leo, taurus, canis, & alia, Varinus. Alcæa non tantum leonis est, sed & equi & bouis, & similium, quæcunque cauda se defendunt (aut ad defendendum excitant,) Idem ex Lexico Comico. De alcęa in musca, plura dicam in historia eius. Leonis caudæ infima parte setosus est caulis, Plin. ¶ Crura 20 ualida & neruosa, Aristotel. ¶ Leoni pro talo tortuosum quiddam in anfractum est, quale effingunt, Idem. Lynx tantum digitos habentium simile quiddam talo habet: leo etiamnum tortuosius, Plinius. ¶ Leonum pedes priores quinis distinguuntur digitis, posteriores quaternis, Aristotel. 4. 12. de partib. qui locus apud Plinium 12. 43. corruptus est, ut in Lupo docebimus. ¶ Leo aduncis est unguibus, Idem: maximis ac durissimis, Cardanus. Mirum pardos, pantheras, leones, & similia, condito in corporis uaginas unguium mucrone, ne refringatur hebeteturúue, ingredi, auersisque falculis currere, nec nisi appetendo protendere, Plinius. De uestigijs & gressu leonis capite proximo agetur.

C.

Ferarum aliæ montanæ ut plurimum sunt, ut leones: aliæ palustres, ut apri, &c. Pollux. Leo ca 30 cumina montiũ amat, Author obscurus. ¶ Leo acutissimi uisus est (unde & nominatus apud Græcos creditur, ut in Philologia docebo) nec unquam omnino admittere soporem fertur, sed oculis patentibus somno frui, ut inferius dicam, ubi de somno eius loquar. Leones per Solem ingredi acriorẽ non patiuntur: sunt enim acie oculorum acutiuscula, & ignem (ut quarto capite pluribus indicabitur) interdiu ob eam rem fugiunt, Aphrodisiensis problematum 1. 66. Præfulgidas ei & quodãmodo igneas esse pupillas, præcedenti capite dictum est. βλοσυρὸς inter leonis epitheta apud Pollucem est, à uisu truce & toruo: ὁ τὸ βλέμμα παράσυρον, παρασεσυρμένον καὶ ταυρηδὸν βλέπων, ἢ ἀπὸ τοῦ βάλλειν καὶ τι τρώσκειν τοῖς ὄσσοις, Eustathius apud Homerum. Leones odorati, apud Lucanum: clarent enim olfactu adeò ut adulterium lęnæ cũ pardo odore sentiãt mares. Sagacissimè, ut audio, odorantur: ideoque mansuefacti ad uenandum ducuntur, Aelianus. ¶ Gradiuntur leones pedatim, id fit cum pes si- 40 nister non transit dextrum, sed subsequitur, Aristot. & Plinius: qua de re plura in Camelo dixi, capite 3. Græce quidem Aristoteles hoc incedendi genus κατὰ σκέλος uocat, quod Varinus statim post λέων uocabulum (nescio ex quo grammatico) non rectè interpretatur pro pedetentim et modicis passibus, ut contrarium eius sit μακρὰ βιβάζων apud Homerum, ὑπὸ σκέλος uero (ὑπὸ enim præpositione utitur non κατὰ) apud eundem ὀλίγον γόνυ γουνὸς ἐπαμείβων, Iliad. λ. Theodorus Gaza non κατὰ σκέλος solum pedatim uertit, in loco iam citato, qui de proprio leonis gressu est, Plinium imitatus: sed alibi etiam ubi Aristoteles scribit leonem cum à uenantium multitudine cedere cogitur, βάδην discedere: sensim pedatimque discedere reddit: quod ego homonymiæ uitandæ causa non probo, pro βάδην pedetentim potius quàm pedatim translaturus. Incessus leoni νεανικός, id est strenuus est, Aristoteles in Physiogn. Et mox, Incedit autem tardè, & passibus multum distantibus, καὶ διασαλεύων ἐν τοῖς ὤμοις (hoc est, ut con 50 ijcio, humeris etiam ad singulos passus commotis, nimirum ut milites nostri solent cum hastati per urbem ostentationis gratia incedunt.) Eandem rem Adamantius, ut superius quoque recitaui, sic effert: ὁ δὲ ἐν τοῖς ὤμοις ὑποκινούμενος καὶ ἅμα πράως ἐκκυφώς, μεγαλονοίας καὶ ἀνδρείας ἐν ἥκει. οὕτω γὰρ ὁ λέων βαίνει. Cum insequuntur, nisum (postremum) saltu adiuuant: cum fugiunt, non ualent salire, Solinus: qua dè re plura dicam capite quarto in fortitudinis eorum mentione. Vngues retrahunt, ne hebetentur, ueluti in uaginas, ut feles etiam, & similia, ut præcedenti capite circa finem retuli. Albertus cum per loca lapidosa ingrediũtur potissimum id eos facere scribit, & ita suis quasi armis parcere. Plutarchus ita incedere ait, non solum ne aciem unguium retundant, sed etiam ne ansam uestigãti præbeant: Vide capite quarto, in historia amoris ipsorum erga catulos. Leo cum cursu citato fertur, propositi cursus metas transit, quòd præ uehementia spiritus retinere se nequeat, Scriptor de nat. rerum.

60 ¶ Rugire proprium est uocis leonis, Ael. Spartianus. Tigrides indomitæ rancant, rugiuntque leones, author Philomelæ, qui primam huius uerbi corripit, Despauterius produci ait, sed testimonium non adfert. Quintianus quidem in Theocrisi producit. Pontanus libro 1. Amorũ mugire de leone

dixit, At quondam Libycis leo dum mugiret arenis, forte quòd primam uerbi rugire producere nolebat. Rugitus leoni asper. Canes Albani ultra leones rugitibus insonant, Solinus. Fremere idẽ quod rugire: unde illud apud ueterem quendam poëtã, pausam fecêre fremendi, Varro à leonibus ductum ait. βρέμειν quidem apud Græcos de sonitu ignis, uentorum, & fluctuum (ut fremere etiam & fremitus apud Latinos) ut Varinus scribit, ꝓpriè accipi solet: sed ab eodẽ uerbo leones ἐριβρεμέται & ἐρίβρομοι à poëtis cognominantur. Fremere quidẽ & fremitus apud Latinos, de equi etiam hinnitu usurpantur. Fremit leo ore cruento, Vergilius 9. Aen. Vasto & graue murmur hiatu Infremuit, Lucanus de leone. Leo in uiros prius quàm in fœminas fremit, Plinius. Auditur quantum Massyla per auia murmur, Innumero quoties sylua leone furit, Martialis. Non fremit in infantes leo nisi magna fame, Plin. libro 8. Leo frendens, Silius libro 10. Ouidius in Arte amandi aprum frendentem dixit. Leonum uox, βρύχημα, βρυχηθμός (quas uoces in Oppiano legi) βρυχᾶσθαι, βρυχώμενοι, Pollux. βρυχᾶται ὁ λέων, Ammonius. οἱ δὲ λεόντειον ἐβρυχῶντο φονῶντες, Suidas ex authore innominato. Oppianus de equis charopis dixit, καὶ μοῦνοι τετλᾶσι λεόντων ἀντία βρύχειν. βρυμάζει, λέοντος χρῆται φωνῇ, Varinus: huic similia uidentur uerba, significatione quoꝗ, βρυμάινειν, βρυμᾶσθαι & βρυμᾶσθαι. Leones iuuenes prædam nacti, clamore in uitulini mugitus formam contemperato, signum dant, uocantꝙ seniores, Plutarchus in libro Vtra animalium, &c. Animalia fortia uocem ædunt grauem, ut leo & taurus, Aristot. in Physiog.

¶Leo quamuis in edendo ferocissimus sit, tamen pastus, & fame iam uacans, facilis mitisꝙ maiorem in modum est, Aristot. & Philes. Satiati, innoxij sunt, Plinius. In fame, summo periculo ei occurritur: postea uerò quàm cibo completus est, mansuescit, & simul lusionibus delectari fertur, Aelianus. Non pascitur mas cum fœmina, sed uterꝗ separatim: Vide capite quarto in fortitudinis ipsorum mentione. Vescitur leo carnibus crudis, unde ὠμηστής Oppiano dicitur, quarto de piscatione: communius est ὠμηστής: synonyma, ὠμοβόρος, ὠμοφάγος. Vesci eos alternis diebus Aristoteles tradit, Plinius. Cibus ei nunquam deest: sed per uices nunc edit, nunc laborat, (uenatur,) Oppianus. Cibo nunquam caret, quòd ad illius inquisitionem haudquaquam segnis sit, Aelianus. Non uescitur nisi ex uenatione, nec uenatur nisi semel in die, Auicenna. Leo animal est ualde calidum & siccum, & non potest diu nutriri lacte, Albertus. ὥς δὲ λέων ἐχάρη μεγάλῳ ἐπὶ σώματι κύρσας, Homerus Iliad. γ. Scholia exponunt, μεγάλῳ ζώῳ, quoniam cadauer attingere leonem negetur. Et rursus Iliad. σ. ὡς δ' ἀπὸ σώματος ὅτι λέοντ' αἴθωνα δύναντα ποιμένες ἄγραυλοι μέγα πεινάοντα δίεσθαι, sic neꝗ duo Aiaces Hectorem à Patrocli cadauere. ἀπὸ σώματος, ἀπό τινος ζώου. νεκροῦ γὰρ φασι μὴ ἅπτεσθαι λέοντα. Ioan. Tzetzes quoque 5. 9. σῶμα apud Homerum de cibo leonis, corpus uiuum non mortuum accipiendum asserit. Et præterea ibidem, Leones, inquit, & aquilæ cadauera non degustant: sed quod uiuum comprehenderint edunt: nec postea ad idem, si quid relictum sit, redeunt. Cuius rei aliqui causam afferunt fœtorẽ: mihi uerò per superbiam quandam id facere uidentur, cum in suo uterꝗ genere regiam dignitatem obtineat. Cæterum de captis inclusisꝗ tum leonibus tum aquilis, non habeo quod dicam: putârim tamen nõ mortua solum corpora illos deuorare, sed etiam ex melle placentas & huiusmodi. Et talis fuit leo quidam Apollonij temporibus (de quo dicemus in H. h.) quem ille Amasidis animam habere aiebat, Hactenus Tzetzes. Leo uescitur quidem carne ritu cæterorum syluestrium serratorum, sed cibo incontinenter admodum utitur, multaꝗ deuorat solida, sine ullo dissectu, mox nihil triduo, aut certe biduo edit: ferre enim inediam potest, ut qui iam ad multam satietatem repletus est, Aristoteles. A saturitate leones interim triduo cibis carere Aristoteles tradit: & quæ possint in mandendo solida deuorare (quod & Aelianus scribit:) nec capiente aluo, coniectis in fauces unguibus extrahere, ut (si fugiendum sit) non in satietatem abeant, Plinius. ῥοφεῖ δὲ νεβρὸν εὐχερῶς ὅλον βρύχων. ἄδδηφάγον γὰρ ἔστιν ἐὰν ἧττον πίνει, Philes. Expletus uel triduo uel quoad primi cibi concocti sint, ut etiam lupus, abstinet, cubandoꝗ se fouet, Aelian. & Plutarchus. Calida præda semel saturatus, reliquias amplius attingere dedignatur, confidens nimirum nouam rursus prædam se posse uenari, Philostratus. Pariter omnes parcunt à sagina: primum quòd alternis diebus potum, alternis cibum capiunt: ac frequenter si concoctio non est insecuta, solitæ cibationi superponunt diem: tum quòd carnes iusto amplius deuoratas, cum grauantur, insertis in ora unguibus, sponte protrahunt. Sanè & cum fugiendum est in satietate, idem faciunt, Solinus. Saturatus leo carnibus alicuius feræ, reliquias aperto gutture suo halitu inspirat: unde ita fœtent, ut à nullo animalium attingantur: postridie ad uenationem rediens, si quid recens assequatur, hesternas reliquias contemnit: sin minus, ad easdem redit, Philes & Aelianus. Contacta halitu eius nulla fera attingit, &c. Plinius: Vide paulò inferius in mẽtione excrementorum eius. Saturitatem dierum inedia, uel simia deuorata uomitionibus purgat, Volaterranus: Sed de remedio eius ex simia, infra dicam in morborum eius mentione. Quænã animalia inuadat, siue cibi tantum gratia, siue etiam naturali quodam odio, capite quarto dicetur. Adeunt urbes, & iniuriam hominibus inferunt, potissimum tempore suæ senectutis: tunc enim per corporis imbecillitatem, & dentium defectionem uenari nequeunt, Aristoteles. Leones & lupi cum per ætatem uenari non possunt, uillas accedunt, ubi homines inuadunt, & rapiunt pueros, Albertus. Leo senex cũ ætate processit et animus(uis) uenandi deest, ad stabula & pastorum casas proficiscitur, quòd iam ad montanas prædas persequendas infirmus sit, Aelianus & Philes. Stabula pastorum armentaꝗ inuadit fame compulsus, ut Homero placet, Nomen authoris excidit: Intelligit autem forte de loco

Homeri

Homeri paulo antè citato ex Iliados decimooctauo, ὥς δ' ἐπὶ σώματος ἔτι, &c. Polybius Aemiliani comes in senecta hominem appeti à leonibus refert: Quoniam ad persequendas feras uires non superant. Tunc obsidere Africæ urbes: eaq; de causa crucifixos uidisse se cum Scipione, quia cæteri metu pœnæ similis absterrerentur eadem noxa, Plinius. Herbas leo non nisi ægrotus gustat, ut uomat, Niphus: uide inferius in morbis eius.

¶ Leo parum bibit, Aristot. Aelian. Philes. Rarus est in potu, Plinius. Alternis diebus potum, alternis cibum capiunt, Solinus. Cyrus apud Xenophontem in Pędia libro primo, milites strenuos collaudans, Vos, inquit, famem habetis pro obsonio, & aquæ potum fertis facilius quàm leones, ὑδροποσίαν δὲ ῥᾷον τῶν λεόντων φέρετε. ¶ Leo nunquam omnino admittere soporem fertur. Sed hoc alijs uidetur perabsurdum: neq; enim esse aliquod animal cui perpetua sit uigilia: quod ipsum Aristotelis doctrina prorsum cōprobatur. Forte inquiũt (transtulit hæc ex Varino uel Etymologo) ut dorcades apertis oculis leo conquiescit: unde irrepsit sententia, illum nunq; dormire, Cæl. Sed ambigua est locutio, si quis leonem nunq; omniuo admittere somnum dicat: aut enim (si uocē omnino cōiungas cũ uoce nunq;) intelligi potest, eum perpetuò uigilare, quod falsum uidetur: aut admittere quidem somnum, sed non omnino admittere, quod uerius uidetur, ut apparebit ex sequentibus. Aliqui obseruarunt leonem cum dormit caudam mouere, ut ostendat se non omnino dormire (quod & Philes scribit) ut cætera animalia. Quod ipsum Aegyptij se obseruasse gloriantur, leonem uidelicet à somno inuictum esse, nempe qui semper uigilet, Aelianus. Hanc ob causam & Soli hoc animal comparant, Solare esse dicentes (ut pluribus in Philologia differetur.) Leo minimum (ἀκαρὲς χρόνου) dormit, sublucentiq; quiescentis oculi, Plutarchus Symposiacôn 4.5. Dicitur quibusdam quoq; leo inter uigilandum præcipuè oculos occludere, quos aperiat dormiens. Hinc templorũ claustris leonem symbolicè appingebãt priores, Cæl. Leo dormit apertis oculis, Philes. Leonis oculus utiq; permagnus est: at incumbens oculo pellis longè minor, q; ut oculum totum ualeat obtegere: unde fit ut oculis apertis somno frui uideatur, Cæl. Leo minimũ (lego, nimium) solicitus de se & catulis suis, dormit apertis oculis quasi uigilantibus, Iorath. Leo non dormit in aliquo specu, sed in aperto, nihil metuens, ubicũque nox ei superuenerit, Aelianus & Oppian. Cum ætate processerit, & iam grauis factus fuerit, tum ad uenandum infirmus, aut in specubus, aut nemorosis tractibus libenter requiescit, neq; tũ uel cum infirmissimis animalibus, ætatis suæ infirmitati diffidens, uersari fidenter audet: sed considerãs corporis sui imbecillitatem, semper timidè & diffidenter cum ijs agit, Aelian. Leo cum dormit in naui, periclitatur nauis, Author libri de naturis rerum. Nauis dormiente in ea leone, plus solito mergitur: experrecto, rursus alleuatur, Aesculap.

¶ Excrementa. Grauem odorem à leone reddi, nec minus halitum, Aristoteles tradit, Plinius. Et alibi, Animæ leonis uirus graue, ursi pestilens: contacta halitu eius attingit nulla fera, citiusq; putrescunt afflata reliquis. Dubitet autem aliquis an pronomen eius ad leonem uel ursum referri debeat: & ad ursum quidē referendum uidetur, utpote uicinius uocabulum: res uero ipsa fortassis ad utrunq; halitum conuenit. Fœdum odorem leo in cibo relinquit ex suo halitu: proscisso quidem leone interiora grauiter olent, Aristot. Excrementum (alui) rarò emittit: tertio die uel utcunq; accidit, egerit, idq; durum, aridum, & simile ut canis: flatum etiam alui acerrimũ emittit, & urinam grauiter olentem: unde fit ut canes arbores odorentur: mingit enim crure elato, ut canes ad stipites, Idem. Vrinã mares crure sublato reddere ut canes, Aristoteles tradit, Plin. Leo in auersum (ex auerso, retro) mingit, mas inquam: nam fœminæ quadrupedum omnes id faciunt, Aristot.

¶ Vehementia (σφοδρότης) præter uim & robur, celeritatē quoq; & concitationem significat. Et hercle genus leonum appellant omnes uehemens, quoniam huius quoq; contentã actionem atq; citatam conspiciunt, Galen. de diff. pulsuum 3.4. Leonis uis summa in pectore, Plin. Sed de corpore eiusq; partibus & singularũ robore, cap. 2. dixi: animi uero fortitudo, & quomodo irã ad defendendum se colligat atq; extimulet cauda se flagellando, sequenti capite explicabitur. Semiramis Assyria non si quando leonē aut pardalim, similemue feram interfecisset: sed si leęnam esset nacta, in eo sibi placuisse fertur, Aelian. in Varijs, fœminã scilicet mari ceu fortiorem præferens.

¶ Magna leænis libido coitus, & ob hoc maribus ira, Plin. Leones auersi coeunt, Aristotel. Plin. Solin. Leones adeò sunt calidæ naturæ, ut omni tempore desiderent coire, Author obscur. Et Aelianus similiter, Nullo anni tempore à coitu abstinet leo. Sed aduersari uidetur Aristot. his uerbis, Coit leo & parit non omni tempore: singulis tamen annis uere parit; &c. Leones, ursi, lupi, libidinis tempore acrius in eos qui accesserint, sæuiunt, inter se tamen minus dimicant, quia nullum ex ijs gregale est, Arist. Ex leænis & pardis leones quidē procreantur, sed ignobiles & iubarum inopes, Solin. Odore (quo plurimum ualet, ut supra dixi) pardi coitum sentit in adultera leo, totaq; ui consurgit in pœnam, idcirco aut culpa, flumine abluitur, aut longius comitatur, Plin. Leęnam dicunt feruere ad coitum, & leonem non admodum posse coire propter nimium temperamenti calorē, ideo leænam admittere pardum, & hoc odore percipere leonem, sed illa priusquam ad leonem redeat se lauat aquis niuis, ut adulterij odor obliteretur: Sed hoc falsum uidetur, Albert. Leopardi historiam in Panthera requires. Philostratus li. 2. de uita Apollonij, leænam non ex pardo, sed pardali concipere scribit, his uerbis. De leęnis narrãt ipsas in amorē sui pardales (quanq; Zenob. interpres pardos trãstulit, cũ alibi per eadē uoce pantheras reddat, idq; rectè) trahere, eosq; (addit enim masculinũ articulũ τοὺς παρδάλεις

I i

ſed legendum πορδάλις cum ο. paruo in prima ſyllaba, ut mas intelligatur: per alpha enim fœmininum eſt) in leonum cubilibus ſuſcipere. Vbi uerò pariendi tempus appetit, in montes confugiunt, (& loca pardalibus conſueta) pariunt autem maculoſos catulos: propterea in denſiſſimis ſyluis occultatos nutriunt, ſimulantes uenationis cauſa ſe à maribus abeſſe. Leones enim ſi catulos deprehenderint, lacerant, & ſobolem tanquam adulterinam perdunt, (ξίνουσι, uerbum ut apparet corruptum. Interpres ineptè uertit, matremq́ tanquam adulteram abigunt: ego ξαίνουσι legerim, hoc eſt unguibus uulnerant & lancinant.) Hyænæ coitu leæna Aethiopica parit crocutam, Plinius & Solinus. Arcadicos canes ab initio ex canibus & leonibus prognatos dicunt, & uocatos eſſe λεοντομιγεῖς, Pollux & Cælius. Cælius Rhodig. 7. 34. ſcribit ſe legiſſe apud authorem fidei integræ, ouem fuiſſe in Co inſula de grege Nicippi: quæ non ritu naturę agnum, ſed monſtrifico partu leonē pepererit: quod ipſi Nicippo tyrannidem portendebat, quam mox aſſecutus eſt, quum ædito monſtro hominem priuatum adhuc ageret.

¶ Leænas inter omnem uitam (inquit Gellius 13. 7.) ſemel parere, eoq́ uno partu nunquam ædere plures quàm unum, Herodotus in tertia hiſtoria ſcriptū reliquit. Verba ex eo libro hæc ſunt: (Græca à Gellio poſita omittam, Latinis propter breuitatem contentus.) Animalium acerrimum leæna et audaciſſimum, ſemel omnino in uita & unum parit. Enitendo enim cum fœtu pariter matricem proijcit. Rei uerò huiuſce cauſa eſt: quod cum in matrice manens motitari incipit catulus: motus ille unguiculis præmunitus ferarum longè omnium acutiſſimis matricem diſcerpit: tum in maius continuò augeſcens, multò magis ungues imprimendo exulcerat, ita ut ad poſtremum dum partus adeſt, nihil de utero relinquatur incolume. Homerus autem leones (ſic enim fœminas quoq́ epicœno genere appellat) plures gignere atq́ educare catulos dicit, his uerſibus, ἑστήκει ὥς τις τε λέων περὶ οἷσι τέκεσσιν. Et rurſus, ὥς τε λῖς ἠΰγένειος ᾧ ῥά θ' ὑπὸ σκύμνους ἐλαφηβόλος ἁρπάσῃ ἀνήρ, Hucuſq́ Gellius. Quod de leæna fertur, uuluam cum partu emittere, delira fabula eſt, facta ex ea cauſa, quod rarum genus hoc animalis eſt: nec rationem cur ita eſſet, comperire author ille fabulæ poterat: rarū hoc enim eſt, nec multis naſcitur locis, Ariſtoteles. Semel ædi partum, lacerato unguium acie utero in enixu, uulgum credidiſſe uideo: Ariſtoteles diuerſa tradit, Plinius. Quod in ſermonem hominum uenit, fabula eſt, catulos uuluam dilacerare, Aelian. & Philoſtrat. Idem tamen Aelianus uariæ hiſt. lib. 10. hoc eos facere affirmat, his uerbis: οἱ τῶν λεόντων σκύμνοι καταγράφουσι τοῖς ὄνυξι τὰς μήτρας τῶν μητέρων, πρὸς φῶς ἐπειγόμενοι. Idem & Aeſopus fabulator aſſerit: Contendebant (inquit) olim uulpes & leæna de generoſitate: inter alia quum uulpes obijceret, leænam unum ſemper parere, ſuum uerò multiplicem eſſe partum, ideq́ eo ſibi placeret plurimum: reſpondit leæna, parere ſe quidem unum, ſed leonem. Quod & in adagium uertitur (inquit Cælius) quum uirtutem ac animi excellentiam ſpectari oportere, aſtruimus, non uilem numerum & inutilem. Leænæ fœtus intra duos menſes perficitur, Philes. Geſtare fertur in utero menſes ſex, Philoſtratus. Leænæ paulatim ſterileſcunt, ob nimiam fœcunditatem primam: primum enim quinq́ aut ſex pariunt catulos, tum anno ſecundo quatuór, mox tres: deinde pari modo per annos ſingulos minus uno, poſtremo nullum, cum & excrementum omne cōſumptum iam ſit, & ætate deſinente ſemen unà defecerit, Ariſtoteles. Leænam primo fœtu parere quinq́ catulos, ac per annos ſingulos uno minus (deinde per ſingulos partus numerum decoquere, pro minuere, Solinus) ab uno ſterileſcere, Ariſtoteles tradit, Plinius. Idem ſcribunt Solinus, Oppianus, Philes, Aelianus. Hic inſuper addit poſtremo partu unum omnium præſtantiſſimum leonum regem ædi. Sed hoc idem Ariſtoteles alibi de Syriacis priuatim ſcribens, Leones, inquit, terræ Syriæ quinquies uita pariunt: primum quinq́, pòſt uno ſubinde pauciores, deinde ſteriles degūt. Cur animantium alia partu ſunt numeroſo, ut ſus, canis, lepus: alia non, ut homo, leo? An quod alia uuluas ſiue uteros continent multos, totidemq́ formandi loculamenta, quibus impleri percupiunt, quibusq́ ſemen genitale diuidendum, inſerendumq́ eſt: alia contra ſe habent, Ariſtoteles problematum 10. 16. Apollonio & comitibus (inquit Philoſtratus lib. 1.) ſtadia uiginti Babylone progreſſis, leæna in itinere occurrit à uenatoribus interfecta: erat autem fera ingenti magnitudine, quanta antea uiſa non fuerat. Circa hanc clamor erat magnus uenatorum, & eorum qui ex proximis uicis ad uiſendam feram concurrerant, qui magnitudinem inſuetā & præterea maius aliud in illa admirabantur: cæſo enim uentre catulos octo in utero habentem inuenere. Traduntur autem de leænæ partu huiuſmodi: geſtare leænam in utero fœtum menſibus ſex, terq́ omnino in tota uita parere: parit autem (ut aiūt) prima quidem uice tres, ſecunda autem duos: quòd ſi tertiò forte parere illam contingat, unum duntaxat parere conſueuit, quaſi natura uolente rariora producere quæ magnam in ſe feritatem habēt: (ut tranſtulit Zenobius Acciolus, & ſequitur eum Cælius 29. 9. ſed Græca ſic habent: τρίτα δὲ ἀπτομένα τόκῳ, μονήρη σκύμνον ἀποτίκτει, μέγαν οἶμαι καὶ ἀγριώτερον τῆς φύσεως: hoc eſt, ut ipſe uerto: Cum tertium pariendi tempus acceſſerit, catulum ædit unicum, magnum nimirum & ingenij ferocioris. Nam & Aelianus ſimiliter ſcribit, ut paulo ſuperius retuli.) Cōtemplatus igitur feram Apollonius, cum aliquandiu tacitus perſtitiſſet: O Damis, inquit, noſtra ad Indorum regem peregrinatio annua futura eſt, & præterea menſium octo. Hoc autem ex catulorum numero conijcere licet, quorum ſinguli ſingulos denotant menſes: ipſa autem leæna integrum annum nobis deſignat: perfecta enim perfectis conferenda ſunt, Hæc Philoſtratus. Minus autem mirum eſt tot catulos leænam illam concepiſſe, cum omnium admiratione ſpectantium maxima fuerit. Leæna (inquit Auicenna) rarò generat, & ad ſummum

summum duos concipit, propter caloris intimi uehementiam copiosius nutrimentum reposcentis, unde numerosior impeditur generatio. Plures quàm duos interdum ædit, Aristoteles. Et alibi, Vere parit, & magna ex parte geminos, sed cum plurimos sex catulos, nonnunquam etiam unum. Quadrupedes quædam multifidæ catulos inarticulatos propemodum pariunt, ut uulpes, ursa, leęna, & alia nonnulla: sed omnia ferè cæcos, ut ea quæ modo dixi, atque etiam canis, lupus, lupus ceruarius, Aristoteles. Et Plinius ex eodem loco, Quadrupedes (uiuiparæ) ferè perfectos ædunt partus, quædam inchoatos, in quo sunt genere leęnæ, ursæ & uulpes. Leonis fœtus similis est catulo cæco & mediocri, Philes. Plutarchus tamen quarto Symposiacôn scribit, leonem propterea dici Solare animal, quod inter quadrupedia unguibus aduncis catulos sola uidentes parit leæna, Cælius. Item Aelianus, De animalibus oculis apertis solum leonem nasci Democritus ait, statim à partu strenuum quiddam ædentem. (Leonum partus) informes minimasque carnes magnitudine mustelarum esse initio: semestres uix ingredi posse, nec nisi bimestres moueri, Aristoteles tradit, Plinius. Nos nihil tale apud Aristotelem legimus, cuius hæc uerba sunt: Parit leæna quoque adeò paruos, ut uix post secundum mensem incipiant ingredi. Eadem eius uerba Aelianus repetit. Et Philes, Fœtus (inquit) intra duos menses perficitur, similis catulis cæcis & mediocribus: Intra duos menses etiam nati iam ambulant & currunt, & leones se futuros declarant. Natus ex leæna catulus, tribus diebus & noctibus dormire fertur. Tunc deinde patris fremitu uel rugitu, ueluti tremefactus cubilis locus, suscitare dicitur catulũ dormientem, Isidorus. Leæna catulos parit mortuos, sicque triduò custodit, donec ueniens pater in faciem eorum exhalet (alibi, non halitu sed rugitu patris id fieri scribit) ut uiuificentur, Physiologus. Idem huius rei rationem reddere conatur: cum prius an res uera esset certò cognoscere oporteret, quàm eius causam inquireremus. Vtcunque est, uerba eius adscribere non grauabor. Leones, inquit, calidissimi sunt natura: quod quidẽ probat eorum nobilitas, & fortitudo cum audacia & iracundia. Fœtus autem humiditatem continet ex generis temperie, quæ siccitate complexionis & caliditate uiscosior redditur: & maximè circa cerebrum præualente siccitate & animali spiritu adiuuante. Vnde neruis obstructis, spiritus excluduntur, nec uirtutes possunt actiones suas mouere. Parentibus ergo rugientibus circa fœtum, spiritus per os & aures, & meatus capitis ingressi, præbent fœtui motum, Hæc ille. Leo animal est ualde calidum & siccum, & non potest diu nutrire lacte, Albert.

¶ Leones pardalianches uenenum sicuti pantheras occidit, Aristoteles: nos plura de hoc ueneno in Lupi historia dicemus in mentione aconiti. ¶ Leonem serpens perimit, ut in D. referemus. Scorpionem mirè fugit & abhorret, Albert. Pisces quidam nigri uenenati in Armenia reperiũtur: horum farinam in ouium & caprarum discissa latera abdunt: & hanc escam ad feras alliciendas obijciunt, ac cum huiusmodi quippiam pardalis, leo, lupus gustarint, continuò moriuntur, Aelianus.

¶ Leontophonon, animalculum quoddam (θηρίδιόν τι) oberrans in Syria, Hesychius & Varin. Leontophonon accipimus uocari animal paruum, nec aliubi nascens quàm ubi leo gignitur: Quo gustato tanta illa uis ac cæteris quadrupedum imperitans, ilico expiret. Ergo corpus eius adustum aspergunt alijs carnibus polentæ modo, insidiantes feræ, necantque etiam cinere: Tam contraria est pestis. Haud immerito igitur odit leo, uisumque frangit, & citra morsum exanimat. Ille (leontophonus: quanquam & genere neutro proferri potest, uel absolute, uel tanquam adiectiuum cum substantiuo ζῷον) contra urinam spargit prudens, hanc quoque leoni exitialem, Plinius. Leontophonos uocari accepimus bestias modicas, quæ captæ exuruntur, ut earum cineris aspergine carnes pollutæ (polentæ modo aspersæ, Plinius & Aristoteles) iactæque per compita concurrentium semitarum leones necent, si quantulumcunque ex illis sumpserint. Propterea leones naturali eas premunt odio: atque ubi facultas data est, morsu quidem abstinent, sed dilaniatas exanimant pedum nisibus, Solin. Aristoteles etiam in Mirandis narrationibus, In Syria, inquit, aiunt esse animal quoddam, quod λεοντοφόνον uocatur: quod ipsum in cibo sumptum enecet: sumit autem non sponte, sed fugit hoc animal. At uenatores captum à se tostumque, albæ polentæ instar alteri cuipiam animali inspergunt: unde feram, si quę gustauerit, perire aiunt continuò: κακοῖ καὶ πρὸς τὸ οὖρον τὸν λέοντα τὸ ζῷον, lego προσουρῶν, ut sensus cum Plinij uerbis conueniat, hoc modo: Vrina etiam aspersa leoni nocet hoc animal. Ego leontophonum non uermen nec insectum, ut recentiorum quidam conijciunt, sed quadrupedem uiuiparam esse contenderim, non alia quidem ratione, quàm quia urinam reddit, quod huic generi proprium est. Albertus etiam in quadrupedum catalogo posuit. Venenum sanè habent quadrupedes quædam paruæ, ut mus araneus, mustela. Sed cum uel in Syria solum, uel si alibi etiam, ijs tamen in locis solum ubi leones nascuntur, leontophonum esse doceant ueteres, & præterea paruam bestiolam, nil mirum eam ignotã non nobis tantum esse, sed etiam illis qui eius meminerunt authoribus, quorum alter ab altero descripsit: omnes quidem ex auditu se scribere indicant.

¶ Leonis interiora corruptioni facile obnoxia sunt: quare fœtidum habet os, & saliuam, & humorem corruptum: itaque morsus eius, & ungues inflicti, sæpe uenenosi sunt, ut morsus canis rabidi, Albertus. Vide infra in G. Leo propter naturam nimis calidam alternis diebus laborat morbo, quibus iacet prostratus & rugit, non totis diebus, sed statis horis, Cardanus. Leo in ira calore consumitur intra seipsum, Albert. Febri quartana affligitur, etiã cum sanitate frui uidetur, perpetuò. Nisi enim hic morbus uim & impetum eius cohiberet, longè nobis perniciosior hæc fera esset, Philes. Leo ex hominis uisu febricitat, & sanus esse uidetur per hyemem, ęstate uero qualibet febricitat: denique febri

I i 2

semper quartana laborat, & tunc maximè carnes simiæ appetit ut sanetur. Idem hausto sanguine canis morbo suo medetur, Physiologus. Sic & Albertus, Potatus aliquando sanguine canis sanatur. Sed neuter ulla ueteris alicuius scriptoris authoritate nititur. Plinius non in febri sed fastidio, sanguine simiæ non canis ipsum sibi mederi ait, his uerbis: Aegritudinem fastidij tantum sentit, in qua medetur ei contumelia, in rabiem agente annexarum lasciuia simiarum. Gustatus deinde sanguis in remedio est. Continuè febrim quartanam pati fertur: sed hoc pro certo falsum est: quia natura nullum animal facit, nisi æqualitatem habeat temperamento suæ speciei debitam, in qua quidem sanum degit, Albertus. Aegrotanti leoni nulla potest alia medicina adhiberi: sed si comedat simiam, id ei morbi remedium existit, Aelianus in Varijs 1.9. Et rursus in historia anim. Leoni, inquit, & delphino multa sunt communia. Vterque imperat, ille terrenis, hic aquatilibus bestijs: senectute ambo tabescũt: & cum sunt in ægritudine, illi terrestris simia medetur, huic marina quoque simia remedio est. Et alibi, Supra quàm ferre queat cibo expletus, aut quiete & inedia se exhaurit, aut simiam nactus uorat, illiusque adesis carnibus uentrem mollitum extenuat. Leo saturitatem dierum inedia, uel simia deuorata uomitionibus purgat, Volaterranus sine authore: prioris tamen remedij, per inediam dico, authores habemus. Sed uomitionem pro fastidio uertisse uidetur ex Græco ναυτία, nec uerborum ordinem rectè percepisse. Simias maximi faciunt Indi, quoniam piperis (ut sic dicam) uindemiatrices sunt: quapropter & armis & canibus leones, & cæteras feras ab ipsis arcent. Insidiatur autem simiæ leo, ægrotus quidem medicinæ gratia: aiunt nanque simiarum carnes leonum morbis mederi: senescens autem, pastus cibique causa. Nam ubi propter senium ceruos aut apros uenari leones nequeunt, simias capiunt, in ipsas quod superest uirium exercentes, Philostratus. Lupus & leo pro remedijs edunt gramen, & herbam frumenti, & rapesta, (rapistrum) quæ uomitum prouocant, Niphus.

¶ Viuere annos multos putantur, & quidam qui captus est claudus, dentes complures fractos habebat: quo argumento quidam longam esse leonum ætatem existimarunt: haud enim hoc accidere, nisi longo tempore potuisse, Aristoteles. Et Plinius, Aristoteles (inquit) uitam leonibus longam esse docet, argumento, quòd plerique dentibus defecti reperiantur. Viuunt & leones & lupi permultos annos, ita quòd aliquando ob senectutem fiant edentuli, Albert. Leo senectute tabescit, ut etiam delphinus, Aelianus.

D.

Animos leonum frons & cauda indicant, Solinus. Ex cauda quomodo de animo eius iudicandum, uide infra ex Plinio, ubi de fortitudine eius dicemus. Sunt quædam corporis partes, capite secundo à nobis explicatæ (ut pili, frons, oculi, nasus, labia, collum, humerorũ in incessu motus) quibus qui leonem referunt, similiter ut ille magnanimi, fortes, & liberales esse iudicantur. Aristoteles in Physiognomicis cum corpus leonis descripsisset, idque uiri ideam maximè repræsentare demonstrasset, ut pantheram fœminæ, corpore simul & animo: qui in uiris, inquit, fortior est & iustior, in fœminis contra, subiungit: Corpus igitur leonis huiusmodi est: τὰ ἢ περὶ τὴν κεφαλὴν, δεκτικὸν (lego ψυχὴν, ut & interpres: & pro δεκτικὸν, μεταδοτικὸν) ἐλεύθερον (melius ἐλευθέριον) μεγαλόψυχον, καὶ φιλόνεικον (interpres legit φιλόνικον, per iota in penultima, quod placet) καὶ πραῢ καὶ δίκαιον, καὶ φιλόστοργον πρὸς ἃ ἂν ὁμιλήσῃ. Hoc est ut ipse uerto, Quod animum leonis attinet, animal est liberale & ingenuum, magnanimum, uictoriæ studiosum, mite, iustum, & pio quodam amore in eos quibus cum uersatur afficitur. Leonum genus breuius crispioreque pilo, ignauius est: alterum longius piloque probiore, generosius, Aristot. Vide supra capite secundo, ubi etiam secundum regiones diuersa eorum ingenia esse, ex Alberto recensui.

¶ Pastor sæpe in pastionibus (uenator in montibus) leonem aspicit pro catulis acerrimè propugnantem, & præclarè contemnentem factam saxorum lapidationem, & crebram missionem telorum: neque uel infinitis uulneribus confectus, inuicto robore animi prius omittit eos tueri, quàm omnino moriatur: neque enim sanè tantopere sua morte mouetur, quàm ut ne ab antro sui catuli abripiantur, Gillius: transtulit autem ex Oppiani de piscatione libro 1. Aiax circa Patrocli cadauer stabat, ὥς τίς τε λέων περὶ οἷσι τέκεσσιν, ᾧ ῥά τε νήπι' ἄγοντι συναντήσωνται ἐν ὕλῃ ἄνδρες ἐπακτῆρες, &c. Homerus Iliados ρ. Hîc Scholia addunt, Notandum quòd etiam leones mares, catulos ducunt. At Varinus, Leonẽ (λέοντα) inquit, ueteres obseruarunt Iliadis ρ. de fœmina dici, tanquam leænam fœminino genere proferre Homerus nusquam solitus sit, cum de Diana etiam ita canat, ἐπεί σε λέοντα γυναιξὶν ἔθηκε Ζεύς, ubi λέοντα pro λέαιναν accipere oportet. Qui hoc dicunt, à leone mare catulos duci negant: (ἱστοροῦσι καὶ ὅτι λέων ἄῤῥην ἀσκυμναγωγεῖ (lego οὐ σκυμναγωγεῖ.) Quamobrem Zenodotus reijciebat hos uersus, leonẽ ipse de mare tantum intelligens, marem uero catulos ducere negans. (Negationem in Græco deesse apparet.) Atqui Antimachus & alij à leone mare catulos duci affirmant, Hæc ille. Gellius quidem 13.7. (ut præcedenti capite recitaui) leonis uocabulum epicœnum esse, & de fœmina quoque accipi ait, id quod nos pluribus in Philologia probabimus. Mihi certe leonem marem, tam forte & generosum animal, ut maris ideam maximè omnium repræsentet, quod fœminæ etiam uenando se adiungere non solet, fœmineum catulos circunducendi officium subire, uerisimile non fit. Philostratus quidem in uita Apollonij, etsi leænæ nomen aliâs usurpet, tamen libro secundo iam dictum Homeri locum, ut apparet, sic reddit: ἐνέτυχον δέ που καὶ τῶν Ὁμηρείων λεόντων ἑνί, ὃς ὑπὲρ τῶν ἑαυτοῦ σκύμνων δεινὸν βλέπει, καὶ ῥώννυσιν ἑαυτὸν μάχης ἅπτεσθαι. Cæterum Oppianus libro tertio de uenatione, commemorans feras

feras quæ amore in fœtum cæteris antecellant(lynces,leones,pardales,tigrides)paulò post non leoni sed leænæ attribuit,pro catulis contra uenatores uel ad mortem usq; depugnare,id quod libro primo de piscatione leoni(λέοντι) simpliciter attribuerat. Sed utrunq; locum apponam. Prior huiusmodi est: Fœtum suum,inquit,excellenter amant,lynces,leones(λέοντές,)pardales,tigrides. Et si quando ad latibula sua reuersæ(πάλιν νεύμεναι,in fœminino genere,cum lynces & leones in masculino genere prius posuerit,pardales & tigrides in fœminino:debuerat autem nomina & participia masculina subijcere,nisi fœminas tantum intellexisset)catulis,quos uenatores subtraxerint,uacua deprehenderint, miserabili uoce,non aliter exclamant plorantq;,quàm eiulare solent mulieres, cum regio patria armis uastatur & igne consumitur. Posterior locus, ὡς δὲ καὶ ἐν θήρεσσιν ὀβρίβρυχοί τε λέαιναι, παρδάλιές τε θοαί, καὶ τίγριδες αἰολόνωτοι, pro catulis aduersus uenatores armis & telis omnibus uel ad mortem usque neglectis depugnant. Cum pro catulis fœta dimicat, oculorum aciem traditur defigere in terram,ne uenabula expauescat, Plinius. Solinus hoc simpliciter de leonibus & in masculino genere proferens,Septi,inquit,à uenantibus obtutu terram contuētur, quo minus conspectis uenabulis terreantur. Homerus à leone pro catulis pugnante, Iliados ρ. ut supra citaui hoc fieri ait, πᾶν δέ τ' ἐπισκύνιον κάτω ἕλκεται ὄσσε καλύπτων. (Sed de leone, quòd epicœnum sit nomen, in Philologia dicam pluribus.) Σκύζειν leo dicitur,ubi ira feruidus ac turba canum circumuallatus, defixis in terram oculis consurgit in prælium, Cælius. Cum leo ingreditur,nec rectà iter facit,nec simplex ponit uestigium, sed uarium imprimit,& multiplex : modo enim progreditur, modo regreditur,tum rursus procedit, idemq; uicissim retro commeat: nunc quasi sursum uersus, nunc permistim facit uestigium: deinde partim præcidit uiam, partim obliterat, ut ne uenatores eius uestigijs insistentes, lustrum,ubi cum suis catulis habitat, reperire possint: quod diuino munere proprium naturæ leonum donatū est, Aelian. Sic & Philes, Vestigia,inquit,uariè inuoluta obliterat, & incerta reddit,tum eundo redeundoq; obliquè, tum cauda confundendo, ne catuli furto subtrahi possint. Cum à uenatoribus quæritur,sua uestigia cauda tegit, ne possit inuestigari, Physiologus. Inuolutis semper pedibus ambulat, tanquam uagina conditis intus unguibus, ne attritis acies retundatur, tum ut ne ansa uestiganti præbeatur. Haud enim unguis leonini notam temere inuenias: sed exigua ac cæca quædam uestigia tum faciunt, cum uacillauere & gressu titubauere, Plutarchus. In Pangio Thracio monte, Eudemus ait,(uerba sunt Aeliani interprete Gillio) ursam quæ leonis lustrum non ignorabat, à defensoribus uacuum esse: huius catulos, qui per ætatem se nondum tueri quirent interemisse: mox parentes cum alicunde ex uenatu reuertissent, & cum etiam leunculorum cædem factam uidissent, acerrimo, ut par erat, dolore pressos, ursam insecutos fuisse. Hanc uero summo cum metu quantum potuit itineris contendentem, in primam quanque arborem conscendisse, ibiq; ut ab illorum insidijs declinaret consedisse: eam autem illi cum se uiderent ulcisci nequire, leænam quidem continenter summa diligentia ad arboris truncum insidias molientem excubasse, sursumq; uersus intentis oculis sanguinariam aspexisse. Leonem uero similiter atque hominem ex liberorum morte mœrentem, longe lateq; summo cum dolore totis montibus errasse, dum materiarium fabrum offendisset, cuius è manibus magnopere exterriti securim ubi is excidisse perspexisset, sese attollens, illum blande & suauiter amplexabatur, linguaq; illi faciem abstergebat. Quam benignitatem homo sentiens, suis rebus fidere cœpit: leo hunc cauda amplexatus ducebat: neque securim, quæ huius è manibus effluxerat, illum relinquere permittebat, sed pede suo securim tollendam esse ostendebat: cum eius significationem homo non intelligeret, securim leo ore accepit, mordicusq; tenens, illi porrexit: ac denique illum ad lustrum suum, ubi constrati catuli iacebant, perduxit: id quod leæna uidens, ipsa quoque ad eos profecta, homini significabat, cladem miserabilem respiceret: atque postea sua significatione hunc impellebat, suspiceret ursam. Vnde homo coniectura assecutus aliquam hos ex hac grauem iniuriam accepisse, omnes neruos ad excindendam arborem contendit, quam cum euertisset, ursam præcipitem in terram delapsam feræ distraxerunt. Hominem illæsum leo reduxit in locum, ubi prius ei occurrisset, atque materiæ quam à principio cædebat, illum inuiolatum reddidit, Hactenus Aelianus.
Ex leone procreati (inquit idem) & robustæ & uigentis ætatis fiducia nitentes, longe procedunt ad uenandum: ac patrem iam senem secum adducunt, eum impellentes: deinde in media uia, quam ingressi fuerint, illum relinquentes, toto animo ipsi in prædæ curam incumbunt, ac tantundem prædæ consecuti, quantum uel sibi uel genitori satis ad prandium sit, generoso quodam & contentissimo rugitu edito, parentem suum secum, is ut conuiuium ineat, tanquam conuictores ad prandium conuiuam inuitant. Senex tum sensim & pedetentim uelut reptans, eò accedens, primo filios amplexatur, deinde lingua eis suauiter, uelut horum laudans fœlicem uenationem, blanditur: pòst & prandio dat operam, & cum his epulatur. Tametsi Solon qui lege sanciuit filijs parentes alendos esse, hæc eos facere non iussit: sed natura humanis legibus nihil egens, ipsa immobilis lex ad hoc officij munus docuit, Hæc ille. Leones cum senuerint nutriuntur à suis filijs, Tzetzes. Plutarchus in libro Vtra animalium &c. non à filijs parentes, sed quosuis senes à iunioribus ali scribit, his uerbis: Est & leo socium animal. Graues annis & confecti iam, in communem à iunioribus uenatum ducuntur, ac ubi cursu despondère animum, sedent, euentumq; præstolantur: iuuenes interea rem agunt: mox ut successit, clamore in uitulini mugitus formam cōtemperato, signū

Ii 3

dant, uocantq; senes: illi statim ut sensere accurrunt, ac in commune præda fruuntur.

¶ Leones liberales, fortes & nobiles sunt, Aristoteles. Nihil suspicatur leo, nullius suspiciosus est: festiuus, ludibundus, beneuolus admodum suis cum socijs & familiaribus, Idem. Leo amat homines cum quibus consueuit, præcipuè nutritores suos, Albertus. Dolis carent & suspicione: nec limis intuentur oculis, aspiciq; simili modo nolunt, Plinius. Nunquam limò uident, minimeq; se uolunt aspici, Solinus. Creditum est à moriente humum morderi, lachrymamq; leto dari, Plin. Leoni tantum ex feris clementia in supplices: prostratis parcit: & ubi sæuit, in uiros prius quàm in fœminas fremit, in infantes non nisi magna fame, Plinius. Scribit Auicenna (inquit Albertus) si quis lapidem aut telum leoni immiserit, & aberrauerit, ita ut uel nihil lædat, uel parum, leonem irruere in illum solere & minari (terrere) non tamen interficere: sed forte tantundem incommodi relaturũ quantum ipse accepit: addit etiam historiam militis à quo ipse audiuerit, hominis fide digni. Exiuerat ille cum socijs in dextrarijs (equis) ad contemplandum leonem. Dextrarij enim non castrati & fortes ea sunt audacia ut ultro in leones pugnandi gratia ferantur (hoc de charopis equis, id est quorum cæsij sunt oculi uel raui, Oppianus scribit) castrati uerò adeò timent ut nec calcaribus nec flagris adigi possint ut propius accedant. Equitantes igitur illi inuenerunt tres leones pariter, quorũ uni quidam ex eis sagittam immissurus aberrauit, sagitta prope caput illius traiecta. Quod animaduertens leo, substitit aliquantisper, cæteri duo præterierunt non uelociter fugientes: quos ille paulò post secutus est. Tum miles idem, qui sagittam prius emiserat, in equo ad eũ festinauit antequam alijs duobus leonibus coniungeretur, & lancea confodere conatus est: sed iterum uano ictu percussit terram, tangẽs aliquantulum sine uulnere caput leonis, & simul de equo ad terram delapsus est. Leo autem accurrens, militis caput in galea compressit læsitq;, sed non uulnerauit neq; occidit eum, & mox alios leones secutus est. Hic igitur est mos leonis, ut tantundem ferè lædat quantum læsus est ipse, & unguibus quasi minetur castigetq; hominem, atq; ita dimittat: id quod de lupo etiam fertur, Hactenus Albertus ex Auicenna. De hac leonis ceu iustitia quadam in ulciscendo iniurias, plura dicemus infra ubi de fortitudine eius priuatim agetur: & quàm diligenter percussorem obseruet, ibidem. Recentior quidam parum idoneus author libri de naturis rerum, nescio quam feram melosum appellat: quæ ualde magna sit & truculentos hostes (uerbis eius utor) persequatur, tanquam ad hæc creata. Rictus (inquit) habet ingentes, dentes quoq; fortes & prominentes, quibus cum audacter aduersarios aggreditur. Et cum hominibus fortibus terribilis sit, puerorum tamen innocentiam & eorũ paruitatem mirabiliter perhorrescit, eorumq; uerba fugit. Ego quæ pueris parcat, præter leonem, nullam apud classicos scriptores bestiam inuenio. Multi captiuorum aliquot leonibus obuijs intacti repatriauerunt, Solinus. Credit Libya intellectum prouenire ad eos precum. Captiuam certe Getuliæ reducem audiui, multorum in syluis impetum à se mitigatum alloquio, ausæ dicere se fœminam, profugam, infirmam, supplicem animalis omnium generosissimi, cæterisq; imperantis, indignam eius gloria prædam. Varia circa hæc opinio ex ingenio cuiusq; uel casu, mulceri alloquijs feras: quippe & iam serpentes extrahi cantu, cogiq; in pœnam, uerum falsũmue sit, uita non decreuerit, Plin. Getulæ mulieris nomen Iubæ libris comprehensum est, quæ obtestata occursantes feras, impunis redijt, Solinus. Leo in uulnera aut morsus non assurgit, si qui prostratus ab eo est, quibusdam indicijs uictum se fateatur. Eam ob rem ferunt hoc distichon pro foribus Romani palatij inscriptum fuisse: Iratus recolas quàm nobilis ira leonis, In sibi prostratos se negat esse feram, Textor. De leonibus & lupis fertur, si inter hominem & aliud animal optio detur, parcere eos homini, Albertus. Sunt uero & fortuita eorum clementiæ exempla. Mentor Syracusanus in Syria leone obuio suppliciter uolutante, attonitus pauore, cum refugienti undiq; fera opponeret sese, & uestigia lamberet: adulanti similis, animaduertit in pede eius tumorem uulnusq;, & extracto surculo liberauit cruciatu. Pictura casum hunc testatur Syracusis, Plinius. Et mox, Simili modo Elpis Samius natione in Africam delatus naue, iuxta littus conspecto leone hiatu minaci arborẽ fuga petit, Libero patre inuocato: (quoniam tum præcipuus uotorum locus est, cum spei nullus est) neq; profugienti, cum potuisset, fera institerat: & procumbens ad arborem, hiatu quo terruerat miserationem quærebat. Os morsu auidiore inhæserat dentibus, cruciabatq; inedia, tum penè in ipsis eius telis suspectantem, ac uelut mutis precibus orantem: dum fortuitu fidens non est contra feram, multo diutius miraculo, quàm metu cessatum est. Digressus tandem euellit præbenti, & quàm maxime opus esset accomodanti. Traduntq; quàm diu nauis ea in littore stetit retulisse gratiam uenatus aggerando. Qua de causa Libero patri templum in Samo Elpis sacrauit, quod ab eo facto Græci κεχηνότ☉ Διονύσου appellauere. Miremur postea uestigia hominum intelligi à feris, cum etiam auxilia ab uno animalium speret. Cur enim non ad alia ferè? aut unde medicas manus hominis sciunt? nisi forte uis malorum, etiam feras omnia experiri cogit, Hucusq; Plinius. His adiungam Androclis serui historiam, quem leo fugitiuum in Africa triennio nutriuisse, & postea feris obiectum (inter quas fortuito idem leo tum captus erat) aduersus pantheram defendisse fertur, ex Aeliano & Gellio 5. 14. Cum à senatore Romano, inquit Aelianus, seruus, cui nomen Androcles erat, aufugisset, quia facinus quodpiam nefarium (id uero quale fuerit ignoro) admisisset, & uerò in Africam uenisset: relictis urbibus in desertissimam processit regionem, (Quum prouinciã Africã proconsulari imperio Androclis serui Daci dominus obtineret, Androcles iniquis & quotidianis uerberibus ad fugam coactus, ut à domino terræ illius præside

præſide tutiores ei latebræ forent, in camporum & arenarum ſolitudines conceſſit: ac ſi cibus defuiſſet, conſilium fuit mortem aliquo pacto quærere, Gellius:) Ibiq; cum ardore ſolis torreretur, ſpeluncam ſubiens, ab æſtu requieſcebat: hæc autem ſpelunca leonis erat cubile. Poſtea autem quàm ex uenatu leo (gemitus ædens & murmura dolorem cruciatumq; uulneris commiſerãtia) ſummo cum dolore quo laborabat ex pede transfixo ſtirpe à ſummo præacuta reuertiſſet, atq; in iuuenem qui intra ſpecum abdebatur, incidiſſet, ipſum leniter aſpexit, ac blandiri cœpit, pedemq; porrexit, & quoad poterat ſibi ſtirpem extrahi rogabat. Ille primo, etſi mors illi neceſſaria erat, ab eo pertimuit, deinde poſtquam manſuetam uidiſſet beluam, & pedis morbum cognouiſſet, tum id quod pedem uexaret, euellit, tum uero dolore liberauit. (Stirpem ingentem ueſtigio pedis eius hærentem reuulſit, cõceptamq; ſaniem uulnere intimo expreſſit, accuratiusq; ſine magna iam formidine ſiccauit penitus atq; deterſit cruorẽ. Ille tunc hac medela leuatus, pede in manibus Androclis poſito recubuit & requieuit, Gellius.) Qua curatione leo delectatus, illum hoſpitaliter & amice tractando, & quæ uenaretur (membra opimiora ad ſpecum ſuggerens, Gellius:) cum illo communicando, præmium ſalutis perſoluit. Is quidem incoctis, ut leonum mos fert, paſcebatur: ille uero aſſis (ſole meridiano torrens, cũ ignis copiam non haberet, Gell.) ueſcebatur, communiq; utriuſq; menſa ſecundum ſuam quiſq; uiuendi rationem utebatur. Itaq; totum triennium ibi Androcles ætatem duxit. Cum eiuſmodi habitationis illum tæderet, iamq; ſolicitudinibus eius animus expleretur, à leone diſcedens (leone uenatum profecto reliquit ſpecum: & uiam fermè tridui permenſus, à militibus apprehenſus eſt, Gel.) uagari cœpit. Cumq;, ubi eſſet, intellectum fuiſſet, comprehenderunt eum, uinctumq; Romam ad dominũ miſerunt. Hunc dominus tum de his quæ admiſiſſet facinoribus reum facit: ita factum eſt, ut is ſic capite damnaretur, ut diſtrahendus beſtijs daretur. Tum uero ille Libycus leo fortè captus fuit, & in theatrum immiſſus, ſimul & eò ad pereundum coniectus eſt homo leonis aliquando hoſpes & conuictor. (Multæ ibi, Romæ in Circo maximo, ſæuientes feræ, magnitudines beſtiarum excellentes: ſed præter alia omnia leonum immanitas admirationi fuit: præterq; omnes cæteros unus, qui corporis impetu & uaſtitudine, terrificoq; fremitu & ſonoro, toris, comisq; ceruicum fluctuantibus animos oculosq; omnium in ſeſe conuerterat. Introductus tum eſt inter complures cæteros ad pugnam beſtiarum Androcles. Hunc ille leo ubi uidit procul, repente quaſi admiratus ſtetit: Ac deinde ſenſim atq; placidè tanquam noſcitabundus ad hominem accedit. Tum caudam more atq; ritu adulantium canum clementer & blandè mouet, hominisq; ſeſe corpori adiungit: cruraq; eius & manus propè iam exanimati metu, lingua leniter demulcet. Homo Androcles inter illa tam atrocis feræ blandimẽta amiſſum animum recuperat: paulatimq; oculos ad contuendum leonem refert. Tum quaſi mutua recognitione, lætos & gratulabundos uidiſſes hominem & leonem, Gel.) Leo hominem ſtatim agnoſcens, totius corporis inclinatione ad pedes illius ſe abiecit. Interea pardalis (hoc Gellius non habet) Androclem cum inuadere aggrederetur, leo illum, qui uidelicet ei aliquando ſalutem attuliſſet, ab huius laniatu ſeruauit, illamq; lacerauit. Spectatores, ut par erat, incredibili tenebantur admiratione: qui autem ſpectacula præbebat (Cæſar, Gel.) Androclem accerſiuit, ab eoq; totam rem cognouit. Inde primò rumor in multitudinem affluxit (quæ Cæſari Androcles dixerat, omnia ſcripta, circumlataq; tabula populo declarata ſunt, Gell.) deinde re cognita populus clamorem ſuſtulit, cunctusq; conſeſſus multiplicem plauſum dedit, homini ipſi & leoni eſſe largiendam libertatem, Hactenus Aelianus. Gellius præterea addit, Atq; ideo cunctis petentibus (ut ſcribit Appion quinto Aegyptiacorum, qui ſe huic ſpectaculo Romæ interfuiſſe aſſerit) dimiſſus eſt Androcles, & pœna ſolutus, & leo ei ſuffragijs populi donatus. Poſtea, inquit, uidebamus Androclem, & leonem loro tenui reuinctũ urbe tota circum tabernas ire, donari ære Androclem, floribus ſpargi leonem: omnesq; ferè ubiq; obuios dicere, Hic eſt leo hoſpes hominis, hic eſt homo medicus leonis. Apud Gellium quidem ubiq; Androdus pro Androcles legitur. Ex Gellio etiam Iouianus Pontanus tranſcripſit lib. 1. Amorum: & Antonius de Gueuara epiſtola 28. Leonem in Amphitheatro ſpectauimus, qui unum è beſtiarijs (beſtiarij dicebantur qui ludis publicis in Amphitheatro cũ beſtijs depugnabant. Præclara ædilitas, unus leo, ducenti beſtiarij, Cic. pro Seſt.) agnitum, cum quondam eius fuit magiſter (aliâs miniſter) protexit ab impetu beſtiarum, Seneca in libro de beneficijs. Videtur autem de Androcle intelligere. ¶ Mentori pedem porrigenti leo ſurculum extraxit: Quin & D. Hieronymus leonem ſimili beneficio demeritus tradit, Volaterranus. Elpis Samius os grande leoni dentibus infixum extraxit, &c. ſimile beneficium D. Hieronymi in leonem fertur: unde leo aſinum eius clitellarium ſyluis ligna deferentem diu ſit comitatus, ſemperq; domum reduxerit. Quem quum aliquando ſopitus à mercatoribus raptum perdidiſſet, perditi lubens operæ ſe ſuffecit, clitellisq; lignũ detulit, tantiſper dum paucis poſt diebus repertum in ſtabulum fugatis latronibus adduxerit, Textor. Sed authorẽ uitæ D. Hieronymi Eraſmus Roterodamus in eiuſdem uita, rabulam quendam & hominem impudenter mendacem facit, miraturq; Volaterranũ & alios quicquã inde citare uoluiſſe. Symandiũ regem Aegyptiorũ ferunt leonis domi enutriti opera in pugnis uti ſolitũ fuiſſe ad uictoriã, ut ſcribit Diodorus Bibliothecæ ſecundo. ὀσυμανδύας rex magnus Syrorũ leonẽ habebat in bellis ſociũ, ideo quod ipſum nutriuiſſet gratiæ memorẽ, Tzetzes. Quod de leone Eudemus dicit, non paruam admirationẽ habet: hoc ipſum eiuſmodi eſt: Iuueni ferarum cicuratori, canẽ nimirũ, urſam & leonẽ fuiſſe, eosq; primũ, & pacẽ inter ſe ſeruaſſe, & amicitiã recte coluiſſe. Deinde cũ canis aliquando &

ursa inter se colluderent, & ludicris morsiunculis conflictarentur, ursam repentè ad feros mores reuertisse, & canem simul inuasisse, & uentrẽ misero unguibus indignissimè distraxisse: cuius atrocitatem facti leonẽ indignatum, perfidiæ ursinæ odio, quod & fœdus fregisset, & amicitiã institutam uiolasset, inflammatum, iusta & merita iracundia contra ursam & exarsisse, & ab ea pares pœnas, quibus illa prius canem affecisset, repetijsse, Aelianus.

¶ Ioan. Rauisius Textor in Epithetorum libro leonis historiam scribens, quales hæ feræ erga sanctos aliquos & martyres ad pœnam eis obiectos, se præbuerint, recenset: cuius nos hic uerba recitabimus, ordine quodam literarum, de uiris primum sanctis, postea de mulieribus & uirginibus. Sciendum est autem hanc in martyres leonum clementiã, non ex ipsorum natura, sed maiore ui profectã, quæ pijs promittit impune eos super aspidem & basiliscum ambulaturos, & tutò leonem draconẽ'ue conculcaturos, Psal. 91. Antonio eremitæ, inquit Textor, quum ad excauandã foueam (qua Pauli primi anachoretæ humaretur cadauer) sarculum deesset, duo leones terrã unguibus effoderunt, ac fossarij seu (si mauis) libitinarij subierunt munia. Daniel propheta à Babylonijs in carcerem coniectus, famelicisq; leonibus (quibus dietim ad escã duo damnatorum corpora, ac totidem dabantur oues) deuotus, eisdem tamen mansuefactis, periculum euasit: Vide in historia Danielis, cap. 6. & 14. de Daniele bis obiecto leonibus, bis seruato, & mox iniectis illis qui eum falsò accusauerant, deuoratisq;. Eleutherius & Prisca uirgo leones (quibus hæc Claudij Cæsaris, ille Adriani mandato fuerãt deuoti) mansuefecerunt, cicuresq; reddiderunt. Macarius cum leænæ (cuius cauernæ cellam habebat uicinã) catulos cæcos uisu donasset: belua præstiti obsequij gratiã referens, pelles ouiũ eidem plurimas memoratur attulisse. Primo & Fœliciano martyribus adducti ad tormentũ leones, nihil tamẽ nocuerunt. Tharaco martyri blanditus est leo, cui maximi præsidis iussu datus fuerat in pabulum. Vitum, Modestum, & Crescentiam martyres quum Diocletianus leoni obiecisset deuorandos, fama est bestiam columba mitiorem ad eorum pedes supinam decubuisse, neq; ulla in re sanctis incommodasse. ¶ Ferunt itidem leonem pedibus terram effodisse, ubi conderetur Mariæ Aegyptiacæ cadauer, idq; Zozimæ abbatis mandato. Irruentibus in Teclam uirginem ursa & leone, acerrimo conflictu leæna reluctata est, solo seruandæ puellæ desyderio. Martinam uiri consularis filiam quum nullæ terrerent catenæ, nulla à fide uerbera dimouerent, nullæ ad Apollinis cultum pollicitationes inducerent: leo Alexandri imperatoris iussu cauerna eductus, sese ad uirginis pedes blandiente cauda, armisq; & iuba demissis inclinauit, qui tamen ad inferendam mortem fuerat solutus. Dariæ uirginis sub imperatore Numeriano bestijs adiudicatæ leæna cellam ingrediens, puellam ab omni iniuria non ferarum modo, sed satellitum quoq; tutata est, Hæc omnia Textor. Ignatius episcopus Antiochenus, itẽ Satyrus & Perpetua martyres leonibus obiecti, ab eis deuorati sunt, ut referam in h.

¶ Leo ideã maris maximè omnium refert, ut pardalis fœminæ, Aristoteles & Adamantius. Leo ut animosus & fortis est ingenio, ita corporis forma id præ se fert, Adamantius. Iracundum genuit natura, utpote fortissimum, Cardanus. Leonum animi, inquit Plinius, index cauda, sicut & equorũ aures. Nanq; & has notas generosissimo cuiq; natura tribuit. Immota ergo placidus, clemens, blandientiq; similis, quod rarum est: crebrior enim iracundia eius. In principio terra uerberatur: incremento terga, ceu quodã incitamento flagellantur. Cum blanditur caudã habet immobilẽ: iratus uero quatit, primo terrã, postea dorsum, & sic insilit, Albertus. Vide etiam supra capite secundo in caudæ mentione. Alexander Aphrodisiensis problematum 1.144. ad quæstionem cur plurima ex animalibus suas peruibrare caudas soleant, cum notos sibi agnoscunt: & cur leo iratus costas per caudã uerberet atq; etiã taurus: Quoniã, inquit, dorsi medullã ad caudam usq; habent porrectã, quæ uim continet animalẽ, & motionis authorẽ: igitur cum animal notum sibi agnoscat, per caudã quasi per manum ritu hominum excipit, & partẽ sui corporis mouet quæ agilior & promptior est. Leonum uero & taurorum anima, ut per iram affici potest cum natura, sic eandem naturã propterea moueri uehementius cogit, ut etiã homines sæpe manus, aut aliquã sui corporis partẽ per iram percutere nouimus. Cum enim ilico ulcisci animus nequeat, alio quodã modo feruorẽ suum extinguit, id est ictu, aut strepitu, aut alio quolibet generis eiusdẽ remedio, Hæc ille. Leo ne quid ignauè faciat, flagellãs semetipsum cauda excitat, Aelianus. Hoc & Lucanus innuit libro 1. Pharsaliæ, Cæsarẽ ante transitum Rubiconis de inuadenda patria cogitantẽ, leoni comparans, ubi ait:

Inde moras soluit belli, tumidumq; per amnẽ
Signa tulit propere: sicut squallentibus armis
Aestiferæ Libyes, uiso leo cominus hoste
Subsedit dubius, totam dum colligit iram.
Mox ubi se sæuæ stimulauit uerbere caudæ,
Erexitq; iubas, uasto & graue murmur hiatu
Infremuit: tum torta leuis si lancea Mauri
Hæreat, aut latum subeant uenabula pectus,
Per ferrum tanti securus uulneris exit.

Non possum præterire eadem de re elegantissimos etiam Homeri uersus Iliados ypsilon, qui sunt huiusmodi:

Πηλείδης δ' ἑτέρωθεν ἐναντίον ὦρτο λέων ὣς
Σίντης, ὅν τε καὶ ἄνδρες ἀποκτάμεναι μεμάασιν
Ἀγρόμενοι πᾶς δῆμος, ὁ δὲ πρῶτον μὲν ἀτίζων
Ἔρχεται, ἀλλ' ὅτε κέν τις ἀρηϊθόων αἰζηῶν
Δουρὶ βάλῃ, ἑάλη τε (συνεστράφη, εἰλήθη) χανὼν, περὶ τ' ἀφρὸς ὀδόντας
Γίγνεται, ἐν δέ τέ οἱ κραδίῃ στένει ἄλκιμον ἦτορ,
Οὐρῇ δὲ πλευράς τε καὶ ἰσχία ἀμφοτέρωθεν
Μαστίεται, ἑὲ δ' αὐτὸν ἐποτρύνει μαχέσασθαι.
Γλαυκιόων (πυῤῥῶδες καὶ φοβερὸν βλέπων, ἀφ' οὗ ἀγριούμενος) δ' ἰθὺς φέρεται μένει, ἤν τινα πέφνῃ
Ἀνδρῶν, ἢ αὐτὸς φθίεται πρώτῳ ἐν ὁμίλῳ.

Hic in Scholijs additur, Leo cauda seipsum flagellare solet.

Habet

Habet autem in cauda conditum inter pilos stimulum nigrum ueluti corneum, quo cum pungitur, præ dolore magis irritatur. Hæc uerba de leone cauda se flagellante citat etiã Varinus in uoce γαραβολή: hoc simili poëtam proponere dicens, τὸ μέλλον μὲν, ὡς πλὴν δὲ γηρυνάιον. Leonum genus alterum breuius est, crispioreq́ pilo, quod ignauius est: alterum longius piloq́ probiore, quod generosius est, Aristot. In uenatu dum cernitur nunquam fugit aut metuit: sed etiamsi uenantium multitudine cedere cogitur, sensim pedatimq́ (βάδην, pedetentim) discedit, crebro subsistens atq; respectans: nactus uero opaca, fuga quam maxime potest ueloci, se subtrahit, donec in aperta deueniat, tum rursus lente incedit. Sed si quando locis nudis atq; patentibus cogitur fugam aperte arripere, currit contentus, nec salit, cursusq́ eius continens, ut canum intenditur: cum tamen ipse insectatur, ubi iam propinquârit, insilit, Aristot. Generositas maximè in periculis deprehenditur: non in illo tantummodo, quòd spernens tela diu se terrore solo tuetur, ac ueluti cogi testatur: cogiturq́ non tanquã periculo coactus, sed tanquam amentia iratus. Illa nobilior animi significatio, quamlibet magna canum & uenantiũ urgente ui, contemptim, restitansq́ cedit in campis & ubi spectari potest: idem ubi uirgulta syluasq́ penetrauit, acerrimo cursu fertur, uelut abscondente turpitudinem loco. Dum sequitur, insilit saltu, quo in fuga non utitur, Plinius. Nunquã terga uertit in fugiendo, sed sensim pedetentimq́ se recipit, cum fremitu contrà intuens, Aelianus. Cum premuntur à canibus, contemptim recedũt, subsistentesq́ interdum ancipiti recessu dissimulant timorẽ: idq́ agunt si in campis patentibus ac nudis urgeantur: nam syluestribus locis, quasi testem ignauiæ non reformidantes, quanta possunt se fuga subtrahunt, Solinus. Cum insequuntur, nisum saltu adiuuant: cum fugiunt, non ualẽt salire, Idem. Leonem aiunt cum urgetur non fugere προτροπάδην (ἀμεταστρεπτί, εἰς τοὐμπροσθεν), ita ut animus totus in fuga sit, & corpus similiter, ne respectando quidem) sed ἐντροπαλιζόμενος (quo uerbo Homerus utitur, comparans Aiacem uirum fortem leoni hoc modo fugienti) quod crebro conuerti significat: ὡς τὸ ὀλίγον γόνυ γοῦν ἐπαμείβειν, ὃ μεταλλάβων τις ἀπὸ σκέλους χωρεῖν λέγει, ὃ φράζεις κάλλιον τοῦ ποιητοῦ, ὅς τὸ γόνυ γονὸς ὀλίγον ἀμείβειν πρὸς τὸ μακρὰ βιβάζων ἀντιθήσειν, Varinus. Sed de gressu leonis in c. dixi. Verba Homeri Iliad. λ. sunt, Τρέσσε δὲ παπτήνας ἐφ' ὅμιλον, θηρὶ ἐοικώς Ἐντροπαλιζόμενος ὀλίγον (κατ' ὀλίγον) γόνυ γουνὸς ἀμείβων. Oppianus de leonibus paraphrasticè dixit, Θῆρες δ' οὐ μίμνουσιν, ὑποστροφάδην δὲ νέονται. Achilles Aeneæ apud Homerum, Τότε δ' οὔ τι μετατροπαλίζεο φεύγων: οὐκ ἐπιστρέφου, Scholia. Leo in fuga raro aspicit retrorsum, Albertus: sed contrarium scribunt Aristoteles & Homeri interpres, ut iam citauimus, quorum sententia uerior uidetur. In fuga, eò quod exacerbatus est, irruit in animalia occurrentia: & quando fatigatus est, uadit modicum & modicum frendens quasi dentibus, Albertus. Fugiunt interdum leones demissa inter crura cauda, ut canes, Aristot. Albertus uero aliter, Leones, inquit, aliquando debilitati timent & fugiunt, demissis auriculis, sicut canis: & hoc faciunt etiam lupi. Iam uisus est leo, qui cum suem aggrederetur, ut setis horrentem aspexit, fugeret, Aristot. Vulneratus percussorem obseruat diligentissimè: ad quod allusit Horatius in Epodo scribens, Quid ut nouerca me intueris, aut ut petita ferro bellua? Verum est quod de eo narratur, percussorem agnoscere, atq; ex obseruato inuadere (quod & lupus facit, Niphus.) Si quis etiam non percusserit, sed infestet, hunc si ceperit, cum unguibus lacerat, nec ulla iniuria afficit, sed quatit solum: atq; ubi ita perterruit, dimittit, Arist. Vulneratus, obseruatione mira percussorem nouit, & in quantalibet multitudine appetit. Eum uerò qui tela quidem miserit, sed tamen non uulnerauerit, correptum raptatumq́ sternit, nec uulnerat, Plinius. Iustus est leo, inquit Aelianus, & uirum qui se lacessiuerit, ulciscendi modum tenet: Primum igitur cauda se incitans tanquam stimulis admotis exacuit: deinde inuadenti resistit, &c. ut Aristot. & Plinius. Et alibi, Eum à quo iniuriam acceperit leo, probe nouit ulcisci, & quamuis ex eo ipso non statim ultionem ceperit, tanto tamen post iram retinet, quoad pœnas pro maleficio sibi illato sumpserit: cui rei testimonio est Iuba Maurus, pater illius ipsius qui in triumphum Romam admodum puer ductus est. Is cum aliquando iter per desertam regionem faceret, ut gentẽ quæ ab se defecisset sub iugum rursus mitteret, è suo comitatu quispiam, cum præstanti nobilitate, tum egregia pulchritudine adolescens rei uenatoriæ non imperitus, leonem casu secundum uiam animaduersum sagitta appetens, non ab ictu directo aberrauit, quin ei uulnus, non tamen mortem, intulit: Vulnere is accepto, statim se subduxit: tum ille qui uulnus ei inflixisset, unà cum cæteris discessit. Anno uertente interposito, Iuba rebus, ad quas cum exercitu profectus fuisset, præclare gestis, eadem uia tegressus est ad eum locum ubi anno antè leo uulnus excepisset. Is sanè etsi in magna hominum multitudine erat adolescens, ab inuadendis tamen cæteris suum impetum sustentauit: illum duntaxat qui se anno antè læsisset corripuit, & furorem acerbissimum, quem tandiu quàm dixi, seruasset, in illum ipsum hominem peradolenscentem, quem ab alijs internosset, effudit, ac simul dilacerauit, nec illum quispiam ab hac potuit calamitate uindicare. At grauissima leonis ira perterrefacti, quà potuerunt, fugam quæsiuerunt, Hactenus Aelianus. Et rursus, Non ad uenationem, nec ad pugnam eadem uia leo & leæna proficiscuntur: causam periti ad notionem animalium afferunt, eorum robur corporis esse, suis enim eatenus uiribus confidunt, ut uterq; non egeat alterius. Οἱ δὲ σκύμνοι τῶν γονέων (uidetur χωρὶς addendum) πίσει τοῦ δύνασθαι βλάβοντι καὶ θράσει τῆς ὅσης δυνάμεως, ἐπὶ θήραν ἐκπέμπονται, Pollux. Hoc est, Catuli adeò nihil metuunt insidias, & suis uiribus confidunt, ut soli sine parentibus uenatum prodeant.

¶ Leo (ut lupus etiam Alberto) quamuis in edendo (uel cum esurit) ferocissimus sit, tamen paftus & fame iam uacans, facilis mitisq́ maiorem in modum eft, Ariftoteles. A prima ætate cicur factus, cum manfuetiffimus eft, tum uero eius occurfatio faciliima et iucunda: lufionibus delectatur: quiduis, modò id fuo altori gratum effe fentiat, libenter fuftinet, Aelianus. Et rurfus, Cibo completus manfuefcit, & fimul lufionibus delectari fertur. Leo perfacilis eft ad ludendum: fed ludi eius frequenter malè exeunt, nec ante multum temporis ludum deferit, Albertus. Leonibus manus magifter inferit, ofculatur tigrim fuus cuftos, Seneca in epiftolis. Et rurfus, Tigres leonesq́ nunquam feritatem exuunt, aliquando fubmittunt, & cum minimè expectaueris, exafperatur toruitas mitigata. Leones iugum fubeunt, Plinius: Vide capite quinto de leonibus ad fpectacula adhibitis: ubi M. Antonium primum eos iugo fubdidiffe dicetur. Plutarchus in Politicis præceptis, Annonem coactum fcribit uertere folum exilij caufa, quod in expeditionibus leonem haberet σκευοφόρον, id eft farcinas ferentem: ueluti effet id argumenio, eum τυραννικὰ φρονεῖν, id eft ad tyrannidem afpirare. Meminit hiftoriæ Plinius, fed aliter, Cælius. Primus autem hominum leonem manu tractare aufus, & oftendere manfuefactum, Hanno è clariffimis Pœnorum traditur: damnatusq́ illo argumento, quoniam nihil non perfuafurus uir tam artificis ingenij uidebatur: & male credi libertas ei, cui in tantum ceffiffet etiam feritas, Plinius. Hanno Carthaginenfis leonem, quo ad uectiones farcinarum utebatur, habuit, unaq́ cum Berenice manfuefactus leo uiuebat, linguaq́ eius faciei blandiebatur, leniter abftergẽs, ac complanans rugas, demulcebat, cum eaq́ in menfa conuiuebat, humaniter & apte comedens. Onomarchus Catanæ tyrannus etiam leones habuit conuictores, Aelianus. Et alibi, In Elymæa regione templum eft Adonidis, ubi leones tantopere cicures funt, ut eos, qui intra templũ ingrediuntur, amplexentur, & adulentur. Atq́ etiam fi quis edens appellet, ij tanquam inuitati conuiuæ, accedunt, & acceptis quæ eis præbuerit, moderatè difcedunt. Leones in India, fi capiantur, manfuefcunt quidem, modò ne maximi fint: tum uerò adeò affuefiunt loro, ut facile fimiliter atq́ canes ad uenandos ceruos, apros, tauros, & afinos fyluestres duci queant: fagaciffimè enim (ficut audio) odorantur, Aelianus. De Amafide Aegyptiorum rege in leonem mutato, qui manfuefactus ex loro ueluti canis ducebatur, &c. ut Philoftratus fcribit, dicemus in Philologia. Leones (inquit Apollonius apud Philoftratum libro 7.) quos manfuefcere uolunt homines, iubebat Phraotes uerberibus non cædi: nam recrudefcere uerberibus illos aiebat. Nec rurfus blanditijs nimium leniendos putabat, quia fic nimium fuperbi euaderent. Opinabatur itaq́ blanditias minis permixtas facilius ad mores optatos illos poffe deducere. Id autem nos non pro ferarum duntaxat manfuefactione dixerimus: fed tyrannis quafi frenum quoddam inijcimus, quo fi utentur, à mediocritate nunquam aberrabunt. Leo domandus, caniculam iuxta uerberandam uidens, difciplina imbuitur, Albertus. Hyberna nocte folitarius quidam leo (μηνολέων, ut μονόλυκος) niues & frigus uitandi caufa caprile ingreffus eft: paftores eo uifo de fe magis quàm capris foliciti magnoq́ in metu conftituti Iouem feruatorem inuocabant. At leo nocte illic peracta, nec capris, nec uiris læfis, mane difceffit. Vnde lætati caprarij fimulacrum (leonis fcilicet) Ioui dedicatum à quercu fufpenderunt, Author incertus in Epigrammatis 1.33. Leones in delicijs atq́ item leopardos habuiffe narratur Heliogabalus, exarmatos cicuresq́: quos ita inftituerant manfuetarij, ut ad menfas fecundas iuffi accumberent ex inopinato, nemine confcio exarmatas effe feras, Cælius. Heliogabalus ebrios amicos plerunq́ claudebat, & fubito nocte leones & leopardos & urfos exarmatos immittebat, ita ut expergefacti in cubiculo eodem, leones, urfos, pardos cum luce, uel quod eft grauius nocte inuenirent, ex quo plerìq́ exanimati funt, Lampridius. Et alibi, Iunxit fibi & leones, matrem magnam fe appellans.

¶ Gradientes, mucrones unguium uaginis corporum claudunt, ne acumina attrita retundantur. Hoc adeò cuftodiunt, ut non nifi auerfis falculis currant, Solinus: ut ex alijs etiam in c. dixi. Veftigia leo quã callidè obliteret & diffimulet, ut fallat uenatores, ne catulos in cubili deprehẽdant, fupra hoc in capite dixi in mentione amoris eius in catulos. Veftigia fua terram cauda fpargens, operit ufq́ ad latibulum fuum, Iorach. Leones in Mauritania muliebribus uerbis repelli, eiusq́ gentis linguam intelligere, Aelianus his uerbis afferit: Cum homine Mauro & aliarum rerum communitatem quandam habet, & aquam de eodem fonte bibit. Hunc audio, cum uenandi ratione falfus, fame premitur, Maurorum domos adire, ibi fi uir adfit, illum ab ingreffu prohibere: uiq́ procul arcere fin domo is abfuerit, & fola mulier ad domum tuendam relicta fuerit, hanc obiurgatorio fermone, illum ut ne ulterius pergat, inhibere: illiq́ ita moderari, ut is contineat fefe à progrediendo, & minime famis immanitate efferuefcat. Intelligit fanè leo uocem Maurufiam. Verborum quibus mulier leonem increpat, huiufmodi fenfus perhibetur: Non te pudet, cum fis leo omnium animalium rex, ad meum tuguriolum, uti pabulum tibi concilies, mulieri fupplicatum uenire, uiceq́ hominis corpore male affecti in muliebres manus refpicere, ut muliebri mifericordia dignatus, quę tibi opus funt, affequaris: quem potius in montibus ad captandos ceruos, aliaq́ animalia, quæ ad leonis paftum pertinent, exerceri: non autem more caniculi infelicis uictum quæritare oporteret. His quafi cantionibus mulieris leo excantatus, afflicto animo & uerecundię pleno, fenfim oculos in terram deijciens, iuftis rationibus uictus, difcedit. Neq́ uero, cum equos & canes ob conuictus communitatem minaces hominum fermones intelligere, & timere uideamus, mirum uideri debet, fi leones Mauros homines intelligant, & uereantur. Cui rei teftimonio funt pueri eorum infantes, quos fimili atq́ catulos leonum æqualiq́

æqualiq; uictus ratione uno eodemq; tecto alunt. Quamobrem leones Maurysias uoces intelligere posse, nec incredibile, nec præter opinionem existimandum est, Hæc Aelianus.

¶ Leo cuiusuis feræ carnibus gaudet, maximè uerò cameli, Philes. Cameli carnes à leonib. comedi solere, testimonio est Herodotus, cũ in Xerxis camelos, qui commeatũ portarunt, dicit leones inuasisse, & ex alijs animalibus nulla, neq; iumenta, neque homines attigisse, Aelian. Herodoti hac de re uerba in camelo recitaui capite quarto. Leo onagrum odit & uenatur, Albertus: nimirum ex Ecclesiastici capite 13. ubi legimus, Venatio leonum onager. Bubalides caprearum generis inuadit, Oppianus. Leo, iam senex præsertim, simias captat, partim cibi, partim remedij causa, ut in C. dixi. Leo & lupus ceruarius (thos) inimici sunt: cum enim carne alantur, uictum ex eisdem petant necesse est, Aristoteles 9. 1. Albertus pro leone hic lupum inepte ponit: thoëm uero, id est lupum ceruarium toboz nominat. Dissident thôes & leones, Plinius. Thôes commissos (clarissima fama) leones Et subière astu, & paruis domuêre lacertis, Gratius. Cum leo insidias bubus molitur, suo robore prudenter utitur: nam noctu proficiscens ad stabula, fortitudine sua omnes quidem exterret, unum ut arripiat, Aelianus. Iphicrates scribit leones elephantorum pullos aggredi, quos cum uulnerarint, iam matribus succurrentibus fugiant. Illas uerò cum filios sanguine maculatos uiderint, eos interficere, leones postmodum reuersos cadaueribus uesci, Strabo. Si elephantos, dum in uenatione fugiunt, frequentes coactos leones forte perspiciant, alij aliò tanquam hinnuli ab elephantis sibi incredibiliter timentes, sese in fugam conijciunt, Aelianus. ¶ Canes Indici robore & animo tantum ualent, ut alijs ferè bestijs neglectis leones tantum sibi pares ad pugnam & se dignos antagonistas existiment, ut pluribus in Canis robusti historia commemoraui. Lauzani feram apud solum authorem libri de naturis rerum inuenio, ut Vincentius Bell. citat inter quadrupedes his uerbis: Lauzani est animal à cuius crudelitate nulla bestia esse tuta potest: nam & ipsum leonem omnibus formidabilem deterit, suo tamẽ generi parcit, in cætera grassatur atq; reliquas bestias deprędat. Et cũ hęc scelus in alijs persequatur, propriæ tamen iniquitatis non meminit, &c. Ego lauzani, si qua est ita dicta fera, non aliam quàm tigrin esse coniecerim, ut unam omnium sæuissimam simul & robustissimam, cũ uel elephanti uestigia spernat, & nonnullis in locis duplo maior leone reperiatur. Martialis quidem leonem etiam ferum à tigride cicure discerptum scribit. Leo non solum rugitu suo cæteras terret feras: sed & prædæ semper inhians, caudæ suæ descriptione per summum puluerem aut niuem protractæ, circulum describit, cuius circunferentiam transire non præsumunt bestiæ inclusæ, Liber de naturis rerum: ridiculè quidem, ac si leo magiam calleat. Et rursus, Ad leonis rugitum animalia omnia figunt gradum, etiam quæ eum nunquam uiderunt uel experta sunt. Item Ambrosius, Voci eius (inquit) tantus inest terror naturaliter, ut etiam animantia quæ per celeritatem impetum eius euadere possunt, rugiente eius sonitu uelut quadam ui attonita atq; icta deficiant. Et Glossographus in uerba prophetæ Amos, Nunquid rugiet leo in saltu nisi habuerit prædam? Leo, inquit, cum famẽ patitur, si uidet prædam, dat rugitum, quo audito feræ stant fixo gradu stupefactæ. Corium leonis cum corio lupi positum, depilat ipsum (hoc etiam de hyænæ ac pardalis corio scribitur) & similiter alia coria, Rasis & Albertus. Leo ueneno serpentis occiditur. Eximia leonis pulchritudo per comantes ceruicis toros excutitur, cum subito à serpente os pectore (tenus) attollitur: itaq; coluber ceruum fugit, sed leonem interficit, Ambrosius. Leo scorpionem ubicunq; uiderit, uelut hostem uitæ suæ fugit, & abhorret, Albertus & Physiologus. Exiguo scorpionis aculeo exagitatur, Ambrosius. *ἀλλ' ὁ μὲν δράκων μεγέθει μέγιστος ὤν, ὡς δράκων τὸν λέοντα κατηκίζετο. ὁ δὲ λέων ἤλγει μὲν, καὶ τῇ ἀλκαίᾳ πρὸς ἄμυναν διηγείρετο, Λογοθέτης* in uita S. Marcelli ut citat Suidas. Leo pro mure (id est uiso mure) fugit, Rasis in Almansore: Aristoteles de leone scribit quòd aliquando *ὗν*, id est suem (non *μῦν*, id est murem) timuerit, ut supra citaui.

¶ Galli terrori sunt etiam leonibus generosissimis ferarum, Plinius. Tale & tam sæuum animal gallinaceorum cristæ cantusq; etiam magis terrent, Idem. Leonem simul & basiliscum gallinaceus magno terrore afficit, Aelianus. Et rursus, Gallorum cantus leones & miluos exterret, metu basiliscos exanimat. Timet leo gallum eiusq; cantum, & eo uiso fugit, Zoroastres in Geoponicis 15. Gallum, & maximè album ueretur, Ambrosius. Album gallum leo timere dicitur, forte propter speciei contrarietatem: uel quia basilisco similis esse dicitur, Albert. li. 23. Animalia sunt solaria multa, uelut leones & galli, cuiusdam solaris (uirtutis) pro sua natura participes. Vnde nimirũ est quantum inferiora in eodem ordine cedant superioribus, quamuis magnitudine potentiaq; non cedant. Hinc ferunt gallum à leone timeri quàm plurimum & quasi coli: cuius rei causam à materia sensúue assignare non possumus: sed solum ab ordinis superni contemplatione: quoniam uidelicet solaris pręsentia uirtutis conuenit gallo magis quàm leoni, Proclus in libro de sacrificio & magia. Gallum quidem maxime Solare animal esse, in historia eius pluribus docebo: leonem uerò cum Solis natura cõmunicare, in Philologia ex Macrobio. Huc pertinent etiam hæc ex quarto Lucretij carmina, Quin etiam gallum nocte explaudentibus alis Auroram clara consuetum uoce uocare, Quem nequeũt rapidi contra constare leones, Inq; tueri: ita continuo meminere fugai: Nimirum quia sunt gallorũ in corpore quædam Semina: quæ quum sint oculis immissa leonum, Pupillas interfodiunt acremq; dolorem Præbent, ut nequeãt cõtra durare feroces. Gallinaceo iure perunctos, præcipuè si & allium fuerit incoctum, pantheræ leonesq; non attingunt, Plinius.

¶ De leontophono, qui urinam leoni exitialem spargit: & ex eis admixtus eundem interimit, dictum est capite præcedenti. Circa Carras oppidum campis & frumentis incensis, exustæ sunt feræ plurimæ, maximeq́ leones per ea loca sæuientes, immaniter consumi uel cæcari sueti hoc modo. Inter harundineta Mesopotamiæ fluminum & fruteta leones uagantur innumeri, clementia hyemis, ibi mollissimæ semper, innocui. At ubi Solis radijs exarserit tempus, in regionibus æstu ambustis, uapore sideris & magnitudine culicum agitantur, quorum examinibus per eas terras referta sunt omnia. Et quoniam oculos, quasi humida & lucentia membra, eædem appetunt uolucres, palpebrarum libramentis mordicus insidentes, ijdem leones cruciati diutius, aut fluminibus mersi sorbentur, ad quæ remedij causa confugiunt: aut amissis oculis, quos unguibus crebro lacerantes effodiunt, immanius (Cælius legit, in amnibus) efferescunt: Quod ni fieret, uniuersus Oriens huiusmodi bestijs abundaret, Ammianus Marcellinus libro 18. Strabo libro 16. circa Meroën similiter leones sub Canis ortum à maximis culicibus expelli scribit.

¶ Leoni pauida sunt ad leuissimos strepitus pectora, Seneca. Et rursus, Curriculi motusq́ rotarum uersata facies, leonem redegit in caueam. Terrent eum rotarum orbes circumacti, currusq́ inanes, Plinius. Extat elegantissimum Alcæi decastichon in sacerdotem Cybeles, qui obuium in monte leonem tympani sonitu perterrefactum euasit, Anthologij 1. 33. & rursus aliud Antipatri 7. 11. sed hic ab Alcæo uariat, quod sacerdotem Cybeles frigus & niues uitandi causa interdiu leonis specum ingressum ait, & leonem sub uesperam reuersum tympano (ex bubalo corio) terruisse. Similiter lupos terreri in ipsorum historia dicam. Ἤπου δὲ καὶ τύμπανα καὶ κύμβαλα, σκεύῶν ἂν καὶ ταῦτα εἴη, καὶ παρδάλῳ, καὶ λέοντι, καὶ σανίς, καὶ λύκνωμα, Pollux 10. 42. qui locus mihi obscurus est, cum aliâs, tum quod neq́ ex præcedentibus neq́ sequentibus uerbis certi aliquid, quod huc faciat, colligere possum. Verum est quod de leone narratur, ignē præcipuè formidare, ut Homer. quoq́ testatur, cū dicat: Ardentesq́ faces, quas, quamuis sæuiat, horret, Aristoteles & Aelianus: Græcos Homeri uersus recitabo infra in H. c. Leones cum sint natura uehementer ignita (anteriore sui parte) unde & Vulcano ab Aegyptijs sacri censentur, ob copiam interioris ignis, ęgerrimè intuentur exteriorem, & fugiunt, Aelia. Lupus etiam ignem silicibus excusum fugit, Recentior quidam. Ignem metuit leo, utpote natura feruidum animal, Philes. Terrent leonem rotarum orbes circumacti, & gallinaceorum cristæ cantusq́ etiam magis, sed maximè ignes, Plinius. Igne etiam in retia adiguntur, ut capite quinto dicam in uenatione ipsorum. Leones per Solem ingredi acriorem non patiuntur: sunt enim acie oculorum acutiuscula, & ignem interdiu ijdem ob eandem fugiunt, Aphrodisiensis. Vrsos leonesq́ mappa proritat, Seneca. Leo calcatis folijs ilicis stupescit, (torpore tenetur,) Aelianus, Zoroastres in Geopon. Si super cortices quercus calcauerit leo, formidabit continuo, Aesculapius. Leo timet lignum quod dicitur sethin, Rasis. Λέων δὲ χαυνοῖ τοῦ δρόμου τὸ σύντονον, ὢ θαῦμα καινόν, τοῖς πετήλοις τοῦ πρίνου, Philes. Item si conculcat uel appropinquat modo folijs scillæ herbæ, torpore capitur, Aelianus. Elleborus & squilla canes & leones plurimos beluasq́ interficiunt, Rasis. Democritus adamantida herbam nominat, Armeniæ Cappadociæq́ alumnam: hac admota leones resupinari cum hiatu laxo: nominis causam esse quod conteri nequeat, Plinius. Nauis in qua leo dormit, mergitur plus solito: eodem experrecto, rursus fit leuior, Aesculapius. ¶ Oppianus scribit audisse se à leontocomis, Δεξιτερὴν ὑπὸ χεῖρα φέρειν αἴθωνα λέοντα νάρκα δολῶ, τῇ πάντα λυγρῶν (forte λύει) ἀπὸ γόνατα θηρῶν. Alij authores hyænam uim soporiferam in dextra manu habere aiunt.

E.

Tartari leones habent uenationis cum canibus socios, ut supra in B. dixi. Magnus Cham imperator Tartarorum, leones maximos atq́ pulcherrimos habet, ad uenādum industrios, Paulus Venetus. Leones Indici, immanissimi quidem sunt, sed capti adeò mansuescunt (modo ne maximi sint) ut loro assuefacti, facile similiter atq́ canes ad uenandos ceruos, apros, tauros, & asinos syluestres duci queant: sagacissimè enim eos odorari aiunt, Aelianus.

¶ Indici canes & alij quidam uenatores robusti, tauros, apros & leones aggrediuntur, ut in Canum historia docuimus: maximè uerò id faciūt, è tigribus conceptæ canes apud Indos & Hyrcanos. Et truculentus Helor certare leonibus audens, Fr. Mantuanus de cane. In prouincia Gingui magno Cham regi Tartarorum subiecta plurimi sunt leones, ijq́ magni & feroces: sed in eadem regione canes tam audaces & fortes habentur, ut non uereantur leones inuadere. Et sæpe fit ut duo canes & uir sagittarius equo insidens leonem sternant: nam quum canes leonem adesse sentiunt, magno latratu eum inuadunt: præsertim uerò quando sciunt se hominis auxilio fultos, non desinunt mordere leonem in partibus posterioribus atq́ cauda: Et licet leo sæpe rictum illis minetur, huc illucq́ se uertens, ut illos dilaceret, tamen canibus magna cautela sibi prouidentibus, non facile ab eo læduntur, præsertim cum insequens eques tunc leoni iaculum infigere studeat, quando canes trucidare conatur. Fugit tamen leo, metuēs ne propter canū latratū alij quoq́ canes et homines prouocentur in eum. Et si potest, rectà ad arborē aliquā se recipit, ut ea propugnaculi loco à tergo fruat, uersoq́ rictu contra canes tota ui sese tutat. Eques aūt accedens ppius, nō cessat iaculari leonē, donec interficiat: nec animaduertit leo iaculātis ictus donec collabat, usq́ adeò faciunt canes illi negotiū, Paulus Venetus 2. 49. ¶ Leo si in uenatu uideat, erubescens dare terga, sese paulatim recipit, si multitudine opprimatur: Remotus ab aspectu uenantiū, fugam propere molitur, turpitudinē absconsione purgari existimans.

mans. Saltu caret in fuga, quo utitur dum quid insectatur. Vestigia sua callidè obliterat & dissimulat, ut fallat uenatores: Sed hæc & alia quædam quæ ad uenationis eius historiam referri possunt, capite quarto enumeraui. Si uenatori (inquit Pollux) cum alia fera quàm apro res sit, pedibus non tanto interuallo diuaricatis (contra aprum pugnantem uenabulum tenere iusserat sinistro pede præmisso, & posteriorem dextrum pedem tantum ab illo distare, quanto in lucta interuallo uti mos est) stare oportet: nam feræ quædam, ut pantheræ & leones, cursu ad uenatorem usq; delatæ, cum propè sunt insiliunt. Dirigendus est autem ictus ad pectus & cor, tanquam uulnere in illis eo in loco maximè letali futuro. Leones, inquit Xenophō in libro de uenatione, pardi (παρδάλεις) lynces, pantheres (πάνθηρες) ursi, & aliæ quæcunq; eiusmodi feræ, in locis externis (extra Græciam) capiuntur circa Pangæum montem, & Cittum supra Macedoniam: aliæ in Olympo, Mysio, & Pindo: aliæ in Nysa supra Syriam: & ad alios montes quotquot idonei sunt generis huius animalia nutrire. Capiuntur uerò partim in montibus aconitico ueneno, propter asperitatem regionis, διὰ δυσχωρίαν (quod ea scilicet aliud uenandi genus, ut per retia & canes, non admittat.) Hoc autem ea re miscentes, qua quæq; delectatur fera, uenatores illis obijciunt secus aquas, & si quid aliud adire consueuerint. Partim etiam quæ noctu in plana descendunt, introclusæ (ἀποκλεισθεῖσαι, id est exclusæ, ne reditus ad montem eis pateat) equis & armis, nec sine uenatorū discrimine capiuntur. Sunt quibus & foueas latas in orbem ducūt, in medio relinquentes profundā terræ columnam, cui capram sub noctis tempus religatā superponunt, & foueā ramis (ὕλῃ) circūsæpiunt, ne uideri possit, nullo aditu relicto. Illæ audita per noctē uoce sæpē obambulant, & ubi transitū non inuenerint, transiliunt & capiunt. Oppianus leonū uenationis tres modos describit, q̄s & Belisarius, sed imperitè trāstulit: eorū primus ex Xenophōte quoq; iam recitatus est, addemus tamē ex Oppiano quoq;: nam in nonnullis uariat: secundus igne, tertius flagellis fit. Primus igit modus, ut Gillius ferè ex Oppiano transfert, huiusmodi est. Vbi leonis ex spelunca ad aquam proficiscentis tritam uiam Libyci uenatores obseruarunt, iuxta illam rotundā scrobem & amplam faciunt: in cuius medio columnam excitant (ὑψικόλωνον, profundam terræ columnam, Xenophon:) de hac agnum lactentem suspendunt, fossam maceria cingunt (Αἱμασιὴν πυκάσαντες ἐπασσυτέροις μυλάκεσσι) ne cum appropinquat fera, dolosum barathrum uideat. Agnus sublime fixus, famelicum leonis cor balatu incitat: accedens igitur, nec diutius circa maceriam uersari sustinens, statim transilit, & inopinata fouea excipitur: qua iam inclusus in omnes se partes uersat erigens (ad escam magis, quàm ut euadat) & sursum uersus impetum facit, Hæc Gillius: sex autem qui sequuntur uersus omisit, qui etsi obscuriores sunt, & dubitari de eis potest, ad eundem ne uenationis modū adhuc pertineant, an nouum præscribant (quamuis enim Oppianus tres tantum modos se describere profitetur, Aethiopicum qui ultimus est tertium uocans, tamen fieri posset ut pro uno habuerit duos diuersos qui tamen ambo per foueam fiunt.) Græcè saltem à nobis adijcientur:

Οἱ δ᾽ ἄρα σηκῷ πᾶς τηλαυγέος ἀθρήσαντες | Ἀγρευτῆρες ὄρυσσαν, ἐϋτμήτοισι δ᾽ ἱμᾶσι
Δησάμενοι καθιᾶσιν εὔστροφα τυκτὰ μέλιθρα, | Ὀπταλέον κἀκεῖσε δόλον κρύψαντες ἐδωδαῖς,
Αὐτὰρ ὅγ᾽ ἐκ βόθροιο δονεύμενος αὐτίκ᾽ ἀλύξειν, | Ὡς δὲ μων ἀμφὶ χυτὴν Λιβύων πολυδίψιον αἶαν.

Vox μέλιθρα uersu tertio quid sibi uelit nō assequor. κέλετρον quidem genus est instrumēti quo pisces capiunt, nassa nimirum: & forte escam, carnem scilicet, assatam (ut longius etiam nidore alliciatur) uenatores in tali quopiam instrumento inclusam (ne ab auibus aut alijs feris rapi possit) demittunt loro in foueā, ubi uel laqueis implicet leo, uel alioqui propter profunditatē euadere non possit. Versu ultimo pro δὲ μων, forte legendum δάμη, hoc est domitus, captus uel occisus est. His coniecturis interim utemur, donec uetus aliquis codex manuscriptus meliora nos doceat. Alter uenationis modus per ignem, hic est: Qui accolunt Euphratem (inquit Gillius ex Oppiano) leones hoc modo uenantur: Venatores partim in equis fortibus & charopis (de charopo oculorum colore uide supra in Leone B.) ut qui tum celerrimi sint, tum soli audeant obuij leonibus ire, cum cæteri equi leonum aspectū non sustineant: partim pedites retia tendunt. Eorum tres in insidijs collocati ad retia frequentibus pedamentis suffulta manent: unus in medio, alij singuli in utroq; retium cornu, ita ut is qui in medio est utrinq; extremos alios audire possit. Τόσσον δ᾽ αὖθ᾽ ἑκάτερθεν ἀποπρονένευκε κεραίη, ὅσσον ἀπὸ μυὸς κεραὰς ἀρτιτόκοιο σελήνης: alij more bellico circumsedentes, piceas faces ardentes in dextra, in sinistra clypeos habent: nam & ijs concrepant, & incredibilem facium obiectarum metum feris inijciunt. Itaq; cum omnes pariter equites circumfusi, inuadunt, & pedites cum strepitu sequuntur: leones uociferatione uenatorum territi, non audentes resistere, cedunt: & tum ignis metu, tum uirorum, in retia incurrunt, ac comprehenduntur: similiter nimirum ut pisces noctu à piscatoribus igne in retia adiguntur. Tertius deniq; modus uenandi minori labore (ἀκάματος, mihi alpha hic ἐπιτατικὸν uidetur) apud Aethiopes in usu est. Nempe quatuor uiri robusti scutati, & loris undiq; muniti, & capite galeati, ut oculi tantum naresq; & labia appareant, flagellorum uibratione leoni in spelunca iacenti obstrepunt: Is hanc indignitatem non ferens, ore hianti atq; imminenti, inflammataq; oculorum flagrantia, magno cum rugitu erumpit, & tanquam procella & turbo in eos celeriter irruit: illi firmo constantiq; animo eam tempestatem excipiunt: Atque interea cum is unguibus & dentibus eorum quempiam appetit, alius retro lacessens leonem percutit, & sublato clamore uexat. Tum idem confestim relicto priore, quem iam ore ceperat, ad posteriorem os retorquet. Alij aliunde irritant: at is martium robur spirans, huc & illuc irruit: hunc quidem relinquit, alium uero sublimem corripit. Tandem longo la-

Kk

bore fractus, & spumam in ore agens, decumbit, ac nimirum humi stratum, & iam ualde quietum, uinculis constringunt, & tanquã arietẽ à terra tollunt, Hactenus Oppian. Θηρᾶται δὲ, ἥκιστα μὲν ὁ τέλειος, οὐ πλέγμασιν, ἀλλὰ μηχανήμασι καὶ σοφίσμασι, Pollux. Hoc est, Capitur leo, difficillimè quidem adultus, non laqueis aut pedicis (nam πλέγμα uidetur idem quod πλεκτὴ, hoc est, ut Varinus exponit, σειρὰ ἐξ ἱμάντων: quidam in Lexico Gręcolatino rete exponit:) sed machinamentis quibusdã & dolis. Leones etiã laqueis intricari inuenio, ad palũ alligatis iuxta locũ aliquẽ angustũ per quẽ transire solẽt, &c. ui de Crescen. 10. 31. Capere leones, inquit Plin. ardui erat quondã operis, foueisq́ maxime. Principatu Claudij casus rationẽ docuit, pudendã penè talis ferę nomine, pastoris Getuli sago contra ingruentis impetum obiecto: quod spectaculũ in harenã protinus trãslatum est, uix credibili modo torpescente tanta illa feritate, quamuis leui iniectu operto capite, ita ut deuinciatur non repugnans: uidelicet omnis uis constat in oculis. Quò minus mirum sit, à Lysimacho Alexandri iussu simul incluso strangulatum leonem. Item alibi, Nuper inuentum, ursorum in harena & leonum ora aspergere chalcantho, tantaq́ est uis in astringendo, ut non queant mordere. Cassiodorus libro 5. Variarum, quomodo contra belluas decertaretur, scribens, sic habet: Alij tribus, ut ita dixerim, dispositis hostiolis, paratam in se rabiem prouocare pręsumunt, in patenti area cancellosis se postibus occulentes, modo facies, modo terga mõstrantes, ut mirum sit euadere, quos ita respicis per leonũ ungues dentesq́ uolitare. Quibus cibis uel escis leones occidantur, capite 3. dictum est.

¶ Leonum simul plurium pugnam Romæ princeps dedit Q. Scæuola, Publij filius, in curuli ædilitate: Centum autem iubatorum primus omnium L. Sylla, qui postea dictator fuit, in prætura, Plin. Primus L. Sylla in Circo leones solutos dedit, cum alioquin alligati tunc darentur, ad conficiendos eos missis à rege Bocho iaculatoribus, Seneca de breuitate uitæ. Post L. Syllam (inquit Plinius) Pompeius Magnus pugnam leonum in circo dedit sexcentorum, ac in ijs iubatorum CCCXV. Cæsar dictator quadringentorum. Pompeius Romæ uenationes exhibuit, quibus quingenti leones cęsi, Plutarchus in uita eius. Iugo subdidit eos, primusq́ Romæ ad currum iunxit M. Antonius, & quidem ciuili bello, cum dimicatum esset in Pharsalicis campis, non sine ostento quodam temporum, generosos spiritus iugũ subire illo prodigio significante: nam quod ita uectus est cum mima Cytheride (citharœda, Crinitus,) supra monstra etiam illarum calamitatum fuit, Plinius. Ant. Heliogabalus quaternos canes ad currũ iunxit: eoq́ modo uectatus est: Idem leones iunxit, Cybelen se appellans, Lamprid. Leones nõ mansuefactos exarmare cõsueuerant, ut olim Heliogabalus: qui dentib. et unguibus exectis, triclinijs etiã, epulantib. cõuiuis, eos immittebat. Sed exarmare ꝓ mansuefacere quidã dixerũt, Grapald. Antoninus Pius cẽtũ leones una missione ædidit, Iul. Capitolin. Fuerunt sub Gordiano Romæ, leones mansueti sexaginta, archoleontes decem, Iul. Capitolin. Archoleontes quos fuisse conijciamus, in B. dictum est. Aciliũ Glabrionẽ consulẽ in Albanũ Domitianus euocauit per Iuuenalium festos dies, quos inibi celebrabat, iussitq́ cum ferocissimo leone ac uisendæ magnitudinis congredi. Sed prudenter in pugnã prodiens Acilius feram confecit: (Id quod Satyricus poëta doctius exsequitur,) Cælius ex Dionis historia. Extat Martialis carmen libro octauo de eximio quodam leone per Domitianum exhibito in spectaculo, huiusmodi:

Auditur quantũ Massyla per auia murmur, Innumero quoties sylua leone furit:
Pallidus attonitos ad plena mapalia pastor Cum reuocat tauros, & sine mente pecus:
Tãtus in Ausonia fremuit modo terror arena, Quis non esse gregem crederet? unus erat.
Sed cuius tremerent ipsi quoq́ iura leones, Cui diadema daret marmore picta Nomas.
O quantũ per colla decus, quẽ sparsit honorẽ, Aurea lunatæ cum stetit unda iubæ?
Grandia quàm decuit latũ uenabula pectus? Quantaq́ de magna gaudia morte tulit?
Vnde tuis Libye tam felix gloria syluis? A Cybeles nunquid uenerat ille iugis?
An magis Herculeo Germanice misit ab astro Hanc tibi uel frater, uel pater ipse feram?

Lepus fugit, sus & aper συῤῥήγνυνται, leo ἐφορμᾷ, Pollux de uenatione uel pugna animalium scribens.

¶ Sanguis hircinus adamantem emollit: item leoninus. Est enim inter cæteros horum sanguis calidissimus. Adamas autem cũ frigidus siccusq́ sit, ab eo quod sibi maximè contrariũ est præcipuè uincitur, Simocatus. ¶ De pelle leonina, qua se quidam uestierunt, dicam in H. e.

F.

Rapacium omnium carnes declinant ad siccitatem, quę facile in corporibus bilem atram generat: maxime uero præ cæteris improbantur lupinæ & caninæ, ꝗ corruptos gignant humores, Ras. Leonina caro cæteris est calidior, crassa, grauis & difficilis (tardè digeritur, Albert.) Isaac. Dolorẽ & torsionẽ (et inflationẽ) uentris generat, Idẽ & Alber. Calidior est quã canina, simulq́ sicca: prodest in cibo paralyticis (uide in G.) Albert. Agriophagi populi in Aethiopia, pantherarũ & leonum carnibus uescuntur, Plin. & Solin. dicti (ut apparet) quod animalia edant agria, id est, fera. Barbari inter Caucasũ montẽ et fluuiũ Cophena, Apollonio et socijs leonũ ac pantherarũ carnes donabant, Philostrat.

G.

Sanguis leonis confricatus super cancrũ, curat eum, Rasis & Albert. Leonis sanguine si quis corpus suum linierit, ab omnibus bestijs erit tutus, Sext. sed Plinius hoc adipi leonis adscribit, ut paulò post referemus. ¶ Qui carnes leonis decoctas manducãt, phantasmata non patienẽ, Sext. Leonis ca

ro

ro phantasticos sanat, auriū dolori & cuiuis alij prodest, Aesculap. In cibo paralyticos iuuat, Albert. ¶ Si quis ex elaborato leonis aut lupi corio calceos gestet, pedes non dolebit, Galen. Euporist. 3. 248. ad podagram. Si quis sederit super pellem leonis, recedent ab illo hæmorrhoides, Aesculap. ¶ Leonum pingue curari oportet ut taurorum, Dioscoride teste: Vide in Tauri historia ex Dioscoride & Plinio. Dioscorides cum scripsisset, adipem omnem excalfacere, mollire, rarefacere: taurinū autem aliquantū astringere, subdit: Earundē uirium compos est, bubulus, uitulinus, leoninus: sed adipē taurinū non astringere suo loco probauimus. Recentiores quidā obscuri authores, Dioscoridis uerba, quæ apud ipsum non reperio (uera tamen esse nō nego, & ex Galeno ferè sumpta uideo) citāt hęc: Adeps leonis calidior est q̃ ullius quadrupedis, et minus (lego magis) extenuat. Inueteratus etiā calidior fit. Hœdorū adeps, inquit Galen. minus tum calidus tum siccus est, quàm caprarū: sed et caprarū minus q̃ hircorū: et rursus hircorū minus q̃ leonū. Nam horū adeps omniū propè quadrupedū adipe potentius digerit. Nā et caliditate exuperat, et partiū tenuitate. Itaq; si ipsum medicamētis ad ulcera & phlegmonas cōuenientibus cōmisceas, nō modo nihil adiuueris, uerumetiā lęseris, nimirū addita maiori q̃ cōueniat acrimonia. Inueteratis tamē tumorib. atq; scirrhi in morē induratis, tū neruorum curuaturis (ancylas Gręci uocāt) et in summa quęcunq; scirrhosa sunt, ijs aptissimus est, in qbus sanè minimè apparet efficax suillus. Taurinus aūt ab utroq; ex ęquo distat: ut quāto calidior sicciorq; suillo est, tanto superet̃ à leonino, Hęc Gale. Sepū leonis calidius est & siccius sepo algebut, id est bouis à mari exeūtis, & pręstat apostematib. duris (fortius cęteris dissoluit apostemata dura, Haly et Auicē.) Interpres Rasis, ineptissimè ut apparet ex Galeni uerbis: qui leonis adipē cū terrestriū quadrupedū adipibus cōfert, suis, hirci, & tauri pręcipuè, nō ullius marini animātis. Algebut uocē apud Arabicorū nominū glossographos nusq; reperio. Haly eadē ferè quę Rasis de adipe leonis scribit, sed nihil de algebut, ut neq; cęteri Arabes. Adipe leonis perūctos bestię fugiūt, Plin. Sext. idē sanguini, nō adipi, attribuit. Obscuri quidā autores (Vincēt. Bellua. & alij) citāt hęc tanq; Dioscoridis uerba, Leonis adeps uenenis cōtrarius esse fert̃, cū uino adhibitus bestias omnes expellit: & est repercussibilis odoris quo serpētes persequit̃. Qui linit corpus suū sepo renū leonis, terrent̃ ab eo lupi, Aescula. Adipe leonis perunctus fugat omne animal, etiā serpentes, Albert. Si sepo leonis liquefacto inungatur animal, nō accedēt ad ipsum muscæ, Rasis. Leonis adipes cū rosaceo cutē in facie custodiūt à uitijs, candorēq; seruāt, & sanant adusta niuibus, articulorūq; tumores, Plin. Sepū leonis permixtum unguentis alijs, delet maculas in homine, Albertus: sed apud Rasin, ex quo ille desumpsit, sic legimus: Stercus leonis desiccatum, & permixtum unguento cum quo aliquis ungatur, delet maculas. Adeps leonis remissus statim inunctus omnem dolorē sedat, Sext. Ad neruorum & geniculorum dolorem, Adipē leonis cum medulla ceruina & lactuca teres & commisces, tum demum perūges corpus, sanabitur, Idē. Leonis adeps cū rosaceo quotidianis febribus medetur, Plin. Nonnulli memorāt adipē ꝓdesse leonis, Serenus inter hemitritæi remedia. Leonis adipē remissum aurib. instillato, à dolore liberat, Sext. Si adipe leonina tonsillæ interius perungantur, eodem die sanabuntur, Marcell. Leonis seuum per clysterē cum alijs quibusdā iniectum ad dysenteriā cōmendatur à Rasi inter remedia ex capra: proinde capræ potius q̃ leonis seuū legendum esse puto, ut Discorid. etiam habet, ut diximus in Capra G. Adeps leonis cum eiusdē felle ad comitiales laudatur, ut mox dicā. ¶ Cerebrū leonis (ut & cati) acceptū inducit amentiā, (stuporem mentis.) Idem auri instillatum cum oleo aliquo (acuto, ut addit Albertus) surditatis remedium est, Rasis.

¶ Si dens leonis caninus, collo pueri suspendatur, anteq̃ cadant dentes, & in ortu dentiū secundorum, securū reddet à dolore dentiū, Albert. uel ut Rasis habet, antequā ei dentes nascant̃, securum reddit à dolore dentiū dū enascuntur. ¶ Cor in cibo sumptū quartanis medet̃, Plin. ¶ Hepar leonis in uino positū & potum (cum uino puro bibitū, Ras.) dolorem aufert hepatis, Alber. ¶ Leonis fel potantē e uestigio interficit, Bertrut. Atqui pleriq; alij uim hāc uenenosam non leonis, sed leopardi felli attribuunt. Fel aqua addita claritatē oculis inunctis facit: & cum adipe eiusdem comitiales morbos discutit, leui gustu & ut protinus qui sumpsere cursu id digerant, Plin. Fel leonis potatū parū curat icterū, Albert. Icterum curat datus in potu dauic: sed prima uice affligit, Ras. Dauic aūt, uel (ut Beluacensis scribit) danich, obolum significat, hoc est scrupulum dimidiatum, uel sextantem drachmæ. Ad ulcera oculorum & albugines, Fel leonis cum melle intinge, Galen. Eupor. 2. 99. Leonis, ursi, aut bubulo felle, alijs quibusdam admixtis pro pesso utūtur ad promouendū conceptū, ut in urso dicā. ¶ Testiculus leonis (dexter, Rasis) tritus cum rosis datus, sterilitatem inducit, siue bibatur, siue edatur assus crudúsue, Albert. ¶ Stercus leonis desiccatum & permixtum unguento, cum quo aliquis ungatur, delet maculas, Rasis.

¶ Quæcunq; leo uel momorderit uel unguibus lacerarit, sanies pallens admodū de his ulceribus effluit, etiā per fascias, atq; spongias, nec reprimi ullo pacto potest: curantur eodē modo, quo morsus canini, ulcera, Aristot. Ex omni uulnere, siue ungue impresso, siue dente, ater profluit sanguis, Plin. Curatur morsus leonis, ut rabidi canis morsus, & similiter etiā lupi rabidi, Albert. Et rursus, Vulnus dentiū eius malū est: eò ꝙ uirus de interioribus transit in uulnus: et cū uulnus ligatur, transit uirus in ligamēta: & cū reponunt̃ super uulnus, inficiunt ipsa ligamenta, & nō curat̃ uulnus. Sed hæc ex Aristotelis uerbis (quę iam recitaui) nō satis intellectis detorta uidentur. Leonū, pantherarū & ursorū, et similiū ferarū, morsus periculosi sunt, ut docet Aët. 13. 3. Robusta eñ, inqt, hęc animalia sunt et uncum guia, implicantq́; quicquid cõtigerunt unguibus penetrãtia, et corpora ipsa dilaniant. Perseuerãdo autẽ in manducatione, non solũ corpus dilaniant, sed & ossa aliquando ad farinæ similitudinẽ confringunt: unde & uicini pungũtur nerui. Satis uerò manifestũ est, ꝙ corpora quæ in eiusmodi ac tantas calamitates inciderũt, nõ effugiunt periculum abalienationis: nã etsi maneant, putrefactionẽ suscipiunt, et ulcera serpentia inducunt. Huiusmodi igitur uulnera cũ aceto elota & circumrasa, solutis item corporibus ac ossibus extractis, emplastris integere oportet, & post suppurationẽ partiũ dilaniatarum, repurgantibus linamentis curare: & cicatricẽ inducere, quemadmodum in cõmunibus ulceribus solemus. Emplastra autem his conuenientia sunt, id quod ex salibus constat, & similia, quorũ descriptionem qui desiderat, adeat Aëtij locum iam citatum.

H. 10

a. Leo Græcè rex interpretatur Latinè, eò ꝙ sit princeps omnium bestiarũ, Isidor. Ego nec leonis nec simile uocabulum pro rege apud Græcos accipi inuenio, ut mirer hoc Isidori somnium. Leones dici placet Porphyrio παρὰ τὸ λεύσσειν, id est ab uisus excellentia: propterea Homerus Σμερδαλέω δὲ λέοντε: nam smerdaleon, inquit, formatum à μορδεῖν est, quod μαίρειν indicat, id est splendere, accedente za particula intendendi uim habente, Cælius. λάω Græcis est uideo, inde ἀλαὸς cæcus: hinc & leoni nomen, quoniam acie oculorum præ cæteris animalibus ualet, ut scribit Manethõ in lib. ad Herodotum, Etymologus & Varin. Panthera, leo, à Græcis sunt: à quo etiam rete quoddam panther, & leæna, & muliercula Pantheris, Varro. Leæna, λέαινα, uocabulum Græcis & Latinis in usu, leonis fœmina est: sed apud Latinos poëtas lea etiam pro leæna reperitur. Irritata leæ iaciebant corpora saltu, Lucret. lib. 5. quod carmen etiam Nonius citat. Sæua lea, Ouid. 4. Metam. λὶς (oxytonum, ut plerique 20 scribunt: uel circumflexũ, ut Aeschrion, ad differentiã adiectiui fœminini λὶς pro λειή, id est læuis, ut λὶς πέτρη apud Homerum) idẽ quod λέων apud Homerum, uox Aeolica, ut Scholiastes monet. λῖν accusatiuũ omnes circũflectunt: aliqui etiã duabus syllabis λῖνα proferunt, ut θῖνα, accusatiuũ Doricũ facientes à recto λίν, Varin. λὶς, ὁ λέων, παρὰ τὸ λιαρὸν, θυμὸν γὰρ τὸ ζῶον, Idem. Et rursus, λὶς, ἐκ τοῦ λάω τὸ βλέπω γίνεται, ὥσπερ ὁ λέων. Χάρων, ὁ λέων, ἀπὸ τῆς χαροπότητος, Varin. Apud eundẽ in χαροποί, tribus syllabis legitur χάρων pro leone, quod non probo. Videtur aũt, inquit ibidem, χαροπὸς dici leo per antiphrasin, utpote φοβερὸς ὢν καὶ χαρὰν ποιῶν. ἤ ὅτι δὲ καὶ κατὰ τὸ θανατοποιὸν, ἐπεὶ καὶ ὁ Χάρων ἦν ὁ ἐν ᾅδου διακονεῖ. Χάρωνος ὠμησοῦ δορά, Lycophrõ. Θὴρ de leone per excellentiã dicitur, ut etiã de uipera quandoq;. ἂν δ' ὅμιλον ἐφοίτα θηρὶ ἐοικώς, Home. id est, leoni similis per turbã incedebat. Et Iliad. λ. Τρῶας δὲ πανῆκας ἐφ' ὅμιλον θηρὶ ἐοικὼς, ἐν προμάχοισι κλονέων. Et alibi, οἱ δ' ὥς τ' ἠὲ βοῶν ἀγέλην, ἢ πῶϋ μέγ' οἰῶν θῆρε (λέοντε κατ' ἐξοχήν, Scholia) δύω 30 κλονέουσι μελαίνης νυκτὸς ἀμολγῷ, ἐλθόντ' ἐξαπίνης σημάντορος οὐ παρεόντος, Iliados ο. Horatius in Epodo belluam pro leone dixit. γύλιος, porcus, leo, Hercules, Etymolog. & Varin. plura de hac uoce uide in Cuniculo A. Leonem Homerus epicœno genere etiam de fœmina protulit, Gell. Hac de re etsi multa dixerim capite quarto, paulo post initium, hic tamen pluribus confirmabo. Vocabulum λέων more Attico de fœmina etiã usurpari, ex Aristotelis uerbis de partib. 4. 10. deprehẽdimus, quæ sunt: Τὰ δὲ δύο μόνας ἔχει μαστοὺς, περὶ μέσον μέντοι γαστέρα, οἷον λέων. Et paulo post, ὁ δὲ ἐλέφας δύο μόνον ἔχει, fœminæ elephantis nomen cum masculino articulo proferens, utpote epicœnũ: sic et leonis uocabulũ Atticè epicœnum uidetũ, nõ uel masculinum uel fœmininũ. Τὰ μὲν ἀσθενέστερα γυνὰ, καθάπερ ἀλώπηξ, ἄρκτος, λέων, Arist. de generat. anim. 4. 6. Gaza leænam uertit, & Plin. ex eodẽ loco. Et mox, μόνον δὲ πολυτόκων ὁ ὗς, τελεοτοκεῖ: unde manifestò apparet Aristotelem masculina uel epicœna animalium, ut leonis, ele- 40 phantis & suis nomina, fœminis attribuere: & γυναῖκα pro τίκτειν, quod fœminarũ proprium est, nõ rarò accipere: leænæ quidẽ nomen, λέαινα, usquam apud eum legisse nõ memini. ὁ δὲ λέων τὰ γαμψώνυχα τετραπόδων βλέποντα τίκτει μόνος, Plutarchus Sympos. 4. 5.

¶Epitheta. Genus acre leonum, Ouidius 4. Fastorum. Animosi, Claudianus. Asper, Horat. 3. Carm. Ode 2. Sponsus lacessat regius asperum Tactu leonem. Audax. Emicat extemplo cunctis trepidantibus audax Crassa mole leo, Claudianus lib. 2. in Eutropium. Auidus, Ouid. epist. 9. Vnde potest auidus captæ leo parcere prędæ, Martialis. Si quis per summas auidus produxerit undas Ora leo, Manilius lib. 4. Astron. Cæsius. Solus in Libya Indiaq́; tosta Cæsio ueniam obuius leoni, Catullus de Acme. Carniuorans. Vrsi cum uitulis simul omnibusq́; animalibus carniuorans leo comedet paleas ad præsepia, Lactantius de diuino præmio 7. 24. Caspius. Cæde redit: sic Hyrcana 50 leo Caspius umbra, Statius lib. 8. Theb. Celer. Veluti celeres cum septa leones Plena boum inuadunt, Cantalycius. Cleonæus: Ausonius in laboribus Herculis, à Cleone oppido Arcadiæ prope Nemeam syluam. Dominumq́; ferarum Crescere miratur genitrix Massyla leonem, Claudianus lib. 1. in Eutrop. Dominus & rex nemorum, Martialis. Ferox. Acremq́; dolorem Præbent, ut nequeant contra constare feroces, Lucretius lib. 4. Ferus. Narcissiq́; comas, & hiantis sæua leonis Ora feri, Collumella, Leo nunc ferus alta Surgentes ceruice toros, &c. Sillius 5. Villosa leonis Terga feri, Idem lib. 16. Flauus. Credula nec flauos timeant armenta leones, Horatius in Epodo. Fortis, Crinitus 17. 2. Fremens. Carpitq́; fremens, auidusq́; cruoris, Sabellicus. Frendens. Et stetit ante oculos frendens leo, Sillius lib. 10. Dentibus horrendum frendens, Pamphilus Saxus. Fulmineus. Te sensit Nemeæus arcto Pressus lacerto fulmineus leo, Seneca in Agamemnone. Ful- 60 uus. Fuluiq́; insternor pelle leonis, Vergil. 2. Aeneid. Optat aprum, aut fuluum descendere monte leonem, Idem 4. Aeneidos. Furens. Iam sine patre furens lustrat leo tecta ferarum, Cimbriacus. Genero-

Generosissimi ferarum leones, Plinius. Getulus. Tergum Getuli immane leonis Dat Salio, Vergil. 5. Aen. Tua Getulos Dextra leones, tua Cretæas sequit ceruas, Seneca in Hippol. Nō ego te ut tigris, Getulúsue leo frangere persequor, Horat. Hirsuti more leonis, Ouid. li. 14. Hirsuti costis exuta leonis, Idem in Epistola Deianiræ ad Herculem. Idæus. Verberant Idæos torua cum matrē leones, Claudian. 3. de raptu. Impatiens. Vacuo qualis discedit hiatu Impatiens remeare leo, Claudian. li. 2. in Ruf. Impiger. Nunc hos tauros nunc impiger illos Insequit, Sabel. Indomitisq; loqui & sedare leonibus iras, Sillius lib. 3. Ingenuus. Astuta ingenuum uulpes imitata leonem, Horatius 2. Serm. Insanus. Fertur Prometheus insani leonis Vim stomacho apposuisse nostro, Hora. Car. 1. 16. Nimirū hinc quod uulgò dicitur ab astrologis, leonem sydus dominari cordi. Est aūt stomachus
10 os uentriculi cordi proximū, quod ideo etiā Græci cardian aliquādo uocant: ibi iracundiæ sedes uidetur, non minus q̃ in corde, unde uerbū stomachari. Certè cū alimenti penuriā ea pars sentit, homines ad iracundiā multò procliuiores sunt: sed Horat. ut & Acrō interpretatur, simpliciter de animalibus, non syderib. intelligere uidet. Iracundus. Armeniæ tigres, iracundiq; leones, Ouid. 15. Metam. Iubatus. Sylua Iubatus qualis Armenia leo In cæde multa uictor armēto incubat, Senec. in Thyest. Libycus. Iam cernes Libycum huic uallo assultare leonē, Sillius lib. 7. In tauros Libyci ruunt leones, Martialis li. 12. Lœtifer apud quendā recentiorē. Magnanimus, Ouid. 3. Trist. Magnus. Nec magnos metuent armenta leones, Verg. Aegl. 4. Massylus. Ante pauens capiet Massylum dama leonem, Codrus Vrceus. Marmaricus. Et sua Marmaricos coget iuga ferre leones, Nemesianus Aegl. 11. Marmaricus leo Morsus cruentos passus audacis leæ, Seneca in Agamem. Maurus. Sed prius
20 aut Mauro ueniam fera pręda leoni, Pontan. Molorchęus Mantuano, idē qui Nemeęus ab Herculē occisus, de quo uide infra in h. inter historias. Odoratus, quoniā olfactu claret. Tabēq; cruētæ Cædis, odorati Pholoēn liquēre leones, Lucan. li. 7. Parthicus, apud Marul. Phrygius. Iungebā Phrygios quum tu rapere leones, Claudianus lib. 3. Pœnus. Daphni tuum Pœnos etiam ingemuisse leones Interitum, Vergil. Aegl. 5. Prædatorq; leo, dumosis scorpius aruis, Manil. li. 2. Rabidus, apud Codrū. Rapidus. Dictus ob hoc lenire tigres, rapidosq; leones, Hora. in Arte. Pectoris impulsu rapidi strauere leones, Statius 7. Theb. Quem nequeunt rapidi contra constare leones, Lucretius 4. Rigidus. Nec dorcas rigido fugax leoni, Martialis. Rugiens, Quintiano. Sęuus, Lucret. li. 3. & Mart. Sæua leonum semina, Verg. Sanguineus, Valer. 3. Argon. Terrificus, Salmonio. Toruus. Aut fremuit toruum mutatus membra leonē, Sil. li. 7. Toruusq; nouos respexit ad ungues, Stat. 9. Theb.
30 Intres ampla licet torui lepus ora leonis, Martialis lib. 1. Triste leonum Seminium, Lucret. libro 3. Toruus, Martiali. Trux. Quaterentq; truces ieiuna leones Ora, Valer. 8. Argonaut. Tumidus. Tigresq; domat tumidosq; leones, Ouid. 2. de Arte. Vastus. Et uastū Nemeæ sub rupe leonē, Verg. 8. Aen. Non tamē ut uastos ausim tentare leones, Propert. 2. Validus. Et ualidos partim prę se misere leones, Lucre. 5. Villosus, Vergilio & Rufo Festo. Violentiq; ora leonis, Ouid. 2. Metam.

¶ Leęnæ epitheta. Africa, Quintiano. Audax. Morsus cruentos passus audacis leæ, Seneca in Agamemnone. Cauernicuba, recentiori cuidā. Dira, similiter & dura, & ferox, apud recentiores leguntur. Fulua. Armenias tigres, & fuluas ille leænas Vicit, Tibullus. Getula. Non uides quan to moueas periclo Pyrrhæ Getulæ catulos leænæ, Horatius Carm. 3. 20. Hyrcana. Non aliter Scythicos armenta per agros Hyrcanæ clausere leæ, Stat. 5. Theb. Immansueta, recentiori cuidā. Liby
40 ca. Ipse fuit Libycæ præda cruenta leæ, Ouidius 5. Fast. Marmarica, Quintiano. Sæua lea, Ouid. 4. Metam. Tigridis, aut sæuæ profugi cum prole leænæ, Valer. 6. Argon. Torua leæna lupum sequitur, Vergil. Aegl. 2. Trux, Mantuano.

¶ Græca. Αἴθων, Homero, & Oppiano. Etymologus exponit τὸν κατὰ ψυχὴν ἔμπυρον, ἢ θρασὺν, ἢ μέγαν: Homeri Scholiastes διάπυρον, θερμόν: sed forsan à colore hoc epitheton inditum est, à quo & uulpes, ut uidetur, αἴθων cognominatur Pindaro. Ἀλκήεις, Oppiano. Ἀῤῥίγητος, Antipatro. Βασιλεύς, Oppiano. Θηρῶν βασιλεὺς ὁ θρασὺς ἄναξ λέων, Philes. Βασίλειος, βίαιος, Pollux. Βλοσυρὸς, Oppianus & Pollux: uide initio cap. tertij supra. Βυφάγος apud Varin. Βριαρός. Γλαυκιόων. Ἐγκρατὴς ἀνδρῶν, Poll. Ἐλειότης, ὁ λέων. Ἐχατικὴν ἀπὸ ῥίζαν ἐλείητο λέοντος. εἴρηται παρὰ τὴν ἕλην τὴν θερμότητα, ἢ λέγεται καὶ εἴλη πλεονασμῷ τοῦ ἰῶτα, Varinus. Ἐρίβρυχης, Oppiano: & alibi, ἐρίβρυχοί τε λέαιναι. Τὸ γὰρ ἐμφυὲς οὔτ' αἴθων
50 ἀλώπηξ, οὔτ' ἐρίβρομοι λέοντες διαλλάξαιντ' ἦθος, Pindarus in Olympijs. Τόλμα γὰρ εἰκὼς θυμὸν ἐριβρεμετᾶν θηρᾶν λεόντων ἐν πόνῳ, Idem in Isthmijs. Εὐγένειος, Pollux: poëticè ἠϋγένειος, Homero. Εὐκόμης, Pollux: poëticè ἠΰκομος. Εὐχαίτης, Pollux. Ἠϋγένειος, Homero: ὁ καλὸν γένειον ἔχων, Scholiast. cōmuniter εὐγένειος, ut Pol. Ἠΰκομοι, Oppiano: cōmuniter εὐκόμαι, Polluci. Θηρῶν μεδέοντε λεόντες, Oppian. Θρασύς, Pol. Θηρῶν βασιλεὺς ὁ θρασὺς ἄναξ λέων, Philes. Θρασύφρονες, Oppianus. Ἰσχυρὸς, Pollux. Κακὰς ἀνάθρεμμα λεαίνας, Theocritus de crudeli. Κλυτὸς, Oppianus. Κοιρανικοί, Idem. Κομήτης, κρατερὸς, Pollux. Λαχνήεντες, Oppian. Μεγαλόθυμος, Pollux. Ὀρεσίτροφος, Homero. Ξανθόκομος uel ξανθοκόμης, Oppiano. Πυρίγληνος, eidem: propter oculos igneos, ut in B. dixi. Πελώριος, Apollonio. Πυρσὸς, in epigram. Σίντης, Homero: Scholiast. interpretat βλαπτικὸν, κακοῦργον. Σμερδαλέος simpliciter, Homero. Σμερδαλέος πρόσωπα, Oppiā. Ταυροφόνος θὴρ, Antipat. Ταυροκτόνος, Sophoc. Ταχὺς, Pol. Ὑπέραυχος, ὑπέρθυμος, ὑπέρφρων,
60 ὑπερμεγέθης, eidē. Χαροπὸς, uide supra in B. de oculis. Ὠμηστὴς uel ὠμηστὴρ, Oppiano, Lycophroni et alijs.

¶ Deriuata. Leoninus adiectiuū apud Plinium & Varron. Οἱ δὲ λεοντέον ἐβρυχῶντο, Suidas in Φο. νοῦντες. Λεοντῆ, pellis leonina, uide in e. Λεοντίδιον, ὁ ἰσχυρὸς κατὰ τὸν λέοντα, Varinus. Λεοντιδεύς,

Kk 3

leonum catuli. Leontiasis morbus, qui uulgò hodie lepra, unde dictus sit, in Elephante H. a. ex Aetio retuli. λεοντοχόρταν βούβαλιν (pro δάμαλιν) Aeschylus dixit, hoc est iuuēcam leonis cibum uel qua leo saturatur, Varinus. λεοντόκρανον, Ἀμαζονικὸν ὅπλον, Hesychius & Varinus. Claua fortassis erat, insculptum habens leonis caput: quanquam κράνος etiam galeam significat. πυρσοκορσολέοντος, πυῤῥοκεφάλου, ξανθοτρίχου, Hesychius. λεοντιδὸν, φοβερῶς, δίκην λέοντος, Varinus. Vbi quis sacris initiabatur, Leontica uocant, aquæ loco in manus mel affundebant, ab omnibus noxijs sceleribusq; ac tristitiam inferentibus sic expurgari arbitrantes. Linguam item melle detergebant ab omni peccati labe, Cæl. transtulit autem ex Porphyrij interpretatione in antrum Nympharum apud Homerum, ex quo loco melius ita uertisset: Melle manibus illorum, qui sacris initiantur Leonticis, pro aqua infuso, manus ab omni re molesta, noxia & abominabili abstinendas significatur: itaq; lotionem igni familiarem adhibēt, tanquā isti purgationi eius qui initiatur conueniat, reiecta qua ignis extinguitur aqua. Quæ uerò & qualia & cur Leontica dicta sacra hæc fuerint, legisse non memini. Hoc obiter admonendum, uocabula apud Græcos quę à leone uel deriuantur uel componuntur, tres de obliquis casibus huius ferę syllabas retinere, & in secunda per omicron semper scribi: alia uerò multa à λεὼς quod Atticè populum significat fiunt, quæ per omega scribuntur, nec onto uel onti syllabas obliquorum admittunt, ut λεωσθένης, λεωφόρος. λεωπετρίαν saxum planum interpretantur, Cælius.

¶Athenæus libro duodecimo inter saltationum genera numerat γλαῦκα & λέοντα: Pollux leonem saltationis terribilis genus esse scribit. μελανοσυρμαῖον λέοντα, μέλανα καὶ συρμαΐζόμενον, de Aegyptijs qui & nigri sunt, & potu utuntur hordeaceo, quem syrmæam aliqui uocant, Varinus, ex Lycophrone ut uidetur. οὐ στήσομαι λέαιν' ἐπὶ τυροκνήστιδος, (aliàs τυροκνήστιδι) Aristophanes, hoc est, Non stabo (ut) leæna in tyrocnestide: Est autem leæna, schema quoddam libidinosum & meretricium, (σχῆμα συνουσίας ἀκόλαστον, Varinus in λέαινα: hinc forte Martialis membrum muliebre leonem appellauit: ut dicemus in prouerbio Leonem radis.) Tyrocnestis genus est cultri: solebant autem in manubrijs cultrorum elephantes aut leones sculpere. λέγει δὲ ὅτι οὐκ ἐπ' ἀνδρὶ στήσομαι πορνεύουσα, ὡς λέαινα ἐπὶ τυροκνήστιδι. ὀκλάζοντες δὲ ἵστανται οἱ λέοντες, ἵνα μὴ ἀμβλύνοιντο, Suidas in οὐ στήσομαι. Lea quidem Latinis pro leæna accipitur, sed λέα Græcis ὁ ἐν τοῖς ἰσίοις λίθος exponitur Varino.

¶Leo sydus. Poetæ dicunt duos leones ab Hercule interfectos, unum apud Teumessum Bœotiæ montem seu oppidum, & hunc esse uolunt quem Iupiter in cœlum transtulerit: ut scilicet Herculis, qui feram inermis occiderat, gloriæ consuleret. Higinus tamen alium fuisse tradit, quem scribit à Luna iussu Iunonis in Arcadia nutritū (apud Lunam in Nemea regione Arcadiæ, Nigid.) & deinde in exitiū Herculis dimissum, quem quū Hercules interfecisset (iussu Eurysthei cū Molorcho hospite, Nigid.) ab indignata Iunone in sydera relatū ferūt. Sed ut breuitati studeamus, sequemur Germanicū in Arati Phęnomenis scribentē, Leonem beneficio Iunonis inter astra collocatū, eò ꝙ uirtute feras omnes præcellat. Periander (Pindarus Rhodius, ut habet Varinus: qui tamē hæc uerba illi non attribuit) Rhodius refert eum ob primos labores Herculis memoriæ causa honorificè astris illatum. Hic notabilis & maximus inter signa est: habet stellas tres in capite, in pectore claram unam, &c. Quum Sol ad eius signum peruenit, mense scilicet Iulio, tunc æstatis calor uehemētissimus terras adurit, exsiccat flumina, & fruges concoquit, Hæc Rauisius Textor. Leo quoniam inter quadrupedes principe loco est, eam ob causam à Ioue syderea sede dignatus uidetur, Varinus. Aegyptij (inquit Macrobius Saturn. 1.20.) animal in Zodiaco consecrauere ea cœli parte, qua maximè annuo cursu Sol ualido efferuet calore: leonisq; inibi signum domicilium Solis appellant, quia id animal uidetur ex natura Solis substantiam deducere: primumq; impetu & calore præstat animalia, uti præstat Sol sydera: ualidusq; est leo pectore, & priore corporis parte, ac degenerat posterioribus membris, æquè Solis uis prima parte diei ad meridiem increscit, uel prima parte anni à uere in æstatem: mox elanguescens deducitur, uel ad occasum, qui diei, uel ad hyemem, quæ anni pars uidetur esse inferior: Idemq; oculis patentibus atq; igneis cernitur semper, ut Sol patenti igneoq; oculo, terramq; conspectu perpetuo atq; infatigabili cernit, Hæc Macrobius. Et rursus in Somnio Scipionis 1. 12. Cum animæ (inquit) à cancro ad Leonem labendo peruenerint, illic conditionis futuræ auspicantur exordium. Et quia in Leone sunt rudimenta nascendi, & quædam humanæ naturæ tyrocinia: aquarius autem aduersus leoni est, & illo oriente mox occidit, ideo cum Sol aquarium tenet manibus parentatur, utpote in signo quod humanæ uitæ contrarium uel aduersum feratur. Scribit Nicephorus in Astrolabij structura cor cœlestis Leonis dici basiliscum, Cælius. Leo Solis symbolum habet: quoniam oculos habet ignitos, faciem (ut placet nonnullis) rotundam, & in ambitu radiorum quadā imagine etiam pilos, ut sit planè Solis simulacrum. Quo argumento Hori throno leones subijciunt. Est autem eo nomine Sol, ἀπὸ τοῦ τῶν ὡρῶν κρατεῖν, Cælius. Plura uide in Philologia, cur leo solare animal existimetur. Leonis syderis epitheta: Aestifer, æstiuus, ardens, arens, calens, feruidus, flammifer, flammiger, Herculeus, horrendus, horridus, horrificus, rabidus, sæuus, terribilis. Horum ex poëtis testimonia Textor affert, sed commiscet ea epithetis leonis terrestris. Stella uesani leonis, Horatius 3. Carm. Aliqui apud Homerum Iliadis quinto χάλκεον πίθον, in quo Martem fabulatur tredecim menses captum fuisse, leonis sydus interpretantur: Vide Scholia Homeri.

¶Icones. In templo quodam Pausanias scribit, in Agamemnonis scuto formidinem fuisse expictam capite leonino (quoniam leo minimum dormit, ac dormienti etiam oculi sublucent) cum epigrammate

grammate, οὗτος μὲν φόβος ἐστὶ βροτῶν, ὁ δ' ἔχων Ἀγαμέμνων, Cælius. Aeneia puppis Prima tenet rostro Phrygios subiuncta leones, Vergilius 10. Aen. Dicitur quibusdam leo inter uigilandum præcipuè oculos occludere, quos aperiat dormiens: Hinc templorum claustris leonem symbolicè appingebant priores, Cælius. De fonte, qui quatuor fistulis (κρουνοῖς) per ærei leonis oculum utrunque, os, & dextrum pedem saliebat, egregia quæstio arithmetica extat Anthologij Græci 1.46. sine authoris nomine, his uersibus: Χάλκεός εἰμι λέων, κρουνοὶ δέ μοι ὄμματα δοιά, Καὶ στόμα· σὺν δὲ, θέναρ δεξιτεροῖο ποδός. Πλήθει δὲ κρατῆρα δύ' ἤμασι δεξιὸν ὄμμα, Καὶ λαιὸν τριτάτοις, & πισύρεσσι θέναρ. Ἄρκιον ἐξ ὥραις πλῆσαι στόμα· σὺν δ' ἅμα πάντα Καὶ στόμα, καὶ γλῆναι, καὶ θέναρ, εἰπὲ πόσον; Huic adiectum est scholium Maximi monachi, quod nos & breuitatis & excitandi lectoris ingenij causa, omisimus. Κρῆναι δὲ καὶ κατὰ χάσματα (lego 10 διὰ τὰ χάσματα) τῶν λεοντείων (scilicet προσώπων uel στομάτων) ἐξίασι κρουνούς· ὅτι Νεῖλος ἐπάγει νέον ὕδωρ ταῖς Αἰγυπτίων ἀρούραις, ἡλίου τὸν λέοντα παροδεύοντος, Plutarchus in Sympos. 4.5. Hoc est, ut nos couertimus: Fontium salientibus ora leonum affingi solent, ut aqua ex eis profluat, (apud Aegyptios nimirum:) quoniam Nilus aruis Aegypti nouam aquam inuehit Sole transeunte leonem. Crœsus inter donaria Syracusis pictus est Mentor surculum extrahens pedi leonis, ut in D. retuli ex Plinio. Λεόντιος πόρος, Alpheus fl., quoniam ad eius fontes leonum effigies dedicatæ sunt, Hesyc. & Varinus. Sicyone in templo Aesculapij spectat Somnus sopiēs leonem ἐπιδώτης cognomine, Pausanias in Corinthiacis. Leænæ scorti imago celebris fuit Athenis, sub specie leænæ feræ, ut inter propria mulierū dicam inferius. Ampraciotæ leænam, quod tyrannum suum lacerasset & distraxisset, ut suæ libertatis uindicem, summa religione colunt, Aelianus. In Craneo dicto luco ante Corinthum urbem se 20 pulchrum Laidis est, cuius operculum effigiem leonis continet, arietem anterioribus pedibus tenentis, Pausanias in Corinthiacis. Quid scalptus sibi uult aries: quem parte leæna Vnguibus apprensum posteriore tenet? Non aliter captos quòd & ipsa teneret amantes. Vir gregis est aries, clune tenetur amans, Alciatus in emblemate de tumulo Laidis. Delphos mittendam fecit leonis effigiem ex auro excocto decem talentorum pondo: qui leo dum templum Delphicum deflagrauit à semilateribus decidit, super illos enim erat collocatus: & nunc in Corinthiorum thesauro repositus est, pondo sex talentorum atque dimidij, eliquatis tribus talentis ac dimidio, Herodotus libro 1. In ingressu Thermopylarum tumulus est, ubi nunc super Leonidem (Spartanorum ducem illic à Persis interemptum) stat lapideus leo, Herodotus libro 7. Leo Solis symbolum habet, ut in leone sydere demonstrauit: quo argumento Hori, id est Solis throno leones subijciunt, Cælius. Leones duo atri in gradibus 30 Capitolij ex atro marmore Lydio sunt, Ge. Agricola. In manubrijs cultrorum elephantes aut leones sculpebant: hinc illud, οὐ στέφομαι λέαιν' ἐπὶ τυροκνήστιδος, de quo paulò superius dictum est. Rex Salomon solium magnum fecit eburneum, cuius fulcris duo leones (araioth) assistebant: sed & duodecim leones (arajim, leunculi in translatione Hieronymi) stabant illic super sex gradus hinc & hinc, Regum 3.10. Quatuor animalia circa thronum cœlestem diuus Ioannes uidit (ut in eius Apocalypsi legimus cap. 4.) unum simile leoni, secundum uitulo, tertium facie hominis, quartum simile aquilæ uolanti, &c. quatuor euangelistas, Marcum, Lucam, Matthæum & Ioannem, plerique interpretantur. Reptat in umbone leo flammeus, Poëta quidam recentior. Plurimi quidem huius seculi principes & nobiles uiri, leonem ad insignia & stemmata tanquam fortissimum animal asciscunt: ut alij alia ferociæ & iracundiæ plena & rapacissima animalia potius pro insignibus quàm placida & mansueta 40 habere malunt. Leonem Florentini urbis insigne habent, aluntque semper uiuos, ut Bernenses nostri ursos. Λεοντόκρανον, Ἀμαζονικὸν ὅπλον, Hesychius & Varinus.

¶ Sunt & à leonis pelle & pantheræ nominatæ gemmæ, leontios & pardalios, Plinius lib. 37. Et alibi, Gemma achates apud magos, quæ leoninæ pelli similis fuerit, potentiam habere contra scorpiones dicitur. Leoninus lapis à quibusdam herba lithospermon appellatur, de qua mox rursus.

¶ Leontion & leoninus lapis, ut inter nomenclaturas Dioscoridi adscriptas legitur, herba lithospermon uocatur, cuius semina lapidis instar dura & fragilia sunt, & magnitudine coloreque margaritas referunt: uulgò milium Solis uocant, & aduersus calculum renum utuntur. Radix ei magna. Sed alterum genus parua & inutili radice, folijs & granis minoribus locis cultis nascitur in aruis. Est & harundinis genus simili grano sed maiore: aliqui lachrymam uocant. His addamus leonticen, quæ 50 alio nomine cacalia uocatur, cui semen margaritis minutis simile inter folia grandia dependere, in montibus ferè, Plinius scribit. Plura de ea leguntur apud Dioscoridem & Ruellium libro 3. cap. 128. Recentioribus ut adfirmant (inquit Ruellius) dicitur agreste carui: fruticosa est, semine minutis margaritis simili, inter folia magna pendulo, quæ ad oleagina uel querna satis accedunt. Dioscorides non folia ut Ruellius, sed florem querno oleaginóue comparauit, ut impressi codices Græci habent: sed pro δρυῒ, id est quercui, legendum βρύῳ, hoc est musco, ex uetustissimis codicibus rectè docet Marcellus Vergilius. Quercus certe & oleæ foliorum species nihil aut parum commune habet, & Dioscorides de floribus clarissimè loquitur: sunt autem flores oleæ muscosi, &c. ut Ruellij hac in re oscitantiam miremur. Idem 2.141. aliam Plinij leonticen siue cacaliam putat, & aliam Dioscoridis, quoniam diuersas uires eis adscribant: & Dioscorides seminum margaritis similium nullam mentionem faci- 60 at: ubi rursus hominis negligentia se prodit, cum apud Dioscoridem οἱ μετὰ τὴν ἐξάνθησιν κόκκοι λευκοὶ manifestè nominentur. Quod uires attinet, cum cætera omnia conueniant, non ideò diuersa erit Plinij leontice etsi quædam ei à Dioscoride non memorata attribuat: Quanquam granis eius ex cerato

Kk 4

inunctis faciem extensam & sine rugis seruari, Plinius etiam ijsdem quibus Dioscorides uerbis de cacalia refert 26.16. quod itidem Ruellius non animaduertit. Cacalia quidem dicta uideri potest, quasi coccalia, quod coccis, id est granis peculiaribus insigniatur: Leontice uerò, uel quod similiter ut lithospermon (quod & ipsum, ut paulò ante monui, leontion uocatur) grana margaritis similia proferat: Vel quod radicis commanducatæ succus arteriam similiter iuuet ut glycyrrhiza, Galeno teste. Vocatur autem glycyrrhiza quoque leontica inter nomenclaturas Dioscoridis. Cæterum Galenus pro cacalia cancanon, κάγκανον, nominauit: Paulus cacanon, κάκανον: Cancamon uerò scribit lachrymam esse ligni Arabici, myrrhæ similem, odoratam, ad suffitus utilem, ui extenuandi corpora obesa, item abstergendi & aperiendi obstructiones, ut & Dioscorides pluribus. Hanc Serapion & alij Arabes sac appellant: laccam uertunt interpretes. Sed quæ hodie in officinis lacca uocatur, nec odorata est, nec similes habere uires uidetur: Ego eius loco medicamentis myrrham potius iniecerim, quàm ut Monachis qui in Mesuen scripserunt placet, draconis uulgò dictum sanguinem, cui uis astrictoria. Non probo eos qui canchamum apud Dioscoridem per c. aspiratum scribunt: Mirum autem nullam huius lachrymæ mentionem à Galeno fieri. Ex confinio casiæ cinnamique & cancamum ac tarum inuehitur, Plinius, nec alibi plura. Caccaliam Paulus per cappa duplex scribit, & eandem cacano facultatem habere tradit: Cacanon autem, ut iam dixi, Galeni cancamon, & Dioscoridis cacaliam uocat, ut non solum eandem uim habeat, sed eadem omnino sit. Sed huiusmodi errores Pauli etiam alibi reperias, res easdem propter nominum diuersitatem diuersas existimãtis. Redeo ad cacaliam herbam, quam leonticen quoque uocatam dixi: eam quę hodie sit nullus adhuc demonstrauit, nam quod de carui agresti Ruellius scribit, certi nihil est, & ex auditu tantum (ut apparet) ab eo scriptum: ego coniecturam saltem meam afferam, ut excitem diligentiores. In Galliæ & Italiæ hortis uidi lachrymam uulgò dictam herbam, folijs magnis harundini similibus, candicantibus, inter quę caulis rectus assurgit: & inter folia caulemque nascuntur grana candida, lapillorum duritie, unde recentiores etiam aliqui lithospermon nominant. Ea filis inserunt mulierculæ, & quædam ita preculas suas numerant. Hæc nisi cacalia est, aliam doceri cupio. Est sanè perquam dulcis, ut arteriæ quod de cacalia scribitur, non minus quàm tragacantha aut dulcis radix utilis uideatur. Herbæ huius mentionem facit Hier. Tragus 2.140. lithospermum maius uocitans, **groß steinsamen.** Leontopetalum herba dicta uidetur, ac si aliquam in folijs (πέταλα Græci poetæ uocant) cum leone, uel pedibus leonis similitudinẽ habeat: quod tamen authores non exprimunt. Leontium etiam & leoninum semen, eiusdem herbæ nomina sunt inter Dioscoridis nomenclaturas. Habet hæc planta, ut Plinius & Dioscorides scribunt, caulem semipedalem aut maiorem, alis numerosum, quarum cacumine in siliquis semina ciceris modo bina ternaque continentur, florem puniceum, anemones similem, folium brassicæ, diuisum papaueris forma: radicem nigram, similem rapæ, strumosam, tuberculis quibusdam ceu nodis articulorum eminentibus: nascitur in aruis frumentario agro. Hanc ego me ignorare fateor: & sanè melius etiam Ruellius idem de se confessus esset, quàm patam leonis uulgò dictam, eandem asserendo, reprehendendi nobis occasionem reliquisset. Nam pata leonis apud Gallos non alia quàm consiligo uel pulmonaria ueterinariorum est, de qua abunde docui in Boue capite tertio. Ea quantum differat à leontopetalo, & descriptionem partium singularum conferenti satis patebit: & insuper uires consideranti: radicis enim leontopetali usus intra corpus est, consiliginis non item. Leontopetalon tertio gradu calida & sicca est: consiligo, ut mihi uidetur, in quarto & caustica: eadem aut maiore potius efficacia qua helleborus niger, ideoque illi antiballomenon. Leontopetali radix aduersatur omnium serpẽtium generibus ex uino pota, nec alia res celerius proficit, Plin. Alia est leontopodium (quamuis idem nomen leontopetalo etiam tribuitur: Apuleius capite septimo leontopodion describens, eadem ei nomina tribuit, quæ Dioscorides leontopetalo) de qua Dioscorides: Digitalis, inquit, herbula est: foliola habet angusta, longitudine trium quatuórue digitorum, hirsuta, ab radice lanosa et albicantia, flores nigros, &c. Hanc quoque hodie ignotam puto: nec est quod magnopere eam nouisse affectemus, cum ad amatoria tantum in usu fuisse Dioscorides scribat (licet in extremo capite Græco addatur, eam phymata quoque discutere:) ut Plinius quoque cemon uel camon, quæ eadem est. Et Dioscoridis etiam de leontopodio caput in uetustissimis codicibus de cemo inscriptum erat, ut Marcellus Vergilius docet, qui & alia nonnulla affert de herba hac cognoscẽda laborantibus utilia. Atqui Plinius alibi leontopodion aluum sistere & bilem purgare scribit, semine lymphatica fieri somnia, campestri & gracili solo nasci. Item alibi, semen leontopodij tritum in aqua cum polenta, tela omnia infixa corpori (spicula sagittarum, alibi) extrahere. Sed hæc de leontopetalo intelligi debent: quod inde facile colligo, quoniam à Plinio cognominatur liceron, (litheoron, ut Hermol. legit, & corypetron) dorypetron et toriuentoron: quæ nomina apud Dioscoridem inter leontopetali nomenclaturas leguntur, paulum modo uariantia, λύκηορου, δωεικπεὶς, θορύβηθρον. Accedunt natales ijdem: & uires extrahendi sagittas calidæ siccæque facultati in tertio gradu conueniunt: & si hæc facultas quibus inest, à tota substantia inesse uideatur. Sed si aluum sistit, quomodo bilem purgat? ego ciere potius quàm sistere dixerim: eaque causa à Dioscoride etiã tradi, leontopetalon misceri clysteribus ad coxendicis dolores, nimirum ea facultate qua centaurium minus & colocynthis, &c. Leontopodion, inquit Hermolaus, in uetustissimo Dioscoride appictam uidimus, simillimam herbæ quam uulgus ex nostra consuetudine calendulam appellat, ut eadem omnino esse uideatur, Hæc ille. Apud me uerò nulla huius picturæ & similium

similium authoritas est, ubi descriptio longè dissentit. Pata leonis, si bene memini, in quibusdam Italię Galliæ'ue locis, non solum consiligo, ut iam dixi, sed etiam geranij montani quoddam genus uocatur, radicibus oblongis, rubris, & maximè astringentibus, flore purpureo anemones, folijs multifidis specie quadam digitati pedis, nostri blůtwurtz, id est radicem sanguinis, quòd illum sistat, appellant. In hortos translatam, uiuacissimam esse obseruaui. Branca leonis, herba flaura, Syluaticus. Et alibi, Herba flaua (aliâs Maura) planta leonis, id est trifolium maius. Iligas, id est pes uel brancha leonis, herba, Idem. Eruditi hæc nomina de trifolio asphaltite intelligunt. Orobanchen herbam in Bouis historia capite tertio copiosè demonstraui. Eam Itali quidam, authore Petro Matthæolo, lupam uocant, quòd deuoret plantas quæ prope ipsam nascuntur: alij caudam leonis. Inter Dioscoridis certe nomenclaturas leonem quoq; appellari legimus: Item in Geopon. 2.40. ubi Sotionis uerba hæc sunt. Leguminum leo, osprioleon Græcis & orobanche appellatus, nō prouenit in aruis, si in quatuor angulis et in medio aruo rhododaphnes ramulos infixeris. Quod si uelis hāc herbā in totū nō apparere, quinq; testas accipito, & in ipsis cum creta aut alio colore albo, Herculem leonem strangulantem pingito, easq; testas ad quatuor angulos & in medium arui deponito. Alij testam ita depictam in media tantum area defodiunt. Est & alia quædam naturalis cura, (nos hic ex Gręco mutilam Cornarij translationem restituimus) à Democrito etiam prodita, huiusmodi. Quoniam leo animal gallo uiso expauescit & contrahitur: si quis gallum manibus strenuè cōprehensum circa agrum gestet, herba leonina (ἡ λέοντος πόα) mox abolebitur, tanquam & ipsa leonem timente. Aliqui experientia docti semina terræ mandanda gallinaceo sanguine irrigant, tanq; tuta sic à leonina herba futura. Ruellius composita uoce leontobotanon protulit. Βοτάνα τέ νιν (Καλλίαν) ποθ' ὁ λέοντος νικάσαντ' ἔρεψε, Pindarus in Nemeis: hoc est, Calliam olim uictorem herba leonis coronauit: ubi Scholia, Herbam leonis dictam ex Archemori sanguine prognatam aiunt. Alij, quod præstat, ipsam Nemeam λέοντος βοτάνην interpretantur, περίοδον κατ' αὐτὴν δῆλον ὁ λέων βοσκόμενος, ut βοτάνη hic non herbam sed locum pascuum significet, in quo scilicet pasci solebat leo Nemeęus. Alij apium herbam: q; Hercules uicto leone, apio coronari in Nemeis uictores instituerit: sed imperitè, cum & certaminis institutio, & ex apio coronæ prę mium, Archemoro authori tribuantur, Hæc Scholia. Leonis cuiusdam herbæ meminit etiam Columella in Horto suo, his uerbis, Et hiantis sęua leonis Ora feri. Et rursus, Oscitat et leo. Numerat autē inter herbas uernas & florum gratia seri solitas, ut narcissum, hyacinthum, uiolas, rosas. Apparet sanè nomen ei à floris figura inditum, quæ leonis instar hiantis oscitet, ut ipse loquitur. Libro quidem undecimo, ubi prosa rem hortensem eodem ordine describit, quo prius carmine, nulla eius mentio: fatetur & Hermolaus in Corollario sibi ignotā. Os leonis herba flore purpureo, Perottus sine authore: Videtur autem existimasse eandē leontopetalon Dioscoridis esse, cui flos puniceus anemonę similis attribuitur. Cyclaminū Thessalus herbā leonis (syderis: nam & alias herbas à signis zodiaci denominat) appellat, Aggregator. Leontocharon, polium, ut habent nomenclaturæ cum Dioscoride. Cichorij syluestris genus folio latiore, quod hedypnoida cognominant, flore luteo in pappos abeunte, leonis dens uulgari uoce dictus creditur, Ruellius. Eandem, aut omnino & genere & uiribus simillimam, Dioscoridis hieracium alterum esse dixerim. Herbarij quidam in Gallia thymelæam, leonem terræ nuncupant, Ruell.

¶ Animalia. De leopardo in Panthera dicetur. Leontophonus capite tertio explicatus est. Chimæram monstrum ex leone, capra, & dracone compositum fabulantur: fabulæ allegoriam, & singulorum in ea animalium significationes interpretatur Cælius 13. 9. Prima leo, postrema draco, media ipsa chimæra, Lucretius. Vide supra in Capra H. a. Chamæleon quadrupes ouipara, suo loco tractabitur. Leo, feram significat, & uirginem, & piscem, Hesychius & Varinus. Pro uirgine usquam legisse non memini: Homerus quidem de Diana, quæ semper uirgo fingitur, canit: ἐπεί σε λέοντα γυναιξὶ Ζεὺς ἔθηκε. Leonem uerò piscem (nomine piscis communius utentes) non alium, quàm ostracadermon illum cancrorum generis intelligere uidentur, de quo in libro de piscibus dicemus. In mari magno circa Taprobanen insulam infinitos pisces procreari ferunt, habentes capita leonum, pantherarum, & arietum, aliorumq; animalium, Aelianus. Est & inter serpentes leo apud Nicandrum, alio nomine cenchrines dictus, oblongus, maculosus: quem Scholiastes leonem dici putat, uel ex uariantibus squamis, aut ex generositate, aut quia rectam gestat caudam, & se ea diffagellando excitat in pugnam: uel quia mordet, ac hominis sanguinem exsorbet, quæ ipsa & leo facit, Cælius. Laisch, ליש, uox Hebraica Iob capite quarto ab Hieronymo tigris transfertur, à Septuaginta μυρμηκολέων, uel potius μυρμηκολέων: Esaiæ uerò capite trigesimo leo ab Hieronymo, catulus leonis à Chaldæo, &c. ut supra in A. dixi. Ego uocem μυρμηκολέων nusquam reperio, nec diuinare possum quale sit animal: & ut maximè sit in rerum natura, non rectè tamen pro Hebraica uoce laisch poni uidetur, qua leonem doctissimi plerique significari testantur: prouectæ quidem ætatis Dauid Kimhi, catulum uerò Chaldaicus interpres & ipsi Septuaginta Esaiæ capite trigesimo. Ahraham Prizol leonis genus intelligit. Hæc iam scripseram cum reperi apud Strabonem libro sexto hæc uerba: Extremæ Arabiæ ultimum promontorium fert pardales fortissimas, & leones qui μύρμηκες, id est formicæ uocantur, & genitalia sursum uersa (ἀπεστραμμένα auersa) habent, & colorem aureum, nudiores Arabicis. Leones quidem aurei coloris reperiunt etiam in intima Africa:uide in b. ¶ Tigris est ut leo, Varro. Tigris leænæ omnino similis uidetur, præter solam pellem maculis exornatam, Gillius. Megasthenes scriptis mandauit, in Prasijs tigres gigni leonibus duplo ferè maiores, Idem. Catus leoni uel potius leænæ quodammodo similis est: sed cati auriculæ acutiores, leænæ rotundiores sunt. Gryphem Indicum aiunt quadrupedem ut leonē esse, unguibus etiam robustissimis leonum similibus, Aelian. Sphingem fabulantur ex corpore uirginis & leonis compositam esse, Aelian. Camelopardali posteriores corporis partes leoninæ sunt. Mantichoræ Indicæ feræ corpus leonis esse Ctesias scribit, caudam scorpionis modo spicula insignentem, Plin. Leucrocutæ etiam feræ Indicæ, collum, cauda, & pectus leonis apud eundem contribuitur. ¶ Dæmonium leoninum, est permixtio rationis cum actis malis lædentibus & iracundis, Andreas Bellunensis. 10

¶ Propria. Leo, λέων, nomen proprium multis olim uiris attributum. Videtur etiam Germanicum Leonhardi nomen à leone factum, ut Eberhardi ab apro, Bernhardi ab urso, ac si istorum instar animalium fortes dicas. Leones dictos Romanos imperatores & pontifices aliquot in historijs legimus. Ἔστι γυνή, τέξει δὲ λέονθ' ἱεραῖς ἐν Ἀθήναις, ὃς περὶ τοῦ δήμου πολλοῖς κώνωψι μαχεῖται, ὥστε περὶ σκύμνοισι βεβηκώς, oraculum fictum in Equitib. Aristophanis, tanquam Atheniensibus de Cleone datum, pulchrè enim colludunt nomina Leon & Cleon. Κώνωψι, τοῖς ῥήτορσιν, ἤγουν τοῖς μικροῖς λέγει, Scholia. Et cum Cleon gloriaretur se esse ἀντὶ τοῦ λέοντος, Demosthenes interlocutor subijcit, Καὶ πῶς μ' ἐλελήθεις ἀντιλέων γεγενημένος; Ἀντιλέων, ὅτος πονηρὸς κωμῳδεῖται καὶ πολυπράγμων, Scholia. In Trœzenia naui capta à classe Xerxis, uiro strenuissimo nomen erat Leoni, quo nomine nonnihil fortasse gloriabatur, Herodot. lib. 7. Leon nomen ducis Atheniensis apud Xenophontem rerum Græcarum libro 1. Theo 20 dosius iunior imperator Eudociam Leonis Atheniensis philosophi (Leontij sophistæ Atheniensis filiam, Gyrald.) uxorem duxit, Egnat. De Leone imperatore Romano, uide Suidam: item de eiusdē nominis Alabandensi rhetore & Byzantio philosopho, cuius historiam in Onomastico quoque reperies. Platonis Alcyon à quibusdam Leonis Academici esse creditur, Athenæus libro 11. Leo Tornicius dux defectionis contra Constantinum monomachum, post aliquot prælia ab eo captus, oculis priuatus est, Egnat. Leon celebris pictoris nomen apud Plinium. Ταῦρον βαθὺν τένοντα, &c. καὶ λέοντος ὄμματα Μιλησίου γίγαντος, οὗ Ὀλύμπιος Ζεὺς ἀτρόμητος εἶδεν, Antipater in Epigrammate. Idem fortassis fuerit Astydamas Milesius, uir longè maximo & ualidissimo corpore, uoracissimusque, ut scribit Athenæus lib. 10. Leo Eurycratis filius, Lacedæmoniorum dux fuit contra Tegeatas, Pausan. in Laconicis. Leo Atheniensis, unus ex eponymis tribuum Athenis, filias suas publicæ salutis causa 30 ex oraculo traditur deuouisse, Idem in Atticis. Pantaleontem è Pisis oriundum tyrannum, Pisatilem appellat Neuius, cum aliqui inde profecti nunc Pisani dicantur, Fest. Legitur hoc nomen etiā in Statibus Hermogen. Leones aliquot scriptores, ueteres & recentiores, in primo Tomo Bibliothecæ commemoraui. Leonteus (Λεοντεύς) Argiuus Tragœdus inter opsophagos numeratur ab Athenęo libro 8. Leontios aliquot uide in Bibliotheca nostra, (& aliquos apud Suidam. Leontius statuarius, & Leontion pictor, apud Plinium nominantur:) Vbi etiam Leonellus, Leobinus & Leodrisius scriptorum recentiorum nomina, à Leone formata uidentur. Λεοντίσκος nudum nomen apud Suidam: cui simile est Leonides, non tamen à leone factum, cum secunda per o. magnum scribatur. Vt etiam Leonicus, Leophron, Leonâs, à quo etiam alterum nomen uiri Leonatus factum apparet, apud Suidam per n. simplex (aliqui non rectè n. duplicant) & omicron in secunda, quod non placet. Leonti 40 ades tyrannus apud Xenophontem rerum Græcarum libro 5. Leontichus uir in meretricijs dialogis Luciani. Samij Rhadinæ et Leontichi monumentū habent, ad quod qui amore torquentur, uota facere solent, Pausan. in Achaicis. Leontychidæ etiam uiri nomen apud Cælium Rhodig. legi. Leontiscus, à Leontio diminutiuum. Hoc nomine pictor Plinio celebratur. De Leontisco Messenio acrochersite lege Suidam: Eiusdem Eliacorum secundo Pausan. meminit. Leontiscus pancratiastes Maniam meretricem amauit, Athen. ¶ Leontius uirile, Leontium muliebre nomen est. Sed uiros deflexum à leone nomen ornat, & fortitudinis signum uel omen est: in mulieribus libidinis nota. Leontij enim & Leænæ nomina meretricibus tantum posita legimus: forte quod leo etiam pro muliebri pudendo accipiatur, ut supra dictum est, & leæna pro schemate libidinoso. Leontij meretricis Epicuri, quæ philosophiæ etiam Epicureæ operam dedit, meminit Athenæus libro 13. Leontium Epicuri 50 cogitantem pinxit Theodorus, Plin. Cum meretricula etiam Leontium contra Theophrastum scribere ausa sit, Cicero 1. de nat. Leæna meretrix apud Lucianum. Patientia corporis innumera documenta peperit: clarissimum in fœminis Leænæ meretricis, quæ torta non indicauit Harmodium & Aristogitonem tyrannicidas, Plin. lib. 7. Et rursus lib. 34. Iphicratis (statuarij) leæna laudatur. Scortum hæc lyræ cantu familiare Harmodio & Aristogitoni, consilia eorum de tyrānicidio, usque ad mortem excruciata, tyrannis non prodidit. Quamobrem Athenienses & honorem habere ei uolentes, nec tamen scortum celebrasse, animal nominis eius fecere: atque ut intelligeretur causa honoris, in opere linguam addi ab artifice uetuerunt. Propter Hipparchi mortem (inquit Pausanias in Atticis) Hippias iracundiam suam tum aliâs declarauit, tum in mulierem nomine Leænam. Hanc enim in tormentis donec periret afflixit, sciens illam amicam Aristogitonis fuisse, & consilij eius minimè in- 60 sciam existimans. Propter hanc fœminæ uirtutem, deiectis tyrannide Pisistratidis, æream leænam Athenienses in rei memoriam conflarunt. Demetrius Poliorceta tum alias tum Leænam meretricem Atticam

Atticam amauit, Athenæus. Et rursus, Leæna Harmodij tyrannicidæ amica, cum ab Hippia tyranno cruciaretur, ὑπὲρ ἐξετάσεως ἐναπέθανε ταῖς βασάνοις. Hinc elegans emblema effinxit Alciatus, quod inscripsit, Ne quæstioni quidem cedendum, id breuitatis causa omitto.

¶ In Co feruntur olim habitasse nymphæ, quæ à leonibus territæ in Carystum transierint: unde & promontorium in Co Leon appellatur, Heraclides. Themistocles cum ad res Græcas conficiendas ad mare descenderet, Epixies Persa superioris Phrygiæ præfectus, diu illi paratas tetēdit insidias, Pisidis quibusdam dato negocio, ut illum cum in urbe Leonis capite nūcupata diuersaretur, obtruncarent. At illi fertur meridiano tempore dormienti, deorum mater per somnium se offerens, O Themistocles exclamasse, effuge Leonum caput, ne ipse in leonem incurras, Plutarchus in Themistocle. Sunt in honore intra decursus Nili multa oppida, prçcipuè quę nomina dedere ostijs: & Butos, Leontopolis, &c. Plinius lib. quinto cap. decimo (huic nomen positum à cultu leonum, dicam in h.) Ibidem cap. nono Leontopoliten inter Aegypti præfecturas numerat. Alexandriæ octodecim in historijs numerantur: harum una est Libyæ siue Aegypti urbs, in qua sepultus est Alexander Macedo, (unde Μακεδόνιον πτολίεθρον Dionysius Afer appellat) cum alijs nominibus diuersis appellata, tum Leontopolis propter Olympiadem Alexandri matrem, ἧς ἡ γαστὴρ ἐσφραγίσθαι λέοντος εἰκόνι λέγεται, Eustathius in Dionysium. Iustinus rex Armeniam in quatuor partes diuisit. Earum prima cæterarum clarissima Heptapolis uocatur, cuius metropolis est Bazanis (Βαζανίς) Leontopolis prius dicta, Eustathius in Dionysium. In ora (id est uersus mare) Phœnices, situm est Leontos oppidum, Plinius. Leonis uicus (Græcè est λέοντος κώπη, quæ duę uoces in unam forte coniungi debent, nisi κώμη legendum sit, ut interpres legit) in Arabia mediterranea est, Strabo. In extrema ad meridiem Arabiæ ora à Dira usque ad Austri cornu, columnæ & aræ sunt Pytholai, & Leonis, &c. Strabo. Leontarne, Λεοντάρνη, apud aliquos, uicus est circa Heliconem: uel fons, ita dictus eò quod Adrasto illic sacrificante, leo agnum rapuerit, Varinus in Ἄρνη. Leontius alueus, λέοντος πόρος, pro Alpheo: quoniam iuxta fontes eius leonum simulacra collocata sunt, Hesychius & Varinus. Leontion, ciuitas Siciliæ, Onomast. Leontini Siciliæ campi fertilissimi apud Plinium celebrantur 18. 10. Leontini oppidum Siciliæ, Plinius 3. 8. Scribit Lycophronis interpres, Læstrygonas esse, qui nunc in Sicilia dicātur Leontini, &c. Cælius. Λεοντὶς, tribus quædam Athenis, Polluci & Hesychio à Leone quodam uiro dicta, cuius superius memini. Leonicum agri Vicentini oppidum est, Cælius Rhodig.

¶ b. Leones in Europa non nisi quadam Thraciæ parte reperiuntur: nam Nemeæus, qui & Cleonæus, fabulosus est. In Asia diuersis locis. Caspium leonem poetæ cognominãt, à Caspijs montibus in Septentrione haud procul Armenia & Hyrcania. Parthicus, Marullo. Sylua iubatus qualis Armenia leo, Seneca in Thyeste. Idæus, quasi Cybeleius, ab Ida Phrygiæ monte matri deùm sacro, cuius currum trahi leonibus fingunt. Phrygius, eadem ratione qua Idæus, uel quod leones multi sint in Phrygia, Textor. In Africa: inde epitheta, Libycus, Getulus, Massylus, Marmaricus, Maurus. ¶ Ferè omnia quæ diximus de leone, habet etiam lupus, sed minus eo: improbior tamen est, & magis insidiosus, Albertus. Quatuor leonum secundum colorem differentiæ, inueniūtur in regno presbyteri Ioannis, (ut uulgò uocāt) in intima Africa (ut legitur in epistola quadam Hebraica quam in fine Cosmographiæ suæ Munsterus adiecit,) nempe aurei, flaui, albi & nigri. Sunt & leones formicæ aurei coloris, ut supra in a. dixi. Oculos natura nobis, ut equo & leoni setas, Cicero 3. de Orat. ¶ Γλαυκιόωντες δὲ λέοντας, apud Homerum dicitur, ut scribit Porphyrius à glauco, glaucum autem ἀπὸ τοῦ γάλακτος, ab lacte, quod esse ἄσκιον conuenit, & proinde album. Sic Minerua glaucopis appellatur, & mare glaucum, & ipsa tranquillitas galene: nitescit enim tranquillum mare, obscuratur turbulentum, inde Homerus, μελαίνεται πόντος. Hinc & oculi pupilla γλήνη, & ἐλλόβια βρίγληνα, quod ex albedine splendicent. Aristoteles in Physiognomicis oculos leonis charopos uocat, eosdem uerò glaucos esse Apollonij interpres probat: Theodorus charopos in Aristotele fuluos interpretatur. Rauam lupam apud Horatium de oculorum colore dictā interpretantur: quia rauus color, fuluus sit, sed nigroris habēs aliquid. Proinde rauos oculos, charopos rectè dixeris: quādo & Porphyrio rauū esse fuluū dicit. Charopos subnigros putāt alij, ac dici à nobis uarios: ęgopos uerò subglaucos seu caprinos. Plutarchus in Mario charopos Germanorum oculos appellat, interpres horrendos intellexit, Cæl. Et alibi, Glaucôpin Mineruam dici putat Phurnutus, non tā quia glaucos haberet oculos, quàm de formidoloso aspectu, quoniam & glauci dicantur leones βασιλικοί, id est regij, & poetarum quidam dracones uocet glaucôpas. Os leonis, φόνιον χάος Oppianus appellat. Os non de homine tantum, sed pecude etiam & fera dici potest, ueterum authoritate, ut de leone apud Vergilium lib. 7. Fremit ore cruento, Nonius. Tori comæque ceruicis fluctuātes, Gellius de leone. O quantū per colla decus, quem sparsit honorem, Aurea lunatæ cum stetit unda iubæ? Martialis. Alceam herbam (ex genere syluestris maluæ) in penultima, ut quibusdam placet, sine diphthongo scribitur, distinguendi causa ab alcæa, id est leonis animantis cauda: quæ etiam cercis dicitur: quanquam & herba quædam cercis est, è qua radij fiant textoribus, unde & nomen, Hermolaus. De alcæa emblema Alciati extat, titulo Ira, huiusmodi. Alcæam ueteres caudam dixêre leonis, Qua stimulante iras concipit ille graues, Lutea cum surgit bilis, crudescit & atro Felle dolor, furias excitat indomitas. Σιδηρέων ὀνύχων ἀκωκαί, Oppianus.

¶ c. Λεόντειον βρύχημα, rugitus leoninus, Varinus. Hinc exaudiri gemitus, iræque leonum Vin cla recusantum, & fera sub nocte rudentum, Vergilius de Circe 7. Aene. ¶ Minimum dormiunt, sub lucentesque dormientium oculi: propterea in Agamemnonis scuto formidinem leonino pictam capite scribit Pausanias. ¶ Λαφύσσειν, deuorare, de leone, lupo, & huiusmodi feris dicitur. Menelaus conspecto Paride aciem Troianorum præeunte, ὥς τε λέων ἐχάρη μεγάλῳ ἐπὶ σώματι κύρσας, Εὑρὼν ἢ ἔλαφον κεραὸν, ἢ ἄγριον αἶγα: Πεινάων μάλα γάρ τε κατεσθίει, εἴπερ ἂν (ἐὰν) αὐτὸν Σεύωνται ταχέες τε κύνες, θαλεροί τ' αἰζηοί, Iliadis tertio. Σαρπηδόνα μητίετα Ζεὺς Ὦρσεν ἐπ' Ἀργείοισι, λέονθ' ὡς βουσὶν ἕλιξιν, Iliados μ. Et mox de eodem, Βῆ ῥ' ἴμεν ὥς τε λέων ὀρεσίτροφος, ὅς τ' ἐπιδευὴς Δηρὸν ἔῃ κρειῶν, κέλεται δέ ἑ θυμὸς ἀγήνωρ, Μήλων πειρήσοντα καὶ ἐς πυκινὸν δόμον ἐλθεῖν. Εἴπερ γάρ χ' εὕρῃσι παρ' αὐτόφι βώτορας ἄνδρας Σὺν κυσὶ καὶ δούρεσσι φυλάσσοντας περὶ μῆλα, Οὔ ῥά τ' ἀπείρητος (ἄνευ ἀποβολῆς, ἄπειρος) μέμονε σταθμοῖο δίεσθαι. Ἀλλ' ὅγ' ἄρ' ἢ ἥρπαξε μετάλμενος, ἠὲ καὶ αὐτὸς Ἔβλητ' ἐν πρώτοισι θοῆς ἀπὸ χειρὸς ἄκοντι. (His similia uide mox in d.) Item de Aiace, Ὡς δ' αἴθωνα λέοντα βοῶν ἀπὸ μεσσαύλοιο Ἐσσεύαντο κύνες τε καὶ ἀνέρες ἀγροιῶται: Οἵ τέ μιν οὐκ εἰῶσι βοῶν ἐκ πῖαρ (τὴν λιπαρωτάτην καὶ καλλίστην τῶν βοῶν ἐξαρπάσαι) ἑλέσθαι, Πάννυχοι ἐγρήσσοντες. ὁ δὲ κρειῶν ἐρατίζων Ἰθύει, ἀλλ' οὔ τι πρήσσει. θαμέες γὰρ ἄκοντες Ἀντίον ἀΐσσουσι θρασειάων ἀπὸ χειρῶν, Καιόμεναί τε δεταί, τάς τε τρεῖ ἐσσύμενός περ, Iliados lambda. Ceruus forte uulneratus sagitta, fugit quamdiu potest, defessum uero tandem iacentemque thôes inuadunt & depascuntur: ἐπί τε λῖν ἤγαγε δαίμων Σίντην, θῶες μέν τε διέτρεσαν, αὐτὰρ ὁ δάπτει, Ibidem. Contingit aliquando ut uenatores cum canibus ceruum aut capram syluestrem agitent, & ille in syluam aliquò aut in rupem euadat: Τῶν δέ θ' ὑπὸ ἰαχῆς ἐφάνη λῖς ἠϋγένειος Εἰς ὁδόν, αἶψα δὲ πάντας ἀπέτραπε καὶ μεμαῶτας, Iliados ο. ¶ Catuli, inquit Nonius, non solum canum diminutiuè, uerum etiam omnium animalium appellantur. Vergilius Georg. quarto in descriptione pestis, Tempore non alio catulorum oblita leæna Sæuior errauit campis. Lucretius lib. 5. At catuli pantherarum, scymnique leonum. Σκύμνοι peculiariter leonum catuli dicuntur, Pollux & Varinus: ijdem propriè λεοντιδεῖς, Varinus. Etymologus σκύμνον, paroxytonum, leonis catulum interpretatur: σκυμνὸν uerò, oxytonum, aliorum animalium. Athenæus lib. 7. Aristotelem citat, qui scymnon piscem mustelarum generis faciat. Scymnus Tarentinus, θαυματοποιὸς erat excellens, Athenæus. Aeschylus ὀβρίκαλα uocat τοὺς λεοντιδεῖς, Varinus in Κίδθυεις. Ὄβρια & ὀβρίκια, hystricum & huiusmodi animalium catuli sunt, Varinus. Ὀβρίκαλα leonum catuli apud Aeschylum in Agamemnone, sed ualidi & speciosi: dicuntur & ὄβρια: sunt qui luporum catulos eodem nomine comprehendi putant, Eustathius, ut quidam in Lexicon Græcolatinum transcripsit. In Co insula, apud ueterem auctorē fidei integræ (Aelianum in Varijs lib. 1.) legimus, de grege ouiarico Nicippi, ouem non ritu naturæ agnum, sed leonem peperisse. Prodigiale id (ut erat) uisum multis: siquidem Nicippo tyrannidem portendit, quam mox is est consecutus, quum ædito monstro priuatim adhuc ageret, Cælius. ¶ Fraus quasi uulpeculæ, uis leonis uidetur, Cicero 1. Offic. οὔτ' οὖν παρδάλιος τόσσον μένος, οὔτε λέοντος, Homerus Iliadis rhô. Meles primus Sardius rex ex pellice sua leonem genuit: qui leo quacunque parte murorum circundatus esset, ex ea parte Sardes inexpugnabiles fore Telmisses iudicauerant. Eum Meles per cæteram partem murorum circunduxit, quacunque poterat arx oppugnari, per unam uerò partem, tanquam inoppugnabilem & præcisam, circunducere prætermisit quæ ad Tmolum fluuium uergit: atque illic regnante Crœso à Dario capta est, Herodotus lib. 1.

¶ d. Extant Martialis epigrammata quinque li. 1. nempe, septimum, 16. 19. 28. 79. & 148. de lepore per lusum transeunte per os mansueti leonis, ex quibus uel unum recitasse sat fuerit: est autem 16.

> Rictibus his tauros non eripuêre magistri, Per quos præda fugax itque reditque lepus.
> Quodque magis mirum: uelocior exit ab hoste, Nec nihil à tanta nobilitate refert.
> Tutior in sola non est cum currit arena, Nec caueæ tanta conditur ille fide.
> Si uitare canum morsus lepus improbe quęris, Ad quæ confugias ora leonis habes.

Aliud eiusdem poëtæ 9. 73. de leonis & arietis concordia legitur huiusmodi:

> Massyli leo fama iugi, pecorisque maritus Lanigeri, mirum qua posuêre fide.
> Ipse licet uideas, cauea stabulantur in una, Et pariter socias carpit uterque dapes.
> Nec fœtu nemorū gaudet, nec mitibus herbis, Concordem satiat sed rudis agna famem.

In magnis festis Tartarorum adducitur regi eorum leo cicur, qui ad pedes eius instar catuli mansueti iacens dominum suum agnoscit, Paulus Venetus. Titi Vespasiani Strozæ egregium carmen legimus libro quarto Eroticôn, in leonem Borsij ducis Ferrariæ: qui obiectos ei in cauea tauros, ursos & apros dilaniare solebat, lepori & catulo circa se uaganti parcens: tandem uerò deposita mansuetudine, puellam Sustulit ingratus, cui quondam plurima debens, Pectendasque iubas & fera colla dabat. ¶ Θυμολέοντα, generosum aut fortem leonum instar, ἢ λεοντόθυμον, Hesychius & Varinus.

> ¶ Impastus stabula alta leo ceu sæpe peragrans (Suadet enim uesana fames) si forte fugacem
> Cōspexit capreā, aut surgentē in cornua ceruū: Gaudet hians immane, comasque arrexit: et hęret
> Visceribus super accūbens, lauit improba teter Ora cruor, Vergilius Aeneid. 10.

Similis est comparatio apud Homerum Iliados γ. (quam in c. posui hoc initio: Ὥστε λέων ἐχάρη:) & μ. (ibidem recitatā, Βῆ ῥ' ἴμεν ὥστε λέων, &c.) Nicolaus Erythræus. Impastus ceu plena leo per ouilia turbans, (Suadet enim uesana fames) manditque trahitque Molle pecus, mutumque metu: fremit ore cruento, Vergil. Aeneid. 9. Δὴ τότε μιν τρὶς τόσσον ἕλεν μένος, ὥς τε λέοντα, Ὅν ῥά τε ποιμὴν ἀγρῷ ἐπ' εἰροπόκοις ὀΐεσσι Χραύσῃ (ἀμύξῃ, ἐπ' ὀλίγον τὸν χρῶτα ἀποξύσῃ) μέν τ' αὐλῆς ὑπεράλμενον, οὐδὲ δαμάσσῃ: Τοῦ μέν τε σθένος ὦρσεν, ἔπειτα δέ τ' οὐ προσαμύνει. Αἱ μέν τ' ἀγχιστῖναι (ἐπάλληλοι, πυκναί) ἐπ' ἀλλήλῃσι κέχυνται. Αὐτὰρ ὁ ἐμμεμαὼς βαθέης ἐξάλλεται αὐλῆς.

αὐλῆς, (αὐτὴ τοῦ ἐξάλλεται, ἢ ὑπεράλλεται τὴν ἔπαυλιν,) Homerus Iliadis quinto. Non famelicus, miti ingenio est: at ubi impulerit fames, rapitur quo furor iussit, & qualicunque pastu propellit inediam, ut satis indicat M. Manilius li. 4. Astronomicôn dicẽs, Quis dubitet uasti quæ sit natura leonis? Quasque suo dictet signo nascentibus artes? Ille nouas semper pugnas, noua bella ferarum Apparat, & pecorum uiuit spolio, atque rapinis. Hoc habet, hoc studium postes ornare superbos Pellibus, & captas domibus configere prædas, Atque parare metum syluis, & uiuere rapto. ¶ De leone ex cicure efferato Martialis epigrammatum 2.75.

Verbera securi solitus leo ferre magistri,
Insertamque pati blandus in ora manum:
Dedidicit pacem subitò feritate reuersa,
Quanta nec in Libycis debuit esse iugis.
Nam duo de tenera puerilia corpora turba,
Sanguineam rastris quæ renouabat humum,
Sæuus & infelix furiali dente peremit,
Martia non uidit maius arena nefas.
Ceu sæuum turba leonem
Cum telis premit infensis: at territus ille
Asper, acerba tuens retrò redit: & neque terga
Ira dare, aut uirtus patitur: nec tendere contrà
Ille quidẽ hoc cupiẽs, potis est, per tela, uirosque.
Haud aliter retrò dubius uestigia Turnus
Improperata refert, Vergilius 9. Aeneid. His similia ex Homero capite quarto scripsimus.
Pœnorum qualis in aruis
Saucius ille graui uenantum uulnere pectus,
Tum demũ mouet arma leo, gaudetque comãteis
Excutiens ceruice toros: fixumque latronis
Impauidus frangit telum, & fremit ore cruento, Verg. 12. Aeneid. Ὡς οὐκ ἔστι λέουσι καὶ ἀνδράσιν ὅρκια πιστά, carmen Homericum uidetur: citatur à Scholiaste in Pacem Aristophanis sine authore. Torua leæna lupum sequitur, lupus ipse capellam, Vergil. 2. Aegl. Venatio leonum onager, Ecclesiastici 13. Vtque leo, specula cum uidit ab alta Stare procul campis meditantem prælia taurum Aduolat, Vergil. Aeneid. 10. Αἱματόεις, ὡς τίς τε λέων περὶ ταύρου ἐδηδώς, Homerus Iliad. rhô. Et rursus in eodem:

Ὡς δ' ὅτε τίς τε λέων ὀρεσίτροφος, ἀλκὶ πεποιθώς,
Βοσκομένης ἀγέλης βοῦν ἁρπάσῃ, ἥ τις ἀρίστη.
Τῆς δέ τ' ἐξ αὐχέν' ἔαξε λαβὼν κρατεροῖσιν ὀδοῦσιν
Πρῶτον, ἔπειτα δέ θ' αἷμα καὶ ἔγκατα πάντα λαφύσσει
Δῃῶν, ἀμφὶ δὲ τόν γε κύνες τ' ἄνδρες τε νομῆες
Πολλὰ μάλ' ἰύζουσιν ἀπόπροθεν, οὐδ' ἐθέλουσιν
Ἀντίον ἐλθέμεναι, μάλα γὰρ χλωρὸν δέος αἱρεῖ,

Sic nullus Troianorum Menelao occurrere audebat. His similia quædam uide supra in H. c. Ὡς δὲ λέων ἐν βουσὶ θορὼν ἐξ αὐχένα ἄξῃ πόρτιος, ἠὲ βοὸς ξύλοχον κάτα βοσκομενάων, Iliados quinto. Velut nactæ uitulos leænæ Singulos eheu lacerant, Horatius Carm. 3.1. quomodo Danaides maritos suos interfecerint. Gryphes cum aliis animalibus certãt eaque uincunt: contra leones autem & elephantes non stant, Aelian. Monocerotis & leonis mutuam pugnam, ad Monocerotem differo.

Ὡς δ' ὅτ' ἂν ἔν τε κύνεσσι καὶ ἀνδράσι θηρευτῇσι
Κάπριος ἠὲ λέων στρέφεται σθένεϊ βλεμεαίνων·
Οἱ δέ τε πυργηδὸν (πύργου δίκην ἐν τάξει) σφέας αὐτοὺς ἀρ(τύναντες,
Ἀντίοι ἵστανται, καὶ ἀκοντίζουσι θαμειὰς
Αἰχμὰς ἐκ χειρῶν, τοῦ δ' οὔποτε κυδάλιμον κῆρ
Ταρβεῖ, οὐδὲ φοβεῖται, ἀγηνορίη δέ μιν ἔκτα,
Ταρφέα τε στρέφεται, στίχας ἀνδρῶν πειρητίζων:
Ὅππῃ τ' ἰθύσει, τῇ τ' εἴκουσι στίχες ἀνδρῶν, Homerus Iliados μ. de Hectore in pugna instar leonis se gerente.

¶ e. Ad Indos sapientes, quum Apollonius cum eis conuersaretur, deductus est (ut curaretur) leonum uenator acerrimus, annos ferè natus triginta. Huic uenanti ingens leo in clune iuncturam dissoluit, atque ita crus femurque in alteram partem distorsit, Philostratus. ¶ Leontocomi, qui in caueis leonum curam gerunt, Cælius. λεοντοκόμοι ἄζηλοι, Oppiano: sed malim cum accentu in penultima, ut Varinus etiam habet & Etymologus, his uerbis: λεοντοκόμος, ὁ τὸν λέοντα κομῶν, ἤτοι ἐπιμελούμενος. Cælius mansuetarium uocat, sed leontocomos dici potest etiam qui mansuetum iam curat. ¶ In leonem mansuetum in Amphitheatro prostratum, carmen condidit Statius lib. 2. Syluarum. Linei thoraces etsi ferrum uiolenter adactum transmittant: uenantibus tamen conueniunt. Effringuntur enim in eis tum leonum tum pardalium dentes, Pausanias in Atticis. Orus bellum gesturus cum fratre Typhone, potius equum quàm leonem ad prælia fertur instruxisse: quia ad persequendum quoque hostem equus, leo in ipso tantum conflictu esse utilis uidetur, Camerarius. ¶ Historiæ hominum, qui leonibus obiecti, uel occiderunt eos, uel ab eis occisi sunt, referentur circa principiũ octauæ partis huius capitis. ¶ Leonteam uel leonten Græci uocant leonis pellem, Cælius: sed hęc commodius Græcè scribuntur, λεοντέη ἢ λεοντῆ. Λεοντῆ, δορὰ καὶ δέρμα λέοντος, Pollux. Aliqui λεοντή oxytonum scribere malunt, ut Scholiastes in Ranas Aristophanis, Suidas & alii plures. Athenæus li. 9. circunflectendũ asserit, his uerbis, Ἀπὸ δὲ τῆς κωλέας συγκεκομμένον ἐστὶ κωλῆ, ὡς λεοντέα λεοντῆ, συκέα συκῆ. Ἄνθετο δέρμα λέοντος Τοὔνεκ' Ἄραψ, καὶ τὴν ἀγρότιν αἰγανέαν, Suidas ex epigrammate. Λέοντειος δορά, τὸ δέρμα αὐτοῦ, Hesychius & Varinus. Στρόφος πέπλου παρὰ Λυκόφρονι, τὴν λεοντῆν ἐνδεδυμένην. στρόφος γὰρ τὸ λέονμα αὐτοῦ. Varinus. Herodorus uir uoracissimus, κοιμᾶσθαι ἔθος εἶχεν ὑπὸ τῷ δέρματι· καὶ στρώφεσιν, αἰγείοις δέρμασι, Varinus. ... Athenæus. Ἀμφὶ δὲ δέρμα πελωρίου ἔσσο λέοντος, Apollonius de Hercule. Καὶ θηροχλαίνου σκηνὸν ὠμηστοῦ λύκου, Lycophron de templo Herculis. Mauri leonum pelles induunt, & dormientes substernunt, Strabo. Barbari inter Caucasum montem & fluuium Cophena, Apollonio & sociis leonũ ac pantherarum pelles, à carnibus nuperrimè direptas donabant, Philostrat. Pellem habere fingitur Hercules, ut homines cultus antiqui admoneantur, Festus. Aeneas tergum Getuli immane leonis Dat Salio, uillis onerosum, atque unguibus aureis, Vergilius 5. Aeneid. Quem fulua leonis Pellis obit totum, præfulgens unguibus aureis, 8. Aeneid. Ipse (Auentinus) pedes tegmen torquens im-

L 1

mane leonis, Terribili impexum seta, cum dentibus albis Indutus capiti, 7. Aen. Dat Niso Mnestheus pellem, horrentisq; leonis Exuuias, 9. Aen. Fuluiq; insternor pelle leonis, Aeneas 2. Aene. Præcipuumq; toro, & uillosi pelle leonis Accipit Aeneam, 8. Aen. Aurifero perfusa Tago uillosa leonis Terga feri, Statius libro 6. Thebaidos inter præmia certaminum. Herodorus uir uoracissimus κοιμᾶσθαι ἔθος εἶχεν ἐπὶ λεοντῆς μόνης, Athenæus. Αὐτὰρ ὑπὲρ νώτοιο καὶ αὐχένος ᾐωρεῖτο Ἄκρων δέρμα λέοντος ἀφημμένον ἐκ ποδεώνων, Theocritus Idyll. 27. de Amyco. Adrastus oraculo iussus filias coniungere apro & leoni, cum uenirent ad eum, Tydeus apri, & Polynices leonis pelle induti, illis elocauit, Varinus in Oedipo. Induitis me leonis exuuium, ἐνδύετέ μοι τὴν λεοντῆν, prouerbium (inquit Erasmus) in eos dici solitum, qui suscipiunt negotium maius facultate, quiq; se magnificentius gerunt quàm pro sua conditione. Quidam ab Hercule sumptum putāt, cuius hic ornatus erat, ut leonis exuuio tegeretur, deinde altera manu clauam, altera gestaret arcum, atq; hoc ornatu descēdit ad inferos, Cerberum extracturus. Huc alludens Aristophanes in Ranis, Bacchum fingit, Herculis instar, leonis exuuio clauaq; instructum, ad inferos descendere parantem, ut Euripidem cum Aeschylo certantem audiret. Ridetur autem ab Hercule, quod id gestaminis neutiquam illum deceret, utpote mollem & effœminatum. Eodem pertinet quod Menippus ille Lucianicus eodem ornatu se ab inferis rediisse adsimulat. Nihil autem prohibet quò minus prouerbium ad apologum illum referatur, cuius meminit Lucianus in Piscatore: Apud Cumanos asinus quispiam pertæsus seruitutem, abrupto loro in syluam aufugerat: Illic forte repertum leonis exuuium corpori applicabat suo, atq; ita pro leone se gerebat, homines pariter ac feras uoce caudaq; territans. Nam Cumani leonem ignorāt. Ad hunc igitur modum regnabat aliquādiu personatus hic asinus: donec hospes quispiam Cumas profectus, qui sæpenumero uiderat & leonem & asinum, atq; ob id non erat difficile dignoscere, aurium prominentium indicio, neq; non alijs quibusdam coniecturis asinum esse deprehendit, ac probè fustigatum reduxit, dominoq; agnoscenti reddidit. Cumanos autem hîc appellat, non qui sunt in Italia, sed qui sunt in Aeolide supra Lesbum. Nam & Lesbij & Cumani notati sunt stoliditatis, ut indicat Stephanus. (De asino Cumano scribit etiam Tzetzes 4.10. & 11. & 10.321.) Vsurpat hoc adagium Socrates Platonicus in Cratylo, negans oportere deterreri sese magnitudine disputationis institutæ, postea quàm semel leonis pellem esset indutus. Lucianus in Pseudologista: οὐδὲ δεῖ τινος τοῦ ἐκδύσοντος τὴν λεοντῆν, ὡς φανερὸς γένοιο κανθήλιος ὤν, εἰ μή τις ἄρα ἐξ Ὑπερβορέων ἄρτι ἐλθὼν ἡμᾶς ἥκοι, ἢ ἐκ τοσούτου Κυμαῖος εἴη, ὡς μὴ ἰδὼν εὐθὺς εἰδέναι ὄνον ἁπάντων ὑβριστικώτατόν σε ὄντα, μὴ περιμείνας ὀγκωμένου περὶ τὴν ἀκοήν. Eusebius Cæsariensis aduersus Hieroclem, οἴχεσθαι μὲν ἡμῖν φιλόσοφος, ὄνος δὲ τῇ τοῦ λέοντος ὑποκρυπτόμενος δορᾷ. Demutauit nonnihil de prouerbio Lucianus in Philopseude cum ait: Τοσοῦτον χρόνον ἐλελήθει με ὑπὸ τῇ λεοντῇ, γελοῖόν τινα πίθηκον περιστέλλων, Hæc omnia Erasmus. Καὶ Καλλίαν γέ φασι τὸν Ἱππονίκου κύσθῳ λεοντῆν ναυμαχεῖν ἐνημμένον, Aristophanes: παραγραμματίζει δὲ τὴν ἀσέλγειαν περὶ τὸ Ἱππονίκου, εἰς πορνομανῆ, ὀνοματοποιεῖ δὲ πάντα πρὸς μαλακίαν αὐτοῦ. λεοντῆν forte inuerecundo sensu accipit, ut Martialis leonem, ut in adictum est. Leonis tergus gestare, ceu prouerbio dici posset in uirum fortē, quod id olim gestārit Hercules & post eum Zielas (Ζιήλας) ille apud Arrianum, Eustathius. Sed, ut mihi uidetur, aliorum quidem animalium, ut uulpis, hinnuli, pantheræ, pelles gestare illos, quorum similia sunt ingenia, eleganter dicemus: leoninam uerò, propter asini Cumani fabulam, non ita aptè. Ἐνάπτεσθαι καὶ καθάπτεσθαι λέγομεν, τὰ μὴ ζώνη διαλαμβανόμενα, μηδὲ τὸ σῶμα ὅλον ἐνδύοντα, ἀλλὰ μέρος τι σκέποντα, ἢ ἀφετὰ ἐξαρτώμενα, οἷον πήραν, λεοντῆν, ἢ παρδαλέην, Eustathius in Dionysiū. Et rursus, ἐπάνυσε νεβρίδα, οὐκ αὐτὴ τοῦ ἐνδύσασθαι κειμένου, ἀλλ' ἀντὶ τοῦ ἐφόρεσεν, ἐξεκρέμασεν, ἤτοι ἐνήψατο. Leonis exuuium super crocoton, λεοντῆ ἐπὶ κροκωτῷ, parœmia, quæ locum habet, cum duo quæpiam copulantur, quorum alterum cum altero nequaquam congruit. Sumptum à Baccho qui hoc ornatu descendit ad inferos, apud Aristophanem in Ranis, (ut dictum est in præcedente statim prouerbio:) quo uidelicet Hercules creditus, formidabilis uideretur inferis: Hunc ita adornatum Hercules ridet, ἀλλ' οὐχ οἷός τ' εἰμ' ἀποσβέσαι τὸν γέλων, ὁρῶν λεοντῆν ἐπὶ κροκωτῷ κειμένην. Appositè diceretur, inquit Erasmus, in monachos quosdam aut scholasticos, qui foris insignia sui instituti portant, interius militarem imitantes cultum: aut qui uultu tetrico, moribus sunt effœminatis. Κροκωτὸν, γυναικεῖον ἐκ πήνης ἔνδυμα, Scholia Aristophanis: Vide plura in Lexicis. Prouerbium Τὸν κροκωτὸν ἡ γαλῆ, in mustela dicetur. Superioris ex Aristophane Suidas etiam in uoce Κροκωτὸν meminit. Lysander Lacedæmonius cum ei uitio uerteretur à nonnullis, quod fraude subinde agere uideretur: Quò (inquit) leonis peruenire pellis non potest, uulpinam assuisse haud dedecuerit, Cælius: transcripsit autem ex Lysandro Plutarchi. Ἂν ἡ λεοντῆ μὴ ἐξικνῆται, πρόσαπτε καὶ τὴν ἀλωπεκῆν, ὄντως, ἐὰν μὴ φανερῶς ἀμυνόμενος ἀντέχῃς, πανουργίᾳ χρῆσαι. Καὶ Ὅμηρος, ἢ δόλῳ ἠὲ βίηφι ἢ ἀμφαδὸν ἠὲ κρυφηδόν, Suid. Ὅπου μὴ ἐφικνεῖται ἡ λεοντῆ, προσραπτέον τὴν ἀλωπεκῆν, ὅτι δεῖ ποιεῖν ἕκαστον κατὰ δύναμιν, Apostol. ¶ Vestes in corio leonis deuolutę, tutæ sunt à tineis, Rasis & Alber. Si sepo leonis cū allijs trito, ita quòd odorem allij uincat, corpus aliquod perungatur, nunq; lupi accedent ad ipsum, Idē. Si cum sepo leonis liquefacto circuitus ouium inungatur (aliàs, distilletur) nunquam accedent ad eū lupi, nec alia rapacia, Rasis & Albertus. Si quis linat corpus suum sepo renum leonis, terrentur ab eo lupi, Aesculap. Si sepo eius liquefacto inungatur animal, non accedent ad ipsum muscæ (uel ut alij habent, lupi, aut bestiæ, aut serpentes) Rasis. Si suffitus ex sepo leonis circa aquam fiat, uel ex eo aliquid in aquam ueniat, prohibet lupos ne bibant eam (ne accedant & ne bibant eā, Rasis:) Idē. Leonis adipem aiunt amuletum esse aduersus insidiantes, ἀντιφάρμακον τοῖς ἐπιβουλεύουσιν εἶναι, Dioscorides.

des. Fatemur & sine pudore quidem (inquit in annotationibus suis Marcellus Vergilius) nescire nos quibus insidijs & hic & Plinius resistere leoninum adipem dixerunt: hoc quidem monebimus, fabulosum & ex uulgo repetitum uideri. Ego uerò Marcellum miror, qui nodum in scirpo quærat: sciunt enim omnes quo sensu insidiæ nominentur, cum dolo scilicet & ex improuiso aliquis capitur, læditur, occiditur. Hi doli, hæ insidiæ ne quid possint, leonis adipem inunctum præstare aiunt, ui scilicet magica, non naturali. Resistere etiam insidijs uidetur, Plinius. Et rursus, Magorum uanitas perunctis eo adipe faciliorem gratiam apud reges populósue promittit: præcipuè tamen eo pingui quod sit inter supercilia, ubi esse nullum potest. Similia dentis, maximè à dextera parte, uillíque è rostro inferiori promissa sunt. Leonis sanguine si quis corpus suum linierit, ab omnibus bestijs erit tutus, Sextus: eandem uim ferè adipi Rasis attribuit, ut dictum est. Helianthen uocat Democritus herbã in Themiscyræ regione & Ciliciæ montibus maritimis: qua cum adipe leonino decocta, addito croco & palmeo uino perungantur magi & Persarum reges, ut fiat corpus aspectu iucundum, Plinius. Super omnia est compositio qua inuictos faciunt magorum mendacia: Cauda draconis & capite, pilis leonis è fronte, & medulla eiusdem, equi uictoris spuma, canis unguibus adalligatis ceruino corio, neruísque cerui alternatis & dorcadis, Plinius. Equus sequens uestigia lupi (uel leonis, Albertus: non probo) cruribus obtorpescit, ut moueri non possit, Rasis. Stercus leonis in uino potum (aut positũ in uino mensura dauic, Rasis) facit abhorrere uinum, Albertus.

¶ h. Nationem quandam Libycam Nomadum, tum alijs rebus felicem, tum lacte abundantẽ, maximorum leonum magna multitudo de suis locis depulit, Aelianus. Dilaniatus est Paphages rex Ambraciæ, dum leænæ catulis stipatæ occurrisset, de quo Ouidius in Ibin: Fœta tibi occurrat patrio popularis in aruo, Sitque Paphageæ causa leæna necis. Hyas item frater Hyadũ à leęna interfectus est, Text. Ampraciotæ leænam colunt summa religione, quòd tyrannũ ipsorum dilacerârit, Aelianus. Iuxta Indum fluuium mons est Lilæus nomine, à Lilæo pastore dictus. Hic cum superstitiosus esset & solam Lunam coleret, ac nocte intempesta eius aliquando sacra peragerêt, reliqui dij contemptum sui ægrè ferentes, duos ingentes leones ei immiserunt, à quibus laceratus, in sui nominis montem mutatus est. Nascitur in eo lapis clitoris, κλιτορὶς, colore nigerrimus, quem pro ornamento incolæ gestant ἐν τοῖς ὠταρίοις, lego ὠταρίοις, id est auriculis, Plutarchus in libro de fluuijs capite ultimo. Nota est historia Babyloniorum amantium Pyrami & Thysbes, ut ab Ouidio Metamor. quarto describitur. Pactum erat sub nocte egressos urbe ad sepulchrum Nini fonti proximum cõuenire: prior adfuit Thysbe: uenit ecce recenti Cæde leæna boum spumantes oblita rictus, Depositura sitim uicini fontis in unda. Ea uisa fugit Thysbe, & tergo uelamina lapsa relinquit. Hæc cum reperisset leæna, ore cruento laniauit. Paulò post Pyramus accedens, uestigia feræ deprehendit, & uestem statim cruentam reperit, unde conijciens Thysben perijsse, suo se gladio iugulauit: Mox superueniens Thysbe, eidem gladio incubuit. Fuit in Scythia, aut (ut alijs placet) Numidia uir quidam sæuitiæ incredibilis Therodamas nomine: qui leonibus (quos multos habebat in stabulis) præbebat homines deuorandos: Ad quod allusit Ouidius in Ibin dicens, Therodamantæos ut qui sensere leones. Item in Ponto, Non tibi Therodamas, crudúsque uocabitur Atreus, Textor. Regum libro 3. cap. 13. describitur historia prophetæ cuiusdam, qui cum Domini potentiam in miraculis aduersus impium regem Hieroboam æditis uidisset, & interdictum Domini audiuisset, ne qua uenerat uia rediret, nec ederet biberétue illo in loco, idque à seniore quodam propheta deceptus neglexisset, asino uectus in itinere ab obuio leone dilaceratus est, illæso interim ad cadauer unà cum leone stante asino, donec senior propheta re audita ad sepulturam id tolleret. Eiusdem libri capite uicesimo sic legimus: Cum propheta quidam diceret ad socium suum in sermone Domini, Vulnera me: & ille nollet, addidit: Quia noluisti audire uocem Domini, ecce recedes à me, & percutiet te leo. Ille igitur cum parum recessisset, à leone laniatus est. Ignatius episcopus Antiochenus, Ioannis Euangelistę discipulus, quũ nullis tormentorum generibus à fidei nostræ cultu posset diuerti, Traiani imperatoris mandato leonibus fame diuturna maceratis obiectus est. Satyrus quoque & Perpetua martyres pro Christiana pietate certantes, sub Valeriani & Galieni impp. persecutione itidem leonibus deuoti, & ab eis deuorati sunt, Textor. Alias martyrum historias, quibus obiectis leones pepercerunt, capite quarto retuli. ¶ Descendit Samson in Thimnath, & ecce catulus ex leonibus cum rugitu ei occurrit: quem ille spiritu diuino afflatus hœdi instar nudis manibus discerpsit: Et pergens conuenit mulierem quã ducturus erat: & reuersus post aliquot dies ut eam duceret, declinauit ut uideret cadauer leonis, reperitque in eo examen apum & mel, &c. Hinc etiam ænigma iuuenibus Philistæis proposuit huiusmodi: A uorace exiuit cibus, & ex forti egressa est dulcedo, &c. Iudicum ca. 14. Benaia filius Iehoiadæ uir robustissimus, percussit duos fortissimos ex Moab: Idem descendit & percussit leonem in medio foueæ tempore niuis, Paralip. 1. 11. & 3. Regum 23. Pascebam (inquit Dauid 1. Regum 17.) patris mei gregem, & ueniebat leo uel ursus, & tollebat arietem de medio gregis, & persequabar eos, & percutiebam, eruebámque de ore eorum. ¶ Perdiccas Macedo qui secutus est Alexandrum in bellis usque adeò fuit audax, ut aliquando in speluncam leænæ latibulum solus introiret. Verum leænam ipsam non deprehendit, sed catulos eius secum exportauit: et magnam hominum admirationem hoc facto meruit. Etenim non solum apud Græcos robustissimum & bellicosissimum animal leæna putatur esse, uerum etiam apud Barbaros. Proinde dicunt, Semiramidem Assyriam, non si quando leonẽ cepiſſet, aut pardalim ſimilémue feram interfeciſſet: ſed ſi leænam eſſet nacta, animum extuliſſe, ſibiq; in eo placuiſſe, Aelianus in Varijs lib. 12. Ab Acropoli deſcendentibus (inquit Pauſanias in Atticis) Septentrionem uerſus, monumẽtum eſt Alcmenæ, &c. & prope illud Hylli filij Herculis: à quo non multum abeſt Apollinis & Dianæ fanum, quod extructum aiunt ab Alcatho cum leonem Cithæronium occidiſſet. Ab hoc enim leone interemptos aiunt tum alios tum Megarei regis filium Euippum: Itaq; regem illi qui leonem iſtum occidiſſet filiam promiſiſſe uxorem, & ſimul regni ſucceſſionem. Alcathum igitur (Ἀλκάθουν) Pelopis filium, adortum eſſe feram & uiciſſe: & cum regnaret ædem hanc condidiſſe Dianæ Agroteræ, & Apollinis Agræi. Lyſimachus Agathoclis filius, dum Calliſtheni philoſopho (quem ſæpius de uirtute diſſerentem audierat) ab Alexandro in fouea cum cane incluſo, ad remedium miſeriæ, uenenum propinaſſet, ac propterea eiuſdem Alexandri factum ægrè ferentis iuſſu, leoni fuiſſet obiectus, rem toti memorabilem poſteritati egit. Manum ſiquidem amiculo inuolutam in os leonis intulit, arreptaq; lingua feram exanimauit, Textor. Hoc facto, ut quidam ſcribunt, uehementius poſtea Alexandro dilectus, & apud eum in honore maximo fuit, & tandem poſt mortem eius Pergamo præfuit, ubi theſauri regis fuerunt: Vide Trogum libro 15. Alexander Magnus Lyſimachum familiarem ſibi leoni obiecit. Nunquid ergo hic Lyſimachus, felicitate quadã dentibus leonis elapſus, ob hoc cum ipſe regnaret, mitior fuit? Nam Teleſphorum Rhodium amicũ ſuum undiq; decurtatum, cum aures illi naſumq; abſcidiſſet, in cauea uelut nouum aliquod & inuſitatum diu pauit, &c. Seneca de ira. Polydamas (Scotuſæus) leonem magnitudine uiſenda & robore confecit, & quidem inermis prorſus inobſeptusq;, Herculis ſimilem audaciam æmulatus, Cælius: Trãſtulit autem ex Pauſania, qui Eliacorum ſecundo, Montana, inquit, Thraciæ regio intra Neſtum fluuium leones alit, qui ſæpe in loca Olympo finitima euagantur. Huius montis latus unum ad Macedoniam uergit, alterum ad Theſſaliam & flumen Peneum. Hoc in loco Polydamas leonem in Olympo confecit, &c. ut ex Cælio recitaui. Ab eodem Polydamante ferociſſimi tauri pedem manu detentum, donec ungulam dimitteret, in Tauro dixi. In leonem à bubulco occiſum Anthologij 6. 11. hexaſtichon extat huiuſmodi:

Πυρσοῦ τὸν ποτε λέοντα ἀπεφλοιώσατο δέρμα, Ἄρτι κατὰ βρύχοντα τὸν* Μοχθῶν δ' ἀπέπτυσεν ὁ θὴρ αὐθ' αἵματος αἷμα, Ζῶσ' ὁ βουκολίων λαιῇ φονδύσσομενος. Οὐδ' ἴκετ' ἐκ μάνδρας αὖθις ἰδὼν ξυλόχους. Βληθεὶς, ἀχθεινὴν δ' εἶχε βοοκτασίαν.

Achilles adhuc puer λεόντεσσιν ἀγροτέροισιν ἔπραξε φόνον, κάπρους τ' ἔναιρε, Pindarus. Phyllius quidam propter amorem pueri, iuſſu illius captas à ſe feras, uolucres, & leonem quoq; ferum, ei tradidit domitas: taurum uerò poſtremo uictum cum illi negaret, indignatus puer ſaxo deſiliens in cygnum autem mutatus eſt, Ouidius 7. Metam. ¶ Teumeſſus mons eſt Bœotiæ ſeu ciuitas, &c. ut in Onomaſtico docetur: unde dictus leo Teumeſſius inauditæ magnitudinis, qui omnibus terrori erat, quem Hercules adhuc penè puer occidit, eiq; pellem detraxit, qua poſtea pro pallio ſemper uſus eſt. Hic leo à Ioue in cœlum tranſlatus dicitur, ut gloriæ Herculis conſuleret, qui eum inermis occiderat. Alij tamen non hunc, ſed Nemeæum leonem, itidem ab Hercule interfectum, inter ſydera relatum dicunt. Sed de leone ſydere ſupra egi in H. a. Θεσσαλῷ τ' ἄμφω καὶ Χαλαστραῖος λέων, ſenarius Lycophronis ut Stephanus citat. Nemea uel Nemee, regio eſt Arcadiæ uel Elidis, in qua Dryopes habitabant: uel ſylua, inter Cleonas & Phliuntem. In hac Argiui ob Herculis memoriam Nemeæa ſacra celebrare conſueuerunt, eò quod immanẽ leonem in ea interfeciſſet, Molorchi hoſpitis ſui ſuaſu cuius filium leo interemerat. Vnde & Molorchæum leonem quidam cognominãt. Si ſæuum premeres Nemeæum Phœbe leonem, Lucanus libro 1. Eſt & Nemea fons, item mons. Vergilius Aen. 8. de Hercule, Tu Creſſia mactas, Prodigia, & uaſtum Nemeæ ſub rupe leonem. Auſonius pro Nemeæo leone Cleonæum dixit, à Cleonis oppido Arcadiæ prope Nemeam ſyluam. Cognominatur & Bembinetas apud poëtas, à Bembina Nemeæ uico. Δέρματι θηρείου Βεμβινήταο λέοντος, Panyaſis apud Cælium. Ex Cleonis Argos duæ ſunt uiæ, una breuior qua pedibus tantum itur: altera quamuis & ipſa anguſta circumiectis montibus, curribus tamen aptior eſt. In his montibus adhuc oſtenditur ſpecus leonis, & regio Nemea quindecim circiter ſtadia abeſt, in qua templum uiſitur Iouis Νεμέου, Pauſanias in Argolicis. Nemeorum ludus funebris eſt ob Archemori mortem inſtitutus, &c. Hunc Hercules deuicto Nemeæo leone inſtaurauit, & Ioui conſecrauit. Celebratur autem tertio quoq; anno, Panemi menſis duodecimo die, certaminibus equorum & gymnicis, Scholia in Pindarum. De Nemeorum certamine reperies nonnihil apud Aelianum libro 4. capite de ijs qui memores beneficiorum fuerũt. Leo, inquit Varinus, in Nemea regione Argiua erat, nec ferro uulnerabilis, nec ullo genere teli: hunc Hercules ſuis manibus compreſſum occidit, & exuuium pro ueſte geſtauit. Contigit autem aliquando ut eum tranſeuntem Telamon ei amicus, qui filijs carebat, Ioui ſacrificans inuitaret rogaretq;, ut ſic amictus leonis pelle Ioui patri ſuo ſacrum faceret, & ut filius ei naſceretur oraret. Hercule igitur phiala aurea accepta ſacrificante, & pro filio Telamoni impetrando Iouem orante, aëtòs, id eſt aquila præteruolauit. Itaq; iuſſit ut filium naſciturum Aëtòn nominaret. Quare filius Telamonis natus, primum Aëtòs, poſtea Aiax dictus eſt. Adultum Hercules pelle ſua obtexit, eamq; ei donauit: qua tectus, ut nugantur, inuulnerabilis erat: (ut & Hercules) eo tantum, ut quidam uolunt, loco excepto, qui pharetra prius tegebatur, cum pellem adhuc geſtaret Hercules: (in Aiace uero eam geſtante, excepto eo loco quo ſcutum tenebat, Iſac. Tzetzes.) Sed hæc nugæ ſunt: Veritas autẽ ſic ſe habet.

Aiax

Aiax cum egregius miles & in multis prælijs uersatus esset, nunquam uulneratus est, ut qui sibi optimè caueret & scuto se muniret. Sed postremò cum ipse suo se gladio per latus aut collum adacto iugulasset, eas tantum partes uulnerabiles habuisse, fabulati sunt, Hucusque Varinus, & Isacius Tzetzes Scholiastes Lycophronis: ex quo corrupta apud Varinum uerba hæc, ἄλλοι δὲ φασιν ἡρακλείδην ἐν τὸν Αἴαντα, sic restitues: ἄλλοι δὲ φασιν ὑπὸ τὴν κλεῖδα ἐν τρωτὸν τὸν Αἴαντα: Hoc est, Nonnulli Aiacem sub iugulo uulnerabilem fuisse aiunt. Nemea (inquit Tzetzes 7.101.) regio est Argiua, sic dicta quòd multis abundet pascuis: hanc uastabat leo quidam inuulnerabilis. Eum Hercules emissis sagittis, & confracta iam ictibus claua, cum nondum interemisset, nudis tandem manibus compressum occidit: & pellem unguibus ferę incidens, ἐφόρει ταύτην ὁπλισμὸν ἀσίδηρον ἐν μάχαις. Vocat autem hunc leonem νέμειον, alij Νεμεαῖον. Plutarchus in libro de fluuijs iuxta Inachum tum alios montes esse scribit, tum Apæsantum dictum, qui antea Selenæus, id est Lunaris uocabatur. Nam Iuno irata Herculi, ut eum ulcisceretur, Lunam sibi conciliauit, quæ incantationibus magicis cistam repleuit spuma: ex qua natum leonem maximum Iris comprehensum zonis suis in Opheltium montem demisit: Vbi ille pastorem quendam indigenam Apæsantum nomine laniauit, & monti nomen suum reliquit, authore Demodoco in primo Heracleæ. In Hercule furente Senecæ hic senariolus legitur, Sublimis altas Luna concipiat feras. Sed codex quidam uetustus pro altas, habet alias. Cuius intellectum loci (inquit Politianus in Miscel. 17.) non temere aliunde, quàm ex Achille, qui in Commentarijs Græcis Arateis scribit, in Luna etiam habitari, fluuiosque esse, ut cætera sicut in terra: quin Nemeæum quoque, inquit, illinc cecidisse leonem fabulantur. ¶ De Apolline mutato in leonem, lege Ouidium libro sexto Metamorph. De Hippomene item in leonem, libro 10. & de Atalanta in leænam mutata, ibidem. Curetes in leones mutati, ut paulo post dicam in loco de dijs. Protei conformatio in diuersa corpora imaginum falsarum rationem continet, quibus deludimur: alij in alijs rebus summum statuunt bonum: quod si quis in ambitione & superbia id collocet, leo existimari potest, Cælius. Et alibi, Timæus Pythagoricus, inquit, mutationē in bestias induci putat falsò, ad terrorem hominum impiorum, ut pœnæ saltem formidine à uitijs retrahantur. Et mox, Non desunt qui ista sic interpretentur, ut animarum quæ similem brutis duxerint uitam, aliæ inter alias bestiarum turbas diuersentur: Quod ipsum Platonis doctrinæ ualde consentaneum putat Olympiodorus. Quod si habitum intelligamus, non speciem, arbor erit apud Platonem, qui nutritioni deditus, uel Herculis quęstum in ea attriturus, die noctuque torpebit: miluus, qui raptu uiuet per concupiscentiam: leo, qui egregiè militabit: draco, qui crudeliter in genus humanum debacchabitur. Empedocles inquit, si post excessum è uita homo de semetipso in bestiarum naturam demigrat, multo præstantissimam commutationem esse, quæ fit ex homine in leonem. Sin homines è natura sua in plantas commutantur, optimam esse conuersionē, & demigrationē ex humano genere in laurū, Aelian. Vir quidā (ut scribit Philost. li. 5. de uita Apollonij) leonē mansuefactū ex loro ueluti canē, quocunque uoluerat ducebat. Lea aūt nō modo ei qui se ducebat blandiebat, sed cæteris omnibus qui obuiam accessissent. Tali modo uir mercedē quærens multas iam lustrauerat ciuitates: quinetiam templa ingrediebatur, quòd mundus à cædibus esset & impollutus: neque enim hostiarum sanguinem lambebat: & excoriatas atque in frusta diuisas sacrorum carnes non attingebat: sed mellitis placentis, ac pane etiam & oleribus uescebatur, coctas quoque carnes edebat: & uinum quandoque bibere uisus est, cum antiquam seruaret consuetudinem. Is itaque leo ad Apollonium ueniens, qui tum fortè in templo sedebat, & ad eius genua procumbēs, humilius etiam quàm homines facerent, supplicare uidebatur: quod uidentes qui astabant mercedis causa id facere arbitrabantur. Respiciens autem ipsum Apollonius, Hic, inquit, leo me rogat, ut uos doceam hominis animam se habere: est autem Amasis, quondam Aegypti rex circa Saiticam præfecturam. Quibus uerbis auditis leo mirabiliter fremens, lachrymabilem rugitum ędidit, tum dentibus infrendens, cum plorare proculdubio uideretur, aptissimè lachrymas fundebat. Demulcens igitur ipsum Apollonius, Ego (inquit) leonem censeo Leontopolim mittendum esse, ibique in templo collocandum. Regem enim maximè in regiam belluam conuersum, tanquam egenum mendicare indignum iudico. Post hęc congregati sacerdotes Amasidi sacrificarunt, & belluam torquibus uittisque redimitam, in interiorem Aegyptum misère: tibijs ante ipsam carmina & hymnos decantantes, Hæc Philostratus. ¶ Leonis & muris apologum ex Babrio, Suidas in uoce φριξότριχα, his uerbis recitat, sunt autem senarij scazontes. Κοιμωμένου λέοντος ἀγρίης χαίτης διέδραμεν μῦς. ὁ δὲ λέων ἐθυμώθη. φρίξας δὲ χαίτην ἔκθορε φωλάδος κοίλης. Nos inter Babrij apologos eundem legimus, sed alijs uerbis, & communibus senarijs. Apologū de leonis, asini, & uulpis societate, referam in prouerbio Leonina societas. Leo apud Aesopum ægrotare simulans, belluas omnes capiebat quę ad uisendum accedebant. Vulpes aūt, Quid (inquit) huc ingrediens utilitatis capiam, ubi tutò manere nullus potest, exeuntium autem uestigium nullum uideo? Philostratus in uita Apoll. Eundem apologū Horatius in Epistola prima primi libri, his uersibus refert:

Quòd si me populus Romanus fortè roget, quur
Non ut porticibus sic iudicijs fruar ijsdem,
Nec sequar ac fugiam, quæ diligit ipse, uel odit:
Olim quod uulpes ægroto cauta leoni
Respondit, referam, quia me uestigia terrent
Omnia te aduersum spectantia, nulla retrorsum. Bellua multorum capitum es.

¶ In Hecatombe (inquit Iulius Capitolinus) si imperatorium sacrificium sit, centum leones, centum aquilæ, & cætera huiusmodi animalia: quod quidem etiam Græci quondam fecisse dicuntur, cum

Ll 3

pestilentia laborarent, & à multis imperatoribus id celebratum constat.

¶ Sub Atergatis simulacro species leonum sunt, eadem ratione terrã esse monstrantes, qua Phryges finxêre matrem deûm, id est Terram, leonibus uehi, Macrob. Phasiana dea, nõ alia quàm Rhea uidetur: cymbalum enim manibus tenet: & leones throno subijciuntur, Arrian. in Periplo. Curetes Iouem in Creta clam nutriuerunt, à Rhea eis commissum: quod cum Saturnus resciuisset, iratus in leones eos mutauit: Iupiter uerò iam regnans effecit, ut inter feras omnes principatum tenerent, & sub iugo Rheæ matris currum traherent, Oppian. Rhea Cybele uocatur à Cybelis montibus: est enim dea montana, eamq; ob causam super leonum iugo inuehitur, Varin. Sophoclis glossularius Rheam ταυροκτόνων λεόντων ἔφεδρον interpretatur, φ à leonibus nutrita sit, aut quia nulla adeò terra sterilis sit quæ culta nõ mansuescat, Io. Brodæus. Hanc ueteres Graiûm docti cecinere poetæ Sedibus in curru biiugos agitare leones, Lucret. lib. 2. Et iunctæ currum dominæ (Cybeles) subiere leones, Verg. 3. Aen. Cui Dindyma cordi, Turrigeræq; urbes, biiugiq; ad frena leones, Idem 10. Aeneid. de Cybele. Nicomachus pinxit deûm matrem in leone sedentem, Plinius. Leonem simul & gallinaceum solaria esse animalia, sed hunc gradu superiore, ideoq; ab illo metui, dictum est capite quarto. Aegyptij (inquit Macrobius Saturnalium 1.21.) animal in zodiaco consecrauere, ea cœli parte, qua maximè annuo cursu Sol ualido efferuet calore, &c. ut supra recitaui in a. de leone sydere: ubi plura etiam attuli cur leo solare sit animal. Leonem à somno inuictum esse, nempe qui semper uigilet, Aegyptij se obseruasse gloriantur: idcirco hunc Soli eos comparare existimo, quòd Sol laboriosissimus ad nullum temporis punctum uersari intermittens circum orbem terræ, ab instituto cursu nunquam conquiescit: cui rei Homerum testem afferunt, cum Solem inquit operum & laborum requietem nullam habere, Gillius ex Aeliano. Mitras (uel, ut alij scribunt, Mithras) apud Persas Sol est, & primus eorum deus. Huius simulacrum fingebatur leonis uultu, ambabus manibus reluctantis bouis cornua retentans: quo significabatur Lunam ab eo lumen accipere, cum incipit ab eius radijs segregari: ipsa enim indignata sequi fratrem, occurrit illi, & lumen subtexit obscuratq;. Sol autem, id est Mithras, ideo leonis uultu esse dicitur, quia Sol leonem signum principale habet: uel φ ut leo inter animalia, ita Sol inter sidera excellit, Gyraldus. Plutarchus scribit leonem propterea dici Solare animal, quod inter quadrupedia unguibus aduncis, catulos sola uidentes parit leæna: minimum porrò dormit, sublucentesq; quiescentis oculi, Cælius. Leo in anteriori parte calidæ naturæ est, in posteriore frigidæ: sic & Sol cum est in leone, Author obscurus. ¶ Dicitur quibusdam quoq; leo inter uigilandum præcipuè oculos occludere, quos aperiat dormiens. Hinc templorum claustris leonem symbolicè appingebant priores, Cæl. ¶ Onosceli dæmones, mares se ut plurimum exhibent, interdum quoque leonem & canem induere uidentur, Cælius. Canis Serapidi coniunctus est triceps, capite medio leonis, sinistro lupi, dextro canis: uide supra capite primo de canibus diuersis, ubi de Cerbero agitur. ¶ Ampraciotæ leænam summa religione colunt (adorant,) quod tyrannum suum lacerârit & distraxerit, tanquam suæ libertatis uindicem, Aelianus. Leonibus (inquit idem) in Aegypto religiosus cultus non modò tribuitur, sed etiam ex ijs urbs nomen traxit: quorum sanè uim ac naturam exponere non alienum uidetur. Templa habent sibi consecrata, & sedes ad commorandum amplas, & ad exercendum spatia & curricula laxa: tum eis bubulæ carnes quotidie præbentur, quas distractas atque ab ossibus nudas cum interea exedunt, & conficiunt, ab Aegyptijs incantantur Aegyptia uoce. Cantionis argumentum huiusmodi est, ne ex aspicientibus quenquam fascinent. Neque uero eorum modò permulti diuinitatem & religionem apud ipsos habent: uerum etiam sedes eis dedicatæ, è regione contrarios auersosq; aspectus habent: quarum fenestræ, tam quæ ad solis exortum pertinent, tam etiam quæ ad occasum spectant, apertæ suauiorem uiuendi rationem eis & iucundius habitandi domicilium efficiunt, tum eis etiam sunt exercitationum loca ad tuendam ualetudinem, tum propinquæ palæstræ. Eos ideo Vulcano Aegyptij consecrarunt, quòd sint natura uehementer ignita, atque adeo exteriorem ignem ob copiam interioris ægerrime intuentur, & fugiunt: tum ipsos idcirco solis domicilia constituunt, quod ignei sint: simul & solem, cum est æstiuo tempore calidissimus, accedere ad leonem cœlestem dicunt: & ij quidem qui magnam Heliopolim incolunt, in templi uestibulis eos diuinæ cuiusdam sortis, ut Aegyptij dicunt, participes alunt. Nam ijs, quibus propitius est deus somniorum significationibus secundum quietem, futura non solum ostendunt, sed etiam à periurissimis, quod iusiurandum non conseruent, & fidem uiolent, non longo interuallo, atque adeo e uestigio, deo eis iustum impetum afflante, pœnas illorum fraudi debitas, repetunt, Hactenus Aelianus. ¶ Lycophron in Alexandra Herculem λέοντα dicit τριέσπερον, ex insiti roboris præstãtia, et quia in eius generatione triplex in unam coiuit nox, &c. Cælius. Apud Homerum alicubi de Diana legitur, ἐπεί σε λέοντα γυναιξὶν ἔθηκε Ζεύς, ὁ δὲ λέαιναν, Varinus. Leæna in luco Dianæ, apud Theocritum Idyl. 2. ¶ Ecce uicit leo de tribu Iuda, radix Dauid, ut aperiat librum, Ioannes Apocalypseos quarto. Intelligit autem dominum nostrum Iesum Christum, quem & agnum paulò post uocat, ab innocentia: ut leonem à fortitudine, quòd solus potuerit aperire librum, quem nullus alius spiritus aperire poterat. Sed etiam princeps tenebrarum ab apostolo Petro leoni confertur, non simpliciter, sed rugienti & famelico: ferociam enim & iracundiam leonis in fame summam esse diximus.

¶ Leonis ad frugifera & fructuosa loca profectio siccitatem prænuntiat, Aelianus. Periclis mater Agarista

Agarista per quietem sibi uisa est leonē partu ædere, & post paucis diebus Periclem peperit, Plutarchus in eius uita. λέοντας ἰδεῖν Αυσμενῶν δηλοῖ μάχας, Suidas & Varinus. Leonis aspectus famosus fuit & inglorius, itineraq; infesta facere creditus: nanq; hostium pugnam sæpe portendei unt, Alexander ab Alex. sed deceptus uidetur, non intellecto nimirum quem recitaui senario, cum is ad somnium pertineat, non ad leonem obuium uel in itinere uisum. Erasmus eundem senarium inter prouerbia numerat, (quod parum probo,) translatum ut inquit, uel à somniorum coniecturis, uel ab obseruantibus auguria. Sed ad somnia duntaxat pertinere, uel inde clarum est, quod passim apud Suidam & Hesychium plurimi similes senarij monostichi onirocritici recitantur. Alexādrum Magnum in Babylone multa prodigia perturbabant. Ex his enim quos educabat, leonem quendam eximiæ magnitudinis ac formæ mansuetus asellus calcibus exanimârat, Plutarchus in eius uita. Leo in Co insula ex oue natus quid portenderit, capite tertio diximus. Apollonius ille magus cum non procul Babylone recessisset, leænam inuenit, in cuius utero cæso catuli octo cōtinebantur: unde coniecit peregrinationem suam ad Indorum regem anni unius & mensium octo futuram, ut capite tertio recitaui ex Philostrato. Cypselus Corinthi tyrannus fuit, patre natus Eetione, è Petra tribu, matre uero Labda, &c. ut pluribus persequitur Herodotus libro quinto. De hoc adhuc priuato Pythia huiusmodi oraculum Bacchiadis cecinit: Concipit in Petris aquila enixura leonem Robustum, sæuum, genua & qui multa resoluet. Hæc bene nunc animis uersate Corinthia proles, Qui colitis pulchram Pallenem, altamq; Corinthum. Aquila Græcis ἀετὸς est, quo nomine ad Eetionem Cypseli patrem alluditur.

¶ Leonis catulum ne alas. Aeschyli sententia prouerbialis refertur apud Aristophanem in Ranis, οὐ χρὴ λέοντος σκύμνον ἐν πόλει τρέφειν, Μάλιστα δὲ λέοντα μὴ 'ν πόλει τρέφειν, Ἢν δ' ἐκτραφῇ τις τοῖς τρόποις ὑπηρετεῖν. Hoc est, Non est leonis catulus alendus in urbe, minimè uerò leo: quòd si tamen nutritus aliquis fuerit, moribus eius obsequi oportet. Refert hunc locum Valerius Maximus libro 7. capite de sapienter dictis. Admonet ænigma (inquit Erasmus) non esse fouendam potentiam, quæ leges posset opprimere: quod si forte talis quispiam extiterit, non esse è repub. decertare cum illo, quem nequeas nisi magno reipub. malo deuincere. Tyrannus aut ferendus est, aut non recipiendus. Meminit eiusdem sententiæ Suidas in uoce Σκύμνος, ab Aeschylo de Alcibiade dictam scribens, &c. Leonem bracteatum Seneca intelligit, peregrinis excultum ornamentis, et naturali destitutum generositate: quoniam gloriari nemo nisi suo debet, Cælius. Et statim, Apud eundem (inquit) adagium subnotauimus alterum, Magnis telis magna portenta feriuntur, subula leonem non excipit. Caprea contra leonem, uide in Caprea. Leo cordula uinctus: Lucianus in libello de mercede seruientibus, Νῦν δὲ τὸ τοῦ λόγου, λέων κρόκῃ δεθεὶς ἄνω καὶ κάτω περισύρομαι, Nunc autem (quod dici solet) Leo filo uinctus, sursum ac deorsum circumferor: cum quis exiguo commodo captus, apud aulicos ostentatur passim, quod princeps tantum alat uirum. Hoc enim principes sibi gloriosum ducunt, si episcopos aut doctos uiros cogant sua relinquere negocia, & aulicæ seruire pompæ, Erasmus. Domi leones, in pugna uulpes: Apud Aristophanem in Pace Chori hæc uerba sunt, ποῦ γὰρ δὴ μὴ ἠλίκιαν ὄντες οἴκοι μὲν λέοντες, ἐν μάχῃ δ' ἀλώπεκες. Est autem scomma in Lacones. Scholiastes monet parœmiam esse, contortam primum in Lacones re malè gesta in Asia his uerbis, οἴκοι λέοντες, ἐν Ἐφέσῳ δὲ ἀλώπεκες. Hinnulus leonem, uide in Ceruo. Ἄλλαν πάγχυ Ἀνδρὸς ὑπ' ἐπιλανοῖο, λέων ὥσει θ' ὑπὸ νεβρῷ, Theocritus Idyl. 26. Leonem larua terres, Μορμολυκίοις ἐκφοβεῖς τὴν λέοντα: refertur apud Diogenianum: cōueniet de minis inanibus ac terriculis deridendis. Quòd, ni fallor memoria, reperi apud autorem quempiam, leonem etiam laruis & appositițijs uultibus offendi. Adagium usurpat Seneca libro 2 Erasmus. Mortuo leoni etiam lepores insultant, uide in lepore h. Murem ostendit pro leone, prouerbiali schemate dictum, pro eo quod est, ingentia pollicitus & fortia, longè diuersa exhibuit. Synesius in epistola quadam ad Anastasium, ἐκκραγὼν γὰρ αὐτῷ δὶς ἢ καὶ τρὶς καὶ τοῖς ἐξ ἁμάξης λοιδορησάμενος, καὶ πάντα ἐπανατεινάμενος, ὅπερ ἂν εἰρῆσθαι καὶ παρ' ἐμοῦ παντὸς ἂν ἐπιμησάμην, ἀπέδειξε τὸ κάθαρμα μῦν ἀντὶ λέοντος. Hoc est, Cum inclamasset in illum bis aut ter, ac de plaustro quod aiunt conuicijs insectatus, nihilq; non in eum esset uociferatus, cum eiusmodi uel à meipso dicta fuisse maximi fecerim, deinde murem pro leone exhibuit scelus. Sumptum apparet à bestiarijs, qui ridiculi gratia multa polliciti, quasi leonem immanem & insolitæ magnitudinis emissuri, mox murem emittunt in caueam, Erasmus. A leonis pelle facta quædam prouerbia, memorauimus iam in H. e. nempe ista, Leonis exuuium induere, Leonis exuuium super crocoton, Leoninæ pelli ubi non pertingit assuenda uulpina. Leonem radere, λέοντα ξυρεῖν (Varinus habet ξυρᾶν) dicuntur, qui feroces & præpotentes arte tractant & illudunt magno suo periculo. Vsurpauit hoc adagium Socrates apud Platonem libro de Rep. primo, negans se usque adeo dementem esse, ut leonem ausit tondere, & Thrasymacho homini praeferoci illudere. οἴει γὰρ ἄν με οὕτω μαίνεσθαι ὥστε ξυρεῖν ἐπιχειρεῖν λέοντα, καὶ συκοφαντεῖν Θρασύμαχον. Nam agni citra periculum tondentur uelluntur q;, leo nullo modo tractari uult. Aristides in Panathenaicis ad Periclem à Platone taxatū refert, οὐδ' ἐγὰ μὴ λέοντα ξυρεῖν ἐπιχειροῦμεν, οὐ Θρασύμαχον συκοφαντεῖν ἐπιχειροῦντες, ἀλλὰ κωμῳδεῖν Περικλέα, καὶ ταῦτα δι' ἀλίας, Erasmus. Cynicus apud Lucianum cum Herculis & Thesei frugalem & seueram uitam commemorasset: & de Theseo priuatim quòd barbam comamq; aluerit, addit hoc idem ueteres omnes factitasse: Καὶ οὐκ ἂν ὑπέμεινεν οὐδὲ εἷς αὐτῶν, οὐδὲν μᾶλλον ἢ τῶν λεόντων τις ξυρώμενος: mollem enim & læuem carnem mulieres decere censebant. λέοντα ξυρεῖς, hoc est, Leonem radis (inquit Cælius) adagium de iis qui factu impossibilia tentant, (eodem modo à Suida explicatur) aut non citra periculum. Propterea Plato, sicuti commeminit etiam Philostratus, idem esse dixit leonem radere, & Thrasymachum συκοφαντεῖν, hoc est calumniis circumuenire. Ad quod alluserit Epigrammatum 10. Martialis (ut Erasmus etiam annotauit) illis uersiculis in Ligellam quæ partem pudendam sibi uellebat, Quare, si pudor est, Ligella noli Barbam uellere mortuo leoni. Cæterum cur poëta leonem membrum muliebre nominauerit, interpretes aut non tradunt, aut inepta quædam afferunt. Sunt enim qui ideò dici opinētur, quod mirum in modum leoni fœtet anima: uel (inquit Domitius) quod placet, prouerbium est, quum uolumus aliquem excitare, qui moueri non potest. Sed boni consulant eruditi, (inquit Cælius) si meam quoque coniecturam attulero. Legimus in Nicādri Theriacis de cenchrine serpente, qui alio nomine leo uocetur. Interpres autem leonem uocari conijcit, uel alias ob causas (ut inter Serpentes referetur) uel quia mordet, ac hominis sanguinem exsorbet, quæ ipsa & leo facit. Ex iis animaduerto Martialem muliebre pudendum leonis nomine festiuiter appellasse, quoniam subinde masculorum sanguinem (urinam genitalem, qui sanguis concoctus est) exugat. Mortuum uerò dixit, quoniam ætate iam uideretur emeritum, & ad Venereos usus hebes ac frigidū. Hæc Cælius: Ego in Martialis uersu Domitij interpretationem magis probârim. Vide supra in a. ubi illud Aristophanis exponitur, Leæna in tyrocnestide. Risit leo, ἐγέλασεν ὁ λέων, adagium in omnes, qui rugatioris frontis & Catoniana seueritate, quandoque tamen matutinam exporrigunt grauitatem ac comes se præstant, solitò hilarius agentes. Pronunciatum id in Thucydidem, qui Cylonium scelus explicaturus, consuetò apertius, & intellectu nemini non obuio narrationem contexuit: quo nomine miratus eam technographus (Hermogenes puto) ediscendam summa cura iunioribus præcipit, ut σαφήνειαν & facilitatem eandem stylo ualeant exprimere, Cælius 13.19. Et mox, Facilem huic adagio uerba Plinij præstiterint intellectum: Cauda, inquit, immota leoni placido, clemens, blandientique similis, quod rarum est: crebrior enim iracundia eius. Comparem ferè uim & illud habet, ἐγέλασεν ὁ Χάρων. Leonis senecta præstantior hinnulorum iuuenta, γῆρας λέοντος κρεῖσσον ἀκμαίων νεβρῶν: citatur apud Stobæum ex Hippothoonte poëta. Senectus uiri fortis ac strenui præstantior est iuuenta quorūdam ignauorum & imbecillium iuuenum. Venustius fiet si longiùs transferatur: Veluti si quis ingenium docti senis & exercitati præferat ingenio parum eruditi iuuenis. Dicetur non ineptè & in senectutem crudam uiridemque, animique uiribus adhuc pollentem, Erasmus. Leonina societas est, inquit idem, cum omne commodum ad unum aliquem redit, reliquis ui fraudatis: qualis fermè solet esse cum regibus, aut præpotentibus plebeiæ sortis hominibus. Extat in Pandectis, in quibus ex Vlpiano refert Aristo, Cassium respondisse, societatem talem coiri non posse, ut alter lucrum tantum, alter damnum sentiret, & hanc societatem leoninam solitum appellare. Cæterum Cassianam appellationem, haud dubium prouerbialem, ex Aesopi Græci apologo natam apparet, qui talis circumfertur. Leo, asinus & uulpes societatem inierant, ut quod uenatu cepissent, id in commune partirentur. Prædam ubi erant nacti, leo iubet ut asinus partiat. Ille, ut est stolidus, in treis æquas portiones distribuit. Qua gratia mox indignatus leo, quod cæteris æquaretur, asinum adortus dilaniat. Restabat uulpes, eam de integro partiri iubet, illa totam fermè prædam leoni attribuit, sibi uix paucula quædam seruans. Leo comprobata distributione rogat, quisnam illam artem partiendi docuisset: Calamitas, inquit, asini. Leonem stimulas, pungis, seu uellicas, τὸν λέοντα νύττεις, de his qui potentem ac ferocem in suum ipsius exitium prouocant atque extimulant. Refertur à Diogeniano, Erasmus. Leonem subula excipere, prouerbium superius dictum, statim à Leone bracteato. Leonis uestigia quæris, τοῦ λέοντος ἴχνη ζητεῖς, dicterium in eum qui uerbis ferox esset, re timidus. Ductum ab apologo quopiam Aesopico, quo narrat uenatorem quendam pastorem obuium rogasse, nuncubi leonem uidisset, ut eum sibi commonstraret. Atque eum respondisse: Equidem tibi leonis uestigia mox ostendero: neque enim procul absunt. Tum ille, Satis est, inquit, neque enim ultra quicquam requiro. Conuenit cum eo quod alio positum est loco, Cum ursus adsit, uestigia quæris, Erasmus. Leonem ex unguibus æstimare, ἐκ τῶν ὀνύχων λέοντα γινώσκειν, est ex una quapiam coniectura negotium uniuersum perpendere, ex paucis multa, ex minimis maxima conijcere. Natum uidetur adagium à Phidia statuario, qui, sicut narrat Lucianus in Hæresibus, inspecto leonis duntaxat ungui, quantus esset totus leo perpendit, totumque ex indicio unguis effinxit. Plutarhus in commentario de defectis oraculis, uidetur ad Alcæum referre: sic enim scribit, οὐ κατ᾽ Ἀλκαῖον ἐξ ὄνυχος τὸν λέοντα γράφοντες: id est, Non Alcæi more (melius, iuxta Alcæum, ut Cælius uertit: ut Alcæus, non origo huius prouerbij sit sicut Phidias, sed eo tantum usus in scriptis suis) leonem ex unguibus depingentes: hoc est, ex re minima maxima colligentes. Philostratus in uita Apollonij, οἷον ἐξ ὄνυχος ἤδη ὁρῶ, id est, qualem ex ungui iam esse uideo. Basilius Magnus ad Maximum philosophum, εἰκόνες ὄντως τῶν ψυχῶν εἰσιν οἱ λόγοι. κατεμάθομεν οὖν σε ἐκ τοῦ γράμματος, ὅσον φασὶν ἐξ ὀνύχων τὸν λέοντα. Fit autem hoc Mathematica ratione, sicuti docet Victruuius libro 3. ut ex membro uel minimo, totius corporis modus colligatur: Quemadmodum Pythagoras Herculani corporis mensuram, ex Pisano stadio, quod Hercules suis pedibus fuerat metatus, ratiocinatus est, Erasm. Ex ungue leonem describere per adagium dicimus, quum certioribus argumentis quippiam demonstrari significamus, aut à proprietate apertissima. Plutarchus in libro de oraculis quæ defecerant, Admirantibus uerò qui aderant, Demetrio autem ridiculum statuente, à tam minutis rebus adeò magna uenari, nec iuxta Alcæum, ex ungue leonem describere, Cleombrotus ait.

ait, Cælius. Vnum quidem, sed leonem, uide supra in c. de partu leænæ ex Cælio. Congregare cum leonibus uulpes, apud Martialem, est res impares dissimilesq; permiscere. Vulpes dolis nititur, leo uiribus fidit. Quanquam utrunq; coniunxit Pindarus, indicans uirum fortem leonem oportere præstare in exhauriendis certaminum laboribus, uulpem in consilijs. Sic enim in Isthmijs scribit, τόλμᾳ γὰρ ἐοικὼς θυμὸν ἐριβρεμετᾶν θηρῶν λεόντων ἐν πόνῳ, μῆτιν δ' ἀλώπηξ, Erasm. ¶ Λέων σοὶ γέγονεν ἔκμαγμα τόν, ὑπὸ τῶν μοιχευομένων καὶ πιπτουσῶν γυναικῶν, Suid. mihi locus uidetur obscurus, eam nimirum ob causam ab Erasmo quoq; in Chiliades non ascitus. Ἄγρει τοῦ καὶ συγγενὲς κακᾶς ἀνάθρεμμα λεαίνας, Theocrit. Id. 28. ¶ Nunquid capies leænæ prædam? Iob. 38. speciem habet prouerbij, de re impossibili ferè, quale & illud alicubi legisse memini, Herculi clauam extorquere. ¶ Facta est mihi hæreditas mea quasi leo in sylua, dedit contra me uocem suam, atq; ideo odi eam, Hieremiæ 12. Hoc est, Populus qui me prius tanquam patrem amabat & colebat, totus in me efferatus & animo alienatus est. Sophoniæ tertio principes improbi & tyranni, leoni rugienti comparantur, & similiter Prouerbiorũ 28. Impij dicunt mortuos omnino perire, & mortuo præstare uiuum, licet ob utilitatem conferatur canis uitæ ad leonis cadauer comparatæ (ac si dicerent, præstat uiuum esse canem, quàm leonem mortuum) Gregorius Neocæs. in Ecclesiasten capite 9.

¶ Emblemata quædam Alciati.

Etiam ferocissimos domari,
Romanũ postq̃ eloquiũ Cicerone perempto
Perdiderat patriæ pestis acerba suæ:
Inscendit currus uictor, iunxitq; leones,
Compulit & durum colla subire iugum,
Magnanimos cessisse suis Antonius armis,
Ambage hac cupiens significare duces.

¶ Vigilantia & custodia,
Instantis quòd signa canens det gallus eoi,
Et reuocet famulas ad noua pensa manus,
Turribus in sacris effingitur ærea mentem
Ad superos peluis quod reuocet uigilem,
Est leo: sed custos oculis quia dormit apertis,
Templorum idcirco ponitur ante fores.

¶ Leones iuncti à Cupidine,
Aspice ut inuictus uires auriga leonis,
Expressus gemma pusio uincat amor.
Vtq; manu hac scuticã tenet, hac ut flectit habenas,
Vtq; est in pueri plurimus ore decor:
Dira lues procul esto: feram qui uincere talem
Est potis: à nobis temperet an'ne manus?

¶ Furor & rabies,
Ora gerit clypeus rabiosi picta leonis,
Et scriptum in summo margine carmen habet:
Hic hominum est terror, cuius possessor Atrida
Talia magnanimus signa Agamemnō tulit. Vide supra in a. inter Icones.

¶ Cum laruis non luctandum,
Aeacidæ moriens percussu cuspidis Hector,
Qui toties hosteis uicerat ante suos:
Cõprimere haud potuit uocẽ insultantibus illis:
Dum curru, & pedibus nectere uincla parant.
Distrahite ut libitum est. sic cassi luce leonis
Conuellunt barbam uel timidi lepores.
Prouerbium, Mortuo leoni etiam lepores insultant, uide in lepore h.

¶ Ex damno alterius, alterius utilitas,
Vngue leæna ferox, dente timendus aper,
Dum sæuis ruerent in mutua uulnera telis,
Accurrit uultur spectatum, & prandia captat.
Gloria uictoris, præda futura sua est.

DE LEPORE.

A.

LEPVS quadrupes siue terrestris, Hebraice arnebet ארנבת uocatur, uoce fœminini generis, quod lepores omnes utrunque sexum habeant, Munsterus. Et Iudæi quidem hoc uocabulo nihil quàm leporem uocari consentiunt, & Hieronymus non aliter uertit. Septuaginta uerò aliâs chœrogryllium, aliâs dasypodem reddunt. Sed chœrogryllium non aliud quàm echinum esse, in Cuniculo & Echino docui. Deuteronomij 14. pro arnabet Hebraico Chaldæus transfert ארנבא arneba, Arabs ארנב ernab, Persa ברגוש kargos. Schaphan שפן quoq; Septuaginta diuersis in locis, λαγωὸν, δασύποδα, & chœrogryllium interpretantur: sed omnino cuniculum esse in historia eius demonstraui. Hieronymus quoq; Prouerbiorum 30. schaphan lepusculum uertit. Lepus apud Auicennam arnebberit: apud Syluaticum arnaberri, arnebus, arnaben: & alfenglinar, coagulum leporis. Arneph, Saracenicè. Græcè λαγὼς, uel λαγὸς, uel λαγωὸς, ut in Philologia pluribus dicetur. Vulgò etiam hodie λαγὸς.

à Græcis uocatur. Veteres etiam Græci quidam λέποριν uocitarunt, unde in H. a. Dasypus quoque lepus est, à pedibus supra infraque hirsutis dictus: quanquam Aristoteles alicubi coniungit λαγὼν & dasypoda (ut Plinius leporem & dasypodem) ubi Gaza leporem & cuniculum uertit. Strabo cuniculos λαγιδεῖς γεωρύχους, id est lepusculos terræ fossores nominat. Plutarchus dasypodum catulos λαγιδεῖς uocat: οἱ δὲ δασύποδες ἀεὶ πρὸς εὐνὴν ἐπανιόντες ἄλλον ἀλλαχῆ κομίζουσι τῶν λαγιδέων, in libro Vtra animaliũ prudentiora, &c. unde dasypodem eum pro lagò, id est lepore accepisse constat. In Baleares insulas (ut scribit Eustathius in Dionysium Afrum) inuectos aliquando ferunt duos λαγιδεῖς (cuniculos) marem & fœminam, qui mox ita aucti sunt numero, ut domos etiam & arbores suffossas euerterint: unde incolæ legatione Romam missa agrum (habitandum) petere coacti sint. Sunt autem λαγιδεῖς γεωρύχοι καὶ ῥιζοφάγοι, hoc est eius naturæ ut terram fodiant & radicibus uescantur, quos & λεβηρίδας aliqui uocarunt, Hæc ille ex Strabone ferè. Δασύπους, λαγὼς, Suidas. Sed hæc controuersia copiosè tractata est in Cuniculo capite primo. Πτὼξ & alia leporis nomina poëtis usitata ad Philologiam pertinent. Leporum catulos Cicero, Varro & Columella lepusculos uocant: Græci forma diminutiua, λαγίδια, λαγίδας, & λάγια, Pollux. Xenophon quidem μικρὰ λάγια dixit. Λαγώδιον uox nuda apud Suidam est: sed Varinus in uoce Κώδιον, à lepore deminutam esse ostendit. Λαγιδεῖς uero patronymica forma, à recto λαγιδεὺς (qui & apud Suidam reperitur) ut alicubi docet Varinus: sic & λυκιδεὺς & χηνιδεὺς, pro catulo lupi & pullo anseris. Italicè lepre uel lieuora. Gallicè lieure (diminutiua, leurault & leureteau.) Hispanicè liebre. Germanicè **haß** uel **haas**. Anglicè an hare. Illyricè zagicz.

B.

Lepores in Aegypto minores quàm in Græcia fiunt, Aristoteles. Velocissimi sunt montani, campestres minus, tardissimi palustres: sed qui loca omnia pererrant, in cursu molesti sunt: etenim sciunt compendiosa uiarum, & currunt per aduersa uel plana maximè, per diuersa uariè, per decliuia minimè, Xenophon. Græca sic habent, θέουσι γὰρ· μάλιστα μὲν τὰ ἀνάντη, ἢ τὰ ὁμαλά· τὰ δὲ ἀνώμαλα, ἀνομοίως· τὰ δὲ κατάντη, ἥκιστα. Capitur lepus, inquit Pollux, facilius cum per loca decliuia fertur, propter pedũ posteriorum altitudinem, præceps actus in caput. In accliuibus uerò pedum inæqualitas facit, ut corpus æquabiliter feratur, cum quantum locus humilior subsidit, tantum ipse altitudine crurum erigatur: ut quasi in plano currere uideatur, aut quod ad ipsum saltem locus uideri planus possit. Sed de cursu & uelocitate leporum, dicetur etiam in E. Apud nos lepores montani differunt à campestribus, in Tridentinis & Vicentinis alpibus frequentes, nigritia, magnitudine, ferocia, densiore pilo à cæteris distincti, Hermolaus. Iul. Pollux lepores quosdam Elymæos uocat, uulpibus non ferè minores, & nigricantes, corpore oblongo, albicante macula, prope summam caudam longiore. Sunt & qui dicuntur moschiæ, quorum in uestigijs spiritum tanta ui sentire canes memorant, ut furere planè credantur. Chelidonios etiam quosdam dicit Athenæus, Cælius. Elymæi à regione dicti uidentur, ut & canes Elymæi, de quibus dixi in capite de canibus uenaticis in genere. Moschiæ uerò ab odoris uehementia fortassis, ut & moschus odoramentum quod Arabes mesch appellant, & uerisimile est Græcos ab Arabibus mutuatos. Pisis lepores sunt magni, in nostra regione parui: quia cibus leporum illic maior quàm apud nos est, Niphus. In Pannonia inferiore multò Italicis pinguiores & sapidiores uidi, Manardus. Leporum tria genera ferè sunt: Vnum Italicum hoc nostrum pedibus primis humilibus, posterioribus altis, superiore parte pulla, uentre albo, auribus longis: qui lepus dicitur cum prægnans sit, tamen concipere. In Gallia transalpina, & Macedonia fiunt permagni. In Hispania & in Italia mediocres. Alterius generis est, quod in Gallia nascitur ad alpes, qui hoc ferè mutant, quòd toti candidi sunt. Hi raro perferuntur Romam. Tertij generis est, quod & in Hispania nascitur, similis nostro lepori ex quadam parte, sed humile, quem cuniculum appellant, Varro. Leporum genera duo sunt, pars magni, subnigri (ἐπίπερκνοι) multum in fronte nitescunt, (τὸ λευκὸν τὸ ἐν τῷ μετώπῳ μέγα ἔχουσιν:) alij minores, subflaui, (ἐπίξανθοι, Polluci ἐπίπυρροι) parum candoris ostendunt. Caudam gerunt illi uariam (κύκλῳ περιποίκιλον,) hi tersam (παράσημον:) oculis uerò sunt, illi sublucidis (ὑποχάροποι:) hi subglaucis. Circa summam aurem illi ualde nigrescunt, hi perexiguum. (οἱ μὲν transtulimus illi, ut referatur ad maiores lepores: οἱ δὲ, hi, ad minores. Pollux simpliciter, leporum alios charopis, alios glaucis oculis esse scribit.) Sed ex his minores, plerunque incolunt insulas desertas, uel celebres, (habitatas:) & in his turba maior quàm in continente uersatur, quòd ibi ut plurimum nec uulpes sunt, à quibus ipsi cum catulis occiduntur: nec aquilæ, quæ montes magnos sæpius quàm paruos frequentant: nam parui plerunque in insulis sunt. Venatores etiam rarò desertas insulas adeunt: in his quæ habitantur pauci sunt, & ij ferè negligentes uenationis: in sacras autem ne transire quidem canibus licet. Itaque innumeri proueniunt, Xenophon. Platina magnos & paruos lepores non aliter distinguit, quàm quod illos lepores uulgò dictos esse ait, hos uerò cuniculos, quod parum placet.

¶ Dorsum leporinum propriè est pullum, Thylesius, ut pluribus dicam mox in pilorum mentione. Leporis colorem lego dici epipercnon: quòd sit percne, oliuæ species, non acerbæ quidem, sed nec nigrescentis omnino. Sunt qui percnon punctis maculisque nigrioribus interstinctum accipiant: nam de animalibus lib. 9. Aristot. quoque quartum aquilarum genus percnopteron dicit appellatum ab alarum notis. Eius aquilæ meminit Iliad. ultimo Homerus. In Plinianis codicibus scriptum modò obseruauimus, percnon dici ab Homero aquilam eã, Cælius. Lepus (inquit Pollux) colore est, ἐπίπερκνος, ἐστὶ δὲ τὸ αὐτὸ (αὐτὸς pro χρῶμα dixit, ne eandē uocem repeteret) περκνῆς ἐλαίας, ὅτι ὀμφακὸς ὅτι,

ὅτι

ὅτι μέση μελαινομένης, hoc est inter acerbã & plenè maturã oliuã medio colore. Differunt colore lepores Oppiano: φ alij sint κυάνεοι, δνοφεροὶ ἢ μελάμβωλον κατ᾽ ἄρουραν, ξανθοὶ δ᾽ αὖθ᾽ ἕτεροι πεδίων ἐπὶ μιλτοπαρήων: hoc est interprete Gyllio, alij cyanei, alij in solis terrarum nigris fusci, alij in rubris terris rutili. Lepores Italici (inquit Petrus Cresc.) pedibus primis humilibus, posterioribus altis, superiore parte humili, uentre albo, auribus longis, qui lepus dicitur prægnans etiam concipere: In Gallia alterius generis reperiuntur, toti candidi: Tertij generis cuniculi fuerint. Leporum plura sunt genera (Plinij uerbis utor,) in alpibus candidi: quibus hybernis mensibus pro cibatu niuem credunt esse: certe liquescente ea rutilescunt annis omnibus: Et est alioqui animal intolerandi rigoris alumnum. Leporum generis sunt & quos Hispania cuniculos appellat. Communis lepus in alpibus Heluetiæ non mutat colorem, corpore maior, capitur in uallibus & inferioribus montium locis: minor per brumam (ibidem & in Algouiæ montibus) totus albescit, æstate cæteris concolor, nempe fuscus: in summis montium iugis uersatur, carne duriuscula & minus laudata, Stumpfius. Lepori albo quem uidi, cutis nigricabat, multò tenerior quàm cæteris leporibus: pili in summis auriculis nigri erant. Lepores albi rarò Romam perferuntur, Hermolaus. Pausanias in Arcadicis scribit lepores albos ex Libya aduectos se uidisse, id quod mireris propter caliditatem regionis, cum apud nos nusquam nisi circa montium niuosorum cacumina tales uisantur: in Scythia quidem Europæa (sic omnem eius Septentrionalem oram appello) hoc colore lepores abundant, ut Olaus Magnus testatur. Audio & in Anglia reperiri. Aristoteles etiam in libro de coloribus leporem album agnoscit. Leporem cognouimus hyeme albescere, æstate autem in suum colorem redire, D. Ambrosius & Albertus. Apud nos quidẽ etiam mustelæ aliquando per hyemem albæ reperiuntur. ¶ Naucrates Comicus poëta leporem in Attica non facile inueniri scribit: Alcæus uerò plures esse subindicat, ubi scribit coriandro trito & sale aspergendos esse quos ceperint lepores, Athenæus. In Ithaca lepores illati moriuntur, extremis quidem in littoribus, Plinius. In Ithaca insula lepores si aliunde illati dimittantur, uiuere nequeũt: sed eodem reuersi, unde maris introierint insulam, moriuntur, Aristoteles. Sola hæc insularum lepores non ꝓducit, Pollux. In Carpatho insula quantum abundarint lepores, inter prouerbia dicetur: item in Astypalæa insula, capite tertio in mentione fœcunditatis ipsorum. Cum terra pullulat, rura (loca culta) magis quàm montes tenent, Xenophon.

¶ Nunc de singulis leporini corporis partibus acturus, primo loco integrum eius partium ex Xenophonte descriptionem apponam, ne unius authoris nomen sæpius nobis citandum sit, & ita pariter quid à nobis illustratum castigatúmue sit appareat. Omnes in lepore partes (inquit Xenophon) mirificè ad celeritatem compositæ sunt. Siquidem corpus eius consistit ex his. Caput agile habet, breue, rotundum (interpres legit περιφερῆ: cum codices impressi habeant καταφερῆ. Pollux melius κεφαλὴν καταφερῆ, εἰς στενὸν κατακλειομένην: hoc est, caput pronum, in acutum desinens:) non rigidum, longitudinem idoneam. (Videntur hic quædam deesse, quæ ex Polluce adijciemus. Aures lepus habet sublimes: collum angustum, rotundum, molle, oblongum, quæ tria posteriora in canis etiam celeris collo à Xenophonte laudantur. Vnde apparet hæc uerba, οὐ σκληρὸν, μῆκος ἱκανὸν, apud Xenophontem non ad κεφαλὴν, sed ad τράχηλον pertinere: nam quod Xenophon dicit οὐ σκληρὸν, Pollux ὑγρὸν reddit, id est μαλακόν: & pro μῆκος ἱκανόν, ὑπόμηκες.) Scapulas rectas, desuper non aptas (non arctas potius, sed satis laxas solutasq; ad motum faciliorem: ὠμοπλάτας ὀρθὰς, ἀσυνδέτους ἄνωθεν: sic in cane quoq; probat ἰσχία ἄνωθεν μὴ συνδεδεμένα: uide mox in clunium mentione.) Crura in ipsis (id est priora crura) leuia, solida, ut uertit Leonicenus, Grecè legimus ἐλαφρὰ, σύγκωλα, apud Xenophontem & Pollucem. Fortassis autem σύγκωλα melius interpretabimur, exiguo interuallo disiuncta: posteriora enim magis distant, & diuaricantur: unde apud Pollucem legimus, βλαισὰ δ᾽ ἔτι τὰ ὄπισθεν σκέλη, ὡς ἐγκεκλίσθαι παρὰ τὰ ἔμπροσθεν, καὶ ἐπὶ τῶν δρόμων προβάλλειν αὐτὰ πρὸ ἐκείνων, καὶ πηδᾶν, ἀντερειδόμενον τοῖς ὄπισθεν ποσίν, ὅσλαμ τῶν ἐμπροσθίων ἐμποδίζοντα, ἀλλὰ τὴν ἐκείνων εἰς τὸ ἔσω παραλλάξιν. Idem Pollux libro secundo βλαισοὺς homines uocat quibus crura infra genua diuaricata sunt, & extrorsum uergunt: instar Λ. literæ, unde & lambda hominem sic uitiatum appellant, Varinus qui βλαισὸς scribit.) Pectus non angustum, (στῆθος οὐ βαρύτονον, id est pectus non graue: Pollux reddit, non carnosum.) Costas leues, commoderatas. Spinam (ὀσφὺν) teretẽ: aluũ carnosam, (Codex impressus habet κοίλην, interpres κοιλίαν legit: Poll. melius κωλῆνα, id est pernam uel coxam & femur.) Ilia tenera, caua laterum idonea (λαμπάρας ἱκανὰς, apud Pollucem nihil huiusmodi legitur: λαμπάρα uocem nusquam inuenio, λαπάρα uerò interpretatur ile, abdomen, uenter, à laxitate dictus, ut quidam in Lexicon Græcolatinum retulit: item morbus Galeno, infestans partem inter ilium & thoracis ossa subsidentem: uide etiam Varinum: sed hæ significationes nominis substantiui sunt, in Xenophonte adiectiuum requiritur: proinde legerim λαπαρὰς cum acuto in ultima: est autem λαπαρὸς Varino, ἰσχνός, ὑποκεκενωμένος: quę significatio ferè etiam nominis λαγαρὸς est: λαπάττειν inanire est, unde λαπαρὸς, cauus & inanitus: sic etiam in cane celere Xenophon laudat τὰ κάτωθεν τῶν λαγόνων λαγαρὰ, καὶ αὐτὰς τὰς λαγόνας.) Clunes obesas, undiq; plenas, congruo desuper interstitio: (ἰσχία δ᾽ ἔσαρκα, συνεστηκότα, Pollux: lego διεστηκότα, nam Xenophon διεστῶτα habet. Idem autẽ hic dicit, ἄνωθεν ὡς χρὴ διεστῶτα, quod supra de scapulis dixerat ἀσυνδέτους ἄνωθεν: et in cane celere ἰσχία ἄνωθεν μὴ συνδεδεμένα. Femina longa (μηροὺς μακροὺς: Pollux legit μικροὺς, reddit enim βραχεῖς) densa: (ὑποπαγεῖς, sed melius in Polluce, ὑποπαγεῖς, id est solida, ut in cane etiam:) foris musculosa (μυώδεις, Poll.) interius non protuberantia: hypocolia (de his plura dixi in Canis uenatici historia, Pollux hoc loco hyposcelia reddit, cum supra in in loco de somno leporis τὰ ὄπισθεν σκέλη reddiderit: Leonicenus hic internodia transfert: superius femina: neutrum probo) longa & neruosa (μακρὰ καὶ στρυφνά, Pollux: Xenophontis codex non rectè habet μακρὰ, στιφρὰ uerò ut Xenophon, & στρυφνὰ ut Pollux habet, uoces synonymæ sunt: sed legendum στιφρὸν per iôta, ut densum, solidum & in se confertum significet, cuiusmodi corpora neruosa sunt: nam per ypsilon saporem astringentem & acerbum designat.) Pedes anteriores summè flexiles (ἄκρως ὑγρὸς, fortè legendum μακρὸς, ὑγρὸς, id est longos, molles: nam & Pollux habet, ὑγρὸς καὶ μακρὸς. summa certè mollities non cõuenit eis: intelligit autem molle per ὑγρὸν, posteriores pedes contraria uoce στερεὸς, id est solidos & duriusculos probans) angustos, rectos: posteriores solidos, latos, nullius utrosque non contemptores asperitatis. Posteriora crura prioribus multum longiora, parumque procurua, (καὶ ἐγκεκλιμένα μικρὸν ἔξω, Xenoph. Βλαισὰ δ' ἐστὶ τὰ ὄπισθεν, ὡς ἐγκεκλίσθαι παρὰ τὰ ἔμπροσθεν, Pollux, ut pluribus paulò superius recitaui.) Villos breues leuesque. Sic sanè compositum corpus fieri non potest quin & ualidum, & molle (aut flexile) & summæ agilitatis sit, Hactenus Xenophon. Caudam tantum, inquit idem, ad currendum incommodam habet, proinde in cursu auribus se gubernat, ut in C. dicam. ¶ Corpore non magno est, & natura leuis, Pollux. Σῶμα πέλει τυτθόν, λάσιον, Oppian. Nunquam pinguescit, ut in F. referam: ubi etiam de sanguinis eius natura dicam. Dasypodi pili & in buccis intus, & in pedibus sunt: Quæ utraque Trogus & in lepore tradit, hoc exemplo libidinosiores hominum quoque hirtos colligens. Villosissimus animalium lepus, Plin. Lepori uni pili & in bucca intus (ἐντὸς τῶν γνάθων) & sub pedibus sunt, Aristot. Τετρίχωται πᾶς, ὥστε καὶ τὴν γνάθον ἐντὸς ἔχειν τρίχας, Pollux. Sunt quæ mollem quidem habeant pilum, sed minus tenuem, ut lepores, contra quàm oues: leporum enim pilus per summa cutis enascitur, quamobrem longitudine caret, & simile accidit, ut in iis quæ lino decerpuntur: quæ quamuis mollia sint, tamen nullam longitudinem habent, nec implexum ullum recipiunt, Aristot. Et in Physiog. Lepus cum timidissimum animal et molli pilo sit, ut oues etiam ac ceruus: homines quoque mollioris pili, timidi existimantur. Villos habet impenetrabiles (τρίχα στεγανήν:) sunt enim densi & molles, Xenophon. De colore leporis superius dixi. Dorsum leporinum, inquit Thylesius, propriè est pullum: quamobrem naturæ ipsius doctus magisterio, terram recentem ab aratro metu pauidus quærit ille, ibique nonnunquam stratus, nullaque re abditus, uenatores canesque ipsos prætereuntes, ac sagaciter propè omnia perquirentes, coloris tantum beneficio sæpissimè latet: &, ut in quodam epigrammate de lepore diximus, Quem fuga non rapit ore canum, non occulit umbra: Concolor immotum sub Ioue terra tegit. ¶ Lepus caput modicum habet, βαιὸν ὕπερθε κάρα, Oppianus. Pronum, & in angustum desinens, Pol. ¶ Oculi leporum glauci aut charopi sunt, Pollux. Αὐτὰρ ὀβρίγλανοι χαροπὸν στράπτουσιν ὀπωπαί. Καυθὸν ἀγρυπνίη λιπαρυνθομένον, Oppianus de lepore. Oculi glauci simul, inquit Adamantius, & charopi, hoc est diuersorum colorum punctis milii magnitudine circa pupillas notati, ingenium dolosum & furtiuũ significant, satis quidem solers, sed nec forte nec audax, cuiusmodi lepores sunt. Acie oculorum sunt, inquit Xenophon, multis de causis minimè acuta. Oculos enim habent exporrectos, τὰ ὄμματα ἔχει ἔξω: palpebras autem præcisas (καὶ τὰ βλέφαρα ἐλλείποντα) & quæ pupillis munimenta nõ præbeant: quapropter hebes uisus est atque diffusus. (Oculi cilia non habent, eoque obtusius uident, Poll.) Ad hæc somno etiam multum deditur animal, quæ res nihil ad uidendum prodest, (unde oculi non parum læduntur, Poll.) Et uelocitas ad obtundendam aciem plurimum facit: citius enim ferè rem unamquanque pertranseunt, quàm quid sit accuratè perspiciunt: Canum quoque urgentium terrores prouidentiam auferunt: unde sæpe in retia incauti feruntur. Palpebris clausis (καταμύων, id est conniuens) uigilat, apertis dormit & immotis, Xenophon: uide etiam in C. Patens quid significare uolentes Aegyptii, leporem pingunt: habet enim oculos hoc animal semper apertos, Orus. Lucent in charopis eorum oculis uigilia muniti hircqui: nunquam enim grauatis (demissis) somnum capiunt palpebris, ut qui tum feras tum homines metuant: nocte etiam uigilant, Oppian. Superior in homine palpebra ita quandoque conuellitur, ut album oculi non tegat: λαγωφθάλμους, id est leporinos oculos habentes, qui hoc patiuntur, uocant Græci. Auicenna ascera, & palpebræ inuersationem. Idem inferiori contingit, & ectropion Græcis est, Manard. Lagophthalmus, inquit Cælius, uitium est ubi oculus in sopore non occluditur: fit autẽ, ut Celsus lib. 7. significat, ubi curatione adhibita plus æquo cutis exciditur, ita ut oculus contegi nequeat, uel aliam ob causam quandoque. Nam si palpebra inferior minus surrigitur, sed pendens hiat, nec cum superiore coit, uitium facit, quod (eodem auctore) ectropium uocant. Glaucophthalmus pro lagophthalmos apud Celsum non rectè scriptum Hermolaus monet. Κορυβαντιᾶν, inquit idem, uerbum apud Græcos factum est à pupillis oculorum quas κόρας appellant: sicut & Corybantes & Curetes: Qui cum custodes Iouis essent, non modo excubare, sed etiam apertis oculis dormire cogebantur: hinc natum uitio ex fabula uocabulum, ut qui leporũ modo somnum caperent oculis patentibus, ita nominarentur. Proinde qui Corybantes à choreis dictos arbitrantur, errant: etiamsi Lucretius ita cecinerit: Cum pueri circa puerum pernice chorea Armati in numerum pulsarent æribus æra. In eundem sensum & Aristophanes poëta usurpat uerbum id in comœdia quæ Sphēces inscribitur, Ἤ παραφρονεῖς ἐτεὸν ἢ κορυβαντιᾷς. Vide Chiliadas Erasmi duobus in locis, ut index monebit, super hoc uerbo corybantiân. Dormiunt lepores oculis patentibus, multique hominum, quos κορυβαντιᾶν Græci dixēre, Plinius. Plura hac de re afferemus in C.

¶ Lepori ὦτα ὑψηλά, id est aures sublimes, Poll. Auritus à magnis auribus dicitur, ut sunt asinorum

rum & leporum: aliâs ab audiendi facultate (sicut & oculatus,) Festus. Apud Græcos quidem nomen etiam λαγὼς habet, ab aurium magnitudine, λα enim auget in compositione, ὠς auris est. Et sanè decebat ut timidum & inerme animal bene auritũ esset, quò longius pericula & insidias perciperet & maturè sibi consuleret: sed ijsdem in cursu quoq; se gubernat, ut in c. referam. Aures ei longæ & pilosæ, Gillius. ¶ Labia perpetuò mouet, Obscurus. Bucca pilos etiam interius habet, ut supra diximus in pilorum mentione. Rimam illam in medijs labris rectà sub naribus, nostri uocant **hasenscharten**: & audio etiam homines quosdam ore sic deformato nasci, idq; ferè accidere ubi grauidæ subito leporis aspectu territæ fuerint. Vtrinq; dentatus cum sit, coagulum tamen habet, Aristotel. Quæcunq; sic nascuntur in ueterino genere, ut notam eam habeant, quam leporinum dentem uocant (σιμὰ, καὶ λαγώδοντα ἢ ὀξώδοντα) subrumari non oportet, sed reijcere aut ab armento segregare tanquam adulterinas fœturas & portentosas, Absyrtus capite 115. interprete Ruellio. ¶ Lepus habet collum angustum, teres, molle, oblongum, Pollux. ¶ Cor maximum est proportione muribus, lepori, asino, ceruo, pantheræ, mustellis, hyænis, & omnibus timidis, aut propter metũ maleficis, Plinius & Aristoteles. ¶ Lepus solus ex ijs quibus pedes multifidi coagulum habet, Poll. Cum utrinq; dentatus sit, coagulum tamen habet, Aristoteles. Et alibi, Lepori soli ex ijs quæ unum uentrem habent, coagulum est. Fit autem ei coagulum, quoniam herbam succi lactei pascitur: talis enim humor lac in uentriculo infantium (τοῖς ἐμβρύοις) stringit, facitq; colostrum. Quæ uerò hæc herba sit, in Philologia dicam, ubi de plantis à lepore nominatis uerba faciam. ¶ Lepores locis quibusdam bina iecora habere uidentur, Aristoteles. Et alibi, Leporum generi cuidam (quod tum alibi, tum etiam in Sycino agro circiter Bolbam lacum gignitur) iecoris partes sepositæ sunt, nec eadem certa origine continentur: quippe quos bina habere iecinora credideris, quoniam meatus procul admodum coëant. Bina iocinera leporibus circa Briletum & Tharnen, (in Thracia Therne est, non Tharne, Hermolaus) & in Cherronneso ad Propontidem: mirumq;, translatis aliò interit alterum, Plini. Idem alibi, cuniculorum in Bætica exta gemina sæpe reperiri scribit. Theopompus in Bisaltia lepores bina iecora habere prodidit, Gellius 16.15. & Aelianus. Quod Plinius dixit in Cherronneso ad Propontidem, uidetur id esse quod Aristoteles, in Sycino agro circa Bolbam lacum: etenim Syce, ut libro quarto diximus, uidetur in Cherronneso Thraciæ oppidum fuisse: de lacu autem Bolba, Stephanus quidem meminit ijs uerbis: Bolba & urbis & stagni nomen est: sed qua in terra sit non explicat, Hermolaus in undecimum Plinij. ¶ Archelaus de leporibus scribit, utranq; uim (utrunq; sexum) singulis inesse, ac sine mare æquè gignere: Benigna circa hoc natura, innocua & esculenta animalia fœcunda generauit, Plinius. Quod idem lepus aliquando mas, aliquando fœmina fit, & naturas transmutet, & quandoq; uelut masculus generet, quandoq; ut fœmina pariat, manifestum esse Democritus tradit Geoponicorum 19.4. Lepus à Physicis dicitur incerti sexus, ac esse modo mas, modo fœmina, Donatus. Mares lepores, uel potius androgynos, uno eodemq; tempore tum alios implere, tum ex sese parere, pluribus dicam in c. ex Aeliano. Arnebet, id est lepus apud Hebræos, terminationem fœmininam habet: quod unum indiuiduum habeat utrunq; sexum, Munsterus. Quidam è uulgo alternis annis mares & fœminas fieri putant. An sine mare gignat lepus, adhuc dubiũ est, Blondus. Albertus scribens in Aristotelis de generat. anim. libri 3. caput sextum, & alia multa ineptissimè tradit confunditq;, & lepori quædam attribuit, quæ Aristoteles ad mustelam refert: nam his & hyrzus eo in capite uoces Arabicæ, ut conijcio, non leporem significat, ut ipse exponit, sed mustelam. Et paulo post adhab quoq; leporem interpretatur, eadem de eo scribẽs quæ eo in loco Aristoteles de hyæna: (nos adapem cuniculum esse docuimus, adhab hyænã: arnab uerò Arabicè lepus est) sed ipsum Albertum audiamus. Quod (inquit) putant de lepore, quem adhab Arabes uocant, quod habeat utrunq; membrum per uices mensium, non est uerum: sed sub cauda habet quasdam lineas fissuris uuluarum similes, quæ lineæ semper inueniuntur in maribus & fœminis. (Et dicit Auicenna quod secundum numerum annorum ætatis suæ multiplicantur illæ fissuræ: ita quod aliquis captus est de quo uenatores putabant quod octo uuluas haberet:) falsum tamen est: quia illæ lineæ inueniuntur in maribus & fœminis: sed quia plures capiuntur mares, magis obtinuit opinio eos hermaphroditos esse quàm fœminas. Hæc omnia, ijs exceptis quæ parenthesi includuntur, Aristoteles de hyæna scribit. Fit enim sæpe cum habent catulos recentes, alios ut in uentre habere reperiantur. Itaq; de his Archelaus scribit, annorum quot sint si quis uelit scire, inspicere oportet foramina naturæ, quod sine dubio alius habet alio plura, Varro. Vt masculum leporem à fœmina discernas, ut Archadius scribit, naturæ foramina inspicito: nã sine dubio masculus unũ, fœmina duo inuenitur habere, si cautè et subtiliter inspiciantur, Crescen. sed apparet eum ꝓximè recitata Varronis uerba, codice nimirum deprauato, perperã legisse, & pro Archelao Archadiũ scripsisse, &c. Vide etiã infra cap. 3. De lepore fortasse (inquit Niphus) si illud est uerũ, quòd lepus sit mas & fœmina, est ad alterum incubus, ad alterum autem succubus: unde tradunt uenatores, in genere leporum inueniri eum qui est fœmina tantum, sed nullum esse marem qui non sit fœmina, quod sensibus subiacet: nam inuentus est lepus testibus atq; mentula præditus, qui lepusculos ferebat in utero: nec non & lepus ferẽs lepusculos, testibus carens & mentula: per quæ dilutio obiectionum perspicua est. Nos uerò testamur ui disse leporem solum marem, & leporem tantum fœminam, & leporem utriusq; sexus, Hæc Niphus. Et rursus alibi, Illud quod Albertus de leporibus dixit, mihi semper fuit dubium: nam in uenationib.

Mm

obseruauimus leporem habuisse penem & testes, et deferre in utero lepusculos: obseruauimus etiam leporem habuisse uuluam, & in ea lepusculos, carere uerò testibus & peni. Et rursus, Aristoteles hāc de sexu leporis quæstionem non attingit. Ego uero leporem mentulatum & testiculatum ferre in utero lepusculos obseruaui sæpe in uenationibus, & apud nostros uenatores hoc probatiss[illegible]um habetur. ¶ Leporum uuluæ dum partum gerunt acetabula habent, Aristoteles. Sus, canis, lepus, partu sunt numeroso: nimirum quod uuluas siue uteros continent multos, totidemq́ formandi loculamenta, Idem Problematum 10.16. ¶ Lepori tibiæ neq; magnæ nec æquales sunt, Gillius ex Oppiano, qui canit: Βαιοὶ πόδεσ, οὐκ ἴσα κῶλα. Posteriora crura longiora habet, unde facilius ascendit quàm descendit, ut supra dictum est. Solus animalium, Aristotele teste, pronam supinamq́ pedum partem hirsutam habet, unde dasypodis nomen, quod apud Cratinum & alios legitur, factum uidetur, Poll. Cum procumbit lepus hypocolia, uel potius, ut Pollux habet, posteriora crura, ilibus subijcit, Xenophon. ¶ Caudam nimis breuem, & ad currendum incommodā habet, proinde in cursu auribus se gubernat, ut in C. dicam.

C.

Lepores alij montani, alij campestres, alij palustres sunt, alij per diuersa loca uagantur, Xenoph. Cubant ferè in arbustis obductioribus, & densis fruticetis, aut scissuris terræ profundis. Aut si Græcè mauis, εὐναὶ λαγῶν, ἢ πολυδέδυκεν, θάμνοι συνηρεφεῖς, ἴδαι ἀμφιλαφεῖς, ῥωχμοὶ βαθεῖς: χειμῶνος μὲν τὰ πρόσειλα, θέρους δὲ τὰ ἐπίσκια. ἐν δὲ χειμῶνι τὰ μελάγχιμα. Sunt autem melanchema, ut Cælius ex Polluce interpretatur, cauitates (loca caua & humilia) in quibus colliquefacta est nix, ducta appellatione nigredinis argumento: quoniam operimento niuium agris albicantibus, ea portio planè nigrescat. Obscuri quidam authores leporem super petris cubare scribunt, secuti opinor locum quempiam ex uetere testamento, ubi cuniculū potius interpres Latinus reddere debebat: Vide in Cuniculo C. Rationē tū uentorū tū temporū lepus planè scit. Hyeme apricis locis cubilia idcirco informat, atq; imprimit, q apricationem uehementer appetit: frigus hostilē in modum declinat: æstate uero, altioris sedis studio captus ad aquilonem cubitat. Temporum commutationes nares ei indicant, Aelianus. ¶ Xenophon scribit leporem acie uidendi esse minimè acuta multis de causis (ut supra in B. retuli:) Plutarchus uerò in Symposiacis sensoriorum excellentia hoc animal præstare annotauit, Cæli. Atqui Plutarchus non ab acri sed indefesso uisu leporem prædicat: hæc enim eius uerba sunt in Symposiacis libro 4. quæstione ultima: Sensuum acrimonia lepus excellit. Siquidem oculi leporum indefessi sunt: itaq; dormiunt apertis. Auditu quoq; acerrimo præditi creduntur: quem admirati Aegyptij in sacris picturis auditum designaturi leporem pingunt. ¶ Animalia fortia, uocem ædunt grauem, ut taurus, canis: timida acutam, ut ceruus, lepus, Aristoteles in Physiognomicis. Glaucitat & catulus, at lepores uagiunt, Author Philomelæ. Nos uagire apud bonos authores prima producta, & de infantibus tantum usitatum reperimus. Intus ut infanti uagiat ore puer, Ouidius 4. Fastor. ¶ Quiescunt interdiu, noctu uagantur. Frigidi sanguinis & frigidi cordis lepus est, & ideo ad pastum non nisi nocte progreditur, Albertus. In pastionibus tum nocturnis tum longinquis pabulum inquirit, siue quòd fortè peregrini cibi desiderio tenetur, siue etiam quantum equidem intelligo, ut se exerceat, & pedum celeritatem firmet, Aelianus. Vnum animal digitos habentium herba alitur lepus, Plinius. Lepori coagulum fit, quoniam herbam succi lactei pascitur, Aristoteles. De hac & alijs, tū quibus uescitur lepus, tum aliâs ab eo denominatis herbis, in Philologia dicam. Vescuntur etiam uuis: unde festiuum extat Agathiæ Scholastici epigramma Anthologij 6.7. huiusmodi: Εἶδον ἐγὼ τὸν πῶκα καθήμενον ἐγγὺς ὀπώρης Βακχιάδος πολὺν βότρυν ἀμεργόμενον. Ἀγρονόμῳ δ' ἀγόρευσα, καὶ ἔδραμεν. ἀπ' ἐδίδης δὲ ἐγκέφαλον πλήξας ὀξυκύλιστε λίθῳ. Εἶπε δὲ καὶ χαίρων ὁ γεωπόνος: Ἆ τάχα Βάκχῳ Λοιβῆς καὶ θυέων μακτὸν ἔδωκα γέρας. Lepores quibus cibis saginentur, uide in F. Leporem ruminare in sacris literis legimus, uide in Cuniculo A. ¶ Lepores urinam retro mittunt, Aristot. Et alibi, Lepus in auersum (alibi, ex auerso) mingit: mas inquam, nam fœminæ quadrupedum omnes ita mingunt. Leporis lac crassissimum est, Aristot. Soli animalium lac habent etiam ante partum, Pollux & Aristot. Lac suillo simile sua crassitudine est, Aristot. ¶ Somno multum deditur hoc animal, Xenoph. Λαγὼν grammatici quidam dictum conijciunt à λάειν, quod est uidere: dormientem enim cōniuere negant. A dormiendi habitu δερκεύνης Nicandro dicitur, Hermolaus. Palpebris patentibus somnum capere, lepori naturale est, Aelianus. Et rursus, Non oculos claudit cum somnum capit, imò uero cum reliqua membra somnum accipiunt, interea tamen oculi uident. Vide etiam supra in B. de oculis leporis, & interpretatione uocis lagophthalmus: & infra in prouerbio, Lepus dormiens. Dorcas, id est caprea similiter ut lepus, dormiens oculos apertos habet, Varinus. Palpebris clausis (καταμύων, id est conniuentibus) uigilat, apertis dormit & immotis: (Locus hic apud Pollucem corruptus, hinc restitui potest:) oculos etiam tenet immotos. Nares dormiens frequenter mouet, uigilans uero minus, Xenoph. Parasitus quidam apud Athenæum, multorum animalium quibus aliqua in re comparatur, nomina accipit, ut πηδᾶν ἀκρίς, &c. & Καθεύδειν μηδὲ μικρὸν νυκτερίς (καὶ ὁ παράσιτος γὰρ ἐγρηγορεῖ κολακικῶς) ἢ λαγώς. ¶ Lepores auersi coëunt: retro enim urinam reddunt, Aristot. Fœmina etiam sæpenumero marem prior superuenit, Idem. Et rursus, Coëunt & pariunt quoq; tempore. Dasypodes omni mense pariunt, & superfœtant sicut lepores, Plinius. Fœcundissimæ sunt naturæ: unde præfinitum conceptionis terminum non habent, Simocatus. Lepus coitum quærit cum aliâs semper, tum uerno tempore

pore imprimis: itaque tum uestigia eorum magis confusa sunt, Xenophon & Pollux. A uiro rei uenatoriæ bene perito, & cætera quàm bono, & à mēdacijs alieno, auditione accepi, mares lepores uno eodemque tempore tum alios implere, tum ex sese parere, tum nutrire, nempe qui sint utriusque sexus participes. Idemque testabatur aliquando duos, aliquando tres parere. Huc etiam addebat, marem semimortuum captum fuisse, ipsum autem prægnantem fuisse, atque in dissecti utero tres lepusculos repertos fuisse, eos primum extractos immobiles fuisse, deinde à sole intepescentes, reuixisse, & eorum quendam postea respexisse, celeriterque & linguam porrexisse, & cibi desiderio os aperuisse: itaque lac ei admotum fuisse, & paulatim alitum fuisse, Aelianus. Dum utero ferunt, superfœtant, & singulis mensibus generant: sed fœtus ædunt non uniuersos: interpositis enim diebus quot res tulerit, pera-
10 gunt partionem, Aristot. Et rursus, Habet fœmina lac priusquam pariat, & à partu continuo repetit coitum, & lactans adhuc concipit fœtū. Partum non ut maior fidipedū pars cæcum ædit. Dasypodes, inquit Plinius, omni mense pariunt, & superfœtant sicut lepores. A partu statim implentur: concipiunt quamuis ubera siccante fœtu: pariunt non cæcos. Et alibi, Lepus omnium prædæ nascens, solus præter dasypodem superfœtat, aliud educans, aliud in utero pilis uestitum, aliud implume, aliud inchoatum gerens pariter. In cuniculis quidem manifestissima est superfœtatio, nec discernit eos à leporibus Aristoteles, Niphus. Animalia quæ & timido animo & esculenta sunt, ea omnia fœtuosa fecit diuina prudentia, ne assiduo esu deperirent: contrà, quæ sæua & maligna sunt, ea uoluit parum esse fœtuosa. Vnde fit, ut lepus, quem omnia uenantur, fera, ales, homo, tam ferax sit; solaque ex omnibus bestijs cum grauida est, etiam impleatur, & alium fœtum in utero gestet pilis uestitum, alium nu-
20 dum, alium tantum non formatum, alium concipiat, Herodotus in Euterpe. Eadem scribunt Xenophon, Aelianus, & Philes. Herodoti uerba Athenæus etiam citat; & Pollux Xenophontis, quibus de suo quædam synonyma adijcit: Καὶ μὴν πολύγονόν ἐστιν εἰς τὰ μάλιστα τοῦτο τὸ θηρίον, ἐπικυϊσκόμενον ἀεί, καὶ διὰ πάσης ὥρας, ὥστε τὸ μὲν ἤδη τέτικται, τὸ δὲ μέλλει, τὸ δὲ κύεται, τὸ δὲ ἀναπλάττεται. Καὶ εἴποις ἂν αὐτὸ πολύγονον, πολύτοκον, πολύτεκνον, ἐπικυϊσκόμενον, γόνῳ ἀεὶ ἀναπληρούμενον. Ἐπικυΐσκεσθαι uerbum Græcis superfœtare est, pro quo Herodotum ἐπαναιρεῖσθαι, Pollucem ἀναπλάττεσθαι dixisse apparet. Καὶ δὴ φιλότητα μέλονται (malim μεμήνασι, aut simile quid) Νωλεμὲς ἱμείρουσι: γάμων δ' ἔτι ἐγγὺς ἐοῦσαι Οὔποτ' ἀναίνονται πόσιος πολύθηρον ὀπωπήν, Οὐδ' ἔτι γαστρὶ φέρουσι πολύσπορον ὠκὺν ὀϊστόν. Ἔξοχα γὰρ τόδε φῦλον, ὅσ' ἄπλετος ἔτρεφεν αἶα, Πολύγονον τελέθει. Τὸ μὲν ἂρ ποθὶ νηδύος ἐκτὸς Ἔμβρυον ἐκθρώσκει τετελεσμένον, ἄλλο δ' ἔσωθεν Νόσφι τριχὸς φορέει, τὸ δ' ἂρ ἡμιτέλεστον ἀέξει, Ἄλλο δ' ἄναρθρον ἔχει θορόεν βρέφος ὠπτάσασθαι. Ἑξείης τίκτει δέ, καὶ ὁππότε θῆλυς ἀναιδὴς Λήθεται μα-
30 χλοσύνης, τελέει δ' ὅσα θυμὸς ἀνώγει, Οὐδ' αὐταῖς ὠδῖσιν ἀνηναμένη λυθορείαν, Oppianus. Quamobrem animalia quædam superfœtare possint, alia non, Aristoteles explicat lib. 4. de generat. anim. ca. 5. Sunt autem nonnulla superfœtantia, inquit, quæ possunt enutrire conceptum quem superfœtarint, &c. ut lepus: hoc enim animal nec magnum est, & plura generat, utpote multifidum: semine etiam abundat, quod eius hirsutie significatur: copia enim pili exuperat. Nam hoc unum pilos & sub pedibus habet, & intra genas: pili autem abundantia & hirsuties copiam indicant excrementi: quamobrem homines pilosi libidinosiores, & seminis copiosiores sunt quàm leues. Idem problematum 10. 16. quærens cur animantium quædam partu sint numeroso, ut sus, canis, lepus: alia non, ut homo, leo: coniecturam addit, quoniam alia uuluas siue uteros continent multos, totidemque formandi loculamenta, quibus impleri percupiunt, quibusque semen genitale diuidendum inserendumque est: alia contra se ha-
40 bent. Hegesander Delphus scribit, regnante Antigono filio Gonatâ, tantum numerum leporum in Astypalæa fuisse, ut Astypalenses oraculo super ijs consulto, à Pythia audiuerint, nutriendos canes & uenatione utendum: & intra annum supra sex millia capta esse. Prouenit autem tanta copia, cum Anaphæus quidam duos tantum lepores ab initio in insulam iniecisset. Quemadmodum prius ab Astypalensi quodam duabus perdicibus inuectis in Anaphen, tanta perdicum uis in Anaphe nata est, ut incolæ de insula relinquenda periclitarentur. Porrò ab initio Astypalæa lepores non habuit, sed perdices tantum, Athenæus. Simili modo Carpathi etiam insulæ multiplicatis leporibus ex duobus tantum immissis, perditas esse fruges, inter prouerbia dicetur: & in Lero insula uno tantum inuecto, uide in a. ubi Higini de lepore sydere uerba recitabo. Cubile leporis ubi catulos suos parit, Galli muettam uocant. Femina lepusculos ut primum enixa est, ore lambit, quod Galli sic proferunt: La
50 lieure lime son leureteau, quand elle a leureté, Robertus Stephanus. Ex suis lepusculis alium alibi lepores in cubile se recepturi ponunt, ut mox in D. referam.

¶ Lepores montani, campestres, & palustres quomodo uelocitate differant, dictum est in B. & alia quædam de cursu leporum: de quo plura etiam in E. reperies. Leporis corpus modis omnibus ad agilitatem egregiè compositum esse, in B. diximus ex Xenophonte. Agilem autem leuemque esse leporem (inquit idem) uel illud indicat, quòd otiosè etiam ambulando saltat: gradientem uerò nec uidit quisquam nec uidebit: quia posterioribus pedibus ultra & extra anteriores pertingit, ac ita currit. (Hic adijcitur in Græcis, δῆλον δὲ τοῦτο ἐν χιόνι, qui locus mihi corruptus uidetur. Leonicenus uertit, Nam quod ad colorem attinet in promptu est: sed nihil ad rem.) Porrò caudam habent ad currendū incommodā, neque enim propter breuitatem idonea est quę corpus regat, sed hoc utraque facit aure (ὑπ'
60 ὠτὶ ἑκατέρῳ τοῦτο ποιεῖ.) & cum in eo est ut capiatur à canibus, alteram uidelicet aurē deducit ac traducit obliquā, illorsum nitens ubicunque laborat. Ideirco in hanc circūagitur ocyus, in angusto ualde relinquens id quod insequitur, (canē scilicet aut feram insequentē.) Lepus montē facilius ascendit quàm

Mm 2

descendat, Albertus, ut supra etiam dictum est in B. ex Polluce: habet enim posteriora membra longiora, anteriora uerò breuiora: itaq; deorsum uersus ægrè decurrit, sursum facile, Aelianus. Posteriora crura in cursu (inquit Pollux) ultra anteriora extendit, salitq; posterioribus obnitens, nec ullo modo interim anteriores impedit, quod illi interius magis uergant. Salit autem magis quàm currit hoc animal, propter naturalem celeritatem, agilitatemq; summã. ἀλτικὸν δ' ἔτι καὶ πηδητικὸν τὸ ζῶον μᾶλλον ἢ δρομικόν· ἄλλως δὲ κοῦφόν τε καὶ ὑπέλαφρον, (lego ὑπερέλαφρον ex Xenophonte,) Hæc Pollux. Ceruum Græci propriè θεῖν, id est currere dicunt: leporẽ fugere, φεύγειν,) Poll. Canes cursu flexuoso sæpe decipiunt, Volaterranus. Auribus corporis motum dirigit moderaturq; lepus, tanquam remis, quod in alijs animantibus plerunq; efficit cauda, (Cælius ex Poll.) sed hæc lepori breuior, & huic usui idonea non est: itaq;, ut Pollux inquit, τοῖς ὠσὶ χρῆται πρὸς τὴν ἡγεμονίαν, παρακαταβάλλων (καταβάλλων καὶ παραβάλλων τὸ ἕτερον ὡς πλάγιον, Xenoph.) αὐτά, καὶ ὥσπερ κώπαις τισὶ παρεγγυῶν: sensus uidetur, moueri à lepore aures in cursu alternis nunc ante nunc retro, ut nauium scilicet remi agũtur: ut παρεγγυᾶν pro παρακινεῖν posuerit, nisi mendum est. Ad fugam sese auribus in terga inclinatis excitant: cum circumagitur, altera aure ab ea parte demissiore pro gubernaculo utitur, Volaterranus ex Xenoph. ¶ Archelaus autor est, quot sint corporis cauernæ ad excrementa lepori, totidem annos esse ætatis: uarius certe numerus reperitur, Plinius. Eius annos indicant foramina quædam: nam quot sunt illi corporis cauernæ, totidem annos ætatis agit, Aelianus. ὅσων δ' ἂν ἐτῶν ᾖ, τοσαύτας ἔχει τῶν ἐκ τοῦ σώματος ἐγχωρούντων (forte ἐκχωρούντων, cum Plinius ad excrementa dixerit) ὑπὸ τὴν οὐρὰν τὰς ὀπάς, Pollux. Albertus (ut in B. retuli) ex Auicenna scribit, sub cauda leporis esse quasdam fissuras uel lineas uuluarum similes, in maribus simul & fœminis, easq; secundum numerum annorum ætatis multiplicari; & captum esse aliquando leporem quem uenatores putarint octo uuluas habere.

D.

Lepores mansuescunt rarò, cum feræ dici iure non possint: complura nanq; sunt, nec placida, nec fera, sed mediæ inter utrunq; naturæ, Plinius. Audio quidem à teneris nutritum, satis cicur & lepidum, mirisq; corporis gestibus ac saltibus, iucundum hoc animal fieri. Quædam timore non cicurantur, ut mures & lepores: quomodo enim amabis, quem insidiari uitæ tuæ sit persuasum? at hoc sibi persuadent qui timent, Cardanus. Lepores, cuniculi, & similia animalia semifera, ita quidem cicurantur, si tenera educes, ut hominem non metuant nec refugiant, sed sponte etiam accedant, cibi præcipuè gratia: nullius uerò disciplinæ capacia sunt, nec uocis agnoscunt imperia: uocanti adesse, increpata discedere non assuescunt, nec aliud quidquam iussa facere. Animal est simplex & sola fuga se defendens, Albertus. Lepus planè timidus, pauidus & fugitiuus est, naturæq; debilis & imbecillis, Blondus. Ingeniosi ac timidi sunt, Aristoteles. Et in Physiognomicis, Pili molles hominem timidum significant: nam ceruus, lepus, & oues, pilis sunt mollissimis. Formidine præcellit animal hoc: facile nanq; temereq; terretur ac compauescit, ἀναπτοεῖται: unde & ptox uocatur: nam πτώσσειν, formidare est, Cælius ex Polluce. ¶ Leporem pro uentorum temporumq; ratione cubilia mutare in C. dixi. Cubile non prius subire & succedere solet, quàm modò ingrediẽs, modò egrediens sua conturbârit uestigia: ut ne ea struentibus sibi insidias appareant, naturali quadam sagacitate homines astutè decipiens, Aelianus. Lepus omnium prædæ nascitur, Plinius: nempe auium rapacium, terrestrium ferarum & hominum. His uel hyrzus, uox barbara (Arabica uel Persica) mustelam significat: Albertus ineptissimè leporem exponit: deceptus, ut conijcio, quoniam utrumq; animal catulos ore de loco ad locum frequenter trãsfert: quod eo in loco, ubi ipse leporem reddit, Aristoteles de mustela scribit. Lepores (inquit Plutarchus) in cubile se recepturi, sæpiculè iugeri etiam interuallo catulos alium aliò dissitos transferunt: ut si uel homo uel canis subeat, idem omnes in periculum ne uocentur: ipsi deinde impressis discursu multiplici prius uestigijs, saltu postremo ingenti inde abripiũt sese, atq; ita cubant. Fœtus suos (inquit Aelianus) in plures locos dispergit, hoc pacto arbitrans à rapinis tutiores esse, nam summo in eos amore flagrat. Neq; à uenaticis modò insidijs de se timet, uerum etiam uulpium incursiones perhorrescit, nec minus auium impetus extimescit, sed & coruorũ & aquilarum uocem multò maximè metuit, atq; horret: & sanè quidem cum his auibus nulla pace coniungitur, sed sese abstrudit in dumeta, in aliáue fruteta, aut cespites, aut cum necessitate urgetur, in quoduis aliud latibulum se occultat. Et alibi, Aquila lepores rapit. Lepores non canes solum metuunt, uerum & aquilas; ab his enim quoties ædita & aperta loca superant (ὑπερβαλόντες τὰ σιμὰ καὶ ψιλά) rapiuntur, quantisper anniculi sunt: nam maiores incursu canum auferuntur, Xenophon. Vide etiam in E. Lepus uocem accipitris exhorret latitans, Volaterranus. Accipitres dicti astures auxilio canum uenantur etiam lepores & cuniculos, ut alicubi legimus. Vulpes & aquilæ leporibus insidiantur, ut in B. retuli ex Xenophonte. Lepores (inquit Aelianus) interdum à uulpibus non tantum cursu, sed etiam magis arte comprehenduntur. Captiosè enim circumuenire, inducere uulpes probe nouit: Cum enim noctu in leporis uestigium inciderit, & sensum ex eo perceperit, animam continens, spiritumq; comprimens, sensim & pedentim usq; eò uestigijs leporis insistit, quoad in ipso cubili eum deprehendens, tanquam de insidijs securum animi & insperantem capere aggreditur. At enim non hic dissoluto & ignauiter remisso animo, sed suspenso & sollicito somnum capit, simul ac primum uulpem aduentantem sensu comprehenderit, de cubili exsilit, properans fugam capere, & cursum ad summam celeritatem facit; uulpes item uestigijs eum insequens ingreditur currere;

currere:uerum longam uiam ubi hic confecerit,ut qui iam longinquo abscessu contra uulpem superior factus sit,sub dumeta,alia'ue fruteta densiora subiens,ex longo cursu, libenti animo & prolixo se quieti dat:at uulpes e uestigio insequens,ei non concedit ex fuga ut consistat,& laboris requietem habeat,sed ad alterum cursum ex quiete eum excitat, & agitat:postea uero quàm incitato cursu is permultum uiæ procedens,itinera non minora quàm prius fugerit,rursus uehementer quietem cupit capere:Illa uerò frutetum quò se is coniecerit urget,ac radicitus excutiens,ab assiduo cursu non sinit conquiescere:itaq; is iterum excurrit,illa quoq; non se ad insequendum tardans, currere insistit. Cum autem continenter ex alio alius cursus hunc uigilijs diu multumq; fatigatum exceperit, currendo fessus,& laboribus succumbit,& longius procedere desistit:ipsa uerò consecuta, eum ipsum non sanè cursu,sed longinquitate temporis,& captiosa inuestigatione comprehendit, Hæc Aelianus. Quintum lupi genus,minus cæteris,pilis rigidis, leporibus maximè insidiatur, Oppianus. Mustela dicitur dolosè colludere lepori:quem cum ludendo fatigârit, gutture apprehendit, ualideq; adhærens comprimit,ne currentem quidem relinquens: lassum tandem interficit & uorat, Albert. Leporem aliquando audiui ericij spinas singulatim mordicus euellere,& ita nudatum uorare:quod mihi quidem uerisimile non fit:cum lepus non sit carniuorus:de uulpe potius probabilis hic dolus esset.

E.

Venatio. Lepori uisus cur obtusus sit,in B. diximus.Cæterum præter alia canum quoq; terrores prouidentiam auferunt cum instantes ꝑsequuntur. Quo fit ut irruens ad multa improuidus, in retia etiam incautus feratur.Quòd si rectà fugeret,rarò hoc pateretur. Nunc uerò quia locos complectitur & amat,ubi natus & enutritus est,capitur:sed pleriq; omnes præter corporis naturam sorte quadam capiuntur : nihil enim quod ꝓportione conueniat, ab huius (corporis partium, ut in B. diximus)compositione dissentit,Xenophon. Lepus uiam retrouersus pertinentem cupide amplexatur,consuetam sedem omnibus locis antefert,eoq; non parum sæpe capitur, quòd assuetum cubile relinquere non possit,Aelianus. De cursu leporum & uelocitate,uide quædam in B. & plura in C. Hic quædam illic relicta adijciemus,ut quæ propius ad uenationem pertineant. Lepores statim ut canes & uenatores senserint,ad cliuos confugiunt:hos uenator à cursu accliui quantum potest auersos in decliuem agat:nam cum pedes priores eis breuiores sint,facilius per colles scandunt,ubi canes & uenatores non paruo negotio sequuntur,Oppianus. In semitis etiam & aruis celerius currunt, quamobrem inde quoq; auertentur,Idem. Et mox,Aestate pedes eis grauātur:& hyeme (terra nimirum adhærescente,aut astringente gelu ex pruinis & niuibus)ueluti calciati ad malleolos usq; impediunt. Nostri niues ꝓfundas obseruant, ut minore negotio capiant. Montium incolæ,inquit Aelianus,non tam ueloces,quàm qui in planicie uersantur, nisi quando sub montem subiectos habent tractus in planiciem explicatos,quò ex montibus decurrant:unde fit, ut tametsi montes incolant,tamen in campis exerceantur,unde sæpe campani homines eos excitant,atq; insequuntur. Cū autem proximi sunt ut capiantur,campestris uiæ breuitatem declinantes,in altiores locos & montosos se conuertunt,in suas nimirum sedes festinantes, idcircoq; euadunt,& insperatam salutem assequuntur,quòd canibus & equis montium itinera infesta atq; inimica, pedes obterunt & debilitant, sed eo acerbius canes uexantur,quòd carneos pedes,& minimè ad perpetienda saxa resistentes, & quemadmodum equi ungulas,habent.Contrà,lepus conuestitos pilis pedes habet, & duritatis & asperitatis patientes.Iam ex leporibus qui in crebris dumetorum frequentia locis commorantur,laboris inertia segnes,non ad cursum uelocitate ualent,ex pedum tarditate ad fugiendum laborantes. Nam huiuscemodi opimo habitu,& cessatione torpentes,currendi insueti sunt,& ad ꝓficiscendum longissimè perimbecilles.Ipsorum ratio uenandorum talis est. Primum per frutices perparuulos & minime continenti crebritate densos permeant:densiores uerò,qui transiri non possunt, transiliunt: ueruntamen ubi fruticetum aliud ex alio nexum latissimè continuatur, ibi hoc ipsum facere coacti cum sint,corporis grauitate ad saltum parum ualentes,sanè quàm cito laborant & succumbunt. Canes uero ab eis ipsis primum aberrant,quòd non eos ꝑpter minutarum arbuscularum frequentiam uident,& uerò per frutices saliunt odoris sensu illecti,deinde tandem aliquando uisos,insequuntur, de contentione currendi nil remittentes:illi autem ipsi ex continuatione saliendi ad capiendam fugam longiorem remollescunt, & uiribus defecti comprehenduntur, Hactenus Aelianus. Et rursus,Lepus,inquit, quem canes & equi insectantur, si campestris sit, celeriore & concitatiore cursu quàm montanus uiam conficit,ꝑpter corporis exiguitatem,& tenuitatem.Cum enim gracili habitu sit,ipsum celeritate præstare uero ꝓximum est. Primum igitur ex terra exsiliens saltu fertur, & per dumeta aliáue densiora uirgulta expeditus perlabitur. Tum uero sicubi herbæ sint altæ & frequentes,ex eis facile sese explicat,atq; elabitur: ac quemadmodum leonibus caudæ ad excitandas uires magno adiumento esse dicuntur,sic huic aures roboris numina,& uexilla,& cursus incitamēta existunt:fugiens eas ad tergum retorquet,sicq; ipsis tanquam stimulis torporem & ignauiam, ne à currendo retardetur, concitat. Iam porro cursum nec unum,nec rectà tenet,sed & huc illuc se uersat, & uero de recto cursu deflectit,ut exterreat canes, & circumueniat ad id quidem diuerticulum, quo uult iter conuertere:de auribus alterutram intorquet,atq; inflectit,eaq; quasi moderatrice cursum dirigit. Neq; uero improuidè uno eodemq; tempore omnes suarum uirium neruulos contendit,sed &

impetum insequentis obseruat, & si ad insequendum tardus & segnis sit, non omnem suam celeritatem profundit: Sed duntaxat canes antegredi maturans, sese integrum seruat, & uiribus suis moderatur, ne omnem suam currendi facultatem urgens, ex incitato cursu uiribus deficiat. Penitus enim cognoscit se ad cursum longè multumq; antecellere, & uidet impensius laborare non esse necesse. Quod si pedum celeritate canis ad conficiendum interpollet, tum omnibus reuocatis uiribus lepus quanto maximo potest cursu fertur. Cum autem longè multumq; canibus anteuerterit, & longo sane interuallo uenatores atq; equos reliquerit, tum sane in aliquem tumulum ascendit, & in posteriores pedes sese erigens, tanquam ex aliqua specula, & insectantium certamen prospicit, & quantum equidem existimo, eos ut debiliores ridet. Post ex eo loco intuens, se omnia superiora habere, is nimirum quietem & tranquillitatem adeptus, ex lassitudine grate & libenter dormit. Hæc omnia Aelianus. Catuli magis subolent quàm adulti: quoniam eorum membra adhuc mollia per terram uniuersa trahuntur. Sed tenellos studiosi uenatores dimittunt, gratificantes deæ: qui uerò iam iuuenes (ἔτειοι, id est anniculi, ut paulò post etiam uertit) sunt, primo cursu uelocissimè feruntur, deinceps non ita: agiles enim sunt, sed imbecilles, Xenophon. Syluosa loca (inquit Xenophon) magis redolent quàm nuda. Siquidem lepus, modò percurrens, modo procumbens, multa contingit. Procumbit autem ad ea quæ terra gignit, uel ipsius superficies habet, sub omnibus, super ipsis, in ipsis, propius, longius, nunc diu, nunc parum, nunc mediocriter: & in mari nonnunquam ad id quod potest exiliens, (διαῤῥιπτῶν:) in aqua etiam si quid extans innatúmue fuerit. Itaq; qui procumbere amat, cubile ut plurimum facit, si frigus fuerit, in apricis, (ἐν εὐδιεινοῖς:) si æstus, in umbrosis: si uer & autumnus, inclementioribus locis, (ἐν προσηλίοις.) At uerò qui currere solent, non ita: nam trepidi à canibus facti sunt. Procumbit autem femine sub ilibus posito, (ὑποθεὶς τὰ ὑποκώλια ὑπὸ τὰς λαγόνας. Pollux hoc loco pro hypocolijs posuit τὰ ὄπισθεν σκέλη. plura de hac uoce uide in Canis uenatici historia:) cruribus anterioribus ut plurimum iunctis atq; porrectis, (τὰ δὲ πρόσθεν σκέλη τὰ πλεῖστα συνθεὶς καὶ ἐκτείνας, Pollux habet προτείνας.) mento prioribus pedibus subnixo, ἐπ᾽ ἄκρους δὲ τοὺς πόδας τὴν γένυν καταθεὶς. auribus super utroq; humero demissis, τὰ δὲ ὦτα ἀναπετάσας ἐπὶ τὰς ὠμοπλάτας. εἶτα δὲ ὑποστέγει τὰ ὑγρά, locus mihi obscurus. Leporis cubile à Gallis uocatur la forme & lict du lieure. Vbiq; subsistit (ὑπομένει) ubi inuestigatur, præterquam si noctu exterritus fuerit: id ubi acciderit, subtrepidat, ὑποκινεῖ, Xenophon. Inter agitandum perspicui sunt, per subactam humum præcipuè nonnulli, quibus inest rubor: per arũdines etiam, quia ex aduerso refulgent. Perspicui sunt quoq; in tramitibus & uijs, si planę fuerint: fulgor enim qui in ipsis est (τὸ φανὸν τὸ ἐν αὐτοῖς) repercutit oculos. Incerti uerò sunt si ad saxa, ad montes, ad rupes, ad opaca secesserint, propter coloris similitudinem. Quod si canes præsenserint, sistunt pedem, & residentes seipsos erigunt: & canum, sicubi prope est, clamorem strepitumq; captant, & unde audierint auertuntur. Est etiam cum nihil audierint, sed audisse opinãtes, uel sibi persuadentes, huc illuc trepidantes, uestigijs insilientes, in uestigia secedunt. Porrò longissimè currunt, qui nudis ex locis excutiuntur, quia in aperto sunt: breuissimè uerò, qui ex opacis: nam tenebræ (τὸ σκοτεινὸν) impediunt, Xenophon. Ea quidem uestigia, quæ residens seipsum erigendo lepus imprimit, Pollux ὀρθὰ, id est erecta uocat his uerbis: Τὰ δὲ ὀρθὰ ἴχνη, ὁπόταν ἤτοι κτύπου κατακούσαντες, ὀρθοὶ ἐπὶ τοὺς πόδας τοὺς ὀπίσθεν ἐξανιστάμενοι, βούλονται τὸ σαφὲς τοῦ προσπεσόντος ἤχου μαθεῖν. Alia uerò sunt εὐθέα, opposita τοῖς συμπεπλεγμένοις, ut idem ex Xenophonte habet. Xenophon quidem inter uestigiorum differentias numerat ὄρθια, πυκνὰ, καμπύλα, μακρά: sed interpres legit, ὄρθια, καμπύλα, πυκνά, μανὰ, ut duas syzygias oppositas faceret: atqui εὐθὺ potius quàm ὄρθιον, καμπύλῳ opponitur: & μακρὰ etiam rectè legi potest, ut in sequentibus. Leporis uestigia multum hyeme procedunt, quia longæ sunt noctes: parum autem æstate, quia è contrario sunt breues. Nec uerò subolent hyeme diluculo, cum pruina fuerit aut gelu, &c. ut in Cane sagace & inuestigatore ex Xenophonte recitaui. In plenilunio præcipuè leporum uestigia incertissima sunt: nam exultantes ad Lunam lepores inter se colludunt, & ea longè dissipantes dirimunt, Xenophon. Et rursus, Verno etiam magis quàm alio anni tempore confusa sunt: nam lepus coitum quærit cum aliâs semper, tum hoc tempore: quamobrem simul uagantes necessariò uestigia implicant. Subolent autem uestigia cubilium (iuxta cubilia. τὰ εὐναῖα τῶν δρομαίων ἐπὶ πλείω χρόνον ὄζει) diutius quàm cursu impressa. Illa enim lepus perambulat insistendo, hæc celeriter transcurrit. Lepus qui in cursu capitur, δρομαλός: qui uerò in cubili, ἐν κοίτῃ, εὐναῖος, Varinus. Inuenio & εὔναιος proparoxytonum (nam illud penanflexum est) apud Varinum his uerbis: Εὔναιος, λαγὼς, Σοφοκλῆς Δόλοπι, κατεπτηχώς. uide supra in Cane ueloce. Vestigia quæ quò tendant cognitu facilia sunt, ut recta, Xenophon γνώριμα nominat, εὔκριτα Pollux: quæ aliter habent, ut συμπεπλεγμένα, intricata, hic δύσκριτα, ille ἄγνωστα. huiusmodi autem ferè sunt per quæ uulpes prius incesserint. Quomodo cubile subituri lepores, impressis discursu multiplici prius uestigijs, saltu postremo ingẽti in id se recipiant, supra dictum est capite quarto. Flexuoso cursu canes plerunq; decipiunt, Textor.

¶ Exeundum est autem ad uenationem, inquit Xenophon, diluculo, ne uestigatione priuẽtur: nã si mora fiat, nec leporem canes inueniunt, nec fructum uenatores faciunt: neq; enim manet natura uestigij, quæ singulis horis euanescit. Stolam custos retium leuem indutus uenatum exeat: retibus diuortia claudat fragosa, decliuia, caua, obscura (ἀμφιδρόμους τραχείας, σιμὰς, λαγαρὰς, σκοτεινὰς,) riuos, torrentes, aquasq; perennes, hæc illis præcipua sunt refugia: nam omnia dicere infinitum esset, diuerticula, biuia (ὁδοὺς: quæ uox etiam simpliciter uias uel semitas significat) lata uel angusta. Id orto iam Sole

Sole faciat, non in diluculo, ne si prope indaginem statuenda sint retia, strepitum simul audiens lepus refugiat. Quòd si procul statuantur, nihil magnopere prohibet in aurora securum statuere, ubi nihil obstiterit. Hastilia figito supina, ut cum adducuntur contendi possint. In ijs summis laqueos (βρόχους) aequales subijcito (ὑποβαλλέτω) pariterque fulcito, attollens in medio reticulum (τὸν κεκρύφαλον:) sed à plaga (εἰς τὸν περίδρομον) oblongum lapidem magnumque suspendito, ne rete cum leporem tenuerit recellere possit. Iuga longa ordine cingito (στοιχιζέτω δὲ μακρὰ ὑψηλά,) ne forte lepus transiliat: sed inter uestigandum ne intermittito: est enim uenatoris, sed gnaui, quàm fieri potest celerrimè leporem capere. Retia in arduis tendat, (τὰ δίκτυα τεινέτω ἐν ἀπέδοις:) casses (ἐνόδια) in uijs obijciat opportunis procul à tramitibus, plagas (περιδρόμους) ad humum religans, fastigia (ἀκρολίνια) contrahens, intra sardonios (μεταξὺ τῶν σαρδονίων. Τοῖς δικτύοις καὶ σαρδόνιδι περιπλέκονται, ὅπερ ἐστὶν ὥσπερ τὸ δικτύου, μετὰ τὸν τελευταῖον βρόχον ἀνέχεσθαι τὸ δίκτυον, ὅπερ ἦν ὁ περίδρομος ἢ ἐπίδρομος ταῖς χαλίσι ἐπὶ τὸ δαιρεῖν [lego δίκρων] ἔπεισι, Pollux 5. 4. ubi & alia retium & uenatoria uocabula requires.) hastilia figens, funiculos (ἐπιδρόμους) in summo tensiles superponat, ductiles coërceat, παράδρομα συμφράττων: tum extra circumiens cautius obseruet. Quòd si limes decliuis fuerit, sagena erigatur. Leporem uero dum agitatur, insequens ad retia cum clamore adigat. Is cum in rete inciderit, canum iram non pulsando, sed leniendo refrenet: & uenatori clamando significet, aut captum esse, aut hac uel illac transcurrisse: aut non uidere uel non uidisse. Venator autem cum neglecta tenuique ueste & calceo uenatum exeat, manu baculum (ῥόπαλον) gestans. Retium uero custos sequatur, sed cum silentio saltum adeat, ne lepus si fortè propius fuerit, audita uoce promoueatur. Casses & retia, ut dictum est, expediat, religatis ad syluam canibus, unoquoque seorsum, ut facile solui possint. Post hæc autem custos retia seruet, ipse uero sumptis canibus ad saltus indaginem subeat, & implorato Apolline & uenatrice Diana, ac parte uenationis promissa, unam ex canibus soluat quæ uestigandi peritissima sit: si frigus fuerit, oriente Sole: si calor, ante diem: alijs autem anni temporibus inter auroram & Solis ortum. Ast ubi uestigium una ex his quæ antecesserunt (ἴχνος ὄρθιον ἐκ τῶν ἐπηλλαγμένων, forte ἐπηλλαγμένων: sic enim dicuntur uestigia, ut ipse Xenophon alibi exponit, τὰ ἐκ τῶν αὐτῶν πάλιν εἰς τὸ αὐτὸ ἥκοντα, & sic uertemus: At ubi canis emissus post intricata reflexaque in se uestigia, ad recta tandem peruenerit, soluat etiam alterum) rectum deprehenderit, soluat & alteram. Et dum uestigium transigitur haud multum moratus singulatim dimittat & alias. Et ipse non urgendo sequatur, unamquanque nominatim appellãs, nec id nimium, ne ante tempus irritentur. Hæ uerò præ gaudio & ardore procedunt, uestigia ut sunt duplicia, triplicia (hæc aliàs puto ἐπηλλαγμένα uocat) euoluentes, hac illac progrediuntur uariè (διὰ τὰ αὐτὰ διὰ τῶν αὐτῶν, ἐπηλλαγμένα, περιφορά: forte legendum εἰς τὰ αὐτὰ διὰ τῶν αὐτῶν ἐπηλλαγμένα, de huiusmodi enim uestigijs etiam alibi apud eum mentio fit, ut iam proximè monui: ἐπαλλάττειν quidem uerbum in usu est de ijs quæ non rectà procedunt, sed obliqua ceu cancellatim se diuidunt & decussant, quod nos dicimus **über einander vnd durch einander gaan**:) in orbem, in rectum, in curuum, per densa, per rara (μακρά, ut supra diximus) per nota, per ignota, seipsas transmittunt, micantibus caudis, inclinatis auribus, luminibusque coruscis. Vbi uerò ad leporẽ accesserint, uenatori significabunt, nam toto cum caudis corpore micant, hostiliter insultant, certatim prætereunt, studiosè concurrunt, repente cõsistunt, diuulsæ rursus inuadunt: postremò ad leporis cubile peruenient, & **in ipsum incurrent**. Ille subito exortus, canũ in se latratum & clamorem fugiendo conuertet. Ipsi uero agitantes clament, iò canes, iò segnis: Bene ô canes (σαφῶς, lego σοφῶς, id est sapienter: sed, bene, uox breuior magis conuenit acclamationi canũ.) Et uenator cum canibus currat, ueste quam gestat manu circumuoluta, et baculum (rhopalon) etiam ferens, sequatur leporem: nec obuius eat, ne perturbet. Ille se ab oculis proripiens refugit, & loca ubi primum inuenitur ut plurimum repetit. Porrò illis (uenatoribus) pro more clamantibus, ô puer, ha puer, ohè puer, heus puer: puer (retium custos) significabit captus sit néc ne. Et si primo cursu captus fuerit, reuocatis canibus alium quærat: sin minus, quàm celerrimè potest cum canibus currat, nec desistat, sed assiduè transmittat. Et si rursus agitantes leporem occurrerint, clamet, Euge, euge ô canes, instate canes. Est quando longius procedunt ut eas pariter cursu sequi non possit, & aliquando à cursu deerret. Rursus tandem repertas, si in uestigio fuerint, quantum potest accedens hortetur omnes, modo has modo illas nomine compellet, sonum uocis quàm poterit multipliciter uarians, acutum, grauem, paruum, magnum. Et præter alias hortationes, si cursus in monte fuerit, sic etiam hortetur: Bellè canes, bellè ô canes, (εὖ κύνες, εὖ ὦ κύνες. Forte εὖα κύνες, εὖα ὦ κύνες: nam εὖγε κύνες etiam alijs in locis acclamare iussit paulò ante. Est autem εὖα ἐπιφώνημα ἀσμός ἠλιακὸς καὶ μυστικός, καὶ εὐ, Varinus. Hac nimirum uoce Bacchæ mulieres euantes in montibus uagabundæ utebantur, talis & apud Latinos uox reperitur Euax.) Sin autem ad ipsa non fuerint uestigia, sed excesserint, tunc eas in hunc modũ reuocet. Non retro, non retro: heus canes. Sed postquam uestigijs astiterint, circumagat eas, orbes multos crebrosque faciens. Et ubicunque incertum ipsis uestigium fuerit, signum statuat limitem (στοῖχον) sibi, & ab hoc eas hortando, blandiendo coerceat (σαινέσθω) donec uestigium manifestè cognouerint. Illæ uero simulac certa erunt uestigia, irruendo, lasciuiendo, capita conferendo, suspicãdo, significando, fines sibi notos statuendo, cito transcurrunt. Sed dum illæ ita per uestigium crebro dissiliunt, uenator se reprimens cum canibus minimè currat, (μὴ κατέχοντα κυνοδρομεῖν, negatio μὴ uideri potest abundare,) ne studio certandi uestigia prætereant. At cum iuxta leporem fuerint, idque uenatori planè **significauerint, obseruet ne territus** à canibus locum mutet. Illæ uero dum caudam crispant, dum in

Mm 4

se recidunt, dum insultant, & clangentes insurgunt, dum prosiliunt, dum uenatorem spectant; & hæc iam uera esse demonstrant, leporem ultro excitabunt, & latrantes inuadent: sed siue in retia præcipitet, siue exterius, siue interius prætereat, ad unumquodque horum custos retiū proclamet: & si captus fuerit, alium inquirat: sin minus, hisdem ut antè hortationibus transcurrat. Sed cum iam serum diei fuerit, canibus propemodum currendo defatigatis, tunc leporem uenator fessum exquirat, nihil relinquens eorum quæ terra gignit, uel ipsius superficies habet: sed crebrò eadem relegat, ne prætereitus fallat. Procumbit enim in angusto, nec resurgit præ labore & metu. Superinducat & canes hortando: blandiendo, si qua est humana, multum: si audax, parum: si mediocris, mediocriter: donec ipsum uel euestigio (ἐξ ποδὸς) occiderit, uel in retia protulerit. Post hæc autem sagenis retibusque sublatis, canes auertat, & è saltu digrediatur, & si meridies æstiuus fuerit, resideat, ne canes in itinere pedibus urantur. Hactenus Xenophon Omnibono Leoniceno ferè interprete. Et rursus, Vestigent autem canes leporem, cū nix ita ceciderit, ut terram operiat: nam si loca quædam μελάγχειμα (id est absque niue, cum ea quæ circunquaque sunt niue operiantur) fuerint, difficilis inuestigatu erit. At cum ningit, si Boreas spirârit, uestigia diu manifesta eminent: neque enim cito liquuntur. Sin & Notus flauerit, & Sol superfulserit, breui apparent: nam statim dilabuntur. Sed neque cum nix iugiter cadit, uestigia enim obducit: neque cum uentus acriter incumbit, niuem enim conuoluens incerta facit. Ad huiusmodi uenationem cum canibus exeundum non est: siquidem nix canum nares adurit, & pedes ac leporis odorem gelu nimio tollit. Sumptis igitur retibus & comite sibi adiuncto, ab agris ad montes pergat, & cum uestigia deprehenderit, per ea incedat. Sed si perplexa (ἐπηλλαγμένα) fuerint, ita ut ab ijsdē ad eadē reflectantur, circumiendo ea emetiat, & quo ferant inquirat. Multū enim lepus oberrat, incertus ubi procumbat, & simul incessu perplexo fallere didicit, ut qui persæpe à talibus (canib. & uenatoribus) agitetur. Vbi iam uestigium apparuerit, procedat ulterius: perueniet autem uel ad locum aliquem umbrosum, uel abruptum, quod per huiusmodi loca uenti niuem transmittāt: quo fit ut opportuna cubilibus multa in eis relinquantur, & talia quærit lepus. Huc igitur cum uestigia duxerint, non accedat propius, ne promoueatur lepus, sed undique circundet: nam ibi esse speratur, argumento erit, si nusquam inde uestigia deduxerint. Sed cum ibi esse certum fuerit, illum relinquat, manebit enim, & alium quærat, antequam uestigia deleantur, rationem temporis habens: ut si etiam alios inuenerit, reliquum diei ad circumueniendum (circundanda retia) sufficiat. Quod ubi acciderit, retia unicuique eorum circumtendat, non aliter quàm cum melanchima (id est loca quædam absque niue, cum cætera circumcirca omnia niue operiantur) fuerint, locum uniuersum cingendo, ubicunque tandem in eo lateat lepus. Retibus erectis, accedens commoueat. At si elapsus fuerit è retibus, per uestigia sequatur: conferet enim se rursus ad similia loca, nisi in ipsa niue opprimatur. Obseruās igitur ubicunque fuerit, circumuenire debet, quòd si non expectet, cursu insistere. Nam & sine retibus capietur, quia profunda niue lassatur, & in extremis pedibus (ut Pollux etiam repetit, & Oppianus) ubi uillosus est, moles niuis haud modica succrescit. Hactenus Xenophon. De canibus celeribus, leporario, Gallico, Vertago, in canum historia satis dictum est. Galli grandiores etiam canes, quos ceruarios appellant, ut & suarios lupariosque sub nomine leporariorum comprehendunt, Budæus. Venator leporis uestigia captat, ex agris supernè subducendo canes, sed qui culta non adeunt, prata, saltus (νάπας) fluenta, lapidosa syluosaque petunt. Et cum mouetur lepus, clamorem minimè tollat, ne pauidæ uestigia malè significent, ἵνα μὴ αἱ κύνες ἔκφρονες γιγνόμεναι χαλεπῶς τὰ ἴχνη γνωρίζωσιν. Sed ubi iam inuenti agitantur, nunc flumina tranant, nunc uiam flectunt, modò cauernas subeunt, ac penetrāt: neque tum canes solum metuunt, uerum & aquilas, ut in D. dixi. Venatici canes leporem, si necarint ipsi, discerpunt, & sanguinem auidè lambunt: confectum autem cursu & exanimem consecuti, non attingunt, Plutarchus. Lepores & uulpes per æstatem noctu progrediuntur, Tardiuus. Nos autem uidimus, inquit Blondus, uenantes in capiendis leporibus hunc modum seruare insidiandi. Diuisi ac sparsi uenatores per inculta frequentius quàm per culta, arte quadā incedunt laqueis canem leporarium detinentes: spineta & sentes, siue dumeta, saltúsue potius celebrātes quàm nemora. Nōnunquam etiam præmittunt odorum canem qui è latebris pellat timidum leporem, post quem è laqueis mittunt canem fugacem, altis clamoribus persequentes, qui sunt exhortationes fugacium canum. Comprehensi demum lepores frequentius scinduntur à canibus, quàm cruenti ab ore canum euellantur à uenatoribus. Quidam etiam sedentes post fruticem siue carecta seu dumum leporibus insidiando, optimorum uenatorum consequuntur nomen. hoc fit autem cum uenantium maxima pars, è longis circuitibus expellit lepores insequendo usque ad insidiantes, quos improuiso aggrediuntur canes. Venantur autem lepores & post uindemiam in uineis, & in campis aratorijs confestim post mensem. Verum turgidi ac pingues maximè decipiuntur rigente bruma & super niuem. Sed in diluculo leporum præstantissima uenatio est, Hæc Blondus. Nec uerò canum cuiusque generis familiæ sagaciores uestigia tantum ferarum odorantur, sed feras, & perdices, & lepores: eorumque recentia cubilia persentiscunt è longinquo, utpote aduerso uento eorum odorem captantes erectis naribus & exorbentes, Budæus. Lepusculi timentes, hoc quadrangulum dedit Diana rete, nexile, aut uiscum, fuge, lineamque compedam, Varro in Prometheo ut à Nonio citatur. Est autem uiscum hoc loco genus retis. Cerui, lepores & uulpes retibus capiuntur: præcipuè eo genere retis quod arolum uocant, (quod ab eo describitur 10.22.) Pet. Cresc. Et rursus 10.19. Lepores præcipuè capiuntur canibus

nibus sagacibus, quales sunt qui segusii uel brachi uocantur. Requiruntur etiam canes ad cursum agiles, qui eos persequantur & capiant: qui omnes ad hoc instruuntur, & ad capiendum eos inducuntur, cum ex captis aliquid datur eis in cibum. Capiuntur etiam laqueis, ut idem scribit 10.31. Quomodo foueis capiantur lupi, uulpes, lepores & aliæ feræ, Crescentiensis docet 10.43. ¶ Accipitres dicti astures auxilio canum uenantur lepores & cuniculos: & aquilæ similiter, ut Pet. Cresc. scribit. Cyro aduersus Armenium proficiscenti continuò in primo agro exurgit lepus. Aquila autem uolans dextera, leporem despiciens fugientem, & irruit, & percussit illum, extulitque correptum, eoque ablato in collem proximum, pro libidine utebatur præda. Augurium igitur Cyrus intuitus, cum lætatus est, tum Iouem regem adorauit, dixitque ad præsentes: Venatio quidem pulchra est futura, si Deo 10 libuerit, Xenophon 2. de Pædia Cyri. Et rursus libro primo, Aduersus leporem uerò (pater inquit ad Cyrum) quoniam in tenebris pascitur, diem autem uitat, canes alebas, quæ odoratu eum inuenirent. Et quia celeriter fugeret ubi esset inuentus, alias habebas canes, quæ erant eruditæ ad eum intercipiendum. Quòd si ab ijs etiam euasisset, cognito leporum transitu ac saltu, & ad quos locos fugientes, à uenatoribus capiuntur, hic casses uisu difficiles tetendisses, quò in uehementi cursu ipse seipsum incidens conuinciret. Quò autem neque hic diffugeret, eius rei speculatores constituebas, qui ex propinquo loco e uestigio superuenirent, atque ipse tu à tergo clamore obstrepens, continuò ita leporem exterrebas, ut stupidus caperetur. Qui uerò anterius erant in insidijs, hos tu silentium edoctos obseruare, latere faciebas. Et lib. 3. de dictis & factis Socratis: Nónne uides (inquit Socrates ad Theodotam meretricem) quòd etiam illi qui lepores sectantur, multa machinantur? Dum enim noctu pa- 20 scendo oberrant, sagacibus canibus eos captant: at alios interdiu habent canes, quibus nocturna quę liquerint cubilia comperiant. Tum etsi quos offenderint lepores, eos habent alipedes canes, quibus auolantes queant intercipere. Nec non & retia per insidias disposita sunt, quibus qui canum ora effugiunt, decipiantur. Lepores ab aquilis capi, unde aquila etiam λαγωφόνος dicta, &c. in Aquila pluribus dicetur. ¶ Λαγωβολεῖον, ἐν ᾧ (δὲ ὅ, Varin.) τοὺς λαγωὺς ἀγρεύουσι, Suidas & Varin. Cælius lagobolium locũ interpretatur in quo lepores uenantur, sed absque authore. Ego lagobolion uel lagobolon, pedum uel baculi genus esse uideo, quo uenator leporem ferit. Gestabãt & in comœdijs rustici lagobolon, ut Pollux scribit. Bucolico carmine certantes, cornua ceruorum gestabant, & manibus tenebant lagobolum, Scholiastes Theocriti. Καὶ πτῶκας βάλλει, καὶ θηρία τἄλλα διώκει, Theocrit. Idyl. 1. Xenophon pro lagobolo rhopalon, id est clauam dixit: hoc enim uenatorem leporum gestare iubet.
30 ῥοικὸν, λαγωβόλον (paroxytonum: sed frequentius proparoxytonum scribitur) καὶ ῥόπαλον τὸ ἔσω νεῦον καὶ στραβὸν, ὃ καὶ ῥοῖβον λέγεται παρά τισι, Varin. Ῥοικὸν, σκολιὸν, καμπύλον, σκαμβὸν, Hesych. Καλαῦροψ, ῥόπαλον ἐπικαμπὲς ἐν ἄκρῳ, ὅ τὸ κᾶλον ὅ ἐστι ξύλον αὖ ῥέπει. ἴσως δὲ ὅμοιόν τι ἐστὶ καλαύροπι καὶ τὸ παρὰ Θεοκρίτῳ ῥοικὸν λαγώβολον. ἀπὸ τοῦ ῥέπειν γάρ τινες ἐτυμολογοῦσι καὶ τὸ ῥοικόν, Varin. Κεραβλογία, τὸ λαγωβόλον, Hesych. Καλαμβαν, ῥάβδον ποιμενικὴν, id est baculum pastoralem, quem Mysi συκαλόβον uocant, Hesychius & Varinus.

¶ Leporaria appellantur, inquit Grapald. non solum ubi lepores sunt, & Græcis λαγωτροφεῖα uocantur: sed omnia septa ædificia, quæ inclusa animalia habent quæ pascantur. Roboraria eadem à tabulis roboreis, quibus septa fuerunt, antequam macerias & mœnia noscerent, author Gell. ex Varrone. Viuaria autem aprorum cęterorumque syluestrium primus Romanorum instituit, Fuluius Hir- 40 pinus, quæ ex Græco proprie θηριοτροφεῖα nuncupamus, Hæc Grapald. Gellius quidem lib. 2. ca. 20. leporaria pro uiuarijs apud neminem uetustorum præter Varronem legisse se scribit: Scipionem uero omnium ætatis suæ purissimè loquutum, roboraria dicere solitum, quæ suo tempore uiuaria appelabantur. Garennam Galli uocant uiuarium: uel, ut Budæus interpretatur, cunicularium & leporarium, nostri **ein thiergarten**. Leporaria te accipere uolo, non ea, quæ tritaui nostri dicebant, ubi soli lepores sint: sed omnia septa affixa uillæ quæ sunt, & habent inclusa animalia, quæ pascantur, Varro. Siquidem mos antiquus lepusculis, inquit Columella, capreisque ac similibus feris iuxta uillam plerunque subiecta dominicis habitationibus ponebat uiuaria, ut & conspectu suo clausa uenatio possidenti oblectaret oculos, & cum exegisset usus epularum, uelut è cella promerentur. Leporarij alterum genus illud uenaticum, duas habet diuersas species: unam in qua est aper, caprea, lepus: 50 alteram item extra uillam quæ sunt, ut apes, cochleæ, glires, Varro. Et rursus, Apros quidem habere posse in leporario, nec magno negotio tibi est, captiuos, & cicures qui ibi nati sint, & pingues solere fieri scis inquam Axi. Nam quem fundum in Thusculano emit hic Varro à M. Pisone, uidisti ad buccinam inflatam certo tempore apros, & capreas conuenire ad pabulum, cum è superiore loco è palæstra effunderetur apris glans, capreis uicia aut quid aliud. Ego uero, inquit ille, apud Q. Hortensium cum in agro Laurenti essem, ibi istuc magis τραγικῶς fieri uidi. Nam sylua erat, ut dicebat, supra quinquaginta iugerum maceria septa, quod non leporarium, sed θηριοτροφεῖον appellabat. Ibi erat locus excelsus, ubi triclinio posito cœnabamus. Quintus Orphea uocari iussit: qui cum eò uenisset cũ stola & cithara, & cantare esset iussus, buccinam inflauit, ubi tanta circunfluxit nos ceruorum, aprorum, & cæterarum quadrupedum multitudo, ut non minus formosum mihi uisum sit spectaculum, 60 quàm in Circo maximo ædilium non sine Africanis bestijs cum fiunt uenationes. Et alibi, In leporario pater tuus præterquam lepusculum è uenatione uidit nunquam. Neque enim erat magnum id septum, quod nunc ut habeant multos apros ac capras (lego capreas) complura iugera macerijs conclu dunt, Varro. Et Appius apud eundem, Sequitur, inquit, actus secundi generis, afficititius ad uillam qui solet esse, ac nomine antiquo à parte quadam leporarium appellatum. Nam neque solum lepores in eo includuntur sylua, ut olim in iugero agelli, aut duobus: sed etiam cerui aut capræ (lego, capreæ) in iugeribus multis. Quintus Fuluius leporarium dicitur habere in Tarquiniensi septum, iugerum quadraginta, in quo sunt inclusa, non solum ea quæ dixi, sed etiam oues feræ: Etiam hoc maius hic in Statonensi, & quidam in locis alijs. In Gallia uero transalpina T. Pompeius tantum septum uenationis, ut circiter triginta millia passuum locum inclusum habeat. Præterea in eodem consepto habere solet, de animalibus coclearia, atque aluearia, atque etiam dolia, ubi habeat glires conclusos. Sed horum omnium custodia incrementum, & pastio aperta, præterquam de apibus. Quis enim ignorat septa è macerijs, ita esse oportere in leporario, ut tectorio tecta sint, & sint alta? Alterum ne feles, aut meles, alia'ue quæ bestia intrare possit, alterum ne lupus transilire: Ibique esse latebras, ubi interdiu lepores delitescant in uirgultis atque herbis: & arbores patulis ramis, quæ aquilæ impediant conatus. Quis item nescit, paucos si lepores mares in fœminas intromiserit, breui tempore fore ut impleatur? tanta fœcunditas huius quadrupedis. Quatuor enim modò si intromiseris in leporarium, breui solet repleri. Leporum omnia tria genera (quæ capite secundo descripsimus) si possis, in leporario habere oportet: duo enim utique te habere puto, & quod in Hispania annis ita fuisti multis, ut inde te cuniculos persecutos credam, Varro. Et rursus, Lepores quoque nuper institutum ut saginarent pleraque, cum exceptos è leporario concludant in caueis, & loco clauso faciant pingues. De uiuarijs faciendis, & includendis pecudibus feris multa scribit Columella libri noni ca. 1. quæ differo ad librum de animalibus communem. De minoris autem incrementi animalibus (inquit ibidem) qualis est lepus, hæc præcipimus, ut in ijs uiuarijs, quæ materia (maceria: sic enim supra dixerat, & muro) munita sunt, farraginis, & olerum, ferè intubi lactucæque, semina paruulis areolis per diuersa spatia factis inijciantur: itemque Punicum cicer, uel hoc uernaculum, nec minus ordeum, & cicercula condita ex horreo promantur, & aqua cœlesti macerata obijciantur: nam sicca non nimis ab lepusculis appetuntur. Hæc porrò animalia uel similia his (etiam silente me) facile intelligitur, quàm non expediat conferre in id uiuarium, quod uacerris circundatum est: siquidem propter exiguitatem corporis facile clatris subrepunt, & liberos nacta egressus fugam moliuntur. Hæc Columella. Epigramma in leporarij ingressum Ferrariæ, T. Vespasiani Strozæ, libro 1. Aeolostichon. Adeò nihil omissum est, ut leporem surdum celerius pinguescere reperiamus, Plinius. Hoc si uerum est, in causa fuerit fortassis, quod cum auditu fruitur, ad quemuis subinde sonum & strepitum trepidus expauescit, unde ad corpus augendum continuo metu pauoreque impediri uidetur. Quod si etiam surdus natura non sit, auribus cera uel aliter obstructis auditus eis obtundi posset.

¶ Scribit Ael. Lampridius, Heliogabalum non facile cubuisse in culcitris seu accubitis, nisi quæ leporinum pilum haberent, aut perdicum plumas subalares. Vestes etiam leporino pilo facere, tentatum est, tactu non perinde molli ut in cute, propter breuitatem pili dilabidas, Plini. E leporinis pellibus cum pilis suis manicæ & caligæ parantur ad usum eorum qui refrigeratis aut articularijs membris laborant: assuitur etiam tegumentis pro uentre interioribus: multum enim calefaciunt, & leues simul ac molles sunt, triplici nomine gratæ. Indumentum ex pellibus leporum, corroborat corpora senum & iuuenum, Filius Zor apud R. Mosen. Leporis pilus quia mollior delicatiorque est, spongiæ loco utebantur plerunque, purgandis præsertim detergendisque lippitudinibus, Cælius. ἰδοὺ δέχου κέρκον λαγὼ, Aristophanes: hoc est, En accipe caudam leporis: est autem mollis & tenera leporis lana, τὸ ἔριον τοῦ λαγωοῦ, ut spongiarum etiam loco adhiberi possit tum aliâs, tum ad gramias oculorum, λήμας Græci uocant, abstergendas, Suidas & Varinus in uoce κέρκος. Pedum etiam pro scopis usus, ad puluerem detergendum & uerrendas quisquilias, &c.

F.

Leporina semper in delicijs fuit, & in splendidis epulis apposita. Inter aues turdus, si quis me iudice certet, Inter quadrupedes gloria prima lepus, Martialis. In pentametro quidam pro gloria legunt mattya: quod nomen à maza fit, uocanturque sic pretiosa omnia edulia, ut scribit Athenæus, Cælius. Antiphanes poëta in Cyclope, dasypodem, id est leporem, in conuiuio inter alia appositum celebrat, Athenæus. Leporem gustare fas non putant Britanni, Cælius. Lepus quanquam ruminat, Iudæis in cibo à Mose interdictus est, quoniam pedes non bisulcos sed digitatos habet, Leuit. 11. & Deuter. 14. Plutarchus in Symposiacis libro 4. quęstione ultima, ubi quęrit de Iudæis, utrum illi colentes suem aut detestantes, carnibus eius abstineant: Quin & lepore, ait, quidam Iudæos abstinere ferunt, animal tanquam immundum & abominabile detestantes. Tum Lamprias, (hic locus mutilus est, ego ex coniectura uertam:) Atqui fortassis lepore non odio, sed cultu aliquo prosequentes abstinent, propter corporis cum asino similitudinem. (Paulò ante enim asinum quoque ab ipsis coli Callistratus affirmauerat.) Quamuis enim & corporis mole multum inferior sit asino lepus, & celeritate longè superior: mirè tamen cum eo conuenit colore, auribus, & oculorum tum pinguedine tum salsedine, ut uix aliud animal paruum tam simile alicui magno reperias. Nisi fortassis Aegyptios circa similitudines secuti, animantis celeritatem diuinum quiddam existimant: & sensuum eius acrimoniam, (de qua in c. dixi,) Hæc Plutarch. ¶ Caro leporum sanguinem quidem gignit crassiorem, sed melioris succi quàm bubula & ouilla, Galen. 3. de aliment. facul. Paulus Aegineta tamen non meliorem, sed

sed minus crassum ex leporina quàm bubula & ouilla carne succum generari scribit. Et rursus in libro de attenuante uictu, Caro leporum ad uictus rationem siccantem est accommoda : ad propositam uerò non admodum confert: sanguinem enim uehementer crassum gignit. Eadem ex Galeno Arabici quidam scriptores repetunt, Rasis, Isaac & alij. Celsus leporem in media materia numerari debere dicit, & boni succi esse, aluum adstringere, & urinam mouere. Caro leporis gignit sanguinem crassum & melancholicum : desiccat, & non attenuat, ideoq; medetur uiscerum dolori, fluxui uentris, (&c. ut in G. referam) Rasis & Albertus. Quanquam sicca & crassa, hircorum tamen & caprarũ carnibus antefertur, Isaac. Calida est & sicca: & assata prodest ulceribus intestinorum, ut quidam ex Auicenna citãt, apud quem ego nihil tale reperio. In Tacuinis uerò Elluchasem sic legimus: 10 Caro leporina utilis est senibus, & frigidi temperamenti hominibus, in senecta praecipuè: iunioribus uerò non conuenit: qui tamen si eam in cibo sumpturi sint, per noctem prius in succo Punicorum & aceto macerent, Haec ille, authorem citans Rasin. Idem ex Haly afferit, calidam & siccam esse leporinam in secundo abscessu, uentrem sistere, & urinam prouocare : praeferendam esse si lepus in uenatione captus sit à canibus, & magis hyeme, & regionibus frigidis, prodesse nimium corpulẽtis, uigilias facere: cum condimentis uel aromatibus quae attenuent praeparari debere. Auicenna, ut interpretes reddunt, leporem syluestrem nominat pro terrestri, ut conijcio, ad differentiam marini. Lepus frigidus est & siccus, salubrior futurus cum melle, Auicenna: sed haec eius uerba, ut Bellunensis monet, in emendatis codicibus nulla sunt: ut neq; ista, De eo qui in domibus nutritur adusto sumitur in potu medietas drachmae. Mihi legendum uidetur, Eligendum esse leporem qui liberè pascatur in campis, non qui domi alatur: quae ferè etiam Elluchasem in Tacuinis scribit. Caeterum drachma dimidia de lepore usto in potu sumendo, fortè ad remedium aduersus calculum pertinet, quod ex lepore usto fieri sequenti capite docebimus. Praeterea quod stomachum mundificet, sic loquũtur, id quoq; meliores codices non agnoscunt. Lepus fit carnosum, sed non pingue animal: huius carnibus utantur qui macrescere atq; extenuari cupiunt, Blondus. Aetius scribit carnes uulpinas, leporinas & ericij, naturae humanae esse dissimiles, & alimenta efficere pessima, cuius argumentum sit odor foedus, Io. Agricola Ammon. Talis quidem odor excoriantibus circa intestina praecipuè apparet. Cuniculi caro melius & facilius alit quàm leporina, quae frigidae & siccae naturae est, & bilem atram gignit, Platina. Vda cuniculus affert Fercula, uiscosum semiimitata gluten, Bapt. Fiera, hoc eum à lepore differre scribens. Cati syluestres temperamento ad lepores accedunt: caro eorum calida & mollis est, Rasis. M. Cato Censorius aegrotos ali iubebat holeribus, & carnibus anatis, palumbis, aut leporis: hanc enim leuem esse aiebat & aegrotantibus commodam: nisi quod multa parit insomnia, Plutarchus in uita eius. Somniosos fieri lepore sumpto in cibis Cato arbitratur, Plinius. Ioãnes Manardus in epistolis 13. 4. de leporina carne, quòd frigida siccaq; sit, & bilem atram gignat, ad Iacobum Pharusium medicum Rhegiensem id negãtem, copiosè scribit: nos inde quaedam excerpemus: Applauserunt mihi, inquit, rationes tuae, quibus leporinam carnem & boni succi esse, & coctu non difficilem probas: Verum quò minus consentirem deterruit me ueneräda antiquitas, & ad haec usq; secula quasi per manus nobis tradita sententia. Scribitur enim in libro de Diçta secundo, qui quidem Galeni tempore à multis, nunc ab omnibus Hippocrati adscribitur, in hunc modum: Leporina caro sicca & adstringens, lotium aliquantisper mouet. (Deinde enumeratis Galeni uerbis, quae nos etiam paulò ante posuimus, addit:) Et apertissimè libro 3. de locis affectis, magnam eam habere uim dicit in 40 melancholici sanguinis generatione. Psellus quoq; et Paulus eisdem ferè uerbis Galeno subscribunt. Et Simeon in libro de Elcis, quasi quaecunq; dicta à uetustioribus erant colligens, inquit: Carnes leporum his qui exiccare corpus uolunt, ualde conducunt: minimè uerò his qui temperatura sunt licciore: sanguinem quippe gignunt crassarum partium et melancholicum. Deinde expositis quibusdam praeceptis de omni alimento dijudicando, subijcit: Durities leporinae carnis facit, ut serò & paulatim nutriat: quod dura alimenta omnia faciũt, Galeno teste. Quemadmodum autem, eodem teste, id quod facile concoquitur & celeriter nutrit, est quo ad nos calidum: ita è contrario quod tardè & paulatim, quo ad nos frigidum. Eadem durities euidens siccitatis indicium est: quod etiam testatur dissimilitudo quam habet cum carne porcina, quae prae cunctis carnibus, Galeno & ipso sensu teste, 50 est nostrae magis similis. Ab hac leporinam per frigus & siccitatem recedere, nemo (ni fallor) ambiget, qui utranq; bene nôrit: exanguis enim arida & ueluti usta leporina uidetur, suillae comparata uaporeq; omni atq; humore ac tenacitate ferè priuata: fragilis uerò & ceu fibris abundans; quae omnia & difficilem concoctu & seram ad diducendum ostendunt. Agilitas quoq; & in currendo uelocitas eam ualde à sue differre ostendunt: sed & timiditas frigus indicat. Si enim siccitati coniungeretur caliditas, audaciam, quam summam in leone calido & sicco animali uidemus, in lepore quoq; efficeret. Quòd ais tale temperamẽtum esse carnis quale sanguinis sit, non est necesse: mutari enim nutrimentum à nutriendo debet, non è contrario: & aliae etiam corporis partes à sanguine nutriuntur, quas tamen eiusdem esse temperamenti nemo dixerit. Sanguis certè longè calidior est quàm caro, &c. Sed quanquam tenuis est leporinus sanguis, aqueus fere, & sine fibris, non sequitur non esse melancholi 60 cum. Tenuitas enim & (ut tu uocas) aqueitas, frigus ostendunt, non calorem: sanguis enim dilutior, Aristotele teste, frigidior est: eaq; animalia, quibus dilutior est, timidiora. Tauri quidem animalis ualde calidi sanguis crassus est, & fibris refertus. Praeterea licet, Galeno teste, dulcis sit sanguis leporis,

& sapidus, ita ut dulcedine & concoctionis facilitate sanguinem auium superet: didicimus tamen ex eodem Galeno, non omnia dulcia esse calida, sed ea tantum quæ dulcedinem magnam habent: quæ uero modicè dulcia sunt, esse frigida: ad tantam autem dulcedinem leporinus sanguis non attollitur. (Deinde tractata quęstione assæ'ne carnes an elixæ humidiores sint: & utrum assa aliquid caliditatis acquirant.) Leporinę quidem carni, inquit, modicè atque ut coquina requirit assæ, nullam arbitror caliditatem superaddi, Hucusque Manardus.

¶ Schelides, laterum carnes in leporibus, Cælius. Σχελίδες λαγωῶν (aliâs σκελίδες, quod non placet: σκελὶς enim à σκέλος fit, quæ nunc in Comœdijs πτέρνα uocatur, Pollux. Σκελὶς, τὸ ἀπὸ τῆς ῥάχεως, ἕως τῆς ὑπογαστρίου, Hesychius) λαγῷα κρέα, ut alicubi legere memini. Σχελίδες, βοὸς πλευρά: ἢ ἁπλῶς τὰ πλευρικά (τὰ πλευρώματα τῶν ἱερείων, Suid.) ὡς Αἰσχύλος λέγει καὶ Ἀριστοφάνης, Suidas, Varinus, Scholia Aristophanis in Equitibus. Sumine cum magno lepus, atque aper, atque pygargus, Iuuenalis Satyra 11. Canes pro amatoribus (inquit Crinitus 19.8.) passim accipiuntur, ut qui lepores magno studio consectentur, asserente Donato: Hinc illud uulgatum, Fœcundi leporis sapiens sectabitur armos, (ex Horatij 2. Sermonum:) Et illud etiam Terentianum ex Liuio Andronico, si Iulio Capitolino (Flauio Vopisco in Numeriano, Erasmus) credimus, pro militari dicto, Tute lepus es & pulpamentum quæris. Lepus à posteriore parte, hoc est à lumbis & clunibus pulpamentum de se præbet, eaque corporis parte lautissimus est. Terentius Eun. Lepus tute es & pulpamentum quæris: Id est ea requiris ab alijs, quæ ipse affatim habes domi, (Quod in te habes, hoc quęris in altero: & est tropus allegoria, Donatus.) Donatus in hunc locum, Lepus, inquit, pro infamia multa ponitur: uel quòd magis à posteriori parte, hoc est armis, pulpamentum de se præbeat, quum in conuiuio carpitur appositus: uel quòd uenantur illum & persectantur canes, quos pro amatoribus allegoricè intelligimus, ut ipse Terentius ait, Ceruam uidere, fugere, sectari canes: Vel quod illum sic fugiant omnes, constituat ut hunc libido effœminata: (Obscuriora sunt hæc, & ab Erasmo etiam in huius prouerbij mentione omissa:) Vel quòd à physicis dicatur incerti sexus, ac esse modò mas, modò fœmina. Obscurus quidam Terentij interpres sic interpretatur: Quoniam nunc fœminæ nunc maris libidinem exerces, non est quod palpes mulierem. Lepus tute es & pulpamentũ quæris: Id est ab alio quæris quod in te habes: hoc est, blandiris scorto, cum ipse sis scortum. Quod si Donatus & cæteri Terentij interpretes intellexissent, non fuissent tot ambagibus usi in re simplici atque aperta, Sipontinus. De lepore prouerbium dictum, Δασύπους ὢν κρεῶν ἐπιθυμεῖς: hoc est, Lepus es, & pulpamentum quæris, usurpatum à Terentio, Hermolaus. Δασύπους κρεῶν ἐπιθυμεῖ, ἐπὶ τῶν ἐπιθυμούντων τῶν ἀλλοτρίων: ἐπὶ τοῦ ἐπιθυμοῦντος παρ' ἄλλου γενέσθαι τὰ ὄντα αὐτῷ, Apostolius: παρ' ἑαυτῷ, Suidas. Dasypus carnes desyderat: dicitur in eos (inquit Erasmus) qui ea requirunt ab alijs, quæ ipsis affatim sunt domi. Et mox, Sunt qui existiment prouerbium, Tute lepus es, & pulpamentum quæris, cum proximo idem esse. Dictum est autem à milite glorioso apud Terentium in adolescentem Rhodium, qui scorto suo alludebat, ipse ea ætate qua scorti uicibus fungi posset. Donati commenta frigidiora mihi uidentur, ac ut simplicius, ita uerius esse puto, ad Græcam parœmiam referre, Δασύπους κρεῶν ἐπιθυμεῖς. ¶ Corpora quæ natura sunt sicca, salis conspersu exarefacta, cibo fiunt inepta: quidam enim leporem salire aggressus, mustelis exiccatis (ταῖς σκελετευθείσαις γαλαῖς) similem reddidit, Galenus lib. 3. de alim. facultate. Ἐν λαγῴοις, id est in leporinis carnibus uiuere dicebantur, qui lautè atque in delicijs uitam agebant. Aristophanes in Vespis, Sunt, inquit, mille ciuitates, quæ nunc nobis tributum soluunt. Harum unicuique si quis imperet ut uiginti alat uiros, Δύο μυριάδες τῶν δημοτικῶν ἔζων ἐν πᾶσι λαγῴοις, Καὶ στεφάνοισι παντοδαποῖσιν, καὶ πυῷ καὶ πυεριάτῃ: sic legendũ, non ut Erasmus habet πυαρίτῃ. Versus quem ibidem citat tanquam Homeri Erasmus, à Scholiaste non ita citatur: nec hercle Homeri esse uideri potest. Aristophanis quidem de leporinis uerba Suidas etiam adducit. Hoc est, Viginti milia de populo hominum uiuerent in omnibus leporinis, omnigenisque coronis, & colostris. Rursus in Equitibus, quum Cleon & aduersarius certatim promittunt lautissimas epulas populo, multis deliciarum generibus nominatis, promittuntur & leporinę carnes, quasi summæ exquisitæque deliciæ, Hæc Erasm. Λαγῷα, τὰ τοῦ λαγωοῦ κρέα, id est carues leporinæ, Suid. Legimus & Λαγώνια in Lexicis, eodem sensu. Ἐν πᾶσι λαγῴοις apud Aristophanem: hoc est, ἐν κρέασι λαγῶν, ἐν ἀγαθοῖς πᾶσι, ἐν τρυφῇ, Varinus. Ἐν πᾶσι λαγῴοις, id est in omnibus leporibus (errat: pro leporibus enim ultima circunflectenda esset) hoc est in carnibus leporum, id est in omnifariam bonis ac delicijs, Cælius. Ἐπεισφέρει τὰς κίχλας, καὶ τῶν λαγῴων πολλά, Aristophanes in Pace. Λυκάνιου κρατῆρα πεπληρωμένον τῶν λαγῴων κρεῶν, &c. apud Varinum citatur. Archestratus Opsodædalus apud Athenæum libro 9. de optimo leporis apparatu scribens, maximè probat carnem eius parum assam, & modicè crudam adhuc, necdum sanguineo humore prorsus priuatam, sine alijs condimentis sale tantum aspersam, calidam statim à ueru conuiuis apponi. Sed præstat uersus ipsius (quamuis duo postremi obscuri sint) recitare, si quis forte etiam plura inde colligat.

Τοῦ δὲ λαγὼ πολλοί τε τρόποι, πολλαί τε *θέσεις
Ἂν πεινῶσι μεταξὺ φορῆς κρέας ὀπτὸν ἑκάστῳ,
Μικρὸν ἐνωμότερον. μὴ λυπείτω δέ σ' ὁρῶντα
Αἱ δ' ἄλλαι περίεργοι ἐμοί γ' εἰσὶν διὰ παντὸς
Καὶ κατέλαια λίαν, ὥσπερ γαλῆ ὀψοποιοῦντος.
Κορίαννον εἶναί τι λεπτόν, ἵνα σοῦ δασύποδας
Σκευασίας εἰσί. κεῖνος δ' ὢν ἔστιν ἄριστος,
Θερμόν, ἁπλῶς ἁλίπαστον, ἀφαρπάζων ὀβελίσκου,
Ἰχῶρα στάζοντα κρεῶν, ἀλλ' ἔσθιε λάβρως.
Σκευασίαι, γλυκῶν καταχύσματα, καὶ κατάτυρα, 60

Apud eundẽ Alcęi uersus legimus de lepore cõdiendo, οὓς ἐὰν λάβωμεν ἄλσι διαπάττειν ἔχεις: ex quib. cõijcio, trito

trito coriandro cum sale leporinam aspergi solitam. Leporem assum recte conuiuis appones: posterior tamen pars melior habetur. Anteriorem non iniuria in piperato uel laridario coques. Eadem est & de cuniculo coctura, Platina. Et leporum auulsos, ut multò suauius armos, Quàm si cum lumbis quis edat, Horat. Serm. 2.8. Quia in clunibus (inquit Acron) habetur aliquid tetri odoris & saporis minus iucundi. ¶ His adijciam quæcunq; de leporis apparatu legimus apud Apicium libro octauo. In leporem madidum: In aqua præcoquitur modicè, deinde componitur in patina, ac coquitur oleo in furno: & cum propè sit coctus, ex alio oleo pertangito, & de conditura infra scripta: Teres piper, satureiam, cepam, rutam, apij semen: liquamen, laser, uinum, & modicum olei: aliquoties uersatur: in ipsa percoquitur conditura. Item alia ad eam impensam: Cum propè tolli debeat, teres piper, dactylum, laser, uuam passam: carænum, liquamen, oleum suffundes, & cum bullierit, piper asperges & inferes. In leporem farsum: Nucleos integros, amygdala, nuces iuglandes concisas, piperis grana solida, pulpam de ipso lepore & ouis fractis: obligatur de omento porcino in furno. Sic iterum impensam facies: Rutam, piper satis, cepam, satureiam, dactylos: liquamen, caræntum uel conditum: bulliat donec spisset, & sic perfunditur: sed lepus in piperato, liquamine & lasere maneat. Ius albū in assum leporem: Piper, ligusticum, cuminum, apij semen, oui duri medium, trituram colligis & facies globum ex ea. In cacabulo coques liquamē, uinum, oleum, acetum modicè, cepullam concisam: postea globū condimentorū mittes, & agitabis origano uel satureia: si opus fuerit, amylas. Aliter leporē ex suo iure: Leporē curas, exossas, ornas, mittes in cacabū: adijcies oleum, liquamē, cocturā, fasciculum porri, coriandrum, anethū: dum coquitur, adijcies in mortariū piper, ligusticum, cuminū, coriandri semen, laseris radicem, cepam aridam, mentham, rutam, apij semen, fricabis: suffundes liquamen, adijcies mel, ius de suo sibi: defruto, aceto temperabis, facies ut ferueat, cum ferbuerit, amylo obligabis: exornas, ius perfundes, piper asperges & inferes. Lepus Passenianus: Leporem curas, exossas, extensum ornas, suspendes ad fumum: cum colorauerit, facies ut dimidia coctura coquatur: lauas, asperges salem, massam œnogaro tāges: adijcies in mortarium piper, ligusticum, fricabis, suffundes liquamen, uinum, & liquamine temperabis, in cacabum adijcies oleum modicum: facies ut ferueat, cum ferbuerit, amylo obligas, leporem assum à dorso tangis, piper aspergis & inferes. Lepus isiciatus: Eadem coctura condies pulpam, nucleos infusos admisces, omento teges, & charta colliges lacinias & surclas. In leporem farsilem: Leporem curas, ornas, quadratum imponis: adijcies in mortarium piper, ligusticum, origanum: suffundes liquamen, adijcies iocinora gallinarum cocta, cerebella cocta, pulpam concisam, oua cruda tria: liquamine temperabis: omento teges & charta colliges lacinias, & surclas: lento igni subassas, adijcies in mortarium piper, ligusticum, fricabis: suffundes liquamen, uino & liquamine temperabis: facies ut ferueat, cum ferbuerit, amylo obligas, & leporem subassatum perfundes, piper asperges & inferes. Aliter leporem elixum: Ornas, adijcies in lancem oleum, liquamen, acetum, passum, cepam concides & rutam uiridem, thymum subcultratum, & sic apponis. Leporis conditura: Teritur piper, ruta, cepulla & iecur leporis, liquamē, carænum, passum, olei modicum, amylum cum bullijt. In leporem sicco sparsum, & hunc præcordies sicut hœdū Tarpeianum, antequam coquatur, ornatus suitur: piper, rutam, satureiam, cepam, thymum modicum, liquamine collues: postea in furnum mittes, coques: & impensam talem circumsparges: piperis semunciam, rutam, cepam, satureiam, dactylos quatuor. Vuam passam: ius, cum coloratur, superfundes in patellā, uinū, oleum, liquamen, caræntū: frequenter tangitur, ut conditurам suam omnē tollat, postea ex pipere sicco in disco sumitur. Aliter leporem conditum: Coques ex uino, liquamine, aqua, sinape modicum, anetho, porro cum capillo suo, cum se coxerit, cōdies: piper, satureiam, cepe rotundum, dactylos, damascena duo: uinum, liquamen, caræntum, oleum modicè, stringatur amylo: modicum bulliat, conditur lepus, in patina perfunditur, Hucusq; Apicius. ¶ Leporum & ceruorum sanguis, non coitu firmiore spissari solet ut cæterorum, sed fluido, quale lac est, quod sine coagulo sponte coierit, Aristoteles. Sed de sanguinis leporini natura nonnihil & hoc in capite ex Manardo, & supra in B. dictum est. Non pauci pro alimento habent sanguinem leporis, gallinarum & caprarum: leporis quidem & gallinarum complures etiam eorum qui urbes incolunt, Galenus de simpli. 10.4. Idem alibi, ut Manardus citat, leporinum sanguinem dulcem ac sapidum esse scribit, ita ut dulcedine & concoctionis facilitate sanguinem auium superet. Mimarcis (μίμαρκις uel μίμαρις, ut Suidas habet, quod non probo) ꝓpriè quidem est chorda leporina (μίναρ, χορδή, Hesych. & Varinus) ex intestinis: sed usurpatur etiam de sue. Aliter, Mimarcis, apparatus quidam è uentre uel intestinis, uel κυκεὺνη, ius uel edulium uariè conditum, ex sanguine leporino & intestinis, Suidas & Varinus. Μιμάρκης, λαγῶ χορδή, Hesychius. Et rursus, Μιμάρκης, uenter & intestina uictimæ (τοῦ ἱερείου: hierîon aliqui per excellentiam interpretantur bouem, Varinus: alij ouem) cum sanguine apparata: præcipuè uerò ex lepore hoc apparatu utebantur, interdum etiam de sue. Pherecrates per lusum de asino etiam hac uoce utitur. Sed ex diuersis istis scribendi modis, μίμαρκις, ut ego iudico, tantum probari debet, quo modo apud Varinum & Pollucem habetur. Μίμαρκις, inquit Pollux, uenter & intestina sunt cum sanguine apparata, maximè quidem leporum: quod uero ius nigrum uocatur, cibarium est Laconibus usitatum, quod alio nomine ἁιματία (apud Varinum in Ζωμός, ἁιματιὰ oxytonum scribitur) uocatur. Hæmatian Latinè forsan dixeris sanguiculum: nam hœdi sanguinem in cibum formatum sanguiculum uocari Plinius tradit. Iuris nigri Laconici Plutarchus etiam in uita Lycurgi meminit: est autē idem aut simile cibarium quod nostri ex sanguine & extis aut uisceribus leporis parant, & piperatū uocant pfeffer, cui & color niger adest. Αἱμαλιά, μέλας ζωμός, Varinus: sed hoc modo scribi nō placet. Αἱμαλία, ἀλλαντία, Idem, & Hesychius, intestinum sanguine fartum intelligo, ein blůtwurst. Sic etiā ē sanguine & intestinis thynni, iuris uel gari genus fit, quod αἱμάτιον uocari quidam in Lexico Græcolatino annotauit. ¶ Ex sanguine & iocinore & pulmonib. leporinis minutal, ut Apicius præscribit 8.8. Adijcies in cacabum liquamen & oleum, cocturam: porrum & coriandrum minutatim concides. Iocinora & pulmones in cacabum mittes, cum cocta fuerint, teres piper, cuminum, coriandrū, laseris radicem, mentham, rutam, pulegium: suffundes acetum, adijcies iocinora leporum & sanguinem, teres, adijcies mel, ius de suo sibi, aceto temperabis. Exinanies in cacabum, pulmones leporum minutatim concisos in eundem cacabum mittes, facies ut feruéat, cum ferbuerit, amylo obligas, piper asperges & inferes. ¶ Hoc quoq; nuper institutum est, ut lepores saginarentur, cum exceptos è leporario quondam in caueis & loco clauso satiant (faciant) pingues, Varro, & ex eo repetens Macrobius in Saturnalibus 3.13. Nunquam multum pinguescit lepus, sed quando sub tectis nutritur & non mouetur, aliquando ren eius dexter sepo operitur, & tunc moritur, Albert. ¶ Erasmus in prouerbio, Leporem non edit: Antiquitus, inquit, superstitiosè creditum est, esu leporinæ pulpæ conciliari formam. Vnde extat iocus Martialis in Gelliam libro 5. quæ misso lepore addebat ex uulgata opinione ad muneris commendationem, Formosus septem Marce diebus eris. Id Poëta in ipsam torquens, quæ deformis esset: Si me non fallis, inquit, si uerum lux mea dicis, Edisti nunquam Gellia tu leporem. Plinius scribit leporem in cibis sumptum gratiam corporis in septem dies conseruare. Lampridius scribit poëtam quendam in Alexandrum Seuerum quod quotidie uesceretur leporina, ita lusisse: Pulchrum quod uides esse nostrum regem, (Calcagninus sic citat, ut carminis rationi cō suleret: Pulchrum quod uideo ducem esse nostrum, Quem Syrum sua protulit propago,) Quem Syrum sua detulit propago, Venatus facit & lepus comesus, Ex quo continuum capit lepôrem. Hos uersus cum quidam ex amicis ad Alexandrum detulisset, respōdisse fertur in hanc sententiam: Pulchrum quod putas esse uestrum regem Vulgari miserande de fabella, Si uerum putas esse, nō irascor, Tantum tu comedas uelim lepusculos, Vt fias animi malis repulsis Pulcher, ne inuideas liuore mentis. Si uideris lector, inquit Erasmus, parum obseruatas metri leges, memineris imperatorem scripsisse, cuius est præscribere leges, non parêre. Sed non animaduertit Erasmus quod Lampridius refert imperatorem Græcis uersibus respondisse, unde superiores ab ipso Lampridio uel alio quopiam translatos apparet. Somniosos fieri lepore sumpto in cibis Cato arbitratur, uulgus & gratiam corpori nouem (septem potius, Martiale teste) dies friuolo ioco, cui tamen aliqua debeat subesse causa in tanta persuasione, Plinius 28.19. ubi Hermolaus, Somniosos quidem ex leporina fieri adhuc uulgò creditur: uetus tamen lectio erat somnos, non somniosos. Cur uulgò recepta sit opinio apud ueteres (inquit Cælius Calcagninus epistolicarum quæstionum libro 1.) eos formosos diebus aliquot fore qui lepore uescerentur: nonnulli rationem afferre conati sunt, quòd id pulpamentum ui polleat extergēdi bilem atram, atq; ita animos exhilarandi. At ego hoc quicquid est uulgò assertum, ex ui uocabuli tractum puto. In uocibus enim antiquitas religionem & auspiciorum obseruationem magna parte constare dixit. Hinc in delectu censuq; faciundo primi Valerius, Saluius, Staterius nominabantur. Non secus igitur eos lepidos fieri, lepôremq; mutuari crediderunt, qui lepore uterentur. Leporem (inquit Cælius Rhodiginus) Græci amoribus sacrum fabulantur, ducto argumento ex etymi ratione: quoniam illorum lingua λαγὼς dicitur ἀπὸ τοῦ λάειν. ἔρωτας autem, id est amores, à uerbo ὁρᾶν utroq; uisum significante. Vnde forsan prorepsit sententia, formosos fieri diebus aliquot leporina uescentes carne.

G.

Leporinus cinis cum oleo myrteo capitis dolores sedat, Plinius. Enterocelæ lepus illinitur tritus cum melle, Idem. Lep. integri combusti cinis confert contra calculum, Ras. & Albert. Leporis sanguinem & pellem totam in olla cruda combures, ut in cinerem conuertatur, & in aqua calida potui dabis cochlearium unum ieiuno, mox deliquescet lapis & eijcietur foras. Hoc experimentum nos ipsi fecimus. Ne dubites. Hoc facies experimentum, mittes in aquam cochlearium pulueris, illuc pones lapidem qualem uolueris, statim deliquescet, ut mireris uirtutem, Sextus. Pellem leporis recentem (ut Marcellus docet) in olla munda, uel tegula, ita cum lana sua combures, ut in tenuissimū puluerem redigere possis, quem cribratum in uase nitido seruabis: inde cum opus fuerit tria coclearia in potione dabis bibenda: quæ res siue calculos, siue uessicæ dolores continuò compescit: sed multò potentius erit remedium, si leporem uiuum in olla noua claudas, & gypso omnia spiramenta uasis obstruas, & in furno usq; ad fauillam tenuissimam cremes, tritamq; & cribratam recondas, atque inde certas mensuras in potione uini offeras calculosis, & qui sanguinem mingunt, mirè eos sanabis. Leporis integri combusti cinis, confert aduersus calculum renum, Rasis & Albertus. Leporis catulus utero excisus in olla uritur aduersus calculum, Hieron. Tragus non citato authore. Pharmacum simplex ad calculosos, cui Marcianus testimonium præbet, medicus Apher: Leporis pellem in ollulā conijce, & in furnum demitte, atq; ubi usta fuerit ut probè conteri possit, acceptam tere, & ex ipsa cochlearium unum cum uino, ieiunis in solij calidæ aquæ inscensu præbe. Si uerò uelis experimentum pharmaci ipsius accipere, ex eo in uinum conijce, & contectum per paucas horas sine, & in grumos lapis

lapis dissoluetur, Aetius 11. 9. de calculo uesicæ scribens. Antidotus ad calculosos ualde bona, apud Nicolaum Alexandrinum interprete Fuchsio: Recipe leporem uiuum, ipsumq; iugulato, ac sanguinem eius olla noua excipito: dein detracta quoq; eius pelle integram unà cum sanguine in uasculum immitte luto oblitum, & operculo contectum: crematoq;, donec pellis unà cum sanguine in cinerem redigatur. Amoto subinde operculo, pellis sanguinisq; cinere accepto & læuigato, cochlearium unum ex mero tepido dato, est præclara. Bartolemæus Montagnana in Antidotario suo, ubi medicamenta usu à se cognita recenset, electuarium de lepore combusto describit, admiscet tamen etiam Iudaicum lapidem, & in spongijs repertos & lithontribon electuarium à Nicolao descriptum, &c. Et rursus in electuario ad frangendum uesicæ calculum, inter alia leporem crematum adijcit. In Germanico quodam libello empirico manuscripto medicamentum reperio huiusmodi: Si uenter tormina sentiat, & contrahatur, & calculi renum infestent: balneum parabis in solio aquæ, in qua decoxeris maluam, chamæmalum, sium alterum & cepas: Sumes etiam per interualla cum pane tosto puluerem ex cremato lepore, capite & intestinis abiectis. ¶ Indumentum ex pellibus leporum, corpora senum & iuuenum corroborat, Filius Zor apud R. Mosen. Auis cuculus leporina pelle adalligatus, somnos allicit, Plinius. Si equus posterioribus pedibus anteriores forte feriat ac lædat, attactionem uocant (anreichen) uenam statim supra suffraginem circa malleolos (die fyselader) incidunt, & leporinam pellem in uino calefactam imponunt aliqui. ¶ Leporinus sanguis si calidus illinatur, ephelidas (id est asperam & discolorem ceu ab æstiuo Sole cutem, Marcellus Vergil. Ruellius simpliciter uitia cutis in facie uertit) uitiligines & lentigines sanat, Dioscorides 2. 18. & rursus 2. 70. calidus illitus ephelidas & lentigines emendat. Sed ut Celsus docet, interpositis pluribus horis mane eluendi sunt loci illiti, oleoq; leniter ungendi. Leporis sanguis lentigines de facie pellit perunctus, Sext. Et Serenus ad lentigines, Cygnæos adipes hilari misceto Lyæo, Omne malum propere maculoso ex ore fugabis, Sanguine uel leporis morbus delabitur omnis. Sang. lep. calidus superponitur morpheæ & panno, Auicenna in capite de sanguine: nam in capite de lepore, panno tantum legitur: reddunt autē Arabes ferè pannum ꝓ ephelide Græcorum, interdum ꝓ sugillatis: aliqui etiam ineptè pannum in panariciā conuertunt, quę uox à paronychia barbaris detorta est. Ineptissimè Blondus, Sang. lep. inquit uelamē oculorum (pannū barbaram uocē sic interpretatus) abstergit. Si maculę nigræ, umbrosę cum sang. lep. ungantur, remouentur, Rasis et Albert. Orno cutim, ꝓduco pilos, & sedo podagram, Sanguine si fuerint membra peruncta meo, Io. Vrsinus in lepore ex Kyranide. Sed alij cinerem capitis, uel uentrē cum intestinis ustū, pilorum in capite defluuiū emendare aiunt: sanguini eandē uim nemo attribuit, Marcellus quidē contrariam: Pilos, inquit, oculis molestos diligentissime uelle, atq; eorū loca hircino sanguine recenti, aut leporis, aut uespertilionis inlines. Sanguinē leporis magi illinunt, ubi euulsos pilos renasci nolunt, Plinius, si bene memini. Hirci, capræ, leporis & cerui sanguis, dysenterias & cœliacorum profluuia sistit, si frixus (inassatus) in sartagine statim sumatur: in uino potus contra toxica efficax est, Dioscorides. Sanguis leporis frixus confert dysenteriæ & apostemati intestinorum, & solutioni antiquæ: & uenenum sagittæ aufert, Auicenna. Sanguine leporis apostemata calida citò maturantur, Idem in capite de sanguine. Et rursus ibidem, Calidus linitur super apostemata calida & lenia: quæ uires etiam hircino adscribuntur ab eo. Leporis sanguis recens defusus, & cum polenta coctus, & datus dysenterico, illico uentris profluuium sistet, Marcellus. Aluum sistit coagulum leporis, & cæt. alij per se leporis sanguine contenti sunt lacte cocto, Plinius. Sanguis leporis quomodo ad conceptum faciat, uide infra in medicinis ex uulua leporis. ¶ De carne leporina etiam quod ad uires in medendo dictum est nonnihil præcedenti capite. Leporina caro calida est et sicca: assa utilis est ulceribus intestinorum, Auicen. Desiccat & non attenuat, & ideo prodest intestinis dolentibus, & uentrē sistit fluentem, & ulcera intestinorū sanat, Rasis & Albert. Calculum frangit, Filius Zor apud R. Mosen. Si cum oleo frigatur, & inde fiat clyster, uentris profluuium & ulcera intestinorum curantur, Albert. Si assa in furno uel sartagine edatur, idem efficit, Rasis & Albertus. Carnis eius ius siue decoctum podagricos & arthriticos iuuat, eadem ferè efficacia, qua decoctum uulpis, Auicenna. ¶ Pingue leporinum empirici, quorum libellos uidi Germanicos, adhibere solent, ubi quid infixum corpori extrahendum est. Aliqui flores fabarum et leporis pingue tundendo miscent, imponuntq; spinis extrahendis. Si clauus plantæ pedis infixus hæret: Cancrū crudū cū pinguedine leporis contusum, loco saucio impone: parti uerò ex aduerso respōdenti, tres aut quatuor fabaceos flores superilligato: per diem & noctem sinito, sanabitur. Telū equo infixū extrahes, illigato uulneri medicamento ex duobus cancris cum pingui leporino tusis. ¶ Leporis pilorū cinis sanguinem sistit, Plinius. Pilos sub uentre uiuo lepori candidos uelles, & seruabis, & cum usus exegerit intortos naribus fluentibus fulcies, Marcellus. Leporinæ lanæ exustæ cinis cum oleo myrtino & felle taurino & alumine trito miscetur, tepefactumq; medicamen inlitum ad fluentes capillos admodum prodest, Marcellus. Leporis pilorum cinis cum melle decoctus, intestinorum uitijs magnopere prodest, Plinius. Pilos leporinos adiecto melle comprehendes, atq; inde globulos paruulos facies: hi singuli sæpius glutiti, intestina quamuis perniciose rupta, certa coniunctione connectūt, Marcel. Et rursus, Ad intestina rupta, leporinum stercus, atq; etiā pili uel lana eius de subuentrili cū melle decocta ad magnitudinē fabę glutiēda frequēter data, quāuis perniciose

Nn 2

ruptis intestinis celeriter medetur, ita ut etiam tenuiora quæ fuerint disrupta glutinet: sed assidue hoc medicamine utendum est, donec periculum omne tollatur, Marcellus. Pili leporis suffiti extrahunt pulmonibus difficiles excreationes, Plinius. Stercoris caprini pilulas & leporis pilos, pinguedine phocæ subacta suffito, Hippocrates de natura muliebri inter remedia ad menses ciendos & secundas euocandas. Et rursus ibidem inter subdititia medicamenta ad eosdem, ut apparet, usus: Cucumeris syluestris semen, & testam combustam, uino subactam, cum pilis leporinis in lana subdito. Si ex partu os uterorum fuerit exulceratum, florem rosarum tritum & uino imbutum, in pilis leporinis apponito: & acerbis colluito, Hippocrates de natura muliebri. Et rursus ibidem, Si ulceratum fuerit os uterorum aut inflammatum, myrrham & adipem anserinum & ceram albam, & thus, in leporis pilis, qui sub uentre sunt, misceto ac terito, & in lana mollissima apponito. Si ex partu crus ab uteris claudum factum fuerit, & exurgere non poterit: Semen hyoscyami chemæ mensura in uino nigro ad triduum bibat: si uerò mente percellatur ipsa bibens, lactis asinini poculum bibendum dato, deinde pharmacum à quo pituita purgatur: ex sandaracha autem & cerato & pilis leporis, per triduum suffitus fiat, Ibidem. Suffitui cuidam ad conceptum promouendum Aëtius 16. 34. pilos leporinos admiscet. Si pedes adusti sint frigore, leporini pili cinis remedio est, Plinius.

¶ Lep. caput exustum, & cum adipe ursino aut aceto illitum, alopeciarum inanitatibus medetur, Diosc. Leporis totum caput quidam comburens, utebatur eo ad alopecias cum adipe ursino, Galen. de simpl. 11. 6. Combustum cum seuo ursino, & ut cataplasma adhibitum, alopecias emendat, Auicenna. Vstum tritumque cum aceto, alopeciam illitum curat, Rasis & Albert. Vsto eo (cinere eius) quidam curant alopeciam, Serapion ex Dioscoride, & Auicenna. Cinis de capite leporis proprie marini, ualet ad alopeciam, Auicenna: sed hoc echinis magis conuenit. Dentes à dolore præseruantia: Lanam succidam linteolo illigatam terito, adiecta deinde tertia salis portione, terito omnia simul, & perfricato hoc puluere dentes. Idem præstat puluis usti contritique capitis leporis, Galen. Eup. 1. 65. Dasypodis caput ustum cum fœniculo quàm albissimo & sepiæ tritis ossibus admiscens, utere ad dealbandos dentes aliaque eorum uitia sananda, Galenus Euporist. 2. 12. Capitis leporis cinis dentifricium est, adiectoque nardo mulcet graueolentiam oris: aliqui murinorum capitum cinerem miscuisse malunt, Plinius. Capitis leporis exusti cinis cum nardo uel cum melle impositus lenit graueolentia oris ulcera, Marcellus. ¶ Cerebella leporis & cuniculi contra uenena plurimum posse aiunt, Platina. Terrestris leporis inassatum cerebrum manditur, iuuandis tremoribus qui ualetudine contracti sunt, Dioscorides interprete Ruellio. Marcellus Vergilius τρόμους τοὺς κατὰ πάθος γινομένους, interpretatur tremores qui ex mala corporis affectione aliqua fiunt: & reprehendit Hermolaum Barbarum qui uertit tremores qui in morborum accessionibus contingunt. Videtur enim, inquit, de his tremoribus intellexisse, qui in febris accessione cum frigore nos torquent: atqui febrium cum algore tremores Græci propria uoce ῥίγη appellant. Habet sanè omnis tremor uniuersalem ex infirmitate neruorum causam, quod senectus apertè ostendit: priuatim uerò plures & diuersas alias, frigidius naturæ temperamentum, frigidæ aquæ nimium & importunum potum, frigidi & glutinosi humoris abundantiam, & si quæ aliæ huiuscemodi sunt. Omnibus his tremoribus, aut illis saltem quibus natura potestateque sua côueniat, tostũ leporis cerebrũ iudicio nostro mederi Dioscorides ait: Persuasitque id facile Paul. Aegineta, qui lib. 3. capite quo de tremoribus in uniuersum agit, cum multa de febrium tremoribus docuisset, statim subiecit: Simpliciter autem trementibus prosunt, in potu castoreum, & leporis in cibo cerebrum, &c. manifesta inter febrium & aliarum affectionum tremores diuisione, Hæc Marcellus Vergilius, in quibus nos quoque sententiam eius approbamus: non item in eo quod conijcit fieri posse ut non πάθος sed πάχος legendum sit, ut intelligamus tremores qui ex crassis glutinosisque humoribus fiunt. Nam Arabes quoque πάθος legerunt, ut ex subiectis eorum uerbis apparet. Cerebrum leporis assatum confert tremori accidenti in successione ægritudinis, Auicenna. Si asso capite cerebrum edatur, aduersus tremorem ex infirmitatibus prouenientem opitulatur, Rasis & Albertus. Confert tremori qui accidit post ægritudines, Serapio ex Dioscoride. Leporis cerebrum ex uino potum, tremores membrorum sanat, Sextus. Assum in cibo trementibus membris auxiliari, Blondus experimento se deprehendisse scribit. Apud Galenum de simplicibus lib. 11. ca. 6. pro τρόμοις corruptè legitur φόβοις, quod miror interpretes non animaduertisse. Aliqui, inquit, etiam aduersus timores (lege, tremores) cerebrum leporis in cibo auxiliari prodiderunt. Si edatur de capite leporis, quantum eius edendo est, medetur aduersus tremorem: ego quidem experientia didici utilem esse hunc cibum dormitationi (torpori) & paralysi, Filius Zor apud R. Mosen. Cerebrum inassatum, manditur (ut dictum est) iuuandis tremoribus: idem affrictu aut cibo facilem infantibus dentitionem præstat, Dioscorides: uidetur autem in hunc quoque usum assari uel torreri debere. Ex cerebro leporis cocto si gingiuas infantibus defrices, dentes sine dolore crescent, Sextus. Mundantur (fricantur) cerebro leporis gingiuæ, sic dentes citò & facile ac sine dolore prodeunt, Auicenna. Cerebrum leporis attritum & esum utile esse didicimus pueris dentientibus, capite uidelicet toto elixo, ut ego facere soleo. Non tamen eximia uis eius est, sed similis melli & butyro, & alijs quæ ad dentientes pueros conueniunt, Galenus. Paulus Aegineta libro primo docet inflammatis infantium ex dentitione gingiuis, nihil esse dandum, quod

quod multo & difficili conatu commandicandum sit:tum digitis palpandas gingiuas, gallinaceorumq́ adipe aut leporis cerebro molliẽdas esse. Lacte caprino uel cerebro leporum perunctæ gingiuæ, faciles dentitiones faciunt, Plin. Serenus Samonicus legit lacte caprino cum cerebro leporino, &c. sic enim scribit, Aut teneris cerebrũ gingiuis illine porci, Aut leporis niueum bibitur cum lacte caprino. Leporis cerebrum in uino utiliter bibitur, eiusq́ testiculi tosti salubriter manducantur ab eo qui uessicæ molestijs laborat, Marcellus. Vrinæ incontinentiam cohibet cerebrum leporinum in uino, uel eiusdem testiculi tosti, Plin. Leporinum cerebellum ex uino potum, urinæ incontinentiam refrenat: eiusdem testiculi torrefacti & ex uino poti, par remedium submeiulis præstãt, Marcellus. Si urina præter uoluntatem uel nimia fluat, Tum leporis cerebrum ex uino potare debebit, Serenus. Ad mingentes in stragulis, Leporinum cerebrum ex uino propinato, Galenus Euporiston 3. 276. ¶ Dens leporinus appositus parti ubi dentes alicui dolent, sedat dolorem, Rasis & Albertus. ¶ Leporis uentriculum coctum in sartagine admixto oleo myrtino impone capiti, capillos fluentes continet & cogit crescere, Sextus. Leporis uentriculum cum fimo suo, uino uetere lauabis, ita ut sordes ipsæ ibi sint & misceantur: aut si in uentriculo non inueneris, pilulas de fimo ipsius impares numero tritas cum uino uetere dysenterico dabis bibendas, Marcellus. ¶ Coagulũ Germani uocant **mãgle/ keüm uel lip**. Leporino coagulo pares uires habent coagulum hœdi, agni, hinnuli, dorcadis, capreæ platycerotis, dorci, cerui, uituli & bubali, Dioscorides. Vide in Ceruo G. Coagulum hinnuli (quidam ineptè pro hinnuli legunt inutile,) leporis, hœdi laudatum: præcipuum tamen dasypodis, unius utrinq; dentatorum, Plin. sed dasypodem & leporem idem significare ut plurimum, dasypodem tamen aliquando priuatim pro specie quadam leporis, quæ cuniculus uidetur (ut Gaza uertit apud Aristotelem semel aut iterum, ubi dasypodis & lagi coniuncta erant nomina) accipi, quod Plinius non animaduertit, supra in A. docuimus. Laudauit & Nicander in Theriacis suis contra uenenata leporis coagulum: quo loco interpres eius, authore Nicoonte antiquissimo medicinæ authore, primum in coagulis honorem hinnulo tribuit, secundum lepori, tertium uerò agno, contra quàm Dioscorides, qui leporino primum ordinem dedit, Marcel. Vergil. Coagulum omne acris ac digerentis potentiæ est, ac nimirum etiam exiccatoriæ, quod superiora necessariò sequitur. Lac in uentre coagulatum dissoluit, quod & nos, inquit Galenus, non solum in leporino, sed etiam in aliorum animalium omnium coagulo experti sumus. Attamen leporinum omnium est præstantissimum: sed & sanguinem in uentre concretum simili modo epotum dissoluit, ac efficacius quidem cæteris, uerum non solum, quod quibusdam scriptum legitur: sed & hoc commune est omni coagulo, Hæc Galenus. Auicenna quoq; coagulis omnibus leporinum præfert. Quò uetustius coagulũ est, eò præstantius, Aristoteles. Contra uenena ex aceto bibitur, Dioscorides: & Auicenna, qui theriacã & bezahar ita sumptum contra uenena esse scribit: non autem, ut quidam ineptè citant, theriacam insuper misceri iubet. Contra uenena additur antidotis, Plin. Coagulo leporino, inquit idẽ, ad serpentes utuntur ex aceto, contraq́ scorpionem & murem araneum utuntur: aiunt autem non feriri leporis coagulo perunctos. Ad scorpionum & serpentium morsus, Leporinum coagulum cũ uino potui datum, aduersus uenena resistit & discutit, Sextus. Tribus obolis ex uino bibitur contra morsus uenenatos, (ad serpentium, uel ut alij uiperarum, morsus: Græcè legitur, πρὸς θηριοδήκτους ἁρμόζει, sed eodem in libro de lepore priuatim agens, Coagulum eius ad ἐχιδνῶν, id est uiperarum morsus peculiariter commendat:) Dioscorides. Contra pastinacam & omnium marinorũ ictus uel morsus coagulum leporis, uel hœdi, uel agni drachmæ pondere ex uino sumitur, Plinius. Sanguinem in grumos concretum discutit tribus obolis ex uino potum, Dioscorides. Leporinũ coagulũ si cum aceto ebibatur, sanguinem in uentre concretum dissoluit, ac efficacius quidem cæteris, uerum non solum, quod quibusdam scriptum legitur, sed & aliud quoduis coagulum, Galen. Videtur autem, cum inquit, Quod quibusdam scriptum legitur, Dioscoridem notare, immeritò tamen. Etsi enim Dioscorides leporino hanc uim priuatim attribuit, ut αἵματος θρόμβωσιν, id est sanguinem concretum dissoluat, trium obolorum pondere ex uino sumptum: mox tamen diuersorum animalium, quæ paulò ante nominatim recensui, coagula parem leporino facultatem habere scribit, & omnia auxiliari contra aconitum potu in uino sumpta, & in aceto contra concretum sanguinem. Intelligendum est autẽ hoc densati concretiue sanguinis malum in uentriculo factum, quod maximè & periculosissimè à sanguinis taurini calidi adhuc haustu contingit. Coagulum hœdi contra uiscum (chamæleonta ixian) & chamæleontem album, & sanguinem taurinum remedio est: contra quem & leporis coagulum ex aceto, Plinius. Eadem sanè ui aconito resistere uidetur: nam id quoq; strangulando, ut sanguis et lac concreta, uenenum est. Coagulum leporinum uel hinnuli contra aconitum datur ex uino, Nicander. Contra uenena ex aceto bibitur, prẽsertim aduersus concretum (in uentriculo) lac, Dioscor. Et alibi, Contra lactis coagulati pericula auxiliatur coagulum omne, maximè uero leporinum, quod ex aceto bibere sæpius cogimus. Lac in uẽtre coagulatum dissoluit (scilicet cum aceto potum) quod certe & nos experti sumus, non solum in leporino, sed etiam in aliorũ animaliũ omniũ coagulo: attamen leporinum omnium est præstantissimum, Galen. Idem fortassis Auicenna scripsit, quod ab interprete (ut quidam citant: in meo enim exemplari non reperio) hunc in modum deprauatum uidet: Coagulum leporinum cum aceto lac in mulierum mammis coagulatum dissoluit, quanquam fortassis ea quæ pota coagulatum in uentriculo lac dissoluunt, lactis etiam in mamillis grumos dissoluere

Nn 3

posse uidentur, extrinsecus applicata. Arundines & tela, quæq; alia exrrahenda sunt corpori, euocant cochleæ ex his quæ gregatim folia sectantur contusæ impositæq; cum testis: & eæ quæ manduntur exemptæ testis, sed cum leporis coagulo efficacissimè, Plinius. Et rursus spinæ ac similia corpori extrahuntur, coagulo quocunq;, sed maximè leporis, cum thuris polline & oleo, aut cum uisci pari pondere, aut cum propoli. Et similiter Marcellus, Cuiuscunq; animalis coagulum, maximè leporis, cum pari pondere thuris uel uisci impositum, permanere in corpore quæ calcata sunt, non sinit. Et alibi, Ad ea quæ calcata erunt, & ea quæ corpori inhæserint, extrahenda, leporis coagulum cum malua tritum impositumq;, potenter opitulabitur. Sanguinem sistit coagulum ceruinum ex aceto, item leporis, Plinius. Sic & Marcellus, Coagulum ceruinum deglutitum sanguinem ex intimis profluentem facile stringit: idem facit & coagulum leporis. Sanguinem è pectore educentes quomodo iuuet paulò post dicemus. Vlcus etiam annosum coalescet, si inducas leporis aspersa coagula uino, Serenus. Strumis exulceratis duntaxat coag. lep. è uino in linteolo imponitur, Plinius. Carcinomata curat coagulum leporinũ cum pari põdere capparis aspersum uino, Plinius: (utrunq; uino aspersum unà teritur, & sic adponitur, Marcellus.) Aduersus quartanam, magi fimi bubuli cinere consperso puerorum urina illinunt digitos pedum, manibusq; leporis cor adalligant, coagulum ante accessionem propinant, Plinius. Aut leporis tepidi (aliâs, timidi) diluta coagula trade, Serenus ad quartanam. Coagulum leporinum comitiales iuuat, Dioscorides. In comitiali morbo dantur coagula leporis, Plinius: (item pulmo uel cor eiusdem, eo quem mox declarabimus modo. Lep. coagulum comitialem morbum, si cum aceto ebibatur, sanare proditum est, Galenus & Auicenna. Parum olei leporis coagulo infundito, & pilulas facito, ex quibus modò unam, modò duas præbeto, Galenus Euporiston 2. 3. Coag. lep. miscetur etiam antidoto Iuliani, medicamento ad calculum & comitiales &c. destinato, Apud Aetium. Si grauitas sit audiendi, laudant coag. lep. tertia denarij parte, dimidiaq; sagapeni in Aminæo uino, Plinius. Ad aurium dolorem, Lep. coag. auriculę infunditur, Sextus: Sed legendum uidetur, dentium, non aurium, ex Plinio, ut sequitur: Leporina coagula per aurem infusa contra dolores dentium, efficacia sunt, Plinius. Idem 24. 10. de Erasistrato, Ederæ acinos quinq; tritos in rosaceo oleo, calefactosq; in cortice Punici, instillauit dentium dolori à contraria aure. Lep. coag. reiectionibus à pectore auxiliatur trioboli pondere ex uino, Dioscorides: Intelligendę sunt autem sanguinis reiectiones: nam Græcè legitur, πρὸς τε αἵματος θρόμβωσιν καὶ ἀναγωγὰς τὰς ἐκ θώρακος, ut uox αἵματος ad utrunq; pertineat. Marcellus Vergilius imperitè difficiles pectoris excreationes reddidit. Quoduis coagulum resoluit sanguinem coagulatum in pulmone, Auicenna: eadem scilicet ui qua in uentriculo. Quidam sanguinis ex thorace reiectiones lep. coag. epotum supprimere prodiderunt: Cæterum nec alium quempiam eo usum noui, nec ipse sum ausus acri uti remedio ad affectum astrictione egentem, Galenus. Apparet sanè notari ab ipso Dioscoridem præcipuè, qui tamen non sisti hoc remedio sanguinis eductionem, sed simpliciter iuuari scripsit: id quod uerisimile est. Duplex equidem, cum sanguis è thorace fluit in pulmones & arterias asperas, periculum est, alterum commune, ne nimio fluxu uires exhauriantur, itaq; opus est sistere: alterum, ne extra uasa sua profusus sanguis in arctis illis meatibus condensatus hæreat, ita ut nec ipse educi possit, & sanguinis deinceps fluentis uiam impediat, unde suffocationis periculum: hîc grumos dissoluentibus remedijs opus est, quale præcipuum est coagulum: aliqui utraq; miscent, ut Plinius his uerbis: Sanguinem expuentes coagulum leporinum tertia parte denarij cum terra Samia & uino myrteo potum sanat. Medici certe eruditi, si sanguis è pulmonibus reijciatur (quod colligitur ex eo, si ater & in grumum concretus cum tussi etiam & dolore partis affectæ reijcitur) primum poscam dilutam & tepidam exhibendam præcipiunt, ut si quis sanguinis grumus in uiscere hæreat, inde dissolutus eijciatur: neq; quicquam obstat (inquiunt) bis & ter in tribus horis hanc potionem iterare. Post hoc demum medicamenta adstringentia & emplastica adhibent. Cæterum cum cœliacis quoq; & dysentericis & fœminis fluxione uuluæ laborantibus utile prædicetur à Dioscoride & alijs coagulum, præcipuè leporinum: apparet illos credidisse sistendi omnino aliquam ei facultatem inesse: & uerisimile est sicut extrinsecus liquores quidam, ut lac, coaguli ui densescunt, ita etiam sanguinem & alios humores in corporibus nostris, liquidos quidem densari, densos autem concretosq; dissolui. Nam omne coagulum (ut inquit Auicenna) sanguinem & lac dẽsata, & humores crassos dissoluit: quæcunq; uerò liquida sunt, coagulat, &c. Coagulum hinnuli, leporis, hœdi laudatum: præcipuum tamen dasypodis, quod & profluuio alui medetur, unius utrinq; dentatorum, Plinius. Habent coagulum omnia ruminantia, & inter dentata utrinq; lepus. Quò uetustius coagulum est, eò præstantius: tale (uidetur enim uetustate maiorem siccãdi uim acquirere) profluuio alui (diarrhœæ) præcipuè medetur: atq; etiam quod leporis (dasypodis) est: sed laudatissimum hinnuli, Aristoteles. Alui fluorem sistit, Dioscorides. Aluum sistit coag. lep. in uino ciceris magnitudine: aut si febris sit, ex aqua: aliqui & gallam adijciunt, Plin. Leporum coagulo illito ubere, sistitur infantiũ aluus, Idem. Ad infantiũ uentris fluxũ, Leporinũ coagulũ illinitur in sumine mulieris: sed & puero dabit̃ bibere: si sine febricula fuerit, cum uino: febricitanti uerò cũ aqua calida: Idem facit & maioribus cũ puluere gallæ, Sextus. Coagulum omne potum, sistit aluum: & debet dari in fluxu. agit enim ui quadam occulta, quam experientia ostendit, (uidetur notare Galenum, qui coagulum tanquam acre ubi quid sistendum est dari prohibet,) quod si etiam uentri puerorum calidum imponas, sanat, facultate nimirum coagulante & indurante

indurante humores, Auerrois. Est sanè coagulo uis ignea, secundum Aristotelem: non quòd summum caliditatis gradum ut ignis obtineat, sed quoniam similiter ut ignis heterogenea discernit, ut in lacte partem crassam, aquosam & pinguem. Mihi nuper coagulum uitulinum aliquot iam menses repositum gustanti, odor, sapor & substantia, per omnia caseum inueteratum & putrescentem referebant: & sanè uidetur idem in caseis efficere coagulum, quod fermentum in massa farinæ subacta, cuius exigua pars iniecta massam uniuersam sapore & qualitate sua imbuit. Sed cum uetus maximè caseus, coaguli uim repræsentet, nil mirum si facultates etiam aliquot easdem habeant. Quamobrem uenter utroque sistitur: utrique uis inest dissoluendi præter naturam concreta: ut de coagulo iam supra diximus; caseo autem uetere concretos induratosq; arthritici cuiusdã tumores se dissoluisse scribit, subacto eo in mortario exquisite, cũ prius madefecisset decocto saliti cruris porcini ac peruetusti. Lep. coag. tribus obolis ex uino potum, cœliacis & dysentericis succurrit, Dioscor. Cœliacos & dysentericos iuuat potum leporis, tum hinnuli, tum etiam capreæ coagulũ ex uino, nec non immissum cum oryzæ cremore, Galenus Euporiston 1. 113. Cœliacis coagulum leporinum subactum in pane datur: si uerò sanguinem detrahũt, id est deijciunt, in polenta, Plin. Coag. lep. ex uino dilutum tepidum dysenterico dabis bibendum, de quo coagulo si singulos scripulos in singulis ouis sorbilibus ieiuno per triduum dederis, mirè subuenies, Marcellus. Lac caprinum ad dimidias decoctum dysenter. & cœliacis datur: si sint & tormina, additur protropum. Torminibus satis esse remedij in leporis coagulo poto è uino tepido uel semel, arbitrantur aliqui: Cautiores & sanguine caprino cum farina hordeacea & resina uentrem illinunt, Plinius. Colo sedando, pauidi leporis madefacta coagula pota, Serenus. Vrinæ incontinentiam cohibet coagulum leporinum cum anserino adipe in polenta, Plinius. Vuluæ fluorem sistit, Dioscorides. Et rursus, Tribus obolis ex uino potum fœminis fluxione uuluæ laborantibus auxiliatur. (Eandem uim Sextus cordi leporis, Plinius pulmoni ac iecori adscribit.) Menses retinet, ut quidam citat ex Auicenna: apud quẽ nos ita legimus, Quoduis coagulum ꝓhibet quemuis fluxũ sanguinis, et muliebrẽ quoq;. Coag. lep. ꝓfluuium muliebre sanare proditũ est, Galen. uidetur aũt addendum quod ꝓximè scripserat, si cũ aceto bibatur. Cum calidũ sit uitandum ubi sanguis fluit aut fluxurus est, non uideo quomodo possit coagulum, quod acre est, menses immodicos cum practicis & medicorũ uulgo sistere, Syluius. Secundas adiuuat coag. lep. caueantur pridiana balnea. Illitum quoq; cum croco & porri succo, uellere appositum abortus mortuos expellit, Plinius. Leporinum coagulum post triduum (μετὰ ἡμέρας τρεῖς, malim ἀπὸ uel ἐφ᾽ ἡμέρας τρεῖς: nam & in ostracite lapide simile medicamentum scribens, bibi iubet ἐφ᾽ ἡμέρας τέτταρας μετὰ τὴν ἄφεδρον: ut tribus uel quatuor diebus continuis statim à puerperio huiusmodi medicamenta bibantur: nam & alia ad sterilitatem inducendam pluribus diebus bibi iubent, ut clymenum in uiris:) μετὰ τὴν ἄφεδρον potum, atocion esse fertur, Dioscorides libro 2. capite de lepore. Græca uerba μετὰ τὴν ἄφεδρον Marcellus uertit à purgatione menstrua, deceptus nimirum per Arabes, quorum interpretes ita transtulerunt, Serapion, Auicenna & Rasis: quòd autem non significet menstruam purgationem, conuincitur ex capite de lepore, ubi utrunque uocabulum, κάθαρσιν dico & ἄφεδρον, contrarios effectus utriusque tempore ædente coagulo, expressum reperies. Sed rursus in capite de coagulis oblitus sui Marcellus, eandem uocem, & rectè quidem, puerperium transfert. Sic & Ruellius in eodem capite de coagulis rectè puerperium uertit, in capite uerò de lepore concubitum. Hermolaum utrobiq; puerperium uertisse puto. Aphedrum pro puerperio accipiunt quandoq; Græci, Cælius. Eandem uocem reperio apud Galenum libro 2. de antidotis, ca. 133. Sunt autem Nicostrati uerba: Si morsus à cane rabido, inquit, aquam pertimescat, suppone poculo ῥάκος ἀπὸ ἀφέδρου, & bibet. Interpres transfert lacerum pannum ex sella. Eundem locum Actuarius transcribit in antidoto diacarcinon, ubi Ruellius sibi rursus non constans, lacerum pannum sub sedem uertit, cum intelligatur puerperæ pannus uterino sanguine pollutus. Hæc pluribus, quoniam in dictionarijs, Græcorũ etiã, nihil huiusmodi reperias. Hesychius quidẽ & Varin. ἄφεδρον interpretantur ἀκαθαρσίαν, hoc est immunditiam: & ἀφεδρεῦσαι, in sella sedere: & ἀφεδρῶνα sellam, nimirum aluo exonerandæ destinatã. Habentur aũt puerperæ etiam immundæ, & suæ eis ad pariendum sellæ sunt, Suidas λοχείους δίφρους nominat. Iam in eodem Dioscoridis loco uocem atocion, alij aliter interpretantur. Hermolaum Marcellus reprehendit, Marcellum Massarius: Ruellius ambiguè transfert, ut in utranq; sententiam accipi possit, atocion reddens, quod pariendi uel partus spem intercipit. Ego certe Marcelli sententiæ accedo, cuius hæc uerba sunt: Μετὰ τὴν ἄφεδρον ἀτόκιον ἐστὶν, Barbarus uertit, sumptum à puerperio abortiuum est. Nos sterilitatem facere diximus, non paruo discrimine, &c. Esse uerò hanc atocij significationem, uel ex Plinio constat, qui 29. 4. de phalangijs agens, In tertio (inquit) phalangij genere inueniri dicuntur uermiculi, adalligatiq; mulieribus ceruina pelle ante Solis ortum, præstare ne concipiant. Vis ea annua est, quam solam ex omni atocio dixisse fas sit, quoniam aliquarum fœcunditas plena liberis tali uenia indiget. Ne concipiant, atocia homini præstare Plinius dicit: demiror q; hoc maximè loco Barbarum, qui in Plinianis castigationibus atocium exposuerit esse, quodcunq; conceptus adimit & partus spem intercipit: hoc loco autem abortiuum idem dixerit. Et in hoc ipso capite uariata interpretatione, prohibere partus atocion uerterit: nec animaduertit, non posse aliter quàm de sterilitate in Dioscoride intelligi, cum dicat à puerperio potum coagulum atocion esse, quo tempore

Nn 4

sine nouo conceptu abortus fieri non potest, Hucusque Marcellus. Sed audiamus etiam Massarium, qui Hermolaum defendit: Coagulum leporis, inquit, magnum habet in medicinis usum, præcipuè ad concipiendum mares, si cibo ante conceptionem præsumatur, (quod Plinius scribit:) ut Hermolaum nostrum iam liberatum pateat à falsa calumnia Marcelli, qui eum falsò accusauit, quod in Dioscoride, leporinũ coagulum non abortiuum esse, sed sterilitatem facere interpretari debuerit, quod est totum oppositũ: non animaduertens Plinium lib. 28. testatum reliquisse, coagulũ leporis in cibo sumptum mares concipi facere. Et, quod magis ridiculum est, Hermolai uerba in castigationibus Plinianis exponit: nec ipsa quidem intelligit. Ait enim 28. libro (Hermolaus:) Est autẽ atocion quæcunque medicina conceptum adimit, hoc est partus spem intercipit. Non enim dixit conceptionem, sed conceptum, id est fœtum, qui iam conceptus est, adimit: hoc est ut ipsemet exponit, partus spem intercipit, ceu fœtum, qui conceptus est, peruenire ad partum impediat, & ꝓhibeat: quod quidem non sterilitatem, sed abortum facere dicimus: quasi conijcere liceat ex horum antiquorũ scriptorum uerbis, coagulum leporis, ante conceptionem sumptum mares concipi facere, post conceptionem uero sumptum abortiuum esse, Hæc Massarius nimio, ut meum est iudiciũ, Hermolai ciuis sui defendendi affectu commotus. Etsi enim nonnihil dicere uidetur, quamuis id quoque refutari facile possit, ualidiores tamen Marcelli rationes non attingit. Pro Marcello quidem stat etiam Budæus in prioribus Annot. in Pandectas, his uerbis: Ecbolia medicamenta sunt quibus medici utuntur abigendis infantibus in utero enectis, quæ & phthoria dicuntur: Verba sunt crebra apud Dioscoridẽ, Latinè eiectoria & eiectrices medicinæ dici possunt. Aegyptus uuam ecbolimã (aliâs ecboláda, utrunque rectè) habet, abortiuos facientem, Plinius. Idem de scammonite uino, Hoc uinum (inquit) phthorium uocant, quoniam abortus facit. Sic enim in antiquis exemplaribus legitur, manuscriptis, licet in impressis ectromatiũ legatur uerbum subdititiũ. (Aristoteles & Dioscorides abortiones ἐκτρωσμοὺς appellant.) Ea autem medicamenta quæ sterilitatem afferunt & conceptũ adimunt, hoc est uim concipiendi, atocia dicuntur. Dioscorides de cedria loquens, Circũlita (inquit) genitali ante coitũ, atocij uim habet, Hæc Budæus. Et rursus in eodem opere, cum nominasset medicamenta oxytoca (ὠκυτόκια & ὀξυτόκια, ut cyclaminũ, Dioscorides medicamenta uocat partũ accelerantia) arregona (lego arrhenogona) & thelygona, subdit: Phthoria sunt & ecbolia ad partus abigendos: atocia ad fœcunditatem inhibendã & supprimendam excogitata fuerunt. Constat igitur hæc medicamenta ut sunt diuersa, sic nominibus etiam ueníre diuersis: quod quidem tam manifestum mihi uidetur, ut pluribus demonstrari nemo desideraturus sit, puto. Certe etiam Arabes, Serapio, Auicenna, Rasis, atocion uerterunt quod imprægnationẽ ꝓhibeat. Cæterum Plinius cum passim plura quæ abortum faciant memoret, unum duntaxat atocion supra dictum ex phalangijs, se præscripturum ꝓfessus, alibi tamen oblitus sui alia quoque affert: quale est illud lib. 20. ca. 11. Apium sexu distinguitur: caulæ fœminæ uermiculos gigni aiunt: ideoque eos qui ederint sterilescere mares fœminasque. Talis sanè & hodie quædam uulgi persuasio est, mares ad Venerem ineptiores fieri apij cibo, quod petroselinon imꝓpriè uocant. Et alibi, Ederæ nigræ candidiores corymbi poti, steriles etiam uiros faciunt, (Hederæ albæ fructu semen sterile fieri aiunt, Theophrast. 9. 19. de hist. Hederæ nigræ succus & corymbi poti inducunt ἀτονίαν, & largius sumpti mentẽ turbant, Dios. lego ἀγονίαν. Sic & in Heraclea Arcadiæ uinum nasci Theophrastus scribit, quod potum uiros mente moueat, mulieres autem steriles reddat, ἀτέκνους. Hederæ quidem nigræ corymbi etiam nigri aut crocei sunt, Dioscor. teste, non candidi, ut Plinius ait, &c.) quasi dicat sterilitatis medicamenta non solis mulieribus dari: ut de clymeno alibi, sterilitatem ea pota etiam in uiris fieri. Asplenon quoque fœminis dari ꝓhibet, quoniam sterilitatem facit. Item de filice 27. 9. Neutra (inquit, id est, nec mas nec fœmina) danda fœminis: quoniam grauidis abortum, cæteris sterilitatem facit. Eodẽ in capite epimedion quoque (etsi corruptè epimenidion legitur) fœminis cauendam ait, nec addit causam, quam Dioscorides exprimens, Atocios (inquit) eius radix est, & folia trita cum uino drachmæ pondere à purgatione (menstrua) statim pota per dies quinque ἀσυλλήπτους ποιεῖ, hoc est ne fiat conceptus impediunt, exponens nimirum quid esset atocion. In filice etiam fœmina, idem scribit quod de utraque filice Plinius, ut iam citaui: Radices eius datæ fœminis sterilitatem, ἀσυλληψίαν faciunt: prægnantibus abortum. non enim δοθῇ (ut in cyclamino legitur, ὑποβῇ) sed λάβῃ legendum, ut Marcellus probat. Similiter Theophrastus de fœmina filice, γυναικὶ δὲ ἐάν γε δοθῇ, ἐὰν μὲν ἐγκύμονι, ἐκβάλλειν φασίν· ἐὰν δὲ μή, τὸ ὅλον ἄτεκνον γίνεσθαι. Clymenum quidem apud Dioscoridem inter nomenclaturas etiam agonon, id est sterile nominari legitur: quod Marcellus ad periclymenum Dioscoridis referendum ait, atque idẽ Theophrasti clymenon esse, à Dioscoridis clymeno diuersum, Plinium utrunque confundere. Periclymeni semen (inquit Dioscorides) ocytocion est: id est, ad celeritatem partus facit: habent easdem uires & folia: feruntur hæc triginta sex (aliâs septem, Theophrastus triginta tantum habet) diebus pota, ἀγόνους ποιεῖν, sterilitatem in uiris facere, ut Marcellus uertit: nam Theophrastus quoque de uiris id scribit. Hoc obiter monuerim cyclaminum alteram Dioscoridis eandem periclymeno tum descriptione tum uiribus mihi uideri: nec impedire quod periclymeno radix crassa tribuitur, cyclamino alteri inutilis: qualiscunque enim sit, ad remedia inutilis fuerit, cum nulla ex radice Dioscorides tradat. Cyclaminum autem uocatam dixerim, non quod aliquid, quod ad formam, cum prima & propriè dicta cyclamino commune habeat, sed quoniam, ut Dioscorides ait, in orbem suis flagellis & cauliculis uoluitur. Xiphij superiorem radicem ferunt Venerem in uino potam excitare; inferiorem uerò sterilitatem

sterilitatem facere, ἀγόνους ποιεῖν, Dios. interprete Marcello: qui coniecturam addit pro ἀγόνους hoc loco melius forte ἀτόνους legi posse, ea scilicet ui, qua testiculatæ radices herbæ testiculi prædítæ creduntur. Sed Serapion etiam ἀγόνους legit, & Theophrastus de historia plant. 9. 19. Herbas quasdam, inquit, etiā generandi seminis facultatem atq; sterilitatem afferre (δυνάμεις ἔχειν πρὸς τὸ γεννᾶν καὶ ἀγονεῖν) suis uiribus posse affirmant: & quasdam ex eodem facere utrunq; ualere, sicut qui testiculus appellatus est: cum enim gemini sint, alter magnus, alter autem paruus, magnum efficacem ad coitum datum è lacte caprino tradunt, minorem uerò obesse ac inhibere: habet folium laseris, uerum leuius atq; minus: caulem simillimum spinæ, quam pirum uocant, Hæc ille interprete Gaza: quem deprauati codices Græci fefellerunt: nam quod folium testiculi herbæ non σιλφώδες sed ἐλαιῶδες, hoc est oleæ folijs simile sit, læuius tamen & angustius, ex Dioscoride ac reipsa manifestum est: quanq; diuersa eius genera reperiuntur, tum aliâs tum foliorum magnitudine differentia. Plinius etiam, Orchis (inquit) folijs oleæ, mollibus, ternis, &c. Cæterum hæc uerba de caule, τὸν δὲ καυλὸν ὁμοιότατον ἀπίῳ, ἀπύρῳ, ἤτοι ἀκάνθῃ, ex Dioscoride similiter & reipsa, sic lego: τὸν δὲ καυλὸν σπιθαμιαῖον, ἐφ᾽ ὃ πορφυρᾶ τὰ ἄνθη: hoc est, caulem uerò dodrantalem habet, in quo flores purpurei. Vinum in Trœzenia ἀγόνους ποιεῖ τοὺς πίνοντας, Theophrastus. Aspleno quidem, filici, & epimedio, quòd atocia sint, superstitiose ueteres attribuisse facile conijcio, inde quod hæ plantæ steriles sunt natura, nec floris nec seminis feraces: ut & salici, quæ cū floreat, fructum tamen non perficit, unde ὠλεσίκαρπον Homerus cognominat. Mercuriali uerò masculæ & folio arrhenogono, propter semina testiculata uim mares generandi, fœminis fœminas. Hoc quod Plinius de aspleno, Theophrastus de hemiono, id est mula herba scribit: quæ omnino non alia est quàm Dioscoridis & Plinij asplenos, alia uero quā hemionitis Dioscoridis. Hemioni, inquit Theophrastus, folium mulieribus sterilitatem facere aiunt (εἰς τὸ ἀγονεῖν, quo uerbo eo in loco 9. 19. de uiris pariter, ut in clymeno, & mulieribus, ut in hemiono herba utitur) miscendum autem aliquid etiam de ungula muli & dermate, id est pelle, aliâs spermate: de splene mulæ Luna silente, Serapio. Populi albæ cortex cum muli renibus potus sterilitatem facere traditur: feruntur itidem pota à purgatione statim eiusdē arboris cum uino folia, idem præstare, Dios. Hinc sanè apparet q̄d paulò ante dixi, similitudinibus rerū homines superstitiose impulsos esse ad ridiculas quasdā de medicamentorū effectib. persuasiones, ut hoc in loco herbæ sterili aliquid de quadrupede sterili miscendum ad sterilitatem inducendam præcipitur. Sunt tamen nonnulla quæ uera credimus, et certa cur sterilitatem inferant ratio apparet, in uiris præcipuè, nimium uidelicet exiccando, ut periclymenum, quod & Galenus testatur: argumento est, quod lienem quoq; consumat si quis multis diebus bibat: item ruta, & uitex. In ruta quidem triplicem ferè causam inuenio, cur & semen aboleat, & motum ad Venerem inhibeat: flatus enim consumit, sine quibus genitalia non eriguntur: & ualidè exiccat, & fortassis occulta quadā ui etiam coagulat semen, unde & πήγανον aliqui dictum conijciunt διὰ τὸ πηγνύειν τὸ σπέρμα: quæ ratio forsitan etiam in coagulo fuerit, ut mulieres semine ipsarum eius potu coagulato sterilescant. Agnos quidem, id est uitex quod ἁγνείαν, id est castitatem, p̄moueat, & inhibeat Venerem, nomen etiam accepit: habet autem easdem ferè cum ruta facultates, sed remissiores, ut Galenus scribit. Esse autem in plantis quoq; occultam quandā humores, ut lac, coagulandi uim, galion, cnicus, liquor de ficu, caprifici surculus, balsamum, & alia quædam indicio sunt. Vt ruta sic etiam caphura (καφουρά) semen coagulat, πήγνυσι, quod Symeon Sethi testatur, etsi frigidam & siccam esse dicat, & renes ac uasa spermatica refrigerare. Idem de cannabis semine, siccat, inquit, genituram instar caphuræ. Pessarium ex semine cannabis corrumpit sperma, Serapion secundum eben Mesue. Aerugo ferri pota ἀσυλληψίαν ποιεῖ, hoc est, conceptus impedit, Dios. Si mulier concipere nolit, misyos fabæ magnitudinē aqua dilutam bibendam dato, & per annum non concipiet, Hippocrates in libro de natura muliebri. Alumen ex Melo insula priuatim sterilitatem impedito conceptu facit (πρὸς ἀσυλληψίαν συνεργεῖ) naturalium ostio ante coitum appositum: quinetiam fœtus ex utero pellit, Dios. Lapis ostracites si quę quatuor diebus à puerperio biberit, sterilitatem (asyllepsian) in posterum facit, Idem. Menta mulieribus ante coitum genitalibus (pessi modo) apposita, ἀσυλληψίαν ποιεῖ, hoc est, concipiendi uim adimit, Dioscorides: nimirum ui quadam coagulantibus contraria conceptionem impediens: nam foris quoque folia eius demersa (γάλα πῆκτα λυθῆναι?) in lac, coire densariq; in caseum p̄hibent, Dioscoride teste: applicatur etiam mamillis in quibus lac densatur in grumos, apud Aëtium. Itaq; in utero, ubi semen à calore naturali aut uirtute formatiua ueluti in massam densari oportet, si id uel externa aliqua ui citius aut aliter quàm oportet fiat, aut fieri omnino p̄hibeatur, conceptum & fœtus formationem impediri apparet. Quòd si uel ex pessis subditis, uel illita uiri glande medicamentosa quæpiam uis seminis naturam infecerit, id quoq; non ut par erat coagulari poterit, sed uel omnino fluidum, uel nimis densum, uel aliter malè dispositum reddetur. Sic cedria uel sanguine menstruo illita uirga sub coitum, aut subdito in pesso, mulierem concipere negant. Ea quidem quæ foris appenduntur (qualia quædam enumerat Aggregator, item Brunfelsius libro 4. Pandectarum medicinalium, mox ubi de suffocatione matricis egit, titulo non inscripto) omnia superstitiosa esse dixerim, quæ tamen uel fortuiti aliquando uel ex confirmata utentium persuasione euentus sequuntur. Heliotropium maius corpori adalligatur πρὸς ἀτόκιον, id est ut sterilitatem faciat, Dios. Ruellius contrarium sensum reddidit, deceptus forsitan à præpositione πρὸς, ut & Gaza in Theophrasto de historia Plant. lib. 9. circa principium capitis ultimi, granum gnidium contra alui solutionem dari scripsit, contrario quàm debebat

sensu. Est & aliud genus medicamentorum, quæ uel post concubitum statim adhibentur, ut ne fiat
conceptus, in pessis aut suffitu, quæ aperiendi uterum attrahendiq; semen facultate sunt prædita, ut
piper: de quo Dioscorides, Fœtus, inquit, ex utero trahit, creditur & atocion esse post coitum muliebri uuluæ subditum & appositum. Hedera suffumigata post menstrua conceptum impedit, Serapio
secundum Dioscoridem, ut Aggregator citat: sed in Dioscoridis codicibus excusis sic legitur, Hede
ræ corymbi à purgatione fœminis poti sterilitatem faciunt. Iam relicturus eram hanc digressionem
cum forte se obtulit Cælij Antiquarum lectionum codex, cuius index, scripta eius de atocijs, hęc quę
subijcio, demonstrabat. Atocia, inquit, in Dioscoride, ubi de cedria mentio est, intelliguntur ab Hermolao quæ abortum concinnant: quod approbat & Ruellius. Id reprehendunt quidam, quod Græcis atocia sint quæ sterilitatem inducunt. Cæterum ex Plinio comprobari prior translatio uidetur: sic
enim apud eum legitur 24.5. de eadem cedria. Portentum est, quod tradunt, abortiuum fieri in Vene
re, ante perfusa uirilitate. (Ego non magnam Plinij in ijs quæ ex Græcis transfert authoritatem esse
dixerim: sed quantacunq; sit, plures eiusdem locos habemus iam recitatos, quos ex Gręcis conuertit,
qui nobiscum faciunt, quàm contra.) Idem Cælius 4.23. Budæi de phthorijs & atocijs uerba superius
enumerata recenset, tanquam sua & suæ prorsus sententiæ. Et alibi, Prolifici seminis priuationem a-
goni nomine intelligit Dioscorides, sicut in fœminis sterilitatem atocion idem appellat frequenter:
tametsi non desunt, qui aborsum malint intelligere. Pollux ἀτόκιον φάρμακον nominat, nec interpreta
tur: mulierem tamen ἄτικνον & ἄτοκον uocat sterilem, tum illam quę omnino non parit, tum illam quę
non amplius parit. Et alibi, Eam quæ non parit, uocabis στείφην, ἄγονον, ἄτοκον. Et rursus, Ἄτοκοι δὲ, καὶ
ἄλοχοι, καὶ ἄγονοι, ὡς Πλάτων, καὶ στεῖφαι καὶ στεῖραι. Atocion igitur, uox adiectiua, subaudi pharmacon, simpliciter erit quod atocos, id est steriles facit mulieres, non ipsa sterilitas ut Cælius uertit. Improbæ
quædam mulieres, ne concipiant, uenas quasdam (malleolorum puto) sæpius incidunt, ut sanguinē
uteri tanquam fœtus materiam detrahant. In uiris quidem uenæ post aures sectæ, sterilitatem & im-
potentiam adferunt, Hippocrates in libro de aere, aquis & locis. Coagulum leporis post menstruas
purgationes appositum uuluæ (pessi instar) cum butyro, præstat mulieribus ut concipiant: potum ue
ro partus enecat, & à puerperio sterilitatem facit, Dioscorides in capite de coagulo. Arabes, ut Serapio & Auicenna, locum hunc mutilatum recitant, puerperij enim mentionem omittunt, &c. Si biberit mulier post purgationem suam (triduo post puerperium, Dioscor.) tribus diebus continuè coagulum leporis, dicunt quidam quòd prohibet conceptionem: & aliquando (post purgationem men
sium pessi modo adhibitum, Dioscorid.) iuuat, ut dicit Auicenna: Si autem imposuerit uuluæ post
suam purgationem, semper iuuat ad (contra, Rasis) conceptum, Albertus: sed ineptæ istæ translatio-
nes prorsus relinquendæ erant. Hoc obiter monendum, medicamenta quæ ad uterum siue uuluam
pertinent, ut aut fœcunditas aut sterilitas ei concilietur, aut moueatur aborsus, ut ex præcedentibus
aliquot citatis authorum (præcipuè Dioscoridis) locis, colligere est, ferè eo tempore exhiberi quo
menses fluunt aut recens potius fluxerunt, tum aliâs tum post puerperium: tunc enim apertis meati
bus, & dehiscentibus acetabulis, medicaminum uis facilius penetrat & recipitur. Quamobrem conceptionem quoq; Galenus in libro de uteri dissectione, incipientibus fluere menstruis purgationibus aut desinentibus fieri ait: tunc enim uasorum uteri oscula, quæ ipsum ingrediūtur & sanguinem
effundunt, aperta sunt. Quanquam autem, inquit, aperiuntur etiam reliquo toto purgationis tempo
re hæc uasa, non concipit tamen intra se tum mulier: neq; enim potest in utero semen manere, cum
nimio influente sanguine eluatur. Hoc etiam ceu corollarium addam, Budæum rectè quidē ecbolia
medicamenta interpretari quæ alio nomine phthoria dicuntur: medicis tamen accuratius hæc distin
guenda. Videtur enim medicamentū aliquod phthorion & ecboliō pariter esse posse, & aliud phtho
rion tātum, aliud ecbolion tātum, utraq; seorsim Aggregator recenset. Phthoria quidem, hoc est quæ
fœtum in utero interimunt pharmaca, perpetuò uetita sunt: ut etiam quę simul & interimunt & eijciunt, quæ tamen si facultas expulsiua uteri muliebris infirma fuerit, per accidens fit ut phthoria solum sint, non etiam ecbolia. Ecbolia uerò iusta & licita esse possunt, quę scilicet uel intrò sumpta uel
foris imposita, fœtum iam prius mortuum quacunq; ex causa, ne grauida eo computrescente in locis
periclitetur, expellunt. Similiter quodammodo res se habet circa lumbricos: sunt enim medicamenta
quæ illos in intestinis interimunt, sunt quæ interimunt simul & eijciunt. Dioscorides cum in cyclami
no dixisset, umbilico & imo uentri illitum, aluum mollire, καὶ ἐκτρωσμοὺς ἐργάζεσθαι, & abortus facere:
paulò post subdit, μίγνυται καὶ εἰς τὰ φθόρια, ubi Marcellus iterum transfert, abortiuis medicamentis mi
scetur, quod non probo. Acrimonia quæ in centaurij magni radice est, uim suam exerit menses du
cendo, & fœtus tum mortuos detrahēdo, tum uiuos corrumpendo eijciendoq;, Galenus, Aetius, Ae
gineta. Dioscorides ut hæc efficiat, in collyrij formā deradi subdiq; scribit. Lep. coag. ad drachmas
quatuor in potione datur uini, fœminæ de fœmineo, & masculo de masculino, & mox faciant coitū,
& post abstineāt se, statim concipit. Etiam pro cibo omnibus utatur, (uulua, testiculis, coagulo,) &
balneo unctionibusq; utatur, mirè concipit, Sextus. Dorcadis, hœdi, leporis, coagulum & fel, cum
agnino sanguine & adipe, medullaq; ceruina, nardino & rosaceo oleo commisce, & post purgationem subdito, (utero prius purgato,) Aetius 16.34. ut conceptus fiat. Et rursus ibidem, Pessulus con
ceptioni inducendæ idoneus, Coaguli lep. partes duas, aluminis scissilis partem unam, cum melle di-
luito, & pessum conficito. Lep. coag. sterili mulieri impositum (pessi instar) statim fœcundam reddit,
Simocatus.

Simocatus. Fieri sanè potest ut hæc de concilianda mulieribus fœcunditate per coagulum, aut uuluam, aut testiculos leporis plausibilis siue uera siue falsa persuasio, ex leporis natura originem duxerit: quod hoc animal longè omnium fœcundissimum sit, & solum ferè superfœtet. Vt mulier concipiat fœminam, Lepus incidatur, & de sanguine qui à uulua fluxerit, illiniat sibi naturam et de coagulo eius, Sextus. Vide infra in medicinis ex uulua. Magi propinant uirgini nouem grana fimi lep. ut stent perpetuò mammæ: coagulum quoque ob id cum melle illinunt, Plinius.

¶ Pulmones leporis sale conditi in comitiali morbo dantur, cum thuris tertia parte in uino albo, per dies triginta, item coagula eiusdem, Plinius. Sextus idem planè remedium cordi adscribit, ut paulo post recitabo. Pulmonem leporis contra dolores oculorum commendant, Plinius. Pulmo leporis superpositus & alligatus dolores oculorum mirificè sanat, Sextus & Albertus. Vuluam adiuuat pulmo aridus potus, Plinius. Perniones & rimas pedum ursinus adeps sarcit, &c. & si subtriti sint contusi'ue offensatione. Si uero adusti frigore, leporini pili cinis: eiusdem pulmo contusis dissectus, aut pulmonis cinis, Plinius. Ad perniones & pedes læsos à calciamentis, Leporis pulmo contritus & illinitus, uel super pedes positus, mirè sanat, Sextus & Albert. Pulmo ceruinus impositus & sæpe renouatus, ex calciamento læsos pedes sine dolore persanat: Leporinus quoque pulmo multò efficacius impositus iuuat, Marcellus: Vide supra in ceruino pulmone, in Ceruo G. ¶ Magi aduersus quartanam fimi bubuli cinere consperso puerorum urina illinunt digitos pedum, manibusque leporis cor adalligant, Plinius. Leporis iuuenis cor sublatum, & quartanarijs collo uel brachio suspensum, liberat, si sub accessione eius pēdeat, Sextus & Kiranides. Ad caducos, Leporis cor siccum derasum cum parte tertia thuris mannæ trita ex uino albo da bibere per dies septem, liberat. His uerò qui sæpius cadunt dabis diebus triginta, Sextus: Plinius idem planè remedium pulmoni iecoris attribuit, ut paulò superius recitaui. Ad uteri dolorem, Leporis cor aridum, & in ramēta concisum potui detur, Galenus Euporiston 2.72. Leporis cor (iecur, Plinius, ut statim subijciam) siccum rasum ex aqua calida potui dato ieiunis cum Samia terra mulieribus ꝓfluuio laborantibus, sanabuntur. Remedium est eis etiam quæ sanguinem excreant, & locis (post partum, ut addit inscriptio) laborant, Sextus.

¶ Profluuia mulierum adiuuat iecur (cor, Sextus: ut ꝓximè recitaui) cum Samia terra ex aqua potū, Plinius. Cœliacus iecur leporis coctum manducet, sanabitur: Item, si austero uino intingat, idem facit, Sextus. De hepate leporis arido si sumat hepaticus pondere drachmæ (epilepticus pondere unciæ, Albertus) iuuat, Rasis. ¶ Ad eos qui uertiginem patiuntur, Fel leporis simul & iocinora mustelæ commixta ad drachmas tres, castorei drachmam unam, myrrhæ drachmas quatuor, cum drachma aceti ex melle aut passo bibant, sanabuntur, Sextus. Leporis fel cum melle mixtum & inunctum, oculos clarificat, Sextus. Cum passo aut melle caliginem oculorum sedat, Plinius lib. 28. ut Humelbergius citat. Cum melle albo contra albuginem oculorum ꝓficit, Rasis & Albertus. Leporis fel recens cum pari mellis portione mistum & in cepæ corio tepefactum in aurem mitte: hoc enim remedium ei qui uel nihil audiat, auditum restituit, Galenus Euporiston 3.3. ¶ Ad lienosos cum præduro tumore, Leporinus lienis recens ita deuoratus ut ne dentibus attingatur, lienosos magnificè iuuat: ignoret autem laborans quid deuorauerit oculis fascia uelatis, Galenus Eupor. 2.40.

¶ Venter leporis cum intestinis tostus & adustus in sartagine, teritur & cum oleo rosarum mixtus capiti illinitur ad reparandos pilos, Auicenna. ¶ Leporis renes inueterati in uino poti calculos pellunt, Plinius. Lep. renes siccos in Sole coctos derasos in potione dato, mirè sanat, Sextus. In renum dolore crudos deuorari iubent, aut certe coctos, ita ne dente contingantur, Idem & Marcellus. Ad araneorum morsus, Renes leporis & fulicæ eius bestiæ, qui ab araneis laborat si crudos deglutiat, sanabitur: morsis etiam cocti dentur, Sextus: sed fulica auis est, & renibus caret, quod miror Humelbergium non animaduertisse. Aggregator quidem ubi remedia ad morsum aranearum describit, nec leporis nec fulicæ meminit, cum alioqui frequentissimus sit in remedijs ex hoc scriptore commemorandis. ¶ Recentiores quidam, ut Bartolemæus Montagnana, leporis testiculos & uuluam miscent medicamentis intra corpus sumendis, ad coitum in uiro, & conceptum in muliere promouendum. Si testiculi leporum in cibis sumantur (ut & uuluæ, & coagulum) mares concipi putant, Plinius. Leporis testiculi tosti salubriter manducantur ab eo qui uesicæ molestijs laborat, Marcellus. Leporis testiculum post purgationem suam mulier, si cum uino contritum accipiat, masculum pariet, Sextus. Vrinæ incontinentiam cohibent leporis testiculi tosti, Plinius. Leporis cerebellum ex uino potum, urinæ incontinentiam refrenat: eiusdem testiculi torrefacti & uino poti par remedium submeiulis præstant, Marcellus. Ad eos qui inuoluntariè urinam reddunt, Lep. testiculum aridum minutatim concisum ex uino odorato potandum offer, Galenus Euporist. 2.76. Et rursus 3.276. Leporis testiculum ex uino odorato tepido ꝓpinato mingentibus in stragulis. Libro 9. de compositione secundum locos eundem in uino odorato feruefactum bibi iubet: sed pro ἀποζωννύμενος legendum ἀποξυόμενος, ut Aëtius & Aegineta habent. In dolore lumborum (coxendicis, ubi & fimus caprinus feruens cauo in brachiali sub pollice à quibusdam imponitur, ut in Capra docui) testes leporis deuorare suadent, Plinius. Qui testiculum leporinum coctum ieiunus comederit, citò coxarum dolore releuabitur, Marcellus. ¶ Leporum uuluas tum testiculos, ut modo dixi, recentiores quidā medici pollere putant ui coitum in uiris, conceptum in mulieribus excitandi: & alijs eiusdem generis medicamentis intra corpus sumendis miscent. Sed hęc fœcundandi ex leporinis partibus persuasio, ab ipsa animantis fœcunditate orta uidetur, ut in coagulo dixi. Matricem leporis sicca & tere, & da bibere quando fuerit à menstruis purgata, concipiet, Galenus Euporist. 2. 135. Vt sterilis concipiat, Leporis consumit fœmina uuluam, Serenus. Vt mulier concipiat, Leporis uterum frige, tritumq; assiduè propina: habeat autem & leporis sanguinem, Galenus Eupor. 3. 134. Si uuluæ leporum in cibis sumantur, mares concipi putant. Et mox, Conceptum leporis utero exemptum, his quæ parere desierint restibilem fœcunditatem afferre putant: sed pro conceptu, leporis saniem & uiro magi ꝓpinant, Plinius. Vt mulier concipiat fœminam, Lepus incidatur, & de sanguine qui à uulua fluxerit, illiniat sibi naturam, & de coagulo eius, Sextus. Vt mulier masculum concipiat et pariat, Leporis uuluam siccam derasam in potione uini bibant utriq; & mulier & masculus. Nam si mulier sola biberit, androgyne (androgynus) nascitur, hoc est nec masculus nec fœmina, Sextus. ¶ Ventris quidem dolore tentari negant talum leporis habentes, Plinius. Talum leporis tolle & ligato ad uentrem, mirè sanat, Sextus. Si quis talum leporis secum habuerit, immunis à dolore uentris & periculo huiusmodi perpetuò permanebit, Marcellus. Frequentissimè euenit ut ex qualibet causa subitò dolor uentris existat: sed qui talum leporis secum habuerit, huiusmodi casum, id est subitum dolorem uentris nunquam incurret, Idem. Et alibi, Leporis talus uẽtriculo subligatus dolorem eius (& uentris) excludit. Item inter remedia ad coli dolorem, Lepori uiuo, inquit, talum abstrahes, pilosq; eius de subuentre (subuentrili) tolles, atq; ipsum uiuum dimittes: de illis pilis uel lana filum ualidum facies, & ex eo talum leporis colligabis, corpusq; laborantis præcinges, miro remedio subuenies: efficacius tamen erit remedium, ita ut incredibile sit, si casu os ipsum, id est talum leporis in stercore lupi inueneris: quod ita custodire debes, ne aut terram tangat, aut à muliere contingatur: sed nec filum illud de lana leporis factum debet mulier ulla contingere. hoc autem remedium cum uni profuerit, ad alios translatum cum uolueris, & quotiens uolueris proderit: filum quoq; quod ex lana uel pilis quos de uentre leporis tuleris, solus purus & nitidus facies: quod si ita uentri laborantis subligaueris, plurimum proderit, ut sublata lana leporem uiuum dimittas, & dicas ei dum dimittis eum, Fuge fuge lepuscule, & tecum aufer coli dolorem, Hæc nugator Marcellus. Leporis talum Humelbergius interpretatur officulũ in articulo pedis in posteriori suffragine duntaxat, quo scilicet modo in alijs quoq; animãtibus talus reperitur, quæ modo habeant, ut bisulca ferè: nam solipeda & digitata Aristotele teste, non habent: quare lepus etiam carebit, quod Humelbergius non animaduertit: sed excusatur, quoniã Plinius quoq; & Marcellus talum leporis nominarunt: uidetur autem illi imꝓpriè sic uocare officulum in genu posteriori, uel suffragine potius, quod geniculi patella esse uidetur, nostri uulgò uocant **den hasensprung**, hoc est saltum leporis: nimirum quod ea parte ceu basi inter saliendum nitatur. Hanc aridam tritam ex uino frequenter bibi contra calculos aliqui commendant inter præcipua remedia. Eadem officula cum pari pondere macis dicti aromatis cõtrita in uino Cretico uel Maluatico (aut si mauis Monembasico) ad dimidias coqui, & calidum bibi aliquoties, aduersus colicam seu uentris dolorem quidam cõsulunt. Leporum uel capreolorum talos ex uino aut stillatitio liquore pulegij, parturientibus mulierculæ pro ocytocio propinant, Tragus. Ad comitialem, Visci quercini, corallij, margaritarum, seminum pæoniæ, officulorum de suffragine leporis, lapillorum è cancris partes æquales miscentur, Obscurus. ¶ Reperitur in latere leporis acui os simile, hoc scarificari dentes in dolore suadent, Plinius. ¶ Articulorum uitijs leporis pedes adalligatos, utiles esse tradunt, Plinius. Podagras quidam mitigari (credunt) pede leporis uiuentis absciffo si quis assiduè habeat, Idem. ¶ Fimum leporis ambustis medetur, Plinius. Vt stent perpetuò mammæ, uirgini nouem grana fimi leporis magi ꝓpinant, Idem. Liquatum cum aceto & illitum, impetiginem curat, Rasis. Leporis fimi cinis in uino uesperi potus, nocturnas tusses sanat, Plinius. Contritum ex uino calido sumptum, arteriæ & columellæ uitijs & spiritus difficultati summopere opitulatur, Galenus Eupor. 3. 37. Cœliacis & dysentericis prodest leporini fimi cinis inspersus potioni tepidæ uini, Plin. Leporis uentriculum cum fimo suo uino uetere lauabis, ita ut sordes ipsæ ibi sint & misceantur: aut si in uentriculo non inueneris, pilulas de fimo ipsius impares numero tritas cũ uino uetere dysenterico dabis bibendas, Marcell. Lep. stercoris pilulas septem tere, & cum dulci uino colico per triduum da bibendum, Marcellus. Fimum leporis cum melle decoctum, & quotidie fabæ magnitudine sumptum, rupta intestina sarcire mirè traditur, ita ut deploratos sanauerit, Plinius: Vide etiam supra inter remedia ex pilis. Pessus quo Asclepiades in nobilibus fœminis utebatur ut conciperent, Myrrhæ drachmas quatuor, iridis, fimi leporis, singulorum drachmas duas, cum aqua collyria cõficito & supponito, ubi menses desiuerint, postea cum uiro concumbant, Aëtius 16. 34. Stercus leporis positum super mulierem quæ nunquam peperit, nunquam pariet quandiu tenuerit: (si ligetur super mulierem, non concipiet quandiu tenuerit, Rasis:) Et si modicum eius uuluæ imposuerit, desiccat (remouet ab ea, Rasis) menstruum sanguinem, & matricem uehementer exiccat, Albertus & Rasis.

H.

a. L. Aelius putabat ab eo dictum leporem à celeritudine, quòd leuipes esset. Ego arbitror à Græco uocabulo antiquo, quod eum Aeoles Bœotij leporem appellant, Varro 3. de re rust. In opere uerò de lingua Latina: Lepus, inquit, quòd à Siculis quidam Græci dicunt λέποριν: à Roma quod orti Siculi, ut Annales nostri ueteres dicunt, fortasse hinc illud tulerunt, & hîc reliquerunt id nomen. Lepus à pedum à pedum leuitate nomen habet, quoniam ambulans non sentitur, Sipontinus: Isidorus quidem idem etymon facit, sed leuitatem pedum ad celeritatem refert: non ut Sipontinus uidetur ad sonum, quòd mollissimè incedens ppter uestigia pilosa non audiatur. ¶ λαγὸς oxytonum, cum omicro in ultima, uox Ionica ut Athenæus dicere uidetur: ait autem Eustathius quoqȝ hanc huius uocis inflexionem reperiri, nempe λαγῶ, ῷ, &c. Eadem uox paroxytona pprium uiri nomen est, ut Ptolemæus Lagus: sic & ἀργὸς, translato in primum accentu proprium fit, Varinus & Cyrillus. Apud Homerum λαγωὸς legitur ppter metrum, Varinus: etsi alibi communem hanc uocem esse scribat. λαγὼς, τοῦ λαγὼ, τῷ λαγὼ, Attica sunt. λαγὼ, οἱ, Pausanias. λαγὼς (per omega) lepus est terrestris: per omicron uerò, marinus & fluuiatilis, Hesychius & Varinus. Τὸν λαγὼν in accusandi casu cum ν. & acuto in ultima (ut Tryphon obseruauit) Aristophanes protulit, Xenophon autem in Cynegetico τὸν λαγῶ, ultima circunflexa & sine ν. Vulgò uerò iam, inquit, λαγὸν dicimus ut ναὸν, pro quo Attici λαγὼν, ut νεών. Cæterum eodem declinandi modo quo λαγὸν dicimus, λαγοὶ apud Sophoclem in recto plurali legit: eo uerò quo λαγὼν per ω. rectus pluralis λαγὼ est apud Eupolin. Sunt qui in his uocabulis ultimã sine ratione circunflectant, cum acuenda sit, tum in cõmunibus ut ναὸς, καλὸς, tum in Atticis ut νεὼς, καλὼς. Quanquam uerò λαγὸς Ionicum, λαγὼς Atticũ sit, tamen illud quoqȝ apud Atticos reperitur: ut λαγοὶ (q̃d iam diximus) apud Sophoclem. Cæterum in uoce λαγωὸς, uel omega abundat, ut Ionica sit: uel omicrõ, ut Attica, Hæc Athenæus. Ex eodem etiam Varinus repetit, sed paulò aliter. λαγωὸς, inquit, ut κολωὸς, & similia, &c. aiunt autem λαγὼς dissyllabum cum o. pducto Ionicum esse: alij uerò lagòs cum o. breui, & à λάω, quod est uideo, deriuant: dormiunt autem, ut supra diximus, apertis oculis lepores. λα particula augendi uim habet: ὦς Doricè pro οὖς aurem significat: ut à magnitudine aurium nomen sit factum, Varinus & Cælius. Accedat & nostra coniectura, λάγνος, λάγνης & λαγνὴς, libidinosum significant: talis autem uel maximè lepus est: & forsitan eam magis ob causam Amoribus consecratur, quàm etymologiæ ratione, quam in h. adferemus. Quidam in Lexico Græcolatino λαγωὸν ineptissimè erinaceum interpretatur: nescio qua occasione, nisi quod Hieronymus pro schaphan Hebraica uoce alibi chœrogylium, alibi lepusculum, alibi herinaceũ ponit. Dasypodem pro lepore passim dicunt, Aristoteles & alij: Cratinus etiam, ut Pollux ait, ppter pedes eius hirsutos. λαγωὸς, πτὼξ, & dasypus, communia leporis nomina sunt, Varinus. Ptox lepus à stupore atque metu dicitur. Formidine præcellit hoc animal: facile nanqȝ temereqȝ terretur ac compauescit (ἀναπτοεῖται) unde & ptox uocatur: nam πτώσσειν formidare est, Cælius ex Polluce. Eodem uocabulo alia quoque animalia quędam ueniunt, & ipsa timida, nempe cerui, hinnuli, & dorcades, Hesychius & Varinus. Πτὼξ, λαγωὸς, ἀπὸ τοῦ κατεπτηχέναι, ἢ πετεινὸν, Hesychius. Πτὰξ, πτακὶς, πτὼξ, δειλὸς, Idem. Et rursus, Πτακὲς, ἢ πτακίδες, (malim πτάκες paroxytonum: & πτάκιδες proparoxytonum à recto paroxytono) δειλοὶ, ἐπτηχότες. Est sanè ptox epitheton potius, ut infra dicetur, quàm substantiuum: usurpatur tamen pro substantiuo per antonomasiam, ut & δορκαλίνης apud Nicandrum: sic autem cognominatur, quòd oculis patentibus somnum capiat. Ταχίνης, lepus & ceruus, Hesychius & Varinus. Ταχινὸς celer est: eximia autem utriusqȝ celeritas. Ταχίνας nomen pro lepore Lacedæmonijs usitatum: qui etiam λαγίδιον pro lepusculo ueluti patronymica uoce proferunt, Varinus. Αὖροι, lepores, Varinus. Αὐροὶ, (oxytonum,) λόγοι, apud Isauros, Idem & Hesychius: uidendum autẽ ne λαγωοὶ uel λαγοὶ dictio fortassis pro λόγοι deprauata sit, aut e diuerso. Cretenses, lepores κεκῆνας uocant, Hesychius & Varinus. Στρωννὺς, lepus, Iidem. Λειρὸς, macilentus, pallidus: & λήρας (forte λερίας: quid si lepus ex insula Lero significetur? illic enim uno tantum inuecto multiplicati sunt, ut in Lepore sydere mox dicam) uocant canes extenuatos & glabros: uel paruum leporem, Hesychius & Varinus. Trochum animal, cuius Aristoteles cum hyæna meminit, Albertus ineptissimè leporem interpretatur, quod is quoqȝ à multis mas & fœmina credatur, & alternis mensibus nunc incubus nunc succubus: atqui trochus non lepus est, sed piscis, nominatus à Plinio libro 9. Niphus.

¶ Epitheta. Auritos lepores non Maro (1. Georg.) primus usurpat, sed Afranium sequitur: qui in plogo ex persona Priapi ait: Nam quod uulgò prędicant aurito me parente natum, non ita est, Macrob. 6.5. Leuipes, Cicero in Arato. Pauidus, Horat. in Epodo, & Samonicus. Nunc leporem pronum catulo sectare sagaci, Ouid. 1. de remed. Solicitus, Idem 5. Fast. Aut leporis tepidi (aliâs timidi) diluta coagula trade, Samonic. Sunt & alia apud Textorẽ cõmemorata, nempe, Fœcundus, fugax, furax (quod nõ placet:) excornis, callidus, paruus, paruulus, pauẽs, meticulosus, tremebũdus, tener, sagax, rapidus, uagiens, uagus, uelox, uelocipes, uolucripes, uillosus. ¶ Πτῶκας ἀελλόποδας θηρας ὀβριμοπάτρης ὀπώρης, Oppian. Ἀελλόπους, Idem. Δειμαλέος πτὼξ, Idem. Δορκαλίνης Nicandro, ut paulò ante dixi, in Alexipharmacis: cuius uerba apud Suidã corruptissima sic restitues: Εὖτ' ἂν ὁ τῷ ἐκ φάρυγος χόλιν πανάγριας δόρπον: πολλάκι δ' ἐν σκίνακος (Suid. habet σκύλακος: textus Nicãdri & scholia σκίνακος) δορκαλίνεος, &c. inter remedia aduersus aconitũ: Scholia interpretant, τοῦ σκιρτητικοῦ λαγωοῦ, τοῦ ἐν τῷ κοιμᾶσθαι βλέποντος. Πτῶκας τε λαγωὸς, poëta quidã. Ταχινὸς, in epigrammate. Τὸν ταχύπουν ἔτι παῖδα συναρπασθέντα τεκούσης Ἄρτι μ' ἀπὸ στέρνων ὑπατόοντα λαγών, Suidas ex epigrammate. Ὠκυπόδης, in epigram.

¶ Leporinum, quod ex lepore est. Leporinus cinis, Plin. Leporinum lac, Varro. A lepore deriuatur lepor, unde lepidus, Sipontin. Ipse quidem lepus animal est perquàm lepidum & amabile, nec immeritò Amoribus sacrum. Leporis cibo lepidos & formosos fieri homines in F. diximus. ¶ Λαγῷος, leporinus, Etymologus, hinc κρέα λαγῷα apud Athenæum: sed codices impressi λαγῷνα habent: ego uel λαγῶα legerim, uel ut Varinus & Heſychius habent λαγώνεα, (quam uocem per iôta etiam ſolum in penultima ſcriptam reperi:)ſed λαγῶα magis probârim, propter analogiam et authorū teſtimonia, quę in F. recitaui. Λάγειον αἷμα et κρέας, τὸ τοῦ λαγωοῦ, Suidas & Varinus. Πολύπτωξ τόπος, locus qui habet multos lepores, Euſtathius. Tempore belli ciuilis inter Auguſtum Antoniumq; Cornificius poeta à militibus deſtitutus interijt, quos ſæpe fugientes galeatos lepores appellârat, Cęl. Rheginenſes uulgò lepores dicti ſunt, utpote pauidi & formidoloſi, Eraſ. in prouer. Lepus pro carnibus. ¶ Lepus inter ſydera nominat̃ in ſphęra Procli. Noſcitat̃ etiā in cœlo leporis ſydus, ſub quo qui nati fuerint, tanta erūt corporis leuitate, ut quū currere cœperint, uelocitate ſua agitati aues ſuperare uideantur, inquit Firm. Hunc locum ſi Mars reſpexerit, ſtadiodromos facit: ſi uero Luna cū Marte, pyctomacharios, id eſt pugiles, Cæl. De hoc ſydere Higinus, Lepus (inquit) dicitur Orionis canem fugere uenantis: nam cum, ut oportebat, eum uenatorē finxiſſent, uoluerunt etiā hoc ſignificare aliqua de cauſa. Itaq; leporem ad pedes eius fugientē finxerūt: quē nonnulli à Mercurio conſtitutū dixerūt, eiq; datum eſſe pręter cætera genera quadrupedū, ut alios pareret, alios haberet in uentre. Qui aūt ab hac cauſa diſſentiunt, negant Orionem tam nobilē & tam magnū uenatorē (de quo & ante in Scorpionis ſigno diximus) oportere fingi leporem uenari: Callimachū quoq; accuſari, ꝙ cum Dianę ſcriberet laudes, eam leporum ſanguine gaudere, & eos uenari dixiſſet. Itaq; Oriona cum tauro decertantem fecerunt: leporis autem hanc hiſtoriā memoriæ prodiderunt, Apud antiquos in inſula Lero (Lerus uel Leria Straboni, inſula eſt Icarij maris) nullum leporem fuiſſe; ſed ex eorum ciuitate adoleſcentium quendam ſtudio generis inductum, ab exteris finibus leporem fœminam prægnantem attuliſſe, & ad eius partum diligentiſſimè miniſtraſſe. Itaq; cum peperiſſet, compluribus eius ciuitatis ſtudiū incidiſſe, et partim pretio, partim beneficio mercatos, omnes lepores alere cœpiſſe. Itaq; non longo interuallo tantam multitudinem leporū procreatā, ut tota inſula ab his occupata diceretur: quibus cum ab hominibus nihil daretur, in ſemina eorum impetu facto omnia comederunt. Quo facto incolæ calamitate affecti, cū fame forent oppreſſi, cōmuni conſilio totius ciuitatis uix deniq; eos ex inſula abegiſſe dicuntur. Itaq; (deos) poſtea leporis figuram in aſtris conſtituiſſe, ut homines meminiſſent nil eſſe tam exoptandum in uita, quin ex eo plus doloris quàm lætitiæ capere poſterius cogerentur, Hactenus Higinus. Similes leporum in Carpatho & Aſtypalæa inſulis multiplicatorum hiſtorias ſupra in c. retuli. ¶ Anaxilas Rheginus, ut ſcribit Ariſtoteles, cum lepores in Siciliam inuexiſſet, quæ illis antehac caruerat, & eodem tempore Olympicā uictoriā apene, id eſt mulis ad bigam iunctis, retuliſſet, apene & lepore numiſma Rheginorum ſignauit, Pollux.

¶ Herba leporina, id eſt ſatyrion, Syluaticus. Lepori coagulum fit, quoniam herbam ſucci lactei paſcitur: talis enim humor lac in uentriculo infantium (ἐμβρύοις) ſtringit facitq; coloſtrū, Ariſtot. Hæc eſt nimirum quam Apuleius lactucam leporinā uocat, ca. 112. Naſcitur, inquit, locis ſabuloſis. Lepus cū æſtate à nimio deficit æſtu, hac herba remediat̃, ideo lactuca leporina dicit̃. Hęc ſuppoſita ſub puluino febricitantis, eo neſciente, remediabitur. Pilos oculis obſtantes ſummè relegat (religat potius cū Ruellio: ἀνακολλᾷ, reglutinat palpebrarū pilos, Dioſc. de chōdrilla:) palpebrarū pilos inordinatiſſimos pro gummi efficaciſſimè regit, Plin. Hęc Apulei. Humelbergius ſylueſtris lactucę speciē eſſe cōijcit, eam nimirū quā Itali caſam, id eſt domū, leporis uocant. Sonchū (inquit Ruel.) Dioſcorides cicerbitā à Romanis dici prodidit, q̃d nomen adhuc hodie in Hetruria ſeruat̃. Veneti lactucinos, Galli lacterones appellant: herbarij nōnulli leporis palatiū, ꝙ hoc animal ut ab æſtu uindicet̃, & caloris propulſet incōmoda, ſoleat ſub ramis eius decūbere & ſæpenumero ſtabulari. Hęc eadē forſitā eſt quę ab Apuleio lactuca leporina nominat̃, etc. quãuis pilos qui obſtant oculis, hac inquiat religari: quę à Dioſc. et Plinio de chōdrilla tradunt̃, Hæc Ruel. Et rurſus alibi, Arthriticę, inquit, apud recentiores duo ſunt genera: Vnū flore luteolo, odorato, uerno, uulgus primulā ueris appellat: alterum, palatiū leporis uocant, ꝙ ſubinde lepores ſub eius umbra lateant, cubitali altitudine, folijs fœniculi, baccis puniceis, radice numeroſa craſſaq;: Mihi quidem alterū hoc genus ignotū eſt, ne ab ipſo quidē, ut coniicio, Ruellio cognitū. Quærendū autem an ſit aliquod aſparagi uel corrudæ genus. Tragus Tomo 1. ca. 88. herbam Germanicè dictam haſenlattich uel haſenſtrauch, ſimilem eſſe docet hieracio minori (quod & dentem leonis aliqui uocant, noſtri pfaffenrörle) ſed per omnia minorem, cauliculis tenuibus, læuibus, floribus luteis, locis cultis & inter fruges ferè prouenientem: & eandē lactucā leporinam Apuleij eſſe conijcit. Dioſcorides quidem nullum lactucæ ſylueſtris genus, ut ſunt ſonchi, hieracia, chondrillæ, in ſabuloſis naſci ſcribit, ſed neq; alij ueterū quod ſciam, ut lactucā ſuam Apuleius forte in ſabuloſis naſci non uerè ſcripſerit. Sed quoniam chondrillæ mentio incidit, obiter detegendus eſt Plinij error: is libro 26. ca. 8. aluum, inquit, ſiſtit & chondris, ſiue pſeudodictamnum. Hoc Dioſcorides chondrillæ attribuit, non chondridi aut pſeudodictamno: quãuis enim Plinius 25. 8. ſic ſcribat, Pſeudodictamnum multis in terris naſcitur, à quibuſdam chondris uocatum: tamen certum eſt pſeudodictamnum uires habere dictamni, eamq; pulegij, cui mouendi potius quàm ſiſtendi aluum medici facultatem tribuunt: dorcis quidē uel dorcidiū inter dictamni nomenclaturas eſt, non chondris. ¶ Lageos uua, quę Latinè leporaria dicit̃, Verg. 2. Georg. Et paſſo Pſythia utilior, tenuiſq; lageos. Seruius apud Macrobium quoq; lageam inter uuarum genera numerat. Hac plurimum delectari lepores putant. Amāt quidē uuas in cibo lepores, & genus quoddā ex uuis albis prędulce & maculis quibuſdā cum maturuit ex fuſco ruffis inſigne, leporum urina aſperſum uinitorum apud nos uulgus dictitat.

Dixit

Dixit Vergilius (uuas) Thasias & Mareotidas & lageas, compluresq́ externas, quæ non reperiuntur in Italia, Plinius 14.3. Idem Lagarina uina nominat, quæ in Italia nascantur non procul Grumento, 14.6. Præter centunculum, quam Græci clematidem uocant, rostratis folijs, ad similitudinē capitis penularū iacentē in aruis, quæ aluum & sanguinē sistit, &c. secūdis etiam efficax mulierū: habent & alias clematidas Græci: unā, quā aliqui echiten uocant, alij laginen, nonnulli tenuē (minorē: λεπτὴν Græci simpliciter pro micron, ut in centaurio) scammoniā: ea pedales, foliosos, nō dissimiles scammoniæ ramos habet, nisi quod nigriora minoraq́ sunt folia. Inuenit in uineis aruisq́. Estur ut olus cū oleo ac sale, aluū ciet: eadē à dysentericis cū lini semine in uino austero sorbet: folia in cibis lactis ubertatē faciunt, phthisicos iuuant cū melle, infantibus illita capillū alunt, Venerē stimulant, &c. Hæc Plinius 24.15. Idē 22.22. Lasine (Iasione, ut Hermol. restituit) olus syluestre habetur, in terra repens, cū lacte multo, florē fert candidum, conciliū uocant: cōmendatur ad stimulādos coitus: crudā ex aceto in cibo sumpta, mulieribus lactis ubertatē præstat. Salutaris est phthisin sentientibus. Infantiū capiti illita nutrit capillū, tenacioremq́ eius cutē efficit. Hîc Hermolaus, Quidā, inquit, lasinen corruptū esse nescientes Plinium culpant, quasi hanc ipsam herbā 24. libro (ca. 15.) repetisset inutiliter, laginē uocando, non lasinen. Sed cum longè alia sit hęc ab illa: nec ea uocabuli sit affinitas quā putabant, modestię suę parū consulent, nisi recantauerint. Hæc Hermol. in defendendo quidē Plinio nimius. Quis enim non eandē esse uideat, ubi pręter nomē, unica litera uariante, etiā uires cōueniunt? quatuor enim remedia quę hic iasionæ siue lasinæ, rursus omnia li. 24. laginę attribuit, nec obstat quod plura adscribit. Et nomina ita sunt uicina, ut alterū ab altero corruptū appareat. Vtrunq; etiā olus syluestre facit. Iam si iasione ea est, ut Ruel. suspicatur, & mihi certe omnino uidetur, quā Galli uulgò liseronē uel liserotā appellant: aliqui campanellā uel uolubilē minorem, nostri klein gloggenblūme: prorsus ei conueniunt tum illa quæ Plinius de lasine uel iasione scribit, tum quæ de lagine. Folia enim ei rostrata, siue in triangulum acuminata in aruis iacent, eademq́ trianguli figura caput penulæ siue cuculli cappæ, Hispanicæ, ut hodie loquuntur, speciem referunt. Sunt & scammoniæ similia planè folia, ut Monspessuli mihi demonstrata sunt: eadem & maioris uolubilis, quam Plinius conuoluolum uocat: & Democritus, ut conijcio, malacocissum, nostri zaunglogken, id est sæpium campanas. Sed audiamus Ruellium: Iasione, inquit, Theophrasto, olus est syluestre, copioso lacte succulentum, flore candido, & in hoc nobili, quòd singulari folio constet, sed ita implicato ut plura uideantur, floris margine in angulos exeunte. Plinius olus esse syluestre tradit, &c. Cæterum idem de folio herbæ loquitur, cum inquit, (21.17.) Folium unum habet, sed ita implicatum ut plura uideantur: quod Theophrastus de folio floris scribit. Flos conceptaculo auersa parte nō indiget, sed postrema eius exeūt in angulos, qualis ferè oleagineus aspicitur. Porrò nō multum ab ea dissidere putaƒ, quā Galli liseronē appellāt, nomine etiam adludente: serpit enim humi ramulis lacte prægnantibus, &c. Hęc ille. Eadem forte est quæ in opere Theophrasti de causis plantarū ἀσίνη, uitiato fortassis codice, nominaƒ: nisi quis asinen potius (quàm iasionen legere uelit: & sanè uetus lectio Plinij, apud quē duobus in locis lasine legitur, (nam Hermolaus primū pro illis iasionen posuit) & in tertio, ut recitaui lagine, propius ferè ad ἀσίνην quàm ἰασιώνην accedit: conijcio autem eandē esse, quoniam nihil aliud de asine scribit, quàm proximè nascentia cauliculis suis amplecti. Quærunt, inquit, cui innitantur, hedera, smilax, cucumis: & inter minora serpyllum & asine, nec alibi eius, quod sciam, meminit. Gaza uolucrum uertit, quod ut non improbo, ita clymenum quoq; Theophrasti (quod Dioscoridis periclymenum est, ut supra dixi) similiter uolucrum ab eo alijs in locis transferri displicet: oportebat enim diuersis rebus diuersa imponi nomina, neq; confundi lectores. Cæterum ex iam recitato Theophrasti loco asines historiæ hoc etiam nobis accessit, ut de magnitudine eius cōstet: nempe quòd non maioribus ex amplexicaulium genere, sed minoribus adnumerari debeat. Eodem ex loco emendabimus etiam corrupta uerba libro 7. cap. 8. historiæ plantarum Theophrasti: ubi idem argumentū tractat de plantis quæ circūuoluuntur, his uerbis: Sunt quæ alienis caulibus innitantur, & si desint, humi repant, καθάπερ ἡ πτίνη (aliâs πτίνη, in indice uocabulorum Theophrasti ex translatione Gazæ) καὶ ἡ πτελίνη, lego καθάπερ ἕρπυλλον καὶ ἡ ἀσίνη, nec moror quod Gaza transtulit, petinam & lappā. Quoniam petinæ nomen corruptum esse inde apparet, quod nec alius quisq;, nec Theophrastus alibi eius meminit. πτελίνη uerò etsi quis defendat pro ἀπτελίνη dici potuisse, ut σταφὶς & ἀσταφὶς, στάχυς & ἄσταχυς, &c. eadem significatione dicunƒ: nō uidetur tamen ita legendum, quoniā non propriè amplexicaulis hæc herba est, sed propter infirmitatē caulium, fulciri indiget: ἀσίνην uerò amplexicaulem esse ipse Theoph. docet & alibi ἀπτελίνην alpha initiali semper expresso, cum lappam significat apud eundem legimus, ut ubi lappam lenti ceu propriam noxam innasci scribit. Eadem proculdubio fuerit helxine cognomento cissampelos, folijs hederæ minoribus: ramulis exilibus, quibus complectiƒ quodcunq; cōtigerit adminiculū: nascitur in sępibus, uinetis & segetibus: foliorū succus potu deijcit aluū: ut in quibusdā Dioscoridis codicibus legitur. Galenus et Aegineta nihil quàm discutiendi uim ei attribuūt. Serapio ex Dios. ca. 41. hederā facit uolubilem maiorē: hanc uero minorē, acsin appellans, ab helxine detorta uoce: & mox alteram minorē uolubilem, nempe elatinen quam athin uocat. Apud Dioscoridē inter periclymeni nomenclaturas legitur axine maior, quasi & altera minor axine, uel potius asine sit, illa nempe qua de agimus. Laginē igitur herba apud Plinium nihil cum lepore commune habet, & melius asine quàm uel lagine uel iasione nominabiƒ. Quamobrē iterum errat Hermolaus corollario in Dioscoridē 650. scribens, pro alsine

O o 2

corruptè in Theophrasto legiẽ asine, ubi Theodorus uolucrũ interpretatur, arbores amplexu hederę modo strangulantẽ: sed ne hoc quidẽ rectè citat. ¶ Cuminũ leporis, limoniũ, inter nomenclaturas apud Diosc. Lagopus, inquit Ruel. alijs leporis cuminũ, nascitur in segetibus, & quasi pes leporis dicitur. Sanè & similis est ei aspectu: proinde nõ probauerim eorũ sententiã, qui caryophyllatã uulgò dictam rentur, in opacis montanis nasci solitã, nõ in segetibus ut lagopus. Genus potius est humilis trifolij, in segetibus & aruis enati, q̃d uulgus trinitatẽ uocat. Hippocrates lagopyron nominat, quasi leporis triticũ intelligas, furfuribus cũ inaruit simillimã, folio paruo quasi oleagineo, longiore tantum (hoc nostro humili trifolio nõ cõuenit) cruentis uulneribus imponẽs. Hanc Galenus leporinã inquit herbã esse, Hæc Ruel. transcripsit aũt ad uerbũ ex corollario Barbari in Diosc. 627. λαγώπυρος, ἡ λαγωὰ τῇ καλαμίνῃ βοτάνῃ, Galen. in Glossis Hippoc. Dioscorides lagopodẽ non in segetibus ut Plin. sed hortorũ areis nasci scribit: utraq; quidẽ loca coli & stercorari solent. Apuleius uerò ca. 61. Pedẽ leporis, inquit, Græci lagopũ, Romani uocant herbã benedictã, leporinum pedẽ. Nomen ei à similitudine pedis leporini. Nascitur in pratis: astringit uentrẽ, &c. Videtur autẽ ex Gręcis prasiàs, id est hortorũ areas, ineptè pro pratis interpretatus, alliciente uocabulorũ affinitate. Et quia à Romanis benedictã uocari meminit, inde nimirũ decepti sunt quidã, ut eandẽ esse putarẽt, quę hodie uulgo eo nomine, et alio caryophyllata uocatur: quæ leporinũ pedẽ nõ panicula uillosa ut genus trifolij proximè dicti, sed folio in tres ceu digitos diuiso repręsentat. Caryophyllata, pes leporis, sanamunda, Syluat. Sed hac in re periculũ non est: quando & ueterũ lagopus ferè nõ aliunde cõmendatur q̃ quod uentrẽ sistat: ad quod pręstandũ benedicta etiã nostra non fuerit ignaua. Lagopodẽ humilis trifolij genus describit Fuchs. To. 1. ca. 188. Germanis, inquit, nominatur **hasenfüß/oder katzenklee/oder kätzle**: et Trag. To. 2. ca. 3. inter trifolij siue meliloti, ut ipse uocat, genera, similiter appellans **katzenklee** uel **hasenpfötlin**: et eodẽ in cap. genus quoddã meliloti paruũ & inodorũ (nostrates uocant **gälbe tubenkröpfle**) Germanis nominari scribit **hasenklee** et **hasenfüß**, à nonnullis **hasenpfötlin**, id est leporinũ trifoliũ, et pedem leporis. Idẽ Tragus scribit hieraciũ minus (dentẽ leonis uocant, nostri **pfaffenrörle**) recentiorib. quibusdã lagopoda uideri, q̃ equidẽ non probo. Et rursus To. 1. ca. 109. herbã gnaphalio uel stichadi citrinæ dictæ similem, candidã in siccis & apricis collibus nascentẽ, florum corymbis mollibus, candidis, uel purpureis, aut utroq; colore mixtis, uiuacissimis, etiã in suspensa herba, &c. similiter Germanicè nuncupant **ketzlin**, uel **hasenpfötlin**, id est leporis pedem, et **rhürkraut**, quod aluum sistat: hanc ego sanè propter foliorum cum olea similitudinem Hippocratis lagopyron puto: non autem lagopodem Dioscoridis, quę inter segetes & cultis tantum locis nascitur, illa minimè: quod ad uim aluum sistendi, & simpliciter siccandi, utra utaris non refert. Diptamum, id est leporis auricula, Syluaticus. Circa montem Pessulanum auriculam leporis uocant herbam quandam annuam (aliqui elaphaboscon putant) caule ramoso, floribus luteis per umbellas, folijs omnino cum recens prodeunt auriculas imitantibus, trientalibus, & instar minoris plantaginis (si bene memini) neruosis, radice candida, simplici, ut apiorum genus. Huius folia pota ad calculos commendãt. Fungorum quoddam genus quercubus innascens, Germanicè quidam à figura **hasenörle**, id est auriculas leporum nominant, Tragus tertij Tomi de plantis cap. 1. Malua syluestris duplex est: maiorem in quibusdam Germaniæ locis equinam, minorem leporinam cognominant, **hasenpapel**, Tragus. Idem To. 2. ca. 35. inter fœni uel graminis genera unũ recenset, quod **hasenbrot**, id est leporinum panẽ appellat, & alio nomine **zydern**, à tremore ut cõijcio: nam flores eius specie singuli rotunda (unde lep. panis forte nomen) per spicas digesti, pediculis hærent exilissimis, unde fit ut semper moueantur ac tremant: aliqui **hasenörlin**, id est auriculam leporis uocitant.

¶ Alpibus peculiaris est pręcipuo sapore lagopus auis: pedes leporino uillo ei nomẽ hoc dedere, cætero candidæ, columbarũ magnitudine. Est & alia nomine eodẽ à coturnicibus magnitudine tantum differens, croceo tinctu cibis gratissima, Plin. Nos lagopodẽ alpinã auẽ à colore perdicẽ candidã uocamus, uel gallinã niuis **schneehün/wiß räbhün**, & alterũ eius genus, plumis fuscis & candidis distinctũ, saxatilẽ gallinã, **steinhün**. Si meus aurita gaudet lagopode Flaccus. Martial. lib. 7. λαγωΐνης, auis quędam. Hesych. & Varin. Lagois, auis quæ leporinas habet carnes, Promptuariũ sine autore. Auis quam Galli & Itali francolinã uocitant, delicatissima omniũ, Germanis est **ein haselhün**, quasi gallinam leporinã dicas: sed hæc eruditis plerisq; attagen esse uideẽ. λαγωθήρας, genus aquilæ, Hesychius. Melænaëton, id est pullã aquilã, Aristot λαγωφόνον, id est leporariã appellat, Hermol. Vulturẽ aliqui Germanicè uocãt **hasengeir**, hoc est uulturẽ leporariũ: alij **aßgeir**, q̃ cadaueribus puto uescaẽ. Lepus marinus, massa quædã informis, **ein seehaß**. Est & alius huius nominis, de quo Aelian. Magni maris lepus ex omni parte ad terreni similitudinẽ accedit, pręter pilos, quos spinosos & erectos habet, &c. Nec scarus aut poterit peregrina iuuare lagois, Hor. Ser. 2. 2. ubi Acron, Lagois aut (nõ aut, sed auis legendũ uideẽ) carnẽ leporis habere perhibetur, aut est genus piscis quod in mari Italo non inueniẽ. λαγὼς ὁ χέρσαῖος, λαγὸς δὲ ὁ θαλάσσιος, καὶ ποτάμιος, Hesych. & Varin. ego fluuiatilẽ leporem nec noui, nec legere memini. Lepus piscis ex lacertorum genere, Plin. li. 32. (prope finẽ) ut quidam in suis dictionarijs citant, sed omnino falluntur: decepit eos uerbũ substantiuũ sunt, q̃d expungendũ Hermolaus monet: omnino sanè lepus marinus nihil cõmune lacertis habet, ut et alij ibidem nominati.

¶ Lepos, saltatoris nomen Horatio 2. 6. Serm. ut Acron scribit. Lagus, λάγος, paroxyt. pater Ptolemæi successoris Alexandri. Nobilitas Pharij proles clarissima Lagi, Lucanus 10.

Delus

¶Delus insula, Lagia olim dicta est, Plinius 4.12. Stephanus Graecus, ut Hermolaus obseruauit, non Lagiam, sed Pelasgiam habet: Solinus tamen Lagiam à uenatione, quasi leporariam. Lagusa, Λάγουσα, insula circa Cretam: gentile Lagusaeus uel Lagusius, Stephanus. Lagusa (inquit Hermol. in Plin. 5. 31.) uagum nomen est, à uenatu dicta leporum: sic autem eo in capite legendum censet, ubi uetus lectio erat Lacusa. Et mox in eodem capite, Lagussae, (inquit) insulae sunt ante Troada. Lagoum amnem prope Caucasum ex montibus Catheis defluere aiunt, Plinius 6.7.

¶b. Leporis pili mollitie sua plumas auium aemulantur: ut Plinius non ineleganter de hoc animante scripserit, Aliud educat, aliud in utero pilis uestitum, aliud implume. Marcellus empiricus lanam lep. pro pilis dixit: & alicubi subuentrile leporis, quasi Graecam uocem hypogastrion de industria imitans. ἰδοὺ δέχου κέρκον λαγώ, Aristophanes: hoc est, Ecce leporis caudam accipe, Caelius. Vena leporis, est uena in extremo naso: quem si digito premas, uenam deprehendes, Syluaticus. Germani proprijs quibusdam de lepore uocabulis utuntur: Pellem uocant, **ein balg / vnd nit ein haut**: pedes, **löuff oder bickel / vnd nit füß**: poplitum ossicula singula in utrisque, **sprüng**.

¶c. Ὁ λαγωὸς τὰς ἀμπέλους, ἡ κάμπη τὰ λάχανα ὄλλυσι, Rustica in epistola Simocati. εἶδον ἐγὼ τὸν πτῶκα καθήμενον ἐγγὺς ὀπώρης. Βακχιάδος, πολὺν βότρυν ἀμελγόμενον, Suidas ex Epigrammate. In exercitu Xerxis, quem aduersus Graeciam sibi contraxerat, equae partu leporem aeditum palàm est: quo generemonstri significatus est rerum euentus, ut docet Valerius 1. 6. Idem prodigium in Equo H. c. ex Herodoti septimo retuli. Equa trimestri tantum praegnans, leporem peperit: lepus editus continuò humana uoce locutus est, & matrem dentibus suffocauit. Ad haec dum sanguinem maternum pro lacte sugeret, uisae sunt propalàm eius tergo plumae longiusculae innasci in alarum morem: quibus innatis, altiori, quàm soleant homines, uoce haec protulit: Fundite iam lachrymas & suspiria miseri mortales, ego hinc abeo. His dictis statim euolauit. O rem nulli credendam, sed uero ipso ueriorem. Tabelliones publici septem numero huic ostento affuerunt, qui documenta sumpsere, testibus idoneis euocatis, Antonius Baucius in epistola scripta ex Galliae oppido, quod diui Marcellini uocat, ad Petrum Toletum Lugdunensem medicum, anno Salutis 1537. mense Decembri: legitur autem inter Tragicas narrationes Gilberti Cognati, cum eiusdem Toleti responso, ubi is hoc prodigium pro suo iudicio declarans: Venient, inquit, profectò dies (nisi Dei aeterni benignitate defendamur) in quibus nati se parentibus obsequium praestare putent, si ad necem eos perducant: imò aegrè ferent, quod tunc nati, ut talia sentirent: & se adulterinos, perinde ac fuit lepus ab equa, illo tempore decocto & malè adulto dicent, Haec illi.

¶d. Lepus animal omnium pauidissimum est: unde nostri hominem timore perculsum dicunt **erhaset**, id est leporis more affectum.

¶e. Qualis ubi aut leporem, aut candenti corpore cycnum Sustulit alta petens pedibus Iouis armiger uncis, Vergil. 9. Aene. Anthologij Graeci 1. 40. extat epigramma Antiphili Byzantij in polypum à Phaedone piscatore in mari arreptum, & ne manus ei cirris implicaret proiectum in proximi littoris fruticetum, ubi forte in leporem inciderit, eumque suis brachijs implicatum retinuerit: Et rursus aliud Isidori Aegeotae, qui piscatorem illum Gynnichum uocat, & polypum ab eo mari redditum scribit, quod leporem ueluti pro se redimendo retinuisset. Leguntur Martialis epigrammata quinque lib. 1. de lepore per lusum transeunte per os mansueti leonis, ex quibus unum recitaui in Leone H. d. sed hoc etiam in loco aliud eiusdem adferam:

Non facit ad saeuos ceruix nisi prima leones. Quid fugis hos dentes ambitiose lepus?
Scilicet à magnis ad te descendere tauris, Et quae non cernunt frangere colla uelint.
Desperanda tibi est ingentis gloria fati, Non potes hoc tenuis praeda sub hoste mori.

¶Et canibus leporem, canibus uenabere damas, Vergil. 3. Georg. Auritosque sequi lepores, Idem 1. Geor. Nunc leporem pronum catulo sectare sagaci, Ouidius 1. de remed. Leporem uenator ut alta In niue sectatur, Horat. Serm. 1. 2. Pauidum captare leporem, Idem Epod. Nos timidos lepores, imbelles figere damas Gaudemus, Gratius. Vt canis in uacuo leporē cum Gallicus aruo Vidit, & hic praedam pedibus petit, ille salutem, Ouid. 1. Metam. Maenalius lepori det sua terga canis, Idem 1. de Arte am. Exagitatus lepus, Idem 3. de Arte. Parcius utaris moneo rapiente ueredo Prisce, nec in lepores tam uiolentus eas, Martialis: Et mox, Quid te frena iuuant temeraria? saepius illis Prisce datum est equitem rumpere, quàm leporem. Ἀλλ' ὅτε καρχαρόδοντε δύω κύνε εἰδότε θήρης, Ἢ κεμάδ', ἠὲ λαγωὸν ἐπείγετον ἐμμενὲς αἰεὶ Χῶρον ἀν' ὑλήενθ', Homerus Iliad. decimo. Αἱ μὲν γὰρ ἄρκτοι καὶ πάγαι τοὺς λαγωοὺς ἀπελαύνουσι, δι' ὧν καὶ ἁλίσκονται, Simocatus in epistolis. Ἐλαγόνθερ (lego, ἐλαγοθήρει) ἐκυνηγέτει, λαγὼς ἐθήρα, Varinus. Lycurgus cum ciues ex molli & dissoluto uiuendi genere ad honestius moderatiusque transferre cuperet, catulos duos ijsdem parentibus natos educauit: quorum alterum domi reliquit, & gulae indulgere permisit: alterum rus eductum uenationi assuefecit. Postea in concionem duxit, ubi simul & cibarijs quibusdam propositis, & lepore emisso, hic statim leporem secutus est, ille cibaria abligurriuit, &c. Plutarchus in Laconicis apophtheg. Per hyemem εὐάλωτος ὁ λαγώς, id est facilis captu est lepus, Poll. Ἀγαθὰς δίωκειν οἱ νεανίσκοι τρέφουσι κύνας, δρομικώτερον δὲ λαγὼν, οὐδὲ ἀσαρκότερον, οὐδεπώποτε ἐθεασάμην: θαῦμα γὰρ ὅπως καὶ κατέλαβον αὐτόν, ἐπεὶ γὰρ ἐσφάγη, ὁ τὸ δέρμα ἀπελύσατο, φανερὸς τηνικαῦτα ἐγένετο, μᾶλλον δέ, εἰ γ' οὖν ὀρθῶς λέγω, ἀφανὴς δὴ νῦν ἐπὶ πλέον, Lamprias ad Tryphen in rusticis epistolis Aeliani. Ibidem mox Tryphe Lampriae his uerbis rescribit: Προσπεπτάλκευμαι ὦ Λαμπρία τῷ λαγῷ

Oo 3

τὴν θέραν, ἵνα σοι τῆς λιμνηγενῶν ἄγαλμα ᾖ ἐκεῖνο, ἐπὶ σοῦ μεγάλας ἐκείνας θήρας θηρεύοντας, ἔσται δὲ καὶ τὸ σὸν δῶρον ἀναγραπτόν. πότερον δὲ αὐτὸς ᾕρηκας, ἢ δῶρον εἴληφας; πῶς δὲ καὶ ὤφθη τὴν ἀρχὴν διὰ σμικρότητα; ἐκεῖνοι ἄρα ὄντως ἦσαν αἱ κύνες, οὐ γὰρ ἦν αὐτὸν ἰδεῖν, ἀλλ᾽ ᾔσθοντο αὐτοῦ, Hæc Aelianus. ὁ δὲ ἀνὴρ αὐτῆς λαγὼς ᾤχετο θηράσων, Xenophon. Canes cum leporem insequuntur, siquidem occiderint ipsi, gaudent dilacerare, atque alacres sanguinem lambunt: ἐὰν δὲ ἀπογνοὺς ἑαυτὸν ὁ λαγὼς, ὃ γίνεται πολλάκις, ὅσον ἔχει πνεύματος ἀναλώσας εἰς τὸν δρόμον ἐκλίπηται, νεκρὸν καταλαβόντες, οὐχ ἅπτονται τὸ παράπαν: sed caudam mouentes subsistunt, perinde quasi non carnium gratia, sed magis de uictoria contenderint, Plutarchus in libro Vtra anim. &c. Vestigia leporum (inquit Theophrast. historiæ plant. 6.29.) leuiter irrorato solo certius redolent: alti us enim impressa firmiter adhærent, nec sublimiter uagantia delitescunt: quemadmodum cum arida humus est: neque demersa in profundum abolentur, ut cum terra limosa ob imbrem uel austrum est. Flatus enim & aquæ aduersantur perimuntque odores. Quapropter medius habitus est, qui digitorũ uelut abstergmenta retineat. Quum euasisse retium ansas leporem signare uolunt Græci, eleganti uerbo dicunt ἐξελίνησεν ὁ λαγωός, id est, lina effugit lepus: nam linon & uelum indicat, atque item retia: proinde ab Asiaticis linaria plerunque dicuntur hæc, Cælius. Lepusculi timentes hoc quadrangulũ dedit Diana rete, bis legitur apud Festum: Perottus legit, quadrangulum dedunt sese in rete. I modo, uenare leporem, nunc itym tenes, Plautus in Capt. Vide infra inter prouerbia. Vocabula leporũ uenationi accommodata apud Germanos huiusmodi reperio: **Der haß schreyet/ faart: Garn vnd fäder gericht worden/ jm gestellt. Er wirdt von dem strick mit den hunden gehetzt/ in das garn gehetzt: oder/ wiewol vnweydisch/ mit dem lauffen dareyn geschreckt. Gnickt oder von den hunden erwürgt/ zerrissen. Gestreifft vnd nit geschunden.** In leporem, qui dum canem terrestrem concitatius fugit, in mare deuolutus è rupe quadam, à cane marino laceratus est, extant epigrammata duo Germanici Cæsaris, & unum Tiberij, Anthologij Græci 1.33. Est & Ausonij super eodem tetrastichon huiusmodi: Trinacrij quondam currentem in littoris ora Ante canes, leporem cœruleus rapuit. At lepus: In me omnis terræ pelagique rapina est: Forsitan & cœli, si canis astra tenet. Aquilæ genus quoddam in Europæ remotissimis ad Septentrionem locis circa Noruegiam, detracta leporis aut uulpis pelle, in ea parit & incubat, Olaus Magnus. In Scythis auis magnitudine otidis, binos parit, in leporina pelle semper in cacuminibus ramorum suspensa, Plinius. Leporum pedibus pro scopis quidam utũtur. Aduersus talpas: Locum prius mulso eluito, deinde bubulum fel inijcito & leporis stercus, Galenus Eupor. 3.163. Non latrari à cane (magi nugantur) leporis fimum uel pilos tenentem, Plinius: sed uerisimilius hoc amuletum hyænæ quàm lepori adscriberetur, cuius & lingua & pellis, & aliæ partes gestatæ hac ui pollere dicuntur, ut quæ naturalem quandam aduersus canes antipathiam habeat: adhab hyæna est Arabice, arnab lepus: quæ fortè nomina interpres aliquis peruertit, ut apud recentiores etiam Albertus confudit. Ad Indos sapientes, ut scribit Philostratus, adducta est mulier, quæ iam septies magna cum difficultate & periculo pepererat, (ἑπτὰ ἤδη γαστέρας δυστοκοῦσα, interpres non rectè abortijsse uertit:) curata est autem hoc modo. Iusserunt sapientes maritum mulieris, cum tempus pariẽdi adesset, uiuum leporem in sinu occultatum eò deferre ubi paritura mulier esset: inde cum aliquoties circa mulierem deambulasset (καὶ περιελθόντα αὐτὴν) repente leporem è sinu dimittere, (τὸν λαγὼ legendum:) fore enim ut uulua simul cum fœtu elaberetur, nisi leporem illico foras eijceret, Hæc ille in uita Apollonij. Videtur autem stulta hæc persuasio inde sumpta, quoniam lepus facillimè parit.

¶ f. Lepores dipnosophistis apud Athenæum appositi: & Romæ in cœna Lentuli, cum pro flamine Martiali inauguraretur, teste Macrobio.

¶ h. Titus Vespasianus Stroza à principio secundi Eroticõn de lepore albo, quem amicæ dona uerat, fuga elapso conqueritur: Sed aliquot eius uersus recitabo.

Hũc ego per uirideis umbras cũ matre uagantẽ Ad ripam excepi Sandale amœne tuam.
Paruus erat, totoque nitens in corpore candor Mæandri niueas exuperabat aueis.
Paulatim positoque metu mitescere cœpit, &c. Meleagri epigramma uel epitaphium in leporem, qui catulus adhuc captus, & herbis enutritus, præ nimia pinguitudine mortuus erat, habetur Anthologij Græci 3.24. ¶ Leporem Græci amoribus sacrum fabulantur, ducto argumento ex etymi ratione: quoniam illorum lingua λαγὼς dicitur ἀπὸ τοῦ λάειν: ἔρωτες autem à uerbo ὁρᾶν, utroque ui sum significante, Cælius. Transtulit autem, ut apparet ex Varini uerbis, quæ in dictione ῥεῦναι leguntur huiusmodi: λαγὼς ἐρώτων ἀνάθημα, διὰ τὸ ταυτὸν τῇ ἐπὶ ἐκείνων γρήσεως: λαγὼς τε γὰρ ἀπὸ τοῦ λάειν, καὶ ἔρως ἐκ τοῦ ὁρᾶν, ἀπὸ τοῦ βλέπειν μηνύουσι. Hæc quidem ratio Latinis etiam congrueret, ut Amoribus lepores consecrarentur, quod lepos & lepidus ab hac quadrupede dici uideantur. Et ex eadem etymologia nata forte persuasio est cibo eius formosos fieri, ut in F. diximus. Sed suapte etiam natura, ut Xenophon scribit, lepus animal adeò gratiosum est, ut nemo sit, qui si eum uideat dum uestigatur, dum inuenitur, dum fugit, dum capitur, quicquid amârit non obliuiscatur: quare uel hac ratione extra etymologiam meritò sacer est Amoribus. ὁ λαγώς με βασκαίνει τεθνηκώς, hoc est, Molesta est mihi mors leporis, Pherecrates apud Varinum in βασκαίνει. ¶ Laginia dicta fuit Carum dea, Gyraldus. Idrias urbs Cariæ Hecatesia prius uocabatur. Câres enim templo constructo deam Laginitin uocarunt, eò quod lepus illuc confugisset: & cum etesia, id est annua sacra illic facerent, inde nomen imposuêre loco, Stephanus. Lepus auersus auersionem significat, Orus in hieroglyphicis. Bœas Laconiæ urbem

bem conditam ferunt auspicio leporis. Nam cum incolæ quidam sedibus pulsi, locum quærerent in quo habitarent, oraculo responsum est, fore ut Diana eis locum habitationis demonstraret. In terram itaq; egressis lepus occurrit, quem itineris ducem fecerunt: occultato autem ad myrtum lepore, & oppidum ibi condunt, qua myrtus steterat, & arborem istam etiamnum uenerantur, Pausanias. ¶ Equa leporem peperit, turpissimam regis Persarum fugam significans, &c. Vide in H. e. supra. Lysandrum prodit historia (inquit Cælius 26.29.) quum à Lacedæmoniorum ductu Corinthios defecisse, fama nunciasset, profectum copijs instructum ad ciuitatem oppugnandam, ubi suos timore perculsos animaduertit, ignauius segniusq; irruere ac inferre signa, leporem fortè transilientem fossam uidisse: quo argumento, fiduciæ iam plenum milites sic hortari cœpisse: Non erubescitis Spartiatæ huiusmodi hostes formidare, ad quorum mœnia lepores ex otiosa inertiq; uita dormiunt? Id quod parœmiæ habere formam potest, insegnes imbellesq;, ut ad coarguendum torporem desidiamq;, etiamnum indormire mœnibus illorum lepores dictitemus. Iter infortunatum lepus occurrens facit, φανεὶς ὁ λαγὼς δυστυχεῖς ποιεῖ τρίβος, Suidas. Erasmus hunc senarium inter prouerbia recensens, Vulgo creditum (inquit) etiam his temporibus occursum leporis omen esse parum felix, iter ingressis. Torqueri potest ad interuentum cuiuspiam, qui uideatur incommodum aliquod allaturus. Obseruatum ueteribus, leporis occursum in itinere ominosum quippiam, inauspicatum atq; improsperum præsagire, Cælius & Alexander ab Alexandro.

PROVERBIA.

In leporinis, hoc est in omnibus delicijs & luxu: uide supra in F. ¶ Boue uenari leporem, de re uehementer absurda ac præpostera, uide in Boue. Huic simile est illud inferioris Germaniæ: **Es wär ein schimpf dat man ein hase mit der trumme fenge**: Quod alij sic efferunt, **Man solt ehe ein hasen mit der trummen fangen.** ¶ Cancer leporem capit, Καρκῖνος λαγωὸν αἱρεῖ, de re nequaquam uerisimili dictuq; absurda (& quæ fieri nullo modo possit, Suidas.) Velut si quis dicat ab indoctissimo superari doctum, Erasmus. Cancros lepori comparas, Καρκίνους δασύποσι συγκρίνεις, de supra modũ dissimilibus. Simile illi, Prius testudo leporem præuerterit. Lepus carnes desiderat, uide supra in F. Lepus pro carnibus, λαγὼς περὶ τῶν κρεῶν, subaudi periclitatur. In eos dicitur qui ob aliquam sui utilitatem in discrimen uocantur: nam leporem non insectamur quod noceat, sed quòd pulpamentum habeat. Effertur etiam ad hunc modum, ὁ λαγὼς περὶ τῶν κρεῶν τρέχει, id est lepus pro carnibus currit: de ijs qui magno suo periculo atq; ob id acriter decertant. Δοῦλον οὐκ ἄγω Εἰ μὴ νεναυμάχηκε τὴν περὶ τῶν κρεῶν, Charon apud Aristophanem in Ranis. Adscribit hoc loco interpres, apud Arginusam seruos non pro pecunia, aut alio quouis præmio, sed pro uita dimicare solere, (olim dimicasse, cum Athenienses necessitate coacti, seruos etiam belli socios sibi asciscerent. Est & alia lectio τὴν περὶ τῶν νεκρῶν, cuius interpretationem omitto.) Idem in Vespis, ποιήσω δακεῖν τὴν καρδίαν, καὶ τὸν περὶ ψυχῆς δρόμον δραμεῖν. Et rursus in eadem fabula, Ἡ λαγὼς ἢ λαμπάδ' ἔδραμον. Plutarchus in dialogo aduersus Epicurum, πάντα ἐποίησεν γελῶντας, εἰς τὴν γαστέρα τοῖς ἀνθρώποις ἔοικας ἐγκαλεῖσθαι, καὶ τὸν περὶ τῶν κρεῶν ἐπάξειν, subaudi δρόμον. Significat autem eum Epicureos in summum discrimen adducturum, quòd aduersus uoluptatis assertores proposuisset, nec iucundè uiui posse secundum Epicurum. Suspicor allusum (inquit Erasmus) ad priscas historias, quæ referunt aliquoties bellum natum inter populos ob direptas in sacrificijs carnes. Ita Pindarus in Nemeis, ἵνα κρεῶν νιν ὑπὲρ μάχας ἔλασεν, Hactenus Erasmus. Meminerunt prouerbij Suidas & Hesychius: & dici solitum aiunt, ἐπὶ τῶν ἀκινδυνευόντων τὰς ψυχὰς, καὶ πρὸς τῶν καρπῶν ἀγωνιζομένων. Λαγὼς τὴν περὶ τῶν κρεῶν τρέχει, λείπει δ' ὁ Ἀττικός, Varinus. Κρέας quidem aliquando pro corpore accipitur, ut in hoc Sophoclis, τοιοῦτος ὤν, ἀρξεις τῶνδε τῶν κρεῶν. Huc pertinet illud Homeri Iliad. χ. de Achille Hectorem persequente, ἐπεὶ οὐχ ἱερήϊον, οὐδὲ βοείην Ἀρνύσθην, ἅ τε ποσσὶν ἀέθλια γίνεται ἀνδρῶν, Ἀλλὰ περὶ ψυχῆς θέον Ἕκτορος ἱπποδάμοιο. Carpathius leporem, ὁ Καρπάθιος τὸν λαγών, dicebatur in eos qui sibi rem noxiam accerserent. Hinc deductum adagium: quòd cum in Carpathiorum insula lepores non essent, illi curarunt importandos (par leporum inuexerunt, Poll.) alicunde. Verum ubi eius animantis magna uis increuisset, ut est mira fœcunditas, fruges insulæ populari cœperunt. Refert & interpretatur parœmiam Iul. Pollux lib. 5. item Aristoteles Rhetoricorum libro tertio, Erasm. Meminit etiam Suidas, & Eustathius in Dionysium scribens: ac interpretantur de his qui ipsi sibi adsciscunt malum ἐπίσπαστον καὶ ἐπακτὸν ἔξωθεν. Archilochus ad hanc parœmiam alludens, Καρπάθιος τὸν μάρτυρα dixit, Varinus. De alijs quibusdam insulis, quæ similiter leporibus multiplicatis, uno & altero tantum primum inuecto, damnum acceperunt, dixi superius in C. de Astypalæa: & in A. de Lero insula, in mentione leporis syderis. ¶ Lepus dormiens, λαγὼς καθεύδων: quadrat in eum, qui quod non facit, id facere sese adsimulat: aut quod facit, id se facere dissimulat. Qualem quidam arbitrantur fuisse Vlyssis somnum, cum à Phæacibus in Ithacam insulam exponeretur, authore Plutarch. Nam leporem patentibus genis dormire cum alij permulti tradunt authores, tum Plinius 11.37. (Vide supra in C.) Neq; perperam opinor dicetur & in timidos. Adagium à multis authoribus refertur, Erasmus. Suidas, Hesychius & Varinus interpretantur de ijs qui somnum simulent. Est & apud Germanos usitatum, **Er schlaaft den hasen schlaaf.** Leporem palpebris quidem clausis uigilare, apertis dormire, Xenophon prodit. Ad quod Græcum si respicere adagium putes, λαγὼς καθεύδων, lepus dormiens (quod in dissimulatores concinnatur aptissimè) plenius quiddam & doctius resipere uidebitur, quàm quod modò affertur, Cælius. Duos insequens lepores, neutrum capit, ὁ δύο πτώκας διώ-

Oo 4

κων, οὐδ' ἑτέρου ἐπιλαμβάνει. Sensus est, Qui simul duplex captat commodum, utroque frustratur. Effert in Græcorum collectaneis et citra figuram, Ἀνὴρ ἐπιθυμῶν ἀμφοῖν οὐδ' ἑτέρου ἔτυχεν, Erasmus. In eandem sententiam effertur tritum illud Germanis, Wär zů vil wil haben/dem wirdt offt gar nichts. ¶ Lepori esurienti etiam placentæ fici, λαγῷ πεινῶντι καὶ πλακοῦντες εἰς σῦκα: Suidas tradit dictum de ijs, qui compulsi necessitate, res etiam pretiosissimas absumunt. Fortassis natum ab huiusmodi quapiam fabula, qualem de se narrat Apuleius, quòd adactus fame, placentas primum lambere, deinde etiam comesse didicerit, Erasmus: sed Suidæ uerba, quadrare hoc prouerbium, πρὸς τὰ ὑπὸ ἀνάγκης πολυτελῆ λογιζόμενα, melius reddidisset: in eos qui necessitatis tempore res qualescunque pro pretiosissimis habent. ¶ Iter infortunatum lepus apparens facit: Vide paulò superius inter omina. ¶ Mortuo leoni & lepores insultant. Extat epigramma Græcum (inquit Erasmus) cuius argumentum sumptum est ex Homericæ Iliados χ, ubi Herculem ab Achille iam interfectum circumsistunt Græci mortuo insultantes, nec quisquam erat qui extincto non aliquod uulnus infligeret. Epigramma sic habet, Βάλλετε νῦν μετὰ πότμον ἐμὸν δέμας, ὅττι καὶ αὐτοὶ Νεκροῦ σῶμα λέοντος ἐφυβρίζουσι λαγωοί. Dictum est aliâs de his qui mordent mortuos, cum laruis luctantur, & cum umbris depugnant, Hæc Erasmus. Alciati emblema de leonibus qui leporis mortui barbam uellunt, recitaui in Leone. ¶ Lepores ad illorum mœnia dormire dicemus, quos prorsus timidos esse significabimus. Vide supra inter omina, hac ipsa in parte huius capitis. ¶ Lepus tute es & pulpamentum quæris: Vide supra capite sexto. ¶ Prius testudo leporem præuerterit, πρότερον χελώνη παραδραμεῖται δασύποδα: de re neutiquam uerisimili. (Senarius prouerbialis, de re impossibili, Suidas: factu difficili, Sipontinus.) Meminit Diogenianus, Erasmus. Fabularum conditor Aesopus leporem cursu à testudine superatum scribens, tardi ingenij homines ad assiduum laborem incitat, ingeniosos uerò à pigritia deterret, Tzetzes 7. 105. ¶ I modo uenare leporem, nunc itym tenes, uersus à Plauto in Captiui duo prouerbiali figura dictus. Id est, hâc interim cœnam qualemcunque certam habens: quære alteram, si potes, potiorem: Itys enim auis, quē à Phaside Scythiæ flumine phasianum uocant. Proinde cum iubebimus, ut qui nactus sit commodi quippiam, ad aliud sese accingat, nō intempestiuiter hoc utemur adagio, Erasmus. Mox autem subijcit existimare se deprauatum esse locum, nec itym legendū ut codices habent, nec ichthyn, id est piscē, ut cuidam uidetur: sed ictin, id est uiuerram: uiuerris enim teste Plinio præcipuā esse gratiam ꝓpter uenatum leporum & cuniculorum: sed dictionem, leporum, de suo addit Plinio: neque enim in ullis codicibus legitur. Et res ipsa monet longè aliam cuniculos uenandi rationem esse, qui in suos multifores specus statim se abdunt, quò ictides & mustelæ ꝓpter corporis paruitatem facile eas sequuntur: aliam uerò lepores, qui quàm longissimè possunt cōcitatissimo cursu feruntur, ubi uix canes nedum mustelæ aut uiuerræ sequi possunt. I modo uenare leporem, nunc itym tenes, Vide supra in e. Plura forsitan adferemus in phasiano: in hanc enim auem Itys mutatus fertur. Leporis uitam uiuere, Λαγωοῦ βίον ζῆν, dicuntur qui semper anxij trepidique uiuunt: quòd id animal omnium prædæ expositū, ne somnum quidē capit, nisi oculis apertis. λαγὼ βίον ἔζης δεδιὼς καὶ τρέμων καὶ ἀεὶ πληγήσεσθαι προσδοκῶν, Demosthenes in Aeschinem. Vsus est & Plutarchus in libello περὶ φιλοπλουτίας. λαγωῶν δειλότεροι scripsit Athanasius in Apologia prima: & apud Strabonem, Phrygijs leporibus timidior, Erasmus. Leporis uitam agere apud Lucianum is dicitur, qui præpotentes ac facundia claros infans ipse reformidat assiduè, Cælius.

¶ Sunt & peculiaria Germanis ex lepore ꝓuerbia. Du můst fuchs vnd haß seyn: eodem sensu quo apud Græcos, Polypi mentem obtine. Der haß wil alle zeyt wider da er geworffen ist, Patriæ fumus igne alieno luculentior. Er bleibt bey seinen worten, wie ein hase bey seinen jungen, Aliud stans, aliud sedens loquitur. Das haasen banner annemmen, Volam pedis ostendere, fugere. Vil hund ist der hasen tod, Cedendū multitudini. Wär er einem hasen so änlich als einem narren/die hund hettend jn langest zerrissen, Non tam ouum ouo simile.

¶ Simile. Lepores aiunt parere simul & educare alios fœtus, & iterum superfœtare: at improborum istorum & barbarorum hominum mutua, priusquam conceperint pariunt. Petunt enim usurā ut primum dederunt, & quam pro usura accepere pecuniam mox rursus mutuant, ut ea quoque nouam pariat usuram, Plutarchus in libro de non accipiendo mutuo. Sed hæc Græcè elegantius proferuntur, ubi & usura τόκος à pariendo nominatur.

DE LVPO.

A.

Lupus, Hebraicè זאב zeeb, Geneseos 49. Chaldaicè דאבא deeba, & דיבא deba. Arabicè דב dib. Fœmininum, zeebah, lupa: & plurale masculinum zeebim, Ezechielis 22. Zebeth, id est lupus, Aesculapius. Alsebha (inquit And. Bellunensis) nomen est commune ad omnes quadrupedes quæ hominem dentibus & unguibus inuadunt, mordent, lacerant, & aliquando interimunt, sicut leo, lupus, tigris, & similes. Inde mores alsebhaie dicuntur, ferini scilicet, immanes, crudeles, belluini, quales huius generis animalium sunt, Hæc ille. Hinc forte factum est, ut Albertus

10

Albertus & alij quidam obſcuri ſcriptores, multa quæ de leone Ariſtoteles ꝓdidit, in lupum conferẽnt. Oppianus inter cætera luporum genera, unum in Cilicia, & Tauro Amanoq́; montibus chryſeon, hoc eſt aureum uocari ſcribit (ut in B. referam:) conijcio autem Hebraicam ſiue Syriacam illis in locis linguam fuiſſe, qua ſahab uel ſehab aurum uocant, ſeeb lupum: aut dahab uel dehab, aurum: deeb uel deeba, lupum. Dib (aliâs dijb) Arabicum ſiue Saracenicum nomen, in medicorum libris
20 ex hac lingua translatis, diuerſe ſcribitur, adib, adip, adhip, aldib: ego poſtremam ſcriptionem prætulerim, qua & Bellunenſis utitur. Aldib alambat, id eſt lupus furioſus, Idem. Hyænam quoque lupo congenerem Syriacè dabha uel aldabha, uel dahab, uocari docui ſupra: uidetur autem lupus quem aureum, ut iam dixi, Oppianus uocat, ad hoc genus accedere, tum nomine aurum ſignificante: tum natura, quòd ſub cane terram ſubeat uitandi æſtus gratia, quod Oppianus ſcribit, ut hyæna uel dabha ſepulchra, ut cibum ex cadaueribus quærat. Eſt etiam cæteris hirſutior lupus aureus, ἀστράπτωμ ποδιοσονόμοισιμ ἐθείραις, ut hyæna prorſus hirſuta, & iubata eſſe perhibetur. Eſt & in India lycaoni ceruix iubata: ſed differt regione, & coloribus, quorum nullus ei abeſſe dicitur. Adeps adib ſubtilis eſt, Auicenna. Vetus gloſſographus lupum intelligit. Bellunenſis legit aldub, quam uocem in gloſſis urſum interpretatur. Anoſtris, id eſt lupus, Syluaticus. Aulma, id eſt lupi, Idem. Quæ quidem
30 duo uocabula ad quam linguam referam, non uideo. ¶ λύκος Græcis lupus eſt, & hodie uulgò λύγος. fœmina λύκαινα, & ſi Suidas & Varinus ſimpliciter genus feræ interpretentur. לקוס lycos pro lupo, etiam apud Arabicos quoſdam ſcriptores à Græcis mutuatos reperitur, ut Munſterus in Lexico trilingui annotauit. Italicè, lupo. Gallicè, loup. Hiſpanicè, lóbo. Germanicè, **wolff**. Anglicè, Vuolfe. Illyricè, **wlk**, quaſi per metatheſin literarum Græcæ uocis.

B.

In Sardinia inſula neq; ſerpentes ulli, neq; lupi naſcuntur, Pauſanias in Phocicis. In Creta lupos, urſos, uiperas, & ſimiles feras noxias naſci negant, eò quod Iupiter in ea natus ſit, Ariſtoteles in Mirabilibus. In Olympo Macedoniæ monte non ſunt lupi, nec in Creta inſula, ut nec ullum aliud maleficum animal præter phalangium, Plinius & Solinus. Theophraſtum audio dicentem, Cre-
40 tam lupis & ſerpentibus infeſtiſſimam eſſe. Macedonicum uerò Olympum à lupis non adiri, Gillius ex Aeliano, ineptè & ambiguè: nam ſi quis regionem lupis infeſtam dicat, intelligi poteſt, abundare in ea lupos homini infeſtum animal. Sic Liuius, Vias latrocinijs, paſcuaq́; publica infeſta habuerant. Vel, ipſam regionem infeſtam eſſe lupis, eisq́; aduerſari: ſic Cicero, Quis hunc audet dicere aratoribus infeſtum aut inimicum fuiſſe? Nullos etiam fouet Britannia, Textor ex Plinio, ni fallor. ¶ Sunt quædam genera urſorum alborum, & canum, ac luporum, & ſimilium quorundam, quæ uenantur & habitant tam in aqua quàm in terra, propter ſimilitudinem temperamenti eorum ad utrũque elementum, Albertus. Lupi in Aegypto minores quàm in Græcia fiunt, Ariſtoteles. Inertes hos paruosq́; Africa & Aegyptus gignunt, aſperos trucesq́; frigidior plaga, Plinius. Herodotus Aegyptios lupos non multò uulpibus grandiores eſſe ait. De lupis ueſpertinis, uel (ut alij
50 uertunt) Arabiæ, in Sacris literis, uide ſupra in Hyæna capite primo.
In Heluetia & alpibus perpauci reperiuntur: rarò enim ex Gallia ciſalpina (Lombardia) & uicinis regionibus adueniunt: & ſi quis deprehendatur, mox tanquam communis hoſtis, datis uicatim campanarum, ut uocant, ſignis, uenatione publica capitur. Pellium apud nos artifices, lupos Suedicos imprimis commendant, quod egregij, magni, & cinereo ſiue cano colore ſint. Magni etiam ſunt circa alpinas regiones, Rhætiam, Atheſin, & Tirolenſem, ut uocant, comitatum. In Rhætia quidem confœderata Heluetijs, magni lupi nigricantes reperiuntur, robuſtiores, & maioris pretij: audio tamen cum illis ſæpe etiam alios minores & communes lupos reperiri. Cæterum in regionibus planis ut Galliæ multis, minores magisq́; rufi habentur. Moſcouia qua iungitur Lithuanię, paſſim in Hercynia ſylua prægrandes ac atros lupos eosq́; ferociſſimos gignit, Antonius **Wied** in tabula Moſco-
60 uiæ. Lupi in Scanzia ſi ulterius per congelatum mare proceſſerint, luminibus feruntur orbari ob nimium frigus, Iornandes. In Septentrione Europæ (circa Noruegiam puto) capiuntur tria luporum genera, in ſylua Landſerucca, quæ per octoginta miliaria extenditur, Olaus Magnus. Iiſdem

in locis alces à lupis montanis inuaduntur, ut in Alcis historia dixi. Galli sua lingua lupos garoulx appellant illos, qui semel carnem humanam gustarint, encharnes dicunt: siue inde facto nomine, siue à gustato cadauere quod charongne nominant: Tales quidem hominibus postea semper infesti sunt, & metuendi, quod carnem hominis appetant: ideoq; cauendi, unde nominatos quidam conijciunt: cauere enim Gallis est garder: Vide plura in D. Italia lupos habet, qui cum cæteris similes non sint, homo quem prius uiderint conticescit, &c. Solinus: Plura in D. ubi idem quibusuis lupis, non Italicis tãtum, apud alios authores attribui docebimus. Sed prius Appulis Iungentur capreæ lupis, Horatius. Apud Crotoniatas maxime abundant, Pausanias 2. Eliacorum. De lupis Mæotidis, qui parte prædæ à piscatoribus donantur, ne noceant aut retia lacerent, Aeliani uerba recitabo capite quarto. Audax est magis eorum genus quod breue, quàm quod longum est, Liber de naturis rerum: Sed corruptus est locus ex Aristotele, qui non in luporum, sed leonum genere, generosiorem esse scribit, qui longior piloq; planiore est: ignauiorem uerò, qui breuior & crispiore pilo. Oppianus libro tertio de uenatione, quinq; luporum genera pastoribus obseruata describit, τοξευτῆρα, circum uel harpagem, aureum, & acmonas duos, quorum alterum ictinum, alterum nullo peculiari nomine uocat. Primus igitur τοξευτὴς, id est sagittarius (à celeritate fortassis: qua tamen non hunc, sed secundum inter lupos præstare ait poeta: tigris quidem & sagittam significat, & uelocissimam feram) perquam audax, toto corpore ruffo seu fuluo est, ξανθός, membris rotundis, ποδωκέα γυῖα: caput ei multò maius (quàm cæteris lupis,) & uelocia crura, καὶ θοὰ κῶλα, (maiora itidem quàm cæteris,) uenter canis aspersus maculis albicat. Vlulat horrendum, & sublimi impetu fertur: caput assiduè concutit, igneis oculis. Alter quem circum (nimirum à simili ingenio circi auis in accipitrum genere) & harpagem, id est raptorem appellant, corpore maior & longior est, omnium uelocissimus. Hic magnó cum impetu summo mane uenatum exit, ut qui subinde esuriat: argenteo per latera & caudam colore: montes habitat: quibus per hyemem niue oppletis, interdum ad urbes per famem impudentissimus accedit, furtim omnino & placidè, donec in propinquo alicubi capram corripiat. Tertium genus niuosos Tauri scopulos, Ciliciæ rupes, & Amani iuga incolit, hic præcipua pulchritudine spectabilis, non merito aureus nominatur, multis comatus pilis resplendens: non lupus, sed lupo præstantior ardua fera, (αἰπύτατο θὴρ, fortè quod ardua & montana loca sequatur.) Robustissimus est: præcipuè autem ore & dentibus ualet, æs, ferrum & saxa aliquando perforans, Sirium orientem metuit, & mox in aliquem terræ hiatum aut obscuram speluncam se abdit, donec Solis æstus imminuatur: (Simile quid de oryge fertur: hoc quidem lupi genus præ cæteris ad hyænam accedere mihi uideri, in A. dixi.) Quartus & quintus communi nomine acmones nuncupantur, (acmon genus aquilæ est, Varinus: & forsan ab hac aue rapace nomen eis inditum, ut circo etiam iam dicto, & proxime dicendo ictino: nisi quis malit à corporis figura, capitis nimirum & colli aliqua cum incude, quam Græci acmona uocant, similitudine, sic appellatos. Et forsitan acmones alio uocabulo sed idem significante alterius linguæ sic nominantur, unde Oppianus ad uerbum transtulit, ut chryseon quoq;:) Vtriq; breui sunt collo, αὐχένα βαιοί: humeris latis, hirsutis femoribus & pedibus, rostro minore, (λασιότριχα μηρὸς, καὶ πόδας, ἠδὲ πρόσωπον ὀλίζονες: Gillius uertit, hirsutis cruribus, rostro & pedibus minoribus) oculis paruis: sed differunt, quod alteri dorsum argenteum & uenter albus splendeant, & soli pedes infimi nigricent: hunc aliqui ictinum (id est, miluum) canum nominarunt. Alter colore niger, corpore minor, non tamen infirmus, in lepores præcipuè inuadit, & rectis undiq; pilis riget, Hactenus Oppianus. Albertus de animalibus 8. 5. 1. bonasum, qui generis boum syluestrium est, describens, ex tauro lupo & equo compositum esse nugatur.

¶ Lupi forma similes sunt canibus magnis pastoralibus, Oppianus: mastinis, Albertus. Lupum nonnulli canem syluestrem esse dixerunt: quia forma ei canis, ululatusq; consimilis, sed latratu caret, Author de nat. rerum: atqui Albertus carere eos latratu falsum esse ait. Color in lupis pro generum & regionum discrimine uariat, ut iam ante docui: sunt enim ruffi, candidi, cani, nigri, uarij. Canus quidem color magis proprius eis & communior existimatur: unde Oppianus licet de diuersis etiam colore lupis dicturus, communi epitheto πολιότριχα φῦλα nominat. Lycophos Græci crepusculum dicunt, medium inter noctem diemq; tempus, tanquam albo & nigro participans: per translationem à pilis lupinis, quorum ima ad cutim pars albicat, superior nigricat, Etymologus: Vide in a. inter deriuata. ¶ Villus lupi in carne uerminosus est, Obscurus. ¶ Animalium cerebra crescunt decrescuntq; cum Luna, quod præcipuè in lupo & cane animaduertitur, Alber. ¶ Rauam lupam apud Horatium de oculorũ colore dictam interpretantur, quia rauus color fuluus sit, sed nigroris habens aliquid. Theodorus oculos charopos in Aristotele fuluos interpretatur: proinde rauos oculos charopos rectè dixeris, Cælius. Oculi capræ lupoq; splendent, lucemq; iaculantur, Plinius. Igniti sunt oculi primo luporum generi, quos sagittarios uocant, Oppian. parui postremis duobus, acmonas nominant, Idem. Oculi iracundis similes & palpebris apertis patuli, quales in lupis & apris apparent, omnium pessimi, Adamantius. Raui luporum oculi, uide paulò ante in colore pilorum. Visum eis acerrimum esse, & in tenebris etiam, capite tertio dicam. ¶ Carcharodontes, hoc est dentibus serratis, nempe teretibus & acutis præditi sunt lupi, Aelianus: inæqualibus, quare morsus eorum uehementer obest, Isidorus: hinc & lupata frena asperrima, nomen tulerunt. Lupus aureus Oppiano, dentibus tantum ualet, ut lapides etiam & metalla uincant. ¶ Animalia dentibus acutis carniuora

rictu

rictu sunt ampliore, ut ualidius mordere queant: ut lupus, qui os maximè diducit, Vicent. Bell. ¶ Lupo & leoni collum osse pepetuo riget, Aristoteles de partib. libro 4. Ceruix leoni tantum, lupo, & hyænæ singulis rectisq́ ossibus riget, Plinius. Lupus natura corporis rigidus facile se inflectere non potest, impetu suo fertur, & ideo frequenter illuditur, Glossa in Lucam. Ceruix solida & longa (μακρὰ uidetur interpres pro μικρὰ legisse) siue uasta, quæ difficile flectitur, rapaces arguit: ad lupos enim refertur, Albertus ex Platone. Quibus ualde breue collum est ut lupis, insidiosi ferè sunt, Aristoteles in Physiogn. Lupi collum in eas breuitatis angustias compulsum atque uehementer compressum est, ut contorqueri retroq́ uersari non queat: & si retro uelit aspicere, totum corporis truncum retorqueat necesse est, Aelianus: Idem Plinius & Solinus de hyæna scribunt. Βραχὺν δὲ τὸν τράχηλον ἐκ νώτων φορῶν ἐπιστρέφει τὸ σῶμα, Philes. Oppianus colli breuitatem in duobus tantum generibus postremis luporum commemorat: sic enim accipio illud αὐχένα βαιοί. ¶ Cor lupi si aridum seruetur, ualdè odoratum fieri dicitur, Albertus. ¶ Iecur luporum equinæ ungulæ simile esse traditur, Plinius. ¶ In uesica lupi lapillus reperitur, qui syrites appellatur, Plinius. Syrtitæ gemmæ è melleo colore croco refulgentes, intus stellas languidas continent: inueniuntur in littore Syrtium & Lucania, Ge. Agricola ex Plinij 37.10. Alius est Syriacus lapis, qui & Iudaicus, ad uesicæ calculos expetitus. ¶ Lupo genitale osseum est, Aristoteles, Plinius & Albertus. ¶ Vulpibus & lupis uillosus est caulis caudæ, Plinius. ¶ Lupi pedes priores quinis distinctos digitis habent, posteriores quaternis: nam priores pedes in digitatis aliquot, manibus fermè respondent: & quintus in eis digitus pollici: ut in leone, cane, lupo, panthera, Aristoteles de partibus 4.12. Hic locus apud Plinium 11. 43. corruptus, ex Aristotele restitui potest.

C.

Oculi capræ lupoq́ splendent, & lucem (noctu scilicet) iaculantur, Plinius. Equi & lupi noctè melius uident quàm homines: homini ratio lumina monstrat, Cardanus. Lupus interdiu obtusius, nocte clarius uidet, Physiologus. Vrgente fame noctu uagantur, (grassantur,) Oppianus. Lupus acerrimis atque acutissimis præditus est oculis. Enimuero intempesta nocte, uel Luna ipsa silente, lucis usura perfruitur: hinc lycóphos id temporis appellatur, cum lucem is solus naturæ munere oculis perceptam habet: (lycóphos crepusculum dicitur, uide infra in a.) & uerò Homerus mihi uocare uidetur id tempus, cum iam tunc cernens lupus se in uiam dat ἀμφιλύκην νύκτα, Gillius ex Aeliano. Et rursus in Cicindela, Noctu etiam, inquit, luce tum ipsa fruitur, tum circunstantibus illucescit: qua in re mihi lupo præstantior uidetur: qui etiamsi id temporis quod appellat Homerus lycóphos lucem naturæ munere oculis perceptam habet, tamen sibi soli, non uicinis, lucet. Amphilycen exortum interpretatur Theon: quia Soli dedicetur lupus, quia sit ὀξυδερκὴς, id est uisus præacuti, sicut longinqua spectat Sol, Cælius. ¶ Lupus famelicus per noctem uento aduerso, escæ odorem uel per medij miliaris interuallum (hoc est quantum à pedite horæ spatio conficitur) aut longius percipit, Stumpfius.

¶ Vlulando unus præcinit, & alij conclamant, Obscurus. Vlulant autem in fame præcipuè. Vlulatus luporum horrendus, Obscurus. Lupum nonnulli canem syluestrem esse dixerunt: quia forma ei canis, ululatusq́ consimilis: sed latratu caret, Author de naturis rerum. Quod lupos latratu carere dicitur, falsum est, Albertus. Vlulare proprium luporum est, sed ad homines quoque transfertur, Varro. Claudianus ululatum etiam pro uagitu infantis dixit. Ast lupus ipse ululat, frendet agrestis aper, Author Philomelæ. Apparet sanè uox ad imitationem soni facta, onomatopœiam uocant. Et altè Per noctem resonare lupis ululantibus urbes, Vergil. 1. Georg. Vlulare canum est & furiarum, inquit Seruius. Vide in Cane H.c. Hinc & Germani habent suum **hülen uel heulen**, Galli heurler. Vlula etiam auis nocturna nomen à uoce habet, dicta ἀπὸ τοῦ ὀλολύζειν (inquit Seruius) quod est ululare & flere, **ein hubu/hüru**. Item noctua apud nos, **ein eule** uel **iil**. Et ὀλολυγὼν auis apud Græcos, ut Varinus scribit. ὀλολύζειν quidem propriè est flebili, miserabili & muliebri uoce exclamare: unde dicta etiam ὀλολυγὼν Aristoteli uox, quam ranæ mares emittunt, cum fœminas ad coitum uocant: Gaza ololyginem reddit. ὀλολυγμὸς, θρῆνος μετὰ κραυγῆς καὶ ἤχου, Varinus: ploratum & eiulatum Latinè dicas. Sed hac uoce de lupis Græci nusquam utuntur. ὠρυγὴ, ὠρυγμὸς, ὠρυόμενος, de uoce luporũ: itẽ ὑλακτεῖν & ὠρύεσθαι, apud Pol. legimus. Vide in Cane H.c. Ammonius etiã de differẽtijs uocũ scribens, in uocabulo φωνεῖν, ὠρύεσθαι lupis attribuit. ὠρύεται, ὑλακτεῖ, Suid. Et rursus, ὠρύω, τὸ ὠρύομαι.

¶ Inter lupos præcipuam celeritatem secundo generi, circos uel harpages nominans, Oppianus adscribit. βάδην τρέχει, Philes de lupo, Aristoteles de leone: id est, pedetentim procedit, nec admodum currit.

¶ Voracissimi & propemodum insatiabiles sunt: pilos & ossa deuorant, & integra rursus aluo reddunt, Stumpfius. Carniuorus est (ut cætera etiam quorum dentes serrati) & multa solida deuorat: quamobrem non pinguescit, alimento non concocto, (& frequenter hanc ob causam ægrotat:) semel saturatus abstinere uel triduo potest. Vorat potius quàm comedit carnes: & pauco utitur potu, Author de nat. rerum, & Albertus ex Aristotele, qui hæc omnia non de lupo, sed de leone scribit: uidentur tamen pleraq; etiam lupo congruere. Leones & lupi carnibus farti nimium, abstinent, cubandoq́ tantisper se fouent, dũ percoquãt, Plutarch. In fame præcipuè sæuiunt (ut leones etiã) & quamuis domi nutriti, dum edunt neminẽ amant, quinetiã aspici interim indignantur. Exaturatus lupus (inquit Aelianus) longum temporis interuallum inediam fert, atq; ei quidem uenter late proij citur, lingua tumescit, os obstruitur, et simul ut famem multo cibo depulit, similiter occurrentibus atque agnus mansuetus existit. Neq; uero unquam tum, nec homini, nec bestijs ullis, ne si quidem per medium agmen ingreditur, insidias molitur. Postea uero ei paulatim lingua extenuatur, ac in antiquam figuram redit, iterumq; lupus existit. Eadem ex Aeliano Philes. Leo etiam, Aristot. teste, pastus & fame uacans, facilis mitisq; maiorem in modum est. Lupi sæuiores sunt uicina nocte citati ad rabiem diurna fame: unde scriptum est, Velociores erunt lupis uespertinis, (Esaiæ 20.) &, Iudices eius lupi uespere, (Sophon. 3.) Obscuri. Sed de lupo uespertino sententiam meam exposui in Hyæna capite primo. Quæ animalia cibi causa impugnent ac deuorent, dicam in D. Lupis peculiare est terram quandam in fame edere, Aristot. Plinius & Solinus. Albertus hoc lupos facere scribit, non nutrimenti causa, sed ut ita pondere aucti facilius maiora quædam animalia quę inuaserint mole sua deprimant: uocatur autem hoc terræ genus ab eo glis, ab alijs Latinius argilla. Cum equum (inquit) uel bouem, ceruum, equiceruum (alcen) uel aliud robustum animal inuadere parat, hoc tenacis terræ genere se ingurgitat, mox oppletus in facies eorum insiliens adhæret: & pondere fatigata tandem prosternit, & guttur arteriamq; morsu infixis dentibus dilaniat: tum terra uomitu reddita, animantis prostratæ carnibus saturatur: quod si leuis esset, facilius excuteretur, Hæc ille. Lupus herbas non edit nisi ægrotus: tunc enim gustat aliquid herbæ pro remedio & uomitat sicut faciunt canes, Albertus: Vide infra in mentione morborum eius. Cum prædam habent & alia se obtulerit, secundam inuadunt, quasi præsentis obliti, Albert. sed uidetur deceptus, quoniam Plin. & Solin. non lupo, sed lupo ceruario hoc adscribũt. Quod superest cibi defodientes abscondunt: diuidũt autẽ ex æquo his qui in uenatione fuerint: & si quid superest alios ululatu aduocãt, Albertus: Apparet autẽ Aristotelis uerba, quibus eadem leonibus attribuit (ut in D. de leone recitaui) deprauatis etiam nonnullis ad lupum transtulisse. Sed lupos prædam communicare etiam ipse alibi negat, uide in D. ¶ Excrementum alui siccum reddunt, & cum flatu, (idq; frequenter super spinam albam:) urina eis odora, Albertus. Videtur autem hæc etiam deprauata, non rectè de lupo scribere. Nam Aristoteles de leone, Excrementum alui (inquit) durum & aridum emittit: flatum etiam alui acerrimum ædit, & urinam grauiter olentem. Cõuenire tamen etiam lupis non nego. Vrinam odoratam esse, id est bene olere, minimè mihi uerisimile fit: experiantur curiosi.

¶ Ad promontorium Bubonicum innumeri thynni uersantur, quorum maximi similiter ut sues soli & separatim natant: alij more luporum bini proficiscuntur, &c. Aelianus. Quartum genus luporum, aureum uocat Oppianus, sub Sirio loca subterranea subit.

¶ Lupi eodem coeunt modo quo canes, Aristot. Auertuntur dum coeunt canes, lupi, phocæ, in medioq; coitu, inuitiq; etiam cohærent, Aristot. Coeunt lupi toto anno non amplius dies duodecim, (ut Aristoteles scribit,) Plinius, Solinus, Isidorus. Coit lupus (inquit Arist.) uno tempore tantum, parit ineunte æstate: fertur de eius partu ad fabulam proximè, lupos omnes intra duodecim dies parere: cuius rei causam proferũt fabulose, quod Latonam oberrantem totidem diebus ex Hyperboreis Delum deduxerint sub specie lupę, propter metum Iunonis. Sed an tempus hoc pariendi sit, nondum exploratum habemus. Fertur quidem sic uulgò, sed uerum minime esse uidetur: quale uel illud ferunt, lupos semel in uita parere, Hæc Aristoteles. Lupos nostri per duodecim dies quos à natali Christi supputant, coire tradunt, ideo tum maximè furibundos lupos timent, Vuillichius. Cur lupæ certo anni tempore omnes intra duodecim dies pariant, causam inquirens Plutarchus in libro de naturalibus problemate 38. Antipater, inquit, in libro de animalibus, partum lupas proijcere adserit, cum glandiferæ arbores florem abijciunt, quo gustato, uteri illarum reserantur: cum eius copia non est, partum in ipso corpore emori, nec in lucem uenire posse: præterea regiones illas à lupis non uastari, quæ glandium quercuumq; feraces non sunt. Quidam ad fabulam Latonę referũt, &c. ut iam ex Aristotele retuli. Lupi, ursi, leones libidinis tempore acrius in eos qui accesserint, sæuiunt, inter se tamen minus dimicant, quia nullum eorum gregale est, Aristoteles. Lupus fert & parit ut canis, tum tempore, tum etiam fœtus numero, Idem. Multifida, ut canis & lupus, & parua eiusdem generis, ut mures, multa pariunt, Idem. Cæcos pariunt catulos canes, lupi, pantheræ, thôes, Aristot. Et alibi, Quadrupedum multifida, omnia cæcos generant, post palpebræ dehiscunt, ut lupus, uulpes, lupus ceruarius, &c. Multifidæ quæ pariunt imperfecta, omnes multiparæ sunt, earum quędam catulos inarticulatos propemodum pariunt: sed omnia ferè cæcos, ut canis, lupus, lupus ceruarius, &c. Aristot. ut in Cane recitaui. Vulgaris quidam apud nos sermo est, lupum nouem catulos generare: ex his postremum & in senecta genitum, canem esse. Aiunt autem ad aquam ab eo duci catulos, ut bibentes obseruet: & canis instar lambentem reijci. Nuper à Rhæto quodam audiui, catulos luporum ex latibulis auferri in Rhętia circa calendas Maij, septem uel nouem aliquãdo ex una parente. Idem aiebat uulgo ferri, lupam primo partu unicum eniti catulum, secundo geminos, & sic deinceps singulatim catulo semper uno auctiorem fieri partum usq; ad decem, inde sterilescere. ¶ Coëunt animalia & quorum genus diuersum quidem, sed natura non multum distat, si modo par magnitudo sit, & tempora æquent grauidtatis: rarò id fit, sed tamen fieri & in canibus, & in uulpibus, & in lupis certum est, Aristot. Lupi cum canibus coëunt in Cyrenensi agro, Idem. Crocutas uelut ex cane lupoq; concepas, omnia dentibus frangentes, ꝓtinusq; deuorata conficientes uentre, Aethiopia generat,

generat, Plin. sed de crocuta superius dixi mox post Hyænam: de lupo canario, et ceruario, id est thôe, infra statim post Lupum agam. Supra etiam in Canibus mixtis nonnulla attuli. Thoes feræ ex hyæna & lupo nascuntur, Hesychius & Varinus. Ex lupo pardali (panthera) thôes gignuntur, Oppianus. Hyæna uidetur composita ex lupo & uulpe, Albertus.

¶ Viuunt & leones & lupi permultos annos, & dentibus in senecta malè afficiuntur, ita ut aliquando per ætatem edentuli fiant, Albertus. Senes lupi facile capiuntur: accedunt enim ad domos, (& in periculum se præcipitant, quasi uitæ fastidientes.) sunt enim longæ uitæ, & dentes tandem amittunt, Idem. Aristoteles eadem ferè non de lupo, sed de leone priuatim scribit. ¶ Herbas lupus nisi ægrotus non edit: tunc enim remedij causa aliquid herbæ edit uomitq́ sicut canes, Albertus. Lupus & leo pro remedijs edunt gramen, & herbam frumenti, & rapesta (rapistrum, **hederich**) quæ uomitũ prouocant, Niphus. Viscera habent infirma: & cum laborant ex eis, herbas comedunt, dracontium præcipuè ad acuendos dentes, Albertus: ineptissimè quidem, quorsum enim dentes acuuntur ubi uiscera dolent? Aristoteles nihil tale de lupo, de urso autem, Aiunt (inquit) latebram egressum, primũ herbam arum dictam (dracontium aliquando reddunt Arabes: cui quidem proximum est tum aliâs, tum uirib.) gustare, ut intestinũ laxetur & hiet. Et rursus, Solent ursi herbã arum comedere cum è latibulo egrediuntur, lignum etiam manducant, quasi dentiant: Locus est de hist. anim. 9. 6. in quo reddendo Albertus & hunc errorem & alios committit, Auicennæ puto ridiculos interpretes secutus. Canibus & lupis similiter accidunt quidam morbi, rabies scilicet, synanche, & podagra, Albertus ex Aristot. de hist. anim. 8. 22. sed Aristoteles eo in loco de canibus tantum, nihil de lupis scribit: fieri tamen potest, ut ijsdem morbis et lupus, tanquã syluestris canis, tentetur. Aldib alambat, lupus furiosus, Vetus glossographus in Auicennam. Cætera animalia (præter canem) ut lupi, uulpes, &c. incurrunt rabiem potius æstate quàm hyeme, Ponzettus. Cerebrum lupi & canis, euidentius quàm aliorum animalium, crescentem ac decrescentem Lunã sequitur, Albertus. Hæc fortassis causa etiam fuerit cur hæc animalia præcipuè rabiant. De remedijs ad lupi rabidi morsum capite septimo scribam.

D.

Lupi generosi (γενναῖοι, non εὐγενεῖς, id est nobiles ut leones) feroces & insidiosi sunt, Aristot. Perpetuo feri, Idem: Albertus tamen cicurari posse scribit, ut pluribus dicam infra. Audaces & dolosi, Albertus. Luporum rapax est natura & ignobilis: nam ubi caulas intrauerint, non solum interficiunt quod satis est ad uentrem, sed totum gregem passim iugulant, Plinius si bene memini. Vide infra quomodo grassentur in oues. In fame eos præcipuè sæuire, saturatos ferè innoxios esse, ut leones etiam, præcedenti capite dixi. Lupus cibo satur, non lupus sed agnus uideri potest, uel inter medios greges: nec enim amplius deglutire potest: sed uenter ei & ligula iuxta tonsillas tument: mox cibo concocto ingenium lupinum redit, Philes. Lupam fœminam aliqui mare fortiorem & audaciorem esse aiunt, quod falsum est, Albertus. Breues lupi inter cæteros magis audaces sunt, Idem. Leones aliquando debilitati timent & fugiunt demissis auriculis sicut canis: & hoc faciunt etiam lupi, Albert. Aristoteles idem de leonibus tantum scribit.

¶ Lupos cum uel in foueam deciderint, uel aliter se inclusos sentiunt (contrario quàm feles ingenio) omnino pauidos quasiq́ attonitos, & præ stupore innoxios esse audio. Et in Italia ante paucos annos non ꝓcul Mediolano contigisse, ut lupus fame coactus ad uillam quandam uenerit, & ingressus cœnaculum ubi uillica cum pueris erat, exterritam illam pueris relictis foras se proripuisse, attracto post se hostio cœnaculi. Mox uillicum reuersum, uxore demonstrante, lupum in cœnaculo liberis illæsis placidum & obstupefactum stantem deprehendisse. Huic loco non possum non adscribere mirabilem historiam, quam ex clarissimo uiro Iustino Goblero nuper didici, cuius ex literis ad me data uerba sunt hæc: Exemplo Gesnere ostendam tibi, lupum terrestrem captum non sæuire in homines. Fuit mihi propatruus, Michael dictus, uenationi & aucupio mirè deditus, qui cum fossas aliquas in agris suis ex patrio more haberet pro capiendis feris, altas ita ut nulla bestia quamlibet uiolenta erumpere capta posset: accidit ut una nocte, eaq́ Dominica, tria animalia longè diuersæ naturæ unam eandemq́ in fossam caderent: mulier uicina prior, quæ, ut postea ipsamet retulit, sola decurrẽs in agrum sub uesperum betas rapasq́ in obsonium sequentis diei istinc exportatura erat: deinde uulpes: tertiò ac ultimò lupus capitur. Singuli sibi in fossa locum occupatum primò tota nocte quieti obtinent, & ut uerisimile est, sese inter se mutuo metuunt. Lupus, quanquam animal ferocius, neq; uulpem tamen neq; mulierem attingit inuaditue, sed sua quasi in statione timidus persistit. Trepidanti interea mirum in modum mulieri nihil ab utraq; bestia mali contigit, nisi quod ob metum ab illis una nocte ferè tota canesceret, & tantum non ad amentiam redigeretur. Mane uenator propatruus, ut more suo fossas perlustrans, prædam triplicem insperato conspicit, & ad conspectum mulieris uicinæ suæ obstupescit, quam alloquens uoce sua quasi ex morte reuocat, ac opem mox salutemq́ præstat. Itaq; fossam insiliens, ut erat cordatus, ac robustus, statim telo lupum interficit, deinde uulpem, tandem scalã nactus, mulierem semimortuam humeris suis extrahit & in planiciem sistit, domumq́ defert. Quo facto suæ illa familiæ domuiq́ reddita, deinde per omnem uitam tristior semper quàm antè comparebat. Tantum consternata erat illa nocte inter bestias lapsa muliercula. Cæterum ad uenatũ prædamq́ suam propatruus rediens, miratur lupum, sæuam beluam & uoracem, muliercula metu

Pp

culosissima tamen & uulpe capta, nocte tota abstinuisse, Hactenus Goblerus. Ego nuper eandem historiam peregrinum quendam eodem ferè modo narrantem audiui: sed addebat præter mulierem, lupum ac uulpem, monachum etiam eadem nocte incidisse.

¶ Leonis hic mos est, ut tantundem ferè lædat, quantum læsus est ipse, & unguibus quasi minetur castigetq; hominem, atq; ita dimittat: id quod de lupo etiam fertur, Albert. ex Auicen. Tam leo q; lupus percussorem cognoscit, atq; ex obseruato inuadit. Cum iuxta Romam uenarer in syluis, cane meo inuadente lupum, ab equo descendens gladio lupum uulneraui: qui in me conuersus conabatur mordere, nec alium præter me: quòd nisi fuissem adiutus, non sine periculo euasissem, Niphus. Dicuntur inter se rapinam æqua diuisione diuidere, Liber de naturis rerum. Plutarchus hoc de leonibus scribit, non de lupis, ætate exhaustos à minoribus natu ad prædæ communionem uocari. Lupus non communicat prædam sicut leo: sed potius reliquias prædæ suæ fodit in terram, donec rursus esuriat, Albertus. Historiam de lupo, qui equarum armentum ad fideiussoris pro se capto dimissoq; stabulum agitauit, ut gratiam referret, ex Strabone recitaui in Equo B.

¶ Lupi, utcunque rapax animal, fœtus suos amant: fœmina partus custodit, mas pro catulorum salute cibos ad ipsam defert, Philostratus in uita Apollonij. Cum fugiunt catulos secum ferunt, &c. hoc Aristoteles ursis tribuit, non lupis, ut obscuri quidam ex eo citant.

¶ A desertis locis ad habitata refugientes lupi, tempestatis acerbitatem se horrere ostendunt, Aelianus.

¶ Ferunt lupos in magna armenta certaturos, uentrem explere terra: ut hoc onere grauati, non tam facile excutiantur, Textor: Vide supra ubi de cibo eorum egimus. Animalia cornuta inuadunt à tergo: Vide paulò post quomodo boues inuadant. Insidiantur gregi præcipuè cœlo nubilo & nebulis obscuro, ut magis lateant. Cum fraudulenter incedit lupus, lambit & lubricos facit pedes, ne incessus audiatur, Albertus. Cum inter folia incedit, ne percipiatur ex sonitu, lingua pedes suos lambit, & sic eos lubricos ac humidos facit, Author de natur. rerum. Per sæpem transiens, occultè insidiaturus ouibus, si forte pede strepitum fecerit, mox pedem quasi reum mordet, Idem. Lupi (inquit in Hipparchico Xenophon) quæ custode carent prædantur, & ea quæ sunt in occultis locis rapiunt: ac si quis accurrat canis, si inferior uideatur, lupus eum inuadit: si superior, pecude, quamcunque tandem tulerit, interfecta recedit. Quod si etiam præsidium custodiamq; contempserint, ita se ipsi instruunt, ut alij custodes depellant, alij pecudes rapiant, atque ita sibi necessaria parant, Hæc ille. Circumuentum ab hostibus (διαδρῶντα: forte legendum διαδράντα τὰς τῶν ἰδίων ἐχθρῶν, id est eum qui hostes suos euaserit) & qui minimo damno sese à discrimine exemerit, indicare uolentes, lupum pingunt amissa extrema cauda: hic enim cum periclitatur capi à uenatoribus, pilos extremamq; caudam abijcit, Orus interprete Mercerio. Lupi fluuios transmittentes, ne ui fluctuum atque impressione funditus euertantur, stabilitatem ac firmitudinem sibi è natura sua constituentes, ex undarum tempestatibus se seruant, & flumina quæ transiri non possunt, ad traijciendum facilia, hac machinatione efficiunt: Caudas nimirum inter se mordicus tenentes, resistunt ad perferendos fluctus, nulloq; negotio tutissime transnant, Aelianus. Ne impetu undarum abripi possint, mordicus alter alterius (quilibet præcedentis) caudam prehendit, & seriatim traijcit, Philes, Tzetzes, Volaterranus. Ab hoc luporum ingenio λυκάβας, id est annus dictus uidetur, quod dies in eo ita cohæreant successione mutua, alter alterum nexu sequens continuo, ut de lupis fluuios tranantibus fertur: nempe quod singuli apprehensis morsu prænantium caudis, una serie transmittant: aliqui tamen annum sic dictum uolunt, quòd λυγαίως hoc est obscurè & latenter prætereat, (uel celeriter, Suidas, cuius tamen rationem non affert) Varinus: & Suidas ferè similiter. Peculiariter tamen χειμῶνος ὥρα, hoc est cum tempestas uel hyems est, lupos ita transmittere ait. In lupos hoc modo nantes Bianoris epigramma Anthologij 1. 33.

Εἰς βαθὺν ἥλατο Νεῖλον ἀπ' ὀφρύος ὀξὺς ὁδίτης
Ἡνίκα λαιμάργων εἶδε λύκων ἀγέλην:
Ἀλλά μιν ἀγρεύσαντο δι' ὕδατος, ἔβρυχε δ' ἄλλος
Ἄλλον ἐπ' οὐραίῳ δήγματι πλεξάμενος.
Μακρὰ γεφυρώθη ἡ λύκοις βυθός. ἔφθανε δ' ἄνδρα
Νηχομένων θηρῶν αὐτοδίδακτος ἄρης.

Quomodo lupi apprehensis mutuò caudis bouem è lacu uel palude extrahant, inferius hoc in capite dicam.

¶ Lupi amantur à psittacis.

¶ Apud Venetos duo luci monstrantur, alter Iunoni Argiuæ, alter Dianæ Aetoliæ dicatus: hisce in lucis feras ita mansuescere fabulantur, ut cerui lupis aggregentur, aduentantiumq; hominum eas manus demulcentes pati, Strabo libro quinto. Secundum Mæotidis paludis Conopium nuncupatum, lupi quos nō à domesticis canibus differre dicas, cum piscatoribus studiose uersantur: Quòd si maritimæ prædæ partem fuerint assecuti, cum his uiris rem maritimam tractantibus, & pacem habent, & tanq; fœdere deuinciuntur: (& quæcunq; ceperint illi, custodiunt, Stephan.) sin nihil consequuntur, eorum retia lacerant, & distrahunt, & pro eo quòd nihil dederunt, damnum retribuunt, Aelianus & Stephanus. Volaterranus ineptè uertit in Canopo Mareotidis hoc fieri: unde Textor etiam deceptus est. Aristoteles lupum perpetuò ferum esse ait: Albertus (catulum adhuc) cicurari posse, & canis instar ludere: non tamen deponere odium ad uenatorem & agnos, & alia animalia

animalia minora quæ à lupis uorant. Lupi catulus ab homine cicurari, duci, demulceri & canis modo tractari se patitur, omnino hominum conuersationi assuescens: quod si tamen solutus escæ aut prædæ aliquid inuenerit, ingenium lupinum pdit & disciplinam omnem obliuiscitur. Dum cibum capit, nemini amicus est: & uel intuentibus interim succenset, Stumpfius. Vtcunque catulus mansuescat, senescens tamen facile irritatur, ut ursus etiam: & minora animalia cum potest inuadit, canes, anseres, anates, gallinas, Obscur.

¶ Tam leones quàm lupi, ut fertur, si homo pariter & aliud animal se offerant, ut penes ipsos electio sit, semper parcunt homini, Albertus. Lupi senescentes facile capiuntur: ad uillas enim accedunt, & in periculum se præcipitant quasi fastidio quodam uitæ: diu enim uiuunt, & in senecta dentes amittunt, Albertus: Atqui Aristoteles hæc leoni non lupo tribuit. Oppianus secundum genus luporum (circos & harpages uocat) hyeme ad oppida accedere scribit. Tam leo quàm lupus (inquit Augustin. Niphus) in senectute rura (uillas) petit, & homines inuadit, potissimum pueros, (teste etiam Alberto) quòd illa ætate iam imbecilles & dentibus fractis (cætera animalia aut robusta aggredi aut uelocia persequi non possint.) Me quidem existente in Auiano, lupus quidam ualde senex uenit in rus, & puellam inuasit, quam celeri præsidio liberauimus: & lupum interfecimus, qui ętate & dentibus mirũ in modum laborabat, Hæc Niphus. Lupi hominem illi potius petunt, qui inertes & unipetæ quidam sunt, quàm qui uenatores, Aristoteles & Albertus. Venatores lupos (τὰ κυνηγετικὰ uocat Aristoteles: nisi mendum est) intelligo, qui alacriores ueloció resq́ sunt, ut animalia aggredi aut persequi & cupiant & possint. Vnipetas uerò qui non gregatim, sed solitarij incedunt, atque ideo ferè inertes & tardi sunt, cum nullo æmulationis studio excitentur. Gaza inertes & unipetas dixit pro unica uoce Græca μονοπείρας. Lupum solitarium Aratus μονόλυκον dicit, sic μουνολύκοντα in epigrammate legimus. Μονιὸς, ὗς ἄγριος, μονόλυκος, Suidas. De lupo fertur quod hominem non edat, nisi fortuitò prius cadauer hominis gustârit: tunc enim illectus humanæ carnis dulcedine, non dubitat hominem inuadendo periclitari, Liber de naturis rerum. Lupi aliquando homines uorant, sed rarò: ubi uero semel gustauerint, impetu deinceps in eos feruntur propter carnis dulcedinem, Albertus. Hos lupos Galli appellant garoulx, ut in B. retuli. A lupis periculum est in nostris etiam regionibus, per hyemem præsertim in multa niue iter facientibus. Quomodo sibi quisque à lupis cauere, & obuios arcere possit, docebimus infra hoc ipso in capite.

¶ Canes solíuagos si deprehendant, interimunt & defodiunt, Albert. Nonnunquam canis & lupus aliqua societate amica confœderantur, adeò ut & ipsi fures nocte pariter caulas ingrediantur, Liber de natur. rerum. ¶ Alces inuadunt lupi montani circa Noruegiam, ut in earum historia dictum est. ¶ Lupus asino, tauro, & uulpi est hostis: cum enim carne ipse alatur, boues inuadit, & asinos, & uulpes, Aristoteles. Lupi circumueniunt asinos, Plutarchus: nullo negotio comprehendunt & interimunt, Aelianus. Capras lupus captare solet, cui opponimus canes defensores. In suillo pecore tamen sunt quæ se uindicent, sues, uerres, maiales, scrofæ: propè enim hæc apris, qui in syluis sæpe dentibus canes occiderunt. Quid dicam de pecore maiore? cum sciam mulorum gregem cum pasceretur, eoq́ uenisset lupus, ultro mulos circunfluxisse, & ungulis cædendo eum occidisse: & tauros solere diuersos assistere clunibus continuatos, & cornibus facile propulsare lupos, Varro. Lupo etiam sus obsistere repugnareq́ potest, Aristoteles. Sus pugnat cum lupo, (inquit Albertus,) & lupus ingeniosè pugnat cum suibus, accedens subitò recedensq́ & attentans morsum gutturis eius. Narrauit sanè mihi quidam lupum se uidente, morsu comprehendisse lignum triginta uel quadraginta librarum in sylua: & cum eo se assuefecisse transilire grandem eo in loco arboris abscissæ truncum: tandem cum satis peritus transiliendi sibi uideretur, se abscondisse: & adueniente propter satam illic auenam porca syluestri cum pluribus ætate differentibus porcis, anniculis, bimis; prorupisse, apprehensoq́ porco, qui æqualis pondere uidebatur ligno quo cum transilire truncum didicerat, (saltu retro truncum se recepisse) & interemptum ibi porcum deuorasse: & paulo post cum recessissent apri, ipsum etiam abijsse, Hæc Albertus. Visum est aliquando quòd lupus frondes & ramulos salicis ore porrexit, ut capras his frondibus gaudentes inescaret ac deciperet, Idem. Lupus si in minorem aliquam pecudem, ut suem aut capram inciderit, auricula comprehensa secum abducit currendo: renitenti clunes cauda ferit, ita ut misera pecus ipso etiam lupo interdum celerius currat: donec ad alios lupos prædam expectantes peruenerit: ibi statim dilaniatur momento, ut sæpe nihil præter intestina reliqui fiat: recipit autem se quisque cum parte prædæ seorsum aliquò, ubi eam solus auidè uix ex dimidio commansam uorat, Michaël Herus. Lupos (de lupis) aiunt cum sint nacti sues (in accusandi casu) trahere usque ad aquam, quod dentes feruorem carnis ferre nequeant, Varro. ¶ Cerui amissis cornibus latent, & pascuntur de nocte, quia lupos fugiunt, Vincentius Bell. ¶ Quintum lupi genus, minus cæteris, pilis rigidis, leporibus maximè insidiatur, Oppianus. ¶ Lupum grauiore pedis sonitu ouis stulta uocat, Plutarchus. De lupo fertur quod cum ouem rapuerit insequente pastore, dentibus eam non lædat, ne motu fugam eius retardet, Author de natur. rerum. Raptam ouem, cum audit persequentes, illæsam portat, ne morsa & læsa sibi faciat cursus impedimentum, Albertus.

Pp 2

Ouibus insidians ouile circuit, canis somnū et pastoris desidiam uel absentiam explorans, Glossa in Lucam. Vbi caulas intrauerunt, uel aliàs inciderunt in greges ouium, non solum interficiunt, quod satis est ad uentrem, sed totum gregem, si possunt, passim iugulant, Text. Albert. Omnes occidunt antequam aliquam ad comedendum attingant, Author de natur. rerum: nisi clamore pastorum, aut aliter impediantur. Sunt & naturales quædam in lupi ouisq; mortuorum partibus (ut pelle, lana, chordis) contrarietates seu antipathiæ, de quibus inferius dicam. ¶ Contra taurum lupus ire, & simul eum à fronte ideo adoriri non audet, quod & cornua extimescat, & eorum robur mucronatum declinare studeat. Quamobrem primum uelut recta uia contra eum pugnaturus esset, præ se gerit minas, & illius oculis sese crebro inculcat: deinde se retorquens in dorsum insilit, & uerò acerrime ad eius perniciem incumbit, atque cum naturæ astutia suam infirmitatem compensans, ipsum expugnat, Aelianus. Καὶ ταῦρον ἰδὼν ἐξελίττει τὸν δρόμον. Τὰς γὰρ ἀκωκὰς τῶν κεράτων οὐ στέγει. Καὶ τοῦ γε λειρῆς τὸν ποσθὸν ἁρπάζας Διασπαρακτὸν ἐκλυθέντα δεικνύει, Philes. Boues quomodo se aduersus lupos defendant, superius ex Varrone dixi. Iam uero bouis errantem uitulum per insidias inuadunt, & arreptis naribus trahunt. Is contra sese retrahit: & permulta interim pugna editur dum illi hunc ui expugnare, hic resistere conatur. Cum autem hunc tam pugnaciter cōtra se repugnare perspiciunt, eum obnitentem remittunt. Is ex ui retrahendi se, & contra eos tergiuersandi, retro uersus in dorsum suum recidit. Lupi facto impetu, eius uentrem lacerant, & distractum exedunt, & conficiunt, Aelianus. Et rursus, Si boui qui in profundam inciderit paludem, lupi interuenerint, extrinsecus terrorem ei faciunt, eundemq; periculi denunciatione agitant, non extra paludem eum permittentes egredi. Quem diu multumq; postquam in paludis angustias compulsum, & in luto uolutatum suffocari coëgerunt, maxime omnium illorum strennuus in aquam insiliens, & mordicus bubulam caudam tenens, extra paludem in terram ipsum trahere aggreditur: Simul & huius alter caudam apprehendens, ipsum trahit, & secundum tertius, & hunc ipsum quartus: hoc idem usque ad postremum qui extra aquam consistit, faciunt. Atque ad hunc modum extracto in aridum boue, lupi explentur & satiantur, Hactenus Aelianus. Apollinis Lycij templum Argis à Danao conditum est, delato ei imperio propter omen lupi qui taurum armenti ducem ante mœnia prostrauerat. Lupi natura immanes & crudeles ideo existimandi sunt, quòd inter se uorant, ad hunc modum mutuas sibi molientes insidias. eos enim ferunt primò in orbem circumagi, deinde excurrere, cum ex uertigine currendi & caligine eorum aliquis lapsus sit, in eum humi stratum cæteri omnes facto impetu ipsum laniant. Hoc quidem facere solent, cum uenationis facultate deficiuntur: Ita enim præ fame omnia nugas putant, quemadmodum scelerati homines nihil non præ pecunia præclare contemnunt, Aelianus. ¶ In Tartaria aquilæ quædam cicuratæ adeò sunt audaces, ut non dubitent magno impetu in lupos insilire, eosq; in tantum diuexare, ut ab hominibus sine labore & periculo capi possint, Paulus Venetus. Prouerbium, Lupus aquilam fugit, referam in h.

¶ In Italia creditur luporum uisus esse noxius: uocemq; homini, quem priores contemplentur, adimere ad præsens, Plinius. Italia lupos habet, qui cum cæteris similes non sint, homo quē prius uiderint, conticescit: & anticipatus obtutu nocentis, licet clamandi uotum habeat, non habet uocis ministerium, Solinus. Atqui cæteri authores lupis simpliciter non Italicis tantum hoc adscribunt, ut Solinus uideri possit non rectè accipere Plinij uerba, tanquam peculiares sint per Italiam lupi hoc maleficio præditi: ego potius post uerbum creditur apud Plinium distinxerim, hoc sensu: In Italia quoque (quæ superstitiosis alioqui aut falsis persuasionibus minus obnoxia sit) credi, uisum luporum esse noxium: non autem, luporum in Italia uisum esse noxium. Homo quem lupus prior uiderit, ut Plato refert, obmutescit, & grauem uirium iacturam facit, Ruellius: sin lupus ab homine prius fuerit uisus, ipse debilior redditur, ut alius quidam addit tanquam similiter ex Politia Platonis. Rustici dicunt hominem uocem perdere, si lupus eum prior uiderit: unde subitò tacenti dicitur, Lupus in fabula est, Vincentius Bell. Vide infra in h. inter prouerbia. Lupus si primo hominem uiderit, uocem ei eripit, & eum tanquam uictor uocis ablatæ despicit: si autem se præuisum senserit, ferociam deponit, & currere nequit, Ambrosius. Lupus si te prior uidens tibi uocem abstulerit, solue amictum tuum, ut sermonem resoluas, Physiologus: si homo soluerit amictum, audaciam recuperat, ut fertur, Albertus. Lupus cuius prior uestigia prospexeris, tibi nocere non poterit: sed si ille te ante notauerit, caudæ summam partem si habueris tecum, sine metu iter conficies, Sextus. ¶ Oculum lupi erutum cum uident quadrupedes domesticæ, timent & fugiunt. Et si quod animal (mulier, Rasis) minxerit supra urinam lupi calidam, non concipiet unquam, Pythagoras. ¶ Cauda lupi suspensa ad præsepe boum, prohibet boues comedere, Albertus & Rasis. ¶ Rumpi traditur equos qui uestigia luporum sub equite sequantur, Plinius. Si casu equus lupi uestigium conculcet, torpore comprehenditur: si item lupi calcaneum equi quadrigam trahentes conculcent, sistentur tanquam ij cum quadriga conglaciassent, Gillius ex Aeliano: Vide in Equo D. Ἵππου δὲ ταχὺν ἴχνος ἀμβλύνει λύκου, Καὶ δίφρον ὀξὺν τὸ σφυρὸν τούτου στρέφει, Philes. Mulierem quæ abortum fecerit significantes Aegyptij, equam scribunt quæ lupum presserit: equa enim abortit, non modo si lupum calcauerit, sed etiam si ipsius uestigia attigerit, Orus. Si calcauerit zosach, id est equus, uestigium dorim, id est ursi (lege deeb, id est lupi(

lupi) accidit stupor eius pedibus, Aescul. Equus à lupo sauciatus, bonus euadet ac uelox, Zoroastres in Geoponicis: Vide in Equo B. inter celeres. ¶ Lupus fugit ac timet hericium, Aescul. & Iorath. ¶ A lupis occisarum ouium pelles, ac uellera, & facta ex his uestis, longè quàm cætera aptiora sunt ad pediculos procreandos, Aristot. Pilos habentium asinum tantum immunem pediculis credunt, & oues. Gignũtur autem & uestis genere, præcipuè lanicio interemptarum à lupis ouium, Plinius. Oues à lupo adesæ suauiorem habent carnem, uerum lana pedunculos generat, Zoroastres in Geopon. 15. χιτῶνα λαβὼν ἐκ δορᾶς λυκοσπαδοῦς, ἐαυτὸν προβατοῦ μηδαμῶς ἐπιγνώσῃς. ποιεῖ γὰρ εὐθὺς ἐκπομονὴν τινα φρίκην, παλμοὺς ἀτόπτους ἐμβαλὼν τῇ καρδίᾳ, Philes. Vestimentum de lana animalis, quod lupus comederit, factum, semper est pediculosum, Albertus. Si quis induat pellem ouis à lupo iugulatæ, scabie & pruritu uehemente continuò afficiet, Pythagor. Cur oues à lupis dilaniatæ, carnem quidem suauiorem, lanam uerò tabidam flaccidamq; & pediculosam habeant, causam inquirit Plutarchus in Symposiacis 2.9. quem locum, quoniam is liber adhuc conuersus Latinè non reperitur, meis uerbis translatum apponam: Caro igitur ouis à lupo adesæ, dulcior fieri uidetur, quòd lupus suo morsu carnem flaccidam teneramq; (τακερὰν) reddat, est enim spiritus lupi adeò calidus atque igneus, ut ossa etiam durissima in uentriculo suo tabefaciat & liquet: atq; hanc ob causam faciliùs etiam putrescere quæ à lupis tacta fuerint. Quod uerò ad pediculorum in lanis procreationem, cõijciat aliquis non tam ab eis generari pediculos quàm elici, per insitam ipsis quandam caliditatem aut exasperandæ diuellendæq; cutis facultatẽ: inesse (ὁ γίνεσθαι, lego ἐγγίνεσθαι) autẽ uim lanis huiusmodi toto scilicet pecudis corpore à lupi morsu spirituq;, ad superficiem usq; & pilos alterato. Atqui uarijs modis animalia quæ iugulantur (nimirum ꝓpter diuersos iugulationis modos) affici, argumento sunt uenatores & coqui, (aut lanij:) horum enim aliquos scimus unico ictu animalia prostrauisse, ita ut icta (πνιγῦτα, lego πληγῦτα) statim immota iacerent: alios uerò uix multis tandem ictibus confecisse. Et quod magis mireris, aliquos ex uulnere ferri talem in animante iugulata uim reliquisse, ut mox putresceret, & neq; uno die integra duraret: alios uerò non tardius illis interemisse, i d nullam in carnibus iugulatorum huiusmodi qualitatem relictam, & aliquandiu eas permansisse. Porrò quòd uis quædam cum iugulantur aut moriuntur animalia, ad pelles etiam, pilosq; & ungues pertingat, ne Homerum quidem latuit, qui de pellibus & loris scribens, his uerbis utitur, ἱμὰς βοὸς ἶφι κταμένοιο: hoc est, lorum bouis per uim occisi. Validior enim & tenacior pellis illorum est animalium, quę non morbo aut senectute, sed iugulata obierint. Contrà, quæ morsu animalium intereunt, illis ungues nigrescunt, defluunt pili, & pelles marcidæ flaccidæ fiunt, Hucusq; Plutarchus. Si pellem ouis lupinæ adponas, defluet (abradetur) lana ouillæ, Pythagoras. Aquilæ penna si uel una anserinis pluribus coniungatur, consumet eas: & hoc sum expertus in pennis aliarum: & forte similiter fit etiam in alijs harum auium pennis. Idem fieri dicitur inter pilos lupi & lanam ouis, sed hoc non sum expertus, Albertus. Si ex lupina pelle confeceris tympanum, id inter cætera pulsatum, solum resonabit, silentibus cæteris utcunq; prius sonoris, Oppianus: mox addens, καὶ φθίμενοι γὰρ ὄϊς φθίμενον λύκον ἐρρίγασιν: unde tympana illa quibus sonus adimitur lupini tympani pulsu, ouilla præcipuè intelligimus. Tympanum magnum factum ex corio lupi, & pulsatum (in exercitu, Rasis) facit crepare alia tympana, Albertus. Tympana de corijs luporum pulsata, insurdant (alia tympana) apud audientes, Rasis & Albertus: sed apud hunc mutilus est locus. Odium inter lupum & oues, omnibus eorum mẽbris inhæret: ita quod chordæ de intestinis ouium cum chordis de intestinis lupi factis permixtæ, non sonant, Albertus & Rasis citans Aristotelem, apud quem ego nihil tale reperio. Si tendatur chorda de intestinis lupi cum ouium chordis, rumpit eas, & aufert omne temperamentum ab eis, Pythagoras. ¶ Corium leonis si coniungatur corio lupi, depilat ipsum, & similiter alia coria, Rasis & Albertus. ¶ Cornix quæ inciderit in comesæ à lupo reliquias carnis, moritur, Aelianus & Philes. ¶ Lupus scillæ bulbos cõtingens, resolutus fatiscit, Ruel. σκίλλης δὲ φύλλοις ἀνθυποκλάζει λύκος, Philes. Cepas agrestes (id est scillas) si calcauerit zebeth, id est lupus, grauatur crus eius, Aescula. Lupus contactu scillæ conuellitur, (torpore capitur, Gillius de leone hoc scribens, nescio quàm rectè:) unde etiã uulpes ꝓpter lupos latebris suis scillas apponunt, Zoroastres in Geopon. 15. Turtur (uulpes potius, ut iam retuli) in nido suo ponit folia squillæ, ne lupus pullos eius incurset, Ambrosius. ¶ Pythocharis tibicen, cum ad tibiam magna contentione incitatos numeros caneret, luporum impetum repressisse fertur, Aelianus. Audio nostra memoria in sylua prope Basileam uirum quendam cum tympano transijsse: qui cum sequentem lupum lapidibus impetens nihil proficeret, & fortuitò laberetur in uia, tympano interim quod gestabat resonante, lupum exterritum fugere animaduertit: itaq; tympano mox uehementer pulsato feram quàm longissimè fugientem abegit. Vrsos quidem tympani sonum fugere nostri affirmant. Horatius in sylua cantando lupum fugauit, ut ipse de se testatur Carminum 1.22. his uersibus:

Nanq; me sylua lupus in Sabina,
Dum meam canto Lalagen, & ultra
Terminum curis uagor expeditus,
Fugit inermem.
Quale portentum neq; militaris
Daunia (Apulia) in latis alit æscu'etis,
Nec Iubæ tellus generat, leonum
Arida nutrix.

Hominem pericula ex occulto imminentia timentem demõstraturi Aegyptij, lupum ac lapidem pingunt: hic enim neq; à ferro sibi, neq; à uirga, sed à lapide duntaxat timet. Nimirum si quis in eum lapidem coniecerit, derepente consternatũ: & ubicunq; lapis ei uulnus infixerit, ibi succrescere solēt pullulareq́ uermes, Orus. Lupus ignem metuit similiter ut leo: quam obrem qui per hyemem & inter niues iter facientes à lupis sibi metuunt, duos silices intra uestes (ut calidi permaneant) secum gestant: & sicubi lupus se obtulerit, collisis illis ignem excutiunt: Lupus uerò scintillis emicantibus ita terretur, ut accedere utcunq; famelicus & hominem lædere minimè ausit, Michael Herus. Audio etiam sonitu è ferro gladij percussi, lupos fugari. Si quem lupus insidiosus paulatim sequitur, subsistens signum aliquod medium ponat inter se et lupum uidente illo: sic enim illaqueationis metu subsistet, Albertus & Physiologus. Sunt qui mihi affirmarint, lupum in uia ad hominem non accessurum, si uirgam, aut quiduis aliud post se traxerit: nam uiatorem quendam apparente lupo, cum nihil aliud ad manum esset, peram fascijs cruralibus alligatam post se traxisse, & abijsse illæsum. Si quis corpus suum illinat seuo de renibus leonis, uel eiusdem fimo, abster- 10 rebit lupos, Aesculap. Lupus cuius prior uestigia prospexeris, tibi nocere non poterit: sed si ille te ante notauerit, caudæ summam partem si habueris tecum, sine metu iter conficies, Sextus.

E.

Draconis legem fuisse reperio, ut qui lupum occiderit, talentum accipiat: qui lupum uetulum, duo. Lycoctonos Apollo appellatus, hoc est lupicida (inquit Gyraldus) ex lege Athenis lata, qua cauebatur, ut qui in Attica lupi catulum occideret, talento donaretur: qui lupum ipsum, duobus: quod Aristophanis interpres scribit, (& ex eo Varinus in λύκων.) Meminit Sophocles in Electra & Hesych. φειδόμεσθα γάρ τι τῶνδε μᾶλλον ἡμεῖς, ἢ λύκων; Chorus in Auibus Aristophanis. Vbi interpres, Lex erat olim in Attica λυκοκτονεῖν, id est lupos occidere, &c. unde & Apollinem λύκειον & λυκοκτόνον appellant. Plura de his & similibus cognominibus Apollinis dicam in h. Qui lupum apud Athe- 20 nienses occidit, ἀγείρει αὐτῷ τὰ πρὸς ταφὴν, Etymologus in πολιοί. ¶ Vulpes & lupi (inquit Crescentiensis 10.32.) capiuntur quadam taiola ferrea, quæ circa se multos habet rampiones acutos: & ipsi habent circa se annulum prope se ubi annexi uoluuntur, ad quem annectitur frustum carnis, omniaq́ occultata pręter carnem, in terra firmata iacent. Cum autem lupus carnem dentibus captam eleuat, annulus eleuat rampiones circa caput & collum lupi, qui cum fortius trahit & recedere nititur, fortius stringitur & tenetur. Fiunt & aliæ taiolæ, quibus in pedibus siue cruribus, quælibet omnino bestiæ capi possunt, quæ occultantur in itineribus quibus utuntur, quarum figura aut forma non nisi oculata fide intelligi potest: quamobrem lectorem ad harum rerum artifices remittimus, Hæc Crescentiensis. Scoppa cassidem genus retis interpretatur, Italicè tagliolam. Harpago, lo rampino, lincino, id est uncus, Idem. Ὑαπλαξ, πάγις λύκων, id est laqueus uel pedica pro lupis capiendis, Hesychius et 30 Varinus. Hausepied Galli uocant instrumentum quo capiuntur lupi, uulpes & meles. Capitur interdum lupus laqueo facto arte pastoris, cui ut primum caput imposuerit uel pedem, detinetur, Blondus. Feræ, & præcipuè lupi, foueis hoc modo capiuntur. Effoditur lata fouea instar ampli putei, & profunda ne pateat exitus: operitur autem crate (cratis, ein hurd) rotunda, quæ non totam foueam sed ferè totam operiat. Sub crate in medio alligatur stanga (pertica) longior crate & rotunda. In medio ponitur uinctus anser uel agnus: & paleis operitur uniuersus locus. Tum lupus anserem aut agnum arrepturus, in foueam cadit cum crate subito reuoluta, Pet. Crescen. 10.33. Et mox in eodem capite aliud foueæ genus describit, pro lupis, uulpibus, leporibus &c. Crates qua tegitur fouea non debet esse tam ualida, ut hominem uel lupum sustinere possit: sed anserem tantum uel agnū alligatum, siue uiuum, siue mortuum, cum gramine quo insternitur. Sic lupus ad prædam ueniens, 40 unà cum crate in foueam cadit. Sunt qui ea arte cratem componant, ut lupo delapso ipsa rursus unà cum esca erigatur, ut plures etiam lupi aut aliæ feræ quandoq; capiantur. Oportet autem foueas huiusmodi fieri in terra solida firmaq́: aut si talis non sit, foueæ latera ligneis tabulis muniantur, ne feræ pedibus fodiendo exitum sibi faciant, Innominatus. ¶ Constat luparios (id est uenatores luporum) carnibus tinctis ueneno lupos necare, Seruius in Georg. Sed de ueneno lupario, aconito inquam & similibus, dicam in a. item de uenenatis medicamentis compositis. Rhæti in montibus lupos capiunt machinæ cuiusdam dolo, trabibus aut stipitibus arborum quodam modo inter se consertis annexaq́ funi esca, quam cum attingit lupus obruitur, similiter ut mures in domibus maiores opprimi solent. Lupus transglutit carnes ferè sine commansu: quamobrem complures hamos in bolis carnium concisis abscondunt: hos lupis exponunt, quibus illi deuoratis moriuntur, Albertus. 50 ¶ Vidimus quosdam rusticos (inquit Blondus) per urbem (Romam) deferentes pelles luporum, quos aiebant se occidisse puluere quodam solo ex herba quam cardū uarium appellabant: & eodem mures necari affirmabāt. Est autē idem hic carduus quo canes necari diximus. Vide in Cane capite tertio. Apocynon lupos, uulpes, & pantheras interimit, Dioscorides: quadrupedes omnes, Plinius: de hoc quoq; multis egi in Cane c. Sicyone Apollinis Lycæi templum est, inquit Pausanias in Corinthiacis: nam cum lupi in greges ouium ita subinde grassarentur, ut nullum ciues ex eis fructum capere possent: deus, quocunq; tandem modo elocutus, oraculo monuit, ut ubi aridum lignum iaceret, corticem eius detractum unà cum carnibus feris proponerent: quo cortice lupi gustato, statim perierunt. Ac id quidem lignum in Lycæi templo situm fuit, sed quod arboris genus esset, id neq; Sicyoniorum sacerdotes, quorum talia explicare munus est, nouerunt, Hæc ille. Perpaucæ quidem arbo- 60 res uenenosæ reperiuntur: herbæ uerò complures: & sanè in pręsentia præter taxum inter arbores (quanquam fraxini etiam ramenta & iuniperi in potu quidam ueneni uim habere scribunt:) ac inter arbusta

arbusta euonymum et rhododaphnen, nulla nostri orbis uenenosa mihi in mentem uenit. Huius rei causam, si quis inquirat, in succum quo plantæ aluntur reiecerim: nam ille si bonus ac bene temperatus sit, altas magnasque stirpes alere potest: sin praua qualitate aut uenenosa imbutus, non potest: arbores præsertim quæ & copioso & solido alimento egent: sed hoc παρέργως. Blemmi (inquit Diophanes in Geoponicis 18.14.) sunt marini quidam pisciculi, quos nonnulli lycos, id est lupos appellant. His lupos terrestres hunc in modum uenantur. Vbi uiuos huiusmodi pisces plurimos expiscatus fueris, eos in pila mortariòue probe contundito. Postea uero, in monte, in quo diuersantur lupi, magnam prunam extruens, flante scilicet uento, portionem aliquam de dictis pisciculis igni inijcito: cruorem præterea atque ouillas carnes minutim scissas, cum piscibus comminutis confundens, relinquensque discedito. Quippe igne ipso (rogo, τῆς πυρᾶς) grauem odorem ædente, lupi regionis incolæ omnes congregabuntur. Postea autem carnibus, aut etiam solo nidore fruentes, uertigine capti obdormient: quo tempore tu ceu stupidos ac torpentes eos reperiens, iugulato. Pisces quidam nigri uenenati in Armenia reperiuntur: horum farinam in ouium aut caprarum discissum latus abdunt, eamque escam ad feras alliciendas obijciunt: ac cum eiusmodi quippiam pardalis, leo, lupus gustarint, continuo moriuntur, Aelianus. Quomodo lupi & uulpes alliciantur à uenatore catum mortuum post se trahente (nostri uocant ein beitze) dixi in Cato E. Sed & alium hic modum adscribam ex libro quodam Germanico manuscripto. Felem detracta pelle exenteratam in furno torrebis, & modico melle inunges: tum ranunculos caudatos (roßköpf) super pruna ustos conteres, & feli insperges: sic paratam felem post te trahes inter contigua syluis arbusta, uel ubicunque lupos aut uulpes uersari sciueris. Sic allectas & apparentes iam propius feras, alter uenationis comes, sagitta aut bombarda feriet.

¶ Teucri & Mysi Thraces qui Asiam incolunt, uerutta ad lupos conficiendos apta gestabant, Herodotus. Lupi uulnerati, gregi luporum se non immiscent: quia occiderentur ab eis timentibus deprehendi sanguine ipsorum: quamobrem soli euntes uulnerati, sanguinem suum lambunt, ne deprehendantur: quod ipse expertus sum, Albertus. Canibus capiuntur apri ac lupi, sed auxilio uenatorum: nam rarò soli ad eos præsumunt accedere, nisi sint mastini fortissimi & audaces, Petrus Crescentiensis. A canibus uerò comprehenduntur, quia lupus uersutior & sagacior cane est, Blondus. Canes quidam grandiores Gallis ceruarij dicuntur, quod ceruos tantum uenentur: hos etiam sub nomine leporariorum comprehendunt, ut & suarios lupariosque, qui etiam apripetæ & lupipetæ dici possent, Budæus. In Anglia præstantissimos canes luparios haberi audio. Lupus non admodum procul à canibus fugit, nisi Molossi & mastini urgeant. Millus, collare canum uenaticorum, factum ex corio, confixumque clauis ferreis eminentibus aduersum impetum luporum, Festus. Lupi, inquit Blondus, funeis retibus sunt decipiendi: quoniam omnis alia uenatio, præter eam quæ retibus fit, uana est in lupo. Parentur itaque retia ualida ac distensa, ut uidebitur: nam quo tensa magis fuerint, eò utiliora erunt: debent autem extensa alligari arboribus, uel alijs retinaculis arte factis, dummodo forti nexu contineantur. Plerisque etiam partibus diligenter prætegentur ramosis frondibus, ne lupi adeuntes statim intelligant insidias. Præterea utrinque iuxta retia fient quædam attegiæ ex ramis syluarum, similes tectis aut latibulis ferarum, in quibus latitent insidiatores cum acutis hastilibus, ut lupos retibus intricatos statim conficiant: quod nisi illico fecerint, ut incidere primum, liberabunt se à retibus lupi ac diffugient. Quamobrem illi curabunt ut & celeriter & fortiter uentrem & tergora luporum uerutis & iaculis perfodiant. Porrò maxima pars uenantium, cum canibus circundabit loca in quibus lupi latitant: & operam dabit ut canes siue latrando tantum loris detenti, siue industria agitatione, lupos ita cohibeant ne retrorsum euadant. Hoc etiam obseruandum, ut cum longè distant à retibus lupi, lentius agitentur: propinquiores uerò magno cum impetu & clamore uenantium & canum, qui omnes tum dimittendi sunt, impellantur: sic enim plerique lupi decipiuntur, Hæc Blondus. Lupi & uulpes retia dentibus discerpunt, ursi nō item, Plutarchus in causis natural. 28.

¶ Pellibus lupinis potentes & nobiles induuntur: parantur autem sic ut pars hirsuta foras spectet: nuda introrsum, nec ullo quidem panno illa induci solet. Corio lupino, inquit Blondus, uestiuntur nonnulli ad itinera & uenationes: hac enim se intectos non imbribus, non gelu aut uentis lædi posse intelligunt. Κτιδέα, pellis lupina, aut potius pileus (περικεφαλαία) ex lupi uel ictidis, id est mustelæ rusticæ pelle, Varinus.

¶ A desertis locis ad habitata refugientes lupi, tempestatis acerbitatem se horrere ostendunt, Aelianus. Χειμῶνα, id est tempestatem significat lupus, cum solitarius uadit & diutius ululat: aut cum parum curans aratores & frigore coactus ad rura accedit ut propius homines calidiore loco uersetur, ἵνα οἱ λέχος αὐτόθεν εἴη (hoc est, ut ibi cubet, uel ut illic insidietur, tanquam futuræ mutationis præscius, & includendorum propter eum pecorum, tempestiuè sibi de præda prospecturus, Scholiastes.) hoc cum fit, tertio post die tempestatem expecta, Aratus.

F.

Lupi caro, ut syluestrium omnium ferarum quæ rapaces & carniuoræ sunt, apud honestos homines in cibum non admittitur. Audio tamen in Italia ab Insubribus lupos quandoque edi. Caro lupi est frigida, fœtida, sicca, crassa, Rasis & Albertus: frigidior carne canis, Albertus. Caro luporum (uel, ut Bellunensis transfert, quorumuis animalium rapacium) mala est, Auicenna. Et rursus, Carnes luporum & habentium rostra & ungues (Bellunensis legit, Carnes animalium rapacium, & auium rapacium habentium rostra & ungues rapaces, aduncas) conferunt oculis & confirmant eos. Laudant aliqui carnes luporum (animalium rapacium, Bellunensis) tanquam utiles stomacho frigido, humido, & debili, Auicenna. Et mox, Carnem luporum & habentium (Bellunen. legit, animaliū rapacium, & auium habentium, &c.) rostra & ungues (aduncos) abhorret stomachus. Et paulò post easdem carnes laudat ad hæmorrhoides. Rapacium omnium carnes declinant ad siccitatem, quæ bilim atram in corporibus generat: pessimæ autem sunt lupinæ & caninæ, corrumpuntq́ humores & animum, Rasis: fortassis autē animū (nisi deprauata sit translatio) ab eis corrumpi scribit, quia melancholiam & prauas imaginationes generant, ut de bouina etiam & similibus Arabes scribunt. Caro lupi trita, cum modico piperis & cum melle despumato confecta, affectui colico medetur, Rasis et Albertus. Alia quędam de remedijs lupinæ carnis, uide in G. ¶ De Romulo & Remo, item Lycasto & Parrhasio, quos lacte lupino nutritos ferunt, dicam in H. d.

G.

Ad podagras magnificant uulpem decoctam uiuam, donec ossa tantum restent: lupúmue uiuum oleo cerati modo incoctum, Plinius. ¶ De lupi præda, id est de reliquijs ueruecis, aut capræ, aut cuiuslibet animantis, quam comederit, carnem uel pellem, uel os, collige & serua: & quando aliquis iecur doluerit, inde cum tange, continuò sanabitur, Marcellus. ¶ Pellis lupi (lupiculi, aliâs lupuscu li) si gestetur ab eo quem canis rabidus momordit, non incidet in metum aquæ, Hali. Si corio lupi constringatur uenter laborantis colica: & si æger sæpius ipsi corio insideat, prodest, Rasis & Albert. Si corium (stercus, Rasis) lupi ad coxam colici suspendatur, alligatum filo lanæ quam lupus momordit, opitulatur, Albertus: ego de excremento potius acceperim: Vide infra. Lupi aut uulpis corium si quis elaboret, & calceos gestet, pedes non dolebit, Galenus Euporist. 3. 248. ¶ Sanguis lupi permixtus cum oleo (nucum, Rasis) medetur surditati, Albertus. Sanguis & fimus lupi, iuuant in colico affectu, Obscurus. ¶ Lupi carnem conditam & decoctam qui ederit, à dæmonibus uel umbris quæ per phantasmata apparent, non tantum inquietabitur, Sextus. Lupi caro cocta in cibo sumpta, phantasticos sanat, Aesculapius. Carnes lupi edisse parituris prodest: aut si incipientibus parturire sit iuxta qui ederit, adeò, ut etiam cōtra illatas noxias ualeat. Eundem superuenire, perniciosum est, Plinius. Plura de remedijs ex carne lupi in cibis sumpta, uide in præcedenti capite. ¶ Adeps lupi non minorem efficaciam habet quàm caninus, Sext. & Aescul. Adeps è lupis illitus, in his quæ rumpere opus est, plurimum proficit, Plinius. Lupinum adipem recentiores quidam cum cæteris medicamentis articularijs ad unguenta miscent. Illitus uuluas mollit, Plinius. Eodem fricari oculos contra lippitudines præcipiunt, Idem. Adeps adib (id est lupi, sed Bellunensis legit aldub, id est ursi) subtilis est, Auicenna. ¶ Caput lupi supponito sub puluino, & dormiet æger, Sextus. Ad dentes mobiles magnum remedium est in luporum capitis cinere, Plinius. Febres quæ certo dierū numero redeunt, oculus lupi dexter salsus adalligatusq́, si credimus magis, arcet, Plinius. Oculus dexter lupi alligatus, febres discutit, Sextus. Confricatus (infricatus) & illitus lupi oculus, glaucomata extenuat, & tollit stigma, & linitur si ante punctum (fortè, punctus, nempe lupi oculus) fuerit: Vteris autem dextro lupi oculo, si hominis dexter laborat: sinistro, si sinister, Sextus. ¶ Lupi dexter caninus dens, in magnis habetur operibus, Plinius. Hominem qui Lunam senserit (lunaticum) canini dentes adib, id est lupi, curant, Pythagoras. Dens lupi gingiuas infantum extenuat, quò dentes leuius prouenіant, Blondus. Et alibi, Infantum gingiuæ canis dente conteruntur, (leniter perfricantur:) sed citius eis euocantur dentes (infricto) dente lupino. ¶ Qui per lupi guttur (arteriam uocalem) biberit in synanche, certissima salute euadit, Ioan. Agricola: qui se hoc experimentum ab egregio Augustano medico Adolpho Occone accepisse scribit. ¶ Pulmo lupi coctus & siccatus, & tritus cum pipere, ex lacte bubulo potus, utilis est anhelosis, Rasis & Albertus citantes Galenum: apud quem ego nihil huiusmodi legere memini: pulmoni autem uulpis tum ipse tum alij hanc facultatem adscribunt. ¶ Lupi cor si aridum reponatur, perquam odoratum fieri dicitur, Albertus & Scriptor de nat. rerum. Si crematum tritumq́ bibatur, epilepticum iuuat: dummodo à libidine purum deinceps se conseruet, Scriptor de nat. rerum. In libro quodam manuscripto Germanicè, medicamentum aduersus comitialem huiusmodi reperio: Visci quercini unciam unam, uisci de piro unc. semis: mucronum de cornu cerui scobis drachmas duas, cordis lupini drachmam, permisce, ut fiat medicamentum aridum, quo in diluculo semper utatur: præstantius erit si addas scobem de occipitio cranei humani. ¶ Hepar lupi ad remediorum usum non aliter quàm pulmo uulpis præparari & reponi debet, eo modo quem in Vulpe explicabo. Hepar lupi in medicamētum ex eupatorio hepaticum sæpe indidi, nec tamen effectum præstantiorem, qui mentione quidem dignus sit, quàm in eodem medicamento sine lupi hepate parato, deprehendi, Galenus libro 11. de simpl. Idem tamen libro 8. de compos. pharm. sec. locos, hepar lupi hepaticos tota substantia iuuare (non secundum unam aut alteram qualitatem) abunde se expertum scribit. Et fieri sanè potest, ut cum diuersis temporibus hæc à Galeno scripta sint, aliquid ei uno tempore innotuerit quod non alio, ut annotauit Aloisius Mundella epistola 7. Dicat etiam aliquis hepaticum ex eupatorio medicamentum per se tam insigniter opitulari, ut etiam egregio altero medicamento adiecto, nihil aut parum eius uiribus accessisse uideatur:

uideatur: nec obstat tamen id per se efficaciter agere. His & similibus rationibus excusari conciliariq; possunt loci quos citauimus Galeni: ego interim remedijs tum alijs tam longè petitis parum fido, tum ad iecoris causas lupino iecinore nunquam equidem uti uelim, nisi forte cæteris plurimis, in quibus et rationis & experientiæ plus est, frustra tentatis. Antidotus hepatica è nouem speciebus apud Nicolaum Myrepsum, numero 164. recipit iecur lupi: & mox alia 166. ex eupatorio inscribitur, cui tamen iecur lupi non additur. Archigenes apud Galenum libro sexto de compos. sec. loc. hepar lupi ad oris crustas commendat: ubi Galenus hoc medicamentum probare se posse negat, quoniam compertum non habeat. Lupinum iecur (inquit Galenus de comp. sec. loc. 8.8.) abunde experti sumus ad hepatis affectus utile: usus autem ipsius est (ut cochlearum etiam quas Asclepiades ad eosdem af-
10 fectus laudat) si eius exactè triti drachma una detur cum uino aliquo dulci, ut Theræo, Cretico. Benigna enim hæc sunt uisceri, ipsum nutrire potentia, & media iuxta calidi & frigidi oppositionem: & ob id talia pharmaca omnibus intemperaturis conuenire uidentur, ut quæ ex substantiæ proprietate commoditatem de se exhibent. Cæterum non obscurè febricitantibus, præstat ex aqua calida, aut seridis similiue succo pharmacum præbere. Hæc Galenus, & ex eo Rasis, Albertus, & alij. Eadem ex Galeno descripsit Aetius 10.3. Iecur lupi (inquit Marcellus empiricus capite 22. quod inscribitur ad iecoris uitia) sublatum Luna decrescente in fumo ponitur, & cum siccatum est teritur: inde particula trita miscetur puluеri æquis portionibus facto de fœnogræco, lupino & absinthio & costo, ita ut ex eo quod in se totum permixtum fuerit, mensura coclearis cumulati detur ad diem non febricitanti ex uino mixto, si febricitabit ex aqua, ita ut per triduum hoc medicamen ieiunus accipiat, &
20 porrecto brachio in dextro latere uel semihora iaceat: inde diutissimè deambulet, & tardissimè cibum sumat: & obseruet ut illo triduo purissimus & digestissimus sit, & frigidam non bibat, neq; salsum aliquid aut dulce manducet. Et paulò post, Potio saluberrima ad hepaticos, à Procliano medico ostensa: Ficatum (sic Itali hodie uulgò iecur nominant) lupi integrum folijs lauri inuolues, & ita ad Solem uel ad ignem siccabis, & siccatum diligenter sublatis folijs in puluerem rediges: quem puluerem in uasculo nitido seruabis, atq; ex eo coclearia duo, cum piperis granis decem tritis, adiecto melle optimo despumato quantum sufficiat, cum carœni cyatho, in potione ieiuno dabis, quam prius ferro candenti calefacies, & diligenter in mortario permiscebis, sedentiq; in lecto dabis, ita ut accepta potione contractis genibus hora integra in dextro latere iaceat, & postea uel una hora deambulet. Hæc Marcellus. Auicenna libro 5. summa 2. tractatu 5. describit medicamentum ad hepatis duritiem, quod re-
30 cipit opium, hyoscyamum, castoreum, myrrham, crocum, spicam, cordumeni, eupatorium, hepar lupi, & cornu dextrum de cornibus capræ adustum, omnium partes æquales, excipiuntur melle, &c. Alia prorsus est compositio pastilli de eupatorio apud Actuarium de compositione medicamentorũ. Iecur lupi miscetur speciebus electuarij quod dicitur oxifemea, & prodest ad morbos hepatis, Rasis Galenum citans: quamobrem pro oxifemea, lego de eupatorio. Gugir (Gyrgyr, Albertus) philosophus asserit omnium animalium hepata ad hepatis dolorem prodesse, Rasis. Iocineris dolores reficit lupi iecur aridum ex mulso, Plinius. Lupi iecur denarij pondere ex uini dulcis sextario exhibitum, ad iocineris uitia bene facit, Galenus Euporist. 2.38. Tussim iecur lupi ex uino tepido sanat, Plinius. Si quem tussis intolerabilis uexat, de lupi iecore arido uel exusto, quantum uoluerit conterat, adijciatq; uinum, mel, & aquam tepidam, atq; inde ad diem cyathum ieiunus bibat, intra paucos
40 dies mire sanabitur, Marcellus. Ad acutum morbum lateris, iecoris quæratur fibra lupini: adde costum, folium, piper, propina ex uino diluto, Serenus. Pthisicis medetur iecur lupi ex uino, Plinius. Dolorem & inflationem stomachi sanat iecur lupi, prius aqua coctum, mox arefactum & tritum, potioniq; inspersum, Marcellus. Lupi hepar hydropem curat, Platina. Puluerem ex eo in hydrope cũ uino albo in dies aliquot mane potum, inter secreta quædam remedia reponunt nonnulli, Syluius. Vuluarum dolores iecur lupi (in cibo uel potu) mitigat, Plinius. ¶ Fel lupinum eandem efficaciam habet, quam caninum, Sextus & Aesculap. Fel lupi (pondere dauic, Ras.) cum grano moschi mixtum, & semel in principio mensis, semel in medio, naribus adhibitum caduci, iuuat, (confert ei loco electuarij quod dicitur esse hylete,) Albert. Fel lupi cum elaterio umbilico illigatum, aluum soluit, Plinius. Fel caprinum per se condylomatis sedis medetur, lupinum ex uino, Plinius si bene memi-
50 ni. ¶ Si edatur pars de uirga lupi in furno assa & incisa, statim excitat appetitum coitus, Rasis & Albert. De lupi genitali uide nonnihil etiã in uulpe. ¶ Si quis testiculũ dextrum lupi (& cruentum, Ras.) cum oleo misceat, & mulieri cum lana ad imponendum uuluæ dederit, remouebit ab ea coeundi desyderium, etiamsi scortum fuerit, Rasis & Albertus. ¶ Lupi excrementis circumlini (oculorum) suffusiones prodest: cinere eorum cum Attico melle inungi obscuritates, Solinus. Lupi fimus diu perfrictus ad summam læuitatem, cum melle mixtus etiam inunctione adhibitus oculorum hypochysin discutit, & ad summam claritudinem eos perducit suffusione siccata, Marcellus. Dentes mobiles confirmat luporum capitis cinis: certumq; est in excrementis eorum plerunq; inueniri ossa: hæc adalligata eundem effectum habent, Plinius. Lupinum stercus (inquit Galenus de simplicibus 10.28.) quidam colicis potandum dabat non tantum in ipsis paroxysmis, sed etiam in inter-
60 uallis, siquidem phlegmone uacarent. Quorum ego quosdam uidi non amplius inuadi: & qui erant inuasi, non amplius id grauiter passos, sed nec post paucum temporis. Accipiebat aũt ille albidius potius stercus, quale ubi ossa ederint, solent excernere. Verum illud etiam in eo mirabar, quod uel ap-

pensum euidenter aliquoties iuuisset. Itaq; hic stercus capiebat quod non decidisset in terram: id quod non erat inuentu difficile. Ea enim est luporum natura, quæ canum, ut suspenso altero posteriorum crurum & meiant & cacent in eminēti quopiam ex terra. Itaq; in spinis sæpe æstate stercus lupinum reperitur, & fruticibus, uepribus (κλώθροις, lego κλήθραις, id est alnis) herbisq; proceribus. Inuenitur porrò in stercore illorum & nonnihil ossium deuorati animalis: quod ut effugit commansionem, ita & concoctionē: quod & ipsum cōtundens ac conterens, bibendū præbuit colicis: ac si homo esset puritatis amans, miscebat & salis quippiā aut piperis, aut quippiā eiusmodi: ut plurimū autē ex uino albo cōsistentiæ tenuis bibendū præbebat: interim uerò etiā ex aqua. Hoc aūt stercoris quod patientis inguinibus, lagónas Græci uocant, applicandum esset, præcepit suspendi ex uinculo confecto ex lana, sed non qualibet: uerum multò præstabat eam esse ouis à lupo laniatæ. Quod si ea non adesset, lorum tum quod cingeret inguina, tum alterum quo stercus contineretur, parari præcipiebat. At nos in ollulam stercoris maximè fabæ magnitudinem (uel in ollulam cuius magnitudo erat quæ maximæ fabæ, aliquantulum stercoris) iniecimus, eamq; experiundi gratia quibusdam appendimus, nec potuimus non mirari, cum plurimos ipsorum uideremus adiutos: cæterum ad ollulā duas ceu aures affiximus, per quas lorum transmitti posset. Sed hoc quidem obiter dictum esto, si quis inuenietur qui sic suspensis fidem habere dignabitur. Dico autem sic, ut substantia sit quę suspenditur, non uoces barbaræ, ut quidam facere præstigiatorum assolent: quando & alias expertus sum substantias, quæ in alijs affectibus similiter operarentur, Hucusq; Galenus. Meminit ex Galeno etiam Constantinus in libro de incantatione & suspensione, sed locus est deprauatus: item Aëtius 9. 31. inter pharmaca ad colicos: & Auicenna decimasexta tertij, tract. 4. ca. 14. Stercus lupi cū uino albo & subtili coctū (potum) utilissimū est colicis: & fertur si coriū (stercus legendū, ut etiam Rasis habet) super coxam colici suspendatur & cum filo lanæ à lupo laniatæ, ligetur, prodesse, Albertus & Rasis. Lupi stercus, dummodo non in terra inuentum, sed supra fustem, aut supra astulas, aut supra iuncū, colliges & seruabis: & cum opus fuerit laboranti colico alligabis ad brachium, uel ad collum in osse, aut in cupro, aut in auro clusum, licioq; suspensum: sed prius ex ipso stercore pusillum ignoranti ex aqua calida bibendum dabis, mirè celeriterq; subuenies, Marcellus. Et rursus, Ad coli dolorem requires fimum lupi, & ossa quæ ibidem inueneris contundes, & puluerem ex his facies, & in aqua frigida ieiuno bibendum dabis. Quæ in excrementis lupi inueniuntur ossa, si terram non attigerint, colo medentur, adalligata brachio, Plinius. Talus leporis in fimo lupi repertus quantum prosit ad coli dolorem alligatus, in lepore dixi ex Marcello: sed meræ sunt nugæ. Fimus albi (albus) lupi colicā curat, Hali. Intestinum magnum lupi uincit cruciatus colicos, ut & fimus eiusdem, Blond.

¶ Lupi dentes inæquales sunt, quamobrem morsus eorum uehementer obest, Isidorus. Lupus rabidus suo morsu idem periculum adfert quod canis rabidus, Albertus & Bertrutius. Eiusdem sententiæ fuit Aggregator, qui uno titulo remedia tum ad canis tum ad lupi morsus complectitur. Nos ea copiosè recensuimus in Cane. Vulnera ex morsu lupi & unguibus, periculosa sunt: effluit ab eis sanies per ligamenta etiam & spongias: curantur autem non aliter quàm canini morsus, Physiologus: sed Aristoteles hæc de leone scribit, non de lupo. Trito allio defricto curatur in boue rabiosæ canis uel lupi morsus: qui tamen & ipse imposito uulneri uetere salsamento,ęquè bene sanatur, Columella. Gentianæ drachmæ duæ è uino potæ remedio sunt contra morsus canis rabiosi & omnium luporum (rapacium, uel morsu & unguibus laniantium bestiarum,) Auicenna.

H.

a. Lupus, quod nomen uenit ex Græco lycos, apud maiores communis erat generis, Fest. Lupos quidam uocatos dicunt quasi leopos: eò quod quasi leoni in pedibus sit illis uirtus: unde & quicquid pede presserint, non uiuit, Isidorus. λύκος ἀπὸ τῆς λύκης, id est à luce prima appellatos quidam putant: quia hæ feræ maximè id tempus aptum rapiendo pecori obseruant, quod antelucanum post nocturnam famem ad pastum stabulis expellitur, Macrobius 1. 17. λύκαινα, lupa, Varinus in ἀρκεσιτάδης. Irpini appellati nomine lupi, quem irpum dicunt Samnites: eum enim ducem secuti agros occupauere, Festus. Κυκκίας, lupus, Varinus. Sed uide ne legendum sit λύκιος pro λύκος: nam κυνηκὸς etiam, & λυκανὸς, & λυκάκων, λύκιος exponūtur: nimirum à colore cneci seminis candidi: alij ruffum, uel subcroceum (κροκίζοντα) interpretantur, ab eiusdem scilicet floris colore. ὄλκοι, λύκοι, Hesychius. Lupi apud ueteres dicuntur etiam νυκτερινοὶ κύνες, id est canes nocturni, Hesychius & Varinus. Μονιός, aper syluestris, lupus solitarius, Suid. Cyrillus apud Osee prophetam interpretatur asinum.

¶ Epitheta. His ubicunq; authoris nomen non addetur, inter Textoris Epitheta reperiri sciendum est. Acres, Horatius Epod. Agrestis. Appuli, Horatio. Asper, Ouid. 11. Metam. Atrox. Audaces, Gratius. Auidus, Ouidius 1. Trist. Auidus, Verg. 11. Aen. ¶ Canus, Ouid. 7. Metam. Carniuorus. Cautus. Celer. Cruentus, Statius 5. Theb. Cupidus cruoris. ¶ Degener. Durus. ¶ Edax. Esuriens. Expugnator pecoris. ¶ Famescens. Ferus. Fuluus, Ouid. 11. Metam. ¶ Ieiunus. Immitis. Improbus. Indomitus. Infestās. Infestus pecori, Hora. Epod. Ouid. 2. Fast. Infrendēs. Insatiabilis, Ouid. in Ibin. Insidiator. Martiales, Horat. 1. Car. Martius, quod ueteres eum in tutela Martis esse finxerunt. Mœstus. Montani, Ouidius epistola 11. ¶ Nocturnus. ¶ Prædo. Proceri, Horat. 2. Serm. ¶ Rabidi. Rabiosus. Rapaces, Horat. Epod. Rapidus. Raptor. Rauus. ¶ Sæuus. Sarcinosus. Sanguineus. Sanguinolentus. Spumiger. Superbi, Valerius

Valerius 3. Argonaut. ¶Trepidans. Tristis. Triste lupus stabulis, Vergil. 3. Aeg. Trux. ¶Vehemens, Horat. 2. epist. Vlulans. Vorax. ¶Lupæ epitheta. Fœda. Immanis. Inhumana, Propert. 4. Eleg. Martia. Obscœna. Olida. Rapida, Ouid. 3. de Arte. Raua, Horat. 3. Carm. Romulea. Spurca. Trux. Volsca.

¶Græca. Αἱμωπὸς (id est ἀγριωπὸς) εὐφελιξὶ λύκος, Varinus ex epigrammate. Ἀργῄεντων ἐρίφων τε πολύπλοκον ἁρπακτῆρα, Oppianus. Δαφοινὸς, δυσαύτης, Idem. Ἀναιδείῃ ὑπέρμορος εἵνεκ᾽ ἐσωσῆς, θρασύφρων, καρχαρόδους, Oppianus. Κορδαλέοι, in epigrammate. Λαίμαργοι, Bianor in epigrammate. Μηλοφόνος, Oppianus. Νυκτερινὸς, ποιμνίων καὶ αἰπολίων ὀλετὴρ, ὀλοόφρων, πολιόθριξ, (& πολιὸς, uide infra in b.) Idem. Φθορεὺς, Philes. Σίμησης, Lycophron.

10 ¶Lupa pro meretrice ponitur, propter auaritiam, rapacitatem & ὠμοφαγίαν. Lupula, meretricula, Apuleio. A lupo facta meretricum nomina Græca (Lyce, Lycoris, & Lycænis) infra ponã inter propria. Deuortunt mores uirgini longè ac lupæ, id est meretrici, Plautus Epid. Romulum & Remum aliqui non à lupa fera, sed à meretrice nutritos aiunt: qua de re Plutarchus in Romuli uita. Sunt qui dicant nutricis nomen ambiguitate fabulæ locum dedisse: nam & feras & meretrices communi uocabulo lupas uocamus: ita Faustuli uxori, prostrato pastoribus corpore, lupæ cognomẽ esse additum, cum Laurentia antè nuncupata esset. Hinc lupari (Nonius ex Turpilio) pro scortari: & lupanar uel lupanarium pro habitatione meretricum: & lupanaris adiectiuum, (Calepino,) deriuantur. ¶Cauete uobis à pseudoprophetis, qui ueniũt ad uos in uestitu ouium, sed intrinsecus sunt lupi rapaces, ἔσωθεν δέ εἰσι λύκοι ἅρπαγες, Christus Matthęi 7. (Harpages peculiariter luporum genus esse Oppian.
20 docet, ut in B. retuli.) Lupi rectè intelliguntur hæretici, callidi uidelicet fraude, fortes disputatione, crudeles occisione: Vnde apostolus ad Ephesios, Intrabunt lupi rapaces ad uos, Glossa in Acta. Noui quod ingressuri sint post discessum meum lupi graues (βαρεῖς) in uos, non parcentes gregi, Paulus Actorum 20. Lupos serrulas uocamus manubriatas, agrestium usibus accommodas, Cælius. Vtitur hac significatione alicubi Palladius: handsagen: dictæ nimirum propter dentes inæquales quales lupini sunt, quibus exasperantur: ut & lupi in frenis. ¶Ad dolorem capitis lupinum: Suillum fimum comburito, & cinerem melli admisceto, caputq; rasum inungito: ac super brassicæ folia dato, Galenus de parabilib. 3. 285. ¶Lupum appellant ulcus non ualde dissimile illi, quod fornicem. uel noli me tangere nominant: nisi quod non faciem, sicuti illud, sed inferiores partes, præcipuè autem crura infestat: celerrimè depascens, & quasi lupus famelicus, proximas sibi carnes exedẽs: quod
30 & dubio procul de genere est phagedænæ, à magis exusta tantum materia factum, & propterea uelocius obambulans, Manardus. Lupus quomodo differat à cancro & malo quod uocant noli me tangere, docet Cælius 30. 14. Germani lupum uocant, intertriginem in sede ex attritione ortam, ut equitantibus solet. Huius remedium ex felle bubulo, & carlinæ chelidoniæq; succis permixtis & pro emplastro impositis, in Boue scripsi. ¶Est & lupus inter sidera, cui stellæ assignantur nouendecim, ætate Ptolemæi in libra & scorpio resides, nunc in scorpio tantum uisuntur, Ruellius. λύκιον τέρας, τὸ τοῦ λύκου, Varinus: de sidere intelligo. Luparij, uenatores luporum, Seruio. ¶Lupi uel lupati sunt freni asperrimi, dicti à lupinis dentibus qui inæquales sunt. Vide in Equo H. e. Mihi quidem non tam integrum aliquod freni genus asperioris uidetur, quàm cuiusuis freni ferrum quod ori inseritur, lupus aut lupatum rectè dici, (aut certe utroq; modo accipi.) hoc Græci στόμιον uocant, pro quo Camera
40 rius apud Xenophontem lupos uertere solet. Nicandri Scholiastes lycon esse ait ferrum habenæ: τὸ ἐν τοῖς χαλινοῖς σιδήριον, Hesych. & Varin. Nostri uocant das gebiß: Itali morsum freni. Freni genus Græci lycon nominant, Cælius: & fieri potest, ut idem conijcit, ab eo lycospadas equos potius dici, alacres scilicet & ferociores, quàm qui à lupo demorsi sint: solent enim animosi equi lupos & frenum morsu quandoq; corripere & attrahere. ¶Lupus, instrumentum aduncum quo uasa quæ in puteum forte ceciderunt, extrahunt: idem harpax Græco uocabulo & harpago (Græce ἁρπάγη, non harpago) nominatur. In alios lupi supernè ferrei iniecti, ut in periculo essent, ne suspensi in murum extraherentur, Liuius 8. belli Punici. Hæc instrumenta uocantur etiam onagri, corui, & manus ferreæ, ut in Onagro docui. Lupus, qui & canicula, ferreus harpax, quo si quid in puteum decidit rapitur & extrahitur, Isidorus. Lycos etiam, id est, lupus uocatur fuscina, qua caro ollis eximi-
50 tur: alio nomine κρεάγρα, ἁρπάγη, & ἐξαυστήρ. ἐξαῦσαι enim eximere est, Pollux. Λαύσρανον, τινὲς λύκον, ἄλλοι φρέατος ἅρπαγα, Hesychius & Varinus. Ego λαύσρανον uocem corruptam esse censeo, & ἐξαυστῆρα legendum ex Polluce: quanquam ἐξαυστὴρ quidem suo loco apud eosdem κρεάγρα exponitur. Videtur & aliud uasis genus ἐξαυστὴρ existimatum Varino, quasi αὐστὴρ ab αὔω αὔσω: nam post hęc uerba seorsim subijcit, καὶ ἐξαυστὴρ, κρεάγρα. Etymologus eandem originem facit, & interpretatur σκεῦός τι apud Aeschylum. Ἁρπάγη, ξυστὴρ, (lego ἐξαυστὴρ) ἢ ἄγκιστρον: est autem instrumentum habens ὄγκινους, id est uncinos siue uncos, quo cadi in puteos delapsi extrahuntur: Euripides lycon nominat, Hesychius & Varinus. Creagran & harpagem & lycon appellari scribit Pausanias, Cælius. Et alibi, Sunt & in belli usibus harpagæ, ab Agrippa excogitatæ, capiendis oblaqueandisq; nauibus. Ea uerò sunt cubitorum quinq; ligna, ferro circumplexa, fibulasq; ab capite utroq; præfixas continentia, uni falx fer-
60 ro curuata inhæret, alteri funes destinantur plurimi, falces machinis attrahentes, ubi in tendiculam incidit hostica nauis: cui intercipiendæ machinulę præsto & altera est: coraca uocant, id est coruum. Harpagones (inquit Plinius) Anacharsis excogitauit primus, et manus Pericles Atheniensis: auctor

nobis est in Viris illustribus Nepos Cornelius, hisce usum ex Romanis primum imperatorem Duillium, Hęc Cælius. Lupinus, adiectiuum. Quem inauratum in Capitolio paruum atq; lactentem huberibus lupinis inhiantem fuisse meministis, Cicero in Catil. Galea lupina, Propertius.

¶ Aristophanes in Vespis sycophantas appellat lupos. Theomnestus in Hippiatricis cap. 24. ligaturæ uel nodi quoddam genus lupum uocat, his uerbis: τὸ δὲ ἅμμα ποιῶν βρόχον τὸ καλούμενον λύκον, καὶ ἀποσφίγγομενον: item Absyrtus capite 74. quod est de fracturis. λύκοι, μάνδαλοι τῶν θυρῶν, Hesychius et Varinus: uocem quidem μάνδαλοι in Lexicis non reperio: sed suspicor pessulum significare, quo obseratur & offirmatur ianua promoto, & retracto aperitur: (ein rigel) uel ferrum in sera mobile, quod claui retrahitur ut aperiamus, ein vszug: quod Latinè etiam pessulum uocant. Claue pessulis subiecta pandit fores, Apuleius. Subdita claue pessulos reduco, Idem. Itali uulgò cadenatium uocant, Calepinus. Idem pessulum dici putat quasi paruum pedem: uel quòd ne pessundetur hostium affigi solet & annecti: ego uero à figura sic dictum conijcio, qualis scilicet pessorum (πεσσοὺς Græci uocant, ut Dioscorides) medicinalium est, nempe oblonga, siue cylindri siue coni specie: nisi quis à passalo Græcorum deriuare malit. Obices sunt pessuli ferrei, Festus. Aliqui pessulum Græcè μοχλὸν & καταπήγιον uel καταπῆγα nominãt. Καταπὴξ quidem Varino palus est qui in aqua defigitur, nostris ein schwiren. Nos instrumentum aliud ferreum aut ligneum, quo depresso ianua aperitur, & iterum delabente clauditur, à lapsu uocamus ein fallen, hoc etiam Latinè quidam pessulum interpretatur. A mandalo uidetur & μανδαλωτὸν dici apud Aristophanem in Acharnensibus, εἶδός τι φιλήματος, ποικίλον, ἡδύ, ἐπικαλυψισθὲν καὶ καταγλωττισμένον, ἐν ᾧ δεῖ τὴν γλῶτταν τῶν καταφιλούντων λάχειν: forte quòd instar pessuli linguam exertã εἰς τὸ τοῦ φιλουμένου στόμα ὁ φιλῶν ἐπιτείνῃ. ¶ Νυκτόρινοι λύκοι, οἱ λύκοι, τινὲς δὲ εἶδος ὑποδήματος γυναικείου, Hesychius & Varinus. ¶ Λυκίσκος, ὁ μὴ ἔχων ἀξονίσκον τροχιλία, τρῆμα δὲ μόνον, ἢ ἀνοδίλυ λίμνατος, Hesychius & Varinus: in Lexico Græcolatino quidam interpretatur trochleam suculis carentem, & quę solum foramen habeat. ¶ Λυκός, λύκιον, λυκάριον, τρυβλίον, οἱ δὲ λυκάσιον, (forte λυγάριον, ne idem bis scribatur,) Hesychius & Varinus: uidetur autem hæc nomina à recentioribus Græcis facta à ligula Latinorum, quæ paruum cochleare est, à lingendo forte dicta: nam aliqui lingulam dicunt, uel potius forma diminutiua à lingua, cuius speciem refert. ¶ Λυκιδεῖς, quasi lupuli, luporum catuli, apud Pollucem: dicuntur & scylaces communiori uocabulo, Pollux. Λυκίδης rectus singularis non diminutiuæ, sed patronymicæ formæ est, Varinus in λαγωός. Galli louueteaux nominant. ¶ Λυκόω, perdo, corrumpo, lanio: inde πρόβατα λελυκωμένα, τὰ λυκώσαντα, Hesychius & Varinus. ¶ Λυκάβας annus uocatur, quòd λυγαίως, id est latenter & obscurè prætereat (sic enim tempus elabitur, Hesychius ex Scholijs in Odysseæ ξ.) Vel quòd dies anni continua serie pergunt, ut lupi cum flumina traiiciunt: fertur enim illos, cum rapidus aliquis fluuius traijciendus est, caudis mutuò mordicus apprehensis tranare, (ut in D. exposui) Varinus & Suidas. Λυκάβας, ἐνιαυτὸς, ἀπὸ τοῦ ταχέως βαίνειν, ἢ λυγαίως βαίνειν, ὅ ἐστι σκοτεινῶς καὶ ἀδήλως, Suidas. Lycobanta (melius lycabanta) iccirco annum nominari existimant, quod erga lupum Sol amorem habeat, &c. Aelianus, ut in h. dicam. Macrobius lycábanta interpretatur τὸν ἀπὸ τοῦ λύκου βαινόμενον καὶ μετρούμενον, quòd Lycus, id est Sol, transitu suo eum metiatur. Λυκηγενῆ aut λυκηγενέτην Homerus Solem uocat, quòd lucem diluculo, uel quòd lycabanta progeneret, hoc est annum, quem cõficit Sol suo per XII. signa Zodiaci cursu, Gyrald. Λυκάβας, λυκαβος, ὁ ἐνιαυτὸς, ἐκ μεταφορᾶς τῶν λύκων τῶν βαινόντων ἐπὶ ὕδωρ, Varin. ego λυκάβας malim. Λυκάβαντα uocãt annũ quasi lygabanta, ἐπεὶ μετὰ λύγης βαίνει, Idem in uoce Λυγαίοις: interpretatur autem λύγην noctem, λύγος tenebras, λυγαῖον obscurum. ¶ Λυκόφως, τινὲς τὸ σκοτεινὸν λέγουσιν, οἷον (Varinus addit λυγαῖον) διαλελυμένον φάος, (sic λύγος, παρὰ τὸ λύειν τὴν αὐγὴν) ut sonet lucem solutam, (quasi dilutam, non meram:) uel tempus ex luce & tenebris permixtum, per translationem à pilis lupinis, qui interiore sui parte quæ cuti contigua est, albicant: exteriore nigricant, Etymologus, Varinus & Eustathius apud Cæliũm. Vide etiam infra in Lyceo Apolline in h. & supra in c. de uisu lupi. Λυκόφως, τὸ πρὸ τῆς αὐγῆς φῶς (id est matutina lux, crepusculum,) Suidas. Eustathius quidem in Iliad. κ. λύκην lucem matutinã interpretatur, unde deriuetur λυκόφως: item umbram, unde νὺξ ἀμφιλύκη dicatur. Πρώτη ὑπ' ἀμφιλύκη, summo mane, Oppianus: hinc & ἀλύγη, σκέπη, σκιά: quin & lupi canes nocturni uocantur. Est igitur (inquit Varinus) ἀμφιλύκη νὺξ, quod uulgo λυκόφως dicitur, inter noctem diemq; medium. Homerus sanè amphilycen noctem uocat, quæ diei propinqua sit, & auroram seu diluculum præcedat. Vel tempus quo Sol oriri & tenebras soluere incipit, nondum tamen ortus est, necdum plena aurora apparet: nominis ratio est, uel q̃d uox λύγη tenebras signat: ut amphilycõ exponamus tenebrosam, quasi amphilygen: & lycóphos, quasi lygóphos: uel à lycea, id est pelle lupina: cuti color cinereus, non totus niger, Hæc ille. Λύγη, ἡ σκοτία κατ' ἔλλειψιν αὐγῆς λέγεται, Hesychius. Amphilyce, finis noctis. Ἦμος δ' οὔτ' ἄρ πω ἠώς, οὐδ' ἔτι λαμπρά, ἀλλ' ἔτι πως ἀμφιλύκη ἦν νὺξ καὶ ἀπίληγε, Suidas ex innominato. Idem amphilycen pro nocte simpliciter, per synecdochen accipi docet, ut in epigrammate: Ἀμάθυνε δὲ χαίτην, ἦν μόλις εἰς τριστὴν πλέξαμεν ἀμφιλύκην. Ἀμφιλύκη νὺξ, Homero Iliad. 8. crepusculum antelucanum: cum lux adhuc crepera & dubia est, necdum pura, Scholia: Sic etiam Porphyrius, citante Cælio, interpretatur. Prisci Græcorum (inquit Gyraldus) primam lucem, quæ præcedit Solis exortum, λύκην appellauere, ἀπὸ τοῦ λύκου, id est à lupo: hodie quoq; lycophos dicitur: eandem & λύκην Homerus nec semel appellauit: quin & Latini uidentur lucem à λύκη deriuasse (ex Macrobio.) Quin idem ipse Homerus eam lucem, cum iam tum cernens lupus se in uiam dare solet, ἀμφιλύκην νύκτα appellare uidetur. Theon uero

amphilycen

amphilyceen Solis exortum interpretatur. Sed & Sol λύκος cognominatur, (ut in h. referetur,) Hæc ille & Sipontinus. Lycophos Græci dicunt quod nos primum tempus lucis quasi λευκὸν φῶς, id est lumen candidum, Festus. Μεγάβως, τὸ λυκόφως, Hesychius & Varinus. Apparet uocem esse barbaram, finitimam nostris, morgen & frü, uel utrisque iunctis. Λυκαυγὲς, τὸ, crepusculum quod νύκτα ἀμφιλύκην uocat Homerus, Pollux. Vide λυκοειδὲς eiusdem significationis, inferius. ¶ Λυκόποδες, tyrannorum satellites erant, corpore uegeto & animo præsigni iuuenes: uocabuli ratio est, quia pedes lupino circuntegerent corio (ne æstus adureret, Suid.) aut quia in clypeis lupi gestarent in signe, Cælius ex Suida. Alij sic dictos aiunt quasi leucopodes, id est albis pedibus: quod semper calceati (ὑποδεδεμένοι) essent, Hesychius. Aristophanes uerò in Lysistrate Alcmæonidas sic nominat, qui contra Hippiam tyrannum & Pisistrati filios bellum gesserũt, munito Leipsydrio supra Parnethem, ubi ciues aliquot cum eis collecti sunt, ut scribit Aristoteles in Atheniensium republica, Suidas & Varinus. ¶ Qui lycanthropia seu cynanthropia morbo occupantur, inquit Aetius 6.11. mense Februario noctu exeunt, in cunctis imitati lupos, aut canes, & usque ad diluculum circa sepulchra præcipue uersantur: ita affectos his notis dignosces: pallidi apparent, & ignauè (ἀδρανὲς) aspiciunt, aridis oculis, neque lachrymantur, spectabis in eis oculos cauos, scabram linguam, neque omnino expuunt: sunt & siticulosi, tibijs ita ulceratis ut curari nequeant, propter frequentes casus (impactiones,) & canum morsiones: his signis cognosces lycanthropiam esse melancholiæ speciem, Hæc ille ex Marcello: curandi rationem omitto. Plura uide supra in Cane H.c. ex Manardi epistolis super hoc morbo. Qui sic afficiuntur lycanthropi uocãtur, item lycaones, Cælius. Manardus morbum ipsum lycaonem nominat: ut & Marcellus Vergilius in Dioscoridis de pæonia caput scribens: ubi & hæc eius uerba sunt, Potuerunt Græci malum hoc lycaona uocasse ab Arcadiæ rege Lycaone, quem Naso 1. Metam. à Ioue in lupum ob scelera sua mutatũ finxit: aut quod uerisimilius est, ex humanæ mentis alienatione hanc factam fuisse fabulam, &c. Omnia quidem in illo ferè ex hoc atræ bilis uitio descripta uidentur, præsertimque cum ait: Territus ipse fugit, nactusque silentia ruris Exululat, frustraque loqui conatur, &c. Lycaon apud recentiores uocatur morbi genus, quo affecti, noctu oberrant, & circa sepulchra morantur, Varinus. Cognatus huic affectus uidetur, de quo Andr. Bellunensis, Dæmonium leoninum (inquit) est confusio rationis cum factis malis, noxijs & iracundis: ut à leone dictum uideatur hoc malũ, quòd eo detenti alios homines lædant, & leonum instar in eos sæuiant.

¶ Λυκεῖον, terribile, lupinum: ut δέρμα λυκεῖον, pellis lupina, Suid. Hesych. Varin. Γόργεια, Dorice, τὰ μορμολύκεια, Suidas: id est personæ, laruæ, quòd pueris sint terribiles: nam & lupus fera terribilis est, & Mormo siue Gorgo, de qua dixi inter boues feros, ubi de Catobleponte. Λύκιον πέρας, τὸ τοῦ λύκου, (sydus intelligo:) λύκειον (lego λύκιον, quamuis alij in eadem significatione penultimam circunflectant, quod non arridet) uerò cum diphthongo, de pelle, Varinus: lego autem δέρμα, non δῶμα. ¶ Λυκοφόροι equi, ac si lupiferos dicas, dicti sunt in equo B. inter celeres: Item λυκοσπάδες ibidem. Apud Hesychium & Varinum non rectè λυκοπκολεῖς legitur in dictione ἐντιπάδες. Λυκοσπασεῖς (λυκοσπάδες potius) ἵπποι ὑπὸ λύκων διεσπασμένοι, οἱ πρὸς τὴν ἀνδρίαν (lege ἀδρίαν,) Hesychius. Sunt enim Veneti siue Adriatici equi. Vide etiam paulo superius hoc in capite in lupi freni mentione. Ἵπποι γὰρ σφηκῶν γένεσις, ταῦροι δὲ μελισσῶν, Σκήνεσι πυθομένοισι λυκοσπάδες ἐξεγένοντο, Nicander in Theriacis. Hoc est, ex cadaueribus equorum & taurorum putridis generantur uespæ & apes, utræque lycospades, id est asperæ & similes lupis colore: uel quoniam ut lupi impudentes sunt, præcipue uespæ: uel quoniam lupis cadauera illa uorantibus carne nudata & rupto corio euolant, ut lupi fortuita generationis earum causa uideantur, Scholiastes. ¶ Λυκόβρωτος, à lupo adesus, Plutarcho. Λυκοσπαστον πρόβατον, laniata uel adesa à lupo ouis, Grammatici in Lexicis in uoce λελυκωμένα. ¶ Λυκαιχλίας, ὁ λυκόβρωτος, Hesychius & Varinus. ¶ Λυκοβατίας δρυμὸς, sylua in qua lupi uersantur, Iidem. ¶ Λυκοειδὴς, διάλευκος, Hesych. & Varin. Λυκοειδὲς, τὸ πρὸς τὴν ἕω: τὸ λυκόφως, id est tempus antelucanum, uel matutinum, Iidem. Quidam in Lexico Græcolatino interpretatur dolorem qui fauces infestet, sine authore. ¶ Λυκοῖεα, ἐκ λυκείου δέρματος πεποιημένα, Hesych. & Varinus. ¶ Λυκοθρασοὺς, θρασοὺς, Hesych. ¶ Λυκοπαιεὺς, θερμὸν ἀπ' ἀλφίτων πιεῖν, (locus mihi obscurus,) Idem. ¶ Λυκοῤῥαίστης, qui lupos perdit uel occidit, ut in epigrammate, Δέρμα λυκοῤῥαίστης ἐκρέμασε Τελέων, Suidas & Varinus. Est autem epigramma Zonæ libro 6. sect. 15. Anthologij, ubi uox Τελέων desiderata, ex Suida restituetur. ¶ Λυκοκτόνος, paroxytonum, lupum occidens: proparoxytonũ uerò, à lupo occisus, Quidam in Lexico Græcolat. ¶ Λυκόκρατος, ὁ μόναρχος apud Hippocharmum, Hesychius & Varinus. ¶ Lycophilios pro suspecto ponitur & latente, ut est apud Ael. Dionysium: & Menander ita scriptum reliquit, λυκοφίλιοι μὲν εἰσιν αἱ διαλλαγαί: id est, suspectæ quidem conciliationes sunt, Cælius & Varinus. Λυκοφιλίως, ὑπόπτως, ὑπούλως, Varinus. Videtur sanè factum hoc uocabulum ex apologo huiusmodi: Lupis & agnis fœdus aliquando fuit, datis utrinque obsidibus. Lupi suos catulos, oues canum cohortem dedêre. Quietis ouibus ac pascentibus, lupuli matrum desyderio ululatus ædunt. Tum lupi irruentes, fidem fœdusque solutum clamitant, ouesque canum præsidio destitutas laniant. ¶ Λυκόφρων, δεινόφρων, ὑψηλόφρων, Hesych. & Varinus: Est & uiri proprium. ¶ Λυκόχροος βαφὴ, color cinereus cuiusmodi lupinus est, Eustathius Iliad. κ.

Q q

¶ Lycophthalmos gemma quatuor eſt colorum, ex rutilo & ſanguineo: in medio nigrum candido cingitur, ut luporum oculi, illis per omnia ſimilis, Plinius lib. 37.

¶ Stirpes. Lupum ſalictarium Plinius lib. 21. numerat inter herbas Italiæ quæ in cibum ueniunt, eaq; uerius oblectamenta quàm cibos. Medicis & pharmacopolis hodie uulgò lupulus uocatur, Gallis hupelon, Germanis **hopfen**. Caulibus aculeatis longiſſimisq; (inquit Ruellius) in uepribus & ſalictis reptat, folijs uitis albæ, hiſpidis, & nigrioribus: flore cinereo, ac multis exilibus folliculis ſquamatim compactili. Hoc frugibus admiſto, Germani ſuam condiunt ceruiſiam. Subit ſcanditq; ſalices, & arbuſta omnia circumuoluendo ſe complectitur, nonnuſquam quoq; reptitius lupus uocatur hodie. Græci uulgo bryon uocant, à bryoniæ ut puto ſimilitudine (nam bryoniam quoq;, ut audio, in Burgundia uitem lupi uocant) bruſcandulum Itali, quaſi bryon ſcanſile, Hæc Ruellius. Lupulos ego aut à colore lupino aut ab aſperitate ſic appellatos puto: aſperrimi enim ſunt & colorem lupi caule & folijs imitantur, Platina. Lupa, nomen cici uel ricini apud Dioſcoridem. Lupinus uel lupinum (maſculino genere frequentius) genus leguminis, quid cum lupo commune habeat, haud ſcio: circumagitur quidem cum Sole, & Sol quoq; diuerſa à lupo cognomina ſortitur. Thermos Græci uocant, noſtri **feigbonen/ wälſch bonen/ wolffziſern.** Lycos flores herbæ iridis dici inuenio, quòd labiorum lupi ſpeciem reddant, Cælius ex Scholijs in Nicandrum, ſi bene memini. Apud Heſychium & Varinum non rectè legitur τὸ τῆς ἱερέως ἄνθος, pro τὸ τῆς ἴρεως ἄνθος. Orobanche apud Dioſcoridem alio nomine etiam λύκος uocatur, & hodie à quibuſdam lupa Matthæolo teſte: Vide ſupra in Boue capite tertio. Chamælycos, uerbenaca altera, inter nomenclaturas Dioſcoridis. Lycium eſt ſpina pyxacantha, uel potius ſuccus ex contuſis decoctisq; æreo uaſe radicibus eius & ramulis: huic nomen inuentũ Ruellius conijcit, quoniam à Lycia inueheretur, præcipuũ urbe Patara. Lycanthemon, ſmilax aſpera, Dioſcor. Lycophryx (aliâs leucophryx) artemiſia, apud eundem. Per hyemis tempora Spartani lycophonas, λυκόφονας, ad dormiendi uſum ſtipadibus permixtos ſibi ſubſternebant, δερματινὴν ἔχειν τι τῆς ὕλης δικώσης, Cælius. Lycoperſium, de qua Galenus de ſimplicibus 4. 17. Nuper, inquit, herbam quandam conſpeximus, quam centurio quidam ex barbarica circa Aegyptum regione comportauerat, odore adeò graui, adeoq; inamœno, ut ne guſtare quidem auderem, ſed letalem eſſe conijcerem: utebatur autem ad urgentes articulorum dolores: atq; ipſis etiam laborantibus refrigerandi pollere facultate eſt uiſa. Eſt autem colore ſubflauo, odore tam graui quàm cicuta: niſi quòd leuem quandam inſtar aromatum odoris adferat gratiam. Nomen herbæ ex qua ſuccus hic exprimitur, lycoperſium eſſe dicebat, Hæc Galenus. Lycoſcytalion, ſeſamoides magnum, Dioſcorides. Lycopſis anchuſæ congener, miror quomodo ab aſpectu lupino nomen tulerit. Ruellius linguæ canis hodie uulgò dictæ hoc nomen adiudicat: folia ei (inquit Plinius lib. 27.) longiora quàm lactucæ craſſioraq;, &c. Pro thermuntiade lycopſolon ſubſtitui, in Succidaneis legimus. Meſſenij echinopodem, lycophanon (λυκόφανον) uocitant, Heſychius & Varinus: de echinopode herba uide in Echino ſupra in H. a. Lupi cor, capparis & limonium, apud Dioſcoridem. Lupi pes, (ut ſcribit Ruellius,) Græci lycopoda nominant: herba eſt marrubio ſylueſtri ſimilis, folio lupini pedis effigie, diſſecto, grauis odoris, caule anguloſo geniculatoq;, fungoſa intus medulla, radice frequenti capillamento fibrata: folia trita præſentaneo remedio imponuntur diſſoluto ſtomacho. Galli nunc patam lupinam, nunc herbam pectoralem, nunc manum ſanctæ Mariæ nominant, Ruellius. Hæc eſt quam multi in Germania cardiacã uocant, **hertzgeſpert/ hertzkraut**: nimirum quod cardiæ (ſic etiam ſtomachum ſiue os uentriculi ueteres nominabant) impoſita medeatur. Quod uerò Ruellius ait Græce lycopodem nominari, nuſquã reperio apud Græcos, ſed neq; apud Plinium: quare confictam ab eo ad imitationem Gallicæ uocis Græcam conijcio. Tragus meliſſam ſylueſtrem facit. Fortaſſis hoc Galeni lycoperſium fuerit, cuius proximè memini: cum & nomen à lupo, & odoris inſignis grauitas, leuiter tamen aromatica, & ni fallor etiam color conueniat, præſertim maturo iam ſemine prægnãtis herbæ: leuari autem eius uſu articulorum dolores facile crediderim, cum egregie diſcutiat, & mediocriter calefaciat euocetq; in uaporem reſolutos craſſos humores, &c. nam quod Galenus refrigerare putat, non pro certo aſſerit, ſed uulgi refert opinionem, qui forſitan actu frigidam herbam aut eius ſuccum ad huiuſmodi dolores admouebant. Vix hercle grauius odoratam inuenias herbam, ut nõ mirum ſit Galenum noluiſſe guſtare: ego uero certius cognoſcendi gratia, ea etiã quę uenenoſa eſſe ſciebã, pleraq; omnia guſtu iudicare uolui, ſed ne quid deglutirẽ diligẽter caui, et apotherapia mox aliqua uſus ſum. Magna quidẽ inter plantas ualde refrigerantiũ pars, odoris grauitate notatur, quod ſingulatim oſtendere poſſem: non continuò tamen omne grauiter olens refrigerat. Fungi quidam (inquit Ruellius) terræ cohærent, nullo fulti pede, in globum circinati, nec ulla ſui parte patentes dehiſcunt: qui cum rumpuntur, atram fuliginem eructant, toto callo in fumum abeunte: hos crepitus lupi noſtrum uulgus appellat, ij nullo pacto manduntur. Germani nominant **pfawenfiſt**, id eſt crepitum pauonis: Matthæolus ueſicas lupi, Tragus tertij Tomi cap. 1. **bůbenfiſt**, & ouatos à figura. Creſcunt, inquit, in campis gramine ueſtitis, albo colore, & cum aruerunt, crepant, & puluerem ferè flauum eructant. Hunc aliqui uetuſtis & humidis ulceribus inſpergunt, ut ſiccentur & facilius curationem admittant. Fungus quem crepitum lupi uocant, cum ſtercore porci

gramina

gramina pascentis tritus & calidus appositus plagæ, sanguinem sistit: debet autem intra triduum non remoueri, Rufius. Comarus Græcè, Arabicè catilabinch, uel haruanchicth (apud Serapionem) Latinè ficus lupi, uel suborbito (lege, arbutus) nostro idiomate armoni uocant, Syluaticus. Idem alibi iusoph, ficum lupi interpretatur. Arnoldus scribit arbutum in Hispania ficum lupi uocari. Caret eo Germania: in syluis Galliæ Narbonensis frequentem uidi. ¶ Dipsacum è genere carduorum, nostri uocant **wolffstral**, hoc est fulmen lupinum: & esulam, hoc est pityusam, uel quemuis etiam tithymallum, **wolffsmilch**, id est lac lupinum: aliqui non rectè **wolffwurtz**, id est radicem lupi: quod nomen aconito conuenit, ut iam docebo. In Hippiatricis Græcis cap. 26. helleborum album αὐτολύκιον uocari legimus, aut certè eiusdem facultatis plantam.

¶ Aconitum quoniam lupos aliasque feras plerasque omnes occidit, homini etiam intus forisque uenenum, sed & remedium aduersus morbos & uitia quædam, & lupariæ nomē, tum apud Germanos tum Gallos & Italos habet, hoc præcipuè loco, quæ super eo mihi obseruata sunt, studiosis communicare uolui. Pluribus autem de eo mihi agendum est, propter ueterum pariter ac recentiorum circa huius ueneni genera, partim ignorantiam, partim errores, & codices quoque ueterum uitiatos. Antiquorum curam (inquit Plinius) diligentiamque quis possit satis uenerari, cum constet omnium uenenorum ocyssimum esse aconitum: & tactis quoque genitalibus fœminini sexus animalium, eodem die inferre mortem? Hoc fuit uenenum, quo interemptas dormientes à Calfurnio Bestia uxores M. Cæcilius accusator obiecit. Hinc illa atrox peroratio eius, in digito eas mortuas, Hæc Plinius. Et alibi, Nascitur in nudis cautibus quas aconas (ἀκόνας) nominant: & ideo aconitum aliqui dixêre, nullo iuxta, ne puluere quidem nutriente. (Hinc forte Ouidius uiuacia dixerit.) Et dira aconita creat cos, Ausonius. Hanc aliqui rationem nominis attulêre. Alij, quoniam uis eadem in morte esset, quæ cotibus ad ferri aciem deterendam, statimque admota uelocitas sentiretur. In Ponto est portus Acone, ueneno aconito dirus, Plinius. Theopompus Chius, uir fide dignus, de Clearcho Heracleota Ponti tyranno scribit, quod multos uiolenter sustulerit, & ἀκώνειον plerisque bibendum dederit: quod cum cognouissent homines, nulli domo prodibant nisi gustata prius ruta: hac enim præsumpta nihil obesse aconitum asserunt: est autem hoc uenenum, quod sic nominatum ait inde quòd nascatur Aconis loco circa Heracleam, Athenæus libro 3. Apparet autem priore loco non ἀκώνειον sed ἀκόνιτον esse legendum, ut posteriore: quo quidem rectè aconitum legi etymologia demonstrat: quanquam & conion, id est cicuta inter uenena est, & ruta inter utriusque antipharmaca nominatur. Aconitum præterea ex Ponto, de cuius hic loquitur rege, commendabatur. Quæ quia nascuntur dura uiuacia caute Agrestes aconita uocant, Ouidius lib. 7. Metam. Eustathius quidem in Dionysium Afrum scribens aconitum sonare putat inexpugnabile uenenum, πρὸς ὃ οὐκ ἔστι κονίσασθαι, καὶ οἷον παλαῖσαι καὶ ἀντιπαλαμήσασθαι. Et mox ex Arriano citat hæc uerba, Mariandyni ultra Sangarium habitant, Paphlagonum uicini, ubi urbs est Heraclea: quo in loco Cimmerij sumpto in cibis aconito malè habuerunt: nam pro patrio more herbis uescebantur. Κονίζεσθαι quidem est puluere seu arena aspergi, & ad luctam præparari, unde ἀκονιτὶ & ἀκονίτως aduerbia, citra puluerem, sine labore & periculo, facile: Erasmus inter prouerbia recenset. Hinc iocus ille in Epigrammate, Ἀλλὰ πῶς ἀκόνιτον ἀπέκφυγε τοῦτ' ἀκονιτί. Xenophon in libro de uenatione ἀκονιτικὸν φάρμακον dixit, aconiticum uenenum: apud Hesychium & Varinum non rectè ἀκοντικὸν legitur. Dicitur & aconitum uas non illitum, quod calido dilutum humore aquam in se trahit: Dioscorides ἀπίσσωτον exponit, id est non picatum, libro 1. de fuligine resinæ. Ἀκόνιτον uas (inquit Cornarius) idem est quod ἀκονίατον, id est nulla calce illitū, neque ullo tectorio obductū: nā à picis oblitione picatorū et nō picatorum fictiliū appellatio facta est Latinis, sicut à calce Græcis, &c. ut ille pluribus persequitur in commentarijs in Galenum περὶ τόπων li. 1. ad finem capitis 4. Aconitum (inquit Theophrastus: loquitur autem de secundo apud Dioscoridem aconiti genere) nascitur in Creta atque Zacyntho, sed plurimum optimumque in Heraclea Pontica: Et paulò post, Nascitur ubique, & non in Aconis solum, à quibus habet appellationē: is autem uicus est Periandynorum: amat autem loca potissimum saxosa. Hoc in loco (de hist. plant. 9. 16. non Periandynorum ut Græcè Latineque legitur, & à Marcello alijsque citatur, sed Mariandynorum legendum est. Sunt enim Mariandyni (ut Dionysius Afer scribit & interpres eius Eustathius) populi uicini Paphlagoniæ, ubi extractus Cerberus ab Hercule spumam rabiens euomuit, unde uel natum est aconitum, ut Nicander & Ouidius lib. 7. Metam. scribunt: uel cum prius innoxium esset, Cerberi uomitu contactum uenenosum euasit. Cerberum aiunt in lucem eductum, cum eam ferre non posset, euomuisse, atque inde ortum aconitum. Est autem Acheron fluuius Heracleæ Ponticæ, & iuxta Aconitus collis, ubi canis in lucē extractus fertur. Ibidem subuersum est oppidum Priolai, qui Lyci regis Mariandynorum filius fuit, & in Heraclea Pontica mortuus est, cum Hercules bellum gereret in finitimos: unde urbem Heracleæ uicinam Lycus sic appellauit à filij nomine Priolai, Scholia Nicandri. Mariandyniæ regionis Stephanus quoque meminit. Alij tamen Cerberum non in Ponto, sed in Laconica iuxta Tænarum eductum ab Hercule fabulantur, ubi spelunca quædam ostenditur, ut refert Strabo libro 8. Fabulæ narrauêre è spumis Cerberi canis, extrahente ab inferis Hercule, ideoque apud Heracleam Ponticam, ubi monstratur eius ad inferos aditus, gigni, Plinius de aconito. Nicander aconitum sentire uidetur non ab Aconis Ponti uico dictum, sed à cautibus in quibus nascitur: Aconitum, inquit, aliqui thelyphonon & cammoron uocant: producit autem fœmineum (fœminarum perniciem) hoc aconitum (mons Ida) in collibus petrosis, ἐν ἀκοναίοις ὀρόγκοις: Vbi scholiastes, Prouenit aconitum ijs in locis ubi cotes nascuntur: quas aliqui in Heraclea nasci aiunt, alij in Hermione, alij in Tanagra: Quibus uerbis cotes eum non pro petris aut saxis simpliciter accipere apparet, sed pro cotibus illis tantum quibus ferrum acuitur: quod equidem non probo, quanquā Theophrasti aconitum, quod secundū eius genus apud Dioscoridem est, simpliciter petrosis in locis nasci ab eo proditur: Nicander de primo loquitur, quod pardalianches, &c. uocant. Ipse quidem sæpissime aconiti Dioscoridis secundi duo genera, luteum inquam & cœruleum, ratione floris, iuxta petras montium emicare uidi: luteum etiam in ipsis petris & rupibus, sed terra intectis, non ut Plinius scribit nudis, nullo iuxta ne puluere quidem hærente ac nutriente hanc plantam: hoc enim Grammatici commenti uidentur, ut nominis rationem reddere possent, tanquam sic dicta herba quòd ἀκόνιτι καὶ ἄνευ κόνεως nasceretur. Cœruleum sæpe quidem iuxta saxa, sed magis in terrenis oritur. Pallida Dictæis Cæsar nascentia saxis Infundas aconita palàm, Lucanus lib. 4. Syluaticus & alij quidam huius farinæ omnem herbam uenenosam aconitum dici posse stultè persuasi sunt. Nunc ipsa aconiti genera describemus ex Dioscoride, Theophrasto, Plinio. Aconitum (inquit Dioscorides) aliqui pardalianches, alij cammoron, alij thelyphonon, alij myoctonon, alij therophonon appellant: folia habet tria quatuórue cyclamini aut sycij, id est cucumeris (Marcellus interpres addit syluestris) minora tamen & subhirsuta (ὑποτραχέα, quadantenus aspera, Marcell.) Caulis illi est dodrantalis: radix scorpionis caudæ similis, alabastri modo nitet. Nomina eius eadem omnia Nicander & Plinius recensent, præter therophonon. Ruellius theriophonon legit. Idem & Marcellus thelyphonon apud Dioscoridem & Theophrastum deprauatam esse uocem pro theriophono temere suspicantur, cum & Nicander sic habeat, qui etiam ἐκλάνην ἀκόνιτον eadem de causa uocant: nominis rationem ex Theophrasto & Plinio infra reddemus, quoniam genitalibus cuiusuis animantis fœminæ inserta radix, mortem inferat. Pardalianches quidem uocatur, quoniam pantheras ueluti strangulando occidat, ut legimus in Scholijs Nicādri, unde hæc translata subijcimus. Pardalis deuorato aconito moritur: quamobrem non prius id gustat, quàm prope se uiderit excrementum humanum, quo scilicet antipharmaco utitur. Itaq; pastores excrementum ab arbore suspendunt, in eam altitudinem quam saliendo pardalin assequi non posse conijciunt. Hoc uiso pardalis, secura propter antipharmaci præsentiam, aconitum edit: deinde antipharmacum appetens assiliensq;, cum propter altitudinem attingere nequeat, crebris tandem saltibus exhausta, uel moritur, uel uehementer debilitatur: natura enim infirmum (ἄτονον) est animal: & à uenatoribus capitur uel occiditur. Hæc illa. Minus autem miretur aliquis curari excremento hominis hanc ueluti anginam seu strangulationem, quam pantheræ seu pardales ex aconito patiuntur (ueneno scilicet guttur, fauces & gulam inflammante, & humores illuc attrahente, ut helleborus etiā:) si legerit apud Galenum libro decimo de simplicibus experimentum memorabile de faucium inflammatione pueri excremento sananda. Pantheræ gustato aconito liberantur morte excrementorum hominis gustu, Plinius. Quod ad cammari nomen, Galenus in Glossis Hippocraticis cammoron interpretatur marinum animal (malacostracum, generis cancrorū) paruæ caridi, id est squillæ (cancello) simile: & aconitum, propter radicum eius cum squilla similitudinem: sed apud Hippocratem (inquit) in libro de Locis in homine de neutro istorum accipi potest, ubi in ardoribus cammoron assumitur. Vnde Erotianus (Herophilus, Cornarius) non solum ipsum animal cammoron, sed etiam circumsitum ipsi muscum ita appellari ait. Zeno autem Herophilius cicutam, Zeuxis medicamentum refrigeratorium. Hæc Galenus. Ego apud Dioscoridem inter nomenclaturas cammaron nomen etiam mandragoræ & delphinio attribui obseruaui, in quarum historia utrobiq; penultima per alpha scribitur (quanquam in delphinio per m. simplex camaros, quod non probamus) id quod placet, & si cammoros pro aconito apud Dioscoridem, Nicandrum, & Galenum in Glossis per o. paruum scriptum sit: & insuper Nicandri scholiastes, cuius non magna apud me authoritas, κάμμορον interpretetur, κακῷ μόρῳ ἀναιρῶν, id est malo fato interimēs: nam κάμμορος pro κακόμμορος poetica uox est. Cammaron sanè utrobiq; per alpha pro cancri marini genere scribi, nouerunt uel mediocriter eruditi omnes: huius autem figuræ (Galeno etiam teste, & Plinio) radices aconiti conferuntur, sicut etiam scorpij caudæ: quamobrem scorpium aliqui uocauerūt: (arida radix incuruatur paulum scorpionum modo, Ruellius.) sic & alterius aconiti radix squillæ cancelli marini cirris confertur. Sed & cammaros aliqui caridas (non κανίδας ut apud Hesychium habetur falsò) id est squillas rubentes uocitant. Κάμορος quidem per omicron & m. simplex, alnus est Hesychio & Varino. Aconitum folia habet cyclamini (inquit Plinius) aut cucumeris, non plura quàm quatuor ab radice leniter hirsuta: radicem modicam cammaro similem marino: quare quidam cammaron adpellauēre, alij thelyphonon. Radix incuruatur paulum scorpionum modo, quare & scorpion aliqui appellauēre: nec defuēre qui myoctonon appellare mallent. Aconitum (ut legimus in libro de simplicibus ad Paternianum, qui Galeno attribuitur) herbula est quæ folia habet à radice duo uel tria, similia cucumeri: & thyrsulum non altum: radicem oblongam, & ad imum magis tenuiorem & minutiorem, speciem & colores ad similitudinem scorpionis pusilli sine pedibus. Thelyphonum (inquit Theophrastus 9.19. de hist. plant.) alij scorpionem appellant, habet folium cyclamini, radicem similem scorpioni: nascitur graminis modo, & geniculis constat: loca amat umbrosa. Hæc Theophrastus. Nicandri interpres

interpres gramini simile esse aconitum dixit, in quo reprehendendus est. Theophrastus enim non hoc dixit, sed nasci ut gramen, nimirum propter genicula, ut hoc ipsum ceu epexegesin subiecerit: sic etiam illud quod priuatim aconitum uocat, frumento simile esse ait, caulibus nimirum geniculatis et nodosis, non alia parte. Forma quadam peculiari spectatur, nepæ (scorpij) uocatæ radix, repræsentat enim speciem scorpionis, Theoph. 9. 14. Strangulator alnemer nascitur in terris edeilla, (arenosis, Bellunensis:) & est amari saporis & horridi odoris, Auicenna lib. 4. fen. 6. ¶ Transeo ad aconitum alterum, quod Dioscorides & Theophrastus descripserunt: à Plinio præteritum admiror. Aconitum alterum (inquit Dioscorides) sunt qui cynoctonon, qui lycoctonon, qui cyamon leucon, Romani colomestrum (colomestin, Syluaticus) appellant. Huius tria genera sunt: unum quo uenatores, duo quibus medici utuntur. Ex his tertium quod Ponticum uocant, (καλῶσι uerbum si demas, clarior erit syntaxis, ut Ruellius fecit: sed ita uidebitur medicinale aconitum, non uenatorium describere: cum hoc à se descripto uenatores uti in fine capitis doceat. Theophrastus quidem aconiti genus unum tantum, quo medici simul & uenatores utantur, describit) plurimum in Italia Iustinis montibus nascitur, antedicto (altero quo medici utuntur, quod non descripsit, ut neq; uenatorium,) efficacius: platani folia habet, sed magis incisa (μᾶλλον ἐπεσχισμένα, pluribus quàm platanus incisuris diuisa, Marcellus & Ruellius: sed licet etiam profundiores non crebriores incisuras accipere:) multoq; longiora (Ruellius & Matthæolus, qui μακρότερα legerunt: breuiora, Marcellus qui μικρότερα legit: quam uocem forte commodius Latinè reddas minora uel angustiora) & nigriora: caulem instar pediculi in filice, (ut ipse interpretor, μόσχον enim in filice potius quàm καυλὸν dici, in Vitulo docuimus) glabrum, altitudine cubitali, & aliquando maiore: semen in siliquis quadantenus oblongis, radices cirris marinarum squillarum similes & nigras: quibus ad uenationem luporum utuntur, crudis eas carnibus imponentes: quæ in cibo ab illis sumptæ eos enecant, Hæc Dioscorides. Aconitum (inquit Theophrastus, de eodem loquens genere) folio constat intubaceo (ego nõ κιχωριώδη, sed πλατανώδη lego: cum & Dioscorides platani folium ei tribuat, & nos ea facie lupariam nostram, cuius sunt flores, nouerimus: radice tum specie tum colore nuci proxima, (ut Gaza uertit: sed legendum καρίδι, id est squillæ, non καρύῳ.) Fructus herbæ est, non humilis materiæ, (ὑλήματος, fruticis: nam capite quinto libri 4. historiæ, δένδρα, ὑλήματα, & πόαι, ceu tria stirpium genera cõstituit.) herba breuis est, & nihil superuacui habens, (οὐδὲν περιττόν, nihil egregium uel eximium, ut Marcellus uertit, quod magis probo: quasi dicat, etsi maxime uenenosum sit aconitum, & miris facultatibus præditum, nihil tamen herba ipsa insigne habet aut admiratione dignum, nisi radicem fortassis ut & thelyphonum: sed hic de herba, hoc est superficie priuatim loquitur:) sed frumento similis, semen tamen in spica non habet. Matthæolus nescio quomodo negationem nõ uidit, & semen in spica, uelut frumentum, habere falsò scripsit. ¶ Aconitum Dioscoridis primum, hodie à quibusdam tora uocatur: de qua seorsim agam inferius. Hic illud tantum monebo, errare Leonardum Fuchsium, qui herbam paris appellatam uulgo ab Italis, ut Matthæolus scribit, aconitum primum esse asserit, cum ea omnino sit solani generibus adnumeranda, tum aliâs, tum uiribus: refrigerandi enim causa foris imponitur tumoribus calidis, idq; utiliter ut experientia nos docuit: minimè uero putrefaciendi aut erodendi ut aconita: sed non est quod pluribus refutem, ne sim prolixior: mecum quidem & Matthæolus & Tragus sentiunt: sed suffragiorum numero hic non uincitur. Fuchsius sanè tum aliâs tum inde mihi deceptus uidetur, quod herbã paris (quam aliqui non rectè asterem Atticum putant) nonnulli uuam uulpinam, lupinam, aut caninam uocant: unde & Germanicum nomen factum, aut fictum potius ab imperitis puto medicis, wolffsbeer (nostri uulgo uocant crützlekrut, id est cruciatam, propter folia semper fere quaterna, crucis instar disposita: alij sprossenkrut/augenkrut. Fuchsius etiam dolwurtz, quo nomine aliud solani genus in Boue in C. descriptum nos appellamus.) Sed uua lupina apud Arabes solanum est: teste Auerroi, ut Syluaticus scribit: quamuis aliqui, eodem tradente, staphisagriam interpretentur. Alij solanum non lupi, sed uulpis uuam uocant. Gerunt autem uuas omnia solani genera. Cuculus uel uua lupina apud authorem de simplicibus medicamentis ad Paternianum, cap. 83. ipsum solanum simpliciter dictum est. Syluaticus non cuculus sed caucalis legit, & uuam lupinam exponit. Plinius certe solanum cucubalum uocat. ¶ Secundi Dioscoridis aconiti genera duo agnoscimus, luteum (ut dixi) & cœruleum, quorum illud multò uenenosius & uehementius est, à Theophrasto & Dioscoride descriptum: folijs enim ad platanum accedit, & extremæ radices in cirros ceu squillarum abeunt, &c. hoc uero Arabum napellus uidetur, radice figuram napi præsentante, de quo infra seorsim. Nostri utrunq; lupariam uocant, wolffwurtz (Rhæti qui Italicè loquuntur ris de lup, id est radicem lupi) sed luteum præcipuè per excellentiam: & quoniam cœrulei radix nigrior est, lutei minus nigra, fusca scilicet & interdum albicans, lupariam albam & nigram aliquando nominamus, die weiß wolfwurtz/die schwartz wolfwurtz. Lupacia, inquit Syluaticus, est herba interficiens lupos, & potissimum puluis ex ea: quidam falsò dicunt radiculam esse siue helleborum nigrum, cum reuera sit strangulator adib siue aconitum. Cœrulei quidem aconiti radicibus qui pro helleboro nigro uterentur, pharmacopolas in Sabaudia uidi: & Iac. Syluius alicubi reprehendit idem à nonnullis in Gallia fieri: cuius erroris occasio eis fuit niger radicis color, & quòd uentris profluuium similiter moueat, ut in napello dicam, & quòd helleborus ipse eis deesset. Aconitum inuenisse prima dicitur Hecate, uenenorum insigni crudelitate fœmina, quæ Persam patrem Solis filium perinde crudelissimum

Qq 3

ueneno sustulit, author Diodorus. Proinde Ouidius in Metamorphosi, cum herbam nominat Hecateida, creditur aconitum intellexisse. Habēt & rustici lupariam uulgo nominatam, ad eundē usum, folio uitis, multas habente diuisuras, et maculas candidas, flore oblongo, luteo: quare recentiores herbarij lycoctonon arbitrantur esse, Ruellius. Aliqui hanc plantam Gallicè madriettes uocant: alij patam lupinam, ut etiam cardiacam, de qua superius. Ponticum aconitum, inquit Matthæolus, quod Dioscorides descripsit, in omnibus ferè Italiæ montibus nascitur, folijs magis quàm platani incisis, caule filicis, floribus luteis, figura similibus ranunculi floribus, sed multò maioribus (nostræ lupariæ tum lutea tum cœrulea, cucullatos, ut ita dicam, flores habent, uel quodammodo galeatos, ranunculi floribus longè dissimiles, quare deceptum hic Matthæolum puto:) & uulgò luparia uocatur, quanquam in Tridentino (montem esse puto iuxta Tridentum) herba uulpis nominetur, eò quod radices eius tritæ & carnibus mixtæ uulpes interimunt. Lupariam luteam describit Fuchsius historiæ plantarum capite tricesimo: Luteam simul & cœruleam Tragus Tomo primo cap. 82. Folia, inquit, luteæ diuisa sunt in quinque partes, ut saniculæ uulgò dictæ, uel ranunculi hortensis, ex uiridi nigricantia, (cœrulea potius, si bene memini, huius coloris folia habet, quę etiam alabastri instar resplendent, id est uasis ex alabastro factis, quod de primi aconiti radice Dioscorides scribit: est autem is splendor qualis spectatur in illitis uernice lignis, **gfirnüßt**: luteę uero folia neque nigricant, neque splendent.) radix est nigra, multis capillamentis ut asparagus aut ueratrum nigrum, odoris non ingrati: caules ferè bicubitales, quaterni aut quini ab una radice uetula procedunt: & flores mense Maio proferunt pileoli acuti specie, similes ferè floribus linariæ uulgò dictæ: folliculi subnascuntur quales in aquilegia, quam uulgò uocant, quibus semen includitur nigrum, angulosum, nigellæ aut cepæ semini non dissimile, hoc si quis mandat, sputum efficaciter mouetur, & acrimonia ferè pyrethri sentitur. (Aconiti cœrulei radicem pyrethri & staphisagriæ gustu urente linguam afficere, ipse certò deprehendi. Odorem cum tunditur ingratum spirat, foris nigra est, intus alba, substantia tenaci & sine neruis. Lege etiam Ammonium Agricolam in libro de Simplicibus.) Nascitur locis asperis, montanis, syluosis, & in uallibus profundis, ut in sylua Martia, &c. Cœruleam Argentorati in hortis colunt: ea specie & sapore luteam refert: procerior tamen & per omnia maior est, flores similiter per caulem deinceps tanquam in spica dispositi & ἐναλλὰξ dehiscunt, colore cœrulei, caui, galearum imagine, unde & herbæ nomen apud aliquos **ysenhütlin**, id est galea ferrea. Norimbergæ plantatur etiam alterum genus flore similiter cœruleo, & tertium roseo, Hæc Tragus. Cœruleum commune genus, radices quodammodo bulbosas & napo figura similes habet, quæ in iunioribus singulæ, in uetulis ternæ aut plures à capite cohærentes pollicis ferè crassitudine, paulatim in mucronem attenuantur, ut hoc etiam nomine scorpij caudæ conferri possint, aut potius integro cum cauda scorpio sine pedibus, ut primum aconiti genus ab authore de simplicibus ad Paternianum. Viderat ille fortassis aridas radices: ex nostris quidem recentibus pedati etiam scorpij effigiem facile est imitari, paucis fibris resectis, ut reliquę pedum loco sint. Nostri hanc plantam uocant **kappenblůmen**, ac si pileatam aut cucullatam potius dicas, propter florum speciem: aliqui **nartenkappen**, id est cucullum stultorum: alij **tüffelswurtz**, id est radicem diaboli, in Heluetia Rhætis contermina. Licebit uero distinguendi gratia à genere luteo, cui eadem florum figura est, hanc pileatam luteam, illam cœruleam dicere (**blaw vnd gelb kappenblůmen**) ut sic generum quoque cognatio intelligatur. Cœruleam herbarij quidam inferioris Germaniæ superbiam uocāt, nimirum à thyrso qui & procerus & rectissimus usque ad finem est. Lutea apud nos in uallibus & lateribus minorum etiā montium crescit, cœrulea non nisi in altissimorum montium lateribus: non enim in imis, ut lutea sæpe, neque in summis: tum alibi, tum iuxta saxa, locis terrenis, & circa lactariorum tuguria, intactum à uaccis: itaque sæpe eius syluæ circa casas lactarias spectantur, nulla ferè alia internascente planta: est autem uiuacissima, & in hortos translata facillimè comprehendit, & omnium diutissimè durat. luteam in hortis nunquam uidi: ego sæpe frustra plantaui: uidetur enim refugere homines, repetere solitudinem: ter quater mihi plantatæ mox emortuæ sunt. cœrulea utcunque neglecta, & malè etiam tractata, pertinacissimè uiuit: plantatur autem propter coloris gratiam, qua uel ipsum cœruleum metallum prouocat. luteæ nulla gratia: pallidus enim & tristis ei color, qualis illi quam digitalem Fuchsius nominauit, ex luteo albicans & dilutus. Nodi quidem geniculorum protuberantes gemmarum instar, cœruleæ peculiares sunt: ut luteæ mirifica radicis textura, retiformis quodammodo, maculis siue foraminibus passim dehiscens, præsertim si maior & annosa fuerit radix. Luparia pediculos occidit, item muscas in lacte. Consiliginem, de qua in Boue dixi, aliqui recentiores aconiti uel toxici generibus adnumerandam putant: & habet sanè semina eorumque uascula non dissimilia, ut & helleborus niger uulgaris: cui & uiribus ferè respondet: & illius ego potius quàm aconiti generibus adscripserim. Galli pomeleam, id est pulmonariam uocant, aliqui du cru, quòd morbo sic ab eis dicto in pueris & in uaccis medeatur. Nostri **lüßkrut/küwurtz**, &c. Sabaudi marsieure, alobre, quasi elleborum: aliqui patam leonis. Stultè quidam aconitum realgar interpretatur, quod uenenum metallicum est, quamuis potentia aconito non dissimile, de quo Syluaticus capite 602. ¶ His adiungam quæ animalia aconito sumpto intereant. Aconitum uim mortiferam in radice tantum habet, folium & fructum nihil nocere affirmant, Theophrastus. Idem tamen, ut mox recitabo, folium quoque genitalibus fœminarum inditum, mortem afferre ait. Lurida terribiles miscent aconita nouercæ, Ouidius. Aconito fugitiuos in uinculo uti solitos desponso animo fertur, Ruellius.

Ruellius. Aconito(inquit Theophrastus, loquens de illo quod Dioscorides secundi generis facit) neq; pecus(ouis) neq; aliud ullum animal pascitur: confici ad officiendum modo quodam enarrant, nec nosse quenquam: quamobrem medicos, quoniam componere nesciant, pro putrefactorio uti: alijsq; quibusdam de causis epotum nihil penitus posse efficere, neq; ex uino, neq; ex mulso. Componi autem ita ferunt, ut certis occidere temporibus possit(ocyssimum alioqui uenenorum, ut Plinius scribit de primo aconiti genere) uidelicet bimestri, trimestri, semestri, anno completo, nonnullum etiam biennio: pessimè illos de uita discedere uolunt, qui plurimum temporis resistere possint: paulatim enim tabescat corpus, & languore pereat diuturno esse necesse: facillimè illos, qui confestim obeunt. Remedium nusquam esse compertum, sed falsò dici quoddam aliud resistens illi haberi. Non enim
10 herba, sed melle & mero, & quibusdam eiusmodi seruari aliquos potuisse ab incolis(Ponti,) atq; id rarò factum, summaq; difficultate. Hæc Theophrastus. Et mox alio ueneno commemorato(uidetur autem id Colchicō esse, ephemerum quoq; dictum) quod similiter ut aconitum uel breui interimat, uel diu post, subdit: Aconitum uero(ut diximus) inutile esse ijs qui præparare ignorent, nec licitum possidere, sed capitalem pœnam institutam aiunt. Temporis differētiam pro collectus ratione sequi autumant, & mortes collectuum temporibus compares euenire. Græcè legimus, ἰσοχρόνους γὰρ σφῶ θανάτους γίνεσθαι, τοῖς ἀπὸ τῆς συλλογῆς χρόνοις: hoc est, tanto post sumptum aconitum tempore mori homines, quantum ab eius collectione iam abierit. Fœminas occidit, tum in humano (ut supra ab initio huius de aconito tractationis ex Plinio retuli) tum aliorum animalium genere, genitalibus inditum: quamobrem thelyphonon appellatur, primum scilicet aconiti genus. Omnem quadrupedem necat, impo
20 sita uerendis fœminei sexus radice, folio quidem intra eundem diem, Ruellius ex Theophrasto: qua si uero maius in folio uenenum quàm in radice sit, cum Theophrastus folio & fructui uenenum esse negari scribat: unde motus fortassis Gaza folij mentionem hoc loco omisit, nisi librariorum ea sit culpa: sic enim habet eius translatio, Enecat omnes quadrupedes eodem die, si genitalibus uel radicula imponatur. Græca lectio est, ἀπόλλυσι δὲ πᾶν τετράπουν, ἐάν εἰς τὰ αἰδοῖα τεθῇ ἡ ῥίζα, ἢ φύλλον, αὐθημερόν. Thelyphthorion inter abrotoni cognomina, fortè non rectè positum est: licet enim suspicari pro aconito abrotonum aliquem legisse, eiusq; nomenclaturis adscripsisse quæ aconiti erat. Mel uenenatum in Heraclea Ponti reperiri Dioscorides scribit, ubi & aconitum: ijsdemq; remedijs maleficio eius occurri, quibus aconito: unde conijcimus existimasse eum, apes in Ponto ex aconito mellificare. Aëtius quidem 13.59. manifestè scribit mel apud Heracleam ex aconito colligi, nisi me fallit interpres, ut fru
30 stra hic Manardus contradicat Marcello. (Venenatum fit etiam ex floribus oleandri, Arnoldus.) Quam puto de gelidæ collectum flore cicutæ Melle sub infami Corsica misit apis, Ouidius. Plinius tamen, ægolethron uocat genus herbæ unde mel istud colligatur, de quo pluribus dixi in Boue capite tertio. Fieri sanè potest ut ex utrisq; istis herbis, uel pluribus etiam(uenenis enim ea regio scatet) maleficium illud melli accedat. Cœrulei quidem aconiti flores sæpius gustaui, & semper mihi dulces uisi sunt: sæpius etiam uespas & apiculas insidentes uidi. Aconito primo quæ feræ pereant, authores scribunt: & quæ secundo priuatim: ego utroq; omne animalium genus necari existimo, ut ex sequentibus patebit. Aconitum primum, siue thelyphonum similes habet uires secundo: sed pardales peculiariter occidere creditur, ut lupos secundum, Galenus. Thelyphonum enecat boues, oues & iumenta, & ad summam omnes quadrupedes genitalibus impositum, Theophrastus. Interimit
40 pardales, sues, lupos, bestiasq; omnes in carnibus obiectum, Dioscorides. Leones, lynces, pardales, pantheres & ursi, capiuntur aconito admixto escæ illi, qua quæq; delectatur, Xenophon. Tingūt carnes aconito, necantq; gustu earum pantheras, nisi hoc fieret repleturas illos situs: ob id quidā pardalianches appellauêre. At illas statim liberari morte, excrementorum hominis gustu demonstratū, Plinius: idem superius ex Nicandri scholijs retuli. Aconitum aliqui myoctonon appellauêre, quoniam procul & è longinquo odore mures necat, Plinius: sed quod necet odore tantum aliorum nemo scripsit. Nicander mures hoc ueneno παμπήγην, hoc est funditus & ad desolationem usq; tolli tradit. Nostri quidem etiam luparia ex secundo aconiti genere, ut mox dicam, mures tollunt. Est & myophonum herba, à murium, ut præ se fert etymon, pernicie nominata. Absyrtus certe in Hippiatricis cap. 92. ipsum aconitum sic uocat. Herba muralis siue muricida (μυόφονον) à quibusdam uocata, ferulacea & neruicaulis est, ut fœniculum & ferula, & aliæ, Theophrast. de hist. Plant. 6.1. Et rursus
50 in fine secundi capitis, quædam ueluti neruicaulia sunt, ut fœniculum, myophonon, & similia. At libro 7. cap. 7. Parthenium olus quod coqui exigat, ut malua & beta, &c. muraleum uertit: helxinem nimirum intelligens, quæ iuxta muros & stillicidia nascitur: etsi ea nostro tempore in olerum censu non sit: tenera quidem esse potest. Neruosi cauliculi quibusdam, ut marathro, hippomarathro, myophono, Plinius 21.9. nec alibi eius meminit. Hermolaus quoq; ignotum sibi fatetur. Seminum naturam πεταλώδη habent, anisum, fœniculum, pastinaca, caucalis, cicuta, coriandrum, & sciàs, quam aliqui μιηφόνον appellant, Phanias apud Athenæum libro 9. Hermolaus corollario 691. φύσιν πεταλώδη uertit pileari forma, quasi πετασώδη legerit: nimirum quoniam horum omnium ut flores sic semina in umbellis sunt, quæ petasos seu pileos quodammodo referunt: & sciàs etiam herba sic dicta uide-
60 tur, à sciadijs, id est umbellis, quas gerit, ut ferulacei generis omnes. Cæterum cur myophonō appelletur nullus coniecturæ locus est, cum mures occidere eam nemo scribat, & à myophono sic à muribus occidendis dicto aconito longissimè differat: quamobrem miephonon, (μιηφόνον, ut Athenæi

Qq 4

codices habent, uel potius μηκφόνον, per η diphthongum impropriam) quoties herba ferulacea, neruicaulis & umbellam gerens significatur, semper scripserim, cum aliâs, tum homonymiæ declinandæ gratia. Coniecerim autem sic appellari παρὰ τὸ μιαίνειν φόνῳ, hoc est ab eo quòd tanquam sanguine inficiat: φόνος enim sanguinem significat, quare & atractylidem aliqui phonon nuncupant: & Theophrastus de euonymo, ἔχει δὲ δεινόν, ὥσπερ φόνον. Inficiunt autem sanguineo succo & aliæ diuersæ, flore aut radice aut aliter: & inter ferulaceas ac neruicaules, pastinacæ satiuæ quas rubras dicimus: & pastinaca syluestris: quam Dioscorides sciadion, id est umbellam habere scribit ex floribus albis, & in mediam eius partem exiguam purpureo colore spectari. Hæc planta uulgò cognita est: & memini aliquando audire partem illam umbellæ purpuream à quibusdam colligi ad eundem colorem tingendum, quamuis ea exigua est, & longo tempore parum colligitur: cuti quidem infricta colorem reddit purpureum. Hanc ipsam, aut proximam ei genere ac forma stirpem Theophrasti & Plinij miephonon esse dixerim. Nicander in remedijs contra ixiæ uenenum polium quoq; myoctonon uocat, quod (inquit Scholiastes) nullus alius fecit: neq; enim mures occidit polium. Thelyphonum admotum (ἐπιξυόμενον, hoc est scobe radicis derasa supra eum) scorpionem occidere tradunt, & eum reuiuiscere posse si helleboro candido linatur (aspergatur: nam uerbum καταπάττειν aspergere est,) Theophrastus. Ferunt radicem aconiti (primi) scorpioni admotam, torpore eum resoluere: & è diuerso admoto ueratro excitari, Dioscorides. Thelyphonum Theophrastus narrat, si ad scorpij dorsum admoueas, hūc statim perire: & si candido helleboro oblinas, integritati ualetudinis mox restitui, Gillius ex Aeliano. Torpescunt scorpiones aconiti tactu, stupentq; pallentes & uinci se confitentur: auxiliatur eis elleborum album, tactu resoluente: ceditq; aconitum duobus malis, suo & omnium, Plinius. Quinetiam intra corpus aduersus scorpionum ictus aconitum datur, ut inferius dicam. Therionarca in Cappadocia & Mysia nascente, omnes feras torpescere Democritus scribit, nec nisi hyænæ urinæ aspersu recreari, Plinius. Ego hanc therionarcam eandem aconito primo crediderim: & pro ἐλλεβόρου simpliciter, uel ἐλλεβόρου λευκοῦ, aut alia quapiam uoce Plinium legisse ὑαίνης οὔρου: elleboro enim albo scorpium ut recreetur aspergendum, καταπαστέον, ex Theophrasto iam recitaui. Therionarca (inquit iterum Plinius 25.9.) alia quàm magica (Democrito prodita, ut nunc recitaui) & in nostro orbe nascitur, fruticosa, folijs subuiridibus, flore roseo: serpentes necat, cuicunq; admota feræ et hæc torporem adfert. Hæc forte delphinium Dioscoridis fuerit (cuius aliâs non meminit Plinius) cū facultas florisq; color cōueniant. (Est & insula Therionarca, Plinio 5.31.) nam fruticosa cum sit, aconitum primum esse non potest, cui coliculus dodrantalis tantum. Scribit autem de delphinio Dioscorides, Ferunt admota herba contactos scorpiones languescere, (παραλύεσθαι,) torpidosq; & ad nocendum inefficaces fieri: amotaq; statim in antiquam redire naturam: quare non immeritò inter nomina eius paralysis est, quod uim uigoremq; scorpionū resoluat, quo sensu in homine etiā paralysin dicimus mēbris ac neruis resolutis motuq; priuatis: sic de aconiti etiā radice admota scorpio, παραλύειν, id est resoluere ipsum, Dioscorides dixit. Plinius uerò in aconito, ut superius recitaui, uocem resoluere contraria significatione usurpauit, pro eo quod est maleficio soluere, liberare, mederi. (Apocynon quoq; paralysis cognominatur, quòd folia eius cum adipe feris obiecta, statim eorum coxendices resoluant.) Vocatur & cammarus idem delphinium, ut aconitum, nō quod parte aliqua cammarum animal exprimat, sed quod cammari aconiti instar scorpijs resistat: nam & foris admotum, ut dixi, eis exitio est: & aduersus ictus eorum in uino bibendum datur, nec alia eius remedia traduntur: ut de aconito similiter, à quo tamē partium suarum discriptione differt. Diachysis quidem & diachyton, eadem ratione uocari puto qua paralysin: hyacinthum, à colore floris aut etiā figura: buccinū, à siliquis fortassis: delphinium uero uel delphiniadē, ut Dioscorides ipse docet, à foliorum figura: habet enim foliola incisuris diuisa, tenuia (λεπτὰ, Marcellus legit λευκὰ, id est alba) oblonga, delphinorū figura, δελφινοειδῆ, unde nomen inuenit. Cæterum quod & nerion & neriadion & sosandrus uocatur, inde cōijcere subit, congenerem esse rhododaphnæ plantam. Quoniam nerium etiam frutex rhododaphne est: & multa cum delphinino communia habet: flores roseos, siliquas, folia oblonga: remedium, quo delphinium (semen eius) è uino cōtra scorpionum ictus bibitur, unde sosandros uocatur: rhododaphne uero cæteris animalibus exitio, hominibus salutaris est (ἀνθρώπων ἢ σωστική, quod uno uerbo σώσανδρον dixeris) aduersus serpentium morsus, similiter ex uino pota. Videtur certe delphinium quoq; non sine ueneno esse, cum & scorpios torpore afficiat, & homini non nisi aduersus scorpionis morsum detur, ut & alia multa uenenosa aduersus uenena dantur. Quamobrem si quis delphinium, rhododaphnen minorem uel humilem dixerit, meo quidem iudicio non falletur. Nascitur apud nos herba fruticosa, folijs amygdalæ, floribus roseis & leucoij forma, &c. tota, ni fallor, specie rhododaphnæ similis, quam in Canis philologia descripsi in zinziberis canini ex Auicenna mentione: uidetur autem uel delphinium esse, uel sanè eiusdem generis herba. Semen an milio simile sit, iam non memini: continetur & lana in siliquis, cuius nulla apud Dioscoridem mentio: sed rhododaphnes etiam siliquæ lana infarctæ sunt: ut huius saltem genus esse concedatur, si cui delphinij nomen admittere non placeat. Nam quod sena uulgo dicta, delphinium non sit, ut sibi persuaserat Marcellus, tam clarum mihi uidetur, ut uel paucis refutare tædio foret. Leones pardalianches uenenum, sicuti pantheras occidit, Aristoteles. ¶ Hactenus quæ animalia priuatim aconiti primi ueneno intereant, dictum est. Venio ad secundum, quod triplex facit Dioscorides, nos (ut dixi) duo tantum eius genera

genera cognoſcimus,luteum & cœruleum,eadem utrunq; facultate:ſed luteum efficacius,lupis præ
cipuè occidendis uulgò creditur:quare illud tantum per excellentiam pleriq; lupariam uocant:pau-
ci utrunq;,coloris tantum differentiam addentes. Proximè Nilum herba naſcitur,quę non ſine cau
ſa lycoctonus appellatur, quòd eam lupus calcans conuulſionibus moritur: propterea Aegyptij in
terras ſuas eiuſmodi herbam importari prohibent,quòd hoc animal uenerentur,Gillius ex Aeliano:
ſed deceptus uidetur in uerbo calcans; quod Græcè quomodo habeatur neſcio, conijcio autem aliquam eſſe uocem à uerbo πατεῖν,quod & calcare & comedere,γεύσασθαι,ſignificat, Varinus in πάσα-
σθαι.Feles mares ſubreptos fœminis fœtus occidunt,nõ tamen edunt,πατέονται, Herodotus. ¶Sed
quoniam uenatores apud nos aconita luparia certis modis alij aliter præparant & componunt,ut lu
pos ac uulpes interimant, compoſitiones huiuſmodi aliquot, ut partim in Germanicis libris manu-
ſcriptis reperi,partim à pharmacopolis noſtris cognoui, huc adſcribam. Primum igitur an feræ, quas
capturi ſunt,eum ad locum ubi eſcam uenenatam proponere ſtatuunt, uentitare ſoleant, carne aut
alijs eſcis ſine ueneno obiectis explorare ſolent, tanquam inuitantes: atq; hoc uenatorio uocabulo
uocant **lůderen** quaſi **laden**,hoc eſt inuitare:ſolent enim illuc redire ubi eſcam ſemel repererunt, &
alias etiam forte ſecum allicere,ſiue ſpõte,ſiue quòd ad eſcã profectæ latère alias nõ poſſint. Quod ſi
eſcam abſumptam deprehenderit uenator: certus adeſſe feram, globulos ſuos uenenoſos exponit,
qui quidem fabis paulò maiores,ab alijs magnitudine iuglandis,hunc ad modum fieri ſolent. Aconi
ti craſſiuſculè triti,uitri Veneti,utriuſq; cochlearia duo:corticis fagi,foliorum taxi, utriuſq; cochleare unum,diligenter commiſceto:deinde mellis & axũgiæ,utriuſq; cochlearium ad ignem permiſce,
& bullientibus puluerem prædictum immitte:hinc pilulas formabis, quas pro lupis capiendis axungia illines,pro uulpibus non item. Agyrtæ qui aconitum apud nos uendunt,taxi folia non aliam ob
cauſam ei miſceri aiunt, quàm ut ne uomitu reddi poſſit:cum tamen taxum ſimpliciter uenenatam
eſſe conſtet:ſed docet Dioſcorides ſtrangulationem ab ea fieri, unde conijcimus non guttur tantum
ſed fauces etiam & gulam ueneno eius comprimi & arctari, unde uomitus impediatur: ut duplici
nomine noxia ſit,ſuo inquã ueneno,& ne aconitum reuomatur prohibendo. Catiuulcus rex Ebu-
ronum taxo ſe exanimauit, Cæſar 6.belli Gallici. Alij hoc modo miſcent,lupariæ uncias duas, foliorum fraxini uel taxi potius unciam unam: corticis fagi, uitri Veneti,calcis uiuæ, arſenici citrini,
ſingulorum ſeſquunciam:amygdalarum dulcium uncias tres, mellis quantum ſufficit: fiant globi
magnitudine nucis,lardo inungendi. Aliqui pira ſicca admiſcent,uel potius eis inuoluunt:pro uul
pibus puto. Sunt qui Lupariæ radici effoſſæ Luna decreſcente,folia betulæ,fraxini corticem,& Valerianam,pari omnium menſura miſceant,& globos cum melle factos anſerino adipe illinant. Alij
lupariam, arſenicum citrinum & taxi folia æqualiter. Aliter,Lupariæ unciam,cum ſemuncia uitri
& melle quantum ſufficit ſubigito,piris ſiccis contuſis inuoluito,& ſeuum ſuperinducito. Alij luteam & cœruleam lupariam,helleborum album,uitrum Venetum, lardum uel axungiam, adipem
felis ſylueſtris,taxi folia,mel,farinam auenæ,arſenicum album & citrinum,fungos muſcarios palli-
dos aut rubentes,& oleum,omnia in unam maſſam redigunt,certis ponderibus & menſuris permixta,plurimum autem de fungis addunt, &c. Aconito paſcitur neq; pecus, (ouis,) neq; ullum animal,Theophraſtus. Luparia,ut Rhæti narrant,necat omne animal quod cęcum naſcitur,ut lupos,
uulpes,urſos,canes. Ego ſimpliciter quoduis animal eo deuorato interire crediderim. Ruſtici a-
gyrtæ ut mures tollantur in Sabaudia & apud nos uendunt:iubent autem noſtri farinam ex auena
aut tritico miſcere,& in pultis formam redigere. Ego quidem nuper aconiti lutei puluerem cum bu
tyro,lardo & farina copioſum ratto (id eſt muri domeſtico maiori) in muſcipula capto per triduum
appoſui ſine ullo potu,nec tamen inde mortuus eſt. Poſtea cum minores mures cepiſſem, auripigmento in lardum infricato eis appoſito,intra horam morientes uidi. Auripigmentum enim præſertim luridum,quod roſagallum uocant(ut ſcribit Cardanus)tum mures,tum lupi ſi guſtauerint, non
ſolum moriuntur,ſed in rabiem adeò efferantur,ut ſui generis animalia inuadant, & quæcunq; momorderint in eandem rabiem incidant,ut totum genus breui pereat:cuius rei quandoq; feci experimentum. Sed tamen periculoſum eſt, ne etiam cicurata perdas & innoxia animalia, & ne aqua inuenta fruſtreris. Verum parua re,ſi bene cedat,domum muribus plenam expurgabis. In lupis difficilius eſt,cum aquam celerius inueniant, Hæc ille. Pediculos etiam occidit,ex oleo inuncta radix:
uel ſi caput lauet lixiuio in quo decocta ſit,ut Tragus ſcribit:ego quidem ita lauari nemini conſulo,
inunctio forte tutior fuerit. Sed nec muſcæ euadunt, deguſtato lacte in quo macerata ſit. Canes
eodem interire iam prius dixi: & Dioſcorides inter cætera ſecundi generis nomina cynoctonon
ponit. Codices quidam manuſcripti aconiti cynoctoni peculiarem titulum habent, librariorum (ut
rectè conijcit Hermolaus)culpa,duo capita diſtrahentium in tria:nam cynoctoni Dioſcorides neq;
formam neq; medicinas exequitur. Apocynon quidem herba alia uenenoſa,cynoctonõ etiam & par
dalianches cognominatur. ¶Non omittemus & antipharmaca quædam quæ medeantur ijs qui a-
conitum ſumpſerint. Pantheræ quidem excrementis hominum ſibi medentur, ut ſupra retuli: Homines mulſo,ut Theophraſtus docet. Ex uino aut mulſo potum, nihil poſſe officere putant, Idem.
Sed planè contrarium Euſtathius apud Macrobium 6. 7. aſſerit his uerbis: Si quis aconitum neſciẽs
hauſerit,non nego hauſtu eum meri plurimi ſolere curari. Infuſum enim uiſceribus trahit ad ſe calo
rem,& ueneno frigido quaſi calidũ iam repugnat. Si uerò aconitum ipſum cum uino tritum potui

datum sit, haurientem nulla curatio à morte defendit. Tunc enim uinum natura frigidũ admistione sui frigus auxit ueneni, (mihi certum est aconitum uenenum minimè frigidum esse) nec in interioribus iam calescit, quia non liberum sed admistum alij, imò in aliud uersum descendit in uiscera, Hæc ille. Mihi rationes istæ non placent. Puluerem musconum (id est paruarum muscarum) napellum depascentium aduersus napellũ darem, uel puluerem coturnicis seu turdi, Ant. Gainerius: deceptus nimirum ab Arabibus, aut eorum interpretibus, qui coturnices aconito pasci scripserunt: cum sturnos (non turdos) cicuta pasci scribendum fuisset, ut pluribus paulò post dicetur. Acetum calidum potum, (& mox uomitionibus redditum,) contra cicutã & aconitum prodest, Aggregator ex Serapione secundum Dioscoridem. ego apud Dioscoridem nullam aconiti mentionem in aceto reperio. Lac bubali & asinæ contra aconitum bibitur, ouillum uerò contra cicutam, Aggregator ex Plinio. Coagula hœdi, uituli, capreoli Haliabbas contra cicutam propinat, alij cõtra aconitum. Allium debellat aconitum quod alio nomine pardalianches uocatur, Plinius. Rutam aduersari aconito, superius ex Athenæo recitaui. Galenus libro 2. de antidotis, rutæ manipulum tritum, è uino puro bibi consulit: aut ius gallinaceum pingue. Reliqua remedia et signa sumpti huius ueneni, leges apud Dioscoridem 6. 7. item Aëtium, Nicandrum in Alexipharmacis. ¶ Sunt aconito etiam in medendo utiles homini uires: quamuis Syluaticus nec intra nec extra corpus adhibendum scripserit: ex Auicenna nimirum, qui idem de utroq; aconito tradidit. Aconitum siue pardalianches (inquit Galenus) septicæ, id est putrefactoriæ et uenenosæ facultatis est, in cibo potuq; cauendum: idoneum uero ubi quid foris in corpore, aut circa sedem, exedendo tollendum uidetur, ad quos usus radix eius sumenda est. Sed & alterum quod lycoctonon uocant, eiusdem est facultatis. Aconitum (primum) uires habet thapsiæ, Author de simplicibus ad Paternianum. Miscetur oculorum remedijs leuandi doloris gratia (ophthalmicis medicamentis anodynis,) Dioscorides. septica quidem idem ferè sine dolore præstant, quod cum dolore caustica. Proinde ego sic uerterem: Miscetur oculorum remedijs quę sine dolore exedunt, quamuis Dioscorides non satis expressit: sed res ipsa loquitur. Nam simpliciter ad dolorem tollendum aconitum applicare, insaniam dixerim. Maiores oculorum quoq; medicamẽtis aconitum misceri saluberrime promulgauere, aperta professione, malum quidem nullum esse sine aliquo bono, Plinius. Aconitum accommodatum est ad exedendum aliquid ἐκ τοῦ στόματος ἢ καθ' ἕδραν, Galenus ut paulò ante citaui: hoc est in ore, aut sede. Apud Aëtium tamen legitur τὰ ἐκτὸς στόματος ἢ καθ' ἕδραν: hoc est, extra corpus uel in sede. Christophorus Oroscius priorem lectionem probat. Ego tutius esse puto intra os non admittere, ne uel saliua infecta, aut fortuito uel modicum eius deglutitum, periculi caussa sit. Foret etiam periculum si forte ulcuscula aut uenæ aliâs apertæ & sanguinem fundẽtes in ore essent. Aegineta etiam ἐκτὸς στόματος, & similiter uetus interpres Latinus uertit. Sed staphisagria quoq; aphthas cum melle sanat, teste Dioscoride: quæ tamen propemodum similem aconito uim habet: & sandaracha apud eundem oris ulceribus commendatur, quam tamen libro 6. inter uenena cum calce & auripigmento numerat: quamobrẽ nihil assero, nisi tutius abstineri cum minus periculosa ad eosdem affectus remedia abunde reperiantur. Aconiti radix emplastri modo imposita, putrefacit (exedit) efficaciter hæmorrhoides & pudenda, Arnoldus citans Galenum, cum tamen apud Galenũ non sic legatur. Aconiti herbæ succo pilorũ ortum prohiberi ferunt, Aëtius. atqui hæc facultas non aconiti sed κωνείου, id est cicutæ est, sæpius aũt hæc ab imperitis confunduntur. Vtuntur thelyphono medici pro putrefactorio: sed & alijs quibusdam de caussis epotum nihil penitus posse officere aiunt, neq; ex uino neq; ex mulso, Theophrastus. Et rursus, Nepæ uocatæ (scorpij, thelyphoni) radix speciem scorpionis repræsentat, & utilis ad eius ictum & ad alia quædam habetur. Et alibi, Proficit pota contra scorpionum ictus. Aconitum quoq; (inquit Plinius) in usum humanæ salutis uertêre, scorpionum ictibus aduersari experiendo datum in uino calido. Ea est natura ut hominem occidat, nisi inuenerit quod in homine perimat. cum eo solo colluctatur, uelut pari intus inuẽto. Sola hæc pugna est cum uenenum in uisceribus reperit: Mirumq;, exitialia per se ambo cum sint, duo uenena in homine commoriuntur, ut homo superstit, Hæc Plinius. Videri autem potest non de scorpij tantum ueneno loqui, quod aconitum id solum in homine repertum impugnet, sed quouis etiam alio, ut Hermolaus etiam & Ruellius acceperunt: & si à nemine alio ueterum id scriptum inueniam. ego quidem credere quàm experiri malo, posset tamẽ aliquis periculum facere in cane, si modo nostrum aconitum, quod secundi generis est, idem præstare potest quod primum, de quo ipsi loquuntur. Extra corpus quidem ubi quid erodere, aut uehemẽter siccare oporteat, eundem usum præbebunt, aconitum, staphisagria, iris syluestris, helleborus niger, thapsia, chamæleo niger. Staphisagria quidem non facultate tantum, sed tota specie, radice excepta, æmulari mihi aconitum uidetur, folijs, pericarpijs, semine, flore: si rectè floris figuram memini: quanquam isatidis floribus, qui lutei et exigui sunt, Dioscorides staphisagriæ flores confert: quod nostræ staphisagriæ non conuenire Fuchsius etiam testatur: nisi quis ita excusare uelit, ut non isatidis floribus, sed colori qui huius herbæ succo expresso decoctoq; (ut Ruellius meminit) cœruleus fieri solet, uulgo Indicum uocant, endich, staphisagriæ flores qui subcœrulei sunt, comparentur. Author medicaminum succidaneorum pro aconito irin syluestrem rectè usurpari posse docet. Sed iris syluestris quæ ab ipso intelligatur, non facile dixerim. Aëtius quidem ipsum aconitum alio nomine irin syluestrem uocari scribit: apud Dioscoridem uero xyris & ephemerum non letale ita cognominãtur. Ego uero letale

letale potius ephemerum, hoc eſt colchicum, aconiti uires habere dixerim. Xyris etiam intra corpus
tutò ſumitur. Quamobrem aliud iridis ſylueſtris genus quærendum uidetur quod aconito ſubſtitua
mus: ego commodius non inuenio quàm quod ſpatulam fœtidam uocant, quo & pediculi occiduni-
tur, ut etiã colchico, &c. Cæterum ut aconitum alterum platani folia habet, ſic etiam cici, ne ipſum
quidem ſine ueneno. Græci cici alkerua uocãt, de qua Auicenna, Dicitur quòd perſcrutatio ultima
in expreſſione kesb alkerua & ſeſami, admodum uenenoſa & mortifera ſit. Cornua de ſumbel Ara
bice, id eſt ſpicæ, pro qua translatum eſt in Almanſore, cornua cerui montani, lædit ſimiliter napello,
quem odore etiam refert, Arnoldus. De cornu ſpicæ calidiſſimo & erodente ueneno mihi ignoto,
Auicenna ſtatim poſt napellum tractat. Et ſubinde de ueneno quod murkion appellat, (Bellunenſis le
10 git farſiun) cui eodem modo reſiſtatur quo napello: & herbam ipſam napello ſimilem eſſe putat, fatetur enim ſe ignorare. Ego apud Græcos nihil quod cum eo conferri poſſit reperio. Gloſſa Arabica,
inquit Bellunenſis, cicutam exponit. Atqui Auicenna inter calida uenena de eo tractat. Myoſôta
herba nõ alia ꝙ Dioſcoridis & Græcorum, deſcribitur à Plinio 27.12. flore cœruleo, ui ſeptica & ex-
ulceratrice, quæ & ægilopas ſanet, &c. Eſt autem planè eadem quę altera muris auricula Dioſcoridi:
quam tamen ſepticam eſſe uel exulcerare alius nemo ſcripſit. Galenus in ſecundo ordine eam ſicca-
re ſcribit, caliditatem uerò manifeſtam nullam obtinere, tantum abeſt ut exulceret. Sed neq; neceſſe
eſt exulcerare aut exedere quicquid ad ęgilopas rectè admouetur, cum et refrigerantia quædam, ſed
ſiccantia admoueãtur. Quòd ſi has quas Plinius ei falſò tribuit facultates haberet, aconito uiribus
coniungenda eſſet, qua quidem occaſione eam hîc memoraui. Lupariæ puluerem cum butyro ſub-
20 actũ omne genus impetiginũ ſanare promittũt, in iumentis & hominibus. Mulomedici apud nos
ulcera phagedænica equorũ (uermes appellãt) aconito, uitro et axũgia mixtis curãt; alij etiã alia cõmi
ſcent. ¶ Napellũ aliqui recentiores aconiti genus faciunt, Matthęolus negat: quamobrem priuatim
de illo agere uolui, aliorum primum ſcripta propoſiturus, inde meam ſententiam, aconiti genus eſſe,
confirmaturus. Syluaticus Arabicas uoces bix, biſmus uel biſſum, morgnapelli (mus napelli, potius) & alfarſas, diuerſis in locis napellum interpretatur: bixis uero toram, quam aconitum primum
eſſe infra docebo: item alchlehil, gummi napelli, cum aliorum nullus quod ſciam ullum napelli gum
mi commemoret, ſed ixiæ chamæleontis uenenoſi, quem theſiſie uel taſſia nominat Auicenna. Hinc
natus error ut aliqui thapſiam ſcribant, & gummi eius uenenoſum faciant, ut Arnoldus: cum thapſia longè alia apud Græcos herba ſit. Albis, id eſt napellus, Bellunenſis. Et rurſus, Albiſi eſt medica
30 men in quo recipitur albis, id eſt napellus. Biſmus, mus napelli, Idem: Inde forſan corruptè bis, id
eſt napellus moſi uocatur: mos quidem Perſicè murem ſignificat. Biſmus buha, id eſt napellus Moy
ſi, Bellunenſis. Beſalbi, id eſt napelli, Vetus gloſſographus Auicennæ. Farſas, (forte farſiun, de
quo paulo ſuperius diximus) dicitur quòd ſit napellus, alij uenenum letale, Idem. Apud Auicennã
lib. 4. fen. 6. in melle uenenato pro aconito legitur alſucharã, interpres ineptè uertit hyoſcyamum nigrum: ſignificat enim cicutam, ut Bellunenſi quoq; placet. Arnoldus aconitum uocat uſcat, & ly-
cotoroix, pro lycoctonon: & alterum genus folijs cyclamini ediforion, pro thelyphonon. Bis, id eſt
napellus (inquit Auicenna) eſt uenenum pernicioſum, immodicè calidum & ſiccum: illitum delet albaras (id eſt uitiligines:) & potum etiam cum ex eius geguerîſcet in potu ſumitur (Bellunenſis ſic legit, Confectio dicta alberzachali in potu ſumpta delet albaras: Syluaticus ſimplicius legit, delet alba
40 ras illitum & confert lepræ:) & ſimiliter confert lepræ. Potum occidit, dimidiæ drachmę pondere, uel
etiam minore, ut ego iudico. Antidotum eius eſt mus napelli, qui eo nutritur. Coturnices (ſeman) qui
dem eo paſtæ non moriuntur, (apparet hæc uerba inepte ex Galeno translata qui ſturnos cicuta citra noxam paſci tum alibi ſcribit, tum in lib. ad Piſonem: coturnices autem elleboro, ut & Ariſtot. lib.
1. de plantis.) & præ omnibus diamoſchu compoſitio ei reſiſtit maximè, Auicenna lib. 2. ca. 500. Et
mox ſequenti capite, Biſmus buha (inquit) id eſt napellus Moyſi, teſte Ioanne, herba eſt quæ naſcitur
cum napello: & quicunq; napellus ei uicinus eſt, non creſcit, aut fructum non producit: & eſt præcipuum antidotum napelli, utilis ad omnia ſimiliter, ut contra albaras & lepram. Biſmus uerò ſeu napellus mus, eſt animal quod moratur in radice napelli ſicut mus, utilis ad albaras & lepram. (datur
etiam contra omne uenenum & morſis à uipera,) Hæc Auicenna: ea quæ parentheſeos notis incluſi-
50 mus non habentur in quibuſdam codicibus. Napellus, inquit Syluaticus, herba eſt ſimilis hellebo
ro nigro, cuius radix digeritur inſtar retis, & antonomaſticè eſt herba (quælibet) uenenoſa: & eſt prima pars aconiti. Napellus (inquit Creſcentienſis) eſt napus marinus, in littore maris creſcens, illitus
delet maculas cutis: & cum bibitur medicamentis quæ uenenum eius remittant admixtis, ualet contra lepram. Et quod miraculi inſtar eſt, mus paruulus paſcitur & inuenitur iuxta ipſum, antidotum
ipſius. Glis animal, glis terra tenax, glis lappa uocatur: & illud animal moratur in radice napelli,
Syluaticus. Arabicè quidem mus ille bix uel biſmus uocatur: & forte aliquis pro bis legit glis. De ue
ro quidem glire, nos ſupra abunde ſcripſimus. Sunt qui murem illum napelli, ſi rectè memini, colore uarium eſſe ſcribant: talis autem & glis eſt, fuſcus reliquo corpore, uentre candidus: & muris illud
genus quod ab auellanis apud nos nomen ſortitur, de quo plura in Muribus. Vtrunq; per ſyluas &
60 mõtes reperitur, ubi nimirum aconita quoq; creſcunt, & fieri poteſt, ut inter ſæpes præcipuè, ubi fru
ctus aliquos colligunt uel exedunt, ſæpius iuxta aconita reperiatur: quanquam & alios quoſdam mi
nores mures in montibus uidi ijſdem, qui & aconita producunt, ijs uerò paſci, ab incolis & lactarijs

hominibus, cum diligenter interrogarem, nuſquam reſciui. Napellus (inquit Ponzettus Cardinalis) ſiue aconiti ſpecies, ſiue non ſit, adeò certe pernicioſus eſt, ut eius ſuccus rumpat uaſa, in quibus reponitur. Quod autem dicitur animal paruum reperiri in eius radice, antidotum aduerſus ipſum, non puto uerum, nec hactenus fuit expertum. Lapidis aut cornu genus, quod linguam ſerpentis uocant, ſudore arguit fel leopardi, uiperam, napellum, ſi quod horum adſit, non item alia uenena, Matthæolus ex Aponenſi. Idem Aponenſis in lib. de uenenis capite 30. de ſucco napelli tractans, bezoar (inquit) eſt muſcus natus in radice eius: cuius aridi drachmæ duæ in potu dantur. Napellus (inquit Auicenna libro 4. fen. 6. tract. 1. ſumma 2. cap. 1.) uenenum eſt deterrimum, quod ſi quis biberit, inflammatur labijs & lingua: oculi prominent, uertiginem & ſyncopen ſubinde patitur, & crura mouere uel exercere nequit. Quòd ſi qui euadunt, ut plurimum hectici aut phthiſici fiunt: eſt quãdo epilepſiam mouet uel odor ipſius. Inficiuntur eius ſucco ſagittæ, quibus uulnerati ſtatim intereunt. Quod ad curam, uomitus ſtatim prouocandus eſt cum decocto ſeminis rapæ: dandumq́ in potu uinum & butyrum bubulum coctum, multis ſubinde potionibus: prodeſt & corticum glandium cum uino decoctum. Deinde præcipua eius cura eſt bezahar, & medicamen de moſcho, & algeduar, & ture (buha, ſeu biſmus buha, ut Bellunen. legit:) & theriaca magna quãdoq́ uſq́ ad terminum, (ſi intra certum tempus detur, nec nimium differatur.) Præſtantiſſimum omnium, ſi detur moſchus in fricatione albezahard: aut quantitas drachmæ de medicamento moſchi cum ſiliqua una moſchi. Sunt qui radices capparis bezahar napelli putent. Conueniunt quidem omnia albezaharad, ſed maximè quod ſimile eſt alumini, & fila ut lithargyrus habet. Item animal quod uocatur ſurinus (mus napelli, Bellunen.) in cibo ſumptum aduerſatur napello, Hactenus Auicenna. Et mox capite tertio, Murkion etiam uenenum ſimile napello eſſe putat, ac ſimiliter curari. Aponenſis ſigna quædam adijcit, quæ Auicenna non habet: ut ſunt, illum qui ſumpſerit napellum ſiue fructum eius (lego ſuccum) ſiue ſubſtantiam, intra unum uel tres dies mori: denigrari ac defuſcari omnia membra eius, & deinde tumere totum corpus, linguam in ore continere non poſſe. Curam addit, ut cum butyro & aqua miſceatur terra ſigillata ad uomitum prouocandum, & mox exhibeantur ſmaragdi contritiſſimi drachmæ duæ cum uino, & cordi imponatur ſericum cocco tinctum madefactum liquoribus ſtillatitijs bugloſſæ & roſarum, idq́ aliquoties iteretur: & à ſeruis ore ſugantur extremitates corporis, qui prius aliquid ſmaragdi biberint, ne & ipſi de uita periclitentur. Ego maioris fecerim, ſi moſchi aut ambræ aliquid cum terra ſigillata ex uino bibatur, quod & Matthæolo placet tanquam præſtantiſſimum napelli antidotum. Napellum album Arabes nominant, & alibi cinereum ob talem radicis colorem, Bellunenſis. Napellus dicitur quòd ſit bryonia, Vetus gloſſematarius Auicennæ: ſed hæc opinio ſtolidior eſt, quàm ut refelli debeat. Ego omnino aconiti aliquod genus napellum eſſe puto: & fortaſſis id fuerit luparia noſtra cœrulea, cui radix paruo napo ſimilis eſt, pollicis aut amplius craſſitudine, in mucronem ceu ſcorpij deſinens, ita ut fibris aliquot reſectis, & cæteris pedum loco relictis, omnino ſcorpium referat, ut ſupra dixi: nam & ultima pars mucronis ſæpe recurua eſt. De ueneno quidem eius conſtat: & Hier. Tragus ſcribit perijſſe aliquot Antuerpiæ, radicibus eis coctis (nimirum quod genus aliquod napi aut ſiſari aut ſimilis radicis exiſtimaſſent) in cibo ſumptis. Scio Auicennã & lib. 2. ubi plantas deſcribit, napellum & aconitum diuerſis locis tanquam omnino differentes herbas deſcripſiſſe: & rurſus lib. 4. ubi de uenenis agit, alibi de napello, alibi de aconito ſcribere, & remedijs & accidentibus ſeu ſignis quibuſdam diuerſis. Sed hoc non ſatis eſt ad aſſerendum aliud napelli ab aconito genus eſſe: neq́ enim tãta apud eruditos Auicennæ authoritas eſt. Ipſe quidem audacter hoc aſſeruerim, napellum aut aconiti genus eſſe: (ſcio tamen quibuſdam in locis Auicennæ interpretes napellum pro cicuta ponere, ut 4.6.1.2.) aut ſi de nomine contendere non placeat, ijſdem quibus aconitum remedijs curari: utrunq́ ijſdem uiribus præditum, calidum & ſiccum ac ſepticum uenenum eſſe: eoq́ nomine utrunq́ toxicum, hoc eſt ſagittis inficiendis idoneum: (neq́ enim ullum frigidum uenenum toxicum eſſe poſſe crediderim:) quod de napello Auicenna teſtatur. aconito autem primo hodieq́ ſagittas tingi, mox in tora dicam. Ponzettus quidem Cardinalis toxicum poſſe aliquando eſſe frigidum ſcribit, ut ſpumam uel ſanguinem botracis (ranæ rubetæ) ſupercalefactæ. Sed hoc uenenum frigidum eſſe alius nemo ſcribit: neq́ ratione defendi poteſt. Nicander membra eo incendi prodit. Similium etiam animalium uenena ſeptica, ut ſalamandræ, linguæ inflammationem facere legimus. Certe cum ſeptica & calida uenena, in exigua etiam portione uenena ſint, frigida nõ item, ſed certa quantitate, illa potius utpote toto genere uenena & ab exiguo fomento per totum corpus inficiendo progredientia, ſagittis tingendis delecta exiſtimo: neq́ enim multum eis inhærere poteſt: & exiguum illud quod inhæret ferri candentis ui ſuam refrigerandi noxam amitteret. Frigida enim uenena toſta uel uſta infirmantur: calida uel ſeptica non item, cum etiam deteriora aliquando euadant. Certum eſt autem quòd ſagittarum cuſpides prius ignitæ ſucco aliquo uenenato tingantur: recipit enim ferrum candens medicas uires & imbibit ſuccum: quare ad parandum στόμωμα, (chalybem uulgò uocant, εἰς τὸ στομοῦν τὸν σίδηρον,) ferrum medicatis quibuſdam plantarum ſuccis, piloſellæ uel alijs, ignitum immittunt. Equi ſudore cultellos & ſagittas quidam inficiunt: ignitos ſcilicet illi intingentes: unde ita uenenati fiũt, ut parti quam uulnerauerint, nimium ſanguinis profluuium inferant, Arnoldus ex Raſi & Alberto. Scio Hermolaum Barbarum, dorycnion, quod frigidum eſt uenenum, ſic dictum conijcere, quòd cuſpides telorum inficere mos eſſet illo, ex Plinio 21.31. Dory

quidem

quidem Græcis non ſagittam, ſed haſtam uel haſtile ſignificat: unde quidam dorycnij etymologiam adferunt, ut Varinus ſcribit, διὰ τὸ δόρατι ἴσου εἶναι περὶ τὴν ἀναίρεσιν. Sed hoc nemo Græcorum ſcribit, & incerta dorycnij hiſtoria eſt, cum alij ſui generis plantam faciant, alij eandem ſolano furioſo. Scythæ pro toxico leopardi felle utuntur, Ponzettus. Verum licet diuerſa ſint toxica, Dioſcorides tamen (& alij Græci) certam quandam herbam, aut factum ex ea ſuccum, intellexit: nam inter alias uenenatas herbas de toxico etiam agit: & uenenorum genera deſcribens, Quædam, inquit, metallica, quædam ex animalibus ſunt: quædam ex plantis, ſiue radices plantarum, ſiue ſucci: ſiue ipſæ plantę, ut ruta agreſtis, toxicum, &c. οἱ Ἄραβες ἔχριον τὰς ἀκίδας ἰῷ φαρμακώδει, Pollux. Scythæ dicuntur ad toxicum quo ſagittas obliniunt, humanum ſanguinem admiſcere, Aelianus. Nec patitur taxos, nec ſtrenua toxica ſudat, Columella de ſolo probato: uidetur autem innuere toxicum à taxo arbore dictum ſibi uideri, ut & Plinius, de quo uide in Ceruo E. Auicenna aduerſus ſagittas Armenias, hoc eſt toxicum, ſtercus hominis potum theriacam eſſe audiuiſſe ſe ſcribit: (unde nouum argumentum nobis accedit, toxicum genus aconiti eſſe confirmandi, cum aduerſus aconitum pantheræ ſimiliter ſibi medeantur.) Addit, donnulam, id eſt muſtelam exiccatam drachmis duabus cum uino potam, item galbanum, contra idem uenenum opitulari: quæ duo remedia ſimiliter aduerſus toxicum prodeſſe, Dioſcorides prodidit. Napellus (inquit Matthæolus) radicem habet, ut uidemus, reti ſimilem, folia non admodum diſſimilia folijs artemiſiæ maioris, flores purpureos, & cum adhuc clauſi ſunt caluarijs ſimiles: cum aperti, urticæ mortuæ floribus, maiores tamen: caules plus quàm bicubitales, ſemen exiguum, nigrum, paruis ſiliquis (corniculis) incluſum. (Naſcitur in altiſſimis montibus: quod ipſe non exprimit, ſed neceſſariò ſequitur ad id quod antidotum eius murem ſæpe in altiſſimis montibus ſibi repertum ſcribit.) Hæc quidem deſcriptio tota facit cum noſtra luparia cœrulea: nam illius quoq; flores aliquādo purpuraſcentes uidi: radix tamen eius nullam retis ſimilitudinem habet, unde ſuſpicor deceptum forte Matthæolum, quod luteæ lupariæ proprium erat, ad cœruleam, id eſt napellum tranſtuliſſe: niſi aliud in Italia lupariæ aut napelli genus naſcitur, quàm apud nos, quod non puto: & ſi maximè talis naſceretur qualem deſcribit, non poſſet tamen obtinere quin ſic etiam aconito adnumerari deberet: quam Leoniceni ſententiam ipſe immeritò reprehendit. Addit præterea ſe huius à ſe deſcripti napelli uim uenenoſam animaduertiſſe Romæ ſub Clemente ſeptimo: qui (inquit) cum experiri uellet facultatem olei cuiuſdam aduerſus uenena compoſiti à Gregorio Carauita Bononienſi, qui Chirurgiam me docuit: iuſſit duobus latronibus capite damnatis napellum exhibere. Hunc igitur latrones in pane, quem Martium uocant, deuorarunt: & oleo inunctus eſt ille qui plus ueneni ſumpſerat: qui minus, abſq; inunctione relictus eſt, & intra horas ſeptendecim miſerabili morte conſumptus cum omnibus illis crudeliſſimis ſignis & ſymptomatis, quæ Auicenna à napello produci ſcribit. Et quanquam iiſdem ſymptomatis alter etiam qui unctus erat infeſtaretur, triduo tamen reſtitutus eſt. Porrò oleum illud quale fuerit, explicat in ſextum Dioſcoridis librum ſcribens, in caput de aconito. Res miraculo ſimilis, inquit, oleum de ſcorpionibus foris duntaxat illitum breui tempore à tam crudeli ueneno liberare. Certe & in hoc, & alio quouis ueneno nō corroſiuo, nec non in morſibus & puncturis quorumuis uenenatorum animalium, nullum ei par inuenias remedium, ſi frigidum inungas ſingulis horis ubi uenena ſunt acutiſſima: ubi minus acuta, tertia quaq; hora. Inungi autem oportet non ſolum ſedem cordis ſub ſiniſtra mamilla, ſed etiam pulſatiles uenas temporum, manuum pedumq;. Sed de hoc oleo & eius compoſitione plura dicam in Scorpionum hiſtoria, ex præfatione Matthæoli in ſextum Dioſcoridis librum. Multa quidem & remedia et ſymptomata (inquit Matthæolus contra Manardum) eadem ſunt toxici apud Dioſcoridem, & apud Auicennam napelli, (quæ ipſe ſingulatim recenſet:) ſunt tamen aliæ quædam notæ, quibus omnino diuerſa eſſe hæc uenena deprehenditur. Nam de toxico legimus, quòd furorem inducat: quod de napello non ſcribitur, neq; ſanè latrones illi, quos napellum uoraſſe paulò ante dixi, ullum furoris affectum ſenſerunt, cum cætera quæ de napello Auicenna tradit, in eos omnia caderent. Scribit & alia quædam de napello Auicenna, quorum nullam in toxico ſuo mentionem facit Dioſcorides. In remedijs etiam multa inueniuntur diuerſa. Quamobrem cum in cæteris uenenis Dioſcoridem ferè ad uerbum exprimat Auicenna, in napello autem pleraq; alia quàm ille de toxico habeat, duo diuerſa hæc eſſe uenena concludemus: præſertim cum aliud caput de ueneno tuſom inſcriptum Auicennæ ſit, quod proculdubio Dioſcoridis toxicum eſt, Hæc Matthæolus. Verum hæc omnia non magni fuerit negotij refutare. Primum enim non eſt neceſſe res eſſe diuerſas, ubi ſcriptorum aliquis pauciora, alius plura ſub alio nomine adfert, modo ne quid contrarium proferatur. Deinde quoniam plura ſunt aconiti genera, ex quibus nos unum aliquod eſſe napellum contendimus: fieri poteſt furorem ab uno inferri, non item à reliquis: & Dioſcoridem genera duo tantum deſcripſiſſe conſtat, alia duo ſine deſcriptione reliquiſſe. Quid quòd multum refert apparatus? Toxicum autem non ſimpliciter aconitum fuerit, ſed ſuccus eius certo modo paratus, ut & idoneus tingendis fiat ſagittis, & aliquandiu conſeruari poſſit: fortaſſis & adiectum aliquid, ut noſtri luparijs radicibus ad tollendas feras alij aliud miſcere ſolent. Aconitum certe pro apparandi diuerſitate uarios & ferè contrarios, tum ueneni tum medicamenti ſalubris ratione effectus præſtare ex Theophraſto ſupra docuimus, qui maximum in præparandi modo momentum collocat. Poſtremò cum & toxicum Dioſcoridi ignotum fuiſſe uideatur, (ut in Ceruo E. dixi: & Matthæolus ipſe concedit, & tuſom

Rr

quoq; Auicennæ, ut ipse fatetur, non mirum si parum perfectam tum eius tum quæ proueniunt ab eo symptomatum descriptionem reliquerint. Hoc potius mirum esset, toxicum tam celebre uenenū & tantopere cauendum, omnibus adhuc medicis ignotum esse, ut se quidem ignorare Matthæolus scribit. Illud equidem affirmo, napellum genus esse aconiti, idemq; toxicum, siue idem quod Dioscorides describit (diuersa enim sunt toxica) aut præcipuam eius unde fieret materiā: siue aliud quidem toxicum, sed quod ijsdem possit remedijs iuuari, utpote calidum siccum ac septicum uenenum. Napellus Moisi (inquit Matthæolus), mus est napelli, quem sæpe uidi & cepi in altissimis uallis Ananiæ montibus: sed non cuiusuis est eum inuenire, cum magna ad id (tædij) patientia & uigilantia requirantur. Itaq; non miror quod philosophus quidam & medicus insignis (ut apud recentiorem quendam legimus) cum mures huiusmodi nullos inueniret, cepisse tādem paruas quasdam muscas folijs & floribus napelli insidentes & exugentes inde sibi alimentum, & ex eis suam antidotum composuisse, ad muscas uigintiquatuor, terræ sigillatæ, baccarum lauri & Mithridatij, singulorum duabus uncijs adiectis, cum oleo & melle quantum satis erat excipiendis illis. Et hac quidem antidoto miris successibus, ut ferunt, usus est, non solum aduersus napellum, quem diuersis animalibus faciundi caussa periculi exhibuit, sed multa etiam alia crudelissima uenena, Hæc ille. Auicenna quidem, (siue ipse, siue interpretes, siue librarij: quod addo propter Matthæolū qui ualde reprehendit Leonicenum, tanquam iniurium in Auicennam, quod interpretum forte aut scriptorum uitia, tanquam certus ab ipso commissa authore, simpliciter tanquam Auicennæ notet: ego breuitatis studio, Auicennæ nomine complecti soleo illam quæ extat æditionem qualemcunq;, quoniam in ea qua scripsit lingua, quamuis extat, nondum tamen publicus nobis est factus:) Auicenna igitur, inquam, circa napelli murem parum sibi constare uidetur, & ipse etiam dubitasse, esset ne aliqua huius nominis herba, an potius animal siue mus huius nominis: utrumq; enim bismus appellat libr. 2. cap. 51. quamuis ad bismus herbam, etiam uox buha additur à Bellunensi: utrumq; aduersus napellum, & albaras & lepram utile facit. Buha (inquit Bellunensis) secundum Glossam Arabicam, est planta quę dicitur gieduar, de qua Auicenna capite de zedoaria seu giedusr dixit, quod eius uicinitas infirmat plantam napelli. iadfertur autem hoc nomine radix ex India, nigra, crassa, sicut radix doronici, saporis acuti: & uidi ipsam exhiberi cuidam principi Syriæ, Hæc ille. Ego apud Auicennam libro quarto in curatione napelli, buha & alguedar pro diuersis napelli antidotis accipi obseruaui. Sed has de mure napelli nugas, propemodum dixerim, Arabum et qui eos sectātur medicorum, tandem relinquo: siue herba quædam, siue mus quadrupes, siue muscus ad radicem nascens, siue musca insectum, siue moschus odoramentum, aut diamoschi antidotus, (quod plus rationis habet) præstantissimum aduersus napellum antipharmacon sit. Tam diuersæ quidem opiniones ex ipsa nominum uicinitate uideri possunt exortæ. In Aethiopia radix quædam letifera est, qua sagittas illinunt: & in Scythia tum hæc, tum aliæ quædam, Theophrastus 9. 15. Rhododendron Dioscorides ait maritimis locis & secus amnes nasci, (uerba sunt Marcelli Vergilij,) q̄d res ipsa etiā nunc indicat: Et nos scimus aliquot locis rhodanem corrupta uoce appellari plantam, quæ quoniam pastu animalia enecet, pro toxico habeatur, & toxicum pariter uocetur, Hæc ille. Vulgus Gallorum & Italorum ferè quouis ueneno infectos, intoxicatos uocant. Non indignum hoc loco etiam Ausonij epigramma est, super toxici uiribus huiusmodi:

Toxica zelotypo dedit uxor mœcha marito,
Nec satis ad mortem credidit esse datum.
Miscuit argenti letalia pondera uiui,
Cogeret ut celerem uis geminata necem.
Diuidat hæc si quis, faciunt discreta uenenum,
Antidotum sumet qui sociata bibet.
Ergo inter sese dum noxia pocula certant,
Cessit letalis noxa salutiferæ:
Protinus & uacuos alui petiēre recessus,
Lubrica deiectis qua uia nota cibis.

Quod si hoc etiam toxicum de aconiti genere fuit, ut nobis uerisimile est (Gallus enim Ausonius fuit, & aconiti genere Gallos pro toxico usos, & etiamnum uti, constabit ex sequentibus,) cum Hermolao & Ruellio faciet, qui (ut dixi) ab aconito primo non ex scorpij ictu solum, sed aliud quoduis in homine repertum uenenum impugnari putant, & illis inter se colluctantibus hominem seruari. Quin & alui fluxum aconito moueri in homine non dubitamus, cum idem in feris fiat. Pardalin occidunt tum alijs modis, tum aconito escæ admixto, unde fera per diarrhœam inanitur, Pollux. Et alibi, Elateria dicuntur pharmaca, quæ nimium euacuando etiam necant, ut aconitum & elleborum. Quanquam etiam argentum uiuum per se, tum pondere suo tum mobilitate per intestina deuolui et exitum quærere solet. Sed plura de toxico, & quod ex aconiti genere conficiatur, in Ceruo docui capite quinto: (hic nonnulla illic omissa adijcimus) & inter cætera ex Aristotelis Mirabilibus, pardalion (id est pardalianches aconitum) uenenum in Armenia nasci, &c. atqui Arabes pro toxico, Armenæ sagittæ uenenum plerisq; in locis reddere solent. ¶ Acustum (aliàs aucaston) secundū Glossam Arabicam est interfector lupi, Andreas Bellunen. Videtur quidem ab aconito interpolata uox: quod & aconistomon (unde forsan colomestrum nomen corruptum apud Dioscoridem) uocari, ex Aëtio citat Hermolaus: item irin syluestrem, & pharmaciadem: nos præter iridis syluestris nomen in excusis Aëtij codicibus nullum reperimus aconito tributum. Faba lupina seu marcillium, datum in adipe, necat canes, lupos, uulpes & ursos, Arnoldus. Videtur autē apocynon Dioscoridis, quod siliquas habet ceu fabarum: et folia cum adipe in panes coacta, canes, lupos, uulpes, & pātheras enecant:

cant: dicitur & cynomoron. Cieria, id est faba lupi, Syluaticus. Cenarasab, faba lupi, Idem. Apud Dioscoridem quidem κύαμος λευκός, id est faba alba inter aconiti alterius nomenclaturas est, & fortè cyamos lycu, id est faba lupi legendum fuerit: ut eadem causa sic nominetur qua apocynon, quòd lupos utrunque occidat. Catilabket, id est strāgulator canis, aconitum, Syluaticus. Cat.labich, id est strangulator patris sui, Idem. Interfector patris sui, non est aliud quàm satyrion, ut docent Monachi in Mesuen. bulbus enim nouellus tanquam filius uidetur, qui uires ueteris & rugosi, ceu patris sui, in se transsumpsit, mox ipse idem ab alio subnascente passurus. Marcellij quidem uox ad consiliginis nomenclaturam Sabaudicam accedit, quæ est marsieure, quasi Marsicam aut à Marsis inuentam dicas herbam, quod de consiligine Plinius testatur: siue fabam lupinam pro consiligine Ar-
10 noldus accepit, siue eodem similiue nomine consiligo & apocynon propter similem in feris necādis, ut quidem existimo, facultatem, appellatæ sunt. Chanach aldib, id est strangulator lupi, suffocat lupos, porcos & canes, Auicenna. Chanach alnemer, id est strangulator pardalis, suffocat alfhed & alnemer, (uetus interpres leopardos & lynces reddit, quod Bellunen. non probare uidetur:) Idem. Alius est interfector canis, de quo apud eundem libro 2. in fine I. literæ legimus, canes eo sumpto confestim interimi: & in homine sanguinem per sputum & nares moueri, (Arnoldus in libro de uenenis, idem de aconito scribit, tanquam ex Galeno.) Ego hoc uenenum quod sit, non facile dixerim: neque enim ulli illorum, quibus canes necari in ipsorum historia dixi, conuenire inuenio: sed neque alteri cuipiam quæ Dioscorides descripsit uenenorum. Theophrastus sanè meminit esse plantas quasdam, quæ sanguinem ad se trahant: alias quæ repellant: & Galenus alicubi historiam narrat herbæ inuen-
20 tæ, quam quisquis sibi applicasset, sanguinem excerneret atque hoc pacto interiret, &c. Dagabaoth, id est aconitum, Syluaticus. Debacul, aconitum, Idem. Amanaram, id est aconitum, Syluaticus. Baccæ masculi Hispaniæ, sunt uenenum kacilkebi, id est interficiens patrem suum, Arnoldus. Eliforion, aliâs elifon, id est aconitum, Syluaticus & Arnoldus: est autem nomen deprauatum pro aconito thelyphono. Diaseriticum & erusitium uoces corruptæ leguntur apud Arnoldum in libro de uenenis, pro eriphia herba (de qua pluribus dixi in Hœdo) quæ aconito aut thapsiæ uires habet similes: mihi quidem etiam genus aconiti uidetur uel propter radicis figuram, quæ instar bulbi oblongi est, ad imum extenuati: (sic enim legerim in libro de simplicib. ad Paternianum, non ad unum extuati, quæ uerba nullum sensum continent) accedit & uiolaceus flos, thyrsus oblongus, radicum appendices, natales in montibus, quę omnia nimirum in luparia nostra cœrulea uidentur: folia quoque non o-
30 mnino dissimilia apio sunt, quare & artemisiæ à Matthæolo comparantur: nisi quis non apij, sed platani legat, ut illi homines omnia corrumperunt. Plinius quidem de eriphia superstitiosa quædam tradit, quæ si lupariæ nostræ non conueniunt, etsi fici tamen (sic scribitur) apud authorem de simplicib. ad Paternianum descriptio, & cum eriphia Plinij, & cum nostra facit luparia cœrulea, ut certe congener existimari debeat: & si theriphonum potius quàm eriphium dici mereatur, si quis de etymo laboret. In libro de mirabilibus mundi, legitur planta Aegyptia nomine adiporis (à lupo, ut uidetur, dicta) quæ collecta immatura gustata mitigat sitim, odore cydonij pomi: matura uero sensum intercipit, gressum impedit, linguam retardat, læditque actiones mentis & corporis tanquam inebriando, Arnoldus in libro de uenenis. ¶ Bixis, id est tora, Syluaticus: qui bix etiam napellum interpretatur. Dahag, id est tora, Idem. Brths (forte bix, aut bixis legendum) id est napellus seu tora, habet folia lon-
40 giora, uicisiora petrocillo (lego, incisiora platano:) radicem duram asperamque, summitatemque grossam, & frondes (caules potius) quasi trium palmarum, flores purpureos, pulcherrimos: nascitur in montanis, ut in montibus pineis, puta prope Podium Seritanum, (Hispaniæ locum esse puto,) Arnoldus: apparet autem plantam esse de altero aconiti genere. Et mox, Orobus coturnicum est caliditatis & siccitatis summę, infert syncopen, uertiginem, epilepsiam, & linguam inflammat: necatque celeriter: nisi superedatur confestim planta ad pedem eius nascens, radnar uel radores uocant, alij napellum Moysi, alij anthoram: & est similis aristolochiæ, sed folia minora habet, nec floret, nec frondet. Hæc ille authorem citans quendam Algafik. Est sanè hic orobus coturnicum non alius quàm Auicennæ napellus, quo is etiam scribit coturnices absque noxa nutriri: errore, ut uidetur, nato ex Galeni uerbis, qui sturnos cicuta pasci scribit, nec lædi: nam κώνειον & ἀκόνιτον, ut dictum est, Arabici scripto-
50 res sæpe confundunt. Cæterum anthoræ (id est antitoræ) descriptionem præter illam Arnoldi hactenus nullam legi. Et mox, Filipendula (inquit idem) est species anchoræ (anthoræ) nigra exterius: interius uero alba, radices sunt obrotundæ, minores glandibus: & folia pimpinellæ, dicta lodomo, est theriaca uenenorum omnium, propriè napelli. Sagitta etiam illita succo napelli, omne animal uulneratum necat. Corona ex eo gestata in capite, infert syncopen, & epilepsiam. Gummi item ipsius, uenenum est. Hæc omnia Arnoldus. Videtur autem filipendula eam ob causam antitoræ uel antinapelli genus existimari, quòd cœruleo napello nostro similem fermè radicem habeat, tum colore, tum figura & magnitudine: fibris tamen & cirris caret, ut scorpij sine pedibus effigiem referat. Iam quod in capite gestatum napellum, noxium esse scribit Arnoldus: admonet me illius quod nuper ex anicula quadam audiui, si iuuenis inter tripudiandum cum uirgine, quæ lupariæ cœruleæ flores in corona
60 habeat, forte uulneretur, uulnus incurabile esse. Anchora est herba in ortis (in montibus potius) nascens, rara inuentu, nisi cum floret. Botanicus sibi ignotam fatetur, Simon Ianuensis. Et rursus, Ancora herba est theriaca contra toram, habens duas radices, sicut satyrion, unam pinguem, alteram

Rr 2

extenuatam: meminit earum Botanicus. Quæ uerò Gallis ancholia hodie uocatur, angelica quibusdam, non alia est quàm aquileia nostra. Vt leucomata & albuginem quamuis densam ex oculo detergeas, turam & anturam herbas uirentes nitidissimè collectas contundes, & per linteum tenue succum earum exprime, eoq; oculos inunge, Marcellus Empiricus: Vnde apparet toræ, uel turæ, uel tauræ nomen, non ita recens esse. Ex Plinio quidem aconiti usum ad oculorum medicamenta fuisse, iam supra dixi. Herba quæ taura uulgò nominatur, siue tora, flore est cœruleo, folio rotundo, radice polypodij hirsuta, & uermis nigri effigie: Venenosa herba, cui per antipathiã naturæ alia occurrit herba, antitaura & antitora cognomine, folio rotundo, Hermolaus in Dioscoridem Corollario 541. in Lychnidis mentione: quæ & ipsa taurion cognominatur, ut aconitum taura uel tora: eaq; admota scorpiones similiter torpescunt: & quanquam aliud commune, quod sciam, nihil habeant, hæc tamen obseruatu digna nobis uisa sunt. Apud Auicennam libro quarto inter præcipua napelli antidota ture (tura, uel potius antura legendum puto) numeratur, ut uetus interpres habet: ubi Arabicè buha, uel bismus buha legitur. Valdensium populus in montibus habitat Galliæ, non procul Auenione, Italiam uersus, hæreseos ab ecclesia Romana damnatus: apud hos toram herbã abunde nasci audio, cuius succum expressum in bubulis asseruant cornibus, ad sagittas tingendas ueneno præsentaneo: ipsi toram & toxicum uocant. homo aut quoduis animal telo inde imbuto ictum intra semihoram moritur: homini tamen præcipuè letale hoc malum est. Vim eius experturi, acum eo succo inficiunt, quo ranam pungant: quæ si illico moriatur, ita præsentaneum iudicant. Mortiferum negant si deuoretur bibatúrue, etsi ne id quidem sine noxa fit. Præsentissimum uerò esse coniunctum sanguini, quod per sagittas contingit: si tamen locus ictus frigida mox abluatur, remedium pollicetur. Sanguis qui è uulnere defluxit etiam ad imum pedem, hoc ueneno contactus recurrit, & in uulnus iterum subit: Tanta in eo sanguinis uitæq; auiditas rapida. Et hæc quidem accepi olim ab homine fide digno, qui cum Valdensibus ipse uersatus fuerat. Radicis certe & foliorum forma, & uis ipsa ueneni, non aliud hanc toram, quàm primum Dioscoridis aconitum esse euincunt: quod & thelyphonon uocatur, quòd uerendis fœminarum inditum mortis causa sit: nimirum quòd illic etiã uis eius & halitus sanguini iungatur, siue per acetabula, siue per ἀνάδοσιν quandam. Audio etiam Sabaudiæ populum eiusdem religionis esse, qui uallem quandam Lucernensem incolat, homines aspe ros, nec admodum suo principi obedientes: quòd metuendi sint propter sagittas herbæ toræ succo uenenatas. Singulos domi uasculum huius succi plenum seruare audio: & tali sagitta ictos paulò post mori, uulnere incurabili. Ab hac ualle exijsse quidam aiunt Valdenses, qui ab huius herbæ usu Torelupini nominentur: nam lupos aliasq; feras in uenatione, similiter huiusmodi sagittis feriunt. Audiui etiam, si bene memini, solis in Gallia Valdensibus, priuilegio quodam hoc toxico uti licere: forte quod & ad uenationem indigere uideantur, cum montes habitent: & tanquam uiri boni citra hominum noxam id possessuri existimentur: Sic & de aconito in Ponto scribit Theophrastus, ijs tantum qui præparare nouerint possidere concessum, cæteris interdictum capitis pœna. Anthora, inquit Syluaticus, dicitur quasi antitora: quod aduersetur thoræ. sunt autem duæ herbæ, quæ simul nasci solent: folijs uiolarum, rotundioribus tamen, & parum incisis: floribus cyclamini, nisi quia in thora bene uiolacei sunt, in anthora subrubei: hæc sanat, illa occidit, Hæc ille: remittit autem ad Thoræ mentionem, tanquam plura illic dicturus in T. litera: ubi tamen nihil prorsus super his herbis scriptum inuenimus. Ant. Gainerius in libro de peste, antoræ radicem tanquam egregium antidotum commendat, cuius experientiam ipse uiderit, si in potu detur scrupuli pondere cum aceto & aqua rosarum. Est autem, inquit, herba quæ nascitur iuxta toram, ex qua uenenum conficitur, quo cum in alpibus Saluciarum & Pinarolij capras syluestres uenantur. Radix eius (antoræ) similis est nucleis oliuarum, cuius mentionem in Synonymis Simon Ianuensis facit: & est bezear toræ, quæ nullum nõ animal suo ueneno interimit. Admonet me antora herbæ cuiusdam raræ, quam semel tantum in monte quodam alto Sabaudiæ reperi, ultra Lemannum lacum è regione ferè Lausannæ: folium ei rotundum, planè circinatum, ea fere magnitudine ut diameter duos pollices æquet, in circuitu serratũ, solidum, albicans: & si bene memini, singulis plantis unicum. florem non uidi, radices sunt albæ, glandibus aut oliuis quodammodo similes ut filipendulæ, gustu feruido. Arabes quidam Ascitæ appellantur, quoniam bubulos utres binos sternentes ponte, piraticam exercent sagittis uenenatis, Plinius. Portulacæ syluestris quam peplion uocant, memorabiles usus traduntur: sagittarum uenena, et serpentium hæmorrhoidum & presterum restringi, pro cibo sumpta, & plagis imposita extrahi, Plinius. Scincus prodest contra sagittarum uenena, ut Apelles tradit, antè posteaq; sumptus, Idem. Silphium uenena telorum & serpentium extinguit potum, ex aqua uulneribus circumlitum, Plin. Venenum serpentis, ut quædam etiam uenatoria uenena, quibus Galli præcipuè utuntur, non gustu, sed in uulnere nocent, (hoc etiam hodie de tora fertur, ut supra dixi:) ideoq; colubra ipsa tutò estur, ictus eius occidit, &c. Celsus. Primum aconiti genus (folio cyclamini) sæpe in Tridentino monte, ubi abunde nascatur, collectum Mathæolus scribit: nomen uerò eius nullum adfert, nec ullam descriptionem. Toram enim alibi Dioscoridis orobanchen nominat, sic dictam (ut ait) quòd ea gustata uaccæ mox tauros desiderent: eandem ait lupam uocari: quòd deuoret plantas iuxta nascentes. sed de orobanchæ multis disserui in Boue C. De primo aconiti genere fuerit, inquit Matthæolus, radix illa qua quidam circa Romam & Neapolin utuntur, qui unam hanc lupos necandi artem profitentur;

fitentur: & radices, quibus lupi subitò necantur, in ponte S. Angeli uendunt: neque enim lupariæ dictæ radices sunt, quæ nigro colore habentur, cum illæ ex albo ad luteum colorem uergant, Hæc Matthæolus. Sed quærent diligentiores, an forte radix illa quā Romæ pro lupis occidendis uendunt, nō alia quàm chamæleontis siue alterius siue ixiæ sit, qua lupos occidi supra diximus ex Blondo medico Romano. Ex chamæleonte etiam in Creta, si rectè memini, toxicum fieri alicubi legi. In montibus quibusdam prope Vallenses hodie dictos, Heluetijs coniunctos fœdere, herbulam illam, quam pro lunaria minore Fuchsius depinxit, Tomi primi capite 183. toram uocitant, non quòd uenenosam existiment: sed eandem forte ob causam, qua Matthæolus orobanchen, ut iam retuli. ¶ Petrus Aponensis libro de uenenis capite 21. usneam aconitum esse asserit, magno errore. Vsnea seu sulphurata, planta albicans, salsa, ramos habet longos & graciles: ex qua fit loza: drachmæ decem sumptæ interimunt, Arnoldus. Vsnen est herba kali, unde fit sal alkali, decem drachmarum pondere sumptum interficit, &c. Serapio cap. 247. Circa Italiā (in Italia) monte Circæo, aiunt uenenum quoddam lethiferum nasci, cui ea uis est, ut si quis biberit (ἄν ψύτὸς πιραυθῇ, lego ποθῇ τινι,) mox pilos è corpore defluere & marcescere faciat, & omnino corporis membra diffluere, ita ut aspectu miserabilis superficies sit corporis morientium. Hoc Cleonymo Spartano daturos Paulum Peucestium (Peucetium, id est Calabrum) & Gaium, deprehensos aiunt, & à Tarentinis post quæstionem morte mulctatos, Aristoteles in Mirabilibus. Circeum quidem inuenio montem esse propè Caietam Campaniæ oppidū, ubi Circe habitauit, uarijs herbarum uenenis abundantem: uel promontorium Tuscorum, quod hodie S. Felicitas appelletur. Ego inter uenena ex plātis, nullum huiusmodi legere memini: sed ad salamandræ, sepis, & aliorum quorundam serpentium morsus, pilorum defluuium, & partium corporis putredinem sequi medici tradunt: quod si tamen planta quædam huiusmodi est in Circeo monte nascens, uim septicam habeat oportet, ut aconita, chamæleontes, ephemeron, & similia. uideri tamē potest, si planta est, ex aconiti generibus esse, quoniam illius etiam genus unum in Iustinis Italiæ montibus prouenire Dioscorides scribit: & cum uim septicam habeat, nisi statim occiderit, planè miserabilem aliquandiu superuiuentium mortem sequi Theophrastus author est. Aristoteles quidem xenico ueneno, quod mox aconitum esse dicemus, tinctas sagittas à Gallis, feris immitti scribit, & nisi statim pars circa uulnus excidatur, putrescere. Limeum herba appellatur à Gallis, qua sagittas in uenatu tingunt medicamento, quod uenenum ceruarium uocant. ex hac in tres modios saliuati additur, quātum in una sagitta addi solet, ita offa demittitur in boum faucibus in morbis. Alligari postea ad præsepia oportet, donec purgentur. insanire enim solent. si sudor insequitur, aqua frigida perfundi, Plinius. Genus aconiti hoc esse apparet, primū inde quod Gallos eo sagittas tingere scribit, (quanquam ex Sardoo quoque ranunculo toxicum fiat, & inter ranunculi nomina mileon legatur apud Apuleium, et lycopnon, quasi lycophonon forte: Arnoldus quidem, ranunculum eundem, lupinum nominat:) deinde quod euacuandi per aluum uim habet, quam & aconitum habere supra ostendi. et habent sanè eandem uim pleræque aconito tum uiribus, tum forma aut utroque congeneres herbæ, ut elleborus, chamæleō, staphisagria, thapsia, ricinus, ephemeron. Quod autem intra corpus aconitum etiam hominibus quidam nescio quomodo præparatum dare ausi sint, dictum est supra ex Theophrasto: ad scorpionum ictus, & alios affectus, quorum nomina non exprimit. Adde quòd & hodie de tora dicitur, & de uenatorio Gallorum ueneno Celsus scribit, intra corpus sumptum nihil aut parum obesse: cum ueteres acerrimis uenenis aconitum adscribant. Componi autem hæc contrarietas potest, uel quia diuersa sunt aconiti genera: uel quia superficiem aconiti etiam Theophrastus letiferam esse negauit, cum uenenum omne in radice sit: uel potius, si exigua quædam portio (ut Plinius in limeo fieri scribit, & in alijs quoque uenenis medici faciunt) cum maiore copia retundentiū & frangentium eius noxam iungatur: uel quomodocunque pro apparatus diuersitate effectus diuersos sequi. Apud Celtas aiunt (uerba sunt Aristotelis in Mirabilibus) nasci pharmacum, quod xenicum ab ipsis appelletur, mira corrumpendi celeritate: quamobrem uenatores cum ceruum aut aliam feram, tinctis eo sagittis percusserint, mox accurrere, & carnem circa uulnus excindere, ne uenenum subeat. Eo enim infectum corpus putresceret, & uenenosum in cibo foret. Inuentum autem aiunt huius antipharmacum, corticem quercus: alij uerò aliud quoddam folium, quod coracion nomināt ex euentu: quòd córaca, id est coruum aliquādo uiderint gustato hoc ueneno cum malè afficeretur, quæsitum hoc folium deuorasse, & liberatum esse, Hæc Aristoteles: Conuenire autem ea omnibus modis cum aconito, tora, limeo, facillimè animaduertet, quisquis præcedentia legerit, ita ut pluribus id astruere superuacuum uideatur. Dacos & Dalmatas aiunt cuspidibus helenium à Græcis dictum & ninum ab incolis oblinere, (πθειπάτ[illegible]) idque ubi sanguini uulneratorum obuenerit, hominem occidere: comestum uerò ipsis innoxium esse, & nihil mali efficere: ceruos etiam uulneribus sagittarum sic infectarum mortuos, si edantur, nihil obesse, Galenus ad Pisonem, & Aegineta 6.88. mirificè autem congruunt hæc uerba cum ijs quæ de tora, id est aconito feruntur, &c. Sed nomina quoque elenium (helenium quidem, quod uulgò enulam campanam nominant, quid cum hoc elenio commune habeat, nihil inuenio) & ninum, nonnihil ad limeum accedunt, ut unam uel alteram istarum uocum per librarios corruptam suspicemur. Helenium Aegyptium Theophrastus interim uelenium, Aristoteles belenion scripsere: si modo liber eius est, qui de plantis ad authorem Aristotelem refertur. Belenium (βελήνιον) inquit, delibutorium in Perside uenenum erat, in Aegyptum & Pa-

Rr 3

læstinam translatum, sine periculo mandi cœpit, Hermolaus Corollario 38. quem Ruellius etiam, ut solet, sequitur. Ego utrunq; deceptum uideo. neq; enim de helenio hæc uerba Aristotelis (aut quisquis eius libri author est) neq; de ulla alia herba intelligi debent: sed de persea arbore: de qua Dioscorides, Retulerunt quidam letalem in Perside hāc arborem esse, translatam uero in Aegyptum mutasse naturam & cibo idoneam esse. Idem Columella et Theophrastus testantur. Nihil autem mirum si pro persea belenion legatur: cum passim eo in libro & barbara & corrupta nomina multa legantur, ut artemisia etiam pro arbore, &c. Galli sagittas in uenatu elleboro tingunt, circuncisoq; uulnere teneriorem sentiri carnem affirmant, Plinius libro 25. ad finem capitis 5. Vnde apparet elleboro quoq; uim ad sagittas eādem ut aconito esse: & alias insuper, ut mures, muscas & pedes necare, quas ibidem commemorat Plinius. Sed hoc etiam suspicari licet, fieri posse ut Galli ellebori nomē aconito dederint olim quoq;, ut hodie adhuc multis in locis, pharmacopolæ etiam, quod Syluius testatur & ipse uidi, errore quidem capitali: sed hodie illi aconiti cœrulei radices pro elleboro nigro usurpant: Plinius de albo loqui uidetur, quo sagittæ tingantur. De toxicis & sagittarū uenenis annotauit quædam Cælius 23.10. Σύαγχος, radix qua sues (apri) capiuntur, Hesychius & Varinus. Hanc quoq; aconito si quis adnumeret, non aberrabit. scribit enim de primo aconiti genere Dioscorides, quod & alias feras, & sues occidat, nimirum angendo et quasi strangulando, unde & pardalianches dictum. Hactenus de aconito, toxico, napello, tora, & similibus seu facultate seu forma plantis, quibus & lupi & aliæ feræ, sed & homines necantur, cauendi gratia, & antidota cognoscendi, dixerim: prolixius quidem quàm argumento de animalibus conueniat: non tamen ingrata, ut spero, hominibus literatis, præcipue medicis futura; quod pleraq; omnia primus nostro sæculo longa & diligenti obseruatione ista partim ipse protulerim, partim collegerim.

¶ Animalia. Hyæna lupo similis est, ut Philoponus inquit, Niphus. Colore lupi propè est, sed hirsutior, & iuba per totum dorsum prædita, Aristotel. Dabha (hyæna) animal medium inter lupum & canem, Bellunen. Λυκοπάνθηρος, animal mixtum ex pardo & lupo, ut quidam in Lexico Græcolatino annotauit: Vide infra inter congeneres lupo feras. De chao & lycaone, lupo canario, & thôe, id est lupo ceruario, infra post lupum statim dicam. Lyncem aliqui eandem thôi existimant, Itali uulgo hodieq; lupum ceruarium, aliqui lupum cattum nominant: Germani **luchs** uel **lux**, Valenses Heluetij **thierwolf**. De Lycisco id est, cane ex lupo & cane nato, uide infra in c. Nominibus non longissimis appellandi sunt canes, ut Lupa, Cerua, Tigris, Columella. Λυκάδος Thessalicæ canis epitaphium in Cane scripsi ex Polluce. Λυκίτης, unus ex canibus Actæonis apud Aeschylum, Pollux. ¶ Lupus, λύκος, ex graculorum siue monedularum genere auis, Aristoteli: quamuis apud Hesychium & Varinum λύκιος legatur. Miluum Græci quidam uulgò λύκινον uocant, (nimirum à lupina rapacitate,) Varinus in ἰκτῖνα. ¶ Λυκολάτας, τὰς ἐγχέλεις, Lacedæmonij, Hesych. sic enim lego. Lupus piscis carniuorus in alios grassatur, λάβρακα Græci à uoracitate uocant, aut ab impetu & robore: marinus est: sed per ostia fluuiorū aliquousq; ascendit, ut ex mari Tyrrheno per Tyberim Romam usq;. Recentiores quidam imperiti maris, lucium piscem robustissimum uoracissimumq;, ualidis dentibus acutis armatum, lupum esse putauerunt, lucij etiam nomine, tanquam à lyco Græcorū alludente. sed lupum piscem Græci labracem, non lycon uocant: & marinus est, ut dixi, &c. Lycos quidem etiam Græcis, ut Hesy. & Varinus testantur, piscis nomen est: qualis uero is fuerit non satis constat. Hicesius piscem anthiam, ab aliquibus lycon, ab alijs callionymon uocari scribit, Athenæus libro 7. Vide in Lupo inter pisces. Engrauli, engrasicholi, uel crasicholi pisciculi, alio nomine lycostomi dicuntur, Aelianus: Suidas apuæ pisciculi epitheta esse scribit. ¶ Lupos phalangiorum siue araneorum generis, in libro de insectis quæres. Nicandri Scholia lycon etiam muscæ genus esse docent.

¶ Icones. Aquilam Romanis legionibus C. Marius propriè dicauit: erat & antea prima cum quatuor alijs: lupi, minotauri, equi apriq; singulos ordines anteibant, Plinius. Lupo Apollinem delectari aiunt, quia hic ex Latona in lupæ speciem conuersa, editus in lucem & susceptus fuisse feratur: eamq; ob rem lupi simulacrum in Delphico templo ex ære excitatum esse arbitror, &c. (plura uide in h. in Lycæi Apollinis mentione.) Quem inauratum in Capitolio paruum atq; lactentem huberibus lupinis inhiantem fuisse meministis, Cicero in Catilinam. Denarij etiamnum uetustissimi reperiuntur argentei, cum imagine lupæ quæ Romulo & Remo infantibus ubera præbet. Lycus quidam heros Athenis fuit, à quo dictus ibidem iudicij locus, τὸ ἐπὶ λύκῳ δικαστήριον, ubi lupi etiam effigies posita erat ad designandum loci & herôis nomen, Pollux. Vide mox inter propria uirorum. Lycópodes, satellites tyrannorum: qui pellibus lupinis pedes induebant, uel in scutis lupi insigne habebant, Suidas & Varinus.

¶ Virorum propria. A Lupo nomina uirorum habent Germani, **Wolf/ Wolfhart/ Wolfgang**. ¶ Lupercus Berytius grammaticus, uide Suidam. Lupus Seruatus presbyter, & Lupus de Oliueto Hispanus monachus, in Bibliotheca nostra. Lupum uirum Romæ clarum suis carminibus carpsit Lucillius, teste Horatio. Plinius 8. 52. Fuluij Hirpini meminit: hunc M. Varro (inquit Hermolaus) Fuluium Lupinum uocat. Vide paulò post ab initio de proprijs loc. & popul. Lycambes filiam habuit Neobolen, quam Archilocho in matrimonium promissam cum non daret; iratus Archilochus in eum maledicum carmen scripsit, quo Lycambes tanto est dolore compulsus, ut cum filia

filia uitam laqueo finiret, Acron in Epodon Horatij Oda 6. Εἰ γάρ φιλ[illegible] ἔλειπον ἀλυσκάζουσαι ἰάμβων, Ἄγριον Ἀρχιλόχου φθέγμα Λυκαμβιάδων, Suidas ex Epigrammate. Λυκαμβὶς, ἀρχὴ: Κρατῖνος ἐν νόμοις τ πολι μαρχου δηλῶν, πῶς ἐν ἀπεγράφοντο τῆς τοῦ ἀπολυσίου δίκας. Λυκαμβίδα ἢ ἐπὶ τῶν ἀρχὴν, Hesy. & Varinus. Lycabas, uir Assyrius, Ouid. 5. Metam. Lycaon: Multi hoc nomine dicti sunt: à quorum uno etiam Lycaonia appellata. Humero simul exuit ensem Auratum, mira quem fecerat arte Lycaon Gnosius, Vergil. 9. Aen. Alius fuit Lycaon Nelei filius & Nestoris frater, quem Hercules expugnata Pylo occidit. Alius Priami filius ex Laothoë ab Achille occisus, Homerus Iliad. χ. Sed celebratissimus omnium est Lycaon ille Arcadiæ rex, Titani ac Terræ filius, cuius filiam Callisto cum uitiasset Iupiter, Iuno in ursam conuertit: & postea Iupiter miseratus in signum cœleste transtulit, Hæc Seruius enarrans uersum illum Vergilij 1. Georg. Pleiadas, Hyadas, claramque Lycaonis arcton. Plura de hoc Lycaone leges in Onomastico: & primo Metamorphoseon Ouidij, & Palæphato. Lycaon Pelasgi filius (inquit Pausanias in Arcadicis) Lycosuram urbem condidit in monte Lycæo, Iouem itē Lycæum appellauit, & certamina Lycęa instituit. Videtur autem eadem ætate uixisse, qua Cecrops Atheniensium rex. Infantulum idem aræ Iouis Lycęi impositum immolauit, quo sacrificio peracto, confestim in lupum fuisse permutatum aiunt. Post Lycaonem, etiam alium quendam hominem ad sacrificium Iouis Lycæi in lupum esse transmutatum fabulantur, sed per uitam non mansisse. Quandiu enim lupus fuerit, si carnibus humanis abstinuerit, decimo anno post, hominem è lupo rursus fieri aiunt. Sin autem gustauerit, beluam eum perpetuò manere, (transtulit hæc etiam Cælius 16. 3. sed parum aptè.) Hæc Pausanias: deinceps etiam Lycaonis filios & conditas ab eis ciuitates recenset. Hic Demarchus uidetur, de quo in h. dicetur inter Metamorphoses. Λυκαινομόρφων Νυκτίμου ἀγχανόμων, Lycophron de filijs Lycaonis: ubi Scholiastes, λυκομόρφων, inquit, dicendum erat: non in lupas enim, sed lupos mutati Lycaonis filij finguntur, secundum istam historiam: Pelasgus Iouis & Niobes filius, ex Melibœa uel Cyllene secundum alios Lycaonem suscepit. Is rex Arcadum factus ex multis nuptijs filios quinquaginta nactus est, ex quibus fuerunt, Mænalus, Thesprotus, Nyctimus, Caucō, Lycus, &c. omnes impij, & superbi supra modum. Cæterum Iupiter homini mercede laboranti assimilatus, cum eos adijsset, ad hospitium eorum uocato, pueri cuiusdam indigenæ iugulati ab eis uiscera cocta (συμμίξαντες) in mensam apponunt. Iupiter uero abominatus, mensam euertit: unde locus adhuc Τραπεζοῦς in Arcadia nominatur: Lycaoni autem & filijs, Nyctimo minore natu excepto, fulmen immittit. Porrò cum Nyctimus iam regnaret, diluuium sub Deucalione contigit, propter Lycaonis filiorum impietatem. Aliter, Iupiter hospitio apud Lycaonem exceptus, cibum sumebat: filij autem eius periculum facturi an deus esset, Nyctimi iugulati carnes alijs carnibus permixtas apposuerunt. At Iupiter indignatus, mensam euertit, unde Trapezusæ oppido Arcadiæ nomen. Filios autem Lycaonis fulmine interemit: & crebris fulminibus Arcadiam petijt, donec terra ipsa Iouem obsecrans τὴν χεῖρα, id est manum extendit: quare primam inter Arcades ἱκετείαν factam aiunt. Aliquos autem filiorum Lycaonis in lupos (ursos forte legendum) mutauit: quos Lycophron nescio quomodo lycænomorphos dixit, nisi forte speciem pro specie accepit, lupiformes pro ursiformes ponendo. Callisto enim (ut nugantur) Lycaonis filia, & Dianæ uenando socia, ex Ioue grauida, in ursam ab eo cōuersa est, ut Iunonem lateret, & Arcadem filium peperit. Non autem Nyctimum, ut Lycophron nugatur, sed alium quendam indigenam puerum, ut Apollodorus & alij tradunt, Lycaonis filij mactauerunt, Hæc Scholiastes Lycophronis. Vide nonnihil infra in h. ubi de Ioue Lycæo: & de lycaone siue lycanthropia, insania quadam hominis, supra inter deriuata à Lupo. οὐ λύκος ἐξ ἀνθρώπων κατὰ τὸν Ἀρκαδικὸν μῦθον, ἀλλὰ τύραννος ἐκ βασιλέως ἀπαίρει πικρὸς, Suidas in Lycostomos ex authore innominato. Ephoro author initio fuit Hesiodus, Pelasgos ex Arcadia originem duxisse: qui diuino è Lycaone gnatos extitisse ait, quem olim Pelasgus procreauit, Strabo libro 5. Lyctus (urbs Cretæ) naualem habuit Cherronnesum, à Lycto filio Lycaonis, Varinus. Mænalus etiam Lycaonis filius fuit, à quo Mænalo monti nomen, Varinus apud quem σῶμα pro σᾶμα (quæ Dorica uox est pro σῆμα) mendosè legitur. O Pan relinque Helices promontorium, αἰπύ τε σᾶμα Lycaonidæ, quod etiam dij mirantur, Theocritus Id. 1. De lycaone animali infra dicam seorsim. Inde Lycam ferit, Verg. 10. Aeneid. Et rursus eodem libro, Protinus Antheum & Lycam, prima agmina Turni Persequitur. Lycaretus Męandri filius Lemno præfuit, Herodot. lib. 5. Lycarius, unus ex ephoris Lacedæmoniorum, Xenophon lib. 2. rerum Græc. Lycastus urbs Cretæ, sic dicta est à Lycasto quodam indigena, uel filio Minois, Varinus. Lycastus & Parrhasius à lupa nutriti feruntur, Plutarchus in Parallelis minoribus. Lyceas Naucratites scripsit Aegyptiaca, Athenæus. Sæpius at si me Lycida formose reuisas, Verg. 7. Aegl. dę pastore: sunt qui & Centauri nomen esse dicant. Lycidam quendam Salaminium Athenienses lapidauerunt, quòd pecunijs à Mardonio corruptus uideretur, Herodot. lib. 9. Lycimnius frater Astyochiæ, auunculus Tlepolemi, à quo & ipse interemptus est, ut quidam ex Homero citat: sed forte legendum Λικύμνιος, de quo aliquid habes apud Varinum. Domum tuam exuret Λικυμνίαις βολαῖς, Aristophanes in Auibus: Vbi Scholia, Licymnius forte ædes quorundam combussit. Cæterum in Licymnijs fabula Euripidis introducitur quidam fulmine tactus. Licymnius Chius scriptor Græcus citatur ab Athenæo libro 13. Licymnia uerba tanquam perelegantia Plato celebrat in Phædro. Lycinus, Λυκῖνος, exul ex Italia, summæ apud Antigonum fidei fuit, & commissum sibi præsidium tenuit, Teles apud Stobæum in sermone de exilio. Lycinus Heræensis cur

Rr 4

for, Pausanias in Eliacis: alibi etiam Lycini equitis insignis, & alibi pugilis meminit. Rectius uiues Lycini, neque altum Semper urgendo, Horatius Carm. 2. 10. Lycis (uel Lycus) poëta comicus ab Aristophane tanquam frigidus notatur, Suidas. Lyciscus statuarius fecit Lagonem puerum subdolæ ac fucatæ uernilitatis, Plinius 34. 8. Lycisci cuiusdam Pausanias in Messenicis meminit, ex Aepytidarum genere. Lycomedes rex Scyri (cuius in Theseo Plutarchus meminit) filiam habuit Deidamiam, ex qua Achilles Pyrrhum genuit, Vide Onomasticon. Lycomedes Creontis filius apud Homerum Iliad. 9. huius cum uulnere in uola picti, Pausanias in Phocicis meminit. Lycomedes Mantinensis, uir nobilis & diues, Xenophonti rerum Græcarum lib. 7. Lycomedes natus ex Parthenope Ancæi filia & Apolline, Pausanias in Achaicis. Megalopolis conditores ab Arcadibus electi, Lycomedes & Poleas Mantinenses, & alij, Pausanias in Arcadicis. λυκομήδειος, uir inter comicas personas, οὐλότριχος, μακρογένειος, ἀνατείνει τὴν ἑτέραν ὀφρῦν, πολυπραγμοσύνην παρενδείκνυται, Pollux. Λυκομίδαι, γένος ἰθαγενῶν, Hesychius & Varin. Musæi hymnum in Cererem Λυκομίδαις ποιηθέντα citat in Messenicis Pausanias, non procul initio: & paulò post λυκομιδῶν κλίσιον quasi templum eorum nominat. Λύκων: huius nominis philosophos quosdam & poetas lege in Onomastico. Lycon Comœdus in nuptijs Alexandri Magni fuit, Athenæus lib. 12. Eodem in libro Lyconis Peripatetici meminit. Lycon Scarphei filius Comœdus, ab Alexandro Magno decem talenta accepit, Plutarchus in Alexandro. Lycon Achæus, apud Xenophontem Anabaseos lib. 5. Lyconis Iasensis librum de Pythagora citat Atheneus. Lycos uel Lycon quidam pentathlus fuit, Scholia in Vespas Aristoph. Lycophron, uiri proprium: & adiectiuum, crudelis, superbus, Hesych. et Varin. Lycophron Chalcidensis, Aristoclis filius, adoptatus autem à Lyco Rhegino, grammaticus & poeta Tragicus, &c. Suidas. Vide Bibliothecam nostram & Onomasticon, & quædam Cælij loca ex indice. Nicias Atheniensis Lycophronem Corinthiorum imperatorem occidit, Plutarchus in Nicia. Lycophron Perinthi Corinthiorum regis filius, matrem occidit uiuente adhuc patre, Onomast. Lycophron Pheræus uniuersæ imperare Thessaliæ quærebat, Xenophon rerum Græc. lib. 2. Lycorea uicus in Delphis à rege Lycoreo dictus: Pausanias aliter, uide inferius inter locorum propria. Lycormas Larisseus equo celete uicit, Pausanias in Phocicis. Lycortæ Syracusani mentionem in Eliacis facit Pausanias, & alijs in locis, ut index in translatum demonstrabit. De Lycorta Megalopolitanorum imperatore nonnulla scribit Plutarchus circa finem Philopœmenis uitæ. Lycurgi cuiusdam strennui uiri Homerus meminit, quem filium facit Dryantis: fit autem Lycûrgus contractum à λυκόοργος, non à λυκόφρων. λύκου γὰρ ὀργὴν ἔχειν εἰπεῖν, ἔργον ἦν. hoc enim hominis proprium est, Varinus. Lycurgi Lacedæmoniorum legislatoris uitam Plutarchus composuit. De eiusdem constitutionibus, & morte multa legimus apud Suidam. Vide Onomasticon, & indicem in Cælium & in Herodotum. Lycurgus unus ex decem rhetoribus Athenis, Lycophronis filius (nepos Lycurgi legislatoris, Varinus:) plura leges apud Suidam. Lycurgides, filius Lycurgi, nepos Dryantis, Ancæus nomine: uide Onomasticon. Hoc obiter addam, inter phialas fuisse quæ dicerētur lyciurges (φιάλαι λυκουργεῖς pro λυκιουργεῖς, non rectè habetur in excusis codicibus Pollucis) à Lycijs, ut Cælius ait. λυκιουργὶς, (malim ultimam per η.) uox apud Demosthenem in oratione ad Timotheum. Didymus interpretatur phialas à Lycio Myronis filio (à Lycone quodam alij, Athenæus libro undecimo) factas: sed apparet ignorare grammaticum, huiusmodi schematismum à proprijs hominum nominibus non reperiri: sed potius ab oppidis & populis, ut κλίνη μιλησιουργής, (κάνθαρος Ναξιουργής, τράπεζα ῥηνιουργής, Athenæus ex quo Suidas etiam transcripsit) Suidas. Προβόλους δύο λυκιουργέας ἡμιοβρύεας, ὅτι ἀκόντια ἐστὶ πρὸς λύκων θήραν ἐπιτήδεια ἐν Λυκίᾳ εἰργασμένα, Athenæus citans Herodoti librum septimum. λυκιουργεῖν, τὰ λυκιουργῆ ποιεῖν, Budæus in commentarijs linguæ Græcę. At Suidas, κεῖται ἐν γραφῇ παρὰ Ἡροδότῳ ἐν τῷ ζ. (λυκιουργίας) ἀντὶ τοῦ προβόλους δύο λυκοφρύγεας: ut eadem scriptio sit quę apud Demosthenem de ijs, quæ in Lyceo (ἐν Λυκείῳ) facta sint operibus. Budęus quidem λυκιουργὶς, Lycio opificio factum interpretatur. λυκοφρύγης (in Lexico Græcolat.) exponitur etiam lupos conficiens: sic πρόβολον λυκοφρύγεα, uenabulum lupis occidendis aptum dixeris. λυγισργόν (lego λυγκούριον) τὸ ἤλεκτρον, Hesychius & Varinus. λυκοῦργος, unus ex procis Hippodamiæ, Varinus in Oenomao. Lycus pueri nomen, Horatio in Odis 2. 32. Lycus (Apollonio in Argonauticis) Dascyli Bithyniæ regis filius, sacellum Castori & Polluci dedicauit, magna cura liberatus, interfecto ab ipsis Amyco Bebrycum rege, Hermolaus in Plinium. Celænûs & Promethei filij memorantur Lycus & Chimæreus, Varinus in Ἄτλαντος. Celænô, una Pleiadum, ex qua Lycum & Nyctea Neptunus sustulit, Gyraldus. Gemit crudelia secum Fata Lyci, (uiri Troiani) Verg. 1. Aen. At pedibus longè melior Lycus, 9. Aen. Lycus statuarius puerum suffitorem fecit, Plinius 34. 8. λύκος uel λύκων quidam pentathlus fuit, Scholia in Vesp. Aristoph. Athenis in templo Mineruæ pugnans Cycnus conspicitur. Is Cycnus, ut aiunt, cum alios tum Lycum Thracem propositis ad singulare certamen præmijs occidit. Ad fluuium uerò Peneum ab Hercule est interfectus, Pausanias in Atticis. Hercules Lycum Thebarum regem quòd Megaræ coniugi uim uoluisset inferre interemit. Nycteus (cuius filia Antiope celebratur) ex uulnere moriens, Lyco fratri imperium Thebanorum committit, Pausanias in Corinthiacis: de eodem plura in Bœoticis scribit, & quomodo ab Antiopæ filijs (Amphione & Zetho) pugna superatus sit. Vide Onomasticon. In itinere ex agro Corinthio Lyci Messenij monumentum cernitur, quisquis tandem Lycus ille sit. Nec enim illum inuenio Lycum Messenium qui pentathlum exercuerit,

exercuerit, aut Olympia uicerit, Pausanias ibidem. Caucon Celæni filius Orgia magnorum deorũ
Eleusine ad Messenam trãstulit: eadem multis post Cauconem annis celebriora reddidit Lycus Pan
dionis filius: Lyci quercetum etiamnum appellant, &c. Pausanias in Messenicis. Et rursus eodem
libro Lycum Pandionis filium oracula reddidisse commemorat. Ab hoc aliqui Lyciam dictam scribunt. Gyraldus ex Pausania non rectè Lycium uocat, nisi librarij peccarint. Meminit autem eius
Paus. in Atticis, & Herodotus lib. primo. Lycus Phidolæ Corinthij filius, Isthmijs semel, Olympijs
bis uicit, Pausan. Eliacorum 2. Fuit & Lycus Priami filius: item unus è Centauris. Callirhoë filia
Lyci hominis sanguinarij & hospites immolantis, à Diomede relicta (quem Troia redeuntem beni-
gnè susceperat, & paternis liberauerat insidijs) laqueo se suspendit, Iubas apud Plutarchum libro 3.
rerum Africanarum. Gyraldus Lyci nomine numerat unum inter Telchines. Lycis uel Lycos,
frigidus quidam comicus poeta, ut superius retuli. Τὸ ἐπὶ λύκῳ δικαστήριον, locus iudicij cuiusdã A-
thenis, ubi lupi effigies stabat, ad demonstrandum herois nomen, à quo sic dictus est locus. Ab codẽ
ortum est prouerbium, ἡ λύκου δεκάς, Pollux. Θηρῷον (lege θ' ἡρῷον, pro τὸ ἡρῷον) templum Lyci herois,
Varinus. ὦ Λύκε δέσποτα, γείτων ἥρως, Aristoph. in Vespis. Vbi Scholia, Lyci templum & herôum a-
pud iudiciorum loca erat. Aliter, Herôum Lyci apud locum iudicij erat: & cum iudicia agebantur,
iudicialem mercedem, nempe triobolum, (quotidie ei triobolum seponebant, Suid.) quam accipere
solebant quorum erat iudicare, illi quoq; conferebant. λύκου δεκάς, id est Lupi decas: dictum apparet
(inquit Erasmus) in eos, ad quos inhonesti lucri pars aliqua tametsi pusilla rediret. Aut in eos qui lar-
gitionibus essent corrupti, aliósue corrumperent. Nam Athenis in foro ubi causæ agebantur, Lycus
quidam genius (heros potius, ut Græci habent) scalptus stabat, (ἵδρυτο, ἀνεστήλωτο) lupina specie. A-
pud hanc statuam sycophantæ pecunia corrupti uersari consueuerunt, uelut apud deum quempiam
sui quæstus præsidem, eiq; in dies singulos triobolus secabatur, authore Zenodoto: quanquam attigit & Hesychius. Suidas addit, sycophantas (οἱ δωροδοκοῦντες) fuisse decem numero, ueluti decem ui
ros referentes. Meminit huius Aristophanes in Vespis, θ' ἡρῷον εἴ πως ἐκκομίσαις τοῦ λύκου, Si qua simulachrum efferre possis Lyci, Hæc Erasmus. Καὶ οἱ πρῶτοι δικασταὶ πρὸς τῷ λυκοειδεῖ ἥρωι ἐκλήθησαν, Varinus. Vox quidem δεκὰς hoc in prouerbio uidetur δωροδοκίαν sonare, ut δεκάζεσθαι, δωροδοκεῖσθαι: quoniam pariter decem uersabantur iuxta Lyci effigiem, qui munera accipiebant ab ijs qui magistratum aut aliud quippiam ambiebant, ut quantum in ipsis esset eos promouerent, Suidas in λύκου,
& bis in uerbo δεκάζεσθαι. Lycus fluuius cognominis regi, fluens per Mariandynorum regionem,
Varinus: uide infra inter propria locorum circa finem. Lycus rex fuit Mariandynorum, cuius filius
Priolaus, Scholia Nicandri. Lycus medicus quidam apud Aëtium citatur: & Galenus contra Lycum quendam Hippocratis calumniatorem scripsit. Lycus Rheginus Lycophronem Chalciden-
sem Aristoclis filium adoptauit, Suidas. Lycus, qui & Butheras, Rheginus historicus, pater Lycophronis Tragici, sub diadochis uixit, insidijs Demetrij Phalerei petitus: scripsit historiam Libyæ & de
Sicilia, Suidas. Scripsit quædam ad Alexandrum, ut Scholia in Aristophanem citant. ¶ Harpaly
cus, Mercurij filius, Theocritus Id. 31. Epilycus poeta comicus apud Suidam ex Athenæo: Vide
Gyraldum de poetis. Autolycus, auus Vlyssis Homero. Fingitur autem filius fuisse Mercurij, &
ab eo furandi artem didicisse, ita ut furando semper lateret: & quæ furabatur pecora in aliam quam
uellet formam redigeret: itaq; Parnassum montem habitasse, & ditissimus euasisse fertur, Scholia in
Odysseæ τ. circa finem. Lycurgus rhetor contra Autolycum scripsit, Suidas. Hermolycus pancra
tiasta, in Atticis Pausaniæ. Οἰόλυκος nomen proprium, ab Erasmo prouerbijs adnumeratum. Herodotus (inquit) libro quarto refert, quum Theras quidam adornaret longinquam nauigationem, ac
filius ipsius adolescens negaret se futurum eius nauigationis comitem, τοιγαροῦν ἔφη αὐτὸν καταλείψειν
ὄιν ἐν λύκοισι: id est, Itaq; relinquam eum inquit, ouem inter lupos. Ex eo dicto nomen inditum est a-
dolescentulo οἰόλυκος, uoce composita ex oue & lupo. Dici poterit in hominem desertum ac destitutum auxilio. Quòd si quis negabit hoc esse prouerbium, referatur pro appendice ad illud, Ouem lupo commisisti: nam probabile est ab hac historia natum prouerbium, Hæc Erasmus. Valla interpres
Oilycum legit: sed codices impressi οἰόλυκον habent, ut Erasmus legit.

¶ Mulierum. Lupa meretrix Romulum & Remum lactauit, uide infra in d. Lyca meretricis
nomen, Athenæo libro 13. Extremum Tanaim si biberes Lyce Sæuo nupta uiro, Horat. Carm. 3.
10. Lycaste filia Priami quam Polydamas Antenoris filius uxorem duxit, & nomen Nymphæ.
Fuit & Lycaste nobile scortum in Sicilia, quam à forma Venerem uocarunt: uide Buthes in Onoma
stico. Lycoris amica Galli poetæ, quam sic ficto nomine appellauit Vergilius, cum Cythereis uoca
retur: hæc cum postea spreto Gallo M. Antonium in Galliam proficiscentem sequeretur, Gallus sibi
ipsi tandem amoris impatiens mortem consciuit. Tua cura Lycoris Perq; niues alium, perq; horrida castra secuta est, Verg. 10. Aegl. Cydippeq;, & flaua Lycorias, Vergilio 4. Georg. inter nymphas
Penei fl. Lycænis, Λυκαινίς, meretricis nomen in Anthologio. Λυκαίνιον, ἡ γραΐδιον ἰσχνόν, anus in comœdijs, oblonga, paruis & crebris rugis, alba, suppallida, oculis straba, (στρεβλὸν τὸ ὄμμα,) Pollux. Λυ-
καιάδες, uirgines quædam, Hesych. & Varinus. Et rursus, Lyciades, Λυκιάδες, uirgines numero trigin
ta quæ aquam ferunt in Lyceum: Apud Hesychium additur, Λακεδαιμόνιοι, quam uocem ego retulerim ad λυκηλάτους quod proximè sequitur, tanquam Lacedæmonij sic nominent anguillas: nam glos
sas passim in accusandi casu frequẽter scribit, ut subaudiamus καλοῦσι. Mæonio regi quẽ (Helenorẽ)

ferua Lycimnia (forte Licymnia fcribendum, ut uiri quoque nomen) furtim fuftulerat, Verg. 9. Aen. Vel qualis equos Threiffa fatigat Harpalyce, Verg. 1. Aeneid. Eft & uiri nomen Harpalycus.

¶ Propria locorum & populorum. Irpini appellati nomine lupi, quem irpum dicunt Samnites, eum enim ducem fecuti agros occupauêre, Feftus. Fuluium Hirpinum dictum à Plinio 8.52. Marcus Varro 2. de re ruft. Fuluium Lupinum uocat. Ab Hydrûnte Soletum defertum, dein Fratuertiũ, Portus Tarentinus, ftatio militũ Lupia, Plinius 3.11. aliâs Lufpia. Antonius Lupiam XXV. M. p. ab Hydrûnte abeffe tradit. ¶ Λυκαβηττός, mons Atticæ, fic dictus quod lupi in eo abundent, Hefych. & Varinus. In Attica montes, Hymettus, Lycabettus, & alij, Plinius 4.7. Apud Ariftophanem in Ranis per t. fimplex legitur, ut Suidas etiam & Varinus ex eo citant, fed loco corrupto, fic enim legendũ Ἢν οὖν σὺ λέγῃς Λυκαβηττοὺς Καὶ Παρνασσῶν ἡμῖν μεγέθη, τουτέστι, τὰ χρηστὰ διδάσκειν, ἐπὶ τὸ εἰς τι μεγάλα χόντων. quoniam ut Parnaffus, fic Atticæ Lycabetus, montes maximi fint: ut uerba magnifica & fublimia, quafi montibus æqualia intelligamus, inquit Scholiaftes. Vel quoniam Aefchylus in fabula quadam Λυκαβηττοὺς καὶ Παρνασσῶν μεγέθη dixit. In Critia quoque Platonis Λυκαβηττὸν per t. fimplex legimus, in Oeconomico autem Xenophontis per duplex. Lycæatæ, Arcadiæ populi fuerunt, Paufan. Λύκαιον, ὄνομα τόπου, καὶ Λυκαῖος, Suidas. Lycæus mons eft Arcadiæ, in quo Lycæi Iouis delubrum, Plinius. Quum pro monte Arcadiæ Lycæum dicimus, penultima æ. diphthongum habere debet, ut Grecis αι. difcernendi cauffa à Lyceo gymnafio Attico, quod in penultima e. longum habet, Græcè ει. diphth. De Lycæo monte diuerfis in locis Paufanias fcribit, ut index demonftrat, & ex Paufania Cælius 24.17. & nos plura dicemus infra in Ioue Lycæo. Lycæum montem aliqui dictum fcribunt à lycis, id eft lupis, quibus propter frequentiam pecudum abundabat. Et gelidi fleuerunt faxa Lycæi, Vergil. Aegl. 10. Confitaque arboribus Lycea reliquerat arua, Ouid. 2. Metamphor. aliqui Lyrcea legunt, quod magis probo uel profodiæ ratione. Lycæa uel Lycætha, urbs Arcadiæ: gentile Lycæus, Stephanus. Hypermneftra cum patris imperium contempfiffet, à patre fuit ad Lycei forum citata, Paufanias in Corinthiacis. Lycaones, populi Afiæ Phrygibus & Galatis feu Gallogræcis uicini, Pomp. Mela. Lycaones in Afia funt, Pifidarum & Cilicum finibus, Hermolaus. Perfidi (ἄπιστοι) funt Lycaones, quod & Ariftoteles teftatur, Scholia Iliad. 4. Apud Plinium plura requires ex Indice. Lycaoniumque Ericaten, Verg. 10. Aeneid. Deriuatur fanè Lycaonius tum à Lycaone rege, Fœda Lycaoniæ referens conuiuia menfæ, Ouidius: tum à regione, à qua etiam Lycàn et Lycaon gentilia funt, Stephanus. Lycaonia, Λυκαονία, Afiæ regio, &c. uide Onomafticon. Dicta eft autem hæc regio à Lycaone rege, de quo iam fupra dictum, Varinus. Arcadia olim Lycaonia dicta eft, Euftathius in Dionyf. Et alibi, Lycaones dicti funt à Lycaone quodã Arcade, qui urbem apud eos condidit ex oraculo, ἐπὶ ἐμφανέα λύκου ἀκάμαντος φέροντος ἐνὶ γναθμοῖς Ἀνδρομέην παλάμην, τὸ γάρ οἱ τέκμηρεν Ἀπόλλων. In his uerbis ἀκάμας uidetur epitheton effe lupi audacis & multos labores pro præda obeuntis: ut interpretemur oraculum, illic condendum effe oppidum, ubi lupus ore geftans manum hominis occurriffet. Lycaonia & Lycarnia, regionum nomina, Varinus. Stephano quidem Lucaria uel Luceria, urbs eft Italiæ, incolæ Lucrini. Lycapfus, λύκαψος, uicus prope Lydiam, Stephanus. Lycafpus, urbis nomen, Hefychius & Varinus, ego Lycaftus legerim. Sic enim Stephano uocatur urbs Cretæ, à luporum multitudine dicta, quæ ibi effe creditur. (Atqui Ariftot. in Mirabilib. Lupos, inquit, & fimiles feras noxias in Creta effe negant.) Meminerunt eius, Mela libro 2. & Strabo 10. Plinius 4.12. Eandem Homerus Iliad. fecundo ἀργινόεντα Λύκαστον dixit: Varinus interpretatur λευκόγειον, quod terra illic alba & argillofa fit. addit. fic nominari à Lycafto indigena, aut filio Minois. Eft & Pontica Lycaftus, inquit idem, ut refert fcriptor ethnicorum: fic uocant Stephanum, etfi in impreffis Stephani codicibus nihil tale reperiam. fed conftat eos multis in locis mutilos effe. Lycaftum etiam Plinio ciuitas eft Cappadociæ. Λυκάσιαι, regio Leucofyriæ (Cappadoces quondam Leucofyri dicebantur, Plin.) à qua Lycaftiæ Amazones cognominatæ, Varinus. ¶ Lyceum, Λύκειον, gymnafium Athenis, ubi docebat Ariftoteles, Stephanus, & Varinus. Plato uerò in Academia profitebatur: hinc illi Ciceronis uerfus, Inque Academia umbrifera nitidoque Lyceo, Fuderunt claras fœcundi pectoris artes. Aliqui Latinè etiã Lycium fcribunt. Qui erant cum Ariftotele, Peripatetici dicti funt, quia difputabant inambulantes in Lycio. Lyceum, ut habet Suidas, Theopompus Pififtratum conftruxiffe ait: Philochorus uerò, præfide & dictante Pericle factum effe. Erat autem locus (gymnafium) iuxta urbem, in quo exercebantur ante bella: & antequam milites educerentur ad expeditiones, armati illic conueniebant, & luftrabãtur, ἐξοπλίσεις τινὲς ἐγίνοντο, Suidas: malim ἐξετάσεις, fecundum Hefychium: & fi qui ftrenui ac bellicofi effent uiri, illic fe oftentabant, (noftri uocant **ein mufterplatz** campum uel aream faciendi delectus militum aut exercitus luftrandi.) Eadem ferè fcribit Scholiaftes Ariftophanis in Pacem. Lyciades (& alibi, Lycaides) uirgines numero triginta, quæ aquam ferunt in Lyceum, Hefychius & Varinus. Lyceum fuit etiam gymnafium Ciceronis in Tufculano, à nomine fcholæ Ariftotelicæ, de quo libro 1. de Diuinatione fic refert: Nuper quum effem cum Qu. fratre in Tufculano difputatum eft. Nam quum ambulandi caufa in Lyceum ueniffemus, id enim fuperiori gymnafio nomen eft, &c. Ἐπιλύκειον, palatium imperatoris feu ducis belli apud Athenienfes: ἀρχεῖον τοῦ πολεμάρχου Ἀθήνησι, Varinus. Ἐπιλύκιος λόγος, peculiaris fermo, ut quidam in Lexicon Græcolat. retulit, non citato authore. Λύκειος ἀγορά, Lyceum forum quoddam Argis, uel in terra Argiua, ubi conueniebant, Apollini facer, Hefychius & Varinus. Λύκειον, locus uel urbs Theffaliæ,

Thessaliæ, à lupo denominatus, qui illic in saxum conuersus fuit, Varinus: apud quem perperam legitur ἐπιὼν τ᾿ πόλεως: legendum autem ex Etymologo, ἐπιὼν τοῖς τοῦ Πηλέως βουσὶν, hoc est, cum Pelei boues aggrederetur; apud eundem Λύκιον scribitur, per iota in penultima.

¶ Teuthraneæ supra Aeolidem sitæ, oppida sunt, Haliserne, Lycide, &c. Plin. Lycirna, pagus prope Calydonem, Strabo libro 10. Lycinopolis, ciuitas quædam in Originum libro Catonis. Lycij dicti sunt secundum quosdam à Lyco Pandionis filio, qui in Asiam traiecit, Eustathius in Dionysium ex primo Herodoti. Lycius gentile, & cognomen Apollinis. ¶ Λύκοα, urbs Arcadiæ, Stephanus ex Pausaniæ octauo, id est Arcadicis, ubi sic scribit: In Mænali montis extremis partibus signa (rudera) ciuitatis Lycoæ apparent, templum item Dianæ Lycoatidis. Super Psyllos in Africa lacus Lycomedis est, desertis circundatus, Plinius. Λυκώνη, urbs Thraciæ, Stephan. Λύκων, nudum nomen apud Suidam. Lycopolis, urbs Aegypti sic à lupis cognominata, eò quod Aethiopes agros Aegyptios incursantes, lupi facta acie usque ad ciuitatem Elephantinam repulerint. Ibidem igitur ciuitatem constructam Aegyptij à bestijs illis Lycopolin cognominarunt, ac pro dijs lupos ipsos uenerantur, Diodorus Siculus libro 2. Lycωn polis, id est Luporum ciuitas, una est in Lycopolitide præfectura Aegypti; altera in Sybennitica iuxta mare, Stephan. Luporum ciuitatis meminit Strabo libro 17. & Plin. 5. 9. Eidem alibi, Lycopolitis una est ex præfecturis Thebaidis Aegypti. Lycopolitana Thebaidos ciuitas, pari religione Apollinem & lupum colit, (ut in h. dicetur,) Macrobius. Lycorea, Λυκώρεια, uicus in Delphis, à Lycoreo rege dictus. Gentilia, Λυκωρεύς, Lycorus, Lycoreites. Dicitur & Iupiter Lycoræus, & Λυκώρειον cum diphthongo, Steph. Λυκώπους, paroxytonum Aeolicè, Varin. forte legendum Λυκώρους, quod communiter acuitur. Λυκώρεια, urbs Delphidis, in qua colitur Apollo, à Lycoro conditore filio Coryceæ (& Apollinis, Scholia in Apollonium) habitante: (uidetur enim legendum οἰκοῦντος) in Parnasso: qui montem quoque (Lycoriæ urbi) uicinum Coryceum appellauit à nomine matris, Etymolog. Corycium antrum à nympha Corycia dictum uolunt, à cuius filio Lycoro ciuitati factum Lycoriæ nomen sit. Ex Lycoro Hyamus nascitur, cuius filia Celænò Delphum ex Apolline concepit, à quo nuncupati Delphi, Cælius ex Pausaniæ Phocicis. Oppidum (inquit Pausanias ibidem) ibi antiquissimum aiunt esse conditum à Parnasso, &c. à quo & monti nomen inditum: oppidum id quoque diluuio Deucalionis tempore fuisse submersum aiunt. Quicunque autem hominum tempestatem istam poterant effugere, luporum ululatu (λύκων ὠρυγαῖς) incolumes in Parnassi cacumina euadebant, ducibus itineris factis hisce belluis. Propterea conditam ibi ciuitatem, à lupis Lycoream appellarunt: unde & Apollo Lycoreús dictus, aliâs Lycoræus, Hæc Pausanias & ex eo Gyraldus. Λυκωροί, nudum nomen apud Suidam. Φοῖβε Λυκωρεῦ, Orpheus in hymno ad Apollinem. Υἱωνὸς Φοίβοιο Λυκωρείοιο Κάφαυρος, Apollonius in Argonaut. Exponunt autem Lycoreum, Delphicum: nam Delphi primum Λυκωρεῖς dicebantur, à Lycorea uico, Varin. Deucalion & Pyrrha cum terra diluuio obrueretur, arcam ingressi, supra Parnassum, uel secundum alios Lycoreum montẽ elati sunt, Scholia in Olympiorũ Pindari Carmen 9. Lycosthene uel Lycosthenia, Λυκοσθένη, Λυκοσθένεια, urbs Lydiæ, Steph. Lycosura, Λυκόσουρα, urbs Arcadiæ in Lycæo monte à Lycaone cõdita, Pausan. Steph. Lycoræ & Lycosurenses Arcadiæ populi fuerunt, Pausan. forte Lycoatæ legendũ: sic enim à Lycoa ciuitate dicuntur. Prope Lycosuram esse dicuntur montes Nomij, in quibus & Panos Nomij sacellum, Cælius ex Pausan. Λυκόζεα, urbs Thraciæ, gentile Λυκοζεῖοι, Stephan. Suid. Varin. Lycuria, Λυκουρία, ager quidam Arcadiæ, qui Pheneatas & Clitorios distinguit, Pausan. Lyctos oppidum Cretæ, à Lycto Lycaonis filio conditum, Stephan.

¶ Euenus fluuius in Aetolia oritur, Lycormas olim dictus, Strabo lib. 10. & Stephanus in Lycorma, ubi pro Eueno perperam Eycnos legitur: uide Onomast. Meminit & Stobæus sermone 98. de morbis, &c. Lycus fl. Ponti, uiginti stadijs ab Heraclea distat, Arrianus in Periplo Ponti. Heraclea opp. Ponti, Lyco fl. appositum, Plin. Et rursus, Præterfluit & Neocæsariam. Multis etiam alijs in locis, ut Index ostendit, Lyci fl. meminit. Lyci amnis in Heracleensi agro meminit & Apollonius in Argonauticis, qui & regem tractus eius Lycum fuisse refert: & Orpheus in ijsdem, iuxta Euxinum esse canens hunc fluuium, ubi Argonautæ à Lyco rege suscepti sint. Fluit per regionem Mariandynorum, Varin. Minorem Armeniam Lycus amnis disterminat, Plin. 6. 3. Et mox, Iris flumen deferens Lycum. Iris in se recipit Lycum ex Armenia fluentem, Eustath. Caper fl. Laodiceam Cariæ urbem cum Lyco & Asopo amnibus alluit, Strabo lib. 12. Laodicea urbs Asiæ imposita est Lyco flumini, Plin. Lycus fluuius Heracleensis agri duorum iugerum latitudine, Eustath. ex Xenophonte: Apud quem hunc locum reperias libro 5. de expeditione Cyri: ubi Romulus Amasæus εὖρος δύο πλέθρων, latitudinem passuum quadraginta transtulit: quoniam plethron aliqui sextã stadij partem interpretantur. Lycus in Asia terræ hiatu absorptus, & alio loco renascens, tandem in Pontum cadit, ut testatur Ouidius li. 4. de Ponto Eleg. 10. Et Metam. lib. 15. Iuxta Colossas Phrygiæ urbem Lycus amnis hiatum terræ subiens occulitur: deinde ferè quinque post stadia emergens, elabitur & ipse in Mæandrum, Herodot. Lycus fl. Ciliciæ, Plin. 5. 27. A Thyssagetis quatuor ingentes amnes per Mæoteos fluunt, in Mæotin paludem se insinuant, Lycus, Toaris, Tanais, Syrges, Herodotus. Lycus fluuius Telchinum, Hesychius & Varinus. Lycos fl. in ora Phœnices, Plinius; meminit eius & Strabo. Est & Lycus Assyriorum fluuius, qui Tigri immiscetur, Onomasticon.

Item Lycus Vindeliciæ, qui ex alpibus oriens Augustam uersus fluit, ac tandem Danubio miscetur, accolæ uocant den Lech: hic Vindelicos à Rhætis disterminat. λυκεῖον (penultima circumflexa) ποτόν, Lyceus potus, à fonte quem Apollo inuenit, ex quo lupi bibunt, uino & melle manantem, Suid. Hesych. Var. Sed distinctius Erasmus in prouerbijs: Lupinum potum (inquit) dicebant, ubi quis uoluptatem sui periculo capitis emeret. Narrant duos erupisse fontes sacros Apollini, quorũ alter uino scateret, alter melle, ad quos cum aues aduolarent feriebantur. Porrò Apollo Lucius dictus est, siue à luce quam aperit, siue à lupis interfectis, Authores Zenodotus & Suidas.

¶ b. Ferè omnia quæ diximus de leone, habet etiam lupus, sed pleraq; hic minus, ille magis: moribus tamen lupus improbior est, & magis insidiosus, Albertus. Formicis Indicis magnitudo Aegypti luporum. ¶ Lupi à colore epitheta quædam inter cætera retuli superius. λύκος πολιόθριξ, Oppiano: λύκων πολιότριχα φῦλα, Eidem. πολιοὶ λύκοι, aliàs πέλειοι, πυῤῥοὶ ἢ μέλανες: hoc est ruffi, aut nigri: (πελιὸς fuscum significat, poliòs canum.) ῥινὸν πολιοῖο λύκοιο, Homerus Iliad. κ. Vel πολιοί, id est subcinerei, aut pretiosi, (τίμιοι:) pretiosum enim hoc animal est: & apud Athenienses, qui lupum occidisset, pretium accipiebat quantum sepulturæ sufficeret, (ἀγαθὸν αὐτῷ τὰ πρὸς ταφήν.) Aut propter Latonam fortassis quæ grauida in lupam mutata est, (ut dicam in h.) Aut πολιὸς interpretabimur albos: nam pilis eorum, parte proxima cuti, color est albus: media, niger: suprema ruffus, ut per synecdochen ab albicante parte lupi toti πολιοὶ dicantur, Etymologus & Scholiastes in 2. Argonaut. Apollonij. Vide supra λυκόφως inter deriuata à Lupo, & infra in Lyceo Apolline. Pili lupis interius albi, exterius nigricant, Varinus: inde λυκόφως tempus matutinum nocti & diei confine. Lupina pellis cinerea est, & nigredinem non puram habet, Varinus in Ἀμφιλύκη. Lycophthalmos gemma lupini oculi effigiem refert, Plinius. Lupati uel lupi, freni asperrimi à similitudine dentium lupinorum, Isidorus. θοοῖς ὀνύχεσσιν ἔμαρψεν, Oppianus. Lucanis imperauit Lamiscus, cuius pedis digitus tertius à magno similis lupi digito fuit, Heraclides in Politijs. Ex nostris qui lautius loquuntur, peculiares quasdam de lupo dictiones habent: **Er hatt ein haut die wirdt jm abgestreifft.** Os eius morsum uocant, **ein gebiß**: pedes **klawen.** Caput Vrsi, apri & lupi, & aliarum belluarum mordentium Galli peculiariter hure uocitant. ¶ In equo bono & generoso Germani requirunt lupi oculos et ualidam ceruicem, & eiusdem uoracitatem, & gressus lenitatem, Camerar.

¶ c. Lupus ex longinquo & acute uidet: noctu etiam, instar noctuæ, Philes. Terram edunt lupi, unde γηφάγοι dici possunt, ut qui holeribus uictitant pauperes. λαφύσσειν deuorare, ῥαγδαίως καταπίνειν, μετὰ σκιλμοῦ, καὶ μετὰ θυμοῦ ἐσθίειν, σπαράσσειν, uocabulum quod de leone & lupo propriè dicitur, ut λαφύσσειν αἷμα, καὶ ἀναῤῥῆξαι βοείην, Varinus. οἷον ὅτ' ἂν λύκοι τινὲς ἢ θῶες ἔλαφον ἑλόντες τὰ ἀεὶ τετμημένα καὶ πρὸς ὀλίγον τοῦ πνεῖν μεμολυσμένα, Heliodorus. λάπτειν, sorbere, lingua exerta aquam lambere cum sonitu, per onomatopœiam (ut nobis etiam uerbum **lappen**, & lambere Latinis) de canibus, lupis, & huiusmodi animalibus propriè dicitur, Varinus & Scholiastes in Iliad. π. ¶ Vlulare, de luporum & canum horribili & uulgo ominosa uoce: per onomatopœiam, quæ eadem Germanis est **hülen**, & Gallis uller. Exululat, Ouidius de Lycaone. Visæq; canes (id est Furiæ, Seruius) ululare per umbrã, Verg. 6. Aeneid. ὠρύεσθαι dicitur de lupis, canibus & leonibus, cum esurientes ululant: & de alijs animalibus quæ proprium suæ uocis uocabulum non habent, Varinus. Pollux de minoribus, ut lupis, uulpibus, thoibus, ὑλακτεῖν & ὠρύεσθαι dici ait. καὶ λύκος ὁππότε μακρὰ μονόλυκος ὠρύεται, Aratus. ὠρυθμοῖς ὑλάει, καὶ πορδαλίεσσιν αὐτεῖ, Oppianus de cane testiculis alligato in pardalium uenatione. Leo ὠρύεται, Apollonius 4. Argon. Transfertur etiam ad inanimata. τὸν δ' ἐπὶ μετ' ὠρύεται Τυρσηνίδος οἶδμα θαλάσσης, Dionysius Afer. ἐμβρομαλέον ἠχεῖ, Oppianus de lupo. λυκηθμός, ululatus luporum, & barritus (de qua uoce dixi in Elephanto c.) in primo prælij concursu. Pausanias in Argolicis clamorem illum ἀλαλαγμὸν uocat. Terribili Marte ulularent, Plinius lib. 26. Vlulata prælia, Statius 9. Theb. Lætis ululare triumphis, Lucanus libro 5. λυκηθμός, ἡ τῶν λύκων βοή. ἐξάκις γὰρ αὐτοῖς ἐγένετο ὁ λυκηθμός, καὶ τοῦ παραδόξου ἐπεπήδησαν. καὶ ὅτ' ἂν οἱ Ἄβαροι ἐμβάλλωσιν ἀθρόως χρησάμενοι τοῦ συνήθει λυκηθμῷ, φίλη δὲ αὐτοῖς ἡ τοιαύτη ὠρυγή, Suidas ex authore innominato. Catullire, esurire (prurire, potius) uel libidinari. Laberius, Scinde unam exoleto impatienti catullientem lupam, Nonius. Quid lynces Bacchi uariæ? & genus acre luporum Atq; canum? Vergilius in Georg. de ui amoris scribens. Lupa facit se iniri à lupo, exponit se ineundã: Galli sic proferunt, La louue se fait aligner au loup, Robertus Stephanus. Scylaces, id est catuli, canum & luporum dicuntur, Varinus. ὀβρίκια, ὀβρίκαλα, uel óbria, dicuntur catuli hystrichum, leonum, & luporum: uide in Leone H. c. Catuli luporum, Gallis louueteaux: cheaux uerò communiter dicunt de lupo, uulpe, mele & lutra, Robertus Stephanus. Ex lupis & canibus nasci genus quoddam canum, in Historia de canibus mixtis docui: aliqui sic natum lyciscum uocant. Latinè lupum canarium, aut canem luparium dixeris: quanquam Gaza & Niphus pantherem lupum canarium transferunt, (ut à panthera distinguant,) de quo mox inter congeneres lupo feras dicemus. Galli canem fœminam cum ad libidinem incitatur lisse uel lyce nominant, quasi lyciscam, nostri **leutsch.** ¶ Dente lupus, cornu taurus petit: unde nisi intus Monstratum? Horat. Serm. 2. 1. Et mox, Mirum, Vt neq; calce lupus quenquam, neq; dente petit bos. οἱ δὲ λύκοι ὣς θῦνον, Homerus Iliad. λ. de pugnantibus in acie. ¶ Non lupus insidias explorat ouilia circum, Nec gregibus nocturnus obambulat: acrior illum Cura domat, Verg. in Georg. pestem describẽs. Quasi lupus ab armis ualeo, clunes infractos fero, (aliàs desertos gero,) Plautus Ambroico, ut ut Nonius & Festus citant.

¶ d. Quem tu ceruus uti uallis in altera Visum parte lupum, graminis immemor Sublimi
fugies mollis anhelitu, Horat. Carm. 1. 15. Vt pauet acreis Agna lupos, capreæq; leones, Idem E-
podo 12. Lupis & agnis quanta sortitò obtigit Tecum mihi discordia est, Idem Epodo 4. Rapinã
quæ audacter & impudenter fit (μυθικῶς, forte θυμικῶς, καὶ ἰταμῶς,) lupis comparauit Homerus, ὡς δὲ
λύκοι ἀρνέσσιν ἐπέχραον, ἢ ἐρίφοισι, Varinus in Παραβολή. Prius lupus ouem ducat uxorem, πρὶν κεν λύκος
οἶν ὑμεναιοῖ, Ante lupus sibi iunget ouem, Aristophanes in Pace, de his inter quos insanabile dissidiũ.
Consimili figura dixit Horatius, Sed prius Apulis Iungentur capreæ lupis. Plautus in Pseudolo,
Vt mauelis lupos apud oues linquere, quàm hos domi custodes. Hoc prouerbium (inquit Erasmus)
10 ad rem relatum, erit lepidius: quod genus, si dicas, pecuniæ studium non cohærere cum studio litera-
rio. Scholia Aristophanis simpliciter de re impossibili prouerbium accipiunt: & poetæ cuiusdam
(Homeri Iliad. χ.) hos uersus citant, ὡς οὐκ ἔστι λέουσι καὶ ἀνδράσιν ὅρκια πιστά, οὐδὲ λύκοι τε καὶ ἄνδρες (legen
dum ἄρνες) ὁμόφρονα θυμὸν ἔχουσιν, ἀλλὰ κακὰ φρονέουσι διαμπερὲς ἀλλήλοισι. Ouem lupo commisisti, τῷ λύκῳ τὴν ὄιν. Terentius in Eunucho, Scelesta ouem lupo commisisti: de Chærea ephebo, cui uelut eunu
cho uirgo soli credita est. Donatus admonet prouerbium esse quod contineat fœmineam reuerentiam, meretricium sensum. Concinnè utemur, inquit Erasmus, quoties ei seruandum aliquid committitur, cuius gratia custodem magis oporteat adhiberi. Cicero tertia Philippica, Etenim in concione dixerat se custodem futurum urbis. O præclarum custodem, ouium (ut aiunt) lupum. Custos'ne
urbis, an direptor & uexator esset Antonius? Vnde quadrare uidetur, quoties inimico negotium
20 committitur, quiq; nobis pessimè uelit, propterea quòd lupus & agnus genuino quodam odio dissident. Huic adscribendum illud quod refert Suidas, πρὶν κεν λύκος οἶν ποιμανεῖ: id est, Prius etiam lu
pus ouem pascet, de re neutiquam uerisimili. Huic confine Plautinum illud in Milite, Bone cella
suppromo credita. Sed propius accedit quod est in Truculento: Nam oues illius haud longe absunt
à lupis, Hæc Erasmus. Sed apparet deprauatum esse Suidæ locum, & pro ποιμανεῖ, legendum ὑ-
μεναιοῖ, ut ex Aristophanis Vespis paulò superius recitaui, & ipse etiam Erasmus inter prouerbia re
fert. ποιμανεῖν uerbum nusquam reperias, ὑμεναιοῦν apud Etymologum est. Carminis etiam dactylici
ratio apud Aristophanem uerbum ποιμανεῖ non admittit. Ad hæc Suidas prouerbium exponit ἐπὶ
τοῦ ἀδυνάτου, similiter ut Scholiastes Aristophanis, ut inde sumptum corruptumq; appareat. Permulta enim ex illis Scholijs passim apud Suidam adducuntur. Ad hoc prouerbium pertinet nomen
30 οἰόλυκος, de quo inter propria uirorum dixi. Eurysthenem & Proclem audio (inquit Aelianus) cum
in matrimonium fœminas ducere constitutum haberent, profectos ad Delphicum oraculum, deum
consuluisse, quo cum Græcorum Barbarorúmue affinitate deuincti pulchre & prudenter nuptijs
alligati uiderentur: ijs deum respondisse, quà uenissent, in Lacedæmoniam reuerterentur. Vbicun-
que porrò terrarum summe ferum animal ferens mitissimum eis occurreret, inde ducendas uxores
esse: sic enim feliciter ipsis & prospere processurum esse. Cui oraculo obtemperantes, cum in Cleo-
næorum regionem uenissent, ipsis occurrit lupus, agnum quem alicunde diripuerat portans: Ex eo
illi coniecerunt Apollinem de ijs animalibus oraculo significationem dedisse: proinde ipsos Thesan
dri Cleonymi probi uiri filias uxores duxisse, Hactenus ille. ὡς δ᾽ ὅτ᾽ ἐνὶ σταθμοῖσιν ἀπείρονα μῆλ᾽ ἐφόβησαν
ἤματι χειμερίῳ πολιοὶ λύκοι ὁρμηθέντες λάθρῃ εὐρρίνων τε κυνῶν, αὐτῶν τε νομήων. μαίονται δ᾽ ὅτι πρῶτον ἐ-
40 πιάξαντες ἕλωσι πόλλ᾽ ἐπιπαμφαλόωντες (μετὰ ποιήσεως καὶ συνθορυβισμοῦ ἐπιβλέποντες) ὁμοῦ. τὰ δὲ πάντοθεν αὔτως στείνονται πίπτοντα περὶ σφίσι: Sic proceres Græci Bebrycas inuadebant, Apollonius Argon. 2.
Torua leæna lupum sequitur, lupus ipse capellam, Vergil. 2. Aegl. ex Theocrito. Pecora minimè
inuadet lupus, si ductori dicto squillam appenderis, Anatolius. Lupo etiam sus obsistere repugna-
req; potest, Aristoteles. Ephesius interpretatur, Aristotelem hic suis nomine intelligere gregem suum, uel aliquot simul sues. Vnum enim & solum obsistere lupo non posse, nisi raro, & cum fuerit ma
gnus, & bene exertis dentibus. Alphec (melius alfhed, id est leopardus, panthera minor) lupos libenter occidit, Albertus. ¶ Quicquid lupus pede presserit, non uiuit, Isidorus. ¶ Si sepo leonis
liquido animal inungatur, non accedent ad ipsum muscæ, (secundum alios interpretes lupi, uel bestiæ, uel serpentes,) Rasis & Albertus: uide etiam mox in e. ¶ Romum & Romylum (Remum) ut
50 Dion scribit, lupa nutriuit: eleganter autem translatum est lupæ nomen ad meretrices, quòd luporũ
instar rapaces sint, Varinus in Ἀρκεισιάδης. Vide etiam supra in a. inter deriuata à lupo. Ad uagitum lupa accurrit, eosq; huberibus suis aluit, Plinius Cæcilius de uiris illustribus. Nam quę de infan
tibus ferarum lacte nutritis, quum essent expositi, traduntur, sicut de conditoribus nostris à lupa, ma
gnitudini fatorum accepta ferri æquius, quàm ferarum naturæ arbitror, Plinius Nat. hist. lib. 8.
Sunt qui Laurentiã et Larentiã distinguant, ut altera Acca Faustuli fuerit, altera etiã meretrix: ambas tamẽ Firmianus sub una recitat Lupa, Romuli & Remi nutrice, &c. Gyrald. Syntagmate primo
de dijs. Lycastus & Parrhasius Phylonomes ex Marte filij, in Erymanthum abiecti, cum ad cauam
quercũ depulsi hæsissent, à lupa nutriti sunt, &c. Plutarchus in Parallelis minoribus ca. 36. ubi mox
Romuli etiam & Remi à lupa nutritorum historiam prosequitur. Colitur ficus arbor in foro ipso
60 ac comitio Romæ nata, ob memoriam eius quæ nutrix Romuli ac Remi conditoris appellata: quoni
am sub ea inuenta est lupa infantibus præbẽs rumen (ita uocabant mammam) miraculo ex ære iuxta
dicato, Plinius. Romulum quidam à ficu ruminali, alij quòd lupæ ruma nutritus est: quem credi-

S s

bile est à uirium magnitudine, item fratrem eius appellatos. Alij dicunt à uirtute id est robore, (Græci ῥώμην uocant,) Festus. Vide etiam Plutarchum in uita Romuli, non procul initio. ¶ De his qui nouêre uoci parcere, adagium est, λύκος ἔβλεψε πρότερος, id est, Lupus prius conspicatus est, quod raucitatem & difficultatem loquendi faciat prior inspiciens. Hoc est quod deum uides lupino uelamine obseptum. Nam & hoc genus animal dum prædam agit, ne hiscit quidem, quum soleant cætera clamore lætitiam indicare, Cælius Calcag.

¶ e. Nunquam custodibus illis, (Laconico aut Molosso cane,) Nocturnũ stabulis furem incursusque luporum Horrebis, Verg. in Georg. Quid immerentes hospites uexas canis Ignauus aduersum lupos? Horatius Epodon ode 6. in maledicum poëtam. ¶ Quorum apud nostros elegantior sermo est, de lupis eorumque uenatu, hunc ferè in modum loquuntur, **Er frißt/ zerreißt: trabt/ hetzt oder laufft/ wirt gehetzt/ gejagt/ gefangen/ von den hunden erbissen/ erwürgt/ erschlagen. Er wirt auch in einem garten oder einer gruben/ hierzů gebeißt/ gefangen. Die wölffin traiben vnd welffen.** ¶ οὐκ ἔτι κερδαλέοις ἐμβατὰ ταῦτα λύκοις, In epigrammate in imaginem Herculis fures & feras arcentem, libro 4. Anthologij. Lupi non accedent ad animal, quod liquefacto leonis sepo inunctum fuerit, Rasis & Albertus. Eodem cum allijs trito, ita quod odorem (odor) allij uincat, si quod corpus perungatur, lupi non accedent, Iidem. Sepo leonis liquefacto si circuitus ouium inungatur (distilletur,) nunquam accedent lupi, nec aliæ rapaces feræ, Iidem. Si sepum leonis suffiatur circa aquam, uel inde aliquid aquæ immittatur, prohibet lupos ne uel accedãt, uel bibant, Iidem. Septa è macerijs in leporario alta esse oportet, ne lupus transilire possit, Varro. Magi dicunt lupos in agrum non accedere, si capti unius pedibus infractis, cultroque adacto, paulatim sanguis circa fines agri spargatur: atque ipse defodiatur in eo loco, ex quo cœperit trahi: Aut si uomerem, quo primus sulcus eo anno in agro ductus sit, excussum aratro, focus larium, quo familia conuenit, absumat: ac lupum nulli animalium nociturum in eo agro quandiu id fiat, Plinius. Massurius palmam lupino adipi dedisse antiquos tradit: ideo nouas nuptas illo perungere postes solitas, ne quid mali medicamenti inferretur, Plinius. Si caput lupi columbario suspendatur, feles, mustelæ, & si quæ alia columbis nocent, non adibunt, Rasis & Albertus: Huius rei caussam inquirit Cardanus in opere de subtilitate. Oculum lupi erutum si uiderint quadrupedes domesticæ, timent & fugiunt, Pythagoras. Oculus dexter lupi (siccus, Rasis) puero adalligatus amolitur timores: itemque dentes eius, & pellis, Albertus: dens eius caninus, & nerui, & pellis, Rasis. Et rursus, Si quis dentem lupi gestet, impauidus erit. Dentes, corium uel oculos lupi quisquis secum habuerit, in caussis suis obtinebit per aduocatos suos, eritque diues apud quosuis homines, Iidem. Dens lupi adalligatus, infantium pauores prohibet, dentientiumque morbos: quod & pellis lupina præstat. Dentes quidem eorum maximi equis quoque adalligati infatigabilem cursum præstare dicuntur, Plinius: hinc forte animosos ac celeres equos λυκοφόρους dictos aliquis conijciat, potius quam aliã ob caussam: de quibus in equo dixi capite 2. inter celeres. Veneficijs rostrum lupi resistere inueteratum aiunt, ob idque uillarum portis præfigunt. hoc idem præstare & pellis è ceruice solida existimatur: quippe tanta uis est animalis, præter ea quæ retulimus, ut uestigia eius calcata equis afferant torporem, Plinius. Vtque lupi barbam uariæ cum dente colubræ Abdiderint furtim terris, Horatius Serm. 1. 8. de mulieribus ueneficis. Felle lupi cum oleo rosaceo si quis in supercilijs inungatur, diligetur à mulieribus cum deambulauerit cum eis (si conspiciatur ab eis, Rasis,) Albertus. Si uirga lupi in alicuius nomine uiri uel mulieris ligetur, impotens erit ad Venerem, donec nodus ille solutus fuerit, Albertus: Hac ligatione nulla est uehementior, Rasis. Lupus cuius prior uestigia prospexeris, tibi nocere non poterit: sed si ille te ante notauerit, caudæ summam partem si habueris tecum, sine metu iter cõficies, Sextus. Si lupi cauda in uilla sepeliatur, prohibet ab introitu eius lupos & muscas, Albertus: Cauda sepulta in domo, non inuolabunt muscæ, Rasis. Quin & caudæ huius animalis creditur uulgo inesse amatorium uirus exiguo (extremo atque exiguo, Blondus) in uillo, eumque cum capiatur abijcere, (al. abijci,) nec idem pollere, nisi uiuenti direptum, Plinius & Solinus. Lupum aiunt in summo persequentium periculo extremũ caudæ floccum elidere, conscius eum maximè ad amatorios cantus appeti solere, Cælius Calcag. sed hoc tam falsum mihi uidetur, quàm seipsum castrare castorem. Bos ossa non deuorabit, si lupi caudam ad præsepe suspenderis, Paxamus. Cauda lupi suspensa supra præsepe, non poterit cibo frui (bos, Albertus) quandiu illic relicta fuerit, Rasis. Si quis in lancea gestet calcaneum lupæ fœminæ, (suspendat in capite lanceæ, Rasis:) & hostes cum lanceis ei occurrant, non lædent eum, (non accedent ad ipsum, Rasis:) quandiu in lancea calcaneus remanserit, Albertus. Si mulier minxerit super urinam lupi, non concipiet unquam, Rasis. Si quod animal minxerit super urinam lupi calidam, non concipiet unquam, Pythagoras. Lapis uulgaris iuxta flumina fert muscum siccum, canum. hic fricatur altero lapide addita hominis saliua, illo lapide tangitur impetigo. Qui tangit, dicit, φεύγετε κανθαρίδες, λύκος ἄγριος ὔμμι διώκει, Plinius.

¶ λυκέη, (uel λυκέην) lupina pellis, λύκου δορὰ, Hesychius & Varinus. Eadem λυκῆ, Polluci. λυκεῖον, aliâs λύκειον, τὸ τοῦ λύκου δέρμα, Suidas: sed adiectiuum tantum esse uidetur, nec absolutè poni. ἕσσατο δ᾽ ἔκτοσθεν ῥινὸν πολιοῖο λύκοιο, Homerus Iliad. κ. de Dolone. Et rursus λυκέην eidem detractam scribit à Diomede & Vlysse. Hominem rapacem lycea, id est lupi pelle conuestiri dixeris, Cælius. λυκέην ἀμφιέσθαι παροιμιωδῶς λέγεται ὁ ὕπουλος, ἅρπαξ, Varinus in παρδαλῆ. Militis cassidi (inquit in commenmētatione de Romanorum militia Polybius) lupi imponebatur pellis, aut eiusmodi quippiam, quod integumentum pariter atq; insigne foret, ut strenuè ignaueq; se gerentes latere haud possent, Cęlius. Galea lupina, Propertius 4.11.

¶ f. De Romulo & Remo, item Lycasto & Parrhasio, quos lupæ lactarunt iam dictum est in d.

¶ h. Diræ seu Lupus, poëmation siue Aegloga Camerarij. Scripsit & Io. Lorichius nuper eleganti carmine Lupi querelā. De lupis qui Sicyoniorū greges infestarūt, dixi in E. Infestarūt & Trœzenios olim, Pausan. Lupus boues & oues, quos Peleus Acasto mittebat, laniauit, Vari. in Πηλεύς. Lyciū locus Thessalię, sic dictus à lupo, qui illic dum Pelei boues infestat, in saxū mutatus est, Etymologus. Milonem Crotoniaten Pausanias scribit à lupis concerptum, quod genus feræ apud Crotoniatas scateat uel maximè, Cælius & Aristophanis Scholiastes in Ranis ex Pausania. Milo cum nimia neruorum fiducia arborem in parte media hiantem diducere uellet, brachijs hinc inde constrictis, & deficiente conatu retentus, lupis fuit præda, Onomasticon. Lupus maxima magnitudine (inquit Aelianus) cum in ludum inuasisset, & de manibus Gelonis Syracusani pueri tabellas rapuisset, Gelon de sella surrexit, & sanè quidem feram non timore perterrens, sed tamen acerrime tabellarum suarum retinens, eum insequebatur. Postea autem quàm hic extra tabernam ludi literarij fuisset, hæc quidem labem fecit, & repentina ruina concidens, pueros (supra centum, Tzetzes 3.131.) unà cum præceptore confecit, & oppressit: solus Gelon diuinæ prouidentiæ munere sodalibus suis superfuit. Quod ipsum non eum à lupo occisum, sed potius seruatum fuisse, magnam profecto admirationem habet. Non igitur rationis expertia Deus negligit, imò uero chara habet, cum diuino instinctu partim ex his regnum præsignificarit, partim ex impendente periculo seruauit, Hæc ille.

¶ Auguria. Pedestria auspicia nominabantur, quæ dabantur à uulpe, lupo, &c. & alijs quadrupedibus, Festus. Inter auguria ad dexteram commeantium præciso itinere, si pleno id ore fecerit, nullum omnium præstantius, Plinius. Viso quondam lupo (lupis uisis, Alexander ab Alex.) in Capitolio, ut dirum putatum, urbsq; propterea lustrata, Volaterranus ex Liuio. Lupum quoq; castra introisse, & laceratis obuijs intactum abijsse (ut annotat Alexander ab Alex.) exitium & cladem portendisse euentus docuit, toto postea exercitu ingenti clade affecto. Rursus cum cerua à lupo fugata, inter duas acies euasisset illæsa, insignem uictoriam Romanis dedit. Lupos quoq; in foro uisos, incolumes euasisse, armis opprimi patriam, & magna rerum momenta designauit. Cum in Libyam colonia duceretur, lupos metas, quibus agger designabatur, mordicus dissipasse, uelut diri euentus, effecit quò minus deduceretur: (Lupos Carthaginis terminos detulisse, Plutarchus in Parallelis alicubi scribit.) Non sic Samnitibus deducentibus coloniam, qui lupo duce (quem irpum dicunt Samnites, unde & illi Irpini dicti) auspicatam deduxēre. Fuitq; animaduersum lupum subnigrum obuiam factum, grande discrimen afferre, Hactenus Alexander. Impios parræ recinentis omen Ducat, & prægnans canis, aut ab agro Raua decurrens lupa Lanuuino, Horat. Carm. 3.27. Si lupus uoret nobis bestiam, quid significetur, per 12. signa, Luna in singulis existente, exponit Niphus libro 1. de augurijs tabula quarta. Antonius Baucius in epistola quadam ex D. Marcellini dicto Galliæ oppido ad Petrum Toletum scripta anno salutis 1537. tale prodigium describit: Reducebat oues pastas in caulam opilio: & fortè accidit, ut pecus quædam macilentissima, ac penè scabie confecta, longo interuallo reliquas sequeretur: eam lupus prægrandis, & cui cilia iam canescebant, conspicatus, uelocissimè insequi cœpit. Ego illac transiens ouiculam miseratus, quàm maximo poteram clamore & cursu, lupi uim ab innoxia arcere conabar. Sed antequam appropinquarem pecudi, ouis macie ipsa macilentior hostili & rabido animo lupum aggressa, strangulauit. Pecus in forum adducta & lupus interemptus, delectabile spectaculum prætereuntibus dedēre. Cæterum Doletus ad eum rescribēs, prodigium his uerbis interpretatur: Occidetur certe, occidetur lupus & hostis humani generis, pròh dolor iam diu in ouem Christi & terra & mari grassans, nihil nisi ferociam, iram & persequutionem dans. Quare deprehendetur, pœnasq; celeriter dabit miser ille quisquis est, cuius ego nomini parco: nam bestia est multorum capitum: moreq; soricis peribit, qui dum rositat, seipsum prodit. Etsi ouis plagis onerata sit, uictura tamen est illum, qui delictum haud inultum feret, maleq; illum multabit per Christum, Hæc illi. Lupus taurum confecit, eoq; auspicio Danaus regnum obtinuit, ut inferius in Lycio Apolline referemus ex Pausania. λύκος ἰσχνὸς φλυνάφους δηλοῖ τρόπους, Senarius onirocriticus apud Suidam & Varinum.

¶ Metamorphoses. Lycium Thessaliæ locus (oppidum) est, ubi olim lupus dum Pelei boues infestat, in saxum conuersus est, ut scribit Etymolog. Lupus in saxum conuersus, Ouidius alicubi in Metam. De Lycaonis in lupum migratione, & alterius cuiusdam innominati, supra dixi inter propria uirorum. Homines (inquit Plinius) in lupos uerti, rursumq; restitui sibi, falsum esse confidenter existimare debemus, aut credere omnia quæ fabulosa tot seculis comperimus. Vnde tamen ista uulgo infixa sit fama intantum, ut in maledictis uersipelles habeat, indicabitur. Euanthes inter autores Græciæ non spretus, tradit Arcadas scribere, ex gente Antæi cuiusdam sorte electum ad stagnū quoddam regionis eius duci, uestituq; in quercu suspenso tranare, atq; abire in deserta, transfigurariq; in lupum, & cum cæteris eiusdem generis congregari per annos 9. Quo in tempore si homine se abstinuerit, reuerti ad idem stagnum: & cum tranauerit effigiem recipere ad pristinum habitum addito nouem annorum senio. Id quoq; Fabius, eandem recipere uestem. Mirum est, quò procedat

Ss 2

Græca credulitas. Nullum tam impudens mendacium est, ut teste careat. Itaque Copas Agriopas, qui Olympionicas scripsit, narrat Demænetum Parrhasium in sacrificio, quod Arcades Ioui Lyceo humana etiam tum hostia faciebant, immolati pueri exta degustasse, & in lupum se conuertisse: eundẽ decimo anno restitutum athleticæ, certasse in pugilatu, uictoremque uictoria Olympia reuersum, Huc usque Plinius. Pausanias (inquit Hermolaus in hunc locum scribens) hunc qui Olympionica fuerit, & in lupum conuersus decimo post anno restitutus sit homini, & cætera, quæ hic dicuntur, fecerit: non Demænetum, sed Demarchum Dinyttæ filium ait uocatum, de quo epigramma quoque haberi Olympiæ hoc affirmat: Υἱὸς Δινύττα Δάμαρχος τήνδ' ἀνέθηκε Εἰκόν' ἀπ' Ἀρκαδίας Παῤῥάσιος γενεά. Quænã origo mutationis (uerba sunt ex octauo de rep. Platonis) ex tutore in tyrannum? an uidelicet postquam cœpit qui præest id agere, quod circa templum Lycæi Iouis in Arcadia fabula refert? Quidnam? Quod quisquis humana uiscera cum aliarum uictimarum incisa uisceribus (ὁ γευσάμενος τοῦ ἀνθρωπίνου σπλάγχνου, ἐν ἄλλοις ἄλλων ἱερείων ἑνὸς ἐγκατατετμημένου) forte gustârit, lupus fieri cogitur. Nónne fabulã audiuisti? Equidem. Eodem modo & hic cuius imperio uulgus omnino obtemperat, si cognato nõ abstineat sanguine: sed falsis, ut solent, confictis criminibus, in iudicium trahat eos à quibus timet (εἰς δικαστήρια ἄγων μιαιφονῇ) & iniusta se cæde cruentet, uiri uitam extinguens, gustansque lingua impura & profano ore generis proximi sanguinem: ac nonnullos pellat, necet alios, suasorem se æris alieni decidendi (χρεῶν ἀποκοπὰς ὑποσημαίνῃ) agrosque distribuendi præbens: hic inquam necessario, uel ab inimicis interficietur, uel tyrannidem exercebit, lupusque ex homine fiet, Hæc Plato. Neuri, Νευροί (inquit Herodotus li. 4.) Scythicis utuntur moribus: hi relicto suo solo propter serpentium multitudinẽ cum Budinis habitauerunt. uidentur autem (κινδυνεύουσι, non ut Valla transfert, periculum faciunt) homines esse malefici, γόητες: quòd dicuntur à Scythis, & ab ijs qui in Scythia incolunt Græcis, semel quotannis singuli ad aliquot dies effici lupi, & rursus in pristinum habitum redire: quod tamen dicentes mihi non persuadent: nihilominus ipsi tamen aiunt ita esse, ac deierant. Meminit Neurorum Dionysius etiam, cuius interpres Eustathius Neuritas quoque nominari scribit, & Herodoti de eis uerba citat. Apud Neuros Borysthenes oritur. Plinius & Solinus. Neuri, ut accepimus, æstatis temporibus in lupos transfigurantur, deinde exacto spatio, quod huic sorti attributum est, in pristinam faciem reuertuntur, Solinus. Latona in lupam mutata, uide paulò post, in mentione Apollinis Λυκηγενοῦς, & ipsius Latonæ.

¶ Vrsos qui sacri sunt, & lupos non multò uulpibus grandiores, Aegyptij eò loci sepeliunt, ubi iacentes inueniunt, Herodotus lib. 2. Lycopolitani in Aegypto lupum colunt, Strabo libro 17. Vide supra inter propria locorum. Lycoctonon herbã, qua gustata lupi conuulsionibus moriuntur, (aconiti genus esse docui in a.) Aegyptij in terras suas importari prohibent, quòd hoc animal uenerentur, Aelianus.

¶ Apollini diuersa à lupo facta sunt nomina, de quibus singulatim dicendum: & primum ex Aeliano cur Λυκηγενὴς dictus sit. Lycabanta, inquit, idcirco annum nominari existimant, quòd erga lupum sol amorem habeat: tum eo Apollinem delectari aiunt, quia hic ex Latona in lupæ speciem similitudinemque conuersa, editus in lucem, & susceptus fuisse feratur: Cuius sanè rei Homerus meminit, cum Apollinem nominat lycegenem, (λυκηγενέτην.) Eamque ob rem lupi simulacrum in Delphico templo, ad designandum partum Latonæ, ex ære excitatum esse arbitror. Alij non id propterea ibidem positum esse dicunt, sed donaria ex templo cum expilata direptaque fuissent, eademque à sacrilegis defossa, lupus indicauit, cum intra templum ingressus, prophetarum quempiam (sacram illius uestem mordicus comprehendens) traxit ad locum usque in quem donaria occultata fuissent: Deinde anterioribus pedibus eum ipsum locum effodit, (aurum Delphis furto direptum, & in Parnasso defossum, sicut dicit Palæmon, lupus inuestigauit: quamobrem Delphi lupum colunt, Ipse Aelianus alibi:) Hæc Aelianus. Meminit etiam in Phocicis Pausanias: & addit sacrilegum illum in Parnasso dormientem à lupo occisum esse, deinde quotidie urbem adijsse ululasseque, donec tandem sequentibus ipsum aurum ostendit. Lycegeneten Apollinem uocat Homerus, hoc uersu, Εὔχεο δ' Ἀπόλλωνι λυκηγενέτῃ κλυτοτόξῳ: non quòd in Lycia generatus sit, (nam recens admodum est fabula, ut ait Heraclides Ponticus in Allegorijs Homeri, neque temporibus Homeri adhuc innotuerat:) sed uti diem λυκηγενέαν uocãt, propterea quòd τὸ λύκη, hoc est diluculum generet: ita Solem λυκηγενῆ dixit Homerus, quòd matutinæ lucis ac splendoris auctor ipse sit: Vel quòd lycábanta progeneret, hoc est annum, quem conficit Sol suo per 12. signa Zodiaci cursu, Hæc Gyraldus. Ego citatum ab eo carmen Iliados quarto reperio, ubi codices impressi: λυκηγενεῖ habent, non λυκηγενέτῃ. Scholiastes sic dictum monet quòd in Lycia colatur, uel etiam illic natus sit. Latonam enim dum fugeret zelotypiam Iunonis, in Lyciam ut lateret abijsse, atque illic peperisse Apollinem. Varinus tamen Latonam post partum fugisse scribit in Lyciam siue maiorem secundum aliquos, siue minorem quæ & Troia uocatur. Aliter, Λυκηγενὴς dictus est Apollo eò quod lupus Latonæ parienti apparuerit, unde & Γοτῶν natum ex se Apollinem uocauit & Λυκηγενῆ. Quamobrem, ut fabulantur, lupus Apollini sacer erat, & effigies eius numismati imprimebatur. Λύκειος Apollinis cognomentum per ει. diphthongum, apud Stephanum, Varinum, & Pausaniam. Λύκειος Ἀπόλλων, quòd in Lycia huius nominis ciuitate colatur: uel quòd sacer ei sit lupus: uel potius, quòd Sol recedente iam nocte lycophos (de quo uide supra in H. a.) id est crepusculũ efficiat, Varinus. Item in Γλύκη, Animalia quædam inquit, dijs sola uocis similitudine consecrantur: sic

sic lupo delectari faciunt Apollinem, διὰ τὴν ἀμφιλύκην νύκτα, cui statim Solis exortus succedit. Apollini uel Soli sacer est cygnus, ob candorem diei: coruus, ob nigredinem noctis: lupus, propterea quòd lupinus color medius inter utrunque sit, utpote cinereus: neque candidus, neque admodum niger, ἀλλ' οἷον τὸ πρὸ τῆς ἱεροκοπείας τὸ ἀπονύκτερον χρῶμα, quod & lycóphos lingua familiaris uocat, Eustathius & Varinus in λυκηγενής. De lupis occidendis lex erat in Attica, et præmium illi qui catulum occidisset, talentum: qui adultum, duo: Vnde & ipsum Apollinem λύκειον & λυκοκτόνον, quasi Lupinum & Lupicidam nominat, Scholia in Aues Aristophanis. λυκοκτόνου θεοῦ, Sophocles in Electra. Aristarchus ita cognominari putat Apollinem, quòd pastoralis sit, & propter curam pecoris lupos interimat, (in qua sententia Phurnutus quoque est.) est enim lupus Apollini sacer, Hesych. Varinus sic dictum scribit, quoniam lupi ei immolarentur. Argiuorum nummus lupi imagine insignis fuit, ut testantur Scholia in Electram Sophoclis, quòd Apollini sacrum crederetur id animal: quo argumento & Lycoctonon Apollinem uenerabantur, Cælius. Fuit sanè & locus Argis, λύκειος ἀγορὰ dictus, Apollini dicatus, in quo ciues conueniebant, Varinus. Sunt ex Græcis qui in agrum Argiuum cœlo primum delapsum ignem ferant, diuque in Apollinis Lycoctoni templo seruatum, quod in Argiuo uisebatur foro, quod in Electra Sophocles Lycium uocat, Cælius. Lycij Apollinis (inquit Gyraldus, sunt autem uerba Macrobij 1.17. Saturn.) plures accepimus cognominis causas. Antipater Stoicus sic nuncupatum scribit ἀπὸ τοῦ λευκαίνεσθαι πάντα φωτίζοντος ἡλίου: id est, quòd omnia albescant illucescente Sole. Cleanthes Lycium Apollinem appellatum notat, quòd ueluti lupi pecora rapiunt, ita ipse quoque humorem radijs rapit. Philostratus inducit in primo de imaginibus, Palamedem loquentem contra Vlyssem, qui iusserat lupos occidi: ille negabat, quòd ipsos ut præludium pestis Apollo immitteret: quare inquit, Lycio ac Phyxio luporum & fugæ (fugandi potius) præsidi Apollini preces afferamus, ut feras suis tollat sagittis. (Aliter hæc Iulianus Aurelius: Refert, inquit, Pausanias, cum lupi ex Ida descendentes Græcorum exercitum uehementer infestarent, & Vlysses suaderet, ut Græci sagittas in lupos torquerent, consuluisse Palamedem, &c.) Pausanias uarius est in Lycio Apolline interpretando: nam in Corinthiacis, Cum Danaus, inquit, cum Gelanore de Argorum imperio contenderet, & utrinque multa ac plausibilia ad populum essent perorata, iudicium à populo in sequentem diem est dilatum. Manè orta luce boum armenta in pascuis ante mœnia lupus inuasit, factoque impetu cōtra taurum reliquorum ducem pugnauit. Ibi communi consensu Gelanorem Argiui cum tauro, Danaum cum lupo contulerunt: quoniam ut fera hæc ab hominum familiaritate & conuictu est aliena, ita Danaus quoque ad illud usque tempus minimè familiaris eis fuerat. Et quoniam lupus taurum prostrauerat, Danaus imperium obtinuit. Hic itaque ab Apolline ad armenta perductum lupum cum putaret, templum Apollini Lycio extruxit, Hæc Pausanias. Idem uero ubi de Lyceo Athenarum agit in Atticis: Lyceum, inquit, à Lycio Pandionis filio (Lycum hunc alij uocant) nomen tulit: id Apollini sacrum & olim apud ueteres, & nostro quoque tempore existimatum est. Et Lycius quidem illic primum nominatus est deus. Fertur autem etiam Termissenses (Τερμισσεῖς, Telmisses habet Gyraldus, apud quem etiam mutilum hunc locum, librariorum forte culpa, reperies) ad quos Lycius (Pandionis f.) Aegeum fugiens uenit, Lycios ab eo fuisse appellatos. Fuit & Lycei Apollinis templum apud Sicyonios, sic dicti propter lupos oraculi suasu arido quodam cortice ab eis necatos (ut in E. retuli.) Lycij Apollinis, ait Festus, oraculum in Lycia maximæ claritatis fuit, ob luporum interfectionem. Lycij meminit Vergilius, Lyciæ iussêre capessere sortes. Et alibi, Qualis ubi hybernam Lyciam, Xanthique fluenta Deserit, ac Delon maternam inuisit Apollo. Propertius, Lycio uota probante deo: quidam Pataræum etiam uocant, Hæc ferè Gyraldus. Lycij Apollinis dicti à Lycio (Lyceo) gymnasio Athenis, Callimachus meminit. Fuisse tamen Thebis appellatione eadem gymnasium, & Apollinem Lycium itidem, in Oedipode tyranno significat Sophocles, & exposuit interpres, Cælius. Amphilycen exortum (Solis) interpretatur Theon, quia Soli dedicetur lupus, quia sit ὀξυδερκής, id est uisus præacuti, sicut longinqua spectat Sol, Cæl. Prisci Græcorum (inquit Macrob. 1.17. Sat.) primam lucem quæ præcedit Solis exortus, λύκην appellauerunt ἀπὸ τοῦ λύκου, id est à lupo (ut rectè legit Gyrald.) hodieque lycophos cognominant: de quo tempore ita poeta scribit, Ἦμος δ' οὔτ' ἄρ πω ἠώς, ἔτι δ' ἀμφιλύκη νύξ, (Iliad. 7.) Idem (Iliad. 4.) Εὔχεο δ' Ἀπόλλωνι λυκηγενέϊ κλυτοτόξῳ, quod significat τῷ γεννῶντι τὴν λύκην, id est qui generat exortu suo lucem. Radiorum enim splendor propinquantem Solem longè lateque præcedens, atque caliginem paulatim extenuans tenebrarum, parit lucem. Neque minus Romani, ut pleraque alia ex Græco, ita lucem uidentur à lyce figurasse. Annum quoque uetustissimi Græcorum λυκάβαντα appellant, τὸν ἀπὸ τοῦ λύκου, id est Sole, βαινόμενον καὶ μετρούμενον. λύκον autem Solem uocari, etiam Lycopolitana Thebaidos ciuitas testimonio est, quæ pari religione Apollinem, itemque lupum, hoc est, λύκον colit, in utroque Solem uenerans, quòd hoc animal rapit & consumit omnia in modum Solis: ac plurimum oculorum acie cernens, tenebras noctis euincit, Hactenus Macrob. Soli Aegyptiorum Lycopolitæ ouem edunt, quòd à lupo etiam quem deum existimant, ea deuoretur, Plutarch. in li. de Iside. Λυκαῖον καὶ Θυμβραῖον τὸν Πύθιον, καὶ τὸν ἐν Χρύσῃ Λυκαῖον, Hesyc. Λυκωρεὺς etiam Apollo uocatur, ut Diodorus scribit & meminit Apollonius: sed & Orpheus in hymno ad Apollinem, Ἐλθὲ μάκαρ Παιὰν Τιτυοκτόνε Φοῖβε Λυκωρεῦ. Legimus & Lycoreum Iouem apud Stephanum, Gyrald. Apollinis Λυκωρείοιο, id est Delphici, Apollonius 4. Argon. Delphi enim primum Λυκωρεῖς uocabantur, à uico quodam Lycorea, Scholia. ¶ Latona in lupam mutata Apollinem peperit, ut superius in Apolline ex Aeliano diximus. Latonam oberrantem specie lupę fingunt duodecim diebus ex Hyperboreis Delum deductam à lupis; ideoq; lupos uno tempore tantum anni totidem diebus parere aiunt, Aristot. Meminit etiam Etymologus in πολλοί. At in Homeri Scholijs lupũ Latonæ parienti apparuisse legitur, ut supra recitaui. ¶Rhampsinitum regem Aegyptiorum uiuum aiunt ad inferos descendisse, & cum Cerere alea lusisse, & iterum redijsse; hoc tempus ab eius descensu ad reditum, dicebant feriatum esse apud Aegyptios. In quo sacerdotes unum ex suis palliatum, oculis mitra obductis in uiam deducerent quæ fert ad Cereris templum, ipsos redire illo relicto. Hunc autem sacerdotem oculos uelatos habentem aiunt, à geminis lupis agi ad Cereris templum, quod ab urbe uiginti stadia abest: & rursus à templo in eundem locum à lupis reduci, Herodotus libro secundo.

¶Lyceæ Dianæ templum apud Trœzenios fuisse ab Hippolyto excitatũ, auctor Pausanias est, qui tamen eius rationem cognomenti ignorare se fatetur: sed ex Macrobio aucupari (opinor) licet, ubi disseritur, cur Apollo dicatur Lycigenetes ac Lycos, Cælius. Pausaniæ quidem in Corinthiacis uerba sunt hæc: Trœzene iuxta theatrum Dianæ Lyceæ fanum Hippolytus fecit. De cognomenti ratione nihil ab interpretibus potui percipere. Sed quia lupos fortassis Trœzeniorum agrum infestantes, expulerit Hippolytus, aut genus suum materna stirpe ab Amazonibus deduxerit (ἢ Ἀμαζόσι παρόντα πρὸς μητρὸς, ἦν ἐπίκλησις τῆς Ἀρτέμιδος αὕτη,) cognomentum hoc Dianæ imposuit. potest & alia subesse ratio quæ à me ignoratur. Laphriæ Dianæ apud Patrenses magno in ara igne excitato, apros, ceruos, aliqui luporum aut ursorum catulos uiuentes inijciunt, Pausanias in Achaicis. ¶Lycæus Iupiter (inquit Gyraldus) à Lycaone dictus, ut Pausan. in Arcad. tradit, cui deo & Lycæa certamen instituit. dictus etiam Lycaon in lupum à Ioue conuersus, quod infantem immolasset. alia tamen apud Ouidium legitur fabula in Metamorphosi, alia item apud Suidam. Lycaon (inquit Suidas) Pelasgi filius, Arcadum rex, patris instituta summa æquitate seruabat: sed ut subditos ad iustitiam seruandam quoq; pelliceret, Iouem boni maliq; inspectorem in hospitis forma ad se sæpe uenire simulabat; quare cum aliquãdo se sacra facere uelle, ut deum accepturus, dixisset, eius diuersis ex uxoribus procreati liberi nosse uolentes, an deus nec ne uenturus esset, pueri clam cæsi carnes carnibus sacrificij miscuêre, cogitantes deum id minus cogniturum. (Suidas contrarium scribit, ὡς ἐλέγξοντες εἰ περ ὄντως θεὸς ἔπεισι,) mirum, diuina prouidentia factum, ut coorta repentè tempestate ac fulminibus, ij omnes interirent qui puerum interfecerant, (Hactenus Suidas.) unde mox Lycæa instituta, quorum cum alibi Pindarus meminit, tum in Olymp. ad Diagoram Rhodium. In Arcadia, inquit, Lycæa ludi in honorem Iouis Lycæi agebãtur, in quibus præmia arma ærea fuêre, (tripos ęreus, Varinus. sed Scholiastæ Pindarici uerba hæc sunt, ἐτελεῖτο ἐν Ἀρκαδίᾳ ἀγὼν τὰ Λύκαια, τῷ Λυκαίῳ Διὶ ἀνακείμενος. οἱ δὲ νικῶντες, σκεύεσι χαλκοῖς ἐτίμων. τὰ δ' Ἡράκλεια καὶ Ἰολάεια ἐτελεῖτο ἐν ταῖς Θήβαις: ἐδίδοτο δὲ τῷ νικήσαντι τρίπους χαλκοῦς. hinc mutilum esse apparet Varini locũ, quod uerbis aliquot omissis Heraclæi certaminis præmium ad Lycæum referatur. Aut si mutilus non est, ab altero Pindarico Scholiaste nõ intellecto deceptum dixerim Varinum.) Sunt qui Lycæum montem Olympum in Arcadia tradant, quem & pleriq; ἱερὰν κορυφὴν, hoc est, sacrum uerticem appellant, unde & Iouem Coryphæum sunt qui nuncupatum putant. in eo autem uertice Iupiter educatus ab Arcadibus traditus est. Fuit & fons mirabilis prope Iouis Lycæi templum, &c. (aliaq; ibidem, in Lycæo monte, miracula, quæ Pausanias in Arcad. & Cœlius 24. 17. referunt.) Sed de Lycæo Ioue & Strabo, item Callimachus & in eum Scholia. & Hyginus in Vrsæ descriptione, In Iouis (inquit) Lycæi templum (lucum, Cælius) qui accessisset, mors pœna erat, Arcadum lege. meminit idem alibi, nec semel, Hæc Gyraldus. Lycæa (Λυκαῖα) sacra apud Phrygiæ urbem Peltas à Xenia Arcade celebrata, primo Ἀναβάσεως prodit Xenophon, ac institutis certaminibus præmia proposita στλεγγίδας χρυσᾶς, Cælius. In Lycæo monte Arcadiæ, Lycæi Iouis delubrum est, Plinius. Persæ expugnata Barce, per Cyrenen illæsam transierunt: inde cum ad rupem Lycæi Iouis subsedissent, pœnitentia eos subijt quod Cyrenen non occupassent, Herodotus circa finem libri quarti. De Lycoreo Apolline supra dictum: legimus & Lycoreum Iouem apud Stephanum. ¶Latini lupũ Marti dicabant: hinc Martium lupum ἐπιθετικῶς legimus, quod in huius dei tutela sit, Gyraldus. ¶Lycophron etiam Herculem lupum nominauit, hoc uersu, Καὶ θηροχλαίνου σηκὸν ὠμηστοῦ λύκου, id est, Et leonis pelle amicti templum crudiuori lupi. ¶Canis Serapidi adiunctus, triceps fingitur, capite medio leonis, sinistro lupi, dextro canis: Vide supra in Cerbero, capite primo de canibus diuersis. ¶In Palatini montis radicibus (ut ex Trogo scribit Iustinus libro 43.) templum Lycæo, quem Græci Pana, Romani Lupercum appellant, constituit: ipsum dei simulachrum nudum, caprina pelle amictum est, quo habitu nunc Romæ Lupercalibus decurritur. Februalis seu februa Iuno nuncupabatur, teste Festo, quod ipsi eo mense sacra fiebant: eiusq; feriæ erant Lupercalia, qua die mulieres februabantur à lupercis amiculo Iunonis, id est pelle caprina, Gyraldus. Panos de more Lycæi, Vergil. In Lycæo, inquit Placidus Cælius grammaticus, templum fuit Panos, in quo natus asseritur. Pausanias uerò in Arcad. in monte Lycæo & templum & lucum, & hippodromum ac stadium fuisse eius numini dicatum, unde illi nomen. Lupercalia, inquit Gyraldus, Romanorum celebritas 15. calend. Mart. (licet aliter alij scribant) celebrabantur. (Lupercalia feriæ statiuæ sunt, hoc est certis ac constitutis diebus ac mensibus annotatæ, Macrobius.) in his capræ candidæ immolabantur, uel ut alij tradũt, canes. Februatus is dies teste Varrone & Censorino dicebatur. Februalia sacra ad expiandos manes fiebant, Græce λυκαῖα dicta à Pane Lycæo, deo Arcadico, hæc à lupercis

percis celebrabantur, quorum uaria fertur institutio, ut à Plutarcho in Romulo pluribus traditur. Magis illa recepta est, quæ de Euandro Arcade rege proditur, qui ex Arcadia profugus, in Latio palatium tenuerit, nudosq; ibi iuuenes hoc sacrum per ludum & lasciuiam primum agere instituerit, quam & Iustinus commemorat ex Trogo, &c. Varia quoq; de nomine traduntur. Pleriq; enim à lupis, qui lyci Græcè dicuntur, nomē deducūt, q̄d scilicet lupi arceantur à stabulis. alij à lupa non mitis, quæ abiectis infantibus pepercerit: ante & Luperca dea est auctore appellata Varrone, ut scribit Arnobius. Aliqui ludicrum ipsum seu templum in specu sub monte Palatino, Lupercal dictum fuisse aiunt: quod & poëta innuit, cum ait: Et gelida monstrat sub rupe Lupercal. Et Ouidius de Romuli lupa nutrice, Illa loco nomen fecit, locus ille Lupercal, Magna dati nutrix præmia lactis habet. Lupercal, ait Liuius, ludicrum in mōte Palatino. Nec desunt qui auctore Fabio, Lupercal dicant uocatum esse, quasi luere id est purgare per capram: nam de capra in primis sacrum fiebat. Sed enim ea Lupercis fuit præcipua ueneratio, ut quæ minus fœcundæ mulieres haberentur, minusq; fœtus æderent, ad lupercos cōfugere solerent, qui capris direptis tergoribus, eisq; succincti, circum antiquum oppidum, hoc est Palatium discursabant, loris corijs'ue occurrentes, uerbera incutientes. His fœminæ ultro obuiam prodibant, facilem eo uerbere partum sibi sperantes. Hinc Ouidius in Fastis, Excipe fœcundę patienter uerbera dextræ, Iam socer optatū nomen habebit aui. Et Propertius, Verbera pellitus setosa mouebat arator, Vnde licens Fabius sacra Lupercus habet. Plura Plutarchus in Causis Rom. Nec prodest agili palmas præbere luperco, Iuuenalis in molles, & pathicos, &c. Plura de his sacris leges apud Gyraldum (unde & hæc omnia desumpsimus) Syntagmate 17. de dijs. Et alibi, Pani Lycæo in Lupercalibus canis immolabatur, ut ait Plutarchus: quoniam gregis amicus & custos est canis. Alij capram albam dicunt: nonnulli hircum, ex cuius corio luperci sacerdotes flagella conficiebant, nudiq; per urbem fœminas feriebant. Λυκαῖα, ἀγὼν ἐν Ῥώμῃ, συνήθεια δὲ ἦν αὐτοῖς διδόναι τὸ ἆθλον, Etymologus & Varinus. Vide etiam in Onomastico, Lupercal, Lupercalia & Luperci.

¶ Magi Arimanio, quem dæmonem malum esse dicunt, sacrificant res quasdam tristes, ut mala deprecentur. Nam herbam quandam omomi dictam, in pila contundūt, & Plutonem & Tenebras inuocant: deinde admixto sanguine lupi iugulati, in locum aliquem Solis luce carentem efferunt & effundunt, Plutarchus in libro de Iside.

PROVERBIA.

Lupo agnum eripere postulant, nugas agunt: Leno quispiam in Pœnulo Plautina. Vbi quis frustra conatur prædam recipere, cui semel manus iniecit rapax aliquis, Erasmus. Confine, quod mox dicetur, E faucibus lupi. Lupi alas quæris, λύκου πτέρα ζητεῖς, de ijs, qui quærunt ea quæ nusquam sunt. Aut ubi quis uerbo duntaxat territat, alioqui re nunquam facturus quod minatur, Erasmus. λύκου πτέρα, ἐπὶ τῶν ἀδυνάτων λέγεται, ὅταν μέχρι τῶν λόγων ὁ φόβος ᾖ, Suidas. Videtur sanè ad plura accommodari posse prouerbium si λύκου πτέρα simpliciter efferas, ut Suidas: licebit enim quoduis commodū uerbum subaudire, λέγειν, ἀκούειν, ζητεῖν, &c. Lupus aquilam fugit: ubi periculum imminens euitari non potest. Aquilā enim alata cum sit, frustra lupus fugit. Refertur à Diogeniano & Zenodoto: nec indicant originem prouerbij: nunquam enim audiui aquilas molestas esse lupis, Erasmus. Nos supra capite quinto aquilas in Tartaria cicures, tam audaces esse diximus (ex Paulo Veneto) ut non dubitent magno impetu in lupos insilire, eosq; in tantum diuexare, ut ab hominibus sine labore & periculo capi possint. λύκος αἰετὸν φεύγει, παροιμία ἐπὶ τῶν ἀφύκτων, Suidas: ἐπὶ τῶν φευγόντων, Hesych. sed apparet uel deprauatum esse locum Hesychij, & legendum ut apud Suidam: uel deesse aliquam uocem, (μάτην, aut similem) ut prouerbium sit de ijs qui frustra uel temere fugiunt. Auribus lupum teneo: extat apud Terentium in Phormione. Antiphonti adolescenti uxor erat domi, quam nec eijcere poterat aut libebat, neq; rursum retinere. Auribus, inquit, lupum teneo: nam neq; quo modo amittam à me inuenio, neq; uti retineam, scio. Donatus parœmiam Græcis uerbis adscribit, τῶν ὤτων ἔχω τὸν λύκον, οὔτ' ἔχειν οὔτ' ἀφεῖναι δύναμαι. Suetonius in Tiberio, Cunctandi causa erat metus undiq; imminentium discriminum, ut sæpe lupum tenere se auribus diceret. Plutarchus in præceptis ciuilibus, λύκον οὔ φασι τῶν ὤτων κρατεῖν, id est, aiunt lupum non posse teneri auribus: cum homines hac parte maximè ducantur, nimirum persuasione. Dicitur in eos, qui eiusmodi negotio inuoluuntur, quod neq; relinquere sit integrum, neq; tolerari possit. Cæcilius apud Gellium 15. 9. citra metaphoram extulit: Nā hi sunt, inquit, amici pessimi, fronte hilaro, corde tristi, quos neq; ut apprehendas, neq; ut amittas scias. Refertur & à Varrone pro exemplo adagionis, Auribus lupum teneo, Erasmus. Finitimum est illud Germanorum, inquit Tappius, **Wer den teuffel geladen hatt / der můß im werck gäben**, Qui dæmonem inuitauit, aliquid ei operis præscribat oportet. ¶ Ale luporum catulos. Theocritus in Hodœporis, θρέψαι καὶ λυκιδεῖς, θρέψαι κύνας ὥς τυ φάγοντι. Pasce canes qui te lanient, catulosq; luporum. Prouerbium est, teste interprete, in eos qui læduntur ab ijs de quibus bene meriti sint, aut in ingratos. Addit ille dictum Socratis, Κακὸς ποιῶν εὖ, θρέψαι λύκους. Nam plerunq; solet id usu uenire illis, qui catulos luporum enutriunt. Extat super hac re non inelegans epigramma, quanquam incerto authore, de oue lupi catulum alente suis uberibus. Τὸν λύκον ἐξ ἰδίων μαζῶν τρέφω, οὐκ ἐθέλουσα, Ἀλλά μ' ἀναγκάζει ποιμένος ἀφροσύνη. Αὐξηθεὶς δ' ὑπ' ἐμοῦ, κατ' ἐμοῦ πάλι θηρίον ἔσται. Ἡ χάρις ἀλλάξαι τὴν φύσιν οὐ δύναται, Eras. Extat autem Græcū illud tetrastichō Anthologij 1.30. unde Alciatus etiam suum de capra

Ss 4

lupum lactante emblema effinxit, quod in Capra recitaui: in Græcis quidem uersibus nec capræ nec ouis nomen exprimitur, nec refert utrum accipias: sed ποιμὴν ouium propriè pastor est. Lupus ante clamorem festinat, λύκος πρὸ τῆς βοῆς ἀποδύεται, ubi quis admissi conscius, ultro timet prius quàm accusetur. Siquidem lupus simul atque prædam rapuit, mox properat aufugere, ne coorto rusticorum clamore ueniat in periculum, Autor Diogenianus, Erasmus. ¶ Lupi decas, Vide supra inter propria uirorum. ¶ Lupus in fabula: cum forte fortuna in medio sermone interuenit cuius mentio fiebat, conueniet illud ex Iliados κ. οὔπω πᾶν εἴρητο ἔπος, ὅτ' ἄρ' ἤλυθον αὐτοί, Erasmus Chil. tertiæ centuria 8. Et rursus Chil. 4. centuria quinta in idem prouerbium sic scribit: Solitum est dici, quoties is, de quo confabulatio est, de improuiso interuenit: quod inde sumptum putat Donatus interpres Terentij, quòd lupus ei quem prior uiderit, uocem adimere dicitur, ut cum cogitatione in qua prius fuerat, simul & uocem amittat & uerba. (Post hæc huius rei causam ex quorundam sententia depromit: sed frustra quæritur ratio cur sit res, priusquam de quæstione an sit constet.) Donatus huc pertinere putat Theocriticum illud, λύκον εἶδεν, (de quo inferius.) Rursum illud Maronis, Lupi Mœrim uidêre priores, quum uocem per ætatem ademptam pastor quereretur. Sunt qui ex nutricum fabulis natum existimant, quæ narrant ludificato puero terrore lupi, uerum lupum à cauea paulatim uenisse ad limen cubiculi. Nam est & in apologis, matrem, ut puerum uagientem compesceret, lupū frequenter inclamasse, ut nisi desineret plorare, deuorandum auferret. Tandem lupum spe prędæ uenisse: sed frustra hiantem abijsse, hac tantum sententia doctiorem, non esse fidem habendam fœminæ pollicenti. Nam hoc, opinor, sensit Donatus. Locus enim in libris euulgatis non uidetur carere mendo. Tertiam opinionem reijcit Donatus, quæ putat hinc natum: quum in Næuiana fabula repræsentaretur, quomodo Romulus & Remus aliti sint à lupa, repente uerum lupum actioni interuenisse: quo factum ut subitum esset totius fabulæ silentiū. Sic usus est Terentianus Syrus in Adelphis, silentium innuens Ctesiphoni, quòd Demea pater adolescentis, quem ruri esse credebat, præter expectationem adesset. Festiuius etiā usus est Plautus in Sticho. Atque eccum, inquit, tibi lupus, in sermonem præsens esuriens adest. Loquitur enim de parasito Gelasino, qui fratribus de ipso confabulantibus derepente interuenit. Addit enim prouerbio gratiam, allusio ad hominis edacitatem: quemadmodum apud Theocritum ad nomen adolescentis, de quo dicitur, λύκον εἶδεν. Vtitur & M. Tullius epist. ad Atticum lib. 13. De Varrone loquebamur, lupus in fabula. Venit enim ad me. Ferè fit autem ut quoties interueniat, de quo colloquimur, obmutescamus: propterea quòd siue laudabatur, pudet in os dicere quod rectè narratur de absente: siue uituperabatur, timemus offendere, Hæc omnia Erasmus. Rustici dicunt hominem uocem perdere, si lupus eum prior uiderit: unde subitò tacenti dicitur, Lupus in fabula est, Vincent. Bell. Etiamsi lupi meminisses, εἰ καὶ λύκου ἐμνήσθης, subaudiendum interuenisset: Quoties præter expectationem interuenit is, de quo fuerat mentio: cognatum ei, (quod iam recensuimus,) Lupus in fabula. Id frequenter accidit (inquit Erasmus) in comœdijs ac tragœdijs, arte curaque scriptoris, ut de quo fiunt uerba mox interueniat. Accommodari poterit ad rem, ueluti si apud autorem protinus uel casu occurrat, id de quo uertebatur sermo: adagium refert Zenodotus (& Apostolius.) Plato in Phædro, λέγεται γοῦν ὦ Φαῖδρε δίκαιον εἶναι, καὶ τὸ τοῦ λύκου εἰπεῖν: id est, Aiunt igitur ô Phędre iustum esse, etiam quod de lupo dicitur narrare, Hæc Erasmus. Tappius huic prouerbio Germanicum illud accommodat, **Wo man des teuffels gedenckt/da will er seyn.** Cæterū quod ex Platone Erasmus adfert, Καὶ τὸ τοῦ λύκου, apud Suidā quoque in Καὶ, circa finē, legimus: ex apologo, ut inquit, ortum: ferunt enim lupum, cum pastorem uideret de oue ex grege ipsius mactata uescentem, dixisse, Ego si hoc facerem, quantus excitaretur clamor? Eundē apologū legimus apud Plutarchum in symposio septem sapientum. Lupi illum priores uiderunt, in raucum dicitur, & cui uox repente sit adempta. Festiuius dicetur in eos, qui metu alicuius obticescunt, alioqui feroces. Vergilius in Aegl. cui titulus Mœris: Vox quoque Mœrim Iam fugit ipsa, lupi Mœrim uidêre priores. Seruius admonet physicos authores esse, inesse eam uim lupis, ut si quem hominem priores uiderint, ei uocem adimant. Socrates apud Platonem libro de rep. 1. rem ad allegoriam uertit, dicens Thrasymachum sibi uocem adempturum fuisse, ni forte fortuna prior illum conspexisset. Καὶ ἐγώ, inquit, ἀκούσας ἐξεπλάγην καὶ προσβλέπων αὐτὸν ἐφοβούμην, καί μοι δοκῶ, εἰ μὴ πρότερος ἑωράκη αὐτὸν ἢ ἐκεῖνος ἐμέ, ἄφωνος ἂν γενέσθαι. Theocritus Idyllio 14. οὐ φθεγξῇ, λύκον εἶδες. Illud quidem obseruatione dignum, Theocritum uertisse sententiam, cum negat eum proloqui posse, non qui à lupo sit uisus, sed qui lupum uiderit. Sed allusit duntaxat ad prouerbium Theocritus, cum significaret riualem cōspectum, cuius nomen erat Lupus, Erasmus. λύκον εἶδες, ἐπὶ τῶν ἀφνίδιον ἀφώνων γινομένων, Suidas: addit exemplum ex authore innominato, Σὺ δ' οὐκ ἂν δύναιο πρὸς αὐτὸν ἀντιβλέπειν, ἀλλὰ τὸ λεγόμενον, οὐ φθέγξῃ: alludit autem ad hemistichium illud Theocriti. Vide etiam supra in D. Germani sic efferunt, **Er hatt ein wolf gesähen. Er hatt dem wolf inn arß gesähen.** E faucibus lupi, ἐκ λύκου στόματος: uel ut Erasmus transfert, Ex ore aut rictu lupi: ubi res quæpiam præter spem recipitur, quæ iam planè perijsse uidebatur, &c. Sic Flaccus in Odis, Vel hœdus ereptus lupo. Adagium refertur à Diogeniano. Natum uidetur ab Aesopica fabella, quæ narrat gruem, cum stipulata mercedem, os quod lupi gutturi inhæserat, immisso capite eduxisset, præmiū exigentem irrisam à lupo fuisse, cum is diceret, abunde magnum esse præmium persolutum, quòd ex ore lupi caput incolume retulisset, Erasmus. Ἐκ λύκου στόματος, de ijs qui aliquid alicunde accipiunt, unde non sperabant, secundum fabulam lupi & gruis, Suidas

Suidas & Apostolius. Καὶ κάρχαρόν τι (τραχὺ) μειδιάσας, Σοὶ μισθὸς ἀρκεῖ φησὶ τῶν ἰατρειῶν, Κεφαλὴν λυκείου φάρυγγος ἐξελεῖν σῶαν, ἐν μυθικοῖς, Idem Suidas in Καρχαρόδους. ¶ Lupus hiat, λύκος ἔχανε, dicebatur si quis re multum sperata multumque appetita, frustratus discederet. Aiunt enim lupum prædæ inhiantem rictu latè diducto, accurrere: qua si frustretur, obambulare hiantem. (Videtur hæc parum bene ex Suida translata: ὅταν οὖν μὴ λάβῃ ἃ προαιρεῖται, τότε κενὸν αὐτὸν χανεῖν φασί: hoc est, quod si frustretur ijs quibus inhiauerat, ad quæ hians accurrerat, frustra eum hiasse dicunt.) Οἷς πιστὸν οὐδὲν, εἰ μήπερ λύκῳ κεχηνότι, Aristoph. in Lysistrata. (Vertendum uidetur, Quibus nihil fidum ac tutum est, nisi quid lupo hianti tutò committi putetur.) Εἰσῄειν οὖν, μάτην λύκος χανὼν παρὰ μικρόν, Lucianus in Gallo. Ἆρα μὴ λέληθα ἐμαυτὸν εἰς παροιμίαν ἐλθὼν, καὶ γέγονα λύκος χανὼν διακενῆς; Apud Athenæum libro 14. citantur hæc ex Eubulo: Ἔπειτ' ἔπειτα, μήποθ' ὡς λύκος χανὼν, Καὶ τῶνδ' ἁμαρτὼν ὕστερον συχνὸν δράμῃς, Hæc Erasmus. Meminit etiam Hesychius: & Suidas, cuius hæc sunt uerba: λύκος χανὼν, ἐπὶ τῶν ἀπράκτων, hoc est, de irrito & inani conatu. ὁ δὲ ἐδεῖτο τοῦ θεοῦ, ἐπικουρῆσαί τι αὐτῷ, καὶ λύκους κεχηνότας ἀποφῆναι τοὺς τὰ ἐκείνου (ἐκείνων) ἑαυτοῖς καταγράφοντας, ἵνα μὴ αὐτὸς ὄφλῃ γέλωτα ἄλλοις, ἀλλ' ἐκεῖνοι αὐτῷ, Aelianus. Hic lupi hiantes simpliciter homines rapaces & prædæ auidi nominantur, non qui frustra appetant, sed potius qui consequantur: hoc enim ille à deo petebat. Nonnihil huc facit etiam senarius ille onirocriticus, ut apparet, λύκος κεχηνὼς φληνάφους δηλοῖ τρόπους. Homo homini lupus, Ἄνθρωπος ἀνθρώπου λύκος, superiori (Homo homini deus) quasi diuersum est, ac uelut hinc effictum uidetur: usurpauit Plautus in Asinaria. Monemur eo, ne quid fidamus homini ignoto, sed perinde atque à lupo caueamus. Lupus est, inquit, homo homini, non homo, qui qualis sit non nouit, Erasmus. Eiusdem sententiæ sunt Germanica illa, **Ein mensch ist des anderen teuffel. Ein mensch ist des anderen hagel worden.** ¶ In laqueos lupus, Εἰς πάγας ὁ λύκος: Cum improbus quispiam tandem in extremum adducitur discrimen. Etenim cum lupus animal sit insidiosissimum, applauditur ab omnibus, si quando contingat illum irretiri, ac protinus acclamant omnes, εἰς πάγας ὁ λύκος. Refertur à Zenodoto, Erasmus. Apostolius interpretatur, ἐπὶ τῶν ἁρπαζόντων μὲν, καταληφθέντων δέ. Suidas, ἐπὶ τῶν πονηρῶν, ὅταν εἰς πρόδηλον ἐμπίπτωσι κίνδυνον. Furemque fur cognoscit, & lupus lupum, Ἔγνω δὲ φὼρ τε φῶρα, καὶ λύκος λύκον, Aristoteles septimo de moribus ad Eudemum hunc quoque senarium citat inter adagia similitudinis. Amant enim uulgo se mutuò, qui similibus uitijs laborant, præcipuè fures. Et lupi latronum instar collecti grassantur, &c. Erasmus. Conuenit huic illud, Bestia bestiam nouit, Ἔγνωκε δ' ἡ θὴρ θῆρα, apud Aristotelem primo Rhetoricorum. Et Germanica illa, **Ein krähe beisset der anderen kein aug auß. Ein schalck weißt wie es dem anderen vmb das hertze ist.** ¶ Prouerbium sapit Vergilianum illud in Bucolicis: Hic tantum Boreæ curamus frigora, quantum Aut numerum lupus, aut torrentia flumina ripas. Rectè dicetur, in hominem impudenter furacem. Extat hodieque uulgò iactatum adagium, Lupus non ueretur etiam numeratas oues deuorare, (**Der wolf ißt auch wol ein gezelt schaaf.**) Porrò fures paulò timidiores, consueuerunt à rebus abstinere manum metu, uidelicet ne hoc indicio deprehendantur, Erasmus. ¶ Prouerbia, Prius lupus ouem ducat uxorem, & Ouem lupo committere (quod Germani ad uerbum imitantur, **Dem wolf das schaaf befälhen.**) quære supra in d. & οἰόλυκος in a. inter propria uirorum. Rapidæ tradis ouile lupæ, Ouidius 3. de Arte. Incustoditum captat ouile lupus, 1. Trist. Eleg. 5. Custos ouium præclarus lupus, Cic. 3. de amicit. Λυκοφίλιοι διαλλαγαί, uide in a. inter deriuata à lupo. Vt lupus ouem amat, Ὡς λύκος ἄρνα φιλεῖ: qui sui commodi gratia simulat amorem. Nam is uulgò dicitur amor, quum reuera sit odium. Iuuenis enim cum puellam uenatur ut illi pudicitiam eripiat, &c. quæso quid deterius hostis faciat hosti? Socrates citat carmen in Phædro ueluti populari usu iactatum, Ὡς λύκοι ἄρνα φιλοῦσ', ὡς παῖδα φιλοῦσιν ἐρασταί, Erasmus. Nunc et oues ultro fugiat lupus, Vergilius in pharmaceutria: citat Erasmus in prouerbio Ceruus canes trahit, propter consimilem sensum, cum adynaton seu præposterum quippiam significamus. ¶ Non magis parcemus quàm lupis, Οὐ φεισόμεθα μᾶλλον ἢ λύκων: Aristophanis interpres prouerbialem figuram esse admonet, inde natam, quòd antiquitus lex ad interficiendos lupos etiam præmio inuitabat apud Atticos, (ut in E. retuli, prope initium:) unde & Apollinem Lyceum & Lycoctonon cognominarunt. φεισόμεθα γάρ τι τῶνδε μᾶλλον ἢ λύκων; Aristophanes in Auibus, Erasmus. Lupus pilum mutat, non mentem, Ὁ λύκος τὴν τρίχα, οὐ τὴν γνώμην ἀλλάττει: Senecta caniciem adfert improbis, non item aufert malitiam. Canescunt enim lupi, uelut & equi, more hominum per ætatem, Erasmus. Nos ex Hieroglyphicis supra in D. scripsimus, lupum cum à uenatoribus periculum sibi instare uidet, extremum caudæ abijcere. Senectute non mutari ingenium nostri hisce adagijs asserunt, **Das alter schadet zur torheit nitt. Er greyset/ee er weyset.** Lupinus potus, Λυκεῖον ποτόν, uide supra in a. circa finem de proprijs locorum. Lupus circum puteum chorum agit, λύκος περὶ τὸ φρέαρ χορεύει: in eos dicetur, qui sumpta inaniter opera spe sua frustrantur. Aiunt enim lupo morem esse, ut si quando sitiat, nec tutò se possit demittere, circum puteum oberret, frustra inhians aquæ, quam non possit contingere. Sunt qui parœmiam inde ductam existiment, quòd aliquando ueniat usu, ut lupus pecudem aliquam, aut hominem insectetur: qui postea quàm se in puteum quempiam altiorem metu demiserit, (ἐπὰν διώκοντός αὐτοῦ τι, τὸ διωκόμενον ἐμπέσῃ εἰς φρέαρ, Suid. & Hesych.) obambulat ille, uelutique saltantium in modum in orbem circumagitur prædæ cupiditate, qua tamen potiri non queat. Plutarchus in commentario cui titulus, quomodo possit adulator ab amico dignosci, Ὦ χρώμενοι πρὸς τὰ πολλὰ τούτοις αὐτοῖς, τὴν περὶ τὸ φρέαρ ὄρχησιν ἀτεχνῶς ὀρχούμενοι: id est, Qua (intemperāti & uirulenta in alios dicacitate) qui utuntur, seipsos quoque in perniciem adducunt, reuera saltationem illam circum puteum saltantes. Refertur adagium à Zenodoto, Suida, Diogeniano, Erasmus. Hesychius interpretatur, ἐπὶ τῶν πονούντων περὶ τι τῶν ματαίων: sed melius apud Suidam legitur ἐπὶ τῶν πονούντων περὶ τι μάτην. Sic Germani de fele frustra circumeunte edulium feruidum quod non ausit attingere, **Er geht darumbher wie ein katz vmb einen heissen brey.** ¶ Suade lupis ut insaniant, Theocritus in Aegl. cui titulus Νομεῖς, πεῖσαί τοι μίλων καὶ τὼς λύκως αὐτίκα λυσσῆν, Hoc quoque Milo lupis mox persuadeto rabire. Vbi quis animum inducit ad rem stultissimam, quam non aggrederetur nisi insanus. Nam lupi insaniunt uel sua sponte, ueluti si quis tyrannum instiget ad crudelitatem, cum plus satis sæuiat suopte ingenio. Rabies propria canum est, unde Scholiastes Theocriti putat hoc uelut absurdum proponi. Sed canes aliquando rabiunt, lupi nunquam non rabiunt, Erasmus. ¶ A fronte præcipitium, à tergo lupi, ἔμπροσθεν κρημνός, ὄπισθε λύκοι, (si quid addas, ut ἔστι γάρ, erit pentameter elegiacus:) Quum aliquis hinc atque hinc duobus maximis premitur malis, ut in utruncunque inciderit, pereundum sit, Erasmus. A lupi uenatu, Ἀπὸ λύκου θήρας: dici solitum, ubi quis protinus re infecta discedit, aut de negotio molesto & agresti. Neque enim tutum est lupum insequi, neque is facile capitur, quum reliquarum ferarum uenatus non uulgarem adferant uoluptatem. Meminit Suidas, Erasmus. Suidæ uerba sunt, ἐπὶ τῶν ἀπράκτως θηρῶν ἀπιόντων, οἱ δὲ, ἐπὶ τῶν ἀπηνῶν καὶ ἀγρίων, hoc est, Aliqui de hominibus agrestibus & crudelibus interpretantur, non ut Erasmus uertit, de negotio molesto & agresti.

¶ Peculiaria Germanis à lupo prouerbia. **Der hunger treibt den wolf auß dem busche.** Quo sensu Latinorum illud est, Viro esurienti necesse furari. **Wer bei den wölffen ist/ der muß mit jnen heülen:** Insanire cum insanientibus, Lex & regio. **Er bessert sich wie ein junger wolff:** Imitatur nepam, Primum Mars in filijs laudatus est. **Es muß ein junger wolff sein/ der nie kein gerücht oder geschrey gehört hat:** Complurium thriorum ego strepitum audiui. **Wolffzän im mund haben,** hoc est, dentes lupinos habere: mulieres ferè de uiris dicunt, quos duriores uel iracundos esse insinuant.

¶ Sunt & in Sacris literis nostris à lupis tanquam prouerbia. Pseudoprophetæ uestitu ouium, intrinsecus lupi rapaces, Matthæi 7. Intrabunt post discessum meum lupi, Actorum 20. Emitto uos sicut oues in medio luporum, Matthæi 10. Mitto uos sicut agnos inter lupos, Lucæ 10. Videt lupum uenientem, & relictis ouibus fugit: & lupus rapit ac dispergit oues, Ioan. 10. Principes in medio eius quasi lupi captantes prædam, Ezechiel 22. Si communicabit lupus agno aliquando, sic peccator iusto, Ecclesiastici 13. Habitabit lupus cum agno, & pardus cum hœdo accubabit, Esaiæ 11. Lupus & agnus pascentur simul, & leo & bos comedent paleas, Esaiæ 65. Huiusmodi est illud Theocriti Idyllio 31. Ἔσται δή ποτ᾽ ἦμαρ, ὁπηνίκα νεβρὸν ἐν εὐνᾷ Καρχαρόδων σίνεσθαι ἰδὼν λύκος οὐκ ἐθελήσει. ¶ Stobæus in sermone de adulatione hoc Socratis dictum recitat, Lupi cum sint canibus similes, assentatores amicis, diuersa tamen studia sequuntur. Et aliud Epicteti in sermone de temperantia, huiusmodi: Veluti lupus animal est cani simile: ita & adulator, & adulter, & parasitus amico similis est. Animum igitur aduerte, ne canum custodum uice perniciosos lupos nescius admittas. Τῆνον (Daphnidem mortuum) μὰν θῶες, τῆνον λύκοι ὠρύσαντο, Theocritus Idyl. primo. Emblema Alciati de capra lupum lactante, uide in Capra h. & hic paulò superius in prouerbio, Ale luporum catulos, Græcè positum.

DE FERIS ILLIS QVAE LVPO CONGENERES SVNT, ET PRIMVM DE THOE, PANTHERE, Lupo canario, Lycaone, &c.

A.

THOES duorum sunt generum, sicut etiam pantheres (Est & pardalis siue panthera duplex Oppiano, maior & minor. sed quia minores uiribus & animo maiore nihil inferiores esse scribit, apparet illos alios esse quàm πάνθηρας ab eo alibi dictos) magnitudine differentes. Videtur autem thos minor, panther minor, lycopātheros, & lupus canarius, idem omnino animal esse. Thôes luporum generis sunt, Plinius. Θώς, θωός, Suidas. Reperitur etiam prima per omicron in plurali numero, in Lexicis, quod non probo: quamuis etiam apud Arrianum in libro de rebus Indicis ita scribitur. Thos, bestia lupo similis, Hesychius. Et rursus, Θώων, fera ut lupus: non quod θώων nominandi casu proferat. solent enim illi Lexicorum scriptores uocabula eodem casu quo apud authores, præsertim poëtas reperiunt, in Lexica referre. legitur autem θώων apud Homerum Iliados ν. Hebraicum uel Arabicum thôis nomen nullum habeo. Quanquam apud Albertum legitur, Est quoddam genus lupi, quod chabez uocat Aristoteles, Auicenna autē beruet (Persica nimirum lingua) uocari scribit. Quæ uerba Alberti sunt in historiam animalium Aristotelis 9. 44. eodem loco, ubi de thôe Aristoteles agit, & ijsdem uerbis. Et rursus alibi, ubi Aristoteles leonem & thôem inimicos esse scribit: Albertus reddit, Lupus pugnat cum animali quod toboz (tohos forte, corrupto nomine à thos: & rursus à tohoz uel toboz, chabez scripsisse uidentur librarij, aut

aut ipse Albert.) hoc autẽ quidam æstimant esse lyncem. Thos, Hebraicè forsan tahas תחש, ut in Mele dicam. ALSHALI, est animal simile lupo, And. Bellunen. ADEDITACH genus quoddã lupi, Syluat. Sed hæc nomina ad thôem ne an aliud lupi genus pertineat, incertus sum. Post hyænam quoq; supra congeneres tum ei tum lupo feras recensui. Solin. ca. 33. thôas lupos Aethiopicos uocat: cum paulò ante LYCAONEM quoq; Aethiopicum esse lupum dixisset, ceruice iubatũ, & tot modis uarium, ut nullum illi colorem dicant abesse. Mutat colores Scytharũ tarandus, nec aliud ex ijs quæ pilo uestiuntur, nisi in Indis lycaon, cui iubata traditur ceruix, Plin. nec plura de lycaone usquam reperio. Est & hyæna lupo congener & iubata. Lycaones canes in Canibus diuersis dicti sunt: & Lycaon uiri, furorisq; nomen, supra in Lupo H.a. Thôes optimi qui minores sunt:
10 genera huius alij duo alij tria statuunt: plura ijs esse non uidentur. sed ut piscium, auiũ, quadrupedũ genera aliqua, ita thôes quoq; per tempora immutantur: & colorem diuersum hyeme æstateue trahunt, atq; æstate nudi (λεῖοι) hyeme hirti redduntur, Aristot. 9.44. interprete Gaza, sed parũ apte: nec enim uertendum erat, plura ijs (duobus aut tribus) esse non uidentur: sed simpliciter, non uideri plura esse thoũm genera, sed unum duntaxat, quod & sequentia probant. Nearchus author est illas quæ uulgò tigrides uocant, nõ ueras esse tigrides, sed θόας αἰόλας καὶ μείζονας ἤπερ τοὺς ἄλλους θόας: hoc est, thôas uarios (quasi nõ omnis thos uarius sit) & maiores quàm cæteri thôes, Arrian. in li. de reb. Ind. Lupum ceruarium Grapaldus eundẽ thoi & chao esse suspicatur. Miror (inquit Hermol. in Plin. 8.19.) qui thoas in Aristotele pro ceruarijs lupis cepere. Cum ceruarij lupi uideatur esse ij, quos chaos uocamus, non thoas. Sunt quidem & thôes lupi, ut Plinius testatur hoc lib. ca. 34. sed quos Soli-
20 nus in Aethiopia, non Gallia nasci tradat. Errorem hunc, si error est, Oppianus poeta uidetur intuisse, qui thôas διφυεῖς, hoc est bigenas, panthera matre, lupo patre gigni cecinerit, effigie capitis lupini, (μητέρα μὲν γενοῖσι, πρόσωπον δ' αὖ γενετῆρα, pelle matrem referunt, facie patrem: sed prosopon, id est facies hîc forte pro totius corporis forma accipitur) pardorũ maculis: quod ipsum ferè Plinius chao suo, id est ceruario lupo, tribuit hoc loco. Nominat & Theocritus, & Quintus poeta, & Iulius Pollux, thôa lupum uulpi similem uoce. Homerus quoq;, sed quale sit animal non exprimit, præterquàm quod non magnopere generosum facit, proptereaq; ceruario lupo maximè dissimile, Hæc Hermol. à cuius sententia nec ipse absum. Scio enim lupũ ceruarium esse feram illam quam plerịq; lyncẽ appellant hodie, nostri **luchs** & **thierwolff**: Itali, Rhæti qui Italicè loquuntur, & Sabaudi, etiamnũ ceruarium uocant. Hæc et si lupis tum ingenio tum quadantenus forma similis est, & insuper maculo-
30 sa, à thôe tamen diuersa uidetur: nam Plinius Græcum nomen thois semper relinquit, ubi ex Aristotele transfert: & de lupo ceruario semper tanquam diuersa animante seorsim agit. Sed de lupo ceruario quæcunq; priuatim scripta reperi, inferius proponam in Lynce. Albert. lib. 22. lynci pleraq; attribuit, quæ ueteres thoi. Niphus ubi Aristotelis de hist. anim. li. 6. ca. 35. interpretatur, πανθὴρ (inquit) à uetere interprete panthera uertitur: sed Theodorus pardalin uertit pantheram, πάνθηρα uero lupum canarium. Sed quid sit lupus canarius non satis constat. Nonnulli authoritate Pollucis lupum canarium esse asserunt eum, qui uulpi uoce similis est, qui etiam cum leonibus congreditur: hunc cæcos parere fœtus narrant, & cum plurimum quatuor (sed hunc non aliũ quàm thôem esse apparet.) Alij canarium lupum esse putant eum, qui initu canis ex lupa nascitur: non desunt qui dicant lupũ can. esse genus quoddam lupi, quod longũ pilisq; asperis est. Et paulò post, Animaduer-
40 te Theodorũ ceruarios lupos à Græcis dici thôas arbitrari, Pollucẽ uero asserere thoem lupum esse canarium, (ego nihil tale apud Pollucem reperio.) Lupi ceruarij (uidetur authoris nomen desiderari) duas species fatetur, alterã quæ chaos dicitur: alteram uero quæ lynx, quæ pelle uaria uisu acutissimo præstat. Et rursus in lib. 9. ca. 44. Constat, inquit, thôem, alterum de duobus esse, aut lupum ceruarium, aut genus id lupi quod Græci pantherem uulgò appellant. Arabes lupum Armeniũ, Thurci cicalum: uile hoc genus animalis est, magnitudine minus lupo, & cętera longè degenerãs. Hoc genus lupi poetæ, Theocritus, Homerus, Quintus (Oppiano excepto) significare uidetur, cũ thôem nominant. Et Pollux planè ita uelle uidetur, ut thos genus sit lupi illud uile, panther autem ceruarius sit: constituit enim pantherem cũ panthera seu pardali: thôem uero cum lupo & uulpe. Plinius etiam hoc idem lupi genus intelligit sine dubio, cum dicit thôem esse genus lupi: nam si cer-
50 uarium intellexisse, declarasset: quandoquidẽ ceruariũ & nouerat & nominauerat, & de eius obliuione scripserat. Quòd autẽ ea tribuit ei generi, quæ Aristoteles thoi, uidelicet pugnare cũ leone et canibus, & cane esse celeriorem, mirari de tanta eius inconsideratione debemus, &c. Meminit pantheris Herodot. & Galen. sed non ita ut genus animalis apertũ sit. Quanq; Galenus significare uidetur genus illud lupi ignobile potius quàm ceruariũ: scribit enim esse nonnullos homines ita belluinos, ut edant carnes leonũ, & pardalon, id est pantherarũ: alios uero esse qui edant carnes canum, & pantherum et uulpium. Et iterum, Genus illud quod Arabes uulgò lupum Armeniũ appellare dixi, Italia non habet: & simul & re & nomine carent Itali. Quamobrem fuit necesse aut Græco uerbo pantherem dicere, aut lupum Armeniũ cum Arabibus, aut cicalũ cum Thurcis, aut nouum imponere quod placuit: itaq; canarium dixi lupũ (hoc prius fecerat Gaza) à canis similitudine, Hucusq; Niph.
60 θῶας, πανθῆρας, Scholia in 10. Iliad. Et rursus in 13. θώων, πανθήρων. Est autem pantherion, uox diminuta à panthere, hoc est paruus panther: quamobrem ipse etiam thoẽm dico paruum esse pantherẽ, quamuis apud Latinos de paruo panthere nemo meminerit. Rectè tamen sic appellabimus, distin-

guendi gratia à pardali, quæ fera maior, & Latinis fœminino genere panthera est. Thôes, feræ paruæ in montibus, Hesych. Oppianus etiam inter uiles & imbecilles feras pantheres numerat, cum felibus, gliribus & sciuris, lib. 2. de uenatione non procul à fine. Quamobrem cõijciat aliquis genettas quoq; dictas, de quibus supra post equũ seorsim scripsimus, aliquod minimi pantheris genus esse: Cardanus mustelis adnumerat: sed mustelarũ maximas dicere, pantherum minimos, nihil forsitan prohibebit. Quinetiã zibetti catum, ut uulgo nominant, de quo statim post pardalim scribam, ad hoc genus referendum existimo. Θώς, ὁ λυκοπάνθηρος, Varinus. Isidorus pantherem pro panthera inepte accipit. Ego Francfordiæ aliquando (quæ Germaniæ urbs ad Mœnum est, emporium celeberrimum,) uenales uidi pelles quas leopardorũ dicebant, maculosas quidẽ & elegantes, sed multò minores & diuersas ab illis quas in Gallia uideram leopardorũ pellibus, ex Africa aduectis: quę candidiores sunt. Illæ uero, quas Francfordiæ uidi, magis fuscæ erant, oblongæ angustæq;, ut thôum planè generis esse uideantur, & Germanice nominari possint, klein leppardẽn, hoc est parui leopardi. Xenophon lib. de uenat. ca. penult. Leones, inquit, pardales, lynces, πάνθηρες, ursi & alię huiusmodi ferę, in locis externis capiuntur circa Pangæum montẽ, & Cittum supra Macedoniã: alię in Olympo Mysio & Pindo: aliæ in Nysa supra Syriã, &c. partim aconitico ueneno, partim equis & armis introclusæ, partim foueis. Apud pastorales Afros, præter alias feras, nascuntur arietes agrestes, dictyes, thôes (θῶες) & πάνθηρες, Herodot. lib. 4. Valla pantheras transtulit, quod non probo. Panther caurit amans, pardus hiando felit, Author Philomelæ. Hebraicã uocem שחל schachal, Osee 13. Septuaginta πάνθηρ interpretantur: sed hac uoce leonem potius uel leænã significari, in Leone cap. 1. demonstraui. Lupus canarius (panther) cæcos parit luporũ ritu, numero complurimũ quatuor, Arist. hist. anim. 6. 35. nec alibi usquam eius meminit. Πάνθηρον λάπτειν, Aristoph. in Ranis. Scholia exponunt, τὸ παντοδαπῶν θηρίων δικτύων. (aliqui tamen legunt ἐπ' ἀνθηρόν:) sic panthera retis genus est, quo omnis generis feræ capiuntur, ut in pardali dicã. Quæstionem de dasypode (& lepore.) sicut de thôe, panthere ac lynce, negligentia quadam antiquis authoribus ita prætermissam putat Theodor. Gaza, ut excusari haud facile possint. Plinius certe, Oppian. & Aristotel. lynces, thoës, & pantheres, diuersis locis tanq; animalia diuersa memorant: Itẽ Xenoph. (ut modò recitaui) lynces & pantheres. Pollux ac Herodotus, thôes & pantheres apertè distinguunt, ut quanq; congeneres feræ, magnitudine tamen, si non etiam aliter, omnino differre uideri debeant: quod accuratius discutiendũ relinquimus illis qui peregrinas terras adierint aditurıue sunt: nos hæc in angulo patriæ nostræ scribimus. PATHION (al' pathyo, inquit Alber.) animal est, quod naturæ decorẽ mirabilem habet: colore enim purpureo nitens adeò resplendet, ut uisus in ipso quasi scintillare uideatur. Mortuo, pellis quidem rubor manet, sed interit splendor: magnitudo ei canis, admodum mansuescit, & delicatis cibis gaudet. Quidã antiquorum putauerunt hoc animal habere aliquid diuinitatis. Ossa eius durissima & fortissima sunt, et nerui tam ualidi, ut non nisi magna uiolentia possint dirumpi, Hæc Albert. sine authore. Quòd sicubi tale animal reperitur, thoum pantherumq; generis esse uidetur: & à panthère forsan corrupta fuerit uox pathio. ¶ Thôem non sui generis esse animal, sed ex lupi coitu cum pardali nasci Oppianus cecinit. Thôes, θῶες, θῶων, feræ ex hyæna & lupo natæ, Hesychius & Varinus. Thos animal est simile hyænæ, Scholia in Iliad. ν.

B.

Thôes per tempora immutantur: & colorem diuersum hyeme æstateue trahunt, atq; æstate nudi, hyeme hirti redduntur, Aristot. & Aelian. At Plinius aliter, Habitum (inquit) non colorem mutant: per hyemes hirti (comati, Solin.) æstate nudi. Thos interna omnia lupi similia habet, Arist. Lupo longitudine procerior est, breuitate crurum dissimilis, Plin. Veloces sunt quanquã breuia habent crura, Var. Thoës cõmissos leones Et subière astu, & paruis domuère lacertis, Grat. Aspectu (προσώποις, siue facie tantũ, siue toto corpore) lupũ genitorẽ referũt, maculis uero pardalin matrẽ, Oppiã.

C.

Thos uelox est saltu, uenatu uiuit, Plin. Proprium eorum q; in saliendo ita nisus alitis habent, ut non magis proficiant cursu quàm meatu, Solin. Vincent. Bell. non meatu legit, sed in saltu. Animal est robustum & agile, & uelox, quanquã breuibus cruribus, Scholia in Iliad. ν. & Varin. Quadrupedum multifida, omnia cæcos generant, ut canis, lupus, thos, &c. ut in Cane ca. 3. ex Aristotele docui. Cæcos gignunt canes, lupi, pantheræ, thôes, Plin. Coitu ut canes impletur, & cæcos generat, numero duos aut tres aut quatuor. Lupus etiã canarius (panther) cæcos parit luporum ritu, numero complurimũ quatuor, Arist. de hist. anim. nec usquã alibi pantheris meminit. ¶ Βρυχᾶσθαι, inquit Pollux, non modo de leone dicitur: sed etiã urso, & pardali & panthere: de minoribus uero, ut sunt uulpes, thôes & lupi, ὑλακτεῖν & ὠρύεσθαι dicitur. Vide ut pardalin,antherẽ & thôem distinguit. ¶ Hic (Hagnon quidam Bœotius) & semiferam thoum de sanguine prolem Finxit, non alio maior sua pectore uirtus, Gratius: canes ex thoibus natos, fortes & aptos uenationi esse asserens: proinde semiferos dixit, quòd altero parente cane mansueto, altero thoë animante fera nascantur.

D.

Thôes hominem diligunt, & neq; offendunt, neq; metuũt ualde, Aristot. Innocui homini, Plin. Homines nunquã impetunt, Solin. Thôa legimus esse animal humanissimum, præcipueq; homini amicum

amicum, ac φιλανθρωπότατον: & si forte in hominem inciderit, revereri, (αἰσχύνεσθαι, Philes,) ac uelut obseruanter suspicere. Amplius, si à feris alijs circumuentum senserit, tum uero accurrere protinus, opitularique pro uiribus, Cæl. ex Aeliano mutuatus. Etymologus uerbū θωπεύειν, quod adulari et blandiri significat, à fraudulenti animantis, quod θὼς appelletur, natura factū putat. Thôes pugnant cum canibus & leonibus: quo fit ne eodem in loco sint thôes & leones, Arist. Et rursus, Leo & thos inimici sunt: cum enim carne alantur, uictū ex eisdē petant necesse est. Dissident thôes & leones, Plin. (Aliqui non rectè ex Plinio citant lupum ceruariū cum leone pugnare.) Thôes, cōmissos (clarissima fama) leones Et subiêre astu, et paruis domuêre lacertis, Grat. Vide supra in Cap. de canib. mixtis et bigeneris. Thôes collecti (inquit Oppian. lib. 2. de piscib.) ceruum inuadunt, & morsibus quantum 10 possunt carnis laniando rapiunt, ac sanguinem lambunt: fugit ille cruētus aliâs ad alia montiū iuga: non deserunt tamē eum thôes, sed subinde infestant, & per interualla tandē cōsumunt. Apparet aūt mutuatum hæc Oppianum ex Homeri Iliad. 11. quem locum recitaui in Ceruo H. c.

H.

Θῶες dici uidentur à θέω uel θοὸς, nempe à celeritate, Varin. quamuis Arrianus & grammatici quidam primā per omicron scribant in obliquis, poetæ tamen (Homerus, Oppian. Theocrit. Grat.) semper producunt. ὦ λύκοι, ὦ θῶες, ὦ ἀν᾽ ὤρεα φωλάδες ἄρκτοι, Theocrit. Idyl. 1. Hoc etiam obseruauimus, thôas ferè semper unà cum lupis à poetis nominari, ita nimirum congeneres insinuantibus. ¶Epitheta. Δαφοινοὶ apud Homer. Il. κ. Scholiastes interpretatur φονίους ἢ πυῤῥοὺς: hoc est, cædis & sanguinis auidos, uel rufos colore. Ἀναιδέες, ὠμησταί, ὑπὸ φιαλοι, Oppian. Ex lupo & pardali nascuntur κρατερό- 20 χροα φῦλα θώων, Idem: dixit autem fortassis κρατερόχροα, quòd pardalis matris colorem & maculas retineant: uel corpore ualida: quoniam χρόα & colorē & corpus poetæ nominant: nisi quis malit κρατερώνυχα. quod epitheton etsi eis conueniat, nihil tamen temere mutandū. Θωΰσσειν, ὑλακτεῖν, βοᾶν, μέλπειν, συρίζειν, θηριώδει φωνῇ χρῆσθαι, ἐπιβοᾶσθαι, θηριωδῶς ὁρμᾷν, Hesych. & Varin. Θῶται, θυνᾶται (malim θοινᾶται. sic etiam Θῶσθαι, θοινᾶσθαι, non δειπνᾶσθαι apud Hesych. legerim:) τρέχει. Θῶσθαι, καὶ θώζεσθαι, Doricè idem quod εὐωχεῖσθαι epulari, à uerbo θῶ, Idem. Ab horum sanè uerborū aliquo thôis nomen factum aliquis coniecerit, uel à uoce, uel à uoracitate, uel à uelocitate: aut certè contrà, ipsa hæc uerba ab animali facta. ὠρύεσθαι, ululare, de thoibus dicitur, ut de alijs quoque minoribus feris, lupis, uulpibus, Pollux. Varinus quidē de leonibus etiam usurpari scribit. Τῆνον (Daphnidem mortuum) μὰν θῶες, τῆνον λύκοι ὠρύσαντο, Theocritus Idyl. 1. Οἷον ὅτ᾽ ἂν λύκοι τινές, ἢ θῶες ἐλάφῳ σίζουσι τὰ ἀεὶ τιτμημένα, καὶ πρὸς ὀλίγον περὶ πνεῖ μεμολυσμένα, He- 30 liodorus. Οἱ δ᾽ ὥς τε (de Troianis) φυζακινῆς ἐλάφοισιν ἐοίκεσαν, αἵ τε καθ᾽ ὕλην, Θώων, παρδαλίων τε, λύκων τ᾽ ἤϊα πέλονται, Homerus Iliad. ν.

¶Πάνθηρας χαροπὸς, Oppian. ¶Πάνθηρ & Πάνθηρος, nomina propria, Suidas: nec aliud.

DE LVPO CERVARIO, LYNCE & CHAO.

Figura hæc lyncis est, siue lupi ceruarij, ut Itali uocant, qualem habere potuimus.

Te

Alia lyncis effigies (ex tabula regionum Septentrionalium Olai Magni) felem syluestrem persequentis.

10

A.

LVPVS Ceruarius quanquam hodie apud Italos & uicinos quosdam populos, de illa fera dicitur, quam nostri uocant **ein luchs**, facto nimirum à lynce uocabulo: tamen apud ueteres duo aut plura genera hoc nomine comprehensa sunt. Sunt in hoc animaliũ genere (de lupo & lupo ceruario proximè dixerat) & lynces, Solinus. Ceruarium lupum author quidam obscurus (nomen iam non succurrit) scripsit animal esse mixtum natumq́ ex cerua & lupo, aut ceruo & lupa, sed hęc tam diuersæ naturę & hostilis inter se animi animalia, simul coire uix credibile est. ego potius ceruarium appellari putârim, uel quod ceruos infestet, uel quod ceruorum hinnulos maculis suis imitetur. Pompeij Magni primum ludi ostenderunt chaum, quem Galli rhaphium uocabant, effigie lupi, pardorum maculis, Plinius. Et alibi, Sunt in luporum genere qui ceruarij uocantur, qualem è Gallia in Pompeij Magni harena spectatum diximus. Huic quamuis in fame mandenti, si respexit, obliuionem cibi surrepere aiunt, digressumq́ quærere aliud. Vnde apparet chaum, raphium, & lupum ceruarium, unius feræ diuersa nomina esse. Chaum à Pompeio primum in spectaculis ostensum, Seneca quoq; alicubi meminit, ut quidam citat. Chaonides canes dictas tanquã ex chao & cane natas Hermolaus suspicatur, sed chaus nomẽ apud Gręcos nõ reperitur, nec alibi puto quàm semel apud Plinium, ut iã citaui. Vide in capite de canibus uenaticis in genere. Albertus pro chao chamam dixit: pro raphio, rufinum, quem non Gallia, sed Aethiopia mittat. addit, animal esse ludis aptum, & disciplinæ capax: & in hoc conuenire cum natura canis. Thôem, ut præcedenti capite dictum est, Gaza ex Aristotele lupum ceruariũ uertere solet, quod meis illic aliorumq́ uerbis refutaui. ¶ Albertus Magnus ea de lynce scribit, quæ ueteres de thôe: Isidorus ea quæ de lupo ceruario Plinius, nempe lupo esse similem, sed maculis pardi instar distinctam, quod de thôe etiam Oppianus canit. Gaza existimare uidetur thoem, lyncem, & pantherem unius animantis diuersa esse nomina, cum tamen pro thôe lupum ceruarium reddat, pro panthere lupum canariũ. sed quæ præcedenti capite explicata sunt, hic repeti superuacaneum. Lynx habet formam ut lupus, Iorath. Plinius lynces peregrinas esse tradit: Et alibi, in Aethiopia uulgo frequentes. Solinus capite octauo lupos ceruarios in Italia reperiri scribit: mox eiusdem generis etiam lynces esse testatus, ex qua regione habeantur omittit. Lynces bestias è quibus lyncurion, Zenothemis langas appellat, & circa Padum ijs uitam affirmat, Plinius. Et alibi, Bestias langurias in Italia esse quidam dicunt, è quibus (quarum urina) fiat langurium, quod alij lyncurium uocant. Scribitur autem λύγξ apud Græcos, unde obliqui formantur per duplex gamma, τ̃ λυγγὸς, λυγγὶ, λύγγα. Λυγκεὺς, lynceus, genus feræ, aut perspicax oculis, ὀξυδερκής, Suidas & Varinus. Ego lynceum pro animali apud nullum ueterem scriptorem legi, proprium autem uiri sæpius, ut dicam in a. Solus Oppianus libro 3. de uenatione, lyncis duo genera facit, maius & minus. Lynces paruę, inquit, lepores uenantur: maiores uerò in ceruos atq; oryges facile insiliunt. Ambæ corporis figura similes: & similiter oculi utrisq; suauiter fulgent, &c. ut in B. dicam. Hunc locum Gillius transferens, ineptissimè lynces pardalium generis facit, tanquam id adserente poëta.

¶ Fera quæ nostris facto à lynce uocabulo **luchß**, uel ut alij scribunt **lux**, aut **luxs**, nominatur: Italis hodie uulgò lupus ceruarius dicitur, lupo ceruero uel ceruiero: & similiter Rhætis qui Italicè loquũtur, & Sabaudis: & Dalmatis uel Illyrijs ceruiro. Nuper sanè Bohemus quidam coniecturam suam mihi narrabat, lyncem Illyricè rys uocari, (et eam esse luchsam Germanorum:) ceruiro autẽ id est ceruarium Illyricè dictum minorem esse, similem alioqui. Hispani adhuc Latino nomine uocitãt lince, ut et Italici quidam scriptores in lingua uulgari, Arlunno teste. Ego luchsam nostrã Tridenti ante annos octo in arce episcopi uidi, ubi à nonnullis Italicè uocabatur loup chatt, id est lupus cattus. catum enim seu felem quodãmodo facie refert, & unguibus similiter acutis & maleficis prædita est. nisi quis malit hoc nomen deriuatum à chao ut Plinius uocat. In quibusdam Heluetiæ locis, & circa Sedunum, appellant **thierwolf**. Vncia quædam fera apud barbaros scriptores nominatur: quam ego pantheram esse puto: hanc Fr. Arlunnus ab Italis quibusdam in uulgari lingua scriptoribus lonzam uocari ait, nonnullis leænam, alijs pardum, aut pantherã, aut lupum ceruariũ interpretantibus.

Aconitum

Aconitum pardalianches occidit leopardos & lynces, Auicenna. Arabicè legitur alnemer & alfhed, hoc est παρδάλεις καὶ πάνθηρας, ut ipse interpretor. Bellunensis docet alfhed leopardum esse, minorem quàm alnemer, ut pluribus in Panthera dicam.

B.

Lynces (nostræ) lupis minores sunt, tergo maculoso, Stumpfius. Audio eas secundum anni partes colorem aliquando mutare. Lupo longior est lynx, cruribus breuioribus, &c. Albertus: hæc ueteres de thôe scribũt. Lynces ambæ (magnæ & paruæ) corporis figura similes sunt: & similiter utrisque oculi suauiter fulgent: facies utrisq; alacris perlucet, paruum utriusq; caput, κὴ καμπύλον ἔχει. solus color dissimilis. Minores quidem rubra pelle, maiores uero croceum & sulfuris instar coloratum gerunt florem, Oppian. Prominent eis oculi, Albertus. Lingua ut serpentium, quam plurimum extendunt, &c. Idem: sed talis lingua iyngis auiculæ est, non lyncis quadrupedis. Mammas habent in pectore, Textor. Insatiabilia animalium, quibus à uentre protinus recto intestino transeunt cibi, ut lupis ceruarijs, & inter aues mergis, Plin. Lynx pro talo quippiam semitalo simile habet, Aristot. Lynx tantum digitos habentium simile quiddam talo habet. Vngues ei sunt magni, Albert. Præstat simiarum homini quàm simillimarum artus dissecare, cum te in exemplo exercere instituest: sin ea non detur, aliquam ei proximam deligito: aut si nulla omnino simia reperiatur, cynocephalum uel satyrum uel lyncem: summatim ea animalia quibus artuum extrema in digitos quinq; discreta sunt, Galenus in Anatomicis administ. Alnemer est animal minoris (maioris forte) magnitudinis, quàm lynx, quod est lupus ceruarius, Bellunensis. Victa racemifero lyncas dedit India Baccho, Ouidius in Metam: quasi peregrinum & non nostri orbis animal lynx sit: Vide superius in A. lynces ubi reperiantur. Felis (inquit Cardanus) uaria sunt genera: aut quia similitudine omnia fermè animalia sæua ei similia sunt, pantheræ, lyncei, pardi, & forsan etiam tigrides. Commune enim est unguium magnitudo, & robur: pellis distincta, uersicolor ac pulchra: caput rotundum, facies breuis, cauda prolixa, agilitas corporis, feritas: & cibus, qui uenatione acquiritur.

C.

Lynces clarissimè omnium quadrupedum cernunt, Plinius. Ab hac uisus præstantia ab Oppiano ὀξύλαμποι λύγγες cognominantur. Perspicaces sunt adeò, ut secundum poeticas fabulas, corpora solida uisu penetrent, Albert. Ego non de lynce animante, sed Lynceo quodam uiro (ut in a. referã) corpora solida uisu penetrante apud poetas legi. Lynx uisu suo res solidas penetrat: quod si quid translucidum ei obijciatur, offenditur, aut etiam excæcatur, Algazel in librum de sensu & sensibili. Philosophi putant nullum esse corpus omnino perspicuitatis expers, quamuis nos lateat: propterea lyncas tradi per medium uidere parietem, Cælius. ¶ Dum lynces orcando fremunt, ursus ferus uncat, Author Philomelæ. ¶ Lynces minores, uenantur lepores: maiores uero ceruos etiam & oryges. In regionibus circa Oceanum Septentrionalem Europæ, lynces catos syluestres & alia quędam animalia capiunt uorantq;, Olaus Magnus. Sunt qui affirment lynces animalium quæ ceperint sanguinem tantum exugere, corpore intacto. Nuper uero à quodam audiui, lynces animal astutissimum in arboribus aliquando latere, ac in prætereuntes maiores quadrupedes desilire, & unguibus ceruici infixis non remittere, donec laniato capite animalis prostrati cerebrum deuorarint, reliquis partibus intactis: minora uero animalia, integra ab eis absumi. ¶ Quid lynces Bacchi uariæ? & genus acre luporum? Vergilius in Georg. de ui amoris, & libidinis tempore. Lynces auersæ coeunt, Aristoteles, Plinius, & Solinus. Superfœtant ursi, lynces, & lepores, Oppian.

¶ Lynces retro mittunt urinam, (ex auerso mingunt,) Aristot. Et alibi, Lynx in auersum mingit, mas inquam: alioqui quadrupedum fœminæ omnes id faciunt. Vrinam suam lynx (tanquam uires eius medicas cognoscens, & inuidens homini) protinus terra pedibus aggesta obruere traditur, Plinius. Ex domesticis sedibus egrediuntur, ut urinam bene penitus occultent, Gillius. Αἱ λύγγες ἐκτοπίζουσι διὰ καθαρειότητα (id est puritatis studio: nimirum ut cati sua excrementa) παντάπασι ἱεροῦσαι καὶ ἀφανίζουσαι τὸ λυγγούριον, Plutarchus in libro Vtra animalium, &c. Lyncem aiunt occultare urinã, quòd cum ad alia multa sit utilis, tum ad sphragîdas, id est sigilla, Aristoteles in Mirabilibus, Lynx urinam suam in terram occultat, quæ ubi concreuerit ac congelârit, lapis efficitur, ad sculpendum accõmodatus, & simul ad muliebrẽ mundũ expetitus, Aelian. Lyncum humor ita redditus ubi gignuntur, glaciatur, arescitue (cõcrescitue) in gemmas carbunculi similes, & igneo colore fulgentes, lyncurium uocatas, atq; ob id succino à plerisq; ita generari prodito. Nouère hoc sciuntq; lynces, & inuidentes urinam terra operiunt, eoq; celerius solidatur illa, Plin. Et alibi, Succinum Demostratus lyncurion uocat, & fieri putat ex urina lyncum bestiarum: E maribus fuluum & igneum, è fœminis languidius atq; candidum. Alij dixère langurium, & esse in Italia bestias langurias. Zenothemis langas uocat easdem, & circa Padum ijs uitam affirmat, Hæc ille 37.2. & rursus eiusdem libri cap. tertio, De lyncurio proximè dici cogit autorum pertinacia. Quippe etiam si non electrum id esset, lyncurium tamen gemmam esse contendunt. Fieri autem ex urina quidem lyncis, sed egestam terra protinus bestia operiente eam, quoniam inuideat hominum usui. Esse autem qualem in igneis succinis colorem, scalpiq;: nec folia tantum aut stramenta ad se rapere, sed æris etiam ac ferri laminas, quod Diocles quidem & Theophrastus credidit. Ego falsum id totum arbitror, nec uisam in æuo nostro gemmam ullam ea appellatione: & quod de medicina simul proditur, calculos uesicæ eo poto elidi, &

Tt 2

morbo regio occurri si ex uino bibatur, aut si portetur, Hucusque Plinius. Vrinam suam lynces illico arenarum cumulis contegunt, ut Theophrastus perhibet: transit ea in duritiem pretiosi calculi. Is colore succini est, pariter spiritu attrahit appropinquantia, dolores renum sedat, medetur regio morbo, Solinus. Victa racemifero lyncas dedit India Baccho, E quibus (ut memorant) quicquid uesica remisit, Vertitur in lapides, & congelat aëre tacto, Ouidius 15. Metamorph. Lyncis urina quam lyncurium (λυγγούριον) appellant, creditur eiecta statim lapidescere, sed falsò: eamq; ob causam inanem & inutilem habet historiam. Est enim lyncurion quod à quibusdam electrum pterygophoron dicitur, quòd plumas ad se alliciat: id potum ex aqua stomacho, aluoq; fluxione laboranti conuenit, Dioscorides. Lyncurium an sit, aut unde sit, authoribus non constat, Hermolaus. Lyncurium, quod succinum, itemq; electrum appellant, Aëtius in antidoto Philagrij ex damasonio ad calculosos. Miratur Cælius quòd Diuus Hieronymus de lyncurio nil sibi compertum apud auctores fateatur, quum mentio eius sit apud Plinium & Theophrastum. Λυγισργόν, ἤλεκτρον, Hesychius et Varinus: ego λυγγούριον legerim. λιγύριον, nomen lapidis, Varinus: hîc etiam λυγγούριον legendum uidetur. λυγούριον, ὕαλος, Hesychius & Varinus: fortassis & hîc. Succinum Theophrastus in Liguria effodi dixit. Sudines & Metrodorus asserunt arborem esse in Liguria, quæ electrum gignat, Plinius. Mihi quidem uerisimile fit electrum, ex aliquo Liguriæ emporio in Græciam olim aduectum, atq; inde uulgò primum à regione dictum Ligurium, per imperitiam postea inuitante uocabuli affinitate lyngurium quasi lyncis urinam nominari cœpisse. Fertur utriusque populi (ἐξ αὐτῶν: sed potius legendum uidetur ἐξ αὐτῆς, id est nigræ tantum populi) lachryma circa Eridanum fluuium, cum defluxit densari, fieriq; quod electrum uocant, & aliqui chrysophoron (forte quod aurum etiam ad se rapiat, ut æris ac ferri laminas, quod supra ex Plinio recitauimus) colore auri, in attritu odoratum: quod tritum potumq; stomachi & alui fluores sistit, Dioscorides in capite de populo nigra. Lucianus etiam in commentatiuncula quam de electro uel cygnis inscripsit, αἰγείρους, id est nigras populos nuncupat arbores illas, ex quibus electrum fundi circa Padum ueteres fabulati sint: sed quoniam leucæ, id est albæ populi, eiusdem generis arbores sunt, fieri potest ut succum concretum quem leucæ circa Padum fundant, statim lapidescentem, aliqui circa idem flumen lyncas quasdam animantes fundere dixerint: Sed hæ coniecturæ sunt nostræ. Oritur & è saxo (inquit Hermolaus corollario 698.) id est lapide lyncurio, siue lyncæo uulgari uoce dicto, fungus, admirabili natura. Præciditur hic in esum, & alius subnascitur anno toto: pediculi pars relicta duratur in silicem, atq; ita semper crescit lapis, restibili fœcunditate: nec credidimus, antequam dominatos ita manducaremus, Nouum & hoc uita sibi comperit, inuicemq; multa perdit: quanquã est ubi Plinius hoc innuat, ut in Castigatione Pliniana XXII. libri diximus. Ego nihil tale in Castigationibus siue prioribus siue posterioribus eum in librum reperio. Sunt & ex utraq; populo fungi, corticibus earum dissectis, sparsisq; in areas stercoratas, unde quacunq; anni tempestate fungi esculenti proueniunt, Dioscorides. De his aliter Hermolaus in eodem corollario, Sunt & ægiritæ fungi, sed industria, fermento in ipsis populi nigræ truncis diluto aqua, protinus coalescentes. Elecorum, lego electrum, id est lapis lyncis, Syluaticus. Lapis lyncis fit de urina lupi ceruarij in montibus coagulata, qui domi seruatus generat optimos fungos supra se quotannis: creditur prodesse dolenti stomacho, morbo regio, & alui profluuio, Euax apud Syluaticum cap. 420. Lapis lytzi dictus, λάπις λύτζι, (aliâs λίτζι) apud Nicolaum Myrepsum, in compositionibus aliquot medicis nominatur: & primum in libro de antidotis compositione 30. Vbi Leonhartus Fuchsius interpres uerba hæc adiecit: Lapis lytzi uariè apud Nicolaum sumitur. Hîc certè haud secus atq; in antidoto sequenti 37. accipitur pro lapide prasio, (ut ipse Nicolaus illic exponit, Lapis prasius, inquit, ab Italis lapis lytzi uocatur.) Est autem prasius, uel prasitis Theophrasto, sic dictus lapis, quòd uiridi colore porri succum repręsentet, (quæ etiamnũ apud Germanos nomen seruat, ut Ge. Agricola scribit.) Plinius 37.8. tria eius genera esse tradit. Eadem quas iaspis (& smaragdus) facultates habet, quare in hanc compositionem inseritur ut uentriculum roboret, Hæc Fuchsius: sed forte tanquam nephriticum pharmacum huic compositioni tricesimæ, quæ & alia plura diuretica accipit, lapis litzi adijcitur. Cæterum in alijs quibusdam compositionibus lapidem litzi pro cœruleo siue Armeniaco accipit, inquit Fuchsius: ut in antidoto 465. diasenæ inscripta. Porrò in antidoto 39. diacomerôn, pro lapide lyncis siue lyncurio, quod nihil aliud quàm succinum est. Antidoto etiam è cicadis apud Nic. Myrepsum, lyncurium miscetur: & hodie usitatis compositionibus Philanthropo & Benedictæ purganti, lapis lyncis. Phrygius lapis (inquit Ge. Agricola lib. 5. de natura fossilium) ex Phrygia, cuius infectores eo uestes tingunt, nomen inuenit: sed nascitur in Cappadocia, is gleba est pumicosa, misti saporis: nonnihil enim & adstringit & mordet: optimus autem est colore pallidus, uenas uero tanquam cadmia, habens candidas, non robustus compage corporis, mediocriter grauis, uino respersus & ustus, magis fit fuluus: hunc aliqui hodie pro lyncurio uendunt: sicut alij pro eodem, ut dixi, belemniten. In medicina exiccat: sed præterea mistis uiribus præditus est: na[illegible] repellit & digerit, utilis ad ulcera putrida, & ad oculorum medicamenta, Hæc ille. Et in eodem libro superius, Belemnites (βελέμνος, id est) sagittæ effigiem repręsentat: quare Saxones eum uocabulo ex ephialte & sagitta composito nominãt, (alfesscht, alij alpschoß) potumq; contra eiusmodi suppressiones & noctis ludibria ualere dicunt, ac fascinationibus occurrere, Hunc lapidem hodie quidam medici pro lyncurio habent & utuntur, qui ex urina lyncis non concre-

concreuit:nec enim ullum tale fuit lyncurium, sed ueteres scriptores succinum, ut dixi, sic appellarunt. Plura de belemnite cognitu digna, quæ eo in loco Agricola docet, omitto ne sim prolixior: hoc tantum addam, ut medicos ad eius cognitionem inuitem: Quoniam uero, inquit, belemnitę exiccāt, Prussicis & Pomeranicis chirurgi curant uulnera: iisdem medici, & Saxones suis, non aliter ac lapi de Iudaico frangunt calculos. Antonius Musa Brasauolus terram lyncum urina madidam sæpius collectam sibi & repositam scribit, sed nihil unquam in ea concreuisse: mirè autem fœtidam fuisse. Ge. Agricola lib. 6. de nat. fossilium, ostracian alteram achatæ similem esse scribit, translucida uiriditate mista nigrore: & eius fragmentis quosdam nostris etiam temporibus alias gemmas scalpere: hanc Germanicè interpretatur **luxsaphir**, quasi saphirum lyncis, nescio quam ob causam: nisi quòd ipsius etiam uiridis lapis à Nicolao Myrepso lapis lytzi, quasi lyncis, nominatur. De urina onagri, cum interficitur, in terra spissante se, ut fertur, dictum est supra. Ego in officinis pharmacopolarum apud nos lyncurium illud, ut uocant, cōsideraui, quod ceu pumicosa quædam (leuitate ferè pumicis, non raritate) gleba est quæ pugnum impleat, aut maior, potius quàm lapis: alterum fusci uel nigricantis alterum lutei coloris, quod & solidius, arenosius, & pinguius est: commansum lutescit, utrunque pelliculis seu membranis quibusdam albis intercipitur, luteum quidem manifestius, fungosæ cuiusdam tenacisque substantiæ, ut hoc forte genus sit, è quo fungos nasci Hermolaus testatur: apparet sanè tum ex membranis illis, tum calculis in eo repertis, corpus esse heterogenès in terra coalescens. In Sabaudia alium lapidem lyncis mihi demonstrarunt, substantia crystalli, & pellucidum, ea duritie ut ignem excutias, triangulum ferè: colore partim candido, partim passeo diluto. Lyncurius lapis effusa lyncis urina septem dierum spatio generatur, Iorath.

D.

Lynces, pardales, leones & tigrides, fœtus suos mirificè amant: Vide in Leone D. ex Oppiano. Lynx rapax est animal instar lupi, sed callidius. In arboribus latet, ut in prætereuntes pecudes desiliat, ut præcedenti capite dixi. Hominibus & pecudibus insidiatur, Stumpfius. Hæc dum proderem, à uiro quodam fide digno audiui, lynces in regione Germaniæ quæ duci Vuirtenbergensi patet, non rarò capi: & contigisse aliquando ut lynx in quercu latitans, in rusticum prætereuntem desiliret: quam ille præuisam in ipso saltu, securi quam forte gestabat, exceperit, & in terram prostrauerit, ubi mox aliquot ab eo ictibus enecata sit. Lupi quos ceruarios dicimus, quamuis post longa ieiunia repertas ægrè carnes mandere cœperint, ubi quid casu respiciunt, obliuiscuntur: & immemores præsentis copiæ, eunt quæsitum quam reliquerunt satietatem, Solinus: & Plinius ut in A. retuli. Rex Tartarorum habet leopardos cicures, qui mirum in modum uenationi inseruiunt: item lynces non minus ad uenandum industrias, Paulus Venetus.

E.

Lynces, pantheres, ursi, &c. in montibus capiuntur, partim aconito, partim equis & armis introclusi, non sine uenatorum discrimine. Sunt quibus & foueas latas in orbem ducunt, &c. ut in Leone recitaui ex Xenophonte. Iisdem foueis lynces capiuntur, quibus & lupi, Olaus Mag. ¶ Pelles lyncum nostrarum, unæ omnium ferè pretiosissimæ sunt, & à nobilibus tantum in uestimentis ostentantur.

G.

Vngues lyncum omnes cum corio exuri efficacissimè in Carpatho insula tradunt. Hoc cinere poto, propudia uirorum: eiusdem asperſu, fœminarum libidines inhiberi: item pruritus corporum: Vrina, stillicidia uesicæ. Itaque eam protinus terra pedibus aggesta obruere traditur. Eadem autem & iugulorum dolori monstratur in remedio, Plinius. Sed de lyncurio, & remediis ex eo, capite tertio dictum est. Vngues lyncum albicant: singulos apud nos argento includunt, & ad spasmum commendant, si gestentur: fortassis quoniam incurui sunt: quo argumento radices etiam nonnullas, curuas nodosasque aliqui aduersus spasmum appendunt, superstitiosi & digni talibus remediis homines. Sunt qui uiuulas in equis (ut uulgò appellant) his unguibus saluberrimè sauciari & aperiri asserunt: & eam ob causam à multis equitantibus circunferuntur. Lynx seu lupa ceruaria, feles, mustela, &c. plus uulnere quàm ueneno lædunt, Arnoldus.

H.

a. λύγξ, λυγκός, fœminini generis, tum lyncem feram, tum singultum significat: aliqui non rectè masculini generis faciunt, & in obliquis gamma cum cappa scribunt. λύγξ τὸ πάθος, ὁ λυγμός: καὶ τὸ ζῷον, καὶ ζῷον, Hesychius & Varinus. Ego pro arcu nusquam legi: sed erroris huius, si error est, occasio fuerit illud poetæ, λίγξε βιός, hoc est, resonuit arcus, uel neruus, per onomatopœiam: huius autem aoristi, inquit Varinus, thema nullum extat. Quorum stupefactæ carmine lynces, Vergilius Aegl. 8. Multi lynces, λύγκας, & leones, &c. alunt amantque: qui tamen fratrum suorum iracunda aut imperita aut ambitiosa ingenia ferre non possunt, Plutarchus de Philadelphia. Quod si lycon, id est lupum aliqui ἀπὸ τῆς λύκης (alii lucem matutinam, alii umbram interpretantur) rectè deriuarunt, idem fortassis etymon lynci etiam perspicacissimo animali congruet.

¶ Epitheta. Lynces fugaces, Horatius 4. Carm. Imbelles, Statius 1. Achill. Maculosæ, Vergil. Timidas agitare lyncas, Horat. 2. Carm. Variæ, Verg. Tergore lynces uersicolore, Bapt. Mantuanus. Effrena, turgida, apud Textorem. αἰόλαι, ὀΰγλυνοι, Oppiano.

Tt 3

¶ Lynx, λύγξ, urbs Libyæ iuxta Gades post Atlantem: Artemidorus Λυγξὼ uocauit, Stephanus. Vide Hermolaum in Pliniũ 5.1. Lyncus, λύγκος, urbs Epiri, apud Strabonem, à Lynceo dicta. Gentilia, Lyncius, Lynceus, Lyncistæ, Stephanus. A Lynceo (Hypermnestræ marito) dicta est Lyncea regio, quam mox Lyrco incolente Abantis filio notho, Lyrceam quoque nominarunt, Cælius. Lyncestij amnis potu inebriantis meminit Ouidius 15. Metam. Lynceo perspicacior: Lyncei perspicacitas (inquit Erasmus) in prouerbium abijt. Plinius nat. hist. 2. 17. Nouissimam, inquit, Lunam, primamq́ eadem die uel nocte, nullo alio in signo, quàm in ariete conspici: id quod paucis mortaliũ contigit. Et inde fabula cernendi Lynceo. Sunt qui tradunt Lynceum primum reperisse fodinas metallorum, æris, argenti, auri. Et hinc uulgò natam fabulam, quod ea quoq; uideret, quæ sub terra forent. testis Lycophronis interpres. Meminit huius & Plato in epistola quadã. Aristophanes in Pluto, βλέπειν τ᾽ ἀποδείξω σ᾽ ὀξύτερον τοῦ Λυγκέως. Lucianus in Hermotimo, Σὺ δ᾽ ὑπὲρ τὸν Λυγκέα ἡμῖν δέδορκας, καὶ ὁρᾷς τὰ ἔνδον ὡς ἔοικε διὰ τοῦ στέρνου. Idem in Icaromenippo, πῶς νῦν καθάπερ Λυγκεύς τις ἄφνω γενόμενος ἅπαντα διαγινώσκεις; Horatius 1. epist. ad Mecœnatem, Non possis oculo quantum contendere Lynceus, Non tamen idcirco contemnas lippus inungi. M. Tullius M. Varroni, Quis est tam Lynceus qui in tantis tenebris nihil offendat, nusquam incurrat? Apollonius in Argonaut. (meminit etiam Orpheus) scribit hunc Lyceum usq; adeò fuisse perspicacem, ut etiam terram ipsam oculorum acie penetraret, quæq́ apud inferos fierent, peruideret. Plutarchus in commentario aduersus Stoicos testatur famam fuisse de Lynceo, quod saxa quoq; & arbores oculorum acie penetraret, (hoc recentiores quidam de lynce quadrupede ferunt.) Pausanias in Corinthiacis tradit Lynceũ Danao uita defuncto, regni successionem suscepisse. Pindarus in Nemeis hymno decimo meminit Lyncei qui ex Taygeto monte uiderit Castorem & Pollucem sub quercus trunco latitantem, & horum alterum iaculo uulnerasse. Pindari interpres citat historiam rerum Cypriarum, Aristarchum & Didymum, Hæc Erasmus. Quòd si quis lynceum, ut Suidas & Varinus, pro animali nempe lynce accipiat, sic etiam quadrabit prouerbium in hominem acutissimi uisus, aut etiam ingenij per metaphorã, hæc enim quadrupes, Plinio teste, clarissime omnium animalium cernit. Sed & lynceus adiectiuum, à lynce fera fieri uidetur, non à Lynceo uiri nomine. Omnes (inquit Galenus citante Cælio) imbecilliore sumus cernendi potestate, si aquilarum & lyncis acuminibus conferamur. Ne corporis optima lynceis Contemplêre oculis, Hypsea cæcior illa Quæ mala sunt spectes, Horatius 1. Serm. Λυγκέως ὀξυωπέστερον βλέπεις, id est, Lynceo acutius uides. fuit autem Lynceus frater Idæ, ea oculorum acie, ut per abietem uiderit Castorem cum fratrẽ per dolum necaret, ut Pindarus ait, Suidas Locus Pindari est in Nemeis Carmine decimo, de Lynceo & eius fratre Ida, qui Castorem lancea uulnerârit, &c. unde corruptus Suidæ locus restitui potest. Plura ab interpretibus Pindari petet qui uolet. Λυγκεύς, εἶδος θηρίου, ἢ ὀξυδερκής, Suid. Lynceus, inquit Palæphatus, æs, argentũ, cæteraq́ metalla primus inquirere cœpit. In qua quidẽ metallorũ inquisitione, lucernas secum intra terrę penetralia circunferens, ibidem eas forte relinquebat, ac sursum ipse æs ferrumq́ reportabat. Quod factum uidentes homines, dicere consueuerunt, quod Lynceus subterranea etiam prospiceret, ob idq; argentum inde sursum afferret. Lynceus, collyrium quoddam apud Galenum de Compos. sec. locos, & Paul. Aeginetam. Lyncei & eius tumuli, in Laconicis meminit Pausanias. Χαίρετε Λυγκῆος γενεή, Hesiodus in Aspide. Porphyrius in Homerum, si modo Porphyrius ea scripsit, in tertium Iliados, Idam & Lynceum scribit Apharei filios, Leucippidum amatores, ad nuptias Tyndaridas aduocasse Castorem & Pollucem, qui sponsas Phœben & Ilairam rapere conati sunt. hinc orto certamine Ida (Idas) Castorem occidit. sed hac re iratus Iupiter, Idam fulminauit, &c. Gyraldus. Eadem leguntur in Scholijs Pindari: & insuper, Persei familiam à Lynceo ortam esse. De Lyncei contra Castorem pugna, Theocritus Idyllio 27. Hypermnestra inter filias Danai, quæ omnes ex patris præscripto maritos noctu iugularunt, sola marito nomine Lynceo pepercit: Vide Cælium 11.13. & 25. Lynceus Samius grammaticus, &c. Suidas.

¶ e. Succinctam pharetra, & maculosæ tegmine lyncis, Verg. 1. Aen.

¶ h. De Lynco rege Scytharum in lyncem feram mutato, scribit Ouidius 5. Metam. ¶ Maculosa quædam animalia ueteres Baccho consecrarunt, ut lynces, pardales, axin. Victa racemifero lyncas dedit India Baccho, Ouid. 15. Metam. Quid lynces Bacchi uariæ? Verg. 3 Georg. In India Ctesias nasci scribit feram nomine axin, hinnuli pelle, pluribus candidioribusq́ maculis, sacram Liberi patris, Plinius. Bacchus aliquando effictus est in curru pampineo & triumphans, qui pantheris modo, modo tigribus ac lyncibus trahebatur, Gyraldus. Nebridem quoq;, id est maculosam hinnuli pellem, Bacchum, & Orgia celebrantes gestasse legimus.

Hæc scripseram cum accersitam à pellifice lyncis pellem inspicere ipse uolui. Longitudo extensæ à summo naso ad caudam usq; dodrantes quatuor, digiti quinq;. & caudæ postea digiti septem. Latitudo circa collum, (non ambitus dico, sed dorsi tantum,) palmi duo. in imo dorso, dodrans & digiti sex. Crurum anteriorum longitudo, dodrans cum digitis quinq;, posteriorum, dodrans cum digitis tribus. Pilus undiquaq; mollissimus est, & densa lanugine confertus. Extremæ pilorum partes in dorso albicant, interius ruffæ, albicant autem magis partes utrinq; à dorso medio recedentes. mediũ magis fuscum & ruffum est. Venter medius candidus, & maximè imus. partes utrinq; partim candidæ partim ruffæ. Passim etiam in uentre puncta quædam nigricãt, pauca. crebra uerò iuxta imum uentrem uentre utrinque ad latera. Pars quæ in supina colli parte est è regione utriusque auris singulas bene magnas maculas nigras habet. Auriculæ paruæ breuem quasi triangulum constituunt, ambitu nigro: niger etiam supra eas uillus eminet, cum paucis pilis albis. Barba setis albis condita est. Dentes albissimi, eminentibus digitum transuersum caninis superioribus: inter quos sex parui habentur: ex quibus duo extremi maiusculi sunt, cæteri minimi, præsertim in maxilla inferiore. Et ut breuiter dicã, dentes omnino similiter ut mustelæ rusticæ uel martes habet. Pedes admodum uillosi sunt: digiti anteriorum pedum quinque, posteriorum quatuor. Vngues candidi, acutissimi. Cauda per totum æqualis crassamenti, postrema parte nigra est. Pretium erat tres coronati seu denarij aurei cum triente: sunt quæ ferè duplo uæneant, aliæ multò minoris, pro pellium differentia & regionum unde habentur. Frequentes sunt in Suetia circa Hyelso uel Helsingiam, in collo uariæ & maculosæ, Eberus. Mittuntur ad nos ex diuersis Alpinis regionibus. Capiuntur & in Martia sylua, & (ut audio) in Lituania & Polonia. Elegantiores maculis aliquot nigris per dorsum etiam insigniuntur. Vngues non quiuis, sed is tantum qui in pede dextro pro pollice est, argento includitur, & drachma argentea aliquando uenditur, tanquam amuletum aduersus comitiales.

DE LVPO SCYTHICO.

LVPVM Scythicum appello feram, quæ in ultima Scandinauia post Noruegiam & Gothiam reperitur: quam Olaus Magnus in tabula regionum illarum depinxit, unde nos etiam istam effigiem mutuati sumus. Appellat autem Germanico nomine grimmklaw, ab unguium acie, quòd illis præcipuè sæuiat: animal lupi magnitudine, perpetuò iracundum.

DE LVTRA.

A.

LVTRAS è genere fibrorum esse Plinius scribit: est enim similiter amphibium, hoc est in aquis & terra uiuens animal: & corporis partes quasdam similiter habet. Ab eisdem quomodo differant, in sequentibus explicabitur. Lutras etiam lytras dici posse Varro docuit: quia radices arborum in ripa, inquit, succidere atque dissoluere (quod Græcis est λύειν) dicuntur: potest tamen & à luendo uideri nominata, quòd in aquis se luat: quoniam enhydris Græcè nominetur à quibusdam, Hermolaus in Plinium. Idem in Corollario Græcè non enhydrida, sed enydron dici scribit. Enydris quidem, uel enhydris, Plinio coluber est, in aquis uiuens, lutrix à Theodoro dicta, quod & Hermolaus scribit. Idem Theodorus enydron quadrupedem ex Aristotele lutrin non lutram conuertit. Albertus & eum secuti barbari luter pro lutra scripserunt. Legitur & anadriz pro enydros apud Albertum in Aristotelem de hist. anim. 8. 5. Boatum, id est hydria siue lodra, Syluaticus, hydriam pro enydro scribens, lodram pro lutra uoce uulgari hodie Italis. Kipod Hebraicam uocem aliqui lutram interpretantur, alij aliter: sed omnino echinum terrestrem esse, in eius historia confirmaui. Ichneumonem Isidorus enydrum, Marcellinus hydrum uocauit: eundem puto non ineptè lutram Aegypti uel Nili dixeris. Huius historiam supra seorsum dedimus. ἔνυδρος, animal fluuiatile simile Castori, Hesychius & Varinus. Apud Gelonos lacus est ingens, ex quo lutı æ(ἐνύδριες, lego ἐνύδριδες) capiuntur, & castores, & aliæ feræ τετραγωνοπρόσωποι, id est forma oris quadrata: quorum pelles ad renones faciendos consuuntur, (τῶν τὰς σισύρας παραῤῥάπτονται, circa sisyras pro fimbrijs ornamenti causa assuuntur:) & testiculi ad curanda posteriora sunt utiles. Herodotus libro 4. interprete Valla: debebat autem interpretari, testiculos horum animalium utiles esse mulieribus locosis uel uterinis, Græci hystericas uocant, quoniam Græcè legitur ἐς ὑστερέων ἄκεσιν: in quem usum castoris præcipuè testes commendantur: sed ex lutra quoque idem effici creditur. Suidas dubitare uidetur an ictis, quæ omnino mustelarum generis est, idem enydro sit: scribit enim animal esse castori simile: ἡ ἴκτις ζῶον ἔνυδρον ὅμοιον, ἰχθυοφάγον: quæ uerba etiam Varinus transcripsit & corrupit. Ipse quomodo legendum censeam, dicam inter mustelas in Ictide. ¶ Fluuiatiles caniculæ (sic lutras nominat) terrestrium canum paruulorum speciem similitudinemque gerunt, Aelianus. Apud Aëtium quoque 2.178. canis fluuiatilis (κύων ποτάμιος) proculdubio lutra est, uide in G. inferius. Alius est canis aquæ apud Arabicos scriptores, cuius fel inter uenena numerant. Elluchasem in Tacuinis animalia quædam catos paludis nominat, ac si mustelas aut feles palustres aut aquaticas dicas, lutras forte intelligens, his uerbis: Sedilia quæ fiunt ex catis paludis prosunt ad hæmorrhoides. ¶ Lutrã hodie Itali lodram, lodriam, uel lontram appellant, ut reperio apud Crescentiensem, Arluinum, &

monachos qui in Mesuen scripserunt. Galli une loutre, al' ung loutre: Sabaudi quidam une leure. Hispani nútria. Germani & Angli otter. Illyrij wydra.

B.

Lutras alunt plereq; regiones, quibus amnes, lacus aut stagna piscosa non desunt. Habet eas Italia, Gallia, Germania, Heluetia, Anglia, Scandinauia, &c. In Borysthenis ripa & Sarmatia tota plurimæ sunt, Hermolaus. Reperiuntur in Italia ubi Padus mari iungitur; sed in Neapolitano agro frequentiores sunt, Brasauolus. Fibris cauda piscium, cætera species lutræ, Plinius. Feli non admodũ dissimilis est (aliqui uulpi comparant, corporis longitudine præsertim:) sed longior & latior, (& capitis specie diuersa, magnitudine pari) Albertus: castore minor. Pellẽ pilis bene densam habet: hi nitidi & molles sunt, ut etiam castoris, à quibus tamen differunt: nam lutræ pilus fuscus nonnihil ad castaneæ colorem deflectit, & breuis ac æqualis est: castori in cinereo candidus & inæqualis, Ge. Agricola. Castor pilo supernè canino est, alibi lutræ, Syluius. Dentes habet acutos, & ualde mordax est, Albertus: crura breuia, pedes omnes caninis similes, caudam longam, Ge. Agricola & Albertus. Caniculæ fluuiatili cauda est pilosa, Aelianus.

C.

Lutras è genere fibrorum nusquam mari accepimus mergi, Plinius. Reperiuntur apud nos, tum iuxta fluuios tum lacus, castores uero iuxta fluuios tantum. Lutris gressilis est, & degit quidẽ in fluido, uictumq; inde emolitur, sed aërem non humorem recipit, & foris (in suis cauernis) parere solet, Aristot. Lutra (lutius corruptè legitur) & castor, uenantur tam in aqua quàm in terra, Albertus. In antris habitat iuxta aquas, Idem. Referunt quidam cõstrui ab eo ueluti tabulatum ex ramis aut uirgis aptè dispositis, cui incumbat, ne madefiat. Pisces uenatur: & quamuis respiratione indiget, diu tamen sub aqua se continet: est quando gurgustia (id est nassas) ingressus, suffocatur, cum neq; redire possit qua ingressus est: neq; nassam satis maturè discerpere. Quin & aliâs sæpe dum prædam auidius sequitur, aberratis impeditur & suffocatur: omnino enim per interualla ore & naribus exertis aërem haurire ei necesse est. In uenando quidem mira ei agilitas ac uelocitas. Latibula sua tot piscibus replet, ut etiam aër inficiatur: quod quidam non sine periculo experti sunt, qui hoc animal capere uoluerunt, Albertus & alij. Hinc & ipsa tam fœtida redditur, ut uulgo nostri in hominem graue olentem dicant, fœtere eum lutræ instar: ut Latini, hircũ olere. Pisces uenatur mira frequẽtia, Belluacensis. Piscibus maximè delectatur: præter illos tamen etiam alios cibos edit, (fructus & cortices arborum, Ge. Agricola,) Albertus. E cauernis ad pastum capessendum egrediuntur, etiam hyberno tempore, Ge. Agricola. ¶ Lutris etiam hominem mordet, (ut fiber,) nec desistit, ut ferunt, nisi fracti ossis crepitum senserit, Aristot.

D.

Lutra animal est astutum & malignum, Obscurus. Cicuratur aliquando, ita ut pisces circuitu suo in retia compellat, magno piscatoris emolumento. Olaus Magnus lutras in Scandinauia alicubi mansuefieri scribit, ita ut pisces etiam cocis ex aquis adferant in culinam. Sed quoniam auidiores prædæ, inquit, plures quàm sit opus occidunt, rarius ad hoc opus usurpantur. Cicur facilis & alacris ad ludos est, Albert. & alij. Falsum est quod aiunt lutram à fibro cogi, ut aquam hyeme circa caudam eius moueat, ne congeletur: sed fiber fortior lutra est, & acutissimis dentibus: quare uel expellit eam, uel occidit, Albertus.

Canes

E.

Canes aquaticos nostri uocant, illos qui castores, lutras, & anates syluestres uenantur, ut in Castore dixi in E. Assa(silphij genus graueolēs) secundū aliquos in linteo ligata, & iuxta flumē suspensa, odore suo canes fluuiatiles occidit, & (aut) fugat. ¶ Lutræ pilus mollissimus est, nec facile nitorem uetustate amittit: quamobrem pellis eius in pretio habetur (singulæ apud nos drachmis argenteis septem uel octo indicantur,) tum aliâs, tum quòd rectè parata pluuijs non læditur. Fiunt autem inde ornamenta in oris (fimbrijs uestium,) Albert. circa collum, in uestibus uirorum ac mulierum, Albertus & author de nat. rerum. Lutræ & castoris pellibus concisis, fimbrias uestium ex pellibus nobilibus confectarum, solent exornare: quanquam lutræ pelles longè præstant fibri pellibus, Ge. Agricola. Lutrarum pelles περὶ τὰς σισύρας παραῤῥάπτονται, hoc est (ut ipse interpretor) tunicis pelliceis uel rhenonibus circunquaque ornatus gratia assuuntur, Herodotus lib. 4. Valla transtulit, ad renones faciendos consuuntur. Germani multis in locis pileos his pellibus conficiūt, uel integros: uel qui ex panno sunt inde fulciunt. Easdem aliqui aduersus paralysin, uertiginem, & capitis dolorem salubres fore promittunt. Sed & calcei salubres inde fiunt, ut mox in G. dicam.

F.

Lutram in cibo damnari audio. Caro eius frigida & fœtida est, Albert. In Germania tamen ab aliquibus in cibum parari Hier. Tragus scribit. Audio & Carthusianis, qui aliarum quadrupedum carnes non attingunt, lutra non interdictum esse.

G.

Sanguis caniculæ fluuiatilis, intumescentes hominum neruos lenire existimatur, aqua & aceto mistus, Aelianus. ¶ Ex pelle ipsarum calcei conficiuntur, qui neruis salutares esse dicuntur, Idē. Calciamenta ex canis fluuiatilis pelle, mirificè prosunt ad pedum & neruorum dolores mitigādos, Aëtius. Plinius idem castoris pelli attribuit. Corium eius dicitur contra paralysin ualere, Albert. Pilei ex pellibus lutrarum concinnati, aduersus paralysin, uertiginem & capitis dolorem salutares creduntur, Michaël Herus. ¶ Lutræ iecur in furno tostum audio aduersus dysenteriam laudari, admixtis forsan etiam alijs quibusdam. Cœliacis quidem capræ, & magis hirci iecur commendatur. Testes lutræ comitialibus prodesse docent experimenta, ut appareat cum fibro communem lutræ proprietatem esse, Hermolaus in Dioscoridem. Canis fluuiatilis testes, inquit Aëtius, ad eadem ualent ad quæ castoris testes, sed minore efficacia. Lutrarum testes ad eadem ferè ualent ad quę castorum, Ant. Brasauolus. Vtiles sunt ad remedia uteri, Herodot.

H.

Dilyteæ adipem unguento duodecimo ad arthriticos Nicolaus Myrepsus miscet: quod animal idémne lytræ an diuersum sit, incertus sum. Enydris Herodoto & Hermolao Barbaro lutra est, ut supra citaui: Plinius eodem nomine appellat serpentem masculum & album, &c. pro quo lutricem ex Aristotele Gaza transfert. Est & enydrus gemma Plinio lib. 37. sic dicta quòd inclusam sibi aquam habeat. Lutras sunt qui in nostris literis aquas immundas dici à Græcis interpretentur, opinor inde adductos, quia Suidas λύτρον exponit τὸ ἀπόλυμα τὸ ῥυπαρόν, Cæl. Miror Domitium, inquit Hermolaus, in Sylua quadam Papinij tradidisse aquas immundas Græcè lutras uocari, authore nullo: ut uersum eius poetæ non lutras sed intras scribentis luxauerit. Apud quosdam luter uas est, quo miscetur aqua uino: eius commeminit Hieronymus in Iouinianū, Cęl. Pellem qua succingerentur mulieres in balneis, uel qui illas abluebant, uocatam inuenio oam lutrida, ὤαν λυτρίδα, nunc uero oam per se: sic uero dicebatur melota, hoc est pellis ouilla, &c. Cæl. plura uide in oue. Vinum elutriatum lutra uase, quod Græci μεταγγίζειν uocant, alicubi apud Plinium legitur, Hermol. Gallica lingua lutrarum fimum uocat espraincte de loutres: uestigia, les marches: catulos, cheaux: quamuis eadem uoce lupi etiam, uulpis & melis catulos nominant, Robert. Stephan.

CONGENERES LVTRAE, LATAX, SATYRIVM, SATHERIVM, PORCOS.

LATAX, λάταξ, etiam ut lutris fera quadrupes est, latior lutri, uictus alioquin eiusdem, Aristotel. Et rursus, Ex lacubus & fluuijs uictum petit. Degit quidem in fluido, uictumque inde emolitur, sed aërem non humorem recipit, similiter ut lutris: & foris parere solet. Lataci pilus durus, specie inter pilum umtuli marini & cerui, Idem. Et rursus de hist. anim. 8. 5. Latax, inquit, latior lutre est, dentesque habet robustos, quibus noctu plerunque egrediens uirgulta proxima tanquam ferro præcidit. Eodem in loco pro latace, Auicennæ translatio habet lamyakiz, Albertus castorem falsò exponit: hunc enim Auicenna, si rectè apud Albertum scribitur, fastoz appellat. ¶ λάταξ, ἡ μεγάλη σταγὼν, Varinus. Adhibebatur & in cottabisi oxybaphum, in quod latagas infunderent. Sic autem humorem ex poculo uocant profusum, ut interpretatur Athenæus, Cælius. Oportebat autem (inquit Athenæus libro undecimo) sinistro cubito innitentem, dextra in gyrum flexa molliter emittere latagem, τὴν λάταγα: sic enim uocabant, liquorem è calice profluentem. Eodem in loco plura de cottabo siue cottabide ludo scribit. Aristophanis interpres in Pacem, latagem uocat non ipſum proiectum liquorem, ſed phialam æream, in quam potus inijciebatur, &c. plura enim ibidem ſcribit ſuper hoc ludi genere. Redamari ſe à ſuis amoribus conijciebant τῷ κτύπῳ τῶν λαττάγων (malim per ſimplex τ.) εἰ τὸ λείψανον τοῦ ποτοῦ κοτταβισάντων κτυπήσειε, Pollux lib. 9. ſed rurſus copioſè de hoc ludo agit libro 6. cap. 18. obſcurius tamen, ut mihi uidetur: πλάξ quidem illic pro latax legitur: & exponitur pro ipſo ſono, quem uinum è poculo in cottabion uas emiſſum reddit. Vide etiam Heſychium in λαταγῆ & deinceps: & Suidam in Μεθυσοκότταβοι. Latacen herbam quandam magicam Plinius nominat, nulla deſcriptione. Paulus Eberus latacem eſſe putat animal quod uulgo noërtza dicitur, quod inter Muſtelas deſcribam.

¶ SATYRIVM, Σατύριον fera quadrupes, uictum ex lacubus fluuijsq́ petit, Ariſtote. de hiſt. anim. 8. 5. ubi Auicennæ tranſlatio nomine detorto faſſuron habet. Albertus interpretatur chebalum Latinè dictum, cuius hirſuta & nigra ſit pellis, ualde pretioſa, aſſui ſolita ante pallia uaria, (intelligit forte conſuta ex muribus uarijs, id eſt Ponticis.) Sed chebalus uox Latina non eſt: zobelum hodie uulgò uocant, cuius pretioſiſſima omnium pellis, de qua inter muſtelas dicam, neq; enim amphibion eſt animal.

¶ SATHERIVM, Σαθέριον, ut ibidem ſcribit Ariſtoteles, ſimiliter amphibion animal eſt. Auicennæ tranſlatio apud Albertum, habet kacheobeon, aliàs kachyneon. Albertus interpretatur martarum, animal fuluum, gutture albo, magnitudine cati. Niphus Alberti uerbis negligentius æſtimatis, ſatherium ex eo cebalum (chebalum) facit, ſatyrium uerò martarum. (Alij, inquit idem Niphus, ſatyrium putant uulgò appellari foinam, quæ magis aquas petit.) Sed martem quoq; (uulgus martarū dicit) & foinam, id eſt ictidem, muſtelarum generis eſſe, nec amphibia, in ipſorum hiſtoria dicemus.

PORCOS, πόρκος, animal quadrupes, fluuiatile, amphibium, Varinus. Πορκόν, oxytonum, Heſychius cyrtum, id eſt naſſam piſcatoriam interpretatur.

DE MAESOLO.

MAESOLVS, Μαίσωλος animal quadrupes in India, uitulo ſimile, Heſychius & Varinus.

DE MELE.

Picturam melis reperies in fine libri

A.

MELES uel melis, utroq; enim modo ſcribi reperio, ut feles & felis, fœminini generis apud grammaticos. Lucifugæ melis, Gratius. Albertus & recētiores quidam maſculino genere protulerunt, ut felem quoq;: ego utrunq; fœmininum potius fecerim. Beſtia melis, Samonicus cap. 48. Septa leporarij è macerijs tectorio tecta ſint oportet, ne feles aut meles aliáue quæ beſtia intrare poſſit, Varro: alij legunt, felis aut melis. Melis autem ingreſſum ideò prohibendum ab eo conſuli apparet, quoniam aluearia in eodem conſepto aliqui habeant, quibus meles inſidiatur: Vnde etiam nominata uidetur, quod mellis auidiſſima ſit. Apud indoctos quoſdam nō meles, ſed melo & melotus nominatur. Melo dictus eſt, inquit Iſidorus, quod ſit iucundiſſimo (rotundiſſimo, ut apud Vincentium Bell. legitur) membro, uel quod fauos petat, & aſſiduè mella captet. Melo uel melotus, animal quod & taxus dicitur, cuius pellis hiſpida ualde melota uocatur, Gloſſa in epiſtolam ad Hebræos. ſed melotam Græci pellem ouillam aut caprinam uocant, non melis (cuius ne nomen quidē Græcū reperias) ut ſuo loco dicetur. In medico quodā diuæ Hildegardis libro Helus pro mele ſcribitur, librarij forſan uitio. Eſt ſanè meles non alia quadrupes, quàm quæ à recentioribus taxus uel taſſus nominatur, alijs taxo, Alberto daxus. Scribit Sipontinus ignoraſſe quid melis eſſet longiſſimis temporibus Latinos omnes Græcosq́, alijs aliter hoc uocabulum exponentibus: tanquam ipſe primus taxū eſſe docuerit: cum idem Aggregator & alij ante ipſum prodiderint. Græcum uerò eius nomen nec ipſe nec alius adhuc quiſquam oſtendit. nam μηλὶς quod ſciolus quidam in Calepini dictionarium inſeruit, falſum & fictitium eſt. Georgius Alexandrinus melem, animal auibus inimicum putat eſſe, id nempe quod uulgus fouinum (foinum, Volaterranus) & marturellū appellat. ſed erraſſe conuincitur, quoniam in loco Varronis quem citat 3. 11. non meles, ſed feles legitur. Feles apud Columellam & Varronem accipi uidetur pro fouino. ſic enim uulgus appellat beſtiolam gallinis maximè infeſtam, Phil. Beroaldus. Sed felem, catum eſſe, ſupra aſſertum nobis eſt. fouinus & marturellus muſtelarum generis ſunt, multum diuerſæ à mele ſeu taxo naturæ. Albozao (uocem corruptam pro alzabo, &c.) Raſis interpres non rectè taxonem interpretatur. omnino enim hyena eſt. תחש, tachaſch, uel tahas, plurale techaſchim, Dauid Kimhi exponit animal diuerſorum colorum: unde Onkelus uertit ססגונא ſaſgona, uel ששגונא ſaſgona quod gaudeat coloribus, Eadem ſcribit Abraham Eſra Exodi 25. Rabi Salomon Ezechielis 16. תרישין teſſon, id eſt taxum interpretatur, quod Nic. Lyranus probat, & uir quidam huius linguæ eruditus apud nos. Numeri (ut Aug. Steuchus teſtatur) 14. Ebræi quidam bouem, quidam taxum duriſſimæ pellis exponunt. Aquila & Symmachus ianthinon, item Ezechielis 16. Aquila & Theodotion ianthina, Septuaginta hyacinthum

hyacinthum: sed animalis, non coloris aut uestis nomen esse patet ex scripturæ locis, qui sunt: Pelles arietum rubentes, & pelles taxorum (techaschim) Exodi 25. interprete Munstero: Hieronymus uertit, pelles arietum rubricatas, pellesq; hyacinthinas, & Septuaginta similiter. Et rursus eadem uerba capite mox sequenti. Et rursus, operient arcam pelle taxorum (tachasch) & expandent pannum super ipsam qui totus sit hyacinthinus, Numeri 4. Et paulò post, Extendentq; super ista pannum coccineum, quem operient alio operimēto de pelle taxorum facto, Munstero interprete. Septuaginta & Hieronymus hîc etiā pellem hyacinthinam uertunt. Calciaui te tachasch (corio taxi) Ezechielis 16. hyacintho, Hieronymus & LXX. Numerorum quarto Chaldaicus interpres, ut dixi, sasgona reddit: Arabs דארש, darasch: Persa אסתך asthak. Sed quoniam taxi pellis nec elegans nec pretiosa est, quærendum an thos forte aut lynx aut simile animal, cuius & pretiosa sit pellis & colore punctisq; uaria significetur. Vox quidem ipsa tahas uel tahasch satis ad thos accedit, quanquam ad taxum forte magis: sed ex uocum similitudine, nisi res ipsæ conueniant, nihil probatur. ¶ Meles Italicè tasso uocatur. Rhætis qui Italicè loquuntur, tasch. Gallicè tasson: uel ut alij scribunt, taisson, taixon, tesson: & à colore pilorum, grisart: aliqui blaireau (al' blaureau) appellant, Carolus Bouillus: aliqui Lutetiæ, ut audio, bedouo. Hispanicè, tasugo uel texón. Germanicè **tachs** uel **dachs**. Anglorum nomina diuersa sunt, a brocke, a bagert, (aliâs badger) a bauson, a deer, a gray. Illyrice gezwecz.

¶ Sesquiuolos & taxones animalia quædam appellat author libri de mirabilibus sacræ Scripturæ qui uulgo Augustino attribuitur. Brasauolus taxum ferè murium alpinorum generis esse conijcit, forte quòd similiter in cauernis latitet, & somniculosus esse putetur. Sed muris alpini formam naturamq; longè diuersam esse, facile ex eius historia apparebit. Apud Lucanos in Italia animal reperitur, μεταξύ πως ἄρκτου τε καὶ συός, hoc est, medium quodammodo inter ursum & suem, Galenus de alimentorum facultate 3.1. Hoc animal forsitan aliquis melem esse coniecerit, præsertim cum hæc proprio nomine Græco destituatur: aut si pro συὸς legas μυὸς, murem alpinum intelligere poteris, aut animal illud quod quidā ἀρκτόμυν appellant, de quibus in murium historia agemus. Sed potius fuerit nihil mutare & melē intelligere. Nā, ut doctissimus uir Cælius Secundus Curio nos docuit, mele (uulgò tasso nominant) abundant non Lucani modo, uerum etiam Siculi, & reliquæ regni Neopolitani oræ: & ea uescuntur autumnali præsertim tempore, quòd tum maturis uuis & reliquis fructibus maximè pinguescit.

B.

Meles in alpinis & Helueticis regionibus plurimæ capiuntur. Duo sunt genera, unum canis instar digitatum, quod caninum uocant: alterum ungulas, ut sues, habet bisulcas, quod iccirco suillū appellant, Ge. Agricola ex Alberto. Distinguuntur & erinacei genera similiter. Quidam non ungui bus tantum, sed ore etiam siue naso & rostro, suillum sui, caninum cani similem faciunt: ut erinaceos quoq;. Differunt hæc taxi genera, rostri figura, & insuper uictu: nam caninus uescitur cadaueribus, & ijs cibis quibus canes: suillus uero radicibus, & ijs quibus sues, ut retulit mihi Normannus quidam qui utrunq; genus aliquando se cepisse aiebat. ¶ Taxus est magnitudine uulpis, Albert. sed crassiore breuioreq; corpore. Magnitudine ferè uulpis, sed humilioris staturæ, propter crurum breuitatem. Magnitudine est uulpis aut canis mediocris, cuius quodammodo speciem præ se fert, maximè caninus, Ge. Agricola. Fiber meli ferè similis est, sed paulò longior, pilo subtiliore. Crassi meles non sunt, pingues tamen, Ge. Agricola. Taxi sagina (adeps) Luna crescente augetur, decrescente minuitur, interlunio nulla, Liber de naturis rerum. Cutis ei dura & sordidissima, Isidor. spissa, Albert. uillosa & satis rigida, Obscur. Pilum habet grisei coloris, Isidor. similiter ut feles coloris incani. Vnde quidam Gallorum à colore grisart uocitant. Duris uestitur uillis, qui sunt uel albi uel nigri: & dorsum quidem abundat nigris, reliquum corpus albis: excepto capite quod alternis quibusdam quasi lineis nigris & candidis à suprema capitis parte ad rictum ductis decoratur, Ge. Agricola. Pilo tegitur magis albo quàm nigro: sed in dorso plures sunt nigri, in lateribus plures albi. Capitis pilus in medio niger, utrinq; (ad latera) albus, Albert. Dentes habet acutos: quamobrem mordax est animal. Dorsum latum. Crura breuia: & ut quidam scribunt inæqualia, nempe sinistri lateris breuiora: unde fiat ut celerrimè currat, si pedes dextros rotarum orbitis inferat, & hoc modo uenatores effugiat. Hoc ego, inquit Albertus, non deprehendi, cum tamen sæpius hoc animal considerauerim. Ipse etiam inspecta aliquando mele, nihil tale reperi. Cauda ei uaria, uillosa, non longa. ¶ Zibethus, animal ore oblongo ut taxus, Cardanus.

C.

Meles subit cauernas, sed egreditur ad pastum capessendum, etiam hyberno tempore, & uagatur in syluis, Ge. Agricola. Quamobrem Gratius melem lucifugam dixit. Taxus somniculosus est gliris instar, Arlunnus: sed glis tota hyeme dormit, meles non item. Mel auidè appetit, ex quo nomen inuenit, Isidor. & Ge. Agricola. Apibus & melli insidiatur. Crabronibus & alijs uermibus taxum uictitare ferunt: quia non est uelox ad uenandum, Albert. Amat loca feracia pomorum & fructuum arboreorum, quorum esu autumno præcipuè pinguescit, Stumpfius. Animal est ualde pingue, Albert. hinc uulgò hominem ualde corpulentum, taxi instar obesum esse dicimus. Lupi, melis, uulpis & huiusmodi animalium catulos, Galli cheaux appellant.

D.

Cauernas subterraneas dum sibi parant, ut audio, effossam terram in unum resupinum conijciunt, quem mox satis oneratum pedibus apprehensum mordicus uectorem extrahunt, totiesq; repetunt, donec ampla satis sit habitatio. Similis quædam fibrorum & alpinorum murium industria fertur. Propriam sibi foueam uulpes non parat: sed melis foueæ, absente ea, introitum excremento inquinat: rediens illa uirus olentem deserit, & uulpi habitandam relinquit, Isidorus & Albert. Cicurata, facilis est & ludis indulget, Albert.

E.

Canes quosdam exiguos, qui melium uulpiumq; caua ingressi, mordendo eas expellunt, nostri uocant **lochhündle**. Meles quidem si quando cum canibus pugnat, ualde mordet. Isidorus infestatam à canibus aut alijs animalibus, supinam se dentibus pedibusq; defendere scribit. Meles in metu solertes, sufflata cute distincte (al' distentu) ictus hominum & morsus canum arcent, Plin. Hoc audio hodieq; à taxo fieri compertum. Galli pedicæ genus uocant hausepied, illaqueandis lupis, uulpibus & taxis idoneum. ¶ Melium pellibus pharetras muniunt, & helcia equorum, (**Kommet.**) Ne uulnerentur canes à bestijs, imponuntur collaria, quæ uocantur melium, id est cingulum circa collum ex corio firmo cum clauis capitatis, Varro. (Ex taxi pellibus in Italia etiamnum collaria canum conficiunt: & pharetras uillosas: & sacculos quibus tum pastores tum alij utuntur: his enim inclusa præclarè ab aquæ iniuria defenduntur.) Collaria canum aliqui millos uocant, quasi melinos, ab hoc animali, ut grammatici quidam uolunt, quos potius sequor, quàm illos qui à multitudine clauorum, quasi à mille clauis dictos aiunt. Plinius Frontinusq; tegi scuta melium pellibus scribunt, (easq; esse densas & ualidas:) Hæc apud Plinium & Frontinum iam non reperio, nec memini authoris nomen qui hæc tanquam ex illis citat. Ge. Agricola Germanis suis melium interpretatur **ein halßband darunder dachs gefüteret / so man den hunden anlegt.** Collaribus ergo Sunt qui lucifugæ cristas inducere melis Iussère, aut sacris conserta monilia conchis, &c. Grat. ne canes fascinentur aut ne rabiem incidant. ¶ Pilos in equis albos subnasci reperio, si prioribus euulsis locus illinatur melle crudo cum adipe melis.

F.

Taxos in Germania Italiaq; mensis apponi scio, & à multis laudari. Quidam apud nos pira simul coquere solent. Sunt qui & taxos & glires cœnis addant, quæ animalia in qualitatibus hystrici haud multum dissimilia sunt, Platina.

G.

Ad sanguinis reiectionem è pectore prodesse putatur, Ouorũ cinis, aut cochlearum, aut deniq; melis, Seren. Melis & cuculi & hirundinis decoctum & potum, ad morsum canis rabidi laudãt, Plin. ¶ Sanguis taxonis cum sale cornibus animalium instillatus, à peste & mortalitate seruat: notum est omnibus, Brunfelsius nescio ex quo authore. Recentiores quidam liquorem stillatitium (destillatum uulgò uocant) è sanguine taxi, aduersus pestilentiam commendant. Sunt qui aduersus eandem luem hoc medicamentum præscribant, ut in manuscripto quodam libro reperi. Sanguis taxi recens, terra Armena, crocus, tormentilla, sicca teruntur reponunturq;: usus tempore sumitur inde ad magnitudinem fabæ cum quarta parte denarij aurei in tenuissimam scobem lima redacti. Præcipitur autem etiam flammulam (herbam sic dictam à facultate urendi) iuxta uel sub bubonem illigari oportere. Taxonis sanguis siccus & in puluerem redactus, mirum in modum lepræ morbo medetur, Carolus Bouillus. ¶ Taxi pinguedinem Græci prætereunt: constat autem plurimum emollire, Brasauolus. Iacobus Syluius adipem melinum, caninum, felinum, &c. inter taurinum & suillum constituit: nimirum quod suillo crassiores, taurino tenuiores sint: mihi quidem omnes hi adipes suillo & taurino magis calfacere, & digerere uidentur. Nec spernendus adeps dederit quem bestia melis, Serenus contra febres & calores nimios corporis. Adipe taxi inuncti febrientes sanantur, Aesculap. Axungia eius ualet ad renum dolores, Albert. Quidam nephriticis & calculosis inungunt: & alijs etiam membris dolentibus, Obscur. Inuncta melium pinguitudo uel cum alijs infusa (per clysterem nimirum,) renum dolores sedat, Ge. Agricola. Adipes taxi, uulpis, felis syluestris & alij, à medicis quibusdam (Leonello & alijs) miscentur ad compositiones arthriticas. Taxi & canis pinguia equarij medici miscent ad neruos contractos remolliendos. ¶ Cerebrum cum oleo coctum omnes dolores curat, Aesculap. ¶ Iecur melis ex aqua oris grauitatem emendat, Plin. ¶ Testiculi taxi cum melle cocti libidinem accendunt, Aesculap. ¶ Morsus taxi aliquando uenenosus est, sed non semper, Albert. Morsus eius plerunq; grauissimus est, & exitialis: nimirum quia uescitur crabronibus & animalibus uenenatis quæ in terra repunt, unde dentes eius inficiuntur, Liber de nat. rerũ. Taxus, lynx, catus, &c. uulnere magis morsus sui quàm ueneno lædunt, Arnoldus.

H.

Meles lucifuga, Grat. Licebit etiam obesam, opimam, uel pinguem cognominare. ¶ Melis hasta è ligno mali dicta, Fest. ut Græcæ originis sit, qui melean malum arborem uocant, prima longa: mêlon, fructum eius, & per excellentiam cotoneum: unde melinum penultima breui, ex malis cotoneis paratum, ut oleum melinum: à mele autem quadrupede melinum, penultima longa formari poterit.

poterit. μηλὶς etiam in Lexico Græcolatino arbor malus exponitur, ſed ſine authore. Μελία fraxinus eſt, cuius lignum haſtis conficiendis idoneum habetur: quare eodem nomine haſtam quoque nominant Græci. Mali certe arboris lignum haſtis ineptum eſt. ¶Leucrocutæ feræ caput eſt melium, Plin. camelinum, Solin. ¶A taxo Ferrariæ nobiliſſima Taxonorum familia nomen ſortita eſt, Braſauolus. ¶Fiente, id eſt fimus Gallica lingua, non de quibuſuis feris, ſed propriè fœtentibus dicitur, ut uulpe, mele.

DE MONOCEROTE.

Figura hæc talis eſt, qualis à pictoribus ferè hodie pingitur, de qua certi nihil habeo.

A.

MONOCEROS, hoc eſt unicornis fera, ab alijs aliter deſcribitur: ſiue quoniam diuerſæ ſunt unicornes animantes, ut conſtat: ſiue quòd aliqui notas diuerſarum tanquam unius confuderunt. Minus autem mirum de fera tam peregrina & toto à nobis orbe diuiſa, nec unquam in Europam adducta, diuerſa ab Europæis ſcriptoribus auritis ferè omnibus non oculatis, memoriæ prodita eſſe. Hoc magis mirum, recentiores etiam, ut Ludouicum Romanum & Paulum Venetum, qui regiones illas in quibus reperiuntur luſtrarunt, diuerſas tamen monocerotes deſcribere. Ego ſingulorum uerba adnumerabo, ut doctioribus diligentioribusque olim certius aliquid his de feris ſtatuendi occaſionem præbeam. ¶Orſei Indi uenantur aſperrimam feram monocerotem, reliquo corpore equo ſimilem, capite ceruo, pedibus elephanto, cauda apro, mugitu graui, uno cornu nigro media fronte cubitorum duum eminente. hanc feram uiuam negant capi, Plinius. Phyſiologus quidam author obſcurus, & alij eum ſecuti, monocerotem animal paruum eſſe ſcribunt, hœdo ſimile, acerrimum, uno in capite cornu. Sed illi ex Plinio acerrimum pro aſperrimum legerunt: & hœdo pro equo, unde neceſſarius ferè alter error ſecutus eſt ut animal paruum eſſe putarent. ¶Montes (inquit Aelianus) eſſe dicuntur in intimis regionibus Indiæ, ad quos difficulter eatur, ubi præter alias beſtias feras reperiatur monoceros, quem (Indi) uocant cartazonon: eumque magnitudine ad confirmatæ ætatis equum accedere dicunt, iubaque & pilis fuluum eſſe: pedũ bonitate & totius corporis celeritate excellere: atque ſimiliter ut elephantos pedum digitis indiuiſis eſſe: apri caudam habere, inter ſupercilia cornu uno, eodemque nigro, non læui quidem, ſed uerſuras quaſdam naturales habente, atque in acutiſſimum mucronem deſinente ornatum exiſtere, Hęc Aelianus. Mihi omnino Plinius & Aelianus unam eandemque beſtiam deſcripſiſſe uidentur: ſed nec aliam Philes ſimia Aeliani, cuius uerba ſingulatim in ſequentibus per partes recitabo. Quinetiam aſinum ſiue onagrum Indicum, ſi non idem, inter unicornia tamen animalia iam deſcripto omnium proximum eſſe dixerim. Conueniunt ſanè pręter cornu utrique unicum è media fronte, locus natalis India, equi magnitudo, ungulæ ſolidæ, celeritas, uita ſolitaria, robur inexpugnabile, & quòd confirmata ætate nulli capiuntur. Colore tantum differre uidentur: cum aſinus Indicus albus ſit reliquo corpore, ſed capite purpureo: monoceros fuluus, qui color etiam rhinoceroti à quibuſdam tribuitur: ſic & cornu color non idem: monoceroti enim ſimpliciter nigrum Plinius tribuit: aſino Indico Aelianus medium tantum nigrum, inferius album, ſuperius puniceum: ſed forſitan omnes iſti colores in corpore potius quàm in cornibus ſpectantur, caput purpureum, media pars corporis nigra, poſtrema alba. Philes quidem cornu totum nigrum eſſe ſcribit, excepto mucrone. Sed de aſino Indico unicorne supra docui abunde statim post Asini historiam, ex Aeliano, Phile, Aristotele, Plinio. Hic de eodem Philostrati uerba adijciam ex lib. 3. de uita Apollonij. Asinos syluestres (inquit) in uicinis Hyphasidi Indiæ fl. paludibus multos capi dicunt: esse autem huiusmodi feris in fronte cornu, quo taurorũ more generosè pugnant: & Indos ex illis cornibus pocula conficere: asseruntq; nullis morbis illo die affici, qui ex huiusmodi poculo potarint: neq; si uulnerati fuerint dolere, et per ignem etiam incolumes transire, neq; ullis uenenis lædi quæcunq; nocendi gratia in potu dãtur. Iccirco regum esse eadem pocula, nec alij quàm regi eiusmodi feræ uenationem permitti. Apollonium itaq; feram aspexisse eiusq; naturam cum admiratione considerasse ferunt. Interroganti autem Damidi, an sermoni qui de poculo iam dicto ferebatur fidem adhiberet: Adhibeo, inquit, si huius regionis immortalem regem esse intellexero. Qui enim mihi aut alteri cuiquam poculum ita salubre (ἄνοσόν τε καὶ οὕτω ὑγιὲς) dare potest, nónne uerisimile est ipsum quotidie illo uti, & ex eo cornu frequenter uel ad crapulam usq; bibere? nemo enim ut puto calumniabitur eum, qui tali poculo etiam inebrietur, Hæc ille. Sunt etiã (inquit Arist. de partib. anim. 3. 2.) quæ cornu singulari armentur, ut oryx & asinus Indicus: oryx bisulcum, asinus ille solipes est: gerunt sanè medio sui capitis cornu fixum ea quæ unum habent: sic enim maximè pars utraq; cornu obtinebit, cum medium cõmune pariter utriq; extremo sit. Solipes potius quàm bisulcum esse unicorne rectè uideri potest: ungula enim tam solida quàm bisulca, eandẽ naturam habet quam cornu, itaq; eisdem simul & ungulam findi & cornu congruum est. Fissio etiã ungulæ & cornu ex defectu naturæ euenit: itaq; cum exuperantiam ungulæ solipedum natura dedisset, rectè dempsit supernè, fecitq; unicorne, Hæc Aristotel. Illa sanè cornua quæ hodie in principum quorundam, uel ciuitatum uel ecclesiarum thesauris ostendũtur, ut Venetijs, Argentorati, Metis, audio anfractuosa esse, & spiris conuoluta, tanquam duobus filis aut funiculis in se contortis, quale quidem cornu duplex iudicari debet, etiamsi unicum & simplex appareat. Huiusmodi etiam Philes monocerotis sui cornu facit, hoc uersu, ὡς εἰς ἑλιγμοὺς προσφυὲς κεκλωσμένον. & uersuras quasdã habere Aelianus scribit. Vide plura in B. Onesicritus inquit, equos unicornes in India esse ceruinis capitibus, Strabo. Terram Indiam equos uno cornu præditos procreare ferunt, quorum è cornibus pocula conficiuntur, in quę uenenum mortiferum coniectum si quis biberit, nihil graue, quòd cornu repellat malum ipsum, perpetietur, Aelian. Ceruinum caput etiam Plinij monoceros gerit, qui tamen (ut supra dixi) ab Aeliani monocerote non differt: ut etiam equus Indicus unicornis non alius uideri debeat: nam & monoceroti seu cartazono forma & magnitudo equi est. Quod autem Aelianus poculum ex eius cornu factum uenenis aduersari scribit, quod tum ipse alibi tum Philostratus & Philes asino siue onagro Indico unicorni attribuunt, rursus argumento est eandẽ esse ferã quæ diuersis dũtaxat nominibus appelletur: aut si differat, colore tantũ differre, ut paulo ante asserui.

¶ Mecha quæ urbs est Arabiæ Mahometis sepulchro & delubro insignis: iuxta quod (inquit Ludouicus Romanus patritius) septa seu claustra uisuntur, in quibus unicornes gemini asseruantur, quos loco miraculi populo ostẽtãt, nec ab re, res est miratu dignissima. Sunt autem eiusmodi. Alterum eorum, quem constat longè proceriorem esse, pullo equino triginta menses nato haud absimilem crediderim. Prominet in fronte cornu unicum, longitudine trium cubitorum. Longè natu minor est alter, utpote anniculus, ac equino pullo simillimus: eius cornu quaterni palmi (quatuor palmorum, dodrantes intelligo) longitudinem haud excedit. Coloris est id animal equi mustellini, caput cerui instar: collo non oblongo, rarissimaq; iubæ, ab altera parte solum dependentis. Tibias habet tenues, easdemq; graciles admodum hinnuli modo. Vngulas anteriorum pedum bifidas habet, caprinos pedes fermè referentes. Tibiarum posteriorum pars exterior uillosa est, piliq; plurimi. Sanè id animal ferum uidetur: uerum ferociam nescio qua comitate condiuit. Eos unicornes quispiam Sultano Mechæ dono dedit, ceu rem inuentu rarissimam & maximè pretiosam. Aduecti sunt ex Aethiopia ab Aethiopum rege, ut eo munere necessitudinem coniunctissimè cum Sultano Mechæ præfecto iniret, Hactenus Lud. Romanus, ex quo Cardanus etiam in opus suum de subtilitate transcripsit: sed errat quòd pro monocerote rhinocerotem nominat. Apparet autem diuersum hoc monoceros animal esse ab asino Indico, qui solipes est: nec non à Plinij & Aeliani monocerote, quem similiter solipedem esse dixerim, quoniam pedes eius elephantinis comparantur. quamuis enim elephantum non simpliciter solipedem ueteres dixerunt, ut qui digitos quinq; leuiter formatos & informes habeat, tamen equinis pedes eius conferuntur. Vnicorne quidem bisulcum animal præter orygem Aristoteles & Plinius nullum agnoscunt. Est autem orygis etiam cornu nigrum, altum, & ferrei, id est durissimi mucronis, in Libya, ex caprarum syluestrium genere: ut mirer Oppianum, qui rhinocerotem non multò maiorem oryge esse scribit, cum Plinius eundem elephanto longitudine parem faciat, alij paulò minorem tum longitudine tum altitudine. Sed de oryge aliàs in historia ipsius. diuersum enim illum esse à simpliciter dicto unicorni, omnino cum Nipho contra Albertum sentio. Regnum Basman (inquit Paulus Venetus) magnum Cham pro domino agnoscit. Inueniuntur in eo elephanti & unicornes permulti. Sunt autem unicornes paulò minores elephantis, pilis bubali, pedibus elephanti. Caput habẽt ut aper, & more porcorum in cœno morari gaudent, & alijs immundis locis. In medio frontis gestant cornu unum, crassum & nigrum. Linguam habẽt spinosam, eaq; lædunt homines & animalia. Hoc etiam animal, si uera descriptio est, à superioribus omnibus diuersum fuerit: in nonnullis sanè ad rhinocerotem accedit, magnitudine, capite, pedibus, sed rhinoceroti

ceroti cornu à naso prominet. Nicolaus Venetus comes, extremæ Asiæ prouinciam quandam Macinum nominat, inter Indiæ montes & Cathaium, (Sericam intelligere uidetur,) ubi animal nascatur suillo capite, bouis cauda, unico in fronte cornu, eoq; cubitali, colore & magnitudine elephantis, quibus cum bellum continuè gerit. Id cornu ueneno medetur, ideoq; in honore est, Aen. Syluius de Asia cap. 10. Albertus libro 22. unicorni eadem adscribit quæ ueteres & classici authores rhinoceroti. Theologi quoq; & interpretes sacrarum literarum ferè confundunt, ut medici quoq; recentiores, Aggregator, & nostra ætate Iac. Syluius. Atqui nos de rhinocerotis cornu in medendo uiribus nihil quicquam legimus apud classicos authores: de monocerotis uerò uel asini aut onagri Indici cornu, ea quæ partim iam hoc in capite scripsimus, partim in Asini Indici historia: partim uerò paulò post scribemus præsentis historiæ cap. septimo. Animalia quidem ipsa differre satis intelliget, qui rhinocerotis historiam præsenti contulerit, ut de re ipsa dubium non sit. Cæterum Hebraicum nomen ראם reem, quod in Sacris literis nunc unicornem, nunc rhinocerotem interpretantur, utrum potius esse dicam incertus sum, monocerotem tamen potius significari animus inclinat. Munsterus in Lexico trilingui rhinocerotem Hebraicè uocat רים aut ראם, reem: & rursus unicornem ראם reem, & רימנא rimna, & קרש karas uel karasch, quod nomen in Sacris literis non reperitur. si tamen reem uel rimna & karas in unam uocem coniungas, uox fiet simillima Græcæ rhinoceros. Reem Dauid Kimhi feram robustam & unicornem interpretatur. R. Saadias huius generis fœmellam nominat ako, de qua uoce in Ibice dixi. Improbat Elias, neq; concedit unum duntaxat habere cornu, siquidem cornua eius dicuntur, Deutero. 33. his uerbis: Primogenitus bouis illius decorem habet, & cornua eius sunt uelut cornua rhinocerotis, (reem) quibus deturbabit populos pariter usq; ad fines terræ, Munstero interprete. Hieronymus hîc rhinocerotem transfert, Septuaginta monocerotem. Tertullianus in libro aduersus Praxeam tertio, hæc uerba enarrans, sic translata, Tauri decor eius: cornua unicornis, cornua eius, in eis nationes uentilabit ad summum usq; terræ: Non utiq; (inquit) rhinoceros destinabatur unicornis: nec Minotaurus bicornis, &c. Rhinoceros quidem non unum, sed duo gerit cornua, alterum in nare, alterum supernè, exiguum quidem sed ualidissimum, ut in eius historia referemus. Rabi Salomon etymologiam huius uocis (reem) putat רום rom uel גובה goba, id est altitudinem. Abraham תוקף tokeph, id est robur. Deuteronomij 33. Chaldæus exponit metaphoricè ruma uetukpha, id est altitudinē & robur. Arabs ברבראן barkeran, Persa ברך bark: qua uoce interpretatur etiam ako, (nos ako ibicem esse putamus.) Deus eduxit eos de Aegypto, quasi fortitudo unicornis (reem) est ei, Numerorum 23. Arabica translatio habet רים, reem. Et exaltabitur cornu meum sicut unicornis, Psalmo 92. Chaldæus hîc pro reem ponit רימנא remana: Arabs composita uoce ab unitate cornu utitur. Salua me ab ore leonis, & à cornibus unicornium (רמים remim) exaudisti me, Psalmo 22. Vox Domini exilire fecit cedros sicut uitulum, & Libanum & Sirion sicut pullum unicornium, reemim, Psalmo 29. Et ædificauit ueluti (palatia) excelsa sanctuarium suum, Psalmo 78. hic non reemim, id est unicornes (ut LXX. & Hieronymus uerterunt,) sed ramim, id est excelsa legitur. Descendentq; unicornes cum eis, & tauri cum magnificis, Esaiæ 34. intelliguntur autem uiri fortes & robusti, quare LXX. pro reemim uerterunt ἁδρούς, id est uegetos. Nunquid acquiescet monoceros (reem) ut seruiat tibi, aut ut moretur iuxta præsepia tua? Nunquid ligabis monocerotem fune suo ꝓ sulco (faciendo) aut complanabit glebas uallium post te? Iob 39. Est enim fera prorsus indomita, ut dicam in D. דישון, dischon, uocem Hebraicam Chaldæus Deuteronomij 14. interpretatur rema, id est unicornem: LXX. & Hieronymus pygargum. Vide in historia pygargi inter capras syluestres: quod si pygargum esse non placet, oryx forsitan fuerit, qui & ipse unicornis & ex syluestrium caprarum genere est. Hebræi כרים carim pecora minora appellant, id est agnos, oues, arietes: aliqui car hircum exponunt. Hieronymus tamen Psalmo 37. carim monocerotes uertit, quod non probamus. Verba Psalmi sunt hæc, Inimici Domini sicut optimum (adeps) quod est in agnis (carim) consumentur. Vide in Hirco A. ¶ Alchercheden, est animal quod dicitur unicornis, habens in fronte cornu unum, quod aduersatur uenenis, And. Bellunen. ¶ Μονόκερως, fera terribilis, Hesych. apud quem etiam μονοκέρατος legitur, quod non placet, in recto: genitiuus quidem μονοκέρωτος per ω. in penultima habet. Est quando adiectiuè profertur, ὁ μονόκερως θήρ, Philes. Vnicornis nomen Latinum apud recentiores tantum & theologos legimus: Plinius Græca monocerotis uoce uti maluit. Finxerunt & cæteræ gentes pleræq; ad Græci uocabuli imitationem huius belluæ nomina, ab unitate & cornu composita. Itali, alicorno, unicorno, uel ut quidam scribunt liocorno aut leocorno. Galli, licorne. Hispani, unicornio. Angli, unycorne. Germani, einhorn. Illyrij, gednorozecz.

B.

Quod ad monocerotis eiusq; partium descriptionem, quamuis præcedenti capite multa passim dixerim, nonulla tamen uel illic omissa, uel ut inciderint, hic adijciam, ne ordinem institutum deseruisse uidear. ¶ Monoceros apud Indos reperitur, Philes, Solin. Elephanti & unicornes multi sunt in regno Niem, quod ad meridiem confine est Indiæ, Paulus Vener. Regnum Lambri habet unicornes, Idem. Aloisius Cadamustus nauigationis suæ capite quinquagesimo regionis cuiusdam noui Orbis meminit, in qua unicornes uiui reperiantur. ¶ Monoceros animal est atrocissimum, Solin. δεινὸν ἰδεῖν, Philes. ¶ Equino corpore, capite ceruino, Solinus & alij. ¶ Villus ei fuluus,

Vu 2

ξανθὸς, Philes & Plin. Os leonis, Idem. ¶ Cornu è media eius fronte protenditur, splendore mirifico, ad longitudinem pedum quatuor, ita acutum, ut quicquid impetat facile ictu eius perforet, Solinus. Sæpe monoceros concussa uerticis iuba longum & exitiale cornu propellit: quod è supercilijs natum, non cauum, nec leue (κοῦφον) aliorum modo cornuum est, nec planum & æquabile, sed uel ferrea lima asperius, in multas subinde spiras reuolutum: & telo acutius, utpote non recuruum, sed planè rectum: undique nigrum, mucrone excepto, Philes. Plura uide in præcedenti capite, & septimo infra. Duo integra eaque maxima & pulcherrima cornua Venetijs in ærario D. Marci recondi Antonius Brasauolus scribit: Argentorati etiam unum asseruari audio, rectum et spiris contortum: item bina in thesauro regis Poloniæ, singula ad hominis ferè proceritatem. Monocerotis cornu Brasauolus subnigrum uel subcinericeum esse tradit: Nos illud (inquit Mundella) non comperimus, uerum nigrum esse iuxta Plinij sententiam. Asinus Indicus unicum cornu habet: & animal illud quod ueterum quibusdam archos quasi princeps uocatur, unicornis Latinè, rhinoceros Græcè (uide in Rhinocerote A.) habet unum cornu maximum, & solidum ut ceruinum, longius denis pedibus, ut ipse mensuraui: diameter circa radicem cornu sesquipalmum (sesquidodrantem) excedebat, Albertus in Aristot. de partib. 3.2. Monocerotis (ut putatur) cornu circa annum Salutis 1520. (annis antequam hæc scriberem circiter triginta) repertum est in Heluetiæ fluuio Arula iuxta Brugam oppidum, album, sed in superficie subflauum, duos cubitos longum, nullis tamen spirarum uersuris: odoratum tum aliâs, tum accensum instar moschi ferè: id mox ad proximum monasterium uirginum delatum, Campum regium uocant, à præfecto Badensi, tanquam in iurisdictione ad octo Heluetiæ pagos pertinente repertum, repetitũ est. Hęc mihi narrauit amicus quidã qui eiusdem cornu fragmenta quędã habuit. ¶ Caudam habet apri uel suis, Solinus, Philes, Plinius, Aelian. ¶ Pedes elephanti, Solinus & alij: Veloces, sed inarticulatos, Philes. Crura ei pro portione breuia, Isidorus: sed hoc rhinoceroti magis conuenit.

C.

Desertissimas regiones persequitur monoceros, & solitarius errat, Aelianus & Philes. In excelsis montibus uastisque solitudinibus commoratur, Isidor. ¶ Monstrum est mugitu horrendo, Solin. Omnium maximè animalium absonam uocem & contentam mittere fertur, Aelian. ¶ Maximo robore præditus & inexpugnabili cornu armatus est, Aelian. Morsu est graui, & calcibus crudeliter pugnat, Philes.

D.

Viuus non uenit in hominum potestatem: & interimi quidem potest, capi non potest, Solinus & Plin. Monoceros robore suo inexpugnabilis & indomita homini fera est: Vnde illud (Iob.39.) Non uincies eum loro, neque cubabit in præsepi, Varin. Ferrum non timet, Isidor. ¶ Ad alias quidem bestias ad se accedentes mansuescere fertur, cum uerò gregalibus suis pugnare: neque modo cum maribus naturali quadam contentione dissidere, sed contra etiam fœminas certare, pugnamque usque ad mortem ingrauescere. Coitus uero tempore ad fœminam mansuetè assuescit, & gregalis fit: Cum hoc tempus transierit, & uentrem fœmina ferre cœperit, rursus efferatur & solus uagatur, Aelian. Cum alienis animalibus placidum se, ceu catulus gregi assuetus exhibeat, suo tamen generi infensissimus hostis est. Mansuescit uero erga fœminam, feritatem eius ui amoris deprimente, solo tempore libidinis, Philes. Hostis est leonis, quare leo conspecta hac fera ad arborem aliquam se recipit, & irruentem in se declinat: illa cornu arbori infixo hæret, & à leone occiditur: aliquando tamen contra accidit, Aethiopiæ rex in epistola Hebraica ad pontificem Romanum.

E.

Vnicornem aiunt adeò uirgines puellas uenerari, ut ipsis uisis mansuescat, & aliquando iuxta eas in somnum delapsus capiatur ligeturque, Albert. Amore uirginum & odore allici ferunt monocerotem, Arlunnus: rhinocerotem Isidorus, cum monocerote, ut & alij quidam, ineptè confundens. Iuuenem aliquem robustum uenatores puellæ instar uestitum & aromatibus aspersum statuunt è regione loci in quo monoceros fuerit, ita ut odoris suauitas auræ flatu ad belluam deriuari possit. Ipsi interea occultantur. Mox fera odore illecta ad iuuenem accedit, ille amplis muliebribus manicis totis refertis aromatibus eam obuelat. Tum uenatores accurrunt, & cornu, quod uenenis resistit, resecto, feram aufugere patiuntur, Tzetzes 5.7. Proposita in feræ conspectum uirgo (inquiunt recentiores) aduenienti sinum aperit, in quem illa omni ferocitate deposita caput inclinat, ubi somno capta uelut inermis comprehenditur. Sed suspicetur aliquis hanc de monocerotis uenatione persuasionẽ (quæ admodum recens est, neque enim uetustiorem eius authorem habemus quàm Tzetzen qui uixit anno Salutis 1176.) inde natam esse quòd (ut supra diximus) sui generis feras hostiliter persequatur, nec aliâs ad fœminam quoque mansuescat, nisi libidine accensus. πραΰνεται δὲ παρὰ τὴν θῆλυν (sic θῆλυς ἄναγρος, Oppiano) μόνον οἴστρου χαλινοῖς ἐκδαμάζων τὸν τῦφον, ἕως τὸ ῥοῦσον τῆς γονῆς ἀφυβρίσῃ, Philes. ¶ Prasiorum regi monocerotis pullos etiamnum teneros aiunt deportari, eosdemque festis diebus ad pugnam committi, ad robur ostendendum: nam integræ ætatis & perfectæ nullum unquam quisquam meminit captum fuisse, Aelianus. Et alibi, Domari possunt dum biennium non excesserint: ueteli enim ab immanissimis & carniuoris feris nihil differunt. Capitur etiam & domatur, cum adhuc pullus est, Albertus.

Carnes

F.

Carnes asini Indici amaras & cibo non idoneas esse, Aelianus meminit. His similes monocerotis carnes crediderim, cum ut supra dixi, uel nihil, uel minimum, colore forsitan solo, differant.

G.

De cornu monocerotis supra scripsi, capite primo & secundo: & in primo etiam quæ ueteres de remedijs ex eo prodiderunt: hoc in loco recentiorum præcipuè scripta de eodem eiusq; remedijs, & nostras obseruationes adijciam. Memini aliquando dodrantale huius cornu segmentum apud mercatorem quendam uidere, foris nigrum & planum, non in spiras contortum, sed tum temporis non admodum obseruabam. Nunc apud pharmacopolas nostros exigua tantum fragmenta reperio, ex quibus medullam esse dicunt quæ rotundiora, albiora, molliorāq; sunt: exteriorem uero partem ceu corticem, quæ durior asperiorq; laminarum formam refert, colore ruffo ex candido. Videtur sanè tũ color iste, tum substantia nimium, si mandas, friabilis, non lenta ut cornuum, adulteratum quippiam indicare, alterius fortassis animantis cornu igne ustum, & odoribus quibusdam adiunctis adscititia quadam aromatica suauitate imbutum, fortassis etiam ignitum in liquoribus odoratis extinctum. Curandum est ut recens habeatur, & odoratum (si modo natiuus odor ille sit,) non uel ætate exoletũ uel frequentibus poculis exhaustum. Diuites enim frustula huius cornu poculis suis sæpe inijciunt uel præueniendi quosdam morbos uel curandi gratia: sunt qui auro argentóue includant, & sic quoque poculis inijciant, quasi uero multis annis quantumcunq; in uino macerati uis eadem perdurare possit. Sed quod uinum imbiberit fuscum colorem trahit, candore amisso. Pleriq; ad remedia ex eo promissa cornu simpliciter uti iubent: alij medullam præferunt. Vino iniectum ebullit, quod quidã siue imperitia siue dolo genuini signum esse putant, cum quæuis cornua usta, in aqua aut uino ampullas moueant. Nebulones quidam nescio quam miscellam, quam Venetijs uidi (calcis & saponis ut audio: aut fortassis terræ uel lapidis alicuius: quæ itidem ebullire solent) pro cornu monocerotis uendunt. Quamobrem tutius fuerit, uel de integro cornu, si fieri posset, uel maioribus frustis & quæ cornu speciem probè referant, emere, quàm fragmenta minora ubi dolum minus deprehendas. Antonius Brasauolus omnes ferè lapidem pro cornu monocerotis uendere scribit, quod quidem fieri non nego, qui certi nihil habeam: fieri tamen etiam potest, ut prædurum & solidissimum cornu, circa mucronem præsertim (quæ pars etiam inferioribus præfertur, ut in ceruinis quoq; cornibus) cui uel saxa & ferrum concedant, qualia & rhinoceroti & unicornibus cæteris authores tribuunt, lapidis speciem præ se ferat. Nam si Orpheus de ceruinis cornibus propter soliditatem inter cornua'ne aut lapides potius censeri deberent, rectè dubitauit: magis opinor in unicornium genere dubitandum fuerit. Non enim solis ceruis, ut Aristoteles putauit, solida sunt cornua: sed unicornibus etiã qualia dixi. Monocerotis cornu hodie usurpatur longinquitate temporis in admodum sanè à cornea diuersam naturam conuersum, Mundella. Iac. Syluius, Aggregator & alij, qui rhinocerotem cum monocerote confundunt, quod hodie in usu medico est rhinocerotis cornu nominant: de quo tamen authores nullas huiusmodi uires tradiderunt. Monocerotis cornu aliqui superueniente ueneno sudare aiunt, quod falsum est, Ferdinandus Ponzettus. Sudat fortassis aliquando, utpote solidum durum et læue corpus, ut saxa etiam & uitra, uapore externo circa ea concreto, sed hoc nihil ad uenenum. Sic & lapidis genus, quem linguam serpentis uocant, sudare fabulantur ueneni superuentu. Audiui & legi etiam in libro quodam manuscripto, monocerotis cornu genuinum à quibusdam hoc modo probari: ueneno (arsenico uel auripigmento) duabus columbis dato, altera quæ superbiberit aliquantulum de uero monocerotis cornu, sanatur: quæ non superbiberit, moritur. Ego hunc experiendi modum diuitibus relinquo. Nam pretium eius quod uerum esse afferunt, non minus hodie quàm auri est. Drachmæ pondus aliqui floreno uendunt, siue denarijs octo: alij coronato, siue denarijs duodecim. Medullæ quidem pretium maius est quàm durioris substantiæ. Aliqui drachmam quinq; obolis indicant: tanta est diuersitas. Cornu unicornis, præcipuè ex nouis insulis allatum, tritum & in aqua potum, mirè facit contra uenena: ut nuper experientia ostendit in homine qui à sumpto ueneno, cum iam tumere inciperet, hoc remedio restitutus est, Obscur. Audiui & ipse à uiro fide digno, quòd cum à cerasi esu (uenenatum suspicabatur) uenter ei tumeret, medulla huius cornu è uino hausta, illico sanatus sit. Ad comitialem laudatur à nonnullis hodie: ut ab Aeliano quoq;, qui hunc morbum sacrum appellat. Sed ueteres uim medendi attribuebant poculis ex hoc cornu factis, uino ex eis poto: nos quoniam pocula habere non possumus, substantiam cornu propinamus, uel per se, uel cum alijs medicamentis. Ego feliciter aliquando trageam, ut uocant, ex hoc cornu, cum succino, scobe eboris, folijs auri, corallio, & alijs quibusdam exhibui, & crassiusculè contusum cornu serico inclusum, in decoctum uuæ passæ & cinnamomi, &c. in aqua, conieci, non neglecta interim reliqua medendi ratione. Commendatur præterea à medicis nostri seculi aduersus pestilentem febrem: & (ut Aloisius Mundella scribit) aduersus canis rabidi morsus & aliorum animalium ictus aut morsus uirulentos: priuatim uero contra lumbricos & praua inde symptomata pueris in ditiorum familijs datur: deniq; contra uenena quæuis & multos grauissimos morbos. Indorum rex è poculo confecto ex onagri Indici monocerotis cornu bibens, & interrogatus cur id faceret, καὶ εἰ μέθης χάριν, hoc est, & an ebrietatis causa, hoc est simpliciter bibendi & uino se oblectandi inde biberet, respondit ὅτι ἀναιρεῖ τὴν κακὴν μέθην: id est, hoc potu malam ebrietatem tolli, siue ebrietati eum resistere intelligens,

Vu 3

siue potius malam ebrietatem nominans ueneni potionem. mox enim addit, ἴσα τε πάντης ἀντιφάρμακον μένον, Ἣν ἱερὰν καλοῦσι καθαιρεῖ νόσον. hoc est, Et præter id quod uenena omnia expugnat, Sacro ut nominant morbo medetur.

H.

Μονόκερα, τὸ μηκέτι ἔχον τὴν ἀλκήν, ὡς Ἀρχίλοχος, Hesychius & Varinus: forte tanquã altero cornu mutilum. ¶ Epitheton, φιλευώδης quod odoribus delectetur, apud Tzetzen. ¶ Mensem principis diei ratione, in quo Luna primum apparere incipit, necdum bicornis est, Orpheus μόσχον μονοκέρωτα appellauit, ut dixi in Boue. H. a. ¶ In India & boues solidis ungulis unicornes nasci, Ctesias scribit, Plinius. Boues unicornes, & tricornes, solidis ungulis, nec bifidis, in India reperiuntur, Solinus. Aonijs tauris uarijs coloribus distinctis, perpetuæ indiuisæq; ungulæ sunt; ijsdem unicum cornu ex media fronte existit, Aelianus & Oppianus. In Zeila urbe Aethiopiæ uaccas uidi cornu unicũ in fronte media habentes instar monocerotis, longitudine supra palmi (dodrantis) magnitudinem, resupinatum in tergum: ipsæ coloris sunt phœnicei, Ludouicus Romanus 2. 15. Est bos in Hercynia sylua cerui figura, cuius à media fronte inter aures unum cornu existit, excelsius magisq; directum, quàm ea quæ nobis nota sunt cornua: ab eius summo sicut palmæ ramiq; late diffunduntur, Cæsar lib. 6. ubi Pet. Gillius non rectè pro boue bisonem legit. Dicitur Pericli aliquando arietis caput uno cornu ex agro esse delatum, &c. uide infra in Ariete h. Symeon Sethi capreolum illum ex quo moschus colligitur, unicum habere cornu scribit, quod præter ipsum à nemine proditum memini, ut ex proximè hîc sequente eius historia patebit. Vnicornes aues in Aethiopia reperiuntur, Aelianus. Monoceros Alberto piscis est marinus cornu singulari in fronte armatus, &c.

¶ h. Monoceroti comparantur homines pij, qui Deum unum adorant, ut monoceros cornu se uno defendit. Et erigetur cornu meum tanquam monocerotis, David (Psalmo 92.) Suidas in Μονόκερως.

DE MOSCHI CAPREOLO.

A. B.

MOSHOS uel muscus, ut uulgò uocant, odor omnium suauissimus, ex tumore quodã circa umbilicum animantis cuiusdam peregrinæ emanat. hanc ueteres Græci Latiniq; ignorarunt: descripserunt autem Arabicæ linguæ medici primum. nam recentiores Græci, ut Aëtius & Paulus Aegineta, quamuis meminerint, uidetur tamen ex Arabum libris transcripsisse. In eius descriptione uariant scriptores: sed plures uetustioresq; & fide digniores sunt, qui dorcadis, id est capreæ siue capreoli genus faciunt hoc animal: ut ex uerbis singulorum iam recitandis apparebit. ¶ Capreæ peregrinæ, figura, colore, cornibus, (magnitudine, Isidorus & Albertus,) ab alijs non dissident: sed dentibus tantum caninis discrepant, quos binos & uerrium more exertos palmi longitudine gerunt, Serapio. Duos dentes albos habent, intrò reflexos tanquam duo cornua, Auicenna, Serapionis tamen interpres albos ualde & rectos esse ait. Platearium errasse puto, qui albos non dentes, sed pilos eis tribuit, de quorum colore inferius dicetur. Est hoc animal capreæ simile, unico armatum cornu, prægrandi corpore, Symeon Sethi, cuius plura de hoc animali & ipso moscho uerba inferius recitabo: Quæ tamen Ruellius in uolumine de plantis Aëtio attribuit, & similiter Matthęolus in commentarijs in Dioscoridem. Hermolaus etiam moschum ab Aëtio describi ait, apud quem ego nihil tale inuenio. Brasauolus etiã & Monachi Mesuen interpretati, nominari quidem aliquando ab Aëtio & Aegineta moschũ aiunt, describi uerò nusquam. Quamobrem aut memoria lapsi sunt illi, qui ab Aëtio descriptum aiunt: aut potius Symeonis Sethi librum Aëtij authoris esse crediderunt. Ego prorsus Symeonis non Aëtij esse contenderim. Sed quisquis fuerit, errasse in eo mihi uidetur, quod unicornem hanc animantem facit, ut & Græcè legitur, & Gyraldus, Ruellius ac Matthæolus transtulerunt. Quod si error est, ut puto, cum aliorum nemo id scripserit, ne oculati quidem authores: inde forsitan natus fuerit, quod Auicenna, ut retuli, dentes huic capreæ intrò reflexos tanquã duo cornua esse scribit, quæ uerba uel ab interprete uel à librario peruerti potuerunt. Gazelus moschi habet duo cornua erecta uersus altum, Elluchasem. Sed neq; maximum hoc animal esse, præter Symeonem, quisquam scripsit: ut hic quoq; erroris suspicio sit, & pro μέγιστα ὁμοία δορκάδος, legendum μάλιστα ὁμοία δορκάδι, hoc est maximè simile capreæ. huic enim tum aliàs tum magnitudine par aut proximum esse alij authores testantur. Moschi animal mortuum uidi Mediolani, magnitudine, forma ac pilo, nisi quod coloris est magis glauci, capreolo simile. pilus tamen etiam crassior est pilo capreoli. Supra binos, & totidem infra dentes habet, hocq; solo differt & odore à capreolo. nam pili uarietas à regione ortũ habere posset, Cardanus. Gazellæ (id est capreæ) moschi, capreolis similes, graciliores, minores, elegantiores, ex Aegypto aduehuntur, Authoris nomen excidit. Dorcas peregrina colore ceruo similis est, dorcade aut capreolo paulò maior, & nonnunquam æqualis. figura quoq; similis, & unguibus itidem multifidis, (bifidis,) Brasauolus αὐτόπτης. Rarò uiuæ capiuntur, tantæ uelocitatis sunt: uerum aliæ similes gazellæ dictæ uiuæ capiuntur, quæ moschum nullum adferunt, Alex. Benedictus. Voluerunt nõnulli animal moschi diuersum à gazella esse:

esse: sed nôs illis credimus qui ex peregrinis regionibus profecti gazellam appellari dicunt, Brasauolus. Animal ex quo moschus colligitur, catti (librarij forte error est, & legendum capreoli) magnitudinem habet, pilis grossis ut ceruus, pedibus quoq; ungulatis: dentes ei quatuor, bini supra & totidẽ infra, longitudine trium digitorum: reperitur circa prouiciam Cathai, & regnum Cerguth, quod magno Cham Tartarorum regi subijcitur: moschus quidem illinc aduectus omnium prætiãtissimus est, Pau. Venet. Odoratissimum moschum Venetijs uidi, subnigrum: quem mercator quidam habebat, ex prouincia Cathai se attulisse asserens, iter non ineptum sibi fingens per mare Euxinum, Colchidem, Iberiam, & Albaniam, usq; ad ingressum Scythiæ: est enim regio Cathai, Scythiæ extra Imaum pars. Nec mirum uideatur: quoniam eo in loco regio est à Ptolemæo undecima Asiæ tabula Randamarcostra nuncupata, in qua nardus abundat, & quam Sotus fluuius alluit. Incolæ regionem, ubi optimus moschus nascitur, Ergimul uocitant: particularem uero urbem, Singui, Brasauol. Idẽ in Aegypto & pluribus Africæ locis hoc animantis genus reperiri scribit. In Thebeth sunt multæ ciuitates: sed moschus omnis qui circa ea loca colligitur, auehitur à ciuitate quæ priuatim totius regionis nomine Thebeth nominatur, Serapio. In regione Tebeth inueniuntur multa animantia quæ muschum producunt, quæ gadderi uocantur. Venantur ea canibus, abundantq; muscho, Paul. Venet. Abundant etiam hæc animalia in prouincia Caniclu, Idẽ. In Syria quãdoq; à nostris uisuntur, Alex. Benedict. Vide etiam in G. infra, quibus ex locis aduehatur moschus. Moschus odoramentum sanies galesæ (gazellæ) inter inguina concreta, quam potius algaliam (de qua plura uide infra in fele zibethi post pantheram: & mox in præsentis animalis historia cap. 5.) dicimus quàm moschũ. Moschus uero compositio ex multis potius quàm naturalis res est, cui basis animalis cuiusdam dapsico, id est cuniculo similis, sanguis est, qui ex India præcipuè Pegu prouincia ad nos tanquam pretiosissimus odor affertur, Rodericus Lusitanus sine authore. Muscum, qui et nunc in delicatiorem usum uenit, ab Hieronymo dici quandoq; peregrinum murem sunt qui opinentur, Cęl. Muscus & œnanthe et peregrini muris pellicula, Hieronymus ad Demetriadem: quis autem sit peregrinus mus odorata celebratus pellicula, non uideo, nisi quis animal hoc intelligat, ex quo zibettum excipitur, (&c. Vide mox post pantheræ historiam.) Muscus quidem Hieronymo aliud nõ est quàm bryon, id est muscus arborum odoratus, (cuius Dioscorides & Plin. meminêre.) Nam & Plinius eadem ferè mentione de bryo & œnanthe disputat, Hermolaus. Sed Hieronymus forte per muris peregrini pelliculam, folliculum animalis moschi intellexit: nã in eo adhuc piloso moschus includi afferriq; solet, ut forte muris genus esse putârit nominis uicinitate deceptus. Mus muscus ex Aethiopia Arabiaq; uenit, Volater.

¶ Principes & alij quidam prædiuites uiri hoc genus capreolos ex peregrino orbe aduectos in delitijs habent, aluntq;, in Italia præsertim. Venetijs mercatores uidimus, qui Alphonso duci Ferrariæ gezellam uendere cupiebant, moschum in folliculo habentem, Brasauolus. Audio ibidem Catharinum Zenum patritium Venetum huius generis dorcadem habuisse, & reliquisse ante paucos annos hæredibus suis.

¶ Hanc feram, dorcadem capreámue aut gazellam Indicam, peregrinam uel Orientalem appelles, aut dorcadem moschi, uel simpliciter animal moschi, parum interest. Isidorus & Albertus nescio qua ratione musquelibet nominant. Moschon Græci scribunt, μόσχον: Arabes mesch uel misch, uel almisch. Germani **bisem**, & animal ipsum periphrasticè **bisemthier**: cæteræ gentes, Italica, Gallica, Hispanica, musci uel muschi nomen à recentioribus Latinis usurpatum retinuerunt. Syluaticus et alius quidam moschum Græcè abonasa uel aboanisa dici, stultissimè scripserunt: cum hoc authoris nomen sit cuius de moscho uerba Serapio recitat. Itali muscum & muscatum dicunt, uulgò muschio. Angli muske: & animal muske catte, id est moschi felem, quod nomen zibethi animali potius conueniret. Illyrij pizmo, ut Germani **bisem**: quę uox origine Hebraica mihi uidetur. nam Regum 3.10. בשם bosem exponitur aroma, suauis odor. In trilingui dictionario Munsteri, pro Aromate scribitur etiam בושם bosem, & בסם besam.

C.

Capræ peregrinæ agiles ualde sunt, & uelocissimè currunt, Brasauolus. Tantæ uelocitatis ut rarò uiuæ capiantur, Alex. Benedictus. ¶ Herbis odoratis pascuntur, unde etiam moscho, id est sanguinis circa umbilicum collectioni odor conciliatur, ex nardo præcipuè, ut dicam in G. ¶ Moschus omnis funditur ab umbilico dorcadis peregrinæ: quæ cum ruit in Venerem quasi furijs stimulata (οἰστρομανεῖ. Gyraldus simpliciter uertit, cum stimulatur exagitaturq́;. πᾶσα ὁρμὴ ἐνθουσιαστική, καὶ ἔρωτα τυχὸν, ἢ μανίαν, ἢ θυμὸν, οἶστρος λέγεται, Varinus:) eius intumescit umbilicus in quem crassarũ sanguis partium confluit: tumq; animal ipsum pabulo & potu abstinet, humiq; uolutatur: tum demum (hac uersatione umbilicum feculento sanguine turgentem exprimit, Ruellius) proijcit umbilicum sanguine plenum turbulento, qui certo quodam tempore coagulatur, bonumq; odorem obtinet, Symeon Sethi, ut Gyraldus ferè & Ruellius transferunt. Folliculus quo continetur muscus, est umbilicus animalis, siue circa umbilicum uesica, plena sanguinis, quæ aliquandiu seruata in muscum transit, Ellu chasem. Cardanus hanc uesicam infra umbilicum esse scribit: Paulus Venetus iuxta umbilicum inter cutem & carnem: Isidorus in inguine abscessum. Dorcadi peregrinæ quidam ueluti abscessus innascitur folliculi modo, cum pilis ceruinis similibus pendens, putri ueluti sanguine, uectigali ceu onere, exonerante sese natura, Alex. Benedictus. Hunc uel per uim auferunt uenatores capreis quouis modo captis aut interemptis, plerunq; immaturum, ideoq; minus laudabilem, ut pluribus in G. referam: uel sponte ab ipsis emissum maturumq; in locis desertis colligunt, ut iam ex Serapione recitabo. In syluestribus (inquit) capreis, quæ in montibus oberrant, & liberè uagantur, concepta sanies, antequam uomica rumpatur, suapte natura ad maturationem spectat: ad quam cum uentum fuerit, fera titillantis humoris lancinatu noxio (ualde pruriente) lacessita, cotibus & saxis (arboribus, Isidorus) sese longo insolatu candentibus affricat magno oblectamento, donec facto uomicæ emissario, tota saniei uis à uentriculo (folliculo) supra lapides effundatur: non aliter quàm abscessus pure cocto fractus dissilit, ita utriculus maturo humore per naturam exaniat (emittit saniem,) ulcusq; postmodum ducit cicatricem, rursumq; ruens sanguinis impetus eò se recipit, impletq; umbilicum, dum abscedens in consimilem uomicam extuberet. (Quotannis hoc fieri Ruellius scribit, sed sine authore.) Cæterum indigenæ, qui loca ubi uersantur huiuscemodi feræ ad unguem norunt, saxa facile deprehendunt, quibus fusa colluuies & candenti Sole resiccata cohæsit. (Solis enim calor ac repercussus non modo densat effusum cruorem, sed odorem etiam commendat.) Hunc igitur moschum incolæ metunt, & utriculis ferarum earum asseruant, quas uenatu captauerant. Ille moschus multi uænit, ac inter magnifica & regia munera censetur, Hucusq; Serapio paraphraste Ruellio. Si folliculus ab animali dematur, ad moschum progignendum deinceps aptum non est. At si sponte sua exeat, in maturitate confricando, tunc iterum atq; sæpius moschum facit. Eiusmodi animalia moschũ quidem maturant apud nos, si habuerint quando conuehuntur: illa enim sanies ad cocturam uenit: tamen iterum non emittunt pus, aut ineptè emittunt: quod ratione cœli, aëris & earum rerum quibus uiuit, euenire arbitror. Videtur sanè excrementitio isto humore hoc animal secundum naturam purgari, sicut multa sanguinis menstrui fluxu: neq; diu uiuere posse, nisi ita expurgetur. Propterea in nostro cœlo breui expirat, Brasauolus. Omnis caro huius animalis & excrementum dicitur muscus, sed multò præstantior est qui ab apostemate fluit, Isidorus & Albertus: totum quidem animal, ut in E. dicam, uesicæ illius beneficio odoratum est.

D.

Exemptis dentibus longioribus mansuescunt, Alex. Benedictus.

E.

Venantur eas canibus in prouincia Tebeth, Paul. Venet. Morsu in persequentes sæuiunt, Alexander Benedict. Laqueo aut sagittis eas barbari uenantur, tantæ uelocitatis ut rarò uiuæ capiantur, Idem. Venatores hanc feram cassibus aut laqueis captãt: aut sagittis uel missilibus uomicæ folliculum decutiunt, Ruellius ex Serapione, sed ineptè: neq; enim folliculos missilibus amputari sentit Serapio: sed feræ quouis modo iam captæ folliculum quamuis immaturum ab eis abscindi. ¶ Moschus omnẽ rem ad hanc usq; diem cognitam magnitudine & suauitate odoris uincit & exuperat, Cardanus. Propter uesicam qua moschum infra umbilicum continet, totum animal quantum mittat iucundi odoris, uix dicere queam: tametsi id quod uidi iampridem mortuum erat: sed & folliculo illo per multos annos arcis indito, omnes quæ intus uestes seruantur, miro odore fragrant, Cardan. In maximo hodie luxu est moschi usus, circa uestes eius odore imbuendas, & suffitus, & orbiculos ad preculas numerandas: ad pilas, quas argento auróue includunt paulò ditiores, qui uel amant, uel aliter molles ac delicati sunt, uel suas ostentare opes uolunt, uel ut aërem insalubrem aut fœtidum caueant, uel suos deniq; animæ aut aliunde graues halitus emendent, uel deniq; aduersus morbos quosdam præsertim cerebri frigidi & humidi. Hoc matronæ pertranseuntes procos ad Venerem inuitant: exotici unguenti uicem reginis reddit. Animalis uitium seculo nostro placet, & in uitium uertitur. Venetis matronis non placet, quibus nec zibethi sordes, Alex. Benedictus. Qui gestat, ipse non sentit, Idem. Succinum orientale (ambra) consuetudine odoris sui gratiam acquirit, cum zibethum & muscus fastidium pariant, Idem. Aëtius 16.133. suffumigio moschato scrupulos quatuor moschi admiscet: eundem sequentibus etiam aliquot suffumigijs, & alijs, & regijs, & in ecclesia receptis admiscet: ut Nicolaus Myrepsus quoq;, quem Leon. Fuchsius nuper nobis Latinum dedit, in capite de suffimentis. Sed ex Aëtio unum adscribam, è capite 134. Suffumigij regij confectio: Styracis calamitæ libram i. ligni aloës unc. vi. ambræ unc. i. moschi scrup. iiij. misce. Alij ligni aloës uncias iiij. cæteris admiscent, adduntq; succi rosarum quod sufficit. Huic simile est suffimentum Nicolai Myrepsi, numero tertium, quod ad syncopem & imbecillitatem cordis inscribitur: & aliptæ moschatæ compositio hodieq; in usu: item galliæ muscatæ apud Mesuen inter trochiscos: ubi & galliæ alephanginæ, & sebellıæ, & magnæ siue regali, moschum admiscet. Nonnulli galiam l. simplici scribunt, alij algaliam (uide plura in fele zibethi de algalia.) Harum compositiones aliquot Serapio etiam præscribit, & Auicenna. Cyphi (uox est Hebraicæ originis ab urendo, id est suffiendo uel adolendo dicta) compositionem, ueteres sine moscho pararunt, recentiores (ut Nicol. Myrepsus) addiderunt: hinc uoce corrupta Cyprias auiculas aliqui dixerunt, uulgarem ad suffimenta compositionem, quã aliqui pharmacopolæ auicularum forma, alij aliter effingunt. ¶ Aquis odoriferis, quæ in chymistarum fornacibus, aut balneo Mariæ, ut uocant, parari solent, ut & aquæ rosaceæ simplici, pro ditioribus nonnihil moschi & camphoræ quidam adijciunt, &c. Huiusmodi sanè aliquot egregios liquores describit Andreas Furnerius libri Gallicè æditi de humanæ naturæ decoratione, parte secunda, quæ est de ornatu muliebri: ubi & smegmatis siue saponis moschati compositionem docet, & oleorũ quorundam

quorundam moschatorum. Aëtius 16.116. & deinceps unguenta quædam siue olea moschata, id est moschum odoramentum recipientia describit. Eodem capite 116. orbiculos rotundos odoratos qui & alia quædam odorata & moschum accipiunt, parare docet: ac eosdem acu perforatos traiecto funiculo collo necti scribit. Oleum moschatum Nic. Myrepsus μόσχινον ἔλαιον uocat. Oleum muscelinum, quod & alijs quibusdam odoratis & moscho mixtis conficitur, in ueteri æditione Nicolai reperio, & in translatione quam Nic. Alexandrini nomine Nicolaus Regiensis edidit. ¶ Moschus, galia, & similia, non debent decoqui cum alijs medicamentis: sed cum exigua parte decocti misceri, & sic reliquis affundi. Aliqui moschum in lana xylina ponunt in aliquo uase, & colo infusam decoctionem paulatim sic per lanam trãsmittunt, Monachi in Mesuen. Sed neq; conteri debet moschus, uerum in liquore rosaceo aliòue dissolutus cæteris medicamentis misceri, uel alia quadam artificiosa ratione, Iidem. ¶ Seruari potest moschus in uase uitreo, denso, ac diligenter oblito cera: uel potius in uase plumbeo (quod & Alexan. Benedictus scribit) ut frigida & humida huius metalli qualitate melius seruetur. Quòd si in alio uase fuerit, apponãtur duo uel tria plumbi frusta, ut melius conseruetur. Cauendum est autem ne quid aromaticum addatur, sic enim suum odorem amitteret. Quem si amiserit, in olla (uase uitreo aperto, Syluius) ore aperto suspendatur in cloaca, & recuperabit eum, Platearius. Odoris amissi uim in fœtoribus & latrinis (lacunis & stercoribus, Albertus,) recuperat: contra fœtorem eluctatur, & sic quasi luctando reuiuiscit, Isidor.

¶ Pilæ moschi odore, quarum supra mentionem feci, quæ tempore pestilenti præcipuè parantur, quo pacto componi debeant, plerique medici recentiores, quorum de peste scripta extant, præscribere solent. Est & compositio una apud Alexandrum Benedictum pro confirmandis ijs qui animi de liquium patiuntur, si bene memini.

¶ Iecore hœdino arefacto moschus adulteratur, Alex. Benedictus: Radice dicta makir & herba salich trita, Elluchasem. Facillimè adulteratur: unde sæpe stercus murium, & alia diuersa pro musco uenduntur. Folliculis quidem integris non statim adhibenda fides: quoniam non desunt impostores, qui eos effingunt simillimos, & uarijs rebus impletos, uero musco interponunt, donec eius odorem recipiant: atq; sic mulierculis & uiris etiam imperitis uendunt, Monachi in Mesuen. Adulteratur etiam cuiusdam auis fimo, Alex. Benedictus. Adulteratur moschus & præcipuè niger, & niger ad subrufum colorem accedens, admixto pauco sanguine hircino modicè asso, uel pane asso: ita ut tres uel quatuor partes ex istis contritis ad unam moschi admisceantur: & uix dignoscitur. sed panis assus, nimium friabilem reddit moschum. Sanguis uerò hircinus cum frangitur lucidus est, & clarus interius. Quandoq; uenditur cum ipsis pelliculis, & adulteratur similiter, ut iam dictum est. Incisis enim pelliculis Saraceni uerum moschum auferunt, & infarctas adulterato rursus ita conglutinant, ut non deprehendatur. Sed moschus adulteratus cum pelle, duplus est pondere si syncero conferas, Platearius. Moschus fictitius à quibusdam hoc modo fit: Nucis moschatæ, macis, cinnamomi, caryophyllorum, spicæ nardi, singulorum pugillus unus: trita omnia diligentissimè & cribro excreta, cum sanguine columbæ recenti subiguntur, & ad Solem siccantur: mox trita aqua rosacea moschata irrigantur, septies: ita ut semper irrigata denuo sicces ac teras. Tandem tertiam uel quartam partem ueri moschi contriti admiscent, & rursus aquam rosaceam moschatam inspergunt, & in aliquot partes diuisam massam (si rectè lego) pilis minutis albis capreoli uel hœdi sub cauda inuoluunt, & in uase uitreo reponunt, Authoris nomen excidit: uideor autem mihi in manuscripto cuiusdam empirici libello reperisse, & sequentem quoq; compositionem, quæ huiusmodi est. Benzuinum, cera candida noui examinis, caries fraxini arboris, & moschus miscentur: est autem ambra factitia, moschum uel zibettum redolens. Aliter, Styracem, ladanum & scobem ligni aloës miscent: debet autem ad utranq; compositionem moschus uel zibettum addi, atq; omnia cum aqua rosacea commisceri: sed facile fraus deprehenditur: nam natiua non ita celeriter ut factitia aquis mollescit, & ab eadem odore coloreq; differt. Cætera signa moschum dignoscendi syncerum eligendiq; præstantiorem, sequenti capite referam. Audio à quibusdam augeri moschum admixto semine herbæ, quam nostri aquilegiam, Galli angelicam uocant: quod etiam se deprehendisse amicus quidam mihi retulit, cum moscho in aqua (rosacea) resoluto, uerum supernatare animaduerteret, & quod ex seminibus accesserat subsidere. Sed impostor ille rem forte non intellexit. Siquidem herba quam Galli angelicam uocant, undiquaq; inodora est. Germanis uerò dicta angelica (eruditi quidam laser Gallicum interpretantur) radice præsertim, moschi odorem præsentare sæpenumero mihi uisa est, tum aliâs, tũ pauca eius quantitate medicamentis cõpositis adiecta. ¶ Moschus odore in humido crasso perennante, uiuacissimus est, Syluius. Vncia senis aureis emitur, Alexander Benedictus.

G.

Moschus in Persas primum, inde in Amanum inuehitur, & in Aegyptum exinde: cum folliculis suis etiamnum à Venetis in calicibus uenundatur, qui etiam in pretio sunt, Alex. Benedictus. Indicus est melior Afro: subflauus etiam nigricanti præfertur: quanquam ex Catay præstantissimus hodie habetur, idemq; niger, Syluius. Vide supra in A. Moschus (inquit Platearius) omnino niger non probatur: præfertur illi subniger. Alius est subruffus, omnino accedens ad colorem spicæ nardi, qui maximè laudatur. Huiuscemodi quidam haberi aiunt ex capreis quæ spicam nardi depascun tur. Quare eligendus est subruffus, qui quidem uix adulterari potest: & saporis amari, qui gustatus statim odore suo cerebrum feriat: qui neque statim soluitur, nec admodum resistit: & qui non omnino clarus (splendidus) sit intrinsecus. grana latiuscula, & per totum æqualia, xyloceratij instar, optima iudicantur. Quod ad regionem moschum præferunt Antebium, uel Ascilion, (Bellunensis legit Scinium, à Sceni regione fortassis) deinde Iurgium, postremo Indum marinum, Auicenna. Folliculi continentes moschum Cubit sunt subtili ex uesicula & moscho. Gergeri folliculi sunt his contrarij: qui moschus minus subtilis, minusque aromaticus est. Sed moschus Charam medio inter prædictos loco est: quo cum scobs argenti & plumbi miscetur, ut augeatur pondus. Moschus Salmindi deterior est, quia folliculo suo exemptus in uase uitreo seruatur, Elluchasem in Tacuinis. Sunt qui Tumbascinum anteponant (inquit Serapio) odorisque præstantiam caprearum pabulo ferant acceptam, quæ nardo inibi uescantur copiosa, cæterisque odoratissimis herbis. In Senitarum quidem agro capreæ herbas odoratas pascuntur, sed odoribus impares. Aliam quoque metendi rationem causantur Tumbascini. hanc saniem uomicæ folliculo non eruunt, & blandiente cœli serenitate merum legunt. Senici uerò uomicæ uentriculum exprimũt, & exclusa sanie adulterina permiscent, nubilo parumque arridente cœlo, & uasis uitreis recondunt, obturantque: deinde mittunt in regiones Saracenorum & in Hamen (Amanum, Alex. Benedictus,) & Persida, & Haharac, aliasque regiones Babyloniæ, (& in Aegyptum, Alex. Benedictus:) ac si Tumbascinus esset, Hæc Serapio. Præfertur moschus dorcadis, quæ depascitur utrunque been & spicam, & almaru, Auicenna. Quum hæc animalia procul à mari uersus desertum pascuntur spica, moschus ipsorum erit suauior: cum uerò prope mare sunt, pascuntur myrrha, Elluchasem. Melior moschus fit in urbe quadam quæ multò magis orientalis est quàm Chorase, quæ dicta est Tupata (Τωπάτα, Ruellius prima syllaba omissa Pat transtulit. eandem Serapio Tumbasci nominat.) Colore quidem hic moschus subflauidus est: huic bonitate cedit qui ab India defertur, colore in nigritiã uergente. hoc etiam imbecillior seu deterior est qui ex Sinis (aliâs Dinis, ἀπὸ Σίνων, ex Senitarum agro, Ruellius. hanc regionem Seni uocat Serapio) habetur, Symeon Sethi. Quod ad colorem & odorem, pomalis (pomi odore forsan) citrinus laudatur, Auicenna. Citrinum Auicenna præfert, qualem nos nunquam uidimus. nam noster ferrugineus est, Brasauolus & Syluius. Muscus ferrugineus ferè est noster, non, quem Auicenna probat, citrinus, Alexandrinum uocans. est odore in opum Cyrenaicum inclinante, sed ualentiore, præter summam aliam in eo fragrantiam. glebulis exiguis constat, Syluius. Syncerus niger est, conglobatus melior. solitudinis odorem habet, aut anguium quorundam stato tempore, aut cuiusdam auis fimi quo adulteratur. ex quo plus est, acrius nares ferit, Alex. Benedictus. lego, & quo propius est, acrius (id est minus grato odore) nares ferit. nam de zibetho quoque sic scribit, Ex proximo nares acrius ferit, & ex quo plus est, (lego, & quo propius est.) musco tamen charius comparatur: quoniam odorem qui gerit ipse non sentit. Sed hoc idem de musco quoque scripserat, odorem eius ab eo qui gerit non sentiri. Venatores in regionibus Beteth (Tebeth) & Seni, plerunque capreis quas uel sagittis interemerint, uel aliter ceperint, folliculum adhuc immaturum abscindunt: qui moschus prçcox tetro & insuaui odore displicet. Verum tantisper libero aëre suspendunt: dum abacto prorsus fœtore maturuerit. is hac concoctione perfecta miram sibi conciliat suauitatem. Simile quippiam in arborum fructibus fieri consueuit, qui præcoces decerpti, tandem exuta acerbitate, & dulces & suaueolentes euadunt. Sed præferri debet moschus ille, qui in folliculo suo maturescit, antequam rescindatur ab animali, Serapio. Folliculus moschi antequam maturuerit, graue olet. Venetijs odorari uolui adhærentem adhuc animali: is omnino grauem odorem habebat, quia nondum ad maturitatem peruenerat. Quod si accidat ab animali auferri antequam abscessus cõcoctus sit, concoquitur quidem, sed ineptius olet, Brasauolus. Perfectus moschus non multus ad nos adfertur, sed folliculi solum ut ab animali abrepti, ex regionibus orientem & occidentem uersus ad nos comportantur. perfectior est ex oriente allatus, ijs præcipuè locis ubi nardus & odoratæ herbæ nascuntur, Brasauolus. An moschus legitimus & non adulteratus sit, quidam hoc modo probant: Ponderatum in peluim aut malluuium madens humensque deponunt, tum post aliquantulum iterum ponderant: si superat, tum non adulteratum putant: si uerò non, suppostititium illegitimumque iudicant, Symeon Sethi Gyraldo interprete. Græcè sic legitur, ἐν καθυγρασμένῃ λεκάνῃ μετὰ τὸ σταθμῆσαι τιθέασιν αὐτὸ, εἶτα πάλιν σταθμῶσι, καὶ εἰ μὲν τοῦ σταθμοῦ ὑπερόξῃ (lego ὑπεράξῃ) ἀνόθευτον αὐτὸ ἡγοῦνται: εἰ δὲ μὴ, νενοθευμένον. Ruellius uertit, In peluim humore perfusam post examinatum trutina pondus immittunt, postea iterum æqua lance ponderant. Quod si protinus ad stateram reductum superferatur, synceri experimentum putant: sin repẽs cedat & pondere degrauetur, spurij indicium existimant. Hanc opinionem Syluius quoque sequitur. Ego quod uerba attinet, Gyraldo accesserim. ὑπεράγειν enim uerbum significare uidetur, pondere superare: ut ἄγειν ponderare uel appendere sit, quemadmodum ἕλκειν. Quod ad rem ipsam, uter uerius transtulerit experimentum diuitibus relinquo. Mercatores quidam empturi moschum, naribus obturatis & respiratione cohibita ad medium iactum lapidis currunt, & inde attrahentes aërem ore, si moschi odorem sentiant, emunt probantque, Platearius. De moscho adulterato pluribus egi in E.

¶ Muscus est calidus & siccus, sed siccior quàm calidior secundum quosdam, & subtilis, Auicenna & alij. Cal. & sic in secundo gradu, Mesarugie. Cal. & sic in fine secundi gradus, Auerrois.

Calidus

Calidus in secundo, siccus in tertio, Alchalahamen. Cal. et sic. in tertio, & tenuiũ partium, Symeon Sethi, Constantinus, Mescha. Calefacit moschus, idq; insigniter, & intrò sumptus, & si applicetur quoq;, nec non manifestè exiccat, Brasauol. Siccare quidem eum, etiam ex uehementia odoris colligitur: odor enim in sicco fundatur, Aristotele teste: sed nos multas partes humidas ab eo non remouemus: & humiditas eius ualde crassa est, Idem. Conuenit senibus per hyemem, Constantin. Dissoluit & consumit, utpote cal. & sic. Platearius. Exigua eius portio magnæ est efficaciæ: quamobrẽ parcè admodum medicamentis adijcitur, nec conteritur, sed dissoluitur in aqua rosarum, &c. (ut in E. dixi,) Monachi in Mesuen. Dosin eius aliqui quatuor aut quinque ad summum grana faciunt. Theriaca est uenenorum, & propriè napelli, Auicen. Principalis ei dignatio inter aromata, Constantin. Aromatico quidẽ odore suo uires & spiritus corporis omnes corroborat: idq; momẽto, propter partiũ eius tenuitatẽ, quæ tametsi illico penetret, durat tamen diutius, nec tam cito dissoluitur quàm alij odores. Confirmat imbecilles particulas, Symeon Sethi & alij. Spiritus instaurat: ob id compositionibus multis analepticis miscetur, Syl. Aëtius 12. 46. medicamento purganti ex hermodactylis moschum addit, restaurandi nimirum causa particulas ui pharmacorum debilitatas. Vtilis est illis qui lipothymiam, hoc est animi deliquium patiuntur, quiq; uires resolutas habent, Symeõ. Contra quamuis syncopen remedio est, Auerrois. Contra syncopen & totius corporis (contra syncopen & cordis, Isidor.) debilitatem, siue uitio capitis, siue hepatis, & contra stomachi dolorem, ex frigiditate, moschus simpliciter cum uino detur, uel diamargariton, uel plirisarcoticon, ad summum pondere quinq; granorum, Platearius & Isidor. Cor & omnia uiscera roborat, cataplasmatis instar impositus: membris omnibus, ipsis quoq; ossibus uires auget, ut recentiores quidam falsò ex Dioscoride citant, qui nullam unquam moschi mentionem facit. Addunt ex eodem, Inunctum capitis grauedinẽ pellere, uertiginem ex abundanti humore natam emendare, somnum inuitare, uenerem stimulare. Cor & reliqua uiscera roborat potus, aut adhibitus foris, Aben Mesuai. Cordis robur & lætitiam promouet, insigni ad hoc ipsum facultate, Auicen. & Auerrois. Facit & ad cardiacos: ipsum enim cor confirmat & roborat, sed pallore corpus inficit, Symeõ. Tremorem cordis sanat, Auicen. ¶ Cerebrum temperatum roborat, Auicen. Caput frigidum iuuat, calidũ lædit, Symeõ. Calidis natura dolorem capitis statim excitat: ad affectus uerò frigidos in capite omnes perq; utilis est, Rasis. Quibusdam malè olet: alijs caput frigidum iuuat, calidum ferit, & in eo epilepsiam excitat, Syl. Quibusdam ita ingratus est moschi odor, ut inde capitis dolorẽ incurrant, aut etiã morbum attonitũ: & mulieres quædam uteri præfocationem, Brasauol. Et rursus, Suauitate illa odoris multorũ capita aggrauãtur, & replentur. Calfacit cerebrum & desiccat, quũ fiunt sternutationes cum eo, idemq; cor roborat, Atabari & Mesarugie. Sternutationes de moscho paralysin iuuant, Constantin. Vtilis est sodæ (id est capitis dolori) ueteri, quã nimia humiditas comitatur, Mesarugie. Caputpurgium ex moscho cũ croco & pauca camphora, remedium est sodæ frigidæ: moschus etiã per se, propter uim resoluendi cõfirmandiq;, Auicen. Corporis stupefactioni & surditati medetur. Melancholiã (ex solicitudine, Auicen.) abigit, Auerrois. Timorem melancholicũ pellit, & animosos facit, Constantin. Miscetur collyrijs & aridis medicamentis ocularibus: abstergit enim albuginẽ subtilem, & noxium humorem desiccat, & roborat oculos, Auicen. Hachim eben Hunaim, Constantin. Aduersus nauseam medetur, & appetitũ restituit, Rasis. Crassos intestinorũ flatus resoluit, Auerrois. Contra suffocationẽ ex utero subuenit, Auerrois. Contra cerebri (ita ut ratum uidetur) & matricis præcipitationem, naribus applicetur: contra suffocationem autem matricis, suffiatur, Platearius. Quibusdam mulieribus uteri præfocationem affert, alijs in pesso contra hanc mirè prodest, Syl. Odore eius uterus mirè trahitur: propterea eius usus in pessarijs maximus est, præsertim in uteri strãgulatu, Brasauol. Vt menses educantur, & conceptus causa frigida impeditus promoueatur, moschus cum tryphera magna supponitur. Pessus etiã factus ex styrace calamita, ambra, & moscho non parum iuuat. Idem præstabit supposita lana xylina, oleo muscelino madens, in quo resolutus fuerit moschus, Platearius. Est in moscho humiditas quædam, quæ coitũ excitat, quòd si cum oleo cicino resolutus uirgæ illinatur, coitum promouet, Medici Persidis. Sic illitus coli, mirificè mulieres in Venerẽ prorritat, Brasauol. Moschus coitum auget, Auerrois. Hanc ob causam aliqui in medicamentum diasatyriõ moschũ adijciunt. ¶ Si parum musci mandatur, fœtorem oris palliat, Platear. Placet ex eo in tragematis oris commendatio, Al. Benedict. Muscardinas uocant hodie pharmacopolæ sacchar aqua rosacea moschata irrigatum, & in minutorum seminum formam crispa superficie redactum: uidetur autem præcipuè ad oris & halitus commendationem parari. In cibo facit (forte, pellit) oris fœtorem, Auicenna. Contra uirus axillarum, hircum uocant: Illinantur musco axillæ, & diligenter fricentur, bene palliat, Platearius.

H.

Moschus aromaticus nomen inuenit παρὰ τὸ ἐκ μέσου χεῖσθαι, quòd è medio (umbilico scilicet animalis) fundatur: uel à uerbo μῶ, quod est quæro, quòd ab omnibus requiratur: uel ab ὄζω, hoc est, oleo, fit oschos, & μ. litera abundante moschos; uel à priuatione fœtoris, κατὰ στέρησιν τῆς δυσωδίας. ὄζειν enim et bene & male olêre significat, (ut μ. litera priuationis loco forte præfixa sit) Etymolog. Moschi meminit & Phociõ grammaticus recentior, Herm. Ego in solo Etymologico (cuius authorẽ nõ Phocionem sed Micholum quendam esse alicubi legi) moschi odoramenti mentionem reperio, nec apud alium

quenquam grammaticorum. Moschũ aliqui dictũ putant, quia Gręci animal hoc ex quo moschus colligitur, uitulorum colorẽ habere iudicarũt, quos μόσχους appellant. Alij inquiunt ita appellari quia Græci primos stolones moschos uocant: moschus autem odoratus, est tanquã in eo animante stolo: sed uerisimilius est ab Arabica uoce misch Græcos deflexisse, Brasauolus, cui & ipse facile accedo.
¶ Et celebris suaui est unguine muscus Arabs, Alciat. ¶ Sunt ex plantis quæ moschũ olent. De angelica nostra in E. superius dixi: de dorcadiade uerò uel muscio, itẽ muscilio uel dorcide herbis, & iua moschata, in historia Capreæ. Alfengemisch, est ocymũ caryophyllatum, uel muscatũ, ut aliqui putant: nam misch Arabicè moschus est, Monachi in Mesuen. Solanum, tum cõmune, tum uesicariũ quoq;, ni fallor, sæpe mihi folijs suis moschum prorsus redolere uisa sunt. Est & herbula quædã rara, nec ulli adhuc descripta, quam circa Basileã & Lausannam reperi, locis opacis & pinguibus. Vix ultra sesquipalmũ assurgit, apij ferè folijs, tenera, flosculi parui & pallidi quaternis singuli foliolis, si rectè memini, summos coliculos coronant, mira proesus & peculiari ratione: sunt enim quaterni in circuitu laterũ, in uertice unus, omnes contigui: radix subest, parua, alba, denticulata, similis illi quã in Hessia saniculam albam uocant: sed hanc quoq; à nõnullis sic appellari audio. Superficies eius ipsissimum moschum olet, breui quidem & fugitiuo sed suauissimo odore. In summis etiã circa Sedunum Helueticis alpibu s, herbulã quãdam breuissimam roseis uel purpureis floribus inueni, moschi uel stactes potius aut styracis calamitæ odore: ut & satyrij genus digitatum, florũ capitulo coloris rubri adusti & nigricantis (quamobrem incolæ **brendli** uocitant, hoc est adustam) quo nihil unquã suauius mihi odoratus uideor, & ea quidem gratia quæ caput minime repleret. Rosa Damascena seu muscatella uulgò dicta inter syluestres annumerari potest: quam Auicẽna Canone 2. ca. 514. Nesrin uel nesrin, uel neserin nominat, ut Bellunensis interpretatur, cuius hæc sunt uerba: Nesrin est rosa odoris acuti, quę uulgò in Hispania & Barbaria rosa muscata dicitur. Damasci rosa nesrin uel neserin, & est species rosæ syluestris. Simon Ianuensis etiã, & Pandectarius, neserin uel nesrim, autoritate Alhaui dicunt esse rosam syluestrẽ & albam, quæ in frutice spinoso ut satiua nascatur. Serapio nersin uocat, & ab aliquibus rosam syluestrẽ et rosam Seni nominari scribit, Monachi in Mes. Alibi etiã nesrin rosam paruã, syluestrẽ, albam interpretantur: cui Auicẽna & Serapio eandem facultatẽ attribuũt qua pręditum est zambacum uel ieseminum, sed infirmius: ut in penuria olei zambacini, oleo de nesrin, id est rosis Damascenis uti liceat. Nersin, inquit Auicen. calidus & siccus est ordine tertio. Omnis species (pars) eius uim habet abstergendi & attenuandi, sed flos pręcipuè. Neruis frigidis prodest. Vermes aurium occidit: & tinnitum earum tollit. Dentium dolorẽ mitigat. Syluestris in hoc genere fronti in capitis dolore illinitur. Prodest gutturis & tonsillarum abscessibus. Drachmæ quatuor inde potæ, de syluestri præcipuè, uomitum & singultũ sistunt, Hæc Auicen. de nesrin. Sed cum planta sit calida & sicca in tertio, & eadem ferè quæ zambacum efficiat, rosis eam adnumerare non possumus: neq; enim ulla nobis rosarum species siue satiua siue syluestris cognita est, quæ tertio gradu calfaciat & illa præstet quæ plantã nersin præstare ex Auicenna nunc recitaui. Quamobrẽ aliam esse oportet rosam Damascenam siue muscatã uulgò in Italia dictam: cuius Matthæolus etiã meminit, perq; odoriferam esse scribens, colore albo, & uentri mouendo cæteris efficaciorem. Ego loco nersin ieseminũ uulgò dictum, aut leucoia potius quàm ullum rosarum genus usurpare malim. Nesrim, id est zambacum syluestre, calidum est et siccũ: & calidi temperamenti caput lædit, (& uel sanguinẽ è naribus aliquãdo odore suo elicit) Rasis. Idẽ apud Serapionẽ, Vidi, inquit, in Corasceni qui dabant foliorũ eius duas aut tres ad summum drachmas, unde uenter admodum mouebatur. Nersin est sicut narcissus, Auicenna & Aben Mesuai: ego narcissum hîc falsò legi uideo, siue authorum, siue interpretũ aut librariorum hæc culpa sit: nam neq; forma, cum sit frutex rosæ similis, aut saltẽ magnitudine par: neq; uires cum narcisso cõueniunt. Fieri quidẽ potest ut ea uox corrupta sit pro iesemino. Quanquã rursus in Narcisso etiã apud Serapionẽ scribitur, narcissum ea efficere quæ ieseminum. Sed legendũ est nersin nõ narces (sic enim narcissum uocant) ea præstare quæ ieseminum, ut Auicenna & Mesarugie docent. Serapio quidẽ uel citatus ab eo author, uocum affinitate facile falli potuit. Est aũt zambacum siue ieseminum frutex floribus odoratis, quẽ Galli & Itali etiãnum ieseminum appellant, docti quidã iasminum, & ungentum eiusdẽ nominis Dioscoridi descriptum ex floribus eius confici arbitrantur. Ego eundẽ fruticẽ Vergilij casiam esse puto, apibus gratam, ut pluribus in Apum historia docebo. Quod si nesrim ieseminum syluestre est, ut Rasis scribit, non rectè Auicenna huius plantę genus syluestre priuatim nominaret, satiuum etiã genus eius alterum esse intelligendum relinquens, cum de sambaco, id est iasmin (sic enim Bellunensis hæc uocabula scribit) seorsim agat. Scribit autem sambacum calidum & siccum esse ordine tertio, & oleum eius prodesse neruis frigidis, in senibus pręsertim, sed odore suo caput lædere, quod Dioscorides etiã de iasmino tradidit unguento. Sed siue sambacum syluestre hæc planta est, siue similis ei, sat fuerit intelligere eandẽ utriusq; facultatẽ esse, sambaci tamen efficaciorẽ paulò: & nullum pro eo rosarum genus substituendum. Rosæ quidẽ nomen (uocant enim nersin aliqui rosam agrestẽ, & rosam Seni, ut apud Serapionẽ legimus) nõ satis est ad probandum proprie dictæ rosæ hanc speciẽ esse: ut neq; uiolæ proprie dictæ genera sunt, quę uocantur leucoia Dioscoridis, & leucoion Theophrasti. Oleum de nersin utile est aduersus pleuresin ex atra bile, & uteri dolores, Aben Mesuai. ¶ Vinum quod uulgò muscatum uocant (nostri muscatellum,) præcipui odoris iucundissimiq; saporis est: mirumq; quomodo muscus etiamnũ in pyra quędã

minima

minima transierit, superba (ut dicũt) cognominata: parua hæc & ocyssima, sed ætate nostra & in maiora etiam serotina idem odor transiuit. Vuam albam ac nigram quoq; iam occupauit: in alios fructus non transiuit is odor: in pruna ac ficus à nobis frustra tentatum est, Alexander Benedictus lib. 10. cap. 10. operis sui practici, ut uocant.

¶ Reddunt interdum & feles syluestres (martes potius,) & mures, moschi odore recrementum, ut sæpe in dirutis agrorum ædificijs uidimus: sed id acceptum ferendum est odoratis fruticum cibis, quibus aluntur, Ruel. ego hæc animalia frutices minime depasci puto. Sed de marte, & mure moschardino, ut quidam appellant, suo loco dicetur. Moschiæ dicti lepores quidam sunt, quorum in uestigijs spiritum tanta ui sentire canes memorant, ut furere planè credantur, ut dixi in Lepore B.

10 ¶ Moschus in Calechut affertur ex regione Pego dicta, à qua distat quingentis millibus passuum, Ludouicus Romanus.

DE MVLO.

A.

MVLVS iumentum est, quod Hebraica lingua פרד pered nominat: unde fœmininũ פרדה pirdah, Regum 3.1. Dauid Kimhi scribit ex sententia R. Hai, pered animal à separatione sic dici, quod non pariat. Psalmo 32. pro Hebraica uoce pered, Chaldæus habet כודנא cudana, Arabs בעאל, beal. at Geneseos 36. pro iemim Hebraica uoce, (mulos pleriq; interpretãtur,) Arabicè legimus בגאל, kegal. Septuaginta hemionos. Ab hac uoce nominatus uideri potest burdo uel burdus Latinè: Porphyrio equum mannum siue mannulum interpretatur. Albertus Magnus uidetur muli genus intelligere ex equo natum & asina, hinnum uel hinnulum ueteres uocant, ut in hinni historia statim post asinum dixi: & nonnulla dicam mox in B. ימים iemim, Geneseos 36. Saadias & Salomon interpretantur peradim, id est mulos, similiter Steuchus & Sanctes: Hieronymus aquas calidas, alij onagros, &c. Vide supra in Asino H. h. Doctissimi quidem pleriq; mulos esse consentiunt, ut & D. Kimhi in libro radicum. רכש rekesch, alij equos præstantes nec dum annosos, aut uelocissimos, alij mulos esse putant: uide in Equo A. Achastranim Esther 8. Dauid Kimhi & alij mulos interpretantur. R. Salomon camelos ueloces, Hieronymus ueredarios, Septuaginta omittunt. Sed diuersa apud Hebræos muli nomina esse minus mirum, cum præter commune genus muli aliud quoddam peculiare in Syria habeatur, ut dicam in B. Apud Munsterum in Lexico trilingui pro mula scribitur pirdah, & perutijah, פרוטיה. Græci mulum ἡμίονον dicunt, & alio nomine astraben, quæ uox nonnihil ad achastran Hebraicam uel Arabicam accedit. Hemionos quidem semiasinum sonat, quod mulus altero tantum parente asinus sit, altero equus, in pluribus tamen asini quàm equi naturam sequi uidetur. Italis, mulo. Hispanis, similiter: fœmina, mula, ut Latinis. Gallis mulet, fœmina mule. Angli à Gallis mutuantur a mule. Germanis, **multhier** uel **mulesel.** Illyrijs mezeck.

B.

Sunt in Syria, quos mulos appellant, genus diuersum ab eo, quod coitu equæ & asini procreatur, sed simile facie, quomodo asini syluestres, similitudine quadam nomen urbanorum accepere. & quidem ut asini illi feri, sic muli præstant celeritate. Procreant eiusmodi mulæ suo in genere. cuius rei argumento illæ sunt, quæ tempore Pharnacæ patris Pharnabazi in terram Phrygiam uenerunt, quę adhuc extant. tres tamen ex nouem, quot numero olim fuisse aiunt, seruantur hoc tempore, Aristoteles. Et alibi, In terra Syria super Phœnicem mulæ & coëunt, & pariunt omnes: sed id genus diuersum est, quanquam simile. Theophrastus uulgò parere in Cappadocia tradit, (quod in Aristotelis quoq; Mirabilibus legitur) sed esse id animal ibi sui generis, Plinius. In India equarum & asinorum greges sunt, & asinos equæ facillimè admittunt, & rubros mulos pariunt, ad currendum præstantissimos, Aelianus. Apud Indos Psyllos (nam sunt etiam alteri Africi) arietibus non maiores equi gignuntur: asini quoq;, muli, & boues minimi, Aelianus. ¶ In terra Scythica neq; asinus neque mulus gignitur, ac ne ullus quidem uisitur propter frigora, Herodotus libr. 4. Et paulò superius cum idem scripsisset, subdit: Quo magis miror cur in omni Eleo agro muli nequeant gigni, cum neque locus sit frigidus, neq; ulla alia causa appareat. Aiunt Elienses ipsi ex imprecatione quadam id sibi contigisse, (idem ex Herodoto Eustathius repetit:) cumq; tempus aduentat conceptus equarum, se in loca finitima illas educere: Ibi postquam admiserint asinos dum equæ conceperint, tunc rursus eas reducere. Plura uide supra in Equo C. ¶ Mulus natura sua asinum magis quàm equum refert, burdo autem contra. quamobrem mulus asini uocem reddit, burdo equi. uterq; ex dissimilis naturæ semine generatur, ideoq; sterilis est, Albertus. Videtur autem innuere burdonem ex asina & equo gigni, (ueteres hinnum uel hinnulum uocabant:) ut mulus ex equa & asino, quanquam Alunnus, Burdo (inquit) uel hinnulus, Italis mulo bastardo (id est mulus spurius) dicitur, ex equa & asino nascens. Burdonem è genere mulorum esse Sextus Empiricus etiam manifestè innuit, eodem in capite ex mulo pariter & burdone remedia numerans: ubi & Humelbergius burdonem hinno eundem facit in suis enarrationibus. Adde quod remedia quædã ex burdone scripta à Sexto, alij de mulo similiter scribunt. Ginni apud Aristotelem deminuta forma equi dicuntur: quos & gygenios ab Strabone nuncupari putant nonnulli, quanquã & mulorũ genus sic in Liguria uocet, Cęlius. Musimon, asinus, mulus, aut equus breuis, Nonius. Mulus habet quædã asini propria, auriculas lõgas, uocem, crucem in humeris, pedes exiguos, & corpus macilentum: reliqua uerò ut habet equus, Liber de nat. rerum. ¶ Muli nigricant colore: cardinales in Italia cinericei ferè coloris ut audio, comparant, eosdemq; magnos & caudatos. Asinis & mulis procomij loco ad oculos defendendos aures datæ sunt longiores, Xenophon. Mulo dentes mutantur, Aristoteles. Asinus & mulus dentes habent triginta sex, καὶ τὰς προσφυεῖς, id est itemq; agnatos uel annexos, ut Ruellius uertit, Absyrtus cap. 95. Ceruix mulorum & asinorum non est erecta ut equorum, etiamsi longa sit, Varinus in ἐριαύχενες. In equorum & mulorum quorundam corde inuentum est os, Hierocles. Mulus & omnia solipeda felle carent, & uentrem habent simplicem, Aristoteles & Plinius. De uuluis mularum, uide in C. in causa sterilitatis earum.

C.

Equi, muli, & asini fruge herbaq; uescuntur, sed maximè potu pinguescunt, Aristoteles. Quidam præcipiunt equum admissarium eodem ritu quo mulos saginandum esse, Columella. Quî fiat quòd

quòd equi dum bibunt caput aquæ ad oculos usq; immergāt, muli uerò & asini extrema tantum labra, Hier. Garimbertus quærit quęstione 45. Rododaphnæ flores & folia, mulis, asinis, & quadrupedum plurimis uenena sunt, Dioscorides. ¶ Muli & asini uolutationi indulgent, ut ita scilicet à lassitudine recreentur. ¶ Viget & equus & mulus (Aristotele teste) à dentium ortu: cumq; prodierint omnes, non facile ætatem dignoueris: quatenus tamen dignosci possit in mentione equorum explicatur. Mulæ maiores & uiuaciores sunt quàm mares muli, Aristot. Et alibi, Serius fœmina senescit quàm mas. Nonnulli fœminam profluuio urinæ purgari aiunt: marem olfactu urinæ prius senescere. Et rursus, Vita mulis ad annos multos, iam quidam uel octogesimum annum potuit agere, cum templum ædificaretur Athenis, de quo plura in e. ¶ Mulus asini, burdo equi uocem reddit, Albertus.

¶ Obseruatum, è duobus diuersis generibus, tertij generis fieri, & neutri parentum esse similia: eaq; ipsa quæ ita nata sunt, non gignere, in omni animalium genere, idcirco mulas non parere, Plin. Mulas Democritus non parere ait: nec enim similes alijs uuluas animalibus habere: itemq; ex diuersis animalibus procreatas minimè concipere quire, Aelianus interprete Gillio: sed non rectè fortassis ex Aristotele hæc transcripta sunt, cuius mox uerba recitabo. Author obscurus libri de nat. rerum, mulorum genus sterile esse ait, quoniā ex diuersæ naturæ seminibus oriatur: frigidum enim esse asini semen, equi calidum. Aristoteles libro 2. de gener. anim. cap. ultimo, mulos tantum inter ea, quæ ex diuersæ speciei parentibus gignantur animalia (ut sunt lupi, uulpes, canes: perdices & gallinæ, &c. de quibus penultimo capite dixerat: Coëunt animalia etiam quorum genus diuersum quidem, sed natura non multum distat, si modo par magnitudo sit, & tempora æquent grauiditatis, &c.) steriles esse scribit. Cuius rei causa, inquit, non bene ab Empedocle & Democrito redditur. Obscurè Empedocles, planius Democritus scribit: sed neuter bene. Afferunt enim (eandem) demonstrationē æquè de omnibus, quæ præter suam cognationem coëant. Democritus meatus mulorum corruptos in uteris dicit, quoniam non ex cognatis principium eorum consistit. Sed id cum alijs etiam animalibus accidat, tamen nihilominus possunt generare, ut paulò ante dictum est. Empedocles (eiusdem aliam opinionem inferius ex Plutarcho adferam) misturam seminum causatur, quæ densa ex molli utraq; genitura consistat: caua enim & densa coaptari uicissim, fieriq; ex ijs, durum ex mollibus, ut si æs stanno misceatur. Sed hæc & ineptè & supra hominis captum dicuntur: (& quæ sequuntur, quæ idcirco omitto, quòd partim obscura, partim logica magis quàm physica sint.) Relictis igitur hisce nimium uniuersalibus & inanibus causis: ex ijs quę in genere tum equorum tum asinorum insunt, considerando potius acceperis causam: primum enim utrunq; eorum singularem parit fœtum ex sui generis maribus: tum fœminæ non semper concipere possunt: & quidem equi interposito tempore admittuntur, quoniam ferre continuè nequeant. Item equa menstruosa nō est: imò minimum inter quadrupedes emittere solet: asina conceptus incontinens est, genituram utiq; iniectam emingit. Deinde cum asinum docuisset animal esse frigidum, semen quoq; genitale eius, inquit, frigidum esse necesse est. Cuius rei indicium, quod si equus superuenerit asinam, quam inierit asinus, non peruertet asini initum (ut Plinius etiam scribit:) sed si asinus superuenerit equam, quā equus inierit, peruertet, propter seminis sui frigiditatem. Cum igitur inter seipsa iunguntur, seruatur semen propter alterius calorem: calidius est enim ab equo quod secernitur: nam asini & materia & genitura frigida est, equi calidior est: cum autem mistum uel calidum cum frigido, uel frigidum cum calido est, euenit ut conceptus ex ijs seruetur, eaq; uicissim ex seipsis fœcunda sint. At uerò quod ex ijs prodijt, infœcundum ad perfectam fœtificationem est. Omnino cum utrunq; aptum propensumq; sit ad sterilitatem: sunt enim in asino, tum ea quæ diximus: tum etiam, ut nisi à prima dentium mutatione (priusquam dentes pullinos iaciat, Plinius) generare incipiat, nunquam pòst generet, sed sterilis omnino perduret: ita in exiguo continetur generandi uis corporis asinini, facillimeq; labitur ad sterilitatem. Equus etiam simili modo idoneus est ad sterilitatem, tantoq; deest ut sterilis sit, quanto, ut quod ex ipsis prodierit semen frigidius reddatur: quod tunc efficitur, cum asini excremento (semine) miscetur. asinus quoq; parum deest quin sui generis initu sterile generet. Itaq; cum accesserit quod præter naturam est, si ante uix unum partu naturæ legitimum poterat generare, iam quod peregrinum ex ijs prodijt sterilius, nihil deerit ut sterile sit, sed necessariò sterile erit. Euenit etiam ut corpora mulorum magna efficiantur, quoniam menstruorum decessus (ἀπόκρισις, id est excretio) ad corporis incrementum uertatur. Cumq; partus eorum annuus sit, non modo concipiat, sed etiam enutriat mula opus est: quod fieri non potest sine menstruis. mulis autem menstrua desunt, sed quantum inutile est, cum excremento uesicæ abigitur: (Vnde fit, ne muli genitale fœminarum, ut alia solipeda, sed ipsum excrementum olfaciant.) reliquum in corporis incrementum & magnitudinem uertitur. Itaq; concipere quidem aliquando mula potest: quod iam factum est, sed enutrire atq; in finem perducere non potest. Mas generare interdum potest, quoniam & calidioris naturæ quàm fœmina mas est, & nihil corporis per coitum confert ad generationem: quod autem facit ginnus est (de quo paulò inferius dicetur,) Hæc omnia Aristoteles. Quadrupedibus tantum uiuiparis menstrua contingunt, nisi quid læsum per generationem sit, ut mula, Aristot. Aegyptij ut mulierem sterilem significent, mulam pingunt: hæc enim ideo est sterilis, quia matricem habet obliquam, Orus. Aristotelis de mulorum sterilitate sententiam ab Alexandro Aphrodisiensi nō animaduersam miror; is enim eandem quam Ari

Xx 2

stoteles refellit, opinionem profert, Problematum suorum libro primo, his ferè uerbis: Mulæ steriles uidentur, quoniam ex animalibus constant specie diuersis: mistio enim seminum, quæ tam habitu, quàm natura inter se discrepant, aliud quippiam præter uires suorum simplicium conficit, & naturam eorum penitus abolet: quemadmodum albi & nigri mistio, abolitis extremis coloribus alium pariit colorem fuscum nominatum, qui neuter extremorum est: igitur habitus genitalis aboletur, & specierum habilitas omnis destruitur, quæ creatrix certi indiuidui est, Hæc ille. Mihi quidem hæc ratio etiam contra Aristotelem defendi posse uidetur: nam cætera animalia, quæ ex diuersis specie parentibus nascuntur, ut canes è cane & lupo aut uulpe: & accipitres ex accipitribus specie diuersis, & gallinæ ac perdices, ideo non sterilia forte fuerint, quòd parentes eorum quamuis specie diuersi, natura tamen non adeò differant quantum equus & asinus, eorumque semina: de quibus etiam Aristoteles ipse testatur, hoc frigidum, illud calidum esse. Alcmæon (ut refert Plutarchus de placitis philosophorum 5.14.) mulos mares steriles esse scribit, propter tenuitatem, hoc est frigiditatem seminis. Fœminas uerò, quòd uteri earum occlusi sint, neque dehiscant (acetabulis scilicet unde sanguis menstruus funditur in alijs animalibus non apertis.) Empedocles uero (cuius aliam opinionem ex Aristotele paulò ante retuli) propter uterum nimis paruum, eundemque humilem & angustum, & obliquo situ (κατεστραμμένως) uentri adnatum, ita ut semen non rectà inijci possit: & si posset, non tamen contineatur. Huic assentitur Diocles, sæpe in dissectionibus talem sibi uisum scribens mulorum uterum, ac uerisimile esse eandem sterilitatis causam in mulieres quoque cadere. Mula quoque iam facta grauida est, sed non quoad perficeret atque æderet prolem, Aristoteles. Et alibi, Mula aliquando gemellos peperit, quod ostenti loco habendum est. Mula si gemellos peperit, ostentum dirum pestemque denũciat, Alexander ab Alexan. Est in Annalibus nostris peperisse sæpe, uerum prodigij loco habitum, Plin. Cum Darius Babylonem obsideret, Babylonij nihili pendere obsidionem: nam conscensis propugnaculis tripudiare, probraque ingerere Dario atque exercitui: quorum quidam ita inquit: Quid istic desidetis Persæ, quin potius abceditis, tunc expugnaturi nos, cum pepererint mulæ. Hoc quidã Babyloniorum dicebat, credens nunquam parere mulam. Anno ac septem mensibus obsidione consumptis, &c. Zopyro Megabyzi filio hoc contigit portentum, ut quædam mularum eius, quæ iumentum subuectabant, pareret: quo ostento cõmotus ille cum recordaretur eorum quæ Babylonius ille dixerat, ut ipse tanti facinoris author fieret, tanquã omnino fatalis, naso & auriculis seipsum mutilans, Dariũ cõsilijs instituit de capiẽda Babylone: ipse trãsfugã se simulãs, & à Dario mutilatũ quòd suasisset ei à Babylone tanquam inexpugnabili recedere, cum post aliquot præclara eius aduersus Persas facinora, dux exercitus & murorum custos creatus esset, urbem Dario prodidit, ut pluribus recenset Herodotus libro 4. Et rursus libro septimo, Cum Xerxes, inquit, aduersus Græciam proficiscens cum exercitu Hellespontum traiecisset, mula mulum edidit, ancipitia genitalia habentem, maris & fœminæ, sed maris superiora. Pariunt aliquando mulæ in terris ualde calidis, in quibus exterior calor frigiditatem asini temperat interiorem, Albertus: quam eius opinionem ipse non probo, nec quo nitatur authorem habet, nisi forte Varronem, cuius iam uerba recitabo. quod si iusta hęc causa est, cur aliquæ tantum & raro, non omnes quæ eodem calore ex æquo fruuntur ijs in terris pariunt? Romæ aliquoties dicitur peperisse mulam. Mago sanè & Dionysius scribunt mulam & equam cum conceperint, duodecimo mense parere. Quare non, si hic in Italia cum peperit mula sit portentum, adsentiri omnes terras. Neque enim hirundines & ciconiæ, quæ in Italia pariunt, in omnibus terris pariunt. Non scitis palmas, cariotas in Syria parere, inuectas in Italiam non posse? Hæc Varro. Quidam nõ dissimulandi authores, ut M. Varro, & ante eum Dionysius ac Mago prodiderunt, mularum fœtus regionibus Africæ adeò non prodigiosos haberi, ut tam familiares sint incolis partus earum, quàm sint nobis equarum, Columella. In terra Syria super Phœnicem, & in Cappadocia, mulas parere aiunt: sed genus diuersum est, quanquam simile, ut in B. retuli. ¶ Mulæ Democrito non naturæ opus, sed humanæ machinationis adulterinum inuentum & furtum esse uidentur: nam cum Medus quidam asinus uim equæ inferens, fortuitò grauidam reddidisset, homines postea huius uiolentiæ discipuli facti, in consuetudinem procreandi adduxerunt, Aelianus. Apud Venetos Paphlagoniæ urbem mulorum genus primum excogitatum & inuentum est, Scholia in Homeri Iliadis secundum. Geneseos 36. legimus, quòd Ana socer Esau dum pascit asinos patris sui in deserto, inuenerit ימים iemim, id est mulos, ut plerique interpretantur (alij uero aliter, ut in Asino scripsi in h.) Sunt qui arbitrentur onagros ab hoc primum admissos esse ad asinas, ut uelocissimi ex his asini nascerentur, qui uocantur iamim. Plerique putant quod equarum greges ab asinis in deserto ipse curauerit primus inscendi, ut mulorum inde noua contra naturam animalia nascerentur.

¶ Asini opera sine dubio geruli mirifica, arando quoque, sed mularum maximè progeneratione, Plinius. Ex equa & asino fit mulus: contra ex equo & asina hinnus: utrique enim bigeneri atque insititij, non suopte genere ab radicibus, Varro & alij, ut pluribus dicam inferius. Ex asino & equa mulus gignitur mense duodecimo, Plinius & Absyrtus. ¶ Si quem mulorum genus creare delectat, equam magni corporis, solidis ossibus, & forma egregia debet eligere: in qua non uelocitatem, sed robur exquirat. Aetas à quadrima usque ad decennem huic admissuræ iusta conueniet, Palladius. Ad tales partus equas neque quadrimis (trimis, Palladius, & Absyrtus apud Constantinum) minores, neque decennibus maiores legunt, Plinius. In educando genere mularũ antiquissimum est diligenter exquirere,

exquirere, atq; explorare parentem futuræ prolis fœminam, & marem: quorum si alter non est idoneus, labat etiam quod ex duobus fingitur. Equam conuenit in annos decem, quousq; amplissimæ atq; pulcherrimæ formæ sit, membris fortibus patientissimã laboris eligere, ut discordantẽ utero suo generis alieni stirpem insitam facile recipiat, ac perferat, & ad fœtum non solum corporis bona, sed & ingenij conferat: nam cum difficulter iniecta genitalibus locis animentur semina, tum etiã concepta diutius in partum adolescunt, ut quæ peracto anno mense tertiodecimo uix edůtur, natisq; inhæret plus socordiæ paternæ, quàm uigoris materni. Veruntamen ut equæ dictos in usus minore cura reperiuntur, ita maior est labor eligendi maris, quoniã sæpe iudicium probantis frustretur experimentum, Columella. Creantur ex equa & asino, uel onagro & equa. Sed generosius nullum est huiusmodi animal, quàm quod asino creante nascetur. Vtiles tamen admissarij nascentur ex onagro, et asina: qui post in sobole secutura agilitatem, fortitudineq; restituant, Palladius. Onagro & asina genitus mulus omnes antecellit, Plinius. Et alibi, Generantur ex equa & onagris mansuefactis mulæ ueloces in cursu, duritia eximia pedum: uerum strigoso corpore, indomito animo, sed generoso. Mula non solum (inquit Columella) ex equa & asino, sed ex asina & equo (hinnum alij uocant,) itẽq; onagro & equa generatur. Neq; tamen ullum est in hoc pecore, aut animo, aut forma præstantius, quàm quod seminabit asinus: quanquam possit huic aliquatenus comparari, quod progenerat onager, nisi & indomitum, & seruitio contumax syluestri more, strigosum, patris præferat habitum. Itaque eiusmodi admissarius nepotibus magis, quàm filijs utilior est: nam ubi asina & onagro natus admittitur equæ, per gradus infracta feritate quicquid ex eo prouenit, paternam formã & modestiam, fortitudinẽ, celeritatemq; auitam refert. Qui ex equo & asina concepti generantur, quamuis à patre nomen traxerint, quòd hinni uocantur, matri per omnia magis similes sunt. Itaq; cõmodissimum est asinum destinare mularum generi seminando, cuius (ut dixi) species experimento est speciosior. Veruntamen ab aspectu non aliter probari debet, quàm ut sit amplissimi corporis, ceruice ualida, robustis, ac latis costis, pectore musculoso et uasto, feminibus lacertosis, cruribus compactis, coloris nigri uel maculosi: nam murinus cum sit in asino uulgaris, tum etiam non optime respondet in mula: neq; nos uniuersa quadrupedis species decipiat, si qualem probamus, conspicimus. Nam quemadmodũ arietum, quæ sunt in linguis & palatis maculæ, plerunq; in uelleribus agnorum deprehenduntur, ita si discolores pilos asinus in palpebris, aut auribus gerit, sobolem quoq; frequenter facit diuersi coloris: qui & ipse etiam si diligentissime in admissario exploratus est, sæpe tamen dominum decipit: nam interdum etiam citra prædicta signa dissimiles sui mulas fingit: quod accidere non aliter reor, quàm ut auitus color primordij seminis mistu reddatur nepotibus, Hucusq; Columella. Admissarius asinus (inquit Palladius) sit huiusmodi, corpore amplo, solido, musculoso, strictis & fortibus membris, nigri uel murini maxime coloris, aut rubei: qui tamen si discolores pilos in palpebris, aut auribus geret, colorẽ sobolis plerunq; uariabit. Qui mularum generi seminando (inquit Absyrtus) destinabitur asinus, hac corporis forma sit oportet: habitu magno, quadratis membris, uasto capite, non equino: facie, genis, item & labris ingentibus: non exiguis oculis, neq; cauis: naribus patulis, neq; constrictis: auribus (non paruis) nec flaccidis, sed arrectis: (ὦτα μὴ μικρὰ, μηδὲ ἐκλαμβῆ.) ceruice lata, neq; breui: lato & musculorum toris denso pectore, & ad sustinendos (equarum infestarum) calcitratus robusto: grandibus scapulis, ac partibus quæ humeris subiacent, aut supra genua sitæ sunt, crassis, ualentibus, corpulentis, & quàm maximè distantibus: siquidem opus est cum superuenit, ut fœminam facile complecti possit: grandi dorso, spina lata, neq; gibberi neq; caua, angustam lineam in rectum ferente: humeris non subsidentibus, sed eminulis: excelsa armorum compagine & æquabili, ita ut prominentiam litura distinctam habeat, (καὶ τ. ἐν αὐτῇ κατάγραφον κόκκυγα. quæ autem pars coccyx uocetur, docui in equo B. catagraphon autem forte dicit, quòd sæpe eo in loco genitiua quædam nota reperiatur, à qua & equi ἀετογενεῖς uocantur) eandemq; latam (Ruellius pro πλατὺν, legit ὀσφὺν, uertit enim lumbis plenis, quos tamen oblongos esse, quod hîc requiritur, non conuenit: nam equum Xenophõ hoc magis laudandum scribit, quo breuiores fuerint lumbi) plenam, oblongam, nec in arctum strangulatam. Sit etiam pectore latè costato, coxendicibus magnis & æqualibus, non substrictis clunibus, (μὴ παράγλωττος) nec in acutum porrectis. Magis placent qui cauda sunt breuiore: feminibus insuper esto compactis, breuibus, lacertosis, neq; extrorsus auersis, cæterum diuaricatis: sic enim firmior erit ἐν τῇ ἀναβάσει, (hoc est in equitatione & progressione: nam & Xenophon equum laudat, qui habeat μηροὺς τοὺς ὑπὸ τῇ οὐρᾷ πλατείᾳ τῇ γραμμῇ διωρισμένους. οὕτω γὰρ γοργοτέραν ἅμα καὶ ἰσχυροτέραν ἕξει τὴν ὑπόβασίν τε καὶ ἱππασίαν.) tales etiam rubustiores sunt, quàm σύμμηροι, hoc est illi quibus femora penè committuntur. Esto præterea testibus magnis, paribus: genibus magnis & rotundis, tibijs & cruribus uescis, (id est non magnis) osseis ferè & excarnibus, magisq; neruosis, minimè uaris (βλαισοῖς) neq; discolore tæniarum cinctu uerticillatis, calcibus (mesocynijs, de quibus in Equo dixi) neq; præter modum altis, neq; nimium depressis: sed nec nixus talis ingrediatur, (μηδὲ κυνοβάτης ἔστω.) pedibus uatijs, non introrsum contortis, nec humilibus, (ἐχέτω δὲ πόδας μὴ σκαύρους, μηδὲ ταπεινούς.) ungula crassa, (dura Ruellius) subter concaua, interiore sinu paruo, quem chelidóna uocant. Porrò uoce non retusa, sed clara rudat: hoc enim quoq; confert, ut sic deterreatur equa, & facilius morigeram admissario se præbeat. Speciosiores sunt asini, quorum color splendidus est, & in purpuram spectans: item qui in facie albi non fusci sunt: (Ruellius uertit, idq; si nigram, nec ullatenus in fuscum uergentem maculam fronte

Xx 3

gerant.)Longè omnium pulcherrimi nigri habentur,qui non incanum uentrem,sed concolorem habent.Cui pulla in ore macula subest,(Cui os intrinsecus nigrum fuerit,)& lingua nigricans,is consimilis (nigri)coloris sobolem haud dubie generabit. Qui ex candido colore in cinereum canescunt (λευκόψαροι)quos uocant morones(μώρωνας,)ij ad admissuram non accersantur. siquidem colores nullo in pretio habiti magna ex parte reddentur soboli, Hactenus Absyrtus in Hippiatricis capite 14. Ruellio ferè interprete:nos quidem nonnulla mutauimus Grecum codicē excusum secuti. Asinos admissarios(inquit idē Absyrt.)eligemus,qui cum equis educati sint.Nōnulli pulchrè facientes agrestes asinos mansuefaciunt:est ex illis propagatio prolis optima,quòd liberè pasti illi et non inclusi fuerint. Mitescit sanè maximè hoc animal,admodumq́ obsequitur secundum omnia, non aliter quàm mansueti asini.nec unquam sicuti animalia cætera,ubi semel cicuratum est,efferatur. Iam uerò fœtus ab hoc animali æditi,ipsi quàm simillimi euadunt.Porrò ad mulos procreandos admissio fieri debet paucis diebus ante solstitium æstiuum. Curandum est autem ut asini inscensuri eleganti forma sint præditi:talis siquidem & proles erit.Itaq; uenustatis quidam studiosi, asinum aut equum aut alterius generis admissarium,tali amiciunt stragulo,quali fœtum uolunt nasci colore tinctum, Absyrtus:Vide in Equo C. Multi admissarij (inquit Columella) specie tenus mirabilissimam sobolem forma,uel sexu progenerāt.Nam siue parui corporis fœminas fingant, siue etiam speciosi plures mares quàm fœminas,reditum patrisfamiliæ minuunt. At quidam contempti ab aspectu,pretiosissimorum seminum feraces sunt.nonnunquam aliqui generositatem suam natis exhibent,sed hebetes uoluptate,rarissimè solicitantur ad uenerem;huiuscemodi mari sensim magistri subadmouere debent generis eiusdem fœminam,quoniam similia similibus familiariora fecit natura. Ita enim efficitur, ut eius obiectu, cum mas etiam superiectu eblanditus est,uelut incensus & obcæcatus cupidine, subtracta,quam petierat,fastiditæ imponatur equæ.(Idem ex Columella Palladius repetit.) Est & alterū genus admissarij furentis in libidinem,quod nisi astu inhibeatur,affert gregi perniciem. Nam & sæpe uinculis abruptis grauidas inquietat,& cum admittitur ceruicibus dorsisq́ fœminarum imprimit morsus:quod ne faciat,paulisper ad molam uinctus amoris sæuitiam labore temperat, & sic ueneri modestior admittitur. Nec tamen aliter admittendus est etiam clementioris libidinis, quoniam multum refert naturaliter sopitum pecudis ingenium modica exercitatione concuti, atq; excitari, uegetioremq́ factum marem fœminæ iniungi,ut tacita quadam ui semina ipsa principijs agilioribus figurentur,Hæc Columella. Libycorum asini maximi non equas comatas superueniunt, sed duntaxat tonsas:nec enim has cum ornamento superbientes harum rerum periti aiunt eiusmodi maritos pati, Aelianus. Igitur qualem descripsi asellum,cum est à partu statim genitus, oportet matri statim subtrahi,& ignoranti equæ subijci,ea optime tenebris fallitur. Nā obscuro loco partu eius amoto,prædictus quasi ex ea natus alitur. Cui deinde cum decem diebus insueuit equa, semper postea destinanti præbet ubera.Sic nutritus admissarius equas diligere condiscit.Interdum etiam, quamuis materno lacte sit educatus,potest à tenero conuersatus equis familiariter earum consuetudinem appetere, Columella. Pullum asininum à partu recentem subijciunt equæ, cuius lacte ampliores fiunt,quod id lac quàm asininum ac alia omnia dicunt esse melius.Præterea educant eum paleis,fœno,ordeo, Varro. Asinum ab equa,& equum ab asina arceri aiunt, nisi in infantia eius generis quod ineant lacte hausto.Quapropter subreptos pullos in tenebris equarū uberi, asinarūmue equuleos admouent,Plinius. Asinos qui equas suxerint,Aristoteles hippothelas uocat. Equa cum ex asino conceptum edidit,partum sequenti anno uacua nutrit.id enim utilius est, quàm quod quidam faciūt,ut & fœtam nihilominus admisso equo impleant, Columella. Matri supposititi æquoque inseruiunt,quo equa ad ministerium lactis cibum pullo præbere possit. Hic ita educatus ab initio potest admitti.neq; enim eum aspernantur propter consuetudinem equinam, Varro. Annicula mula rectè à matre repellitur,& amota montibus aut feris (asperis) locis pascitur, ut ungulas duret,sitq́ postea longis itineribus habilis,Columella & Palladius. Asinarum pullos equabus subrumare oportet.sic enim & lacte fruentur meliore, & equino generi assuescent, diligētq́. lactabuntur autem ad biennium,Absyrtus. Asinum minorem si admiseris,& ipse citius senescit,& quæ ex eo concipiuntur fiunt deteriora.Qui non habent eum asinum quem supposuerunt equæ, & asinum admissarium habere uolunt,de asinis quenq; amplissimum & formosissimum quem habere possunt, eligunt:quiq́ seminio natus sit bono Arcadico,ut antiqui dicebant: ut nos experti sumus,Reatino, ubi tricenis ac quadragenis millibus H.S.admissarij aliquot uænierunt. Quos emimus itē ut equos stipulamur in emendo,ac facimus in accipiendo,ut dictum est in equis.Hos (admissarios) pascimus præcipuè fœno atq; ordeo,& id ante admissuram largius facimus,ut cibo suffundamus uires ad fœturam: eodem tempore quo equos adducentes,ijdemq́ ut ineant (per) perorigas curamus,Varro. Asinum non oportet(inquit Columella)minorem quàm trimum admitti. Atq; ipsum si concedatur, uere fieri conueniet,cum & defecto uiridi pabulo, & largo ordeo firmandus, nonnunquam etiam saliuandus erit.Nec tamen teneræ (temere, fortassis) fœminæ committetur : nam nisi prius ea marem cognouit,adsilientem admissarium calcibus proturbat,& iniuria depulsum etiam cæteris equis reddit inimicū.Id ne fiat,degener & uulgaris asellus admouetur, qui solicitet obsequia fœminæ: neque is tamen inire sinitur.Sed,si iam est equa ueneris patiens,confestim abacto uiliore, pretioso mari iungitur.Locus est ad hos usus extructus(machinā uocant rustici)qui duos parietes aduerso cliuulo inædi-

inædificatos habet, & angusto interuallo sic inter se distantes, ne fœmina colluctari, aut admissario ascendenti auertere se possit. Aditus est ex utraque parte, sed ab inferiore clatris munitus, ad quæ capistrata imo cliuo constituitur equa, ut & prona melius ineuntis semina recipiat, & facilem sui tergoris ascensum ab editiori parte minori quadrupedi præbeat, Hæc Columella. Conceptum ex equo secutus asini coitus (quod & Aristoteles scribit) abortu perimit: non item ex asino equi, Plin. Idem superius ex Aristotele retuli. Lactare (equam) mulum semestre temporis spatium referunt, mox sugi non pati: ui nanque humorem trahi, & cum dolore. equo autem plus temporis tribuunt, Aristoteles. Cum peperit equa, mulum, aut mulam nutricantes educamus. Hi, si in palustribus locis, atque uliginosis nati, habent ungulas molles. Iidem si exacti sunt æstiuo tempore in montes, quod fit in agro Reatino, du-
10 rissimis ungulis fiunt. In grege mulorum parando, spectanda ætas, & forma. Alterum ut uecturis sufferre labores possint, alterum ut oculos aspectu delectare queant. Hisce enim binis coniunctis omnia uehicula in uijs ducuntur. Hęc me Reatino authore probares mi Attice, nisi tu ipse domi equarum greges haberes, ac mulorum greges uendidisses, Varro.

¶ Mulus mas septennis duntaxat generat, ut aiunt: fœmina improlis omnino est, quia perducere ad finem quod cōceperit nequeat: sed mas generare interdum potest, quoniam & calidioris naturæ quàm fœmina mas est, & nihil corporis per coitum confert ad generationem: quod autem facit, ginnus est, quod mulus oblæsus & pumilus est, ut in porcis metachœrum, Aristoteles. Et alibi, Mulus superuenire coireque incipit missis dentibus primis: sed septennis implere potest, etiam cum equa coniunctus innum (γίννον) procreauit: post deinde superuenire non solet. Et rursus hist. anim. 6.
20 24. Prodeunt quos ginnos uocant ex equa, cum in gerendo utero ægrotauit, more pumilionum in ordine hominum, aut porcorum deprauatorum in genere suum, quos posthumos (μετάχοιρα) nuncupaui. & quidem ut pumilio, sic ginnus modum suo genitali excedit. In plurium Græcorum est monumentis, cum equa muli coitu natum, quem uocauerint hinum, id est paruum mulum, Plinius. Hinnos uel hinnas sub quo sensu accipere debeamus Varro designat: ait eñ ex equis & mulis qui nascantur hinnos uocari, Nonius. De mulis pomilijs siue pumilis distichon Martialis, His tibi de mulis non est metuenda ruina, Altius in terra penè sedere soles. Ferrariæ in aula principis inter peregrina animalia asellos quoque pumilos ali ante aliquot annos audiui. Ex equo & asina geniti quamuis à patre nomen traxerint quod hinni uocantur, matri per omnia magis similes sunt, Columella. Hinnus (inquit Varro) ex equo & asina procreatus, minor est quàm mulus corpore, plerun-
30 que rubicundior, auribus ut equi, iubam & caudam similem asini habet: hos etiam ut equulos educant & alunt. Hoc animal, ut supra dixi, Albertus burdonem uocare uidetur: scribit enim, Vt mulus sic & burdo sterilis est. hic equum magis refert (in quo contrarius est Columellæ uerbis paulò ante recitatis) & uocem ædit equi: ille asinum. Sed de hinno, ginno, ac similibus uocibus, & burdone etiam, multa scripsimus supra statim post Asinum: uide etiam in primo capite præsentis historię. Equo & asina genitos mares hinulos antiqui uocabant: contraque mulos, quos asini & equæ generarent, Plinius. Columellæ muli nomen communius est, ad tria animalia: Mula, inquit, non solum ex equa & asino, sed ex asina et equo, itemque onagro & equo generatur. Inuenio et quartum muli genus, ex asina & tauro, quod Gratianopoli, ut audio, reperitur, & Gallica uoce iumar nominatur. Sed & Plinius alibi mulam appellat, non hinulum, quæ ex equo & asina gignatur, sed effrenis (in-
40 quit) & tarditatis indomitæ. Præstat equam ab asino conscendi, quàm asinam ab equo, Absyrtus.

¶ Ad morbos particulares in equis, asinis, & mulis, sanguinis detractione utendum est, Hippocrates in Geoponicis libro 16. Medicina per farraginem pro equis & mulis, ex Hippiatricis Græcis nobis recitata est in equo C. Equi, muli, & oues in Scythia sæpe per summum frigus moriuntur, Dionysius Afer. In Scythia ingentem & diuturnam uim hyemis equi perferunt, muli asinique neque incipientem quidem ferunt: cum tamen alibi stantes in gelido equi labefiant, asini uerò ac muli durent, Herodotus. Cur muli & canes peste Græcos apud Troiam infestante, priores perierint, uide in Cane C. & infra in Mulo H. c. Medicinas huius pecoris (inquit Columella) plerunque iam in alijs generibus (bubus & equis) edocui: propria tamen quædam uitia mularum non omittam, quorum remedia subscripsi. Febrienti mulæ cruda brassica datur. Suspiriosæ sanguis detrahitur,
50 & cum sextario uini, atque olei thuris semuncia, marrubij succus instar heminę mistus infunditur. Suffraginosæ ordeacea farina imponitur, mox suppuratio ferro reclusa linamentis curatur: uel gari optimi sextarius cum libra olei per narem sinistram demittitur. Admisceturque huic medicamini trita, uel quatuor ouorum albus liquor separatis uitellis. Femina secari, & interdum inuri solent. Sanguis demissus in pedes, ita ut in equis emittitur: uel si est herba, quam ueratrum uocant rustici, pro pabulo cedit. Est ὑοσκύαμος, cuius semen detritum, & cum uino datum prædicto uitio medetur. Macies, & langor submouetur sæpius data potione, quæ recipit semunciam triti sulfuris, ouumque crudum, & tritæ myrrhæ pondus denarij. Hæc tria uino admiscentur, atque ita faucibus infunduntur. Sed & tussi, (ad mulorum tussim remedium describitur etiã in Hippiatricis Gręcis ca. 22.) dolorique uentris eadem ista æquè medentur. Ad maciem nulla res tantum quantum Medica potest: ea herba uiridis,
60 nec tarde tamen arida fœni uice saginat iumenta: uerum modice danda, ne nimio sanguine strangu-letur pecus. Lassæ, & æstuanti mulæ adeps in fauces demittitur, merumque in os suffunditur, Hæc Columella. Equus, mulus uel asinus fatigatus, quòd in ipso statim itinere reficiatur, si onere depo-

sito in stabulo uel uia loco commodo, pro arbitrio se uolutare permittatur, scripsi in Equo E. ex Rusio. Ad leucomata in equis & mulis, Hippiatrica Græca cap. 11. Ne mulorum ceruices (τράχηλοι μυλῶν) rumpantur aut collidantur, medicamentum para ex adipis suillæ dupondio cum aceti duobus sextarijs: hoc ad tertias decoctum colatumque illine, Pelagonius in Hippiatr. 26. Ventris & intestinorum dolor in bubus sedatur uisu nantium (anserum natantium, Vegetius 3. 5.) & maximè anatis, quam si conspexerit cui intestinum dolet, celeriter tormento liberatur. Eadem anas maiore profectu mulos & equinum genus conspectu suo sanat, Columella. Dixerunt quidam mulos quosdam rabie correptos, momordisse dominos suos, qui inde in maniam inciderint, Auicenna. Muli arthritis uehementior est quàm equi: de qua curanda lege Absyrtum & Hieroclem in Hippiatr. ca. 2. Mulus tantum fit μαρμαρωσός (marmaron tuberculum est iuxta coronam, id est ungulæ exortum) asinus raro: equus non, sed podagricus, Absyrtus in Hippiat. cap. 53. Ad ficosos tumores & myrmecias equorum & mulorum in quauis corporis parte, maximè uero in cruribus & pedibus, Absyrtus ibid. 82. Cætera exequemur in mulis, sicut in bobus & equis, ut in ipsorum remedijs tradidimus, Columella. ¶ Animalia quæ frequenter coëunt, breuioris sunt uitæ: inde fit ut muli equos exuperent uiuendi diuturnitate, Cælius.

D.

Mulus semper est cicur, Aristoteles. Equi cum suspicantur uel metuunt aliquid, manifestum est, sic ut insidens cauere sibi queat: asininum uerò pecus & bigenerum (ut muli) rerum conspectu consternabile nouitatisque uerens in discrimen adfert, Absyrtus. Muli ingenium multò illiberalius, minusque benignum homini uidetur quàm equi. ¶ Mulæ calcitratus inhibetur uini crebriore potu, Plinius. Et rursus, Mulas non calcitrare cum uinum biberint, quidam scripserunt. Vt simiæ quadrupedesque assuetæ uinum bibere unguibus careant, accidere quidam putant (inquit Cælius Calcagninus lib. 2. epistolicarum quæstionum) quoniam in uino sit uis discussoria, & ad emolliendum efficax. Hinc euenit ut qui plus nimio se uino ingurgitauerint, resolutis neruis in paralysin facile delabantur. Sint igitur ungues uel neruorum clausulæ, ut dixit Plinius: uel caro concreta, & quasi in callum obdurata, ut alij putauêre: uino accedente emolliri resoluique fit uerisimile. Alijs humoris sanguinis, qui plurimus uino fieri solet, exundatione calllosiorem contumacioremque ac retorridam illam partem quasi macerari uidetur & emollescere, ut aqua fruges & legumina incoctilia percoquuntur: aceto plumbum in cerussam resoluitur: & ouum ita tenerescit, ut uel per annulum toto calice integro pertranseat. Ex hoc item facile colligi potest, cur ueteres existimauerint uini potu effici, ut mulæ calcitrosæ esse desinant. Mitescente enim ungula, & pede quodammodo exarmato, feritas illa tollitur extunditurque: præsertim si quando euenerit, ut calcibus impetentes solido illidant, plusque inde damni accipiant quàm afferant: quare consciæ imbecillitatis suæ ferocire desistunt, Hæc Calcagninus. Columella in boum domitura ferocientium taurorum adhuc tergora mero respergi iubet, quo familiariores bubulco fiant. ¶ Scio mulorum gregem cum pasceretur, eoque uenisset lupus, ultro mulos circunfluxisse, & ungulis cædendo eum occidisse, Varro.

E.

Mulus iumentum est, Aristoteles: animal uiribus in labores eximium, Plinius. Mulis superiori ætate uehi cœperunt opulentiores: sed nunc tamen etiam non nisi importatis Germania nostra (ut et Anglia) utitur, Camerarius. Et rursus, Veteres Græciæ & Italiæ populi non equos ad plaustra & uehicula, sed boues aut mulos adiunxêre: & uiatoribus mulis magis quàm equis usi fuêre. Vterque sexus (mulus & mula) & uiam rectè graditur, & terram commodè proscindit: nisi pretium quadrupedis rationem rustici oneret, aut campus graui gleba robora boum deposcat, Columella. Succo foliorum cucurbitæ si quis mularum aut equorum pilos intinxerit æstate media, non paruo rei miraculo muscarum molestia carent: ita mihi hoc persæpe utile fuit, Cardanus. Annicula mula à matre amota, montibus aut feris locis pascitur, ut ungulas duret, sitque postea longis itineribus habilis: nam clitellis aptior mulus, mula uero agilior, Idem. ¶ Si muli ungula (sinistra, Belberus in libro de sensibus) domus suffiatur, fugantur mures, Rasis & Albertus.

G.

Puluerem, in quo se mula uolutauerit, corpori inspersum mitigare ardores amoris quidam scripserunt, Plinius. Veneno infectus in necessitate debet poni in uentre mulæ uel cameli statim occisi: quoniam calor istorum resoluit uenenum, & roborat spiritus ac omnia membra, Ponzettus: meminit & Cardanus in opere de subtilitate. Mulorum pellis ac similium cinis locis igne adustis apponitur: Et ulcera calefacit, quum non sunt apostemata: utilis est etiam attritis iniuria calceorum pedibus, & coxis, itemque fistulis, Auicenna, ut quidam citant. Plura de pelle mulæ, uide infra inter remedia ex testiculis, & ex sordibus aurium inter excrementa. Si quis de medulla mulæ ad pondus trium aureorum sumpserit, stupidus efficietur, Rasis & Albertus. ¶ Auriculæ muli (aurium sordes potius, ut infra dicetur) & burdonis testiculi si ferantur à muliere, non concipiet, Aesculapius. De sordibus aurium & oris spuma, dicemus inter excrementa. ¶ Mulæ cor siccum & uino aspersum, datur bibere post purgationem tricesimariam, ut ne concipiat mulier, Sextus: Aggregator non cor legit, sed iecur: Vide in testiculis. Mula quoniam natura sterilis est, curiosis & superstitiosis hominibus occasionem dedit, ut diuersa ex diuersis eius partibus medicamenta tum intra corpus sumenda, tum

tum applicanda foris, ad inducendam sterilitatem impediendumq; conceptum excogitarent: De quorum nonnullis in Lepore etiam dixi. Eadem persuasione herbam quoq; hemionō dictam, quòd sterilis sit, nec flores nec semen gerens, inter atocia numerant. ¶ Muli iecur, uide in testiculis infra, & in ungulis. ¶ Populi albæ cortex cum muli renibus potus, sterilitatem facere creditur, Dioscorides, ut in Lepore inter remedia ex coagulo eius recitaui. Scolopendria (asplenos Dioscoridis, hemionos Theophrasti) ut quidam tradiderunt, adalligata mulieri, uel sola, uel cum splene mulę idq; in die qui noctem illunem habeat, ne concipiat efficit, Serapio & Auicenna, ut Aggregator citat. ¶ Si duo testiculi muli (duo testiculi gatti constricti in parte corij muli, Rasis) in pelle eiusdem corij constringantur, & super mulierē suspendantur, non concipiet quandiu ei adalligati fuerint, Albertus. Mustelæ testiculus sinister in pelle mulæ ligatus, & potus, atocion est. Vel testiculos eius abscinde decrescente Luna, & uiuam dimitte, & da mulieri in corio mulæ, Kiranides. Burdonis testiculum supra sterilem arborem combustum & extinctum de lotio spadonis, illigato pelli mulæ, & post menstrua brachio suspendas, conceptum impedies, Sextus: Sed aliter hunc locum citat Aggregator, his uerbis: Tamarisci (quæ arbor sterilis est) carbones extincti in urina cameli, in pellicula mulæ brachio alligentur mulieris ne concipiat. Sed priori lectioni astipulantur barbari quidam recentiores, Aesculapij (hunc enim ferè pro Sexto citant) uerba hæc adferentes, Auriculæ mulæ & burdonis testiculi si gestentur à muliere, non concipiet. Testiculus muli combustus brachio mulieris pro atocio alligetur: Quòd si uirgo ex eo biberit post primam purgationem, nunquam cōcipiet: Vel iecur eius similiter cum uino biberit, Sextus apud Aggregatorem. ¶ Matrix mulæ si decoquatur cum carne asinina aut alia, & inde comederit mulier ignorans, non concipiet unquam, Rasis. Si dentur occultè mulieri edendæ carnes quibus cum coctum fuerit aliquid de matrice mulæ, uel de ipsa matrice cocta, non concipiet, Kiranides. Lampyris uermiculus in matrice mulæ alligatus mulieri, sterilitatem facit, Idem. ¶ Vngularum muli uel mulæ cinis ex oleo myrtino alopecias replet, Plinius. Vngularum muli uel mulæ exustarum cinis & oleum myrtinum, cum aceto & cum pice liquida mixta & imposita, etiam fluentes capillos continent, Marcellus. Sextus pro ungulis muli ad idem remedium burdonis iecur ponit, his uerbis: Burdonis iecur combustum cum oleo myrtino mixtum, & illinitum capiti, capillos fluentes continet & facit crescere. Mulæ ungularum cinis medetur cæteris uerendorum uitijs, (præter formicationes & uerrucas, arietis pulmonis inassati sanie curandas) Plinius. Vngulæ mulinæ exustæ cinis salubriter inspergitur uitijs uerētrorum, Marcellus. Vnguis mulæ gestatus à muliere prohibet conceptum, Rasis.

¶ De mulæ auricula sordes alligatæ in pellicula ceruina, & brachio suspensa post purgationem mulieris, efficit ut non cōcipiat. Quædam lana alba illigant: quædam ex aqua bibunt, Sextus. Si corio mulæ sordes aurium (cerumen uocant barbari) incluseris, & appenderis mulieri (uel occultè dederis, Kiranides: in cibo nimirum uel potu) nunquam concipiet, Rasis. Castoreum cum sordibus aurium mulæ sterilitatem facit, Kiranides. Pæoniæ semine aperto (forte, operto) cum sordibus aurium mulæ circumligetur ne concipiat mulier, Idem. ¶ Stercus mulinum cum oxymelle lienosis potui datum, dolores efficaciter tollit, Marcellus. Si mulieri fluxus oboriatur (ex utero,) stercus muli combustum, tusumq; ac cribratum, uino dilutum bibat, Hippocrates lib. 2. de nat. muliebri. ¶ Clauos pedum sanat urina muli mulæue cum luto suo illita, Plinius. Mulier si bibat assam fœtidam magnitudine fabæ infusam in urina mulæ, non concipiet, Rasis. Medicamentum ex urina muli podagricis utile, describitur apud Aeginetam libro 7. his uerbis: Vrinæ muli sextarij quatuor, argēti spumæ libræ duæ, olei ueteris mystrum, trita diu omnia ut strigmenti spissitudo fiat, incoquito donec digitos non inquinent. ¶ Si mulier sudorem mulæ exceptum lana xylina pro pesso subdat, planè sterilescet, Rasis. ¶ Lichenem mulæ potū in oxymelite cyathis tribus, comitialibus morbis utilem tradunt, Plinius. Muli impetigines in utroq; crure super genua nascuntur, & ueluti cutis aridæ modo inhærent: has incende, & stranguriosum diuaricatum desuper pone, ita ut suffumigationem illam expansis uestibus tegat, ne qua odor aut fumus emanet, efficacissimè incommodi eius uitio carebit, Marcellus. ¶ Ad suspiriosos remedium salutare: Spumam de ore mulæ collige, & in calicem mitte, atq; ex aqua calida siue uiro seu fœminæ quæ hanc molestiam patitur, continuo da bibendam, homo statim sanabitur, sed mula morietur, Marcellus.

¶ In parte quam mula momordit (inquit Ponzettus) nascuntur aliquando pustulæ plenæ humore rubente uel pallido. Hunc morsum aliqui uenenatum esse putarunt: & sanè sequūtur eum accidentia sæpe noxia, eaq; deteriora ex morsu fœminæ, quæ saliuam habet obnoxiam putredini, qua amplius etiam per iram animalis inflammata, non mirum si hominis morsi humores & sanguis alterentur. Mulus uerò etsi maiori impetu mordere possit, minore tamē periculo morsum infligit, quod non æque putredini aptum in se humorem habeat. Accidit autem aliquando ut morsi urina retineatur, cum aquosus humor uidelicet omnis ferè in sudorem agitur. Aliquando & uiscerum contortio (Ponzetti sunt uerba) sequitur. Curandi sunt similiter ut à cato morsi, & ulcus decocto nepetæ circunquaq; fouendum.

H.

a. Video authores quosdam mulam pro utroq; sexu mulari, & similiter mulum aliquando usurpare; ut si dicas mulum ex asino & equa procreari, uel mulā similiter. Plinius in remedijs aliquoties distinguit, ut cum scribit, ungularum muli uel mulæ cinerem ex oleo myrtino alopecias replere. Mula datiuum & ablatiuum plurales in abus facit, ut equa etiam & asina secundũ aliquos. ¶ Ἡμίονος Græcis generis communis est. Ἀιμίονος pro ἡμίονος Aeolicum est, Etymologus in θνήσκω. Τράχηλοι μυλῶν, ceruices mularum, Pelagonius in Hippiatricis capite 26. Ὀρεύς, mulus mas, unde plurale ὀρεῖς, Hesychius. Suidas mulum simpliciter interpretatur. Ὀγνὺς, ὁ ἀείδ αρος (quod nomen nusquam reperio, uidetur autem dialecto uel lingua aliqua mulum significare) ἢ ὁ ἡμίονος: mulus sic dictus, quod ἐν ὄρεσιν, id est in montibus laborare magis possit quàm cætera iumenta, (ut dicetur etiam in Patrocli sepultura, Eustathius in Iliad. α.) Varinus. Poëtæ propter carmen ypsilon adijciũt, οὐρεύς. Hesychius mulum sic dictum putat παρὰ τὸ ὀρούειν, ὁρμητικόν τινα ὄντα. ἢ ἐπεὶ οὔρειον τὸ ζῶον, οἷον ἄγονον. nam & oua uria Græci dicunt, quæ Latini subuentanea. ἢ παρὰ τὸ ὑδώδη γονὴν ἔχειν, id est, uel ab eo quod genituram aqueam & seri instar dilutam habeat, quare etiam in coitu non concipit neq; parit, Etymologus. Oua generationi inepta οὔρια dici legimus, quasi flatuosa. nam uron dicunt uentum. quo argumento etiamnum ab Homero, mulos dici οὐρῆας coniectant periti, & recenset Eustathius, διὰ τὸ ἄγονον, id est ob insitam non gignendi proprietatem, quod eorum semen sit ἀνεμιαῖον, id est spiritosum, & proinde fœcunditatis nescium, Cælius. Οὐρήων ταλαεργὸν ἔχειν πόνον ἑλκυστῆρα, Oppianus. Eandem uocem Homerus pro custodibus posuit, Iliados decimo, Ἠέ τιν' οὐρήων διζήμενος, ἤ τιν' ἑταίρων. Ὄτρεα, ἡμίονος, Hesychius & Varinus. Θρῆς, ἡμίονος, Iidem. Astraben esse asinum interpretantur nonnulli aut mulam. Quidam hypozygion omne, id est iumentum quo subuectentur homines. Dicitur & astrabe in ephippijs lignum, quod manu continent sedentes. Sunt qui dossuarium mulum astraben nuncupent, (astrabelaten uerò aurigam:) aut ipsum notophorum, id est dorso ferens ac gerulum iumentum, Cælius ex Suida & Hesychio, tametsi illorum nomina more suo dissimulet. Σωματηγοῦντα ὑποζύγια Hesychio, & σωματηγὰ Suidæ, hoc est iumenta dossuaria, uoces raræ sunt apud Græcos. ego quidem alibi nusquam legere memini. sic autem uocantur, quod corpore suo uehant impositum dorso ipsorum onus, non uehiculo. Ἀστράβη, τὸ ἐπὶ τῶν ἵππων (ἐπὶ τῶν ἐφίππων, id est in ephippijs, Suidas: quanquam codex impressus habet ἐπὶ τῶν ἐφ' ἵππων) ξύλον, ὃ κρατοῦσιν οἱ καθεζόμενοι. τίθεται δὲ καὶ ἐπὶ τῶν ἀναβατικῶν ὄνων. hoc est, lignum quod equis imponitur, quod insidentes apprehendunt. idem etiam asinis admissarijs imponitur. (ἀναβάτης ἵππος, equus admissarius,) Hesychius. Ὁ δὲ τὸν ἡμιόνου ἀπευχόμενος τὸν τε φόρτον καὶ τὴν ἀστράβην διάρας ἐπὶ τῶν ὤμων, εἰς τὴν μονὴν τοῦ θείου Σάββα ἔρχεται, Suidas ex authore innominato: in quibus uerbis ἀστράβην clitellas rectè uerteris, uide in Asino H. e. Demosthenes in oratione contra Midiam ἀστράβην asinum aut mulum uocat, Suidas. Videri autem potest astrabe dictũ iumentum à robore corporis. ἀστραβὲς enim exponunt robustum, firmum, immobile, ut ἀστραβῆ κίονα: & ἀστραφὲς, durum utrunq; ab alpha priuatiuo fit, & uerbo στρέφω, τὸ ἀστρεπτον, ἀκίνητον, ἀσφαλὲς καὶ ἰσχυρόν. Ὄνος, ἡμίονος, ἀστράβη. τὸ δὲ τοῦ ἀστραβηλάτου ῥῆμα ἀστραβηλάτειν Πλάτων εἴρηκεν ἐν Ἑορταῖς, Pollux. Budæus in commentarijs linguæ Græcæ astraben uertit clitellas. Eustathius, inquit, σέλλαν & σαγμάριον interpretatur, hoc est & clitellas & sellam equestrem. unde ἀστραβηλάτης, agaso & mulio. Alciph. in Epist. Σὺ δὲ πετομένη πρὸς ἡμᾶς ἐπὶ τῆς ἀστράβης φέρου. ubi ἀστράβη ἀντὶ τοῦ νωτοφόρου ἡμιόνου dictum est, sicq; sæpe accipitur. Demosth. quodam loco, Ἐπ' ἀστράβης δὲ ὀχούμενος ἐκ τῆς Εὐβοίας. Interpres καθέδρας εἶδος esse dicit, παρὰ τὸ μὴ στροβεῖσθαι λεγόμενον, μηδὲ στρέφεσθαι. Est autem sella præalta, ita ut lumbos tegat, Hæc Budæus. Est & uehiculi genus astrabe, (quo utebantur in certaminibus) ab Oxylo Aetolo inuentum, ut harma, id est quadrigæ ab Erichthonio Atheniensi, synoris (id est bigæ equorum) à Castore, celes à Bellerophonte, Scholiastes in Pythia Pindari: unde colligo per astraben eum apenen, ἀπήνην, accipere, hoc est, bigas mulis iunctas. quoniam Pausanias & alij in horum certaminum enumeratione cum cætera eisdem nominibus appellent, pro astrabe tantum apenen habent. Κάναθρα, ἀστράβη, ἢ ἅμαξα πλέγματα ἔχουσα, ὑφ' (ἐφ') ὧν πομπεύουσιν αἱ παρθένοι, ὅταν εἰς τὸ τῆς Ἑλένης ἀπίωσιν. ἔνιοι δὲ ἔχειν εἴδωλα ἐλάφων ἢ γυπῶν, Varinus. Sed de apéne plura dicam in e. Μονοστραβής, ὀχὸς (malim ὄχος paroxytonum, ut Hesychius habet) ἡμίονος, Varinus. Ὄχος Ἀκέσταις, ἐπεὶ αἱ Σικελικαὶ ἡμίονοι αὐτόδαιοι. ἦν δὲ Ἄκεστος Σικελίας, Hesychius. Σῖνος, βλάβος. οἱ δὲ ἡμίονος, Idem & Varinus. Σιρὸς, ἡμίονος, πίθος, Iidem. Mulæ quidem siue seraciæ, apud Hippiatros recentiores, ut Rusium, dicitur uitium quoddam in pedibus equorum: qui cum sordidi humectiq; non curantur, frigore accedente, intumescunt, &c. Vide in Equo C. de uitijs pedum. Cæterum ut μονοστραβὴς de mulo opinor clitellario dicitur: sic & μονοφόρος ὄνος de clitellario asino apud Varinum. Πατρόθεν προσδηκάσδαι, ὅτι πατέρων εἰσὶν ὄνων ἡμίονοι, Varinus.

¶ Ἡμιόνειον ζεῦγος, apud Varinum, ἡμιονικὸν apud Pollucem, iugum uel bigæ mulorum. Orica iuga (ὀρικὰ ζεύγη, uel ὀρεικά: utroq; enim modo scribitur apud Suidam & Varinum,) cum legimus apud Aeschinen ἐν τῷ περὶ παραπρεσβείας, de mulis dici interpretantur, quos appellari ὀρέας auctor cũ Aristophane Homerus est, Cælius. Οὐ καθιπποτρόφηκας, οὐδὲ κατεζευγοτρόφηκας. ἐπεὶ ὅτι ζεῦγος ἐκτήσω ὀρικὸν οὐδεπώποτε ἐπὶ τοσούτοις ἀγροῖς καὶ κτήμασιν, Isæus. Θοιὰ (apud Varin. paroxytonũ est) ζεῦγος ἡμιόνων, Hesychius. ¶ Dissimilis patri, matri diuersa figura, Confusi generis, generi non apta propago, Ex alijs nascor, nec quisquam nascitur ex me, Aenigma de mulo in Rhetoricis Camerarij.

¶ Epitheta. Mulus clitellarius, clitellis aptus, apud Textorem. ¶ Mula, lutulenta, biformis, Hispana, strigosa, apud eundem. ¶ Ἐξ Ἐνετῶν, ὅθεν ἡμιόνων γένος ἀγροτεράων (ἀγρίων καὶ δυσδαμάστων,) Homerus Iliad. β. Citat hunc uersum Stephanus in Enetorum mentione. (Ἐνετῶν πλείων: ἢ ἀπὸ γένος τῶν ἡμιόνων,

ἡμιόνων, Hesychius & Varinus.) ἡμίονοι κεραοίποδες, Suidas, ex Homeri Iresione. ταλαεργοί, Hesiodo & Homero. οὐρήων ταλαεργὸν ἔχειν πόνον ἑλκυστῆρα, Oppianus.

¶ Muli Mariani dicuntur furculæ quibus religatas sarcinas uiatores gestant, (ein käf:) à Mario inuentore dictæ, qua de re Frontini uerba posui in Asino H. e. & Græcas nomenclaturas adieci. Muli Mariani dici solent à C. Marij instituto, cuius milites in furca interposita tabella uaricosius onera sua portare adsueuerant, Festus: Erasmus sic legit, Muli Mariani dicti sunt uaricosi milites, qui in furca sua onera portare consueuerunt. Et alibi, Aerumnulas Plautus refert furcillas, quibus religatas sarcinas uiatores gerebant: quarum usum quia C. Marius retulit, muli Mariani postea appellabantur: Itaque ærumnæ labores onerosos significant: siue à Græco sermone deducuntur. nam ἀείρειν Græcè, tollere Latinè dicitur. Nouo genere prouerbij in usu uenit, ut qui tam ad imperandum quàm parendum iuxtà paratus foret, quique non segniter mandata exequitur, mulus Marianus diceretur. nanque Marius quæcunque militibus mandauit onera, ipse inter infimos obiuit imprimis: quamuis furculas, quibus sarcinas uiatores gerunt, quas Marius primus commentus fuit, mulos Marianos aliqui dictos uelint, Alexander ab Alex. Plutarchus in uita Marij originem adagij bifariam refert: Cum Marius imperator milites cursu uarijsque ac longis itineribus gestandisque oneribus exerceret, atque illi iam adsueti non grauatim tacitique ea ferrent, castrensi ioco ἡμίονοι Μαριανοί, id est muli Mariani dicti sunt. Hinc translatum est in quosuis qui facile parerent imperatis. Sunt qui diuersam adagij originem referant: Quum enim Scipio Numantiam obsidens, statuisset inspicere non arma modo militum, uerum etiam equos, mulos, & currus, Marium produxisse equum pulcherrimè ab ipso nutritum, præterea mulum habitudine corporis, mansuetudine ac robore longè cæteris antecellentem. Itaque quum imperator Marij iumentis delectaretur, ac subinde horum faceret mentionem, tandem factum est, ut iocosa laude, qui in officio se præstaret assiduum, patientem ac industriũ, mulus Marianus diceretur. Hominem spurium & non legitimo matrimonio natum Itali uulgo mulum nominant, Alunnus. Seneca in ludicro libello in Claudium Cæsarem, mulos (ego nõ mulos, sed muliones reperio, ut in e. dicam) perpetuarios nominat. Festiuius erit, inquit Erasmus, si detorqueatur in hominem immenso studio, aut perpetuis negotijs uehementer districtum. ¶ Mulinus, ἡμιόνειος, ut ungula mulina apud Marcellum Empiricum. Equæ apud Columellam tripartito diuiduntur. est enim (inquit) generosa materies, quæ circo sacrisque certaminibus equos præbet: est mularis, quæ pretio fœtus sui comparatur generoso est & uulgaris, quæ mediocres fœminas maresque progenerat. Materiem mularem uocat, ipsam equam matrem siue matricem, ex qua muli generantur. Strabo libro 5. de Venetis scribens, ἡμιονίτιδας ἵππους uocat equas illas ex quibus asini admissarij mulos procreant, quasi dicas mulares equas. Mulio, qui mulos agit: uide infra in e. Mulomedicina, ars est ueterinaria, quæ non mulis tantum sed alijs quoque iumentis medetur, ut equis, unde Græci hippiatricam uocant, huius artis professores, mulomedici, ueterinarij, & hippiatri nominantur, uulgo mareschalci apud recẽtiores: Italicè uulgò meneschalci et manisthalci, ut dixi pluribus in Equo c. & H. e. Mulomedici nomen apud Firmicum legitur. Equitiarij qui equitijs præsunt uel curant, quibus affines uel mulomedici habentur, Cælius.

¶ Protogenes Rhodius pinxit Athenis nobilem Paralum & Hemionida, quam quidam Nausicaã uocant, Plinius 35. 10. Pausanias hoc genus operis monstrari tradit Olympiæ, παρθένους ἐπὶ ἡμιόνων, τὴν μὲν ἔχουσαν τὰς ἡνίας, τὴν δ᾽ ἐπικειμένην κάλυμμα τῇ κεφαλῇ. Ναυσικάαν δὲ νομίζουσι τὴν Ἀλκινόου, καὶ τὴν θεράπαιναν, ἐλαυνούσας ἐπὶ τοὺς πλυνούς: inde ortum ut uirgines in iumentis siue mulis sedentes, hemionidas uocarent artifices, Hermolaus. Atqui Nausicaa apud Homerum Odysseæ 3. non mulis, sed apenæ uehiculo quod à binis mulis trahitur, insidet.

¶ Ἡμιόνιον, herba quædam, Hesychius & Varinus. Asplenon siue scolopendrion herbam, alio nomine hemionion nocari, apud Plinium legitur, & inter Dioscoridis nomenclaturas. Theophrasti sanè hemionos, non alia quàm asplenos Dioscoridis est: diuersa uero ab hemioniti Dioscoridis, quam Plinius etiam teucrion (diuersum à Dioscoridis teucrio) & hemionion appellauit. De utraque copiosè dixi in Boue capite 3. ubi de morbis boum tractaui. Vtrique nomen factum uidetur à mulis propter sterilitatem: cum similiter caule, flore & semine careant: & asplenos insuper sterilitatem mulieribus facere cum muli liene adalligata à Dioscoride scribatur: uide in Lepore capite septimo, ubi de atocijs egi. Theophrastus tamen 9. 19. hemionon sic uocari scribit, quòd muli libenter ea uescantur. Nodia herba coriariorum officinis nota, ea mularis dicitur, alijsque nominibus: nomas curat, efficacissimamque aduersus scorpiones esse potam in uino aut posca reperio, Plinius: Nec alibi usquam uel ipse uel alius quisquam hoc nomine ullius herbæ meminit: ego tametsi nihil habeo certi, coniecturam tamen meam non celabo studiosos. Nodia igitur mihi uidetur quæ centinodia hodie à multis uocatur, Græcis polygonon: cum & nomen à nodis, quibus referta est, impositum, & remedia conueniant: nã polygonon, Dioscoride teste, ad ulcera maligna facit, nempe genitalium, & herpetes ac erysipelata, ut nodia ad nomas, id est ulcera depascentia. Bibitur etiam polygonon ad uenenatorum morsus cum uino, Dioscoridi: & Plinio proserpinaca (quam polygono eandem esse eruditi consentiunt) eximij ad uersus scorpiones remedij est. Nec refert quòd Plinius eodem capite proserpinacam & polygonum quasi diuersas herbas demõstrat, & nodiã quoque priuatim cõmemorat: multa enim huiusmodi apud Plinium, quæ nominibus tantum differunt, ceu re ipsa diuersa recensentur. Cæterum cur nodia mularis cognominetur, non facile dixerim, nisi eius pastu forte muli delectantur. Coriarijs quidem in usu fuisse etiam polygonon potest propter uim astringendi coria, ut & rhus byrsodepsicos, & nostris cortex abietis aut piceæ, alibi è quercu, ut audio. Omphacitis galla, est cauum illud è quo glans querna enascitur, quo coriarij utuntur, Aegineta lib. 3. cap. de dysenteria. Mandragoram magi hemionon cognominarunt, ut in nomenclaturis eius apud Dioscoridem reperitur.

¶ Ἡμιόνιον, auis quædam, Hesychius & Varin. Muliones è culicum genere non amplius quàm uno die uiuunt, Plinius.

¶ b. Quid ad rem pertinent mulæ saginatæ unius omnes coloris? Seneca epistola 88. λοφιὰ, iuba equorum & mulorum. Nanque hic mundæ nitet ungula mulæ, Iuuenalis Satyra 7. Vngulas tantum mularum repertas, neque aliam ullam materiam quæ non perroderetur à ueneno stygis aquæ, cum id dandum Alexandro Magno Antipater mitteret, memoria dignum est, magna Aristotelis infamia excogitatum, Plinius. Idem legimus apud Arrianum libro octauo. Alij non muli sed asini, alij equi ungulam fuisse scribunt, qua Stygis aqua ad occidendum Alexandrum allata sit: Vide in Asino B. & in Equo H. b.

¶ c. Odorandi sensu mulos præcellere aiunt, atque eius beneficio derelictos alicubi uel odore solo redire in semitam: hinc etiam fieri ut facilius tabidam uim aëris concipiant & peste inficiantur: ut canes quoque eodem sensu præstantes: quamobrem Homerus hæc animalia primum pestem sensisse ingruentem in Iliade scribit, Cælius. Scholiastes Homeri canes quidem primum perijsse scribit, quòd capitibus subinde ad terram inclinatis odorem trahant & inuestigent: halitum autem corruptum, qui pestis causa sit, ex terra oriri. Mulos uero, quòd ex diuersis specie parentibus prognati sint: bigenera enim omnia facilius interire. Quæ ratio mihi non admodum probatur: nam uiuacissimos iumentorum esse mulos reperio. ¶ φρύαγμα, ὁ τῶν ἵππων καὶ ἡμιόνων διὰ μυκτήρων ἦχος ἀγρίῳ φυσήματι ἐκπίπτων, Varinus. Missa pastum mula, Horatius 1. Serm. Ἡμιονεία, ὁ κόπος τοῦ ἡμιόνου, Suidas, Varinus. πλίσσεσθαι est gradario & leniori incessu progredi, non cursu. Homerus πλίσσεσθαι πόδεσσι de mulis dixit, Varinus. Αἱ δ' εὖ μὲν τρώχων, εὖ δὲ πλίσσοντο πόδεσσιν, Odysseæ 3. Scholia simpliciter exponunt διέβαινον: Varinus uero tum ad cursum aptas, tum ad gradarium incessum. Μάστιξεν δ' ἐλάαν, καναχὴ (ψόφος, ἦχος) δ' ἦν ἡμιόνοιϊν. Αἱ δ' ἄμοτον τανύοντο, φέρον δ' ἐσθῆτα, καὶ αὐτὴν, in uehiculo scilicet, quod ἀπήνην uocat, Homerus de Nausicaa. Et mox, Καὶ τὰς μὲν (mulas) σεῦαν ποταμὸν παρὰ δινήεντα τρώγειν ἄγρωστιν μελιηδέα. Achilles Iliados φ. certaminis pręmia equitibus proponit, primo egregiam mulierem & ingentem tripodem auritum, secundo ἵππον ἑξέτε', ἀδμήτην, βρέφος ἡμίονον κυέουσαν. ¶ In Africa mulos uel cæsos, uel siti animo deficientes, Archelaus ait, plerosque mortuos humi iacere proiectos, sæpeque magnam serpentium uim influere ad eorum cadauera depascenda, Aelianus.

¶ d. Mulus quidam (inquit Plutarchus in libro Vtra animantium, &c.) eorum de numero, quibus aduehendi salis negotium dabatur, traijciens flumen lapsus est non sponte: sale uero liquefacto exhaustoque surgens expeditior iam, sensit notauitque causam: postea quoties flumen transiret, ex industria submisit mersitque uasa, desidens leniter ac utrunque in latus quantum id fieri posset nutans. Hæc ubi Thales accepit, pro sale, lana spongijsque compleri uasa, clitellas imponi & agi mulum rursus iussit: ille cum de more se mergens, onus aqua subeunte uehementer grauasset, parum commodum sibi hunc dolum ratus, ita deinceps caute scienterque traijcere solitus est, ut nec inuito quidem contingerent onus aquæ. Eandem historiam Aelianus recenset. Ad octogesimum annum uixit mulus quidam Athenis, qui cum templum (Mineruæ à Pericle in Acropoli) ædificaretur quamuis dimissus iam munere per senectam, commeans tamen ac obiens iumenta exhortabatur ad opus: quamobrem decreto à nemine eum arceri à frumentorum aceruis sancitum est, Aristoteles. Mulum 80. annis uixisse, Atheniensium monumentis apparet: eo gauisi cum templum in arce facerent, quod derelictus senecta, cadentia iumenta comitatu nisuque exhortaretur, decretum fecêre, quo caueretur ne frumentarij negociatores ab incerniculis (ἀπὸ τῶν τηλιῶν, Aristoteles: frumentum enim in cribris aceruisque uendendi gratia proponitur, Hermolaus) eum arcerent, Plinius. Eandem ab Aristotele mutuati historiam Aelianus quoque & Plutarchus in libro Vtra animalium, &c. recitant. Victus huic mulo in Prytaneo publicus, tanquam athletæ iam ætate confecto constitutus est, Aelianus. Cæterum ubi Gaza ex Aristotele uertit, commeans ac obiens, Græcè legitur, συνεμπορεύων καὶ παραπορευόμενος, quorum uerborum uis elegantius exprimi (à Plinio) non poterat quàm dicendo, nisu. Theodorus Aristotelis interpres hoc assequi non potuit. Vide in Equo H. e. ubi de partibus currus. Plutarchus sic expressit, Mulus iste uetulus κατερχόμενος εἰς Κεραμεικὸν καὶ τοῖς ἀνάγουσι ζεύγεσι τοὺς λίθους ὑπαντῶν, ἀεὶ συνανέστρεφε (uide ne legendum sit συνήμπορευε) καὶ συμπαρετρόχαζεν, οἷον ἐγκελευόμενος καὶ παρορμῶν.

¶ e. Mulio, mulorum ductor, (ut equiso equorum,) qui mulos clitellarios, uel ad uehiculum iunctos ducit. Mulius apud Calepinum legitur pro mulione, ex Horatij libro 2. Serm, Audit, cum magno blateras clamore, furisque, Mulius. Miluius hic legit Acron, qui parasitus fuit. Mulionem euitantem super ipsum corpus carpentum agere præcepit, Plinius de uiris ill. 7. Cocco mulio fulget Incitatus, Martialis 10. 76. Apud Suetonium Incitatus equi nomen est. Nec pigri rota cassa mulionis, Martialis lib. 9. Nam mihi commota iamdudum mulio uirga Innuit, Iuuenalis Sat. 3. Voces Amphionem tragœdum: iubeas Amphionis agere partes infantiorem quàm meus est mulio, Varro in Asino ad lyram apud Nonium. Quartarios (inquit Festus) appellabant antiqui muliones mercenarios,

cenarios, quòd quartam partem quæstus capiebant. Lucilius, Porrò homines nequam malus ut quartarius cippos Colligere omnes: Crinitus 11.10. non cippos legit, sed apros: carminis quidem antiqua ratio utrunque admittit. Tu qui plura loca calcasti quàm ullus mulio perpetuarius, Seneca in ludo de morte Claudij Cæsaris. Rhenanus in Scholijs suspicatur perpetuarium dici, uel μιμητικῶς ad quartarium: uel illum qui in solidum aut semper sit uector, aut (quod magis arridet, inquit) qui perpetua nec interrupta uectatione suos uectores aliquò perducat. Ad uehicula mulis usi sunt antiqui, non equis: unde muliones uehicularij, quique mulis quæstum faciebant, Hæc Rhenanus. Perpetuarius conductor uel colonus, qui perpetuò rem conduxit, Budæus. Mulionius, ad mulionem pertinens. Mulioniam penulam arripuit, Cicero pro Sestio. Mulotribæ Plauto qui mulas fricant, Hermolaus. Græci mulionem, ut supra in a. dixi, ἀστραβηλάτην uocant: mulotribam uerò uel curatorem mulorum, ὀρεοκόμον, unde uerbum ὀρεοκομεῖν, Pollux. Apud Hesychium & Varinum ὀρεικόμος legitur, cum ει. diphthongo, ὁ τὰς ἡμιόνους θεραπεύων. Ὀρεοκόμοι ἐν τῷ ἱππείῳ λεγομένῳ κολωνῷ ἵστανται, id est, Mulotribæ Athenis in Colono hippio uersantur, Author argumenti in Sophoclis Oedipum in Colono. ὀρεωκόμος (per ω. in antepenultima: nam ὀρεὺς genitiuum habet ὀρέως) qui mulorum curam gerit: ὀρεοκόμος uero per omicron, qui montis, (ab ὄρος, ὄρεος,) Suidas. Sic & ὀρεωπώλης, qui mulos uendit: ὀρεοπολῶ uero per omicron, in montibus uersor, apud eundem. Dorsualia uocantur operimenta, quibus mulorum boumque & equorum dorsa conteguntur, Grapaldus. Claudius Cæsar, ut Suetonius scribit, nunquam carrucis minus mille fecisse iter traditur, soleis mularum argenteis, canusinatis mulionibus. ¶ De clitellis, quæ iumentorum dorsis imponuntur, ut onera sustineant, multa dixi in Asino & Equo, utrobique in H. e. Mulus quidem utroque clitellis aptior est. Clitellarius mulus, Cicero in Topicis. Clitellæ appellantur, quibus colligatæ sarcinæ mulis, & id genus ueterinis portantur, ut scribit Pompeius. Hinc muli Capuæ clitellas tempore ponunt, Horatius in Sat. Muliones multos clitellarios: ego habeo homines clitellarios: magni sunt oneris: quicquid imponas, uehunt, Plautus in Mustellaria. Mulos detractis clitellis cum cohortibus alaribus, &c. Liuius 10. ab Vrbe. Muli clitellarij Græcis sunt ἡμίονοι νωτεῖς, νωτοφόροι, νωτηγοὶ Arriano: & σωματηγοί, apud Suidam & Hesychium, ut supra in a. citaui in Mulis Marianis. Νωτεῖς οἱ ἀχθοφόροι ἡμίονοι, οἱ δὲ ἕλκοντες ζύγιοι, Hesychius & Varinus. Νωτίσασθαι dicitur, qui dorso baiulat, non sub iugo uehit, homo, equus, asinus, Hesychius. Νωτάρης, ὁ ἐπὶ νώτου αἴρων καὶ βαστάζων, Suidas. Σκευοφόροι ὄνοι uel ἡμίονοι, qui res ad iter necessarias ferunt. Sunt ex Græcis qui angarum non pro operario tantum accipiant ac ministro, sed pro achthophoro item siue baiulo: unde & mulos quandoque angaros dici compertum nobis est. Ἀγγαροφορεῖν, onera ferre dicunt, permutatione ac uicissitudine quadam, uti Orion scribit. Ἀγγαρεύεσθαι, non solum ad onera ferenda cogere, sed ad quālibet hoc genus necessitatem, &c. Cælius. Festinat calidus mulis, gerulisque redemptor, Hora. 3. epist. Curto mulo ire, Idem 1. Serm.

¶ De uehiculorum & curruum generibus multa dixi in Equo H. e. hîc quæ mulos priuatim attinent allaturus. Celerius uoluntate Hortensij ex equili educeres rhedarios ut tibi haberes mulos, quàm è piscina barbatum mullum, Varro 3. 17. Rhedam pro curru Varro Marcipore dixit, Regi Medeam aduectam per aëra in rheda anguibus, Nonius. Mihi quidem rheda de mulis iunctis propriè dici uidetur. Heliogabalus pro apophoretis dedit mulos, basternas & rhedas, Lampridius. Mulionem euitantem super ipsum corpus carpentum agere præcepit, Plinius de uiris illustribus 7. Multisonora esseda, Claudianus de mulabus Gallicis: propriè tamen de equis essedum dicitur: uide in Equo H. e. Vndę thensam atque mulos sine eam pedibus grassari, Nonius ex Titinnij Veliterna. Quot iuga boum, mulorum, asinorum habebis, totidem plostra esse oportet, Cato. Vixque datur longas mulorum uincere mandras, Quæque trahi multo marmora fune uides, Martialis libro quinto. Est autem mandra stabulum, uel ingens uehiculum quo trabes portantur, quod Probus etiam Græcè μάνδρον uocari ait. Mula carrucaria, Vlpianus ff. de ædilitio edicto. Mulio, qui mulos clitellarios siue quadrigarios ducit, Promptuarium. ¶ Ἡμιόνειον ζυγὸν, Suidas: ac si dicas mulare iugum. ὀρεικὸν uel ὀρεικὸν ζυγὸν, uide in a. Ζεύγλαι, τὰ τῶν βοῶν ἢ ἡμιόνων ζευκτά, Hesychius & Varinus. Ἀστράβη non mulam tantum significat, sed etiam ἀπήνην, id est uehiculū quod mulæ bijuges trahunt, ut in a. docui, ubi & κάναθρα & θοαὶ memorantur. Ἀπήνη, bigæ mulis iunctæ, quibus cursu certabatur in Olympijs: synoris uero erat biga equorum: ut ex Pausania demonstraui in Equo e. Non diu autem mulare certamen in Olympijs durauit, cum Arcades mulas detestarentur, ut Pausanias refert Eliacorum 2. Τὸ μὲν τῶν νωτίων ἡμιόνων ἀγώνισμα ἐκαλεῖτο κάλπη, τὸ δὲ τῶν ζυγίων ἀπήνητον, (lego ἀπήνη,) Pollux. Sed νωτεῖς propriè dicuntur, qui dorso onera sustinent sarcinarum, non hominum, ut hîc accipere Pollux uidetur. Calpe etiam in Olympijs erat cursus, non mulæ, sed equæ, sessorem uehentis, qui prope finem curriculi desiliens apprehenso freno pedes unà cum iumento currebat, teste Pausania. Nausicaa Homeri Odysseæ sexto inuehitur apéne, id est bigis mularum. Λαμπήνη uocabulum minus usitatum, Hesychio exponitur, εἶδος ἁμάξης, id est species currus quo uehuntur homines: uel idem quod ἀπήνη uel ἅρμα secundum alios. ἢ εἶδος ἁμάξης (sic enim lego) περιφανοῦς βασιλικῆς, ἢ ἅρμα σκεπαστόν, &c. uide in Equo H.e. ubi de re curuli. Ἐν λαμπήναις ἡμιόνων, Esaiæ 66. ubi Hebraicè kirkarot legitur, quam uocem alij camelos, alij dromades interpretantur. Ἀπήνη currus est ex mulis iunctus: Vel Apéne equo-

Y y

rum, hámaxa boum est, Varinus. Sed uideo hæc uocabula confundi. Homerus Odysseæ sexto bigam mulorum primo ἀπήνην, ut superius recitaui, postea ἅμαξαν uocat. Τόφρα σὺν ἀμφιπόλοισι μεθ' ἡμιόνους καὶ ἅμαξαν Καρπαλίμως ἔρχεσθαι. Βόας εἰς ἅμαξαν ἄξαι, ἢ ἡμιόνους εἰς ἅρμα, Varinus in Ζεῦξαι. Χρεία εἰς δὲ τὸ πολέμους, σκευοφόρων μὲν ὄνων, ἐπισκευαζομένων δὲ βοῶν ὑφ' ἁμάξαις: ἡμιόνων δὲ πρὸς ἄμφω, Pollux libro 1. Cælius sic uertit: Ad belli usum asini sarcinas gestantes, pernecessarij habentur, boues item qui currus trahant, muli utrunque præstant. Συνωρίς ζυγὴν, propriè de mulis dicitur, uel equis bijugis, Varinus: ὀρεὺς enim mulus est, Hesychius. sed alia uidetur huius compositionis ratio. Pausanias quidem apenen in Olympijs bigam mulorum fuisse docet, synoridem equorum. Κέλουτρα ἢ κελεύστα, ἅμαξα ἡμιονική, Hesychius & Varinus.

¶ Ἱππόνομα, μισθὸς ἱππικὸς, καὶ τῶν ἡμιόνων, Hesychius & Varinus. Ego faxim muli, pretio qui superant equos, Sient uiliores Gallicis canterijs, Plautus. Cum Cappadoces Persis quotannis pendant, præter argentum, mille & quingentos equos, mulorum duo millia, ouium quinquaginta millia, duplum ferè horum Medi pendebant, Strabo. Præmia uincentibus in funere Patrocli Achilles Iliad. φ. proponit ἵππους, ἡμιόνους τε, βοῶν τ' ἴφθιμα κάρηνα. Valerianus in epistola apud Trebellium Pollionem Claudio, qui postea Cæsar pronunciatus est, dari præcipit à procuratore Syriæ mulas annuas nouem, & mulionem, quem refundat, unum.

Οἱ δ' ὥς θ' ἡμίονοι κρατερὸν μένος ἀμφιβαλόντες, Ἕλκωσ' ἐξ ὄρεος κατὰ παιπαλόεσσαν ἀταρπὸν,
Ἢ δοκὸν, ἠὲ δόρυ μέγα νήϊον: ἐν δέ τε θυμὸς Τείρεθ' ὁμοῦ καμάτῳ τε καὶ ἱδρῷ σπευδόντεσσιν:
Ὣς οἵ γε μεμαῶτε νέκυν φέρον, Homerus Iliad. ρ. Οἴηκες, circuli quidam iugum continentes, uel per quos inseruntur habenæ, quibus reguntur muli. οἰακίζειν enim regere & gubernare est, Varinus: uide οἴακες apud Hesychium. Ἀλλ' ὅτε δή ῥ' ἀπέην, ὅσσον τ' ἐπὶ οὖρα πέλονται Ἡμιόνων. αἱ γάρ τε βοῶν προφερέστεραί εἰσιν Ἑλκέμεναι νειοῖο βαθείης πηκτὸν ἄροτρον, Homerus Iliados κ. de Dolone, quem Diomedes & Vlysses insequebantur. Vocem ἐπὶ οὖρα exponunt διάστημα, ὅρια, ὁρμήματα, &c. Præuertunt autem muli boues arando, non quod robustiores sint, ut quidam scribunt, (contrarium enim Columella asserit, ut supra in E. recitaui:) sed quod celeriores, si pariter emittantur. ¶ Cogunt concipere inuitas setæ ex cauda mulæ, si iunctis euellantur inter se colligatæ in coitu, Plinius. ¶ Si oues utantur stabulo in quo mulæ aut equi aut asini steterunt, facile incidunt scabiem, Columella.

¶ h. Piscibus inuentis & fœtæ compare mulæ, Iuuenalis Sat. 13. Non aliter ridetur Atlas cum compare gibbo, Martialis Epigr. lib. 6. Politianus in Miscellaneis 23. non gibbo sed mulo legit, quod in plerisque uetustis codicibus sic inuenerit. Atlantem autem (inquit) de Iuuenalis uerbis, nanũ quendã pumilionúmue fuisse, temporibus illis haud ignoratum, colligimus, per antiphrasin scilicet. sic enim inquit, Nanum cuiusdam Atlanta uocamus. Sed & muli pumili tum in pretio sunt inque delicijs habiti. Erat autem proculdubio ridiculum hominem nanum, mulo consimiliter nano & compare sibi uehi. Scytharum equi in prælio aduersus Darium, cum asinos prius rudentes nunquam audiuissent & mulorum speciem tum primum uiderent, in fugam conuersi sunt, Herodotus lib. 4. Crœso Delphis quærenti nunquid diuturnum foret imperium sibi, Pythia in hæc uerba respondit: Regis apud Medos mulo iam sede potito, Tunc ad scruposum fugere Hermum strenue Lyde, Nec perstare: nec ignauum tunc te esse pudendum. His ex uersibus, cum allati essent, multò magis quã ex cæteris uoluptatem Crœsus accepit, sperans fore ut nunquã apud Medos mulus pro uiro regnaret, Herodotus libro 1. Pisistratus Hippocratis filius tyrannidem Athenis affectans, seipsum ac mulas cum uulnerasset, bigam (τὸ ζεῦγος ἤλασεν εἰς τὴν ἀγορὰν) in forum agitauit, tanquam elapsus ex hostibus, quem rus proficiscentem illi prorsus interimere uoluissent. itaque populum orauit, ut aliquid custodiæ circa se habere permitteret, &c. Herodotus ibidem. ¶ Mulus (pro) uehiculo lunæ habetur, quod tam ea sterilis sit quàm mulus: uel quod ut mulus non suo genere, sed equis creetur: sic ea Solis non suo fulgore luceat, Festus. In basi throni Iouis Olympij tum aliæ deorum imagines expressæ sunt, tum Luna equo, ut mihi uidetur, inuecta: alij tamen mulo eam uehi aiunt, non equo: & ridiculam (θρύλον) quandam fabulam de mulo addunt, Pausanias Eliacorum 1. Mulis, equis, asinis feriæ nullæ, nisi si in familia sunt, Cato. In Consualibus cessant ab operibus equi & muli, redimiti floribus capita, Dionysius Halicarn. Mulis celebrantur ludi in Circo maximo Consuales, quia id genus quadrupedum primum putatur cœptum curru uehiculoque adiungi, Festus. In Consualibus mulus immolabatur, equi & asini feriabantur, Alexander ab Alex. sine authore.

¶ Mulus quidam Lydus cum imaginem suam in fluuio conspexisset, formam & magnitudinem corporis sui admiratus, ceruice erecta equi instar in cursum se dedit: deinde asini filium se recordatus, mox cursum sistit, & hinnitum animosque deponit, Aesopus in conuiuio septem sapientum Plutarchi.

PROVERBIA.

¶ Muli asinis quantum præstant: ubi quis longo interuallo præcedit. Γνοίης δ' ὅσσον ὄνων κρείσσονες ἡμίονοι, Theognis. Refertur apud Athenæum 7. Sumptum uidetur ex Homero, cuius hi uersus sunt Iliad. κ. Ἀλλ' ὅτε δή ῥ' ἀπέην, ὅσσον τ' ἐπὶ οὖρα πέλονται, Ἡμιόνων, &c. (ut paulò superius circa finẽ e. recitaui.) Hoc est, Verũ ubi tantum aberant, quantum pars ultima sulci Mularum. Rursum Odysseæ θ.

τῶν

τῶν δὲ θέειν ὄχ' ἄριστος ἔην Κλυτόνηος ἀμύμων, ὅσσον τ' ἐν νειῷ οὖρον πέλει ἡμιόνοιιν, τόσσον ὑπεκπροθέων λαοὺς ἵκεθ', οἱ δ' ἐλίποντο. Hos cursu anteibat Clytoneus splendidus omnes: Quantum mularum sulcus præcedit in aruo, Tantum is præcurrit. Olim bubus, asinis & mulis proscindebant arua. Hinc illa lex Mosaica Deut. 12. quę uetat arandi gratia bouem & asinum sub idem iugum mittere. Aratrum igitur quod à mulis trahebatur, multò celerius perueniebat ad sulci finem, quum arator inuertit aratrum, quàm quod trahebatur à bubus, Erasmus. ¶ Muli Mariani: hoc prouerbium explicaui in a. ¶ Mutuum muli scabunt: Vbi improbi atq; illaudati se uicissim mirantur ac prædicant. Translatum à mulis, qui sicuti reliqua iumenta sese inuicem dentibus scabere solent. Citatur hic titulus, Mutuum muli scabunt, à Nonio Marcello inter reliquos Menippearum titulos M. Varronis, mirum
10 ni prouerbialis. Ausonius in altera præfatione monosyllaborum, Sed ut quod per adagionem cœpimus, prouerbio finiamus, mutuò muli scabunt. Meminit huius & Varro libro de lingua Latina 3. (quanquam is locus est fœdissimè deprauatus:) his uerbis, Sic fiet mutuam muli nam. arbitror legendum, mutuum muli, ut subaudiatur scabunt. Symmachus in epistola quadam, Mutuum, inquit, scabere mulos, cui prouerbio ne uidear esse confinis, præconium uirtutum tuarum, presso dente restringo. Non uidetur autem adagium rectè accipi posse, nisi malam in partem: ueluti si indoctum indoctus, deformem deformis, improbum improbus uicissim laudaret, Erasmus. Germani alio prouerbio eundem sensum proferunt: **Sy låsend einanderen die flöhe ab/wie die hünd**, id est, Pulices sibi mutuò detrahunt, canum instar. Huic confine est illud à Diogeniano relatum: τὸν ξύοντα ἀντιξύειν, id est, Fricantem refrica, uel Scalpentem uicissim scalpe. Suidas ab asinis metaphoram transla-
20 tam existimat inuicem morsicantibus, & in utranq; partem dici posse, qui se mutuis officijs adiuuāt, aut qui se mutuis contumelijs afficiunt. Aristides in communi defensione quatuor oratorum, τὸν ξύοντα δ' ἀντιξύειν καὶ τοῖς ὄνοις ἡ παροιμία ἀποδίδωσι, Περικλέα δὲ κἂν τοῖς λέουσι μᾶλλον ἢ τοῖς ὄνοις εἰκάζειν φαῖεν ἂν ὁμηρεῖδαι. Id est, Scalpentem inuicem scalpere, etiam asinis uidelicet tribuit prouerbium. Porrò Periclem cum leonibus magis quàm cum asinis esse conferendum dixerint Homerici. Eiusdem sententiæ est Terentianum illud ex Phormione, Tradunt operas mutuas, de adulescentibus qui se uicissim in peccatis defenderent. Et uersus Epicharmi, ἁ δὲ χεὶρ τὴν χεῖρα νίζει, (nisi malis κνίζει,) δός τι καὶ λάβε τι. Hoc est, Abluit (uel fricat) manum manus, da aliquid, & aliquid accipe. Item illud, Senes mutuum fricant, natum ex lepida quadam historia quam Aelius Spartianus in Adriani imperatoris uita recenset. Adrianus in balneo ueteranum quempiam seruuli penuria, sese marmoribus affricantem cō-
30 spicatus, eum & seruulis aliquot & sumptibus donauit. Quod reliqui ueterani feliciter cessisse uidentes, cœperunt & ipsi complures sub oculis imperatoris sese marmoribus affricare, ut hoc modo principis elicerent benignitatem. At ille euocatis senibus, iussit ut alius alium uicissim defricarent, atq; ita pueris nihil opus fore. Is iocus postea in uulgi fabulam cessit. Celebratur & Scipionis Aemiliani apophthegma: Iumenta quòd manibus carent, alieno egere frictu. Quo significatum est, eos, qui res egregias gerere non possunt, egere præcone, quo famam sibi comparent, Erasmus.

¶ Cum mula pepererit, (ἐπεὰν ἡμίονοι τέκωσιν, apud Herodotum:) quoties significamus (inquit Erasmus) aliquid nunquam futurum, aut adeò rarò solere accidere, ut improbum ac stultum uideatur sperare. Ortum uideri potest ex eo, quod refert Herodotus in Thalia: Cum Babyloniorum urbs obsideretur à Dario, (&c. ut supra recitaui in c.) Huic simile quiddam refertur à Suetonio
40 in uita Galbæ Cæsaris. Huius auo procuranti fulgur, cum aquila de manibus exta rapuisset, & in frugiferam quercum contulisset, summum, sed serum imperium portendi familiæ, responsum est. Atque ille irridens: Sanè, inquit, cum mula pepererit. Quod omen ita arripuit Galba, ut eum postea res nouas molientem, nihil æquè confirmârit ac mulæ partus, cæterisq; ut obscœnum ostensum horrentibus, solus pro lætissimo acciperet, memor sacrificij dictiq; auiti. Eiusdem sententiæ est Vuestphalorum illud, **Wenn die wyden prunen tragend**, Cum salices pruna ferent. ¶ Saluete equorum filiæ: Apparet ioco uulgari fuisse iactatum in eos, qui emolumenti gratia blandiuntur: refert Aristoteles libro tertio Rhetoricorum. In certamine mulorum, quum is qui uicerat dixisset exile pretium pro carmine, Simonides recusauit, indignans mulos celebrare suo poëmate: uerum ubi uictor dedisset satis magnum præmi-
50 um, carmen tale fecit, Χαίρετ' ἀελλοπόδων θυγατέρες ἵππων. siluit enim quòd essent ex asinis quoq; nati, & quod honestius erat expressit, equorum filias appellans, Erasmus.

Yy 2

DE MVRE.

A.

MVS exiguum eſt animal, incola domus noſtræ (ut Plinius loquitur) roſor omnium rerũ: unde à ſono, quem rodendo facit, Latinè etiam ſorex uocatur, quamuis aliqui ita diſtinguant, ut mus domeſticus ſit, ſorex ſylueſtris, Sipontinus. Plinius certè ſoricem à mure manifeſtè diſtinguit, ſoricem ſylueſtrem faciens, & maiorem, auriculis etiam caudaq; piloſis: & ubi Ariſtoteles murem aruenſem nominat, ſoricem Theodorus reddit. Quamobrem infra inter diuerſos mures de ſorice priuatim conſcribam, quantum de eo apud ueteres reperio: nam recentiores uariè ſoricem interpretantur: alij, ut dixi, murem ſimpliciter, communem nempe & urbanum, quem Galli adhuc uernacula lingua ſoricem uocant: alij illum quem hodie rattum uocamus: alij quem myzerum Germani appellant (qui certe mus araneus eſt) ſoricem eſſe putant. Rattum hodie dictum, id eſt murem maiorem, de quo infra ſeparatim agam, obſcurus quidam author ſemper intelligendum putat, quoties muris nomen apud medicos occurrit: ſoricem uero murem communem minorem eſſe. Ego quoties mus nominatur, nec ſylueſtrem, neq; rattũ, id eſt domeſticum maiorem qui rarior eſt, intelligo, ſed minorem & frequentiorem. Græci μῦν & κατοικίδιον μῦν appellãt: ſed uulgus Græcorum hodie ποντικόν. Μυωξὶς (μυωξία potius) ὁ τῶν ποντικῶν φωλεός, Varinus, ponticos pro muribus ſimpliciter dicens. Ἀσκαλαβώτης, animal quod alio nomine galeotes uocatur: ἢ καὶ ὁ ποντικός: καὶ ἡ κοινῶς λεγομένη νυμφίτζα, (muſtelam hodie uulgò ſic uocant Græci,) Suidas. Domeſticum murem Plinius etiam diminutiua forma muſculum nominat: Ruinis (inquit) imminentibus muſculi præmigrant. Hebraicam uocem acbar עכבר Leuitici 11. Septuaginta μῦν, id murem tranſtulerunt, Chaldæus acbera, Arabs phir uel phar, Perſa an mus. Iudæi etiam noſtri temporis murem ſignificare aiunt, ac ita Munſterus uertit. Arabicè etiam Auicennæ mus far nominatur, & Saracenis hodie fara, ut alicubi legi, quæ uoces eædem aut ſimillimæ Arabicæ in Biblijs uoci phir ſunt, & forte legendũ phar, in medio quidem aleph ſcribitur: ſimilis & Hebraica eſt, ſi primam ſyllabam auferas. Proinde non accedo Hieronymo, qui Eſaiæ 66. myoxum, id eſt glirem eſſe putat, cum Leuitici undecimo murem ſimpliciter tranſtulerit. Sed præſtat murem interpretari, quo tanquam communiori uocabulo glis etiam continetur. ¶ Mus Italicè topo nominatur, uel ſorice al' ſorgio o rato di caſa. (Sed ratti uocabulum, Germanis, Gallis, & Italis commune ad murem domeſticum maiorẽ, ut dixi, pertinet.) Hiſpani Latinius talpam non murem tópo uocitant. Iiſdem mus appellatur rat, maior uero ratón. Gallis minor eſt ſouris, uox facta à ſorice: maior rat: Germanis hic **ratz**, Anglis rat uel ratte: ille **muß** Germanis, Anglis mows uel mouſe, Illyrijs, Polonis, minor myſs: maior ſczurcz, quaſi ſorex. Veneti maiorem panteganam appellant, quaſi ponticum, à uulgari nomine Græco, alij circa Romam ſourco.

B.

Mures domeſtici non uno omnes colore ſunt, ſed alij nigricant, alij ex fuſco colore ad ruffum aut giluum, alij ad cinereum tendunt. Eſt quando candidiſſimi reperiuntur, qualem ipſe uidi, non minorem tamen, ſed maiorem quem rattũ uocamus. Mus albus prouerbialis ſuo loco dicetur. In murium genere albi inueniuntur, & in eorundem excrementis lapilli albi, & ſunt ualde multæ generationis, (ſalaciſſimi,) Albertus. De murino colore, uide in a. Murium alij ſunt magni, alij mediocres, alij parui, Matthæolus. ¶ Muri cor magnum, Ariſtoteles. Cor maximum eſt proportione muribus, lepori, pantheræ, muſtelis, & omnibus timidis aut propter metum maleficis, Ariſtoteles & Plinius. ¶ Muſculorum iecuſcula bruma dicuntur augeri, Cicero 2. de Diuin. Murium iecuſculis fibræ ad numerum Lunæ in menſe congruere dicuntur, totidemq; inueniri quotum lumen eius ſit: præterea bruma increſcere, Plinius. Et libro 2. Soricum fibras, inquit, reſpondere numero Lunæ exquiſiuere diligentiores. Luna alit oſtrea, & implet echinos, muribus fibras, Lucilius ex Gellio. A coitu recreſcente Luna muris iecuſculum mirum in modum ſibi fibram quotidie quandam progignit uſq; ad plenam Lunam: deinde Luna decreſcente fibræ pariter decreſcunt, ac in unum corpus extenuatæ paulatim euaneſcunt, Aelianus. Cum Luna panſelenos eſt, iecur eius creſcit & diminuitur in utroque interlunio, Albertus. Ego ſemel & iterum diſſecti muris iecore inſpecto numerum qui cum Luna na conueniret nullum inueni, & omnino falsam hanc persuasionem existimo. Plutarchus in Symposiacis 4.5. muris aranei quoque iecur imminui scribit ἐν τοῖς ἀφανισμοῖς τῆς σελήνης. ¶ Murium alij fel habent, alij non, Plinius, & Aristoteles duobus in locis. ¶ Muris uulua dum partum gerit, acetabula habet, Aristoteles.

¶ De muribus Aegyptijs, Africanis, & alijs qui à regionibus denominantur, dicam inferius inter mures diuersos.

C.

Mures in domibus nostris habitant, ubicunque apta suis refugijs loca caua inuenerint: aut si minus sint apta, dentibus ipsi arrodunt & excauant: in medijs præcipuè, quę caua relinqui solent, inter duo cœnacula locis: item intra parietum caua, & circa tecta. Μῦς ὀροφίαι, ut Varinus refert ex Scholijs in Vespas Aristophanis, sunt mures qui uersantur circa orophàs, id est domuum tecta, & ea abrodunt. Mus domesticus in horreis & domibus habitat, niger & paruulus, Albertus. Noctu ferè discurrūt, latitant interdiu quòd hominem aut alia animalia eis infesta uideant audiántue. ¶ Nullum aliud animal acrius asino audire ferunt, excepto mure, Suidas in Mida. ¶ Mus panis cupidus est, & eorum quæ ex frugibus ad cibum hominis fiunt. Est autem in perquirendis cibis solertissimus, eorūque gratia sæpe periclitari non dubitat: et ut eis potiri queat, duras solidasque materias, quibus aditu prohibetur, multum diúque erodendo se fatigat, Obscurus. Omne murium genus grano (frumento) & pane uescitur: præfert autem durum molli. Si multos simul caseos inuenerit, gustatis omnibus, de meliore postea comedit, Albertus. Aegyptij in suis notis mure depicto iudicium accipiunt: mus enim pane multo ac diuersi generis simul posito, optimum quenque seligens comedit (quod & Aelianus scribit,) unde & optimi panis iudicium in muribus esse putatur, Orus. Fagi glans muribus gratissima est, & ideo animalis eius unà prouentus, Plinius. In Arcadia scio esse spectatam suem, quæ præ pinguitudine carnis non modo surgere non posset, sed etiam ut in eius corpore sorex exesa carne nidū fecisset, & peperisset mures, Varro. Sues spirantes à muribus tradunt arrosas, Plinius. Mures in Paro insula ferrum exedere & conficere dicuntur: Amyntas in Teredone Babylonica scribit eodem cibo uti, Aelianus. Gyaros insula una Sporadum est, ubi mures ferrum erodunt, Suidas & Stephanus. In Cypro insula aiunt mures ferrum exedere, Aristot. in Mirabilib. Mures fabulantur Chalcidensium ferrum erosisse, Heraclides. In quadam prope Chalybes insula, superiore loco sita, aurum à muribus uorari aiunt, ideoque in metallis eos dissecari, Aristoteles in Mirabilib. sic enim lego, locus est deprauatus. Theophrastus author est in Gyaro insula cum (mures) incolas fugassent, ferrum quoque rosisse eos: id quod natura quadam & ad Chalybas fecère in ferrarijs officinis. Aurarijs quidem in metallis ob hoc aluos eorum excidi, semperque furtum id deprehendi: tantam esse dulcedinem furandi, Plinius. Marcellum multa signa perturbabant, & mures in cella Iouis aurum corroserant, Plutarchus in uita eius. Bellum sociale, cuius author fuit Marius, diuersa signa præcessère: Mures suspensum in templo aurum corroserant, è quibus æditui quandam casse (πάγῃ) fœminam ceperūt: ea ibidem quinque enixa musculos, tres absumpsit, Plutarchus in uita Syllæ. Antiphili hexastichon in murem qui propter scobem auri deuoratam incisus est, extat Anthologij 1.33. ¶ Mures etiam uulgares ruminant, non solum Pontici, Plinius & Albertus. ¶ Mures lambendo bibunt, etsi dentibus serratis non sint, Aristoteles. Mures in Africa (Obscurus quidam ineptè legit, in aqua) cum biberint, moriuntur, Idem. In Africa maior pars ferarum æstate non bibunt inopia imbrium: quam ob causam, capti mures Libyci, si biberint, moriuntur, Plinius. An noxius muribus sit potus, uide in E. ubi de uenenis eorum. Cuniculos etiam à potu mensibus aliquot abstinere supra dixi. In Lusis Arcadiæ quodam fonte mures terrestres bibere & conuersari, Theophrastus scribit, Plin. ¶ Mus est temperamenti admodum humidi, Obscurus.

¶ Flagranti libidine dicunt mures esse, testemque Cratinum afferunt, dicentem in Fugitiuis, poëmate sic inscripto: Age nunc tibi ex æthere murinam lasciuiam Xenophontis fulmine percutiam: (φέρε νῦν σοι ἐξ αἰθέρος καταπυγοσύνην μυὸς ἀστράψω Ξενοφῶντος. Politianus in Miscellaneis 96. sic uertit, Age nunc tibi de sereno aduersus mollitiem muris fulgurabo Xenophontis. Volaterranus sic, Age nunc è sudo flagitium muris fulgurabo Xenophontis: additque uerba esse anus cuiusdam,) Atque fœminam quoque murem maiore Veneris rabie flagrare dicunt. Et rursus apud Epicratem in fabula quę inscribitur Chorus: Postremò subijt me detestabilis læna (leno, Volaterr.) deierans per Dianam (per puellam, per Dianam, per Persephattam, Politianus) esse uitulam, esse uirginem, esse pullam indomitam. At illa murina erat, (μυωνία, myonia: sic etiam Cælius legit, & Erasmus in prouerbio Mus albus: & Volaterranus ut uidetur, nam similiter murinam transfert. Politianum μυωπία uel μυωξία legisse uideo, & magis probo: uertit enim, At illa cauus erat murinus: nimirum quod uirginitate non amplius integra sed perfracta esset, & quosuis amatores admitteret ut cauerna murium subeuntes sibi musculos: myoniæ quidem uocabulum nusquam legere memini.) Superiectione salacissimam eam dicere uoluit, cum prorsus murinam (cauum murinum, Politianus) uocauit, Aelianus interprete Gillio. Sed Politianus hæc etiam tanquam ex Aeliano addit: Et Philemon, Mus albus, cum quis eam, sed pudet fari. Clamauit adeò statim detestanda læna, ut sæpe latere non est. In septimo Epigrammaton Martialis in uulgatis codicibus legitur, Nam cum me uitam, cum me tua lumina dicis: sed enim uetustissimi quique sic habent, Nam cum me murem, tu cum mea lumina dicis. Videtur autem puella

Yy 5

blandiens amatori murem cum uocare eodem intellectu quo etiam passerculum solet, quia mures quoqꝫ perhibentur salacissimi, Politianus: cui accedit etiam Erasmus in prouerbio Mus albus. Domestici mures salacissimi habentur, præsertim albi: uide infra in prouerbio Mus albus. Mures albi multæ ualde generationis (salacissimi) sunt, Albertus. Mus in coitu complectitur cauda, Albertus. Supra cuncta est murium fœtus, haud sine cunctatione dicendus: quanquam sub authore Aristotele & Alexandri Magni militibus: generatio eorũ lambendo constare non coitu dicitur, Plinius. Salis gustatu fieri prægnantes opinantur, Idem. Accedente salis usu longè fœcũdiores fiunt, Aelianus. Sunt qui uehementer confirment mures, si salem lambant, impleri sine coitu, Aristoteles. Terræ Persicæ parte quadam mure fœmina rescissa, fœtus fœminini prægnantes comperiuntur, Idem & ex eo repetens Plinius. Murium generatio mirabilis præter cætera animalia maiorem in modum est, tum numero, tum celeritate. Iam enim fœmina prægnante in uase miliario aliquando occupata, paulò pòst reserato uase, musculi numero uiginti & centum reperti sunt, Aristoteles. Ex una genitos centum uiginti tradiderunt, Plinius. De mirabili uno tempore agrestium murium redundantia, infra dicemus ubi de muribus agrestibus priuatim agetur. Multifida, ut canis & lupus, & parua eiusdem generis, ut mures, multa pariunt, Aristoteles. Mures etiam ex terra, uel terra & imbre nasci infradicam in agrestium historia. Ibidem quoqꝫ narrabimus quæ loca muribus infestata sint, & quæ propter murium copiam reliquerint incolæ. ¶ Mures qui non ex insidijs, sed sua sponte moriuntur, defluentibus membris è uita paulatim excedunt: unde profectum id quod est in prouerbio, Iuxta muris interitum, cuius Menander meminit in Thaide, Aelianus interprete Gillio: Volaterranus ex eodem sic transfert, Vita his longissima, membris paulatim deficientibus, &c. De agrestium morte infra dicam.

D.

E uolucribus hirundines sunt indociles, è terrestribus mures, Plinius. Quædam timore non cicurantur, ut mures & lepores. quomodo enim amabis quem insidiari uitæ tuæ sit persuasum? At hoc sibi persuadent qui timent, Cardanus. ¶ Ruinis imminentibus musculi præmigrant, Plinius. Vbi domus aliqua consenuit & ruinam minatur, mures primi sentiunt, & celerrimè fugientes aliud domicilium quærunt, Aelianus in Varijs & in animalium historia. Et rursus in eadem, Quod uicinam (inquit) domum ad edendas ruinas mures & mustellæ præsentiunt, idcirco eius casum & prolapsionem præuertentes, ex ipsa emigrant, quod quidẽ ipsum in Helice oppido usu euenisse dicitur. Cum enim Helicenses impium facinus in se aduersus Iones admisissent, eos nimirum in altaribus mactantes, tum sanè his propinqua ruina ex ostentis portenta fuit. Nam quinqꝫ antè diebus quàm Helice funditus euerteretur, qui in ea essent mures, mustellæ, serpentes, & uerticillæ, cæteraqꝫ eiusmodi ex eo loco exierunt: quod quidem facinus Helicensibus id ipsum intuentibus, summam quidem admirationem mouebat: ueruntamen quam ob rem discederent, causam conijcere non poterant. postea uerò quàm ex urbe hæc animalia excessere, ex terræ motu tantæ labes domorum noctu factæ sunt, ut non modò ex hoc casu desederit urbs, & conciderit, atqꝫ ex permultæ tempestatis alluuione funditus deleta fuerit: uerum etiam cum forte decem naues Lacedæmoniorum in urbis portu stationeqꝫ essent, ex marinorum æstuum tempestate perierunt, Hæc Aelianus. ¶ Mus domicilium sibi parat, Aristoteles. Sed tamen cogitato, mus Pusillus quàm sit sapiens bestia, ætatem qui uni cubili Nunquam committit suam: quod si unum obsideatur, aliunde perfugium Gerit, Plautus Trucul. Si quis ex muribus in aquam cadat, porrigens caudam alter hunc extrahit, ac seruat è periculo, Tzetzes. Cum mures in aquatile uas delapsi ascendere non queunt, mutuas inter se caudas mordicus tenentes, sese subtrahunt, secundum quidem primus, tertium secundus: sic enim eos mutuas inter se operas sapientissima natura ponere docuit, Aelianus. Sic lupi caudis inter se mordicus apprehensis fluuios tranant: & similiter Caspij mures, ut infra dicam in muribus diuersis.

¶ Peruersorum morum mustelæ & mures sunt, eamqꝫ ob causam Iudæis tum cibo tum contactu eorum interdictum est, Aristeas. sed per hæc animalia eiusdem ingenij homines reprehendũtur, qui scilicet timidi & ad quemuis pauidi strepitũ sunt, interim uerò furaces & clam insidiosi, Procopius.

¶ Muribus maximè insidiantur feles, unde & murilegos recentiores quidam uocarunt. murileguli uerò apud iureconsultos muricis & purpurarum inquisitores nuncupantur. Mustelis eadem quæ felibus natura in murium uenatu. pernicisissimæ eis quæ mustelarum minimæ sunt, & simpliciter nomine generis appellantur: quoniam hæ cauernas etiam subire possunt musculorũ, nec egressos solum ut maiores mustelæ catiqꝫ uenantur. Videntur & mortuas mustelas horrere mures: nam caseos, si cerebrum mustelæ coagulo addatur, negant à muribus attingi, Plinius. Et alibi, Abiguntur cinere mustelæ sparso. Mustela ruta in murium uenatu cum ijs dimicatione cõserta uires refouet, Plinius. Eàdem se præmunit contra serpentes. Vulpes callidè admodum mures captat. Eosdem in pratis anguis niger, (carbonarium Itali quidam uocant, Nicander eundem puto myagron à murium uenatu) comprehensos deuorat. Murem animalium maximè odit elephas, & si pabulum in præsepio positum attingi ab eo uidère, fastidiunt, Plinius. Odorem muris uel maximè fugiunt elephanti: pabula etiam quæ à musculis contacta sunt, recusant, Solinus. Leo murem fugit, Rasis: fortassis autem corruptus est locus. nam Aristoteles de leone scribit, quod aliquãdo hyn, id est suem, non myn, id est murem timuerit. Muribus accipitres uescuntur: item aues nocturnæ, ut noctuæ, bubones.

bubones. Mures cum uocem felis aut uiperæ exaudiuerunt, è nido musculos in locum alium transferunt, Aelianus. Mures etiam cum serpentibus aliquando colludunt, Ponzettus.

E.

Muscipula laquei genus est ad capiendos mures, Sipontinus: ut decipula laquei genus ad decipiendas capiendasq; aues. In granarijs muscipulæ disponantur ad mures capiendos, & per foramina ostij felibus introeundi potestas relinquatur, ad mures frumenta rodentes fugandos, Grapaldus ex Varrone puto. Si parit humus (in uineis) mures, minor fit uindemia, nisi totas uineas oppleueris muscipulis, quod in insula Pandatharia faciunt, Varro de re rust. 1.8. Muscipulæ aliæ uiuos capiunt mures: aliæ perimunt, siue pondere oppressos, siue aqua suffocatos, siue aliter, ut cum ualido filo ferreo in oppositum clauum adiguntur capite in foramen propter escam inserto. Aliæ uerò uas aliquod subiectum habent in quod illabantur, quod si aqua repleueris, suffocantur: secus, retinentur uiui. De singulis igitur ordine dicendum: & primum de ijs quæ uiuos capiunt. ¶ Comunissimum muscipulæ genus est, uas ligneum quadrangulum oblongum, quod tabulis quatuor construitur, posterior pars filis munitur ferreis, ut & inspicere illic liceat quid captū sit, & odor escæ illa etiam ex parte à muribus hauriatur, unde ad inquirendum aditum alliciantur: ad hæc aëre peruio longius spargitur escæ odor, & eminus etiam inuitat mures. Pars anterior hostiolum habet, filo appensum, quod cataractæ instar subitò cadit cum esca attingitur: filum autem alligatum est grui, hoc est ligno supra muscipulam transuerso sursum deorsumq; mobili, sustinente in medio columella quæ medio superioris tabulæ loco infigitur. Est & foramen in posteriore parte tabulæ superioris, cui filum ferreum mobile inseritur alteri ferro supra foramen transuerso circumuolutum. Huic inferius hamato esca infigitur, ut lardum, uel nucleus iuglandis, uel panis: quæ modicè adolentur igne, ut longius spargant odorem. Suprema uero mobilis huius fili pars modicè inflexa ut angulus rectus fiat, & malleo dilatata, gruis extremæ parti in dimidiati cunei formam illic resciſſi quàm fieri leuissime potest imponitur, ut esca à mure contacta facilius ruat. Hæc instrumenta aliqui gemina conficiunt, hostiolis ex aduerso positis. Hoc genus instrumenti Petrus Crescent. (10.36. ubi diuersas muscipulas describit, quas omnes nos ordine recitabimus) muscipulas domesticas uocare uidetur, quòd in plerisq; domibus habeantur. Oppianus etiam libro 2. de piscatione non aliud intelligere uidetur, his uersibus: Ὡς δὲ πάις δολόεντα μόρον λίχνοισι μύεσσιν Ἔκτισεν· τὸν δ᾽ ἔτι πάγης λόχον ἁρμαίνοντα Γαστὴρ ἔνδον ἔλασσε. θοῶς δέ οἱ ἄγγος ὕπερθεν Κοῖλον ἐπεσμαράγησεν. ὁ δ᾽ οὐκέτι πολλὰ μενοινῶν Ἐκφυγέειν δύναται γλαφυρὸν σκέπας, ὄφρα ἑ κοῦρος Μάρψῃ τε κτείνῃ τε, γέλων δ᾽ ἀθύροντι ἄγρῃ. Aliud muscipulæ genus è filis ferreis in orbem ducitur, ut uas fiat rotundum partem quæ è cylindro transuersa secatur referens. In eius summo orificium ex ijsdem construitur filis, quæ in fine singula acuminata in coni formam desinunt, ut in nassis fit ad capiendos pisces. Vasi escæ aliquid imponitur. Ad latus alicubi hostiolum fit, unde mus uel suffocatus aqua, uel aliter immortuus, eximatur. Est & alius modus minores musculos capiendi: Nucis iuglandis dimidia pars aperitur & oræ seu margini uasis alicuius, ex metallo præsertim aliquo, subijcitur, ita ut pars aperta introrsum uergat, & mus arrodere non possit nisi uas subierit: quod si fecerit, nuce dimota & uase collabente includetur. Hunc modum Crescentiensis etiam describit. ¶ Item est alius modus, inquit Crescentiensis, cum uas aliquod operitur membrana, quæ in decussem (crucem) scinditur, (quidam membranam recentem ollæ obtendi uolunt, & farinam inspergi, ut mures assuescant accedere: & postea arefactam scindunt) & in medio annectitur pellis suilla. Mures autem accedentes ad chartam siue membranam, ea deflexa ruunt, charta rursus erigitur ut una opera mures infiniti decipiantur: quod si aqua in uase fuerit, suffocantur: sin minus, breui saltem fame intereunt. Fertur etiam ab expertis, quòd si mures in uas sine aqua illapsi diu uiuere permittantur, fame nimia impulsi se mutuò tandem deuorant, fortior imbecilliorem. Quòd si tandiu relinquantur, ut unus aliquis tantum, uidelicet omnium robustissimus supersit, & hic permittatur exire, quoscunq; inueniet mures deuorabit murinæ iam carni assuetus, idq; facile cum illi non fugiant. Hæc ille. Ego nuper ab amico quodam accepi, Senensem quendam sacerdotem cui marsupium in cauum quoddam mures pertraxerant, captum unum aliquandiu carnibus murinis tantum aluisse, ac ita dimisisse: qui cum grassaretur in cæteros mures eosq; fugaret ad singula ubi latebant foramina pergens, sic etiam marsupij index perquirenti id singillatim sacerdoti fuit. Capiuntur etiam mures, si uasi, unde euadere nequeant, tenuis baculus imponatur, qui in medio ita incisus sit, ut se tantum sustinere cum esca possit: nucleus enim nucis in bacilli medio ponitur, ad quē mus accedens cum baculo fracto cadit: & si aqua fuerit, suffocatur: sin minus, occiditur, Crescentiensis. Et rursus, Modus (inquit) melior cæteris ad capiendum mures tam magnos quàm paruos, est huiusmodi: Asseres duos leuigatos longitudine brachij, latitudine semissis (dimidij brachij,) ita coniunge ut digitis quatuor uel paulò minus in latitudine distent parte infima, cum duobus exiguis asseribus * in castris in utroq; capite uno, ut inferius æquales sint: sub his affige chartam * de pectore grossam massam (incisam) in medio ex transuerso, sed prope medium non affixam, & ita restrictam ut inter asseres facile eleuetur, ut si delabendo deformaretur, possit ad suam formam reduci. Cæterum prædicti duo asseres supernè in capitibus coniungi debent, ac super eos exiguus asser imponi, qui in medio contineat clauum retortum ad quem suspendatur frustulum cutis suillæ: alij non suspendunt, sed in medio asserum prope chartam ponunt, sic ut una * mastula cum cute facile reuoluatur. Hanc ma-

Yy 4

chinam uasi fictili aut ligneo impones, unde muribus exeundi facultas non sit. Præstiterit autem obrui massam frumenti uel alterius grani. Sic una opera quotquot mures intrauerint & ad escam accesserint, delapsi capientur, charta semper in pristinum reuoluta locum. Alius modus: Orbis men-
sarius aut simile lignum rotundū infixis utrinq; acubus uel exiguis ligellis, duobus in sedili aliquo
erectis breuibus ligellis bifurcatis (uel ramulū transuersum habentibus) imponitur. Curandum autẽ
ut pars orbis posterior, hoc est sedile uersus paulò grauior sit, & sedile attingat, anterior uerò circiter
pollicis lati altitudinem eleuetur. Tum farina alia'ue esca sedili prope orbem inspergitur, ut inuiten
tur mures, esca etiã orbi alligatur anterius. Mus à sedili in orbem progressus, eo reuoluto in lebetem,
qui aqua semiplenus subijci debet, delabitur, orbe mox in priorem statū redeunte, ut sæpe plurimi
mures una nocte una eademq; opera capiantur, omnes in lebetem delapsi. Alij pro orbe ligneo ma-
chinã quandam uersatilem faciunt, quales sunt puerorū apud nos rotulæ arundinibus aut uirgis alligatæ, in cursu ad uentum uersatiles. ¶ Sunt & uaria muscipularū genera, ubi mures pondere obruuntur. Muscipulæ quædã fiunt, inquit Crescentiensis, ex paruo ligno cauato, in quod delabitur a-
liud lignum paruum, sed graue & opprimens ingressos ad escã mures: annectitur enim suilla cutis ad
lignum quoddã exile, quo attacto ruit moles: sed hic modus notior est quàm ut pluribus explicari
mereatur. Huic affine est genus illud, quod nostri hoc modo parant: Tabulæ duæ coniunguntur
pedem latæ unū, longæ duos. Hæ posterius ligneo clauo iunguntur, qui tabulę inferiori infigitur. Superior enim eidẽ clauo non affigi, sed inseri tantū debet foramine suo (ampliore quàm ut motum eius impediat,) ita ut facile anterior eius pars sursum deorsumq; moueatur. Præterea inferiori tabulæ
anterius forma patibuli (duobus lignis erectis transuerso uno imposito) siue Græcæ literæ π. infigitur, altitudine dodrantis, latitudine quanta permittitur. Oportet autem de superiore tabula anterius
nonnihil utrinq; rescindi, ut patibulum subiens æqualiter cum inferiore extendi possit. Deinde infe
riori tabulæ lignum rectum & tenue secundū latitudinem (quæ pollicem ferè aut unciam æquat) im
ponitur in medio, & postrema parte alligatur ad clauum ligneum, quo tabulæ coniunguntur. In hu
ius medio laridum uel quæuis esca alligatur. Debet autem anterius ad finem usq; tabulæ pertingere, & illic etiã crenatū esse secundum latitudinẽ, crena ad dimidiati cunei formam ducta. In hanc e-
nim ligno eleuato aliud supernè perexiguū lignū inditur, duos ferè digitos longum, latū uno: hoc inquam parte inferiore in crenã ligni escarij (id est continentis escam) inditur: supernè uero ad orã superioris tabulæ leuiter offirmatur, ut escæ contactu facilius ruat moles. Idem hoc ligellum (quod obfirmatorium, ad escarij differentiã nominari potest) filo annecti solet ad superiorẽ tabulam sub medio
patibuli, atq; inde cum muscipulã erigere placet ultra patibulū traijcitur. Sunt qui inferiori tabulæ
circa escã clauos infigant ferreos, quorum mucronibus cadentis ui ponderis mures illidantur. Potest
etiã lapide superior tabula onerari, ut grauius feriat. Porrò uiuos obruendi machina maximè extem
poranea hoc modo fit: Ex tenui ligno pars palmū alta & digitū ferè lata scinditur, & ab altera parte
in cunei formã secta attenuatur: hoc lignū columellæ instar erigitur, & cuneus eius inditur crenæ al
terius ligni, quod huic ferè æquale uel paulò breuius fit, simile alioqui nisi quod altera crenata non
cuneata est. Potest aūt obfirmatoriū appellari: hoc enim columella & lignum escariū continentur
obfirmanturq; ne ruant priusquã mus escam attigerit. Lignum escariū dodrantale uel paulò longius
esse oportet, esca circa mediū alligata: pars eius anterior scissurã habebit, quæ paulo post caput incipiat, & ad duos ferè cum dimidio digitos retrorsum extendatur: debet autẽ fieri ad angulos rectos et
dimidiam ligni latitudinem auferre. His tribus lignis ita paratis, columellã eriges, ita ut cuneus sursum spectet, cui obfirmatorij crenã inseres, ita ut obfirmatoriū ipsum retrorsum spectet, quò escariū
quoq; spectare debet: escariū anteriore angulo columellæ admouetur, ad posteriorẽ uero eius angulū
in fine scissuræ obfirmatorij cauda, hoc est pars non crenata detrahitur, obfirmaturq;: sed priusq; detrahas & obfirmes tabulam columellæ iam sustinenti obfirmatoriū impones. Sic dolo instructo mus
si escã tetigerit, ruente tabula opprimetur. Eundem hunc dolū describere uidetur Crescentiensis,
sed obscurius, his uerbis: Capiuntur mures assere quodã eleuato cadente, qui ex quadã columella e-
leuatus sustinetur, quadã spatula cutem suillam habente sic præparata quòd columella diuisa non
aperitur, nisi cum mus cutem tangit in spatula eleuatam. Est & alius usitatus apud nos modus. In
tabella pedali quinq; aut sex digitos lata, circinatū foramen fit, cuius diameter digitorū fit quatuor:
huic foramini subiectū inditur uas ligneū orbiculatum cauū palmi longitudine: in huius uasis latere
altero, quod appellemus A. foramen paruū fit in medio, ubi filum escariū è ferro inseritur, id circun
uoluitur paruo filo quod transuersum foramini infixū est, ita ut in muscipula primo descripta diximus: pars enim fili in fine hamata quæ longior est, introrsum pertinet, ut infigatur ei esca, pars altera
breuior & in summo modicè ad angulū rectum inflexa foras spectat, ut ligello obfirmatorio impona
tur: quod quidem ligellū filo percutienti è regione escarij annexū pendet. Filū percutiens appello,
quo mus inserto in uas capite & escã tangens percutitur, illiditurq; acui ferreæ, quæ illic prope sum
mitatem uasis in aduersum latus, quod B. appellabimus infigitur, ita ut mucro recta ad A. spectet.
Hoc filū percutiens bene crassum est, & per totū B. latus tabellæ à principio ad finem rectà descendit: mox extra tabellam in semicirculū incuruatur, cuius uertex à tabella palmo ferè recedit: & in latus A. reflexū, illic annectitur & infigitur. Sic paratam machinam cum instruere & intendere uoles, ligellum obfirmatorium in latus A. detrahes & altera parte obfirmabis in marginem eiusdem lateris

teris inferiorem, (quod ut firmius fiat, crenam illic uel scissuram aliquam in ligno facere possis) alteri uero nempe inferiori parti, summitatem fili escarij inflexam impones, & instrumentum totum in latus B. inclinabis. Eandem aut simillimam machinam Crescentiensis describit, sed obscurè, uerbis forte per librarios deprauatis: sunt autem hæc, Mures etiam aliter capiuntur cum in aliquo nodo cannæ amplæ in capite fit arculus cum chordula, in qua acus magna consistit in media canna foraminis foramen habet in medio, & cutim suillam interius cuidam uirgulæ alligatam, & sic præparatam, quòd cum mus per foramen cutim mordet ac mouet, arculus descendit, & acus magna perforat caput eius, eumq; retinet ne fugere possit. Sed præ cæteris ingeniosum est machinæ genus, quod subijciam. Trunculus ligni duos palmos longus, unum latus, duos digitos crassus, in medio duobus circiter digitis exciditur paulò ultra dimidium latitudinis suæ. Latus illud ubi scissura fit decliuius & humilius esse debet, id appellemus A. huic lateri semicirculus oblongus è ligno inflexo inditur, in foramina terebrata parte media A. lateris, ab utraq; parte scissuræ, ita ut semicirculus ille recto & plano ad trunci basim situ sit, & instructa muscipula eidem semicirculo incumbat. Supra hunc semicirculum eiusdem figuræ tabella adaptatur ferreis mucronibus in circuitu denticulata: ita ut mucrones semicirculum collabente machina ingredi possint, propemodum attingentes ipsum. Hæc tabella trunculum uersus ita rescindetur, ut scissuram eius ingredi possit, ubi transuersa chorda equinis setis contexta alligetur. Chorda autẽ per latera trunculi perforata transmittitur, ansulis utrinque ligneis annexa, ut ijs remitti intendiq; possit: ijs enim intensis tabella mucronata uehementius feriat murem. Supra trunculum statim retrò scissuram lignum erigitur quinq; circiter digitos altum rectumq;, & mox eadem longitudine recuruum (buris instar) anterius pertingens & sursum inclinãs: huic in fine filum annectitur cum ligno obfirmatorio paruo, inescatorium uero lignum imæ scissuræ alligatur. Mus escam attingens inter tabellæ corruentis mucrones & semicirculum configitur cõstrictusq; tenetur. Vidi & aliud huic simile genus: sed desino esse longior. Est præterea alius modus, cum uas aliquod ex quo euadere nõ possint, ad dimidium aqua impletur, cuius superficies zea seu spelta innatante operitur, quam uidens mus & non aquam, in uas descendit & suffocatur, Crescentiensis. Audio nostros aliquando paleas aquæ inijcere, quòd facile supernatent, & sic mures aliquando nihil suspicantes de aqua insilire: facilius autem puto ad insiliendum allicerentur, si paleis farina auenæ alia'ue tosta inspergeretur. Hoc circa muscipulas omnes quibus uiui mures capiuntur obseruandum, ut eximantur statim: nam si perminxerint, mures alios dolum suspicantes difficilius allici putant: quamobrem pollutas urina, abluere solent, aliqui etiam fumo imbuere, tanquam urinæ odor ita aboleatur.

¶ Mures si amurcam spissam patinæ infuderis, & in domo nocte posueris, adhærebunt, Palladius 1. Si amurcam, inquit Anatolius, in æneam peluim infuderis, eamq; in media domus parte reliqueris noctu, mures congregaueris omnes, Paxamus in Geopon. Græcis 13. 4. ¶ Mus si castretur uiuus & dimittatur, fugat cæteros, Plinius libro 30. ut Aggregator citat. Ego de soricibus tantum apud Plinium hoc scribi reperio. Si deprehensum murem unum excoriato capite abire permiseris, cæteri in fugam uertentur omnes, Paxamus. Mus masculus cum excoriatur & dimittitur in domo, aut castratur, aut abscinditur cauda eius, fugat reliquos: maximè uero si excoriatus fuerit. Fertur etiam si mus pede ligatus ad paxillum in domo retineatur, cæteros in fugam uerti, Auicenna. Memini aliquando audire, si muri capto tintinnabulum alligetur, ac ita dimittatur, fugaturum cæteros. Fumus foliorum taxi occidit mures, Plinius. ¶ Aconitum (primum, quod & pardalianches) procul & è longinquo odore mures necat, unde aliqui myoctonon appellarunt, Plinius. Myoctonon quidẽ cognominari, Dioscorides etiam & Nicander meminerunt. Recentior quidam obscurus author, hæc Plinij uerba de fumo aconiti interpretari uidetur: quanquam lupariæ uulgo dictæ fumum id facere scribit, quę ad secundum aconiti genus pertinet. Ego cum nuper radicem cœrulei primum, deinde etiam pallidi aconiti ratto capto per triduum edendum obijcerem, butyro & farina, aliâs caseo mixtis, atq; is multum absumeret, nec periret tamen, sed ne lædi quidem uideretur, occidi iussi. In causa forte erat parum recens pollen flaui aconiti: pharmacopolæ enim non integras lupariæ radices, sed contritas ferè seruare solent. In Sabaudia quidem uidi à rusticis has radices uendi, & muribus occidendis commendari ab ijsdem audiui. Nostri quoq; in Germania rhizotomi mures occidi promittunt, si lupariæ radicem tritam cum pulte ex auenæ aut frumenti farina mixtam gustauerint. Easdem ferè aconito uires staphisagria obtinet: & huius quoq; (è radice, uel semine potius) pollinem cum farina in butyro frixum mures occidere Tragus scribit. Fugantur mures & calacantho, origano, apij semine atq; melanthio suffitis, Paxamus. Calacanthus autem (Græce καλάκανθος legitur hoc in capite, & duodecimo ubi muscas suffitu eiusdem pelli scribitur: undecimo autem contra culices καλακάνθῃ) quid sit non facile dixerim. Apud Rasim non calacanthum sed chalcanthum, id est atramentum sutorium legitur: sic enim aliqui citant ex opere eius ad Almansorem: Mures (inquit) è domo chalcantho fumigata fugiunt. Calycanthemon quidem apud Dioscoridem inter clymeni & periclymeni nomenclaturas est. Fugiunt & hæmatite lapide suffito, nec non myrica uiridi fumigante, Paxamus. Si domum suffumigaueris ungula muli sinistra, non remanebit in ea sorex, Rasis, Albertus, Belberus. (soricem impropriè dicit pro mure domestico.) Si muli ungula domus suffiatur, fugiunt ab ea mures, Rasis & Albertus. Vnguibus mulæ uel asini (adustis) mures fugantur, Vrsinus.

Mures abiguntur cinere mustelæ uel felis diluto,& semine sparso,uel decoctarum aqua: sed redolet (scilicet frumentum) uirus animalium eorum etiam in pane: ob id felle bubulo semina attingi utilius putant,Plinius: sed hæc ad mures agrestes magis pertinere uidentur,qui quomodo fugentur suo loco infra priuatim dicemus. Asphodeli radice mures fugantur,cauerna præclusa moriuntur , Plinius. Cucumim ex quo elaterium fit,&c.multi hunc esse apud nos,qui anguinus uocatur,ab alijs erraticus,arbitrantur: quo decocto sparsa mures de eius medicina non attingunt,Plin. Agrestis cucumeris & colocynthidis suffusio mures necat,Palladius 1. Si cerebrum mustelæ coagulo addatur, dicunt caseos à muribus non attingi,Plinius. Frumento ne gurgulio noceat,neu mures tangant, lutum de amurca facito,palearum parum addito,finito marcescant bene,& subigito,eo granarium totum oblinito crasso luto,postea conspergito amurca bene omne quod lutaueris. Vbi aruerit,eò frumentum refrigeratum condito,Cato. Absinthium defendit pannos & pelles à muribus , Circa instans. Atramentum librarium ex diluto absinthij temperatum, literas à musculis tuetur , Plinius & Auicenna. Mulieres quædam apud nos absinthium decoquunt cum linimento illo farinaceo quo lectorum culcitras illinunt,ut à muribus tutæ sint,Tragus. ¶ Si uis excæcare mures,tithymallum in tenues partes incisum mistumq́ cum polline & œnomelite apponito: siquidem ubi ex eo comederint,occæcabuntur. Anatolius quidem & Tarentinus dum de horreo mentionem faciunt, eisdem medicamentis sunt usi,Paxamus. ¶ Veratrum album mures polenta admixtum necat, Plinius. Ex polenta ueratrum,aut agrestium cucumerum semen cum ueratro nigro , colocynthide & farina permistum,mures perimit,Paxamus. Necabuntur si helleboro nigro caseum uel panem , uel adipes,uel polentam permisceas & offeras: & agrestis cucumeris & coloquintidis suffusio sic nocebit, Palladius. Nonnulli elleborum album & corticē cynocrambes tenuissimè comminuta cribrataq́, cum farina,ouis & lacte miscentes & læuigantes,pastam faciunt,quam murium foraminibus inserunt,Paxamus. Auicenna etiam elleboro mures occidi scribit, & merdasengi , id est lithargyrio, utroq; nimirum per se: ut & Rasis , qui tamen utriq; farinam addit. Albertus omnia permiscet , elleborum inquam,lithargyrium & farinam. Elleborus cum melle & farina subactus,frixusq́,præsertim niger,mures & rattos necat,Tragus. Tortellæ ex elleboro cum farina & aqua factæ , Circa instans. Elleborus cum polenta,uel cum sauich (sauich Arabicè polenta est) & melle, Serapio secundū Dioscoridem,& Auicenna: sed Dioscorides de chamæleonte albo hoc scribit,non de elleboro. Chamæleon albus cum polenta subactus,& aqua oleoq́ dilutus,mures,sues & canes occidit , Dioscorides: uide in Cane. Idem apud Auicennam de mezereon legitur,facili lapsu: quoniam mezereon chamelæa non chamæleon est. Succus decoctę radicis chamęleontis herbæ additis aqua & oleo,mures in se contrahit ac necat,ni protinus aquam sorbeant,Plinius lib. 23. Rusticos uidimus cardum uarium (id est chamæleontem) uendentes , cuius puluere tum lupos tum mures necari affirmabant. Mures perimit & hyoscyami albi semen,& radix caulis,(aliâs lauri,) Auicenna. Si rubi radicem butyro pani & caseo permistam gustarint mures, exanimantur & pereunt , Paxamus. Helenij radix mures contrita dicitur necare,Plinius. Bassal alfar (id est cepa muris , quæ & cepa canina dicitur: est autem eadem quæ squilla) mures occidit, Auicenna, secundum Bellunensem & ueterem glossographum. Σκίλλα, σκαμμωνία, θανατηφόρος μυῶν, Hesychius & Varinus: Confundunt autem scammoniam & scillam diuersas plantas. non negauerim tamen scammoniam quoq; muribus uenenatam esse posse: ut Auicenna mezereon, id est chamelææ uim mures necandi attribuit,quam Dioscorides & alij chamæleonti,non infeliciter lapsus, ut uidetur: nam chamelæam quoq; idem præstare crediderim. Syluestrem asparagum Græci orminum aut myacanthum uocant,Plinius: dubitauerit autem aliquis cur myacanthus, id est murina spina nominetur, aliam'ne ob causam, an quòd mures forte interimat: nam canes quoq; asparagi decocto perire, autore Chrysippo, Plinius scribit. Theophrastus 6.4. de hist. plant. Quædam (inquit) folium iuxta aculeum gerunt, ut tribulus, phleum, ononis, myacanthus, & alia. Gaza pro myacantho spinam murilem reddit. Videtur autem Theophrastus de rusco intelligere: nam is quoq; myacantha cognominatur apud Dioscoridem: quanquam non iuxta folia spinas habet ruscus, sed ipsa eius folia in aculeos desinunt. Syluestrem quidem asparagum hortensi similem uidisse memini, aculeatum autem propriè dictis aculeis, hoc est duris & pungētibus, nunquam. Sed asparagum syluestrē Theophrastus asparagian forte nominat lib. 6. cap. 5. de hist. plant. ubi & scorpium describit, & ipsum ut suspicor de genere syluestris asparagi: quoniam pro folijs similiter spinas habeat, & eodē tempore floreat. Marcel. Vergilius conijcit ruscū myacanthā dici, quòd rustici in Italia hanc spinā in carnario suspendāt, ut tueatur à muriū iniurijs pernas, & caseorū fiscellas: neq; enim acuminata in cuspidem foliorum eius acumina penetrare animalia illa audent: quā ob causam, inquit, murinā spinam dictā fuisse credimus. Hetruria certe modò non aliunde facto nomine appellat, (pongi topi, à pungendis muribus, Matthæolus.) Theophrastus libro tertio de plant. histor. centromyrrhinon id est cuspidatam myrtum uocauit, (ut Dioscorides oxymyrsinen & myrthacanthan,) Hæc Marcellus. Nostri iunipero similiter ad succidiam à muribus defendendam utuntur. An uerò ruscus Theophrasto myacanthus aut centromyrrhinon dicatur, aut etiam utrisq; his nominibus, aut myacanthus illi non alius sit quàm asparagus syluestris , aut alia sui generis planta , cum neq; ruscus neq; asparagus spinas iuxta folia habeat, aut mutilatus forte sit codex Theophrasti , cuiusq; iudicio liberum relinquo. Aconitum myoctonon, aliqui etiam myophonon appellant: μυόφονον

herba

herba quæ & aconitum, Hesychius & Varinus: sic enim lego: sed aliud etiam myophonon uel potius μυοφόνου est, quod & σκιὰς uocatur, quòd in umbellis florem & fructum promat, de quo itidem in aconito dixi. Nicander in remedijs contra ixiæ uenenum polium quoq; myoctonon cognominat: quod (inquit Scholiastes) nullus alius fecit, neq; enim mures occidit polium, Hæc ille. Substratum quidem uel suffitum polium serpentes abigit, graui enim odore est, & amarum. Hoc sanè suspicamur quoniam muscæ suffitis quibusdam, ut absinthio, galbano, melanthio, &c. abiguntur, Græci autem muscas μυίας, mures uero μύας nominant, aliquando hæc per incuriam aut inscitiam tum authorum tum librariorum confundi: polium quidem aptum uidetur quod suffitum muscas & culices depellat. Si querno cinere infarseris aditus (caua) murium, eum contingentes adsiduè, scabie inficiuntur & pereunt, Paxamus. ¶ Si arsenicum citrinum cum farina subactum mus ederit, morietur, Albertus. Nostri arsenicum per excellentiam **müßgifft**, id est uenenum murium appellant, quod inter alia murium uenena efficacissimum ocyssimumq; sit: accipiendum est autem non pallidum quo librorum compactores libros illinunt, ut aureo colore niteant: sed rubicundum, cuius etiam minima portio statim necat: cuius periculum ipse nuper feci in duobus muribus muscipulæ inclusis. uterq; enim minima lardi portione uorata, inuoluta in hoc ueneno contrito, modica farina superinspersa, intra horæ spatium perijt, magna cum admiratione mea: uix enim tria grana ueneni singulis deuorata puto. Sic ab alijs etiam interemptos hoc ueneno mures audiui. Optimum sanè fuerit uenenum lardo in tenuissimas laminas secto illinere, sic enim facilius quàm alio quouis modo edent. Plura de auripigmento & mirifica eius in muribus lupisq; necandis facultate recitaui in Lupo a. in Aconito. Famulus meus farinam frumenti mixtam pauco arsenico læuigato muribus necandis in domo proposuit: sed id forte gustatum catellus unus è duobus domesticis cum paulò post uomitu redderet, euasit: alter uero de uomitu illo gustans, perijt, Ponzettus. Ego sanè cum uulpi quam domi alebam consiliginis semina aliquando dedissem, experiundi gratia num uenenosa essent ut suspicabar, ea quoq; cum reuomuisset nihil passa est. Qui uenenum apud nos muribus proponunt, plerìq; aquam etiam in uase apponi iubent, tanquã ijs si biberint citius morituris: sic enim uenenum in uenas dirigi, & inflatos mori aiunt. Ego quidẽ duobus illis muribus, quorũ iam memini, nullũ apposui potum, & intra horã utriq; perierunt, ut neq; simpliciter, neq; ut citius moriantur necessarius uideatur potus. Imo uerisimile est aliquos si biberint facilius uomere, atq; ita euadere: aut alia quadam ratione aquæ potu ueneni uim retundi. Nã & chamæleontis herbæ succus additis aqua & oleo, mures in se contrahit ac necat, ni protinus aquam sorbeant, authore Plinio. Crescentiensis etiam ueneno muribus proposito aquam remoueri iubet, ut paulò post recitabo. Nec me fugit quòd Aristoteles scribit de hist. anim. 8. 28. mures Africæ si biberint mori: quoniã animalibus Africanis etiã cæteris insolens potus est, propter inopiam aquarũ, quòd æstate illic nulli sint imbres: itaque contra quàm cæterarum regionum animalia tempore hyberno magis quàm æstiuo potum quærunt. Sed forte hoc uniuersale est omnib. muribus, ut legit (Michaël) Ephesius, Niphus. Homerus certe in Batrachomyomachia murẽ bibentẽ facit. Hæc ueterũ inter se & recentiorũ dissidia ut componantur, experientia magis quàm uerbis & rationibus uti oportet. Carnem infumatam & minutatim concisam cũ butyro friges in sartagine: refrigeratis addes dimidiã partem calcis uiuæ ad læuorẽ tritæ. hoc pharmacum in tabellas aliquot distribues, & propones ea in loca ubi musculos aut rattos uersari scieris: tabellis etiam singulis uasa singula cũ aqua appones ut bibant & citius moriantur, Ex libro quodam manuscripto Germanico. Aliqui calcem cum farina subactã, alij aliter, rattis proponunt. Mures necat alsceh, (al. alscech,) Auicenna: Bellunensis interpretatur realgar (al. resegal) seu toxicũ muris. Realgar, inquit Syluaticus, fit ex sulfure, calce uiua, & auripigmento, & idiomate nostro uocatur soricoria: interficit sorices & omnia animalia: puluis eius extinguit uermes equorũ, & fistulis medetur, & omnem malã carnẽ corrodit. Occiduntur mures resalgario trito & caseo aut farina mixto, quibus in cibo delectãtur. Sed remouenda est aqua, cuius potu sæpe iuuantur, Crescentiensis. Ferri scobes (ῥίνημα) si fermento mista loco indatur qui scatet muribus, ubi gustauerint intereunt, Paxamus. Scoria ferri mures perimit, & crocus eius, Auicenna. Rasis scoriam ferri cũ farina subigi iubet. Lithargyrium: uide supra in ellebori mentione. Crocus ferri à Bulcasi describitur, ex quo etiã Syluaticus mutuatur cap. 191. Argentum uiuum mures interimit, Auicenna: argentum uiuum sublimatum, Serapio secundum Rasim.

¶ De muribus qui regiones aliquas magna multitudine inuaseruut, & aut segetes populati sunt, aut etiam incolas expulerunt, dicam infra in historia muriũ agrestium.

¶ Scythiæ magna pars tergore uulpiũ & murium operti incedunt, Alexander ab Alexandro. Scythæ pellibus tantum murinis ac ferinis utuntur, Iustinus libro 3. Sed mures quorum pelles in usu uestium habentur, omnes syluestres sunt & diuersorum generum, ut infra in singulorum historijs dicetur. ¶ Mures cum strident, & plus solito (ἄϋδοι, uide an legendum ᾠδοὶ, sic melior fuerit syntaxis) tanquam saltantes discurrunt, tempestatem (χειμῶνα) significant, Aratus. Vbi Theon in commentarijs, Strident autem, inquit, saltantesq; mures, siue quòd aërem astringi percipiunt: siue quòd cum tenuem & infirmam habeant cutem, cum terram refrigeratam calcant, non ferentes frigus exiliunt. Et rursus, Mures interdiu (inquit Aratus) pedibus uersantes suum cubile, dormire appetunt cum imminet imber, Hic Scholiastes nihil adiecit, cum sententia tamẽ aduersa uideatur superiori; quomodo enim dormituriunt imminente pluuia, si plus solito discurrunt & saliunt: Mustelæ & mures stridentes uehementem præsagiunt tempestatem, Aelianus.

F.

Peruersorum morum mures & mustelæ sunt, timidi, furaces, insidosi, ut in D. dictum est. quamobrem lex diuina tum esu tum tactu eorum Iudæis interdixit. mures quidem cuncta fœdant, maloq; afficiunt: homini non modo perniciosi in cibo, sed nec ulli prorsus usui utiles, Aristeas. Comedentes carnem suillam, & abominationem atq; murem, simul consumentur, dicit Dominus, Esaias 66. Caro muris in cibo sumpta magnam obliuionem infert & abominationē, corrumpitq; stomachum, Arnoldus de Villa noua. Dentibus muris, id est maculæ quæ fiunt in facie, præcipuè infantium, propter esum panis à mure corrosi, Vetus glossematarius Auicennæ: Vide in G. circa finem. Incolæ regni Calechut mure ac piscibus Sole exustis uescuntur, Ludouicus Romanus 5.6. ¶ Muris caro calida est, mollis & pinguis aliquantulum: & in ea uirtus est expulsiua melancholiæ, Rasis & Albertus. Si comedatur mus assus, desiccat saliuam fluentem ab ore puerorum, Iidem: Vide in G. Sunt inter magos qui murem bis in mense iubeant mandi in dentium doloribus, doloresq; ita caueri, Plinius. Sed quæ remedia ex mure sumpto in cibo promittantur in G. dicam. Venisse murem ducentis nummis Casilinum obsidente Hannibale, eumq; qui uendiderat fame interisse, emptorem uixisse, annales tradunt, Idem.

G.

Muris caro calida est & mollis, & pinguis nonnihil, & bilim atram (cuius ego nullam rationem uideo) expellit, Rasis & Albertus. ¶ Arundines & tela, quæq; alia extrahenda sunt corpori, euocat mus dissectus impositus, Plinius. Mus degluptus & per medium exsectus appositusq; omnia quæ inhæserint corpori facile producit, Marcellus. Aduersus serpentium ictus efficaces habentur mures dissecti & impositi, quorum natura non est spernenda, præcipuè in ascensu syderum (ut diximus) cum lumine Lunæ fibrarum numero crescente ac decrescente, Plinius si bene memini. Mures, qui in domibus oberrant, concisos scorpionum plagis utilissimè imponi in confesso est, Dioscorides. Idem ex eo repetunt, Galenus de simplic. 11.46. Auicenna, Rasis, Albertus. Mus diuulsus scorpionis ictui imponitur, Plinius. Mus araneus si iumenta momorderit, mus recens cum sale imponitur, Plinius. Et mox, Et ipse mus araneus cōtra se remedio est diuulsus & impositus: Quod addo, ne quis priore etiam loco de mure araneo potius quàm domestico sensisse putet. ¶ Verrucas omnium generum sanat & abolet (eradicat, Rasis & Albertus) mus diuulsus, Plinius: diuisus atque appositus, Marcellus. Empiricum quendam apud nos nuper ad scirrhosi cuiusdam tumoris curationem usum audio pinguitudine quæ destillauerat à muribus aliquot anseri inclusis simulq; assatis. Murini catuli triti in uino uetere ad crassitudinem acopi, si illinantur, palpebras gignere dicuntur, Plinius. Si inassatos infantes ederint, oris saliuam exiccari promittūt, Dioscorides: & post eum Auicenna, Rasis, Albertus. Sunt inter magos qui murem bis in mense iubeant mandi, ut caueantur dolores dentium, Plinius. Aqua in qua mus coctus fuerit, aduersum anginas salubriter inscio propinatur, Marcellus. Tradunt & murem cum uerbenaca excoctū, si bibatur is liquor, remedio esse aduersum anginam, Plinius. Pulmonū uitijs medentur & mures, maximè Africani, detracta cute in oleo & sale decocti, atq; in cibo sumpti. Eadem res & purulentis uel cruentis excreationibus medetur, Plinius. Vrina infantium cohibetur muribus elixis in cibo datis, Plinius: Serenus quidem cinerem muris ex uino aut lacte caprino præbet, ubi urina pręter uoluntatem aut nimiū fluit. Podagras leniunt mures dissecti impositi, Idem.

¶ Ambustis medetur murium cinis, (aut glirium cum oleo,) Plinius. Cupressi pilularum exustarum puluis tritus, ungularum muli uel mulæ exustarum cinis, & oleum myrtinum, cinis quoque uel fimus murium tritus, & cinis exusti erinacei recentis, uel fimus eiusdem recens, & sandaracha: hæc omnia cum aceto, & cum pice liquida mixta & imposita, etiam fluentes capillos continent, Marcellus. Loco quem mentagra obsederit muris exusti cinerem cum oleo apponi salubre est, Marcellus. Alopecias emendat cinis è murium capitibus caudisq;, & totius muris, præcipuè si ueneficio acciderit hæc iniuria, Plinius. Mures domesticos in olla exustos, tritosq; axungia (oleo lauri, Rasis & Albertus) excipe, & præfrictis cum allio alopecijs in splenio impone, idq;, donec capilli enascantur, quotidie repete, Archigenes apud Galenum de comp. sec. locos. Ad alopeciam, Murem combure & tere, & puluerem permisce cum melle, adipe ursino, & unge, Galenus Parabil. 2. 86. Ea quæ sequitur compositio (inquit Cleopatra apud Galenum lib. 1. de compositione sec. loc. inter remedia ad alopeciam) omnes ui sua præcellit, faciens item ad profluuium capillorum cum oleo aut unguento dissoluta: facit & ad rarescentes in principio capillos, & in caluiciem prolabentes, estq; omnino admirabilis: Murium domesticorum ustorum, pāniculi ampelini (Cornarius à regione uel loco aliquo sic dictum conijcit. Heraclides quidem inter sua ad alopeciam medicamenta Cilicij panniculi meminit) usti, dentium equinorum ustorum, adipis ursini, medullæ ceruinæ, corticis calami, singulorum partem unam. Hęc omnia arida lęuigentur, & sufficienti melle admixto, ad crassitudinem mellis redigantur, indeq; adeps & medulla liquefacta addantur, & pharmacum ipsum in æream pyxidem reponatur, ex eoq; alopecia donec capillos producat defricetur. Similiter autem & proflui capilli quotidie ex eo illinantur. Murium cinis cum melle instillatus, aut cum rosacco decoctus auriū dolores

dolores sedat, Plinius. Murinus cinis, id est puluis exusti muris, cum melle dentibus infrictus, oris saporem commendat, (halitum fœtidi oris emendat,) Plinius & Marcellus: admiscent quidam marathri radices, Plin. Vide infra in remedijs ex capite muris usto. Si urina præter uoluntatem uel nimium fluat, cinis prodest (hausto nepetæ quoq; succo) ex uino muris tritus uel lacte capellæ, Serenus. Plinius aliter, Vrina infantium cohibetur muribus elixis in cibo datis. De cinere ex capitibus murium, paulò mox dicam.

¶ Graui difficiliq; chemosi oculorum (sic uocant rubentem carnosamq; inflammationem corneæ) medentur præsentissimè accuratius detritæ muriũ carnes cum crudo oui luteo, ad cerati consistentiam, & ex panno lineo impositæ, Galenus Parabil. 1.31. ¶ Sanguis recens murinus illitus, uel ipse mus diuulsus uerrucas omnium generum abolet, Plinius, Marcellus, & Auicenna. Galenus de simplic. 10. 6. an murium sanguis acrochordonas deijceret ne experiri quidem se uoluisse ait, cum alia multa ad hoc uitium usu probata iam cognosceret. Ad suffusionem admirabile, quod illico uisum restituit: Muris sanguinem, & galli fel, & muliebre lac æquis ponderibus misce, & bene subactis utere: probatum est enim, & magnificè profuit, Galenus Parab. 3.16. ¶ Murina pellis cremata, ex aceto illito cinere, capitis doloribus remedio est, Plinius. Caput muris in linteo gestatum capitis dolorem sedat. Idem caput muris (fœminæ, Albertus) appensum epileptico curat, Rasis & Albert. Murium capita usta cum melle inuncta alopecias curare possunt, Galenus ad Pisonem. Alopecias cinis è murium capitibus caudisq; & totius muris emendat, præcipuè si ueneficio acciderit hæc iniuria, Plinius. Alopecijs muscarum capita contrita affrica, Cleopatra apud Galenum sec. locos: Græcum exemplar μυῶν habet, id est murium: sed quoniam murium capita ad hunc affectũ alibi semper usta tantum adhiberi consulunt authores, muscarũ uerò simpliciter infricari, præstiterit μυιῶν, id est muscarum legere cum ueteri interprete. Quanquam Marcellus etiam muscarũ capita usta ad alopecias commendet, Græci nimirum codicis alicuius uitium secutus. Sed rursum apud Galenum sec. locos 1.2. Cleopatra muscas in ollula torrefactas memorat, his uerbis: μυίας ἐν πολτακίῳ φρύξας: miscet autem alijs medicamentis ad defluentes capillos. Et Soranus in medicamento ad alopecias habet, μυιῶν πεφωσμένων ὥστε ἀναξηρανθῆναι, hoc est muscarum donec areant torrefactarum: quibus duobus in locis rectè muscas non mures accipi iudico. muscas enim torrefieri sat fuerit, quòd facile misceri possint, nec opus est prorsus adurere, ita uires etiam amissuras: mures uerò ut teri miscerìq; possint, prorsus aduri oportet: nec tamen uires amittunt, propter substantiã osseam, quæ & facultatis suæ tenacior est, & ἐμπύρευμα, hoc est igneam & acrem uim dum uritur concipit magis quàm tenuia aut mollia corpora, ut mihi quidem uidetur. Aliqui alopecias cantharide trita illinunt cum pice liquida, nitro præparata cute. sed cauendum ne alte exulcerent: postea ad ulcera ita facta capita murium, & fel murium, & fimũ cum elleboro et pipere illini iubẽt, Plin. Μυιοχόδων, μυίας ἴσας, hoc est, pro muscerdis totidem muscas substitue, Author Succidaneorũ quæ Galeno adscribuntur. Atqui Galenus de comp. sec. loc. 1.1. ad finem medicamentorum Asclepiadis aduersus alopeciam, Quamplurima, inquit, muscarum capita mox ubi captæ sunt nudis alopeciæ partibus affricari iubet Asclepiades, atq; id maximè ubi alopecia fuerit exulcerata. Etenim confert, inquit, muscarũ sanguis (tanq; mitigans & emplasticus, ut uidetur) partibus tunc per pharmaca ex nitro ac alijs composita exacerbatis, nimirũ quum non mordeant hæc ipsas tantum, sed bullas etiã in eis excitent. Et quamuis Plinius non hac gratia medicamentum ex capitibus murium addat, cum & alia ualde acria admisceat, tamen non placet quòd ipsa murium capita simpliciter illini iubeat, quo modo muscarum illinuntur, cum alij authores adustis tantum utantur, & rectè quidem ut superius monui. Murium capitum cinis in melle mixtus et illinitus per decem dies, facit oculorum claritatem, Sextus. Murium capitum caudarumq; cinere ex melle inunctis claritatem uisus restitui dicunt, multoq; magis gliris aut muris syluestris cinere, Plinius. Capitis leporini cinis dentifricium est, adiectoq; nardo mulcet graueolentiam oris: aliqui murinorum capitum cinerem miscuisse malunt, Plinius: Ex eodem supra scripsi, totius muris cinerem cum melle infrictum dentibus, oris saporem commendare, &c.

¶ Muris cerebrum tolles & in uinum mittes, ac maceratum & tritum fronti illines, ad capitis dolorem, Marcellus. Muris cerebrum dare potui ex aqua (quod magi præcipiunt) quis possit phrenetico aut furenti, etiam si certa sit medicina? Plinius. ¶ Grauedo emendatur, si quis muris nares (ut tradunt) osculo attingat, Plinius. Et alibi, Grauedinem inuenio finiri, si quis nares murinas osculetur. ¶ In quartana adalligari iubent magi muris rostellum, auriculasq; summas roseo panno, ipsumq; dimittunt, Plin. ¶ Muri uiuenti cor exemptum & brachio mulieris suspensum, efficit ut non concipiat, Sextus. ¶ Serenus aduersus quartanam bibi iubet fibram murini iecoris cũ quatuor scrupulis uini austeri. Murem dissecans per Lunæ silentium, iecur ipsius extrahito, & assum epileptico ut comedat exhibeto, Galenus Parabil. 2.3. ¶ Fel murium alopecijs prodesse, &c. ex Plinio retuli supra inter remedia ex capitibus murium. Si aliquod animal in aurem intrauerit, præcipuum remedium est murium fel aceto dilutum instillari, Plinius, Marcellus, & Serenus. ¶ Caudæ murium, uide in Capitibus eorum supra.

¶ Murinum fimum Varro etiam muscerdas appellat, Plinius. Marcellus quidem singulas huius fimi pilulas (nam sic quoq; nominat) muscerdas appellat, ut infra patebit in remedio ad coxendices.

¶ Carnes replet laser è silphio cum uino & croco, aut pipere, aut murium fimo & aceto, Plinius.

Z 2

Excreſcẽtia omnia ſpodij uice erodit ac perſanat canini capitis cinis: erodunt & murino fimo, Plin. Idem fimus apud Aëtium miſcetur medicamentis ad impetigines. Lichenas in facie & murino fimo ex aceto illinunt: ſed in hac curatione prius nitro ex aceto faciem foueri præcipiunt, Plinius. Loco quem mentagra obſederit, fimum murinum tritum ex aceto oportet imponi, uel muris uſti cinerem cum oleo, Marcellus. Murinum fimum admixto thuris polline & ſandaracha panos diſcutit, Plinius. De muris fimo pilulas ſeptem teres, & cum aceto fronti uel temporibus dolentibus inlines, Marcellus. Inteſtina terræ, muſcerdam, piper album & myrrham, ſingulorum unciam ſemis, teres, & aceto ſubacta hemicranico illines, mirè ſubuenies, Nicolaus Myrepſus. Piperis grana 21. murini fimi pilulas 21. ſinapis quantum tribus digitis poſſis tollere, teres, & aceto acri ad ceroti modum permiſcebis, & ita fronti impones, & aluta deſuper teges, Marcellus. Herba ſtrumus & ſtercus murinum contrita, & ex aceto fronti inlita, celeriter dolores etiam heterocranij abolent, Idem. Furfures capitis extenuabuntur ſi ſtercore murino liquefacto in aceto caput in balneo perfricueris, Marcellus. Fimum murinum alij alijs medicamentis ad capillorum defluuia admiſcent, tum aliâs, tum ad alopecias & palpebras glabras. Cleopatra apud Galenum de compoſ. ſec. loc. medicamentis quibuſdam ad alopeciam muſcerdas addit. Alopecias replet murinum fimum, Plinius ex Varrone. Muſcerdas tritas alopecijs illine, loco prius per linteoli affrictum ſubcruento reddito, Cleopatra apud Galenum. Murinum ſtercus detritum cum aceto & illitum, alopecijs medetur, Dioſcorides, Aſclepiades apud Galenum ſecund. locos, & Galenus ipſe in libro ad Piſonem, & Parabilium 1. 14. Stercus murinum cum aceto tritum ad alopecias unctas forma priore mirabiliter crines commodat, Marcellus. Fimus murinus tritus, cum aceto & pice liquida tritus & impoſitus: etiam fluentes capillos continet, Idem. Murium alui excrementa alopecias curare aliqui prodiderunt: & erat (noſtro tempore) medicus quidã, qui medicamẽto cõpoſito utebatur ex murium fimo parans, Galen. de ſimplic. 10. 29. Galenus ſcribit ſtercus muris alopeciã ſanare, ſi trito admiſceatur ſuccus erucæ, & naſturtij, & ceparum uel alliorũ, ut cataplaſma inde concinnatum imponatur, Raſis & Alber. Fimum muris alopeciæ confert, præſertim illitũ cum cepe (melle, Bellunen.) idq; magis ſi aduſtum fuerit, Auicen. Stercus muris & thus permiſce cum aceto, & fac mellis conſiſtentiam, & ungue præfricando locum, (loco prius rubificato) Galen. Parabil. 2. 86. ad alopeciam, & Archigenes apud Galenum ſec. locos. Aut ueratrum albũ, piper, muſcerdas præfrictis & conſcalptis ex aceto illine. Aut muſcerdas & ueratrum album illinito, Idem ibid. Ordeum toſtum & murinum fimum æquali pondere ex aceto illinuntur ad alopeciam, Galen. Parab. 1. 14. Aliqui alopecias cantharide trita illinunt cum pice liquida, nitro præparata cute: ſed cauendum ne altè exulcerent. Poſtea ad ulcera ita facta, capita muriũ, & fel murium, & fimũ cum elleboro & pipere illini iubent, Plin. Fimum muris & hirci torrentur & illinuntur ex melle palpebris glabris: Vide infra inter remedia ex fimi murini cinere. Fimum murinum aqua pluuia dilutum, mammas mulierum à partu tumeſcentes reficit, Plinius & Serenus. Stercus murinum ex quocunq; liquore ignoranti colico, ne horreſcat, bibendum dabis, mirum eſt, Marcellus. Fimus muris uehementer laxat: unde & trutanni (ſic legitur apud Vincentium Belluac.) medicinas inde acuunt, Liber de natur. rerum. Audio mulierculas quaſdam ut aluum morantem infantium & puerorum promoueant, nonnihil de tritis muſcerdis in pultem eis addere: apud ueteres nullus muſcerdæ intra corpus uſus fuit, (præterquam colicis, ut ex Marcello retuli, quibus & alia diuerſa excrementa à multis dantur: & calculoſis, ut mox ex Dioſcoride ſubijciam:) nec ipſe equidem utendum conſuluerim, cum alia honeſtiora medicamenta non deſint. Aliqui non rectè ex Auicenna citant, ſumptum fimum muris ſoluere puerorum uentres: non enim ſumptum ſed ſuppoſitum, collyrij forma, legitur. Muſcerdæ infantibus ſubditæ alui deiectionem promouent, Dioſcorides. Albertus cum ſale & oleo (melle potius: nam ſic & hodie quidam muſcerdas, tritas puto, glandibus miſcent, præſertim mulierculæ) ſubigi, ſubdiq; ſcribit. Cum puero cuidam mouenda eſſet aluus, glandem medicus quidam cum muſcerdis parari iuſſit: ridebant autem qui audierant omnes, quòd cum tam multa eſſent quæ ſedi appoſita excretionem cierent, ille neglectis omnibus muſcerdas adhiberet. Profecto enim ne experiri quidem tale quid ſine pudore licet, niſi quis hæc dicens aut faciens pro curioſo homine & præſtigiatore haberi uelit, Galenus de ſimp. 10. 28. Quanto magis igitur ridiculus fuerit ille qui etiam intra corpus muſcerdas ſumi conſulere non erubeſcet? Remedium coxendicis mirũ de experimento ſic, Muſcerdæ nouẽ tritæ ex uini quartario, ſuper ſcabellũ uel ſellam laboranti potui dantur, ita ut pede uno, quem dolet, ſtans ad Orientẽ uerſus potionem bibat, & cum biberit ſaltu deſiliat, & ter uno pede ſaliat, atq; hoc per triduũ faciat, confeſtim remedio gratulabitur, Marcell. Muris fimum cum thure & mulſo (potum) calculos expellit, Dioſcorides: Cum thure & aqua mellis potum frangit lapidem, Auicenna. Muris ſtercus epotum calculos ueſicæ frangit, Galen. ad Piſon. Murino fimo contra calculos illinire uentrem prodeſt, Plin. Qui difficultate urinæ laborat, utiliter inſidebit decocto fimi murini in aqua, Auicenna. Muris fimo illito pubi cohibetur uirorum uenus, Plinius. Vt fœtus in utero mortuus uel etiam putrefactus egrediatur: Salem Aegyptium & murium ſtercus & cucurbitam ſyluestrem ſumito, & mellis ſemicocti quadrantem affundito, & reſinę drachmam unam in mel inijcito, et cucurbitam ac murium ſtercus, omnia probè conterito, & in glandes efformato, easq; ad uterũ ſubdito, quandiu opportunum eſſe uiſum fuerit, Hippocrates de morbis mulieb.

¶ Stercus

¶ Stercus muris, crematū præcipuè, & cum melle illitū, alopeciæ remedium est, Auicenna. Ad caluas & glabras palpebras: Muris & hirci stercus æquali mensura tostum, & ex melle illitū, pilos renasci facit. Conducit etiā ad uitiligines, Galenus Euporist. 1. 41. Palpebras gignere promittunt muscarū, fimi quoq; murini cinerē ęquis portionibus, ut efficiatur dimidiū pondus denarij, additis duabus sextis denarij è stibi, ut omnia œsypo illinantur, Plinius. Cauis dentibus medetur (sanat & supplet, Marcellus) cinis è murino fimo inditus, Plinius & Serenus. Sedis uitijs efficax est murini fimi cinis, Plinius.

¶ Vrina muris corrodit usq; ad ossa, Arnoldus. In coitu urina eius dicitur uenenosa, quæ si tetigerit hominē, corrodit usq; ad ossa, Albertus. Aliqui hoc priuatim ratti urinæ attribuunt, ut in historia eius dicam.

¶ Muris morsui medentur grossi, & alliū, Dioscorides: allium, Plinius lib. 20. Mus uulnere magis quàm ueneno lædit, Arnoldus.

¶ Dentibus muris (aliâs Baruli, id est barulios) id est maculæ quæ oriuntur in facie præsertim infantium, quum ederint panē corrosum à muribus, Syluaticus & Vetus glossographus Auicennæ.

H.

a. Musculi Plinio sunt domestici minores, ut in A. dixi. Muscū odoris genus sunt qui opinentur ab Hieronymo dici quandoq; peregrinū murē: nam muscum, id est μύσκον, murē paruum planè indicare, Cæl. Ego μύσκον pro paruo mure nec apud authores nec apud Grāmaticos legere memini. Ipsum quidē odoris genus non myscon aut muscū, sed moschon rectè appellari, neq; ex ullo murīū, sed ex capreoli genere eū prouenire, iam supra in historia eius abunde docuimus. Quòd si à mure diminutiuū formare libeat, μυΐδιον potius dixerim quàm μύσκον. Μύσκος, (μῦσος potius) μίασμα, κηλὶς, Hesychius & Varinus. Μυσαρὴν, μυχοισμὸν (μοιχισμὸν forte) μύσαγμα, Idē. Mures domestici, οἱ κατ᾽ οἶκον, οἱ κατοικίδιοι μύες, Galeno & alijs. Aliqui μύες oxytonū scribunt: alij penanflexū, idq; ferè in soluta oratione: in carmine ferè producitur, aliquando corripitur: utroq; modo penanflexū scribi poterat, nisi fallor: nam & alias uocales circunflexas, etiā natura longas, saltē in fine dictionum, sequente alia uocali, corripi scimus. Ἐν δὲ μύες στερεοῖσι βραχίοσι, Theocritus. Accusatiuū pluralē dupliciter scribi inuenio, μύας apud Dioscoridē, μῦς apud Aristotelem & Pollucē. Ἦν δέ τις ἐν μύεσσι νέος παῖς, prima longa, Homerus in Batrachomyomachia. Vbi tamen alio in loco primā datiui μυσὶ corripit. Φοινὴν σὺ τίσεις μυσῶν στρατῷ οὐδ᾽ ὑπαλύξεις, Ibid. Σμῦς, μῦς, Hesychius & Varinus. Σμίνθα, mus domesticus, Hesychius, Varin. Σμίνθος, mus, Hesych. Σμινθεὺς, epitheton Apollinis, (quasi murinū dicas.) sic enim Cretenses uocant mures, Varinus. Murē Cretenses smynthion siue smynthea (forte sminthon, ex Hesychio) uocant, unde Apollini cognomen, ut Photioni uidetur post Strabonē, Hermolaus. Murem smynthiū (smintheū, Volaterranus) Aeoles & Troiani nominant: sicut Aeschylus in Sisypho testatur, cum ait: Sed agrestis quis est sminthius. De Apolline Sminthio, uide in h. Σμίνθιοι, τὰς θρὰς οἱ σαίνοντες, Hesychius & Varin. Σμινθίων, nomen propriū, Varinus. Thraces murē argilū, ἄργιλον, sua lingua appellant, quo uiso, ex oraculo urbē condiderunt, quā Argilum nuncupauerunt, Heraclides in Politijs. Ἄργιλος, ἡ, urbs Thraciæ iuxta Strymonē fl. à mure sic dicta, quē Thraces argilon uocant: nam fodientibus ad iacienda fundamenta, mus primū apparuit, Stephanus. Mures in Argillæ fundamentis apparuisse pugnantes, ciues praeferoces & militares, haud dubio argumento præsignauit: ea enim urbs ad Strymonē bonis auspicijs condita à muribus dicta est, Alexander ab Alexandro. Est & Argila urbs Cariæ apud Stephan. Ἀργίλια, uicus Atticę, Varinus. Ἄργιλος, argilla, terra alba, Idē. Λαμὰς, mus, Hesychius & Varin. Ὕραξ, mus, in Alexipharmacis Nicandri, ubi interpres hyracē Aetolis suem dici scibit: hîc uerò pro mure accipi propter rostri similitudinē. Eruditus quidā amicus noster, colludere putat hanc uocē cum Germanica ratz. Ὕραξ, oxytonū, μύγαλην, ἀνάμιξ, Hesychius & Varin. ¶ Carcini poetæ fabula Myes memoratur, ubi mustela strangulat nocturnos mures. Galeomyomachiā Græcus quidā recentior descripsit, hoc est muriū & felium pugnā, (γαλῆν enim pro fele recētiores impropriè ponunt, ueteribus semper mustelā significat.) In eo poëmate ludicro, propria quædā murium nomina scitè finguntur. Rex est Creillus, cuius filius Ψιχάρπαξ, & alter ποδάρπης, filia λυχνογλύφη, maiores χαρτοδάπτα. Et alij mures, Τυρολείχος, Ψιχολείχης, Κωλικοκλόπος. Cęterū in Batrachomyomachia, id est Ranarū et muriū pugna Homeri mus fingit Pischarpax, patre natus Troxarte & matre Leichomyle filia Pternotroctę regis: & alij, Leichopinax, Tyroglyphus, Embasichytrus, Leichenor, Troglodytes, Artophagus, Pternoglyphus, Pternophagus, Cnissodioctes, Sitophagus, Artepibulus, Meridarpax. Θυλακοτρώξ, μῦς, οἱ δὲ ἀκρὶς, Hesych. & Varin. quòd thylacum, id est saccum panarium erodat.

¶ Epitheta. Breuis, Ouidius 2. Fast. Exiguus, Vergil. 1. Georg. Opici, Iuuenal. 3. Sat. Pauidus, Serenus. Ridiculus, Horat. de Arte. Rusticus & Vrbanus, Idē 2. Serm. Et præterea quorū Textor meminit, Auidus, Cautus, Improbulus, Infestus, Niger, Obscœnus, Paruus, Querulus, Rodens, Timidus, Terrestris. ¶ Græca. Δειλοὶ, in Batrachomyomachia. Παμφάγος, ἑρπυστὴς, λυχνοβόρος, ὀλίγος, Antiphilus in epigrammate. Λίχνοι, Oppianus. Ὀροφίας, qui circa tectum uersatur, Aristophanes. Κατοικίδιος. Σκότιοι μύες, Leonides in epigrammate. Φιλόλυχνος, Ibidem. Ὕρακες λιχμήρεες ἄντυγοι, Nicander in Alexiph. id est οἱ περιλείχοντες, καὶ ἀνιαροί. Μυὸς νυχηβόρου, id est noctu uorantis, aut μυχηβόρου, id est in abdito uel recessibus uorantis, Nicander in Theriacis.

¶ Cauus uel cauum uel cauerna dicitur locus excauatus, in quem se recipiunt mures. Mures, cauerna radice asphodeli præclusa, moriuntur, Plin. Me sylua, cauusq; Totus ab insidijs tenui solabitur eruo, Mus rusticus apud Horatium. ἐνὶ γρώνησιν ἐολυζαν Μυοδόκοις, (ταῖς τῶν μυῶν τρώγλαις, Scholia,) Nicander. Μυωπίαι, murium cauernulæ, Hermol. τρώγλαι, Hesych. & Varin. Vtitur & Aelianus hac uoce: quamuis aliqui myonia non myopia legunt apud Aelianum pro muliere libidinosa, ut in c. retuli. Myopes dicuntur, μύωπες, qui non nisi admota oculis, contueri queunt, & cum paulo longius aspicere cupiunt oculis ferè semiclusis id faciunt. Vitiũ ipsum aliqui ex Plinio, nescio quàm rectè, myopian uocant. Μύειν sanè conniuere est, unde sic à uisu, qui Græcis ὤψ dicitur, myonte, id est conniuente nominantur. Ferè autem ab ipso ortu hoc uitium contrahitur: neq; habetur remedium. Conspicilia tantum quædã parantur, quorum usu longius extenditur uisus: ea sunt huiusmodi, ut minora reddantur, quæcunq; per ipsa aspiciuntur: nã quæ senes usurpant, maiora quæ uidentur reddere debent. quanq; & senes myopes uidi, qui itidem ut iuuenes hoc uitio laborantes ad lectionem & res alias domi agendas conspicilijs uti non solent, sed tantum si quid eminus cernendum est. Sunt autem conspicilia myopũ (**minder gsicht**) oculis sanis aut hoc uitio non laborantibus, inutilia. Myopum uero uisum colligunt & acuunt: & altera quidem non multum, altera uerò multò minora reddunt quæ uidentur, duplicia uocant, quibus ipse uti necesse habeo, cum quid è longinquo prospecturus sum: nam ad lectionẽ non adhibeo, quòd quamuis multò clariores reddant charactêres, uisum tamen nimium colligendo offendunt. paucissimi autem ita prorsus myopes reperiuntur: permulti ex dimidio, qui simplicibus & communibus myopum conspicilijs utuntur: quæ minus, ut ita dicam, acria sunt, & minus si quis ad legendum adhibeat, offendunt. Inter hæc & senum conspicilia media sunt quædam, quæ ad uisum in suo statu conseruandum facere dicuntur, cum quæ uidentur nec maiora nec minora, sed eadem qua sunt magnitudine repræsentent. Hoc mirum, cũ in hoc uitio tam breuis sit uisus, qualem in me experior, ut charactêres communis magnitudinis si ultra quinq; digitos distent, non discernã, non facile tamen defatigari legendo, ne ad lucernã quidem, nec ullis ferè affectibus corripi, quod ego sciam. Hoc tantum memini, me adhuc puerũ, hippo laborasse: is est oculorũ affectus, quo palpebræ propter uisus infirmitatem subinde, tanquam trementes nictatione sua claudunt aperiuntq; oculos. Hoc etiam obseruasse mihi uideor, cæsijs oculis uel glaucis hoc uitium frequentius quàm nigris accidere. Iam cum à puero ferè hoc uitium incipiat, & oculi nihilò humidiores inde reddantur, imò paulò sicciores potius, non rectè uidentur recentiores quidã hoc uitiũ, ut alios plerosq; oculorũ affectus, defluxione humorum è cerebro gigni asserere: hoc enim si contingeret, exiccantibus & attenuantib. curari posset, nec perpetuũ & incurabile esset: quamobrẽ alia quærenda est causa, quam ego in spiritus uisiui tenuitatẽ rejiciã interim donec alius meliora adferat. Hoc non omittendum, mirũ esse quod uulgo creditur, oculos sic affectos perpetuò ferè in eodẽ statu durare, neq; timendum ut paulatim deficiente uisu cæcitas inuadat. Latinum nomen myopũ non inuenio: neq; enim lusciosos aut luscitiosos uertere placet, quũ nyctalopes etiã sic interpretentur, uitium longè diuersum: quod ipsum etiã alij aliter accipiunt: ego quidem nyctalopem uidi senem quendam, qui ad lucernã noctu legere non poterat. Angli sic affectos, ut audio, uocant borblind, id est cæcutientes & palpantes: boren enim uocant inquirere. Luscioli, luscitiosi, (uel nuscitiosi Festo) qui propter uitium oculorũ parum uident, Atteus Philologus. Nuscitiosi, inquit Aelius Stilo, plus uident uesperi quàm meridie: nec cognoscunt nisi quod usq; ad oculos admouerint. Alij eosdem nyctalopas faciunt, &c. Hermolaus in Glossematis in Plinium. ἐμυωπίασεν, ἄκροις τοῖς ὀφθαλμοῖς προσέσχε. μυωπάζω (lego μυωπιάζω) γὰρ τὸ καμμύω, Suidas. Plura quæres in Lexico Græcolatino. Simile quodãmodo huic uitium est, quo laborantes nostri uocant **übersinnig**, melius dicturi **übersichtig**, ac si hyperôpas dicamus: qui non solum propius admouent oculis quod diligentius inspecturi sunt, uerum etiã altius & ferè supra oculos eleuant. Accidere autem audio hoc incommodũ adhuc infantibus, quibus sursum ac retro respectare in cunis nimiũ permittitur: fortassis & suffusio inferiore oculorum parte, hoc est infra pupillam exoriens eiusdem uitij causa fuerit. Sed istis myopũ conspicilia nihil prosunt. Hęc per digressionem pluribus quidem dixi, sed Lectori spero non ingrata, rei medicę præsertim studioso, quòd de hoc affectu medici tanquam incurabili parũ diligenter tractauerint. Cæterum μύωψ cum per diphthongum υι. scribitur, asilum significat, de quo inter insecta dicã: quidam diphthõgum scribere negligunt per imperitiam: ut in alijs etiã inde deriuatis, cuiusmodi sunt, Μυιώπη, rhamnus, à spinarum aculeis sic dictus frutex: μυιωπίζω, πτερνίζω, διεγείρω, stimulo, excito. Idem uerbum per ypsilõ sine diphthongo scribi debet cum conniuere uel myopũ instar intueri significat, Varinus exponit ἄκροις τοῖς ὀφθαλμοῖς προσέχειν. Videtur & μυωπάζειν (malim μυωπιάζειν: nam & myopiasin hoc uitium dici apud Galenum alicubi legitur. μυντιζόμενος, μυωπάζων, παρακαμμύων, Hesychius: nostri dicunt **blintzlen**) pro eodem accipi, quanquam Varinus ὀφθαλμιᾶν & φυλάττειν exponit. Redeo unde digressus sum. Non igitur myopia tantũ de muriũ cauerna legitur: sed frequentius etiã μυωξία. Suid. & Varin. μυῶν χηραμὸν exponũt: itẽ ὑβριστικὸν λόγον, ut & Hes. in qua significatione ego ἀῤῥωνείαν potius dixerim. Non placet quod μυξίαι pro μυωξίαι apud Hes. & Varinũ legit. Μυωξὶς (lego μυωξία) ὁ τῶν ποντικῶν (μυῶν) φωλεός, μυωξία, Varin. Μήρυμα, φωλεός, Varin. Inuenio & ὀπὰς & τρυμαλιὰς de muriũ cauis dici.

¶ Dentes muris apud Arabes sunt additamenta superflua dura, quæ nascuntur in extremitatibus unguium iuxta carnem secundum latitudinem, & uulgò à Venetis dicuntur spelli, And. Bellunensis:

nensis: (à nostris **leidspyssen.**) Alij maculas quasdam in facie interpretantur: uide supra in F. Muricida apud Plautum de homine ignauo & inerte dicitur. Musculos dixerunt antiqui minores machinas, (inquit Veget. 4. 17. de re milit.) quibus protecti bellatores, si lutum offuerit aut ciuitatis fossatū, adportatis lapidibus, lignis & terra, non solum complent, sed etiam solidant, ut turres ambulatoriæ sine impedimento uehantur ad murum. Sunt minores uineis subditioresq;, & maiores firmioresq; pluteis. A castris longurios, musculos, falces, reliquaq; quæ eruptionis causa parauerat, profert, Cæsar 7. belli Gall. Musculum pedum 60. longum ex materia bipedali, quem à turri latericia ad hostium turrim murumq; perducerent, facere instituerunt, Idem 2. belli Ciuil. Vocantur autem à marinis beluis musculi. Nam quemadmodum illi cum minores sint, tamen balænis auxilium adminiculumq; iugiter exhibent, ita istæ machinæ breuiores deputatæ turribus magnis, aduentui illarum parant uiam, itineraq; præmuniunt, Vegetius. ¶ Musculus, articulus in quo neruorum capita sunt, Sipontinus: Sed melius alij, Musculus, pars corporis est organica, constans carne, fibris neruosis, uena, arteria, & membrana succingente, estq; motus uoluntarij organum. Vocatur autem musculus quòd à capite & parte deinceps latiore carnosaq; in tendonem, quasi caudam, exilem excarnemq; paulatim attenuetur. Cicatricem in dextro musculo, ex illoc uulnere Quod mihi impegit Pterela, Plautus Amphit. Eadem significatione Plinius & Celsus utuntur: inde musculosus, apud Celsum: cui synonymon ferè est torosus. (Lacertus etiam, quanquam sæpius brachium à cubito ad carpum dicatur, tamen interdum pro musculo accipitur: inde femina lacertosa apud Columellam legimus.) Apud Græcos etiam μῦς (Varino teste in μυών,) id est mus eadem significatione ponitur: ut ponticus quoq; apud Græcos uulgò, quoniam hac uoce etiam pro mure animante abutuntur. Μῦες, αἱ περὶ τῶν ἄρθρων ἐν ταῖς κινήσεσιν ἐπανιστάμεναι σάρκες, Pollux libro 2. ubi de coxendice & femore loquitur. Et tametsi ubicunq; caro in corpore ibidem musculus sit, cum caro propriè dicta semper musculi pars habeatur, inuenimus tamen quibusdam in locis peculiariter & per excellentiam μῦας dici, ut in brachio τὰ μὲν ἔξωθεν καλεῖται μῦες, τὰ δὲ ἔνδον παρωλένια, Pollux. Nos quoq; eadem in parte mures priuatim nominamus, **müß/müßfleisch**, quod carne illic compressa dolor potissimum sentiatur. Ἐν δὲ μύες στερεοῖσι βραχίοσιν, ἄκρον ὑπ᾽ ὦμον Ἔστασαν, ἠΰτε πέτροι ὀλοοίτροχοι, Theocritus Idyl. 27. de Amyco. Legimus carnes supra frontem ad tempora nuncupari μῦας, id est mures, & cerata, id est cornua à quibusdam, Cælius ex Polluce. Μυὼν, tori, id est pulpa musculosa, pars torosa, ut in brachijs, coxis & suris. Quidam non rectè μυιὼν cum diphthongo scribunt, ut Varinus, Hesychius & Etymolog. Μυώνων, τῶν νευρωδῶν τόπων. Πρoκόπιος, Γότθων δέ τις ἀκοντίῳ βαλὼν, μυώνων τε οἳ ὄπισθεν εἰσὶ τῶν κνημῶν ἑκατέρων ἐπιτυχὼν, ἐρχόμενος τὸν νεκρὸν εἷλκε, Suidas. Μυιῶνες, μύες, φλέβες, καὶ αἱ συνεστραμμέναι σάρκες καὶ πεπυκνωμέναι (apud Hesychium corrupta uox est διεφθαρμέναι) ἢ βραχίονες, Varinus. Idem myôna suram interpretatur: item hac uoce musculos plures significari, ut myòn & mys ita differant, ut sydus & stella. ¶ Μυωτὸς, genus quoddam χιτῶνος, uestis, Hesychius. Myotum uestem Armeniorum fuisse dicunt, ex muribus contextam indigenis, aut eius animalis figura uariè ornatam, Cælius ex Pollucis septimo, cuius hæc sunt uerba: Ἀρμενίων δὲ ὁ μυωτὸς, ἢ ἐκ μυῶν τῶν παρ᾽ αὐτοῖς συνυφασμένος, ἢ μύας ἔχων ἐμπεποικιλμένους. Vngulata uestis primo è lautissimis fuit: inde surculata defluxit, Plinius: sic enim legendum puto (inquit Cælius Calcagninus) à surculis & ramusculis, ut nunc etiam uidemus, intextis & contortuplicatis: fuit quando soriculata à soricibus legendum putauerim. Nam Pollux myotòn, quasi tu soricinam dixeris, Armenijs peculiarem celebrat: & apud Eusebium legimus peplum Proserpinæ muribus contexi consueuisse, Hæc Calcagninus. Μυᾶν, τὸ τὰ χείλη πρὸς ἄλληλα συνάγειν, ὃ καὶ μύλλειν λέγεται, ἢ τοὺς ὀφθαλμοὺς συνάγειν δυσαρεστοῦντα. Τί μοι μυᾶτε, κἀνανεύετε; Aristophanes: aliqui interpretantur, ὥσπερ μύες κατεδύετε καὶ σκαρδαμύσσετε, ἢ μύλλετε, ἢ μυκτηρίζετε, Suidas. Μυίνδα, genus est ludi (inquit Pollux lib. 9.) in quo aliquis conniuentibus oculis (pileo aut fascia obuelatis) alta uoce colludentibus ut sibi caueant designat, & mox circumiens si quem (discurrentium) apprehenderit, pro se conniuere cogit. Aut conniuens cæteros quærit absconditos, donec aliquem inueniat: aut conniuens (sedendo) quis ipsum attigerit diuinat. Pueri nostri quanquam his omnibus modis utuntur, primum præcipuè myindam uocant, **blintzenmüßlen**: alterum **ich sitzen.** tertius ita ferè usurpatur, ut sedentis alicuius à tergo astans aliquis oculos manibus obnubat, & reliqui singulatim capillos sedentis retro uellicent: quod si rectè diuinauerit à quo sit uulsus, liberatur eo qui uellicauit substituto. Sic triplex est myinda, ambulatoria, sedentaria, & uulsoria. Obscurius hunc ludum Varinus describit, his uerbis: Μυίνδα, παιδιά τις, ἐν ᾗ καταμύων τις τὸ ἐρωτώμενον ἀποφαίνεται χειράζων, ἕως ἂν ἐπιτύχῃ. ἐὰν δὲ ἁμαρτὼν ἀναβλέψῃ, πάλιν καταμύει. ¶ Myiocephalon oculi uitium est à similitudine capitis muscæ: aliqui non recte primam syllabam sine diphthongo scribunt. Μυόδοχον, οὐδενὸς ἄξιον. (Melius myochodon, ut & Hesychius habet: de re nauci & non maioris pretij quàm sit muscerda.) Μῄνανδρος, μυόδοχος γέρων. ὁ μυόδοχος γέρων λεληθέναι σφόδρα οἰόμενος, Suidas. Myodochum senem legimus, qui sit nulli rei: Dioscorides eo uerbo murium accipit retrimenta, quæ muscerdas uocant, Cælius. Ego apud Dioscoridem lib. 2. capite de fimo, pro muscerdis μυόχοδα lego, (uide in c. infra.) Myodocos Nicander pro murium conceptaculis accipit, Cælius. Myoparon, genus nauigij ex duobus dissimilibus formatum: nam & midion (al' mydion) quomodo & paron per se sunt, Fest. πάρων nauis à Paro insula, Scholia in Aristoph. Parones naues inter maiores annumerari uidemus: minores uerò myoparones, quas piraticas appellauêre, Calcagninus. Et paulò post, Paron (malim parona uel paronē, ut & Baysius legit ex Scholijs

Zz 3

in Ariſtoph.) celebrant Pariſ. Καὶ εἰς ἀπειρίαν ἐκπεσόντες ἀθρόαν ἀντὶ τῆς γῆς ἐκαρποῦντο τὴν θάλασσαν, μυοπάρωσι πρῶτον καὶ ἡμιολίαις, εἶτα δικρότοις καὶ τριήρεσι κατὰ μέρη περιπλέοντες, Appianus in Mithridate, ut citat Bayſius. Cicero actione quinta in Verrem myoparonem piraticum nominat: ex cuius uerbis Bayſius coniicit myoparonem habuiſſe ſex remorum ordines, & inter longas naues adſcribendum eſſe. Idem Tullius paruos myoparones nominat ſeptima in Verr. paruorũ enim miniſterio præfecti triremium & maiorũ utebantur. Plutarchus in Antonio myoparonas uocare uidet, quos phaſelos dixit Appian. quorũ forma mixta erat ex naue oneraria & lõga triremi, quales hodie galeones uocãt. Quòd ſi rectè Ariſtophanis interpres naues aliquot ab inſulis dictas putat, ut corcurum à Corcyra, paronem à Paro, auſim & ego (inquit Bayſius) coniicere, myoparonem eſſe nauigij genus compoſitum ab utraq; forma earum nauium, quæ fieri ſolebant in Myunte & Paro inſula. Hæc ille. Sed forte dicta fuerit myoparo parua nauis, paroni aliæue maiori adiuncta, tanquam prodroma & anteambulatoria, ut holcadibus epholcia & epholcides, triremibus cattæ & pontones, ſtrategidi ſpeculatoriæ & catascopiæ: à mure ſiue muſculo piſce duce balænæ, ut paulò ante in muſculi machinæ oppugnatoriæ mẽtione dixi. Deinde à parui myroparonis forma, maiores etiam ſimiles naues ſic dici potuerunt. Μυαπολεῖν, κατακλύεσθαι, ὡς μῦς φοιτᾶν, οὕτως Ἀττικοὶ ἀπὸ μιᾶς λέξιν, σημαίνει καὶ τὸ διερευνᾶσθαι κρύφα, Varinus ex Scholijs in Veſpas Ariſtoph. Heſychius exponit, ὡς μῦς περιπολεῖν. Gelenius noſter finitimum & uoce & ſignificatione eſſe putat quod Germani dicunt wiſplen. Vide infra in prouerbio, Muris in morem. Μύσσαν, μύξαν. οἱ δὲ τὸ μυὸς τρόπον ἀναστρέφεσθαι, Heſychius & Varinus, ſed poſterior interpretatio ad uerbum μυαπολεῖν, quod paulò pòſt ſequitur, omnino referenda uidetur.

¶ Murinus Plinio & alijs adiectiuum eſt, ut murinus ſanguis, murina caro. Murinus color qui uulgaris eſt in aſinis, Columella libro 6. Phæum colorem ex albo & nigro concinnatum uolunt pleriq;, myinon item nuncupatum, quod in libro de morali uirtute confirmat Plutarchus, teſtatur & primo de ideis tomo Hermogenes, Cælius. Equi colore diſpares: item nati, Hic badius, ille giluus, ille murinus, Varro in Aſino ad lyram ut Nonius citat. Equorum colores præcipuos hoſce comperi, badium, mureum, ceruinum, &c. Cælius. A mure non murineus ſed murinus deflectitur: ut carmen illud Martialis, Campis diues Apollo Murineis, minimè ad Smintheum illũ Homericum & mures populatores frugum referendum ſit: quod dubio procul ad Gryneum referri oportet. Eſt enim authore Stephano Gryni oppidulum Myrinæorum, ubi & templum & oraculum uetuſtum Apollinis eſt, Cælius Calcagninus in Epiſtolicis quæſtionibus. Murrhinum quidem penultima correpta, uel murrheum dicitur, quod ex murrha gemma factum eſt, ut murrhinus calix. Scoppa murrham agatham uulgo dictam uel porcellanam interpretatur: Ge. Agricola murrhinam non murrham uocat, & interpretatur Chalcedonium, ut & onychem: his enim duobus nominibus rem eandem Plinio deſignari. onyx quidem etiamnum nomen apud multos retinet, onychel. Eſt & murrina, aliâs murinula uel murinulum, potionis genus, non à myrrha ſed à myro, id eſt unguento uel odoramento dictum, myratum aliqui uocant, &c. Hermolaus Corollario 825. Σύστομος (inquit Budæus) ore ſenſim compreſſo & contracto, καὶ ὁ μύουρον ἔχων στόμα, ut inquit Ariſtoteles in tertio de partibus, de piſcibus loquens: Διὸ τὰ μὲν ἐστι συστομώτερα. τῶν δὲ βοηθείας χάριν ἐχόντων, τὰ μὲν καρχαρόδοντα πάντα ἀνερρωγότα. Idem, Καὶ τὰ μὲν ἀνερρωγὸς ἔχει τὸ στόμα, τὰ δὲ μύουρον. ὅσα μὲν σαρκοφάγα, ἀνερρωγότα, ὥσπερ τὰ καρχαρόδοντα. ὅσα δ' μὴ σαρκοφάγα, μύουρον. niſi μείουρον legatur per ει, Hæc Budæus. Strabo libr. 11. μείουρον Aſiæ partem nuncupat, quam amplectitur Taurus. nam ad Boreum, inquit, latus tranſeunti ſemper de longitudinis latitudine aufert mare. Idem paulò mox ſegmentum uocat μείουρον, & γραμμὴν μείουρον, Cælius. Et alibi, Myuri uerſus dicuntur qui circa finem peccant ſubſaltantéq;, (ſyllabam breuem pro longa habent.) ſic autem dici uidentur quod uitioſè claudant: nam μύειν claudere eſt. Et rurſus, Arbitrantur nonnulli arteriarum pulſus poſſe myuros dici ex ſimilitudine caudæ muris. Nam & Dionyſius Afer Peloponneſum aſſimilem prodit platani folio μυουρίζοντι (κατὰ μυὸς οὐρὰν στενουμένῳ καὶ λεπτυνομένῳ κατὰ τὸν ἄκρον μόσχον, ἤτοι κατὰ τὸν καυλὸν ᾧ τὸ φύλλον ἐξήρτηται, Euſtathius interpres,) id eſt quod muris acutam æquiparet caudam. Vel μείουρος, ἐκ τοῦ μειοῦσθαι δίκην οὐρᾶς. Sed de myuris pulſibus, eorumq; differentijs conſulendi ſunt medici, præcipuè Galenus.

¶ Μυοδοχεῖπανον, genus lapidis cuiuſdam uilis, Heſychius.

¶ Herba phœnicea appellata à Græcis, à noſtris hordeum murinum, Plinius. Phœnix hæc Dioſcoridi eſt, ubi inter nomenclaturas eius etiam lolium murinum legitur. Plinius hordeum murinum appellari ait, quod hordeaceo ſit folio, & ſeminibus eius inter tegulas mures ueſcantur, Marcellus Vergilius. De myacantha, id eſt corruda, quæ & myon uocatur, in E. dixi, quoniam decoctum eius mures occidere fertur: Et ibidem de myacantha, id eſt ruſco, cuius uirgis ſpinoſis ſuccidiam & caſeorum fiſcellas ruſtici contra mures muniunt. Inter nomenclaturas Dioſcoridi adſcriptas, myitis caucalis eſt: myites & myopteron, thlaſpi: myuros Armenijs, ſampſuchum: myortochon, auricula muris uel alſine. Μυόσωτον, herba ſimilis auribus muris, Heſychius: Galeno μυοσῶτις uocatur. Dioſcoridi μυὸς ὦτα, alijs μύωτον. Alſine in lucis naſcitur, unde nomen, quidam myoſôton appellant. nam cum prorepit muſculorum aures imitatur folijs. Sed aliam docebimus eſſe quæ iuſtius myoſôtis uocetur. Hæc eadem erat quæ helxine, niſi minor minuſq; hirſuta eſſet. naſcitur in hortis & maximè in parietibus: cum teritur odorem cucumeris reddit, Plinius. De myoſota Plinij cui uim ſepticam & exulceratricem tribuit, dixi quædam in Lupo a. in aconito. Dioſcorides primum alſinem deſcribit,

scribit, quam helxinæ similem facit: & muris auriculis eius folia comparat, &c. deinde myosota siue muris auriculam alteram, quæ scilicet magis propriè sic uocetur. Priorem, morsum gallinæ hodie uocant: posteriorem uerò aliqui esse conijciunt pulmonariæ genus syluaticum, non maculosum (maculosum enim pulmonaria Plinij est, buglossi folio, de quo pluribus egi in Boue c.) floribus cœruleis, uernis, &c. Sunt qui & helxinen sui generis herbam myòs otida, id est muris auriculam uocēt, Dioscorides. Nostri auriculam muris, **musörle**, aliam uocant herbam, ex lactucarum syluestrium genere, cui folia ferè oleæ peculiari modo raris & oblongis pilis hirsuta sunt, unde pilosellæ nomen apud aliquos: flos luteus, qui in pappos resoluitur, calyx nigricat: caule recto, sed aliquot circa eum flagellis (ut ita dicam) humi reptantibus. de hac multa scribunt recentiores: de antiquo nomine dubitatur. Multi etiam aliam eodem nomine uocant, gnaphalio uel sticadi citrinæ uulgò dictæ similem, floribus albis, aliâs purpureis, aliâs uarijs, mollibus instar tomenti, &c. **musözlin / hasenpfötlin**, uide in Lepore a. Myagros herba ferulacea (φρυγανώδης, Diosc.) est, folijs similis rubeæ, Plin. Pluribus de scribitur à Dioscoride: qui herbam bicubitalem facit, semine fœnograeco simili, pingui & oleoso: quo tuso tostoq; uirgas circunlinant, sic pro lucerna utentes. Hanc Ruellius in Gallia uulgò notam esse scribit, camelinæ aut camaminæ nomine. Seritur, inquit, quamuis & suæ spontis inter segetes inueniatur: semine minuto fœnograeci figura, in utriculis orbicularibus concepto. Hoc in areis pauitis rura flagris decutiunt, & uannis uentilant, dum siliquarum recrementa uanescant, tum trusatilibus molis subijciunt, uersandoq; subinde oleum exprimunt: quo non ad lumina tantum lucernarum, sed & ciborum quoq; condimentis pauperes utantur, magno huius olei prouentu. Matthæolus in Italia nec seri nec aliter nasci putat. Fateor & ipse ignotam mihi. Marcel. Vergilius de nominis etiam origine nihil certi, inquit, afferri posse: nam quòd mures uenetur & perimat, ut nomen indicare uidetur, non constat. Forte mures agrestes (quos myagros dixeris, ut apros syagros) cum pingue & oleosum proferat semen, ea delectantur. Vidi ego herbam paruis radiatam folijs, similiter ut galion, (quod hodie sic uocant eruditi, luteis & odoratis florum corymbis insigne) sapore ferè nitroso uel betæ, sputum ciente: in quibus semina nigra papaueris magnitudine, sed quæ nihil cum fœnograeco conueniant: quæ si myagros non est, nomen aliud ignoro. Sicurion, aliâs sucturion, id est testiculus muris, Syluaticus. De myophono uel miephono, dixi in Lupo a. in aconiti mentione. Prope Acheloum Aetoliæ fluuium mons est Calydon, in quo μύωψ herba nascitur: quod si quis oculos abluerit aqua, in quam illa iniecta fuerit, uisum amittit: placata uerò Diana, recuperat, ut scribit Dercyllus Aetolicorum tertiò, Plutarchus in libro de fluuijs. Μυοξάρια, genus fructus qui comeditur ut ficus, Hesych. legendum μυξάρια, quem fructum pharmacopolæ uulgò sebesten appellant. Muris unguis, polygonon: & muris urina Magis, malua, ut inter nomenclaturas apud Dioscoridem legitur.

¶ Ichneumonem recentiores quidam uulgò murem Indicum appellari docent. Vespertilionem nostri uocitant **flädermuß**, quasi dicas uolucrem murem, Galli chauuesouris, id est caluum murem, &c. Est & inter pisces musculus, Græci mystocetum uocant, balænæ dux. Capriscus piscis uocatur etiam μῦς, Diphilus Siphnius apud Athenæum libro 8. (nisi quis non μῦν, id est murem, sed ὗν, id suem legendum potius existimet,) Hermol. Mus aquatilis, hoc est testudo, Græcè μῦς, ἐμύς & ἀμύς nominatur, &c. uide in Testudine. Sunt alij præterea ostreorum generis, hoc est testa silicea intectorum, μύες, biualues, dicti scilicet ἀπὸ τοῦ μύειν: quòd testis suis ceu ualuis dehiscere & rursus conniuere seu claudi soleant, Gaza apud Aristotelem alicubi mitilos transfert. Horum genus unum musco obductum hirsutumq;, murem quodammodo sua hirsutie refert, mussolum Veneti uocant, siue à musco, siue quasi musculum. Germani quidem **muschelen** uocant omne genus testaceum biualue. Myaces pisces intelliguntur murices: sed & pro conchula accipitur myax, qua humores excipiuntur, Cælius. At qui propriè loquuntur ostracodermorum genus à piscibus excludunt. Tellinas, nō myacas, mitulos à Romanis dici, testatus Athenæus est: nos tamen aliorum in ea re obseruationem secuti, myacas non tellinas mitulos uocauimus, Marcel. Vergil. in Dioscorid. 2. 5. Murices quidem ego purpuras potius quàm myaces fecerim, aut certe similia purpuris ostrea, non biualuia, sed simplicia, in orbem se contrahentia, & quibusdam aculeis mucronata: uide in Purpurarum historia. Mya genus margaritæ circa Bosphorum Thracium, uniones rufos ac paruos gignens, ut ait Plin. libro 9. De myiope insecto, cuius prima per υι. diphthongum scribitur, suo loco agemus. Μύαγρος, uel μυόδης, uel μυοθήρας, inter serpentes innoxias à Nicandro memoratur, à murium uenatu dictus, quos deuorat. Vtias in nouo orbe uocant animal cuniculo nostro simile, Petrus Martyr. Idem alibi utias muribus non maiores scribit. Audio hodie exiguam quadrupedem ex nouo orbe afferri, candidam, cuniculo æqualem aut minorem, specie porcelli, singulis mensibus ut cuniculi fœcundam, & à mercatoribus porcellum Indicum uocari, haud scio an ab utia diuersam.

¶ Epicuri seruus nomine Mys, (Mus, Gellius 2. 18.) philosophus non incelebris fuit, Macrobius 1. 11. Μῦς pugilis nomen apud Suidam & Varinum. Item uiri, qui claruit argento cælando. Quis labor in phiala? docti Myos? an'ne Myronis? Martial. In scuto Mineruæ Athenis Lapitharum pugnam aduersus Centauros & alia quædam Μῦν quendam artificem fecisse (τορεῦσαι, tornasse) aiunt, Pausanias in Atticis. Non procul ab Acræphnio oppido regionis olim Thebanorum, templum Apollinis Ptoi est: ubi uirum aliquando Europæum, nomine Myn, ablegatum à Mardonio, oraculum interrogasse aiunt lingua uernacula, Pausan. in Bœoticis (ex Herodoti octauo.) Parua mihi domus

Zz 4

est,sed ianua semper aperta, Exiguo sumptu furtiua uiuo sagina, Quod mihi nomen inest,Romę quoq; consul habebat,Camerarij ænigma de mure. Myagrus nomen cælatoris seu statuarij , apud Plinium 34.8.item muscarum deus,sed in ea significatione primam syllabam per υι.diphthongum scribi oportet. Myscellus,μύσκελλος,(aliqui non rectè per λ.simplex scribunt) uir qui Crotonem cō didit.Suidas bis eius meminit,posterior locus desumptus est ex commentarijs in Nubes Aristoph. Item Erasmus in prouerbio, Donum quodcunq; dat aliquis proba. Oraculi huic dati ex Strabonis sexto Erasmus meminit,sic legens: Μύσκελλε βραχύνωτε παρὲκ θεὸν ἄλλα ματεύων, Οὐδὲ λα(aliâs)κλάσματα)θηρεύεις,δῶρον δ᾽ ὅτι δῷ τις ἐπαίνει.Myscellus,inquit Eras. dictus uidetur ob crurum exilitatem, quę habebat murinis similia,(sed ita per λ.simplex scribi deberet,& fieri potest ut carminis gratia duplicatum sit)brachynotus ob dorsum contractum.

¶ Argilum Thraces murem uocant,quo uiso conditam à se urbem Argilum appellarunt,ut superius retuli,circa initium huius capitis. ¶ Mya & Sepiussa insulæ sunt in Ceramico sinu, Plin. 5.31. Myanda,oppidum in continenti Ciliciæ,Plin.5.27. Myes, Μύης, urbs Ionica,gentile Myesius,Stephan. Herodotus non procul initio libri sexti Myesios , Μυησίους nominat , ubi in Vallæ translatione non rectè Myusios legimus. Myon,urbs Locrorum in Epiro, cuius ciues Myones uel Μυονεῖς,Stephan. Pausanias etiam Eliacorum 2.Myones esse scribit Phocidi uicinos,qui in Locridis con tinente incolunt. Myonia, urbs Phocidis, cuius ciues similiter Myones uel Myonēs dicuntur,Idē. Myonia urbs Phocidis supra Amphissam in continente, triginta stadijs Amphissa distat. Myonenses hi & Ioui Olympio scutum dedicarunt,Pausan.in Phocicis. Myonnesus , urbs uel parua regio inter Teon & Lebedon, Stephan.insula non procul Epheso,Plin. 5.31. Μυὸς ὅρμος, primus portus Aegypti ad rubrum mare, Arrian. Meminit etiam Plinius 6. 28. Ad Myòs hormon, inquit, insula est deserta,&c. Myûs,urbs Ioniæ.Strabo libro 12. ciuis Myusius,Steph. Myûnta oppidum primo condidisse Iones narrantur,Athenis profecti,Plin. Cydrelus Atheniensis Codri filius oppidum Myûnta,Strabo. Meminit huius urbis Herodotus etiam libro 1. Myûntem & alia quædam oppida Xerxes Themistocli donauit,ut in eius uita Plutarchus tradit. Myuntiorum belli cum Milesijs meminit Cælius 23. 1. Μῦς , nomen gentis, unde Mysia urbs dicta , Etymologus : sed locus uidetur corruptus.

¶ b. Vrsorum fœtus candida informisq; caro est, paulò muribus maior,Plin. Muris ὀδόντες οἱ δύηρεοι,Antiphilus in epigrammate. Homerus in Batrachomyomachia murū etiā χεῖρας nominat.

¶ c. Mus auidus mintrat,Author Philomelæ. μυῶν τετριγότων, Aratus. Καὶ κνισοδιώκτης,Homer. de mure in Batrachomyomachia. Psicharpax mus regis filius in Batrachomyomachia,nutritum se inquit σύκοις καὶ καρύοις καὶ ἐδέσμασι παντοδαποῖσι. Et mox , οὐδέ με λήθει Ἄρτος τρισκοπάνιστος ἀπ᾽ εὐκύκλου κανέοιο, Οὐδὲ πλακοῦς τανύπεπλος ἔχων πολλὴν σησαμίδα, Οὐ τόμος ἐκ πτέρνης, οὐχ ἥπατα λευκοχίτωνα, Οὐδὲ τυρὸς νεόπηκτος ἀπὸ γλυκεροῖο γάλακτος: Οὐ χρηστὸν μελίτωμα: οὐδ᾽ ὅσα περ θοίνην μερόπων τεύχουσι μάγειροι. Et paulò post,nullis se herbis aut oleribus uesci. Corruptionem significantes Aegyptij murem pingunt:hic enim omnia degustans coinquinat ac inutilia reddit, Orus. Plautus in Captiui duo,Quasi mures semper edimus alienum cibum:nos tales parasitos uocamus **schmorotzer & tellerlecker.** ¶ Muscerdas prima syllaba producta dicebant antiqui stercus murium,Fest. sic & succerda (sucerda Hermolao) uocatur stercus suillum. Murinum fimum Varro muscerdas appellat,Marcellus etiam pilulas,ut in G.dixi. Galenus muscerdas τὰ τῶν μυῶν ἀποπατήματα, & ἀφοδεύματα uocat. Aliqui,Hermolao teste myócopron, & myscelerdam (lego mysceledra.) Varinus etiam μυόχοδα appellari scribit,uidelicet neutro genere, plurali numero. Non probo quod Cælius legit myódocha,(uide supra in a.)cum myochoda uox rectè componatur à mure & uerbo χέζω,cuius præteritum medium κέχοδα:unde & χόδανον τὴν ἕδραν uocant: & χοδιτεύειν,ἀποπατεῖν. Μυὸ χοδος,οὐδ᾽ ἐνὸς ἄξιος,Hesych. ex quo apud Suidam etiam sic legerim,nō μυόδοχος,Μυοδόχον uel μυοδόκον, scilicet ἄγγος,muscipulam dixerim:uide in e. Μυσκέλεδρον,& multitudinis numero myscéledra, murium feculentiam dicunt,Cælius,Varinus in Ἀποπατῆσαι,& Pollux 5.14. Proinde non placet quod alibi apud Varinum legitur μυσκελένδρα,proparoxytonum:& eadem uox apud Hesychium oxytona.In Lexico Græcolatino μυσκέλυθρον etiam sine authore scribitur. Litemus , id est stercus muris, Syluat. ¶ Murinos catulos de murium fœtu Plinius protulit.

¶ d. Nos in partibus superioris Germaniæ murem uidimus,qui tenendo candelam ministrabat lumen comedentibus ad præceptum magistri sui,Albert.de animalib.8.5.1. ¶ Itaq; non solum inquilini,sed mures migrauerant,Cicero ad Attic. lib.14. ¶ Brasidas à mure morsus,uide in prouerbijs infra. Psicharpax mus in Batrachomyomachia, οὐ δέδι᾽ ἄνθρωπον καίπερ μέγα σῶμα φοροῦντα. Ἀλλ᾽ ἐπὶ λέκτρον ἰὼν ἄκρον δάκτυλον καταδάκνω, Καὶ πτέρνης λαβόμην,καὶ οὐ πόνος ἵκανεν ἄνδρα, Νήδυμος οὐκ ἀπέφυγεν ὕπνος,δάκνοντος ἐμεῖο. ¶ Ad ælurum,qui aduersus mures soricesq; perpetuos Palladis, id est Musæi ac bibliothecæ meæ hostes excubet, Calcagninus in epistolis:plura de catorum & muri um discordia uide in Cato. In Batrachomyomachia Psicharpax mus circum,id est accipitrem, & & γαλῆν,id est mustelam maximè se metuere dicit:& hanc pręcipuè,quòd in ipsa etiam caua mures persequatur. Vncia animal est sæuum in Africa interiore : à quo uulneratum mures infestunt ac permingunt,Obscurus:De uncia quadrupede uide in Panthera A. Antiphili epigramma Anthologij 1.33.legitur in murem,qui cum domi hiantem ostrei concham uidisset,immisso rostro carnem ostrei

ostrei rodere cœpit: quo præ dolore testam contrahente & occludente, mus cum euadere nequiret, sic interceptus perijt. Hinc Alciatus etiam in sua Emblemata transtulit, sub titulo, Captiuus ob gulam.

¶ e. Muscipula, instrumentum, machina, uel laqueus quo mures capiuntur. Nec non si pariit humus mures, huius minor fit uindemia, nisi totas uineas oppleueris muscipulis, Varro de re rust. μύσπαλα, muscipula, Hesychio & Varino. Gelenius tres istas uoces, Latinam, Græcam, & Germanicam, Muscipula, μύσπαλα, müßfall, tanquam symphonas coniungit. Μυάγρα, muscipula, Polluci & alijs. Τῆς μυάγρας τὸ ἱστάμενόν τι καὶ χαζόμενον, πάσσαλιον. τὸ δὲ τῇ σπαρτίνῃ προσηρτημένον, σκανδάληθρον καλεῖται. ὁ δὲ ἐν ταῖς μείζοσι πάγαις πάσσαλος, ῥόπτρον, ὥσπερ καὶ τὸ τὴν θύραν ὠθοῦν, Pollux 7.26 Et rursus 10.34. Myagræ nomen, inquit, apud Aristophanem in Phœnissis legitur: Καὶ Καλλίμαχος δέ ἔφη, εἶπερ τὸ (de uoce εἶπος uel ἰπὸς paulò post dicam) ἀνάκτητα μαλ' εἰδότα μακρὸν ἀλλιᾶσθαι, (lego ἀλύεσθαι, ut sit hexameter) ὡς τὸν ἀνδρηΐνοντα, εἶδος μυάγρας. Τὸ μέντοι ἐνιστάμενον ταῖς μυάγραις πασσάλιον, σκανδάληθρον καλεῖται. ὡς ὁ ἐν ταῖς μείζοσι πάγαις πάσσαλος, ῥόπτρον. τὸ δὲ σπαρτίον, ᾧ συνέχεται, μήρινθος. Πάγη Polluci, & παγὶς, quæuis machina uel laqueus ad capiendas feras: de muscipula etiam priuatim dicitur Oppiano, ut in E. recitaui. Μύσπαλα, μυάγρα, παγὶς, Hesychius & Varinus. Καὶ παγίδα συνόεσσαν, ὅπῃ δολόεις πέλε πότμος, Homerus in Batrachomyom. In eadem Troxartes rex murium conqueritur filium sibi muscipula captum: Homines eum, inquit, occiderunt, Καινοτέραις τέχναις ξύλινον δόμον ἐξευρόντες, Ἣν παγίδα καλέουσι μυῶν ὀλέτειραν ἐοῦσαν. Μυόφονον, παγὶς, Hesychius & Varin. Μυοσπάγη, παγὶς μυῶν, Hesychius. Ipos murium laqueus est, ut prodit Eustathius, ab ἴπτω quod est lædo, Cælius. Hanc uocem diuersis omnino modis scribi apud Grammaticos in Lexicis obseruaui: interpretantur autem omnes πάγην aut παγίδα, id est muscipulã, uel quoduis illabens pondus, & lignum quod ἐν πάγαις, id est in machinis inescatorijs mures opprimit. Ἵππος, equus, cum p. duplici scribitur, ut discernatur ab ἶπος, id est laqueo uel muscipula, Etymologus. Varinus primam circumflectit: apud eundem & Hesychiũ ἰπὸς oxytonum legitur, & exponitur tanquam rectus singularis quod non placet: uidetur enim accusatiuus pluralis à recto ἰπός. Pollux εἰπὸς oxytonum habet ex Callimacho, ut paulò superius recitaui: sed Hesychius & Varinus εἶπος penanflexum scribunt, & alibi εἰλὸς oxytonum, eadem omnia significatione. εἰλὸς quidem minimè placet. Ἐξιποῦν, exprimere succum, Galeno. Ἱπποῦμαι, πιέζομαι, ijdem: malim ἰποῦμαι, cum tenui spiritu & pi simplice: nam sic quoque apud eos legitur, ἰπούμενος, θλιβόμενος, πιεζόμενος, ἀναγκαζόμενος. Ἱππούμενος, πιεζόμενος, ἢ τὸ ἐμπίπτον ξύλον τοῖς μυσίν, Hesychius: lego ἰπούμενος, πιεζόμενος. ἰπὸς δὲ τὸ ἐμπίπτον ξύλον τοῖς μυσίν. Ἴπτω barytonum, lædo: ἰπῶ uero oxytonum, premo, θλίβω. Ἰπούμενος ταῖς συμφοραῖς, Aristophanes in Equitib. ut Varinus citat, & Suidas in ἴπτω, quamuis idem paulò ante eadem uerba citans, ἱππούμενος legit. Ἰπνούμενος ῥίζαισιν Αἰτναίαις ὕπο, Aeschylus: uidetur autem uox facta à camino quem Græci ἰπνὸν uocant, quasi fumigatum dicas, quod conuenit Aetnæ monti ardenti. Dionysius Siculus murium conceptacula rectè dici posse putabat, à seruandis muribus, Cælius. Myodocos in Theriacis accipit Nicander pro murium conceptaculis, Idem: παρὰ τὸ δέχεσθαι τοὺς μῦας.

¶ Si quod animal in mustum ceciderit, & interierit, uti serpens, aut mus, sorex'ue, ne mali odoris uinum faciat, ita ut repertum corpus fuerit, id igne aduratur: cinisque eius in uas, quò deciderat, frigidus infundatur, atque rutabulo ligneo permisceatur: ea res erit remedio, Columella 12. 31. Tradunt magici iocinere muris dato porcis in fico, sequi dantem id animal: in homine quoque similiter ualere, sed resolui cyatho olei poto, Plin. Moschus facillimè adulteratur: unde sæpe stercus murium & huiusmodi ridicula pro moscho uæneunt, Monachi in Mesuen. ¶ Aedificare casas, plostellio adiungere mures, Ludere par impar, Horat. Serm. 2.3.

¶ h. Glaucus filius Minois & Pasiphaës, cum murem persequeretur, in dolium mellis plenum [illegible]
lapsus est, & postea à Polyide uate herba quadam ei imposita in uitam euocatus, ut pluribus descri
bit Isacius Tzetzes in Scholijs in Lycophronem. ¶ In mures in uias ædium pauperum, ut se reci
piant ad ditiores, Leonidæ epigramma, & alterum Aristonis Anthologij Græci 1.33. ¶ Heliogaba
lus iubebat sibi decem milia murium exhiberi, mille mustelas, mille sorices, Lamprid. Μῦν δ' ἀλύζας
(forte δαλύζας: nam δαλύσασθαι exponunt λυμήνασθαι ἢ σκῆσαι) ποδοφαγὸν ἢ συλήσας, Varinus. ¶ Mu
res cum candidi prouenêre, lætum faciunt ostentum, Plin. De soricum occentu, in sorice mox pri
uatim dicam. Mures incolæ domus, haud spe nendum in ostentis etiam publicis animal, arrosis La
uinij clypeis argenteis, Marsicum portendê bellum: Carboni imperatori apud Clusium fascijs, qui
bus in calciatu utebatur, exitium, Plin. Mus corrodens aurum uel quiduis nobis iucundum, quid
significet per duodecim signa, Luna in singulis existente, Niphus explicat libro primo de augurijs,
tabula quarta. Vide supra in c. ubi de cibis murium agitur. Μῦς δ' αὖ φανεὶς φαῦλος (Camerarius le
git φαῦλος) ἐν τρόποις πέλει, Senarius onirocriticus apud Varinum. ¶ Cum reges Scytharum intel
ligerent Darium inopia rerum laborare, mittunt ad eum cum muneribus caduceatorem, aue, mure,
rana, & quinque sagittis. Persæ eum qui munera ferebat, percontabantur quid illa significarent. Iste ne
gare sibi aliud esse mandatum, nisi cum illa tradidisset, celerrimè rediret: iubere tamen ipsos Persas, si
solertes forent interpretari quid sibi dona uellent. Hoc cum audissent Persæ, consultabant. Et Darij
quidem sententia erat, Scythas seipsos ei donare, & terram atque aquam, hac ratione coniectans, quòd
mus quidem in terra gignatur, & eodem quo homines uictitet: rana autem in aquis nascatur; auis

uerò sit equo assimilis: sagittis dãdis, quod seipsos tradere uideantur. At Gobryas unus è septem qui Magos sustulerunt, hoc dicere dona coniectabat: O Persæ, nisi effecti ut aues subuoletis in cœlum, aut mures subeatis terram, aut ranæ insiliatis in paludes, non remeabitis unde uenistis, his sagittis confecti: (& rectè quidem ille,) Herodotus.

¶ Cum Philistæi Azotij arcam Dei apud se retinerent, nati sunt mures: & facta est confusio mortis magnæ in ciuitate, Regum 1. 5. (sed hæc uerba in Hebraicis exemplaribus non leguntur.) Percussitq; eos Dominus in inferioribus uentris. Et mox capite sexto: Sacerdotes eis consulunt, ut arcam Israëlitis remittant, & simul dona, uidelicet quinq; anos aureos & quinq; mures (acbere) aureos, ad effigiem anorum hominis, & murium qui terram perdebant. ¶ Smintheus Apollo nominatur Ouidio in Fastis, Homero, Orpheo, & alijs. sic cognominatus à muribus. Causa (inquit Gyraldus) uariè proditur. Crinis Apollinis fuit sacerdos. is cum Dei sacra neglexisset, à terrestribus muribus agrorum fructibus est priuatus. cuius detrimento damnoq; commotus Apollo, bubulco cuidam Hordæ nuncupato iussit, ut Crinin sacerdotem moneret, illum debere consueta sacra peragere. quod sacerdos cum fecisset, Apollo mures sagittis cõfecit: hinc Apollo Smintheus cognominatus est. sminthas enim Cretenses mures uocant. Aelianus de animalibus, id tradit, mures adorari ab his qui Troadis Hamaxitum incolunt: unde Apollinem qui apud eos maxima religione fuit, Sminthium appellabant: mures enim Aeoles & Troiani sminthes nuncupant: sicut Aeschylus in Sisypho testatur, cum ait: Sed agrestis quis est Sminthius. Tum uerò apud eos sminthes cicures alunt, eisq; uictus publicè præbetur, atq; infra altare, ubi degunt, latebras habent, Aelianus ut recitat Gyraldus. nam Gillius paulò aliter quędam transfert, ego Gyraldo accesserim. Apud etiam tripodem Apollinis mus manet, de cuius religione (inquit Aelianus) hanc accepi fabellam: Permulta murium millia cum Aeolum & Troianorum segetes inuasissent, atq; immaturas succidissent, & simul eis qui earum sementē, &c. (reliqua enim mihi interciderunt.) Strabo uerò libro 13. aliam historiam, seu fabulam, ut ipse ait, recenset: In urbe, inquit, Chrysa est Apollinis Sminthei delubrum & simulachrum, quod nominis ueritatem seruat. nam mus quidem pedi statuæ subiacet, hãc statuam Scopas Parius fecit. Historia siue fabula, quæ de muribus narratur, huic loco congruit. Nam Teucris è Creta profectis datum erat oraculum, ibi eos sedem posituros, ubi terrigenæ eos adorirentur. Id circa Hamaxitum dicunt contigisse, maximamq; agrestium multitudinem murium noctu exortam, quicquid armorum & utensilium ex corio inuenisset, corrosisse, & Teucros ibi mansisse, atq; Idam ab Ida quæ in Creta est, appellasse. Heraclides Ponticus auctor est mures ibi circa templum abundare, & sacros existimari: simulachrum autem ita instructum esse, ut murem pedibus premat. Quidam tamen Smintheum quasi ζέων θεῖν, hoc est quod feruens currat, ad Solem respicientes, appellatum uolunt. Sanè in locis pluribus Smintheus Apollo cultus fuit, nec templa solum illi posita, sed & loca aliquot Sminthia ait appellata ille idem Strabo. Hæc Gyraldus. Murem Cretenses sminthion siue sminthea appellant, unde Apollini cognomen, ut Photioni uidetur post Strabonem, Hermolaus. Σμίνθος, μῦς. καὶ ὁ Ἀπόλλων δὲ σμινθεύς, διὰ τὸ ἐπὶ μυωπίας φασὶ, βεβηκέναι; ἢ ὁ ἐν τῇ Σμίνθῳ τιμώμενος, Hesychius. Murinum Apollinem eundem Grynæo esse, non à muribus sed à loco id nominis sortitum, supra in a. diximus. Musoritæ quidam hæretici mures colunt, ut scribit Philastrius in catalogo hæreseon 1. 12. Apud Eusebium legimus peplum Proserpinæ muribus contexi consueuisse, Calcagninus. Quantum est cunq; murium (inquit Aelianus) in Heraclea, quæ in Ponto insula est, deum & religiosè colit, & quod deo cunq; dedicatum est, non attingit. Itaque cum uitis, quæ ibi deo frondescit, & soli eidem ad religionem consecrata est, cuiusq; racemos dei administri ad sacra seruant, uuæ assecutæ fuerint maturitatem, tum de insula mures decedunt, ut ne si remanerent, per imprudentiam eas contingant, [illegible] non sit: post uero ubi id anni tempus præterierit, ad domesticam sedem reuertuntur.

PROVERBIA.

Mus albus, μῦς λευκός, apud Suidam: μῦς κακός, id est mus malus (quod non placet) apud Diogenianum: In hominem lasciuum & libidinis immodicæ dicebatur. Nam mures domestici salacissimi sunt, præsertim albi, Erasmus. Vide plura superius in c. ubi de libidine murium. Mures domestici, libidinosissimi sunt, præsertim albi, ὅτι δέ εἰσι θήλεις, Apostolius & Varinus in prouerbio Mus picem gustans. debent autē hæc referri ad prouerbiū Mus albus, ut rectè habet Suidas. Θήλεις pro θηλυδρίαι accipio, hoc est mures albos effœminatos esse, non fœminas: interpretantur enim prouerbium Hesychius & Varinus, ἐπὶ τῶν ἀκρατῶν πρὸς τὰ ἀφροδίσια, θηλυδρίων καὶ καταφερῶν. Inter Alciati Emblemata legimus hexastichon istud problema: Delicias & molliciem mus creditur albus Arguere: at ratio non sat aperta mihi est. An quod ei natura salax, & multa libido est? Ornat Romanas an quia pelle nurus? Sarmaticum murem uocitant plerique zibellum, Et celebris suaūi est unguine muscus Arabs. Hæc ille, sed ad prouerbij rationem prima tantum eius ex quatuor coniectura uera uidetur. Zibellum quidem & muscum (quem capreolo peregrino non mure haberi diximus) ignorarunt ueteres qui murem album prouerbialem fecerunt. Existimantur sanè etiam inter homines magis molles & effœminati qui albi fuerint. quamobrem imbelles homines & fractos delicijs Græci πυγάργους & λευκοπύγους uocitant, ut fortes ac strenuos μελαμπύγους. ¶ Μυσὶ κανθαρίς, ἐπὶ τῶν μηδενὸς ἀξίων, Suidas. Aliorum quidem nullus quod sciam huius prouerbij meminit: quamobrem conijcio legendum forte Μυσὶ κάρφη, ut Hesychius & Varinus habent. Μυσὶ κάρφη (inquit Erasmus)

Erasmus)dicebantur agere, qui durè ac siccè uiuerent. (Interpretantur aliqui τὸ μεμυκότως καὶ ξηρῶς
ποιεῖν, Hesychius. est autem ποιεῖν, non uiuere, sed facere simpliciter, aut carmen condere: ut μυσικαρφεῖ
scribere dicatur, qui frigido, exili, astricto & arido stilo, ac minimè copioso, ornato & fluente utitur.)
Vox ficta uidetur à mure & palea, (κάρφος festuca est,) quòd mus in re pusilla uehementer laboret.
Nisi malumus dictum à μύσσω quod est sicco, (μύσσει, κάρφεται, Hesych.) & μύσις, præfocatio, quasi si quis
festuca præfocetur. (Non placet hæc de præfocatione coniectura, cum non de uictu sed stilo & sermone arido prouerbium sentire uideatur: Cui opinioni nostræ accedit etiam sequens interpretatio,
Mysicarphum hominem minimè facetum fuisse, ac alijs tantum arrisisse.) Vsus est hac uoce Cratinus in Horis: & quidam ita proferri uolunt, ut ἀκονιτί, cum acuto in ultima, alij proparoxytonam fa
ciunt. Sunt qui uirum quempiam Μυσίκαρφον dictum existimant, qui ex se quidem nihil uenustiorũ
dicteriorum adferre poterat, sed tamen libenter aliorum dictis arridebat. Et huius nominis mentionem factam apud Apollophanem Comicũ. Mus non ingrediens (non potens subire) antrum, cucur
bitam ferebat, Μῦς εἰς τρώγλην οὐ χωρῶν κολοκύνθην ἔφερεν: In eum, qui cum ipse sibi consulere non possit,
alijs conatur opitulari. Aut qui conatur maiora uiribus suis. Videtur ab apologo natum, sed anili, ni
fallor, Erasm. Meminit Apostolius. ¶ Decipula (uel laqueus) murem cepit, εἴληφεν ἡ παγὶς τὸν μῦν: de
rectè meritóque deprehensis, & malo dignis: quasi dicas, lupus in foueam incidit, aut aper in casses, E-
rasm. Meminerunt Suidas, Varinus & Apostol. ¶ Elephantus non captat (uel non curat) murem,
ἐλέφας μῦν οὐκ ἀλεγίζει, de ijs qui parua & uilia contemnunt: Vide in Elephante. ¶ Mus non uni fidit
antro: Nihil est hodie decantatius apud uulgus (inquit Erasm.) quàm eum murem esse miserum, cui
non est nisi unus cauus. Idem Plautus expressit in Truculento: Sed tamen cogitato mus pusillus quàm
sit sapiens bestia, Aetatem qui uni cubili nunquam fidit suam. Quia si obsideatur unum, aliunde
præsidium gerit. Locus erit adagio si quem admonebimus, ut sibi plures amicos paret, aut unà cum
opibus studeat philosophiæ, ut si fortuna quod suum est eripiat, in literis sit præsidium, Erasm. ¶ Iu
xta muris interitum, Κατὰ μυὸς ὄλεθρον: Aelianus de animalibus 12. 10. tradit murem minimè uiuacem
esse, sed sua sponte defluentibus intestinis ocyus emori, atque hinc natum prouerbium, Iuxta muris
interitum. (Gillius sic uertit ex Aeliano: Mures qui non ex insidijs, sed sua sponte moriuntur, defluentibus membris è uita paulatim excedũt, unde factum prouerbium, &c.) Addit hoc usum Menandrum in Thaide. Quadrare uidetur in homines imbecilla ualetudine, aut in μικροβίους, id est breuis uitæ: aut eos qui paulatim extabescunt. Verisimile est enim mures sic emori, quemadmodum nascuntur in Aegypto: ut aliqua pars sit uiuus mus, altera nihil nisi limus, Erasm. ¶ Murem ostendit pro
leone, pro eo quod est, ingentia pollicitus & fortia, longè diuersa exhibuit: Vide in Leone. Virum
improbum uel mus mordeat, Κἂν μῦς δάκνοι ἄνδρα πονηρόν, hemistichium heroicum, quo significatũ est
quacunque ratione uindictam non deesse malis, sed eos aliquo pacto meritas dare pœnas. Refertur a-
dagium inter Græca epigrammata, φασὶ παροιμιακῶς, κἂν μῦς δάκνοι ἄνδρα πονηρόν. At is quisquis est, nam
incertus author, inuertit prouerbium, dicens bonos uiros uel à mure morderi, malis ne draconẽ quidem audere dentes admoliri: hoc est, insontibus passim noceri, propterea quòd ij impune lædi posse
uideantur, utpote non relaturi iniuriam, Erasm. mox aliud simillimum subijciens, Mordebit uel capra nocentem, Κἂν αἴξ δάκνοι ἄνδρα πονηρόν. Mus puero morso aufugit, Μῦς δακὼν παῖδ' ἀπέφυγε, cum
magni à minoribus læduntur, Apostol. Mus Brasidam inter caricas momordit, Μῦς ἔδακε Βρασίδαν ἐν
ἰσχάσι: cum monemus à paruis etiam caueri oportere, Idem. Brasidas, authore Plutarcho, cum manum
in caricas temere misisset, & à mure inibi forte fortuna latente morderetur: Papæ, inquit, ut nullum
est animal tam pusillum, neque tam inualidum, quod lacessitũ non cupiat ulcisci sese. Muris in morem: Plautus in Captiui duo, Quasi mures semper edimus alienum cibũ: In parasitos dictũ, quibus
iucundum est aliena uiuere quadra. Non conueniunt libertas & cibus alienus, quod eleganter indicat apologus de mure syluestri & domestico. Quin & Græcis prouerbiali uerbo μυαπολεῖν dicuntur,
qui muris in morem cibi causa obambulant oberrantque: indicauit hoc Hesychius, Erasm. Nos de uer
bi μυαπολεῖν significatione in a. diximus, quæ est huc illuc discurrere, aut discurrendo aliquid perquirere, cibi uero causa id fieri grammatici non addiderunt: ego quemuis curiosum hominem & temere discurrentem, non parasitum solum, μυαπολεῖν dixerim. Metuit omnia, si uel mus obstrepat, οἷος
δεδιέναι πάντα κἂν ψοφήσῃ μῦς, refertur ab Aristotele 7. de morib. ad Nicomachũ: de uehementer timidis: appellat autem hanc timiditatem θηριώδη, hoc est ferinam. Meminit Erasmus in prouerbio, In pu
licis morsu deum inuocat. ¶ Mons parturiebat, deinde murẽ prodidit, ὤδινεν ὄρος, εἶτα μῦν ἀπέτε-
κεν, Senarius prouerbialis dici solitus in homines gloriosos & ostentatores, qui magnificis promissis,
tum uultus uestitusque authoritate miram de se mouent expectationem: uerum ubi ad rem uentũ est,
meras nugas adferunt. Vtitur hoc adagio Lucianus in libello Quemadmodũ oporteat historias con
scribere. Athenæus in lib. 14. refert quòd Tachas rex Aegyptiorum huiusmodi scommate tetigerit
Agesilaum Lacedæmoniorũ regem cum ad eum uenisset, suppetias illi laturus in bello, ὤδινεν ὄρος,
Ζεὺς δ' ἐφοβεῖτο, τὸ δ' ἔτεκεν μῦν. (Carmen uidetur anapæsticum.) Erat autem Agesilaus pusillo corpore.
Porrò dicto offensus, respondit, φανήσομαί σοι ποτὲ καὶ λέων. Post euenit, ut exorta seditione apud Aegyptios, cum Agesilaus non adesset regi, coactus sit ad Persas fugere. Vtitur & Horatius in Arte poëti
ca: Quid dignum tanto feret hic promissor hiatu? Parturient montes, nascetur ridiculus mus. Por
phyrion ex Aesopi apologo quopiam natum existimat, is fertur eiusmodi. Cum olim quidam rudes

atq; agrestes homines uiderent in monte terram intumescere moueriq;, concurrũt undiq; ad tam horrendum spectaculum, expectantes ut terra nouum aliquod ac magnũ spectaculum æderet, monte nimirum parturiente, foreq; ut titanes rursum erumperent, bellum cum dijs redintegraturi. Tandem ubi multum diuq; suspensis attonitisq; animis expectassent, mus prorepsit è terra, moxq; risus omnium ingens exortus, Erasm. Quanta Mus apud Pisam, ὅσα μῦς ἐν Πίσῃ, subaudi tulit, aut simile quippiam. De ijs qui uincunt, & optatis potiuntur: sed non sine summo negotio, neq; citra magnum incommodum suum. Suidas natum ait ab athleta quodam, seu pugile Tarentino, qui in Olympiacis certaminibus apud Pisam, semel duntaxat uictor discessit, idq; plurimis acceptis plagis, Erasm. Meminit Suid. Mus picem gustans, μῦς ἄρτι πίσσης γευόμενος, (al' γεύεται, & sic pars senarij uidetur.) Quidam (Suidas) aiunt dici solere in eos qui cum antea fuerint audaculi & confidentes, postea periculo degustato, planè (ἀθρόως) timidi uidentur. Nondum satis liquet, utrum à mure in pice deprehenso sit translata allegoria, sicuti placet Diogeniano: an ab illo de quo meminit Herodotus primo libro in pice deprehenso, atq; ita pœnas dante: an à pugile illo Tarentino, de quo modo dictum est, ut in πίσσῃ sit allusio ad nomen urbis apud quam celebrantur certamina. Νῦν δὲ ποθ' ὡς μῦς φασὶ θιγὼν ὑγρᾶς γευόμενος πίσσης. Sed quouis referas, significatur experientiam malè cessisse. Siquidem mus imperitus, si quando in picem inciderit, aut perit, aut uix eluctatur, ac deinde periculi memor timet contingere. Et pugil ante ferox & iactabundus, simulatq; certamen Olympiacum expertus est, sensitq; quanti constiterit ea uictoria, deinceps abstinuit. Quare non intempestiue dicetur in eum, quem pœnitet experimenti, aut qui rem parum feliciter tentatam, iterum aggredi refugit, Erasm. Μῦς πίσσης γεύεται, ἐπὶ τῶν νικώντων ἀπαλλασσόντων μετὰ κόπου, (πρασσόντων κακῶς, Hes.) καὶ, ὅσα μῦς ἐν πίσσῃ, ἀπὸ μυὸς τοῦ Ταραντίνου κακῶς ὀλυμπιάσιν ἀπαλλάξαντος, Suidas: hinc deprauatus Hesychij locus emaculari poterit. ¶ Germanica prouerbia à mure. **Der müßdreck will alwäg vnder dem pfeffer syn**, Muscerdæ semper intermisceri uolunt piperi: Huic respondet quo Græci Latiniq; utuntur, Corchorus inter olera. **Wer mit katzen jagt der facht gern müß**: Qui cum felibus uenatur, ut plurimum mures capit: Corrumpunt mores bonos colloquia praua. **Art laßt von art nit/die katz laßt jrs musens nitt**: Ingenium relinqui non potest, nec feles captandis abstinere musculis: Naturam expellas furca, tamen usq; recurrit.

¶ Apologi. Fabula rustici & urbani muris, quam describit Horat. 2. Serm. Sat. sexta, notior est quàm ut adscribi debeat. Κοιμωμένου λέοντος ἀγρίης χαίτης Διέδραμεν μῦς. ὁ δὲ λέων ἐθυμώθη, φρίξας δὲ χαίτην ἔκθορε φωλάδος κοίλης, Babrius ut Suidas citat in uoce φριξότριχα. In fabulis Aesopi atq; carminibus Babrij leo dormiens fingitur, cuius mus percurrens ceruicem, ex somno hunc excitauit perterrefactum. Vulpi autem ridenti leo respondit, οὐ μῦν πτοοῦμαι, τὴν δὲ ὁρμὴν ἐκτρέπω, Non murem timeo, sed motum exhorreo, Tzetzes 13. 490. De monte parturiente & emergente mure apologum recitaui superius inter prouerbia. Fabula de fele in mulierem mutata, & sponsa cum esset murem persequente, uide supra in Cato. Οἱ δὲ μυῶν νῦν ἄρχοντες, δραξάμενοι τῆς σπατάλης, (ἤγουν τροφῆς:) loquitur autem de catto seu fele domestica, Suidas in Σπατάλη: sumptum uidetur ex apologo quodã. Apud nos prouerbiale dictum est, Fele absente mures saltant, aut diem festum agunt. Πάντως που καὶ παρὰ τῶν τίτθων ἀκήκοας εἶναί τι χρησόν, ὁ μῦς τὸν λέοντα τῷ μύθῳ σώσας, ἀρχόντως δείκνυσι, Iulianus in epistolis. ¶ Egressi mures de cauernis suis ausi sunt prouocare nos ad prælium, Iudith 14. Sic per contemptum dicebant Assyrij de Iudæis Bethulia egressis aduersus ipsos.

DE MVRIBVS DIVERSIS.

MVRIVM permulta sunt genera, Albertus. ¶ ZEGERIAE, ζηγερίαι, genus quoddam murium est, Hesych. & Varin. In Africa tria murium genera sunt, quorum aliqui zegeries uocantur Punica lingua, quod in nostra pollet idem quod βουνοί, (Valla colles transfert,) Herodotus libro 4.

¶ Ῥίσκοι, genus murium, Hesychius & Varin.

¶ Σπάλακες, mures quidam quos spalacas uocamus, Scholiastes Aristophanis in Acharnensibus, sed spalax non alius est quàm aspalax, id est talpa, de qua post Suem dicetur.

¶ Aegyptij mures pares sunt Alpinis, similiterq; residunt in clunes, & binis pedibus gradiuntur, prioribusq; ut manibus utuntur, Plin. ¶ Norduegia pestem peculiarem habet, quã leem uel lemmer uocant patrio sermone. Hæc est bestiola quadrupes magnitudine soricis, pelle uaria: hæ per tempestates & repentinos imbres decidunt, incompertum adhuc unde, an ex remotioribus insulis & huc uento delatæ, an ex nubibus feculentis temere natæ deferantur. Id compertum est, statim atq; deciderunt, reperiuntur in uisceribus herbæ crudæ nondum concoctæ: hæ more locustarum depascuntur omnia uirentia: & quæ morsu tantum attigerint, emoriuntur uirulentia: uiuit hæc pestis donec non gustauerit herbam renatam. Conueniunt quoq; gregatim quasi hirundines auolaturæ, sed stato tempore aut moriuntur aceruatim cum lue terræ, ex quarum corruptione aër fit pestilens & adficit Norduegos uertigine & ictero: uel ab alijs bestijs dictis lefrat (quasi leopardis, quibus congeneres esse puto) consumuntur, unde pinguescunt & reddunt pelles aliquanto laxiores humana mensura, Iacobus Zieglerus in Schondiæ siue Scandinauiæ descriptione.

DE

DE MAIORE DOMESTICO MVRE, QVEM VVLGO RATTVM VOCANT.

A.

MVRIS genus magnum, rattum uocamus, Albertus & Liber de naturis rerum. Ratti quidem uox non Germanis tantum, sed Gallis etiam, Hispanis, Italis & Anglis in usu est. Plura de diuersis nomenclaturis huius animantis uide supra in Mure A. Soricem non esse rattum uulgò dictũ, id est maiorem murem domesticum, sed omnino syluestrem, ex Plinio demonstrabimus infra, ubi de Sorice separatim agetur. Sed murem araneum quoq; à ratto differre, ex eius historia patebit: quã quam Ge. Agricola eundem esse iudicat. Colotes, κωλώτης, stellio est. Albertus ubi Aristoteles asinum impugnare coloten scribit, rattum imperitè interpretatur. Sorex, ratz, ῥασκς: hæc tria uocabula, Latinum, Germanicum, & Græcum, ἐκ πεγαλλίλου ponuntur in Lexico symphono Gelenij: Græcum forte apud recentiores usurpatur: nam apud ueteres nusquam mihi occurrit, neq; in Lexicis. Hyrax quidem, ὕραξ, quo pro mure Nicander utitur, prima syllaba omissa, satis cum Germanico congruit: sed & ῥίσκος fortassis, quod muris genus facit Hesychius & Varinus.

B.

Rattus quadruplo ferè maior est mure: colore subniger uel fuscus, qui uentrem uersus dilutior est. Capite longiusculo, cauda procera, tenui, nuda pilis: mole corporis mustelæ magnitudinem assequitur, Ge. Agricola. Ego rattum undiquaq; albissimum uidi nuper apud nos captũ Aprilis medio, oculis rubicundis prominentibus, barba multis & oblongis pilis hirsuta. Augustæ Vindelicorum circa templum diui Huldrici rattos nullos inueniri audio. Nõ latet in terra uelut reliqui mures domestici, tametsi in ualle Ioachimica ex proximis domicilijs in cuniculos (fodinas) ingrediať, & in his uersetť: alioqui hyberno etiam tempore in domibus nostris solent uagari, Ge. Agricola. Affirmant quidam inueniri aliquando rattum cæteris maiorem, proceriore & latiore corpore, qui à cæteris otiosus alatur. Rattorum regem, ratzen kunig appellant. Fieri autẽ potest ut aliqui in senecta sic à minoribus natu alantur: nam & glires legimus fessos senecta parentes suos nutrire. Ge. Agricola rattum, ut dixi, murem araneum esse putans, sic de eo scribit: Mus araneus dictus uidetur, quòd muri similis sit, & ut araneus parietes scãdat. sed hoc de mure araneo ueterum nemo scripsit: rattum quidem facile per parietem ascendere audio.

¶ C. Cum lumen noctu ratto obtenditur, non fugit, acie oculorum quodammodo præstricta: mures autem fugiunt.

¶ E. Necantur ijsdem quibus mures uenenis, quæ in Mure copiosè nobis explicata sunt. Capiuntur & muscipulis eisdem, sed triplo aut quadruplo maioribus. Aconita nostra ratto me frustra dedisse, dixi in Lupo a.

¶ G. Rattorum tota caro calidior & acrior est quàm murium minorum, ut ex dissectorum odore colligimus: quare magis discutere & siccare eam uerisimile est, & excrementa quoq; acriora cali-

aa

dioráq; esse. Medici fimo ratti, id est muris maioris, ad alopecias utuntur: Venenũ in cauda gestare dicitur, Obscurus. Nos muscerdarum muris simpliciter. i. minoris domestici ad alopecias usum esse, copiose docuimus supra in Mure G. Ratti cum libidine accenduntur, adeò perniciosi sunt, ut si eorum urina partem aliquam hominis nudam attigerit, carnes eius usq; ad ossa putrescere faciat, neque cicatrix ulceri possit induci, Liber de naturis rerum. Alij, ut Arnoldus & Albertus, simpliciter hoc de muris urina scribunt.

DE MVRE AQVATICO.

MVRIS quoddam genus aquatile esse audio, magnitudine ferè ratti terrestris, colore quodãmodo subruffo. Germani uocant wassermuß, Angli waterratte: Itali sorgo morgange, id est murem mergum. Galli rat d'eau. Pisces uenantur, ut aiunt: & aquæ submersi per caua quædam aliunde in terram redire creduntur, quoniam aliqui sæpe cum obseruassent submersos, diu expectantes nusquam rursus emergere uiderunt. Rattus alius terrestris est, alius fluuiatilis, Obscurus. Ego non in fluuijs, nec alijs aquis magnis, sed paruis tantum, riuis & alijs uersari audio. Quidam nuper in nonnullis Galliæ locis etiam in cibum admitti rattum aquaticum mihi narrauit: quod tamen uerum esse affirmare non ausim. In Colusis Arcadiæ fontem esse aiunt, in quo mures nascuntur terrestres, & natant in eo uitam agentes: idem in Lampsaco fieri aiunt, Aristoteles in Mirabilibus: Ego Lusis non Colusis legerim. Lusi enim (quanquam uulgati codices duplex s. habent) urbs est Arcadiæ, teste Stephano, ubi Melampus Prœti filias lauit & insania liberauit. In Lusis Arcadiæ quodam fonte mures terrestres uiuere & conuersari Theophrastus scribit, Plinius. Pausanias quoq; Lusos urbem in ea terra collocat, qua Polybius Lusas in montanis agri Clitorij, Hermolaus. Magos qui Zoroastren sectantur, imprimis colere aiunt herinaceum terrestrem, maximè uerò odisse mures aquaticos, (μῦς ὑδρὸς,) & quo quisq; plures occiderit, eò chariorem deo feliciorem q; existimare, Plutarchus Symposiacorum quarto quæstione ultima. Et mox, Quare Iudæi etiam si execrarentur suem, occidere deberent, ut magi mures. Cæterum in Commentario de Iside, magos scribit animalia quædã boni dæmonis esse putare, ut canes & gallinas, & terrestres echinos: mali autem aquaticos esse, τοὺς ὑδρὸυς εἶναι: lego τοὺς ὑδρὸυς μῦς, ex superioribus locis. An uero aquaticos mures intelligat illos de quibus hîc scribimus, incertũ est; ego testudines aquaticas potius, (nam has quoq; mures appellant,) intellexerim.

MVS PEREGRINVS.

MVSCVM, qui & nunc in delicatiorem usum uenit, ab Hieronymo dici quandoq; peregrinum murem sunt qui opinentur, Cælius. Muscus, & œnanthe, & peregrini muris pellicula, Hieronymus ad Demetriadem. Quis autem sit peregrinus mus, inquit Hermolaus, odorata celebratus pellicula, nõ uideo: nisi quis animal hoc intelligat ex quo zibettum excipitur. Atqui nos zibetti animal longe diuersum à mure esse post Pantheræ historiam demonstrabimus. Mihi quidem uerisimile fit hoc ipsum animal ex quo moschus odoramentum funditur, Hieronymum genus muris esse putasse, historia eius tanquam rei nouæ & ex alieno orbe aduectæ nondum cognita, ad quam opinionem nominis etiam uicinitas allicere potuit. Accedit quod in pelliculis animantis suæ adferri soleat. Quin & Raphaël Volaterranus, uir alioqui doctus & nostri ferè sæculi, Murem illum, inquit, qui odoratus uulgò habetur, murem muscũ Hieronymus in epistolis uocat: & in alia epistola murem peregrinum. Apud Italos quidem hodie odoratum quendam murem MOSCHARDINVM appellari audio: sed illum in Italia reperiri, nec peregrinum esse. Ruellius in historia stirpium mures simpliciter moschi odore recrementum aliquando excernere scribit.

DE MVRIBVS AGRESTIBVS.

Figuram in fine huius Tomi requires.

A.

MVRES agrestes in terra habitant, duorum generum, rubeus & niger, Albertus. Effigies quam damus (in fine libri) muris agrestis maioris est, qui terram fodiendo hortos & agros populatur. Eiusdem generis alij minores sunt, domesticis similes, magis ruffi, quales me in alpibus etiam uidisse puto. Cæterum syluestres aut syluaticos mures, quorum generis & sorex est, eos uoco, qui non in aruis & locis cultis aratisue, sed in syluis habitant, de quibus infra separatim agam. Mus subterraneus, quem alij agrestem uocant: Seruius à Cicerone nitedulam putat nominari, Ge. Agricola. Vt illa ex uepreculis extracta nitedula remp. conaretur arrodere, Cicero pro S. Sestio. Nitedula quidem est etiam cicindela dicta, ex insectis, quæ noctu lucet. Sæpe exiguus

guus mus Sub terra poſuitq; domos, atq; horrea fecit, Vergilius in Georgicis. Murem agreſtem Marcellus empiricus nominat: Item Plinius, Mures agreſtes (inquit) à ſerpentibus læſi chondrillam eſſe dicuntur. Palladius tum agreſtes tum ruſticos mures eoſdem nominat. Ἀγραῖοι μῦες, mures qui agros aut arua habitant, (quaſi aruales aut aruenſes dicas,) Heſychius & Varinus. Gaza μύας ἀγραίους ex Ariſtotele ſorices reddit, quod non probo. ſorex enim ſylueſtris non agreſtis eſt, ut in eius hiſtoria dicam. Sorices hyeme ſæpe dormientes deprehenduntur, mures agreſtes non item. Κόρκος, μῦς ἀγραῖος, Heſychius: alij interpretantur animalculum uitibus noxium, Varinus. Myagros uiri nomen eſt, ut diximus in Mure a. item herbæ: compoſitionis quidem ratio murem ſylueſtrē inſinuat, ut ſyagros aprum ſylueſtrem. Græci agreſtis ſylueſtrisq; differentiam non ita obſeruare ut Latini uidentur: nam ἄγριον pro utroq; uſurpant: aliquando tamen diſtinguunt, agreſte ἀγραῖον dicentes: ſylueſtre ἄγριον, ſiue id in ſyluis, ſiue alijs locis incultis & ab hominum conuerſatione remotis ſit. Latini etiam ſæpe non diſtinguunt. Γυγγύλιξ, γύλιγγος, ὁ ἄγριος μῦς, Heſych. & Var. glirem intelligo, qui & ſylueſtris mus, non agreſtis, dici poteſt. Spalacem quoq; uel aſpalacem, id eſt talpam, [illegible] ἀγραίου μυὸς interpretantur Grammatici. Germani murem illum agreſtem, cuius figuram pro hoc loco in fine libri adijciemus, uarijs nominibus appellant: :ut ſunt, **feldmuß** (quo nomine etiam Angli utuntur) id eſt mus campeſtris: (habent & Itali quem murem campaignolo nominant, haud ſcio an eundem: ſed differre puto: audio enim ſic dictum, campaignolum murem, paruum & elegantem eſſe, cauda non glabra, ſed piloſa: & aliquando cicurari. Mus agreſtis, id eſt qui in campis inuenitur, Marcellus:) **erdmuß**, id eſt mus ſubterraneus. **Nůlmuß** uel **nielmuß**, quòd terram fodiendo pedib. reijciat talparum inſtar: & eandē ob cauſam **ſchorrmuß**, alijs **ſchörmauß**: & **ſtoßmuß**, & **luckmuß**. Item à loco **ackermuß**, cui maioris minorisq; differentiam addunt. maior eſt, cuius imaginem dedimus. Gallicè mullot uocari audio.

B.

Non multo minor eſt ratto, quin caudam ut ille longam habet ac craſſam, Ge. Agricola. Auriculis rotundis, capite magno rotundo nec eminente roſtro, colore fuſco ad latera ruffo, barba medio inter os & oculos loco rigente. Minoribus agreſtium breuis eſt cauda.

C.

Naſcitur omne genus muris de terra, licet etiam ex coitu ſui generis generentur. Vnde in terris Aegyptijs quando pluit plurimi generantur, Albert. Iuxta Thebaidem Aegypti quum Nili ceſſauit inundatio, calefaciente Sole limum ab aqua relictum, multis in locis ex terræ hiatu multitudo murium oritur, Diodorus Sic. Et mox, In Thebaidis agro certis temporibus multi ac magni generantur mures: qua ex re plurimum ſtupent homines, cum uideant quorundam anteriorem, uſq; ad pectus & priores pedes, murium partē animatam moueri, poſteriori nondum inchoata, ſed informi. In Thebaide cum grandine pluit, mures in terra apparere audio, qui partim etiam nunc cœnum limoſum, partim iam caro exiſtunt, Aelian. De muribus qui cum pluit in Aegypto naſcuntur, & incolarum ſupplicationibus Deo factis ab agris ad montem auertuntur, Aeliani uerba recitabo infra in Aegyptiorum mentione, ubi agam de muribus diuerſis ſecundum regiones. In Aegypto mures de terra & imbre naſcuntur, Macrob. Deturgente Nilo muſculi reperiuntur inchoato opere genitalis aquæ terræq;, iam parte corporis uiuentes, nouiſſima effigie etiamnum terrena, Plin. Alicubi è terra mures progigni, qui mox per coitum mirè excreſcant, Auicenna ſcribit, Cælius. Sunt qui aſſerant omne animal idem ſpecie ex ſemine & ex putri materia fieri poſſe, tum perfectum tum imperfectum. Quo poſito, concedendum eſſet ex putri materia orta animalia, alia eiuſdem ſpeciei per coitū generare, & illa item alia, & ſic in infinitum. Huius ſententiæ Euripides & Auicenna fuerunt, propter uniuerſalem hominum interitum ex diluuio. Alij dicunt perfecta animalia nequaquā fieri poſſe ex putri materia: imperfecta autem eadem ſpecie ex putri & ex ſemine, ut mures qui ex putri materia orti generant mures eiuſdem ſpeciei: atq; ita ſenſerunt Albertus et Aponenſis, tanquā ex Ariſtotelis opinione. Verum Ariſtoteles ait ſic (ex putri materia) nata generare quidem, ſed animal ſpecie diuerſum, à quo nihil amplius gigni poſſit, (ne procedatur ad infinitum.) Quamobrem concedo quidem (inquit Niphus) mures produci poſſe ex materia putri quæ in nauibus reperitur, & copioſiſſimè quidem, eosq; coëundo rurſus alios generare, non tamen eiuſdem ſpeciei, ſed alterius, et qui ultra generare nequeant. De muribus Caſpijs qui ſegetes ſuccidunt, & fructus in arboribus populantur, dicam infra inter Mures diuerſos ſecundum regiones. Mus agreſtis non ſemper in terra latet, ſed nonnunquam egreditur, etſi rarius, Ge. Agricola. Tumulos terræ inſtar talpæ excitat. Corrodit, imò exedit, planeq; interdum conſumit radices lupuli, paſtinacæ, rapæ, & reliquorum leguminum, Ge. Agricola. Radicibus tantum ueſcuntur, nec profundos agunt cuniculos, (ſed ſtatim ſub ceſpite ac ſuperficie fodere pergunt, ut inambulantes laxam ſuſpenſamq; terram & ueſtigijs cedentem percipiant) quorum introitus ſi quis foſſorio aperiat, mox reparant ac retegunt: quod & talpæ faciunt, ſed tardius, ſecundo interdum uel tertio demum die. Cognito igitur mures ſubeſſe, inde quòd foramina breui retexerint, iterum tribus aut quatuor locis aperiuntur, expectaturq; ut cum ad retegendum uenerint, ligone aut foſſorio in proximum poſt eos locum inflicto unà cum terra aut ceſpite eijciantur, eiecti conculcantur aut aliter occiduntur. Aliqui gramen in introitum inſerunt, quod dum retrahere mus conatur, malleus ligneus in terrā proximo poſt eum loco adigitur, ut foramine

aaa 2

occluso & regressu ei negato capiatur. ¶Mures agrestes à serpentibus læsi chondrillam esse ¦ dicuntur, Plinius.

¶Mirum percipimus ortum (inquit Aristoteles) redundãtis agrestis murium generis: locis enim compluribus agri tam inaudito modo oriri solent, ut parum ex uniuerso frumenti relinquatur: tam citò absumitur, ut nonnulli mediocres agricolæ, cum pridie metendum statuerint, postridie manè cum messoribus accedentes ad segetem, absumptam inueniant totam: interitus autem minime eue nit ratione: paucis enim diebus omnino abolentur, quanquam superiore tempore homines uincere uel suffiendo, uel sues, ut latibula effoderent, admittendo, nõ possent. Quinetiam uulpes eos uenantur, & cati syluestres in primis: sed tamen superare copiam, & celeritatem prouentus nequeunt: nec aliud quicquam omnium uincit, nisi imbres: ijs enim quamprimum intereunt. Audio mustelas ualde persequi mures syluestres, ita ut meatus etiam hypogeos eorum subeant, ut uiuerræ cuniculorum. Myagros uel myotheras anguis mures in pratis uenatur. Plinius de numerosa murium domesticorum fœcunditate locutus, & quòd uel sale gustato fieri prægnantes aliqui opinẽtur, subdit: Itaq; desinit mirũ esse, unde uis tanta messes populetur murium agrestiũ: in quibus illud quoq; adhuc latet quonam modo illa multitudo repente occidat. Nam nec exanimes reperiuntur, neq; extat qui murem hyeme in agro effoderit. Plurimi ita ad Troadem perueniunt, & iam inde fugauerũt accolas. Prouentus eorum siccitatibus tradunt: & iam obituris uermiculum in capite gigni, Plin. Patrijs sedibus quosdam Italiæ populos incursio murium agrestium expulit, (quod & Diodorus Siculus scribit lib. 4. de antiquorũ gestis) atq; in fugam compulit. Quòd sanè sic segetes & plantas, tanquam summa siccitas, aut teterrimum frigus, alia'ue tempestas uastarent, radices succidentes, Aelianus. Cosas Hetruriæ ciuitatẽ mures destruxẽre, Volaterran. Cossa oppidum est Vmbriæ, Plinio 5.3. Orbitellum hodie. Caleni uidimus quòd una nocte totum campũ segetis plenũ mures absumpsẽre, Niphus. In Hispania ingens est murium multitudo, unde pestilẽtes sæpenumero secuti sunt morbi. Hoc aduersus Romanos aduenit in Cantabria, ut essent qui accepta mercede mures uenarentur, & quantitate designata, salutem uix assequerentur, (καὶ μυοθηρεύντων πρὸς μέτρον ἆθλ' ἀποδειχθὲν, διεσώζοντο μόλις,) Strabo libro 3. Theophrastus author est in Gyaro insula cum incolas fugassent, ferrum quoq; rosisse eos, Plin. Et alibi, M. Varro auctor est ex Gyaro Cycladum insula incolas à muribus fugatos. Cum Palæstini arcam Domini captam apud se detinerent in ciuitate Azoto, incolæ crudeli dysenteria affecti sunt, & prouinciam consurgens multitudo murium deuastabat, ut legimus Samuelis seu Regum primo: & apud Iosephum ab initio libri sexti Antiquitatum. Aeolij & Troiani muriũ abundantia infestati, Smintheo Apollini sacrificarunt, ut in Mure supra retuli in h. Et de muribus ex Heraclea Ponti insulæ recedentibus cum uuæ sunt maturæ, & post autumnum reuertentibus, ibidẽ. Cum Sanacharibus Arabum Aegyptiorumq; rex Aegyptum inuaderet, Vulcanus in exercitum eius noctu uim agrestium murium immisit, qui militum tum pharetras, tum arcus, tum scutorum habenas abederunt, ita ut postera die hostes armis exuti fugam fecerint, multis amissis, Herodot. libro. 2. Chalcidenses incoluerunt etiam Cleonas, Elymnio Athi montis ciuitate pulsi, ut fabulis proditum est, à muribus, qui omnia illorum bona ita deuorabant, ut neq; ferro parcerent, Heraclides.

¶Mures abiguntur cinere mustelæ uel felis diluto, & semine sparso, uel decoctarum aqua: sed redolet uirus animalium eorum etiam in pane: ob id felle bubulo semina attingi utilius putant, Plinius. Aduersus mures agrestes Apuleius asserit semina bubulo felle macerãda anteq; spargas, Pallad. Apuleius (ut in Geopon. Græc. legitur) commendat fel bubulum, quo si tingantur semina, ut ait, non infestabuntur à muribus. Satius tamen est per dies caniculares cicutæ semen cum ueratro, aut agresti cucumere, aut hyoscyamo, aut amaris amygdalis & nigro elleboro contundentes, atq; ex æquo farinæ miscentes, subigentesq; oleo, id ipsum cauernis agrestiũ murium adponere: pereunt ubi primum gustauerint. Hyoscyami albi semine simpliciter mures necari Auicenna scribit: uerisimile est autẽ ijsdẽ medicamentis agrestes interire, quibus & domestici, quorum uenena copiosè in Mure E. prodidimus. Nonnulli rhododaphnes folijs aditus eorum claudunt, qui rosis his, dum in exitu nituntur, intereunt, Pallad. Qui ex Bithynis (inquit Apuleius) rerum experientia ualent, folijs rhododaphnes meatus murium obturant, ut dum exire contendunt, ea contrectent dentibus: quæ quidẽ ubi contigerint, pereunt. Sed chartã nactus, quæ sequunt inscribito. Adiuro uos omnes mures qui hic consistitis, ne mihi inferatis iniuriã, aut per alium eam mihi inferri patiamini. Assigno enim uobis hunc agrum (quẽ tunc nominas) in quo si uos posthac deprehendero, Matrem deorum testor, singulos uestrum in septẽ frusta discerpam. Hæc ubi scripseris, alliga chartam ipsam loco, quẽ obsident mures, idq; ante Solis exortum: sic tamen ut charactẽres extrinsecus appareant conspicui, nimirum lapidi natiuo adhærescente charta. Scripsi hæc (inquit author Geoponicorum) ne quicquã præterire uiderer: nec probo quidem ut fiant talia, sed potius consulo omnibus ne adijciãt animum alicui horum quæ digna sunt risu. Mures rusticos, si querneo cinere aditus eorum satures, attactu frequenti scabie occupabit ac perimet, Palladius.

¶G. Muris agrestis, id est qui in campis inuenitur, combusti cinis cõtritus, & cum melle assidue inlitus, aciem oculorum caligine extenuata confirmat, Marcellus.

¶h. Aristophanes in Acharnensibus Atheniensium inopiam uel malitiam notans, ait eos, ubicunq;

cunq; in agrum aliquem uenerint, paxillo allia effodere, ὡς ἀρουραῖοι (γλίνοι, Scholiastes) μύες.

DE MVRE SYLVATICO.

SYLVESTRIS aut syluatici muris Plinius aliquoties meminit, sed in remediis tantum. Differre autem illum ab agresti præcedenti capite diximus, quòd non rura & locos cultos ut agrestis habitet, sed syluas & nemora. Syluestrem murem Græce μῦν ἄγριον dixeris, ut agrestem ἀρουραῖον. Γηγγλιξ, γήλιγγος, ὁ ἄγριος μῦς: ego glirem intelligo, qui de genere murium syluestrium est. Plinius quidem ex glire & mure syluestri, etiam remedium idem facit, ut mox recitabo. Sed quoniam sorex quoq; mus syluestris est, eundem esse crederem, nisi unus Plinij locus obstaret, ubi cum muris syluestris cinerem ad claritatem oculorum commendasset, mox in eundē usum soricis quoq; cinerē prædicat, ut inferius inter remedia ex mure syluestri recitabo. Ge. Agricola magnæ doctrinæ uir, murē syluestrem interpretatur murē illum cui nostri ab auellanis nomen imponunt: soricem uerò illum facit, quem ego inferius murē araneū esse docebo. Ego muris syluestris propriè dicti genera duo esse uideo: Vnū, de quo Albertus scribit, Muris quoddam genus in arboribus habitat, fuscum, nigris in facie maculis: quod generali tantum nomine mus syluestris appelletur. De eodem Plinius intellexit, ni fallor, cum scribit, Fagi glans muribus gratissima est, & ideò animalis eius unà prouentus. Alterū, quod priuatim sorex nominetur, quod Plinius per hyemem dormire scribit, & caudam habere uillosam: cuius figuram subijcimus. Sed ut distinctius agā quæ de mure syluestri Plinius prodidit, separatim hîc adscribam, postea de Mure auellanarū etiam quæ nostri tradunt, & ipse obseruaui, ac de Sorice demum ex ueteribus priuatim scripturus. Attritis medetur cinis muris syluatici cum melle, Plin. Ossibus fractis, caninū cerebrū linteolo illito superpositis lanis, quæ subinde suffundantur, ferè quatuordecim diebus solidat: nec tardius cinis syluestris muris cum melle, aut cum uermium terrenorū cinere, qui etiā ossa extrahit, Plin. Pernionibus imponitur seuum pecudum, &c. quòd si putrida sint ulcera, cera addita ad cicatricem perducunt, uel gryllorum (glirium uel soricū cinis ex oleo, Marcell.) crematorū fauilla ex oleo: item muris syluatici cum melle, Idē. Murium capitum caudarumq; cinere ex melle inunctis, claritatē uisus restitui dicunt: multoq; magis gliris aut muris syluestris cinere, Plin.

DE MVRE AVELLANARVM.

A.

MVS auellanarum, ut nostrates uocant, ein haselmuß, non alius quàm Plinij sorex mihi uidetur, ut præcedenti capite dixi: quoniā uero soricē alij alium faciunt, separatim de utroq; agere uolui. Nostrorum aliqui glirē quoq;, uel gliris genus, (hoc est maiusculū, syluestrem, pinguē & esculentum murē) auellanarum murem uocāt, sed maiorē, ein grosse haselmuß. Genus illud, cuius hîc apposita est figura, corylinū Albert. uocat, à corylo arbusto, cuius fructus seu nuces auellanæ dicunt: his enim præcipuè uescitur. Flandri, ut audio, uocant ein slaep ratte, id est rattum dormientem, ut Angli dormus, id est dormientē murē. Galli lerot, cuius somniculosa natura etiam in prouerbium eis abijt: falluntur qui glirē Gallicè lerot interpretantur, cū constet murem sic appellatum non edi: nisi forte utrunq; genus in diuersis locis sic appelletur, propter similem dormiendi naturam.

B.

Muris genus corylinum rubeum est, & cauda pilosa, Albert. Magnitudine corporis non differt à sciuro, uerum colore qui ei fuscus est: & cauda, quam non habet uillis confertam & plenā, sed ab eis nudam ut cæteri mures, Ge. Agricola. At quē nostri murē auellanarum uocant, neq; rubeus est, ut Albertus ait: neq; cauda glabra ut Agricola. Ego & uiuum aliquot dies nutriui, & occisum diligentius inspexi: hunc ipsum scilicet cuius iconem adieci. Magnitudo & forma ratti erat; color murinus per tergum & latera, magis ruffus, præsertim in capite. auriculæ magnæ, glabræ, (Plinius quidem sorici pilosas tribuit.) uenter candidus: & eodem colore crura, & cauda parte inferiore extremitatem uersus. nares & pedes rubicundi. cauda tota hirsuta, (quod Albertus etiam de hoc mure, de sorice Plinius scribit) & qua desinit albis densisq; uillis condita. Oculi maiusculi, eminentes, nigerrimi, ita ut nihil ferè candidi in eis appareat. barba partim alba, partim nigra. Color niger infra supraq; aures & circa oculos, & in posteriore parte caudæ superioris. Pedum anteriorum digiti quatuor. pollex enim mutilus est, posteriorum quini. Posteriorum crurum pars auersa siue supina à suffragine per totam tibiam ad extremos unguiculos glabra est. Odor quidem in hoc genere, & excrementa, ita se habent ut in domesticis muribus.

C.

Mus syluestris non tam in arboribus latet, quas ut sciurus scandit, quàm in terra, in cuius cauernas congerit fructus: in primis uerò nuces auellanas, & eas quidem optimas. quare apud Germanos ex corylo nomen inuenit. nam ei non pro cibo somnus, sed prouisum pabulum, Ge. Agricola. Mihi quidem rustici aliquot fide digni affirmarunt hunc murem à fine autumni ad ueris usq; initium dormire: unde & nomen ei apud Flandros & Anglos à dormiendo positum. Plinius etiam sorici hyemem dormiendo transigi scribit.

E.

Rustici cauernas istorum murium infixis designãt uirgis, ut his indicibus hyemis initio effossuri utãtur. caueas enim seu cellas subterraneas satis amplas habẽt, ubi auellanas congerunt, omnes quidem bonas & integras, relictis uitiosis.

F.

In cibum non admitti certò scio: quamobrem errant qui eundem glirem putant.

G.

Remedia eadem ei attribuerim quæ Plinius muri syluatico, paulò ante nobis enumerata, quoniã & animal ipsum uel idem est, uel omnino cognatum.

DE MVRE NAPELLI.

MVS etiam napelli, si quis est, ad syluestres referendus uidetur. Surinus, aliàs succinus, (ego uocem utranq; deprauatam puto pro bismus) mus est paruus, antipharmacum napelli, Syluaticus & Vetus glossographus Auicennæ. Napelli enim radicibus pascitur, ut aiunt. Alij non animal, sed herbam iuxta adnasci scribunt, quæ uim illam napello contrariam possideat: cui sententiæ etiam ipse accesserim. nam & apud Marcellum empiricum toræ & antitoræ, hoc est napelli & antinapelli herbarum nomina legimus: & eadem hodieq; durant. Quanquam Matthæolus hunc murem sibi in altissimis montibus iuxta napellum deprehensum tradit, sed non describit. Plura lege in Lupo a. ubi de aconito & napello copiosè disserui.

DE SORICE.

A.

SORICEM mihi uideri hoc genus muris esse, quod nostri ab auellanis nominãt, superius dixi in capite de mure syluatico: quoniam & syluestris est, & cauda pilosa, & per hyemem dormit, quæ omnia sorici Plinius adscribit. hoc tantum impedit, quod sorici Plinius pilosas tribuit aures: ego nostrum auellanarium, ut ita dicam, murem, glabras habere puto. sed reliquæ tres notæ maiores sunt, quàm ut una tantilla impedire debeat. Mus exiguum est animal, incola domus nostræ, qui à sono quem rodendo facit, Latinè etiam sorex uocatur: quamuis aliqui ita distinguant ut mus domesticus sit, sorex syluestris, Sipontinus. Itali quidem & Galli soricis nomen pro mure domestico etiamnum seruant: & forte etiam ueteres aliquãdo sic usi sunt. In Arcadia, inquit Varro, sus fuit adeò pinguis, ut in eius corpore sorex exesa carne nidum fecerit, & pepererit mures. Soricis iecinoris fibras cum Luna augeri ac minui, ita ut numerus respõdeat Plinius scribit, & alibi idem de mure. Item si castratus emittatur fugari cæteros, de sorice Plinius, de mure Auicenna scribit. Sorex syluestris est mus, maior domestico, Fr. Alunnus. Plinianus quidem & propriè dictus sorex, neq; minor neq; maior domesticus mus est: utroq; enim modo aliqui interpretatur. sed falsò, ut apparet, quum notæ soricis supradictæ neutri conueniant. Muris quoddam genus rubeum est, breui cauda, acutæ uocis, quod propriè sorex uocatur, & est uenenosum: quam ob causam non capitur à catis, Albertus: Sed hunc murem araneum esse, à nostris uulgò spitzmuß uel mützer dictum, inferius demonstrabo. Quanquam & Ge. Agricola nostrum spitzmuß murem araneum esse suspicatur, & Carolus Stephanus in Vineto murem araneum à sorice non distinguit. Μῦας ἀρουραίους Gaza ex Aristotele sorices uertit: quod nõ probo, cum Plinius mures agrestes interpretetur, de quibus supra diximus. Hispani soricem, ut amicus quidam ad nos scripsit, uocant sorce, uel raton pequénno.

pequenno: sed quærendum est an id nomen muri araneo potius conueniat: ut Illyricũ etiam niemeg ka myss, quo soricem significari itidem ex amici cuiusdam literis accepi. Sorex Latinum est uocabulum, eo quòd animal huiuscemodi rodat, & in modum serræ præcidat, Isidorus. Sed coniecerit aliquis etymon esse Græcum, ut à uoce ὕραξ (sic murem Nicander appellat) aspiratione in s. consonantem uersa, ut ab ὑπὲρ super, ὗς sus, &c. fiat syrax & sorex. Rattum Illyrica lingua sczurek uocat quasi soricem. Caulem pro cole, sauricem pro sorice dicimus, Seruius.

B.

Aures soricibus pilosæ sunt, Plinius. Soricum fibras respondere numero Lunæ exquisiuêre diligentiores, Idem libro 2. Idem alibi de fibris in iecore murium scribit: Vide in Mure B. Boum caudis longissimus caulis: idem setosus est ueterinis: leoni infima parte, ut bubus & sorici, Plin.

C.

Sorices & ipsos hyeme condi author est Nigidius, sicut glires, Plinius. Sorex desiccat, Author Philomelæ. Egomet meo indicio miser quasi sorex perij: Verba sunt Parmenonis Terentiani in Eunucho, qui delusus à Pythia prodiderat se seni. Donatus admonet esse prouerbium in eos qui suapte uoce produntur. Atq; hinc existimat ductam esse metaphoram, quòd soricum proprium sit uel stridere clarius quàm mures, uel strepere magis cum obrodunt friuola, ad quam uocem multi se extendentes, quamuis per tenebras noctis transfigunt eos. Vsurpat hoc adagium D. Aurelius Augustinus in primo de ordine lib. erga suum Licentium, qui dum pulsata tabula, soricem strepitu absterret, ipse sese prodebat Augustino quòd uigilaret. Allusit eodem Origenes homilia in Genesim tertia: Sed uidebor, inquit, ipse meis indicijs captus, Erasm.

D.

Formicosam arborem sorices cauent, Plinius 10.71. Sorices & ardeolæ inuicem fœtibus insidiantur, Ibidem. Transtulit autem hæc Plinius ex Aristotelis libro 9. de histor. anim. cap. 1. ubi legitur, πόλεμος δὲ καὶ ἵππῳ καὶ ἐρωδιῷ, τὰ γὰρ ὠὰ κατεσθίει καὶ τοὺς νεοττοὺς τοῦ ἐρωδιοῦ, ubi Gaza hippon uertit piponem auem.

E.

Scripserunt quidam sorices fugari, si unus castratus emittatur, Plinius. Hoc Aggregator ex Plinio citans, non sorices sed mures ita fugari scribit, ut Auicenna quoq;, ut recitaui in Mure E. Ne sorices uel mures lædant uites, quæ secundum ædificia sunt, docet Columella libro de arborib. cap. 15. cuius uerba recitabo infra in Mure araneo A.

G.

Si oculi nigri nascentium placeant, soricem prægnanti edendum exhibent, Plinius. Si prægnãs artus captiui soricis edit, Dicuntur fœtus nigrantia lumina fingi, Serenus. Paralysin cauentibus, pinguia glirium decoctorum & soricum utilissima tradunt esse, Plinius. Murium capitum caudarumq; cinere ex melle inunctis claritatem uisus restitui dicunt: multoq; magis gliris aut muris syluestris cinere: Cum Attico melle cinis & adeps soricis combusti tritus lachrymosis oculis plurimũ confert, Plin. Glires & sorices combusti, & cinis eorum melli admixtus, si inde quotidie mane gustent, sanabunt qui claritatem oculorum desiderant, Sext. Glirium (gryllorum, Plinius: quod minus placet) uel soricum cinis ex oleo impositus pernionibus medetur, Marcel.

H.

Sorex in masculino genere prima producta effertur: Si prægnans artus captiui soricis edit, Serenus. Licinius imperator spadonum aulicorumq; insolentiã mirè compescuit, tineas soricesq; palatinos appellans, Egnatius ex Aurelio Victore. A sorice fit soriceus & soricinus: unde soricinos dentes dixit Plautus, Sipontinus. Soriculata uestis pretiosa, Plinio lib. 8. Calcagninus legit surculata. Vide supra in Mure H. a. in murinus adiectiuo. ¶ Mus sorexue si in mustum inciderit, quomodo curandum sit mustum: uide supra in Mure E. ¶ Heliogabalus iubebat sibi decem milia murium exhiberi, mille mustelas, mille sorices, Lampridius. Soricum occentu dirimi auspicia, annales refertos habemus, Plinius. Occentus soricis auditus Fabio Maximo dictaturam, & C. Flaminio magisterium equitum, deponendi causam dedit, Alexand. ab Alexandro. ¶ Prouerbium, Egomet meo indicio quasi sorex perij, uide supra in C.

DE MVRE NORICO VEL CITELLO.

Mvs Noricus (inquit Ge. Agricola) quem citellum appellant, in terræ cauernis habitat. Ei corpus ut mustelæ domesticæ, longum & tenue: cauda admodum breuis: color pilis, ut cuniculorum quorundam pilis, cinereus, sed dilutior. Sicut talpa caret auribus, sed nõ caret foraminibus, quibus sonum ut auis recipit. Dentes habet muris dentium similes. Ex huius etiam pellibus, quanquam non sunt pretiosæ, uestes solent confici, Hęc Agricola: Interpretatur autem Germanicè pile. Mus quidam colore ferè sicut cuniculi, magnitudine mustelæ, in terra habitat in Austria, & uocatur apud nos zizel (lego zysel.) aures non habet, sed tantum foramina auditus, Albertus de animalibus 2.1.5. Et alibi in nonum Aristotelis librum capite 34. Noctuæ, inquit,

aa 4

uenantur mures, & lacertulos, & ceacoydolos, quod genus est muris zychel (lego zysel) apud nos dictum. Græcè legitur, μῦς καὶ σαύρας καὶ σφονδύλας, id est mures, lacertas, & sphondylas: Gaza uerticillos interpretatur: sunt autem insecta. Citellus uox ficta est ex Germanica zysel. Aliqui dicunt zeisele genus esse muris apud Vngaros, simile sciuro, in terræ cauis se condens. Hieronymus Tragus de pilosella herba sic uulgò dicta scribens citellos magnos nominat, die grossen zißmeuß, tanquam & minores sint huius generis. Vocant sanè murem araneum aliqui zißmuß, ficto ad uocem quam ædit nomine. Ego eundem murem nostros pellifices puto uocare bilchmuß: nam & Agricola citellum Germanicè interpretatur pile. De etymo mihi nõ cõstat. Aliqui eundem appellant grosse haselmuß, id est maiorem murẽ auellanarium, quòd auellanas similiter congerat: differt autem à minore (quem supra descripsimus cum pictura) tum aliâs, tum magnitudine, tum quod in cibum uenit, minor nequaquam. Bilchos mures, ut ita uocem, ex Croatia & regionibus circa Venetiam mitti audio. Ego pelles tantum uidi in pileis inde consutis, colore fusco ex cinereo ferè, peculiari quodam odore, unde capiti quidam nocere putant. Pileum inde confectum, drachma ferè, aut insuper obolo, qui aduexerat uendebat. Complures in uno cauo reperiri aiunt, circiter quadraginta interdum, cum magna auellanarum castanearumq; copia: & eam ob causam à rusticis (per hyemem puto) inquiri, ut nuces auferant magis quàm ipsorum gratia: quanq; & ipsi in cibo lauti delicatiq; nec parui pretij habentur. Eduntur autem tum recentes, tum in fumo siccati. Pellifices uestium margines etiam his pellibus ornant & muniunt, (quod ipsi dicunt verbrämen.) constant enim pilis in se confertis & firmis. Ab antris suis infuso aliquo humore expelluntur citelli, ut criceti etiam & cuniculi, Albertus. Animal quod nos (Bohemi) sysel uocamus, criceto non omnino absimile est, nisi quòd pilo uestitur leporinum referente tam colore quàm mollitie. Præter morem murium cicuratur nonnunquam. Illud insigne habet, quod cum sit bucculis leuiter protuberantibus, duntaxat quoties inanes sunt, tamẽ in eas uix credibilem numerum tritici infarciat, ceu in folles quospiam, atq; ita in suos cuniculos commeatum in futuram hyemem congerat. Hæc ex Sigismundo Gelenio Bohemo cognoui.

DE CRICETO.

CRICETVS, ut dicunt quidam, animal est paruulum, in terra habitans, capite uario, dorso rubeo, uentre candido, pilus pelli tam tenaciter hæret, ut citius pellis de carne recedat, quàm pilus auellatur. De antro suo non facile extrahitur, nisi aqua feruente, uel alio quin humore infuso: & in hoc conuenit cum cuniculo & citello, de quo alibi diximus. Germanicè uocatur hamester: animal est ualde mordax & iracundum, Albertus libro 22. Haud scio an idem sit animal quod eodem libro in litera T. describit, his uerbis: Traner (uidetur Germanica uox) animal est paruum, spatiosum (forte speciosum) rubei coloris, cuniculi magnitudine, mirum in modum pugnax & animosum: in cuius signum ad protectionem capitis & cerebri à natura galeam osseam accepit. Ego cricetum uiuũ non uidi, sed pelles olim Francfordiæ uenales, quas hamster appellabant. Effigies quam damus desumpta est ex Germanico libro de quadrupedibus Michaëlis Heri: qui hoc animal ratto paulò maius esse scribit, colore castaneo aut spadiceo (läderfarb oder brunlecht) agilitate mira, noxio morsu, ita ut homini etiam aliquãdo molestum sit, perquàm iracundum & in uindictam præceps si quis urgeat, aut à cauerna depellere conetur. Addit, aniculas quasdam adipem eius tanquam morbis quibusdam auxiliarem colligere. Audio etiam in agris circa Argentoratum reperiri, & uocari kornfärle, ac si porcellos frumentarios dicas, quòd cauernas in aruis frumento consitis fodiant: pinguescunt admodum, quam ob causam porcellis forte comparantur, (quanquam & alij mures unde hyraces Oppiano dicti, suibus rostro uel corporis forma conferuntur.) In Turingia abundant, & sæpe frumentum populati in cauernas suas congerunt: magnitudine inter cuniculum & rattum: Audaces adeò ut in hominem aliquando insiliant, & dentes cum infixerunt uix remittant. In cibum non ueniunt, sed pelles consuuntur ad uestimenta: sunt enim, ut Albertus inquit, pilorum tenacissimæ. Ge. Agricola in libro de animantibus subterraneis, cum uiuerram descripsisset, subdit: Istius generis est etiam hamester, quem quidam cricetum nominant. Etenim existit iracũdus & mordax adeò, ut si eum eques incautè persequatur, soleat prosilire & os equi appetere: & si prehenderit, mordicus tenere. In terræ cauernis habitat, non aliter atq; cuniculus, sed angustis:

angustis: & idcirco pellis, qua parte utrinque coxam tegit, à pilis est nuda. Maior paulò quàm domestica mustela existit: pedes habet admodum breues. Pilis in dorso color est ferè leporis: in uentre, niger: in lateribus, rutilus. Sed utrunque latus maculis albis, tribus numero distinguitur. Suprema capitis pars, ut etiam ceruix, eundem, quem dorsum, habet colorem: tempora rutila sunt, guttur est candidum: caudæ, quæ palmum longa est, similiter leporis color. Pili autem sic inhærent cuti, ut ex ea difficulter euelli possint. Ac cutis quidem facilius à carne auellitur, quàm pili ex cute radicitus extrahantur. Atque ob hanc causam & uarietatem pelles eius sunt pretiosæ. Multa frumenti grana in specum congerit, & utrinque dentibus mandit. Quare nostri hominem uoracem huius animantis nomine appellant. Ager Turingiæ eorum animalium plenus, ob copiam & bonitatem frumenti, Hucusque Agricola. Ego inter mures potius quàm mustelas numerare uolui, propter nomen Germanicum à mure ei factum zyselmuß, & quod cauernas subit, & frumentum in iis colligit: qui uictus murium non mustelarum est. Sed utri generi adscribi debeat, certius etiam ex dentibus iudicabitur: qui muribus bini anterius multum prominent, mustelis ad latera tantum canini parum præ cæteris eminent. Criceti nomen ab Illyrica uoce factum coniicio. Vocant enim Illyrij hunc murem skrzeczieк, ut ex Gelenio nostro didici: qui etiam in Lexico suo Symphono, hanc uocem Illyricam, & duas Græcas, ἀρκτομῦς & κόρκος, ἐκ παραλλήλου ponit. Κόρκος quidē ab Hesychio exponitur ἀρουραῖος μῦς, id est mus agrestis. Hæc bestiola (inquit idem Gelenius in suis ad me literis) Græcè arctomys uocatur, non ideo quòd sit peculiaris Septentrionalibus tractibus, quanquam uix alibi reperitur, aut certe infrequens est: sed quòd figura ac colore ursam referat, magnitudine soricem grandiusculum non superans: habet enim caudam peræque mutilam, & bipes incedit interdum, præsertim commotior: prioribus uero pedibus pro manibus utitur. & si haberet tantum uirium quantum animi, ursis ipsis esset truculentior: nec enim in aduersam uenatoris frontem insilire tantillum animal ueretur, licet nec dentibus nec unguibus admodum noxium: habitat autem in subterraneis foueis, & latet hyeme. Si quæ parua animalia audacia sunt, uidentur eadem perquam calida esse: & tale animal est quod in segetibus degit, fuluum & uarium in facie nigris maculis, quod Germanis hamester uocatur, maius ratto, minus catto, breuibus cruribus, audax & mordax ualde, Albertus. Cæterum arctomys memoratur à D. Hieronymo in libro ad Suniam & Fretelam, Psalm. 104. Omnes, inquit, chœrogyllios simili uoce transtulerunt, (pro Hebraica saphan: pro qua Hieronymus etiã Leuit. 11. & Deut. 14. chœrogylliũ interpretatur Prouer. 30. lepusculum:) soli LXX. lepores interpretati sunt. Sciendum autẽ est animal esse non maius hericio, habens similitudinem muris & ursi: unde & in Palæstina ἀρκτομῦς dicitur. Et magna est in istis regionibus huius generis abundantia, semperque in cauernis petrarum & terræ foueis habitare consueuerunt, Hæc Hieronymus. Eruditus quidam apud nos arctomyn murem alpinum esse iudicat, de quo inferius agam. De chœrogyllio in Cuniculo & Echino dixi. Saphan Hebræorum non alium quàm cuniculum esse suo loco asserui.

DE MVRIBVS DIVERSIS SECVNDVM REGIONES, ORDINE literarum.

MVRES aliquoties à regionibus cognominari reperio, quod duobus modis contingit: uno, quòd forma corporis nonnihil euariet: altero, quòd non forma, sed ingenio & moribus peculiare alicubi aliquid præter nostrarum regionum mures in se habeant. Vtcunque est, nos omnes hic ab aliqua regione cognominatos una alphabeti serie complectemur.

¶ In Oriente mures magni sunt, ut Alexander scribit, uulpium magnitudine, qui & homines & alia animalia infestant, Albertus: cætera animalia perimunt: homines licet non occidant morsibus, tamen molestant, Liber de nat. rerum. Americus Vespucius scribit se in insula quadam Oceani mille leucis ab Vlysbona distante mures quàm maximos inuenisse.

¶ Aegyptiis muribus prædurus ferè ut herinaceis pilus est: sunt etiam alij, qui recti bipedes ambulent: habent enim crura posteriora longa, priora breuia, ortus eorum quoque numerosus est, Aristoteles. Aegyptiis muribus durus pilus sicut herinacei. Iidem bipedes ambulant, ceu alpini, Plinius: sed alios non eosdem esse qui bipedes ambulant, & illos quibus herinaceis similes pili sunt, ex Aristotele patet: Item ex Herodoto, qui tamen non Aegyptios sed Africanos hos mures facit. Apud Afros seu Pœnos pastorales (inquit) in Africa Orientem uersus, tria murium genera sunt, quorum alij bipedes uocantur, alij zegeries Punica lingua, quod in nostra pollet idem quod colles, (βουνοί,) alij echines. Plura murium genera in Cyrenaica regione sunt, alij lata fronte, alij acuta, alij herinaceorũ genere pungentibus pilis, Plinius. In Cyrene diuersa tum colore tum forma murium genera nasci ferunt, ac quosdam ipsorum quemadmodum feles, ita lata facie esse: alios uiperę speciem similitudinemque gerentes, acutas spinas habere, quos indigenæ echenatas uocant, Aelianus interprete Gillio: sed male, ut apparet ex Aristotelis uerbis, quę in Mirabilibus sic sonant: In Cyrene aiunt diuersa esse murium tum forma tum colore genera: ὧν γὰρ πλατυπρόσωποι ὥσπερ αἱ γαλαῖ γίνονται, τινὲς δὲ ἐχινώδεις, οὓς καλοῦσιν ἐχίδνας (forte legendum ἐχῖνας, ut Herodotus etiam habet, à recto ἐχῖν.) echidna quidem uipe ram significat: uerum muribus istis nihil cum uipera commune esse, sed cum echino tantū spinas acutas, Aristotelis & Plinij uerbis facile obtinetur. In Aegypto audio bipedes mures maxima magnitudine esse, & prioribus pedibus tanquam manibus uti, eosdemq́ rectos duobus pedibus nitentes gradi: cum autem insequentibus urgentur, salire, Aelianus ex Theophrasto. ¶ Sunt & alij in Aegypto mures, qui in agros & messes grassantur: De quibus Aelianus, Primū (inquit) ut in Aegypto pluit, perparuulis guttis mures nasci solent, qui longe lateq́ totis aruis uagantes, maxima calamitate ex spicarum circumrosione & succisione segetes afficiunt, & manipulorum aceruos uastantes, magnum Aegyptijs negotium exhibent: eo fit, ut ij insidias eis conentur muscipulis tendere, et sepimentis repellere, & fossis ac incensionibus arcere: sed mures ut minime ad muscipulas accedunt, sic cum sint ad saliendum apti, & sepes transcendunt, & fossas transiliūt. Aegyptij uero de spe & conatu depulsi, omni machinatione insidiarum, tanquam parum efficaci relicta, se ad suppliciter deprecādam à Deo calamitatem uertunt. Mures diuinæ iræ metu, in montem quempiam aciei instructione ordinem quadrangulum conseruantes discedunt: horum omnium natu minimi primo in ordine consistunt, maximi uero extremum agmen ducunt, eos qui lassitudine deficiunt, urgent, ac seipsos sequi cogunt. Quod si ex itinere minimi natu laborantes subsistant, omnes quoq́ consequentes, ut est in more belli institutoq́ positum, insistunt, & interquiescunt: Simulq́ se, ut primi mouere cœperunt, cæteri continuo omnes subsequuntur. Hoc idem qui Pontum incolunt mures illic agere dicunt, Hactenus Aelianus. Cæterum in Aegypto ex terra & imbre mures nasci, pluribus authorū testimonijs comprobatum est supra in historia murium agrestium.

¶ Africæ mures cum biberint moriuntur, Aristoteles: sed forte hoc uniuersale est omnibus muribus, ut legit Ephesius, Niphus. Vide supra in Mure E. ubi de uenenis ipsorum egimus. Pulmonū uitijs medentur & mures, maximè Africani, detracta cute in oleo & sale decocti, atq́ in cibo sumpti. Eadem res & purulentis uel cruentis excreationibus medetur, Plinius. Africæ murium diuersa sunt genera: alij bipedes, alij duris erinaceorum pilis, alij lata facie ut mustelæ. Sed hos mures alij Cyrenaicos uel Aegyptios uocant, ut superius retuli.

¶ Alpini muris historiam infra separatim dabimus.

¶ In Arabia mures sunt multò soricibus (τ̃ ἀρουραίων) auctiores, quibus crura priora uel palmi (σπιθαμῆς) mensura, posteriora ad primum digiti nodum habentur, (τὰ δ' ὀπίσθια ὅσον ἄχει τ̃ πρώτης καμπῆς τ̃ δακτύλων: intelligo tam breuia ut nihil eorum extra corpus emineat præterquam digiti cum suo articulo, ut in auibus apodibus,) Aristoteles.

¶ Armeniorum uestem μυωτὸν fuisse dicunt, ex muribus contextam indigenis, aut eius animalis figura uariè ornatam, Cælius. Aggregator Plinium muris Armeni mentionem facere scribit lib. 29. mihi nihil tale apud Plinium occurrit; et forte murem Armenum alicubi pro mure araneo legit.

¶ In Cappadocia genus muris nascitur, νυξὶς appellatum, aliqui sciurum uocant, Varinus. Vide in Glire A.

¶ De Caspijs muribus Aelianus scribens: Amyntas (inquit) in Mansionibus, quas sic inscripsit, in Caspiam dicit infinitam murium multitudinem accedere, eosdemq́ in perennibus fluuijs rapide præcipitantibus intrepidè innatare, & caudas inter se mordicus tenentes (ut de lupis similiter fertur) firmamentum habere, eoq́ firmo uinculo fluuios transmittere. Cum autem in arationes transierint, segetes succidunt, & in arbores ascendentes fructus edunt, & ramos frangunt: Quibus Caspij ubi resistere non queunt, hoc modo infestas eorum incursiones moliuntur ulcisci, ut nō habentibus uncinatos ungues auibus quippiam noceant, quæ quidem ipsæ tantis gregibus ut nubes esse uideantur eò aduolantes, mures sedibus pellunt, & suo proprio quodam naturæ munere à Caspijs famē depellunt, neq́ magnitudine inferiores quàm Aegyptij ichneumones (intelligendum uidetur mures Caspios ichneumonum magnitudine esse:) Itemq́ agrestes sunt & acerbi, & robore dentium non aliter dissecare ac deuorare possunt, quàm mures ferrum in Teredone Babyloniæ, quorum pelles molles institores ad Persas uehunt, quibus uestes consuuntur, & corpus optime fouetur, Hæc Aelianus.

¶ Cyrenaici mures, uide superius in Aegyptijs.

¶ Indicus mus, uel mus Pharaonis, ut eruditi quidā recentiores scribūt, non alius est quàm ichneumo. Hospes quidam meus nuper Monaci in Bauaria se uidisse mihi narrabat murem peregrinū, quem Indicum appellarint qui demonstrabant, cauda oblonga & ore instar muris acuminato.

¶ De Norico mure id est citello, iam supra scripsi.

¶ Mures quosdā syluestres magnitudine muris & specie mustellina, colore ceu uirides, per campos uagantes, & foramina subeuntes in Pannonia conspeximus, Fr. Massarius: à quo etiam Ge. Agricola mutuatus uidetur.

¶ De Ponticis & Venetis muribus in sequentibus priuatim tractabo.

DE

DE PONTICO SEV VENETO MVRE, QVEM VVLGO VARIVM VOCANT.

Effigies huius muris à sciuro uulgari colore tantum differt. Apposuimus autem sciuri figuram communem, & hic & infra in sciuro, propter illos qui colores forte adijcient: aliter enim semel posuisse satis erat.

MVS Ponticus Aristoteli & Plinio memoratus, nomen à Ponto habet, quòd à regionibus ad Septentrionem circa Pontum peteretur ad usum ornatumq; uestium. Græci quidem hodie uulgò etiam domesticum murem, ponticum ineptè uocant. Pontici mures (inquit Hermolaus in Corollario) alij unius coloris sunt, alij uarij. Ex hoc genere creduntur esse pelles, quibus muniri uestes contra frigora cœpere: candidos eorum armillinos, sordidum uulgus nominat: nam uarij parte tantum prona candicant. Venetis in dorso color, à quo dossuariæ pelles uocantur: quandoq; ferrugineus deterior priore. Hæc Hermolaus. Varios Isidorus & Albert. hoc genus murium à colore uocant, ut paulò post recitabo: Itali quidem etiamnum uulgò sic nominant, uare. Nostri feeh uel veeh, quasi Fennicum aut Venetum, à regionibus unde adferuntur: aliqui Werck, quod nomē à uario formatum uideri potest. alij expresso etiam coloris nomine grauwerck, id est uarios canos uel cinereos: alij pundten uel pundtmüß, tanquam Ponticos mures: uel potius quoniam in fasciculos (quos nostri bündt uocant) colligati uenduntur: in singulos quinquaginta. pretium ferè drachmæ uiginti. Hermolaus in uerbis iam recitatis Venetum murem à uario, colore saltem distinguere uidetur: ego discrimen nescio: sed ita Venetus, aut (ut Ge. Agricola uocat) Fennicus hodie dici uidetur, ut olim Ponticus, nempe à regione cuiuscunq; coloris afferretur. Varius tamen, si totus sit albus, (uenter enim omnibus albicat) dici non potest. Venetos olim ad Vistulam sedisse, & Borussiæ gentem fuisse legimus: inde profectos Danubio traiecto occupasse Illyriam, &c. sunt qui eos nunc Sclauos seu Vinthos & Vinthones, Wenden dici uelint: ad sinum Venedicum habitant. Fennos Ptolemæus 3. 5. Sarmatiæ gentes dicit, sub Venedis habitantes. Volaterranus hos esse putat qui hodie Pruteni aut Lituani dicuntur. Mures Pontici albi sunt, & hyeme conduntur: hos ego existimauerim quos uulgò armellinos uocant, Volaterranus: Eiusdem sententiæ Ge. Agricola est. Distinctius Hermolaus, non enim simpliciter ut illi Ponticum murem armillinum interpretatur, sed album duntaxat. armillini enim dicti semper toti sunt albi, extrema tantum cauda excepta quæ nigra est. Sed hic etiam ad muris Pontici genus referendus mihi non uidetur: quum non aliud sit quàm mustela alba, quæ apud nos etiam hyeme albescit, & hermelin appellatur. Atqui mus Ponticus non mustelarum, sed murium generis est: imo sciurorum, uel ipse potius sciurus, nisi colore differret, ut ex sequentibus apparebit. Nec refert quod hyeme condi & dormire dicuntur Pontici mures, quod hermelini etiam nostri faciunt. Verisimile est enim non istos tantum mures, sed alia etiam murium genera, & similia parua animalia, ubi ingens frigus & perpetuæ illo tempore profundæq; niues uagari impediunt, latere propemodum omnia. Aut igitur mus Ponticus albus colore tantū à cæteris differt, ut sit idem sciurus albus, etsi talem reperiri nondum audiuerim: aut si hermelinus noster est (uel ut Itali proferunt armellinus) ueterum & recentiorum ferè inscitia proditur, qui mustelam murem Ponticum fecerunt. Quoniam ut lepores alpini albescunt hyeme, æstate ad suum colorem redeunt: sic & mustelæ in regionibus montanis aut frigidis. Armillini uocantur mures alpium & Septentrionis, Hermolaus in Plinium. Plura uide in mustela B. Mus uarius, quem quidam glirem uocant, Albertus. Et alibi, Glis colore uarius est, in dorso griseus, in uentre albus: breuioris pili & tenerioris corij quàm animal quod uerè uarium uocatur. Sentit autem murem Ponticum uerè uarium uocari. Varius est bestiola de genere piroli (id est sciuri) paulò amplior quàm mustela: in arboribus habitat, & fœtificat. A re nomen habet, in uentre nanq; candidus est, in dorso colorem habet cinereum, elegantem atq; spectabilem, Isidorus & Albertus. Sciurus Fennicus non cauda, non figura & lineamentis totius corporis, non magnitudine, non moribus, sed solo colore differt à nostrate sciuro: nam in candido cinereus est, cum nostras aut rutilus sit aut niger: attamen in ea Sarmatiæ parte, quam hodie Poloniam uocamus, inuenitur cui rutilus color mistus cinereo. Vtriq; (hoc est tam Fennico quàm nostrati) duo inferiores dentes sunt lōgi: uterq; cum graditur, demissam caudam trahit: quum uescitur, cibum in priores pedes, quibus ut mures utitur, pro manibus sumit: posteriori bus clunibus insistit. Vescitur uero faginis glandibus, castaneis, nucibus auellanis, pomis, & similibus fructibus. Vtrique, cum hyberno tempore latent, pro cibo somnus (ut gliri: quare sciurum & glirem eundem existimauit Ge. Agricola) atque per id temporis pinguescunt, Hæc omnia G. Agricola. A mure Fennico, ut idem testatur, nomen habent Feechberg & Schonberg, arces puto circa Saxoniam sic dictæ. Poloni murium syluestrium, qui in pretio habentur ad uestimenta, præsertim nobilium, ut nuper ex indigena quodam didici, genera præcipua habent quatuor, quæ & nominibus discernunt. Popieliza, grisei coloris est. Gronosthaij, animal albissimum in fine caudæ nigricat. Nouogrodela (ab oppido quodam puto eiusdem nominis) albicat quidem, sed ita ut sit intermixtum aliquid griseum. Vuieuuorka castaneo colore claro est. Hæc genera omnia parua sunt: differunt coloribus, capitis forma: & uictu, quòd alia in terra, alia in arboribus degant. Hæc Polono dictante excepi. Secundum quidem genus, non aliud quàm hermelinum uulgò dictum esse apparet. Primum & tertium ad uariorum siue Ponticorum genus retulerim: nisi tertium idem sit lassicio muri, de quo inferius. Quartum genus sciurum significat.

¶ In Lanzerucca Scandinauiæ sylua, quæ ad octoginta miliaria extenditur, uarij, hermelini, zobelli, martes & alia diuersa animalia reperiuntur, Olaus Magnus. ¶ Mures Pontici ruminant, licet utrinque dentati sint, Aristoteles. Pontici quoque mures simili modo (ut pecora) remandunt, Plinius. Mures hi uulgares ruminant, quamuis ex alio (quàm Pontici) genere sint, Plinius. Glires latent in ipsis arboribus, pinguescuntque per id tempus uehementer: itidem mus Pontici generis, (cui color albus, quod Gaza omisit,) Aristoteles: Græcè est, ὁ λευκός. Videtur autem adiectus articulus speciem designare, aut qualemcunque differentiam: tanquam & alterius coloris mures Ponticos reperiri dicat. Conduntur hyeme et Pontici mures, hi duntaxat albi: quorum palatum in gustu sagacissimum autores quonam modo intellexerint, miror, Plin. Varij nidũ & mores & cibũ habent piroli (id est sciuri,) Albert. ¶ Variorum è pellibus utilis & ornatus uestitus fit, Albert. His pellibus in ornatu uestium gloriantur homines utriusque sexus, Isidor. Pellifices ornamenti causa uestium, quas ex alijs pellibus confecerint, oras hisce pellibus muniunt. Habent & nescio quas uestes sacerdotales, qui canonici dicuntur, multis in locis ex uarijs unà cum caudis ad imum dependentibus marginem consutas. Instruxit & ex muribus luxuriam suam uita: alios magnis frigoribus, alios medio anni tempore à Septentrionibus petendo. Armamus corpora, debellamus animos, Hermolaus.

¶ Mures in Ponto incolarum supplicationibus ad deum factis auertuntur ab agris, ut Aegyptij quoque, Aelianus. Sed aliud hoc murium genus uidetur, agreste, non syluestre: ut illi etiam in Heraclea insula Ponti, de quorum religione dixi supra in Mure h.

¶ SIMOR, σίμωρ, apud Parthos uocatur genus quoddam muris syluestris, μυὸς ἀγρίου, cuius pellibus utuntur ad uestes, πρὸς χιτῶνας, Hesychius & Varin.

¶ SCYTHICVM murem eruditus quidam conijcit esse qui uulgò zobellus dicitur: quem nos mustelarum esse generis suo loco docebimus. Scythici quidem muris ueterum quod sciam nemo meminit.

DE MVRE ALPINO.

A.

MVS alpinus cognomen traxit ex alpibus in quibus nascitur. Etsi enim alia quoque murium genera alpes gignant, hoc unum tamen genus, non nisi in altissimis alpium, & circa ipsos uertices nascitur, ut ipse multis excelsissimis montibus peragratis animaduerti. Itali uulgò murmõt uocant, uel (ut Hermol. scribit) marmotam: ut Matthæolus, marmontanã, (Galli quidem cercopithecũ marmot uocant.) Rhæti qui Italicè loquuntur, montanellã: Aliqui etiam in Italia, ut audio, uarozam. Varios quidem mures Ponticos Italis nominari supra dixi. Germani, præsertim Heluetij, corrupta à mure montano nomine murmelthier, alij murmentle: Alij fiсto nomine mistbellerle, propter acutam & tinnulam uocem, qua caniculas etiam sic propriè dictas, superat. Emptra (Liber de naturis rerum habet Enitra) ut quidam dicunt animal est paruulum in Germania: quod quidam murem montanum uocant, nec inuenitur, nisi in montibus, maximus è murium genere quos nostra producit regio, Albert. ¶ Taxus animal est ferè in murium alpinorum genere, Brasauolus. Videtur autem hoc suspicatus, quoniam & in cauernis agit, & ualde pinguescit: sed cum neque dormiat hyeme, neque muris speciem referat, & ingenio & uictu multum differat ab alpinis muribus, congenerem illis minimè dixerim. Grapaldus & Alunnus Itali uiri non indocti, armelinos uulgò dictos, mures alpinos esse putant, inde scilicet persuasi, quòd similiter hyemẽ somno sepulti exigant. Sed hi omnino mustelæ sunt quæ in locis aut regionibus frigidis per hyemem albescunt, ut supra in Muribus Ponticis asserui, & pluribus dicam in Mustela B. Saphan Hebraicã uocem aliâs chœrogylium, aliâs leporem uel lepusculum, λαγώπoδα ἢ λαγωόν, Hieronymus & LXX. interpretantur, alij herinaceum. Ego in Cuniculo omnino cuniculum esse docui: quanquam Hieronymus

nymus in annotationibus Pſalmorum ad Suniam & Fretelam eandem uocem ἀρκτομῦν interpretatur, animal in Palæſtina abundãs, à ſimilitudine muris ac urſi nominatum. Gelenius arctomyn murẽ uulgò cricetum dictum, Hieronymi arctomyn eſſe iudicat, cui & ipſe aſſentior, ut ſupra in Criceti hiſtoria dixi. Eruditus quidam apud nos, murem alpinum: qui etſi ad hæc duo animalia quandam ſimilitudinem habet, non uidetur tamen in Syria & locis calidis reperiri, quũ apud nos in ſummis tantum montibus iiſq; frigidiſſimis & niuoſis degat. Galenus de alimentorum facultate 3.1. apud Lucanos in Italia animal reperiri ait μεταξύ πως ἄρκτου τε καὶ συός, hoc eſt medium quodammodo inter urſum & ſuem: quo modo ſi rectè legitur, non aliud quàm meles aut taxus fuerit: at ſi pro συὸς legas μυός, intelligi poterit uel mus alpinus, quem apud Lucanos etiã in Apennini iugis reperiri non dubito: uel Hieronymi arctomys. Vide quædam ſupra in Mele A. circa finem.

B.

Murem alpinum ueterum nemo ne nominauit quidem, ſolus Plinius pauca de eo ſcripſit. Ego hiſtoriam eius adſcribam, partim ut ipſe obſeruaui cum domi alerem hoc animal, à quo etiam quam adieci effigies ad uiuum expreſſa eſt: partim ut ab hominibus fide dignis, & montium incolis cognoui: partim ex Chronicis Ioan. Stumpſij, unde etiam Ge. Agricolam mutuatum uideo quæ de hoc mure in ſuo de ſubterraneis animantibus libello prodidit: & ex quadrupedum hiſtoria Michaëlis Heri. ¶ Alpinos mures in Aegypto etiam reperiri ex recentioribus quidam ſcripſit, Plinium teſtem aduocãs. Atqui Plinij uerba hæc ſunt: Sunt his (muribus Alpinis) pares & in Aegypto: ſimiliterq; reſidunt in clunes, et binis pedibus gradiuntur, prioribusq; ut manibus utuntur. Hinc intelligimus non eoſdem, ſed ſimiles eis, aut etiam magnitudine pares, in Aegypto naſci. ¶ Muri alpino magnitudo ferè leporis eſt, aut uerius inter cuniculum & leporem: fele corpulentior eſt, ſed breuior cruribus. Species ac figura muris, ex qua mus dicitur. Vel, ut alij ſcribunt, forma & magnitudine eſt magni cuniculi, ſed humilis, & lato dorſo: pilis durioribus quàm cuniculus. colore ut plurimũ ruffo, qui in alijs clarior, in alijs obſcurior et fuſcus eſt. Magnis oculis, prominentib. media magnitudine, Hermol. Apud Pliniũ ſic legimus, Condunt & Alpini mures, quibus magnitudo media eſt: ex quibus uerbis nihil aſſequor certi: Ponticos enim mures tantũ ante Alpinos nominauit, nec ullos alios, inter quos et Ponticos Alpini media magnitudine eſſe dici poſſint, quamobrẽ legerim, Conduntur & Alpini, quibus magnitudo media extat (id eſt prominet) oculorum: ſic & Hermolaus legiſſe uidetur: quanquam in caſtigationibus nullam huius loci mentionem facit, ut neq; Gelenius. Auriculas mutilas & quaſi decurtatas habet, (tam breues, ut uix eminere appareant, Matthæolus. Idem caput leporis ei tribuit, pilum taxi, ungues ſatis acutos.) Priores dentes ſupra infraq; binos ut ſciu-

bb

rus, & longos acutosq́; habet, fibrinis ferè ſimiles, ſubflauos. Circa naſum & labra ſuperiora nigræ ei & aſperæ ſetæ rigent, tanquam feli. Longitudo caudæ, dodrans dimidius, ut Stumpfius: uel ut Agricola, duo palmi & amplius. Crura breuia, craſſa, & uillis ſuperius referta: quibus & uenter imus denſis ac longiuſculis munitur. Digiti pedum urſinis ſimiles: ungues longi, nigri, quibus altè effodit terrã. Poſterioribus pedibus non ſecus ac urſus ire ſolet, ac interdũ ingredi bipes: quod & Plinius ſcribit, ut paulò ſuperius recitaui. Dorſum præpingue habent, quũ cæteræ corporis partes ſint macræ, quanq́; hæc uerè nec pinguitudo nec caro dici poteſt: ſed ut mamillarũ caro in bubus, inter eas eſt medium quiddã. Craſſitudine magis quàm longitudine creſcũt, Matthęolus.

C.

Si quando inter ſe colludunt, ut catelli clamorem faciunt. Cæterum cum iraſcuntur, uel tempeſtatis mutationem denunciant, argutiſſimam uocem fiſtulæ acutæ & aures lædenti ſimilem ædũt: idq́; non in montibus tantum, ſpeculator præſertim, de quo mox dicemus: ſed etiam cum domi aluntur apud homines. Ab hac uoce adeò acuta & tinnula, aliqui Germanicè ficto nomine hunc murem appellant **miſtbellerle**, ut ſupra dixi. ¶Ambulant aliquando bipedes, ut & Aegyptij mures, ſubſiduntq́; in clunes, & prioribus ut manibus utuntur, Plinius. Cibum in priores pedes ſumit ut ſciurus: ut idem ſciurus & ſimia erectus uſque eò in clunibus reſidet, quoad ipſum comederit. Veſcitur autem non modo fructibus, ſed & alijs diuerſis cibis: præſertim ſi à teneris domeſticè educetur: ut, pane, carne, piſcibus, iure, pulmento: cupidè uerò, lacte, butyro, caſeo. In alpibus cuniculis aliquando in caſas uaccariorum actis, ubi lac ſeruatur, in ipſo furto deprehenduntur. Dum lac edit, oris ſuctu ſonitum ſicuti porcellus emittit. ¶Hi mures multum dormiunt: & in cauernis ſuis deliteſcunt, quas miro artificio fodiunt. Nam, ut Rhætus quidam mihi nuper narrauit, duo foramina domicilij ſui faciũt, quę in diuerſum tendũt, quod appoſita figura utcunq́; demõſtraui. B. igitur locus eſt, ubi habitant, non apertus, ſed monti continus. C. foramen, iuxta quod excernũt, nec unquã per illud uel ingredi uel egredi ſolent, ſed tantũ per oppoſitũ foramen A. Hoc idem initio hyemis obturant iuxta principium aditus. deinde (poſt aliquot dies) excrementorum etiam foramen obturant, idq́; non infra ſed ſupra excrementa. Eſt autem A. ſitum ſuperiore montis loco, C. inferiore. Cubilia exſtruunt fœno, ſtramentis, ſarmentis, Agricola. Cum niuibus iam montes teguntur, circa diuorum Michaelis aut Galli feſtum, in domicilium ſe abdunt, & foramina, ut dixi, occludunt, terra tam ſolidè infarcta ſubactaq́;, ut facilius ſit fodiendo terram integram ad latera, quàm illam foraminibus infarctam penetrare. (Poſtquam cubilia in ſpecu ſtrauerint, ipſum aditum atq́; os eius ſarmentis & terra obſtruunt & obturant, Agricola.) Sic tuti à uentorum ui, ab imbribus, à frigore, degunt, & dormiendo ad uer uſq́; perdurant ſine omni cibo & potu, in globum erinacei inſtar conuoluti. Solent autem ferè quinq́;, aut ſeptem, aut nouem, aut undecim, paulóue plures uno in meatu cubare. Hinc factum eſt apud Alpinos populos prouerbium in hominem ſomniculoſum, **Er müß ſyn zyt geſchlaffen haben wie ein murmelthier**: hoc eſt, Neceſſe habet certum dormiendo tempus conſumere inſtar muris Alpini. Dormiunt autem hyeme etiamſi domi alantur, extra zetas uel hypocauſta emiſſi: in aliquem ſub ſcalis aliúmue receſſum abditi. Ego cum dormiturientem aliquando hunc murem initio hyemis, in uas ligneum è ſcandulis abiegnis concinnatum & fœno ſemiplenum depoſuiſſem, addito etiam quo magis à frigore tuerer operculo, poſt aliquot dies mortuum reperi. In cauſa fuit reſpiratio excluſa: quod ſi foraminibus aliquot operculũ terebraſſem, uiuus hyemem exigere potuiſſet. Itaq́; miror cum aditus cauorum ſuorum in mõtibus tam ſolidè arcteq́; occludant, qui fiat quod reſpiratio eis non intercipiatur. Conduntur hyeme Pontici mures, item Alpini. Sed hi pabulo ante in ſpecus conuecto, cum quidam narrent alternos marem ac fœminam ſupra ſe complexo faſce herbæ ſupinos, cauda mordicus apprehenſa, inuicem detrahi ad ſpecum: ideoq́; illo tempore detrito eſſe dorſo, Plinius. Mira uerò eis machinatio & ſolertia, cum fœnum iam congeſſerunt. Vnus enim humi ſtratus erectis pedibus omnibus iacet in dorſo, in quem tanquam in plauſtrum quoddam, cæteri ea quæ congeſſerunt conijciunt: & ſic onuſtum, cauda mordicus apprehenſa in ſpecum trahunt, & quaſi quodam modo inuehunt, Agricola. Eodem modo caſtores ligna aduehere, & taxos effoſſam terram pro domicilijs, donec ſatis ampla ſint, euehere, apud recentiores legimus. Fides penes authores eſto. Hoc quidem à faceto aliquo homine de induſtria fictum apparet, ſolere hos mures fœnum in dorſo geſtare, cauda per dorſum ad os reducta & mordicus comprehenſa obfirmatum, pro fune ſcilicet ut homines fœnum baiulant.

Emptra, hoc eſt mus montanus, animal eſt paruulum in Germania, ut quidam dicunt: huius generis mas & fœmina ſimul fœnum colligunt per æſtatem, unde hyeme uiuant, hoc per cumulos (forte, cuniculos) in terram recondunt. Eſt autem fœmina aſtuta & uoracior fœni, mas contra parcus. quamobrem fœmina de ſpecu expulſa, aditum obturat, & ingreſſu eam prohibet. Illa retro alicubi aditum occultum fodit, & fœnum cõſumit. Itaq́; uerno tempore fœmina obeſa, mas autem perquàm macilentus egreditur, Albertus. Hoc ſi uerum eſt, emptram fœminam potius quàm Ocni aſellum,

mulierem

mulierem luxuriosam & mariti labore quæsita temere prodigentem significaturi, à pictoribus pingendam locabimus. Somno plurimum indulget: Cum uigilat uero, semper aliquid agit, stramina, fœnum, rallas, linteola cubili suo importans, quibus os ita complet, ut nihil amplius capere possit, reliquum pedibus accipit & trahit. (Sic & citelli mures bucculis tritico mire infarctis, in suos se cuniculos recipiũt.) In montibus quidem, fœnum quod in saxis mollissimũ crescit collectum in cauernã deferunt, ut hyeme mollius dormiant, Stumpfius & Agricola. ¶ In domibus etiam ubi aluntur, cubilia sua excrementis non inquinant, sed in angulum aliquem se recipiunt, ubi uesicam & alui suæ pilulas exonerent. Ligna etiam dentibus suis ita erodunt & excauant, ut per ea transire queant. ¶ Hoc animal dum uiuit, satis grauem & aliquo modo uirosum (nostri dicunt **wilteln**) odo-10 rem emittit, murinum ferè, præsertim æstate cum nondum pinguescit, Stumpfius.

D.

Ante cuniculos suos in Sole interdum colludunt, ut mustelarum uel martium catuli: & simul imi murmurant aut latrant etiam instar canicularum: idem faciunt ubi inter homines educantur, Stumpfius: qui se huius generis murem biennio domi aluisse scribit. Cum irritatus exarserit iracundia, facilius fit cum adhuc indomitus & insuetus homini est, acriter mordet, idq; dentibus anterioribus. Cicur uero nonnunquam alludit, & dentibus pediculos hominis captat instar simiæ, Idem. Et rursus, Ex feris quidem nostri orbis uix ullam reperias, quæ adeò mansueta & familiaris homini reddatur: sic cicurati, canes oderunt, & grauiter sæpe mordent in hominum scilicet præsentia, ubi canes se defendere non audent. Cum è cauerna montiuagi egrediuntur ad pastum, ad lusum, ad congeren-20 dum fœnum, ex eis unus aliquis remanet iuxta cauernæ aditum, è sublimi aliqua specula quàm potest diligentissimè & longissimè prospiciens. Is cum uel hominem, uel pecudem, uel feram uiderit, sine mora clamat, uel latratu ædito, uel uoce acutissimum fistulę sonum referente: quo audito undique omnes ad cauernam concurrunt, speculator postremus ingreditur, Stumpfius.

E.

Laqueis quibusdam aut machinis ad cauernarum aditus appositis capiuntur. Cæterũ cibi gratia ferè hyeme tantum dormientes effodiuntur, hunc in modum. Incolæ obseruatos æstate cuniculos perticis iuxta infixis designant, quæ per hyemem inter niues emineant. Tum hyeme super circulis ligneis per profundas niues accedunt cum fossorijs, & niue reiecta, terraq; effossa, dormientes aufe-runt. Obiter autem inter fodiendum terram illam subactam & quasi turundum, quo os antri obstru-30 ctum est, obseruant. Is enim si longior fuerit (pedum aliquot longitudine) ut penitius claudat, signũ hyemis nimium duræ diuturnæq; interpretantur: sin breuis, contra. Loco effosso dormientes deprehenduntur, impari plerunq; numero, quinq; pariter, aut septem, aut nouem, aut undecim, pauloue plures: ita in corbes super fœno imponuntur, portanturq; dormientes quò libuerit. Neq; enim facile expergiscuntur, nisi calor Solis, ignis, aut hypocausti eos resoluerit. Cæterum diligenter obseruandum est tempus quo iam dormiant, ne ante illud fodiatur: pinguissimi quidem sub natalem Domini reperiuntur. Danda etiam opera ut inter fodiendum parum strepitus fiat, ne in calido suo loco excitentur: experrecti enim capi non possunt: nam utcunq; strenuè fodiat uenator, ipsi fodiendo simul et retrocedunt, & pedibus quam effoderint terram reijciendo fossorem impediunt, Stumpfius. ¶ Voce sua acuta & fistulam, ut dixi, repræsentante, uel aëris mutationem significant, uel sibi quid aduersi 40 accidere. Si tempestas sit aut pluuium cœlum, non egrediuntur, sed in serenitate tantum. Cum pluuiam, niuem aut frigus præsentiunt, somnum appetunt: sin uenturam & firmam serenitatem & constitutionem aëris calidam, ludis uarijsq; actionibus occupantur, Stumpfius. ¶ Si domi alantur, multum sæpe damni inferunt, pannis alijsq; rebus arrosis, (ut sciuri & cuniculi,) Matthæolus.

F.

Hyeme, præsertim sub natalem Domini, in latebris suis pinguissimi effodiuntur. Occiduntur autem etiamnum dormientes, cultro in iugulum adacto, unde parum prioribus pedibus moueri incipiunt, sed expirant prius quàm prorsus expergiscantur. Sanguis uase excipitur. Mus ipse in aqua feruefactus instar porcelli depilatur, unde caro glabra & alba apparet. Exenterato sanguis rursus infunditur, sic apparatus uel assatur, uel iure nigro conditur. Sed salitur etiam infumaturq;. Infumati 50 uero uel in iure nigro parantur, uel cum rapis aut brassica capitata coquuntur, Stumpfius. (Infumari eos quidam etiam citat ex Plinij 8.37. quod ego nusquam inuenio.) Et rursus, Hi mures in Alpinis regionibus frequenter eduntur: præpingues sunt, & pinguitudo eorum non fluxa, sed solidiuscula est, & ut ita dicam χονδρώδης. Hunc cibum etiam puerperis commendant: & uteri uitijs ac torsionibus uentris, (**für die bärmüter vnd das grimmen**, quæ uocabula nostri confundunt,) prodesse aiunt, tum in cibo sumptum hoc animal, tum si adipe eius uenter ac umbilicus ungantur: somnum etiam promouere, & illitum iuuare arthriticos. Caro muris montani salita magis quàm recens probatur. Sal enim & nimiam eorum humiditatem exiccat, & grauitatem odoris emendat. Sed tum recens tum salita difficillima est cõcoctu, stomachum grauat, & nimium calefacit corpus, Matthęolus.

G.

60 Ventriculus muris Alpini imponitur contra colicam. Veterinarij quidam ungentis ad maligna equorũ ulcera & quæ uermes appellant, cũ alijs medicamentis, quæ ualde siccant, aut etiam septica sunt, huius muris adipem admiscent. Eundem Matthæolus molliendis neruis & articulis con-

bb 2

tractis laudari scribit. Reliqua ex eo remedia uide in fine præcedentis capitis.

DE MVRE LASSICIO.

MVRIS quem lassicium (lassitz Germanicè) nominant, pelles in pretiosarum numero habentur, is in cinereo candidus est, nec duobus digitis crassior, Ge. Agricola. Ego, si recte memini, mustelæ quoddam genus Francfordiæ apud pellifices olim lasset appellari audiui. Supra in Muribus Ponticis, nouogrodelam Polonis uocari dixi muris genus pretiosi, cuius pellis albicet quidem, sed ita ut sit intermixtum aliquid griseum, id est cinereum: quærendum an idem lassicius sit. Polonus quidam cui picturas animalium inspiciendas dederam, figuræ furonis adscripsit Polonicum nomen nowogrodek, non rectè opinor. Alius Polonus mustelam albam Polonicè lasica uocari scripsit. Sunt qui lassicium murem non aliter à mustela alba uel hermelino differre putent, nisi quod duobus ferè digitis breuior est, barnball uero Germanicè dictus eadẽ ferè mensura hermelino longior.

DE MVRE ARANEO.

A.

MIAANAKA, חאנקה, Hebraicam uocem Leuitici undecimo, uariè omnino interpretantur, reptile quod semper clamet, reptile uolans, hirudinem uel sanguisugam, hericium, fibrum, ut supra in Echino dixi: Septuaginta & Hieronymus mygalen, id est murem araneum. Mugali alcale est, Auicenna 4.6.5.15. Apud Arnoldum Villanouanum in libro de uenenis, legitur: Mugali, sehalhali. Sed uidentur hæc nomina Arabes à Græca uoce deducta corrupisse, ut alia pleraq;. Murem araneum mygalen & myogalen Græci appellant, Hermolaus. Ego μυογάλην uno tantum in loco apud solum Dioscoridem libro secundo legi: qui tamen alibi semper, ut & cæteri authores omnes tribus tantum syllabis mygalen nominat. Apud Suidam & Varinum μυγαλῆ oxytonum scribitur, (nec aliud addunt:) apud cæteros authores, nunc oxytonũ, nunc paroxytonum, hoc rarissimè, illud frequentissimè, scribi inuenio. Nicander propter carmẽ μυγαλέην dixit, prima syllaba producta. Herodotus (libro 2. de animalibus apud Aegyptios sacris) mygalas maiores (mures, lego) araneos appellat, Volaterranus. Mus araneus, quem Græci σκυτάλην (lege, μυγάλην) appellant, Columel. 7.15. Cur uero mygale dicatur, non una est sententia: mihi uerissima uidetur Aëtij, qui mygalen magnitudine muris esse scribit, (quamuis aliquanto minor sit) colore autem galæ, id est mustelæ similem. Amyntas μυγαλῆν (melius μυγάλην, uel μυγαλῆν) ait ex mure & mustela nasci, ut Scholiastes Nicandri scribit: sed hoc, inquit Marcellus Vergilius, nec uerum nec uerisimile est: qui enim ad generationem coibunt mus & mustela? quibus non solum dissimilis penitus natura, sed natiuæ & exitiales inimicitiæ sunt. Insulsè etiam Rodolphus quidam in Leuiticum, Mygale (inquit) dicitur quasi mus gulosus. Marcellus Vergilius Aëtij super hoc etymo uerba non rectè transfert: neq; enim eadem qua mus caudæ gracilitate est mygale, sed multò breuiori, ut Aëtius scribit: nec eadem rictus longitudine, sed multò longiore. Ge. Agricola rattum, ut uulgò dicimus, murem araneum esse suspicatus, mygalen dici putat, quòd magnitudine ferè mustelina, muris autem specie sit. quamobrem Latinè etiam aranei cognomen huic muri adiunctum conijcit, quod rattus ut araneus insectum parietes scandat. Sed rattum à mygale differre, facile deprehendet qui eum diligenter cum ueterum descriptione, quam mox capite secundo recitabimus, contulerit. Muris genus rubeum, breui cauda, acutæ uocis, propriè sorex uocatur: est autẽ uenenosum, & ideo non capitur à felibus, Albertus. Nos omnino hunc murem nostra lingua uocamus müzer, cuius hîc imaginem præposuimus, eundemq; araneum esse asserimus, quem feles capiunt quidem & occidunt, sed tanquam uenenosum non edunt. Albertus sanè & Ge. Agricola, qui murem istum soricem esse crediderunt, uocis maximè argumento adducti uidentur: quæ & huic muri quo de scribimus admodum acuta est, & similiter acutã sorici ueteres tribuisse uidentur ex prouerbio quod apud Terentium legimus, Egomet meo indicio quasi sorex perij. Sed meam de sorice ueterum sententiam copiose iam supra explicaui. Carolus Stephanus etiam in Vineto soricem & murem araneum confundere uidetur: nisi soricis uocabulo tanquam generali utatur, quod ipsum quoq; non uidetur probandum. Mus araneus exius exiguum animal atq; leuissimum est, quod aranei modo tenuissimum filum & gladij aciem conscendit, Sipontinus. Ego potius araneum à ui ueneni dictum coniecerim, ut uulgò etiam araneum piscem cuius uenenosæ sunt spinæ, si pungant, Venetijs nominant: Et tale quid innuere uidetur Syluaticus, cum scribit: Mugali, id est draco marinus, & animal uenenosum pusillum muri simile: nam & araneum piscem propter uenenum pungentibus spinis insitum ueteres ophin, id est serpentem nominarunt, & hodie quidam uulgo draconem uel dracænam. Vegetius 3.77. murem cæcum nominat, & similiter Samonicus 47. Albertus murem cæcum interpretatur talpam, ut & Hesychius in dictione λὰτ, cui interpretationem subijcit, ἀσπάλαξ, μῦς τυφλὸς, ὁ τὴν γῆν τρυπῶν. Sabaudi hodie murem araneum muset uel musette uocant: Galli muserain, uel muzeraigne, qua uoce Rhæti etiam utuntur, qui loquuntur Italicè, müsseraing. Burgundi, sery. Vites quæ secundum ædificia sunt (inquit Carolus Stephanus) à soricibus & muribus infestantur, interdum etiam eæ quæ in medijs agris. Eos autem sorices uidimus rostrum acutum, exporrectum quidem admodum habentes: & pilis oblongis in morem felium onustum, uenenatos quidem eos, tum ipso morsu, tum etiam tactu: Vulgus nostrum uocat mesiraignes: quod uocabulum quiddam commune cum mure araneo uidetur habere. Id uero ne in uitibus accidat (inquit Columella libro de arborib. cap. 15.) cum Luna Leonis, aut Sagittarij, aut Scorpionis uel Tauri tenet hospitium, noctu putentur uites, Hæc Carolus Stephanus. sed uideri eum nobis soricem cum mure araneo confundere supra diximus. Heluetij à uicinis forte Gallis mutuati nominant **müger**, quasi murem araneum: reliqua Germania **spitzmuß**, ab acuta rostri figura: aliqui **zißmuß**, per onomatopœiam à uoce: sed nos supra alium ciselum siue citellum murem descripsimus, quem aliqui puto nominant **grosse zißmuß**, id est citellum maiorem. Hollandi, ut audio, **mollmuß**: nisi talpam potius hac uoce significent, quam & Flandri **mol** appellant. Matthæolus Senensis ex Dioscoride topo ragno transtulit: topo enim Italis hodie murem significat, ragno araneum. Muribus araneis abundat insula Britannia, in hodiernumq; diem barbari illi uoce Romana utuntur, Hermolaus in Plinium. Fieri quidem potest ut in nonnullis Angliæ locis muris aranei nomen idem aut simile Latino in usu sit, transumptum scilicet à Gallis, cum maxima Angliæ pars Saxonica & Gallica linguis duabus in unam confusis utatur. Ego tamen ab Anglis nõ aliam huius muris nomenclaturam uernaculã discere potui, quàm shrew: uel ut alij scribũt, shrewe: alij erdschrew, id est murem araneum terrestrem. De hoc mure Gulielmi Turneri Angli medici doctissimi uerba ex epistola ante biennium ad me data subscribam: Murem araneum (inquit) puto me in Anglia uidisse: is nostrate lingua uocatur a shrow aut a shrew. mus est admodum niger (apud nos quidẽ in Heluetia, ex fusco subruffus) cauda ualde breui, & rostro admodum porrecto & acuto. Caput quale habet ad te mitto, (misit autẽ non myzeri nostri, quẽ hic depictũ dedimus caput, sed alterius cuiusdam perexigui muris, dentibus non differentis à reliquis muribus, cum araneus plurimum differat ut dicam in B.) ut melius possis de eo iudicare. Si cui apud nos male imprecamur, dicimus, i beshrowe the, hoc est imprecor tibi murem araneum, siue morsum eius, siue aliud quodpiam ex eo malũ, Hæc Turnerus. Hispanis hunc murem raton pequenno dici puto, Illyricè niemegka mysz, etsi amici Hispanus & Bohemus soricem ita interpretati sint per epistolas. Polonis keret. ¶ Aliqui animalculum quod nos **wisele** appellamus, quod omnino mustela est, & à Gallis quibusdam præsertim cum albo colore est ermine nominatur, murem araneum esse putant: & Albertus mygalen marem mustelæ interpretatur, qui aues in nido iacentes uenetur. sed horum error manifestior est, quàm ut uel paucis refutari debeat.

B.

In Italia muribus araneis uenenatus est morsus, eosdem ulterior Apennina regio non habet, Plinius. Mures araneos multos in Germania & tota Italia uidi, præcipuè uero in Valle Anania Tridentinæ ditionis, ubi tamen uenenosi non habentur, fortassis propter frigidam regionis temperiem: nam & scorpiones ibidem non sunt uenenati, cum in cæteris Italiæ locis plurimum suo ueneno lædant, Matthæolus. ¶ Mygale chamæleonti similis esse dicitur, Obscurus. Præcedenti capite multa diximus de huius muris corpore eiusq; partibus: hîc reliqua addemus. Mygalen aliqui dicunt animal esse minus mustela, colore ad cinereum declinante, cum subtilitate & tenuitate (dentes ei tenues Aëtius tribuit: quanquam & mus ipse totus exilior tenuiorq; cæteris muribus est,) Auicenna. Et rursus, Mygale secundum aliquos formam coloremq; muris habet. Albertus rubicundum colorem muri uenenato tribuit. Oculis est paruis, Idem: quanquam autem totus hic mus paruus sit, oculos tamen ei multò quàm pro portione minores esse, ipse etiam obseruaui, & propter hanc oculorum paruitatem uisum ei admodum hebetem esse puto, adeò ut ueterum quidam murem cæcum appellarint, ut Veget. & Samonicus. Nicander μυγαλέην τυφλὴν dixit. Et Plutarchus in Symposiacis 4. 5. Mygalen, inquit, ab Aegyptijs coli aiunt, quòd cæca sit: tenebras enim antiquiores luce putant. Ibidem iecur eius in silentio Lunæ minui ab Aegyptijs creditum scribit: quod alij de muris etiam & soricis iecore prodiderũt. Rostrum habet oblongum & acutum, Aëtius & Auicenna: talpæ instar, Matthæolus. Ea quidem est rostri eius figura, quæ apta ad fodiendum uideatur. Dentes habet tenues atq; eos duplici ordine sitos in utraq; maxilla, quo fit ut quatuor dentium ordines habeat: & in morsis ab eo uulnera quadrifido ordine conspiciuntur, Aëtius. Matthæolus ex Aëtio citat, duos ordines dentium habere hunc murem, unum intra alium: quod mihi non placet, Græca exemplar inspiciant

bb 3

quibus ad manum est. Dentium, inquit Auicēna, tres sunt ordines: quorum alij super alios torti sunt retorsione parua ad superiora. Cæteri quidem mures, ut & sciuri & castores, dentes binos anterius oblongos habent, in ore uerò interius molares in utraq; maxilla quaternos seorsim, tum infra tum supra: ut in summa, dentes incisores quatuor sint, molares sedecim. Sunt autem molares, ut dixi, non solum quaterni, in unaquaque maxilla, sed quatuor etiam ordinibus discreti, ut recte tetrastichi, id est in quatuor diuisi ordines, dicantur, secundum Aëtium: uidelicet ipsi molares tantum infra supraq; considerati. Quod si ab altera tantum parte, inferiore aut superiore duntaxat, tum molares tum incisorios dentes respicias, tres ordines inuenies, secundum Auicennam: ex quibus incisorij longiores retortiq; sunt. Sed hæc interpretatio ad reliquos mures magis q̃ araneum pertinet. Quod Matthæolus scribit unum dentium ordinem haberi intra alium, nisi molares multò interius quàm incisorios esse intelligat, quid sibi uelit nō assequor. scio pisces quosdam & serpentes, duos aut tres dentium uersus habere, atq; unum intra alium, sed in murium genere nihil tale inuenias. Muri araneo breuis & gracilis est cauda, Albertus & Massarius. ¶ Mus araneus exiguus est ultra modum, longo rostello, oculorum acie obtusa, Plinius Valerianus 3.55. Hæc iam scripseram, cum allatum mihi hunc musculum accuratius inspicere, & describere uolui. Colore igitur partim fusco partim rufo est, inter se mixtis. uenter albicat. pedes posteriores planè in postrema corporis parte hærēt. Totus grauiter olet, & uel odore uenenum suum prodit. Caudæ breuissimis pilis obsitæ longitudo, digiti duo, reliqui corporis tres, uel insuper dimidius. Ocelli nigri & minimi sunt, paulò maiores quàm talparum, magnitudine capitis minimæ aciculæ, ut non mirum sit ferè cæcum esse hunc murem, cui post talpam minimi omnium in quadrupedum genere oculi contigerint. Et sanè uulgò cæcum hoc animal creditur, atq; ideò, ut aniculæ aiunt, oculis diuinitus captum, ut minus nocere suo morsu possit. quod si uerum esset, miraremur serpentes omnes (sola forte cæcilia excepta) non uisu tantum, sed eo etiam in plerisq; acutissimo præditos esse. Dentes ut minimi sunt, ita situ figuraq; ab aliorum tum quadrupedum tum murium dentibus differunt, componente quodammodo serpentium & murium dentes in unum animal natura. Anteriores bini oblongi, non ut alijs muribus simplices sunt, sed alijs, binis aut ternis denticulis enascentibus exasperantur, tantillis ut nisi diligenter inspicias non appareant. Hoc etiam differunt à cæteris muribus, quod bini illi oblongi non separati sint à cæteris interioribus, spatio aliquo medio, sed unus omnium continuus ordo est. Asperi planè & acuti sunt serræ instar, quidam binis alij ternis (ut tres posteriores puto) cuspidibus, tam exiguis ut ferè uisum lateant, laterentq; magis nisi extremæ partes cuspidum quarundam ruffo colore notarentur. Dentes circiter octo sunt utrinq; (reliquis muribus quaterni tantum) & insuper duo longiores supra, infraq; totidem, ipsi etiam ut dixi duabus uel tribus cuspidibus serrati, quæ nisi quis accuratè obseruet dentes per se uideri possunt, & omnes ex uno osse enati.

Sed ut res clarior fieret, geminas icones hic adieci capitum murinorum cum dentibus superioris maxillæ. maior communem figuram & situm dentium in omni genere murium (excepto araneo) & similium declarat, ad craniū muris agrestis repræsentata. minor, aranei muris dentium situm figuramq; utcunq; refert.

C.

Mures aranei apud nos capiuntur ferè circa hortos & stabula: hyeme quidem domos & stabula magis quàm æstate ingrediuntur. Gaudent sanè circa fimum bubulum uersari. ¶ Visum eis hebetissimum esse, & ideo à nonnullis cæcos credi in B. dixi. ¶ Vox huic generi multò acutior quā alijs muribus, unde aliqui soricem crediderunt propter prouerbium, ut in A. retuli. Per onomatopœiam etiam à uoce aliqui Germanicè hunc murem zißmuß nominant. ¶ Putauerunt aliqui araneum murem ex mure & mustela gigni, ridiculè quidem ut in A. dixi. Plutarchus in Symposiacis 4.5. Aegyptios ait credidisse τὴν μυγάλην τίκτεσθαι ἐκ μυῶν πέμπτῃ γενεᾷ νουμηνίας οὔσης, quorum uerborū sensus non satis mihi constat. ¶ Mures aranei orbitam (id est uestigium rotarum currus uolutatione impressum) si transiere, moriuntur, Plinius. Hoc quàm uerum sit, inquit Marcellus Verg. facile erit facto periculo cognoscere: atqui interim quodnam uulgò sit araneo muri nomen non docet. Ferunt non transiri ab eo orbitam torpore quodam naturæ, Plinius. Negant transiri orbitam ab eo, naturæ quodam torpore: & si transierit, moritur. inde cōtra morsum eius terram ex orbita sumendam præcipiunt, Hermolaus. At alij ueteres præter Plinium, non si transierit, sed si inciderit in orbitam, hunc murem perire scribunt. Noui & cæcam mygalen, inquit Nicander, in orbitis morientem: ubi Scholiastes, Mygale cum cæca sit, in orbitas iuxta rotas incidens illic necatur; quasi non per antipathiam orbitæ, ut alij scribunt, sed cum inde euadere non maturet, aut forte non possit, curru aliquo superueniente, pondere rotarum opprimatur. Mus araneus si in orbitam inciderit, naturali facto illic detentus emoritur, Marcellus. Mygale ualde metuit orbitas. illapsa enim torpet ac tremit: ac si immoretur (quasi etiam euadere possit, si uelit) sæpe etiam moritur, Philes. Si in orbitam inciderit, tanquam uinculis capitur ac moritur: quare et terra morsui quem inflixerit hic mus inspersa remedio est, Aelianus. Oculorum acie obtusa est, & ideo quantum existimo, iners ei natura, ut nō possit transire orbitam, Plinius Valerianus. ¶ Tardiores multò sunt quàm mures: hanc ob causam pariter & propter hebetudinem uisus, sæpe in stabulis deprehensi occiduntur. Mygales cursus

sus uel incessus est in ultimo, Auicenna ut Bellunensis legit, sensu minime claro, uidetur autem tarditatem significare. Mygale animal paruum & uenenosum, alicuius est uigoris in iuuentute, sed continuè per ætatis incrementa torpescit, Albertus: proinde non mirum si iam ob ætatem torpidi aliquando in orbitis reperiãtur, nec facile inde euadant. ¶ Mygale dicitur quasi mus gulosus, Rodolphus in Leuiticum: sed ridiculam hanc etymologiam esse in A. dixi. Fraudulenta est, & dolo rapit quæ deuoret, Idem. Audio boum ungulas in stabulis uiuentium sæpe ab eis perrodi.

D.

Mygale animal gulosum & rapax, fingit se mansuetum, sed cum quis ei appropinquat, mordens illico uenenum infundit, ut legitur in annotatis in Leuiticum, Arnoldus de Villanoua. Crudelis est animo, sed hũc dissimulans blanditur bestijs, & si potest ueneno interficit, Albertus. ¶ Mygalen pardalis exhorrescit, Philes. ¶ A felibus capit̃ quidẽ & occiditur, sed tanquã uenenosus nõ editur.

E. F.

Vites infestant sorices & mures, &c. ut in A. retuli, ex Carolo Stephano, qui mures araneos esse suspicatur qui id factitant. ¶ Ne à felibus quidem in cibum admittuntur, ut mireris non defuisse qui homini è uino bibendum pro remedio sui morsus exhiberent, ut in G. dicemus.

G.

Mus araneus, qui cum in orbitam inciderit moritur, ustus in cinerem redactus, & cum adipe anserina permixtus, condylomatis infrictus, mirum remedium adfert, Marcellus. Mus araneus pendens enecatus sic ut terram nec postea attingat, furunculum sanat, ter circundatus ei, toties expuentibus medente & eo cui medebitur, Plin. Mus araneus si in orbitam inciderit, naturali fato illic detentus emoritur: hunc illic inuentum argilla, aut linteo, aut phœnicio inuolue, & ex eo ter circunscribe parotidas, quæ in corpore subitò turgebunt, mira celeritate sanabis, Marcell. Pro felle μυγαλῆς, (malim γαλῆς, id est mustelæ, cuius fel in usu medico esse legimus, mygales nusquam: & Galeno etiã adscripta Antiballomena γαλῆς habent) fel cameli, Antiballomena apud Aeginetam. Muris aranei caudæ cinis (impositus) prodest morsis à cane rabido, ita ut mus cui abscissa sit cauda uiuus dimittatur, Plin. Equo strophoso Hippocrates ueterinarius per os infundi iubet ramẽta ungularum (equi) anteriorum trita in quatuor cotylis aquæ, ἢ ἐκ τοῦ ὀρύγματος μυγαλῆς λελειωμένα, hoc est uel aliquid terrę à mure araneo effossæ, ut in Hippiatricis legimus. Quin & ipse mus araneus aduersus morsum suũ uarijs modis prodesse dicitur, impositus, potus, appositus, ut in sequentibus dicemus. Prophylacticum quidem remedium, ne mordeatur homo uel aliud animal, prȩstantissimum esset, si superstitione amuleta carerent; recitabimus id tamen infra, ubi de morsu huius muris in iumẽtis curando agetur.

Muris aranei morsum uenenatum esse: deq; signis eius, & medendi ratione in genere.

In Italia muribus araneis uenenatus est morsus, Plinius. Quibusdam in locis non haberi uenenatum retuli supra in B. Muris aranei morsus interimere quandoq; solet, Galenus ad Pisonem. Ipsi quidem hi mures tam uenenati sunt, ut supra dixi, ut capti etiam occisiq; à felibus non comedantur. Cadaueribus eos uesci audio, ut non sit mirum uenenosam hoc alimento uim in corpus eorum distribui. Præcipuè uero noxius est eius morsus si prægnans momorderit, & si animal prægnans ab eo præsertim prægnante mordeatur, ut infra dicam ubi de iumentis ab eo demorsis agetur. Asseuerãt aliqui demorsum non aliâs exulcerari, nisi prægnans (ἔγκυος: Marcellus Vergilius non rectè legit ἐκτὸς) mus araneus fuerit: tum enim auxilijs opus esse, Dioscorides. Si prægnans momorderit, protinus dissilit, Plin. Pustulæ, si prægnans percusserit, nec aliter, rumpuntur (erumpunt, & ulcus malignum faciunt,) ut Dioscorides & Aëtius scripsêre. Plinius non pustulas, sed ipsum murem araneũ, si prægnans ferijsset, dissilire protinus existimauit, Hermolaus. Ego Plinium Græcis non intellectis omnino errasse dixerim. Vide etiam infra ubi de iumentis morsis agam, uerba Aristotelis.

¶ Signa. Muris aranei morsum arguit, locum ambiens inflammatio, (dolor uehemens & punctura in corpore, & apparens rubor in locis secundum dentes eius, Auicenna;) nigraq; pustula diluta sanie turgens exurgit. & partes omnes uicinæ liuent, (bases seu radices fuscæ sunt, & partes proximæ, Auic.) Rupta pustula, depascens ulcus, non ei dissimile quod serpit, occupat. (Cum pustula finditur, egreditur caro alba colore nerui, habens tunicas: & quandoq; apparet in eis adustio quædam: & quandoq; corroditur & cadit, imò fluit initio pus uirulentum, deinde putrefit, & corroditur, & caro cadit. Auic.) Intestinorum quoq; tormina, difficultas urinæ, & frigidæ asperginis offusio (ψυχρᾶς νοτίδος περίχυσις) consequuntur, (sudor frigidus corruptus, Auicenna,) Dioscorides & Actuarius. Sed uideo Auicennam sua ferè ex Paulo Aegineta transtulisse, quare Aeginetæ etiam uerba adscribam. Vbi mus araneus læsit, sequuntur dolores pulsatiles, & in singulis dentium eius animalis ictibus rubores, (&c. ut Dioscor.) Cute pustulæ dirupta album ulcus apparet. nam ad membranas neruosas deraditur. ad hæc, excidunt etiã partes depastione oborta his quæ serpunt (ulceribus) simili. præterea etiam intestinorũ tormina comitantur, urinæ difficultas, & frigidi sudoris undiq; eruptio, Hæc Aegineta. Manifesta sunt muris aranei uulnera, inquit Aëtius: quadrifido enim ordine conspiciuntur. Et sanguis quidem primò purus promanat, paulò post uero saniosus. Animal enim ipsum putrefactione occidit. Consueuerunt etiam bullæ insurgere, quas si quis dirumpat, carnem subiacentem feculentam, uidebit, & fissuris disparatam. Inflatio autem sequitur demorsos. Cæterum hoc animal frequentius ad testes insilire solet, (quod & Auicenna scribit,) eosque percutere, non hominis solum, sed cuiusque etiam bruti animantis.

¶ Curandi ratio. Mus araneus pro sua magnitudine magna etiam uulnera facit: quòd si parua aliquando imbecillius imprimens fecerit, ea curatu faciliora erunt. Pessimus uero morsus is est quem prægnans (idque magis etiam, si prægnanti, ut supra dixi) inflixerit. Morsus differentia ab inflammationis magnitudine apparet. Aëtius libro 13. cap. 14. iubet primum adhiberi communia remedia, quæ scilicet eiusdem libri capite decimo descripserat, nempe ut morsus primum abluatur posca calida, deinde ab aliquo exugatur, cucurbitula cum plurima flamma adhibeatur, loci uicini scarificentur, &c. Iubet etiam antidotos magnas exhibere. Strato apud eundem, locum demorsum primò scarificari iubet, deinde medicamenta imponi quæ uirus extrahant, acria scilicet, qualia inferius plura recitabimus. Si locus non sit exulceratus, nec pustulæ eruperint, imponuntur acria quædam, ut pyrethrum, aut allia trita, aut sinapis, aut etiam malua: (aut ablutus tantum negligitur) si uero exulceratus sit (quod fit maximè si prægnans mus fuerit) cortices granati dulcis decocti triti imponuntur, & ulcera eodem decocto, aut magis myrti, perfusa fouentur, ut Aëtius ferè & Auicenna scribunt. Quæcunque remedia ad scolopendræ morsum faciunt, hîc etiam salubriter applicantur, Aëtius & Aegineta.

Remedia topica, imponenda morsui muris aranei ordine literarum enumerata.

Absinthium bibitur cum uino contra muris aranei morsus, & draconem marinum, Dioscorid. meminit etiam Plinius lib. 27. Medetur acetum scorpionum ictibus, canis, scolopendræ, & muris aranei morsibus, & contra omnia aculeatorum uenena & pruritus, Plinius. Græci medici & alij quorum scripta uiderim aceto utuntur contra huius muris morsum, non per se, sed alijs remedijs eo exceptis, ut ipso mure araneo usto, galbano, hordei cinere, sinapi trito, chrysogono. Allium ne contra araneorum murium uenenatum morsum ualere miremur, aconitum pardalianches debellat, & canum morsus, in quæ uulnera cum melle imponitur, Plinius. Allia contrita illinuntur, Dioscorides, Actuarius, Aegineta, Auicenna. Morsum cum cumino integito & allio, putamine extrinseco non abiecto: eadem etiam cum oleo trita assidue & diligenter locis circunsitis illinito, Aëtius. Allium cum ficulneis folijs cyminoque emplastri modo imponitur, Dioscorides. Althæa, uide in Malua inferius. Aquæ calidæ fotus conducit, Dioscorides & Actuarius: ut Ruellius & Marcellus uertunt: Græcè legitur ἡ διὰ τῆς θερμῆς κατάντλησις: sed θερμὴ pro aqua calida non accipitur: apparet deesse uocem: Aegineta, qui Dioscoridem ferè trãscripsit hac in parte, ἅλμης habet. est autem halme muria: & Aeginetam secutus Auicenna, Foueatur (inquit) aqua salsa calida, ut Bellunensis legit. Aëtius non ἅλμης sed ὀξάλμης legit: quæ uox acidam muriam significat. Vngulæ arietinæ cinis cum melle imponitur, Plinius Sec. Plinius Valerianus manifestè exprimit imponendum esse, Plinius tacuit, et medicamento bibendo mox subiunxit. ¶ Brassicæ semen aut folia, trita cum lasere & aceto morsis à mygale, uel cane etiam rabioso, utiliter imponuntur, Geoponica. ¶ Canis fimum illinito, quod & homini & equo medetur, Hierocles in Hippiatricis. Caprificus, uide in Fico infra. Chrysogoni folia contusa & ex aceto imposita, Dioscor. Cuminum, uide in Allio supra. ¶ E nigra ficu candidi cauliculi illinuntur cum cera, Plinius. Caprifici cauliculi aut grossi quàm minutissime, ad scorpionum ictus è uino bibuntur: Lac quoque instillatur plagæ & folio imponuntur: item aduersus murem araneum, Plinius. Caprificorum grossi cum eruo & uino contra muris aranei morsus & scolopendras utiliter illinuntur, Dioscor. Allium cum ficulneis folijs & cymino, Dioscorides. ¶ Ex galbano splenium per se, uel cum aceto tritum, Dioscorides, Auicenna, Actuarius. ¶ Hordeacea farina cum aceto mulso illita, Dioscorides & Actuarius. Hordei cinis illitus, Plinius. Si ruptæ sint bullæ uel ulcera oborta, acida muria prolue, & hordeum ustum tritum impone, Aëtius. ¶ Leporis coagulum cum aceto impositum, ut Aggregator citat ex Plinij libro 28. Vide infra in remedijs intra corpus sumendis. ¶ Malua uel maluæ folia, Auicenna & Aëtius. Malua syluestris, Aegineta. Altheæ inter maluas (est autem ex syluestribus) contra omnes aculeatos ictus efficacior uis, præcipuè scorpionum, uesparum, similiumque, & muris aranei, Plinius. Mus araneus dissectus & impositus, ipse sui morsus ueneficia luit, Dioscorides, Actuarius, Galenus de simplicibus 11. 46. Tritus ipse & impositus ictum suum sine dolore curat, Galenus ad Pisonem. Ipse mus araneus contra se remedio est, diuulsus & impositus, nam si prægnans momorderit, protinus dissilit, (non ipse mus, ut Plinius malè ex Græcis uertit: sed ulcus tantum rumpitur, uel potius erumpit, ut supra docui) optimum si imponatur qui momorderit. Sed & alios ad hunc usum seruant in oleo, aut luto circunlitos, Plinius. Murem ipsum araneum ustum cum aceto cataplasmatis uice imponito, Strato apud Aëtium. Mihi sanè multò magis probaretur acetum addi ad usti huius muris cinerem, quàm ipsum per se murem dissectum tritumue imponi: quando & alij quidam cineres adhibentur, ut hordei: & acetum per se tum huic tum alijs uenenatis ictibus resistit, ut supra dictum est. Myrti decocto ulcera ex eius morsu utiliter fouentur: Vide infra in Punico malo. ¶ Terra ex orbita, Plinius.
Sin autem muris nocuit uiolentia cæci, Quæ sola signauit uoluendis orbita plaustris, Illine, mira datur

datur uili de puluere cura, Serenus. (Alij non illini uolunt, quod conuenit humidis: sed arido puluere tantum aspergi.) Mus araneus si in orbitam inciderit, (uide supra in c.) tanquam uinculis captus immoritur; & morsis ab eo remedio est terra ex orbitarum transitu sumpta, eaq; simul ut uulnus aspersum sit, statim sanatur, Aelianus & Philes. Matthæolus ex Nicandro citat terram curruum rotis adhærentem mederi morsui muris aranei, quod sibi inquit fabulosum uideri. Ego huius rei mentionem apud Nicandrum non reperio. ¶ Porri, Diosco. Resistunt quoq; acini (κοκκία, Marcellus Vergilius corium transferre maluit, non quidem ex Græcæ dictionis ui, sed quòd hoc remediũ magis cõuenire uideretur, & aliorum quoq; authorũ consensu niteretur) dulcis Punici decocti & illiti, Dioscorides interprete Ruell. Quòd si exortæ ab ictu uesicæ exulcerentur, mali Punici dulcis corium coctum tritum impone, ulceraq; ex eodem decocto, aut magis myrti decocto perfusa foue, Aëtius. Si apostema sit, cortices granati dulcis decocti imponentur, Auicenna. Pyrethrum, Aegineta & Auicenna. ¶ Sinapi, Auicenna. Sinapi tritum cum aceto, Aegineta & Strato apud Aëtium. ¶ Talpa discerpta imponitur, Plinius Valerianus. Cætera magorum placita de talpa, suis reddemus locis: Nec quicquam probabilius inuenietur quàm muris aranei morsibus aduersari eas, quoniam & terra, ut diximus, orbitis depressa aduersatur, Plinius. Trifolium bituminosum coque, & decocto calido locum demorsum foue. Nullus autem fomento illo utatur qui non patitur. Transit enim affectus in eum, ut putet se à uipera uel araneo mure commorsum, Galen. Euporist. 2.143. ¶ Verbenaca (Aëtius addit rectam) tum propinata ex uino, tum pro cataplasmate imposita, iuuat, Aegineta & Aëtius.

Bibenda edenda'ue aduersus muris aranei morsum.

Prodest potum abrotoni decoctum, maximè si in uino detur, Dioscorides, Actuarius, Auicenna (qui & paulò ante schea Armenum pro abrotono nominauerat inter eadem remedia,) Aegineta. Absinthium ex uino potum, Plinius & Dioscorides. Agni hœdiue coagulum, Aegineta & Auicenna. Coagulum agninum in uino potũ, Plinius. Efficax est remedium, si misceantur, aristolochię corticis drachmæ quatuor, myrrhæ drachmæ sex, Aegineta. ¶ Brassicæ foliorum aridorum farina muris aranei morsus alterutra parte exinanit, Plin. lib. 20. Muris aranei & canis rabiosi morsus brassicæ & semen & trita folia sanant, melius si cum lasere & aceto trita imponantur: decoctũ quoq; foliorum datur bibendum, Ruellius. ¶ Capparis cortex, Aëtius. Cartamus, Auicenna. Cupressi teneræ pilulæ cum oxymelite, Aegineta: pro quo apud Auicennam non rectè legitur, Lac cum syrupo acetoso: quamuis & nux cupressi cum uino apud eundem inter remedia paulò ante legatur. Dioscorides cupressi pilulas recentes ex aceto propinat. Cyclamen cum oxymelite, Dioscorides & Auicenna. Chamæleontis radix ex uino, Dioscorides, Aegineta. ¶ Elelisphacus, id est saluia, Aegineta. Eruca ex uino, Idem, Dioscor. Aëtius, Auicenna, Actuarius. Erucæ semen, Plinius & Auicenna. Gentianæ radix, Aëtius, Aegineta, Auicenna. Galbanum cum uino, Dioscor. Aegineta, Actuar. ¶ Hœdi agniue coagulum, Aegineta & Auicẽna. ¶ Lauri foliorum tenerorum drachmam unam aut duas cum uino tritas bibendas præbe. Eadem pecoribus conueniunt, Aëtius. Aliqui præ cæteris commendant succum foliorum lauri, & folia lauri humida (recentia) cum uino decocta, Auicenna. Coagulo leporis ex aceto utuntur contra scorpionem & murem araneum, Plinius: Aggregator hoc remedium foris applicari scribit: Plinius non exprimit. ego in corpus sumendum putârim, ut et hœdi agniue coagulum. Lubleb cum uino decoctum, Auicenna. Nec desunt qui literarum monumentis tradiderunt, tritum (ipsum murem qui momorderit cum uino exactè detritũ, Aegineta) murem araneum contra suos ictus commodè bibi: quam historiam apud alios inuentam, dignam duntaxat censuimus quæ annotaretur, Dioscorides. Myrrha, uide superius in Aristolochia. Muris aranei morsus sanatur mustelæ catulo, ut in serpentibus dictum est, Plinius. ¶ Panacis liquor, Auicenna: numerat autem hunc liquorem inter fortiora auxilia, ut & cyclaminum, radicem gentianæ, & coagulum agni hœdiue. Pyrethrum cum uino, Dioscor. Aegineta, Auicenna. ¶ Serpyllum cum uino, Dioscorid. Aeginet. Actuar. Sisymbrium cum uino, Aegineta, Auicenna. Styrax cum uino, Auicenna. Verbenaca (recta, Aëtius) tum imposita tum ex uino propinata iuuat, Aegineta.

De iumentis à mure araneo morsis.

¶ Muris aranei morsus iumentis omnibus molestissimus est: pustulæ hoc excitantur, & periculosior quem defixerit grauida; pustulæ enim rumpũtur, ex quo interitus sequitur. (His uerbis, ex quo interitus sequitur, quod respondeat in Græco nihil inuenio.) sed si non grauida est, non interimit. Mygale aliquando iumenta ueneno interficit, maximè equos & mulos, & præcipuè equas prægnantes, Albertus. Tradunt equos & iumenta, si herbas in quibus mus araneus uirus emiserit, depascantur, statim exanimari, Sipontinus. Communem rationem medendi iumento morso à colubris, scorpijs, phalangijs & muribus cæcis, describit Vegetius 3.77. Idem 3.82. diuersa remedia contra muris aranei morsum priuatim recenset, ijsdem uerbis quibus Columella 6.17. quæ recitaui in Boue capite tertio, ubi de morbis boum egi. Eadem omnino etiam Pelagonius scribit: habet tamen hic & Vegetius quædam, quæ apud Columellam non leguntur, inferius recitanda.

¶ Signa. Mus araneus si morsum infixit, locus tumore duro cingitur, gemitus animal exprimit parum interpellans, Absyrtus. Intumescit animal totum, oculiq; collachrymant, & exsaniat tumor, ac uirus à uentre destillat, pabulum respuit, Hierocles. Equus in stabulo iacens si subeuntem forte murem araneum premat, mordetur ab eo, Hippocrates in Hippiatricis. Si asina prægnans ab hoc mure mordeatur, periculũ est ne moriatur, Absyrtus. Si prægnans mus fuerit qui percusserit, his agnoscitur signis: Pustulæ per totum corpus exeunt, sed simili ut aliâs ratione curabitur, Vegetius. Normanni in Gallia hunc murem admodum uenenatum esse putant, ita ut si equum uel bouem cubantem transilierit etiam, periculosi morbi eis causa sit, (ut circa lumbos claudum pecus, uel quasi immobile uideatur:) nec posse curari nisi mus iterũ per aduersum latus uel sponte uel coactus transiliat, quæ quidem ualde superstitiosa est persuasio.

¶ Cura. Apij semen coctum in uino & oleo demittes, ac tumentem locum scalpello discindes, quo uirus euocetur, & uellicatum punctim uulnus recrudescat. Si per hęc inflammatio magis excandescat, in orbem teretibus ferramentis igni flagrantibus exulcerabis, sanæ partis aliquid deprehendens. rectis quoq; ferramentis, quò sanies emanet, redulcerabis. Quod si pars ea per exulcerationem intumescat, hordeum crematum tritumq; consperges. sed antea uetustam adipem inungere conuenit, Hippocrates hippiater. Aliqui, ut Tarantinus, tradunt allia tusa esse imponenda, suffiendũq; cornu ceruinum. Absyrtus melius esse putauit, si læsa pars uratur simul atq; dentium iniuriam sensit. Stratonicus scarificandum uulnus consulit, præsertim quod inflammatione cingitur, & sale & aceto conspergi. postero die equum per aquam dulcem in cursum concitare, (ῥοίζῳ,) cretaq; cimolia aceto subacta lini, uulnus balnearum strigmentis nutriri, Hierocles. Aduersus muris ar. morsum comprobatur allium tritum cum nitro: & si nitrum defuerit, cum sale & cymino permiscere, atque ex eo puluere loca, quæ morsu contacta sunt, confricare. Quod si eruperint uulnera uenenata (si phlegmone rupta in ulcus abeat, Pelagonius) hordeum combustum in puluerem rediges, & diluto aceto (abluto uulneri simpliciter, Pelagon.) uulneri inspergis, & hac ratione sola curabis. (nam cæterorum auxiliorum usu magis atq; magis gliscit uulneris iniuria.) Daturus potionem, pollinem tritici, hordeum, (anethum, Pelagon.) cedriam & uini sextarium per fauces digeres, Hæc Vegetius & Pelagonius. Remedio est locum læsum aculeo compungi, brassica trita cum aceto illini, allijs etiam ex aceto tritis, Absyrtus. Tritas allij spicas, salem & cuminum paribus singulis mensuris uino mistis illines. Aut intritum murem araneum cum sextario uini faucibus infundes. Aut si illum non inueneris, creta figulari perlines, Hippocrates. Triti gith acetabulum in uino odorato per nares indidisse proderit, (quod & Hippocrates scribit:) plagamq; canino stercore lini, quod idem hominibus salutare est, Hierocles. Terra quæ eruitur ex orbita aceto subacta, illitu auxilio fore fertur. Locum læsum subula compungas, puluereq; qui in orbitis sub uestigio rotarum inuenitur, acri aceto perfuso linas, Hierocles. Terram orbitæ urina subactam impone, Hippocrates. Lauri foliorum tenerorum drachmam unam aut duas cum uino tritas homini morso bibendas præbe. eadem pecoribus & iumentis conueniunt cum aqua trita & naribus infusa. est enim præsens remedium, quare & hominibus commendatur, Aetius. Si iumenta momorderit (mus aran.) mus recens cum sale imponitur, aut fel uespertilionis ex aceto, Plinius: Subiungit & alia remedia, quæ pro iumentis commendare uidetur, sed cum alij authores inter hominis remedia eadẽ posuerint, superius à nobis enumerata sunt. Existimandũ sanè est pleraq; eadem homini & cæteris animantibus conuenire. ¶ Audio uaccarum ubera aliquando morsu huius bestiolæ lædi: quo facto rustici axungiam maialis ruffi inungunt.

H.

a. Epitheta. τυφλήν τε σμερδνήν τε βροτοῖς ἐπὶ λοιγὸν ἄγουσαν μυγαλέην, Nicander. Samonicus murem cæcum dixit pro mure araneo, item Vegetius, epitheto usi loco proprij.

e. Cornicem occisam tandiu relinques donec puteat: cadauer iam fœtidum expones in locum ubi mures aranei sunt, & conuenient ad hanc escam consumendam omnes totius domus mures aranei. poterunt autem sic collecti uel scopis opprimi, uel aliter occidi capiue: ut ex Gallo quodam homine erudito, dum hæc scriberem, cognoui, qui se quidem non expertum, sed à pluribus ita se audiuisse aiebat.

h. Murem araneum colunt Athribitæ, Strabo libro 17. Mygalas & accipitres defunctos Aegyptij in urbem Butum asportant, Herodotus lib. 2. Murem araneũ ab Aegyptijs coli & sacrum haberi, (ἐκτεθειάσθαι) aiunt quod cæcus sit: nam tenebras luce antiquiores existimant. τίκτεσθαι δ' αὐτὴν ἐκ μυῶν πέμπτῃ γενεᾷ νουμηνίας οὔσης. Præterea iecur eius minui ἐν τοῖς ἀφανισμοῖς τῆς σελήνης, hoc est cum Luna obscuratur, Plutarchus in Symposiacis 4.5. an uerò per obscurationem, eclipsin intellexerit, id est deliquium quod non aliter fit nisi cum per diametrum Soli opposita est Luna: aut potius interluniũ, id est coitum cum Sole, (cum & aliorum murium iecora pariter cum Luna crescere & decrescere authores tradant,) in medio relinquo.

DE

DE MVSTELA PROPRIE SIC DICTA:

CVIVS HISTORIAE ETIAM ILLA ADDIdimus, quæ muſtelis omnibus, ut uiuerræ, marti, &c. ex æquo conueniunt.

Hæc figura bis ponitur, quoniam muſtela alba ſolo colore ab altera differt.

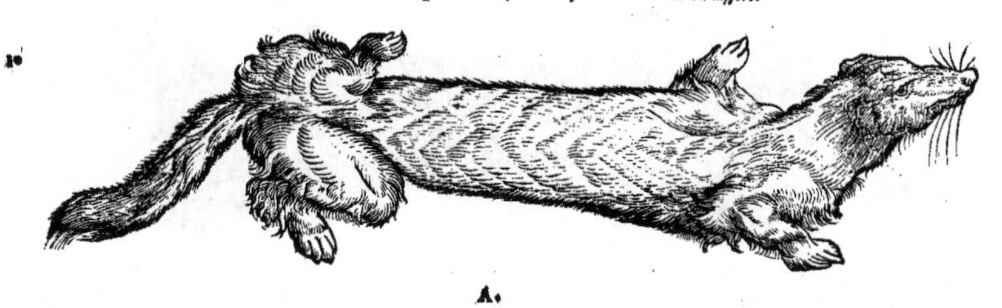

A.

MVSTELARVM genera diuerſa ſunt. Nos de ſingulis ſeparatim dicemus: & primum de minima muſtela, quæ & uulgaris Plinio & domeſtica nominatur ab alijs: Græcis κατοικίδιος, ut Hermolaus & alij eruditi (Ge. Agricola, & Carolus Figulus qui de muſtelis dialogum conſcripſit) ſentiunt. Muſtelarum duo genera: alterum ſylueſtre. diſtant magnitudine, Græci uocant ictidas. Hæc autem quæ in domibus noſtris oberrat, &c. Plinius. Non probo quòd Niphus muſtelam in urbanam & ruſticam diuidit: nam domeſticæ muſtelæ non in urbibus tantum, ſed ruri etiam frequentius puto circa domos & uillas reperiuntur. Sed in hoc etiam errat, ꝙ muſtelam urbanam, ut ipſe uocat, non aliã quàm catum ſeu felem eſſe uult, ut & Marcellus Vergil. Quanquam uero & aliæ quædam maiores muſtelæ ſæpe circa domos reperiantur, ut domeſticæ dici poſſint, ut genus illud interdum quod noſtri iltiſſum uocant, & martis genus unum, quia tamen eædem ſylueſtres ſunt, nec ſemper domeſticæ, non propriè ſic nominabuntur. Iltiſſus noſter uerſatur circa aquas, ubi piſces captat: in ſyluis, ubi prehendit aues: in domibus, ubi gallinas, quare Plinius eã eſſe domeſticam dicit, Ge. Agricola. Sed de alijs infra: hic de minima tantum agemus, cuius adiecta eſt effigies, & abſolutè etiam muſtela nominatur Latinis, Græcis γαλῆ ſimiliter abſolute. Solemus enim ferè quæ uulgaria aut domeſtica ſunt, ſimpliciter nominare: rarioribus uero aut ſylueſtribus aliquid diſcernendi cauſa adijcere. ¶ חלד, choled, Leuitici undecimo muſtela conuertitur ab omnibus interpretibus. Magiſtri uocant חולדה chuldah, uulgò מושטילא muſtela, ut Dauid Kimhi ſcribit. Chaldæus trãſtulit חולדא chulda: Arabs בלדה caldah: Perſes גורבה gurba: Septuaginta γαλῆ, Hieronymus muſtela. אוח, oach, Hebraica uox, unde plurale ochim ſemel ponitur Eſaię 13. (Babylon, inquit, ſubuertetur, & implebunt domos eorum ochim, Munſterus cercopithecos uertit.) Dauid Kimhi exiſtimat animal ꝗd magiſtri Thalmudici נמייה, nemiah uocant, ſimile feli, uulgò dictum מרטורו, marturo, id eſt martes, aut פירון, firun, & פורון, furon. Author Concordantiarũ Hebraic. קוף, koph, interpretatur cercopithecum uel cephum: & חולדה chuldah, id eſt muſtelam, uel, ut Iudæi putant, martem. Chaldæus tranſtulit אוחיין ochijn. Symmachus etiam uocem Hebraicam reliquit. Septuaginta & Theodotion ἤχοι, id eſt ſoni: (quaſi echo intelligenda ſit, quæ ſolet in magnis & deſertis ædificijs reſonare, ut in cauis & deſertis circa montes locis.) Aquila typhones, Hieronymus dracones reddit. Koah quidem lacerti genus uel chamæleontem interpretantur Leuitici 11. Pro muſtela apud Albertũ barbara uocabula legimus his & hyrzus, quæ nec ipſe intellexit: ſed ex collatione cũ textu Ariſtotelis hanc ſignificationem ipſe deprehendi: nam Albertus hyrzum ineptiſſimè leporem exponit, deceptus quoniam utrunq; animal ore ſuo catulos ſæpe de loco ad locum transfert. Fethis etiam apud Albertum in Ariſtotelem 9.1. non alia quàm gale, id eſt muſtela eſſe uidetur, quanquam addit, & gali, ceu de diuerſis animantibus agens. Nam 9.6. Feyton, inquit, ingenium habet ut uulpes, (ſcilicet in inuadendis gallinis) & eius altera ſpecies eſt katiz, id eſt ictis. Ninifi, id eſt muſtela, Syluaticus: forte nimfi legendum: nam nimfitza apud Græcos hodie uulgò uocatur. Ibanauge eſt muſtela, Vetus gloſſematarius in Auicennam. Ibinuers, id eſt animal quod uocatur bellula, Syluaticus: Videtur autem bellula muſtelam ſignificare, uoce ficta à Gallis uel Italis, qui belettam aut balottam pro muſtela dicunt. Et alibi, Yena, id eſt bellula. Γαλῆ Græcis ueteribus ſemper muſtelam ſignificat, recentiores quidam Græci pro fele, id eſt cato abutuntur, ut ſupra in Cati hiſtoria dictum eſt. Theodorus Gaza apud Ariſtotelem, interdum muſtelam, interdum cattum interpretatur: nec quamobrẽ ita uerterit ſatis conijcere poſſum, cum cattum Græci æluron, & Latini felem appellent, uti ipſe etiã tranſtulit, Maſſarius. Albertus galen aliquoties ineptiſſimè uulpem interpretatur. Σπονδύλη, ἡ γαλῆ, Atticè, Heſychius & Varinus. Malim per λ. ſimplex. Eraſmus in prouerbio, Spondyla fugiens pessime pedit, spondylam felem interpretatur. Est & simile huic prouerbium γαλῆς δριμύτερον, de acri uel acido, ut Erasmus uertit, uentris flatu. Ibidem spondylen serpentis (insecti dicere debuit) genus esse ait, quod emoriens grauissimum odorem emittit. Σίσιλλος, animal quoddam, Hesychius & Varinus: idem forte quod σιαλος, id est cochlea. Quidam nuper mustelam interpretatus est, sola (ni fallor) Germanicæ uocis affinitate ductus, nam Germani mustelam uocant **wisel**. Græci hodie uulgò mustelam νιφίτζα dicunt: νυμφίτζα legi apud Suidam in dictione Ασκαλαβώτης.

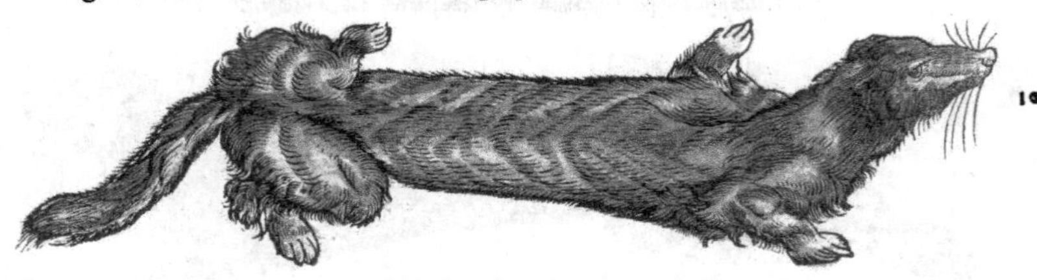

10

¶ Mustela Italicè nominatur donnola uel ballottula, Scoppa. Donnulæ & alibi dannulæ uocabulo Auicennæ interpres barbarus pro mustela utitur: Albertus & Niphus damula scribunt: (quo uocabulo alij recentiores obscuri damam intelligunt, quæ de genere caprearum uel caprarum syluestrium est. Damma siue dammula, bestiola parua est & debilis, ut scribit Isidorus, sic dicta quòd de manu fugiat. Cum parit, statim deuorat secundas antequam terram attingant: & præda est alijs animalibus, Albertus lib. 22. Videtur autem damulam, siue capreæ genus siue mustelam accipias, cum alio quodam animali confundere quod secundas deuoret: harum enim neutrā id facere legimus. Galeotes quidem, id est stellio cum primum suam exuit senectutem, eam deuorare dicitur: & fieri potest ut hunc aliquis cum gale, id est mustela cōfuderit, & secundas pro senectute, id est leberide reddiderit. Domesticas mustelas foinos uocamus, Cardanus Italus. Gallis mustela est belette, aliâs belotte, al' balotte. Aliqui, ut audio, circa Metas oppidū baccal nominant. Carolus Figulus mustelā Gallicè fouinum uel marturellum interpretatur: quæ duo genera diuersa & syluestriū mustelarum esse, infra ostendam. Hispanis, comadreia. Rhæti qui Italicè loquuntur, Latinum nomen retinent. Germanis **wisel** uel **wisele**. Ge. Agricola uiselam dici ait ex sono quem ædit. Aliqui in Heluetia **hermelin** uocant, alij corrupta uoce **hålemlin**. sed illæ duntaxat quę totæ sunt albæ, quales apud nos hyeme fiunt, sic nominari debent, ut in B. dicam. Anglis, **wesell**, alij scribunt **wesyll** uel **weasyll**: alba uerò mustela mineuer per transpositionem literarum Gallicæ uocis herminne. Illyrijs kolczawa. ¶ Quidam hodie animal cuius figuram pro mustela dedimus non rectè murem araneum esse putant: inde nimirum persuasi quòd morsus eius similiter ferè noceat. Albertus etiam mustelæ marem, mygalen uocari scribit, quòd falsum est: mygale enim Græcis mus araneus est, siue mas siue fœmina. Ichneumonem uulgò nunc murem Indicum uocant, alij damulam, Niphus: sed damula siue donula Italis & recentioribus quibusdā barbaris, omnino mustela uulgaris est, nō ichneumon: quod peregrinum & Aegypto peculiare animal est, &c.

20 30 40

B.

Mustela domestica plerunq; est in dorso & lateribus rutila, rarò subfulua: in gutture semper candida, quin nonnunquam tota candida reperitur, quanquam rarius, Ge. Agricola. In nostris quidem regionibus, quæ montanæ sunt, mustelas omnes æstate fuscas uel subrutilas esse audio, hyeme candidas: quod & Stumpfius noster in Chronicis suis annotauit. Lepores etiam, non omnes, sed alpini tantum hyeme in Heluetia albescunt. Vocantur autem armelini (**hermeli** uel **hermlein**) tum propriè cum toti candidi sunt: aliqui apud nos per æstatem quoq; cum fusci aut subrutili sunt, ut dixi, sic nominant: quo tempore **wisele** potius dicuntur, non quidem à colore albo, quem nostri **wiß** uocant, sed per onomatopœiam à sono uocis. Armelini in magno numero ex regionibus Europæ ad Septentrionem sitis mittuntur, ubi maxima anni parte hyems & frigus obtinet, æstates breuissimæ sunt: quos quidem à nostris nihil differre puto, nisi quòd pilus forte tenacius eorum pellibus adhærescit, ut omnibus tempore frigido captis animalibus multò tenacior esse solet. Alba Russia siue Moscouia, qua parte Cronio mari accedit, zebellinas armelinasq; pelles nobilium ac matronarum delicias mittit, Erasmus Stella. Olaus Magnus in Lanzerucca Scandinauiæ sylua, cui longitudo ad octoginta miliaria, hoc genus mustelæ abundare scribit. Apud Tartaros tentoria regia foris pellibus leonum operiuntur: parietes uerò intus obducuntur pellibus nobilissimis armelinorum & zebellinorum: etiamsi in regionibus illis hæ pelles pretiosissimæ habeantur, ut quandoq; uix pro duobus milibus Byzantiorum aureorum pelles pro una tunica sufficiant, Paulus Venetus. Grapaldus & Alunnus, armelinum uulgò dictum, murem alpinum esse putant, quod falsum esse ostendi iam supra in historia muris Alpini. Brachialis (id est iuncturæ manus) ornamentum similiter ut pars ipsa brachiale dici potest, ut ab armo armilla. Ab armillis quidem armillini uocantur mures alpium & septentrionis, quorum est candor eximius: quoniam ex ijs pelles ambire uestium manicas armillæ modo

50 60

modo consueuissent: nunc totis subduntur uestibus, lectorum quoque stragulis, Hermolaus in Glossematis. Ego Plinij murem alpinum, alium esse ostendi: quod si quis armelinum etiam sic uocare uolet, quoniam circa alpinas regiones maximè per hyemem albæ habentur mustelæ, illi non admodum contendero, sed mustelam alpinam uel mustelam albam discriminis causa nominare commodius esse monebo. Idem illis dicam qui armillinum murem Ponticum faciunt, quòd & ex Ponto aduehatur, & albus color ei (non omnibus tamen, sed uni duntaxat generi) ab Aristotele & Plinio tribuatur: quamuis enim forte propter duas has causas sic nominari possit, non tam considerandum est tamen quò res aliqua nomine dici possit, quàm quo dicatur propriè. Sed de Ponticis muribus sententiam meam in historia ipsorum explicaui. Mus Ponticus, quem hodie uocant hermelam, hyeme solum in cauis latet arboribus. Est uero totus niuis instar candidus, excepta cauda digitum longa. eius enim dimidia pars, & quidem superior, (inferior, uel extremitatē uersus, ut ipse obseruaui: dorsum etiam multò candidius esse, uentrem ex albo subflauum) nigerrima. Magnitudo ei sciuri: persequitur mures et aues quibus uescitur. Eius pelles in pretiosarum numero habentur, Ge. Agricola. Eriminium (aliâs, Ermineus, quod magis probo) quod quidam erinebinum (lego, ermelinum) uocant, animal est paruulum, figuræ mustelarum, hyeme candens niuis instar, æstate fuluum ut mustela: candet tamen semper in uentre, & in extremitate caudæ nigerrimum est. Mures & aues insequitur, & carnibus uescitur, Albertus. De genere mustelarum est, sed forma minor, Liber de nat. rerum. Carolus Figulus etiam herminnas, ut Galli uulgò uocant, uel hermellas, ut Germani, mustelarum generis esse scribit, colore tantum differentes. Pirolus, id est sciurus, mutat colorem: ut & mas mustelæ qui mygale uocatur: (non rectè: mygale enim mus araneus est.) hoc autem est animal quo aues adhuc implumes uenantur in nidis: simile muri, & quotannis albescit magis magisque, donec tandem assimiletur color eius colori butyri, Albert. 3.2. Gronosthaij Polonis uocari audio, muris uel mustelæ potius Septentrionalis genus, undique albissimum, sed in fine caudæ nigrum: quare eundem hermelinum esse conijcio. Quanquam alius quidam Polonus demonstratam sibi mustelam albam, sua lingua lasica mihi nominauit. Sunt qui lassicium (sic enim G. Agricola nominat, et in murium genere ponit. uide supra inter Mures) ab hermelino non aliud differre putant, nisi quòd duobus ferè digitis breuior est: ut illud genus quod **harmball** Germanicè uocant, eadem mensura longius: ut pellifices nostri mihi narrarunt: quorum plerique hoc etiam affirmant, mustelæ colorem album propter ætatem, non propter frigus aut hyemem fieri: reperiri enim eas in nostris regionibus, primo ætatis anno ruffas, altero mixti coloris, tertio demum candidas. ¶ Rosurella est animal circa aquas habitans, ut frequenter mustela maius, & pirolo (sciuro) minus. In dorso subrufum, in uentre candidum. In terra facit habitacula: & egerit stercus perquàm odoriferum, moscho simile odore, sed dissimile facultate & uiolentia odoris. Visus hominum fugit. Vno tantum in loco alui excrementa congerit, unde facile ab hominibus colligi potest, Isidor. Guesseles uel roserulæ (Innominatus quidā Germanicè transtulit, **Grisselle oder rosch**, quæ nomina ego hactenus apud Germanos nō audiui. Idē addit, non muris, sed martis genus esse, quod placet) uulgò uocantur mures quidam, quorū fimus habet moschi odorem: qui etiam in pelle huius muris percipitur. In dorso fuluus est, in uentre albus. In pratis habitat & iuxta riuos: et aliquando in domibus quibus contigua sunt prata herbosa, Albertus. Mustela quidem omnis, saltē si non capta sed libere alatur, fimum aliquo modo odoratum habet.

¶ Mustela alia maior est, in uentre candida, & in dorso fulua, alia minor, Albertus. Mauritania mustelas alit felibus pares ac similes, nisi quod rictus eis eminentior & oblongior est, Strabo. Mustelæ quædam apud Afros nascuntur in Silphio, similes Tartessijs, Herodotus. Valla pro Tartessijs uertit murænis, quod non probo: quamuis scio apud Aristophanem quoque Tartessiæ murænæ mentionem fieri, ut Varinus citat in ταρτησία, sed ibidem Tartesiam quoque mustelam dici scribit pro magna. Est autem, inquit, Tartesus urbs Iberiæ iuxta Aornum paludem. Aristophanis locus est in Ranis, ubi furiam uel dæmonem infernalem Tartessiam murænam uocat, quam prius ἔχιδναν ἑκατοντακέφαλον uocauerat. Tartessus urbs est extra columnas Herculis ad Oceanum, ubi Arganthonius regnauit. habet autem mustelas maximas, Hesychius. γαλῆ ταρτησσία, feles (mustela potius) Tartessia, de magnis & ridiculis dicebatur. Tartessij sunt in Iberia, apud quos feles maximæ nasci dicuntur. Fortasse non ineptè dicitur & de rapacibus. ὥσπερ με γαλῆν κρέα κλέψασαν τρεῖσιν ἔχοντ' (duo habentes) ὀβελίσκοις, Aristophanes in Vespis. ἁρπακτικώτεροι τῶν γαλῶν, Rapaciores felibus (mustelis,) Lucianus, Erasmus. Ego Tartessiam mustelam prouerbio usurpatam nusquam legere memini: & ut sic usurpetur, alio tamen sensu quàm Erasmus accipienda uidetur, non de magno & ridiculo homine: neque enim magnum & stupidum hominem ita mustelæ magnæ conferas, ut asino magno, quo sensu asinum Canthelium dicimus. In Pordoselena uia interiacet, cuius ultra alterum latus gignitur catus, (γαλῆ, id est mustela) citra alterum gigni non potest, Aristoteles. In Pordoselene insula uiam mustelæ non transeunt, Plinius: Albertus addit, & illatæ moriuntur, similiter in Bœotiam illatæ fugiunt.

¶ Mustela domestica plerunque est in dorso & lateribus rutila, rarò subfulua: in gutture semper candida: quin nonnunquam tota candida reperitur, quanquam rarius, Ge. Agricola. De mutatione coloris eius per æstatem & hyemem, iam proximè dixi in Hermelini mentione. Figura corporis similior est martaro quàm muri, & habet anteriores dentes breues, quod nō habet mus, & infesta est muribus, unde patet, quòd non sit de genere murium, Albertus. Corpus ei tenue & in longius du-

ee

ctum, Agricola: tenue & gracile instar sciuri, Stumpfius. Primores dentes breues habet, non sicuti mus longos, Agricola. Mures quidam in Cyrenaica sunt πλατυπρόσωποι ὥσπερ αἱ γαλαῖ, id est lata facie mustelarum instar, Aristoteles in Mirab. & Aelianus. Mustelæ cor magnum, Aristot. maximum proportione, ut & reliquis timidis aut propter metum maleficis animalibus, Plinius. Mustelæ genitale osseum est, Aristoteles & Plinius. Vide infra in Viuerra. Penis canibus & mustelis osse constat, Vesalius. Vulpibus etiam osseum esse Aristoteles ait. Mustela habet caudam breuem, Agricola.

C.

Cauernas terræ & petrarum fissuras inhabitat, Albertus. Et rursus, libro 22. In cauernis habitat gali, & ad meridiem & ad aquilonem hostia parat, ut undecunque uentus ueniat sit tuta contra uentum, (eo scilicet foramine obstructo.) Idem ferè de sciuris Plinius scribit. Septentrionem uersus foueæ suæ ingressum facit, ut uento sibi contrario non fatigetur, Isidorus. Incolit saxa, foramina, & interdum fœnilia ubi fœnum & stramentum reconditur, Stumpfius. Apud nos circa domos ferè & stabula habitat mustela, unde & domestica dicitur: armelini uerò in regionibus ad Septentrionem reperiuntur etiam in syluis. ¶ Mus auidus mintrat, uelox mustelaque dintrit, Author Philomelæ. Germani ex sono uocis quam ædit uiselam nominant, Agricola. Audio uocem eis acutam esse, & serpentium sibilo ferè similem. ¶ Mustela diutissimè dormit, Liber de nat. rerum. Gliribus senium finitur hyberna quiete. conditi enim & hi cubant: rursus æstate iuuenescunt, simili & mustelis quiete, Plinius. Mustelas hyeme cubare, æstate expergisci Aristoteles scribit, ut Perottus citat. (ego hoc nusquam apud Aristotelem reperio: statim enim post glires, mures Ponticos albos id facere scribit, non mustelas ut Perottus citat.) Hoc mustelis accidere (inquit Perottus) compertum est. quod ipsi quoque coëmptis in hunc usum utriusque generis mustelis, aliquando experti sumus. Mustela si nostrę domi uiuit, etsi habet suas cauernas, non diu ac multum se condit: si ruri, hyberno tempore in specubus latet, Agricola. Hæc dum scriberem per mediam hyemem mustelam albam in horto extra urbem sibi uisam ἀξιόπιστος quidam mihi retulit, unde colligo nō longo tempore eas dormire, cum illa ne media quidem hyeme somno indulserit. Rursus alius quidam mihi affirmauit uidisse se mustelam Limagum urbis nostræ flumen superantem continuatis saltibus, ita ut nunquam demersa nataret, sed subinde per superficiem saliret, quod propter leuitatem & agilitatem huius animalculi non difficulter credo. ¶ Mustela rusticis nostris non est ingrata. deuorat enim omnia genera murium, domesticos, tum minores tum maiores quos rattos uocant. item agrestes mures & talpas. Cauernas etiam subire possunt ob corporis sui gracilitatem: itaque mures multò plures absumunt quàm cati. Ita fit ut in Heluetia mustelæ ferè abundent, quod à rusticis & alpinis hominibus amentur, Stumpfius. Gale muribus uescitur, & ideo cum serpentibus qui eisdem uescuntur, pugnat, Albertus ex Aristotele. Idem libro octauo galen hoc facere scribens uulpem interpretatur. Mustela gallinis infesta est. oua earum absorbet & ipsas interficit, Albertus. Ego à rusticis audio oua tantum ab eis rapi, uel exorberi, gallinis uerò non noceri: quod & Stumpfius scribit. Syluestres uerò mustelas, martes & iltissos à nobis dictos, gallinas iugulare certum est. Terrestris mustela fera bestia atque insidiosissima, in defunctos homines inuadit, & nisi arceatur, eorum oculos diripit & exorbet, Aelianus: eo scilicet modo quo gallinarum oua. Prouidendum ne ad anserum cellas accedere possint mustelæ, aliæue bestiæ quæ noceant, Varro. In anserum struendis cellis seruanda sunt eadem, quæ in alijs generibus pullorum: ne coluber, ne uipera, felesque aut etiam mustela possit aspirare: quæ ferè pernicies ad internecionem prosternunt teneros, Columella. ¶ Amyntas ait mygalen, id est murem araneum ex mure & gale, id est mustela nasci, ut refert Scholiastes Nicandri: quod sanè ridiculum est, cum mustela omne murium genus maximè oderit ac deuoret. Mustela auribus concipit quæ ore parturiat: quare esu eius interdictum est Iudæis, ut hoc symbolo insinuaretur perniciosissimum esse hominibus morem, ut quæ ipsi auribus acceperint, eadem uerbis exaggerantes maioribus malis inuoluant, Aristeas. Aegyptij inter cætera obscura sua symbola galen habent, id est mustelam: quā auribus concumbere ferunt, ore parere. quæ imago natales sermonis ostendit, Calcagninus ex Hieroglyph. Mustelam ore concipere & aure parere, Clemens papa dicit, Liber de natur. rerum. Galen id est mustelam ore parere fabulantur, ut piscem quoque galeon, id est mustelum, Horus. γαλῆ θαλασσία, id est mustela marina, è collo parit. & sic Lycophron Medusam Gorgonem nominauit, eò quod etiam post amputatum eius caput Chrysaorem & Pegasum pepererit, Varinus. Sunt qui coruos & ibin ore coire opinentur: inter quadrupedes etiam mustelam ore parere. atqui mustelam modo cæterarum quadrupedum uuluam habere certum est. ex qua quonam pacto fœtus ad os deueniat? sed quia mustela paruos admodum parit, ut & cæteræ fidipedes, & sæpe catulos suos ore susceptos transfert, fecit ut ita opinarentur, Aristoteles de generat. anim. 3. 6. ¶ Omne mustelarum genus ira incitatum graue quiddam olet, sed maximè id quod Germani iltissum appellant, Agricola & Albertus. Omnis mustelæ stercus aliquantum redolet muscum, Idem. Mustela fugiens pessimè pedit, Vide infra inter prouerbia.

D.

Mustelæ quanquam exiguo corpore, prudentes, animosæ & feroces sunt, Matthæolus: quare & animalia se maiora, per astutiam & agilitatem corporis uincunt, Obscurus. Timidissima est & latebris

latebris gaudet, Textor. Mustela, mus & lacerta, in Lege prohibita ne quis edat, clandestinas insidias & furta denotant, ob naturæ ipsorum timiditatem, quæ uel ad quemuis strepitum expauescit, Procopius Gazæus. Animal est subdolum, Obscurus. Rapax: unde natum prouerbium, Mustela rapacior. Facile cicuratur, Albertus. Cicurare autem solent aliqui propter auium pullos præcipuè è nidis auferendos, ut in E. dicam. Mustelæ & sciuri allio dentibus tentato in posterum mordere uix audent, cicuresque hoc modo fiunt, Cardanus.

¶ Catulos nuper natos, quia ab hominibus & nonnullis alijs animantibus, eis periculum metuit, singulis diebus aliò transfert, Agricola. Magna cura & industria fœtum nutrit: & sæpius de loco ad locum transfert ne inueniantur, Albertus. Mustelæ omnes hoc commune habent ut fœtus suos de loco in locum ore transferant. sed hoc etiam canes aliquando faciũt, Perottus. Mustelæ etiam, ut mures, domum ruituram præsentientes, paulò ante migrant, ut retuli ex Aeliano in Mure D. Circa foueas suas quàm sint industriæ, paulò post initium præcedentis capitis dixi. ¶ Galeos (id est mustelus piscis) persequitur & alios quidem pisces, sed pastinacas præcipuè, quibus nihil in mari uenenatius: sicut in terra serpentes mustela, Plinius. Mustela serpentem quoque impugnat, eum præcipuè qui mures uenatur, uidelicet ea causa, quia ipsa etiam mures persequitur, Aristoteles. Et rursus, Mustelæ serpens aduersarius est, quòd eadem in domo uersantur: uictus enim ex eisdem appetatur necesse est. Mustela uisa est frequenter cum serpente pugnare, Perottus. Damulam odêre serpentes & fugiunt, & eius anhelitum sustinere non possunt, Auicenna puto. Sed uidetur corruptus is locus uel mutilatus: non enim ipsius, sed rutæ quam comederit odorem serpentes fugere alij fide digniores scripserunt. Mustela quoties dimicatura cum serpente est, rutam comedit: odor etenim eius herbæ infestus serpentibus est, Aristoteles. Ruta contra serpentium ictus datur in potu uel in cibo: utpote cum mustelæ dimicaturæ cum his, rutam prius edendo se muniant, Plinius: hac sumpta fidenti animo ad pugnam procedunt. oderunt enim huius herbæ odorem serpentes, Aelianus. Atqui mustelam etiam ruta fugari apud Auicennam legimus, lib. 3. fen. 6. tract. 3. cap. 13. (Vide in Cato E.) quod mireris cum tot authores eandem ab ipsa edi scribant, siue ante pugnam cum serpentibus ineundam, siue (ut recentiores quidam malunt) iam peractam. Mustela serpentem aggressura agresti ruta se munit: Proinde omnem medicorum artem ruta superare dicitur: ita ut si mortuos fœtus suos inueniat, per herbam naturaliter notam rediuiuos faciat, Liber de nat. rerum. Albertus etiam agrestem rutam à mustela sumi ait: cum ueteres simpliciter rutam dixerint: & potest sanè satiua uti, cum circa domos uersari soleat. Gale muribus uescitur, & serpentes eisdem uescentes impugnat: quos cum uicerit, deuorat, & postea rutam comedit pro antidoto ueneni, Albertus & Isidorus. Mustela uires refouet ruta, in murium uenatu, cum ijs dimicatione conserta, Plinius. Basilisco serpentium uenenatissimo mustelarum uirus exitio est: Adeò naturæ nihil placuit esse sine pari. Injiciunt eas cauernis, facile cognitis sola tabe. Necant illi simul odore, moriunturque, & naturæ pugnam conficiunt, Plinius & Solinus. Omne iumentum mustelam reformidat, Aelianus. Mustela prudenter capere aues uidetur. iugulat enim quas ceperit, ut lupus ouem, Aristotel. Gallinaceos mustela terret, Philes & Aelianus. Mures omnis generis à mustela maximè sibi metuunt: nam cauernas etiam subiens eos apprehendit, ut in C. dixi. Mustelæ & sues dissident, Plinius: item mustela & cornix, Idem. Mustela cornicum nidos sæpe diripit, Perottus. Mustelam aiunt dolosè colludere lepori, quem ludo defatigatum gutture apprehendat, et firmiter adhærens comprimat, ne currentem quidem relinquens, donec lassum tandem enecet ac deuoret, Albertus. Mihi rusticus quidam affirmauit uisam sibi mustelam quæ leporem aure teneret. Cati, ut audio, mustelas aliquando inuadunt, sed cedunt eis, & fortiter se defendentes relinquunt. ¶ Quibus in locis mustelæ non sint, natura quodammodo aduersante, superius in C. dixi.

E.

Γαλεάγρα, ὄργανον τιμωρητικόν, Suidas & Varinus. Hoc est instrumenti genus quo sontes plectuntur: uel potius cauea in quam conijciuntur. Nam Varinus exponit etiam θηρίων ὑποδοχήν, hoc est locum seu uas potius, cui feræ includuntur. Pollux inter σκεύη, hoc est uasorum genera numerat galeagran, & hac uoce usum scribit Demosthenem in oratione ad Aristogitonẽ. Videtur quidem propriè significare machinæ uel laquei genus quo mustelæ, quas Græci γαλᾶς & γαλέας dicunt, capiãtur: ut myagra, muscipulam: podagra, pedicam ceruorum, &c. sed huius significationis testimonium ex authoribus non habeo. Καὶ τελευτῶντος εἰς γαλεάγραν ἐμβάλλοντος περόναις σιδηραῖς διειργμένην πᾶσαν, ἣν δυσχωρείας ἐκύλιον. Καὶ αὖθις, ὁ δὲ ἐν γαλεάγρᾳ σιδηρᾷ βαλὼν ἀπέκτεινεν, Innominatus apud Suidam. Lysimachus rex Telesphorum quòd scomma in Arsinoën reginam torsisset, ἐμβληθῆναι ἐκέλευσεν εἰς γαλεάγραν, καὶ δίκην θηρίου περιφερόμενον καὶ τρεφόμενον, οὕτως ἐποίησεν ἀποθανεῖν, Athenæus libro 14. ubi & galeagræ uocabulum apud Hyperiden rhetorem esse scribit. Dion historicus scribit ab Caligula plures in galeagram coniectos necatosque, ut Cælius citat. Liuius alicubi genus quoddam turris galeagram nominat. ¶ Sal Ammoniacũ frumentũque humore aliquo diluẽs, circa loca quæ frequentant mustelæ miscellã ipsam dispergito. Aut enim ubi massam eã uorauerint, interibũt, aut illinc aufugient. Ferũt aũt, si quis unius tantũ caudã detraxerit, exciderit'ue testiculos, ipsumque animal uiuũ abire permiserit, in posterũ nunquam amplius accessuras illuc mustelas, Africanus in Geopon. Mustelã fugere aiunt odorem rutæ, Auicen. Cati syluestres fumum rutæ & amygdalarum amararum refugiunt, Rasis: ci-

cc 2

cures quoq; ruta syluestri fugantur, ut scripsi in Cato E. Chamæleontis felle in aquam coniecto, mustelas contrahi, magi scribunt, Plinius. Fel stellionum tritũ in aqua mustelas congregare dicitur, Idem. In Italiæ quibusdam locis mustelis domesticis, ut audio, utuntur, ut extrahant columbas è columbarijs, & alias aues ex nidis quas in parietibus habent, ut passeres, sturnos. Aues capiuntur in foraminibus columbarijs cum mustela cicurata in foramen immissa, Crescentiensis. Mustelam Metis audio Gallicè uocari baccal: hanc funiculo alligatam uasculo supra perticã imponunt, eleuantq; ad auium in arboribus nidos, unde pullos extrahunt. Mustela mare auium pullos in nidis uenantur, Albertus 3.2. Ictis etiam siue syluestris mustela, aues captat, ut in eius historia dicetur. A mustelis tutæ fient columbæ, si inter eas frutex uirgosus sine folijs asper, uel uetus spartea proijciatur, qua animalia calciantur, ut eam secretò non uidentibus alijs unus attulerit, Palladius. ¶Mustelæ cinis si detur in offa gallinaceis pullis & columbinis, tutos esse à mustelis aiunt, Plinius. Et rursus, Gallinaceos non attingi à uulpibus, qui iecur animalis eius aridum ederint: uel si pellicula ex eo collo inducta, galli inierint: Similia in felle mustelæ legimus. Caseos, si cerebrum mustelæ coagulo addatur, negant corrumpi uetustate, aut à muribus attingi, Plinius. Mures abiguntur cinere mustelæ uel felis diluto & semine sparso, uel decoctarum aqua. Sed redolet uirus animaliũ eorum, etiã in pane: ob id felle bubulo semina attingi utilius putant, Plinius. Mustelæ & mures stridentes, uehementem præsagiunt tempestatem, Aelianus.

F.

Mustela quondã Iudæis in cibo uetita fuit: est enim animal (inquit Aristeas) ad deturpandum omnia immundũ: auribus præterea concipit (quod supra in C. refutauimus) quæ ore parturiat, qui mos hominibus perniciosissimus est, cum quæ ipsi auribus accipiunt, eadem uerbis exaggerantes, maioribus malis inuoluunt. Alij, ut Procopius, esu eius interdicto, insidiosum, rapax & timidũ ingenium symbolicè damnari putant. Sacerdotes mustelã non esitant, ut Aelianus ait, quòd ore pariat, Gyrald. Corpora quæ natura sunt sicca, salis conspersu exarefacta, cibo fiunt inepta: quidam enim leporẽ salire aggressus, mustelis exiccatis similem reddidit, Galenus de ali. facult. 3. Exiccantur autẽ mustelæ, non ad cibum, sed ad medicamenta, ut in G. dicam.

G.

Mustela febrim curat, Vrsinus. Acopon ad podagrã & articularem morbũ mirabile: facit & ad diuturnum capitis dolorem, materiã ad superficiem ducens, & ad frontẽ ac sinciput: Caniculam paruam probè saginatã uiuã, & mustelã uiuã in olei sextarios nouẽ, ac butyri libras tres conijcito: atq; donec uieta fiant animalia coquito: deinde in percolatũ oleũ calidũ pedes aut manus per totã diem imponito, Aëtius 12.45. Aliqui terram substernunt lacertæ uiridi excæcatæ, & unà in uitreo uase annulos includunt è ferro solido uel auro: cum recepisse uisum lacertam apparuerit per uitrum, emissa ea, annulis contra lippitudinem utuntur. Mustelæ etiam oculis punctu erutis aiunt uisum reuerti, eademq; quæ in lacertis & annulis faciunt, Plinius. Auicenna quædam attribuit dannulæ, id est, mustelæ carni simpliciter, quæ magis classici authores cineri mustelæ adscribunt: qualia sunt, arthriticis doloribus imponi: ex uino contra comitialẽ uel capitis dolorẽ bibi. Morsui scorpionis utiliter imponitur, Albertus. Venenis resistit caro dannulæ sumpta, Auicenna. In cibo sumpta capite & pedibus abiectis, & sanguine illito, ad comitiales & strumas laudatur, Vide infra inter remedia ex sanguine. Exulceratis strumis mustelæ sanguis rectè inlinitur, uel ipsa in uino decocta salubriter imponitur, Marcel. Plinius paulò aliter, Strumis exulceratis mustelæ sanguis, uel ipsa decocta in uino, non tamen sectis admouetur: aiunt & in cibo sumptã idem efficere. ¶Mustela domestica ad diuersa remedia amburi solet, & exenterata sale inueterari, & in umbra siccari, ut Dioscorides & in Theriacis Nicander scribunt. Σκελετεύειν uocem, Plinius inueterare uel sale inueterare uertit: recentiores quidã exiccare uel arefacere, quidã ineptius salire simpliciter: propriè autem ad animalia integra quæ sic reponuntur indurantur q; siccata pertinet. Corpora quæ natura sunt sicca, salis conspersu exarefacta, cibo fiunt inepta: quidam enim leporẽ salire aggressus, mustelis exiccatis (γαλαῖς σκελετευθείσαις) similem reddidit, Galenus 3. de ali. facult. Cæterum περιφλεύειν Ruellius amburere uertit, Marcellus Verg. significantius, flammis amburere: Hermolaus Barbarus non rectè inassare. Nicander in Theriacis circunscribit, Ἀποσκύλαιο δὲ λάχνην καρφαλέην πυρὸς ... ἀϋτμῆς. Iubet autem hoc fieri uel in catulis mustelæ, uel in ipsa mustela. Hoc quidem etiam in auibus, inquit Marcellus, mox mox coquendis coqui agunt. flammis enim quas non potuerunt manibus uellere minutissimas amburunt plumas. Vult sanè Dioscorides, non inassari, sed integram cum sua pelle, pilis tantum adustis, seruari mustelã. Nostri περιφλεύειν dicunt bsengen: quod quidam in suibus mactatis faciunt. Græci etiam ἀφεύειν & φλογίζειν, ut dicam in Sue H.f. Scripserunt quidã herinacei terrestris carnem desiccatã prodesse elephantiacis, cachectis, &c. quæ si efficere potest, facultatem habuerit ualenter simul digerentem desiccantemq;: sicut & caro mustelæ arefacta, Galenus de simpl. 11. 3. Exiccata è uino pota uenenis aduersatur, Auicenna. Contra toxica mustela uulgaris inueterata binis drachmis pota ualet, Plinius. Præparata (ut diximus) binis drachmis cum uino pota, aduersus omnia serpentium uenena præsentaneo est remedio: toxico simili modo sumpta resistit, Dioscorides lib. 2. & Auicenna inter remedia ad sagittas Armenias. Mustelæ catulus præparatus, ut diximus (sale scilicet inueterata) contra omnia mala medicamenta ualet, Plinius. Mustela sale inueterata

inter

inter auxiliaria morsuum, quos inflixêre serpentes, medicamenta est. Bibitur autem binis drachmis ex uino, præparata ut supra dictum est, Dioscorides lib. 6. Mustelam arefactam aliqui planè omnis feræ alexipharmacum esse referunt, & maximè eius uentrem, Galenus de simpl. 11.35. Mustelæ, quæ in domibus nostris oberrat, inueteratæ sale denarij pondus in cyathis tribus (uini) datur percussis (à serpentibus,) aut uentriculus coriādro fartus inueteratusq́ & in uino potus: & catulus mustelę etiā efficacius, Plinius. Caro mustelæ arida si bibatur cum ruta (uino potius) contra morsum omnium animalium, Albertus. Contra phalangij morsum utiles sunt mustelæ catuli, ut diximus (id est inueterati sale & è uino poti,) Plinius. Et rursus, Muris aranei morsus sanatur mustelæ catulo, ut in serpentibus dictum est. Mustelæ caro arefacta ualenter simul digerit & desiccat, qua utiq́ ui comitiali morbo afflictos iuuat epota, Galenus de simplic. 11.35. (& Auicenna.) Et rursus, Arefactam ac potā legimus prodesse comitialibus ui scilicet digerente, 11.35. Dioscorides sanguini eius hanc uim attribuere uidetur, (Marcellus quidem interpres expresse ad sanguinem refert remediū ad comitiales apud Dioscor. Ruellius uerò simpliciter uertit, ut Græca habent, Comitialibus etiam prodest, ut quo referas dubites) ut alij alijs mustelæ partibus: aliqui integræ mustelæ cineri, ut mox dicetur.

¶ De mustelæ cinere multa legimus remedia: atqui Galenus nunquam se hoc animal combussisse scribit, ut quid præstaret experiretur. Mustelæ sanguis & cinis ad elephantiasin utiliter illinitur, Plinius, Sextus, Aesculapius. Elephanti morbo aduersus erit cedri de cortice succus, Mustelæ ue cinis, uel fusus sanguis ab illa, Serenus. Mustelæ exustæ cinis & elephantis sanguis, immixtus & illitus elephanticis corporibus medetur, Marcel. Aduersus anginas, sunt qui cuiuscunq́ hirundinis pullum edendum censent, ne toto anno metuatur id malum. Strangulatos (pullos hirund.) cum sanguine comburunt in uase, & cinerem cum pane aut potu dant. Quidam & mustelæ cineres pari modo admiscent: sic & ad strumæ remedia dant, & comitialibus quotidie in potu, Plinius. Ad comitialem, Aptus mustelæ cinis est, & hirundinis unà, Serenus. Plinius alibi mustelæ cinerem etiā per se commendat aduersus comitiales morbos. Auicenna simpliciter mustelam è uino bibendam præscribit ad epilepsiam & capitis dolorem. Mustelæ cinis illitus capitis doloribus remedio est, Plinius. Cinerem mustelæ (inquit idem) phrenetico dare potui ex aqua aliqui prodesse tradiderunt: sed quis ad hoc cogere posset furentem etiam si certa sit medicina? Mustelæ cinis oculorum suffusionibus confert, Plin. Ad reumaticos (siue catarrhum in fauces) efficax remedium sic: Mustela die Iouis Luna uetere capta, uiua in olla rudi ita excoquitur ut teri possit, & in puluerem redigi, qui puluis collectus ex melle & bene contemperatus, ieiuno reumatico ad diem per cochleare dabitur, sed unius ligulæ mensura, mirè proderit, Marcel. De remedio ex hoc cinere ad anginas paulò superius dixi. Ad strumas, Cineri mustelæ sarmentis combustæ miscetur axungia, Plin. Humeri doloribus tritus & cum cera permixtus subactusq́, ac ceroti more impositus, mirè medetur, Plinius & Marcel. Ob scœnos si ponè locos noxia uulnera carpant, Horrentum mansa curantur fronde ruborum. Et si iam ueteri succedit fistula morbo, Mustelæ cinere immisso purgabitur ulcus Sanguine cum ricini, quem bos gestauerit ante, Serenus. Mustela in fictili cremata podagricis confert, cinere ex aceto illito, Dioscor. Cinerem eius cum aceto illitum podagricos arthriticosq́ iuuare, tanquam uehementer ualeat digerere (poros aperire, Albertus) quidam tradiderunt, Galenus. Mustelę uiuæ combustæ cinis cum oleo rosaceo & aceto penna illitus podagricis prodest, Marcel. & Plinius: qui addit, uel si cera & rosaceum admisceatur. Mustelæ cinis aut cochlearum cum amylo uel tragacantho, articulorum doloribus illinitur, Plinius. Auicenna mustelæ carnem simpliciter emplastri more dolentibus articulis applicari scribit.

¶ Comitialibus prodest & cerebrum mustelę inueteratum, potumq́, Plinius: siccum potum cum aceto, Rasis. Cameli cerebrum siccatum & cum aceto potum, epilepticos sanat, & mustelæ similiter, Galenus ad Pisonem cap. 12. ¶ Facilius enituntur quæ ex utriculo mustelino per genitale effluentes aquas sorbuêre, Plin. Equus si inciderit morbum (subitum ferè & perniciosum) quem nostri räch appellant, de quo dixi in Equo c. curatur à ueterinarijs quibusdam exigua portione pellis mustelinæ (quanta est coronati dicti nummi aurei magnitudo) intra corpus data, nescio an in potione per cornu, aut cum pabulo incisa. Alij hermelini, id est mustelæ albæ caudam, quæ dimidia parte alba & altera nigra est, minutatim incisam equis sic affectis in pabulo offerunt, ut apud recentiores hippiatros Germanicè legimus. Bouem si serpens aut animal uenenosum læserit, mustelæ pelle locum saucium demulceto, Innominatus in libro Germanico manuscripto. Idem ferè fieri iubent aduersus morsus quos equis inflixerit: infricant enim uulneri pellem donec incalescat, & simul antidotum aliquod intra corpus exhibent. Ego si res successerit, aut uulnus parum noxium fuisse dixerim, aut antidoto liberatum animal, aut frictione uulneris ad calorem usq́: quid enim pellis arida iuuet? Ipsum animal potius dissectum & calidum appositum proderit, quod & in mure araneo & alijs multis fit: siue ꝙ simile trahitur simili, siue ipsa caliditas ad se trahit: nam & alia quædam animalia si uiua dissectaq́ applicentur iuuant. ¶ Sanguis mustelæ si illinatur apostemati post aurem prodest, Rasis. Archigenes ad parotidas mustelæ sanguinis illinendi meminit. At uero talia (inquit Galenus) tanquam curiosa & superuacanea, & quæ magnam rei medicamentariæ egestatem indicent, si per alia auxilia, citra sanguinis mustelæ adhibitionem, parotidas curare nequeat, neq́ in usum adsumpsi, neq́ eorum experimentum habeo: sed neq́ ex amicis nostris quispiam alius uti tentauit. Mustelæ sanguine per-

cc 5

unctæ strumæ sanantur, Dioscorides. Mox autem subijcit, Comitialibus etiam prodest, quod Marcellus Verg. ad sanguinem retulit, sed quoniam aliorum nemo idem remedium sanguini attribuit, ad ipsam potius mustelam siue ustam, siue inueteratam sale, retulerim, utroque enim modo ad comitiales facere authores habemus. Mustela tamen in cibo, pedibus capiteque abiectis, ad comitialem à nonnullis datur, & sanguis illinitur, aduersus epilepsiam: eodemque modo aduersus strumas adhibetur, Galenus Parab. 2. 3. Must. sanguis strumis exulceratis recte illinitur, Plinius & Marcellus. Ad faucium mala, Mustelæ sanguis inungatur & sanat, Sextus. Elephantiacis prodest, ut supra diximus in Cinere mustelæ. Podagras lenit cum plantagine illitus, Plinius. Neruos contractos remollit, & articulorum dolorẽ soluit, Isidorus. ¶ Mustelæ uentriculus coriandro farctus inueteratusque, percussis à serpente & comitialibus potu auxiliatur, Dioscorides. Idem Plinius scribit, sed comitialibus mederi, omittit, librariorum opinor culpa: Alibi enim, Prodest, inquit, ad comitiales mustelæ uentriculus inueteratus cum coriandro, ut diximus. Mustelam arefactam in potu comitialibus prodesse: & quidam planè omnis feræ alexipharmacum esse, scribunt: & maximè eius uentrem, Galenus. 10

¶ Ad comitiales prodest & cerebrum mustelæ inueteratum potumque, & iecur eius, Plinius. Epilepticis mustelæ iecur aridum ex aqua propinato. id facies autem cum ægrotus mox est casurus, Galenus de Parab. 2. 3. Fel leporis simul & iocinora mustelæ commisce ad drachmas tres, castorei drachmam unam, myrrhæ drachmas quatuor, cum aceti drachma ex melle aut passo bibant qui uertiginem patiuntur, sanabuntur, Sextus. Mustelæ iecur lethargicis utile putant, Vide mox in Testiculis. ¶ Mustelæ fel duntaxat contra aspidas est efficax, cætera sunt uenenum, Perottus Plinium citans, sed perperam, uide infra in Mustelis syluestribus. Fel eius potum interimit nisi remedia maturè adhibeantur, Rasis. Pro felle mustelæ, (mygales, id est muris aranei Græce legitur apud Aeginetam, inter Galeni uerò opera γαλῆς, id est mustelæ, quod probo) fel cameli substitui potest, Author Succidaneorum. ¶ Virga damulæ siccata trita & pota, morsis à serpentibus medetur, ut etiã cerui uirga, Hali: Hic si quis damulam non pro mustela, sed pro dama siue ceruini siue caprarum syluestrium generis accipere malit, non repugno. Mustelæ rusticæ siue uiuerræ coles ad stranguriam & calculum celebratur, ut in ipsius historia dicetur. ¶ Mustelæ testiculi & uuluæ ad comitiales ualere creduntur, Plinius. Ex istis (magicis puto) confessa aut certe uerisimilia ponemus, sicut & lethargum olfactorijs excitari: inter ea fortassis mustelæ testiculis inueteratis, aut iocinere usto, Plinius. Testiculi must. mulieri alligati partus continent, Textor. Mustelæ testiculus sinister in pelle mulæ ligatus, & potus atocion est, Kiranides. Vel testiculos eius abscinde interlunij tempore, & uiuam dimitte, & da mulieri in corio mulæ, Idem. ¶ Si calcaneus mustelæ uiuæ dematur, & alligetur mulieri, non concipiet quandiu eum gestârit, Albertus. ¶ Capitis canini cinis excrescentia omnia erodit ac persanat spodij uice: item mustelæ fimi cinis, Plinius. Pro muscerda, mustelæ æquale pondus, in Succidaneis Aeginetæ: sed legendum muscarum æquale pondus, (ad alopeciam opinor præcipuè.) 20 30

¶ Morsus mustelæ uenenosus est, Stumpfius. In rabie non minus quàm canis rabidus lædit, Bertrutius. Vulpes etiam & mustelæ rabidæ fiunt, Auicenna. Furo & mustela uulnere magis quàm ueneno lædunt, Arnoldus. Venenatum aliquid inesse mustellis, uel ipsa odoris grauitas arguit, quæ in omni mustelarum genere tum præcipuè se prodit quum irascuntur. Mures abiguntur cinere mustelæ uel felis diluto, & semine sparso, uel decoctarum aqua: sed redolet uirus animalium eorum etiã in pane, Plinius. Aristides Locrus à Tartesia mustela morsus, iam moribundus, multò libentius se moriturum fuisse dixit, si à leone aut panthera potius quàm tam ignobili animante morsus fuisset, Aelianus in Varijs lib. 14. Mustelæ morsum (inquit Auicenna 4. 6. 3. 14.) celeres dolores inferre aiunt, & colore fuscum aut liuidum esse, (quod & Rasis scribit.) Curatur autem cum cepis & allijs (ut stellionis etiam morsus) tum foris adhibitis, tum in cibo sumptis, merum superbibendo. Prosunt & ficus immaturæ cum farina erui. Theriaca etiam utiliter emplastri modo imponitur, ut & canis rabidi morsui, sicut in libro de theriaca legitur. Allia cum folijs ficulneis & cymino trita imponuntur, Rasis. Liquor lacteus è ficu cum eruo impositus, ut Aggregator ex Auicenna citat. item eruca in cibo si uinum odoratum superbibatur, Auicenna libro 2. Vespertilionis fel, non ad mustelæ, ut Aggregator ex Plinio citat, sed ad muris aranei morsum à Plinio commendatur. Fit aliquando ut mustela iumentum morsu sauciet, cuius dentes inficiunt animal, & moritur nisi subueniatur. Remedio est si uulnus oleo perungatur, in quo mustela suffocata computruerit, expresso ualidiusculè per linteolum. Fricatur & locus saucius arida pelle mustelæ, ut incalescat, & datur iumento antidotus theriaca, Camerarius. Vide supra inter remedia ex pelle mustelæ. Vaccas à mustelis demorsas, rustici aliqui incantationibus sanari superstitiosè credunt. Vbera uaccarum mordet mustela, quæ quàm primum in tumore fuerint, mustelina pelle perfricata sanantur, Georgius Agricola. 40 50

H.

a. Mustelam per l. simplex potius quàm duplex scripserim. nam & alia eiusdem terminationis Latina uocabula sic scribuntur, ut nitela, tutela, cautela, candela, cicindela. Custodelam dicebant antiqui, quam nunc dicimus custodiam, Festus. Non enim probo quod Carolus Figulus scribit mustelam dictam uideri, à μῦς & στέλλω τὸ ὑφαιρέω, id est surripio: quasi murium fur seu raptor. Addit etiam 60 etiam **stellen** uocem Germanicam (sed **stälen** potius scribendum est) quæ furari significat, à Græco uerbo στέλλειν deriuatam uideri. Ego potius originis Germanicæ esse dixerim, quòd furta tacitè & occultò fiunt. **still** enim tacitum, tranquillum, & quietum significat: inde **verstolen**, quod occultò factũ ablatúmue est. St, apud Terentium, uox est silentium indicentis: qua ipsa aut simili Germani etiam utuntur. Græca quidem uerba στέλλειν & ὑποστέλλειν, ubi surripere aut furari significarent, nusquam legere memini. Mustela, quasi longior mus, Calepinus. Memini grammaticum quendam deriuare à mus & τῆλε, quod est longe, sed nugaces istæ deriuationes non placent. γαλῆ oxytonum uel γαλῆ circunflexum, apud grammaticos & authores inuenio: sic in alijs casibus, γαλῆν uel γαλῆν, γαλαῖ uel γαλαῖ. Vide in Leone H.e. in λεοντῆ. potest autem, ni fallor, utrunque defendi. Oxytonum, tanquam primitiuum: circunflexum, tanquam à γαλέη deductum, qua uoce Nicander utitur: & Homerus, Μῦς ποτὲ διψαλέος γαλέης κίνδυνον ἀλύξας: sic & μυγαλέην pro mure araneo Nicander posuit. Arborum quidem nomina aliquot à primitiuis in έα, contracta per ῆ. scribuntur, ut συκῆ, ἀμυγδαλῆ, ῥοδῆ. γαλῆ, τὸ ζῶον. ἔστι δὲ τὸ ὄνομα ἰσόψηφον, δίκη, γαλῆ, ἀργῆ, Varinus. ἰσόψηφα uocabula intelligo, quorum literæ ad numeros redactæ eandem summam perficiunt, nam & γαλῆ & δίκη computatis literis constituunt 42. pro ἀργῆ uero ut idem numerus constituatur, legendum ἀλγῆ. Deinde addit, ἐκ τῶν αὐτῶν σύγκειται γραμμάτων, ubi erratum uidetur: non enim ijsdem sed totidem literis, tria ista uocabula constant, quæ etiam in summam numerorum collectæ, eandem efficiunt. εἴς μακάριος, ὅστις σ᾽ ὀπύιει, κἀκποιήσεται γαλᾶς Σοῦ μηδὲν ἧττον βδεῖν, ἐπειδὰν ὄρθρος ᾖ, Mater rustica ad filiam in Acharnensibus: Vbi Scholia, γαλᾶς (accusatiuus pluralis circunflexus) dixit præter expectationem ἀντὶ τοῦ παῖδας ἀρρενωπούς. solent autem homines tempore matutino frequentius pedere, peracta iam concoctione. Mustelæ quidem ut & felis flatus alui acerrimus & putidissimus est, unde & prouerbiũ natum, quod inferius ponetur. γαλῆ, τὸ ζῶον: καλεῖται δὲ πρὸς τινων κερδὼ, καὶ ἰλαεία, Suidas & Varinus. κερδὼ quidem pro uulpe potius accipi solet, propter eius animantis astutiam: sed mustelam quoque astutam esse docuimus. ἰλαεία uocabulum alibi nusquam reperio: & uulgare nomen recentioris Græciæ esse puto. γαλερὸν quidem, ut & γαυρὸν, à grammaticis exponitur, ἱλαρὸν, ἡδὺ, πρᾶον. In Olympia imago est Thrasybuli Iamidæ uatis Eliensis, ad cuius dexterum humerum γαλεώτης adrepit, Pausanias Eliacorum 2. Cælius 13. 35. galeoten ex hoc loco mustelam aut felem uertit: ego stellionem esse docebo in Stellionis historia: Κάτ, γαλῆ, Hesychius & Varinus. Albertus galen alibi uulpem, alibi hœdum interpretatur, utrunque ineptissimè: item alibi adhuc absurdius speciem milui. Animal quod uocant habeninum, foueas habet in campis, & pugnando uenatur animal dictum pelagoz, quod Auicenna uidetur nominare murem cæcum quem nos talpam dicimus: & quodcunque aliud uicerit, deuorat, Albertus in Aristotelis historiam 9. 1. ubi nihil omnino tale apud Aristotelem reperio: conijcio autem habeninum illum Alberti, uel Auicennæ potius, non aliud animal esse quàm mustelam.

¶ Epitheta. Pauida, Introrepens, apud Textorem. Velox, Author Philomelæ. λαιψηρή, id est uelox, apud Nicandrum.

¶ In Apuleio (inquit Cælius) mustelatos legimus peplos, de mustelini coloris similitudine, qui subliuidus est ac lentiginosus, cuiusmodi in uestibus comparet cruore commaculatis. Sed & nos eius coloris sericum, ut uulgò iam loquimur, rasum distrahi passim scimus. Scoppa mustellinum colorem Italicè interpretatur, lentinioso, rossaccio. Hic est uetus, uietus, ueternosus, senex, colore mustelino, Terentius Eunucho. γαλωνοὶ equi dicuntur, quorum color est ὀνώδης, id est asininus, Etymologus. Quibus dum adhuc infantes sunt profundæ ac submersæ suppurationes circa brachij caput fiunt, omnes galeancones efficiuntur, Hippocrates in libro de articulis. Galenus in Glossis, γαλιάγκωνες (inquit) dicuntur, qui paruum & macilentum (atrophon) brachium habent, partes autem circa cubiti flexuram siue gibbum tumidiores, quemadmodum etiam mustelæ. οἱ δὲ φάσκοντες γαλῆν τὸν χονδρὸν ὀνομάζεσθαι, καὶ τοῦτο γε κεῖσθαι (ἐγκεῖσθαι) τῷ ὀνόματι, τάχα ἂν δόξειαν παρακούειν. οὐ γὰρ γαλιάγκωνας, ἀλλὰ γαλιβραχίονας ἐχρῆν αὐτὸ ὀνομάζεσθαι. In his Galeni uerbis pro χονδρὸν conijcio κονδὸν legendum: hoc est imminutum, exile. nam κολοβὸς (melius κολοβὸς, ut Varinus habet: qui tamen cætera Hesychij uerba recitans, pro κονδὸς habet παλαιὸς, quod non probo) apud Hesychium exponitur κονδὸς, σμικρὸς, ὀλιγοστὸς ἢ ἐστερημένος. Aëtius lib. 2. cap. 120. ad œsypum parandum requirit ἔρια κονδὰ καὶ μαλακὰ, Dioscorides μαλακὰ καὶ οἰσυπηρά, ut κονδὸν accepisse uideatur pro pingui: nam & κοναρὸν exponunt, εὐτραφῆ, πίονα. sed Galeni uerbis optimè quadrat Hesychij interpretatio. Cornarius cubiti gibbum uertit, quòd minimè quadrat, cum ἀγκὼν eandem partem significet, nec unquam ullum uocabulum ex duobus idem significantibus rectè componatur. Gyraldus syntagmate 9. de dijs, præcedentia Galeni uerba interpretatus, hæc tanquam obscura non attingit. Varinus etiam cætera ferè glossemata Galeni integra transcribere solitus, hæc omittit. Est autem γαλιάγκων scribendum cum acuto in penultima, non ut Hesychius habet in ultima. Plutarchus in Isi & Osiri Mercurium scribit γαλιάγκωνα (cum epsilo in antepenultima) esse corpore. Miror autem (inquit Gyraldus) Cælium Calcagninum quodam suo opusculo de rebus Aegyptiacis inscripto γαλιαγκῶνα ἑρμῆν exposuisse albicubitum. Grammatici nonnulli gallancôna interpretantur qui iusto breuiorem habeat cubitum, (sed hic ancus Latinè dicitur. Galiancon quidem ab Etymologo exponitur qui habeat τὸν βραχίονα ἐλάττω, id est brachium iusto minus: sed paruitas ista ad crassitudinem referri debet, non ad longitudinem, ut ex Galeno patet.) Ἀγκὼν est articulus totus ubi duo cubiti ossa

cc 4

cum brachio conueniunt, unde γαλιαγκῶν dictus apud Hippocratem, Pollux. Quidam galeanchena, alij gylianchena legunt, Gyraldus. Et alibi, γυλιαύχην is dicitur, qui collo est gracili & prælongo. Carcini poëtæ filios Aristophanes gyliauchenas & gyliotrachelos (non ut Erasmus legit glycytrachelos) appellauit, quod colla & ceruices longas & angustas haberent. γαλιώνας, ἀκολασταίνοντας, Hesychius & Varinus. γαλία, muscipula, Lexicon uulgare: ego in hoc sensu γαλεάγρα legendum puto, de qua multa in E. dixi. γάλη, ἐξέδρας εἶδος, καὶ ἡ γαλαία (γαλέα) τὸ ζῶον, Hesychius & Varin. Exedræ uocabulum apud Vitruuium & Ciceronem legimus. Constituantur in tribus porticibus (inquit Vitruuius) exedræ spatiosæ, habentes sedes, in quibus philosophi, rhetoresque ac reliqui qui studijs delectantur, sedentes disputare possint. Dicta autem exedra uidetur, quod extra uel iuxta porticum, aut ad latus eius extrueretur: ut hodie in peristylijs canonicorum aut monachorum, id est claustris (uulgò Capitula dicunt) fieri solent. γαλεοί (uel galeotæ) dicti quidam uates in Sicilia habitarunt, ut in Stellione dicam.

¶ Mustelæ sanguis Magis, asplenum & uerbenaca, apud Dioscoridem. γάλιψος, herbæ genus, Varinus: forte legendum γαλίοψις uel γαλίοψις, quæ herba est Dioscoridi memorata, alio nomine galeobdolon. γαληψός quidem Stephano, urbs Thraciæ est & Pæonum. Galiopsis, pulegium, apud Dioscoridem.

¶ Carolus Figulus in dialogo de mustelis meminit auis cuiusdam quæ mures uenetur, Germanicè **Weicker** dicta, Latinè mustela: sed qualis ea sit non describit. Latinum quidem mustelæ nomen confictum ab eo uidetur, à simili uenatu murium. Mustela piscis est, qui hodie uulgò lampetra uocatur, ut Massario uidetur: aut, ut mihi, trissia (**trüsch**) nostris & Italis botetrissia uulgò dicta, Lugduni lota, in lacu Sabaudiæ iuxta Iuerdunum mustela etiamnum. Mustela breuis piscis nullam cum mustelo pisce (inquit Aelianus) communitatem habet. Nam hic quidem chartilagineus est, & pelagius, & magnitudine præstans, simul & canis speciem similitudinemque gerit. Mustelam uero diceres esse iecorinum, &c. algas depascitur, & saxatilis est, atque similiter ut terrena omnium cadauerum, in quæ incurrit, oculos exesit & conficit. Hæc Aelianus. γαλέα & γαλεός, piscis marinus, Suid. & Varin. Sed forte ita differunt hi pisces, ut de mustela & mustelo ex Aeliano iã recitaui. γαλεός omnino mustelus est: cui similes pisces γαλεώδεις, id est mustelini generis appellantur. γαλεός etiã pro galeota, id est stellione accipitur, Varinus. γαλίαι pisces sunt qui & onisci, id est aselli, Hesychius & Varin. γαλαξίας, ἰχθὺς ὁ ὀνισκὸς (lego ὀνίσκος,) Hesych. & Varin.

¶ Mustelaria inscribitur una ex fabulis Plauti. Fuit & Carcini poëtæ fabula myes, ubi mustela strangulat nocturnos mures. Murinitini, sacellum fuit aduersum murum mustelinum, Festus. Galanthis ancilla Alcmenæ, partum dominæ mira astutia à Lucina eum impediente obtinuisse, ideoque in galen, id est mustelam mutata fertur à Lucina, addita pœna ut ore quo præcipuè peccauerat, perpetuò pareret: seruare propterea mustelam colorem ancillæ pristinum, cui flaui fuerant crines: & in domibus nobiscum, ut ante, uersari, eadem strenuitate præditam, ut Perottus refert ex Ouidij Metamorph. nono. Vide Onomast. nostrum. Alij ab ipsa gale quadrupede accurrente Alcmenæ partum facilè redditũ scribunt: Vide inferius inter religiosa. γαλήσιον, nomen loci, & mons prope Ephesum, Suidas & Varin. Stephanus Gallesium per l duplex, Ephesi urbem facit.

¶ b. Mus quem ziselum uocant in Austria, &c. magnitudine est mustelæ, Albertus. Leænas aiũt informes minimasque carnes parere, quæ magnitudine mustelarum sint initio, Plinius. Mus araneus colore mustelæ similis est, magnitudine muris: quare ab utroque animante composito nomine apud Græcos mygale uocatur, Aëtius. Talpa rostrum habet ut mustela, (ῥύγχος ὡς γαλῆς, lego ῥύγχος μυγαλῆς, id est ut mus araneus,) Hesychius. Aegyptij significaturi mulierem uiraginem, (ἀνδρὸς ἔργα πράττουσαν,) mustelam pingunt: αὕτη γὰρ ἄρρενος αἰδοῖον ἔχει ὡς ὀστάριον. quod hæc maris pudendum habeat (quod mas scilicet in eo genere pudendum habeat) uelut ossiculum, Orus.

¶ c. Mustelæ catuli, σκύλακες Nicandro, communi ferè ad huiusmodi animalium digitatorum fœtus uocabulo. Lycophron Medusam γαλῆν uocat, quoniam post defectum caput Chrysaorem & Pegasum ediderit, mustelæ more quæ per os parit, his uerbis, τῆς λαιμότμητος μαρμαρώπιδος γαλῆς. Simonides apud Stobæum in Sermone quo mulieres uituperãtur, diuersa mulierum ingenia recensens, singulas ex ijs quæ moribus referunt animalibus nasci fingit: & inter cætera, miserum ac triste illud mulierum genus esse scribit, quod è mustela creatur. Huic enim (inquit) nihil prorsus amabile, pulchrum, uel iucundum adest. Sed cum aliena sit (mustelarum scilicet & felium modo) à Venereo complexu, maritum fastidiet, & furando uicinis nocebit, & hostias sæpe nondum consecratas uorabit.

¶ e. Non allatrat canis caudam mustelæ, qua abscissa dimissa sit, habentes, Plinius & Aelianus. Tali sinistri hyenæ cinere decocto cum sanguine mustelæ, perunctos omnibus odio uenire, magi prodiderunt: idem fieri oculo decocto, Plin. Si in pelle mustelæ maris elaborata literæ exarentur, & sic alligetur dæmoniacis uel incantatis, confert, Albert.

¶ h. Polemarchum quendam periurum qui classem Corinthiorum euaserat, quoties noctu dormiret mustelarum morsibus infestatum fabulantur, & in desperatione tandem sibi ipsi manum intulisse, Heraclides in Politijs. Heliogabalus iubebat sibi decem milia murium exhiberi, mille mustelas, mille sorices, Lampridius. ¶ Mustelæ laudem & epicedion carmine condidit T. Vespasianus Stroza,

Stroza, sexto Eroticôn. ¶ Mustela quoque, sicut picus, à sinistra ueniens infausti ominis est, Alexander ab Alexandro. Alciatus in Emblematis sub titulo Bonis auspicijs incipiendum: Auspicijs res cœpta malis bene cedere nescit. Felici quæ sunt omine facta, iuuant. Quicquid agis, mustela tibi si occurrat, omitte. Signa malæ hæc sortis bestia praua gerit. Vide mox in prouerbio Mustelam habes. ¶ Aelianus tradit magos affirmare mustelam ab Hecate nutritam esse, quòd hæc dea amatorijs adhibeatur: nam eius uiscera his sunt apta, Volaterranus. Thebani apud Græcos mustelam religiosè uenerantur, & dicunt, Cum Herculem Alcmena parturiret, & parere non posset, hanc accurrisse, & parturiendi uincula dissoluisse: unde Hercules in lucem expeditius exierit, Aelianus. Alij non à gale quadrupede, sed à Galanthide ancilla hoc factum dicunt, ut superius dixi. Aegyptij colunt mustelam, quòd ea, ut multi adhuc putant ac dicunt, aure concipiat & ore pariat, quod symbolum est nascentis sermonis, Plutarchus in libro de Iside.

PROVERBIA.

γαλῆ κροκωτόν, Mustelæ (quanquam Erasmus feli uertit: nec refert quòd ad sensum prouerbij) crocotum, subaudiendum das, aut addis. Dici solitum quoties honor additur indignis, & quos haudquaquam decet. Aut cum datur quippiam ijs, qui munere non norunt uti: ueluti si quis à Musis alienissimo bellissimum donaret librum. Crocoton uestis genus est rotundæ ac fimbriatæ, qua diuites utebantur matronæ. Apud Nonium in dictione Richa, refertur inter uestes delicatas & crocoton. Sic enim arbitror legendum, Mollicinam crocotam, chirodotam richam. Ac teste Plutarcho quidam Herculem pingebant κροκωτοφόρον, Omphalæ seruientem. Sumptum adagium ab apologo Stratidis, quem alio loco narrauimus, Erasmus. Effertur & aliter, οὐ πρέπει γαλῇ κροκωτός, Vel τὸν κροκωτὸν ἡ γαλῆ, ut Suidas docet. Eiusdem sententiæ est, γαλῇ χιτών. Suidas obscurius interpretatur, ἀπὸ τῶν ἀδίκων καὶ μηδὲν ἀνύντων, nisi quid à librarijs erratum est. quamuis apud Apostolium quoque, qui sua ad uerbum à Suida mutuatur, sic legimus. Erasmus, & Varinus quoq; omiserunt. Erasmus crocoton non rectè neutro genere usurpat. Græcis enim κροκωτὸς masculinum nomen est adiectiuum: accipitur tamen substantiuè subaudiendo χιτῶνα. Κροκωτός, εἶδος χιτῶνος. ὁ δὲ ἐνέδυ τὸν κροκωτὸν χιτῶνα, ὑπὲρ τοὺς πλείονας εἰς αὐτὸν ἀπερίφερ. ὁ μὲν ἦν κροκωτός, ἔνδυμά ἐστι. τὸ δὲ ἔγκυκλον, ἱμάτιον, Suidas: atque idem repetit in dictione ἔγκυκλον. Crocota, crocei coloris uestis: Plautus Aulularia, Cum incedunt infectores crocotarij, Nonius. Recentiores grammatici crocotam uestem muliebrem crocei coloris interpretantur, Suidas ἱμάτιον (Scholiastes φόρημα) Διονυσιακόν, cum paulò post non ἱμάτιον, sed ἔνδυμα esse dicant. ἔγκυκλον uero aliud genus uestis à rotunditate dictum ἱμάτιον esse: hinc deceptus uidetur Erasmus, ut crocoton uestem rotundam diceret. Crocotos, tunica qua Bacchus utebatur, Pollux. Plura uide in Dictionarijs. Ἀλλ' οὐχ οἷός τ' εἰμ' ἀποσοβῆσαι τὸν γέλων, ὁρῶν λεοντῆν ἐπὶ κροκωτῷ κειμένην, Hercules de Baccho in Ranis Aristophanis. Hic Scholia, Κροκωτὸν ἐφόρει λεοντῆν, ἵνα ὡς Ἡρακλῆς. Ἡρακλέους γὰρ φόρημα ἡ λεοντῆ, κροκωτὸν δὲ, ἵνα ᾖ φοβερός. (ἐφόρει δὲ τὴν λεοντῆν ἵνα φοβερὸς ᾖ, Suidas.) Ἡ κροκωτὸς, γυναικεῖον ἐκ πλείονος ἐνδύματι. Et paulò post, Crocotus & cothurnus, muliebria sunt: spolium uero leonis & claua, uirilia. ἐφόρει γὰρ ἐπὶ κροκωτῷ λεοντῆν, ὡς Ἡρακλῆς. hoc enim erat gestamen Herculis. Vsurpatur autem hæc parœmia de rebus ualde dissimilibus. Leonis exuuium super crocoton, prouerbium apud Erasmum, quod nos etiam in Leone posuimus. Aristophanes in Ecclesiazusis κροκώτιον forma diminutiua dixit (ut Plautus crocotulam in Epid.) Blepyrus senex, ἀλλὰ τὸ τῆς γυναικὸς ἐξελήλυθα τὸ κροκώτιον ἀμπισχόμενος, ὃ 'νδύεται. Vir quidam, τὸ δ' ἱμάτιόν σου ποῦ 'στιν; Blepyrus, οὐκ ἔχω φράσαι. ζητῶν γὰρ αὐτ' οὐχ εὗρον ἐν τοῖς στρώμασιν. Ex his uersibus apparet etiam differentia inter ἔνδυμα, (quod induitur, ita nimirum ut supra caput iniectum demittatur, sicut propriè dictum indusium, & uestis muliebris, quam supra indusium mulieres sumunt:) & ἱμάτιον, quod est exterius, nec induitur, sed circumijcitur. Aliquando tamen indifferenter poni uidetur. Cæterum Blepyrus cum à lecto surgens indusium suum non reperiret, crocotula uxoris suæ forte reperta abusus est, non induendo scilicet, sed simpliciter circumijciendo: quod intelligitur ex uerbo ἀμπισχόμενος, Scholiastes exponit περιβεβλημένος. Et paulò ante: ἡμιδιπλοΐδιον, τὸ γυναικεῖον ἱμάτιον, ἢ ἀναβόλαιον γυναικῶν. ἀναβληδὸν ἐνδύεσθαι, induere in modum amiculi, amictim circumijcere. ἀναβληδὸν εἵματα φορέεσθαι, Herodotus: hoc est quasi circumiectim & obuolutim, Budæus. Ἐνάπτεσθαι & καθάπτεσθαι uerba de circumiectione uestis aut pellis circa humeros pertinentia, enarraui in Leone H. e. Duris Samius scribit Polysperchontem uirum summæ apud Macedones dignitatis, quamuis iam senem, si quando inebriaretur, ἐνδυόμενον κροκωτὸν καὶ ὑποδούμενον Σικυώνια διατελεῖν ὀρχούμενον, Athenæus libro quarto. Hercules infans recens natus κροκωτὸν σπαργάνων ἐγκατέβα, Pindarus in Nemeis Carmine primo: Vbi Scholia, εἰς κροκοβαφὲς ὕφασμα ἐπειδὴ σπαργανωθείς. κροκωτὸν δὲ, ἤτοι διὰ τὴν χρόαν τὸ κροκοειδὲς: ἢ διὰ τὸ κρόκης, τὸ ὑφαντόν. Sed redeo ad prouerbia: Germani eodem sensu, quo Latini Mustelæ crocoton, Suem diphthera induere dicunt, Einr sauw ein beltz anleggen. ¶ Mustela (Erasmus felem transfert: nec interest quòd ad rem ipsam & sensum prouerbij) fugiens pessimè pedit. ὡς ἡ σφονδύλη φεύγουσα πονηρότατον βδεῖ. In eos quadrabit qui discedunt non citra infamiam. Hesychius docet apud Atticos spondylen dici felem, (non felem, sed γαλῆν, id est mustelam.) Est apud Aristophanem γαλῆς δριμύτερον, de acido (acri) uentris flatu, Erasmus. Quod autem ibidem de sphondyla insecto scribit, nihil ad prouerbium: nec enim insectum ullum pedit: hoc etiam errat quod ibidem pro insecto serpentem dicit. ¶ Mustelam habes, γαλῆν ἔχεις: In eum quadrat, cui omnia sunt inauspicata, tanquam fatis ac dijs iratis, ut aiunt.

Olim creditum est hoc animal inauspicatum infaustumque esse iis, qui haberent domique alerent, ut non admodum dissideat ab illis equum habet Seianum, & aurum habet Tolosanum. Vnde nunc etiam apud quasdam gentes, nominatim apud Britannos, infelix omen habetur, si cum paratur uenatio, aliquis mustelam nominet, cuius etiam occursus uulgò nunc habetur inauspicatus. Adagium refertur à Diogeniano, Erasmus. Mustelam esse inauspicatam, supra etiam ex Alexandro ab Alex. & Alciato retuli. ¶ Mustela rapacior: Vide supra in B. ¶ Mustelæ seuum, γαλῇ στέαρ, subaudiendum das aut committis. Cum ea dantur, quorum qui accipiunt natura sunt appetentissimi. Gaudet enim hoc animal præcipuè seuo: Veluti si quis laudaret laudis auidissimum: aut ad bibendum prouocaret natura bibosum. Refertur à Diogeniano, Erasmus. Βατράχῳ ὕδωρ, καὶ γαλῇ στέαρ, ἐπὶ τῶν ταῦτα διδόντων, οἷς χαίρουσιν οἱ λαμβάνοντες, Suidas. Videtur etiam accommodari posse, si quis rem committat illi, qui eam omnino perditurus sit, ut lupo ouem: quo sensu Germanicum celebratur adagium, Feli lardum aut caseum committere. ¶ Mustela Tartesia: Vide supra in B.

DE MVSTELIS SYLVESTRIbus diuersis: & primum de MVSTELA syluestri seu rustica in genere, mox de VIVERRA, FVRONE, ICTIDE.

HACTENVS de mustela domestica, & simul iis quæ omni mustelarum generi communia habentur. Venio ad reliquas, nempe syluestres. Sunt enim plura earum genera, & quædam ueteribus ignota. Quanquam enim ut Græci ueteres ictidem & galen agrian, pro uno animali acceperūt: sic Latini pro eodem aliâs uiuerram, aliâs mustelam syluestrē uel rusticam dixēre: & furonem uulgò dictum docti plerique ueterum uiuerram esse consentiant, (cū & nomen ferè conueniat, & usus idem ad uenatum cuniculorum: & iisdem locis aliquot ubi Græcè ictidas legimus, furones barbari interpretes reddant.) Tamen ego ne quicquam confundere cuiquam uideri possem, de singulis istis nominibus seorsim agam. Distincta enim, si cui libebit, cōiungere: quâm confusa disiungere, multò procliuius erit.

¶ MVSTELAE syluestres (γαλαῖ ἄγριαι, Gaza uertit, cati syluestres) uenantur mures syluestres, Aristoteles. Papilio lucernarū luminibus aduolans inter mala medicamenta numeratur. huic contrarium est iecur caprinum, sicut fel (caprinum) ueneficiis ex mustela rustica factis, Plinius. Mustelarum duo genera: alterum in domibus nostris oberrat, alterum syluestre. Distant magnitudine. Græci uocant ictidas (uide plura de ictide infra.) Harum fel contra aspides dicitur efficax, cæterò uenenum, Plinius. Perottus hæc uerba non rectè de mustelis simpliciter legit: & pro cæterò uenenum, quod de felle tantum intelligitur, legit, Cætera sunt uenenum, quasi mustelæ totæ uenenatæ essent. Iocinerum doloribus medetur mustela syluestris in cibo sumpta, uel iocinera eius: item uipera porcelli modo inassata, Plinius. Marcellum Empiricum in his Plinii uerbis non uiperam, sed uiuerram legisse uideo. sic enim scribit, Viuerra tosta porcelli lactentis modo inassata, & cibo data ieiuno, miro modo iocinerOso succurrit. Syluestris mustela tota in cibo sumpto aduersus comitiales efficax est, Plinius.

¶ Theodorus Gaza ex Aristotele VIVERRAM uel mustelam rusticam pro ictide Græca uoce reddere solet. Ictis genus mustelæ rusticæ, quod uiuerram interpretor, magnitudine est, quàm Melitensis catellus minor, sed pilo, forma, albedine partis inferioris, & morum astutia mustelę similis. mansuescit maiorem in modum. officit aluearibus: mellis enim auida est. aues etiam petit, ut felis. genitale eius osseum est, ut antè dixi, & medicamento urinæ stillationibus esse putatur. datur per ramenta ex uino, Aristot. interprete Gaza.

Alibi etiam mustelæ simpliciter genitale osseũ esse scribit. Genitalia ossea sunt lupis, uulpibus, mu
stelis, uiuerris, unde etiam calculo humano remedia præcipua, Plinius. Canibus etiam ossea sunt,
Vesalius: & fibris, quod ipse obseruaui. Nemo autem arbitretur (inquit Albertus 2.1.4.) quòd quũ
dicimus osseam aut cartilagineam esse uirgam, intelligamus ueram cartilaginis essentiam, sed potius
substantiam cuius durities proportionem habeat ad os & cartilaginem: & quæcunq; est substantia
uirgæ, oporteat quòd habeat medium in tactu ut delectationis sensui conuenit. Atqui fibri genitale,
quod uidi, totum uno osse planè osseæ substantiæ constat: sensus uerò uoluptatis, neq; ad ossa neque
ad cartilagines pertinet, sed ad neruos, ac musculos uel tunicas quibus illi inseruntur: ut Albertus
prorsus ineptè hac de re locutus sit. Rasis interpres pro ictide furonem uertit. Furonis, inquit, pria-
pus perutilis est dolenti uesicæ, & stillicidio ac difficultati uesicę. Miscetur autem contrita inde drach
ma una cum modico caryophyllorum & bibitur. Ictidis genitale aiunt dissimile esse naturæ cætero
rum animalium, ut quod totum ossis instar solidum sit, (& semper rigeat,) quomodocunq; affectum
sit ipsum animal. Idem aduersus stranguriam præcipuum esse pharmacum aiunt, & propinari eius
scobem (καὶ δίδοσθαι ἀπεξυσμένον,) Aristoteles in Mirabilibus. ¶Magna propter uenatum cuniculorum uiuerris gratia est. Iniiciunt eas in specus, qui sunt multifores in terra, unde & nomen animali:
atq; ita eiectos supernè capiunt, Plinius. Idem hodie fit in hoc genere mustellarum quas uulgò furones uocitant. Quare & hanc & alias ob causas, ut paulò superius dixi, uiuerram à furone discrepare
non puto. Viuerras, hoc est mustelas rusticas Strabo importatas ait ex Africa. Sunt qui eas Græcè
ictidas appellari putent. Nunc Hispanum uulgus φωλεύτας: quoniam iniiciunt eas in multifores cu
niculorum specus, Hermolaus in Plinium 8.55. φωλεὸς quidem, speluncam, lustrum uel latibulum significat, sed maiorum ferarum proprie: quare uerbum φωλεύειν. de mustelis & cuniculis non dixerim. Grapaldus uiuerram scribit esse pholitam: ego pholeutam ipsum scripsisse puto ex Hermolao,
corrupisse autem librarios. Mihi quidem furonis uox originem Arabicam aut alterius linguæ barba
ram habere uidetur: nam & apud Albertum furo, & alibi furioz pro fele legitur, etsi Albertus ipse
hoc non animaduertit. Syluatico helutos (corruptè ut coniicio pro æluros) furo uel furunculus expo
nitur. ¶Viuerra (apud Plinium uipera legitur, ut paulò ante recitaui in Mustela syluestri) porcelli
lactentis modo inassata, & cibo data ieiuno, miro modo iocineroso succurrit, Marcellus.

¶FVRONIS, ut hodie uocant, pictura est, quam ab initio huius capitis uides. De hoc quædã
in præcedentibus (Mustela syluestri, & Viuerra) dixi: hîc reliqua addam. Furo quanquam inter
syluestres mustelas è nobis numeratur: in Anglia enim hoc genus syluestre reperiri audio: tamen facillimè cicuratur, & domi in capsis quibusdam ligneis alitur, ubi magnam ætatis partem somno consumit. sunt enim mustelæ omnes somniculosæ: sed quia temperamento sunt calido (quod apparet ex
eorum agilitate, & facili exasperatione ad iram, & excrementis odoratis, &c.) citius concoquunt alimentum, unde experrecti aliud quærunt, tum die, si nihil prohibeat, tum nocte magis propter timorem. Italia, Gallia & Germania hoc animal syluestre non habent, sed peregrinum & aduectum. Et
in Gallia quidem, præcipuè Narbonensi, à nobilibus ferè alitur, qui cuniculorum uenationi dant o-
peram. Vidi primum Nemausi, ubi unam huius generis bestiolam, si bene memini, coronato uęnire
aiebant: quæ scilicet ad capiendos cuniculos bene esset instituta. In Anglia, ut audio, syluestres capiuntur aut occiduntur, ne deuorando cuniculos inopiam eorum faciant. Miror sanè illic reperiri,
cum ex Africa primum, ut Strabo scribit, aduectæ sint ictides, quas uiuerras & furones docti interpretantur. Galli uocant furon uel furet, aliqui male proferunt fuson & fuset. Hispani hurón, uel fu-
ram. Angli feret, uel ferrette. Germani inferiores **frett.** qua uoce uoracem significari aliqui putant.
ego à Gallica uoce furet uel Anglica feret, per syncopen fret efferri puto. Superioribus Germanis i-
gnotum est hoc animal: rarissimè enim ad eos adfertur. Ge. Agricola Germanicè interpretatur **fu-
rette**: aliqui puto **frettel** uocant. Frettæ inter galàs ponuntur: sunt autem opinor illa animalia, quę
Galli furones uocant, Latini uiuerras. Vtuntur eis pueri ad extrahendas de parietum nidis auiculas: immittuntur & in caua arborum, & inde auiculas unguibus referunt, Carolus Figulus. Angli e-
tiam, ut audio, in hunc usum furones adhibent, non mustelas. Non dubito tamen quin & mustelæ
idem faciant, ut in ipsarum historia scripsi. Vide in Ictide ex Nicãdro. Ex recentioribus Latinis, aut
potius Barbaris, alij furum, alij furonem, alij furunculum, alij furectum nominant. Furus à furuo
dictus est, unde & fur: tenebrosos enim & occultos cuniculos effodit, (subit) & eiicit prædam quam
inuenerit, Isidorus. Viuerra quæ cuniculos ex specubus exturbat, paulò maior est mustela domestica. Color ei in albo buxeus. Audax hoc animal & truculentum, ac omni ferè animantium generi
infensum atq; inimicum natura: sanguinem earum quas momorderit, ebibit: carnem non fermè co
medit, Ge. Agricola. Subiicit autem quòd **hamester** etiam, quem uulgò cricetum nominant, istius
sit generis: quem ego cur muribus potius quàm mustelis adnumerârim, in ipsius historia dixi. Cuniculi capiuntur hoc modo, (ut scribit Petrus Crescentiensis 10.35.) Venator magno strepitu excitato cuniculos pauentes fugat ad suos cauos: quò cum se receperunt ad singulos reticula extendit: &
per unum immittit furectum (uide an legi debeat furettum) quem cicurem habet, proprium inimicum cuniculorum, ore eius occluso quodam frenello, (paruo capistro,) ita ne os aperire ac cuniculos
mordere aut comedere possit, sed propellere tantum. At illi omnes expulsi reticulis obuoluuntur.
Plura uide in Cuniculis E, ubi tum alia quædam, tum Strabonis eadem de re uerba recitauimus, qui

galâs agrias istas uenatrices ex Africa aduehi scribit: quamobrem non ineptè mustelas Africanas aliquis appellauerit. Sed de Africanis mustelis nonnihil etiam supra dixi in Mustela domestica capite secundo. Furunculus putoriæ (sic Galli uocant iltissum nostrum) ualde consimilis est, paulò amplior quàm mustela. Color ei inter album & buxeum. Animal est animosum ac ferox. Coire dicuntur prostrati. (Albertus & alij quidam barbari de furonum coitu scribunt, quæ de æluris, id est felibus coëuntibus Aristoteles prodiderat. Ego non prostratos uel catos uel mustelas coire puto: sed ita in utroque genere ut mas fœminã ὀκλάζουσαν, id est cruribus in terram demissis & uentri ferè incumbentẽ superueniat. Vide in Cato C.) Fœmina cum libidine ardet, nisi maris copia detur, intumescit & moritur. Partu fœcunda est: nam septem uel octo fœtus simul perficit. Vterum gestat diebus quadraginta. Catuli recens nati, diebus triginta cæci sunt. A tempore uero quo uisum accipiunt, intra quadragesimum ferè diem uenari incipiunt, Author libri de nat. rerum. Quos ego uidi furones, circiter duos dodrantes longi erant, colore albo: sed uenter, si bene memini, in mare præsertim, pallidus erat, nimirum ab urina tinctus, ut in hermelinis quoque. Oculi planè rubebant, crura erant humilia. fœmina grauida perquàm somniculosa erat. אוח, oach, Hebraicam uocem, aliqui furonem uel furunculũ interpretantur: alij martem: alij cephum uel cercopithecum, ut pluribus in Mustela domestica dixi capite primo. ¶ Si caput lupi in columbario suspendatur, non accedet catus, uel furo, uel aliud columbis noxium animal, Rasis & Albertus. ¶ Catus, mus, furo & mustela, lædunt plus uulnere quàm ueneno, Arnoldus.

¶ ΦΕΡΈΟΙΚΟΣ animal est album simile mustelæ, quod sub quercubus & oleis nascitur (γινόμενον, uel uersatur potius,) & glandibus uescitur, ab Arcadibus sic appellatum, Etymologus & Hesychius. Hoc animal nisi mustelarum generis fuerit, quas etiam corpore refert, ignotum mihi fateor. Φερέοικος καὶ φερέοικος, ὁ κοχλίας ἢ ἡ χελώνη, id est cochlea & testudo, (Latinè ad uerbum domiportam dixeris, ut & Cicero alicubi cochleam:) Varinus: Vel animal maius uespa, Hesychius & Suidas.

¶ ICTIS, ἴκτις, paroxytonum, uel ut alij ἰκτὶς, oxytonum, è genere mustelarum syluestrium est, quarum qui unum solum genus cognouerunt, ut ueteres aliqui scriptores Græci, ictidem & mustelam syluestrem, omnino idem esse putant: cum plures mustelæ syluestres sint, ut in sequentibus apparebit. Gaza pro ictide reddit uiuerram: de qua, & obiter etiam de ictide nonnulla, in præcedentibus dixi. Georgius Agricola ictidem esse putat, mustelam illam quæ Germanis iltis uocatur: nam uocabula ictis & iltis pulchrè colludunt, una tantum litera uariante. Niphus ictidem, marturũ uel marturellũ interpretatur. In Acharnensib. Aristophanis quidã dicit se adferre omnia bona Bœotorũ, & inter cætera, ἐχίνους, ἀλώπεκας, σφονδύλας, ἰκτίδας ἐνύδρους, ἐγχέλεις Κωπαΐδας. Vbi Scholia, ἰκτίδας (qui accusatiuus est pluralis) interpretantur animal simile castori, pisciuorum: his uerbis, εἶδος ζώου ὡς εἰ κάστορα ἢ ἔνυδρον. (malim ἐνύδροι, id est lutræ.) ἔστι δὲ ἰχθυοφάγον. Apud Suidam & Varinum deprauata sunt hæc uerba. Cæterum in uerbis Aristophanis si distinguas post ἰκτίδας, ἐνύδρους substantiuè pro lutris accipies quod magis placet, sin minus, epitheton erit ictidum, tanquam illæ etiam in aquis uiuant, de quo mihi non constat. Piscibus tamen omne mustelarum genus uesci, non minus quàm feles, non dubito. Sed feles cum piscibus delectentur, ab aqua tamen abhorrent. Iltissos quidem nostros, de quibus inferius, Ge. Agricola, iuxta aquas interdum habitare & pisces uenari scribit. Ego à rusticis nostris ranas ab eis captari audio. (Fieri potest ut ictis etiam dicta sit quasi ichthis, à piscibus uorandis.) Ictis, ἴκτις, aues deuorat, animal astutum, (πανοῦργον,) maius & hirsutius mustela, alioqui simile: aliqui ἀγρίαν γαλῆν, id est mustelam agrestem uocarunt. Aristophanes cum à Bœotis uulpes, ictides, feles, animalia fœtida, in ciborum delicijs haberi scribit, hominibus illis tanquam nimium crassis & rudibus (unde & prouerbia aliquot nata) illudere uidetur. Io. Tzetzes Variorum 5. 8. ictinum, id est miluum auem à multis cum ictide terrestri quadrupede confundi scribit: quod ut meritò reprehendit, ita ineptè ictidem interpretatur ælurum, id est catum. Albertus in Aristotelis historiam 9. 6. pro ictide habet ankatinos, quod Auicenna (inquit) katyz appellat: & est apud nos animal pullos (gallinas) comedens, quod Galli fissau (uox corrupta uidetur) Germani illibezzum (lego iltizzum, uel potius iltissum) uocant: cuius pars sub gula & uentre præfert ruborem, sed in dorso est subnigrum. gallinas infestat & interimit: non edit autem, nisi prius omnes aut multas iugulauerit. Alij quidam obscuri authores ex Aristotele pro ictide habent ankacinor, cui tribuunt magnitudinem catuli canis leporarij, (sic enim legendum ex Alberto:) & prudentiam maiorem in minore ætate quàm prouectiore. Cuius quidem rei nec rationem nec testem adferunt. ¶ ἰκτιδέα, pellis æluri (id est catti,) Suidas. Tzetzes etiam, ut paulò ante citaui, ictidem interpretatur æluron, quod non probo. Κρατὶ δ᾽ ἐπὶ κτιδέην κυνέην, (pileum è pelle uiuerræ factum,) Homerus Iliados κ. de Dolone. Vbi Scholia monent aliâs legi, ἐπ᾽ ἰκτιδέην. Si legas κτιδέην, aphæresis erit: quæ tamen in primitiuo ἴκτις similiter admitti non potest: fieret enim κτὶς. quæ syllaba neque circunflecti potest, cum producta non sit: neque acui. monosyllabum enim acutum τὶς tantum reperitur. Γορικεφαλαιῶν, id est pileorum seu galearum genera sunt diuersa, & inter alia κτιδέη, κυνέη, & quæ propriè uocatur κυνέη, &c. Varinus. Vide plura in Cane. Κτιδέα (Κτιδέη, Suid.) εἶδος περικεφαλαίας ἐξ ἰκτιδος δέρματος. ἴκτις δὲ ζῶον γαλῇ παραπλήσιον. καὶ κτιδῶπις τέχνη, ἡ τῆς περικεφαλαίας. τινὲς δέ φασι δορὰν λύκου, Varinus. Hesychius habet, καὶ κτὶς (monosyllabũ, quod Scholiastes Homeri fieri posse negat) δὲ ἐστι ζῶον ὅμοιον γαλῇ, οὗ τὸ δέρμα σύνθετον εἰς περικεφαλαίας. ¶ Ictidis genitale commendari ad stranguriam, superius in Viuerra dixi. Eadem enim uiuerra Latinorũ uidetur,

uidetur, quæ Græcorum ictis est. ¶Locusta cum serpente pugnat, Aristoteles 9. 6. de histor. anim. Locusta Græcè ἀκρὶς est: Niphus dubitat an hoc in loco ἰκτὶς potius legendum sit, quanquam in suo codice ἀσπὶς habeatur. Ego uero ἀκρὶς, id est locusta rectè legi puto, qui sciam ophiomachum genus quoddam locustę esse ab impugnandis serpētibus nominatum. ¶I modo uenare leporem, nunc ityn tenes, uersus prouerbialis apud Plautum: Erasmus legendum putat ictin, quod ego in lepore h. reprobaui.

DE MARTE.

10

Martis figuram bis posuimus, quoniam duo genera nobis cognita sunt, quæ colore tantum differunt.

MARTES mustelarum syluestrium generis est: hoc nomen hodie plurimæ nationes Europæ commune habent, Itali, Galli, Hispani, Germani, Angli, terminationibus tantum differentes, & qui Latinè scripserunt barbari quidam recentiores, martam (márta Hispanicum est,) martarum, marturum uel marturellum nominare so-20 lent. Ex ueteribus hoc nomine solus opinor Martialis usus est, hoc uersu: Venator capta marte superbus adest: quod carmen Volaterranus memoria lapsus, aut error librariorum Horatio tribuit. Est autem generis fœminini, ut feles & meles eiusdem terminationis animalia. Cæterum martem dictam conijcio, quod Martia, id est pugnax & ferox bestia sit: iugulat enim mures, gallinas & aues cæteras, ut in-30 fra dicemus. Sed cum plura eius genera sint, recentiores pleriq; non satis distinxerunt, nec apta ex uernaculis linguis imposuêre uocabula. Carolus Figulus ictidem communi uocabulo mustelam syluestrem facit, quod species sub se comprehendat martam & putoriam. Sed martam in alias species non distinguit. Est & hoc mustelæ genus syluestre, quod Martialis martem, Germani martarum nominant. In saxorũ rimis & cauernis cubat. Domos ingreditur si-40 militer ut ictis, (putoriam sic uocat:) & necat gallinas earumq; sanguinem exugit, & oua exorbet, Ge. Agricola. Hoc genus nostri uocant **tachmarder / hußmarder / steinmarder / büchmarder**: hoc est, martem tectorum, uel saxorum, uel domesticam, uel fagorum. Versatur enim frequentius in magnis ędificijs ac templis, præcipuè sub tectis, (nec non in syluis circa fagos) & gallinas & oua rapit, Stumpfius. Martes istæ domesticæ, passim opinor in omni-50 bus aut plerisq; Europę regionib. habetur: martes uero propriè dictæ, quæ syluestres sunt, & quibus captis meritò uenator superbire queat propter pellium pretium, in syluosis tantum regionibus. Sed de syluestribus infra priuatim dicam: nunc de domestica agã, & quædam communia martium generi interseram. ¶Galli igitur & Itali martem domesticam nostram foinam, uel ut alij scribunt, fouinam nominant: alij foinum aut fouinum masculinè proferunt. Et laqueo uulpes, & decipe casse foinas, Calentius. 60 Sunt qui fouinum & marturellum pro eodem animali accipere uideantur, utroq; enim nomine felē interpretantur, ut pluribus dixi in Cato capite primo: ubi & felem omnino catum esse ostendi. Niphus cum alibi confudisset, rursus alibi (& rectè quidem, meo iudicio) distinguit, his uerbis: Felis est, dd quæ uulgò dicitur fouina: ictis, marturus uel marturellus: mustela uerò donula. Martẽ Germani & Angli uocãt marder uel matter. Itali marta, uel martore, uel martorello. Galli mardre. Illyrij & Poloni kuna. Eras. Stella à Brussis (qui Sarmatiæ puto adnumerãtur, ut & Poloni) gaynum uocari scribit: quæ uox accedit ad kuna. sunt enim g, & k, literæ uicinæ. Sed hæ nomenclaturæ, ut dixi, ad syluestres potius martes pertinent.

¶ Oach uocẽ Hebraicã Esaiæ 13. aliqui martem interpretantur, alij cephum uel cercopithecum. Vide in Mustela supra. Item zijm Hebraicam uocẽ, martes, aut uiuerras (ut supra dixi,) aut cercopithecos. ¶ Satyrium quadrupedem amphibiam apud Aristotelem aliqui (ut Niphus) marturum esse putãt, uel foinam quæ magis aquas petit. Vide supra in Satyrio mox post Lutram. Satherium, apud Auicennam kacheobeon uel kachyneon, Alberto uidetur esse martarus, animal fuluum, in gutture albũ, magnitudine felis. Idem fastoz uel fastor Auicennæ, qui Aristoteli castor est, ineptissimè genus martari facit, minus et nigrius prędicto. Anglia, ut audio, nullum genus martis habet: sed mustelas, furones & putorias. Marti magnitudo felis est, sed paulò longior, crura uerò habet breuiora, itemq; breuiores ungues. Totum eius corpus pilis in fuluo subnigris uestitur, excepto gutture quod candidum est, Ge. Agricola. In dorso fulua est, uentre & gutture alba sicut mustela, Albertus. Hæc cum scriberem cranium martis domesticæ inspexi, dentes in eo pręcipuè admiratus, ij sunt peralbi, inæquales, & asperi: Canini infra supraq; oblõgi eminẽt: inter quos trãsuersi linea recta sex parui incisoriorum loco habẽtur, quorum illi perexigui sunt quos inferior mandibula continet. Molares serrati, & quidã ex eis trianguli sunt, octoni infra, & totidem supra. Eorum ultimi in superiore parte oris, singuli utrinq; multò cæteris interius sunt, nempe in ipso palato. Dentes in summa, trigintaduo. Setę nigricantes à superiore mandibula retrorsum spectant.

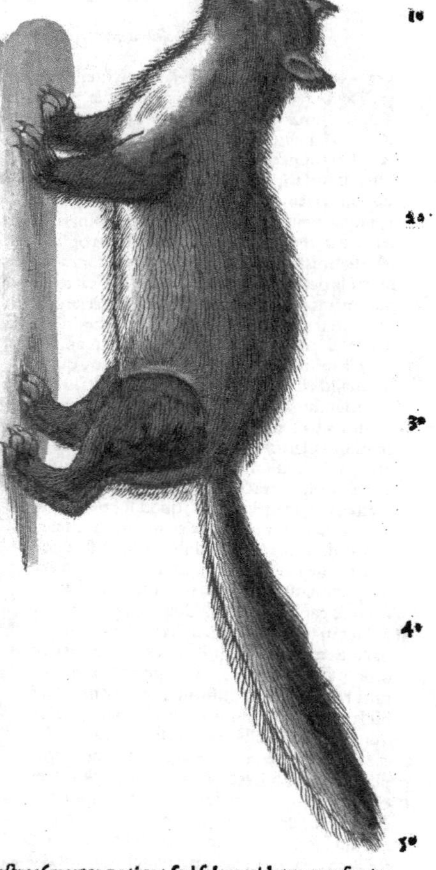

¶ Martis & mustelarum genera uix unquam quiescunt, etiam cum domi cicures aluntur, Albertus. Ego martem prorsus cicurem aliquando habui, canis quo cum nutriebatur amantissimum. quem in itinere etiam faciendo sequi solebat. Soluta uinculo, circa ædes & tecta uicinorum & lõgius quandoq; uagabatur, semper reuerti solita. Morsicatim sæpe cum cane & hominibus ludebat, et unguiculis supina, ut cati solent, nec lædebat aut minimum. Sed quoniam facillimè exasperantur, ut morsum grauissimè infligant, dentes, pręsertim caninos forcipe eis frangere quidam solent. Feles syluestres (martes potius: sed felem uidetur pro fouina accipere, ut Beroaldus & Niphus,) & mures, reddunt interdum moschi odore recrementum, ut sæpe in dirutis agrorum ædificijs uidimus. sed id acceptum ferendum est odoratis fruticum cibis, quibus aluntur, Ruellius: Ego hæc animalia, martes præcipuè, herbis aut fruticibus uesci negauerim. Alexander Aphrodisiensis problematum 1.29. causam inquirens cur ferorum animalium, ut damarum (προκῶν) & aliorum quorundam excrementa paulisper aroma oleant, nec ita fœteant ut urbanorũ: Quoniam ferè (inquit) cibo sicciori simplicioriq; uescuntur, laborantq; uehementer, (unde & difilantur magis, & calore abundantia plenius concoquunt.) ¶ Mustelarum omne genus, à pellionibus paratur ad uestitum. Martes præcipuè syluestres laudantur, ut paulò post dicam. Sunt qui martium & uulpium pelles podagricis insalubres esse dicant. Pileos uerò ex pellibus martis albæ, id est album guttur habentis, capiti salubres. ¶ Martorella, id est Valeriana uel herba cati, Syluaticus. Vide in in Cato. Ruta capraria à quibusdam taurina dicitur & martanica, ab alijs herba nesa, uel fœno-græcum syluestre, Monachi in Mesuen. Manardus in Italia à quibusdam gyarcham uocari scribit, Brasauola giargam. Et forte eadem fuerit quam Marcellus Empiricus cicharbam uocat, miscẽs eam alijs quibusdam medicamentis ad caput porriginosum & ulcerosum. Martanica uerò an à marte quadrupede dicatur uel aliam ob causam, incertus sum. Vide nonnulla super hac herba etiam in Capra a.

¶ Martem syluestrem Germani uocant, **feldmarder/wildmarder**: aliqui enim simpliciter hoc genus in domesticum & syluestre diuidunt. Aliud est mustelæ genus syluestre (inquit Ge. Agricola, interpretatur autem Germanicè **baummarder**, id est martem arborum) quod in arboribus uitam ui-10 uit, quod etiam uocabulo martis appellatur. Ea mustela syluas insolenter & rarò deserit, atque in hoc differt à superiore, (domestica marte:) & insuper quòd guttur eius lutei sit coloris, & quòd reliqui corporis pilus magis sit obscurè fuluus. Huius duo genera quidam esse censent: unum quod in fageis syluis uersatur; (nostri uocant **büchmarder**:) alterum quod in abiegnis, (**thannmarder** uel **fiechtmarder**:) atque id sanè est aspectu pulchrius, Hæc ille. sed martes à fagis cognominata, nec luteũ guttur habet, nec syluestris tantum est, sed circa domos etiam & saxa uersatur, unde eandem aliqui tectorum alij saxorũ martem in Germania uocant, ut supra dixi: duo enim solum martis genera pellifices nostri agnoscũt. Genus illud quod in abietibus nidum struit, multò est pulchrius quàm quod in fagis: sed miscentur inter se hæc genera: & martes fagi ferè sequitur martem abietum, tanquam nobiliorem, ut fœtum ex ea nobiliorem acquirat,) Albertus. Vtraque martis genera apud Hel-20 uetios habentur, & in regionibus quidem ac uallibus alpinis præstantiores quàm alibi. In Gallia audio martes abietum non haberi. Fagorum martes habitant in cauis fagis. Sed illarum quibus abietis cognomen addimus, multò meliores & pretiosiores sunt pelles. (Multę capiuntur apud Rhętos circa Curiam.) Animal ipsum exiguum est, uulpina ferè forma, nigro sciuro non multò maius: (ego tam paruum nunquam uidi.) Pellibus eius nobiles & principes uestiuntur, Stumpfius. Rusticus quidam narrauit mihi se hoc anno initio Aprilis in præalta abiete martem cepisse cum quatuor catulis: solere enim hoc genus in abietibus sciurorum instar nidificare. Quoduis genus martis, à tenero præcipuè, cum homine nutritum, planè cicur fit & colludendo etiam familiare, Idem. Fagorũ & abietum martes, ut & zobelli, bonitate cæteris omnibus eò magis præstant, quò plures pili candidi cum fuluis permisti fuerint, Ge. Agricola. Sunt apud Brussos hodie dictos nemora plena ani-30 malculorum, quæ indigenæ gaynos, Germani **marter** appellant, Erasmus Stella.

¶ Hæc scripserã quum in officina pellionis cuiusdam martium pelles aliquot inspexi. Visæ sunt autem mihi illæ quæ à fagis denominantur, Gallis foinæ (quod nomen similiter forte à fago factum est, quam arborem fau Galli appellant,) magis fuscæ maioreque cauda & nigriore quàm martes abietum, quas aliqui simpliciter martes uocant. Magnitudo utrisque eadem ferè. Sunt quidem pelles alię alijs latiores maioresque, aliæ angustiores, pro ætatis nimirum & sexus differentia. Longitudo utrisque plerunque ad duos dodrantes cum duobus uel tribus digitis insuper. Cauda martis, dodrantis cum palmo mensuram æquat: foinæ paulò longior & amplior est. Abietum martes etiam ex Polonia aliquando afferuntur, sed fusco ferè colore diluto, qui non probatur: quamobrem nostræ præferuntur, puniceo & fusco colore mixtis insignes, (**brünlecht**.) Placet enim hic color in dorso præcipuè pelliũ, 40 quarum præstantia ex hoc ipso, non gutturis colore magis minus'ue flauo æstimatur. Fagorum dictæ martes frequentiores sunt in alpium nostrarum lateribus quæ meridiem & Italiam spectant, abietum raræ: in oppositis partibus, quæ uersus nostras regiones & septentrionem sunt, res contra se habet: perpaucæ enim albo, plures flauo gutture inueniuntur. Egregia pellis è marte flaua, id est abietum, emitur apud nos ferè coronato, hoc est drachmis argenteis ferè duodenis, quædam octonis: albæ uero martis pretium triplo aut quadruplo minus est: plerunque enim ternæ uel quaternæ drachmis octo aut paulò minoris uæneunt. ¶ Lanzerucca sylua est Scandinauiæ longitudine ad octoginta miliaria, in qua martes & zobelli, &c. abundant, Olaus Magnus. Mardures & SCISMI sic dicta animalia apud Moschouitas abundant, Matthias à Michou. Populi quidam Sarmatiæ Europeæ ex sabellis, (zobellis) scismis & alijs animalibus pelles consuunt, Idem. Hungariæ Scythicæ prope Tanais ortum incolæ, duci Moscouiæ sabellorum scismorũque pelles pro tributo pendunt, Io. 50 Boëmus. Circa initium lacus Podamici oppidum est Brigantium, (**Brägentz**) cui sylua adiacet Brigantina, in qua martes reperiri audio noctu lucentes, **liechtmarder**, uel **zündmarder**: sed nostri pelliones nihil certi de ijs habent. ¶ De rosurella Martis genere dixi supra in Mustela B. De zobello inferius dicam, post putorium.

dd 2

DE PVTORIO.

PVTORIVS à putore dictus eſt, quia nimium fœtet, maximè cum iraſcitur, Iſidorus. Omne muſtelarum genus ira incitatum graue quiddam olet, ſed maximè id quod Germani iltis (aliqui iltes per e. in ultima ſcribunt) appellant, Ge. Agricola. Et alibi, Cum grauiter exarſerit malè olet: quocirca noſtri uiliſſimum quodꝙ ſcortum & maximè fœtidum pellem ictidos ſolent nominare. Exiſtimat enim muſtelam hanc ſylueſtrem Græcorum ictidem eſſe, quòd ictis Græcè, Germanicè iltis, una tantum litera differāt. In eadem ſententia eſt etiā Carol. Figulus. Ego ictidem uel commune nomen eſſe puto ad muſtelas ſylueſtres: uel ſi ad unam ſpeciem contrahatur, uiuerram, id eſt furonem uulgò dictum ſignificare, ut in Furone dictum eſt. Putorius animal eſt non ſecundum ſpeciem, ſed ſecundum genus determinatum, ſic dictum quia fœtet maximè cum iraſcitur: & hoc eſt quod uocamus martarum ſecundum omnem ſui diuerſitatem: & muſtela eſt eiuſdem generis, Albertus. Videtur autem putorium nomen generis facere, quod ſpecies diuerſas includat, ut prorſus ſit idem quod martarus, hoc eſt quæcunꝙ ſpecies martis: qua in re omnino eum errare dixerim: quamuis enim omnia muſtelarum genera, ut ſæpe dixi, cum iraſcuntur fœteāt: putorio tamen ſic per excellentiam dicto id maximè accidit. Galli ſane idem animal quod noſtri iltis ſua lingua putois (alij ſcribunt poytois) nominant, ut ex pluribus Gallis audiui & apud Carolum Figulum legi: Sabaudi pouttet: Angli fitche, uel ut noſtri pronunciāt fitſch: Illyrij uel Bohemi, tchorz: Poloni uijdra.

¶ Iltiſſus noſter (inquit Ge. Agricola) aliquanto maior eſt muſtela domeſtica, minor marte ſylueſtri, (Stumpfius marte corpulentiorē eſſe ſcribit.) Pilos habet inæquales, & nō unius coloris: etenim breues ſubfului ſunt: longi, nigri. qui ſic ex multis corporis partibus eminent, ut pellis diſtincta nigris maculis eſſe uideatur: circa os tamen candidus eſt, Agricola. Pellis iltiſſi, ut tractando obſeruaui, denſiuſcula eſt, ideoꝙ durabilis cum ueſtes ea fulciuntur, ſed quoniam ferè pinguiuſcula eſt, & grauius olet, minimi in genere muſtelarum pretij habetur, minoris etiam quàm uulpes. Plurimis odore ſuo caput offendit. Pellifices dicunt hyeme captas tum putorias tum martes meliores haberi, minusꝙ uiroſas odore, circa uer autem cum libidine pruriunt olere grauiſſime. Cauda iltiſſo breuior eſt quàm martibus, utpote duorum palmorum. Reliquo corpore longitudinem martium ęquat, uel parum excedit: circa collum iiſdem anguſtior, amplior & latior circa imum uentrem. Cauda inſuper, pectore & cruribus nigrior eſt quàm martes, ad latera flauior: deniꝙ multò fœtidior. Putorius ſicut & taxus, crura ſiniſtri lateris breuiora quàm dextri habet, (hoc ego in pelle iltiſſi falſum deprehendi.) Ardua domorum & penetralia habitat, gallinarum ac pullorum cupidiſſimus. Vt primū autem gallinam aut pullum ceperit, caput initio petit, Iſidorus. Iltiſſus habitat in riparum cauernis ubi lutræ & fibri more piſces captos comedit: & uerſatur in ſyluis, ubi prehendit aues: in domibus, ubi gallinas, (quare Plinius eam eſſe domeſticam dicit,) quarum ſanguinem exugit. ſed ne clamare poſſint, earum capita primò mordicus aufert: atꝙ etiam earum oua, quæ furari ſolet ac multa in unū congerere, exorbet, Agricola. Ego apud Plinium ictidem (hanc enim iltiſſum Agricola facit) domeſticam dici nuſquam reperio. Vnus tantum quod ſciam locus eſt, ubi mox poſt memoratam ictidem, domeſticæ muſtelæ mentio fit, ſed ita ut diſtingui clarum ſit. Putorij & martari omnes, muribus infeſti ſunt & gallinis, quibus primò caput & cerebrum auferunt ne clamare poſſint, Albertus. Hæc mihi ſcribenti ruſticus quidam narrauit ſæpe plurimas ranas inueniri in cauis arboribus, quas interemptas iltiſſi illuc congeſſerint. Sæpe uerſantur circa fœnilia, ſtabula & alia ædificia: gallinas & oua rapiunt. abundant in regionibus alpinis, Stumpfius. Videntur mediæ eſſe naturæ inter feras & placidas animantes. Furunculus putorio ſimilis eſt, Obſcurus.

DE

DE MVSTELA SOBELLA, ET ALIIS QVIBVSDAM.

MVSTELLARVM genus omnium pulcherrimum & nobilissimum est, quod Germani zobelam (zobel) uocant, Ge. Agricola. Illyrij & Poloni sobol, uel ut alij scribunt sobol. Eruditus quidam amicus noster murem Scythicum appellat: ego martem Scythicam potius uel mustelam uel ictidem Scythicam dixerim. Galli, ut audio, corrupta uoce martes soublines nominant. Aliqui, præsertim Itali, in prima syllaba non o. sed e. uel i. scribunt, aliqui a. quod non probo. Consonantem quoque initialem non z. scripserim, ut plerique, sed s. Nam Poloni, quorum regio uicina est locis illis unde ad nos mittuntur hæ pelles, sobol, ut dixi, nominant. Zobela in syluis ut martes degit: ea paulò minor, tota tamen obscurè fulua, præter guttur, quod habet cinereum, Ge. Agricola. Zobela martem refert, minor quidem ea, & cruribus breuior, sed omnino martium generi adnumeranda. Pili eius quocunque manu agantur, planum & æquabilem situm obtinent, nec ut aliorum animalium pili in aduersum acti rigent. Guttur medio ferè colore est inter album, quo martis domesticæ, & luteum quo syluaticæ guttur insignitur, (sic enim legendum puto, locus est mutilus.) Cætero nihil à martis colore differt, nisi quod elegantior est, Michaël Herus. ¶ Zebellinos leuium pilorum tenui canicie probatissimos, quibus nunc principum uestis fulcitur, & delicata matronarum colla expressa uiuæ animantis effigie conteguntur, Permij & Pecerri præbent; sed quos ipsi ab remotioribus etiam gentibus, quæ ad Oceanum pertinent, per manus traditos accipiant, Paulus Iouius in libro de legatione Moschouitarum. Hungaria Scythica non longè à Tanais ortu extat, & Ihura hodie dicitur, duci Moschouiæ tributaria. Pendunt enim eius incolæ pretiosas animalium pelles, sabellorum scismorumque, Ioan. Boëmus. Alba Russia siue Moscouia, qua parte Cronio mari accedit zebellinas armelinasque pelles nobilium ac matronarum delicias mittit, Authoris nomen excidit. Lituania ijs tantum mercatoribus aditur, qui pelles emunt zibillinas ab Italis appellatas: his loco pecuniæ qua carent (Lituani) omnia commutant, Volaterranus. Populi quidam Sarmatiæ Europææ, ex sabellis, scismis, & alijs animalibus pelles consuunt, Matthias Michauus. Lanzerucca sylua est Scandinauiæ cuius longitudo ad octoginta miliaria extenditur, in ea zobelli, martes & alia animalia capiuntur, Olaus Magnus. Zebellinæ pellium omnium longè pretiosiores pulchritudine & raritate: has mittunt sub extremis septentrionibus Lapones, Cardanus. Regio quædam Tartariæ est ubi abundant parua quædam animalia, quæ delicatissimas suppeditant pelles quas uulgò zebellinas uocant, Paulus Venetus 3. 47. Et alibi, Armelinorum & zebellinorum pelles apud Tartaros adeò pretiosæ sunt, ut quandoque uix pro duobus milibus Byzantiorum aureorum pelles pro una tunica sufficiant, Paulus Venetus. Pelles zobelæ ut pretiosissimæ sunt, ita maximè durabiles existimantur, Michaël Herus. Zobelinæ pelles pretij maioris sunt quàm panni auro texti. Etenim comperi optimas quadraginta numero, tot enim uno fasciculo colligari & unà uendi solent, plus quàm milibus numûm aureorum ueniisse. Mustelæ quidem horum trium generum (martes fagorum, martes abietum, zobela;) bonitate cæteris omnibus eò magis præstant, quo plures pili candidi cum fuluis permisti fuerint, Ge. Agricola. A pellificibus ipse audiui pelles zobelinas mediocris pretij, quæ pro una ueste fulcienda sufficiant, magna ex parte non minoris quàm mille aureis comparari: (aureum uoco, pretium octo denariorum uel drachmarum argenti:) à principibus uero interdum multò pretiosiores haberi. Sarmaticum murem uocitant plerique zibellum, Alciatus in Emblematis: Sed nos mustelarum non murium generis esse ostendimus. ¶ Fassi fron (sic peruerterunt Græcam uocem satyrion, quæ Aristoteli animal quoddam amphibium significat, de quo mox post Lutram diximus) est chebalus dictus Latinè, hirsutam & nigram habens pellem pretiosam ualde, qua utuntur ante pallia uaria, Albertus. Niphus Alberti uerbis negligentius æstimatis, satherium alterum animal amphibium apud Aristotelem, cebalum (chebalum, sic uocant zobelum) ex eo facit, satyrium uerò martarum. Ego ambos errare dixerim: & sobelos non Aristoteli solum, sed scriptoribus ante Albertum, quorum ad nos libri peruenerunt, omnibus incognitos, certe non memoratos esse.

¶ NOERZA quoque mustela sic uulgò dicta (Germanicè noertz, uel ut alij scribunt nertz uel nörtz) in syluis uersatur, magnitudine martis. pilos habet æquales & breues, atque colore ferè similes lutræ pilis: sed noerzæ pelles longè lutræ pellibus antecellunt. atque hæ etiam præstant si pili candidi cum reliquis fuerint misti. Reperitur hoc animal in uastis & densis syluis quæ sunt inter Sueuum & Vistulam, Ge. Agricola. Mihi pellifex quidam Francfordiæ narrauit noërzas ex Lituania haberi. Oblongæ sunt, magis ruffæ iltissis, eadem ferè odoris grauitate, toto corpore concolores. Quadraginta audio plerunque uendi septem aureis Germanicis & semisse, hoc est sexaginta denarijs argenteis. Hanc aliqui latacem esse putant, quod uictum ex aqua petat.

¶ VORMELA (Germanicè wormlein) minor est quàm uiuerra (id est furo,) & magis uaria. Etenim præter uentrem, qui quidem niger est, totum corpus albis, subluteis, rutilis, obscurè fuluis maculis decoratur. Cauda etiam quæ longa sesquipalmum, habet pilos cinereos cum candidis permistos, sed extrema parte nigros, Ge. Agricola.

¶Audiui à pellifice quodam inter peregrinas & nobiles mustelas, esse etiam quandam nomine SALAMANDRAM, sed certi nil habeo, si quæ tamen huiusmodi reperiatur, nomen ei fortassis à colorum uarietate impositum fuerit, qualis in salamandra lacerto flauis nigrisque maculis distincto spectatur.

¶CHIVRCAM mittit India occidentalis è mustellino genere, quæ ut simiuulpa, (de qua post simias dicam) catulos suos in crumena quadam sub uentre circunfert, Cardanus.

¶LARDIRONI si glires sunt, ut in Glire mihi uideri dixi, non mustelarum generi, ut Cardanus facit, sed murium potius adnumerari debent.

¶GENETHA etiam Cardano mustelarum generis uidetur, de qua in G. litera supra hoc in libro dixi.

NEADES, VEL NEIDES, VEL NAIDES.

EVPHORION in commentarijs scriptum reliquit, Samum cum olim desertissimã fuisse, tum in ea bestias feras, maxima magnitudine, nomine Neades fuisse, quarum sola uoce terra discederet (abrumperetur, Volaterran.) Indeque profectum esse id prouerbium, quod uulgò Samij dicunt, Maius in (forte, ui) Neadum. Idemque affert, earum ossa maxima uel sua ætate extitisse, Aelianus interprete Gillio. Prouerbij huius mentionem alibi nusquam reperio, nã neque Erasmus meminit. Volaterranus hunc locum transferens, hæc quidem uastæ magnitudinis animalia prouerbio occasionem dedisse scribit, sed prouerbium ipsum non exprimit. Et Cælius 21. 48. prouerbij prorsus non meminit, præcedentia tantum reddens, his uerbis: Samum initio fuisse desertam aiunt, & succreuisse in ea ferarum uim, quarũ audiretur intolerandus uelut barritus, quæ dicerentur Νηίδες, hoc est Neides. Quin & Heraclides in Politijs, Samum insulam (inquit) olim desertam animalium quorundam quæ ingentem æderent uocem copia habitasse fertur, nomine Νηίδες.

DE ORYGE.

CAPRARVM syluestrium generis sunt & oryges, soli quibusdam dicti contrario pilo uestiri & ad caput uerso, Plinius. Atqui Aethiopico etiam tauro, alij quàm rhinoceroti, pilum in contrarium uerti legimus. Oryx quid sit non est exploratum, Niphus. Idem in tertium Aristotelis librum de partibus scribens cap. 2. unicornem hodie dictum nõ esse orygem aduersus Albertum asserit. Domitius Calderinus apud Martialem, orygem pro hystrice ridiculè exponit. תאו, theo, uocem Hebraicam Hieronymus & Septuaginta Deut. cap. 14. ubi inter cibos puros numeratur, & Esaiæ cap. 51. (Filij tui iacuerũt mœrore affecti sicut oryx illaqueatus:) orygem interpretantur. ego potius bouem syluestrem esse sentio, ut Dauid Kimhi exponit, &c. Vide in Bubalo. Quærendum an dischon potius Hebræis orygem significet, pro qua uoce aliqui unicornem, alij pygargum reponunt: Vide in Pygargo inter Capras feras. Orygem perpetuò sitientem (aliàs sitientia, scilicet loca, quod magis placet, Africæ generant,) Africa generat, & natura loci potu carentem, & mirabili modo ad remedia sitientium. Nanque Getuli latrones eo durant auxilio, repertis in corpore eorum saluberrimi liquoris haustu (id est potu) uesicis, Plinius. Et Getulus oryx, Iuuenalis Sat. 11. Albertus & alij obscuri authores, liquorem illum adipson non intellecto Plinio, in uesica eius (urinam continente) inesse putant, quum Plinius multitudinis numero uesicis dixerit. Oryx bestia est capreæ magnitudinis, hirco ex parte similis, uillum habens sub mento, Author libri de nat. rerum. Capreæ similis, magnitudine hirci, barbata sub mento: in eremo uersatur, & facile decipitur laqueo, Albertus. Oryx (inquit Oppianus libro 2. de uenatione interprete Gillio) in syluis uersatur, feris infestissimus: colore est lacteo, excepto ore nigro, (solis in facie nigricantibus genis, παρειαῖς,) metaphreno siue dorso post caput gemino, id est amplo & crasso, & præpingui.) Cornibus excelsis, (in sublime rigentibus,) nigris, acutissimis, ea duritie & soliditate, ut ęs etiam, ferrum & saxum superent. (Eadem duritie monocerotis etiam & rhinocerotis cornua esse legimus.) Sed Græca poëtæ uerba apponam. ὀξεῖαι ὑψόθι δ' ἀμφὶ μετήοροι ἀντέλλουσιν αἰχμαί, πολυκτόνοι αἰνά (πικραί, δέρμαι, ὀξεῖαι, letales: sic πικρὸν ὀϊστὸν Homerus dixit,) μελανόχροον εἶδος ἔχουσαι, καὶ χαλκοῦ θηκτοῖο, σιδήρου τε κρυεροῖο, πέτρου τ' ὀκρυόεντος ἀφειότεραι (lego ἀρειότεραι) πεφύκασιν, ἰοφόροι, (mortem inferẽtes,) κοινοῖς δὲ φύσιν κεράεσσι λέγουσι. Postrema uerba sunt obscura: haud scio an aliquid desit. Videtur enim dicere uoluisse poëta, cætera cornua quadrupedũ caua & inania, orygis plena & solida esse: ut cerui etiam, unicornium et rhinocerotis, quæ similiter eandem ob causam æque durissima ualidissimaque sunt. Cæterum animo oryx immani & crudeli est: neque enim canis latratum timet, neque apri efferuescentem feritatem, neque tauri mugitum refugit, neque pantherarum tristem uocem, neque ipsius leonis uehementem rugitum horret: neque item hominum robore mouetur, ac sæpe robustum uenatorem occidit. Cum autem uel aprum uel leonem uel ursum uidet, statim inclinatis cornibus in terram caput (κραιαὴν κεφαλὴν) confirmat, ac inuadentis impetum manet, atque interficit. Inclinato enim capite oblique quodammodo & cornu

cornu protenso, sic illo irruentem in se feram excipit, ut peritus aliquis uenator diuaricatis crurib. leonem uenabulo. Facile autem in ferarum pectora, cornua orygis (ineptè hæc Gillius) illabuntur: unde illæ statim cruentæ suum sanguinem manantem lambunt. (Interdum inter se pugnant: hæc in Græco codice excuso non leguntur: quare Gillius aut malè uertit, aut uerba quædam legit in nostris exemplaribus desiderata: sed bene quadrant omnia, etiam si non ad orygum inter se pugnam, sed orygis & alterius feræ, ut leonis, uel ursi, referas.) Neque ubi semel pugna incœpta est, datur fugere. (Alterutrum necesse est uincere, aut mortuum iacere, Gillius: cum Græcè nihil tale habeatur, sed ita solum ut subieci:) Perimunt autem se inuicem mutuis cædibus. Sic strata cadauera amborum sæpe agrestes homines, pastores aut aratores, magna cum admiratione reperiunt, Hactenus Oppianus. Idem alibi rhinocerotem, non multo oryge maiorem esse scribit: cum alij rhinocerotem elephanto ferè parem esse dicant. Et alibi à lyncibus oryges infestari scribit, nimirum maioribus: quod nō pugnat cum ijs quæ paulò ante recitauimus, nempe leones, pantheras aliasque feras eum non refugere: quamuis enim non fugiat, mutua tamen ut dictum est cæde pereunt. Matutinarum non ultima præda ferarum Sæuus oryx, constat qui mihi morte canum, Martialis libro 13. Oryx bisulcus & unicornis est, Aristoteles & Plinius. Audio in Transyluania capram syluestrem unicornem reperiri, sed aliud præterea certi nihil habeo. Plinius quidem caprarum syluestrium generis orygem facit, à quo Oppiani oryx diuersus uidetur tum magnitudine tum animo: cum minime timidum eum faciat ut reliqua caprarum ferarum genera sunt, sed fortissimis etiam feris se opponentem. Cornua etiam Oppianus quot sint orygi non expressit: uidetur autē sentire non unum, sed duo ei cornua esse: quoniam semel atque iterum orygem in singulari numero nominans, de cornibus eius in multitudinis numero loquitur, ut πήξας τε παρὰ χθονὶ πικρὰ βέλεμνα: quanquam ibidem orygis κορθύοντα μέτωπα dicit, cū μέτωπον unum esse nemine dubitante constet, per licentiam poeticam. In cornibus uero quoniam dubitari potest, si unicum habere sensisset, omnino id exprimere oportebat: quod cum non faciat, cornua nec plura nec pauciora quàm in cornutis animalibus quæ omnes nouerunt, ei tribuisse uideri potest. Aelianum certe miror qui oryges quadricornes dixerit, si rectè transtulit Gillius: sic enim legimus: Tigres domitas, cicures pantheras, & oryges quadricornes ad suum regem Indi afferunt: sed forsitan in India tantum eiusmodi sunt. Sic fieri potest ut magnitudine etiam secundum regiones plurimum differant. Symeon Sethi capream etiam quæ moschum gerit, monocerotē esse scribit: quod si uerum est, aut eadem aut congener orygi fuerit: sed præter Symeonem aliorum nemo hoc tradit, nec ipse authorem adfert. Apud pastorales Afros præter alias feras nascuntur oryges (ὄρυες, lego ὄρυγες) τῶν τὰ (malim τῶν καὶ τὰ) κέρεα τοῖσι φοίνιξιν οἱ πήχεες ποιεῦνται. μέγαθος δὲ τὸ θηρίον τοῦτο κατὰ βοῦν ἐστι, Herodotus libro quarto. Hoc est, ex quorum cornibus cubiti fiunt instrumentis musicis quæ phœnices uocant, est autem hoc animal ea magnitudine qua bos. Φοῖνιξ, σπάδιξ, & λυροφοινίκιον, instrumenta sunt musica κρουόμενα, hoc est quorum fides digitis pulsabantur, ut cithara, chelys, &c. Pollux libro 4. initio capitis noni. πῆχυς, ut Grammatici interpretantur, brachium est citharæ, sic dicta eius pars à cubiti similitudine. Quamobrem non probo Laurent. Vallam qui ex Herodoto transtulit, quibus ulnales palmæ pro cornibus fiunt, ac si ex orygum capite aliquid instar phœnicis siue palmæ, ulnæ longitudine enasceretur, ridiculo certe sensu. Cum struthophagis Aethiopes qui Silli appellantur, bellum gerunt, orygum cornibus pro armis utentes, Strabo. Hinc cornua ista durissima & mucronata esse conijcimus, de longitudine enim non constat cum pilis ligneis præfigi potuerint. ¶ Et Getulus oryx hebeti lautissima (cœna) ferro Cæditur, Iuuenal. Sat. 11. ¶ Oryges apud Strabonem aliqui uocari putant marinas orcas, ut Hermolaus scribit in Castigat. in Plinium. ¶ Orynx, ὄρυγξ, animal est quadrupes dorcadi simile colore, (Albertus etiam capreæ simile esse scribit,) uel genus scaphij, (forte genus instrumenti fossorij batillo similis scaphium uocatur ἀπὸ τοῦ σκάπτειν, ut ὄρυγξ ἀπὸ τοῦ ὀρύττειν. nam scaphium, σκαφεῖον, πτύον quoque, id est uentilabrum interpretantur, cui eadem figura quæ his fossorijs. Recentiores aliqui scaphium ligonem faciunt, cuius alia est figura, sed usus similiter ad fodiendum. Et ride scaphium positis cum sumitur armis, Iuuenalis.) Item σκεῦος λαοζοϊκὸν, (lego λαοξοϊκόν,) hoc est instrumentum lapicidarum seu latomorum, quo scilicet lapides cæduntur, aut cauantur, aut poliuntur. (Sophocles instrumenta latyporum uocat λείας & γλαφίδας. ἡ δὲ σφῦρα τῶν λατόμων καλεῖται τύκος, Pollux.) Item genus piscis, Hesychius & Varinus. Sed ὄρυξ melius quàm ὄρυγξ dici uidetur: nam in obliquis quoque gamma simplex habet apud Orum, Plutarchum, & Oppianum, ut θυμὸς δ' αὖτ' ὀρύγεσσιν ὑπέρφιαλος καὶ ἀπηνής. ὄρυγες animalia quædam, Suidas. γύη, (malim γύης, postrema pars temonis, quæ iam incuruatur, & quam proximè ἔλυμα, idest buris sequitur, cui uomer inseritur: unde αὐτόγυον ἄροτρον, cui pars illa sponte incuruata, non ex alio ligno coniuncta est,) alio nomine ὄρυξ, Varinus: nimirum à fodiendo: recipit enim & continet hæc pars burim, cui inserto uomere terra foditur. Testudines quæ ad fodiendum comparantur, oryges Græcè dicuntur, Vitruuius 10. 21. Vbi Philander scholiastes, Suffossuri turres, inquit, aut mœnia urbis (Cæsar agere cuniculos dicit, quos minas uocamus) utebantur testudine fronte triquetra, ut missa tela dum in angulo consistere non possunt, per latera laberentur & reijcerentur: in ea machinatione comparati erant ad fodiendum homines, unde nomen accepit. nam ὀρύσσω fodio significat. ¶ Orygem appellat Aegyptus feram, quam in exortu Caniculæ contra stare & contueri tradit, ac uelut adorare, cum sternuerit, Plinius. Afri Aegyptios ob hoc rident, quòd orygem quo die horaque Canicula oritur uocem ædere fabu

dd 4

lentur: ipsorum quippe capras quoties cum Sole eodem planè loco stella hæc oritur, in ortum omnes conuersas eò respicere, atque hoc syderis eius reuolutionum argumentum certissimum esse, cumque decretis astronomicis prorsus congruere, Plutarchus in libro Vtra animalium, &c. Eadem apud Aelianum paulò aliter leguntur, quare adscribam: Aegyptij (inquit) dicunt orygem caniculæ exortum cognoscere: Libyci confidenter & fortiter asserunt, suum caprinum pecus similiter eiusdem stellæ exortum præscire: itemque pluuias præsentire. Aegyptij impurum (inquit Orus interprete partim Gillio partim Mercero) scelestumque notantes animum, orygem pingunt: quoniam ad ortum accedente Luna, intentis in deam oculis suspiciens, uociferatur: idque illius odio non amore eum facere ex eo liquet, quòd prioribus pedibus terram effodit (hinc fieri potest ut à fodiendo etiam nomen apud Græcos sortitus sit. Idem & à lupi quodam genere, aureum uocant, factitari apud Oppianum legimus:) & suas ipsius pupillas humi uelut pingens defigit (ζωγραφεῖ ἑαυτοῦ τὰς κόρας: Gillius pro his uerbis reddit, caput occultat. Vide num pro ζωγραφεῖ legendum sit aliud uerbum, ut ἐγκρύπτει, aut ἐπισκιάζει, aut simile) quasi indignabundus inuitusque deæ ortum aspiciens. Idem quoque in exortu dei, Solis inquam, efficit. (Sequentia tanquam obscura Gillius omisit.) Quapropter antiqui reges cum sibi ortum nunciaret horarum obseruator, huic insidentes animali per medium ipsum uelut gnomones quosdam, ortus rationem ac tempus accuratè certoque cognoscebant. (Græca sunt, διόπερ οἱ ἀρχαῖοι βασιλεῖς, τοῦ ὡροσκόπου σημαίνοντος αὐτοῖς τὴν ἀνατολὴν, ἐπικαθίσαντες (malim ἐπιστήσαντες, id est animum & consideratio-nem conuertentes ad hoc animal) τούτῳ τῷ ζώῳ, διὰ μέσου αὐτοῦ ὡς πινακός γνωμόνων, τῆς τ' ἀνατολῆς ἀκριβέστερον ἐγνώριζον.) Vnde & sacerdotes solam hanc inter uolucres non signatam comedunt: (τοῦτο μόνον τῶν πτηνῶν ἀσφράγιστον ἐσθίουσι, legendum forte κτηνῶν pro πτηνῶν. κτήνη enim dicuntur quadrupedes omnes quę ad cibum mactantur, impropriè uero etiam aliæ: quanquam nonnulli κτήνη & θηρία sic distinguunt, ut hæc fera, illa mansueta sint, teste Varino:) quòd simultatem quandam cum dea exercere uideatur. Etenim quemcunque in deserto locum aquis scatentem nactus fuerit, posteaquam biberit, labris turbat, lutumque aquæ commiscet, ac pedibus in eam puluerem conijcit, idque ut nulli alij animanti aqua sit ad potum idonea. Et sane quum dea omnia quæ toto orbe sunt utilia gignat, augeat ac uegetet, ingratus & impius in eam oryx uideri debet, Hæc Orus. Apud Aegyptios qui Serapidem colunt, ex eo orygem malè oderunt, quòd ad Solis exortum conuersus, sicut Aegyptij ferunt, aluum deijciat, &c. Aelianus. Oryx oriente cane mirabiliter exultat, quasi tunc conualescat, Alber. Quum oritur Canicula naturaliter tripudiare uidetur, corpore scilicet eius manifestò percipiente imbrem & frigus præterijsse, & instare uapores ignei Solis, ut uestiatur terra floribus, herbasque proferat & fructus. Est enim frigoris & niuium impatiens, Liber de nat. rerum sine authore. Feræ pecudes, ut capreoli damæque, nec minus orygum ceruorumque genera, & aprorum, modo lautitijs & uoluptatibus dominorum seruiunt, modo quæstui ac reditibus, Columella 9. 1. Et aliquanto post, Nec uero patiendus est oryx, aut aper, aliusue quis ferus ultra quadrimatum senescere: nam usque in hoc tempus capiunt incrementa, postea macescunt senectute: quare dum uiridis ętas pulchritudinem corporis conseruat, ære mutandi sunt. Orygem quidam ætatis nostræ scriptores, fœminino genere non rectè efferunt: nam Plinius, Oppianus, Plutarchus, Orus, masculino tantum genere utuntur.

¶ Epitheta. Oryx Getulus, Iuuenalis. Sæuus, Martialis. ὀξύκερως, ὁμοιούμενος ταύρῳ, ἀγριόθυμος, ἐρυθρός, ὑπόφιλος, ἀπηνής, ἀδυκτής, δαφοινός, omnia apud Oppianum.

DE OVE.

A.

Hebraei diuersa habent nomina, quibus ouem & genus ouillum significat. צאן, zon, ouis, grex ouium, indeclinabile, Geneseos 30. Inuenitur pro eodem צנה zoneh, Psalmo 18. Scribitur etiam צון zon. Dauid Kimhi (uide eundem 1. Reg. 25.) in libro Radicum rectè interpretatur pecus paruum agnorum & caprarum, ut generis nomen ad minora pecora (id est ouillum & caprinum genus) sit, sicut בקר bakar ad maiora. Septuaginta pro zon sæpe transferunt πρόβατα. Hieron. oues Amos 7. In principio Leuitici legimus oues & capras pecorum nomine demonstrari. Si obtuleris de pecoribus ἐκ προβάτων, agnum uel hœdum & ouē siue capram, Geneseos 4. Chaldæus ענא transfert. Vertunt enim Syri aliquoties zade in ain. (Hinc & anabula, ouis fera, id est camelopardalis.) Arabs גנאם genas, Persa גוספנד gospand. רחל, rachel, unde plurale rechelim, R. Isaac interpretatur כבשה kabsah, id est agnam, & Dauid Kimhi similiter. Est autem propriè ouis fœmina, ut kebesch mas à quo tamen fœmininum kibsah fit. Esaiæ 53. legimus, rahel nec lamah, id est ouis obmutescēs, Munsterus. Geneseos 31. Septuaginta pro rachel uertunt πρόβατα: Hieronymus oues: Chaldęus, רחלך rachlak, id est oues tuas: Arabs, אכאלך akalak: Persa חומישן תו chomeschan thu. כבש, kebes, cuius fœmininum kibsah, agnus & agna, adhuc anniculus: nam annum egressus dicitur איל aijl uel eel, author Dauid Kimhi. Abraham Esra etiam docet ail maiorem esse natu. Leuitici quarto kebes legitur fœminini generis. LXX. reddunt ἀμνάς. item Leuitici duodecimo legimus de immolando agno (kebes) anniculo; quare etiam alibi, licet non expressa unius anni ætate, docti

docti tamen eandem intelligunt. Leuitici 22. Chaldæus pro kebes uertit, אימר, **imar:** Arabicus interpres עגל, egl: Persicus ברח, barah. Kebes, inquit Munsterus, est agnus & grex agnorum, Hoseæ 4.
Vnde plurale kebasim Ezec. 46. Fœmininum kabsa & kibsah, ouis, agna, 2. Reg. 12. Plurale kebasoth
Genes. 21. Est & כשב, keseb, idem quod kebes, agnus, ouis. Plurale kesabim Genes. 30. (& Deut. 14.
ubi LXX. uertunt πρόβατα.) & fœmininum kisbah, Leuit. 5. שה, seh, ouem nostri interpretes plerunque reddiderunt: significat autem pecora minora, nempe oues & capras, tum fœminas tum mares.
שה, seh, inquit Mũsterus, est pecus, grex, aries, agnus, ouis, generis communis: accipitur autem pro
agnis & hœdis. תיש, taisch, plurale teiaschim, Abraham Ezra Genes. 30. pecus maculosum & uari
um intelligit. LXX. τράγυς, id est hircos transtulerunt, ut & Hieronymus. Geneseos capite 32. omnino pro hircis accipitur: Audio quosdã alicubi arietes uel totum genus ouium interpretari (quod nõ
probo.) Vide in Hirco A. Chaldęus reddit teiasiah, Arabs teius, Persa astarha. Taisch (inquit Munste
rus) est aries, uel secundum alios hircus minor qui antecedit gregem ouium, & facile ascendit rupes
& loca alta, Prouerb. 30. Plurale est teiaschim, hœdi, Genesis 30. טלה, thaleh uel theleh, (plurale the-
laim, Esaiæ 40.) author concordantiarum kebes, id est agnum exponit: Dauid Kimhi addit lactentẽ,
quique non comedit fœnum. Primo Regum cap. 7. pro טלה חלב theleh chalab, LXX. uertunt ἄρνα
γαλαθηνόν, Hieronymus & Iosephus agnum lactentem: aliqui non rectè pinguem transferunt. Epiphanius author est astronomos Hebræos ea uoce denominasse arietem in circulo signifero. Magistri
(inquit Munsterus) pro signo arietis cœlestis capiunt. קשיטה, kesithah, D. Kimhi & R. Salomon in
terpretantur ex sententia R. Akiba, qui testatur se profectũ in Arabiam, audiuisse quod מעה meah
numum uel potius denarium & siclum uocarint kesithah. Onkelus autem Chaldæus interpres Gene. 33. trãstulit חורפן chorphan. Septuaginta Gen. 33. et Iob. 42. ἀμνάς: Hieron. agnus & ouis: Abrahã
Esra, agnus uel ouis parua. Videntur autem docti à nostræ religionis hominibus agnam interpretari. Author concordantiarum, moneta quædam: Aug. Steuchus, denarius uel obolus: Nicolaus Lyra
nus, obolus. שה, seh, ouis uel capra, uide in Agno A. ¶ Aldan, id est ouium, in utroque sexu, Bellu
nensis. Videtur autem dan à Syris dictum pro zon Hebraico, zade mutato in daleth. Oues hodie
à Saracenis ganeme dici legere memini. Garien, id est pecora, Syluaticus. Hara garien, id est ster
cus pecorum, Idem. Alliat, id est caudarum ouium, Bellunensis. Ouis Græcis est πρόβατον, & ὄϊς ue
teribus: hodie uulgò προβατίνα, Vide in H.a. Latinè etiam pecus pecudis per excellentiã pro oue fre
quenter Plinius utitur: & Italis hodieque pecora dicitur. Gallicè brebis. Hispanis ouéia. Germanis,
schaaff. Anglis, sheepe. Illyrijs owcze uel skop.

B.

Pherecydes Gades Erythiam uidetur appellasse: ubi tanta pabuli lętitia perhibetur, quòd pascen
tium ibi pecudum lac serum non efficit, caseumque multum immiscentes aquam conficiunt: tantum

exuberat pingue. Tricesimo die animal suffocatur, nisi aliquid cruoris exhauriatur. Herba uerò quā pascuntur oues, sicca quidem est, sed incredibilem gignit aruinam. Quibus ex rebus fabulam de Geryonis armentis confictam esse, cōiecturas faciunt, Strabo lib. 3. ¶ Oues in Aegypto maiores quàm in Græcia fiunt, Aristoteles. ¶ Oues Pyrrhicæ in Epiro proueniunt, egregia magnitudine, à Pyrrho rege ita cognominatæ, Aristoteles. Apud Indos Psyllos (nam sunt etiam alij in Africa) oues magnitudine non superant agnos nostros, Aelianus. Aeschylides in libris de agricultura scripsit, minutissimas esse oues in Chio pabuli inopia, caseum tamen ex eis laudatissimum, Volaterranus ex Aeliano. ¶ Hispania nigri uelleris præcipuas habet, Polentia iuxta alpes cani: Asia rutili, quas Erythræas uocant, item Bætica: Canusium fului: Tarentum & suæ pulliginis. Istriæ Liburniæq́ pilo propior quàm lanæ, pexis aliena uestibus, & quam sola ars scutulato textu commendat in Lusitania: Similis circa Piscenas prouinciæ Narbonensis: Similis & in Aegypto, ex qua uestis detrita usu tingitur, rursusq́ æuo durat. Est & hirtæ filo crasso in tapetis antiquissima gratia: iam certe priscos ijs usos Homerus autor est. Aliter hæc Galli pingunt, aliter Parthorum gentes, Plinius. Et rursus, Lana autem laudatissima Apula, & quæ in Italia Græci pecoris appellatur, alibi Italica. Tertium locum Milesiæ oues obtinent. Apulæ breues uillo, nec nisi penulis celebres. Circa Tarentum Canusiumq́ summam nobilitatem habent. In Asia uero eodem genere Laodiceę. Alba circumpadanis nulla præfertur, nec libra centenos numos ad hoc æui excessit ulla. Generis eximij Milesias, Calabras Apulasq́ nostri existimabant, earumq́ optimas Tarentinas. Nunc Gallicæ pretiosiores habentur, earumq́ præcipuè Altinates. item quæ circa Parmam & Mutinam macris stabulantur campis, Columella. Heluetia cum alibi tum in summis etiam alpibus oues alit, idq́ altius quàm capras. capræ enim frutices sequuntur, qui excelsis cacuminibus desunt. Oues quasdam ex inferiore Germania nostri **Fleming** nuncupant, id est Flandricas, quæ mollem & crispam gerunt lanam. Oues pellitæ propter lanæ bonitatem, ut sunt Tarentinæ & Altinates, pellibus integuntur, ne lana inquinetur, quo minus uel infici rectè possit, uel lauari, ac parari, Varro. Lana quæ non mollis sed hirta fuerit, solox uocatur, ut & ipsum pecus, quod passim pascitur non tectum. Pascali pecore, ac montano hirco atq́ soloce, Lucilius. Ego ab lana solocia ad puram data, Titinnius. Tarentinas oues & nuces dicunt, quæ sunt terentinæ, à tereno, quod est Sabinorum lingua molle: unde Terentios quoq́ dictos putat Varro. Hinc molle Tarentum dixit Horatius, Faborinus apud Macrobium 3. 18. τέρενα Græci uocant τὰ ἁπαλά, id est tenera & mollia, Varinus. Oues Tarentinæ uocantur etiam Græcæ, & tectæ, quod sub tecto maiore ex parte alerentur, (ut colonicæ quæ hirsutæ sunt, in agro) uel quod propter uelleris pretium pellibus integerentur: quare & pellitæ & hirtæ Varroni dicuntur, item Asianæ. nam ut locis aut aliter etiam differant, mollitie tamen uelleris conueniunt. Ouium summa genera duo, tectum & colonicum. illud mollius, hoc in pascuo delicatius. quippe cū tectum rubis uescatur. Operimenta eis ex Arabicis præcipua, Plinius. De his plura dicam capite 5. ex Columella. Athenæus libro 12. oues ex Mileto & Attica, tanquam præcipuas commendat. Gadilonetica regio uocatur post Halyos ostia usq́ ad Armeniam, tota campestris: oues habet mollis pellis & lanæ, quod in tota Cappadocia atq́ Ponto perrarum est, Strabo libro 12. Ouillum pecus in Aethiopia lanæ inops, pilis camelorum hirsutum est, Aelianus. Sed de lanarum differentia dicetur pluribus in E. & e. ¶ Abydenas oues nullas uideri albas, sed nigras omnes ferunt, Aelianus. Et alibi, Aristotelis filius Nicomachus in Budianorum regione ait albam ouem nullam nasci, sed nigras omnes esse. Videndum ne pro Budiani legendum sit Abydeni, uel contra. Oppianus 2. de uenatione, tradit, in Gortynide & rufas & quadricornes esse oues, Aelianus. ¶ Oues in Ponto sine felle esse dicuntur, in Naxo autem felle duplici: Vide infra ubi de felle. ¶ Oues Indiæ & capras ad maximorum magnitudinem asinorū audio accedere. Quatuor fœtus cum plerunq́ pariunt, tres uerò cum minimum, nunquam minus tribus tum oues tum capræ. Caudæ ouillæ longitudo ad pedes usq́ pertinet. idcirco eas pastores ouibus matricibus abscindunt, quod tum sic facilius ineantur, tum ex earum adipe oleum exprimatur. Arietum quoq́ dissecant caudas: eatenusq́ deinde sectio coniunctissimè committitur, cicatricis ut ne tenue quidem uestigium appareat, Aelianus. In Syria oues sunt cauda lata ad cubiti mensuram, Aristoteles. Syriæ cubitales ouium caudæ, plurimumq́ in ea parte lanicij, Plinius. Ctesias ait apud Indos ouillæ caudæ latitudinem cubitalem esse, Aelianus. Præditas esse oues Arabiæ caudis insolitis & diuersis Herodotus scribit: earum sanè duo genera ponit, (quæ nusquam alibi uisantur) unum dicit caudas maxima magnitudine habere, ut dimetienti non tribus breuiores sint cubitis, quæ si trahantur, omnino ad terram atteruntur, & exulcerantur. At pastores ad fabrilem artem instituti, plostella fabricant, ad quæ quidem ipsa alligatæ caudæ nituntur & sustinentur, quo fit, ut à uulneratione defendantur. Alterum caudarum genus dicit esse cubitali latitudine, Aelianus ex Herodoti li. 3. Quæ ad Oceanum pars respicit supra fœlicem Arabiam posita, pecoribus, bubus, & ouibus magnas penguesq́ caudas habentibus abundat, Diodorus Siculus. Oues in calidis & siccis regionibus caudas multò latiores habent, lanam uerò duriorem: in frigidis uerò & salsis & humidis, lana eis mollior, cauda angustior, Albertus. Idem alibi scribit se uidisse plures oues, quarum caudæ latæ fuerint palmum (dodrantem) & amplius.

¶ Apud Garamantas ouillum pecus carne & lacte alitur, Aelianus. ¶ De ouibus in Aegypto, Africa, & Magnesia bis anno parientibus, & in Vmbria ter, dicam in c.

Oues

¶ Oues feræ reperiuntur, Aristoteles. Dionysius Afer ὄϊς ἀγραύλους uocat oues non feras, sed in agris pascentes & manentes sub dio. Oues quas pascimus ortæ sunt ab ouibus feris, sic capræ quas alimus à capris feris, Varro. Et alibi, Etiam nunc in locis multis genera pecudum ferarum sunt aliquot, ut in Phrygia ex ouibus, ubi greges uidentur complures. Cum in municipium Gaditanum ex uicino Africæ miri coloris syluestres ac feri arietes, sicut aliæ bestiæ munerarijs deportarentur, patruus meus quosdam mercatus in agros transtulit, & mansuefactos tectis ouibus admisit, Columella. Videntur autem arietes isti musimones fuisse, cum & feros & hirtos fuisse, & coire cum ouibus non detrectasse legamus, quæ tria etiam musimoni conueniunt. Oues feræ non multo quidem nostris ouibus domesticis maiores, sed certè ad currendum uelociores, & ad pugnandum fortiores, tum retortis cornibus, tum infestis & robustis frontibus armatæ, sæpe in syluis suillum pecus (σύας ἀιθυκτῆρας, apros impetuosos) ad terram abijciunt, & prosternunt: Interdum impetu facto inter se pugnant. Neque ubi semel pugna commissa est, fas putant fugere, imo frontibus consertis, alterutram est necesse aut uictoriam referre, aut stratam iacere mortuam, Gillius ex Oppiano. Quintus Fuluius leporarium dicitur habere in quo præter cætera animalia inclusæ sunt oues feræ, Varro. Montes esse aiunt in intimis regionibus Indiæ, ubi quæ apud nos bestiæ domesticæ sunt, feras aiunt esse, ut oues, capras, boues, Aelianus. Ad arietes agrestes, prouerbium: uide supra in prouerbio In capras feras. Ius in oui fero, describitur Apicio 8. 4. πρόβατα ἄγρια, id est oues agrestes cum senuerint, nutriuntur à sua prole, Tzetzes. Camelopardalin Aethiopes nabim uocant, animal aspectu magis quàm feritate conspicuum: quare etiam ouis feræ nomen inuenit, Plinius. A uoce nabis Albertus & alij uidentur anabula uocem detorsisse, pro eodem animali: quanquam etiam defenderit aliquis, quoniam ana אנא ouem significat, (Chaldaicè ut reor,) anabula posse ouem feram significare, ut turebalah (similiter Chaldaicè) bouem ferũ. Alberto quidem ana longè aliud est animal, de quo uerba eius supra statim post hyænæ historiam inter animantes hyænæ congeneres recitaui. Extat Gordiani sylua memorabilis, in qua picta etiam nunc continentur tum alia diuersa animalia, tum oues feræ centum: quæ omnia populo rapienda concesserat die muneris quod sextum ædebat, Iul. Capitolinus.

¶ De musimone, qui genus ouis syluestris est, & ouibus Creticis, dicam infra mox post Agnum. Videri potest & subus, σῦβος, ad syluestre ouium genus pertinere: nam Oppianus cum de ouibus Creticis egisset, quas colore flauo uel purpurascente esse scribit, quadricornes, non lana sed uillo ferè caprino tectas, subiungit: Quinetiam subus colore flauescit splendido, sed non æque uillis hirsutus est, & duo tantum ualida cornua supra latam gerit frontem. Idem amphibius est, & pisces deuorat, qui quidem ipsum natantem miro quodam siue odoris siue alio desiderio allecti gregatim sequuntur. Eiusdem generis colon κόλον etiam dixerim, ut Strabo uocat, quadrupedem apud Scythas & Sarmatas inter arietem & ceruum, uelociorem, corpore albicante, &c. ut supra in Coli historia dixi. Hodie snac (uel ut alij scribunt snak uel sniatky) appellari puto apud Moschouitas, candida est & sine lana: de quo hîc adijciam uerba Matthiæ à Michou, quæ in Coli historia omisi. Apud Tartaros (inquit) reperiuntur cerui, damæ, dorcæ, & snak. Id animal est magnitudine ouis, in terris alijs non uisum, lana griseum, duobus paruis cornibus præditum, cursu uelocissimum. Carnes eius suauissimæ. Horum animalium grex cum alicubi inter gramina in campo conspicitur, imperator Tartarorum cum equitibus suis eum circundat, in altissimis graminibus delitescentem. Et cum equites tympana incipiunt sonare, snaccæ tanquam metu perculsæ rapidissimè huc illuc ab una parte circunstantium ad alteram procurrunt, idque toties donec præ lassitudine deficiant: & ita ab irruentibus Tartaris cum clamore occiduntur. Hæc ille. Attribuit autem ei lanam, impropriè fortassis: lanis enim carere hoc animal audio, ut musimones etiam & oues Cretę. item colorem griseum, ego candidum esse audio: sed fieri potest ut inter utrunque medius sit: griseus enim siue cinereus aut canus, ad album accedit. Cæterum capi eas hoc modo, dum tympanis territę cursu subinde reciproco lassantur, uerisimilius mihi sit, quàm ut quidam referunt, defatigari eas ad tympana saltando.

¶ Color albus in ouibus cum sit optimus, tum etiam est utilissimus, quòd ex eo plurimi fiunt, neque hic ex alio. Sunt etiam suapte natura pretio commendabiles pullus atque fuscus, quos præbent in Italia Pollentia, in Bætica Corduba. Nec minus Asia rutilos, quos uocant ἐρυθρούς. Sed & alias uarietates in hoc pecoris genere docuit usus exprimere. Nam cum in municipium Gaditanum ex uicino Africæ miri coloris syluestres ac feri arietes, sicut aliæ bestiæ munerarijs deportarentur, patruus meus quosdam mercatus in agros transtulit, & mansuefactos tectis ouibus admisit. Eæ primum hirtos, sed paterni coloris agnos ediderunt, qui deinde & ipsi Tarentinis ouibus impositi, tenuioris uelleris arietes progenerauerunt. Ex his rursus quicquid conceptum est, maternam molliciem, paternum & auitum retulit colorem. Hoc modo Columella dicebat, qualemcunque speciem, quæ fuerit in bestijs, per nepotum gradus mitigata feritate, redijsse. Ad propositum reuertar. Ergo duo genera sunt ouilli pecoris, molle, & hirsutum. Sed in utroque uel emendo plura communia, quædam tamen sunt propria generosi, quæ obseruari conueniat. Communia in emendis gregibus ferè illa, si candor lanæ maxime placet, nunquam candidissimos mares legeris, quoniam ex albo sæpe fuscus editur partus: ex erythræo uel pullo nunquam generatur albus, Columella. Oues intonsas mercaberis: uariam & canam comam improbabis, quòd sit incerti coloris, Idem. Oues nisi lanatas emi non oportebit quò melius unitas coloris appareat, Idem.

Oues primum oportet bonas emere: quæsita ætate, si neq; uetulæ sunt, neq; meræ agnæ, quòd alteræ iam nondum, alteræ iam non possunt dare fructum: sed ea melior ætas quam sequitur spes, quàm ea quam mors. De forma, ouem esse oportet corpore amplo, quæ lana multa sit, & molli, uillis altis, & densis toto corpore, maxime circum ceruicem & collum: uentrem quoq; ut habeat pilosum: (Eadē Florentinus scribit in Geop.) itaq; quæ id non haberent, maiores nostri apicas (forte quasi ἀπόκας, à priuatione lanæ) appellabant, ac reijciebant: esse oportet cruribus humilibus, caudis obseruare, ut sint in Italia prolixis, in Syria breuibus, Varro & Crescentiensis. In ipsa oue satis generositatis ostenditur breuitate crurum, uentris uestitu: quibus nudus esset apicas uocabant damnabantq;, Plinius. Fœmina post bimatum maritari debet: iuuenis habetur quinquennis, fatiscit post annum septimum. Maiorem trima, dente minacem, sterilem repudiabis. Eliges bimam, uasti corporis, ceruice prolixa, prolixi uilli, nec asperi, lanosi & ampli uteri: nam uitandus est glaber & exiguus, Columella. Fœmina debet bima submitti, quæ usq; in quinquennium fœturæ necessaria est, anno septimo deficit, (Sed de ætate ouium, uide plura in c.) Eligenda est uasti corporis, & prolixi uelleris ac mollissimi, lanosi, & magni uteri, Palladius. Lana sit multa, mollis, nec coloribus uarijs distincta: oculi magni, crura prolixa, & cauda similiter. Tales enim sunt præstantiores ad agnorum educationem, Florentinus. Oues nec uetulæ sint, nec meræ agnæ. Ea quidem ætas melior est quam sequitur spes, quàm ea quam mors. Probantur etiam ex progenie, si agnos solent procreare formosos, Crescentiensis.

¶ Sunt quæ mollem quidem habeant pilum, sed minus tenuem, ut lepores contra quàm oues, Aristoteles. Et rursus, Oues frigidi tractus contra quàm homines afficiuntur. Scythæ enim molli sunt pilo: at oues Sauromaticæ duro. Timida animalia ferè molles pilos habent, ut ceruus, lepus & oues, Idē. Optimæ oues sunt quæ tenuem fluidamq; possident lanam: quæ enim incrispantur lanugine, eæ quidem natura languidæ habentur, Florentinus interprete Andrea à Lacuna. Græcè legitur, ἄρισται δὲ εἰσι πρόβατα, τὰ ἔχοντα ἔρια ἁπλωμένα. τὰ δὲ περουλότριχα σαθρὰ εἶναι τῇ φύσει διαβεβαιοῦνται. Ego sic uerterim, Maximè probantur oues, quibus rectæ & extensæ sunt lanæ: nam crispas (lanas) facilius natura corrumpi affirmant. Si quis non lanas, sed oues ipsas quarum crispæ sunt lanæ citius corrumpi asserat, huic non aliter responderim, quàm expectare me sententiam opilionis, aut hominis qui oues possederit uel curârit. Sues hybernum pilum non amittunt, cum cæteræ quadrupedes, ut canes & boues amittere soleant. Nimirum quoniam cæteræ quadrupedes magis obnoxiam frigori cutim habent, & pili refrigerati defluunt: sus uerò calidissimus est, & pilos habet pingui infixos, &c. Oues etiam ac homines propter sui pili tum densitatem tum copiam, non ita affici pulsu frigoris possunt: non enim altius refrigerationi subire licet, ut possit uel humorem gelare, uel calorem concoquendo seuocare, Aristoteles problem. 10.23. Et sequenti problemate causam quærit, Cur ouibus expilatis mollior pillus subnascatur, homini durior. Et deinceps, Cur ouium pili eo duriores sint quo prolixiores: hominum contra molliores quo prolixiores. De lanarum differentijs, secundum regiones præcipuè, nonnulla attuli superius. ¶ Infirmissimum pecori caput, Plinius. ¶ Ouis cerebrum squalidius est, id est minus pingue, Aristoteles. Cornua tenuiora fœminis plerunque sunt, ut in pecore, multis ouium nulla, nec ceruarum, Plinius. In Africa arietes statim cornigeri generantur, nec solum mares, ut Homerus scribit, sed etiam fœminæ. Contrà in Ponto per prouinciam Scythicam nullis cornua enascuntur, Aristoteles. Agni cur in Libya statim cornuti nascantur, ut Homerus etiam Odysseæ quarto testatur, supra in Boue H. b. ex Herodoto rationem reddidimus. Albertus testatur se uidisse arietem quatuor magna cornua in capite gestantem, & duo longa in cruribus caprinis similia. Oues in Anglia cornutæ sunt præter morem aliarum regionum, Munsterus. Ego non aliud differre Anglicarum ouium cornua à cæteris audio, nisi quòd ferè magna sunt, & in una pecude aliquando quaterna aut etiam sena reperiuntur. Oculi boum nigri sunt, ouium aquini, Aristot. de generat. 5.1. Cæteris animantibus cum careant manibus, despiciant prorsus in latera necesse est: itaque plus eorum oculi distant inter sese, & maximè ouium eò quòd maximè prono capite ingrediuntur. ¶ Boues & oues & alia simplicis ingenij (εὐήθη) animalia, oculos habent magis patulos, (πλατὺ δέδορκεν.) maligna uero & insidiosa, contra, Adamantius. Dentes continuos possidet bos, ouis, Plinius. Et alibi, Continui aut utraque parte oris sunt, ut equo: aut superiore primores non sunt, ut bubus, ouibus, omnibusq; quæ ruminant. Maribus plures quàm fœminis dentes in homine, pecude, capris ue. Oui pauciores sunt dentes quàm arieti, Aristoteles. Bidentes qui æstimant ob eam causam oues à Vergilio dictas, quòd duos dentes habeant, pessimè ac uitiosè intelligūt. Nam nec duos dentes habent, & hoc quidem & genus monstri est, & melius intelligi potest, si biennis dixerit authoritate Pomponij in Attellana. Mars tibi uoueo facturum, si unquam redierit (rediero, Macrobius,) bidenti uerre. Laberius paupertate, Visus hac nocte bidentes propter uiam facere: & Nigidius Figulus dicit bidental, quòd bimæ pecudes immolentur, Nonius Marcellus. Bidental dicebant quoddam templum, quòd in eo bidentibus hostijs sacrificaretur, Festus. Bidentes sunt oues duos dentes longiores cæteris habentes, Idem. Apud Macrobium etiam 7. 9. ridetur grammaticus, qui oues bidentes dici docuerat, quòd duos tantum dentes haberēt. Atqui hoc, inquit Auienus, uel nunquam contingere: uel si contingat, ostentum esse, & factis piaculis procurandum. Tum Seruius citato Pomponij ex Attellanis uersu, in quo uerrem bidentem legimus, ostendit, non proprium hoc epitheton esse ouis. Et Nigidius (inquit) in libro de extis, bidentes appellari ait non oues

oues solas,sed omnes bestias bimas.Et in commentarijs ad ius pontificum pertinentibus, legi bidennes primò dictas,d.litera ex superfluo(ut sæpe assolet)interiecta,sicut pro reire,reamare, rearguere, dicitur redire,redamare,redarguere. Ergo bidennes primum dictæ sunt, quasi biennes. Quamuis Higinus qui ius pontificum non ignorauit,bidentes appellari scripsit hostias, quæ per ætatem duos dentes altiores haberent, per quos ex minore in maiorem transcendisse constaret ætatem, Hæc Macrobius.Vide etiam Gellium lib. 16. Dentes ouium (inquit Petrus Crescentiensis) mutantur post annum unum & dimidium,nempe duo anteriores.& postea per sex menses mutantur duo proximi, deinde cæteri:ita quòd tribus annis uel ad summum quatuor eijciantur(omnes.) Sunt autem iunioribus dentes inæquales: in statu,æquales: ætate prouectis, discalcantur (sic loquitur,) minuuntur
10 & corrumpuntur. Duidens hostia, bidens, Festus. Ambidens siue bidens ouis appellabatur, quæ superioribus & inferioribus est dentibus, Idem. Ouis multiplicem uentrem habet, (ut cætera ruminantia,) Aristoteles 3. de partib.anim. A uentriculo lactes sunt in homine & oue, per quas labitur cibus, in cæteris ile,à quibus capaciora intestina ad aluum, Plinius. Testes pecori armentoq; ad crura decidui,Idem. ¶ Ouibus mammæ inter femina binæ, papillæq; binæ, Aristoteles. Oues capræq; in feminibus mammas habent binas, Plinius. Ouium & caprarum pars maxima habet fel, & quidem terris quibusdam adeò largè,ut exuperantia prodigij loco habeatur, ut in Naxo. Sed alijs quibusdam locis omnino carent, ut apud Chalcidem Euboicam parte quadam agri, Aristoteles de partibus libro 4. cap. 2. In iecore est fel, non omnibus datum animalibus:in Eubœæ Chalcide nullum pecori: in Naxo prægrande geminumq;, ut prodigij loco utrunque habeatur ad-
20 uenis, Plinius 11. 37. Oues in Ponto sine felle esse dicunt: contra in Naxo insula duplici felle præditas esse, Aelianus. Absinthium Ponticum appellatur à Ponto, ubi pecora pinguescunt illo, & ob id sine felle reperiuntur, Plinius. In regionibus perfrigidis cum niue & hyeme uehementi anni tempus infestum est, fellis expers est ouillum pecus: Intra enim ouilia compulsum, nouo pabulo non utitur. Deinde ineunte uere,cum ad pastiones proficiscitur,felle impletur,quod ipsum Scythicis ouibus usu maxime euenire solere aiunt,Aelianus. Asiæ regio Scepsis appellatur, in qua lienes minimos esse pecori tradunt, & inde ad lienem inuenta remedia, Plinius ni fallor. ¶ Ouium cæterarumq; quadrupedum renes æquabiles sunt, non sicut boum qui tanquam ex multis exiguis renibus compositi uidentur. Densius item seuum circa renes nascitur ouibus quàm cæteris animalibus,Aristoteles. Caulis caudæ uulpibus & lupis uillosus est, ut ouibus quibus procerior,Plinius.
30 De latis & longis ouium caudis in diuersis regionibus iam supra dixi. ¶ Ouis mirificè pinguis donata est regi Gallorum in oppido quodam Picardiæ anno 1547. cui altera ungula è duabus, nempe interior in utroq; pede,ad octo circiter digitos excreuerat, extrema parte sursum recurua instar cornu rupicapræ,ut oculatus quidam testis mihi narrauit.

C.

In quibusdam Heluetiorum montibus oues per summa cacumina pascuntur, cum capræ morentur inferius, ubi reperiunt frutices,qui cacuminibus desunt. Oues etiam somniant, Aristoteles. Præter hominem somniare pecora,capras,&c. Plinius. ¶ Balare,factitium uerbum est,proprium ouium. Oues dicimus balare, utique à sono ipso uocis, Festus. Exsacrificabat hostijs balantibus, Cicero 1.de diuin. Iam ne balare quidem aut hinnire fortiter diceremus,nisi iudicio uetu
40 statis niterentur,Quintilian. Tactaq; fumanti puluere balet ouis, Ouidius 4. Fastor. Grex balantum, Vergil.1.Georg. Quoniam satis balasti ò Faustule noster, Cossinius apud Varronem de re rustic. Non ineptè autem balasse dicit Faustulum, qui tractauerat & docuerat de ouibus, quarum proprium est balare. Agni balant, Aelius Spartianus. Balitare, frequentatiuum. Pastor harum dormit, quum eæ eunt Sic à pecu balitantes. Quæsitus matri multis balatibus agnus, Vergil.9. Aeneid. Aegri balatus, Ouid.7. Metamorph. Tener balatus ibidem, id est exiguus, qualis est agni adhuc tenelli. Tremens,Stat.10. Thebaid. Pecorum balatu sonant ripæ, Vergil. 4. Georg. Gustatum à pecore caprisq; pulegium,balatum concitat:unde quidam Græci literas mutantes blechon uocauerunt, Plinius. Theophrasto pulegium βληχὼ dicitur. γλήχωνα, id est pulegium, inquit Dioscorides,aliqui βλήχωνα uocarunt.quoniam gustatum à pecore cum floret pulegium,βληχὴν,
50 id est balatum in eis quàm primum excitat. βληχᾶσθαι,balare. Plura uide in H.c. Quorum uox mollis & remissa est,(μαλακή, ἄτονος,)mites sunt,sicut oues,Aristoteles in Physiol. Ouibus propriæ sunt uoces ad Venereum coitum,Aristoteles.

¶Non multò aliter tuendum est pecus caprinum in pastu atq; ouillum, quod tamen habet sua propria quædam, Varro. Oues radicitus herbas carpunt,& arbores destruunt,& plurimis plantis morsus earum est exitialis, Albertus. Pascua ad Solis occasum spectantia prosunt. itinera & labores extenuant, Aristoteles. Oues & capræ herba uescuntur. pascere oues sedulæ atq; stabiles solent. Capræ loca crebrò permutant,summaq; tantum contingunt,Idem. Ouibus frondem uiridem usq; dum habebis,præbeto. Vbi sementim facturus eris,ibi oues delegato, & frondem usq; ad pabula matura dato, Cato cap.30. De cibo ouium uide etiam quædam in Ariete c. Oues licet
60 in pascuis uberibus lanam acquirant molliorem secundum rationem pascuorum: tamen quia oues sunt animalia humidi temperamenti,meliorem lanam & molliorem faciunt ex pascuis tenuibus & salsis,quàm ex uberibus & dulcibus,& melius conualescunt in salsis & tenuibus pascuis, Albertus.

e e

Locis aridis pastæ melius conualescunt, & in locis palustribus morbidæ efficiūtur, Idem. De genere pabuli (inquit Columella) ut & ante diximus, & nunc eorum, quæ omissa sunt, meminerimus, iucundissimas herbas esse, quæ aratro proscissis aruis nascantur, deinde quæ pratis uligine carentibus, palustres, syluestresq́ minime idoneas haberi: nec tamen ulla sunt tam blanda pabula, aut etiam pascua, quorum gratia non exolescat usu continuo, nisi pecudum fastidio pastor occurrerit præbito sale, quod uelut ad pabuli condimentum per æstatem canalibus ligneis impositum cum è pastu redierint oues, lambunt, atq; eo sapore cupidinem bibendi, pascendiq́ concipiunt: at contra penuriæ hyemis succurritur obiectis intra tectum per præsepia cibis: aluntur autem commodissime repositis ulmeis, uel ex fraxino frondibus, uel autumnali fœno, quod cordum uocatur: nam id mollius, & ob hoc iucundius est, quàm maturum: cytiso quoq; & satiua uicia pulcherrimè pascuntur: necessariæ tamen, ubi cætera defecerunt, etiam ex leguminibus paleæ: nam per se ordeum, uel fresa cum suis ualuulis faba, uel cicercula sumptuosior est, quàm ut suburbanis exiguo pretio possit præberi: sed si utilitas permittit, haud dubie sunt optima, Columella. Pecori salem obijcere, Græci ἁλίζειν dicunt, Gaza ex Aristotele uertit salire. Quare pastores ouibus salem obijciant, Plutarchus quærit de causis nat. problemate 3. Sal etiam coitum mouet, debetq́ eis dari ante & post coitum, ut inferius dicetur. Vide nonnihil de sale etiam in E. Cogit aliquot corbulas uuarum, & frondem iucundissimam ministrat ouibus, Nonius Marc. ex Varronis de re rust. lib. 1. Opimat pecus olea, oleaster, aphaca, palea, herba: quæ omnia efficaciora sunt ex salsugine respersa. pinguescunt & hæc plenius præfatigata inedia triduo, Aristot. Aphace propter oues seritur, Athenæus libr. 9. Alexander Myndius dicit oues in Ponto amarissimo absinthio pingues fieri, Aelianus. Absinthium Ponticum appellatur à Ponto, ubi pecora pinguescunt illo, & ob id sine felle reperiuntur, Plinius. Absinthium marinum impinguat pecudes, Serapio secundum Dioscoridem. sed nostri Discoridis codices nihil eiusmodi habent. Ouibus fabæ largius datæ, copiam efficiunt lactis, Aristoteles: Vide inferius ubi de lacte dicetur, hoc in capite. Fabæ siliquæ caulesq́ gratissimi sunt pabulo pecori, Plinius. Cytisum in agro esse quàm plurimum refert: quod bubus & omni generi pecudum utilissimus est. quod ex eo cito pinguescit, & lactis plurimum præbet ouibus, Columella. Frutex est cytisus (de quo plura leges in Boue c.) ab Aristomacho Atheniensi miris laudibus prædicatus pabulo ouium, aridus uerò etiam suum, Plinius. Omnia pecora cytisum depasta lac multum habebunt, & simul embryon enutrient, Africanus. Luxuria segetum castigatur dente pecoris in herba duntaxat, & depastæ quidem uel sæpius nullam in spica iniuriam sentiunt. Retonsarum uerò etiam semel, omnino certum est granum longius fieri, sed inane cassumq́, ac satum non nasci. Babylone tamen bis secant, tertio depascūt, alioqui folia tantum fierent, Plinius. Et alibi, Sunt genera terræ quarum ubertas pectinari segetem in herba cogat. Eadem nihilominus & depascuntur. Quę depasta sunt, sarculo iterum excitari necessarium. Oues pellitæ (quæ propter lanæ bonitatem sub tecto ferè aluntur) quæcunq; iubentur uescuntur: ut folia ficulnea, & palea, & uinacea, furfures obijciuntur modicè, ne parum aut nimium saturentur. utrunq; enim ad corpus alendum inimicum. at maximè amicum cytisum & medica. nam & pingues facit facillimè, & gignit lac, Varro. Si ex caprarum uel ouium grege quæpiam eryngium herbam ore sumpserit, illam primò dicunt, ac mox reliquum gregem, tandiu à progrediendo subsistere, quoad de eius ore herbam pastor detraxerit, ut retuli in Capra c. Laserpitium & circunfodi solitum prodidère. nec purgari pecora, sed ægra sanari, aut protinus mori, quod in paucis accidere. Persico silphio prior opinio congruit, Plinius. Et rursus, Laserpitio uesci pecora solita, primoq́ purgari, mox pinguescere, carne mirabilem in modum iucunda. Et alibi, Laser multis iam annis in Cyrenaica prouincia non inuenitur. quoniam publicani, qui pascua conducunt, maius ita lucrum sentientes, depopulantur pecorum pabulo. Si quando incidit pecus in spem nascentis, hoc deprehenditur signo: oue cum comederit dormiente protinus, capra sternutante. In India, & maxime in Prasiorum regione, liquido melle pluit: quod in herbas, ac palustrium arundinum comas decidens, mirificas pastiones ouillo & bubulo pecori præstat: quod quidem ipsum à pastoribus eò, ubi dulcis plus roris de cœlo delapsum est, agitur: & sic illis pastionibus tanquam epulis iucunde accipitur, pastoresq́ uicissim prolixo epulo compensat: nam ex pecore suauissimum lac exprimūt, neq; sicut Græci faciunt, mel miscere & temperare habent necesse, Aelianus. In nostris regionibus, mel istud aëreum (quod Græci aëromeli & drosomeli uocant, Hebræi mannam, nostri himmelhung) bubus si forte in herbis comederint mense Maio, ualde noxium est. Ad Garamantas ouillum pecus carne & lacte alitur, Aelianus. In locis quibusdam Africæ, præsertim Aethiopiæ uicinis, oues carne & lacte nutriuntur, Strabo. Apollonium circa Indiam attigisse ferunt etiam Pegadem Oritarum regionem: ubi pecudes sint pisciuoræ, ea comedentes quæ minimè naturæ suæ conueniunt. Pastores enim piscibus illas alere consueuerunt, sicut in Caria ficubus easdem pascunt. Indi enim Carmani cognominati, mirè piscosum mare accolunt, Philostratus. Circa Calimos uicum Indiæ maritimum, Nearchus refert ouium carnes piscem resipere, ut auium marinarum: piscibus enim uescuntur, quòd regio gramen non ferat, Arrianus in Indicis. Et rursus non multò post, Apud Ichthyophagos prata non sunt, neq; gramen nascitur: quamobrem pecora etiam ipsorum piscibus siccis uescuntur. Oues Lydiæ & Macedonicæ ex piscibus pinguescere dicuntur, Aelianus. Ennius cum dicit, Propter stagna ubi lanigerum genus piscibus pascitur, esse paludem demon-

demonstrat, in qua nascuntur pisces similes ranunculis, quos oues consecratæ edunt, Fest. In prouincia Aden, equi, boues, cameli, & oues uescuntur piscibus, quorum ingens illic copia, & libentius quidem siccis quàm recentibus: nam propter immensum calorem herbis & frugibus carent, Paulus Venet. De plantis quæ in cibo sumptæ noxiæ aut uenenosæ sunt ouibus, dicam infra ubi de morbis earum: Et quædam de cibis earum, etiam capite quinto. Arabes dicunt ouium greges apud se musica plus sanè quàm cibo pinguescere, Aelian. Musicis sonis delectatæ melius pascuntur, Albert. ¶ Oues ruminant, ut quæ superiore dentium ordine careant, Aristot. Prouidendum est in hoc genere ut pabuli ubertate saturentur, & longè pascantur à sentibus quæ etiam lanam diminuũt, & corpus incidunt, Crescentien. Pinguescit potissimum ouis ex potu: quamobrem æstate salem da re die quinto soliti sunt, singulis centenis singulos modios: sic enim pecus incolume, atque pinguius redditur. Frequens igitur salis usus eò pertinet, quando & paleis copiam salis admiscent, ut sitibundæ plus aquæ hauriant: & autumno cucurbitam sale contactam afferunt: quod lac etiam auget: & agitatæ quoque meridie, plus postmeridianis bibunt: fœtis (post partum, Albert.) distenta ubera pendẽt, quibus salis abunde est, Aristot. Rasis & Albert. Apud Rasim tamen locus mutilus est.

At cui lactis amor cytisum lotosque frequentes Ipse manu, salsasque ferat præsepibus herbas.
Hinc & amant fluuios magis: & magis ubera tendunt. Et salis occultum referunt in lacte saporem,

Vergil. Pecus potu pinguescit, ideo sal illis aptissimus, Plin. Oues sale delectantur, quòd is in cibo potionis desyderium moueat, Aelian. Aqua ouibus autumno commodior aquilonia quàm austrina est, Aristot. Aquam multam & turbulentam bibentes obesiores plerunque fiunt, Albert. Ex Anglo quodam accepi non sitire ouem nisi uiderit aquam: ea autem uisa etiam non sitientem bibere: hoc an in Anglia (quæ ouibus abundat) magis quàm alibi accidat, nondum exploraui. In Hispania audio uellera ouium eo nobiliora fieri, quo minus biberint oues. Rore cœli in Anglia sitim sedant greges, ab omni alio potu arcentur, quòd aquæ ibi ouibus sint exitiales, Cardan. Sui per æstatem sitis maximè est infesta: quare non ut capellam, uel ouem, sic & hoc animal bis ad aquam duci præcipimus, &c. Columella. Plura de potu ouium quære infra in E. In Cephalenia insula, cum omnia ubique pecora haustu aquæ quotidie recreentur, in ea pecudes maiore ex parte anni ore aperto ex alto uentos recipientes, sitim suam sedant, Valerius Max. 1. 6. ¶ Theophrastus tradit, in Macedonia qui candida sibi nasci pecora uelint, ad Aliacmonem ducere: qui nigra aut fusca, ad Axium, Plin. Confluentem candidi coloris efficientem Crathis fl. emittit. Nam ouillum & bubulum pecus, & omnis grex quadrupes, sicut Theophrastus ait, ex eo bibens, de nigro rufóue albus fit, Aelian. Eudicus in Hestiæotide (Vetus lectio, Hestia, quæ uox nusquam reperitur. Hermolaus Hestiæam mauult legere, quæ pars fuit Thessaliæ, Ptolemæo, Straboni, cæteris. Homero autem & Thucydidi oppidum in Eubœa. Stephanus & in Acarnania urbem huius nominis tradit) fontes duos tradit esse, Ceronem, ex quo bibentes oues nigras fieri: Mellan, ex quo albas: ex utroque autem uarias. Theophrastus in Thurijs Crathim candorem facere, Sybarim nigritiam bobus ac pecoribus, Plin. De Crathide & Sybari fluuijs, uide Promptuarium nostrum, & Hermolaum in Plinium 31. 2. Oues flauas reddere Scamander amnis creditur: quamobrem Xanthum pro Scamandro nuncupatum ab Homero autumant. Et in Antãdria quoque duo sunt fluuij, quorum alter candorem, alter nigritiam pecoribus facit, Aristotel. Ad diuersam potionem colorum mutationem oues faciunt, quod quidem ipsum ex ui & natura amnium usu eis euenire eo anni tempore, cum ineuntur, solet: Itaque ex albis commutatio in nigras fit, contraque ex nigris in albas conuertuntur. Hæc autem cum ad Antandrum amnem accidunt, tum ad Thraciæ fluuium, cuius nomen Thraces accolæ tibi dicent, tum uero ad Troiam Scamander ex aqua sua potantes oues fuluas efficit: ex eo factum est, ut huic qui initio Scamander nominaretur, deinde aliud nomen aduentitius ouium color Xanthum imposuerit, Aelian. Varro opinatur duo in Bœotia esse flumina, natura licet separi, miraculo tamen non discrepante: quorum alterum si ouillum pecus debibat, pullum fieri coloris, quem induerit, (uidetur locus corruptus: legi potest, pullum fieri colorem uellerum.) Alterius haustu quæcunque uellerum fusca sunt, in candidũ uerti, Solin. cap. 13. Potus etiam facit, ut mares aut fœminæ gignantur, ut infra dicemus. Nota est historia Iacobi nepotis Abrahami: qui cum impetrasset à socero suo Labano, ut pecora omnia uaria & maculosa ouilli caprigenique generis sibi haberet, uirgas populi, coryli & castaneæ, decorticatas, ut Mũsterus uertit: (non quòd cortices omnino eis detraxerit, sed ita ut pars aliqua eorum delibraref, altera relicta, quò appareret colorum uarietas, Munsterus:) in aquas & canales, unde pecori bibendũ erat imposuit, ita ut inter bibendum eas aspicerent, quo facto mox maribus admissis, fœtus maculosi concipiebantur. Hos in lucem æditos, separatis omnibus qui maculosi non essent, in conspectum ouium matricum sub conceptum agebat, unde illę similiter ijs quos ante se conspexissent maculosos ædebant fœtus.

¶ Capris & ouibus cur plurimum sit lactis proportione sui corporis, inquirit Aristoteles Problematum 10. 6. uide in Capra C. Inter omnia animalia ouis diu lac præbet (respectu suæ magnitudinis, Albertus.) habet enim lac per octo menses, Aristoteles & Albertus. uide infra in E. Suillum & ouillum lac sero reddendo inepta sunt, Aristot. Salis usu lac augeri, & autumno esu cucurbitæ sale contactæ, supra dixi in mentione potus ouium: item cytiso, cum de cibis earum dicerem. Ouibus fabæ largius datæ copiam efficiunt lactis, Aristoteles interprete Gaza, sed Græcè sic legitur; πολὺ

cc 2

γάλα ποιεῖ κυάμων πλῆθος ὀλίγον, προσφερόμενον δ': hoc est, Lac copiosum reddit fabarum etiam parua copia in pabulo. Herba lanaria ouibus ieiuna data, lactis abundantiam facit, Plin. Galariade (lego, Galactite) lapide trito cum sale mista aqua, oliuæ (ouium) circunspergantur ubera, Albert. Cum sale mistus aqua oriente Sole purgato ouili aspergantur oues, & turgebunt lacte, Obscur. ¶ Oues crassiorem reddunt urinam quàm sui sexus mares, Aristotel. ¶ Menses oui & capræ tempore coëundi indicantur: quod idem post coitum etiam fit ad tempus, mox desistit, donec parturiant: tum denuò indicatur: quare pastores proximum esse partum intelligunt. A partu autem purgatio sequitur abunde: primum leuiter cruenta, postmodum ualde, Aristot.

¶ Oues & capræ anniculæ coëunt, atq; uterum ferunt: sed capræ potius. mares quoq; in ijs ipsis generibus eodem illo tempore ineunt, sed proles differt, quatenus præstantior ea est, quam senescentes mares & fœminæ procrearint, Aristot. Ouis debet bima submitti, quæ usq; ad quinquennium fœturæ necessaria est, anno septimo deficit, Crescentiens. Arietes & oues fœtæ, (matrices,) ad prolem probari debent cum in tertio anno consistunt, Florentin. Curandum est, ne minori quadrima, néue ei quæ excessit annos octo, proles submittatur: neutra enim ætas ad educandum est idonea: tũ etiam quod ex uetere materia nascitur, plerunq; congeneratum parentis senium refert: nam uel sterile uel imbecillum est, Columella. Oues parere usq; ad annum octauum possunt: & si bene curentur, uel in undecimum facultas pariendi protrahitur, (quod tempus ut plurimum ferè est tota uita ouis: in quibusdam tamen terris marinis, ubi sicca & salsa habent pascua, uiuunt per uiginti annos & pariunt, Albert.) & quidem fieri potest, ut etiam per totam ferè uitam coëant, tam mares quàm fœminæ, Aristotel. Et rursus, Coëunt tam oues quàm capræ, quandiu uiuunt. Oues & capræ terno aut quaterno coitu implentur, Aristot. intra quartum coitum, Plin. Ouis decem uel duodecim annis uiuit, & parit octo annis, Albert. Generatio bimis utrinq; (ouibus & arietib.) ad nouenos annos, quibusdam & ad denos. Primiparis minores fœtus. Coitus omnibus ad Arcturi occasum, quod est à tertio idus Maias ad Aquilæ occasum, id est xiij. calend. Augusti, Plin. Ouili pecori ab Arcturi occasu usq; ad Aquilæ occasum, Varro. Anima capris quàm ouibus ardentior, calidioresq; concubitus, Plin. In grege ouium si maiores natu tempestiuè libidine incitantur, annum esse felicem gregi pastores confirmant: sed si minores, infelicem, Aristot. Si minores natu prius coierint, pestem anno illo futuram portendunt: sin maiores natu tardius ad coitum moueantur, idem præsagiunt, Albert. Quæ aquam salsiusculam bibunt, maturius coëunt: nec solum ante coitum, sed etiam à coitu saliendum est (sal eis præbendus:) atq; etiam uerno tempore, Aristot. Capra oui similis est multis nominibus: initur quippe ijsdem temporibus. Quinq; mensibus ingrauescit fœtu, perinde ut oues, (idem Plinius scribit.) Geminos etiam parit ut plurimum, Florentin. Ouis & capra uentrem ferũt quinq; menses, Varro & Florentin. Ouis prægnans est diebus centum quinquaginta: itaq; fit partus exitu autumnali, cum aër est modice temperatus, ac primitus oritur herba imbribus primoribus euocata. Quamdiu admissura fit eadem aqua uti oportet, quòd commutatio & lanam facit uariam, & uterum corrumpit. Cum omnes conceperunt, rursus arietes secernendi. Ita factis prægnantibus, quod sunt molesti, obsunt: neq; pati oportet minores, quàm trimas saliri, quod neque natum ex his idoneum est, nec non ipsæ fiunt etiam deteriores. Minores, quàm trimæ, deterrent à saliendo fiscellis è iunco, aliáue qua re, quam alligant ad naturam. Commodius seruantur, si secretas pascunt, Varro. Pinguedo nimia impedit quò minus concipiant oues, Albert. Sunt in equorum itemq; ouium genere quæ nullam faciant prolem: sed multorum genus totum sterile est, Aristot. De ouium conceptu nonnihil etiam dicetur in Ariete c. Cur oues ad Agenoris lucum abigentes Argiui, ut ibidem ineantur efficiunt? An quia Agenor uir summa industria in ouibus tractandis fuit, & præ cæteris regibus plurimos possedit greges, Plutarchus in Græcanic. ¶ Arietis dextro teste præligato oues (fœminas) tantum gigni quidam scripserunt, Plin. Non procul à Patrensium ciuitate fluuius est Milichus, & post illum alius nomine Charadrus: ex hoc pecora tempore ueris bibentia, ut plurimum mares parere aiunt. Quamobcausam pastores in diuersam à flumine partem ea abigunt, (pecora cætera, ut oues & capras,) bubus tantum exceptis: tauri enim eis ad sacrificia & labores uaccis utiliores sunt. Inter reliqua uero pecora fœminæ maribus præferuntur, Pausanias in Achaicis. Mares aut fœminæ generantur ui, tum aquarum, tum admissariorum. Nam & aquæ faciunt, ut fœminæ mares'ue concipiantur. ad hæc, aquilonis flatu mares potius concipiuntur, austri fœminæ. Vis tanta est aquilonis, ut uel ea quæ non nisi fœminas pariant, immutet ad prolis masculæ procreationem. Spectare ad aquilonem oportet cum coëunt fœminæ: quæ mane iniri solent, marem, si serò diei admiseris, non patiuntur, Aristotel. Aquilonis flatu mares concipi dicunt, austri fœminas, Plin. Aristoteles uir callidissimus rerum naturæ, præcipit admissuræ tempore obseruare siccis diebus halitus septentrionales, ut contra uentum gregem pascamus, & eum spectans admittatur pecus: at si fœminæ generandæ sunt, austrinos flatus captare, ut eadem ratione matrices ineantur. (Idem ex Columella Palladius repetit, nec aliter Aelianus.) Nam illud quod priore libro docuimus, ut admissarij dexter, uel etiam sinister uinculo testiculus obligetur, in magnis gregibus operosum est, Columella. ¶ Si à coitu imber accessit, abortum infert, Aristoteles. Oues si grauidæ glandem copiosius ederint, abortum faciunt, ut sues etiam. Ouibus tamen constantius hoc glandibus esitatis accidit, Aristot. Docent pastores suas oues gregari, facto strepitu: nam si cum tonuerit aliqua relinquatur, quæ non concurrerit,

currerit, abortum, si est grauida, facit. unde fit, ut si quem domi strepitum moueris, omnes concurrant, propter consuetudinem, Idem. Tonitrus solitarijs ouibus abortus inferunt: remedium est congregare eas ut cœtu iuuentur, Plinius & Albert. Candidi, nigri'ue efficiuntur fœtus, si sub lingua arietis uenæ nigræ aut candidæ habentur: cuius enim coloris sunt uenæ, eiusdem & uellus est: uarium etiam, si plures uenarum colores sunt, Aristot. & Albert. Ouis aperto ore si inueneris nigricantem linguam, nigrum emittet fœtum: sin albam, candidum: si distinctam coloribus, partus similiter uariabit, Democrit. Ferunt quinq; mensibus tum oues tum capræ. Vnde fit ut locis nonnullis, quibus cœli clementia & pabuli copia est, bis pariant, Aristot. Gerunt partum diebus centum quinquaginta, postea concepti inualidi. Cordos uocabant antiqui post id tempus natos. Arietes primum uetustiores fœminas ineunt: nouellas enim minus persequuntur. Pariunt, ut dixi, iuniores pauciora quàm uetustiores, Aristot. Pariunt maxima ex parte singulos, sed aliquando & binos, & ternos, & quaternos, Idem. Pariunt geminos, tum pabuli beneficio, tum si pater aut mater uim eam geminandi per naturam obtineat, Aristot. Oues in Magnesia & Africa pariunt bis, Aristot. Problematum. 10.46. Apud Vmbricos aiunt pecora (τὰ βοσκήματα) ter anno parere, Idem in Mirabilib. Et rursus in eodem libro, Apud Illyrios ferunt pecora, (τὰ βοσκήματα: capras & oues intelligo) bis anno parere, & quidem plerunq; geminos: multa uero etiam ternos aut quaternos hœdos parere: quandoq; etiã quinos & plures: item lactis sesquicongium in diem ab eis emulgeri. Aegyptus tam abunde herbida est, ut bis anno oues ex sese pariant, bisq; tondeantur, Aelianus. In terris calidis & humidis bis concipiunt, sicut in Mesopotamia, Albert. Oues nimium obesæ difficulter pariunt, quædam in ipso partu moriuntur antequam absoluant. Canes, ut reliquæ paruæ quadrupedes monstra pariunt frequentius quàm maiores, Aristot. problematum 10.60. Et alibi, Capræ & oues, (ut & reliqua fœcundiora & multipara animalia) partus interdum monstrosos ędunt. Ouis à partu cur non sæuiat, Aristoteles inquirit problem. 10.37. ¶ Musimonum (sunt autem ueluti oues quædam syluestres, de quibus priuatim dicam post Agnum) è genere & ouibus natos prisci Vmbros uocauerunt, Plinius. Musmo ex capra & ariete nascitur, & cinirus ex oue & hirco, Albert. li. 22. in dictione Ibrida. Apud Rhætos Heluetijs confœderatos locis alpinis, audio aliquando nasci capras posteriore parte, anterius oues uel arietes: sed uiuere non posse, & paulò post partum mori: arietes enim cum senescũt ualidos & libidinosos fieri, & capras aliquando superuenire. Ex ouibus et arietum ferorum coitu fœtũ conceptum paternum colorem retulisse, eumq; similiter durasse per sobolem & nepotes deinceps: lanã uero in primò quidem fœtu hirtam, sed in nepotibus & deinceps mollem fuisse, in B. retuli ex Columella. Oues à partu (πρὸς οὖν τόκους. Albertus legit πρὸ τοῦ τόκου: uertit enim, Ante partum: sed utroque tempore dari conuenit:) sale fruentes, ubera magis lacte distenta demittunt, Aristot. Partus uero incipientis pecoris non secus quàm obstetricum more custodiri debet, neq; enim aliter hoc animal, quàm muliebris sexus enititur, sæpiusq; etiam quanto est omnis rationis ignarum, laborat in partu: quare ueterinariæ medicinæ prudẽs esse debet pecoris magister, ut si res exigat, uel integrum conceptum, cum trãsuersus hæret locis genitalibus, extrahat: uel ferro diuisum citra matris perniciem partum educat, quod Græci uocant ἐμβρυουλκόν (forte, ἐμβρυουλκὸν,) Columel.

¶ Cubant oues capræq; uniuersæ per cognationem, Aristot. Et rursus, Cubãt difficilius oues, quàm capræ: magis enim capræ quiescunt, accedûntq; ad hominem familiarius. Ouium semen (id est genus) tardius est, quo hæ sunt placidiores: contrà caprile mobilius, Varro. ¶ Vita ouibus ad denos annos, sed magna ex parte ad pauciores, Aristot. Oues Aethiopicæ uel ad duodecim & tredecim annos uitam agunt: capræ etiam ad decem & undecim, Aristot. Plinius capras tantum in Aethiopia usq; ad annos undecim uiuere scribit, nulla ouium mentione. Alia quædam de ouium uita & ætate, & in qua sint eligendæ, dixi superius in B. In quibusdam terris marinis, in quibus sicca et salsa habent pascua, uiuunt per uiginti annos & pariunt, Albertus sine authore: nisi forte tale quid apud Auicennam legitur. De mutatione dentium, & ætatis per eam cognitione, dictum est in B. Oues in bono statu manent usq; ad octo annos, & quædam usq; ad decem, si copiosè pascantur, sed quæ famem patiuntur, necessariò cito senescunt, Crescent.

¶ De sanitate sunt multa, sed ea in libro scripta magister pecoris habet, & quæ opus ad medendũ secum portat, Varro. Quod ad cibum & potum pertinet, tum aliâs tum ad sanitatem, superius dictum est. Mox etiam inferius uenena earum enumerabo. Equi muli & oues in Scythia, sæpe præ frigore moriuntur, Dionys. Afer. Capræ frigoris impatientiores sunt quàm oues, Aristotel. Porrò inter ipsas oues frigoris patientiores sunt, quibus cauda amplior, quàm quibus porrectior, & glabræ exutiores, quàm uestitiores: crispæ etiam algoris impatientes sunt, Idem. Et alibi, Iudicant pastores ouem ualidiorem, cum hybernis temporibus pruinam, quam susceperit, seruat. nam quibus uirium minus, parum prę sua imbecillitate constantes, discutiunt suo motu quantum susceperint. Albertus longè aliter siue uertit, siue peruertit, his uerbis: Oues excutientes à caudis glaciem, ferociores sunt, & melius ac diutius durant, non excutientes autem cito moriuntur. Valent melius oues quàm capræ: sed robustiores capræ quàm oues sunt, Aristot. Sanitas & infirmitas ouium (inquit Crescent.) certis signis cognoscitur: nam si aperiantur earũ oculi, & uenæ sint rubicundæ & subtiles, sanę sunt: Sin albæ uel rubicundæ & crassæ apparuerint, infirmæ. Item si manu apprehensæ in schina prope anchas (in spina dorsi prope coxendices) comprimuntur, nec flectuntur, sanæ & ualidæ sunt: si uero

cc 3

flectuntur, infirmæ. Itē si capite in pelle colli & ante tractæ uix trahi possunt, sunt sanæ & robustæ: si facile sequunt, infirmæ. Itē sanæ per uiā animosius incedūt: imbecilles molestius, & capite inclinato.

¶ Oues ne scabræ fiant, nec ricinis infestentur, & lanæ plus ut habeant, quid agendū, docebo infra in scabiei ipsarum mentione. Maro sciens lauari ouem, aut lanæ purgandæ, aut scabiei curandæ gratia, pronunciauit tunc ouem per ferias licere mersari, si hoc remedij causa fieret. Balantumq; gregem fluuio mersare salubri. Adijciendo enim salubri, ostendit auertendi morbi gratia tantummodo, non etiam ob lucrum purgandæ lanæ causa fieri concessum, Macrobius Saturn. 1. 16. Ouillum pecus quamuis mollissimum sit, ut ait prudentissimè Celsus, ualetudinis tutissimæ est, minimeq; pestilentia laborat, Columella. In Anglia cum æstates pluuiæ sunt, & cum pascuntur in locis uliginosis, & cum lingunt mane rorem (non omnis ros, sed certo quodam tempore, Maio præcipuè pecori noxius est. rorē in Anglia ouibus pro potu esse supra dixi) putrescūt et cōtabescunt eis uiscera, ut audio. ¶ Alysson si circa stabula plantetur, gregibus ouium & caprarum salubre esse perhibent, Plutarchus 3. Symposiacōn. De alysso uide supra in Cane G. inter medicamenta intra corpus sumenda ab ijs quos canis rabidus momordit. De uentriculo ciconiæ uel arietis, ouibus salubri, lege inferius in peste ouium. Pastores & opiliones absinthij flores aridos contritos, cum sale ouibus ac bubus præbent, quotidiana experientia edocti, omne genus interiores morbos absinthio curari, dolores sedari, & excrementa purgari, Tragus. Medetur ouium morbis decoctæ radicis centaureæ succus, Plinius. Cani nonnunquam offeres decoctum hederæ: quo exhibito saltem per septem dies, seruabis canis incolumitatem. nam ouem quoq; pastus hederæ seruat, Blondus. Hyphear ad saginanda pecora uisco utilius. Vitia modo purgat primo, dein ea pinguefacit, quæ suffecere purgationi. Quibus sit aliqua tabes intus, negant durare. Ea medendi ratio æstatis quadragenis diebus, Plinius. Ilex fructus aliquando quaternos habet, binos proprios, glandem & granum quoddam puniceum: & binos alienos, uiscum atq; hyphear, hoc à meridie, illud à septentrione. Aliqui uiscum, stelin & hyphear non aliter differre putant, nisi quod in diuersis arboribus nascuntur, alij uerò specie differre aiunt, cum & fructus ædant diuersos, & in eadem arbore aliquādo pars una stelin, altera uiscum uel hyphear proferat, Idem de causis 2. 33. Stelis uocabulum est Euboënsium, hyphear Arcadum, uiscum commune, Ibidem. Ouibus utile adiantum circa ouilia earum seritur, Dioscorides. Pecori utilissimos esse aiunt adianti ramulos in cibo, Plinius. Asplenos herba consumit splenem pecorum, ut copiosè dictum est in Boue. Caprino pecori eadem remedia conueniunt quæ ouillo, Columella. Nunc quemadmodum uitijs, aut morbo laborantibus subueniendum sit, præcipiemus, quanquam pars hæc exordij penè tota iam exhausta sit, cum de medicina maioris pecoris priore libro disputaremus, quia cum sit ferè eadem corporum natura minorum, maiorumq; quadrupedum, paucæ paruæq; morborum & remediorum differentiæ possunt inueniri: quę tamen quantulæcunq; sint, non obmittentur à nobis, Idem.

¶ Vendere oportet armenta reijcula, (i. duplici in secunda syllaba) oues reijculas, Cato. Reiculas Nonius (i. simplici) interpretatur ætate aut morbo graues, citans illud Varronis ex libro de liberis educ. Et ut in grege opilio oues minus idoneas remouere solet, quas reiculas appellat. Cinis lanæ ouis passionibus pecudum medetur, Plinius ut Aggregator citat. ¶ Febres accidunt ouibus, quæ cognosci & curari possunt, ut dictum est de febribus in tractatu boum, Crescentiensis.

Quin etiam ima dolor balantum lapsus ad ossa
Cum furit, atq; artus depascitur arida febris:
Profuit incensos æstus auertere: & inter
Ima ferire pedis salientem sanguine uenam,

Vergilius in Geor. (Prudenter Vergilius, inquit Columella, ouibus febricitantibus consulit de talo uel inter duas ungulas sanguinem emitti oportere. Nos etiam sub oculis & de auribus sanguinem detrahimus.) Et mox,

Quam procul aut molli succedere sæpius umbræ
Videris, aut summas carpentē ignauius herbas,
Extremamq; sequi, aut medio procumbere campo
Pascentem, & seræ solam decedere nocti,
Continuò ferro culpam compesce: prius quàm
Dira per incautum serpant contagia uulgus.

Agni febricitantes quomodo sint curandi, in Agni historia prosequar. Ouibus ægris & gregario aliquo morbo infectis, lac caprinum aqua permixtum bibendum dabis, Obscurus. Videtur autem hic potus in febribus tum alijs tum pestilentibus conuenire. nam & agnis febrientibus lac maternū pari mensura cœlestis aquæ miscetur, aut caprinum per corniculum infunditur, teste Columella. Nec capræ nec oues peste inficientur, si ex ciconiæ uentriculo aqua intrito, singulis cochleare unum infuderis, Quintilij. Aduersus morbum ouibus letalem, Ventrem arietis cum uino coques & aqua dilues, dabisq; ouibus in potu, Rasis & Albertus. Si ægrotat uniuersum pecus, ut & ante præcepimus, & nunc (quod remur esse maxime salutare) iterum adseueramus in hoc casu, quod est remedium præsentissimum: pabula mutemus, & aquationes totius regionis, & aliū quæramus statum cœli: curemusq;, si ex calore, & æstu cōcepta pestis inuasit, ut opaca rura: si inuasit frigore, ut eligantur aprica, sed modicè ac sine festinatione persequi pecus oportebit, ne imbecillitas eius longis itineribus aggrauetur, nec tamen in totum pigre ac segniter agere. Nam quemadmodum fessas morbo pecudes uehementer agitare, & extendere non conuenit, ita conducit mediocriter exercere, & quasi torpentes excitare, nec pati ueterno consenescere, atq; extingui. Cum deinde grex ad locum fuerit perductus in lacinias colonis distribuatur, nam particulatim facilius quàm uniuersus conualescit, siue

siue quia ipsius morbi halitus minor est in exiguo numero, seu quia expeditius cura maior adhibetur paucioribus, Columella. Prospicere maximè in ipso principio conuenit, ne in morbum pestilentem incidant oues. Vere igitur aduentante, elelisphacum montanum prasiumque herbas contundes, & per dies quatuordecim in potu eis temperabis: idem & autumno diebus totidem faciendum. Quòd si iam eas occupauerit morbus, eisdem remedijs uti conueniet: iuuat etiam ex cytiso pabulũ, arundinisque durissimæ radices teneræ madefactæ, atque in affectam partem admotæ, (ut And. à Lacuna uertit: sed melius Cornarius, arudinis durissimæ radices tenerrimæ in potu maceratæ. Græcè enim non πόπῳ sed ποτῷ legendum.) Oportet autem infectas in aliam regionem transferre, ne contagione sua sanas etiam uitient: quin & ipsæ dum alia aqua spirituque alio fruuntur, roborantur & conualescunt, Africanus in Geoponicis Græcis.

Balatu pecorum, & crebris mugitibus amnes,
Arentesque sonant ripæ collesque supini.
Iamque cateruatim dat stragem: atque aggerat ipsis
In stabulis, turpi dilapsa cadauera tabo,
Donec humo tegere, ac foueis abscondere discunt.
Nam neque erat corijs usus: nec uiscera quisquam
Aut undis abolere potest, aut uincere flamma.
Nec tondere quidem morbo, illuuieque peresa
Vellera, nec telas possunt attingere putres.
Verum etiam inuisos siquis tentârat amictus,
Ardentes papulæ, atque immundus olentia sudor
Membra sequebat: nec longo deinde moranti
Tempore, contactos artus sacer ignis edebat,

Vergil. in Georg. Seneca ab initio libri sexti Naturalium quæstionum, Pompeios celebrem Campaniæ urbem Regulo & Verginio consulibus, desedisse terræmotu, & quidem diebus hybernis, scribit, &c. Et in eodem libro cap. 27. Aiunt (inquit) sexcentarum ouium gregem exanimatum in Pompeianæ regionis motu. Nec est quare hoc putes ouibus illis timore accidisse. Diximus solere post magnos terrarum motus pestilentiã fieri. Multa enim mortifera (tum aër, tum aquæ) in alto latent. Quæ cum extra superficiem terræ erumpunt suo halitu & uapore, facilius pecora sentiunt, in quę pestilentia incurrere solet, quo auidiora sunt, & aperto cœlo plurimum utuntur, & aquis, quarum maxima in pestilentia culpa est. Oues uero mollioris naturæ quo propiora terris ferunt capita, corruptas esse non miror, cum afflatum diri aëris circa ipsam humum exceperint. Nocuisset ille & hominibus, si maior exijsset, sed illum copia aëris synceri extinxit, antequam ut ab homine posset trahi surgeret, Hæc Seneca. ¶ Oues si ab ardente Sole labefactentur, cadantque assiduè nec edant, agrestis betę (lapathi nimirũ) succus eis infundi debet: cogendæ sunt etiam ipsas betas comedere, Anatol. ¶ Si ob pastum insalubriorem uenter eis tumeat, sanguinis detractione curabis illas, tundẽs scilicet eas uenas, quæ supra labrum, & quę sub cauda circa sedem sunt. Infundere etiam conuenit sesquiheminam humani lotij. Quòd si uermes (σκώληκες) unà cum herbis uorauerint, idem faciendum est, Anatolius. Idem aut similis morbus est, quo (ut Gallus quidam non indoctus hæc mihi scribenti retulit) oues dicuntur uenenum in pastu cum herbis sumpsisse: quod fieri aiunt cum aër crassus, lentus, & noxius cum rore concretus in herbas decumbit, qualis etiam plantis & arboribus sæpe exitialis est. Ouibus inde statim ualde inflatis, pastores summas auriculas abscindunt ut sanguis emanet, & baculis percutiunt latera. Alij aquæ permiscent inulam, & ori aperto infundunt: aut, si desit aqua, urinæ permiscent, quam in uas aliquod aut etiam calceum emiserint. Sic oues statim melius habere aiunt. ¶ Miles quidam narrauit nobis uisam sibi esse ouem quæ in rabiem inciderat cum uacca rabiosa cornu eam impetijsset, Rusius. ¶ Si oues æstuantes biberint, & sic refrigeratę fuerint, tum aliâs tum circa omentum præcipuè, ut lanij nostri referunt, auriculæ eis dimidia ferè parte abscinduntur: quod si sanguis è uulnere manet, bene habet: sin minus, mactantur. ¶ Bilis æstiuo tempore non minima pernicies, potione depellitur humanæ ueteris urinæ, quæ ipsa remedio est etiam pecori arcuato, Columella. ¶ Si hirudinem hauserint, acetũ acre & calidum, aut oleum est infundendum, Anatolius. Si uermes (σκώληκες) cum herbis deglutiuerint, quomodo curandæ sint paulò superius dictum est. ¶ Si qua reptilium bestiarum momorderit percusserit'ue, melanthium ex uino illi offerendum est: ac breuiter ea omnia facienda adhibendaque sunt, quæcunque in historia horum aliorumque animalium tradidimus, Anatolius. ¶ Vere moriuntur pastæ rore melleo (de quo supra etiam dixi, noxium esse ouibus, ut bubus quoque.) Autumno autem si aristis nimium impleantur, & postea statim bibant, diruptis uisceribus (intestinis) moriuntur, Albert. ¶ Aconito neque pecus (ouis) neque ullum animal pascitur, Theophrast. Oues necat nerion (id est rhododendrum,) Dioscorid. Pecus & capræ si aquã biberint, in qua folia rhododendri maduerint, mori dicuntur, Plin. Oues & capras perdunt euonymus & conyza, uide in Capra c. Sabina capris & ouibus uenenum est, Plin. lib. 16. Est etiam grauis pernicies herbæ sanguinariæ, quam si pasta est ouis, toto uentre distenditur contrahiturque, & spumam quandam tenuem tetri odoris exspuit. Celeriter sanguinem mitti oportet sub cauda, in ea parte quæ proxima est clunibus, nec minus in labro superiore uena soluenda est, Columella. Easdem uenas solui iubet Anatolius, si ob pastum insalubriorem uenter eis tumeat: & uerisimile est ipsum ex Columella transtulisse, quæ uerò sanguinaria esset herba non cognouisse, ac ideo quod de ea priuatim dictum erat communius protulisse. Ego sanguinariam herbam dici nullam noui, præter polygonum Græcorum, cui tamen uim uenenatam nemo attribuit. Sed ouibus uenenum esse potest, non item alijs animalibus, astricta nimirum aluo intumescente. (Atqui in Geoponicis Græcis polygonõ herbam arietibus dari legimus, ut ualentiores fiant ad coitum.) Qua sola facultate alia etiam astringens herbula binis & rotundis ferè numi instar folijs humi reptans, pulegio non dissimilis, locis opacis, ut circa sæpes & alibi, præsertim humidis, Fuchsius numulariam uocat (expressa uoce Germanica pfennigkrut, Angli eodem sensu dicunt penigras) ouibus exitio esse creditur. Itaq; à Gallis per circunscriptionem uocatur herba oues necans, l'herbe qui tue les brebis. At homini innoxia, & persæpe salutaris est. Ego teneram uerno sæpe ex aceto sale & oleo comedi. Herba inodora est, flos pallidus grauiter odoratus, ranunculi ferè floris effigie: nostri serpentinam (naterkrut) nominant, quòd serpentes uulnerati aut etiam aliqua parte dissecti, hac herba sibi mederi ut partes separatæ coalescant, à uulgo fertur. Mirum quòd anagallidem fœminam pecora uitant: at si decepta similitudine, (fœminæ ad marem anagallidem,) degustauère, statim eam quæ asyla uocatur, in remedio quęrunt: ea à nostris ferus oculus nuncupatur, Plin. Anagallis quidem herbula nitroso, acri & insuaui sapore est, ferè quo betæ radix cruda: sed cum eodem tum mas tum fœmina sapore & facultate sit, cur illum gustent hanc auersentur, equidem miror. Cęterum asylę herbæ hoc uno in loco, quod sciam, Plinius meminit, nec uel ipse alibi, uel aliorum quisquam. Duua (ut mihi hæc scribenti Gallus quidam dictauit) herba uocatur Gallis, in Normannia præcipuè, similis lapatho (uel gentianæ maiori) sed angustioribus folijs & semper erectis, neruo medio ferè rubente, causticis: nascitur iuxta aquas. Hanc si comederint oues, innascuntur eis in iecore animalia quædā parua, nigra, quæ similiter duuæ uocantur: & morbus itidem duua, incurabilis: itaq; mox mactanda & comedenda sunt animalia. Herba quoniam hyems erat demonstrari mihi non potuit: quærent diligentiores num aliqua hydrolapathi species sit, aut potius plantago aquatica, cui folia semper eriguntur: quamuis neutra caustica sit, & forsitan qui hæc mihi dictauit hanc ei facultatem esse falsò credidit. Lanij nostri mihi affirmant sępe in iecore ouium hirudines reperiri, folliculis quibusdam inclusas, longitudine sesquidigiti, latitudine ad longitudinem ferè dimidia, prætenues: id uitium contrahi potu aquæ palustris: in uentriculo nunquam ullas hirudines reperiri. Nascitur inter frumenta herba alba panico similis, occupans arua, pecori quoq; mortifera, Plin. Vide in Boue C. in aconiti mentione. ¶ Fracta pecudum non aliter quàm hominum crura sanantur, inuoluta lanis oleo atq; uino insuccatis, & mox circundatis ferulis conligata, Columella. ¶ Si pediculi riciniue molestent ouem, radix sphendamni (id est aceris) tundēda & in aqua elixanda est. Vbi autem à capite usq; ad extremā spinę partem, lanā totonderis, (ἀναξάνῃς, Cornarius reddit diuulseris,) tepidam ipsam aquam infundito, donec penetret uniuersum corpus. Nonnulli in tali quoq; affectu (ut in scabie) cedria tantum utuntur. Alijs etiam in usu est radix mandragoræ. (οἱ δὲ μανδραγόρου ῥίζαν ποιοῦσι καθ' ὁμοιότητα.) Cauendum autem est ne gustetur (à pecore.) est enim periculosa. alij cyperi radices coquunt, eoq; decocto oues abluunt, Diophanes. Atqui Plinius pediculos in ouibus gigni negat, his uerbis: In ouibus & in capris ricini solum gignuntur, pediculi & pulices nulli. Et alibi, Pilos habentium asinum tantum immunem pediculis credūt, & oues. Gigni quidem pediculos in lanis interemptarum à lupis ouium, dicemus in D. ¶ Scabiem ouium contagiosam Galli uocant le tac. Oues ne scabræ fiant, Amurcam puram, & aquam ubi lupinus deferbuerit, & fecem de uino bono inter se pariter omnia sumito, & bene commisceto. Postea cum detonderis oues, unguito totas: sinito biduum aut triduum consudent: deinde in mari lauito, si aquam marinam non habebis, facito aquam salsam, ea lauito. Si hæc sic feceris, non scabræ fient, & lanæ plus, & meliorem habebunt, & ricini non erunt molesti. Eodem modo in omnes quadrupedes utitor si scabræ erunt, Cato cap. 96. Oues frequentius quàm ullum aliud animal infestantur scabie, quam facit macies, ut maciem exiguitas cibi. Huic morbo nisi occurratur, unica totum pecus coinquinabit. Nam oues contagione uexantur, Textor. Præ frigore oues aliquando in scabiem & podagram incidunt, teste Vergilio. De tonsura ouium primum animaduerto antequam incipiam facere, num scabiem aut ulcera habeant, ut, si opus est, antè curentur quàm tondeantur, Varro. Oues lauari solent uel lanæ purgandæ, uel scabiei curandæ causa, ut superius ex Macrobio recitaui. Quæ inter tondendum excitantur uulnera, pice liquida inungere conuenit, at uniuersum corpus oleo cum uino, aut coctorum succo lupinorum amarorum. Sed multò præstantius fuerit ex uini amurcæq; portionibus paribus, aut ex oleo & uino albo ceræ & adipi (στέαρ, seuo) mistis, inungere. Hoc siquidem efficit lanam innocuam (ἔριον βλαβερὸν οὐ ποιεῖ,) scabiei resistit, ulceraq; prohibet ne fiant, Didymus. Vide etiam infra in E. ubi de tonsura ouium, quomodo iam tonsæ illinendæ sint ne scabræ fiāt, ex Columella præcipuè. Scabie igitur oues nunquam infestabuntur, si eis quæ prædicta sunt, quispiam oues tonsas inunxerit: Sin autem ob negligentiam tuam, scabie tuæ fœdentur oues, eas curabis hoc modo: Amurcæ sine sale, aquæ in qua amari lupini maduerint, fecisq; uini albi, singulorū ęquas portiones in uase aliquo miscens, & calefaciens, ouem inde perungito, eamq; sic in unam & alteram diem relinquito. Tertia uero die, marina aqua, aut muria calida lauanda est: ac post id, aqua potabili. Quidam cupressi sphærulas aqua maceratas affundunt. Alij ex sulfure, cypero, cerusa atq; butyro mistis, scabras oues inungunt. Sunt qui ex luto orto ab urina quam asinus in uia excreuit, illinant oues. Nonnulli autem rectius facientes, non prius admouent aliquod remediorum dictorum, quàm totonderint partem scabidam, eamq; lotio antiquo perfuderint. In Arabia porrò uel sola cedriæ inunctione scabiem discutiunt, ut in camelis & elephantis quoq;. Scabiem ouium compesces, si lotio præluens, sulfure atq; oleo inunxeris, Diophanes. Oues (inquit Columella) frequentius, quàm ullum aliud animal infestantur scabie, quæ ferè nascitur, sicut noster memorat poëta: Cum frigidus imber Altius ad uiuum persedit, & horrida cano Bruma gelu. Vel post tonsuram, si remedium

prædicti

prædicti medicaminis non adhibeas, si æstiuum sudorem mari, uel flumine non abluas, si tonsum gregem patiaris syluestribus rubis, ac spinis sauciari: si stabulo utaris, in quo mulæ, aut equi, aut asini steterunt: præcipuè tamen exiguitas cibi maciem, macies autem scabiem facit. Hæc ubi cœpit irrepere, sic intelligitur: uitiosum locum pecudes, aut morsu scalpunt, aut cornu, uel ungula tundunt, aut arbori adfricãt, parietibusue detergent, quod ubi aliquam facientem uideris, comprehendere oportebit, & lanam diducere: nam subest aspera cutis, & uelut quædam prurigo, cui primo quoque tempore occurrendum est, ne totam progeniem coinquinet, & quidem celeriter, cum & alia pecora, tũ præcipuè oues contagione uexentur. Sunt autem complura medicamina, quæ idcirco enumerabimus, non quia cunctis uti necesse sit, sed quoniam nonnullis regionibus quędam reperiri nequeunt, 10 ex pluribus aliquod inuentum remedio sit. Facit autem commodè primum ea compositio, quam paulo ante demonstrauimus, si ad fecem, & amurcam, succumque decocti lupini misceas portione æqua detritum album elleborum. potest etiam scabriciem tollere succus uiridis cicutæ: quæ uerno tempore, cum iam caulem nec adhuc semina facit, decisa contunditur, atque expressus humor eius fictili uase reconditur, duabus urnis liquoris, admisto salis torridi semodio: quod ubi factum est, oblitum uas in sterquilinio defoditur, ac toto anno fimi uapore concoctum, mox promitur: tepefactumque medicamentum linitur scabræ parti, quæ prius aspera testa, uel pumice defricta redulceratur. Eidem remedio est amurca duabus partibus decocta, item uetus hominis urina testis candentibus inusta: quidam tamen hanc ipsam subiectis ignibus quinta parte minuunt, admiscentque pari mensura succum uiridis cicutæ. Deinde figularibus tritis, & picis liquidæ, & fricti salis singulos sextarios infundunt. 20 Facit etiam sulfuris triti, & picis liquidæ modus æqualis igne lento coactus. Sed Georgicum carmen affirmat, nullam esse præstantiorem medicinam, Quàm si quis ferro potuit rescindere summum Vlceris os, alitur uitium, uiuitque tegendo. Itaque reserandum est, & ulcera medicamentis curandum. Hæc omnia Columel. Sed Vergilij etiam ex Georgicis eadem de re uersus apponam omnes:

Turpis oues tentat scabies, ubi frigidus hymber
Altius ad uiuum persedit, & horrida cano
Bruma gelu: uel cum tonsis illotus adhæsit
Sudor, & hirsuti secuerunt corpora uepres.
Dulcibus idcirco fluuijs pecus omne magistri
Perfundunt, udisque aries in gurgite uillis
Mersatur, missusque secundo defluit amni.
Aut tonsum tristi contingunt corpus amurca:
Et spumas miscent argenti, uiuaque sulphura,
Idæasque pices, & pingueis unguine ceras,
Scillãque, helleborosque graues, nigrumque bitumen.
Non tamẽ ulla magis præsens fortuna laborũ est,
30 Quàm si quis ferro potuit rescindere summum
Vlceris os: alitur uitium, uiuitque tegendo,
Dũ medicas adhibere manus ad uulnera pastor
Abnegat, & meliora deos sedet omnia poscens.

Medentur pecori lupini cum chamæleonte herba decocti, aqua in potum collata. Sanant etiã scabiem quadrupedum omnium in amurca decocti, uel utroque liquore postea mixto, Plin. Lupini cum chamæleontis nigri radicibus decocti, quadrupedum (προβάτων, ouium) scabies sanãt, in quem usum tepido decocto illo abluuntur, Dioscorid. Tragus (ex hoc opinor loco) quadrupedum & ouium scabiem sanari scribit lupinis cum radicibus carlinæ uulgò dictæ (**Åberwurtz**) decoctis in uino quod à dolijs dum hauritur destillãs uasculis excipitur, uel etiam in aqua. Halimo syluestri effectus maiores in sananda hominum ac pecorum scabie, Plin. Herodotus πισοκωνίαν dixit (malim omicron in antepen. κωνιᾶν enim inungere est,) quoniam oues pice illinebantur, Hesych. & Varin. nimirum aduersus scabiem, uel ad tonsillas. Nam in uoce Κωνῆσαι apud Hesychium & Varinum sic legimus, πισοκωνία (malim per duplex sigma) ἡ νῦν πισσία (pix liquida nimirum) ᾗ χρίουσι τὰ ψωριῶντα τῶν προβάτων. Pissasphaltos est mixta bitumini pice, naturaliter ex Apolloniatarũ agro. Quidam ipsi miscent, pręcipuũ ad scabiem pecorum remedium, aut si fœtus mammas læserit, Plin. Pecorum scabiem sanãt, lanasque emolliunt piscinæ maris. Mediterrannei marinam aquã imitabuntur, quàm salsissimã, si quatuor sextarijs aquæ, unum salis addiderint: nam si quis amplius addere conetur, uinci aquã, salemque non liquari aiunt: moderatissimã fieri putãt, si aquæ sextarijs quatuor octonos salis cyathos misceãt, Plin. 31. 6. Sunt qui dicãt illam demum aquam salsam respondere marinæ in qua ouum fluitet nec subsidat: quod cum ego experirer eiusdem ponderis aquam & salem esse oportere comperi ut ouum innataret. Duo salis sextarij in quatuor aquæ sextarios missi, temperatissimam marini liquoris copiam fa- 50 ciunt, Plinius Secundus apud Marcellum. ¶ Si abscessus corporis superficiem obsideat, aperiundus est, uulnerique torrefactus sal atque tenuissimus ex liquida pice imponendus, Anatol. ¶ Est etiã insanabilis sacer ignis, quã pusulam uocãt pastores: ea nisi compescitur intra primam pecudem, quæ tali malo correpta est, uniuersum gregem contagione prosternit: sic quidem quod nec medicamentorum, nec ferri remedia patitur. Nam penè ad omnem tactum excandescit: sola tamen ea fomenta nõ aspernatur lactis caprini, quod infusum tantum ualet, ut & blandiatur igneam sæuitiã, differens magis occidionem gregis, quàm prohibens. Sed Aegyptiæ gentis autor memorabilis Dolus Mendesius, cuius commenta, quæ appellantur Græce ὑπομνήματα sub nomine Democriti falsò produntur, censet propter hanc sæpius ac diligenter ouium terga perspicere: ut si forte sit in aliqua tale uitium deprehensum, confestim scrobem defodiamus in limine stabuli, & uiuam pecudem, quæ fuerit pusulosa, 60 resupinam obruamus, patiamurque super obrutam meiere totum gregem, quod eo facto, morbus propulsetur, Columella. ¶ Claui quoque dupliciter infestant ouem, siue cum subluuies, atque intertrigo in ipso discrimine ungulæ nascitur, seu cum idem locus tuberculum habet, (rustici nostri hoc uitium in pecore uulgò herinaceum uocant) cuius media ferè parte canino similis extat pilus, eiq; subest uermiculus. Subluuies, & intertrigo pice per se liquida, uel alumine & sulfure, atq; aceto mistis rite eruentur: uel tenero punico malo, prius quàm grana faciat, cum alumine pinsito, superfusoq; aceto, uel æris ærugine infriata, uel combusta galla cum austero uino læuigata, & superposita: tuberculum, cui subest uermiculus, ferro quàm cautissime circũsecari oportet, ne dum amputatur etiam quod infra est animal uulneremus: id enim cum sauciatur, uenenatam saniem mittit, qua respersum uulnus ita insanabile facit, ut totus pes amputandus sit: & cum tuberculum diligenter circunciderís, candẽs seuum uulneri per ardentem tædam instillato, Hæc omnia Columel. ¶ De mentigine siue ostigine mortifera lactentibus agnis, lege in Agno c.

¶ In morbo comitiali cerebrum nimis humidum est. cognouerit autem hoc ipsum quis maximè ex ouibus, & præsertim capris. hæ enim frequentissimè corripiũtur. quod si caput ipsarum dissecueris, reperies cerebrum humidum & sudore refertum ac male olens, Hippocrates in libro de morbo sacro. ¶ Chamelæam quoquo modo collectam iumentorum pecorumq; oculis salutarem esse aiunt, Plinius. Papaueris cornuti folium argema in ouibus tollere scripsit Theophrastus: Dioscorides inunctum argema & nubeculas κτηνῶν, (id est pecudum & iumentorum,) emendare. ¶ Si molesta pituita est, cunilæ bubulæ, uel nepetæ syluestris surculi lana inuoluti naribus inseruntur, uersanturq; donec sternuat ouis, Columella. Veratrum nigrum pecorum & iumentorum pituitas sanat, surculo per aurem traiecto, & postero die eadem hora exempto, Plinius. ¶ Ad tonsillas pix liquida illinitur, ut supra dixi inter remedia contra scabiem. ¶ Nascitur ouibus gossum sub gula ex fluxu humorum à capite descendentium: & perforata ibi pelle humor aqueus paulatim extillat, curanturq;, Crescentiensis. Nostri hoc uitium uocant kröpff, id est strumas, & de ouibus sic affectis dicere solent, sy kelchend. contingit autem aliquando cum uitæ periculo. oboritur præcipuè initio ueris: & postea cum iam gramine pascuntur inclinatis capitibus, curantur. Sunt qui sic affectarum pabulo, uel sali potius, medicamenta misceant, ut quidam apud nos iuniperi baccas & linguæ ceruinæ folia trita. ¶ Opiliones asari radicis pollinem sali mixtum ouibus lingendum præbent, ad pulmonis præcipuè uitia & tussim, Tragus. Oues si tussient, amygdalæ repurgatæ contusæq; cum tribus uini cyathis distemperatæ, per nares infundi debent, Anatolius. Pastores nostri ouibus ægris, in tussi præsertim pseudochamædry medentur, unde etiam nostri herbam ouium (schaafkrut) appellant. Similis est chamædryi, sed fatua & inodora, floribus cœruleis spicatim per adnatos ramulos digestis, in mediĳ caulis cacumine nunquam se aperientibus. Plura de hac planta dixi in Boue c. Suspiriosè laborantibus, auriculæ ferro rescindendæ, mutandæq; regiones, quod in omnibus morbis ac pestibus fieri debere censemus, Columella. Si laborent dyspnœa, ferro illis aures τέμνειν, id est, amputare (forare uertit Andreas à Lacuna: Cornarius incidere. ego summas auricularum partes resecandas intelligo,) oportet, ipsasq; oues aliò traducere, Anatolius. Radix herbæ consiliginis, suum quidem & pecoris omnis remedium præsens est pulmonum uitio, uel traiecta tantum in auricula. Bibi debet ex aqua, haberiq; in ore assiduè sub lingua, Plinius. Ouem pulmonariam similiter ut suem curari conuenit, inserta per auriculam, quam ueterinarĳ consiliginem uocant. de ea iam diximus, cum maioris pecoris medicinam tradidimus, sed is morbus æstate plerunq; concipitur, si defuit aqua, propter quod uaporibus omni quadrupedi largius bibendi potestas danda est. Celso placet, si est in pulmonibus uitium, acris aceti tantum dare, quantum ouis sustinere possit, uel humanæ ueteris urinæ tepefactæ trium heminarum instar per sinistram narem corniculo infundere, atq; axungiæ sextantem faucibus inserere, Columella. ¶ Cauda ouis quàm arctissimè præligata, euulsa inde lana, præ fastidio quæ non pascebatur ouis, statim uescitur: traduntq; quod extra nodum sit è cauda præmori, Plinius. ¶ Bilis æstiuo tempore non minima pernicies potione depellitur humanæ ueteris urinæ, quæ ipsa remedio est etiam pecori arcuato, Columella. De uermibus seu hirudinibus iecoris, supra dixi inter morbos ouis toti corpori periculosos. ¶ Tormentilla uulgò dicta dysenteriam & alia uentris profluuia sistit. quare opiliones etiam ea utuntur ouibus curandis, Tragus. In nostra regione ut uenter ouibus sistatur, salem præbent, & sic excitata siti uinum nigrum, Albertus.

¶ Meatus etiam alimenti sicci coaluit aliquibus bestiĳs, scilicet ouibus & quibusdam aliĳs, Aristo.

¶ Lien ouibus aliquando crassis humoribus impletur inflaturq;, idq; sæpius mẽse Maio & Aprili præ copia crassi lentiq; sanguinis: unde sæpe subitò moriuntur. Prodest eis fletum, ut uulgò uocant, duorum digitorum poni inter nares, & operam dare ut multum detrahatur sanguinis. Quædam enim sic liberantur, aliæ nihilominus moriuntur, Crescentiensis. ¶ Animalia in renibus pinguissima: oues quidem letaliter circum eos concreto pingui, Plinius. Oues in renibus opimandis luxuriant: & ĳs pingui undiq; obductis intereunt, quod ubertate pabuli fit, ut in Sicilia agro Leontino. Quocirca sero diei agere oues ad pascua pastores loci illius solent, quo minus capiant pabuli, Aristoteles. Ouibus solis animalium renes totos obesos habere letale est. quo fit ut quanquam pingues admodum sint, tamen aliquid desit, & si non utriq;, dextro quidem. causa cur hoc solis, aut maximè ouibus accidat, quod ĳs quæ adipe pinguescere solent, pingue humidum est. itaq; non æque flatus interclusi dolorem faciunt, quod causa syderationis est, Arist. de par. libro 3. cap. 9. & rursus, Copia etiam seui genus ouium longe excedit. omnium enim animalium oues celeri renũ obesitate opplentur, itaq; humore flatuq; intercluso celeriter præ syderatione intereunt. nam per uenam aortam & maiorem

maiorem statim uitium ad cordis sedem transuehitur. ¶ Oues præ nimio frigore aliquando in scabiem uel podagram incidunt, teste Vergilio. ¶ Ouem, equum, & hominem eisdem ferè totidemq; morbis tentari periti tradunt, Aristoteles.

D.

Oues quadrupedum mitissimæ sunt, Textor: mansuetæ & innocentes, Albertus. Ouis de domo uix eijcitur, & eiecta recurrit, Obscurus. Maximè natura quietæ sunt, & aptissimæ ad uitam hominum: quare & propter utilitatem & propter placiditatem nutriendæ ab homine assumptę sunt, Varro. Genus ouile amens, & moribus, ut dici solet, stultissimis est, quippe quod omnium quadrupedum ineptissimum sit: repit in deserta sine causa. hyeme obstante ipsum sæpe egreditur stabulo: occupatum à niue, nisi pastor compulerit, abire non uult, sed perit desistens, nisi mares à pastore ducantur: ita enim reliquus grex consequitur, Aristot. Quàm stultissima animalia lanata: quà timuêre ingredi, unum cornu rapto sequuntur, Plin. In ouis ingenio se prodit τὸ εὔηθες, (id est simplicitas uel stultitia,) Adamantius. Ouis & asinus ineptissimis sunt moribus & degeneribus animis, Aelian. Ouium & boum duces constituuntur, Aristot. Omnium maximè animalium oues ad parendum faciles sunt: Etenim ad uerba pastoribus obediunt, & canibus obtemperant, & capras sequuntur, simul & inter se amant, Aelian. Docent pastores suas oues gregari facto strepitu, ut supra in C. retuli, ubi de partu et abortu ouiũ dixi. Pili molles hominem timidum designant: nam & inter bruta huiusmodi sunt quibus mollissimus pilus, ut ouis, lepus, Aristot. Oues se inuicem amant, & una condolet alteri: nam sana si alteram uiderit imbecillam, Soli pro ea se obijcit, & umbram ei obtendit, Albertus. Mater agnum odore posteriorum noscit, Albert.

¶ Cum capris oues amicitia coniunctæ sunt, Aelian. Luporum insidijs oues minus idcirco patent, quòd non ita separatim à reliquis errant quemadmodum singulæ capræ à gregalibus suis segregantur, Aelian. Lupum grauiore pedis sonitu ouis stulta uocat, Plutarch. Vide in Lupo D. λελυκωμένα πρόβατα, τὰ λυκόσπαστα, (id est oues à lupis dilaniatæ,) Hesych. & Varin. Ouium quas lupus occiderit pelles ac uellera, & facta ex his uestis, longè quàm cætera aptiora sunt ad pediculos procreandos, Aristot. Vide in Lupo D. ubi etiam expositum est, cur oues à lupis dilaniatæ carnem quidem suauiorem, lanam autem tabidam flaccidamq; habeant. Haud mirum uideri debet ouis pellem à lupo dilaniatæ pruritum mouere. nam ob uehementem metum, tum etiam ob contrariam naturam malè afficitur: etsi mors enim ultimum sit supplicium, magis tamen afficitur corpus in uno quàm alio genere. Metuit homo magis in mari fluctuans quàm coram hostibus, Cardan. Mirum est, inquit idem, & tamen uerum, fidibus lupi agninas malè obstrepere: quanquam hoc idem contingat neruis fermè omnibus diuersorum animalium, ut canis & agni. Manifestius hoc contingit etiam in tympanis: nam ouina coram lupinis penè obmutescunt, stridentq;. Oues etiam mortuę mortuum lupum extimescunt, Oppianus: cum proximè dixisset si tympanum ex pelle lupina pulsetur inter alia quæ ouillis pellibus constãt, hæc obmutescere, illud unum grauiter resonare. Si tendatur chorda lupina cum chordis ouillis, hæ rumpentur, uel omnem harmoniam (sonum) amittent. Quòd si pelles etiam ouis & lupi coniungantur, ouilla lanam amittet, ut & alij scribunt & Albertus, qui tamen hoc se expertum negat. (Plura de his omnibus leges in Lupo D.) Ego ea quæ de chordis & tympanis dicuntur superstitiosa esse puto. Quanquam enim lupina pellis cum durior solidiorq; sit ouillis, sonum proculdubio in tympanis longè clariorem ædat, ut sonus reliquorum longè inferior minus animaduertatur, ut lux candelæ iuxta ignem magnum positæ: (eadem & in chordis ratio fuerit.) rumpi tamen uel prorsus obmutescere quis credat? Cæterum pellem ouillam lupinæ coniunctam absumi citius non mirum est, ut neq; anseris pennas prius quàm aquilæ, si coniunxeris. Sicciorum enim animalium partes etiam sicciores minusq; excrementitiæ sunt, & eandem ob causam diuturniores. Sunt autem syluestria mansuetis licciora, tum exercitij tum pabuli ratione: nam & exercentur amplius, & pabulo tum licciore tum minus copioso fruuntur. Et anseris quidem pennas plures ab una aquilina adiecta consumptas, expertum se profitetur Albertus. Sed si natura citius pereunt anserinæ, non uerè nec propriè ab aquilinis consumi dicentur. Experiri poterunt curiosi, sepositis anserinis pennis alijs per se, alijs cum aquilina adiuncta, ut uideant pariter'ne, an hæ uel illæ priores intereant. Idem cum ouilla & lupina pellibus experiri licebit. ¶ Apibus inimicæ & oues, difficile se à lanis earum explicantibus, Plinius.

E.

Quadrupedum syluestrium quas utilitatis causa deprehensas homines incluserunt, ut mansuescerent, primas non sine causa putant oues assumptas, & propter utilitatem & propter placiditatem. maximè enim hæ natura quietæ, & aptissimæ ad uitam hominum. Ad cibum enim lac, & caseum adhibitum, ad corpus uestitum & pelles attulerunt, Varro. Vtilis est ouis lana, corio, lacte, carne, uisceribus, (intestinis) fimo in quo quiescit, Albert. Nostri uulgò quosdam uersus recitant, quorum sensus est, illum qui oues & apes possideat uel mediocri diligentia adhibita, facile ditescere. Hab byhe vnd schaaf/ Vnd lig vnd schlaaf. Schlaaf aber nit zelang/ Das dir nit der gwün zergang. ¶ Pastio.

Ergo omni studio glaciem, uentosq; niuales,
Auertes: uictumq; feres, & uirgea lætus
Quo minus est illis curæ mortalis egestas,
Pabula: nec tota claudes fœnilia bruma.

At uero Zephyris cum læta uocantibus æstas,
pascua mittes.
Carpamus:dum mane nouũ,dũ gramina canẽt:
Inde,ubi quarta sitim cœli collegerit hora,
Ad puteos,aut alta greges ad stagna iubeto
Aestibus at medijs umbrosam exquirere uallẽ,
Ingentes tendat ramos:aut sicubi nigrum
Tum tenues dare rursus aquas:& pascere rursus
Temperat:& saltus reficit iam roscida luna:
In saltus utrunqꝫ gregem(oues et capras) atque in
Luciferi primo cum sydere frigida rura
Et ros in tenera pecori gratissimus herba est.
Et cantu querulæ rumpent arbusta cicadæ:
Currentem ilignis potare canalibus undam.
Sicubi magna Iouis antiquo robore quercus
Ilicibus crebris sacra nemus accubet umbra.
Solis ad occasum:cum frigidus aëra Vesper
Littoraqꝫ halcyonen resonãt, & acanthida dumi,

Vergil.3.Georg. (Vergilius libro 3.Georgicorum mane pasci præcipit oues secundum morem suę 10 prouinciæ:nam in aliquibus locis morbum contrahunt,nisi iam siccato rore pascantur, Seruius.)
Et rursus,
Si tibi lanitium curæ, primum aspera sylua,
Lappæqꝫ tribuliqꝫ absint:fuge pabula læta,
Continuoqꝫ greges,uillis lege mollibus albos,

(& arietẽ tum corpore,tum lingua palatoqꝫ candidum.) Primum prouidendum,ut totum annum rectè pascantur intus & foris, Varro. Pascua ouillo generi utilia sunt,quæ uel in noualibus, uel in pratis siccioribus excitantur. Palustria uerò noxia sunt,syluestria damnosa lanatis, Pallad. Sequeris autem noualia non solum herbida,sed quæ plerunqꝫ uidua sunt spinis,utamurqꝫ sæpius authoritate diuini carminis: Si tibi lanitium curæ est, primum aspera sylua, Lappæqꝫ tribuliqꝫ absint. Quoniam ea res,ut ait idem,scabras oues reddit, cum tonsis illotus adhæsit Sudor:& hirsuti secuerunt corpora uepres:tum etiam quotidie minuitur lana, quæ quanto prolixior in pecore concrescit, 20 tanto magis obnoxia est rubis,quibus uelut hamis inuncata à pascentium tergoris auellitur: molle uero pecus etiam uelamen,quo protegitur,amittit,atqꝫ id non paruo sumptu reparatur, Columella. Hoc pecus quamuis mollissimum,ualetudinis tutissimæ est,minimeqꝫ pestilentia laborat. Verum tamen eligendum est ad naturam loci:quod semper obseruari non solum in hoc,sed etiam in tota ruris disciplina Vergilius præcipit,cum ait: Nec uero terræ ferre omnes omnia possunt. Pinguis,& campestris situs proceras oues tolerat, gracilis & collinus quadratas:syluestris & montosus exiguas:pratis planisqꝫ noualibus tectum pecus commodissime pascitur. Idqꝫ non solum generibus, sed etiam coloribus plurimum refert, Idem. Aestate oues sub dio nutriuntur stabulanturqꝫ. Cæterum inualescente Sole in umbram sunt subducendæ:alioqui nequaquam. Maximè siquidem læduntur frigore, Florentin. Per totam æstatem(inquit Crescentien.)aurora surgente festinanter mulgeantur,ne solitum pastum perdant:& cum dies incaluerit,sic ducantur, ut calor Solis aut uentus urens non possit eis nocere. Cæterum uesperi tandiu foris sint, donec recuperent pastum quem perdiderunt in die. Cum redierint,semper curandum ne sint calidæ cum in ouilia includuntur. Quòd si magnus feruor fuerit,eant in proxima pascua, ne si longius abierint non possint recurrere ad umbracula: nec pastores sinant eas importunè aggregari cum cœlum feruet: quin semper moderatè dispergant. Cũ adducunẽ calidæ,nõ mulgeantur,(donec refrigerenẽ mediocriter.)Cũ aurora apparuerit, mox agniculi ducãtur ex umbraculis,ubi solicitè custodianẽ. Cũ uiderint mane telas aranearũ oneratas aqua, non permittant pascere. Si feruor fuerit & pluuia ceciderit,non sinantur iacere,sed ad altiora ducantur,ubi expositæ sint uento,semperqꝫ moueantur. Cauendæ autem sunt ab herbis, quibus permixta est arena. Mensibus Aprili,Maio, Iunio & Iulio non sunt permittendæ multum pasci, ut peritus quidam pastor monet,ne nimium impinguentur. sed mense Septembri, Octobri & Nouembri post mediam tertiam sunt tota die dimittendæ in pascuis,ut impinguentur quantum poterunt, Hucusqꝫ Crescentien. Non eadem loca æstiua & hyberna idonea omnibus ad pascendum. Itaqꝫ greges ouium longe abiguntur ex Apulia in Samniũ æstiuatum,atqꝫ ad publicanũ profitentur, ne si inscriptũ pecus pauerint,lege censoria committant mulietos,& à campestri, æstate exigũtur in Gurgures altos montes, Varro. Et rursus, Greges in Apulia(in solitudine & saltibus pascentes,hybernis & ęstiuis pascuis longẽ separatis)æstate prima luce exeũt in pastum,propterea quòd tunc herba roscida meridianam,quæ est aridior,iucũditate præstat. Sole exorto puro propellũt, ut redintegrantes rursus ad pastũ alacriores faciant. Circiter meridianos æstus,dũ deferuescũt,sub umbriferas rupes & arbores patulas subijciũt,quoad refrigerato aëre uespertino, rursus pascant ad Solis occasum. Ita pascere pecus oportet,ut aduerso(auerso)Sole agat:caput enim ouis molle maximè est. (Infirmissimũ pecori caput:quamobrẽ auersum à Sole pasci cogendũ, Plin.) Ab occasu paruo interuallo interposito ad bibendũ appellũt,& rursus pascũt quoad contenebrauit: iterũ enim tunc iucũditas in herba redintegrauit. hæc ab Vergiliarũ exortu ad æquinoctiũ autũnale maxime obseruãt. Quibus in locis messes sunt factæ,interest utile(teneanẽ in stipulis, q̃d est utile,&c. Crescent.) duplici de causa, qꝫ & caduca spica saturanẽ,& obtritis stramẽtis(& stercorationẽ faciũt in annũ sequentẽ, & segetes meliores, Crescent.)et stercoratione faciunt in annũ segetes meliores. Reliquę pastiones hyberno ac uerno tẽpore hoc mutant, qꝫ pruina iam exhalata ꝓpellunt in pabulũ, & pascunt diẽ totũ, ac meridiano tempore semel agere potum satis habent, Hactenus Varro. Salis crebra conspersio, inquit Pallad. uel pascuis mista, uel canalibus frequenter oblata, debet pecoris leuare fastidiũ. (De salis usu supra etiam dixi in c. in cibi ac potus ouiũ mentione, & inter tuendæ sanitatis præcepta.)Nam per hyemem, si penuria est, fœnũ,(si penuria est fœni uel paleę, uicia uel facilior uictus,&c. Crescent.)uel palea, uel uicia, uel facilior

facilior uictus ulmi seruatis frondibus præbeatur, aut fraxini. Aestiuis mensibus pascantur sub lucis initio, cum graminis teneri suauitatem roris mistura commendat. Quarta hora calescente potus puri fluminis, aut putei præbeatur, aut fontis. Medios solis calores uallis, aut arbor umbrosa decliner. Deinde ubi flexo iam die ardor infringitur, & solum primo imbre uespertini roris humescit, gregem reuocemus ad pascua. Sed canicularibus & æstiuis diebus ita pascendæ sunt oues, ut capita gregis semper auertantur à solis obiectu. Hyeme autem uel uere, nisi resolutis gelicidijs ad pascua prodire non debent: nam pruinosa herba huic generi morbos creabit: ac tunc (at tantum) semel adaquare sufficiet. De temporibus pascendi & ad aquam ducendi per æstatem non aliter sentio, quàm ut predidit Maro, Luciferi primo cum sydere, (&c. ut superius recitaui.) Deinde circa quartam diei horam & cum æstus uiget, ad puteos, stagna, ualles aut aliam umbram perducemus greges. Rursus deinde iam mitigato uapore compellantur ad aquam, etiam per æstatem id faciendum, & iterum ad pascua producendum ad occasum Solis. Sed obseruandum est sydus æstatis per emersum caniculæ, ut ante meridiem grex in occidentem spectans agatur, & in eam partem progrediatur, post meridiem in orientem: siquidem plurimum refert, ut pascentium capita sint (auersa) obuersa soli, qui plerunq; nocet animalibus oriente prædicto sydere. Hyeme & uere matutinis temporibus intra septa contineatur, dum dies aruis gelicidia detrahat: nam pruinosa ijs diebus herba pecudi grauedinem creat, uentremq; proluit: quare etiam frigidis, humidisq; temporibus anni semel tantum ei potestas aquę facienda est, Columella. Omni pecudi larga præbenda sunt alimenta. Nam uel exiguus numerus, cum pabulo satiatur, plus domino reddit, quàm maximus grex, si senserit penuriam, Idem. De cibis & pastione ouium dixi etiam nonnulla Capite tertio, primum in mentione cibi ac potus earū, deinde inter præcepta tuendæ sanitatis. Oues nutrire conuenit ex cytiso, herba Medica, aut fœnogræco, aut bromo (id est auena,) nec non ex culmis (achyris, id est paleis, qui sunt folliculi granorum) leguminum atq; hordei. Quæ quidem multò præstantiora redduntur, si in area ipsa respergantur salsugine. Ex ficubus etiam grossi (ὄλυνθοι) decidentes, atq; arida folia oues commodissimè nutriunt. Sunt autem ducendæ ad pastum, æstate quidem prius quàm Sol exoriatur, rore adhuc non resoluto, (ἐπὶ τῆς δρόσου διαλελυμένης.) Oportet etiam prospicere ut oues semper Solem habeant à cauda: utq; earum impar sit numerus, ceu quod habeat quandam uim naturalem ad incolumitatem atque salutem gregis, Florentinus. Capreæ, oues & iuuencæ sæpibus arceri debent à uitibus, quibus plurimum nocent pascendo & mordendo, teste Vergilio. Apibus statio quærenda est, quo neq; sit uentis aditus, neque oues hœdiq; petulci Floribus insultent, Idem. Matrices oues postquam pepererint quomodo sint tractandæ, uide in agno E.

¶ Græcas oues, sicut Asianas, uel Tarentinas moris est potius stabulo nutrire, quàm campo, & pertusis tabulis, solum, in quo claudentur, insternere: ut sic tuta cubilia, propter iniuriā pretiosi uelleris, humor reddat elabens. Sed tribus, per annum totum, diebus aprico die lotas oues ungere oleo oportebit, & uino. Propter serpentes, qui plerunq; sub præsepibus latent, cedrum, uel galbanum, uel mulieris capillos, aut ceruina cornua, frequenter uramus, Palladius & Crescent. Græcum pecus, inquit Columella, quod pleriq; Tarentinum uocant, nisi cum domini pręsentia est, uix expedit haberi: siquidem & curam & cibum maiorem desyderat: nam cum sit uniuersum genus lanigerum cæteris pecudibus mollius, tum ex omnibus Tarentinum est mollissimum, quod nullam domini aut magistrorum inertiā sustinet, multoq; minus auaritiā, nec æstus nec frigoris patiens. Raro foris, plerunq; domi alitur, & est auidissimū cibi, cui si detrahitur fraude uillici, clades sequitur gregē. Singula capita per hyemem rectè pascuntur ad præsepia tribus ordei, uel fresæ cum suis ualuulis fabæ, aut cicerculæ quatuor sextarijs, ita ut & aridam frondem præbeat, aut siccam uel uiridem medicā, cytisumue, tum etiam cordi fœni septena pondo, aut leguminum paleas adfatim. Minimus agnis uendundis in hac pecude, nec ullus lactis reditus haberi potest: nam & qui summoueri debent, paucissimos post dies quàm editi sunt, immaturi ferè mactantur, orbæq; natis suis matres alienæ soboli præbent ubera: quippe singuli agni binis nutricibus summittuntur, nec quicquam subtrahi summissis expedit, quo saturior lactis agnus celeriter confirmetur, & parta nutrici consociata minus laboret in educatione fœtus sui: quam ob causam diligenti cura seruādum est, ut & suis quotidie matribus, & alienis non amantibus, agni subrumentur. Plures autem in eiusmodi gregibus, quàm in hirtis masculos enutrire oportet: nam prius quàm fœminas inire possint mares castrati, cum bimatum expleuerint, enecantur: & pelles eorum propter pulchritudinem lanæ maiore pretio, quàm alia uellera mercantib. traduntur. Liberis autem campis, & omni surculo, ruboq; uacantibus ouem Græcam pascere meminerimus, ne, ut supra dixi, & lana carpatur & tegumen: nec tamen ea minus sedulam curā foris, quia non quotidie procedit in pascua, sed maiorem domesticam postulat: nam sæpius detergenda, & refrigeranda est: sæpius eius lana diducenda, uinoq; & oleo insuccanda: nonnunquam & tota est eluenda, si diei permittit apricitas: idq; ter anno fieri sat est. stabula uero frequenter euerrenda & purganda, humorq; omnis urinæ deuerrendus est, qui commodissimè siccatur perforatis tabulis, quibus ouilia consternuntur, ut grex supercubet: nec tantum cœno, aut stercore, sed exitiosis quoq; serpentib. tecta liberantur, quod ut fiat,

Disce & odoratam stabulis incendere cedrum,
Galbaneoq; agitare graues nidore chelydros.
Sæpe sub immotis præsepibus aut mala tactu
Vipera delituit, cœlumq; exterrita fugit,
Aut tecto assuetus coluber.

Quare, ut idẽ iubet: Cape saxa manu, cape robora pastor. Tollentẽq; minas, & sibila colla tumentẽ Deijce. Vel ne istud cum periculo facere necesse sit, muliebres capillos, aut ceruina sæpius ure cornua: quorum odor maximè non patitur stabulis prædictam pestem consistere, Hactenus Columella. Ne bestiæ nocentes prorepant ad oues, suffitum in stabulis moliri conuenit: nempe ex capillis mulierum, aut galbano, aut cornu ceruino, aut caprillis unguibus, aut pilis, bitumine & casia, aut conyza, aut alio deniq; graueolentium, siue per se, siue cum alijs pluribus contuso. Ad gregis autem stratum, utendum est calamintha, asphodeloq; aut pulegio, aut polio, aut conyza, aut abrotono: hæc siquidem fugant bestias, Florentin.

¶ De stabulis Tarentinarum siue tectarum ouium, & serpentibus bestijsq; uenenatis arcẽdis ab eis iam proximè dictum est. Incipiens, stabulis edico in mollibus herbam Carpere oueis, dum mox frondosa reducitur æstas: Et multa duram stipula, filicumq; maniplis Sternere subter humum: glacies ne frigida lædat Molle pecus: scabiẽq; ferat, turpeisq; podagras, Vergilius 3. Georg. Humilia oportet facere stabula, sed in longitudinem potius, quàm in latitudinem porrecta, ut simul hyeme calidæ sint, nec angustiæ fœtus oblidant. ea poni debent contra medium diem: nanq; id pecus, quamuis ex omnibus animalibus uetustissimum, (lego, uestitissimum,) frigoris tamen impatientissimum est, nec minus æstiui uaporis. itaq; cohors clausa sublimi macerie præponi uestibulo debet, ut sit in eam tutus exitus æstiuandi: deturq; opera, nequis humor subsistat, ut semper quàm aridissimis filicibus, uel culmis stabula constrata sint, quo purius & mollius incubent fœtæ, sint quala mundissima, ne qua earum ualetudo, quæ præcipue custodienda est, infestetur uligine, Columella. Stabula idoneo loco ut sint, ne uentosa, quæ spectent magis ad orientẽ, quàm ad meridianum tempus. ubi stent, solum oportet esse eruderatum, (uirgultis aut paleis aut alijs straminibus stratum, Crescentiensis,) & procliuum, ut euerri facile possit, ac fieri purum: non enim solum ea uligo lanam corrumpit ouium, sed etiam ungulas, ac eas scabras fieri cogit. Cumq; aliquot dies ita steterint, subijcere oportet uirgulta, (alia uirgulta uel paleas, Crescent.) & alia, quo mollius requiescant, purioresq; sint: libentius enim ita pascuntur. Faciendum quoq; septa secreta ab alijs, quo enitentes secludere possis, item quo corpore ægro: hæc magis ad uillaticos greges animaduertenda. Contra illę, in saltibus quæ pascuntur & à tectis absunt longe, (nam in his quæ pascũtur in saltibus, custodes secum portant crates, &c. Crescent.) portãt secum crates, aut retia, quibus cohortes in solitudine faciant, cæteraq; utensilia. Longè enim & latè in diuersis locis pasci solent, ut multa milia absint sæpe hybernæ pastiones ab æstiuis. Ego uero scio, inquam: nam mihi greges in Apulia hybernabant, qui in Reatinis montibus æstiuabant. Cum inter hæc bina loca, ut iugum continet scirpiculos, sic colles publicæ distantes pastiones, Varro. Ouium stabula satis ampla & lata esse debent, (τοὺς σηκοὺς πλείον καὶ μᾶλλον πλατυχώρους εἶναι δεῖ.) curandumq; ut calida & sicca permaneant. Pauimentum oportet decliue sit, lapidibusq; stratum & complanatum. Ad partem eius accliuiorem præsepia sunt collocanda, supra quæ etiam perticæ (κλίμακες) infigendæ sunt, ut oues dum pascuntur supersilire probibeantur, Florentinus.

¶ Caprinum & ouillum stercus sedulo conseruato, Cato. γόνιμος πρὸς εὐκαρπίαν ὁ τῶν βρωμάτων ὄνθος καθέστηκε, Theophylactus in Epistolis. Fimum aliqui ex columbarijs præferunt. proximum deinde caprarum est, ab hoc ouium, deinde boum, nouissimum iumentorum, Plinius. Cassius secundum post columbinum stercus, scribit esse hominis: tertio caprinum, & ouillum & asininũ, &c. Varro. Acerrimus hominis fimus est, & optimus secundum aliquos, deinde suum, caprarum, ouinum, boum, postremò asinorum, (ὄνων, Gaza uertit iumentorum,) Theophrastus. Ouillum quidam caprino præferunt, omnibus uerò asininum, Idem. Stercus asinorum primum est maximè hortis, deinde ouillum & caprinum, & iumentorum, Pallad. Ad cultum hortorum optimum stercus est asini, quia minimum herbarum creat: proximum uel armenti, uel ouium, si sit anno maceratum, Columella libro 11. Iustum est singulas uehes fimi denario ire, in singulas pecudes minores: in maiores, denas: nisi cõtingat hoc, male substrauisse pecori colonum appareat. Sunt qui optimẽ stercorari putent, sub dio retibus inclusa pecorum mansione, Plinius. Ouillo fimo ad asparagos uti Cato (capite 161.) nominatim iubet, quoniam aliud herbasceret, (herbas crearet,) Idem. E segete euellito ebulum, cicutam, & circum salicta herbam auctam uluamq;: ea substernito ouibus, frondemq; putridam. Vbi saturus eris frumentum, oues ibi delectato, Plinius 17. 9. ex Catone.

¶ In emptionibus iure utimur eo, quod lex præscripsit: in ea enim alij plura, alij pauciora excipiunt. quidam enim pretio facto in singulas oues, ut agni chordi duo pro una oue annumerentur, etsi cui uetustate dentes absunt, item binæ pro singulis, ut prodant: de reliquo antiqua ferè formula utuntur, cum emptor dixit: Tanti sunt mihi emptæ? & ille respondet, Sunt: & exprompsit numos. Emptor stipulatur prisca formula: Sic illasce oues, qua de re agitur, sanas rectè esse, uti pecus ouillũ, quod rectè sanum est extra luscam, surdam, minam, id est uẽtre glabro: neq; de pecore morboso esse, habereq; rectè licere: hæc si rectè fieri spondes? nec cum id factum est, tamen grex dominum non mutat, nisi sit æs adnumeratum. Nec non emptor potest ex empto uenditorem damnare, si non tradat, cum is non soluerit numos: ut ille emptorem simili iudicio, si non reddidit pretium, Varro. Et rursus, Relinquitur de numero, quem faciunt alij maiorem, alij minorem: nulli enim huius moduli naturales. Illud ferè omnes in Epeiro facimus, ne minus habeamus in centenas oues hirtas singulos homines,

nes, in pellitas binos. De numero pastorum alij angustius, alij laxius constituere solent. Ego in octogenas hirtas oues singulos pastores constitui, Atticus in centenas. In gregibus ouium, sed magnos quos miliarios faciunt quidam, facilius de summa hominum detrahere possunt, quàm de minoribus, ut sunt Attici. Tremellius. Septingenarij enim mei, ut opinor, tu octingenarios habuisti. Nec tamen non ut nos arietum decimam partem, Varro. Qui sequitur gregem circunspectus, ac uigilans (id quod omnibus, & omnium quadrupedum custodibus præcipitur) magna clementia moderetur: Idemq; duci propior quàm domino, & in cogendis, recipiendisq; ouibus adclamatione, ac baculo minetur: nec unquam telum emittat in eas: neq; ab his longius recedat: nec aut recubet, aut considat: nam nisi procedit, stare debet: quoniam grex quidem custodis officium, sublimem celsissimamq; oculorum ueluti speculam, desyderat, ut neq; tardiores & grauidas, dum cunctantur, neq; agiles & fœtas, dum procurrunt, separari à cæteris sinat, ne fur aut bestia hallucinantem pastorem decipiat, Columel. Numerus caprini gregis minor esse debet quàm ouilli, quòd capræ lasciuæ & quæ disper gunt se: contra quòd oues se congregant, & condensant in locum unum. Itaq; in agro Gallico greges plures potius faciunt, quàm magnos, quòd in magnis citò existunt pestilentiæ, Varro. Et alibi, Canis ita custos est pecoris, ut eius quod eo comite indiget ad se defendendum: in quo genere sunt maximè oues, deinde capræ. Has enim lupus captare solet, cui opponimus canes defensores. Ouium, caprarum & equorum pastores, genitalia earum tempore coitus, delibutis multo sali & nitro manibus, perfricant: unde ijs uehementior coitus appetitio exoritur, & mares sustinēt. Alij alijs mordicantibus pharmacis ea perungunt, ut pipere uel nitro, uel urticæ fructu, Aelian. Post fœturam longinquæ regionis pascua petiturus opilio ferè omnem sobolem pastioni reseruet suburbanæ, uillicus enim teneros agnos, dum adhuc herbæ sunt expertes lanio tradit, quoniam & paruo sumptu deuehuntur, ijs summotis, fructus lactis ex matribus non minor percipitur. Summitti tamen etiam in uicinia urbis quandoq; oportebit. Nam uernaculum pecus peregrino longe est utilius. Nec committi debet, ut totus grex effœtus senectute dominum destituat: cum præsertim boni pastoris uel prima cura sit annis omnibus in demortuarum uitiosarumq; ouium locum totidem, uel etiam plura capita substituere. quoniam sæpe frigorum atq; hyemis sæuitia pastorem decipit, & eas oues interimit, quas ille tempore autumni ratus adhuc esse tolerabiles, non summouerat: quo magis etiam propter hos casus, nisi ualidissima, quæ non comprehendatur hyeme, nouaq; progenie repleatur numerus, Columella. Curandum est ut mortuarum uel uitiosarum numerus nouella sobole reparetur. Autumno debiles quæq; pretio mutentur, ne eas imbecillas hybernū frigus absumat, Pallad. Oues ut sequantur, earum aures lana obturato, Florentin. Antiphanes in Acestria apud Athenæum quendā præ auaritia illas tantum oues mactare scribit, ex quibus nullus amplius fructus, uellerum, casei, agnorum, ad eum perueniret.

¶ Tonsura uocatur cum oues & capras detondent aut uellunt, Varro. Aegyptus tam abunde herbida est, ut bis anno oues ex sese pariant, bisq; tondeantur, Aelian. Mense Aprili locis calidis tondeantur oues, Pallad. Locis temperatis mense Maio celebranda est ouium tonsura, Idē. Et alibi, Iunio mense oues in frigida regione tondemus. Tondendarum ouium tempus est in Iulio, Textor. Tonsuræ certum tempus anni per omnes regiones seruari non potest, quoniā nec ubiq; tardè nec celeriter æstas ingruit: & est modus optimus consyderare tempestates, quibus ouis, neq; frigus, si lanā detraxeris, neq; æstum si nondū detonderis, sentiat. Verum ea quandocunq; detonsa fuerit, ungi debet tali medicamine: succus excocti lupini, ueterisq; uini fex, et amurca pari mēsura miscent, eoq; liquamine tonsa ouis imbuitur, atq; ubi per triduū delibuto tergore medicamina perbiberit, quarto die si est in uicinia maris, ad littus deducta mersatur: si minus est, cœlestis aqua sub dio salib. in hunc usum durata paulū decoquitur: (aqua cœlestis cum sale paululū decocta sub dio debebit pecorum tonsa & uncta membra diluere, Pallad.) eaq; grex perluitur: hoc modo curatū pecus anno scabrum fieri non posse Celsus affirmat: nec dubiū est, quin etiā ob eam rem lana quoq; mollior atq; prolixior renascatur, Columella & Pallad. Vide etiam supra de inungendis ouibus tonsis ex Didymo, Capite tertio in mentione scabiei ouium: sic enim cauetur quo minus scabræ fiant. De tonsura ouium primum animaduerto ante quàm incipiant facere, num scabiē, aut ulcera habeant, ut, si opus est, ante curentur quàm tondeantur. Tonsuræ tempus inter æquinoctiū uernum, & solstitiū cum sudare cœperint oues: à quo sudore recens lana tonsa succida est appellata. Tonsas recentes eodem die perungunt oleo & uino, non nemo admista cera alba, & adipe suillo. Et si ea tecta solet esse, quam habuit pellem infectā, eam intrinsecus eadē re perungunt & tegunt rursus. Siqua in tonsura plagam acceperit, eum locū obliniunt pice liquida. Oues hirtas tondent circiter ordeaceā messem, in alijs locis ante fœnisicia. Quidam has in anno bis tondent, ut in Hispania citeriore, ac semestres faciunt tonsuras: duplicem impendūt operam, quòd sic plus putant fieri lanæ, quo nomine quidam bis secant prata. Diligentiores tegeticulis subiectis oues tondere solent ne flocci intereant. Dies ad eam rem sumuntur sereni, & ijs id faciūt ferè à quarta ad decimā horam, quoniam sole calidiore tonsa, ex sudore eius lana fit mollior, & ponderosior, et colore meliore. Quam demptā & conglobatam alij uellera, alij uelumina appellant: ex quorū uocabulo animaduerti licet, prius lanæ uulsuram quàm tonsuram inuentam. (Oues non ubiq; tondentur: durat quibusdam in locis uellendi mos, Plin.) Qui etiam nunc uellunt, ante triduo ieiunas habent, quòd languidæ minus radices lanæ retinent. Omnino tonsores in Italia primum uenisse ex Sicilia dicuntur post Romam conditam anno quadringentesimo quinquagesimoquarto, ut scriptum in publico Ardeæ in literis extat, eosq; adduxisse Publium Ticiniũ Menã. Olim tonsores non fuisse adsignificant antiquorum statuæ, quod pleræq; habent capillum, & barbã magnam, Varro. Nec frigido adhuc, nec iam æstiuo tempore, sed medio uere oues tondendæ sunt. Curandum autẽ est ut post horam diei primã abstersæ oues, exiccatoq; uapore illo quem noctu lana contraxerat, præcipuè ad Solem tondeantur. Nam quum ouis quæ tondetur tunc sudet, facile colligitur sudor ex lana, (ἀναλαμβάνεται ὁ ἱδρὼς ἐκ τῶν ἐρίων,) lanaq; ipsa euadit tum nitidior tum mollior, Didymus.

¶ Fructum ouis è lana ad uestimentũ ministrat, Var. Quadrupedibus pili senectute crassescũt, lanæq; rarescunt, Plin. Lanæ molles & crispæ præferuntur, Albert. Arietis lanam sequitur quicquid ex eo generatur, Idem. De ariete eligendo, infra dicetur in historiæ eius cap. 2. De Tarentino siue tecto pecore, quod lanarũ tantum gratia nutritur, superius hoc in capite dictum est. Quibus pascuis lana melior molliorq; fiat, explicauimus supra partim hoc ipso in capite, partim tertio. Cur ouium expilatis mollior pilus subnascitur, homini durior? Aristot. Problem. 10. 24. Cur ouium pili cò duriores sunt quo prolixiores, hominum contra? Ibidem sequenti statim Problemate. Pabula sterilia subtilitatem lanæ augent, Cardanus: ideoq; Anglica lana (inquit) nunc, ut olim Milesia, celebratur. Nec mirum, cum nullum animal uenenatũ mittat Anglia, & sine luporum metu, (nulli enim in Anglia hodie lupi reperiuntur,) pecus uagetur. Rore cœli sitim sedant greges, ab omni alio potu arcentur, quòd aquæ ibi ouibus sint exitiales. Cur uellus ouis à lupo laceratæ tabidum & pediculosum sit, uide supra in D. & in Lupo. D. Lanas Hispania nigri uelleris præcipuas habet, Pollentia iuxta Alpes: Vnde apud Martialem lanæ Pollentinæ. Non tantum pullo lugentes uellere lanas. Canusium rutili, quas erythras uocant. Canusinæ ruffæ dictæ à Martiale: Roma magis fuscis, uestitur Gallia ruffis. Et Canusinatum Syrum dicit, pro Canusina ueste ornato, ut Canusinatus nostro Syrus assere sudet. Fuluas habet Tarentũ, & suæ pulliginis. Histriæ Liburniæq;, pilo propior quàm lanæ, pexis aliena uestibus, & quam sola ars scutulato textu commendat in Lusitania. Scutulatũ uerò textum eiusmodi ferè est, quale cernitur in aranearum telis. Quanta arte celant pedicas, scutulato rete, ad capiendas muscas circa grassantes, Plinius 11. 23. Idem libro 17. de emplastratione arborum loquens scutulam uocat corticem ad effigiem parui scuti eximendũ ab arbore, in cuius locum cortex alius cum germine reponitur. At uero mollis erat lana in agro Mutinensi, cuius meminit Strabo in quinto: Lanam mollẽ (inquit) Mutinensis ager, eaq; regio quæ ad fluuium Scutanã pertinet, fert omnium longè optimã: hirtam (τραχεῖαν) uero Ligustica & Mediolanensis, (Insubrum regio,) ex qua bona pars Italiæ seruitiorum (τὸ πλέον τῆς οἰκετείας τῶν Ἰταλιωτῶν) uestitur. Mediocrẽ autem ea quæ circa Patauium, ex qua pretiosissima tapeta & gausapinæ fiunt. Est & hirta pilo crasso, in tapetis antiquissima gratia, (& hoc stragulæ uestis genus utrinq; uillos eminentes habet, uel saltẽ ex altera parte,) Bayfius. Feltrias ut hodie à Feltro urbe mercatorum uulgus appellat, antiquis non defuisse existimo: uestes scilicet nõ textas, non consutas, sed lana igne adacta compactas, quales nunc ad pilea & penulas in usu habemus: de quibus puto Pliniũ sensisse his uerbis in octauo: Lanæ & per se coactæ uestem faciunt, & si addatur acetum, etiam ferro resistunt: immò uero etiã ignibus nouissimo sui purgamento. Quippe ahenis coquentium extractæ indumentis usu ueniunt, (Aliàs, Quippe ahenis polientium extracta in tomenti usum ueniunt,) Galliarum, ut arbitror, inuento: certe Gallicis hodie nominibus discernũtur: Nec facile dixerim, qua id ætate cœperit, Cælius Calcagninus epistolicarum quæstionum 3. 1. Sed addit Plinius, Antiquis enim torus è stramento erat, qualis nunc etiam in castris gausape. Patris mei memoria cœpere amphimalla nostra, sicut uillosa etiam uentralia. Nam tunica lati claui in modum gausape texi nunc primum incœpit. De lana feltria & pilotarijs artificibus qui pileos & uestes inde conficiunt, pluribus docui in Tauro capite 7, inter remedia aduersus sanguinem taurinum. Lanæ Bæticæ: Catullus timens naufragium eiecturus erat uestes, quarum generosi graminis ipsum Infecit natura pecus: sed & egregius fons Viribus occultis, & Bæticus adiuuat aër, Iuuenalis Sat. 12. Oues quas pelliones nostri Flandricas (**Flemming**) uocant, à molli & crispa lana laudantur. Sed de lanarum differentijs, secundum regiones præcipuè, in B. etiam nonnihil diximus. ¶ Colores lanarum. Bæticis ouibus, ut iam dixi, color suus ex pabulo, potu & aëre natura fit, non arte. Hæ (capræ) quoq; non cura nobis leuiore tuendæ: Nec minor usus erit: quamuis Milesia magno Vellera mutentur, Tyrios incocta rubores, Vergil. Colossinus color (inquit Hermolaus, qualem Plinius in flore cyclamini esse scribit) à Colossis urbe Troadis uocari cœpit. Strabo uolumine duodecimo, Laodicensis, inquit, ager qui ad Lycum amnem cognominatur, φέρει προβάτων ἀρετάς, οὐκ εἰς μαλακότητα μόνον τῶν ἐρίων, ᾗ τῶν Μιλησίων διαφέρει, ἀλλὰ καὶ εἰς τὴν κόρακιν χρόαν, &c. Hoc est, oues gignit præstantissimas, non solum mollitie lanæ, sed etiam colore coracino: itaq; magnum inde quæstum faciunt, ut & uicini eorum Colossini à cognomine eis colore. In Hispania quoq; tradit coracino lanitium colore nasci, Vitruuius. In agris Clazomeniorum, Erethriæorum & Laodicensium pecora (inquit) procreantur, alijs locis leucophæa, alijs pulla, alijs coracino colore. De Laodicensi uellere Plinius quoq; octauo libro, ubi & pulliginem coloris genus facit, Hæc Hermolaus. Ex Turditania Hispaniæ frequens olim uestitus ueniebat, nunc uero Coraxorum amplius lanitium omnium pulcherrimum, unde admissarij arietes talento emuntur. Telarum exuperans tenuitas atq; copia, quas Saltiatæ construunt, Strabo.

Strabo libro.3. Lanarum sunt & à coloribus quos bibunt discrimina: cymatiles, à fluctibus: gerano chroës à gruibus. Iam ab amethysto, ab serenitate, à croco, à rosa, à myrto, à glandibus, ab amygdalis, à cera, à coruo coraxicæ, à purpura colossinæ: Et hæc partim ex Plauto, partim ex Ouidio in Artib. & Strabone, Hermol. Coraxi quidem Colchidis populi sunt, & iuxta eos pars Tauri montis Coraxis uel Coraxicus appellatur. Lanam tingunt: alga Cretica, lactucæ quædam species, loti radix, nucum cortex, rubea, sideritis, ut Aggregator ex Plinio citat. Item fabę decoctio, Isaac & Serapio secundum Dioscor. Molliorem uero & pulchram lanam reddit cõdisi, id est struthium, Idem: Aqua maris, Plin. Colorum plura genera: quippe cum desint etiam nomina eis, quas natiuas appellant, aliquot modis, Plinius. Lanarum colores natiui memorantur quatuor præcipui, etiamsi Plinius dicat uel natiuis
10 nomina deesse aliquot modis. Albus in Apulia nobilis, ut ait Martialis. Velleribus primis Apulia, Parma secundis Nobilis, Altinum tertia laudat ouis. Niger in Hispania & Pollentia, ut diximus. Rutilus, qui & ξανθὸς dici potest, & à Martiale ruffus. Fuluus, & suæ pulliginis Tarentinus, Baysius: Mox autem ex Gellio subijcit, fuluum colorem ex ruffo & uiridi mixtum esse, ita ut in alijs plus uiridis, in alijs plus ruffi habeat, &c. Lanarum nigræ nullum colorem bibunt: de reliquarum infectu suis locis dicemus in conchylijs marinis, aut herbarum natura, Plin. De colossino & coracino coloribus paulò superius dixi: uide etiam in B. quædam de colore lanæ. Prætextæ apud Hetruscos originem inueni. Trabeis usos accipio reges: Pictas uestes iam apud Homerum fuisse, unde triumphales natæ. Acu facere id Phryges inuenerunt, ideoq; Phrygiones appellati sunt. Aurum intexere in eadem Asia inuenit Attalus rex, unde nomen Attalicis. Colores diuersos picturæ intexere Baby-
20 lon maxime celebrauit, & nomen imposuit. Plurimis uero licijs texere, quæ polymita appellant, Alexandria instituit: scutulis diuidere, Gallia. Metellus Scipio triclinaria Babylonica sestertiũ octingẽtis millibus uenisse iã tunc posuit in capitalibus criminib. quæ Neroni principi quadragies sestertio nuper stetêre. Ser. Tullij prætextæ, quibus signum Fortunæ ab eo dicatæ coopertum erat, durauêre ad Seiani exitum: mirumq; fuit nec defluxisse eas, nec teredinum iniurias sensisse annis d. lx. Vidimus iam & uiuentium uellera, purpura, cocco, conchylio, sesquilibris infecta, uelut illa sic nasci cogente luxuria, Plinius. Et rursus, Lanam & colo & fuso Tanaquilis, quæ eadem Caia Cæcilia uocata est, in templo Sangi durasse, prodente se, author est M. Varro: factamq; ab ea togam regiam undulatam æde Fortunę, qua Ser. Tullius fuerat usus. Inde factum ut nubentes uirgines comitaretur colus compta, & fusus cum stamine. Ea prima texuit rectam tunicam, qua simul cum toga pura tyrones indu-
30 untur nouæq; nuptæ. Vndulata uestis primo è lautissimis fuit, inde sociculata defluxit. Togas rasas Phrygianasq;, diui Augusti nouissimis temporibus cœpisse, scribit Fenestella. Crebræ papaueratæ antiquiorem habent originem, iam sub Lucilio poëta in Torquato notatæ, Hucusque Plinius. Rica est uestimentum quadratum, fimbriatum, purpureum, quo flaminicæ pro palliolo utebantur. Alij dicunt quòd ex lana fiat succida alba, quod conficiunt uirgines ingenuæ patrimæ matrimæ ciues, & inficiatur cœruleo colore, Festus. Vide Ricæ, apud eundem alibi. Ex pilis ouium (inquit Crescentiensis) fiunt indumenta necessaria & iucunda hominibus: qui quanto sunt subtiliores, tanto meliores & maioris pretij. Qui ouillam lanam pexerit, atq; ex ea uestem confecerit, scabiem, ut ferunt, procreabit ei, qui ea uestietur, Aelian. Reliqua de lanis uide in Philologia e.

¶ Pelles quæ cum suis pilis ad uestitum parantur apud nos, agninæ omnes non ouillę sunt: quam
40 obrem in Agno de eis dicam. Ouium uero pelles quæ pilis detractis parantur à cerdonibus, colore aliquo infectæ, ad calceos, ocreas, thoraces, chirothecas, marsupia & huiusmodi paranda adhibentur. Ex pellibus ouium (agnorum potius) cum pilis fiunt pelliceæ pannorum tempore frigido commodæ. Ex ijsdem depilatis fiunt calceamenta, Crescentiensis. Ex ouillis pellibus audio etiam membranas fieri, maceratis in aqua cum calce, & postea extensis. Harum tenuiores molliores q; pro charta ut inscribantur idoneæ sunt, iam & libros in membranis excusos uidimus. Crassiores pugillaribus seruiunt, pigmento quodam illitæ candido aut luteo. Literæ styli ænei uel argentei mucrone obtuso inscribuntur, spongia linteóue humido infrictæ delentur. Hinc & libri colligati uestiuntur, & alij diuersi usus habentur. ¶ Seuo ouillo cerdones etiam uel sutores illinunt ac molliunt coria. ¶ Ossa manubrijs cultellorum idonea sunt. ¶ Vrina ouium apud Rhætos, ut audio, nitri fictitij
50 materia est. ¶ Vt pili nigri equorum mutentur in albos: In lacte pecudum bulliente linteum madefactum loco impone, idq; toties donec cum fricatione modica digitorum pili cadant: deinde aliud linteum purum madefactum in lacte recenti frigido, (melius forte calido uel tepido,) duces per locum depilatum ubi pilos (pro nigris albos) renasci uolueris: hoc facies per tres dies uel pluries, donec pili incipiant crescere, diebus singulis ter ut minimum, Rusius.

¶ Sues, oues & capræ cum libidinosiores sunt, & mares passæ, mox ipsę etiam eos conscendunt, (ὅταν ὑπομείναντα τὴν τῶν ἀρρένων ὄχευσιν, ἐπιστρέψαντα ἐπιφαίνῃ, lego ἐπιβαίνῃ τοῖς ἄρρεσιν) magnam tempestatem (χειμῶνα) significant. At si tardiores solito ad coitum sint eædem pecudes, gaudebit uir pauper quod ei uestibus indigenti, satis temperatum anni tempus futurum præsagiant, Aratus & Scholiastes. Et rursus, Si boues & pecora (μῆλα, id est oues, Scholiast.) declinãte iam autumno terram
60 (pedibus, Aelianus) foderint, & capita uersus boream protenderint, magna & rigida hyems circa occasum Pleiadum expectãda est: eoq; maior, quo pecudes illæ magis foderint. sequetur enim nix multa frugibus & plantis noxia. Hoc quidem de ouibus Aelianus etiam ex Arato repetit. Pecora

ff 3

exultantia, & indecora lasciuia ludentia, (tempestatem, præsertim pluuiam) significant, Plinius. Aelianus contra, Agni & hœdi lasciuientes & inter se saltantes, lætos dies promittunt. Agni ad pabula festinantius pergentes, tempus frigidum (χειμῶνα) indicant. Item arietes & agni cum in uia se inuicem cornibus petunt colludendo: uel saltantibus similes pedibus exiliunt, agni quidem, ceu leuiores, quaternis, arietes uerò binis tantum anterioribus. item (eadem pecora) cum uesperi à pastoribus ad stabula uix reduci, & ab herbis depascendis uix lapidibus etiam abigi possunt, Aratus.

¶Fructuum ex pecore species sunt duæ: una est tonsura: altera, quæ latius patet, de lacte & caseo, quam scriptores Græci separatim τυροποιΐαν appellauerunt, ac scripserunt de ea re permulta, Varro. Ouibus omnium maximè quadrupedum lac diu edurat: quippe quibus mulctra mensium octo spacio continuetur, Aristoteles. Fructum ouium (inquit Cato cap. 150.) hac lege uenire oportet. In singulas casei pondo X V. dimidium aridum, lacte ferijs quod mulserit dimidium, & præterea lactis urnam unam. Hisce legibus agnus diem & noctem qui uixerit, in fructum, & Calend. Ianuar. emptor fructu decedat. Si intercalatum erit Calend. Maijs agnos triginta, ne amplius promittat. Oues, quæ non pepererint, binæ pro singulis in fructu cedent. Die lanam & agnos uendat. Menses X. ab coactore releget porcos sectarios. In oues denas singulos pascat. Conductor I I. menses pastorem præbeat, donec domino satisfecerit, aut soluerit, pignori esto, Hæc Cato. ¶Butyrum etiam ex ouillo lacte habetur, uide infra in F. E lacte pinguissimo probatum fit butyrum, quale ouillum est, Dioscorides. Ouillum lac caprinumq́, mox bubulum, commodum est ad conficiendum reponendumq́ caseum, Aristoteles. Ouillo miscere caprinum lac Siculi, & quibuscunq; copia est caprini, solent, Idem. ¶Vsq; ad festum sancti Michaëlis (inquit Crescentiensis) bis quotidie mulgentur oues, & postea semel lac elici potest. Ne nimis pingues cum arietibus mittantur, ne importuno tempore fœtus emittant, sed post coniunctionem arietum ut pinguescant custodiantur, ut horis opportunis ducantur ad pascua, & custodiantur per totam æstatem. Festinanter mulgeantur aurora surgente, ut tempestiuè educantur ad pascua. Dum mulgentur, quotquot adsunt silentium præstẽt, excepto magistro qui tantum necessaria loquatur. Caseum coagulamus syncero lacte, coagulis agni uel hœdi, ac pellicula quæ solet pullorum uentribus adhærere, uel agrestis cardui floribus, uel lacte ficulneo, cui serum debet omne deduci, & ponderibus premi. Vbi cœperit solidari, opaco loco ponatur, aut frigido: & pressus subinde adiectis pro acquisita soliditate ponderibus trito & torrefacto sale debet aspergi. iam durior, uehementius premi potest. Post aliquos dies solidatæ iam formulæ statuantur, ita per crates ne inuicem se unaquæq; contingat. sit autem loco clauso & à uentis remoto, ut teneritudinem et pinguedinem seruet. Vitia casei sunt, si aut siccus aut fistulosus est. quod euenit, si aut parum prematur, aut nimium salis accipiat, aut calore solis utatur. (uratur.) Recenti caseo conficiendo aliqui uirides nucleos pineos terunt, atq; sic lacte mixto congelant, aliqui cyminum tritum frequenter colatum congelant. qualemcunq; etiam sapore uelis efficere, poteris adiecto quod elegeris condimento, uel pipere aliòue pigmento id præstare, Hactenus Crescentiensis.

F.

Caro cuiusq; quadrupedis deterior est, cum locis palustribus quàm editioribus pascit, Aristoteles. Caro leporum sanguinem quidem gignit crassiorem, sed melioris succi quàm bubula & ouilla, Galenus libr. 3. de aliment. facult. Agni carnem habent humidissimam ac pituitosam: ouium uerò magis excrementitia est ac succi deterioris, Ibidem. Et rursus, Animalia quæ humili & tenui herba nutriri queunt, ea primo ac medio uere sunt præstantiora, ut oues: æstate autem prima ac media capræ, cum fruticum germina uigent. Bubula caro si cum ouilla comparetur, frigida est, sanguinemq́ melancholicum gignit, Symeon Sethi. Ouilla caro (τὸ προβάτιον κρέας, inquit idem) superfluitatum plena est maliq́; succi: melior est annicula, id est unius anni: quæ uerò hac uetustior est, & difficulter concoquitur, & mali est succi, nocens his qui stomacho humido sunt, & pituitosis. Si mulieris uterus fuerit ulceratus, &c. serum coctum bibendum præbeto per dies quinq;, aut lac asininum coctum per dies 3. aut 4. Post lactis autem potum cum aquis ipsam reficito, & cum cibis commodis, carnibus ouillis teneris recentibus & uolucrium, Hippocrates libro 1. de morbis muliebribus. Caro ouium sapore est ingrato, & nimium humida, neq; conueniens nisi forte rusticis assuetis, qui continuis laboribus exercentur, Crescentiensis. Ouem arietem dentibus ne attingas. non modo enim eius caro non prodest, uerum etiam uehementer obest, Platina. Carnes pecorum prohibentur, quia malum sanguinem generant. Agni quidem præbent nutrimentum multum, calidum & humidum, sed pituitam gignunt. (Vide in Agno F.) Arietes anniculi melius temperati sunt quàm natu minores. Hæ carnes uerno magis quàm alio tempore conueniunt. His qui opus habent refrigerari, præparantur cum aceto: illis uero qui descensione indigent, cum muri. Salubriter autem superbibitur uinum album subtile, deinde accipitur calche sacharinum, Elluchasem in Tacuinis ex Oribasio. Magistratus noster ne oues post diui Iacobi diem, id est uicesimum quintum Iulij ab alijs regionibus mactandæ adducantur, lanijs interdicit: quamuis enim pinguiores aliquando post id tempus oues fiant: insalubriores tamen habentur earum carnes, & minus placent palato, tenacioresq́; sunt, præsertim adductarũ aliunde. Ouilla caro à quibusdam (Anglis præcipuè) salitur, & infumatur, ut audio, uno die tantum cum sale relicta in uasis. ¶Ius in oui fero ferueas: Piper, ligusticum, cuminum, mẽtham siccam, thymum, silphium: suffundes uinum: adijcies damascena macerata: mel,

mel, uinum, liquamen, acetum, passum ad colorem, oleum: agitabis fasciculo origani & mentæ siccæ. Et rursus, Ius frigidum in oui fero: Piper, ligusticum, thymum, cuminum frictum, nucleos tostos: mel, acetum, liquamen & oleum: piper aspergis, Apicius 8.4. Brassicæ folia uel cymæ si coquantur cum ouilla carne pingui ius optimum reddi aiunt. Cur oues à lupis dilaniatæ carnem quidem sua uiorem, lanam autem tabidam flaccidamq; habeant, dictum est in Lupo D. ex Plutarcho. Armum ouillum elixum & refrigeratum aliqui hoc iure perfundunt: Petroselinum (sic uulgò apium uocant) minutatim incisum contundunt in pila & aceto affuso per horam relinquunt, exprimunt per linteum, zingibere & pipere condiunt: sic perfusum armum frigidum apponunt. Ex ouis pulmone minutal fit, non item aliarum pecudum, apud nostros: ut ex eiusdem iecore tomi quadrati, qui omento
10 circunuoluti, additis & herbis odoratis aliquando, uerubus ligneis transfixi in craticula assantur. Sunt qui in sartagine frigunt: nam apud Athenæum libro 3. legimus πηγλωισσὰ ἥπατα ἐπίπλῳ πθειλημμένα. Idem Alexidis uersum citat, ἧπαρ ἐπάπτου ἐγκεκαλυμμένον. Iecur ouis integrum aliqui diligenter cum medulla panis contundunt, & per linteum uel cilicium transmittunt, deinde aromatibus ad saporem coloremq; commendandum inspersis, modicè feruefaciunt, et turdos in iure carnium elixos ac modicè butyro frixos imponunt. Intestina ouium (schaaffbüch. nam kuttlen de bobus propriè dicitur, de uitulis kröß) in aqua elixa à uulgo comeduntur. μυελὸν οἶον ἔδεσκε, καὶ οἰῶν πίονα δημόν, Homerus Iliados χ.

¶ Ex ouillo pecore casei lactisq; abundantia non solum agrestes saturat, sed etiam elegantium mensas iucundis & numerosis dapibus exornat. Quibusdam uerò nationibus frumenti expertibus
20 uictum commodat, ex quo Nomadum Getarumq; plurimi γαλακτοπόται dicuntur, Columella. Quod præstat: Capræ. Post: Ouis. Inde: Bouis, Baptista Fiera de lacte. Lac nigrarū ouium melius est, in capris uero contra, Albertus. Lac ouillum nutrimentum est satis salubre: eò melius, quò recentius fuerit: & eò plus nutriens, quò spissius, Crescentien. Et rursus, Lac & caseus ex uaccis non tam conueniunt esui humano quàm ex ouibus. Ouium lac dulce crassum (παχύ: quædam exemplaria non rectè habent τραχύ) & prępingue est, non usq; adeò (ut caprinum) utile stomacho, Dioscorid. Idem lac bubulum asinium & equinum magis aluum emollire scribit quàm ouillum, quod hoc crassius sit. Pinguissimum lac est bubulum: ouillum uerò ac caprinum, habent quidem & ipsa pinguedinis quippiam, sed multò minus, asininum uero huius succi minimè particeps est, Gale. Caprino lacte crassius ouinum est, sed eius frequens usus cuti uitiligines albas inducit, Authoris nomen excidit. Lac
30 muliebre temperatissimum est, mox caprillum, hinc asininum ouillumq;, postremò uaccinum, Aegineta. Lac omnium rerum, quas cibi causa capimus, liquentium maximè alibile, & id ouillum, inde caprinum, Varro. Stomacho accommodatissimum caprinum, quoniam fronde magis quàm herba uescuntur: bubulum medicatius: ouillum dulcius & magis alit, stomacho minus utile, quoniam est pinguius, Plin. Erythea insula est uel eadem quæ Gades, uel proxima freto unius stadij discernente. Ea pabuli ubertate ita gliscit, ut ouium lac in ea serum non habeat, et insuper ad conficiendum caseū multam aquā admisceri oporteat propter pinguitudinē. Quin & intra dies triginta suffocari illic pecus dicunt, nisi aliquid sanguinis detrahatur, Eustathius in Dionysium Afrum (ex Strabonis tertio.) ¶ E lacte pinguissimo probatum fit butyrum, quale ouillum est, Dioscorides. Pinguissimum est lac bubulum: ouillum uerò ac caprinum, habent quidem & ipsa pinguedinis quippiam, sed multò mi-
40 nus, Galen. Butyrum à boue nominatur, è cuius lacte copiosissimum confit, ut miretur Dioscoridē Galenus, quòd ex caprino & ouillo confici lacte dixerit: ex caprino tamen fieri solere testis est Plinius, Hermolaus. Butyrum plurimum fit è bubulo lacte, & inde nomen: pinguissimum ex ouibus, Plin. Caseus numerosior est Apennino. Cebanum hic è Liguria mittit, ouium maximè lactis, Plinius. Casei bubuli maximi cibi sunt, & qui difficillimè transeant sumpti. Secundò ouilli: minimi cibi, & qui facillime deijciantur, caprini, Varro. Caseus Siculus fit ouillo & caprino lacte permixto, &c. ut in Capra capite quinto. Caseus ouillus eò melior quo recentior fuerit: tanto peior, quo uetustior & durior. Improbatur etiam nimis salsus, & qui uel nimium uiscosus uel aridus & friabilis est, ut ait Rasis. laudatur inter utrunq; medius, Crescentien. Et rursus, Lac & caseus ex uaccis non tam conueniunt esui humano quàm ex ouibus. Casei aridi ouilli proximi anni frusta ampla facito, & in pi-
50 cato uase componito: tum optimi generis musto adimpleto, ita ut superueniat, & sit ius aliquanto copiosius quàm caseus. Nam caseus combibit, & fit uitiosus, nisi mustum semper supernatet. Vas autē, cum impleueris, statim gypsabis: deinde post dies uiginti licebit aperiri, & uti qua uoles adhibita conditura. est autem etiam per se non iniucundus, Columella 12.42.

G.

Verberum uulnera atq; uibices pellibus ouium recentibus impositis obliterantur, Plin. Pellis ouina recens detracta (adhuc calens) circūposita ijs qui quocunq; modo fuerint uerberati, omnium luculentissimè adiuuat, adeò ut die ac nocte una illos curet: concoquit enim & digerit quæ sub cute sanguinem habent, (uibices, liuores, sugillata,) Galenus de simplicib. 11.16. Rasis, Albert. Vide in ariete G. ab initio. Cutis pedum & rostrorū bouis & ouis igni lento diu coquuntur, donec ueluti coa-
60 gulū remittat: id exemptum siccatumq; in aëre perflatili, ad hernias commendatur, Syluius. De remedijs ex pilis, lanis seu uelleribus ouium, uide infra, post Oesypum. ¶ Ad comitiales morbos magnificè laudatur & sanguis pecudum potus, Plinius. ¶ Si uteros purgare uoles, primum quidem

ff 4

ordeum oleo imbutum in pruinis suffire oportet. Postridie uero carnem ouillam coquere, cũ ordei decocto sub dio per noctem exposito. Sit autem decoctum ordei congij mensura, & ualde ipsas coquito. Vbi uerò coctæ fuerint, leuiter tepidas edat, & iusculum sorbeat. Postridie autem thus & pulegium tritum, melle subactũ & lana exceptum ad triduũ subdito, Hippocrates de nat. mul. Carnes pecudis combustæ ex aqua cæteris uerendorum uitijs (de formicationibus & uerrucis eorum prius dixerat) medentur, Plin. Si (inflicto alicui morsu uel ictu uenenato) neq; qui exugat, neq; cucurbitula est, sorbere oportet ius anserinũ, uel ouillum, uel uitulinũ, & uomere, Cels. Seuũ ouillũ quomodo curet, in hircino ex Dioscoride præscripsi. Nominatur aũt seuũ ouiũ, aliquando simpliciter, de quo priore loco agemus: aliquãdo ex renibus, uel omento. Seuo ouillo ad ignẽ liquato linteũ intinge, & parti adustæ impone, curabit, Innomin. Cicatrices ad colorẽ reducit pecudũ pulmo, præcipuè ex ariete, seuũ ex nitro, Plin. Paniculas aperit seuũ pecudis cum sale tosto positũ, Marcel. Seuũ ouiũ uetus cũ cinere è capillis mulierũ furunculis mederi dicit, Plin. Cantharides illitas licheni prodesse non dubium est, cũ succo taminiæ uuæ & seuo ouis uel capræ, Plin. Vnguiũ scabriciẽ tollit pecudum seuum, Idem. Malandriæ & frigore adustis partibus prodest cuiuslibet pecudis seuum cum alumine tritum uel excoctum, & ceroti modo impositum, Marcel. Pernionibus quoq; imponitur seuum pecudum cum alumine, Plin. Articulis luxatis præsentaneum est & seuum pecudis (cuiuscũque, Marcel.) cum cinere è capillo mulierum, Plin. Ad oculorum uaria uitia, caprinum, ouillum'ue adipem calida aqua madentem imponito, Galenus Euporist. 3.12. Seuum ouium decoctum & cum uino austero depotum, tussi medetur, Marcel. Absyrtus hippiatrus in tussi equorum etiã utitur, ut in ceruino seuo diximus. Dysentericos recreat seuum ouiũ decoctum in uino austero: hoc & ileo medetur, & tussi ueteri, Plin. Seuum ouillũ decoctum in uino austero, & calidũ potui cœliaco datum, manifesto remedio erit, Marcel. Hircinus adeps, ut qui ualidissimè discutiat, podagricis auxiliatur, cum fimo capræ & croco impositus: huic proportione respondet ouillus, Dioscor. Pinguitudinem exteriorem (inter carnem & cutim) inter posteriora crura, priuatim ad morbos quosdam requiri audio. Seuum pecudis à renibus uulsum, admixto pumicis cinere & sale, rectissimè dolentibus & tumentibus ueretris imponitur, Marcell. Seuum ex omento pecudis, præcipuè à renibus, admixto cinere pumicis & sale, cæteris uerendorum uitijs (de formicationibus & uerrucis prius dixerat) mederur, Plin. Seuum ex omento pecudum illitum, sanguinem narium sistit, Plinius & Marcellus. ¶ Ouilla medulla quinto loco post ceruinam, uitulinam, taurinam & caprinam laudatur, Dioscorid. Iecur ouium nyctalopas sanat: decocto quoq; eius oculos abluere suadent, & medulla dolores tumoresq; illinunt, Plin.

¶ Ouiculæ aut capræ cornu tusum, & ordeum tostum ac fresum, oleo subigito ac suffito, Hippocrates de morbis mulieb. in capite quod continet medicamenta quæ secundas educunt & menses de trahunt, &c. ¶ Cerebro ouis inuncti oculi aquam patientes iuuantur, Rasis & Albert. Ad dentitionem cerebrum pecoris utilissimum est, Plinius: & Galenus in libro de theriaca ad Pisonem ca. 12. sed mel iubet adijci, ita uehementer profuturum dentientibus pueris. Ad dentitionem, Magnificè iuuat & ouis cerebrum gingiuis illitum, Plin. ¶ Cicatrices ad colorem reducit pecudum pulmo, præcipuè ex ariete, Plin. Liuentia & suggillata pulmones arietum pecudumq; in tenues consecti membranas, calidi impositi extenuant, Idem. Pulmo ouillus quàm recentissimus, protinus dum adhuc tepet, appositus, continuò discutit & expurgat liuores, Marcell. Ebrietatem arcet pecudum assus pulmo præsumptus, Plin. Phreneticis prodesse uidetur pulmo pecudũ calidus circa caput alligatus, Idem. Conuenit hic calidis pecudum pulmonibus aptè Tempora languentis medica redimire corona, Serenus ad phrenesin. Lethargicis pulmonem pecudis calidum circa caput adalligari putant utile, Plin. Pulmo pecudis, id est ouis, dysentericos recreat, decoctus cum lini semine, ita ut & caro manducetur & aqua illa potetur, Marcel. Podagras leniunt pecudum, Plin. Pulmones pecudis calidi recentes podagras leniunt, Marcell. ¶ Iecur ouiũ nyctalopas sanat, efficacius quidem fuluæ ouis. decocto quoq; eius oculos abluere suadent, Plin. Iecur ouillum, id est ouis candidæ discoctũ, cum aqua madefactum contritumq; & oculis superpositum, nyctalopas purgat, Marcel. Si pariens inflata fuerit, hepar ouillũ aut caprinũ calido cinere obrutum, edendum dato meracius, ad dies quatuor: & uinũ bibat uetus, Hippocrates de nat. mul. ¶ Ouillo felli Dioscorides taurinum præfert. Domesticarum suũ bile utuntur quidam ad ulcera aurium, medicamento utiq; non reprobo, (& tu quoq; ubi compositorum nihil adfuerit, utitor: sunt enim innumera.) sed pro affectus magnitudine alia etiam atq; alia alterius animalis bilis potest congruere. Nam ubi ulcus diuturnum fuerit, multamq; saniem pusq; contineat, etiam sicciorem bilem præferes, puta ouium, quæ paulo est acrior suilla, Galen. Aures purgat fel pecudis cum melle, Plin. Fel ouillum mulso mixtum si clysterio addideris, & inde auriculas inrigaueris, expurgatis ulceribus certissimam sanitatem consequeris. Idem fel cum lacte mulieris instillatum, etiam ruptas interius auriculas certissimè sanat, Marcel. Ruptis, conuulsis fel ouiũ cum lacte mulierum prodesse dicunt, Plin. Cancer uel carnis corrosio si inungatur felle ouis, manifestè iuuat, Rasis & Albert. Porrigines, (prurigines, Marcel.) tollun tur felle ouillo cum creta cimolia illita capiti donec inarescat, Plin. mirum est, Marcel. Fel pecudum cum melle, præcipuè agninum, ad comitiales morbos laudatur, Plin. ¶ Pecudis lien recens magicis præceptis super dolentem lienem extenditur, dicente eo qui medeatur, lieni se remedium facere.

Post

Post hæc iubent eum in pariete dormitorij eius tectóue includi, & obsignari annulo, terq; nouies carmen dici, Plin. Lien pecudis tostus & in uino tritus, (potusq;,) ileo resistit, Idem. Et alibi, Tormina sanat lien ouium tostus, atq; è uino potus. ¶ Articulorum fracturis cinis feminum (femorum, Marcel.) pecudis peculiariter medetur: efficacius cum cera, Plinius & Marcel. Idem medicamentum fit ex maxillis simul ustis, cornuq; ceruino & cera mollita rosaceo, Plin. Dysentericos recreant femina pecudum decocta cum lini semine aqua pota, Idem. ¶ Pro equo ob uiam & lassitudinem æstuante: Seuum caprinum, aeronaria ouilla, cum coriandro & anetho uetere, & coriandro recenti diligenter trito, in ptisanæ cremorem admiscebis, & percolatum dabis per triduum, Hierocles in Hippiatricis 64. ¶ Ad dealbandos dentes aliaq; eorum uitia sananda ouillo talo usto utitor, Galenus Euporiston 2.12. ¶ Vesicam caprinam aut ouillam ustam ex posca bibendam præbeto his qui se in somno permingunt, Galenus de comp. sec. loc. ¶ In muliebribus malis membranæ à partu ouium proficiunt, sicut in capris retulimus, Plin. ¶ Contra uenena omnia ualet lac ouium calidum præterquam ijs qui buprestin aut aconitum biberint, Plin. Alica peculiariter longo morbo ad habitudinē redactis subuenit, ternis eius cyathis in sextarium aquæ sensim decoctis, donec omnis aqua consumatur. Postea sextario lactis ouilli aut caprini addito per continuos dies, mox adiecto melle. Talis sorbitionis genere emendantur syntexes, Plin. Contra quartanas quidam deuorari iubent hirundinum fimi drachmam unā in lactis caprini uel ouilli uel passi cyathis tribus ante accessiones, Plin. Tonsillas & fauces lactis ouilli gargarizatio adiuuat, Idem. Lac caprinum uel bubulum uel ouillum, recens mulsum dum calet, uel etiam calefactum gargarizatum, tonsillarum dolores & tumores citò sanat, Marcel. Medicamenta quædam ad phthisin ex lacte bubulo uel ouillo propinantur. Ouilli lactis sextario si quis adijciat cnici purgati denarios quatuor, & discoctum ita ebibat, molliet uentrem, Marcel. Aron interaneis exulceratis ex lacte ouillo bibendum datur: Ad tussim in cinere coctum ex oleo: Alij coxêre in lacte ut decoctum biberetur, Plin. Alui exulceratos fluores & tenesmos, ouillum bubulúmue aut caprinum lac sistit, ignitis calculis decoctum, Dioscorides. Lac ouile, quod candentibus glareæ lapidibus in ipsum lac demersis excoquatur, dysenterico potui cum ipsis lapidibus datum efficaciter prodest, Marcel. Si torminosi uel cœliaci propter frequentes desurrectiones uiribus deficientur, dandum erit eis lac caprinum aut ouillum tepidum per se, uel etiam decoctum cum butyro, Idem. Infunditur quoq; lac contra rosiones à medicamentis factas, & si urat dysenteria, decoctum cum marinis lapillis, aut cum ptisana hordeacea: item ad rosiones intestinorum, bubulum aut ouillum utilius, Plin. Asininum lac intestinorum ulceribus & tenesmo prodest, ut & ouium lac, sed minus, Obscurus. Satyrij duo genera, &c. prioris radix in lacte ouis colonicæ data, neruos intendit: eadem ex aqua, remittit, Plinius. ¶ Serum lactis ouilli uentrem mouet & bilem expurgat, Crescentiensis. ¶ Reduuias & quæ in digitis nascuntur pterygia, tollunt canini capitis cinis, aut uulua decocta in oleo, superillito butyro ouillo cum melle, Plinius. Inula in oleo discocta & contrita, & cum butyro ouillo & melle imposita: Eadem ratione curantur & tubera, sed hoc uitij emplastri panno inlini debet, Marcel. Vlula auis cocta in oleo, cui liquato miscetur butyrum ouillum & mel, ad ulcera sananda ualet, Plinius. ¶ Caseus ouillus uetus dysentericos recreat, Plinius. Caseus ouillus uetustus in cibo sumptus, uel rasus & cum uino potus, cœliaco medetur, Marcellus.

¶ Medicus quidam medicamentorum peritus in Mysia Hellesponti, ouium utebatur stercore ad acrochordonas & myrmecias & thymos & furunculos duros, quos clauos nominant, aceto uidelicet diluens. Quin & ulcerum ambusta ad cicatricem illo ducebat, nempe stercus hoc cerato rosaceo cōmiscens. Sed & caprino stercore ambustos similiter curabat, parum eius cerato (rosaceo) longè copiosiori admiscens, Galenus. Fimum ouillum ex aceto illitum sanat epinyctidas, clauos, pensiles uerrucas, thymos, & ambusta igni, rosaceo cerato exceptum, Dioscorides: & eadem ferè Rasis & Albertus: cum aceto (inquiunt) illitum, uerrucas tollit, & uariolas quæ nominantur assaræ: & cum cerato rosaceo, ambusta. Stercus ouis cum melle impositum medetur uerrucis leuibus (aliâs, lentibus uerrucis) & carnem excrescentem (quæ dicitur acturo, Rasis: forte acrochordon) abolet: item formicam, Rasis & Albertus. Fimus ouillus recens manibus subactus & emplastri more adpositus, deterget uerrucas, Marcellus. Ambustis medetur fimum ouium cum cera commixtum, Plinius. Clauos pedum sanat fimum ouium impositum, Idem & Marcellus. Item uerrucas omnium generum, Plinius. Fimum pecudum incipientibus carbunculis occurrit, Plin. Ex oleo tritum instar cataplasmatis impones ad uulnera recentia gladio aut ligno illata, Galenus Euporist. lib. 2. 81.

Aut si conclusum seruauit tibia uulnus, Stercus ouis placidæ iunges, adipesq; uetustos,
Pandere quæ poterunt hulcus, patuloq; mederi, Serenus cap. 45. cum proximè de luxatis scripsisset.

Eumelus si detorta sit iumenti ceruix, fimum ouillum cum uino uetere & oleo misceri iubet, eoq; calido sæpe perfricari ceruicem, In Hippiatricis cap. 25. Contra omnium phalangiorum morsus remedio est pecudum fimi cinis illitus ex aceto, Plinius. Et alibi, Aduersus serpentium ictus efficax habetur, fimum pecudis recens in uino decoctum illitumq;. Si equus ungulam pertuderit, ouinum stercus cum aceto permiscebis & impones: quanquam alij caprinum efficacius credant, Vegetius. Magna uis & in cinere pecudum fimi ad carcinomata addito nitro, aut cinere ex ossibus feminum agninorum, præcipuè in his ulceribus quæ cicatricem non trahunt. Fimo quoq; ipso ouiū

sub testa calefacto & subacto tumor uulnerum sedatur, fistulæ purgantur sanantur'q;, item epinyctides, Plinius. Alopecias replet fimi pecudum cinis cum oleo cyprino & melle, Idem. Expleri alopecias non caprino tantum sed etiam ouillo fimo, Græci quidam scripserunt, ut Paulus Aegineta lib. 2. Abscessui (tardo, Rasis) oborto in radice auris prodest emplastrum de stercore ouis cum pinguedine anseris aut gallinæ, Rasis & Albertus. Tumidis mulierum uberibus fimum ouillum calidum impone, Obscurus. Stercus ouis potum pondere drachmæ (duarum unciarum, Albertus) cum decocto caprifolij (cum decoctione uel cum oxymelite, Rasis) ualet contra icterum. Ad coli dolorem remedium physicum sic: Stercus ouis montanæ mense Septembri deficiente Luna pridie inclusæ mane excipies, & Sole durabis atq; in puluerem rediges, & habebis in uase uitreo siue stagneo (stanneo) cum usus exegerit cocleare plenum colico ex aqua calida, si febricitauerit: si syncerus erit, cum uino per triduum dabis, Marcellus. Si splen exterius inungatur stercore ouillo usto (Albertus addit, ex aceto) imminuitur eius incrementum, Rasis. Ad calculum: Ibisci libram unam, stercoris ouilli recentis P. I I. axungiæ ueteris P. I I. hæc omnia contrita pariter miscebis, & in lana succida renibus adpones emplastri modo, statim proderit, Marcellus. Podagras lenit fimum pecudum quod liquidum reddunt, Plinius. In muliebribus malis membranæ à partu ouium proficiunt: fimum quoq; pecudum eosdem usus habet, Plinius. ¶ Vrina ouis rubeæ aut nigræ perutilis est hydropi, (hydropi carnoso, Rasis:) prodest etiam mixta cum melle hydropi, Albertus: Sed Rasis aliter, Stercus etiam potum cum melle confert hydropi. ¶ Morbo resistunt regio sordes aurium aut mammarum pecudis denarij pondere cum myrrhæ momento, & uini cyathis duobus, Plinius. Furunculis mederi dicuntur sordes ex pecudum auriculis, Idem. ¶ Vt mulier sterilis concipiat,
Aut ouis in stabulis fractas cum ruminat herbas, Pendentem spumam molli deducet ab ore,
Atq; illam memini misto potare falerno, Serenus. ¶ Sudor equi calefactus cum aceto conuenit epilepsiæ, & exhibetur aduersus morsus uenenosos: & ad hoc ualet sudor ouium, Syluaticus capite 330. ex Serapione.

¶ Tondentur oues quo tempore inter ęquinoctium uernum & solstitium sudare cœperint: à quo sudore recens lana tonsa succida est appellata, Varro. Lanam succidam Græci rhyparan, Ionia sinypen, alij œsypiram (ἔρια οἰσυπηρὰ, non ὑσωπηρὰ ut quidam codices habent) hoc est sordidam & cum œsypo suo nominant, Hermolaus. Hippocrates lanas succidas etiam ἔρια πινόεντα uocat, & ἔρια πινώδη, nam & pînos uox œsypi ac sordium significationem habet, Cornarius. Tauf, id est lana succida, Syluaticus. Et alibi, Aufa Arabica, id est sudor ouium inter coxas, (nimirum sordes ipsæ lanarum & œsypus. Laudatissima omnis è collo: natione uerò Galatica, Tarentina, Attica, Milesia, Plinius. Nostri lana sordida ex nigris præcipuè ouibus utuntur. Lanis succidis omnibus usus medicatus, Plinius. Idem de ouis collo adtonsam laudat in epistola apud Marcellum empir. Succidæ lanæ, molles & è collo feminibusq; laudatissimæ habentur. Subueniunt inter initia uulneribus, percussis, desquammatis, (thlasmata & aposyrmata uocat Dioscorides) liuidis, ossibus fractis, aceto, oleo aut uino imbutæ, siquidem facile succos combibunt quibus immerguntur: (Embregmata & embrochas Græci uocant, cum lintea, stupæ aut lanæ aliquo liquore succóue madidæ imponuntur.) Et ob pecudum sordem, sic enim œsypum uocant, emolliunt. Capitis, stomachi, aliarumq; partium doloribus, cum aceto & rosaceo efficaciter imponuntur, Dioscorides. Vinum quod succida nollet Lana pati, Aquinas in Satyra. Lana succida aptè excipit irrigationes, (embrochas,) quæ adhibentur contusis aut quomodocunq; percussis, ut quæ utilitatem ex illis proficiscentem promoueat, idq; propter œsypon: Lota uerò nec amplius œsypon habens, materia tantum est idonea excipiendis liquoribus (siue liquidis medicamentis) quę irrigantur, (ἐπιβρέχεται,) Galenus. Lota est uice linamenti carpti, Syluius. Succidam imponunt & desquamatis, percussis, liuidis, contusis, collisis, contritis, deiectis: capitis & alijs doloribus. stomachi inflationi ex aceto & rosaceo, Plinius (ut & Dioscorides.) Præterq; cultum & tutelam contra frigora, succidæ plurima præstant remedia ex oleo ui noq; aut aceto, prout quæq; mulceri morderiq; opus sit, & astringi laxariue, luxatis membris, dolentibusq; neruis impositæ, & crebro suffusæ. Quidam etiam salem admiscent luxatis. Alij cum lana rutam tritam adipemq; imponunt. Item contusis tumentibusq;, Plinius. Et rursus, At canis rabiosi morsibus inculcata lana succ. post diem septimum soluitur. Reduuias sanat ex aqua frigida. Ex oleo calido humidis adposita medetur, Marcellus. Quin & ulceribus uetustis imponitur cum melle: Vulnera ex uino, uel aceto, uel aqua frigida & oleo sanat, Plinius. Dioscorides uulneribus inter initia subuenire scribit. Vulneribus quibuscunq;, Succida cum tepido nectetur lana Lyæo, Serenus. Ossibus fractis, Conueniet cerebrum blandi canis addere fractis, Lintea deinde superq; inductas nectere lanas, Idem: Intelligo autem lanas succ. quas fractis ossibus auxiliari Dioscorides quoq; docet. Medicinas ex uelleribus arietis, in historia eius priuatim recēsebo. Lana succ. uenas uerticis uel temporum Pœni pastorales in quadrimis filijs inurunt, ut in Hircini lotij remedijs docui ex Herodoto. Si talum aut ungulā bouis uomer læserit, picem duram & axungiam cum sulfure, & lana succida inuolutam candente ferro supra uulnus inurito, Columel. Lana succida prodest phreneticis suffitu, Plinius. Ad phrenesin, calidi pecudis pulmones circunponātur, Illotis etiam lanis suffire memento, Serenus. Columbæ, &c. præsertim masculæ sanguis ex uena sub ala oculis cruore suffusis eximie prodest. Superimponi oportet splenium è melle decoctum, lanamq; succidam

succidam ex oleo aut uino, Plin. Lanæ habent & cum ouis societatem simul fronti impositę contra epiphoras. non opus est eas in hoc usu radicula esse curatas: neq; aliud quàm candidum ex ouo infundi ac pollinem thuris, Plin. Lanam succidam in aceto feruefacias, exprimitoq; humorem in aurem, deinde foramen summum lana succida integito, Galenus Euporist. 2. 4. ad dolores aurium paulatim ingruentes. Sanguinem in naribus sistis cum oleo rosaceo, & alio modo indita auribus obturatis spissius, Plinius. Lana succida conijcitur in nares cum oleo rosaceo, & auriculæ de lana succida obturantur, & ita sanguis profluens continetur, Marcel. Ad sanguinem è naribus sistendum, Lana madens oleo sed nondum lauta rosato, Hæc datur in nares uel claudit densius aures, Seren. Lana succida ex oue fœmina decerpta atq; intorta, madefactaq; rosa liquida, sanguinis abundantiam reprimit, Marcel. Lana succida ex ariete sanguinem sistit, articulos extremitatum præligans, Plin. Halitus oris gratiores facere traditur, confricatis dentibus atq; gingiuis admixto melle, Plin. Lana succida melle illita dentes perfricti miro modo candorem maximum consequuntur, Marcel. Lanam succidam linteolo illigatam torreto, adiecta deinde tertia salis portione, terito omnia simul, & perfricato hoc puluere dentes: à dolore præseruat, Galen. Euporist. 1. 65. Lana succida nitro, sulfure, oleo, aceto, pice liquida feruentibus tincta, quàm calidissima imposita bis die, lumborum dolores sedat, Plinius. Ouis stercus & alia quædam cum lana succida admouentur aduersus calculum, ut supra dictum est in remedijs ex stercore. Verendorũ cæteris uitijs (de formicationibus & uerrucis prius dixerat) medetur lana suc. ex aqua frigida, Plin. Lanam ouillam nigram testiculis tumentibus prodesse uulgò ferunt. Mulierum purgationem adiuuat fel taurinum lana succida appositũ: Olympias Thebana addidit hyssopum (lege œsypum) & nitrum, Plin. Succida lana malos remoratur subdita cursus (id est menses nimium fluentes.) Mortua quinetiam producit corpora partu, Serenus. Succida lana imposita subditaq;, mortuos partus euocat: Sistit etiam profluuia mulierum, Plin. ¶ Iam uerò pura uellera aut per se imposita cæcis doloribus, aut accepto sulfure, medentur: Tantumq; pollent, ut medicamentis quoq; superponantur, Plin. Vellera cum uiuo suffiri sulfure prodest, Serenus in regio morbo. Hibisci radicem ante Solis ortum erutam inuoluunt lana coloris quem natiuum uocant, præterea ouis quæ fœminam peperit, strumisq; uel suppuratis alligant, Plinius. Per se conchylio infecta lana auribus magnopere prodest: quidam aceto & nitro madefaciunt, Idem. ¶ Crematarum lanarum cinis crustas obducit, excrescentias in carne cohibet, & ulcera ad cicatricem perducit: (Eadem ferè Plinius de œsypo scribit, ut inferius recitabo.) Mundæ autem & carptæ, in fictili crudo, cęterorum more, uruntur. Nec secus fimbriati marinarum purpurarum flocculi cremari solent. Aliqui cum sordibus lanas carpunt, & melle irrigant, eodemq; modo urunt. Alij in fictili oris patuli, uerucula inter se distantia componunt, & concerptas carminatasq; lanas oleo ita suffusas, ut ne stillare quidem possint, assulis tædæ subiectis, & eisdem lanisq; permutatim interstratis, leuiter succendunt, & ustas tollunt: quod si è tæda pix, pinguitudoue ulla profluxit, collecta reconditur. Lauatur ad oculorum medicamenta: cinerem in labellis, aqua addita, manibus confricant, & considere patiuntur: idq; sæpius, mutantes aquam donec linguam adstringat, nec mordeat, Dioscorides. Lana usta uim habet acrem pariter & calidam, unà cum partium tenuitate. Itaq; molles nimiumq; humidas ulcerum carnes celerrimè eliquat. Inditur & in medicamenta desiccatoria. Vrito eam tanq; alia plurima, ollam implens nouam, quam tegat operculum multis foraminibus pertusum, Galen. Cinis lanæ succidæ illinitur attritis, uulneratis, ambustis: & in oculorum medicamenta additur. item in fistulas auresq; suppuratas. Ad hæc detonsam eam, alij uero euulsam decisis summis partibus siccant, carpuntq;, & in fictili crudo componunt, ac melle perfundunt utrunq;. Alij hastulis tædæ subiectis & subinde interstratis, oleo aspersam accendunt: cineremq; in labellis aqua addita confricant manu, & considere patiuntur, idq; sæpius mutantes aquã donec linguam astringat leniter, nec mordeat. Tum cinerem reponunt. Vis eius septica (synectica potius) est, efficacissimeq; genas purgat, Plin. Vulneribus quibuscunq;, Succida cum tepido nectetur lana Lyæo, Ambustæ'ue cinis complebit uulneris ora, Serenus. Combustis igni: Aut tu succosæ cinerem perducito lanæ, Idem. Lanam ouiculæ de inter femora uelles & combures, & in aceto intingues, & super tempora caput dolentis ligabis, Marcel. Ad spirandi difficultatem, Ouium pilos qui circa anum sunt ustos ac tritos in dulci uino propinato, Galenus Euporist. 2. 23. Vellerum cinis genitalium uitijs medetur, Plinius. Cinis lanæ ouis, passionibus pecudum medetur, Idem ut Aggregator citat.

¶ Sordes lanis inhærentes dici œsypum, cum Dioscoride Plinius scribit, uelut οἰὸς ῥύπον. Apud Galenum Therapeutices quartodecimo, legimus ἄπλυτον ἔριον, id est illotam lanam nuncupari ὑοσυπηρόν (alibi ὑοσωπηρὸν:) quam lectionem comprobat Suidas quoq;, malunt tamen alij οἰσυπηρὸν scribere, Cælius. Ianus Cornarius in commentarijs suis in secundum Galeni de compos. medic. sec. locos multis ueterum Græcorum Latinorumq; locis recitatis, hyssopum pro œsypo passim legi ostendit: qui error ita inualuit, ut iam aliquot seculis recentiores, & indocti hodieq;, pro œsypo hyssopum humidam scribant, distinguendi gratia ab herba hyssopo. Oesypus & œsypum neutro genere ut Plinius dixit, sunt sordes sudorq; feminum & alarum adhærentes lanis, quæ lanæ succidæ propterea appellantur, quòd sudoris sordibus & succo sint imbutæ, Cornarius. Enneapharmacum emplastrum constat nouem rebus, & inter cætera hyssopo (lege, œsypo,) Celsus 5. 19. Sordes quæ lanis ouium inhæret & adnascitur, ex qua œsypon, quod uocant, conficitur, concoquendi uim habet similem bu tyro,& simul parum digerentis facultatis, Galenus in fine libri decimi de simplic. item Aëtius. In medicamento quodam Andromachi ad ani uitia, œsypus cæteris adiungitur: Heras uero (inquit Galenus) pro œsypo adipem anserinum pari pondere coniecit. Pro œsypo medulla uitulina substituitur in Succidaneis Galeno adscriptis: quanquam deprauati codices sic habent, Ὑσώπου, μυελὸν μόσχου, ἢ στιχάδα, œsypo & hyssopo herba confusis. pro hac enim rectè stichadem herbam posueris, pro œsypo uerò medullam uituli. Oesypum & œsypus utroque modo effertur, ab eo quod est οἴς, hoc est ouis. Græci masculino ferè utuntur, Latini frequentius neutro. Hippocrates caprinam è clunibus sordem uocauit œspen (οἴσπην:) ouillam, œsypides: quo quidem nomine lanam quoque succidam significat quibusdam. Quidam hoc à Galeno hyssopum dici putant, errore uulgi: & quidem à Græcis orto, qui non œsypum quandoque, sed hyssopum scribant: ut siue prudentes, siue imprudentes, non œsypũ simpliciter (sed) hyssopon hygron (ut Aegineta aliquoties) & hyssopum pharmacum sæpissimè cognominent, quasi ab hyssopo herba distinguere uoluerint, ut Paulus in compositione quam à ruta πηγανηρὰν appellãt, utilem pleuriticis, Hermolaus Corollario 284. ubi tamen hysopus semper per s. simplex scribitur: οἴσσυπος apud Aëtium per σ. duplex, non probo. Οἰσυπίδας, προβάτου ῥύπον, ἤγουν ἔριον ῥυπαρόν, Galenus in Glossis. Οἴσπη uox per syncopen facta uidetur pro οἰσύπη. Οἰσύπη, ὁ ῥύπος τῶν ἐρίων, Suidas & Varinus. Οἴσυπος, ὁ τῆς αἰγὸς ῥύπος, Hesychius. Οἴσπη, ῥυπαρῶν προβάτων ἔρια, Ἡρόδοτος. καὶ οἰσπάτη, ὁ ῥύπος τῶν ἐρίων, Suidas & Varinus. Οἰσπώτη, ὁ πηλὸς προβάτου. ἐκ τοῦ οἶς καὶ τοῦ πατῶ, οἰσπώτη, καὶ τροπῇ τοῦ α εἰς ω, Varinus. Οἰσπότη apud Aristophanem in Lysistrata ouis excrementum est, Cælius. Οἰσπάτη, ὁ ῥύπος: ὁ δὲ Δίδυμος ὁ τῶν προβάτων, Hesychius. Non placet quod apud eundem scribitur, Οἶσπαι, πρόβατον, κάπρος, ῥύπος. Si œspate excrementum significet, uidebitur compositum à πάτος, ut idem significet quod ἀπόπατος. Οἰσυπηρός, ῥυπαρός. ἔρια οἰσυπηρὰ, ῥύπου πεπληρωμένα, ῥυπάσματα ἀπὸ τῆς κόπρου. οἰσύπη δέ ἐστι τὸ ἐλαχώρημα τῶν προβάτων, Suidas & Varinus. Οἰσύπειον, ἔριον ῥυπαρὸν προβάτων, τὸ αὐτὸ οἰσύπηρον, καὶ οἰσύπηρος, Hesychius: ego in οἰσύπηρον penultimam potius cum ητα scripserim, & acuerim ultimam, ut Dioscorides & alij faciunt. Apud Aristophanem in Acharnensibus cum quidam uulneratus esset, postulantur ὀθόνια, κηρωτὴ, ἔρι' οἰσυπηρά. Ὑσώπης ος, ὁ ῥυπώδης, Suidas: non rectè, scribendum enim οἰσυπηρός: ut pro ὑσώπη ὁ ῥύπος, apud eundem, οἰσύπη. Γρᾶϐος, sordes in lanis ouium, &c. uide γραάσων apud Etymologum. Oesypo quod sub armis ouium nascitur, palpebris glabris medentur, &c. Marcel. Oesypo in Atticis ouibus genito palma, Plinius. Atticum hyssopum (lege, œsypum) cataplasmati & cerotis miscere consultum fuerit, Galenus 13. Methodi. Alibi etiam eodem in libro Atticum œsypum omnibus præfert. Oesypa quid redolent quamuis mittatur Athenis? Ouidius. Oesypum (inquit Dioscorides) uocant Græci, succidarum lanarum pinguitudinem. Cuius parandi ratio hæc est: Succidæ molles, radicula non curatæ, calida aqua lauantur, & quibuscunque sordibus expressis, & in labellum oris ampli coniectis, aqua infunditur, magnoque impetu ligula, uti respumet agitatur: aut lignea rude ualidiusculè conturbatur, quò largius sordida spuma colligi possit, deinde marina respergitur. & considente pingui quod supernatabat, (καὶ ὅτι κατασβῇ τὸ ἐπινηχόμενον λίπος) collectoque in altero fictili uase, denuo aqua in labellum fusa agitatur: spuma iterũ mari perfunditur, & demum eximitur: hoc tantisper fieri solet, dum consumpta pinguitudine nihil prorsus spumæ extet: collectum œsypum manibus emollitur: & si qua insedit spurcitia, confestim demitur: exclusaque sensim omni aqua, recentique affusa, manibus misceatur, donec admotum linguæ œsypum, adstringat leuiter, nec mordeat: atque pingue candidumque spectetur. tum in fictili uase conditur. Verum omnia feruido sole fiant. Nonnulli excolatum pingue frigida aqua eluunt, & manibus, non secus atque ceratũ mulieres, confricant: ita enim candidius redditur. Alij elotis lanis & sordibus quibuscunque exemptis, ac lento igni in æneo uase ex aqua decoctis, pingue quod supernatat collectũ, aqua, ut diximus, lauant: colatumque in fictilẽ patellam, quæ calidam aquam contineat, linteo operiunt, atque soli mandant, donec candidum fiat, & satis crassum. Alij bidui spatio aquam effundunt, nouamque adijciunt. Melius est læue, radicula non curatum, quod succidarum uirus oleat, & si manu in concha fricetur cũ aqua frigida, albescat, nihil in se duri aut concreti habens: ueluti quod cerato aut adipe adulteratur, Hactenus Dioscorides libro 2. capite 66. interprete Ruellio. Cæterum ab initio statim, ubi legitur, Lanæ succidæ molles radicula non curatæ, Græcè ἐστρουθισμένα, id est struthio siue radicula adhibita curatæ lotæque, absque negatione, quam Marcellus & Ruellius interpretes de suo adijciunt. Atqui Dioscorides non uidetur negationem addidisse, (præsertim cum in nullis codicibus illa reperiatur, Marcello etiam teste:) sed eo modo quo à quibusdam fieri solebat œsypum descripsisse: quamobrem postea monet meliorem esse astruthiston, hoc est lana non curata struthio, sed simpliciter lota cum aqua calida, (ne scilicet nimia caliditas aut acrimonia à struthio ei accedat, cum concoquendi tantum, quod moderato calore fit, uim habere debeat: ad quosdam tamen affectus struthij uim etiam conducere ei non negârim.) Sed adiungam Aëtij quoque uerba 2.118. quoniam Dioscoridis uerba se recitare professus, non parum ab eo uariat. Sordidas lanas (inquit) sub axillis ouium repertas, densas ac molles (ἔρια κονδὰ, καὶ ὅλα καὶ μαλακά: uocem ἐστρουθισμένα non habet) calida lauato, sorditiem omnem exprimendo, quarum loturam in uas ampli orificij coniectam feruenti aqua superinfusa agitato, aquam poculo excipiens aut alio instrumento, & ab sublimi præcipitans, donec (tota) spumescat: tum marina aqua si affuerit, si non affuerit frigida inspergito, finitoque ut consistat: ubi refrixerit, quod fluitabit, tudicula eximito, atque in aliud uas conijcito, inde modica aqua frigida iniecta manibus uersato, mox

mox aqua illa effusa nouã feruentẽ infundito: idemq́ omnino repetito, quod iam docuimus, donec candidus pinguisq́ oesypus reddatur, nihil amplius impuri continens, tum in fictili conditũ per aliquot dies insolato, & seruato. Sunt autem hęc omnia sub calido Sole facienda: ita enim efficacior candidiorq́ nec durus asper ue (οὕτω γὰρ χρησιμώτερον γίνεται καὶ λευκὸν, καὶ οὐδὲν ἔχον σκληρὸν ἢ συνεστραμμένον: melius χρησιμώτερος, λευκὸς, & ἔχων, scilicet οἴσυπος) redditur, ueluti qui cerato aut fermento adulteratur, Hæc Aëtius. Græcè quidem scribitur adulterari oesypum κηρωτῇ ἢ ζύμῃ, cum Dioscorides habeat κηρωτῇ ἢ στέατι, id est cerato (non cera, ut Marcellus uertit) aut adipe. Aëtius forte σταιτὶ legerat, quod ζύμην exposuit, ut grammatici φύραμα ἀλεύρου: sed adipe uel seuo potius quàm fermento aut farina subacta oesypum adulterari omnibus puto uerisimile est. Oesypus (inquit author de simplicibus ad Paternianum) hac ratione colligitur: Lanas succidas sordidissimas & iam mox detonsas mittimus in uase quod habeat calidam aquam: & aquam succendimus ut aliquantulum ferueat, deinde refrigeramus, & quod supernatat in modum pinguaminis, abradimus manu, & in uase stanneo abstergimus, & sic ipsum uas aqua pluuiali implemus, & opertum tenui linteo in Sole ponimus, & rursus delimpidamus: & tunc oesypum reponimus. Vires enim habet cum aliqua acrimonia mollientes & relaxantes. Sed adulteratur ex pinguedine & ceroto molli. Sed statim deprehenditur eo quòd syncerus oesypus reseruat succidum lanæ, (succidæ lanæ odorem seruat, Dioscor.) & si manibus fricetur, similis ceruſæ efficitur, Hæc ille. Quin ipsæ sordes pecudum sudorq́ feminum & alarum adhærentes lanis (oesypum uocant) innumeros propè usus habẽt. In Atticis ouibus genito palma. Fit plurib. modis. Sed probatissimum, lana ab his partibus recenti concerpta, aut quibuscunq́ sordibus succidis primum collectis, ac lento igni in æneo uase subferuefactis & refrigeratis, pinguiq́ quod supernatet, collecto in fictili uase, iterumq́ decocta priori materia: quæ pinguitudo utraq́ frigida aqua lauatur, & in linteo siccatur, ac sole torretur, donec candida fiat ac translucida. Tum in stannea pyxide conditur. Probatio autem ut sordium uirus oleat, & manu fricante ex aqua non liquetur, sed albescat ut cerusa. Oculis utilissimum contra inflammationes genarumq́ callum. Quidam in testa torrent, donec pinguedinem amittat, utilius tale existimantes erosis & duris genis, angulis scabiosis & lachrymantibus, Plinius. Vide inferius inter remedia oesypi uel fuliginis eius ad oculos. Oesypus hodie corrupto nomine uocatur hysopus humida, sed non bene præparatus habetur in pharmacopolijs, Euricius Cordus. Ex oesypo pharmacum compositum fit, quod Græci medici aliquando οἴσυπον φάρμακον, aliquando οἰσύπου κηρωτὴν, aliquando οἴσυπον κηρωτοειδῆ, aliquando οἴσυπον ὑγρὸν uocant: atq́ hę appellationes omnes à forma medicamenti, quod ad cerati liquidi modum paratur, sunt deductę. Componendi autem modum docet Paulus libro 7. Sed tum in hoc Pauli loco, tum in alijs plerisq́ omnibus itidem ὕσσωπος pro οἴσυπος falsò legitur. Sunt autem promiscui usus oesypus per se, & pharmacum ex eo constans, uelut Galenus lib. 14. methodi tradit his uerbis: Ex oesypo cerotum, notum omnibus pharmacum est, quo plurimi ad inflammationes in hypochondrijs utuntur. Hoc etiam pro oesypo uti licebit, si absit ille, & eundem finem consequeris. Quin & hodie in aliquibus pharmacopolijs hyssopus humida habetur pyxidibus inscripta, & humidam ad differentiam hyssopi herbæ aridæ dictam uolunt, qui forte de re ipsa nihil sciunt, quum non hyssopus humida ea res, hoc est lanarum sordes sit appellanda, sed oesypus liquidus (id est ex oesypo cum alijs pharmacis cerotũ,) Cornar. Oesypus seruetur purus, ex ouibus integris, non scabiosis, Syluius. Oesypi præparationẽ in secundo libro optimam descripsimus: sed ubi hoc haberi non poterit, accipe quod pigmentarij hoc modo conficiunt: Meliloti unc. 4. cardamomi, hyssopi herbæ, sing. unc. 2. succidæ lanæ ex ouium axillis unc. 4. &c. Aëtius 15. 25. & Aegineta libro 7. nõnihil ab Aëtio uarias. Inter cerata Nicolai Myrepsi quod numero tertium est, oesypum recipit, & facit ad dolentes articulos ac podagras: & omnem phlegmonem, doloremq́ mediarum corporis partium (hypochondria dixit Galenus) ac duritiem. Author libri de dynamidijs Galeno adscripti, oesypum appellat ius lanæ, id est succum lanæ. Verba eius sunt hæc: Oesypi cerotum sic fac, ceram, axungiam sine sale, colophoniam, ius lanæ, uetus oleum, ana libram i. iuris fœnogręci unc. vi. adipis anserini & pullini ana unc. i. Coque oleum cum iure lanæ & fœnogræci diligentissimè, donec ad mensuram olei ueniat: iterum pone ad focum, additis suprascriptis speciebus. Ius uero de lana sic fac: Lanam succidam in aquam multam pone ut molliatur, diebus sex: septima uerò die coque, & ipsam pinguedinem desuper collige suprascripto penso, & exinde confice cerotum, Hæc ille. ¶ Oesypum excalfacit, explet ulcera & emollit, præsertim sedis ac uuluæ (uide inferius ex Plinio) cum meliloto & butyro, Dioscorides. Hyssopum (lege, oesypum) ad ulcera manantia prodest, Plinius 26. 14. Vulneribus medetur oesypum cum hordei cinere & ærugine æquis partibus, ad carcinomata quoq́ ac serpentia ualet. Erodit & ulcerum margines: carnesq́ excrescentes ad æqualitatem redigit: explet quoq́ & ad cicatricem perducit, Idem. Eadem ferè Dioscorides de cinere lanæ crematæ simpliciter tradit. Igni sacro medetur oesypum cum pompholyge & rosaceo, Plinius. Somnos allicit cum myrrhæ momento in uini cyathis duobus dilutum, (eodem modo comitialibus medetur, ut mox recitabo,) uel cum adipe anserino & uino myrtite, Idem. Maculas in facie, oesypum cum melle Corsico, quod asperrimum habetur, extenuat: item scobem cutis in facie cum rosaceo impositum uellere. Quidam & butyrum addunt. Si uero uitiligines sint, fel caninum prius acu compunctas, Plinius. Sed aliter legit Marcellus, cuius hæc sunt uerba: Oesypum cum melle Corsicano tritum & appositum abolet de facie omnes maculas, quidam & butyrum addunt:

si uerò & urituli fimus & fel caninum misceatur, medicamen utilius erit, ita ut pariter temperata omnia decoquantur. Oesypum ex oleo tritum & instillatum capiti, pityriasi medetur, Marcel. Comitialibus morbis utile tradunt oesypum cum myrrhae momento & uini cyathis duobus dilutum (eodem modo somnos allicit, ut paulò ante dictum est) magnitudine nucis auellanae à balneo potum, Plinius. Oesypum oculis utilissimum est contra inflammationes, genarum callum, Plin. Contra erosos angulos oculorum, scabiososq́, genas quae occalluerunt, & ciliorum defluuia, efficax est: torretur autem in testa noua (nempe ad medicamenta oculorum iam dicta. Interpretes ineptè transferũt) donec redactum in cinerem pinguitudinem amittat. Ex eo etiam fuligo colligitur, uti demonstrauimus, (eo nimirũ modo quem in butyro dixerat, quanq́ illic nulla oesypi mentio, nec alibi apud eum oesypi fuliginis quod sciam:) quae in oculorum medicaměta commodè addi solet, Haec omnia Dioscorid. Quidam oesypum in testa torrent, (urunt, Dioscorides & Aëtius) utilius tale existimantes erosis & duris genis, angulis scabiosis & lachrymantibus, Plinius. Butyri quidem fuligo similes ferè effectus habet. Dioscorides oesypo simpliciter attribuit, quae fuligini eius Aëtius ex Dioscoride mutuari se professus. Aëtij uerba haec sunt: Oesypus crematus utilissimam fuliginem reddit, ad angulos oculorum erosos scabiososq́, & ad palpebrarum callos, earundemq́ depilationem. Crematur interdum etiam in noua testa, donec exustus (πυρωθὲν, Dioscorides habet πυρωθὲν. malim utrunq́ in masculino genere, cum oesypus Graecis semper masculini sit generis) pinguedinem omnem amiserit. Ponatur testa super carbonibus, deinde quod ustum est colligatur, seruatumq́ ad usum teratur. Mihi quidem tum oesypum ipsum ustum, tum fuliginem eius, eandem habere facultatem, ad oculorum praecipuè medicamenta, Dioscorides & Aëtius sentire uidentur. Dioscorides cum oesypi uires primum simpliciter scripsisset: Mox addit à nouo initio, ποιεῖ δὲ καὶ πρὸς βεβρωμένους κανθὸς, id est, Praeterea facit ad angulos in oculis erosos, &c. nõ iam simpliciter scilicet, sed eo modo quem subijcit: Vritur autem (inquit, nimirum ad praedictos usus) in testa noua, &c. Hoc interpretes non animaduerterunt. Palpebras gignere dicitur oesypum cum myrrha calidum penicillo illitum, Plinius. Glabris palpebris pilos induces, si oesypo quod sub armis ouium nascitur, adiecta myrrha, pariterq́ in mortario trita, spicillo calido loca pilis nuda perduxeris, Marcellus. Contusis oculis medentur, fel anserinum, sanguis anatum, ita ut postea hyssopo (lege, oesypo) & melle inungantur, Plinius 29.6. Oesypum ulcera non oculorum (aurium, Dioscor.) modo sanat, sed oris etiam & genitalium cum anserino adipe, Plinius. Miscetur oesypum cerato imponendo aduersus phthisin apud Aëtium: item epithematis ad pleuritidem, reiectionis maximè tempore, apud eundem. Oesypum menses & partus euocat, Dioscor. Vlcera genitalium sanat cum anserino adipe, Idem & Plinius. Medetur & uuluae inflammationibus, & sedis rhagadijs & condylomatis cum meliloto ac butyro, Plinius. Sedis uitijs efficacissimum est oesypum: quidam adijciunt pompholygem & rosaceum, Idem. Carbunculo in uerendis, caeterisq́ ibi uulneribus occurrit è melle oesypum cum plumbi squamis, Plinius. Podagras lenit oesypum cum lacte mulieris & cerussa, Idem: apud Marcellum pro cerussa legitur cera. Medicorum aliqui axungia ad podagras uti iubent, admixto anseris adipe, taurorumq́ seuo & oesypo, Plinius. Mulierum purgationes adiuuat fel taurinum lana succida appositum: Olympias Thebana addidit hyssopum (lege, oesypum) & nitrum, Plinius. Vuluae uitijs & ulceribus oesypum mederi, superius ex Dioscoride retuli. Foetus & menses in lana appositum extrahit, Idem.

¶ Sordes quoq́ caudarum concretae in pilulas, ac siccatae per se tusaeq́ in farinam, & illitae, dentibus mirè prosunt, etiam labantibus, gingiuisq́ si carcinoma serpat, Plinius.

¶ Hydropicis oesypum ex uino addita myrrha modicè potui datur, nucis auellanę magnitudine. aliqui addunt & anserinum adipem, & oleum myrteum. Sordes ab uberibus ouium eundem effectum habent, Plinius.

H.

a. Ouem masculino genere dixerunt, ut ouibus duobus, non duabus, Festus. Oues generis foeminini ut plerunq́, masculini Varroni rerum humanarum lib. 27. Vt etiam putantibus, qui oues duos, non duas dicunt, Homerum secutos, qui ait, μῆλ' ὄϊές τε. Idem Terentio: Quando citatus neq́ respondit neq́ excitatus (lege, excusatus) est, tum ego (is erat praetor) unum ouem mulctam dico, Nonius. Vide plura infra in e. ubi de mulcta ex ouibus. Ouis à Graeco ὄϊς, interposita u. litera propter hiatum, significat pecudem. Ouis à Graeco ὄϊς. ita enim antiqui dicebant, non ut nunc πρόβατον, Varro. Ouicula, diminutiuum. Lanata & bidens, epitheta ouium, saepe absolutè pro oue capiuntur. Quanquam stultissima animalia lanata, Plinius. Interea dum lanatas, toruumq́ iuuencum Caedit, Iuuenalis. Qui pecus pascimus lanare, Varro. Pecudem Plinius saepissimè pro oue ponit, ut supra patet ex testimonijs Plinianis in G. Pulmo pecudis, id est ouis, Marcellus. Elephanti tanta narratur clementia contra minus ualida, ut in grege pecudum (id est ouium) occurrentia manu dimoueat, Plinius: qui & ipsum elephantum alibi pecudem nominat. Est enim pecus, (pecudis, foem. gen.) omne animal quod sub imperio, pabulo terrae pascitur, ut sunt boues, asini, equi, cameli, oues, caprae, authore Valla. imò, ut alij scribunt, quoduis animal praeter hominem. Exempla authorum quaere in Dictionarijs. Dicitur & pecu gen. neutro, indeclinabile in singulari, pecua in plurali, eadem significatione & similiter pro ouibus aliquando absolute. Pastor harum dormit, quum hae eunt Sic à pecu balitantes, Plautus Bacchid. Passimq́ praeda pecua balabant agris, Accius.

cius. Idem & pecus, pecoris, neut. genere. Est & in Hispania nō maximè absimile pecori (idest oui) genus musimonum, caprino uillo quàm pecoris uelleri propius, Plinius. Sæpe quidem indifferenter pro quouis præter hominem animali usurpatur. aliquando contrahitur ad ea quæ ab homine aluntur, & distinguitur in maius, ut sunt boues, asini, equi: & minus, ut ouis, capra, sus, apud Varronem. Et secundum posteriorem acceptionem pro oue per excellentiam ponitur.

¶ Oues adultæ, τῶν προβάτων τὰ τέλεια, ὄϊες, καὶ κελοὶ καὶ ἀρνειοί: τὰ δὲ νέα, ἄρνες καὶ ἀμνοί, Varinus in πράγοι. ὄϊς, duabus syllabis, ouis fœmina: Attici etiam οἶς monosyllabum proferunt, & in masculino quoque genere, Varinus. Locus in uocabulo οἶς apud Suidam à librarijs corruptus est. Et rursus, ὄϊς, ὄϊος, sine diphthongo poëticum est: οἶς uerò contractum, commune: cuius genitiuus οἰός ultimam acuit, ut differat ab οἶος, id est solus. Apud Homerum quidem nunquam reperias οἶς monosyllabum in recto casu, sed ὄϊς bissyllabum: in obliquis etiam, nisi carmen impediat, diphthongum non facit, ut ἰὼ στρόφω οἰὸς ἀώτῳ. Et sanè aptius (ἀναλογώτερον) scribitur dissyllabum: neque enim ullum tale monosyllabum reperitur, præter hoc ipsum οἶς Atticum & φθοῖς. Τοῖσι δ' ὄϊς λάσιος, Homerus. Νῶτον ἔθηκ' ὄϊος, Idem. Οις, πρόβατον, ἢ τοῖς ἑαυτοῦ, ἢ τοῖς σοῖς, Hesychius: sed apparet sine spiritu scribendum si ita interpreteris. nam cum tenui spiritu, ouem significat: cum denso, suis uel tuis: sine spiritu, utrumuis. Sic οἰῶν etiam in genitiuo plurali idem exponit, μόνων, προβάτων, αἰγῶν, quod ut rectè fiat uocem οιων sine accentu scribi oportebit. Et hoc quidem animaduerso multæ in Græcorum Lexicis interpretationes alioqui ineptæ excusabuntur. sic apud Hebræos sine punctis scripta diuersis exponuntur modis.

ὄϊς bissyllaba uox Ionica est, sed Attici una syllaba dicunt τὰς οἶς: & in singulari τὸν οἶν, Iones ὄϊν, Scholiastes Aristophanis. Οἶς, αἴξ, ἢ πρόβατον, Suidas. Fabæ lac augent οἶ καὶ αἰγί, Aristoteles. Πολλάκις οἱ σκώπτοντες εἰκάζουσι τῶν μὴ καλῶν τινας, τοὺς μὲν αἰγὶ φυσῶντι πῦρ: τοὺς δὲ οἰῒ κυρίττοντι (in masc. genere,) Idem de generatione 4.3. Est autem οἰῒ Atticus datiuus, ὀΐ Ionicus, ut patet ex Aristophanis Pace, ubi pro statua Pacis consecranda oue (ὀΐ) sacra faciunt. Et cum Trygæus admoneret hanc uocem esse Ionicam, Chorus subijcit: Melius ita quadrare, ἵν' ἐν τῇ ἐκκλησίᾳ ὡς χρὴ πολεμεῖν λέγῃ τις, οἱ καθήμενοι ὑπὸ τοῦ δέους λέγωσ' ἰωνικῶς, ὀΐ, &c. Vbi Scholiastes: Est enim ὀΐ uox lugentium & indignantium. Ab οἶς accusatiuus Atticus est οἶν, monosyllabus itidem & masculinus, Varinus. Communis uero ὄϊν: poëticus ὄϊδα, ab ὄϊς (sic lego, non οἶς) ὄϊδος, assumpto iota. Vnde & casus plurales, ὀΐδες, ὄϊδας, Idem. Αἴκα ταὶ μῶσαι τὰν ὄϊδα δῶρον ἄγωνται, Theocritus Idyllio 1. Et mox ibidem τὰν ὄϊν in accusatiuo profert. Τὰν ὄϊν ὦ Δάματερ ἐπόγμῳ, Suidas ex epigrammate. Βόες σφαζόμενοι, πολλοὶ δ' ὄϊες, Homer. Iliad. ψ. Οἶες, oues, Hesych. Ὄϊς ἄγραυλοι, Dionysius Afer. Ὥς οἰῶν μέγα πῶυ, Iliad. γ. sic enim scribunt Aristarchus & Ptolemæus, ut αἰγῶν, tanquam à recto οἶς: cum tamen Homerus rectum nunquam monosyllabū faciat, sed ne in obliquis quidem diphthongum nisi postulante carmine, (ut supra quoque dixi:) proinde melius ὀΐων scribetur, Varinus. sed οἰῶν bissyllabum etiam Odysseæ primo legimus. Ὄϊεσιν, ouib. Suid.

¶ Πρόβατα, omnes quadrupedes, (Varinus addit, pecudes, βοσκήματα,) Suid. Apud Herodotū quidē probaton usurpat pro omni pecore, ita ut etiam uaccas comprehendat. Quadrupedes omnes prisci probata nominabant, διὰ τὸ πρὸ τῶν ὀπισθίων βαίνειν, ἑτέρας ἐμπροσθίους (forte, πρὸ τῆς τῶν ὀπισθίων βάσεως, ἑτέραν τῶν ἐμπροσθίων) ἔχειν. Hinc & Hesiodus ait, χαλεπὸς προβάτοις, χαλεπὸς δ' ἀνθρώποις, Scholiastes in Iliados μ. item Hesychius & Varinus, qui tamen uerbis nonnihil uariant. Πρόβασι, βοσκήμασιν, Hesychius. Πρόβασιν, πρόοδον, ἀπὸ τοῦ προβαίνειν ἐκ τούτου τὴν οὐσίαν. Ἄλλως, πρόβασιν, τὴν τῶν τετραπόδων (βοσκημάτων, Suid.) κτῆσιν, Scholia in Odyss. 2. Κειμήλιά τε πρόβασίν τε. Προβατήματα, πρόβατα, Hesych. Varinus. Πρόβατον καὶ προβάτιον dicunt Attici. Προβατίων βληχώντων, Aristophanes in Pluto. Et rursus in eodem, ἑπόμενον τοῖς προβατίοις. Προβατίοις τε καὶ συϊδίοις ὁμιλῶν, Varinus ex innominato. Ῥήν, ῥηνός, ouis uel agnus, sed agnum potius significat, proinde ad Agnum differetur: ut ἄρνες etiam & ἀμνοί. Βηκίοις, προβατίοις, Hippocrati, Varinus. apud Galenum in Glossis βηκείοις scribitur penultima per ει. Est & βήκη, χίμαιρα, id est capella, Varino. Κάρ, ouis, Varinus: (Hæc uox ab Hebræis sumpta uidetur, uide in Ariete A.) Καρφθείρ, προβάτου εἶδος, Hesych. & Varinus. sed uideo errorem, & post κάρ distinguendum: ut ea uox ab alijs φθείρ, id est pediculus, ab alijs ouis interpretetur, quod uel ex sequentibus confirmatur. Κάρ, θάνατος, φθεῖρον, (φθείρ potius) πρόβατον, γένος Καρικόν, Hesychius. Καρά, αἴξ ἥμερος, πολύκρανος ὑπὸ Γορτυνίων: Ἴωνες τὰ πρόβατα, Idem & Hesych. Καρανος, hœdus: & καρανώ, capra Cretensibus, Iidem. Κάρνος, φθείρ, βόσκημα, πρόβατον, κάρος, βόσκημα, φθορά, Hesychius. Καρνοστάσιον, σταῦλος ὅπου τὸ κάρνον ἵσταται, Idem. Κάρκαρα, μάνδρας, Idem. Γοῖτα, οἶς, Varin. id est ouis: apud Hesychium οἶς cum denso legitur. Ὄρεσι, προβάτοις, Hes. & Varin. Ouium quædam ab ætate nomina, uide in Agno. Μά, πρόβατα, Phrygibus, Hesych. Varin. Ἐν ἀφόβοις θηρσίν, inter oues, ἐν προβάτοις τοῖς μὴ φόβον ἐμποιοῦσι, Suidas. Κοραΐδες, τῶν προβάτων τὰ ἔνδον ὀδόντας ἔχοντα, Hesych. Varin.

¶ Μῆλα Homerus uocat etiam capras, ut hoc in uersu, Μῆλ' ὄϊές τε καὶ αἶγες ἰαύεσκον: & nos melotam uocamus caprinam quoque pellem, Varinus. Et rursus, Μῆλα Homerus Odysseæ ρ. uocat omnes quadrupedes, ὡς ἀπὸ μέρους, id est per synecdochen partis pro toto: non enim solas oues mactabant proci, sed sues etiam pingues, & capras, & boues armentinos. Μῆλα, τὰ προβάτια, Galenus in Glossis. Propriè quidem μῆλα dicuntur de pecore minore, id est ouibus & capris, per excellētiam uero de ouibus absolutè. Μῆλα communiter quadrupedes omnes, unde quæuis etiam pellis melota dicitur: κατ' ἐπικράτειαν δὲ τὰ πρόβατα καὶ αἶγες, Hesych. Apollonius Argon. 4. μῆλα pro ouibus priuatim posuit. Ἤδ' ἀνάριθμοι Μήλων χιλιάδες βοτάναις διαπιανθεῖσαι Ἂμ πεδίον βληχῶντο, Theocrit. Id. 16. Μυρία δ' αὖ πεδίον Κραννώνιον ἐνδιάασκον Ποιμένες ἔκκριτα μῆλα Φιλοξείνοισι

gg 2

Κρωτώνιδαις, Idem Idyl. 15. ὡς δὲ λέων μήλοισιν ἀσημάντοισιν (ἀφυλάκτοισιν) ἐπελθὼν, Αἴγεσιν ἢ ὀίεσσι κακὰ φρονέων ἐνορούσῃ, Iliad. κ. πολλὰ δὲ ἴφια μῆλ' ὑπόδριον ἠελίοιο: Μυκηθμοῦ τ' ἤκουσα βοῶν αὐλιζομενάων, οἰῶν τε βληχὴν, Odyss. μ. Φίλτα μῆλα καὶ αἶγες, Aratus. Μήλεα, ouilla, Hippocrati, Varinus. Μηλιαθμός, ouile, Idem. οὐδ' ὅστις σύνεγγυς ἐρβώνυχα πᾶνα γεραίρων Μήλοις ἀγραύλοισιν ἐφάπτεται, Dionysius Afer. Σφάζων πῖα τε μῆλα, καὶ εἰλίποδας ἕλικας βοῦς, Orpheus Argon. ὡς δὲ λέων τὰ μῆλα διαστρέφοντα ἐν αὐλῇ, Iliad. κ. Salsamenta quę μῆλα ποντικὰ dicuntur à Galeno libro 2. de alim. facultatib. Cornarius non aliud quàm cordylas, id est thunnorum fœtus esse putat. Μηλόβοτον πεδίον, campus in quo oues bene pascuntur, Hesych. Varin. Μηλονομεῖς, opiliones, &c. uide in e. ubi etiam de melotis, id est ouillis pellib. Μηλοφόνος epitheton lupi Oppiano à iugulandis ouibus. Πολυμήλη, πολυθρέμματος γῆ, Suidas. Ἀρκαδίη πολύμηλος, Orpheus in Argon. De antiquis illustrissimus quisque pastor erat, ut ostendit Græca & Latina lingua, & ueteres poëtæ, qui alios uocant πολύαρνας, alios πολυμήλους, alios πολυβούτας: qui ipsas pecudes propter caritatem aureas habuisse pelles tradiderunt, ut Argis Atreus, quam sibi Thyesten subduxisse queritur: ut in Colchide Oeta (Aeetes,) ad cuius arietis pellem profecti regio genere dicuntur Argonautæ, ut in Libya ad Hesperidas, unde aurea mala, id est secundum antiquam cõsuetudinem capras, & oues, quas Hercules ex Africa in Græciam exportauit. Ea enim sua uoce Græci appellarunt μῆλα. Nec multo secus nostri ab eadem uoce, sed ab alia litera bela uocarunt. Non enim me (mee) sed bee sonare uidentur oues uocem efferentes, à quo post belare dicunt, extrita e. litera, ut fit in multis, Varro. Athenæus libro 3. malorum fructuum genera enumerans, Hesperidum quoque mala commemorat: Sic enim (inquit) uocari mala quædam Timachidas ait: & in Lacedæmone dijs ea apponi Pamphilus testatur, esse autem odorata, sed ἄβρωτα, id est cibo inepta. Aristocrates quoque in Laconicis meminit. Et paulò post, Aemylianus dicebat Iubam Maurusiorum regem in libro de Libya, scribere citrum apud Libyes uocari malum Hesperìcum: atque inde etiam Herculem in Græciam trãstulisse, ubi aurea à colore dicta sint. Asclepiades in Aegyptiacis tradit emisisse hos fructus Tellurem in nuptijs Iouis & Iunonis. Vide Onomasticon nostrum in dictione Hesperides, & Cælium 1. 18. ubi Hesperidas interpretatur nocturnas horas, & mala aurea stellas: & Scholiasten in quartum Argonauticorum Apollonij numero 86. Μηλοσφαγεῖν, mactare & immolare oues, Aristophani. Μητρὰ μήλων, πολυθρέμμονα, Varinus & Hesych. Σφάγιον, πρόβατον, Iidem. Ἱερεῖον, ouis, bos, Iidem: uox facta nimirum ab ἱερεῖον: sic enim uocatur quoduis animal immolandum, per excellentiam uero bos: accipitur & pro pelle ouilla, ut in e. dicam. Latinis, ut dixi, pecudes & pecora, Gręcis πρόβατα, μῆλα, θρέμματα, βοτά, βοσκήματα, communia sunt nomina, siue ad quadrupedes omnes aliquando (præsertim poëtis:) siue ad eas tantum quæ ab homine aluntur, præcipuè cibi ex eis capiendi causa: siue ad minores solum ex istis, & maximè oues caprasque: usurpantur tamen absolutè sæpe pro ouibus. Θρέμματα νομαδικὰ, Arrianus in Periplo. Βοτά, πρόβατα καὶ βοσκήματα, Etymologus. Hesychius extendi ait hoc nomen ad omnia animalia, terrestria, uolucria, aquatica, syluestria, & sic dici ἀπὸ τοῦ βόσκεσθαι. Γόνιμος πρὸς τὴν καρπίαν ὁ τῶν θρεμμάτων ὄνθος καθέστηκε, Theophylactus in epist. Bottion Macedonũ gens est, & Bottia regio, dicta ἀπὸ τῶν βοτῶν, id est à pecoribus quibus abundat. est enim πολυθρέμματος, Etymologus. Καὶ εὔβοτος ἔπλετο χώρη Μῆλά τε φερβέμεναι, Dionysius. Εὔβοτος γῆ, terra ouibus pascendis apta, quæ & εὔβωλος: Γάμπαν εὔρηνός τε καὶ εὔβοτος, Poëta quidam. Εὔειρον, ouis mollis, Varinus: forte à bonitate lanæ, quasi εὐέριον, ut sunt oues Tarentinæ uel Græcæ. Βάρα, θρέμματα, Λάκωνες, Hesychius & Varinus. & Βαρακάκαι (forte, Βαραυάκαι) pelles caprinæ apud Celtas, Iidem. Πῶϋ, grex ouium. Πώεα, ποίμνια, βοσκήματα, Hesych. Varin. Πῶϋ μέγ' οἰῶν, Iliad. ο. ὅς' οἰῶν μέγα πῶϋ, Iliad. γ. Καί τε δ' αἶγας ἄκοι τανύτριχα, πῶεα δ' ὅτι, Οὕνεκ' ἐπηετανὰ τρίχας αὐτῶν, οὐ διάησιν Ἲς ἀνέμου Βορέαο, Hesiodus. ¶ In quibusdam Germaniæ locis oues fœminas uocant **mäderling**, lactarias, hoc est quæ lactis gratia aluntur, **täschle**, in Sueuia & fœminam quæ agnos & reliquas oues ad pascua ducit **ein ouw**, cuius plura **le euw**.

¶ Epitheta. Balantes. Pecudem spondere sacello Balantem, Iuuenalis. Ponitur & absolutè apud Vergilium pro ouibus: ut Bidentes quoque, de qua uoce plura scripsi in B. Amathusiacasque bidentes, Ouid. 9. Metam. Interea dum lanatas toruumque iuuencum More Numæ cædit, Iuuenalis Sat. 8. Lanigeros agitare greges, Verg. Lanigeræ pecudes, Lucret. lib. 2. Pecorisque maritus Lanigeri, Martial. Pascalis, id est quæ passim pascitur, à pasco uel pascuis, quasi pascualis, Fest. Pascali pecore, ac montano hirco atque soloce, Lucilius. uidetur autem sic appellari colonicæ atque hirtæ oues: ut contra pellitæ, (Horatio 2. Carm.) quæ non passim pascuntur, & propter uelleris pretium pellib. integuntur. Pinguis, Verg. 6. Aegl. Placida, Ouidius 13. Metam. Stercus ouis placidæ, Serenus. Item apud Textorem, Blanda, Canusina, Cornigera, Gracilis, Hirsuta, Imbellis, Immunda, Infirma, Mansueta, Mitis, Mollis, Pauida, Saliens, Scabra, Tenella, Velligera. ¶ ὅν ῥά τε (λέοντα) ποιμὴν ἀγρῷ ἐπ' εἰροπόκοις ὀίεσσι Χραύσῃ, Iliad. quinto. Εἰροπόκους oues uocat Homerus per excellentiam præ cæteris animalibus, quòd lanæ earum tonderi soleant: ἀπὸ τοῦ πέκεσθαι εἰς ἔριον ἤγουν ἔριον, Varinus. Εἰροπόκων ὀίων, Odyss. ι. Nicandri interpres ἴλας dici oues arbitratur mites ac pingues, Cælius. ὄϊς λάσιος, Homerus. Ἴφια μῆλα, τὰ μικρὰ, ὅτι θρέμματα λέγει, Varinus: Et rursus, τὰ ἰσχυροποιὰ θρέμματα. ἐπεὶ ἱερέας τὸ ἐξ αὐτῶν παρὰ τὸ ἱερατεύειν τὰ σώματα λέγεται. ἢ καὶ ἄλλως, ἴφια, τὰ μὴ ἀσθενῆ ὑπὸ νόσου: hoc est, ualidæ pecudes (apud Homerum, siue quòd carnes earum in cibo ualidos & robustos homines reddunt, (quod de caprinis priuatim legitur:) siue ipsæ ualidæ ad sui corporis modum & obesæ, Varinus. Ἴφια Hesychius

chius interpretatur μεγάλα, ἰσχυρά, ἀπὸ τοῦ ἰσχυρῶς σφοδρῶς ἢ σκιρτᾶν; ἰσχυρῶς βαδίζοντα, ἴφιον γὰρ τὸ λιπαρόν, Suid. Oues iphias à Græcis per εὐφημισμὸν dici inuenias quæ debiles sint, καὶ οὐκ ἰσχυραί, Cæl. ex Etymologo. Ἶφι aduerbium, potenter & ualidè exponitur. Σφάζων ἴφια μῆλα, καὶ εἰλίποδας ἕλικας βοῦς, Orpheus Argon. Ἄργυφα μῆλα, argenteæ pecudes, propter lanæ candorem. ἀργύφεον δ᾽ αὐτοῖς ἱματίοις τίθεται, Vari. μήλοις ἀγραύλοισιν ἐφέσπεται, Dionys. Afer. Et alibi, Καὶ ἀγραύλων γένος οἰῶν. dixeris autem ἀγραύλας, nõ quasuis oues, sed illas quæ ruri magis & sub dio, quàm in stabulis pascunt, ut quarũ minus pretiosa est lana.

¶ Ouiaria, id est ouium multitudo apud Varronẽ, ut pecuaria. Hinc ouiaricus possessiuũ, apud Columel. Quoniam de ouiarico pecore satis dictum est, &c. Ouillus adiectiuũ in frequenti usu est, præsertim Plinio, ouinus rarũ. Ex suillo, ouillo, caprino grege, Liu. 2. bel. Pun. Prurigines capitis di-
10 scutit fel ouinum, Marcellus: apud Plinium legitur, Porrigines capitis discutit fel ouillum. Ouilis apud Varronem (& Marcellum Empiricum:) Vt suillo pecori à fauonio ad æquinoctium uernum putant aptũ, (admittẽdo:) sic ouili ab arcturi occasu usque ad aquilæ occasum. Et alibi grex ouilis apud eundem, ut & semen caprile. Mollestras dicebant pelles ouiles, quibus galeas extergebant, Festus.

¶ Οἰάτειον κρέας, caro ouilla, Varin. Οἰοπόλα ὄρη, montes idonei pascuis ouiũ, in quibus oues uersantur: uel solitarij & deserti, ab οἶος quod est solus, & πολεῖν uersari, Var. Χώρῳ ἐν οἰοπόλῳ, Homer. Iliad. ρ. Οἰοπόλοι nymphæ apud Apollonium Argon. li. 4. Vbi Orpheus, O nymphæ (inquit) siue cœlestes, siue terrestres (καταχθόνιαι,) siue οἰοπόλοι. Scholiastes interpretatur nymphas quæ ouiũ curã gerant, quæ & ἐπιμηλίδες dicantur. Οἰοφάγου στιβάρου, μηλοκτόνου, Hes. Var. Οἰοχίτων, qui ueste nullã uel unicã uel ex pelle ouilla habet, Hes. Προβάτειον κρέας, caro ouilla. Ἀκρονάκια προβάτεια, in Hippiat. Προβατευς, opilio:
20 & προβατέων, χωρικῶν ἀνθρώπων, id est rusticorum, Suidas & Varinus. Deriuata apud Pollucem, προβατεὺς, προβατεύοντα, προβατεία, προβατευτική, προβατοκάπηλος. Apud Varinum προβατεία oxytonum legitur, & exponitur προβάτων νομὴ καὶ κτῆσις, hoc est ipsa cura uel pastio & possessio ouium: quanquam νομὴ etiam possessionem significat. Προβατώδης, stolidus, fatuus, qui ouis ingenium refert, ut ἀμνοκῶν, qui agnum. Βλάκικα, ἤτοι προβατώδη, Hesychius. Προβατοπώλης, qui uendendis ouibus negotiatur, προβατοκάπηλος Polluci. Probatopolæ nomine traducitur in comœdijs Lysicles quidam προβατοκάπηλος, qui Aspasiam meretricem duxit, Hesychius. Est & probaticus adiectiuum: unde probatica dicta piscina, ubi oues lauari solebant, antequam à sacerdotibus litarentur. Προβατογνώμων, qui dentes ætatis indices iam amisit, qui & λειπογνώμων: (quòd iam progressus sit & excesserit ætatem gnomonum dentium,) Vari. in uoce γνώμων. Armenij qui genus à Phrygibus deducunt, πολυπρόβατοι sunt,
30 Herodotus. Composita multa à μῆλον & deriuata, superius retuli. Ἀρνεῖα, τὰ κρεωπώλια τῶν προβάτων, loca in quibus carnes ouillæ uenduntur, teste Didymo, Etymol. Hes. Var. Ῥῆνες propriè agni sunt, synecdochicè etiam oues. inde composita, πολύρρηνες, ἀπόρρηνος, &c. de quibus in Agno a. Βέκυλος, προβατώδης, Varin. malim Βάκηλος, quod alibi interpretatur pro stolido: uide Bacelus in Promptuar.

¶ Aes antiquissimum quod conflatum, pecore est notatum, Varro. Seruius rex, ouium boumque effigie primus æs signauit, Plin. In uetustissimis nummis, bouis aut pecudis aut suis signũ incisum apparet, Plutarch. in Public. Mandrabulus inuento thesauro ouẽ aureã primũ consecrauit Iunoni, secundo argenteã, tertio æream. Inde natũ prouerbiũ, ἐπὶ τὸ Μανδραβόλου, de eo qui in deterius subinde proficiat, Varin. Vide Erasmum in prouerbio, Mandrabuli more res succedit.

¶ Probataæ, ocimastrum: & probation, plantago, Nomenclaturæ apud Dioscoridem. Plantago
40 minor folijs est linguæ pecorum simillimis, Plin. Hinc & ἀρνόγλωσσον quasi agninam linguam appellari constat. Arnophyllon uerò cytisus est, herba fruticosa, Hes. Varin.

¶ Catoblepæ seu gorgones, ut quidã scribunt, ouibus aut uitulis similes sunt, ut inter Boues feros dictum est. Oues etiam inter cete sunt Aeliano. Exeunt & pecori similes beluæ ibi (ad Cadaram rubri maris peninsulam) in terram, pastæque radices fruticum, remeant, Plin.

¶ Troglodytæ pecorum nomina filijs indunt, ut tauri, arietis, ouis, quòd ab ijs non à parentib. alantur. A minore pecore nomina habemus, Porcius, Ouinius, Caprilius, Varro. Ouinius Camillus senator antiquæ familiæ, Ael. Lampridius. Seuerus Ouinium inuitauit ut pedes iter faceret, &c. Idem. Oeagrus, (proprium uiri, quasi ouis syluestris, ut etiam Syagros,) Οἴαγρος, Orpheum ex Calliope genuit. Oilycus, Οἴλυκος, nomen uiri apud Herodotum. historiam & rationem nominis expli-
50 caui ex Herodoto in Lupo a. inter propria uirorũ. Οἴη, filia Cephali, uxor Charhippi, Suid. in Οἰῆθεν. Rhene, Ῥήνη, uxor Aiacis Oilei, ut in Agno referã: ubi & Polyrrhenium Cretæ oppidũ memorabo.

¶ b. Πεδιακὰ πρόβατα, τὰ ἐκ πεδίου καὶ οὐ λειμῶνος, id est oues quæ in campis pascuntur, non in pratis, Hes. Var. Πρόβατα πεδιακά, τὰ ἐπὶ νομὴν ἐκπεμπόμενα, Hes. Πεδιακὰ, pars Atticæ apud Lysiam & alios rhetores, sic dicta quoniam habebat ouium pascua, Suid. Videtur sanè eædem oues pedicæ uel pediacæ Græcis dici, quæ hirtæ uel colonicæ Latinis: uel pascales, ut Cato & Lucilius nominant, quasi pascuales, quòd passim pascantur: & soloces etiam dici possunt, ut lana solox quæ asperior est. montanum hircum atque solocem Lucilius dixit. Molliores uero oues ut Tarentinæ mollius pasci tractarique desyderant. Oues Pyrrhicæ de regis Pyrrhi nomine dicuntur, sicut et Boues, ut in ipsorũ historia pluribus exposui. Ouem pellam in Theocrito nigram interpretantur, Cælius. Apica ouis di-
60 citur quæ uentrem glabrũ habet, Fest. eadem Varroni mina. Quadrupedũ interanea Græci quandoque chordas uocãt, sed & ouium crassius intestinum: unde est apud Alexim chordarium, Athenæo referente, forma deminuta, Cælius. Ἀκρονάκια προβάτεια legimus in Hippiatricis cap. 64. intelligo

gg 3

autem acrocolia, siue coxendicem, das stötzle, quam partem in sue pernam uocamus. Ruellius uertit trunculos ouillos. Præcipuè tamen in ungulis trunculisq; suum, Celsus libro 2. ubi quidam dubitat an pro trunculis rectius legeretur pedunculis. οἰοπώτη, ὁπλὴ προβάτου, Varinus: sed ouis bisulca est, & χηλὴν proprie non ὁπλὴν habet. Etymologus sic dici ait, quasi οἰοπάτη, ἐκ τοῦ οἶς καὶ τοῦ πατῶ, forte πατῶ. uide in c. ubi de excrementis. οὔθατα, ubera ouium, Varinus.

¶c. Blaterat hinc aries, & pia balat ouis, Author Philomelæ. Palatium mons Romæ appellatus est, quod ibi pecus pascens balare consueuerit, uel quod palare, id est errare ibi pecudes solerent, Festus. Bela oues nominauerunt antiqui Latini, unde belare, (per onomatopœian à bee uoce quam efferunt,) Varro. Ouium uox, βληχὴ, βληχᾶσθαι, βληχώμενοι, Pollux & Varinus. βληχήσασθαι, ὡς πρόβατα βοῆσαι, Hesychius. Μηκὴ, (alij μηκή, oxytonum) uox est caprarum, unde μεμακυῖαι, μηκώμεναι, de ouibus apud Homerum: de quibus posteriores βληχᾶσθαι peculiariter dicunt, μηκᾶσθαι uerò de capris tantum, Varinus ex scholijs in quartum Iliados. θήλειαι δ' ἐμέμηκον ἀνήμελκτοι περὶ σηκούς, Odyss. ι. de ouibus. Ἂν πεδίον βλήχοιντο, Theocritus Idyl. 16. de ouibus. Ἐπαναβοῶντες, βληχώμενοί τε προβατίων, Αἰγῶν τε κιναβρώντων μέλη, Aristophanes in Pluto. Item in Vespis de pueris, Τὰ δὲ (παιδάρια) συγκύπτοντ' ἅμα βληχᾶται. Et rursus in Pluto, Προβατίων βληχώντων. Βληχὰ, φωνὴ προβάτων, Hesychius. cōmunius est βληχή. οἰῶν τε βληχὴν, Homerus. βληχή, uox est ouium, Scholia in Iliad. δ. Vide in Capra H. c. βλῆχημα, (βλῆχημος, Varinus) μωρός, προβατώδης, Hesychius. Βληχήματα, βοαὶ προβατώδεις, Idem. βληχώδης, idem quod βλῆχημος, Varinus: πρόβασι τὸν νοῦν ὅμοιος. Μωρὸς δὲ ποιμὴν καὶ τὰ πάντα βληχώδης πέμπειν ἔμελλε, Suidas ex innominato. Ἱπποκράτους τε παῖδες ἐμβόλιμοί τινες, βληχητὰ τέκνα, καὶ ὅλαμῶς τοῦ α', Eupolis apud Varinum: apud Suidam legitur, καὶ οὐδαμῶς τοῦ τρόπου, ex Scholijs in Nebulas Aristophanis. ego legerim, καὶ συνῳδεῖς τοὺς τρόπους, ut & sensus & uersus constet. Βρήσουσι, βληχῶνται, φωνεῖ τὰ πρόβατα, Hesychius, Varinus. Βῆ, τὸ μιμητικὸν τῆς τῶν προβάτων φωνῆς. οὐχὶ βαὶ λέγουσιν Ἀττικοί. Κρατῖνος, ὁ δ' ἠλίθιος ὥσπερ πρόβατον βῆ βῆ λέγων βαδίζει, Suidas. Bee uocem esse ouium, & bela inde uocatas oues, & uerbū belare, supra ex Varrone retuli. Βηνῶσαι, ἡ φωνὴ τῶν προβάτων, Hesychius, Varinus. Βρυχήματα μήλων de pecudum uoce protulit Aeschylus, ut citat Strabo circa finem libri 14. Qui uocem emittunt similiter ouibus, ingenio quoq; oues referre iudicabuntur, Adamantius. ¶Oues matrices Palladio, quæ agnos nutriunt, τοκάδες Florentino. Adasia, ouis uetula recentis partus, Festus. Auillas, agnas recentis partus dicimus, Idem. ¶Ouium uel potius agnorum in tenera ætate & intra primum annū nomina diuersa, in Agno requires. Διδυμα, oues quæ geminos pariunt, Varinus. Ἔγγαλον, πρόβατον γάλα ἔχον, Hesychius, Varinus. Ouem capite bouis aliquando natam refert Aristoteles de generat. 4.3. In aula regis Galliarum anno 1549. monstrum fuisse audio, anteriore parte asini, posteriore ouis specie, ex Italia missum. Neq; oues hœdiq; petulci Floribus insultent, Vergilius in apum historia. ¶Ouium fimum οἴσπωτον uocant, Pollux & Varinus in Ἀποπατῆσαι. οἰσπώτη apud Aristophanem in Lysistrate, ouis excrementa, Cælius. Varino οἰοπώτη, ὁπλὴ προβάτου exponitur: uide ne κόπρος potius quàm ὁπλὴ legendum sit, quanquam & Etymologus ὁπλὴν interpretatur. Pecudis fimum œspoten uel oipoten uocant, Aristophanes etiam sinypen, Hermolaus si rectè legitur. ego quidem non oipoten, sed oiptoton legerim, nec sinypen sed œsypen. οἰσύπην enim excrementum ouium significare supra in G. dictum est in œsypi mentione. Σφυράδες uel σπυράδες, excrementa sunt caprarum & ouium, Galenus in Glossis & Varinus. Γόνιμος περὶ τὴν καρπίαν ὁ τῶν θρεμμάτων ὄνθος καθέστηκε, Theophylactus in epistolis. Βολιῶνας Attici uocant loca in quę iumentorum & ouium fimus reijcitur, Suidas. ¶Ἐπηβάνις, ouis macra, λεπτὸν πρόβατον, Hesychius, Varinus.

¶d. Oues infestante leone, ἀγχιστῖναι (ἐπάλληλοι, πυκναὶ) ἐπ' ἀλλήλοισι κέχυνται, Homerus Iliad. ε.

¶e. Post maiores quadrupedes ouilli pecoris secunda ratio est, quæ prima fit si ad utilitatis magnitudinem referas. Nam id præcipuè nos contra frigoris uiolentiam protegit, corporibusq; nostris liberaliora præbet uelamina, Columella. Magna pecori gratia in usu uellerum. Vt boues uictum hominum excolunt, ita corporum tutela pecori debetur, Plinius. Ouium uillis confectis atq; contextis homines uestiuntur. Ἔριον, id est lana, fit à primitiuo ἔρος, Varinus. Niuem ueteres appellabant ἐριώδες ὕδωρ, ac si laneam aquam dicas, Eustathius in Dionysium. Ἐριοπῶλαι Polluci, qui uendunt lanas. Ἐριοκόμος, ἐριουργός, ἐπιμελής, Hesychius, Varinus. Εἰροπόκος, μαλλὸς πλέκων (πέκων potius) κτενίζων, ξαίνων, Varinus. Εἰροπόκος ὄϊς, Homerus: ἀπὸ τοῦ πέκεσθαι εἰς ἔρος ἤγουν ἔριον. πέκειν γὰρ τὸ ξαίνειν, κείρειν, Varinus, Hesychius. Εἰροπόνος, ὁ περὶ τὰ ἔρια πονῶν, Varinus. Μαλλός, τὸ ἔριον. Medorum aliqui pastoralem uitam exercent, Πῶϋ καλὰ νέμοντες ἀδὴν βεβριθότα μαλλοῖς, Dionysius Afer. Hinc μαλλωτὸς, lanatus. Μαλλωτὴ ἴδη, ἀλλὰ τὸ πολυπρόβατος εἶν καὶ λευκός, Varinus & Hesychius. Amphimalli, tapetes aut uestes utraq; ex parte hirsutæ seu uillosę. Σισύραν εἶπεν, ὃ τὸ μαλλωτὸν, ἀλλὰ βαίταν, Scholia in Aristophanis Vespas. Ibidem cum quidam de caunace barbarica ueste dixisset, in quam talentum lanarum insumptum esset, subdit alter: Οὐκοῦν ἐριώλην (ἐρίων ἀπώλειαν) δῆτ' ἐχρῆν ταύτην καλεῖν Δικαιότερόν γ' ἢ καυνάκην. Μηλωτὰ, τὸ ἔριον, ἐπειδὴ καρπὸς ἐστὶ τῶν (μήλων) προβάτων, Hesychius: alij aliter. Νηλός, ἔριον, ἀμανὸν λινός, Hesychius, Varinus. Οἰὸς ἄωτον, προβάτου ἄνθη, τουτέστιν ἐρίω (ἐξ ἐρίων, uel ἐξ ἁπλῶν ἐρίων, Varinus) περιβόλαιον: Ouis flore, id est stragulo laneo, Ἔνθ' ὅγε παννύχιος κεκαλυμμένος οἰὸς ἀώτῳ, Homerus. sic etiam ipsa lana uocatur, Hesychius. Varinus exponit stragulum è lanis non simpliciter, sed floridum, τὸ ἐξ ἐρίων ἐπανθισθέν. Aut quia lana ueluti flos enascitur in oue, aut de lana

lana præstantiore tantum & selecta accipitur, (ut florem farinæ dicimus.) Plura uide apud Varinum in ἀώτε. Στέψον τὰν κελέβαν φοινικέῳ οἰὸς ἀώτῳ, Theocritus in Pharmaceutria. Εὐστρόφῳ οἰὸς ἀώτῳ, Homerus. Ἐγκωμίων γάρ ἄωτος ὕμνων Ἐπ' ἄλλοτ' ἄλλον, ὥστε μέλισσα θύνει λόγον, Pindarus in Pythijs. Μνοῦς, prima & tenerrima lana ouis, Varinus in Ἀμνός. Ἀμνόν, μαλλόν, Hesychius. μάχαιρα, ξίφος, καὶ παραζώνη, καὶ οἷς ἀποκείρεται τὰ πρόβατα, (forfex nimirum qua oues tondentur,) Hes. Varinus. Πέκτειν, πυκάζειν, κείρειν τὰ θρέμματα. Ἡνίκα πέκτειν ὥρα προβάτων πόκον ἀεινόν, Aristophanes. Πεκτούμενον apud eundem, τιλλόμενον, ξεόμενον. Πεκτῆρες, qui lanas uellunt. Πέκειν, pectere, κτενίζειν & πέκος, pellis ipsa, quæ & πόκος alibi, Suidas. Ἀχαία, aliâs ἀχιά, ἔρια μαλακά, Hesych. Varinus. Ἠλακάτη, ὀβριεργόν τι ὄργαλειον, Varin. Ἠλάκατα, τὰ ἔρια, τὰ ἐν τῇ ἠλακάτῃ εἰλέμενα, Idem. Ἀφέρνον, τάλαρον τὸ ἐκ τῶν ἐλκυσμάτων τῶν ἐρίων, Hesychius. Μήλυξ, ἄκανθα γινομένη ἐν τοῖς ἐρίοις τῶν προβάτων, Hesychius, Varin. Ἐσθῆτα δὲ ἐρέαν αὐτῷ καὶ ἀπὸ λίνου τι καὶ βύσσου προβάλλουσι, Pausanias: ut ἔριος adiectiuum sit. Ἐρέα, ἡ, lana apud Strabonem & Hippiatros. Εἰρεσιώνη, ramus oleaginus lana obuolutus, arborum fructibus circumpendentibus, &c. uide Lexicon Græcolatinum. Lanis authoritatem ueteres Romani etiam religiosam habuere, postes à nubentibus attingi iubentes, Plinius. Lanicij plurimum in caudis, Plinius. Nec pinguia Gallicis Crescunt uellera pascuis, Horat. Carm. 3.16. Vellus elutriare dixit Plinius. Elutriare lintea ex Laberio apud Gellium pro lauare positum uidetur, Cælius. Ouium lana mollior & subtilior reddetur, si depascantur agros uel nouales antequam aretur: & relictos frumenti culmos statim à messe: quod non solum lanam reddit meliorē, sed eadem opera agri fimo ouium stercorantur: & hoc præcipuè in Anglia à diligentioribus obseruatur. Solox, lana crassa: & pecus quod passim pascitur non tectum. Titinnius, ego ab lana solocia ad puram (purpuram legit Perottus) data. Lucilius, Pascali pecore, ac montano hirco, atque soloce. Adulteros, ut Aelianus tradit, in Gortyna Cretæ deprehensos, lana coronabant, mollitiæ probro, atque ita per ciuitatem ad magistratus traducere moris erat, Hermolaus. Naccæ fullones dicti, ut quidam aiunt, quòd omnia ferè opera ex lana naccæ dicantur à Græcis, Festus: uide paulo infra in Pelle ouilla. Οἰωτὸς, χιτὼν ἀπὸ ἐρίων, Hesych. Varinus. Indumentum è lana si iusto breuius fuerit, longius fiet, si roretur aqua unde egreditur balneū, deinde illinatur melle, Aggregator. ¶ Laneos pedes uulgò deis attribuunt, quod pedetentim & absque strepitu ad ulciscēdas malorum iniurias procedant: quo exemplo pictor deo laneos calceos induxit, Cælius Calcagninus. Hinc & Saturnus per annum laneo uinculo alligabatur, ut apud Macrobium legitur.

¶ Hyænæ dentes illigatos pecoris aut capri pelle, stomachi cruciatibus prodesse aiunt magi, Plinius. Mollestras dicebant pelles ouiles, quibus galeas extergebant, Festus. Rheno, uestis pellicea, præcipuè ferina ad usum humanum redacta, dicta quòd calidos teneat renes, siue quia ῥινὸς pellis dicitur, siue quòd Rhenani populi ea peculiariter utantur. Cæsar sexto belli Gallici scribit, Germanos uti paruis rhenonum tegumentis, Grammatici. Sed fortè ἀπὸ τῶν ῥηνῶν, id est ab agnis potius dictus fuerit rheno, ut ἀρνακὶς Græcis ἀπὸ τῶν ἀρνῶν, pellis agnina: præferuntur enim ex agnis. Hippocrates sanè ῥηνακὰς dixit, pro ἀρνακίδας. Sed Græca uocabula ordine literarum referam.

¶ Ἀργίλοφοι, λαπάραι κώδιων: οἱ δὲ πρωκτὸν, καὶ μηλωταί, Hesych. Varinus. Σὺ δὲ τῆς ἀρχῆς ἀγαπᾷς τῆς σῆς τῶν ἀργιλόφων πολυπραγμων, Aristophanes in Vespis: ubi Scholia, Ἀργιλόφους, τὰ πόδια καὶ ἄχρηστα. sunt enim ἀργίλοφοι pedes melotæ, id est pellis ouillæ, quos ποδεῶνας uocant, ijdemque inutiles. Apud Suidam quoque legitur per epsilon in antepenultima. Ἀρνακὶς, uide in Agno. ¶ Βαίτην Varinus exponit melotam, diphtheram, sisyram: uide in Capra E. Βεκάδες, pelles pecorum quæ morbo perierunt, ut Lacones uocant, Hesychius. Hircinas pelles & ouillas scribit Herodotus, biblos etiam dictos ueteribus, quòd papyri uicem impleuerint quandoque, Cælius: Hinc nimirum & codicellus, κωδίκιλλος, pellis ouilla exponitur Varino. ¶ Diphthera, pellis caprina propriè: uidetur etiam de ouilla dici posse. uide multa in Capra E. Δέρας, δέρμα προβάτου, Hesychius. Δέρας λευκὸν apud Varinum legitur. Oris uel fimbrijs uestium quo minus attererentur, assuebant olim δέρμα προβάτων, Suidas in πέζα. Pollux catonacam crassam laneam uestem fuisse scribit, cuius oræ pellis caprina assueretur. Πρόβατα εὐρὼν ἀνεῖλε, καὶ ταῖς δοραῖς αὐτῶν ἠμφιάσθη, Suidas in Ἐπίπονος. Τὴν λύπρον δορὰν προβάτου ἐκάλουν οἱ παλαιοί, Eustathius in Dionysium. ¶ Ἱερεῖον, & poëticè ἱερήϊον, κώδιον, id est pellis ouina, Hesych. Varinus. Ἐπεὶ οὐχ ἱερήϊον οὐδὲ βοείην Ἀρνύσθην, Homerus Iliados χ. Id est, Non enim ouillam aut bubulam pellem cursus premium capiebant. ¶ Κόλον, (κῶλον, Hesychius) κώδιον, Λάκωνες, Varinus. Codicellus, uide paulò ante. Κῶας, κώδιον, pellis ouis, Varinus, Hesychius: interpretantur etiam τάπητα, ἐφεστρίδας. Vide Κῶας apud Varinum. Κώδιον, κωδάριον, ἀρνακὶς, Pollux: Idem códion pellem ouillam interpretatur. Κώδιον, σκύλλον (σκῦλον,) ἢ δέρμα προβάτου χωρὶς σώματος, Hesychius: τὸ ἅμα τοῖς ἐρίοις δέρμα σκυλευόμενον. Cæterum κωδία, uel κώδεια, & κώδων Hippocrati, pro capite papaueris accipiuntur. Οὔτ' ἂν τὴν ψυχὴν βελτίων ἐγένετο, ἢ δὲ πλέον τὸ βδάλλειν καὶ ξύεσθαι τυρὸν, καὶ πλῦναι κώδιον, Varinus in Ἐξοξύσαι. Εἰ σε μὴ μισῶ, γενοίμην ἐν Κρατίνου κώδιον, Aristophanes in Equitib. traducit enim Cratinum tanquam ebriosum hominem καὶ ἐνουρητήν. γενοίμην φησὶν ἐν τῷ Κρατίνου κώδιον, ἵνα κατασήπωμαι οὐρουμένου αὐτοῦ. Cudon pellem crudam significat, qua uice galeæ nonnulli solebant uti ad munienda capita: dicta est cudon quasi codon, à Græco κώδιον. Spicula bina gerunt: caput his cudone ferino Stat cautum, Silius libro 8. Scipio contorquens hastam, cudone comantes Disiecit crines, Idem libro 16. Κύρνικα, (Varinus oxytonum facit,) κώδια, Hesych. ¶ Μέσκος, κώδιον, δέρμα, Nicandro,

gg 4

Hes. Var. uide πίσκος inferius. Μηλωτὴ propriè ouilla pellis est, sed usurpatur etiam pro caprina: Vide in Capra E. Μῆλα communiter quadrupedes omnes, unde quæuis etiam pellis melota dicitur, Hesychius. Εἴποις δ' ἂν καὶ μηλωτὴν τὴν τοῦ προβάτου δορὰν, Φιλήμονος εἰπόντος ἐν Εὐελπίᾳ, Στρῶμα μηλωτήν τ' ἔχει, Pollux. Indocti quidam, ut qui glossas scripsit in epistolam ad Hebræos, melonem uel melotum animal id esse dicunt quod uulgò taxus uocetur, (sed id meles Latinè nuncupatur, ut feles:) cuius pellis ualde hispida, melota nominetur: unde de sanctis quibusdam priscis legatur, Circumierunt in melotis. Sed profectò μηλωτὴ ἀπὸ τῶν μήλων, id est à pecore uocatur, & Græcæ originis est non Latinæ. Scoppa melotam interpretatur uestem ex pellibus ouinis, Italicè zamara, ciamarra.

¶ Naccæ fullones dicti, ut quidam aiunt, quod omnia ferè opera ex lana naccæ dicantur à Græcis, Festus. Νάκος uel νάκη, pellis, & propriè caprina. hinc νακοτίλται dicti, qui lanas ouium tondent aut uellunt. ¶ Ὄα, μηλωτὴ, καὶ ἡ σὺν τοῖς ἐρίοις δορά. ἡ δὲ ἐν τοῖς ἱματίοις ὦα, (ora, fimbria,) Hesychius. Varinus ὄα rectè scribi ait per omicron: ὦα uerò cum o. magno per ectasin, utrunque pro melota siue diphthera. Vide etiam infra in Ὦα. Οἴη & per synalœphen apud ueteres Atticos ὦα. Ὥρα μάττειν ἐπὶ τοῖς ἱεροῖς, καὶ τὴν ὤαν περιδεῖσθαι περὶ τὴν ὀσφύν, Hermippus apud Varinum in Μῆλα & in ὄα. Hoc obiter animaduerti, ὤαν à plerisque scribi sine iôta, quod tamen orthographia subscribendum monet. legimus οἴη quoque & ὤϊα. Ὄα, μηλωτή. Ὄϊς, κώδια. Ὄεχαι, μηλωταὶ, βαῖται, ἤγουν δερμάτιναι, Hesychius, Varinus. Ὀΐαι, diphtheræ, melotæ, Varinus tribus syllabis: sed Hesychius habet οἶαι, bissyllabum, (ut Suidas quoque.) Idem & Varinus ὤϊας interpretantur τῶν προβάτων τὰ σκεπαστήρια δέρματα, hoc est pelles quibus ipsæ oues propter pretium lanæ integuntur, ut puriorem eam conseruent, unde & pellitæ sunt dictæ, de quibus supra dictum in B. & in E. Eadem pellis, apud eosdem, ἰῶα (ἱῶα, Hesychio aspiratur) uocatur, ἡ τοῖς προβάτοις παρατιθεμένη διφθέρα. ¶ Πίσκος, κώδιον, δέρμα, Suidas & Varinus. apud Hesychium πίσκον legitur, quod minus placet. Sed μίσκος etiam apud Hesychium & Varinum, non rectè pro πίσκος scribi uidetur. Pescia in Saliari carmine Aelius Stilo dicit ait, capita ex pellibus agninis facta, quod Græci uocent pelles pesce (πίσκη) neutro genere pluraliter, Festus. ¶ Rheno, ῥήνιξ: Vide supra ab initio huius tractationis de pellibus. ¶ Σκύλον, δέρμα, κώδιον, ἢ δέρμα ἄρκτου, Hesychius, Varinus. Ὦα, melota, diphthera, fimbria uestis, Suidas, & Varinus. Vide superius in Ὄα. Apud Hesychium scribitur ὦα paroxytonum. Ὦϊαι, μηλωταὶ, λάγναι, ἄκραι, ἔσχατα, Hesychius, Varinus. Λαύγνα, uel λέγνα & λέγνας, (apud Pollucem 7.13. λίγνα legitur, non probo) oras & extrema interpretor. Pellem qua succingerentur mulieres in balneis, uel qui illas abluebant, uocatam inuenio oam lutrida, nunc uerò oam per se. sic uerò dicebatur melota, hoc est pellis ouilla: unde fluxisse nomen probabile est, hoc est ἀπὸ τοῦ οἰός, id est ab oue, Cælius. Τὴν δὲ περιεζωσμένος ὤαν λουτρίδα, κατάδεσμον ἥβης περιπέτασον, Theopompus. At Pherecrates instrumenta pædotribices enumerans, ἤδη μὲν ὤαν λουομένῳ προζώννυται: id est, Iam oam præcingit ei qui lauaretur, (ut non mulieres solum, sed etiam uiros in balneis oas pudendis adhibuisse appareat.) Desumpsit hæc Cælius ex Polluce 7. 13. & 10.47. Cæterum militibus, inquit ibidem Pollux, oa etiam pro mactra seruit: quod Hermippus insinuat in Militibus dicens, Νικᾷ δ' ὤα λιθίνην μάκτραν: hoc est, Præstat autem oa (scilicet pellicea mactra) lapideæ mactræ. Grammatici mactram interpretantur uas idoneum subigendæ farinæ. Ὦα τὸ ἐξωτάτω τοῦ χιτῶνος ἑκατέρωθεν. λίγνα δὲ, (λέγνα potius,) τὰ ἐν τῷ ἱματίῳ ἑκατέρου μέρους, οὐχ ὅπου ἡ ὦα. Τὴν δὲ ὤαν καὶ ὄαν λέγουσιν. sed ὄα uocatur etiam ouilla pellis cum lanis, Pollux 7.13. Quibus uerbis hic sensus mihi constitui uidetur: Ὦα uocatur extrema pars tunicæ utrinque, superior scilicet circa collũ: & inferior, ubi fimbriæ aliquando assuuntur, quas πέζας & περίπεζα uocãt, ut Pollux ibidem scribit. Λέγνα uerò oræ sunt ab utroque latere, ubi tunica scilicet anterius aperta est secundum longitudinem. Sic quidem Pollux distinguit, Grammatici uerò in Lexicis confundunt. Καλασίρεις, τὰ λοχία (malim τὰ λέγνα) ἃ καλοῦσιν ὤας, Hesychius, Varinus.

¶ Opilio, quasi ouilio qui oues custodit. Etiam opilio qui pascit inter alienas oues, Aliquam habet peculiarem, qui spem soletur suam. Sunt qui upilio scribant authoritate Prisciani, qui dicit o. breuem in hoc nomine esse conuersam in u. longam ex literarum affinitate. Vtuntur uoce opilio, Columella libro 7. de re rust. & Cato cap. 56. Venit & upilio, Vergilius Aegl. 10. Armentarij & opiliones, Varro. Et alibi, Alius enim opilio, & alius arator. Tria tantum genera sunt pastorum qui dignitatem in Bucolicis habeant, bucolici, opiliones, & omnium minimi æpoli, id est caprarij, ut Ael. Donatus scribit. Opuncalo, quod opilionis genus cantus imitatur, Festus. Ποιμὴν, pastor ouium, caprarum αἰπόλος, νομεὺς omnium pecorum, Varinus ex Polluce. Et alibi, Ποιμαίνειν propriè dicitur de ouibus, & ποιμὴν ouium pastor, παρὰ τὸ ὄϊς καὶ τὸ μῶ τὸ ζητῶ, quasi ὀιμήν. Ποιμάνωρ, pastor Aeschylo: & grex ipse ποιμανόριον, Varinus. Ποιμάντωρ, poëticum est. Κεῖνθι, σὲ δ' ὀλόμεναι Λιβύῃ ἔνι κῆρες ἕλοντο, Πᾶσι φερβομένοισι συνήντετο. εἵπετο δ' ἀνὴρ Αὐλείτης. ὅς ἑῶν μήλων πέρι τόφρ' ἑτάροισι Δευομένοις κομίσσαιας ἀλεξόμενος κατέπεφνεν Υἱωνὸς Φοίβοιο Λυκωρείοιο Κάφαυρος, Apollonius Argonaut. quarto. Προβατεύς, opilio, Suid. Μηλατὴρ, ὁ ποιμὴν, Bœoti. Μηλῶται, ποιμένες. Μηλονομεῖς, ποιμένες. Μηλόβαι, μηλοβάται, ποιμένες, Hesychius, Varinus. Μηλοβοτῆρες, Idem, Hesychius. Μηλονομιαῖον, ἐννόμιον, Idem, Μηλοβοτεῖ, pascit, Hesychius. Μηλόβοτος & οἰονόμος pro opilione apud Etymologum leguntur. Agni Græcè ῥῆνες & ἀρῆνες dicuntur, unde ἀρηνοβοσκὸς, ὁ προβατοβοσκὸς (apud Sophoclem) κατὰ Παυσανίαν, synecdochicè. reperitur & ἐρρνοβοσκὸς, Varinus. Apud quem etiam ἀρενοβοσκὸς inuenio, scribitur & ἐρρηνοβοσκὸς, neutrũ probo. Versemus oues, Vergilius, id est pascamus. Versantur enim modo in hanc partem, modo in illam in illam, ubi lætiora pabula sese ostentant. Sic errare apud eundem pro pasci, quia id errando fit. πολλῷ ῥοίζῳ πρὸς ὄρος τρέπε πίονα μῆλα, Homerus. Vocat autem ῥοῖζον, sibilum illum oris (τὸ συρίττειν) quo pastores in gregibus agendis pascendis'ue utuntur, Varinus in Ῥοῖζον. Pedum, baculum incuruum quo pastores utuntur ad comprehendendas oues aut capras pedibus: cuius etiam meminit Verg. in Bucolicis cum ait, At tu sume pedum. Ποιμνίται κύνες, canes ouium custodes, Pollux.

¶ Grex ouiaricus, pro ouium grege, Cælius. Ποίμνιον, grex ouium, Scholiastes Homeri. Poëtæ etiam ποιμνήιον dicunt. Ποίμνας προβάτων Heliodorus protulit. Βουκόλια, αἰπόλια, ποίμνια, μέρη τῶν κατ' ἀγρούς, Pollux. Ποιμνίων καὶ αἰπολίων ὀλετῆρα, lupum cognominat Oppian. Πῶυ & ποίμνια, uide supra in a. Λεία, ἡ τῶν θρεμμάτων ἀγέλη, Hesychius, Varinus. Μαλόεσσα, uia qua oues incedunt, Iidem. Μηλοσόη, Idem.

¶ Ouile, locus in quem oues se recipiunt. Datum secretò in ouili cum his colloquendi tempus, Liuius. Tepidis in ouilibus agni, Ouid. 13. Metam. Incustoditum captat ouile lupus, 1. Trist. 5. Eleg. Non lupus insidias explorat ouilia circum, Vergil. Albent plenis & ouilia mulctris, Nemesianus. Magicæ uanitatis uideri potest quæ tradunt & de uespertilione, si ter circumlatus domui uiuus, per fenestram inuerso capite infigatur, amuletum esse: priuatimq; ouilibus circumlatum toties, & pedibus suspensum sursum in superliminari, Plinius. Si seuo leonis liquefacto circuitus ouium inungatur (distilletur,) nunquam accedent ad eum lupi, nec alia rapacia, Rasis, Albert. In incendijs, si fimi aliquid egeratur è stabulis, facilius extrahi traditur, nec recurrere oues bouesq;, Plin. Caulæ à cauo dictæ. antiquitus enim ante usum tectorum oues in antris claudebantur, Fest. Ac ueluti pleno lupus insidiatus ouili, Quum fremit ad caulas, Verg. 9. Aen. ubi Seruius, Caulas, munimenta & septa ouium: est enim Græcum nomen, c. detracto. nam Græci aulas uocant animalium receptacula. Lucretius palati caulas dixit, id est meatus & foramina. Et rursum, Dispergũt animas per caulas corporis omnes. ¶ Stabulum ouiũ & caprarum, οὗ ἵστανται αἱ ὄϊς καὶ αἶγες, uocatur αὐλὴ & σηκός, Poll. Αὐλὴ tamen aliquando pro stabulo boum etiam & equorum capitur, ut in Boue dixi. Αὐλίτην, τὸν τῆς κόπρου ἐπιμελούμενον τῶν προβάτων, Hesych. Varin. Apud Apollonium, ut paulò superius citaui, αὐλείτης per ει. diphthongum scribitur, ὁ ἀπὸ τῆς ἐπαύλεως, ὁ ἄγροικος: fit autem ab αὖλις, Varinns ex Scholijs Apollonij. Latinè dicas stabularium, stabuli ministrum. Ἔπαυλις, μάνδρα βοῶν, καὶ προβάτων αὐλή, Suid. ἡ ποιμενικὴ αὐλή, Hesych. Κλισία, ἡ ἔπαυλις, ἀπὸ τοῦ κλίνεσθαι ἐν αὐτῇ τὰ θρέμματα. Κλισίον, προβάτων καὶ βοῶν στάσις: aliqui maiores ualuas hostij interpretãtur, quibus apertis iugum boum intromitti possit, Hesych. Dion κλίσιον ouile interpretatur. Plura lege apud Varinum in Κλισία, bis. Aliâs quidem ea uox casam significat, tugurium, tentorium, domum seruilem. Scribitur etiam κλείσιον cum diphthongo. Μηλιαθμόν, μάνδραν τῶν προβάτων, Varinus: Sed magis probo, ut Etymologus scribit Μηλιαυθμός, παρὰ τὸ μῆλα ἰαύειν ἐν αὐτῷ. Καὶ μηλιαυθμόν: ἡ δὲ χερσαίας πλάτης, Lycophron apud eundem. Σηκός quoduis stabulum, & templum apud recentiores, ut scribit Scholiastes in Iliad. θ. Σηκός, οἱονεὶ ἱσηκός τις ὤν, ἀπὸ τοῦ ἵστασθαι αὐτοῦ τὰ θρέμματα. Et alibi, Σηκὸς, περίβολος ἐν οἷς βοσκήματα ἵστανται. Σηκοκόρον poëta uocat Odysseæ ρ. stabularium, qui uerrit & expurgat stabulum. Sunt enim σηκοί (inquit Scholiastes) mandræ, id est stabula & loca ubi capræ & oues includuntur. Florentinus etiam ouile σηκὸν nominat. Θήλειαι δ' ἐμέμηκον ἀνήμελκτοι περὶ σηκούς. Οὔθατα γὰρ σφαραγεῦντο, Homerus Odys. 1. de ouibus: ubi σταθμὸν etiam pro ouili ponit. Ἠΰτε μῆλα Ἐκ σταθμῶν ἅλις εἶσιν ὀπηδεύοντα νομῆϊ, Apollonius 4. Argon. Σίδας, τὰς τῶν μήλων οἰκίδας, Hesychius, Varinus.

¶ Publicola in ea lege qua animaduertit in eos qui minus consulibus paruissent, adeò popularis fuit, ut pro plebe magis quàm pro patritijs lata uideretur: quinq; enim boum & duarum ouium pretium mulcta fuit: erat uero pretium ouis oboli decem, bouis autem centum. Cum enim nondum nummorum usus ad Romanos per id temporis frequens esset, pecudibus & iumentis plectebantur sontes. Ex quo inualuit ut patrimonia à pecudibus usq; in hanc diem peculia dicantur: in uetustissimis quoq; nummis bouis aut pecudis aut suis signum incisum appareat, Plutarch. in Public. Multatio olim non nisi ouium boumq; impendio dicebatur: non omittenda priscarum legũ beneuolentia. Cautum quippe est, ne bouem priusquam ouem nominaret qui indiceret multam, Plin. Mulcta quæ suprema appellatur (inquit Gel. 11. 1.) utpote qua nulla maior instituta fuit, in singulos dies duorum ouium, triginta boum: pro copia scilicet boum, proq; ouium penuria. Sed quum eiusmodi mulcta pecoris armentiq; à magistratibus dicta erat, adigebantur boues ouesq; aliàs pretij parui, aliàs maioris: eaq; res faciebat inæqualem mulctæ punitionem. Iccirco postea lege Ateria constituti sunt in oues singulos æris deni, in boues æris centeni. minima autem mulcta est ouis unius. Nunc quoq; quãdo à magistratibus pop. Romani more maiorum mulcta dicitur, uel minima uel suprema, obseruari solet ut oues genere uirili appellentur: ac nisi in eo genere diceretur, negauerunt iustam uideri mulctam. Varronis uerba quibus minima mulcta dicebatur à prætore sunt hæc: Quando citatus neq; respondit neq; excusatus est, ego ei unum ouem mulctam dico. Ouibus duabus multabantur apud antiquos (inquit Fest.) minoribus criminibus: in maioribus autem bubus, nec ultra hunc numerum excedebat multatio: quæ posteaquam ære signato uti ciuitas cœpit, pecoraq; multitia aut incuria corrumpebantur, unde etiam peculatus crimen usurpari cœptum est, facta est æstimatio pecoralis multæ, & boues centenis assibus, oues denis æstimatæ. Inde suprema multa, id est maxima, appellatur, tria millia æris: item uicessis minoribus delictis. Et rursus, Peculatus furtum publicum dici cœptum est à pecore, quia ab eo initium eius fraudis esse cœpit. Siquidem ante æs aut argentum signatum, ob delicta pœna grauissima erat duarum ouium & triginta boum. Ea lege sanxere T. Menenius Lanatus & P. Septius Capitolinus consules. Quæ pecudes postquam ære signato uti cœpit pop. Romanus Tarpeia lege cautum est, ut bos centussis, ouis decussis æstimarentur, Hucusque Festus. Multa etiam nunc ex uetere instituto bobus & ouibus dicitur, Varro. Apud Lusitanos, teste Polybio, ut citat Athenæus initio libri 8. ouis quondã duabus drachmis uænibat. Troglodytis uxores communes sunt, nisi quæ tyrannorum sunt. nam qui tyranni uxorẽ corruperit, oue mulctatur, Strabo. Cappadoces Persis quotannis pendunt præter cætera, ouium quinquaginta millia, Medi duplum ferè, Strabo.

¶ Μάλλων οὐκ ἔῤῥυσε καλὸν γλάγος, οὐ μέλι σίμβλων, Theocritus in epitaphio Bionis. Τὰ τῶν προβάτων οὔθατα ἀπὸ τοῦ γάλακτος μέλλει μοι διαῤῥήγνυσθαι, καὶ κισσυβίων (cissybia uocat mulctra) οὐκ οἶδα πῶς ἠπορήμεθα, In epistolis Theophylacti. Οὔθατα γὰρ σφαραγεῦντο, Homerus. Cynocephali alunt ouillum & caprinum pecus, atque lac bibunt, Aelianus.

¶ Blattæ (erucæ potius,) quas prasocurides quasi porricidas Græci uocant, ut Diophanes scriptum reliquit, hortis solent nocere. ergo uentriculum ouis statim occisæ nõ elotum, sed sordibus suis plenum, spatio quo abundant, non altè sed superficie tenus debebis operire. Post biduum reperies animalia ipsa congesta uentrem hunc replere. hoc cum iterum uel tertio feceris, genus omne quod nocebit extingues, Ruellius. Hirundo ex ouium tergis floccos lanarum euellit, indeque suis pullis nidum quàm mollissimè substernit, Aelianus.

¶ h. Crisamis quidam Côus plurima possidebat pecora: & cum anguilla quædam quotannis superueniens præstantissimam ouem ei abriperet, obseruatam tandem occidit. Et cum illa in somnio apparens Crisamidem ut ab eo sepeliretur moneret, re neglecta cum tota familia perijt, Hesychius, & Suidas apud quem Crissamis per s. duplex scribitur. ¶ Pan munere niueo lanæ captam te Luna fefellit, Vergilius. Mutat fabulam, inquit Seruius. nam non Pan sed Endymion amasse dicitur Lunam, qui spretus pauit pecora candidissima, & sic eam in suos illexit amplexus. Pan Mercurij filius (inquit Probus) quum Lunam concupisset, & haberet optimum pecus, poscente ea partem pecoris pro concubitu, dicitur pollicitus, & duas partes fecisse gregum, quarum alteram candidiorem sed lanæ crassioris, Lunam deceptam candidiore, deterius pecus abduxisse, ut poëta significat.

¶ De oue in Co insula quæ leonem peperit, dictum est in Leone H. c. Festis diebus oues purgandæ lanæ gratia lauari non licet, licet autem si curatione scabies abluenda sit: quamobrem Vergilius non simpliciter festis diebus oues fluuio mersare concessum scripsit, sed fluuio salubri, Macrobius. Pastores ouilia, oues & pecudes purgabant fumo ex sulphure, rosmarinumque ac herbam sabinam & laurum cremabant, Gyraldus. Et alibi, Syntagmate 17. Si oues, inquit, lustrarentur, alia à supradictis ratio fuit. nam pastor summo diluculo aqua oues inspergebat, & sulphure herbaque sabina & lauro igne succensis, circumcirca ouilia suffibat, cumque sacro carmine milio et libo cum lacte & sapa Pali deæ sacra faciebat. Hoc suffimento pecora piari, & morbos depelli & tabẽ putabant. Vergilius (in Bucolicis) cum loqueretur de filio Pollionis, id quod ad principem suum spectaret, adiecit: Ipse sed in pratis aries iam suaue rubenti Murice, iam croceo mutabit uellera luto. Traditur autem in libro Hetruscorum, si hoc animal insolito colore fuerit indutum, portendi imperatori rerũ omnium felicitatem. Est super hoc liber Tarquinij transcriptus ex ostentario Thusco. ibi reperitur, Purpureo aureóue colore ouis ariésue si aspergetur, principi ordinis & generis summa cum felicitate largitatem auget, genus propaginemque propagat in claritate, lætioremque efficit. Huiusmodi igitur statum imperatori in transitu uaticinatur, Macrobius. De oue quæ lupum occidit, uide in Lupo h.

¶ Magna & pecori gratia, uel in placamentis deorum, uel in usu uellerum, Plinius. Victimæ antiquis frequentes fuere, ouis, sus, bos, &c. Gyraldus. Hecatombe, inquit Iul. Capitolinus, tale sacrificium est: centum aræ uno in loco cespititiæ extruuntur, & ad eas centum sues, centum oues mactantur. Persina boum, equorum ouiumque greges, & aliorum omne genus animalium in locum quendam saltuosum uel nemorosum è regione (εἰς τὴν περαίαν ὀργάδα) præmisit: partim ut de uno quoque genere hecatombe ad sacrificium fieret, partim ut inde epulæ populo exhiberentur, Heliodorus lib. 10. Exsacrificat hostijs balantibus, Cicero 1. de diuin. Pecudem spondere sacello Balantem, Iuuenalis Sat. 8. Iosias rex immolauit boum chiliades XII. & ouium chiliades XXXVIII. Suidas. Oues & arietes Aegyptij non immolant, sed capras, alij contra, uide in Capra H. h. Victimæ antiquis hæ frequentes fuere, ouis, sus, bos, capra, gallina & anser: quas cum immolabant, nisi puræ integræque fuissent, & lectæ ad rem diuinam, minus proficere putabant. Fuit quidem priscis opinio, ut ex hœdis potius & agnis hostiæ fierent, quàm ex cæteris, quia hæ mites & cicures essent, ideo etiam ouilli pecoris hostiam maximam, non ab amplitudine, sed quia animi esse placidioris uiderent, pontifices dixerunt. Sunt qui scribant, (ut Suidas in uoce θύσον) sex tantum ista iam enumerata animalium genera in sacrificijs ueteres adhibuisse: quorum sententiam nos nec approbamus, nec refellimus. nam apud auctores plura inuenimus, sed uarijs in locis & ritibus, Gyraldus. Ambiguæ oues in sacris quæ dicerentur, Bebius Macer, qui Fastos dierum scripsit, ostendit. ait enim, Iunoni eas quę geminas parerent, oues sacrificari cum duobus agnis altrinsecus alligatis: & has ambiguas uocatas, quasi

quasi ex utraque parte agnos habentes: quam sententiam est secutus Plac. Fulgentius ad Chalcidium. Varro tamen abigenam bouem dictam ait, quam circum aliæ hostiæ constituerentur, Gyral. Oues lectæ dicuntur, quæ ad sacrificandum exceptæ sunt, ut porci eximij, & boues egregij uel eximij. Mactant lectas de more bidentes, Vergil. ἔντομα, pecora quæ defunctis sacrificantur, quod ceruix eorũ incidatur: quæ uero dijs cœlestibus sacrificantur, illorum ceruix (ἀνακλᾶται) sursum torquetur. Vel ἔντομα sunt pecora (πρόβατα, oues) castrata: huiusmodi enim pecudes (oues & alias) mortuis sacrificabant, utpote steriles sterilibus: dijs uero non castratas, sed integras & testibus præditas: Καὶ μὴν ἐνὸλαύνοντες ἀπὸ κνέφας ἔντομα μῆλα. Καὶ, Ἠγνισαν ἔντομα μῆλα, Etymologus & Varin. Τὰ δὲ πρόσακτια θύματα, ἱερεῖα, ἄρτια, ἄτομα, ὁλόκληρα, ὑγιῆ, &c. Pollux. Obseruant periti sacrorum, & cum his grammatici, quod
10 sterilibus pecudibus & iuuencis Diti sacra fieri sunt solita, Gyrald. Maximam hostiam ouilli pecoris appellabant, non ab amplitudine corporis, sed ab animo placidiore, Fest. Ceruaria ouis dicitur quæ pro cerua immolabatur, Idem. In hostijs eam dicebant aruigem, quæ cornua habeat: quoniam is cui oui mari testiculi dempti, & ideò ut natura uersa ueruex declinatur, Gyrald. Syntagmate 17. ex Varrone de lingua Latina. aries quidẽ olim ares & aruigus dicebatur, ut Varro ait. Ἀρξιμήλων θεῶν εἰσὶ βωμοί, ἐπὶ τοῦ δέχεσθαι, τὰ θυόμενα μῆλα, Etymologus & Varin. Hic quidem ἀρξιμήλας etiam interpretatur ἐπηκόους καὶ ἱλαροὺς θεούς. Dicuntur & ἀρξίμηλοι ἐσχάραι, apud eundem. Μηλοσφαγεῖν, pro θύειν, pecora immolare, poëtis. Μηλοσφαγεῖν τε βωθύταις ἐπ' ἐσχάραις, Aristophanes in Auibus. Μηλοσφαγίαι sacrificia fuere ab ouibus iugulandis nuncupata, Gyraldus post Hesychium. Clitus dum sacrificia pera geret, à rege uocatus, omissis ijs regem adijt. Tres illum oues ex immolandis hostijs consequuntur.
20 Quod prodigium conspicatus Alexander, accitis ariolis Aristandro & Cleomanti Spartano aperit. His dira portendi affirmantibus, illicet pro Clito instaurari sacrificium iussit, &c. Plutarchus in Alexandro: subijcit autem historiam Cliti ab Alexandro occisi cum statim post sacrificium non perlitatum, uino largius hausto multa in Alexandrũ nimis licẽter dixisset. Pausanias in Arcadicis Cleombroto Lacedæmoniorum regi in Leuctris Bœotijs signum huiusmodi accidisse scribit: Solebant Lacedæmoniorum reges pecora secum educere in bellum, ut dijs ante prælia litarent: præibant autem capræ duces itineris ante oues: quas (capras) pastores catçades (κατοιάδας) appellant. Lupi tunc impetu in gregem facto, illæsis ouibus in solas capras grassati sunt. Ouem aliqui, alij bouem uictoria potiti immolare consueuerunt, Valturius 12.2. Interea dum lanatas, toruumque iuuencum More Numæ cædit Iouis ante altaria, Iuuenalis Sat. 8. Kal. Febr. Ioui Tonanti bidens uictima fiebat: idibus uero
30 Ianuarij, ueruex. Legi etiam qui flaminis uxorem scribat, omnibus nundinis Ioui arietem mactasse, Gyrald. Bidentes oues quæ dicerentur, uide supra in B. Idulis ouis dicebatur, quæ omnibus idibus Ioui mactabatur, Fest. Sunt qui existiment idus ab oue iduli dictas, quam hoc nomine uocant Thusci, & omnibus idibus ouis immolatur à flamine, Macrob. Idibus alba Ioui grandior agna cadit, Ouidius. ¶ Cum Samijs aurum furto sublatum ouis inuenisset, Mandrabulus Samius Iunoni ouem consecrauit, ut Aelianus scribit, Gyrald. Niueam Reginæ ducimus agnam, Iuuenal. Apud Thussas in Aegypto, ubi Venus cornuta colebatur, uacca illi immolabatur, & in Nitriotica præfectura ouis, Gyrald. Plutoni de nigra pecude rem diuinam faciebant, Gyrald. Interea nigras pecudes promittite Diti, Tibullus. Velleris atri agnam, Verg. Et 3. Aen. Nigram hyemi pecudem, Zephyris felicibus albam. Et 4. Georg. Et nigram mactabis ouem, defunctæ Eurydicæ. Et 5. Aen. Huc (ad cam-
40 pum Elysium) casta Sibylla Nigrarum multo pecudum te sanguine ducet. Et 6. Aen. de expiando insepulto, Duc nigras pecudes, ea prima piacula sunto. Et in carmine deuotionis urbium & exercituum, legimus: Ouibus atris tribus. Nigrum pecus Plutoni immolabatur per similitudinem, ut aliæ quædam uictimæ alijs dijs uel per similitudinem, uel per contrarietatem, Seruius. Vacca sterilis immolatur propriè (τοῖς κάτω οἰκείοις, lego οἰκείως) inferis (dijs) propter sterilitatem: sic & ouis non solum nigra, (ὄϊς μέλας) sed nigerrima, propter tenebras infernales, Varin. in Στεῖρα. Οἴσετε δ' ἄρν' ἕτερον λευκὸν, ἑτέρην δὲ μέλαιναν Γῇ τε καὶ ἠελίῳ, Διὶ δ' ἡμεῖς οἴσομεν ἄλλον, Menelaus Iliad. γ. Vbi Scholia, Soli tanquam mari & splendido deo, agnum album immolari conueniebat. Terræ uero, agnam fœminam et nigram. Nos uero, inquit Menelaus, alium agnum immolabimus Ioui, (nimirum xenio) cum & ipsi in Troia peregrini essent. Meminit etiam Varinus in Ἄρνε. Nestor Iliados κ. exploratori adituro
50 Troianorum castra, promittit à singulis optimatibus Græcis singula dona danda, nempe ouem nigram & grauidam, ὄϊν μέλαιναν Θῆλυν ὑπόρρηνον: ubi Scholia, Nigram, quia nocte ibat: grauidam uero per symbolum boni ominis, ut fructuosum ei iter foret. Rubigo deo uel Robigini deæ, ad arcendam ex segetibus rubiginem, ueteres mense Aprili extis canis & ouis sacrificabant, ut Ouidius in Fastis scribit, Gyrald. Paci Aristophanes uictimam facit ex oue, ut superius in a. retuli. Ἐπίβοιον appellabant sacrificij genus, ubi post bouem Mineruæ sacrificatũ, Pandryso ouis sacrificabatur, ut scripsi in Boue h. Ἑκατόμβοιον, genus sacrificij ex centum ouibus & boue uno: uide plura ibidem. Lustrari exercitum, nisi sue, oue & tauris, qui puri essent, non erat fas, &c. Vide in Sue h. in sacrificio Martis ex sue. De solitaurilib. ubi immolabantur, taurus, uerres & ouis uel potius aries, dicam in Ariete. ¶ Apolloniæ, quæ in sinu Ionico est, sacras Soli oues fuisse, Græci scribunt, quæ interdiu secun-
60 dum fluuium pascerentur. Noctu uero stabulantes in antro quodam, ab urbe non procul custodirent delecti uiri, diuitijs & genere inter populares splendidissimi, singulis annis singuli. Quòd ex oraculo quodam Apolloniatæ oues eas permagni facerent. Proinde Euenio (ut fertur) uaticino uigi-

lias edormiente, contrucidatis ouium plerisque (sexaginta, Herodotus) lupis grassantibus, publico Apolloniatarum decreto, quum se is minus tueri quiuisset, est exoculatus, Cælius ex Herodoti nono, ubi hæc historia copiosius describitur. Solis oues in Sicilia pascebat Phaëthusa iunior filia Solis, boues uero Lampetie, ut canit Apollonius libro quarto Argon. Mala aurea Hesperidum, oues'ne an poma fuerint, require supra in a. Samij ouem uenerantur: quoniam aurum eis furto sublatum ouis inuenit: quare Mandrabulus Samius Iunoni ouem consecrauit, Aelian. Saitæ & Thebani ouē colunt, Strabo libro 17. Deus animalia quædam, quæ colit & ueneratur Aegyptus, ut boues & oues, in cibo Iudæis permisit, ut superstitionem istam contemnere discerent: Et rursus interdixit ijs, quibus Aegyptijs nimium gulose uescuntur, ut carne suilla, Procopius. Aegyptij bouem & ouem propter utilitatem & fructum coluerunt, Plutarch. in libro de Iside. Lanatis animalibus abstinet omnis Mensa, Iuuenalis Sat. 15. de Aegypto. Soli Aegyptiorum Lycopolitæ ouem edunt, quòd à lupo etiam, quem deum existimant, deuoretur, Plutarch. in libro de Iside.

PROVERBIA.

Diogenes Cynicus opulentum quendam, cæterum indoctum, ouem aureo uellere dixit, πρόβατον χρυσόμαλλον, Erasmus. M. Sillanum, ut tradit historicus Dion, Caligula uocare solebat χρυσοῦν πρόβατον, Cælius. Videntur autem allusisse ad arietem quo uectus est Phrixus, cuius uellus aureum factum fabulantur. Extat huius argumenti etiam Alciati emblema, inscriptum, Diues indoctus:
Tranat aquas residēs pretioso in uellere Phrixus, Et flauam impauidus per mare scandit ouem.
Ecquid id est? Vir sensu hebeti, sed diuite gaza, Coniugis aut serui quem regit arbitrium.
Sed de hoc ariete eiusq́ uellere, plura in Ariete h. afferemus. ¶ Ouis cultrum, ὄϊς τὴν μάχαιραν, subaudi reperit: In eos dicitur, qui ipsi reperiunt quo pereat: (ἐπὶ τῶν ἀλυσιτελῶς σφίσιν αὐτοῖς χρωμένων, Suid. forte addendum τοῖς εὑρημένοις.) Quidam pro oue capram efferunt. Vide, Capra gladium, inter prouerbia ex capra. ¶ Prius lupus ouem ducat uxorem, πρὶν ἂν λύκος οἶν ὑμεναιοῖ: Vide supra in prouerbijs à lupo sumptis. Item illa ibidem, Ouem lupo committere (unde factum nomen proprium οἰόλυκος.) Ouem lupis relinquere: Nunc & oues ultro fugiat lupus. Custos ouium præclarus, lupus, Cicero. ¶ Ouium mores, προβάτων ἦθος: In stupidos ac stolidos iaci solitum. Aristophanes in Pluto, ἀλλὰ προβάτιον βίον λέγεις, Ouiculæ mihi uitam prædicas. (Quàm uero simplex, stolidum & iners ouis ingenium sit, in D. explicauimus.) Et in Vespis taxans uecordiam populi Atheniensis, oues illos uocat, ἐκκλησιάζειν πρόβατα συγκαθήμενα. Plautus in Bacchidibus, Quis has huc oues adegit? in senes stultos. Huc respiciens Origenes enarrās Leuiticum, ouis immolationem interpretatur affectuum stultorum & irrationabilium correctionem, Erasm. προβατίου βίον ζῆν ἐπὶ τῶν μωρῶν καὶ ἀνοήτων. τὰ γὰρ πρόβατα οὐδὲν ἐργάζεται καὶ ζῇ. ἢ διὰ τὸ ἀσθενές, Suidas & Scholia in Plutum Aristophanis. ¶ Ouium nulla utilitas si pastor absit, προβάτων (si addas γὰρ, erit senarius) οὐδὲν ὄφελος ἐὰν ὁ ποιμὴν ἀπῇ. Admonet adagium ἀναρχίαν rem esse omnium perniciosissimā. Nihil rectè faciunt ministri, nisi adsit herus. Inutiles discipuli, quoties abest præceptor. Inutilis populus, nisi principis authoritate gubernetur, Erasmus. Huc spectat illud in Sacris, Terra commouebitur, eritq́ tanquam dama agitata, & ouis quam nemo colligit, Esaiæ 13. ¶ Intrabunt ad uos lupi rapaces in ouium uestitu, Actorum 20. Vide supra in Lupo post prouerbia prosana. Videt lupum uenientem, & desertis ouibus fugit, lupus autem rapit ac dispergit oues, Ioannis 10. ¶ Germanorum prouerbia: **Die nacht sind alle schaaf schwartz**, Oues noctu nigræ sunt omnes: Sublata lucerna nihil interest inter mulieres. **Der wolf ißt auch wol ein gezellt schaaf**, Lupus ouem quamuis numeratam deuorat: Non curat numerum lupus.

¶ Apologi. Ouis alens catulum lupi: Vide in Lupo prouerbium, Lupi catulos ale. Lupus cum pastores in tugurio ouem edentes uidisset, propius accedens dixit: Atqui ego si idem facerem, quantum cieretis tumultum? Aesopus in Sympôsio Plutarchi, in Pittacum qui quamuis legem tulisset ad uersus ebrios, ebrietatis tamen uitium ipse non declinabat.

DE ARIETE.

A.

ARIES dux est ouium, non castratus: nam cui adempti sunt testiculi, ueruex uocatur, de quo dicemus mox post Arietem. Isidorus & alij recentiores ueruecem cum ariete imperitè confundunt. איל ail & eel, scribitur etiam אל eel sine iod, Geneseos 15. ubi Septuaginta uertunt κριός, Chaldæus דכרין dikerin, arietes: Arabs כבשא kabsa. (כבשה Hebræis, kabsah, cum aspiratione in fine, ouem uel agnam significat.) Persa נרמיש nerameisch. כר kar, plurale karim, (quæ uox etiam Græcis pro oue accipitur: uide supra in Oue a.) Dauid Kimhi exponit kebes, id est agnum: item eelim & athudim, id est arietes & hircos. Tropo etiam arietes dicuntur machinæ bellicæ Psalm. 37. ubi Hieronymus monocerotes reddit, Septuaginta ὑψωθῆναι, Abraham quidam agnos, quidam ualles. Deuteronomij 32. Arabs uertit באריח, baraph, (Leuitici undecimo Persica translatio pro oue habet, barah.) Persa פרבהן pharbehan, Septuaginta ἀρνῶν, Hieronymus agnorum.

rum. Plura uide supra in Oue A. Lesan alhamel, id est lingua arietis, & est plantago, Andr. Bellunen. Vetus quidã glossographus habet, Asel alkame pro lingua arietis, corruptis opinor uocibus. Maraches, id est fel ueruecis, Syluat. Aries Italicè nominatur montone uel ariete: Gallicè belier, uel ran: (Illyrij quidem ueruecem uocant beran) Hispanicè carnero: Germanicè **wider**, etsi quidam **hamell** interpretantur, nos **hammel** uocamus ueruecem. (Bellunensis lesan alhamel interpretatur linguam arietis apud Auicennam.) Sed uocabulum **wider** à multis communiter usurpatur pro oue mare siue castrato siue non castrato, quamobrem differentiæ causa aliqui non castratum nuncupant **bodenwider**: castratum uero **heilwider**. In Heluetia quidam arietem **ramchen**, ueruecem **wider**. Anglicè ram, uel tup.

10 B.

De arietibus Tarentinis uide supra ubi de ouibus Tarentinis dictum est capite quinto. Oues & arietes magni sunt apud Indos: horum caudis amputatis oleum exprimunt, ut dixi in Oue B. In Tartariæ regione Camandu (in Scythia, Gillius) arietes non minores asinis sunt, cauda tam longa & lata, ut triginta librarum pondus æquent: pulcherrimi, pingues, & in cibo optimi, Paulus Venetus 1. 22. Vartomannus 2. 5. scribit in ædibus regis Arabum fuisse præpinguem ueruecem, cuius cauda adeò obesa fuerit ut libras quadraginta appenderet. Et eiusdem libri cap. 9. Prope Reame (inquit) urbem Arabiæ felicis, ueruecum genera reperiuntur quorum caudam animaduerti pondò esse librarum quadraginta quatuor. Carent cornibus, adeóque sunt obesi ac pingues, ut uix incedere possint. Et capite penultimo, Circa Zeilam urbem Aethiopiæ ueruecces nonnulli ponderosissimas tra-
20 hunt caudas, utpote pondo sedecim librarum. His caput ac collum nigricant, cætera albi sunt. Sunt item ueruecces prorsus albicantes, quorum cauda cubitalis est longitudinis, modo elaboratæ uitis: palearia ut bubus à mento pendent, quæ humum propè uerrunt. Et 6. 7. Circa Tarnasari urbem Indię tanta est pecudum copia, ut duodeni ueruecces singulo aureo uæneant. Conspiciuntur illic rursus ueruecces alij, cornua haud absimilia damis habentes, nostris longè maiores ferocioresque. Caudæ ueruecum in peregrinis quibusdam regionibus tantæ sunt, quantus nullus apud nos ueruex. Contingit hoc, quia humidissimum est hoc animal, & inter quadrupedia frigidum. Cumque cætera ossa extendi nequeant, ne pinguedine propria obruatur animal totum humorem in caudam transmittit, fitque carne & pinguedine immensa extensis etiam ossibus ac neruis non parum, quæ humida natura uelut & pisces semper incremento apta sunt, Cardanus. Allie est cauda arietum præpinguis, ita
30 ut quandoque circiter denas libras appendat, Bellunensis. Coraxorum lanitium omnium pulcherrimum est, unde admissarij arietes talento emuntur, Strabo libro lib. 3. ¶ σκελίας, aries syluestris, uel asinus, κλῖμαξ, Suidas & Varin. ¶ De cornibus & alijs aliquot partibus arietis & electione eius dicetur sequenti capite. ¶ Arietes statim cornuti: uide supra in Oue B. Obscurus quidam citat tanquam ex Aristotele hæc uerba: In Libya citò apparent cornua in capitibus arietum: & secundum Homerum, arietum etiam fœminæ cornutæ sunt. Sed apparet pro ceruis falsò interpretem transtulisse arietes, ex Hebraica scilicet uel Arabica lingua: nam eel uel ail arietem significat, aial ceruum: scribitur utraque uox ijsdem literis איל, ut nisi puncta accesserint non sit discernere præterquam ex sensu. In Septentrione alicubi arietes mutili sunt, Obscurus. Arieti cornua in modum circuli replicata, Idem. Conuoluta in anfractum cornua arietum generi ceu cestus natura dedit, Plin. Apud
40 Rhætos (ut ex amici cuiusdam literis nuper accepi) arietes prouectæ ætatis, puta sex aut octo annorum, ad priora cornua producunt alia ueluti adnata parua, bina uel terna uel etiam plura. Idem scribit in Italia genus quoddam arietum esse, quod natura & ab ineunte ætate quaterna aut sena aliquando gerat: sed hos imbelles esse, tenui ac infirmo corpore, lana inutili. Rhæticis uero, quos dixi, minora illa cornua non ante quintum aut sextum annum adnasci, primis interim semper proficientibus robore & crassitie: eosdem robustos ac feroces esse, & à pastoribus aliquando ad pugnam hostiliter concurrentes inequitari. Verueces quatuor cornibus insignes uidimus, Cardan.

C.

Blaterat hinc aries, & pia balat ouis, Author Philomelæ. Emissarius equus, aries, & huiusmodi, qui emissus sit in solitudinem, uel qui ad generandam sobolem emittitur, Valla in Raudensem. Le-
50 gitur hæc uox in Biblijs: sed Latinius admissarium dixeris, pro eo qui ad sobolem generandam fœminis admittitur. Quos arietes submittere uolunt, potissimum eligunt ex matribus, quę geminos parere solent, Varro. Et rursus, In primis uidendum, ut boni seminis pecus habeas, id ferè ex duabus rebus potest animaduerti, ex forma, & ex progenie. Ex forma, si arietes sint fronte lana uestiti bene, intortis cornibus pronis ad rostrum, rauis oculis, lana opertis, auribus amplis, pectore & scapulis & clunibus latis, cauda lata, & longa. animaduertendum quoque lingua ne nigra, aut uaria sit, quod ferè qui talem habent, nigros, aut uarios procreant agnos. Ex progenie autem animaduertitur, si agnos procreant formosos. Non solum ea ratio est, inquit Columella, probandi arietis, si uellere candido uestitur, sed etiam si palatum, atque lingua concolor lanæ est. Nam cùm hæ corporis partes nigræ aut maculosæ sunt, pulla uel etiam uaria nascitur proles: idque inter cætera eximie talibus
60 numeris significauit: idemque, qui supra.

Illum autem, quamuis aries sit candidus ipse,
Reijce, ne maculis infuscet uellera pullis
Nigra subest udo tantum cui lingua palato,
Nascentum. Vna eademque ratio est in Ery-

hh

thræis, & nigris arietibus, quorum similiter (ut iam dixi) neutra pars esse debet discolor lanæ, multoq; minus ipsa uniuersitas tergoris maculis uariet: ideo nisi lanatas oues emi non oportet, quo melius unitas coloris appareat: quæ nisi præcipua est in arietibus, paternæ notæ plerunq; natis inhærent. Habitus autem maxime probatur, cum est altus atq; procerus, uentre promisso, atq; lanato, cauda longissima (& lata, Crescentien.) densiq; uelleris, fronte lata, testibus amplis, intortis cornibus, (curtis cornibus, pronis ad rostrum, lana opertis auribus, amplo pectore, scapulis & clunibus latis, uelleris depressi:) non quia magis hic sit utilis (nam est melior mutilus aries) sed quia minime nocent. Intorta potius quàm surrecta & patula cornua: quibusdam tamen regionibus, ubi cœli status uuidus, uentosusq; est, capros, & arietes optauerimus uel amplissimis cornibus, quod ea porrecta, altaq; maximam partem capitis à tempestate defendant. Itaq; si plerunq; est atrocior hyems, hoc genus eligemus: si clementior, mutilum probabimus marem. quoniam est illud incōmodum in cornuto, quod cum sentiat se uelut quodam naturæ loco capitis armatum, frequenter in pugnam procurrit, & fit in fœminas quoq; procacior. Nam riualem (quamuis solus admissuræ non sufficit) uiolentissime persequitur. Nec ab alio tempestiuum patitur iniri gregem, nisi cum est fatigatus libidine: mutilus autem, cum se tanquam exarmatum intelligat, nec ad rixam promptus est, & in Venere mitior, Hæc Columella. Sed quomodo arietis petulci sæuitiam pastores repellant, dicam in D. Mense Iulio, inquit Palladius, arietes candidissimi eligendi & admittendi sunt, mollibus lanis: in quibus non solum corporis candor considerandus est, sed etiam lingua, quæ si maculis fuscabitur, uarietatem reddit in sobole. De albo plerunq; nascitur coloris alterius: de fuscis nunquam (sicut Columella dicit) potest albus creari. Eligemus arietem altum, (&c. ut Columella,) uentre promisso & lanis candidis tecto: ætatis primæ, qui tamen usq; in octo annos potest utiliter inire. Arietes (inquit Florentinus) esse debent bene compacti, aspectu pulchri, splendicantes (χαροποὺς, uide in Leone B. qualis hic color sit) oculis, fronte hirsuta, uenustis cornibus sed exiguis armati, auribus lana densa intectis, lato dorso, testiculis magnis, colore undiquaq; uno. Pro diuersitate coloris uenarum sub arietis lingua, agnos etiam colore uariare aiunt: alij ad colores uenarum sub lingua ouis hoc referunt, ut dixi in Oue C. Arietis lanam sequitur tota generatio ipsius, Albertus. Arietum maximè spectantur ora: quia cuius coloris sub lingua habuēre uenas, eius & lanitium est in fœtu, uariumq; si plures fuēre: & mutatio aquarum potusq; uariat, Plinius. Hinc est nimirum quod Didymus scribit, Volunt arietes perpetuo aqua eadem uti, non peregrina & aliena.

¶ Aries per dimidium annum dicitur dormire super latere uno, & per dimidium super altero, Albertus. Sex hybernos menses in læuum latus iacens quietem capit: contraq; ab æquinoctio uerno in dextrum incumbit. sic ad utrunq; æquinoctium cubandi rationem mutat, Aelianus. Idem scribit Macrobius, arietem Soli conferens ut in h. recitabo. Sed falsum hoc uidetur lanijs nostris cum ab utroq; latere maculati arietes, & ex incubitu sordidati nunquam non sint.

¶ Arietes, tauri & hirci per libidinem efferantur. qui enim superiore tempore socij iugi concordia pascerentur, coitus tempore dissident, & alter alterum libidinis rabie inuadit, Aristot. Arietes quibus sis usurus ad fœturam, bimestri tempore ante secernendum, & largius pabulo explendum, Varro & Didymus. Aliqui duobus ante mensibus arietes à coitu reuocant ut facem libidinis augeat dilatio uoluptatis. Quidam coire sine discretione permittūt, ut hoc eis genere per annum totum fœtura non desit, Palladius. Sunt qui toto anno lac & agnos habere studentes, coëundi tempus in singulas anni partes digerunt multifariam. Commodissima ad coitum in arietibus ætas, à secundo anno usq; ad octauum, in ouibusq; similiter, Didymus. Vide in Oue C. Ante admissuram diebus triginta arietibus ac tauris datur plus cibi, ut uires habeant, Varro. Cum redierint (arietes admittendi) ad stabula è pastu, ordeum si est datum, fiunt firmiores ad laborem sustinendum, Varro. Auiditas coitus putatur ex cibis fieri, sicut uiro eruca, pecori cepa, Plinius. Arietes reddentur ualidi ad coitum, si cepæ eorum nutrimento misceantur, nec non polyphoros & polygonos herba. quę quidem pecora cætera ad Venerem etiam excitant, Didymus. Polyspori herbæ alibi in Geoponicis in capite de piscina mentio fit, his uerbis: Vbiq; autem plures habebis pisces, si polysporum, polygono similem herbam, contusam aquis nutrientibus pisces inieceris. Andreas à Lacuna polysporum & polyphorum, eandem esse herbam putat, quæ uero sit non explicat. Polyspermos etiam & quæ polygonus uocatur herba, animalia ipsa reddent multis modis fœcundiora, Quintilij in Geopon. 17.4. de tauris. Polygonos quidem altera mas est, quæ uulgò centumnodia uocatur, altera fœmina caudæ equinæ similis. Galenus marem nonnihil astringere ait, præcellere uero in eo aqueam frigiditatem, ita ut in secundo gradu uel principio tertij refrigeret. Ad eadem facere fœminam, sed ignauius, qua forsitan ratione etiam fœmina in hoc genere dicitur, non qua aliæ plantæ sexu distinguūtur. Polygoni uero nomen utraq; habet à frequentibus geniculis: quanquam gonos etiam semen significat, quo plurimum abundat mas. Cæterum quomodo herba adeò refrigerans & astringens nonnihil, mouere coitum possit non uideo: contrarium enim ratio ostendit. Videtur sanè uulgus superstitiosum arrepto omine uocis, quasi polygonos ab augenda genitura fœturáue diceretur, stolidam istam de eius facultate opinionem propagasse. Ego polygonato potius, quod uulgò sigillum Salomonis uocant, uim libidinem citandi tribuerim, polygonis uero sistendi. Polycriton, aut polycarpon (ut aliàs legitur) Hippocrates uocat, quod Dioscorides cratæogonon, cui ad conciliandam in homine fœcundi-

fœcunditatem mares etiam generandi uim esse alij etiam authores literis mandauerunt. Satyrij genus erythraicon arietibus quoq; & hircis ad Venerem segnioribus in potu datur, Plin. Arietes & capri, sicut & cætera propriam habent uocem tempore libidinis, qua uocant & alliciunt fœminas: quòd si aquam salsam biberint, citius ad coitum mouentur, Isaac in diætis particularibus. Arieti naturale agnas fastidire, senectam ouium consectari, & ipse senecta melior, illis quoq; utilior, Plin. Arieti ætas confert, Albert. Apud eundem corrupte legitur, naturale esse arieti agnas & prouectiores diligere: legendum, non agnas sed prouectiores. Persequuntur oues seniores, utpote coëuntes citius, iuniores uero post illas, Didymus. De coitu arietum uide nonnulla etiam in Oue c. Inter autores ferè constat, primum esse admissuræ tempus uernum Parilibus si sit ouis matura: sin uero fœta, 10 circa Iulium mensem. Prius tamen haud dubie probabilius, ut messem uindemia, fructum deinde uineaticum fœtura pecoris excipiat, & totius autumni pabulo satiatus agnus ante mœstitiam frigorũ, atq; hyemis ieiunium cõfirmetur. Nam melior est autumnalis uerno, sicut ait uerissime Celsus, quia magis ad rem pertinet, ut ante æstiuum quàm hybernum solstitium conualescat: solusq; ex omnibus animalibus bruma commode nascitur: ac si res exigit, ut plurimi mares progenerandi sint, Columel. Admittendi sunt mense Iulio, ut nati ante hyemem conualescant, Pallad. Serotini fœtus mense Aprili signentur. Nunc etiam prima est admissura, quæ excellit, arietum, ut agnos iam maturos hybernum tempus inueniat, Idem. Tempus optimum ad admittendum, ab Arcturi occasu ad Aquilæ occasum: q; quæ postea concipiunt, fiunt uegrandes atq; imbecillę, Varr. Admissura prima fit mense Aprili (ut dictum est:) aut etiam Iulio: secunda post medium Octobris, ut pariant circa principium 20 ueris nascentibus herbis, Crescentien. Tardius ne coëant, nocet enim. Dextro arietis testiculo præligato, (uel exciso, Albert.) fœminas generãt, læuo mares, Plinius. Et alibi, Ar. dextro testic. præligato oues tantum gigni quidam scripserunt. Idem de tauris fertur, teste Didymo. Si quis masculum malit nasci quàm fœminam, arietes admittat, dum contra flatus Septentrionales, die existente tranquilla, grex pascitur: sin uero fœminam, contra Austrum, (Gręcè tamen legitur, Austro spirante retro, νότου ὄπισθεν πνέοντος: cum de Septentrionalib. dixerit κατανπικρύ.) Id quod in cæteris etiam cunctis animalibus locum habere uidetur, Didymus in Geopon. 18.3. Plura uide in Oue c. Cum oues conceperunt, rursus arietes secernendi sunt, Varro. ¶ De ueruece, id est ariete castrato, mox post Arietem dicam, & deinceps de Agno & Musmone, quem Albertus ex capra & ariete generari scribit. ¶ Libidinis tempore pugnat aries pro ouibus, & aduersarios cornibus impetit: ut uerò commodius & fortius id faciat, retrocedens ac resiliens impetu renouato in hostẽ fertur, Obscur. Germa 30 ni forte ab impetu isto feriendi subinde repetito, arietem **wider** appellarunt: significat enim ea uox repetitionem. Veruex à uiribus dictus est, quòd cæteris ouib. sit fortior, uel quòd sit uir, id est mas (confundit enim ueruecem cum ariete:) uel quòd uermes in capite habeat, (sed hoc falsum esse scribit Albertus,) quorum pruritu ad pugnam & impetum feriendi excitetur, Isidorus. Veruex, id est dux gregis, fortissimè cornibus percutit, & durissimæ est frontis, Albert. Ex Rhæto quodam nuper accepi, pastores aliquando uirgam colurnam arietibus concurrentibus manu tenentes intermittere, quam illi secundo statim concursu minutatim collidant. ¶ Arietis ætas ad progenerandum optima est trima: nec tamen inhabilis usq; in annos octo, Columella & Pallad. Duces pecoris ad quindenos interdum annos protrahunt uitam, Aristot. Vide in Oue c. plura de ętate & uita eorum. O- 40 uium & boum duces plus temporis quàm cæteri uiuunt, usu exercitij & copia pabuli, Aristot.

D.

Singulis ouilibus singuli duces constituuntur, qui quoties suo nomine à pastore uocantur, antecedunt: quod ab ineunte ætate facere assuescunt, Aristoteles. Sectarius ueruex, qui gregem agnorum præcedens ducit, Fest. ¶ Aries naturali feritate dextro pede terram percutit, quando irascitur, aut stupet uel timet: & hoc maxime libidinis tempore, Obscurus. Capri uel arietis petulci sæuitiam pastores hac astutia repellunt, mensuræ pedalis robustam tabulam configunt aculeis, & aduersam fronti cornibus religant: ea res ferum prohibet à rixa, cum stimulatum suo ictu ipsum se sauciat. Epicharmus autem Syracusanus, qui pecudum medicinas diligentissimè conscripsit, affirmat pugnacem arietem mitigari terebra secundum auriculas foratis cornibus, quà curuantur in flexu, Colu- 50 mella. Ferocia eius cohibetur, cornu iuxta aurem terebrato, Plinius & Albert. Ne incurrat aries proximè ad aures ipsas cornua eius pertundito, Florentin. Pecora minimè inuadet lupus, si ductori dicto squillam appenderis, Anatolius. Aries lupum fugit etiamsi nunquam ante uiderit, Albert. Si elephantus feritate effertur, statim ad arietis conspectum mansuescit, (impetum & furorem remittit, Plutarchus,) Aesculapius & alij: Plura uide in Elephanto D.

E.

Pelles arietum rubricatas, Exodi 25. Hieronymo interprete. LXX. habent δέρματα κριῶν ἠρυθροδανωμένα. Ouium uel arietum pelles sibi substrauisse dormientes quosdam, ut per quietem oraculis siue somnijs instruerẽtur, dixi in Capra E. Arietes inter se cornibus decertantes tempestatem aut frigus minantur, ut in Oue E. ex Arato retuli.

60 F.

De carne arietum uide quædam in Oue. Hircorum caro tum ad coquendum, tum ad succum bonum generandum, est deterrima: hanc sequitur arietum, post taurorum. Porrò in ijs omnibus car-

hh 2

nes castratorum sunt præstantiores: senum autem pessimæ, Galenus libro 3. de alim. facult. Hœdorum caro minus excrementitia est quàm arietina, (forte agnina,) Auicenna. Arietina ualidior est & minus humida quàm ouilla, & concoctu difficilior. Iuniores minus humidi minusq́ uiscosi sunt: & caro eorum agninæ ac ouillæ præfertur: nam si bene concoquantur laudabilē & multum sanguinem generāt, maximè castratorum: est enim calida & humida temperatè, & eandem ob causam boni saporis. Improbatur in senecta, (tum aliâs, tum castratorum ferè magis.) Nam cum ætas ipsa prouectior corporis habitum refrigeret, multò magis refrigeratur in castratis. Anniculi laudantur à moderata temperie, minus humida scilicet quàm lactentium, & ficciore quàm iuuenum. itaq; caro eorum melior & concoctu facilior habetur: sanguinem gignit meliorem, utilis præcipuè iuuenibus calidi ac sicci temperamenti, & ijs qui calidas siccasq́ regiones habitant, Isaac. Eubulus apud Athenæum in Fabula quadam inter cæteros delicatiores cibos, nominat κριῶ ὄρχεις, id est arietis testiculos. Nostri etiam in quatuor partes discissis testibus singulis, binas earum in singula è ligno uerucula infigunt, & in craticula torrent: sunt qui omento etiam inuoluant, per se, uel cum saluia, ut fit in iecinoribus ouium aut arietum. Sale conditi arietis pulmo, maximè uetusti, difficulter & grauiter à uentre exuperatur, Aëtius 9. 30.

¶ Medulla arietis non castrati inter uenena numeratur, humanæ naturæ adeò contraria, ut memoriæ functionem aboleat, resistunt ei carnes phasiani, Arnoldus in libro de dosib. theriacal.

G.

Cur pelles recenter detractæ, maximeq́ arietum, uerberum uulneribus & uibicibus admotæ, & oua super confracta, prohibent ulcera ne consistant, inquirit Aristoteles problematum 9.1. Vide supra in Oue G. ab initio. Emplastrum de pelle arietis ad hernias siue enterocelas à recentioribus quibusdam medicis commendatur, & describitur, præsertim ab Arnoldo de Villa noua: & in aliquot pharmacopolarum officinis paratum reperitur. Inhiberi Venerem pugnatoris galli testiculis anserino adipe illitis, adalligatisq́ pelle arietina tradunt, Plinius. Et alibi, Gallinacei dexter testis arietina pelle adalligatus partus continet. ¶ Arietis uellera lota frigida ex oleo madefacta, in muliebribus malis inflammationes uuluæ sedant: & si procidant, suffitu reprimunt, Plinius. Lana ariet. nigra intincta in aqua, deinde in oleo, & supposita locis dolorem tollit: & suffumigata, ante prolapsam uuluam reprimit, Sextus. Pugnacis arietis è medio cornuum lanas suffitas, impone loco dolenti in hemicranio, dolorem sedat, Nicolaus Myrepsus: Alij cinerem huius lanæ ex aceto ponunt, ut mox dicetur. Lais & Salpe canum rabiosorum morsus leniri aiunt, & tertianas quartanasq́ febres, menstruo in lana arietis nigri, argenteo brachiali incluso, Plin. Et alibi, Partus adiuuari putant, si in arietis lana alligatum cucumeris syluestris semen inscientis lumbis fuerit, ita ut protinus ab exitu (scilicet fœtus) rapiatur extra domum. Lanam arietis de fronte uelles & combures in operculo ollæ nouo, & in mortario confricabis, atq; ex aceto fi onti inlines ad capitis dolorem, Marcellus. Arietinorum uellerum cinis cum aqua mixtus & appositus, incommodis ueretri repugnat, Idem. Verendorum formicationibus uerrucisq́ medetur arietini pulmonis inassati sanies: cæteris uitijs uellerum eius uel sordidorum cinis ex aqua, Plinius. Arietis de capite lanam, à coxis & à testiculis, passim suspendas, perfectè discutit tertianas, Sextus. Sanguinem sistit ex ariete succida, articulos extremitatum: (id est manuum & pedum hominis) præligans, Plini. Arietis quàm pinguissimi lana, plena suis sordibus combusta & in puluerem redacta, prodest plurimum si eo cinere ex aqua locū inguinum perfricaueris, Marcellus. ¶ Caulis ius ex carne arietum priuatim aduersus cantharidas ualet, Plinius. Caro arietis adusta utiliter illinitur morpheæ & impetigini. Confert etiam morsibus serpentum & scorpionum, & algerarat, & cum uino canis rabiosi. Cinis eiusdem medetur albugini oculi, Auicenna. ¶ Adeps ueruecinus similem suillo uim habet: hystericas aut ani causas utiliter curat, & ambustis auxiliatur, Obscurus Dioscoridem citans. Sepo arietis scabiem unge admixta sandaracha, & subinde rade: hoc & ad perniones facit, sed cum alumine mixtum, Sextus. Furunculis mederi dicitur seuum arietis cum cinere pumicis & salis pari pondere, Plinius. Cicatrices ad colorem reducit pecudum pulmo, præcipuè ex ariete, seuum ex nitro, Idem. Fel arietis cum seuo, podagras lenit, Plinius & Marcellus. ¶ Cornum arietis uratur, cinisq́ eius cum oleo conteratur, atque inde derasum caput frequenter ungatur ad crispandum capillum, Marcellus. ¶ Ad mentis alienationem & desipientiam uitio cerebri obortam in manuscripto quodam codice Germanico tale medicamentum reperi: Caput arietis nondum experti Venerem, uno ictu amputatum, cornibus tantum demptis integrum cum pelle & lana in aqua bene elixabis, tum aperto cerebum eximes, & addes aromata, cinnamomi, zinziberis, nucis moschatæ, macis, caryophyllorum ana unciam semis. Horum pollinem cerebro admiscebis in patella ad prunam non magnam diligenter agitando ne aduratur, quod facile fieret. Curabis autem ne nimium desiccetur, sed ita coquatur ne siccius fiat uitulino cerebro ad cibum parato. Sat coctum fuerit, ubi bene commiscueris ad prunam. Sic conditum seruabis, & per triduum ægro quotidie ieiuno dabis, ita ut horis post duabus cibo potuq́ abstineat. Sumi potest cum pane, uel in ouo, uel ex iure, utcunq;, modo deuoretur ab ægro. Danda interim opera, ne loco lucido æger sit, & ut ad quatuordecim dies eodem uictu utatur, quo uti solent qui bus detractus est sanguis: & uino caput tentante abstineant. Sunt qui breui tempore iuuentur, aliqui sex demum uel octo septimanis à sumpto medicamento. Consultum autem fuerit medicamentū

à tribus

à tribus mensibus repeti. ¶ Magna uis & pulmonibus arietum, excrescentes carnes in ulceribus ad æqualitatem efficacissimè reducunt, Plinius. Pulmo ariet. calidus adpositus carnes excrescentes in uulneribus exæquat & reprimit, Marcellus. Cicatrices ad colorem reducit pecudum pulmo, præcipuè ex ariete, Plinius. Liuentia & suggillata pulmones arietum pecudumque in tenues consecti membranas, calidi impositi, emendant, Idem. Liuores & suggillationes pulmo arietis concisus minutatim & impositus, statim sanat, & nigras cicatrices ad candorem perducit, & à calciamentis læsos pedes sanat, Sextus. Attritus calciamentorum sanat agninus pulmo, (de quo idem Dioscorid. scribit,) & arietis, Plinius. Pernionibus & ruptis pedibus pulmo ariet. impositus, omni asperitate læuigata molestiam tollit, Marcellus. Liquoris arietis, quem de pulmone concoques, stilla superposita clauiculos, qui in manibus nascuntur aut in ueretro, illita tollit, Sextus. Verendorum formicationibus uerrucisque medetur arietini pulmonis inassati sanies, Plinius. Arietini pulmonis dum in craticula assatur succus exceptus, myrmecias quæ in ueretro nasci solent, unctione sua purgat & discutit, Marcellus. Arietis liquor qui à pulmone decocto destillat, tertianas & renum morbum in eis natum sanat, Aesculapius. Pulmo agninus uel ariet. uritur, & cinis eius cum oleo imponitur, uel ipse crudus admotus pernionum ulceribus utiliter alligatur, Marcellus. ¶ Contra pestilentem morbum ouium: Ventrem arietis cum uino coques, & aqua admixta ouibus in potu dabis, Albertus. ¶ Arietis fel aurium dolori, qui est ex frigiditate medetur, Hali. Fel arietis cum seuo (suo) podagras lenit, Plinius & Marcellus. Fel ueruecinum lanis adhibitum & in umbilico positum, uentrem soluit infantium, Obscurus Dioscoridem citans. ¶ Comitialibus morbis utiles tradunt testiculos arietinos inueteratos, tritosque dimidio denarij pondere in aqua uel lactis asinini hemina. Interdicitur uini potus quinis diebus ante & postea, Plinius. Arietis testiculi oboli tres potati cum aqua, caducis medentur, Sextus. ¶ Cinis feminum arietis cum lacte muliebri diligenter prius elutis linteolis, ulcera cacoëthe sanat, Plinius. ¶ Vngulæ ariet. cinis cum melle, muris aranei morsum sanat, Plinius: Valerianus imponendum exprimit. ¶ Somno asciscendo, in febri præsertim, Dilue præterea glomeramina (pilulas fimi) quæ gerit intus Clausa aries inter geminæ coxendicis umbras, Inde soporati ducentur gutture potus, Serenus. Fimus ueruecinus cum aceto ut cataplasma impositus, maculas nigras emendat, nascentes clauos corporibus tollit. Ignem sacrum impositus curat, ambustis medetur, Obscurus Dioscoridem citans. ¶ Chiron Centaurus ei animali (iumento) quod profluuio attico (uox corrupta) cœperit laborare, ita ut uiridis ei uel pallidus per nares humor erumpat, ex lotio humano aut arietino duas cotylas cum uino & cyatho olei rosacei putat esse miscendas, & per nares, quæ humorem funestum egerunt, digerendas. Quam curationem & pulmoni sanitatem, & naribus siccitatem præstare confirmat, Vegetius 1. 17. ¶ Arietis sordes quas inter femora habet, cum aristolochia & myrrha æquis partibus potato, ad regium morbum optimè facit, Sextus. Plinius sordes aurium & mammarum pecudis denarij pondere cum myrrhæ momento & uini cyathis duobus morbo regio resistere scribit.

H.

a. Aries qui eam dicebant, ares, ueteres nostri aruiga, (sic Græcè ἄριχα, aries, Hesychio) hinc aruigus. Hæc sunt quorum in sacrificijs exta in ueru coquuntur, quas & Accius scribit, & in Pontificijs libris uidemus, in hostijs eam dicunt aruigem, quæ cornua habeat: quoniam is, cui oui mari testiculi dempti, & ideo ut natura uersa ueruex declinatum, Varro de lingua Latina. Videtur autem locus deprauatus. Aries dicitur ab aris: quòd hoc pecus primum in aris gentiles immolarint, Isidor. Alij obscuri arietē παρὰ τὴν ἀρετὴν deriuant, hoc est à uirtute, quòd robore corporis & animi fortitudine ouibus præstet. Ego ab ἀρνειὸς uoce Grȩca potius deduxerim. Nefrendes arietes dixerunt, quòd dentibus frendere non possint, Festus: Sed forte arietes nō castrati significantur, ad ueruecum differentiam: nam, ut idem scribit, sunt qui nefrendes testiculos dici putent, quos Lanuuini appellant nebrundines, Græci νεφροὺς, Prænestini nefrones. Aut forte arietes adhuc teneri: nefrendes enim infantes sunt nondum frendentes, id est frangentes. Varro & Fulgentius porcos propriè nefrendes uocari aiunt, qui non amplius lactent, necdum tamen fabam frendere possunt. Pecoris maritus lanigeri, portitor Helles, Phrixæus maritus, apud Martialem pro ariete quouis leguntur. Coniunx ouis lanigeræ, Ouidio: & laniger absolute pro ariete, Eidem Metam. 7. Ouem ueteres genere masculino dixerunt, uide in Oue a. Ibix in Biblijs ponitur, ut uidetur, pro caprearum genere uel ariete, Obscurus. Nos ueram ibicis historiam dedimus supra inter Capras syluestres: nec enim alius est ibix uel ibex, quàm qui uulgò capricornus dicitur. Ipse aries etiam nunc uellera siccat, Vergil. in Buc.

¶ Aries cornibus maximè ualet, & apud Grȩcos ἀπὸ τοῦ κέρως (al. κάρα) κριὸς appellatur, Macrobius. Κριός, ὁ τὸ κάρα ἱεμένος. ὡς, ὁ δὲ κορύπτων ἤλαυν' ὀπίσω, Suidas & Varinus. Aliqui deriuant παρὰ τὸ κικέλλειν τὰς τρίχας, &c. uide Etymologum. Deduxeris etiam, quæ Etymologi coniectura est, παρὰ τὸ κραίνειν καὶ ἡγεμονεύειν τῶν προβάτων. Aratus quidem primam producit, ut & Homerus bis Odysseæ nono, & Dionysius Afer bis. Ἄλλοι δ' ἐξ ἀγέλης κριοί, ἄλλοι δὲ καὶ ἀμνοί. ὁ ταξίαρχος τῶν προβάτων, ὁ θαυμαστός μοι κριὸς ἀπόλωλε, καὶ ποιμαντικῆς ἡγεμονίας χηρεύει τὰ θρέμματα, Theophylactus in epistolis. Κρίδιον, paruus aries, Hesychius, Varinus. Ἀρνειὸς ouem marem significat, ut τράγος capram marem, Varinus. Didymus quidem in Geoponicis 18. 3. ἀρνειοὺς ponit pro agnis: sed doctiores hoc reprehendunt. Istrus

hh 3

in dictionibus Atticis ouem in prima ætate uocat ἄρνα, deinde ἀμνόν, deinde ἀρνειόν, postremo λειπογνώμονα. Vocabatur & μοσχίας, aries trimus, Eustathius & Varinus. Ἀρνειός, aries trimus, Hesychius. Oues adultæ Græcis uocantur ὄϊες καὶ κριοὶ καὶ ἀρνειοί, Varinus in Τράγοι & Ἄρνες: item Ammonius in differentijs uocum. Eustathius quoq; in Homerum scribens testatur ἀρνειόν non agnum, sed arietem esse. Ἀρνειός non est ἀρνίον, id est agnus, (inquit Varinus) sed prouectæ iam ætatis aries: ut constat ex ariete quo seruatus est Vlysses, qui cum adultus & matura ætate esset, à poëta indifferenter ἀρνειός & κριός nominatur, à Polyphemo κριὸς πέπων. Locus est Odysseæ nono, ubi poëta, Ἀρνειὸς γὰρ ἔην μήλων ὄχ᾽ ἄριστος ἁπάντων. Et alibi, Ἀρνειῷ μιν ἔγωγε ἐΐσκω πηγεσιμάλλῳ, ὅς τ᾽ ὀΐων μέγα πῶϋ. Fit autem ἀρνειός ἀπὸ τοῦ ἀρνός, ut ἀδελφειός, ἀφνειός, & similia, Varinus. Porrò Ἀρνεῖος penanflexum nomen est mensis. Ἄρσενες ὄϊες, oues mares, id est arietes Homerus Odysseæ nono. Ἄρσενα μῆλα, id est pecudes masculæ, Ibidem. Aries ouium dux, Græcis est κριός & κτίλος, Pollux, Suidas. Leonem uiri multi flagellis domitum, Αἰνὸν κεῖνο πέλωρον ἅτε κτίλον ἀείρουσιν, Oppianus. Apud Varinum scribitur etiam κτῆλος, & σίλος, neutrum probo: quanquam postremum apud Hesychium quoq; reperio. Κριός quidem, ut ego iudico, arietem simpliciter significat, κτίλος uerò semper gregis ducem. Hinc etiam adiectiuè capitur, & exponitur ab Hesychio & alijs, τιθασσός, πρᾶος, συνήθης, ἡγεμών: hoc est, mansuetus, mitis, familiaris, dux. Κτίλα τ᾽ ὠεα βρύχων, & mansueta oua comedens, id est mansuetarum auium, Nicander in Theriacis. Ἱερέα κτίλον Ἀφροδίτας, Pindarus in Pythijs: ubi Scholia, Homerus arietem gregis ducem κτίλον appellat. sed alia huius nominis etymologia est apud Pindarum, nempe à uerbo κτίσαι, quod est nutrire. nam & alibi dicit ὀρειπτίτου ὑός, pro sue in mõtibus nutrito. Et hîc igitur κτίλον uocat τὸν συντεθραμμένον, καὶ συνήθη, καὶ εἰθισμένον τῇ χειρί. Sic alibi uerbum κτιλεύεσθαι usurpat pro τιθασσεῦσαι, id est mansuefacere, Ἔνθα ποιμένες κτιλεύονται κάπρων λεόντων τε. Κτιλεύσασθαι, ἢ κτιλώσασθαι, συνηθῆναι, (συνήθη εἶναι uel συνήθη ποιῆσαι potius, id est conciliare sibi, & fauorem ac beneuolentiã alicuius in se cõuertere, aliquẽ demulcere,) Hesychius, Varinus. Κτίλος, ὁ χειροήθης καὶ ἥμερος, ἐκ τοῦ κίω τὸ πορεύομαι, ὁ τῶν ἄλλων προπορευόμενος. Hinc ἐκτιλλώμενος (lego, ἐκτιλωμένος,) apud Pausaniam, familiaris alicui. Et κτιλῶσαι uerbum apud Herodotum in Clio, Οἱ νεηνίσκοι ἐκτιλώσαντο τὰς λοιπὰς τῶν Ἀμαζόνων: hoc est placatas & conciliatas sibi uxores duxerunt, ut Eustathius exponit in Iliad. tertium. Cæterum Κτῖλος penanflexum proprium nomen uiri est, quem Porphyrius dicit fuisse Iouis nepotem, ἀπόγονον, Varinus. Ἐκτιλώμενοι, (lego paroxytonum, ut sit participium præter. pass.) συνεθισμένοι, συνήθεις, Hesychius, Varinus: id est placidi, familiares, ut ctilos, id est aries dux gregis pastori familiaris est, Etymologus. Ἐκτικώσαντο (lego, ἐκτιλώσαντο, quamuis non admittente literarum ordine) πρᾴως καὶ συνήθως μετεχειρίσαντο, Varinus. Nicandri interpretes ctilas dici oues arbitrantur, mites ac pingues, Cælius. Χρὴ πατέρι κτίλον ἔμμεναι, Hesiodus. ¶ Ἄρχα, ouis mas, Hesychius, Varinus. Sic Latinis olim aruiga, ut superius ex Varrone scripsi. Ἵερον, aries, hircus, Hesychius, Varinus. Δενδμάων, κριός, ἡγεμών, Iidem. Elephanti ex animalibus maximè exhorrent hircum, cerasten, porcum, Volaterranus ex Horo ni fallor. cerasten equidem non alium quàm arietem intelligo: qui ab elephanto uisus etiam furente, mitẽ & mansuetum eum reddere fertur. Nec ineptum ei fuerit nomen cerastes, id est cornutus: quod cornibus maximè ualeat, unde & uerbum arietare Latinis factum, ab hac potius animante quàm alijs cornutis quanquam longè ualidioribus. Nostri arietem uocãt hermannum, id est gregis maritum: Vsurpatur etiam pro uiri nomine proprio, per baptismum imponendo.

¶ Epitheta. Aries corniger, petulcus, pugnax, trux (apud Claudianum in Epithal. Honorij:) tortus, celer, laniger, persultans, præceps, bellator, Nepheleius: uillosus, petulans, Textor. Laberius poëta uocabat arietes reciprocicornes & lanicutes, quod reciproca habeant cornua, & cutem lana opertam. ¶ Ἄρσενες ὄϊες ἦσαν, ἐΰτρεφέες, δασύμαλλοι, Καλοί τε μεγάλοι τε, ἰοδνεφὲς (μέλαν) εἶρος ἔχοντες, Homerus Odysseæ nono. Κριὸς τέρην, πέπων, Ibidem. Κριὸς ἀσελγόκερως, sic Plato Comicus uocat arietem magnis cornibus præditum. nam uocabulum ἀσελγές non ad intemperantiam solum apud ueteres refertur, sed ad magnitudinem quoq;, (nimirum ut luxuriari de plantis, μαίνεσθαι, ὑλομανεῖν,) Suidas & Varinus. Plura uide paulò inferius, ubi de icone arietis dicetur. Πηγεσίμαλλος apud Homerum: grammatici interpretantur, εὐπαγῆ, εὐτραφῆ, hoc est corpulentum, & solido corpore: alij nigro uellere uestitum, alij albo, Hesychius & Varinus, apud quem plura, si libet.

¶ Sunt naues quædam Libycæ (λύβια, forte λιβυκὰ, ut Calcagninus etiam legit, & Rhodiginus,) quas arietes & hircos uocant: unde taurum etiam qui Europam auexit tale nauigium fuisse conijcimus, Pollux. Aliqui Phrixum non in ariete per mare uectum aiunt, sed in naui cuius prora arietis imaginem insigne præferebat, ἐπὶ κριοπρῴρου σκάφους, Varinus in Κριός. Sed de Phrixi ariete plura in h. ¶ Ἐν ταῖς οἰνικαῖς ἀποστάσεσι κριὸς καλεῖται τὸ κεράμιον τὸ πρῶτον, ᾧ τὰ λοιπὰ ἐπιτηρεῖται, Varinus & Suidas. Erant autem ceramia, uinaria uasa testacea: quæ nimirum certa ad diuersas mensuras magnitudine fiebant, aut capacitatis suæ notis quibusdam & ueluti punctis interius signabantur per interualla, quę ἀποστάσεις dixerim. In hoc forsan genere uas, quod semel iusta magnitudine & iustis interuallis paratum ueluti regula & archetypum aliorum obseruabatur, κριός dicebatur, quòd primarium & præcipuum esset, & reliqua mensuram eius sequi deberent ut oues suum ducem. Παρὰ Ταραντίνοις τὰ μεταλλικὰ ἀναγράφεται κριός: & apud architectos pars quædã Corinthię columnæ sic nominaẽ, Hesych.

¶ Aries machina est bellica. His principijs, (è malorum pirorumq; seminibus,) turribus murisq; impellendis arietes nascuntur, Plinius. Aliqui Germanicè interpretantur, ein sturmbaum/oder sturmbloch.

ſturmbloch. Κριοὶ & χελῶναι Polluci inter machinas bellicas numerantur. Varinus κριὸν interpretatur ὄργανον τειχομαχικόν: Hesychius ῥόπαλον, πολιορκητικὸν ὄργανον, ἀσπίδα. Ἀποκαυλίζεσθαι τὸ μηχανικὸν κριόν, Suidas. ὁ δὲ κατεσκεύασε στοὰς, καὶ διὰ τούτων προσηρεικότος (προσαρμόσαντος) τῷ τείχει τὰς κριοφόρους μηχανὰς, Suidas & Varinus. Carim Hebraicè, id eſt arietes dicuntur machinæ bellicæ, ut Ezechielis 4. & 21. quamuis Kimhi illic malit intelligere duces ſiue imperatores exercituum, Munſter. Quod ab incendio lapis, & ab ariete materia defendit, Cæſar 7. bel. Gall. Quamuis murum aries percuſſerit, Cicero 1. Offic. Cum effractis portis ſtratiſue ariete muris, Liuius 1. ab Vrbe. Labat ariete crebro Ianua, Vergil. 2. Aeneid. id eſt crebris ictibus arietis. Primum ad oppugnationes aries ſic inuentus memoratur eſſe (inquit Vitruuius 10. 19.) Carthaginenſes ad Gades oppugnandas caſtra poſuerunt. Cum autem caſtellum ante cœpiſſent, id demoliri ſunt conati. Poſteaquam non habuerunt ad demolitionem ferramenta, ſumpſerunt tignum, idq́ manibus ſuſtinentes, capiteq́ eius ſummum murum continenter pulſantes, ſummos lapidum ordines deijciebant, & ita gradatim ex ordine totam communitionem diſſipauerunt. Poſtea quidam faber Tyrius nomine Pephaſmenos, malo (tigno uel trabe inſtar mali) ſtatuto ex eo alterum tranſuerſum uti trutinam ſuſpendit, & in reducendo & impellendo uehementibus plagis deiecit Gaditanorum murum. Cetras autem Chalcedonius de materia primum baſim ſubiectis rotis fecit, ſupraq́ compegit arrectarijs & iugis uaras, & in his ſuſpendit arietem, corijsq́ bubulis texit, uti tutiores eſſent qui in ea machinatione ad pulſandum murum eſſent collocati. Id autem quòd tardos conatus habuerat, teſtudinem arietariam appellare cœpit. His tunc primis gradibus poſitis ad id genus machinationis, poſtea cum Philippus Amyntæ filius Byzantium oppugnaret, Polydus Theſſalus pluribus generibus & facilioribus explicauit, &c. Dein de expoſita ratione turris ambulatoriæ extruendæ, ſubdit: Conſtituebatur autem in ea arietaria machina, quæ Græcè κριοδόκη dicitur, in quo collocabatur torus perfectus in torno: in quo inſuper conſtitutus aries, rudentium ductionibus & reductionibus, efficiebat magnos operis effectus, Hæc Vitruuius: Adiecta eſt & figura per Io. Iocundum. Arietis eſt figura Romæ in arcu Lucij Septimij Seueri in radicibus Capitolij, & Colchide columna Traiani, Philander. De ariete ſcribit etiam Robertus Valturius libro 10. De materia ac tabulatis (inquit Vegetius 4. 14.) teſtudo contexitur, quæ ne exuratur incendio, corijs uel cilicijs centonibusq́ ueſtitur. Hæc intrinſecus accipit trabem, quæ adunco præfigitur ferro, quod falx uocatur ab eo quòd incuruata eſt, ut de muro extrahat lapides. Aut certè ipſius caput ueſtitur ferro, & appellatur aries: uel quòd habet duriſſimam frontem, quæ ſubruat muros, uel quòd more arietum retrocedit, ut cum impetu uehementius feriat. Teſtudo autem à ſimilitudine ueræ teſtudinis uocabulum ſumpſit, quia ſicut illa modo reducit, modo profert caput: ita machinamentum interdum reducit trabem, interdum exerit, ut fortius cædat. Perſæ (in oppido Bezabde, inquit Ammianus libro 20.) machinæ ingentis (arietis) horrore perculſi, quam minores quoq́ ſequebantur, omnes exurere ui maxima nitebantur: & aſſiduè malleolos atq́ incendiaria tela torquentes laborabant incaſſum: ea re quòd humectis ſcortis & centonibus erant opertæ materię plures, aliæ unctæ alumine diligenter, ut ignis per eas laberetur innoxius, &c. Et cum iam diſcuſſurus turrim oppoſitam aries maximus aduentaret, prominentem eius ferream frontem, quæ reuera formam effingit arietis, arte ſubtili illaqueatam altrinſecus lacinijs retinuêre longis, ne retrogradiens reſumeret uires, neue ferire muros aſſultibus denſis contemplabiliter poſſet, &c. Et rurſus libro 23. arietem his uerbis deſcribit: Eligitur abies uel ornus excelſa, cuius ſummitas duro ferro concluditur & prolixo, arietis efficiens prominulam ſpeciem, quæ forma huic machinamento uocabulum indidit: & ſic ſuſpenſa utrinq́ tranſuerſis aſſeribus & ferratis, quaſi ex lance uinculis trabis alterius continetur: eamq́ quantum menſuræ ratio patitur multitudo retro repellens, rurſus ad obuia quęq́ rumpenda protrudit ictibus ualidiſſimis, inſtar adſurgentis & cedentis armati. Qua crebritate uelut reciproci fulminis impetu ædificijs ſciſſis in rimas, concidunt ſtructuræ laxatæ murorum. Hoc genere operis, ſi fuerit exerto uigore diſcuſſum, nudato uallo defenſorib. ſolutisq́ obſidijs ciuitates muniſsimæ recluduntur. Pro his arietum machinamentis iam crebritate deſpectis, conditur machina helepolis dicta, &c. Aries (inquit Ioſephus de bel. Iud. 3. 9.) eſt immenſa materia (trabes) malo nauis aſſimilis: cuius ſummum graui (craſſo) ferro ſolidatum eſt, in arietis effigiem, ὃν κριὸν προτομήν. Dependet autem funibus medius ex trabe alia, uelut ex trutina, palis utrinq́ fultus bene fundatis. (κατααιωρεῖται δὲ κάλοις μέσος, ὥσπερ ἀπὸ πλάστιγγος, ἑκατέρας δοκοῦ, σταυροῖς ἑκατέρωθεν ἑδραίοις ὑπεστηριγμένος.) Retrorſum autem magna uirorum multitudine repulſus, hiſdemq́ ſimul rurſus impellentibus, in fronte prominente ferro mœnia percutit: nec eſt ulla tam ualida turris, aut murorum ambitus adeò latus, ut etſi priores ictus fortiter ſuſtinuerit, aſſiduos uincat. His ſubiungit qua induſtria Iudæi ſaccos paleis confertos è muris demiſerint, qua ſemper impetum arietis ferri uidebant: Romani uero proceris contis falcatis ſaccos abſciderint, poſtremò Iudæus quidam ſaxo ingenti in machinam illiſo caput eius abruperit. Græca Ioſephi uerba de arietis forma & uſu, recitat etiam Suid. in uoce κριός. Et inſuper, Aries, inquit, machinamentum eſt obſidionale, ſic dictum quòd cum impetu muros feriat, & mox retro cedat, idq́ continuè tanquam impugnando. Eſt autem trabs (κεραία) magna, arietis ſpecie parte extrema, quæ προτομὴ uocatur: ubi etiam longiore ductu ferrata eſt, ne amputari, ἀποκαυλίζεσθαι, ne'ue incendi poſſit. Ἔπειτα κάλοις ἐμφαλκωμένοις (περιπεπλεγμένοις) ἀπὸ τοῦ ἀνωτάτω ἀνήρτησαν διὰ πήγματος, Innominatus: Suidas in uoce Ἐμφαλκωμ. ait eum de ariete machina loqui. Pro arietem dixit Cæſar in quarto

Commentariorum pro eo instrumento quo uice arietis utimur ad adigendam materiam, his uerbis: Et ad inferiorem partem fluminis obliquæ adigebantur, quæ proariete subactæ, & communi opere coniunctæ, uim fluminis exciperent. Quo loco obliquæ substantiuè positum credo, Baysius in libro de uasculis. Ego non obliquæ sed sublicæ legerim: sic enim uocãtur tum ab alijs tum ab ipso Cæsare alibi pali ingentes in aquam adacti, siue aliam ob causam, siue ad pontem sustinendum, unde pons dictus sublicius. Hæc quum machinationibus immissa in flumen defixerat, fistucisq; adegerat, non sublicæ modo direxerat, &c. Cæsar 3. de bel. Gall. Est autem fistuca machina, qua etiam pauitores utuntur, uulgò (Gallis) pilotium, utrinq; ansata: qua pali magna ui in terram adiguntur. Eadem, meo quidem iudicio, rectè proaries etiam ex Cæsare nominabitur. Equum qui nunc aries appellatur, in muralibus machinis primum reperisse aiunt Epeum ad Troiam, Plinius. Vide in Equo Troiano inter prouerbia ab equo sumpta. Κριοκοπεῖν, (arietibus oppugnare & impetere,) τὸ τοῖς κριοῖς τοῖς μηχανικοῖς πολιορκεῖν. ὡς τὸ, οἱ δὲ τὸν πύργον κριοκοπεῖν ἐπεχείρησαν, Suidas & Varinus. οἱ δαίμονες ὥσπερ κριοκροῦντες, ὡς τεῖχος ἡμᾶς ὠρήσουσι, Cyrillus de exitu animæ. Arietes, id est impetus, perturbationum, apud recentiorem quendam legere memini: quòd ijs scilicet tentetur & commoueatur animus humanus. Aduersum ictus arietum quæ remedia opponantur, ut culcitræ, laquei, lupi ferrum in modum forficis dentatum, & bases columnarum ex alto iniectæ, docet Vegetius de re militari 4. 23. Ischolaus cum in Drye oppugnaretur à Chabria, uolente arietes admouere, prior ipse muri partem deiecit: utrunq; secum reputans, ut sui milites fortius pugnarent, cum munitionem mœniorum non haberẽt: & hostes existimarent, suas machinas oppugnatorias esse contemptas. Certè hostes sponte ab obsessis destructa mœnia metuentes, ingredi in urbem non audebant, Polyænus libro 2.

¶ Vniuersa signa zodiaci ad naturam Solis iure referuntur: & ut ab ariete incipiam, magna illi concordia est. Nam & is per sex menses hybernales sinistro incubat lateri, ab æquinoctio uerno super dextrum latus: sicut & Sol, ab eodemq; tempore dextrum hæmisphærium, reliquo ambit sinistrum. Ideo & Ammonem (quem deum Solem occidentem Libyes existimant) arietinis cornibus fingunt, quibus maximè id animal ualet, sicut radijs Sol, Macrobius. Et alibi (in som. Scip. 1. 21.) Quanquam, inquit, nihil in sphæra primum, nihilq; postremum sit, primum tamẽ ex duodecim signis arietem dici Aegyptij uoluerunt. Aiunt enim incipiente die illo qui primus omnium luxit, id est, quo in hunc fulgorem cœlũ et elementa purgata sunt, qui ideo mundi natalis iure uocitatur, arietem in medio cœlo fuisse. Et quia medium cœlum quasi mundi uertex est, arietem propterea primum inter omnes habitum. Mox subijcit causam cur aries Marti, & reliqua zodiaci signa alia alijs planetis attribuantur. Et rursus, Aries æquinoctiale signum est, & pares horas somni & diei facit. Cur primus locus arieti inter duodecim signa tribuatur, plura lege apud Cęlium 1. 9. Criòn, id est arietem in cœlo dici autumant, quia quum in eo fuerit Sol inter diem ac noctem quodammodo iudicat, quod κρίνειν nuncupant: & quòd in eo signo inter hyemem positus ac æstatem ipse rursum iudicetur, Cælius. Singula zodiaci sydera quamuis uni alicui planetæ consecrata, aliæ tamen eorum partes alijs atq; alijs planetis adscribuntur, ut pluribus de arietis partibus præscribit Cælius 30. 10. Arietem cœleste signum (inquit Sipuntinus) aliqui putant esse illum quo uectus est Phrixus, (de quo dicendum infra in h.) Alij uero hunc esse arietem dicunt, qui Libero patri per deserta Libyæ exercitum ducenti & siti laboranti apparuit, fontemq; amœnissimum ostendit, ut superius diximus: quapropter Liber pater templum Ioui Ammoni eo in loco constituit, & simulachrum cum arietinis cornibus fecit, arietem inter sydera figurauit: ita ut cum Sol in eo signo foret, omnia nascentia recrearentur, quod ueris tempore fit, ea maximè ratione, quod per eum Liber siti pereuntem exercitum liberauerat. Duodecim præterea signorum principem tradunt hunc esse uoluisse, quòd optimus exercitus sui ductor fuisset. Sunt etiam qui scribant, quo tempore Bacchus Aegyptum tenebat, Ammonem quendam ex Africa uenisse, & pecudum multitudinem ad Liberum duxisse, quo facilius & illius gratiam sibi conciliaret, & ipse aliquid inuenisse diceretur. Itaq; pro eo beneficio agrum ei à Baccho datum, qui est cõtra Thebas Aegyptias: & qui simulachra eius fecerunt, cornuto capite ea figurasse, ut homines memoria tenerent, hunc primum pecus ostendisse, Bacchum uero memoriæ gratia arietem in cœlum transtulisse, Hæc Sipuntinus ex Higino. Pausanias in Corinthiacis ait, Cranion cupressorum nemus ante urbem fuisse, in quo Bellerophontis lucus, & Veneris Melænidos templum, ac Laidis monumentũ, insculpta leæna, quæ prioribus pedib. arietẽ complecteretur: qua de re etiã Alciati emblema recitaui in Leone a. Mandrobulus (aliâs Mandrabulus) cum in Samo inuenisset τὸ χρυσοφάνιον (hoc alibi exponit, χωρίον ἐν ᾧ μέταλλον) primum arietem aureum dedicauit, deinde argenteum, tertio æreũ, postremò nullum, ut scribit Ephorus. Suidas in ἐπὶ τὰ Μανδροβούλου, addit hoc inde natum prouerbium, de ijs qui in deterius subinde proficerent. Vide, Mandrabuli more, apud Erasmum. In Acropoli (Athenis) magnus aries æreus consecratus erat, quem propter magnitudinem Plato Comicus ἀσελγόκερων cognominat, & equum Durium, (cuius similiter imago ibidem consecrata erat: aliqui unam & eandem imaginem unius muralis machinæ illic consecratæ, fuisse putant, quam alij arietem alij equum appellarint:) ei connumerat. Ἀσελγὲς quidem prisci non de intemperantia solum & lasciuia, sed etiam de magnitudine dixerunt: sic Eupolis ἄνεμον ἀσελγῆ: sed præstiterit ἀσελγόκερων interpretari τὸν κρείττονα (forte κυρίττοντα) καὶ οἱονεὶ ὀξυβελίζοντα τοῖς κέρασιν, id est petulcum & cornu petentem, Hesychius. Vide infra inter prouerbia.

¶ Arie-

¶ **Arietinus**, quod est ex ariete, ut arietinum iecur, Plinius. Cicer arietinum, quod arietino capiti simile est, Plinius. Arietarius, quod ad arietem pertinet, ut arietaria machina, Vitruuius. ¶ Arietare, dicitur de ariete, quum capite & cornibus aliquem impetit. Accius in Bruto, apud Ciceronem 1. de diuinatione, Deinde eius germanum cornibus connitier, In me arietare, eoque ictu me ad casum dari. Per translationem, Macedo gladium cœperat stringere: quem occupatum complexu pedibus repente subductis, Dioxippus arietauit in terram, id est præcipitauit, Curtius libro 9. Arietat in primos, obijcitque immania membra, Silius libro 4. Quis illic est, qui tam proterue nostras ædes arietat? id est, tam uehementer pulsat, Plautus Trucul. Arietat in portas, & duros obijce postes, Vergil. 12. Aeneid. Vbi Seruius, In clausas portas more arietis ruebat, id est bellici machi-
10 namenti. Reperitur & neutrum, pro labascere. Quæ casus incitat, sæpe turbari, & cito arietare, Seneca de prouident. Idem de uita beata, Nihil praui, nihil subiti superest, nihil in quo arietet aut labet. Arietare inter se dicuntur, quæ concutiuntur mutuo ictu. Magno imperatori antequam acies inter se arietarent, cor exiluit, Seneca de ira. Sic dentes inter se arietatos dicit, libro 3. de ira. Innoxium, & quum concurrentia tecta contrario ictu arietant, quoniam alter motus alteri renititur, Plinius libro 2. de motibus. Arietatio, percussio & frequens ictus, Sipuntinus. Cornibus impetere Græci κυρίττειν, uel κυρίσσειν, & κορύσσειν dicunt, τοῖς κέρασι τύπτειν. εἰς ὁ κορύπτων ἤλαυν᾽ ὀπίσω, Suidas in Κριός. ¶ Κριομύξας ἄνδρας Cercidas poëta uocauit insulsos, & Veruecum in patria (ut ille inquit) natos, quasi qui arietino muco scateant, Quidam in Lexico Græcolatino. Galenus methodi therapeuticæ 6. 3. κριομύξας appellat, opinor, uiros nullius iudicij, hoc est naris minimè emunctæ. Oues
20 enim semper mucorem habent in naribus, Erasmus. Pituita & muco plena esse ouium cerebra, in Oue C. ex Hippocrate dixi. Sic & βουκόρυζον, ἀναίσθητον & ἀσυνέτον interpretatur Varinus. Sensuum enim & narium sagacitas ad ingenium transfertur. ¶ Γάλλιμον, κεκνωμένον, ἤγουν κριῷ κριῶν, Hesychius: Locus est obscurus. Varinus uocem κριῶν omittit.

¶ Ammoniacum, alij Ammoniacum thymiama dicunt, in Libya destillat ex ferula quadam ad Ammonis Iouis templum: quæ agasyllis uocatur, ab alijs criotheos, ut habent nomenclaturæ apud Dioscor. Colebatur illic Ammon deus ἐν τοῖς ἄμμοις, id est loco arenoso, arietino capite insignis, unde & criotheos planta dicta à deo ariete. Ciceris genus est arietino capiti simile, unde ita appellatur, album nigrumque, Plinius & Columella. Græci etiam κριὸν ἐρέβινθον, id est arietem cicer, nominant. Αἰλοκριός, radix sic dicta, Hesychius: nihil quod sciam cum ariete commune habet. Vide in Cato a.
30 ¶ Grassatur aries ut latro, Plinius de pisce cetaceo, qui à cornuum similitudine cognominis terrestri factus est. Athenienses conchas asperas, (nimirum murices & purpuras, in quarum testis mucrones tanquam cornicula eminent,) κριοὺς nominant, Hesych.

¶ Troglodytæ pecorum nomina filijs indunt, ut tauri, arietis, ouis, quod ab ijs non à parentibus alantur. Κρῖος penanflexum, nomen uiri: oxytonum uerò aries, Cyrillus. Sed inuenio apud authores hanc uocem oxytonam quoque & paroxytonam pro uiri nomine scribi. Κριὸς uir Aegineta strenuus & celeberrimus luctator (athleta) erat, à quo eiectus insula Lacedæmoniorum rex Cleomenes, ut perterrefaceret dixisse fertur scitum illud: Nunc, inquit, præpila tibi aries cornua, Hermolaus ex Eustathio in Dionysium. Græcè legitur: Ἤδη νῦν ἐπὶ χαλκῷ, ὦ Κριέ, τὰ κέρατα, ὡς μεγάλῳ κακῷ συνοισόμενος. Hermolaus uidetur legisse καταχάλκου, tanquam à uerbo καταχαλκόω. Nos ad uerbum ita conuerti-
40 mus, Nunc aduersus æs cornua ô aries, magno hominem malo intricandum significans. Vt cornibus æs aut ferrum, (subaudi, impetere,) eodem ferè sensu dicatur, quo illud, Contra stimulum calcitrare. Tale enim est à priuato expelli regem. Cæterum arietis nomen ualido & robusto athletæ, pulchrè conuenit. Luctatorum enim est obarietare inter se. Idem puto est Crius Aegineta Polycriti filius, cuius meminit Herodotus libro sexto. Dionysius in Argonauticis refert κριόν, aliâs κρεῖον, nominatum uirum, cui alumnus fuerit Phrixus, & nauigasse eum cum Phrixo ad Colchos, Varinus. Supra Pellenen iuxta Aegiras fluuius è monte delabitur Κριὸς dictus, ut ferunt, ἀπὸ Τιτᾶνος Κριοῦ, Pausanias in fine Achaicorum. Idem in Laconicis meminit Crij uatis Spartani filij Theoclis.

¶ Κριός, uicus (δῆμος) est Atticæ, unde aduerbium Κριόθεν uel Κριῆθεν, Suidas & Varinus. Κριωεύς, (Κρωαθεύς, Hesychio, ubi ordo literarum Κρωῆθεν scribi postulat,) δῆμος τῆς Ἀντιοχίδος, Κριωά, Suidas.
50 Sed malim ex Stephano, Κρωά, (quanquam Κριῶνα habent uulgati codices,) uicus in tribu Antiochide, tribulis Κρωεύς. Aduerbia etiam Κριόθεν & Κριῆθεν non probo. nam à Κρωᾶ rectè formatur Κρωᾶθεν, ut legitur in Scholijs in Aues Aristophanis, quorum & hæc uerba sunt: Κριὸς (lego Κρωά) uicus est tribus Antiochidis à Crio quodam nominata. Scribitur autem aliâs Θριῆθεν tanquam à uico tribus Oeneidis. Θρία uel Θριαὶ uicus est tribus Oeneidis, Stephanus. Versus Aristophanis in uulgatis codicibus, sic habet: Εὐελπίδης Θριῆθεν, ἀλλὰ χαίρετον. Thyestis sepulchrum legimus uocatum Κριός, id est Arietes, in agro Argiuo, prope quod uisebatur regio Mysia, Cælius ex Corinthiacis Pausaniæ. In agro Argiuo (inquit Pausanias) Thyestis sepulchro appositus spectatur lapideus aries. Thyestes enim incesto cum fratris uxore commisso agnam auream habuit. Criû metopon promontorium est in Taurica, aduersum Carambico Asiæ promontorio, per medium Euxinum procurrens clxx.
60 M. passuũ interuallo, quæ maximè ratio Scythici arcus formam efficit, Plinius. Et rursus 10. 22. grues Pontum transuolare scribit inter duo promontoria Criû metopon & Carambin. Distant inter se millibus & quingentis stadijs, Marcellinus lib. 22. Est & Cretæ ad occidentem promontorium Cyre-

nas uersus eodem nomine Plinio. Hoc nomen habere à specie qua caput arietis refert Dionysius Afer canit: Eustathius addit è longinquo conspectum huiusmodi apparere: & eandem ob causam promontorium alterum ad Pontum Euxinum sic nominari. Et postea in ijsdem commentarijs plura de duobus hisce promontorijs scribit, quæ hic prætereo.

¶b. In Delo insula aiunt spectari sacrata cornua, ex locis circa mare rubrum aduecta, arietis bicubitale & octo digitorum, pondo librarum uiginti sex, hirci autem bicubitale cum dodrante, eiusdem ponderis, Eustathius in Homerum & Varinus in Κέρατα. Arietis caput monocerotis, id est cornu unius, Pericli ex agris esse allatum legimus, (apud Plutarchum in uita eius:) quod intuitus Lampon uates, robustum & solidum in frontis meditullio situm, respondit, Ex duabus quæ in urbe uigerent factionibus, fore ut altera obscurata ad unum Periclem, apud quem uisum foret portentum, recideret ciuitatis potentia, Cælius. Puerum aliquando natum capite arietis fertur, Aristot.

¶c. Κερατίζειν, κορύπτειν (lego κορύπτειν) Attici dicunt, ὡς συντρεχόντων ἀλλήλοις τῶν κριῶν, καὶ τὰς κορυφὰς πληττόντων, καὶ ῥηγνυμένων, Varinus. Vide supra, arietare, in a. Iam puerum ortum capite arietis aut bouis referunt, &c. sed nihil ex ijs quæ nominant, est, quamuis similitudo quædam geratur: quod euenit etiam non in monstrum peruersis. quamobrem sæpenumero per conuicium nonnulli deformes assimilantur, aut capræ ignem efflanti, aut arieti petulco, (sic enim legendum. οἷι κηρύττοντι, lego κυρίττοντι. Vetus interpres legit ὗι, & transtulit porco præconizanti, ineptissimè,) Aristoteles de generat. 4. 4. Videntur autem ij arietem petulcum & ictus minantem referre, quibus frons & sinciput plus iusto protuberant.

¶d. Penthesileam Amazonem Troiani ad pugnam sequebantur Ἰλαδόν, ἠΰτε μῆλα μετὰ κτίλον, ὅσθ' ἅμα πάντων Νισσομένων προθέησι δαημοσύνησι νομῆος, Calaber. ¶Glaucen Ptolemæo regi cithara canentem, eodem tempore ab ansere & ariete amatam proditur, Plinius. Aries quidam Aegyptius citharistriam Glauciam deperibat, Plutarchus. Nihil mirum in Chio Glaucen citharœdam homines, cum ea esset pulchritudine eximia, adamasse: siquidem ab ariete & ansere etiam eandem audio amatam fuisse, Gillius ex Aeliano. Aliqui non ab ansere, sed à cane eam amatam scribunt. Græce quidem κύνα pro χῆνα, & in alijs itidem casibus, unum pro altero scribere procliue est. ¶De leonis & arietis concordia extat egregium Martialis epigramma, quod recitaui in Leone H. d.

¶e. Τρίκουρος ὁ ἐπὶ τρία ἔτη κεκαρμένος (apud Hesychium non rectè legitur κεκαβαρμένος) κριός, ὁμοίως καὶ ὁ μὴ κεκαρμένος, Varinus: id est aries trimus, ter tonsus. Magnus Indorum rex quotannis diem unum proponit tum hominum tum bestiarum certaminibus. Committuntur autem pugnaturæ inter se bestiæ, feri tauri, arietes mansueti, Aelianus. ¶Apud maiores homicidij pœnam noxius arietis damno luebat, quod in regum legibus legitur, Seruius. ¶Asparagum inuenio nasci & arietis cornibus tusis atque defossis, Plinius. Arietis cornu in asparagos uerti si sepeliatur ac putrescat, tametsi non sum expertus, multorum tamen testimonio concredam. putredo enim mater est multarum rerum, Cardanus. ¶Si cornua (cornu, Rasis in singulari) arietis sepeliantur ad radicem fici arboris, fructus in ea citius maturescent, Albertus. ¶Scortes (aliqui legunt, scortum) id est pelles testium arietinorum, ab eisdem pellibus dicti, Festus. Medico (digito) testiculos arietinos tenentem, Cicero ad Herennium. Politianus in Miscell. cap. 62. receptacula nummûm intelligit, quæ Festus (hunc locum citans) scortes nominârit. Sed enim Pedianus, inquit, sportas, sportulas, sportellas, nummûm esse ait receptacula. Vt nihil sit dubium quin è digito eo qui sit minimo proximus suspensas haberi uelit scorteas, hoc est è testibus arietinis pelliceas crumenas. Suffiscus folliculus testium arietinorum quo utebantur pro marsupio, à fisci similitudine dictus, Festus.

¶h. Portenta arietis monocerotis, & pueri capite arietis nati, retuli paulò superius in b. Ouis aut aries purpureo colore natus miram felicitatem portendit, uide supra in Oue h. Ouidius septimo Metamorphoseos canit quomodo Medea iugulatum arietem, & in æreo uase medicamẽtis quibusdam immersum, pro uetulo & effœto agnum reddiderit.

¶Phrixus (recentiores multi primam per ypsilon scribunt, ego Græcè semper iôta reperio, præterquam apud Scholiasten in Nebulas Aristophanis, qui Phrygiam quoque ab eo dictam testatur,) filius fuit Athamantis & Nepheles, qui unà cum sorore Helle, quum defuncta matre Inûs nouercæ insidias timeret, consentiente patre, conscenso aurei uelleris ariete: quem antea à matre, ut quidam uolunt, ut alij, à patre acceperat, pontum ea parte qua angustior est, transfretare cœpit. Sed Helle undarum strepitu in pontum decidit, & submersa est, à qua deinde pars illa maris Hellespontus dicta est. Phrixus uero incolumis in Colchos ad Aeetem regem peruenit (ut etiam docet Iustinus lib. 42.) ubi arietem Ioui, (Ioui Phyxio, ut aries ipse iusserat humana uoce locutus, Apollonius & Scholiastes: Marti uel Mercurio, Scholia Aristoph.) uel ut alijs placet, Marti immolauit, uellusque illud aureũ in templo suspendit, quod postea Iason Medeæ ope adiutus abstulit. Aries uerò inter sydera locatus, pristinam effigiem tenuit: qui à Phrixo Phrixæus appellatur. Dumque adeunt regem, Phrixæaque uellera poscunt, Ouid. 7. Metam. Sipuntinus & Onomasticon. Quòd fabulosa tradit historia, (inquit Cælius ex Palæphato) de Phrixo & Helle, &c. quidam interpretantur fuisse paratam fugiendi nauem, cuius insigne aries foret. Palæphatus uero affirmat, Arietem uocatum nutritorem, cuius sit opera & consilio liberatus. Non desunt qui prodant, arietinis chartis fuisse librum, qui auri conficiendi ac argenti rationem (arte chymistica, ut & Varinus scribit in Αἶγας) contineret. Phrixi imago cernitur

cernitur Athenis in arce, qui immolans arietem quo uectus erat, siue alteri cuidam deorum, siue (ut coniicimus) Laphystio (uide Gyraldum in Aphlystio Ioue, ubi de Phrixo etiam nonnulla) apud Orchomenios dicto, femora pro more Græcorum excisa uri spectat, Pausanias in Atticis. In Colchide auriferi torrentes sunt, ut inquit Strabo, unde & Chrysorrhoas fl. dictus. hinc fabulis occasio de uellere apud Colchos aureo, Hermol. Supra Colchos habitare aiunt Theânes homines auri ditissimos quod in torrentibus apud eos deferatur. Id ipsos excipere ait pellibus ouillis, μαλλωταῖς: & inde natam fabulam uelleris aurei, (χρυσόμαλλον δέρας uocat, Apollonius in Argon. χρύσεον δέρας: Pindarus δέρμα λευκοῦ βαθύμαλλον) ab Argonautis petiti: quanquam Charax uellus aureum dicit fuisse methodum χρυσογραφίας membranis inuolutam, cuius gratia classem instruxerint Argonautæ, Eustathius in 10 Dionys. Afrum. Oues aurei coloris alicubi ferre lanam, Rheginus authorem citat Hesigonū, Tzetzes 1. 18. Cum Atreus in Peloponneso regnaret, uouit aliquando, quicquid pulcherrimum in pecore suo nasceretur, immolaturum se Dianæ. Nata est agna aurea, quam ille neglecto uoto in arcam inclusit. Deinde cum ea de re gloriaretur publicè, fratrem eius Thyesten inuidisse aiunt: & simulato in Aëropen Atrei uxorem amore, agnam auream ab ea accepisse: & postea contradixisse Atreo, ut qui immerito de agna aurea gloriaretur: oportere autem, inquiebat coram populo, qui agnam aureã possideret, regnum etiam obtinere. Quòd cum Atreus quoq; concederet, Iupiter Mercurium ad ipsum mittit, συνθέσθαι λέγων περὶ τῆς βασιλείας, καὶ δηλοῦν τὰ περὶ τῆς ἀνατολῆς, ὅτι μέλλει ποιεῖσθαι τὴν ἐναντίαν ὁδὸν ὁ ἥλιος. συνθεμένου δὲ περὶ τούτων, ὁ ἥλιος τὴν δύσιν εἰς ἀνατολὰς ἐποιήσατο. ὅθεν ἐκμαρτυρήσαντος τοῦ δαιμονίου τὴν θυέστου πλεονεξίαν, τὴν βασιλείαν Ἀτρεὺς παρέλαβε, καὶ τὸν θυέστην ἐφυγάδευσεν, Varinus. Posui autem posterio-20 ra Græcè, quoniam locus non omnino integer uidetur, & aliter ab alijs hæc historia narratur. (Vide Onomasticon nostrum in Atreo.) Idem in χρύσεον δέρας, Fertur (inquit) arietis pellem Mercurij cõtactu redditam esse auream, (ut Apollonius etiam canit 2. Argonaut.) Et in χρυσόμαλλον ἀρνίον, Agnum aurei uelleris Atrei argyrida, id est phialam argenteam fuisse aiunt, in cuius fundo agni effigies inaurata fuerit. Rara autem & exquisita possessio olim non auri tantum, sed etiam argenti fuit, ex Athenæi sexto. Pellem arietis Apollonius & alij multi auream fuisse dixerunt, Simonides alicubi purpuream. Dionysius autem Mitylenæus Criòn uirum fuisse ait Phrixi pædagogum, Varinus in δέρας. Item in Κριόν, Dionysius in Argonauticis, inquit, Crium dicit nutritorem Phrixi fuisse, qui intellectis Inûs nouercæ insidijs, ut fuga sibi caueret eum monuerit. Herodorus Athamantis & Themistûs filios fuisse tradit, Schœneum, Erythrium, Leuconem, Pœum: & minimos natu Phrixum ac 30 Hellen, qui propter Inûs insidias regionem reliquerint, & Hellen in uia (iuxta Pactyam) mortuam esse. Et rursus ibidem, Arietem dum Phrixum ueheret locutum esse Hecatæus refert. Alij in naui, quæ arietem in prora insigne haberet eum è patria nauigasse aiunt. Dionysius uero libro 2. Crium eius nutritorem fuisse, & nauigationis in Colchos socium, & inde natam fabulam de arietis illic sacrificio. Hæc Varinus ex Scholijs in Argonautica Apollonij & alijs. Plura lege in Scholijs in Nebulas Aristophanis, & in Pythia Pindari Carmine quarto in Arcesilaum Cyrenensem, & apud Higinum in Ariete sydere: & Diodorum Siculum de fabulosis antiquorum gestis libro 5. Aurea agna Atrei, Solis deliquia & regum mutationes effecit, & plurimas occupauit tragœdias, (id est argumentum tragicis poëtis suppeditauit,) Athenæus. Mollia Phryxæi secuisti colla mariti. Hoc meruit, tunicam qui tibi sæpe dedit? Martialis in caput arietinum. De dracone uel serpente uelleris aurei custo-40 de, scribunt Orpheus in Argonaut. Pindarus in Pythijs Carm. 4. & alij. Aurata ouis, Ouid. 6. epist. ouis Phryxi, Idem 2. Amor. eleg. 11. Conspicuam fuluo uellere uexit ouem. M. Sillanum, ut tradit historicus Dion, Caligula uocare solebat χρυσοῦν πρόβατον, Cælius: Vide supra inter prouerbia ex oue, ubi & Alciati emblema retuli. Metapontini dicuntur olim ita affluxisse copia annonæ & bonis agriculturæ, ut Delphis consecrarent τὸ θρυλλούμενον χρυσοῦν θέρος, hoc est, celebrem illam auream æstatem, Eustathius in Dionys. si legas δέρος, auream pellem significabit, sed non placet. De aureo ariete dedicato à Mandrabulo supra in a. inter icones dixi.

¶ Veteres per iocum aliquando iurabant per arietem & anserem. ¶ Neptunus in arietem mutatus Bisalpida uirginem fefellit, Ouidius 6. Metam. De Ioue in arietem conuerso dicam paulò post in mentione Ammonis dei. ¶ Aries, inquit Isidorus, ab aris dicitur: quòd hoc pecus à gentilibus 50 primum mactatum & in aris immolatum sit. Aries in lege Mosaica animal fuit purum, sacrificijs pro peccatis & cibo idoneum. Naucydes statuarius Mercurio & Discobolo, & immolante arietem censetur, Plinius. Aries qui eam dicebant, ares (legendum forte, quia adducebatur aris:) ueteres nostri aruiga, hinc aruigus. Hæc sunt quorum in sacrificijs exta in ueru coquuntur: quas & Accius scribit, & in Pontificijs libris uidemus in hostijs, eam dicunt aruigen quæ cornua habeat, Varro. Dies agonales, per quos rex in regia arietem immolat, dicti ab agon', eò quòd interrogatur à principe ciuitatis, & princeps gregis immolatur, Varro. De hoc immolandæ hostiæ ritu & uerbo hoc agon', quo sacerdos minister utebatur, fit mentio apud Senecam: ad quod allusit & Ouidius illo uersu, Semper agat'ne rogat, nec nisi iussus agit. Quod mirum Politianum apud hunc non animaduertisse, cum dicat apud unum duntaxat Senecam eius factam mentionem, Bentinus. Iano quoq; Agonalia qui-60 dam attribuerunt, quo die Iano aries mactabatur, Gyraldus. Ita rex placare sacrorum Numina lanigeræ coniuge debet ouis, Ouid. Subingere arietem, Antistius esse ait dare arietem qui pro se agatur cædatur'ue, Festus. Aegyptij cur non immolent oues & arietes, sed capras, alij contra, uide in

Capra h. ex Herodoto. Κριοφάγος, deus quidam cui arietes immolantur, Hesychius & Varinus: Gyraldus nihil præterea de hoc deo sibi compertum scribit. Κριοφόρος Ἑρμῆς, hoc est arietem ferens Mercurius, à Tanagræis hoc nomine cultus fuit: huius cognominis ratio ista. Mercurij simulachrum erat, arietem in humeris ferens, quod Calamis antiquus artifex effecerat. Tradunt enim, quòd circa urbis muros Mercurius arietem gestans, Tanagræos pestilentia liberârit: quæ gestandi arietis consuetudo in eius celebritate seruabatur. Nam formosissimus iuuenis circum urbis mœnia agnum humeris ferebat, ut Pausanias (in Bœoticis) auctor est, Gyraldus. ¶ Kalendis Februar. Ioui Tonanti bidens uictima fiebat: idibus uero Ianuarij, ueruex. Legi & qui flaminis uxorem scribat, omnibus nundinis Ioui arietem mactasse, Gyraldus. Cinnamomum in Aethiopia gignitur, nec metitur nisi permiserit deus: Iouem hunc intelligunt aliqui, Assabinum (aliâs Sabin) illi uocant, quadraginta quatuor boum caprarumque & arietum extis impetratur uenia cædendi, Plin. Populus Romanus cum lustratur Solitaurilibus, circumaguntur uerres, aries, taurus, Varro. Solitaurilia hostiarum trium diuersi generis immolationem significant, tauri, arietis, uerris: quòd omnes eæ solidi integrique sint corporis, contra Accius *uerbices (forte, contra quàm sint uerueces,) maiales. Atque harum hostiarum omnium immolati sunt tauri, quæ pars scilicet cæditur in castratione. Sunt quidem qui portent (putent) ex tribus hostijs præcipue nomen inclusum cum solido tauri, quæ amplissima sit earum. Quidam dixerunt omnium trium uocabula confusa, suis, ouis, tauri, id quod uno modo appellarentur uniuersæ: quod si à solo & tauris earum hostiarum ductum est nomen, antiquæ consuetudinis per unum l. enunciari non est mirum: quia tunc nulla geminabatur litera in scribendo: quam consuetudinem Ennius mutasse fertur, utpote Græcus Græco more usus, quòd illi æque scribentes ac legentes duplicabant mutas, Festus. Vide plura in Tauro h. Tauro, uerre, ariete Ioui immolari non licet, Atteius Capito. Vlysses Neptuno ariete, apro & tauro litauit. Heroibus tauro, capro & ariete litabant, Gyraldus. Athenis octauo die cuiusque mensis Neptuno sacrum fiebat de tauro, uel ariete uel hirco, Idem. Cur aries, taurus & uerres, (ἀρνειός, ταῦρος, καὶ κάπρος,) Neptuno immolentur, uide apud Varinum in ἱερά. Perfectum sacrificium sue, tauro, hirco & ariete constabat: hoc hecatomben & τριττὺν uocabant. Alij τριττύαν sacrificium interpretantur ex oue, capra, boue: uel ex hirco, ariete, tauro: Vide in Boue h. Apollini aliqui arietem immolarunt, Gyrald. Corinthi in uia quæ rectà ad Lechæum nauale deducit, æneum Mercurium sedentem spectabis, cui aries astat. Quoniam præter reliquos deos Mercurius maximè uidetur curare & augere greges, quare & Homerus in Iliade cecinit, υἱὸν φόρβαντος πολυμήλου, τὸν ῥα μάλιστα Ἑρμείας Τρώων ἐφίλει, καὶ κτῆσιν ὄπασσεν. Quæ præterea de Mercurio & ariete in Matris mysterijs narrantur, prudens omitto, Pausanias in Corinthiacis. Circa Bœotiam (inquit Pollux lib. 1.) Herculi μῆλα sacrificant, μῆλα dico, non pecora uoce poëtica, sed mala & poma arborum, hanc ob causam. Festum huius dei & sacrificandi tempus instabat. hostia erat aries, hanc qui adducebant inuiti morabantur, propter Asopum fluuium subito auctum. Interim pueri ludentes ritus sacrificij peregerant. Malo enim egregio festucas quatuor pro pedibus infixerunt, & binas supernè cornuum loco, ita se μῆλον, id est ouē poëticè, immolare dictitantes. Hoc sacrificio oblectatum aiunt Herculem, eundemque sacrificandi ritum etiamnum durare: Et Hercules ipse apud Thebanos siue Bœotos μήλων nominatur, nomen ab hostiæ modo adeptus, Hæc Pollux. Fluuijs arietes immolabant, ut testantur Scholia Homeri Iliad. ψ. ubi hoc carmen legitur, πεντήκοντα δ' ἔνορχα (ἄρσενα) μῆλ' αὐτόθι μῆλ' ἱερεύσειν. Sachion Tartariæ ciuitas, Mahumeti cultores habet: item idololatras: & cum illorum alicui filius nascitur, statim commendat eum idolo alicui, in cuius honorem anno illo domi suæ nutrit arietem, quem anno à natiuitate filij reuoluto, proximo illius idoli festo unà cum filio offert cum multis ceremonijs. Postea coquuntur carnes arietis, & idolo denuo offeruntur, dimittunturque ante idolum tandiu suspensæ, donec completæ fuerint nephandæ orationes. Imprimis autem rogat pater idolum, ut filium sibi commendatum conseruet. Deinde immolatas carnes ad locum alium deferunt, & consanguinei omnes congregati, carnes illas magna cum religione comedunt, ossa uero in uase quodam conseruant, Paulus Venet. 1. 45. Aries Neptuno immolatur, ad collaudandam maris placiditatem: sed Græcè legitur, διὰ τὸ πρᾶον τῆς θαλάσσης, ὅτι πορφύρει γαλήνιον, Varinus in Ἀρνειός. Veterum gentilium quidam humana cum brutis iungebant, & quæ in natura dissimilia erant, ut ait D. Athanasius, deos suos fecerunt: cynocephalos, criocephalos, &c. Gyraldus. Ammonem (quem deum Solem occidentem Libyes existimant) arietinis cornibus fingunt, quibus maximè id animal ualet, sicut radijs Sol, Macrobius. Esse uero & alia arieti Solique communia, dixi in a. Cum Gigantes bellum dijs inferrent, territi dij alij alias animalium formas induerunt, Iupiter arietis, unde recuruis Nunc quoque formatis Libys est cum cornibus Ammon, Ouidius 5. Metam. Herodotus de Ammone libro secundo scribit, quòd Iupiter cum nollet ab Hercule cerni, ab eo tandem exoratus, id commentus est, ut amputato arietis capite, pelleque uillosa quam illi detraxerat induta, sese ita Herculi ostenderet, &c. ob hanc rem arietes non mactantur à Thebanis, sed eis sacrosancti sunt, præterquam uno die quotannis in festo Iouis (ut pluribus retuli in Capra h.) Ab alijs Ammon traditur, quòd in bellis usus sit galea, cuius insigne caput fuerit arietis. Fuere qui Ammonem arietem Phrixi & Helles putarent, ut Pherecydes prodidit. Seruius grammaticus ideo arietino capite ait confingi, quòd eius essent inuoluta responsa: quin ea nutu & renutu alijsque signis dabantur, quod & Strabo & Eustathius prodidere. Plura uide apud Gyraldum in Ioue Ammone, Syntagmate

Syntagmate 2. De ueruecco Ioue qui in draconem mutatus grauidam fecit Proserpinam Arnobij & Eusebij uerba recitaui in Tauro h.

PROVERBIA.

Ad arietes agrestes, uide supra in prouerbio Ad capras feras. Aries cornibus lasciuiens, κριὸς ἀσελγόκερως: Diogenianus ostendit conuenire in magnos ac lasciuos. Pruriunt cornua arietibus bene pastis, quod idem accidit bubus. Mihi uidetur adagium conuenire & in stolidos præter meritum euectos ad dignitatem, Erasmus. Originem prouerbij lege supra in a. inter epitheta arietis, & in iconibus. Arietem emittit, uel obijcit, Ἄρνα προβέβληκε, (sed ἄρνα agnum potius quàm arietem significat,) In rixæ pugnæq cupidum dicebatur. Antiquitus enim bellum suscepturi fœcialem mittebant, qui arietem adductum in hostium fines immitteret: hoc significans pacto ciuitatem & agros illorum hostibus compascuos fore, Autor Diogenianus, Erasmus. Suidas scribit legem fuisse Athenis ne prius iniretur prælium, πρὶν ἢ τὸ ἄρνα προσμῆλον τις λάβῃ τῶν πολεμίων: Idem & Varinus in Ἄρνα. Aries nutricationis mercedem persoluit, Κριὸς τροφεῖα ἀπέτισε, citatur ex Menandro. Quadrat ubi quis pro benefactis maleficium reponit. Allegoria sumpta est ab eo, quòd aries cornibus impetat (eos à quibus nutritus est:) aut uas (præsepe) in quo pabulum apponitur, ipsosq quorum opera nutritus est, aut etiam nutritur, cornibus incessit. Effertur & ad hunc modum prouerbium, κριοῦ διακονία, id est, Arietis ministerium, pro officio collato in ingratum, qui beneficium iniuria penset, Erasmus in Chiliad. (Meminerunt Hes. & Suid.) Et alibi, Arietis ministerium, Κριοῦ διακονία, Suidas & Zenodotus (inquit) sic referunt, quasi dici solitum de officio in ingratos collato: siquidem aries cornibus ferit pascentem. Hesychius ita refert, quasi congruat in eos qui spe cuiuslibet præmioli inseruiūt indignis. Quum pueros inuitamus ad ministerium, pollicemur aliquid, puta talos aut nuces. Itidem in apologo quopiam, opinor, dixit aries, Inunge, (κατάλειψε, forte κατάλειψον legendum: addita stellula in æditione Aldina Hesychij locum deprauatum indicat,) dabo tibi talos, Erasmus.

DE VERVECE.

A.

VERVEX dicitur à natura uersa, cui oui mari testiculi dempti sunt, Varro. Hinc alij, Veruex mas est inter oues cui inuersi uel adempti sunt testiculi. Isidorus tamen & alij recentiores ueruecem pro ariete etiam, id est oue non castrato usurpant, (& dictum nugantur à uiribus, quòd cæteris ouibus sit fortior, uel quòd sit uir, id est masculus: uel quòd uermes in capite habeat, quorum pruritu excitetur ad pugnā, quod falsum esse Albertus asserit.) Quamobrem quædam ab illis de ueruece scripta, passim in Arietis historiam inserui: hîc illa adiecturus quæ propriè ad arietem castratum pertinent. Græci uocem unam non habent, sed κριὸν τομίαν, id est arietē castratum dicunt. Sectarius ueruex, qui gregem agnorum præcedens ducit, Festus: tanquam scilicet ueruеces agnis ducendis præficiantur, ut capi aliquando pullos ducunt: arietes uero ouibus, cum agnos spernant. Apparet autem sectarium dici, quòd eum sequantur agni. Apud Catonem cap. 150. porcos quoq sectarios legimus. Aries ueruex'ue, crios & ctilos, præcipuè sectarius, Hermolaus: sed ctilon Græcis simpliciter arietem gregis ducem significare, docui in Ariete a. Veruex, aries castratus, qui subinde sectarius est, Vuillichius. Idem arietem Germanicè interpretatur **hamell**, at nostri **hammel** ueruecem uocant. Videri autem potest uox origine Arabica. nam lesan alhamel, Bellunensis uertit linguam arietis. In quibusdam Heluetiæ locis circa alpes, ueruecem nominãt **frischling**, (quæ uox quibusdam porcellum syluestrem significat:) circa Sabaudiam, **bogner**: alij **wider**. Vide supra in Ariete A. Scoppa ueruecem Italicè uocat castrone, (qua uoce etiam Germani quidam utuntur,) castrato & montone: forte quasi mutilum propter testes ademptos: nam & Galli mouton uocitant: (quamuis apud eosdem uox brebis, qua ouem significant, à ueruece detorta uideri possit.) Illyrij beram. (A qua uoce opinor Galli quidam arietem non castratum ran nominant, Angli ram.) Angli, a wether shepe. Maraches, id est fel ueruecis, Syluaticus.

¶ Verres, iuuencos, arietes, hœdos decrescente Luna castrato, Plinius. Quos in numerum ueruecum referri uolunt, eosdem non minores quinq mensium castrare oportet, Platina. Apud Rhætos Italicè sanare (ut Germanis etiam **heilen** pro castrare) dicuntur arietes, qui funibus radices testiculorum in eis abrumpunt, aut ligno impositas malleo contundunt: sed prior modus præstat. Posteriore modo castratos Germanicè uocant **knütscher**, id est contusos: horum testiculi cum mactantur, ceu suggillati & parui abijciuntur. Vitulos etiam fissa ferula compressis & paulatim confractis testiculis castrari, docuimus in Vitulo E. Similis quædam olim hominibus ut eunuchi fierent castratio adhibita, unde θλαδίαι & θλιβίαι dicti, à contusis contritisq coleis. Castrari agnos nisi quinquemestres, præmaturum existimant, Plinius. Castrare oportet agnum non minorem quinq mensium, neq ante quàm calores aut frigora se exegerint, Varro. Castrationis ratio iam dicta est: neque enim alia in agnis, quàm in maiore pecude seruatur, Columella. Sed quæ de uitulis castrandis copiosè scripsi, alijs etiam quadrupedibus accommodari posse opinor.

ii

B.

Adeps inter cutem & carnem abundat, in porcis maximè, lardum uocant, sed in arietibus quoque castratis in Syria, Bellunensis. Homines ita commutantur, ut etiam cæterorum animantium quæcunque castrata. Nam & tauri & uerueces sua cornua è contrario gerunt: quod fœminæ quoque eorum contra quam mares armantur cornibus. Itaque illi maiora excisi gerunt, hi minora, Aristoteles problem. 10.38. In Aegypto circa urbem Damiatam uerueces amplis & rotundis caudis spectantur, tanti interdum ponderis ut uix eas sustineant, Italus quidam de itinere ex Venetijs Hierosolyma. Sed de magnis ueruecum caudis plura leges in Ariete B.

E.

Prasocuridas Græci uocant animalia, quæ solent hortis nocere: ergo uentriculū ueruecis (ouis, Ruellius ex Diophane) statim occisi plenum sordibus suis spatio, quo abundant, leuiter debebis operire. Post biduū reperies ibi animalia ipsa congesta. Hoc cum bis uel tertio feceris, genus omne, quod nocebit, extingues, Palladius.

F.

Agnorum qui iam à lacte remoti sunt caro satis est laudabilis, sed optima castratorum, præsertim anniculorum, Auicenna teste: sed supra illam ætatem deterior fit, Crescentiensis. Plura uide in Ariete F. Anniculus placeat, uel si sine testibus agnus. Pinguior est hœdo, quum calet olla, uores. Hunc amo si duri per pascua montis anhelat. Maluero si auri uellere diues erit, Bapt. Fiera. Ueruecum caro salubris est, & melior agnina, calida enim & humida habetur, ad temperamentum tendens: illa uero plus humiditatis quàm caliditatis habet, Platina. Et alibi, Totum de ueruece non iniuria elixabis, licet ex spatula & coxis bona fiat assatura, Platina. Si uoles duas patinas eius pulmenti quod uulgò gelatinā uocamus, quadraginta pedes ueruecеos excoriatos exossatosque, in aqua recenti per tres aut quatuor horas finito: lotos, in cacabum, ubi aceti acerrimi albi metreta una, uini albi altera, aquæ duę insint, impones, tantum salis addendo quantum sat est. Facito deinde efferueat lento igne. Despumare etiam diligenter memento, ubi semicocti fuerint, piperis rotundi, piperis oblongi, cinnami, spicænardi, quantum satis erit, infringito potius quàm cōteras. In cacabumque indito, ut una tamdiu efferueant, donec ad tertias deuenerint. pedes tum eximito, iusque efferuere iterum sinito. decem ouorum albamenta tudicula tamdiu agitato, donec uersa in spumam uideatur. Ebullire simul tantisper hæc debent, quoad semel aut bis cochleari inuolueris. Exempta ex cacabo, statim sacco lineo bis aut ter colato. Tale ius in patinas, ubi pulli aut hœdi, aut capi bene cocti & frustatim diuisi, nec humecti, caro sit, indito: inque frigido & humido loco tamdiu sinito, quoad omnia gelu concreta fuerint. Ex hac patina nil comedat Voconius meus, ne bilem qua exagitatur, cum suo magno malo augeat, Platina 6.24. Pastilli, ut uocant, ex carne ueruecina fiunt, hoc modo: Caro minutatim concisa, & modicè feruefacta in aqua, sale, zinzibere, uuis passis aut cepis, & pauco butyro conditur, & intecta duas aut amplius horas coquitur, Balthasar Stendel. In conuiuio apud Antiphanem in Cyclope inter cætera apponitur κεϱὸς τομίας, ut Athenæus recitat.

G.

Remedia quædam ex ueruece retuli in Ariete G. Ad spasmum, Capite castratino cum pedibus siue trunculis & intestinis, & hordeo, in aqua decoctis balneum parabis, cui insideat æger. pinguia enim & humectantia omnia prosunt, Leonellus Fauentinus.

H.

Apud Festum in Solitaurilium mentione uerbices pro uerueces corruptè legi conijcio. Semimaris ouis uiscera, Ouid. 1. Fast. Ἔθεις, aries castratus, τομίας κεϱὸς, (sic enim legendum,) Hesychius, Varinus. ¶ Ueruecem hominem amentem uocauit Plautus in Merc. Ego ex hac statua ueruecea uolo Erogitare, meo minore quid sit factum filio, Plautus Capt. id est, ex seruo, qui ueluti imago ueruecis est, hoc est sine ratione & prudentia non aliter quàm ueruex. Aut bouem, aut ouem, aut ueruecem habet signum, Varro de pop. Rom. uita apud Nonium. ¶ Kal. Febr. Ioui Tonanti bidens uictima fiebat: idibus uerò Ianuarij, ueruex, Gyraldus. Ambegni bos & ueruex appellabantur, cum ad eorum utraque latera agni in sacrificium ducebantur, Festus. Quod genus sacrificium lari ueruecibus fiebat, Cicero 2. de Leg. ¶ Emblema Alciati, loquitur autem Mediolanū ciuitas:

Bituricis ueruex, Heduis dat sucula signum.
His populis patriæ debita origo meæ est.
Quam Mediolanum sacram dixère puellæ
Terram: nam uetus hoc Gallica lingua sonat.
Culta Mineruа fuit, nunc est ubi numine Tecla
Mutato matris uirginis ante domum.
Laniger huic signum sus est, animalque biforme,
Acribus hinc setis, lanitio inde leui.

DB

DE AGNO.

A.

AGNVS anniculus Hebræis est כבש kebes, & per metathesin כשב keseb: Vide in Oue A. שה, seh, grex, aries, agnus, ouis. Inuenitur autem aliquando masculinum, ut שה תמים, seh tamim, agnus integer, Exodi 12. aliquando fœmininum, ut שה פזורה, seh phesura, grex dispersus Hieremiæ 50. Significat autem agnum ouinum, & caprinum, (id est hœdum,) Munsterus. Nostri interpretes pro seh plerunque reddunt ouem: significat aũt pecus paruum, ut ouẽ uel capram, in utroque sexu. כר, kar, uide in Ariete A. גדי, gedi, Dauid Kimhi putat tam ex ouium quàm ex caprarum genere dici hœdum & agnum, propterea quòd sæpe adiungitur uox haissim, id est caprarum. R. Abraham solis capris nomen attribuit, ut solet etiam Arabica lingua: uide in Hœdo A. Geneseos 31. pro eo quod nos posuimus, (inquit Hieronymus,) mutauit mercedem meam decẽ uicibus, LXX. interpretes posuerunt decem agnis, nescio qua opinione ducti, quum uerbum Hebraicum mónim, numerum magis quàm agnos sonet. Atqui ego conijcio in translatione LXX. interpretum non δέκα ἀμνῶν legendum, ut uulgati codices habent, sed δέκα μνῶν, hoc est decẽ minis: mana enim, unde plurale manim, minam uel libram Hebræis significat. Græci agnum ἀρνίον uocant, & ἄρνα, à genitiuo ἀρνός, nam rectus non est in usu: item ἀμνὸν, Vide infra in H. a. Ἀρίον, πρόβατον, ἀμνός, Hesych. Varin. Græcis etiam hodie uulgò ἀρνί dicitur. Italis agna & agno, & diminutiuum agnello. Hispanis cordero. Gallis agneau, diminutiuum agnelet. Germanis **lamb / lämblin.** Anglis primo anno a lambe, secundo a hogg.

B.

In Africa arietes statim cornigeri generantur, nec solum mares, ut Homerus scribit, sed etiam fœminæ, Aristot. Huius rei rationem reddidimus in Boue H. b. ex Herodoto. Vide etiam in Oue B. Lactes dicuntur intestina. Titinnius Psaltria, Ferticula, cerebellum, lactes agninas, Nonius: Citatur etiam à Prisciano. Canem fugitiuum agninis lactibus alligare, uide infra inter prouerbia.

C.

Agni balant, Ael. Spartianus. ¶ Ouibus primiparis minores fœtus, Plinius. Agni uerno tempore nati, maiores, robustiores, & pinguiores sunt quàm autumno uel hyeme, ut quidam citant ex Aristotele & Auicenna. Coëunt oues à tertio idus Maias, ad xiiij. calendas Augusti. Gerunt partũ diebus CL. Postea concepti inualidi. Cordos uocabant antiqui post id tempus (forte simpliciter, post tempus, legendum, ut etiam Varro habet) natos. Multi hybernos agnos præferunt uernis: quoniam magis intersit ante solstitium quàm ante brumam firmos esse, solumque hoc animal utiliter bruma nasci, Plinius. Agnus quo tempore anni commodissime nascatur, plura diximus in Oue C. Quæ nata sunt matura & chorda, ut pure & molliter stent, uidendum, & ne obterantur. Dicuntur agni chordi, qui post tempus nascuntur, & remanserunt in uoluis intimis: (quas) uocant χορίον, à quo chordi appellati, Varro. Agnus (inquit Columella) cum est editus, erigi debet, atque uberibus admoueri, tum etiam eius diductum os pressis humectari papillis, ut condiscat maternum trahere alimentum. sed prius quàm hoc fiat, exiguum emulgendum est, quod pastores colostram uocant: ea nisi aliquatenus emittitur, nocet agno: qui biduo quo natus est, cum matre clauditur, ut & ea partum suum foueat, & ille matrem agnoscere condiscat. Mox deinde quandiu non lasciuit, obscuro & calido septo custodiatur: postea luxuriantem uirgea cum comparibus area claudi oportebit, ne uelut puerili nimia exultatione macescat: cauendumque est, ut tenerior separetur à ualidioribus, quia robustius angit imbecillum: (Ita secluso paruulorum grege, matrices mittantur in pascua, Pallad.) satisque est mane prius quàm grex procedat in pascua: deinde etiã crepusculo redeuntibus saturis ouibus admiscere agnos: qui cũ firmi esse cœperint, pascendi sunt intra stabulũ cytiso, uel Medica, tum etiã furfuribus, aut si permittit annona, farina ordei uel erui: deinde ubi conualuerint, circa meridiem pratis, aut noualibus uillæ contiguis matres admouendæ sunt, & à septo emittendi agni, ut condiscant foris pasci, Hæc ille & Palladius. Mense nouembri agnorum prima generatio est, Palladius. Plura uide mox in E. ex Varrone. De pastu agnorum dixi etiam nonnihil in Oue E. ex Crescentiensi. Ad conficiendum caseũ aliqui addunt pro coagulo de fici ramo lac & acetum. Quã ob causam apud diuę Rumiæ sacellum à pastoribus satam ficum non negârim: ibi enim solent sacrificare lacte pro uino, & pro lactentibus: mammæ enim rumis, siue rumæ, ut ante dicebant, à rumi: & inde dicuntur subrumi (**seugerling**) agni lactentes, à lacte, Varro. Dicuntur & hœdi subrumari, cum ad mammam admouentur, &c. apud Festum. Ferè ad quatuor menses à mamma non disiunguntur agni, Varro. Agni Tarentini quorum delicata & pretiosa lana est, quomodo nutriendi, uide in Oue E. ¶ De castratione agni lege supra in Veruece. ¶ Agni morbo non laborabunt, si hederam in pastu appones curriculo septem dierum, Democritus. Agnis quoque succurrendum est uel febricitantibus, uel ęgritudine alia affectis: qui ubi morbo laborant, admitti ad matres non debent, ne in eas perniciem transferant. Itaque separatim mulgendæ sunt oues, & cœlestis aqua pari mensura lacti miscenda est, atque ea potio febricitantibus danda: multi lacte caprino ijsdem medentur, quod per corniculum infunditur fauci-

ii 2

bus, Columella. Et rursus, Est etiam mentigo, quam pastores ostiginem uocant, mortifera lactentibus. Ea plerunque fit, si per imprudentiam pastoris emissi agni, uel etiam hœdi roscidas herbas depauerint, quod minime committi oportet. Sed cum id factum est, uelut ignis sacer os atque labra fœdis ulceribus obsidet. Remedio sunt hyssopus, & sal æquis ponderibus contrita. Nam ea mistura palatum atque linguam totumque os perfricatur. Mox ulcera lauantur aceto, & tunc pice liquida, cum adipe suillo perlinuntur. Quibusdam placet æruginis tertiam partem duabus ueteris axungiæ portionibus commiscere, tepefactoque uti medicamine. Nonnulli folia cupressi trita miscent aquæ, & ita per ulcera, atque palatum. Mentigo in agnis & hœdis id fermè malum esse uidetur, quod in hominibus mentagram appellant. Vtriusque uocabuli etymon à mento: quoniam ab ea parte ferè oriebatur: fœdisque ulceribus mentum, os, labra, obsidebat, Phil. Beroaldus. Videtur sanè ut mentigo menti malum, sic oris ostigo dictum. Agnos pediculis aliquando infestari scribit Crescentien. 10

D.

Agni simul ut sunt in lucem suscepti, circum matres statim erratico saltu concursare, & domesticum incipiunt ab alieno internoscere: cum homo parentes suos serò admodum agnoscere incipiat, Aelianus. Præterea teneri tremulis in uocibus hœdi Corniferas norunt matres, agnique petulci, Lucretius. Agnus simplicissimus, cum à matre quandoque aberrat, frequenter eam balatu absentem excitat, multisque licet uersetur in millibus ouium, recognoscit uocem parentis, & festinat ad eam. Nam quamuis cibi & potus desiderio teneatur, transcurrit tamen aliena ubera licet humore lactis grauida exundent: soliusque materni lactis fontes requirit, Ambrosius. Latini agnum ab agnoscendo putant dictum: eò quòd præ cæteris animalibus matrem suam noscat, adeò quòd si in magno grege errauit, statim balatu uocem noscat parentis, Isidorus & Albert. Ouis agnum suum odore posteriorum noscit, & cum lactet agnus caudam uelocissimè agitat, Albertus. ¶ Mirum est & tamen uerum, fidibus lupi agninas malè obstrepere: quanquam hoc idem contingat neruis fermè omnibus diuersorum animalium, ut canis & agni, Cardan. Vide supra in Oue D. 20

E.

In nutricatu cum parere cœperint: iniiciũt in ea stabula, quæ habent ad eam rem seclusa: ibique nata recentia ad ignem prope ponunt: & quoad conualuerint, biduum aut triduum retinent, dum agnoscant matrem agni, & pabulo se saturent. Deinde dum matres cum grege in pastum prodeunt, retinent agnos: qui cum reductæ sunt ad uesperum, aluntur lacte: & rursus discernuntur, ne noctu à matribus conculcentur. Hoc idem faciunt mane ante quàm matres in pabulum exeant, ut agni saturi fiant lacte. Circiter decem dies cum præterierunt, palos affigunt, & ad eos alligant libro, aut qua alia re leui distantes, ne toto die cursantes inter se teneri delibent aliquid membrorum. Si ad matris mammam non accedit, admouere oportet, & labra agni ungere butyro, aut adipe suillo, & olfacere labra lacte. Diebus post paucis obiicere his uiciam mollitam, aut herbam teneram antequàm exeant in pastum, & cum reuerterunt. Et sic nutricantur, quoad facti sunt quadrimestres. Interea matres eorum his temporibus non mulgent quidam (per duos menses, ex Didymo,) qui melius omnino perpetuo, quòd & lanæ plus ferunt, & agnos plures. Cum depulsi sunt agni à matribus, adhibenda diligentia est, ne desyderio senescant: itaque deliniendum in nutricatu pabuli bonitate, & à frigore & æstu ne quid laborent, curandum. Cum obliuione iam lactis non desyderant matrem, tum denique compellendum in gregem ouium, Varro & mutuatus ab eo Crescent. Plura uide supra in C. & quædam de agnis lactandis in Oue E. Partus ipsos ubi lacte fuerint expleti, separatim seruare oportet. Conculcantur enim unà relicti cum matribus. Ante duos mẽses lac emulgendum non est: melius autem erit si nunquam. Sic quippe agni corpulentiores euadent. Cæterum fœtus ex primiparis ouibus nutrire operæpretium est, cum sint infirmiores quàm ut durent diutius, Didymus. Agnis æditis singula septimana per mensem sal dari debet, & in posterum decimoquinto semper die. Quando autem separantur à matribus, mox tondentur propter pediculos, (oues quidem pediculis carere Aristot. & Plinius prodiderunt:) uel quia melius crescunt, & unaquaque hebdomade sal eis obiicitur. Circa natiuitatem Domini iunguntur cum matribus, ut de agnis Palladius scribit, Crescentien. ¶ Sectarius ueruex, qui gregem agnorum præcedens ducit, Fest. Vide in Veruece A. Quod ad fructum ex agnis percipiendum, leges quædam ex Catone in Oue E. Bini agni unius ouis (cum uenduntur) numerum obtinent, Varro. ¶ Rheno propriè ouium pellis est, uel agnina potius, ut dixi in Capra E. Pelles & lanæ agnorum sunt optimæ, atque ad operimentum humani corporis aptiores quàm matrum, Crescent. Indumentum ex pellibus agninis corroborat corpora iuuenum, Filius Zor apud R. Mosen. Plura uide infra in G. Agninæ pelles, quas pellifices nostri ad uestimenta parant, magna ex parte desumptæ sunt ab ouibus quæ uel in partu uel proximis post diebus moriuntur. Nam intra paucos dies lanæ eis molliores fiunt & ineptæ pellificibus. Pelles quæ ex fœtu sumuntur, cum oues grauidæ mactantur, uulgò **vßschindling** uocatur, ac si dicas excoriatitias. Adferũtur ad nos ex longinquis regionibus: pulcherrimæ quidem, crispæ, prælo compressæ & maioris pretii ex Italiæ parte ultra Romam, Apulia præsertim. Elegantes & nigræ pelles ex Prouincia seu Narbonensi Gallia & Hispania (ubi & monopolia haberi audio, ita ut certi quidam loci suum habeant mercatorem, cui soli pelles uendi omnes oporteat) ferè mittuntur, iam ad usum paratæ: sunt autem pinguiusculæ. Candidæ uero apud nos parantur, & ex nostris regionibus habentur. ¶ Lactis duobus congiis addũt coagulũ

30

40

50

60

coagulum magnitudine oleæ, ut coëat: quod melius leporinum & hœdinum quàm agninum, Var. Maio mense caseum coagulabimus syncero lacte, coagulis uel agni uel hœdi, Palladius. ¶ Tempestatis futuræ prognosticon ab agnis, uide in Oue E.

F.

Agnorum caro satis est conueniens, cum de lacte remoti fuerint, Crescentiensis. Agnina humiditatis plus habet quàm caliditatis: ueruecina uerò temperata est, Platina. Ex pedestribus animantibus suilla caro probatissimus cibus est, deinde hœdina, mox uitulina: agnina uero humida, tum lentorem mucoremq́ in se habere censetur, Galenus in lib. de cibis boni & mali succi. Agni carnem habent humidissimam ac pituitosam: ouium uero excrementosior est ac succi deterioris, Idem 3. de alim. facult. Et in libro de attenuante uictus ratione, Agnorum esus propter insignem humiditatem est fugiendus. Carnes quadrupedum recens in lucem æditarum, omnes mucosæ habentur, ac præcipuè quæ suapte natura humidiore sunt carne, ut agni & sues, Galen. in lib. de mali & boni succi cibis. Vide quædam superius in Oue & in Ariete F. Agnorum carnes modicè calidæ sunt, humidamq́ habent superfluitatem: atq; ideo ab ijs læduntur qui humidioris sunt temperaturæ: qui uerò siccioris, iuuantur: quãtò autem iunior agnus fuerit, tantò difficilius eius caro concoquitur, magisq́ humida est: quantò uero maior, tantò melius concoquitur, & eò minus est humida. Sic & in cæteris animalibus contingit, quo iuniora sunt, eò humidior quàm maiorum est eorum caro, Symeon Sethi. Agnus lactens similiter ferè uiscosus est ut porci syluestres, (porci lactentes potius,) quòd nuper ab utero prodierit, & ex lacte quo aluntur humiditatem sequatur: quamobrem caro eius non laudatur, ut quæ concoctu difficilis sit, & lubricitate sua de uentriculo (citò) descendat. Anniculi uero (uide supra in Veruece F. ex Bapt. Fiera) mediocrem habent temperiem inter lactentium humiditatem, & iuuenum siccitatem: quamobrem præferuntur, quòd faciliores concoctu sint, & sanguinem gignãt meliorem, Isaac in diætis particularib. Agnina robustis & sanis hominibus in cibo utilis est, infirmis inutilis: quia etsi à uentriculo facile descendat, uiscoso tamen quem gignit humore, partibus nimis tenaciter inhæret, Liber de nat. rerum. Suillæ & agninæ carnes difficiliores concoctu sunt, & facile corrumpuntur propter pinguitudinem, caprinæ non item, Athenæus. Priamus apud Homerum filijs suis exprobrat, (tanquam nimium gulosis,) quòd in cibo agnos & hœdos illicitè & præter morem gentis (τὰ μὴ νενομισμένα) consumant, cum inquit, Ἀρνῶν ἠδ᾽ ἐρίφων ἐπιδήμιοι ἁρπακτῆρες. Philochorus quidem tradit agnum intonsum ne quis in cibo sumeret Athenis quondam interdictum fuisse, cum ouium penuria futura metueretur, Athenæus libro primo. Et libro nono, Antiqua lex erat, ut inquit Androtion, τῆς ἐπιγονῆς (ἐπιγονή, γέννημα, Varinus) χάριν τῶν ἐκγόνων θρεμμάτων, ne mactaretur ouis quæ nondum tonsa esset, uel nondum peperisset. Edebant sanè ueteres animalia iam adulta, porci uero porcellos etiam lactentes, σιάλους ὗας. Nunc quoq; Mineruæ sacerdotem nec agnam mactare, nec caseum gustare aiunt.

¶ Hœdi utrumlibet cocti, (assi aut elixi,) suaues & salubres sunt: coxæ tamen assæ meliores habentur. Eadem & de agni coctura, Platina. In agnum uel hœdum uarios apparatus ex Apicio recitaui in Hœdo F. item in iecinora eorum, & pulmones, & copadia, Ibidem. Veteres aliquando in magnificis conuiuijs tum alia animalia integra assabant, tum boues, ceruos, agnos, Athenæus lib. 4. Apud eundem inter delicatiores conuiuij cuiusdam cibos numerantur etiam κράνια ἀρνῶν, id est agnorum capita. Balthasar qui artem magiricam Germanicè condidit, ex pulmonibus agninis farcimina uel isitia parat, hunc ferè in modum: Pulmonibus iam crassiusculè concisis omentum addit, & minutius concidit: oua admiscet, & modicum cremæ lactis, & sanguinis agnini modicum, & pro condimento aromata & uuas passas: hanc miscelam intestinis agni aut uentriculo infarcit, aut intestinis de uitulo, uel tenuioribus de boue, nec admodum replet, elixat, &c.

G.

Ad morsus uenenatos, optimè auxiliatur, si statim post cucurbitas plagæ imponantur animalia parua discerpta & adhuc intus calentia, uelut sunt gallinæ, hœdi, agni, porcelli. Venenum enim exugunt, & dolores leniunt, Aëtius. Idem ferè Celsus scribit, ut recitaui in Hœdo, initio capitis 7. Experieris uerum remedium si agnum candidissimi capitis decoxeris: atq; inde caput eius, quem canum esse nolis, ungi præceperis, Marcellus. Sanguinis hœdini recentis antequam coaguletur uncia cum aceto mixta & triduo pota, uomitui sanguinis confert: & similiter sanguis agni, Auicenna. Galenus de simplicib. lib. 10. de hœdino tantum sanguine hoc remedium à Xenocrate scriptum refert. Ibidem, Agninum sanguinem (inquit) aliqui epilepsiam curare prodiderunt, quod mihi experiri non placuit. Quod si quis periculum facere uoluerit, sat scio reprehensum iri ab eo qui talia scripserunt. Omnia enim remedia quæ in potu epilepticos iuuant, uim incidendi habent, quæ agnino sanguini nulla inest. Sanguis agni cum uino epilepsiam sanat, Auicenna. Vt mulier concipiat, Dorcadis, hœdi, leporis coagulum & fel, cum agnino sanguine & adipe, medullaq́ ceruina, nardino & rosaceo oleo commisce, & post purgationem subdito, (utero prius purgato,) Aëtius.

¶ Igni sacro medetur senectus serpentium ex aqua illita à balineo cum bitumine & seuo agnino, Plinius. De suillo & agnino (Ruellius apud Dioscoridem non ἀρνείου, id est agninum, legit: sed ἀρκτείου, id est ursinum, quod magis probo) adipe curando Dioscoridis uerba in Sue recitabo. ¶ Medulla agni ad ignem liquefacta, cum oleo nucum & sachare albo, destillata super sabathum (zambac

ii 3

purum, Rasis) & sic epota, dissoluit calculum uesicæ, & confert mingenti sanguinem, (Rasis addit, crematione uirgæ,) & ad dolores uirgæ, uesicæ, renum, Albertus. ¶ Dysenterico si frigoris sensus adsit, pellem agninam leuem liquida pice imbuito, calefactamq; aluo imponito, Aëtius. Vestis ex pellibus agninis corroborat corpora iuuenum, Filius Zor apud R. Mosen. Pelles agnorum magis calefaciunt quàm hœdinæ, magisq; conferunt dorso & renibus, Elluchasem in Tacuinis. Officulo quod sit in dextro latere ranæ rubetæ, adalligato in pellicula agnina recenti, quartanas aliasq; febres sanari aiunt, Plinius. ¶ Cinis ex ossibus agnorum rectè adhibetur ulceribus, quæ non trahunt cicatricem, Marcellus. Magna uis & in cinere pecudum fimi ad carcinomata addito nitro, aut cinere ex ossibus feminum agninorum, præcipuè in his ulceribus quæ cicatricem non trahunt, Plinius. ¶ Attritus calciamentorum agni pulmo sanare creditur, Galenus & Plinius: Impositus contractos à calciamentis attritus ab inflammatione tuetur, Dioscorides. Agninus pulmo uel arietinus uritur, & cinis eius cum oleo imponitur, uel ipse crudus admotus pernionum ulceribus utiliter alligatur, Marcellus. ¶ Coagulum agninū aduersus omnia mala medicamenta pollet, Plinius. Contra uenena omnia ualet coagulum pecoris, Idem. Hœdi, agni, hinnuli, &c. coagula similes naturas sortiuntur. contra aconiti potum in uino, & concretum lac in aceto, conuenienter assumuntur, Dioscorides. A uenenosis morsibus omnibus sanat, Auicenna. Contra pastinacam, & omnium marinorum ictus uel morsus coagulum leporis, uel hœdi, uel agni drachmæ pondere ex uino sumitur, Plinius. Muris aranei morsus sanatur coagulo agnino in uino poto, Idem. Infantibus qui lacte concreto uexantur, præsidio est agninum coagulum ex aqua potum: Aut si uitium coagulato lacte acciderit, discutitur coagulo ex aceto dato, Plinius. Sanguinem sistit in naribus coagulum ex aqua maximè agninum subditum uel infusum, etiam si alia non prosint, Plinius. Ex aqua subactum & infusum naribus fluentibus mirè prodest, Marcellus. Vide nonnulla supra in Hœdo G. ubi de hœdino coagulo. ¶ Comitialibus morbis utile tradunt fel pecudum cum melle, præcipuè agninum, Plinius & Samonicus. Si felle agnino inungantur loca cancro affecta, manifestè prodest, Albertus. ¶ Si quis agnum recens natum confestim manibus diuellat, lienemq; eius ubi extraxerit calidum super lienem dolentis imponat, ac fascia liget, & dicat adsiduè remedio lienis facio: postero die sublatum de corpore eius parieti cubiculi in quo lienosus dormire solitus est, luto prius inlito ut hærere possit imponat, atq; ipsum lutum uiginti septem signaculis signet ad singula dicens lieni remedium facio: hoc tale remedium si ter fecerit, in omne tempus lienosum quamuis infirmum & periclitantem sanabit, Marcellus. ¶ Vt lanugo tardior sit pubescentium, mangones illinunt sanguinem è testiculis agnorum qui castrantur: qui euulsis pilis illitus & contra uirus proficit, Plinius. ¶ In uesicæ doloribus (stranguriosis, Marcellus) decoctum agninorum pedum bibisse prodest, Plinius. ¶ Vuæ & faucium dolori fimus agnorum, priusquam herbam gustent in umbra arefactus & confrictus, atq; emplastri more adpositus medetur, Marcellus.

H.

a. Agnus, à nonnullis cum aspiratione scribitur, hagnus: sed usus iam obtinuit, ut priore modo scribatur. Agnus dicitur à Græco ἁγνός, (melius ἁγνὸς cum aspiratione: unde nimirum etiam Latinè aliqui agnum aspirant,) quod significat castum, eò quod sit hostia pura & immolationi apta, Festus. Sed alibi apud eundem sic legitur, Agnus ex Græco ἀμνὸς deducitur, quod nomen apud maiores communis erat generis. Varro agnum dictum putat, quod agnatus sit pecori ouillo. Agnus à Græco uocabulo dicitur quasi pius, (ἁγνὸν pium interpretatur, cum potius castum significet.) nam inter omnia terræ animantia maximè inuenitur innocens & mansuetus. nullum enim lædit dente, aut cornu, aut ungue, Isidorus. Et alibi, Latini agnum putant dictum, quod agnoscat matrem suā præ cæteris animalibus, adeo ut etsi in magno grege errauerit, statim balatu uocem noscat parentis: Vide supra in D. Auillas agnas recentis partus dicimus, Festus. forte quasi ouillas, forma diminutiua. Belluam indifferenter posuit authoritas ueterum. Quo quidem agno, sat scio, magis nusquam curiosam esse ullam belluam, Plautus Aulul. citante Nonio. Dic igitur me tuum passerculum, gallinam, coturnicem, Agnellum, hœdillum, Plautus in Asin.

¶ Ἄρνες, τὰ τῶν προβάτων νέα, Pollux. Oues in tenera ætate ἄρνες & ἀμνοὶ dicuntur, Varinus in τράγοι. Ἄρνας, πρόβατα, Varinus: Hesychius addit μικρά. Apud Aratum legimus ἄρνασι in datiuo plurali: & de ijsdem in recto ἀμνοί. οἴσετε δ' ἄρν' (ἄρνε, ut Scholia habent in duali numero) ἕτερον λευκόν, ἑτέρην δὲ μέλαιναν, Γῇ τε καὶ ἠελίῳ, Homerus Iliados γ. unde communis esse generis hanc uocem apparet. A uoce ἀρὴν, ἀρῆνος (de qua paulo inferius,) casus eius obliqui fiunt, per syncopen. rectus singularis non inuenitur. Aetates sunt tres, ἀμνός, ἀρνός, ἀρνειός, Suidas: Ego ἀρνὸς pro genitiuo accipio. rectus enim (ut dixi) non est in usu. Ister in dictionibus Atticis scribit primæ ætatis uocabulum esse ἄρνα, deinde ἀμνόν, deinde ἀρνειόν, deniq; λειπογνώμονα, Suid. & Varinus. Nuper natum μοσχίον dixeris, (μοσχίονα, Suidas, malim μοσχίον. Istro in Atticis dictionibus μοσχίας est aries trimus. Hesychius ἀρνειόν, arietem trimum interpretatur:) anniculum uerò ἄρνα, id est agnum, ἀμνόν, uel ἀρνίον: deinde ἀρνόν, (lego ἀρνειόν,) qui & ἀρὴν à poetis uocatur, Pollux. Sed est quando hæc discretio non seruatur. Ἀρνειὸν νεογιλὸν ὑπ' ἀρτιτόκοιο τεκούσης, Oppianus lib. 4. de uenat. Ἀμνὸς, ut Varinus & Etymologus referunt, dictus est quasi ἄμηνος, id est infirmus: μένος enim robur sonat: uel à uoce μνοῦς, quæ primam & teneram agni lanam significat: ut sit ἀμνός, ὁ ἐστερημένος τῶν νηπίων τριχῶν. Apud Suidam cum aspiratione scribitur

bitur ἀμνὸς (quod non probo:) & Atticè ἀμνὰς, & fœmininum ἀμνή. Oppianus syluestrium etiam caprarum (αἰγάγρων) fœtus, ἀμνὰς uocat. Aristophanes in Auibus ἀμνὸν καμήλου per iocum protulit. Ἀμνίς, ὁ ἀμνός, Varinus: Malim oxytonum, ut Etymologus habet, diminutiuum esse scribens. Rachel, nomen proprium mulieris, exponitur ἀμνὰς ἢ ποιμαίνουσα, Varinus. Est autem uox Hebraica: alij agnã alij ouem interpretantur, ut dixi in Oue A. Ἀμνειός, ὁ ποταμός, καὶ ὁ ἀμνός, Suidas: uide Etymologum. Ἀρνειὸς quidem aries est, non agnus: quanquam pro agno Didymus posuerit: Vide in Ariete a. Aries mediæ ætatis ἀμνὸς uocatur: alij agnum anniculum ἀμνὸν uocant, Suidas & Varinus ex scholijs in Aristophanem. Ἀμνόα, πρόβατον. οἱ δὲ ἀμνός, Hesych. Varin. Ἀμνόν, μαλλόν: id est lanam, aut ouem nuper natam, Hesych. Ἀμνάδας, uirgines aut oues, Hesych. Varin. Ἀμναμοι, οἱ ἀπόγονοι, Κυρηναϊκῶς. ἢ ὡς
10 ὡς δὲ οἱ τῶν ἀρνῶν ἀπόγονοι, ἢ παῖδες, Varinus: παρὰ τὸ ἀμνός, Suidas. Ἄρνατον, τὸ ἄρνα, Hesych. Varinus. Homerus ouium & caprarum ætates discriminans, adultas, πρόγονας uocauit: mediæ ætatis, μετάστας (μετάσσας, uide in Capra a.) & ἕρσας, adhuc teneros, Varinus & Pollux. Μέτασσαι, τὰ ὕστερα πρόβατα, Suidas. ὁ ῥὴν, καὶ ἡ ῥὴν, agnus & agna, Varinus in Φρήν. Ῥηνός, ἀρνός: Ῥήνεσιν, ἄρνασιν, ἀρνίοισι, Galenus in Glossis. Ῥῆνες, ἄρνες, πρόβατα, Hesych. Varin. Ἐπὶ ῥήνεσσιν ἑοῖσιν, apud suas oues, Apollonius 4. Argonaut. Agni non solum ῥῆνες dicuntur, sed etiam ἀρῆνες, unde ἄρνες per syncopen: hinc ἀρηνοβοσκός, opilio, Varinus. Ῥῆνες, πρόβατα, οἶες (lego οἶες uel ὄϊς,) Hesych. Ἄρνες pro ἀρῆνες, uel pro ἀρνοὶ per metaplasmum, Etymologus. Ἀρνὸς secundũ ueteres non fit à recto monosyllabo: sed ab ἀρὴν, ἀρῆνος, &c. per syncopen. Deriuatur autem παρὰ τὴν ἀρὰν, hoc est à uoto, quoniam in uotis & precationibus adhibebatur hoc animal sacrificijs: uel aliter, quoniam pecorum possessio priscis omnibus ualde ex-
20 optata & in uotis erat, Varinus. Ῥάνα, ἄρνα, Hesychius, Varin. Doricum uidetur pro ῥῆνα. Ῥυῆνα, ἄρνα, Κύπριοι, Iidem. Γρατίνιον, ouis tenera, uel nuper nata, uel annicula, uel quæ primum coire incipit, Hesych. Varin. Γρηκτῆνες, agni anniculi, Iidem. Varinus etiam alibi ex Aristophane grammatico, caprilli pecoris nomina pro ætate diuersa enumerans: ἐσλῆνες etiam, inquit, in ætate quadam dicuntur, & ὑπογρηκτῆνες. Τρανόν, ouis sex mensium, Hesych. Var. Βαρίχοι, agni, Iidem. Μέθλων, τὸν ἄρνα, Iidem. Ὀροὶ, agni qui postremi nascuntur, Hesych. Varin. nimirum qui Latinis chordi dicũtur. Φάνακοι, agni, Iidem. Φαγιλὸν agnum esse dicit Aristoteles, Plutarch. problem. Græc. 14. Apud Hesychium & Varinum uox eadem oxytona scribitur, & per κ. in penultima. Υάκαλον, τὸ ἀρνίον, Suidas: Hesychius fœtum & infantem interpretatur. Βανεῖα, τὰ ἀρνεῖα, καὶ βάννιμα τὸ αὐτό, Hes. Var. Βεννεῖα, (apud Var. penultima est per iôta) τὰ ἄρνεια ἱερά, Iidem.
30 ¶ Epitheta. Hirtus, Columella 7. Hornus, id est huius anni, Propertius 4. Eleg. Imbecillus & immaturus, Columel. lib. 7. Lactens, Ouid. 4. de Ponto. Lacteoli, Prudentius. Mollis, Martialis 5. Petulci, Lucretius lib. 2. Pingues, Vergil. 1. Aeneid. Saturior lactis, Columel. 2. Subrumi, hoc est lactentes, Ibidem. Et præterea apud Textorem, Alacer, balans, blandus: Campiuagus, corniger, cornipeta: Imbellis, incuriosus: Lanicutis, laniger, lasciuus: Mitis, molliculus: Pauidus. ¶ Agnæ epitheta. Muta, Horat. 2. Carm. Niuea, Iuuenalis Sat. 12. Nitida, Horat. 2. Serm. Nouella, Ouidius de Arte. Pauens, 6. Metam. Pulla, id est nigra, Horat. 1. Serm. Tenera, Statius 8. Theb. Et apud Textorem, Balans, cicur, humilis, lanigera, mollis, tenera. ¶ Ἄρν᾽ ἀμαλήν, Homerus Iliad. χ. Scholiastes exponit ἁπαλήν. Ἄρνες γαλαθηνοί, Crates apud Athenæum. Ἀρνειὸν νεογιλὸν ὑπ᾽ ἀρτιτόκοιο τεκούσης, Oppianus libro 4. de uenat. & mox eundem, ὑπομάζιον ἀμνὸν uocat. Ἡδύπνουν (subaudi προβά-
40 των,) nouella & tenera ouis (agna uel agnus) lactens, quæ nondum gustauit herbam, ἢ ὅ Ῥήμων φησὶν ὑπὸ τοῦ Πυθίου κληθῆναι, Hesych. Varin. quasi in oraculo aliquo hoc uocabulum siue epitheton ouis, siue pro oue per antonomasiam positum reperiatur. Significat autẽ suauiter odoratum: solent enim nuper editi fœtus pecorum præsertim, suauem quendam, uitalem & lacteum, ut ita dicam, odorem spirare. Est & herba hedypnois apud Plinium, à suauitate odoris dicta, eadem opinor quæ hieracium secundum Dioscoridi, & uulgò dens leonis. Ἡδυπνοΐδης, (melius ἡδυπνοῒς, unde genitiuus ἡδυπνοΐδος) πόα καὶ ἡ λιβανωτίς, Hesych. Varin.

¶ Dominus noster Christus in libris sacris agnus nominatur, quòd innocens & placidissima pro peccatis nostris hostia futurus esset. Quid enim agno castius, innocentius, patientius? Agna, mensuræ genus in agrorum dimensione. Actus quadratus undiq; finitur pedibus CXX. hoc duplicatum
50 facit iugerum, hunc actum prouinciæ Bæticæ rustici agnam uocant, Columella libro 5. Agninus, quod ad agnum pertinet, ut agnina pellis uel caro. Rogito pisces, indicat caros, agninam caram, Plautus: subaudi carnem.

¶ Ἄρνες, οἱ κάπηλοι, Hesych. Ἄρνειος, agninus proparoxytonum. nam oxytonum aries est: penanflexum uero, mensis nomen. Ἄρνεια ἱερὰ apud Xenophontem legimus. Ἀρνεῖα, τὰ ἱεροπώλια τῶν προβάτων, Hesych. Varin. Didymus, Etymol. Πολύαρνες, pecore & pecunia abundantes: Vide in Oue a. ex Varrone. Πολύαρνι, τῷ, pro πολυάρνῳ, πολυθρέμμονι, multa pecora (synecdochicè) possidenti, Hesychius, Varin. Similiter dicuntur πολύρρηνες, ut mox subijciã. Ὑπήρενος, ποίμνη ἄρνας ἔχουσα, Hesych. Varin. Μέτασσαι, τὰ ὕστερα πρόβατα, Suidas: oues intelligo mediæ ætatis, quæ iam primum agnos parere incipiant. Similiter ὑπόρρηνος dicitur, ut mox sequetur. Ἀρνευτήρ, ὁ κυβιστητήρ, per translationem ab
60 agnis qui in caput ferè proni saltare solent, tanquam aërem cornibus impetentes, Suidas & Varin. ex Scholijs in Iliad. μ. Ἀρνευτῆρες, δύται, οἱ δύοντες, Hesych. Varin. hoc est, in aquam se mergentes prauio capite, urinatores: quam uocem Latini à Græca arneuteres mutuati mihi uidentur. Ἀρνευτής,

ii 4

qui capite præmisso in mare se mergit, ab agnis qui dum prioribus saltant pedibus, caput terræ admouent: quamobrem hippurum quoque piscem, quòd continuò exiliat ἀρνευτὴν aliqui uocabant, ut Athenæus scribit, Varinus in Κυβιστητὴρ. Ἀρνευτῆρι, κυβιστητῆρι, ab agnis qui inter currendum caput concutiunt, Scholiastes in Iliad. π. Et alibi in Iliad. μ. Ἀρνευτῆρι, κυβιστῆ, δύτῃ: uel secundũ aliquos delphino. Solent autem árnes, id est agni, per tranquillitatem in caput ferri. Ἀρνευτήρια, κυβιστήρια, Hesychius. Ἀρνεύσας λυγρὸν πήδημα πρὸς κυμάτων αὐτοσχεδὴς σφαγὰς, Lycophron. Ἤρνευον, ἐκυβίστων, Hesychius, Varin. malim ἠρνευον, ab ἀρνεύω. Ἀρνῳδοὶ uocabantur rhapsodi, quòd agnum sui cantus acciperẽt præmium, Hesych. Varin. De arnodis & rhapsodis uide Scholiasten Pindari in Nemea, à principio Carminis secundi. Ἀρνοφαγεῖν est Athenis religiosissimum & summum iudicium haberi, in quo senatus & populus unà coibant: quo tempore à triginta tyrãnis penè in extremum discrimẽ adacti sunt. Μάρναμαι, pugno: à μὴ & ἀρνῶ, concilio: nam ad conciliationes prisci adhibebant agnorum sacrificia, Varinus. Ἀρνοειν, ὁ μετὰ τοῦ ἀρνὸς σφαζομένου γινόμενος ὅρκος, Idem. Ἀρνώνιον, ὅρκον βασιλεῖον, Idem. Ἄρναυ, τὸ ὅρκον, Κλαζομένιοι: ἄλλοι καὶ τὸ ἔξαρνος, Idem & Hesych. ¶ Ἀμνοκῶπος, ποιμήν, Hesych. Varin. Τρέφω δέ τοι ἕνδεκα νεβρὼς, πάσας ἀμνοφόρως, Theocritus in Cyclope. Τὸν πολιτῶν ὅστις ἦν ἀμνοκῶν, Aristoph. in Equitibus: ubi Scholia, οἷον προβατώδης, τουτέστι μωρὸς καὶ εὐήθης, quod inde repetit Suidas & Varin. Βοῦς dictio pertinet ad hominem sensu & iudicio carentem notandum, unde apud Menandrum βοώδης, ὁ ἐστι πρᾶος, εὐήθης, καθ' ὁμοιότητα τοῦ ἀμνοκῶν, ὁ ἐστι νωθρὸς ἀμνός, Varinus in Βουκαῖος. Ἀμνίον, paroxytonũ, uas quo sanguis excipitur in sacrificijs: Cretenses ἄμνιον dicunt, proparoxytonum, quasi αἵμνιον, à sanguine, Varinus. Suidas etiam interpretatur τὸ αἱμοδόχον ἀγγεῖον. Hesychius, τὸ ὑποδέχον τὸ αἷμα τὸ ἀγγεῖον, nescio quàm rectè. Πάρ σφιν δ' ἄμνιον εἶχε, Homerus Odyss. γ. apud Etymologum. Ἀμνίον, ut Empedocles uocat, est interior fœtum in utero inuoluens tunica, tenuior scilicet ac mollior: nam exterior χορίον uocatur, Pollux. Galeni interpretes membranam siue pelliculam agninam transferunt: alba ac tenuissima est, & fœtum totum proximè amplectitur, ut scribit Galenus de uteri dissectione capite nono, & alibi. ¶ Πολύρρηνοι, (ut πολύαρνοι superius,) qui agnos multos, id est pecora multa, per synecdochen, possident: πολυθρέμματοι, πλούσιοι, Scholia in Iliad. ι. & Varinus. Tibareni populi πολύρρηνοι, (πολυπρόβατοι, πολυθρέμμονες,) incolunt iuxta minorem Armeniam, Eustathius in Dionysium. Εὔρηνος, ὁ καλλιπρόβατος. ὡς τὸ, πάμπαν εὔρηνός τε καὶ εὔβοτος, Suidas & Varinus. Ὑπόρρηνον, ὕπαρνον, (de qua uoce superius paulò dixi,) ἔγγυον (lege ἔγκυον, id est grauidam,) Varinus. Nestor Iliados κ. exploratori adituro Troianorum castra promittit donandam à singulis optimatibus Græcis ouem nigram & grauidam, οἶν μέλαιναν θῆλυν ὑπόρρηνον. Ἀρνοβοσκὸς, opilio, qui ἄρνας, id est agnos pascit, synecdochicẽ, secundum Pausaniam. scribitur etiam ἀρνοβοσκὸς, (quod non placet,) Varinus: Vide in Oue e.

¶ Plantago minor folijs est linguæ pecorum simillimis, Plinius: quare Græci arnoglossum quasi agninam linguam uocant: item arnion, ut habetur in nomenclaturis apud Dioscoridem. Arnos pyrites, pyretrum, Ibidem. Arnophyllon, cytisus. est autem herba fruticosa, Hesych. Varin. Folia quidem eius satis tenera & mollia sunt, & suauem præbent succum maluæ instar, ut agnis in cibo aptus & gratus uideatur.

¶ Ἀρνευτὴς, piscis quidam qui & hippuros, frequenter exiliens caprarum modo, Eustath. Iliad. π. ex Athenæo: alij delphinum exponunt, ut paulò superius citaui ex Scholijs in Homerum.

¶ Arnæus, Ἀρναῖος, proprium nomen apud Homerum: (mendici illius qui prius Irus dicebatur,) ὃ ἔθετο πότνια μήτηρ, ἀπὸ τοῦ ἀρὰ ἢ εὐχὴ, ἢ βοσκηματώδης καὶ προβατώδης ὑπὸ τὸ εὔηθες, Varinus. Ἄρνων, proprium rustici à cura agnorum, in epistolis Theophylacti. Tibia usum hyagnim primum uolunt, &c. Cælius 9.3. Hydarnus, uiri nomen in Laconicis Pausaniæ. ¶ Arne nympha fuit, nutrix Neptuni, sic dicta, quòd cum Neptunum accepisset à Rhea educandum, Saturno eum quęrenti ἀπηρνήσατο, id est negârit, Varinus. Arne Thessaliæ ciuitas nomen tulit, ab Arne Aeoli filia, ut quibusdam placet, Etymol. ex Pausaniæ Bœoticis. Bœoti nominati sunt à quodam Bœoto, quem Arne mater clam enixa, circa boum sterquilinium exposuit, unde nomen accepit, ὡς ῥιφεὶς ἀμφὶ τὰς βόας, Eustathius in Dionysium, Vide plura apud Varinum in Ἄρνη. Homerus Iliados β. πολυστάφυλον Ἄρνην dixit: ubi Scholiastes Arnen urbem Bœotiæ interpretatur, dictam ab Arne, quæ ex Neptuno Bœotum peperit. Alij uero negantes Arnen urbem tempore belli Troiani extitisse, Τάρνην scribunt: Zenodotus uero (ut Varinus refert) Ἄσκρην: quæ minimè πολυστάφυλος fuisse uidetur, cum ab Hesiodo tanquam rigida & hyemalis uituperetur. Aiunt autem Homericam illam Arnen, simul & Mideam ciuitatem à Copaide lacu absorptas esse. Penelope primum Arnea, Ἀρνέα, dicta fertur, & cum à parentibus in mare proiectam aues quædam penelopes dictæ rursus in continentem exposuissent, parentes receptam nutriuerunt, uocaueruntque Penelopen, atque ita deinceps fuit binominis, Scholia in Pindari Olympiorum Carmen 9. Rhene, Ῥήνη, ex Oileo filium suscepit nothum, Homerus Iliad. β. Ἀγνώ, nomen nymphæ, ut meminit Gyraldus.

¶ Arne ciuitas est iuxta sinum Maliacum, Plinius. Et alia Thessaliæ, ab Arne Aeoli sic dicta: uel (ut Crates uult) ab agnis: quod pecori nutriendo apta sit, Etymol. Arne, urbs Bœotiæ, (Lebadensium urbs olim Arne dicebatur, ab Arne filia Aeoli, ut & Thessalica Arne, Pausanias in Bœot.) & alia Thessaliæ à Bœotis deducta, quæ Cierium uocatur: tertia Mesopotamiæ, quarta Erasiniorum iuxta Thraciam, Stephanus. Scythonis puella Arnen nescio quam insulam prodidit. Scholia in Iliad.

Iliad. *. & Hesychius quoq; scribunt Arnen urbem esse Bœotiæ,(de qua paulò ante etiam inter propria mulierum dixi,)& alteram Thessaliæ. Phthiotæ Dorida accolunt: eorum oppida celebria, Lamia, Phthia, Arne, Plinius 4.7. Campus quem Argum uocant in Arcadia, decem stadiorum est: & paulò post eum alius, in quo fons Arne spectatur, cui hoc nomen contigit, ut Arcades ferunt: Quoniã Rhea illic Neptunum exposuerit inter gregem agnorũ: & fontem inde dictum, quod agni circa eum pascerentur: Saturnum uero persuasum pullum equi tanquam à Rhea æditum deuorasse, Pausanias in Arcadicis. Arne Thessalica, colonia est Bœotiæ: de qua hoc oraculum fertur, Ἄρνη χηρεύουσα μένει Βοιωτίον ἄνδρα. In Scholijs legitur Arnen etiam Chæroneæ fuisse, & Tarnen Achaiæ urbem. Cæterum Leontarne uicus circa Heliconem fuit: aut fons, ita dictus, quòd immolante illic Adrasto leo agnum rapuerit, Varinus. Arna, Ἄρνα ciuitas Lyciæ, Xanthus postea dicta, Stephan. Arneæ, Ἀρνεαί, parua ciuitas Lyciæ, Idem. Post Bolbiticum ostium Nili, arenosum quoddã & humile promontorium ualde expositum est, quod Agni cornu appellatur, Strabo li. 17. Ἀμνειὸς, ὁ ποταμὸς, Suid. Var. fluuius circa Themiscyrum, Etymologus. Amnitæ, Ἀμνῖται, populi paruas insulas Oceani Britannici habitant, quorum mulieres sacra Baccho celebrant, Dionysius Afer. Inter oppida Cretæ insignia Polyrrhenium numerat Plinius. Suidas Πολύῤῥηνον uocat, in prouerbio, οἱ Κρῆτες τὴν θυσίαν. Πολύρρην, urbs Cretæ, quòd multas oues habeat, Stephan. Rhene, Ῥήνη, insula parua prope Delum, uide Onomasticon. Achæi commune consilium una in curia cogebant, quod Arnarion uocabant, Strabo libro octauo.

¶b. Vanus & Euganea quantumuis mollior agna, Iuuenalis Sat. 8. Arne, agni caput, Festus. Χορεῖα, τὰ τῶν ἀρνῶν καὶ ἐρίφων ἔγκατα, (intestina intelligo, quæ & chordæ uocantur,) Hes. Var.

¶c. Claudian. lib. 16. Agni grundibant, dixit, cum grundire propriè suum sit, Nonius. Agnus curio apud Plautum in Aul. exponitur bestia curiosa, uel macra & curis confecta.

¶d. Vt pauet acreis Agna lupos, capreæq; leones, Horat. 2. Epod. Lupis & agnis quanta sortitò obtigit, Tecum mihi discordia est, Idem Epodon 4. Quæsitum aut matri multis balatibus agnum Martius à stabulis rapuit lupus, Vergil. 9. Aen. Ὡς δὲ λύκοι ἄρνεσσιν ἐπέχραον ἢ ἐρίφοισιν, Homerus de audace & impudente rapina, Varinus in παραβολῇ.

¶e. Pescia Ael. Stilo dici ait capitia ex pellibus agninis facta, quòd Græci pelles uocent pesce, τὰ, Vide in Oue e. Rheno propriè ouium pellis est, uel agnina potius, ex Græca uoce ῥῆνιξ, ut conijcio: uide ibidem. Ῥήνικας, ἀρνακίδας, Galenus in Glossis. Apud Hesychium ῥηνικὸν legitur, non probo. Ἀρνακὶς, pellis agnina, τὸ τοῦ ἀρνὸς κώδιον, pellis adhuc lanata, Hesych. Varin. & Suidas, qui ex Aristophanis Nebulis hæc uerba citat: Ἐμοὶ γὰρ οὐ δεῖ. ὥσπερ εἴ τις ἀρνακίδων γνώμην ἀφαιρεῖ: ludit autem in uoce arnacides, ut cui animus esset intentus πρὸς τὸ ἀρνεῖσθαι τὰ δανειστά. Κώδιον, κωδάριον, ἀρνακὶς, Pollux. Melio, id est loro, circa collum canis uenatici interius assuatur ἀρνακὶς, ne ceruix à loro atteratur, Idem. Alibi etiam inter uenatoris instrumenta ἀρνακίδας numerat. Ἐνειλιγμένων τοὺς πόδας εἰς πίλους τε καὶ ἀρνακίδας, Plato in Symposio, ut Pollux citat. Τὸ δὲ οἰκετικὸν γράδιον, περίκρανον δὲ ἀρνακίδων ἀντὶ ὄγκου ἔχει, Pollux in personis tragicis. Ἀμφοτέρων δὲ τὸ ἄλλον ὑπ' ἀμνείαν θέτο χλαῖναν Παιδία, Theocrit. Idyllio 31. Σοὶ τὸ πιληθέντα δὲ ἐξ ἄντε τριχὸς ἀμνῶ Ἑρμᾶ Καλλιτέλης ἐκρέμασε πέταλον: forte πέτασον: quanquam Suidas in Πετάλοις, (meminit etiam in Πιληθέντα,) πέταλον interpretatur πίλημα δὲ ἐρίων πιληθέν. ¶Μνοῦς, lana mollissima, prima agnorum & pullorum lanugo, & pluma tenuissima, propriè anserum, Varin. ¶Καί νύ κε σηκασθεν (ὡς εἰς σηκοὺς κατεκλείσθησαν) ὥστε ἰλίον ἤΰτε ἄρνες, Iliad. 9. Ἄρνα τὺ σακίταν λαψῇ γέρας, Theocritus Idyllio primo. ¶Agnus olim apud Lusitanos, teste Polybio, tribus aut quatuor obolis uendebatur, Athenæus. ¶Vermem qui in Indo fl. reperitur, septem cubitorũ longitudine, capturi, agnum aut hœdum in hamum implicant, Aelian.

¶f. Patinas cœnabat omasi Vilis & agnini, tribus ursis quod satis esset, Horat. 1. epist. Crœsus in lebete coxit testudinem cum carnibus agninis, quod ab eo factum ex oraculo etiam Delphico audiuit, unde Apollinem quasi omniscium ueneratus est, Herodotus lib. 1. Oraculi uerba sunt, Ὀσμή δ' ἐς φρένας ἦλθε μοι ἱερατεῖοιο (forte, ὀσμή μ' ἐς φρένας ἦλθε κραταιρίνοιο) χελώνης Ἑψομένης ἐν χαλκῷ ἅμ' ἀρνείοισι κρέασι, Suidas in Crœso. Ἐγὼ δ' ὑμῖν παρατίθημ' ὁλοσχερῆ Ἄρν' ἐς μέσον συμπηκτὸν ἐνθυλευμένον, Coquus quidam apud Menandrum, ut Athenæus citat. Κεφαλὰς τ' ἀρνῶν, κώλας τ' ἐρίφων, Aristoph. apud Athenæum.

¶h. Agna aurea Phrixi, uide supra in ariete aureo. In Plutarchi Vitis alicubi legimus agnum qui gemellos utrinq; corymbos haberet natum, nec iam occurrit locus. Scalpere terram Vnguibus, & pullam diuellere mordicus agnam Cœperunt, Horat. 1. Serm. Sat. 8. de mulieribus ueneficis. Veteres Græci hœdorum, agnorum, uitulorumq; inspectis intestinis futura prædicabant, Pausan. Coronata agna aliquid lustrare siue expiare, Iuuẽ. Sat. 13. Agnus dicitur à Græco ἁγνὸς, quod significat castum, eò quòd sit hostia pura & immolationi apta, Festus. Pecoris fœtus non ante octauum diem sacrificio purus est, Plin. Fuit quidem priscis opinio, ut ex hœdis potius & agnis hostiæ fierẽt, quia hæ mites & cicures essent, Gyrald. Agna humilis, Horat. 2. Carm. ubi Acron, Non humilem agnam, sed humilium oblationi aptam. Agricola de boue rem diuinam facit, opilio de agno, æpolus de capra, Lucian. in lib. de sacrificijs. Ἄρνας aliqui deriuant παρὰ τὴν ἀρὰν, ὅ ἐστι τὴν εὐχὴν, quòd ad uota & supplicationes agnus hostia adhiberetur, Varinus. Μαρνάμαι uerbum fit à μὴ & ἀρνῶ, id est cõcilio: ad reconciliandum enim prisci hostijs utebantur agnis, Idem. *An quum in Aequimelium misimus qui afferat agnum quem immolemus, is mihi agnus affertur, qui habet exta rebus accommodata, & ad eum agnum non casu, sed duce deo seruus deducitur: Cicero 2. de diuinat. Ἀρνῶν πρωτογόνων ῥέξειν ἱερὴν ἑκατόμβην, Homerus. Idulis hoc est agna alba, idibus (inde nimirum idulis dicta) à flamine Ioui cædebatur, Festus. Idibus alba Ioui grandior agna cadit, Ouidius. Ouidius Termino deo agnam & porcam in secundo Fastorum immolari prodidit: item Horatius, cum cecinit, Vel agna festis cæsa Terminalibus. Vbi Acron, Terminaliorum inquit diem institutum, ut per epularum festiuitatem cæsis agnis fines seruari faceret. Numa tamen sanxisse fertur, ne Termino ex re animata sacrum fieret, Gyraldus. De porco, agno uituloque immolandis in solitaurilibus, nugas quasdam, si libet, lege apud Catonem de re rust. cap. 141. Ambegni bos & ueruex appellabantur, cum ad eorum utraque latera agni in sacrificium ducebantur, Festus. γόνον τε μήλων κ᾽ ἀφροδισίαν ἄγραν, Sophocles Danaë. intelligit autem agnum, & porcum animal libidinosum, quod ideo feram Veneream uocat. his enim duabus hostijs ad expiandum utebantur. Potest etiam caprarum soboles accipi, quod hoc etiam animal nimis in Venerem procliue sit, ὥστε καὶ εἰς ἑαυτὸ ὑβρίζειν, (ut agnum & hœdum intelligas.) Aliqui perdices interpretantur, tanquam expiationi aptas, quæ fœmina in laqueo proposita illici capique solent, ut inde Veneream agran, id est uenationem dixerit poëta. sed hoc non probat Hesychius in uoce Ἀφροδισία. Præcidanea agna uocabatur, quæ ante alia cædebatur, Festus. Est & porca præcidanea, de qua suo loco. In omnibus Calendis regina sacrorum, id est regis sacrorum uxor, porcam uel agnam Iunoni immolabat, Gyraldus. Tubilustrio, id est ultimo die Quinquatriorum, quo tubæ lustrabantur, de agna res diuina Mineruæ fiebat. Lege Varronem, & alios. Niueam reginæ ducimus (aliâs, cædimus) agnam, Par uellus dabitur pugnanti Gorgone Maura, Iuuenalis Sat. 12. id est Palladi, quæ Mauritana Gorgone, capite Medusæ usa à poëtis fingitur. Athenienses annua solennia Mineruæ tauris & agnis celebrare solebant, ut ait Alexander, Gyraldus. Οἴσετε δ᾽ ἄρν᾽ ἕτερον λευκόν, ἑτέρην δὲ μέλαιναν, Γῇ τε καὶ ἠελίῳ, Διῒ δ᾽ ἡμεῖς οἴσομεν ἄλλον, Homerus Iliad. γ. Vide in Oue h. Ipse atri uelleris agnam Aeneas matri Eumenidum, magnæque sorori Ense ferit, Vergilius Aen. 6. (Vide in Oue.) Ventum uiolentum & impetuosum Græci τυφῶν appellabant, pro quo sedando agnam nigram immolari mos erat. Hinc illud, Ἄρν᾽ ἄρνα μέλαιναν παῖδες ἐξενέγκατε, τυφὼς γὰρ ἐκβαίνειν παρασκευάζεται, ut Suidas citat. Et tempestatibus agnam Cædere deinde iubet, Aen. 5. Priapo in Theocriti epigrammatibus, ab æpolo de uitula fit sacrum, & de hirsuto hirco, & saginato agno, Gyraldus.

PROVERBIA.

Canibus agnos obijcere, προβάλλειν τοῖς κυσὶν ἄρνας, dicebatur qui imbellem & litium imperitum, calumniatoribus & exercitatis exponeret, quod id animal omnium maximè sit imbelle. Refertur à Diogeniano. hemistichium est heroicum, ex oraculo quopiam, ut conijcio, decerptum, Erasmus. Meminit & Suidas in προβαλόντες. Agninis lactibus alligare canem: Plautus in Pseudolo. Ballioni lenoni uerba affingit hæc, Quia pol qua opera credam tibi, una opera alligem fugitiuum canem agninis lactibus. Qui canem alligat intestinis agninis, is non modo canem amittit, uerum & prædam ultro dederit fugitiuo. Sic qui credit homini malę fidei, & rem perdit, & frustra obligatum habet eum, qui non est soluendo. lactes enim dicuntur intestina molliora, Erasmus. Agnus tibi locutus est, Ἀρνίον σοι λελάληκεν, (aliâs, τὸ ἀρνίον σου, sed malim σοι,) uidetur in eos conuenire, qui ea resciscũt, quæ resciscí ab eis posse nemo sperasset. aut qui futura præsagiunt. In Aegypto enim (Apostolius non rectè habet, Aegina) aiunt agnum humana uoce usum: in cuius capite uisus fuerit regalis serpens (βασίλειος δράκων) alatus, longitudine cubitorum quatuor: Et ab hoc (agno) res futuras cuidam reuelatas. Historiam scribit Suidas in Ἀρνίον & Τὸ ἀρνίον: sed usum prouerbij non explicat. Sub Bocchoro dynasta Aegyptiorum, qui iura eis constituit, agnum loquutum tradunt, ijs ferè temporibus, quibus apud Albam æditi sunt Romulus & Remus, Cælius. De ariete Phrixi etiam legimus, quod Phrixum humana uoce sit allocutus. ¶ Lupo agnum eripere, Vt lupus agnum amat, uide in Lupo. ¶ Euganea quantumuis mollior agna, Iuuenalis. λευκοτέρα πακτᾶς ποτιδεῖν, ἁπαλωτέρα δ᾽ ἀρνός, Theocritus Idyl. XI. Ἀμνοὶ τοὺς τρόπους, hoc est Ingenio & moribus agni, mites, simplices, stolidi, molles: apud Aristophanem in Pace, ut interpretantur, Scholiastes, Hesychius, Varinus. Vocatur & ἀμνοκῶν, tali ingenio præditus, ut superius in a docui. ¶ Agnum obijcit uel emittit: Ἄρνα προβάλλει: Vide inter prouerbia ex Ariete. ¶ Aspera nunc pauidos contra ruit agna leones, Valerius 3. Argon. ¶ Mittam uos sicut agnos inter lupos, Christus ad discipulos Lucæ 10. Habitabit lupus cum agno, Esaiæ 11. Lupus & agnus pascentur simul, Esaiæ 65. Vide in Lupo h.

DE MVSMONE.

EST in Hispania, sed maximè Corsica, non maximè absimile pecori (id est ouibus) genus musimonum, caprino uillo quàm pecoris uelleri propius. quorum è genere & ouibus natos prisci umbros uocauerunt, Plinius. Strabo quidem Græcè, ut paulò post citabo, musmo, μούσμων, duabus syllabis scribit, non tribus ut Latini. Asinum, aut musimonem, aut arietem, Cato Deletorio ut Nonius citat. Musimonis figuram pictam exhibuit Munsterus in descriptione

ſcriptione Sardiniæ, non tamen ad uiuum, ſed narratione acceptam. Muſimon, aſinus, mulus, aut equus breuis. Pretium emit, qui uendit equum muſimonem, Lucilius, Nonius. Dicti ſunt autem forſitan muſimones, quòd iiſdem ex locis haberentur, unde muſimones oues uel capræ ſylueſtres, nempe ex Hiſpania. Paruos quidem equos, quos aſtures uel aſturcones uocabant, Hiſpaniam miſiſſe conſtat. Equi Sardiniæ agiles & elegantes ſunt, ſed minores aliis, Munſter. Muſimo, ex capra & ariete natus, ut cinirus ex oue & hirco, Albertus lib. 22. in uoce Ibrida, ſed ſine authore. Hirci ſylueſtres in Sardinia (inquit Pauſan. in Phocicis) magnitudine eadem ſunt qua hirci aliarum regionum. Formam uerò habent, qualis in plaſtice Aeginæa repręſentatur arietis ſylueſtris; niſi quòd circa pectus hirſutior eſt, quàm arte illa repręſentari ſolet. Cornua ei non protenduntur à capite à ſe inuicem diſſita, ſed ſtatim iuxta aures reuoluuntur. Celeritate quidem beluas omnes ſuperat. (Αἰγινητικὰ ἔργα, τοὺς συμβεβηκότας ἀνδριάντας, Varinus. Rhôpon multimodis rebus conſtantem quæſtum, Aeginæam appellamus mercaturam, Strabo.) His in inſulis (Sardinia, & Corſica) naſcuntur arietes, qui pro lana pilum caprinum producunt, quos muſmones uocitant, eorum ſeſe pellibus thoracis modo incolæ muniunt, pelta utuntur & pugione, Strabo libro 5. Volaterranus è uillis muſimonum tomenta confici ſcribit, Strabonem citans, perperam ut apparet. Capris Sardiniæ cubitales innaſci pilos Nymphodorus tradit, &c. ut retuli in Capra B. Hæ an eædem quæ muſmones ſint, non auſim affirmare. OPHIONA uero Plinii, cuius mentionem apud Græcos ſe reperiſſe ſcribit, non alium quàm muſimonem eſſe planè aſſeruerim: cum Sardiniæ peculiaris ſit, ceruo minor, pilo demum ſimilis: quæ omnia muſimoni conueniunt: & nomen etiam aliqua ex parte: hodie enim muflo (uel, ut alii ſcribunt, mufron,) nominatur. Interiiſſe quidem ſuſpicari, ut Plinius, abſurdum dixerim, cum natura rerum genera & ſpecies omnes ſedulò ſemper conſeruet. Nuper apud nos Sardus quidam, uir non illiteratus, Sardiniam affirmauit abūdare apris, ceruis ac damis: & inſuper animali quod uulgò muflonem uocant, quod nuſquam alibi in Europa reperiatur. Pelle & pilis (pilis capreæ, ut ab alio quodam accepi, cætera ferè oui ſimile) ceruo ſimile: cornibus arieti, non longis, ſed retrò circa aures reflexis, magnitudine mediocris cerui: herbis tantum uiuere, in montibus aſperioribus uerſari, curſu uelociſſimo, carne uenationibus expetita, Hæc ille. ¶ Sunt & aliæ oues feræ, ut ſupra in Oue B. retuli. & quædam earum non lana, ſed pilo duriore indutæ, ut colos, id eſt animal ſniatky uel ſnak uulgò dictum à Moſchouitis. In Aethiopia oues non lana ſed pilis ca..lorum hirſutæ ſunt, Aelianus. Sunt & Creticæ oues quædam ſylueſtres circa Gortynium Cretæ agrum, quibus pro lana caprinus ferè uillus eſt, hirtus & aſper, colore flauus uel purpuraſcens, cornibus quaternis: λάχνη πορφυρόεσσα δ' ἀπὸ χροὸς ἐκφαίνονται. His & ſubus colore ſimilis eſt, non lana, cornibus tantum binis, amphibius. Aliæ etiam oues & capræ ſylueſtres reperiuntur, domeſticis paulò maiores, curſu pernices, pugnaces, cornibus intortis. Ouium quidem uis præcipua in frontibus, itaq; ſæpe apros proſternunt, ſæpe & inter ſe concurrunt tanta pertinacia, ut neutra cedat, donec aut uicerit, aut mortua relinquatur, Oppianus lib. 2. de uenat. ¶ ὀκελέας, aſinus uel aries ſylueſtris, Suidas & Varin.

DE PANTHERA SEV PARDALI, PARDO, LEOPARDO.

A.

PANTHERA à Plinio & aliis ſcriptoribus Latinis dicta, quanquam originis Græcæ uocabulum, ut in progreſſu etiam dicemus, apud Græcos tamen non panthera, ſed pardalis uel pordalis dicitur. Alius uero eſt Græcorum panther, maſculini tantum generis: qui lupis adnumeratur: alii enim hunc ceruarium lupum eſſe uolūt, qui uulgò lynx nominatur:

alij canarium, ut Theodorus & Niphus ex Aristotele uertunt, quem Græci etiamnum pantherem uulgò appellant, Arabes lupum Armenium, Turcæ cicalum, animal uile, minus lupo, & cætera longè degenerans, &c. idem animal pantherion, & lycopãtheros nominatur, ut copiosè scripsi supra inter feras lupo congeneres. ¶ Panthera etiam uaria nominatur Latinè, nimirum propter pellem maculosam. Nunc uarias, & pardos, qui mares sunt, appellant in eo omni genere, creberrimo in Africa Syriaq́. Quidam ab ijs pantheras solo candore discernunt, nec adhuc aliam differentiam inueni, Plinius 8.17. Pantheræ, quæ & uariæ seu Africanæ dicuntur Suetonio in Gordianis, Egnatius. Varias quidem à macularum uarietate dici manifestum est. Senatusconsultum fuit uetus, ne liceret Africanas in Italiam aduehere, Plinius: proximè autem de pantheris dixerat. Et mox subiungit: Primus autem Scaurus ædilitate sua uarias cl. uniuersas misit, &c. Si à Libya Lucæ boues dictæ essent fortasse, pantheræ quoq; & leones non Africanæ bestiæ dicerentur, sed Lucæ, Varro. Hermolaus etiam in Plinium 8.19. ex Oppiano quædam de thôe transferens pardum & pantheram pro eodem accipit. Philostratus leænam ex pardali mare concipere scribit, Plinius & alij ex pardo: uide plura in C. inferius. Qui Græca hactenus transtulerunt tum sacra tum profana, pleriq; pardalin, pardum reddunt: ego de mare tantum sic uerterim: pro fœmina pantheram, & similiter ubi sexus non exprimitur. Sed neq; accusem eum qui Græcam uocem pardalin relinquat, uitandæ scilicet homonymiæ causa. Pardus quidem Græcè nusquam legitur: nec apud Latinum puto uetustiorem Lucano & Plinio. Leopardus etiam recentius est uocabulum. Ipse quidem his omnibus uocabulis animal unum significari puto. Nam si sexus tantum differentia sit inter pardum & pantheram, aut etiam coloris, quod tamen incertum est, & dubitabat etiam Plinius: genere siue specie differre existimari non debent. Oppianus pantheram in maiorem & minorem discernit, ut dicam in B. Leopardus quidem propriè dici debebat animal ex leonis leænęue cum panthera pardóue coitu natum, ut infra capite tertio prosequar: sed obtinuit consuetudo, ut leopardus simpliciter pro panthera ponatur: unde & uulgares linguæ sua mutuantur nomina, peregrinum animal omnes uno ferè peregrino nomine uocitantes. Itali leonpardo. Galli leopard uel lyopard. Germani similiter, uel **leppard** uel **lefrat**: (nam quod quidam scribunt **pantherthier**, à recentioribus quibusdam fictum puto, eundem pantheræ leopardum esse nescientibus.) Hispani, león pardál, uel leonpardo potius, ut Itali quoq;. Angli, lybarde, uel leparde. Illyrij lewhart. ¶ Græci pro mare pordalis scribunt, πόρδαλις, per o. pro fœmina uero pardalis, πάρδαλις, per a. ut Grammatici annotant: sed uideo apud authores, (Philostratũ, Oppianum,) hanc differentiam non obseruari, nisi quis culpam in librarios reiecerit. ¶ Pardalin Hebræi namer uocant, נמר. & sic ubiq; uertere solent LXX. Hieronymus pardum. Tribuit autem sacra scriptura huic animali celeritatem, ferociam singularem & maculas: quæ omnia probè conueniunt pantheræ. Auicenna etiam aliquoties in aconiti mentione nemer protulit, ubi Græci pardalin habent, uetus interpres leopardum reddit: ut non sit dubitandum quin rectè sic transferatur in sacris literis. Accedit quòd grammatici Hebræorum bestiam maculosam esse scribunt. Habitabit lupus cum agno, & pardus cum hœdo accubabit, Esaiæ 11. ubi Chaldæus interpres pro namer habet נמרא nimra. Danielis septimo nominatur namer in uisione quatuor bestiarum de mari ascendentium. Sic & d. Ioannes Apocalypseos 13. uidit bestiam de mari ascendentem decem cornibus insignem, similem πάρδαλει, Erasmus uertit pardo. Pardus (namer) uigilat super ciuitatem eorum, ut omnem inde egredientem discerpat, Hieremiæ 5. Leuiores pardis (nemerim) equi eius, Abacuc 1. Factus sum eis sicut leo, & sicut pardus qui directus est ad uiam, (Hieronymus uertit in uia Assyriæ,) Osee 13. Hîc pro leone Hebraicè legitur schachal, (Hieronymus & alij leænam interpretantur. Septuaginta panthêrem, πάνθηρα, à recto πάνθηρ: pantherem autem à panthera diuersum esse superius monui. Munsterus in Lexico trilingui pro panthera & πάνθηρ eandem uocẽ Hebraicis quoq; literis scribit, quod Iudæorum in sua lingua imperitiam arguit.) Sed de uoce schachal pluribus dixi in Leone, & inter cætera non esse, ut cuidam uidetur, leopardum: pro pardo autem (Osee 13.) Hebraicè legitur namer (quamuis libri quidam excusi perperam named, habent:) in Græca translatione pardalis. Si mutare potest Aethiops pellem suam, aut pardus maculas suas, & uos poteritis benefacere cum didiceritis malum, Hierem. 13. Coronaberis de uertice Sanir & Hermon, de cubilibus leonum, de montibus pardorum, Canticorum 4. (Mons leopardorum distat à Tripoli per duas leucas, rotundus & altus, una leuca à Libano distans, Brocardus in descriptione Terræ sanctę). Immittetur in illos quasi leo, & quasi pardus lædet eos, Ecclesiastici 28. ¶ Alpheth, uel alpheil, (ut Rasis habet: ut Albertus, alphec: ut Auicenna, alfhed,) generatur ex leone & leopardo (id est panthera, uel pardali,) ut mulus ex equa & asino. Cicuratur autem aliquando, & uenationi adsuescit ut canis. Cum autem errat in uenatione, (aberrat, frustratur, & non assequitur prædam,) retrogreditur iratus, Rasis. Aliquando cicuratum hoc animal, ducitur ad uenandum, & nisi admodum blandiatur ei uenator, retrocedit & occidit homines & canes: lupos etiam libenter interficit, Albertus. Bellunensis alf hed leopardum interpretatur, & minorem esse ait quàm alnemer, ut sit pardalis minor: uide in B. Leopardos quidem etiam hodie in aulis principum, alios maiores, alios minores haberi audio. Aconitum pardalianches interimit alf hed & alnemer, Auicenna: Vetus interpres transtulit leopardos & lynces. Leopardũ quidem hodie uulgò dictum, in principum & regum aulis, similiter ad uenationes instituí, & nisi intra paucos saltus feram assequatur à uenatore dimissus, uehementer iracundum redire legimus.

Pardus

Pardus fit quidem cicur, sed nunquam prorsus suam feritatem exuit. Nam cum à uenatore dimittitur, nisi quarto aut quinto saltu feram assequatur, ferociter iratus subsistit: & nisi statim furenti uenator bestiam aliquam obtulerit, cuius sanguine placetur, in ipsum uenatorem uel in quoslibet obuios irruit. Aliter enim quàm sanguine placari non potest. Quamobrem uenatores curant ut semper agnos uel alia animalia secum habeant, Liber de nat. rerum. Alphec animal est perquam ferox & noxium: multi in Italia, Gallia & Germania leunzam (onziam) uocant, Albertus. VNCIA (inquit Isidorus) est animal sæuissimum, non altius cane, sed longius corpore, canibus ualde infensum, prædam non edit, nisi in sublimi: & sæpe cum ad arborem uenit, à summo ramo suspensam uorat. Cum libidine feruens aliquem sauciauerit, mures ad saucium conueniunt, & permingunt, ille moritur. Vnde quidam ab ea uulneratus, nauigio in mare uectus est, ne infestaretur à muribus: qui hominē quærentes cum ad littus maris uenissent, substiterunt. Fel eius mortiferum est, (hoc alij de leopardi seu pantheræ felle scribunt, solius opinor inter quadrupedes: quamuis inter cætera etiam animalia, nullis quàm serpentibus fel uenenatum esse legere memini: mustelæ syluestris tantum fel uenenatū esse apud Plinium legimus,) Hæc ille. Addunt alij, nasci hoc animal in Africa interiore. Italicè lonza scribitur. Aliqui (nostra ætate) leænam interpretátur, alij pardum, alij pantheram, teste Fr. Arlunno. Est & LAVZANVM apud recentiores animal, uicini saltem nominis occasione hîc memorandum. Hoc crudelissimum esse scribunt, nullam ab eo tutam esse bestiam, leones quoq; terrere: suo tantum generi parcere, in cætera grassari, illa præcipuè quæ fortiora sunt & uim alijs inferunt, hominē imprimis odisse, Liber de nat. rerum, & Albertus, qui etiam Solinum citat, apud quem ego nihil tale reperio. ¶ De morsu leopardi, (alnemer & alfhed,) ex genere leonis, & uulnere unguium eorum, Auicenna 4. 6. 4. 10. ¶ Sed ut magis satisfaciam omnibus, neq; res diuersas confundere cuiquam uidear, priuatim primum quæ de pardo scripta reperio, referam omnia: deinde quæ de leopardo: nisi ubi ex Græco pardalis, uel Hebraico aut Arabico namer, aliqui pardum aut leopardum transtulerunt: ea enim ad pantheram seu pardalin pertinere certissimum est.

¶ PARDVM Plinius à panthera, ut superius recitaui, sexu tantum differre putat, sed dubitat. Supra dixeram pardi nomen Latinis tantum usitatum esse, Græcis non item: sed nunc in commentarijs in Plutum Aristophanis locus occurrit, ubi interpres enarrans uim uerbi ἀπέπαρδον, id est crepitum alui emisi, sic scribit: διὰ τὴν ἀθρόαν τῶν πνευμάτων ἐκπήδησιν, ὅθεν καὶ πάρδος. ὁρμητικὸν γὰρ τὸ ζῶον. Verum apparet grammaticum istum recentiorem esse, nec inter classicos adnumerandum authores. Apud Aristotelem historiæ anim. 2. 11. legimus τὰ πάρδαλια, Theodorus pardos transtulit. Scribit autē Aristoteles chamæleonem habere pellem pallidam nigris distinctam maculis ut pardalia. Nec alibi usquam hæc uox uel apud ipsum, uel alios quod sciam reperitur: nec Gaza pardum alibi conuertit. Heliogabalus ebrios amicos plerunq; claudebat, & subitò nocte leones, & leopardos, & ursos, exarmatos immittebat, ita ut expergefacti in cubiculo eodem, leones, ursos, pardos cum luce, uel quod est grauius nocte inuenirent, ex quo pleriq; exanimati sunt, Lampridius. Videri autem potest eosdem posteriore loco pardos dicere, quos prius leopardos dixerat. In his syluestribus (locis Hyrcaniæ) & pardi sunt, secundum à pantheris genus, noti satis, nec latius exequendi: quorum adulterinis coitibus degenerantur partus leænarum, & leones quidem procreant, sed ignobiles, Solinus. Pardus secundum post pantheram est genus, uarium ac uelocissimum, & præceps ad sanguinem: saltu enim ad mortem ruit. Ex adulterio pardi & leænæ leopardus nascitur, & tertiam originem efficit, Isidorus. Leones quos creant pardi in plebe remanent, iubarum inopes, Solinus & Plinius. Pardus est bestia torua, & acuto nimis impetu, corpusq; moribus auium conueniens habet: colore uarium, saltu potius quàm cursu prædam insequitur. In Africa propter inopiam aquæ congregantur diuersæ feræ ad amnes, ibiq; leænæ bestijs uarijs (id est pantheris) miscentur: & inde pardi procreari dicuntur, Basilius ut citatur in libro de nat. rerum. Odore pardi coitū sentit in adultera leo, totaq; ui consurgit in pœnam. Idcirco aut flumine abluitur, aut longius comitatur, Plinius. Philostratus libro secundo de uita Apoll. pardales, πάρδαλεις nominat, ex quibus leænæ concipiant, & maculosos pariant catulos: cum Plinius iubis tantum differre scribat, quòd ijs careant, & ignobiliores sint. Sed quærendum est, an ut leæna ex pardo concipit, & corpore sibi similem gignit, animo dissimilē: sic etiam pardalis seu panthera ex leone concipiat, & maculosum gignat fœtum. Vt duorum sint generum leopardi: Sicut & mulus alius ex asino & equa nascitur, alius ex equo & asina qui hinnus uocatur. Omnia sanè bigenera plus à matre accipere uidentur, præsertim quod ad magnitudinem & formam corporis. Grammaticus quidam in Promptuario leopardum interpretatur animal ex leone & panthera natum, uel ex pardo & leæna, nigris maculis leoninam pellem distinguentibus, sine iuba: sed authorem non adfert. Vide in Leone c. Pardi, ut quidam dicunt, ex pantheris aliquoties & canibus procreantur, Albert. Leporarios magnos, quos ueltres quidam uocant, aliqui nasci aiunt ex coitu leopardi cum cane, Albert. λυκοπάνθηρον quidam in Lexico Græcolat. interpretatur animal ex pardo & lupo natum. ¶ Leonibus ac pardis, omnibusq; generis eius, etiā felibus, imbricatæ asperitatis lingua est, ac limæ similis: attenuansq; lambendo cutem hominis. Quæ causa etiam mansuefacta, ubi ad uicinum sanguinem peruenit saliua, inuitat ad rabiem, Plin. Et alibi, Mirum pardos, pantheras, leones, & similia condito in corporis uaginas unguium mucrone ne refringatur hebeteturue ingredi, auersisq; falculis currere, nec nisi appetendo protēdere. Pardi in Africa

kk

condensa arborum insidũt, occultatiq; earum ramis, in prætereuntia insiliunt, atq; è uolucrum sede (cæde, codices minus emendati,)grassantur, Plinius. Scribit sanè de pardali quoq; Orus, eam prorsus insidiosam esse, celeritatem suam abscondere, & ex abdito inuadere animalia. Aliquoties inter frondes & fruteta latens in aues grassatur, suæ uelocitati confidens, Albertus. Pompeij Magni primum ludi ostenderunt chaum, effigie lupi, pardorum maculis, Galli rhaphium uocabãt, Plinius. Panther caurit amans, pardus hiando felit, Author Philomelæ. ¶ Pardi fel uenenosum esse Cardanus scribit, alij omnes leopardi: sed Arabicè nemer legitur, quare ad pantheram differo. Pardi epitheta, celer, fulmineus, sublimis, uiridis, apud Lucanum, Claudianum, Iuuenalem. ¶ Hippardium fera quædam cornuta ab equo nominata, iubata, apud Aristophanem, nihil quod memoretur cum pardo commune habet. ¶ Picto quod iuga delicata collo Pardus sustinet, Martialis. ¶ Hæc sunt quæ de pardo priuatim scripta reperio: uidentur autem eadem omnia de panthera etiam uerè dici posse, quamobrem in illa etiam pleraq; repetentur, sed pardi nomine expresso.

¶ De LEOPARDO nonnihil in præcedentibus iam dixi. Volui autem hoc loco de eo etiam priuatim agere, quoniam apud recentiores tantum hoc nomen reperio, nec apud ullum qui uixerit ante Iulij Capitolini, aut Ael. Spartiani seculum. Recentiores quidam, ut Bellunensis, minorem tantum pantheram leopardum uocant, ut in B. referam: alij maiorem. quidam non pantherã, sed ex pardo & leæna natum animal. ¶ Pardalis, id est leopardus, Syluaticus. Leopardo Italicè, pardus Latinè, Arlunnus. Et alibi, Pardo Italis, (forte apud poëtas Italicos tantum,) Latinè pardus uel leopardus. Leopardum quidam putant eandem esse bestiam cum pardo, Albertus. Catos syluestres etsi Angli quoq; habent, ut nos, tamen leopardum etiam catum montanum uocant, ut audio. Leopardus ex leæna & pardo natus colore est subrufo, maculis per totum corpus nigris. fœmina mare fortior est, Albertus & Liber de nat. rerum. Leop. similis est leoni capite & membrorum forma, minor tamen, nec adeò robustus, Physiologus. Pellis leopardi nuper à me consyderata huiusmodi erat: Longitudo pellis simul & caudæ, quanta hominis mediocris cum sesquidodrante: Caudæ per se, dodrantes tres cum dimidio. Pellis latitudo circa medium, dodrantes tres. Color ferè flauus di lutus, maculis rotundis nigris distinctus. Pili breues & lanuginosi. Pretium unius, coronati, id est denarij aurei quinq; aut sex, plus minus, pro pellium differentia, & regionũ longinquitate. ¶ Leopardi rictant, Ael. Spartianus. Animal est uehementer iracundum: & cum morbo laborat, sanguinem capri syluestris requirit: aliquando & fimum hominis pro remedio. Camphora gaudet, & arborem eius custodit ne quis inuadat, Albertus. Pantheram sanè & ipsam odoratam esse, & aromatibus oblectari Philostratus & alij scribunt. Quamobrem non mirum est si allium detestetur, ut Cælius ex Ambrosio repetit: Nam sicubi parietes, inquit, litu allij infeceris, exilit protinus nec resistit. Vide infra in D. ad finem. ¶ Leop. ita cicuratur, ut tanquam canis uenatori inseruiat, Physiologus. Quod si dimissus non tertio quartóue saltu præda potiatur, indignatur adeò ut nisi sanguine placetur, aliquando in uenatorem insiliat, Albertus. Audio principes quosdam & reges cum uenatum exeunt, leopardum à tergo secum in equo uehere, & in ceruum aut aliam quæ se obtulerit feram immittere. Eadem supra de pardo & alfhed scripsimus. Magnus Cham Tartarorum uenationi sæpe operam dat, & equo insidẽs ducit secum leopardum domesticum, quem in ceruos & damas prouocat, Paulus Venetus 1.65. Et alibi, Rex Tartarorum habet cicures leopardos, qui mirum in modum uenationi inseruiunt, multasq; capiunt bestias.

¶ Leones in delicijs atq; item leopardos habuisse narratur Heliogabalus, exarmatos cicuresq;: quos ita instituerant mansuetarij, ut ad mensas secundas iussi accumberẽt ex inopinato, nemine conscio exarmatas esse feras, Cælius ex Lampridio, cuius uerba in Pardo iam recitaui. ¶ Fuerunt sub Gordiano Romæ camelopardali decem, leopardi mansueti triginta, &c. Iul. Capitolinus. Giraffæ, leones, leopardi, in prouincia Abasiæ nascuntur, Paulus Venetus 3.45. In regno circa Melacha urbem è regione Sumatræ insulæ, permulti leopardi reperiuntur, Vartomannus. ¶ A Syria Romam usq; cum bestijs depugno per terram & mare die ac nocte uinctus cum decem leopardis, hoc est cum militari custodia, qui ex beneficijs peiores fiunt, Ignatius in epistola ad Romanos.

¶ LEFRAT dicta bestia in Scandinauia, deuorat animalcula muribus similia, quæ lemmer uocant, & eo cibo pinguescit. pellis eius aliquanto laxior fit humana mensura, Zieglerus in Schondia, ut pluribus recitaui supra in Muribus diuersis. Videtur autem hæc bestia, uel leopardus esse, nomine detorto, nam & Germani **lepart** proferunt: uel prorsus ei congener.

B.

Pantheræ in Asia sunt, in Europa autem nullæ, Aristoteles. Pantheræ in Africa Syriaq; abundant, Plinius. Si lucam bouem Latini sic appellassent à Libya, fortasse pantheræ quoq; & leones, non Africanæ bestiæ dicerentur, sed lucæ, Varro de ling. Lat. Mauritania alit leones, pardales, & alias feras diuersas, Strabo. Vltra Catadupa Nili procedens Apollonius & comites, uiderunt leones & pantheras, Philostratus. Vltimum extremæ Arabiæ promontorium à Dira usq; ad Austri cornu, fert pardales fortissimas, παρδάλεις ἀλκίμους, Strabo lib. 16. Post Barygazam continens ad Austrum pertingens Dachinabades uocatur: quæ supra hanc est mediterranea regio ad Orientẽ, montes magnos continet, & omnigena ferarum genera, pardales, tigres, &c. Arrianus in Periplo rubri maris. In parte Syriæ contermina, leones & pardales multò plures maioresq; reperiuntur, quàm in Libya, in Libya, Diodorus. Pantheræ capiuntur in Pamphyliæ parte quæ aromata profert, Philostratus in uita Apoll. Lyciæ & Cariæ pardalis, nec animosa est, neque ualde ualet saltu, nisi cum est uulnerata: tum spiculis resistit, neque ferro facile cedit, Gyllius ex Aeliano. Eundem locum multò aliter transfert Volaterranus, his uerbis: In Caria & Libya (lego Lycia) prælongi admodum pardi sunt, ac animo imbelles, minimum saltu agiles, pelle adeò dura ut ferro non cedat. Vter uero melius, iudicabunt qui Græca uiderint. Pantheræ numerosæ sunt in Hyrcania, Solinus. In itinere quod dextra Gangen, sinistra uero Hyphasin fluuios habet, descendenti Apollonio leones ac pantheræ occurrerunt, Philostratus. Pantheras cicures ad suum regem Indi afferunt, Aelian.

¶ Alnemer est animal minus lynce, id est lupo ceruario, leopardo simile figura & colore, sed aliquanto maius, pedibus quoque & unguibus maioribus & acutioribus: oculis obscuris & terribilibus, ut ipse uidi. Idem leopardo fortius, ferocius & audacius est. Inuadit enim & dilaniat homines. Cæterum leopardus Arabicè nominatur alfhed, Bellunensis. Hinc coniecturam facio alnemer pantheram Oppiani maiorem esse, alfhed autem minorem: quanquam Nicander de aconito in Theriacis scribens, pardalianches uocari ait, quòd à pastoribus pro ueneno mortifero obijciatur θήρεσσι πελώροις (id est magnis feris, quasi pardales omnes magnæ sint,) ἴδης ἐν κνημοῖσι φαλακραίης ἐνὶ βήσσης. Est autem Phalacra unum ex cacuminibus Idæ montis. Pardalium duplex genus est, inquit Oppianus: sunt enim aliæ maiores & dorso ampliores: aliæ uero minores, sed robore (μένος) non inferiores. Eandem coloris uarij & figuræ corporis speciem similitudinemque ambæ, præter caudam, gerunt. nam maioribus minor est cauda, minoribus uero maior. Vtrisque solida sunt femora, corpus oblongũ, oculi splendidi: quorum pupillæ sub glaucis fulgent palpebris, glaucæ etiam ipsæ & interius rubicundæ, ardentibus similes, ignitæ: dentes pallidi, ἰοτόνοι, id est uenenosi: pellis uaria, color splendidus, aëreus, crebris oculis (id est maculis) nigricantibus, Hæc Oppianus. Ante annos aliquot Francfordiæ memini uidere uenales quasdam pelles peregrinas, maculosas, angustas, quinque aut sex digitos latas, bene longas: cauda ferè magnitudine & figura ut felium, circulis nigris distincta. pelles singulas quinque drachmis argenteis indicabant: coniungebantur autem uiginti in fascem unum. Animal ipsum **leppart** uocabant, hoc est leopardum. In hoc genere (pardorum) est qui cognominatur bitis, haud alijs absimilis, preterquam quòd cauda carere dicitur: is si à muliere aspiciatur, extemplo eam in morbum deducit, Volaterranus ex Aeliano. ¶ Inter omnia animalia (inquit Aristoteles in Physiognomicis) leo perfectissimam maris ideam præ se fert, &c. Pardalis uero inter ea quæ fortia esse uidētur, fœmineam magis formam exprimit, (ἡ δὲ πάρδαλις θηλυμορφοτάτη, Adamant.) cruribus tantum exceptis, quibus maximè (ad inuadendum cætera aut se defendendum) utitur, & fortiter agit. Habet enim faciem paruam, os magnum, oculos paruos, albicantes, (ἐκλελυκὼς) modicè cauos, & ferè planos, (ἐγκοίλους, αὐτοὺς δὲ πρὸς τὸ πολλαιοτέρους, lego ὑποπλαιοτέρους: locus uidetur deprauatus.) frontem oblongam, aures uersus rotundam magis quàm planam, (μέτωπον πρόμηκέστερον, πρὸς τὰ ὦτα περιφερέστερον ἢ ὑποπελώτερον. Vetus interpres uertit: frontem lõgam, aures rotundas magis quàm planas.) Collum ualde longum & tenue. Pectus non bene costatum, (ἀπλεύρον, paruis costis præditum:) dorsum longum, clunes carnosas & femora. Partes uero circa ilia (λαγόνας) & uentrem magis planas, (ὁμαλά, id est nec protuberantes, nec cauas; nam qui εὔζωνοι sunt, & cinctu gracili, eam partem cauam habent.) Colorem uarium. Corpus uero totum inarticulatum, & asymmetrum, Hæc Aristoteles. Omnia fermè sæua animalia feli similia sunt, pantheræ, lyncei, pardi: commune enim est unguium magnitudo & robur, pellis distincta, uersicolor ac pulchra: caput rotundum, facies breuis, cauda prolixa, agilitas corporis, feritas, & cibus qui uenatione acquiritur, Cardanus. ¶ Animalia quædam colore uaria sunt, idque dupliciter: aut enim genere, ut panthera, pauo: aut non genere toto, sed parte, ut boues & capræ interdum uariæ generantur, Aristoteles. Panthera & tigris macularum uarietate propè solæ bestiarũ spectantur, cæteris unus ac suus cuiusque generis color est, Plinius. Et alibi, Pantheris in candido breues macularum oculi. Et rursus, Quidam à pardis pantheras solo candore discernunt. Numerosæ sunt in Hyrcania, minutis orbiculis superpictæ, ita ut oculatis ex fuluo circulis, uel cœrulea, uel alba distinguatur tergi supellex, Solinus. Pardi uirides, Claud. 3. Paneg. Picto quòd iuga delicata collo Pardus sustinet, Martialis. Chamæleo pellem habet pallidam nigro distinctam ut παρδάλεια, Aristot. Gaza transfert, ut pardi. Panthera est animal uarium & ualde speciosum, Liber de nat. rerum. Si mutare potest Aethiops pellem suam, aut pardus (namer) maculas suas, & uos poteritis benefacere cum didiceritis malum, Hierem. 13. Panthera undequaque uaria est (quare etiam uaria Latinè uocatur) maculis orbiculatis ad modum oculorum ex fuluo colore interdum ad album interdum ad cœruleum uergentibus, Albertus. Equi orynges dicti, (siue à montibus, siue ab impetu ad libidinem,) alij pellem maculis oblongis uariam habent, tigridum instar, alij uero rotundis ut pantheræ, Oppianus. Sed suauius dicam Græcè, τοὶ δ᾽ ἄρ᾽ εὐτροχάλοισι περίδρομα δαιδάλλονται σφραγῖσιν πυκινῇσιν, ὁμοίια πορδαλίεσσι. Chaus animal, quod Galli raphium uocant, lupi effigie pardorum maculis, Plinius. De pardali dixeris, habere eam corpus κατάστικτον, στικτικόν, ἱερονειδὲς, εὐπρόσωπον, εὔχρουν, εὐειδὲς, πολυειδὲς, ὑγρόν, εὐέλικτον, πολύμορφον, Pollux. Pausanias in Arcadicis scribit se inter cætera fabulosa audiuisse etiam gryphes punctis ut pantheras uarium habere corpus. Terram Eremborum (id est Troglodytarum uel Saracenorum in Libya) comparant παρδαλέῃ, id est pelli pantheræ, ἡ γάρ δὴ ψαφαρή τε καὶ αὐχμήεσσα τέτυκται, τῇ καὶ τῇ κυανέῃσι κατάστικτος φολίδεσσι, Dionysius Afer. Hanc autem

kk 2

regionis illius uarietatem accidere propter Solis adustionem Eustathius addit. τῶν λασιοσφύνων ἐκγενέα ποςδαλίων, Agathias in epigramm. Sunt qui tradunt in armo(dextro, Albertus)ijs similem Lunæ esse maculam, crescentem in orbes, & cauantem pari modo cornua, Plinius. ¶ Ferunt odore earũ mirè solicitari quadrupedes cunctas, sed capitis toruitate terreri: quamobrem occultato eo, reliqua dulcedine inuitatas corripiunt, Plinius. Tradunt Persicum smaragdi genus uisum implere, quem non admittant, felium pantherarumq; oculis similes: nanq; & illos radiare, nec perspici: eosdem in sole hebetari, umbris refulgere, & longius quàm cæteros nitêre, Idem. Panthera dentes habet serratos, Aristoteles & Aelianus. καρχαρόδοντα, ὅσα στρογγύλους καὶ ἐναλλάσσοντας τοὺς ὀδόντας ἔχουσιν, ut leo, canis, pardalis, Scholia in Aristophanis equites. Pardis lingua est imbricatæ asperitatis, ac limæ similis, ut superius in Pardo scripsi. Pantheræ quaternas mammas uentre medio gerunt, Aristotel. & Plinius. Pantheræ cor maximum est proportione, ut & reliquis timidis, aut propter metum maleficis, Iidem. Multiplici pedum fissura est, Aristot. Pedes priores quinis distinctos digitis habet, posteriores quaternis: parua quidem inter quadrupedes digitatas, posteriores etiam quinq; digitos obtinent, Idem. Condito pantheræ, & similia, in corporis uaginas unguium mucrone, ne refringatur hebetetúrue, ingrediuntur, auersisq; falculis currunt, nec nisi appetendo protendunt, Plin. Cauda leoni insima parte setosa est, ut bubus & sorici: pantheris non item, Idem. ¶ Os amplum & rescissum habent, leo, canis & feher, quem nos dicimus leopardum, Albertus de animal. 2. 1. 4. Ego pro feher legerim fhed: sic enim leopardum Arabicè uocari, ex Bellunensi superius docui: al quidem syllaba præfixa, articuli tantum uicem obtinet. ¶ Fœmina crebrius inuenitur, Volaterranus: nimirum quòd non sibi tantum, sed etiam catulis de uictu prospiciens, latius uagatur.

C.

Panther caurit amans, pardus hiando felit, Author Philomelæ. Leopardi rictant, Ael. Spartianus. Βρυχᾶσθαι uox leonis est, & aliorum quæ uocabulum suæ uoci proprium non habent, ut ursi, pardalis, pantheris, Varinus & Pollux. Oryges non metuunt canis latratum, ποςδαλίων δ' οὐ γῆρυν ἀμειδέα πεφρίκασιν, Oppianus. Ferarum aliæ montanis, aliæ palustribus locis gaudent: τὰ δὲ ταῖς ἴδαις τε καὶ ὕλαις, ὡς αἱ πάρδαλεις. Vnde Homerus (Iliad. φ.) ἠΰτε πάρδαλις εἶσι βαθείης ἐκ ξυλόχοιο, Pollux. Ida mons Troiæ est, & accipitur pro quouis monte, ut Achelous pro quauis aqua. Iones uero nemus seu syluam, idam uocitant, & interdum Attici quoq;, Varinus. Ξύλοχος, locus montanus est, sic dictus quòd ligna habeat: uel simpliciter locus fruticibus & arboribus cõfertus. Fedeoz (lego fhed, aut fhedos uel fhedot numero plurali) qui sunt leopardi, manent plerunq; apud fluuios in locis consitis arboribus, & maximè iuxta arbores camphoræ, Albertus lib. 8. ¶ Pardales uino delectantur, Oppiano teste: unde forsan poëtæ fabulantur eas olim mulieres Bacchi nutrices fuisse. Vide infra in h. Quamobrem uino inebriatæ etiam capiuntur, ut dicam in E. ¶ Panthera aliquando nimium se replet cibo, ut & alia acutorum unguium quòd acrius esuriant: sic repleta in latibulum se recipiens diu dormit, Albert. Veneno aconito carnibus insperso à uenatoribus extinguitur, nisi stercus humanum inuenerit, quo deuorato sibi medetur, ut pluribus referam capite quinto. Leopardus cum ægrotat, sanguinem capri syluestris requirit, & stercore hominis pro remedio utitur, Albert. ¶ Pardi in Africa insidunt condensa arborum, occultatiq; earum ramis in prætereuntia desiliunt, atq; è uolucrum sede grassantur, Plinius. Pardalis cursus celeritate cum alia pleraq;, tum maximè simias assequitur, Aelianus. At alibi non celeritate, sed astu mox recitando, simiam ab ea comprehendi ait: Philes simpliciter simiam ab ea captari scribit, Plutarchus odore illectam sponte accedere & capi. Quamobrem in Mauritania pardales (inquit Aelianus) cum robore sint & uiribus præstantes, non cursu quo maxime ualent, simias persequi aggrediuntur: causa est, quoniam non longe ante hanc excurrentes sese tradunt: sed & ut mox eam uiderunt, in fugam se conferentes, in arbores altas ascendunt, & illius impetum declinantes, illic consident. Veruntamen pardalis ad hanc rationem simia dolosior, insidias molitur, & dolos nectit. Vbi enim simiarum multitudo manet, eò profecta, ad terram se sub arbore abijcit, & uentre proiecto humi, sic iacet, tibias ut admodum remisse porrigat, oculos claudat, spiritu compresso sese ab anhelando contineat, & uero mortua uideatur. Illæ uero hostem ex alto despicientes, mortuam suspicantur, & facillime credunt id quod uehementer optant, nondum tamen descendere audent. At experimenti causa unam ex ipsis, quam audaciorem putant, ad examinandum pardalis affectum præmittunt. hæc quidem non omnino sibi præfidens descendit, sed timide & pedetentim primo decurrit, post metu repressa reuertitur. Tum uero iterum descendit, & cum proxime ad pardalim accessit, regreditur rursus. Tum tertio descendit, & illius oculos speculatur, spiritum ducat nécne periclitatur. Illa autem immotam se fortissime præstans, paulatim huic animos addit. Etiam cum hanc permanere constanter sine damno circum illam sublimiores ex superiori loco simiæ speculantur, fiduciam, & spiritum colligentes, ex arboribus frequentissimæ decurrunt, & circum eam concursantes, saltant, simul & supra ipsam gradientes insultant: & in illius contumeliam saltationem simicam saltantes, multifariam ei illudunt, & gaudium quod de hac ipsa tanq̃ mortua immortaliter pergaudẽt, testant̃. Illa aũt omnia sustinens, simul ac illa ipsas insultando, & illudendo defatigatas esse intelligit, ex inopinato exsiliens, earum partem unguibus lacerat, partẽ dentibus distrahit, atq; opimum, & adipale ex hostibus prandium sibi abunde comparat: & tanquã Vlysses ancillarum contumelias & procorum, sic diu multumq; harum insultationes perpetitur, ut hostes

stes ulcisci queat, Hactenus Aelianus. Vide etiam infra in prouerbio, Pardi mortem adsimulat. ¶ Caucasus mons (inquit Philostratus lib. 2. de uita Apol.) principium est Tauri, qui per Armeniam, Ciliciam & Pamphyliam usque & Mycalen procedit, &c. Quòd autem nostra ex parte appellatus Taurus per Armeniam protendatur, quod quodam tempore creditum non est, testantur pantheræ, quas in Pamphyliæ parte quæ aromata profert, captas esse comperimus. Tales enim feræ aromatibus gaudent, & ex longinquo odorem sequentes trahuntur, & ex Armenia per montes profectæ ad storacis lachrymam feruntur, quotiens uenti ab ea parte flant, & arbores liquore turgent. Accepi etiam in Pamphylia pantheram captam fuisse, aureum torquem circa collum habētem Armenijs literis huiusmodi inscriptum, Rex Arsaces deo Nisæo. (Græci codices non habent inscriptionem nec Armenicam nec Græcam.) Regnabat autem temporibus illis in Armenia Arsaces. Is ut opinor feram uidens eximia præ cæteris magnitudine, eam Baccho sacrauit. Bacchus enim Nisæus à Nisa quæ in India est nuncupatur, non ab Indis solum, sed ab omnibus gentibus quæ Orientem spectant. Illa uero quam dixi fera, aliquandiu cum hominibus est uersata, attrectari demulcerique manibus patiens. Adueniente autem uere, ubi Veneris eam cupido stimulauit, maris desyderio tracta in montes secessit, eodem quod gerebat ornamento insignis. Et postea capta est in inferiore Tauri parte, aromatum odore, ut diximus, allecta, Hæc Philostratus. Leopardi amant arbores camphoræ, & ne quis eas inuadat custodiunt, Albertus. Admirabilem quandam (inquit Aelianus) odoris suauitatem olet pardalis, quam bene olendi præstantiam diuino munere donatam, cum sibi propriam planè tenet, tum uero cætera animalia hanc eius uim præclare sentiunt. Hæc autem hoc modo uenationem capit: Cum horum quæ ad uictum opus sunt eget, sese uel in loca arboribus consita, uel folijs uestita, ita occultat, ut inuentu difficilis tantum respiret: hinnuli, dorcades, capræ syluestres, atque alia eiusmodi animalia quadam suauis odoris illecebra attrahuntur, & proximè accedunt. Illa tum quàm mox de latebra exiliens, ad prædā se rumpit, atque eam comprehendit, (ex latebris prosilit atque inuolat, Volaterranus.) Pantheram se abscondentem uenari ferunt, propterea quòd suo odore belluas delectari intelligat: propius enim ita accedunt, quas corripiat, Aristot. Tradunt odore pantherarum & contemplatione armenta mirè affici, atque ubi eas persentiscant, properatò conuenire, nec terreri nisi sola oris toruitate. quamobcausam pantheræ absconditis capitibus, quę corporis reliqua sunt, spectanda præbent, ut pecuarios greges stupidos in obtutu populentur secura uastatione, Solinus. Ferunt odore (apud Volaterranum non rectè legitur colore) earum mirè solicitari quadrupedes cunctas, sed capitis toruitate terreri. Quamobrem occultato eo, reliqua dulcedine inuitatas corripiunt, Plinius. Ad pardalim pleraque uel sponte adcurrere, odore allecta, simiam cumprimis, narrant, Plutarchus. Hinc aliqui pantheram dictam uolunt, quòd omne genus ferarum alliciat & captet. Isidorus tamen alia quædam nugatur. Panther (inquit: pantherem cum panthera confundens) dictus est, siue quòd omnium animalium sit amicus (imò inimicus) excepto dracone, siue quia sui generis societate gaudet: & ad eandem similitudinem quicquid accipit & reddit: pân enim omne dicitur, Hæc ille tum ridiculè tum obscurè. Animalium nullum odoratum, nisi si de pantheris quod dictum est credimus, Plinius. Aristoteles problematum 13. 4. causam quærit cur animantium nullum suauiter oleat, excepta panthera: quæ etiam ipsa, inquit, non nisi bestijs ita olet: ferunt enim suauem illis olentiam ab hac respirari. Sed nihil adfert aliud quod ad pantheræ historiam pertineat. Pardalim cæteris animalibus suauiter olere quidam affirmant: & uenari in senecta nimirum bestias alliciendo gratia sui odoris: at nobis nullam odoris affert suauitatem: forte quòd olfactum homines habeant omnium fermè deterrimum. Itaque multi odores suauitatesque eorum, uel grauitates, nimirum latere hominē possunt, &c. Theophrastus de causis 6. 5. Et rursus 6. 26. Animal nullum penitus odoratum est, nisi quis pardalim dixerit sensui belluarum bene olere. Albertus falsum esse putat cætera animalia pantheræ odore delectari: quoniam in opere philosophi de sensu & sensili legatur cætera (prętęr hominem) animalia odoribus nec suauiter nec molestè affici. Odores quidem certos animalia quædam sectari aut fugere, constat: sed fortassis hoc circa cibum solum, cum ex odore quid ipsorum naturæ conueniat aut aduersetur percipiant: ut ea fortassis tantum bene oleant eis, & longè etiam ad ea pelliciantur, quæ in cibum eis uenire possunt, non ut meram odoris gratiam captent. Sed in præsentia hac de re nihil statuo. ¶ Mares in omni genere fortiores, (magis animosi, Aristot.) præterquam in pantheris & ursis, Plinius. Semiramis Assyria non si quando leonem cepisset aut pardalim similémue feram interfecisset, sed si leænam esset nacta, in eo sibi placuisse fertur, Aelianus in Varijs. Ἄτονον τὸ ζῶον φύσει, Scholiastes in Alexipharmaca Nicandri: qui cum scripsisset pardalim frequenti assultu excrementū hominis in arbore suspensum (id enim pro remedio petit aconito cū carnibus deuorato,) petere, subijcit, hoc animal natura infirmum esse: hoc est citò fatigari & exhauriri: nimirum quod in primos impetus quantumcunque uirium habet & omnem sui roboris contentionē insumat. ¶ Pardus celer, Lucanus libro 6. Leuiores (id est celeriores) pardis (nemerim) equi eius, Abacuc primo. Suem & aprum dices συῤῥηγνύναι, leonem ἐφορμᾶν, pardalim πηδᾶν, id est saltare, Pollux. Idem alibi pardalin corpus habere scribit, ὑγρόν, εὐέλικτον, πηδητικόν, ἁλτικόν, εὐπαλές, hoc est agile & saltibus aptum. ¶ Cæcos gignunt canes, lupi, pantheræ, thôes, Plinius. Author libri de nat. rerum, pantheram semel tantum parere scribit. Nam cum in utero matris, inquit, coaluêre catuli, maturisque ad nascendum uiribus pollent, oderunt temporis moras. Itaque oneratam fœtibus uuluam, tanquam obstantem partui, unguibus lacerant. Vnde illa partum effundit, seu potius dimittit, dolore cogente. Ita postea corruptis & cicatricosis sedibus, genitale semen infusum non hæret acceptum, sed irritum resilit. Nam, teste Plinio, animalia quorum acuti sunt ungues, frequenter parere nequeunt. uitiantur enim intrinsecus se mouentibus catulis. Hæc ille. Leænam quoque eandem ob causam semel tantum parere, uulgi quondam opinio fuit, quam refellimus in Leone c. Pantheram dicunt parui esse partus, & pauci & difficilis, propter ungues longos & acutos, quibus catuli frequenter uterum matris lædunt, Albertus. Panthera tempore libidinis admodum uocalis est, & ad uocem eius alia eiusdem aut uicini generis animalia conueniunt, Albertus. Leænas cum pardis coire, unde leones gignantur ignobiles, nec iubati, (aut, ut Philostratus refert, fœtus maculosi,) pluribus dixi supra in Leopardi mentione priuatim: & in Leone c, ex Philostrato & alijs. Pardus in Africa abundat, ubi propter aquæ penuriam multa animalia conueniunt ad amnes, & ibi leænæ à pardis adulteratæ generant leones, sed ignobiles, Albertus. Est quando lupi cum pantheris coëunt, unde gignuntur thôes bigenere animal, quod pelle (scilicet maculosa) pantheram refert, facie autem patrem, Oppianus 3. de uenatione. Sed de thôe uarias authorum sententias in historia eius statim post lupum exhibui.

D.

Leopardi gregatim conuersari solent, Albertus. Panther (abutitur hoc nomine pro panthera) sui generis societate gaudet, Isidorus. Pardalis inter animalia illa quæ fortitudine prædita uidentur, magis ingenium muliebre refert, ut corpore etiam formam muliebrem, ut in B. dixi ex Aristotele. Leo contra, uiri, tum ingenium tum corporis speciem. Animo sanè pardalis est pusillo, (μικρόν. nisi legendum μιαρόν, id est improbo. sed uetus interpres legit pusillo:) furtiuo & ut paucis dicam doloso, Aristot. Pantheræ cor maximum est proportione, ut & reliquis timidis aut propter metum maleficis, Aristot. & Plinius. Pantheræ ingenium molle est, (ἁβρόν, effœminatum,) iracundum, insidiosum & fraudulentum (λοχητικόν καὶ ἐπίβουλον,) timidum simul & audax. His moribus corporis etiam forma respondet, Adamantius. Namer, id est, pardalis in sacris libris tanquam ferocissimum & crudelissimum animal cum lupo ac leone memoratur, ut citaui in A. Fulminei pardi, Claudianus 8. Paneg. ¶ Sapientes Aegyptiorum designaturi hominem qui scelestum suum ac malignũ occultet animum, ne à suis noscatur, pardalin pingunt. Hæc siquidem clanculum alia persequitur animantia, nec sinit impetum ac pernicitatẽ suam innotescere, (μὴ συγχωροῦσα τὴν ἰδίαν ὁρμὴν ἀφιέναι,) qua in illis persequendis utitur, Orus. Quomodo latitans, aut capite saltem occultato, (cum reliquum corpus nihil præ se terribile ferat,) allectas ad se propius sui odoris suauitate feras deuoret, iam supra capite tertio docui: Et ibidem quàm mirabili astutia se mortuam simulans, simias captet. qua de re uide etiam infrà prouerbium, Pardi mortẽ adsimulat. ¶ Panthera perpetuò fera est, Aristoteles. Atqui Albertus & alij recentiores facile cicurari scribunt, præsertim ad uenationis usum, ut supra in Leopardi mentione dixi capite primo: & infra capite quinto pluribus dicetur. Sed utcunque cicur, nunquam prorsus deponit feritatem, & sæpe ad ingenium redit. Leonibus ac pardis, omnibusque generis eius, etiam felibus, imbricatæ asperitatis lingua est, ac limæ similis, attenuansque lambendo cutem hominis. Quæ causa etiam mansuefacta, ubi ad uicinum sanguinem peruenit saliua, inuitat ad rabiem, Plinius. Picto quod iuga delicata collo Pardus sustinet, Martialis. ¶ Leones, pantheræ & tigrides, fœtus suos uehementer amant, & pro ipsis contra uenatores pugnando, quæuis tela & mortem quoque contemnunt, Oppianus lib. 3. de uenatione, ubi etiam de ijsdẽ ac lyncibus scribit, quod cum ad latibula sua reuersæ catulos sibi ablatos reperiunt, magno & miserabili eos ululatu plangant. ¶ De panthera tradit Demetrius physicus, iacentem in media uia hominis desiderio, repente apparuisse patri cuiusdam Philini affectatoris sapientiæ: illum pauore cœpisse egredi, feram uero circũuolutari non dubiè blandientem, sese conflictantem mœrore, qui etiam in panthera intelligi posset. Fœta erat, catulis procul in foueam delapsis. Primum ergo miserationis fuit non expauescere, proximum ei curam intendere: secutusque qua trahebat uestem unguium leni iniectu, ut causam doloris intellexit, simulque salutis suæ mercedẽ, exemit catulos: eaque cum ijs prosequente usque extra solitudines deductus, læta atque gestiente: ut facile appareret gratiam referre, & nihil inuicẽ imputare, quod etiam in homine rarum est, Plinius. Similia quædam leoninæ etiam mansuetudinis exempla, in Leone recitaui. Pardalim audio, cum eam à paruula cum hominibus uenator uersari adsuefecisset, atque adeò mansuefecisset, eamque sanè tanquã amasiã adamaret, & magna cura aleret, ob eamque rem hœdũ huic, quẽ simul cum ipsa aluisset, eam hœdi esu oblectare cupiens, comedendum dedisset: edere illum, etsi occisus erat, recusasse. Cum enim primo die is ad pastũ obiectus semel fuisset, ab eo ipso edendo se sustinuisse, quia propter cibi expletionem inedia uti necesse haberet. Secundo iterum die hœdus huic allatus est, ab eo similiter, quoniam adhuc fame non premeretur, se continuisse. Tertio die quamuis esuriret quidem, & solito signo cibum requireret, non hœdum tamen suum contubernalem attingere uoluisse, sed illo relicto, alterum sumpsisse. Homines autẽ suos intimos & pernecessarios non modo produnt, sed sæpe etiã in fratres & parentes multa perfidiose faciunt & improbe & malitiose, Aelianus. Androclis serui historiam, qui fugitiuus in Africa à leone nutritus fertur toto triennio, deinde captus & feris Romæ obiectus, inter quas fortuitò idem leo captus erat, ab eodem agnitus & contra pantheram defensus est, in Leone retuli cap. quarto.

¶ Panther (abutitur hoc nomine pro panthera) omnium animaliũ amicus est, excepto dracone, Isidorus

Isidorus absque authore. Ego pantheram omnibus inimicam dixerim. Panthera dicitur infesta esse draconi, & draconem ea uisa ad cauernas refugere, Albertus. Alfhed (id est leopardus minor) lupos libenter interficit, Albertus. Ante paucos annos statim post mortem Galliarum regis Francisci leopardos audio, marem & fœminã, siue dimissos negligentia aut malignitate custodis, siue per uim è cauea egressos, in syluas aufugisse, & circa Aureliã plurimos homines laniasse, & sponsam aliquãdo ad nuptias ducendã in uico rapuisse, & inuenta mulierum cadauera quarum illi mamillas tantum deuorassent. ¶ Hyæna pardalim odit, Aelianus. Hyænæ pantheris præcipuè terrori esse traduntur, ut ne conentur quidem resistere: & aliquid de corio earum habentem non appeti: mirumque dictu, si pelles utriusque contrariæ suspendantur, decidere pilos pantheræ, Plinius. Superiorem ab inferiore 10 uictum significare uolentes Aegyptij, duas pelles pingunt, hyænæ unam, alteram pardalis: hæ enim pelles si simul ponantur, pardalis quidem pilos abijcit, hyænæ uero non, Orus. Mygale, id est mus araneus, pantheras terret, Philes. Gallinaceo iure perunctos pantheræ leonesque non attingunt, præcipuè si & allium fuerit incoctum, Plinius. Leopardus uiso hominis craneo, fugit, Aesculapius.

E.

Leopardus cicuratus & ad uenationem dimissus, nisi tertio quartóue saltu præda potiatur, succenset adeò ut nisi sanguine placetur, in uenatorem insiliat, Albertus. Plura uide supra in A. in Pardo, Leopardo & Alfhed. Ego dum hæc scriberem accepi à quodam oculato teste, in aula regis Galliarum, leopardos duorum generum ali, magnitudine tantum differentes: maiores uituli corpulentia esse, humiliores, oblongiores: alteros minores, ad canis molem accedere. Et unum ex minorib. ali- 20 quando ad spectaculum regi exhibendum à bestiario aut uenatore equo insidente à tergo super stragulo aut puluino uehi alligatum catena: & lepore obiecto dimitti, quem ille saltibus aliquot bene magnis assequutus iugulet. Venator leopardum recepturus, accedit auersus & frustum carnis retro inter crura protensum porrigit, ne si faciem obuerteret ab eo inuaderet: et rursus loro alligatum manu demulcet ac reducit ad equum: ille in sedem suam facile resilit. Idem narrauit, tauro aliquando & leone simul emissis, leonem placidiorem nihil in taurum fuisse molitum, ac sponte ad caueam suam regressum: deinde duos leopardos eductos, statim uiso tauro in eum insiluisse: quem & iugulassent, nisi bestiarij funibus alligatis ad catenas eorum, quibus teneri solent, eos retraxissent. Senatusconsultum fuit uetus ne liceret Africanas (pãtheras intelligo, de quibus & proximè dixerat. Vide in A.) in Italiam aduehere. Contra hoc tulit ad populum Cn. Aufidius tribunus plebis, permisitque Circensi- 30 um gratia importare. Primus autem Scaurus ædilitate sua uarias cl. uniuersas misit, deinde Pompeius Magnus quadringentas decem, diuus Augustus quadringentas uiginti, Plinius. Picto quòd iuga delicata collo Pardus sustinet, Martialis.

¶ Aconitum primum alio nomine pardalianches à strangulandis pantheris uocatur, ut Dioscorides, Plinius & alij tradiderunt. De herba ipsa copiosè disserui in Lupo a. & eam esse ostendi, quæ hodie paucissimis locis cognita, in montibus Sabaudiæ & Galliæ Italiam uersus tora uocatur, &c. Hîc plura adijciam, non ad herbæ historiam, sed pantheræ, quæ radice eius trita & in carnibus obiecta extinguitur: quod sues etiam, & lupi & bestiæ omnes Dioscoride teste patiuntur. Tangunt (id est aspergunt) carnes aconito, necantque gustatu earum pantheras, nisi hoc fieret repleturas illos situs. Ob id quidam pardalianches appellauêre. At illas statim liberari morte, excremẽtorum hominis gustu 40 demonstratum, Plinius. Panthera cum uenenum pardalianches ederit, quo leones etiam intereũt, stercus hominis quærit: eo enim ipso iuuatur. quocirca uenatores stercus ibi propinquum suspendunt ex arbore aliqua in uase, ne procul bellua abeat, petens suum medicamentum: itaque insiliens ibidem, & spe capiendi perseuerans, in se efferenda emoritur, Aristot. Pantheras perfricata carne aconito (polline eius, nimirum) barbari uenantur. Occupat ilico fauces earum angor, quare pardalianches id uenenum appellauêre quidam. At fera contra hæc excrementis hominis sibi medetur: & aliâs tam auida eorum, ut à pastoribus ex industria in aliquo uase suspensa altius, quàm ut queat saltu contingere, iaculando se appetendoque deficiat, & postremò expiret: alioquin uiuacitatis adeò lentæ, ut eiectis interaneis diu pugnet, Plinius. Hyrcani pantheras frequentius ueneno, quàm ferro necant. Aconito carnes illinunt, atque ita per compita spargunt semitarum. Quæ ubi esæ sunt, fauces ea- 50 rum angina obsidentur, (&c. ut Plinius,) Solinus. Auditum est pantheras quæ in Barbaria uenenata carne caperentur, remedium quoddam (excrementum hominis forte nominare noluit) habere, quo ut essent usæ, non morerentur, Cicero 2. de nat. deorum. Panthera & pardus (Arabicè legi puto, alnemer & alfhed, hoc est leopardus maior & minor: sic enim in aconiti mentione apud Auicennam in Bellunensis æditione legisse memini) deuorato ueneno, stercus hominis quærunt, quo gustato euadunt, Auicenna. Pardalin (inquit Pollux) tum alijs modis capiunt, tum aconito pharmaco cibis (κρέασι, Dioscorides & alij melius, carnibus) admixto: unde fera uentris profluuio exhauritur, & sæpe uiua capitur. Pardalis intelligens aconitum sibi uenenum esse: non prius degustat quàm excrementum hominis, utpote antipharmacum prope se uiderit: quamobrem pastores excrementum in arborem ea altitudine suspendunt, ad quam pardalis peruenire saltu non possit. Hoc uiso fera tan- 60 quam præsente remedio, aconitum edit: deinde medicamentum petens, crebris tandem assultibus defessa, aut moritur, aut à pastoribus interimitur, Scholiastes Nicandri. Sed ridiculus est aconitum à panthera edi scribens, non carnes aconito imbutas: & cum plurimum rationis ei tribuat, ut quæ &

kk 4

uenenum & remedium suum agnoscat: rursus omnem ei rationem aufert, quæ uenenum sciens ac prudens deuoret. Leones, lynces, pardales, pantheres, ursi, capiuntur aconitico ueneno ad eum admixto cibum quo quodque eorum delectatur, &c. aut foueis, ut pluribus retuli ex Xenophonte in Leone E. Aristoteles in Mirabilibus non pardalianches, sed pardalion (παρδάλειον) hoc uenenum nominat, cuius uerba recitaui in Lupo a. ¶ Est & apocynon uenenosa herba, quam similiter pardalianches appellari in nomenclaturis apud Dioscoridem legitur. Necantur apocyno canes, lupi, uulpes, pantheræ, & omnes quadrupedes: Vide in Cane c. Herba quæ leopardi herba dicitur, leopardus terretur: & herba quæ leopardum strangulans dicitur, interficitur, Rasis ut quidam citat: Est autem posterior herba, non alia quàm aconitum primum: prior quæ sit, non facile dixerim: nam præter allium herbam quæ ei aduersetur non legimus. ¶ Pisces quidã nigri uenenati in Armenia reperiuntur: quos contritos in ouium aut caprarum discissum latus abdunt: quod cum pardalis, leo aut lupus gustârit, continuò moritur, Aelianus. Si uenatori res sit cum alia fera quàm apro, uenabulum tenere oportet pedibus non tantum diuaricatis, quantum in pugna aduersus aprum: nam feræ quędam, ut pantheræ & leones, cursu ad uenatorem usque delatæ, cum propè sunt, insiliunt. Dirigendus est autem ictus ad pectus & cor, tanquam uulnere in illis eo in loco maximè letali futuro, Pollux. ¶ Vbi proficiscentis ad aquam ex spelunca pardalis, uenatores tritam uiam obseruarunt, ibidem rotundam & altam scrobem (minorem multò quàm pro leone capiendo) faciunt, in cuius medio columnam ligneam (non lapideam ut pro leone) defigunt: ex ea catellum (non agnum ut pro leone, aut hœdum) suspendunt, cuius testiculos tenuibus uinculis constringunt. Is uinculorum dolore pressus gemit, & latrans suo sono pardalim ad se commouet. Hæc non mediocri uoluptate gestiens, illuc se magnis saltibus incitat, & nullum dolum esse existimans, in positas insidias incidit, Oppianus libro 4. de uenatione. Eundem capiendi modum libro 3. de piscibus describit, pro similitudine adhibens, quomodo admones etiam dicti pisces similiter capiantur in nassas illecti, in quibus paruos pisciculos natantes uiderint, &c. Sed uersus poëtæ adscribam, ut res tota clarior fiat.

Ὡς δέ τις ἐν ξυλόχοισιν ὀρέστερος ἀγροιώτης
Δῆσε λιμοῦ σφίγγων ἀπὸ μήδεα. τοῦ δ' ὀδύνῃσιν
Ἔρχεται, ἀμφὶ δέ οἱ σχέτο δοῦπος. ἡ δ' ἀΐουσα
Μαιομένη, τάχα δ' ἦξε, καὶ ἔθορε. τὴν δὲ ἔπειτα
Εἰλεῖται περὶ στύλον. μέλει δέ οἱ οὐκέτι δαιτὸς,
Θηρὶ πάγχυ ἤρτηκεν, ἀπλωεὶ δ' ἔνδοθι δεσμῶν
Ἠχήεις ὀρυμαγδὸς ἀπόπροθι τειρομένοιο
Πάρδαλις ἰάνθη τε καὶ ἔδραμεν ἴχνος αὐτῆς
Ὑψόσ' ἀναρπάζει λιμπυγὸς δόλος. ἡ δ' ἐνὶ βόθρῳ
Ἀλλὰ φόβου. τῇ δ' οὔτις ὑπέκλυσις ἔστιν ἑτοίμη.

Idem alibi contra feras diuersas, equos etiam colore diuersos uenatori eligendos consulit: contra ursos, glaucos: contra apros, fuluos aut ignis colore: contra pantheras, δαφοινοὺς, id est ruffos aut puniceos. Pardales cum Mauri uenantur, eiusmodi insidias collocant, ut intra ędificatiunculam lapidibus quam primo struxerint, putrescentis iam carnis frustum ex longiore funiculo appendant: deinde ex arundinibus ianuam rara structura imponant, per eas ut fœtidæ carnis odor emanet, & longe lateque uagetur. Hunc inclusum fœtorem feræ bestiæ sentiunt: nam quodammodo tetris odoribus delectantur. Itaque huius cibi appetitione, huc illuc circunferuntur, & tanquam quadam amatoria illecebra attractæ, & incidunt in laqueos, & infelici esca constrictæ tenentur, Aelianus interprete Gillio. Volaterranus eundem locum paulò aliter & breuius uertit, hoc modo: Capiuntur pardales in Mauritania loco lapide substrato, laqueis præparatis, carneque apposita: ad cuius odorem per conualles subiectas delatum flatibus uentorum festinantes, in insidias incidunt. ¶ Leopardus diligit uinum & inebriatus capitur, Rasis & Albertus. Oppianus modum etiam quo inebrientur elegantissimè describit: Vbi primum (inquit) in Libya paruum fontem animaduerterunt, nõ copiosum nec longius emanantem, sed intra se consistentem, & sub arenam subeuntem, unde pardales prima luce bibere soleant, eò uenatores noctu amphoras permultas (uiginti) suauis uini plenas afferunt, quod iam undecim annos in dolijs bene conditum constitit. Ac nimirum posteaquam hoc idem in fontem infuderunt, inde non procul sedent stragulis tecti, nam nulla alia re se occultare possunt, neque enim sane lapidum, neque arborum tegmenta inueniuntur: ibi enim sola terrarum ab arboribus nuda ex omni parte ad uidendum patent. Eæ autem ardenter sitientes & grauem sitim depellere cupientes, ad nigrum iam fontem accedunt, & simul ut uini, cuius studiosæ sunt, potione sitim expleuerunt, statim primo saltatione ludunt, deinde sensim obdormientes humi sternuntur. Itaque arctè & grauiter dormitantes, nullo negotio comprehenduntur.

¶ Leopardorum pelles ad nos etiam adferuntur, quanquam rarius: frequentius in Galliam. Pellem uidi uenalem tribus uel quatuor aureis Gallicis: sunt qui præstantiores aureis sex uel septem indicent. Maurorum pedites leonum & pardalium pelles induunt, & dormituri substernunt, Strabo. Pastorales homines qui loca inter Caucasum montem & fluuium Cophêna tenent, Apollonio cum socijs transeunti leonum ac pantherarum carnes, & earundem ferarum pelles â carnibus nuperrimè direptas donabant, Philostratus. Plura de pantherinis pellibus, uide infra in e.

F

Agriophagi populi in Aethiopia (occidentem uersus, Solinus) pantherarum & leonum carnibus uescuntur, Plinius 6.30. Inde nimirum & nominati sunt, quòd bestias edant agrias, id est feras. Pantheris uesci uidentur etiam qui inter Caucasum montem & fluuium Cophêna habitant: lege Philostrati uerba in fine præcedentis capitis. Pardales & pantheres edunt aliqui, Galenus de alimentorũ facultate

facultate 3.1. cum proxime dixiſſet aliquos etiam aſinis & camelis ueſci, homines ſcilicet tum animo tum corpore ὀνώδεις καὶ καμηλώδεις. Caro leopardi calida eſt & ſicca, Raſis & Albertus.

G.

Tradiderunt aliqui, ſi corium leopardi (altamur, lego alnemer) ſubſternatur, non accedere ſerpentes, aut ſi ſtragulum inde fiat: ſed eius qui hoc retulit nulla eſt authoritas, Auicenna. ¶ Quomodo pantherarum & leonum pinguia curari oporteat, ex Dioſcoride & Plinio præſcripſimus in Tauro. Leoninus adeps calidiſſimus & ſicciſſimus eſt, &c. proximus ei pardinus, pardino urſinus, Syluius ex ſecundo Galeni ad Glauconem. Pinguedo leopardi craſſa eſt & acris: ſubtilitas eius apparet in his qui patiuntur pulſum temporum & reuolutionem capitis (uertiginem,) ſi odor eius inter aſſan-
10 dum recipiatur, Raſis. Albertus aliter: Vtilis eſt paralyticis, & pulſum cordis patientibus, & reuolutionem, ſi odor eius inter aſſandum recipiatur. Seuum leopardi miſtum cum oleo laurino, ſi cum eo inungatur ſcabioſus, cuius ſcabies ſcindit cutem, (quæ nominatur artrath, Raſis. Impetigines intelligo, quas Galli dartres appellant,) confert, Albertus. ¶ Sanguis leop. utilis eſt tumori uenarũ (uenarum crurium, Raſ. uarices puto intelligens,) ſi eo calido confricentur, Idem. ¶ Caro leop. calida & ſicca eſt, Iidem. ¶ Cerebrum eius miſtum cum aqua erucæ & modico zambac, potum mitigat dolorem uteri, Raſis. Albertus aliter: Cerebrum eius cum ſucco erucæ, genitalibus uiri illitum, confirmat coitus facultatem: medulla uero pota uteri dolores tollit.

¶ Leopardi fel potum (intra corpus ſumptum) eueſtigio interficit, Bertrutius: qui etiam de leonis felle idem ſcribit, neſcio quàm uere, cum authorem non habeat. Plinius etiam muſtelæ ſyluestris fel
20 uenenoſum eſſe ſcribit. Leopardi quidem felli (aut etiam pardi, ut Cardanus ſcribit) uim iſtam letalem Arabes tantum attribuunt. Recentiores quidam obſcuri idem de felle unciæ ſcribunt: ego unciam, ut ſupra dixi, pantheram ſiue leop. eſſe conijcio. Qui biberit fel leop. (alnemer) euomit bilem uiridem aut pallidam, & naribus percipit odorem aloës (& ore ſaporem aloës, Matthæol.) & incidit in icterum maximo periculo mortis: quòd ſi tres horas ſuperauerit, melius ſperatur. Procurandus igitur maturè eſt uomitus, tum danda antidotus ei peculiaris, quæ recipit, Terræ Lemniæ, baccarum lauri ana partem i. coaguli capreoli partes iiij. ſeminis rutæ & myrrhæ, ana partem ſemis: excipiantur melle. doſis eſt magnitudo nucis. & mox iterum euomat, & fiat balneum ex aqua in qua res odoratæ ſint decoctæ, Auicenna 4. 6. 2. 13. Inducit hoc uenenum omnia ſymptomata quæ napellus & morſus uiperæ, & iiſdem remedijs curatur, Matthæolus ex Aponenſi. Leopardus animal eſt calidiſſi-
30 mum, quod uel ex maculis nigris & uelociſſimo eius motu eſt conijcere: itaq; fel etiam eius ſuo calore urit humores, & intra ſex horas interficit. Adhærendo muſculis uentriculi facit ſpaſmum. Scythæ ſagittas eo inficiunt ut celerius interficiant, Ferdinandus à Ponzetto. Idem antidotum eandem quã Auicenna præſcribit: Mihi tamen, inquit, uidetur, potius eſſe propinanda antipharmaca frigida corroborantia, & utendum balneo aquæ odoriferæ, deniq; eodem modo curandum quo uenenum napelli. Lapis quem linguam ſerpentis uocant, ſudore ſuo arguit fel leopardi, uiperam, napellum, Matthæolus ex Aponenſi. Leopardi fel recens ſumptum, letiferum eſt uenenum, ſiccatum uero uehementiam illam amittit, (Albertus hæc deprauauit.) aurei pondere ſumptum, necat eodem die. Nuper cum rex cuidam ex ſui regni principibus huius fellis recentis drachmæ (unciæ, Albertus: non rectè) pondus propinaſſet ex uino pu. (puro,) poſtridie cum dormire cœpiſſet mortuus eſt, Raſis ci-
40 tans Ariſtotelem, apud quem nihil tale legi certum eſt. Idem fel pondere dauic (paruo pondere, Albertus: Bellunenſis danich ſcribit, quę ſit ſexta pars drachmæ) ſumptum cum cypho aquæ decoctionis caryophyllorum, (cum aqua ſimpliciter, Albertus,) prohibet generationem & inducit ſterilitatem, Raſis.

¶ Teſticulus leop. dexter à muliere etiam prouectæ ætatis ſumptus, menſtruam purgationem deſitam ei reſtituit: & ſi pergat edere, ſæpius purgabitur: quod ſi libeat ſiſtere, propinabis ei ſemen pſyllij recentis, Raſis & Albertus.

¶ Remedia ad morſus leonum, pantherarum & urſorum, ex Aëtij 13. 3. uide in Leone G. Beſtiæ rapaces, ut leopardus (alnemer,) leo, & alſhed, non tam innoxiæ ſunt morſu quàm canes & homines: ſed dentes eorum & ungues non prorſus uacant ueneno: quare danda eſt opera ut curentur im-
50 primis cum attractione, quanquam leui: deinde uulnus ſanetur, Auicenna.

H.

a. Ferarum uocabula quædam peregrina ſunt, ut panthera, leo, utraq; Græca, Varro. πόρδαλις mas uocatur, ἀπὸ τοῦ προσάλλεσθαι: fœmina autem πάρδαλις, ἀπὸ τοῦ περιάλλεσθαι, Heſychius: ſic enim legi debet, ex Euſtathio in Iliados ρ. Hinc natum puto errorem qui apud innominatum in eundem librum Scholiaſten habetur, his uerbis: παρδαλις τὸ ζῶον, ἡ δὲ δορὰ παρδαλῆ. ὁ μὲν ἀπὸ τοῦ προσάλλεσθαι, ἡ δὲ ἀπὸ τοῦ περιβάλλεσθαι. Prorſus enim ridiculum eſt aliud etymon primitiuo, aliud deriuato aſſignare: quare facile conijcio grammaticum aut librarium aliquẽ, qui Euſtathij aut alterius uerba aut malè legerit aut nõ ſit aſſecutus, tam ineptè ſcripſiſſe. Suidas quoq; pordalin marẽ, pardalin fœminã facit. Pordalin, inquit Varinus, poëtæ proferũt πρὸς τὸ προσάλλεσθαι, abundante delta. Cæterũ in Rhetorico lexico legitur
60 pordalin communem eſſe uocem, pardalin Atticam. Homerus animal intelligens primam ſyllabam per omicron ſcribit: pellem uerò, per alpha, Hæc ille. Sed ſciendum eſt apud Homerum pro animali utroq; modo ſcriptum reperiri; pro pelle uero, ſemper quidem per alpha in prima ſyllaba, non πάρ-

δαλις tamen, sed παρδαλῆ aut παρδαλέη scribitur, eadem scilicet terminatione qua aliorum quoque animalium pelles: quod clarius testatur Varinus in uoce παρδαλέη. Ego pordalin per o. non solū apud poëtas, sed historicos etiam inuenio: & apud utrosque pordalin aliquando in fœminino genere, pardalin in masculino, contrà quàm grammatici obseruarint, siue ita scripserunt authores, siue librarij deprauarunt. Mihi aliquando in mentem uenit, fieri posse ut pardalis uox origine sit Hebraica, à pardes, id est, horto: quòd macularum oculis tanquam floribus pellis eius pulcherrime ornetur: sic cêpus etiam simiarum generis à coloris elegantia nomen adeptus uidetur, ut κῆπος, id est, hortus diceretur. Πορδαλίδεσσιν in datiuo plurali, Oppianus: usitatius autem πορδαλίεσσι diceretur: ut reliqui casus πορδάλιες, πορδαλίων, apud eundem.

¶ Epitheta. Panthera picta, ferox, multicolor, Textor. Pictarum fera corpora pantherarum, Ouid. 3. Metam. ¶ Pardus celer, Lucanus lib. 6. Fulminei, Claud. 8. Paneg. Sublimis, Iuuenal. Sat. 11. Virides, Claud. 3. Paneg. Item uolucer, pernix, leuis, apud Textorem. ¶ Πορδαλίων γένος ἄγριον. Πορδάλιες ὀλοαί, θοαί, δαφοιναί. Πόρδαλιν αἰολόνωτον ὁμοῦ ξυνήν τε καμήλῳ, de camelopardali. Et mox Ἀμφιέσας ὀρινοῖσιν ἀναιδέσι πορδαλίεσσι φαίδιμον, ἱμερόεν, πιθασὸν γένος ἀνθρώποισι. Θῆρες ὠμοβόροι, ὀλοοῖσι κορυσσόμεναι ὀνύχεσσι. Φιλάκρητοι, id est, uini amantes, Hæc omnia Oppianus. Ῥινὸς δαιδάλεος, de pelle pantheræ, Idem. Λασιόστερνοι, Agathias in epigrammate. Θήρεσσι πελώροις, Nicander in Aconito.

¶ Panthera uocabulum Græcum est, à quo etiam & rete quoddam panther, Varro. Pantheron siue pantherum retis genus est, ex eo nomen habens, quòd omnes aues uenetur & concludat, eadē ferè ratione qua panagron, quod rete piscatorium est. θήρα uenatum significat, & ad aucupium quoque contrahitur, unde ὀρνιθοθήρας, id est, auceps. Hoc rete humi exporrectum, & in oblongam tenuitatem contractum, tegitur quisquilijs, ne ab auibus prouideri possit. Deinde quum opus est adducto magna ui fune, repente expanditur, inescatasque aliquot diebus auiculas uno ictu uniuersas contegit, (nostri uocant **Zuckgarn**, Galli retz saillant.) Veluti quum futurum iactū retis à piscatore emimus, aut indaginem plagis positis à uenatore, uel pantheram ab aucupe. nam etiamsi nihil capit, nihilominus emptor pretium præstare necesse habebit, Vlpianus de Actio. empti. & uendit. Obseruauit hæc Budæus. Scoppa Pollucem citat qui retia quædam pardales nominet, quod ego apud Pollucē non inueniri puto. De pantheræ retis usu ad capiendas anates lege Crescentiensem 10. 17. ¶ Pantherinum, pantheræ simile & uarium, ut pantherina pellis Plinio. Caprigenum hominum non placet mihi, neque pantherinum genus, Plautus Epid. Mensis ex cedro præcipua dos in uena crispis, uel in uertice uarijs. Illud oblongo euenit discursu, ideoque tigrinæ appellantur: hoc intorto, & ideo tales pantherinæ uocantur, Plinius 13. 15. Hîc ubi legitur in uertice uarijs, uetus lectio erat, in uertice paruis. Vbi Hermolaus, Legendum quidam putant peruijs, aut certè, uarijs. quoniam pantherinæ dicantur. pantheras autem non modo uarias esse constat, sed & uocari. Fiebant & mensarum pedes eborei, pardorum aut pantherarum effigie. Olim ex quauis arbore mensa fiebat: At nunc diuitibus cœnandi nulla uoluptas, &c. nisi sustinet orbes Grande ebur, & magno sublimis pardus hiatu Dentibus ex illis quos mittit porta Syenes, &c. Iam nimios, capitique (cum scilicet mensæ portantur capite, id est, orbe uel tabula pedibus imposita,) graues, Iuuenalis Sat. 11. ¶ Aristophanes alicubi meretricem πόρδαλιν uocari scribit, Pollux: nimirum ex collusione nominum in prima syllaba. meretricem enim uulgò πόρνην uocitant. Accedit & natura animalis, rapax & impudens, unde & Lupa & Leæna & Leontium meretricum nomina fuerunt propria. Est & Pantheris, ut Varro scribit, mulierculæ nomen, pulchre conueniens scorto, quod omnes sine discrimine ad se alliciat & captet. ¶ Ἤτω δὲ καὶ τύμπανα καὶ κύμβαλα σκευῶν ἂν καὶ ταῦτα εἴη, καὶ παρδάλῳ, καὶ λέοντι, καὶ σανίς, καὶ λεύκωμα, Pollux 10. 42. Est autem locus obscurus, & ut conijcio deprauatus. neque enim uel ex præcedentibus uel ex sequentibus sensum ullum colligas. Παρδάλεος uel παρδάλεος, quod ad pardalim attinet, Etymologus. Παρδαλωτός, referens colorem pardalis, uarius, ut quidam in Lexicon Græcolat. retulit. Bacchum tauro & pardali assimulant, quod eiusmodi sint homines ebrij, nempe uiolenti & iracundi ut taurus: & pugnaces ac belluini, ὅθεν καὶ τὸ παρδαλῶδες, (id est, unde pardalis similitudo conficta est,) Plato lib. 2. de legibus. ¶ Pardalium, unguenti nomen, sic dictum quòd pardalis, quæ sola ex animantibus odorata (belluis, non homini, ut in C. dixi) creditur. Fuerat & pardalium in Tarso, cuius etiam compositio & mistura obliterata est, Plinius lib. 13.

¶ Icon. Pardus eburneus, mensæ pes: Vide paulò ante in mensis pantherinis.

¶ Sunt & à leonis pelle & pantheræ nominatæ gemmæ, leontios, pardalios, Plin. Et alibi, Tradunt Persicum smaragdi genus uisum implere quem non admittant, felium pantherarumque oculis similes, nanque & illos radiare, nec perspici: eosdē in Sole hebetari, umbris refulgere, & longius quàm cæteros nitere. Lapis pantherus, secundum Albertum, multos habet colores, nigrum, uiridem, rubeum, & alios plures. Inuenitur autem pallidus, purpureus & roseus. Affertur plerunque ex India. A gestante inspici debet mane oriente Sole. sic efficacem fieri aiunt: habere autē totidem facultates quot colores habet, ut Euax etiam scribit, Syluaticus.

¶ Pardale herba, quæ alio nomine leontopetalon uocatur: uide in Leone a. Pardalianches, aconitum primum, uel apocynon: de quibus in E. dictum est.

¶ Camelopardalis fera, uulgò giraffa, capite, oculis, colore, pilis, & cauda, Diodoro teste, pardalim refert: ungulæ fissura camelum, &c. ex qua & pardali nasci creditur. ¶ Pardalus auicula quæ dam

dam perhibetur, quæ magna ex parte gregatim uolat, colore tota cinereo, &c. Aristoteles. Hesychio non πάρδαλος, sed πάρδαλις, auicula quædam est. ¶ Pardalis etiam inter cete est. Pardalis piscis, ut ij qui ipsum uiderunt, dicunt, in mari rubro nascitur, colore & maculis orbiculatis similis terrenæ pardali, Aelianus.

¶ Mare circa Taprobanam infinitos pisces procreare ferunt, habentes capita leonum, pantherarum, arietum aliorumque animalium, Aelianus.

¶ Pantheris nomen mulierculæ, Varro: paulò superius dixi nomen hoc esse meretrici aptum.

¶ Mons leopardorum distat à Tripoli duabus leucis, uide supra in A.

¶ b. Non crederes leones & pantheras esse, quum tibi quales essent dicerentur? Cicero 1. de Nat. Gryphum corpori maculas ut pantherarum inesse aiunt, Pausanias in Arcadicis. Extrema regio Arabiæ cepos fert, qui faciem leonis habent, corpus reliquum pantheris (πάνθηρος) habent, magnitudinem capreæ, Strabo: sed alius à panthera panther est, de quo post lupum diximus. Onesicritus formicarum Indiæ scribit se uidisse pelles pantherinis similes, Gillius ex Arriani opinor Indicis. Ταῖσι δὲ γλαυκιόωσαν ἐθήκατο πυρὸς ὀπωπήν, Καὶ γλήνας θώρηξε, κατέγραψεν δ' ἐπὶ νῶτα Ῥινὸν ὀπωεινοῖσι, (lego ὀπωπαῖς: nam & alibi maculas huius feræ ὀπωπὰς uocat, Plinius oculos, utpote rotundas: sicut & in cauda pauonis oculos aut gemmas,) καὶ ἄγρια θήκατο φῦλα, Oppianus de Bacchi nutricibus in pantheras mutatis.

¶ c. At catuli pantherarum, scymnique leonum, Lucilius. παρδαλιδεῖς, παρδάλεων σκύμνοι, Varin. sic & λεοντιδεῖς, leonum catuli. Troiani antehac similes erant fugacibus ceruis, αἵ τε καθ' ὕλην θώων, παρδαλίων τε, λύκων τ' ἤϊα (βρώματα) πέλονται, Homerus Iliad. ν.

¶ d. οὐδέν ἐστι θηρίον γυναικὸς ἀμαχώτερον, οὐδὲ πῦρ, οὐδ' ὧδ' ἀναιδὴς οὐδεμία πάρδαλις, Aristophanes. οὔτ' ἂρ παρδάλιος τόσον μένος, οὔτε λέοντος, οὔτε συὸς κάπρου, &c. quanta Panthi filij suis uiribus nimium freti superbiunt, Homerus Iliados ρ. Item Iliad. φ. de pardali scribit, eam è sylua uenatori obuiã prodire, nec metuere canes, & si uulnerauerit eam uenator, ferro etiam transfixam non remittere priusquã aut inuadat uenatorem aut extinguatur. Καὶ περὶ δουρὶ πεπαρμένη οὐκ ἀπολήγει Ἀλκῆς, fortem ac pertinacem ad uindictam animum indicans, Varinus in παραβολή. Sic & Oppianus libro 2. de piscibus, pardalin scribit in spectaculis sponte irruere in uenabulum opponentis se ei hominis:

Ὡς δ' ὅτε θηροφόνων τις ἀνὴρ δεδαημένος ἔργων | Λαῶν ἀμφιδύμοισιν ἐναγρομένων ἀγορῇσι
παρδάλιν οἰστρηθεῖσαν ἐνὶ ῥοίζοισιν ἱμάσθλης | Ἐγχεϊ δέχεται τανακεῖ δοχμὸς ἑστηώς.
Ἡ δὲ καὶ εἰσορόωσα γλῶχιν θηκτοῖο σιδήρου, | Ἄγρια κυμαίνουσα κορύσσεται, ἐν δ' ἄρα λαιμῷ

Ἥν τε δ' ἀργοδόνην χαλκήλατον ἔσπασεν αἰχμήν: Sic murena locustæ marinæ aculeis sponte se implicat & infigit.

¶ e. Venatio data leonum & pantherarum, Liuius 9. belli Maced. Vide scripta ex Oppiano in fine præcedentis partis proximè. Linei thoraces in pugna ferrum uiolenter adactum transmittunt: uenantibus uero conueniunt: suffringuntur (ἐναποκλῶνται) enim in eis tum leonum tum pardalium dentes, Pausanias in Atticis.

¶ Antiphilus pinxit nobilissimum Satyrum cum pelle pantherina, quem Aposcoponta appellãt, Plinius. Demissa ab læua pantheræ terga retorquens, Vergil. 8. Aeneid. παρδαλῆ, pellis pardalis, Pollux. Vide quædam supra in a. Cælius pardaleam nuncupari scribit, ut leonis leonteam. παρδαλὴν & παρδαλέα, & per synæresin παρδαλῆ, exuuium pantheræ, Varinus. Paris Iliad. secundo pugnat, παρδαλέην ὤμοισιν ἔχων καὶ καμπύλα τόξα. Et Menelaus Iliados 10. παρδαλέῃ μὲν πρῶτα μετάφρενον εὐρὺ κάλυψε ποικίλῃ. Chiron Orpheo donat νεβρὴν παρδαλέην, ut in Orphei Argonauticis legimus: intelligenda est autem forte νεβρή, id est hinnuli pellis pantherinæ instar maculosa. Ἀμφὶ δὲ παρδαλέαις εἴγυτο φρίσσοντας (σὺν φρίσσειν παρασκευάζοντας) ὤμβρους, Pindarus in Pythijs. Πέμψω δὲ πορφυρίωνας εἰς τὸν ἀέρα. νῦν ὄρνις ἐπ' αὐτὸν παρδαλᾶς ἐνημμένους, Aristoph. in Auibus. Vbi Scholiastes, Porphyriones dixit pantherarum pellibus indutas, per iocum: quoniam pennæ earum cœruleæ sunt. Citat etiam Suidas in παρδαλᾶς, sic enim scribit cum acuto in ultima. Terram Eremborum, id est Troglodytarum παρδαλῇ comparat Dionysius Afer: quòd propter Solis adustionem uaria sit, ut in B. retuli. Pardalea conuestitus dicitur, qui est moribus uarius, & uelut πολύστικτος, id est multis interpunctus notis, Cælius & Varinus in παρδαλέη.

¶ h. Apud Chaones adolescens quidam nobilis Anthippen amauit: & cum aliquando in sylua quadam simul essent, tum forte fortuna regis filius Cichyrus pardalin fugientem in eam usque syluam persequens, iaculum in eam intentat, aberransque puellam ferit. Opinatus autem se feram esse iaculatum, equum propius adigit: & quum uideret adolescentem in uulnere puellæ manus habentem amens factus, ac uertigine affectus, ab equo in præruptum ac petrosum locum delapsus est, ubi fanè interijt. Chaones autem in honorem regis eundem locum muro cinxerunt, & ciuitatem Cichyrum appellarunt, Parthenius in Eroticis. ¶ Bacchum tauro assimilãt & pardali, quòd homines ebrij belluarum istarum ingenia referant, & omnia uiolenter agãt. quidã enim iracundi fiunt taurorũ instar: & pugnaces ferique ut pardales, Plato lib. 2. de legibus citante Athenæo lib. 2. ὀρθῶς δὲ καὶ ταῦρος ὁ λυαῖος (addo, παρεικάζεται, ex Platone) παρά τε τοῖς ἄλλοις καὶ Λυκόφρονι, ἔτι δὲ καὶ παρδάλει, Varinus in Λυαῖος. Pantheram Baccho sacram esse dixi in c. ex Philostrato. Hinnuli pellem, (nebridem,) Bacchi more (Διονυσιακῶς) gestare dixeris hominem timidum, ebrium, uarium, inconstantem: propter uarias nebridum maculas, Varinus in παρδαλῆν: Videtur autem eandem ob causam & nebris & pantherina pellis Baccho attributa: cum utraque similiter maculosa sit: proinde hominem quoque uarij & inconstantis ingenij pardaleam gestare prouerbialiter dixeris. Bacchum à iugo pardalium uehi, & in comitatu eius pardales esse fingunt, siue propter uarietatem coloris (uuarum: Vide in Nebride in Ceruo H.e.) sicuti & nebridem gestare fertur tum ipse tum Bacchæ: siue quòd utcunque fera ingenia moderata uini potione mansuescant, Phurnutus. Eadem scilicet ratione lynces etiam Baccho sacræ sunt: Vide in Lynce h. item axis, quam Ctesias in India nasci scribit, hinnuli pelle, pluribus candidioribusque maculis. Bacchus aliquando effictus est in curru pampineo & triumphans, qui pantheris modo, modo tigribus (& ipsis maculosis) ac lyncibus trahebatur, Gyraldus. Nutrices Bacchi mulieres in pantheras mutatæ deuorarunt Pentheum mutatum in taurum propter contumelias quibus Bacchum affecerat, ut prolixè fabulatur Oppianus de uenatione libro 3.

PROVERBIA.

Pardi mortem assimulat, θάνατον παρδάλεως ὑποκρίνεται, dicebatur ubi quis astu alicui perniciem moliretur, ueluti cum Brutus stupidum ac dementem ageret, ut in posterum imperio potiretur. Id adagium ad quendam apologum referunt. In Maurusia simiarum ingens copia, &c. Erasm. Refert autem apologum ex Apostolio Byzantio non alium, quàm nos supra capite tertio tanquam ueram historiam ex Aeliano recitauimus, de pardali inquam quæ mirabili astutia se mortuam fingens simias captet. ¶ Pardaleam gestare prouerbio dici potest uir uarius, animo inconstans & fraudulentus, (Vide paulò ante in e.) Varinus. ¶ Si mutare potest Aethiops pellem suam, aut pardus (namer) maculas suas, & uos poteritis benefacere cum didiceritis malum, Hieremiæ 13. ¶ Habitabit lupus cum agno, & pardus cum hœdo accubabit, Esaiæ 11. ¶ Apologus qui refertur à Plutarcho in Moralibus, interprete Erasmo in prouerbio, Multa nouit uulpes, uerum echinus unum magnum: Cum aliquando pardus uulpem præ se contemneret, quòd ipse pellem haberet omnigenis colorum maculis uariegatam: respondit uulpes, sibi id decoris in animo esse, quod illi esset in cute. Neque uerò paulò satius esse, ingenio præditum esse uafro, quàm cute uersicolore.

DE FELE ZIBETHI.

Hanc iconem doctus & nobilis uir Petrus Merbelius Mediolani ad uiuum depingendam nobis curauit.

FELEM Zibethi hoc loco collocaui, quòd in præcedentibus semel ac iterum statim post pantheram de ea me dicturum promiserim. Nam cum Venetijs essem ante annos aliquot, à doctissimo uiro Petro Gillio audiueram, hoc animal pantheram aut pantheræ genus sibi uideri. Quod ille fortassis ideò credidit, quoniam solas animalium pantheras odoratas esse apud ueteres legitur: nec alia ferè hodie odorata reperiuntur præter zibethi & moschi animalia: sed quod moschum fert, capreolum esse constat. Atqui de pantheris ueteres docent, non simpliciter, nec homini eas bene olere, ut zibethi feles olet: sed animalibus cæteris, quanquam illud etiam dubitandum mihi uidetur, nec uno modo. Primum enim utrum omne animalium genus ad se alliciant, ut uulgò ferebatur olim, non constat: deinde, ut alliciant, odoris'ne an alia quapiam gratia id contingat, meritò dubitatur. Iam corporis quoque figura, nihil ad pantheras: nec amplius puto cum illis commune habet, quàm feles aut noctua cum Minerua: pellis forsitan maculas, sed diuerso modo, & ungues acutos qui uaginis conduntur. Sui igitur generis hoc animal esto: quo autem loco collocetur non admodum refert: neque enim anxiè aut exquisitè de ordinis ratione cuiquam responderim. Ego hoc animal

animal Venetijs uidi apud quendam qui odoramenti ex eo colligendi gratia id alebat: sed describere corporis formam neglexi: quamobrem alienis tantum uerbis mihi utendum erit. ¶ Natura zibethum finxit feli persimilem, sed maiorem, animal quod Hispania mittit, dentibus armatum & ferum ualde, quod nulla temporis longitudine mitescat, pilo asperiore, ore oblongo, ut taxo animali: in huius tam masculi quàm fœminæ genitalibus folliculum genuit, è quo semen argenteo cochleari excipitur, adeò odoris fragrantis, ut uel grana tria, pondus librarum plurium cuiusqꝫ arboris odoratissimæ uincant, Cardanus. Longitudo huius animalis, (ut oculatus quidam testis ad me scripsit,) à fronte usqꝫ ad initium caudæ, brachium integrum hominis æquat. Crurum altitudo usqꝫ ad pedes, trientem brachij. Magnitudo ferè uulpem excedit. Color ferè lupinus est, maculis passim nigris inter
10 ceptus, per summum dorsum obscurè fuluo colore mixtus. Maxillæ inferius albæ sunt, & pili barbæ albi. Pedes nigri sunt. Latera uentrem uersus albicant, ita ut color albus eò syncerior sit, quo uentri imo propior, Hæc ille. Vir quidam bonus & eruditus hoc animal certo anni tempore incalescere, & seipsum corrumpere, (inire,) atqꝫ ita liquorem illum, ceu genitale excrementum emittere, mihi narrauit. Zibethi animal quod equidem sciam non nouit antiquitas: id in felium genere habetur, lingua tamen non aspera ut cæteris felibus: feli ferè simile, pilo duriore, etiam odorato: barbas habet, & oculos noctu lucentes. Odoramentum ex eo colligitur, fœminæ intra genitale & aluum, mari intra genitale membrum & testes, oriculario ueluti instrumēto osseo. Est autem excrementitius quidā lentor, primo butyri colore, qui mox liuidus redditur, singulis diebus drachmæ pondere. Carnibus duntaxat uescit crudis, in syluis mures sectat. Vix mãsuescit mas. Feri odoris atqꝫ ingrati est ipse liquor,
20 ex quo plus (præsertim cum propius) iusto naribus subijcitur. Leui tactu manus & faciem matronarum odore commendat, cornu asseruatur. Vncia octonis aureis permutatur, nec ulla res in maiori ætate nostra pretio fuit. Adulteratur felle bubulo ac styrace liquida elota, uel melle Cretico, Alexander Benedictus de curandis singillatim morbis, 3.26. Idem in libro de peste, Vnguentis ætas nostra non utitur, alioqui in omni genere luxuriæ antiquitatis æmula: quæ zibetum animalis cati magnitudine excrementitium ex naturalibus habet humorem, ac moschum suauius spirantem. Illud ex proximo nares acrius ferit, & ex quo plus est (lego, & quò propius est, eò scilicet acrius & minus grato odore nares ferit.) Muscho tamen charius comparatur: etenim odorem qui gerit ipse non sentit: (hoc idem alibi de moscho scripserat.) Ab ijs qui impendio non parcunt, additur etiam pilis siue pomis uulgò dictis, quæ odoris gratia gestantur. Et alibi, Succinum orientale (id est ambra) consuetudine odo
30 ris sui gratiam acquirit, cum zibethum & moschus fastidium pariant. Et rursus, Moschus Venetis matronis non placet, quibus nec zibethi sordes. ¶ Feram quandam animantem zibettum recentiores Græci nominant peregrino sermone. Ea autem feli, qui ueteribus ædificiorum ruinis oberrat, non absimilis est: è cuius natura sordes manat odoratissima, quæ solet præcipuè purgari, quum pars ea hac scatet uligine, tum uase uitreo uel alio recipitur. Si cauernulæ umbilici admoueatur, tradunt conuersum in alterutram partem uterum in suam resilire sedem: aut si sursum uersus impulsus opprimat, subdito eo deuocari: tam amans huius odoramenti uulua, ut ad id undecunqꝫ admodum irrepat. Nonnulli è recentioribus Græcis hoc animalis genus zapetion appellant: uulgus nostrum hodie siuettam nominat. Quanquam celebratum Græcis recentioribus medicamentum, quod ex animalis moscho, agallocho, & ambare constet, officinæ galiam moschatam malunt appellare, barba-
40 ri sonc moschatum, Ruellius de stirpibus 1.27. ex quo Matthæolus etiam in Italicis suis in Dioscoridem commentarijs mutuatus est. Algalia compositio est moschata, de qua in Moschi caprea dixi, capite quinto: eam nonnulli Gallicè ciuettam nominant. Peregrini muris pellicula, nominatur ab Hieronymo ad Demetriadem: quis autem peregrinus iste mus sit (inquit Hermolaus in Dioscor.) non uideo, nisi quis animal hoc intelligat ex quo zibettum, siue (ut recentiores Græci uocant) zapetion excipitur. quanquam & compositionis quoddam genus est zapetion ex animalis musco, agallocho & orientali succino: hæc ipsa compositio etiam net uocari solet à Græcis quibusdam, sed uox est Arabica. Io. Agricola Ammonius scribit Othonem Henricum Bauariæ ducem, gazellam habuisse, quam magnis impensis affecutus saccharo potissimum aluerit, neqꝫ cornutam neqꝫ dentibus prominentibus, paulò maiorem cato, nigro & albo ferè colore undiqꝫ insignem: atqui gazella capreolus
50 est, cui nihil cum zibethi fele: imposuit ei puto, quòd utrunqꝫ animal (capreolus inquam moschi & feles zibethi) peregrinum est, & odoribus nobile. ¶ In Pego urbe Indiæ inueniuntur feles, qui unguentum illud fragrantissimum gignunt, quòd uulgò zibellum (zibettum) dicitur. Veneunt autem feles terni aut quaterni singulo aureo, Ludouicus Romanus. Alibi etiam has feles reperiri scribit circa Tarnasari urbem Indiæ. Idem regem Ioghæ peregrinantem per Indiam religionis causa, inter alia animalia gibellos (catos zibethi) secum ducere scribit. Paulus Venetus 1.61. animal moschi haberi scribit, pulchrum, magnitudine cati, &c. sed hæc magnitudo feræ zibethi conuenit: quanquam maior est cato, aut etiam uulpe: nam moschi animal capreolus est, cuius magnitudinem omnes norunt. ¶ Ambram factitiam quæ moschum uel cibetum redoleat, descripsi in Moschi caprea E.
60

ii

DE POEPHAGO.

POEPHAGVS animal dictum uidetur quasi ποηφάγος, quòd herba & gramine pascatur, nimirum ut equus, cuius magnitudinem duplo excedit. ποηφάγον θηρίον, τὸ τὰς βοτάνας ἐσθίον, Varinus. ποηφαγία, βοτανοφαγία, Hes. ¶ Indicum animal pœphagus, duplo quàm equus maior, spißißima cauda & nigerrima præditus est: humani pili subtilitatem eius setæ uincunt. Permagni eas idcirco Indiæ mulieres æstimant, quòd eis ipsis crines suos pulcherrime implicent & deuinciant. Ad bina cubita singulæ ipsius setæ longitudine procedunt: ex una radice triginta simul exoriuntur. Omnium animalium timidißimus est. nam si à quopiam se inspectum sentit, e uestigio quanta potest maxima celeritate sese in fugam properat conijcere, in quam magis studiosè quàm celeriter se impellit. Quod si quum insequentibus canibus & equis ad currendum promptißimis urgetur, intelligat se appropinquare ut comprehendatur, prius occultata cauda contra stans, uenatores intuetur, simul & ex magno timore colligit se, & quadam fiducia nititur, neque enim iam cauda abdita se ullius precij putat amplius uisum iri: quòd præclare scit in causa caudam esse quamobrẽ tantopere appetatur. Veruntamen interea quispiam præstanti telo illum ferit, & ab occiso caudam præmium prædæ abscindit: & pelle, quæ utilis est, ex toto corpore detracta, cadauer abijcit, quòd eiusmodi carnium usum nullum Indi habent, Aelianus. Volaterranus aliter transtulit. Animal, inquit, timidum est, & obuios quosque animi magis anxietate quàm pedum celeritate fugiens, præcisa sibi sponte cauda, ob quam se peti præsagire uidetur. Nicolaus Venetus comes, extremæ Asiæ prouinciam quandam Macinum nominat, inter Indiæ montes & Cathaium sitam, (Sericam intelligere uidetur.) in hac regione qua ad Cathaium uergit, boues albos nigrosque gigni scribit, equina cauda, sed pilosiore, ad pedes usque protensa: pilos caudæ subtilißimos, in modum plumæ uolatilis, magno in pretio esse, quos equites in cacumine lancearum suspendentes egregiæ nobilitatis insigne ducunt, Aeneas Syluius capite decimo de Asia. Hæc bellua aut ipse pœphagus est, aut certe cum eius historia coniungi meretur.

DE RANGIFERO.

Figuram hanc qualemcunque ex tabula Septentrionalium regionum Olai Magni mutuati sumus. Cornu seorsim positi figuram depinximus ex uetustißimis quibusdam cornibus, quæ in urbe nostra ciuis quidam asseruat, rangiferi ne, an alterius animalis, nescio.

RANGIFER animal, ut Albertus Magnus & alij quidam eum secuti uocant, in remotißimis ad Septentrionem Scandinauiæ regionibus inuenitur, præsertim apud Lappos populos quorum lingua reen uocatur: unde facta Germanis uocabula, alijs aliter scribentibus, **rein/reyner/rainger/renschieron**. Gallis, rangier, uel ranglier. Latinis recentioribus, rangifer, raingus. Hanc ueteres Græci & Latini an cognouerint incertum est. Amicus quidam noster Plinij machlin esse conijcit: sed machlin & alcen eandem mihi uideri, in Alces historia ostendi. Fieri autem potest ut Plinius diuersas existimârit, quòd nomina fortè diuersa à peregrinis hominibus audiuisset. Ge. Agricola uir doctrina & iudicio summus, tarandum, **reen** interpretatur. Ego quæ ueteres de tarando scripserunt in Boum syluestrium historia recitaui: ubi et meam de eodem sententiã, aut dubitationes potius attuli. ¶ Lappi siue Lappones equorum loco utuntur animalibus, quæ raingi suo sermone uocant. quibus magnitudo & color asini, (pilus propè asini, hirsutus, Munsterus) ungulæ bifidæ, forma atque cornua ceruorũ. sed cornua lanugine quadam cooperiuntur. eadẽ humiliora (tenuiora & longiora, Munsterus) & ramis rarioribus quàm ceruina sunt, ut ipsi uidimus. Animalia ipsa tantæ sunt uelocitatis, ut spatio duodecim (uigintiquatuor, Munsterus. Vide infra circa finem huius animalis historiæ) horarũ, uehiculum C L. millia passuum, id est triginta miliaria Germanica proripiant. In progressu eorum lento uel celeri, ex tibiarum articulorum agitatione ad instar nucum collisionis crepitus auditur, Damianus à Goës. ¶ Rangiferi cicures multò maiores sunt ceruis, & gregatim pascuntur, Olaus Magnus.

¶ Rangifer in Septentrione uersus polum Arcticum generatur, & in regionibus Noruegiæ ac Sueciæ, & alijs quæ sunt minoris latitudinis. Dicitur autem rangifer, quasi ramifer. Speciem enim

cerui

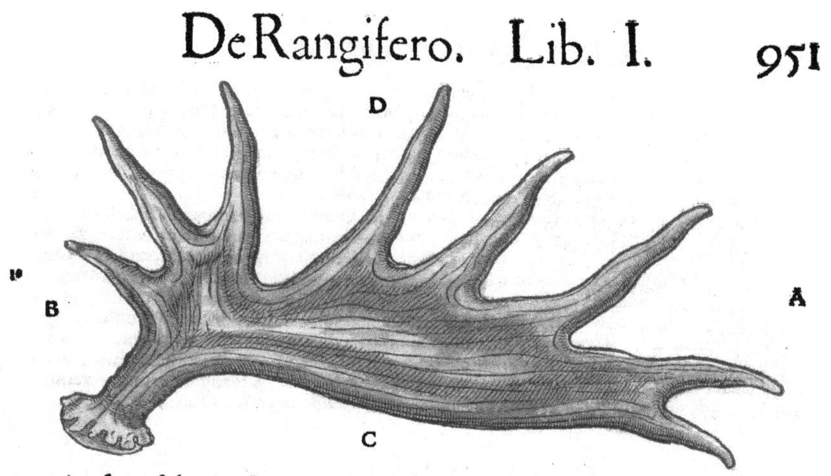

cerui præsentat, sed maior est corpore, robore insignis, & ad fugam celerrimus. Tres ordines cornuum gerit in capite, ita ut in singulis bina sint cornua, & caput eius uirgultis (aliâs, uirgulis) circumpositum uideatur. Ex his duo cæteris maiora sunt, in loco cornuum cerui, quæ ad perfectam magnitudinem augentur, adeò ut quinque cubitorum mensuram aliquando attingant, & ramis conspiciantur uiginti quinque. (idem de ramorum numero huius feræ, Rob. Stephanus scribit in Obseruationibus suis uenaticis circa finem Dictionarij Gallicolatini.) Duo etiam in medio capitis, lata ut damarum habentur, mutilis & breuibus ramis mucronata. Denique alia in fronte, antrorsum uersa, ossibus similiora, quibus in pugna potissimum utitur, Albertus: nimirum ut cerui suis adminiculis, id est infimis ramis. ¶ Est in Poloniæ uastissimis saltibus celebre animal, renschieron ab incolis appellatum, nusquam ab ullo authore descriptum, quod magnitudine exæquat ceruum, cornibus præarduis armatum, quorum utrunque in fastigio tridentem, hoc est triplicem uerticem ostentat. Huiusmodi fera pro splendido munere Saxoniæ, Turingiæ & Misniæ principi Georgio missa est: anno Salutis trigesimo primo supra sesquimillesimum, Io. Agricola Ammonius. De rangifero etiam accipiendum puto, quod Io. Boëmus scribit, in Polonia equum syluestrem ceruino cornu reperiri. Et sanè posset hippelaphus dici, non minus quàm alcen Albertus sic uocat. sed alius Solini hippelaphus est, ut in Alce docui. Animalis huius historiam, inquit Zieglerus, putârim ueteres quoque agnouisse, sed obscura & dubia quasi fama exceptam: siquidem aiunt Scythas quosdam equitare ceruos. In Scythia natio quædam ferorum hominum est, quæ ex feritate ceruos in eam mansuetudinem traduxit, ut in cicuribus illis tanquam equis insideat, Aelianus. Vltra Catadupa Nili procedens Apollonius & socij, reperierunt feras quasdam ex boue & ceruo compositas, Philostratus. In Orientalibus Asiæ prouincijs (Scythiam & Tartariam uersus) Meditæ habitant, homines syluestres, qui carnibus animalium quæ uenando ceperint uescuntur, maximè ceruorum, quorum magnam habent copiam, & adeò cicures faciunt, ut illis tanquam equis uel asinis insideant, M. Paulus Venetus 1. 61. Alibi etiam legimus ceruos cicures equitari in Ocdor regione Asiæ ad Oceanum Septentrionalem. Quòd si quis rangiferum etiam, ceruum Scythicum appellârit, meo quidem iudicio non ineptè faciet. Est bos in Hercynia sylua cerui figura, cuius à media fronte inter aures unum cornu existit excelsius, magisque directum his, quæ nobis nota sunt cornibus: ab eius summo sicut palmæ ramique latè diffunduntur, eadem est fœminæ marisque natura, eadem forma magnitudoque cornuum, Cæsar lib. 6. de bello Gallico: Gillius hoc loco non rectè legit, Est bison in Hercynia sylua, &c. Ego plane rangiferum à Cæsare descriptum puto, qui cum cerui quidem cornua gerat, sed corpulentia excedat, boui ab eo comparari potuit: accedit quòd etiam cicuratus mulgetur. Sed & Solinus, Tarando (quem rangiferum nostrum esse cum Ge. Agricola libenter credimus,) inquit, magnitudo quę boui, caput maius ceruino, nec absimile: cornua ramosa, ungula bifida, &c. Sunt autem rangiferi quoque cornua lata, & ex latitudine in mucrones aliquot tanquam digitata. Illud quidem cornu quod depictum dedimus seorsim, siue tarandi aut rangiferi, siue alterius animalis, ab uno principio oritur, deinde in duas partes tanquam manus aut alas in diuersum abeuntes bifurcatur: quarum altera duplò ferè maior, ramulos seu mucrones quinque emittit: altera, tres. Latitudo cornu, qua latissimum est, à C. ad D. digitorum est duodecim, mucro longissimus, quatuor palmorum: breuissimus, sesquipalmi. Longitudo secundum latitudinem accepta, hoc est ab A. ad B. quatuor dodrantum, ut ipse manibus tractando mensuraui. Sunt sanè alcis etiam cornua lata, ut damarum uel caprearum potius quas platycerotas uocant, & in digitos aliquot finduntur: sed rangiferi cornua melius comparaueris ceruinis, ut Albertus & alij fecerunt. Quamobrem ceruos etiam palmatos, ut Capitolinus nominat, eosdem rangiferis esse suspicor, ut pluribus dixi in Ceruo B, etsi illic dubitârim, posset'ne dorcas platyceros, quam uulgò damam

11 2

uocant, cerui palmati nomine intelligi. Illud etiam ceruorum genus, quod aliqui uocāt brandhirtz, Ge. Agricola tragelaphum interpretatur, cornua in summo latiuscula & tanquam è palmis digitata habet. Rangifer, inquit Bellunensis, cornua duo extrema habet ut ceruus, sed maiora & longiora, utpote cubitorum quinq, ramos augens ad numerum quandoq quindecim. Alia duo in medio capitis habet, ferè ut cornua damæ lata, ramis exiguis & breuibus circundantibus. prẹter hæc alia duo frontem spectant, non cornibus, sed ossibus scapularum similia.

¶ Rangiferi equis celerius per niuem currunt in locis quibusdam Scandinauiæ: ubi & metallis præfecti quadringentos aut quingentos rangiferos alere solent, ad uehicula, currus, traheas, & equitandi usum. Quinetiam mulgentur, & omne genus lactarij operis ex ipsorum lacte conficitur, Olaus magnus. Tengillus Scricfinnorum in Scandinauia rex equitatum habet rangiferis insidentem, & uincit tamen (aliquando) Helsinglandiæ regem Argrimum, cuius equites equis utuntur, Idem. Quamobrem miror quod Munsterus scribit: Hoc animal equitem dorso non fert, sed antilena imposita iungitur uehiculo. Rangiferi circiter triginta miliaria uno die emetiuntur, trahentes etiam traheas ualde onustas, Olaus. Par fermè etiam alcis celeritas prædicatur. Sed dies æstiui in regionibus illis longissimi sunt, ita ut circa solstitium nulla propemodum nox sit. ¶ Rangiferorum neruis utuntur ad arcus, & alicubi ubi clauis carent ad nauium tabulas compingendas, Olaus.

DE RHINOCEROTE.

Pictura hæc Alberti Dureri est, qua clarissimus ille pictor (cuius etiam libri de pictura extant) Rhinocerotem Emmanueli Lusitaniæ regi anno salutis 1515. è Cambaia Indiæ regione Vlysbonam allatum, perpulchre expressit. Rhinocerotis, id est naricornis, nuper pictam uidimus imaginem, referentem ex hoc genere animal, quod per hæc tempora Lusitano regi ex India allatum est, Aug. Iustinianus hanc ipsam indubiè, quam hic damus, imaginem intelligens.

A.

RHINOCEROS elephanto similis est, cornu in nare habet, unde nomen, Dion. Eminet enim ei unicū de summo naso cornu, ut in progressu pluribus dicemus. Quamuis autem & alia quædam singulis animalia cornibus conspiciantur, ut oryx, onager siue asinus Indicus: cæteris tamen à media fronte, huic uni è naribus prominet. Et cum unicornium maximus hic sit, monocerotis, id est unicornis nomen, apud recentiores præsertim & imperitos, per excellentiam aliquando sortitur. Etsi uero reprehendi non potest, qui pro rhinocerote unicornem dixerit, ut qui speciei nomen generis tribuit: quanquam id aliquando ignorantiæ signum est, aliquando errandi causa alijs: omnino tamen reprehendendus est, qui pro monocerote rhinocerotem dixerit: siue monocerotem ut genus accipias, quod fieri quidem potest, usitatum tamen non est: siue certam animantis speciem, quam in monocerote descripsimus. Quamobrem errant & alij multi recentiores, Isidorus, Albertus, & eos secuti, & nostro seculo eruditi quidam medici, Cardanus & alij: qui & nomina confundunt, & medicas uires rhinocerotis cornu adscribunt, quæ monocerotis siue asini Indici propriæ sunt. Vide plura supra in Monocerote A. Pausanias in Bœoticis, tauros esse scribit in Aethiopia, qui rhinocerotes uocentur, à naso cornuto. In Eliacis quoq de elephanto scribens, tauros Aethiopicos in naso cornu habere testatur. Quamobrem non probo Angeli Politiani iudicium, qui ut Domitium reprehenderet Martialis interpretem, nomen quidem commune, animalia diuersa facit. Sed tauros Aethiopicos Pausaniæ ueros rhinocerotes esse, à Plinij ac Aeliani tauris Aethiopicis diuersos, contra Politianum in bubus feris ostendi. Elephantes nascuntur, ut Iphicrates scribit, apud Hesperios Aethiopes: et qui rhizes (οἱ ῥίζαι) uocantur, forma tauris persimiles: uita uerò, magnitudine, & pugnandi uiribus elephantos referunt, Strab. Aethiopici quidem isti tauri, alij quàm rhinocerotes uidentur. Rhinocerotem quidam esse aiunt bouem Aegyptium, (lego, Aethiopicum,) Festus. ¶ Indorum lingua hoc animal sandabenamet uocat. ראם reem, uocem Hebraicam in Biblijs interpretes aliàs unicornem, aliàs rhinocerotem transferunt. Apud Munsterum etiam rimna legitur, in Lexico trilingui, Chaldaicè. Idem קרש karas uel karasch, (quæ uox in Biblijs non reperitur: alludit autem ad cartazonum, hoc est monocerotem, ut Aelianus appellat) unicornem interpretatur. Quòd si uoces reem uel rimna & karas coniunxeris, uox fiet similis Græcæ rhinoceros, ut suspicemur uel Græcos Hebraicas uoces duas cōposuisse, uel Hebræos Græcam unā in duas secuisse. Sed de Hebraicis istis uocabulis plura leges supra in Monocerote A, ubi etiam conijcere me dixi utroq eorum monocerotem potius quàm rhinocerotem significari: rem tamen in medio reliqui. Asinus Indicus ungulam unam & solidam habet, cornu quoq unum: hic à quibusdā uocatur rhinoceros siue unicornis: sed potius est animal quod quidam Arabicè uocant archa, & est rhinoceros, cornu in nare unico, ungula sicut bouis bisulca, & habet duo chahab in pedibus sicut cætera bisulca, Albertus de animalibus 2. 1. 3. Et rursus libro 12. Asinus Indicus, inquit, habet unicum cornu: & animal quod quidam ueterum archos, quasi principem, uocauerunt. nos unicornem Latinè, rhinocerota Græci uocant. Huius cornu maximum est, & solidum sicut ceruinum: quod pedes decem,

decem, ut ipse mensuraui, longitudine excedit: & diameter eius in radice sesquipalmum, (sesquidodrantem intelligo,) superabat, Hæc ille. Ineptè autem facit, primum quòd asinum Indicum ex Aristotele scribens solipedem esse, mox rhinocerotem animal bisulcum interpretatur; deinde, quòd rhinocerotem & unicornem confundit: tertio, quòd archa uel archos Arabicum nomen faciens libro secundo, (corruptum forte à uoce karas,) duodecimo principem interpretatur ac si Græca esset. Sed et proceritas ista cornu, decem pedes excedens, rhinoceroti puto non conuenit, sed monoceroti cartazono, nam Oppianus rhinocerotis cornu paruum (hoc est breue. Gillius quoque paruum transfert) esse scribit; ὀλίγον δ' ὑπὲρ ἄκρατα ῥινὸς Ἀντέλλει κέρας αἰνὸν, ἀκαχμένον, ἄγριον ἄορ. Quod si quis uerbum ὀλίγον non ad cornu quantitatem, sed ad loci distantiam referat, hoc sensu: paulò supra extremum nasum crudele & acutissimum cornu oritur; nos tamen ex ipsa picturæ quam ad uiuum dedimus, proportione, cornu breue esse conuincemus: nam cum supra nares incipiat, & multò infra aures desinat, longum esse non potest. Aristotelem nusquam huius animalis meminisse miror, quod si ipsi notum fuisset, omnino historiam eius orygi & asino Indico iungere debebat, ubi unicornium naturam contemplatur lib.3. cap.2. de partibus animalium.

B.

Rhinoceros non multò oryge maior est, Oppianus. Elephanto parē longitudine Plinius facit: alij uel parem uel paulò longiorem, humiliorem tamen, & breuioribus cruribus. Elephantis longitudine propè par est, breuior cruribus, Plin. & Solinus. Aelianus pugnare quidem ipsum aduersus elephantem scribit, fiducia cornu sui. cætera non ei paria cum elephanto. nam hic (inquit) & procerissimus est, & fortissimus. Sed Strabonis ex libro 16. descriptionē recitabo. Hæc regio, (inquit, Indis puto contermina) rhinocerotes fert, qui (ut Artemidorus ait) longitudine parum ab elephantis exceduntur, quod Alexandriæ uidisse affirmat se, ferè etiam quantum ad altitudinem. (Græcè sic legitur in uulgatis codicibus: ὅυ τοι ἢ μικρὸν ἀπολείπονται τῶν ἐλεφάντων οἱ ῥινοκέρωτες, ὥσπερ Ἀρτεμίδωρός φησιν, ἐπὶ σειρὰν τῷ μήκει. καί περ ἑωρακέναι φήσας ἐν Ἀλεξανδρείᾳ, ἀλλὰ σχεδόν τι ὅσον τῷ ὕψει, ἀπό γε τοι ἀφ᾽ ἡμῶν ὁραθέντος, &c.) Eius autem quem nos uidimus color, non buxo, sed elephanti similis erat: magnitudo uero tauri, forma apro proxima, præsertim quantum ad rictum, præter nasum, qui cornu quoddam est recuruum, (σιμὸν,) omni osse durius, eo pro armis utuntur, quemadmodū aper dentibus. Habet etiam duo cingula (τύλους) tanquam draconum uolumina, à dorso usque ad uentrem circumeuntia, alterum iubam (λόφον) uersus, alterum ad lumbum. Nos hæc de eo dicimus, quia nobis uisus est, Hæc Strabo. Color ei buxeus, Plinius, Diodorus, & Solinus. Eius frons leuiter rufa est, & dorsum maculis purpureis distinguitur, Gillius ex Oppiano, cuius hæc uerba, Ἠρέμα δὲ ξανθοῖς ἐπὶ καλλικόμοισι μετώποις Καὶ νώτῳ, ῥαθάμιγγες ἐπήτριμα πορφύρουσι: ego sic uerterim, Frons pulchris ornata pilis, itemque dorsum, flauo spectantur colore, quem crebra puncta leuiter purpurei coloris distinguunt. quanquam illud ἠρέμα, id est, leuiter, ad utrum potius colorem referat, ex uerborum constructione manifestū non est. Pellis eius ea existit firmitate, ut ægrè iaculo penetrari queat, Aelianus. Idem testantur qui nostro sæculo belluam in Lusitania uiderunt: pellem enim habere prædensam aiunt, ceu crustis quibusdam squamatim compactam, colore & figura testam referre testudinis. Plinius buxeum colorem, alij murinum, uel qualis in buxi cortice est, ei attribuunt. ¶ In ludis Pompeij Magni exhibitus est rhinoceros, unius in nare cornu, qualis sæpe uisus, Plinius. In naribus cornu unicum & repandum, (id est, modicè reflexum,) Solinus. Breue id esse, superius in A. docui. Acutū est ensis instar, & adeò ualidum, ut quicquid impetierit aut uentilet aut perforet, & ferrum etiam & saxa transfigat, Oppianus, Aelianus. Simū est forma, durumque instar ferri, Diodorus Siculus. Tertullianus in libro aduersus Praxeam tertio uerba illa enarrans de uetere instrumento, (Deuteronomij 33.) Tauri decor eius: cornua unicornis (reem, rhinocerotis Munsterus) cornua eius: in eis nationes uentilabit ad summum usque terræ: Non utique, inquit, rhinoceros destinabatur unicornis, nec Minotaurus bicornis, & quæ sequuntur. Non placet Eucherius, qui rhinocerota terribilem feram gemina in naribus cornua gestare scribit. Quanquam enim gemina in hac animante cornua spectentur, unum in nare, ut diximus, quod grandius: alterū superius, paruum admodum, & inutile, cum eo uti bellua non possit, ut in pictura apparet. quare uix cornu etiam nominatur: ut non sit reprehendendus, qui ab altero mediocriter magno & utili unicornem hanc belluam esse dixerit. Rhinoceroti in summo naso cornu singulare est, & aliud supra ipsum non magnum, (aliqui hæc citantes, de suo addunt, sed ualidissimum. nam Græci codices non habent) in capite nullum unquam, Pausanias in Bœoticis. Hos Martialis uersus libro 1. Nanque grauem cornu gemino sic extulit ursum, Iactat ut impositas taurus in astra pilas, Domitius ita enarrat. Gemino (inquit) cornu, forti & uehementi. Vergilius, Gemino dentalia dorso. uel quoniā rhinoceros habet duo cornua, ut apud Pausaniam solum legi. Taxat hanc interpretationem Politianus, quæ mihi sanè proba uidetur, & picturæ, quam dedimus, consentanea: & Pausaniæ authoritate nititur: ipse Politianus aliam coactam, & ineptam, ut ego iudico, affert. Vrsum (inquit) uidelicet à rhinocerote cornu illo unico elatum, eiectatumque, sentit grauem gemino cornu, hoc est grauem tauro futurum, cui sunt cornua gemina. Conueniebant sanè gemina huic belluæ cornua, cum bisulcum sit. Solipeda enim omnia cornibus carent præter asinū Indicum, qui unicum tantum gerit, Aristotele teste. Itaque Eucherium dicemus, non in numero errasse, sed in loco, quòd in naribus utrunque haberi scribat.

C.

Coitus auersus elephantis, camelis, rhinoceroti, leoni, &c. quibus auersa genitalia, Plinius & Solinus. Sexus discrimen rhinocerotes non habent, sed omnes eius generis mares apparent, fœminæ nunquam, neque constat de generatione ipsorum, Oppianus.

D.

Contra elephantum pugnaturus cornu saxis exacuit & limat: mox eo cuspidato elephanti crura toto rictu subiens, aluum petit, quam scit esse molliorem & suis ictibus peruiam, eamque discerpit, Plinius, Solinus, Aelianus, & Diodorus Sic. Vincitur & sanguine fuso exanguis procumbit elephas. Pugna eis pro pastionibus, quibus tuendis multi mori dicuntur. Quod si uentrem non præoccupârit rhinoceros, sed in aliam elephanti partem aberrârit, proboscide feritur ac dentibus laniatur: quorum uis utcunque firmissimam illius cutim & uel iaculo difficilem penetrat, Aelianus. Veram hanc inter

inter hasce belluas discordiam esse, compertum est etiam Vlysbonæ, cum elephas rhinocerotem illum, cuius hæc pictura est, productum fugit, ut mercatores testantur, qui etiam ingenio callidum, alacre, uelox & agile hoc animal esse aiunt.

E.

Isidorus author est, quosdam qui de animalibus scripserint (quorum nomina exprimit) non alio modo capi rhinocerotem asserere, quàm puella uirgine proposita, &c. ut in Monocerote E. retuli. Sed ille hoc animal cum monocerote confundit: ut alij etiam ex recentioribus, qui rhinoceroti cornu è media fronte prominere, captumq; eum præ indignatione & furore mori falsissimè scribunt. Monoceroti enim ista omnia, non rhinoceroti, attribuuntur à Græcis authoribus, quanquam illis etiam recentibus. Sub Gordiano Romæ monocerotem unum fuisse Iulius Capitolinus scripsit.

G.

Recentiores quidam tum medici tum alij, rhinocerotis cornu ad medicamenta non rectè requirunt: decepti nimirum ab Isidoro, Alberto, ac similibus, qui rhinocerotem cum monocerote confundunt, ut dixi in A. Veterum quidem nemo ex rhinocerote quicquam inter remedia ponit: monocerotis uero uel asini onagri ue Indici cornu, contra uenena & alios quosdam affectus miram habere facultatem Græci recentiores prodiderunt, ut in Monocerote docui.

H.

a. Rhinoceros Græcis duobus modis inflectitur, communiter, crescentibus obliquis, ῥινοκέρωτος, ῥινοκέρωτι. Atticè uero non crescentibus, τὸν ῥινόκερω: sic Pausanias, Ταύρους Αἰθιοπικοὺς ὑπὸ τῶν συμβεβηκότι ὀνομάζουσι ῥινόκερως. Michaël Herus nomen Germanicum ei finxit **helfantenmeister**, hoc est uictor uel dominus elephanti. Vsurpatur etiam pro genere uasis oleum guttatim fundente lauantibus se in balineo. Martialis lib. 14. de gutto corneo: Gestauit modo fronte me iuuencus, Verum rhinocerota me putabis. Et mox ibidem sub Rhinocerotis inscriptione, inter uasa: Nuper in Ausonia domini spectatus arena Hic erit ille tibi, cui pila taurus erat. Iuuenalis Sat. 14. Exitus hic est Tongilli, magno cum rhinocerote lauari Qui solet. Apparet sanè uasi nomen à figura impositum, à qua Lucilius etiam in Satyris rhinocerotem uocauit hominem cui dentes prominebant, sursum scilicet ut apro. Brunci (aliâs Bronci, uide in Cane celere) sunt producto ore dentibus prominẽtibus. Bruncus (broncus) nouit lanius dente aduerso (Hermolaus uocem, aduerso, reliquit) eminulo, hic est rhinoceros, Lucilius apud Nonium. ¶ Sunt qui rhinocerotis nomine in Aethiopia proprij generis aues intelligant, Cælius ex Hesychio & Varino. Rhinocerotia cornua grammatici quidam dixere nescio quo authore freti.

¶ b. In Rhaptis emporio iuxta mare rubrum, plurimum est ebur, item rhinoceros, Arrianus in Periplo. Intelligit autem forte cornu tantum rhinocerotis nomine, ut & elephantem pro ebore Græci dicunt per synecdochen. Dic mihi quæ superis sint acceptissima dona. Principium nasi rhinocerotis amant, Aenigma Francisci Nigri nostri. Heliogabalus rhinocerotem Romæ habuit, Lampridius.

¶ e. Rhinocerotem Pompeius Magnus in spectaculis Romæ primus ostendit, Plinius, Solinus, Seneca. Atqui Dion historicus, Augusto de Cleopatra triumphante, hippopotamum & rhinocerota primum uisos Romæ scribit, Cælius. Edita munera in quibus tigrides & rhinocerotes, &c. exhibuit, Capitolinus in Antonino Pio. Rhinoceros apud Martialem lib. 1. in spectaculis Domitiani Cæsaris exhibitus, taurum cornu suo in aëra sublimem reiecit, & rursus etiam ursum. O quàm terribilis exarsit pronus in iram, Quantus erat cornu, cui pila taurus erat. Hunc locum exposui in Tauro H. e. Lycion (succum medicatum) Indi in utribus camelorum aut rhinocerotum mittunt, Plinius.

¶ h. Nasutos homines, & qui doctè nouerint alios irridere, Martialis libro 1. rhinocerotis nasum habere dicit, his uersibus: Maiores nusquam rhonchi, iuuenesq; senesq; Et pueri nasum rhinocerotis habent. Nasus enim per se quoq; subdolæ irrisioni dicatus est: sed hanc partem rhinoceros & maximam habet, & cornu repando insignem, quare ab eo potius quàm ullo alio animali, ad prouerbialem hunc sensum assumpta est. Naso suspendis adunco, Horatius in Serm. Rides ait & nimis uncis Naribus indulges, Persius.

RHINOCEPHALVS ceruicem habet equinam cum uniuerso corpore: flammas ore eructat, quibus homines pereunt, Physiologus author obscurus.

DE SCIVRO.

A.

SCIVRVS Græcum nomen est animalculo datum à cauda, qua supra dorsum reflexa se tegit & inumbrat, ita ut quum sub dio est cauda illi pro tecto sit, ut pedes hominibus illis quos sciapodes fabulosè nominant. Græci ueteres nusquam eius meminerunt, sed primus quod sciam Oppianus qui Antonini Cæsaris tempore uixit, sciurũ nominauit. Latini nomen non habent, sed Græco utuntur, à quo aliarum etiam gentium aliquot deducta sunt nomina,

etsi quædam admodum detorta sint, ut originem uix agnoscas. Gallicum est escurieu uel escureau (solent enim & aliâs Latinis quibusdam e. literam præponere, ut esperit, pro spiritu.) Germanicum à Gallico factum, **eichorn**/ uel **eychorn**. alijs **eychhorn/eichhermlin**, ac si hermelinum, id est mustelam quercuum uel arborum dicerent. nos masculino genere proferimus, aliqui neutro **das eychorn**. Anglicum, squyrrell. Italicum schiriuolo. Sciuri in murium genere, schirati uulgò dicti, Massarius Venetus. Hispanicum, hárda uel esquilo: aliqui non rectè comadreia interpretantur, quæ uox propriè mustelam significat. Illyricum **wewerka**: Poloni quidam scribunt **wijewijerka**. Qua uoce apparet sciurum ab eis sub uariorum nomine comprehendi. Varios enim (id est Ponticos mures, ut ego interpretor) Germanicè etiam **werck** nonnulli appellant, alij **veeh**, aut **fech**: ex quibus nominibus quasi compositum uidetur **wewerka**. Recentiores quidam qui Latinè ineptius scripserunt, pirolum & spiriolum (fortè quasi spiurum pro sciuro) uocitant. Ineptè Belluacensis, Scurulus à currendo dictus est. Pirolus, inquit Albertus, à uario non differt præterquam regione in qua nascitur, uariante secundum eam colore: nam qui in Germania rubet cum adoleuit, intra primum autem ætatis annum niger est: in Polonia griseum (id est cinereum) rutilo admixtum habet. in Tuscia uero (Russia) totus cinereus redditur. Quod ad corporis lineamenta, magnitudinem, mores & uictū, nihil planè pirolus à uario differt, Albertus & Ge. Agricola. Quamobrem qui uoluerit uarij historiam inter mures à nobis descriptā, cum hac coniunget: nos quæ illic dicta sunt hic non repetemus. ¶ Sciurus, animal quod alio nomine καμψίουρος & ἵππουρος uocatur, Hesychius & Varinus. ὄλιος uel ἐλειός, glis est, non sciurus, etsi grammatici quidam Græci sciurum interpretentur. Sciurum autem à glire diuersum esse in Gliris historia docui. Νυξίς, mus qui in Cappadocia nascitur, quem sciurum aliqui uocant, Varinus: Vide in Glire. Iudæi quidam apud Germanos כח coach interpretantur sciurum.

B.

Pirolus paulò maior est uel corpulentior quàm mustela, non tamen longior, Albertus. Color ei rutilus, sed uenter candidus, Obscurus. Rutili & nigri plurimi sunt in Heluetia, & abunde capiuntur, autumno præcipuè, Stumpfius. Albertus quidem, ut præcedenti capite dixi, intra primum ætatis annum nigros esse putat, deinde rutilos fieri. Pilo sunt nigro & interim ferrugineo, Massarius. Speriolus primò in dorso niger est, postea processu ætatis rubescit, & tandem quidam eorum ferè cani redduntur iam prouecta ætate, Albertus 3.2.2. Nigros sciuros in Franconia ruffis frequentiores esse aiunt. Pirolis, ut reliquis etiam muribus, duo inferiores dentes longi sunt, Albertus & Agricola. Villosior eis cauda pro umbra & tegmento est, Plinius & Massarius. Cauda eis uillosa, longa, & propè ad reliqui corporis magnitudinem. Veras glires & sciuros cæcum intestinum tantum habere scimus, ut magnitudini uentriculi eorum facile respondeat: atque idem in sectione fecibus turgidum reperitur, Vesalius. Genitale osseum habent, ut audio.

C.

Animalium quædam ut manibus utuntur priorum ministerio pedum, sedentque ad os illis admouentia cibos, ut sciuri, Plinius. Quum uescuntur pedibus anterioribus, sicut cętera quoque murium genera, cibum quasi manibus capiunt & ori imponunt, Albertus & Ge. Agricola. Posterioribus clunibus insident. Edunt autem nuces, poma, & huiusmodi, Albertus: Vide in Mure Pontico. Viuit nucibus, & dulcibus cibis (fructibus) delectatur, Obscurus. Aestate cibum congerit, unde per hyemem uiuat, Idem. Somnus eis pro cibo cum hyberno tempore latent, Ge. Agricola. Plinius quidem cum de sciuris scripsisset, mox subdit, non de sciuris, sed in uniuersum: Alijs igitur prouisum in hyemem pabulum, alijs pro cibo somnus. Inquieti sunt ualde, Albertus: & miræ agilitatis. In arboribus habitant, nidificant & fœtum fouent. Facile autem transiliunt de ramo ad ramum, & aliquando de arbore ad arborem, cauda ferè tanquam ala utentes, (caudam interim mouentes, ac si ea se gubernent, Albertus,) Obscurus. Cauda sua conspecta ad saltum incitantur, Idem. Cum mouentur, (gradiuntur,) caudam demissam post se trahunt: cum uero sedent, super dorsum erigunt, Albertus.

D.

Nidum in arboribus construunt, Albertus. Præuident tempestatem: obturatisque qua spiraturus est uentus cauernis, ex alia parte aperiunt fores, Plinius. Albertus idem ferè de gale, id est mustela scribit: In cauernis (inquit) habitat, ad meridiem pariter & ad aquilonem apertis, ut undecunque uentus ueniat, tuta ab eo sit. Si quando gratia pastus aquam transire cupit sciurus, lignum (uel corticem)

ticem) leuissimum aquæ imponit, eiq; insidens cauda erecta uelificans flante uento transuehitur, Author lib. de nat. rerum. Fluuium traijcit utens assere uel cortice pro naue & cauda pro uelo, Vincen. Belluac. Olaus Magnus idem testatur in descriptione Scandinauiæ, tanquam illic peculiariter id faciant sciuri. Quidam sic eos traijcere aiunt gestantes interim cibum etiam ore, ut conum abietis. ¶ Sciurus ea est solertia, ut in maximis Solis feruoribus ad frangendum calorem erecta cauda & patula sese ita opacet, quemadmodum pauones erecta se cauda adumbrant, Gillius ex Oppiano. ¶ Domesticè aliquando aluntur, & ita cicurantur ut hominem non refugiant, sed sponte accedant, & à pedibus ad caput ascendant, & qua possunt in uestimenta perrepant: liberè etiam uagantes extra domum subinde redeant. Non propriè tamen cicures appellari possunt, sed semiferi, ut & cuniculi, semper sunt. Mustelæ & sciuri allio dentibus tentato, in posterum mordere uix audent, cicuresq; hoc modo fiunt, Cardanus. ¶ Pelles eius in nullo ferè usu, nisi quòd pellifices aliquando cum pellibus pedum uulpinorum eas consarcinant. Fertur tamen eas multò magis calefacere corpus hominis quàm cæteras pelles. Cauda utilis est ad penicillos.

F.

Caro sciuri dulcis & bona est, Albertus. Suauis & salubris est, ægrotis etiam & imbecillibus: sed nigri rutilis præferuntur, Stumpfius. Videtur sanè hœdorum aut cuniculorum carni rectè comparari posse, quòd similiter tenera & suauis sit.

H.

a. Epitheta. Cui comparatus indecens erat pauo, Inamabilis sciurus & frequens phœnix, Martialis lib. 5. de Erotionte puella. λάπτω καὶ λάσιον γένος ὑψιλοφοῖο σκιούρου, Oppianus.

DE SIMIA.

A.

SIMIAE dicuntur, ut grammatici aii notant, quòd simæ sint & naribus depressis, uel quasi mimæ & imitatrices. Simiæ nomen Græcum, id est pressis naribus: unde simias dicimus eò quòd huiusmodi sint, & facie fœda, Isidorus. Græcè πίθηκος dicitur, non simia: simus uero adiectiuum, pro depresso, (peculiariter autem de naribus dicitur,) uocabulum est Græcum, σιμός. Legitur etiam simius masculino genere, sed apud poëtas, Horatium, Martialem, Claudianum: quamuis simiolus diminutiuum apud Ciceronem habetur. Hebræi simiam koph קוף, appellant, ut Dauid Kimhi & alij eruditi exponunt: unde plurale kophim 3. Reg. 10. Chaldæus kophin reddit, Septuaginta πιθήκους, Hieronymus simias. Hinc forte Græci cepi uel cephi, quæ simia caudata est, nomen mutuati sunt. Semamit שממית, Prouerbiorum 30. ut D. Kimhi annotauit, ex sententia Rabi Ionæ, Arabicè uocatur בטאת cataph, uulgò autem ארודרולא. (tarantulam puto intelligens, id est phalangium. nam & ipse Dauid Kimhi ארניא, id est araneam esse putat, pro qua in Thalmud etiam usurpatur.) Chaldæus uertit אקמתא akmata. Iudæi multi araneam intelligunt, & inter cæteros R. Leui. Alij uero בוגיאת bogia, id est simiam, uel koph, id est simiam, ut Abraham & R. Emmanuel. Commentarius etiam kabuenaki, simiam potius quàm araneam accipiendam putat. Rabi Isaac reptile uolans interpretatur: aliqui uermem pluuialem, (lumbricum.) Hieronymus stellionem, LXX. καλαβώτην. Tarantulam hodieq; in Italia uocant tum phalangij, id est aranei quoddam genus uenenosum, tum stellionem lacerto similem, quem Græci ascalabotem uocant. Samada, id est simia, Syluaticus. Maionio, id est simia, Idē. cercopithecum Itali hodie gatto maimone uocant. Simia quidem apud Græcos recentiores μαιμοῦ

uocatur, ab imitatione scilicet. Hispanis hodie móna, uel ximio. Itali nomen seruant, aliqui bertuc-ciam uocant. Galli, singe. Germani, aff. Flandri, simme uel schemintel. Angli, ape. Illyrij, opicze. Græci recentiores μιμών, ὁ, & ἀρκούδιανός, (apud Varinum tamẽ legitur ἀρκοβιζανός, in Νῆσ Γιγάντων:) ut Lycophronis Scholiastes scribit. πίθηξ, ὁ μιμώ, Suid. item in πίθηκος.

B.

Simias fert Libya, Strabo libro 17. ex Posidonio. Alibi etiam Mauritaniam simias alere scribit. Apud Zygantes Africæ populos pastoralibus uicinos simiæ affatim in montibus degunt, Herodotus. Omne latifundium quod inter Aegyptum, Aethiopiam Libyamq; diffunditur, quacunq; lucis opacum est, uarium impleuit simiarum genus, Solinus. Refert Posidonius, se cum ex Gadibus in Italiam nauigaret, in Libyæ oram delatum esse, ac syluam quandam secus mare uidisse simijs ple- 10 nam, quarum aliæ super arboribus, aliæ in terra sederent, nonnullæ catulos haberent, & ubera dependentia: risisse itaq; cum eas uberibus graues cerneret, nonnullas etiam caluas, nonnullas herniosas, & alia quædã huiusmodi detrimenta præse ferentes, Strabo lib. 17. Caucasi pars quæ in rubrum mare porrigitur simijs abundat, quæ piper colligunt, ut in D. referam ex Philostrato. Apud Indos pulchræ & magnæ admodum simiæ sunt, Arrianus. In India, Clitarchus tradit, simiarum genus uarium & multiplex oriri, tantamq; earum in montibus multitudinem esse, ut uel Alexandrum magnis copijs septum eæ frequentes perterrefecerint, quòd arbitraretur se sibi insidiantem exercitum uidere. Nam cum Alexandro se ostenderunt casu, excelso & recto corpore erant, Aelianus. Basman regnum (in Tartaria) abundat diuersis simijs, magnis & paruis, hominibus simillimis, M. Paul. Venetus. Plinius in India scribit Orseos uenari simias (toto corpore) candentes. Strabo Prasios, non 20 Orseos, esse tradit, qui cercopithecos albos capiant. Orseos tamen siue Orsios in India uidetur Plinius agnoscere: si modò rectè castigatus est à nobis locus libro 6. cap. 20. Hermolaus. Indi ad regem suum afferunt simias nonnullas albas, alias nigras. nam rufas ideo in urbem non adducunt, quod Veneris libidine inflammentur in muliebrem sexum, Aelianus.

¶ Simia homini forinsecus quidem similis est, in nullo autem interiorum, & minus quidẽ quàm ulla bestia, Albertus & eum secuti. Atqui Galenus uiscera etiam & interiora cætera simiam homini simillima habere scribit, ut inferius recitabo: item Plinius. Nutrimentum magis mouetur antrorsum quàm retrorsum, propter calorem cordis & hepatis. quamobrem in equis multis motus nutrimenti eleuatiorem partem anteriorem quàm posteriorem facit: & animal seraph Arabice dictũ, multò altius est ante quàm retro, ita ut ferè erectæ staturæ esse uideatur. In his autem simijs quæ expres- 30 sius referunt hominem, tantum potest hic nutrimenti motus, ut aliquando hominis instar erigantur, Albertus. Simia condensa est uillo, Obscurus. ¶ Simia (inquit Arist.) tam parte sui corporis prona pilosa est, utpote quadrupes, quàm supina, ut speciem gerens hominis: qui contrà, atq; quadrupedes, obtinet pilum, ut dictũ iam est. Sed crassiore pilo simiæ uestiuntur, longeq; hirtiores parte utraq; sunt. Conueniunt cum homine plurimum sua facie, quippe quæ nares, aures, dentes, tam primores, quàm maxillares hominis more habeant. Cilium etiã cum cæteræ quadrupedes non in utraq; palpebra habeant, simiæ habent, quanquam prætenue ac prolixius, potissimum in inferiore. Cæteræ enim quadrupedes inferioribus carent cilijs. Habent simiæ in pectore binas mammarum papillas: & brachia hominis modo, sed hirtiuscula, quæ & ipsa, & pedes ut homo inflectunt, hoc est, ita ut circunferentiæ membrorum utrorũq; obuersæ inter se adducantur. Ad hæc manus, digitos, un- 40 gues homini similes, uerum omnia rudiora, efferatioraq;. Pedes sui generis habent: sunt enim uelut manus maiusculæ, & digitis ut manus constant medio longiore. Vestigium etiam manui simile est, nisi quod in longum se porrigat, & uolam referens tendat ad postrema. Callosius hoc altera sui parte extrema est, & calcem inepte atq; exiliter imitatur. Pedum officium duplex est: ijs enim & ut pedibus, & ut manibus utuntur, inflectuntq; eosdẽ perinde ac manus. Lacertos & femora habent breuia proportione cubitorum & tibiarum. Vmbilicum qui emineat, nullum habent: sed durum quiddam continetur loco umbilici. Partem corporis superiorem multo maiorem habent, quàm inferiorem, uidelicet more quadrupedum: quinarij enim ferè ad ternarium ratione constant. Degenerant ergo, tum ea de causa, tum etiam quod pedes manibus habeant similes, & quasi ex manu pedeq; constitutos. Calcis enim postremum ad pedem, reliquæ autem particulæ ad manum facile referuntur: 50 digiti nanq; uolæ speciem gerunt. Degunt plus temporis pronæ quadrupedum more, quàm erectæ. Carent natibus, utpote quadrupedes. Priuatæ cauda sunt, utpote bipedes. Exigua enim omnino cauda inest, quatenus nota solum habeatur. Genitale enim fœminæ mulieris est: mari potius canis, quàm hominis. Hæc Aristoteles, & Albertus ferè eadẽ omnia de animalibus 2. 1. 4. Simia quòd forma ambigua sit, ut & in neutro & in utroq; genere sit constituenda, ideo nec caudam habet, neq; nates. uidelicet, ut bipes, cauda uacat: ut quadrupes, natibus, Aristotel. de partibus 4. 10. Aliter Albertus, Simia habet nates latas, & locum in eis quasi paratum ad sedendum. Pilosa est, in facie tamẽ minus, Idem. Politianus in epistolis aduersus solius Ciceronis imitatores scribens, Mihi (inquit) longè honestior tauri facies, aut item leonis, quàm simiæ uidetur, quæ tamen homini similior est. Simiarum genera perfectam hominis simulationem continent, facie, naribus, auribus, palpebris, quas 60 solæ quadrupedum & in inferiore habent gena, iam mammas in pectore, & brachia, & crura in contrarium similiter flexa: in manibus ungues, digitos, longioremq; medium. Pedibus paulum differũt.

Sunt

Sunt enim ut manus prælongi, sed uestigium palmæ simile faciunt. Pollex quoque his & articuli ut homini: ac præter genitale tantum, & hoc in maribus, uiscera etiam interiora omnia ad exemplar, Plin.

¶ Natura simiæ ridiculo animali, & animã habenti ridiculã, corporis quoque constructionẽ ridiculam dedit, Galen. Simia inter uniuersa animantiũ genera, tum uisceribus, tum musculis, tum arterijs, tum neruis (quoniam & ossium forma,) homini est simillima. Nam ob illorum naturam binis cruribus incedit, prioribusque artubus ut manibus utitur. Et pectoris os omnium quadrupedum latissimum habet, clauiculas humanis similes, faciem rotundã, collum longũ, Galẽ. de anatom. admin. 1.2. Præstat ut exercitaturus se in corporum dissectionibus, simiarum homini quàm simillimarum artus dissecet: sin ea non detur, aliquam ei proximam deligat: aut si nulla omnino simia reperitur, cynocephalum, uel satyrum, uel lyncem, In eodem opere. Et libri sexti capite primo, Simia (inquit) homini simillima est illa, cui neque facies oblonga neque canini dentes magni, (cui nec oblongæ maxillæ, nec canini dentes magni, In eodem opere 1.2.) Etenim hæc pariter aut augescunt aut minuuntur (id est, ut eò similior homini sit simia, quò minus longam habuerit faciem, minusque magnos dentes caninos, & contra.) quemadmodum rectus incessus, cursus uelocitas, magnus in manu digitus, temporum musculus: & pilorum iuxta duritiem mollitiemque, longitudinem & breuitatem differentia. Verum ex his enumeratis quodlibet contemplatus, alia quoque poteris cognoscere: quippe uniuersa hæc simul tum increscunt tum minuuntur. Si quandoque simiam conspexeris erectam currentem, statim ex longinquo hanc similem homini existere cognosces: ac poteris omnia in ea esse, quæ ante paulum enumeraui, prædicere: faciem rotundam, dentes caninos exiguos, maiorem manus digitum non adeò exiguum ut in alijs simijs. rursus pedis digitos minores quàm quos reliquæ simiæ obtinent, temporum musculos exiguos, sicut etiam eos qui ex femore ad tibiam pertinent, haud in longum procedentes: ad hæc os coccygis appellati, minutum: minimeque hirsutam esse hanc simiam, & pilos habere haud admodum duros uel prolixos. Ita si quid ex relatis secus habeat, alia quoque different. Iam nonnullæ ex ipsis proximè cynocephalos specie accedunt, adeò ut etiam lati ossis mucronem (coccyga nuncupaui) longum repræsentent: quædam ad caudam usque. atque hæ inter simias hirtiores sunt: pilo uestiuntur duro rectoque: & aspectu sunt efferatiore. at in uera simia etiam hic timidus est. Et sanè temporalis musculus in ueris simijs plurimum attollitur: ibi autem cessat, ubi sutura coronalis habetur, ut in hominibus est cernere. Simili modo dentes magni quidem omnes, sed canini magis conspicuit quemadmodum & maxilla longa: & pollicem in manu omnes simiæ quæ cynocephalos imitantur, exiguum admodum habent. Tales musculos quoque qui ex femore in tibiam descendunt, longissimè expansos obtinent: atque ideo colligatum, ut ita dixerim, totum poplitem: cuius causa crura perfectè extendere, ac probe ijs cõsistere nequeunt: quare nec erectæ incedere uel currere uelociter possunt. Neque igitur maiorem in pede digitum habet grandem, hominum modo: neque alios exiguos, sed omnes ex æquo magnos: is minor cæteris est quem homo habet maximum. Porrò caudæ initium quoddam ipsis inest: Et huiusmodi simiæ toto corpore cynocephalos referunt, Hæc Galenus. Et rursus libro 1. cap. 2. Simiæ (inquit) quæ cynocephalos imitantur, rostro longiore sunt, & dentes caninos habent prominentiores. Hæ etiam uix binis cruribus consistunt erectæ, tantum abest ut ambulare uel currere possint. Itaque simiæ uel maximè homini similes, exiguo aliquo interuallo perfectam illius rectitudinem non assequuntur. Nam & femoris caput obliquius quodammodo cum acetabulo coxæ committitur: & quidam ex musculis qui in tibiam descendunt, ulterius progrediuntur, quæ ambo rectitudinem impediunt, offenduntque: quemadmodum & pedes ipsis calce magis angusta constant: digitis autem insigni spatio inuicem discretis: sed hæc parua sunt, eoque simia paululum à rectitudine discedit. quæ uero cynocephalos referunt, quoniam amplius hæ, idque manifestò iam ab humana specie degenerant, euidentem quoque ossium dissimilitudinem sortitæ sunt, Hæc omnia Galenus in Opere de anatomicis administrationibus. ὅσοι πύγα ὀξεῖαν ὀστώδη ἔχουσιν, ἰσχυροί· ὅσοι δὲ σαρκώδη πίονα, μαλακοί. ὅσοι δὲ ἔχουσιν ὀλίγην σάρκα, οἷον ἀφαυαινομένην (siccam uel desiccatam, Vetus interpres: qui pro πύγα etiam non rectè pecten uertit. lego πυγὴν, id est nates:) κακοήθεις, ἀναφέρονται ἐπὶ τοὺς πιθήκους. Adamantius hunc locum sic habet: ἰσχία παχέα, γυναικεῖα, ὀστώδη δὲ, ἀνδρεῖα, λεπτὰ δ', ὀλιγόσαρκα, ῥικνά, ὥσπερ ἐκπετηκότα πονηρὰ πρὸς ἀνδρός, τοιαῦτα γὰρ καὶ τὰ πιθήκων. Clunas simias à clunibus tritis dictas existimant, Pompeius lib. 3. ¶ Maligni habentur quorum caui sunt oculi, quales simijs, Aristoteles & Adamantius. Quibus parui oculi, ut simijs, pusillo sunt animo, Aristoteles: maligno, (κακομήχανοι,) Adamantius. Qui paruas habent aures, simijs ingenio respondent, πιθηκώδεις, Aristot. Adamantius malignos & fraudulentos esse ait, κακοήθεις καὶ πανοῦργους. Simis naribus homines libidinosi ferè iudicantur: simæ autem etiam simiæ sunt, unde quidam nominatas existimant: constat uero eas libidinosas esse, & quasdam adeò ut mulieres etiam appetant. Quibus labra sunt crassa, & superius ultra inferius eminet, stulti iudicantur, à simili asinorum & simiarũ specie, Aristot. ¶ Iam uisum est cor simij maris, habens duo acumina, quod pro miraculo uel mõstro habendũ est, Albert. ¶ Simia mamillas ut mulier in pectore habet: eoque manus dedit ei natura, quibus ad pectus potest eleuare partũ sicut mulier: cætera autem animalia inferius habent mamillas, ut à suis fœtibus attingi possint, Albertus.

¶ Dorsum paruum, quale est felis & simiæ, hominem pusillanimem arguit, Aristoteles. Adamantius quoque dorsum latum & solidum, uiri fortis & animosi signum esse ait: contrarium uerò, contra.

¶ Simijs ungues imbricati, Plinius. Simiæ & quadrupedes assuetæ uinum bibere unguibus carent, ut dicam in C. ¶ Quæ animal generant, genua ante se flectunt, & suffraginum artus in auersum. Homini genua & cubita contraria: item ursis & simiarum generi, ob id minimè pernicibus, Plinius. ¶ Caudæ præter hominem ac simias omnibus ferè animalibus, Plinius. ¶ Simia calcaneum habet in pedibus, & propter hoc erigitur ut homo, stat, & currit quandoque, sed hoc non potest nisi modicè, Author de nat. rerum.

¶ Venarum in brachijs diuisio in simijs non secus quàm in homine per omnia apparet, Galenus in libro de uenarum & art. dissect. cap. 4. Pollicem simiæ etiam habent, sed breuem, gracilem, curuum, & omnino ridiculum. Sed & tota manus simię humanam ridiculè & ineptè imitatur, Galen. de usu partium 2.22. ¶ Musculi qui ex posterioribus partibus cruris proueniunt, ad medium ferè tibię, aut paulò supra id in simijs implantati, musculis anterioribus colum(crus) extendẽtibus renitentes, & crus retrorsum contrahentes, genu exactè extendi non permittunt, Galenus in eodem opere circa finem libri 3. Et mox, Omnium enim ossium crurum syntaxim eiusmodi cum habeat simia, quæ eam rectè stare non permittat, maximè ridiculos retrorsum musculos constructioni aduersantes sortita est. Atque igitur puerorum ludicro uelut claudo subsultans, neque exactè, neque tutò stare rectè potest. Sed ut homo deridens & subsannans alium hominem claudum, stat, & ambulat, & currit claudicans: ita & simia utitur cruribus. Simiæ pes (inquit idem de anatom. administrat. 2.15.) hac parte ab humano discrepat, (tendine quodam qui ad tarsum reflectitur ex superioribus partibus ad inferiores productus) quòd etiam natura digitorum huic animali dissimilis sit humanis. Illi siquidem multò minores, quàm qui in manu existunt: hi uero maiores etiam ijs in quos manus est discreta: quales repentibus quoque animantibus plurimum fissi, tum inuicem distantes adsunt, quorum beneficio ex facili sublimia conscendit simia: quemadmodum mustelæ, mures, uiuerræ, & id genus alia. Hunc igitur tendinem, ut dixi, in pede humano haud est reperire, &c. De musculo etiã reperto sub axilla simię scribit quædam 1.5. de anatom. administ.

¶ Simias ab homine in pluribus differre quàm putauit Galenus, Andr. Vesalius docet in Volumine suo de fabrica corporis humani: nempe in musculis thoracis & brachiũ mouentibus: item in ijs qui cubitum & femur agunt ab eo differre, & manus interna fabrica: In musculis pedis digitorum motoribus, & pedes mouentibus & scapulas: In tendine pedi subnato: Item colo & mesenterio: & pulmonis lobo quinto uenam cauam sustinente, quo homines carent. Passim etiam demonstrat simiarum sectionis peritiorem fuisse Galenum quàm hominum: & simiarum sectione delusum, aliorum Anatomicorum placita uera sæpe euertere aggressum. De simiarum osse sacro & coccygis: Omentum earum inter homines & canes mediam rationem sortiri, Quære apud Vesaliũ ex Indice.

C.

Simiæ in montium cauernis & foraminibus habitant, Philostratus. In rupibus uel arboribus, Albertus. ¶ Nucibus & pomis in cibo delectantur: sed reperto in eis amaro cortice, totum abijciunt, Obscurus. Vermes (pediculos) in capitibus & uestibus colligunt & comedunt, Albertus. ¶ Vinum etiam bibunt, & inebriatæ aliquando capiuntur, ut Athenæus refert. Simias quadrupedesque quibus digiti sunt, negant crescere assuetas meri potu, Plinius. Huius rei causam inquirit Cælius Calcagninus Epistolicarum quęstionum lib. 2. ad Thomam Calcag. nepotem. ¶ Omnis fœmina inter quadrupedes urinam retrò reddit, nisi forte erecta incedat aliqua duobus pedibus, ut Auicenna dicit de quodam genere simiarum: quarum fœminas cum erectæ aut sedentes urinam emittunt, certum est antrorsum ab eis emitti ut à mulieribus, Albertus. Aegyptij hominem sua dedecora occultantem insinuantes, simiam mingentem pingunt: hæc enim urinam à se redditam occulit, Orus. ¶ Indi simias rufas in urbes non adducunt, quòd Veneris libidine inflammatæ, in muliebrem sexum furentes sint: ac si quando deprehendunt, eas tanquam adulteros odio persequentes interficiunt, Aelianus. ¶ Catulos pariunt geminos, quorum alterum amant, alterum oderunt, ut dicam in D. Pariunt quandoque in domibus ubi aluntur, & partus suos ostendunt hominibus quasi pulchros, Albertus ex Plinio. Simia animal mobile & inquietum est, morsu ferox, & præ cæteris animalibus exquisito ualet gustu, Obscurus. De incessu eius erectæ & cursu, diximus quædam supra in B.

D.

Simiarum generi præcipua erga fœtum affectio. Gestant catulos: quos mansuefactæ intra domos peperere, omnibus demonstrant, tractarique gaudent, similes gratulationem intelligentis. Itaque magna ex parte complectendo necant, Plinius & Albertus. Immoderatè fœtus amant, adeò ut catulos facilius amittant quos impendio diligunt & ante se gestant, quoniam neglecti ponè (id est post, à tergo matris) matrem semper hærent, Solinus. Duos fœtus plerunque parit: ex quibus chariorem magis complectitur et gestat: minus charus dorso matris insidet, Albertus. Ex geminis catulis alterum amant, alterum oderunt, αὐταῖς δ' ἀγκαλίδεσσιν ἑὸν ἔκτεινε (pro κτείνουσι) τοκῆων, Oppianus: id est, propriæ autem matris ulnis perit catulus, arctius scilicet compressus. Aegyptij ut patrem significent qui inuiso filio hæreditatem reliquit, simiam cum catulo eius retro (in tergo) pingunt: parit enim simia geminos: unum amore, alterum odio prosequitur. Quem igitur amat ante se gestans interimit: quem uero odit post se (in tergo) habet, ac illum reliquum nutrit, Orus. Vide mox in E. in uenatione simiæ. ¶ Simias facillimè mansuefieri, & in ædibus diuitum ludicri ac ridiculi spectaculi gratia catenis

catenis alligatas nutriri,notum est omnibus.

¶Luna caua tristes esse,quibus in eo genere cauda sit,nouam exultatione adorare, (nanq; defectum syderum & cæteræ pauent quadrupedes,) Mutianus tradit,Plinius. Solinus tamen de simijs, non caudatis,sed simpliciter,Exultant(inquit)noua Luna,tristes sunt cornuto & cauo sydere. ¶Simiæ facies turpiter hominem assimulat,tristis,fraudulenta,Gillius. Diuitibus in delicijs sunt,omnium ferè rerum imitatrices. ¶Pusilli eas animi esse,malignas,stolidas,& eodem ingenio præditos censeri homines,qui oculos,aures,labra aut dorsum eis similia habent, ex Aristotele & Adamantio in B. diximus. Simia quemuis ludum docetur,natum ad imitationem animal:sed mala potius quàm bona in homine imitatur.Ferocitatem quidem obliuiscitur,sed nunquam adeò mansuescit,quin facile semper fiat rabida,(ad impetuosam iram prona.)Delectatur ludendo cum pueris & canibus: sed pueros(infantes)non custoditos aliquando strangulat,uel ab alto præcipitat, Author de nat.rerum, & Albertus. πιθήκῳ ὑπεφαίνεται τὸ βωμολοχικὸν καὶ εἰρωνικόν, Adamantius:hoc est,Simiæ ingenium scurrile & simulatione insigne est. Simia cicur dominum suum agnoscit etiam post multos annos reuertentem,Alexander. Iniuriæ longo tempore meminit, & simultatem diu exercet in eum à quo læsa fuerit,Albertus & alij. ¶Natura simiæ ridiculo animali & animam habenti ridiculam, corporis quoq; constructionem ridiculam dedit, Galenus. Simia maximè delectatur ludis, unde factum apud Græcos uerbum πιθηκίζειν, πιθηκίσαι,Suidas & Varinus. Pulchra semper apud pueros est simia,ut ait ueterum quidam,nos admonens ludicrum esse ridiculum puerorum hoc animal illudentium.Omnes enim humanos actus imitari dum satagit,& frustratur in ipsis,& ridiculum se exhibet. An non uidisti simiam fistula canere,saltare,scribere,& alia agere uniuersa conantē,quæ homo pulchre perficit? Galen. de usu part. 1. 22. Simia actuosum animal,& ad omnia imitanda habile, omnē quod corpore agitur,si doceatur, præclare discit,& idipsum actione repræsentat: ac si saltare doceatur,saltationem assequitur:si ad tibiam canere,canit. Ego aurigæ munus obire uidi, habenas nimirum uel abducendi,uel remittendi,& flagello simul utendi:breui, si quis ad alia quæpiam instituat, non fallit docentem:adeò uarium natura animal est,& multiplex,ut ad omnem actionem sese uerset, Aelianus. Et rursus,Cum cæteris in rebus omnium bestiarum simia peruersissima est, tum peruersior in ijs,in quibus hominem imitari conatur. Cum enim nutricem ex eminenti loco perspexisset puerum infantem in pelui lauare, & fascias in orbem contrahere,& in arctum ad aquæ expressionē contorquere,atq; quo reliquisset loco puerum obseruasset, simul & circa eum ipsum à custodibus magnam introspexisset solitudinem: fenestella quæ tum pateret in domum intrauit ad puerum, quem similiter ut factitari à nutrice uiderat,ex lecto sublatum integumentis nudauit,& aquam, succensis carbonibus,calescentem,in miserum infantem infudit,atq; interfecit. Mutianus & latrunculis lusisse fictis cera simias tradit,nuces uisu distinguere,Pli. Callidus emissas eludere simius hastas, Martial. Caucasi pars(inquit Philostratus de uita Apol. lib. 3.)quæ in rubrum mare porrigitur,tum alia aromata,tum piperis arbores profert.Nascuntur illæ in extremis præruptisq; locis, homini inaccessis:ubi simiarum populus montis cauernas & omnia foramina incolit.Eas autem maximi faciunt Indi,quoniam piperis(ut sic dicam) uindemiatrices sunt: quapropter & armis & canibus leones & cæteras feras ab ipsis arcent.Insidiatur autem simiæ leo ægrotus, medicinæ causa, (uide paulò post:) & cum iam senex feras assequi alias non potest,pastus cibiq; gratia.Sed Indi simias non negligunt, & se beneficia ab ipsis capere arbitrantes leones arcent. Quod autem ad piperis collectionem attinet,sic se habet.Accedentes Indi ad arbores quæ in parte montis infima nascuntur, fructusq; ab illis decerpentes,paruas quasdam sub arboribus areas faciunt, ubi piper congerunt, quasi casu illic ipsum proijcientes,ceu rem neglectam & minimi ab hominibus existimatam: circunstantes uerò atq; in auijs abditæ simiæ, talia desuper aspicientes ubi nox aduenit, Indorum opus imitatæ auulsos arborum ramulos,(βοστρύχους,)in areas quas diximus conferunt.Indi autem ubi dies illuxit piperis aceruos asportant,quos nihil laborantes sed dormientes acquisierunt,Hæc Philostratus.

¶Vt leo inter bestias terrestres, sic in mari delphinus imperat. Ambo senectute tabescunt: & cū sunt in ægritudine, illi terrestris simia,huic marina medetur,Aelian. Aegroto leoni nulla potest alia medicina adhiberi: sed si comederit simiam,id ei morbi remedium est,Idem in Varijs. Hoc & Philostratus scribit, ut paulò antè retuli. Cum supra quàm ferre queat cibo se compleuit leo, aut quiete & inedia se exhaurit,aut simiam nactus uorat,illiusq; adesis carnibus uentrem mollitum extenuat, Aelianus. Hominem ægrotum ac seipsum curantem significantes Aegyptij leonem pingunt simiam uorantem: hic enim febricitans uorata simia conualescit, Orus. Aegritudinem fastidij tantum sentit leo,in qua medetur ei contumelia,in rabiem agente annexarum lasciuia simiarum. Gustatus deinde sanguis (simiæ,non canis ut Physiologus habet)in remedio est,Plinius. ¶Quàm mirabili astutia pardalis se mortuam fingens,simias captet,uide in Pardali capite 3. ex Aeliano:unde & prouerbium natum, Pardi mortem adsimulat. Ad pardum pleraq; uel sponte adcurrere, odore allecta,simiā comprimis,narrant,Plutarch. at Aelianus pardalin cursus celeritate simias assequi scribit. ¶Cati etiam in Aegypto simias uenantur,ut in Cato dixi ad finem capitis quarti. Inter mamonetum (id est cercopithecum) & simiam odium est implacabile, bellumq; frequens: & licet uiribus impares sint mamoneti,astutia tamen & animositate pugnandi simijs præferuntur, Isidorus. Ephorinus in Colloquijs Erasmi in dialogo de amicitia, postquam multa de animalium inter se naturali

mm

uel consensu uel pugna dixisset, subdit: Addam quod non legi, sed his oculis conspexi. Simius supra modum horret testudinem. Huius rei quidam dedit nobis specimen Romæ. Puero suo in uerticem imposuit testudinem, & pileo contexit. dein producit ad simium. Ilico simius gaudens insilijt in humeros pueri uenaturus pediculos, sublato pileo reperit testudinem. Mirum erat spectaculum quanto cum horrore resilierit bestia, quàm expauerit, quàm timide respexerit an sequeretur testudo. Additum est aliud specimen: alligauimus testudinē catenæ à qua reuinctus erat simius, ut effugere non posset, quin saltem aspiceret. incredibile dictu quantopere fuerit discruciatus: tantum non metu exanimabatur, interdum auersus posterioribus pedibus depellere tentauit hærentem bestiam. Tandem quicquid erat in aluo aut uesica oneris, reiecit. Sequuta est ex pauore febris, ut nobis fuerit soluendus à catena, & aqua uino temperata refocillandus, Hæc ille. Ego uero simiam non testudines, sed limaces, metuere audio: quæ si circumponantur ei, comprimere se, & præ metu contingere non audere: ut errârit Erasmus uulgari hodie multis errore testudinem pro limace dicentibus. Et paulò post in eodem dialogo: Thomas Morus (inquit Ioannes interloquutor) in Anglia alebat domi simium prægrandem. tum fortè, quò reualesceret à uulnere solutus obambulare sinebatur. In extremo horti erant inclusi cuniculi, quibus insidiabatur mustella. Id simius procul quietus & ociosus spectabat, donec uideret cuniculis nihil esse periculi. Cæterum posteaquam mustella labefactasset caueam à muro reuulsam, iamq; periculum esset, ne cuniculi à tergo nudati prædæ essent hosti, accurrit simius, & conscensa trabe quadam, caueam retraxit in locum pristinum, tanta arte, ut homo non posset dexterius. Ex quo perspicuum, hoc animantium genus simijs esse charum. Ipsi cuniculi non intelligebant suum periculum, sed hostem suum per cancellos osculabantur. Simius opitulatus est periclitanti simplicitati. Tum Ephorinus, Omnibus (inquit) catulis minoribus delectantur simij, gaudentq; fouere sinu & complecti: sed pius ille simius dignus erat aliquo pietatis præmio.

E.

Simia & elephas uino inebriantur. illæ quidem etiam inebriatæ capiuntur, Athenæus lib. 10. Mira solertia uisco inungi, laqueisq; calceari imitatione uenantium traduntur, Plinius, ut Romana exemplaria habent. Hermolaus magis probat Veneta, in quibus legitur, Visco inungi laqueos, calceariq; uenantium imitatione. Scio & intingere sibi oculos (inquit) solere simias, atq; inde capi facile, ut inquit Strabo: sed illud non tam solertiæ quàm stultitiæ tribuendum erat, Hæc ille. Ego Romanā lectionem malim: nam quod in Venetis legitur, apud nullum alium authorem reperitur. Vulgus simiarum passim uidemus non sine ingenio æmulandi, quò facilius in manus ueniunt. Nam dum auidè uenantium gestus affectant, relicta consultò uisci unguilla, quod mendacio factum uident, oculos suos oblinunt. Ita uisu obducto pronum est eas corripi, Solinus. In montana regione Indiæ genus simiarum frequens & prægrande reperitur, (inquit Diodorus Siculus lib. 17.) quæ cum ualido corpore & animi sagacitate præstent, haud facile per uim comprehendi possunt. Igitur è uenatorum turba quispiam melle sibi oculos perungit, alius (belluis hæc omnia uidentibus) calciamenta sibi induit, alij specula capitibus applicant. Calciamentis innectuntur laquei, atq; ita ea discedentes relinquunt. Pro melle uiscum supponunt, & speculis adijciunt funes, (ἐπίσπαστρα.) Simiæ post uenatorum abitum conantur ea, quæ uiderunt, facere & ipsæ, sed frustra. Cilia enim uisco agglutinantur, pedesq; laqueis impediti, & corpora uincta remanent, Hæc Diodorus. Inter Hydaspen & Acesinen in India sylua est prope Emodos montes, in qua maximam ingentium cercopithecorum multitudinem esse dicunt, adeò ut cum Macedones aliquando multos in collibus quibusdam apertis uidissent in aciem instructos (nam id animal ad humanum accedit ingenium [ἀνθρωπονόητον] non minus quàm elephantes,) castra putarint, & in eos tanquam hostes irruerint: sed cū à Taxilo, qui cum Alexandro erat, rem agnouissent, cessarūt. Hoc animal duobus capitur modis. nam cum imitationis studiosum sit, & in arbores fugiat, uenatores cum eos in arboribus insidere animaduertūt, catinum aqua plenum in conspectu ponunt, oculos sibi ex ea abluentes, postea uisco pro aqua posito abeunt, ex longinquo insidiantes. Cum animal ex arbore descenderit, & sese uisco illeuerit, & conniuenti palpebræ implicitæ fuerint, accedentes uiuum capiunt. Atq; hic unus est modus. Alter est, postquā culleolos (θυλάκους) quosdam in subligaculi modum induti fuerint, abeunt alijs ibi relictis interius uillosis & uisco illitis. Simiæ in hos ingredientes facile capiuntur, Strabo lib. 15. Eadem ferè de simijs uisco aut calciamētis propositis, capiendis, Author libri de nat. rerum & Albertus scribunt. Non capiuntur retibus, neque sagacium canum uenandi solertia præditorum: sed cum sit animal saltationis auidum, saltare cupit: si item quempiam uiderit calceos induentem, imitatur: & si quem uiderit oculos pingentem, aut lauantem, hoc idem facere studet: itaque pro his ex plumbo factos graues calceos proponunt, & laqueos subijciunt, ut pes quidem ingredi possit, & interim firmo uinculo retineri. Itemq; uisco decipiuntur, nam illis uidentibus Indus pelues aqua plenas in earum conspectu ponit, ex eaq; oculos oblinit, ac mox uiscum pro aqua reponit: illæ aspicientes (ut sunt ad omnia imitanda aptæ) continuò descendunt, oculosq; & ora ipsi similiter uisco oblinunt, itaq; postea facillimè capiuntur, Aelianus. Otides etiam aues imitatoriæ, uisco similiter capiuntur. Catulos ferè geminos parit: ex quibus chariorem magis complectitur, & gestat (ulnis.) qui minus diligitur, dorso matris insidet: & cum aliquando à uenatore agitatur, necessitate adacta fœtum quem ulnis gestat, abijcit, ut fugere possit. dorso autem adhærens excuti nō potest. & si forte cum illo euaserit, diligere incipit quem ante

ante minus dilexit, Albertus. Piper quomodo ex arboribus colligant simiæ, dictum est supra in D. Regio Basman magno Cham Tartarorum regi subiecta, abundat diuersis simijs magnis & paruis, hominibus simillimis. Has capiunt uenatores, & occisas totas depilant, pilis in barba tantum & ano relictis: & aromatibus conditas desiccant, & mercatoribus uendunt, qui in diuersas orbis partes corpora illa deferentes, hominibus persuadent tales homunciones in maris insulis reperiri, M. Paulus Venetus 3.15. ¶ Simiæ in leporario rarenter tenentur: sed catenula in qualibet ferè ædium parte ligantur, ut conspici possint atq; delectent, Grapaldus. Imponitur aliquando equo paruo, & canibus in equum irritatis, cum desilire non audeat, metuens sibi à canibus, miros interim gestus ædit.

¶ Serpens, canis, simia & gallus gallinaceus, culeo parricidæ in mare præcipitando simul inseruntur. Vt enim simia homo non est, attamen uidetur: sic qui proprium occiderit patrem. Serpens insidijs anteit, inimicissimus humano generi non secus ac parricida. Canes omnes odisse uidentur, solumq; hoc animal nulli penitus parcit, neq; proprio generi. Gallus insons huius culpæ, forsan ob gẽtis similitudinem adijcitur, quam maximè Romani oderunt, uel quod superbissimus sit. Præcipitatur in mare, uelut omni indignus elemento, & cuius societate aer, terra aquaq; inficerentur: ob id culeo insuitur uirgis sanguineis prius uerberatus, Cardanus.

F.

Zygantes Africæ populi simijs uescuntur, quarum affatim gignitur ijs qui in montibus degunt, Herodotus. Simia frigida & austera est, & humorem generat pessimum, Rasis.

G.

Cor simiæ assum & aridum potum drachmæ pondere cũ melicrato uetere, roborat cor, & acrimoniam eius audaciamq; auget, pusillanimitatem & cordis pulsum depellit, acuit intellectũ, & contra caducum morbum ualet, Rasis.

¶ Siue homo, seu similis turpissima bestia nobis, Vulnera dente dedit, uirus simul intulit atrũ, Betonicam ex duro (aliâs puro) prodest assumere Baccho. Nec non & raphani cortex decocta medetur, Si trita admorsis fuerit circumlita membris, Serenus. Fel tauri illitum super morsum simiæ, persanat, Sextus. Simiæ morsus (inquit Auicenna) aliquando uenenosus est, cui applicari oportet ea quæ uenenum extrahant: quale est cataplasma cum cinere, aceto, cepa & melle: aut cum amygdalis amaris & ficubus, præsertim immaturis. Conuenit etiam lithargyrus cum sale, & radix fœniculi. Apostema eius sedatur lithargyro liquefacto in aqua: & cooperiat (aliâs aperiatur) ipsum cum nigella & melle, & eruo & melle: Aliâs, Assumat in potu nigellã tritam & mel & porrũ: aut orobum & mel. Arnoldus de Villanoua in Breuiario sic legit, Nigella & mel cum farina orobi mixta & superposita, mirè ualent. Ferdinandus Ponzettus penultimo capite operis sui de uenenis, cum indicasset remedia contra morsum cati, subiungit: Similiter curatur morsus muris syluestris & simiæ, & aliquorum, super quos ueteres ponebant fabas masticatas. Et quidam putant quod betonica & plantago sumptæ cum uino ueteri conferant ad omnes: & quod fimus caprarum decoctus in aceto, & ulceri illitus sanet.

H.

a. Clunas simias à clunibus tritis dictas existimant, Festus. Græci πίθηκον uocant, παρὰ τὸ πιθῶ, πιθήσω. πείθει γὰρ ἡμᾶς (τὸ ζῶον εἰδεχθὲς ὂν προσέχειν αὐτῷ, Etymologus:) Suidas. Πίθηξ etiam legitur apud Suidam. Πύθων, simia, Varinus, sed melius apud Hesychium prima per iôta legitur, etsi illic quoq; ordinis ratio ῆτα postulet. Ἄριμος, simia: Arima uerò mons Ciliciæ, (sic enim lego,) Hesychius & Varinus. Arimos prisca Hetruscorum lingua simias uocabat: Vide inferius inter propria. Simiæ uocantur mimi & satyri, μῖμοι καὶ σάτυροι, Varin. in Νῆσος γιγάντων. mimi scilicet ab imitatione, à recto μῖμος. ab alijs μιμώ, uel μιμὼν scribitur, ut in A. dixi. Satyri, peculiare genus est, de quo infra. Βάτης, πίθηκος, ἀναβάτης, Hes. Var. inde nimirum quod facile arbores scandant, & in sublime repant. Καλλίαν, simia, Lacones, Hes. Var. Galenus in commentarijs chirurgiæ Hippocratis notat γλυκείαν à Græcis uocari suem, uel porcum in sacrificio, blanda scilicet uoce, ut quoq; simiam καλλείαν, eadem ratione, Gyrald. Κέρκοψ (melius κέρκωψ,) impostor uel simia, Hes. Varin. Suidas rectè habet κέρκωψ. Κέρκωψ, ludicer, παιγνιώδης. uel genus feræ magnã caudam habentis, Hes. Varin. Simia quidem simpliciter & proprie dicta, caudata non est, sed cepus siue cercopithecus: cercos enim Græcis cauda est, unde & cercops deriuatur, ut eo nomine caudata simia potius quàm simia simpliciter intelligenda uideatur. Suidas cercopem non simiam, sed genus simiæ interpretatur. Κερκωπίζειν, irridere, illudere sicut simiæ: quod uerbum etiam prouerbialiter usurpatur, per translationem, ut Chrysippus inquit, ab animalibus quæ cercon, id est caudam motitantes adulantur. Cercopes, astuti, dolosi, impostores, adulatores, qui (sicut uulpes canes uenaticos decipit cauda huc illuc translata, Varin.) homines simplices decipiunt τῇ κέρκῳ τῶν λόγων, Suidas, (Varin.) Et rursus, Κερκωπίζειν in prouerbium uenit, siue ab animalibus quæ cauda adulantur: siue à Cercopibus, quos in Lydia uersatos aiunt, magnos impostores & inamabiles, (ἀηδεῖς.) Plura leges apud Erasmum in prouerbijs Cercopum cœtus, & Cercopissare. Cercopes in simias mutati, Ouidius Metam. 14. Cercopes duo fratres, iniquissimi homines & ab ipsa improbitate sic dicti, alter Passalos, alter Acmon. Quod cum animaduerteret mater eorum Memnonis, monuit ne in melampygum inciderent, hoc est Herculẽ. Hos Xenagoras propter malignitatem in simias transformatas ait, & Pithecusas insulas ab eis dictas. Nomina eorum, Candu

mm 2

lus & Atlas. (Aeschines Sardianus in Iambis nomina eorum scribit Andûlum & Atlantum, Varin.) Alij ex Thea (ἐκ Θείας) & Oceano eos natos aiunt, & in saxa conuersos, quòd Ioui imponere conati essent. Et mox, Cercopes aiũt fuisse mendaces, superbos, deceptores, qui per multas uagati terras, ubiq; deceperint homines. Cercopes olim uocabantur Cyclopes, quare improbos & malos homines sic nominamus, Varin. Est & κέρκώπη, parua cicada. Κερκώπων, τεττίγων, Hes. Varin. ¶ Νάνος, nanus & simia, Etymologus.

¶ Epitheta. Simius, infamis, proteruus, callidus, simulator, parasitus, turpis, apud Textor. Simulator humani oris, Claudian. 1. in Eutrop. ¶ Πίθηκος μῖμος, Philes. Μιμηλός. φιλοπαίγμων. Τετρασὰ γ᾽ ἔθνεα κακῶν μιμηλὰ πιθήκων. Τίς γὰρ ἂν ἐν γυίοις τοίου γένος αἰσχρὸν ἴδοιτο, Ἄβληχρόν, στυγερόν, δυσείδεα, ὠμοβόλων; Oppianus.

¶ Simia, per translationem, qui alium imitatur. In quo Rusticum insectatur, atq; etiam Stoicorũ simiam appellat, Plinius epist. Quos neq; pulcher Hermogenes unquam legit, neq; simius iste, &c. Horatius 1. Serm. Simiolus diminutiuum, qui utcunq; alterum imitatur. Hic simiolus animi causa, me, in quem inueheretur, delegerat, Cic. ad Marium lib. 7. epist. Tatianus orator simiæ cognomentum indeptus est, quòd omnia ingeniosius imitando exprimeret, Cælius. Maximinus iunior oratore usus est Tatiano filio Tatiani senioris, qui dictus est simia temporis sui, quòd cuncta imitatus esset, Capitolinus in Maximino Iuniore. Aristophanes in Auibus quendam traducens πίθηκον uocat, siue tanquam deformem, siue tanquam panûrgon, id est improbum & astutum. In hominem deformem & nigrum, qui liberos etiam deformes habebat, iocosum epigramma authoris incerti Anthologij libro secundo legitur, ut apposui. Ἑρμολύκου θυγάτηρ μεγάλου πίθηκον ἔτικτεν, Ἡ δ᾽ ἔτικτεν πολλὰς Ἑρμοπιθηκιάδας, &c. Tragica simia, Τραγικὸς πίθηκος, prouerbiali conuicio dicebat, qui fungeretur honoribus, opibusq; polleret, alioquin indignus. Simiam appellant homuncionem, uix hominẽ, sed simulachrum hominis magis. Tragicam addunt, propter fortunæ strepitum & personam additam. Demosthenes in oratione pro Ctesiphonte, Aeschinem tragicam simiam appellat, quòd quum esset nequissimus, splendidis uerbis probum ciuem ageret. Cuius prouerbij meminit Philostratus in Aristide. D. Hieronymus in epistolis ostendit hoc scomma iaci solere uulgò in Christianos, sed ab impijs ethnicisq;, perinde quasi uultu habituq; sanctimoniã præ se ferrent, quum essent improbi: quanquam hic locus in exemplaribus non eodem habetur modo. Conuenit & in eos qui barba pallioq; philosophos se profitentur, cum cætera cultui non respondeant, Erasmus. Τραγικὸς πίθηκος, ὧν τῶν τῆς ἀξίαν σεμνυνομένων, Hes. Var. & Suidas, qui etiam pluribus, Demosthenes (inquit) præter alia in Aeschinen scommata, poëtarum tragœdias eum imitari dixit, & simiam appellauit, siue quòd breuis staturæ homo in scenam intraret: siue quòd simia animal est ad imitationem factum, & Aeschines quoque tragœdiarum histriones imitaretur. Videtur & Tragica simia dici posse in hominem curiosius & pretiosius uestitum, ut Cælius innuit. Eleganter & aptè Callippides Myniscum histrionẽ tragicum simiam uocabat: nam simias ueteres appellabant imitatores, qui gestu omnia exprimere conantur, Robortellus. Simile huic est aliqua ex parte, Simia purpurata, de quo uide infra inter prouerbia. Simia barbata, Ἀγωνοπίθηκος, uide ibidem. Πίθηξ, apud quosdam uocatur breuis homuncio, Varinus. ¶ Lycophron Thersitis turpitudinem expressurus, πιθηκόμορφον illum nuncupauit, id est simiæ consimilem, Cælius. Πιθηκοειδής, simiæ similis, Lexicon Græcolat. Πιθήκειον βλέμμα, τὸ τοῦ πιθήκου, id est aspectus uel facies simiæ, Suidas & Var. in deformem, ut uidetur. Οἱ τὰ ὦτα μικρὰ ἔχοντες, πιθηκώδεις, Aristot. Οἴμοι τάλας οἵοις πιθηκισμοῖς με περιελαύνεις (aliâs περιελαύνεις,) Aristoph. in Equitibus: ἀντὶ τοῦ ἀπάταις καὶ κολακεύμασιν ἢ μιμήμασί με νικᾷς, ὡς καὶ αὐτὸ ταῦτα πεποιηκότος, Scholiastes, Suidas, Varinus. Διαπιθηκίσαι, illudere, irridere, (ut κερκωπίζειν:) διαπαῖξαι, deriuatum à simia animante ad ludos nata, Suidas, Varin. Πιθηκίζειν, fucis aut blanditijs fallere, Erasmus in prouerbio Simia caudata: sed authorem non citat.

¶ Est & simia in mari rubro, non piscis quidem, sed bestia cartilaginea, colore terrestri similis, & reliqua etiam specie aliqua ex parte, similiter quoq; resima, &c. Aelianus.

¶ Pithecium, mulieris nomen Plauto, Hermolaus.

¶ Πιθήκων κόλπος, id est Simiarum sinus, portus est in Libya iuxta Carthaginem. gentile, Pithecocolpites, Stephanus. ¶ Pithecusæ, Πιθηκοῦσαι, insulę in mari Thusco contra Campaniam, à simijs, ut author est Strabo, dictæ. Harum una Aenaria quoq; dicta est ab statione nauium Aeneæ, Homero Inarime: hodie Ischia ab oppido cui coxendicis similitudo, ut Hermolaus in Castigat. suis in Plinium docet. Plinius uero à figlinis doliariorum nomen factum putat, quæ ibi ex Creta fiebant. Dolium enim Græci pithon, simiam pithecon uocant. In harum summitate oppidum fuit, quod plurali numero Pithecusæ dicebatur. Meminit Plinius 3. 6. & Ptolemæus 3. 1. Inarimen Prochytenq; legit, sterilisq; locatas Colle Pithecusas, habitantum nomine dictas, Ouidius. Incolæ, Pithecusæi, Stephanus. Prochytam & Pithecusam à Miseno abruptam Strabo in primo author est, quã tamen idem in quinto à Pithecusis ipsis quondam diuulsam tradit. Posteriorem sententiam Plinius sequitur & Seruius. Vnde & secundum hos à profusione nomen Prochyta traxit, quod etiamnum seruat. At Dionysius libro 1. scribit à nutrice Aeneæ eiusdem nominis dictam. Pithecusam autem & Pithecusas numero multitudinis dicimus alteram insulam, quæ Inarime primum Vergilio dicta est, Nic. Erythręus in Indice Vergiliano, ubi plura leges in uoce Inarime. Arimum Hetrusci olim simiam uocabãt. Vide

Vide etiam Inarime in Onomast. nostro: & quædam Strabonis loca, & Hermolai in Plinium, ex Indicibus. Iouem deuictis Gigantibus aliqui Damascum, alij Siciliam, trophæum statuisse aiunt: alij uero Gigantum insulas, Pithecos (πιθήκους) accipiunt, qui iuxta Italiam sunt, Aeschioni memorati. In his olim Gigantes habitabant, postea uero Iupiter domitis eis insulas superimposuit, & simias in dedecus Gigantum inhabitandas dedit, Varinus in Νῆσος.

¶b. M. Cicero antiquissimum uersum (Ennij puto) refert de simia, Simia quàm similis turpissima bestia nobis.

¶c. Simonides apud Stobęum in sermone quo mulieres uituperãtur, pro diuersis ingenijs alias ex alijs animalibus natas fingens: Ea uero, inquit, quæ ex simia nascitur, omnium pessima est: turpi facie, omnibus ridicula, breui ceruice, natibus depressis. Ingenio quoq; simiam refert, à lætitia & risu aliena: in neminem benefica: hoc unum meditatur, quomodo insigne aliquod malum facinus edat.

¶d. Epictetus dixit, Adulatoris minas & simiæ iras eodem loco habendas: aut si Græcè mauis, πιθήκου ὀργὴν καὶ κόλακος ἀπειλὴν ἐν ἴσῳ θετέον.

¶e. Si supponatur capiti dormientis cor simiæ, uidebit in somnijs res terribiles, Rasis.

¶h. Cæsarem cum peregrinos quosdam Romæ locupletes homines canum & simiarum catulos circunferentes gremio, eisq; deditos intueretur, interrogasse ferunt, nunquid apud illos mulieres liberos parerent, Plutarchus ab initio uitæ Periclis. ¶Simia quam rex Molossorum in delicijs habebat, & sortes ipsas, & cætera quæ erant ad sortem parata disturbauit, & aliud alió dissipauit, Cicero 1. de diuin. ¶Cercopes in simias mutati, Ouidius Metam. 14. Vide supra in a. ¶Simia Mineruę olim sacra erat, Fr. Arlunnus sine authore. Dianæ Coloënæ templum fuit in Sardiana regione prope Coloën lacum, in cuius celebritate simiæ saltare ferebantur, qua in re suam non uult fidem Strabo astringere, Gyraldus. Nero Claudius aliquando somniauit asturconem, quo maxime lætabatur, posteriore corporis parte in simiæ speciem transfiguratum, ac tantum capite integro hinnitus ædere canoros, Suetonius.

PROVERBIA.

Asinus inter simias, ubi stolidus aliquis incidit in homines nasutos & contumeliosos. Simile est illud Germanorum, **Ein eule vnder einem hauffen kräben**: id est, Noctua inter cornices, ubi stupidior aliquis in homines petulantes ac dicaces incidit. Extat apud A. Gellium 2. 23. apud quem Menander comicus maritum de uxoris iniuria querentem inducit, his uerbis: ὄνος ἐν πιθήκοις τοῦτο τὸ λεγόμενον δὴ δὴ τοῦτ'. Id est, Asinus inter simias, uulgò quod aiunt, sanè istud. Constat autem simiam animal esse petulantissimum, adeò ut non uereatur etiam leonem per lasciuiam agitare, natibus illius affixa, Erasmus. Simia barbata, (nõ placet quòd addit Erasmus, seu caudata.) Aristophanes in Acharnensibus, ὦ πίθηκε τὸν πώγων' ἔχων. Interpres admonuit allusum esse ad illud Archilochium, τοιήνδ' ὦ πίθηκε τὴν πυγὴν ἔχων, id est, Talem ô simia caudam (tales nates potius, uel clunes) habens. Dici solitum de ridiculis. Regulus Rusticum Stoicorum simium dixit, contumeliæ gratia, ut refert Plinius in epistolis, opinor quòd barba & pallio Stoicum ageret uerius quàm morib. Idem Aristophanes alio quodam loco quosdam δημοπιθήκους appellat, quasi populi simias. Est autem hoc animal natura γελωτοποιὸν, nec in alium usum uidetur natum, quum nec ualeat ad esum ut oues, nec ad ædium custodiam ut canes, nec ad onera gestanda ut equi. Athenæus libro 14. narrat Anacharsim philosophum genere Scytham, quum in conuiuium inducerentur homines ad risum mouendum edocti, solum omniũ non risisse. Tandem quum inducerentur simiæ, cœpit ridere. Rogatus causam: Hæ (inquit) natura sunt γελωτοποιοί, illi fingunt, Erasmus. Vrbs nostra repleta est τῶν βωμολόχων δημοπιθήκων ἐξαπατώντων τὸν δῆμον ἀεί, Aristoph. in Ranis. Scholiastes δημοπιθήκους interpretatur, τοὺς πανούργους πρὸς τὸν δῆμον ὡς τὸ ζῷον ὁ πίθηκος: ἢ τοὺς τὸν δῆμον κολακεύοντας καὶ πείθοντας. Hercules & simia, Ἡρακλῆς καὶ πίθηκος, de minimè congruentibus. Simia dolis ualet, Hercules uiribus antecellit. Nota est fabula de fratribus Perperis, quos Hercules comprehensos à claua suspendit: eos ferunt uersos in simios, Erasmus. Quos ego non pluris facio quàm, ut dici solet, simias, Dion Prusensis in libro de Troia non capta. Est enim simia planè ridiculum & uulgò contemptũ animal, Eras. Simiarum pulcherrima deformis est, τῶν πιθήκων ὁ καλλίστος ἄμορφος: rectè dicetur de his quæ ipso genere sunt uitiosa, neq; prorsus conferenda cum uel extremis eorum quæ sunt in honestorum ordine. Veluti si quis dicat lenonem integerrimum esse periurum, aut honestissimum histrionem infamem, aut optimum Meuij carmen malum esse. Citatur à Platone, & ad Heraclitum authorem refertur, Erasmus. Simia in pelle leonis: tractum & demutatum à fabula qua asinus in pelle leonis deprehensus fingitur. Τοσοῦτον χρόνον ἐλελήθει με, ἐν τῇ λεοντῇ γελοῖόν τινα πίθηκον περιστέλλων, Lucianus in Philopseude. ¶Huic simile est illud, Simia in purpura, πίθηκος ἐν πορφύρᾳ: quod (inquit Erasmus) in uarios usus potest adhiberi: nempe, uel in hos, qui tametsi magnifico cultu sint ornati, tamen cuiusmodi sint ex ipso uultu moribusq; cognoscitur: uel in hos quibus dignitas indecora addit: uel quoties rei per se fœdæ, ascititia peregrinaq; ornamenta indecenter admouentur. Quid enim tam ridiculum quàm simia uestita purpurea ueste? Atq; id tamen non rarò fieri uidemus apud istos qui simias habent in delicijs, ut quàm maximè possunt, ad humanum morem ornent ac uestiant, aliquoties & purpura: quò parum attentos aut imperitos fallant, proq; homine salutetur simia, aut si deprehensus fuerit fucus, res magis fit ridicula. Quàm multos id genus simios uidere est in principum aulis, quibus si purpuram, si torquem, si

mm 3

gemmas detrahas, meros cerdones deprehendes. Lepidius erit si longius transferatur, uelut in eos qui barba pallioq; simulant sanctimoniam, Hæc Erasmus. Meminit adagij Suidas. Iulianum impe ratorem, loquacem talpam, & purpuratam simiam quidam appellabant, Ammi. Marcellinus.

¶ Simia fucata, (uel potius cerussata, id est cerussa illita candoris comparandi gratia, & rugas ac formæ uitia occultandi, quæ uox apud Martialem & Ciceronem legitur) de deformi anu, fucata tamen, & meretricijs culta lenocinijs. πότερον πίθηκος ἀνάπλεως ψιμμυθίου, ἢ γραῦς ἀνεστηκυῖα παρὰ γε τῶν νεκρῶν; Aristophanes in Ecclesiazusis. Potest & ad rem accommodari, ueluti si quis turpem causam, orationis phaleris adornet, ut honesta uideatur, Erasmus. ¶ Simia simia est, etiamsi aurea gestet insignia, πίθηκος ὁ πίθηκος κἂν χρύσεα ἔχῃ σύμβολα: respondet illi, Simia purpurata, admonens fortunæ ornamenta non mutare hominis ingenium. Citatur adagium à Luciano in oratione cōtra eruditum. Natum uidetur à simijs illis Aegyptijs saltationem humanam imitantibus. Lucianus refert apologū in hunc modum: Rex quidam Aegyptius simias aliquot instituit, ut saltandi rationem perdiscerent. Quam illæ protinus edoctæ, saltare cœperunt, insignibus indutæ purpuris ac personatæ. Multoq; iam tempore maiorem in modum placebat spectaculum, donec è spectatoribus facetus quispiam, nuces, quas clanculum in sinu gestabat, in medium abiecit. Ibi simiæ, simul atq; nuces uidissent, oblitæ choreæ, id esse cœperunt quod ante fuerant: cōtritisq; personis, dilaceratis uestibus, pro nucibus inter se depugnabant, non sine maximo spectatorum risu, Erasmus. Eundem apologum paulò aliter recitat Tzetzes Chiliade 4. historia 11. In eandem sententiam Germani, **Die suw ist ein suw/ vnd blybt ein suw. Weñ man einer suw ouch ein gulde stuck anzuge/ so legt sy sich doch mit inn dreck.**

¶ Anus simia (Simia uetula) serò quidem capitur, sed tamen aliquādo capitur, γέρων πίθηκος ἁλίσκεται μὲν μετὰ χρόνον (χρόνου, Suid.) δ' ἁλίσκεται: Vbi uersutus aliquis qui diu eluserit, tandem dat pœnas. Valebit ad exhortandum, ut quisq; ueris rationibus agat, si uelit esse tutus, ne fidat callidis quidem sed inhonestis consilijs, Erasmus. (Suidas simpliciter exponit ἀντὶ τῶν δυσχηστάτων, malim ἐπὶ τῶν δυσχηστάτων.) Idem prouerbium alibi ab Erasmo refertur, hoc modo: Simia non capitur laqueo, ὁ πίθηκος οὐχ ἁλίσκεται βρόχῳ: in callidos tergiuersatores dici solitum, qui coargui nō queunt. Id olim dictum est in Heraclidē, qui per imprudentiā perperam citārat ex Dionysio quod erat apud Sophoclē. Missum est exemplar, ut ibi cōspecto carmine agnosceret suum errorem. Hic quoq; tergiuersanti, nec lapsum agnoscenti, dicētiq; casu fieri posse ut in diuersis poëtis uersus consentiant, scripsit quispiam simiam haud capi laqueo. Author Diogenes Laërtius. Carmen Græcum sic habet. γέρων πίθηκος οὐχ ἁλίσκεται πάγῃ: ἁλίσκεται μὲν, μετὰ χρόνον δ' ἁλίσκεται. Sic Itali, Passaro uecchio non tra se in gaio. ¶ Tragica simia: Vide supra in a. inter deriuata.

¶ Simiæ cum turpissimæ bestiæ uocentur ab Ennio, credunt tamen suos catulos esse omnium formosissimos, id quod plerisq; nostrum qui scribimus euenit, Grapaldus. ¶ Simiā in naufragio conspicatus quispiam periclitantem, & hominem esse ratus, manu data seruauit è mari. Cum uero interrogaret cuias esset, simia Atheniensem se respondit. Ille iterum, An Piræeum nosset. (est autem Piræeus portus in Attica.) Simia, optime se nosse dixit, & filios eius omnes, coniugem atq; amicos. Tum ille indignatus, magis impulit eam ut suffocaretur, Tzetzes Chiliade 4. historia 11. Κερδώ πιθήκῳ φησίν, ἣν ὁρᾷς στήλην, ἐμοὶ πατρῴη τ' ἐστὶ, καὶ τι παππῴη, Babrius apud Suidam.

DE SIMIIS DIVERSIS.

SIMIARVM genus omnino multiplex est. hoc quidem omnibus cōmune, humani corporis speciem aliquo modo referre, posterioribus cruribus erigi, ad omnia dociles & imitatrices esse. Differunt autem inter se, cauda & barba, quod aliæ habeāt, aliæ careant. (Simiarum genera hominis figuræ proxima, caudis inter se distinguuntur, Plinius.) Deinde magnitudine, colore. Item faciei figura, qua uel hominem, uel canem, uel porcum repræsentant. Primæ simpliciter simiæ dicuntur, alteræ cynocephali, tertiæ CHOEROPITHECI, id est simiæ porcariæ, ut Gaza apud Aristotelem uertit: Qui uno tantum in loco hoc animal nominat, chamæleontē scribens rostrum ei simillimum habere. Differunt autem inter se simiæ, non solum ut nominibus distinctæ sunt, ut simpliciter dictæ simiæ, de quibus iam scripsimus: cercopitheci, cepi, callitriches, cynocephali, satyri, sphinges, de quibus deinceps scribam. sed etiam quæ unius sunt generis & nomen commune habent, non omnes sunt similes. nam ex simpliciter dictis simijs, aliæ sua facie hominem, aliæ canem magis referunt, &c. ut supra ex Galeno exposui in Simia B. Sunt & cynocephalorum diuersa genera, nec unum genus caudatarum. Recentiores simiarum generi animalia quædam non recte adscribunt, ut Albertus chimæram, quæ non reuera animal, sed poëtarum figmētum est. de quo pluribus egi in Capra a. Idem de animalibus 7. 1. 6. PYGMAEOS genus quoddam simiarum esse putat, non homines, sed homini figura tantum & statura erecta similes, & actionibus tum alijs tum pugna aduersus grues, quasi ex deliberatione, ut Niphus inquit. Circa paludes supra Aegyptum unde Nilus profluit, Pygmæi pugnare dicuntur cum gruibus. non enim id fabula est. sed certe genus tum hominum, tum etiam equorum pusillum, ut dicitur, est, deguntq; in cauernis, Aristot. de hist. anim. 8. 12. Vbi Niphus, Pygmæi (inquit) homines non sunt: Primò quia non habent rationis usum persum perfectum: deinde quia nec uerecundiam, nec honestatem, nec iustitiam reipub. exercent. Sed quia in multis imitantur homines, adeò ut loqui possint, ideo creduntur homines: non sunt autem, quia locutionem imperfectam habent. Ad hæc non uidentur homines esse, cum careant religione: est enim religio, ut Platoni placet, propria homini, & soli & omni homini conueniens, Hæc ille. Sunt quidem in genere simiarum nonnullæ canina specie & paruis hominibus similes, ut dicam in cynocephalis H. sunt & satyri, & alia simiarum genera, humana ferè forma. Vitæ etiam longitudo, anni circiter octo, ut Albertus refert, & corporis proceritas, pygmæos simijs potius quàm hominibus coniungit. Sed ueterum nullus aliter de pygmæis scripsit, quàm homunciones esse, &c. neque recentiores quicquam aliud præterquam ex ueterum scriptis de eis cognouerunt. Pygmæorum & pugnæ ipsorum cum gruibus meminit Homerus Iliados tertio: cuius uersus Strabo etiam citat libro 1. Pygmæos meridianam oram Oceani incolere scribens. Idem libro 2. asserit scriptores rerum Indicarum, præsertim Deimachum & Megasthenem tum alia falsa prodidisse, tum quæ de Pygmæis ante ipsos Homerus fabulatus erat. Et libro 15. ex Onesicrito: Homines in India (inquit) quosdam trium, quosdam quinque dodrantum esse ait, quorum nonnulli naso careant, solis spirandi foraminibus facie supra os insigni. Cum illis quorum proceritas trium dodrantum est, grues pugnare, item perdices anserum magnitudine. Illos gruum oua legere atque abolere: nam ibi nidificare grues, nec alibi earum oua nidosque reperiri. Sæpe etiam gruem cadere quæ æneum spiculum habeat, quo scilicet in pugna uulnerata fuit. Item libro 17. In locis quibusdam, ubi calor (aut frigus) excedit, pecora parua sunt: ut oues, capræ, & boues. Canes quoque pusilli, asperi tamen & pugnaces. Et fortassis ab animalium istorum paruitate, homines quoque Pygmæi conficti sunt: neque enim fide dignus quisquam ceu testis oculatus eorum meminit. Pygmæorum & latrantium (ὑλακτούντων: hos alij cynocephalos uocant) gentes in Aethiopia pariter & India reperiuntur, Philostratus. Πυγανῖκοι, πυγονίαις. est autem gens ante Aegyptum pusillorum hominum, Varinus. Vide Πυγμαῖοι apud eundem.

¶ Raphaël Volaterranus mantichoram quoque & crocutam simiarum genera esse putat, nullo authore, nullis argumentis: quanquam Albertus quoque alicubi maricomorion (corrupto uocabulo mantichoræ) simiarum generis esse scribit. Ego sententiam meam de duabus istis bestijs, statim post Hyænam supra exposui.

DE CERCOPITHECO.

A.

CERCOPITHECVS uocabulum Græcum, Latinè ad uerbum simiam caudatam sonat: cercos enim caudam significat. Callidus emissas eludere simius hastas, Si mihi cauda foret cercopithecus eram, Martialis. Quamuis autem & aliæ quædam caudatæ sint, præter eam cuius iconem posuimus: huic tamen priuatim hoc nomẽ contigit, quod ceteræ minus cõmunes sint. Zijm, ציים, uocẽ Hebraicã interpretes uariè reddunt, ut in Onocentauri historia dixi: aliqui cercopithecos, uel catos marinos, uel catos feros exponunt, (alij martes aut uiuerras, &c.) Ibidem dixi de Hebraica uoce ijm, quam similiter aliqui catos syluestres interpretantur. Tuk, תוך, Dauid Kimhi iuxta Thargum reddit tauas טווס, uulgariter paon, id est pauo, פאון. Aliqui animal uulgo dictum מיימון meimon, uel gatto mamone. Regum 3.10. Chaldæus uertit tauasin: R. Salomon & Leui & Hieronymus paui. (tauas quidem Chaldaica uox ad Græcam ταῶς, id est pauo, alludit.) LXX. λίθων τορευτῶν. sed placet simias transferri: nã Iosephus quoque πιθήκους interpretatur. Koph, קוף, plurale kophim. Reg. 3.10. Dauid Kimhi simias interpretatur, ut LXX. quoque & Hierony mus. Chaldæus Hebraicam uocem relinquit. Græci quidem cepum peculiare genus ſimiæ nominant, (de quo poſt cercopithecum ſtatim dicam,) mutuati forte id nomen ab Hebræis. Sunt qui oach, אחים, cercopithecum uel cephum eſſe putent, (Babel ſubuertetur, & cubabunt ibi beſtiæ horrendæ, [ziim:] & implebunt domos eorum cercopitheci, [ochim,] Eſaiæ 13. interprete Munſtero:) Alij aliter. Vide ſupra in Muſtela. ¶ Maionio, id eſt ſimia, Syluaticus: uidetur autem uox corrupta, & mamonus uel marmonus aut ſimile quid legendum: ſic enim ferè hodie cercopithecum Itali uocant: quæ uoces fortè detortæ ſunt à Græca μιμὼν: qua tamen pro ſimia ſimpliciter Græci uulgò utuntur. De uoce κέρκωψ, dixi in Simia A. Simiarum genus quoddam componi uidetur ex ſimia & cato agreſti, ſimiæ admodum ſimile, duabus nigris maculis in maxillis inſigne: ſed caudam habet oblongam griſei coloris, & in extremo nigram; hoc aliqui ſphingem appellant, alij cythoſicam, Albertus. Apparet autem de cercopitheco loqui, unde & corruptum cythoſicæ nomen conijcio. De ſphinge, diuerſo genere, dicam infra. Idem Albertus de anim. 2. 1. 4. bis aut ter kybor uocari ſcribit ſimiæ genus cauda præditum, eſt autem id quod Ariſtoteles cebum uocat, alij cepum, caudatum quidem, ſed à cercopitheco (cuius Ariſtoteles nuſquam meminit) diuerſum. ¶ Cercopithecus Italis eſt gatto maimone, Gallis marmot, forte quaſi marmona, id eſt maris ſimia: móna enim Hiſpanis ſimiam ſonat. (at marmontana Italis mus alpinus eſt.) Germanis meerkatz, id eſt catus marinus: marina enim uel tranſmarina ferè uocamus, quæcunque nobis peregrina ſunt. Illyrijs ſimiliter, morſka koczka. Anglis marmoſet. Cati quidem nomen adiectum puto à cauda, qua ſimiæ ſimpliciter dictæ carent. Mammonetus (aliâs Mamonetus per m. ſimplex.) eſt animal ſimia minus, Itali ſpinga (ſphingem) uocant: quod in noſtris etiam regionibus haberi & ali poteſt, Iſidorus & Albertus. Cercopithecos Celtæ uocant ἀβράνας, Heſych. Varin.

B.

Aethiopia generat cercopithecos nigris capitibus, pilo aſinino, & diſſimiles cæteris uoce, Plinius. De Praſianis uide inferius ad finem hiſtoriæ de Cercopitheco. Indiæ ſylua ſupra Emodos montes abundat ingentibus cercopithecis, Strabo lib. 15. Et alibi, Oneſicritus ſcribit in India cercopithecos eſſe, qui per præcipitia uadentes, petras contra inſequentes deuoluant, Strabo. Ex quibuſdam regionibus Noui Orbis cercopitheci pulcherrimi aduehuntur, ut Petrus Martyr ſcribit. Non procul ab Aden urbe Arabiæ editiſſimus mons eſt qui cercopithecis abundat, Ludouicus Rō. 2. 13. Et alibi, Rex Iogæ in India cum peregrinatur religionis gratia, cercopithecos compluſculos ſecum ducit. Et 5. 21. Regio Calechut mittit cercopithecos, uenduntur que ſingulis ſolidis, id eſt quaternis caſſis: tot enim ſolidum efficiunt. ſunt autem cercopitheci iſti cultoribus, inopibus præſertim, magno oneri: quippe qui iuglandium (palmarum genus eſſe puto, Gillius arborum nomen omittit) arbores conſcendunt, & liquorem illum, unde uinum exprimi diximus, effundunt, euertunt que uaſa quibus liquor excipitur. Angli cercopithecum, ut dixi, marmoſet uocant: eſt autem alius maior, alius minor. Et rurſus munkai ijdem appellant, aliud cercopithecorum genus barbatum, minus priore: id que ſimiliter in maius & minus diuiditur: ita ut quatuor cercopithecorum genera ſint, magnitudine differentia: quorum minimum inſtar ſciuri ferè eſt. Et quoniam miris geſticulationibus, & uocis ut audio mutationibus diuerſis cercopitheci, præſertim minores utuntur, monachum uel alium hiſtrionice concionantem Angli uulgo munkay cognominant. ¶ Cercopitheci caudas habent: hæc ſola diſcretio eſt inter prius dictas, Solinus. Simias caudatas ab hominibus differre in neruorum ſerie: De lumborum uertebris in eis & proceſſibus earundem: Item quòd careant tertio muſculo digitos manus mouentium, And. Veſalius in Fabrica corp. hum. Locos ex Indice requires. Mamonetus minor eſt ſimia, in dorſo fuſcus, in uentre candidus: caudam habet longam & uilloſam, collum æque craſſum ac caput: quamobrem ilibus (uentre) non collo alligatur, ne laqueus poſſit elabi. Caput habet rotundum, & faciem prorſus humanæ ſimilem habet, nigram & ſine pilis à collo uſque ſupra frontem. Naſus ei non continuus ori ut in ſimia, ſed certo interuallo diſcretus, ut in homine, Iſidorus & Albertus.

C.

Aethiopia generat cercopithecos, diſſimiles cæteris uoce, &c. Plinius. Cercopithecos deſiderio carnis comedendæ correptos, caudam ſibi prærodere uidemus. Animal eſt corpore prorſus agili.

D.

Ludicrum & actionum hominis æmulum, Mich. Herus. Induſtriæ & ſagacitatis inter bruta quidam primas partes canibus tribuunt, alij elephantis, alij cercopithecis, Cardanus. Quibus in ſimiarum genere cauda ſit, Luna caua triſtes eſſe aiunt, nouam exultatione adorare, Plinius. Inter mamonetos & ſimias odium eſt implacabile bellum que frequens: illi quamuis impares uiribus, aſtutia tamen & animoſitate bellandi ſimijs præferuntur, Iſidorus & Albertus. Cercopitheci crocodilos intueri tantopere perhorrent, ut ne longinquum quidem crocodilinæ pellis conſpectum ferre poſſint: ac nimirum potius per ignes & aquas effugiant. Quod quidem ipſum cum experirer, & ex altiſſima feneſtella conditum crocodilum his longo interuallo diſtantibus oſtenderem, cum clamore, & alui deiectione, & tremore, & ſi uinculis conſtricti tenebantur, per obiectos ignes & aquas euadere furenter conabantur, Gillius.

Cercopi-

E.

Cercopitheci quomodo capiantur, in Simia E. ex Strabone retuli. Caleeuthensibus nocent, liquore ex quo uinum illi conficiunt in arboribus effuso, & uasis euersis, ut in A. dixi. Pelles minoribus cercopithecis detractas spadiceo colore, si bene memini, à pellionibus ad uestimenta parari audiui.

H.

Quid dubitatis utrum nunc sitis cercopitheci, An colubræ, an belluæ? Varro Eudæmonibus citante Nonio. ¶ Cercopithecum Panerotem fœneratorem, & urbanis rusticisq́ prædijs locupletatum, Cl. Nero Cæsar propè regio extulit funere, Suetonius. ¶ Effigies sacri nitet aurea cercopitheci, Iuuenalis Sat. 15. de animalib. quæ in Aegypto coluntur.

DE CEPO.

CEPVS, κῆπος, genus simiæ caudatæ nomen tulit à colorum uarietate, (à corporis & ætatis decore, Diodorus Sic.) qua similiter insignis spectatur, ut hortus floribus diuersis consitus, ut inferius ex Aeliano recitabo. Apud Aristotelem κῆβος per β. scribitur, Gaza cæbum transfert: aliqui etiam cæpum per æ. diphthongum scribunt, alij cephum: alij etiam ineptius, ut cepphum uel celphum. quidam Latinè Ortum transferunt. κέβλος, κυνοκέφαλος, κῆπος, Hesychius & Varinus: ego non κῆτος sed κῆπος legendum puto, hoc sensu: Ceblon esse simiarum generis siue cynocephalum siue cepum: nam inter cete, id est belluas marinas, ceblon nusquam legimus. Hebræi quidem simiam koph appellant, ut dixi in cercopitheco A. à qua uoce Græcos cepum uel cebum denominasse aliquis conijciat.

¶ Cêbus simia gerens caudam est, Aristotel. (Albertus, uel Auicenna potius, pro cebo transfert kybor.) Et rursus, Cebi omnes caudam habent. Partes uero interiores humanis similes, genera hęc (simiarum) omnia continent. Et alibi, Sunt quæ natura ancipite partim hominem, partim quadrupedem imitentur, uelut simiæ, cebi, cynocephali. Ex his Aristotelis uerbis cebum à cercopitheco dicto, id est simpliciter caudata simia non est distinguere, præsertim cum neq́ cebi alibi meminerit: cercopitheci uero nusquam. Strabo, Aelianus, & Plinius distinguunt, ut uerbis eorum iam recitandis apparebit.

¶ Pompeij Magni primum ludi ostenderunt chaum: Iidem ex Aethiopia, quos uocant cephos, quorum pedes posteriores pedibus humanis & cruribus: priores manibus fuêre similes. hoc animal postea Roma non uidit, Plinius. Idẽ ferè ex eo Solinus repetit, apud quem non cephus sed celphus scribitur. Seneca etiam cephum à Pompeio Magno in spectaculis Romæ primum ostensum refert.

¶ Cepus faciem habet satyro similem, cætera inter canem atque ursum. in Aethiopia nascitur, Strabo libro 17. Et rursus, Cepum colunt Babylonij qui sunt iuxta Memphim. Sunt & Prasianæ simiæ caudatæ & facie satyris similes, de quibus infra ex Aeliano: ut congeneres existimari possint.

¶ In extrema Arabia cepus reperitur, cui facies leonis, corpus reliquum pantheræ, magnitudo dorcadis, id est capreæ, Strabo libro 16. & Diodorus Siculus: qui tamen non in Arabia, sed in Aethiopia cepum reperiri scribit. Terrenum quoddam animal Pythagoras scribit secundum mare rubrum procreari, & cepum, hoc est hortum, appositè iccirco nominari, quòd tanquam hortus uarijs coloribus distinguatur. Cum est confirmata ætate, pari magnitudine est cum Erythriensibus canibus. Iam porrò huius colorum uarietatem, sicut ille scribit, animus nobis est explicare. Eius caput & posticæ partes ad caudam usque prorsus ualde igneo colore sunt, tum aurei quidam pili disseminati spectantur, tum album rostrum, inde ad collum aureæ uittæ pertinent: Colli inferiores partes ad pectus, & anteriores pedes omnino albi: mammæ duæ manum implentes cæruleo colore uisuntur: uenter candidus: pedes posteriores nigri sunt, rostri forma cynocephalo rectè comparari potest, Aelianus. Textor nescio quo interprete eundem locum multò aliter, (ineptè opinor. Græca enim non uidi) translatum recitat: Ortus (inquit) reperitur circa Erythræum mare, colore uario, magnitudine canis, &c. De cane Erythriense non memini alibi quicquam legere.

¶ Chephrenem Aegyptiorum regem Herodotus lib. 2. memorat, Diodorus Cephum uocat.

DE CALLITRICHE SIMIA CAUDATA BARBATAQVE.

CALLITRICHES toto penè aspectu differunt (à cæteris simijs:) barba est in facie, cauda latè fusa priori parte. Hoc animal negatur uiuere in alio q̃ Aethiopiæ quo gignitur cœlo, Plinius. Callitriches, inquit Hermolaus, à barbitio dictæ sunt, quod Græci τρίχα uocant. Callitriches toto penè aspectu à cæteris simijs differunt. In facie barba est, lata cauda: has capere non est arduum, sed proferre rarum: neq́ enim uiuunt in altero quàm in Aethiopico hoc est suo solo, Solinus. Sunt & Indicæ (simiæ) toto corpore candidæ, barbatæ, caudis latis, quas sagittis uenantur Indi. & cum cicurātur in omnem ludū sunt habiles, ac si non nisi ad ludū sint creatæ, Albertus. Et alibi, Sunt & aliæ simiæ facie ualde gratæ & blandæ, & cæteris simijs dissimiles: barbatæ, caudis longis, quæ Aethiopicæ dicuntur, & extra Aethiopiam delatæ parū uiuunt, Albertus. Aduehuntur in Germaniam aliquando cercopitheci parui (kleine meerkatzen) barba caput totum ambiente, callitriches fortè aut congeneres. Chartolipis (si recte legitur) genus simiæ, quæ ultimam partē caudæ uillosam habet, Festus. Vide ne eadem callithrix sit (sic enim proferendū in recto casu singulari cum t. aspirato, in obliquis nō item) cuius caudam priori parte, id est ultima Plinius latè diffundi scribit. ¶ Simia barbata, πίθηκος πώγων' ἔχων, apud Aristophanē in Acharnensibus, prouerbialiter dictum in hominem ridiculum, Erasmus. Vide supra inter prouerbia facta à simia.

DE SIMIIS SIVE CERCOPITHECIS PRASIANIS ET ALIIS MAGNIS.

IN Prasiana Indorum regione Megasthenes simias scribit, maximis canibus non inferiores esse magnitudine, quinqꝫ cubitorū (sic & Volaterranus transtulit: & præterea comam eis humanam esse) caudam habere, tum ex earū fronte comas propendere, easdemqꝫ barbam promittere: tum facie alba esse, & uero corpus nigrum spectari, neque malitia cæteris simijs ingenita, sed mansuetudine & humanitate imbutas esse, Aelianus. Sed audiamus Strabonem quoqꝫ, à quo ille mutuatus uidetur. interest enim nonnihil. Megasthenes author est (inquit Strabo libro 15.) apud Prasios gigni cercopithecos maximis canibus maiores, & totos albos præter faciem, quæ nigra est, apud alios uero econtra: caudæ longitudine supra duos cubitos, præterea mitissimos, & circa adortus (ἐπιθέσεις) & furta non malignos. Orseos Indorum gentem uenari simias candentes apud Pliniū legitur: Strabo Prasios non Orscos esse tradit qui cercopithecos albos capiant, Hermolaus. Rursus easdem simias Aelianus his uerbis describit: In Prasijs Indis simiarum genus esse ferunt, humanis sensibus, & magnitudine Hyrcanorum canum: tum earum comam etsi naturalem, artificio tamen ueritatis imperito elaboratam uideri, tum barbam ipsarum speciem satyricæ similitudinemqꝫ gerere, caudamqꝫ leoninæ similem spectari: reliquo corpore albas, capite & extrema cauda flauas esse. Neqꝫ uero quòd uiuendi ratione & genere ipso syluestres sint (montanis enim rebus & agrestibus pascuntur) propterea feras esse: imò natura cicures, ad suburbium Latagis urbis frequentes proficiscuntur, quibus coctam oryzam rex comedendam obijcit, ac quotidie cibaria eis proijciuntur: expletæ in domesticas sedes cum magna moderatione redire, neqꝫ obuium quicquam lædere dicuntur, Hæc Aelianus. Nos supra cepum quoqꝫ caudatum esse retulimus, & faciem satyro similem habere: quare eundē Prasianis simijs affinem esse probabile fuerit. Huc pertinet etiam ille cercopithecus, quem Pet. Martyr libro quarto Oceaneæ decadis tertiæ his uerbis describit. Animalia nutriri in ora Cariai eadem quæ alibi diximus: sed unum reperêre naturæ longè dissonæ. Id est grandi cercopitheco par, cauda longiore procerioreqꝫ: cauda suspensus, & uim terqꝫ quaterqꝫ sese deuoluens capiendo, ex ramo insilit in ramum, & ex arbore sese proijcit in arborem, ac si uolitaret. Arctarius è nostris unum sagitta confixit. Vulneratus sese deijcit cercopithecus, hostem uulneratorem rabidus adoritur. Stricto ense agit in pecus uenator: lacertum cercopitheco abscidit, cepitqꝫ mancum ferociter renitentem. Ad classem perductus, mansueuit inter homines parumper. Dum sic ferreis uinctum catenis seruarent, è littoris trahunt paludibus aprum uenatores alij. Cercopitheco aper & ipse ferox ostenditur: setas excutit uterqꝫ. in aprum cercopithecus furibundus salit, cauda circumligat aprum: cum seruato à uenatore uictore suo lacerto, guttur aprò prehendit, & reluctantem suffocauit, Hæc ille.

¶ Est & formæ raræ cercopithecus, magnitudine & forma hominis: cruribus siquidem, uirili membro, facie, dicas hominē agrestem, quia totus est pilo obsitus. nullum animal perseuerat plus stando illo, homine solo excepto. amat pueros & mulieres, non secus ac homines suæ regionis, conaturqꝫ cum uincula effugerit palàm cum his concumbere, quod nos uidimus. Cæterum animal tamen ferum est, sed talis industriæ, ut homines aliquos minus ingenio ualere dicas, non quidem è nostris sed barbaris, qui inclementes cœli regiones habitant, uelut Aethiopes Numidæqꝫ quidam & Lapones, Cardanus: Nos infra satyrorum etiam & quos pilosos uocant recentiores, similem tum formam tum libidinem commemorabimus. Eiusdem generis fuerit simia ista cuius imaginem hîc adiecimus, ex Germanico quodam libro descriptionis Terræ sanctæ mutuati.

DE

DE CYNOCEPHALO.

A.

CYNOCEPHALI & ipsi sunt è numero simiarum, Aristot. Plinius, Solinus & alij. Nomen ex eo trahunt quòd canino præditi sunt capite, cætera membra humana habent, Aelianus. Gaza apud Aristotelem canicipites transtulit. Quidam Gallicè, Germanicè, & Illyricè interpretantur babion. Babuino (Italicè) species simiæ, sed minor, (Aristoteles cynocephalum simia maiorem esse scribit, sed dici potest, multa cynocephalorum genera esse, Arriano teste,) Arlunnus. Anglicè babons.

B.

Regio quam Aratores in Libya occidentem uersus habitant, montana ualde ac nemorosa est. Itaque reperiuntur in ea tum aliæ feræ tum cynocephali, tum acephali, Herodotus lib. 4. Vide in H. a. Cynocephali in Aethiopiæ partibus frequentissimi sunt, Solinus. Circa solitudinem reperitur animal corpore hominis, capite canino, piscationis peritissimum: toto enim die immoratum aquæ fundo, tandem cum magna piscium copia emergit, Presto Ioannes (ut uulgò uocant, id est Rex Aethiopum,) in epistola Hebraica ad pontificem Romanum. Atqui Orus in Hieroglyph. cynocephalum à piscibus abhorrere scribit: sed diuersa cynocephalorum genera sunt. Extrema Arabiæ regio à Dira usque ad Austri cornu, in ultimo sui promontorio, præter cæteras feras producit sphinges, cynocephalos, cepos, Strabo lib. 16. Post Barygazam continens ad Austrum pertingens Dachinabades uocatur: supra quam mediterranea regio ad Orientem montes magnos continet, & plurimas feras, tigres, crocutas, & cynocephalorum plurima genera, Arrianus in Periplo rubri maris.

¶ Cynocephali capite sunt canino, cætera membra hominis habent, Aelianus. Galenus in Anatomicis administrationibus, Præstat (inquit) simiarum homini quàm simillimarum artus dissecare, cum te in exemplo exercere institues: sin ea non detur, aliquam ei proximam deligito: aut si nulla omnino simia reperiatur, cynocephalum, uel satyrum, uel lyncem. Apollonius inter Gangen & Hyphasim fluuios ad mare descendẽs, cum alias feras tum simiarum genus uidit, longe diuersum ab his quas apud piperis arbores uiderat, (de quibus dixi supra in Simia D. simpliciter enim simias esse scribit Philostratus.) Erant enim nigræ uillosæque, specie canina, paruis hominibus similes, Philostratus. Sunt quę natura ancipite, partim hominem, partim quadrupedem imitentur, uelut simiæ, cebi, cynocephali, Aristoteles. Et rursus, Cynocephalus (Caniceps, Gaza) eadem forma qua simia est, sed maior, (Babuino species simiæ, sed minor, Arlunnus) ualidiorque & facie caninæ similior, unde & nomẽ accepit. ad hæc moribus ferocioribus est, & dente robustiore caninoque propiore. Facie similis est cani, sed totum reliquum corpus canino maius & ualidius habet: dentes etiam ut canis habet, sed fortiores & longiores, Albertus. Corporis forma homini persimilis est, Diodorus Sic. Cepus rostrum habet cynocephalo simile, Aelianus: atqui Strabo & Diodorus faciem leonis cepo tribuunt, quæ cynocephalo & cani non conuenit. Sed Strabo alibi faciem eius satyro similem esse ait, quæ melius conuenit. Cynocephali supercilijs aspectuque horrido ac truci sunt, Diodorus Sic. Circuncisi gignuntur, Orus. Fœminis sua natura accidit, ut palàm expositam extra corpus uuluam per omnem uitam ferant, Diodorus Sic. Plura de quibusdam cynocephali partibus ex Galeno recitaui supra in Simia B.

C.

In æquinoctijs duodecies per diem, semel scilicet singulis horis, tum mingunt, tum latrant, (κράζειν,) Orus. Vocem imitantur humanam, Diodorus Sic. Indicum sermonem intelligunt: nihil tamẽ loquuntur, sed ululant, Aelianus. ¶ Si esculenta testaceis inuolucris clausa reperiant, cuiusmodi sunt amygdala, glandes, nuces, excernunt præclarè, intelligentes intima quidem esculenta esse, extima uero rejci oportere. Vini item potione uti non recusant: atque etiam carnibus uel elixis uel assis exsaturantur, & his quidem rectè & suauiter apparatis, magna delectatione afficiuntur: Contrà ex non accurate elixis ualde offenduntur, Aelianus. Et rursus, Ferina uescuntur, quam quidem quia uelocissimi sint, ideo facile comprehendunt, & captas bestias interficiunt, non tamen eas igne, sed ad assatulum solem membratim concisas coquunt. Alunt etiam ouillum & caprinum pecus, atque lac bibunt. Aegyptiorum sapientes sacrificum designaturi, cynocephalum pingunt: quòd is natura ab esu piscium abhorreat. (hîc Græcè additur, ἀλλ' οὐδὲ ἰχθυώμενος ἀργόν, quæ uerba nullum sensum constituunt. Mercerus uertit: quem tametsi piscibus interim uesci contingat, segne tamen & torpori deditum animal non est, sicut & externi [extra Aegyptum] sacerdotes. Sed si natura abhorret, quomodo interdum edit? & uerbum ἰχθυᾶσθαι, non edere pisces, sed capere significat. Nos supra in B. ex epistola Hebraica regis Aethiopum, cynocephalos piscatores insignes esse recitauimus.) Adde quòd circuncisus gignitur, quam quidem circuncisionem summo curant ac peragunt studio sacerdotes, Orus. Eundem sedentem pingunt æquinoctia significantes. Duobus enim anni æquinoctijs, duodecies in die per singulas nimirum horas urinam reddit, idemque & noctu facit. Vnde non immerito suis hydrologijs Aegyptij cynocephalum sedentem insculpunt, è cuius membro aqua defluat: idque propterea quòd duodecim, ut iam dixi, in quas æquinoctij tempore dies ac noctes ex æquo diuidun tur, horas significat. Cæterum ne foramen illud, per quod in horologium aqua profluit & excernitur, aut latius sit, aut rursum arctius (hoc enim modo tardius aqua profunderetur, illo celerius quàm par foret) quicquid pilorum est, ad caudam usque abradentes, (ἕως τῆς οὐρᾶς τρίχα διάφραντων. Mercerus uidetur legisse κείραντων. Bernardini Vicentini translatio clarior est, Extrema ipsius depilata cauda, ad huius crassitudinem ferream fistulam in hunc usum parant. Notandum autem οὐρὰν hîc pro membro uirili accipi. Ego Græca sic legerim, ἐν χρῷ τὴν τῆς οὐρᾶς τρίχα κείραντων, hoc est cauda ad cutim usque rasa,) pro huius crassitudine ferream quandam fistulam in usum iam dictum fabricantur. Et hoc quidem non temere faciunt, tum quòd urinam reddit, ut dictum est: tum quòd solus etiam ex omnibus animantibus, æquinoctio duodecies in die per singulas horas latrat (κράζει, clamat,) Idem. Quodam tempore Trismegistus cum esset in Aegypto, sacrum quoddam animal Serapi dedicatum, quod in toto die duodecies urinam fecisset, pari semper interposito tempore, per duodecim horas diem dimensum esse coniecit, & exinde hic horarum numerus custoditur, Victorinus in Rhetoricos Ciceronis. Libidinosi cynocephali, ut hirci ad res uenereas ardent: hos enim cum mulieribus uenereo complexu iungi ferunt: illos libidinis furore in uirgines insanire, & uim inferre, Aelian. Violenti ad saltum, feri morsu, Solinus. Cynocephali pictura Aegyptijs natationem quoque significat: quoniam cætera animalia natatione usa, sordibus inquinantur, (nimirum per terram se uolutando aquam egressa.) solus autem cynocephalus nando peruenit quo libuerit, nec ullis sordibus conspurcatur, Orus. Eodem picto terrarum orbem intelligunt, quoniam septuaginta duas inquiunt iam olim habitati orbis regiones (climata) fuisse. Cæterum cynocephali si diligenter in sacris nutriantur & curentur, non sicut cætera animalia uno die emoriuntur, sic & ipsos emori aiunt: sed eorum partem aliquam singulis diebus emorientem ac tabescentem à sacerdotibus humari, reliquo interim corpore in sua natura persistente, idque per septuaginta duos dies, quibus demum expletis prorsus intereat, Idem.

D.

Efferatior (quàm simijs) cynocephalis natura est, Plinius & Albertus. Feri sunt morsu, nunquam ita mansueti ut non sint magis rabidi, Solinus. Et si facie canes referant, mores tamen eorum sunt ualde graues & duri, eò quòd feroces sunt & mordaces, Albertus. Cynoceph. animal omnino ferum est atque indomitum, ratione carens, Diodorus Siculus. Supra quàm cætera animantia iracundus est, & ad indignationem procliuis: quare Aegyptij, cynocephalo picto iram designant, Orus. Aemuli sunt humani gestus, & si infanti admoueris, ubera ei mulgenda præbent, Volaterranus ex Aeliano: Sed Gillius aliter transtulit, hoc modo: Si eorum catulos etiam nunc perparuulos ad mulieris ubera admoueas, tanquam pueruli lac exsugunt. Alunt ouillum & caprinum pecus atque lac bibunt, Aelianus. Veste indui mirificè gaudent, Idem. Et rursus, Ferarum pellibus induuntur, & iustitiæ retinentes, lædunt neminem: cumque Indici sermonis intelligentes sint, tamen nihil loquuntur, sed ululant. Ad humanum accedunt ingenium, non minus quàm elephantes, Strabo libro 15. Cynocephali pictura Aegyptijs literas denotat. Est enim apud Aegyptios genus quoddam (συγγενεία τις) cynocephalorum qui literas norunt. Quapropter ubi primum in sacram ædem ductus fuerit cynocephalus, tabellam ei sacerdos apponit & stilum (σχοινίον) ac atramentum: nimirum ut periculum faciat sit'ne ex eo cynocephalorum genere qui literarum gnari sunt: pingit itaque in ea tabella literas. Præterea hoc animal Mercurio dicatum est, qui literarum omnium particeps est, Orus. Bene sanè animalia discere ita percepi: Regnantibus Ptolemæis cynocephalos Aegyptij literas legere, & saltare, (talia ferè etiam de simijs scripsi ex Galeno in Simia D.) & ad tibiam canere, & pulsare citharam docebant. Tum uero unusquispiam cynocephalorum mercedem horum nomine sic scitè tanquam periti pecuniarum coactores exigebat, & id quod dabatur in marsypium, (in phaciolion quod capitis gestamen est, Cælius hæc eadem transferens 25. 28.) quod ferebat appensum, congerebat, Aelianus. Aegyptij pro Luna cynocephalum pingunt: propterea quòd animal hoc consensum quendam quo ad Lunæ cum Sole coitum afficitur habet. Vbi enim aliquanto tempore Luna cum Sole congrediens expers luminis permanet, tum mas quidem cynocephalus nec quoquam intuetur, nec uescitur: sed demisso in terram uultu, Lunæ tanquam raptæ uicem dolere & indignè ferre uidetur. Fœmina uero præterquam quòd nusquam oculos contorquet, eademque cum mare patitur, insuper & è genitali uase sanguinem mittit. Ideoque ad hæc usque tempora in sacris cynocephali nutriuntur, ut ex ipsis coniunctionis Solis & Lunæ tempus cognosci possit, Orus. Et paulò post, Lunam autem orientem indicare uolentes, cynocephalum pingunt stantem, manusque in cœlum tollentem, ac regium insigne capite gestantem. Hanc autem figuram usurpant, quòd hoc habitu uideatur cynocephalus deæ congratulari, quòd ambo (Sol & Luna) luminis participes sint.

E.

Nomades ex Aethiopum numero, cynocephalorum lacte uiuunt, Plinius & Solinus.

H.

κέβλος, κυνοκέφαλος, κῆτος, (lego κῆπος,) Hesych. Varin.

¶ Cynocephalus adiectiuum, canino capite præditus. Cleon apud Aristophanem in Equitibus cynocephalos cognominatur, hoc est, proteruus, impudens, rapax, ἰταμός, ἀναιδής, ἀναίσχυντος, ἁρπακτικός: quod animal (canis scilicet potius quàm cynocephalus) etiam tale sit, Scholia & Varinus.

Cyno-

Cynocephali cognomentum, quod quum alijs tum uero Pericli adhæsisse legimus, non ferè aliud quàm impudentiam & rapacitatem signat, Cælius. sed Pericles schœnocephalus potius quàm cynocephalus dictus est, &c. uide supra in Cane a.

¶ Icon. Aegyptij cynocephalum pingunt ad diuersas res significandas, ut passim supra tertio & quarto capitibus exposui.

¶ Cynocephali genitura aut capilli Magis, anethum, ut inter Dioscoridis nomenclaturas legimus.

¶ Cynocephali sunt qui in Mappa mundi canini homines uocantur, Albertus. Pygmæorum & latrantium (ὑλακτούντων. hos alij cynocephalos uocant) gentes in Aethiopia pariter & India reperiuntur, Philostratus. Regio quam Aratores in Libya occidentem uersus habitant, montana ualde ac nemorosa est. itaque reperiuntur in ea tum aliæ feræ, tum cynocephali, id est capita canina habentes, tum acephali, id est non habentes capita, sed in pectoribus oculos, ut ab Afris memoratur, nec non uiri fœminæque agrestes, Herodotus libro 4. quasi uero cynocephali etiam homines quidam sint, nec potius simiarum genus, quod quoniam erigi facile potest, erectum etiã, ut hodie in tabulis Geographorum, sic olim etiam pictores pinxisse uerisimile est, atque inde in uulgus imperitum, tanquam tales quidam homines uiuerent, opinionem fluxisse: In qua & Aelianus fuisse uidetur. nam cum cynocephalos simias alibi descripsisset, rursus de cynoprosopis hominibus, id est canina facie præditis, sic scribit: Post uastam Aegypti solitudinem, quam omnem septem diebus transiri ferunt, secundum uiam quæ ad Aethiopiam pertinet, Cynoprosopi homines habitantes, ex uenatu dorcadum & bubalorum uiuunt: nigro aspectu, capite & dentibus caninis præditi sunt, quæ eorum similitudo cum canibus effecit, ut hic ipsorum mentionem interposuerim. Vocis quidem expertes sunt, sed strident acutè: infra barbam mentum possident, sic promissum, ut serpentium simile id esse uideatur: (circa labra more draconis pubescentes, Volaterranus:) eorum manus robustis unguibus, & acutis armantur, similiterque toto pectore, ut capite ipso hirsuti habentur, atque etiam pedum celeritate & ualent: & captu difficilia non ignorant loca ea esse ubi aquæ existant, (petiti ad aquas confugiunt, propterea uenatu difficiles, Volaterranus:) Hæc Aelianus. Philes non cynoprosopos sed cynocephalos homines uocat, scribens de eis tum horum quædam, ex Aeliano iam recitata: tum alia quæ supra de cynocephalis simijs scripsimus: unde apparet non aliud animal cynocephalum simiam, aliud cynocephalum seu cynoprosopum hominem eum existimasse, sed unũ omnino, quæ nostra etiam sententia est. Noui quoddam (inquit) canina specie hominum genus, quod non loquitur, sed ululat, (ὠρύεται,) quouis cane uelocius, feras uenatur, & carnibus uiuit, quas dissecare (unguibus) & ad Solem torrere solet. Pellibus uero detractis uestitur. Hominum nulli nocet, Indorum linguam intelligit, & boues lactis causa mansuetè pascit. In multis (Indiæ) montibus genus hominum capitibus caninis, ferarum pellibus uelari, pro uoce latratum ædere, unguibus armatum uenatu & aucupio uesci. Horum supra CXX. M. fuisse prodente se, Ctesias scribit, Plinius 7. 2. Et paulo post, Choromandarum gentem uocat Tauron syluestrem, sine uoce, stridoris horrendi, hirtis corporibus, oculis glaucis, dentibus caninis. Plura de cynocephalis hominibus uide in Cane a. inter propria locorum & pop.

¶ NOSTRA ætate (inquit author libri de nat. rerum) allata est regi Franciæ bestia, ad magnitudinem canis. Caput quidem non multum distabat à capite canis: cætera corporis membra, ut homo prorsus habebat. Crura quidem nuda, ut homo, manusque & brachia, collum album ac nudum habebat. Carnibus coctis uescebatur. Ita decenter & modestè manibus capiebat cibum, & ori suo inferebat, ut nullus dubitaret quin humanum modum in talibus haberet. Erectum ut homo stabat, sedebat ut homo. Puellis & fœminis libentissimè iungebatur. Et in sexu uiri & fœminæ discretionem habebat. Genitale membrum ultra quàm corporis quantitas exigebat habebat magnum. Furijs agitatum hoc animal crudelissime mouebatur, & in homines sæuiebat. Cæterum cum placatum esset instar hominis mitissime & decentissime se gerebat, & mulcebatur alloquijs, & colludentibus applaudebat, Hæc ille.

¶ Cynocephalorum aquatio, locus in extrema Arabia Austrum uersus, Strabo.

¶ Cynocephali cur in sacris (in templis) nutriantur, leges in D. Hermopolitani cynocephalum colunt, Strabo. Cynocephalum Mercurio sacrum esse, dixi in D. item Serapidi, in C. Tertullianus & diuus Augustinus, uidentur cynocephalum pro Anubi deo ponere, quòd scilicet capite sit canino: non enim pro cynocephalo fero animali & indomito, ab ipsis desumitur, Gyraldus.

nn

DE SATYRO.

A.

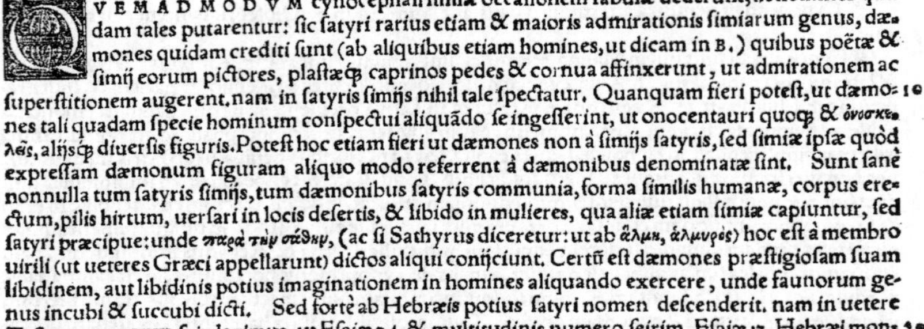

QVEMADMODVM cynocephali simiæ occasionem fabulæ dederunt, ut homines quidam tales putarentur: sic satyri rarius etiam & maioris admirationis simiarum genus, dæmones quidam crediti sunt (ab aliquibus etiam homines, ut dicam in B.) quibus poëtæ & simij eorum pictores, plastæque caprinos pedes & cornua affinxerunt, ut admirationem ac superstitionem augerent. nam in satyris simijs nihil tale spectatur. Quanquam fieri potest, ut dæmones tali quadam specie hominum conspectui aliquãdo se ingesserint, ut onocentauri quoque & ὀνοσκελεῖς, alijsque diuersis figuris. Potest hoc etiam fieri ut dæmones non à simijs satyris, sed simiæ ipsæ quòd expressam dæmonum figuram aliquo modo referrent à dæmonibus denominatæ sint. Sunt sanè nonnulla tum satyris simijs, tum dæmonibus satyris communia, forma similis humanæ, corpus erectum, pilis hirtum, uersari in locis desertis, & libido in mulieres, qua aliæ etiam simiæ capiuntur, sed satyri præcipue: unde παρὰ τὴν σάθην, (ac si Sathyrus diceretur: ut ab ἅλμη, ἁλμυρός) hoc est à membro uirili (ut ueteres Græci appellarunt) dictos aliqui conijciunt. Certũ est dæmones præstigiosam suam libidinem, aut libidinis potius imaginationem in homines aliquando exercere, unde faunorum genus incubi & succubi dicti. Sed fortè ab Hebræis potius satyri nomen descenderit. nam in uetere Testamento שעיר, sair, legimus, ut Esaiæ 34. & multitudinis numero seirim, Esaiæ 13. Hebræi monstra quædam deserti interpretantur, nostri pilosos aut faunos pilosos. Nominantur autẽ simul etiam ijm & zijm, & ipsæ bestiæ syluestres, aut dæmones quidam potius: siue reuera illi in solitudine degant, siue quòd mentes humanæ per solitudines accedente quodam horrore ipsæ sibi talia finxerint, ut melancholici & somniantes terrificis sæpe spectris ludificantur. Seir Hebraica uox, hirsutum etiam seu pilosum adiectiue significat: & hircum, cum additur issim, id est caprarum. Leuitici 17. Chaldæus pro seirim reddit schedin, id est malos dæmones. Arabs, leseiathin, id est satanis. Persa, deuan. Persicæ uoci finitima est Illyrica, Δευάδαι. Sic enim legimus apud Hes. & Varinum: Δευάδαι, οἱ σάτυροι παρὰ Ἰλλυριοῖς. item, Δεύας, τοὺς ἀκάκους θεούς, μάγοι. Est & Germanica uox non remota, teufel, quasi Δευάδαι, hoc est dæmones. Σαυάδαι, Σαῦδοι, Amerias Silenos ita uocari ait à Macedonibus. Sed de satyris dæmonibus plura dicam in H.

B.

Satyri de hominibus nihil aliud præferunt quàm figuram, Solinus cap. 34. de intimis gentibus Libyę agens. Satyri habitant Satyridas dictas Oceani insulas, quibus iuxta coxas enascuntur caudæ, non multò minores equinis, ut ait Euphemus Car, qui se in Italiam nauigantem ui tempestatum in Oceanum raptum scribit, &c. Pausanias, (reliqua lege infra in H.) Videtur autẽ, ut & Solinus supra, non de satyris tanquam simijs, nec tanquam dæmonibus, sed hominibus loqui. Esse autẽ tales quosdam homines credere, puerorum & anicularum est. Sic etiam Plinius 7. 2. de monstrosis hominibus loquens: Sunt & Satyri subsolanis Indorum montibus (Cartadulorum dicitur regio) pernicissimum animal, tum quadrupedes, tum rectè currentes humana effigie, propter uelocitatem nisi senes aut ægri non capiuntur. Sunt & quas uocant satyros (inter simias) facie admodum grata, gesticulatis motibus inquietæ, Solinus. Cepus faciem habet satyro similem, cætera inter canẽ atque ursum, in Aethiopia nascitur, Strabo lib. 17. Simiarum genus in Prasijs Indis esse ferunt, barba satyrorum instar, & cauda leonis insignes, &c. Aelianus. Præstat simiarum homini quàm simillimarum artus dissecare, cum te in exemplo exercere institues. sin ea non detur, aliquam ei proximam deligito. aut si nulla omnino simia reperiatur, cynocephalum, uel satyrũ, uel lyncem, Galenus in anatom. admin. Plinius, ut iam recitabo, satyrorum manus appellat.

C.

Condit in thesauros maxillarum cibum sphingiorum & satyrorum genus: mox inde sensim ad mandendum manibus expromit: & quod formicis in annum solẽne est, his in dies uel horas, Plinius. ¶ Satyri inter simias gesticulatis motibus inquieti sunt, Solinus.

D.

Efferatior (quàm simijs) cynocephalis natura, sicut mitissima satyris & sphingibus, Plinius. Sua sponte prudentia, non aliena institutione apud Indos ualent, elephas, psittacus, sphinges, & nuncupati satyri, Aelianus.

H.

Σάτυροι, μορφαὶ ἀπρεπεῖς, Hes. Var. Qui cum Dionysio per tripudia & festos lusus pleraque terrarum obiere, nunc satyros nuncupant, quandoque & tityros, puto de cantuum lasciuia, quæ τερετίσματα dicunt, quibus id genus duci magna parte, animaduertitur. Satyros autem, ἀπὸ τοῦ σεσηρέναι, (quidam uertit, ab oris rictu. σεσηρώς, ὁ γελῶν, καὶ ὁ χάσκων, Varinus.) uocitatos opinantur. Nam Sillani (lego, Sileni) appellantur ἐκ τοῦ σιλλαίνειν. Sillon autem morsum cum lusu uocant ingrato infestiuoque, Cælius ex tertio Variorum Aeliani. sed ipse authorem non citat. Scribit Nicandri interpres, quos ipsi satyros dicimus, ab antiquis Silenos nuncupari consuesse, Cælius. Τίτυρος, σάτυρος. κάλαμος, ἢ ὄρνις, Hes.

Hes. & Varin. τιτυρῖνος, μόναυλος, ἢ αὐλὸς καλάμινος, Eidem. Ministri & asseclæ Dionysij putabantur, Sileni, Satyri, Bacchæ, Nymphæ, Tityri, &c. Strabo lib. 10. Itaq; pingitur aliquando Bacchus in curru pampineo, &c. quem propter Silenus astat asello uectus, & Bacchæ & Satyri thyrsos ac ferulas uibrantes, Gyraldus. Satyri etiam Tragi, id est hirci uocabantur, inde quòd aures haberent hircinas, Hesych. Varin. Terrestres dij fuêre, Satyri, Satyrisci, (Paniscum & Satyriscum, Pâna & Satyrum paruos, Cicero primo Diuin. nominat) Syluani, Sileni, Ephialtæ, et Hyphialtæ, hoc est Incubi & Succubi. publica hos persuasio, ut Macrobius ait, opinatur quiescentes inuadere, & pondere suo pressos ac sentientes grauare. Medici uero morbum esse aiunt, qui quiescentes inuadit & premit. (ἐφάλλεσθαι inuadere & insilire est.) Themison pnigaliôna & pnigmona à suffocando uocat. De hoc
10 morbo plura leges apud Cælium Aurelianum, qui Latinè incubonem uocari ait: & apud Scribonium, Gyraldus. Nostri hunc morbum uocant schrettele, quo in somnis affecti uehementer quidem & supra quàm dici possit, angi & comprimi sibi uidentur, clamare uero & opem implorare non posse. Ferè autem accidit cum redundans caput infestat euaporatio, ex uoracitate & cruditate: & ijs sæpius quibus comitialis morbus adest, aut adfuturus est: itaq; naturales causas hoc malum habet, & quibuslibet hominibus incubus iste accidit. (Saxones alp uocitant: & belemniten lapidẽ, composito ex ephialte & sagitta uocabulo, alpschoss uel alpschoß, potumq; contra eiusmodi noctis ludibria & suppressiones ualere dicunt, ut Ge. Agricola prodidit.) Alij uero incubi sunt mulieribus, succubi uiris, non morbi, sed dæmones, qui uel corpus aliquod sibi assumpserunt, uel miserorum mentes inanibus spectris ludificantur. Hoc non patiuntur, nisi homines planè impij, qui Deo opt. max. relicto
20 spretoq;, dæmonibus se addicunt & deuouent. Satyri dicti sunt, ut Macrobius docet, ueluti Sathuni, (sathuri uel sathyri, ut in A. scripsi) quòd sint in libidinem proni, ἀπὸ τῆς σάθης, quod membrum uirile declarat. Hos petulcos (inquit Gyraldus) in libidinem fuisse, etiam D. Hieronymus in Pauli Thebæi uita testatur, & Eusebius in 3. præpar. Euang. eos omnem uenereum uirtutem ostendere ait. Satyros ait Phurnutus symbolum esse ἐκστάσεως, id est mentis excessus: dictos uero ἀπὸ τοῦ σεσηρέναι, id est quòd ora aperiant: hos & Σκιρτοὺς, Scirtos, ἀπὸ τοῦ σκαίρειν, hoc est à saliendo nominauit. Idem & σκιδίδας, ἀπὸ τοῦ σκιδᾶν, (σιδίδας forte, ἀπὸ τοῦ σιδᾶν, etsi neutrum in Lexicis inuenio: in quibus σιδάδαι σαυᾶδαι legitur: uide supra in A.) quod est furere & sæuire, appellauit: unde & sæuus apud nos deduci potest, Hæc Gyraldus. Δειναλίδαι, οἱ σάτυροι, Hesychius. Κίρων, σάτυρος, ὁ ψιττακιλός, ὁ γυναικίας καὶ μὴ δυνάμενος χρῆσθαι, &c. Hes. & Varinus.
30 ¶ Recentiores Græcorum medici genitalis παλμὸν intelligunt satyriasim (σατυρίασιν, ἢ σατυριασμόν) quod malum, Galeno in Diffinitionibus tradente, obtingit, mutone arrecto intentoq;, nec non particulis adiacentibus, cum seminis quandoq; uoluptaria profusione, quandoq; uero & mentis consternatione ac distentione neruorum, Cælius. Et alibi, Satyriasis à Paulo esse traditur αἰδοιπαλμός, id est pudendorum subsultatio, quæ uasorum spermaticorum consequatur inflammationem. Id uerò ni sedetur malum, in uasorum eorundem mox præcipitatur πάρεσιν, (resolutionem.) Esse uero affectionem raram quæ & mulieribus contingat. Et rursus 30. 14. Veretri inflationem nomine cuiusdam dęmonis sponsarũ depicti nuncupauerunt, id est satyriasin, ut interpretantur nonnulli: satyrismum & priapismum enuntiat Galenus. Satyrismos tubercula intelligit Hippocrates prælonga, cuius uisuntur modi sub ipsas satyrorum aures. ea & thêres uocantur aut phêres, (θῆρες, φῆρες, uel
40 Atticè φῆρεα τὰ φῆρ pro θὴρ Aeolicum est:) uti commeminit Galenus (in Glossis,) Cælius. Σατυρισμοὶ, oblongæ prominentiæ adenum, id est glandularum circa (παρὰ, alibi ὑπὸ) aures: uel membri genitalis intentiones, Ibidem. Satyria morbus est, in quo præ abundantia fluxionis aut flatus crudi in partes faciei decumbentis, facies animalis diuersi & satyri apparet, Aristoteles de generat. 4. 3. Elephantiasis à quibusdam satyriasis dicitur, propterea quòd malæ faciei sic affectis cum rubore attolluntur, & musculis maxillaribus ueluti conuulsionem patientibus, mentum ipsum dilatatur, quemadmodum etiam ridentibus euenire solet, similitudine quadam ad picturas satyrorum: quin & alacritas uehemens ad coitum ipsis adest, quemadmodum & de satyris fertur, Aëtius 13. 120. Elephantem morbum, cum incipit, satyriasmon uocant: quoniam satyris similes fiunt uultu: aliqui uero quæ in temporibus sunt osseæ eminentiæ, sic uocant: in alijs partibus quoq; tales ossium fiunt eminen-
50 tiæ, easq; uocant aliqui exostoses: ut naturales quoque pudendorum distentiones non desistentes satyriasmum aliqui uocant, aliqui uero priapismum, Galenus de tumoribus præter naturam, cap. 15.
¶ A Satyris (inquit Gyraldus) poëmatis genus uarium & maledicum, & petulans denominatum est, archeæ comœdiæ charactere compositum. Olim hæc ex uarijs poëmatibus constabat: quo genere apud Latinos scripserunt, Pacuuius, Ennius, & Varro Menippeas. Nonnunquam interposita soluta oratione, ut sunt fragmenta quæ extant Petronij Arbitri. Lucilius uero uersu hexametro aliud genus induxit, & eum secuti Horatius, Persius & Iuuenalis. Dicta est autem (ut quidam putant) satyra non à Satyris, sed à satyra lance, quæ referta uarijs multisq; primitijs, deis inferebatur: cuius lancis Vergilius meminerit: siue dicta à quodam genere farciminis, ut ait Varro & Diomedes. alij à lege Satyra, (uide plura in Promptuario, in uoce Satyra) cuius legis Lucilius meminit, Per saty-
60 ram ædilem factum qui legibus soluat. Plura Diomedes & Festus grammatici, & demum (in prouerbio) Per satyram Erasmus, & ipse in sexto de poëtarum historia dialogo tradidi, Hæc Gyraldus. Scena satyrica ornatur arboribus, speluncis, montibus, rebus agrestibus alijs, in topiarij operis spe-

n n 2

ciem, Cælius: nimirum quòd in talibus locis uersari Satyri fingantur. Σατυρία, genus edulij ex herba, Quidam in Lexico Græcolat. Σατυρικὸς χορὸς, Satyricus chorus, Ibidem: & σατυρίζειν, arrigere: σατυριᾶν, prurire ad Venerem. A satyra poëmate fit satyricus: & satyricè, id est acriter, cum conuicio. Σάτυρος, ἡ σὐπαις, ὁ χορδυτής, Hesychius. Σατύραν, κατωφερῆ, Idem.

¶ Satyrion (herba) concitatricē uim habet. Duo eius genera. Vna longioribus folijs quàm oleę, &c. radice gemina ad formam hominis testium, alternis annis intumescente ac residente. Altera satyrion orchis cognominatur, & fœmina esse creditur. Et aliud genus satyrij erythraicon appellant, &c. Plinius. Et mox, In totum quidem Græci cum concitationem hanc uolunt significare satyrion appellant, sic & cratægin cognominantes, & thelygonon quarum semen testium simile est. Prodigiosa sunt quæ circa hoc tradidit Theophrastus, author alioqui grauis, septuageno coitu durare libidinem contactu herbæ cuiusdam, cuius nomen speciemq; non posuit, Hæc Plinius. Herbam illam Theophrasto allatam ex India, cuius contactu libidinem durare septuagesimo coitu meminit, satyrion Indam appellauerim. Habent hodieq; Syri herbam simili effectu, bucheidenq; nominant & Indicam satyrion, fortasse cum ea, cuius mentionem Theophrastum fecisse diximus, eandem: radice candida & dura, commendatiore quò crassior & rugosior, & albior, podagris utili. Sed & aristolochiæ genus unum, quod polyrrhizon cognominant, satyrion ex facto uocari censeo, Hermolaus. Testiculos sacerdotis Galli satyrion uel cynosorchin hodie uocant: Itali uero chelidonium minus. Satureiæ etiam herbæ usus marcescentes coitus stimulat: quare à Satyris nomen eam traxisse comminiscuntur (grammatici,) Ruellius.

¶ De Satherio & Satyrio amphibijs animalibus dixi supra in Lutra. L. Florus in Valerij Coruini historia coruum satyram auem dixit: siue à peculiari libidine, quoniam ore coire & parere uulgò olim credebatur: siue à Satura palude Pontina: nam in agro Pontino rem gestam Florus & alij scribunt. oblectantur autem aquis cornix ac coruus, Cælius. ¶ L. Cornelius Sylla à Dyrrhachio Brundusium cum classe traijcere parabat. Proxima est Apollonia, iuxta quam est Nymphæum sacer locus, è uirenti colle ac pratis ignis fontes effundens assiduè per sparsos riuulos defluentes. Hoc in loco memoriæ proditum est, somno pressum Satyrum fuisse captum, qualem poëtæ ac pictores (plastæ) effingunt. Is perductus ad Syllam complures per interpretes quisnam esset interrogatus, nihil quod posset intelligi uix uociferatus est: at uocem asperam equi præsertim hinnitu & hirci balatu permistam ædens, cum Syllam obstupefecisset, datis comitibus dimissus est, (atqui ἀποδιοπομπεῖσθαι uerbum, deprecari malum omen, & prodigium à se depellere & expiare potius significat: unde dij ἀποπομπαῖοι dicti, qui & ἀποτρόπαιοι. Vide Budæum in Comment.) Plutarchus in uita Syllæ.

¶ Apollonius & socij (inquit Philostratus lib. 6.) cum in uico quodam Aethiopiæ ultra cataractas Nili cœnantes quiescerent, ecce subitus clamor in uico auditus est, mulierum sese inuicem cohortantium, quarum aliæ capere, aliæ persequi clamitabant, uiros quoq; ad eiusdem operis communicationem cohortantes: illi uerò fustibus, aut saxis, & quicquid in manus uenisset arreptis, exclamabant se iniuria erga uxores affici. Venerat autem in uicum illum decimo iam mense antè Satyri spectrum furens erga mulieres, iamq; duas interfecisse ferebatur, quas amare maximè uisus fuerat. Hæc audientes Apollonij comites perterrebantur: Et Nilus, (unus è comitibus,) Certe per Iouem, inquit, neq; nos nudi hunc iam diutius insultantem auertere potuimus unquam, quò minus more suo lasciuiret. Est tamen, inquit Apollonius, aduersus insultatores huiusmodi remedium aliquod, quo usum fuisse Midam perhibent. Ipse enim Midas Satyrorum genus participauit, quod ipsius aures manifestant. Satyrus igitur quidam propter affinitatem ipsum illudebat, in Midæ aures calumnias iactans, nec uoce solum, uerum etiam tibijs in ipsum carmina decantabat. Ille uerò cum ex matre (ut opinor) audisset, Satyros uino demulceri, adeò ut cum epoto uino dormitauerint, mutato ingenio modesti ac temperantes euadant: (uel, modestiores fiant & quibus infesti erant reconcilientur. nam διαλλάττεσθαι uerbum ambiguum est:) fontem qui prope regiam erat uino commiscuit, deinde Satyrum ad fontem immisit, ille autem bibit & superatus est. Et ne hoc falsum esse putetis quæramus à uici huius præfecto num aliquid loci huius habitatores habeant, & illud Satyro præbeamus: sic enim non amplius molestiam afferet. Cum ita fieri cunctis placuisset, amphoras quatuor Aegyptias uino plenas in magnum uas (ληνόν, lacum qui torculari subijcitur) imposuēre, ubi eius uici pecora bibere consueuerant. Hoc peracto Apollonius Satyrum inuocauit, occultè etiam aliqua minatus. Ille autem quasi adhuc uinum non uidisset, eius tamen odore penè ac si bibisset correptus accessit. Postquam uerò bibit, Libemus inquit Satyro Apollonius: iam enim dormit. Ea cum dixisset, omnes uici habitatores ad Nympharum antra deduxit, quæ iugeris spatio à uico distabant: ibiq; dormientem illum ostendens, Verberibus, inquit, & maledictis parcite, neque illum ullatenus lacessite. iam enim molestiam uobis afferre desinet. Cæterum esse Satyros, eosq; ad amandum procliues negandum non est. Ego enim in Lemno quondam audiui æqualem meum, qui ad matrem suam uenire solitum Satyrum quendam narrabat: eiusq; talem designabat habitum: nebride humeros amiciri dicebat, cuius anteriores pedes collum circumplectentes in pectore nectebantur, Hæc Philostratus.

¶ D. Hieronymus in Pauli Eremitæ uita, cum Hippocentaurum Antonio apparuisse scripsisset, qualem poëtæ esse perhibent, mox addit: Nec mora, inter saxosam conuallem haud grandem homun-

culum uidet, aduncis naribus, fronte cornibus asperata, cuius extrema pars corporis in caprarum pedes desinebat. Infractusq; & hoc Antonius spectaculo, scutum fidei & loricam spei, ut bonus præliator arripuit. Nihilominus memoratum animal palmarum fructus, eidem ad uiaticum quasi pacis obsides afferebat. Quo cognito gradum pressit Antonius, & quis'nam esset interrogans, hoc ab eo responsum accepit: Mortalis ego sum, & unus ex accolis eremi, quos uario delusa errore gentilitas Faunos Satyrosq; & Incubos uocans colit. Legatione fungor gregis mei: Precamur, ut pro nobis communē Deum depreceris, quem pro salute mundi uenisse cognouimus. Et paulo pòst, Necdum uerba compleuerat, & quasi pennigero uolatu petulcum animal aufugit. Hoc ne cuiquam ob incredulitatem scrupulum moueat, sub rege Constantino, uniuerso mundo teste defenditur. Nam Ale-
10 xandriam istusmodi homo uiuus perductus, magnum populo spectaculum præbuit: & postea cadauer exanime, ne calore æstatis dissiparetur, sale infuso Antiochiam, ut ab Imperatore uideretur, allatum est. Hæc si uera sunt, (inquit Floridus Sabinus Succis. lect. 2.6.) haud uera usquaquaq; fuerit Lucretij ratio, qui libro quinto de rerum nat. asserit, neq; Centauros, neq; alia animalia duplici natura, & corpore bino ex alienigenis membris compacto, consistere posse. ¶ Pausanias in Atticis picturas & statuas quæ Athenis in arce spectantur, describens, Lapis (inquit) eo in loco est, non magnus, sed tantus, quantus homo paruæ staturæ sedens: in quo, cum Bacchus Atticam ingrederetur, Silenum quieuisse aiunt. Satyros enim qui ætatis sunt adultioris, Silenos appellant. Cæterum de Satyris qui nam sint, cum plura quàm alij scire laborarem, cum multis ea de re sum colloquutus. Dixit autem Euphemus Car, se quum in Italiam nauigaret, cursu esse excussum ui uentorum, & ad mare
20 extimum, quod nauigari non item soleat, perlatum. Insulas autem ibi multas esse ac desertas, & à uiris agrestibus incoli. Ad alias uero aiebat nautas deflectere recusasse, quòd antea quoq; eò appulsi, incolarum inhumanitatem essent experti. Tempestatis deniq; uiolentia eò peruenisse. Insulas eas à nautis uocari dicebat Satyrias. Incolas inesse rubicundos, & caudas in imo dorso habere, equinis non multò minores. Hos, ubi senserunt, ad nauigium accurrisse, nullamq; uocem edidisse, sed mulieribus naui unà aduectis manus iniecisse. Nautas uero timore correptos, barbaram mulierem in insulam tandem proiecisse. Eam Satyros non solum qua parte cōsuetudo permittat, uerum etiam toto corpore libidinosè uiolasse, referebat, Hæc Pausanias. Idem Eliacorum secundo, Silenos mortales esse ex sepulchris conijci posse scribit. fuisse enim in Hebræorum etiam regione Sileni monumentū.
¶ Hæc loca capripedes Satyros Nymphasq; tenere, Lucretius lib. 4. Satyros nonnulli uocant
30 Aegipanas, Grapaldus. Similes quidem uidentur, utriq; caprinis cruribus, hirti, cornuti: sed Plinius distinguit. Plura lege in Capra h. unde quædam hîc repetemus. Aegipani populi ad ripas Nili habitant, Plinius 6.30. Et in fine eiusdem capitis, Iuxta Hesperios Aethiopes (inquit) quidam modicos colles amœna opacitate uestitos Aegipanum Satyrorumq; produnt. Item 5.1. Atlantem noctibus micare crebris ignibus, Aegipanum Satyrorumq; lasciuia impleri tibiarum ac fistulæ cantu, tympanorumq; & cymbalorum sonitu strepere. Et rursus cap. 8. inter Aethiopiæ populos numerat Aegipanas semiferos, & Satyros. Satyris, inquit, præter figuram nihil moris humani esse traditur: Aegipanis, qualis uulgò fingitur forma. Pomponius Mela ultra Atlantem Mauritaniæ montem scribit noctu persæpe uisa lumina, & crepitus cymbalorum ac fistularum cantus auditos: nec die repertum quenquam, idcirco pro constanti habitum hos Faunos esse ac Satyros. Vide Melam libro 3.
40 in descriptione Aethiopiæ. In Parnasso alternis annis Bacchanalia, id est Trieterica agebantur, ubi Satyrorum frequens cernebatur cœtus, & frequentius uoces exaudiebantur, & cymbalorum crepitus, id quod & Macrobius post Pausaniam annotauit, Gyraldus. ¶ Cordax saltatio fuit Comica: Arrianus in Commentario Indico Satyricam putat, & à Libero patre in India institutā. Sicinnis ab alijs, ut scribit Athenæus, Satyrica intelligitur saltatio, unde & Satyri sicinnistæ nuncupati, Cælius 5.4. ubi plura etiam de huius uocabuli etymo. Saltantes Satyros imitabitur Alphesibœus, Vergilius in Bucolicis. Σάτυρος, ὁ χορευτής, Suidas. Ἀγέρωχόν τι καὶ σατυρικὸν σκίρτημα, Heliodorus. Plato de legibus libro 7. non probat saltationes illas quæ nec belli nec honestis pacis studijs conueniunt, ut in quibus saltantes imitantur Nymphas, Panas, Silenos, & Satyros inebriatos, (qualis apud nos saltatio quædam est, der schläffer tantz, hoc est dormiturientium saltatio,) quæ in sacris quibus-
50 dam ceremonijs exercebantur. ¶ Extat Orphei hymnus in Satyrum. Coluerunt enim ueteres huiusmodi monstra pro semideis siue syluestribus dijs: Faunos ac Satyros nemorum deos esse dicentes, Panas agrorum, Syluanos syluarum. ¶ Satyriacum signum, σατυριακὸν ἄγαλμα, simulachrum Priapi, quod in hortis apud antiquos ponebatur. Est & religio quædam, hortosq; & fores tantum, contra inuidentium fascinationes dicari uidemus: in remedium Satyriaca signa, Plinius libro 19. Antiphilus pinxit nobilissimum Satyrum, cum pelle pantherina, quem Aposcoponta appellant, Plinius. Aristidis Thebani pictoris est Satyrus cum scypho coronatus, Idem. Myron fecit Satyrum admirantem tibias, Idem. Et rursus, Myron fecit nobilem Satyrum quem periboëton cognominant. Hunc Satyrum (inquit Hermolaus in Castigationibus) Athenis fuisse tradunt, uia quæ Tripodes appellabatur, miratumq; in eo se Praxitelem: adeò ut petenti Phrynæ, quod ex operibus suis
60 præstantissimum existimaret, daturum se quidem receperit, (amabat enim) sed iudicare quodnam eiusmodi esset noluerit. sed subornato uernula, qui comessanti apud se trepido cursu nunciaret, absumptam subito incendio maiorem operum eius partem, attonitum & accurrere parantem excla-

nn 5

maſſe,ſalua eſſe omnia ſi Satyrus & Cupido ſupereſſent. ita cõfeſſione iudicij dolo expreſſa, fœminæ Cupidinem optanti non Satyrum dediſſe,&c. Hæc ille ex Atticis Pauſaniæ. Protogenes Rhodius pinxit Satyrũ quem Anapauómenon uocant, tibias tenentem,Plinius. Celebratur & Stratonicus, qui Satyrum in phiala grauatum ſomno collocauiſſe uerius, quàm cælaſſe dictus eſt, Idem. Timanthes pinxit Cyclopem dormientẽ in paruula tabella, atque iuxta Satyros thyrſo pollicẽ eius metientes, Idẽ.

¶ Satyri cuiuſdam adulatoris utriuſque Dionyſij meminit Timæus,Athenæus. Satyri architecti mentio apud Plinium 36. 9. Satyrus Eleus, Lyſianactis fil. ex genere Iamidarum, quinquies in Nemea pugiles uicit, in Pythijs bis, bis inſuper in Olympia. ſtatuã eius fecit Silanion Athenienſis, Pauſanias in Eliacis. Gorgippus filius Satyri tyranni Boſpori, Polyænus lib. 8. Strateg. Satyrus quidam medicus Galeni præceptor fuit. ¶ Satyra nomen ſcorti Attici, Σατύρα, Athenæo lib. 13. ¶ Herodianus ſcribit Helotas quoque appellari ſatyros, qui ſint apud Tænarum. Erãt uero Helotæ publici quodammodo Lacedæmoniorum ſerui,&c. Cælius. Satyrorum inſulæ, Σατύρων νῆσοι, ſunt tres contra Indiam, extra Gangen ſitæ, Ptolemæo 2. 7. quas qui habitant caudas habere dicuntur, quales Satyris pinguntur. Pauſanias has inſulas Satyrias uocat,(Cælius Satyrides transfert,)cuius uerba ſuperius hac ipſa in parte retuli. Satyrion, regio prope Tarentum, gentile Satyrinus, Stephanus. Satura ſeu Satyra palus Pontina eſt, uigintiquatuor urbium olim locus capax. Qua Saturæ iacet atra palus, gelidusque per imas Quærit iter ualles, atque in mare conditur Vfens, Vergil. 7. Aen. Cælius. Meminit huius paludis etiam Plinius 3. 6. Satyrus fluuius in Aquitania, cuius meminit Lucanus lib. 1. Tunc rura Nemetis Qui tenet, & ripas Satyri qua littore curua.

¶ Finitimos Indiæ montes tranſmittenti, ad intimum latus denſiſſimas conualles uideri aiunt, & Corudam locum nominari, ubi beſtiæ ſatyrorum ſimilitudinem formamque gerentes, & toto corpore hirſutæ, uerſantur: atque equina cauda præditæ dicuntur. Eæ cum non à uenatoribus agitantur, in opacis & ſpiſſis ſyluis ſolent uiuere. Cum autem uenantium ſtrepitum ſentiunt, & canum latratus exaudiunt, in montium uertices incredibili celeritate recurrunt: nam per montes iter conficere aſſuetæ ſunt. Contra eos qui ſe inſequuntur pugnant, de ſummis montibus ſaxa deuoluentes. Ex ijs nonnullæ, ſed ægerrime tandem, aut ægrotantes, aut grauidæ comprehenduntur. Illæ quidem propter morbum: hæ uero ob grauiditatem, Aelianus. Sed feras toto corpore hirtas eſſe, caudis equinis, & propter celeritatem non niſi morbo aut ſenecta graues capi, alij authores ſatyris ipſis attribuerũt.

Monſtri huius deſcriptio proxima pagina ſequetur.

¶ In Syluis Saxoniæ uerſus Daciam, in deſerto murice(nemore) cuiuſdã, capta ſunt parum ante hæc tempora duo monſtra piloſa, ferè in omnibus habentia figuram hominis: & fœmina quidẽ mortua fuit morſibus canum & uulneribus uenatorum. Maſculus autem captus eſt domeſticus, & didicit ire ſuper pedes erectus: & didicit loqui imperfecte ualde & non multa uerba, & habuit uocẽ exilem ſicut capreolus, & rationem nullam habuit, de ſeceſſu & egeſtione & alijs talibus uerecundabatur, multum autem appetijt coire cum mulieribus. & has publice qualeſcunque eſſent tempore libidinis opprimere tentauit, Albertus. Et rurſus libro 22. in Catalogo quadrupedum, de Confuſa beſtia ſcribens, citatis Solini uerbis: quæ apud Solinum non de Confuſa (corruptum enim hoc nomen eſt)

est) sed cepo seu celpho simiarũ generis habetur: Hanc, inquit, temporibus nostris uidimus in syluis Sclauiæ (supra legitur Saxoniæ, forte pro Sclauoniæ) deprehensam, marem & fœminã, ut in præcedentibus diximus, (locum iam recitatum intelligens:) & procedente tempore uoces quasdam expressit. Est aũt hoc animal de genere simiarum. Rursus eodem libro, Pilosus, inquit, animal est compositum ex homine superius, & capra inferius, cornutũ in fronte. simiarũ generis, sed ualde monstrosum: aliquoties erectũ incedit & mansuescit. In desertis Aethiopiæ habitare ferunt: & aliquando captũ & mortuum sale conditũ Alexandriã missum, inde Constantinopolim delatum. Ex quibus uerbis omnino apparet pilosum Alberto & recentioribus, nihil aliud quàm satyrum esse.

Satyrorum historiæ subijciendum duxi monstrum istud, cuius effigiem apposui, quam eximiæ eruditionis & humanitatis uir Georgius Fabricius ex Misnia Germaniæ ad nos misit, & simul descriptionem, his uerbis: Quadrupes illud captum est in ditione episcopi Salceburgensis, in saltu quem Hanesbergium uocant. Colore fuit giluo in flauum declinante. Feritatis insolitæ. hominum enim aspectum fugit, seque in tenebras, ubi potuit, abdidit. Tandem cum ad cibum capiendum neque cogi neque allici posset, paucos post dies est extinctum. Pedes posteriores prioribus dissimiles, & multò longiores fuerunt. Reliqua facile ex icone intelliguntur. Captum est anno salutis tricesimo primo supra mille quingentos.

DE SPHINGE SIMIARVM GENERIS.

SPHINGAS fusco pilo, mãmis in pectore geminis, Aethiopia generat, multaque alia monstro similia, Plin. Inter simias habentur & sphinges, uillosæ comis, mammis prominulis ac profundis, dociles ad feritatis obliuionẽ, Solin. In promontorio quodã extremæ Arabiæ quod situ est inter Dirã & Austri cornu, leones formicæ dicti reperiuntur, & sphinges & aliæ feræ, ut scribit Strab. li. 16. Efferatior (quàm simijs) cynocephalis natura, sicut mitissima satyris et sphingibus, Plin. Condit in thesauros maxillarum cibum sphingiorum & satyrorum genus, mox inde sensim ad mandendum manibus expromit: & quod formicis in annum solenne est, his in dies uel horas, Idem. Sphinges & apud Troglodytas, Aethiopesque nascuntur, forma haud ei dissimili qua pinguntur, sed paulò pinguiores. Naturam habent mansuetam, pluribus exercitijs disciplinisque aptam, Diodorus Sic. lib. 4. de fabulosis antiquorum gestis. Sphinges (inquit Albertus) nec ita sunt feræ ut domari non possint: nec ita mansuetæ ut nocentibus non noceant: non lædunt enim illos à quibus non læduntur. Cercopithecum simiam idem à quibusdam sphingem appellari scribit: sed ineptè. Sua sponte prudentia ualent in India, elephantus, psittacus, sphinges, & nuncupati satyri, Aelian.

De Sphinge fabulosa.

Simulachra quædam sunt rerum in natura non extantium, ut Tritones, Sphinges, Centauri, Suidas. Hydra peperit Chimæram, Chimæra Sphingem ex Ortho, & Nemeæum leonem, Hesiodus in Theogon. Sphinga fabulantur filiam Chimæræ ac Orthi, qui fuit Geryonis canis, ut in Theogonia cecinit Hesiodus, Cælius. Recentior quidam Grammaticus Sphingis patrem facit, non Orthum, sed Orcum. Tradunt & de his fabulæ, Sphinga triforme monstrum, cuius pars una uolucris, altera leonis, uirginis tertia, ut quidam citat ex Plinio. Terruit Aoniam uolucris, leo, uirgo, triformis Sphinx uolucris pennis, pedibus fera, fronte puella, Ausonius in gripho Ternarij. Sphinx, monstrum apud Thebas, cuius caput & manus puellæ, corpus canis, alæ auis, uox hominis, ungues leonis, cauda draconis, Grammaticus quidam. Aegyptij biformem tantum finxerunt ex uirgine & leone corpore composito, Aeliano teste. Βίκας, Sphingas, Hesych. Varin. Sphinx, animal monstrosum, ἀνθρωπόμορφον, id est homini simile, ut Græci fabulantur, Varinus. φῖκα ὀλοήν, Sphingem perniciosam. Est autem ea Chimeræ & Typhonis filia: à qua Phicion etiam (mons) in quo habitabat, denominatur. Lycus in libro de Thebanis à Baccho eam missam scribit. Dicebant autem Bœoti φῖκα pro Sphinge, Varinus. Sphingem ferunt corpus canis habuisse, caput & faciem puellæ, alas uero auium, atque hominis uocem: Et in Sphincio monte sedentem ænigma unicuique ex ciuibus proposuisse. soluere nescientem interemisse: cum uero id Oedipus soluisset, sese ipsam ex monte deiecisse. Sed ueritas sic se habet. Cadmus cum mulierem Amazonida cui Sphinx erat nomen, secum haberet, Thebas peruenit, cumque Draconem interfecisset, huius ipsius regnum occupauit. Post hęc & Draconis sororẽ, cui Harmonia erat nomen, cepit. Intelligens aũt Sphinx ꝙ Cadmus aliã duxisset uxorẽ, ac sibi persuadens multos ciues se abeuntẽ secuturos esse, ꝙ plurimas diuitias rapiens, secumque celerem canem ducens quem Cadmus habebat, cum his omnibus in Sphincium montem nuncupatum peruenit, & exinde Cadmo bellum inferebat: & incursionibus quotidie factis plures homines interimebat. Vocant autem Thebani incursiones ipsas ænigmata. Hoc ciues passim diuulgabant, in hunc modum dicentes: Argiua Sphinx nos ænigma quoddam proponens diripit. Quonam autem modo ænigma faciat, inuenire nemo nostrum potest. Publico itaque edicto nunciari Cadmus iussit, Sphingem interficienti cuicunque ditissimum præmium esse propositũ. Ad quam cum Oedipus Corinthius accessisset, cũ equo ueloci, quem secum habebat unà cum Thebanis quibusdã nocturno tempore montẽ uersus accedens, Sphingẽ de medio sustulit, Hęc Palæphatus. Oedipus Laij

nn 4

Thebarum regis filius in monte quodam expositus, & à Melœbo rustico inuentus ac educatus, cum iam adoleuisset, latrocinijs operam dabat, quo tempore Sphinx etiam deformis & belluinæ naturæ mulier latrocinando uiuebat. Viro enim amisso manum collegit prædonum, & locum natura munitum occupauit, ubi transeuntes occidebat. Huic Oedipus audaci consilio tanquam socius prædæ se coniungit, & opportuno tempore obseruato, ipsam ac socios hasta interimit. Quo intellecto Thebani regem ipsum appellant: & Laium regem bello eos adorientem occidunt. Regina Iocaste Oedipo, quem filium suum esse nesciebat, nubit, &c. Suidas. Vide Sophoclis Tragœdiam quæ Oedipus Tyrannus inscribitur. A Thebano agro (inquit Pausanias in Bœoticis) Sphingem aiunt progredi solitam, quum, ut homines à se raptos perderet, quæstiones eis proponebat obscuras. Dicunt nonnulli nauali eam potentia instructam latrocinij exercendi causa oberrasse, & ad mare circa Anthedonē appulisse. Hoc autem monte occupato, rapinis fuisse intentam, donec Oedipus eam confecerit (ὑπὸ πλήθει στρατιᾶς) obrutam exercitus multitudine, quem Corintho eduxerat. Dicitur item Laij fuisse notha filia, & edocta à Laio per beneuolentiam, quod Cadmo datum erat oraculum Delphicum. Priusquam autem reges fierent, scire aliud nihil oportebat, quàm oraculum, (ἐπίστασθαι δὲ πρὶν ἢ βασιλέας οὐδὲν ἄλλο ἢ τὸ μάντευμα.) Quoties itaq; de regno quis litem Sphingi intenderat, (nam & Laio ex pellicibus liberos fuisse procreatos aiunt, & oraculum Delphicum ad Epicasten solummodo & Epicastæ filios spectabat:) hac Sphingem aiunt aduersus fratres usam esse fraude, ut ex Laij stirpe si essent procreati, quod datum fuerat Cadmo oraculum, proferrent. Qui respondere non poterant, eos morte multabat, ut qui immeritò & de genere disceptarent & imperio. Oedipus uero in somnis oraculum edoctus, Sphingem accessit. Hactenus Pausanias, Lœschero ferè interprete. Sphingis speciem fuisse aiunt, anterius leoninam, à tergo humanam: unguibus gryphis, alis aquilæ, & alijs modis monstrosam. Reuera autem mulier hæc prædo (λῃστρὶς) fuit ad Moaben regionem Africæ, & Phicion montem, quæ prætereuntes occidebat, nisi quis propositum ab ea ænigma solueret, quod erat huiusmodi. Ἔστι δίπουν ἐπὶ γῆς, καὶ τετράπον, οὗ μία μορφή, Καὶ τρίπον, ἀλλάσσει δὲ φυὴν μόνον, ὅσσ' ἐπὶ γαῖαν Ἑρπετὰ γίνονται ἀνά τ' αἰθέρα καὶ κατὰ πόντον. Ἀλλ' ὁπόταν πλείστοισιν ἐρειδόμενον ποσὶ βαίνῃ, Ἔνθα τάχος γυίοισιν ἀφαυρότατον πέλει αὐτοῦ, Scholiastes Lycophronis. Dicta Sphinx quòd cogeret transeuntes consistere, quibus ænigma proponebat, quidnam id esset in orbe terrarum quod quaternis primum pedibus inambularet, inde duobus, postremò tribus, quod nescientes soluere, sublatos in rupem agebat præcipites. Oedipus illac iter habens ænigma diluit, hominem esse dicens, qui in infantia manibus & pedibus nitens quadrupes, in iuuentute pedibus tantū & bipes, in senectute uero baculo utens tripes est. Tunc Sphinx se de saxo præcipitem dedit. Inde origo huius adagij apud Terentium, Dauus sum, non Oedipus: id est, seruili officio, non quæstionibus soluendis aptus sum, (uide plura apud Erasmum in prouerbijs,) Grammaticus quidam. Eos qui propositum à se ænigma soluere non possent, alis & unguibus ad se in rupem trahebat, &c. Lactantius in primum Thebaid. Michaël Psellus Sphingem superiore corporis parte ad umbilicum usq; uirginem, deinceps bestiam, &c. à poëtis confictam scribit: pluribus idem allegoriam interpretatur, de diuersis scilicet in homine facultatibus, ex quibus homo componitur, mente, ratione, opinione, phantasia & sensibus utens, inter rationale & rationis expers animal ferè medius. Σφιγγὸς πράγματα παρέχων πολλά, ἐπὶ πολλοῖς ταῖς ζητήσεσι τῶν ἀτόπων τούτων αἰνιγμάτων, ὁ τῆς Καδμείας Σφιγγός, ἀλλὰ Σφιγγὸς μὲν τινος ἀτεχνῶς, ἔτι δὲ θεσπιστέρας καὶ πολὺ σοφωτέρας, Suidas ex innominato. ¶ Sphingem alatam tum pingunt tum fingunt omnes qui in ea arte, quæ actionem manuum habet cum actione (scientia uel contemplatione) coniunctam, operam ponunt, Aelianus. In Libya sunt feræ facie muliebri, ima parte serpentes, alas non habent quemadmodum Sphinges, neq; loquuntur ut illæ, Dion in historia Libyca, ut in Lamiæ historia retuli. Sphingis pedes leonini erant, Scholiastes in Aristoph. Picati appellantur quidam quorum pedes formati sunt in speciem sphingum, quod eas Dorij Sphincas (Φίκας uel Βίκας, ut conijcio) uocant, Festus. Sphinx cum homini offertur, si illum (illam) præsentiat, seruatur: si uero bestia prius hominem senserit, perditur homo, Quidam in Onomastico sine authore.

¶ Sphinx dicta uidetur à stringendo, (ἀπὸ τοῦ σφίγγειν,) ut scribit Hermolaus: Vel quòd cogeret transeuntes consistere, dum ænigma eis proponeret: uel quòd homines suis quæstionibus ita stringeret, ut se expedire non possent: uel quasi omnium mentes suis propositionibus ligaret. Recentiores aliquot Sphyngem per y. scribunt, non rectè. Τὴν σφίγγα ἀντὶ σφιγὸς φίγγα καλοῦσι, Plato in Cratylo. Σπίκα, canem, aut Sphinx, Hes. Varin. Σισυγκέρδωσις ἀγορᾶς, σφὴγξ, Iidem. ¶ Si Sphingos iniquæ Callidus ambages te præmonstrante, Statius 1. Thebaid. ¶ Φῖκα ὀλοήν, uide superius. Σφίγγα δυσαμερίαν, (hoc est infelicem & quæ malo tempore Thebanis apparuit, Schol.) Aristophanes in Ranis. Σφιγγὸς κελαινῆς, (σκοτεινῆς, διὰ τοὺς φόνους ἢ τὰ αἰνίγματα) ἠργυρ ἐκμεμαγμένην, Lycophron. Σκληρᾶς ἀοιδοῦ, τῆς Σφιγγός, id est Sphingis difficilis, propter ænigmata: uel sanguinariæ. ὅσγ' ἐξέλυσας ἄστυ Καδμείων μολὼν, Σκληρᾶς ἀοιδοῦ δασμόν, ὃν παρείχομεν, Suidas ex Sophoclis Oedipo tyr. Ποικιλῳδός, Sphinx, Varin. Sphingem Sophocles rhapsodon uocat, Cælius. ¶ Fuere item scortilla quæ sphinges nuncuparentur: nam & molles (σφίκται, cinædi, molles, Hes. Varin.) sphinctæ appellantur, quod prodit Suidas, Cælius. Megaricæ sphinges, Μεγαρικαὶ σφίγγες: ita scorta quædam uulgus olim appellabat (Hesychius meretrices quasdam à Callia sic uocatas scribit) siue quòd uulgò molles sphictæ παρὰ τὸ σφίγγω dicuntur apud Græcos: siue quòd apud Megarenses nutrix sphinx appelletur, siue quòd Megarensiū

mores

mores improbi fictiq́ue, & populari notitia, quondam notati fuerint. Vnde Aristophanes in Vespis risum Megaricum, de quo dictum est alibi, taxat. Suidas refert & hunc uersiculum, sed tacito (ut solet) authoris nomine, Ἀλλ' ἐστιν ἡμῖν Μεγαρικὴ τις μηχανή. Risum seu iocum Megaricum intelligit molliti- em Megarensium. Refertur à Diogeniano (& Suida,) Erasmus. Megaricæ sphinges, meretrices: unde forsitan molles etiam σφίγκται nominati sunt, Suidas & Varinus. Vocabulū quidem σφίγκται magis probârim cum gamma scribi quàm sine eo: utroq; enim modo reperitur, ut iam citaui.

¶ Icon. Sphingem Aegyptij qui scalpturam exercent, & Thebanæ fabulæ, biformem nobis repræsentant, ex corpore uirginis & leonis cum grauitate & compositione ipsam architectantes, Aelianus. Scyles Scytharum rex in Borysthenitarum urbe ædes magnificas habebat, circum quas è lapide candido sphinges & grypes stabant, Herodotus libro 4. Athenis in arce, in templo quod Parthenôna uocant, tum aliæ quædam de generatione Mineruæ effigies habentur, tum Neptuni cum Minerua contentio de terra. Simulachrum ipsum (Mineruæ) ex ebore & auro factum est, & in medio galeæ Sphingis imago expressa, Pausanias. Pyramides tres sunt inter Memphim & Delta oppida, uico apposito quem uocant Busirin. Ante has est sphinx, uel magis miranda, qua syluestria sunt accolentium. Amasin regem putant in ea conditum, & uolunt inuectam uideri. Est autem saxo naturali elaborata, & lubrica. Capitis monstri ambitus per frontem centum duos pedes colligit, longitudo pedum CXLIII. est, altitudo à uentre ad summum apicem in capite LXII. Plinius 36. 12. Per totam longitudinem (templi Heliopolitani in Aegypto) protinus ex utraque latitudinis parte sunt positæ lapideæ sphinges, uigenis cubitis, uel paulò pluribus inter se distātes: & alter sphingum ordo est à dextra, alter à sinistra. Post sphinges est uestibulum ingens, procedenti ulterius aliud uestibulum, postea aliud: & neq; uestibulorum, neq; sphingum diffinitus est numerus, Strabo libro 17. Aegyptij ante templa (in propylæis) Sphingem astituebant, quo argumento indicarent, theologicam ipsorum sapientiam obscuriorem, fabulisq; ita sæpe conuelatā, ut ueritatis uestigia uix interlucerent, Cælius Rhodig. & Calcagninus ex Plutarcho de Iside. Amasis rex Aegypti uestibulum Mineruæ fecit in Sai, opus admirandum, ubi etiam ingentes colossos & immanes androsphingas posuit, Herodotus lib. 2. Signis quæ uocantur Corinthia, plerique in tantum capiuntur, ut secum circumferant, sicut Hortensius orator sphingem Verri reo ablatam. Propter quam Cicero illo iudicio in altercatione neganti ei se ænigmata intelligere, respondit debere, quoniam sphingem domi haberet, Plinius. Octauius Augustus in diplomatibus libellisq; & epistolis signandis, initio sphinge usus est, mox imagine Magni Alexandri, nouissimè sua, Suetonius.

¶ Alciati emblema in submouendam ignorantiam, per dialogismum.

Quod monstrū id? Sphinx est. Cur cādida uirginis ora, Et uolucrum pennas, crura leonis habet?
Hanc faciē assumpsit rerū ignorantia: tanti Scilicet est triplex causa & origo mali.
Sunt quos ingeniū leue, sunt quos blāda uoluptas, Sunt & quos faciunt corda superba rudes.
At quibus est notū, quid Delphica litera possit, Præcipitis monstri guttura dira secant.
Nanq; uir ipse, bipesq; tripesq; & quadrupes idē est, Primaq; prudentis laurea, nosse uirum,

Hæc ille per uirgineam partem uoluptatem intelligens: per crura leonis, superbiam: per alas, leuitatem. ¶ Est & Sphinx fabula ueteris cuiusdam poëtæ, Aeschyli ni fallor.

DE SIMIVVLPA. SIC ENIM FINGO NOMEN, NE SIT ANONYMOS HAEC BESTIA: cuius imaginem addidi, qualis in tabulis Geographicis depingi solet.

Ii qui nostra memoria Payram regionem lustrarunt, bestiam dicunt se uidisse quadrupedem, ex anteriore parte uulpem, ex posteriore simiam: præterquàm quòd humanis pedibus sit, & noctuæ auribus: & subter communem uentrem, instar marsupij alium uentrem gerat, in quem tam diu eius catuli occultantur, dum tutò exire, & sine parentis tuitione cibaria inquirere possunt: ac nimirum non ex eo receptaculo prodeunt, nisi cum lac sugunt, Gillius: Transcripsit autem, ut apparet, ex Vincentiani Pinzoni Nauigatione. Portentosum hoc animal, ut in eadem legimus, cum catulis tribus Sibiliam delatum est, & ex Sibilia Illiberim, id est Granatam, in gratiam regum. Catuli licet in itinere perierint, conspecti tamen sunt à cõpluribus qui huius rei testes fuerunt. Petrus Martyr etiam Oceaneæ Decadis primæ libro 9. Arbores ibi (in Pariana regione, inquit) tantas esse aiunt, ut pleræq; sedecim hominum manu iunctorũ in gyrum uix lacertis concludi quirent. Inter eas arbores monstrosum illud animal uulpino rostro, cercopitheci cauda, uespertilionis auribus, manibus humanis, pedibus simiam æmulans: quod natos iam filios aliò gestat, quocunq; proficiscatur, utero exteriore in modum magnæ crumenæ, repertum est. Id animal licet mortuum ipse uidi, conuolui, crumenamq; illam nouum uterum, nouum naturæ remedium, quò à uenatoribus aut aliâs à cæteris uiolentis & rapacibus animalibus natos liberet, illos secũ asportando, admiratus sum. Experimento esse compertum aiunt, eo semper utero crumenali animal catulos secum portare, nec illos inde unquàm emittere, nisi aut recreandi aut lactandi gratia, donec sibi uictum per se quæritare didicerint. Cum catulis animal ipsum deprehenderant: sed in nauibus catuli intra paucos dies perierunt, mater per aliquot menses superfuit. sed & ipsa tandem tantam aëris & ciborũ mutationem ferre nequiuit, Hæc ille.

¶ Hæc bestia ficto nomine simiuulpa, aut simia uulpina, Latinè: πιθηκαλώπηξ Græcè dici poterit. Germanis **fuchßaff**. Inter pisces quidem de glauco mare legitur quod fœtus suos, cum eis metuit, deuoret ac rursus incolumes emittat, ut Aelianus refert.

DE SVBO.

SVBVS (σῦβος) ruffo colore, & robustis cornibus geminis armatus, in utraq; sede uiuit. Cũ in mari natat, eum permultus piscium grex consequens osculatur, quòd ex illius cõspectu summa uoluptate afficiatur: sed præcipuo quodam studio circum ipsum uersantur pagri, oculatæ, acus, mulli, astaci: Deniq; omne pisciũ genus circa subum uersari gaudet, atque ordine iter faciens, à tergo dextra & sinistra eidem comitatur: sed scelestus ille externã amicitiam contemnens, marinos socios exedit & conficit. Hi uero tametsi ob oculos uersantem mortem uident, tamen interfectorem suum neque oderunt, neq; relinquunt. Sed scelerate sube & fraudulente, non impune innocenteis pisces occideris, nam ipsi tibi perniciem piscatores molientur, Gillius ex Oppiani de uenatione secundo. Videri autem potest ad syluestre ouium genus hoc animal referri posse, nam statim ante historiam eius Oppianus de ouibus feris Creticis egit, quas colore flauo uel purpurascente esse scribit, quadricornes, non lana, sed uillo ferè caprino tectas. Et mox addit, Quinetiam subus colore flauescit splendido, sed non æquè uillis hirsutus est, & duo tantum ualida cornua supra latam gerit frontẽ. Quod si non congeneres bestias istas existimasset, conferre inter se atq; distinguere opus non fuisset. Sed coniectura hæc nuda est. nam certi nihil habeo, cum nullus omnium excepto Oppiano (quod sciam) authorum huius animantis meminerit.

DE SVE.

A.

SVILLVM genus uarium, & uaria sortitur nomina pro ætate, sexu, castratione, &c. ut hoc in capite, & in Philologia apparebit. Varro differentias omnes cõprehendens pecus suillum nominat. In suillo pecore (inquit) sunt quæ se uindicent (aduersus lupos) sues, uerres, maiales, scrofæ. propè enim hæc apris, qui in syluis sæpe dentibus canes occiderunt. Sus generis communis secundum priscos, porcum & porcam significat, teste Prisciano. Sus fœmina, apud Columellam legitur. Suis fœminæ cerebrum contra carbunculos proficit, Plinius. Suis nomine apud Aristotelem Michaël Ephesius generatim intelligit tam urbanum quàm ferum, Niphus. Gaza quidem ex Aristotele urbanum reddere solet, pro cicure (alicubi tamen etiam sues cicures reddit) uel domestico, quod fero aut syluestri opponitur, ut boues & sues urbanos: quod non admodum probo. mansuetum enim potius dixerim: (Idem Gaza apud Aristotelem problem. 10. 46. suem agrestem & domesticum uertit. Ὗες ἥμεροι & ἄγριοι, apud Plutarchum leguntur,) ut in Boue alicubi dixi. Est quando sus sine adiectione pro apro ponitur, ut: Sues Athi montis ne fœminas quidem spectare mares situs inferioris audent, Aristoteles interprete Gaza. Sed frequentius syluestris aut feri feræue differentia adijcitur, ut idem transferre solet. nam & masculino genere suem ferum dicit, utrunq; sexum comprehendens: & fœminino suem feram, quod Atticum uidetur, pro utrouis sexu: Vt, Sues syluestres animosæ, peruicaces, & brutæ omnino sunt. Nanq; sagacius unus odoror, Polypus an grauis hirsutis cubet hircus in alis, Quàm canis acer ubi lateat sus, (id est aper,) Horatius. ¶ Priusquam porcam fœminam immolabis, Cato cap. 134. Vetus exemplar habet porcum fœminam: & ibidem paulò antè, porco fœmina, quam puto uerã lectionem. si enim porca dixisset, quid opus erat addere fœmina? Porca, sus fœta, Palladio. Porcum pro porcello Varro protulit, item Cicero & Columella,

Columella, uide infra in a. ¶ Scrofa, (uel ut alij scribunt scropha, per ph. ut Græci etiam per φ. γρομφὰς, & σκρόφα, Suid.) sus est quæ multos peperit porcos, (aliàs, quæ sæpius peperit:) tamen etiam pro porca ipsa peculiariter sumitur. Eorum si cuiusquam scrofam in publico conspexero, Plautus Capt. Scrofæ probantur longissimi status, &c. Columella, sic Plinius lib. 18. ut quidam in Promptuario annotauit.

10 ¶ Verres dicitur porcus non castratus, mansuetus, nam ferus, aper est. Marcellus tamen Empiricus uerrem syluaticum dixit pro apro: & Suetonius aprum ferum nominat, quasi & cicures rectè nominentur apri, ut differentiæ causa si ferum intelligamus id exprimere oporteat. Dentes exerti nulli, quibus serrati: rarò fœminæ, & tamen sine usu: itaque cum apri (uidetur tum mansuetos tum feros intelligere) percutiant, fœminæ sues mordent, Plinius. Et ali-

20 bi de apris, Pilus æreo similis agrestibus, cæteris niger. ¶ In suibus maiales (barg) sunt, porci seu uerres castrati: ut in equis canterij, in gallis gallinaceis capi, Varro. Plura uide in E.

¶ Hybridas antiqui uocabant sues semiferos, hoc est ex fero & domestico progenitos, ut Plinius refert lib. 8. sic & canis hybris uocatur, imparibus parentibus natus, hoc est ex uenatico & gregario, Porphyrio.

¶ חזיר chasir, sus aper, (id est uerres,) ma-

30 sculini generis: ut chasir thame, id est mus immundus, Leuit. 11. Apud Rabinos fœmininum legitur חזירה chaserah, Munsterus. Deuteronomij 14. pro chasir Hebraico, Chaldæus reddit חזירא chasira. Arabs, כנזיר kanisir. Persa מר אן בוך, mar an buk. LXX. ὗς. Hieronymus sus. Hazir, id est porcus, Syluaticus. Marchangir, id est fel porci, Idem. Acanthil, id est porcus, Idem. Achira, scrofa, Syluatic. corruptum à Græco χοῖρος uocabulum. Xicreon, id est

40 porcina caro, Idem: Videtur autem hoc quoque è Græcis deprauatum.

¶ Græcè σῦς dicitur de porco, ὗς de porca, sed multi indifferenter utuntur, Scholiastes Aristophanis & Suidas. Apud Aristotelem sæpe τοὺς ὗς legimus, in Physiognom. Athenæus etiam masculino genere τὸν ὗν dicit. Alibi tamen Aristoteles ὗν fœminino genere profert de utroque sexu, more scilicet Attico: quem in hoc Gaza Latinè etiam, nescio quàm rectè, imitatur. Ὗς, χοῖρος ἢ σῦς, Varinus. Ὗς, χοῖρος ἢ σύαγρος, Suidas. Idem docet rectum singularem ὗς cum acuto scribi, accusatiuum uero pluralem ὗς circumflecti, τὰς ὗς &

50 τοὺς ὗς, est enim communis generis. Sed uideo authores hanc distinctionem non obseruare, cum ferè omnes rectum singularem quoque circumflectant. Σῦς etiam absolutè pro apro ponitur. Hercules uenando sagittis petit, ἢ σύας, ἢ πόρτιν κεφαλῶ, ἢ ἄγριον αἶγα. Adonis ab apro occisus est, quem τὸν ὗν, & θῆρα uocat Theocritus Idyl. 29. Σῦς καὶ ὗς, ὁ χοῖρος, κάπρος δὲ, καὶ χλούνης, καὶ χαυλιόδους, ὁ ἄγριος, Varinus. Homerus, Pindarus, Plutarchus & alij, suem ferum κάπρον nominant. Apri dicuntur à locis asperis, aut forte à Græco κάπρῳ, Varro. In Geoponicis Græcis tamen càpron legimus ubi uerrem Latini rei rust. authores habent: & syagron, ubi illi aprum. ¶ Γρόμφις ἢ γρομφὶς, ὗς ἡ παλαιά, σκρόφα, Suidas & Varinus: sed apud Hesychium γρομφὰς ἢ γρομφὶς, cum eadem interpretatione, legitur.

¶ Sus, Italis porco: Florentinis peculiariter ciacco, Arlunnus. Scrofa, nomen etiam Italicè seruat: aliàs troiata, uel porca fattrice, (id est porca matrix aut fœta potius,) Idem. Troiam uulgò nunc Rha-

60 uennates appellant scropham, ea puto ratione qua quodam tempore (aliqui) Troianum porcum nominabant, qui quasi inclusis animalibus prægnans, ut ille Troianus equus grauidus armatis fuit, in mensam inferri solitus sit, Nic. Erythræus. Maialis, lo porco castrato, lo maiale, Scoppa. ¶ Sus

Gallis porceau. Sus fœmina, truye, coche. Verres, uerrat. Porcellus, cochon, porcelet, & Lugduni caion. Maialis, porc chastré, id est porcus castratus per periphrasin. ¶ Sus Hispanis, puerco. ¶ Sus Germanis, saw uel suw/su/schwyn uel schwein. Sus fœmina, moz uel looß: propriè tamen looß est scrofa, id est fœta. Vocabulum moz simile est Cretico: μωκὼν τὴν σῦν, Cretenses, Hesych. Simile & Persicum esse puto. Verres, äber: quæ uox ab apro Latinorum descendit. Maialis, id est uerres castratus, barg. Porca castrata, galtz. Porcellus, färle/seuwle: & lactens adhuc, spanfärle. ¶ Sus Anglis, su uel sowe, fœm. generis ut Germanis: in plurali swyne. Verres, pork uel bor aliâs boore, uel hog aliâs hogge (ouis etiam annicula hog ab eis uocatur.) Maialis, libdhog, uel barowe hogge. Porca castrata, libdsu, uel geldid su. est enim eis geldid, quod nobis gheilet, id est castratum. Porcellus, pygge. ¶ Sus Illyrijs, swinie uel prase. 10

B.

Athenæus libro 12. sues ex Sicilia tanquam præcipuas ad cibum probat. Agatharsides ait sues in Aethiopia cornua habere, Aelianus: Plinius apros Indorum cornutos esse prodidit. Arabes Scenitæ carnibus suillis prorsus abstinent: sanè hoc animalis genus si inuectum illò fuerit, moritur illico, Solinus ni fallor. Suem nec ferum nec mansuetum India habet, teste Ctesia, quanquam non fide digno, Aristoteles: Idem Aelianus ex eo repetit, & addit suilli generis esum Indos à se detestari. In Arabia suillum genus non uiuit, Plinius. Germania suibus abundat, maximè inferior. Ad nos ex Bauaria macilentæ ferè, ex Burgundia pinguiores adiguntur. Sues Belgici feroces admodum sunt, ut dicam in D.

¶ Electio. Sues proceri corpore, capitibus sint paruis, Varro. Et alibi, Qui suum gregem uult 20 habere idoneum, eligere oportet primum bona ætate, secundo bona forma. Ea est, cum excellit amplitudine membrorum, præterquam pedibus, & capite, unius coloris potius quàm uarij. Cum hæc eadem ut habeant uerres uidendum, tum utique sint ceruicibus amplis, boni seminis. Sues enim animaduertuntur à facie, & progenie, & regione cœli. A facie, si formosi sint uerres & scrofa. A progenie, si multos porcos pariunt. A regione, si potius ex his locis, ubi nascuntur ampli, quàm exiles. In omni genere quadrupedum (inquit Columella) species maris diligenter eligitur, quoniam frequenter patri similior est progenies quàm matri. Quare etiam in suillo pecore probandi sunt, totius quidem corporis amplitudine eximij, & qui quadrati potius, quàm qui longi, aut rotundi sunt, (rotundi potius quàm longi, Pallad.) uentre promisso, clunibus uastis, nec perinde cruribus aut ungulis proceris, amplæ & glandulosæ (glandulis spissæ, Pallad.) ceruicis, rostris breuibus & resupinis. Maximéque quod 30 ad rem pertinet, quàm salacissimos oportet esse mares, qui & ab annicula ætate commode progenerant, dum quadrimatum agant, possunt tamen etiam semestres implere fœminam. Scrofæ probantur longissimi status, & ut sint reliquis membris similes descriptis uerribus. Si regio frigida & pruinosa est, quàm durissimæ densæque & nigræ setæ grex eligendus est: Si temperata, atque aprica, glabrum pecus, uel etiam pistrinale album potest pasci. Scrofas (inquit Palladius) longi lateris debemus eligere, & quibus ad sustinendum fœturæ onus magnus se uenter effundat, cætera uerribus similes. Sed in regionibus frigidis densi & nigri pili, in tepidis qualescunque prouenerint. Eadem ferè de utroque sexu eligendo Florentinus in Geoponicis Græcis præscribit. Et insuper, Verres (inquit) partes circa ceruicem, & humerorum commissiones (synomias) habeant magnas: & λοφιὰν, id est rigentes in ceruice setas, condensam: multumque (& crassum) collopem, quem uulgò callosum uocant, 40 τὸ καλλωσόν.

¶ Nullum corpus animalis compositione & numero, &c. interiorum partium, tam respondere humano fertur quàm porcinum. Quamobrem Physici interiora humani corporis inuestigantes, porcos dissectos quasi quoddam exemplar inspiciunt, Obscurus quidam. De porci interiorum inspectione Cophonis cuiusdam obscuri authoris scriptum extat. Bruta quædam, ut simia, hominem partibus externis referunt, internis uero nullum animal homini tam simile quàm porcus, quamobrem anatomen in eo instituimus, Author libelli Galeno adscripti de anatome parua. Prima anatomes exercitia fieri debent in sue macra, ut uasa omnia melius appareant.

¶ Suillis ossibus parum medullæ inest, Aristot. ¶ Tergus suis est quo tegitur, Varro de ling. Lat. ¶ Suum pili crassiores sunt quàm bubus & elephantis, quamuis tenuiorem quàm boues & 50 elephanti cutem habeant, Idem. Seta pilus est crassior, rigidiosque atque erectus, qualem sues habent. Pilus æreo similis agrestibus, cæteris niger, Plinius. Apud nos ruffi ferè sunt, in Gallia & Italia nigri. De lardo & alijs quibusdam partibus, dicam in F. Aruina durum pingue inter cutem & uiscus, secundum Suetonium in libro de Vitijs corporal. commune (puto) uocabulum ad pinguedinem huius loci in sue & alijs animalibus. Et spicula lucida tergent Aruina pingui, Vergil. 7. Aeneid. Arbilla, aruina, id est pinguedo corporis, Festus. Saham Arabicè, est adeps concretus circa renes & omentum. Semen uero Arabicè est pinguedo collecta sub cute & inter musculos, ut apparet in porcis & arietibus castratis in Syria: Veneti pinguedinem illam uulgò nominant lardo, Andreas Bellun. Vocant sanè lardum Latinè etiam, sed imperitè, recentiores quidam, non in sue solum, sed alijs etiam pinguibus animalibus, ut mele, mure alpino, homine, &c. Axungia adeps suillus inueteratus aut 60 cum sale, aut syncerus: Vide plura in G.

¶ Agatharsides ait sues in Aethiopia cornutos esse, apud Aelianum: Plinius apros in India.

¶ Suis

¶ Suis cerebrum pinguiusculum est, Aristot. Decrescente Luna magis eis minuitur quàm ulli animanti, Obscurus. ¶ Oculi suibus caui profundiq́ sunt, ut sine uitæ periculo eximi non possint: quare uel altero tantum priuati, extinguuntur, Obscurus: Vide inter morbos in C. ¶ Quibus supercilia nasum uersus deorsum nutant, ad tempora uero retrahuntur, stolidi sunt, argumento suum, Aristoteles in Physiognom. Vbi Græcè legitur οἱ τὰς ὀφρῦς κατεσπασμένοι πρὸς τῆ ῥινὸς: ἀνεσπασμένοι ἢ πρὸς τῆ κροτάφου, εὐήθεις. ἀναφέρεται ἐπὶ σῦς. Quem locum Adamantius sic expressit, ὅσοις τῶν ὀφρύων τὰ πρὸς τῇ ῥινὶ κάτω νεύει, τὰ δὲ ἐφ᾽ ἑκάτερα εἰς τοὺς κροτάφους χωρεῖ, τούτους ὑσὶν εἴκαζε. ¶ Paruæ frontis homines imperiti sunt, ut sues, Aristotel. Frons angusta non minimum signũ est imperitiæ, Adamantius. ¶ Qui extremam nasi partem crassam habent, insensati iudicantur à simili suum naso, Aristot. Ῥινὸς τὸ ἄκρον 10 παχὺ πάνυ καὶ χθαμαλὸν, μωρίαν ἤθους κατηγορεῖ, Adamantius. ¶ Labra herbas ruentibus limumq́, lata, ut suum generi, Plinius. Οἷς τὰ χείλη λεπτὰ, σκληρὰ ἐπὶ τοὺς κυνόδοντας τὸ ἐπανεστηκὸς, οἱ οὕτως ἔχοντες, δυγενεῖς, (ignobiles, uetus interpres,) ἀναφέρονται ἐπὶ τοὺς ὗς, Aristoteles in Physiognomicis: sed hunc locum tum deprauatum tum mutilum esse ex Adamantio apparet, cuius hæc sunt uerba: Quibus labia iuxta caninos dentes eleuantur, (κορυφοῦται,) illi canes ut ore sic ingenio referunt, homines maligni, contumeliosi, clamosi, conuiciatores. Quibus uero os totum ualde porrigitur, & labia sunt crassa, rotunda & foras uersa, suis illi mores & ingenium referunt. Ῥύγχος, id est rostrum Græci de canibus & suibus dicunt. Suis rostrum latum est, ut facilius infodiat: nam radicum appetens est, Aristotel. de partibus. Quædam rostri latitudo est apta ad fodienda mollia: nam porci propter radices quas effodiunt, habent os latum anterius: in cuius medio inter nares est additamentum quasi acutum habens 20 angulum, quo terram fodit & cauat, Albert. ¶ Dentes exerti apro, hippopotamo, elephanto, Plinius. Hippopotamis suibusq́ ex inferiore mala dentes prorumpunt exerti, quos χαυλιόδοντας appellant, Cælius: non tamen dentes ipsi sic appellantur: sed ipsa animalia, quibus huiusmodi sunt dentes, χαυλιόδοντα rectè dixeris. Aper dentes habet exertos, quibus sues fœminæ carent, Aristot. Et alibi, Suibus dentes exerti ad auxilium & robur dati sunt. sues autem fœminæ mordent, ut quæ careant dente exerto. Quemadmodum duobus dentibus apri, sic elephanti armantur, sed situ contrario: illis enim in sublime feruntur, his deorsum retorquentur, Gillius. Exertos apri dentes, Plinius dentium sicas nominat. Suibus fœminis pauciores sunt dentes quàm maribus, Aristot. Suibus dentes nunquam decidunt, Plin. Sus dentes non amittit, Aristot. & Albert. nullum prorsus amittit, Aristot. ¶ Λοφιὰν uocamus setas in ceruice rigentes, Florentin. Λοφιὰ de sue propriè dicitur, ut iuba de equo 30 & leone, Varin. ¶ Qui collo sunt nimium crasso, iracundi, improbi & imperiti habentur, à suum natura, (ὑώδεις,) Adamant. Κόλλοπες uocantur coria duriora circa ceruicem suum & boum, è quibus nunc etiam dictos collabos, (κολλάβους,) faciebant, Varin. Plura alicubi in Boue attuli. Collops est q̃d uulgo uocant callosum, τὸ καλλωσὸν, Florentinus: nominat autem hanc partem statim post λοφιὰν, tanquam proximam: & in sue eligenda, ut multa (magna & crassa) sit requirit. Magis calleo quàm aprugnum callum callet, Plautus Persa. Grammatici callum interpretantur cutem labore uel opere densiorem factam, cuiusmodi sit in suis rostro, ceruice bouis, animalium plantis pedum. ¶ Sues quoniam hebetiore sensu sunt, inarticulatiora corda habent, Aristot. 3. 4. de partib. ¶ Genus quoddã ceruorum fel in auribus habere existimatur. In auriculis etiam suis inuenitur humor quidam felli similis, minus tamen liquidus, sed proximus densitate sua humori splenis. ¶ Petimina in humeris 40 iumentorum ulcera & uulgus appellat, & Lucilius meminit, cum ait: Vt petimen naso aut lumbos ceruicibus tangat. Eo nomine & inter duos armos suis quod est, aut pectus appellari solitum testatur Næuius in descriptione suillæ, cum ait: Petimine piscino qui meruerat, Fest. ¶ Petaso, perna, glandium, sumen, abdomen, sinciput, clidium, & aliæ quædam suis partes in cibo commendatæ, dicentur in F. ¶ Suillus uenter (uentriculus) amplior est flexuosusq́, ut diutius concoquat. habent autem omnia ferè utrinq́ dentata uentriculum aut suillo aut canino similem, Aristot. Et rursus, Sui uentriculus est amplus, cum paucioribus & læuibus crustis. Nostri uentrem ruminantium uocãt **buch**: suis uero & aliorum non ruminantium, **magen**. ¶ In iocineribus aprorum inueniuntur lapilli, aut duritie lapillis similes, candidi, sicuti in uulgari sue, Plin. ¶ Spectile, caro quædam exos infra umbilicum: uide in F. ¶ Quæ numeroso fœcunda partu, & quibus digiti in pedibus, hæc plures 50 habent mammas toto uentre duplici ordine, ut sues: generosæ duodenas, uulgares binis minus: similiter canes, Plinius & Aristot. ¶ Apro testes non absoluti sunt, Aristot. Sues habent testes adnexos, Plin. & ad sedem sessiles, Aristot. Castorem Sostratus scribit inueniri in desertis Scythiæ, & testiculos habere latos apri instar, ὡς κάπρος, Scholiastes Nicandri. Polimenta testiculi porcorum dicuntur cum castrantur: à politione uestimentorum, quòd similiter ut illa curantur, Fest. Polimenta porcina Plautus dixit. ¶ Sus fœmina, genitale ea continet parte, qua pecoris ubera habentur: & cum per libidinem turget, ac prurit ad coitum, sursum tantisper hoc retrahit, uertitq́ foras, ut inde mari coitus sit facilior: rescissum id longe productius, & dehiscens amplius est, Aristot. Et alibi, Apria (καπρία) etiam scropharum castratur, &c. Adhæret autem apria uuluæ, ut ipse Aristoteles scribit, inter femina, quà maribus testes maximè continentur. Vide in E. ubi de castratione. Alibi humorem è uul 60 ua destillantem post conceptum, apriam nominat, ut in C. referam. ¶ Acro & longano porci, nominantur à Vegetio 1. 56. ¶ Vngulas animalium solidas Græci ὁπλὰς uocant, ut iumentorum: bisulcas seu bifidas, ut suum, χηλάς. Aliquando tamen, poëtæ præsertim, hoc discrimen negligunt: apud

OO

Aristophanem sanè ὁπλὰς χοίρων legimus, & alibi χηλὰς ἵππων. Sues in Illyrico quibusdam locis solidas habent ungulas, Plin. Sues solipedes (μώνυχες) gignuntur in Illyria, Pæonia, & alibi, Aristot. Idem in Mirabilibus, sues solipedes reperiri scribit apud Emathiotas. Est autem Emathia Macedonia, uel pars eius. Mihi etiam amicus quidam narrauit sues solipedes sua memoria in Anglia repertos. Albertus eiusmodi in maritimis locis Flandriæ reperiri testatur. ¶ Sus talo caret probiore, cum inter solipedes & bisulcos ambiguus sit, Aristot. Sues ex utroque genere (solip. & bisulc.) existimātur: ideò fœdi eorum tali, Plinius. ¶ Sues intorquent caudam, Plinius. Et alibi, Caudæ nudæ sunt hirtis, ut apris.

C.

¶ Sus omne unguentum (odoratum, præsertim amaracinum,) tanquam uenenum fugit & timet. nam omne unguentū, teste Lucretio, setigeris subus acre uenenum est. ¶ Plurimum dormit, præcipue æstate, quum humiditas eius calore resoluitur, Albertus. ¶ Vox. Porcelli grunniunt, Ael. Spartianus. Et cum remigibus grunnisse Elpenora porcis, Iuuenalis Sat. 15. Aut grunnitū, quum iugulatur, sus, Cicero 5. Tusc. Et piscis qui aper uocatur in Acheloo amne grunnitum habet, Plinius. Grunnientem aspexi scrofam, Laberius Sedigito, ut Nonius citat: sicut & illud Varronis Aboriginibus, Grunnit lepido lacte satur mola mactatus porcus, si recte sic legitur. Veteres aliqui, pro grunnire posuerunt uerbum grundire, si modò proba hæc lectio est apud Nonium. Grundire (inquit) proprium est suum, ut Laberius dicit: Grundientem aspexi scropham. (sed alibi in eodem Laberij testimonio, ut iam recitaui, grunnientem, legitur.) Et Claud. lib. 16. Agni grundibant dixit. &, Grundibat grauiter pecus suillum. (sic enim quidam legunt.) Etiam hominum esse grunditum Cæcilius Ebrijs designauit, Hæc Nonius. Grunnitus sui terribilis. præcipuè autem uno percusso cæteri grunniunt, & quasi condolentes concurrunt, sed statim obliti sui planctus, ad lutum uel ad cibum redeunt, Obscurus. Græca uocabula super suis uoce ad Philologiam differo. In Macedonia apri (sues Aelianus) muti esse traduntur, Plinius. Cur sues, cum sursum uidere coguntur, silent? Quoniam genus id animantium unum semper pronum in terram est, cibi auidum & rebus gaudens fœdis ac sordidis, idcirco subita mutatione conspectus stupescit, lucisque copia perculsum uocem emittere nullam potest. Sunt tamen qui asperam huius animalis arteriam comprimi per angustiam uelint, cum in sublime erigitur, Aphrodisiensis problematum 1. 140. ¶ Sus animal est calidi temperamenti, Theophrastus. ¶ Cur sues hybernum pilum amittere non solent, cum cæteræ quadrupedes (ut canes & boues) soleant? An quod sus calidissimus omnium est, partique calenti corporis eius pili adhærent, quippe cum pingue tale esse necesse sit. Cæteris itaque, uel quia humor refrigescit, pili defluunt, uel quia suus calor alimentum concoquere non potest, uel quia bene alimentum concoquitur. nam etsi quando causa cur defluant sit, tamen pinguedo uetare potest, Aristoteles problem. 10. 23. ¶ Scrofæ lac crassissimum est, Aristoteles: & sero reddendo ineptum, ut ouillum quoque. Pinguissimum est omnium, ut ad concretionem coagulo non indigeat, ac perquàm modicum seri excernat, decoctumque ocyssime coaguletur. Ideo neque facile secedit, neque uentriculo congruit, sed nauseam gustantibus excitat, Aëtius 2. 85. Scrofæ præpingues, penuriam lactis sentiunt.

¶ Victus. Sus minime herbæ frugúmue appetens est, sed radicum maxime ex omnibus animalibus, quoniam rictu aptissimo ad id negocij est, Aristoteles. Et alibi, Suis rostrum latum est ut facilius infodiat, nam radicum appetens est. Labra herbas ruentibus limumque lata, ut suum generi, Plinius, Vide supra in B. ¶ Pascere gregatim pro ætate uelle uidentur, Arist. ¶ Glandes suauiter quidem à suibus comeduntur, sed carnem humidam faciunt si solæ dantur. & si grauidæ glandem copiosius ederint, abortum faciunt, ut oues: quibus constantius hoc glandibus esitatis accidit, Aristot. Nouembri mense glandis legendæ ac seruandæ cura nos excitet, quod opus fœmineis ac puerilibus operis celebrabitur facile more baccarum, Palladius. Italiæ nemora tantum habent glandium, ut educandis hinc porcorum gregibus maxima ex parte Romanus alatur populus, Authoris nomen non memini. Glans fagea suem hilarem facit, carnem coctibilem ac leuem & utilem stomacho: iligna suem angustam, nitidam, strigosam, ponderosam: querna diffusam & grauissimam, & ipsa glandium æquè dulcissima. Proximam huic cerream tradit Nigidius, nec ex alia solidiorem carnem, sed duram. Iligna tentari sues, nisi paulatim detur. hanc nouissimam cadere. fungosam carnem fieri esculo, robore, subere, Plinius. Et rursus, Haliphlœo inter glandiferas raró glans, & cum tulit amara, quam præter sues nullum attingat animal, ac ne eæ quidem si aliud pabulum habeant. Et alibi cum præstantiora quædam castanearum genera recensuisset, subdit: Cæteræ suum pabulo gignūtur, scrupulosæ corticis intra nucleos quoque ruminatione. (ruminationem hic impropriè dixit: neque enim ruminant sues.) Palmarum fructus hi demum seruantur, qui nascuntur in salsis atque sabulosis, ut in Iudæa & Cyrenaica Africa. Nō item in Aegypto, Cypro, Syria, & Seleucia Assyriæ. Quamobrem sues & reliqua animalia ex his saginantur, Plin. Aluntur sues omni cibatu & radicibus, Plinius. Omnē porrò situm ruris (inquit Columella) pecus hoc usurpat. nam & montibus, & campis commode pascitur, melius tamen palustribus agris, quàm sitientibus. Nemora sunt conuenientissima, quæ uestiuntur quercu, subere, fago, cerris, ilicibus, oleastris, tamaricibus, corylis, pomiferisque syluestribus, ut sunt albæ spinæ, Græcæ siliquæ, iuniperus, lotos, pinus, cornus, arbutus, prunus, & paliurus, atque achrades pyri. Hæc enim diuersis temporibus mitescunt, ac penè toto anno gregem saturant. At ubi

penuria

penuria est arborum, terrenum pabulum consectabimur, & sicco limosum præferemus, ut paludem rimentur, effodiantq; lumbricos, atq; in luto uolutentur, quod est huic pecori gratissimū. quin etiam ut aquis abuti possint. nanq; & id fecisse maxime per æstatem profuit, & dulceis eruisse radiculas aquatilis syluæ, tanquam scirpi iuncíq;, & degeneris arundinis, quam uulgus cannā uocat. nam quidem cultus ager opimas reddit sues, cum est graminosus, & pluribus generibus pomorum consitus, ut per anni diuersa tempora, mala, pruna, pyrum, multiformes nuces, ac ficum præbeat, nec tamen propter hæc parcetur horreis: nam sæpe de manu dandum est, cum foris deficit pabulum, propter quod plurima glans uel cisternis in aquam, uel fumo tabulatis recondenda est. Fabæ quoq;, & similium leguminum, cum uilitas permittit, facienda est potestas: Et utiq; uere, dum adhuc lactant (la-
10 ctent, Pallad.) Viridia pabula suibus plerunq; nocent: itaq; mane priusquam procedant in pascua, conditiuis cibis sustinendæ sunt, ne immaturis herbis citetur aluus: eoq; uitio pecus emacietur, Hactenus Columella. Genus hoc omnibus locis haberi potest, melius tamen agris palustribus quàm siccis, præcipuè ubi arborum fructuosarum sylua suppetit, quæ subinde maturis fructibus alterna per annum mutatione succurrat. Maxime locis graminosis, & cannarum uel iunci radice nutriuntur. Sed deficientibus alimentis per hyemem, nonnunquam præbenda sunt pabula glandis, castaneę, uel frugum uilia excrementa cæterarum, uerno magis cum lactent (uidetur addendum, & in cibo sumunt, uel tale quid: Vide paulò ante in fine uerborum Columellæ) nouella uirentia, quæ porcis solent nocere, Pallad. In pastu locus huic pecori aptus uliginosus, quòd delectatur non solum aqua, sed etiam luto: itaq; ob eam rem aiunt lupos cum sint nacti sues trahere usq; ad aquam, quòd dentes
20 feruorem carnis ferre nequeant, Varro. Hoc pecus alitur maximè glande, deinde faba, & ordeo, & cætero frumento: Quæ res non modo pinguitudinem efficiunt, sed etiam carnis iucundum saporem, Varro. Si fundus ministrat, dari solent uinacea ac scapi ex uuis, Idem. Fraxini fructu sues pinguescunt, canes uero dolorem uertebræ coxarum inde sibi contrahunt, Aelian. hoc enim sentire uidetur Gillius interpres cuius obscura hoc in loco translatio est. Frutex cytisus ab Aristomacho Atheniensi miris laudibus prædicatus est pabulo ouium, aridus uero etiam suum, Plin. In Salamine si sus segetem herbescentem fuerit depastus, eius dentes lege Salaminiorum exteruntur, Aelian. Tipha grandines tollit, & in cibatu utilis est, Aristot. (Tipham Tragus 2.20. ex coniectura interpretatur **welschen weyssen/oder weyssen kolben**, hoc est triticum peregrinum, &c.) Ordeum crudum uerri coëunti dandum est: fœtis autem scrofis elixum, Aristot. Bulbi quoddam genus in Bauaria suil-
30 lum uocant, quoniam à suibus appetitur, flore rubente uel purpureo, simili floribus lilij conuallium uulgò dicti. describitur ab Hier. Trago Tomo 2. ca. 79. Appetunt & alias radices diuersas, (ut quas Itali dulcichinos uocant, uiciæ syluestris genus quoddam: quod Fuchsius & Tragus non rectè apion Dioscoridis faciunt. Germani appellant **erdnuß & säubrot**, hoc est nucem terræ, & panem porcinū. quamuis recentiores quidam cyclaminum quoq; Latinè panem porcinum nuncupant, temere ut puto. licet enim à figura panis dici possit, à suibus tamen minimè appeti crediderim, quòd nimium medicamentoso & ingrato sapore, & animalibus quibusdam uenenum sit.) & inter alias radicem rapi uel ut uulgò uocant rapunculi syluatici, quod uiolarum fere folia habet, acutiora, radicem candidam, dulcem, non sine lacte: nostri uocant **büchspick**, quòd in nemoribus fagorum ferè nascatur. Asplenos, uel ut alij uocant splenion, consumit splenem suum, qui radicem eius edunt, ut copiosè dictum
40 est in Boue c. ubi de morbis boum egimus. Hyoscyamo deuorato insaniunt: Vide infra in Morbis eorum. Edit porcus ferè omnes cibos quibus reliqua animalia utuntur, ita quòd ne porci quidem carnibus abstineat, licet non interficiat eum: & hoc expertus sum, quòd porci auidissimè ederunt baccones (lardum) & alias carnes porcinas, Albertus. Scio sues (domesticos) occisorum à latronibus hominum cadauera in syluis relicta aliquando uorare. Suillum pecus tantopere explendo abdomini deditum est, ut ne proprijs quidem suis fœtibus parcat, neq; helluationem suam ab humano corpore abstineat, Aelianus. Sues comesse fœtus non est prodigium, Plin. Illud autem, quod pertinet ad religionem patrisfamiliâs, non reticendum putaui: sunt quædam scrofæ, quæ mandunt fœtus suos: quod cum fit, non habetur prodigium: nam sues ex omnibus pecudibus impatientissimæ famis sunt, ita ut aliquando si indigeant pabuli, non tantum alienam (si liceat) sobolem, sed etiam suam
50 consumant, Columella. Audio sanè scrofas quasdam natura sua tam improbas esse, ut suos ipsę porcellos deuorare soleant, non aliter quàm gallinæ quædam quæ pepererint oua. Sues uorant limaces, Aristot. Sui serpens aduersatur, quia deuoratur ab ea, Idem. Talis & tanta uis ueneni (salamandra) à suibus manditur, Plin. Et alibi, Apros in Pamphylia & Cilicię montuosis, salamandra ab his deuorata, qui edêre moriuntur: nec est intellectus ullus in odore uel sapore. Si quando salamandrā comederit sus, ipse extra periculum est: eos autem qui suis carnibus uescantur, interimit, Aelianus. Cum cicutam homo biberit, ei sanguis quasi conglaciat, & eatenus concretione spissus fit, ut inde moriatur. Suillum uero pecus, huius saturitate se licet compleuerit, tantum abest eius ueneno tollatur, hac ut maxime pinguescat, Aelian. Sturnos etiam cicuta nutriri legimus. Circa Scytharum & Medorum dictam Thraciæ regionem, locus est uiginti ferè stadiorum spacio, qui hordeum producit
60 quo homines uescuntur, equi uero & boues & cætera animalia abstinent: imò sues etiam & canes excrementa hominum qui mazam aut panem ex hordeo illo comederint, auersantur, tanquam mortis periculo, Aristoteles in Mirabilib. Solent nostri carnem, quam fumo indurare uoluerint, dies

oo 2

aliquot copioso sale aspersam in uase aliquo relinquere: in cuius fundo partim liquescente sale, partim saniem remittente carne, ius colligitur, cuius gustu gallinaceum genus mori putant aliqui: suib. etiam nocere, si copiosius eis detur. quamobrem modicum ad reliquam potionem affundũt. ¶ Sus crebrò potum desyderat, æstate potissimum, Florentin. Scrofæ bis die ut bibant, curant, lactis causa, Varro. Cum omni quadrupedi per æstatem sitis sit infesta, tum suillo maxime est inimica, quare non ut capellam, uel ouem, sic & hoc animal bis ad aquam duci præcipimus: sed, si fieri potest, iuxta flumen, aut stagnum per ortum caniculæ detineri, quia cum sit æstuosissimum, non est contentum potione aquæ, nisi obesam illuuiem, atq; distentam pabulis aluum demerserit ac refrigerarit: nec ulla re magis gaudet, quàm riuis atq; cœnoso lacu uolutari. Quod si locorum situs repugnat, ne ita fieri possit, puteis extracta & large canalibus immissa præbenda sunt pocula, quibus nisi affatim satientur, pulmonariæ fiunt, Columella. Suillum pecus in luto se uolutans & aquam turbidam bibens pinguescere audio, Aelian. Sues inebriantur uinaceis saturati, Athenæus. Item fæce uini in colluuiem eorum mixta. ¶ Plerisq; animalium est pinguitudo sine sensu: quam causam sues spirantes à muribus tradunt arrosas. Quin et L. Apronij consularis uiri filio detractos adipes, leuatumq; corpus immobili onere, Plin. Vere sus usq; adeo pinguitudine crescere solet, ut se ipsa stans sustinere non possit, neq; progredi usquam: itaq; eas siquis quò traijcere uelit, in plostrum imponit. In Hispania ulteriore in Lusitania cum sus esset occisus, Attilius Hispaniensis minime mẽdax, & multarum rerum peritus in doctrina dicebat, Lucio Volumnio senatori missam offulam cum duabus costis quæ penderet III. & XX. pondo, eiusq; suis à cute ad os pedem: & III. digitos fuisse. Cui ego: Non minus res admiranda, quàm quæ nunc est dicta, in Arcadia scio esse spectatam suem, quæ præ pinguitudine carnis non modo surgere non posset, sed etiam ut in eius corpore sorex exesa carne nidum fecisset, & peperisset mures. Hoc etiam in iuuenca factum accepi, Varro. Crescentiensis ex eodem sic habet, In Lusitania fertur sus esse occisus, qui fuit xiij. pondo, id est quingentis septuaginta quinq; libris: eiusq; suis à cute ad os pedem & tres digitos fuisse, id est lardum cum carne uno pede & tribus digitis crassum. Audio etiam nostra memoria Basileæ porcum ab oleario (sic uoco illum qui oleum è iuglandibus exprimit) saginatum, pinguitudine tantum profecisse, ut excauata à muribus foramina in corpore eius reperta sint. Pinguescunt sexaginta diebus, sed magis tridui inedia saginationẽ orsa, Plin. Sex diebus sensibiliter pinguescit, Albert. legendum sexaginta, non sex, cum Plinio & Aristotele. Nam & nostri tribus ferè mensibus sui saginando opus esse aiunt. Angli aliquando per integrum annum saginant porcum, cuius pingue solidius & lautius fieri uoluerint, ut dicam in F. Sus facillimè omnium ad quoduis pabulum assuescit, & celerrime quoq; in pinguedinem proficit, pro sui corporis magnitudine: sexaginta enim diebus pinguescit: quantũ autem profecerit, ij cognoscunt, quibus ea res curæ est, ubi ieiunium ad saginam constituerint. pinguescit fame præfatigatus triduo. & cætera quoq; omnia ferè melius præfatigata fame pinguescunt: saginant à triduo iam qui sues obesant. Thraces per saginam, cum primo die potum præbuerint, post interposito uno die præbent, tum duobus, deinde triduo, atq; ita subinde augendo numerum usq; in septimum, curant, Aristot. Nostri hæc circa potum non ita obseruant: sed post cibos quosdam, ut fabas & pisa, potum eis utilem esse putant: post auenam non item, ne liquidior reddita mox per aluum dilabatur. Pinguescit hoc animal hordeo, milio, ficu, glande, piro, cucumere. Sed maxime tum hoc, tum cętera, quibus uenter calidus est, quiete, immotioneq; pinguescunt: cæterum sues pinguiores redduntur, etiam cum in luto se uolutant, Aristot. Et rursus, Sed præcipuè alunt & opimant ficus & cicer: cibus deniq; non simplex, sed uarius sagina optima est. gaudent enim sues pabuli mutatione, quemadmodum & cætera animalia: tum etiam fieri aiunt cibi uarietate, ut partim infletur, partim impleatur carne, partim opimetur. Intelligo suillum pecus sese in luto uolutans, ac turbidam aquam bibens, cum pingue euadere, tum cibis qui uehementer inflent & expleant, delectari: tum etiam quietem & suile tenebris oppletum appetere, Aelian. Porcos aliqui farina è fabis saginant, ut in Elsatia Germaniæ: multum enim et citò inde proficit pecus: alij (puto) farina hordeacea cum lacte à quo butyrum extractum est. Sues in alpibus qui sero lactis saginantur, carnem meliorem & albiorem habent ut audio, quàm qui glandibus pascuntur. Sed est quando nimium repleti sero, & uentre distenti periclitantur, nisi mox aluus fluat, ij præsertim porci qui ita pasci non fuerint assueti. Nutritur hoc animal præcipuè glandibus, saginaturq; triticeo furfure, areæq; reiectamentis, ac deniq; ipso frumento: hordeum autem præter hoc quod pinguefacit, etiam ut partus facilis sit ipsum animal reddit optimè perspirabile, Florentin. in Geopon. 9.6. Andrea à Lacuna interprete. Græcus codex sic habet, Αἱ δὲ κριθαὶ πρὸς τὸ πιαίνειν, καὶ ἐπὶ τὴν γέννησιν διαφορεῖν ποιοῦσι τὸ ζῶον. Cornarius uertit, Hordeum autem supra hoc quòd pinguefacit, etiam ad generationem indifferens animal facit, nullo sensu. Andreas à Lacuna sensum quidem aliquem exprimit, sed ineptum: neq; enim saginantur sues ut facilius pariant, cum contrarium potius accidat, & lactis etiam penuria laborent quæ pinguiores sunt. Ego pro γέννησιν lego γεῦσιν, hoc est gustum & saporem: hoc sensu, Saginatos hordeo sues, non solum pingues, sed etiam melioris saporis in cibo fieri: ut διαφορεῖν uerbum interpretemur præstare & excellere. διάφορος enim excellẽs est: nec refert non usitatum esse hoc uerbum, cum non pauca huiusmodi in Geoponicis reperiantur utpote à recentioribus Græcis conscripta aut certe collecta. Confirmat sententiam nostram Varro, his uerbis: Hoc pecus alitur maximè glande, deinde faba & ordeo, & cætero frumento: quæ res non

modo

modo pinguitudinem efficiunt, sed etiam carnis iucundum saporem. In regionibus quæ cereuisiã bibunt, hordeo pro cereuisia coquenda macerato in aqua, optimè saginantur. Nostri auenam, secale, & glandes eis obijciunt. Pistores ac molitores furfure pascunt. Tum pistores scrofipasci qui alũt fur fure sues, Plaut. Capt. Olearij reliquijs iuglandium expresso ab eis oleo maximè pingues reddunt. Non aliunde magis quàm loti palustris radice sues crassescunt, Plin. Et alibi, Filicis utriusq; radice sues pinguescunt. Reliqui ad saginationem pertinentes cibi, dicti sunt superius inter cibos simpliciter. Scrofa nimium pinguis parum lactis habet, & porcellos alere non potest. Tam sues, quàm cætera animalia omnia solent, cum lactantur, extenuari, Aristot. Sexta pars ponderis quantũ pon. derârit uiuus (sus saginatus) absumitur occiso in pilos, sanguinem, & reliqua id genus, (excremẽta,)
10 Aristot. M. Varro principatum dat ad agros lætificandos turdorum fimo ex auiarijs: quod etiam pa bulo boum suumq; magnificat, neq; alio cibo celerius pinguescere asseuerat, Plin. Sus in regionib. calidis propter uiscosi motum humidi, maior & obesior euadit quàm in frigidis, Albert. Frisij qui maritimam Germaniæ oram habitant, boues & porcos uno eodemq; cibo saginant: boui enim ad præsepe ligato hordeum cum suis folliculis siue glumis præbent. id bos dentibus non comminuens, deglutit, & ex molliore tantum eius parte, quæ emolliri in uentriculo eius potuit, nutrimentum capit: reliquum cum stercore reddit. Porcus igitur caudæ bouis alligatus, ut aiunt, hordei grana cum stercore emissa mandit atq; pinguescit, Albert. Sues utriusq; sexus castrati, celerius pinguescunt. De castratione uero eorum cap. quinto dicam.

¶ In luto uolutatio suillo generi grata, Plin. Hæc eorum requies est, ut lauatio homini, Varro.
20 Sus nulla re magis gaudet quàm riuis atq; cœnoso lacu uolutari, ut superius in mentione potus reci taui ex Colum. Volutatione in luto pinguescit, Arist. Ephesius Heraclitus ait sues cœno, cohorta les aues puluere uel cinere lauari, Columel. Cur stercoribus sues gaudeant? Medici rationem red. dunt, quòd iecur habeant maximum, quæ quidem sedes cupiditatis siue libidinis est. Aristoteles uero quoniam naribus crassis interceptisq; sint, idcirco uim hebetem olfaciendi habere, itaq; fœtorem nequire percipere scripsit, (ὅτι παχύρυγχοι ὄντες, ἔχουσι διαφορουμένην τὴν ὄσφρησιν, καὶ μὴ ἀντιλαμβανομένην τῆς δυσωδίας,) Alex. Aphrodisiensis Problem. 1. 136.

¶ Mares non ultra trimatum generant, Plin. Apro ad triennium probitas coëundi edurat: uetu stioribus proles deterior gignitur: nullus enim præterea profectus ei accedit, nulla uirium recreatio: solet inire pabulo satiatus, & cum alteram non subegerit, uel initus breuior agitur, & fœtus corpore
30 minore creatur, Arist. Verres octo mensium incipit salire, permanetq; ut id rectè facere possit, usq; ad quartum annum, deinde castratur, saginaturq; quoad perueniat ad lanium, Varro. Ad fœturã uerres duobus mensibus ante secernendi. Prodest apro coëunti hordeum apponere pabulo: quod idem & scrofæ fœtæ commodum est, sed elixum, Aristot. Verres unicus sufficit uel decem suibus implendis, Florentin. Verrem subantis audita uoce, nisi admittatur, cibum non capere aiunt, usq; in maciem, Plin. Homerus non ignorans ut sus uidens fœminam sese extenuet, & carnes atterat, fa cit mares separatim à fœminis cubare, Aelian. Locus Homeri est Odyss. ξ. circa initium. Verres pro pter copiosum humorem multum ac diu coit, quoniam calidus non est, Alber. Maribus in coitu plu rima est asperitas: tunc inter se dimicant indurantes attritu arborum costas, Text. de suibus simplici ter: cum Plinij de feris tantum suibus hæc uerba sint. Equos & canes & sues initum matutinũ ap.
40 petere, fœminas autem post meridiem blandiri, diligentiores tradunt, Plin. Mas si pinguet, inire omnibus anni temporibus potest, nec solum interdiu, sed etiam noctu, aut certe matutino potissimum tempore: senescens autem minus subinde agit, ut dictum est: sæpe qui uel per ætatem, uel per infirmi tatem suæ naturæ nequeant expedite coire, quum fœmina impotens sustinendi maris fessa clunes de mittat, cubantes unà cum fœmina coëunt, Aristot. Fœminæ senectute fessæ cubantes coëunt, Plin. Aegyptij suem (τὴν ὗν) animal profanum existimant: uidetur enim præcipuè iniri decrescente Luna, Plutarch. in lib. de Iside. Sues sæpius coëunt pariuntq; propter teporem & pabuli ubertatem, ut alia etiam animalia quæ cum homine uiuunt, Arist. Sues agrestes semel (anno) coëunt, domestici sæpe: nimirum propter pabulum, calorem atq; laborem: quippe cum Venus comes satietatis sit, etc. Arist. problem. 10. 46. Plutarchus etiam causarum naturalium quæstione 21. inquirit cur scrophæ siue do
50 mesticæ porcæ, & sæpius, & alijs atq; alijs anni partibus fœtæ sint, cum sues feræ omnes & semel tan tum quotannis, & propè circa idem tempus, nimirum cum æstas appropinquat, pariant: Vnde apud quendam legatur, Μηκέτι νυκτὸς ὕειν, ᾗ ἂν τέκῃ ἀγροτέρη σῦς: hoc est, Non amplius pluere nocte qua pepe rerit porca agrestis. Reijcit autem causam similiter ut Aristoteles in alimentum & laborem. quòd do mesticis alimentum abunde semper suppetat, nec ut feræ id inquirere, ac sæpe sibi metuere cogãtur: sed neq; adeò laborent, cum à subulcis parum separentur: agrestes uero passim per montes uagẽtur, unde nutrimentum omne in corpus consumitur. Aut forte, inquit, domestici cum subinde conuer. sentur & gregatim degant, ex ipsa consuetudine magis ad libidinem ferũtur: agrestes uero cum ma. res à fœminis separentur, tardos & hebetes ad uenerem motus habent. Aut uerum etiam illud est quod Aristoteles dicit, chlunen ab Homero nominari suem monorchin, id est unius testiculi, quoniã
60 plerisq; ex affrictu ad truncos, testes atterantur. Sus animal cur sit multiparum, in sequentibus explicabo. Sues tum mares, tum fœminæ coire incipiunt mense suæ ætatis octauo: quanquam mas antequam sit anniculus, prolem generat uitiosam: fœmina annicula parit: sic enim tempus gerendi

oo 3

uteri exigit. Sed non omnibus locis eadem ætatis ratio est, ut dixi: iam enim sues, nonnusquam tam mares quàm fœminæ quarto coëunt mense: sexto tamen ita, ut uel progenerare & educare possint: nonnusquam apri mense decimo inire incipiunt. Valent ij coitu ad triennium, Aristot. Suilli pecoris admissura à fauonio ad æquinoctium uernum, Plinius & Varro: hoc est, à calendis Februarijs ad duodecimum diem Martij, Crescentiensis. Ita enim contingit, ut scropha æstate pariat: quatuor enim menses est prægnans: & tunc parit, cum pabulo abundat terra, Varro & Florentin. Vbi autem sues concepisse apparet, separant ab eis uerres, ut qui eas inuadentes & deturbantes, abortire cogant, Florentin. Aetatis octauo mense (porcæ) coëunt: quibusdam in locis etiam à quarto ad septimum annum, Plin. Februario mense uerres maximè fœminas debent inire, Pallad. Fœmina sus habetur ad partus ædendos idonea ferè usq; in annos septem, quæ quanto fœcundior est celerius se nescit. Annicula non improbè concipit, sed iniri debet mense Februario, Columella & Pallad. Non minores admittendæ quàm anniculæ. Melius uiginti menses expectare, ut bimæ pariant. Cum cœperint, id facere dicuntur usq; ad septimum annum rectè. Admissuras cum faciunt, prodigunt in lutosos limites ac lustra, ut uolutentur in luto, quod est illarum requies, ut lauatio homini. Cum omnes conceperunt, rursus segregant uerres, Varro. Audio scrofas apud nos per annos circiter octo parere. Sus ubi quintumdecimum annum nacta est, non præterea generat, sed efferatur. Si pinguet, ocyus & iuuenis & senescens mouetur ad coitum, Aristoteles. Scrofa post quindecim annos non pariet, nisi admodum carnosa & bene nutrita fuerit, Albertus.

¶Sues natura libidinosæ sunt. ὄνων τε καὶ συῶν κοινὸν, ἡ πρὸς τὰ ἀφροδίσια ἕξις, (ἐκστατικὴ,) Arist. in Physiognom. In suibus subare (καπρᾶν) dicitur, cum affectæ libidine currunt relicta societate, & emittunt id quod apriam (καπρίαν) uocant, ut equæ nominatum hippomanes, Aristoteles. Idem tamen alibi in scrophis καπρίαν uocat, (κάπρος quidem pro genitali uiri quandoq; accipitur,) quod suibus castrandis excinditur, ut pluribus dicam in E. Horatius Epod. 12. de muliere dixit, Iamq; subando Tenta cubilia, tectaq; rumpit. Hinc & subatio nomen apud Plinium. Suum libido ardentissima, ita ut opprobrium mulieribus inde tractum sit cum subare & subire dicuntur, Festus. Sic de equabus, equire dicitur, ἱππομανεῖν: de uaccis ταυρᾶν, (lôuffig syn, dicunt nostri in genere de quibusuis brutis fœminis coitum appetentibus.) Sunt & alia eiusdem terminationis uerba quæ desyderiũ significant, ut φονᾶν. ἐυλάζει, καπρᾷ, σκωληκιᾷ. ὕλαι, σκώληκες σαρκῶν, Hesych. & Varinus. Καπρῶντες, ὁρμητικῶς ἔχοντες πρὸς συνουσίαν, Varinus. quasi de masculis etiam aliquando dicatur, quod ego legere non memini: & si fortè de maribus reperiatur, accipietur certè improprie. καπρᾶν proprie dicitur de porca uerrẽ desyderante, ut ταυρᾶν de uacca, Varinus. Terminatio quidem in άω alijs etiam uerbis desyderium significantibus communis est, ut φονάω, θανατάω. γραῦς καπρῶσα, Anus subans, de muliere præter ætatem libidinosa. Erasmus non recte uertit hircissans, ut docui inter prouerbia ex Hirco. Ἀφροδισίαν ἄγραν in Danaë Sophoclis aliqui suem interpretantur. est enim hoc animal pronum in Venerem, unde uerba καπρᾶν & καπραίνειν facta, Hesychius. Θρίσαι, καπρίσαι, Hes. & Varinus. Iidem θριάζειν exponunt ἐνθουσιᾶν, ἐνθουσιάζειν, id est furere. est enim sanè furor quidam, impetus ille ad Venerem. Canes ubi mirè in Venerem feruntur, dicuntur σκυζᾶν, (catulientem fœminam Plautus dixit,) sues καπρίζειν, Cælius. Si mas propter ætatem coire non potest, declinat à porca, & porca salit marẽ & prouocat eum, Albertus. Sues fœminæ cum libidine excitantur, quod subare dicitur, uel homines aggrediuntur, Aristoteles. Fœminas subantes in tantum efferari aiunt, ut hominem lacerent, candida maximè ueste indutum. rabies ea aceto mitigatur naturæ asperso, Plinius. Quadrupedum prægnantes Venerem arcent, præter equam & suem, Plinius. Aristoteles uero, Sola animalium mulier & equa grauida coitum patiuntur. ¶Implentur sues uno coitu, qui geminatur propter facilitatem abortiendi (Eadem ferè paulò post ex Aristotele recitabo:) remedium, ne prima subatione, neq; ante flaccidas aures coitus fiat, Plinius. Cauendum ne prima subatione ante aures flaccidas coitus fiat, frustra etenim fuerit. At si plena iam auiditate ac desiderio libidinis turgido admissura fiat, unus (ut modo dixi) initus satis sit, Aristot. Et rursus, Concipit præcipue sus, cum præ libidine gestiente pruriens auriculas flaccidas demittit: aliter semen à uulua respuitur, relapsumq; euanescit. Sunt è scrofis aliæ statim prolis fœcundæ laudabilis, aliæ increscentes melius generãt, Idem. Sues tantum coitu spumam ore fundere diligentiores tradũt, Plinius. Suibus propriæ sunt uoces ad Venereum coitum, Aristot. Scrofa nisi conceperit, iterum & iterum coire quærit, Albertus. Sues cicures uterum ferunt menses quatuor, Aristoteles, Plinius, Varro, & alij. Iniri debet mense Februario. Quatuor quoq; mensibus fœta, quinto parere, cum iam herbæ solidiores sunt, ut & firma lactis maturitas porcis contingat, & cum desierint uberibus ali, stipula pascantur, cæterisq; leguminum caducis frugibus. Hoc autem fit longinquis regionibus, ubi nihil nisi submittere expedit. Nam suburbanis lactens porcus ære mutandus est: sic enim mater non educando, labori subtrahitur, celeriusq; iterum conceptũ partũ edet. Idq; bis anno faciet, Columel. Quarto exempto mẽse pariunt, ubi quintus incipiet. Incipiunt autem, sicut dixi, mense Februario, ut solidioribus herbis nati, & stipula succedente pascantur, Palladius. Partus bis anno, Plinius. Fœminæ in partu asperiores, Textor: sed Plinius de feris tantum suibus hoc scribit. Natura diuisus est scrofæ annus bifariam, quòd bis parit in anno: quaternis mensibus fert uentrem, binis nutricat, Varro. Bisulca, pauca generant, præterquam sues, Aristot. Senescentes etiam pariunt quidem simili modo, sed tardius coëunt. implentur uno coitu, tu. sæpius tamen superuentum patiuntur, ea de causa, quod post coitum humorem, quam apriam nonnulli appellant, emittunt: quod quidem commune omnibus incidit. sed aliquæ unà cum hoc semen etiam admissum eijciunt, Aristot. Ex omnibus quæ perfectos fœtus, sues tantum & numerosos ædunt: item plures, contra naturam solidipedum aut bisulcorum, Plin. Sola inter multipara sus parit perfectos, eaq; una euariat. generat enim multos more multifidi generis, cum & bisulcum & solipes sit. sunt enim locis quibusdam sues solida ungula. partu igitur numerosa est: quoniam alimentum quod in corporis magnitudinem absumeretur, in excrementum seminale decedit. Id enim ut solipes magnitudine caret, (id est, ipsa scropha, quamuis solipes sit, magnitudine caret. & sic non indiget multo alimento, Niphus.) quin & potius quasi ambigens cum natura solipedum, bisulcum est. hac igitur causa & unum parit, & duos, & quod plurimum, multos. enutrit uerò usq; in finẽ quæ peperit, propter sui corporis alimoniam probam. habet enim ut solum pingue suis stirpibus: sic scrofa filijs alimentum copiosum & commodum, Aristot. de generat. anim. 4. 6. Et alibi, Numerus partus plurimum ad uicenos. si tamen multos pepererint, educare omnes non queunt. Numerus fœcunditatis ad uicenos: sed educare tam multos nequeunt, Plinius. Apud nos ut plurimum circiter sedecim parere audio, sed rarò, sæpe octonos uel denos. Sue quòd ad uescendum hominibus apta sit, nihil genuit natura fœcundius, Gillius. Sus ad fœturam quàm sit fœcunda, animaduertunt ferè ex primo partu, quod non multum in reliquis mutat, Varro. Paucissima sus ædit prima partione, uiget secunda, nec senescens copia fœtus deficitur, quanquam lentius coit, Aristot. Penuriam lactis præpingues sentiunt, & primo fœtu minus sunt numerosæ, Plin. Parere tot oportet porcos quot mammas habeat, (habent quidem denas pleræq;, ad summum duodenas:) si minus pariat, fructuariam idoneam non esse: si plures pariat, esse portentum, (existimandum est.) In quo illud antiquissimum fuisse scribitur, quòd sus Aeneæ Lauini triginta porcos peperit albos: itaq; quod portenderit factũ, triginta annis ut Lauinienses conderent oppidũ Albã, Var. Sola ex omni calidorũ genere canis & sus, partu numeroso notantur, Theophrastus de caus. 1. 27. Cur quouis anni tempore & sępius sues mansuetæ coëant, ac pariant non certo tempore, (bis anno,) agrestes uero semel tantum & stato tempore, ex Plutarcho & Aristotele in præcedentibus docui. Sus, canis, lepus, partu sunt numeroso: nimirum quòd uuluas siue uteros continent multos, totidemq; formandi loculamenta, Aristotel. Problem. 10. 16. Cur sus & canis sint tam fœcundæ & multiparæ, Democritus causam affert, quòd multiplicem uuluam & seminis cellas receptatrices multas habeant: eas omnes semen non uno initu explet, (Atqui Aristoteles & Plinius tum canes tum sues uno coitu impleri scribunt:) sed iterum & sæpius eæ proseminantur, ut frequentia seminis receptacula impleantur, Aelian. Scropha fœcundior alba, Iuuenal. Citatur ab Erasmo in prouerbio Regia uaccula, quod olim de prodigiosa fœcunditate ferebatur: quòd ætate Ptolemæi iunioris uacca quædam eodem partu sex ædidisset uitulos. Cur paruæ quædam quadrupedes, ut canes, sues, capræ, oues monstra frequentius pariunt quàm grandes? An quòd paruæ longè fœcundiores sunt: monstra autem tum confici solent, cum plura semina inter sese cohærescunt & confunduntur, &c. Aristot. Problem. 10. 60. ¶ Fœtus qui in utero læsus minutusq; fuerit, metachœrum dicitur (quasi posthumum uoces, inquit Gaza: mihi non placet.) quod in parte qualibet uuluæ accidere potest, Aristotel. Fœcundioribus (multiparis) animalibus, atq; etiam magis multifidis, (ut canibus,) sæpius accidit monstra parere: nam cum alioqui ferè imperfectos ædant, (ut canis cæcos:) facilius ad monstrificam partionem delabuntur, (ut capræ etiam & oues:) & in ijs potissimum etiam quæ metachœra appellantur consistunt: quæ aliquatenus labe monstrifica sunt affecta: nam deesse aut superesse quicquam monstrosum & præter naturã est, Aristot. de generat. anim. 4. 4. Videri autem posset hoc ex loco Aristoteles metachœron uocare fœtum, non suis tantum, sed cuiusq; animantis in utero læsum minutumq;: quoniam nulla hic suis mentio. Ego locum hunc mutilum esse crediderim, & suis mentionem addendam: quemadmodum in problematibus etiam 10. 60. ubi eiusdem argumenti quæstio tractatur, & eadem animalia multipara nominantur, (canis, ouis, capra,) sus quoq; nominatur, quamuis sine metachœri mentione. Certe uocabulum ipsum, à chœro, id est porco compositum, de eo tantum, non item alijs animalibus, rectè accipi indicio est. Et Aristotelis uerba quæ superius recitaui ex histor. anim. 6. 18. ita posita sunt, ut de sue priuatim in præcedentibus simul & sequentibus agatur. Et eiusdem libri cap. 24. Ginni, inquit, ex equa prodeunt, cum in gerendo utero ægrotauit, more pumilionum in ordine hominum, aut porcorum deprauatorum in genere suum, quos posthumos (μετάχοιρα) nuncupaui. Et in fine lib. 2. de generat. anim. Metachœrum uocatur, quod in scrofæ utero læsum deprauatumq; est, & magnitudine imminutum, quasi aporcellum dixeris: idq; cuilibet scrofæ accidere potest: sic à mulis ginni generantur. Vertit autem Gaza aporcellum, nimirum quòd a. priuatiuum apud Græcos aliquando minuat, ut ἀπύρηνα. Μετάχοιρα Polluci sunt cordi & parui porci. Sus cordus, Græcis ὀψίγονος, Hermolaus. Μετάχοιρα, τὰ ὀψίγονα τῶν ὑῶν, Varinus (ni fallor) alicubi: Cælius sues serius nascentes interpretatur. Sed hoc non sensit Aristoteles. ¶ Si grauidæ glandem copiosius ederint, abortum faciunt, ut oues: quibus constantius hoc glandibus esitatis accidit, Aristot. Si grauida admodum pinguescat, efficitur, ut fœta minus habeat lactis. Proles, quod ad ætatem attinet, optima est, cum uigent parentes: quod ad tempora, præstantior quæ hyemis initio gignitur: deterrima, quæ æstate: quippe quæ parua, exilis, & perhumida sit, Aristoteles, & Albertus. Porci qui nati sunt hyeme, fiunt exiles

oo 4

propter frigora, & quòd matres eos aspernantur, propter exiguitatem lactis, & quòd dentibus sauciantur propterea mammæ, Varro. Partus qui æduntur hyeme, nutriuntur infeliciſſimè, (λειπόθηλα γίνεται,) & ob aëris intemperantiam, & ob id etiam, quòd largam lactis copiam non sugant, nimirum matribus ipsis eos tunc abigentibus, quòd mammæ laborantes penuria lactis, attritæ inter dentes exulcerentur, Florentin. Nostri præferunt porcellos Martio natos, (**Mertzling**,) aut saltem uno uel altero mense prius. In calidis regionibus melior est fœtus porcæ hyemalis quàm æstiuus, in frigidis autem contra, Liber de nat. rerum. Diebus decem circa brumam statim dentatos nasci, Nigidius tradit, Plin. Sues & canes post partum sæuire solent: nimirum quia extenuantur, ratione inediæ, & integra eis materia secernitur: non excrementa solum ut ouibus & mulieribus, Aristot. problem. 10. 37. Cum scrofa peperit, primam mammam porco qui primus in lucem prodijt, præbet, Aristot. Et rursus, Porcis æditis primis, mammas præbent primas. hę enim mammæ plurimum lactis obtinent. Primis genitis in quoque partu sues, primas præbent mammas. Eæ sunt faucibus proximæ: tamen (aliâs ut, forte, &) suam quisque nouit in fœtu quo genitus est ordine, (quod Io. Tzetzes quoque scribit:) eaque alitur, nec alia. detracto illa alumno suo, sterilescit ilico ac resilit. Vno uero ex omni turba relicto, sola munifex, quæ genito fuerat attributa, descendit, Plin. De sanitate suum unum modo exempli causa dicam: Porcis lactentibus si scrofæ lac non potest suppeditare, triticum frictum dare oportet, (crudum enim soluit aluum,) uel ordeum obijci ex aqua, quoad fiant trimestres, Varro. Scrofam in sua quanque hara suos alere oportet porcos: Vide infra cap. quinto. Curabit autem ut fœtus proprios cum unaquaque procludat. Plus uero quàm octo (sicut Columella dicit) nutrire non debet. Mihi uero utilius probatur experto, porcam cui pabula suppetunt, ut plurimum sex nutrire debere, quia licet plures possit educare, tamen frequentiore numero sucta deficiet, Pallad. Nutricare octonos porcos paruulos primò possunt, incremento facto à peritis dimidia pars remoueri solet: quòd neque mater sola potest sufferre lac, neque congenerati alescendo roborari, Varro. Porci à mamma menses duos non disiunguntur, Idem. Et rursus, In nutricatu, quam porculationem appellabant, binis mensibus porcos sinunt cum matribus: sed eos, cum iam pasci possunt, secernunt. Vbi sues pepererint, porcellos unà cum matribus relinquentes bimestre, eos postea secernunt, matresque denuo supponūt: ut ex toto anno, octo quidem menses digerantur in ipsam impregnationem, quatuor uero, in educationem emissorum in lucem, Florentin. Vbi facultas est transigendi, uenditis qui subinde nati sunt, celerior matribus fœtura reparatur, Pallad. ¶ Hybridam ex sue domestica & apro natum suem appellant aliqui.

¶ Morbi suum. Aconitum enecat pantheras, sues, lupos, bestiasque omnes in carnibus obiectū, Dioscorides: sed apparet eum de suibus feris loqui. feris enim tantum aconitum & alia uenena obijciunt uenatores: quanquam domesticis quoque, ut quibuscunque alijs animalibus letale est aconitum. Syanchus, σύαγχος, radix qua sues à uenatoribus capiuntur, Hesych. & Varin. Videtur autem non alia hæc radix quàm aconiti esse, cum & radix similiter usurpetur, & strangulando, (unde & aconito pardalianchi cognomen,) similiter quod ex uocabuli compositione apparet, mortem inferat. Sues necat chamæleon albus, radice scilicet cum polenta & hydrelæo subacta, Dioscor. uide in Cane c. Succus radicis chamæleonis candidi occidit canes suesque in polenta: addita aqua & oleo contrahit in se mures ac necat, ni protinus aquam sorbeant, Plinius. Elleboro nigro equi, boues, sues necantur: itaque cauent id, cum candido uescantur, Plinius. Sues cum imprudentes hyoscyamum comederint, etsi ægerrime afficiuntur, (resoluuntur & conuelluntur, Hermolaus) tamen reptantes sese ad aquas trahunt: quo profecti, cancros legunt, & deuorant, eorumque cibo ad incolumitatem restituuntur, Aelianus. Hyoscyamo poto sues insaniunt, unde ὑοσκυαμᾶν pro insanire & delirare, Pherecrates Κοριανοῖς, Varinus. Ὑοσκυαμᾶς, μαίνῃ κατὰ τὰς πόας, Hesychius. Hyoscyamus quidem Latinè ad uerbum fabam suillam sonat. quoniam sues, ut Aelianus refert, pastu eius conuellantur præsenti mortis periculo, nisi copiosa aqua statim se foris & intus proluerint, Marcellus Vergilius. Sed nos alia de hyoscyamo Aeliani uerba, interprete Gillio, proxime recitauimus: quæ magis probo, quoniā & Hermolaus similiter legit Corollario 682. Χοιραδόλεθρον, legitur inter nomenclaturas Xanthij herbæ apud Dioscoridem, sic dictum, ut ipse conijcio, non quòd chœros, id est porcos, sed quod chœrados siue scrophulos tollat: nam & contra tumores, Dioscoride teste, utiliter emplastri modo imponitur. Herba quam nostri anserinum pedem à foliorum figura nominant, quam Hieronymus Tragus Tomi primi de plantis ca. 101. inter solana describit, (& à Germanis nonnullis à suum pernicie **schweinßtodt**/ & **seuwplag** appellari scribit,) suibus si forte ederint uenenosa esse creditur, idque non raris experimentis constare ait. Eadem forte chenopus Plinij fuerit, cuius ille semel tantum meminit 11. 8. quoniam & nomen conuenit, & uis forsitan uenenata: huius enim & rumicis flores apes non attingunt, ut Plin. scribit: quamuis inde nō sequitur uel homini uel sui uenenatam esse, ut neque rumex est. Ego coniecturam tantum affero. Quin & scrophularia maior, fœtida herba, urticæ ferè folijs, etc. (nostri uocant **brunwurtz**, id est herbam spadiceam, à colore: uel **schwartze nachtschatt**, id est solanum nigrum, impropriè tamen) suillo generi exitio esse fertur. Eupatorio aquatico, (ut pharmacopolæ quidam uocant, Ruellius hydropiper, nostri ceruinum trifolium, &c.) hirundinaria, quam aliqui asclepiadem putant: & arcio, id est personata seu lappa maiore, tum sues tum pecudes omnes abstinere audio.

¶ Si

¶ Si quæ reptilium bestiarum sues momorderit, iisdem remediis dictis in læsis pecoribus, (bub, ouib, capris) curabuntur, Didymus. Nihil æque aduersari serpentibus quàm cancros, suesque percussas hoc pabulo sibi mederi, (Thrasyllus author est,) Plin. Sues à scorpionibus in Scythia interimuntur: quanquam cæteros uirulentos ictus minime sentiunt. & nigri eorum potissimum pereunt: quisque tamen celerrime interit, si ictus adierit aquam, Aristot. Scorpiones in Scythia interimunt etiam sues, alioquin uiuaciores contra uenena talia, Plin. Sus ægre fert hyemem, facileque à frigore labefactatur: quocirca ipsis extruũt haras, ex quibus hyeme non educũtur prius quàm glacies (pruina) prorsus discussa fuerit, Florentin. ¶ χάλαζα, morbus quidam suum, Hesych. & Varin. Latinè grandinem uocant recentiores, uocem Græcam interpretati: reperiuntur enim in carne suis grandinosæ grana quædam alba & rotunda, grandini similia, & similiter sparsa, magnitudine lentis. Vnũ ex omnibus quæ nouimus animalibus, sus grandinem concipit, Aristot. (Atqui gallinæ etiam præsertim albæ, sæpius grandinosæ apud nos reperiuntur.) Hinc & uerbum χαλαζᾶν factum, id est grandine laborare, ut σπληνιᾶν, ὑδεριᾶν, Scholiastes in Pacem Aristoph. Suis plerunque est grandinosa caro: quo sanè argumento, chalaros dicit sues Græcorum natio: quia in mortuorum carnibus uisatur χάλαζα, id est grando: sed in uiuentibus latens grassatur morbus, Cælius. Χαλαζᾶ, χαλαρός ὗς, est autem hic morbus pecorum, (τῶν θρεμμάτων: suum melius dixisset) qui in uiuentibus latet, apparet autem in dissectis, grandine carnibus eorum permixta & inhærente, Varinus: qui & hoc Aristophanis citat, Σκινδάψιον ὡς χαλαζᾷ. Eadem fere Suidas: qui tamen χαλαζᾷ uerbum apud Aristophanem non simpliciter χαλαρός ὗς exponit, sed addit τὸν πρωκτόν, ut poëta improprio & obscœno sensu hoc uerbo sit usus: nec rectè aut propriè porcus grandinosus Græcè χαλαρός dicatur, contra Cęlium & Varinũ: quanquam suis grandinosi caro χαλαρὰ sit, id est laxa & mollis: & ut Aristoteles inquit, ὑγρὰ λίαν: & grandinosos sues fieri dicit qui ὑγρόσαρκοι sunt. Χάλαζα πάθος τοῦ (lego τῶν) χοίρων, Suid. Nostri hunc morbum uocant finnen alii pfinnen. Angli mesell: quo nomine etiam pustulas (morbillos) puerorum uocant, à simili ferè figura coloreque: quanquam non intra carnem sed in superficie cutis nascantur, &c. Itali gremm. Suem sic affectum nostri finnig, Angli meselled, Galli leprosum aut sursume, quod super lingua grandines quasi semina quædam sparsa appareãt. Itali gremignos: Aristoteles χαλαζῶδεις & χαλαζῶντας. Lanii nostri uulgò dicunt suem nullum esse, qui non ut minimum tria grandinis grana habeat: sed ea nisi abundent non obesse. quod si in lingua uel unicum appareat, undiquaque grandinosos esse pronunciant qui sues publicè uendendos apud nos (ore diducto per insertum baculum seu paxillum: quod coquos in mortuis suibus facere apud Suidam legitur, nostri antequam emant uiuos sic inspiciendos curant) & in Gallia, & aliis etiam plerisque regionibus puto inspiciunt. est quando abundant quidem, nec ullum tamen in lingua indicium apparet. Elephantiacis uenulæ sub lingua uaricosæ fiunt ac nigrescunt: quod signum est etiam uiscera ipsa in simili constitutione esse, qualis in porcis quibusdam circa interna uidetur, quæ grandinis nomine insignitur, Aëtius. Grandinosi fiunt sues, (inquit Aristoteles,) quorum crura & collum & armi carne constant humidiore, quibus partibus uel grandines plurimæ innascuntur: caro dulcior est si grandines habet paucas: sed si multas, humida ualde, & insipida est. Facile qui grandent cognoscuntur: parte enim linguæ inferiore grandines habentur, & si setam dorso euellas, cruorem in radice pili euulsi uideris. Pedibus etiam posterioribus constare non possunt, qui grandent. carent grandine cum adhuc lactent. tolluntur grandines tipha, quæ uel in cibatu utilis est, Hæc Aristoteles 8.21. interprete Gaza. quem locum Albertus ex Auicenna, ineptè ut solet reddit his uerbis: Porcis etiam mollis carnis qui sunt castrati contingunt pustulæ in crure & collo & spatulis: & sępe sunt istæ pustulæ sub lingua & sub axillis: & uocantur leprosi tales porci, &c. conuenit autem eis in cibo cicer & ficus: Hęc Aristoteles non aduersus grandinem, sed simpliciter ut obesentur suibus dari iubet. Index suis inualidæ, cruor in radice setæ dorso euulsæ, caput obliquum in incessu, Plin. Qui emunt sues, ex setis à ceruice auulsis illos discernunt. nam si infectas eas cruore uideant, (id est circa radicem crassiusculam habentes saniem) ægrotare eos aiunt: sin autem puras, bene se habere, Florentinus in Geopon. 19. 6. & 7. Atqui Aristoteles hoc ex setis indicium de grandine sola scribit, non etiam aliis morbis: & similiter hodie multi suem grandinosum iudicant illum, cuius extractæ setæ crassum humorem in radice retinent, & cauda teres fuerit: latam enim bonæ ueletudinis signum faciunt. Sunt qui dies aliquot (circiter quatuordecim) porcis antequam mactentur cineris nonnihil in colluuiem eorum admisceant, præsertim de ligno nucis, ut eo remedio grandines abigant: alii eodem tempore, uel aliàs etiam, lentis pugillũ semper adiiciunt. Sic affectos sues nostri non edunt, nec publicè uendi licet, ut neque Galli. pauperes tamen edunt quia paruo emuntur. obesse negant, nisi nimium grandinosa fuerit caro. ego ceu prorsus insalubrem & pessimi succi omnino relinquendam consulo. Χάλαζα, χαλάζιον, grando, collectio est sub cute buboni ac Aegyptiæ fabæ similis, ut inquit Pollux, dolorem si tangatur afferens. Dicuntur & in oculo grandines, cum segnis humor circa pelpebras coierit, sed ita, ut id tuberculum digito huc & illuc impelli possit, Niphus. ¶ Vt ne porci ægrotent, Rhamni radicem tritam, in aquam ubi se proluunt sues, proiicito, Galẽ. li. 3. de parabilib. ca. 101. Carnem caballinam discoctam potu suũ morbis mederi reperimus, Plin. Rubeta decocta & in aqua potu data, suum morbis medetur, uel cuiuscunque ranæ cinis, Idem. Sues non ægrotabunt, si nouẽ cancros fluuiales eis comedendos porrexeris, Didymus. Cancris quidem edendis ipsos sibi contra hyoscyamum & ictus scorpionum mederi in præcedentibus dictum est. Druidæ Gallorum samolum herbam nominauere nascentem in humidis: & hanc sinistra manu legi à ieiunis cõtra morbos suum boumq́ iussere, nec respicere legentem, nec alibi quàm in canali deponere, ibiq́ conterere poturis, Plinius lib. 24. Lappa canaria medetur suibus effossa sine ferro, & addita in colluuiem poturis, uel ex lacte & uino. Quidam adijciunt & fodientem dicere oportere: Hæc est herba argemon, Quam Minerua reperit, Suibus his remedium, Qui de illa gustauerint, Plinius. Hæc an eadem sit cum argemone Ruellius dubitat. Pastores quidam hodie trichomane utuntur pro suibus ægris, & mirifice prædicant, Hier. Tragus. Vtuntur & carduo benedicto, ut uulgò nominant, & radice generis illius gentianæ quam nostri cruciatam à foraminum aut sectionum sponte nascentium in ea situ appellant: & radice herbæ quam uulgò ceruinam nigram uocitant, est autem genus seselis ut conijcio.

¶ Solet etiã (inquit Columella) uniuersum pecus ægrotare ita, ut emacietur, nec cibos capiat, productumq́ in pascua medio campo procumbat, & quodam ueterno pressum somnos æstiuo sub sole captet, quod cum facit, totus grex tecto clauditur stabulo, atq; uno die abstinetur potione, & pabulo: postridie radix anguinei cucumeris trita, & commista cum aqua datur sitientibus: quam cum pecudes biberunt, nausea correptæ uomitant, atq; expurgantur, omniq́ bile depulsa cicercula, uel faba, dura muria conspersa, deinde (sicut hominibus) aqua calida potanda permittitur. Sues si affligantur incerto morbo, tota die & nocte includere oportet, nihilq́ interim nec cibi nec potus apponere, sed radices agrestis cucumeris comminutas, per diem ac noctem aquæ infundentes, aquam ipsam in potu eis postridie offeremus: Ex qua quidem bibentes largius morbi causam paulò post uomitu reddunt, Didymus. Apud nos aliqui nescio ad quos morbos, fortè ipsis etiam incognitos, præsertim subitos, porcorũ uel aures uulnerant, uel caudas abscindunt. nam uenæ sectione in hoc pecore nostri, quod sciam, non utuntur. Canes, boues, sues, capræ, serpentes & bestiæ aliæ cum impendentem pestem, tum uerò terræ motum, & cœli salubritatem, & frugum fertilitatem præsentiunt, Aelianus. Democritus physicus asphodeli radicis parũ maceratæ singulis suibus nutrimento iubet misceri tres minas. sic siquidem ante dies septem sanitatis firmitudinem ait sues recuperaturos, Didymus. Sues pestilenti affectu non corripientur, aut correpti restituentur facile, si asphodeli radices in eam quam bibunt aquam inieceris, aut etiam ubi crebro lauantur, Florentinus. Audio suibus in pestilenti affectione, multos circa collum duros tumores (tubercula) oboriri. Quatit ægros Tussis anhela sues, ac faucibus angit obesis, (tempore pestis,) Vergilius. Polypodium aliqui suum cibo contra pestilentem luem admiscent, Hieron. Tragus. Idem solani genus syluaticum baccis nigris cerasi magnitudine (aliqui Germanorum uocant porcorum herbam, alij baccas somni, süwkrut / schlaaffbeere) aduersus periculosos (contagiosos) subitos & calidos suum morbos, quales per medios æstatis feruores accidunt, plurimum commendari ait, folijs scilicet in cibo datis: eamq́ ob causam ubi sponte nascens haberi non potest, à plerisq; in hortis plantari. quòd uero idem satiuum solanum esse affirmat, non assentior. Si pestis in suillum gregem inuaserit, limacum spolia (cremata, ut aliqui uolunt trita) in potu dabis, ut etiam bubus. Vel Saracenicam herbam (heidnisch wundkrut: sic nostri plerique uocant, quam Galli & Itali, costum hortensem. reliqui uero Germani, chirurgi præsertim uirgam auream Italorum) aridam tritam in cibo. Aut lactucam (lattich, malim attich, id est ebulum) fœtidam in aqua elixam & minutatim incisam, ac rursus cum decocto suo iniectam, in colluuiem porcorum admiscebis, Hæc reperi in manuscripto quodam libro Germanico. Cauendum est ne ad præsepia boum sus aut gallina perrepat. nam hoc quod decidit immistũ pabulo, bubus affert necem: & id præcipue quod egerit sus ægra pestilentiam facere ualet, Columella. ¶ Sues parari & emi solent sic: Illasce sues sanas esse, habereq́ rectè licere, noxijsq́ præstare, neq; de pecore morboso esse, spondesne? Quidam adijciunt perfunctas esse à febri, & à foria, Varro. Febricitantium signa sunt, cum obstipæ sues transuersa capita ferunt, ac per pascua subito cum paululum procurrerunt, consistunt, & uertigine correptæ concidunt. Earum notanda sunt capita, quam in partem proclinentur, ut ex aduersa parte de auricula sanguinem mittamus. Item sub cauda duobus digitis à clunibus intermissis uenam feriamus, quæ est in eo loco satis ampla, eamq́ sarmento prius oportet uerberari. deinde ab ictu uirgæ tumentem ferro rescindi, detractoq́ sanguine colligari saligneo libro, uel etiã ulmeo. Quod cum fecerimus, uno aut altero die sub tecto pecudem continebimus, & aquã modicè calidam quantam uolent, farinæq́ ordeaceæ singulos sextarios præbebimus, Columella. Febrientibus ex cauda sanguis est detrahendus, Idem. ¶ Cum à magno feruore in frigidam incũbunt, præsertim si non statim cogantur pergere in uia, sed alicubi consistere aut quiescere permittantur, membris omnibus conuelluntur, fiuntq́ spasmici (spanäderig,) atq; ita aliquando pereunt, nisi maturius recalescant. Vituli quidem sic affecti non euadunt. ¶ Infestantur & pediculis sues, ita ut cutis aliquando plurimum erodatur. tolluntur locis illitis crema lactis, butyro, & sale multo, simul ad ungenti modũ decoctis. alij partes lotas purgatasq́ fæce uini liquida inungunt. ¶ Sus multum dormit, præcipue æstate, & tunc nisi frequenter excitetur, lethargo captus moritur, Albertus. ¶ Accidit eis etiã dolor capitis & grauitas, (aut scotomia, Albertus. κραυγᾷν, lego κραῦρα, uel κραυρᾷν, [Albertus habet fraretyn,] de quo morbo plura dixi in Boue c. Gaza strumam interpretatur, nescio quàm rectè. mihi nõ placet: nam & alui profluuium in suibus eodem uocabulo significatur, ut infra dicam:) quo plurimi laborare solent, remedium est, uino adhibito naribus, eoq́ ipso dilutis, sed difficulter eo quoq; periculo

culo subtrahitur: biduo enim aut quatriduo interitus obuenit, Aristot. Albertus hunc ex Aristotele locum reddens, Hoc morbo, inquit, moritur maior pars suum, propter collectos multos humores frigidos in capite. sed remedium quod apud Aristotelem huic morbo adscribitur, perperam refert ad profluuium alui. In hoc morbo ut in brancho quoque, auriculæ suum flaccidæ & deiectæ sunt, Idem. Suidas in διάῤῥοια hunc morbum κραῦραν appellat, & febrim interpretatur cum capitis dolore; signum esse auriculas demissas, & oculos deiectos: remedium ἐγχυματίζεσθαι. Sunt qui cardui genus, quod uulgo carlinam (Eberwurtz) uocitant, sic affectis dari consulant, (radicem uidelicet in cibo minutatim incisam,) tanquam nihil hic morbus à pestilentia suum differat. ¶ Suem altero oculo amisso breui extingui magna ex parte nonnulli existimant, Aristoteles & Plin. ¶ Quadrupedum sues tribus morbi generibus laborant, quorum unum raucedo uocatur, quo maximè fauces maxillæque inflammantur, (ibi quidem propriè mihi uidetur branchus uocari, alijs in locis impropriè, phlegmone potius in genere dicenda:) sed idem malum, uel qualibet alia corporis parte contrahi potest. Iam enim plerunque in pedem, aliâs in aurem decumbit. Putrescit protinus membrũ, & ulcus serpit, donec ad pulmonem deueniat, quo tacto mors sequitur. crescit hoc uitium celeriter, nec potest sus quicquam ederecum ita ægrotat, etiam si quantumlibet sit morbi incrementum, (ἢ ὁπόσον ἰδίᾳ, ὅταν ἄρξηται τὸ πάθος, καὶ ὁσονοῦν. potest autem καὶ ὁσονοῦν uel ad ἰδίᾳ referri, uel ad πάθος, ut Gaza retulit.) curatur à porcarijs, cum malum incipere senserint, haud alio modo quàm tota parte abscissa qua cœperit, Aristotel. interprete Gaza. uocat autem hunc morbum Græcè βράγχον; & eo affici, βραγχᾶν. Raucescunt (βραγχῶσι) potissimum eo anno, quo montes abunde tulerint, & pinguissimi sint. Iuuat mora celsi dedisse in cibatu (quæ & homini contra anginam prosunt, ut in medicamento diamoron, Niphus) & balneum multum & calidum, & uenæ sub lingua sitæ cultello adacto sanguinem detraxisse, Aristotel. βράγχος, νόσημά τι τῶν ἐν τῷ σώματι γιγνομένων ἢ πρόγχον (legerim, περὶ τὸν βρόγχον) ὅταν ὗς μάλιστα διαφθείρονται, Hesych. & Varin. hoc est, Branchus morbus est circa fauces quo sues maximè intereunt. bronchia quidem medicis uocantur singuli arteriæ asperæ cartilaginei circuli. βραγχᾶν, ὁ βραγχιᾶν. ἢ βράγχος ὁ λεπρῶς, Varin. βράγχα, morbus suum, Suidas. Idem in uoce Διάῤῥοια, βράγχον scribit esse morbum in parte aliqua corporis porcini, κραῦραν uero febrim (id est totius corporis) cum capitis dolore. Branchus aliquando dilatatur sub gutture, & incidunt in synanchen: & tunc multum mouent pedes, & moriuntur intra tres dies, Albertus: &c. ut Aristoteles. Strumosis sub lingua sanguis mittendus est, qui cum profluxerit, sale trito cum farina triticea confricari totum os conueniet. Quidã præsentius putant esse remedium, cum per cornu singulis ternos cyathos gari demittunt: deinde fissas taleas ferularum lineo funiculo religant: & ita collo suspendunt, ut strumæ ferulis contingantur, Columella. Non facile autem dixerim, crauràm ne an branchon Aristotelis, strumam appellet in suibus. Crauram enim strumam Gaza interpretatur: sed remedium sanguinis sub lingua detrahendi brancho conuenit. quòd si quis neutrum horum strumam esse contendat, doceat meliora. Authoritate Plinij nonnulli asserunt strumam esse scrophulam, in qua concretæ quædam & puræ (forte, purulentæ) & sanguineæ quasi glandulæ oriuntur, Niphus. ¶ Suillum genus morbis obnoxium est, anginæ maximè & strumæ, Plin. Guttur homini tantum & suibus intumescit, aquarum quæ potantur plerunque uitio, Idem. Angina sub faucibus apostema est, quod suibus maximè accidit, Syluaticus. Nostri sideritin illam quæ est latissimo folio scopas regias uocant: medetur anginis suum, Plin. Herba impia uocatur incana, rorismarini aspectu, &c. Aliqui sic appellatam, quòd nullum animal eam attingat, existimauêre. hæc inter duos lapides trita feruet, præcipuo aduersus anginas succo, lacte & uino admixto: mirumque traditur, nunquam ab eo morbo tentari qui gustauerint. itaque & suibus dari: quæque medicamentum id noluerint haurire, eo morbo interimi, Plinius & Hermolaus Corollario 767. ubi antipatrem uulgò dictam herbam (filium ante patrem, uel Christophorianam, & oculum consulis,) ab impia Plinij diuersam esse docet, nec aliud. Herba trinitatis uulgò dicta, (à triplici florum colore, qui uiolas Martias reliqua specie omnino referunt, freissam krut) utilis est suibus angina, id est calido gutturis abscessu laborantibus. Habet sanè hæc herba uiolæ Martiæ uires, quod ex gustu saporeque conijcio, quamuis odore caret. commendantur autem etiam uiolæ flores, aut quod in eis purpureum est, ad anginas à Dioscoride. ¶ Tonsillæ in homine, in sue glandulæ, Plin. Si tonsillis (paristhmijs) infestentur sues, sanguis ex humeris detrahatur, Didymus. Tubercula quædam faucibus & gutturi porcorum innascuntur, quæ Angli (ut audio) sua lingua kyrnel nominant, quod malum ad anginam referendum puto. Nam quæ extrinsecus in collo nascuntur tubercula, & matura pus aut saniem emittunt, cum uel à sue attrita, uel à porcario secta fuerint, periculo uacant, & chœrades uel scrophulæ, ni fallor, appellari possunt. ¶ Morbus quem nostri rangen appellant, Itali quidam (ut audio) sidor, non contagiosus quidem, sed admodum periculosus est suibus. mors enim ferè intra biduum sequitur: quare uulgus imprecando etiã homini huius morbi nomen usurpat, cũ nihil quod sciam simile in hominẽ cadat. Nascitur hoc malum in inferiore oris suilli parte, in ipsa (puto) maxilla eo spatio quod inter anteriores & posteriores dentes est: induratur enim pars illa cornu instar, absque ullo tumore, colore albicat. inter hunc scirrhũ & carnẽ sanã acus cum filo inserto, traijcitur ore distento per immissum baculũ: sic eleuatus filo scirrhus ferro rescinditur, atque ita curantur plerique, nisi serò forte sectio adhibeatur. Sunt qui radicem gentianæ illius generis quod à dissectæ radicis figura cruciatam nostri uocitant, (ut supra dixi, & pluribus in Boue c.,) aduersus hunc morbum pabulo aut potioni admixtam præbeant, quare & à morbi illius auxilio **rangenkrut** appellant nonnulli. Sed nostri ferè omnes, præsertim periti lanij, sectione potius tanquam certiore præsidio utuntur. Accidere hoc eis aiunt si colluuies nimis calida detur: quòd & aliàs noxium esse audio, arteria aspera (nostrates uocant **den weysel verstrupft**) inde astricta, & exulceratis nonnunquam uel aliter læsis intestinis. Sus quirangam (ut Germanico nomini terminationem Latinam addam) patitur, cibo & potu abstinet, (quod Aristoteles etiam πάθος συὸς βραγχῶντος scribit) ac uertigine laborat. ¶ Est præterea malum quod in superiore oris parte (in palato) intra dentes sed iuxta eos nascitur, durities quædam quæ spatium non maius ungue humano occupat, hanc ferro resoluunt lanij, & ut possunt resecant: uocant autem **die fäsen**. Eiusdem nominis morbus, re tamen ut puto diuersus nonnihil, in equi etiam palato nascitur, ut inter equorum morbos scripsi. ¶ Hinc (tempore pestis) canibus blandis rabies uenit, & quatit ægros Tussis anhela sues, ac faucibus angit obesis, Vergilius. ¶ Radix herbæ consiliginis, quam nuper inuentam diximus, suum quidem & pecoris omnis remedium præsens est pulmonum uitio, uel traiecta tantum in auricula. Bibi debet ex aqua, haberique in ore assiduè sub lingua. superficies eius herbæ an sit in aliquo usu, adhuc incertum est, Plinius. Sues nisi potu affatim satientur, pulmonariæ fiunt: isque morbus optimè sanatur auriculis inserta consiligine (quod in ouibus etiam pulmonarijs fieri iubet:) de qua radicula diligenter ac sæpius iam locuti sumus, Columella. Idem facit radix hellebori nigri per auriculam bouis aut suis traiecta, itemque ad alios usus, saltem extra corpus. Intra corpus enim consiliginem dare non ausim, quamuis medicus non indoctus ætatis nostræ pulmonarijs etiam hominibus intra corpus sumendam consulit, nec tamen uel authoritate uel experimento ullo id confirmat. Sed plura de hac herba scripsi in Boue c. & in Lupo a. in aconiti mentione. ¶ Lanij nostri rarum esse suem aiunt, qui non aliquo uel hepatis uel pulmonis uel alio uitio laboret: reperiri enim in pulmone aliquando alba quædam tubercula, magnitudine dimidiatæ iuglandis: & pulmonem aliquando costis siue membranæ succingenti adhærere (quod bubus etiam accidere audio, uulgò uocant **angbefft.**) In hepate uero uesicas quasdam aqua plenas (ὑδατίδας, **wassergallen/wasserblatern,**) conspici. ¶ Nauseantibus salutaris habetur eburnea scobis sali fricto & fabæ minutæ fresæ commista, ieiunisque prius quàm in pascua prodeant obiecta, Columella. ¶ Animal hoc uoracissimum natura existit, quare potissimum splene laborat. danda est autem bibenda aqua, in qua myricinæ prunæ extinctæ sint. Hominibus uinum loco aquæ in ijsdem prunis infusum opitulatur, Didymus ex Democrito. Solet etiam uitiosi splenis dolor eas infestare, quod accidit, cum siccitas magna prouenit, & ut Bucolicon loquitur poëma, Strata iacent passim sua quæque sub arbore poma. Nam pecus insatiabile est. sues enim, dum dulcedinem pabuli consectantur, supra modum æstate splenis incremento laborant. Cui succurritur, si fabricentur canales ex tamaricibus, & rusco, repleanturque aqua: & deinde sitientibus admoueantur. Quippe ligni succus medicabilis, epotus intestinum tumorem compescit, Columella. Adeò mirabilem myricæ antipathiam contra lienem faciunt, ut affirment, si ex ea alueis factis bibant sues, sine liene inueniri: & ideo homini quoque splenetico cibum potumque dant in uasis ex ea factis, Plinius & Constantinus monachus. Apud nos tam parua crescit myrica, ut raró stipes eius ad digitum crassitudine duplus sit: quamobrem nec aluei inde fieri possunt suibus, nec uasa homini: pocula tamen ex pluribus paruis taleis hærente adhuc cortice, ambiente supra infraque ligneo circulo parantur, ut uegetes seu uasa uinaria ex pluribus ligneis asseribus fieri solent. Ad suum uero medicinam, decoctum eius in potu datur. Tamaricis radicem uel folia trita ex aceto bibat, qui de splene laborat, cuius usum si experiri uolueris, da porco edendam per dies nouem, cum eum occides sine splene inuenies, Marcel. Asplenos etiam herba consumit splenem suum: Vide in Boue c. ¶ Alui profluuium (quod similiter ut capitis dolorem & grauitatem strumam, κραυρᾶν, nominant, ut supra dictum est: Suidas διάῤῥοιαν) suibus irremediabile incidit, Aristot. Aliqui sues empturi perfunctas esse à febri & à foria stipulantur, Varro. Verno tempore herbæ nouellæ & immaturæ porcis aluum citant, unde emaciantur, Columella. Porci quidam in alpibus sero lactis non assueti, si nimium biberint, rumpi aliquando periclitantur, nisi aluus maturè fluat. ¶ Sui dysuria uel ischuria laboranti quidam grana lathyridis aliquot præbent, ut audio.

¶ Plurimis uita ad annos quindecim: aliquibus etiam propè ad uicenos, Aristot. Vita ad quindecim annos, quibusdam & uicenos: uerum efferantur, Plin.

D.

Sus animal est impurum & uorax, μιαρὸν καὶ γαστρίμαργον: quare eos etiam qui partes corporis eis similes habent, naturam quoque eis non dissimilem habere conijcimus, Adamant. Qui porco similem habent frontem, supercilia, labra, os, uel collum, homines iudicantur inepti, stolidi, improbi, iracundi, ἀμαθεῖς, εὐήθεις, σκαιοί, δυσόργητοι, denique ὑώδεις, ut in B. recitauimus. Sui animam pro sale datam uulgò fertur: uide infra ab initio capitis sexti. Sues quoniam hebetiore sensu sunt, inarticulatiora corda habent, Aristot. 3. 4. de part. anim. Sunt qui subtilitatem animi constare non tenuitate sanguinis putent, sed cute operimentisque corporum magis aut minus bruta esse, ut ostrea & testudines: boum tergora, setas suum obstare tenuitati immeantis spiritus, nec purum liquidumque transmitti, Plinius. Animalium hoc maxime brutum, animamque ei pro sale datam non illepide existimabatur. Compertum agnita uoce suarij furto abactis, merso nauigio inclinatione lateris unius remeasse. Quin &

& duces in urbe forum nundinariũ domosq́ꝫ petere discunt, Plin. Porculatoris uocem suillum pecus sic agnoscit, ut etiam si ab eo procul seductum fuerit, appellantem intelligat, cui quidam rei testimonio est id quod proxime sequitur. Cum maris prædones ad Tyrrhenam terram piraticam nauem appulissent, ex hara permultos sues furto abactos imposuerunt in nauim, quam soluentes ad nauigandum incubuerunt. Subulci præsentibus piratis silentium tenebant, suesq́ꝫ eatenus abduci quiescebant, quoad ex portu latrones se eripuissent, & à terra soluissent. Tum uoce suibus audiri solita suarij quàm maxime poterant exclamantes, eos retro uersus ad se reuocabant. Porci primum ut sublatum clamorem pastorum exaudierunt, statim se in alterum nauis latus compellentes, eam euerterunt: malefici piratæ naufragio quàm mox funditus perierunt, sues ad suos enatarunt, Aelianus.

10 Sus animal impurum, cœno, & lacunis maximè gaudet: ut tam crassi & hebetes ei sensus quàm ingenium existimetur. Primus scrofæ fœtus prima ubera lactet, & deinceps cæteri suo quisq́ꝫ gradu & ordine, Io. Tzetzes, & alij, ut in C. recitaui. ubi hoc etiam diximus à scrofis nonnullis suos porcellos deuorari. Pascere gregatim pro ætate uelle uidentur, Aristoteles. Sui grunnitus terribilis, præcipuè autem uno percusso cæteri grunniunt, & quasi condolentes accurrunt: sed mox obliti sui planctus ad cœnum cibum'ue redeunt, Obscurus. Nostri sic concursantes inter se sues, ut uiribus coniunctis mutua ferant auxilia, ad uim uel arcendam uel inferendam homini aut alteri animanti, dicunt **rüchlen**, alij **rewlen**. Verres unus in grege porcorum alijs pugna deuictis imperat, & gregem sibi deditum habet. Hoc dissidij & pugnæ tempore, uel aliter etiam libidine ardentibus non tutum est accedere: neq́ꝫ enim homini, neq́ꝫ pecoribus parcunt: præcipuè uero albis uestibus indutos infe-

20 stant, Mich. Herus. Sues Belgici proceritate, robore & celeritate præstant, adeò ut insueto cuipiam accedenti, non minus ꝙ luporum periculorum ingruat, Strabo. Sui & crocodilo natura eam conciliauit amicitiam, ut impune sues circa Nili ripas obuersentur, neq́ꝫ à crocodilis offensam ullam patiantur, Calcagnin. Sui serpens aduersatur, quia deuoratur ab ea, Aristot. Mustelæ & sues dissident, Plin. Sus (id est sues aliquot coniuncti, Ephesius) etiam lupo obsistere repugnareq́ꝫ potest, Aristot. Lupos aiunt cum sint nacti sues, trahere usq́ꝫ ad aquam, quòd dentes feruorem carnis ferre nequeant, Varro: intelligendum sues à lupis deuorari, non contra. Minimo suis stridore terrentur elephantes, Plin. Elephas exhorrescit porcelli recens nati uocem, Zoroastres in Geopon. Elephanti ex animalibus maxime exhorrent hircum, cerasten, (arietem intelligo,) & porcum: quibus sanè machinamentis Romani elephantos Pyrrhi regis primum uertentes, uictoria sunt potiti, Volater-

30 ran. Vide plura in Elephanto D. Iam uisus est leo, qui cum suem aggrederetur, ut setis horrentem aspexit, fugeret, Aristot. Lupus aliquando capram aut suem auricula mordicus apprehendit & aliquo secum deducit, ubi commodè & securè deuoret, ut pluribus retuli in Lupo D. ¶ Porcos sequi eos à quibus cerebrum corui acceperint in offa, quidam scripserunt, Plinius & Sextus, ut Aggregator citat. Idem facit iecur muris datum in ficu, quod & in homine similiter ualere dicunt, Aggregator citans Plinij librum 29. Nigidius fugere tota die canes conspectum eius qui è sue ricinum euellerit, scriptum reliquit, Plin.

E.

Subulcus debet consuefacere, omnia ut faciant ad buccinam. Primo cum incluserunt, cum buccinatum est, aperiunt, ut exire possint in eum locum, ubi ordeum fusum in longitudine sit. Sic enim

40 minus deperit, quàm si id in aceruos positum est, & plures facilius accedunt: ideo ad XII. conuenire dicuntur, (ideoq́ꝫ ad buccinam conuenire dicuntur, Crescent.) ut syluestri loco dispersi ne dispereant, Varro. Custos porcorum (inquit Columella) sit uigilans, impiger, industrius, nauus. Omnium, quas pascit, et matricum, & iuniorum meminisse debet, ut uniuscuiusq́ꝫ partum consideret. Semper obseruet enitentem: claudatq́ꝫ ut in hara fœtum edat. Tum denotet protinus quotq́ꝫ & quales sint nati, & curet maxime nequis sub nutrice aliena educetur: nam facillime porci, si euaserint haram, miscent se, & scrofa cum decubuit, æque alieno ac suo præbet ubera. Itaq́ꝫ porculatoris maximum officium est, ut unamquanq́ꝫ cum sua prole claudat, qui si memoria deficitur, quo minus agnoscat cuiusq́ꝫ progeniem, pice liquida eandem notam scrofæ & porcis imponat, & siue per literas, siue per alias formas unumquenq́ꝫ fœtum cum matre distinguat: nam in maiore numero diuersis notis opus

50 est, ne confundatur memoria custodis. Attamen quia id facere gregibus amplis uidetur operosum, commodissimum est haras ita fabricare, ut limen earum in tantam altitudinem consurgat, quantum possit nutrix euadere, lactens autem supergredi non possit. Sic nec alienus irrepit, & in cubili suam quisq́ꝫ matrem nidus expectat, qui tamen non debet octo capitum numerum excedere. Non quin ignorem fœcunditatem scrofarum maioris esse numeri, sed quia celerrime fatiscit, quæ plures educat. Atq́ꝫ eæ quibus partus summittitur, cocto sunt ordeo sustinendæ, ne ad maciem summam perducantur, & ex ea ad aliquam perniciem. Diligens autem porculator frequenter suile conuerrat, & sæpius haras: nam quamuis prædictum animal in pabulationem spurcè uersetur, mundissimum tamẽ cubile desiderat. Hic ferè cultus est suilli pecoris rectè ualentis. Et rursus, Nec ut cæteri greges uniuersi claudi debent, sed per porticus haræ faciendæ sunt, quibus aut à partu, aut etiam pragnantes

60 includantur: nam præcipue sues cateruatim atq́ꝫ inconditæ, cum sint pariter inclusæ, super alias aliæ cubant & fœtus elidunt. Quare, ut dixi, iunctę parietibus haræ construendæ sunt in altitudinẽ pedũ quatuor, ne sus transilire septa queat. nã contegi non debet, ut à superiore parte custos numerũ por-

PP

corum recenseat, & si quem decumbens mater oppresserit, cubanti subtrahat, Hæc Columella. Neque gregatim claudendæ sunt porcæ more aliarum pecudum, sed haras sub porticibus faciemus, quibus mater unaquæque claudatur, & alumnum gregem tutior ipsa defendat à frigore. Quæ haræ à superiori parte detectæ sint, ut libere numerum pastor exploret, & oppressis à matre fœtibus sæpe subueniat subtrahendo, Palladius. Scrofam in sua quanque hara suos ut alat oportet porcos, quoniam alienos aspernatur, & ideo si conturbati sunt in fœtura, fit deterius, Varro. Singulæ ex parturientibus suibus peculiari in hara sunt includendæ, ne scilicet diuersi partus mutuò inter se misceantur, sed matres agnoscant prolem, porcelliq; similiter assuescant suis matribus. quippe si confundantur, haud amplius eos ipsæ scrofæ discernent. Commodius autem est si singulæ proprios fœtus enutriant, Florentinus. Haram facere oportet circiter trium pedum altam, & latam amplius paulò, ea altitudine abs terra, ne dum exilire uelit prægnans, abortet. Altitudinis modus sit, ut subulcus facile despicere possit, nequis porcellus à matre opprimatur, & ut facile purgare possit cubile. In haris ostium esse oportet, & limen inferius altum palmipedale (id est, pede & palmo, Crescent.) ne porci ex hara, cum mater prodit, transilire possint. Quotiescunq; haras subulcus purgat, toties in singulas arenam inijcere oportet, aut quid aliud, quod exugat humorem, Varro. Cum pepererit, largiore cibatu sustentare oportet, quo facilius lac suppeditare possit: in quibus hordei circiter binas libras aqua madefactas dare solent, & hoc quoq; conduplicant, ut fit mane, & uesperi, si alia, quæ obijciant, non habuerint, Idem. Et rursus, A partu decem diebus proximis nõ producunt ex haris matrem præterquam potum. Præteritis decem diebus sinunt exire pastum in propinquum locum uillæ, ut crebro reditu lacte alere possit porcos. Cum creuerunt, cupiunt sequi matrẽ, tum domi secernunt à matribus, ac seorsum pascunt, ut desyderium ferre possint parentis, quod decem diebus assequuntur. Pastum exigunt æstate mane, & ante quàm æstus incipiat, subigunt in umbrosum locum, maxime ubi aqua sit. Post meridiem rursus lenito feruore pascunt. Hyberno tempore non prius exigunt pastum, quàm pruina euanuit ac colliquefacta est glacies, (quod & Florentinus scribit.) De numero in centum sues, decem uerres satis esse putant. Quidã etiam hinc demunt. Greges maiores inæquabiles habent. Sed ego modicum puto centenarium. Aliquot maiores faciũt, ita ut ter quinquagenos habeant porcos in grege, alij duplicant, alij etiam maiorem faciunt. Minor grex, quàm maior minus sumptuosus, quòd comites subulcus pauciores quærit. Itaq; gregis numerum pastor ab sua utilitate constituit, non ut quot uerres habeat, id enim à natura sumendum: hæc hic, Hæc omnia Varro. Agriculturæ ab initio fui studiosus, nec de pecore suillo mihi minor cura est, quàm uobis magnis pecuarijs. Cui enim ea res non est communis? Quis enim nostrum fundum colit, quin sues habeat: & qui non audierit patres nostros dicere, ignauum, & sumptuosum esse, qui succidiam in carnario suspenderit potius ab laniario, quàm ex domestico fundo? Tremellius Scrofa apud Varronem.

¶ Sues terram rostro fodiunt, (nostri dicunt nülen,) & sic fodiendo propter radices multum nocent agris. ἀνίβοτηρὰ σῦς, sus alienam segetem depascens, cui domini agri dentes elidebant, secundũ Cypriam legem ut aiunt. quam pœnam etiam Vlyssi Irus apud Homerum minatur, tanquam ob simile delictum, ut qui messem suam ex epulis procorũ ei depasceretur, Varinus. ἀνιβότης apud eundem sus syluestris exponitur. Sues admittunt agricolæ in agros & segetem, ut latibula effodiant, Aristoteles. In porcis etiam illud est commodum, quòd immissi uineis necdum turgentibus, uel exacta uindemia gramine persecuto diligentiam fossoris imitantur, Palladius: gramen persequendo uertunt solum, postea relicta (reliqua) fossoris diligentia mutantur, Crescentiensis. Vulgo credebatur à Nili in Aegypto euagantis decessu serere solitos, mox sues impellere uestigijs semina deprimentes: & in madido solo credo antiquitus factitatum, Plinius. Eudoxus ideo inquit Aegyptios ab immolandis suibus se sustinere, quòd posteaquam sementem fecerunt, eorum greges ad proterendam & conculcandam frumentorum sationem atq; depellendam in altiorem terram & humidiorem inducere soleant, ut hac quasi occatione terra obducta ne ab auibus semina exhauriantur, Aelianus. Sed aliter Calcagninus in Aegyptiacis, Postquam Nilus (inquit) restagnare desierit, & in aluũ fuerit reuocatus, suum opera ad proscindendos subigendosq; agros utuntur, in quos semina iaciantur.

¶ Quomodo Megarenses in prælio aduersus Antipatrum, suibus pice oblitis incensisq; in elephantos eius immissis eos perturbarint, &c. dixi in Elephanto D.

¶ Maialis est porcus siue uerres castratus, Antiphani apud Athenæum κάπρος ἐκτομίας, id est aper siue uerres castratus, qua quidem periphrasi reliquæ etiam linguæ mihi cognitæ omnes utuntur, sed Germani proprium habent ein barg uel böß. Porcastrus, id est porcus castus, Syluaticus: maialem intelligo. Porci nefrendes uel nephrendes uocabantur castrati, quasi sine renibus, Fulgentius ad Chalcidium. Græci quidem renes νεφροὺς uocant, sed Varro porcos nefrendes uocari ait, qui non amplius lactent, necdum tamen fabam frendere possunt. Festus arietes nefrendes dicit, qui dentibus frendere nondum possunt. Aper (Verres) iracundus & rudis est, nec disciplinam ullam admittit, & quamuis castretur nihilo melior euadit, Isidorus. Verres, iuuencos, arietes, hœdos descrescente Luna castrato, Plinius. atqui Hesiodus in Diebus octauo die mensis Lunaris uerrem & bouem castrari iubet. Aper qua ætate castretur non refert: cætera nisi nouella castrentur, intereunt, Aristot. Castrationis in hoc pecore duo tempora seruantur, ueris, & autumni: & eius administrandæ duplex ratio. Prima illa quam iam tradidimus, cum duobus uulneribus impressis per unamquanq; plagam singuli

singuli exprimuntur testiculi. Altera est speciosior, sed magis periculosa, **quam tamen non omittam:** cum uirilem partem unam ferro resectam detraxeris, per impressum uulnus scalpellum inserito, & mediam quasi cutem, quæ interuenit duobus membris genitalibus, rescindito: atq; uncis digitis alterum quoq; testiculum educito, sic fiet una cicatrix adhibitis cæteris remedijs, quæ prius docuimus, Columella. Et rursus, Mares uel cum primum ineunt semestres, aut cum sæpius progenerauerunt, trimi aut quadrimi castrantur, ut possint pinguescere. Castrantur uerres commodissime anniculi, utiq; ne minores, quàm semestres, quo facto nomen mutant, atq; è uerribus dicuntur maiales, Varr. Et rursus, Verres rectè inire potest usq; ad quartum annum, deinde castratur, saginaturq; quoad perueniat ad lanium. Polimenta testiculi porcorum dicuntur, cum castrantur: à politione uestimentorum, quòd similiter ut illa curantur, Festus. ¶ Castratur & fœmina sus, etiam quæ sæpius iam peperit, & à nostris uocatur **ein galtz.** Fœminis quoq; uuluæ ferro exulcerantur, & cicatricibus clauduntur, ne sint genitales. Quod facile (facere) non intelligo quæ ratio compellat, nisi penuria cibi: nam ubi est ubertas pabuli, submittere prolem semper expedit, Columella. Apria etiam scrophæ castratur, ne præterea coitum appetat, sed breui tempore obesetur. Castratur autem cum biduo ieiunarit, suspensa pernis prioribus, recisa cute inter femina, quà maribus testes maximè continentur: hac enim parte adhæret uuluis apria dicta, cuius exigua parte abscissa, consarcinant, Aristoteles. Lanij nostri porcis fœminis iunioribus uuluam totam (**die gantze burde**) excindunt: uetulis uero apriam tantum: sic enim interpretor quod ipsi uocant **die korn oder bärkorn**, hoc est grana uel genitalia grana, quæ plura simul coniuncta esse aiunt, humore genitali grauida: quamuis non eodem loco quo apriam Aristoteles sita esse ferunt, sed in dextro latere os sacrũ uersus. Castrantur fœminæ sic quoq; uti cameli, post bidui inediam, suspensæ pernis prioribus, uulua recisa, celerius ita pinguescunt, Plin.

¶ Phorine, φορίνη, dicitur suilla pellis: hæc optima est pro calciamentis, Crescentiensis. Nostri sutores, ut audio, non utuntur, quòd breui mollis & flaccida fiat, & humorem trãsmittat, (**sy wirt bald fleischig vnd blutt.**) Ephippiarij puto lora inde conficiunt, & helcijs superinducunt. Hinc & libris operimenta adduntur, multò diuturniora quàm ouilla aut uitulina: firmior enim superficies est, nec ita facile deteritur. Ex corij segmentis decoctis glutinum fit, quod quidam taurocollæ præferunt: ad cuius uocis similitudinem chœrocollam dixeris. Adeps suillus optimus est pro calciamentis conseruandis, Crescentien. Nostri umbilicum cum sua pinguitudine pro calceis inungendis seruant. Succinum rude primum nascitur & corticosum, deinde incoctum adipe lactentis suis expolitur ad quem uidemus nitorem, Solinus cap. 25. De axungiæ usibus scribetur in G. Sanguinem suillum aliqui miscent medicamentis quæ injiciuntur in aquam pro piscibus capiendis. Venatores quidam ut lupos aut uulpes capiant, ex iecore suillo asso & in frusta dissecto quæ melle tingantur, escam parant, & calceos pingui suilla tosta illinunt, felem mortuam post se trahentes, &c. uide in Cato E. ¶ Acerrimus hominis fimus est, ut & Chartodras omnium optimum eum esse asseuerat, secundum suillum, tertium caprarum, &c. Theophrastus. Aliqui (ad stercorandum) præferunt hominum fimum, &c. proximè spurcitias suum laudant, Columella solus damnat: alij cuiuscunq; quadrupedis ex cytiso, Plinius. Et alibi, Vrit uineas suillum fimum, nisi quinquennio interposito, præterquam si riguis diluatur. Stercus asinorum primum est, maximè hortis: deinde ouillum, & caprinum, & iumentorum: porcinum uero pessimum, cineres optimi, Pallad. Lactucarum amplitudinẽ quidam augent, recisis cum ad semipedem excreuerint, fimoq; suillo recenti illitis, Plin. In arborum genere stercoribus nonnullis ex ualidiorum numero uti consueuerunt, potissimò cum fructus emollire, immutareq; uolunt, ceu suillo, quo punicæ dulcescant & nucleo uacuæ reddantur, & amygdalæ ex amaris in dulces transeant, Theophrastus de hist. 3. 12. Si mala punica acida nascantur, ablaqueatis radicibus fimum suillum adhibent: eo anno uinolenta, proximo dulcia futura, Plinius. Malum punicum si acidum aut minus dulcem fructum feret, stercore suillo & humano urinaq; uetere radices rigato. Ea res & fertilem arborem reddet, & primis annis fructum uinosum, & post quinquennium dulcem & apyrenum facit. Ego ab homine non indocto fœniculum dulce futurum audiui, si terra circa radicem effossa fimum bubulum reponatur. Columbino ac suillo fimo plagis quoq; arborum medentur, Plinius. ¶ Ad lætas oliuas quæ fructum non afferunt: Sed & sine ablaqueatione adiuuanda est amurca insulsa cum suilla uel nostra urina uetere, Columella 5. 9.
¶ In quo quidem loco sues stabulabunt, eodem equos nequaquam deducemus, neq; propè consistere patiemur. Inimica enim omnia suilla equino generi, grunnitus, fœtor, halitus, Camerarius. Quod egerit sus ægra, si in præsepia boum inciderit, pestilentiam facere ualet, Columella. Sed plura in Bouis & Equi historia diximus quàm noxium eis hoc excrementum sit. Cauendum ne anseres hœdinos porcinósue pilos deuorent: exoluunt enim eos si uorauerint, Anatolius. ¶ Quomodo foueis capiantur tum aliæ feræ, tum canes ac porci intrãtes & dissipãtes uineas, Crescentiensis docet 10. 43.
¶ Sues diutius in cœno immorantes, φορυτῷ ἐπιμαργαίνουσαι, tempestatem (χειμῶνα) significant, Aratus. Imminentem enim tempestatem cum præsentiant, auidius saturari quærunt priusquam includantur, Scholiastes qui φορυτὸν cœnum interpretatur: uide paulo post. Sues & capræ præter morem libidinosæ, (& maturius,) tempestatem magnam futurã significant: sin tardiores fuerint ad coitũ, satis moderatum anni tempus futurum expectatur, Aratus ut retuli in Oue cap. quinto. Porci alienos

sibi manipulos fœni lacerantes, tempestatem, præsertim pluuiam significant, Plinius: uidetur autem ex Arato uel alio Græco anthore φορυτὸν uocem fœni manipulos reddidisse. Et sanè Hesychius φορυτὸν interpretatur sarmenta, paleas, quisquilias, et fœni manipulum quem uentus circa terram iactet, (ut inde etiam nomen factum sit ἀπὸ τοῦ αἴρεσθαι καὶ φέρεσθαι ὑπὸ ἀνέμου,) item φρυγανώδη συρφετὸν, βόρβορον, ἀκαθαρσίαν (addendum, χορτώδη, uel συρφετώδη, &c. Vide Suidam.) id est uaria purgamenta, cœnum, quisquilias. Varinus præterea χοινίον, ἢ ψιαθῶδές τι πλέγμα ἐν ᾧ τοὺς στάχυας ἐμβάλλουσιν, ἢ τὴν ἐκ φρυγάνων στρωμνὴν, hoc est fisci seu quali genus, uel stoream. Arati interpres, ut dixi, nihil quàm cœnum interpretatur in hoc prognostico apud Aratum uocem phorytòn, ego cum Plinio fœni manipulos interpretari malim. Μαργαίνειν uox idem est quod μαίνεσθαι, ὑβρίζειν, quæ uoces de lasciuia etiam & contumeliosis ludis usurpantur. Habent autem pecora quoq; exultantia & indecora lasciuia ludentia eandem significationem, ut Plinius eodem in loco scribit. Atqui sues ita lasciuire, & obuium quodq; rostro arripere interdum, & iactare, uulgò notum est. Accedit quod apud Aelianum interprete Gillio sic legimus: Sues iactatis manipulis insanientes, uentum aut imbrem imminere significare, Democritus ait.

F.

Sui animam pro sale datam non illepidè existimabatur, Plin. Sus, inquit Cicero, quid habet præter escam: cui quidem ne putresceret, animam ipsam pro sale datam dicit esse Chrysippus: qua pecude, quòd erat ad uescendum hominibus apta, nihil genuit natura fœcundius, Gillius. Etenim omnium rerum quas & creat natura & tuetur, quæ aut sine animo sunt, aut non multo secus earum summum bonum in corpore est, ut non inscitè illud dictum uideatur in suem, animum illi pecudi datum pro sale, ne putresceret. Sunt autem bestiæ, in quibus inest aliquid simile uirtutis, ut in leonibus, ut in canibus, ut in equis, in quibus non corporum solum ut in suibus, sed etiam animorum aliqua ex parte motus aliquos uidemus, Cicero libro 5. de finibus. Græci porcum à natura donatum dicunt ad epulandum, itaq; suibus animam datam pro sale, qui seruaret carnem, Varro. ¶ In lege Mosis Leuit. 11. & Deuter. 14. suilla prohibetur: quia nec ruminat sus & uictu impurissimus est. Animalia quædam quæ diuino cultu prosequebatur Aegyptus, ut ouem & bouem, Deus pura in cibo haberi uoluit, ut contemnere ea discerent Iudæi. illa uero quæ Aegyptij auidius lurcabantur, prohibuit, ut suillam, quam in solitudine etiam desyderabant Iudæi, Procopius. Comedentes carnem suillam & ius (animalium) abominabilium habentes in uasis suis: qui dicunt, mane apud te, & ne accesseris ad me, quoniam sanctior te sum: illi (suscitant) fumum in furore meo, Esaiæ 95. Munstero interprete. Dominus iudicabit, &c. edentes suillam, & abominationem atq; murem, Esa. 66. Eleazarus unus ex principibus scribarum, iam nonagenarius aperto ore hians compellebatur carnē porcinam manducare: sed ille mori potius quàm hoc exemplum uiolatæ legis in se committere, sustinuit, Machab. 2. 6. Contigit autem septem fratres unà cum matre apprehensos compelli à rege (Antiocho Epiphane) edere carnes porcinas flagris & taureis cruciatos, &c. Ibid. 2. 7. Heliogabalus abstinebat subus, ut mos est Phœnicibus, Herodianus. Mulieres Barcæ in Africa non modo gustu uaccinæ carnis, sed etiam suillæ abstinent, Herodotus lib. 4. Aegyptij quoq; suem non gustant, Ibidem. Vide plura infra in h. Arabes Scenitæ carnibus suillis prorsus abstinent. sanè hoc animalis genus si inuectum illò fuerit, moritur illico, Solin. ni fallor. Arabas nouimus camelorum lacte uesci, à carnibus suillis uero abstinere imprimis, copiæ uel raritatis utrunq; ratione, Cælius. Apud Indos nullum suem neq; ferum neq; cicurem nasci Ctesias Cnidius ait, & suilli generis usum Indos à se detestari, & tantopere ab eo uescendo, quàm ab humanis carnibus abhorrere, Aelian.

¶ Porcinæ (χοίρου) carnes prauæ sunt, quum fuerint crudiores aut ambustæ. Magis autem cholerā generant & turbationem faciunt. Suillæ (ὕεια) autem optimæ sunt omnium carnium. Sed præstant etiam ex his quę non uehementer pingues sunt, neq; tenues, neq; ueteris uictimæ (ἱερέα) ætatē habent. Edere uero ipsas oportet absq; pelle, & subfrigidas, Hippocrates in libro de uictus ratione in morbis acutis. Vbi Galenus in commentarijs: Porcum (χοῖρον, inquit) priuatim nominabāt ueteres, ualde paruum adhuc. Et sic accepit Homerus: ἔσθιε νῦν ὦ ξεῖνε, τά τε δμώεσσι πάρεστι χοίρε', ἀτὰρ σιάλους γε σύας μνηστῆρες ἔδουσιν. Atqui nescio quomodo proci sues sialos, id est ὑπὲρ τοὺς τελέους, plus quàm adultos (τελέους intelligo in uigore ætatis) comederint, tanquā nullius planè iudicij homines ad dignoscendum suauiora & concoctu faciliora cibaria: quod similiter de uentribus caprinis dixerim, quos sanguine & adipe repletos edebant, quo uix difficiliorem concoctu cibum reperias. Facillima sanè concoctu & suauissima caro est suis ætate medij, quæ sanguinem quoq; probum generat. pessima uero tum uetuli nimium, tum nuperrimè nati. Siquidem sus omnium ferè terrestrium animalium, quæ in hominis cibum ueniunt, humidissima carne est: quamobrem nuper geniti porcelli caro immodicè humida cum sit, plurimam pituitam gignit: idq; multò magis si crudiuscula (non satis cocta ad ignem) fuerit. Eandem ob causam Hippocrates suis carnem nimium pinguem magis improbat quàm mediocriter corpulentæ suis, humiditatem eius non probans: propter quam omnis sanè pinguedo minus bene tum concoquetur tum nutriet quàm de eodem animante caro. Sed ambustæ quoq; (porcinę carnes) inter assandum, ad concoctionem & boni succi generationem non idoneæ sunt, & propter acquisitam acrimoniam choleram siue bilem procreant. Commune enim hoc uitium biliosorum cibariorum est, cum humida & acria fuerint. Corrumpuntur enim hæc (omnia) similiter, & cum acredine sua uasorū ad uenad uentriculum pertingentium ora mordicent, ut humores ex toto corpore in uentrem deriuentur, efficiunt. Cæterum pellem non edi iubet, quòd carne concoctu difficilior sit, utpote frigidior. Porrò cum suillas etiam (ut caprinas ante) frigidiusculas edi uult, carnem nullam calidam probare uidetur, putans scilicet eas & facilius inflammari (καυσωδέστερα) & magis inflare, quàm si frigidiusculæ fuerint. Atqui ipse in carnibus caprinis, & si quæ aliæ natura calidæ sunt, rationem istam admitto: in illis uero quæ calefaciendo & refrigerando temperatæ sunt, simpliciter & absq; distinctione alteras alteris præferri non approbo, Hucusq; Galen. Χοῖρος porcus est adhuc tener, delphax uero adultus, alij contra uolunt, Hermol. Omnium ciborum (inquit Galen. de alim. fac. 3. 1.) suum caro potentissimè nutrit. Cuius rei athletæ certissimum tibi præbent indicium. Si enim paribus exercitationibus parẽ molem alterius cibi pridie totum diem comederint, postero die statim sentient sese redditos imbecilliores. Quòd si pluribus deinceps diebus id fecerint, non imbecilliores modo, uerum etiam alimenti penuria macilentiores palàm conspiciuntur. Idem etiam de eo quod dicimus, potes in pueris, qui in palæstra sese exercent, experiri, & in alijs, qui quamlibet actionem fortem ac uehementem (cuiusmodi est fodientium) obeunt. Et mox, Cæterum quantum carnes bubulæ totius suæ substantię crassitie suillam superant, tanto suillæ bubulas lentore antecedunt. Cæterum ex suũ carnibus, hominibus quidem ætate florentibus, fortibus & qui se multum exercent, suũ ætate florentium carnes ad coquendum sunt præstantiores: alijs uero suum adhuc increscentium. Porrò quemadmodum ex suibus qui ætate sunt florenti, ijs iuuenibus qui bono corporis sunt habitu, conueniunt: sic & boum, qui nondũ florentem ætatem attigerunt. Bos enim temperamento est quàm sus multò siccior. quemadmodũ & uir ætate florens quàm puer. Et paulò post, Capra temperamento minus quàm bos est sicca, si tamẽ homini & sui comparetur, multum superat. Suillæ autem carnis similitudinẽ cum humana ex eo poteris intelligere, quòd quidã carnes humanas pro suillis sine ulla in gustu uel olfactu suspicione comederunt. id enim ab improbis hospitibus & alijs quibusdam factũ fuisse iam compertum est. Merito igitur porcelli alimentũ nobis præbent, tanto magis suibus excrementosius, quanto ipsis sunt humidiores: meritò minus etiam nutriunt. Nam alimentum humidius, ut distribuitur, ita etiam discutitur celerius. Et rursus, Sues quanq; temperamento sunt humidi, cum tamen iam senuerint, carnem habent nonnunq; siccam ac concoctu difficilem, Hæc omnia Galen. de alim. fac. 3. 1. Ex pedestribus animantibus suilla caro probatissimus cibus est, deinde hœdina, mox uitulina, Galen. in lib. de cibis boni & mali succi. Alica, sicuti & suilla caro, si exactè in uentriculo concoquantur: tum in sanguinem à iocinore conuertantur, probatissimos humores gignunt, sed glutinosi aliquid in se habent, ob idq; in ijs iecur obstruunt, & renes, quibus hæc à natura adstrictos meatus habent, &c. Ibidem. Apri suibus domesticis in cibo sunt anteponendi, ut omnia quæ exercentur ijs quæ sunt otiosa: & quæ cibis siccioribus, ijs quæ humidioribus utuntur. deniq; quæ purũ ac tenuem aërem inspirant, ijs quæ contrarium sunt præferenda. Suum quidem domesticorum caro, omnium aliorum ciborum firmissimè nutrit: multũ enim in seipsa habet lentorem, tum propter uitã desidiosam, tum propter cibi humidioris affluentiam. Verũ ab his prorsus abstinebit, cui propositũ erit uictu extenuante uti. Quod uero ad reliquas carnes attinet, non quibusuis simpliciter uescetur, sed si multum sese exerceat, licebit ei & auribus & rostris, & pedibus suillis uesci, uentre præterea & matrice, si modo ea elixa bellẽ fuerint, Galen. de attenuante uictu 6. Et rursus ca. 10. Qui attenuante uictu uti uolet, poterit nõnunquam etiam prædictis (ut cetaceis piscib.) crassioris succi cibarijs uesci, si ex aceto aut oxymelite fuerint præparata, tum alijs etiam plurimis eorum quæ succo omni exhauriri queunt. Quin & suilla ipsa exucca tutò uescetur, quæ utiq; alioqui esset uitanda, ut quæ succum crassum ac lentum generet. Omnium quas nouimus ciborum maximè nutriens suilla caro est, sed non æque ut prædicta (pisces saxatiles, alæ testesq; gallinacei, &c.) concoctu facilis est. Præterea glutinosum succum crassumq; generat. Alioqui nec alio esse habitu potest quod in summo sit nutriens: quippe adhærere id debet, & firmiter affigi, non autem præ tenuitate diffluere, Galen. 7. Methodi medendi. Carnes suillæ, & quęcunq; lentos ac crassos humores habent, longo tempore faciunt ex toto corpore transpirationẽ. Olera uero & pisces saxatiles, & quæcunq; tenuem habent humorem distribuendum, celerius quidem distribuuntur & apponuntur, stabilem uero naturã non habent, sed facile difflantur, Galen. aphorism. 2. 18. Extremas quadrupedum partes edunt homines, pedes, rostra, auriculas: quas magna ex parte aqua elixas cum aceto & garo, interdũ & cum sinapi, aliqui uero etiã cum oleo & garo, uino quoq; affuso, comedunt: quidã cum oleribus siue aqua elixas, siue in ollis conditas. Porcini quidem pedes, ptisanæ inter coquendum iniecti, tum illam meliorẽ reddunt, tum ipsi molliores fiunt, eoq; aptiores tum ore mandi tum concoqui in uentriculo, Galen. de facult. alim. 3. 3. Et paulò inferius, Præstant suilli pedes rostro, illud auribus. aures enim sola cartilagine & cute constant, quare perparum alũt. Inter domesticas quadrupedes (inquit Celsus) leuissima suilla est: & ex eodem sue ungulæ, rostrum aures, cerebellum, aliquantò quàm cætera membra leuiora sunt, adeò ut in media materia poni possint: & eadem cum trunculis uuluisq; inter res leues, boni succi & stomacho idoneas numerat. Suilla tam recens quàm salita, etsi gustu titillat, perniciosa tamen omnino est ac mali succi, ut ait Celsus, Platina. Porcellorum carnes mucosas & nimis humidas esse, in Vitulo etiam ab initio capitis sexti ex Galeno recitaui. Caro suis tum cicuris tum domestici, ut fertur, cito concoquitur & descendit, multum alit, sed succum gignit crassum & uiscosum, Auicenna. Caro apri secundum Christianos inter ferinas optima est: nempe leuior quàm suis cicuris, & ualidi multiꝗ nutrimenti, citò concoquitur, pręcipuè autem hyeme conuenit, Idem. Porcellorum caro parum nutrit, quòd facile resoluatur & admodum humida sit, Idem. Galen. lib. 8. de sanitatis ratione, suillam carnem cæteris laudabiliorem facit. Auicenna capite de sanguine, humanum suillumꝗ sanguinem, in omnibus exactam habere similitudinem scribit: & similiter carnem: adeò ut impuratiores quidam pro suilla humanam distrahere ausi sint: quod facinus diu perrexit impunitum, donec digiti hominis intermixti forte conspecti, ad supplicij diritatem, etiamsi seram, auctores protraxêre: id quod decimo (cap. 2.) Simplicis medicinæ affatim exposuit Galenus. Auerrois quinto Colliget, ex Auicennæ placitis porcinam carnem cæteris præferendam omnibus statuit, ueluti hominibus natura cognatiorē. quod (inquit) esse ita experimento planè discimus, Cælius. Suum qui delphaces, hoc est porculi nuper nati, qui & λακτωδήπτλοι (lactentes porci) uulgò dicũtur, humidi sunt, & superfluitatum abundantes, nec boni succi, qua ex re haud bonum est eis uti: quemadmodum nec uetustis suibus, quippe quibus malus insit succus. Aprorum uero caro melior est quàm suũ domesticorum, quod tantarũ non sint superfluitatũ præditi, nec glutinosum gignãt humorē. Quæ uero inter hos σκωπτέια dicũtur, hoc est, ut docti quidã putant, calli aprugni, difficulter concoquunt̃ et perficiunt̃, atꝗ ab his ideo abstinendũ, Symeō Sethi. Et alibi, Suilla caro boni succi est & facilis concoctionis cum porcus annalis est, propter similitudinē quã cum humano corpore habet. Quidam enim famis necessitate carnes humanas gustauêre, quas suillæ similes gustu esse prodiderunt. Alit uero magis omnibus alijs cibarijs. Quęrent fortasse aliqui, quonam pacto suilla magis alat, & præ alijs temperata uel mediocris sit, cum hoc semper animal in cœno & sordibus uolutetur & nutriatur: quam dubitationem quidam soluentes, aiunt, quòd nisi ualde bene temperatum foret suis corpus, nunquam malum nutrimentum in bonam carnem uerteret. Quemadmodum enim in hominibus qui corpore bene temperato sunt & sano, rebus mali succi & alimentis non multum læduntur: quoniam natura cum tempore quod noxium est in bonum succum uertit, sic & in noxijs animalibus. Qui ergo humidi sunt uentriculi, suillam non bene concoquunt, sed obsæpiuntur, superuacaneaꝗ & superfluam humiditatē, glutinosumꝗ humorē actutum gignunt. At si probe concoquantur, bonum & boni succi alimentum facit, præsertim si porcus caricis alatur: ut enim aiunt, is apprimè suauis & boni succi alimentum facit, Hactenus Symeon Sethi. Suem suauiores (habere) carnes iamdudum creditum est, Aelianus. Suillam carnem quoquo modo coxeris, insalubrem inuenies, Platina. Suillæ & agninæ carnes cum in corporibus incoctæ manent facillimæ corrumpuntur propter pinguitudinem: caprinæ non item, Athenæus. Suilla nisi uinum bibatur deterior est ouilla, addito autem uino alimenti simul & medicamenti rationem habet, (humectando corpus,) ut legitur in Carmine Salernitano: ubi Arnoldus, Hoc maximè intelligendũ est de porcellis assis, uel apris optimè præparatis. nam suilla salsa, uel Sole fumoúe exiccata, siue cum uino siue absꝗ uino sumatur, minime debet præferri ouillæ. In eodem Carmine legitur, Ilia porcorum bona sunt, mala sunt reliquorũ. Arnoldus ilia interpretatur omasa siue intestina. Sed pauca intestina (inquit) comedimus, nisi quæ replentur sanguine, uel quæ sunt animalium præpinguium, ut porcina. Solus autem porcorum sanguis, propter similitudinem eius cum temperamento humano intestinis immitti solet ad cibum: & porci facilius obesantur quàm ullum aliud animal. quamobrem suis potius quàm alia intestina eliguntur.

Sus tibi cœnoso sit cœna domesticus ore,
Grata ferat nobis mensa hyemalis aprum.
Ille licet currat de uertice montis, aquosæ
Carnis erit, pluri sed tamen apta cibo est.
Huc feritas syluæꝗ domant, & inania saxa,
Post melius posita rusticitate sapit, Baptista Fiera.

Bianti pugili cum natura uorax esset, contigit ut in affectiones cholericas, bilis sursum ac deorsum exeuntis, delaberetur, ex carnis esu. maximè uero ex porcinis carnibus crudioribus, & ex ebrietate uini odorati, &c. Hippocrates 5. Epidemiorum. Scropha cum peperit macilentior fit, & carnē magis lentam minusꝗ sapidam habet. Aliqui talpæ caput præcidunt, & cum terra à talpis excitata tusum digerunt in pastillos pyxide stannea, & utuntur ad omnia quæ intumescunt, & quæ apostemata uocant, quæꝗ in ceruice sunt, (ut strumas, tonsillas,) uesciꝗ suilla tunc uetant, Plinius. Ad arquatos: Herba rubia utere in quotidiano uictu absꝗ carne suilla, Galenus Euporiston 2. 39. Mulier cui ulceratus est uterus, abstineat carnibus, porcinis, bubulis, & caprinis, edat autem panes, Hippocrat. de morbis mulieb. Suilla uentrem uiscoso humore suo humectat, & urinam mouet, Isaac. Mihi quidem cum lentum crassumꝗ succum reddat, urinæ mouendæ nequaquam idonea uidetur. Porcelli lactentes (inquit Isaac apud Vincentiũ Bell.) facile in malos humores uertuntur, & in putredinem, præcipue in uentriculo prauis humoribus imbuto. fortibus uerò uentriculis utiles sunt, cũ bene concoquuntur. secus enim phlegma uiscosum gignunt, & nascentes inde morbos, podagram, ilium dolorem, calculos renum, paralysin, & similes pro temperamentis & naturis edentium. Adulti sues, meliores sunt, præsertim castrati. uetuli uerò pessimi, utpote frigidi, & carnis duræ, ligneæ, insipidæ. quibus assueti incidunt in melancholiam & diuturnas febres, ut quartanam. Rarò utendum domestico sue. præferentur autem partes extremæ, ut pedes, & pernæ, quæ semper mouentur. Qui ederint, post cibum exercitari debent. quietè autem uiuentibus cauenda sunt syluestria multò magis quàm domestica, Hæc ille. Suilla omnis tum cicuris tum feri suis, æstate damnatur: nec probatur donec magnũ frigus ingruat, circa brumam, id est, solstitium hyemale. Per æstatem enim immodicè somno deditum est

est hoc animal, Mich. Herus. Sus nimium somno obnoxius per æstatem, nisi frequenter excitetur, lethargum incurrit & moritur aliquando. quare tum temporis, caro eius insalubris est, propter humiditatem à calore resolutam, Albertus & Liber de nat. rerum. Idem aprugnam difficiliorem concoctu esse scribit quàm domestici suis, eamq; ob causam otiosis hominibus minus conuenire; quod ego non probârim. Aliqui in cibo noxiam esse aiunt porcam, si mactetur mox postquam cum uere coierit. De grandinosis suibus, quos aliqui edunt cum non omnino abundant, supra capite tertio dixi.

¶ Aurelianus porcinam carnem populo Rom. distribuit, quæ hodieq; diuiditur, Vopiscus. Iste tibi faciet bona Saturnalia porcus, Inter spumantes ilice pastus apros, Martialis lib. 14. Heliogaba-10 lus habuit istam consuetudinem, ut una die non nisi de phasianis tantum ederet: item alia die de pullis, alia de porcis, Lampridius. Athenæus lib. 12. sues ex Sicilia tanquam præcipuas laudat. Idem Antiphanis uersus citat de epulis Cyclopis, in quibus apponebantur, κάπρος ἐκτομίας, ὗς ἐντομίας, δέλφαξ, id est, maialis, sus non castratus, & porcellus. ¶ Carnem suis nondum uetuli minutatim concisam, cum lardo tessellatim inciso, & columbis, perdicibus aut alijs, &c. aliqui pastillo uulgo dicto inclusam coquunt. ¶ Porcus Troianus: Gulæ ueteres architecti (inquit Erasmus in Chiliad.) & hoc commenti sunt, ut bos aut camelus totus apponeretur, differtus intus uarijs animantium generibus. Hinc & porcus Troianus uenit in populi fabulam, cui hoc nomen inditum est, quòd ita uarias animantium species utero tegeret, quemadmodum Durius equus texit armatos uiros, Macrobius libro Saturnalium tertio (ca. 13.) refert Cincium in oratione qua suasit legem Fanniã de moderandis sum-20 ptibus, obiecisse suo seculo, quòd porcum Troianum mensis inferrent. Conueniet in opipara conuiuia, aut in hominem uarijs delicijs expletum, Erasm. Callum aprugnum & porcus Troianus sumptuaria lege prohibebantur, Volaterranus. Post hæc infertur discus (πίναξ) argenteus, non modica crassitudine inauratus, tantus ut porcum assum eumq; prægrandem caperet, qui supinus in eo positus erat, eminente uentre uarijs bonis referto. Inerant enim simul assa, turdi, uuluæ, ficedulæ plurimæ, oua superinfusa, ostrea, pectines: quæ adhuc feruida singulis conuiuis unà cum orbibus distribuebantur, Hippolochus in epistola ad Lynceum de Carani conuiuio apud Athenæum lib. 4. Idem Athenæus lib. 9. in Dipnosophistarum conuiuio, Allatus est nobis (inquit) etiam porcus (delphax) dimidia parte diligenter assus, (κραμβαλέος, tostus, ξηρός, καπυρός,) & dimidia tanquam ex aqua molliter (τακερῶς, tenerè) elixus: mira etiam coqui industria ita paratus, ut qua parte iugulatus esset, & quomo-30 do uarijs delicijs refertus eius uenter, non appareret. Inerant enim turdi, & aliæ auiculæ, & suminũ porcinorum uuluarumq; partes. item uentriculi gallinacei cum uuluis, & isicia, (hoc est τὰ ἐκ σαρκῶν εἰς λεπτὰ κατακνιζόμενα, καὶ μετὰ πεπερίδων συμπλαττόμενα, Carnes minutatim concisæ, & cum granis piperis conditæ. Isicij uocabulum quamuis Atticum non est, tamen recentiores quidam Græci, ut Paxamus, utuntur. πεπερίδας piperis grana accipio, ut arceuthidas iuniperi.) Deinde post digressionẽ ad artem coquorum, post titulum, περὶ ἡμιόπτου καὶ ἡμιέφθου καὶ ἀσφάκτου γεμιστοῦ χοίρου, hoc est, De porco semiasso, semielixo, non iugulato & farcto: Porcus (inquit coquus) sub humero paruo uulnere mactatus est: deinde copioso sanguine euacuato, intestina omnia unà cum aphæresi (quam & exæresin uocant, ut Dionysius Comicus) exemi (hoc uerbum Athenæus non habet, sed addendum uidetur:) & postquam uino sæpius ac diligenter collui, à pedibus suspendi, & rursus uino perfusum elixaui cum-40 multo pipere, tum prædictas delitias (χναύματα, nempe auiculas, sumen, uitellos) per os uentri intrusas, copioso & optimo iure perfudi, & dimidiam porci partem multa polenta (farina ex hordeo) uino oleoq; subacta circunquaq; repleui, & in clibanum subiecta ærea mensa imposui, curauiq; ea moderatione assandam, ut neq; adureretur, nec auferretur cruda. nam cum pellis iam aridiuscula (κραμβαλέα) appareret, reliqua etiam satis iam tosta esse (ἡψῆσθαι, malim ὠπτῆσθαι) cõieci, & polenta remota uobis apposui, Hæc ille. Cæterum quid sibi uelit uox aphæresis siue exæresis, non reperio. hoc manifestum est, aliquid in uentre porci, quod unà cum intestinis eximebatur, unde nomen inditum, sic dictum fuisse, omentum fortassis, aut mesenterium. Quanquam & inde dici potuit, quòd lanij forte has partes ceu parandi exenterandiq; mercedem sibi auferrẽt & exciperent, ut piscatores apud nos in piscibus præparandis faciunt. Sic & aphæremata dicuntur, partes quas à uictimis auferebant (sa-50 cerdotes qui eas mactabãt, ut in Sacris literis legimus,) pectus, brachium dextrum & fibra iecinoris, ut Varinus scribit. Cum hoc porcello Athenæi communia quædam habet porcellus hortulanus Apicij, qui inferius inter cæteros Apicij porcellos describetur. ¶ In Lusitania, ut Polybius lib. 34. author est, sua ætate tanta rerum uilitas erat, ut & cætera minimo planè pretio uẽnirẽt, & ὗς δέπνων, centum librarum pondere, quinq; drachmis, Athenæus ab initio libri 8. ubi illud obseruandum, uocem δέπνων (si rectè legitur) in recto singulari positam uideri, & obesum aut saginatum significare.
¶ Porcelli lactei uel lactentes potius dicuntur, γαλαθηνοί, qui nuper nati solo adhuc materno lacte aluntur. Lacte mero pastum pigræ mihi matris alumnum Ponat, & Aetolo de sue diues edat, Martialis. Et alibi, Nondumq; uicta (concocta) lacteum faba porcum, libro quinto in epigrammate ad Bassum: sed qui fabas etiam edit, non solo lacte alitur. Pherecrates & Alcæus ὗν γαλαθηνὸν dixerũt,-60 & χοῖρον γαλαθηνὸν Heniochus & Crates, citante Athenæo. κομψός γε μικρὸς ἱερωμανίσκος οὗτος γαλαθηνός, Antiphanes apud eundem. Porcellus nostro etiam æuo sæpiusculè solidus assatur, Mich. Humelbergius. Vipera (uiuerra, Marcellus) porcelli modo inassata iocinerum doloribus medetur, Plin.

¶ In porcellum (uerba sunt Apicij 8.7.) farsilem duobus generibus. (qui duobus modis atq; locis farcitur: scilicet sub cute & in uentre, sicut & pulli nostro æuo farciri solent, Humelbergius.) Curas, à gutture exenteras, à ceruice ornas antequam prædures, subaperies auriculam sub cutem, mittes impensam Tarentinam in uesicam bubulam, & fistulam auicularij (qui auiario præest) rostro (collo) uesicæ alligabis, per quam exprimes in aurem quantum ceperit, postea charta præcludes & infiblabis: & præparabis aliam impensam, sic facies. Teres piper, ligusticum, origanum, laseris radicem modicum: suffundes liquamen: adijcies cerebella cocta, oua cruda, alicā coctam, ius de suo sibi, ferueat: cū ferbuerit, auicellas, nucleos, piper integrum: liquamine temperas: imples porcellum, charta obturas & fiblas, mittes in furnū: cum coctus fuerit, exornas, perunges, & inferes. Aliter porcellum, salem, cuminum, laser. Porcellus liquaminatus: De porcello eijcis utriculum, (uentriculum,) ita ne aliquę pulpæ in eo remaneant. Teres piper, ligusticum, origanum: suffundes liquamen: adijcies unum cerebellum, oua duo misces in se, porcellum præduratum imples, fiblabis, in sportella feruenti ollæ submittis, cocto fiblas tolles, ut ius ex ipso manare possit, pipere aspersum inferes. In porcellū elixum farsilem: De porcello utriculum eijcies, præduras. Teres piper, ligusticum, origanum: suffundes liquamē: cerebella cocta quod satis sit, similiter oua dissolues: liquamine temperabis: farcimina cocta integra præcides, sed ante porcellum præduratum liquamine delauas, deinde imples, infiblas, in sportella feruenti ollæ submittes, coctum spongizas, sine pipere inferes. Porcellus assus tractomelitus: Porcellum curatum à gutture exenteras, siccas. Teres piperis unciam, mel, uinum: impones ut ferueat, tractam siccatam confringes, & partibus cacabo permisces: agitabis surculo lauri uiridis: tandiu coques donec lenis fiat & impinguet: hac impensa porcellum imples, surclas, obturas charta, in furnum mittes, exornas, & inferes. In porcellum lacte pastum elixum calidum siue frigidum iure crudo Apiciano: Adijcies in mortarium piper, ligusticum, coriandri semen, mentham, rutam, fricabis: suffundes liquamen: adijcies mel, uinum: & liquamine porcellum elixum feruentem sabano mūdo siccatum profundes & inferes. Porcellus Vitellianus: Porcellum ornas quasi aprum: sale asperges: in furno assas: adijcies in mortarium piper, ligusticū: suffundes liquamen: uino & passo temperabis: in cacabo cum oleo pusillum ferueat, & porcellum assum iure asperges ita ut sub cute ius recipiat. Porcellus Flaccianus: Porcellum ornas in modum apri, sale asperges, & in furnum mittes: dum coquitur, adijcies in mortarium piper, ligusticum, careum, apij semen, laseris radicem, rutam uiridem, fricabis: suffundes liquamē: uino & passo temperabis: in cacabo cum oleo modicum ferueat, amylo obligas, porcellum coctum ab ossibus tanges: apij semen teres ita ut fiat puluis, asperges & inferes. Porcellus laureatus: Porcellum exossas quasi œnogaratum, ornas, præduras, laurum uiridem in medio franges, satis in furno assas: & mittes in mortarium piper, ligusticum, careum, apij semen, laseris radicem, baccas lauri, fricabis: suffundes liquamen: uino & passo temperabis: adijcies in cacabū olei modicum ut ferueat, obligas, porcellum lauro eximes, & ius ab osse tanges, & inferes. Porcellus Frontonianus: Porcellum exossas, præduras, ornas: adijcies in cacabum liquamen, uinum: obligas fasciculum porri, anethi: media coctura mittes defrutum: coctū lauas & siccum mittes: piper asperges, & inferes. Porcellus œnogaratus: Porcellū præduras, ornas, adijcies in cacabum oleum, liquamen, uinum, aquam: obligas fasciculum porri, coriandri: media coctura colorabis defruto: adijcies in mortarium piper, ligusticum, careum, origanum, apij semen, laseris radicem, fricabis: suffundes liquamen, ius de suo sibi: uino & passo temperabis: exinanies in cacabum: facias ut ferueat: cum ferbuerit, amylo obligas: porcellum compositum in patina perfundes: piper asperges, & inferes. Porcellus Celsinianus: Ornas, infundes pipere, ruta, cepa, satureia, succo suo: & oua infundes per auriculam: & ex pipere, liquamine, uino modico in acetabulum temperas & sumes. In porcellum assum: Teres piper, rutam, satureiam, cepam, ouorum coctorum media: liquamen, uinum, oleum, condimentum: bulliat conditura: porcellum in boletari perfundes & inferes. In porcellum hortulanum, (hoc est, oleribus fartum, Humelbergius. Meo quidem iudicio non falletur qui pro hortulano Troianum dixerit:) Porcellus hortulanus exossatur per gulam in modum utris, mittitur in eo pullus isiciatus particulatim concisus, turdi, ficedulæ, isicia de pulpa sua, (forte suis,) lucanicæ, dactyli exossati, fabriles bulbi, cochleæ exemptæ, maluæ, betæ, porri, apium, coliculi elixi, coriandrum, piper integrū, nuclei: oua quindecim superinfunduntur: liquamen, piperatum, oua mittantur tria: & consuitur, & præduratur, in furno assatur. Deinde à dorso scinditur, & iure hoc perfunditur: piper teritur, ruta: liquamen, passum, mel, oleum modicum, cum bullierit, amylum mittitur: (Habet quædam cum hortulano isto Apicij porcello communia, ille Athenæi quem Dipnosophistis appositum supra recitaui in Porci Troiani mentione.) Ius frigidum in porcellum elixum ita facies: Teres piper, careum, anethum, origanum modicè, nucleos pineos: suffundes acetum, liquamen, carænum, mel, sinape factum: superstillabis oleum: piper asperges & inferes. Porcellum traganum sic facies: Exossas porcellum, & aptabis sicut œnogaratum, & ad fumum suspendas & appendeas, & quantum appēdeas tantum salis in ollam mittes, & elixas ut coquatur, & siccum in lance inferes, salso recente. In porcello lactente: Piperis unciam, uini heminam, olei optimi acetabulum maius, liquaminis minus, Hucusque Apicius.

¶ De porcello asso. Porcellum adhuc lactentem (inquit Platina 6.15.) iugulato, uillosq; cultro omnino acuto abradito. Per spinam deinde scindito, eximitoq; quicquid in uentre habet; iecuscula eius

eius cum larido, allio, cumq; odoriferis herbis minutim concidito tritū caseum, oua agitata, tunsum piper, crocum in puluerem redactum, cum superioribus bene misceto: in porcellumq; omnino ita inuersum, ut quod intus erat, foris sit, indito: ac claudito, ne excidat. Coqui in ueru, aut super craticulam lento igne non incommodè potest, ut omnia pariter esui bona sint. Dum coquitur, aceto, pipere, croco, simul mixtis cum saluiæ aut rosmarini aut lauri ramusculis sæpe aspergenda est. Idem etiam fieri ex ansere, anate, grue, capo, pullastra, potest. Malè hoc & parum alit, tardè concoquitur: stomacho, capiti, oculis atq; hepati nocet. Obstructiones facit, calculum creat, pituitam auget. ¶ Eubulus poëta apud Athenęum inter cæteros delicatos cibos nominat ἠρία ἀλφακίων.

¶ Lardum, ut grammatici quidam deriuant, dicitur quasi latè aridum, (largè aridum, Hermolaus ex Macrobio.) est autem caro suilla quoquo modo salsa, siue (ut alijs placet) id pingue quod est in sue. Pinguia cur illis gustantur larda calendis? Ouidius 6. Fast. Plinius dixit, lardum pingue hoc unctum, quasi & macrum dici possit. Et pallens faba cum rubente lardo, Martialis lib. 5. Graue lardum, Statius 4. Sylu. Et natalitium cognatis ponere lardum, Iuuenalis Sat. 11. Plautus in Capt. laridum dixit, his uerbis: Quanta pernis pestis ueniet, quanta labes larido? Vncta satis pingui ponentur oluscula lardo, Horat. Serm. 2. 6. Vt lurcaretur lardum & carnaria furtim, Lucilius. Lardum lurcabat lubens, Pomponius Syris apud Nonium. Lardus porcorum optimus est in condiendis omnibus cibis, Crescentiensis. Nostri lardo olerum ferè minutalia & rapa condiunt, siue decoquendo simul lardi offas, siue in minimas tessellas incisum inspergendo. Turundæ etiam, ut sic uocem, oblongæ, exiles quadratæ, in acum ligneam (ex fruticis quem fusariam uocant, aliqui euonymon putant, præcipuè ligno) decussatim sectam à posteriori parte inseruntur, ut ea per carnes quasuis traiecta, lardum in eis relinquat, idq; simul assetur: quod cum aliàs saporem carnium, commendat, tum in parum pinguibus præsertim auibus ferè necessariū uidetur. Adipem suis carne multo insalubriorem esse, suprà uerbis Galeni recitauimus. Ius lardarium apud Scoppam Italum Grammaticum legi. Habent & Germani in usu panis offas in aqua coctas cum lardo copioso dissecto & cepis, speck suppen. Inferiores Germani lardum coctum seruant, & frigidum edunt, quidam etiam crudum.

¶ Liquamen est pinguedo animalium ad ignem liquefacta, & in usum coquinarium seruata ad condiendos cibos. Liquamen ex adipe porci atq; anserum hoc modo fit: Concisum minutim ad carbones ignitos in cacabo pones, ne si ad flammam suspenderis, fumum concipiat: tantumq; salis indes, quantum satis esse putabis. Liquefactum, antequam refrixit, in ollam repositoriam colabis: reponesq; ad usum, ut ubi uoles, eo uti liceat. Fit item liquamen ex anserino & gallinaceo adipe, Platina 2. 21. Et præcedenti capite, Colliguntur multa ad pulmentaria ex porco nuper cæso, ut adeps. Pauperes apud nos ex adipe abdominis suilli (schmār uocant) adhuc recenti (aliter enim uirus resipit) liquamen faciunt, quo olei aut butyri loco utuntur. Pernas & lardum conficimus, non solum decembri mense, sed omnibus quos hyemalis algor astringit, Palladius. Laridi coctura: Tectum aqua cum multo anetho coques, olei modicum distillabis & modicum salis, Apicius. Angli brān appellant lardum non quoduis, sed è uerre saginato ferè per anni spacium, quo toto tempore, non molliter, nec in stramentis, sed tantum in tabulis ligneis cubare ei permittitur, ut lardum induretur, & solidescat: huius mactati lardum seruant in aceto ex cereuisia facto: potest autem diu seruari. mensis apponūt cum iure in quo coctum est, condito agrestium pomorum succo (loco omphacij) & pauco sale: cibus habetur nobilis & pretiosus, quem locupletes tantum inter se dono mittunt.

¶ Suilla caro ita aliquando paratur, ut suis feri uideatur, ut dictum est supra inter Apicij porcellos: & dicetur infra in prouerbio Suilla caro est. Suillarum carnium ius decoctum opitulatur contra buprestin, Galenus lib. 2. de antidotis. De sue partes quædam ferè assantur à lautioribus, ut spatula siue armus, (laffen:) coxa, (ÿßbein:) costæ, in pectore, (brustripple:) eædem ad spinam dorsi superius, (rambraten:) & reliquæ costæ, nempe laterum. Apicius 4. 3. in minutalia aliquot addi iubet spatulam porcinam coctam & tessellatim concisam. Varro scribit L. Volumnio senatori missam offulam suillā cum duabus costis, quæ penderet xxiij. pondo. Offula ab offa minima suilla, ab eo quod insecta caro, ut in carmine Saliorum est, quod in extis dicitur nunc issitia, Varro de ling. Lat. Penem antiqui codam uocabant, à qua antiquitate etiam nunc offa porcina cum cauda in cœnis puris offa penita uocatur, Fest. Et rursus, Penitam offam Næuius appellat absegmen carnis cum coda: antiqui enim offam uocant abscissum globi forma, ut manu glomeratam pultem. Nostri ex cauda cum alijs partibus extremis gelu in patina, ut uocant, parare solent. Caryophyllatæ seu benedictæ uulgò dictæ succo trunculos suillos macerant, & ad usum aliquod tempus seruant, Ruellius. Quomodo caro suilla frustatim concisa, in aqua salsa seu muria multo tempore recens seruari possit, Baltasar Cellarius in libro suo de arte coquinaria docet: Primum, adornatum suem in mensa poni præcipit, copiosa niue undiquaq; circundatum, donec caro duriuscula & solida appareat, quod ferè per noctem unam fit: deinde carnem in tomos oblongos dissectam in uas larignum cum multò sale alternis componi iubet per dies octo, tabella imposito lapide oneratam: postea aquam fontanā cum multo sale nouis scopis diu agitatam donec lentescat, superinfundi, ut duobus digitis aqua excedat, & oneratam ad usum seruari. ζεῦγλαι, τέμαχος ἐκ πλευρᾶς ἡλιασμένον, Hes. & Varinus: sed idem Varinus τέμαχος de piscibus tantum propriè dici docet: quare ζεῦγλαι etiam de piscibus solum dicetur. Succidia à sue nominatur cuius caro est, Hermolaus. Succidia, (inquit grammaticus quidam recentior) est tergū, siue massa carnis porcina salita, quæ quoties opus est succiditur. continet autem pernam, petasonem & lardum. Nonius succidiam pro lardo exponit. Varro lib. 4. de ling. Latin. non à succidendo, sed à suibus cædendis (siue edendis, quod non placet, nec est in nostris codicibus Varronis) dictam putat: nam id pecus primum occidere cœperunt domini, & ut id seruarent, salire. Iam hortum ipsi agricolæ succidiam alteram appellant, id est, ut ait Nonius, successionem necessariam. Patres nostri dixerunt ignauum & sumptuosum esse, qui succidiam in carnario suspenderit potius ab laniario, quàm ex domestico fundo, Varro. Succidias Galli optimas & maximas facere consueuerunt. Optimarum signum, quod etiam nunc quotannis è Gallia apportantur Romam pernæ, tomacinæ, & taniacæ, & petasiones (malim petasones. Vocabula tomacinæ & taniacæ alibi nusquam reperio: de tomaculis inferius dicam.) De magnitudine Gallicarum succidiarum Cato scribit his uerbis: In Italia in scrobes terna atque quaterna millia aulia succidia, Idem. Porcos succidaneos apud Apicium legimus. Suum obesorum ac ætate florentium carnes, ad saliendum sunt appositæ, ut quæ utriusque excessus sint expertes, annosorum uidelicet siccitatis, & nouellorum porcellorum immodicæ humiditatis. Quemadmodũ enim corpora sicca, salita, corijs euadunt similia: sic contra quæ immodica humiditate diffluũt, salis commercio contabescunt, Galenus de alimentorum facultatib. 3. 40. Ad annũ ubi uenerit porcus, saliture non incongruit. pridie quàm occidatur potione prohibere oportet, quo sit eius caro siccior: deinde diligenter salire, ne fracescat, & uitium sapiat, néue tinea & uermibus lædatur. Dum salsuram facis, in fundo dolij aut seriæ salem sternito: frusta deinde ponito, cutis deorsum spectet. Tam diu caro in dolijs remaneat, quoad salem conceperit: (nostri ferè quatuordecim dies relinquunt, & his amplius si sues annosi fuerint, usque ad uiginti.) In carnario deinde, quo fumus penetret, suspendatur. Hinc sumes laridum pro tempore, hinc pernam, hinc petasonem, hinc sumen, hinc glandium, Platina. Omne pecus (inquit Columella) & præcipue suem pridie quàm occidatur, potione prohiberi oportet, quo sit caro siccior. Nam si biberit, plus humoris salsura habebit. Ergo sitientem cum occideris, bene exossato. Nam ea res minus uitiosam, & magis durabilem salsuram facit: deinde cum exossaueris, cocto sale, nec nimium minuto, sed suspensa mola infracto diligenter salito, & maxime in eas partes, quibus ossa relicta sunt, largum salem infarcito, compositisque supra tabulatum tergoribus, aut frustis uasta pondera imponito, ut exanietur. Tertio die pondera remoueto & manibus diligenter salsuram fricato, eamque cum uoles reponere, minuto & trito sale aspergito, atque ita reponito: nec desieris eius quotidie salsuram fricare, donec matura sit. Quod si serenitas fuerit ijs diebus, quibus perfricatur caro, patieris eam sale conspersam esse nouem diebus: at si nubilum aut pluuiæ, undecima uel duodecima die ad lacum salsuram deferri oportebit, & salem prius excuti, deinde aqua dulci diligenter perlui: necubi sal inhæreat, & paululum afficcatam in carnario suspendi, quo modicus fumus perueniat, qui si quid humoris adhuc continetur, siccare eum possit. Hæc salsura luna decrescente maxime per brumam, sed etiam mense Februario ante Idus commode fiet. Est & alia salsura, quæ etiam locis calidis omni tempore anni potest usurpari, quæ talis est: Cum ab aqua pridie sues prohibiti sunt, postero die mactantur, & uel aqua candente, uel ex tenuibus lignis flammula facta glabrantur (nam utroque modo pili detrahuntur) caro in libraria frusta conciditur: deinde in seriam substernitur sal coctum, sed modicè (ut supra diximus) infractum: deinde offulæ carnis spisse componuntur, & alternis sal ingeritur: sed cum ad fauces seriæ peruentum est, sale reliqua pars repletur, & impositis ponderibus in uas comprimitur: eaque caro semper conseruatur, & tanquam salsamentum in muria sua permanet, Hactenus Columel. Carnem salitam larido intertextam, in tessellas concides: concisam, in sartagine non admodum friges: frictam, aceto, saccharo, cinnamo, petroselino minutatim conciso asperges. Idem etiam fieri de perna ac sumine potest. Sed hæc succo citri uel malarancij suffundi amant. Clamat in hanc opinionem Bibulus, & sine acredine, (intinctum acetosum intelligo,) quo uehementior excitetur sitis, hæc deuoranda affirmat, Platina. Et alibi, Non sumem admodum pingue, sed rubeum coquatur eo modo quo perna, (cuius coctio inferius recitabitur,) sed melius aliquantulum. Hanc quoque cocturam uult lingua: quanto pinguior, tanto melior est. Eadem ferè & de reliqua succidia ratio. Galli (Belgæ) carnibus multifariam, præsertim suillis, & recentibus & salitis utunt, Strab. Venter suis faliscus uocatur, Volaterran. Non lucanica, non graues falisci, Martialis. Et alibi, Et lucanica uentre cum falisco. Lucanicam dicunt, quòd milites à Lucanis didicerunt, ut quod à Falerijs faliscum uentrem, Varro de ling. Latin. Filia Picenæ uenio Lucanica porcæ, Pultibus hinc niueis grata corona datur, Martialis. Grammatici farciminis genus interpretantur, à Lucanis primum inuentum, (bratwürst.) Si uoles bonas lucanicas, carnem macram simul & pinguem ex sue concidito, ablatis omnibus fibris ac neruis. Quòd si caro decem librarum fuerit, salis libram unam, fœniculi bene mundi uncias duas, totidem piperis semiunsi admisceto, confricatoque per diem hæc in mensula sinito: Sequenti, in intestinum bene mundum inijcito, & sic ad fumum suspendito, Platina. De lucanicis parandis lege etiam Apicium 2. 4. Qui uenit botulus mediæ tibi tempore brumæ, Saturni septẽ uenerat ante dies, Martialis. Botulus autẽ siue botellus diminutiuum farciminis genus est è carne suilla, à bolis, id est frustulis carnis, ut quidam putant, appellatus, (propter connexionem à bolis, Festus.) Fiebat ex oui uitellis coctis, nucleis pineis concisis, cepa, porro, iure crudo, concisis. addebatur piper & liquamen & uinum, sicque farctum intestinum coquebatur, Apicius 2. 3. idque farciminis genus in Saturnalibus præcipuè celebrabatur. Et pultem niueam

ueam premens botellus, Martialis lib. 5. Intestina sanguine farcta nostri uocant **roßwürst / blůtwürst.** ex his quod crassius est, & apicem quendam adhærentem habet, (unde & apexabo Latinè uocatur, Varrone teste) præter sanguinem, cerebro etiam & lardo conciso farcitur, & aromatibus quandoque conditur, **weckerling.** Ventriculus etiam suis uel in oblongas particulas sectus, uel minutatim concisus, unà cum carne similiter secta concisa'ue crassioribus intestinis infarcitur, cum sale, careo, & pipere, **schübling** uel **magenwürst.** Isicium, farciminis genus, Volaterranus. Scoppa Italicè tomacellam interpretatur, ut & tomaculum, de quo infra dicemus in iecoris mentione. Videtur sanè & isicium, quasi incisum sectumque Latinè dici, & tomaculum à uerbo τέμνειν, unde & τόμος, id est sectio. De porcello tenero isicia quintum locum post isicia de pauo obtinēt, apud Apicium 2.2. Idem isiciorum uaria genera per totum librum secundum describit. Vbi Humelbergius in annotationibus suis, Isicia, inquit, cibaria sunt ex carne concisa & insecta: quæ nunc per se, nunc reticulo & omento circundata in sartagine, alijs etiam iunctis rebus, & aromatibus aliquando, cum adipe aut oleo butyróue friguntur. Alio nomine tomacula siue per syncopen tomacla & tomacinæ aliquando uocantur, ἀπὸ τῆς τομῆς, id est à sectione & incisura. Insitia etiam aliquando farcimina significant, quæ carne concisa fartis, id est impletis intestinis fiunt, Hæc ille: sed quod potissimum ad isicij rationem pertinet, omisit. Nam minutatim concidi alijs quoque eduliorum generibus commune est, minutalibus, lucanicis, botellis, &c. isicium uero non conciditur solum, sed etiam in mortario, ut isicium fiat, pulpa cuiusuis animantis tunditur, teritur, fricatur: his enim uocabulis Apicius utitur, & pulpam tritam in isicia plassari, id est formari iubet: contrita enim & in unum redacta corpus, facile manibus in quam uolueris formam, rotundam, teretem aliámue, formantur. Edebantur autem uel recentia, uel in fumum suspendebantur, ut ex Apicio patet. quanquam idem lucanicis quoque admisceri iubet pulpam bene tunsam, quod apud nos non obseruatur, sed simpliciter minutissimè concisa inditur. Sed lucanicæ, botelli, & alia farcimina propriè dicta, semper intestinis immittuntur: isicia non item: nam quod Humelbergius isicia pro farciminibus aliquando accipi scribit, deceptus est fortassis à Volaterrano, ego apud nullum idoneum authorem reperi. Quòd uero in mortario semper tererentur isicia, siue isiciorum pulpa, Macrobij & Aphrodisiensis etiam authoritate constat. Hic enim problematum 1.22. inquirens cur ægrè id genus carnis concoquatur quod isicium, ἰσικὸς, nominatur: Quoniam (inquit) sua leuitate fluitat in uentriculo per cibi humidi medium, nec eius corpus attingit, quo tactu fieri concoctio potest: sed iuxta gulam redundat, quinetiam foris aquæ iniectum non subsidet, sed innatat: quoniam dum carnes teruntur, spiritus admittitur præleuis, qui corpus eleuet, & in humore fluitare aptissimum reddat. Dicas quæso (inquit Furius Albinus ad Disarium, apud Macrobium Satur. 7.8.) quæ causa difficile digestu facit isitium, quod ab insectione insitium dictum: amissione n. literæ, postea, quod nunc habet nomen obtinuit: cum multum in eo digestionem futuram iuuerit tritura tam diligens, & quicquid graue erat carnis assumpserit, consummationemque eius multa ex parte confecerit. Et Disarius: Leuitas quam tritura præstitit, facit ut innatet udo cibo quem in medio uentris inuenerit, nec adhæreat cuti uentris, de cuius calore digestio promouetur: sic & mox tritum atque firmatum, cum in aquam conijcitur natat. Ex quo intelligitur quòd idem faciens in uentris humore subducit se digestionis necessitati: & tam serò illic coquitur, quàm tardius conficiuntur quæ uapore aquæ quàm quæ igne soluuntur. Porcellus semitostus & semielixus apud Athenęum libro 9. farctus erat tum alijs delicijs, tum ijs quæ isicia uocant: quanquam hoc uocabulo uix uti se audere coquus inquit, præsente Vlpiano qui Attica tantum & ueteribus Græcis usitata probabat: isicium uero apud recentiores tantum legitur, Paxamum, (& alios.) affert autem quasi περιπλήθων isiciorum periphrasin huiusmodi, Τὰ ἐκ σαρκῶν εἰς λεπτὰ κατακνιζόμενα, καὶ μετὰ πεπερίδων συμπλαττόμενα. κνίζειν quidem simpliciter συγκόπτειν & κατατέμνειν significat, id est minutatim concidere, unde olera κνιστὰ dicta. Apicius 4.3. isicia uel isiciola minuta in minutalia aliquot addi iubet. Ventrem porcinum bene exinanies, aceto & sale, postea aqua lauas, & sic hac impensa imples. Pulpam porcinam tunsam tritam ita ut eneruata commisceas cerebella tria, & oua cruda, cui nucleos infundis, & piper integrum mittis, & hoc iure temperas. Teres piper, ligusticum, silphium, anisum, zingiber, rutæ modicum, liquamen optimum & olei modicum, reples aqualicum (aqualiculum) sic ut laxamentum habeat, ne dissiliat in coctura, surclas, amylas & in ollam bullientem submittis, leuas, & pungis acu ne crepet: cum ad dimidias coctus fuerit, leuas & ad fumum suspendis, ut coloretur, & denuo eum perlaxabis ut coqui possit deinde liquamine, mero, oleo modico: & cultello aperies, & cum liquamine & ligustico apponis, Apicius 7. 7. Ventrem ut tostum facias: In cantabro inuolue, postea in muriam mittis, & sic coques, Ibidem. ¶ Non alio ex animali numerosior materia ganeæ, quinquaginta prope sapores, cum cæteris singuli. Hinc censoriarum legum paginæ, interdictaque cœnis abdomina, glandia, testiculi, uuluæ, syncipita uerrina, ut tamen Publij mimorum poëtæ cœna, postquam seruitutem exuerat, nulla memoretur sine abdomine, etiam uocabulo suminis ab eo imposito, Plinius. ¶ Glandium pars quædam intestinorum est, ut inquit Priscianus. Alij uolunt esse partem apri iuxta ceruicem, uel ipsam ceruicem: in hac enim glandulæ positæ sunt. Arripuit gladium, prætruncauit tribus tergoribus glandia, Plautus Capt. Pernam, abdomen suis, glandium, Idem Curcu. Hinc Censoriarum legum paginæ, interdictaque cœnis abdomina, glandia, testiculi, &c. Plinius 8.51. Quibusdam sunt tubera, sicut in carne glandia, Idem lib. 16. Est quidam terræ adeps ac uelut glandia in corporibus, Idem lib. 17. de marga. Glandula, ut scribit Gram maticus quidam, caro glandulosa in sue, quæ ab antiquis boni saporis putabatur. Glandulam suil-lam, laridum, pernam itidem, Plautus Menæch. Partitur apri glandulas palæstritis, Martialis. Ter poscit apri glandulas, quater lumbum, Idem. Porcellorum media capita (δελφακίων ἡμίκραιρα) Dipnosophistis apponuntur apud Athenæum libro 8. εἰσῆλθεν ἡμίκραιρα τακερὰ δέλφακος. ταύτης μὰ τὸν Δί' οὐχὶ κατέλιπον γ' ἐγὼ οὐδέν, Crobylus. δίδοται μάλιθ' ἱερωσύνα κωλῆ, τὸ πλευρόν, ἡμίκραιρ' ἀριστερά, Amipsias. Hæc scilicet sunt quæ Plinius syncipita uerrina dixit. Videtur enim anterior pars posteriore lautior esse. Cæterum in Amipsiæ uerbis ubi sinistram hemicræram, id est dimidiam capitis partem sacerdotibus relinqui scribit, aliter accipiendum est, nempe ut caput non in occiput et sinciput, sed in dextram læuamque partem æqualiter diuidatur. ¶ Rhodonia uel Rhoduntia olla, (ῥοδωνία ἢ ῥοδουντία λοπάς. ego rhodoniam malim, rhoduntia in margine tantum scribitur,) hoc modo paratur, ut coquus quidam apud Athenæum libro 9. docet: Rosis (inquit) odoratissimis in pila contusis, cerebella auium & porcorum (ὀρνίθων καὶ χοίρων) cocta & diligenter à fibris purgata, (ἐξινεωθέντα, reddi potest eneruata: nam & Apicius 2.1. iecur porcinum assatum eneruari iubet. Cerebrum etiam eneruatum apud eundem additur uentriculo porcino, ut paulo superius mox post isicia recitaui) & ouorum uitellos adieci: deinde oleum, garum, piper, uinum. hæc diligenter trita in ollam nouam inieci, igne molli & continuo subiecto. Hæc dicens simul ollam aperiebat, unde suauissimus odor in totum symposium diffluxit, Hæc ille: quæ & Cælius 7.10. transtulit, sed parum diligenter. ῥοδωνιὰ oxytonum, locum rosis consitum significat: hic uero adiectiuè paroxytonum ῥοδωνία λοπὰς scribitur. ¶ Sanguiculum aliqui hœdi aut suis sanguinem exponunt in cibum formatum, ut in Hœdo dixi in F. Sanguis suillus humidus est, & minus calidus, humano maximè temperie similis: siquidem & carnes suum humanis sunt similes, Galenus. Plura de sanguine suis supra diximus in Carnium eius mentione. Clidium uocatur quod inter iugulum est, Volaterranus: uel potius os in summis costis, κλεὶς, κλείδιον. Ila pars lumbi est seu lateris, Idem. Perna magis, an magis ilis, Horatius. ¶ Suis spina ubi recens est, assa ad gulam facit. Sunt qui cepas in eius feruenti adipe coquant, deuorentque, Platina. Spectile uocatur infra (aliâs iuxta) umbilicum suis caro quædam proprij habitus, exos, qua etiam antiqui per se utebantur. Plautus enumerandis uilibus obsonijs in Carbonaria: Sic ego pernam, sumen, sue, spectile, callum, glandia, Festus. Vulua eiecto partu melior quàm edito: Eiectitia uocatur illa, hæc porcaria: primiparæ suis optima, contra effœtis: à partu, præterquam eodem die suis occisæ, liuida ac macra. Nec nouellarum suum, præterquam primiparum probatur, potiusque ueterum, necdum effœtarum, & biduo ante partum, aut post partum, aut quo eiecerint die. Proxima eiectitiæ est occisæ uno die post partum. huius & sumen optimum, si modo fœtus non hauserit: eiectitiæ deterrimum, Plinius. Verba Plinij (inquit Hermolaus in Castigationibus) de uulua suis, multum obscuritatis habent, si præcedentia sequentibus conferas: illud meminero, Plinium priore loco de eiectitia loqui usque ad eum finem, quo eiecerint die, ut eiectitiam intelligat partu eiecto seu enecto, porcariam edito: quicquid literatores hac parte sentiant. Delphaces propriè uocantur sues fœminæ, quæ delphinas, id est uteros seu uuluas habent, Athenæus. Idem libro 3. Alexis, inquit, Callimedontem rhetorem tanquam gulosum (& inter alias delicias uuluarum appetentem) traducens, scribit: ὑπὲρ πάτρας μὲν πᾶς τις ἀποθνῄσκειν θέλει, ὑπὲρ δὲ μήτρας Καλλιμέδων ὁ κάραβος, &c. μήτραν τινὸς πωλοῦσιν ἡδίστου ὑείας, Antiphanes. οἷων δ' ὑπῆρχε βρωμάτων ὡς μυστικῶν, ἤνυστρα, μήτρας, χόλικας, Dioxippus. ἤπατια, νῆστις, πνεύμονες, μήτρα, Eubulus. μήτρας τινὸς ποδαπῆς φερομένης ἐν ὄξει καὶ ὀπῷ, Lynceus Samius, id est, Cum autem circumferretur uulua quædam in aceto lasere condito. μήτρας καλὰ πρόσωπα ἐκβολάδος, (ad differentiam τῆς ἐκτομίδος.) Athenæus: ut errârit Hermolaus in Plinium 11.37. ecbolàda simul et ectomida eiectitiam interpretatus: porcariam uero ὑείαν, quam uocem ego generalem puto ad utranque differentiam, ἐκτομίδα uero porcariam esse:) δέλφαξ ἐν κλιβάνῳ ἡδίστα ὄζων, Hipparchus. ἀλλ' οἷα μήτρα καλλίκαρπος ἐκβολὰς δίεφθα, λευκανθεῖσα, τυρὸς τε δέμας, Sopater. Et alibi, μήτρας ὑείας τι ἀφεψηθεὶς τόμος, τῇ δριμυτάτῃ ἐν τῷ ὀξάλμῃ ἔχων. Et rursus, μήτρας ὑείας ἑφθὸν ὡς φάγῃς τόμον, δριμεῖαν αὐτῷ πηγανῖτιν εἰς χολὴν. uidetur autem rutæ succum qui acris simul & amarus est, πηγανῖτιν χολὴν uocare, ut usus eius pro embammate fuerit. Cæterum prisci, inquit Athenæus, neque uuluas, neque lactucas, nec aliud huiusmodi ante cœnas proferebant ut nunc fit. (sed post cœnã, hinc Martialis de lactuca, Claudere quæ cœnas lactuca solebat auorum, Dic mihi cur nostras incipit illa dapes?) Quare post cœnam, ut canit Archestratus, potanti tibi, φερέτω τοιόνδε τράγημα, γαστέρα καὶ μήτραν ἑφθὴν ὑὸς, ἐν τε κυμίνῳ, ἔν τ' ὄξει δριμεῖ καὶ σιλφίῳ ἐμβεβαῶσαν, Hactenus Athenæus. Te fortasse magis capiet de uirgine porca, Me materna graui de sue uulua capit, Martialis. Apicius uuluam sterilem commendat, Hermolaus. Curius aliquando edebat olera, quæ nunc etiam squalidus fossor fastidit, Qui meminit calidæ sapiat quid uulua popinæ, Iuuenal. Sat. 11. Vulua nil pulchrius ampla, Horat. 1. epist. Lanij nostri mactatis porcis hanc partem semper abijciunt, nec quisquam apud nos, quod sciam, uuluam in cibo appetit. ¶ Publij mimorum poëtæ, postquam seruitutem exuit, cœna nulla memoratur sine abdomine, etiam uocabulo suminis ab eo imposito, Plinius. Et rursus, Occisæ uno die post partum sumen optimum, si modo fœtus non hauserit: eiectitiæ deterrimum. Antiqui abdomen uocabant, priusquam calleret id, scientes occidere non assueti. Scribendum arbitror (inquit Hermolaus) prius callere id sinentes, occidere non assueti. (Pauciora mutabis, si legas, priusquam calleret, id sinentes. Vt abdomen uocatum sit, simpliciter: cum callebat uero, sumen, quod magis probo.) Plautus in Pœnulo

Pœnulo ad hanc consuetudinem ferè alludens: Vide sis, inquit, calleas: cui respondens conseruus, Callum aprugnum (inquit) callere æquè non sinam. Est autem sensus, Id quod modo sumen (inquit) dicitur: hoc est, suillas cum lacte suo mammas, ueteres abdomen uocabant, ab lacte opinor iam abdito & fugato, utpote qui antequam ubera callescerent: hoc est, siccato lacte durescerent, suem occidere non solerent, Hæc Hermolaus. Esse putes nondum sumen, sic ubere largo Effluit, & uiuo lacte papilla tumet, Martialis. Sumen propriè à sugendo dictum: nam mulieris mammam, sumen ueteres dici uolunt. Quòd si nulla potest mulier tam corpore duro Esse, tamen tenero moueat succussa lacerto, Atque manus uberi lactanti in sumine sidat, Lucilius apud Nonium. Sumen (ut grammatici quidam exponunt) fit ex papillis suillis uno die post partum sectis ac salitis. Quanta labes larido, quanta sumini absumendo, Plautus Capt. Alij putant esse lac suis extractum ac densatum sue occisa: uel quasi rumen, id est mammam. Cæsar Vopiscus campos Roseæ, Italiæ dixit esse sumen, in quo relicta pertica postridie non appareret propter herbam, Varro. Abdomen porcæ, Iuuenal. Sat. 2. Heliogabalus exhibuit sumina aprugna per dies decem, tricena quotidie cum suis bulbis, Lampridius. Sumen quomodo parandum ex Platina superius in Succidia dictum est. Abdomen quod Græci laparan uocant, uentris pars illa est, quæ ab umbilico ad inguina inter cartilaginem & pellem ducitur. Pingue id quidem est, Satyrico teste: Montani quoque uenter adest abdomine tardus. Erit igitur abdomen, ex quo sumen fit, quod idem uulua appellatur, (in hoc fallitur. omnino enim alia pars suis abdomen est, alia uulua.) nec obstat, id etiam turgentibus porcæ papillis fieri, cum circa abdomen mammæ sint, Platina. Esitium ex carne: Pro decem conuiuis (inquit idem) libram abdominis porcini aut uitulini bene elixato: coctam ac concisam, cum selibra casei ueteris, pauco etiam & pingui addito, cumque herbis odoriferis bene concisis, pipere, gingibere, caryophyllo misceto. Sunt etiam qui pectus capi tunsi non incommodè addant. Hæc omnia farina bene subacta, ac in tenuissimum folium redacta, ad castaneæ magnitudinem inuoluito: inuoluta in iure pingui ac croco colorata decoquito. Parum cocturæ requirunt. In patinas traducta, caseo trito & aromatibus dulcioribus aspergito. Fieri & hoc edulium ex pectore phasiani, perdicis, aliarúmue altilium potest. In cœna Lentuli flaminis Martialis inaugurati, inter alia, apposita sunt sumina, patina suminis, &c. Macrobius.

¶ Iecur. Isicia omentata ita fiunt: Assas iecur porcinum, & tum eneruas: ante tamen teras piper, rutam, liquamen, & sic superimmittis iecur & teres, & misces, sicut assolet pulpa, in omentum, & singula inuolutantur folia lauri, & ad fumum suspenduntur quandiu uoles. Cum manducare uolueris, tolles de fumo, & denuo assas, & siccum adijcies in mortarium, piper, ligusticum, origanum: fricabis: suffundes liquamen: adijcies cerebella cocta, teres diligenter ne assulas habeat: adijcies oua quinque & dissolues diligenter ut unum corpus efficias: liquamine temperas. & in patella ęnea exinanies, coques: cum coctum fuerit, uersas in tabula munda. Tessellas concides, adijcies in mortarium piper, ligusticum, origanum: fricabis in se: commisces in caccabum: facias ut ferueat: cum ferbuerit, tracta confringes: obligas, coagitabis, & exinanies in boletari: piper asperges, & appones, Apicius. Iecuscula aut suilla, aut ex quouis animali, ad magnitudinem nucis aperta, inspersaque sale, fœniculo & aromatibus dulcibus ac bene tritis, omento uitulino aut hœdino separatim inuolues: ad focumque non nimium decoques, ac cocta statim comedes, Platina. Et rursus, Iecinora porcina uel quorumuis animalium, paululum elixa, terito eo modo quo caseum soles. Porcinum deinde uentrem condito ad quantitatem iecinoris, tantumque casei ueteris, amaraci, petroselini, passularum, aromatum contritorum, cum duobus ouorum uitellis admisceto, quantum satis esse putaueris. Ex his in unum redactis, ad magnitudinem nucis pilas facito: omentoque inuoluito: ac ubi uoles, in sartagine cum larido frigito. Lentam & paruam cocturam requirunt. Tomacula hæc uulgus appellat, quæ fortasse melius omacula, cum inuoluta omento fiant, dicerentur: uel tomacla, ut Martiali placet. De tomaculis nonnihil supra etiam dixi in isiciorum mentione: isicium enim aliqui Italicè tomacellam interpretantur, & idem Latinè tomaculum dici putant. Vt tamen & poscas aliquid, uoueasque sacellis Exta, & candiduli diuina tomacula porci, Iuuenalis Sat. 10. Iecur suillum omento intectum in sartagine frigitur, ut ex Athenæo scripsi in Oue F. Adhibetur & ars iecori fœminarum, sicut anserum, inuentum M. Apicij, fico carica saginatis, ac (à) satie necatis repente mulsi potu dato, Plinius. Iecur suillum præfertur omnibus Aëtio, si quis, inquit, animal id arida fico pauerit, quod genus Græci sycotòn appellant: unde ortum puto ut imperitum uulgus (in Italia) omnia iecinora uocare ficata cœperit. Sanè ut meminit Aristoteles, suem præcipuè alunt & opimant ficus & cicer, Hermolaus. Quemadmodum in suibus dum adhuc uiuunt hepar ex caricarum pastu ficatum (συκωτὸν) ad uoluptatem præparatur: ita in anseribus uideo eorum alimenta lacte imbui: ut non modo eorum iecur sit iucundissimum, sed potenter etiam nutriat, ac optimi sit succi, &c. Galenus de aliment. facult. 3. 20. Anthologij libro secundo, titulo In munera, extat Palladæ tetrastichon, huiusmodi:

Βρώματά μοι χοίρων συκιζομένων τέθηκας, Ξηρῶν, διψαλέων, κυπρόθεν ἐρχομένων.
Ἀλλ' ἐμὲ συκωθέντα μαθὼν, ἢ σφάξον ἑτοίμως, Ἢ σβέσον ἐκ δίψης νάματι τῷ κυπρίῳ.

Apud Pollucem lib. 6. legimus ἥπατα σεσυκασμένα, ἥπατα συῶν σεσυκοτραγηκότων. ¶ Ventris porcini mentio facta est etiã paulò ante ex Platina de iecoris apparatu: item post isicia statim ex Apicio 7. 7. quomodo pulpa tunsa & cerebellis impleri debeat. Vide etiam infra in Pedum mentione. Sartutil.

lus, uenter suillus condito farre expletus, Festus. Ἐγὼ δέ γ' ἤνυστρον βοὸς καὶ κοιλίαν ὑείαν καταβροχθίσας, Varinus in Ἤνυστρον: sunt autem Aristophanis in Equitibus uerba, ut citat etiam Athenæus lib. 3. ὄρια, (fortè ὀρύα,) τυρίδιον, κωλεοί, σφόνδυλοι, Epicharmus. Et alibi, χορδαί τ' ἀδινυταί μὰ Δία, χ' ὧ κωλεός. Vocat autem nunc chordam (inquit Athenæus lib. 9.) quod alibi semper ὀρύαν. ὀρύα χορδή ἑφθή, Hesych. & Var. sed librariorum inscitia deprauata hæc uerba cum herba ὀρτυγίς confudit. Chordarũ Epicharmus meminit, easdem ὀρύας uocans, quin & fabulam quandam Oryam inscripsit. ὡς λεπτός, ἢ δ' ὅς, ἐστ' ὁ τ' χορδῆς τόμος, Cratinus. χορδαρίου τόμος ἥκει, καὶ πυριγομμάτιον, Alexis. ἐκτεμὼν χορδῆς μεσαῖον, ποδ' ἄν τι καὶ ὠτίον, ἔτι ῥύγχος, Antiphanes, ut Athenæus citat lib. 3. Vegetius 1. 56. in potione equi prophylactica utitur acrone salso porci pinguis, uel longanone: uel si porcina defuerint, capite hœdino depilato cum pedibus suis & cordulis intestinorum mundis. Mimarcis proprie est chorda leporina, siue edulium quoddam è uentre & intestinis leporis, aut ex sanguine leporino & intestinis: sed usurpatur etiam de sue: plura de hac uoce attulimus in Lepore F. χολὶξ καὶ χολίκεια ὕεια, Pollux 6. 9. χόλικας Varinus uentres aut crassa intestina interpretatur. Liquamen: Omentũ suis dum recens est, minutim concisum ad castaneæ magnitudinẽ, sale multo asperges ac contundes: contusum, per diem in tabulato sines. sequenti, in aheno ad ignem, si centum librarum erit, cum duabus aquæ metretis decoques, lento igne efferueat, necesse est, donec bene liquerit. Colo deinceps colabis, capiesq; quod in aqua natabit. Inditum liquamen in seriam, loco subterraneo per annum conseruabis, Platina. Omento porcino uel uitulino tessellatim inciso inuoluendum edulium ex Platina 6. 20. scripsi in Vitulo F.

¶Perna à pede dicitur, (ut Varroni placet,) uel potius à Græco πτέρνα. Dicuntur autẽ pernæ tam priores quàm posteriores coxæ porcinæ salitæ cum toto pede, quos Martialis petasones appellat. Pernam atq; ophthalmiam, Horæum, scombrum, &c. Plautus Capt. Quanta pernis pestis ueniet, quanta labes larido? Ibidem. Castrantur fœminæ sic quoq; uti cameli, suspensæ pernis prioribus, uulua recisa, Plinius. Item ossa ex acetabulis pernarum, Idem lib. 28. Debilis perna, Sat. 4. Sylu. Fumosa, Horat. 2. Serm. Ab huius similitudine perna etiam dicitur conchæ genus, quod margaritam fert, de quo Plinius: Stant uelut suillo crure longo in harena defixæ. Perna etiam in arboribus dicitur Plinio lib. 17. A uulsisq; arboribus stolones uexêre: quo in genere & cum perna sua auelluntur. Nostri pernam suis uocant ham uel hamen: aliqui, ni fallor, schincken. est autem os illud per se, ab articulo supra genu sito incipiens & coxam comprehendens. Petaso (ut grammatici docent) caro porcina quam alij coxam, alij (inter quos Sipont.) eam partem suis dicunt, quæ ab alis incipit, & costas comprehendit, quibusdam ueluti uirgulis pinguibus distincta. Musteus est, (de musteo petasone uerba Apicij recitabo inferius) propera, charos nec differ amicos. Nam mihi cum uetulo sit petasone nihil, Martialis lib. 13. Siccus petasunculus, & uas Pelamydum, Iuuenal. Sat. 7. Apud Varronem 2. de re rust. petasiones quinq; syllabis reperio, nec usquam alibi, librariorum puto errore. Etiam nunc (inquit) quotannis è Gallia apportantur pernæ, tomacinæ, & taniacæ, & petasiones. Et pulpam dubio de petasone uoras, Martialis. Non temere edi in luce profesta Quicquam præter olus fumosæ cum pede pernæ, Horatius Serm. 2. 2. Pernas & lardum conficimus, non solum Decembri mense, sed omnibus quos hyemalis algor astringit, Palladius. Ceretana (κερρητανούς Strabo uocat populos, uide paulò post) mihi fiet, uel massa licebit De Menapis, lauti de petasone uorent, Martialis lib. 14. sub lemate Perna. Pascholas appellant Græci quas uulgus pernas uocat, Festus. Mali in naue suprema pars carchesium uocatur, sub ea ceruix est: infima πτέρνα, quantum scilicet eius εἰς τὴν λανόν (sic dictum foramen,) inditur, Athenæus. Πτέρνα significat dolum & fraudem, & infimam montis partem: item ferrum aratri τὸ καταπτάνον ὑπὸ τὴν γύνην τοῦ ποδός, Varinus. ὁν τόμος ἐκ πτέρνης, Homerus in Batrachomyom. Singulis dipnosophistis apud Athenæum lib. 14. apposita erat pars petasonis quã pernam uocant, (πετασῶνος μέρος, ἣν πέρναν καλοῦσι, Romani scilicet. nam Græci ueteres pternam dixerunt, unde illa murium nomina in Batrachomyomachia, pternotroctes, pternoglyphus, &c.) Sunt autem pernarũ præstantissimæ Gallicæ, nec inferiores eis quas Cibyra Asiatica, & quas Lycia mittit. Meminit autem earum Strabo lib. 3. his uerbis: Pompelon Hispaniæ prope Aquitaniam urbs est, in qua pernæ eximiæ habentur, quæ cum Curicis (Κουικαῖς, apud Athenæum. sed Græci Strabonis codices impressi habent Κανδαρικαῖς: interpres Latinus uertit Cantabricis) certare possunt, Hæc Athenæus. Sed nos apud Strabonem lib. 3. sic legimus: Cerretani medias Pyrenæi montis conualles tenent, apud quos pernæ fiunt egregiæ, Cantabricis persimiles, unde prouentus non mediocris ad incolas peruenit. Pernas sic salire oportet, in dolio, aut in seria. Cum pernas emeris, ungulas earum præcidito. Salis Romaniensis moliti in singulas semodius. In fundo dolij, aut seriæ salem sternito. Deinde pernam ponito. Cutis deorsum spectet. Sale obruito totam. Deinde pernam alteram insuper ponito. Eodem modo obruito. Caueto, ne caro carnem tangat. Ita omnes obruito, ubi iam omnes composueris, sale eas insuper obrue, & ne caro appareat, æqualem facito. Vbi iam dies v. in sale fuerint, eximito omnes cum suo sale. Quæ tum summæ fuerint, imas facito. Eodemq; modo obruito, & componito. Post diem omnino duodecimum pernas eximito, & salem omnem detergeto, & suspendito in uento biduũ. Die tertio extergeto spongia bene, perungito oleo. Suspendito in fumo biduum. Tertio die demittito. Perungito oleo & aceto commisto, & suspendito in carnario: nec tinea, nec uermes tangent, Cato de re rust. cap. ultimo. Pernas à cute liberatas, & (ut decet) paratas

paratas incisasq́ue, tribus diebus cum sale relinques: postea per tres uel quatuor septimanas in fumo siccabis, sic optimæ erunt: coquuntur integræ, & frigidæ per dies circiter octo mensis inferuntur, Balthasar Cellarius. Et rursus, Mense Martio (inquit) pernas diligenter salitas, & cum exemptæ sunt bene ablutas in aqua pura fluente, & cultro purgatas ne quid salis resideat, funiculis in fumum suspendes, baccarum iuniperi polline aspersas: caue ne nimium infumes: sic roseo colore & grato sapore placebunt. Pernam (inquit Apicius 7.9.) ubi eam cum caricis plurimis elixaueris, & tribus lauri folijs, detracta cute tessellatim incidis & melle complebis: deinde farinam oleo subactam conteres & ei corium reddis, & cum farina cocta fuerit, eximas furno, & inferes. Aliter: Pernæ cocturam ex aqua cum caricis cocta simpliciter ut solet in lance cum buccellis, caræno uel condito melius. Mustei petasones: Ex musteis petasonem elixas cum bilibri ordei, & caricis xxv. cum elixatus fuerit, decarnas, & armillam illius candenti batillo uris & melle contingis: uel quod melius est, missum in furnum melle obligas: cum colorauerit, mittis in cacabum passum, piper, fasciculum rutæ, merum, temperas: cum fuerit temperatum, dimidium in petasonem profundis: & alia parte piperati buccellas musteorum fractas perfundis: cum sorbuerit, quod mustei recusauerint, petasoni refundis. Musteus dicitur, inquit Humelbergius, qui nouus & recens est: qui quidem longè præponitur: nam uetus ob pinguedinem facile rancescit. Celsus pernas, ut puto, trunculorum nomine intelligit, Idem. Figito cultrum in mediam pernam, olfactuq́ue si bene olebit, bona erit perna: sin secus, reijcienda est. Bonam in uino albo aut aceto decoquito. Sunt qui tantundem aquæ addendum dicant, maximè uero Publius, qui uinum non bibit. hi certe falluntur. Suauior est in uino tantum, uel aceto, & diutius durat. Non est coquenda perna, nec est iure eximenda, nisi ubi refrixerit, Platina. Σχελίδες (sic dicuntur laterum carnes, præcipuè in lepore & boue, ut dixi in Lepore F.) δ' ὁλόκνημοι πλησίον παρεστήκασι ἐπὶ πινακίσκοις, καὶ δίεφθ' ἀκροκώλια, (sic apud Pollucem legimus,) Pherecrates. ὁ γόγγρος ἑφθὸς, τὰ δ' ἀκροκώλι' ὀπτῶ, Alexis. Κῶλον per excellentiam de femore dicitur, cuius pars carnosa superior, ἀκροκώλιον est: inferior ὑποκώλιον. hac enim uoce Xenophon de cane utitur. Sic etiam ἀκρώρειαν & ὑπώρειαν dicimus. Ἀκροκώλιά δέ σοι τέτταρ' ἥψηκα παχέα, Aristophanes. Apud Athenæum principio libri 9. κωλῆνες παχεῖαι (id est τρυφεραί) παραφέρονται μετὰ νάπυος ἐν τρυβλίοις. Dicuntur & κωλεοὶ masculino genere. ὄρια, (lego ὀρύα,) τυρίδιον, κωλεοί, σφόνδυλοι, Epicharmus. Et alibi, χορδαί τ' ἀδῦται μὰ Δία, χ' ὡ κωλεός. Κωλὴν etiam & κωλῆ in usu sunt. Σκέλη δὲ καὶ κωλῆνες ἑφθοὶ παρῆσαν, Eupolis. Fit autem κωλῆ contractum à κωλέα, ut à συκέα, συκῆ. Οἴμοι δὲ κωλῆς, ἣν ἐγὼ κατήσθιον, Aristophan. Καὶ δελφακίων ἁπαλῶν κωλαῖ, Idem. Κεφαλάς τ' ἀρνῶν, κωλάς τ' ἐρίφων, Idem. ἰχθῦς, κωλάς, φύσκας, Plato Γρυψίν. Δίδοται μάλισθ' ἱερώσυνα Κωλῆ, τὸ πλευρὸν, ἡμίκραιρ' ἀριστερά, Amipsias. Κωλῆν σαρκώδη, λαγόνας ὑγράς, Xenophon in libro de uenatione: Hæc omnia apud Athenæum citata legimus. Κωλῆνες περιεχόμενοι, ἑφθοί, Pollux. Absyrtus equo purgando per os infundit decoctum κωλῆνος χοιρείου. Κωλεά, posterius crus suillum, Varinus & Hesych. alij partem carnis interpretantur, alij fasciculum fœni, ἢ πρόσοικος τῷ ἐδώλιμον, Iidem. Κωλὼ, κωλεόν: Κωλῆνες, ἀκροκώλια, Iidem. Οἴμοι δὲ κωλῆς, (τοῦ κώληκος λεγομένου, Varinus,) Aristophanes. Κώληπα, pars post genu, coxa: & κώληψ, poples, Varinus. ¶ Pedestrium animalium partes excarnes homines mandunt, pedes, rostra, & aures: easq́ue ut plurimum in aqua elixas mandunt cum aceto & garo, uinum affundentes: sunt qui cum oleribus aut in aqua elixis, aut in patinis conditis. Porcellorum autem pedes ptisanæ elixæ iniecti, aptissimi sunt, tum ut illam meliorem efficiant, tum ut ipsi molliores reddantur, & ob id ad elaborationem, quæ in ore fit ac uentriculo, meliores, Galenus libro tertio de aliment. faculta. Nostri extremas ferè suillas partes, pedes, caudas, auriculas, rostra, & summi dorsi carnes, usurpant ad genus illud cibarij quod quidam gelu in patina uocant. Porci pedes utiles sunt, boniq́ue succi: bene enim concoquuntur. quapropter se ex morbo reficientibus idonei sunt, Symeon Sethi. Porci pedes refrigerant & humectant, conualescentibus utiles, Syluaticus. Vindicianus comes Archiatrorum in epistola ad Valentinianum imperatorem, describens historiam laborantis ardente febri & siccitate uiscerum à se curati, Præcepi etiam ei (inquit) escam fieri de minutalibus porcinis, id est podocylijs & uentriculo: in quem uentriculum acetum cyminatum modico adiecto lasere mitti mandaui, ut omnino excocta caro etiam ossium duritiam emolliret, ut soluta eorum medulla cum iure ipso absorberetur. Galenus lib. 1. ad Glauconem de curanda febri tertiana exquisita scribens, inter alios cibos commendat suum pedes & cerebra. Porcellorũ uero (inquit) caro etiã παχυρὰ (tenera & bene cocta) exhibita, nihil nocebit. Ῥυγχίον, κωλῶ, πόδας τέτταρας ὑείους, Theophilus. Ῥύγχος φορῶν ὕειον, Anaxilas. ἀκρέα nominauit Anaxandrides. Ῥύγχος εἰς ὄξος πιέζω, Axionicus. Πῶς ἐσθίω ῥύγχος παρακεκαυμένον, Aristophanes. Dicitur autem ῥύγχος propriè de sue, reperitur tamen de alijs quoq; animalibus, Athenæus.

¶ Suillum lac pinguissimum (crassissimum) est omnium, ut ad concretionem coagulo non indigeat, ac perquam modicum seri excernat, decoctumq́ue ocyssimè coaguletur. ideo neq; facile secedit, neq; uentriculo congruit, sed nauseam gustantibus excitat, Aëtius. Eorum qui lac suillum biberint, corpora leprosa & scabiosa fieri putant. hanc & alias ob causas Aegyptij suem animal profanum existimant, Plutarchus in libro de Iside. Manethonem porrò Aegyptium summa sapientia uirum accepi dicere, eum qui suillo lacte uescatur, uitiliginibus & lepra oppletum iri, quos quidem morbos Asiani omnes pessime oderunt, Aelianus. Nos apud Aëtium de ouillo lacte legimus frequenti eius usu cuti uitiligines albas induci.

qq 2

G.

Remedia ex porcello, simpliciter, uel lactente. Ad morsus uenenatos, optimè auxiliantur si statim post cucurbitas plagæ imponantur animalia parua discerpta, & adhuc intus calentia, uelut sunt gallinæ, hœdi, agni, porcelli. Venenum enim exugunt & dolores leniunt, Aëtius. Idem ferè Celsus scribit de hœdo, Aëtius de agno: Vide in Hœdo G. ab initio. Ad equos uulsos seu pneumonicos, Porcellum lactentem macta iuxta equum affectum, ut sanguinem feruentem statim in fauces eius infundas, Pelagonius. Porcelli lactētis uentriculo, id est aqualiculo exempto, quod in interiore cute luteum adhæret lanæ coniunges, madefactaq́ ea illum humorem auriculæ inseres, cuius è diuersa parte dens dolēbit, certissimo remedio statim subuenies, Marcellus. Porcelli sanguis, uide inferius in sanguine suis.

¶ Remedia ex sue, uerre, scropha: & obiter quædam ex APRO, maiusculis literis scripto semper eius nomine, ut Lector ab apro huc remissus facilius inueniret. Suillarum carnium ius decoctum opitulatur contra buprestin, Galenus lib. 2. de antidotis. Pharmacum Galeni ad podagram, quod omnibus ferè corporibus congruit: Caseus bubulus uetutissimus, adeò ut ob acrimoniā edi non possit, cum porcinæ carnis inueteratæ ac salsæ decocto teritur, & probè emollitus ad durities artuū imponitur, Aët. 12. 43. (& pluribus li. 2. ca. 100.) Vbi etiam alia duo medicamenta ad podagram statim subijcit, quorum primū præter alia pernam porcinā recipit, alterū uero pernę ueteris porcinę iusculum. Indi elephantorū quos ceperint uulnera, aqua primū tepida colluūt: deinde si profunda sint, butyro ungunt: postea inflammationē leniunt, suillā carnem recenti sanguine madentē & calidā admouentes, Aelia. Vulneribus elephantū butyrū auxiliaẗ, ferrū enim extrahit: ulcera suillis carnibus fouēt, πυριῶσι, Strab. Suillam salsam crematā causticā fieri nuper quidam mihi affirmabat: quod cū experiter falsum deprehendi, gustu indicante non causticā, sed simpliciter ad exiccandū idoneā esse ita crematam. ¶ Sanguis suillus humidus est, & minus calidus, humano maximè tēperie similis (ut dictū est in F.) Itaq́ quisquis sanguinē humanū morbo alicui utilem esse ait, in suillo primū id cōprobet: ac si non eandem, saltem similem actionem ostendat. Nam etsi aliquatenus inferior sit humano sanguine (hoc & Auicenna ex Galen. repetit) saltem assimile quippiā efficiet, quo cognito ab humano pleniorem fore utilitatē sperabimus. Nam si ne paulū quidem promissis respondeat, non erit cur in humano experiri oporteat, Galenus de simpl. 10. 2. Eumelus equo refrigerato sanguinem porcinum calidum cum uino infundi iubet. In libro quodam Germanico manuscripto medicamentū inueni huiusmodi: Verrem castratū pilis omnibus ruffis præditū & optimæ ualetudinis iugulato: sanguinē olla recens exceptum, bacillo de iunipero rubra diu agitato, & agitando collectū sanguinis grumū e[illegible]cito. Tum ramenta eiusdem iuniperi inijcies, & baccas de iunipero rubra similiter circiter uiginti quinq́. His addes parū agrimoniæ, (id est eupatorij ueterū,) item rutæ, phu, scabiosę, ueronicæ uulgò dictæ, pimpinellæ, cichorij, pulegij, singulorum manipulum. Quod si sanguinis mensura sextarios tres excedit, adijcies theriacæ uncias duas. sin minor fuerit, pro portione sanguinis theriacæ modum minues. (Sed omnia præparata esse debent, ut sanguini adhuc à sue calenti imponantur.) Permixtis omnibus, liquorem stillatitium elicito, quem diligenter seruatum in uitreo uase dies octo insolabis, quod semel quotannis facies, durat enim circiter uiginti annos. Hunc liquorem experientia constat egregie prodesse aduersus pestem, apostemata capitis & laterum seu costarum, iecoris & pulmonis morbos, lienis inflationem, sanguinem corruptum, febrim, tumores, cordis tremorem, hydropem, calores præter naturam, malos humores, & imprimis uenena & pestilentem febrim. Bibet autem æger quocunq́ ex prædictis morbis correptus, ligulæ mensuram, uel quatuor aut quinq́ guttas, & ut insuper sudet curabit. Aliqui liquore ui ignis extracto ex sanguine melis aduersus pestem utuntur. Cum porcus iugulabitur, is qui uerrucas habebit, sanguinem eius subiecta ea corporis parte suscipiat, dum adhuc calidus exilit, & mox ubi siccatus fuerit, statim abluat: citum remedium experietur. Mulier sanè remedium de scrofæ sanguine faciat, Marcellus. Verendorum carbunculis cerebrum APRI uel suis, sanguisq́ medetur, Plinius. Vbera circunlita sanguine fœminæ suis, minus crescent, Plinius. Porcellum dissecans cruore mammas obline, amplius non augescent, Galenus Euporist. 2. 29.

¶ De adipe suillo: Serenus etiam seuum suillum dixit, ut Græci στέαρ χοίρειον: & recentiores ὀξύγγιον ad imitationem Latinæ uocis axungiæ. Marcellus axungiam suillam aliquādo nominat, ac si aliorū quoq́ animaliū axungia dicatur, quod apud ueteres non reperio: nam nostro seculo qui minus Latinè scribunt, axungiā uocant pingue quod inter cutē & carnē solidius cōcrescit, in sue, homine, mele, glire, mure montano, &c. Lardum uel laridū Latini carnem suillam appellant, non solam, sed unà cum pingui suo, inde lardum pingue apud Plinium & alios legimus: & lardum cum pingui suo, apud Marcellum. aliquando pro pingui solo, unde Marcellus, lardū quod inter cutē & carnem macrā est. Plura de lardo dixi in F. Sed quia uidentur scriptores lardum & axungiam, siue adipem suillum, interdum indifferēter accipere, aut saltem easdem uires tribuere, nos quoq́ non distinguemus loco, recitando de eis autorū uerba: hunc solum ordinē secuturi, ut primò agamus de remedijs eorū quum foris applicantur, secundo loco quum intra corpus sumuntur. Adipem & seuum & pingue medici ferè confundunt, cum ueteres, tum noui. Sed seuum propriè ruminantia habēt, cętera adipē. Vtrunq́ in fine carnis est, utrūq́ concrescit ac gelascit, & fragile est si refrixerit; pingue inter carnē cutemq́

tutemq; est, succo liquidum, qui non gelatur, Hermolaus Corollario 386. Et mox Corol. 387. Adeps suillus (inquit) unguen, teste Palladio (Serenus etiam unguen pro axungia dixit) & axungia Latinè dicitur: & Græci quoq; usurpant, sed oxyngon ferè appellant, tracta origine ab axibus curruum per ungendis. quanquam est ubi Plinius aceti fecem oxyngion interpretatus esse uideatur. Et nos fortasse quibusdam locis autoritatem summi uiri nostro iudicio prætulimus. Alioqui Paulus Aegineta oxyngion pro axungia clarissimè uidetur intellexisse, in emplastro cui Phœnicite nomen est. Axungię nomen ad alia quoq; pinguia transferri, sed rarò comperi, Hactenus Hermolaus. A butyro proxima in communibus adipis laus est, sed maxime suilli, apud antiquos etiam religiosi. Certe nouæ nuptæ intrantes etiamnum solenne habent postes eo attingere. Inueteratur duobus modis, aut cum
10 sale, aut syncerus: tanto utilior quanto sit uetustior. Axungiam etiam Græci appellauere in uoluminibus suis. Neq; est occulta uirium causa, quoniam id animal herbarum radicibus uescitur. Itaq; etiam fimo innumeri usus. Quamobrem non de alia loquimur sue, multò efficaciore fœmina, & quæ non peperit. Multò uero præstantior in APRIS est, Plin. Nostri pharmacopolæ ad ungenta quædam paranda, porcellum masculum lactentem castrant, eiusq; pinguedinem auferunt, illam maximè quæ in uentre intra carnem circa peritonæum habetur, pleriq; de porcello ruffo malunt. Vocant autem axungiam uulgò schmår, Galli oing quasi unguen. Colligebatur etiam à renibus, ut infra dicã. Alapis, id est axungia porcina, Syluaticus. Antiqui axungia maximè axibus uehiculorum perungendis ad faciliorem circumactum rotarum utebantur, unde nomen, Plinius. Nostrates pro axungia seuum, butyrum, præsertim quod inutile alioqui & rancidum fuerit, & butyri fecem ac resinam
20 abietis aut pini ad usum rotarum permiscent, quę quidem compositio illita scabiem quoq; in homine & serpiginem emendat. Synceram axungiam Plinius uocat, Serenus simplicem, quæ non est salsa: de qua semper intelligendum puto, ubi aliud non exprimitur. Salsæ usus non est, nisi ad ea quæ purganda sint, aut quæ non sint exulcerata, Plinius. Græci salsam στέαρ χοίρειον παλαιχηρὸν uel ἡλισμένον uocant, uel μεθ' ἁλῶν παλαιχυθμένον. nam alioqui παλαιχυθμένον aliquando simpliciter inueteratum significare Cornarius docet: & apud Dioscoridem ab initio capitis de adipibus inuenio, στέαρ δίχα ἁλῶν παλαιχυθμένον, id est sine sale inueteratus adeps. Et per se axungiam medici antiqui maximè probabant renibus detractam, & exemptis uenis aqua cœlesti fricabant crebro, decoquebantq; fictili nouo sæpius, tum demum asseruantes, Plinius. Suillus adeps & ursinus (ἄρκειος, ut Ruellius legit: meus Dioscorides Græcus ἄρνειος habet, id est agninus, ut Marcellus etiam & Hermolaus uerterunt:
30 sed melius forte Ruellius, quoniam in fine capitis 79. legimus ὕειον & ἄρκειον, & de probatio, id est ouillo curando alibi [cap. 276.] agitur: & Marcellus etiam in annotationibus magis probat ut ἄρκειον legatur) hoc curantur modo: Recens, præpinguis, renibus potissimum detractus, in largiore aqua cœlesti & quàm frigidissima, exemptis tunicis, diligentissime manibus confricatur, & exprimendo fermè siccatur, subindeq; noua aqua abluitur. cæterum fictili capacitatis duplæ inditus, in aquam demergitur, & subditis leuibus prunis spatha mouetur: eliquatusq;, colo transfunditur in aquam: ubi uerò refrixit, & guttatim aquam omnem exclusit, in prælotum fictile demittitur, & infusa aqua leniter eliquari debet, & manu deprimi, quò facilius fæculentum uirus pessum eat. postea in pilam spongia madefactam transfunditur. Vbi coire cœpit, residens in imo sordes eximitur: tertio citra aquam eliquatur, repurgatusq;, fictili bene operculato, perquàm frigidis locis reponitur, Dioscorides interpre
40 te Ruellio. Caprinus adeps suillo calidior est. Hoc semper meminisse oportet, pro animalium temperatura semper existere differentias eius quæ in illis est pinguedinis, aut adipis. Igitur cum sus omnibus propè quadrupedibus in caliditate ac siccitate inferior sit, pinguedinem quoq; minus habet calidam, magisq; humidam, Galenus de simplic. 11. 4. Et mox, Pinguedo suis ut ad nos quidem largius humectare potest, sed non æquè excalfacere ut oleum: uerum pinguedinis suum talis est caliditas, qualis spectatur in nobis. Porrò taurorum adeps suillo multò calidior est & siccior. Quòd Dioscorides non rectè dixerit caprinum adipem adstringentiorem esse suillo, in caprino iam reprehendi Galeni uerbis usus. Vsus axungiæ est ad mollienda, excalfacienda, discutienda, purgandaq;, Plinius. Et rursus, Conuenit salsam magis emollire, excalfacere, discutere, utilioremq; esse uino lotam. E sue uetustissimus quisq; adeps sale conditus excalfacit, & emollit. elotus uino pleuriticis prodest. cinere aut
50 calce exceptus, inflammationibus, fistulis ac tumoribus succurrit, Dioscor. Adipis suilli & uulpini eandem esse facultatem in Succidaneis Aeginetæ legitur: ego sæpe quidem indifferenter usurpari posse concesserim, semper & absolutè non item. uulpinus enim tum calidior suillo est, tum minus humidus. Cinis uitium cum axungia uetere contra tumores proficit: scorpionum & canum plagis cũ oleo persanat, Plin. Castor marrubium, præsertim candidum, tunsum cum axungia ueteri uulneribus à cane factis illini iubet, Idem. Spuma nitri canum morsibus ex asinino aut suillo adipe medetur, Dioscorid. lib. 5. sed hîc adeps suillus materiæ potissimum uicem explere uidetur: ut in omnibus illis unguentis quæ argento uiuo axungiæ mixto, &c. aduersus Gallicum morbum paulò ante nostram memoriam parari cœperunt. Defenderit tamen aliquis, peculiarem quandam axungiæ etiam per se aduersus hanc luem inesse facultatem, qua scilicet, ut Plinius scribit, genibus etiam adalligata
60 reddit ori saporem, ut expui uideatur. In rigore ceruicis poplites axungia illini Serenus iubet. Nicolaus Myrepsus etiam inter unguenta duobus ultimis ad scabiem inscriptis argentum uiuum addit, ultimo & antepenultimo etiam suillum adipẽ. Item sectione 47. quæ tota est de medicamẽtis aduersus

qq 3

scabiem, Vnguento ultimo miscet adipem porcinum, hydrargyrum, oleum laurinum & succum fumariae, hoc palmas manuum & plantas ualidè perfricari iubet ter die, sic malum per urinam abiturum. Vnde apparet unctiones uulgò usitatas contra Gallicum morbum antiquiores esse quàm plerique putant. Lardum coctum cum pingui suo appositumque, potenter omnia expellit, quae corpori inhaeserint, si illic alligetur, Marcellus. Ad uulnus incurabile in quauis corporis parte: Buglosson herbam euellito, & succisas radices curiosè lotas in pila conterito, suillam axungiam adijcito, ac bene emolliens uulneri imponito, Galenus Euporist. 3. 160. Neruis uulneratis prodest, Terrae lumbricos indere tritos, Queis uetus & ranis sociari axungia debet, Serenus. Fracta ossa lardum elixum atque circunligatum mira celeritate solidat, Plinius. Si cui fortè lapis teneros uiolauerit artus, Necte adipes uetulos, & tritam chamaecisson, Serenus: uidetur autem suis adipem intelligere, nam & stercus luteae porcae ad idem prodesse mox subiungit. Axungia panis illinitur cum calce: item furunculis duritiaeque mammarum. Rupta, & conuulsa, & spasmata, & luxata sanat. Clauos & rimas callique uitia, cum elleboro albo, Plinius. Vtilissimum contra inflammationes ulcerum adipe uerrino (axungiam) confici, & inungi putant utile: ijsque quae serpant illinire cum resina, Idem. Axungia è sue quae non peperit aptissime utuntur ad cutem mulieres, contra scabiem uerò admixto iumentorum seuo pro parte tertia, & pice, pariterque subferuefactis, Plinius. Cicatrices concolores facit cerusa admixta, uel argenti spuma, at cum sulphure unguium scabricias emendat, Idem. Glans intrita duritias quas cacoëthes uocant, cum salsa axungia sanat, Idem. Lac ficulnum cum axungia uerrucas tollit, Plinius. Ruta emendat uitiligines, strumas & similia cum strychno & adipe suillo ac taurino seuo, Idem. Parotidas sanat axungia, ammixta farina salsamentariae testae: quo genere proficit & ad strumas, pruritus & papulas in balneo perunctis tollit, Idem. Parthenium illinitur strumis cum axungia inueterata, Plinius. Idem alibi lapathum syluestre ad strumas cum axungia efficacissimum esse tradit. Suillus adeps ambustis igne medetur, Dioscor. abscessibus & ambustis, Auicenna. Syncera axungia medetur ambustis uel niue: pernionibus autem cum hordei cinere & galla pari modo, Plinius. Et alibi, Vlceribus ex ambusto cum candido ouorum tostum hordeum & suillo adipe, mire prodest. Combustis igni, Ordea uel franges (forte, friges) atque oui candida iunges. Adsit adeps porcae, (mira est nam forma medelae,) Iunge chelidonias, ac sic line uulnera succis. Quodque recens ussit glacies, axungia simplex Mulcet, & ex facili grata est medicamine cura, Serenus. Syncera axungia prodest cofricatis membris: itinerumque lassitudines & fatigationes leuat, Plinius. Cinere de capillis muliebribus in testa crematis, addito adipe suillo, emendari aiunt sacrum ignem, sanguinem sisti illico, & formicationes corporum, Idem. Perniones sarcit, APRINUM uel suillum fel: cum adipe pulmo impositus, Plinius. Virides brassicarum caules unà cum radicibus suis cremati, lateris diutinos dolores impositi sanant, Dioscorides. ¶ In pecorum etiam remedijs multiplex axungiae usus est. Praefractis cornibus boum linteola sale atque aceto & oleo imbuta superponuntur, ligatisque per triduum eadem infunduntur. quarto demum axungia pari pondere cum pice liquida, & cortice pineo leuigatoque imponitur, &c. Columella. Si talum aut ungulam bouis uomer laeserit, picem duram & axungiam cum sulfure & lana succida inuolutam candente ferro supra uulnus inurito, Idem. Boum attritis ungulis cornua ungendo aruina, medentur agricolae, Plinius. Canum aures à muscis exulcerantur: in quae ulcera coctam picem liquidam cum suillo adipe stillari conueniet. hoc eodem medicamine contacti ricini decidunt, Columella. Ad mentiginem in agnis uel hoedis, quibusdam placet aeruginis tertiam partem duabus ueteris axungiae portionibus commiscere, tepefactoque uti medicamine, Idem. Ad scabiem equi hyemalem, & in cruribus, rappas uocant: Axungiam igne liquatam infundes in frigidam: & rursus exemptae subactaeque, admiscebis sulfur quàm tenuissime derasum, & iterum subiges, & inunges. tertio die crustulas scabiei perfricando aperies, & quotidie inungere perges, Manuscriptus quidam liber Germanicus. Quidam cum suppuratione in bubus inusserunt, urina uetere eluunt, atque ita aequis ponderibus incocta pice liquida cum uetere axungia linunt, Columella. Sanguis demissus in pedes boum, nisi emittatur, saniem creabit. Locus primo ferro circuncisus & expurgatus, deinde pannis aceto & sale & oleo madentibus inculcatis, mox axungia uetere & seuo hircino pari pondere decoctis, ad sanitatem perducitur, Idem. Haec de brutorum remedijs per axungiam. ¶ Fabalium siliquarum cinis ad coxendices, & ad neruorum ueteres dolores, cum adipis suilli uetustate prodest, Plinius. Medicorum aliqui axungia admixto anseris adipe taurorumque seuo & oesypo ad podagras uti iubent. si uerò permanet dolor, cum cera, myrto, resina, pice, Idem. Et rursus, Axungia podagricis prodest mixto oleo uetere, contrito unà sarcophago lapide, & quinquefolio tuso in uino. uel cum calce, uel cum cinere. Facit & peculiare emplastrum 85. pondo. C. spumae argenteae mixtis. (quod ita ferè est, ut axungiae ponderis sint partes sex, lithargyrij septem.) Adeps suilla cum aqua & cumino subacta, podagricis opitulatur, Sym. Sethi. Medetur axungia & capillo fluenti: & ulceribus in capite mulierum, cum gallae parte quarta: & infumata pilis oculorum, Plinius. Axungia porcina insulsa apud Aeginetam medicamentis ad alopeciam miscetur. Ruborum rosa alopecias cum axungia emendat, Plinius. Lingua (aliâs Lingulaca) herba, nascitur circa fontes: radix eius combusta & trita cum adipe suis, adijciunt ut nigra sit & sterilis (aliâs, ut nigra sit & nunquam pepererit,) alopecias emendat ungentium in Sole, Idem. Alopecias replet hippocampinus cinis nitro & adipe suillo mixtus, aut syncerus ex aceto, Idem. Scrofina adipe recenti si quis contritos (contrita) angulos

angulos oculorum, interius exteriusq́; inunxerit, uermiculos qui noxij sunt oculis potenter educit, Marcellus. Axungia infumata (in fumo suspensa) pilis oculorum (defluentibus nimirũ, ut & alopeciæ,) medetur, Plinius. Ad aurium dolorem quæ pus emittent, laridum uetustissimum teres in mortario, & succum illum lana delicata collectum in auriculam immittes, & subinde aqua calida fouebis, & iterum succum illum infundes, mira uelocitate sanabis, Marcellus. Si maior sit dolor aut grauitas aurium, lardum pingue instillant, Plinius. Ad acerbos dolores aurium: Subactum oleo adipem (σιαρ, cum asterisco apposito, qui locum deprauatum uel mutilum indicat. deest enim animalis nomen, suis ut puto, aut uulpis:) infundito: & spongia locum occludito: bene facit & ad neruorũ morbos ex uulpino adipe atq; suillo (ἱὸ, uox corrupta, pro qua interpres legit ὑὸς) æqua portione mi
10 xtis remedium, Galenus Parabilium 2.4. Pingue laridi (laridum) quod inter cutem & carnem macram est, si parotidibus adponatur, & illic ligetur, cito sanabuntur, Marcellus. Axungia (uetus, Marcel.) sanat parotidas ammixta farina salsamentariæ testæ, (cum testa uasi salsamentarij,) subacta & ad posita, Plinius & Marcellus. Sideritis cum axungia ueteri parotidas sanat, Plinius. Si quod tuberculum in collo nascatur, uinum & lardum simul in olla calefacies, & subinde gargarizabis, Obscur. In rigore ceruicis, Geminus mulcebitur unguine poples. Hinc longum pariter neruos medicina sequetur, Serenus. Vnguen axungiam significare supra diximus. Penetrare autem huius illitionis uim ad ceruicem minus mirum, cum Plinius scribat axungiam genibus adalligatam reddere ori saporem, & expui uideri: cuius uero rei gratia id fiat non expressit. alibi quidem axungiam genibus dolentibus cum genista imponi prodidit. E sue uetustus uino elotus adeps pleuriticis prodest, Dio
20 scorid. Rutæ adeò peculiaris in testibus effectus est, ut syluestri ruta cum axungia ueteri illitos ramices sanari prodant, Plinius. Axungia antiqui maximè axibus uehiculorum perungendis ad faciliorem circumactum rotarum utebantur, unde & nomen: sic quoq; utili medicina cum illa ferrugine rotarum ad sedis uitia uirilitatisq́;, Idem. Genista tusa cum axungia genua dolentia sanat, Plinius. Suillus adeps contra uuluæ & sedis uitia idoneus est, Dioscor. Syncera (id est non salsa: adipes enim salsi utero non conueniunt, Dioscoride teste) axungia partus in abortum uergentes nutrit, collyrij modo subdita, Idem. Peristereon apposita in adipe suillo recenti, strangulatum à uuluis mensiumq́; difficultatem emendat, Plinius. Si dolor & ulcera in matrice sint, spongia aut molli lana in calidam intincta locos expurgabis, &c. postea resina & adipe suillo mixtis simul illinito sæpe interdiu ac noctu, Hippocrates lib. 1. de morbis muliebribus. Et paulò post, Si uero uehementer exulcerati
30 fuerint loci, &c. collutis eis purgatisq́; resinam ac mel & pinguedinem suillam illinito. In libro etiam de natura muliebri ad nescio quos uteri affectus, (neq; enim satis exprimitur:) capræ cornu, & gallam, & adipem suillum ac cedriam suffiri iubet. ¶ Vinum salsum cum adipe suillo recente contra hyoscyamum bibitur, Dioscorid. Lardum eiusq; decocti potum his qui buprestin hauserint auxiliatur, Plinius. Iis qui argentum uiuum biberint lardum remedio est, Idem. Phthisicis medetur macræ suis fœminæ herbis pastæ lardum, Plinius. Ad phthisin, Proderit & ueteris seui pila sumpta suilli, Serenus. Axungiæ suillæ uetustæ unciæ tres ex uini uetustissimi cotyla una decoctæ, potui phthisicis datæ potenter remediantur, Marcellus. Axungia datur etiam phthisicis unciatim, cum uini ueteris hemina decocta, donec tres unciæ è toto residant: alij & mellis exiguum adijciunt, Plinius. Et rursus, Axungia uetus etiam phthisin in pilulis sumpta sanat, quæ sine sale inueterata est. Omni-
40 no enim non nisi ad ea quæ purganda sint, aut quæ non sint exulcerata, salsa petitur. Quidam quadrantes axungiæ & mulsi in uini cyathis tribus decoquunt contra phthises, quintoq; die picem liquidam in ouo sumi iubent, circumligatis lateribus, & pectoribus, & scapulis eorum qui phthisin sentiunt. Tantaq; est uis, ut genibus etiam adalligata, redeat in os sapor, eamq; expuere uideantur. Et alibi, Ad tussim ueterem recens axungia decoquitur quadrantis pondere in uini cyathis tribus addito melle. Cœliacis dantur lutea ouorum trium (cum) lardi ueteris & mellis quadrantibus, uini ueteris cyathis tribus, trita ad crassitudinem mellis, & cum opus sit auellanæ nucis magnitudine ex aqua pota, Plinius. Equo tussienti offas è suillo adipe butyro & melle illitas, per os insere, Hippocrates in Hippiatri. Offæ de adipe suillo ueteri uino uetere madefactas equo ob uiam aut cursum exæstuanti (causonem patienti) per os dabis, Hierocles. Axungiæ pars una tribus partibus hyssopi
50 permista, in fauces uitulorum demissa, lumbricos pellit, Columel.

¶ Si lingua & fauces morbo epidemio nigrescant, (quem nostri à colore uocant **die brüne**,) linguã saluberrimè perfricari pollicentur interiore parte pellis laridi, sic extrahi nimium calorem. Eam pellem si postea canis obiectam deuorauerit, ægrotabit aut forte morietur, si ualde infectus fuerit homo cuius defricata est lingua. Si opus uidebitur, duabus aut pluribus huiusmodi pelliculis deinceps linguam ægri perfricandam curabimus, Obscurus.

¶ Lupino adipe uel medulla suum fricari oculos contra lippitudines præcipiunt, Plin. Coitus stimulant medullæ suum haustæ, Idem.

¶ In ambustis prodest setarum ex suibus è penicillis tectorijs cinis cum adipe tritus, Plin. Peniculi cinis sistit sanguinem uulneris nimium fluentem, Serenus. Ad procidentem sedem: Sedi uino
60 prius ablutæ picem aridam tritam, uel setas porcinas ustas & tritas apponito, Aëtius 14.6.

¶ Fractis ossibus præsentaneus maxillarum APRI cinis uel suis, Plinius. Vlcera (in tibijs cruribusq́;) quæ serpunt maxillarum APRI uel suum cinis sanat, Idem. Ossa ex maxillis APRI uel

qq 4

ſuis domeſtici uruntur, ulceraq; pernicioſa crurum illo cinere aſperguntur, Marcel.

¶ Contra ſerpentes laudatur APRI adeps cum melle reſinaq;: ſimili modo uerrinū iecur exemptis duntaxat fibris quatuor obolorum pondere, uel cerebrum in uino potum, Plin. Contra carbunculos ſuis fœminæ cerebrum toſtum illitumq; proficit, Idem. Verendorum carbunculis cerebrum APRI uel ſuis ſanguisq; medetur, Idem. Verris cerebrum coctum & cum melle adpoſitum carbunculos in ueretro efficaciter ſanat, Marcellus. Aut teneris cerebrum gingiuis illine porci, Serenus ad infantes dentientes. ¶ Oſſicula in capite porci duo naturaliter forata inueniuntur, id eſt unum in dextra parte, & aliud in ſiniſtra, quæ reperta & repoſita, & cum opus fuerit licio ſuſpenſa, medelam capiti prout inuenta ſunt præſtant: id eſt dextrum dexteræ parti, & ſiniſtrum ſiniſtræ: ſed præter te & ægrum oſſicula tertius non contingat, quæ ad hanc neceſſitatem colligi diligenter & ſeruari debent, Marcellus. ¶ Auriculæ porcinæ os perforatum collo alligatum à tuſſi futura cuſtodit, Galenus Euporiſt. 2. 43.

¶ In ſuillo uentre gobius recens decoquitur ad alui deiectionem: Vide in Gobio ex Dioſcoride.

¶ Ebrietatem arcet pulmo APRI aut ſuis aſſus, ieiuni cibo ſumptus, eo die, Plinius. Suillus & agninus pulmo impoſitu attritus à calciamentis contractos, ab inflammatione tuetur, Dioſcorid. calciamentorum attritus ſanare creduntur, Galenus, Sym. Sethi & Hali. Clauos & rimas calliq; uitia pulmo APRINVS aut ſuillus ſanat, Plinius. Perniones urſinus adeps rimasq; pedum omnes ſarcit, &c. item APRINVM uel ſuillum fel: cum adipe pulmo impoſitus, Idem.

¶ Suis iecur cum uino ſumptum uenenatorum morſibus medetur, Symeon Sethi. Contra ſerpentes auxiliatur uerrinum iecur (inueteratum cum ruta potum ex uino, ut APRI quoq;) exemptis duntaxat fibris quatuor obolorum pondere, Plinius. Vitia quæ in uerendis ſerpunt, iecur ſuis uel APRI combuſtum maximè iuniperi ligno & arrhenico ſanat, Plinius. Aluum ſiſtit ſuillum iecur aſſum: uel APRINVM ex uino potum citra ſalem recensq;, Idem. Iecur uerrinum recens combuſtum contritumq; ad ſummam leuitatem, cum uino, ſed ſine ſale potui datum, efficaciter ſupprimit nimiam deiectionem, Marcel. ¶ De lapillis qui in iecore ſuis reperiuntur, uide in Apro G.

¶ Dioſcorides ubi de felle in genere tractat, taurinum ſuillo efficacius eſſe ſcribit. Suillum fel (inquit Galenus de ſimplic. 10. 12.) minimè uehemens eſt, ita ut ulceribus etiam non intolerabile ſit: & ſanè magis aquoſum quàm ullum aliud uidetur, præterquam ſylueſtrium ſuum & montanorum: quorum ut caro tota calidior ſicciorq; eſt, (quàm uulgarium,) ſic etiam fel. Pro felle ſuillo, fel perdicis, Antiballomena apud Aeginetam. Infirmius (humidius, Hali) eſt cæteris, Auicenna. Maturat & uenenoſis morſib. prodeſt, & prauos humores ſoluit, Hali. Articulorum attritis fel APRorum uel ſuum linteo calefacto impoſitum prodeſt, Plinius. Vetuſtam porriginem mirè adimes, ſi herbæ cyclaminis ſucco ſulphuris aliquantum miſcueris & fel ſcrophinum, atq; inde caput in balneo bene perfricabis, Marcellus. Ad euulſos palpebrarum pilos, ne renaſcantur: Suis maſculi fel & adipem eiuſdem, in fictile nouum denſiſſimum leuigatiſſimumq; conijcito, atq; aceti acerrimi & olei alini (amygdalinum interpretantur) utriusq; trientem infundito, denſioriq; linteo circunligato, & ſinito uſque ad dies ſeptem, deinde effundens in mortarium tundito, & habebis tanquam aurum, quod etiam toti corpori conferet, (pro pſilothro, uel ne pili euulſi renaſcantur,) Aëtius 7. 67. Panos & apoſtemata in quacunq; parte diſcutit fel urſinum ſiue uerrinum, Plinius. Ad ægilopas, Fel porcinum ſicca & appone, Galenus Euporiſt. 2. 106. Suillum fel contra aurium ulcera, reliquaq; omnia, magno uſu aſſumitur, Dioſcorid. Suillo felle aliqui utuntur ad ulcera aurium non improbando remedio, quo tu quoq; utêris ubi nullum compoſitum adfuerit, ſunt enim innumera. Cæterum pro affectionis magnitudine aliud etiam alterius animantis fel conuenire poterit. Nam cum ulcus & diuturnum fuerit, & ſaniem ac pus multum habuerit, aliud etiam magis exiccans fel tolerabit, quale eſt ouium paulo acrius ſuillo, eoq; magis caprinum, cui ferè ſimile eſt urſinum & bubulum, Galenus de ſimplic. 10. 12. Aurium dolori & uitijs medetur fel APRI uel ſuis, uel bubulum cum oleo cicino & roſaceo æquis portionibus, Plinius. Ad aures quæ grauiter dolent & uetera uulnera intrinſecus habent, mellis optimi unam partem, aceti acerrimi duas partes confuſas decoques feruoribus tribus, & longius ea ab igne remouebis, donec commotus feruor conquieſcat: tum nitrum addes eo uſq; donec ex uapore cognoſcas nitrum reſediſſe, & iterum leni igne recoques, ne efferueat: tunc addes fel hircinum, uel aprugnum, uel uerrinum aut porcinum, dummodo non de ſcrofa, & commouebis & iterum concoques, ac tepefacies, & inde quantum ſatis eſt auribus infunde, Marcellus. Verrinum fel in mali punici cute ſicca tepefactum, infuſumq;, purulentas auriculas expurgat, Marcellus. Suis manſueti fel pari mellis ad carbones cocti portione admiſtum tepidum infunde, Galenus Euporiſt. 3. 3. Porcæ fel quæ nondum peperit cum mellis æquo pondere ad aurium uitia laudatur, Alexander Benedictus. Lienem ſedat fel APRI uel ſuis potum, Plinius. Fel ſuis arefactum mariſcis ſeu hæmorrhagijs medetur, (αἱμοῤῥαγίαν ἰᾶται, forte legendum αἱμοῤῥοΐδας) Symeon Sethi Gyraldo interprete. Perniones APRINVM uel ſuillum fel ſanat, Plinius. Ad grappas, quæ ſunt fiſſuræ quædā in pedibus equorum, aliqui fel maialis cum tribus ouorum uitellis miſcent & ſuperilligant, malum ſic una nocte pellendum promittentes.

¶ Ciet urinam ueſica ſuis, ſi terram non attigerit, impoſita pubi, Plinius. Veſſica uerrina cocta uel uſta comedenda aut bibenda efficaciter datur ei qui urinam ſuam non poteſt continere, Marcel.

Alij

Alij ad idem APRI uesicam commendant, ut pluribus in eius historia dicetur. Ad ulcera manantia capitis, quæ uulgò tineas uocant, nostri den grind: Vesicam maialis cum urina sua accipies, & inijcies in eam axungiam minutatim concisam, & salis multum addes, donec ferè albescat. Postea uesicam diligenter ligatam in horto defossam sub terra ad cubiti ferè profunditatē quadraginta aut quinquaginta dies relinques donec bene computruerit coagulata in ea materia. Hanc postea in patella liquabis, & redditum inde unguentum seruabis. Oportet autem caput sic exulceratum, primum lixiuio abluere, & cum bene siccatum fuerit inungere, idꝗ per hebdomadem tertiò repetendum est. Sic breui tempore corrupti capilli defluent & subnascentur noui. Cæterum lixiuium initio quidem merum adhibeatur lauando capiti, postea uero dilutum, ne nimia acrimonia lædat. Capiti interim à fri- 10 gore cauendum, Germanicus liber manuscriptus. Si cornu perfractum hiet, (Si thlasma in ungula equi apertum sit,) post cætera remedia, &c. ubi calor conquieuerit suilla uesica dehiscentem locum indues, & ubi non amplius claudicârit, resolues, Pelagonius in Hippiatr. 161.

Contra comitialem morbum dantur suum testiculi inueterati tritiꝗ in suis lacte, præcedente uini abstinentia & sequente continuis diebus, Plinius. Testiculos uerris Bartolemæus Montagnana misc et medicamento cuidam melle excipiendo, ad coitum in uiro & conceptum in muliere promouendum. Ad urinæ incontinentiam: Magi uerrini genitalis cinere poto ex uino dulci demonstrant urinam facere in canis cubili, ac uerba adijcere, ne ipse urinam faciat, ut canis in suo cubili, Plinius, & similiter Marcel. sed superstitionem de mingendo in canis cubile omittit. Eandem (urinæ incontinentiam) uesica fœminæ suis cumbusta ac pota cohibet, Plinius. Memini audire quosdam è uul- 20 gò pueris contra hoc uitium uuluam scrofæ diutissimè coctam in cibo dare. Contra dolores aurium, uirus uerrinum è scrofa exceptum, priusquam terram attingat, prodest, Plinius. Verris cum scrofam saliet, priusquam in terram destillet de uerendis eius, uirus exceptum tepefactumꝗ & cum aquę modico auriculæ inditum, quamuis molestos dolores releuat: quod etiam circa auriculam inlitum, plurimum prodest, Marcel.

¶ Sicca lippitudo lumbulis suum tostis atꝗ contritis & impositis tollitur, Plin.

¶ Ad tussientes adsiduè: Pernam contundens & instar farinæ in locum affectum spargens, iuuat. hoc idem & sanguinis ex ore eiectioni succurrit egregiè, Galenus Euporist. 2.22. Perna porcina eius'ue iusculum, miscetur medicamentis ad podagram imponendis apud Aëtiū 12.43. Emplastrum diapternes, hoc est ex perna, quod tofos soluit: Pernæ suillæ ueteris pinguis, guttæ ammoniacæ, casei 30 ueteris uaccini aut caprilli, seui taurini, apochymatis quæ est nauis rasura, singulorum libra: medullæ ceruinæ unciæ viij. œsypi cerati unciæ tres, cyprini olei unciæ sex, uini Aegyptij quod satis est, Aegineta lib. 7. cap. 17. de emplastris. Ossa ex acetabulis pernarum circa quæ coxendices uertuntur, dentifricij usum præbent. Iisdem sanari dimissis in fauces iumentorum uerminationes notum est: sed & combustis dentes confirmari, Plinius. Pernæ scrofinæ os quod est amplissimum combustum tritumꝗ optimum & salubre dentifricium præstat. gingiuas enim siccat, & adstringit, dentesꝗ ab humoris iniuria & tumore defendit, Marcel. Decoctum κωλῆν⊕ χοιρέα, id est pernæ suillæ, equo purgando per triduum duabus quotidie cotylis infunditur, docente Absyrto in Hippiatricis cap. 128. Si equus malide humida laboret succum pernæ suillæ cum pedibus decoctæ per os infundes, mensura duarum cotylarum, percolatum & melle mixtum, ac ouis simul agitatis. Idem utiliter per sinistram 40 narem infunditur, Hierocles in Hippiat. cap. 2. Vegetius 1.56. in potione equi prophylactica adhibet acronem salsum porci pinguis, uel longanonem. In perna suis articulos esse diximus, quorum decoctum ius facit urinæ utile, Plin.

¶ Suis talus comburitur, dum è nigro albescat: qui tritus & potus inflationibus coli, longisꝗ tormintibus medetur, Dioscorides: mederi fertur, Galenus. Talum suillum ustum & tritum, totum ex aqua bibendum præbe, Aëtius 9.31. inter remedia ad colicam. Talus suis ustus discutit quæ in uentriculo fiunt inflationes, & cephalalgiam, id est capitis dolorem dissoluit, Symeon Sethi. Talorum suis uel APRI cinis, clauos & rimas calliꝗ uitia sanat, Plin. Est etiam proditum, quod si os (ὀστοῦν) suspensum fuerit quartana affectis, eos melius habituros, Idem: sed de quo osse loquatur, incertum: proximè enim ante adipem tali meminerat.

50 ¶ Ossa ex ungulis suum combusta, dentifricij usum præbent: item ossa ex acetabulis pernarum circa quæ coxendices uertuntur: ijsdem combustis dentes confirmari notum est, Plinius. Ossium ex ungulis porcinis combustorum cinis, pro dentifricio habitus, plurimum confirmandis dentibus prodest, Marcel. & Auicen. Dentifricium fit ex cinere cornu ceruini aut ungula porcæ torrida, Serenus. Porci ungularum ossa combusta tritaꝗ & cribrata, adiecto nardo & folio, frictione frequenti dentes candidissimos præstant, Marcel. Vrinæ incontinentiam cohibet ungularum APRI uel suis cinis potioni inspersus, Plinius: APRI ungula usta ex uino, Galenus Euporiston. 3.257. Vngula porcina combusta ad cinerem, postera die ex uino hausta, mirabiliter dysenterico prodest, Marcel. Aluo soluendæ mercurialis decoquitur quantum manus capiat, in duobus sextarijs aquæ ad dimidias, bibitur sale & melle admixto, nec non cum ungula suis, aut gallinaceo decoctum salubrius, 60 Plinius.

¶ Lacte suis poto cum mulso adiuuantur partus mulierum: per se uero potum, deficientia ubera puerperarum replet, Plinius. Suillum lac ex melle potum partus accelerat, Galenus Euporist. 2.58.

utilissimum est tenesmo, dysenteriæ, nec non phthisicis. hoc & mulieri saluberrimum qui dicerent fuerunt, Plinius. Contra comitialem morbum dantur suum testiculi inueterati tritiq; in suis lacte præcedente uini abstinentia, & sequente continuis diebus, Idem. Chamæleontis feminis sinistri uel pedis cineri si misceatur lac suillum, podagricos fieri illitis pedibus magi scripserunt, Plinius.

¶ Non est occulta uirium axungiæ causa. quoniam id animal herbarum radicibus uescitur. itaq; etiam fimo innumeri usus, Plin. Ad morsus uenenatos suillum recrementum aceto coctum utiliter imponitur, Aëtius. Pro hyænæ stercore substitui licet porcinum, Aëtius in emplastro quodam contra crocodili morsum. Stercus suis impone aduersus ictum scorpij aut alterius reptilis, Anatolius in Hippiatricis. Si bouem aut aliam quadrupedem serpens momorderit, melanthij acetabulū, & quod medici uocant smyrnium, conterito in uini ueteris hemina. id per nares indito, & ad ipsum morsum stercus suillum apponito. Idem homini facito, si usus euenerit, Cato. Stercus suillū recens & mel Atticum nonnulli cum uino miscent, & calefactum quasi cataplasma inducunt, addentes urinam humanam, ad ictus uirulentos, Vegetius 3. 77. Stercus suillū iumentis propinatur contra uenenosos morsus, Ibidem. Vide inferius inter remedia ex hoc fimo intra corpus sumpto. Fimus suillus in testa arefactus & tritus, & cum oleo impositus, mirè sanat liuores, Marcellus. Luxatis recens fimum APRINVM uel suillum medetur, Plinius: Dioscorides suis syluestris fimum cum cerato rosaceo luxatis mederi scribit. Fimum recens suum, uel inueterati farina illinitur uulneribus ferro factis, Plinius. Ad uulnus dulce, Suillum fimum cum oleo & acri aceto misceto, & locum prius setaceo panno excoriatū inungito, Galenus Euporist. 3. 190. In ambustis prodest APRINVM aut suillum fimum inueteratum, Plin. Prurigini, papulis & scabiei arcendis, Stercoris ex porco cinerem confundito lymphis. Sic pauidum corpus dextra parcente foueto, Serenus. Pustulis suilli fimi cinis aqua illitus medetur, Plinius. Fimum suillum in testa calefactum, tritumq; cum oleo, duritias corporum omnes tollit optime, Plinius. Clauos & rimas calliq; uitia, fimum APRI uel suis recens illitum, ac tertio die solutum sanat, Idem. Fimus APRI uel suis domestici recens impositus, & post tertium diem solutus, efficaciter clauos, uerrucas & callos aufert, Marcellus. Stercus scrofinum uino immixtum cum rosa liquida, id est, rosæ succo, lendes pedunculosq; discruciat, Marcellus. Suillum fimum comburito, & cinerem melli admisceto, caputq; rasum inungito, ac super brassicæ folia dato, Galenus Euporist. 3. 285. Si cui fortè lapis teneros uiolauerit artus, Non pudeat luteæ stercus perducere porcæ, Serenus. Si sanguis profluat iumentis, suillū fimum ex uino infundendum, Plinius. Ad hæmorrhagiam ex uulnere, Fungus quem crepitum lupi uocant, cum stercore porci gramina pascentis tritus & calidus appositus plagæ, sanguinem sistit, sed intra triduum remoueri non debet, Rusius hippiatros. Ad cynanchen, id est, anginam equorū, Stercus suillum melle permixtum illine. fit autem mellis tantum ut stercus occultetur, Hierocles. Stercus porcinum siccum inligatum phœnicio & collo suspensum, tussem molestissimam sedat, Marcellus. Mulieri si mammæ inflentur à partu, suillum stercus cum aqua tritum inunge, Nicol. Myrepsus. Cum oleo perfrictum & in testa calefactum, & inguinibus impositum plurimum prodest, Marcellus. Vitia quæ in uerendis serpunt, suilli fimi cinis sanat, Plinius. Inflationi uuluæ fimū APRINVM suillúmue cum oleo illini prodest, Idem. Vlcera sanat in tibijs cruribusq; adeps ursinus cum rubrica: quæ uerò serpūt, fimum suum illitum siccum, Idem. Spasmata & percussu uitiata, fimo APRINO curant uere collecto & arefacto. Sic & quadrigis agendis tractos, rotáue uulneratos: & quoquo modo sanguine contuso, uel si recens illinatur. Sunt qui incoxisse aceto utilius putent. Quin & in potu farinam eam ruptis conuulneratisq; & euersis, ex aceto salutarem promittunt. Reuerentiores cinerem eius ex aqua bibunt. Feruntq; & Neronem principem hac potione recreari solitum, cum sic quoq; se trigario approbare uellet. Proximā suillo fimo uim putant, Plinius. ¶ Remedia ex succerda in corpus sumpta. Farinam eius in potu ex aceto salutarem esse ruptis, conuulneratisq; & euersis promittunt, ut iam proximè ex Plinio recitaui. Iumentis propinatur contra uenenosos morsus, Vegetius 3. 77. Forinsecus quidem uenenosis morsibus & ictibus salubriter imponi in præcedentibus dictum est. Equo & boui sæpe exitialem esse suis fimum si fortè comederint, in ipsorum historia diximus. quamobrem miretur aliquis idem inter remedia recenseri. atqui non simpliciter suis, sed ægræ suis fimum noxium esse si deuoretur intelligendū est, quod Columella expressit, Vegetius non item. Idem Vegetius 3. 9. stercus suis bibendum præbet iumento cui natura excidit. Colo medetur suilli fimi farina addito cumino in aqua rutæ decoctæ, Plinius. Memini etiam alibi uel legere uel audire stercus suillum aduersus colicam ualere experimento cognitum esse. Sed contra hunc affectum alij etiā alia excrementa præbent, bouis, equi, gallinæ. Dysentericis & cœliacis auxiliatur APRINI uel suilli uel leporini fimi cinis inspersus potioni tepidæ uini, Plinius. Sunt qui phthisicis suum fimi cinerem profuisse scripserint in passo, Idem. Lumborum dolores, & quæcunq; alia mollire opus sit, ursino adipe perfricari conuenit: cinerem APRINI aut suilli fimi inueterati aspergi potione uini, Plinius. Ad stranguriam equi, Stercoris suilli uncias quatuor cum uini sextario permisce, & colatum in potu dato, statim pellet urinam, Hierocles. Inflationi uuluæ fimum APRINVM suillúmue cum oleo illini prodest. efficacius sistit farina aridi, ut aspergatur potioni, uel si grauidæ aut puerperæ torqueantur, Plinius.

¶ Aduersus panos & apostemata in quacunq; parte, urina suum in lana imposita medetur, Plin.

Remedium

Remedium ad achôras, id est, ulcera manantia capitis ex uesica maialis cum urina sua, superius inter remedia ex uesica exposui. Vrina uerris in fumo arefacta ex aceto mulso pota bene facit ad comitialem morbum. esto autem urinæ portio ad Aegyptiæ fabæ magnitudinem, sed optima est APRI, Galenus Euporist. 2. 3. Lotium porcorum prodest albedini oculorum, sed eius proprietas est ut calculos frangat, &c. Hali. Vrina porci frangit lapidem in renibus & uesica, & prouocando educit ex ambobus, Auicenna. Lotio suillo locum inguinum dolentem adsidue perungue, aut cum eo lanam succidam adpone, statim medebere, Marcel.

¶ Verris spuma recens cum aceto luxatis illinitur, Plin.

¶ Virus seu semen genitale uerris: uide supra in Genitalibus.

10 H.

a. Sus quin à Græco σῦς oriatur, nemo dubitat. Isidorus tamen parum idoneus scriptor dictam ait suem, quòd pascua subigat, id est terra subacta escas inquirat. Nam setigeris subus acre uenenum est, Lucretius de quouis unguento odorato. Suem lactentem pro porcello lactente Solinus dixit cap. 23. Pecus chordum & chordum suem dicimus, ut Græci ὄψιγονον, Hermolaus. Amisso nomine lactentis dicuntur nefrendes, ab eo quòd nondum fabam frendere possint, id est frangere. Porcus enim Græcum nomen est antiquum, sed obscuratum, quòd nunc eum uocant χοῖρον, Varro de re rust. aliqui nefrendem interpretantur castratum, ut supra dixi in E. Sunt qui dictum putent porcum quòd porrecto rictu pascatur, & terram dum herbarum radices rimatur, latius porrigat. Porcus quod Sabini dicunt à primo porco poride porcus, nisi à Græcis quòd Athenis in libris sacro 20 rum scriptum est, & procæ porco, Varro de lingua Lat. Porcus, quasi spurcus, cœno enim limoque se uolutat, Isidorus. Vergilius fœmin. gen. porcam pro porco dixit, ut adnotauit Seruius, &c. Vide infra in h. ubi de sacrificijs ex sue. Porcum & porcam semper de domesticis dici, non indoctus quidam annotauit: Albertus porcum syluestrem pro apro posuit: & sic forsitan dici potest, cum Græcè etiam Hipponax ἀγρίων χοῖρον dixerit: & Galli aprum porc sanglier, quasi porcum singularem appellant. Vide in Apro a. Depubem, porcum lactentem, qui prohibitus sit pubes fieri, Festus. Porcetra (aliâs Porceta, ut Hermolaus legit) quæ semel peperit, Festus: scropha quæ sæpius, Hermolaus. Biseta porca dicitur, cuius à ceruice setæ bifariam diuiduntur, cum iam esse incipit maior sex mensium, Festus. Porci sectarij, nominantur à Catone de re rust. cap. 150. de ueruece sectario dixi in Veruece A. Sucula, diminutiuum à sue. Cum sucula & porculis, Plautus Rud. Bituricis ueruex, He-30 duis dat sucula signum, Alciatus. Scoppa Italice interpretatur, porchetta, porcella, frisinga. Porcellus diminutiuum apud Suetonium, Varronem & alios. Porculus, apud Plautum Menæch. Est & porculus marinus Plinio memoratus. Abundat porco, hœdo, agno, &c. uilla locuples, Cicero de senect. porco, id est porculo & lactente. Columella porcum lactentem dixit. Et alibi, Quum iam herbæ (inquit) solidiores sunt, ut & firma lactis maturitas porcis contingat, & quum desierint holeribus ali, stipula pascantur. Sus triginta porcos peperit, Varro. Scrofæ nutricare octonos porcos paruulos primò possunt, Idem. Candidulus porcus, Iuuenalis Sat. 10. Epicuri de grege porcus, Horat. 1. epistola. Ex recentioribus quidam porcellum, porci catulum dixit, nescio quàm rectè: ipse quidem non probo: catulos enim dicimus, uel propriè, nempe canum: uel impropriè, in quibus scilicet proprium non habemus. Germani porcellum dicunt **ein färle**, uel **färckel**. Cum porci depulsi sunt à 40 mamma à quibusdam delici appellantur, (δέλφακα, ἡμίχοιρα: uide paulò post inter Græca uocabula suum) neque iam lactentes dicuntur. qui à partu decimo die habentur puri, ab eo appellantur ab antiquis sacres, quòd tum ad sacrificia idonei dicuntur primum, (ut in h. pluribus dicetur,) Varro. Verrem ad hominem masculum transtulit Plautus Milit. Audin' tu mulier? Dixi hoc tibi dudum, & nunc dico, nisi huic uerri affertur merces, Non hic seminio suo quanque porculenam partiturus est. Verrinum iecur, Plinius. Fœcundius pecude nihil natura genuit, Cicero 1. de Nat. de sue.

¶ Sus Græcè dicitur ὗς, olim θῦσις ab illo uerbo dictus, quod dicitur θύειν, quod est immolare, (&c. uide plura in h.) Varro. Suem Græci hyem uocant, & syn & hyn, aliquando thyten, quòd à suillo pecore antiqui principium immolandi sumpserint, Hermolaus in Dioscoridem. Sus Græcè ὗς, & χοῖρος: quo uocabulo miror à rusticis Hetruriæ hoc genus clamando educi ad pascua & reduci, 50 Volaterranus. nostri subulci ad pascua educentes clamant sig sig. significat autem sica, σίκα, suem apud Lacones, ut Hesychius & Varinus docent. Vide syrbe infra inter substantiua à sue deriuata. Σῦς παρὰ τὸ σεύεσθαι καὶ ὁρμητικῶς ἔχειν, Vlpianus apud Athenæum: alij, inquit, σῦν quasi θῦν dictum putant, τὸν εἰς θυσίαν εὐθετοῦντα. γαλαθηνοῦ ὑός, Alcæus apud Athenæum: id est, suis lactentis. Σῦς, ὁ χοῖρος. ὗς, de fœmina, σῦς de mare propriè, Suidas ex Scholiaste Aristophanis in Acharnens. super hoc uersu, ὅπως γε δόξητ' ἦμεν δὴ ἀγαθᾶς ὑός. sed authores indifferenter utuntur. Aristoteles Attico more τὴν ὗν masculino genere non de mare solum, sed alicubi etiam de fœmina usurpat: ut lib. de generatione animal. 4. 6. Μόνον δὲ πολυτόκων ὁ ὗς τελειοτοκεῖ. Ὗς, χοῖρος ἢ σῦς, Suidas. Σῦς, γυνή, ὗς, σύαγρος, Hesych. Ponitur etiam absolute sys pro syagro, id est apro. Κρεῖα χύδην πρὸ θῆκε συῶν, ἐλάφων τε ταχειῶν, Orpheus in Argonaut. Χοῖροι, σύες τέλειοι, ὕες ἀγάλακτοι, καὶ γαλαθηνοί, Pollux diuersa suum nomina & ætates 60 diuersas indicans. Σύας σιάλους ἀτιτάλλω, Odyss. ξ. Πολλοὶ δ' ἀργιόδοντες ὕες, Homerus. Συάδες, αἱ ὕες ἐσχηματισμένως, Hesych. & Varin. Grammatici Græci deriuata aliunde uocabula ἐσχηματισμένα uocant. Sues fœminas Florentinus uocat τὰς ὗς & θηλείας χοίρους: fœtas Homerus Od. ξ. θηλείας τοκάδας.

προβατίοις καὶ συϊδίοις ὁμιλῶν, Innominatus apud Varinum in uocabulo ἐξοσίσαι. Socrates dicebat ὅτι ὑϊκόν αὐτῷ δοκοίη πάσχειν ὁ Κριτίας, ἐπιθυμῶν προσκνήσασθαι Εὐθυδήμῳ, ὥσπερ τὰ ὑΐδια τοῖς λίθοις, Suidas in ὑϊκόν. Ὑΐδιον cum diphthongo in prima in Vespis Aristophanis filiolum significat, quamuis in Scholijs ὑΐδιον sine diphthongo legatur: ut patridion paterculum. ¶ Χοῖρος aliquando pro quouis sue accipitur. ἔσθιε χοίρων, Homerus Odys. ξ. Aliquando porcellum paruum significat, ut scribit Galenus in Hippocratem de uictu in morbis acutis: Χοῖρον (inquit) priuatim ueteres uocabant τὸν μικρὸν λίαν, ut Homerus etiam (Odys. ξ.) utitur. Χοίρε', ἀτὰρ σιάλους γε σύας μνηστῆρες ἔδουσι. σιάλους autem uocat iam adultos, τοὺς ὑπὲρ τοὺς τελείους. Οὐδὲν δὲ χοῖρον τόνδε τὸν αὐτὸν ὗς, Ἢ πολλάχ' ἐν δήμοισιν ἐργασαι κακά, Δονοῦσα καὶ τρίποδα τύρβε ἄνω κάτω, Aeschylus apud Athenæum. Χοίρους (inquit Scholiastes in Acharnenses Aristophanis) uocat poëta, quos nostri nunc delphacas, id est paruos sues, quos prisci χοίρους uocabant: ut Homerus, Χοίρε', ἀτὰρ σιάλους γε σύας μνηστῆρες ἔδουσιν. Cæterum magnos sues delphacas nominabant: quamobrem poëta in sequentibus, Νέα γάρ ἐστιν, ἀλλὰ δελφακουμένη (id est cum adoleuerit. Δελφακοῦσθαι, τελειοῦσθαι τὰς ὗς, Varin.) Ἕξει μεγάλαν τε (κέρκον) καὶ παχεῖαν κἠρυθράν. Χοῖρον Iones suem fœminam uocant, ut Hipponax: Σπονδῇ τε καὶ σπλάγχνοισιν ἀγρίας χοίρου. Cum in Assum uenissem (inquit Ptolemæus Aegypti rex libro 9. ὑπομνημάτων) Assij exhibuerunt mihi χοῖρον ὑίον ἔχοντα (id est scrofam quæ habebat porcellum) altitudine duorum cubitorum cum dimidio, ὅλον δ' ἄρτιον πρὸς τὸ μῆκος, colore niueum, & dicebat Eumenem regem talia studiosè ab eis emere, expendentem pro uno quater mille drachmas, ut recitat Athenæus. Aristophanes etiam χοίρους μυστικὰς dixit: immolabantur enim Cereri in mysterijs porci fœminæ tantum. Idem alibi, Ταυτὶ τῶν χοίρων τὸ ἱερῆς ἄξιον. Et rursus, Ἀλλ' αἰ τράφοιν λῇς αὐτὶ τοι χοῖρος (pro χοῖρος, Megaricè) καλά. Χοῖρος παρὰ τὸ χέω ὀρύσσειν, χοῖρος, καὶ συγκοπῇ χοῖρος. ἢ παρὰ τὸ χέρσον ὀρύσσειν, Etymologus. Χοιρίσκος diminutiuum, ut in prouerbio Porcellus Acarnanicus. Ὗες, σύες, χοῖροι, χοιρίδια, δελφάκια, Pollux. Χοιρίδιον apud Florentinum etiam & Aristophanem legitur: item χοιρίον apud eundem in Acharn. Χυθροίδια, τὰ ζῶα τὰ χοιρίδια, Hesych. Χοίρειμα, τὸ χοιρίδιον, Idem. Χοιροφόρημα, χοιρίδιον, Idem. ¶ Delphax porcus est adultus atque masculus, ut grammaticus Aristophanes existimat: χοῖρος uero dum adhuc tener est: alij contra uolunt: certe delphax & pro fœmina sue capitur quandoque, sicut & chœros quandoque apud Iones, Hermol. in Dioscorid. Delphax, porcus lactens uel paruus, secundum alios magnus, Suidas, Varinus: & Scholiastes Aristoph. ut superius recitaui. Ὥσπερ αἱ καπηλίδες τὰ δελφάκια τρέφουσιν, Aeschines in Alcibiade. Καὶ γὰρ ἐκεῖναι τὰ δελφάκια πρὸς βίαν χορτάζουσιν, Antiphanes. Et alibi, Ἀντὶ δελφακίων τρέφεσθαι. Δέλφακα δεραιότατον, Plato in Poëta masculin. genere protulit, item Sophocles & Cratinus. Nicochares in fœm. genere λευκὴν δέλφακα. Item Eupolis & Plato alibi & Theopompus in fœmin. genere usi sunt, citante Athenæo. Delphaca suem masculum Epicharmus uocauit, Anaxilas similiter sed adultum, his uerbis: Τοὺς μὲν ὀρεινόμους ἡμῶν ποιήσει δέλφακας ἀλιβάτους, τοὺς δὲ πάνθηρας, ἄλλους ἀγρώστας λύκους, λέοντας. Sed Aristophanes Ταυγνισαῖς in fœm. gen. dixit, Ἡ δέλφαξ ὀπωσῶς ἢ τριαῖον. & in Acharnensibus, Νέα γάρ ἐστιν ἀλλὰ δελφακουμένα Ἕξει μεγάλην τε, (&c. εἴρηνται.) Ὡς Ἐφεσίη δέλφαξ, Hipponax. Et sanè propriè fœminæ ita dicerentur, quę delphinas (Cælius legit delphyas, quod placet: unde, inquit, adelphi, id est fratres uterini nuncupantur, ut qui eodem prognati sunt patre ac matre autadelphi) id est uteros habent, unde & ἀδελφοὶ dicti. Ἠδη δέλφακες, χοῖροι δὲ τοῖσιν ἄλλοις, Cratinus. Τῶν συῶν τὰ μὲν ἤδη συμπεπηγότα δέλφακες: τὰ δὲ ἁπαλὰ καὶ ὑγρὰ, χοῖροι. hinc intelligitur illud Homeri, τά τε δμώεσσι πάρεστι Χοίρε', ἀτὰρ σιάλους γε σύας μνηστῆρες ἔδουσιν, Hæc omnia Athenæus. Κάπρος καὶ χλούνης καὶ χαυλιόδους, ὁ ἄγριος. καὶ τὰ ἔγγονα τούτου δελφάκια, Varinus in Σῦς. Anaxilas ipsos etiam apros, ut superius ex Athenæo recitaui delphacas nominat. Delphacium etiam de pudendo muliebri dicitur: uide infra post Epitheta. Delphacium sunt qui uulgò temporalem dictum suem intelligant, Cælius. ¶ Lactentem porcellum, qui & subgrumus (lego subrumus) est, Græci orthragoriscon uocant, quia matutinis uenales essent: sed communiori uoce γαλαθηνόν, Hermolaus in Dioscoridem. Γαλαθηνοὺς ὗας, Alcæus apud Athenæum. Mactant Lacedæmonij καὶ τοὺς γαλαθηνοὺς ὀρθραγορίσκους, Athenæus. Apud Hesychium non rectè legitur: ὀρθαγορίσκος, χοιρίδιον μικρόν. apud Varinum adhuc ineptius etiam rhô in secunda syllaba omittitur. Βορθαγορίσκια, χοίρεια ἱερά: καὶ μικροὶ χοῖροι, Βορθάκιοι, Λάκωνες, Hesych. & Varinus. Est & inter pisces orthragoriscus idem qui porcus, uocalis, &c. Hermolaus. Gelenius in Lexico symphono Latinam uocem porcus, Germanicam pfotck, & Græcam Βόρθαξ inter se componit. ¶ Δέλιχα, τὰ ἡμίχοιρα, Hesych. & Varinus: Hinc forte & apud Latinos, ut Varro scribit, porci cum depulsi sunt à mamma à quibusdam delici appellantur. Ἡμίχοιρα autem forte dicta fuerint ob paruitatem, quasi non integri sed dimidiati porci, per ætatem nimirum: nam qui aliquo uitio parui & quasi nani porci nascuntur, μετάχοιρα uocatur, ut in c. dixi. Τὰ ὀλίγονα καὶ μικρὰ, μετάχοιρα, Pollux. Ἡμιτύγια, τὰ ἡμισυδελφάκη, (uox uidetur corrupta: nec satis scio an ad delphacas & sues pertineat,) Hesych. & Suidas. ¶ Πτελέα, sus apud Lacones: uel species arboris, (ulmus,) Hesychius. Πιτταλίδας sues (pro obesis) Achęus Eretriensis in Aethone Satyrico dixit, cum uituli propriè πίτταλοι (πίτυλοι, Hesych. & Varin.) dicantur cum cornua patula (ἐκπέταλα) habent, Athenæus libro 9. ¶ Sialos præpingues porcos uocant Græci, Cælius. Σύας σιάλους ἀπιτάλλω, Eumæus Odys. ξ. Χοίρε', ἀτὰρ σιάλους γε σύας μνηστῆρες ἔδουσιν, Ibidem. Galenus in Hippocratem de uictu in morbis acutis citans hunc locum Homeri, sues interpretatur τοὺς ὑπὲρ τοὺς τελείους, id est adultos & uigentes ætate, ut chœros porcellos. uidetur autem ὑπὲρ præpositio abūdare, nā & Athenæo σίαλοι simpliciter sunt οἱ ἤδη τέλειοι. Σίαλον φασὶν οἱ παλαιοὶ τὸν ἤδη χοῖρον

χοῖρον ἀπὸ λεπτροφίας λεγόμενον, ad differentiam sylueſtrium. ſialos enim eſt qui domi alitur, παρὰ τὸ σιτεῦσθαι ἅλις, Varinus. Et rurſus, Σίαλος, ὁ σιτευτὸς χοῖρος, id eſt porcus altilis. Sed hæc ad epitheta potius referri oportebat. neq; enim σίαλον de ſue abſolute dici inuenias: & quandoq; etiam de alijs animantibus, ut σιάλου αἰγὸς apud Hippocratem, Galenus λιπαροῦ interpretatur. Σιαλώδη, λιπαρά, πίονα, apud Hippocratem, Varinus. Σίαλοι, εὔτραφεῖς, λιπαροί, Heſychius. Σιαλοῦται, τρέφεται, Idem. Eſt & ſialos ſubſtantiuum, pro ſputo, ſaliua, ſpuma, (propinqua eſt uox Germanica ſchlym) apud Heſychium: atque inde adiectiuum pro pingui obeſoq; fieri uidetur: talia enim humidiora & quaſi ſaliuæ ſucciq; plena ſunt, & ueſcentes etiam pinguibus cibis, ſaliuæ & humoris amplius colligunt. Dicitur autem ſaliua non ſolum de oris ſputo, ſed alijs etiam humoribus. Saliua lachrymationum, Plinius libro 11. Siue eſt cœli ſudor, ſiue quædam ſyderum ſaliua, Ibidem. Sui cuiq; uino ſaliua innocentiſſima, Idem libro 23. Hinc & blennus piſcis σιαλὶς ab Achæis uocatur, quòd mucoſo humore abundet, nimirum ut tinca noſtra. ¶ Γρύλλος, ὁ χοῖρος, Suidas & Heſych. Γρυλλίων, idem, Heſychius & Varin. Μὴ ἔχων δαιμόνιον ὤνησαι γρυλλίδιον, γρῦνιν, Tzetzes Chiliade 12. cap. 418. Videntur ſanè hæc nomina à uoce ſuum facta, de qua Græci dicunt γρῦ, γρυλλίζειν, &c. uide infra in c. Antiphilus iocoſo nomine Gryllum ridiculi habitus pinxit: unde hoc genus picturæ gryllus uocatur, Plinius. Γύλιος, porcus, aut leo, aut Hercules, Varinus & Etymologus: ſed Gyllius pro Hercule apud Heſychium per l. duplex ſcribitur. Vide in Cuniculo A. ubi de chœrogryllo uel chœrogylio dixi. ¶ Γείσων, ὁ χοῖρος, Varinus. Γεισῶν (oxytonum apud eundem, & circumflexum apud Heſychium) ὗς. Ariſtophani uero nomen curſoris qui uicit in Olympijs. Γρομφὰς uel γρομφίς, ſus uetula, ſcropha, Heſychius. ex quo corruptus Varini locus emendari poteſt. Γρωνάδες, ſues fœminæ, Iidem. Βωλώρυχα, τὴν σῦν, Lacones, Iidem: nimirum quòd glebas & terram roſtro fodiat. Dionyſius Siculus porcum iacchum nuncupabat, Cælius (ex Athenæo.) Σωλὸς (ſimilis eſt uox Germanica looß, primis tribus literis tranſpoſitis) ὗς, Heſych. Varin. Ἰβείκαλοι, porci, χοῖροι, Iidem. ὀβείκαλα quidem catuli quarundam ferarum dicuntur, ut leonum, luporum, hyſtrichum: Vide in Hyſtriche H. Κολοβρὸς, porcellus, ὁ μικρὸς χοῖρος, Varinus: forte quaſi κολοβὸς, id eſt imminutus, mutilus. Κόλαβρος καὶ κάλαβρος, porcellus. unde uerbum κολαβρίζειν, χλευάζειν, ἐκπινάζειν, ἀτιμάζειν, ὡς οὐδενὸς λόγου ἄξιον νομίζειν. Καλαβρίζειν uerbum in prima per α. apud Heſychium ſine interpretatione legitur. Γεῦνα, ὗς θήλεια, Λάκωνες, Varinus: apud Heſychium paroxytonum eſt. Μαρίν, τὴν σῦν, Cretenſes, Iidem: finitima ſcrophæ Germanica uox eſt, moor. Θύαν, κάπραν, τὴν ὗν, Heſychius, Varin. quaſi capra Græce ita de porca dicatur, ut capros de porco ſeu uerre. Θύα quidem nominatur non inepte: nam & σῦν aliqui quaſi θῦν dictum putant, & Varro θύτην uocatum olim, quod ſacrificijs aptus ſit. Συῶν ἐπιβήτορα periphraſis uerris, κάπρον, Varinus. Ariſtophanes in Acharnenſibus χοῖρον nominat βόσκημα, quam uocem Xenophon etiam de equis poſuit, Scholiaſtes Ariſtophan. Κάθυρος, κάπρος, ἄνορχις, Heſychius & Varin. malim ſine diſtinctione κάπρος ἄνορχις: hoc eſt, uerres caſtratus, maialis ſcilicet. Ὗν πεπρασιὰν * καταιγίν, Σαλαμίνιος, Heſychius: locus eſt deprauatus.

¶ Epitheta. Suis uel porci. Amica luto ſus, Horatius 1. epiſt. Biſulcus. Brutus. Clamoſus. Glandilegus. Hiſpidus. Horrens, Lucretius lib. 5. Aeneas ſocijs ad littora mittit Viginti tauros, magnorum horrentia centum Terga ſuum, Verg. 1. Aen. Horridus, Idem 4. Georg. Ignauus. Immundi ſues, Verg. 1. Aen. Impatiens famis. Ingens, Verg. 3. Aen. Lætus glande, 3. Georg. Lutoſus. Lutulenta, Horatius 2. epiſt. Obſcœnus. Saginatus. Segnis. Setiger & ſetoſus apris potius attribuuntur. Spurcus. Turpes, Plinius. Vdus. Vulnificus 8. Metam. ad aprum potius pertinet. ¶ Porcæ. Auida, Horat. 3. Carm. Ouidius 1. Faſt. Lactens 2. Faſt. Multipara. Præcidanea, non recte inter epitheta numeratur. ſic enim dicebatur quã Cereri immolabãt porcam. uide in h. Sordida, Author Philomelæ. Porcellus lactens. Lacte mero paſtum pigræ mihi matris alumnum Ponat, & Aetolo de ſue diues edat, Martialis. Bimeſtris porcus, Horatius 3. Carm. ¶ Græca. Ἔκβαλε δὲ λευκοὶ ὀδόντες Ἀργιόδοντος (dentes albos habentis) ὑὸς θαμέες ἔχον ἔνθα καὶ ἔνθα, Homerus Iliad. κ. de galea Vlyſſis. Πολλοὶ δ' ἀργιόδοντες ὕες θαλέθοντες ἀλοιφῇ, Homerus Iliad. ψ. Ἀργιόδοντες, qui habent dentes acutos, uel magnos, Varinus. Ἀργιος, albus, celer, Idem. alij ab ἀργὸν uolunt compoſitum, abundante iota. οἱ ὀξυόδοντες, οἷς ἀργοὶ ὀδόντες, ὅ ἐστι ταχεῖς, θοοί: καὶ μεγαλοπτικοὺς ὀξεῖς, Varinus. Βλοσυρά, Phocylidi apud Stobæũ. Σύες λαρινοί, ſues obeſi, Athenæus lib. 9. per translationẽ à larinis bubus ſic dictis à uerbo λαρινεύεσθαι, q̃d eſt σιτίζεσθαι, uel ab Epirotico uico Larina, uel à Larino ipſorũ paſtore. Δέλφακος ὀπωρινῆς ἥπατιον, Ariſtophanes apud eundẽ, nimirũ quod autũno largiore uictu ſuppetente magis pingueſcat ſus. Σύας σιάλους, Homer. Vide ſupius inter nomenclaturas ſuũ. Αἰεὶ ζατρεφέων, σιάλων (εὐτραφῶν, λιπαρῶν) τὸν ἄριστον ἁπάντων, Odyſſ. ξ. Ὗς πανύθριξ, Simonides apud Stobæũ. Πεντήκοντα σύες χαμαιευνάδες ἐρχατόωντο, Odyſ. ξ. Χαμαιευνάδες, αἱ σύες, pro χαμαιεῦναι, apud Comicos nomine iocoſo in hãc terminationẽ ficto, ut φυγάδες & λογάδες dicimus, Varinus in Ἀντιπόπαδες. Chamæeunádes ſues cognominantur, quod corpore in terram proſtrato dormiant. multæ enim aliæ quadrupedes erectæ & ſtantes dormiunt. Ἀπαλίων δὲ, ὅτι βόθρος ὀρύσσει· ἢ οἱ χαμαὶ κοιτῆς, Heſychius.

¶ Noſtri uulgò ſuem uocant hominem ſordidum, inciuilem, immodeſtũ, qui impudentia intemperantiaq; modum excedit, ſcrofam, ein looß, tam uirum quàm mulierem. Noſtræ mulieres, maximè nutrices, naturam, qua fœminæ ſunt, in uirginibus appellant porcam: & Græci χοῖρον, (ut pluribus mox inter Græca dicetur,) Varro. Me pinguem & nitidum bene curata cute uiſes, Cum ri-

rr

dere uoles Epicuri de grege porcum, Horat. epist. 1. 4. Sucula (inquit Budæus) machina est tractorij generis. constat autem tereti ligno, duobus aut pluribus uectibus traiecto, utrinque æqua extantibus longitudine. hæc dum uersatur, funis qui ductarius dicitur circa eam obuoluitur. Meminit eius Vitruuius lib. 10. Nostri uocant **ein haspel.** uide in Asino a. Stipites crassi pedes duos, alti cum cardinibus pedes decem: sucula præter cardines pedes nouem, Cato cap. 18. de torcularij constructione. Cætera diuidito quàm rectissime, porculum in media sucula facito. inter arbores medium quod erit, id ad medium collibrato, ubi porculum figere oportebit, uti in medio prælum rectè situm fiet, Idem. cap. 19. Sucula genus intimæ uestis, author Promptuarij. ego pro ueste subuculam legendam puto, non suculam: & multò minus siculam. sic enim legitur in testimonio ex Rudente Plauti quod citat. Sunt etiam assimilanter dicta hæc, canatim, suatim, (id est, ad similitudinem suis,) bouatim, Nonius. ¶ Porca in agro dicitur terra elata. Porcæ appellantur rari sulci, qui ducuntur aquæ deriuandæ gratia, dictæ quod porceant, id est prohibeant aquam frumentis nocere. nam crebriores sulci, limi uocatur. Porcas quæ in agris (alibi addit, inter duos sulcos) fiunt, ait Varro dici, quod porrigant frumentum, Festus. Qua aratrum uomere lacunam fecit, sulcus uocatur. quod est inter duos sulcos elata terra, dicitur porca, quod ea seges frumentum porrigit, Varro de re rust. 1. 29. ut citat Nonius. Bene proscissas cossigerare ordine porcas, bidenti ferro, rectas deruere, Accius. Porcæ sunt signa sulcorum, quæ ultra se iaci semina prohibēt. porcere enim pro prohibere (porrò arcere) sæpius legimus, Nonius. Porculeta (sic enim legendum potius quàm proculeta uidetur) Plinio 17. 22. à porca, ut à limis limeta, Hermolaus. Semē (post arationem) protinus iniiciunt, cratesque dentatas supertrahunt. Nec sarrienda sunt hoc modo sata, sed porcellis binis ternisque sic arant, Plinius 18. 18. Hermolaus (in secundis castigationibus) scribendum, inquit, arbitror procellis, à quibus superiore libro proculeta: etiamsi porculeta legebatur. Porca in agro est, quam (ut Columella tradit) liræ similem in sationibus campestribus rustici faciunt, ut uliginem uitent. Idem author 2. libro, Liras (inquit) rustici uocant, easdem porcas: cum sic aratum est, ut inter duos latius distantes sulcos medius cumulus siccam sedem frumentis præbeat. Porcæ, porculeta, porculæ, porcellæ, lib. 18. cap. 18. utraque editione. Campani hodie porcas uocant puluinos siue hortulos, in quibus ueluti sulcatim sua cuiusque generis olera seruntur. id genus & areæ dicuntur multis locis, apud Columellam quoque, Hermolaus in glossematis in Plinium. Quemadmodum os reiectum terræ obtegatur, quæque in porca confracta iura sint, quo tempore incipiat sepulchrum esse & religione teneatur, Cicero. 2. de Legibus. Non uides in pub. nocte te tabernas, qua populus ambulando perinde, ut in aratro porcas reddit? Varro Ταφῇ Μενίππου apud Nonium. Rustici ueteres non liras tantum, ut iam recitaui Columellæ uerbis: sed & triginta pedum latitudinem, CXXV. longitudinem, porcam uocabant, Columella lib. 5. Porca (inquit Robertus Cenalis) apud Columellam longissima dimensione centum uiginti pedes habet, latitudine uero triginta. qui numerus ductus in alterum, profert pedes quadratos ter mille sexcentos. Est ergo porca octaua pars iugeri: & quarta pars actus. Imporcitor, qui porcas in agro facit arando, Festus. Hinc imporcatum semen eleganter dictum per porcas ingestum. Apud Plinium legimus etiam porcellas uocabulo diminutionis, Beroaldus. Quod aratri uomer sustollit, sulcus: quo ea terra iacta, id est proiecta, porca, Varro. Est & scamnum terra altior inter duos sulcos, sed differt à porca, quod uitio agricolarum nonnunquam relinquatur, cruda uidelicet & immota, hoc est aratro non proscissa, ut Columella & Plinius scribunt. Porcam Græcè σφυρὰν dici coniicio: hanc enim uocem Pollux interpretatur τὸ μεταξὺ τῶν ἀνηρεισμένων (lego ἀνηγοσμένων) αὐλάκων. Vmbri & Marsi ad uicenos pedes intermittunt (inter binos uitium ordines) arationis gratia in his quæ uocant porculeta, Plinius lib. 17. Suile, stabulum suum. Diligens porculator frequenter suile conuerrat, & sæpius haras, Columella. Strumas semidoctum uulgus scrophulas uocat. quoniam eas Græci ab eiusmodi bruto χοιράδας appellauerint: est enim in sue morbus struma, sed ab hoc diuersus omnino, Cælius. Plura quæres inferius inter Græca in uoce Chœrades.

¶ Χοῖρος, χοιρόσφακτα, μηχάνημά τι οὕτως ἐκαλεῖτο, Hesychius. Mulieres, inquit Varro, nostræ nutrices maximè, naturam qua fœminæ sunt appellant porcum: & Græci eadem significatione chœron, siue (ut Athenæus inquit) delphaca, Hermolaus in Dioscoridem. Delphacion uocabant etiam muliebre pudendum, Varinus. Χοῖρος Corinthijs pudendum muliebre significat: unde prouerbium, Ἀκροκορινθία ἔοικας χοιροπωλήσειν, ἀντὶ τοῦ ἔοικας μισθαρνήσειν ἐν Κορίνθῳ. πολλαὶ γὰρ ἐκεῖ ἑταῖραι, Suidas. Cælius meminit uirile membrum capron dici: quare non mirum muliebre χοῖρον appellari. Pauper quidam Megarensis apud Aristophanem in Acharnensibus, filias quas alere non poterat persuasas ut uendi potius quàm esurire uellent, cum porcina rostra capitibus & ungulas pedibus earum apposuisset, & in saccum indidisset, grunnire iussas pro porcellis uenales habuit: & cum mercator quidam alterius eleuatæ pudendum inspiciens χοῖρον esse negaret, Megarensis χοῖρον esse affirmat. (quoniam Græci etiam pudendum muliebre sic uocant.) tum grunnitum ædente illa, mercator inquit, Νῦν γε χοῖρος φαίνεται, Ἀτὰρ ἐκτραφείς γε κύσθος ἔσται πένθ' ἐτῶν. Tum Megarensis, Σάφ' ἴσθι ποττὰν ματρὸς εἰκασθήσεται: & alia plura iocosè, quæ tum de porco tum de pudendo mulieris ex æquo accipi possunt. Κατωνάκη τὸν χοῖρον ἀποτετιλμένας, τὰς δούλας φησί, Suidas ex Aristophane ut apparet. Aristophanes in Vespis meretricem quandam uocat χοιρίον, ubi Scholia Χοιρίδιον τὸ γυναικεῖον αἰδοῖον λέγουσι.

¶ Ὑηνεῖς, ὑϊκόν τι καὶ ῥυπαρὸν ποιεῖς, id est suatim & sordidè facis, Varinus: sed magis placet, ut apud Suidam

dam legitur, ὑηνόν τι καὶ ζῶδδες ποιεῖς, hoc est suis & pecudis instar facis. οὐ μόνον αὐτὸς ὑηνεῖς, ἀλλὰ καὶ τοὺς
ἀκόοντας τῶν δρᾶν πρὸς τὰ συγγράμματα μὴ ἀναπείθεις, Plato in Theæteto. Ὑηνία, σκαιότης, ἀμαθία, μωρία, ἢ ἡ
ἐκ τῶν χοίρων δυσωδία, Varin. id est, ruditas, fatuitas, uel fœtor ex porcis. Ἐν πάσῃ ὑηνείᾳ καλινδούμενος,
Suidas ex innominato. Ἵνα μὴ γένηται Θεαγένους ὑηνεία, Aristophanes: traducebatur enim Theagenes
tanquam fatuus & συώδης, corpore etiam crassus & χοιρώδης. Aliqui tamen ὑηνείαν fœtorem suum in=
terpretantur, qui cum uarijs cibis utantur fœtida reddunt excrementa, & in cœno uolutantur, (δυσ=
ώδη ἀποπατοῦσι καὶ εἰς βόρβορον ἀλλύονται, similiter habet Scholiastes Aristophanis in Equitibus: sed me
lius in Pace, καὶ εἰς βορβόρους δὲ κυλίονται,) Suidas. Δειλία συώδης καὶ πάσῃ ὑηνεία, Idem ex innomina=
to. Ὑηνεία δὲ (forte υἱηνεία, per diphthongum in prima, à filiorum scilicet generatione) ἡ συγγένεια,
10 Idem. Συηνεῖν apud Platonem philosophum ruditer, inepte & suatim aliquid facere, Suidas. Συηνία
(καὶ συωκία, Varinus habet καυηνία: lego καὶ ὑηνία,) ruditas, inscitia, apud Pherecratem. Est & Συηνία
ciuitas, & syine ficus, Idem. Συηνία, ταραχή, ἀηδία, Hesychius. Ὑαδία, ἀηδία, φυρμὸς ἐν βορβόρῳ, Idem.
Ὑανία, τύρβη, μάχη, ὕβρις, ἀγροικία, Hesych. Varin. Hyomusia, suilla inconcinnitas, inscitia, Cælius.
Θαυμάζω τῆς ὑομουσίας αὐτοῦ, Aristophanes in Equitibus: Scholia exponunt τῆς χοιρωδείας, τῆς ἀπαιδευσίας.
Hippocratis filij, Telesippus, Demophon & Pericles, traducebantur εἰς ὑωδίαν. de quibus & Eupolis,
Ἱπποκράτους τε παῖδες ἐμβόλιμοί τινες, Βληχητὰ τέκνα καὶ οὐδαμῶς τοῦ α, Varinus. τοῦ τρόπου, Scholia in Ne
bulas Aristophanis. lego, καὶ συώδεις τοὺς τρόπους, ut & sensus & uersus constet. Μήτρα ἑξῆς ἐπεισηνέχθη,
μητροπολίς τις ὡς ἀληθῶς οὖσα καὶ μήτηρ τῶν Ἱπποκράτους υἱῶν, οὓς εἰς ὑωδίαν κωμῳδουμένους οἶδα, Athenæus lib. 3.
de uulua porcæ loquens, quæ nimirum ampla erat. (Vulua nil pulchrius ampla, Horatius.) unde io
20 candi occasionem sumpsit, quasi diceret satis amplam esse illam suis uuluam, quæ uel Hippocratis
filios contineret. Σῦς Hippocratis filios uocabāt, item Panætij & Memnonis, εἰς ὑηνίαν κωμῳδοῦντες,
Varinus. Apud Græcos allusio quædam & paronomasia est inter ὗας & υἷας uel υἱούς, id est sues &
filios, ut apud Germanos quoque: hinc iocus ille Augusti dicentis malle se suem quàm filium esse He-
rodis, cum infantes ab eo trucidatos audiuisset. Συῆλαι, τόποι βαρβαρώδεις, (lego βορβορώδεις, id est loca
cœnosa,) Hes. Varin. Σιαγόνα aliqui in prima per υ. συαγόνα scribunt per analogiam à sue, Athenæ=
us libro 3. Ὑστηρία, festum apud Argiuos in quo Veneri sues immolant, Athenæus. ¶ Συοκτονία,
immolatio suis, Dionysio Afro. Συοκτόνον, τό, uenabulum, Tzetzi in Chiliad. 7. 102. Laryngis emi=
nentissimæ parti præponitur os multiplex, quod nonnulli à literæ υ. figura ὑψιλοειδές, alij succinctius
ὑοειδές appellant: qua uoce dissectionum rudes delusi, in Galeno os suem referens uerterunt, Vesali-
30 us. Syrbe, uox qua sues allectant subulci, Cælius. Suidas & Varinus syrben, σύρβην, tarachon, id
est tumultū interpretātur: & συρβηνόν, tumultuosum. Συρβηναίων χορός, ὁ τεταραγμένος καὶ συώδης, ἀπὸ τοῦ τοῖς
κυσίν (melius ὑσίν ut Suidas habet) ἐπιφωνουμένου, Iidem. Vide Erasmū in prouerbio Syrbenæ, Συρβήνης χο
ρός, uel (ut Athenæus) Συρβηναίων χορός: melius συρβηνέων, à recto συρβηνεύς, ut Suidas & Varinus ha=
bent, interpretantes chorum perturbatum & συώδη. Συρβηνεύς ijsdem tibicinem significat, & σύρβη He
sychio thecam tibiarum. apud Suidam uerò συβήνη exponitur theca tibiarum pellicea, aut pharetra.
Σύρβα, μετὰ θορύβου, Hes. Varin. Athenæus ex Aeschylo non syrba sed tyrba citat, hoc uersu, Δονοῦσα
καὶ τρέπουσα τύρβ' ἄνω κάτω. & sanè τύρβη quoque turbam ac tumultum significat. Nostri subulci cum
sues educunt, clamitant sig/sig: (à Græco forte σῦς, uel σίκα, qua uoce Lacones suem nominant:) In
Hetruria χοῖρον, ut supra inter suum nomenclaturas ex Volaterrano retuli. ¶ Χοιράδες & μύρμηκες,
40 αἱ ὕφαλοι πέτραι, id est scopuli latentes, Scholia Lycophronis, & in Pythia Pindari, ταχὺ δ' ἀγκυραν ἐρεί=
σομ χθονὶ πρῴραθεν χοιράδος ἄλκαρ πέτρας, Pindarus. Est & urbs Mosynœcorum Χοιράδες: item scopu=
li marini circa Hellespontum. Χοιράδες αἱ ἐγκείμεναι πέτραι, Hesychius: πέτραι λεῖαι ἐν θαλάσσῃ, ἢ ἐξοχαὶ
ἐν ὄχθῃ πετρῶν, Suidas. nimirum sic dictæ quod chœrades glandulas quasdam in animalibus duras ac
eminentes referant. Χοιράς, saxum sub mari nigrum, aliquantulum eminens, ut porco nanti simile ui=
deatur, Scholiastes Euripidis. Σπῖλος, πέτρα πωρώδης, χοιράς, Hes. Varin. Dicuntur & σπιλάδες ex=
dem petræ, Hesychius. Tumores quidam (ὄγκοι, glandulæ) medij inter carnem & adipem con=
sistunt circa inguina, alas, maxillas & mesenterium: circa quos (tumores) etiam chœrades fiunt,
Pollux. Quidam parum Latinè ad imitationem Græcorum scrophulas uocant, strumas melius di=
cturi. Chœrades circa maxillas, ceruicem, alas & inguina fiunt, glandulis (ἀδένσι) similes, Pollux.
50 Eadem Manardus, addit, induratos istos tumores à pituita fieri: & sic nominari, uel à chœradibus pe=
tris per marinas aquas transparentibus, uel à suibus multiparis animalibus, & eo morbo frequenter
affectis. Χοιράδες, πάθος τι δεινόν, Hesychius. Χοιραδώδη φύματα, tubercula strumis similia apud Plu
tarchum. Porrò χειράδες, uel ut alij scribunt χιράδες & χῖραι, rimæ seu fissuræ pedum sunt, rhagades
calcaneorum. Scribunt Græci Pittacum ab Alcæo appellatum chœrapoda, quod ulcera in pedibus
sentiret, quæ uocant chœradas, Cælius. Sed scribendum χειράδες & χειράποδα (uel χειρόποδα, ut Laër
tius habet) per ει. diphthongum non per οι. Plura de his & similibus uocibus attuli in Equo c. inter
morbos pedum equi. Χύρρα, uox qua suibus acclamant subulci, Hesych. ¶ Hyades stellæ sunt
septem in cornibus & ore Tauri, quæ quoties nascuntur uel occidunt, pluuias creant. Vergilius eti
am (ut scribit Nic. Erythræus) Hyadas pluuias cognominans, per epitheton Hyadum originem ἀπὸ
60 τοῦ ὕειν, id est pluere, deriuari ostendit. Cui sententiæ præter Seruium & alios accedit & Naso hoc car
mine, Nauita quas Hyadas Graius ab imbre uocat: non autem ab hye, id est sue, in cuius speciem fi=
gurentur, ut etiam posteriore sententia refert Seruius: aut à fratre Hyade, quem à leæna interfectum

rr 2

uenando luxerunt. Veteres Romani ob imperitiam Græcæ linguæ, similitudine nominis decepti, quòd Græci hyas sues uocant, Suculas appellarunt. Quanquam Gellius ab Hyadibus Sucularum nomen sua ratione detorquet. Seruius quidem à succo Succulas appellare uidetur, quia succulentæ puto, propter pluuias. Hæc ille. Plura leges in Onomastico & Higino, &c. Suculas nostri à similitudine cognominis Græci propter sues impositum arbitrantes, imperitia appellauêre Suculas, Plinius lib. 18. ¶ Συφεὸς uel συφεών, locus ubi sues aluntur, suile. εἰ μὴ καταγέλαστον εἰπεῖν, ὥσπερ ἐν συφεῶσι καὶ μάνδραις τὰ τῶν Ῥωμαίων μεμένηκε στρατεύματα, Agathias apud Suidam. Συφεός, ὑφεός, σύφος, χοιροκομεῖον, Pollux. Et alibi, Συφεοὶ καὶ σύφοι, καὶ χοιροκομεῖα. Συφεός, τὸ χοιρομάνδριον, συῶν εὐνή, Varinus. Συφειὸς poëticum est abundante iôta. Cæterum συφαιὸς per αι. ab Hesychio chœroboscus, id est subulcus exponitur. Βῆ δ' ἴμεν ἐς συφεὸς ὅθι ἔθνεα χοίρων, Homerus Odyss. ξ. Et rursus, Ἔντοσθεν δ' αὐλῆς συφεοὺς δυοκαίδεκα ποίει Πλησίον ἀλλήλων, εὐνὰς συσίν, ἐν δὲ ἑκάστῳ Πεντήκοντα σύες χαμαιευνάδες ἐρχατόωντο Θήλειαι τοκάδες. τοὶ δ' ἄρσενες ἐκτὸς ἴαυον Πολλὸν παυρότεροι. Χοιροτροφεῖον, ὅ, τι σύφος, καὶ πλέγμα τι ἐν ᾧ χοῖροι τρέφονται, Pollux. Et rursus, Χοιροτροφεῖον est in quo porci aluntur, ut Eupolis & Phrynichus habent. idem χοιροκομεῖον uocatur Aristophani in Lysistrata. Χοιροκομεῖον ἱστίας, Aristophanes in Vespis, ubi Scholia: Χοιροκομεῖον, ἀγγεῖον τι κανωτὸν ὅπου οἱ χοῖροι τρέφονται. ἱστίας δέ, ἐπεὶ ὑπὸ τῆς ἱστίας τρέφουσι χοίρους. significat autem hîc caueam quandam uel locum cancellis inclusum, δρύφακτον ἢ κιγκλίδα. in Lysistrata uero perticam potius uel palum, cui porcus alligatur. Et mox, Χοιροκομεῖον, τὸ καλούμενον ζωγρεῖον κανωτόν, ὅπου οἱ χοῖροι τρέφονται. Hesychius exponit λεπτόν τι πλεκτὸν ὡς ὀρνιθοτροφεῖον. Χοιροτροφεῖον, περίζωμα γυναικεῖον καὶ συφάγον, Hesychius. Συοβαύβαλοι, συῶν αὐλιστήρια καὶ κοιμητήρια, Idem & Varinus. ¶ Συφορβία, grex porcorum, Suidas. Συοφόρβια, συῶν ἀγέλαι, ἢ χοίρων ἀσφαλεῖς δεσμοί, Varinus, Hesychius. Συβόσια, συοφόρβια, Idem: τὰ τῶν συῶν νόμια, Varinus. Συβόσιον, τὸ χοιροφορβεῖον, Suidas. Συῶν συβόσια, Heliodorus. Τόσσα συῶν συβόσια, τόσ' αἰπόλια πλατέ' αἰγῶν, Homerus Iliad. ξ. de diuitijs Vlyssis. ¶ Hystrichidem uocant affectum cum in cauda equorum pili rigent setis similes suillis, Hippiat. 59. Hystrix, flagellum à sue dictum, non ab hystriche animante: (Vide in Hystriche a.) lorum cum ipsis pilis è pelle suilla. Eiusdem significationis est ὕσπληξ uel ὕσπληγξ: διὰ τὸ ἐκ τῶν τριχῶν τῶν ὑῶν γίνεσθαι τὴν μάστιγα, Varinus. accipitur etiam pro stimulo boum, & pro carceribus certaminum: Vide in Hystriche a. & in Equo e. ¶ Ὗς, ἄλειφαρ, βοῦς, Hesych. Varin. nescio quàm rectè.

¶ Suillus, adiectiuũ, quasi diminutiuum à suinus. Hic enim conciliator suinæ (uetus exemplar habet suillæ) carnis datur populo, Varro lib. 2. Ego suinum non dixerim, ut neq; bouinum & ouinum: sed suillum, bubulum, ouillum. Plinius suillum pecus dixit, suillum gregem Liuius. Suarius, adiectiuum: ut suarius negotiator, Plinius libro 7. Interdum sine adiecto pro subulco: Comperum agnitam uocem suarij furto abactis, &c. Idem libro 8. Scipio, Suario cognominabatur, propter similitudinem suarij cuiusdam negociatoris, Plinius. Hermolaus legendum conijcit, Scipio Sciriatico cognominabatur, propter similitudinem serui cuiusdam negociatoris. ¶ Porcinus, quod est ex porco, Plautus Capt. Porcarius, idem quod porcinus, ut porcaria uulua apud Plinium lib. 11. Porcarius uero substantiuum, porcorum custos Firmico & Gazæ. Porcinarius, qui carnes porcinas uendit. Quanta lanijs lassitudo, quanta porcinarijs, Plautus Capt. Varro eundem generali uocabulo laniũ uocat cum alibi, tum his uerbis, Lanius conciliator suillæ carnis datur populo. Porculator Columellæ 7. 9. qui porcos nutrit ut pinguescant: Beroaldus interpretatur eum qui curat porcellos lactentes. Scoppa Italicè, lo porcaro, id est, subulcum: Galli porchier. Porculatoris uerò & subulci diuersa professio, diuersæ pastiones, Columella. Apparet sanè porculatorẽ dictum, quod porculos, id est, porcellos, non sues aut porcos adultos curet. In nutricatu, quam porculationem appellabant, binis mensibus porcos sinunt cum matribus, Varro. Sic pullatio, pullorum nutricatio dicitur. Scrofipascus, qui pascit scrofas. Tum pistores scrofipasci qui alunt furfure sues, Plautus Capt.

¶ Συβώτης δ' ὀρεῖς καὶ συβωσία, Pollux. Et alibi, Συφορβοί, συβῶται. Et rursus 4. 7. Plato Comicus etiam συβωτικὸν μέλος quoddam uocari ait. ὅτι δ' αὖ ἡ συβωτρία μηδ' ἀγαθὴ γένοιτό μοι. ἔχει δὲ μόνον δακτύλους αὐλητικός. Συβώτας, Σπεύσιππος ὁ φιλόσοφος, ζῶόν τι, Hes. Varinus. Συβώτης, subulcus & nomen proprium, Hes. apud eundem & Varinum συβότης quoq; scribitur per omicron in penultima. Συβότης, ὁ συοτρόφος, Varinus. Συβώτης & συβωτεῖν Atticè dicitur, non συφορβός, nec συφορβεῖν, Idem. Συφορβός, semel apud Homer. reperitur, Iliad. φ. Varinus. Ἐσιγάθη δὲ συφορβὸς Εὔμαιος, Theocr. Idyl. 15. Συοφορβός, ὁ σῦς τρέφων, Hes. Varinus. Συογάστωρ, συοφορβός, id est, subulcus, & nomen barbaricum, Hesychius. Σύργαστρος, ὑοφορβός, ἐργάτης, Varinus. Συφαιός, χοιροβοσκός, Hes. Συοβοιωτοί, οἱ Βοιωτοὶ σύες, Idem & Varinus: Vide infra in prouerbio Bœotica sus. Συάαι, barbari, Iidem. Συηνίας, turpis, rudis, σκαιός, Varinus. Συθῆραι, qui sues (apros) uenantur, Varinus. Σύβας & συβαλλας, libidinosus, Hes. Var. Σύβακα, συώδη, Iidem. Συορόγχαι, βλαπτικοί, Hes. Πολὺ γὰρ ἐνταῦθα ηὕρισκον τὸ χρῖσμα, ᾧ ἐχρῶντο ἀντ' ἐλαίου, σύειον, (liquamen suillum uertit Romulus Amasæus,) καὶ σησάμινον καὶ ἀμυγδάλινον, Xenophon lib. 4. de Cyri minoris exped. Syinon oleum & sesaminum, quo ungebantur qui militabant cum Cyro, Suidas: Cælius Suidam citans, idem oleum sesaminum & syinon ab eo uocari ait: quasi legerit non Σύϊνον ἔλαιον καὶ σησάμινον, sed ὃ καὶ σησάμινον. ¶ Ὕειον, suillum, quod est è sue. Ὕειον κρέας, χοίρειον. ἐχορτάσθησαν ὑείων, (subaudi κρεῶν,) Suidas. Ὕειον δέρμα non ὑϊκὸν dicendum. nam Axionicus qui ita posuit reprehenditur. dictiones enim quæ partem corporis significant, omnes in ον purum exeunt, nulla in

κον

κὸν quæ terminatio possessiuorum est, sic ἀνθρωπικὸς πὸς non dicitur, sed ἀνθρώπειος, Varinus. Τὸ δὲ ἱερείας ὑικὸν, ὡς βοεικὸν, Pollux 6.9. Κρέα σύεια, χοίρεια, Idem. Ὑικὸν, ὑὸς ἴδιον, χοίρου ἔργον, apud Xenophontem in Memorabilibus Socr. Varinus. Apud Suidam legitur ὑεικὸν per ει. in penultima, qui & uerba Xenophontis hæc citat: Λέγεται τὸν Σωκράτην ἄλλων τε πολλῶν παρόντων καὶ τοῦ Εὐθυδήμου εἰπεῖν, ὅτι ὑϊκὸν αὐτῷ δοκοίη πάσχειν ὁ Κριτίας, Εὐθυδήμῳ προσκνῆσθαι ἐπιθυμῶν, ὥσπερ τὰ ὑίδια τοῖς λίθοις. Apud Xenophontem etiam legitur ὑῶν θρεμμάτων, id est suilli pecoris, Suidas in Ὑεικὸν & in Ὑλωεῖς. Ὑοπόλοι, ὑοφορβοί, σύφορβοι, (uox corrupta uidetur,) συβῶται, Pollux. Ὑοβότης, συοβόσκης, Hesychius, Varinus. Ὑοβοσκοί, Aristoteles: Gaza porcarios uertit. Ὑλώων, (apud Varinum ultima circunflectitur,) σκαιῶν, ἀμαθῶν, (forte à recto ὕλης.) καὶ ὑηνὺς, ὁ σκαιὸς, Suidas. Ὑωλυνῶν, μολύνων, Hesychius & Varinus. Ὑωλίνων, φύρων, βορβορῶν, μολύνων, Iidem. Ὑανὸς, εἰκαῖος, βλοσυρὸς, χαλινὸς, ὕπτιος, Varinus. apud Hesychium ὑάνιος proparoxyt. legitur, & ὑανῶς. ¶ Hyantes Bœoti dicebantur, διὰ τὸ κτηνώδεις εἶναι καὶ χοιρώδεις, Varinus: Vide inter prouerbia Bœotia sus. Χοιρόθλιψ (cum acuto in penultima, quamuis in Scholijs habeatur in ultima) apud Aristophanem in Vespis exponitur, qui pudendum muliebre (quod supra chœron uocari diximus) contrectat: uel fori & litium studiosus, φιλοδικαστής, qui chœrinas (sic dictas conchulas,) quibus ad suffragia utebantur, sæpe manibus premat. Χοιροσφάγος, θύτης, Hesychius: qui sues mactat, lanius, porcinarius. Χοιροπώλης, qui sues uendit, (negotiator suarius Plinio,) apud Aristophanem in Acharnensibus: Pollux citat ex Horis Aristophanis. Nutrices naturam muliebrem chœrum id est porcum uocabant, ex quo facetissimè quibusdam concinnatũ uerbum χοιροπωλεῖν, quod signat porcum uendere, id est capturas corpore quærere, Cælius.

¶ Icones. Sus Aeneæ Lauini (ut scribit Varro) triginta porcos peperit albos. itaq; quod portenderit factum scribitur, triginta annis ut Lauinienses conderent oppidum Albam. Huius suis ac porcorum etiam nunc uestigia apparent. Iam ne simulacra eorum ænea etiam nunc in publico posita, & corpus matris ab sacerdotibus, quod in salsura fuerit demonstratur? Porci (apri, Plinius: uide in Apro a.) effigies inter militaria signa quintum locum obtinebat. quia confecto bello, inter quos pax fieret, cæsa porca fœdus firmare solebant, Festus. Συὸς τύπον, παροιμιακῶς, ἐπείπερ τὰ Σάμια πλοῖα συὸς τύπον εἶχον ἐν ταῖς πρώραις, Varinus. Σαμαίνα, εἶδος νεὼς, συὸς ἔχουσα πρότομήν, Varinus & Hesychius. Veteres numos pecudum effigie signabant, ouis, bouis, suis, Plutarchus in uita Publicolæ. Bituricis ueruex, Heduis dat sucula signum, &c. uide in Veruece H. ex Alciato. Porcam auream & argenteam dici ait Capito Atteius, quæ etsi numero hostiarum non sit, nomen tamẽ earum habere, alteram ex auro, alteram ex argento factam adhiberi sacrificio Cereali, Festus.

¶ Plantæ. Fungorum tertium genus suilli, uenenis accommodatissimum, familias nuper interemère & tota conuiuia, Plinius. Et rursus, Siccantur pendentes suilli iunco transfixi, quales è Bithynia ueniunt, canum morsibus ex aqua illinuntur. Et alibi, Robora boletos quoq; suillosq; ferũt, gulæ nouissima irritamenta, quæ circa radices gignuntur: quercus probatissimos: robur autem & cypressus & pinus, noxios. Hoc genus forte est, quod Germani uocant **morchelen**, qui mense Aprili ad Maium usq; reperiuntur & appetuntur in cibo, colore ex pallido fusci, pilei oblongi & in conum se colligentis forma, in medio protuberantes, specie fauis similes. uocant autem nostri quoq; fœminam suem **mor**, ut **morchelen** suillos significare uideatur, etsi quid cum sue commune habeat non satis uideam. coniicio tamen uel delectari eis in cibo sues: uel superiorem eorum partem circa conum, rostri suilli formam aliquatenus referre. Describuntur ab Hieronymo Trago ab initio tertij de stirpibus Tomi, sed non rectè Latinè tubera ab eo uocantur. nam longè diuersum tuberum genus est, totum infra solum, superficie nulla: aliqui Germanicè **grebling** uocant, id est fossilia, quod è terra fodiantur. Hypochœris herba in cibo uulgaris apud Aegyptios, Plinius: Vide plura in Equo a. ubi de plantis ab equo dictis egi, statim ab initio. Hyosiris intubo similis, sed minor & tactu asperior: uulneribus contusa præclarè medetur, Plinius. Nostri **süwdistel**, id est suarium carduum, genus sonchi spinosum uocant, quod aliqui puto in Italia & Gallia cicerbitam. referunt autem florum calyces antequam aperiantur, ut & hieracij, quandam rostri porcini figuram, ut inde forsan hyosiris (quasi ὑὸς ῥὶς, hoc est suis nasus) uel potius hyoseris, hoc est seris uel intubus porcinus appellata uideri possit. Ruellius rostrum porcinum ab aliquibus eandem herbam uocari ait, quam alij dentem leonis nominant, hoc est cichorij syluestre genus, luteo flore, hedypnoida Plinij, aliqui apud Italos dentem canis uocant, & alij piscia al letto, ut Matthæolus scribit: nostri **wyenschwantz**, uel **süblůmen**, id est flores porcinos. Videri autem potest eadem Dioscoridis hieracium minus. Describitur à Syluatico cap. 610. Σύαρτον, βούγλωσσον, Hesychius, Varinus. ac si panem porcinum dicas, nimirum quod in cibo ab eis desideretur. Indocti quidem recentiores cyclamium panem porcinum uocant, sed inepté, quamuis enim radice rotunda panem referat, nihil tamen ad sues. habet enim propemodũ uim uenenosam. Melius rustici in multis Germaniæ locis, syluestris quoddam leguminis aut uitiæ genus, nõ dissimile astragalo, panẽ porcinũ uocãt, (**sewbrot oder erdnuß**,) quod radiculas eius dulces & rotũdas, sues agris effossis requirãt. Fuchsius & Hiero. Trag. nõ rectè apion Dioscoridis interpretãtur. Capria, capparis, ut legitur in nomenclaturis apud Dioscoridem. Frutex spinosus quem Græci coccum uocãt, de quo plura dicam in libro de Insectis (nascitur enim in fructu uermiculus, qui cum erumpit, culici similis uolat) à Galatis qui super Phrygiam incolunt lingua uernacula ὗς nominatur, ut docet in Phocicis Pausanias. Galli hodieq; hous appellitãt ilicem aquifoliam (**stächend palmen**)

rr 3

à qua coccus ferè non aliud differt, nisi quod per omnia minor & semper pumilus est. unde conijcimus ueterem linguam Gallicam alia quoq; Galatarum uocabula pleraq; habuisse, pro quibus paulatim imperantibus Romanis Latina successerint. Scini, id est pira porcina, & sunt syluestria, Syluaticus. Astragabos, (Astragalos forte,) id est pes porcinus, Idem. Adiantum siue capillum Veneris, aliqui capillum porcinum uocant, Idem & Vetus Auicennæ glossographus: nimirum quod coliculos instar setarum proferat. Milium Solis, id est cauda porcina, Syluaticus. Idem alibi caudam porcinam, peucedanum interpretatur: inde puto quod radicis caput multis ceu setis rigeat, quod in omnibus etiam seselis generibus apparet. Scrophularia Syluatico herba est quæ alio nomine millemorbia & castrangula & urtica mortua (propter foliorum similitudinem) ab eo uocatur. hæc est qua gustata necari sues, ut quidam affirmant, in C. diximus. Scrophulis, id est strumis mederi creditur, quarum speciem etiam multi radicum eius protuberantes nodi referunt, tanquam usum demonstrante natura. Eandem ob causam chelidonium minus, multi scrophulariam nominant: & aliqui fabam inuersam uulgò dictam, quam multi telephium esse putant. Hyoscyamum Hieron. Tragus interpretatur Germanis ad uerbum süwbonen, id est suillam fabam. quod nomen ab eo ad Græci imitationem factum est: Germani aliud proprium habent bilsen uel bilsen. Sed de hyoscyamo, syancho, chenopode quã Germani schwynstod & süwplag uocant, & alijs suillo generi noxijs plantis plura diximus supra capite tertio: item de solani genere syluatico quod baccas nigras cerasi uel halicacabi fructus magnitudine fert, sed sine folliculo, nostri uocant süwkrut, hoc est porcorũ herbam: quod calidis & subitis suum morbis medeatur.

Animalia. Chœrogylius, uel ut alij scribunt chœrogryllus, alijs erinaceus alijs cuniculus esse putatur, ut pluribus in animalium illorum historijs dixi. Hystrix, ὁ ἀκανθόχοιρος, id est porcus spinosus, uel echinus terrestris, Suidas. uide in Hystrichis historia. Erinacei siue echini terrestris genus unum nostri uulgò caninum uocant, quod canis instar digitatum sit: alterum suillum quod ungulas ut sues bisulcas habeat: alij etiam rostri figuram in altero canis, in altero suis esse aiunt. Easdem melis quoq; differentias faciunt, &c. Galenus libro 3. de aliment. facultatibus, mentionem facit animalis medij inter ursum & suem, μεταξὺ ἄρκτου τε καὶ μυός: nec aliter nominat, id meles, id est taxus uideri potest. aut si pro μυὸς legas συὸς, ἀρκτόμυς D. Hieronymi, aut fortè mus alpinus. Γόρκος, animal quadrupes, fluuiatile, amphibium, iuxta Istrum, id est Danubium, tenui pelle, quæ inflata utri sit similis, καὶ νήχεται ὡς ἂν λιπῶν ϑῇ: & in terram egrediens pascitur, sed subitò refrigeratum emoritur, Varinus. Audio nuper ex noui Orbis nauigatione aduectos esse quos porcellos Indicos uocant, cuniculorũ ferè magnitudine, paulò minores, albos, sine caudis, singulis mensibus cuniculorum instar fœcundos, uoce & natura porcorum. Hos esse puto quos utias uocant, qui de nouo Orbe scripserunt.

¶ Συνάκιον, genus piscis, Suidas. Apri piscis meminit Plinius 11. 51. etsi codices quidam caprum habeant corrupte: qui uocem ut grunnitum habet, quæ uox aprorũ suumq; propria est. accedit quod in Eurota quoq; fl. Laconicæ, piscis orthragoriscus uocalis est, ut lib. 32. (Plinij) dicitur. Est autem orthragoriscus idẽ, qui & porcus, Athenæo teste. In Danubio mario extrahitur, porculo marino simillimus: & in Borysthene memoratur præcipua magnitudo, nullis ossibus spinis ue interstitis, carne prædulci, Plinius. Est autem mario, quem uulgo husonem uocant, huß quasi hys uel hysca, id est porcus uel porculus. Mario uox forsitan originis est Germanicæ, qui suem fœminam moz uocant, ut & Cretenses μαρίν. Cæterum porculus marinus Plinio dictus proculdubio non alius est quàm sturio, (stör) uulgo nominatus. cui husonem persimilem esse scio. porculi autem nomen à corporis pinguitudine meretur, & hodie in Italia sturiones adhuc parui, porcellæ uocantur. Hyccam (τὸν ὕκκην) piscem aliqui sacrum uocant. putant autem hunc aliqui erythrinum esse, alij iulida (ex Athenæi septimo:) ex nostris aliqui (inquit Cælius 12. 12. & Hermolaus in Coroll.) sturionem. Et mox, Hyccam siue hyscam Latinè interpretantur porculum. Hyæna piscis nomen est apud Athenæũ, qui & hyænida ex Epicharmo nominat. uidetur autem idem piscis quem & hyn illic (lib. 7.) nominat, & dubitat an idem sit qui capros, id est, aper uocatur, ut pluribus scripsi in Hyæna quadrupede capite primo. Sed de piscibus quibus à sue nomen contigit propter pinguitudinem, uel uocem, uel corporis formam, in Libro de piscibus copiose agam. Syænam piscem Græci recentiores chœrillam interpretantur, hoc est porculum, Hermolaus in Plin. Diphilus (apud Athenæum) piscem quendam capriscum dici significat, qui & mys uocetur. nisi quis non myn, id est, murem, sed hyn, id est, suem legendum potius existimet, Hermolaus. Gryllus & suem significat, ut supra diximus: & piscis genus anguillæ simile Athenæo lib. 8. quod libro septimo congrum interpretatur. Oppianus lib. 3. de uenatione mullos pisces suibus terrenis comparat duplici nomine: primum quod admodum uoraces sint, ut qui fœtida etiam quæuis, & naufragorum cadauera deuorent: deinde quòd ad lautitiam cibi ita præferantur reliquis piscibus, ut pecoribus sues. Marinum animal quoddam informe est, corio quasi suillo, pedibus loraceis, sine dentibus, paruis oculis, sub uentre duo foramina habet iuxta caudam. cauda prælonga, brachij mensura latiore, quam mensuram longitudine & latitudine implent singulæ auriculæ: corio crassiore quàm digitus sit, forsan è polyporum genere, Cardanus. Χοιρίναι conchæ quædam marinæ sunt, labris ut ita dicam denticulatis, læues admodum & splendidæ, à quadam oris suilli opinor specie, quam parte sui dehiscente quodammodo referunt, sic appellatę. has hodieq; porcellanas uocant, sunt autem diuersæ, magnitudine scilicet & colore differentes. Hesychius chœri-

chœrinas non recte interpretatur calculos marinos, neque enim calculi sunt, sed calculorum uicem in suffragijs implebant. minimum & album earum genus nostri inepte uocant műterstein, id est lapillos matrici utiles. nam quod figura matricem quodammodo referant, superstitiosæ quædam mulierculæ corpori appensas uteri morbis salutares mentiuntur. Est & gemma porcellana hodie uulgò ab Italis dicta, forsan à simili nitore læuoreque porcellanæ conchæ. Scoppa murrham gēmam, agatham uulgò dictam uel porcellanam interpretatur. Georgius Agricola murrhinam non murrham uocat, & interpretatur Chalcedonium, ut & onychē. his enim duobus nominibus rem eandem Plinio designari. onyx quidem etiamnū nomen apud multos retinet, onychel. Cardanus libro quinto de subtilitate, myrrhina uasa ea esse affirmat, quę hodie porcellanæ dicantur, ex Oriente mitti, nec gemmas
10 sed figlina esse, ex argilla tenuissima, densa, leui ac pingui. cuiusmodi in Italia quoque fiant, sed nullo odore & pallidiora quàm quæ Oriens mittit: folijs ac imaginibus placere: purpuræ colorem abesse, nimirum ob temporū & opificij uarietatem. Τριχοφθόροι uel χοῖροι dicuntur serpentes quidā in Scholijs Nicandri, à quorum morsu scilicet capilli defluunt. Altamuga, id est porcus luti, bestiola multipeda acuti ueneni, Syluaticus: Videtur non alia quàm scolopendra esse, fortè quod pilis ceu setis rigeat, ut erucæ maiores. Aselli etiam insectorum generis à colore dicti, ab alijs multipedæ, uel multipedes aselli, à nonnullis hodie porcelli nominantur, ni fallor, à corporis scilicet figura.

¶ Propria hominum. Scipio Suario cognominabatur propter similitudinē suarij cuiusdam negotiatoris, Plinius. Hermolaus legendum conijcit, Scipio Sciriatio cognominabatur propter similitudinem serui cuiusdam negotiatoris. Auus meus (inquit Tremellius Scrofa apud Varronem) pri
20 mum appellatus est Scrofa, qui quæstor cum esset, Licinio Nerua prætore, in Macedonia prouincia relictus, qui præesset exercitui, dum prætor rediret, hostes arbitrati occasionem se habere uictoriæ, impressionem facere cœperunt in castra. Auus, cum hortaretur milites, ut caperent arma, ac exiret contra, dixit celeriter se illos (ut scrofa porcos) disiecturum: idque fecit. nam eo prælio hostes ita fudit ac fugauit, ut eò Nerua prætor imperator sit appellatus, & auus cognomē inuenerit, ut diceretur Scrofa. Sed aliter Macrobius Saturnaliorum libro 1. circa finem cap. sexti: Tremellius, inquit, cum familia atque liberis in uilla erat: serui eius cum de uicino scropha erraret, surreptam conficiunt. Vicinus aduocatis testibus omnia circumuenit, ne quà hæc efferri possit, isque ad dominum appellat restitui sibi pecudem. Tremellius qui ex uillico rem comperisset, scrophæ cadauer sub centonibus collocat, super quos uxor cubabat. Quæstionem uicino permittit. Cum uentum est ad cubiculum uerba iuratio
30 nis concipit, nullam esse in uilla sua scropham, nisi illam, inquit, quæ in centonibus iacet, lectulum monstrat. Ea facetissima iuratio, Tremellio Scrophæ cognomen dedit. Sergius, qui prius Os porci uocabatur, ex pontificibus primus fuit qui proprium demutauit nomen: quod mox obseruatum ad nos usque perdurat, Cælius. Porcelli grammatici in suasorijs orationibus Seneca meminit. Idem est puto qui aliquando ad Tiberium Cæsarem uerbo haud Latino usum dixit: Tu Romanorum hominibus, ô Cæsar, πολιτείαν dare potes, uerbis non potes. Porcellius poëta Neapolitanus scripsit res Frederici ducis Vrbini. A minore pecore nomina habemus, Porcius, Ouinius, Caprilius, Varro. Suillus, Porcius, Bubulcus, Caprarius, nomina fuerunt ueterum Romanorum, Plutarchus in uita Publicolæ. Porcius cognomen fuit Catonis Censorini. Porcia lex, ut Cicero in quadam oratione innuit: & leges item aliæ fuerunt, quibus exilium damnatis permittebatur, Cælius. Latro Portius
40 grauis fuit orator, ut ex Seneca refert Cælius, 11. 1. & 11. 13. ¶ Verres nomen uiri Romani prætoris in Sicilia, contra quem repetundarum reum à Siculis Cicero orationes habuit quæ Verrinæ appellantur. ¶ Chœrilus, Χοίριλος, Atheniensis Tragicus poëta, & alius Samius: uide Suidam. Athenæus libro 8. Chœrilū poëtam inter helluones & gulosos homines numerat. Syadræ Spartani statuarij meminit Pausanias in Eliacis. & Sybotæ filij Dotadæ in Messeniacis. Tibia usum Hyagnim primum uolunt, &c. Cælius 9. 3. Hyas, filius Atlantis & Aethræ, cuius meminit Ouidius 5. Fastorum, à quo Hyades sorores aliqui dictas putant. Atheniensis quidam è Melite uico (tribus Oeneidis) Κάπρος & Σῦς, id est Verres & Sus cognominabatur, ut Vrsus quoque, à corporis hirsutie: aut fortè quod molas possideret, in quibus alebat sues, Hes. Var. Gryllus, Xenophontis Socratici filius, Suidas. ¶ Germani etiam nomen uiri ab apro fecerūt, Aeberhart, ac si Caprosthenē dicas. aprum
50 autem uocant non ferum modo, sed frequentius cicurem, id est, uerrem. ¶ Porcia nomen mulieris Romanæ, fuerūt autem duæ, maior & minor. Porcia minor cum laudaretur apud eam quædam bene morata, quæ secundum habebat uirum, respondit: Felix & pudica matrona nunquam præter semel nupsit. Bouinia Porcilla auia Pij (imperatoris puto.) ¶ Chœrile dicta fuit uxor Euripidis. Χοιρίλη, ἡ ἐκάβη, Suidas. Callistò meretrix cognomine ὗς, memoratur Athenæo libro 13.

¶ Populorum & locorum. Clisthenes tribus Doriensium diuersis nominibus notauit. nam præter tribum suam, cui Archæ nomē erat, reliquas ludibrio habitas ex brutis appellauit. Quippe Hyatas, id est, Suales: aliquibus Oneatas, hoc est Asinales: reliquis Chœreatas, hoc est Porcales nomina indidit, Alexander ab Alex. Hyæa, Υαία, urbs Locrorum Ozolorum, gentile Hyæus, Stephanus ex Thucyd. lib. 3. Hyamea, urbs Mesenes, una ex quinque, Idem. Hyamion, urbs Troiana, Idem.
60 Hyampolis, urbs Phocidis, Stephanus. Et ualles Lebadea tuas, & Hyampolin acri Summissam scopulo, Statius lib. 7. Theb. Meminit Herodotus, Homerus, & Plinius lib. 4. cap. 7. bis. Vbi relicto Abis oppido uiam rectam Opūntem uersus fueris ingressus, Hyampolis te excipiet. Ipsum autem ho

rr 4

minum nomen arguit, qua nam origine hi sint orti, aut unde egressi in hanc regionem peruenerint. Qui enim Cadmum eiusq; exercitum Thebis fugiebant, Hyantes in hunc se locum contulerũt. Veterum memoria Hyantum ciuitas à finitimis uocabatur. temporis autem progressu usus obtinuit, ut Hyampolis diceretur, &c. Pausanias in Phocicis. Hyantum meminit Plinius 4.7. Exul Hyantæos inuenit regna per agros, Statius. Compellat Hyantius ore, Ouidius lib. 3. Metam. nominat autem Actæonem, iuuenem Hyantium. Et alibi, Hyantæa Aganippe. Apollonius libro 3. Onchestum urbem Neptuno in Bœotia dicatam, ut apud Homerum legitur & Plinium, Hyantiam uocauit. nam & Bœoti sues ab illiberalitate morum dicuntur, unde nomen Hyantibus, (Vide plura infra in prouerbio Bœotia sus. Varinus Hyampolin triplicem memorat,) Hermolaus. Hyantes populi circa Alalcomeniam, dicuntur etiam Hyantij & Hyantini, Stephanus. Sunt qui Hyantes 10 Bœotiæ populos faciant, quorum urbs Hyantia dicatur, incolæ Hyantiæ. Hyantia Stephano urbs Locrorum est. Hyapea, urbs Phocidis ab Hyape dicta, (ἀπὸ Ὑάπου,) Stephanus. Hyope, Ὑώπη, urbs Matienorum, Stephan. Hyops, urbs in Iberia Cherronesi non procul Lesyro fluuio, Idem. Oasis, ciuitas Aegypti, quæ & Hyasis, Stephanus. Hyi Asiæ populi prætenduntur supra Elymaida, quam Persidi in ora iunximus, Plinius. Hysia uel Hysiæ, urbs Bœotiæ, (apud Suidam quoq;,) colonia Hyreorum, cuius meminit Thucyd. lib. 3. Et alia regia sedes Parthorum. Item uicus Argiuus Thucydidi, Characi uerò ciuitas. & Arcadiæ urbs, Stephanus. Hysiæ nominantur loca multa, in Bœotia, Arcadia, & alibi, ex Thucydide, Pherecyde, Artemidoro. In Argolide autem sunt hæ quas hic (apud Plinium 4.5.) legimus, ex Pausania, & Strabone: qui Hysias celebrem Argolicæ locum facit, Hermolaus. Hysiæ ciuitatis meminit Pausanias in Arcadicis. Syrbotæ, (aliàs Sybotæ) po 20 puli secundum flumen Astacum ad Septentrionem uergentes, Plinius 6. 30. collocat autem eos in Aethiopia, & octonûm cubitorum staturam eis tribui scribit. Sybota, insula quædam & portus, Stephanus. Sus fluuius siue torrens est circa Olympum, Pausanias in Bœoticis. Hyóessa fons quidam apud Sophoclem nominatur: de quo uide plura in Tauro H. inter propria, in Tauri fluuij mentione. Hyomemnia, festum quoddam Argis, Hesychius & Varinus. ¶ Capria lacus: uide in Apro H. inter propria. ¶ Chœrades, urbs Mosynœcorum, gentile Χοιραδεύς, Stephanus. Legimus & scopulos quosdam marinos circa Hellespontum sic nominari. sed supra inter deriuata quosuis scopulos marinos, qui uel latent, uel paululum eminent, sic appellari docuimus. Insulas in Alexandria Aegypti Pharon & Chœrades appellatas sciunt omnes, Hermolaus in Plinium 32.11.

¶ b. Chalastra urbs & lacus est Macedoniæ, unde Chalastrɇi sues dicti, & Chalastræum nitrum, 30 Hesychius. Circa Hierosolyma sunt porci miræ magnitudinis, dentibus cubitalibus, Physiologus. Φορίνη pellis suilla Hippocrati in libro de ratione uictus acutorum, ut Galenus exponit. φορίνη, ἡ παχεῖα ὑείοις πυελίς, Hesychius. Varinus scribit humanã quoq; pellem aliquando phorinen dici. Κόλλοψ, τὸ νώτου ἡ φορίνη, καὶ τὸ λεῖον τὸ ἄκρον, Hesychius. Carnem suillam Græci uocant κρέας σύειον uel ὕειον, non ὑεικόν, quamuis id Varinus scribat in uoce μιτάχοιρα: uide supra inter deriuata à sue, in a. Setæ à suibus dicuntur, unde & sutores quod ex setis suant, Isidorus. Aciei frontem in angustum desinentem, caput porci simplicitas militaris appellat, Ammianus Marcellinus. Cuneus dicitur multitudo peditum, quæ iuncta cum acie primo angustior deinde latior procedit, & aduersariorum ordines rumpit, quia à pluribus in unum locum tela mittuntur: quam rem milites nominãt caput porcinum, Vegetius 3.19. Oculi porci naturale figmentum habẽt, ita ut in terram necessitate semper in- 40 tendant, Physiologus. Elephantorum promuscis intus cõcaua, suilli labri similitudinem quandam gerit, Aelianus. Delphinis lingua breuis atq; lata, haud differens suillæ, Plinius. Mars tibi uoueo facturum, si unquam redierit, bidenti uerre, Pomponius in Attellana citante Festo. Bidentes non oues solum, sed omnes bestias bimas olim appellabant, quia neq; maiores aut minores licebat hostias dare, Macrobius: de bidenti pecore, & quod de ouibus ferè semper dicatur, uide in Boue H. ubi de sacrificijs ex eo. Nefrendes, adhuc lactentes porculi, quod nondum aliquid frendant, id est comminuant dentibus. hinc & faba fresa quæ molita est, Isidorus. Plura de hac uoce diximus supra in B. Chamæleonti eminet rostrum, ut in paruo, haud absimile suillo, Plinius. Rostrum suis proprie Græci ῥύγχος uocant, unde diminutiuum ῥυγχίον in Acharnensibus Aristophanis. Pihaoreb, (alias algorab,) פי חעירב, id est rostrum porcinum, Arabicè uocatur os acromij, id est summus hu- 50 merus, quẽ scapulæ processum Galenus κορακοειδῆ nominauit, Vesalius: sed oreb Hebraicè coruum sonat. itaq; rostrum coruinum, non porcinum ab eo uerti oportebat, ut Galenus etiam Græcè à corui similitudine nomen indidit. Aluus in homine infima parte similis est suillæ, Plinius. Ventres elephanto quatuor, cætera suibus similia, Idem. Exta elephanto suillis proxima, sed maiora, Aristot. Ὑπογάστριον, ἦτρον, οὖθαρ... ἤτριαῖον δ' ἐλάφακος, Pollux: hoc est, abdomen, mamillæ, sumen porci. Ἡ δ' ἐλάφακος ὀπωρινῆς ἠτριαῖον, Aristoph. apud Athenæum. Candidus effœtæ tremebundior ubere porcæ, Columella de cucumere. Ψύλλος, τὸ παχὺ τὸ συνέχον τὸ τοῦ κάπρου αἰδοῖον, Hesychius, Varinus. Supernati dicuntur quibus femina sunt succisa in modum suillarum pernarum. Ennius, His pernas succidit iniqua superbia Pœni, Festus. Talis suum discordiam quandam inesse traditur, Plinius ni fallor. ὁπλὰς de sue dixit Aristophanes & Simonides: & Hesiodus βοὸς ὁπλὴν & ἵππω χηλὴν, contraria acceptione, 60 quàm Grammatici docent usurpanda. Ἐσθάκη & alia significat, & τὰ τῶν συῶν ἔμβρυμα, Hesychius & Varinus, sensu mihi obscuro.

Germani

¶ Germani propria quædam de suum partibus uocabula usurpant, nominant enim pernas, leuff oder hammen. summum rostrum, schnorren uel rüssel.

¶ c. Vox. Sordida sus pascens ruris per gramina grunnit, Author Philomelæ. Quirritat uerres, Idem. Minimo suis stridore terrentur elephantes, Plinius 8. 9. γρῦ, uox est suis, Tzetzes. Apud Suidam γρῦ circunflexum scribitur, quod nō placet. Καὶ ταῦτ' ἀποκρινομένου τὸ παράπαν οὐδὲ γρῦ, Aristoph. in Pluto, ubi Scholiastes γρῦ exponit, βραχὺ, id est, minimum, uel sordes unguium. (γρύξ, ὁ ῥύπος τοῦ ὄνυχος. γρυθὸς, γρύξ, Varinus.) aliqui uerò (inquit) deducunt hanc uoculam à gryllismo, id est grunnitu suum. aut genus est parui numismatis. γρῦ enim paruū aliquid & minimum significat, unde γρύτη dicta parua uascula: & γρυτοπώλης, pro qua uoce ueteres ῥωποπώλης (& μωποπώλης) & γρυτάρης (hic locus apud Suidam mutilatus est) dixerunt. Hinc est quod aliquem οὐδὲ γρῦ φθέγγεσθαι, id est ne gry quidem loqui dicimus, pro eo quod est ne minimum quidem aut quoduis uerbum. Eadem apud Varinum legimus: & apud Suidam, qui præterea addit, parœmiam esse τὸ Δίωνος γρῦ, ἀπὸ τοῦ μικροῦ καὶ τυχόντος. Ne gry quidem loquitur, hyperbole prouerbialis, pro eo quod est ne tantulum quidem. nam gry minimum quiddam, aut sordes unguium significat, aut uocem suillā, quam ædere solent ij qui grauantur sermone respondere, (süwentütsch,) Erasmus. Lege apud eundē prouerbium Dionis gry. Hinc facta sunt uerba γρύζειν & γρυλλίζειν, & porcus ipse gryllus dictus. Ἀλλὰ φθείρου & μὴ γρύζης ἔτι μηδ' ὁτιοῦν, Aristophanes in Pluto. ubi Scholiastes ait γρύζειν propriè de porcellorum uoce dici. γρύζειν δὲ καὶ τολμᾶτον ὦ καθάρματε; Aristophanes in eadem fabula. οὐδαμοῦ ἐφθέγξατο, οὐδ' ὑπήχθη γρύξαι, Philostratus in uita Apollonij, id est, Haudquaquam locutus est, neque adduci potuit ut uel hisceret, ut citat Erasmus. γρύζω, θρηνῶ ἢ φωνῶ, Suidas. γρύξαι loqui, clamare, Idem. γρύζειν, τὸ θρηνεῖν, καὶ τὸ τῇ φωνῇ ὑποκλέπτειν, Varinus: id est lugere, & uoce nimis obscura uel summissa loqui ut intelligi non possit, mussitare. Εἰ πῃ γρίξομαι, (lego γρύξομαι per υ.) Ἦν σοι λέγω πλεῖον τοι γαλαθηνῶ ὑὸς, Alcæus apud Athenæum. In Creta sacrum creditur suillum genus, quoniam nascenti Ioui sus mammam submiserit, ac grysmo (γρυσμῷ) id est grunnitu, pueri uagitum audiri uetuerit, Cælius ex Athenæo. De suum uoce dicitur γρύζειν, & γρυλλισμὸς, γρυλλίζειν. aliqui etiam ὑίσμον & ὑίζειν dixerunt, Pollux. Ἆρα γρυκτὸν ἐστιν ὑμῖν; hoc est an mussitare, hiscere, uel liberè loqui debetis? Suidas, ex Aristophane ut conijcio. γρυλίζειν & γρυλισμὸν aliquoties per λ. simplex legi, & Varinus quoque sic scribi iubet, non per duplex ut Phrynichus. Aristophanes primam semper producit, ut in Pluto: Ὑμεῖς δὲ γρυλλίζοντες ὑπὸ φιληδίας. Varinus Atticè per lambda unum scribi docet. Et rursus, Duplex (inquit) circa hoc uerbum error committitur, primum quod lambda duplex scribitur, deinde quod usurpatur pro indecorè & inepte saltare, cum ueteres de grunnitu, id est suum uoce semper posuerint. Ἀγρυξία, silentium, Hes. Var. ὅπως δὲ γρυλλιξεῖτε καὶ κοΐξετε, Χἠσεῖτε φωνὰν χοιρίων μυστηρικῶν, Aristophanes in Acharnensibus. ubi Scholia, κοΐ, ποιὰ τῶν δελφακίων φωνή. κοΐζειν porcelli dicuntur μιμητικῶς, Hes. Varin. In Acharnensibus Aristophanis, filiæ pauperis cuiusdam pro porcellis uendendæ, subinde clamitāt κοΐ κοΐ. γρυλλίζοντα, γρύζοντα, Hesych. γρύλλη, ὑῶν φωνή, Idem & Varinus. γρυλλάζειν, γογγύζειν, Iidem. γεγγύζειν (malim γογγύζειν) immurmurare, mussitare, grunnire, quod & γογγυλίζειν & γρυλίζειν aliqui dicunt. γογγρῦσαι, grūnire, Hes. Varin. ὀρυνθεῖ, γρυλλίζει, Iidem. Ἐρπυσμὸς, uox suum, Iidem. Κλαγγὴν uocem acutam non solum in suibus, sed etiam canibus Homerus uocat, Varinus. ¶ Omne purgamentum & ablutio omnis esculentorum, ex pane, caseo, carnibus ac piscibus, quo porci canesque uescuntur, μαγδαλιὰ uocatur, Tzetzes 5, 13. Plura de hac uoce reperies in Cane c. Turbidam suum potionem in culinis collectam, qua aluntur, Plinius colluuiem uocat, nostri Farspülen & träncke, hoc est uasorum ablutionem & potionem. Porcus colluuiaris dicitur, qui cibo permisto & colluuione nutritur, Festus: à Scoppa Italicè exponitur lo porco pontino, notrito al pontino. Aqualiculus, ut Sipontinus notat, propriè uas est in quo porci sorbent, per metaphoram uero pro uentre usurpatur. Pinguis aqualiculus propenso sesquipede extat, Persius. Videtur autem diminutiuū esse ab aqualis, ut à caulis cauliculus. apud Apicium tamen etiam aqualicus legitur. Filius prodigus in Euangelio Lucæ, qui consumptis omnibus porcos pascebat, cupiebat saturari ceratijs, id est siliquis, (fructibus scilicet siliquæ arboris quam ceratoniam uocant, nostri panem D. Ioannis) quibus porci uescebantur, neque quisquam illi dabat. Taurus mons illius regionis (non exprimit cuius) glandes fert pabulum suibus, Varinus in Ταῦρος. Ἐρεγμὸς ὑῶν, Pollux 1. 12. id est faba fresa qua sues uescūtur. Laphygmus dicitur eruditè canum & suum inexplebilis uorandi auiditas, inclinato uocabulo à uerbo λάπω καὶ λαπτίζω καὶ λαφύσσω, id est sorbeo & deuoro, pro quo Itali quidam slapare dicunt, Cælius. ῥοθιάζειν, μετὰ ῥόθου καὶ ψόφου ἐσθίειν, (schmatzgen,) Aristophanes in Acharn. de porcis. Mulieres quædā menstrua in cibum porcorum miscent, ut saginentur felicius, Lutherus in decem præcepta de ueneficis loquens. ¶ Succerda, stercus suillum. Quid habes nisi unam arcam sine claui, eò condis succerdas? Titinnius apud Festum. Recentiorum quidam dubitat num sucerda fortè melius scriberetur, ut muscerda, quod non placet. Lucilius citante Nonio sucerdam per syncopen dixit propter carmen, Hîc in stercore humi, stabulisque, (sic lego,) fimo, atque sucerdis, ut Nonius citat. nisi quis semper sucerdam rectè dici existimet per c. simplex. Iones suis fimum hypeleuthon uocant, nos sucerdam, Hermolaus. Suis stercus, ὑπέλυθον Græci uocant, Varinus in Ἀποπατῆσαι. Ὑπέλυθος, suis fimus, nam κόπρος de fimo cuiusuis bruti dicitur sue excepto, Varinus. πέλεθος quidem stercus equinum interpretantur, & σπέλεθον, κόπρον, ut pluribus dixi in Equo H.c. Ὕσκυθα, ὑὸς ἀφόδευμα. Hes. Varinus.

¶ φρίσσει ὁ χοῖρος ταῖς θριξί, Varinus: id est, porcus rigentibus setis horret. Mossynœci publicè coëunt, οὐδ᾽ εὐνῆς αἰδὼς ἐπιδήμιος, ἀλλὰ σύες ὡς φορβάδες, οὐδ᾽ ἠβαιὸν ἀτυζόμενοι παρεόντας μίσγονται χαμάδις, Apollonius 2. Argon. Phocylides apud Stobæum in Sermone quo uituperantur mulieres, pro morum & ingenij diuersitate, alias ex alijs animantibus prognatas scribit, & eam quæ ex sue nata fuerit, nec bonam nec malam esse. Simonides uero è sue natam omnia domi impura sine ordine & ornatu uel humi iacentia negligere ait: atque ipsam illotam cum uestibus immundis in stercore sedentem pinguescere. Calchas uates oraculum accepit, tunc se moriturũ quum in uatem se meliorem incidisset. Capto igitur Ilio Colophonem uenit ad Mopsum Apollinis filium, à quo interrogauit quot grossos (ὀλύνθους, id est ficos immaturas, non de syluestri sed urbana ficu) ficus ferret. cui Mopsus respõdit, μυρίους id est decies mille, & medimnum, & insuper grossum unum. quod ita inuentum est. Mopsus uerò Calchantem de sue partui uicina rogauit, quot fœtus utero gereret & quando pareret. quo tacente, ipse dixit, numero decem esse porcellos, & unum marem, parituram uerò postridie. Quod cum ita contigisset, Calchas memor oraculi præ mœrore obijt, uel (ut alij uolunt) uim sibi intulit, Scholiastes Lycophronis. Deteriæ porcæ, id est macilentæ, Festus. Dedit hæc contagio labem, Et dabit in plures; sicut grex, totus in agris Vnius scabie cadit, & porrigine porci, Iuuenalis Sat. 2.

¶ d. Aiunt Pyrrhonem deprehensum tempestate, alijs omnibus consternatis periculi magnitudine, annotasse in naui τὸ δελφάκιον, id est porculum largè ac securè frugibus uescentem. En (inquit) uobis ueram ἀθυμίας imaginem, &c. Calcagninus circa finem libri de profectu. ¶ Tradunt magici iocinere muris dato porcis in fico, sequi dantem id animal, in homine quoq; similiter ualere, sed resolui cyatho olei poto, Plinius.

¶ e. Tria tantum genera sunt pastorum, qui dignitatem in Bucolicis habeant, bucolici, opiliones, & omnium minimi æpoli, id est caprarij, ut Ael. Donatus scribit. Subulcorum uerò nulla nec apud Vergilium neq; Theocritum mentio fit. Errorem enim Seruij & aliorum, qui Aegl. 10. legunt, Tardi uenere subulci, supra in Boue reprehendimus. Subulcorum epitheta apud Textorem, Tardi, Hircosi, Duri. Αὐτὰρ ἐγὼ σῦς τάσδε φυλάσσω τε ῥύομαί τε, Eumæus apud Homerum Odyss. ξ. Plura de subulcorum uarijs appellationibus require supra prima parte huius cap. inter deriuata: item alia nomina quæ ad greges porcorum, stabuláue & haras pertinẽt ab ipsis deriuata, ut συβόσιον, χοιροκομεῖον, &c. Κομὰς, θεραπείας, καὶ τὰ συοφόρβια, Varinus. ¶ Hara est porcorum stabulum. In tenebris ac suilla (forte suili, id est stabulo suum) uiuunt, nisi non forum, hara: atq; homines qui nũc pleriq; sues sunt existimandi, Varro Prometheo. Ex hara producte, non schola, Cicero in Pisonẽ, ut citat Nonius. Hara stabulum dicitur tam de porcis, quàm de auibus, Varro de re rust. 3. 10. ut Ge. Alexandrinus intrerpretatur. Varro quidem & Columella 8. 14. haras anserum uocant, septa eis extructa in quibus pariant. Hara in qua pecora includuntur, Donatus. Te Iupiter diq; omnes perdant, oboluisti allium, Germana illuuies, rusticus, hircus, hara suis, Plautus Mustell. Tertius immundæ cura fidelis haræ, Ouidius in epist. Penelopes. Villam ædificandam si locabis nouam ab solo, faber hæc faciat, oportet, limina, postes, cellas familiæ, haras decem, &c. Cato. Diligens autem porculator frequenter suile conuerrat, & sæpius haras, Columella lib. 7. ¶ Χύρειον, uinculum quo ligantur porcelli: uel lignum secundum Ael. Dionysium, Varinus, Χύῤῥιον, στρεπτὸν ᾧ δεσμεύουσι τοὺς χοίρους, ἔστι δὲ ξύλινον, Hesychius per ρ. duplex, quod magis placet. nam & χυῤῥοίδια id est porcelli, sic scribitur, & χύῤῥα uox qua suibus acclamatur: item Χυῤῥάβιοι, uincula suum, Hesychius, Varinus. Γυργάθος, πλέγμα ... κρίκος σιδηροῦς τετρυπημένος, καὶ δῆλον ἔχων ἐν τῷ τρυπήματι στρεφόμενον, ᾧ χρῶνται πρὸς δεσμὸν συῶν ... ut Aristophanes ait in Laconicorum interpretatione, Hesychius, Varinus. Pontifex minor è stramentis napuras nectito, id est funiculos facito, quibus sues adnectantur, in Commentario sacrorum, Festus. Μαλικᾶ πέδα, χοιρείδιον (forte χοιρειδίων) δεσμῶν. Τροχήλια καὶ πάγις μαλικὰ καλοῦνται, Hesychius, Varinus. ¶ Πέπυσμαί σοι τὴν ὗν τὴν λάγνην, τί ἂν αὐτὴν ὁ Βίας συλλαβὼν τομίαν ἐργάσω, ὥσπερ εἰώθαμεν τοὺς τράγους ἡμεῖς; Aelianus in epist. hirci autem castrati quomodo curentur, ex eadem epistola in Hirco dictum est. ¶ Hominem perniciosum cum uolunt significare porcum pingunt. talis est enim porci natura, Orus in Hieroglyph. ¶ Ad lithostrota conficienda, (qualia uulgò Musaica uocant opera,) ex frustulis lapidum diuersorum colorum glutino tenaci inuicem iunctis, fit maltha (glutinum, lithocolla) perpetua ex calce & suillo adipe, uel pice & oui candido, Cardanus. Οἱ γὰρ Σκύθαι ἀλείμματι χρῶνται ὑείῳ καὶ μοσχείῳ στέατι, Suidas in Ὗς. ἔκτοσθε δὲ λευκοὶ ὀδόντες Ἀργιόδοντος ὑὸς θαμέες ἔχον ἔνθα καὶ ἔνθα, Homerus Illiad. κ. de galea Vlyssis.

¶ f. Plutarchus Symposiacorum libro 4. problemate 5. Probabile uidetur, inquit, Iudæos suem colere (& colentes potius quàm fastidientes abstinere) utpote seminandi & arandi magistrum, ut asinum quoq; colunt quòd aquæ fontem eis aperuerit. Scythæ sues pro nihilo putant, quos nec alere omnino in sua regione uolunt, Herodotus libro quarto. ¶ Sues mactatos nostri in labro aquæ feruidæ, addita etiam in fundum labri & alia suibus imposita resina, depilant; aliqui flammis circunquaq; è stramine excitatis amburunt, ut in Gallia fit: quod Græci εὕειν, ἀφεύειν & περιφλέγειν uocãt, (ut pluribus dixi in mustela G.) itẽ φλογίζειν, nostri bsengen. Οἴμοι κακοδαίμων δελφάκιον γεγόνα, Aristophanes, Τοῦτ᾽ εἴρηκεν ἀφευθεὶς τὸν πρωκτόν. Μετὰ γὰρ τὸ τυθῆναι τὰ δελφάκια, φλογίζονται ἵνα ψιλωθῶσι, Suidas. Ἔνθεν (ἐκ τῶν συφεῶν) ἑλὼν δύ᾽ ἔνεικε καὶ ἀμφοτέρους ἱέρευσεν, Εὗσεν (ἐφλόγισε Schol.) μίστυλλέν τε καὶ τι καὶ ἀμφ' ὀβελοῖσιν ἔπειρεν. ὀπτήσας δ' ἄρα πάντα φέρων παρέθηκ' Ὀδυσῆϊ θέρμ' αὐτοῖς ὀβελοῖσιν, ὁ δ' ἄλφιτα λευκὰ πάλυνεν, (διέβρεχεν, Schol.) Homerus Odyss. ξ. πολλοὶ δ' ἀργιόδοντες ὕες, θαλέθοντες ἀλοιφῇ, εὑόμενοι (φλογιζόμενοι) τανύοντο διὰ φλογὸς Ἡφαίστοιο, Homerus Iliad. ψ. λευκός, τί δ' οὐχί; καὶ καλῶς ἠφευμένος, ὁ χοῖρος εὖ, μηδὲ λυπηθεὶς πυρί, Aeschylus apud Athenæum. Εὔστανα, χύτρα, ὄρυγμα ἐν ᾧ τοὺς ὗς εὑθίζουσι καὶ τὰ ἐγκαύματα, Hesych. Varin. Εὔστρα, fouea in qua sues mactãt uel amburunt, à uerbo εὕειν, quæ & φλογίστρα dicitur. item spica quæ ante maturitatem demessa torretur. (Nostri uocant strupffgersten) hordeum montanum, quod Comici & Tragici etiam ἀμφίκαυστιν uocant. Porrò maturum hordeũ quod madefactum postquam germen emisit torretur, Aëtius 10.28. bynen appellat: Germani sic madefactum (non tostum tamen) ad præparandam cereuisiam, maltz nuncupant. Cæterum hordeum to-

10 stum simpliciter, cachrys uel cachryas multitudinis numero Hippocrates uocitat. ἐγὼ δὲ χοῖρον καὶ μάλ' εὐθηλάμενον τόνδ' ἐν νοθοῦντι (uox uidetur corrupta) κριβάνῳ θήσω. τί γὰρ ὄψον γένοιτ' ἂν ἀνδρὶ τοῦδε βέλτιον; Aeschylus apud Athenæum. Θηλάζοντα χοῖρον edunt apud Theocritum in Thyonicho. Mactant Lacedæmonij καὶ τοὺς γαλαθηνοὺς ὀρθραγορίσκους, Athenæus. Arcadicam describens cœnam Hecatæus ex Athenæi monumentis, fuisse mazam dicit ac ὕεια κρέα, id est, suillas carnes, Cælius. Cum Erythræi Chios in conuiuio per insidias oppressuri essent, quidam re intellecta sic admonuit: ὦ Χῖοι, πολλὴ γὰρ Ἐρυθραίους ἔχει ὕβρις, φεύγετε δειπνήσαντες ὑὸς κρέα, μηδὲ μένειν βοῦν, ut Athenæus lib. 8. refert. Boues obesitate insignes Mediolano ad nos coronati ueniunt, principibus quotannis officij gratia donantibus: uisceratione hinc solenni orta, magistratibus diuisa carne globulis, quos quia ferè pares sunt, sociolos consuetudo appellat: quidam non sociolos, sed succidulos à suilla uisceratione uocare

20 malunt, Hermolaus. Iste tibi faciat bona Saturnalia porcus, Inter spumantes ilice pastus apros, Martialis lib. 14. Porcus saginatus, Propertius 4. 1. Δελφάκων σιτευτῶν Sopater meminit: εἰσεκύλισαν ἣν πολυδέλφακα σιτευτὸς ἔβρυξεν, ut Athenęus citat. Saginatos & opimos sues Græci cognominãt πιοτάλιδας, λαρινούς, σιάλους, ut dixi in a. supra in nomenclaturis & epithetis. De porcelli coctura, & quomodo adustionis uitium tollatur, coqui cuiusdam uersus obscuros ex Alexidis Lebete, Athenæus lib. 8. recitat, quorũ ego hunc sensum esse conijcio: Si carnes adustæ fuerint, ollã (fictilẽ) in qua coquũtur, ab igne adhuc feruentem, in uas aliquod aceto frigido plenum impones. sic enim olla per cæcos sui meatus tanquam pumex attrahet & imbibet aceti liquorem, unde & adustionis uitium emendabitur, & carnes non exuccæ sed roscidæ & teneræ uidebuntur. Operam uerò dabis ut carnes adustionem olentes nõ calidas, ne molestus sit nidor, sed refrigeratas apponas. Coquus quidã apud Menan-

30 drũ cõuiuis apponit χοιρίδια περιφόρινα κρομβώσας ὅλα, ut ibidẽ citat Athenæus: porcellos intelligo integros assos. κρομβὸν enim exponunt καπυρόν, hoc est feruens & ustũ, uel tostum: ut & κράμβον & κραμβαλέον, ξηρὸν & καπυρόν. Voce quidem κραμβαλίῳ Athenæus similiter alibi de porcello tosto utitur. περιφόρινα uox obscura est: sed licet interpretari porcellos cum pelle sua (quam Græci φορίνην uocant) integros assos. περιφορινῶσθαι quidam interpretantur περιπαχύνθαι ἀπὸ τῆς φορίνης, &c. Varinus in περιφορινῶσθαι. οὐδ' ἐπὶ κάπρῳ, οὐ δὴ χλιδῶνες, οὐδ' ἠρίαιον δέλφακος, Athenæus lib. 3. ex Aristophanis Thesmophoriazusis. Offa penita, id est offa porcina cum cauda, in cœnis puris, Festus. Apexabo, isicia, silicernia, longauo, (forte longano per n.) nomina sunt et genera farciminum, hirquino alia sanguine, comminutis alia inculcata pulmonibus. Quid tuceta? quid næniæ? quid offæ? non uulgi, sed quibus est nomen appellatioq́; penitæ: ex quibus quod primum est, in exiguas aruina est miculas, &

40 ilia minutim insecta de more. quod in secundo situm est, intestini est porrectio, per quam proluuies editur, succis perexiccata uitalibus. Offa autem penita est, cum particula uisceris cauda pecoris amputata, Arnobius lib. 7. contra gentes. Et paulò post, O deorum magnitudo mirabilis. non prius iras atq; animos ponunt, nisi sibi adoleri paratas conspexerint nænias, offasq́; penitas. Tuccetum per c. duplex apud Scoppam grammaticum Italum reperio, interpretatur autem tomacellam: qua uoce alibi tomaculum quoq; & isicium reddidit, ut dixi in F. Silicernium Festus docet esse farciminis genus, quo familia in luctu à fletu purgatur: quia cuius nomine instituebatur ea res, is iam silentium cerneret. ¶ Sicci terga suis rara pendentia crate Moris erat quondam (seculo adhuc frugali) festis seruare diebus, Et natalitium cognatis ponere lardum, Iuuenalis Sat. 11.

¶ g. Medicamenta quædam cum adipe suis fœminæ liquato, bibenda consulit mulieribus ab-

50 ortui obnoxijs Hippocrates in libro de sterilibus. Vesica suis fœminæ, apposita fistulæ, apta est ad uteri clysterem, ut pluribus scribit Hippocrates in libro de sterilibus.

¶ h. Protei conformatio in diuersa corpora, imaginum falsarum rationem continet quibus deludimur. Sunt enim qui in uoluptate summũ statuant bonum. hanc per suem exprimi concipimus. tigris iram & crudelitatem designat, Cælius. Socij Vlyssis à Circe in porcos cõuersi describuntur ab Homero Odysseæ κ. & ab Ouidio Metamorphoseos lib. 14. Allegoriam exponit innominatus ille cuius de allegorijs Homericis libellum nos olim Latinum fecimus: ita ut Circe rationis expers uoluptas sit, Vlysses mens & ratio, socij uerò ratiocinationes & inferiores animæ facultates. Socrates in conuiuijs facile cauebat, ne plus quàm deceret saturaretur. Qui uerò hoc facere non poterant, his consulebat abstinere ab illis quæ persuadent non famescendo comedere, neq; sitiendo bibere. Hæc

60 enim esse aiebat quæ uentribus, capitibus, atq; animis noceant. Arbitrari autem iocando dicebat, idcirco sues homines effici à Circe, quoniam multis talibus illos nutriebat. Vlyssem autẽ partim Mercurij consilio, partim abstinentia sua, suem factum non fuisse, Xenophon lib. 1. de dictis & factis So-

cratis. Vlysses si bibisset pocula Circes cum socijs, Vixisset canis immundus, uel amica luto sus, Horat. epist. 1. 2. Et cum remigibus grunnisse Elpenora porcis, Iuuenalis. Sat. 15.

¶ TESTAmentum ludicrum sed antiquum Porcelli, descriptum primo Moguntiæ à Ioanne Alexandro Brassicano, & à Georgio Fabricio postea correctum locis aliquot ex antiquissimo exemplari, inuēto Memmelebij in Turingia ad Vnstrum. M. Grunnius Corocotta Porcellus testamentum feci, quod quoniam manu mea scribere nō potui, scribendum dictaui. Magirus cocus (pro coquus) dixit, ueni huc euersor domi, (pro domus,) soliuersor fugitiue Porcelle, ego hodie tibi uitam adimo. Corocotta Porcellus dixit, si qua feci, si qua peccaui, si qua uascula pedibus meis confregi, rogo domine coce, ueniam peto, roganti concede. Magirus cocus dixit, Transi puer, adfer mihi de culina cultrum, ut hunc Porcellum faciam cruentum. Porcellus comprehenditur à famulis, ductus sub die XVI. Cal. Lucerninas ubi habundant (pro abundant) cymæ, Clibanato & Piperato Coss. & ut uidit se moriturū esse, horæ spatium petijt, cocum rogauit, ut testamentum facere posset. Inclamauit ad se sues parentes, ut de cibarijs suis aliquid dimitteret eis, qui ait: Patri meo Verrino Lardino, do, lego, dari glandis modios XXX. & matri meæ Veturrinæ Scrofæ, do, lego, dari Laconicæ siliginis modios XL. & sorori meæ Quirinæ, in cuius uotum interesse non potui, do, lego dari hordei modios XXX. & de meis uisceribus dabo, donabo sutoribus setas, rixatoribus capitinas, surdis auriculas, causidicis & uerbosis linguam, bubularijs intestina, esiciarijs femora, mulieribus lumbulos, pueris uesicam, puellis caudam, cinædis musculos, cursoribus & uenatoribus talos, latronibus ungulos, & nec nominando coco do, lego, ac dimitto popam & pistillum, quæ mecum detuleram à querceto usq; ad haram, liget sibi collum de reste. Volo mihi fieri monumentum ex litteris (pro literis) aureis scriptum. M. Grunnius Corocotta Porcellus uixit annos D. CCCC. XCVIIII. quod si semis uixisset, mille annos implesset. Optimi amatores mei uel consules uitæ, rogo uos ut corpori meo bene faciatis, bene condiatis, de bonis condimentis nuclei, piperis, & mellis, ut nomen meum in sempiternum nominetur. Mei domini & consobrini mei, qui huic meo testamento interfuistis, iubete signari.

Lucanicus signauit. Tergillus sign. Nuptialicus sign. Celsanus sign.
Lardio sign. Offellicus sign. Cymatus sign.

D. Hieronymus in proœmio octaui libri in Esaiam, inquit: Testamentum Grunnij Corocottæ Porcelli decantant in scholis agmina puerorum cachinnantium. Et alibi, in Ruffinum: A sue conditum testamentum, cachinno Bessorum membra concutit, ut Cælius citat.

¶ Historiam de dæmonibus, quibus è duobus uiris (Lucas unius tantum meminit) quos occupauerant Christi imperio expulsis in regione Gergesenorum, (Gadarenorum, Lucas) permissum est demigrare in gregem porcorum, unde is mox per præceps in mare delatus perijt, Matthæus & Lucas euangelistæ, uterq; octauo libri sui capite, describunt.

¶ Sus si plures (quàm mammas habet) porcos pariat, portentum est: in quo illud antiquissimum fuisse scribitur, quod sus Aeneæ Lauini triginta porcos peperit albos, itaq; quod portenderit factū, triginta annis, ut Lauinienses conderent oppidum Albam. Huius suis ac porcorum etiam nūc uestigia apparent. Iam ne simulachra eorum ænea etiam nunc in publico posita, & corpus matris ab sacerdotibus, quod in salsura fuerit demonstratur: Varro.

Cum tibi sollicito secreti ad fluminis undam, Littoreis ingens inuenta sub ilicibus sus,
Triginta capitum fœtus enixa iacebit, Alba solo recubans, albi circum ubera nati:

Is locus urbis erit, requies ea certa laborum, Helenus ad Aeneam Aeneid. 3. de urbe in Italia condenda. Eosdem uersus Aeneas octauo Aeneid. à Tyberino deo audit, & insuper: Ex quo ter denis urbem redeuntibus annis, Ascanius clari condet cognominis Albam. Et Iuuenalis Sat. duodecima, Conspicitur sublimis apex (id est mons Albanus, ubi Ascanius condidit Albam) cui candida nomen Scropha dedit lætis Phrygibus mirabile sumen, Et nunquam uisis triginta clara mamillis. Dionysio tyranno cum bellum aduersus Dionem esset, sues in lucem nuper æditi, cum reliquis manci partibus non essent, nullas habebant aures, Plutarchus in uita Dionis. Cypriorum inuentum est ex suibus (ex suillis extis, Alexander ab Alex. Gyraldus addit & intestinis) etiam uaticinari, Pausanias in Eliacis. Sus alatus Clazomeniorum agros uastauit, uide in Apro h. Adolescentes (ἔφηβοι) Lacedæmonij in Ephebæo exercentur & certant: ante certamen uerò Marti noctu canem immolant. & post sacrificium (ἐπὶ τῇ θυσίᾳ) uerres mansuetos (κάπρους ἠθάδας) ad pugnam committunt: & utrius partis uerres superior fuerit, illam quoque ut plurimum uincere contingit, Pausanias in Laconicis.

¶ Sus apud Aegyptios ut impurum, detestabile & uoracissimum animal in summo odio habetur: contra autem mitiores bestiæ naturæ & misericordis & piæ, præcipuo quodam honore afficiuntur, Aelianus. Et alibi, Aegyptijs (inquit) persuasissimum est sues Soli & Lunæ inimicissimos esse. itaq; semel tantum eos singulis annis Lunæ sacrificant, ut inferius referam. Eudoxus inquit Aegyptios ideo ab immolandis suibus se sustinere, quod posteaquam sementem fecerunt, eorum greges ad proterendam & conculcandam frumentorum sationem, atq; depellendam in altiorem terram & humidiorem inducere soleant, ut hac quasi occatione terra obducta ne ab auibus semina exhauriantur, Aelianus. Sic & Plutarchus in Symposiacis 4. 5. Iudæos à suibus abstinere putat, non quidem

fasti.

fastidientes, sed colentes magis eas, ut arandi magistras, quam eius opinionem falsissimam & stolidissimam esse nemo non nostræ religionis non imperitus agnoscit. Suem Aegyptij spurcam beluam arbitrantur: quam si quis uel transeundo contigerit, abijt lotum sese cum ipsis uestimentis ad flumen. Eoq; soli omnium subulci in Aegypto, etsi indigenæ, tamē nullū ingrediuntur in templum: nemoq; aut filiam cuipiam eorum nuptum dare uult, aut cuiuspiam eorum filiam in matrimonium ducere. Ipsi inter se subulci dant, accipiuntq; filias, Herodotus lib. 2. Lunæ & Baccho tantum Aegyptij sues immolant, ut inferius eodem ex loco Herodoti recitabo. Aegyptij suem animal profanum existimant, (τὴν ὗν ζῶον ἀνίερον,) uidetur enim præcipue iniri decrescente Luna. Et eorum qui lac suillum biberint corpora, lepra & scabie exasperantur. Cæterum sermoni quem proferunt, cum semel in plenilunio suem sacrificant & edunt, nempe quod Typhon aliquādo suem in plenilunio persequens, arcam ligneam in qua corpus Osiridis conditum erat inuenerit, & disiecerit, non omnes fidem adhibent, Plutarchus in libro de Iside, & Calcagninus in libro de rebus Aegyptiacis, qui addit: Alij melius existimauēre ueteres ita ostendisse, uoracitati delicijsq; & gulæ inuitamentis nuncium mitti oportere. Aegyptijs quibusdam nullam pecudem fas est immolare præter sues, præterq; boues mares & uitulos, dummodo mūdos, & anseres, Herodotus lib. 2. Aegyptij suem non gustant, Idem lib. 4. Mulieres Barcææ non modo gustu uaccinæ carnis, sed etiam suillæ abstinent, Ibidem. Vide plura supra in F. ¶ Aristophanes in fabulis suum plerunq; & porcorum sacrificium commemorat. Notat & Galenus in commentarijs Chirurgiæ Hippoc. γλυκείαν à Græcis uocari suem uel porcum in sacrificio, blanda scilicet uoce, Gyraldus. Fuit quidem priscis opinio, ut ex hœdis potius & agnis hostiæ fierent: quia hæ mites & cicures essent. nam gallinacei, sues & tauri animo magis abundare uidentur, Gyraldus. Sex sacrificia ex animalibus peragebantur, oue, sue, boue, capra, gallina & ansere: & (bos) septimus è farina, Suidas in Ἕξ. Quidā Græce, σῦν quasi θῦν dictum putant, τὸ εἰς θυσίαν εὔθετον, Vlpianus apud Athenæum. Sus Græce dicitur ὗς, (inquit Varro,) olim θύτης ab illo uerbo dictus, quod dicitur θύειν, quod est immolare. Ab suillo enim pecoris genere immolandi initium primum sumptum uidetur, cuius uestigia quòd initijs Cereris porci immolantur, & quòd initijs pacis fœdus cum feritur, porcus occiditur, & quòd nuptiarum initio antiqui reges, ac sublimes uiri in Hetruria in coniunctione nuptiali, noua nupta & nouus maritus (uide infra in sacrificio Veneris ex sue) primum porcum immolant. Prisci quoq; Latini, & etiam Græci in Italia idem factitasse uidentur. Nam & nostræ mulieres maxime nutrices naturam, qua fœminæ sunt, in uirginibus appellant porcam: & Græci χοῖρον, significantes esse dignum id signū nuptiarum, Hæc Varro de re rustica 2. 4. Sus prima hostia fuit: uide infra in sacrificio Cereris ex Sue. Porcū immola, prouerbium apud Erasmum. Plautus in Menæchmis (inquit) porcum syncerum & sacrum immolare iubet eum, quem mente captum significat. Adolescens, quibus hic pretijs porci uæneunt Sacres, synceri. nummum unum en à me accipe. Iube te piari de mea pecunia: Nam ego quidem insanum esse te certò scio. Opinor quod ueterum usu, qui cuiuspiam irati numinis intemperijs ageretur, hoc piaculo se soleat purgare. Idem paulò post in eadem fabula: Nam tu quidem hercle certò non sanus satis Menæchme, qui nunc ipsus maledicas tibi. Iube si sapias porculum afferri tibi. Horatius in Sermonibus, Immolet æquis Hic porcum laribus. loquitur de eo qui iam ab insania resipuisse uideretur, Hæc Erasmus. Porci qui à partu decimo die habentur puri, ab eo appellantur ab antiquis sacres, quod tum ad sacrificia idonei dicuntur primum. (Suis fœtus sacrificio die quinto purus est, Plinius.) Itaq; apud Plautum in Menæchmis, cum insanum quem putat, ut pietur in oppido Epidamno, interrogat, Quanti hic porci sunt sacres? Varro de re rust. Gyraldus hunc locum sic legit, eum insanum putat, qui ut pietur, &c.) Et alibi, Porci qui puri sunt ad sacrificium ut immolentur, olim appellati sacres, quos appellat Plautus cum ait, Quanti sunt porci sacres? Porci effigies inter militaria signa quintum locum obtinebat: quia confecto bello, inter quos pax fieret cæsa porca fœdus firmare solebant, Festus. Stabant & cæsa iungebant fœdera porca, Vergil. 8. Aeneid. Fabius Quintilianus lib. 8. ubi de ornatu loquitur, Quædam (inquit) non tam ratione, quàm sensu iudicantur, ut illud: Cæsa iungebāt fœdera porca: fecit elegans, fictio nominis. quod si fuisset porco, uile erat, Hæc Fabius. Porrò quòd porco cæso (inquit Nic. Erythræus) fœdus percuti solenne esset, ex Liuio, Varroneq; discimus: legimus tamen apud Pompeium Festum lib. 14. (cuius iam uerba recitaui,) porcam cædi consueuisse. Seruius hunc locum enarrans, Fœdera (inquit) ut diximus supra, dicta sunt à porca fœda & crudeliter occisa, cuius mors optabatur ei, qui à pace resilijsset. Falsò autē ait porca. nam ad hoc genus sacrificij porcus adhibebatur. Ergo aut usurpauit genus pro genere, ut Timidi uenient ad pocula damæ. Aut certè illud ostendit, quia in omnibus sacris, fœminini generis plus ualent uictimæ. Deniq; si per marem litare non possent, succidanea dabatur fœmina: si autē per fœminam non litassent, succidanea (uictima) adhiberi non poterat, Hæc ille. Et in eundem locum Christophorus Landinus, Apud Romanos (inquit) fœcialis hostiū regem de fœdere rogat. Hic post multa uerba ait: Audi Iupiter, audi pater patriæ populi Albani: audi tu populus Albanus. Deinde expressis fœderis conditionibus, subiunxit: Iupiter porrò sic ferito, ut ego hunc porcum ferio, tantoq; magis ferito, quanto magis potes pollesq;. intelligebat autem si non seruaretur pax. Id ubi dixit, porcum silice percussit. Fœdus hinc dicitur ictum, quia non sine ictu sancitur. Intorta cauda, id

ss

etiam notatum, facilius litare in dexterum quàm læuum detorta, Plinius. Confœta sus dicebatur, quæ cum omni fœtu adhibebatur ad sacrificium, Pompeius lib. 3. Eximia pecora dicuntur quæ à grege excepta sunt ad usus dominorum suorum ut uberius pascantur, sed propriè eximij sunt porci maiores, qui ad sacrificandum excepti, liberius pascuntur, Gyraldus. Ὑομεμνία, festum quoddam Argis, Hesychius & Varinus. Propuditat porcus, dictus est, ut ait Capito Atteius, quod sacrificio gentis Claudiæ uelut palmentum, & exsolutio ominis contractæ religionis est parum, (forte, porcus.) Caius se uidere pronunciat magistratus, cum de consulis sententia capitis quem condemnaturus est, Festus. Hecatombe (inquit Iulius Capitol.) tale sacrificium est: centum aræ uno in loco cespititiæ extruuntur, & ad eas centum sues, centum oues mactantur, &c. Ἄξει ὗν ὑπὲρ τ̃ κεῖσον, ἵνα ξείνων ἱερεύσω, ἀντὶ τοῦ θύσω χάριν τ̃ ξένων, Varinus ex Homero ut conijcio. Antiochus Epiphanes rex Syriæ præcepit Iudæis ut colerent idola, & immolarent carnes suillas, Machabæorum 1. 1. Christiani iussi micam salis, iecur aut suis litare, apud Prudentium in passione Cypriani. Qui offert oblationem (in templo Domini,) similis est offerenti sanguinem suillum, Esaias 66. de Iudæorum peruersitate, qui licet Deo uni sacrificarent, nihilò tamen meliores erant gentilibus. Lucum collucare (inquit Cato cap. 139.) Romano more sic oportet. Porco piaculo facito. Sic uerba concipito. Si deus, si dea, cuius illud sacrum est, uti tibi ius siet porco piaculo facere, illiusce sacri coërcendi ergô, &c. uide etiam sequenti capite Catonis. Κάθαρμα, τὸ χοιρίδιον ὃ τὴν ἑστίαν ἐκάθαιρον ἐν ταῖς ἐκτροπίαις. ὁ ἐπιπλῶν δημοσίως περιίαρχος ἐλέγετο, Hesychius & Varinus. Latinè porcum piaculum dicas. Catharmata dicebantur & homines quidam uiles & obscuri Athenis, piaculares Latinè dici possunt, qui in hoc alebantur, ut pestis aut alterius calamitatis tempore immolarentur pro salute publica: Qui mos Romæ etiam receptus fuit, Varinus. Porco uel agno ad expiationem utuntur, Hesychius in Ἀφροδισία. Solitaurilia hostiarum trium diuersi generis immolationem significant, tauri, arietis, uerris: quod omnes eæ solidi integriq́ sint corporis, (non castrati, ut ueruecès, maiales.) Quidam dixerunt omnium trium uocabula confusa, suis, ouis, tauri, ita ut uno modo (una uoce) appellarentur uniuersæ, Festus. Plura de hoc sacrificio, & eodem aut simili quod Græci trittyn uel triáda uocant, leges in Boue, in Tauro, in Ariete. Populus Romanus cum lustratur, Solitaurilibus circumaguntur uerres, aries, taurus. Initiandi consueuerunt immolare porcum: uide infra in prouerbio, Ad porcellum da mihi mutuo tres drachmas. Sus in sponsalibus sacrificabatur: hinc clarior esse potest sensus prouerbij, Ἀπώλωλεν ὗς, καὶ τάλαντον, καὶ γάμος. ¶ Iam quibus dijs ex sue sacra fierent deinceps dicendum: & primo loco quibus dijs, quibus deabus secundo. In Creta sacrum creditur animal hoc suillum, quoniam nascenti Ioui sus mammam submiserit, ac grysmo, id est grunnitu, pueri uagitum audiri uetuerit, Cælius ex Athenæi nono: qui pluribus, Quamobrem, inquit, omnes suem colunt, & carnibus abstinent. Prɶsij uero (Præssus, per s. duplex, aut etiam simplex, urbs Cretæ, Stephanus) etiam sacrificant de sue, & perfectum hoc sacrificium existimant. Ζηνὶ δ' ἐπιρρέξαι καθυπερτέρω ἄρρενα χοῖρον, Theocritus Idyl. 31. In Mysia Abretani Iouis templum fuit, in quo sues comesse aut mactasse scelus erat, idem & apud Phœnicas, quibus per omne tempus, ut Iudęis etiam, suibus abstinere per leges cautum fuerat, Gyraldus. Reges Spartanorum cum primum in eam assumpti sunt dignitatem, priuilegio honoris præcipui, Iouis cœlestis & Lacedæmonij sacerdotio funguntur: quibus ex omni scrofarum fœtu porcus debebatur, ut si dijs immolare uellent, nunquam uictima deesset, Alexander ab Alex. Ioui de tauro non immolabatur, nisi cum triumphi nomine de sue uel tauro fiebat: ubi non tantũ Ioui, sed alijs etiam deis qui bello præerant sacrificabatur, Seruius. Tauro, uerre, ariete Ioui immolari non licet, Atteius Capito. Vocabant autem Solitaurilia sacrificium his tribus hostijs coniunctis, ut paulò ante dixi. ¶ Tauri & κάπροι, id est uerres, Neptuno sacri habentur, utpote animalia impetuosa, Proclus in Hesiodi Dies. ¶ Galli Cisalpini uerrem Marti dicabant, Gyraldus. Mars tibi uoueo facturum, si unquam rediero, bidenti uerre, Pomponius in Attellana apud Macrobium & Nonium. Diophantus Lacedæmonius qui de sacris deorum scripsit, ait apud Athenas Marti solere sacrificari sacrum quod ἑκατομφόνευμα appellabatur. si quis enim centum hostes interfecisset, Marti de homine sacrificabat apud insulam Lemnum, quod sacrificatũ est à duobus Cretensibus, & uno Locro. sed posteaquam hoc Atheniensibus displicuit, cœperunt afferre porcum castratum, quem nephrendem uocabant, quasi sine renibus, Fulgentius ad Chalcidium. Lustrari exercitum nisi sue, oue & tauris, qui puri essent non erat fas: qui postquam ter circum instructas acies ducti erant, præcedente pompa & gressu composito, Marti immolabatur, Alexander ab Alex. Hoc genus sacrificij Solitaurilia dixeris, de quo superius. ¶ Porci Baccho immolabantur: uide infra in Lunæ sacrificio ex sue. ¶ Immolet æquis Hic porcum laribus, Horatius Sermonum 2. 3. loquitur de eo qui iam ab insania resipuisse uideretur. Diximus autem superius porcum contra insaniam immolari solitum: unde prouerbium, Immola porcum, in hominem insanum. Cædere Syluano porcum, quadrante lauari, Iuuenalis. Tellurem porco, Syluanum lacte piabant, Horatius. ¶ Obseruatum est, Numam regem statuisse, ne ex re animata res sacra Termino fieret: id quod pluribus Plutarchus scribit, & ante eum Dionysius Halicarn. Ouidius tamẽ illi agnam & porcam in secundo Fastorum immolari prodidit, Gyraldus. ¶ Initijs (initiationibus, Gyraldus) Cereris porci immolantur, Varro. Porci Cereri & Baccho immolabantur, utpote deorum illorum muneribus noxij, Scholia in Ranas Aristophanis. Eandem ob causam caper etiam priuatim Baccho macta-

mactatur. Athenienses in mysterijs iure optimo sues immolāt, propter perniciem quam segetibus moliuntur. Nam ex spicis sæpe alias exinaniunt, alias quæ nondum ad maturitatem peruenerūt uastant, alias effodiunt, Aelianus. Prima Ceres auidæ gauisa est sanguine porcæ, Vlta suas merita cæde nocentis opes. Nam sata uere nouo teneris lactentia succis Eruta setigeræ comperit ore suis, Ouidius 1. Fastorum. Et alibi, Prima putatur Hostia sus meruisse mori, (aliâs necem,) quia semina pando Eruerit rostro, spemq́ interceperit anni. Mense Aprili cum lampadibus & tædis accensis, sacerdotes in uestibus albis mactata porca sacrum Cereri peragebant. Sanè porcum uilem admodum apud Platonem Socrates uictimam facere uidetur, in libro de Legibus, (imò libro 2. de repub.) In arcanis, inquit, audiendæ sunt eiusmodi fabulæ à quàm paucissimis, qui quidem non porcum, sed pretiosam quandam raramq́ uictimam sacrificauerint. Idem & Proclus repetit, Gyraldus. Phurnutus scribit Cereri sacrificiū de sue prægnante factum, propter terræ fertilitatem conceptūq́ facilem, Idem. Vide infra in Telluris sacrificio ex sue. Δέλφακα τοῖς ἐλευσινίοις φύλαξε, Epicharmus. χοιρίων μυστηρικῶν, (nō μυστηριακῶν ut apud Suidam legitur,) Aristophanes in Acharnensibus: eò quòd Cereri immolentur in Mysterijs, sic enim sacra eius uocabant. Quod si sus fœmina, & ea secundū Phurnutum etiam prægnans Cereri immolabatur, miretur aliquis cur χοιρία, id est, porcellos Aristophanes dixerit. sed eo in loco poëta iocatur, partim de suibus, partim de puellis cuiusdam pauperis filiabus loquens. Eodem in loco χοίρους μυστικὰς legimus. Sed nequeo latius huius Pherephattæ (Proserpinæ) sacra enarrare, quasillum, rapinam Edoneæ, (id est, Proserpinæ,) terræ hiatum, sues Eubolei, (Eubulij, Plutonis,) quas eodem hiatu simul & duas deas absorptas fuisse aiunt: unde Megarenses in Thesmophorijs sues immittunt, Eusebius citante Gyraldo. Porcā auream & argenteam dici ait Capito Atteius, quæ etsi numero hostiarum non sit, nomen tamen earum habere, alteram ex auro, alteram ex argento factam adhiberi sacrificio Cereali, Festus. Præcidaneam porcam dicebāt, quam immolare erant soliti antea, quàm nouam frugem inciderent, Festus. Præcidanea agna uocabatur, quæ ante alia cædebatur. item porca, quæ Cereri mactabatur ab eo, qui mortuo iusta non fecisset, id est glebam non obiecisset. quia mos erat eis id facere prius quàm nouas fruges gustarent, Festus. Præcidaneum est præcidendum, Varro de uita pop. Ro. lib. 3. Quòd humatus (inquit) non sit, hæredi porca præcidanea suscipienda, Telluri & Cereri, aliter familia pura non est, Nonius. Porca præcidanea quomodo fiat Cereri priusquā messem facias, Cato cap. 134. Ambaruale sacrum nisi de porca fœcunda & grauida, aut uitula, fieri non consueuit. Est autem sacrum ambaruale, cum arua & segetes solenni uictima lustrantur: eam uictimam maturis frugibus ter circum arua ducere conuenit, omnesq́ post eam clamantes sequi: ex quibus unus querna ornatus fronde, cum solenni saltatu composito carmine Cereri decantabat laudes: ac postquam lacte, uino & fauo libassent, antequam fruges meterent, porcam Cereri immolabant, quæ præcidanea dicta est, Alexander ab Alex. Presa (Pręsa) porca dicitur, ut ait Veranius, quæ familiæ purgandæ causa Cereri immolabatur, quòd pars quædam eius sacrificij fit in conspectu mortui eius, cuius funus instituitur, Festus: si recte legitur Præsa (potius quàm Præcidanea) nam Gyraldus quoq́ dubitat, qui Syntagmate 17. de dijs, plura de Præcidaneis hostijs scribit. ¶ Proserpinæ sterilis uictima attributa fuit, quia nec ipsa unquam peperit. Macrob. ex sententia Cor. porca. Quidam super hoc & illud Martialis in sexto interpretantur, Exoluit uotis hac te sibi uirgine porca. Vergilius tamen & Prudentius sterili uacca eam placari cecinerunt, Gyraldus. ¶ Iunoni porcam uel agnam in omnibus Kal. regina sacrorum, id est regis sacrorum uxor immolabat, Gyraldus. ¶ Aegyptij, quibus persuasissimum est, sues Soli & Lunæ inimicissimos esse, semel tantū cum festos dies agitant, eos Lunæ singulis annis, aliàs uero nunquam, nec huic ipsi, nec cuipiam alij deorum sacrificant: idq́ propterea faciunt, quia execrandos & detestabiles ducunt, Aelianus. Alijs dijs immolare sues (inquit Herodotus lib. 2.) ius Aegyptijs non est, præterquàm Lunæ tantum & Libero: nisi per tempus plenilunij, quo sues immolant, ac suilla carne uescuntur. Ideoq́ alijs diebus festis sues reformidant, cum in isto mactent: Cuius rei ab Aegyptijs ratio redditur, sed eandem intellectam mihi magis decorum est non referre. Sacrificium autem de suibus Lunæ hunc in modum fit: Immolata sue, extremam eius caudam, & liene, & omenta simul componunt, & adipe qui circa aluum pecudis existat, ea operiunt, ac deinde igni admouent: reliqua carne plenilunij die uescuntur, quo die sacra faciunt: alio die non amplius gustarent. Qui sunt ex eis inopes propter tenuitatem facultatum, assimulatos quosdā sues coquunt, quos immolent Baccho quoque in eius festo. Singuli in cœnam porcum pro foribus mactant, redduntq́ subulco qui illum tradit, Hæc ille. Porci Cereri & Baccho immolabantur, ut qui deorum istorum muneribus noceant, Scholia in Ranas Aristoph. hoc nomine caper etiam Baccho priuatim uictima fit. ¶ Maiæ, quæ Mercurij mater fuisse perhibetur, Romani mense Maio suem prægnantem immolabant, Gyraldus. ¶ Horatius secundo Epist. Tellurē porco placari solitam canit: quo loco Porphyrion ait porcum pro porca positū. Quin & Ouidius ait, Placentur frugū matres, Tellusq́, Ceresq́, Farre suo, grauidæ uisceribusq́ suis. Si quando terra mota esset, rituales Hetruscorum libri sue fœta ostentū procurare solebant. & Arnobius ridens sacrificia, ita scribit in septimo: Telluri, inquiunt, matri scropha ingens immolatur fœta. Quod humatus non sit, hæredi porca præcidanea suscipienda, Telluri & Cereri, aliter familia pura non est, Varro de uita pop. Rom. apud Nonium. Deorum matri nullum sacrum nisi de porca fieri permissum quidam prodidere. In sacris deæ Phrygiæ, quæ Matuta & mater

ss 2

deûm dicta est, cui Galli execti membra secabant, cymbala pulsantes: porcam tanquam impuram hostiam Rhomani non admisere, Alexander ab Alex. ¶ Veneri suem immolauit, Ἀφροδίτῃ ὗν τέθυκεν, dici solitum ubi quis munus offert minimè gratum. Inuisus enim Veneri sus propter Adonidem illius amasium apri dente peremptum. Aut contra, cum quis alium in gratiam alterius lædit, quemadmodum caper mactatur Libero, non quia gratus, sed quia nocuit, Erasmus. Proditum est in Thessalia Veneris (Castniensis, ut addit Alexander ab Alex.) fanum fuisse, & aliud in Sida Pamphyliæ, & in Aspendo, & Argis, in celebritate quæ Hysteria dicebatur, in quibus præter instituta moresq; aliorum sues mactare licebat, cũ in cæteris nullo modo fas esset, Gyraldus. Ἔνθα συοκτονίῃσι Διωναίην ἱλάονται, Dionysius Afer de Aspendo: ubi Eustathius in Scholijs, Aspendus (inquit) Pamphyliæ urbs est, ubi mos obtinuit sues Veneri immolari, cum id initio fecisset Mopsus quidam: qui animal quoduis primo in regione obuium immolaturum se cum uouisset, suem cepit & immolauit. Quamuis sus inuisus Veneri dicitur, sues tamen legimus etiam apud Græcos Veneri immolatos, ut est apud Athenæum comprobatum ex Antiphanis, Callimachi uel Zenodoti scriptis. Idem præterea Athenæus ait, ab Argiuis suem Veneri sacrificari, cuius sacrificij celebritas à suibus ὑστηρία nuncupabatur, Gyraldus. Ἔπειτα καὶ ἀκροκώλιον ὕειον Ἀφροδίτῃ γελοῖον ἀγνοεῖς. ἐν τῇ Κύπρῳ δ' οὕτω φιληδεῖ ταῖς ὑσὶ δέσποτα, ὥστε κατασφαγεῖν ἀπεῖρξε τὸ ζῶον, τοὺς δὲ βοῦς ἠνάγκασεν, Antiphanes poëta apud Athenęum libr. 3. Καλλιστος δὲ χοῖρος Ἀφροδίτᾳ θύειν, Aristophanes in Acharnensibus: ubi Scholia, Multi Græcorum Veneri porcos non immolant, ut quæ propter necem Adonidis eos detestetur. sed poëta ludit per χοῖρον intelligens pudendum puellæ quæ pro porcello à patre paupere uendebatur, ut diximus supra in a. uidetur autem pars Venerea suem, à qua denominatur, quodammodo aptam Veneris sacrificio reddere. hinc & χοιροπωλεῖν uerbum de ijs, quæ corpore quæstum faciunt. Eandem forte ob causam, nuptiarum initio (ut Varro scribit) antiqui reges, ac sublimes uiri in Hetruria in coniunctione nuptiali, noua nupta & nouus maritus primum porcum immolant. Prisci quoq; Latini (inquit) & etiam Græci in Italia idem factitasse uidentur. Suillũ genus inuisum Veneri prodiderunt poëtę, ob interfectum ab apro Adonim, quem diligebat dea: quidam autem quod immundissimi sunt sues ex omni mansueto pecore, & ardentissimæ libidinis, ita ut opprobrium mulieribus inde tractum dicatur, cum subare & subire dicuntur, Festus.

PROVERBIA.

Porcellus Acarnanius, Χοιρίσκος Ἀκαρνάνιος: in mollem & amabilem atq; in delicijs habitum dicebatur. Lucianus in dialogis meretricijs, Λέως μοί φασι Χαιρέας, καὶ χοιρίσκος Ἀκαρνάνιος. Allusum opinor (inquit Erasmus) ad porcellum quem inducit Aristophanes in Acharnensibus, symbolum eorum membrorum, quibus obscœnæ uoluptates peraguntur. Sus acinos dependes, Ἀποτίσεις χοῖρε γίγαρτα: Lues quod admisisti, reddes quod abstulisti, non sine fœnore. Quadrabit, ubi pusillum commodi magno dependitur malo. Natum apparet à rustico quopiam, qui uerbis hisce comminatus sit sui pascenti racemos, Erasmus. Tappius huic prouerbio adiungit eiusdem sententiæ Germanicum, **Du wirst es noch mit der haut bezalen.** Scropha fœcundior alba, Iuuenalis: de prodigiosa fœcunditate: uide supra in c. Nihil cum amaracino sui, Aul. Gellius lib. ultimo. hoc est stolidis uel optima putent displicentq;. Erat autem amaracinum unguentum nobile & imprimis odoratum. At sue cum nihil immundius sit, nihil sordium amantius: (Quamobrem dixit Vergilius, Immundi meminere sues. Præterea Flaccus, Vel amica luto sus. Et, Lutulenta ruit sus.) nihil profecto minus conuenit rostro suillo, quàm deliciæ unguentariæ. quippe cui id demum dulce olet, quod cœnum olet. Maximè uerò inter unguenta, peculiari quadam naturæ proprietate amaracinum inimicum est suillo generi, ita ut illis ueneni instar sit, siquidem credimus Lucretio, cuius in sexto libr. hi sunt uersus: Deniq; amaracinum fugitat sus, & timet omne Vnguentum: nam setigeris subus acre uenenũ est. Ad hoc adagium allusisse uidetur M. Tullius cum ait: Illi alabastrus unguẽti plena putet. id est, optima pro pessimis displicent, (Scarabeo etiam, ut suo loco dicemus, inuisum est unguentum, stercus gratum,) Erasmus. Imperitis crassioreq; obuolutis ignorantia, pro sale animam esse datam pronunciamus, quod à suibus propagatum est, Cælius. Vide supra ab initio capitis sexti. ¶ Bœotica sus, Ἡ Βοιωτία ὗς: uetustissimum adagium, olim in stolidum & indoctum hominem iaci solitum, usurpatur à Pindaro in Olympiacis (carmine sexto:) Ἔπειτ' ἀρχαῖον ὄνειδος ἀλαθέσιν λόγοις εἰ φεύγομεν Βοιωτίαν ὗν. admonet Aeneam chorodidascalum, ita curet canendum hymnum, ut uetus illud probrum ueris rationibus ostendat ipsos (homines scilicet Bœotos) effugere, quod in amusos dici consueuerit, Βοιωτία ὗς. Interpres originem prouerbij refert ad hũc modum. Qui priscis temporibus Bœotiam regionem incolebant, Ὕαντες appellabãtur, gens barbara & agrestis: proinde quidam deprauata uoce, pro Ὕαντας, ὗας, id est sues appellabant. Idq; scomma cessit in prouerbium, ut primum in Bœotos diceretur: ab his in quosuis indoctos, inconditos, moribusq; rusticanis homines torqueretur, Βοιωτία ὗς. Interpres citat eundem Pindarũ ex Dithyrambis: Ἦν ὅτε σύας τὸ Βοιώτιον ἔθνος ἔλεγον: (Ἦν ὅτε σύας Βοιώτιον ἔθνος ἐνεπον, ut citat Galenus in Hortatione ad artes:) id est, Erat cum Bœoticam gentem sues uocarent. Citat & ex Cratino: Οὗτοι δ' εἰσὶ Συβοιωτικὸν πεζοφόρον γένος ἀνδρῶν. id est, Isti sunt Sybœoticũ pedestre genus uirorum, dictione ridicula composita ex sue & boue. In cõmentarijs Græcorũ inueni Βοιώτιος ὗς,

νοῦς, id est, Bœoticus animus, pro stupido brutoq;. Plutarchus in cõmentario περὶ τῆς σαρκοφαγίας, indicat Atticos stupidi, bardi, insulsi, deniq; & suis cognomen indidisse Bœotis, potissimũ ob edacitatem. Cui adstipulatur Athenæus libro 10. referens hos uersus ex Eubulo: πονεῖν μὲν ἄμμες, καὶ φαγεῖν ἢ ἀνδρικοί, Καὶ καρτερῆσαι: τοῖς δ' Ἀθηναίοις λέγειν, Καὶ μικρὰ φαγεῖν, οἱ δὲ Θηβαῖοι μέγα. In Græcis uersibus apparet πονεῖν scriptum pro πίνειν aut πιεῖν: & μὲν prius pro γὰρ: & τοὶ pro οἱ. Idem Eubulus in Europa: κτίζε Βοιωτῶν πόλιν Ἀνδρῶν ἀρίστων ἐσθίειν δι' ἡμέρας. Rursus ex Eubuli altera fabula, οὕτω σφόδρ' ἐστὶ τοὺς τρόπους Βοιώτιος. Idem approbat multis multorum authorum testimonijs. Sunt autem inter se cognata uitia πολυφαγία & stoliditas. Ἀνεγείρειν τὸ τῶν Βοιωτῶν ἀρχαῖον εἰς μωρολογίαν ὄνειδος, Plutarchus de dæmonio Socratis. Hæc omnia Erasmus. Hyantes Bœoti dicebantur, quod pecoribus & porcis simi-
10 liter uiuerent, Varinus: διὰ τὸ κτηνώδεις εἶναι καὶ χοιρώδεις. hinc fortassis etiam Ἐκτῆνες cognominabãtur, ut apud eundem legimus, quasi κτηνώδεις. quanquam Ἐγκτῆνες quoque apud eum legatur pro eadem gente. Plura uide supra inter propria populorum in a. Συοβοιωτοί, οἱ Βοιωτοὶ σύες, Hesych. & Varin. Lycophron Thebanos Ἐκτῆνας uocat, cuius uocabuli ratione ignorare se fatetur Scholiastes Isacius Tzetzes, nisi ita appellauerit quasi τοὺς ἐκ κτηνῶν, ὡς κτηνώδεις καὶ ἀμαθεῖς. Et mox, Historicus quidã (inquit) scripsit Hyantes gentem barbaram Thebis habitasse: & à rudi plebe aliquo illorum demonstrato pro Ὕας Βοιώτιος, corrupta uoce ὗς Βοιώτιος dictum esse. Meminit huius populi etiã Phrynichus tragicus his uerbis: Κρατὸς ποτ' ἐς γῆν τήνδ' ἐπεστράφη ποδὶ Ὕαντος, ὃς γῆν ναίειν ἀρχαῖος λεώς, Παυλίας (uox corrupta) πάντα καὶ παράκλιον πλάκα, Σκεῖα μάγειρος φλὸξ ἐδαίνυντο γνάθοις. ¶ Pro malo cane suẽ reposcis, Ἀντὶ κακῆς κυνὸς σῦν ἀπαιτεῖς: id est, pro re uili pretiosam. sus enim esculentus, canis haudquaquam
20 uescus est. Refertur à Diogeniano, Erasmus. Canis peccatum sus dependit, Τὸ κυνὸς κακὸν ὗς ἀπέτισε: quoties pro ijs quæ peccauit alius, alius dat pœnas, Erasmus. Eiusdem sententiæ est, Ὑφάντου πλάσματος ὑάπτης (lego ἠπητὴς, id est sarctor, ῥάπτης, ut Varinus exponit, quod Erasmus non animaduertit, hanc uocem se non intelligere professus) ἐτύφθη, id est, Ob textoris erratum sarctor uapulauit. Suilla caro est, à Cælio Rhodigino 25. 25. tanquam prouerbium refertur, his uerbis: Antiocho rege numeroso exercitu in Græciam irrumpente, T. Quintius Romanorum imperator ita ad Achæos uerba fecisse memoratur, dum peditum equitumq; nubes iactari audisset à rege, qui & classibus constraturum se maria interminabatur: Est (inquit) res simillima cœnæ Chalcidensis hospitis mei, hominis & boni & sciti conuiuatoris: apud quem solstitiali tempore comiter accepti, quum miraremur, unde illi eo tempore anni tam uaria & multa uenatio: homo non (quàm isti sunt) gloriosus renidens, Con
30 dimentis ait, uarietatem illam & speciem ferinæ carnis, ex mansueto sue factam. Hoc perinde in regis copias, quæ iactentur promi posse. Varia enim genera armorum, & multa nomina gentium inauditarum, Dacos & Medos, Cadusios, Elymæos, homines tamen esse, haud multò quàm mancipiorum melius, propter seruilia ingenia, militum genus. Ex historia uerò huiusmodi, cuius auctor T. Liuius est, commoneor, scitum elici adagium posse: Atqui suilla caro est, de ijs quæ re quidẽ ipsa parui sanè aut nullius omnino momẽti sunt, apparatu tamen ac fuco, & (ut ille ait) nugis peregrinis præcellere uidentur plurimum. Sus comessatur aut saltauit, Ὗς ἐκώμασεν: Diogenianus ostendit dici solitum de ijs, qui præter decorum quippiam facerent, quiq; rerum successu præter meritum obiecto, semet insolentius efferunt. Attingunt & Suidas & Zenodotus. Est autem Græcis κωμάζειν, (proteruè, lasciuè, intemperanter & cum aliorum contemptu, ut iuuenes amatores solent, aliquid facere) iu-
40 uenum amantium more coronis, cantilenis, saltationibus, cæterisq; iuuenilibus nugis lasciuire, & in domos alienas irrumpere. Irrumpunt & sues. unde Theocritus in Syracusijs: Ἀθρόος ὄχλος ὠθεῦνθ' ὥσπερ ὕες. Turba simul cõferta suum more irruit. Cæterum qui rusticiore sunt ingenio mirũ quàm hæc dedeceant. Locus erit ubi natura sæuus & agrestis affectat uideri festiuus. ¶ Ad porcellũ da mihi mutuo tres drachmas: dicebatur ab eo qui mori decreuisset, aut qui uellet initiari. nã initiandi consueuerunt immolare porcum. Suidas ex Aristophane citat. Est autem in Pace: Εἰς χοιρίδιόν μοι νῦν δάνεισον τρεῖς δραχμάς, Δεῖ γὰρ μυηθῆναί με πρὶν τεθνηκέναι. ¶ Sus sub fustẽ: ubi quis sese in præsens discrimen ac perniciem præcipitat. nam sues apud quosdam fuste mactari mos est, Erasmus. Ὗς ὑπὸ ῥόπαλον, (apud Hesychium additur δραμεῖται,) παροιμία ἐπὶ τῶν δεινολόγων, ἤτοι τῶν ἑαυτοὺς εἰς ὄλεθρον ἐμβαλλόντων, Suidas. ¶ Immola porcum, in hominẽ insanum: Vide supra inter sacrificia ex porco. Suem iritat, Ὗν
50 δέλεα: Vide inter prouerbia in Apri historia. ¶ Alia Menecles, alia porcellus loquitur: ubi quis multum uerborum effutit, quæ nihil ad rem pertineant. Mihi (inquit Erasmus) subesse prouerbium uidetur, tametsi nondum satis liquet unde natum sit. Alludit ad illud Lucillius in Epigrammate Græco, arguto & eleganti: quod Erasmus Latine sic reddidit:

> Sucula, bos, & capra mihi, periêre Menecles, Ac merces horum nomine pensa tibi est.
> Nec mihi cũ Othryade quicquã est ue fuit ue negoci, Nec fures ullos huc cito Thermopylis.
> Sed cõtra Eutychidẽ nobis lis, ꝑinde quid hic mi Aut Xerxes facit, aut quid Lacedæmonij?
> Ob pactũ & de me loquere, aut clamauero clare, Multò aliud dicit sus, aliud Menecles.

Versus ultimus Græce habetur, Ἄλλα λέγει Μενεκλῆς, ἄλλα τὸ χοιρίδιον. Simile huic epigrãma est apud Martialem: Non de ui, neq; cæde, nec ueneno: Sed lis est mihi de tribus capellis, &c. Vtrunq; igi-
60 tur in eum rectè dicetur, qui quæ extra causam sunt, & ad rem nihil attinent, dicit: Aliud sus, aliud loquitur Menecles: &, Dic de tribus capellis, Erasmus. Sus Mineruam, Ὗς τὴν Ἀθηνᾶν: tritissimum apud Latinos authores adagium, subaudiendum, docet, aut monet, dici solitum, quoties indoctus

quiſpiam atque inſulſus eũ docere conatur, à quo ſit ipſe magis docendus: aut, ut Feſti Pompeij uerbis utar, cũ quis id docet alterũ, cuius ipſe eſt inſcius. propterea quod Mineruæ artium & ingeniorũ tutela tribuitur à poëtis. Porrò ſue nullum aliud animal magis brutum, magiſq́ ſordidum: ut quod ſtercoribus impenſè gaudeat, uel ob iecoris magnitudinem, quæ ſedes eſt concupiſcentiæ ac libidinis: uel ob narium craſſitudinem & olfactum hebetem. unde fit ut non offendatur fœtore, &c. Vnde nunc quoq; uulgò homines inſipidos, & quaſi uentri atq; abdomini natos, ſues appellare conſueuimus. Quin & Suetonius in catalogo illuſtrium grammaticorum, refert Palæmonem arrogantia tanta fuiſſe, ut M. Varronem porcum appellaret, ſecum & natas & morituras literas. Præterea ſi quid indoctum atque illiteratum ſignificare uolumus, id ex hara profectum dicimus. quemadmodum M. Tullius in Piſonem: Ex hara productæ, non ſchola. L. Cæſar apud Ciceronem libr. de Oratore 2. Sic ego, inquit, Craſſo audiente, primum loquar de facetijs, & docebo ſus, ut aiunt, oratorem eum, quem cum Catulus nuper audiſſet, fœnum alios aiebat eſſe oportere. Idem Cicero libro 1. de Academ. quæſtionibus, Nam etſi non ſus Mineruam, ut aiunt, tamen ineptè quiſquis Mineruam docet. Hieronymus in Rufinum, Prætermitto Græcos quorum tu iactas ſententiam, & dum peregrina ſectaris, penè tui ſermonis oblitus es, ne uetere prouerbio ſus Mineruam docere uideatur. M. Varro & Euemerus adagium ad fabulas retulerunt, id quod ex Pompeij uerbis licet conijcere. Quam rem (inquit) in medio, quod aiunt, poſitam, ineptis mythis inuoluere maluerunt, quàm ſimpliciter referre. Celebratur à multis Demoſthenis ſcomma, qui cum Demades uociferaretur in eum: Δημοσθένης ἐμὲ βούλεται διορθοῦν, ἡ ὗς τὴν Ἀθηνᾶν. id eſt, Demoſthenes uult me corrigere, ſus Mineruam, reſpondit, Αὕτη μέντοι πέρυσι ἡ Ἀθηνᾶ μοιχεύουσα ἐλήφθη id eſt, Atqui nuper hæc Minerua in adulterio fuit deprehenſa. Dictum alluſit ad Mineruam uirginem, Eraſmus. Cum hoc prouerbio aut idem, aut certè quàm maximè finitimum quod apud Theocritum legitur in Hodœporis, Ὗς ποτ᾽ Ἀθηναίαν ἔριν ἤρισεν. id eſt, Sus cum Minerua certamen ſuſcepit: Quoties indocti ſtolidiq́ & depugnare parati, non uerentur ſummos in omni doctrina uiros in certamẽ literarium prouocare. Theocriti enarrator ſic efferri uulgò parœmiam ſcribit, Ὗς ὢν πρὸς Ἀθήνην ἐρίζεις, Eraſmus. ¶ Idem in prouerbio, Pinguis uenter non gignit ſenſum tenuem, Menander (inquit) apud Athenæum libro 12. de quodam obeſo loquitur, παχὺς γὰρ ὗς ἔκειτ᾽ ἐπὶ στόμα. id eſt, Obeſus etenim ſus premebat os uiri. Admonet adagium luxu corporis hebeteſcere mentis aciem. Aliter catuli longè olent, aliter ſues, Plautus in Epidico. quo dicto ſignificat, nõ ueſte dignoſci hominem ab homine, uerum ineſſe natiuum quiddam, genuinum ac proprium in unoquoq;, quod in ipſo uultu oculiſq́ eluceat, quo hominum ingenia diſcernas, Eraſmus. ¶ Nihil ad Parmenonis ſuem, οὐδὲν πρὸς τὴν Παρμένοντος ὗν: de æmulatione dictum, quæ longo interuallo abeſſet ab eo quod imitaretur. Plutarchus in Sympoſiacis quintæ Decadis ſecundo problemate, quo pacto natum ſit adagium narrat ad hanc fermè ſententiam. Parmeno quiſpiam uarias animantium & hominum uoces ſcitè imitabatur ac repręſentabat: quem cum reliqui conarentur æmulari, ac protinus ab omnibus diceretur illud: Εὖ μὲν, ἀλλ᾽ οὐδὲν πρὸς τὴν Παρμένοντος ὗν: quidam prodijt, ueram ſuculam ſub alis occultatam geſtans. Huius uocem cum populus imitatitiam eſſe crederent, ſtatimq́, ſicut ſolent, reclamarent, Τί οὖν αὕτη πρὸς τὴν Παρμένοντος; uera ſue deprompta, ac propalam oſtenſa, refellit illorum iudicium. Meminit idem Parmenonis ac ſuis adumbratæ, in commentarijs De audiendis poëtis. Nec intempeſtiuiter utemur hoc adagio, quoties aliquis opinione deceptus, de re perperam iudicat, &c. Eraſmus. Perijt mihi ſus, & talentum, & nuptiæ, Ἀπόλωλεν ὗς, καὶ τάλαντον, καὶ γάμος: dici ſuetum, ubi quis fruſtratus perdidiſſet operam & impenſam. Natum à quodam, qui cum apparaſſet ad nuptias omnia, non eſt eas aſſecutus. Affine illi, Oleum & operam perdidi, Eraſmus. Suem in ſponſalibus immolari ſolitũ author eſt Varro, ut ſupra recitaui. ¶ Hippocratis filij ut incomptis moribus à Comicis proſcinduntur, dicti ſuẽ reſipere. Τοὺς Ἱπποκράτους υἱεῖς εἰκάζεις, καί σε καλοῦσι βλιτομάμμαν. id eſt Hippocratis filios exhibebis, teq́ uocant blitomamam: id eſt, fatuum, Cælius. Vide ſupra in a. in Ὑηνία uoce. Ὗς διὰ ῥόδων: id eſt, ſus per roſas. quanquam in alijs exemplaribus (inquit Eraſmus) ſcriptum inuenio διὰ ῥοίδων. Mihi neutra ſcriptura ſatis probatur: ſed legendum arbitror, διὰ ῥοιδίων, ἀπὸ τῆς ῥοιᾶς, ut ſit nomen diminutiuum. Rhoeæ uerò Græcis dicuntur mala punica. Eudemus prouerbium citat ex Cratetis fabula, cui titulus Γείτονες, indicans dici ſolere de agreſtibus & intractabilibus, quemadmodum ſus per mala commodè duci non poteſt, Hæc Eraſmus. Ego omnino ῥόδων legerim. nam & Suidas ſic habet, Ὗς διὰ ῥόδων, ἐπὶ τῶν σκαιῶν καὶ ἀναγώγων. hoc eſt, de hominibus rudibus & malè educatis. ut idem ferè ſenſus ſit prouerbij ſupra dicti, Nihil ſui cum amaracino. ¶ Non quiuis ſus hoc ſciet, οὐ πᾶσα ὗς εἴσεται τοῦτο, Plato in Lachete: ut citat Eraſmus in prouerbio, eiuſdem ſententiæ, Nemo malus hoc ſciet. Natum, inquit, apparet à myſterijs deorum, quæ non niſi ab initiatis ac puris cognoſci fas erat. ¶ Matrem ſequimini porci, Ἕπεσθε μητρὶ χοῖροι: id ſubinde repetitur apud Ariſtophanem in Pluto. Interpres admonet iocum eſſe prouerbialem in ſtupidos & indoctos. Veluti ſi quis diceret indocti præceptoris indoctis diſcipulis, Ἕπεσθε μητρὶ χοῖροι. Quadrabit & in gulæ uentriq́ deditos, Eraſmus. Anus ſubans, γραῦς καπρῶσα: Eraſmus non rectè tranſtulit hirciſſans. A ſuibus opprobrium mulieribus (libidinoſis) tractum, cum ſubare & ſubire dicuntur, Feſtus. Aſinus aſino, & ſus ſui pulcher: conueniet (inquit Eraſmus) ubi inter (parum) honeſtos ſimilitudo morum & inſtituti conciliat beneuolentiam. Alcimus apud Diogenem Laërtiũ inter multa quę collegit ex Platonis philoſophi & Epicharmi Comici ſcriptis, quibus perſua-

persuadere conatur philosophum à comicis multa fuisse suffuratum, & hos refert senarios:

θαυμαστὸν οὐδὲν ἐστί με ταῦθ᾽ οὕτω λέγειν, Καὶ ἀνδάνειν αὐτοῖσιν αὐτοὺς, καὶ δοκεῖν
Καλῶς πεφυκέναι. καὶ γὰρ ἡ κύων κυνὶ Κάλλιστον εἶμεν φαίνεται, καὶ βοῦς βοΐ,
ὄνος τ᾽ ὄνῳ κάλλιστον, ὗς τε δὲ συΐ.

¶ Sus tubam audiuit: in eos quadrabit, qui res quidem egregias audiunt, uerum eas neque intelligunt, neq; mirantur. aut in eos, qui ijs quæ audiunt, neq; gaudent, neque cõmouentur. Equi tubarum clangore concitantur ad bellum: suem abigat citius, quàm animet ad pugnam. Extat apud Suidam huiusmodi senarius: ὄνος λύρας ἤκουε, καὶ σάλπιγγος ὗς. Porcus Troianus: Vide supra in F. Συὸς τύπον, παροιμιακῶς. quoniã nauigia Samia suis typum habebant in proris, Varinus in Σῦς. Cõmodè fortassis hominem obscœnum aut turpem uerbis factis'ue, Suis typum habere dicemus. ¶ Porcũ uendere, χοιροπωλεῖν: id est quæstum corpore facere. χοῖρος Corinthijs pudendum muliebre significat, unde prouerbium: Ἀκροκορινθία ἔοικας χοιροπωλήσειν, ἀντὶ τοῦ μισθαρνήσειν ἐν Κορίνθῳ. abundabat enim Corinthus scortis, Suidas. Suem Veneri immolauit: Vide supra in sacrificio Veneris ex sue. Sus in uolutabro cœni, ὗς λουσαμένη εἰς κύλισμα βορβόρου. id est, Sus lota redijt ad uolutabrum luti, cum quis iterat iam expiata flagitia. Extat in epistolis diui Petri (2. 2.) Huic affine est quod habent prouerbia Sirach, Qui lauatur à mortuo, & iterum tangit mortuum, quid prodest lotio illius? Erasmus. ¶ Germanorum prouerbia à sue deducta. Suem rhenone uestire, **Einer suw ein beltz anlegen.** in honoratum indignè. sic Græci dicũt, Mustelæ (feli, Erasmus) crocoton. Ad mẽsam accurrit, ut sus ad alueũ: **Er laufft zum tisch wie ein suw zum trog.** sic Græci, Illotis pedibus ingredi uel irrumpere ad sacra. Suem non opus est tondere, cum amburi possit: **Es ist nit not das man die suw schäre / man pfluckt oder sängt sy doch wol.** Respondet illi, Asini caput ne laues nitro. Sus perpetuò manet sus: **Die suw ist ein suw / vnd blybt ein suw.** Sus licet auro uestita, in cœno se uolutabit: **Wann man einer suw ouch ein guldin stuck anzuge / so legt sy sich doch mit inn dräck.** Simia est simia, etiam si aurea gestet insignia. Multum clamoris & parum lanæ: **Vil geschreys vnd wenig wullen**: natum ex apologo quodã de sue. in eos qui magnificè promittunt, nihil præstituri. in quos & illud Horatij ex Arte poëtica conueniet, Quid dignum tanto feret hic promissor hiatu? Et ex eadem, Parturiunt montes. Et illud, Aureos montes polliceri. Religiosum aliquid de sue dicere, **Etwas geistlichs von einer suw.** in eum qui res sordidas, uiles, ridiculas, aut etiam turpes, uultu tanquã in uera narratione composito, dicendo illustrare & ornare conatur. Nostri uulgo hoc prouerbio utũtur in imperandi modo, cum ridiculũ aliquid & facetum ad exhilarandos cõuiuas uel cõgerrones narrari iubent. Suem perpetrare, **Ein suw ynlegen.** hoc est, aliquid inciuile uel turpe cõmittere. Sus uinum subuertit, **Die suw hat den wyn vmbgestossen.** Qui se furfuri uel aceri intermiscet, à suibus deuorari periclitatur: **Wär sich vnder die klyen mengt / den frässend die süw gern.**

¶ Monile aureum in naribus porci, est mulier formosa, quæ destituitur iudicio rationis, Prouerbiorum Salomonis cap. 11. Munstero interprete. Nolite canibus sacrum uel suibus margaritas obijcere, Matthæi 7. Fabula quædam Phrygia ab Aesopo Phryge profecta, Suem ait, si quis eam tetigerit, clamare: idq; merito. Nec enim uellera sus habet, neque lac, neque aliud præter carnes. Statim igitur somniare mortem, cum sciat quibus usibus præstandis usurpari possit. Sunt autem Aesopicæ sui similes tyranni, qui omnia suspicantur & metuunt. sciunt enim quod sicuti sues, ita & ipsi uitam omnibus debeant, Aelianus apud Stobæum.

¶ Alciati emblema, sub lemmate, Indies meliora.

Rostra nouo mihi setigeri suis obtulit anno, Hæcq; cliens uentri xẽnia, dixit, habe.
Progreditur semper, nec retro respicit unquam, Gramina cum pando proruit ore uorax,
Cura uiris eadẽ est, ne spes sublapsa retrorsum Cedat; & ut melius sit, quod & ulterius.

DE APRO.

A.

NON in suibus tantum, sed in omnibus quoq; animalibus cuiuscunq; generis ullum est placidum, eiusdem inuenitur & ferum, Plinius. Aper de feris dicitur, ut quidam annotauit, cum sus tam de feris quàm de domesticis dicatur. At Sextus aprum agrestẽ nominat, quasi uerres etiam, id est sus cicur mas, eodem nomine nuncupari possit. Et Plinius, Pilus (inquit) æreo similis agrestibus apris, cæteris (mansuetis scilicet) niger. Græci quidem κάπρον, de utriusq; generis (mansueti & feri) mare usurpant. Poëtæ semper, ni fallor, κάπρον de fero intelligũt, sed rei rusticæ authores sæpius uerrem. Albertus Aristotelis uerba de hist. anim. 5. 14. enarrans, multa tribuit apro fero, quæ uerris domestici sunt. Apris maribus non nisi anniculis generatio, Plinius. uidetur autem pleonasmus quod addit maribus. neq; enim aprum fœminam quisquam dixit: sed suem feram tum ipse tum alij. Nempe sues syluaticos in montibus sectaris uenabulo, Varro apud Nonium. Suem etiam simpliciter pro apro poni tum Græce tum Latine, & alia quædam de apri nominibus, docui in Sue A. חזיר, chasir, Hebræis suem tum cicurem tum ferum significat, in utrouis generẽ marem. Deuastat eam (uitem tuam, id est gentem Israeliticam) aper (chasir) de sylua, & fera (זיז, sis

ss 4

uel ziz, quod est nomen commune de omni fera bestia) agri depascitur eã, Psalmo 80. Munstero interprete. Hieronymus aliter, Exterminauit eam aper de sylua, & singularis ferus depastus est eam. Et Septuaginta, ἐλυμήνατο αὐτὴν ὗς ἐκ δρυμοῦ, καὶ μονιὸς ἄγριος κατενεμήσατο αὐτήν. Σύαγρον pro sue fero Antiphanes usurpauit, & Dionysius Tyrannus in Adonide, & alij, Athenæus: Vide plura in a. Aprum Græci capron uocant & syagron: poëtæ itẽ chlunin, ut in TruculẽtoPlauti cluinum pecus legendum censeam, chluninum. nam & Aristoteles suem ferum chlunin uocat, Hermolaus. Sciendum est (inquit Cælius) chlunem dici ab Græcis ἐκτομίαν, id est exsectum, eunuchumq́ aprum. Id quod Aeschyli doctrina comprobat, atq; item Aeliani in libro de prouidentia. Fiunt uerò eunuchi attritis arbori aut saxo testiculis, infestante usq; ad affectionem pruritu. Sunt qui chlunem dici suem putent liberè in agris pascentem, uelut χλόθυνον, (melius χλοεύνην, ut Varinus habet) id est in herbis fœnóue dormientem. Alij magnitudine uisenda chlunem accipiunt. Aristophanes grammaticus in libro de ætatum nomenclatura: Sunt ex suibus, inquit, qui dicuntur monij, quibus similis forsan fuerit, quem uocant chlunem, sæuitia & uiribus. Monium sunt qui monolycon interpretentur: alij suem ferum, qui cum alijs minimè aggregetur. Cyrillus in Oseam prophetam asinum eo nomine intelligit. Thomas magister in Atticis elegantijs, chlunem ac monion & chauliodonta esse putat poëticas uoces, (Varinus hæc tria similiter suem ferum significare ait,) Hæc omnia Cælius. Μονιός, ἡ μεμονωμένη ἄρκτος, Etymologus. Χλούνην, κατὰ τὸ ἔτυμον χλοεύνην, τὸν ἐν τῇ χλόῃ εὐναζόμενον, Hesychius & Varinus: qui præterea addit, εὐτραφῆ, ἢ τὸν ἀφριστήν. οἱ δὲ τὸν τομίαν. ἄλλοι δὲ τὸν ἐπὶ χλόην χοιρείαν ὑπὸ καλυμμάτων ἐνδιατρίβοντα, Varinus ex Scholijs in decimum Iliados. Chlunion quidem apud Suidam loci nomen est. χλούνειον uero cum ει. diphthongo, aprinum, χοίρειον. Χλούνης, μονιός, πλήκτης, κάπρος, χαλεπός, καὶ ὁ ἀπόκοπος χλούνης, καὶ γύνανδρος ἀνήρ. Εἰ δείκνυμεν αὐτὸν ἄνδρα εἶν, διὰ τῶν Ἐπικούρου λόγων τὴν ψυχὴν ἐκνευρισθεὶς καὶ θῆλυς γενόμενος, ὁ πρὸς Στρατοκλέα Ἀθήνησι διαλεχθείσας, ὁ χλούνης τε καὶ γύννις καταγοητευθεὶς, καὶ οἷον ἐν δεσμῷ τινι ἀφύκτῳ πεδηθείς, Suidas ex innominato. Χλοῦναι, λωποδύται, οἱ ἐν τῇ χλόῃ εὐναζόμενοι, Idem, Hesychius & Varinus. Mares castrati (inquit Aristoteles) maiores ferocioresq́ euadunt, ut scitè Homerus fingit, cum dicat: Nutrijt exectum syluis horrentibus aprum, Instar non bruti, sed dorsi montis opaci. Castrantur, quod recentibus adhuc morbus pruriens incumbit in testes, quò atterentes eam partem ad arbores, testes extinguunt. Græci uersus Homerici hi sunt: Θρέψεν ἔπι χλούνην σῦν ἄγριον, οὐδὲ γ' ἐῴκει Θηρί γε σιτοφάγῳ, ἀλλὰ ῥίῳ ὑλήεντι, Iliad. iôta. Χλούνην Homerus uocat, ut Aristoteles scribit, suem μόνορχιν. à plerisq; enim dum affricant se truncis, testiculi atteruntur, Plutarchus de causis nat. quæst. 21. Ex feris capris mares iam adulti dum uenatores fugiunt aliquando κατὰ παράτριψιν ἀποβάλλουσι τὰ αἰδοῖα, ut etiam χλοῦναι, id est sues feri castrati. & sic affectos tum apros tum hircos syluestres multi etiam nostro tempore uiderunt, Eustathius in Homerum. Vulcanus in scuto Herculis uarias expressit imagines, Ἐν δὲ συῶν ἀγέλαι χλούνων ἔσαν, ἠδὲ λεόντων, &c. Hesiodus. ¶ Aper ab Italis cinghiale & cinghiare uocatur, & porco syluatico. A Gallis sanglier, uel porc sanglier, corrupta scilicet uoce ut Italica etiam à Latina singulari, qua uoce d. Hieronymus utitur in translatione Psalmi 80. Aper syluestris à nonnullis singularis ferus appellatur, Albertus, nimirum quod solitarius ferè degat, unde & μονιὸν recentiores Græci uocitant, aliqui ineptè cingularem scribunt. Hispanis, puerco siluestre: uel puerco montés, uel iauali. Germanis, **wild schwein.** Anglis, bore. Illyrijs weprz.

B.

Mirabile in Creta apros non esse, Plinius. Apri (sues, Aelianus) in Macedonia muti sunt, Idẽ. Sues Athi montis ne fœminas quidem spectare mares situs inferioris audent, Aristot. Hispani in quadam parte noui Orbis apros inuenerunt nostris minores, caudis breuissimis, adeò ut abscissas fuisse arbitrarentur: pedibus etiam nostris dissimiles. posteriores quippe aiũt pedes in his apris uno digito non ungulato constare, (hoc est, posterius solipedes esse, anterius bisulcos.) Carnibus multò quàm nostrorum tum suauioribus tum salubrioribus. nec mirum cum palmeta prope littus essent, inter quæ & palustres uluas aprorum multitudo libera uagabatur, ut scribit Petrus Martyr Oceaneæ decadis 1.2. Olaus Magnus in quibusdam Scandinauiæ locis apros duodecim pedum longitudine reperiri prodidit. In Heluetia multi sunt, præsertim in regionibus iuxta alpes sitis. quoniam eæ arboribus abundant diuersis, quæ pabula apris fundunt: essentq́ plures, nisi subinde à plebe etiam caperentur, permittente magistratu ijs quorum agris molesti sunt. Aper nullus est in Africa, Aristoteles, Herodotus, Plinius, Aelianus & Eustathius in Dionysium. In Aegypto (in Nilo) insulæ

insulæ permagnæ coagmentantur, ut & sues permulti in eis nascantur, quos incolæ transeuntes uenari consueuerunt, Theophrastus 4. 13. de hist. Suem nec mansuetum nec ferum India habet, teste Ctesia, quanquã non fide digno, Aristoteles & Aelianus. addit Aelianus, suilli generis usum Indos à se detestari, & tantopere ab eo uescendo, quàm ab humanis carnibus abhorrere. quamobrẽ minus mirum est sues, saltem mansuetos, apud eos non reperiri. Sed huic aliqua ex parte aduersatur quod apud Plinium legimus, Indicis apris cubitales esse dentium flexus geminos ex rostro: & totidem à fronte ceu uituli cornua exire. Lycotas rusticus in Bucolicis Calphurnij, refert se uidisse Romæ in spectaculis, niueos lepores, & non sine cornibus apros. Agatharsides ait sues in Aethiopia cornua habere, Aelianus. Σίγγαι, τῶν ἀγρίων συῶν οἱ βραχεῖς καὶ σιμοί, Hesych. Varin.

10 ¶ De glandio (quæ pars est apri iuxta ceruicem, uel ipsa ceruix) & glandula & alijs quibusdam partibus apri, dixi supra in Sue F. Vide nonnihil etiam infra in F. Apri ferè colore sunt nigro, uel spadiceo nigricante. Pilus æreo similis agrestibus, cæteris niger, Plinius. Sues feros albos se uidisse Pausanias scribit in Arcadicis. Leo & aper fortissima animalia, pilum gerunt durissimum, Aristot. in Physiog. Sanguis aprorum non spissatur, Plin. fibris refertus est, Aristot. innati caloris ui nigricans est & asper, Plutarch. in caus. nat. Oculi iracundis similes & apertis palpebris patuli, ut in lupis & apris, omnium pessimi, Adamantius. ¶ De apri dentibus & cauda, uide quædam in Sue B. Ἀργιόδους, epitheton apri apud Homerum, quod dentes habeat albos, uel acutos, uel magnos, Varinus. Cum ad terrã procubuit aper, canibus & multis hastis debellatus, dentẽ illius inflãmato anhelitu tantopere ignescere aiunt, ut si quis de ceruice setam detractã & ad eiusdẽ etiamnũ spiran 20 tis dentem admouerit, candens in orbem cõtrahatur ac aduratur: ac si eo dente canes insectantes attigerit, statim ignita uestigia pelli ipsorum imprimantur, Gillius ex Oppiani tertio de uenatione. Eadem Xenophon scribit in libro de uenatione, & Pollux his uerbis: Si dentibus obliquè attingat canes, pilos eorum adurit. quod si à morte (statim) denti eius exerto pilum admoueris, cõtrahetur tanquam ab igne. adeò feruida & æstuosa huius feræ natura est. quamobrem dentes eius αἴθωνας cognominat Oppianus. Arma dentium apri, culmi (non tamen apud bonos authores) uocantur, Albertus: (à nostris, **hauwzän/waaffen**. Plinius apri dentium sicas dixit.) Et rursus, Culmi eius quasi ferrum incidunt dum in uiuo sunt animali, & ideo magna infligit uulnera. Dentes habet magnos & recuruos, ad incidendum aptos: in quibus hoc mirabile est, quòd uiuente bestia possunt idem quod ferrũ: mortuæ uero detracti, uim incisionis amisisse probantur, Liber de nat. rerum. Audio exertos apri 30 dentes aliquando ita excrescere, ut circulum ferè absoluant, toti in se reflexi. In India cubitales dentium flexus gemini ex rostro, Plinius: sed Albertus pro cubitales legit monopedales, quod non probo. Culmos (inquit) in India aper habet monopedales longitudine, cum alibi uix perueniant ad semipedem: qua longitudine aliquando apud nos inueniuntur. Apri fel non habent, Plinius. Habent os ad modum scuti, quod uenabulis & machæræ opponunt, Liber de nat. rerum. ¶ Apud Gallos qui scitè & uenatoriè de apris loquuntur, propria quædam uocabula usurpant. nam dentes exertos, uocant armes aut limes, aut defenses, & oppositos eis superiores, quorum usus tantum est ad acuendum exertos, grecz. pectus, le bourbelier. uestigiũ siue solum, la sole du pied. excrementa, laisses. Iidem ursi, apri, & aliarum mordacium bestiarum caput hure nominant.

C.

40 Ferarum aliæ montanæ ut plurimum sunt, ut leones: aliæ palustres (id est, circa paludes,) ut sues, Pollux. Scythis & Sarmatis uenationes sunt, intra paludes quidem ceruorum aprorumq́, in campis autem onagrorum & caprearũ, Strabo. Lustra significant lamas (lama, aquæ collectio est, Idem alibi) lutosas, quæ sunt in syluis aprorum cubilia, Festus. Εὐνὰς μὲν ποθέει πυμάτοις ἐνὶ βένθεσι κρημνῶν, Ἔξοχα δ᾽ αὖ γαίης ὅπου πολυηχέα θηρῶν, Oppianus de apro. id est, in remotis & profundis præcipitum locorum recessibus uersari solet. Volutabrum apri Galli nominant le sueil du sanglier. Vocem sues feræ similem mansuetis ædunt: sed fœmina uocalior est, mas raro uocem emittit, Aristot. Frendet agrestis aper, Author Philomelæ. Aper frendens, Ouidius de Arte am. Silius leonem frendentem dixit. Nos aper auditu, lynx uisu, simia gustu, Vultur odoratu præcellit, aranea tactu, Incertus. Proprium aprorum generi est, quod & porcorum esse dicitur, concitari ad rabiem uno stridente, Al- 50 bertus. Oryges non metuunt canis latratum, οὐ συὸς ἀγραύλοιο παρὰ σκοπέλοισι φρύαγμα, Oppianus. ¶ Aper calidæ & igneæ naturæ est, Plutarchus. Dentibus eius canes aduri, & pilos eisdem admotos (dum recens interfecta fera adhuc spirat) contrahi tanquam ab igne, in B. dictum est. ¶ Aper cunctas bestias præcedit auditu à dextris, Liber de nat. rerum. ¶ Aper domesticus magis immoratur fœtidis quàm syluestris, Albertus. Apri inueniuntur aliquando inter filicum folia, quæ ipsi sibi collegerint & fortè substrauerint, ut audio. Galli sangliers afouchies uocitant apros, cum scrobes fodiunt, & filicum asparagorumq́ radices in terra rimantur. Genus quoddam farris, quo nostri in aqua cocto leguminum modo uescuntur, acutis & asperis hordei instar armatum aristis, rustici accolæ syluarum in Germania ferunt, quod huic generi minus quàm cæteris propter acutas aristas apri noceant, ut annotauit Tragus Tomo 2. historiæ plantarum cap. 20. Apros in Pamphylia & Ciliciæ 60 montuosis, salamandra ab his deuorata, qui edêre moriuntur, nec est intellectus ullus in odore uel sapore, Plinius: Vide supra in Sue C. Aper syluaticus gregatim incedit, nec alios quàm dè sua progenie porcos secum uesci patitur, Albertus. Lumbricis siue intestinis terræ rostro effossis uescuntur

apri, quod Galli dicunt uermeiller. Iidem maniues appellant loca ubi fagorum & quercuum glandibus pascuntur. ¶ Spuma tenax in currentibus equis uel ira percitis apris circa os generatur: in his propter calorem, in illis tum eandem ob causam, tum propter motus uehementiam, Galenus in aphorismos Hippocratis 2.43. Suum agrestium lachryma cur dulcis, ceruorum autem salsa & improba sit, scripsi in Ceruo C. ex Plutarchi de causis naturalibus problemate 20. unde Cælius etiam transtulit 12.5. Ipsi apro tam grauis sua urina est, ut nisi egesta fugæ non sufficiat, ac uelut deuinctus opprimatur. exuri illa tradunt eos, Plinius. ¶ Apri circa Cal. Decembris subantes sues sectari solent, indeq; callum obducere uenabulo quoq; refractarium, Budæus. Sues agrestes semel anno coeunt, domestici sæpe, Aristoteles: Vide supra in Sue mansueto C. Sues feræ principio hyemis coëunt, uere pariunt, petẽtes maxime inuia, prærupta, angusta, & opaca. mas cum fœminis conuersari dies triginta magna ex parte solet. Numerus partus, & tempus ferendi idem, atq; in urbanis suibus est, Aristot. Sues feræ semel anno gignunt. Maribus in coitu plurima asperitas. Tunc inter se dimicant, indurantes attritu arborum costas, lutoq; se tergorantes. fœminæ in partu asperiores, & ferè similiter in omni genere bestiarum. Apris maribus non nisi anniculis generatio, Plinius. Tempore libidinis sues feri acerrime sæuiunt, quanquam per id tempus imbecilles ex coitu reddantur. dimicant inter se mirum in modum armãtes sese, & cutem quàm crassissimam præparantes, indurantesq; attritu arborum. sæpe etiam luto obducto, ac resiccato, tergus inuictum contra ictus efficiunt. pugnant adeò acri certamine, grege relicto, ut sæpenumero mortem uterq; aduersarius obeat, Aristoteles. Per syluas tum sæuus aper, tum pessima tigris, Vergilius in Georg. de ui amoris. Et mox, Ipse ruit, dentesq; Sabellicus exacuit sus: Et pedibus subigit terram, fricat arbore costas: Atque hinc atq; illinc humeros ad uulnera durat. Ad Veneris libidinem inflammatissimus est, ceruicis setis sic inhorrescit, ut cristæ galearum esse uideantur: spumas fundit ab ore, magno stridore dentium concrepat, efferuescentem spiritum anhelat, coëundi furore ardet, quod si fœmina eum sic libidine furentem patiẽter manet, omnem illius bilem extinxit, & libidinem sedauit: Sin autem coitum refugit, is cõfestim feruidis stimulis incitatus, aut ipsam ui expugnatam init, aut mortuam in terram dentibus abijcit, Gillius ex Oppiano. Quæ ex feris mitigentur, non concipere tradunt, ut anseres: apros uerò tardè, & ceruos: nec nisi ab infantia educatos. In nullo genere æque (ac in suillo) facilis mistura cum fero: qualiter natos antiqui hybridas uocabant, ceu semiferos, ad homines quoq;, ut in C. Antonium Ciceronis in consulatu collegam, appellatione translata, Plinius. Themasini Epicadi ex gente Parthica hybridæ, Suetonius in Aug. Hybrida quo pacto sit Persius ultus, opinor, Horatius 1. Serm. Hybris etiam canis uocatur, qui imparibus parentibus natus est, inquit Porphyrio, hoc est ex uenatico & gregario. Inflexionem apparet esse duplicem, nempe hybris hybridis, in tertia, more Græcorum: uel hybrida, hybridæ, in prima. nomen factũ apparet παρὰ τὴν ὕβριν, forte quod per contumeliam in aliquos iactaretur: uel quod καθ' ὕβριν aut ἐξ ὕβρεως, nempe adulterio nati, hybrides dicerentur, siue spurij, siue ex diuersarum gentium parentibus homines: aut aliæ feræ, ex parentibus seu specie seu genere differentibus: specie dico, ut sus ex mansueto & fero: genere, ut canis ex cane & leone, &c. Cicur sus, ex apro & scropha domestica, Festus. Nulli dentes exerti, quibus ferrati: rarò fœminæ, & tamen sine usu: itaq; cum apri percutiant, fœminæ sues mordent.

¶ Aconitum & syanchi radix sues feros occidunt: uide in Sue C. ab initio de morbis eorũ. Cum per imprudentiam hyoscyamum comederunt, statim attrahunt posteriora, dimissè ita sese gerentes. Deinde licet contracti tamen ad aquas perueniunt, et ibi collectos cancros epulantur promptissimè, qui morbi remedium eis præstant, Aelianus. Edera apri in morbis sibi medentur, & cancros uescendo maximè mari eiectos, Plinius. ¶ Nec uerò patiendus est oryx, aut aper, aliúsue quis ferus ultra quadrimatum (in uiuario) senescere. nam usq; in hoc tempus capiunt incrementa, postea macescunt senectute. quare dum uiridis ætas pulchritudinem corporis conseruat ære mutandi sunt, Columella.

D.

Sues syluestres animosæ, peruicaces, & brutæ omnino sunt, Aristoteles. Et alibi, Apri animosi, iracundi, furibundiq; sunt. sanguis enim eorum fibris refertior est. Adamantius ὀργὴν ἀπρονόητον, id est iram subitam eis tribuit. Leo & aper animalia fortissima sunt & pilum gerunt durissimum, Aristoteles in Physiogn. Aper nullius disciplinæ capax est, semper ferus ac ferox, Liber de nat. rerum. Apri & Cerui quomodo musica illecti capiantur, uide in Ceruo E. Apud Varronem 3. 14. legimus in leporario quodam Varronis in Thusculano, ad buccinam inflatam certo tempore apros & capreas conuenisse ad pabulum. Paret purpureis aper capistris, Martialis libro 1. in spectaculi cuiusdam descriptione. Sues feri sapiunt uestigia palude confundere, urina fugam leuare, Plinius: Vide etiam superius in C. de urina. Aper syluestris hoc proprium habet quod ad pabulum secum non admittit porcos qui ex eo nati non sunt: sed si iungantur cum eo contendit cum eis, ut obseruaui in apro quem cicuraui, Albertus. Mas tempore libidinis sæuit, fœmina à partu, ut & cætera ferè omnia animalia, ut in C. dictum est. Nec enim latère te debet, (inquit Cyaxares ad Cyrum libro 4. de institutione Cyri apud Xenophontem,) non maiorem tibi esse cupiditatem hostium uxores atq; liberos capiundi, quàm illis seruandi. Cogitandum prætereà tibi est, sues, si multæ etiam sint, fugere, ubi uideãt uenatorem, unà cum natis. Sed ubi quis uenetur quenquam ex earum natis, non

non amplius fugere, ne si una sit quidem, sed ruere aduersus capere molientem. Proprium aprorum generi est, quod & porcorum esse dicitur, concitari ad rabiem uno stridente: & tunc periculosum est incidere in gregem eorum, præcipue candida ueste indutum, & maximè si fœminæ libidine ardeant, (uel potius, si mares libidine stimulentur, aut fœminæ pepererint,) Albertus. Inter se concertantes apri, cum uiderint lupos, quasi confœderati se iuuant mutuo, & concurrunt ad uocem clamantis quotquot audierint: & hoc conuenit multis animalibus, Idem. Lupus quomodo rapuerit et uorârit aprum paruum, uide in Lupo D. ex Alberto. ¶ Apri dentes acuunt ad luctā, Plutarchus. Lapidibus dentes exacuunt Homero teste, Aelianus. Et alibi, Aprum priusquam in aliquem inuadit, dentes exacuere ferunt: cui rei testimonio est Homerus cum ait, Album acuens dentem. In arboribus exacuunt limantq; cornua elephanti, & saxo rhinocerotes, & utroq; apri dentium sicas, Plinius. Sues feros ursus aggreditur, si clam repenteq; potuerit agere, Aristoteles. Vulcanus in scuto Herculis uarias expressit imagines, ut canit Hesiodus: & inter cætera apros leonesq; acriter & fortiter utrinq; pugnantes, ita ut neutra pars cederet, & caderent utrinq; mortui, cæteri tamen magis ad pugnam excitabantur. ¶ Si uelis ne in te aper grassetur, cancrorum brachia illa denticulata tecum appensa circunfer, Didymus.

E.

Apri apud nos ferè media hyeme capiuntur. Fusca & uillosa ueste utendū est ad apri uenatum, maiorum instituto, Budæus. Oppianus in uenatione aduersus apros, equis uti iubet fuluis siue ignis colore. Cerui & apri quomodo capiantur podagra instrumento in Ceruo docui ex Polluce. Fouea capitur multitudo aprorum (inquit Petrus Crescent. 10. 33.) hoc modo. In loco ubi multi uersantur apri, agellus conseritur melica, quam aliqui saginam uocant. circa agellum cōstruitur ualida & alta sæpes ex uiminibus arborum: & una in parte relinquitur apertus introitus, è regione sæpis depressæ, extra quam fouea sit satis profunda. Melica iam matura multi apri per locum apertum intrabunt. Tum uenator accedat quandocunq; uolet, etiam inermis: & in loco introitus stando clamet, & quouis modo tumultum & strepitum excitet. Sic apri perterriti, cum uia euadendi nulla pateat, nisi per locum sæpis depressum, inde prosiliunt omnes foras, & in foueam incidunt. Circa Romanos agros & in syluis suburbanis, insidiatores iaculis, noctu, siue machina ferrea igni crepitante transfigunt tam capreas, quàm ceruos, ursos & apros lucente Luna, Blondus. Pisces quidā nigri uenenati in Armenia reperiuntur: horum farina ficus conspergunt, quas in ea loca quæ maximè abundant feris, disseminant. Bestiæ primum ut eas attigerūt, statim moriuntur. atq; ea fraude apri, feræ capræ, cerui, & ursi necantur, utpote animalia ficuum & farinarum auidissima. Aconito, & hyancho dicto ueneno tum mansueti tum feri sues pereunt, ut dixi in Sue C. Apros non solum natura obdurata pelle pilisq; hirsutis uestiuit, uerum etiam ipsi luto se quodammodo loricant, ne telis facile lædi possint. unde euenit aliquando, ut nisi letale uulnus acceperit aper, uenatorem conculcet si ipsum ferire nequiuerit. At si fœmina fuerit, cum careat dentibus exertis, conculcatum uenatorem prostratumq; lacerat, Belisarius. Vide plura supra in C. Aper in lanceam seu uenabulum sponte incurrit, & nisi letaliter uulneretur, uenatorem prosternit, nisi in terram humi cadens iaceat, uel retro arborem uel superius in arborem se recipiens euadat. quia culmis recuruis sursum tantū secare, deorsum non potest, sed iacentem humo conculcat. fœmina uero culmos non habens, dentibus lacerat, Albertus. Sus ferus (ut scribit author libri de nat. rerum) si mane antequam reddat onus uesicæ, à uenatoribus petatur, facile fatigatur. Sin autē uel ante, uel in ipsa uenatione reddat urinam, difficilis erit captu. Sed quamuis lassus non cedit: sed in posterioribus subsistit, & atrocitate rigidà lassitudinem dissimulat, duellum offerens uenatori. non ferire tamen nec inuadere solet hominē, nisi prius ab eo uulneratus. Cæterum uenatori cauendum est: nam nisi primo ictu letale uulnus inter armum & laterum costas adegerit, de uita periclitabitur: nisi fortè aut proximam arborem conscenderit, aut in humiliori loco soli planiciem amplexus totis membris se premat. non poterit enim fera recuruis dentibus suis nisi elatum & erectum attingere. Sustinebit tamen pedum eius conculcationē, donec sic iacenti socij opem ferant, Hæc ille. Ipsi apro tam grauis sua urina est, ut nisi egesta fugæ non sufficiat, ac uelut deuinctus opprimatur. exuri illa tradunt eos, Plinius. Solet aper quum è sylua egreditur, uentum ab omni parte excipere & odorari, num quid ei aduersum seu expectandum sit, quod Galli dicunt prendre le uent de toutes pars. Nempe sues syluaticos in montibus sectaris uenabulo, aut ceruos, Varro in Asino ad lyram apud Nonium. Est autem uenabulum telum uenationi aptum, latum longaq; acie, cornibus hinc & inde extantibus, quod Pollux προβόλιον uocat: id cum descripsisset libro quinto circa finem capitis tertij, quale contra cæteras feras quæ cominus pugnant parari oporteret: sequenti mox capite, Aduersus apros uerò (inquit) circa finem colli (αὐλὸς. sic uocat τὸ λόγχης τὸ πρὸς τὸ ξύλον) supra alas (pteryges. sic uocat lanceæ partes secantes quæ utrinq; dilatantur,) utrinq; emineant cornua, (κνώδοντες,) quæ inter fabricandū ex collo producta sint, è ferro solido: ne dum aper præ iracundia in uenatorem magna ui fertur, per ipsum hastile ad eum perueniat, sed obstaculis illis prohibeatur. Cæterum uenabulo hunc in modum utetur uenator: Pedē sinistrum prætendet, dextrum sistet posterius, eo ferè interuallo quo uti luctantes solent. Latus quod prominet (sinistrum) pedem uersus antrorsum protendat: Manus sinistra medio uenabulo subijciatur, ut ictū dirigat: dextra uero posterius contrario situ uenabulo fortiter apprehenso ictū quàm ualidissime potest impellat. Visus in feram fixè & acriter intentus sit. Et si aper fuerit, uulnus uel in medium inter supercilia locum, uel in armum adigat. utrunque enim letale est. Quod si maxillas etiam attigerit, efficiet quo minus uti possit dentibus exertis. Sue insiliente, retrocedet & simul ensem distringet. Illud cauendum, ne sus uiolento capitis motu, & uehementi in lanceam impulsu, & impetu saltus uenabulum elidat, & uenatorem comminus inuadat, quo facto, in terram ille pronus incumbat oportet, & ad solum se comprimens stirpes aut cespites tenaciter apprehendat: sic enim sito corpori nihil suis dentibus fera nocere, nec infra ipsum subijcere potest, sed ambiens calcat, fœmina etiam mordet, Hucusque Pollux. ¶ Canibus capiuntur apri ac lupi, sed cum auxilio uenatorum. nam rarò soli eos aggredi audent, nisi mastini fortissimi & audaces fuerint. Sed pro capiendis apris requiruntur pili fortes (uenabula ualida) circa ferrum prominentibus crucis instar (hoc est, transuersis) obstaculis, (ea quidam ridiculè nominant, sufficit: quod ferrum eousque in corpus adigi satis sit, cum non possit ulterius.) Hos uenatores quum aprum uident indignabundum accedere, in terram obfirmāt, & cum accesserit uulnerant, prohibentibus ne in ipsos irruat obstaculis. Paruus interim catulus ad hoc instructus per uiam it, & sic à canibus & socijs uenationis occiditur, Crescentiensis 10. 29. Robusti canes uenatici tum contra alias feras tum contra apros immittūtur, ut in Canum historia prosequutus sum. De his Oppianus, Tauros (inquit) & leones inuadunt, καὶ σύας ὑβριστῆρας ἐπαΐξαντες ὀλέσσαν. Aetoli canes celeres & sagaces, uenantur apros, ut in canibus ex Gratio retuli. Galli sub nomine leporariorum, suarios etiam lupariosque canes comprehendunt, Budæus. Canes mastini, quos Galli uocant Alans uautrez, id est Alanos ueltros, ut recentiores aliqui uocant, (ut Fr. Aluñus), capitibus & auriculis magnis, labris crassis, aduersus ursos et apros emittūtur. Apri in syluis sæpe dentibus canes occiderunt, Varro. Aper cum exit è cubili uel lustro suo canibus uisis uocem aduersus eos emittit, quod Galli dicunt rendre les abbais. ¶ Apri & cerui apud Tyrrhenos cum retibus & canibus musicæ adiumento capiuntur, ut in Ceruo recitaui ex Aeliano. ¶ Venator (inquit Xenophon) in apros canes comparet Indicas, Cretenses, Locrenses, Lacænas: sagenas, iacula, uenabula, tendiculas, (ἄρκυς, ἀκόντια, προβόλια, ποδοστράβας.) Primum igitur canes hoc ex genere esse oportet, minimè uulgares, ut paratæ sint cum fera pugnare. Sagenas autem eodem lino quo leporum, (iusserat autem supra leporum sagenas ex tenuissimo lino Phasiano uel Carthaginensi confici, filis nouem) filis quinque & quadraginta, & chordulis tribus: ita ut unaquæque chordula (τόνος) filis quindecim constet, & longitudo sit à fastigio macularum (ἁμμάτων) decem. Laqueorum (βρόχων) autem altitudo cubitalis. Plagæ dimidio crassiores sagenis, (οἱ δὲ περίδρομοι ἡμιόλιοι τῶν ἀρκύων πάχος:) extremaque earum per annulos exeant. sufficient uerò quindecim. Iacula uaria sint, quæ lanceas habeant satis amplas & leuigatas, hastiliaque (ῥάβδους) ualida, (ἔχοντα τὰς λόγχας ἐυπλατεῖς καὶ ξυηράς, lego ξυήκεις ex Polluce, id est, quæ lanceas habeant bene latas, & nouaculæ instar acutas. In lexico Græcolatino ξυηρὸς exponitur læuigatus.) At uenabula primum lanceas habeant longitudine πεντεπαλαίστους, id est quinque palmorum, & in medio fistulę dentes, (κνώδοντας,) ualidos fabricatos, & hastilia cornea (ex corno arbore) crassitudine hastæ. Tendiculæ seu pedicæ tales sunto, quales pro ceruis fiunt. Sed uenationis comites adsint. fera enim à multis uix capi potest. Quomodo autem singulis quibuscunque uti conueniat, ostendam. Primum igitur cum ad locum uenerint, ubi aprum esse conijciunt, canum gregem subducere oportet, & soluta una ex Lacænis, reprimens alias cum cane circumeat. Cum uestigia deprehenderint indagando, sequatur deinceps quo tenor duxerit. Sed uenatoribus etiam multa indicia aprum prodent, in mollibus locis uestigia, in syluosis ramorum fragmenta, ubi arbores fuerint dentium uulnera. Canis uerò ut plurimum ad syluosa indagando perueniet, quod in his locis fera plerunque recumbit. nam hyeme minus frigida sunt, minus calida æstate. Cum ad cubile peruenerit, latrat: ille uerò ut plurimum surgere non solet. Sumat igitur canem, & ipsam cum alijs omnino procul à cubili religet, & sagenas ad diuortia (δρυμούς. δύσοριμα) paulò post uertit loca quæ facile adiri non possunt) tendat, laqueos inijciens ad syluæ truncos bicipites, (ἐπιβάλλοντα τοὺς βρόχους ἐπὶ ἀποχαλιδώματα τῆς ὕλης δικρόα.) Ipsius autem sagenæ longo producto sinu tibicines (ἀντηρίδας) intrinsecus faciat, subiectis utrinque ramis, ut in sinum per laqueos splendor lucis (αἱ αὐγαὶ τοῦ φέγγους. codices quidam corrupte habent, αἱ αὐταὶ) prorsus insistat, & accurrenti feræ pars interior perquam lucidissima sit. Plagam (περίδρομον) ab arbore ualida religet, non à stipite, (καὶ μὴ ἐκ ῥάχου, non à uirga aut frutice. ῥάχοι sunt fasciculi lignorum, aut uirgæ tamaricis: uel planta spinosa sępibus apta, [rhamnus nimirum,] Hesychius, Varinus. ῥάχος, σκόλοψ ὁ ἀκανθώδης, Varinus.) stipites enim nudis in locis inueniuntur, (συνέχονται γὰρ ἐν τοῖς ψιλοῖς αἱ ῥάχοι.) Vtrinque uerò arborum ramis claudat ea etiam quæ facile adiri non possunt, (τὰ δύσοριμα,) ut in retia cursum nusquam declinans intendat. Retibus tensis, ad canes redeant, omnesque soluant, & iaculis uenabulisque sumptis procedant. Canes aliquis hortetur qui peritissimus sit, reliqui deinceps ordine sequantur, magnis interuallis alius ab alio distantes, ut feræ discursus latè satis pateat. Nam si aper in confertos inciderit, periculum est ne saucientur. nam in quencunque irruerit, per iracundiam lædit. Porrò canes cum iam cubili propius fuerint, incitentur & immittantur à uenatore. excitatus ille consurget, & quæcunque canis à fronte se illi opposuerit, eam reijciet, (ἀναρρίψει.) Irruet autem cursu (sponte in retia:) sin minus, necesse est persequi. Quod si pręceps fuerit locus, in quo eum sagenæ detinent, statim exurget: si planus, ab initio stabit ibidem inhærens: incumbent tum uerò canes. Simul etiam uenatores oportet intētos in eū (cautè, ne canes feriāt) tela

tela conijcere, & circumuenientes à tergo & eminus lapides mittere, donec retibus se ingerens plagam eorum intenderit. Tum eorum qui adsunt peritissimus & robustissimus, uenabulo progressus à fronte percutiat. Quòd si petitus ictusq; telis, non satis se retibus ingesserit, sed in accedentem se conuertat & instet occursu, (ἀλλ' ἐπανιεὶς ἔχῃ πρὸς τὸ προσιόντα περιδρομὴν ποιούμενος:) necesse est sumpto uenabulo accedere. Id tenendum est manu læua anterius, dextra posterius. illa enim dirigit ictum, hæc urget & impellit. Pedes autem manus sequantur, læuus læuam, dexter dexteram. Itaq; accedens uenabulum obijciat, cruribus non multò maiore spatio diuaricatis, quàm fieri à luctatoribus solet, (ἢ ἔμπαλιν. lego ἢ ἐν πάλῃ, ex Polluce:) sinistro latere interim ad manum sinistram conuerso. Diligenter autem feræ oculos inspiciat, capitis illius motum obseruans, & uenabulum porrigat prouidus, ne aper capite rotato de manibus ei excutiat. Venabulo enim interdum cum impetu excusso in uenatorem pergit. Hoc si cui contigerit, pronus in ora cadat oportet, & uirgulta inferiora (τῆς ὕλης κάτωθεν) cōprehendat. nam si hoc modo inhærens procubuerit, fera præ incuruitate (διὰ τὴν σιμότητα) dentium corpus adipisci non potest. erectum uerò aut stantem sauciari necesse est. quamobrem aper uenatoris corpus attollere tentat: quod si nequiuerit, obambulans proterit. Huius autem rei liberatio una tantum superest: cum in hac angustia deprehensus fuerit, tum ex comitibus aliquis cum uenabulo accedens, suem irritet, immissuro similis, non tamen immittet ne iacentem feriat. Hoc aper ubi animaduerterit, omisso eo quem premebat, contra irritantem præ ira & furore conuertitur. Tum ille celeriter exiliat, memor cum uenabulo exurgendum esse: nam nisi uincenti salus honesta non est. & rursus inuadat sicut antea, ferrumq; inter scapulas dirigat, qua parte iugulum est, (ᾗ ἡ σφαγή. Pollux uidetur legisse, ᾗ μεσόφρυον, quod placet. hoc sensu, ferrum inter scapulas, aut medio inter supercilia loco adigat:) & obnixus uenabulo acriter incumbat. Saucius aper furens progreditur, & nisi lanceę dentalia (κνώδοντες) prohiberent, per hastile se trudens ad eum ueniret qui uenabulum tenet. Est enim fera adeò feruida, ut canū pilos quos dentibus forte perstrinxerit, amburat: & pili recens occisi dentibus admoti contrahantur, (ut in B. diximus.) Cæterum si fœmina in retia inciderit, cauebit uenator ne impulsus cadat: quod si contigerit, proteratur necesse est ac mordeatur. Non est igitur sponte cadendum. si quis uerò inuitus ceciderit, ei non aliter surgendū est quàm sub masculo. Cum uerò surrexit, uenabulo percutiat oporet, quoad eam occiderit. Porrò capiuntur hoc etiam modo: Retia illis in transitu saltuum (ναπῶν) ponūtur, ad nemora, ad ualles, ad cliuos, (τραχέα.) Incursiones uerò (εἰσβολαί, uenatorum scilicet in hæc loca cum tumultu irruentium, ut suem excitent,) fiunt in agros, in paludes, in aquas. Qui iussus est, retia cum uenabulo seruat. alij canes agunt, optima quæq; locorum scrutantes: & cumprimum inuentus fuerit, agitatur. Vbi iam in casses inciderit, retium custos accedat sumpto uenabulo, & utatur quemadmodum diximus. si non inciderit, insequi oportet. Capitur etiam dum medio æstu premitur canibus. Nam licet uiribus præstet, præ nimio tamen anhelitu fatiscit. Pereunt autem multæ in eiusmodi uenatione canes: quinetiam uenatores ipsi periclitantur. Cæterum ubi cursu fatigatum petere coguntur, siue in aqua, siue in rupis secessu fuerit, siue ex opaco exire noluerit: ubi nec rete illum, nec aliud quicquam prohibet cominus cum appropinquante congredi: nihilominus adire oportet, ut magnitudo animi cuius gratia hi labores suscipiūtur, declaretur. Vtendum est aūt uenabulo, & corpore ita composito, ut dictū est. nam ita etiamsi quid aduersi acciderit, non in ipsum aut inscitiam eius culpa reijcietur. Ponuntur uerò ipsis tendiculæ, (ποδοστράβαι,) in eisdem locis sicut & ceruis. Obseruationes eędem sunt, et cursus, (μεταδρομαί, insecutiones,) & aditus, & usus uenabuli. Porrò catulos earum capi uix contingit. neq; enim ab eis discedunt, donec adoleuerint. & cum eos canes inuenerint, uel aliquid ipsi præsenserint, statim se abdunt in syluas, & sequuntur eos ubicunq; fuerint parentes utriq;: quo tempore sæuiores sunt, & pro illis acrius quàm pro seipsis pugnant: Hæc omnia Xenophon in libro de uenatione, ex Omniboni Leoniceni interpretatione per nos emendata. ¶ Germani circa aprorum uenationem propria quædam uocabula & locutiones proprias habent: ut sunt, **Man macht ein hag. bindt seiler an. stellt garn vnd weertůcher. Die suw wirt gehetzt/ lauffen nimpt ein seil/ hat scharpffe waaffen/ frißt oder erschlecht vil hünd oder lüt/ wirt gestochen.**

¶ Viuaria aprorum cæterorumq; syluestrium, primus togati generis inuenit Fuluius Hirpinus, qui in Tarquiniensi feras pascere instituit. nec diu imitatores defuêre L. Lucullus & Q. Hortensius, Plinius. In leporario pater tuus Axi præterquam lepusculum è uenatione uidit nunquam. neq; enim erat magnum id septum, quod nunc ut habeant multos apros ac capras, (capreas,) complura iugera macerijs concludunt. Non tum (inquit) cum emisti fundum Thusculanum à M. Pisone in leporario apri fuerunt multi, Varro. Et alibi, Leporarij species duæ sunt, in altera est aper, caprea, lepus: in altera apes, cocleæ, glires. Et rursus, Apros quidē habere posse in leporario, nec magno negotio tibi est, captiuos, & cicures qui ibi nati sint, & pingues solere fieri, scis inquam Axi. Nam quem fundum (in fundo, quem) in Thusculano emit hic Varro à M. Pisone, uidisti ad buccinam inflatam certo tempore apros & capreas conuenire ad pabulum, cum è superiore loco è palæstra effunderetur apris glans, &c. ut in Lepore scripsi. ¶ Extat Gordiani sylua memorabilis picta in domo rostrata Cn. Pompeij, in qua picta etiam nunc continentur, apri 150. ibices 200. &c. hæc autem omnia populo rapienda concessit die muneris quod sextum ædebat, Capitolinus in Gordiano 1.

¶ Plutarchus in Commentario de causis naturalibus, uersum hunc ceu prouerbio iactatū citat,

tt

Μηκέτι νυκτὸς ὕδῳ, ἤκειν τίκη ἀγροτέρα σῦς. hoc est, Non pluet post noctē, qua sus agrestis pepererit. Sues cicures sæpius pariunt ac diuersis temporibus, feræ nō nisi semel, idq; iisdem fermè diebus, nimirum ineunte æstate. Vnde negant fore pluuiam posteaquam sus agrestis pepererit, nimirum exactis iam mensibus pluuiis. Per iocum usurpari poterit, si dicamus, res fore tranquilliores posteaquam morosus ac rixosus quispiam animo suo morem gessit, Erasmus.

F.

Suis caro uiscosa est & frigida, & maximè cum uicinior est lacti: feri tamē minus quàm mansueti. Caro porci tum feri tum cicuris, facile concoquitur & cito descendit, multū nutrit, et succum gignit crassum ac uiscosum, Auicenna. Plura leges in Sue F. non procul initio ex Galeno & aliis. Caro aprina leuis concoctionis, meliorq; domestica: item ualentissimi generis & plurimi alimēti, authore Celso. Hippocrates ait, Caro suis syluatici siccat, corroborat, & mouet. ¶ Primus Romanorum P. Seruilius Rullus, pater eius Rulli, qui consulatu Ciceronis legem agrariam promulgauit, aprum solidum epulis apposuit, (ut mox ex Plinio recitabo.) Ad quod respiciens Iuuenalis, & sua notans tempora, exclamat: Quanta est gula, quæ sibi totos Ponit apros, animal propter conuiuia natum, Grapaldus. Num pluris nunc tu è uilla illic natos uerres lanio uendis, quàm hîc apros milliarios (alii miliarios scribunt per l. simplex) emis? Varro. Apri milliarii dicebantur mille librarum, quos solebant in cœnis apponere Romani, Ge. Alexandrinus & Crinitus. Apud Athenæum aper Dipnosophistis apponitur. Mensæ apud Indos imponuntur integri leones, & capreæ, & apri, Philostratus lib. 2. Rancidum aprum antiqui laudabant, non quia nasus illis nullus erat, sed credo, hac mente, quod hospes Tardius adueniens, uitiatum commodius, quàm Integrum edax dominus consumeret, Horatius 2. Serm. Rancorem grammatici odoris grauitatem interpretantur, quæ ex uetustate ac corruptione nascitur: & rancidum, quod rancore putidum est.

¶ His addemus quæ de apri apparatu Apicius scripsit ab initio libri octaui, his uerbis. Aper ita conditur: Spongiatur, & sic aspergitur ei sal, cuminum tritum: & sic manet. Alia die mittitur in furnum: cum coctus fuerit, perfunditur piper tritum. Condimentum aprinum: Mel, liquamen, carenum & passum. Aliter in aprum: Aqua marina cum ramulis lauri aprum elixas quousq; madescat, (id est mollescat, tenerescat, & coquatur:) corium ei tolles: cum sale, sinape, aceto inferes. Aliter in apro: Teres piper, ligusticum, origanum, baccas myrthæ exenteratas, coriandrum, cepas: suffundes mel, uinum, liquamen, oleum modicè: calefacies, amylo obligas, aprum in furno coctum perfundes. Hoc & in omne genus carnis ferinæ facies. In aprum assum iura feruentia facies sic: Piper, cuminum frictū, apii semen, mentham, thymum, satureiam, cnici (aliâs anethi) flores, nucleos tostos, amygdala tosta: mel, uinum, liquamen, acetum, oleum modicè. Aliter in aprum assum iura feruentia: Piper, ligusticum, apii semen, mentham, thymum, nucleos tostos: uinum, acetum, liquamen, oleū modicè. Cum ius simplex bullierit, tunc trituræ globum mittes: & agitas cepa & rutæ fasciculo. Si uolueris pingue ius facere, obligas ius albo ouorum liquido, moues paulatim, aspergis piper tritum, & inferes. Ius in aprum elixum: Piper, ligusticum, cuminum, silphium, origanum, nucleos, caryotam: mel, sinape, acetum, liquamen & oleum. Ius frigidum in aprum elixum: Piper, careum, ligusticum, coriandri semen frictum, anethi semen, apii semen, thymum, origanum, cepullam, mel, acetum, sinape, liquamen, oleum. Aliter ius frigidum in aprum elixum: Piper, ligusticum, cuminum, anethi semen, thymum, origanum, silphium modicum, erucæ semē plusculum: suffundes merū: condimenta uiridia modica, cepam, pontica, uel amygdala fricta, dactylum, mel, acetum, merum modicum: coloras defruto: liquamen, oleum. Aliter in apro: Teres piper, ligusticum, origanum, apii semen, laseris radicem, cuminum, fœniculi semen, rutam: liquamē, uinum, passum: facies ut ferueat: cum ferbuerit, amylo obligas intro foras, & inferes. Perna aprina ita impletur recens: Per articulum pernæ palum mittes, ita ut cutem à carne separes, ut possit cōdimentum accipere per cornulum, ut uniuersa impleatur. Teres piper, baccam lauri, rutam: si uolueris, laser adiicies, liquamen optimū, carænum, & olei uiridis guttas. Cum impleta fuerit, constringitur illa pars quæ impleta est ex lino: & mittitur in zymam, elixatur in aqua marina cum lauri turionibus & anetho, Hucusq; Apicius 8. 1. & rursus 7. 4. Ofellæ aprugneæ (inquit) ex oleo, liquamine coquuntur, & mittitur eis condimentum. Cum coctæ fuerint, superadiicitur his, cum in foco sunt, conditura. Piper tritum: condimētum, mel, liquamen, amylum: & denuo bulliunt: cum iam bullierunt, sine liquamine & oleo, elixas & siccas, pipere asperso inferes.

¶ Antequam piper reperiretur myrti bacca illam obtinebat uicem, quodam etiam generosi obsonii nomine inde tracto, quod etiam nunc myrtatum uocatur: Eademq; origine aprorum sapor commendatur, plerunq; ad intinctus additis myrtis, Plinius. Heliogabalus exhibuit sumina aprugna per dies decem tricena quotidie cum suis bulbis, Lampridius. Placuêre & feri sues. Iam Catonis censoris orationes aprinum exprobrant callum, in tres tamen partes diuiso, media ponebatur lumbus aprugnus appellata. Solidum aprum Romanorum primus in epulis apposuit P. Seruilius Rullus, pater eius Rulli, qui Ciceronis consulatu legem agrariam promulgauit. Tam propinqua origo nunc quotidianæ rei est. Et hoc annales notarunt, horum scilicet ad emendationem morum: quibus notata quidem cœna, sed in principio, bini terniq; pariter mandantur (aliâs, mandebantur) apri, Plinius. Callum aprugnum & porcus Troianus sumptuaria lege prohibebantur, Volaterranus ex Macro.

Macrobio. Magis calleo quàm aprugnum callum callet, festiuè quidam apud Plautum ludens homonymia huius dictionis calleo, quæ & scire, & callosum esse significat. Quo die Lentulus flamen Martialis inauguratus est, in cœna fuerunt lumbi aprugni, sumina, sinciput aprugnum, Macrobius. Eubulus ἐν Λάκωσιν apud Athenæum ἧπαρ κάπρου nominat inter cæteros delicatiores cibos.

G.

Millia remediorum ex capra demonstrantur: amplior potētia feris eiusdem generis, Plinius. Eadem ratio circa remedia ex sue mansueto & fero fuerit, nec non alijs omnibus mansuetis & feris: uidelicet ut ijdem aut similes utrorumque effectus sint, secundum magis & minus tantum differentes. quoniam animantium ferarum partes eædem minus humidæ minusque frigidæ, ijsdem ex mansuetis animantibus sunt. Apro & sui cicuri communia remedia in aliquot eorum partibus, nempe sanguine, cerebro, maxillis, pulmone, iecore, felle, talis, ungulis, fimo & urina, in Sue iam recitata nō est quod hîc repetamus. ¶ Apri cerebrum contra serpentes laudatur cum sanguine, Plinius. Et alibi, Verendorum carbunculis cerebrum apri sanguisque succurrit. Vide in sanguine suis G. Axungia præstantior est in apris, ut in Sue G. ex Plinio retuli. Lardum apri elixum atque circumligatum mira celeritate solidat fracta, Plinius ut citat Obscurus quidam. Adeps apri cum melle resinaque cōtra serpentes laudatur, Plinius. Cum adipe pulmo aprinus impositus, si pedes subtriti sint contusiue offensione, prodest, Idem. Apri & equi adipes quomodo curentur in Tauro dixi ex Dioscoride: quanquam eius interpretes horum animaliū nomina omittunt. Epinyctidas adipe aprino cum rosaceo inungi prodest, Plinius. ¶ Apri cerebrum cōtra serpentes laudatur cum sanguine, Plinius. Apri cerebrum ad serpentium morsum ualet, Sextus. Verendorum carbunculis cerebrum apri sanguisque succurrit, Plinius. Ad carbunculos & dolores ueretri: Apri cerebrū coctum contritum ex melle, & impositum, mirè sanat, Sextus. Cerebrum apri coctum & potatum cum uino, omnes dolores sedat, Idem. Plura de remedijs ex cerebro, in Sue dicta sunt. ¶ Cinis maxillarum apri sanat ulcera quæ serpunt: Idem quoque confert fractis, Plinius. Vide in Sue. ¶ Dentis fume scobes, diram pleuritida soluent, Nec quatiet pectus tussis anhela tuum, Io. Vrsinus. Potus in pleuritide expertus: Exhibeatur semilibra, si grauior morbus est: sin minus, uncia duntaxat una aut altera olei linini puri, calidi, cum scobe dentis aprini, quanta super Marcellinum numum exaggerari potest, Io. Kufnerus. ¶ Hœdi, agni, dorci, apri, cerui, &c. coagula similes naturas sortiuntur. contra aconiti potum in uino, & concretum lac in aceto, conuenienter assumuntur, Dioscorides. ¶ Apri pulmonem cum melle commixtum, ut malagma superpone pedibus à calciamentis læsis & exulceratis, sanabuntur, Sextus. Dioscorides alios quoque pulmones, suillum, agninum, ursinum ad idem remedium commendat, nempe quod impositis eis excitandæ in pedibus calceorum attritu inflammationes arceantur. Cum adipe pulmo apri impositus, si pedes subtriti sint contusiue offensione (uel etiam ad perniones, ut alij citant,) prodest, Plinius. Ebrietatem arcet. Vide in Sue. ¶ Iecur apri (κάπρου) recens si arefactum teratur, ex uino potum, contra serpētium canumque (καὶ πτηνῶν, lego κυνῶν) morsus auxilio est, Dioscor. Apri iecur inueteratum cum ruta potum ex uino, cōtra serpentes laudatur, Plinius. Iecoris apri fibra, illa potissimum quæ prope fel & iecoris portas est, ex aceto uel potius uino pota contra serpentes auxiliatur, Nicander. Lethargicos excitat iecur aprinum: itaque & ueternosis datur, Plinius. Apri iecur auribus purulentis instillatū proficit, Sextus. Aluum sistit iecur aprinum ex uino potum citra salem, recensque, Plinius: recens ex uino potatū, uentris fluxum mirè restringit, Sextus. In iecore apri inueniuntur lapilli, sicuti in uulgari sue, aut duritie lapillis similes, candidi, quibus contritis & in uino potis, calculos pelli aiunt, Plinius. Plura de remedijs ex iecore apri leges in Sue. ¶ Strumas discutit fel aprinum uel bubulum tepidum illitum, Plinius. sed Marcellus empiricus pro aprino caprinum legit, his uerbis: Fel bubulum uel caprinum ad incipientes strumas optimè facere experimenta docuerunt. nam penitus crescere non sinentur, si eo adsiduè tangantur. Vlcera quæ serpunt sanat fel aprinum cum resina & cerusa, Plinius. Fel aprugnum & oleum amygdalinum pari mensura permisce, tepidumque laboranti auriculæ instilla, Marcellus. Lienē quoque sedat potum, ut quidam ex Plinio citant. Coitus stimulat fel aprinum illitum, Plinius. Fel apri cum seuo quolibet positum, optimè placat podagram in præsens, Marcellus. In Sue etiam nōnulla de remedijs ex felle apri diximus. ¶ Comitiali morbo testes ursinos edisse prodest, uel aprinos bibisse ex lacte equino, aut ex aqua. dantur & suū testiculi, inueterati tritique ex suis lacte præcedente uini abstinentia, & sequente continuis diebus, Plinius. Ad caducos: Testiculos apri ex uino uel aqua potato, & curaberis, Sextus. ¶ Remedia ex uesica requires inferius in lotio. ¶ Remedia ex talis apri, uide in Sue. ¶ Vngularum aprugnarum exustarū cinis potioni inspersus, plurimum urinæ difficultates iuuat, Marcellus. Vngues aprugni exusti tritique in potione sumpti, efficaciter submeiulis prosunt, Idem. Ad inuoluntarium urinæ exitum in stratis: Apri (uel suis, Plin.) ungulas ustas ex uino potui dato, Galenus Euporist. 3. 257. Vide plura in Sue. ¶ Fimum suis syluestris aridum, in aqua aut uino potum, reiectiones sanguinis sistit. uetustum lateris dolorem mulcet. ad rupta & conuulsa ex aceto bibitur. luxatis cum cerato rosaceo medetur, Dioscorides: ex quo partem etiam Auicenna transcripsit. Fimi aprini uim ad membra spasmo uel percussu uitiata, aut quadrigis agēdis rotáue uulnerata, foris illiti, tum in potu sumpti ad ruptos, uulneratos & euersos, exposui in Sue G. Fimus apri recens, & calidus, præcipuum est remedium contra fluxum sanguinis è naribus, Liber de nat. rerum. Stercus aprugnum ex uino subactum, & emplastri more impositum, quicquid inhæserit corpori celeriter extrahit & sanat, Marcellus. Et alibi, Tusum cribratumq́, & cum melle deteriore coctum & subactum, articulis impositum medetur. Vlcera cætera (præterquam in tibijs cruribusq́) explentur & purgantur fimo aprino, Plinius. Apri stercus aridum contritum & potioni inspersum dolores lateris sanat mira potentia, Marcellus. Et alibi, Siccũ contritum ex uino potui datum, pulchrè non solum splenis, sed & renum dolori medetur. Lumborum dolores & quæcunq; alia mollire opus sit, cinerem aprini fimi inueterati aspergi potione uini conuenit, Plinius. Luxatis recens fimum apri, illinitur, Idem. Stercus agrestis apri & sulphur colatum, & (ex) hemina uini picati potata, coxendices emendat, Sextus. Fimus aprugnus uino remissus tepefactus colatusq́, & duorum cyathorum mensura potui datus, ischiadicis saluberrimè medetur, Marcellus. In aceto decoctus, & cum melle subactus, impositusq́ plantis uel talis, mitigat eorum dolores, Idem. Aprini fimi cinis inspersus potioni tepidi uini dysentericis medetur, Plinius ut quidam citant. Reliqua de remedijs ex fimo apri, quæres in Sue.

¶ Remedia ex uesica & lotio apri, tum simul, tum seorsim. Ad caducos: Lotium apri cum oxymelite bibat, & remedium capiet, Plinius. Comitiali morbo prodest aprinam urinam bibisse ex aceto mulso, efficacius quę inaruerit in uesica sua, Plinius. (Idem alibi de fibri urina scribit, adseruari eam optimè in uesica sua.) Aurium dolori & uitijs medetur urina apri in uitro seruata, Plin. Ad aures minus audiẽtes: Apri lotium in uitreo repositum tepefactum auribus instillatum perfectè medetur, Sextus. Vrina apri seruatur in uitro, sed melius in uesica ipsius, quo (quæ) modo ei sublata fuerit. hæc tepens infusa auribus (dolentibus puto & purulentis) unicè prodest, Marcellus. Apri lotium infusum auriculę ualde medetur: quod quia uetustum magis prodest, collectum seruari debet in uase uitreo, ut sit ad remedia præparatum, Idem. Et alibi, Apri lotium in fumo siccatum, & melle liquefactum auri infunditur, & remediat surdiginem uel dolorem. Porri sectiui succum, & lotium apri, & oleum cyprinum pari pondere cõiunges, & tepefactum auribus instillabis, Marcellus. Aprina urina uiribus eisdem prædita est (proximè autem dixerat taurinam cum myrrha instillatam aurium dolores lenire) priuatim comminuit uesicæ calculos, & potu expellit, Dioscorides. Vrinæ incontinentiam cohibet uesica aprina, si assa mandatur, Plinius & Sextus. Vesicam assam (addiderim apri: aut uerris, nam & uerris uesicæ eandem uim tribuit Marcellus) esui dato per triduũ mingentibus in stragulis, Galenus Euporiston 3.276. Qui urinam tenere non poterit capræ uesicam comburat, & cinerem eius ex aqua cum uini potione bibat, Marcellus: ego non capræ, sed apri legerim. quoniam cæteri etiam authores apri urinæ hanc facultatem attribuunt, caprinæ nullus quod sciam. Vesicæ calculorumq́ cruciatibus auxiliatur urina apri, & ipsa uesica pro cibo sumpta: Efficacius, si prius fumo maceratur utrunq;. Vesicam elixam mandi oportet, & à muliere fœminæ suis, Plinius. Vessica apri rectè aduersum uessicæ dolores in cibo sumitur, ita ut mulier fœminæ, uir masculi sumat, Marcellus. Ad stranguriam & uesicæ dolorem: Vesica apri cum lotio infuso si suspensa & passa fuerit donec aquaticus humor effluat, & discoctam dederis mãducare his qui patiuntur, mirè sanantur, Sextus. Verris syluatici lotium cum sua uessica in fumo suspensum & adseruatum, stranguriosis cum potione mixtum potui datum, efficacissimè prodest, Marcellus. Hydropicis auxiliatur apri urina, uel etiam uesica, paulatim in potu data, Plinius ut quidam citant. Vide etiam in Sue de remedijs ex urina apri.

¶ Ad uomitum & somnum: Spuma apri cum adipe in heminis tribus ad tertias excocta & data sanabit, Sextus.

¶ Quandoquidem uerò & in uenationibus à syluestribus suibus læduntur quidam, operæpretium est & de his facere mentionem. Vulnera itaq; ab ipsis incussa grauia sunt, propterea quod non solum profunda, sed & magna existant. Adglutinatorio autem medicationis ductu ea curare impossibile est. Nam unà cum contusione labia uulnerum discindunt, & adurunt. Mutuo enim dentium inter se attritu, ac ueluti ad cotem affrictu utuntur, ad uindictam eorum qui eis obueniunt currẽtes. Adusta itaq; corpora crustam quandam iuxta uulnerum labia inducunt. Quare suppuratorium & non adglutinatorium curationis modum in eis adhibere oportet, Aëtius 13. 4. Vlceribus rheumaticis, id est fluidis non calida sed frigida tam æstate quam hyeme adhiberi debet. Facile enim inter uenandũ equus ab apro interno poplitis sinu, aut interiori crure uulnus accipit. quod in ulcus rheumaticum degenerat, ac tumor sequitur. huic frigida adhibenda est, & curatio instituenda inungendo medicamentum quod atramento sutorio constat, diachalcanthes uocant. Aut canis caput exempta lingua crematur, & redactum in puluerem superinducitur cataplasmatis instar, (καταπλάσσειν, nisi legas καταπάσσειν, quod inspergere sonat,) Absyrtus in Hippiat. cap. 111.

H.

a. Aper dicitur quod in asperis locis, senticetis & montibus intonsis uersatur, ut refert Varro libro quarto de lingua Lat. nisi à Græcis quod hi κάπροι. Sed forte à dentium etiam aut animi asperitate sic dici potuit. Apris maribus, inquit Plinius, in coitu asperitas plurima. Ego tamen à Græca uoce capros potius per aphæresin primæ literæ sic dictum reor. Aper à ferocitate uocatus est: ablata f. litera & p. subrogata. unde & apud Græcos fragros (lego, syagros) id est ferus, dicitur. omne enim quod ferum est & immite, abusiue agreste uocamus, Isidorus. Setiger epitheton, à Martiali pro

pro apro absolutè ponitur. Κάπριος pro κάπρος propter carmen, apud Homerum Iliad. μ. Κάπρος καὶ κάπριος, ὁ πρὸς θήλειαν συνδιαστελλόμενος. Recentiores syagron dicunt, ut onagron, Varinus in Ἀγροτέρου. Σύαγρος non dicendum est. nam ueteres duobus uocabulis semper σῦν ἄγριον proferunt, ut & Homerus, Varinus. Plura uide supra in A. Ἐν οἷς ἦν καὶ συὸς ἀγρίου μέγα λάχος, id est magna portio apri, Suidas ex innominato. Συὸς ἀγρίου, συάγρου, Hesych. Σύαγρος, ὗς ἄγριος, Varin. Ἀγροτέρη σῦς, apud poëtas. Ἀγροτέρους τε σύας, Orpheus in Argonauticis. Σῦς ἀγραυλος, Oppianus. Σῦς καὶ ὗς, ὁ χοῖρος. κάπρος δὲ, καὶ χλούνης, καὶ χαυλιόδους, ὁ ἄγριος, Varinus: quasi χοῖρος semper de mansueto dicatur, quod etsi ut plurimum sit, non tamen perpetuum est. nam Hipponax ἀγρίαν χοῖρον dixit. Ανιβότης, ὁ ἄγριος χοῖρος, Varinus. Ανιβότειρα σῦς quidem pro mansueta segetes depascente à poëta usurpatur, ut pluribus dixi in Sue E. Agriophiros (lego agriochiros,) id est porcus syluestris, Syluaticus. Sic & delphax cum plerunque & propriè de sue mansueto dicatur, Anaxilas tamen poëta de syluestri dixit, his uerbis: τοὺς μὲν ὀρεινοὺς ὑμῶν ποιήσω δέλφακας ἀλιβάτους, τοὺς δὲ πάνθηρας, ut Athenæus citat. Apros & leones per excellentiam antiqui uocabant θῆρας, Varinus. Aprum à quo Adonis occisus est, Theocritus Idyl. 19. τὸν ὗν & θῆρα nominat. Μονιός, sus ferus, qui solitarius est, & non degit gregatim. Diuus Cyrillus in prophetam Oseam scribens, asinum interpretatur. aliqui magnam feram, quę propter ferociam (ἤγουν ἀπόνοιαν) solitaria pascatur, Hesych. & Varinus. Sunt qui monolycum interpretantur, &c. Cælius: uide supra in A. Μονιός, ἄγριος ὗς, μεμονωμένος, ἢ ὁ μονόλυκος, Suidas. Μονοφάλδης, μονιός, ἀλιμαγέλας, Hesych. Ἀχέδωρος, aper apud Italos, Hes. Varin. Ἐδυ δ' ἐς ἄντρον ἀχέδωρος ὥς, Aeschylus. Et Sciras Comicus Tarentinus, ἔνθ' οὔτε ποιμὴν ἀξιοῖ νέμειν βοτὰ, οὔτ' ἀχέδωρος νεμόμενος καπρώζεται. Nihil mirum autem quòd Aeschylus qui in Sicilia moratus est, multas uoces Siculas usurpârit, Athenæus lib. 9. Κέλκος, σύαγρος, Varinus: Suidas addit, καὶ ὁ παῖς. Σύμβρος, κάπρος, Hes. Suem Germani uoce communi **schwyn** appellant: & suem ferum, **ein wild schwyn**: priuatim tamen aliquando fœminam ita nominant: ut aprum, **ein wilden åber**, id est uerrem syluaticum. Cæterum qui lautè & uenatoriè loquuntur propria quædam uocabula usurpant. Porcellum enim syluestrem uocitant **ein frischling**. (Heluetij quidam ueruecem ita nominant.) iam bimum, **ein becker**. adultum aut uetulum, **ein howend schwyn**, hoc est suem secantem, quòd grandes gerat dentium sicas ad secandum aptas. Scrophã syluestrem, siue porcorum syluestrium matrem, **ein leen oder bach**.

¶ Epitheta, quorum ea quæ sine authoris nomine sunt, apud Textorem inuenimus. Acer, Vergil. Aeg. 10. Agrestis. Arcas. Arcadius. Atalantæus. Conturbator, Martialis. Cruentus, Claudianus. Dentatus. Durus, Propert. lib. 2. Erymanthæus uel Erymanthius. Ferox. Feruidus. Ferus. Fortis. Frendens, Ouid. 1. de Arte. Fulmineus, Statius 2. Achil. Fulmineo spumantis apri sum dente perempta, Martialis de cane Lydia. Fuluus, Horatius 2. de Arte. Furens. Glandilegus. Thuscæ glandis aper populator, & ilice multa Impiger, Aetolæ fama secunda feræ, Martial. Hirsutus. Hirtus, Ouidius 1. de Arte. Horridus. Hispidus, Seneca in Agam. Mænalius. Marsus. Meleagræus. Minax. Nemoriuagus, Catullus in Aty. Quadrupes. Dentesque Sabellicus exacuit sus, Verg. in Ge. Sæuiens. Sæuus, Verg. 3. Georg. Sanguineus. Qui Diomedeis metuendus setiger agris, Martialis. Vulnera fecissent, nisi setiger inter opacas Nec iaculis isset, nec equo loca peruia syluas, Ouid. 8. Metamorph. Setosus, Vergil. 7. Aegl. Spumans Vergil. 1. Aeneid. Martial. lib. 14. Fulmineo spumantis apri sum dente perempta, Martial. Spumeus. Spumiger. Strictus. Syluiuagus. Sordidus. Tegeæus Terribilis. Thuscus, Martialis. Et alibi, Thuscæ glandis aper populator. Timendus dente, Ouidius 4. epist. Toruus, Ouid. 2. de Arte. Truculentus. Trux, Ouid. 11. Metamor. Vastator, 9. Metam. Violentus, 8. Metam. Vmber, Horatius. Vulnificus, Ouid. 8. Metam. ¶ Ἀργιόδους, Homero. uide supra in Sue a. inter Epitheta. Σύας ἀιδυκτῆρας, id est apros impetuosos, Oppianus. Τοὺς μὲν ὀρεινόμους ὑμῶν ποιήσω δέλφακας ἀλιβάτους, τοὺς δὲ πάνθηρας, Anaxilas apud Athenæũ. Κάπρος φυνάλιος δὲ μέγ' ἔξοχος ἐν θήρεσσιν, Oppianus. Χαναχήνους, aper syluestris Gaza interprete, Quidam in Lexico Græcolat. Οὔτε συὸς κάπρου ὀλοόφρονος, Homerus Iliad. ρ. Ὀρεικτίτου ὑός, Pindarus. id est, suis in montibus nutriti à uerbo κτίσαι quod est nutrire. Θῆρ σιτοφάγος, Homero. Σύες ὑβρισῆρες, Oppianus. Ἠ σῦν χαυλιόδοντα, Oppianus. Χαυλιόδων, ὁ κεχαλασμένους ἔχων τοὺς ὀδόντας, ἐξέχοντας (extra alios dentes aut os, Hesych.) ἢ ὁ χαράσσων τοὺς ὀδόντας, Varinus. aliqui ἀμφόδοντα, id est utrinque dentatum interpretantur, Hesych. Κάπρος, καὶ χλούνης, καὶ χαυλιόδους, ὁ ἄγριος, Varinus in Σῦς. Ὦρσεν ἔπι χλούνην σῦν ἄγριον ἀργιόδοντα, Homerus Iliad. 9. ἐν δὲ συῶν ἀγέλαι χλούνων ἔσαν, Hesiodus in Aspide. Et mox, Ἀμφότεροι χλοῦναί τε σύες, χαροποί τε λέοντες. Plura epitheta Græca ex Polluce adferam in d. & e.

¶ Aprinus, adiectiuum. sic dici debet secundum analogiam, ut à caper uel capra caprinus. antiqui tamen, ut apparet ex uetustis codicibus, per quintã uocalem in secunda, & per g. in tertia scribunt aprugnus: quo utitur Plinius, callum aprugnum & lumbum aprugnum dicendo. Quæ dixi ut nunciares, satin' ea tenes? S O. Magis calleo quàm aprugnum callum callet, Plautus Perf. Festiuè sic respondet, ludens homonymia huius dictionis calleo, quæ & scire & callosum esse significat. ¶ Συοθῆραι, qui apros uenantur, Varinus in Σῦς. Συοθῆραι, fabula Stesichori. Syagros, morbus quidã apicularum, Varinus. Syagria leguntur apud Lynceum, Cælius: (ex Athenæi nono. συάγρια, intellige κρέα.) ¶ Κάπρος, pudendum uirile, Suidas. Χοῖρος uerò muliebre, ut dictũ est in Sue a. Καπρίαι, carnes quædam prominentes in natura cameli quas excidunt, Suidas. uide in Camelo E. In suibus

11 3

fœminis pars quæ excinditur uuluæ adhærens, apria nominatur. λαὸς, κάπρος, λάγνος, Varinus. lego, λαίσκαπρος, una dictione. uidetur enim λαις in compositione augere, ut λα & ζα. λαίσαυας, ὕβλαυς, Leucadijs, Hesychius. ut λαίσκαπρος forte à capri, id est membri genitalis magnitudine dicatur, ut λάσταυρος etiam. λαῖπος, κίναιδος, λάσταυρος, Hesychius: nimirum à λαι particula augente, & πώος. quanquam & λαίσπος apud eundem exponitur κίναιδος, πόρνη. λαισκάπραν, λαμυράν, Idem. Est autem λαμυρός, elegans, iucundus, facetus, temerarius, loquax: quæ scilicet amatori & libidinoso conueniunt. κάπρας, ἀκολασίας, Varinus. κάπραινα, ἡ καταφερὴς ἐκ τῶν κάπρων, Idem. ὡς σαπρὰ πόρνη, καὶ κάπραινα, Hermippus apud Pollucem 8.30. ὦ κάπραινα, καὶ πολύπολι, καὶ δρομάς, Ibidem. καπρᾶν, Venerem appetere, uide supra in c. καπρεία, genus saltationis in armis, Varinus. καπρώζεσθαι uerbum legitur apud Sciram Comicum, his uersibus: ἔνθ' ὅτι ποιμὴν ἄξιοϊ νέμειν βοτά, ὄντ' ἀγέλαιος νεμόμενος καπρώζεται, Athenæo citante. Capridij callopatira apud Athenæum legisse uidemur. est autem capridium, à capro deminutum, quo nomine aprum intelligimus, Cælius.

¶ Icones. Aquilam Romanis legionibus C. Marius in secundo consulatu suo propriè dicauit. Erat & antea prima cum quatuor alijs: lupi, Minotauri, equi, aprique singulos ordines anteibant. Paucis ante annis sola in aciem portari cœpta erat, reliqua in castris relinquebantur. Marius in totum ea abdicauit, Plinius. Festus non aprum, sed porcum simpliciter fuisse scribit, his uerbis: Porci effigies inter militaria signa quintum locum obtinebat, quia confecto bello, inter quos pax fieret, cæsa porca fœdus firmare solebant. Vulcanus in scuto Herculis uarias expressit imagines, ἐν δ' συῶν ἀγέλαι χλούνων ἔσαν, ἠδὲ λεόντων ἐς σφέας δερκομένων, κοτεόντων τ' ἱεμένων τε, &c. Hesiodus in Aspide. Aper aureus ore humano, uide infra in h. ex Plutarcho.

¶ Plantæ. Chlunion, eryngiũ, ut legitur inter nomenclaturas Dioscoridi adscriptas: forte quod apri radicibus eius utpote dulcibus delectentur. Est enim genus eryngij, quod frequens in Galliæ Narbonensis littore deprehendimus, dulci & odorata radice, odore saporeque pastinacæ. In meridiano orbe præcipuam obtinent nobilitatem palmæ syagri, proximamque margarides. Vna earum arbor in Chora esse traditur, una & syagrorum. mirum de ea accepimus, cum Phœnice aue, quæ putatur ex huius palmæ argumento nomen accepisse, iterum mori ac renasci ex seipsa: eratque cum hæc proderem fertilis. Ipsum pomum grande, durum, horridum, & cæteris generibus distans sapore ferino, quem fermè in apris nouimus, euidentissimeque causa est nominis, Plinius.

¶ Animalia. Est & piscis capros, id est aper, & capriscus: uide in Sue a. Capron aliqui phagrũ piscem nominant, Varinus: nimirũ quod spinæ in dorso ei ut setæ suillæ rigeant. nam & λοφίην Numenius cognominat. Syagrides, pisces quidam Epicharmo, Athenæus.

¶ Propria. Diocletiani dictum fertur, Ego apros occido, sed pulpamento alter uescitur. quod inde est natum. Agenti in Gallia Diocletiano dicebat Dryas (Dryas mulier uetula, Pomponius Lætus: uidetur autem Dryas de fœmina sacerdote uel saga dici, ut Druida de uiro:) Nimium Diocletiane auarus, nimium parcus es. Cui per iocum is, Tunc ero largus, quum imperator fuero. At Dryas: Noli Diocletiane iocari: nam imperator eris, quum aprum occideris. Ex eo uenationibus deditus apros forte oblatos enixius occidebat, dicti euentum expectans: quo est frustratus, donec præfectum prætorij Aprum (Arium Aprum) peremit, Cælius. Est & Syagros uiri nomen, ut Σύαγρος. Σύαπρος (ut habet Athenæi codex impressus, legendum Σύαγρος) Herodoto libro 7. nomen est cuiusdam Laconis, qui ad Gelonem Syracusanum legatus uenit, ut auxilium ab eo contra Medos peteret. Fuit item Syagros Aetolorum dux. Syagros apud Sophoclem in Amatoribus Achillis, nomẽ est canis, sic dicti quod uenaretur apros, Athenæus li. 9. ¶ Aprus, Ἄπρος, ἡ, urbs Thraciæ, Steph. Scythia (Europæa) præter municipia urbibus nitet duabus, Apris & Perintho, quam Heracleam posteritas dixit. Rhodopa huic annexa, &c. Marcellinus libro 27. Apros colonia à Philippis abest clxxxviii. M. pass. Plinius 4.11. in Thraciæ descriptione. Vallis quædam in Liguria uulgò Porcifera dicitur, nimirum ab apris seu porcis feris. Syagra regio Ciliciæ prope Adum & Laërtem, gẽtile Συαγρεύς, Stephanus. Syagros, promontorium totius orbis maximum, in Arabia thurifera, Arrianus. Messenij & Lacedæmonij tertiam pugnam ad Apri sepulchrum instituunt. Locus hic (Apri simulachrum) ad Stenyclerum Messeniæ situs est. Herculem enim ibi ad dissectum aprum liberis Nelei iusiurandum dedisse, & accepisse ab eis perhibent, Pausanias in Messenicis. Capretæ populi, ubi Apamia condita est à Seleuco rege, interierunt, Isidoro teste apud Plinium. Capreæ, uel Capriæ, uel Capriene, Καπριήνη, insula Italiæ, ultra Surrentum Campaniæ urbem circiter octo millia passuum, proxima Neapoli, Tiberij principis arce nobilis, & coturnicum multitudine. Caper fluuius Laodiceam Cariæ urbem cum Lyco & Asopo amnibus alluit, Strabo lib. 12. & Plinius 5. 29. In ora octauæ regionis Italiæ, Ariminum colonia, cum amnibus Arimino & Aprusa, Plinius 3. 15. Capria, lacus ingens in Pamphylia, ut meminit Strabo lib. 14.

¶ b. Πάρνης mons Atticus aprorum & ursorum uenationem præbet, Pausanias. Hippopotamis & apris dentes exertos inferior maxilla profert, Pausanias. Hippopotamo cauda & dentes aprorum, adunci, sed minus noxij, Plinius. Apri Calydonij dentium exertorum alter longitudine dimidiæ ulnæ spectatur, Pausanias. ὥς μιν θηρεύοντ' ἔλασεν σῦς λευκῷ ὀδόντι, Odyss. τ. de Vlysse. Eale Aethiopica fera, maxillas habet apri, Idem. Monocerotem Indi uenãtur, cauda apro similem, Idem & Aelianus. ¶ Aprorum pernas nostri uocant, **leuff oder hammen**.

¶ c. Apro-

¶ c. Aprorum lustra, Budæus Græcè ξύλοχοι. Ex thynnis piscibus maximi, similiter ut sues soli & separatim natant: alij more luporum bini proficiscuntur, alij ut capræ gregatim, Aelianus. De robore & iracundia apri ad pugnam, adferam nonnulla mox in d. & e. Εἴποις δ' ἂν περὶ συός, βαθύνει περὶ ῥύγχει τὴν γῆν, κείρει τὰ λήϊα, κόπτει (τοῖς ὀδοῦσι) τὰ δένδρα, θήγει τοὺς ὀδόντας, ἔφριξε τὴν λοφιάν, λοξοῖς παρέβλεψε τοῖς ὄμμασι. πυῤῥῶδες ὑποβλέπει, πῦρ ἐκ τῶν ὀφθαλμῶν ἀφίησι, τοῖς ὀδοῦσιν ἀντιπατάγει, τῷ πρὸς ἀλλήλους κόμπῳ τῶν ὀδόντων ἀπειλεῖ, κόπτων τοῖς ὀδοῦσιν, ἀνοίγων, ἀναῤῥηγνύς, ἀφρὸς αὐτῷ τοῖς χαυλιόδουσι περιζεῖ, Pollux. Κὰδ δ' ἔπεσ' ἐν κονίῃσι μακών, Odyss. τ. de apro.

¶ d. Ἰδομενεὺς δ' ἄρ' ἐνὶ προμάχοις συῒ εἴκελος ἀλκήν, Homerus, intolerabilem apri ad pugnam impetum denotans, Varinus in παραβολῇ. οὔτ' ὂν παρδάλιος τόσσον μένος, οὔτε λέοντος, οὔτε συὸς κάπρου ὀλοόφρονος, οὗτε μέγιστος θυμὸς ἐνὶ στήθεσσι μέγα σθένεϊ βλεμεαίνει, (ἐνθουσιωδῶς βλέπει,) Homerus Iliad. ρ. quantum Panthi filij suis uiribus nimium freti superbiunt. Ὑπέρθυμος, δύσοργος, ἔμπυρος, ὑπέραυχος, Pollux de apro. Plura leges in e.

¶ e. Spumantem aprum ex equo lacessere, irruentemque ultro eundem mucrone conficere, Budæus. Aut spumantis apri cursum clamore prementem, Verg. 1. Aen. Thuscæ glandis aper populator, & ilice multa Impiger, Aetolæ fama secunda feræ, Quem meus intrauit splendenti cuspide culter, Præda iaces nostris inuidiosa focis, Martialis lib. 7. Fulmineo spumantis apri sum dente perempta, Quantus erat Calydon, aut Erymanthe tuus. Idem libro 11. in epitaphio canis Lydiæ, Si te delectant animosa pericula, Thuscis (Tutior est uirtus) insidiemur apris, Idem libro 12. ad Priscum in leporum uenatu equo nimis præcipite periclitantem. Nanque sagacius unus odoror, Polypus an grauis hirsutis cubet hircus in alis, Quàm canis acer ubi lateat sus, Horatius 12. Epodon. Sæpe uolutabris pulsos syluestribus apros Latratu turbabis agens, Vergilius in Georg. Ceruum, aprum, ursum dimissos, canis Indicus Alexandro donatus tanquam se indignos contempsit: in solum uerò leonem insurrexit, ut in Cane robusto dixi ex Aeliano. Actus aper setis iram denunciat hirtis: Et ruit oppositi nitens in uulnera ferri, Pressus & emisso moritur per uiscera telo, Ouid. in Halieut. Lepolemus quidã (ut scribit Apuleius lib. 8. de asino aureo) cum uenaretur assumpto Thrasyllo cuius uxorem amabat, ut in uenatione eum occideret, & à fera occisum mentiretur: ad feruidos dissonosque canum latratus, aper immanis atque inusitatus exurgit, toris callosæ cutis obesus, pilis inhorrentibus, corio squalidus, setis insurgentibus spinæ hispidus, dentibus attritu sonanti spumeus: oculis flammeus, aspectu minaci, impetu sæuo, feruentis oris, totus fulmineus: & primum quidem canum procaciores, qui comminus cõtulerant uestigium, genis hac illac iactatis, consectos interficit. deinde calcata retiola, qua primos impetus reduxerat, transabijt, &c. Et mox, Bestia genuini uigoris non oblita, retorquet impetum, & incendio feritatis ardescens, dentium cõpulsu, quem primum insiliat contabunda rimatur, &c. Thrasyllum aper furens inuadit iacentem: ac primo lacinias eius, mox ipsum resurgentem multo dente laniauit, &c. Συοθῆραι, qui uenantur apros, Varinus in Σῦς. Συοθῆραι fabula est Stesichori. Pollux de apro, τραχὺς ἐστὶ πρὸς ὀργήν, ἀκάθεκτος τὸν θυμόν, δύσμαχος, δυσάλωτος, δυσαγώνιστος, προωθῶν, προσρηγνύμενος, ἐμπίπτων, ἀνατρέπων, ῥύμῃ ἀπλῶν, ῥόθιος συμπροσχωρῶν, βίαιος τὴν ὁρμήν, δυσκίνητος, δυσκαταγώνιστος: καὶ τὰς ἄρκυς διακόψειεν ἄν, καὶ τὰς στάλικας ἀνατρίψειε, καὶ τὰ δένδρα πρόῤῥιζα ἐκτρίψειεν, Hæc ille. Et alibi, σῦν καὶ κάπρον συῤῥήγνυσθαι εἴποις ἄν. Achilles adhuc puer, λεόντεσσιν ἀγροτέροις ἔπρασσε φόνον, κάπρους τ' ἔναιρε, Pindarus. Et alibi, ὑφ' ἅρμασιν ἵππος, ἐν δ' ἀρότρῳ βοῦς, παρὰ ναῦν δ' ἰθύνει τάχιστα δελφίς. κάπρῳ δὲ βουλεύοντι φόνον κύνα δεῖ τλάθυμον ἐξευρεῖν: ut citat Erasmus in prouerbio, Equus in quadrigis, in aratro bos. Hercules uenando sagittis petit, ἢ σύας, ἢ πόρτιν κεραήν, Orpheus in Argon.

Ἴθυσαν δὲ κύνεσσιν ἐοικότες, οἵ τ' ἐπὶ κάπρῳ
Βλημένῳ ἀΐξωσι πρὸ κούρων θηρητήρων.
Ἕως μὲν γάρ τε θέουσι διαῤῥαῖσαι μεμαῶτες,
Ἀλλ' ὅτε δή ῥ' ἐν τοῖσιν ἑλίξεται ἀλκὶ πεποιθώς,
Ἄψ τ' ἀνεχώρησαν, διά τ' ἔτρεσαν ἄλλυδις ἄλλος, Homerus Iliad. ρ.

Ὡς δ' ὅταν ἔν τε κύνεσσι καὶ ἀνδράσι θηρευτῇσι, Κάπριος ἠὲ λέων στρέφεται σθένεϊ βλεμεαίνων, (&c. ut in Leone e. recitaui,) Idẽ Iliad. μ. Apud eundem Odysseæ τ. Autolycus cum filijs & Vlysse ex filia nepote in Parnasso mõte uenatur. οἱ δ' ἐς βῆσσαν (pedem montis) ἵκανον ἐπακτῆρες, πρὸ δ' ἄρ' αὐτῶν ἴχνι' ἐρευνῶντες κύνες ἤϊσαν. sequebantur Autolyci filij, cum quibus Vlysses ἤϊεν ἄγχι κυνῶν, κραδάων δολιχόσκιον ἔγχος.

Ἔνθα δ' ἄρ' ἐν λόχμῃ πυκινῇ κατέκειτο μέγας σῦς,
Τὴν μὲν ἄρ' οὔτ' ἀνέμων διάει μένος ὑγρὸν ἀέντων,
Οὔτε μιν ἠέλιος φαέθων ἀκτῖσιν ἔβαλλεν,
Οὔτ' ὄμβρος περάασκε διαμπερές. ὣς ἄρα πυκνὴ
Ἦεν. ἀτὰρ φύλλων ἐνέην χύσις ἤλιθα πολλή.
Τὸν δ' ἀνδρῶν τε κυνῶν τε περὶ κτύπος ἦλθε ποδοῖιν,
Ὡς ἐπάγοντες ἐπῇσαν. ὁ δ' ἀντίος ἐκ ξυλόχοιο,
Φρίξας ἐς (aliâs εὖ) λοφιήν, πῦρ δ' ὀφθαλμοῖσι δεδορκώς,
Στῆ ῥ' αὐτῶν σχεδόθεν. ὁ δ' ἄρα πρώτιστος Ὀδυσσεὺς
Ἔσσυτ' ἀνασχόμενος δολιχὸν δόρυ χειρὶ παχείῃ
Οὐτάμεναι μεμαώς. ὁ δέ μιν φθάμενος ἔλασεν σῦς
Γουνὸς ὕπερ. πολλὸν δὲ διήφυσε σαρκὸς ὀδόντι
Λικριφὶς ἀΐξας, οὐδ' ὀστέον ἵκετο φωτός.
Τὸν δ' Ὀδυσεὺς οὔτησε, τυχὼν κατὰ δεξιὸν ὦμον.
Ἀντικρὺ δὲ διῆλθε φαεινοῦ δουρὸς ἀκωκή.
Κὰδ δ' ἔπεσ' ἐν κονίῃσι μακών. ἀπὸ δ' ἔπτατο θυμός.

Carmon quidam dum uenaretur in Tmolo monte, ab apro percussus, ὑπὸ κάπρου πληγείς, obijt, Plutarchus de fluuijs in Pactolo. Apri quidem, ut Plinius scribit, percutiunt, fœminæ mordent. Sed plures quos apri occiderunt, in h. memorabimus. ¶ Προβόλιον, uenabulum: genus hastæ quo utuntur ad uenationem aprorum, Suidas & Varin. Hesychius interpretatur σιβύννην (malim cum n. simplici) ἔχουσαν μετὰ τὴν ἀκμὴν προβολάς, hoc est, uenabulum quod post aciem lanceę, eminentia habet obstacula, quæ supra in E, κνώδοντας ex Xenophonte nominauimus. λόγχαις συοφόνταις, Lucillius in Anthologio 1.28. Sibinam (melius, Sibynam) appellant Illyrij telum uenabuli simile. Ennius, Illyrij restant sicis sibynisque fodentes, Festus. φέρε τὴν συβύνην (lego σιβύνην) καὶ πλατύλογχον, Alexis apud Pollucem 10.31. Συμβίνη, (sed ipse literarum ordo συβίνη scribendum requirit. ego malim σιβύνη, per iôta in prima syllaba, & ypsilon in secunda) καταβόλιον, ἐμβόλιον, Hesychius. Σιβύνη, ὅπλον δόρατι παραπλήσιον, Varinus: ἀκόντιον ῥωμαϊκόν, Suidas. Συβήνη uerò, ἡ δερματίνη αὐλοθήκη, ἢ φαρέτρα, Varinus. Ἐρυμάνθιοι δὲ ὄντι σύαγροι ἐπὶ πινάκων τετραγώνων χρυσομίτρων σικύναις (lego σιβύναις) ἀργυραῖς διαπεπερονημένοι περιεφέροντο ἑκάστῳ, Athenæus in conuiuio Carani Macedonis, libr. 4. Dipnosoph. Σιγύνη & σίγυνος, paruum scutum. item hasta è ferro solida, δόρυ ὁλοσίδηρον, qualis olim fiebat ad suum uenationem, propter nimium feruorem & robur huius feræ. unde & σίγυνος dictus uidetur quasi συίκαινος, ὁ τοὺς σῦς καίνων διονεὶ κτείνων. Cyprij uerò sigynos uocant δόρατα id est hastas, Varinus. Σίγυμνον, ἐμβόλιον ὁλοσίδηρον, Idem. Σιγύνης, καὶ σιγύνος, τὰ δόρατα παρὰ Μακεδόσι. Τόνδε παρ' Ἡρακλεῖ θῆκε με τὸν σιγύνην ἐκ πολλοῦ πλειῶνος, ἐν ἐπιγράμματι. καὶ ἀλλαχοῦ, τὸν κύνα, τὴν πήραν τε, καὶ ἀγκυλόεντα σίγυνον, Suidas: unde apparet penultimam modo corripi, modo produci. Σίγγυνοι (melius σίγυμνοι, requirente etiam literarum ordine) τὰ ξυστὰ δόρατα, ἢ τοὺς ὁλοσιδήρους ἄκοντας, Hesychius. Ζιβύνη, ὁλοσίδηρον ἀκόντιον, ἢ λόγχη, ἢ σπάθη, ἢ μάχαιρα, Idem & Varinus. Ζιβύννια, λογχίδια μακρὰ, Iidem. Ζιζύνη, ὁλοσίδηρον ἀκόντιον, ἢ σπάθη τοῦ ψιλοῦ, Varinus. Σίσυννον, δόρυ, Hesychius. Varinus per ν. simplex habet. Ferunt difficiles partus statim solui, cum quis tectum, in quo sit grauida, transmiserit lapide, uel missili ex his, quæ tria animalia singulis ictibus interfecerint, hominem, aprum, ursam, Plinius. Galli quod ex capto apro et mactato canibus obijcitur pascendis, ceu merces laboris, uernacula lingua uocãt la fouaille dung sanglier, (quod fiat sur le foeu, id est ad ignem,) quidam Latinè uisceratíonem interpretãtur. eandem si de ceruo fiat, curee nuncupant. Taifalorum gentem turpem ac obscœnæ uitæ flagitijs ita accepimus mersam, ut apud eos nefandi concubitus fœdere copulentur maribus puberes. Horum si qui iam adultus aprum exceperit solus, uel interemerit ursum immanẽ, colluuione liberatur incesti, Marcellinus libro 31.

¶ Adrastus oraculo iussus filias coniungere apro & leoni: cum uenirent ad eum Tydeus apri, & Polynices leonis pelle induti, illis elocauit, Varinus in Οἰδίπους. ¶ Apud Calphurnium Aegl. 6. ceruus quidam monile gerit, in quo pendulus apri Dens sedet. Nostri etiam hos dentes argento clausos puerorum collis appendunt, ut & ossa palmularum, ut dentium emissio iuuetur, dum istis mandendis exercentur gingiuæ.

¶ f. In niue Lucana dormis ocreatus, ut aprum Cœnem ego, Horatius Serm. 2.3. Vmber & iligna nutritus glande rotundas Curuet aper lances, carnem uitantis inertẽ, Idem 2. Serm. Quamuis Putet aper, rhombusque recens, mala copia quando Aegrum sollicitat stomachum, Ibidem 2.2. Sumine cum magno lepus, atque aper, atque pygargus, Iuuenalis Sat. 11. Quanta est gula quæ sibi totos Ponit apros, animal propter conuiuia natum, Idem.

Pinguescant madidi læto nidore penates, Flagret & exciso festa culina iugo.
Sed coquus ingentem piperis consumet aceruum, Addet & arcano mista Falerna garo.
Ad dominum redeas, noster te non capit ignis Conturbator aper: uilius esurio,

Martialis de apro à se occiso. Κρέα χύδην πρόθηκε συῶν, ἐλάφων τε παχειῶν, Orpheus in Argonaut. Sus ferus nihilo minor celebri illo Calydonio sue Dipnosophistis apponitur apud Athenæum. ἵνα τὰ μὲν ἄγρια τοῖς παισί, τὰ δὲ σύαγρια μετὰ τῶν φίλων αὐτὸς ἔχῃς, Lynceus Samius apud Athenæum. Ἐρυμάνθειοι δὲ ὄντι σύαγροι κατὰ πινάκων τετραγώνων χρυσομίτρων σικύναις (lego σιβύναις) ἀργυραῖς διαπεπερονημένοι περιεφέροντο ἑκάστῳ, Athenæus lib. 4. in descriptione conuiuij Carani.

¶ h. In portentis numerantur tres apri: Erymantheus, Calydonius, & tertius in Olympo Mysiæ, Grapaldus, nos de singulis ordine dicemus. ¶ Erymanthus mons est Arcadiæ, in quo aprũ agrorum uastatorem Hercules domuit, uiuumque super humeros ad Eurystheum detulit: quo conspecto Eurystheus in æreo uase se abscondit. Aut Erymanthi Placârit syluam, & Lernam tremefecerit arcu, Vergil. Est & sylua & fluuius hoc nomine in Alpheum defluens, ut ostendit Plinius libro 4. Beluam Erymanthiam uastificam legimus apud Ciceronem libro 2. Tusc. Arcades habitant sub Erymantho monte, in quo multi sunt apri, Eustathius in Dionysium Afrum. Dryopes gentem improbam circa Pythonem Hercules eiecit, (μετῴκισε) quod ei uictum petenti cum Erymanthium aprum gestaret, non dedissent, Suidas in Κάπρος Ἐρυμάνθιος. Potest & Ἐρυμάνθειος scribi per ι. in penultima. Poëtæ eundem Arcadium, Mænalium & Tegeæum nominant. Fulmineo spumãtis apri sum dente perempta, Quantus erat Calydon, aut Erymanthe tuus, Martialis de cane Lydia. ¶ Meleagri & Calydonij apri historiam multis prosequitur Homerus Iliados nono. nos Scholiastę uerba, qui rem paucis complectitur, conuersa apponemus. Oeneus (inquit) Aetoliæ princeps, cum primitias anni fructuum dijs immolaret, solam Dianam neglexit. Quamobrem irata illa, aprũ immanem Aetolis immisit, qui tum regionem tum incolas perdebat. Aduersus hunc in uenationem prodierũt Calydonij & Pleuronij: primus autem feram uulnerauit Meleager Oenei filius, & pellem eius cum capite, quod uirtutis præmium acceperat, Atalantę uirgini Arcadi filiæ Iasi uenationis sociæ, cuius amore captus erat, donauit. quod ægre ferentes filij Thestij, qui auunculi erant Meleagri, hoc est fratres Althææ matris eius, insidiabantur ei: (&, ut alij scribunt, donum illud Atalantæ abstulerunt.) Ipse

Ipse re cognita alios interfecit, alios fugauit. Quam ob causam Pleuronij Calydonijs bellum intulerunt: in cuius initio Meleager matri iratus, patriæ opem non tulit. Cum uerò ciuitas iam uastaretur, à Cleopatra uxore persuasus, in pugnam progressus, hostes partim occidit, partim fugatos in præcipitia egit. Cæterum Althæa filio succensens, datam sibi à Parcis tædam (titionem, id est stipitem semiustum) concremat. hac enim exusta fatalis erat mors Meleagro. quo defuncto, pœnitudine ducta mater seipsam interemit, (uel, ut quidam scribunt, in rogum filij se iniecit, Varinus in Μελέαγρον.) Plura uide in Onomastico nostro in Atalantæ & Meleagri nominibus, & apud Ouidium Metamor. 8. Sus Calydonius primo circa Oetam fuit, (quare à Lycophrone ὀιτταῖος σύνυξ nominatur,) deinde in Aetoliam à Diana immissus est. perijt autem in eius uenatione Ancæus Agapenoris pater, Scholiastes Lycophronis. Ancæus Lycurgi Arcadis filius, cum Iasone ad Colchos nauigauit, & postea ab apro Calydonio occisus est, Pausanias in Arcadicis. Dentes habuit plus quàm cubitales. meminerunt eius Homerus, Soterichus (in Calydonijs, ut Scholiastes Lycoph. scribit) & alij innumeri, Io. Tzetzes 7.102. Eadem ferè quæ Homeri Scholiastes, Varinus quoque scribit in dictione Μελέαγρον: & addit quædam super allegoria titionis quæ Meleagri uitam conseruabat. Quòd autem, inquit, Aetoli & Calydonij propter apri caput pugnarint, ut Homerus canit, mirum non est, cum hodieque multis in locis, & maximè in Lycia, uenatori qui primus ceruum, capram aut aprum attigerit, quamuis inutili etiam ictu, feræ caput pro præmio offeratur. Cæterum Geographus scribit, quòd uerisimile sit Curêtas & Aetolos pro parte aliqua regionis pugnasse, &c. Varinus. Crommyon terræ quidem nunc est Corinthiæ, antea uerò Megarensis, ubi Crommyoniam uersatam fuisse suem, refertur in fabulis, ex qua Calydonium natum fuisse aprum memorant: interque præclara Thesei certamina unum illud prodiderunt, hanc illius manibus occisam, Strabo lib. 8. Sus Calydonius albo colore & fœmina fuit, ut Cleomenes Rheginus prodidit, Athenæus lib. 9. Feræ olim hominibus multò magis (quàm nostro sæculo) metuendæ fuerunt, ut Nemeæus & Parnasius leo, & Calydonius ac Erymanthius sus, & (alius) in Crommyone terræ Corinthiæ: ita ut diceretur, alias è terra prognatas, alias dijs sacras fuisse, alias in ultionem hominum immissas, Pausanias in Atticis. Qui Diomedeis metuendus setiger agris, Aetola cecidit cuspide, talis erat, Martialis in Xenijs sub lemmate, Aper. Et rursus sub lemmate, Porcellus lactens: Lacte mero pastum pigræ mihi matris alumnum Ponat, & Aetolo de sue diues edat. Poëtæ hunc aprum Meleagreum & Atalanteum cognominant. Atalantæ canis Aura nomine fuit, quam cum Calydonia peremisset, bruto sepulchrum indigenæ struxêre, Cælius. Aristophôn pinxit Ancæum uulneratum ab apro, cum socia doloris Astypale, Plinius. His adscribam quæ in Pausaniæ Arcadicis de hoc apro leguntur. Ancæus (inquit) Lycurgi filius Calydonium aprum sustinuit, licet uulneratus. Et paulò post: Atalanta prima in aprum incidit, & sagittis eum petijt. Harum rerum gratia caput ei & pellis apri, præmia fortitudinis sunt data. Et mox, In aquilis (id est pinnis templi Tegeatarum) parte priori uenatio apri Calydonij est expressa. In medio potissimum apri hi sunt depicti, una parte Atalanta, Meleager, Theseus, Telamon, Peleus, Pollux, & Iolaus Herculis ærumnarum maxima ex parte socius, Thestij item filij, fratres autem Althææ Prothus & Cometes. Altera parte apri Ancæum uulneratum iam & uenabulum (πέλεκυν, securim) emittentem sustinet Epochus. Iuxta eum Castor & Amphiaraus Oiclei filius. post hos Hippothus Cercyonis F. Agamedis F. Stympheli F. Postremus Pirithous est. Cæterum dentes apri Calydonij Romanorum imperator Augustus abstulit, postquam Antonium bello superauit. Et paulò post, Alterum autem ex dentibus apri retineri aiunt rerum mirabilium (illic) custodes. reliquus in hortis imperatoris in Bacchi templo est suspensus, lõgitudine dimidiam omnino ulnam adæquans, (τὴν περίμετρον τοῦ μήκους παρεχόμενος ἐς ἥμισυ μάλιστα ὀργυιᾶς.) Et mox, In templo Tegeatarum donaria præstantissima sunt, pellis apri Calydonij, quæ temporis diuturnitate computruit, & pilis omnino est nudata, &c. Hæc omnia Pausanias.

¶ Adrastus natione Phryx, regij generis, quum fratrem imprudens interemisset, Sardis ad Crœsum confugit, & expiatus cum eo habitauit. Per hoc idem tempus apud Olympum Mysiæ, aper eximiæ magnitudinis (συὸς μέγα χρῆμα) extitit, qui ex hoc monte progressus Mysorum rura peruastabat. Ad hunc conficiendum incolæ à Crœso petunt ut Atyn filium cum uenatoribus aliquot mittat. Ille quòd in somnis uidisset filium ferrea cuspide periturum, metuens ei mittere noluit, sed alios uenatores absque eo. Persuasus tamen, mittit: & salutem eius Adrasto commendat. Vbi igitur ad feram peruentum est, Adrastus uibrato in aprum iaculo, non illum, sed Crœsi filium uulneratum imprudens occidit. qua re tantum indoluit, ut quamuis re cognita ignosceret ei Crœsus, sese super bustum filij eius transfoderit, ut copiosè scribit Herodotus lib. 1. Scribitur autem Ἄτυς per τ. simplex. nam alius fuit Ἄττης Phryx ab apro occisus, ut inferius referam. ¶ Βηρόνιον nomen est ciuitatis. nam cum apud Noricos populos aper diuinitus immissus regionem uastaret, & omnes eum perempturi nihil proficerent, unus quidam suem inuersum in humeros assumpsit, ut poëtæ etiam de Calydonia sue fabulantur. (nempe quòd à Diana immissus agros uastauerit, nõ quòd aliquis eum in humeros assumpserit,) Quod uidentes Norici acclamarunt uernacula lingua, Βηρόνης, (Vir unus, Latinæ uoces sunt, non Noricæ, id est Germanicæ,) unde ciuitati nomen impositum Βηρόνιον, Suidas. ¶ Suem alatum Clazomenis exortum fuisse auditum est, qui Clazomenios agros uastaret. Quod quidem ipsum in Clazomeniorum finibus Artemon confirmauit accidisse: unde illic locus decantatus, Sus alatus nominatur. Id quod si cuipiam fabula uideatur, & ego hoc idem non ignorem, tamē de animali dictum facile patior, Aelianus. Inter Cæsareæ discrimina sæua Dianæ, Fixisset grauidam cum leuis hasta suem, Exilijt partus miseræ de uulnere matris. O Lucina ferox, hoc peperisse fuit? Martialis in libro Spectaculorum.

¶ Ancæus Agapenoris pater ab apro Calydonio interfectus est, ut supra in huius apri mētione retuli. Carmon quidam cum in Tmolo monte uenaretur, ab apro percussus interijt, Plutarchus de fluuijs in Pactolo. Attæ duo fuerunt, alter Syrus, alter Arcas, quorum uterq; ab apro interemptus traditur, Plutarchus ab initio uitæ Sertorij. Attes (ἄττης) quidam Phryx cum pasceret pecora, & matrem deorum siue Rheam hymnis celebraret, amatus est ab ea, & in honore habitus cum frequenter ei appareret. Quod ægre ferens Iupiter, Atten interfecit, non palàm ob reuerentiam matris, sed apro immisso. Rhea post luctum, cadauer sepelijt, & Phryges eundem quotannis uerno tempore lugent, Scholiastes Nicandri. Plura de hoc Atte in Achaicis scribit Pausanias. Idmonem Argonautam aper occidit, Orpheus. Sus Veneri inuisus est propter Adonin ab apro occisum: uide in Sue h. in sacrificio Veneris ex sue. Aper ob Adonidis cædem uinctus ab Amoribus Veneri adducitur apud Theocritum Idyllio 29. Macrobius libro 1. Saturnaliorum Adonin non alium quàm Solem esse docens, Ab apro autem (inquit) tradunt interemptum Adonin, hyemis imaginem in hoc animali fingentes: quod aper hispidus & asper gaudet locis humidis & lutosis, pruinaq; cōtectis, propriéq; hyemali fructu pascitur glande. Ergo hyems ueluti uulnus est Solis, quæ & lucem eius nobis minuit & calorem, quod utrunq; animantibus accidit morte.

¶ Caico Mysiæ fluuio mons Teuthras adiacet, à Teuthrante Mysorum rege dictus. Hic cum aliquando uenationis gratia Thrasyllum montem conscendisset, aprum ingentem repertum cum satellitibus persecutus est. Aper ceu supplex in Orthosiæ Dianæ templum confugit. Et cum uenatores quoq; ingrederentur, alta & humana uoce exclamauit, Parce ô rex pecudi deæ. sed Teuthras nihil commotus, eum interemit. Hanc regis improbitatem dea iniquè ferens, apro uitā restituit: & regem impetigine atq; insania affecit. cuius ille mali pudore in montium iugis remansit. Hac re cognita Lysippe mater, in syluā ad ipsum progressa est cum Polyido uate Cyrani filio, à quo instructa deam boū sacrificijs (βοθυσίαις) placauit. unde cum filium sanæ menti restitutum recepisset, Dianæ Orthosiæ fanum construxit: & aureum aprum ore humano insignem (προτομὴν ἀνθρώπου ἠσκημένον) conflari curauit, Plutarchus in libro de fluuijs. ¶ Aprum etiam in malum augurium retulit Melampus. destructionem enim eorum, quæ agenda instituit aliquis iter faciens, cum obuius fuerit, præsagit, Niphus.

¶ Olympiæ in curia simulachrum est Iouis Horcij, à iuramento sic dicti. Is utraq; manu fulmen tenet. Apud hūc moris est athletas, & patres eorum & fratres, gymnastas item, per aprum dissectum iurare (ἐπὶ κάπρου κατόμνυσθαι τομίων) nullo se in Olympiorum certamine usuros esse dolo malo, &c. Cæterum in quem usum post athletarum iuramentum conuertant aprum, non in mentem uenit interrogare. Quoniam antiquioribus seculis usitatum fuit in sacrificijs, ut quæcunq; in iureiurādo adhibuerant homines, eorum prorsus esu abstinerent. Id quod Homerus uel potissimum significat. Aprum certè, per cuius dissectas carnes Agamemnon iurauit, rem se cum Briseide non habuisse, per præconem scripsit in mare abiectum: Ἦ καὶ ἀπὸ σφαδάγου κάπρου τάμε νηλέϊ χαλκῷ. Τὸν μὲν Ταλθύβιος πολιῆς ἁλὸς ἐς μέγα λαῖτμα Ῥῖψ᾽ ἐπιδινήσας, βόσιν ἰχθύσι, Pausanias Eliacorum primo. Idem in Messenicis scribit, locum in Messenia esse qui Apri sepulchrum nominetur, quod Hercules illic ad dissectum aprum liberis Nelei iusiurandum dedisse, & accepisse ab eis perhibeatur. Galatæ qui Pesinûntem incolunt aprorum contactu abstinent, nimirum quod Attes, quem colunt, ab apro occisus feratur: quanquam ipsi aliam de eo fabulam narrent, Pausanias in Achaicis. Καπροσύνη, πειρακάθαρσις, Varinus. Σπονδῇ τε καὶ σπλάγχνοισιν ἀγρίας χοίρου, Hipponax apud Athenæum. Parrhasij in Arcadia Apollini Epicurio, id est auxiliari, aprum sacrificabant, Gyraldus. Diana in Samo καπροφάγος cognominabatur, Varinus: nimirum quod apri ei immolarentur. Τερπομένη κάπροισι καὶ ὠκείῃς ἐλάφοισιν, Homerus Odysseæ tertio de Diana, propter studium eius circa uenationem. Laphriæ Dianæ apud Patrēses magno in ara igne excitato, apros, ceruos, & alias feras uiuas inijciūt, Pausan. in Achaicis.

PROVERBIA.

In saltu uno duos apros capere, est eadem in re duos pariter deprehēdere. Plautus in Casina, Iam ego uno in saltu lepidè apros capiam duos, Erasmus. Dubium non est, (inquit idem Chiliadis tertię centuria sexta,) quin ad prouerbiorum classem pertineat quod est apud Maronem in carmine Bucolico: Eheu quid uolui misero mihi, floribus austrum Perditus, & liquidis immisi fontibus apros: Vbi quis optat nocitura. nam uentus floribus inimicissimus, præcipuè auster, ob uiolentiam. Et rursus Chiliadis quartæ centuria 2. idem repetens, in eum quadrare ait, qui sibi accersit optâtue perniciem allatura. Siquidem apri (inquit) non tantum bibunt è fonte impressis pedibus, uerum etiam uolutant sese. Suem irritat, ὗν δελφὶν, in auidum rixarum dicebatur. Sus enim agrestis prouocatus rectà petit eum, à quo prouocatus est. Sic enim narrant uenandi periti: si quis suē lancea protensa prouocârit, etiam si iam ille sequebatur alium quempiam, ilico uertere cursum, & in prouocatorem tendere, ne cuspide quidem uitata, Erasmus. Sus agrestis ubi pepererit non pluet: Vide supra circa finem capitis quinti. Delphinum syluis appingit, fluctibus aprum, Qui uariare cupit rem prodigialiter unam, Horatius de Arte.

¶ Emble.

¶ Emblema Alciati, quod inscripsit, Ex damno alterius, alterius utilitas.
Dum sæuis ruerent in mutua uulnera telis, Vngue leæna ferox, dente timendus aper.
Accurrit uultur spectatum, & prandia captat. Gloria uictoris, præda futura sua est.

DE TALPA.

A.

TALPAM aliqui murium generi adnumerant, quod ipse non probo. neq; enim aliud muribus simile habet præter magnitudinem. quæ & ipsa tamen in muribus uariat. Murium sanè genus omne, anteriores binos dentes oblongos & curuos habet, talpæ non item. Albertus talpam aliter murem terrenum uel cæcum appellari scribit. Sed mures terreni, qui fruges & herbarũ radices in aruis & hortis populantur, alij diuersorum sunt generum, ut homonymiæ cauendæ causa, idem nomen talpis communicari non placeat. Cæcus uerò mus, idem qui araneus propriè cognominatur, ut suo loco diximus. תנשמת, tinschemet, uocem Hebraicam Deute. 14. alij aliter interpretantur: Dauid Kimhi auem, quæ cæteras suo conspectu obstupefaciat, R. Salomon ciuetam, ut Galli uocant, id est noctuam. Leuitici undecimo Chaldæus transfert ביותא, baueta, uel bota, id est cygnum. Arabs שאהין, schahin. Persa nomen Hebraicũ retinuit. Septuaginta & Hieronymus ibin. Et Deuteronomij 14. porphyrionem. R. Salomon auem similem muri, Gallicè dictam chaulue souris, id est uespertilionem. Et rursus Leuitici 11. (ubi legitur: Stellio, lacerta & talpa, hæc omnia immunda, Munstero interprete,) Dauid Kimhi reptile interpretatur, R. Salomon טלפא, talpam. Chaldæus אשותא, aschuta. Arabs צמברץ, zambaraz. Persa אן גורבח דדח, an gurbah dedach. Septuaginta aspalacẽ, Hieronymus talpam. In die illa proijciet homo aureos & argenteos deos, in fossuras talparum & uespertilionum, Esaiæ 2. Munstero interprete. Hieronymus uertit, Proijciet homo idola, usq; ut adoraret talpas & uespertiliones. Septuaginta, πϱοσκυνεῖν τοῖς ματαίοις καὶ ταῖς νυκτερίσι. Verba Hebraica sunt לחפר פרות ולעטלפים, lachepor perot uelaatalephim. Aliqui priores duas uoces coniungunt & pro una legunt lacheporperot, ceu compositam dictionem. Dauid Kimhi in libro Radicum & in Cõmentarijs quoq;, docet quosdam existimare sic dici auem quæ fodiat פירות phiroth, id est foueas: quosdam reptile à fodiendo dictum. Ipse uoces duas esse putat, & interpretatur, ad fodiendum fossas, ut in Thalmud aliquando פירה pro חפירה. Abraham Esra unam dictionẽ facit, cheporperot, qua significetur auis noctu uolans, interdiu se occultans, ut uespertilio. uel, ut alij dicunt, auis quæ noctua uocatur. Chaldæus transfert abominationes aut idola, (secutus nimirum Septuaginta, ut sæpe facit, qui μάταια uerterunt:) unde Iudæi quidam suspicantur idola forma illarũ auium aut reptilium eos adorauisse. Symmachus infructuosa, Aquila ὄρυγας, (quam uocem uidetur pro fossis accipere, nam uerbum ὀρύττειν fodere est.) Theodotion Hebraicam reliquit. Docti hodie omnino talpas esse putant, à fodiendo sic dictas. Syluaticus barbaras uoces irbea & lagocecos, pro talpa interpretatur, ut guzden Vetus glossographus Auicennæ. Animal uocatum habenium foueas in campis habet, & pugnando uenatur animal dictum pelagoz, quod Auicenna uidetur uocare murem cæcum, quem nos talpam nominamus. Vtrumlibet uicerit, deuorat alterum, Albertus in Aristotelem 9. 1. ubi nihil omnino tale apud Aristotelem reperio. ¶ Talpa Græce ἀσπάλαξ uocatur: aut etiam σπάλαξ, sed rarius. Recentiores quidam, Volaterranus & alij, Græce blactam ἀπὸ τοῦ βλάπτειν, id est à nocendo dici, stultè suspicantur. Blatta enim non blacta scribendum: quæ dictio Latina, non Græca, insecti quoddam genus, non talpam significat. Ex eodem errore natũ puto quod scribit Volaterranus, talpas frumentum in area populari, quod blattæ ac gurguliones, insectorum scarabeorumq; genera faciunt. Ineptissime etiam Albertus talpam Græcè colty, uel (ut alibi legitur) koky appellari scribit, quam uocẽ eum ab Auicenna sumpsisse puto, ut fortè Persica sit. Talpa apud Italos

nomen Latinum retinuit. Hispanicè, tópo, qua uoce Itali murem nuncupāt. Gallicè, taulpe. Germanicè mulwerf, uel ut Saxones scribunt molwurff, quòd terram rostro fodiat & reijciat. Heluetij
frequentius uocant schär uel schärmus, ut excitatum ab eis terræ cumulum schärhufen. à uerbo
scharren, quod manibus aut pedibus radere & fodere significat. unde & agrestes mures qui terram
fodiunt ut radices deuorent, schormüß appellantur. Flandri & Hollandi talpam uocant mol uel
molmuß: Angli molle, prima syllaba tantum Germanicæ uocis mulwerf uel molwurf, ut uidetur,
usurpata. Sed Angli etiam want appellant. Illyrij krticze.

B.

Terræ Bœotiæ in Orchomenio agro talpæ habentur multæ: at in Lebadico uicino (in Coronea,
ut legimus in Mirabilibus Aristot.) nullæ sunt, neq; si aliunde portatæ cò fuerint, uolunt infodere,
Aristoteles & Aelianus. quanquam huius interpres Gillius sic uertit, Bœotiæ terræ solum talpis caret, &c. In Bœotiæ Lebadia illatæ solum ipsum fugiunt, quæ iuxta in Orchomeno tota arua sub-
ruunt talpæ, Plinius. ¶ Talpæ coloris sunt nigri, (cinerei, Cardanus) pili mollis, breuis & densi,
Albertus. Pilos habent nigrore splendido insignes, qui catulis earum sunt albi, Georg. Agricola.

¶ Aegyptij ut hominem cæcum significent, talpam pingunt. hæc enim neq; oculos habet, neque
aliter uidet, Orus. Aut oculis capti fodêre cubilia talpæ, Vergil. 1. Georg. ubi Seruius, Oculis capti, id est oculis debiles. quum enim cæcæ nascantur, quomodo capti oculis? Quid talpam, num desyderare lumen putas? Cicero 4. Acad. Talpa priuata est uisu, (Hesychius oculis,) Suidas. Oculos non habet, Iidem in τυφλότερος. Talpa cæcior, τυφλότερος ἀσπάλακος, prouerbium in eos qui
supra modum cæcutiunt, aut qui minimè iudicant. Nam iocundior fiet metaphora, si quidem ad animum transferatur, Erasmus. Meminerunt prouerbij Suidas & Hesychius. Stesimbrotus ait eas
à Terra excæcatas esse quoniam fruges perdāt, Suidas. Talpam modo quodam oculos habere dixerim, cum tamen omnino habere negem. quippe cum omnino quidem nec uideat, nec perspicuos habeat oculos. Verum si quis prætentam membranam detrahit, locus oculorum apparet, & pars nigra
eorundem: situs deniq;, & descriptio eadem, quam legitimam conspicui oculi obtinent, utpote cum
obducta cute oculi pressi, confusi, oblæsiq; essent, dum crearentur, Aristoteles. Et alibi, Generi talparum uisus deest. non enim oculos in aperto id habet: cute tamen detracta, quæ crassiuscula obten-
ta sedem luminum opacat, oculi intus lacessiti imperfectiq; uisuntur, sed ita, ut partes easdem habeāt
omnes, quibus oculi integri constant. Habēt enim nigricantem illum orbiculum, & quod intra eum
continetur, quam uocant pupillam, atq; etiam portionis albidæ ambitionem: sed non tam liquidò,
quàm oculi conspecti & eminentes. nec in partem exteriorem apparere hæc possunt, propter cutis
obductæ corpulentiam, utpote cum natura inter generandum lædatur, atq; ita opus inchoatum relinquatur. pertinent enim à cerebro, qua cum neruo cōiungitur, meatus duo neruosi ualidi ad ipsas
oculorum sedes, qui in dentes superiores finiunt, Hæc Aristoteles. Quadrupedum talpis uisus nō
est. Oculorum effigies inest, si quis prætentam detrahat membranam, Plinius. Talpa dicta est, eò
quod perpetua cæcitate tenebris damnata sit. est enim absq; oculis, Isidorus. Talpa loca oculorum
habet, non oculos. nam pellem in loco oculorum non habet pilosam, Albertus. Et rursus 1. 2. 3.
Talpa (inquit) priuata est oculis, ut uidetur. nihil enim omnino uidet, & errat incedens quum de
terra egreditur. sed hoc experimēto cognoui, quod pellis in loco oculorum plana est, & tenuis, alba,
sine pilis, & prorsus solida, ut ne uestigium quidem diuisionis appareat. hanc cum cautè incidissem,
nihil omnino inueni nigredinis aut materiæ oculorum, sed carnem deprehendi illic humidiorem
quàm alibi. erat autem recens capta talpa, & adhuc palpitabat. Sed nil mirum talpam oculis carere,
quum extra terram nec uictum quærere nec aliter uersari soleat. uenatur enim in terra lumbricos,
ubi oculi ei forent inutiles. Pellem uerò oculorum loco, tenuem, planam & glabram obtinet, ut tenui
ad eam luminis reflexione facta, hoc saltem percipiat sub terráne an supra eam sit. Nam supra terrā
nisi ad unam alterámue ad summum horam uiuere nequit, Hæc ille. Mihi quidem aliquoties in-
spicienti, talparum ocelli liquidò apparuerunt. prominent enim extra cutim ueluti puncta nigra, magnitudine seminis milij uel papaueris, neruo affixa. Hæc cum digito chartæ apprimerem, nigro humore eam infecerunt. Quin & eruditus quidam amicus noster, in talpa grauida dissecta fœtus aliquot se reperisse mihi narrauit, maiusculis capitibus, in quibus iam etiam oculi apparerent. ¶ Auriculis caret, Albertus. Rostrum habet ὥσπερ γαλῆς, id est tanquam mustelæ, Suidas & Hesychius
in τυφλότερος: lego, ὡς μυγαλῆς, id est tanquam muris aranei. omnino enim simile est: aut, si mauis, suillo rostro, ut magnis parua conferantur. Dentes etiam non ut cæteri mures, sed muris aranei dentibus ferè similes habet, præsertim inferiores. binos enim anterius coniunctos & oblongos non habet. sed ut canes uel mustelæ utrinq; ad latera singulos habet eminentes, non in utraq; tamen ut illi,
sed superiore tantum maxilla. posteriores siue interiores multis cuspidibus ut in mure araneo exa-
speratos: ut merito μιαρωτάτους, id est pessimos & ualde noxios eam dentes habere Suidas & Hesych.
in uoce τυφλότερος scripserint. Χαυλιόδοντα sunt, quę dentes habent extra os prominentes, ὑπερφυεῖς,
ut elephas, sus, talpa, Varinus in Καρχαρόδοντα. sed sui ab inferiore mandibula sursum tendunt, elephanto & talpæ à superiore deorsum. Lingua est tanta, quantam inferior oris meatus capere potest. Collum inter crura anteriora breuissimum, & propè nullum. Pulmones multæ sunt fibræ
separatæ, quæ nullo communi inter se principio cohærent. Siti sunt illi cum corde quod amplectuntur,

gitur,multò inferius quàm quis putaret,uentrem uersus. Fel est subflauum. Pedes ursinis similes,Hesych. & Suid. Digiti eius quibus terram fodit, omnino acutis unguiculis armantur, Ge. Agricola. Crura ei breuissima & ungues acuti: digiti quinq; ante, & quatuor posterius, Albertus: sed falsus est, nam in posterioribus quoq; pedibus digiti quinq; sunt, quorum minimus ita spectat introrsum,ut negligentius inspicientem lateat. Vola seu palma anteriorum pedum bene lata est, & manum refert, cauo etiam per medium relicto si modicè cõprimatur. Vngues in eisdem robusti, & maiores longiores latioresq; quàm in ulla animante pro sui corporis modo. Hoc etiam eisdem cruribus peculiare, quod anteriorem duntaxat partem habeant, ossibus constantẽ geminis, quæ statim in armum siue os humeri inseruntur. sic enim fortius fodit.(ad quod illud etiam facit,quod pedes eorũq; digiti non deorsum sed ad latera spectant.) Posteriora uero crura,utranq; partem, ut murium crura habent. sed pars quæ infra genu est,osse uno constat,quod paulò infra genu bifurcatur. Cauda breuis & hirsuta est.

C.

De cæcitate talpæ,præcedenti capite diximus. ¶ Liquidius(quàm homo) audiunt talpæ obrutæ terra, tam denso atq; surdo naturæ elemento. Præterea uoce omnium in sublime tendente, sermonem exaudiunt: & si de ijs loquare, intelligere etiam dicuntur, & profugere, Plinius. Auditus eis acrior sub terra, quàm supra, Mich. Herus. Talpa acri auditu est. & ideo longè in terra trahẽtes (se mouentes) uermes audit. Verùm hoc non ex auditus præstantia contingit, sed potius ex commotæ terræ continuitate. Nam si oblõgus meatus sub terra excauetur, in quem aliquis uocem emittat, aut loquatur, longè auditur: sicut & ille qui loquens per hastas & ligna caua quãmuis longa auditur. Et hanc ob causam talpa undiq; circa se oblongos meatus fodit. ¶ Homo nullius iudicij, sed tamen impendio uerbosus, loquax talpa dictus est populari conuitio. Quod primum dictum est in Iulianũ Capellam, posteaquam uenerat in publicũ odium. Nam talpæ nostri ut cæci sunt, ita sunt æquè muti. Rerfert Ammianus libro 17. Erasmus. ¶ Crura habet breuia, quare tardè graditur. Cum iniuriam sibi in dorso fieri sentit, mox se resupinat, & pedibus rostroq; defendit. Terrã in aruis, magis uerò in pratis & hortis passim egerit, Ge. Agricola. Talpa domicilium sibi parat, Aristot. Terram pedibus effodere, rostro reijcere uidetur, unde nomen Germanicum **mulwerff**. Adeò autem hoc opus celeriter & amplè explet, ut qui uiderint primò defossam (à) talpa humũ, multum admirentur, Cardanus. Nullum animal sanguine præditum (& uiuiparum,) sub terra perpetuò uiuens præter talpam est inuentum, Cardanus. Audio talpas omnes mense Iunio apud nos latibulis suis aliquando egredi, ideoq; facilius eo mense capi. ¶ Vita talpæ super (extra) terram, non durat nisi fortè ad unam aut alteram ad summũ horam, Albertus. Theophrastus tradit in Paphlagonia effodi pisces gratissimos cibis, &c. quicquid est, hoc certe minus admirabile talparum facit uita subterranei animalis, Plinius. Talpæ cum terram per cauernulas subeant, sub terra spirandi facultas eis nõ adimitur: Et forsan cuniculorum suorum aditus terra obrutos, idcirco rursus aperiunt, ne respiratio necessaria eis intercipiatur. quanquã aliquandò in secundum aut tertium diem id facere differunt. ¶ In cibo lumbricos appetunt. quamobrem amant loca stercorata, & sterquilinijs hortorumq; areis proxima. Agunt autem cuniculos suos multò altius quàm subterranei mures. Lumbrici cum talpas sibi imminere senserint, ad soli superficiem fugiunt. Vermibus uiuunt, in fame etiam terra, Author libri de nat. rerum. Albertus lumbricis eas uesci scribit, & in fame radicibus herbarũ, præcipuè frugum. Oppianus talpam ποιοφάγον, id est herbiuoram uocat, & λάβρον ἐδωδῆς, id est uoracem. Semper terram fodit, & humum egerit, & radices subter frugibus comedit, Isidorus. Expertus sum (inquit Albert.) quòd talpa delectatur bufonibus & ranis in cibo. Et aliquando deprehendi bufonẽ magnum, quem talpa sub terra pede mordicus apprehensum retinebat: & bufo fugiens iam toto corpore extra cuniculum educto, altam uocem ædebat propter morsum talpæ. Sed ranas etiam bufonesq; talpam mortuam edere expertus sum. ¶ Creatur talpa ex terra simul ac pluuia, Rodolphus quidam: de terra pluuijs madida & putrescente, Albertus. Hinc puto Oppianus talparum αὐτόχθονα φῦλα dixit.

D.

Mustela in agris & pratis mures & talpas capit: quas in cuniculos etiam persequitur, & celeriter conficit. Feles quoq; capiunt quidem talpas & perimunt, sed non edunt, ut audio. Voce omniũ in sublime tendente, talpæ tamen sub terra sermonẽ exaudiunt: & si de his loquare, intelligere etiam dicuntur & profugere, Plinius. Cum talpa quædam in uas incidisset, è quo euadere non poterat, altera terram inijciendo ei opem tulit, ut referam sequenti capite, uerbis Gillij.

E.

Talpæ omnes mense Iunio latibulis suis aliquando egredi dicuntur, ideoq; facilius eo mense capi. Qui dubitant talpa ne an mus subterraneus cuniculos foderit, terra eos obruunt. quod si statim rursus aperti inueniantur, murem esse intelligũt. quamuis enim talpa quoq; eos rursus aperiat, aliquando tamen in secundum aut tertium diem differt. Vtriq; similiter capiuntur. obseruatur enim quando ad aperiendum accedant, deprehensiq; ligone statim post ipsos in terram adacto eijciuntur. Sunt qui decipulas quasdam similiter ad utrosq; parent: machinis quibusdam, quorum ferrei mucrones sunt oblongi, per transuersum in tabulam ligneam deinceps infixi, ferè quini, lapide ponderoso

uu

oneratis, ita instructis, ut cum mus ad aperiendum cuniculum accesserit, & impositum illic paruum lignum attigerit, machina ruens dentibus suis talpam perforet. aliqui filum ferreum mucronatum baculo infigunt, quem terræ insertum flectunt, & ita instruunt, ut cum talpa in aditum sui caui ue nerit, filo feriente traijciatur. Talpas Græci hoc genere persequuntur: Nucem perforari iubent, uel aliquod pomi genus soliditatis eiusdem. Ibi paleas, & ceram (cedriam, Paxamus) cum sulfure suf ficienter includi. Tunc omnes paruulos aditus, & reliqua spiramenta talparum diligenter obstrui, unum foramen, quod amplum sit reseruari, in cuius aditu nucem intus incensam, sic poni, ut ab una parte flatus possit accipere, quos ab alia parte diffundat, sic impletis fumo cuniculis talpas uel fugere protinus, uel necari, Palladius. Eadem omnino Græce leguntur in Geoponicis, authore Paxamo. In foratam nucem, εἰς καρύινην, (inquit) aut in aliud simile uas angustum, paleas sulfurq́; & ex cedri lachryma quantum satis est inserito, &c. ut ita fumus omnis illapsus talpam suffecet. In hūc modum talparum omnium aditus, (φωλεὼς, τρυμαλιὰς,) circumueniens atq; idem faciens, omnes extermina bis. Aliud eiusdem Paxami, Veratrum album & corticem cynocrambes trita & cribrata, cum fa rina & ouis ex lacte subigens, in offas (μάζας) rediges, quas cuniculis talparum impones. Multi & formicas & talpas amurca necant, Plinius. Cum ad comprehendendas talpas fictile uas angu stis faucibus in scrobem de industria factum demisissem, earumq́; una in hoc ipsum incidisset, & exi tus non ei pateret, quod sursum uersus propter decliuitatem adrepere nō posset, altera ei opē et salu tē tulit, terrāq́; effossam in uas tandiu cōiecit, quoad exaggeratione facta, altera exire potuerit, Gill.

¶ E pellibus talparum cubicularia uidimus stragula. adeò ne religio quidem à portentis summo uet delicias, Plinius. Ex earum pellibus etiam pileolos fieri Ge. Agricola scribit. Ego crumenas ali quando ex eisdem consutas uidi. oblectat enim densa pilorum mollicies, & color ex atro splendens, quo sericum uillosum refertur. ¶ Cumulos à talpis excitatos in pratis hortisq́; disijcere oportet, idq́; potissimum descendente Luna, à cancro scilicet ad capricornum, præsertim cum in aliquo signo sicco fuerit. Sunt qui eò utilius hoc fieri putant, quò minor Luna fuerit, non pluuio, sed sicco cœlo, Obscurus. Superstitiosum: Si falcem, qua fœnum secatur, in natali Domini in prato acuas, talpæ omnes quotquot sonum audierint, è prato diffugient, Obscurus. ¶ M. Varro author est, à cunicu lis suffossum in Hispania oppidum, à talpis in Thessalia, Plinius.

G.

Magi de talpis multa uana prodiderunt: nec quicquā probabilius inuenietur quàm muris ara nei morsibus aduersari eas, quoniam et terra, ut diximus, orbitis depressa aduersatur, Plinius. Mor sui muris aranei talpa discerpta imponitur, Plinius Valerianus. Sorices magni, id est talpæ, si im ponantur ictui scorpij, sanant, Hali. Talpam super glandulas ligato, destruit, Sextus. Pilulas ex talpis cum melle subactas, (diebus nouem deuoratas,) Arnoldus à bocio & scrophulis liberare putat, Oliuarius. Vt pili defluant, nec renascantur: Talpam in aqua tandiu macerari relinques donec pi lis nudetur: hac aqua locum pilosum illines: (& postea ablues lixiuio, & linteo perfricabis. & si pili re dituri uideantur, bis aut ter repetas.) hoc aliqui se expertos scribunt, Andr. Furnerius. Vt pili in equis renascantur: Talpa coquatur in oleo donec dissoluatur & consumatur caro. hoc oleo locum pluries inunges, bis saltem die, Rusius. Vt pili equorum nigri mutentur in albos: Talpam in aqua salsa uel lixiuio per triduum coques: & cum aqua uel lixiuium consumptum fuerit, nouam aquam uel lixiuium addes: quo facto, aqua illa aliquantulum calida locum madefacito. Pili nigri mox de fluent, & subnascentur albi, Rusius. Aliter, Talpam in olla noua discoques diutissime, & superna tante pinguedine collecta locum in equo illines, Obscurus. Aliter, Talpam in aqua coques do nec dissoluatur: & sic triduo relinques. deinde illines locum, in quo pilos albos nasci uolueris, prius derasum, Obscurus. Nugantur quidam, si quis talpam manu dextra teneat donec expiret, singu larem in illa manu facultatem futuram sedandis mammarum muliebrium doloribus. ¶ Talpæ ustę cinis cum albumine oui loco leproso illitus, plurimum ualere dicitur, Albertus & alius obscurus. Talpæ cinis ex oleo uel melle illitus, cutim leprosam emendat, Iacobus Oliuarius. Strumis talpæ cine rem ex melle illinire suadent, Plinius & Marcellus. Fertur etiam quod cinis talpæ contra fistulam ualeat, nempe ad eius putredinem consumendam, Obscurus apud Vincentium. Ad dentes mo biles: Talpæ cinerem mixtum cum melle superfricato, dentes confirmat, Sextus. ¶ Sanguis talpæ occisæ capiti glabro illitus, pilos restituit, Albertus & alius quidam obscurus. Ad paronychiam: Talpæ sanguinem chartæ instillatum superilligato, Innominatus. Magi tradunt lymphatos san guinis talpæ aspersu resipiscere, Plinius. ¶ Ad strumas: Aliqui talpæ caput præcisum, & cum ter ra à talpis excitata tusum digerunt in pastillos pyxide stannea, & utuntur ad omnia quæ intume scunt, & quæ apostemata uocant, quæq́; in ceruice sunt, uesciq́; suilla tunc uetant, Plinius. Tal parum capita recisa cum terra sua contunduntur, & pro emplastro adponūtur strumis, utiliter pro sunt, ob id quod pastilli inde facti in pyxide stannea reponi debent, ut præsto sint cum opus est, Mar cellus. ¶ Dente talpæ uiuæ exempto, sanari dentium dolores adalligato magi affirmant, Plinius.

¶ Arnoldus putat cor talpæ nouem dies comestum, liberare à bocio & scrophulis, Iacobus Oli uarius. ¶ Ad strumas: Aliqui iecur talpæ contritum inter manus illinunt, & triduo non abluūt, Plinius. Iecur eius inter manus tritum adpositum, plurimum prodest, Marcellus. ¶ Dextrum quo que pedem eius remedio esse strumis affirmant, Plinius.

Talpæ

H.

a. Talpæ oculis capti, Vergil. 1. Georg. ubi Seruius, Mutauit(inquit) genus. nam hæc talpa dicitur. sicut & de damis fecit. Fiunt & circa genus figuræ in nominibus. nam & oculis capti talpæ, & timidi damæ dicuntur à Virgilio. sed subest ratio, quia sexus uterque altero significatur. tam enim mares esse talpas damasque, quàm fœminas, certum est, Quintilianus 9. 3. Talpa dicta est, eò quòd perpetua cæcitate tenebris damnata sit: quam Græci afflata (lege, aspalaca) uocant, Isidorus. Aspialis, (lego, aspalax,) id est talpa, Syluaticus. Scribitur & asphalax, nimirũ Atticè. παρὰ τὸ σπᾶν, γίνεται σπάλαξ, unde asphálax, abundante alpha, & tenui in oppositam sibi densam conuersa, Varinus. Aristophanes in Acharnensibus Bœotos ceu rudes admodum homines notans, Bœotum quendam inducit in foro uendentẽ lepores, uulpes, scalopes, σκάλοπας, (Scholiastes mures interpretatur qui alio nomine spalaces dicãtur, id est talpas,) quasi Bœoti hæc animalia in cibo non aspernentur. Σκάλοψ pro σπάλαξ Atticum est, Nicocles. Λὼτ, ἀσπάλαξ, μῦς τυφλὸς ὁ τὴν γῆν τρυπῶν, Hesych. quidam Latinè etiam murem araneum, murem cæcum appellant. Ἴνδαρος, talpa, Hesych. Varin. Σιφνεύς, talpam ni fallor significat Lycophroni, Varinus. Σίφνον terram interpretantur, & σιφνύειν euacuare: ut talpa σιφνεὺς dicatur, tanquam subterraneũ animal, uel quod terram fodiendo uacuet. Irliocha, id est talpa, Syluaticus. Orthoponticos, id est, talpa, Idem. ¶ Epitheta: Oculis captus, obrutus, captus lumine, apud Textorem. Ποιοφάγος, λάβρος εἰδώδης, ἀλαός, αὐτόχθων, Oppiano. Σπαλακία, morbus, cæcitas, ἡ περὶ τοὺς ὀφθαλμοὺς πήρωσις, Varinus. ¶ Manardus in epistolis inter recentiora morborum nomina, testudinem & talpam (tumores, nimirum ab horum animalium crasso, lato & informi corpore sic dictos) ponit. Testudinem (inquit) uocant tumorem mollem, uel non ualde durũ, satis autem magnum, in quo pinguis materia, tunica quadam obtecta continetur, quæ caluariæ ita hæret, ut ipsam plerunque uitiet. Hanc non est dubium de numero esse abscessuum, & sub meliceride uel atheromate contineri. uidetur autem meliceris potius quàm atharoma. Cæterum talpæ ab istis non magnopere distant, nisi quòd quum albã materiam contineant, ad atharomata potius quàm melicerides referuntur, Hæc Manardus. Sed uidetur etiam author libri tertij de Parabilibus, (qui Galeno adscribitur,) capite 163. per ἀσφαλακίας, interpres talpas reddit, abscessuum genus intelligere, diuersum tamen à superiore, & ad fistulas referendum propter foramina. Elues eas (inquit) primum mulso, deinde fel bubulum infijcito, & leporis fimum, aut quod ex sapone confectum est: aut rutæ succum in foramina instillato, aut aristolochiam tritam cum aceto subigens, in foramina infarcito. ¶ Est & herba spalax, uel ut Gaza reddit aspalax: de qua Theophrastus 1. 11. historiæ plantarum, Herbaceorum etiam (inquit) pleraque radices habent grandes & carnosas, ut aspalax (σπάλαξ) crocum, perdicium. Sed nec ipse alibi, nec alius quisquam quod sciam huius herbæ meminit. Astragalus herba crassos carnososque aliquot nodos in radicibus habet, & quærendum an ita melius quàm aspalax legatur.

¶ c. Formicæ Indicæ, quemadmodum talpæ, sic ad cauernarum fauces terram exaggerant, Aelianus.

¶ e. Τί δῆτα περὶ τῶν ἀσπαλάκων λέξαιμι; φοβερὸν γὰρ τοῖς γεωργοῖς τὸ κακὸν, καὶ δυσανταγώνιστον τὸ πολέμιον, Rusticus quidam in epistolis Simocati. ¶ Armo talpæ contacta semina uberiora esse quidam putant, Plinius.

¶ h. Phineum excæcatum & in talpam mutatum, Oppianus canit circa finem lib. 2. de uenatione. Ouidius tamen in Metamorphosi ipsum & socios in saxa conuersos scribit. Talparum è pellibus cubicularia uidimus stragula. adeò ne religio quidem à portentis summouet delicias. Nam religionis capax dicitur animal, Plinius. Et alibi, Peculiare uanitatis Magorum sit argumentũ, quòd animalium cunctorum talpas maximè mirantur, tot modis à rerum natura damnatas cæcitatis perpetuæ, tenebris etiamnum alijs defossas, sepultisque similes. Nullis æquè credunt extis. Nullum religionis capacius iudicant animal: ut si quis cor eius recens palpitansque deuorârit, diuinationis & rerum efficiendarum euentus promittant. Veteribus monumentis traditur, gallinaceorum fibras maximè dijs gratas uideri, sicut talparum (uiscera) Magi uerissima dicunt, illisque haud secus quàm solenni uictima pulcherrimè litari. hæc enim sunt exta argutissima, in quibus diuina mens inesse creditur, Alexander ab Alex. 5. 25. Et paulò post, Apud Magos talparum exta & ranarum, euentus fortunatos, nonnunquam magnos casus prædicere crediderunt. Neptuno multis in locis ἀσφάλακας, lego ἀσφάλακας, id est talpas sacrificant, & Phurnutus scribit: ratione nominis duntaxat, ut uidetur, quòd ipse ἀσφαλῶς, id est tutò & firmiter terræ fundamenta & ædificia consistere faciat, unde & Asphalius cognominatus est, Gyraldus. Franciscus Alunnus talpam Furijs infernalibus sacram esse scribit: authorem uerò non adfert.

¶ Prouerbia, Talpa cæcior, & Talpa loquax, explicata sunt supra capite tertio.

uu 2

DE TIGRIDE.

A.

TIGRIS uocabulum est linguæ Armeniæ. nam ibi & sagitta, & quod uehementissimum flumen, dicitur Tigris, Varro de ling. Lat. Tigris uocata est propter uolucrem fugam. sic enim nominant Persæ & Indi sagittam, Isidorus. Medi tigrin sagittam appellant, Perottus, & Eustathius in Dionysium. Munsterus in Dictionario suo trilingui uocem גִּיר gir, & girera, sagittam interpretatur. In eodem opere hanc feram Hebraicis literis eiusdem soni, quibus Latina & Græca est, scribit, טגריס, tigros. item עלאי, alai. sic enim legendum puto. ipse puncta uocalia non adiecit. לַיִשׁ, laisch, Iob quarto. Septuaginta uertunt μυρμηκλέων (uidetur legendum μυρμηκολέων:) Hieronymus tigris. Sed leonem magnum & prouectæ ætatis hac uoce significari, docuimus in Leone A. A Iudæis φοράδι uocatur animal, quod tigris à Græcis, Hesychius, Varinus. Hoc animal quia Europæ peregrinum est, omnes in ea populi tum barbari, tum Latini Græciq́, uno & eodem nomine peregrino utũtur. Ab Italis tigre uel tigra in recto singulari scribitur. A Gallis masculino genere ung tigre. à nobis neutro, **tigerthier**, hoc est, tigris animal. Tigres uulgò dictas non uerè tigres, sed thôas maiores esse aliqui putant, ut dicam in B. ex Arriano. Manticoram Pausanias in Bœoticis, tigrin esse conijcit: ego leucrocutam potius, ut inter animalia hyænæ congenera declaraui.

B.

Leones & tigrides in regionibus ad Orientem & Austrum nascuntur, quod maiorem caloris copiam hæc animalia desyderent, Cælius. Tigres in India sunt & iuxta rubrum mare, Philostratus. Asangæ Indiæ populi (ultra Gangen) tigri fera scatent, Plinius. Ptolemæus Besingos Perimuleis ultra Gangen uicinos tigribus infestari plurimis scribit. Megasthenes in Prasijs tigres gigni leonibus ferè duplò maiores tradit, Strabo. In Taprobane tigrides & elephanti capiuntur, Solinus. Inter tigrium epitheta apud poëtas, Armenias & Hyrcanas legimus. Tigrin Hyrcani & Indi ferunt, Plinius. Tigridum millia multa apud Hyrcanos cernuntur, Ammianus Marcellin. Hyrcania fœta est tigribus, Solinus. Apollonius (inquit Philostratus libr. 3.) dextra quidem Gangem, sinistra uerò Hyphasin fluuium habens, ad mare descendit cum socijs. Descendentibus autem multæ feræ, & inter cæteras tigres occurrerunt. In parte Syriæ contermina reperiuntur leones & pardales, & qui Babylonij uocantur tigres, Diodorus. Post Barygazam continens ad Austrum pertingens Dachinabades uocatur: quæ supra hanc est mediterranea regio ad Orientem, mõtes magnos continet, & omnigena ferarum genera, pardales, tigres &c. Arrianus in Periplo rubri maris. Colonus Hispanus ex Hispania soluens ab Oriente in Occidentem diebus 26. Hispaniolam insu-

lam

Iam attigit, inde Occidentem rectà secutus in Guanassam insulam peruenit: unde pergens, ad milliaria decem Ciambam regionem inuenit, quæ leones & tigrides nutrit, Petrus Martyr.

¶ Indi tigrim elephanto robustiorem multò existimant. huius feræ pellem se uidisse Nearchus scribit, animal uerò ipsum nō uidisse: Indos uerò referre, tigrim esse maximi equi magnitudine, uelocitate & uiribus bestias omnes superare: elephantum etiam, insilientem in caput eius, facile suffocare. Illas uero quas nos uidemus & tigres uocamus, thoas uarios esse, & maiores quàm cæteri thoes sint, Arrianus in Indicis. Strabo lib. 15. testatur Megasthenem scribere, tigres in India apud Prasios populos, magnitudine duplos ferè ad leonem, adeò ualentes esse, ut unus ex mansuetis à quatuor hominibus ductus simulum posteriore pede apprehenderit, ad se trahat. Tigris ad magnitudinem leporarij canis, (Anglici, Obscurus. Hyrcani, Arnoldus de Villanoua) & amplius excrescit, Albertus. Tigris est ut leo, Varro. Similis est leænæ, pelle tantum uaria excepta: νόσφι μόνον ῥινοῖο, τὸ δ' ἀιόλον ἐστεφάνωται λαίλαπα πορφύροντα, καὶ ἄνθεσι μαρμαίροντα. Tales ei (ut leænæ) oculi igneo splendore micant, & reliquum corpus simile est, nempe ualidum & bene carnosum, (εὐσαρκον,) & cauda similiter prolixa. Tale os, facies, ac similis in ima fronte laxa pellis (episcynion, de qua uoce plura dixi in Leone B.) nutat, & similiter frendent dentes, Oppianus. Et rursus, τίγριδος αὖ μετόπισθε κλυτὸν δέμας ἀείσωμεν, τῆς οὔ τερπνότερον φύσις ὤπασε τεχνήεσσα ὀφθαλμοῖσιν ἰδεῖν. Tantum autem præstat pulchritudine tigris inter alias feras, quantum inter uolucres pauo. Idem libro primo de uenatione, in mentione equorum quos orynges uocat. horum alij, inquit, floridis decorantur maculis multis (δολιχῇσιν ἐπ' ἤτρομα ταινίῃσι) siue tænijs oblongis tigrium instar, alij uerò rotundis ut pantheræ. Mēsis ex cedro præcipua dos in uena crispis, uel in uertice uarijs. illud oblongo euenit discursu, ideoq; tigrinæ appellantur: hoc intorto, & ideo tales pantherinæ uocantur, (plura super hoc loco dixi in Panthera a. inter deriuata,) Plinius. Panthera & tigris macularum uarietate propè solæ bestiarum spectantur, cæteris unus ac suus cuiusq; generis color est, Plinius. Tigres bestias insignes maculis notæ & pernicitas memorabiles reddiderunt. fuluo nitent. hoc fuluum nigrantibus segmentis interundatum, uarietate apprime decet, Solinus. Albertus Solini uerba non rectè inuertit, nigri coloris esse scribens, fuluis uirgulis quasi undatim intercepti. Tibi dant uariæ pectora tigres, Seneca in Hippolyto. Tigris atra, Vergilio 4. Georg. Maculosa, Ouidio 11. Metamor. Vngues habet aduncos, dentes acutos, pedem multifidum, Albertus. Omnia fermè animalia sæua feli similia sunt, pantheræ, lynces, pardi, & forsan etiam tigrides. commune enim est unguium magnitudo & robur, pellis distincta, uersicolor ac pulchra, caput rotundū, facies breuis, (hæc duo tigridi non conueniunt:) cauda prolixa, agilitas corporis, feritas, & cibus qui uenatione acquiritur, Cardanus. Natura leonibus, sicut & ursis & tigribus angustiora (breuiora intelligo) creauit colla. quia in terra ceruicem & ora non deijciunt pascendi gratia, sed aut ceruum inuadunt, aut bouem ouemq; discerpunt, Ambrosius. Falsò creditur omne genus tigrium fœmineum esse, nec coire cum ullo mare, sed ex uento concipere. capitur enim nonnunquam mas, etsi rarius, Oppianus.

C.

Tigrides indomitæ rancant, rugiuntq; leones, Author Philomelæ. Si uenatores raptis eius catulis nauibus abeant, mœsta in littore tigris ululat, ὠρύεται, Philostratus in uita Apollonij. Qui tigridis catulum rapuit, appropinquante fremitu, (ipsa tigride fremente,) abijcit unum ex catulis, Plinius. Oppianus tigrin & cætera leænæ similia habere scribit, si pellem maculosam excipias, & similiter inquit eius λαλαγεῦσιν ὀδόντες. ¶ Tigrin Hyrcani & Indi ferunt, animal uelocitatis tremendæ, & maximè cognitæ dum capitur, Plinius. Vide inferius in E. Tigres bestias macularum notæ & pernicitas, memorabiles reddiderunt, Solinus. Et rursus, Pedum tigridis motum nescio an uelocitas an peruicacia magis adiuuet. nihil tam longum est quod non breui penetret. nihil adeò antecedit, quod non illico assequatur. Cætera (præter pellem uariam) similis est leænæ: sed multò celerior tum hac, tum quibusuis uelocibus feris. cursu enim similis est Zephyro genitori. nam à uento eas concipere falsò creditur, Oppianus. ¶ Huic fabulæ forsan nimia earum uelocitas occasionem dedit, ut & equos quosdā uelocissimos è uentis prognatos ueteres fabulati sunt, ut equos Dardani ex Borea. In Lusitania etiam equas ex uento concipere, in Equo C. ex Varrone retuli. Præter tigridem nullum animal fermè rapax, pernix est, Cardanus. Ocyor & cœli flammis & tigride, Lucanus lib. 5. ¶ Indi tigrim elephanto robustiorem multò existimant. aiunt autem eam maximi equi magnitudine esse, uelocitate & uiribus tantis, ut nullum ei animal conferri possit. nam si quando cum elephanto pugnat, insilire in eius caput, & facile suffocare. Quas uerò nos uidemus & appellamus tigres, Nearchus scribit thôas uarios & maiores esse, Arrianus in Indicis. Megasthenes prodidit, in Prasijs tigres gigni leonibus duplò ferè maiores, eo robore ut si de mansuetis unus à quatuor hominibus ductus, muli posteriorem pedem (τῷ ὀπισθίῳ ποδὶ δραξάμενον ἡμιόνου: potest & aliter uerti, ubi mulum posteriore pede [suo posteriore pede, muli pedē] apprehenderit,) cōprehenderit, ad se trahat, Gillius ex Strabone. De tigride cicure quæ ferum leonem lacerauit, Martialis carmen extat in libro Spectaculorum, epigrammate 18. ¶ Tigres in Hyrcania urgente inedia Oxum & Maxeram amnes aliquoties natatu superantes, improuisæ finitima populantur, Am. Marcellinus. ¶ Cibi causa omne animalium genus, quadrupedes præsertim maiusculas, inuadit. Elephantum ab ea facile superari, & mulum uel pede apprehensum trahi, (à maiore scilicet & propriè dicta tigri,) paulò ante recitaui.

uu 3

Ceruos, boues & oues inuadit, Ambrosius. Tigris cicur obiecto hœdo, quo cum familiariter diu uersata erat, biduum totum abstinuit: tertio die cum esuriens aliud postularet, felem datum discerpsit, Plutarchus in libro Vtra animalium, &c. ¶ Per syluas tum (tempore libidinis) sæuus aper, tum pessima tigris, Heu malè tum Libyæ solis erratur in agris, Vergil. in Georg. Coitus auersus elephantis, camelis, tigribus, &c. quibus auersa genitalia, Plinius & Solinus. Tigris multos parit catulos, Albertus. Tigris cursu est similis Zephyro genitori: etsi fabulosum uideatur feris uentum misceri. falsò enim creditur omne tigrium genus fœmineum esse, nec coire cum ullo mare. capitur enim nonnunquam mas, etsi rarius, ut qui uisis uenatoribus catulos deserere, & fuga sibi consulere soleat, manente cum eis matre, Oppianus. Ex tigride & cane Indicos canes gigni confirmāt: uerum non statim, sed tertio coitu. primo enim belluinos adhuc catulos procreari aiunt. alligantur canes locis desertis, & nisi bellua incensa libidine sit, sæpe lacerantur, Aristoteles. Idem alibi canes Indicos generari scribit ex cane & fera quadam simili, ἐκ θηρίου τινὸς κυνώδους, nomine non expresso. Plinius Hyrcanos canes ex tigribus nasci scribit, ut dixi in Canibus robustis.

D.

Tigris bellua est aspera, sæua, indomita, rabida. his enim epithetis eam poëtæ cognominant. Tigres leonesq́ nunquam feritatem exuunt, aliquando submittunt, & cum minimè expectaueris, exasperatur toruitas mitigata, Seneca in epistolis. Leonibus manus magister inserit, osculatur tigrim suus custos, Ibidem citante Crinito. Indi ad suum regem afferunt tigres domitos, cicures pantheras, &c. Aelianus. Plutarchus (in libro Vtra animalium &c.) scribit hœdum quo cum tigridi uiuendi consuetudo fuisset, cum deuorandum huic quidam obiecissent, eiusmodi feram, quamuis alterius cibi nulla facultas esset, ab edendo non modò se sustētasse toto biduo, uerū etiam ut aliū cibū petere intelligeretur, caueam (galeagram) qua contineretur, distraxisse, & dirupisse. Eandem historiā de pardali, quæ hœdum secum nutritum attingere noluerit, ex Aeliano retuli in Panthera D. Tigris animal est sæuissimum, & incomparabili rabie sæuiens, præcipuè quando raptis catulis insequitur uenatores, Physiologus. Leones, pantheræ & tigrides, fœtus suos uehementer amant, & pro ipsis contra uenatores pugnando, quæuis tela & mortem quoq; contemnunt, Oppianus libr. 3. de uenatione. De ijsdem & lyncibus ibidem scribit, quod cum ad latibula sua reuersæ catulos sibi ablatos nō reperiunt, magno & miserabili eos ululatu plangant. Tigris mas raro capitur. nam uisis uenatoribus relictis catulis in fugam se conijcit. fœmina uerò cum catulis manet, & animo mœsta à lætis uenatoribus irretita capitur, Oppianus. Plura adferemus mox sequenti capite. Tigris etiam (similia proximè de elephanto dixerat) feris cæteris truculenta, atq; ipsa elephanti quoq; spernens uestigia, homine uiso transferre dicitur protinus catulos, Plinius. ¶ Quæ animalia tigris inuadat, laniet, aut suffocet, præcedenti capite dixi. uidetur enim cibi duntaxat gratia, quæcunq; consequi potest, interimere. ¶ Tigrem dicunt si tympanorum sono obstrepatur, insanire atq; furere, seseq; discerpere & lacerare, Aelianus.

E.

Tigris uiuus capi adhuc non potuit, Varro de lingua Lat. Iuxta Gangen Indiæ fluuium buglosso similis herba nascitur, cuius succum expressum Indi seruant, & intempesta nocte latibulis tigrium aspergunt, unde illæ sic afficiuntur, ut cum progredi nequeant, immoriātur, (αἳ δὲ διὰ τὴν δύναμιν τῆς ἐκχυθείσης πρασίας, προχωρῆσαι μὴ δυνάμεναι, θνήσκουσιν,) ut Callisthenes prodit tertio de uenatione, Plutarchus in libro de fluuijs. Tigrin Hyrcani & Indi ferunt, animal uelocitatis tremendæ, & maxime cognitę dum capitur. Totus enim fœtus, qui semper numerosus est, ab insidiante rapitur equo quàm maxime pernici, atq; in recentem subinde transfertur. At ubi uacuum cubile reperit fœta (maribus enim cura non est sobolis) fertur præceps, odore uestigans. Raptor appropinquante fremitu, abijcit unum ex catulis. Tollit illa morsu, & pondere etiam ocyor acta remeat, iterumq; consequitur & subinde, donec in nauem egresso irrita feritas sæuit in littore, Plinius. Tigrium potentia (uelocitas) maximè probatur, cum maternis curis incitantur, cum catulorum insistunt raptoribus. Succedant sibi equites licet, & astu quantolibet amoliri prædam uelint, nisi in præsidio maria fuerint, frustra est ausum omne. Notantur frequentissimè, si quando latrones (uenatores) suis asportatis catulis renauigantes uident, in littore irrita rabie se dare præcipites, uelut propriam tarditatē uoluntaria castigantes ruina: quanquam de fœtu uniuerso uix unus queat subtrahi, Solinus. Ad naues usque procedere tigrim ferunt catulorum repetundorum gratia, illisq; receptis cum gaudio abire. quod si ablatis catulis abeuntes naues aspiciat, mœstam in littore ululare, (uide etiam supra in D.) quandoq; etiam ob doloris magnitudinem mori, Philostrat. lib. 2. de uita Apollonij. Mas raro capitur. nam uenatoribus conspectis, catulos deserit & fugit. fœmina uerò cum eis manens, irretita à uenatoribus capitur, Oppianus. Venatores quidam sphæras uitreas catulorum quos rapuerint insequentibus matribus obijciunt, quas illæ intuentes, imagine quam ipsæ reddunt decipiuntur, ut catulos subesse putent, idq; eo magis, quod sphæra moueatur, ceu uiuum in se animal continens. Sed cum tigris sphæram pedibus confringit, ut catulo potiatur, delusam se uidens pergit insequi. Illi alias subinde sphæras obijciunt, deluduntq;, donec ad ciuitates uel naues euadant, Albertus. ¶ Darienen insulam noui Orbis in Oceano Occidentali, quæ octo ferè dierum nauigatione a L Hispaniola distat, infestatam anno superiore (circa annum Domini 1514.) aiunt, ita ut integro semestri tempore, nox nulla indemnis

demnis abierit, quin uel iuuenca aut equa, canis aut porcus, intra uici ipsius uias interimeretur. Armenta gregesq; iam assequuntur. imò & minimè tutò referunt, domo exisse quenquam eo tempore, quando præcipue catulos alebat. tunc nanq; adoriebatur & homines, fame urgente catulorum, si homines prius occurrissent quàm brutum animal. Necessitate cogente tandem ars inuenta est, qua tanti sanguinis pœnas lueret. exploratis angustijs semitarum, quibus è cauernarum latebris ad prædam noctu prodire solebat, iter scissum est. Excauatam scrobem cratibus & egesta terra, parte superuacua dispersa, strauerunt. Veniens incautus, mas quidem erat, tigris decidit in foueam, & sudibus acutis in scrobis fundo fixis inhæsit. Rancatu suo uniuersam obtundebat uiciniã, & montes illo stridore reboabant. Saxis ingentibus è fossæ superciliis in eum sudibus infixum deiectis, peremptus est. 10 In mille assulas & mille frustula, fixa dextra, directas hastas & ab alto iaculatas dirumpebat. Semianimis & exanguis formidine replebat intuentes. Ioannes quidam Ledesma Hispalensis, de tigride illo se comedisse fassus est, bouina carne nihilò deteriorem esse mihi retulit. Vnde tigridem esse dicãt interrogati, qui nunquam tigridem uiderunt: respõdent, à maculis, à feritate, à dexteritate, à signisq; aliis ab authoribus datis tigrim arbitrari. Cum & pardos & pantheras maculatos ex ipsis plæriq; se uidisse prædicent. Tigride mare perempto, montes uersus uestigia illius secuti, antrum coniugale ipsius domicilium adeunt, duos, absente genitrice, catulos uberibus adhuc matris indigos auferunt. Mutato consilio, quo grandiusculos effectos in Hispaniam post hæc mitterẽt, ferreis catenis diligenter in colla compositis, ad maternum antrum paruulos reportant lactandos. Post paucos inde dies regreßi ad speluncam, catenis nil suo loco mutatis, uacuam reperêre speluncam. Putant à matre in 20 frusta præ rabie dilaceratos, ablatosq; ne quisquam eis frueretur. Asseuerant nanq; solui è catenis nullo pacto potuisse uiuos. Pellis perempti tigridis ad Hispaniolam, siccis herbis & culmo farcta, missa est ad Almirantum & primores. Qui à tigride incommoda passi sunt, & qui pellem eius tractarũt, hæc mihi differuerunt. quæ dant accipimus, Petrus Martyr Oceaneæ Decadis 3. libro 2. ¶ Diuus Augustus Q. Tuberone, Fabio Maximo coss. quarto nonas Maij, theatri Marcelli dedicatiõe, tigrin primus omnium Romæ ostendit in cauea mansuefectam: diuus uerò Claudius simul quatuor, Plinius. Inter munera Augusto missa ab Indis, tigres Romæ uisæ fuêre primo, ut author est Dion, Cælius. Fuerunt sub Gordiano Romæ tigres decem, leones mansueti sexaginta, &c. Iul. Capitolinus. Heliogabalus portentosi ingenij imperator, leones & tigres ad currum iunxit, Cybelem se & Liberũ patrem uocitans, Textor ex Lampridio. Meminit etiam Crinitus 16. 10. Picto quòd iuga delicata 30 collo Pardus sustinet, improbæq; tigres Indulgent patientiam flagello, Martialis in libro Spectaculorum epigrammate 148. Romæ in triumpho Aureliani fuerunt tigrides quatuor, camelopardali, alces, Vopiscus. Edita munera in quibus præter alia diuersa ex toto orbe terrarum, tigrides exhibuit, Capitolinus in Antonino Pio.

F.

Mensæ apud Indos imponuntur leones, apri, & tigrium clunes. Cæteris enim animalis huius partibus uesci Indi prohibentur, Philostratus lib. 2. de uita Apollon. Qui in Dariene insula tigrinam carnem gustauit, bubula nihilò deteriorem esse retulit, ut præcedenti capite recitaui.

H. a.

a. Tigris ab aliis aliter scribitur, inflexione etiã & genere non iisdem utuntur authores. τίγρις, 40 cum animal significat: τίγρης uerò, cum fluuium, Suidas. sed hanc distinctionem non uideo obseruari. τίγρις ὑπέρρειτης φέρεται, Dionysius Afer de fluuio. τίγρις iôta habet in ultima (inquit Eustathius Dionysij Scholiastes,) quod inflexio indicat. genitiuus enim τίγριος est apud Aristotelem & Dionysium: ut ὄφις, ὄφιος. ut genitiuus Atticus inde fiat τίγρεως. Arrianus tamen per d. inflectit, τίγριδος, ut etiã author fabulæ Susannæ, Damascenus ut inscriptio præ se fert. Sic & à uocabulo Apis gignendi casum alij Ἄπιδος faciunt, alij Ἄπεως. Sunt qui scribant τίγρης, τίγρητος, ut nomina in ης Iambica. Apud Iulianum quidem & Arrianũ de gestis Alexandri, reperitur etiam πίγρης, de fluuio, per p. ab initio. Est & Paphlagoniæ fluuius Tigris, τίγρις, τίγριος Xenophonti, Hæc Eustathius: Possunt autem omnia sic accipi, ut tam de animali quàm de fluuio intelligantur. πίγρης tantum per p. ad fluuium propriè pertinere uidetur. Ego in Arriani Indicis inuenio τίγρις, τίγριος, τίγριν, de animali. Græci authores, quos ego uiderim, omnes sine delta inflectunt: Latini uerò aliquot cum delta, præsertim recẽtiores. Tigrides enim legimus apud Solinum, Capitolinum, & authorem Philomelæ: Tigridum, apud Am. Marcellinum: Tigridibus, apud Capitolinum. Ocyor tigride, Lucanus lib. 5. Tigrin, tigrim, & tigrem, apud ueteres Latinos reperio, omnia in accusandi casu. Legimus & in plurali numero apud classicos authores, Plinium, Senecã, &c. tigres, tigrium, tigribus. Tu (alloquitur testudinem instrumentum musicum) potes tigreis, comitesq; syluas Ducere, Horatius Carminum 3. 11. Idem in libro de Arte, primam huius uocis corripuit, Dictus ob hoc lenire tigres, rapidosq; leones, de Orpheo. Tigris qui est ut leo, qui uiuus capi adhuc non potuit, Varro genere masculino. Plinius & alij Latini omnes, ni fallor, fœminino genere efferunt. Græci uerò plerique in masculino, Pausanias, Oppianus, Strabo: qui τίγρεις μεγίσους dixit. Plutarchus uero in libro Vtra animalium, &c. fœmininum fecit. ¶ Alsebha Arabicè est nomen commune ad omnia quadrupedum genera, quæ dentibus & unguibus suis aggrediuntur homines mordendo & lacerando, & quandoq; mortem inferendo, ut leo, lupus, tigris, & similia, Bellunensis. Vetus Auicennæ interpres lupos uertere solet. A

uu 4

fluuio dicor, fluuius uel dicitur ex me, Iunctaq; sum uento, uento uelocior ipso, Et mihi dat uentus natos, nec quæro maritos, Camerarius in Exercitijs rhetoricis. est autem ænigma de tigri.

¶ Epitheta. Armeniæ tigres, Vergilius 5. Aegloga. Atqui non ego te tigris ut aspera, Getulúsue leo frangere persequor, Horatius 1. Carm. Atra, Vergil. 4. Georg. Hyrcanæq; admorunt ubera tigres, Idem 4. Aeneid. in sæuum & crudelem. Improbæ, Martialis. Indomitæ, Author Philomelæ. Maculosa, Ouidius 11. Metamorphoseos. At rabidæ tigres absunt, & sæua leonum Semina, Vergilius de Italia. Quis scit an hæc sæuas insula tigres habet? Ouidius episto. 10. Tibi dant uariæ pectora tigres, Seneca in Hippolyto. Virgatæ, Ibidem. Et præterea apud Textorem, Tigres ac●bæ, Afræ, asperæ, auidæ, capistratæ, Caspiæ, carchesiæ, Caucaseæ, concitæ, dentatæ, efferæ, feræ, furibundæ, Gangeticæ, immanes, Indæ, Martiæ, Parthicæ, pedestrenuæ, rabiosæ, rapidæ, rigidæ, sæuæ, truces, spumantes, ualidæ, uiolentæ. ¶ τίγρεις αἰολόνωτοι, Oppianus. τίγρεις οἷα θοοὶ κραιπνοῦ ζεφύροιο γενέθλη, Idem. Et alibi, ἀνθάκι γάρ κεν ἴδοις πολυανθέα καλὸν ἀκοίτην, de tigride mare.

¶ Tigrinus, adiectiuum. Mensæ tigrinæ Plinio dicuntur, ut supra retuli: quæ oblongo uenarum discursu sunt. tales apud nos ex acere & fraxino fiunt, & ut resplendeant flauo pigmento (uernicem uulgus uocat) illinuntur. ¶ Tigris nomen est nauis Massici apud Vergilium libro decimo Aeneidos. ¶ Hippotigrin animal celebratum inuenias in Antonino Caracalla ex Dionis Nicæi historia, Cælius.

¶ Tigris uiri nomen in epigrammate quod Suidas citat in dictione Βολίς: τίγρις μὲν πανοῖσιν ἐφεὶς βόλον, ἐν δ᾽ ἁλίοισι Κλίτορος, ἐν θηρσὶ Δᾶμις ἐρημονόμοις. Tigris Ouidio inter canes Alcæonis numeratur. Nominibus canes non longissimis appellandi sunt, quo celerius quisq; uocatus exaudiat, nec tamen breuioribus quàm quæ duabus syllabis enuncientur, ut sunt Scylax, Ferox: aut fœmina, Lupa, Cerua, Tigris, Varro. Tigranes rex fuit Armeniæ maioris, quem primò Lucullus, deinde Pompeius Magnus uicit. Est & fluuij nomen. ¶ Tigris appellatur ingens fluuius, propter uelocitatem, qui instar bestiæ nimia pernicitate decurrit. Hic de paradiso exiens, iuxta Scripturę fidem, pergensq; contra Assyrios, post multos circuitus (Iosepho teste) in mare rubrum defluit. Plura leges in Onomastico. De scriptione & inflexione huius uocabuli attuli quædam superius ab initio huius capitis. Quaq; caput rapido tollit cum Tigride magnus Euphrates, Lucanus. Τίγρης, fluuius Persarum, & fluuij sonitus, ῥοῖζος, Hesychius. Tigris rapidissimus fluuiorum est, ut nullus ei pernicitate conferri possit: quamobrem Tigris uocatur, quod iaculum uel sagittam uelocitate æquet. Medi enim sagittam tigrin uocãt. Sic & Acis Siciliæ fluuius apud Theocritum dictus uidetur, quod ἀκίδι, id est spiculo uel telo celeritas eius comparetur. Aliqui tamen malunt à tigri fera nominatum hunc fluuium. Fabulantur enim quod cum Sylax (Σόλλαξ, apud Plutarchum de fluuijs) hic amnis uocaretur, hoc est κατωφερής, (nimirum à præcipiti & prono lapsu, quo in Araxem & Arsacidem paludem deuoluitur,) postea tigris appellatus sit, hanc ob causam. Bacchus ab irata Iunone ad insaniam redactus cum passim temere uagaretur ad hoc flumen peruenit, & cum de traiectu anxius hæreret, miseratus eum pater Iupiter, tigrin feram mittit, qua uectus ille traiecit, unde fluuio nomen impositum. Sed etiam citra fabulam à feræ huius summa & incomparabili pernicitate nomen ei aptè imponi potuit. Hic fluuius intelligitur etiam in doloso illo oraculo quod Iuliano redditum est, promittens insignia quædam facinora ædenda παρὰ θηρὶ ποταμῷ, ἤγουν παρὰ τῷ θηριωνύμῳ Τίγρει, Eustathius in Dionysium Afrum scribens. Addit & Arriani ex opere de gestis Alexandri uerba: Euphrates & Tigres, (Τίγρης, aliâs τίγρις) fluuij, mediam inter se Assyriam includunt. Vnde & Mesopotamia ab incolis Tigres uocatur (ipsa potius regio sic uocatur, ut & Dionysius poëta canit,) & humilior est Euphrate. Sed aliam cur Tigris sic dictus sit fabulam Hermesianax affert: Dionysius (inquit) ad amorem suum nec donis nec precibus pellicere posset, in tigrin feram mutatus, metu consternatam per fluuium transuexit, & Medum filium ex ea genuit, qui iam adultus in rei memoriam fluuium appellauit Tigrin, Plutarchus in libro de fluuijs. Tigrin aiunt prope hostia quibus in mare se exonerat, Pasitigrin uocari, quasi non amplius simplicem sed πανταχοῦ τίγριν, propter multos in se receptos amnes, Eustathius in Dionysium. Defle Arabicè est fluuius in Mesopotamia, iuxta quem erat ciuitas Niniue, & apud Latinos Tigris nominatur, &c. Bellunensis in glossis in Auicennam. Tigris minor & Delas fluuij, Apameam Mesenorum ciuitatem circundant, Stephanus. Tigris Xenophonti Paphlagoniæ fluuius est triplethros, hoc est trium iugerum latitudine. Herodotus etiam scribit non unum solum esse tigrin, sed alterum etiam & tertium, qui nec idem sint, nec ex eodem fluãt, sed nomen tantum commune habeant, Eustathius. Tigrana Ptolemæo 2. 6. oppidum est Mediæ in mediterraneis. Τιγρανόκερτα, τὰ apud Stephanum & Strabonem, urbs est iuxta Armeniam, quasi Tigrani ciuitas, nam Parthis certa ciuitas est. Inhabitauit autem eam Tigranes Armeniæ rex.

¶ b. In rubri maris insula esse fruticem baculis tantum idoneæ crassitudinis, uarium tigrium maculis, ponderosum, & cum in spissiora decidit uitri modo fragilem, Alexandri Magni comites prodiderunt, Plinius.

¶ c. Cum Maximinus omnia in uiribus suis ita poneret, quasi non posset occidi, quidam in theatro præsente illo dicitur uersus Græcos dixisse, quorum hæc erat Latina sententia: Qui ab uno nõ potest occidi, à multis occiditur. Tigris fortis est & occiditur, &c. Iulius Capitolinus. Turrigeros elephan-

elephantorũ miramur humeros, tigrium rapinas, &c. Plinius. Tigris ut auditis diuerſa ualle duorum Extimulata fame mugitibus armentorũ, Neſcit utro potius ruat, & ruere ardet utroq;. Sic dubius Perſeus dextra læuáue feratur, Ouidius 5. Metam.

¶ d. Hoc ego ſi patiar, tum me de tigride natam, Tum ferrum & ſcopulos geſtare in corde fatebor, Medea apud Ouidium 7. Metam. Syluestres homines Cædibus & uictu fœdo deterruit Orpheus, Dictus ob hoc lenire tigres, rapidosq; leones, Horatius de Arte.

¶ h. Bacchus in curru, quem ſummum texerat uuis, Tigribus adiunctis aurea lora dabat, Ouidius 1. de Arte. Hac (uirtute) te merentem Bacche pater tuæ Vexêre tigres, indocili iugum Collo trahentes, Horatius Carm. 3. 3. Sed de tigribus alijsq; feris maculoſis Baccho ſacris, plura dixi in Panthera h. Heliogabalus tigres iunxit, Liberum ſeſe uocans, Lampridius. ¶ Poëtis quidẽ omnia licent, ſed cum aliqua ueriſimilitudine, non ut Serpentes auibus geminentur, tigribus agni, Horatius de Arte. ¶ Protei conformatio in diuerſa corpora, imaginum falſarum rationem continet quibus deludimur. Eſt qui expleſſe iram, crudelitatis cõceptaculum, inter optata maximè opinatur, tunc in tigridem demutatio recognoſcitur, &c. Cælius.

DE VRSO.

A.

VRSVS Hebræis eſt דֹּב, dob, cõmunis generis, plurale דֻּבִּים, dubim. Primo Regũ cap. 17. Arabice legitur dubbe, (quo nomine Saracenos etiam hodie uti quidã prodidit,) Chaldaice דּוּבָּא, duba. Aldub urſus eſt, Bellunenſis. Δαβαλή urſus Chaldæis, Heſych. Varin. Auicennæ uetus interpres alicubi adib, id eſt, lupum cum aldub, id eſt urſo confundit: Vide in Lupo A. Adraces, id eſt teſticuli urſi, Syluaticus. Maractis, id eſt fel urſi, Idem. uidetur autem nomen ineptè compoſitum, ex diuerſis linguis. nempe à marah quod fel Hebræis, & arctos, ἄρκτος, quod Græcis urſum ſonat. ¶ Itali hoc animal uocant orſo: Galli, ours. Hiſpani ſimiliter Italis orſo: alij tamen ſine r. oſo uel oſſo proferunt. Germani **bår**, uel (ut alij ſcribunt) **beer**. Angli ſimiliter **beer** uel **beare**. Illyrica lingua uariat, nam Bohemi **nedwed** appellant: Poloni **wewer**, per anadiploſin (ut apparet) Germanici uocabuli.

B.

Vrſos multos regiones frigidæ gignunt, & quidem fuſcos aut nigros. quorum duo ſunt genera: magni & parui. hi facilius arbores ſcandunt, & in tantam magnitudinem, in quantam illi nunquam creſcunt, Ge. Agricola. Paruum urſorum genus audio ab Heluetijs noſtris uocari **ſteinbåren**, id est saxatiles aut saxorum incolas ursos. Maiores, in quibusdam Germaniæ locis, hauptbären, quasi capitales ursos. Vrsus alius uulgò notus est, & alius aquaticus colore albo, qui sub aqua uenatur ut lutra & castor, Albertus. Sunt quædam genera ursorum alborum & canum & luporum, & similium quorundam animalium amphibia, quæ tam in aqua quàm in terra uersantur, Idem. In Oceani insulis ad Septentrionem, diuersis locis, Islandiæ præcipue, magni & sæui ursi albi reperiuntur, qui manibus suis glaciem frangunt, & è foraminibus extractos pisces deuorant, ut Olaus Magnus annotauit. Sed de ursis albis plura adferam paulò post. Abundant ursi in alpinis Heluetiæ regionibus, magni, ualidi, & præ cæteris animosi, ita ut robustos etiam equos & boues lanient, quamobrem ab incolis magno studio capiuntur, Stumpfius. ¶ Formicæ nimium abundant in occidentalis Indiæ partibus nonnullis, ibi gignitur animal quod uocāt VRSVM FORMICARIVM, 10 quod lingua eas rapiat depascaturq́; atq; sic regionis iacturæ prouisum est, cum ad nullum alium usum hoc animal paratum uideatur, neq; enim ferum est, nec mordax: dictumq́; potius ursus à similitudine corporis, quàm à robore uel feritate. hoc linguæ humore discutit ac disijcit solidissimas formicarum domos. inde etiam his disiectis linguæ hærentes ad se trahit ac deuorat, Cardanus.

¶ Elephanti si à Libya dicti essent Lucę boues fortasse, pantheræ quoq; & leones non Africanæ bestiæ dicerentur, sed Lucæ. Sin ab Lucanis, ursi cur potius Lucani quàm Luci dicti? Varro de lingua Latina. Et rursus, Vrsi Lucana origo, uel unde illi nostri ab ipsius uoce: (sed locus mihi corruptus uidetur.) Vrsi Persici ultra omnem rabiem sæuiunt, Marcellinus libr. 24. Quod freno Libyci domantur ursi, Martialis. Numidici ursi forma cæteris præstant, rabie duntaxat, & uillis profundioribus, Solinus. Seruatum est (inquit Crinitus) in Romanis Annalibus relatum, ursos Numi- 20 dicos in Circo Romano ab ædilibus æditos M. Pisone & M. Messala coss. quam rem C. Plinius mirari se plurimum refert, quod etiam Numidicos additum sit, cum in ipsa (ut inquit) Africa minimè ursi gignantur. Ego etsi à Plinij authoritate non censeam penitus dissidendum, non tamen prętermittam quo minus ea de ursis Numidicis ascribam, quæ cum publica Annaliū authoritate conueniant. Post hæc recitatis Solini uerbis, tum illis quæ nos iam attulimus: tum illis quibus Annalium uerba continentur, ut apud Plinium quoq;, addit: Herodotus quoq; Halicarnasseus idem sensit de ursis Libycis: ut poëtas nostros mittamus qui apertè probant fuisse Numidas ursos maximè celeres. nam & Numidas & Libycos passim appellitant, cuiusmodi illud, Profuit ergo nihil misero, quod comminus ursos Figebat Numidas Albana nudus arena, Hæc ille. Mirabile in Africa, nec apros, nec ceruos, nec ursos esse, Plinius 8.36. Atqui Herodotus lib. 4. ceruum & aprum duntaxat in Africa repe- 30 riri negat, & Aristot. de hist. anim. 8. 28. ceruum, aprum, & capram syluestrem, uel, ut Plinius transfert, capream: ursum uerò de suo addit. lapsus, ut puto, memoria, cum Cretę non Africæ ursos deesse dicere debuisset. nam proximè ante Cretæ meminerat, his uerbis, Mirabile in Creta ceruos, præterquam in Cydoniatarum regione, non esse: item apros & attagenas, herinaceos. Vrsos uerò Cretam non alere hoc loco non meminit, quod tamen alibi asserit: In Olympo (inquiens) Macedoniæ monte non sunt lupi, nec in Creta insula, ibi quidem non uulpes ursiue. Et Aristoteles in Mirabilibus, In Creta (inquit) lupos, ursos, uiperas, & his similes feràs nasci negant, eò quod Iupiter in ea natus sit. Angliam quoq; ursis carere audio. In extrema Arabiæ regione à Dira usq; ad Austri cornu circa ultimum promontorium, ursi reperiuntur carniuori, qui nostros & magnitudine & celeritate longè exuperant, colore fului, (πυῤῥοί, ruffi,) Strabo lib. 16. Apud Roxolanos & Lituanos ingentes ho- 40 die uenantur ursos, qui regibus illis sunt etiam in delicijs mansuefacti, Volaterranus. In Mysia aiunt genus esse ursorum alborum, qui cum à uenatoribus urgentur, talem halitum ædant, qui canū carnes putrefaciat, & aliorum quoq; animalium cibo ineptas efficiat. Quod si quis instet & propius accedat, phlegma copiosum ore emittunt, quo canum ora afflat, & similiter hominum, ita ut uel suffocet uel excæcet, Aristoteles in Mirabilibus. Mysia albos ursos gignit, qui pisces ut lutra & fiber capiunt, Ge. Agricola. sed quærendum an Mysij illi ursi albi, quorum Aristoteles meminit, terrestres tantum non amphibij sint. Pausanias in Arcadicis meminit uidisse se apros albos, & ursos Thracios albos, quos homines priuati possederint. Aethiopiæ rex in epistola quam Hebraicè ad Pontificem Romanum scripsit, camelos & ursos albos in regno suo reperiri testatur. Iam perdix uisa est alba, & coruus, & passer, & ursa, Aristoteles in libello de coloribus, Ruellio interprete. uide in Ceruo B. 50 quamuis in codicibus uulgatis habetur, καὶ μέλας οὐδέποτε πέφυκε καὶ ἔλαφος καὶ ἄρκτος, &c. Ruellius nō μέλας, sed λευκὸς legit, quod probo.

¶ Vrsus animal est humidum ualde & informe, Albertus. Vergilius ursos informes, Ouidius turpes dixit. Quid nisi pōdus iners, stolidæq; ferocia mētis? Ouidius in Halieut. de urso. Corpus ei crassum & uix mobile, Albertus. Vrsos multos regiones frigidæ gignunt, & quidem fuscos aut nigros, Ge. Agricola. Sunt qui ursum semper crescere affirment: & sanè inueniuntur aliquando ursi longitudine quindecim (quinq;) cubitorum. Sunt autem apud nos nigri, fusci, & albi, Albertus. Forte pellem ursinam dum hæc commentabar, Viennæ uidi ex Lituania allatam, longitudinis cubitorum quinq;, latitudinis tātæ ut quodlibet uel bouis tergus uinceret: quæ Cæsari Maximiliano tum in Thermis Badensibus lauanti oblata, summæ admirationi fuit, Vadianus in Melam. Vrsi pellis 60 spissa & uillosa est, Albertus. Numidicis ursis uilli profundiores, Solinus. Illis qui ad dissectionem partiū humani corporis præparari uolunt, si desint simię aut similes eis animantes: alias deligent quibus

quibus artuum extrema in digitos quinque discreta sint, &c. & nisi commodior alia contigerit, ursum & leonem, & omnia quæ serratis dentibus sunt, Galenus de anatomicis admin. Credit Theophrastus per id tempus (cum latitant hyeme) coctas quoque ursorum carnes, si asseruentur, crescere, Plin. & Albertus. Vide paulò mox in Adipe. Eodem tempore (cum latitant) sanguinis exiguas circa cor tantum guttas, reliquo corpori nihil inesse Theophrastus credit, Idem. Vrsis nulla est medulla, Plinius. Axungia & laridum sunt in animalibus non cornigeris, quorum quatuor dentes ut plurimum pminent, ut sunt, porcus glis, felis, canis, ursus, &c. Monachi in Mesuen. Valde mirabile est quod circa adipem ursi contingit, qui eo tempore quo latitant ursi, in uasis attollitur & replet ea, Theophrastus in libro de odoribus. (Idem paulò ante de carnibus ursi ex Plinio diximus, Theophrastum citante.) In Mirabilibus etiam Aristotelis legimus ursinum adipem latente hoc animali augeri in uasis eaque excedere. His adijciam Oppiani uersus de ursi corpore & aliquot eius partibus:

Λάχνην μὲν πυκινὴν δνοπαίπαλον ἀμφιέσαντο, Μορφὴν δ' οὐκ ἀγανὴν παναμειδήτοισι προσώποις.
Καρχαρον, οὐλόμενον, τανάον στόμα, κυανέη ῥίς, Ὄμμα θοόν, σφυρὸν ὠκύτερον, δέμας εὐρυκάρηνον.
Χεῖρες χερσὶ βροτῶν ἴκελαι, πόδες ἠδὲ πόδεσσι.

Inualidissimum urso caput, quod leoni fortissimum. ideo urgente ui præcipitaturi se ex aliqua rupe, manibus co operto iaciuntur, ac sæpe in harena colapho infracto exanimantur, Plinius. Inualidū ursis caput, Solinus: sed præcipuè sinciput, Albertus. Capitis ossa infirmissima esse ursis, durissima psittacis, suo diximus loco, Plinius. Os siue rostrum ursi oblongum est, instar fermè suilli, Mich. Herus. Os longum urso, Gillius ex Oppiano. Vtrinque dentatus est. Dentibus exertis armatus, Gillius ex Oppiano: qui tamē non χαυλιόδοντα, hoc est dētibus exertis ursum esse scribit: sed os eius κάρχαρον esse, hoc est serratis dentibus, ut canes sunt. Vrsus idcirco dentibus retia non lacerat, quod ijs bene penitus reconditis, ea ipsa propter labrorum crassitudinem assequi non possit, Gillius (ex Plutarcho de causis naturalibus.) Natura leonibus, sicut & ursis & tigribus angustiora (breuiora) creauit colla. quia in terra ceruicem & ora nō deijciunt pascendi gratia: sed aut ceruum inuadunt, aut bouem ouemque discerpunt, Ambrosius. Vrso uentriculus est amplus, Aristot. Venter ei unus, ac post uentrem intestinum, sicut & lupo. est autem in aliquibus animalibus uenter maior, ut in porco & urso, ut quidam obscuri ex Aristotele citant. Vrsæ mammas habent quaternas, Aristot. & Plinius. Genitale ursi, simul ut expirauerit, cornescere aiunt, Plinius. Homini genua & cubita contraria: item ursis & simiarum generi, ob id minime pernicibus, Plinius. Vrsa pedes habet manibus similes, Aristoteles. Extrema similia habet homini, Albertus. Manus earum similes humanis manibus, & pedes pedibus, Oppianus. Vrsis uis maxima in brachijs & lumbis: unde interdū posticis pedibus insistunt, Solinus. Cameli pes imus uestigio carnoso est, ut ursi. qua de causa in longiore itinere fatiscunt, Plinius. Nostri manus, id est anteriores pedes ursi uocant **datzen** uel **taapen**. Armati unguibus ursi, Ouidius 10. Metam. Vrsis natura caudam diminuit, quòd reliquum corpus admodum pilosum sit, Aristot. Caudæ paruæ sunt uillosis animalibus, ut ursis, Plinius.

C.

Vrsus animal est humidum ualde & informe, Albertus. Valde frigidum & pituitosum, ut constat ex corpore eius quod admodum crassum & uix mobile est, pedes lati, pellis densa, Idem. Ex eo quod hyeme latitant ursi, & absque cibo multum temporis degunt, pituitoso eos temperamento esse conijcio. ¶ Antonino Getæ familiare fuit has quæstiones grammaticis proponere, ut dicerent singula animalia quomodo uocem emitterent, uelut, agni balant, ursi sæuiunt, &c. ut refert Ael. Spartianus. Atque in præsepibus ursi Sæuire, Vergilius de uocibus animalium auditis in domo Circes. Vespertinus circumgemit ursus ouile, Horatius Epodo. Vrsus ferus uncat, Author Philomelæ. βρυχᾶσθαι uerbum non modo de leone dicitur: sed etiam urso & pardali & panthere, (quæ uocabulū proprium suæ uocis non habent, Varinus,) Pollux. Σμερδαλέη βρυχή, Oppianus de urso: Gillius uertit rugitum infestum. Venatores nostri de ursi irati uoce utuntur uerbo **brommen** uel **brummen**: aliqui etiam **bülen**. Vrsus latitans cum murmure quodam pedes sugit, Alexander. ¶ Ingrediuntur ursi & bipedes, Plinius. Ingredi uel duobus innitens pedibus erectus aliquandiu potest, Aristot. sed non diu, Albertus. Inter ingrediendum pedes primum anterius leuiter in terram ponūt, deinde posteriorem quoque partem submittunt: unde & equos similiter ingredientes **bärnbeiñ** quidam uocari uolunt. Arborem auersi derepunt, Plinius. hoc est, non proni, sed posterioribus primum pedibus, anterioribus interim molem corporis sustentantes, ne ruant: & in hoc quoque hominem imitantur præter morem quadrupedum. Vrsi parui, (quibus nostri à saxis nomen posuerunt,) facilius arbores scandunt, Georg. Agricola. Homini genua & cubita contraria: item ursis & simiarum generi, ob id minime pernicibus, Plinius. At Oppianus, ὄμμα θοόν, σφυρὸν ὠκύτερον. Vrsi corpus ualde crassum & uix mobile est, Albertus. Vrso uis maxima in brachijs & lumbis: unde interdum posticis pedibus insistunt, Solinus. Brachijs quidem & manibus tantum ualent, ut retia ijs potius quàm dentibus discerpant. Vrsus brachijs ad multa opera utitur. his aliquando ligna forte inuenta in canes proijcit, & frangit olíueta & aluearia apum, & in sublime scandit, Albertus. ¶ Vrsus animal uorax est, Erasmus. Vrsus animal omniuorum est: quippe qui & fructus arborum quas conscendit corpore lubrico edat, & legumina, & apes perfringens alueos, & cancros, & formicas. carne etiam uescitur, uiribus enim suis confidens, inuadit quadrupedes diuersas, (ut in D. referam) Aristoteles. Carnes omnes præmaceratas, & propemodum putres comedit, Idem. Quibus uerbis Mich. Ephesius asserit Aristotelem intellexisse, ursum non uorare carnes alicuius animalis, nisi penè putridas: cuius contrarium docet obseruatio. nam deuictis sue & tauro, statim uorat. unde constat eum recentes carnes uorare. Melius igitur exponas, ut dictum est, quod ursus uoret etiam cadauera quorumcunq; animaliũ quæ uincit ac in pugna superat, Niphus. Vrsi & fruge, fronde, uindemia, pomis uiuunt: & apibus, cancris etiam & formicis, Plinius. Vrsus alius est aquaticus albus, qui uenatur sub aqua, ut lutra & castor: alius terrestris tantum, qui comedit carnes, herbas, mel, & fructus arborum, Albertus. Vtrique comedunt carnes, mel, fructus arborum, herbas, Ge. Agricola. Vespertinus circumgemit ursus ouile, Horatius Epodo. Insidiantur aluearibus apum, maximè fauos appetunt, nec auidius aliud quàm mella captant, Solinus. Huius gratia arbores scandunt, ubi examen apum syluestrium animaduerterint: & clauæ mucronatæ à ramo dependentis, & aditum examinis obtegentis, dum manibus indignantes reijciunt, subinde reciprocis ictibus intereunt, ut pluribus dicetur capite quinto. Aliquando in mellarias foueas illapsi, in eis suffocantur. Oculi eorum hebetantur crebrò: qua maximè causa fauos expetunt, ut conuulneratum ab apibus os leuet sanguine grauedinem illam, Plinius. Vrsi cum extra latibula sua pascuntur, circa arbores fructiferas ferè capiuntur, Pollux. Herbam arum comedere solent cum primum è latibulo egrediuntur, ut intestinum laxetur & hiet, Aristoteles. (Vide etiam inferius ubi de latitatione eius dicetur.) Matthæolus Senensis arbustum quoddam spinosum, (quod Galli, ut mihi uidetur, spinam albã uocant, nostri **målbeere**) folijs ferè ut apij diuisis, flore albo, baccis rubẽtibus, &c. in montibus circa Tridentum panem ursi uulgò uocari author est. Ego hanc Plinij spinam appendicem esse conijcio: ipse Græcorum oxyacantham facit, & diuersam ab ea uuam crispinam Italorum siue berberim uulgarem. Idem alibi scribit ursos delectari specie illa rubi, quæ mora fert odorata & rubicunda, nostri quod hinnulis ceruorum grata sint **hindbeere** appellitant. Galenus libro 7. cap. 4. de compos. secundũ locos, plantæ cuiusdã meminit, quæ uua ursi nominetur, folijs arbuti, &c. hanc quidam ribes nostrum uulgò dictum esse conijciunt, sed falluntur, cum non arbuti, sed opuli ferè folia habeat. Cætera animalia sana quæ carnibus uiuunt, herbas non comedunt, præter hominem & ursum, Albertus.

¶ Vrsi bibendo nec lambunt nec sorbent, ut cæteræ animantes, sed aquam quoque morsu uorant, Plinius & Aristoteles. ¶ Cum degustauêre mandragoræ mala, formicas lambunt, Plinius. Cum gustauêre mandragoræ mala, moriuntur. sed eunt obuiam, ne malum in perniciem cõualescat, & formicas deuorant ad recuperandam sanitatem, Solinus. Constat ursos ægros deuoratis formicis sanari, Plinius. (Vide nonnihil etiam infra, circa finem eorum quæ de latitatione ursi afferentur.) Vrsus cum nausea laborat, myrmeciam adit, assidensq; linguam humore dulci fluentem exertam leuiter tandiu tenet, dum scatêre formicis uideat, eas deglutit postea, & plurimum iuuatur, Plutarchus in libro Vtra animalium, &c. Saturitati occurrit uomitione, quam sibi excitat commanducatis formicis, Textor sine authore. Vrsus uulneratus herbis sicci temperamenti uulnera sanare tentat, Albertus. Oculi eorum hebetantur crebro: qua maximè causa fauos expetunt, ut conuulneratum ab apibus os leuet sanguine grauedinem illam, Plinius. A latitatione egressæ in diem liberum ursæ, tantam patiũtur insolentiam lucis, ut putes obsitas cæcitate, Solinus. ¶ Dicunt aliqui ursum semper crescere, Albertus. ¶ Animæ leonis uirus graue, ursi pestilens. contacta halitu eius attingit nulla fera, citiusq; putrescunt afflata reliquis, Plinius. Vide in Leone c. In Mysia aiunt genus esse ursorum alborum, qui cum à uenatoribus urgentur, talem halitum ædant, qui canum carnes putrefaciat, &c. ut in B. retuli. ¶ Vrsæ Veneris libidine flagrant, & noctes diesq; ad coitũ inflammatissimæ maritos appetunt. Et quoniam feræ grauidæ maribus non miscentur, præter lyncem & leporem, ursæ ne diutius maritis careant, ut ad Venerem maturius redire possint, priusquam certum pariendi tempus uenerit, uentrem elidunt, & partũ uiolenter edunt: ac mox à recenti partu simul & alendæ proli, & explendæ libidini, (ut cuniculi quoq;) dant operam, Oppianus: ex quo Gillius perperam transtulit ursas etiam grauidas coire. Tempore non alio (quàm libidinis) catulorum oblita leæna Sæuior errauit campis: nec funera uulgò Tam multa informes ursi stragemq; dedêre, Vergilius. Vrsi, lupi, leones acrius libidinis tempore in eos qui accesserint, sæuiũt. inter se tamen minus hæc dimicant. uidelicet ob eam rem, quia nullum ex ijs gregale est, Aristoteles. De Philippo Cosseo Constantiensium sacris præfecto, ingenuarũ artium perstudioso, qui hoc ipsum se ex bono authore cognitum habere, mihi ualde affirmauit: ursum accepi ex mõtibus Allobrogum puellam in speluncam rapuisse, eandemq; uenereo complexu & osculatione prosecutum fuisse: atq; ex pomis agrestibus, quæ permulta quotidie in speluncam inferret maturiora, studiose delegisse, eidemq; edenda amatoriè dedisse, ac nimirum cum ad cibi inquisitionem proficisceretur, ingenti saxo speluncam, ne puella exire posset, occlusisse. Cum autem post longam inquisitionem parentes ursinum latibulum præterirent, suam peradolescentem animaduertisse, saxoq; ægre depulso, eam recepisse, Gillius. Vrsorum coitus hyemis initio, Plinius. Desyderium Veneris hyems suscitat, Solinus. Coit ursa mense Februario, parit eo tempore quo latet, Aristot. Vrsi coëunt, non superuenientes, sed humi strati, Aristot. Coëunt non itidem (eodem modo) quo quadrupedes, sed apti amplexibus mutuis, uelut humanis coniugationibus copulãtur, Solinus: ambo cubãtes complexiq;,

Plinius

Plinius: & alibi, humanitus strati. Quadrupedum ursæ demissis cruribus, quemadmodum cętera, quæ pedibus innitendo exercent Venerem, admota parte maris supina ad dorsum fœminæ coëunt, Aristot. Coëunt ursi ut homines, sicut & simiæ, Albertus. Secreti honore reuerentur mares grauidas, Solinus. Grauidam capi ursam difficile est, Aristot. grauidæ enim (ut mox dicetur) latent. Fert uterum dies triginta, Aristoteles & Solinus. Volaterranus non rectè transtulit ex Aeliano ursam post mensem tertium parere. neq; enim tandiu uterum gestat: sed tanto tempore exacto, è latibulo in quo peperit plerunq; prodire solet, ut inferius quoque dicetur. Coëunt hyemis initio, deinde secedunt in specus ubi pariunt tricesimo die, Plin. Parit tum unum, tum etiam duos, sed complurimum quinq;, Aristot. Cæcos parit catulos, Idem. quod & uenatores nostri affirmant. Pariunt plurimum quaternos, Plinius: Idem alibi ut plurimum quinos eas parere ait. Quædam catulos inarticulatos propemodum pariunt, ut uulpes, ursa, leæna, & alia nonnulla: sed omnia ferè cæcos, Aristot. Quadrupedum pleraq; perfectos ædunt partus, pauca inchoatos, ut leænæ, ursæ & uulpes. Informia etiam magis quàm supradicta ursæ pariunt, rarumq; est uidere parientes. Postea lambendo calefaciunt fœtus omnia ea & figurant, Plinius. Vrsa fœtum minimum pro sui corporis magnitudine ædit: quippe quæ minorem catto, maiorem mure parere soleat. nudum item, & cæcum, & cruribus propemodum membrisq; alijs plurimis indiscretum & rudem. coit mense Februario, parit eo tempore quo latet, Aristot. Lucinæ illis ꝓperatius tempus est. quippe uterũ trigesimus dies liberat: unde euenit, ut præcipitata fœcunditas, informes creet partus. Carnes pauxillulas ædũt, quibus color candidus, oculi nulli, nulli pili, & de festina immaturitate tantum rudis sanies, exceptis unguium lineamentis. Has lambendo sensim figurãt, & interdum ad pectora fouent, ut adsiduo incubatu calfactæ animalem trahant spiritum, Solinus & Plinius. Vrsæ partum ab initio prorsus informem esse, ut ne agnosci quidem possit, deinde à matre lingua fingi, & sinu gremioq; foueri, Aelianus quoq; annotauit. Nec catulus partu quem reddidit ursa recenti, Sed malè uiua caro est. lambendo mater in artus Fingit, & in formã, quantam capit ipsa, reducit, Ouidius ultimo Metam. Carnẽ parit ἄσημον, ἄναρθρον, Oppianus. hanc lingua ceu manu utens figurat, Galenus ad Pisonem. ἡ ἄρκτος τίκτει μὲν σάρκα, πλάττει δὲ καὶ ἀρθροῖ τὸ γέννημα τῷ στόματι, καὶ πρὸς εἶδος ζώου τὰ μέλη τυποῖ, Pollux. Aegyptij hominẽ primò deformem natum, qui postea formosior euaserit, significare uolentes, ursam prægnantem pingunt. hæc nanq; sanguinem primum condensatum & concretum parit. hunc postea proprijs fouens femoribus efformat, linguaq; lambens perficit, Orus. Vrsus dicitur quasi orsus, scilicet in uentre, & extra completus. quoniam præmaturum partum mater lingendo informat, Liber de nat. rerum. Non quicquam rarius homines quàm parientem uidere ursam, Plin. Fœtuum ursæ membra uidentur imperfecta propter immodicum humorem: quamobrem ursa eos diu lambit & fouet, Albertus. Idem de animalib. 7. 3. 3. Animalia quædam (inquit) in antris circa finem quietis suæ pariunt: propter quod etiam ignoratur locus partus ursorum. Concipiens enim ursa ex coitu, propter frigiditatem temperamenti, & pituitosi humoris copiam, non posset semen in utero formare perfectè, nisi expectaret abstinentiæ tempus: præcipuè cum eadem frigiditate & humoris copia, adeò cõstringantur meatus per quos parere debet, quòd illo tempore uix posset, itaq; tempore latibuli sui emittit, (parit,) quum recens expergiscitur. Et quanquam hoc tempus expectârit, adhuc tamen informem ferè partum ædit, ita ut aliqui poëtarum putauerint, nihil quàm carnis frustum ab ea pari, idq; postea spiritu & lingua eius formari in animalis figuram, quod tamen minime uerũ est, Hæc Albertus. Vrsæ à suis catulis uehemẽter ferociunt, ut canes à catellis, Aristot. ¶ Hystrix hybernis se mensibus condit, quæ natura multis, & ante omnia ursis, Plinius & Aristot. sed utrum propter frigus an alia de causa condantur, ambigitur, Arist. Hyeme tempore frigido & humido latet ursa, & tunc parit propter caloris in ea augmentum, Albertus. Hyberno tempore (inquit Aelianus) parit, cum peperit, latibulis se tegit. nam frigoris uim reformidat, & ueris aduentum manet, nec ante treis menses catulos in lucem profert. Cum autem se habitu corporis opimo sentit, (hoc enim ipsum morbi loco ducit,) latibulum, quod Græci φωλεόν appellant, expetit. (Vnde affectus quo latendi tenetur desiderio, φωλία Græce nominatur.) In antrum non recto motu sui corporis, sed supina ingreditur, & dorsi sui tractu repit, uenatoribus ut uestigia sua obliteret: Ibiq; postquam est ingressa, se quieti dans, habitũ corporis extenuat per quadraginta dies: è quibus quidem quatuordecim immobilis manet, reliquis alijs mouetur: tantum solo lingendo dextero pede se sustentat, eiq; intestinum eatenus adducitur, ut propemodum cohæreat. Quod quidem ipsum ea sentiens, aron herbam agrestem edit, (ut pluribus dicam paulò post,) Hæc Aelianus: Cuius ex hoc loco uerba Græca recitat Cælius 25. 27. Apud Theocritum φωλάδες ἄρκτοι, ursæ dicuntur ἐμφωλεύουσαι, id est in latibula se condentes, Cælius. Vrsus ueterno quem uocant appetente, priusquam planè torpet grauisq; & stupidus iacet, locum repurgat antea: ac subiturus specum, per reliqua quidem gressu quantum id fieri potest suspenso maxime & leui, summis tantum nixus uestigijs incedit: postremò per terga uolutatus promouet corpus agitq; in lustrum, Plutarchus in libro Vtra animalium, &c. Mares (inquit Plinius) quadragenis diebus latent, fœminæ quaternis mensibus. Specus si non habuere, ramorum fruticumq; congerie ædificant, impenetrabiles imbribus molliq; fronde cõstratos. Primis diebus bis septenis tam graui somno premuntur, ut ne uulneribus quidem excitari queant, (quod & Solinus ex Plinio repetit.) Tunc mirum in modũ ueterno pinguescunt. Illi sunt adipes medicaminibus apti, cõtraq; defluuium

x x

capilli tenaces. Ab ijs diebus residunt, ac priorum pedum suctu uiuunt. Foetus rigẽtes apprimendo pectori fouent, non alio incubitu quàm oua uolucres. Mirum dictu, credit Theophrastus per id tempus coctas quoq; ursorum carnes, si asseruentur, increscere: cibi tunc nulla argumenta, nec nisi humoris minimum in aluo inueniri: sanguinis exiguas circa corda tantũ guttas, reliquo corpori nihil inesse. Procedunt uere, sed mares præpingues: cuius rei causa non prompta est: quippe nec somno quidem saginatis præter quatuordecim dies, ut diximus, Hæc Plinius. Cum conditi sunt, pinguescunt ursi per id tempus, tum mares, tum fœminæ uehementer, (hoc & alibi ab eo repetitur,) ut mouere sese facile nequeant. parit etiam fœmina eo tempore, et tandiu latet quoad tempus sit ut suos catulos in apertum producat, quod uerno tempore mense à bruma tertio facit. Sed quod minimũ, dies circiter quadraginta latet: ex quibus bis septem ita sopitur, ut se nihilo moueat: reliquis postea pluribus latet quidem, sed mouetur, & surgit, Aristoteles. Et alibi, Cum prolem enutrierit, exit à mense iam ueris tertio: hoc est, (inquit Albertus,) post initium Maij, qui est tertius mensis ueris. Ex latibulis rursus prodeunt uere, mares ualde pingues, fœminæ non item, quod pepererint eo tempore, Ge. Agricola. Secreti honore reuerentur mares grauidas, & in ijsdem licet foueis, partitis tamẽ per scrobes secubationibus diuiduntur, Solinus. Et rursus, Interea cibus nullus. Timent hyemem & frigus ursi utcunq; hirsuti, & abdunt se in satis amplum specum: nec ullo interea cibo utentes, manus pedesq; lambunt ac ueluti sugunt, ut per hyemem sub scopulis latitantes polypi suos cirros arrodũt, Oppianus lib. 2. de piscat. Vrsus non sine murmure pedes sugit, tanquam alimenti quippiam inde percipiat, Alexander. Vrsi quidem manum in cibo etiam homini suauissimam esse, dicemus infra capite sexto. Enixæ quaternis latent mensibus, mox egressæ in diem liberum, tantam patiuntur insolentiam lucis, ut putes obsitas cæcitate, Solinus. Fœtu grauida ursa, uel à nemine, uel à paucissimis capta est. tempore sui latibuli hoc animal nihil edere certum est: quippe quod neq; exeat, & captum uentre intestinoq; inani uideatur. Narrant eius intestinum per inediam ita conniuere, ut adductum propè cohæreat. Itaq; ursum latebram egressum primum herbã arum dictã degustare, ut intestinum laxetur & hiet, Aristoteles. Exeuntes herbam quandam aron nomine laxandis intestinis alioquin concretis deuorant, circa surculos cum dentiunt prædomantes ora, Plin. Solent aron herbam comedere cum è latibulo egrediuntur, ut dictum est: ligna etiam manducant, quasi dentiant, Aristoteles. Albertus hunc locum inepte transtulit, his uerbis: Cum ægrotant, herbas edunt, præcipuè dracontium ad acuendos dentes. Ari herbæ natura uentosa intestinum ursorum diducit & dilatat, eidemq; facultatem receptandi affert. Cum autem cibis sese rursus refecerit, formicas exedens facile exinanitur, Aelianus. Vrsus post incubatum diutinum lustro exiens, syluestri aro uescitur, aluũ cõstrictam hactenus acrimonia eius ciente. Idem, cum cœpit nausea, myrmeciam adiens, assidensq; linguam humore dulci fluentem exertam leuiter tandiu tenet, dum scatere formicis uideat, eas deglutit postea, uehementerq; iuuatur, Plutarchus. Vide superius inter morbos ursi. Cum animalia de antris, ubi latuerant, egrediuntur, præcipuè requirunt ad cibum ea, quæ aliquam habent acredinem, ut appetitum cibi excitent, qualis est herba cuculi quam quidam alleluia uocant, & alluf & iarus pes, (aron, quæ uulgò pes uituli.) has enim herbas egrediens comedit ursus, Albertus 7. 3. 2. Est autem herba quam primo loco nominat, oxys Plinij, ternis folijs, sapore acido: altera, dracunculus, calidissima & acerrima planta: & eiusdem omnino facultatis tertia, nempe aron. In alpibus Helueticis aiunt quendam uaccarium, (siue lactarium appellare mauis, qui in alpibus æstate uaccas mulget, & opera lactaria conficit,) à monte descendentem, & amplam cucumam, (in qua lac ad caseos decoquunt,) gestantem, eminus uidisse ursum, qui radicem quandam sua manu effossam edebat: Et cum eius discessum expectasset, adijsse locum & ipsum etiam de radice illa gustasse, atque inde tanto somni desiderio affectum, ut continere se non potuerit quin ibidem in uia cubans somno frueretur, capite cucuma intecto ut esset tutior à frigore. erat enim initium hyemis. atq; ita totam hyemem dormiendo exegisse illæsum, proximo demum uere experrectum. Hoc & si fabulosum, ut appa ret, quoniam tamen uulgò fertur, omittere nolui.

D.

Oppianus ursorum appellat δολερὸν κέαρ, αἰόλον ἦτορ. Gillius ursos astutos, cædis auidos, perniciosos, perfidos & fraudulentos esse scribit. Maligni certe natura sunt adeò, ut ne longo quidem tempore mansuefactis credendum sit, ut paulò inferius dicetur. Ἄρκτος ὠμόφρων, δολία, σκαιά, hoc est, Vrsus natura sæuus, astutus & improbus est, Adamantius. Feritate cæteras belluas superant, Philostratus. Quamobrem tyranni morte mulctatos homines ursis, ut pantheris & leonibus dilaniandos obijciunt, ut in E. referemus. Poëtæ ursos sæuos & truces cognominant. In certaminibus spectaculorum ursi mappa proritantur, ut Seneca refert in libro de ira. Vrsi Persici ultra omnem rabiem sæuiunt, Ammianus Marcellinus. Numidici ursi forma cæteris præstant, rabie duntaxat, & uillis profundioribus, Solinus. Quid nisi pondus iners, stolidæq; ferocia mentis? Ouidius in Halieut. de urso. Fœminæ omnes in uniuerso animantium genere minus quàm mares sunt animosæ, excepta panthera & ursa, Aristoteles. Quàm cautè in latibulum, suspensis primum uestigijs accedens, resupinata irrepat, ut fallat uenatores, præcedenti capite dixi. Vrsi cadauera sui generis sepeliunt, Tzetzes. ¶ Apud Rhoxolanos inueniuntur plerīq; mansuefacti, Textor. Quòd freno Libyci domantur ursi, Martialis. Capti aliquando mansuescunt, & uarijs ludis ac gesticulationibus

tionibus se exercent. sed facile concitantur; & commoti sæuiunt ac perimunt homines. Aliquandò circumeundo uoluunt rotas, & sic aquas è puteis trahunt, aut saxa per trochleas supra altos muros, quod sæpe obseruatum à nobis est, Albertus. Dum ludis indulgent, mirificos ædunt gestus, & interdum pedes manibus apprehendunt supini, atque ita alternis in latera se motant, ut nutrices solent infantes in cunis. Prouerbij speciem habet illud apud Martialē, Rabido nec perditus ore Fumantem nasum uiui tentaueris ursi. Sit placidus licet, & lambat digitosque manusque: Si dolor & bilis, si iusta coēgerit ira, Vrsus erit, uacua dentes in pelle fatiges. Admonet (inquit Erasmus) nō esse tentandos qui possint nocere. Consimili modo Synesius in Encomio caluitij scripsit, Canem naribus prendere: pro eo quod est prouocare mordacem & nociturum. Hac parte (naso) corporis icta potissi-10 mum ursos iritari docent bestiarij. Vrso utcunque mansuefacto, quòd ualde malignum & fraudulentum sit animal, & subinde ad ingeniū redeat, minimè credendū esse, miserabiles sæpe casus ostenderunt. Insidiosam certè & malignam huius bestiæ naturam etiam ipse expertus sum aliquando, nam cum Bernæ, quæ Heluetiæ ciuitas est, iuxta caueam in qua publicè ursos alere solent, astarem, & manum in clatris tenerem, nihil suspicans, quòd ursus, quem contemplabar, uideretur profundiore esse loco quàm ut facile læderet: ille subito erectus manū suā clatris iniecit ita ut quàm minimum abesset quin meam apprehenderet. Apud Britannos complures alunt greges ursorum ad saltationem, animal uorax & maleficum, Erasmus Rot. Suidrigal (Sindrigal, Volaterranus) Lituaniæ princeps ursam nutriuit, quæ sueta ex manibus eius panem accipere sæpe in syluas uagabatur. Redeunti, usque ad thalamum principis, ostia quæque patebant. Ibi confricare ac pulsare pedibus ostium, 20 cum fames urgebat, consueuit, cui princeps aperiens cibum præbuit. Conspirauēre nobiles aliquot adolescentes aduersus principem, atque ursæ modū secuti, sumptis armis cubiculi principalis ianuam confricauēre. Credit Suidrigal ursam adesse, ostiumque aperuit, ibique mox ab insidiantibus confossus interijt, Aeneas Syluius, & Volaterranus lib. 7. Geographiæ. Sed Matthias à Michou de Sarmatia Europ. 2. 2. hunc principem sic occisum nominat Sigismundum de Starodup. De urso qui per libidinem puellam rapuit, & lustro suo obuoluto saxo inclusam amatoriè tractauit, allatis ei subinde pōmis, &c. superiori capite dictum est. De ursa quam Pythagoras è fera mitem reddidit, & dimissurus ne quod animal deinceps læderet obstrinxit, dicā infra in h. Vrsæ cum fugiunt, suos catulos propellunt, susceptosque portant. cum ab insectante iam occupantur, arbores scandunt, Aristot. Vide plura sequenti capite, ubi de uenatione ursorum agitur. Vrsi cum feritate cæteras belluas supe-30 rent, pro catulis tamen omnia faciunt, Apollonius apud Philostratum. Occurram eis quasi ursus (dob, Hebraice. ἄρκτος, Lxx.) orbatus, Osee 13. Vrsus nuper Bernæ, ut audio, ubi publice ursi aluntur, fœtum coniugis enixæ statim occidit.

¶ Vrsus in animalia quæ impugnat, insilit: & si sint cornuta, cornua eorum manibus apprehēdit, & prosternit ea. Cum homine uerò non facile præliatur: à quo uulneratus, frequēter quasi frendens ungues lambit, Albertus. Vrsus uiribus suis confidens inuadit non solum ceruos, sed etiam sues feros, si clàm repenteque potuerit agere. taurum aperto Marte aggreditur, conserta iam pugna, sternit se resupinū, dumque taurus ferire conatur, ipse suis brachijs amplectitur cornua, ore morsum armis defigit, prosternitque aduersarium, Aristot. Tauros, ex ore cornibusque eorum pedibus omnibus suspensi, pondere fatigant. nec alteri animaliū in maleficio stultitia solertior, Plinius. Si quando tau-40 ros adoriuntur, sciunt quibus potissimum partibus immorentur, nec aliud quàm cornua aut nares petunt. cornua, ut pondere defatigent: nares, ut acrior dolor sit in loco teneriore, Solinus. Vrsus famelicus incidens in taurum non aperto Marte pugnam cōmittit, sed obliquo impetu, palearia inuadit, premendoque lancinat, donec conficiat, Volaterranus & Gillius ex Aeliano. Pugnant lupus, (Albertus hoc loco non rectè ursum reddit,) asinus, taurus, Aristot. 9. 1. Si calcauerit equus uestigium lupi, (interpres non rectè transtulit ursi: uide in Equo D.) torpore eius pedes corripiuntur, Aesculapius. Rhinoceros ursum in Circo Romano cornu exceptum reiecit, ut inter spectacula à Martiali descripta legimus. Vrsa quæ leonum catulos in latibulo cum parentes abessent discerpserat, & cum ab ijs reuersis fugaretur in arborem confugerat: quomodo fabro materiario è sylua per leonē adducto, qui arborem succideret, leæna interim iuxta arborem expectante, pœnas eis dederit, histo-50 riam mirabilem ex Aeliano recitaui in Leone capite quarto. Ibidem ex eodem authore leges historiam leonis ulti canem contubernalem suum, quem ursa itidem contubernalis inter colludendum irritata laniarat. Equo animali obsequijs hominum nato, capitale dissidium est cum urso homini noxia bestia. Agnoscit hostem nunquā uisum, ac protinus se parat ad pugnā: in qua arte potius quàm uiribus utitur. Transilit enim ursum, & ipso saltu posteriores calces impingit in caput. Atque ursus interim unguibus scalpit equini uentris mollia, Erasmus in dialogo de amicitia. Phocam etiam in terra metuunt ursi, & si ad pugnam congrediantur, uincuntur, Oppianus. Mortuos odisse existimantur: quamobrem homines prostratos, ore ad terram uerso, retentoque spiritu, illæsos relinquūt, ut pluribus dicetur sequenti capite.

E.

60 Leones, pardi, ursi, & aliæ eiusmodi feræ quomodo capiantur, partim in montibus ueneno propter asperitatem regionis, partim in planitie noctu equis & armis introclusi, partim foueis circunsepti, supra quarum medium capra sub noctem suspensa sit, ex Xenophonte recitaui in Leone E.

xx 2

Qui circa Tigrin & Armeniam habitant, (ut canit Oppianus lib. 4. de uenatione,) ursos hoc modo uenantur: Frequentes exeunt ad syluas cum canibus: & cum tandem cubile ursi deprehensum fuerit, canis sagacis ductu, mox canis à loro procurrere gestiens, latrat. sed reprimens cum uenator ad socios redit. Tum mox retia per longurios extendunt, & sagenas (ἄρκυας) circundant, ad utrunq; retis terminum singulos retium custodes locant. deinde ab uno latere à reti oblongum tendunt funem tænijs uersicoloribus & pennis auium splendidis, ut uulturum, cygnorum, ciconiarum repletum, quæ uento flante micant, uibrantur, & strepitum ædunt. (De pennis retibus affigẽdis, diximus nonnihil etiam in ceruorum uenatione.) extendunt autem ea altitudine supra terram, ut ad hominis umbilicum perueniat. Ad alterum uero latus quatuor è uiridibus frondibus tuguria contexunt, in quibus uiri totidem latitẽt, in singulis singuli, frondibus toto corpore uestiti. Sic omnibus instructis, tuba inflatur, cuius uehementi sonitu excitatus ursus è cubili sæuiens & igneum tuens progreditur. Tum iuuenes frequentes utrinq; ad ursum festinant: ille rectà qua amplam & patentem uiderit planiciem fugit. sed fune cum pennis & tænijs (à retium custodibus) concusso, agitantibus etiam uentis & sibilum mouentibus, & simul clamore, tuba, sonitu, & uiris territus & anxius & inops consilij, in retia fertur. Tum subitò retium custodes aliud supra ipsum rete expandunt, & pluribus intricatum retibus implicant. Quod si nimium sæuientes, ut solent irretiti, retia dentibus & manibus dilanient, (sic enim aliquãdo euadunt:) robustus aliquis uenator dexteram eius manum iniecto uinculo impedit, & ad aliquem truncum alligat, Hucusq; Oppianus: ex quo Belisarius etiam transtulit in libro de uenatione, sed pleraq; ineptè. Vrsi capiuntur hoc modo: Homo armatus ferreis armis, capite ac undiq; coopertus, cum solo cultello acuto ad latus: ad ursum, ubicunq; fuerit, accedit. Vrsus erigitur & hominem amplectitur. qui statim euaginato gladio locum cordis ursi perforat, & sic eum occidit, Crescentiensis. Vrsi in pugna dicuntur συμπλέκεσθαι, (quod manibus hominem complectantur, colluctantium instar,) Pollux. Vrsæ cum fugiunt, suos catulos propellunt, susceptosq; portant. cum ab insectante iam occupantur, arbores scandunt, Aristoteles. Vrsa si insequentibus urgetur, eatenus suos quoad potest catulos propellit: cũ autem se iam intelligit lassitudine deficere, & ut comprehendatur uicinam esse, tum alterum dorso, alterum ore gestans, in arborem ascendit. eorum alter unguibus ad dorsum ursæ adhærescit, alter dẽtibus eiusdem retinetur, Aelianus. (Simiam quoq; fugientem similiter ferè suos gestare catulos, dictum est in historia eius.) Vrsus cum homine non facile pugnat: à quo uulneratus quasi frendens ungues lambit, Albertus. Vrsæ posteaquam uenatores, qui non humi modo se sternunt, sed & os ad terram abijciunt, & spiritũ continent, odorati fuerint, tanquam mortuos relinquunt. eiusmodi enim animalium genus existimatur mortuos odisse, Aelianus. hinc est forte quod mortuos etiam ursos ursi sepeliunt, si uerum est quod Tzetzes scribit. Fortem & robustum admodum, qui se urso opponat, uenatorem esse oportet, inquit Blondus. nam nisi ualidis retibus impediatur, aggredi solet uenantem, et si potest strictis amplexibus colluctari: quo genere pugnæ plerunq; uincit, rarissimè uincitur. Nos quidem uidimus hominem ex hac lucta fracta referentem crura, atq; idem nisi subito ex prærupta rupe se deiecisset, nequaquã euasisset uiuus. Porrò cum quis insidias molitur urso, post retia cautius latitabit: & cum in retia à canibus agitatam inuolutamq; uiderit belluam, acuto uenabulo impetet, ictu maximè per os & gulam adacto: id quod fortiter & magno animo faciendum est, Hæc ille. Germani circa ursum & eius uenationem propria quędam uocabula usurpant, qualia sunt: **Der bär brompt/gehet/frißt/wirdt gejagt/ertruckt vnd frißt vil hünd: wirdt gestochen**. hoc est, Vrsus sæuit, (de uoce eius:) procedit, uorat, agitatur, comprimit & deuorat multos canes: uenabulo figitur. Quamobrem ursus retia minus quàm cæteræ feræ, ut lupi & uulpes, dentibus laniet, inquirens Plutarchus in libro de causis naturalibus: Forte, inquit, hoc non facit, quia cum dentes interius sitos habeat, magnis & crassis labris impedientibus, retia eis attingere satis non potest. aut potius quòd plurimum ualeat manibus, retia his iniectis lacerat. aut pariter manibus & ore utitur: illis, ad laniandum rete: hoc, ut à uenatoribus se defendat. Cæterum ut euadat, plurimum sæpe uolutationibus adiuuatur. itaq; dum per caput se uoluit, quod magis facere studet, quàm retia laniare, sæpe elabitur, ἐκκυβιστᾷ. Mastini à recentioribus dicti canes, ex Alanorum genere, & à quibusdam Alani ueltres uel ueltri, (Alans uautrez, Gallicè,) magnis leporarijs similes, sed capite & auriculis magnis, labijs crassis, in ursos & apros immittuntur, Rob. Stephanus. Nouimus circa Romanos agros, inq; syluis suburbanis, insidiatores iaculis aut machina ferrea igni crepitante capreas, ceruos, ursos atq; apros figere, noctu scilicet ad lumen Lunæ, Blondus. Capitur ursus laqueis & falcibus, Platina. Audiuimus nuper à Sigismundi Poloniæ regis legato, Sarmatas quodam uenandi genere ad ursos uiuos capiendos uti. Nam tribus aut quatuor hominum millibus nemus (ubi ursos residere compertum est) circundatur, ita ut non maioribus quàm cubiti distent interuallis. Quo peracto, à uenatorum magistris eodem temporis momento, ubi cornua tubæq; cecinêre, arboribus ac lignis eodem impetu statim securibus incisis atq; ita dispositis raptimq; contextis, ut quasi murus eleuatus circum esse uideatur, uenatores reliqui qui furcas quasdam manibus detinent, cum ursis appropinquarint inuentis, alij caput, alij brachia, alij pedes ursi furcillis ipsis impediunt: adeò ut ligari os, manus, ursusq; totus tutissimè possit, quem ad regem ut canibus armisq; homines interficiant, ligatum deferunt, uel si deferre nequiuerint, trahunt, Belisarius. Tale uenationis genus per furcas ligneas depictum dedit nuper author Geographicæ

tabulæ

tabulæ Moschouiæ in eadem tabula. Rhæti decipulas quasdam ad lupos & ursos capiendos struunt, quas magnis trabibus consertis erigunt, & trabem delapsuram ut obruat feram, cum escam fune dependentem attigerit, ualde onerant. est quando ursus pede tantum oppresso, relicto eo tandem euadit. Ad alias atque alias feras equi etiam colore diuersi requiruntur. Oppianus in uenatione ursorum probat glaucos: aprorum, fuluos uel ignei coloris, &c. In Heluericis circa alpes regionibus, sicubi ursum animaduerterint incolæ, frequentissimi ad eius uenationem conueniunt, ut pecoribus suis, quæ per æstatem sub dio absque pastoribus (præter eos qui mane & uesperi mulgenda cogunt) dies noctesq; relinquunt, periculum auertant. Quòd si quis per se ursum uel bombarda uel aliter occiderit, quibusdam in locis magna pecunia donatur. Vrso capto detractam pellem, stramento farciunt, ita ut uiuentis ursi effigiem reddat, & loco aliquo publico suspendunt, Stumpfius. Vrsi in Sarmatiæ syluis arbores scandunt ut fauos deuorent. perimuntur autem clauæ oblongæ mucronatæ repercussu, cuius pars crassior foraminis aditum operit. hanc ursus manu repellit, & repercutienti iratus maiore ui reijcit. illa quò ualidius repellitur, eò uehementius ursum reuerberat: donec saucius tandē in palos acutos sub arbore fixos decidit. Quòd si nulla arbor apum aut uesparum examen habuerit eo in loco ubi ursus moratur, uenatores aliquod in arbore foramen inuentum, aut recens ab eis excisum, interius melle perlinunt: sic breui examen aliquod illic colligitur, ad quod ursus ascēdens, perimitur ut dictum est. In Noruegia pali multi acuti circa arborem figuntur, in qua nimirum sit fauus aut aliud quod appetit ursus: arbor ipsa superius serra secatur, ita ut parum adhuc hæreat. eò cum peruenit ursus, unà cum parte resecta in palos delapsus capitur. Sunt qui in trabe aliqua uel trunco arboris foramen excauent, ad magnitudinem urnæ, qua aqua è puteis hauritur. in huius fundo mel ponunt, adduntur aliquot unci ferrei, qui ursi caput inserendum ut mel deuoret, facile admittunt: retrahi uero & eximi non patiuntur. Alligatur autem truncus arbori. Sic retentus ursus, & plurimum dum caput extrahere nititur defessus, facile occiditur. quod si etiam euadere ipsum contingat, innoxius tamen est obuijs, utpote captus oculis, & dentibus læsis in contentione illa capitis extrahendi, Mich. Herus. Capitur ursus retibus, & pugna, & foueis quibusdam, quas uenatores sub arboribus fructiferis fodiunt, & fragilibus lignis stipulisq; insternunt, ingesta insuper terra immota, (hoc est non effossa, sed alibi è superficie sumpta:) & herbis iniectis, (quales pro lupis etiam fiunt.) Vrsus igitur cum ad arborē festinat, ut ad fructus sursum reptet, ἀναῤῥιχώμενος, lignis confractis in foueam illabitur, Pollux. Aconito pereunt uulpes, lupi, ursi, canes, & quodcunq; animal cæcum nascitur, ut Rhæti alpini affirmant. Primum aconiti genus cyclamini folio, toram hodie Valdenses & alij alpium incolæ nominant, ut pluribus disserui in Lupo. Hîc quæ super eadem herba, & occiso sagitta inde infecta urso amicus quidam nuper ad me scripsit, adijciam, his uerbis: Valdensis quidam mihi affirmauit toram herbam quandam à suis uocari, ex cuius radice aliquandiu seruata loco humido & contusa succus exprimitur, quo sagittæ tinguntur. Quàm uerò promptum & præsens uenenum herbæ illi insit, ex eo cognosces quod mihi narrauit. Quum (inquit) aliquando auunculus meus procul sagitta huiusmodi succo infecta leuiter ursum eumq; uastum attigisset, cœpit ursus magno impetu per syluam ferri, & huc illuc discurrere, ita ut auunculum meum ualde perterrefaceret. Itaq; locum æditum conscendit, ad quem urso non patebat uia. hinc quum illum spectaret, uidit tandem longis decursis spatijs concidentem & uitam exhalantem. quum nimirum uenenum illud peruasisset cor, quod ita esse occiso iam urso deprehendit. Faba lupina seu marcillium datum in adipe necat canes, lupos, uulpes & ursos, Arnoldus de Villa noua. uidetur autem translatus hic locus ex Dioscoride, qui apocynon scribit in adipe occidere canes, lupos, uulpes & pantheras. Sed marcillium non aliud quàm cōsiliginem esse puto, quam hodie Sabaudi marsieure uocant: quæ longè alia quàm apocynon est, cui Dioscorides folia hederæ tribuit, &c. Pisces quidam nigri uenenati in Armenia reperiuntur: horum farina ficus conspergunt, quas ea in loca quæ maximè abundant feris dissеminant. bestiæ primum ut eas attigerunt, statim moriuntur, atq; ea fraude apri, cerui, ursi, &c. necantur, Aelianus.

¶ Spectacula. Annalibus notatum est M. Pisone, (M. Pisonis nomen Solinus omittit, Messala tantum cos. hoc factum memorans) M. Messala coss. ad 14. Calend. Octob. Domitium Aenobarbū ædilem curulem ursos Numidicos centum, & totidem uenatores Aethiopas in Circo dedisse, Plin. miratur autem adiectum Numidicos fuisse, cum in Africa (inquit) ursos non gigni constet. qua de re plura scripsi supra in B. Nuper inuentum ursorum in harena & leonum ora aspergere chalcantho, tantaq; est uis in astringendo, ut non queant mordere, Plinius. Taurum color rubicundus excitat, ursos leonesq; mappa proritat, Seneca lib. 3. de ira.

Præceps sanguinea dum se rotat ursus arena Implicitam uisco perdidit ille fugam.
Splendida iam tecto cessent uenabula ferro, Nec uolet excussa lancea torta manu.
Deprendat uacuo uenator in aëre prædam, Si captare feras aucupis arte placet, Martialis

in libro Spectaculorum. Canis Indicus Alexandro donatus, ceruū, aprum & ursum dimissos, tanquam se indignos contempsit: in solum uero leonem insurrexit, ut in Cane robusto dixi ex Aeliano. Inualidissimum urso caput: ideo sæpe in harena colapho inflicto exanimantur, Plinius. Cassiodorus Variarum libro 5. edita circa belluas spectacula describens: Primus (inquit) fragili ligno confisus currit ad ora belluarum, & illud quod cupit euadere, magno impetu uidetur oppetere, (appetere,)

xx 3

pariq; se cursu festinat prædator & præda: nec aliter tutus esse potest, nisi huic quam uitare cupit occurrerit. Tunc in aëre saltu corporis eleuato, quasi uestes leuissimæ, supinata membra iaciuntur, & quidam arcus corporeus supra belluam libratus, dum moras discedendi facit, sub ipso uelocitas ferina discedit. Sic accidit, ut ille magis possit mitior uideri, qui probatur illudi. Alter angulis in quadrifaria mundi distributione compositis, rotabili uelocitate præsumens, non discedendo fugit, non se longius faciendo discedit, sequitur insequentem, poplitibus se reddens proximum, ut ora uitet ursorum, &c. ut citat Gul. Philander Vitruuium illustrans. ¶ Apros & ursos in uiuario quodã prope Ctesiphontem in Asia fuisse, quos milites Romani uenatorijs lanceis & missilium multitudine confoderint, Ammianus Marcellinus scribit. ¶ Valentinianus imperator cũ duas haberet ursas hominum ambestrices, Micam auream & Innocentiam, cura agebat enixa ut earum caueas prope cubiculum suum locaret, custodesq; adderet fidos uisuros sollicitè ne quo ea superarum debetur (locus est obscurus, deprauatus ut coniicio) luctificus calor. Innocentiam deniq; post multas quas eius laniatu cadauerum uiderat sepulturas, ut bene meritam in syluas abire dimisit innoxiam, Am. Marcellin. lib. 29. ¶ Volucra (uoluox) animal teneros adhuc pampinos prærodit & uuas: quod ne fiat, falces, quibus uineam putaueris, peracta putatione sanguine ursino linito, Columella libro de arboribus, & similiter Plinius. Contra grandinem multa dicuntur: Noctua pennis patentibus extensa suffigitur: uel ferramenta sepo unguntur ursino. Aliqui ursi adipem cum oleo tusum reseruant, & falces hoc, cum putaturi sunt, ungunt. Sed hoc in occulto debet esse remedium, ut nullus putator intelligat. cuius uis tanta esse perhibetur, ut neq; gelu, neq; nebula, neq; alio malo possit noceri. interest etiam ut res profanata non ualeat, Palladius. Si sanguis uel pinguedo ursi in scrobe uel uase sub lecto ponatur, conueniunt eò pulices & moriuntur, Arnoldus de Villan. ¶ Ἀρκτῆ Polluci, pellis ursi. Herodorus Megarensis tubicen, cubabat in pelle ursina, καὶ λεοντῆν ἐπεβάλλετο. Lappones populi ad ultimum Septentrionem, hyeme uestiuntur pellibus integris phocarum siue ursorum artificiosè elaboratis, easq; astringunt supra caput, soliq; oculi patent, corpore reliquo toti contecti sunt, & quasi in culeum insuti. hinc fortassis creditum quod sint corpore hirsuto brutorum instar, Munsterus. Maurorum pedites leonum & pardalium & ursorum pelles induunt, & dormientes substernunt, Strabo.

F.

Sunt qui & ursis, & ijs adhuc deterioribus, leonibus ac pardis uescantur, semel aut bis elixantes, Galenus de alim. fac. 3.1. Caro ursi frigida est, mucosa, difficilis concoctu, illaudata, Rasis. Isaac perquàm uiscosam esse scribit, concoctu difficilem, pessimi nutrimenti: medicinæ magis quàm nutritioni aptam. Tardè concoquitur, spleni atq; hepati obest: multa recrementa generat, appetentiam tollit ac fastidio edentes afficit, Platina. Sunt qui ursinam carnem ex pastillo comedant, Idem. Caro ursi cocta, tempore quo latitant ursi, in uasis ubi asseruatur crescit, ut Theophrastus credit, Plinius. uide supra in B. in mentione adipis ursi. Vrsi manus, id est pedes anteriores inter esitandum esse prædulces insigniq; suauitate traditur: quoniam (ut Plutarcho placet) partes bene concoquentes, carnem reddant suauiorem concoquit autem præcipuè omne quod difflat. id uerò est quod mouetur, quodq; exercetur: sicuti ursus partem hãc agitat plurimum, tum incessus ratione, tum apprehensionis, Cælius ex Plutarcho de causis nat. quæstione 22. Vrsina quanquam insalubris, hodie tamen apud Germanos in pretio habetur: sed manus præcipuè, quas uel principes uiri appetũt, Mich. Herus. Vrsi pedes anteriores salsos & in camino siccatos qui ederunt, optimum & suauissimum esse cibum mihi retulerunt, nec amplius se mirari quod eos per hyemem inter latendum sugant.

G.

Panos & apostemata in quacunq; parte sanguis ursinus discutit, Plinius. Galeni sententiam de caprini, hircini, & ursini sanguinis ad abscessus concoquendos curioso usu, in taurino supra recitaui. Sanguis ursi prodest pilis qui in oculis nascuntur, cum loco depilato illinitur, Rasis.

¶ Vrsus cum per hyemem latet ualde pinguescit. illi sunt adipes apti medicaminibus, Plinius. Conditum in uasa hunc adipem, eodem tempore quo latitant ursi, crescere, supra in B. retuli. Pro adipe uulpis, adipe ursi utemur, ut legimus in Succidaneis Aeginetæ adscriptis. Adeps ursinus quomodo curetur ex Dioscoride recitaui in Sue G. quamuis Græcus euulgatus codex noster Dioscoridis, non ἄρκειον, id est ursinum, sed ἄρνειον, id est agninum habet, quod non placet. nam & Ruellius ursinum uertit: & paulò post eodem in libro apud Dioscoridẽ in fine capitis de adipe odoribus imbuendo, codex noster ἄρκειον, id est ursinum habet, similiter mentionem eius cum suillo coniungẽs ut & supra. Adde quòd eo in loco de adipe agnino curando Dioscoridem agere non opus sit, cum sequenti mox capite de ouillo agat, sub quo agninus continetur. Leoninus adeps calidissimus & siccissimus est, &c. Pardinus ei proximus, pardino ursinus, taurinus ursino uicinus, Iacob. Syluius. Recentiores quidam medici, ursi adipem alijs quibusdam miscent medicamentis, ad inungendum loca conuulsa uel resoluta. Miscetur & acopo ex uulpe in oleo decocta apud Nicolaum. Vrsi adeps liuores & maculas eximit, Marcellus. Ambustis prodest ursinus adeps cum lilij radicibus, Plinius. Idem alibi, Adustis, uel combustis aqua feruenti (inquit) adipe ursi cum cera utendum putant. Obscurus quidam scriptor hoc adipe duros tumores molliri, & ad suppurationem quæ opus est duci, putat. Lumborum dolores, & quæcunque alia mollire opus sit, ursino adipe perfricari conue-

conuenit, Plinius. Igni sacro illinitur urs. adeps, maximè qui est ad renes, Plinius. Vrsinus maximè aut uulpinus adeps, uel si isti haberi non possint, taurinus cum sarmētitio cinere emollitus, et cum lixiuio coctus probe attenuat eminentes tumores. hoc enim modo etiam sapo præparatur, quem in usum conuertere oportet, si ursinus aut uulpinus adeps non adsit, Archigenes apud Aëtium in curatione elephantis. Vlcera sanat in tibijs cruribusq; adeps ursinus admixta rubrica, Plinius. Sed aliter Marcellus empiricus: Vlceribus crurum & tibiarum medetur adeps ursi cum herba rubricata tunsa. cum hæc ergo in unum corpus subacta coierint, imposita uelut emplastrum, consligantur ut diu maneant. Vlceribus omnibus pedum in qualibet parte, adeps ursina addito alumine medetur, Idem. Perniones ursi adeps, rimasq; pedum omnes sarcit, efficacius alumine addito, Plinius. Dioscorides quoque pernionibus eum subuenire scribit. Splenis asinini leuissimus puluis cum seuo ursino & oleo ad mellis crassitudinem redactus & illitus, supercilijs pilos restituit, Rasis. Vrsinum adipem constat raptos uitio alopeciæ capillos restituere, Dioscor. & Auicenna. Hunc adipem alopecijs congruere quidam ante nos uere scripserunt: sed nos alia magis probata pharmaca contra hunc affectum habemus, Galenus. Leporis exustum caput & cum adipe ursino aut aceto illitum, alopeciarum inanitatibus medetur, Dioscorides & Auicenna. Galenus lib. 11. de simpl. medicum quendam innominatum eodem hoc pharmaco usum scribit. Murem ustum & tritum, cum adipe ursino & melle subiges, & alopecias inunges, Galenus Euporist. 2. 86. Et paulò mox, Cum folijs ficus frica diligenter, deinde unge cum adipe ursino. Apud Galenum secundum loc. Cleopatræ quædam compositio est laudatissima, aduersus alopecias & profluuium capillorum, cui adeps ursinus additur: Item alia Heraclidæ. Herinaceorum marinorum cinerem, ut ibidem docetur, alij aqua excipiunt, alij, quod melius est, adipe ursino ad eundem affectum. Vide supra in Echino G. Vrsi adeps & fel cum modico pipere alopecijs illita, pilos inducunt, Rasis. Roboris pilulæ, (quæ gallas similant,) cum adipe ursino tritæ, alopecias emendant & capillo replent, Plinius, Marcellus, & Samonicus. Rosa syluestris cum adipe ursino alopecias mirificè emendat, Plinius. Calami radices ustas cum adipe urs. excipe atq; impone, Crito apud Galenum. Vitium capitis in quo sunt alopeciæ, prius raditur, post illic cæpa acerrima perfricatur. deinde hordeum combustum & in puluerem redactum cum ursina adipe permixtum, superimponitur, Marcellus. Adeps ursina cum fungis qui in lychno lucernæ cōcrescunt subacta, (uide mox ex Plinio,) & alopecijs perunctione imposita, pristino decori caput reuocato crine restituit, Idem. Vrsinus adeps cum ladano & uino uetere mixtus, capillos fluentes continet & cōspissat, Sextus. Ad capillos decidentes confirmandos, adipem urs. cum ladano miscebis, & caput, uel loca defluentium capillorum perunges, Marcellus. Capilli defluuia urs. adeps, admixto ladano & adianto continet, alopeciasq; emendat, & raritatem superciliorum cum fungis lucernarum, (uide paulò ante ex Marcello,) ac fuligine quæ est in rostris earū, porrigini cum uino prodest, Plin. Lacertæ ut docuimus combustæ, cum radice recentis harundinis minutatim fissæ: ita myrteo oleo permixto cineres capillorum defluuia cōtinent. Efficacius uirides lacertæ omnia eadem præstant. etiamnum utilius admixto sale, & adipe ursino & cepa tusa, Plinius. Miscetur & alijs medicamentis quæ uel continere capillos, uel locis etiam caluis restituere pollicentur, ut illi quod ex leporum uentrib. &c. Andromachus composuit, apud Galenum de comp. sec. locos, lib. 1. in fine capitis 2. Adeps urs. pari pondere cum seuo taurino & cera permixta atq; adposita, parotidibus mirum remedium est, Marcellus: comprimit parotidas. sed addunt quidam hypocisthidem, Plinius. Ad faucium dolorem: Præterea fauces extrinsecus ungere prodest Vrsino & tauri seuo, cerisq; remissis, Omnia quæ geminis æquabis lancibus ante, Serenus. Ceruicum dolores butyro aut (&, Marcel.) adipe ursino perfricatur, Plinius. Vrsi adeps commendatur contra flatus quos phlegma crudum excitat, & in dorsi dolore, (ad lumborum dolores, Plinius,) Rasis. Gladioli radix contusa cum sulfure uiuo & adipe urs. lumbis dolentibus imposita plurimum prodest, Marcellus. Articularibus morbis & podagricis plurimi cum oleo uetere urticæ semina, aut folia, cum ursino adipe trita imponunt, Plinius. Adeps urs. cum seuo taurino & cera pari pondere decoquuntur, eoq; ceroto podagra contacta lenitur, Marcellus. addunt quidam hypocisthidē & gallam, Plinius.

¶ Heraclides apud Galenum pilos ursi combustos, & adipem ursi alijs quibusdam ad inueteratas alopecias medicamentis miscet. Est & Sorani medicamentum apud eundem ad alopecias, huiusmodi, Foliorū ac radicis calami ustorum, pilorum ursi, (addendum uidetur, ustorum) adianti, adipis ursini, picis liquidæ, pilorū caprarū ustorum, cedriæ, omnium octo par pondus accipe, liquidaq; cum aridis cōmitte, & præfrictis adhibe. ¶ Vrsi pellis utiliter substernitur morsis à cane rabido, ut & phocæ, Aëtius. ¶ Vrsorum cerebro ueneficium esse Hispaniæ credunt, occisorumq; in spectaculis capita cremant, testato, quoniam potum in ursinam rabiem agat, Plinius. Rasis quidem & Albertus cerebrum leonis intra corpus sumptum amentiam inducere tradiderunt. Cati cerebrum similiter uenenosum esse, scripsi in Cato G. ¶ Oculus ursi dexter siccatus & appensus pueris, amolitur ab eis timores quibus in somnis uexantur, Rasis. Oculos ursi erutos si sinistro hominis adiutorio (brachio) alligaris, febrim eius quartanam mitigabis, Aesculapius. ¶ Suillus & agninus ursinusq; pulmo impositus, attritus à calciamentis contractos ab inflammatione tuetur, Dioscorides: sanare creditur, Galenus lib. 11. de simpl. Sed Galenus suilli tantum & agnini pulmonis

xx 4

mentionem facit, ursini nullam. quamobrem conijcio apud Dioscoridem quoque illā superfluam esse. potuit autem in textum irrepere uerbum ἄρκειος, id est ursinus, quod aliquis forte in margine tanquā diuersam lectionem notauerat facillimè enim pro ἀρνειος legitur ἀρκειος, uel contra, ut supra quoque diximus in principio medicaminum ex adipe ursi. Et sanè ridiculum foret pro pede quem calceus læsisset, tam longè remedium quærere, ab urso inquam. agninus uerò & suillus pulmo, quoties libuerit haberi possunt.

¶ Fel ursinum cum uesica sua ab hepate separatum, suspendi & siccari debet. per duos annos seruatur, Physiologus. Dioscorides ursino taurinum præfert. eadem enim sed inefficatius præstat. Caprino felli consimile ferè est ursinum & bubulum, efficacius eis taurinum, Galenus. Si frigore ita occupetur corpus, ut uix medicamentis cedat, fel ursinum tepefacta dilue lympha, Proderit hoc potu, Serenus. Fellis ursi mystra duo cum aquæ cyathis duobus, morsis à cane rabido quidam per triduum ieiunis offerunt, & in magna admiratione habent, Damocrates apud Galenum de antidotis libro 2. Fel ursinum siue uerrinum panos & apostemata in quacunque parte discutit, Plinius. Carcinomatis quæ serpunt circa ulcera fel ursinum bene adponitur, Marcellus: Sed aliter Plinius, Carcinomata (inquit) curat coagulum leporis, &c. gangrænas ursinum fel penna illitū. Fel ursinum leprosos admodum sanat, si eo assiduè perlinantur, Marcellus. Sepum & fel ursi cum modico pipere, si alopeciæ illinantur, pilos restituunt, Rasis. Articulorum uitijs (doloribus, Marcellus) fel ursinum utilissimum esse tradunt, Plinius, Priuatim in eclegmate comitiales adiuuat, Dioscorides. Fel ursinum cum aqua calida sumptum caducos sanat, Sextus. Ab Arnoldo de Villan. etiam ad epilepsiam commendatur. Calidum est & siccum, contra epilepsiam & paralysim utile, Physiologus. Felle ursino circunlini suffusiones prodest, Plinius. Fel ursinum atque hyenæ cum melle optimo mixtum & diu coagitatum, caligines eximit, si adsiduè inde oculi suffundantur aut superlinantur, Marcellus. Ad exesos dentes: Fel ursi impositum illico dolorem leuat: curat autem etiam quoquo modo illinatur, Galenus Euporist. 2. 12. Omnem oculorum obscuritatem, incipientemque suffusionem curat fel ursinum cum aquæ duplo, Idem Euporist. 1. 44. Ad suspiriosos sanandos fel ursinum aqua (calida, Sextus) dilutum bibendum optimè datur. intra paucos enim dies potenter medetur, Marcellus. Fel ursinum in aqua laxat meatus spirandi, Plinius. Fel ursi potum pondere sex granorum danic cum melle & aqua calida, ualet contra asthma, Rasis. Tussim sanat ursinum fel admixto melle, Plinius. Antidotus ex felle ursino ad induratas hepatis affectiones, describitur apud Galenum de compos. sec. locos 8. 8. Ad morbum regium: Vrsini fellis quantum Græcam fabam æquat exhibeto, deinde aquam superbibito, Galenus Euporist. 2. 29. Pessus ad conceptum promouendum: Leonis aut ursi aut hyænæ, uel saltem taurini fellis uesicam euacuato: & ibidem unguenti nardini, irini, rosacei, mellis, partes æquas inijcito, cumque omnia simul super calido cinere uniueris, feruato & utere post mensium purgationem ante concubitum, Aëtius 16. 34. Qui ligârit fel ursi super femur dextrum, coibit quoties uoluerit, & non nocebit ei, Rasis. Sedis uitijs præclare prodest fel ursinum cum adipe: quidam adijciunt spumam argenti ac thus, Plinius. Fel ursi potum pondere sex granorum danic cum melle & aqua calida, asthma & hæmorrhoides remouet, Rasis.

¶ Comitiali morbo testes ursinos edisse prodest, Plinius. Suffimentum ad epilepticos expertum, recipit hirci & ursi & lupi testium, sanguinis hirundinis, & lapidis in eius uentriculo reperti, asterij in mari inuenti, (stellam marinam intelligo,) anethi, ana ʒ. ij. alliorum purgatorum, cornu ceruini & caprini, ana ʒ. 1. &c. Est autem ordine secundum inter suffimenta apud Nicolaū Myrepsum. ¶ Dolor aurium sedatur canino lacte & ursino, si recens instilletur, Marcellus.

¶ De morsibus leonum, pantherarum & ursorum, eorumque remedijs, Aëtij uerba recitaui supra in Leone G.

H.

a. Vrsus dicitur quasi orsus, scilicet in uentre, & extra completus, &c. Isidorus, ut in C. recitaui. Vrsulus, diminutiuum, ut grammatici annotant. item ursellus, Obscurus. Ἄρκτος, παρὰ τὸ ἀρκῶ τὸ ἐπαρκῶ, ἄρκος: καὶ πλεονασμῷ τοῦ τ, ἄρκτος, τὸ ἐπαρκοῦν ἑαυτῷ ζῶον. aiunt enim ursum hyemem sine ullo externo alimento transigere, Etymologus. Ἄρκος, βοήθεια, καὶ τὸ ζῶον, Hesychius & Varinus. Osee 13. LXX. interpretes pro Hebraica uoce dob, conuerterunt ἄρκος. hinc & ἄρκειον, ursinum. Sed apud ueteres Græcos semper τ. adiectum reperio. Theophrastus, Pausanias, Plutarchus & Pollux in fœminino genere proferunt, non solum de fœmina loquētes, sed de urso simpliciter: & haud scio an quisquam idoneus author masculinum fecerit. Κνωπεὺς, uel ut alij proferunt κνωπεὺς, ἄρκτος, Hesychius, Varinus. Κυνῶπις, ἄρκτος, Macedonibus, Iidem. Δασυλλὶς, ἄρκος, Etymologus: ursus sic dictus à uillosa hirsutie. Δασυλλίδες, αἱ δασεῖαι, Varinus. Sigismundus Gelenius in Lexico suo symphono, Græcam, Germanicam, & Polonicam uoces, βηρὸς, ber, wewer, tanquam eiusdem significationis cōiungit. Varinus βηρὸν interpretatur δασὺ, id est hirsutum. substantiuè quidem pro urso positum nusquam reperio. Μονιὸς, ursus solitarius, Etymologus: alij moniòn aprum, alij lupum solitarium interpretantur, alij asinum, ut dixi in Asino a. Ἀσκοφυρῶπις, ursa parua, Varinus: de sydere intelligo.

¶ Valentinianus imperator duas habebat ursas, Micam auream, & Innocentiam, ut supra in E. retuli.

¶ Epi-

¶ Epitheta. Tu licet Aemonios includas ſentibus urſos, Gratius. Armati unguibus urſi, Ouidius 10. Metam. Fœdus Lucanis prouoluitur urſus ab antris, Ouid. in Halieut. Informes, Verg. 3. Georg. Sæuis inter ſe conuenit urſis, Iuuenalis Sat. 15. Truces, Valerius 2. Argon. Turpes, Ouid. 3. Triſt. Statius 6. Theb. Veſpertinus circumgemit urſus ouile, Horat. Epodo. Villoſæ catulos in ſummis montibus urſæ, Ouid. 13. Metam. Sunt & alia apud Textorem, nempe: Atrox, auidus, Calydonius, crudus, deformis, Erymanthius, ferox, grauis, Libycus, (uide in B.) minax, Numida, Numidicus, Oſſæus, præceps, rabidus, rigidus, rapax, terribilis, triſtis, trux. ¶ Ἄρκτοι δ' ἀγριάδες, φόνιον γένος, αἰολόβουλοι, Oppianus. Ἄρκτοι χαιτήεσσαι, Idem. Ἡ κρυερῶν ἄρκτων ὀλοὸν θράσος, Idem. Ἄρκτος βλοσυρὰ, πολύμαργος, θὴρ πικρὴ, Oppianus. Ὦ λύκοι, ὦ θῶες, ὦ ἀν' ὤρεα φωλάδες ἄρκτοι, Theocritus Idyl. 1. Ἄρκτος ὠμόφρων, δολία, σκαιὰ, Adamantius

¶ Vrſa uocatur ſydus cœleſte, figura & ſitu ſtellarum ſeptem plauſtro ſimile. quattuor enim ex eis rotarum, tres equorum loco ſunt. unde antiqui Græcorum hámaxan, hoc eſt plauſtrum dixerũt, ut & Germani hodie. Latini Septentriones appellant, à ſeptem ſtellis à quibus quaſi iuncti triones, hoc eſt boues, figurantur. Sunt autem duæ urſæ, maior & minor, quas Græci ἄρκτους nominant. Vrſam maiorem (inquit Higinus) Heſiodus ait eſſe Caliſto (melius per duplex lambda, ut Græci ſcribunt, Καλλιστώ,) nomine, Lycaonis filiam, eius qui in Arcadia regnauit: eamq; ſtudio uenationis inductam ad Dianam ſe applicuiſſe: à qua non mediocriter eſſe dilectam, propter utriuſq; conſimilem naturam: Poſtea autem ab Ioue compreſſam, ueritam Dianæ ſuum dicere euentum, quod diutius celare non potuit. Nam iam utero ingraueſcente, prope diem partus in flumine corpus exercitatione defeſſum cum recrearet, à Diana cognita eſt non obſeruaſſe uirginitatem: quamobrem à dea in urſæ ſpeciem conuerſa eſt. In ea figura corporis Arcada procreauit. Sed ut ait Amphis comœdiarum ſcriptor, Iupiter ſimulatus effigiem Dianæ, cum uirginem uenantem ut adiutans perſequeretur, amotam à conſpectu cæterarum compreſſit: quæ rogata à Diana quid ei accidiſſet quòd tam grandi utero uideretur, id illius peccato eueniſſe dixit. Itaq; propter eius reſponſum in urſam eam Diana conuertit. Quæ cum in ſylua ut fera uagaretur, à quibuſdam Aetolorum capta, ad Lycaonem pro munere in Arcadiam cum filio eſt deducta. Ibi igitur inſcia legis in Iouis Lycæi templum ſe coniecit: quã confeſtim eſt filius ſecutus. Itaq; cum eos Arcades inſecuti interficere conarentur, Iupiter memor peccati, ereptam Caliſto cum filio inter ſidera collocauit, eamq; Arctum, filiũ autem Arctophylaca nominauit. Nonnulli etiam dixerunt, (ut Scholiaſtes Homeri etiam refert Iliad. ſigma ex Callimacho) cum Caliſto ab Ioue eſſet compreſſa, Iunonem indignatam in urſam eam conuertiſſe: quam Dianæ uenanti obuiam factam, ab ea interfectam, & poſtea cognitam inter ſidera locatam, &c. Hæc Higinus. Hanc Calliſtûs metamorphoſin in urſam Ouid. lib. 2. Metam. deſcribit. Calliſto Lycaonis filia fuit, quam (ut Græci referunt) Iupiter compreſſit. Iuno deprehenſam mutauit in urſam: & Diana in Iunonis gratiam ſagittis confecit. Iupiter uerò miſſo Mercurio filium quem utero geſtabat Calliſto ſeruari ſibi iuſſit. Ipſam uero Calliſto in ſydus, quod Vrſa maior uocatur, conuertit: cuius etiam Homerus Odyſ. ε. meminit ubi Vlyſſem à nympha Calypſo ſoluentem facit: Πληϊάδας τ' ἐσορῶντα, καὶ ὀψὲ δύοντα Βοώτην, Ἄρκτον θ', ἣν καὶ ἅμαξαν ἐπίκλησιν καλέουσι. (Eoſdem uerſus legimus Iliad. Σ. & præterea, Ἥ τ' αὐτοῦ στρέφεται, καί τ' Ὠρίωνα δοκεύει. Οἴη δ' ἄμμορός ἐστι λοετρῶν Ὠκεανοῖο.) Sed fieri poteſt ut ſydus illud hoc nomen in honorem tantum Calliſtûs acceperit: nam ſepulchrum eius Arcades oſtendunt, Pauſanias in Arcadicis. Arcas (ut Iſtrus inquit) natus eſt ex Ioue & Themiſte (lego, Calliſto,) ſic dictus propter matris mutationem in arcton, id eſt urſam. quo tempore etiam ſydus cœleſte, quod Hámaxa prius dicebatur, Vrſa dici cœpit, Stephanus in Arcas. eſt autem locus corruptus. Sed de Lycaonis filia Calliſto in urſam conuerſa, plura ſcripſi in Lupo a. inter propria uirorum. Fabulam de Calliſtûs mutatione Palæphatus inde natam conijcit, quòd hæc montes habitans ab urſa fortè in uenatione conſumpta ſit: & qui in uenatione cum ea erant, non illam amplius ex urſæ cubili egredientem, ſed ſolã urſam uidentes, quòd Calliſto puella urſa facta eſſet dictitarint. Eſt & alterum ſydus ſuperiori proximum, figura conſimile, Vrſam minorem uocant: de qua plura leges apud Higinum, ubi etiam de maiore Vrſa, quomodo ab alijs plauſtri nomen acceperit à ſeptem ſtellis, ab alijs Vrſæ pluribus ſtellis ad unam effigiem computatis, copioſius ſcribit, &c. Item de Arctophylace ſiue Boote apud eundem. Nos de Cynoſura, id eſt, minore Vrſa nonnihil attulimus in Cane a. Helice (ſic quoque maiorem Vrſam uocant) & Cynoſura, in cœlo dicuntur geminæ Vrſæ: quarum alteram (Cynoſuram) Iouis nutricem fuiſſe perhibent, alij ambas. Sunt qui Cynoſuram eius nutricem, Helicen uerò amores eius faciant, Pollux. Cynoſura, id eſt Vrſa minor, ſic nominatur, quòd caudam inſtar canis reflexam habeat: cuius Homerus non meminit utpote poſterius inuentæ à Thalete Mileſio, Scholiaſtes Homeri. Nicander in Alexipharmacis arcton omphalóeſſan uocauit: interpres τροφώδη exponit, ueluti dicas nutritiam. ſunt qui Creticam exponant. nam Omphalòs Cretæ locus eſt, Cælius. Sed fortè ſic dicitur quòd eo ſitu in cœlo ſit Vrſa ſydus, quo umbilicus in animante, uidelicet medio. Arctos cœleſtes ſcribit Theon appellari, διονεὶ ἄκρας καὶ κεφαλὰς τοῦ κόσμου: quia ſummæ ſint, ac cœli uelut capita. Peculiarius autẽ Cynoſurã dici ex caudæ imagine, quoniam canis caudam habeat. Helicen uerò διὰ τὸ ἑλίσσεσθαι, quia inuoluta ſit cauda; uel per exochen quandam quòd à cœlo trahatur, Cælius. Ἀσκαρῶζις, urſa partta, Heſ. Var. Arctûrus uocatur ſplendida quædã ſtella, in zona Arctophylacis, quòd iuxta caudam urſæ ſita ſit ſic appellata, unde integrum etiam ſydus Bootes eodem nomine appellatur, Suidas & Varinus. Ἀρκτῷος τόπος, locus Septentrionalis, in quo septem stellæ uisuntur, Varinus. Hinc & circulus Arcticus dicitur, & qui ab ea cœli plaga exoritur uentus ἀπαρκτίας, Pollux. Varinus tamen in uoce Ἄρκτος hunc uentum sine τ. euphoniæ gratia aparcian dici ait, & ἀρκίου πνοῆς, citatis istis senarijs: Καὶ μὴν πελάζει καὶ κατακλύζει πνοῇ Ἀρκίος (Ἀρκεῖος potius) ὡς ναύτησιν ἀσκόνοις μολών.

¶ Vrsinus, adiectiuum. ¶ Ἀρκεῖος κεφαλὴ, caput ursi: & ἀρκείου κρέας, ursina caro, cum diphthongo. ἀρκίου uerò per iôta, sufficiens, utile, Suidas & Varinus. Ἀρκτῆ, pellis ursi, Varinus: apud Hesychium acuitur ultima. ¶ Virgines ἀρκτεύεσθαι (decimari interpretatur Gyraldus) Atheniensis populus dicebat, Pollux. Id uerbum signat, (inquit Cælius,) Dianæ prius quàm tempus appetat nuptiarum, uirgines consecrari initiariue. Quod Lysias scribit in oratione pro Phrynichi filia, si tamen ex eius illa prodijt officina. Decreto nanque sancitum Atheniensium erat, ne qua uiro puella traderetur, εἰ μὴ ἀρκτεύσειε τῇ θεῷ, id est nisi sacra obijsset Dianæ: quod mense Ianuario fieri consuesse indicat Libanius in oratione quam de Dianæ laudibus dixit. Induebantur autem ueste quam crocotam nominant, nec decimo ętatis anno grandiores, nec quinto inferiores. Iis autem placari credebatur Diana, quæ causa eiusmodi indignationem concepisse uidebatur. Ferunt quandoque ursam feram in Attica (ἐν τῷ δήμῳ Φλαυιδῶν) ita cicurem factam, ut homines nihil auersaretur omnino, sed compasceretur, multaque licentia huc illuc, nemine impedimentum inferente, peruagaretur. Contigit puellam quandam lasciuiusculè cum bellua colludere: quæ iritata, puellam facto impetu proscidit. At fratres rem intuiti, ac commoti acrius, ursam iaculis impetitam necarunt. Ex qua causa pestilens morbus latius per regionem grassari cœpit. Consultis oraculis, respondit deus, mali non defuturum finem, si uirginum nonnullas compellerent (ἀντὶ uel ὑπὲρ addendum uidetur) τῆς τελευτησάσης ἄρκτου ἀρκτεύειν, id est ursæ peremptæ honori Dianæ dicari. (Gyraldus exponit, si uirgines aliquas Dianæ mactarent pro ursa.) Nã & puellæ sic uocabantur arcti, id est ursæ, quod perspicuè docuit Euripides in fabula Hypsipyle: & in Lemnijs Aristophanes ac Lysistrate, Hucusque Cælius. Ἀρκτεῦσαι, τὸ καθιερωθῆναι πρὸς γάμον (πρὸ γάμου) τὰς παρθένους τῇ Ἀρτέμιδι τῇ Μουνυχίᾳ, ἢ τῇ Φαυρωνίᾳ (lego, Βραυρωνίᾳ,) Suidas & Varinus. Ἀρκτεία, ἡ τῶν ἀρκτευομένων παρθένων τελετὴ, Hesychius, Varinus. Ἐν Βραυρωνίοις ἀρκτευόμεναι γυναῖκες, τῇ Ἀρτέμιδι ἑορτὴν ἐτέλουν, &c. Suidas, nam quæ sequuntur apud illum, iam proxime interprete Cęlio recitaui, quanquam is authorem non citat. Ἄρκος, ἱερεῖα (lego ἱέρεια, hoc est mulier sacerdos) τῆς Ἀρτέμιδος, Hesychius. Ἐναρκτεύει, (si rectè legitur) φονεύει, κελεύει, Hesychius, Varinus. Athenienses cum in Dianæ Munychiæ templo ursam deæ sacram interfecissent, fames facta est, qua tum demum eos liberatum iri prædixit oraculum, cum eorum quispiam deæ filiam sacrificasset. id quod Embarus ea conditione pollicitus est, si sacerdotium in sua familia perpetuò permansisset, & gentilitium fieret. quod cum annuissent, exornatam filiam immolauit: qua ex re factum in eos est prouerbium, qui insani ac uecordes sunt, Ἔμβαρός εἰμι, id est, Embarus sum. plura in prouerbijs Erasmus. Ab hoc facto, scribit Harpocration, mos inoleuit, ut inde uirgines Dianæ Munychię & Brauronię consecrarentur ante nuptias, ἄρκτοι, id est ursæ uocatæ, à quibus & uerbum quoque deductum ἀρκτεῦσαι, quod δεκατεύειν, id est decimare significat. Plura de hac ursa in templo Dianæ interempta, deque Embaro, uide supra in Capra h. ubi de sacrificijs, ex Varino in Σόφισμα Θετταλικόν. ¶ Piscatores nostri instrumentis quibusdam utuntur, retibus in coli formam contextis, ligneo circulo superius ambiente os apertum: quæ nescio qua de causa ursos appellant, **bären.** sunt autem diuersa, alia **stoßbären**, quibus turbatos in ripis pisciculos aut cancros excipiunt: alia nassis uimineis similia in profundum demittuntur, **setzbären, setzgarn.**

¶ Berna Heluetiæ clarissima ciuitas ursos publice alit. eosdem pro insignio habet, quatuor pedibus insistentes, & nomen quoque ciuitatis ab urso factum uidetur etymo Germanico. Cæterum Sangallenses & Abbatiscellenses Heluetiæ populi urso erecto pro insigni utuntur.

¶ Est & syluestre allium, quod ursinum uocant, odore molli, capite prætenui, folijs grandibus, Plinius. Arcturus, genus herbæ, Hesychius, Varinus. Arction uel arcturus herba memoratur à Plinio 27. 5. & à Dioscoride. creditur autem esse quæ uulgò lappa minor (quamuis xanthion etiam à quibusdam lappa minor exponitur) uocatur. Maior uero lappa siue bardana uulgò dicta, arcion siue prosopion, id est personata Dioscoridis existimatur: Plinius (ut ipse deprehendi) lappam boariam nuncupat. Arcophthalmus, chrysogonum: arcopus, catanance: arctu dendron, sambucus, ut inter nomenclaturas apud Dioscoridem legimus. De pane ursi, & uua ursi, scriptum est supra in c. Branca ursina uulgò appellata apud Gallos & Italos, (de qua lege Syluaticum cap. 87.) ueterũ acanthus est. Ea uerò quam Germani quidam medici, Fuchsius & alij, brancã ursinam uocant, omnino sphondylion fuerit. Alia est etiam quam Germani uulgo brancham ursinã uocitant **bärentapen**, uel **bärlap**, (aliqui **bärenbrüch**: alij **wyngrün**, quod uino pendulo silici circumuoluta iniecta, mederi credatur. sed uinum cum fecibus prius perturbandum est, & baculo fisso, ut fieri solet, agitandum:) quod hirsutiem ursinam quodammodo referat, aut etiam pedis digitorum figuram extremis ramulis ferè ternis. repit circa saxa, quibus minimis fibris adhęret, folijs ferè abietis teneris, cõfertis, &c. uide Hieronymum Tragum Tomo 2. cap. 189.

¶ Nascitur apud Lucanos animal quoddam medium inter ursum & suem, Galenus: uide supra in Mele A. Ἀρκτόμυς, animal D. Hieronymo memoratum, quasi murem ursinum dicas: de quo pluribus

ribus scripsi in Criceto mure. Aldabha (id est hyæna) est animal notum in Syria, colore ursi, Andr. Bellunen. Dalac, fera similis urso, Syluaticus. Est & ursa marina, cancrorum generis, sine chelis, à magno & informi corpore dicta, Aristoteli & Athenæo.

¶ Vrsulus nomen proprium uiri apud Am. Marcellinum lib. 16. & Vrsicinus apud eundem lib. 15. Vrsus quidam ceu uir sanctus apud Heluetios Solodorenses colitur. Vrsinus monachus scripsit opus insigne de non rebaptizandis hæreticis, &c. Gennadius. In sanctorum catalogis legimus etiam Vrsicini cuiusdam, & Vrsatij confessoris nomen. Nobilis quædam familia apud Gallos originem suam à nescio quo Vrsone deriuat, quem in solitudine ursa quædā annis aliquot nutriuerit. Vrso quidā scriptor obscurus de somnijs & de urinis quædā ædidisse fertur. Vrsula, nomen sanctæ 10 cuiusdam uirginis. Atheniensis quidam è Melite uico (tribus Oeneidis) κάπρος uel σῦς, id est sus, & arctos, id est ursus cognominabatur, propter corporis hirsutiem, Hes. Var. in Μελιτεύς. Arcesiades, Ἀρκεισιάδης, Laërtes Arcesij filius. Nam mihi Laërtes pater est, Arcesius illi, Iupiter huic, &c. Vlysses apud Ouidium contra Aiacem loquens. Dictus est autem Arcesius quòd ab arco siue arcto, id est, ursa lactatus sit, ut fabulantur. Vera autem historia refert, Cephalū Deionei uel Deionis filium ex Arcto uxore Arcesium genuisse, Varinus. Cephalo de liberis quærenti, deus responsum reddidisse fertur, ut cuicunque primum obuiam factus esset, ei misceretur. Illum uerò cum in Arcon mulierem incidisset, filium ex ea sustulisse, qui deriuato à matre nomine Arcesius dictus sit, Heraclides in Politijs. Est autem impressi codicis locus corruptus, ut suspicor, huiusmodi. τὸν δὲ πρῶτον τυχὼν ἄρκῳ, καὶ πλησιάσαντα γεννῆσαι γυναῖκα, ἐξ ἧς τὸν Ἀρκείσιον φερωνύμως ὠνομάσθαι λέγεται. Ipse quomodo legerim, ex trans- 20 latione apparet. Arctînus Milesius poëta, discipulus Homeri, &c. Suidas. Habent & Germani uiri proprium nomen ab urso sumptum, Bernhart, ac si Arctosthenem dicas. ¶ Arctûrus, fluuius Scythiæ Phasis postea dictus, Plutarchus in libro de fluuijs. Vrsa, fluuius apud Heluetios, uulgo die rüß. Ἄρκτων ὄρος, id est Vrsarum mons, Cyzico imminet, sic dictus à Iouis nutricibus, (Helice & Cynosura puto,) quas illic in ursas migrasse tradunt, Stephanus (ni fallor) alicubi. Vrsarum mons nominatus est, à nutricibus Bacchi illic in ursas cōuersis: Vel quod locus uenationi aptas feras contineat, ab ursa fera: Vel propter altitudinem, quòd uertice suo ad Arctos sydera appropinquare uideatur. habitabant autem in eo agrestes quidam gigantes, ἄγριοί τινες γηγενεῖς, Varinus (ex Scholijs in primum Argonauticorum Apollonij ad numerum 35. ubi additur hunc montem situm esse iuxta Cherronnesum in Propontide. legitur autem ἄρκτου per o. paruum, apud Varinum, Apol- 30 lonium & Scholiasten, perperam apud omnes. In Propontide est insula Cyzicus cum urbe, cuius pars iacet in planicie, pars secus montem, qui Vrsarum mons (ἄρκτων ὄρος) appellatur, Strabo lib. 12. Ἄρκτου ὄρος τὸ Ἀρκτῷον ἐπώνυμον, Pollux. hoc est, Arctôus mons ab urso dictus est. Arctânes, gens Epirotica, Stephanus. Arconesus, Ἀρκόννησος, insula Cariæ, Stephanus: Meminit etiam Strabo. Plinius insulam unam ex desertis circa Chersonnesum esse scribit. Cæterum Cyzicus olim Ἄρκτων νῆσος & Ἀρκτόνησος dicebatur, Stephanus. Vrsa Baluia, Picenorum urbs Ptolemæo 3. 1. hodie Vrbsa.

¶ b. Parnes mons Atticus aprorum & ursorum uenationem præbet, Pausan. Apud Aratores Afros ad Occidentem reperiuntur leones, ursi, elephantes, Herodotus lib. 2. ¶ Cepus faciem habet satyro similem, cætera inter canem atque ursum, Strabo. Tarando uillus magnitudine ursorum, Plinius & Aelian. Σκύλος, pellis ursina, uel ouilla, aut alterius animalis, Hesych. & Varin. Har- 40 pyiæ in Thracia habent aures ursinas, uulturū corpora, Varinus in Scylla. Os ursi, στόμα & χάσμα uocat Plutarchus, & pedes anteriores χεῖρας, id est manus. Talpa pedes habet ursi, Suidas & Hes. Bestia quam uidi similis erat pardo, & pedes similes ursi, Ioannis Apocalyp. 13. Bestia alia similis urso, Danielis 7. ¶ Galli caput ursi & aliarum mordacium ferarum hure nominant: & ursæ mamillas, poupes uel tettes: ursinum fimum, ut apri quoque & lupi, laisses, Rob. Stephanus. ¶ Pellem ursi, qui propriè apud nos loquuntur uocant ein but: & eandem excoriari dicunt, geschunden werden.

¶ c. Vrsa suos fœtus lambit, donec perfici & uocem ædere incipiunt, εἰσόκε κυνζηθμοῖσιν ἀναπλῆσαι τὸν θρύζουσιν, Oppianus. Cum tubam uenatorum exaudierit ursa, è cubili prodiens, ὀξὺ λέληκε θοροῦσα, καὶ ὀξὺ δέδορκε λακοῦσα, Idem. Vociferamur (Rugiemus, Hieronymus) nos omnes quasi ursi, & meditamur quasi columbæ, Esaiæ 59. hoc est, ululamus & gemimus. ¶ Nequitia mulieris immutat 50 faciem eius, & obcæcauit uultum suum tanquam ursus, Ecclesiastici 25. Vrsis quidem oculos hebetari, cum recens è latibulo prodierint, in c. retuli. ¶ Patinas cœnabat omasi Vilis & agnini, tribus ursis quod satis esset, Horatius 1. epist. ¶ Vrsa prægnans à Gallis peculiari & uenatoria locutione dicitur une ourse prain. Ἀρκτύλοι dicuntur catuli ursorum, Pollux. apud Varinum ἄρκιλοι legitur, quod minus placet. Cyclops apud Theocritum Galateæ se nutrire canit φιλκα νεβρὼς, καὶ σκύμνως τέσσαρας ἄρκτων. Inueni geminos, qui tecū ludere possunt, Inter se similes, uix ut dignoscere possis, Villosæ catulos in summis montibus ursæ, Polyphemus Galateæ canens Ouidij Metam. 13.

¶ d. Occurram eis quasi ursus orbatus, & lacerabo obstinatum cor eorum, Osee 13. Præstat occurrere urso orbato (raptis catulis) quàm fatuo (obstinato) in stultitia sua, Prouerb. 17. Tu nosti patrem tuum & uiros qui cum eo sunt fortissimos & amaro animo, ueluti si ursa raptis oculis in sal- 60 tu sæuiat, 2. Regum 17. Sunt autem uerba Chusai ad Absalonem de Dauide.

¶ e. Ferunt difficiles partus statim solui, cum quis tectum, in quo sit grauida, transmiserit lapide: uel missili ex his, quæ tria animalia singulis ictibus interfecerint, hominem, aprum, ursam,

Plinius. Taifalorum gentem turpem ac obscœnæ uitæ flagitijs ita accepimus mersam, ut apud eos nefandi concubitus fœdere copulentur maribus puberes. Horum si quis iam adultus aprum exceperit solus, uel interemerit ursum immanem, colluuione liberatur incesti, Marcellinus libro tricesimoprimo. ¶ Certè furit, ac uelut ursus Obiectos caueæ ualuit si frangere clathros, Horatius de Arte ad finem. Heliogabalus ebrios amicos plerunque claudebat, & subito nocte leones, & leopardos, & ursos, exarmatos immittebat, ita ut expergefacti in cubiculo eodem, leones, ursos, pardos cum luce, uel quod est grauius nocte inuenirent, ex quo plerique exanimati sunt, Lampridius. Vitoldus Lituaniæ princeps subditis suis adeò metuendus fuit, ut iussi laqueo se suspendere, parere potius quàm in eius indignationem incidere uoluerint. detrectantes imperium, insutos ursina pelle uiuentibus ursis (quos eam ob causam nutriebat) dilaniandos obiectauit, crudelibusque alijs affecit supplicijs, Aeneas Syluius. ¶ Mauri leonum, pardorum & ursorum tergoribus uelantur, & dormientes substernunt, Strabo. Ancæus Arcas humeris nunquam circuniecit chlænam, ἀλλ᾽ ἄρκτου λάσιον στέρνοις ἀμπίσχετο δέρμα, Orpheus in Argonauticis.

¶ g. Si ursi seuo liquefacto inungatur facies hominis, intelliget & discernet quicquid audit ac legit, Rasis.

¶ h. Heliogabalus inter diuersas sortes habuit & ursos decem, & decem gryllos, Lampridius. Perseus rex capream & ursum amabat, Tzetzes. Demetrius Moschouitarum legatus Romam missus, multo auditorum risu, ut erat ingenio comi & faceto, proximis annis uiciniæ suæ agricolam, retulit, quærendi mellis causa in prægrandem cauam arborem supernè desilijsse, eumque profundo mellis gurgite pectore tenus fuisse haustum, ac biduo uitam solo melle sustinuisse: quum uox opem implorantis in ea syluarum solitudine ad uiatorum aures penetrare nequiuisset. ad extremum uerò desperata salute mirabili casu, ingentis ursæ beneficio inde extractum euasisse, quum forte eius beluæ, ad edenda mella more humano se demittentis, renes manibus comprehendisset, & eam subito timore exterritam ad exiliendum tum tractatu ipso, tum multo clamore concitasset, Paulus Iouius. Pascebam (inquit Dauid 1. Regum 17.) patris mei gregem, & ueniebat leo uel ursus, & tollebat arietem de medio gregis, & persequebar eos, & percutiebam eruebamque ab ore eorum, & interficiebam ipsos. Dauid cum leonibus lusit quasi cum agnis, & ursos similiter ut agnos tractauit, Ecclesiastici 47. Cum Helisæus propheta ascenderet in Bethel, parui pueri de ciuitate egressi, illudebant ei, dicentes: Ascende calue, ascẽde calue. Is uerò maledixit eis in nomine Domini: egressique sunt duo ursi de saltu, & lacerauerunt ex eis quadragintaduos pueros, Regum 4. 2. Non enim non poterat omnipotens manus tua immittere illis multitudinem ursorum, aut audaces leones, aut noui generis ira plenas & ignotas bestias, Sapientiæ 11. Sanctus Florentius ursum habuit, Textor. Legimus fuisse ursam quampiam feritate cõspicuam, magnitudine inusitata, quæ uisentibus modo horrorem incuteret. Eam uerò uir hic (Pythagoras) accersitam demulctamque apud se aluit. Mox dimissurus, ueluti conceptis uerbis, iureiurando (ut sic dicam) adegit, nulli animantium cunctarum damno oblæsioniue futuram. Abiens illa in syluas se coniecit suas, summaque fide, quod inter homines quoque perrarum est, in quod adiurata recesserat, præstitit, Cælius. Paris infans expositus ab ursa lactatus fertur, Varinus. sic & Arcesius Laërtis pater, ut scripsi supra inter nomina uirorum ab urso sumpta. Et ecce de proximo specu uastum attollens caput funesta proserpit ursa, quam simul conspexi, pauidus & repentina facie conterritus, totum corporis pondus in postremos poplites recollo, arduaque ceruice sublimiter eleuata, lorum quo tenebar rumpo, meque protinus pernici fugæ committo, summo studio fugiens immanem ursam, Apuleius sub persona asini aurei. ¶ De Callistûs filiæ Lycaonis in ursam mutatione, lege supra in a. ubi de Vrsa sydere dictum est. Iphigeniam immolandam in ceruam, alij in taurum, alij in ursum mutatam ferunt, Varinus in Νιωπόλεμος, ut pluribus in Tauro retuli. Arcton oros, id est Vrsarum mons, Cyzico imminet, sic dictus à Iouis nutricibus (Helice & Cynosura puto) quas illic in ursas migrasse tradunt. Periclymenus Nelei fuit filius, frater Nestoris: cui à Neptuno auo concessum ut posset in quas uellet se transformare figuras, ut in ursum, formicam, apem, &c. uide Onomasticon nostrum. ¶ Vrsos qui sacri, ut lupos quoque, Aegyptij eo loci sepeliunt, ubi iacentes inueniunt, Herodotus libro secundo. De interfecta ursa Dianæ Munychiæ sacra, plura dixi in a. inter deriuata, in uerbo Ἀρκτεύειν. Laphriæ Dianæ apud Patrenses magno in ara igne excitato, apros, ceruos, dorcades, aliqui luporum aut ursorum catulos, uiuentes inijciunt, Pausanias in Achaicis.

¶ PROVERBIA. Vrsus cum adsit uestigia quæris, Ἄρκτου παρούσης τὰ ἴχνη ζητεῖς, de ijs dicitur, qui timiditate præsens negotiũ declinãt, atque ad alias nugas dilabuntur. Translatũ à formidolosis uenatoribus qui se dissimulãt sensisse ursum, & uestigia persequi fingũt quo absint à periculo, Eras. Meminit Suidas, et interpretatur, ἐπὶ τῶν τὰ παρόντα ζητεῖν προσποιουμένων. Fumantẽ nasum ursi ne tentaueris: uide supra in D. ¶ Ex sacris. Leo rugiens & ursus (ad prædam) excurrẽs, est princeps impius populo pauperi, Prouer. 28. Habitabit lupus cũ agno, & pardus cũ hœdo accubabit: Vitulus & ursus pascẽt, simul requiescẽt catuli eorũ, Esa. 11. Factus est mihi ursus insidiãs, et leo in latibulis, Hier. Thren. 3. Quomodo si fugiat uir à facie leonis, & occurrat ei ursus, Amos 5. ¶ Germani si quẽ de paupertate, aut auaritia et parcitate notauerint, manũ ab eo fugi dicũt sicut ab urso: **Er fugt den taapẽ wie ein bär.** ¶ Ἄρκτος φιλεῖν ἄνθρωπον ἐκτόπως ηὔχει, εἶθ᾽ ὕστερον ἐρκωθεῖσα αὐτὸν ἐν περιβύσῳ, αὐτὶ τοῦ ἐν ἀποκρύφῳ. Suidas.

De

DE VVLPE.

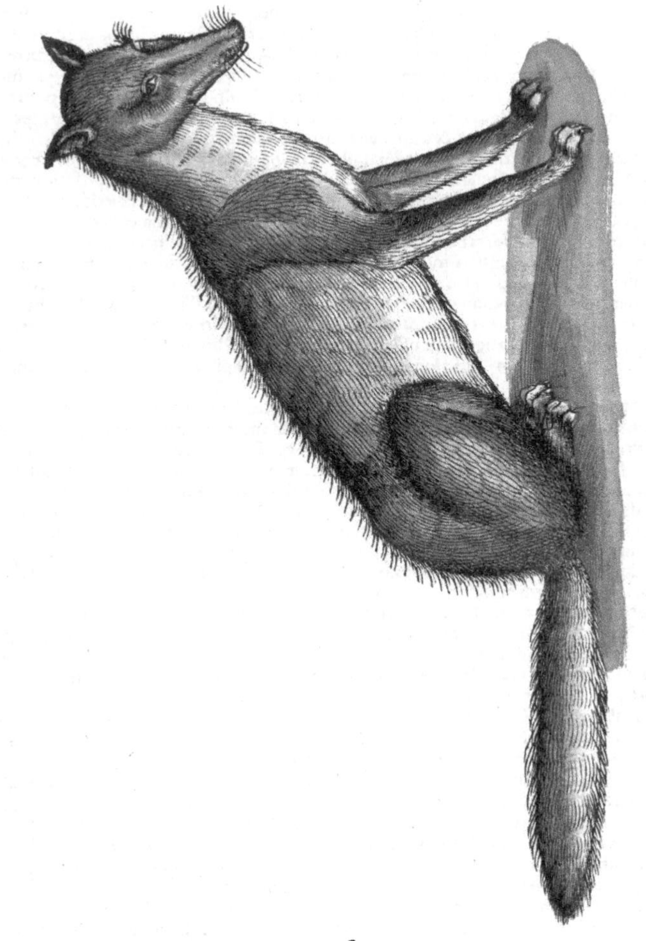

A.

VVLPES Hebraice שועל schual nominatur, Chaldaice תעל thaal. Nam Psalmo 63. pro schualim, id est uulpes numero multitudinis, Chaldæus reddit thealaia. Arabs תעלב, thaleb. Lxx. ἀλωπέκων. Hieronymus uulpium. Thaleb, id est uulpes, Auicenna lib. 2. & Syluaticus cap. 673. Idem alibi chabel & calcail uulpem interpretatur, corruptis, ut uidetur, uocibus pro thaleb. Chos alcalip, (lego althaleb) id est testiculi uulpis, satyrion, Idem. Galcis, id est uulpes, Syluaticus: uoce, ut coniicio deprauata à γαλῆ: quam Albertus aliquoties uulpem interpretatur, cum omnino mustelam significet. Apud Græcos ueteres ἀλώπηξ dicitur, hodie ἀλεπό. Italice, uolpe. Gallice, regnard, cuius diminutiuum regnardeau. Hispanice, raposa, à rapiendo nimirũ. Germanice, fuchs. Flandrice, uos. Anglice, foxe. Illyrice, lisska.

B.

Alpinæ regiones Heluetiorum plurimas habent uulpes: ubi mercatores coëmptas earum pelles in alias regiones diuendunt, Stumpfius. Amyntas in Mansionibus, quas sic inscripsit, eam ait Caspiarum uulpiũ esse multitudinẽ, ut nõ modo agrestia stabula adeant, sed urbes quoq; ingrediantur:

nihil tamen nocentes, neq; rapientes, sed ita cicures Caspijs tanquam caniculæ adulantur, Aelianus. Vulpes in Sardinia noxiæ sunt, occidunt enim arietem etiam fortissimum, capram, & uitulum adhuc tenerum, Munsterus. Lupos, uulpes, aliaq; quadrupedum noxia, Creticus ager nusquam educat, Solinus & Plinius. Bassara, βασσάρα, genus uulpis, Varinus. alij uulpem simpliciter interpretantur: uide in Philologia a. Vulpes in Aegypto minores quàm in Græcia fiunt, Aristoteles. Vulpi magnitudo eadem quæ cani mediocri domus custodi, Albertus. Villos habet uberes & altos, Isidorus. Qui corporis colore admodum ruffo sunt, (πυῤῥοὶ ἄγαν,) astuti (πανοῦργοι) iudicantur, à similitudine uulpium, Aristoteles in physiognom. Vulpi color sæpe rutilus, priori tamen parte canescens, Ge. Agricola & Albertus: rarò candidus, rarius niger, Agricola. Vulpes audio in Hispania omnino albas reperiri, & à mercatoribus Francfordiam ad nundinas uehi. Vulpes nigræ & albæ in Moschouia habētur: item in quibusdam Scandinauiæ locis, ut Olaus Magnus annotauit. Germani uulpes quasdam uillo densiore & nigricante, à colore **brandfüchs** nominant, (ut ceruorum etiam genus densioris ac nigrioris pili, **brandhirtzen**,) nostri **kolerle**: sunt autem minoris pretij, & magnitudine etiam ut plurimum minores. Circa montana Heluetiæ, ut audio, uulpes externis maiores ac meliores habentur. ¶ Serpentes, simiæ & uulpeculæ, & quæcunq; mala machinantur, exilibus (angustis) sunt oculis, λεπτὸν ἐκδέδορκεν: oues autem & boues, & huiusmodi simplicis ingenij, aspectu amplo, Adamantius. Teutones cum bonum & generosum equum depingunt, diuersorum animantium uirtutes in eo coniungunt, & ex alijs quidem animalibus alias ei attribuunt, ex uulpe uerò aures breues, caudam longam, gressum lenem. alij, bonos oculos, & caudam pilosam. ¶ Vulpi (mari) genitale osseum est, Aristoteles, Plinius, Albertus. Cauda magna & uillosa, Albertus. Boum caudis longissimus caulis, &c. uulpibus & lupis uillosus, Plin.

C.

Vulpes animal est calidum, nam & mortui pellis calefacit, Albertus. Mihi quidem dubium non est, quin calidi temperamenti hoc animal sit, cum canum & mustelarum maiorum naturam referat, & odorem grauem exhalet. adipem etiam eius calfacere constat, & oleum in quo uulpes tota decocta fuerit. ¶ Gannire propriè de uoce uulpium dicitur, authore Donato: sed transfertur etiam ad homines, & usurpatur pro eo quod est obstrepere, & ueluti uapulantis uocem emittere. Quid ille gannit? quid uult? Terentius Adel. Hinc gannitus. Nanq; hæc (Nereis) in eodem spectata littore est, cuius morientis etiam gannitum tristem accolæ audiuere longè. Gannit (Gannuit, codices impressi) odiosus omni toti familiæ, Plautus ut citat Varro de lingua Lat. Fallax uulpecula gannit, Author Philomelæ. Putes ululare lupos, gannire sagaces Vulpeculas, Mantuanus. Latrando & ululando uulpes canem imitatur, cum irascitur aut dolet. aliâs uerò gannit, & immurmurat blandè, ut cum petit aliquid, si domi alatur. Latrat ut canes, (ut catuli canum, secundum alios) & gannit in fame, Albertus. In fame præ angustia latratus canum imitari dicitur, Constantinus. De minoribus feris, ut sunt uulpes, thôes & lupi, ὑλακτεῖν & ὠρύεσθαι, id est latrare & ululare dicitur, Pollux. Varinus tamen ὠρύεσθαι de lupis, canibus & leonibus in fame ululantibus, dici scribit: & de alijs quæ proprium suæ uocis uocabulum non habent. Nostri etiam uulpem latrare dicunt. **der fuchs billt/trabt/rayet.** Ceruum aiunt sibi timere à gannitu uulpium, Albertus. ¶ Vulpes animal solerti auditu, in Thracia amnes gelatos lacusq; non nisi ad pastus itura redituraq; transit. obseruatum eam aure ad glaciem apposita coniectare crassitudinem gelu, Plinius. Nugantur quidam è uulgò tam acutè audire uulpem, ut nescio quam herbam crescentem percipiat. ¶ Vulpes, lutra, melis subeunt cauernas: sed egrediūtur ad pastum capessendum, etiam hyberno tempore, Ge. Agricola. Cauernarum suarum, Oppiano teste, plura facit foramina & multifores aditus, ἑπτάπυλας εἴξασα δόμους, τρητάς τε καλιὰς τηλόθ᾽ ἀπ᾽ ἀλλήλων, ut minus facile à uenatoribus illaqueari possit. Melis foueam occupat, aluo in eam exonerata, ut dicam in D. Aristomenes Messenius à Lacedæmonijs captus, per cauernam latomiarum euasit, angustos uulpium aditus secutus, Plinius. Ego cum domi aliquando uulpem alerem, sæpius obseruaui iacentem in uentre pedibus posterioribus rectà retro extensis, ac si homo in uentre iaceret, quod & cuniculi faciunt: facile autem est conijcere eas huic extensioni apta crura ideo à natura accepisse, ut facilius per angustos & oblongos terræ meatus penetrare eis liceat. ¶ Lepores & uulpes per æstatem noctu progrediuntur, Tardiuus. Vulpes & capreoli etiam nocte cibum quærunt, Cardanus. ¶ Vulpes animal ferè omniuorum est. Syluestres mures uenatur, Aristoteles: Sunt qui mures è cauis spiritu à uulpibus extrahi & deuorari affirment. Vulpes edit carnes, & muribus sicut catus insidiatur: cuniculos etiam & lepores capit, rapitq; gallinas, Albertus. Nec uulpes nec aliud animal gallinas continget, si gallinis sub ala ruta syluestris suspendatur: & multò magis si uulpis aut felis fel cibo admixtum exhibueris, ut etiam Democritus confirmat, Cornarius in Geopon. libr. 14. Andreas à Lacuna in Græco codice excuso, & suo manuscripto, hæc legi negat: Inferius tamen capite de turturibus eadem ponit, ὄρνιθας eo in loco non gallinas, sed aues simpliciter exponens. Gallinaceos aiunt non attingi à uulpibus, qui iecur uulpis aridum ederint: uel si pellicula ex eo collo inducta, galli inierint: similia in felle mustelæ legimus, Plinius. Per hyemem esuriens, si uuas in uitibus non inueniat, aues & catulos leporum astutè capit, Oppianus. Vide plura mox in D. qua astutia animalia quædam capiat. Pauonibus una cura debetur, ut incubantes per agrū fœminas, quæ hoc passim faciunt, à uulpe custodias, Palladius. In Asia multis

multis locis uinum sine iugo ministrat uinea, quæ sæpe uulpibus & hominibus fit communis, Varro. Apud Theocritum Idyllio primo puer quidam uineam custodit, Ἀμφὶ δέ μιν δύ' ἀλώπεκες, ἁ μὲν ἀν' ὄρχως φοιτῇ, σινομένα τὰν τρώξιμον, ἁ δ' ἐπὶ πήραν πάντα δόλον τεύχοισα. Tam facile uinces quàm uulpes pyrum comesit, Plautus in Mustellaria. de re factu procliui, quòd nihil negotij sit uulpi dentatissimæ pyrum edere, Erasmus. Vulpes necant amygdalæ amaræ; item apocynon: Vide plura in E. ¶ Animal est fœtidum, & etiam à posteriori parte imminente mortis periculo, Liber de nat. rerum. Ore & ano fœtet, Albertus. Hic olidam clamosus ages in retia uulpem, Martialis. ¶ Vulpes superueniens coit, Aristoteles. Atqui recentiores aliqui obscuri authores ex Aristotele citant hæc uerba, Vulpes coit ad terram proiecta, (in quibus uerbis uulpem eos pro fele seu cato posuisse conijcio.) Vulpes coëunt in latera proiectæ, maremq; fœmina amplexa, Plinius.

¶ Quadrupedes (uiuiparæ) pleræq; perfectos ædunt partus, paucæ inchoatos: in quo sunt genere leænæ, ursæ, & uulpes, Plinius. Multifidæ quæ pariunt imperfecta, omnes multiparæ sunt. quo fit ut partum adhuc recentem alere possint, auctum iam adeptumq; magnitudinē nequeant. quædam enim ex ijs catulos inarticulatos propemodum pariunt, ut uulpes, ursa, leæna, & alia nonnulla. sed omnia ferè cæcos: ut ea quæ modo dixi, atq; etiam canis, lupus, thos, Aristot. Et alibi, Vulpes, inquit, parit cęcos, ut ursa, atq; etiam infirmiores. parturiens ita secedit, ut raro grauida capiatur. Cum partum æddiderit, lingua lambendo refouet & concoquit. parit cum plurimos quatuor. De leonis partu singulari, uulpis multiplici, apologum Aesopi in Leone C. recitaui ex Cælio. Vulpium catulos sæpe rapiunt milui, uultures, aquilæ, Mich. Herus. ¶ Coëunt animalia etiam, quorum genus diuersum quidem, sed natura non multum distat, si modo par magnitudo sit, & tempora æquent grauiditatis. rarò id fit, sed tamen fieri & in canibus, & in uulpibus, & in lupis certum est, Aristot. Ex uulpe & cane Laconici canes gignuntur, Idem. Et alibi, Ex uulpe & cane primi fœtus cōmuni generis utriusq; specie generantur: sed tempore procedente diuersi ex diuersis prouenientes, demū forma fœminæ (scilicet primæ genitricis suæ) instituti euadent. Laconicos canes è uulpibus & canibus primum natos & alopecidas dictos aiunt, Pollux. Vide in Canibus mixtis. Eosdem aliqui cynalopecas uocant. Ἐβῦνοι, ἀλωπεκίδες, Hesych. Varin. Papio (id est, hyæna) animal uidetur ex lupo & uulpe compositum, Albertus. ¶ Vulpes ægra resinam pineam uorat, unde & ualetudinem recuperat, & uita fruitur longiore, Albertus & Liber de nat. rerum. Vulpes & mustelas rabiem incurrere dicunt, Auicenna. Cætera (præter canem) animalia, ut lupi, uulpes, &c. rabie afficiūtur æstate potius quàm hyeme, Ponzettus. Vulpes rabiens eadem incōmoda infert quæ canis rabidus, Albertus. Quemadmodum quædam plantæ humoris proprij penuria tabescunt, quædam alieno suffocantur: ita & capilli succorum paucitate corrumpi solent: ac humidi quidem paucitate caluicies, prauitate uerò alopeciæ & ophiases generantur, ægritudines nihil specie, sed figura tantum ac nomine differentes. ophiasis enim in parte quam obsidet capitis, formam serpentis describit. alopeciæ autem sic appellantur, quòd id morbi genus in uulpibus frequentissimum esse tradatur, Aëtius. Alopecia, uitium est quo capitis & barbæ pili defluunt, per metaphoram à uulpe, quæ ubi minxerit, locum sterilem facit, ita ut herba illic nasci non possit, & si quæ nata erat illam exiccat, Varin. Ἀλωπεκέα, (lego Ἀλωπεκία,) morbus capitis: scribitur etiam per diphthongum (ει. scilicet in penultima,) Varinus. Ἀλωπεκία (malim iôta uel ει in penultima) ψίλωσις τριχῶν ἀπὸ φάσεως, μάλιστα περὶ κεφαλήν, Pollux. Eundem morbum inuenio alopeciasin dici, Cælius. Alopecia uulpinus ferè morbus est, quoties in humano capite areas & glabreta capillus deciduus facit, Hermolaus. Vulpi caput (iecur, Mich. Herus) aliquando nimium incalescit, præsertim æstate, & curatur sanguine ad superficiem fluente & ulcerante pellem: quare pili tum temporis defluunt, Albertus: & pelles captarum æstate inutiles habentur, Mich. Herus. Alsesafes est animal generis ceccarum (id est ricinorum) quod canibus, bobus & uulpibus adhærens sanguinem ab eis exugit, Andr. Bellunen. ¶ Vulpes satis iustam ætatem consequitur, Stumpfius.

D.

Vulpes astutæ, malitiosæ & callidæ sunt, Aristot. Homines colore admodū ruffo maligni (πανοῦργοι) iudicantur, argumento uulpium, Idem in Physiognom. Adamantius uulpis ingenium dolosum & insidiosum esse inquit. Animal est odio dignum propter rapinam, despectum propter infirmitatem, incautum suæ salutis dum insidiatur alienæ, Ambrosius in Hexaëmeron. Mihi quidem eodem fermè ingenio uidentur prȩditæ uulpes, & mustelæ, præsertim maiores, ut martes, ictis, &c. Prouerbia aliquot à uulpis calliditate nata, Vulpe pellace benignior, Vulpes annosa haud capitur laqueo, Vulpes non iterum capitur laqueo, Vulpinari cum uulpe, Vulpina pellis assuenda si leonina non sufficit, referā in h. inter prouerbia. Ὀργαῖς αἰνιγκτῆς ἀλωπέκων ἴκελοι, Pindarus in Pythijs. hoc est, Vulpium planè moribus similes. Est & marina uulpes, piscis sic dictus quòd similiter ut terrena fraudulentum & solers sit animal. Vulpinus, id est astutus animus ne quid moliatur mali, Plautus. Fraus quasi uulpeculæ, uis leonis uidetur, Cicero 1. de Nat. Complures apologi ex uulpis calliditate conficti, Aesopi & aliorum nomine leguntur. Astutam uapido seruas sub pectore uulpem, Persius Sat. 5. ¶ Vulpes Caspiæ tam numerosæ sunt, ut non modo agrestia stabula adeant, sed urbes quoq; ingrediantur: nihil tamen nocentes, neq; rapientes, sed ita cicures Caspijs tanquam caniculæ adulantur, Amyntas apud Aelianum. ¶ Intimas cauernas, quæ multos habeant exitus

YY 2

(ἑπτάπυλας δόμους) procul inter se distantes incolit, ne circum exitum unum positis uenatorum insidijs comprehendatur, Gillius ex Oppiano. ¶ Habitat in foueis, quas ipsa tamen non parat, sed à taxo, id est mele effossas dolo occupat. Illo enim absente, aditum suo excremento inquinat. Reuersus ille, fœdi odoris impatiens, foueam suam deserit, quam mox uulpes inhabitat, Isidorus. Sæpe in melium cauernis uulpes effossa comprehenditur, Alber. ¶ Lupus contactu scillæ conuellitur. unde etiam uulpes propter lupos latebris suis scillas apponunt, Zoroastres in Geopon. lib. 15. Gillius aliter uertit, nempe uulpes in luporũ cubilia folia squillæ imponere, quod non probo. non enim tam studiosa lupo nocendi, quàm suos tuendi catulos uulpes est, & cum à lupo occidatur, non est uerisimile eam sponte ad cubile eius accedere. Turtur in nido suo ponit folia squillæ, ne lupus pullos eius incurset, Ambrosius turturi hoc adscribens, quod Zoroastres uulpi, non rectè ut uidetur, lupum enim uulpibus insidiari constat, turturi aut cæteris auibus non item.

¶ Vulpes pulicibus infestata, stipulam (manipulum) fœni quod inuenerit mollissimum, aut pilos ore continens, paulatim à posteriori parte in aquam se mergit: cauda primum immissa, deinde reliquo corpore, ut pulices aquam fugientes ad caput ascendant, quod & ipsum postremo paulatim immergit, ita ut pulices in stipulam aut uillum quem ore tenet, colligantur: quo tandem in aquam proiecto fugit, Albertus authorem citans Iorach. In Thracia locis rigentibus & uulpes, animal alioquin solerti auditu, amnes gelatos lacusq; non nisi ad pastus ituræ redituræq; transeunt. Obseruatum, eam aure ad glaciem apposita, coniectare crassitudinem gelu, Plinius. Thraces congelatum flumen molientes transmittere, uulpem, Plutarchi (in libro Vtra animalium &c.) testimonio, præmittunt, glaciei indicem, quantum firmitatis habeat. ea enim pedetentim & moderate gradiens, aurem admouet: ac si ex strepitu confluentem non multo infra ferri sentit, statim cõiectura assequitur, frigoribus fluuium non bene penitus conglaciasse, sed tenuem & infirmam glaciem existere, itaq; regreditur: sin subterlabens aqua non admurmurationem facit, confidenter transit. Quod quidem ipsum non acrem bestiæ sensum dicimus esse: sed ex sensu ratiocinationẽ. Sic enim uulpes colligit, ipsum strepere motu præditum est, quòd autem motum habet non gelu constringitur. Itemq; Quod aquæ non glaciat liquidum est, quod autem liquidum, facile concedit, Gillius. Eadem alibi Aelianus scribit, ut Gillius uertit. Aure prius ad ripam humi adposita, serenitatem itineris explorat, Volaterranus ex eodem. ¶ Vulpes in omnes hostes suos infestissima est: neq; modò contra canes, sed & cum feris robustioribus, & cum uenatoribus (canibus uenaticis, Oppianus) molitur pugnare. Neq; solis bestijs terrenis, sed etiam aquatilibus, & uolatilibus mille insidias comparat. ¶ Vulpem bestiam improbam poëtæ & fraudulentam appellare solẽt. Sedet improbus erinaceus terrestris & insidiosus. nam ut uulpem is uel audiuerit, uel uiderit, os contrahit, pedesq; comprimit, & se totum in globosam formam concludit: Illa autem cum hunc sic in arctum constrictum comprehẽdere non quit, in eius os urinam reddit: hic uel ex contractione, uel ex uulpis fraude spiritu intercluso suffocatur, Aelianus. Et alibi, Vulpes fraudulentum animal, insidias hoc pacto in erinaceos terrenos molitur, ut cum eos rectos, quod à morsu uulpinum impetũ spinis prohibent, expugnare non queat, ipsos summa cautione oris leniter & caute primum euertens, supinos constituat, deinde & laceret, & qui antea essent formidabiles, exedat, conficiatq;. Vide plura supra in Echino h. in prouerbio, Multa nouit uulpes, sed echinus unum magnum. ¶ Vulpes cum dolosa sit, aliquando cum lepore (uel cuniculo, Ge. Agricola) se uelle ludere simulat, & (incautum) apprehensum deuorat. quamobrem uulpem conspectam non minus quàm canem fugiunt, Albertus. Quemadmodum à uulpibus lepores noctu continua persecutione defatigati, & subinde à quiete, quã ubi aliquantisper cursu præuenẽre appetunt, exturbati, tandem capiantur, ex Aeliano recitaui in Lepore D. Lepores frequentiores sunt in insulis, quod ibi ut plurimum nec uulpes sunt, à quibus ipsi cum catulis occiduntur: nec aquilæ, quæ montes magnos sæpius quàm paruos frequentant. nam parui plerunq; in insulis sunt, Xenophon. ¶ Mures etiam in aruis & pratis à uulpibus astutè capiuntur. ¶ Cum auiũ greges subuolantes uidet, humi strata iacet, simul & oculos claudit, & rostrum in terram deponit, & animam cõtinet, & prorsus uel dormientis, uel potius extinctæ speciem similitudinemq; gerit. Cum autem eam sic ad terram abiectam aues despiciunt, mortuam arbitrantes, gregatim delabuntur, in eaq; sessitantes tanquam illudunt: at uulpes eas ad rostrum appropinquantes ore hiante atq; imminente, deuorat, Gillius ex Oppiani de piscibus libr. 2. ubi ille ranam quoq; piscatricem simili ferè astu pisciculos captare dixerat. In fame aliquando insidiosè mortuam se simulans supina iacet, spiritu compresso exertaq; lingua: quo uiso aues tanquam ad cadauer accedunt, & incautæ corripiuntur, (sic & pardus simias mortuum se fingens, captat) Albertus, Constantinus, Ge. Agricola. Eadem scribit Mich. Herus, sed addit uulpem priusquam ita se resupinet, in argilla rubra uolutari inquinariq;, ut uulnerata & sanguine cruenta appareat, & quod ubi ita iacentem uiderint corui, cornices, et aliæ aues præsertim rapaces, gaudentes tanquam de hoste mortuo, aduolantes comprehendantur, una saltem ex eis. Mustela aues iugulat ut lupus oues, & pugnat cum serpente, illò præcipuè qui mures uenatur, Aristot. de hist. anim. 9. 6. Albertus imperitè eo in loco galen interpretatur uulpem, & iltissum uocant, scribens: Non comedit (inquit) de gallinis, nisi prius omnes aut multas iugulauerit, cuius ingenij etiam uulpes est, & animal quod dicitur feyton, (id est mustela.) Vulpes communis

est

est hostis pauonum, columbarum, & omnium ferè auium, Stumpfius. In eo maximè nocet hominibus, quòd rapit anseres, anates, gallinas, in quo tamen eam parcere dicunt domui uiciniori iuxta quã uersatur, Idem. Gallinas noctu clam ingressa in casas, prehendit & asportat, Ge. Agricola. In Ponto sic otidas uenatur, ut & sese auertens, & in terram abijciens, tanquam auis collum, sic caudam extendat. eæ autem hac insidiarum instructione seductæ, ad illam, tanquam ad suam gregalem accedunt. illa uero se uertens nullo negotio capit, Aelianus interprete Gillio. Sed aliter ex eodem Volaterranus transtulit, non rectè ut conijcio, adscribam tamen. Otides (inquit) in fluminibus (ποταμοῖς legit pro πόντῳ) decipit, sese uni ex eis fessæ adsimilans, illæ superuolant, uulpes conuersa statim inuolat. Tum uero secundum fluuiorum ripas gradiens, paruulos pisciculos callide exceptat. nam caudam in aquam deijcit, in quam ij innantes densis pilis comprehenduntur, quod quidem ipsum uulpes sentiens, caudam ex aqua remouet, & repente se in aridum subducens eam excutit, pisciculi excidunt, atq; ab ea deuorantur, Aelianus interprete Gillio & Volaterrano. Vulpes in exuperantiam infinitæ tum malitiæ, tum fraudis progreditur, nihil ut non & malitiose, & dolose agat: Cum enim uesparium refertum esse animaduerterit, retrorsum eò accedit, atque tota à uespeto auersa, ab aculeorum sanè uulneribus declinans, in cellas uesparias immissa hirsuta cauda, eademq; bene prolixa, uespas concutit. Cum autem uesparum circumuestitam spissis pilis caudam impetentiũ referta est, tum eam ipsam uel ad arborem, uel ad parietem ad maceriémue allidit: Itaque multa caudæ attritione his extinctis, in reliquas inuadit, perindeq; eas ut primas interimit: Iamq; reliquas cæteras ab aculeis intelligens inopes esse, os in uespariũ abijciens, idipsum uorat, Aelianus interprete Gillio. Transtulit eadem aliter Volaterranus his uerbis: Vesparum quandoq; multitudine uexata, sese in cauum condit, extante cauda. circa quam ut illas certatim occupatas, uilloq; denso implicitas animaduertit, egreditur, atq; ad murum siue arborem perfricãdo obterit, extinctasq; depascitur. ¶ Quibus uero astutijs utatur cum in uenatione urgetur à canibus, sequenti capite explicabimus.

¶ Iustæ magnitudinis accipitres & integræ ætatis, cum uulpibus pugnaciter certare audio, Gillius. Vulpem inuadit circus accipiter, quia carne uiuit, Aristotel. Vulpes hostis est circi, Philes. Vulpi inimicus est æsalo. ferit enim pilosq; eius euellit, occiditq; catulos, uncis nanq; unguibus est. Vulpi amicus coruus est. pugnat enim cũ æsalone: unde fit, ut huic cũ ab illo percutitur, auxilietur, Aristoteles & Aelianus. Aesalon uocatur parua auis, oua corui frangens, cuius pulli infestantur à uulpibus. Inuicem hæc catulos eius ipsamq; uellit. quod ubi uiderint corui, contra auxiliantur, uelut aduersus communem hostem, Plinius. Quamuis autem diximus coruum esse amicum uulpis, & commorari eos, tamen hæc non est uera amicitia. nam uulpes (aliquando) insidiatur prædæ coruorum: unde fabula illa Apuleij celebratur de uulpe blandiente coruo, & ad cantum inuitante. illo uero canente, offam carnis ab ore eius elapsam uulpes rapuit. Auicenna etiam scribit, se uidisse à rege Esceny de regione quæ uocatur Vla, coruum & uulpem in unam caueam coniunctos fortiter pugnasse: ita ut à uulpe morsum corui caput sanguinem emiserit: & coruus unguibus labia uulpis adeò constrinxerit, ut hiscere nequiret, ualidè eam interim rostro feriens, Albertus. ¶ Τόλμᾳ γὰρ εἰκὼς θυμὸν ἐριβρεμετᾶν θηρᾶν λεόντων ἐν πόνῳ, μῆτιν δ᾽, ἀλώπηξ, αἰετοῦ ἅτ᾽ ἀναπιτναμένα ῥόμβον ἴσχει, Pindarus in Pythijs Carmine 4. de laudibus Melissi. quem laudat tanquam hominem leoni fortitudine similem, calliditate uulpi: quæ aquilæ etiam aduersus se impetum & strepitum astute se resupinans sæpius irritum fecit. Vel sic, Audacia Melissum leoni, uafricie uulpi comparat: quæ irruentem in se aquilam supina excipit, pedibus tum se defendens tum illam qua potest lanians. Videtur autem innuere hominis in lucta scientiam, qui iacens etiam & supinus, uolutatione & agilitate aduersarium uicerit, Scholia. In regionibus quibusdã ad Septentrionem remotis aquila parit & incubat in pelle quam uulpi aut lepori detraxerit, ut scribit Olaus Magnus. ¶ Vulpes ardeolam nocte inuadit, Aristot. Amici pauones & columbæ, turtures & psittaci, merulæ & turdi, cornix & ardeolæ, contra uulpiũ genus communibus inimicitijs, Plinius. ¶ Vultur quoq; uulpem deprehendit, Obscurus quidam Aristotelem citans. ¶ Vulpes inimici sunt milui, Textor. fortè quia utriq; rapiunt gallinas, Stumpfius. ¶ Vulpes & Nili angues dissident, Plinius. ¶ Vulpes lupus inuadit. nutritur enim carnibus, Aristot. ¶ Vulpes etiam cum serpente amicè uiuit. ambo enim cauernis gaudent, Aristot. ¶ Quid faciendum ut gallinacei à uulpibus non attingantur, in c. iam dictum est.

E.

Canes non assuescant agitare uulpes. id enim non mediocre uitium fuerit, & cum oportet, nunquam præsto adsunt. sed in diuersos saltus educito, ut & canes uenandi, & ipse regionis peritus euadas, Xenophon. iudicat autem leporum capturam uenatico studio quàm uulpium digniorẽ. ¶ Hîc olidam clamosus ages in retia uulpem, Martialis. Lepus & uulpes canum metu exhorrescunt, atq; interdum uel sola canis latrantis denũciatione ex loco undiq; septo, uepribus & dumetis uestito excitantur, Aelianus. Vulpes usq; adeò uersuta est, ut nullis dolis, laqueis, aut retibus facile capiatur. sua enim astutia tum aliâs euadere, tum retia & laqueos morsu abscindere solet. Quamobrem canes in eam multi pariter immittendi sunt: quamuis ne illi quidem eam absq; sanguine, utcunq; ualidi, domare possint, Oppianus. Velocibus canibus capiuntur uulpes utcunq; in fuga sagaces, Crescentiensis. Animaduertendum est, uulpes à canibus agitentur, ut uentus à uenatoribus inspiciatur: quum uento (contrario) quasi impelli ad cursum uulpes uideantur. quo fiet ut nec calliditate

Y y 3

astutè, nec pernicitate euadere à canum morsibus quin capiantur discerpanturq; possint. Si uerò capreæ ceruiq; fuerint, ad uenti (secundi) flatum canes collocandi sunt, Belisarius. Canem insectantem uulpes cauda hac & illac per ipsius rictum ducta, eludit, Albertus & Ge. Agricola. Hinc uerbum κερκωπίζειν ductum quidam putant, pro eo quod est illudere, adulãdo decipere, ut pluribus dixi in Simia a. Vrgentibus à tergo canibus caudas suas lotio perfundunt, hisq; insectantium propius canum ora diuerberant: qua molestia affecti canes insequi desistunt, Textor. Oppianus uulpem ceu bestiam bene dentatam, contra feras se maiores & canes uenaticos etiam pugnare scribit. Iucundum aliquando sui spectaculum præbet in procera arbore deprehensa. In ea enim (inquit Blondus) tanquam in arce oppugnari solet, cum neq; ignem timeat, nisi pars proxima ardeat: plerunque etiam acutas cuspides non fugiat, & perfodi potius sustineat quàm in turbam canum descendere. Tandem uerò descendere coacta, impetu quodam instar fulguris deijci solet in numerosam canum cohortem, ut sagacissimos laniet, & à præstantioribus dilaceretur, Hæc ille. Circa uulpium uenationem suis ac proprijs locutionibus uenatores nostri utuntur, quales sunt: **Ein garn wirdt gestellt/ Der fuchs wirdt von dem strick mit den hunden gehetzt/ in das garn gehetzt/ erschlagen oder von den hunden erwürgt.** Canes quidam exigui apud nos **lochhündle** uocantur, id est cauernarum caniculæ, subeunt enim uulpium ac melium cauernas, & morsibus ad exitum cogunt. Canis uulpem in locum subterraneum secuta, in Orchomenis Bœotiæ, cum latrando ingentem sonitum excitasset, uenatores aditu effracto ingressi, locum quendam per foramina illustrari, & nescio quæ intus latentia uiderunt, ac in urbem regressi magistratui nunciarunt, Aristoteles in Mirabilibus. Lupi & uulpes dentibus lacerant casses, ursi non item, Plutarchus de causis naturalibus 28.

¶ Et laqueo uulpes, & decipe casse foinas, Calentius. Laqueis capiuntur uulpes & lepores cum per aliqua foramina introire solent in loca clausa, quod duobus fit modis. Vno, cum laqueus annectitur ad aliquam perticam plicatam, & adeò ualidam ut feram collo captam in altum eleuet ac suspendat. Altero, cum prope laqueum est fortis canolus stringens laqueum ferè, caput impediens etiã ne ipsa laqueum rodere possit, Crescentiensis 10. 31. Vulpes cauernæ suæ complures facit aditus inter se distantes, μή μιν θηρήτορες ἄνδρες Ἀμφὶ θύρῃ λοχόωντες ὑπὸ βροχίδεσσιν ἄγωνται, Oppianus. Pedicæ siue laquei genus quo lupi uulpes & meles capiuntur, Galli hausepied nominant. Audio quasdam pedicis captas, crus irretitum aut ui extrahere, aut morsu sibi amputare, & ita tripedes euadere. Reti quod arolum uulgò uocant, capiuntur uulpes, si gallina noctu ponatur in medio. debet autem ualidius fieri pro uulpibus & aquilis, quàm alijs auibus, Crescentiensis 10. 22. Sagaciores oportet esse uenatores in decipiendis uulpibus quàm cæteris animalibus, quoniam facillimè prorípiuntur, & cursu præstant canibus uenaticis. Occulta itaq; conficiuntur uincula in sæpibus & dumetis, quæ transgredi solent uulpes, præcipue dum pullos gallinaceos requirunt. his enim detinentur: sed ipsæ se extricant, nisi uelox custos adfuerit, ut primum aliquam comprehensam animaduerterit, Blondus. Parantur & decipulæ quædam aut machinæ, aut inter cæteras genus quoddam arcus quod Germani appellant **fuchsbogen oder selbsgeschoß**, hoc est arcum automaton: qui à fera contactus, sagittam ei immittit. Decipulis aut foueis capta, spiritum continet, & mortuam se simulat, si forte sic minus curata effugere possit, Mich. Herus. Vulpes & lupi præcipuè capiuntur quadam taiola ferrea, quæ circa se multos habet rampiones acutos: & ipsi habent circa se annulũ prope se ubi annexi uoluuntur, ad quem annectitur frustum carnis, &c. Crescentiensis 10. 32. ut recitaui in Lupo E. Et rursus 10. 35. Vulpes (inquit) in caueis (foueis) suis capiuntur hoc modo. Venator habeat alueare apum, sed longius & angustius, quod ab uno capite paucis filis ferreis claudatur, ab altero habeat hostiolum internum ex parte superiori præparatum, ut possit intus eleuari superius ita ne foras exeat. hostiolum hoc descendens superius eleuatum, permanet cum uirgula parua. Hoc instrumentum ponitur in fouea uulpis, cum præscitur ipsam in ea esse. Ponitur autem hostioli pars in parte intrinseca foueæ, cæteriq; aditus foueæ, qui plures esse solent, diligenter clauduntur. Itaq; uulpes exitura, in alueare intrat, non metuens filis exilibus se impediendam: sicq; uirgulam secum trahit, & hostiolum cadens eam concludit: quæ retro cedens magis claudit ac firmat. Venator autem quandocunq; ueniens, (quo potest modo uel interficit sic captam uulpem:) uel si libuerit cum alueari supra puteum aut uas aliquod profundum portans, aperto hostiolo immittit, Hæc ille. Pro lupis, uulpibus, leporibus, & cæteris feris ac canibus, & porcis intrantibus & uastantibus uineas, fouea quomodo fiat pluribus describit Crescentiensis 10. 33. Lepores & uulpes quomodo Indi uenentur, lege in Aquila E. ex Aeliano. Quomodo lupi & uulpes alliciantur à uenatore catum mortuum post se trahente, &c. cum comite uenationis qui feram si quæ iam intra teli iactum accesserit, feriat, dixi in Cato E. item in Lupo. ¶ Vulpes aiunt si ederint amygdalas amaras, nec contingat è uicino aquam lambere, mori, Plinius. Vulpes si cum aliquo (cibo) amygdalas am. ederint, enecantur, Dioscorides & Auicenna, & Serapio. Marcellus Vergilius historiam scribit felis, quæ post aliquot amygdalas am. deuoratas, intra horam perierit. De muribus etiam fertur, post arsenicum & alia quædam uenena, nisi superbiberint, certius morituras, alij negant: uide in Mure E. Apocynon in adipe canes, lupos, uulpes & pantheras necat, Dioscorides. Vide plura in Cane C. Faba lupina seu marcillium datum in adipe, necat canes, lupos, uulpes & ursos, Arnoldus. apparet autem eum Dioscoridis de apocyno uerba mutuatum, (ut dixi in urso E.) quamuis marcillium uidetur ea esse

esse herba, quæ à Sabaudis hodie marcieurre nominatur, quæ ueterum consiligo est, alia quàm apocynon, ipsa quoq; uenenata. de qua pluribus egi in Boue c. Huius herbæ semina aliquando uulpi, quam domi alebam, cum carne & caseo mixta dedi, quæ cum post horam ferè uomitu reiecisset, illæsa mansit. Aconitum luparium, quod nostri radicem lupi nuncupant, omne animal occidit, ut multis docui in Lupo a. uel, ut Rhætus quidã mihi asseruit, feras illas peculiariter, quæ cæcæ nascuntur, ut uulpes, lupos, ursos, canes. De catapotijs siue pilulis uenenatis, quibus lupi & uulpes intereuntur, copiose scripsi in Lupo a. aconiti lycoctoni occasione.

¶ Nec uulpes nec aliud animal gallinas cõtinget, si sub ala ruta syluestris eis appendatur: & multò magis, si uulpis aut felis fel cibo ammixtũ exhibueris, ut Democritus confirmat, Geoponica Græca lib. 14.

¶ Vulpina pellis, ἀλωπεκῆ Polluci, uox circunflexa: Suidæ oxytona, in ἄψ ἡ λεοντῆ, &c. Venatores uulpem expetunt propter pellem, non propter carnes quæ sunt inutiles, Isidorus. Animal est calidum: nam & mortui pellis calefacit, Albertus. Calidior est aliorum animalium pellibus uulpina, Blondus (ex Auicenna.) pilis enim munitur densis, mollibus, & oblongis. Præferri audio & maioris esse pretij, ex catulis uulpium in Gallia: quod an uerum sit dubito. apud nos enim catuli & omnes minores natu uulpes, ut & æstate captæ, ideo contemnuntur, quòd pili è pellibus earum facilius defluant. Sunt enim eis pelles tenuiores, ita ut radices pilorũ ab interiori parte appareant, (quod uitium nostri uocant durchhärig,) unde pili facile excidunt. Dorsum quidem suos tenacius retinet. Xenophon Anabaseos septimo Thraces scribit, hyeme sæuiore alopecidibus, id est pellibus uulpinis caput præmunire ac aures, Cælius. hinc est fortè quòd Grammaticis quibusdam alopecia (malim alopecis) pericephalæa, id est pileus exponitur. Fiunt autem ex his pellibus pilei etiam apud nostrates, & quandoq; ex discissis secundum longitudinem uulpium caudis, rursusq; consutis. Ventris etiam & laterum pelles duplo maioris pretij ferè habentur quàm è dorso, quòd & colore magis placeant, & molliores leuioresq; sint, & si minus temporis durent. Vulpes per æstatẽ frequenter morbo ab eis nominato alopecia laborant, hoc est pilorum defluuio. quamobrem pelles eo tempore captarum non solum inutiles, sed etiam noxiæ aliquando sunt. Biffari (fibri) pelles multũ calefaciunt, sed uulpinæ magis, Elluchasem in Tacuinis. Vtiles existimantur arthritidi frigidæ, podagræ, & frigidis fluxionibus. quamobrem aliqui etiam tibialia siue caligas inde parari curant podagricis, Mich. Herus. Scythiæ magna pars tergoribus uulpium & murium operti incedunt, Alexander ab Alex. Ad podagrã: Phocæ, leonis, lupi aut uulpis corium si quis elaboret, & calceos gestet, pedes non dolebit, Galenus Euporist. 3. 248. uide in G.

F.

Vulpem insequũtur uenatores propter pellem: non propter carnes, quæ sunt inutiles, Isidorus. Sarmatis, Vandalis, ac innumeris alijs equorum & uulpiũ carnes solatio sunt, Cælius. Canum & uulpium carnem nunquam equidem gustaui, nec sanè gustare unquã fui adactus, neq; in Asia, neq; in Græcia, neq; in Italia: aiunt tamen hanc quoq; mandi. coniectare autem possum uim ei inesse carni leporum similem. Nam canis & uulpes, ut summatim dicam, temperamento sunt sicco, Galenus de attenuante uictu. Vulpium carnes autumni tempore etiam qui apud nos sunt uenatores edunt. tum enim ex uuis pinguescunt, Idem lib. 3. de alim. facult. καὶ μὰν φέρω χᾶνας, λαγώς, ἀλώπεκας, Bœotus quidam apud Aristophanem in Acharnensibus. uidetur autem poëta irridere Bœotos tanquam admodũ rudes homines, qui uulpes non minus quàm lepores & anseres in delicijs haberent. Mnesimachus apud Athenæum lib. 9. nominat carnes esculentas diuersorum animalium, anseris, porci, bouis, agni, &c. picæ, perdicis, ἀλωπεκίου, id est uulpeculæ. nam si edendæ sint uulpes, ætate minores, ceu teneriores & minus graue olentes, præferentur. Caro uulpis calida est, uiscosa, difficilis concoctu, praui succi: melior tamen est autumno, (hoc est minus mala, quod tum fructus arborum diuersos & uuas comedunt, unde pinguiores redduntur,) Rasis. Aëtius scribit carnes uulpinas, leporinas, & ericij, naturæ humanæ esse dissimiles, & alimenta efficere pessima: cuius argumentũ sit odor fœdus, ut Io. Agricola Ammonius citat: Atqui Antonius Gazius in Corona florida uerba hæc de nutrimento leporinæ & uulpinæ carnis ex Isaaco citat.

G.

Podagris magnificant uulpem decoctam uiuam, donec ossa tantum restent, Plinius. Vulpem ex aqua coquito donec mollescat, & ex aqua percolata pedes assiduè foueto, quo facto doloribus facile careri hoc remedio quidam frequenter experti sunt, Marcellus. Ad morbum articulorũ: Vulpis uiua in amplo uase decocta donec ossa relinquat, mirè sanat, si sæpius in aquam in uase quis descenderit. Idem præstat oleum ubi decocta fuerit. Si quis hoc aut illo modo uult, utatur, Sextus. Cæterũ de uulpibus (inquit Galenus de simplicibus 11. 47.) quæ totæ in oleo coquuntur, (nam sic quidã curant arthriticos, partim uiuas uulpes in lebetẽ ingentem inijcientes, partim etiam mortuas,) fusius dicere mihi necesse est. quandoquidem plerosq; uisæ sunt principio planè morbo hoc liberasse, uerũ post multum temporis non ita profuisse. Siquidem illos malum repetijt, quanquã non ita uehemens quàm antea. Sanè oleum in quo cocta uulpes est, non est potentioris in digerẽdo facultatis, quàm in quo hyæna: quæ si similiter in oleo lixetur, redditur oleum longè potentissimæ in digerendo facultatis. Porrò frequenter dictum est, talibus medicamentis inesse potentiam eorum quæ in alto continen

YY 4

tur corpore, in extimam cutem extrahendi, ac eo nomine quandoq; sedandi dolores. non enim perpetuò hoc ad ea sequitur, cum ij duntaxat dolores ab eiusmodi medicamentis sedentur, quorum causa est humor in alto contentus, dolorem ciens aut substantiæ crassitie, aut refrigeratione, aut uehementi acrimonia, aut etiam spiritus flatuosus exitum non habens. Itaq; qui usi sunt uulpibus, & ipsi oleum digestorium efficiebant: atque inde impletis eo alueolis totos arthriticos in eos imponebant, multo ibi tempore immorari præcipientes, unde fiebat ut non tantum qui circa articulos sunt tumores euacuarentur, sed etiam uniuersum corpus. Itaque cum corpus illis antea plenitudine affectum fuisset, mirum non erat per euacuationem consecutum commodum, nempe cum & nihil amplius in affectas partes influeret, corpore uniuerso iam euacuato, & qui continebantur humores discuterentur. Cęterum quemadmodum antea cum corpus noxa uacaret, praua uictus ratio morbum inuexit: eundem in modum, aut etiam amplius, à simili diæta par est rursum illos similiter afficiendos in articulis quibus iam laborauerunt, Hucusq; Galenus, ex quo Aëtius quoq; repetijt 12.44. Si uulpes coquantur in aqua, hoc decocto utilissimè embrochantur (fouentur immissi) articuli dolentes. Similiter iuuat oleum, in quo uiua (aut etiam decollata) discoquitur, quod & efficacius est. Est autem aliquandiu immorandum, potissimum post euacuationem siue purgationem: ne forte facultate sua attrahendi resoluendiq; humores ad articulos attrahat. & quando euacuatur corpus post illud, nihil attrahitur ad articulos: quod si redeat morbus, erit leuis, Auicenna. Oleum uulpis discoctæ, utile est nodis & tumoribus arthriticis, Haly. Podagricis & neruis patientibus ob nimiam humiditatem prodest, Rasis. Infusum solio arthritidem recentem insidentis & balneantis in eo pellit, ueterem leuat & mitigat, Idem. Vulpes decollata tota decoquatur in cacabo æreo cum corio suo non fissa, donec dissoluatur. huic decocto insideat cui nerui dolent aut artus ex pituita, Idē. Vulpi integræ exenteratæ in cucuma affunde aquæ fontanæ & aquæ marinæ, utriusq; sextarios duos (atqui non potest pręscribi certa mensura: plus minus enim addetur, ut uulpes magna uel parua fuerit. annosa etiam cum diutius coquenda sit antequam dissoluatur, plus aquæ subinde affundi postulat:) olei antiqui clari sextarios duos (aliâs libras tres, uncias nouem.) Decoque lento igne cum salis uncijs tribus, donec aquæ consumantur. Deinde pone in uase: & adijce herbæ anethi & alhasech (thymum exponunt) ana libram 1. & affunde aquam dulcem, in qua decoctæ sint iam dictæ herbæ, utriusque manipulus. Decoque sicut prius, usq; ad aquæ consumptionem, & administra. est enim mirabile. Aliquando etiam præter oleum discoquitur (donec artus omnes laxentur & dissoluantur) uulpes in aqua fontana & aqua salsa, utraq; copiosa, adiectis eisdē herbis, ad usum balnei: quod et ipsum efficax est, Mesue. Vulpes cum pelle, exenterata, in aliquot partes concidi potest, ut melius in uase ad decoquendum aptetur. & antequam immittatur oleum, si immittendum erit, diligēter prius auferenda est spuma, Monachi in Mesuen. Recentiores non ut Mesue scribere uidetur, duas decoctiones faciunt, sed unam tantum, in prima statim anethi & thymi ana librā. 1. adijcientes: & cum satis decocta fuerit uulpes, colant & fortiter exprimunt, uel aliâs, uel cum prælo. Leporis decoctū podagricis & arthriticis, similiter prodesse ut uulpis, author est Auicenna. Quin & herinacei terrestres uiui oleo incocti, ipsum discussorium reddunt, Aëtius post mentionem olei in qua uulpes discocta est. Vulpem exenteratam & excoriatam fractis ossibus, in aquæ mensura quæ sufficiat coquito donec caro ab ossibus separetur. hoc decocto embrochetur nucha & membrum paralyticum. hoc enim prodesse medici omnes comprobant, Leonellus Fauentinus.

¶ Vnguentum admodum bonum ad neruorū incontinētiam, podagricos, arthriticos, omnemq; neruorum affectum & eorundem siccitatem: Accipe uulpem uiuam, & conijce cum ipsa in lebetem olei libras uiginti. & adijce seminis anethi, ammeos, stichadis, carnabadij, fœnigræci, & apij, singulorum uncias duas. Hæc decoque in oleo cum uiua uulpe, donec uniuersa eius caro fuerit dissoluta. dein colato oleum, inq; aliud uas traijcito, & de eo accipe libras quatuor. atq; in lebetem conijce, additis, cinnamomi uncia semis, spicæ exagijs duobus, & iterum probè feruefacito, ac oleum quod relictum fuerit colato iterum, inq; lebetem conijcito: & cum eo olei nardini & laurini, singulorum uncias duas. Adipis leonini, struthiocameli, asbi, (uide ne taxum, id est melem intelligat,) anatis, anseris, tauri, ursi, suis, gallinæ, singulorum sesquunciā. Butyri ueteris uncias tres. Terebinthinæ, sesquunciam. Medullæ ceruinæ, drachmam unam. Galbani, uncias duas. Opopanacis, castorij, ammoniaci, styracis calamitis, bdellij, singulorum unciam. Calami odorati, uncias duas. Myrrhæ, exagia tria. Sagapeni, medullæ ossis asinini, nepos, (νέπος: uox Fuchsio interpreti obscura; ego legerim σίαπος uel πυλλῆς. alioqui enim quid de cato accipiendum sit, non constat. est autem adeps cati præsertim syluestris, in usu ad prædictas affectiones,) cati, singulorum sesquunciam. Dilytææ, (lutræ fortassis,) uncias tres. & alios adipes quos inueneris, singulorum unciam. Hi omnes cū prædicto oleo feruefiant, donec dissoluantur. dein amoue ab igne, & iusta (integra) hora quoad refrigerentur commoueto, ac repone in uase: atq; ubi usus exigit, inunge tepidum neruis incontinentibus, Nicolaus Myrepsus.

¶ Pellis uulpina membris pro uestitu adposita quos iuuet affectus, dixi iam supra in E. Calidior est cæteris. utilis humectatis (nimio humore aut fluxione laborantibus membris,) sua resoluendi (discutiendi) facultate, Auicenna. De uulpina pelle interior pars calciamentorum fiat, & podagrici utantur, leuiorem incessum habebunt, Sextus. Aliqui hodie martium & uulpium pelles podagræ noxias putant: quod intellexerim non de quauis sed calida podagra, si horum animaliū pelles cum

cum suis pilis applicentur. (Sed ut alias inutiles sint, pedibus tamen subiectæ præcipue uulpinæ, mollorem gressum efficient, propter densam pilorum mollitiem.) Ad podagram: Phocæ, leonis, lupi aut uulpis corium si quis elaboret et calceos gestet, (nimirũ ex pellibus sine pilis,) pedes non dolebit, Galenus Euporist. 3. 248. ¶ Cinis carniũ uulpis cũ uino potus asthmaticis conferre dicitur, Albert. ¶ Sanguinem uulpinum calidum è uena secta potum, calculum frangere audio, Syluius. Remedium nephriticum: Accipe uulpem uiuam, & macta, confestimq; præbeto sanguinem laboranti bibendum feruidum, & colem eius ac pudendum sanguine illo inunge, Nicolaus Myrepsus antidoto 199. Item antidoto 59. quæ inscribitur Antidotus nobilis ad calculosos: Accipe (inquit) uulpem uiuam, eamq; mactato, atq; de recenti eius sanguine quantum dimidium exigui poculi capere potest 10 bibendum præbeto. efficiet autem, ut æger eadem hora per urinam lapidem eijciat. Vulp. sanguis aridus tritus cum saccharo ex uino bibitur contra calculum, Obscurus. Equo lethargico per nares infundatur oxycrati non acris cotyla, & sanguine uulpino recenti caput illinatur, Absyrtus in Hippiat. 101. ¶ Vulpini adipis facultas inter taurinum & suillum est, Syluius. Aliquando plus attrahit quàm resoluat, Auicenna. Pro adipe uulpis substitui potest adeps ursi, ut legitur in Succidaneis cum Aegineta excusis. Et rursus, pro adipe suillo, adeps uulpinus, Ibidem. Pinguedine uulpina & lupina nonnulli ad spasmum utuntur. Adeps uulp. membris tremulis & spasmicis prodest, & neruorum dolores mitigat, Mich. Herus. Vrsinus maximè aut uulpinus adeps, uel si hi haberi non possint, taurinus, cum sarmẽtitio cinere emollitus, & cum lixiuio coctus probè attenuat eminentes tumores. hoc enim modo etiã sapo præparatur, quem in usum conuertere oportet, si ursinus aut 20 uulpinus adeps non adsit, Aëtius 13. 123. de cura elephantiasis ex Archigene. Adeps uulp. alopecias sanat, Syluius & Mich. Herus. Capitis ulceribus laudatur uulpium adeps: sed præcipuè fel & fimum cum sinapi, pari modo, illitum, Plin. Adeps uulpiũ exulcerationibus uuluarum impositus prodest, Idem. Vtilis est auriũ doloribus, Dioscor. lib. 2. cap. 67. & cap. 36. instillatus auriũ dolores finit. debet autem prius remitti siue liquari ad ignem, & tepidus instillari. Idem scribunt, Sextus, Auicenna, & Albertus. Rasis recentem adipem in hunc usum præfert, quanquam etiam salsus (inueteratum intelligo, inquit,) multũ prodest. Medici quidã scribunt adipem uulp. curare auriũ dolores, nec exprimunt quales nam illi dolores sint. quamobrem tanquam ignorantes morborum discrimina non sunt audiendi, Galenus de simpl. 11. 4. Ad acerbos dolores aurium: Subactam oleo adipem, (animantis nomen deest,) infundito, & spongia locum occludito: bene facit & ad neruorum 30 morbos uulpino adipe atq; suillo æqua portione permistus, Galenus Euporist. 2. 4. Ad aurium nocumenta ex aqua: Confert adeps tum anserinus, tum uulpinus, tum gallinaceus, Galen. Eupor. 1. 16. Ad sonitus aurium intra seipsas & acres dolores: Vulpis adeps eliquata infundatur, Ibid. 2. 4. Adeps uulp. cum oleo sisami (interpres aut alius ineptè addidit, id est ireos. nisi sisami legendũ non est) liquefactus, aurium dentiumq; medetur doloribus, Haly. Auribus fractis glutinum è naturis uitulorum factum, in aqua liquatũ medetur: alijs uitijs adeps uulpium, Plinius. Boum morbis commendatur sulphur uiuum, allium syluestre, ouum coctum: omnia hæc trita in uino danda, aut uulpis adipem, Plinius. Si pili corrumpantur in extrema equi cauda, urina eam abstergere oportet, & furfures uino oleoq; diligenter abluere. aliqui loco adipem canis aut uulpis (aut suis, postquam abstерserint, Hierocles,) illinunt, quod utilissimum est, & pilos restituit, Absyrtus & Theomnestus. ¶ In 40 alopecia, ubi iam ulcera ad cicatricem uenerint, caput uulpeculæ urito, & alcyonium, anchusæq; nigræ folia omnia contrita super inunctioni inducito, ut caput pilis contegatur, Aegineta. ¶ Cerebrum uulpis infantibus sæpe datum, facit ut nunquam sint caduci, Sextus. ¶ Vulpinam linguam habentes in armilla lippituros negant, Plinius. Albugini oculorum detergendæ efficax remedium: Vulpem uiuam capies, eiq; linguam præcides, ipsamq; uiuam dimittes: linguam autem eius arefactam, phœnicio ligabis, & collo eius qui albuginẽ patietur, suspendes, Marcellus. Vulpis linguam quidam mihi retulit spicula extrahere, si imponatur: aridam etiam, si prius maceretur (nimirum ex uino calido) impositam idem facere: idq; tam potenter, ut si mucro linguæ impositæ infra aut supra spiculi foramen in cute ponatur, id uel per integram carnem ad se trahat. ¶ Vulpinus pulmo si arefactus bibatur, suspiriosos adiuuat, Dioscor. & Galenus. Iecur uulpinum aut pulmo è uino ni- 50 gro laxat meatus spirandi, Plinius lib. 28. Vide nonnihil mox in iecore, è Celso. Profuit multis ad suspirium uel dyspnœam depellendam pulmo uulpis, uel iecur in olla fictili exustum, atq; ad cinerem redactum, & datum ad diem ieiuno, mensura cochleariorũ trium, cum aquæ cyathis tribus, si febricitabit: si syncerus erit, ex uino uetere, Marcellus. Pulmonis uulpis aridi drachma pota utilis est asthmaticis, Paulus & Auicenna: quidam citant ex Auicenna corpus prius purgandum esse. In cinere assus & tritus ex uino nigro datus, suspirium mirè sanat, Sextus & Galenus Euporist. 2. 23. qui tamen non in cinere, sed simpliciter siccatum requirit. Rasis aridum tritum cribratumq;, drachmæ pondere cum aqua uuarũ passarũ, aut aqua frigida difficulter respirantibus propinat. Pulmo uulpis lauatur à sanguine, clibano siccatur, reponitur, teritur, cum alijs miscetur utendi tempore, Syluius. Aliqui uino abluunt & in olla siccant in furno, mox sacchare cõdiunt. sic parato amicus qui- 60 dam noster medicus egregius, in ægri cuiusdam inueterata tussi annorum (ut aiebat) uiginti, feliciter usus est. propinabat autem quotidie cochlearia duo è uino. Pulmonem uulpis recentem, extractis ab eo arterijs asperis, lauabis uino odorato calido, & mox ollæ impositũ in furno tepido siccabis, loco sicco repones, & absinthio, ne putrescat, inuolues, Euricius Cordus. Quidam in umbra tantum siccari iubet, quod non placet, nisi umbra illa sit sub dio ęstate feruida. Aliqui recentiores aridi triti pollinem linteolo includunt, quod asthmaticorum poculis inijciunt. Loch, id est eclegma de pulmone uulpis, medicamentum compositum, uulgò ad usus medicorum in pharmacopolijs paratur. Rasis & Albertus lupinum quoq; pulmonem è lacte cum pipere bibi iubent à suspiriosis, Galeni authoritate freti, apud quem ego hoc medicamentum legere non memini. Pulmonem uulpis phthisicis maximè prodesse ob totius substantiæ familiaritatem, omnes propè practici inculcant, Syluius. Lieni sedando pulmo uulpium prodest, cinere siccatus, atq; in aqua potus, Plinius & Sextus.

¶ Archigenes apud Galenum de compos. sec. locos lib. 9. splenicis iecur uulpis aridum ex oxymelite imperat: similiter potum Marcellus lienosis mirè mederi ait. Sextus assatum & tritum ijsdem simpliciter bibendum consulit. Iecur quoque uulpinum, aut pulmo, in uino nigro laxat meatus spirandi, Plinius. Item Celsus libro 4. Est etiam non uana opinio, uulpium iecur ubi siccum & aridum factum est, contundi oportere, polentamq; ex eo potioni aspergi: uel eiusdem pulmonem quàm recentissimum assum sed sine ferro coctum edendum esse. Iecur uulpinum aut pulmo è uino nigro laxat meatus spirandi, Plinius. Iecoris uulpini cinerem potum suspiriosis prodesse, ex Marcello retuli paulo ante in remedijs ex pulmone. ¶ Vulpium adeps capitis ulceribus laudatur, sed præcipuè fel, & fimum cum sinapi pari modo illitum, Plinius. Ad aurium dolorem: Fel uulpis si in aurem cum oleo stillatur, sanat, Sextus. Cum melle Attico commixtum & oculis inunctum, caliginem oculorum mirabiliter tollit, Idem. Fel sumptum pondere drachmæ misceatur, & portet in uulua mulier continuè in lana triduo, deinde quarta die uiro cum ea coëunte, concipiet masculum, Rasis: Verbum, misceatur, sententiæ non quadrat: pro quo legi poterit, formetur in pessum. nisi quis & intra corpus sumendum, & simul pessum inde faciendum malit.

¶ Vulpis lienis super locum (tumentem & durum) alligatus, lienosos morbo liberat, Galenus Euporist. 2. 40. ¶ Tonsillis priuatim renes uulpium aridi cum melle triti illitiq; prosunt, Plinius. Ad faucium tumorem: Rene uulpis in melle sæpius fauces tumentes confrica, Sextus. ¶ Vulpis masculæ genitale circunligatum capiti, si credimus, dolores eius sedat, Plinius & Sextus. Genitalia ossea sunt lupis, uulpibus, mustelis, uiuerris: unde etiam calculo humano remedia pręcipua, Plinius. Ad mulierum suffocationem à locis: Articuli membri uulpis in oleo ueteri unà cum bitumine cocti & pro pesso suppositi, sanant, Sextus. Simili modo ut supra, illinito capiti, alopecias sanat, Idem. Vt supra instillato in aures, dolorem tollit mirificè, Idem. ¶ Ad parotides prosunt & uulpium testes, Plinius. Testiculo uulpis sæpius parotidas confricato, dissoluit eas, Sextus. Strumas discutiunt testes uulpini, Plinius. Testiculo uulpis si sæpius inguina confricaueris, cito sanat, Sextus. Ad erectionem pudendi: Testiculi uulpis sicci bibe cochlear unum, Galenus Euporist. 2. 142. Bartolemæus Montagnana testiculos uulpis miscet in electuarium quoddam ad coitum in uiro, & conceptum in muliere excitandum. Sed herbam quoq; satyrion recentiores quidam medici testiculum uulpis appellant: cuius facultates ad Venerem excitandam & aduersus tetanum, obscuri quidam authores uulpis quadrupedis testiculo imperitè adscribunt. Mulier quæ binos uulpis testiculos tritos sumpserit, concipiet, Rasis. ¶ Vulpis caudam summā ad brachium suspensam, irritamentum esse ad concubitum dicimus, Sextus. ¶ Vulpis stercus cum aceto tere, & perunge lepram, cito subuenies, Marcellus. Capitis ulceribus laudatur uulpium adeps, sed præcipuè fel, & fimum cum sinapi, pari modo illitum, Plinius. Stercore uulpis trito cum oleo rosarum si inungatur uirga, coëundi uim auget, Rasis. Ad conceptum: Vulpinum stercus in pesso apponatur, & loci muliebres subliniantur, atq; ita Venere utatur, Galenus Euporist. 2. 53. Aliud: Vulpis stercus cum seuo bubulo misce, & mulieris uiriq; genitalia inunge, Galenus Euporist. 3. 234.

H.

a. Vulpes, apud grammaticos etiam uolpes scribitur: sic dicta, ut Aelius dicebat quod uolat pedibus, Varro. quasi uolipes, Albertus. Est & uulpis per i. in ultima, apud recentiores quosdam, quod non probo. Vulpecula, Cicero, Marcellus & alij. Huius uocis antepenultimā ueteres producunt. Forte per angustam tenuis uulpecula rimam, Horatius 1. epist. Fallax uulpecula gannit, Author Philomelæ. Mantuanus corripuit, Gannire sagaces Vulpeculas, grunnire sues. ¶ Vemeriatim, id est uulpis fœmina parua cum est in fouea, Syluaticus. ¶ Nomina apud Græcos complura inuenio, quæ ordine literarum subnectam. Ἀλώπηξ fœmininum est, sed reperitur etiam masculinum, Varinus. Ἀλώπηξ, παρὰ τὸ ἀλῶ, τὸ πλανῶ, καὶ τὸ ὢψ ὠπὸς, καὶ τὸ παίζω, ut quidam scribit, ex Etymologo nimirum. Ἀλωπὰ, uulpes, Hesychius, & Varinus. hinc ἀλωπὸς & ἀλωπόχρως, cum deriuatis dicenda. Bassarus, bassaris, bassarium, uulpem Græcis nescio qua dialecto significat. Herodotus libro 4. hyęnas & bassaria apud pastorales Afros gigni scribit: Varinus uulpes interpretatur. quanquam βάσσαρος ab Herodoto scribi idem & Suidas annotant, quod ego non reperio. Βασσάρια, τὰ ἀλωπέκια οἱ Λίβυες λέγουσι. Βασσάρα, genus uulpis, Idem. Βασσαρὶς, ἀλώπηξ, καὶ βασσάρα apud Cyrenenses, Hesychius. Ψύαι, ἀλώπεκες, βασσαρίδες, & carnes circa lumbos, Idem. uide plura inter deriuata infra. Βατταρίζειν, μόλις λαλεῖν, ἀπὸ Βάττου θηλεῖ ἰσχνοφώνου ὄντος, Varinus. quasi battus animal quoddam sit: sed legendum θηραίου, quod nomen gentile est. Battus enim homo quidam uocis admodum exilis fuit, ut Suidas & Hesychius docent. Erasmus nō rectè legit Θηβαίου, Thebanum interpretatus: apud quem

quem plura, si libet, leges, in prouerbio Βατταρίζειν: ubi hæc etiam eius uerba sunt. Βατταρίζειν dicebatur uulgo qui balbutirent, quibusque hæsitans esset & impedita lingua, &c. Mihi magis apparet dictum fuisse Βατταρίζειν pro dolo malo agere, quòd apud Cyrenæos uulpes dicatur bássaros teste Herodoto, ut Latini quoque dicūt uulpinari. Battarus enim dux fuit deducendæ in Cyrenē Coloniæ, Hæc Erasmus. Θάμιξ, uulpes, Hesych. Varin. Καθαφήν, ἀλώπηκα, Iidem. Κερδώ, uulpes, Iidem, nomine facto ab astutia, quam Græci κέρδος & κερδοσύνην uocant. Δολίαν κερδὼ πολυίδριν, Aristoph. in Equitibus. Κερδαλέος, prudens, à uulpe quam Græci cerdò uocant, Scholia in Iliad. κ. Gale(id est mustela) à quibusdam κερδὼ uocatur, Varinus & Suidas. Habent quidem uulpes & mustelarum genera non dissimile ingenium, cum aliâs tum præcipuè circa furta & rapinas astutiam parem, ut non immerito commune nomen cerdò eis tribuatur. Genere tamen differunt, & imperite Albertus galē pro uulpe interpretatur. Κερδάλη, uulpes, Hes. Varin. Κερδίαν, ἀλωπεκίαν, Iidem. Κερδεία, πανουργία. κερδαλεόφρων, astutus, dolosus instar uulpis. Κηλὰς, uulpes, Suidas & Varinus, nimirum παρὰ τὸ κηλεῖν, quod est θέλγειν, πραΰνειν, quòd cauda eius ad demulcendum apta sit. Sed apud Varinum etiam κηκὰς scribitur, his uerbis: κηκάζω, τὸ λοιδορῶ, ἐξ οὗ κηκασμὸς, ἡ λοιδορία. καὶ κηκὰς, ὁ λοίδορος, καὶ κηκὰς, ἡ ἀλώπηξ, ἡ κακοῦργος καὶ πονηρά. Rursus apud eundem in κυφὼν, habetur κηλὰς ἀλώπηξ. Κίναδος, uulpes. Ἡ τοὐπίτριπτον κίναδος ἐξήρου μ' ὅπως; (Aiax de Vlysse, apud Sophoclem puto in Aiace,) Suidas. Et rursus, Κίναδος, genus animantis feri, cuius Demosthenes meminit in oratione de corona, Τοῦτο δὲ καὶ φύσει κίναδος τἀνθρώπιόν ἐστι. Sunt qui bestiam omnē sic appellari putēt, peculiariter uerò uulpē: & Siculos priuatim uulpē κινάδιον appellare, (quod & Harpocration scribit.) κίναδος etiam adiectiuè dicitur, uulpis instar dolosus, Suidas & Varinus. Κίναδος, inquit Theocriti interpres, uulpes nuncupatur à Siculis, παρὰ τὸ κινεῖσθαι ἀναιδῶς, id est ab impudenti motu: uel quia dolosè moueatur. meminit pro Ctesiph nt Demosthenes, sed & Aristoteles. Ex nostris martem dici Latinè opinantur nonnulli. Sunt qui eo nomine intelligant paruum animal genitalia nunc proferens, nunc retrudens: quod Aristophanij interpretes adnotarunt, (& ex eis Varinus,) Cælius. In Auibus Aristophanis cum Chorus interrogasset, ἔνι σοφόν τι φρενί; Epops respondet, Πυκνότατον, κίναδος, Σόφισμα, κύρμα, τρίμμα, παιπάλημ' ὅλον. ubi Scholiastes, Cinados (inquit) uulpes est, & accipitur pro ualde callido. Καὶ πῶς ὦ κίναδε σὺ τάδε γ' ἔσσεται, Theocritus Id. 5. Κίναδος, θηρίον, ὄφις, Hes. Cinædus masculinum, ὁ πόρνος. κίναδος uerò neutrum, ὁ πανοῦργος, Varin. Κινάνδρα, uulpes, Hes. Varin. Κιδάφη ἢ κίδαφος, uulpes, Iidem. posterius etiam adiectiuè usurpatur pro uersuto & doloso, quem aliter κιδάφιον uocant, unde & κιδαφεύειν uerbum, τὸ πανουργεῖν, Hes. Varin. Apud eosdem scribitur etiam κινδάφη cum ν. pro uulpe, & κινδάφιος, ὁ πανοῦργος. Κίρα, uulpes Laconicè, Hes. Varin. Κίραφος, uulpes, Iidem. Κοθόειν, uulpem, Iidem. Κοιλοβόρος, uulpes, Varin. Κοροῖτις, uulpes, Hes. Varin. Λάμπουρις, (proparoxyt.) uulpes, Hes. & Varinus in Ἱππεῦσι. Λαμπουρὶς, (oxytonum,) genus uulpis caudā albam habentis, Varinus. Lampurus nomen canis est apud Theocritum, sic dicti, ut quidam exponunt, quoniam uulpi sit assimilis, quam lampuron uocant, Cælius. Λαμπουρὶς, animalculum è ligno (ἐκ φρυγάνων) nascens, (insecti genus, cicindela,) item uulpes, Hes. Varin. Σκαφώρη, uulpes, Iidem. Φοῦαι, ψύαι, ψοῖαι, uide infra in deriuatis. Φύλλις, uulpes, Hes. Varin. Συανοῦν, Phrygibus uulpē significat. uide Azani infra inter propria. Goupil aut renard Gallicè, uulpes quæ in cubili iacet, Rob. Stephanus.

¶ Epitheta. Astuta ingenuum uulpes imitata leonē, Horatius Serm. 2.3. Astutam uapido seruas sub pectore uulpem, Persius Sat. 5. Cauta, Horatius 1. epist. Vulpē captare dolosam, Gratius. Fallax uulpecula gannit, Author Philomelæ. Fœta, Horat. 3. Carm. Hîc olidam clamosus ages in retia uulpem, Martialis. Sagaces uulpeculas, Mantuanus. Et apud Textorem, Insignis dolis, caudata, bellax, scelerosa, hirsuta. ¶ Αἴθων ἀλώπηξ, Pindarus in Olympijs. Aethon uerò nuncupatur uulpes, ut uaframentis ignita: uel quia dicatur lampuris quoque, Cælius. Ἀλιτρὴ, Simonidi. Ναὶ μὴν θωολόφολος ἐπ' ἀγραύλοισι μάλιστα Θηρσὶ πέλει κερδὼ, μάλ' ἀρήιος ἐν πραπίδεσσι, Καὶ πινυτὴ, Oppianus. Δολίαν κερδὼ πολυίδριν, Aristoph. in Equitibus. Μισῶ τὰς δασυκέρκος ἀλώπεκας, Theoc. Idyl. 5.

¶ Vulpinus, adiectiuum. Hominem uafrum nostrates uulpionem uocant, & in Apologetico Apuleius, Cælius. Vulpinari cum uulpe, uide infra inter prouerbia. Vulpinaris nomen adiectiuum pro astuto, Scoppa sine authore.

¶ Ἀλώπηξ etiam genus saltationis est, Hes. Var. Quod uerò apud eosdem sequitur, καὶ ἀλωπεκίαι μάμμων, ὡς Σοφοκλῆς. ὅπερ ἐστὶν ἐν σώματι πάθος γινόμενον, obscurum & deprauatum est, ut appareat: quamuis posteriora uerba de alopecia capitis morbo dicta uideantur. Græci alopecis uocabulo in medicina quandoque intelligunt carūculas musculares eas, quæ utrinque lumbos animalis quasi uestiunt, quas Hippocrates psyas, Aristoteles pro lumbis ipsis psoas & plœas: Hieronymus psyas pro renibus accepit, alij neurometras uocant, Hermolaus. Nonus & decimus musculus (inquit Vesalius 2. 38. de musculis dorsum mouentibus) in illorum musculorum habentur numero, qui ψόαι & νευρομῆτραι & ἀλώπεκες Græcis dicuntur. quanquā Clearchus exteriores quoque, quos (undecimum & duodecimū & duos sequētes) in sermonis progressu numerabo, sic appellauerit, &c. Athenæus libro 9. de carnibus siue musculis lumborum authores aliquot citat, quorū uerba subijciam. Ψόφος αἱ ἐκ πλαγίων σάρκες ἐπανεστηκυῖαι, ψύαι, Simaristus. Σάρκες μυώδεις καθ' ἑκάτερον μέρος, ἃς οἱ μὲν ψύας, οἱ δὲ ἀλώπεκας, οἱ δὲ νευρομήτρας καλοῦσι, Clearchus. Meminit & Hippocrates τῶν ψυῶν, quæ ita dictæ sunt διὰ τὸ ῥᾳδίως ἀποψᾶσθαι, οἷόν τις ἐστὶν ἐπιψαύουσα σὰρξ, καὶ ἐπιπολῆς τοῖς ὀστέοις ὑπερέχουσα, Hæc Athenæus. Φοῦαι, ἀλώπε κες, Hesychius & Varinus. quo nomine non animalia, sed lumborum tantum musculos intelligo. Ψυίαι ἀλώπεκες, βασσαρίδες, καὶ αἱ κατὰ τὴν ὀσφὺν σάρκες, Iidem. Ego bassaridas, uulpeculas quadrupedes semper intellexerim, ψύας uerò semper lumborum musculos, ipsi confundere uidentur. Ψύαι, ἀλώπεκες, ψῆφοι, Iidem. ¶ Ἀλωπεκίδης, uafer, astutus, Varinus: ut uulpio apud Latinos. sed apud Hesychium penultima per ω. (quod magis placet, quamuis Cælius etiam alopecades scripserit) non per α. legitur, his uerbis: Ἀλωπὸς, ἀλωπεκώδης, πανοῦργος. Σοφοκλῆς Θυέστῃ καὶ Ἰάχῳ. (Ἰνάχῳ.) οἱ δ' ἀφανὴς καὶ ἐπὶ τὴν πρόσοψιν, posteriora uerba ad ἀλωπὸς tantum pertinent. Ἀλωπεκῆ, pellis uulpina, alij circunflectunt. Ἀλωπεκίαι, uulpium foueæ, Hesychius, Varinus. Ἀλωπεκίαν aliqui interpretantur τὴν περικεφαλαίαν, id est pileum, Suidas & Varinus. Vide in B. De Alopecia morbo scripsimus supra in C. Ἀλωπεκίζειν, uulpinari, decipere, adulari, uide infra inter prouerbia. Alopecides canes memoraui supra in C. Cælius ex Xenophontis Anabaseos septimo alopecides interpretatur pelles uulpinas. Ἀλωπόχους, ὁ πολιὸς, Suidas. Ἀλωπέκειος, & Atticè ἀλωπέκιος, uulpinus. Apud Aristotelem lib. 5. cap. 1. de gener. animalium νυκταλώπεκες & νυκτάλωπες leguntur pro usitatis nyctalops & nyctalopes uocabulis, nescio quàm rectè. Gaza uertit lusciositatem.

¶ Alopecûros herba Plinio, spicam habet mollem & lanuginem densam, non dissimilem uulpium caudis, unde ei & nomen. Spicosa sunt, oculus caninus, cauda uulpina, plantago, cui quodammodo similis bibinella (θρυαλλὶς, lego θρυαλλὶς,) est. Verum hæc simplicia & quodãmodo uniformia creantur, & spicam nec acutam nec aristatam gerunt. cauda uerò uulpina hirsutior & lanuginosior est, quamobrem similis uulpium caudis cernitur, unde & nomen accepit. huic plantago similis constat, nisi quod florem non quemadmodum illa particulatim ædit, sed per totam spicam tritici modo. ambabus tamen flosculus lanugineus exit, sicut etiam frumento. similis tota specie tritico est, uerum folio latiori, Theophrastus de historia plantarum 7.10. Cauda uulpis uulgò à quibusdam dicitur polygonios, id est sanguinaria fœmina, Monachi in Mesuen. Denaphia calcail, id est cauda uulpis, herba quę aliàs centumnodia fœmina dicitur, Syluaticus. Idem scribit cap. 218. ex Serapione, centumnodiam fœminam, scapo nodoso, folijs pini &c. uulgò caudam uulpis nominari. Arabicè harsiarbai, quod nomen ibidem dipsaco quoq; attribuit. Luparia (aconiti genus) iuxta Tridentum herba uulpis uocatur, quod eas occidat, Matthæolus. Arbor uulpis, id est liquiritia, Syluaticus. Chosahaltaleb, id est testiculus uulpis, satyrion est, Vetus glossographus Auicennæ: qui & sucution & scutudans, nomina corrupta, ut uidetur, à satyrio, testiculum uulpis interpretatur. Plura leges in Satyrorum historia inter simias. Testiculus uulpis, id est buzeidem, satyrion est, Idem. sed alibi pro buzeidem, bacidem scribit, Syluaticus bizideri. Vua uulpina, id est solanum, Bellunensis & uetus glossographus Auicennæ. Auicennæ interpreti lib. 4. fen 6. &c. uua uulpis omnino dorycnion est, quod Matthæolus etiam uidit: adnumerant autem dorycnion quoq; aliqui solani generibus, furiosum cognominantes. Inter uuas damnantur, uisu cinerea, & rabuscula, & asinisca, minus tamen caudas uulpium imitata alopecis, Plinius. Huius & Columellam alicubi meminisse puto. Ἀλωπεκίως (malim ἀλωπέκειος, uel ἀλωπέκιος proparoxytonῶ, Atticè) inter uuas à Polluce nominatur. Ἀλωπέκιος, ἄμπελος οὕτως καλουμένη, καὶ ὁ ἀπ' αὐτῆς οἶνος, Hesychius, Varinus.

¶ Animal quod priore sui parte uulpem, posteriore simiam refert, quod simiuulpam uocauimus, supra inter simias descriptum est. Χηναλώπηξ, hoc est uulpanser, auis dicta ex uulpis & anseris forma, Volaterranus. Cynalopeces, canes Laconicæ ex cane & uulpe natæ, quæ & alopecides dicuntur, ut in C. retuli. Aristophanes cynalopecem uocat hominem impudentem simul & astutum. Vulpem Græcè lampurim & alopeca uocant. est & uolucre animal (auis) & piscis hoc nomine, Hermolaus. Vulpes piscis mustelorum generis, γαλεὸς ὁ ἀλωπεκίας, similis est gustu uulpi terrenæ, unde nomen ei impositum, Athenæus lib. 8. Aelianus similiter fraudulentam & dolosam esse scribit marinam uulpem, ut quadrupes est. Genetha bestia est paulo maior (minor) uulpecula, Isidorus. Rossomaca siue gulo fera magnitudine canis est, facie cati, corpore & cauda uulpis. Eckutabne bestiola in superficie aquæ, &c. dicitur esse uulpis ab amatu, Syluaticus, tipulam intelligo.

¶ Ἀλώπηξ, nomen proprium, Suidas. Apud Græcos legimus, Limnæum locum esse Orthiæ sacrum Dianæ. eius simulachrum id esse memorant, quod ex Taurica est ab Oreste & Iphigenia tralatum. Hoc qui primi compererunt Astrabacus & Alopecus, mox dilapsi in amentiam sunt, &c. Cælius (ex Pausaniæ Laconicis.) Ἀλωπεκή, (Stephano Ἀλώπεκη, paroxyt.) uicus Antiochidis tribus, unde gentile Ἀλωπεκῆθεν; (Ἀλωπεκιανὸς, Suidas,) & loci aduerbium Ἀλωπεκῆθεν, unde uerò dicti sint Philochorus explicat libro tertio, Suidas, Hesychius, Varinus. Archippa uxor Themistoclis ex tribu Alopecia, Plutarchus. Extat in Alopecis Atticæ bustum Anchimolij, iuxta Herculis templum quod est in Cynosargi, Herodotus libro quinto. Azani urbs Phrygiæ est, quam Hermogenes Ἐξωνάγων (aliàs Ἐξαγάνα) uocandam asserit. nam cum eo in loco olim fame laborarent homines, pastores conuenerunt, & pro impetranda fertilitate sacrum fecerunt. Sed cum dij non exaudirent Euphorbum ferunt χηνὸς, id est uulpem, & ἐχῖνον, id est echinum dæmonibus immolasse. unde placatis dijs & secuta fertilitate, incolæ Euphorbum sacerdotem & principem creauerunt, & urbi nomen ab eo posuerunt Ἐξαγάνα (aliàs Ἐξωνάγων) quod Græcis sonat ἐχιναλώπηξ, Stephanus in Azani: ex quo Erasmus etiam transtulit in prouerbio Azanæa mala. Iuxta Smyrnam sunt insulę, Peristerides, Alopece, Plinius 5.31. Et 4.12. Bosphorus Cimmerius insulam habet Alopecen. Ptolemæus, Pomponius,

ponius, Strabo & alij, insulam hanc non Alopecen, sed Alopeciam, & Tanain quoque uocant, Venetorum olim coloniam. nunc Turcæ potiuntur, ut alio quoque omni Ponto, Hermolaus in Plinij locū iam citatum scribens. Ante Emporium urbem sic dictam ad Tanaim fl. & lacum, insula iacet nomine Alopecia, Migadorum hominum domicilium, Strabo lib. 11. Alopecia insula Κάλαρος olim uocabatur ἀπὸ Καλάρου βασιλέως, Stephanus. Alopeconesus, (melius per n. duplex, [ut Suidas habet] ut Peloponnesus & similia, quod probat Eustathius Dionysij Afri interpres,) Ἀλωπεκόννησος, urbs Chersonnesi in Hellesponto, condita ex oraculo, quod urbem illic condendam (Atheniensibus) iusserat, ubi catuli uulpis conspecti fuissent. Sunt qui uulpem dum urbs conderetur, catulum aliunde allatū (aliâs, catulos allatos) illuc deposuisse scribāt, Stephanus in Alopeconeso & in Calaro. Aliqui Alopeconesum insulæ nomen faciunt, Cælius. Ἀλωπεκόννησος, πόλις μία τῶν ἐν Χεῤῥονήσῳ. ὅτι Αἶνος πόλις ἐστὶ τῆς Θρᾴκης, ἣν Ἕλληνες τὰ πρῶτα Ἀλωπεκοννησίοις κατῴκισαν, ὕστερον δὲ ἐκ Μιτυλήνης καὶ Κύμης ἐπηγάγοντο ἐποίκους, Suidas. Alopeconnesus haud procul à Cœlo Cherronnesi portu, Plinius 4. 12. Tubera Asiæ nobilissima, circa Lampsacum & Alopeconnesum, Idem 19. 3.

¶ b. Canes non latrantes, uulpino rostro, alicubi in Nouo orbe reperiuntur. ¶ Qui apud nos doctius loquūtur, uulpis pedes uocant **klawen/ vnd nit füß**: pellem **ein balg/ vnd nit ein hut.** de eadem cum uulpi detrahitur, **sy wirt gestreifft/ vnd nit geschunden.**

¶ c. Super montem Sion qui desolatus est ambulauerunt uulpes, Threni Hieremiæ 5. Vulpes foueas habent, & uolucres cœli nidos, at filius hominis non habet ubi caput reclinet, Matthæi 8. & Lucæ 9. ¶ Πεινῶσα κερδὼ καρδίην δ' ὑεβρείην δολῶσ' πεσοῦσαν ἁρπάσασα λαθραίως, Babrius ut Suidas citat. Μισῶ τὰς δασύκερκος ἀλώπεκας, αἳ τὰ Μίκωνος Αἰεὶ φοιτῶσαι τὰ ποθέσπερα ῥαγίζοντι, Theocritus Idyl. 5. Apprehendite uobis uulpes, uulpes paruas, quæ corrumpunt uineas: uineæ enim nostræ sunt in flore, Canticorum 2. Deijciant eos in aciem gladij, ut fiant pars uulpium, Psalmo 63. Prædicit autem illorum casum (inquit Munsterus) quòd per hostes adigendi sint in gladiū, & cadauera eorum per uulpes laceranda. ¶ Fiente, id est fimum, Gallicè, non de quibuslibet feris, sed propriè de fœtentibus dicitur, ut uulpe, mele. ¶ Vulpium catuli, Plinius. Σκύμνοι ἢ σκύλακες ἀλώπεκος, Stephanus in Alopeconneso. Dicuntur & proprio uocabulo ἀλωπεκιδεῖς, Pollux. Galli cheaux uocant catulos lupporum, uulpium, melium, lutrarum. ¶ Simonides apud Stobæum in uituperatione mulierum, alias ex alijs animalibus, (sue, cane, asino, equo, mustela, &c.) pro ingeniorum diuersitate natas comminiscens, Aliam uerò (inquit) Deus fecit ex maligna uulpe, (ἐξ ἀλιτρῆς ἀλώπεκος,) mulierem omniscíam, quam neque mali, neque boni quicquam latet: & sibi inconstans nunc bona nunc mala est, aliâs alijs prædita moribus.

¶ d. De uulpis astutia plura in præcedentibus dicta sunt sparsim, cum alibi, tum in a. inter nomina uulpis, κερδώ, &c. item in epithetis. Nunquam te fallant animi sub uulpe latentes, Horatius de Arte. Solonis uersus quosdam in Athenienses astutos quidem, sed qui blanditijs decipi se paterentur, cum Pisistrati tyrannis inciperet, Plutarchus in Parallelis refert huiusmodi: Εἰς γὰρ γλῶσσαν ὁρᾶτε καὶ εἰς ἔπη αἱμύλου ἀνδρός. Ὑμῶν δ' εἷς μὲν ἕκαστος ἀλώπεκος ἴχνεσι βαίνει. Σύμπασι δ' ὑμῖν χαῦνος ἔνεστι νόος, ex diuersis (ut apparet) locis Elegiarum Solonis. Versutum & uafrum hominem Latini uulpionem uocant: Græci ἀλωπεκίδην uel ἀλωπεκώδη potius: uersute & dolo agere, ἀλωπεκίζειν, uulpinari. Astutum simul & impudentem κυναλώπηκα Aristophanes dixit. Ἀλωπεκάω, decipio, Quidam in Lexico sine authore. Lysander Lacedæmonius, cum ei uitio uerteretur à nonnullis, quòd fraude subinde agere uideretur, Quò (inquit) leonis peruenire pellis non potest, uulpinam assuisse haud decuerit. Prouerbium uulpes non garrit, de ijs qui diligentissimè cauent ne quid temere loquantur, Cælius Calcagninus commemorat. Dominus noster Christus in Euangelio Lucæ cap. 13. Heroden appellat uulpem.

¶ e. Εἶλον ὀψέ ποτε τὴν κακίστην ἀλώπεκα: καὶ λαβὼν ποικίλοις δεσμοῖς περιφέρω τὴν παμμίαρον, καὶ ἄξω ὑπὸ τῇ λεωφόρον τοὺς ἀγροίκους συγκαλεσάμενος ἅπαντας, καὶ τὴν πολεμίαν θριαμβεύσω, καὶ δημοσίᾳ δίκας πρέξεται ἀντὶ πολλῶν ἀδικημάτων μίαν ὑφέξουσα κόλασιν, Seutlion rusticus in epistolis Simocati. ¶ Mala medicamenta inferri negant posse, aut certe nocere, stella marina uulpino sanguine illita, & affixa limini superiori, aut clauo æreo ianuæ, Plinius. ¶ Bassareus Bacchus dicitur, & Bassarides Bacchæ, siue à genere uestis talaris, quam Thraces bassaram uocant, siue à uulpibus, quarū pellibus Bacchæ succingebantur, ut & lyncum pantherarumque pellibus. uulpes inde Thraces bassares dicūt, Gyraldus. In pelle quam lepori aut uulpi detraxerit genus quoddam aquilæ in locis quibusdam Scandinauiæ ad Septentrionem remotis, oua incubat.

¶ f. Alexandrum Alopes & Priami filium à uulpe nutritum, in Varijs Æliani legimus: quod ex eo Cælius etiam repetit.

¶ h. Samson iratus Philistæis accepit trecentas uulpes & caudas earum inter se iunxit, & faces in medio ligauit, quas igne succendens discurrere permisit. Illæ uerò statim segetes Philistæorum ingressæ sunt: quibus succensis & comportatæ iam fruges, & adhuc stantes in stipula concrematæ sunt, adeò ut uineas quoque & olíueta flamma consumeret, ut legimus Iudicum 15. ¶ Aristomenes Messenius à Lacedæmonijs captus, per cauernam latomiarum euasit, angustos uulpium aditus secutus, Plinius. Sed latius in Messenicis prosequitur Pausanias. Lacedæmonij (inquit) Aristomenem in prælio captum cum alijs quinquaginta ex militibus eius in Ceadā abijciunt. Præcipitant eō

ZZ

quos ob maxima flagitia plectunt. Alij itaque ex Messenijs deiecti continuò perierunt: Aristomeni uerò quidam aiunt aquilam auem uolatu se submisisse, alisque eum sustinuisse donec ad finem deferretur illæsus. Hîc tertio die strepitu percepto, uulpem cadauera arrodere animaduertit, & currentem secutus, cum in loca esset uentum transitu ualde difficilia, ab ea est auulsus. serò autem cauernam quandam deprehendit, uulpeculæ ad suffugiendum aptam, & per eam luminis splendorem uidit, ac uia manibus latiore reddita euasit. Hanc historiam paulò aliter Polyænus describit Strategematum lib. 2. ¶ Procridis siue Cephali canis, fuit eius naturæ, ut uitari non posset, ubi insequeretur: sicuti Teumesia uulpes fuisse narratur incomprehensibilis. Quæ ratio (ne ineuitabilem canem uulpes effugeret, aut uulpem incomprehensibilem canis caperet) utrunque deformauit in lapidem: Lege plura in Canis celeris historia circa finem. Vulpeculam Teumesiam, ut damnum inferret Thebanis, à Baccho ex indignatione esse educatã narrant: & capiẽda cum iam esset à cane, quem Procridi Erechthei filiæ Diana dono dederat, in lapidem unà cum cane transmutatam, Pausanias in Bœoticis.

¶ Vulpes fœta occurrens in uia infortunatum iter præsagit, Alexander ab Alex. Impios parræ recinentis omen Ducat, & prægnans canis, aut ab agro Raua decurrens lupa Lanuuino, Fœtaque uulpes, Horatius Carm. 3. 27. ¶ Equitia singulis annis duodecimo (decimo quarto, Gyraldus) calend. Maias in Circo maximo celebrarunt, qui dies Cerealibus incurrebat, in quibus post equos, uulpes stipulis alligatæ, accensa flamma, cursitabant, Alexander ab Alex. Ouidius quarto Fastorum die quarto post Idus Aprilis Hyades oriri scribit, & tertio post Hyades remotas die Equitia celebrari, & eodem die uulpis pellem aduri: fabulam addit, fuisse in rure Peligno pauperis coloni filium annorum duodecim, qui uulpem ceperit quæ multas gallinas abstulerat: Captiuam stipula fœnoque inuoluit, & ignes Admouet, urentes effugit illa manus. Qua fugit, incendit uestitos messibus agros, Damnosis uires ignibus aura dabat. Factum abijt, monimenta manent. nam dicere certam Nunc quoque lex uulpem Carseolana uetat. Vtque luat pœnas genus hoc Cerealibus ardet, Quoque modo segetes perdidit, illa perit. ¶ Quòd si animantium cruore afficiuntur superi, cur non mactatis illis mulos, canes, uulpes, &c. Arnobius contra gentes.

PROVERBIA.

Archilochi uulpes, de ualde astuto & malitiam suam egregiè dissimulante, ut sunt Qui Curios simulant, & Bacchanalia uiuunt, prouerbialiter dici posse uidetur. Nam apud Platonem libro de repub. secundo in persona Glauconis sic legimus: Ea quæ dicta sunt (de iniustitiæ apud homines commodis, & facili peccatorum apud deos expiatione) mihi quidem, si iustus sim, non tamen appaream, nihil prodesse dicunt, labores autem & pœnas certas esse: Iniusto uerò opinionem iustitiæ assequuto, uita diuina adesse dicitur. Nónne igitur postquam existimatio hæc iustitiæ, ut sapientes tradunt, ueritatem cogit ac uiolat, & ad beatitudinem est præcipua, (hoc est beatiores efficit apud homines, quàm uera iustitia quæ non appareat) ad eam omnino tendendum est? Induere itaque imaginẽ oportet iustitiæ, & quandam præ se ferre uirtutis adumbrationem, à tergo uerò illam sapientis Archilochi uulpem astutam ac uariam trahere, (πρόθυρα μὲν καὶ σχῆμα κύκλῳ περὶ ἑαυτὸν, σκιαγραφίαν ἀρετῆς περιγραπτέον, τὴν δὲ τοῦ σοφωτάτου Ἀρχιλόχου ἀλώπεκα, ἑλκτέον ἐξόπισθεν κερδαλέαν καὶ ποικίλην.) Sẽsus est, Virtutis speciem diuiti & felici futuro præ se ferendam esse, astutiam uerò & improbitatem posterius occultandam. Erasmus in prouerbio, Benignior pellace uulpe, Platonis uerba imperitè cõuertit, nos Marsilij trãslationem posuimus. Archilochi uulpeculam commemorat & diuus Basilius, cum aliâs, tum in libello ad nepotes suos, & Philostratus in Imaginibus. Multi sunt apologi de uulpis astutia, ex his quis sit Archilochi non satis liquet, Erasmus. Huc certe facit apologus ille, quem nostri pictores aliquando repræsentant, de uulpe hominis religiosi habitu sumpto concionante, & collectos ad concionem anseres gallinasque inuadente. ¶ Benignior pellace uulpe, πλεῖον ἵλαος αἱμύλης ἀλώπεκος: de eo qui commodi sui causa simulat beneuolentiam, Erasmus. Vulpes bouem agit, ἀλώπηξ τὸν βοῦν ἐλαύνει: cum res absurdè geritur, nihil enim uulpi cum agricolatione, ueluti si quis poëta de rebus sacris concionetur, aut leno tractet rempublicam. Licebit & ad eum torquere, qui non ex animo, sed aliò spectans, fingit sese quippiam uelle facere, Erasmus. Suidas interpretatur ἐπὶ τῶν μὴ κατὰ λόγον ἀποβαινόντων.

¶ In canis podicem ac trium uulpiũ inspicere, ἐς κυνὸς πυγὴν ὁρᾶν καὶ τριῶν ἀλωπέκων: in cæcutientes aut lippientes: uel de rebus paruis atque angustis inutiliter anxios & solicitos: Vide in prouerbijs à cane sumptis. Annosa uulpes haud capitur laqueo, γέρων ἀλώπηξ οὐχ ἁλίσκεται πάγῃ: senarius prouerbialis dicendus in eum, qui longa ætate multaque rerum experientia callidior est, quàm ut arte dolisque capi queat, Erasmus. Suidas interpretatur similiter, ἐπὶ τῶν διὰ χρόνου πλῆθος ἐμπείρων καὶ δυσαλώτων, (οὐχ ἁμαρτανόντων, Apostolius.) Vulpes non iterum capitur laqueo: Ἀλλ' οὐκ αὖθις ἀλώπηξ πάγαις. id est, At non iterum uulpes laqueis, subaudiendum capitur. Qui sapit, οὐ δὶς πρὸς τὸν αὐτὸν προσκρούει λίθον, id est, non iterum ad eundem offendit lapidem. Stupidi est hominis, in malum gustatum iterum incidere. In Plutarchi collectaneis effertur hunc ad modum, ἀλώπηξ διαφυγοῦσα πάγας, αὖθις οὐχ ἁλίσκεται, Erasmus. Eadem sententia est Germanicorum, **Er ist wol mehr vor dem garn gewesst. Er hat das garn gerochen.** Vulpes haud corrumpitur muneribus. Suidas huius adagij Cratinum citat autorem. De callidis ac uersutis, quos haud facile sit obiecto munusculo, aut assentatiuncula, pollicitisue fallere. Larus enim & aliæ quædam aues esca capiuntur, uulpes non item, Erasmus. Locus Suidæ corruptus uidetur, Ὑμῶν εἷς μὲν ἕκαστος ἀλώπηξ οὐ δωροδοκεῖται, ex Cratino. hexametrum erit si

tollas

tollas negationem. Carmen quidem Solonis, ὑμῶν εἷς μὲν ἕκαστος ἀλώπεκος ἴχνεσι βαίνει, recitaui supra in d. Cauda de uulpe testatur, ἡ κέρκος τῇ ἀλώπεκι μαρτυρεῖ: in eos dici solitum, qui pusilla in re cuiusmodi sint declarant. Est autem uulpi cauda pro corpore maior ac pilosior, ut non sit facile celare: alioqui canis uideri possit. Vnde quadrabit de exitu declarante cuiusmodi fuerint reliqua. Quidam primo aggressu agni, in euentu uulpes comperiuntur, Erasmus. Vbi quem admissa noxa mulctari leuius animaduertimus, uulpis cauda correptum fuisse dictitare consueuimus, Cælius. Est & Germanis eadem locutio usitata. Κυναλώπηξ Aristophani, impudens simul & astutus, canina impudentia, & uulpina astutia coniunctis, ut in Cane alicubi diximus. ¶ Vulpi esurienti somnus obrepit, πεινῶσαν ἀλώπεκα ὕπνος ἐπέρχεται: ubi quis inopia cibi dormit. Neque perperam dicetur & in illos qui dissimulant, conniuentque ad quædam, ut per occasionem aliquid commodi ferant. siquidem uulpes urgente fame somnum adsimulat, ut illectas aues capiat deuoretque. Fit autem hoc physica quadam ratione, ut famem ac sitim extinguat somnus. Adagium recensuit Diogenianus, Erasmus. ¶ De prudentibus etiam dici solet illud, Ἀλώπηξ οὐ λαλεῖ: id est, Vulpes non garrit. prudentes enim diligentissime cauent, ne quid præter rem aut parum commodum loquantur, Cælius Calcagninus. ¶ Iungere uulpes, ζευγνύειν τὰς ἀλώπεκας: de re palam absurda. Qui Bauium non odit, amet tua carmina Mæui, Atque idem iungat uulpes, & mulgeat hircos, Vergilius in Palæmone. Est enim uulpes animal ab aratro uehementer alienum, Erasmus.

¶ Congregare cum leonibus uulpes, apud Martialem, est res impares dissimilesque permiscere. Vulpes dolis nititur, leo uiribus fidit, Erasmus. Vbi leonis pellis deficit, uulpina insuenda est, Suetonius. Lysander Lacedæmonius cum ei uitio uerteretur à nonnullis, quòd fraude subinde agere uideretur: Quò (inquit) leonis peruenire pellis non potest, uulpinam assuisse haud dedecuerit, Cælius (ex Lysandro Plutarchi.) Vide in Leone e. Ἂν ἡ λεοντῆ μὴ ἐξίκηται, τὴν ἀλωπεκῆν πρόσαψον, (malim πρόσραψον, secundum Suidam & Apostolium,) Zenodotus. Huius affine est (inquit Erasmus) quod apud Plutarchum in uita Syllæ Carbo dixisse memoratur: Quum enim Sylla non solum aperto Marte, sed dolis bellum gereret, ait ὡς ἀλώπεκι καὶ λέοντι πολεμῶν ἐν τῇ Σύλλα ψυχῇ κατοικοῦσιν, ὑπὸ τῆς ἀλώπεκος ἀνιῷτο μᾶλλον. id est, quòd bellum gerens cum uulpe ac leone, quorum utrunque habitaret in animo Syllæ, à uulpe uehementius angeretur. ¶ Multa nouit uulpes, sed echinus unum magnum, πόλλ' οἶδ' ἀλώπηξ, ἀλλ' ἐχῖνος ἓν μέγα: Vide supra in prouerbijs ab Echino quadrupede sumptis. ¶ Tam facile uinces quàm uulpes pyrum comest, Plautus in Mustellaria: de re factu procliui. quòd nihil negotij sit uulpi dentatissimæ pyrum edere, Erasmus. Domi leones, in pugna uulpes: Apud Aristophanem in Pace Chori hæc uerba sunt, πολλὰ γὰρ ἤδη 'νενικήκαμεν ὄντες οἴκοι μὲν λέοντες, ἐν μάχῃ δ' ἀλώπεκες. Est autem scomma in Lacones. Scholiastes monet parœmiam esse, contortam primum in Lacones re malè gesta in Asia his uerbis, οἴκοι λέοντες, ἐν Ἐφέσῳ δὲ λάκωνες, Plutarchus in comparatione Syllæ & Lysandri, refert hanc sententiam tanquam uulgò iactatam in principes, ἀλλ' εἰ δέ τις ἄλλος ἐκπεφευγὼς τοῦτο τὸ περίακτον, οἴκοι λέοντες, ἐν ὑπαίθρῳ δ' ἀλώπεκες. id est, Imò si quis illud effugerat illud quod uulgò circunfertur, Domi leones, sed foris uulpeculæ. Conueniet in eos qui præpostere se gerunt: ibi feroces, ubi nihil erat opus: ibi fugaces, ubi res poscebat uirum. aut qui in suos sæui, non itidem audent aduersus inimicos: quod Ciceroni obijcit Salustius, uidelicet quòd contumeliosus in amicos, supplex inimicis. Aut in illos, qui simulata mansuetudine perueniunt ad tyrannidem, Erasmus. Pulchrè fallit uulpem, παλεύει καλῶς τὴν ἀλώπεκα. Suidas recenset duntaxat, nec explicat. Apparet dictum in eum qui dolis captaret astutum, cuique frustra tenduntur insidiæ. nam παλεύειν est arte illectare. Vnde & columbæ exoculatæ, quas aucupes in reti ponunt, quò subsultantes, reliquas deceptas alliciant, παλεύτριαι dicuntur. Et qui feris tendunt casses, παλευταὶ uocantur. At uulpem dolo circumuenire difficile est, Erasmus. ¶ Vulpinari cum uulpe, ἀλωπεκίζειν πρὸς ἑτέραν ἀλώπεκα: senarius prouerbialis, cum astutis astutijs agito. οὐκ ἔστιν ἀλωπεκίζειν, Aristophanes in Vespis, οὐδ' ἀμφοτέροις γίγνεσθαι φίλον. (Scholiastes exponit πανουργεῖν, κολακεύειν,) Erasmus. Apostolius interpretatur de ijs qui sui similes decipere conantur. Vulpinari, mendacijs ac fraudibus uera peruertere siue effugere. Tractum ab intorto uulpium cursu. Varro Mysterijs, Vulpinare modò, & concursa, qualibet erras, Ex Nonio. Varro quidem ita pro ἀλωπεκίζειν uulpinari dixit, ut Horatius iuuenari pro νεανίζειν, Erasmus. Ἀλωπεκίζειν, ἀπατᾶν, Hesych. ἀντὶ τοῦ ἐξαπατᾶν ἐγχειρούντων, Suidas. Eundem sensum habet Germanicum illud, **Man müß fuchs mit fuchs fahen**. hoc est, Vulpes uulpe capienda est. Κερδοῖ συνών τε κερδοσύνην προσδόκα. id est, Si cum uulpe uerseris, fraudes & mores uulpinos expecta, Suidas in Ἀλώπηξ τὸν βοῦν.

¶ Germanis peculiaria quædam à uulpe adagia usurpantur, qualia sunt: **Du müßt fuchs vnd haaß syn**: Vulpem simul ac leporem esse oportet. hoc est pro re nata mutandum ingenium, Polypi mentem obtine. **Der fuchs kan sine tück nit lassen**. hoc est, Vulpes dolos suos relinquere non potest, Natiuos mores occultare difficile.

¶ Quasi uulpes in desertis (bacharaboth) fuerunt prophetæ tui ô Israël, Ezechielis 13. Vbi Munsterus, Comparantur (inquit) falsi prophetæ uulpibus subdolis, quæ per laceratas sæpes intrant in uineas aut agros, ut uuas & segetes depascant. & intelliguntur hîc per charaboth, loca sæpitum disrupta, per quæ bestijs patet locus intrandi. Si ascenderit uulpes, transiliet murum eorum lapideum, Neemiæ 4. de Iudæis mœnia Hierosolymorum reparantibus.

¶ Forte per angustam tenuis uulpecula rima Repserat in cameram frumenti, pastaque rursus

zz 2

Ire foras pleno tendebat corpore frustra. Cui mustella procul, Si uis (ait) effugere isthinc, Macra cauum repetes arctum, quē macra subisti, Horatius epist. 1. 7. Apologum de uulpe detrectante ad leonem, qui morbum simulabat, in specum ingredi, recitaui in Leone h. ex Philostrato & Horatio. Item alium de leonis, asini & uulpis societate, in eodem in prouerbio Leonina societas. Et rursus alium de uulpe multiplicem partum iactante, cui leæna respondit, Se unum quidem parere sed leonem, (quod in prouerbium abijt,) in Leone c. ex Cælio. De Archilochi uulpe, & de uulpe concionante apologum, superius inter prouerbia ab initio scripsi. De astutia uulpis apologum ex Plutarcho, inter uulpem, et pardū, recitaui in Panthera h. Est & alius inter uulpem & felem, apud Erasmum in prouerbio, Multa nouit uulpes. Κερδῷ πιθήκῳ φησὶν, ἦν ὁρᾷς σύλην, Ἐμοὶ πατρῴη τ' ἐστὶ, καί τι παππῴη, Babrius apud Suidam.

10

¶ Mentem, non formam plus pollere. Ingressa uulpes in Choragi pergulam, Fabrè expolitum inuenit humanum caput, Sic eleganter fabricatum, ut spiritus Solûm deesset, cæteris uiuisceret. Id illa cum sumpsisset in manus, ait: Hoc quale caput est, sed cerebrum non habet, Alciatus in Emblematis.

FINIS.

PARALIPOMENA.

ALCES figuram nuper doctissimus uir Seb.Munsterus ad nos misit, ad uiuum (ut ait) pictam, quæ à nostra nihil differt, nisi quòd iubata nõ est: & sanè puto non rectè huic quadrupedi iubam addi. Eadem cornuta est geminis cornibus, (talibus quale nos unum separatim dedimus,) tergum uersus reclinatis, ita ut pars in mucrones diuisa frontem spectet, opposita tergum. ¶ Borussia (inquit Erasmus Stella) gignit & alces, quos falsò syluestres asinos quidam autumant, quum hos Asia tantum & Africa procreet: specie media inter ceruinam & iumenti, nisi quantum aurium proceritas ipsaq; ceruix distinguit. magnitudine inter camelum & ceruum. Maribus in superciliis cornua nascuntur, quæ quotannis amittunt, latiora quàm ceruinis, ramosa tamen, & per totum concreta ac solida. Vngula bifida colorecq; ceruum imitatur. Venatorem è longinquo sentit. animal certe simplex, & quod plus latebris quàm fugæ fidat. Siui canum urgetur, magis in canes se calce quàm cornibus tuetur. In locis palustribus sese plurimum condit, illic & partus ædit suos. Formidinis eius argumentum esse aiunt, quòd rarenter solitarium, in armento multum appareat. Vngulis eius comitialem morbum etiam spumantem abigi creditum est, si cute attingitur. Hallucinati sunt qui hanc feram nullo suffraginum flexu dixerunt, Hæc ille. ¶ Nuper etiam à peregrino quodam accepi, alcen à uenatoribus agitatã ad aquas confugere, atq; in iis stantẽ, aquam ore haustam in canes feruidam eructare.

VRI quoq; effigiem ante paucos dies, ad uiuũ expressam Seb. Munsterus nobis cõmunicauit à nostra (quam ex tabula Moscouiæ Antonij Vuied mutuati sumus) nonnihil diuersam. Corpus uri, quem pictura illa repræsentat, perquàm crassum est, tergo summo ferè gibboso, lõgitudo ei à capite ad caudam breuior quàm proceritas & uentris laterumq; & dorsi crassitudo postulet. Cornua densa, nigra, breuia, oculi uersus exteriorem canthum rubicundi. os latum, crassus & simus nasus. Crassum & amplum caput, facies (ut sic uocem) lata. Tempora uillosa, mentum barbatum, sed breuibus uillis, nigris. Color ferè niger, maximè in temporibus, mento, collo &c. in facie, lateribus, cruribus, cauda, ad puniceum uergit. ¶ Qui se uenatione urorum exercent, si plurimos interfecere, relatis in publicum cornibus, quæ testimonio sunt, magnam laudem adipiscũtur. Soliti erant antiquitus caueis ad hoc ex opera (foueis ad hoc in terra) factis eos capere, captosq; iugulare: fortè quòd ea tempestate ferro caruêre (Borussi.) Posterioribus uerò, lectis ad hoc præcipuæ uirtutis & audaciæ iuuenibus, canibus eos insequi placuit, uenabulisq; cominus ac eminus petere, arboribus sese robustioribus semper condendo, ne à fera impetantur, quæ cornibus arbori insertis, uindictæ auida inhæret, donec insequentium telis saucia concidat. Sub mento uillos longiusculos habet in arunci speciem, cæteris tauro persimilis, Erasmus Stella.

DE CAPRIS INDICIS.

Indianisch geissen.

CAPRAM Indicam, aut Mambrinam aut Syriacam potius, antè annos aliquot Ferrariæ in Italia uidi, ex qua urbe figuram etiã maiorem clarissimus illustrissimi principis Herculis Estensis medicus Antonius Musa Brasauolus ad nos misit. minorem, quæ geminas habet capras, ex Germanico quodã libro descriptionis Terræ sanctæ olim mutuatus sum. Pluribus autem de hoc caprarum genere scripsi in Capra B.

CAPREOLI maris figura, quam cum historia ipsius nimis angustam dederamus. Fœmina quidem cornibus caret.
Reech.

CAPRICORNI uel potius ibicis maris figura, quam similiter cum eius historia angustiorem posueramus.
Steinbock.

DAMAE ſiue capreæ platycerotis figura, in hiſtoria eius, inter capras ſylueſtres, omiſſa.
Damhirtz/dåmle.

D E

DE TRAGELAPHO, id est Hircoceruo. Brandhirtz.

FIGVRAM hanc ad uiuum expressam uir undequaq; doctissimus & egregius poëta Georgius Fabricius nobis transmisit ex Misena Germaniæ, unà cum literis, quibus hæc continentur: De ceruorum generibus, (inquit,) quæ ex uenatoribus didici, quamuis infirma auctoritate, uulgi scilicet nituntur, tamen ut tuæ uoluntati uidear satisfecisse, adscribam. Tria igitur dicunt esse ceruorum genera, non singulari quidem naturæ discrimine, sed aliquo tamen nominis, formæ, uirium. Primum illud notum omnibus, quod diligenter Aristoteles & Plinius descripserunt. Alterum ignotius, quod Græco nomine tragelaphus dicitur, priore maius, pinguius, tum pilo dēsius, & colore nigrius: unde Germanis, à semiusti ligni colore, Brandhirtz nominatur. Hoc in Torantinis & Konigstenianis Misenæ saltibus, Boëmię uicinis capitur. Vulgus uenatorũ ait nomẽ reperisse à locis, in quibus carbones fiunt, quòd ea frequentet, et herbis ibidẽ renascentibus, libẽter pascatur. Hoc uerũ sit, an ex errore ac opinione propter nomen fabella nata, in medio relinquo: certè uulpes etiam uilli densioris & nigricantis, à colore eodem modo Brandfuchse nominantur, quos in areis illis carbonarijs uersari non est uerosimile. Tertium genus, quod reliquorum ceruorum more non amittit cornua, hoc castratis accidere ait Plinius: sed & uicio accidere affirmant, qui feras apud nos consectantur. Ceruo enim fuga sitiq; fesso, & flumini se committenti, in ipsoq; anhelitu auidius bibenti, pinguedinem qua abundat resolui & diffundi aiunt: ex eoq; aut mori eum, aut superstes si sit, cornua ei nunquam decidere. idq; fieri eo maximè tempore, cum ardentissime fœminam appetit. Hoc genus cerui proprio nomine, ein Kummerer appellant. Hæc Ge. Fabricius, qui simul etiam præstātissimi & eruditissimi uiri Georgij Agricolæ Kempnicij cōsulis literas ad me misit, quibus ille suam de tragelapho sententiam, quam meo nomine Fabricius petiuerat, hisce uerbis exponit. Tragelaphus ex hirco & ceruo nomen inuenit, nam hirci quidem instar uidetur esse barbatus, quod ei uilli nigri sint in gutture & in armis longi: cerui uero gerit speciem, eo tamen multò est crassior & robustior, ceruinus etiam ipsi color insidet, sed nonnihil nigrescens: unde nomen Germanicum traxit. ueruntamen suprema dorsi pars cinerea est, uentris subnigra, non ut cerui candida, atq; illius uilli circa genitalia nigerrimi sunt. cæteris non differunt, uterq; est in nostris syluis: quanquã plures tragelaphi in his quæ finitimæ sunt Boëmicis quàm in alijs reperiuntur. quare Plinius haud rectè scripsit tragelaphum nõ alibi quàm iuxta Phasim amnem nasci, Hæc Agricola. Ego huius animantis cornua, quæ ciuis quidam nostræ ciuitatis tanquam ualde rara asseruat, diligenter inspexi, cum de Ceruo scriberẽ, ubi in Philologia capite secundo, descriptionem eorum apposui his uerbis: Obseruaui etiam in consummati cerui (nam quod genus cerui hoc esset adhuc ignorabam) cornibus mucrones siue ramulos supremos, qui bini alioqui plerunq; aut terni spectantur, septenos: & eodem in loco stipitis latitudinẽ sex digitorum, inferius autem erant & alij bini rami, & adminicula. Inquirent studiosi an hoc cervorum genus à specie cornuum, quæ in suprema sui parte tanquam palmæ in digitos finduntur, palmatum Latinè dici rectè possit. nã ceruos palmatos Capitolinus memorat: Vide in Ceruo B. In Anglia ceruos nigricantes reperiri audio, qui an ijdẽ sint cum illo cuius effigiem hîc posuimus, non sum adhuc certus. Aristoteles in libro de coloribus ceruum aliquando nigrum (albũ legit Ruellius, quod probo) esse captum scribit, ut ursum quoq;: non tamen generis differentiam facit, sed propter aliquẽ corporis affectum id accidere putat, quod tragelapho nostro non conuenit. ¶Tragelaphus (inquit Plinius) eadem est qua ceruus specie, barba tantum et armorum uillo distans, non alibi quàm iuxta Phasin amnem nascens.

GENETHAE pellis, qualis apud pellifices spectatur, Genethkatz. Scripsimus autem de hoc animali, statim post Equum.

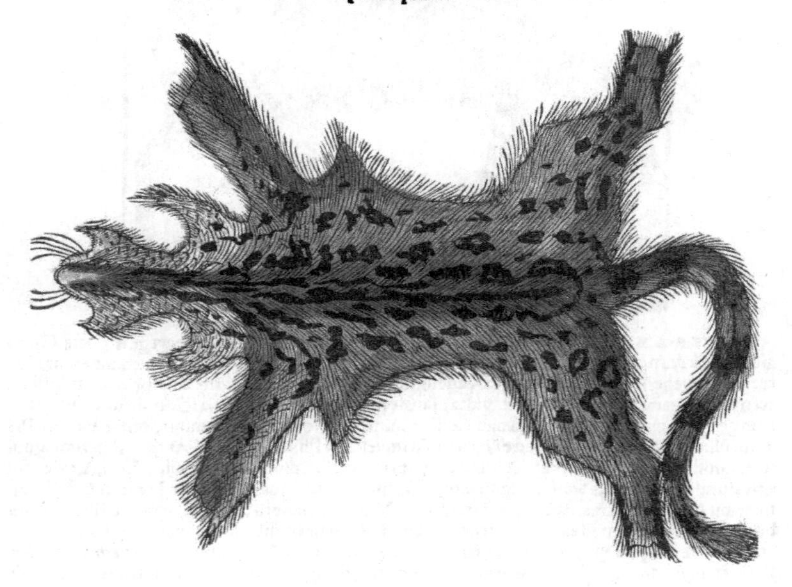

LYNCIS figura quam dedimus uera esset, si caput & facies (ut sic appellem) catum referrent: & ungues angustiores essent.

MELIS

MELIS seu Taxi delineatio. Tachs.

DE MONOCEROTE.

CVM monocerotis historiã exararem, ab incomparabili doctrina & uirtute uiro Nicolao Gerbelio, quem equidem patris ac præceptoris loco & amo & ueneror, per literas petij, ut descriptionẽ aliquam cornu illius, quod pro monocerotis cornu Argentorati in summæ ecclesiæ thesauro seruari audieram, ad me daret. Sed cum responsum eius serò mihi redditum esset, malui inter Paralipomena collocare, quàm prorsus omittere. Cornu igitur (inquit) quod inter archana summi templi habent heroes illi, sępissime uidi, manibusq; meis attrectaui. Ea est longitudine hominis proceri, siquidem aciem illi addideris. fuit enim inter illos impius quidam, qui à nescio quo didicerat aciem seu cacumen illius cornu contra uenena contraq; pestem remedium esse præsentissimum. Quam ob rem quadrifur ille superiorem partem ad tres aut quatuor trãsuersos digitos à reliquo corpore auulsit. Ob quod facinus, & ipse eiectus è cõsortio illo, et ne quisquã unquam postea huius familiæ in hoc sodalitium recipiatur, grauiter & maturè sancitum. Hæc cacuminis auulsio, notabilem deformitatem pulcherrimo muneri attulit. Totũ cornu ab ea parte qua fronti animalis adhæret, usq; ad summam aciem solidum est: nullis punctis, rimis, aut scissuris hians. Paulò ampliore crassitie quàm lateris ferè nostri. Sæpius enim manu dextra complexus cornu, propè totum comprehendi. A radice usque ad cacumen, paruis lineolis, ut solent S. Blasij candelæ incuruari, elegantissime fastigiatur discriminaturq;. Pondus cornu, supraquàm quis credere ausit, insolitum: ut sæpe multos mirari uiderim à tantillo animali tantum onus, tamq; longam molem gestari posse. Nullum ego prorsus odorem animaduerti. Color similis inueterato ebori, medius inter album & croceum. Verum nusquam melius hunc deprehendes, quàm ex segmentis quæ in myropolijs uæneunt. Illis enim nostri cornu color similis est. A quo uero huic templo donatum sit, incompertum mihi, Hucusq; Gerbelius. Alius quidam amicus meus uir fide dignus, asseruit mihi se Lutetiæ apud Cancellarium D. à Prato uidisse monocerotis cornu partem cubitalem, spiris contortam, crassitudine baculi (mediocris, cuius diameter circiter sesquidigitum extendatur) luteo colore intus forisq;, substantia solida; cuius fragmenta in uino ebullierint, quamuis usta non essent, odore nullo.

DE MVRE agresti maiore. Nülmuß.

ALIVS & minor hoc est agrestis mus subrubeus, quem in agris frumentariis aliquando abundare, terræ scilicet putredine in mures conuersa, existimo: non illum cuius hic effigiem damus.

FINIS.

ALIAE ADDITIONES ET

CASTIGATIONES, PLERAEQVE OMNES CIRCA PHIlologiam tantũ, cuius fines tam latè patent, ut nunquam non aliquid adijci possit. sed hæc omnia præterire potest, cui Philologia cordi non est, cum ad ipsam animalium historiam & naturam necessitas eorum nulla sit. Prior numerus paginam, posterior uersum indicat. Annotauimus autem sæpius nõ quid deprauatum, aut omissum sit, sed simpliciter quomodo legendum.

PAGINA 1. uersu 8. distinguat, (quoniam aures & ceruicem breuiores habet alce quàm iumentum,) iumento similem.

3. 17. bouinam) bubulam.

3. 37. busonem) glirem.

9. 33. detractam cutem, Plin. & Marcellus.

12. 53. Asinastræ Macrobio inter ficorum genera.

13. 29. dicatur.

13. 45. ἑδίζετο πόδας, Iliad. λ.

13. 57. mulum ferè semper.

18. 58. uentre, Varro.

18. 61. Varro.) abundat hæc uox.

19. 20. posthumos (μετάχοιρα) uocant.

19. 50. Septuaginta, Iosephus, & Hieronym.

20. 22. satis amplum, altum, latum.

23. 41. catos marinos, id est cercopithecos.

23. 55. גמלירון, gamaleon, uocetur. (sed chamæleon quadrupes est ouipara, non auis ut somniant Iudæi. hunc Plinius etiam aëre uictitare putauit.) Quidam deniq;, &c.

26. 20. aut bos in genere) abũdant hæc uerba.

26. 21. Anglice oxe.

27. 48. cornua (id est ipsas ungulas. sed Plinius homonymia fortè deceptus non ita accepisse uidetur. uide infra in H. b.)

28. 20. Aelianus & Oppianus.

28. 22. Aelianus & Oppianus.

28. 30. Armenijs duo cornua.

28. 31. Aelianus: item Oppianus, qui cum unico cornu Aonios descripsisset, subdit de Armenijs, gemina eis esse cornua. Circa Bœotiæ urbem Pœmandriam, &c.

28. 37. in Scythicis.) Cyprios boues stercore humano uesci ut medeantur torminibus, apud Pliniũ legimus: Vide inter prouerbia ex boue. In Bœotia etiam Aristophanis interpres κοπροφάγους boues esse scribit.

29. 5. tricornes, Solinus.

29. 28. solus (atqui Aristoteles etiam meminit de partibus anim. 2. 16.) opinor, &c.

29. 44. rubro colore & flammeo (ξανθοί τε φλογεροί τε, Oppianus,) altaq;, &c.

29. 54. Aelian. & Oppianus, qui & Pellæos hos uocat: apud quem uide plura.

23. 14. nemo tradidit. Similis error est Plinij circa ęran etiam, id est lolium, & festucam, de quibus 18. 17. hæc eius uerba sunt: Triticum, æra: hordeum, festuca quæ uocatur ægilops, circumligando se & complexu necat.

34. 56. author est. Sed uidetur ille perperam de melega, quã nos sorgi uocamus, intellexisse, ut etiam Hermolaus. Alasfest, &c.

37. 54. formagines obolæ (τροφαλίδες ὀβολιαῖαι, id est, casei obolares, uel quorũ singuli obolo uænirent) undeuiginti, &c.

38. 16. Aelianus ex Horo Apolline: qui addit, hanc ob causam Aegyptios ut auditum designent tauri auriculam pingere.

42. 22. tam simplicia.

44. 12. mortifera. Theophrastus aconitũ (secundum Dioscoridis) frumẽto comparat, quod ad genicula scilicet, propter caules geniculatos: sicut & primũ gramini. Hieronym. Tragus, &c.

44. 60. In aruis (ut scribit Sotion in Geoponicis 2. 40.) non prodibit.

45. 23. in radice tantum haberi, Ruellius ex Theophrasto, qui tamen non aconitum, sed scorpium hanc stirpem uocat. est autem primum aconitũ Dioscoridis. Boues, oues, iumenta, omneq; quadrupedem necat, eodem die, si genitalibus radicula uel folium imponatur, Theophrastus de aconito simpliciter. est autem alterum genus aconiti apud Dioscoridem, recentiores confundunt. Ego in montibus, &c.

47. 34. De œstro quo boues, &c. usq; ad tractabimus:) hæc tanquã nõ huius loci deleantur.

49. 43. Veget. sed summa cutis cultello prius recidenda est, Pelagonius) resecare, &c.

49. 45. creta figulari (gypso, Pelagonius) circundari.

55. 49. eiusdem nominis, (Angli uocant saluiam Hierosolymitanam,) folijs, &c.

56. 56. si pulmones costis adhæserint, (quod suibus etiam accidere fertur, uulgò uocant angwefft,) uel omentum, &c.

58. 20. sibi mederi ferunt, Plin. ut inter prouerbia etiam dicemus.

60. 45. cũ opus erit illines. Aliqui lauant eos decocto sabinæ, cui alumen etiam inspergunt.

¶ Si quid noxij, &c.

61. 33. mansuescet, Rasis. Aelianus taurũ mansuescere scribit, si dextrum ipsius genu fascia deligetur.

64. 54. stanneis. Quæ eo in loco de uitulis castrandis scribuntur, melius omnia referrẽtur ad Vitulum E.

65. 17. Machid, aliàs mathid, uaccinum, &c.

67. 16. percoquunt, Plin. Quinetiam ipsos boues & tauros caprifico alligatos mãsuescere, tum Plinius alibi, tum alij authores scribunt.

71. 28. applicetur, & præterea panni calidi;

aaa

Mox lac caprinum prius ferueſactum in ueſicã bubulam infundes, (uel ſpongia excipies, & paropſide lignea operies ne diſtillet:) & umbili. (co &c.

72.53. Dorice & poëtice.

75.46. ὕμάχη καὶ ἀηδία, id eſt contentio & moleſtia, Heſychius nimirum ἀπὸ τοῦ σφόδρα τείνεσθαι.

76. ab initio uerſus decimi b. litera ſignetur, & eadem deleatur initio uerſus decimiquinti.

77.33. Sichæo.

78.13. quæ hic & deinceps de fimo bouis ſcribuntur, debuerãt ad c. referri. & quæ de Bœotia, ad propria à boue deriuata, quæ in h. reperies. alibi ſemper tamen propria in ultima parte a. collocaui.

79.41. epiſtolam 15. Vide in Tauro etiam in B. ex Horo.

80.2. mugientes, cum Perſeum perſequerentur, caput Gorgonis eo in loco reuocarint: Vide Mycale & Mycaleſſus apud Etymologum.

81.24. Progredi. Sed de nomine ἄμπρον, & uerbo ἀμπρεύειν, plura dicemus in Equo H.e. & Mulo H.d. Item de uocabulis ἄμπυξ, ὕσπληξ, μύωψ, (de quibus eodem in loco illic in boue agitur,) plura ſimiliter in Equo H.e.

82.21. Gergittius per t. duplex.

82.27. Βοοσσόος uel Βοοσσῶος.

83.62. continere ſcribit: Vide infra in Bonaſo.

84.12. cenſione) cæſione.

86.19. ἠΰγενής) ἤρυγεν.

86.45. (ὄϊς μέλας, id eſt aries niger.)

90.58. ſummoto lictorum) Vetus lectio & Gyraldus addunt, ſtrepitu. fieri poteſt ut Plinius aut ante eum alius è Græco tranſtulerit, & pro δήμου, id eſt populi, legerit δημίων, id eſt lictorum.

97.62. Melãpodion: Plura uide in Capra H.h.

100.50. in prouerbio Βοῦς ἐφ' ἑαυτῷ κονιεῖται, Eraſmus uerbum κονιεῖται exponit, feſtinandi ſtudio ciere puluerẽ. ego ex Plinio & Plutarcho potius reddiderim, puluere & arena ſe conſpergere, ut athletæ ante luctam ſolent. & ſic forte alius, quã qui ab Eraſmo affertur, prouerbij ſenſus fuerit.

¶104.53. Aethiopici tauri Pauſaniæ, rhinocerotes ſunt.

105.24. caudam (οὐρὰν, accipitur autem hoc loco pro genitali) ceruinam &c.

106.23. dextrorſum. His ſimilia, uel eadem potius, de equis etiam ſcribunt authores, quantum attinet inquam ad curandum ut mas uel fœmina procreetur, uel uter ſexus conceptus ſit diſcernatur, ut in Equo referemus cap. 3.

109.9. ſed tremulos. ſed rectè legi poteſt torminoſos. nam & uaccarum & uitulorũ medulla dyſentericos ſanat. Raſis ad neruorum contractiones ea utitur, &c.

114.36. uulgo filtz, de qua dicã etiã in Oue E.

116.5. Γνέστα (inquit) Hippocrates uocat τὸ πιεῖνον.

121.52. conſtabat ex uerre, (quẽ Græci capron uocant,) ariete & tauro.

121.60. Gyraldus: Plura uide in Ariete.

123.22. Ἠ ῥά σε ταυροπόλα Διὸς Ἄρτεμις ὥρμασε πανδάμους ἐπὶ βοῦς ἀγελαίας.

131.27. Marcellus. Idem locus apud Plinium ſic legitur, Maculas in facie, œſypum cum melle Corſico, quod aſperrimum habetur, extenuat: itẽ ſcobem cutis in facie cum roſaceo impoſitũ uellere, Quidam & butyrum addunt. Si uerò uitiligines ſint (hîc ùituli fimum Marcellus habet) fel caninum prius acu compunctas.

131.33. (uitulinum forte, quod &c.

131.35. legitur. ſed malim de caprino accipere, quod Plinius alibi etiã cum aceto ulcera ſerpentia curare ſcribit, ut in capra dicam: prodeſſe &c.

140.29. Kutz cohi: aut potius buz cohi. ſic enim etiam Deuter. 14. Perſica tranſlatio habet, pro diſchon Hebraica uoce, quam pygargum interpretantur.)

140.47. Africanum.

140.49. Ariſtophanes grammaticus (inquit Varinus in Τράγοι) ſcribit ab Aeſchylo dici λεοντοχόρταν βούβαλιν, eodem modo, declinandi ſcilicet & accentus ratione, quo δάμαλιν dicimus. nam alioqui cõmunior uox eſt βουβαλὶς, oxytona, in accuſatiuo βουβαλίδα: & à Sophocle γηγενῆ βούβαλιν. Ego νηγενῆ potius legerim. quanquam enim νηγενὴς uocem nuſquam reperiam in Lexicis, dici tamen poſſe exiſtimo (ut poëtæ multa huiuſmodi uocabula pręſertim compoſita & epitheta fingũt) pro νεογενῆ, ut etiam νηγάτεον eodem ſenſu. Mea hæc coniectura eſt, qui aliter cur γηγενὴς, id eſt terrigena dicatur bubalis, nõ uideo: niſi forte quod ex terra & herbis alatur, quod nimis latè patet. In Etymologico in dictione βουβάρας, legitur βούβαλον, &c. uſq; ad, ταῖς πληγαῖς. Hæc ſic emendata commodius referentur ad philologiam de bubalo dorcadum, id eſt caprearum generis.

145.24. capreis) rupicapris.

147.22. Cum iſta ſcriberem, nondum inueneram quantam menſuram Ariſtoteles per κλίνην intelligeret: & dum inquirerem apud authores, quæcunq; obiter de clines, triclinij, & ſimilium uocũ uſu & ſignificatione & diſcumbendi more ueterum ſe offerebant, annotabam. Poſtea uero deprehendi in Mechanicis Ariſtotelis problemate 25. clines, id eſt lecti longitudinem eſſe pedum ſex, & paulò plus: latitudinem uero pedum triũ. unde ἑπτάκλινον ſpaciũ tantũ intelligo, quantũ ſeptem lectis inter ſe contiguis occupatur. quomodo uerò inter ſe coniungendi ſint lecti, non facile dixerim. nam ſi omnes uno ordine ponas, maior quã deceat lõgitudo, latitudo anguſtior erit. Hoc ſaltem conſtat, quoniam lectus, ut dixi, pedes ſex longus, tres latus eſt, unius lecti ſuperficiem totã octodecim pedes cõtinere. qui ſepties repetiti pedes conſtituũt centũ uiginti ſex, ex quibus quot longitudini, quot item latitudini tribuas, cõijciendum eſt ex proportione longitudinis ad latitudinem corij de boue uulgari.

152.27. cum hæc nomina potius ad tarandum pertineant, de quo paulo poſt agemus.) hæc uerba obeliſco induci debent.

161.18. à quibuſdam.

161.33. interprete Pogio. ſed Gręcum exemplar inſpiciendum eſt. Quod ad caudam, &c.

161.37.

Castigationes.

161.37. Camelopardalis.

166.48. & Plinio: Vide etiam in Equo D.

166. 57. equorum uelocitati. quamuis Pollux scribit Bactrijs camelos esse equis uelociores) sed sua cuiq; &c.

167. 3. Cælius. Strabo libro 15. de elephantis, Ἄγεσθαι δ' ὑπὸ ζυγὸν καὶ καμήλους, (lego ὑπὸ ζυγὸν ὡς καμήλους.) Thus collectum &c.

168. 24. fœtarum ambulantium, alias Arabicarum quod magis placet) prodest &c.

170.10. & pileum latum contra imbrē. ¶ Icon. Romę in domo Ioānis Zampolini iuxta plateam Iudæorum est imago cameli, hanc habens inscriptionem, Salius Augustus Fœlix Leonides: ut legimus in antiquis inscriptionibus à Petro Apiano & Bart. Amantio collectis, ubi etiam imago expressa est.

174.38. Aristoteles de partib. anim. 4.12. unde Plinius etiam transtulit 11.43. sed locus Plinij corruptus est, ut docebo in Lupo B. Rapacibus unci &c.

180. 7. salem amarum, (forte ammoniacum,) & mel.

180. 56. aëre, &c. Vide etiam in Mulo H. c.

185. 37. Qui paruam & planam habent frontem, &c.

185. 51. diuersa ratione. Cætera ad physiognomoniam à cane sumpta, uide infra in H. d. ¶ Glaucam &c.

185. 55. Aelianus, ex quo Cælius descripsit 13. 12. Atqui Plinius non à cane, sed ab ansere amatam scribit Glaucen Ptolemęo regi cithara canentem: quam eodem tēpore, inquit, & aries amasse proditur: Item ab ansere amatum Argis puerum Olenum. facile quidem κυνὸς pro χηνὸς scriptum est, uel contra. uide in Ariete d.

186.8. Plutarchus in lib. Vtra animalium &c. scribit.

186.16. excitandi) surgendi.

189.38. Aesculap. Fel herinacei psilothrum est, utiq; mixto cerebro uespertilionis & lacte caprino, (lege canino,) Plin. De lacte can. &c.

190.22. linguam in boue occupat.

192.33. Adianton, Author obscurus: sed Aggregator ex Auicenna citat, etiā ad rabidi canis morsum imponi.

194.8. λύττα.

198. 58. mox inter medicamenta intra corpus sumenda: licet hoc etiam foris alligetur, teste Plinio.

200. 61. Trito allio defricto rabiosæ canis uel lupi morsus in boue curatur, Columella.

201. 19. Auicenna: sed bibendam potius intelligere uidetur, licet non exprimatur.

202. 9. secundum Galenum apud Serapionem (meminit Galenus de simpl. 9. 2.) illita ex acri aceto (& pota ex uino diluto) superpositis aliquibus folijs: quorum præcipua sunt scordij folia, post centaurij minoris, &c.

202. 36. licio) forte lineo brachiali, ut proximè antè argenteo brachiali dixit. nisi legas, ac uel licio (.i. filo, uestis ita infectæ) brachiali inserto.

202. 50. Post titulum statim qui incipit, Antidoti, &c. hic uersus subijciatur: Potiones omnes quas contra uiperarum morsus scripsi, Damocrates apud Galenum lib. 2. de antid.

203. 58. lacerum pannū ex sella, (ἀπὸ ἀφέδρου, apud Galenum. Dioscorides in capite de lepore, & in capite de coagulis ἄφεδρον pro puerperio accipit. Potest autem, &c.

206. 31. Alysson folio (flore potius. nā Aëtius ἄνθος πορφυρίζον Alysso tribuit, ut paulò supra dixi) suppurpureo, &c.

208. 26. Plinius) hæc uox abundat.

209. 25. in hist. plant. 9. 9. Atqui non possunt flocci illi in oculos inuolare, cum in uasculo suo semper inclusi maneant, etiam arido. si tamen ingrederētur oculos, (quod uasculo per hominem aperto fieri posset à uento) omnino læderent. Verū nec ipse Theophrastus simpliciter hoc approbat: sed ab herbarijs dici aut fieri scribit quædam huiusmodi, partim forsitā rectè, partim quo rem suam ostentent ac prædicent.

210. 35. mihi uidetur. Eadem ferè Plinius de cacto, & caulem pternicē uocari ait, sed pro ascaleron habet ascalia.

210. 42. & Varinus. hoc nimirū fuerit genus illud lilij montanum apud nos, quod recentiores nonnulli nō rectè asphodeli genus faciunt, flore roseo, cuius folia reflexa maculis asperguntur, quales & hyacintho tribuūtur. nostri à radicis colore radicem auream uocāt. Itali martagon, fortè corrupta à uulgo uoce pro cynorhodon.

212. 19. Ἀκαλανθίς, ταχεῖα κύων, ὀνομαστικῶς, καὶ ὄρνεον μικρὸν, Hesych.) hæc uerba referantur ad initium paginæ 218. ubi propria canum nomina recēsentur. ὀνομαστικῶς interpretor, nomine proprio.

212. 46. Odorisequus, in hymno Liuij Andronici.

213. 10. Κυνώπης.

217. 11. ni fallor (& eadem forsitan Dioscoridis delphinium fuerit, uide in Lupo H. a.) Aut hæc, &c.

217. 19. Idem. Aconitum etiam secundū, aliqui cynoctonon cognominant, uide in Lupo H. a. Cynoglossus, &c.

218. Aglaodos. Hylax in limine latrat, Vergilius, Hyleus, &c.

218. 31. Arcas, O. Orthus Geryonis. Pamphagus, &c.

219. 41. promiscuus sit, Grammaticus quidā, sed ineptè. nam Plinius 5. 1. ita scribit: Qui proximos (Nigro Africæ fluuio ultra Atlantem montem) inhabitent saltus refertos elephantorum ferarumq; & serpentum omni genere, Canarios appellari, Suetonius Paulinus prodidit. Quippe uictum (id est cibū) eius animalis pmiscuum his esse, & diuidua ferarū uiscera. Hemicynes, &c.

219. 56. Gelliū. Solinus cynocephalos in Aethiopia esse scribit, uiolentos ad saltum, morsu feros: sed feras ita dictas simiarum generis, non homines intelligens. Vide in Cynocephalo H. inter simias. Meminit etiam, &c.

221. 39. Catulire) Ab hoc uerbo initiū est tertiæ partis Philologiæ, nempe c. quod apponi dea

aaa 2

bucrat, & initium fieri à nouo uersu.

225. 1. πυρὲ: εἰς ὅ, (uel, ἢ ὥ) ἀπομάττοντι, &c.

23. 35. dicam in Canibus diuersis cap. primo.

241. 56. ζωνὰς ἔχοντας) malim ὑζώνες ὄντας.

247. 49. Syagrus uiri nomen apud Herodotum lib. 7. legitur.

249. 14. & fera quadam simili (ἐκ θηρίου τινὸς κυνώδους) non exp. &c.

149. 49. maluisset: Indus uidens, &c.

250. 54. Ξίφων.

251. 10. Idem hos canes plaudos appellat, ex Festo scilicet qui plaudos canes flaccidis & latis auribus interpretatur. Nostrates, &c.

251. 25. μεταθεῖναι) sic habent codices Pollucis uulgati. lege μεταθεῖν.

254. 8. retuli: & dicam etiam inferius in Cane ueloce. ¶ Britannici, &c.

259. 15. Blondus. Pausaniæ de his uerba referam in Vulpe h.

259. 45. bigeneri (bigeneres, bigenæ, insititij) canes.

268. 24. custodibus: (quanquam de custode priuatarum ædium inferius etiam simul cum Inutili cane quædam afferemus.) Et primum, &c.

272. 12. Idem. Capræ sanguinem non coagulari, in Plinio alicubi malè legitur pro capreæ.

272. Versus 55. totus abundat.

278. 4. Caprino sanguine maculæ contactæ abluuntur, Marcell.) hæc uerba hoc loco abundant, obelisco inducenda.

279. 49. petiuit. Plura de melota, uide in Oue H. e.

280. 12. fuerit. (Vide πίζα in Suida.) Sicyonijs, &c.

268. 9. capræ (apri potius. uide in Apro G.) uescam &c.

286. 26. caprino, (legendum, canino:) item

293. 34. quæ) abundat. (per se, &c.

294. 46. αἰγίκεραν pro αἰγόκερως, & , τηλῆς, &c.

294. 53. depasci aiunt. sed ut uideo κύναρα legi debet apud Hesychium. cynarā enim Athenæus cynosbatum esse conijcit, ut in Cane dixi. Philyream, &c.

296. 53. ὁιόμβλος Vide in Equo H. c. Μικκή, &c.

300. 25. nam ad id accommodat Erasmus) hęc uerba parenthesi inclusa, abundant.

¶ 301. 47. teiashia. & similiter uersu 55.

301. 49. issim. Persæ pro sheir ponunt kahale (aliâs kalahei) pro issim uerò busan.

301. 55. interpretantur, (quod non placet.)

301. 58. adbehan) lege pharbehan, ut in Ariete scripsi.

304. 3. pellibus hircinis, (Strabo idem fieri scribit cum tragopogone, de qua agemus infra in a. inter plantas,) suffiuntque &c.

309. 18. eluxuriat. Vide ἱπποαμανεῖν in Equo H. a.

311. 52. quæ quidem mihi hactenus ignota est.) hæc uerba inducantur. nam effigiem simul & historiam tragelaphi in Paralipomenis damus.

312. 53. de equo. Vide in Equo H. c. Ἐνά, &c.

314. 55. kahale (aliâs calahei) busan, ponunt autem Persæ kahale pro sheir Hebraico, & busan pro issim. bus quidem capram eis significat. Septuaginta &c.

316. 61. imposita. Idem ferè Aëtius. uide in Agno G. ¶ Alioqui &c.

318. 37. ad unum extuatæ (lego, ad imum extenuatæ, ut in luparia nostra cœrulea. uide in Lupo a. ubi de aconito:) habetque &c.

320. 23. Varinus. Eustathius in quartum Iliados ἰξαλῆ reperiri ait ultima circunflexa, de pelle caprina, ut λεοντῆ de leonina, in Lexico quodam rhetorico.

322. 61. Cæterum ab hac facultate dictamno etiam nomen inditum est, ἀπὸ τὸ δίκτειν, quod est βάλλειν: unde & δίκτυα, id est retia dicuntur.

324. 15. Capræ in plurimas similitudines transfigurantur: sunt capreæ, sunt rupicapræ, &c. Plinius, scribens mansueta omnia etiam fera reperiri, quasi in illa transfigurentur.

327. 11. Strabo. ¶ Capræ sanguinem non coagulari apud Plinium non rectè legi pro capreæ, uel inde constat, quod medici hœdino sanguini bibendo, antequam coaguletur, acetum misceri iubent ne coagulari possit. Post hæc sequitur C. id est caput tertium.

334. 14. ibici feræ accommodari possunt: quanquam ueteres omnes, quod sciam, de sydere tantum protulerint.

335. 26. Nostra uerò dama etiam in Europa capitur, cum alibi, tum circa Oceanum Germanicum, ut audio. Germani uulgò uocant Dam, &c.

336. 10. ut apud Syluaticum legimus. sed decepit illum nominis uicinitas. nam canis ponticus, castor est: canis potamios uerò lutra, ut in Lutræ historia demonstrabo. Italis, &c.

336. 43. interpretatur: (& in libro 22. eadem, ut apparet, uoce deceptus, lamiæ quædam attribuit, quę omnino castoris sunt:) sed lamyakiz pro latace habet Auicennæ translatio, pro castore autem fastoz. Castoreum testiculus est &c.

338. 49. ab insectantibus.

341. 38. silphium.

342. 16. eliminat.

342. 33. mouent castorum testes.

346. 59. furiomorum, (aliâs furonum. uide in Furone,) inquit, &c.

347. 34. Hanc autem uolupt.

350. 44. Felis aurea, Plin. 6. 29.

350. 61. apud Suidam: addit autem Suidas, κάτ̓του φασίν, ἤτοι &c.

351. 1. domesticam intelligit: non quidem spatalen dicens esse felem, ut aliquis putaret, cum τροφὴν, id est cibum paulò ante interpretatus sit: sed insinuans, ut uidetur, hæc uerba pertinere ad apologum quendam de muribus & fele confictum. Catum marem &c.

351. 28. Porrò cati non unguib.

352. 5. exponitur: Idem rursus Heluros scribit cum aspir.

353. 32. saltant cibo tuo arrepto, Author innominatus apud Suidam in Spatale: tanquam in apologo aliquis ita ad felem de muribus dixerit. Videtur sanè &c.

354

354. 18. fugere legitur apud Auicennam.

355. 20. iam apparent: & subulones non ante biennij ætatem dicuntur, cum tubera ista annicu lis se promant.

355. Post uersum 35. spatiũ uacare debet, cui B. litera secundi capitis nota inscribatur.

356. 21. palmata toga grammaticis.

357. 52. ramorum numero. Ceruum bimũ no stri uocant **spißhirtz**, trimum **gabler**, quadrimũ simpliciter ceruum, **hirtz**. Pro ætate, &c.

358. 10. habeant: sed quærendum an ea ran giferi sint, non cerui.

359. 3. tradidit. proinde legendũ suspicor ele phantos, quos id facere constat, non elaphos, id est ceruos.

363. 50. meretur, nam & qui ceruorum uiua ria apud nos curant, omnino mares hinnulis ni hil nocere aiũt, nec occuli à matrib. Ceruæ, &c.

372. 21. coniecerit. Arsenicum quidẽ Hebrai cæ originis uox uidetur. similes enim uoces pro ueneno simpliciter in Lexico Munsteri trilingui inuenio. Misy xenicòn apud Aeginetam & Ga lenum de comp. sec. locos, interpretes aliquando relinquunt, aliquando peregrinum uertunt.

372. 40. putrefaciẽdi uel exedẽdi, omnib. &c.

381. 49. ex oleo.

382. 48. libuerit, non cum illæ molliri lenirisq; opus habebunt ut in dentitione, Aëtius. &c.

383. 31. nota sextarij sic erat pingenda, ꭗ. id est S, litera maiuscula, principio eius & fine obli qua linea coniunctis.

386. 52. cicutæ (aconiti potius, ex Dioscor.) & fungorum.

390. 22. existimatur, (ut recentiores quidam grammatici in Dictionarijs annotant: sed à nullo idoneo authore id proditum memini. ego à colo re potius aut maculis dictum putârim ceruariũ, aut quòd ceruos infestet,) de quo, &c.

391. 12. Obseruaui etiam, &c.) hæc cornua non uulgaris sunt cerui, sed illius quem Germa ni uocitant **brandhirtz** quem Ge. Agricola tra gelaphum facit, de quo in Paralipomenis.

394. 51. **Ëornuerle** uel **hamster**. Chœros, &c.

395. 33. deprehendisse, quod & ipse postea ob seruaui. ¶Hieronymus, &c.

395. 42. reddit שפיא, thapsa. Psalmo quoq; 104. pro sephanim, &c.

396. 1. hoc est ad.

396. 46. & aui (propter pedes totos plumis indutos) de qua, &c.

397. 34. pariunt non cæcos, (hoc falsum esse paulò post declarabo. quare legerim, pariunt au tem cæcos,) Plinius, &c.

399. 7. fidentes, (findẽtes potius,) Festus, &c.

¶401. 16. uiuerra, (quod non placet. in nulla enim lingua hodie uulgare id nomẽ est.) Septua ginta, &c.

401. 27. à Græcis hystricem uocari scribit, ex Suida. Ἀκάνθινον, &c.

402. 54. uerisimile fit: de uulpe uero, quam echini hostem esse constat, hoc dici non foret ab surdum. Vulpes quibus dolis conglobatum echinum tractet, ut explicâtem se deuoret, Lege in uulpe D. & mox in prouerbio, Multa nouit uul pes, sed echinus unum magnum.

406. obsidet: Cuius uitij Columella in ouium morbis meminit, subluuiem uel intertriginẽ uel tuberculum in ipso discrimine ungulæ nasci scri bens.

407. 53. annis singulos singulis ædiderat.

408. 7. negligentem. Λυκόφανον, ἐχινόπους, Hesych. & Varin. Ceras, &c.

408. 9. factum nomen. Quanquam herbam quandã suibus uenenosam Germani uulgo che nopodem, id est, anseris pedem, **genßfůß** uocitãt.

408. 36. PROVERBIA. Ἐχινελώπηξ, uide in uulpe. Echino, &c.

409. 10. scribit, (uide in Vulpe D.) uulpẽ, &c.

411. 43. in ea insula) abundant hæc uerba.

417. 62. dicuntur, & Plinius fœtus eorũ ui tulos uocat) metu, &c.

423. 52. quàm mas sit: Et, &c. Numerus pa ginæ 424. malè notatur 428.

428. 1. describens) abundat.

431. 2. sed eorum qui.

435. 37. Palibotræ.

435. 23. pallescant. Ebur etiam uerum, cum in terram cadit, facilius frangitur, cætera ossa te naciora sunt. Ex arbore, &c.

438. 44. De eburneo Pelopis humero, uide Leonicenum in Varijs, &c.) hæc abundant hoc loco.

446. 35. moliuntur. Vide infra capite tertio in Cosmeticis.

447. 17. & 18. ni fallor) abundat.

447. 36. subterspatulas (fortè subterspondy los, ut & paulò ante spatulę pro spondylis legun tur) trigintaduas.

447. 59. Vegetius 4. 7. Sanguinem mitte de uena organica equi quæ est in collo, Rusius. Recentiores, &c.

448. 8. fyselader, (uel potius **fesselader**, loco sic dicto, ut conijcio, quòd iumentis illic numel læ injiciantur, id quod nos **feßlen** dicimus.

448. 22. Grãmatici nostri (ut Seruius) glau cos, &c.

449. 5. Hierocles. Vide in H. a. ubi de ima ginibus equorum.

449. 49. Ruellius pro coccyge catagrapho, uertit prominentiam litura distinctam, &c. Ab syrtus quidem expressè dicit coccygẽ esse, &c.

449. 57. capite 26. Τρυπᾶν δεῖ πρὸς τὴν ἔκλυσιν (malim ἔκφυσιν ut Ruellius: nam Absyrtus φύσιν habet) εἰς τὸν κόκκυγα μέσον, uerba sunt Hieroclis, & similia Absyrti. Ruellius uertit, Iuxta exortum armi in mediam prominentiam perforare tergus oportet.

449. 60. κενεῶνα. Eadem ex Xenophonte mu tuatus est Pollux.

450. 2. τοῦ ἵππου. Eadem Pollux, cuius & hæc sunt, τὸ δὲ αὐτὸ καὶ ῥάχις καὶ ἕδρα. μάλιστα δὲ τὸ μέσον τῆς ῥάχεως, ἤτοι τῆς ἕδρας, ᾧ ἐγκάθηται ὁ ἐπιβάτης. ubi appa ret eum eandem partem ἕδραν & ῥάχιν uocare: præcipue uerò ἕδραν dici mediam spinæ partem,

aaa 3

cui insidet eques: ut forte legendum sit, μάλιστα δὲ τὸ μέσον τῆς ῥάχεως λέγεται ἕδρα, ὦ &c.

454. 6. τὸ δὲ αὐτὸ καὶ ῥάχις καὶ ἕδρα (quod uerterim, & similiter reliqua spina, & quæ inter clunes est;) maximè uerò illa spinæ pars cui insidetur,) hæc omnia obelisco notentur.

454. 11. musculoso. sed Absyrtus quoque probat μηρὸς μεμυωμένος, quare rẽ in medio relinquo.

454. 15. omnia. Crura seu femora posteriora διαβεβηκότα, Absyrtus etiam in asino admissario probat: quod sic futurus sit ἑδραιότερος ἐν τῇ ἐπιβάσει. Femur &c.

454. 57. μυώδεις, (Pollux ἰνώδεις, &c. ut paulò superius monui:) αὐτὰς &c.

455. 1. dicetur. Quò acrior equus est, eò amplius in bibẽdo nares mergit, Plin. ¶Emptio &c.

455. 6. Varro. Quales sint eligendæ equæ ex quibus muli procreẽtur, in Asino scripsimus. Forma &c.

457. 25. ἰσχνός, κάπηλος, λεπτόκρεως.

457. 27. Xenophontem. Censores P. Scipio Nasica, & M. Pompilius cum equitum censum agerẽt equum nimis strigosum & male habitum, sed equitem eius uberrimum & habitissimum uiderunt: Verba sunt Masurij citante Nonio, & Gellio 4. 20.

457. 30. uitij causa. Vide infra in c. de morbis toti corpori communibus, initio statim.

457. 34. ὕποπτος, (ὑπόπτης potius, ut in Hippiatricis legitur,) δυσωπούμενος, &c.

461. 39. dependet, Strabo. Oppiani &c.

463. 48. nato equo. Admeti equæ præstantissimæ apud Homerum Iliad. β. Thessalicæ fuerunt. Acarnanum &c.

463. 58. Ἀρέθουσα, aliâs ἱερᾶς Ἀρεθούσης. Meminit rursus Eustathius in Dionysium Afrum scribẽs, & Arethusam, cuius hic mentio, Eubœæ fontem facit.

466. 19. & Varinus. Calpe in Olympijs cursus erat cum equa fœmina, Pausa. Καλπᾶν &c.

466. 39. anhelę (anheli potius) prouoluũt, &c.

467. 40. Ego celetem equum non iunctum, & cursui idoneum dixerim, siue stratus is, siue instratus sit.) abundant.

467. 47. unicum semper & singularem significet &c.

468. 8. equitibus. De celeribus equis dicemus etiam in b. & H. e. inter certamina.

468. 31. cap. 24. sed ἀπολόπωλοι, non equi ipsi dicuntur, uerũ qui possidẽt equos: Vide in H. b.

470. 28. Tarentinorũ (siue pedites, siue equites potius, ut ex sequentibus Herodoti & Suidæ uerbis inter se collatis colligitur) οἱ ἐκ διαδ.

473. 15. uetera (ueterina) animalia

473. 43. templa. Vineæ quæ pedaminibus.

474. 53. Idem in Mirabilibus, & quæ sequuntur usque ad, Alpes.) abundant.

477. 33. & nõs forte referemus in Ὑγιεινοῖς.) abundant.

481. 52. springhengst. Vide etiam in H. a. & H. c.

483. 48. uel masculus.

485. 54. qua impulsi minores natu, qui fœminas salierint, pei sequuti castrant.

487. 20. totidem pariunt quot.

488. 44. manucalci, (corrupta puto uoce, pro uulgari illa, marescalci,) mulomedici &c.

489. 36. forte) abundat.

498. 21. inflantis, cum aliqua &c.

499. 10. locis deprehendi. Opus est &c.

¶504. 6. ἑλκόμενος: & morbus ab Alberto frenes dictus, de quo leges infra in morbis renum & lumborum.

508. 3. De ueratro & ægolethro in cibo.

518. 4. τοὺς πόδας κατειργασμένους, (malim κατεξυρωμένους.) Idem & Hesychius. Vide plura in Sue a. inter deriuata.

519. 36. dulcedines uocãt. glycea ulcera etiam apud Galenum legimus) habentque &c.

520. 1. discedit à seipso, ita ut spacium in medio cauum & inane relinquatur, (præsertim &c.

521. 24. equarum. & in Mulo c. ubi de asino admissario. Equi &c.

532. 4. sessio (uel potius tãquam in sella, nam δίφρος & bigam & sellam significat,) sed &c.

532. 41. (ἀντιτύπους, lapidosos intelligo,) angustos.

535. 4. Calabrum legi. qui &c.

540. 61. abunde: quod scilicet affatim pascatur ex præsepi: uel semper redundans aliquid ex præsepi, dum iumentũ pascitur, delabatur. Apud Varinum &c.

541. 3. Omnes) Vtrique.

541. 47. Podagrus, (Podargus, in Scholijs, quæ ex his duo tantum propria faciunt,) & Xanthus, &c.

542. 14. ibidem. (Vide nonnihil etiam infra in e. post mentionem stimulorum.) Coppa &c.

543. 33. Pauor, (sic Valerius lib. 3. Argon. interpretatur,) Martis &c.

543. 47. Ψύλλα aliâs Ψίλλα) καὶ Ἄρπιννα.

543. 57. Eripha. Pauor, uide Dimos. Pedasus, &c.

544. 36. Brigliadorum (hoc est freno aureo insignem) & Vegiantinum.

545. 11. Epist. uide etiã paulò inferius: & rursus in e. ubi de centris. ¶Equum &c.

545. 21. sibi (sui) copiam.

546. 42. ἀπώνειμον, Varinus. ἱπποφόρβιον: uide paulò post: item in e. ἱππόγονον, &c.

547. 51. Hermol. Atqui Scholiastæ in Aues Aristoph. ὑπαγωγεὺς exponitur σιδήριόν τι οἷον πτυίδιον, ᾧ χρῶνται οἱ κονιαταί. hoc est trulla, instrumentũ cæmentarij pro illinendo muris tectorio, & inducendo gypso: unde uerbũ trullisare ein pflasterkellen. ab alijs uero, inquit, ἐργαλεῖον οἰκοδομικόν, ᾧ ἀπευθύνουσι τὰς πλίνθους πρὸς ἀλλήλας, quod aliqui paráxyston nominant. ein mürhamer. Ὑπαγωγεύς, ὁ παρέξεον, Pollux. Ab hisce duobus diuersum est instrumentum quo lapides expoliuntur & cõplanantur, τύκος dictum (à quo τύκος alibi ἡ σφῦρα τῶν λατόμων exponitur) unde uerbum τυκίζειν in Auibus Aristoph. σιδήρεον λιθοξοϊκόν ein steinmetzysen. sunt autem ea diuersa, ein spitzysen/ein zwei

spitz

ſpitʒ/ein ſchlagyſen/ein ſteinay.

550. 37. ſine ſquamis uel ſpinis. Citat, &c.

553. 20. Xenophon. Cimon (Κίμων) Athenienſis, &c. ſcripſit hippoſcopicum librum mirabilẽ, Suid. in K. litera. Ibidem uerſu 21. dele hæc uerba, (lego Simonis.)

553. 56. Ab equo uidentur,) hæc uerba incipient nouum uerſum, cum lemmate: Propria.

555. 18. ἥρωος. Vide infra in prouerbio, Hippomene iniuſtior.

558. 23. Trito (Tritoni) propinquior.

560. 59. de equis, Heſiodus in Aſpide. ἱππείων, &c.

562. 25. Theb. Vide plura infra in c. ubi de uoce Equi.

566. 26. σύσασιν) uox uidet corrupta, malim ἴδιον τόπον. & uerſu 27. κεκορηότες lege.

567. 11. frementes. Plura ſuper hoc uerbo leges ſuperius in b. ubi de equo animoſo.

567. 62. dixeris. Χνόαι, φυσήματα καὶ φρυάγματα ἱππικά, Cælius. Eſt & pars rotæ, modioli. Χνόη, &c.

569. 43. συνεχῆ τε) forte συγγενῆ τε melius.

569. 31. Plin. & Solinus.

570. 58. conſtabit. quanquam & apud Pollucem ſic legitur, οἱ τὴν ἱππάδα τελοῦντες, ἐκ τοῦ δύνασθαι τρέφειν ἵππους κεκλῆσθαι δοκοῦσι. ſed hinc nihil certi, unúsne plures an ſingulos equos aluerit.)

571. 34. interpres de ſuo addit.

572. 60. ſuſpicemur. ſed μανδύας potius corruptum fuerit. Κάνδυς, &c.

573. 35. utuntur. Erant & anabatæ, equis maribus ad curſum utentes in Olympijs, à quibus prope finẽ curriculi deſiliebãt, & apprehenſis frenis ſimul cum equis pedibus currebant, quod in calpe etiam fiebat. ſed calpe equam fœminam habebat, & alios terminos curriculi. ¶ Olympia, &c.

574. 1. ubi plura de curribus dicentur, ꝓ his uerbis ſubſtitue, poſt carcerũ & metæ mentionẽ.

574. 2. iungebat, (ex Commentarijs in Pythia Pindari.)

574. 50. Λαὸν ἱππόδρομον (apud Homerum Iliad. φ.) λέγουσι.

575. 47. Ego, ut res clarior fiat, Græca app.

576. 45. uide an melius καγγέλων.) delenda hęc uerba.

576. 46. ὁ καμπτός, (malim καμπτήρ.) ὁ ἱπποσ, etc.

576. 54. ὑσπληξ. (Atqui à πλήσσω fit, unde & βουπλήξ, eiuſdem ſignificationis pro ſtimulo, ſine γ.) ὁ δέ, &c.

577. 49. ἐγχειρισθήτω, (aliàs ἐγχειμφθήτω.) Vſurp. &c.

578. 2. neſcio quàm proprię,) dele hæc uerba.

578. 32. uetus inuentum eſt.

588. 55. uel contrà, apud Varinum, ut paulò ante citaui, pro ἱππίτας, ἱππότας) interpres, &c.

589. 11. interpretatur. ego equitiariũ potius dixerim, quinq; ſyllabis, qui equitio præeſt uel curat, ut & Cælius habet.

589. 49. τῷ πῶ (ὁ πῶ) τῆ φάτνῃ τῷ ὑποζυγίων φέρειν (φέρων) αὐτοῖς.

592. 9. ſolet. Vide in Lupo H. a. Tempore, &c.

593. 42. exponi. (Aut pro utroq; forſan rectè accipi poteſt, cum acetabuli nomen latè pateat, ita ut coxæ etiam acetabuli nomen, ſed Latinè, Græcè cotyla, dicatur.) Mutuatus, &c.

594. 52. γενέας, (malim oxytonum, γενεάς, ut μασχαλίς & μασχαλιστής,) Poll.

596. 18. maſculinum apud ueteres fuiſſe dixi,) &c.

600. 32. (hanc uocem ſine ſigma in Græcis Lexicis non reperi,) delenda hæc uerba.

600. 60. Pollux. ſed per excellentiam de mulis dicitur abſolutè, & ζευγοτροφεῖν ſimiliter.

¶ 603. 52. H. e. & in Mulo H. d. & Ἀμπρ. &c.

607. 61. ſcribunt, (ego tamen Cimonis malim,) ut dict. &c.

608. 25. ὅθεν πανήγυριν, &c. & uerſu 26. γεγενῆσθαι φασί, Varinus.

618. 37. uaſtauerunt, Varinus ex authore innominato: apud Dictyn quidem & Daretem nihil tale inuenio.

619. 6. præſtantis in pugna & alacris conſert, &c.

619. 18. Albert. & rectè) uulpecula, &c.

620. 12. interpretantur, quod & ipſe probo, licet nonnulli pro glire accipiant. Hieronymus Leuitici 11. murem uertit: item Eſaiæ 66. quem nos (inquit) glirem uocamus, &c. Et uerſu 14. pir uel phir.

621. 48. ſczurek, (quidam rattum uulgò dictum, Polonicè ſcurcz interpretatur,) quæ, &c.

623. Initium Philologiæ hoc ſit: Gliris pro glis in nominandi caſu apud Marcellũ Empiricum: item apud Plinium ſi rectè legitur. ¶ Epitheta, &c.

626. 11. Plinius. hoc Aelianus etiam de lupo ſcribit. Hyænæ, &c.

629. 35. eum, Plinius. ¶ Super, &c.

629. 48 cæteris Raſis. Tali, &c.

629. 52. Idem: Super quibus uerbis ſententiam meam explicabo in Lupo a. in mentione aconiti.

630. 3. lupũ. (Sed chaus omnino idem eſt qui lupus ceruarius, ein luchs.) De, &c.

631. Verſus quartus hic ſit: LVPVS Catus, uel LVPVS Indicus: uide in fine Operis in Caſtigationibus ſuper pagina 770.

638. 19. & 20. pro cicadarum, cicadam, cicadæ, repone locuſtarum, locuſtam, locuſtæ.

640. 40. legimus. ego pro altera uoce μορμολύκειον legerim) pro, &c.

641. 22. Cælium 13. 8. nos etiam de colore charopo & rauo plura afferemus infra in b.

650. 22. Gellius. (Idem ferè aliqui de panthera ferunt. uide in hiſtoria eius cap. 3.) Quod, &c.

672. 49. Venetus. De tigride cicure quæ ferum leonem lacerauit, Martialis in lib. Spectaculorum epigrammate 18.

274. 48. Vide plura inter prouerbia ex muſtela.

274. 55. Apoſtol. plura leges in Vulpe G.

aaa 4

Additiones &

677. 17. ex Achille deſumpſeris, qui &c.

678. 34. adorant)abundat.

683. 13. Lepores albi rarò Romam perferuntur, Hermolaus.)abundant.

693. 52. fundum (Nam in fundo quem) in Thuſc.

696. 11. Equitibus. Σχελίδες ὁλόκνημοι τετρώποτοι, Pherecrates de ſue.

¶705. 15. epimedio, (Theophraſtus epimetron uocat,)quod &c.

709. 57. quidam: Homerus forte. nam idem alicubi πτῶκα λαγωὸν dixit.

717. 36. Phocicis, & Munſterus.

717. 38. Mirabilibus. Atqui Lycaſtum Cretæ urbem Stephanus dictam ait à Luporum multitudine, quæ ibi eſſe crederetur.

717. 44. ni fallor. Nulli in Anglia hodie lupi reperiuntur, Munſterus. ¶ Sunt &c.

723. 21. Μονοπείρας. Heſychius interpretatur τοὺς μὴ ἀθρόους, ἀλλὰ καθ' ἕνα πειρατεύοντας. Lupũ &c.

726. 62. ſcribunt. & aliqui hodie huius quoque corticem lupariæ radici admiſcent in globulos, quibus deuoratis lupi moriuntur, ut dicam in aconito infra in A.)ac inter &c.

742. 32. etiam habet ἐκτὸς. Et uerſu 54. Staphiſagria ſanè non.

742. 4. placent: & uideo deceptum Euſtathium quod cicutæ attribuendũ erat, frigido ueneno ut conſtat, (hanc enim cum uino potam irremediabilem eſſe Plinius ſcribit,) aconito adſcripſiſſe.

742. 21. Paternianum. Celſus uim exedendi corpora cicutæ tribuit, quę certè non huius ſed aconiti eſt. Miſcetur &c. ſed forte ruta legendum, ut & inter ea quæ rodunt paulò ante apud eundem nõ cicutæ ſed rutæ ſemen. id enim inter anaſtomotica prius numerauerat.

742. 22. dixerim. Sed fieri poteſt, ut cicutæ uires aconito Dioſcorides adſcripſerit. miſcetur enim illa collyrijs, & oculorum medicamentis ad epiphoras, & dolores ſedandos refrigerando & accerſendo ſomnum, ut apud Plinium & Dioſcoridem legimus. Confundunt enim aconiti & cicutæ uires inter ſe, præcipuè Latini aliquot & Arabes, ſed & Græci ut Aëtius.

743. 27. Auicenna: à qua plurimum differt Græcorum thapſia, quæ tamen & ipſa, & gummi eius à recentioribus quibuſdã (Arnoldo & alijs) inter uenena numeratur, & ſuccus eius à Dioſcoride. Albis, &c.

247. 13. non probat. alnemer enim non lynx eſt, ſed panthera uel leopardus maior:)

750. 51. præbet. De imagine ærea eiuſdem uide infra in D.

755. Varinus. Argiuorum numus lupi imagine inſignis fuit, quod Apollini ſacrum crederetur id animal, Scholia in Electram Sophoclis.

768. 7. referendũ quidam exiſtimat. Θῶς, &c.

768. 42. nudi. Thos corpore longior & cauda porrectior eſt, (quàm lupus, ut Plinius accipit Ariſtotelis uerba. ego cani potius thôem ab eo cõferri puto. nam de cane propius dixerat, lupos etiam et pantheres ei comparans:) ſed proceritate breuior. celeritate æquè præſtat, quamuis crura habeat breuiora. mollis enim & agilis eſt, proſilireq; longius ob eam rem poteſt, Ariſtot. 6. 35. de hiſt. anim. Græcè legitur, ἔστι δὲ τὴν ἰδέαν ἐπὶ οὐρὰν μὲν μακρός, τὸ δὲ ὕψος μακρότερος. hoc eſt, Oblongus eſt à capite ad caudam uel extremum corpus, altitudine uerò breuior. nã & Plinius ita ferè tranſtulit, nulla caudæ mentione facta. Idem proceritatem de longitudine à capite uerſus caudam accepit, non ut Gaza pro altitudine crurum & reliqui corporis. Sic inter uocabula rei militaris μεταβολὴν ἀπ' οὐρᾶς legimus, & ἐπ' οὐράν. hoc eſt, militũ conuerſionẽ ab extremo agmine, uel contra. Lupi ceruarij certè noſtri cauda perbreuis eſt, quod meminiſſe debuerat Gaza, cum pro thôe lupum ceruarium uerteret. Thos interno, &c.

768. 49. Varinus & Ariſtot. ut recitaui in B. Quadrupedum &c.

770. 56. Alunno teſte. Ego ante annos octo Tridenti in arce epiſcopi feram quandam uidi quam Italicè uocabant, loup chatt, id eſt lupum catum. catum enim ſeu felem quodammodo facie refert, & unguibus ſimiliter acutis & maleficis prædita eſt. hanc tum temporis luchſam noſtram id eſt lupum ceruarium eſſe putabam: ſed poſtea cum pelles luchſæ noſtræ inſpicerem, (nondum enim uiuam uidere contigit,) deceptum me animaduerti: & lupum catum illum hyænam eſſe ſuſpicari cœpi. colore enim ſi rectè memini, nigricans & maculoſa erat, & à nonnullis etiam lupus Indicus nominabatur. Talem autem eſſe hyænã, etiam amicus quidam uir doctus in Gallia ſibi uiſam mihi affirmauit, cum ab agyrta quodam, & hyænæ quidem nomine circunduceretur. Sed hæc alieno hic loco. in hyæna enim ſcribi debuerant. Lupos ceruarios in quibuſdam Heluetiæ locis, & circa Sedunum, &c.

771. 12. Textor: atqui hoc ſphingum non lyncum eſt.

778. 21. amphibium iuxta Iſtrum, Varinus.

785. 21. ſignum eſſe aiunt, cum &c.

788. 40. uel ſuos animæ aut &c.

792. 27. ſed infirmiorem, ut &c.

824. 23. Myũnta condidit, Strabo.

826. 22. ſementem feciſſent, infructuoſas reddidiſſent: cumq; Delphicus deus de hac re conſultus eſſet, reſpondiſſe: Oportere ſacrificare Sminthio Apollini. Eos quibus datum eſſet oraculum, reſponſum ſecutos, ab hoc murium impetu liberatos fuiſſe, & frumentũ eis ad ſolitas meſſes perueniſſe. Strabo uerò &c.

826. 29. utenſilium(clypeorum lora & arcuũ neruos Aelian.)ex corio &c. Et eodem loco, appellaſſe(& Sminthio Apollini templum excitaſſe, Aelian.)Heraclides &c.

728. 51. hic uerſus cum dimidio ſequente, nõ hîc ſed infra ponendus eſt, ſub Titulo, De muribus ſecundum regiones, ubi de Aegyptijs.

831. 26. in fine B. adijciantur hæc: Amicus quidam noſter medicus perquàm eruditus, complures ex putredine natos in aruis mures diſſecuit,

cuit, ac in omnibus intestinum unicum rectum & simplex, non ut aliorum conuolutum se deprehendisse mihi narrauit: sumpserat autem occasionem ex Bassiani Landi lib. 2. de humana historia, ubi ille muribus ex putri materia genitis intestina recta esse scribit.

¶ 837. 10. propter nomē Germanicum à mure ei factum zyselmuß,) delenda hæc.

844. 48. sed graciliore, & (ut Aëtius scribit) breuiore: nec eadem, &c.

847. 29. potus, appensus, ut in sequent. &c.

850. 38. conuenire. ¶ Ne mus araneus animal mordeat, ipsum animal (ipse mus ar.) uiuum de creta circundabitur, quæ cum induruerit, suspenditur in collum, & non contingetur à morsu, certissimum est, Vegetius.

855. 45. Tartesus (ego semper potius ſ. dupli ci scripserim) urbs, &c.

860. 2. gylianchena (sed utrobiꝗ præstiterit tertiam syllabam per au. diphthongum scribi) legunt, &c.

863. 34. experrectæ.

864. 52. adferunt. ¶ Μορφὴ δ' ἰχνεύταο κινωπέτου, οἷον ἀμυδρῆς ἴκτιδος, ἢ τ' ὄρνισι κατοικιδίοισιν ὄλεθρον μαίεται. ubi Scholia, ἀμυδρῆς, ἤτοι μικρᾶς, ἢ τῆς δεινῆς καὶ ὀργίλου. ¶ ἴκτιδεα, &c.

873. 37. hœdis: uide in Agno A. Ibidem uersu 53. שׂה, ouis uel capra, uide in Agno A.) abundant. Ibid. 61. Erythiam (aliqui insulā Gadibus proximam faciunt, freto unius stadij discernente) uidetur, &c. Et 62. multam.

874. 3. lib. 3. & Eustathius in Dionysium Afrum.

875. 31. sequuntur: ut copiosius referā infra statim post Simias.

880. 54. Plin. Ac si res exigit ut plurimi mares progenerandi sint, Aristoteles, &c.

893. 37. lanam (nimirum ouis à lupo laniatæ, ut alibi diximus,) pexerit, &c. Ibid. 42. (agnorum potius) dele. Ibid. 49. idonea sunt. ¶ De usu uentriculi ouis aut uerueeis contra erucas, scribemus in Veruece. ¶ Vrina, &c.

896. 45. Pecudum pulmones (calidi recentes, Marcell.) podagras leniunt, Plin. ¶ Iecur, &c.

900. 18. ὄις ω, ὀιαυώτη, Varinus.

¶ 903. 27. sic lego non ὄυς) dele hæc uerba.

904. 3. Μηλιαθμός, (melius μηλοτυθμός, uide infra in e.) ouile, &c.

906. 52. Μαλλὸς τὸ ἔριον, Hesych.

910. 45. Victimæ antiquis frequentes fuêre, ouis, sus, bos, &c. Gyraldus.) abundant.

914. 1. Erythræis (erythris, id est rutilis, ut ipse exponit 7. 2.) Et ibid. lanæ (discolor lana potius, uel discoloris lanæ,) multoꝗ, &c.

915. 14. ac si res exigit, ut plurimi mares progenerandi sint,) abundant hæc uerba.

917. 55. ab initio uersus legendum, ὄϊς apud ueteres in masculino genere, uide mox inter Epitheta. Aries, &c.

927. 19. Ἀρνίον.

932. 2. quòd frequenter exiliat.

937. 14. lonza (quod nomen fortassis à lynce factum fuerit: & inde per aphæresim, uncia, ab imperitis) scribitur.

944. 10. quæ leopardo aduersetur.

955. 52. author obscurus. Ipsa quidem compositio uocabuli perabsurda est, quasi nasus pro capite ulli sit animantium. ego hoc animal simile authori qui de eo prodidit esse puto, hoc est omnibus obscurum & ignotum, quòd in rerum natura non extet.

957. 30. Simiæ (Simus, potius) nomen, &c.

968. 11. Apparet autem eum de cerc.

985. 22. Cælius: Vbi notandū quòd frequentius animalia quibus huiusmodi dentes sunt χαυλιόδοντα nominantur: aliquando tamen, sed rarò, etiam dentes ipsi adiectiuè sic dicuntur. nam Herodotus crocodilum habere scribit ὀδόντας μεγάλους καὶ χαυλιόδοντας, Cælius tamē de dentibus substantiuè posuit. Aper dentes habet, &c.

990. 27. Sunt & alia eiusdem terminationis uerba, quæ desyderiū significant, ut φονᾷν.) abundant.

991. 21. existimandum est.) abundat.

997. 11. ubera sugit, & deinceps, &c.

997. 34. ut Aggregator citat. Vide infra in H. d. Nigidius, &c.

1002. 13. quòd tanta non sint superfluitate præditi.

¶ 1007. 7. mentione. Idem alibi tuccetum, tomacellam interpretatur. ego apud Arnobiū tucetum lego, lib. 7. contra gentes, ubi ille: Tucetū (inquit) in exiguas aruina est miculas, & ilia minutim insecta de more.

1022. 25. præbeat. Plinius porcæ, porculeta, porculæ, porcellæ, lib. 18. cap. 18. utraꝗ editione, (Veneta & Romana.) Campani, &c.

1034. 6. (fortè, porcus,) Festus. Hecatombe, &c.

1051. 6. ἀπειλεῖ.

1054. 12. Pausanias. Hunc tamē Catullus non Atten, sed Atyn uocat, prima breui, & in secunda per ypsilon.

1057. 21. fodit, Albertus. ¶ Homo, &c.

1064. 44. Dionysius (inquit) cum ad Alphesibœam nympham ad amorem suum, &c.

FINIS.

ἙΡΡΊΚΟΥ ΣΤΕΦΆΝΟΥ ΤΡΊΜΕΤΡΟΙ

εἰς τὸ τοῦ Κοῤῥάδου Γεσνήρου Ζωϊκόν.

Σὺ τοῦ Πλάτωνος, ὡς δοκεῖ, ἀκήκοας,
Ὅτι προσήκει γῆς ἔπι πλανωμένους
Τοῦ τοῖς γονεῦσι, καὶ φίλοις, καὶ πατρίδι
Τούτων ἐπειδὴ εἵνεκεν πεφύκαμεν.
Ὃ κεῖνος ἀνὴρ ἠγνόει, μαθὼν ἔχεις,
Τυχεῖν πρὸς ἡμῶν πάντοτε κλέους θεόν.
Πῶς ἂν σθένοιμεν ποιέειν οἷς ἥδεται.
Ἐναργὲς εἰσὶ σοὶ πόνοι τεκμήριον,
Καὶ οἷς τῆς γῆς οὐ μόνοις οἰκήτορας,
Πάντας δὲ ὅσους τῶν σοφῶν μέλει λόγων.
Τοῖς σοῖς θελήσας ἐντυχεῖν συντάγμασιν.
Τίν' ἆρα λείπει τῶν κόπων ὑπερβολήν,
Ὅσα τρέφουσι χθών, ἀήρ, θάλασσά τε,
Ἵν' ὧν, μογήσας πολλά, αὐτόπτης γένου,
Πάντες δύναιντο ἔμμεναι θεάμονες,
Ἐν οἷς ἅπασιν ἐνδίκως ἀγαστὸς εἶ,
Ἀλλ' ἓν σὺ μοῦνον ἐξαμαρτάνεις φίλε
Τῶν τοῦ Πλάτωνος ῥημάτων ἀμνημονῶν,
Αὐτῷ ἕκαστον πρῶτα μὲν πεφυκέναι,
Σὺ δ' ὦ ἔμοιγε προσφιλέστατον κάρα,
Ὡς μοῦνον ἄλλοις, οὐδαμῶς σαυτῷ γεγώς.
Ὅσπερ παραινεῖ πᾶσιν ἀνθρώποις νοεῖν,
Τούτου γε νυκτὸς ἐσχάθαι χ' ἡμέρας,
Γράφειν τὰ συμφέροντα καὶ λέγειν ἀεί,
Εἶτα Πλάτωνος τῶν σοφωτέρων πάρα,
Ὡς εἰκὸς ὄντι τὸν παρόνθ' ἡμῖν βίον,
Καὶ δεῖ σκοποῦντας τυγχάνειν ἡμᾶς ἀεί,
Ταυταισὶ γνώμαις ὡς ἐπείθης Γέσνερε,
Οἳ καὶ ἔασι προσφιλέστατοι θεῷ,
Φίλους τε καὶ σοὺς ὠφελεῖς γεννήτορας,
Καὶ οὐδ' αὐτὸς ἀντερεῖ τούτοις φθόνος,
Ὅπως γὰρ ἄλλα σοῦ ἐῶ πονήματα,
Τὸ τάς τε μορφὰς καὶ φύσεις ζώων ὅλων,
Μιᾷ σε δέλτῳ συλλαβεῖν, ὦ φίλτατε;
Ἢ καὶ παρ' ἄλλων οἱ θεώρησαν, λάβοις,
Ὀψέ γε ὧδε χρώμενοι ἀλλοτρίοις.
Ἀνθ' ὧν χάριν σοι πάντας εἰδέναι χρεών.
(Καὶ γὰρ τί κεύθειν οὐ θέμις φίλῳ φίλον)
Ἐν οἷς ἔφη, μοὶ δοκεῖν, σαφέστατα,
Ἔπειτα δ' ἄλλοις, ἀλλ' ἑαυτοῦ οὐ μόνον.
Εἴωθας ἄλλων εἵνεκεν μοχθεῖν μόνον,

LAVS ET GLORIA OMNIS DEBETVR DEO OPT.
max. ex quo, ut physicus Empedocles scripsit,

Πάνθ', ὅσα τ' ἦν, ὅσα τ' ἔστιν, ἰδ' ὅσσα γ' ἔσται ὀπίσω,
Δένδρεά τ' ἐβλάστησε, καὶ ἀνέρες, ἠδὲ γυναῖκες,
Θῆρές τ', οἰωνοί τε, καὶ ὑδατοθρέμμονες ἰχθῦς.